《机械设计手册》卷目

卷　　次	篇　　名
第 1 卷　机械设计基础资料	1. 常用设计资料和数据　2. 机械制图与机械零部件精度设计　3. 机械工程材料　4. 机械零部件结构设计
第 2 卷　机械零部件设计(连接、紧固与传动)	5. 连接与紧固　6. 带传动和链传动　7. 摩擦轮传动与螺旋传动　8. 齿轮传动　9. 轮系　10. 减速器和变速器　11. 机构设计
第 3 卷　机械零部件设计(轴系、支承与其他)	12. 轴　13. 滑动轴承　14. 滚动轴承　15. 联轴器、离合器与制动器　16. 弹簧　17. 起重运输机械零部件和操作件　18. 机架、箱体与导轨　19. 润滑　20. 密封
第 4 卷　流体传动与控制	21. 液压传动与控制　22. 气压传动与控制　23. 液力传动
第 5 卷　机电一体化与控制技术	24. 机电一体化技术及设计　25. 机电系统控制　26. 机器人与机器人装备　27. 数控技术　28. 微机电系统及设计　29. 机械状态监测与故障诊断技术　30. 激光及其在机械工程中的应用　31. 电动机、电器与常用传感器
第 6 卷　现代设计与创新设计(一)	32. 现代设计理论与方法综述　33. 机械系统概念设计　34. 机械系统的振动设计及噪声控制　35. 疲劳强度设计　36. 摩擦学设计　37. 机械可靠性设计　38. 机械结构的有限元设计　39. 优化设计　40. 数字化设计　41. 试验优化设计　42. 工业设计与人机工程　43. 机械产品设计中的常用软件
第 7 卷　现代设计与创新设计(二)	44. 机械创新设计概论　45. 创新设计方法论　46. 顶层设计原理、方法与应用　47. 创新原理、思维、方法与应用　48. 绿色设计与和谐设计　49. 智能设计　50. 仿生机械设计　51. 互联网上的合作设计　52. 工业通信网络　53. 面向机械工程领域的大数据、云计算与物联网技术　54. 3D 打印设计与制造技术　55. 系统化设计理论与方法

机械设计手册

第6版

主　编　闻邦椿
副主编　鄂中凯　张义民　陈良玉　孙志礼
宋锦春　柳洪义　巩亚东　宋桂秋

第3卷　机械零部件设计（轴系、支承与其他）

卷主编　孙志礼

机械工业出版社

本版手册是在前5版手册的基础上吸收并总结了国内外机械工程设计领域中的新标准、新材料、新工艺、新结构、新技术、新产品、新设计理论与方法，并配合我国创新驱动战略的需求撰写而成的。本版手册全面系统地介绍了常规设计、机电一体化设计、机电系统控制、现代设计与创新设计方法及其应用等内容，具有体系新颖、内容现代、凸显创新、系统全面、信息量大、实用可靠及简明便查等特点。

本版手册分为7卷55篇，内容有：机械设计基础资料、机械零部件设计（连接、紧固与传动）、机械零部件设计（轴系、支承与其他）、流体传动与控制、机电一体化与控制技术、现代设计与创新设计等。

本卷为第3卷，主要内容有：轴，滑动轴承，滚动轴承，联轴器、离合器与制动器，弹簧，起重运输机械零部件和操作件，机架、箱体与导轨，润滑，密封等。

本版手册可供从事机械设计、制造、维修及相关专业的工程技术人员作为工具书使用，也可供大专院校的相关专业师生使用和参考。

图书在版编目（CIP）数据

机械设计手册. 第3卷/闻邦椿主编. —6版. —北京：机械工业出版社，2017.12（2023.4重印）

ISBN 978-7-111-58343-1

Ⅰ.①机… Ⅱ.①闻… Ⅲ.①机械设计-技术手册 Ⅳ.①TH122-62

中国版本图书馆CIP数据核字（2017）第260852号

机械工业出版社（北京市百万庄大街22号 邮政编码100037）
策划编辑：曲彩云 责任编辑：曲彩云 王春雨 责任校对：陈延翔
封面设计：马精明 责任印制：刘 媛
盛通（廊坊）出版物印刷有限公司印刷
2023年4月第6版第5次印刷
184mm×260mm · 99.75印张 · 3插页 · 3453千字
标准书号：ISBN 978-7-111-58343-1
定价：199.00元

凡购本书，如有缺页、倒页、脱页，由本社发行部调换

电话服务
服务咨询热线：010-88361066
读者购书热线：010-68326294
010-88379203

网络服务
机 工 官 网：www.cmpbook.com
机 工 官 博：weibo.com/cmp1952
金 书 网：www.golden-book.com
教育服务网：www.cmpedu.com

编写和审稿人员

主　编　闻邦椿　（东北大学）

副 主 编　鄂中凯　张义民　陈良玉　孙志礼　宋锦春　柳洪义　巩亚东　宋桂秋　（东北大学）

卷次及卷主编	篇次	篇 主 编	编 写 人	审稿人
第 1 卷 机械设计基础资料 卷主编 鄂中凯（东北大学）	第 1 篇	鄂中凯　（东北大学）	鄂中凯　周康年　宋叔尼　林　菁	张义民
	第 2 篇	黄　英 李小号　（东北大学）	黄　英　李小号　孙少妮　马明旭 张闻雷　赵　薇	田　凌 毛　昕
	第 3 篇	方昆凡　（东北大学）	方昆凡　夏永发　黄　英　鄂晓宇 单宝峰　高　虹	鄂中凯
	第 4 篇	王宛山 于天彪　（东北大学）	王宛山　单瑞兰　崔虹雯　于天彪 孟祥志　王学智	巩亚东
第 2 卷 机械零部件设计 （连接、紧固与传动） 卷主编 陈良玉　巩云鹏 （东北大学）	第 5 篇	吴宗泽　（清华大学）	吴宗泽	罗圣国
	第 6 篇	吴宗泽　（清华大学） 陈铁鸣　（哈尔滨工业大学）	吴宗泽　陈铁鸣	罗圣国
	第 7 篇	陈良玉　（东北大学）	陈良玉	巩云鹏
	第 8 篇	陈良玉 巩云鹏　（东北大学）	陈良玉　巩云鹏　张伟华	鄂中凯 陈良玉 王延忠
	第 9 篇	李力行　（大连交通大学）	李力行　叶庆泰　何卫东　李　欣	张少名
	第 10 篇	程乃士　（东北大学）	程乃士　刘　温　石晓辉　程　越	鄂中凯 巩云鹏
	第 11 篇	邓宗全 于红英　（哈尔滨工业大学） 邹　平　（东北大学） 焦映厚　（哈尔滨工业大学）	邓宗全　于红英　邹　平　焦映厚 陈照波　唐德威　杨　飞　刘文涛 陶建国　荣伟彬　王乐锋　陈　明 刘荣强	陈良玉 杨玉虎
第 3 卷 机械零部件设计 （轴系、支承与其他） 卷主编 孙志礼（东北大学）	第 12 篇	巩云鹏　（东北大学）	巩云鹏　张伟华	孙志礼
	第 13 篇	卜　炎　（天津大学）	卜　炎	吴宗泽
	第 14 篇	李元科　（华中科技大学）	李元科　毛宽民	吴宗泽
	第 15 篇	孙志礼　（东北大学）	孙志礼　闫玉涛　闫　明　王　健	修世超 苏鹏程

卷次及卷主编	篇次	篇主编	编写人	审稿人
第3卷 机械零部件设计 （轴系、支承与其他） 卷主编 孙志礼（东北大学）	第16篇	闫玉涛 （东北大学）	闫玉涛 印明昂	孙志礼
	第17篇	郑夕健 （沈阳建筑大学）	郑夕健 谢正义 鄂 东 冯 勃	屈福政
	第18篇	张耀满 吴自通 （东北大学）	张耀满 吴自通	原所先
	第19篇	丁津原 （东北大学）	丁津原 马先贵 胡俊宏 金映丽	鄂中凯 孙志礼
	第20篇	修世超 （东北大学）	修世超 李宝民	丁津原 杨好志
第4卷 流体传动与控制 卷主编 宋锦春（东北大学）	第21篇	宋锦春 陈建文 （东北大学）	宋锦春 陈建文 韩学军 周生浩 王长周 林君哲 李 松	张艾群 曹鑫铭
	第22篇	宋锦春 王炳德 （东北大学）	宋锦春 王炳德 赵丽丽 周 娜	曹鑫铭 张艾群
	第23篇	雷雨龙 （吉林大学）	雷雨龙 汤 辉 李兴忠 王忠山 付 尧 卢秀全 王佳欣 王宏卫	宋锦春 宋 斌
第5卷 机电一体化与 控制技术 卷主编 柳洪义 刘 杰 巩亚东 （东北大学）	第24篇	刘 杰 （东北大学）	刘 杰 李允公 刘 宇 戴 丽	柳洪义 刘 杰
	第25篇	柳洪义 （东北大学）	柳洪义 郝丽娜 罗 忠 王 菲	刘 杰 柳洪义
	第26篇	宋伟刚 （东北大学）	宋伟刚 汪 博	柳洪义 赵明扬
	第27篇	巩亚东 张耀满 （东北大学）	巩亚东 张耀满	刘 杰 李宪凯
	第28篇	黄庆安 （东南大学）	黄庆安 周再发 宋 竞 聂 萌	刘 杰
	第29篇	段志善 （西安建筑科技大学）	段志善 史丽晨 东亚斌	高金吉 柳洪义
	第30篇	王立军 （中国科学院长春光学精密机械与物理研究所）	王立军 付喜宏 关振忠	柳洪义
	第31篇	史家顺 （东北大学）	史家顺 朱立达	鄂中凯 刘 杰
第6卷 现代设计与创新设计 （一） 卷主编 张义民 孙志礼 宋桂秋 （东北大学）	第32篇	闻邦椿 刘树英 （东北大学）	闻邦椿 刘树英	雒建斌
	第33篇	邹慧君 （上海交通大学）	邹慧君	谢友柏
	第34篇	闻邦椿 刘树英 （东北大学）	闻邦椿 刘树英	黄文虎
	第35篇	王德俊 王 雷 （东北大学）	王德俊 王 雷	鄂中凯 孙志礼
	第36篇	卜 炎 （天津大学）	卜 炎	丁津原
	第37篇	孙志礼 （东北大学）	孙志礼 张义民 杨 强 郭 瑜 王 健	王德俊 李良巧

卷次及卷主编	篇次	篇主编	编写人	审稿人
第6卷 现代设计与创新设计 （一） 卷主编 张义民　孙志礼 宋桂秋 （东北大学）	第38篇	韩清凯　（大连理工大学）	韩清凯　翟敬宇　张　昊	陈良玉
	第39篇	宋桂秋　（东北大学）	宋桂秋　李一鸣	佟杰新
	第40篇	王宛山 于天彪　（东北大学）	王宛山　郭　钢　于天彪　朱立达 李　虎　孙　伟　杨建宇　王学智	巩亚东
	第41篇	任露泉 田为军　（吉林大学） 丛　茜	任露泉　田为军　丛　茜	杨印生
	第42篇	刘　洋 任　宏　（沈阳航空航天大学）	刘　洋　任　宏	张　强 张　剑
	第43篇	李　鹤 孙　伟　（东北大学）	李　鹤　孙　伟	孙志礼
第7卷 现代设计与创新设计 （二） 卷主编 宋桂秋　刘树英 （东北大学）	第44篇	闻邦椿　（东北大学）	闻邦椿　宋桂秋	雒建斌
	第45篇	闻邦椿 刘树英　（东北大学）	闻邦椿　刘树英	赵淳生
	第46篇	闻邦椿 刘树英　（东北大学）	闻邦椿　刘树英	高金吉
	第47篇	赵新军　（东北大学）	赵新军　钟　莹　孙晓枫	宋桂秋 巩云鹏
	第48篇	刘志峰　（合肥工业大学）	刘志峰　李新宇　张　雷　李小彭	刘光复 孙志礼
	第49篇	王安麟　（同济大学）	王安麟	柳洪义
	第50篇	任露泉 韩志武　（吉林大学）	任露泉　韩志武　呼　咏　孙霁宇 田丽梅　张成春　张俊秋　张　强 张　锐　张志辉	王继新
	第51篇	朱爱斌　（西安交通大学）	朱爱斌　张执南	谢友柏
	第52篇	宋桂秋 刘　宇　（东北大学）	宋桂秋　刘　宇　李一鸣	邓庆绪 彭玉怀
	第53篇	邓庆绪　（东北大学）	邓庆绪　彭玉怀	张　斌
	第54篇	李　虎　（东北大学）	李　虎　陈亚东	巩亚东 宋桂秋
	第55篇	闻邦椿 刘树英　（东北大学）	闻邦椿　刘树英	赵淳生

本卷编辑人员

篇　　目	责任编辑	审读编辑
第 12 篇	高依楠	王春雨
第 13 篇	李含杨	崔滋恩　王彦青
第 14 篇	高依楠	王彦青　李含杨
第 15 篇	李含杨	王珑
第 16 篇	李含杨	黄丽梅
第 17 篇	李含杨	高依楠　崔滋恩
第 18 篇	李含杨	张元生
第 19 篇	李含杨	徐强　刘本明
第 20 篇	李含杨	王春雨

前　言

本版手册为新出版的第6版七卷本《机械设计手册》。由于科学技术的快速发展，需要我们对手册内容进行更新，增加新的科技内容，以满足广大读者的迫切需要。

《机械设计手册》自1991年面世发行以来，历经5次修订，截至2016年已累计发行38万套。作为国家级重点科技图书的《机械设计手册》，深受社会各界的重视和好评，在全国具有很大的影响力，该手册曾获得全国优秀科技图书奖二等奖（1995年）、机械工业部科技进步奖二等奖（1997年）、机械工业科学技术奖一等奖（2011年）、中国出版政府奖提名奖（2013年），并多次获得全国科技畅销书奖等奖项。1994年，《机械设计手册》曾在我国台湾建宏出版社出版发行，并在海内外产生了广泛的影响。《机械设计手册》荣获的一系列国家和部级奖项表明，其具有很高的科学价值、实用价值和文化价值。《机械设计手册》已成为机械设计领域的一部大型品牌工具书，已成为机械工程领域权威的和影响力较大的大型工具书，长期以来，它为我国装备制造业的发展做出了巨大贡献。

第5版《机械设计手册》出版发行至今已有7年时间，这期间我国国民经济有了很大发展，国家制定了《国家创新驱动发展战略纲要》，其中把创新驱动发展作为了国家的优先战略。因此，《机械设计手册》第6版修订工作的指导思想除努力贯彻“科学性、先进性、创新性、实用性、可靠性”外，更加突出了“创新性”，以全力配合我国“创新驱动发展战略”的重大需求，为实现我国建设创新型国家和科技强国梦做出贡献。

在本版手册的修订过程中，广泛调研了厂矿企业、设计院、科研院所和高等院校等多方面的使用情况和意见。对机械设计的基础内容、经典内容和传统内容，从取材、产品及其零部件的设计方法与计算流程、设计实例等多方面进行了深入系统的整合，同时，还全面总结了当前国内外机械设计的新理论、新方法、新材料、新工艺、新结构、新产品和新技术，特别是在现代设计与创新设计理论与方法、机电一体化及机械系统控制技术等方面做了系统和全面的论述和凝练。相信本版手册会以崭新的面貌展现在广大读者面前，它将对提高我国机械产品的设计水平、推进新产品的研究与开发、老产品的改造，以及产品的引进、消化、吸收和再创新，进而促进我国由制造大国向制造强国跃升，发挥出巨大的作用。

本版手册分为7卷55篇：第1卷　机械设计基础资料；第2卷　机械零部件设计（连接、紧固与传动）；第3卷　机械零部件设计（轴系、支承与其他）；第4卷　流体传动与控制；第5卷　机电一体化与控制技术；第6卷　现代设计与创新设计（一）；第7卷　现代设计与创新设计（二）。

本版手册有以下七大特点：

一、构建新体系

构建了科学、先进、实用、适应现代机械设计创新潮流的《机械设计手册》新结构体系。该体系层次为：机械基础、常规设计、机电一体化设计与控制技术、现代设计与创新设计方法。该体系的特点是：常规设计方法与现代设计方法互相融合，光、机、电设计融为一体，局部的零部件设计与系统化设计互相衔接，并努力将创新设计的理念贯穿于常规设计与现代设计之中。

二、凸显创新性

习近平总书记在2014年6月和2016年5月召开的中国科学院、中国工程院两院院士大会上分别提出了我国科技发展的方向就是“创新、创新、再创新”，以及实现创新型国家和科技强国的三个阶段的目标和五项具体工作。为了配合我国创新驱动发展战略的重大需求，本版手册突出了机械创新设计内容的编写，主要有以下几个方面：

（1）新增第7卷，重点介绍了创新设计及与创新设计有关的内容。

该卷主要内容有：机械创新设计概论，创新设计方法论，顶层设计原理、方法与应用，创新原理、思维、方法与应用，绿色设计与和谐设计，智能设计，仿生机械设计，互联网上的合作设计，工业通信网络，面向机械工程领域的大数据、云计算与物联网技术，3D打印设计与制造技术，系统化设计理论与方法。

（2）在一些篇章编入了创新设计和多种典型机械创新设计的内容。

“第11篇 机构设计”篇新增加了“机构创新设计”一章，该章编入了机构创新设计的原理、方法及飞剪机剪切机构创新设计，大型空间折展机构创新设计等多个创新设计的案例。典型机械的创新设计有大型全断面掘进机（盾构机）仿真分析与数字化设计、机器人挖掘机的机电一体化创新设计、节能抽油机的创新设计、产品包装生产线的机构方案创新设计等。

（3）编入了一大批典型的创新机械产品。

“机械无级变速器”一章中编入了新型金属带式无级变速器，“并联机构的设计与应用”一章中编入了数十个新型的并联机床产品，“振动的利用”一章中新编入了激振器偏移式自同步振动筛、惯性共振式振动筛、振动压路机等十多个典型的创新机械产品。这些产品有的获得了国家或省部级奖励，有的是专利产品。

（4）编入了机械设计理论和设计方法论等方面的创新研究成果。

1）闻邦椿院士团队经过长期研究，在国际上首先创建了振动利用工程学科，提出了该类机械设计理论和方法。本版手册中编入了相关内容和实例。

2）根据多年的研究，提出了以非线性动力学理论为基础的深层次的动态设计理论与方法。本版手册首次编入了该方法并列举了若干应用范例。

3）首先提出了和谐设计的新概念和新内容，阐明了自然环境、社会环境（政治环境、经济环境、人文环境、国际环境、国内环境）、技术环境、资金环境、法律环境下的产品和谐设计的概念和内容的新体系，把既有的绿色设计篇拓展为绿色设计与和谐设计篇。

4）全面系统地阐述了产品系统化设计的理论和方法，提出了产品设计的总体目标、广义目标和技术目标的内涵，提出了应该用IQCTES六项设计要求来代替QCTES五项要求，详细阐明了设计的四个理想步骤，即“3I调研”“7D规划”“1+3+X实施”“5（A+C）检验”，明确提出了产品系统化设计的基本内容是主辅功能、三大性能和特殊性能要求的具体实现。

5）本版手册引入了闻邦椿院士经过长期实践总结出的独特的、科学的创新设计方法论体系和规则，用来指导产品设计，并提出了创新设计方法论的运用可向智能化方向发展，即采用专家系统来完成。

三、坚持科学性

手册的科学水平是评价手册编写质量的重要方面，因此，本版手册特别强调突出内容的科学性。

（1）本版手册努力贯彻科学发展观及科学方法论的指导思想和方法，并将其落实到手册内容的编写中，特别是在产品设计理论方法的和谐设计、深层次设计及系统化设计的编写中。

（2）本版手册中的许多内容是编著者多年研究成果的科学总结。这些内容中有不少是国家863、973计划项目，国家科研重大专项，国家自然科学基金重大、重点和面上项目资助项目的研究成果，有不少成果曾获得国际、国家、部委、省市科技奖励及技术专利，充分体现了本版手册内容的重大科学价值与创新性。

下面简要介绍本版手册编入的几方面的重要研究成果：

1）振动利用工程新学科是闻邦椿院士团队经过长期研究在国际上首先创建的。本版手册中编入了振动利用机械的设计理论、方法和范例。

2）产品系统化设计理论与方法的体系和内容是闻邦椿院士团队提出并加以完善的，编写者依据多年的研究成果和系列专著，经综合整理后首次编入本版手册。

3）仿生机械设计是一门新兴的综合性交叉学科，近年来得到了快速发展，它为机械设计的创新提供了新思路、新理论和新方法。吉林大学任露泉院士领导的工程仿生教育部重点实验室开展了大量的深入研究工作，取得了一系列创新成果且出版了专著，据此并结合国内外大量较新的文献资料，为本版手册构建了仿生机械设计的新体系，编写了"仿生机械设计"篇（第50篇）。

4）激光及其在机械工程中的应用篇是中国科学院长春光学精密机械与物理研究所王立军院士依据多年的研究成果，并参考国内外大量较新的文献资料编写而成的。

5）绿色制造工程是国家确立的五项重大工程之一，绿色设计是绿色制造工程的最重要环节，是一个新的学科。合肥工业大学刘志峰教授依据在绿色设计方面获多项国家和省部级奖励的研究成果，参考国内外大量较新的文献资料为本版手册首次构建了绿色设计新体系，编写了"绿色设计与和谐设计"篇（第48篇）。

6）微机电系统及设计是前沿的新技术。东南大学黄庆安教授领导的微电子机械系统教育部重点实验室多年来开展了大量研究工作，取得了一系列创新研究成果，本版手册的"微机电系统及设计"篇（第28篇）就是依据这些成果和国内外大量较新的文献资料编写而成的。

四、重视先进性

（1）本版手册对机械基础设计和常规设计的内容做了大规模全面修订，编入了大量新标准、新材料、新结构、新工艺、新产品、新技术、新设计理论和计算方法等。

1）编入和更新了产品设计中需要的大量国家标准，仅机械工程材料篇就更新了标准126个，如GB/T 699—2015《优质碳素结构钢》、GB/T 3077—2015《合金结构钢》、GB/T 15712—2016《非调质机械结构钢》、GB/T 11263—2017《热轧H型钢和部分T型钢》和GB/T 2040—2017《铜及铜合金板材》等。

2）在新材料方面，充实并完善了铝及铝合金、钛及钛合金、镁及镁合金等内容。这些材料由于具有优良的力学性能、物理性能以及回收率高等优点，目前广泛应用于航空、航天、高铁、计算机、通信元件、电子产品、纺织和印刷等行业。增加了国内外粉末冶金材料的新品种，如美国、德国和日本等国家的各种粉末冶金材料。充实了国内外工程塑料及复合材料的新品种。

3）新编的"机械零部件结构设计"篇（第4篇），依据11个结构设计方面的基本要求，编写了相应的内容，并编入了结构设计的评估体系和减速器结构设计、滚动轴承部件结构设计的示例。

4）按照GB/T 3480.1～3—2013（报批稿）、GB/T 10062.1～3—2003及ISO 6336—2006等新标准，重新构建了更加完善的渐开线圆柱齿轮传动和锥齿轮传动的设计计算新体系；按照初步确定尺寸的简化计算、简化疲劳强度校核计算、一般疲劳强度校核计算，编排了三种设计计算方法，以满足不同场合、不同要求的齿轮设计。

5）在"第4卷　流体传动与控制"卷中，编入了一大批国内外知名品牌的新标准、新结构、新产品、新技术和新设计计算方法。在"液力传动"篇（第23篇）中新增加了液黏传动，它是一种新型的液力传动。

(2)“第5卷 机电一体化与控制技术”卷充实了智能控制及专家系统的内容，大篇幅增加了机器人与机器人装备的内容。

机器人是机电一体化特征最为显著的现代机械系统，机器人技术是智能制造的关键技术。由于智能制造的迅速发展，近年来机器人产业呈现出高速发展的态势。为此，本版手册大篇幅增加了“机器人与机器人装备”篇（第26篇）的内容。该篇从实用性的角度，编写了串联机器人、并联机器人、轮式机器人、机器人工装夹具及变位机；编入了机器人的驱动、控制、传感、视角和人工智能等共性技术；结合喷涂、搬运、电焊、冲压及压铸等工艺，介绍了机器人的典型应用实例；介绍了服务机器人技术的新进展。

(3) 为了配合我国创新驱动战略的重大需求，本版手册扩大了创新设计的篇数，将原第6卷扩编为两卷，即新的“现代设计与创新设计（一）”（第6卷）和“现代设计与创新设计（二）”（第7卷）。前者保留了原第6卷的主要内容，后者编入了创新设计和与创新设计有关的内容及一些前沿的技术内容。

本版手册“现代设计与创新设计（一）”卷（第6卷）的重点内容和新增内容主要有：

1）在“现代设计理论与方法综述”篇（第32篇）中，简要介绍了机械制造技术发展总趋势、在国际上有影响的主要设计理论与方法、产品研究与开发的一般过程和关键技术、现代设计理论的发展和根据不同的设计目标对设计理论与方法的选用。闻邦椿院士在国内外首次按照系统工程原理，对产品的现代设计方法做了科学分类，克服了目前产品设计方法的论述缺乏系统性的不足。

2）新编了“数字化设计”篇（第40篇）。数字化设计是智能制造的重要手段，并呈现应用日益广泛、发展更加深刻的趋势。本篇编入了数字化技术及其相关技术、计算机图形学基础、产品的数字化建模、数字化仿真与分析、逆向工程与快速原型制造、协同设计、虚拟设计等内容，并编入了大型全断面掘进机（盾构机）的数字化仿真分析和数字化设计、摩托车逆向工程设计等多个实例。

3）新编了“试验优化设计”篇（第41篇）。试验是保证产品性能与质量的重要手段。本篇以新的视觉优化设计构建了试验设计的新体系、全新内容，主要包括正交试验、试验干扰控制、正交试验的结果分析、稳健试验设计、广义试验设计、回归设计、混料回归设计、试验优化分析及试验优化设计常用软件等。

4）将手册第5版的“造型设计与人机工程”篇改编为“工业设计与人机工程”篇（第42篇），引入了工业设计的相关理论及新的理念，主要有品牌设计与产品识别系统（PIS）设计、通用设计、交互设计、系统设计、服务设计等，并编入了机器人的产品系统设计分析及自行车的人机系统设计等典型案例。

(4)“现代设计与创新设计（二）”卷（第7卷）主要编入了创新设计和与创新设计有关的内容及一些前沿技术内容，其重点内容和新编内容有：

1）新编了“机械创新设计概论”篇（第44篇）。该篇主要编入了创新是我国科技和经济发展的重要战略、创新设计的发展与现状、创新设计的指导思想与目标、创新设计的内容与方法、创新设计的未来发展战略、创新设计方法论的体系和规则等。

2）新编了“创新设计方法论”篇（第45篇）。该篇为创新设计提供了正确的指导思想和方法，主要编入了创新设计方法论的体系、规则，创新设计的目的、要求、内容、步骤、程序及科学方法，创新设计工作者或团队的四项潜能，创新设计客观因素的影响及动态因素的作用，用科学哲学思想来统领创新设计工作，创新设计方法论的应用，创新设计方法论应用的智能化及专家系统，创新设计的关键因素及制约的因素分析等内容。

3）创新设计是提高机械产品竞争力的重要手段和方法，大力发展创新设计对我国国民经济发展具有重要的战略意义。为此，编写了“创新原理、思维、方法与应用”篇（第47篇）。除编入了创新思维、原理和方法，创新设计的基本理论和创新的系统化设计方法外，还编入了29种创新思维方法、30种创新技术、40种发明创造原理，列举了大量的应用范例，为引领机械创新设计做出了示范。

4）绿色设计是实现低资源消耗、低环境污染、低碳经济的保护环境和资源合理利用的重要技术政策。本版手册中编入了“绿色设计与和谐设计”篇（第48篇）。该篇系统地论述了绿色设计的概念、理论、方法及其关键技术。编者结合多年的研究实践，并参考了大量的国内外文献及较新的研究成果，首次构建了系统实用的绿色设计的完整体系，包括绿色材料选择、拆卸回收产品设计、包装设计、节能设计、绿色设计体系与评估方法，并给出了系列典型范例，这些对推动工程绿色设计的普遍实施具有重要的指引和示范作用。

5）仿生机械设计是一门新兴的综合性交叉学科，本版手册新编入了“仿生机械设计”篇（第50篇），包括仿生机械设计的原理、方法、步骤，仿生机械设计的生物模本，仿生机械形态与结构设计，仿生机械运动学设计，仿生机构设计，并结合仿生行走、飞行、游走、运动及生机电仿生手臂，编入了多个仿生机械设计范例。

6）第55篇为“系统化设计理论与方法”篇。装备制造机械产品的大型化、复杂化、信息化程度越来越高，对设计方法的科学性、全面性、深刻性、系统性提出的要求也越来越高，为了满足我国制造强国的重大需要，亟待创建一种能统领产品设计全局的先进设计方法。该方法已经在我国许多重要机械产品（如动车、大型离心压缩机等）中成功应用，并获得重大的社会效益和经济效益。本版手册对该系统化设计方法做了系统论述并给出了大型综合应用实例，相信该系统化设计方法对我国大型、复杂、现代化机械产品的设计具有重要的指导和示范作用。

7）本版手册第7卷还编入了与创新设计有关的其他多篇现代化设计方法及前沿新技术，包括顶层设计原理、方法与应用，智能设计，互联网上的合作设计，工业通信网络，面向机械工程领域的大数据、云计算与物联网技术，3D打印设计与制造技术等。

五、突出实用性

为了方便产品设计者使用和参考，本版手册对每种机械零部件和产品均给出了具体应用，并给出了选用方法或设计方法、设计步骤及应用范例，有的给出了零部件的生产企业，以加强实际设计的指导和应用。本版手册的编排尽量采用表格化、框图化等形式来表达产品设计所需要的内容和资料，使其更加简明、便查；对各种标准采用摘编、数据合并、改排和格式统一等方法进行改编，使其更为规范和便于读者使用。

六、保证可靠性

编入本版手册的资料尽可能取自原始资料，重要的资料均注明来源，以保证其可靠性。所有数据、公式、图表力求准确可靠，方法、工艺、技术力求成熟。所有材料、零部件、产品和工艺标准均采用新公布的标准资料，并且在编入时做到认真核对以避免差错。所有计算公式、计算参数和计算方法都经过长期检验，各种算例、设计实例均来自工程实际，并经过认真的计算，以确保可靠。本版手册编入的各种通用的及标准化的产品均说明其特点及适用情况，并注明生产厂家，供设计人员全面了解情况后选用。

七、保证高质量和权威性

本版手册主编单位东北大学是国家211、985重点大学、“重大机械关键设计制造共性技术”985创新平台建设单位、2011国家钢铁共性技术协同创新中心建设单位，建有“机械设计及理论国家重点学科”和“机械工程一级学科”。由东北大学机械及相关学科的老教授、老专家和中青年学术精英组成了实力强大的大型工具书编写团队骨干，以及一批来自国家重点高校、研究院所、大型企业等30多个单位、近200位专家、学者组成了高水平编审团队。编审团队成员的大多数都是所在领域的著名资深专家，他们具有深广的理论基础、丰富的机械设计工作经历、丰富的工具书编纂经验和执着的敬业精神，从而确保了本版手册的高质量和权威性。

在本版手册编写中，为便于协调，提高质量，加快编写进度，编审人员以东北大学的教师为主，并组织邀请了清华大学、上海交通大学、西安交通大学、浙江大学、哈尔滨工业大学、吉林大学、天津大学、华中科技大学、北京科技大学、大连理工大学、东南大学、同济大学、重庆大学、北京化工大学、南京航空航天大学、上海师范大学、合肥工业大学、大连交通大学、长安大学、西安建筑科技大学、沈阳工业大学、沈阳航空航天大学、沈阳建筑大学、沈阳理工大学、沈阳化工大学、重庆理工大学、中国科学院长春光学精密机械与物理研究所、中国科学院沈阳自动化研究所等单位的专家、学者参加。

在本版手册出版之际，特向著名机械专家、本手册创始人、第1版及第2版的主编徐灏教授致以崇高的敬意，向历次版本副主编邱宣怀教授、蔡春源教授、严隽琪教授、林忠钦教授、余俊教授、汪恺总工程师、周士昌教授致以崇高的敬意，向参加本手册历次版本的编写单位和人员表示衷心感谢，向在本手册历次版本的编写、出版过程中给予大力支持的单位和社会各界朋友们表示衷心感谢，特别感谢机械科学研究总院、郑州机械研究所、徐州工程机械集团公司、北方重工集团沈阳重型机械集团有限责任公司和沈阳矿山机械集团有限责任公司、沈阳机床集团有限责任公司、沈阳鼓风机集团有限责任公司及辽宁省标准研究院等单位的大力支持。

由于编者水平有限，手册中难免有一些不尽如人意之处，殷切希望广大读者批评指正。

主编　闻邦椿

目　录

第 12 篇　轴

第 1 章　概　　述

第 2 章　轴的结构设计

第 3 章　轴的强度计算

第 4 章　轴的刚度校核

第 5 章　轴的临界转速

第 6 章　钢 丝 软 轴

第 7 章　低 速 曲 轴

第 13 篇　滑 动 轴 承

第 1 章　概　　述

第 2 章 无润滑滑动轴承

第 3 章 固体润滑滑动轴承

第 4 章 含 油 轴 承

第 5 章 普通滑动轴承

第6章　液体动压径向滑动轴承

第7章　液体动压止推滑动轴承

第8章　液体静压轴承

第9章 气体润滑轴承

第10章 其他轴承

第11章 滑动轴承的支承结构

第12章 滑动轴承座

第14篇 滚动轴承

第1章 滚动轴承的分类、结构与代号

第2章　滚动轴承的特性与选用

第3章　滚动轴承计算

第4章　滚动轴承的组合设计

第 5 章 滚动轴承支承设计实例

第 6 章 常用滚动轴承的基本尺寸与数据

附 录

第 15 篇　联轴器、离合器与制动器

第 1 章　联　轴　器

第2章 离 合 器

第3章 制 动 器

第16篇　弹　簧

第1章　弹簧的基本特性、类型及应用

第2章　圆柱螺旋弹簧

第3章　多股螺旋弹簧

第4章　非线性特性螺旋弹簧

第5章　碟形弹簧

第6章　开槽碟形弹簧

第7章 环形弹簧

第8章 板弹簧

第9章 片弹簧和线弹簧

第10章 平面涡卷弹簧

第11章 扭杆弹簧

第12章 橡胶弹簧

第13章 空气弹簧

第14章 弹簧的热处理和强化处理

第17篇 起重运输机械零部件和操作件

第1章 起重机零部件

第2章 运输机械零部件

第3章 操 作 件

第18篇　机架、箱体与导轨

第1章　机架设计概述

第2章　机架结构设计

第3章　机架的设计与计算

第4章　箱体的结构设计与计算

第19篇 润 滑

第1章 润滑的作用及类型

第2章 润 滑 油

第 3 章 润 滑 脂

第 4 章 固体润滑剂

第 5 章 典型零部件的润滑

第 6 章 润滑方法和润滑装置

第 7 章 润 滑 维 护

第 20 篇 密 封

第 1 章 概 述

第2章　垫片密封

第3章　胶　密　封

第4章　填料密封

第5章　机械密封

第6章　非接触式密封

第 12 篇　轴

主　编　巩云鹏
编写人　巩云鹏　张伟华
审稿人　孙志礼

第 5 版
轴

主　编　张伟华
编写人　张伟华　巩云鹏
审稿人　孙志礼　刘　杰

第1章　概　　述

轴是机械的重要组成零件。它通过轴承与机架相连，装在轴上的零件（如齿轮、带轮、联轴器等）都围绕轴心线做回转运动，形成了一个以轴为基础的轴系部件。所以轴的设计不能只考虑轴本身，必须和装在轴上的零部件一起考虑。轴的设计应考虑多方面的因素和要求，其中主要问题是轴的材料、结构、强度和刚度，对于高速运转的轴还应考虑振动稳定性问题。

1　轴的分类

（1）按轴承受载荷情况分

1）转轴。支承传动零件又传递动力，即同时承受转矩和弯矩的轴。

2）心轴。只支承传动零件而不传递动力，即只承受弯矩的轴。心轴又分为固定心轴（工作时轴不转动）和转动心轴（工作时轴转动）。

3）传动轴。主要起传递动力作用，即主要承受转矩的轴。

（2）按轴的结构形状分

1）光轴；

2）阶梯轴；

3）实心轴；

4）空心轴。

（3）按轴心线形状分

1）直轴；

2）曲轴；

3）钢丝软轴。

2　轴的设计特点和步骤

由于在轴的具体结构确定之前，轴上力的作用点和支点跨距未知，不能精确计算弯矩，所以轴的设计程序是先结构设计，后强度校核，对不满足强度要求的部位，修改结构设计再校核强度，即结构设计和强度计算交替进行。

轴设计的基本准则是：

1）保证轴具有足够的强度和刚度，使用中不发生断裂和过大的弹性变形；

2）轴的结构具有良好的加工工艺性，轴上零件定位可靠、装拆方便。

轴设计的步骤如下：

1）根据机械传动方案的整体布局，确定轴上零件的布置和装配方案；

2）选择轴的材料；

3）按纯转矩作用，估算轴的最小直径；

4）根据轴上零件的定位和装拆要求，确定各轴段的轴向尺寸和径向尺寸；

5）进行轴的强度和刚度计算；

6）进行轴承的寿命计算、键连接的强度计算；

7）对转速较高、跨距较大、外伸端较长的轴进行临界转速计算；

8）根据计算结果修改设计；

9）绘制轴的零件工作图。

3　轴的常用材料

轴的材料种类很多，设计时主要根据对轴的强度、刚度、耐磨性等要求，以及为实现这些要求而采用的热处理方式，同时考虑制造工艺问题加以选用，力求经济合理。

轴的常用材料是35、45、50优质碳素结构钢，最常用的是45钢。对于受载较小或不太重要的轴，也可用Q235、Q275等普通碳素结构钢。对于受力较大的情形，轴的尺寸和重量受到限制，以及有某些特殊要求的轴，可采用合金钢。

球墨铸铁和一些高强度铸铁，由于铸造性能好，容易铸成复杂形状，且减振性能好，应力集中敏感性低，支点位移的影响小，故常用于制造外形复杂的轴。特别是我国研制成功的稀土-镁球墨铸铁，冲击韧度好，同时具有减摩、吸振和对应力集中敏感性小等优点，已用于制造汽车、拖拉机、机床上的重要轴类零件。

根据工作条件要求，轴可在加工前或加工后经过整体或表面处理，以及表面强化处理（如喷丸、辊压等）和化学处理（如渗碳、渗氮、氮化等），以提高其强度（尤其是疲劳强度）和耐磨、耐蚀等性能。

在一般工作温度下，合金钢的弹性模量与碳素钢相近，所以只为了提高轴的刚度而选用合金钢是不合适的。

轴一般由轧制圆钢或锻件经切削加工制造。轴的直径较小，可用圆钢棒制造；对于重要的、大直径或阶梯直径变化较大的轴，采用锻坯制造。为节约金属和提高工艺性，直径大的轴还可以制成空心的，并且带有焊接的或者锻造的凸缘。

对于形状复杂的轴（如凸轮轴、曲轴）可采

用铸造。

轴的常用材料及力学性能见表 12.1-1。

表 12.1-1 轴的常用材料及力学性能

材料牌号	热处理	毛坯直径 /mm	硬度 HBW	抗拉强度 R_m	屈服强度 R_{eL}	弯曲疲劳极限 σ_{-1}	扭转疲劳极限 τ_{-1}	许用静应力 $[\sigma_{+1}]$	许用疲劳应力 $[\sigma_{-1}]$	备注
				MPa						
Q235, Q235F	—	—	—	440	240	180	105	176	120~138	用于不重要或载荷不大的轴
20	正火	25	≤156	420	250	180	100	168	120~138	用于载荷不大，要求韧性较高的轴
	正火回火	≤100	103~156	400	220	165	95	160	110~127	
		>100~300		380	200	155	90	152	103~119	
		>300~500		370	190	150	85	148	100~115	
		>500~700		360	180	145	80	144	96~111	
35	正火	25	≤187	540	320	230	130	216	153~176	应用较广泛
	正火回火	≤100	149~187	520	270	210	120	208	140~161	
		>100~300		500	260	205	115	200	136~158	
		>300~500	143~187	480	240	190	110	192	126~146	
		>500~750	137~187	460	230	185	105	184	123~142	
		>750~1000		440	220	175	100	176	116~134	
	调质	≤100	156~207	560	300	230	130	224	153~177	
		>100~300		540	280	220	125	216	146~169	
45	正火	25	≤241	610	360	260	150	244	173~200	应用最广泛
	正火回火	≤100	170~217	600	300	240	140	240	160~184	
		>100~300	162~217	580	290	235	135	238	156~180	
		>300~500		560	280	225	130	224	150~173	
		>500~750	156~217	540	270	215	125	216	143~165	
	调质	≤200	217~255	650	360	270	155	260	180~207	
40Cr	调质	25		1000	800	485	280	400	269~323	用于载荷较大，而无很大冲击的重要轴
		≤100	241~286	750	550	350	200	300	194~233	
		>100~300	229~269	700	500	320	185	280	177~213	
		>300~500		650	450	295	170	260	163~196	
		>500~800	217~255	600	350	255	145	240	170~196	
35SiMn (42SiMn)	调质	25		900	750	445	255	360	178~247	性能接近于40Cr，用于中小型轴
		≤100	229~286	800	520	355	205	320	197~236	
		>100~300	217~269	750	450	320	185	300	213~246	
		>300~400	217~255	700	400	295	170	280	196~227	
		>400~500	196~255	650	380	275	160	260	183~211	
40MnB	调质	25		1000	800	485	280	400	269~323	性能接近于40Cr，用于重要的轴
		≤200	241~286	750	500	335	195	300	186~223	
40CrNi	调质	25		1000	800	485	280	400	269~323	用于很重要的轴
35CrMo	调质	25		1000	850	50	285	400	200~277	性能接近于40CrNi，用于重载荷的轴
		≤100	207~269	750	550	350	200	300	194~233	
		>100~300		700	500	320	185	280	177~213	
		>300~500		650	450	295	170	260	163~196	
		>500~800		600	400	270	155	240	150~180	

（续）

材料牌号	热处理	毛坯直径 /mm	硬　度 HBW	抗拉强度 R_m	屈服强度 R_{eL}	弯曲疲劳极限 σ_{-1}	扭转疲劳极限 τ_{-1}	许用静应力 $[\sigma_{+1}]$	许用疲劳应力 $[\sigma_{-1}]$	备　注
				MPa						
38SiMnMo	调质	≤100	229~286	750	600	360	210	300	200~240	性能接近于35CrMo
		>100~300	217~269	700	550	335	195	280	186~223	
		>300~500	196~241	650	500	310	175	260	172~206	
		>500~800	187~241	600	400	270	155	240	150~180	
37SiMn-2MoV	调质	25		1000	850	495	285	400	198~275	用于高强度、大尺寸及重载荷的轴
		≤200	269~302	880	700	425	245	352	236~283	
		>200~400	241~286	830	650	395	230	332	219~263	
		>400~600	241~269	780	600	370	215	312	205~246	
38Cr-MoAlA	调质	30	229	1000	850	495	285	400	198~275	用于要求高耐磨性、高强度且热处理变形很小的（氮化）轴
20Cr	渗碳淬火回火	15	表面56~62HRC	850	550	375	215	340	208~250	用于要求强度和韧性均较高的轴（如某些齿轮轴、蜗杆等）
		30		650	400	280	160	260	155~186	
		≤60		650	400	280	160	260	155~186	
20CrMnTi	渗碳淬火回火	15	表面56~62HRC	1100	850	525	300	440	291~350	
10Cr13	调质	≤60	187~217	600	420	275	155	240	152~183	用于在腐蚀条件下工作的轴
20Cr13	调质	≤100	197~248	660	450	295	170	264	163~196	
06Cr18-Ni11Ti	淬火	≤60	≤192	550	220	205	120	220	136~157	用于在高、低温及强腐蚀条件下工作的轴
		>60~180		540	200	195	115	216	130~150	
		>100~200		500	200	185	105	200	123~142	
QT400-15			156~197	400	300	145	125	100		用于结构形状复杂的轴
QT450-10			170~207	450	330	160	140	112		
QT500-7			187~255	500	380	180	155	125		
QT600-3			197~269	600	420	215	185	150		

注：1. 表中所列疲劳极限数值，均按下式计算 $\sigma_{-1}\approx0.27\ (R_m+R_{eL})$，$\tau_{-1}\approx0.156\ (R_m+R_{eL})$。

2. 其他性能，一般可取 $\tau_s\approx(0.55\sim0.62)R_{eL}$，$\sigma_0\approx1.4\sigma_{-1}$，$\tau_0\approx1.5\tau_{-1}$。

3. 球墨铸铁 $\sigma_{-1}\approx0.36R_m$，$\tau_{-1}\approx0.31R_m$。

4. 许用静应力 $[\sigma_{+1}]=R_m/[S_s]$，许用疲劳应力 $[\sigma_{-1}]=\sigma_{-1}/[S]$。

5. 选用 $[\sigma_{-1}]$ 值时，重要零件取较小值，一般零件取较大值。

第 2 章　轴的结构设计

轴的结构决定于受载情况、轴上零件的布置和固定方式、轴承的类型和尺寸、轴的毛坯、制造和装配工艺及安装、运输等条件。轴的结构应尽量减小应力集中，受力合理，有良好工艺性，并使轴上零件定位可靠，装拆方便。对于要求刚度大的轴，还应在结构上考虑减小轴的变形。

由于影响轴的结构因素较多，故轴不可能有标准的结构形式，必须根据情况具体分析比较，确定方案。

1　轴上零件的布置

在拟定轴上零件的布置方案时，应考虑以下几个方面：

1）载荷流的合理分配。图 12.2-1a 中，输入齿轮布置在轴的右端，转矩流不合理。图 12.2-1b 中输入齿轮位于中部，转矩双向分流，轴上最大转矩降低，布局合理。

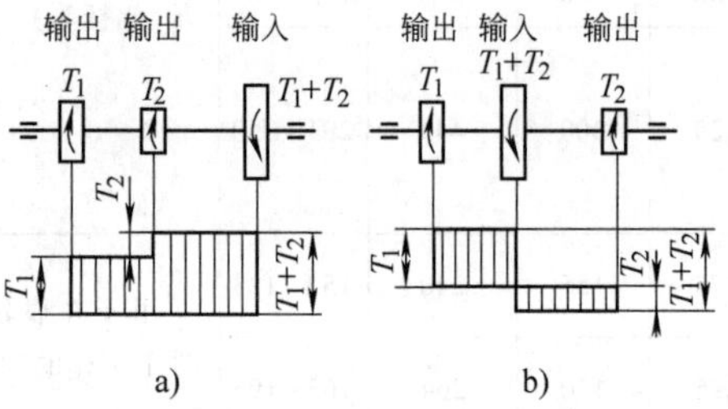

图 12.2-1　轴上转矩的合理分流

2）支承载荷的合理分配。图 12.2-2a 中，由于齿轮啮合力及带传动周向拉力的作用，轴承 1 的支承力较大，图 12.2-2b 中 1 和 2 两轴承载荷接近，结构合理。

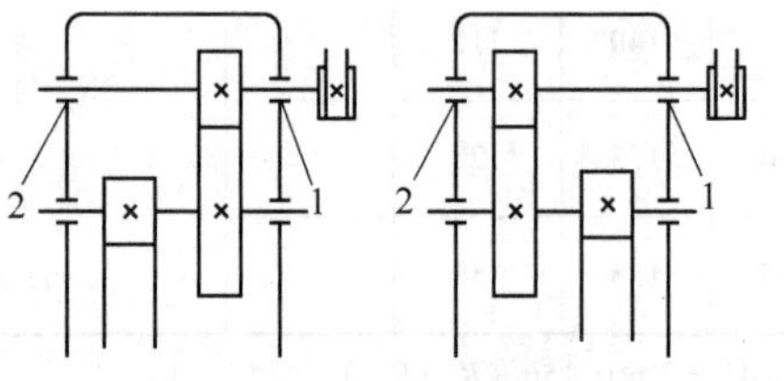

图 12.2-2　支承载荷的合理分配

3）减载结构。图 12.2-3 中，V 带轮 5 上的周向拉力由套筒 7 承受，减轻了转轴 1 上的载荷。图 12.2-4a的方案是大齿轮和卷筒连在一起，转矩经大齿轮直接传给卷筒，卷筒轴只受弯矩而不受转矩；而图 12.2-4b 的方案是大齿轮将转矩通过轴传到卷筒，因而卷筒轴既受弯矩又受转矩。在同样的载荷 F_Q 作用下，图 12.2-4a 中轴的直径显然可比图 12.2-4b 中的轴径小。图 12.2-5a 所示转动心轴设计改为图

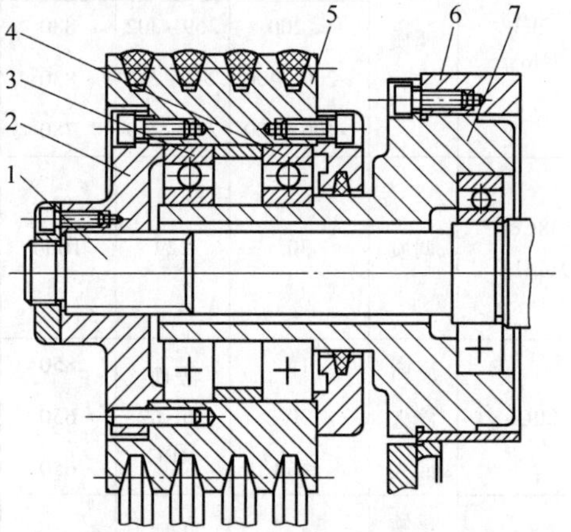

图 12.2-3　轴的减载结构

1—轴　2、7—套筒　3、4—轴承

5—V 带轮　6—机体

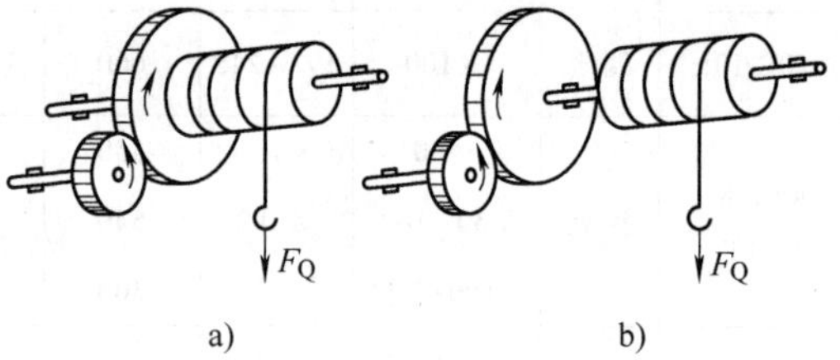

图 12.2-4　起重卷筒的两种安装方案

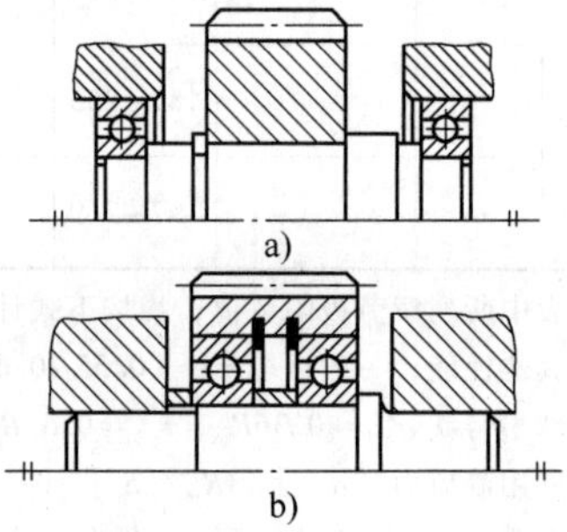

图 12.2-5　转动心轴改变为固定心轴

12.2-5b 固定心轴设计，使轴由承受交变应力改为静应力，提高了强度。图 12.2-6a 中卷筒的轮毂很长，轴的弯曲力矩较大，如把轮毂分成两段（见图 12.2-6b），不仅可以减小轴的弯矩，提高轴的强度和刚度，而且能得到良好的轴孔配合。

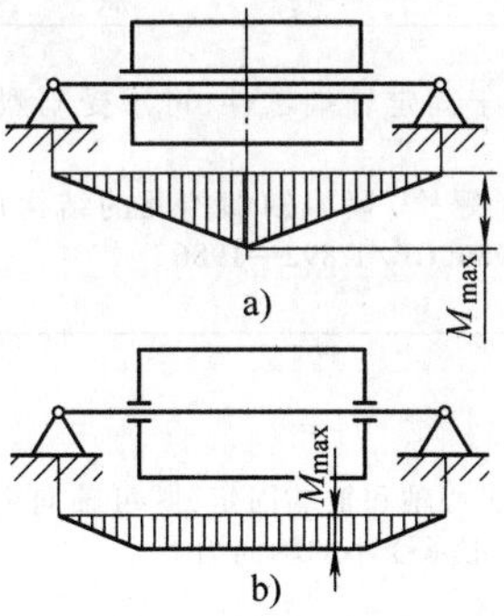

图 12.2-6　卷筒的两种轮毂结构

2　轴上零件的定位与固定

零件与轴的固定或连接方式，随零件的作用而异。一般情况下，为了保证零件在轴上具有确定的工作位置，需从轴向和周向加以固定。

2.1　轴上零件的轴向定位与固定（见表 12.2-1）

表 12.2-1　轴上零件轴向固定方法及特点

固定方法	简　图	特　点
轴肩、轴环	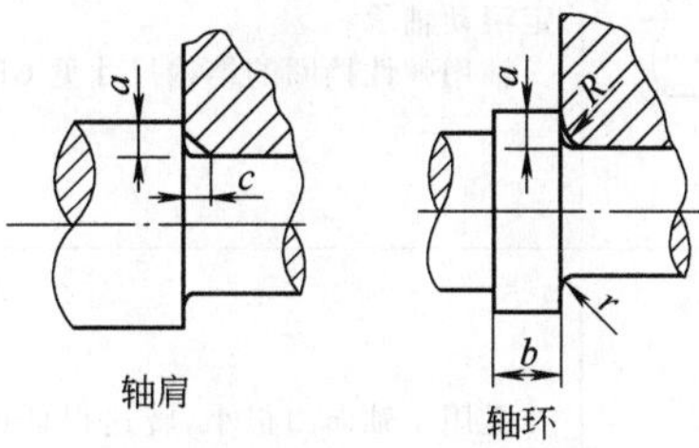	结构简单，定位可靠，可承受较大轴向力。常用于齿轮、链轮、带轮、联轴器和轴承等定位 为保证零件紧靠定位面，应使 $r<c$ 或 $r<R$ 轴肩高度 a 应大于 R 或 c，通常取 $a=(0.07\sim0.1)d$ 轴环宽度 $b\approx1.4a$ 与滚动轴承相配合处的 a 与 r 值应根据滚动轴承的类型与尺寸确定（见滚动轴承篇） 轴肩配合处的圆角半径与倒角尺寸推荐值见表 12.2-2
轴套	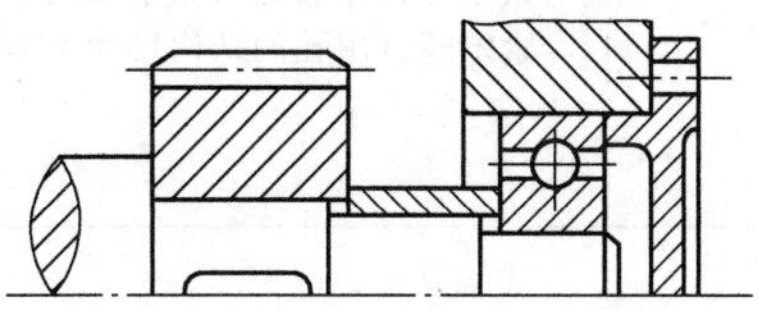	结构简单，定位可靠，轴上不需开槽、钻孔和切制螺纹，因而不影响轴的疲劳强度。一般用于零件间距较小的场合，以免增加结构重量。轴的转速很高时不宜采用
锁紧挡圈	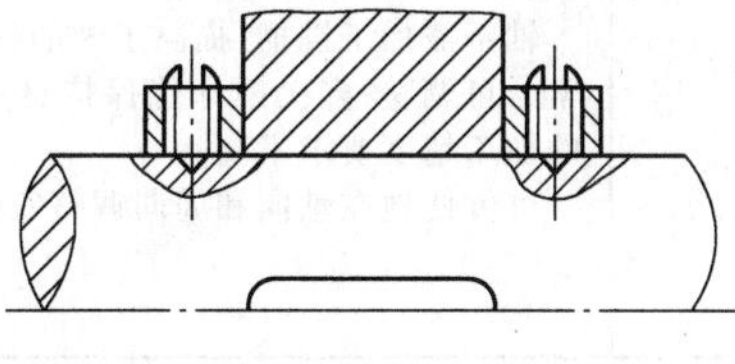	结构简单，不能承受大的轴向力，不宜用于高速。常用于光轴上零件的固定 螺钉锁紧挡圈的结构尺寸见 GB/T 884—1986
圆锥面	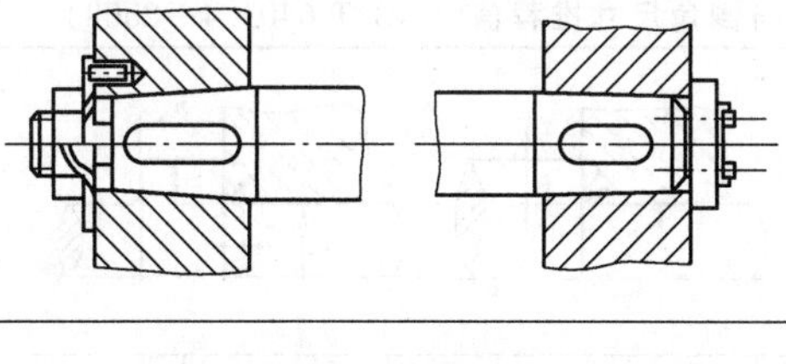	能消除轴与轮毂间的径向间隙，装拆较方便，可兼做周向固定，能承受冲击载荷。多用于轴端零件固定，常与轴端压板或螺母联合使用，使零件获得双向轴向固定 圆锥形轴伸见 GB/T 1570—2005
圆螺母	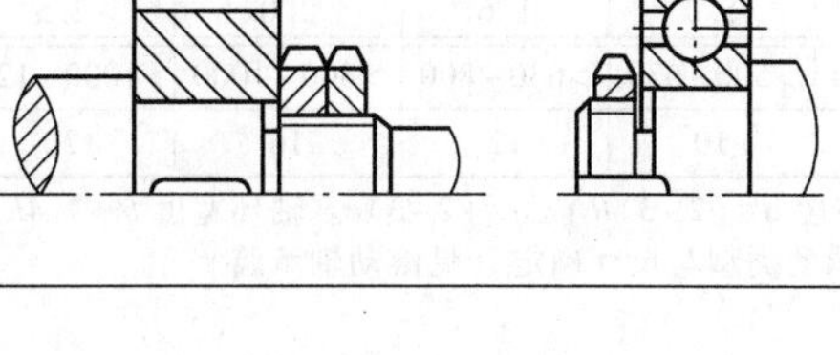	固定可靠，装拆方便，可承受较大轴向力。由于轴上切制螺纹，使轴的疲劳强度降低。常用双圆螺母或圆螺母与止动垫圈固定轴端零件，当零件间距较大时，亦可用圆螺母代替轴套以减小结构重量 圆螺母和止动垫圈的结构尺寸见 GB/T 810—1988，GB/T 812—1988 及 GB/T 858—1988

（续）

固定方法	简　　图	特　　点
轴端挡圈	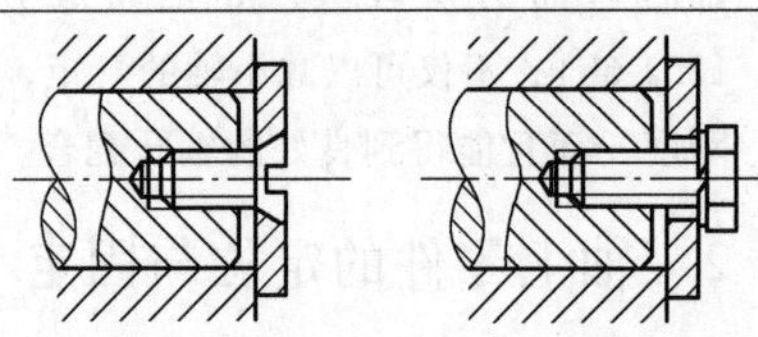	适用于固定轴端零件，可承受剧烈振动和冲击载荷 螺钉（螺栓）紧固轴端挡圈的结构尺寸见 GB/T 891—1986、GB/T 892—1986
轴端挡板	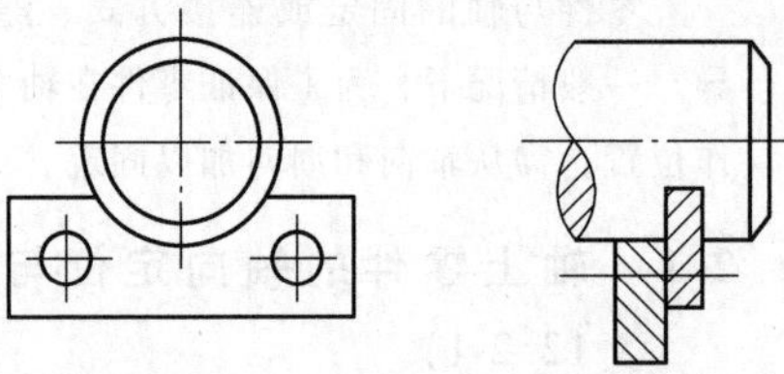	适用于心轴和轴端固定，既可轴向定位又可周向定位，只能承受小的轴向力
弹性挡圈	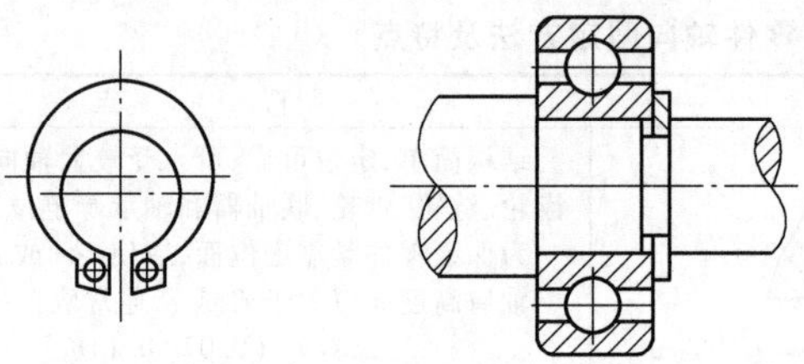	结构简单紧凑，只能承受很小的轴向力，常用于固定滚动轴承 轴用弹性挡圈的结构尺寸见 GB/T 894.1—1986
紧定螺钉	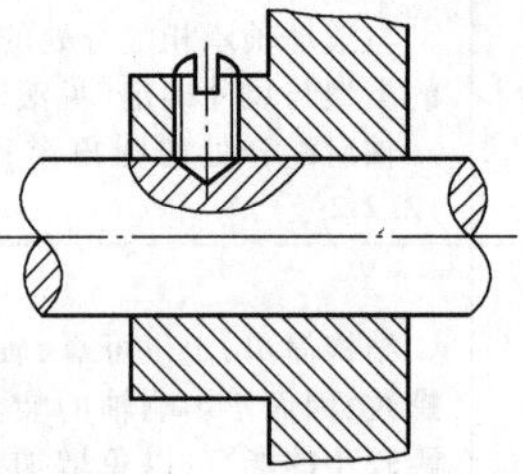	适用于轴向力很小，转速很低或仅为防止零件偶然沿轴向滑动的场合。为防止螺钉松动，可加锁圈 紧定螺钉亦起周向固定作用 紧定螺钉用孔的结构尺寸见 GB/T 71—1985
胀紧连接套	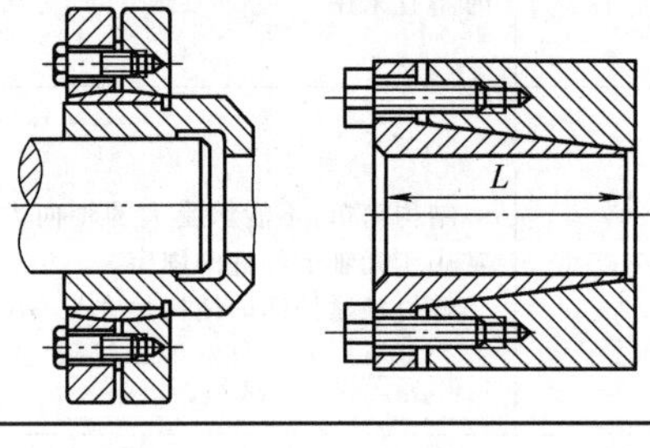	既用于轴向定位也用于周向定位 轴不需加工键槽，提高了轴的强度。对中性好，压紧力可调整，多次拆卸能保持良好的配合性质。轴的加工精度要求不高 可方便地在轴向和周向调整安装位置，拆装方便

表 12.2-2　轴肩配合处的圆角半径与倒角尺寸推荐值（GB/T 6403.4—2008）　　（mm）

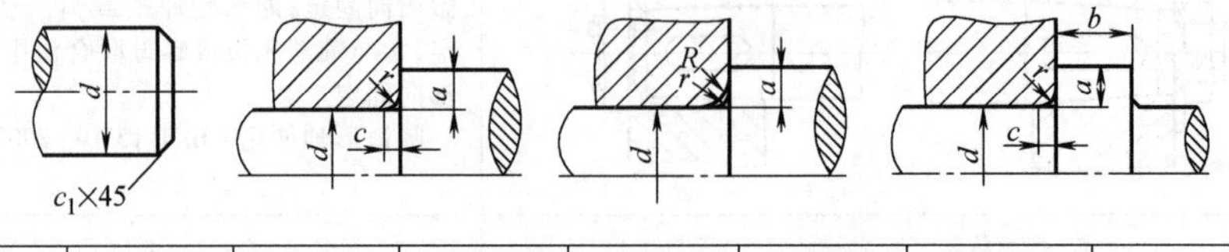

轴直径 d	<3	>3~6	>6~10	>10~18	>18~30	>30~50	>50~80	>80~120	>120~180
R、c 或 c_1	0.2	0.4	0.6	0.8	1.0	1.6	2.0	2.5	3.0
轴直径 d	>180~250	>250~320	>320~400	>400~500	>500~630	>630~800	>800~1000	>1000~1250	>1250~1600
R、c 或 c_1	4.0	5.0	6.0	8.0	10	12	16	20	25

注：1. 为确保零件可靠定位，应使 $r<c$ 或 $r<R$；轴肩高度 $a=(2\sim3)R$ 或 $a=(2\sim3)c$。轴环宽度 $b\approx1.4h$。

2. 与滚动轴承相配合处的 h 与 r 值应根据滚动轴承的类型与尺寸确定（见滚动轴承篇）。

2.2　轴上零件的周向定位与固定（见表 12.2-3）

表 12.2-3　轴上零件的周向定位与固定方式及特点

固定方法	简图	特点
平键	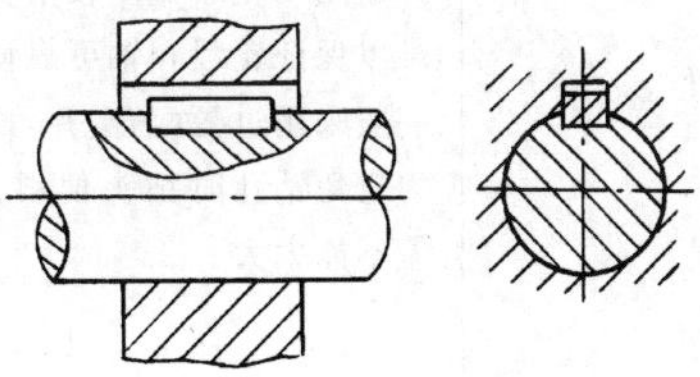	制造简单，装拆方便，对中性好。用于较高精度、高转速及受冲击或变载荷作用下的固定连接中，还可用于一般要求的导向连接中 齿轮、蜗轮、带轮与轴的连接常用此形式 平键断面及键槽见 GB/T 1096—2003 导向平键见 GB/T 1097—2003
楔键	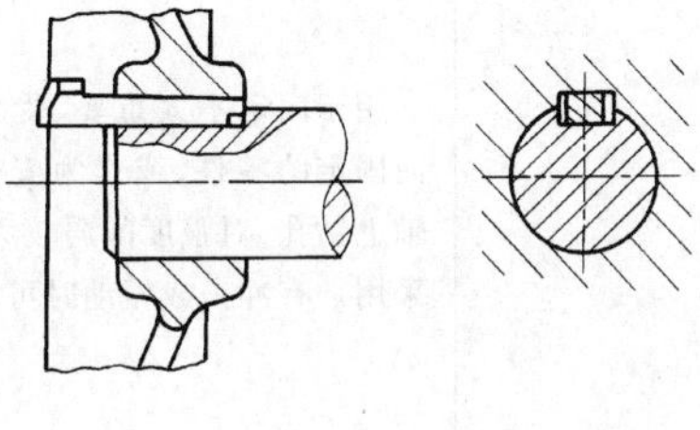	能传递转矩，同时能承受单向轴向力。由于装配后造成轴上零件的偏心或偏斜，故不适于要求严格对中、有冲击载荷及高速传动连接 楔键及键槽见 GB/T 1563～1565—2003
切向键	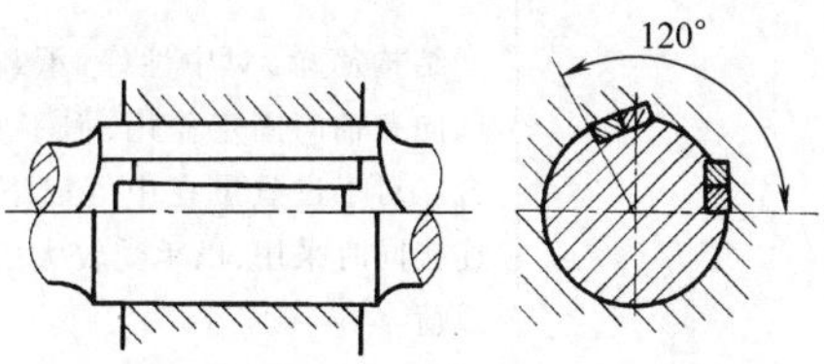	可传递较大的转矩，对中性差，对轴的削弱较大，常用于重型机械中 一个切向键只能传递一个方向的转矩，传递双向转矩时，需用两个互成 120°的切向键，见 GB/T 1974—2003
花键	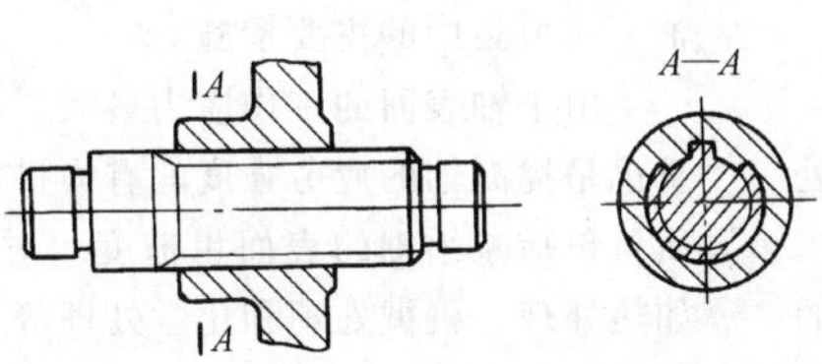	有矩形、渐开线及三角形花键之分 承载能力高、定心性及导向性好，制造困难，成本较高。适于载荷较大，对定心精度要求较高的滑动连接或固定连接 三角形齿细小，适于轴径小、轻载或薄壁套筒的连接，见 GB/T 1144—2001
滑键	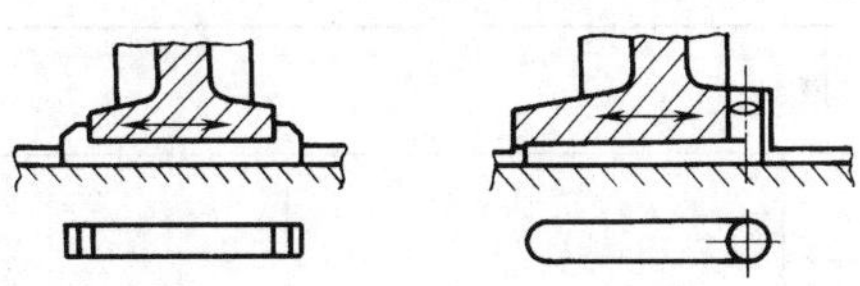	键固定在轮毂上，随轮毂一同沿轴上键槽做轴向移动 常用于轴向移动距离较大的场合
半圆键	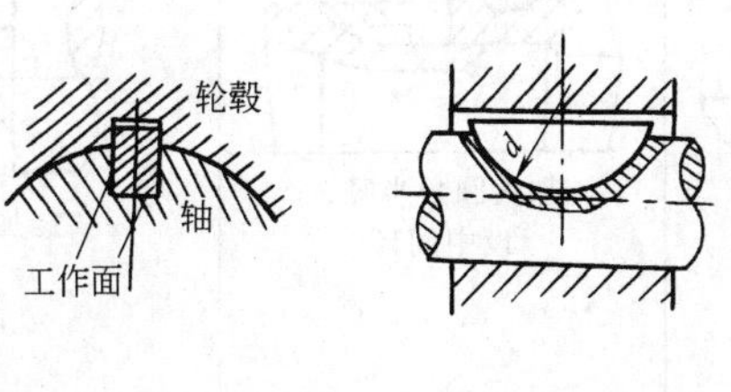	键在轴上键槽中能绕其几何中心摆动，故便于轮毂往轴上装配，但轴上键槽很深，削弱了轴的强度 用于载荷较小的连接或作为辅助性连接，也用于锥形轴及轮毂连接，见 GB/T 1098～1099—2003

（续）

固定方法	简图	特点
圆柱销	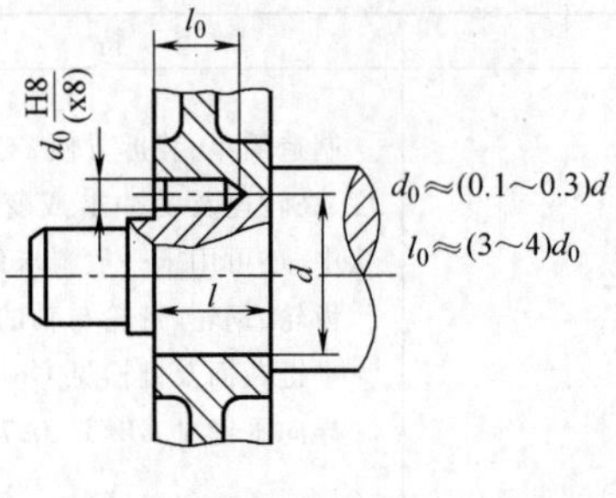	适用于轮毂宽度较小（如 $l/d<0.6$），用键连接难以保证轮毂和轴可靠固定的场合。这种连接一般采用过盈配合，并可同时采用几只圆柱销。为避免钻孔时钻头偏斜，要求轴和轮毂的硬度差不能太大
圆锥销	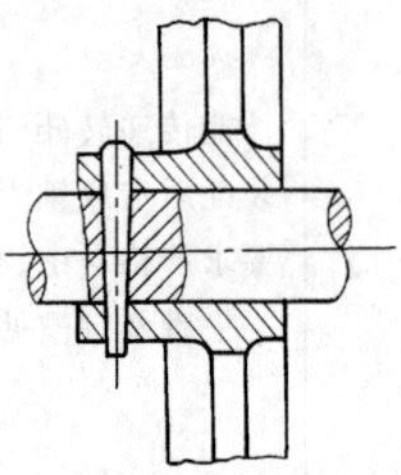	用于固定不太重要、受力不大但同时需要轴向固定的零件，或作为安全装置使用。由于在轴上钻孔，对强度削弱较大，故对重载的轴不宜采用。有冲击或振动时可采用开尾锥销
过盈配合	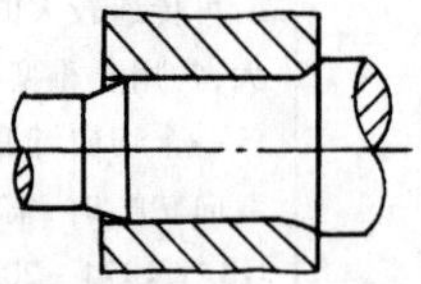	结构简单，对中性好，承载能力高，可同时起周向和轴向固定作用，但不宜用于常拆卸的场合。对于过盈量在中等以下的配合，常与平键连接同时采用，以承受较大的交变、振动和冲击载荷

3 提高轴疲劳强度的结构措施

轴的破坏多属于疲劳破坏。在轴的截面变化处（如轴肩、键槽、横孔、环槽等），会产生应力集中，因此轴的疲劳破坏多发生在这些部位。所以设计轴的结构时应力求降低应力集中。表 12.2-4 列出了降低轴上应力集中的主要措施。

由于轴表面的工作应力最大，故提高轴的表面质量也是提高轴的疲劳强度的有力措施。提高轴的表面质量包括减小轴的表面粗糙度，对轴表面进行处理，如热处理、机械处理和化学处理等，都能达到提高轴的疲劳强度的目的。

表 12.2-4 降低轴应力集中的主要措施举例

结构名称	措施			
圆角	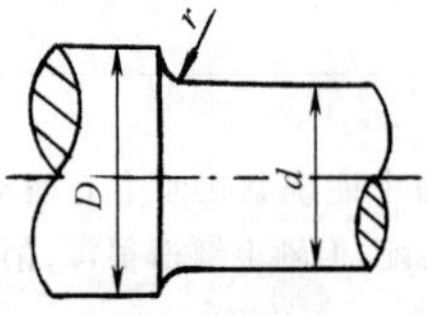加大圆角半径 $r/d>0.1$，减小直径差 $D/d<1.15\sim1.2$	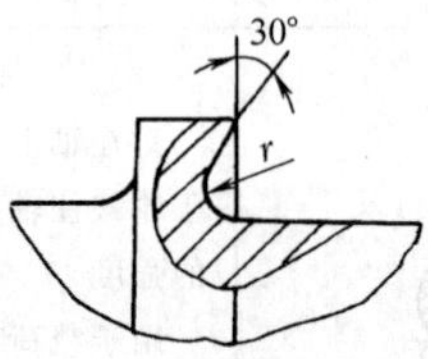加内凹圆角	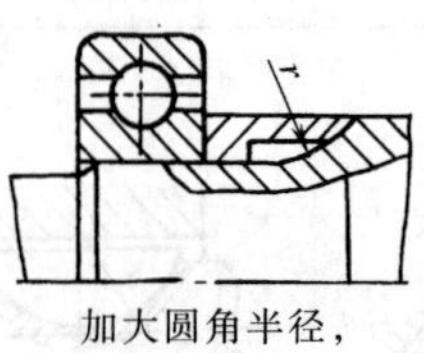加大圆角半径，设中间环	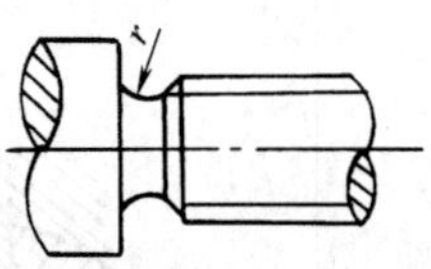加退刀圆角

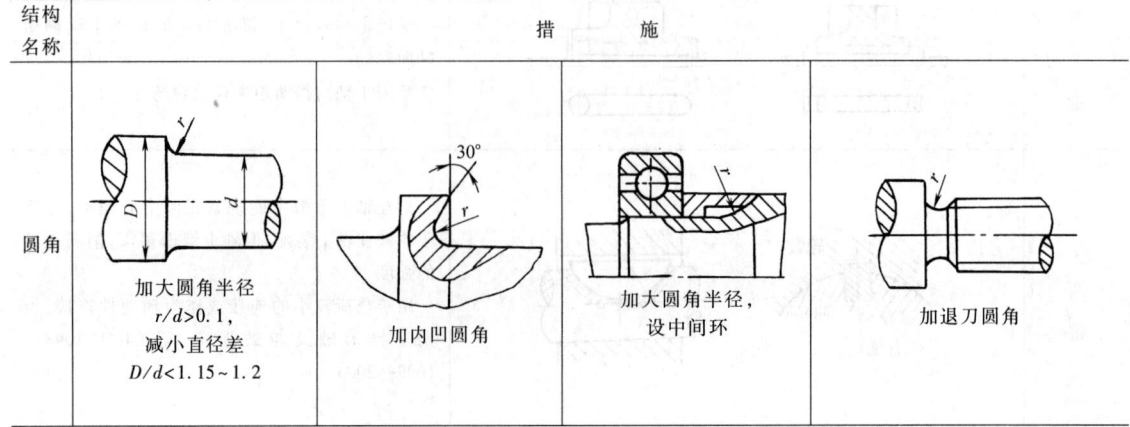

（续）

<table>
<tr><th>结构名称</th><th colspan="4">措　施</th></tr>
<tr><td>横孔</td><td colspan="2">K_σ 减小约 30%
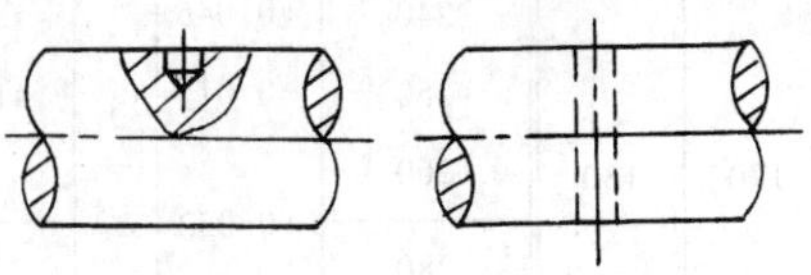
不通孔改成通孔</td><td>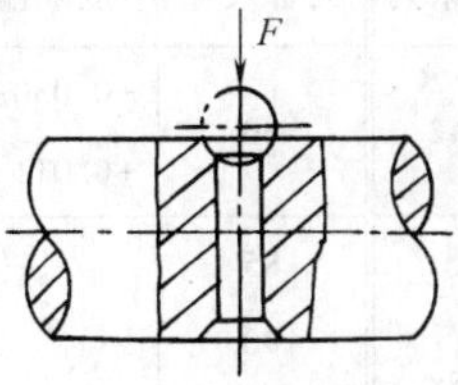

孔上倒角或滚珠辗压</td><td>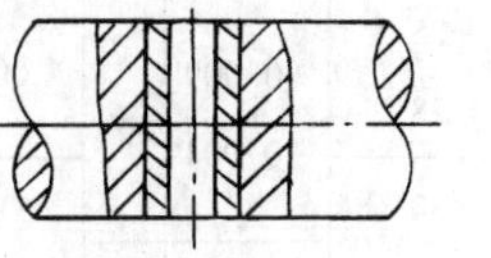
压入弹性小的衬套</td></tr>
<tr><td>键槽花键</td><td>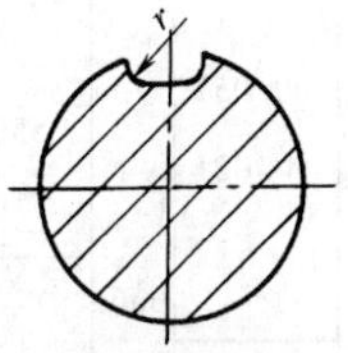

底部加圆角</td><td>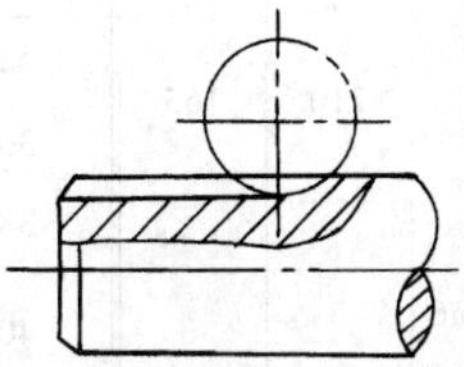
用圆盘铣刀</td><td>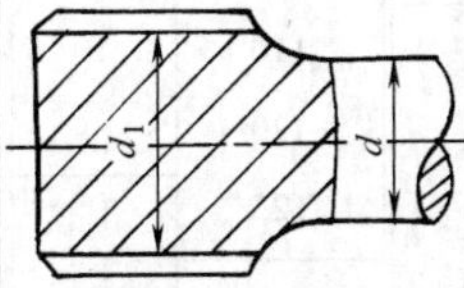

$d_1=(1.1\sim1.3)d$
增大花键直径</td><td>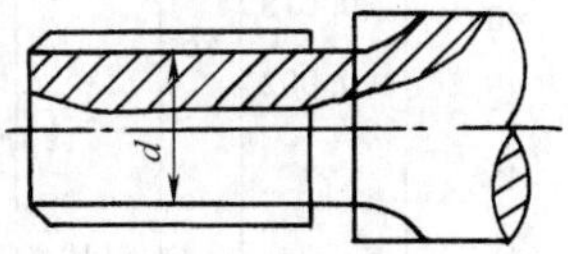

花键加退刀槽</td></tr>
<tr><td>过盈配合</td><td>K_σ 减小约 30%~40%
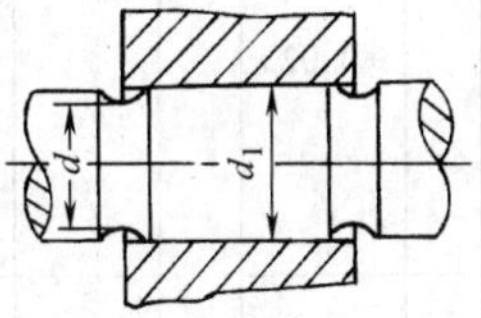

$d=(0.92\sim0.95)d_1$
轴上开卸载槽并滚压</td><td>K_σ 减小约 40%
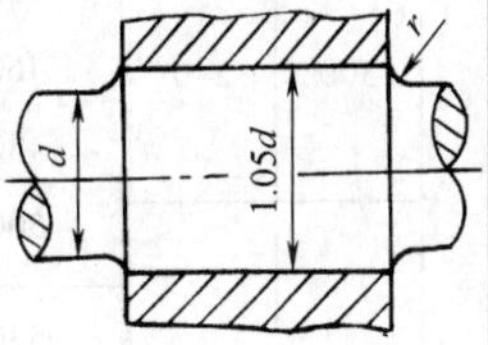

$r\geqslant(0.1\sim0.2)d$
增大配合处直径</td><td>K_σ 减小约 15%~25%
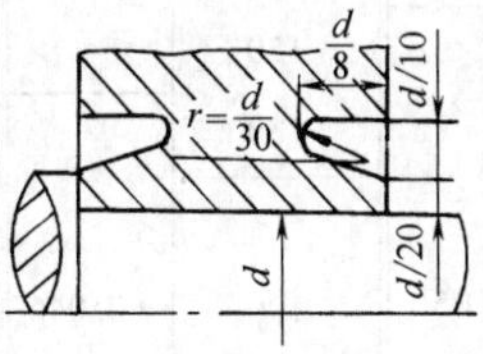

轮毂上开卸载槽</td><td>K_σ 减小约 15%~25%
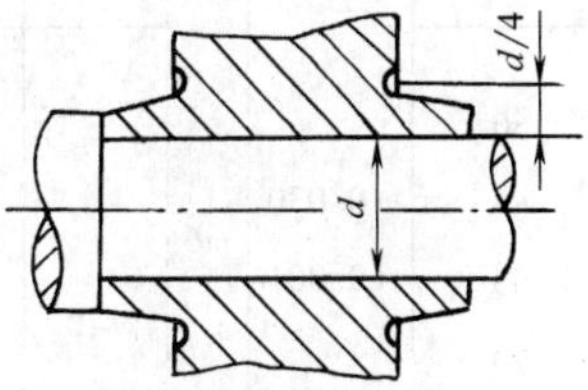

减小轮毂端部厚度</td></tr>
</table>

注：K_σ 为弯曲时有效应力集中系数，其减小值为概略值，仅供参考。

4　轴伸和轴颈的结构尺寸

4.1　圆柱形轴伸结构尺寸（见表 12.2-5）

表 12.2-5　圆柱形轴伸结构尺寸（GB/T 1569—2005）　（mm）

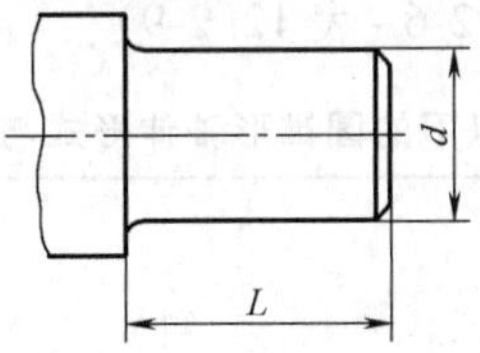

<table>
<tr><th colspan="3">d</th><th colspan="2">L</th><th colspan="3">d</th><th colspan="2">L</th><th colspan="3">d</th><th colspan="2">L</th></tr>
<tr><th>公称尺寸</th><th colspan="2">极限偏差</th><th>长系列</th><th>短系列</th><th>公称尺寸</th><th colspan="2">极限偏差</th><th>长系列</th><th>短系列</th><th>公称尺寸</th><th colspan="2">极限偏差</th><th>长系列</th><th>短系列</th></tr>
<tr><td>6</td><td>+0.006
-0.002</td><td rowspan="4">j6</td><td rowspan="2">16</td><td rowspan="4">—</td><td>10</td><td>+0.007
-0.002</td><td rowspan="4">j6</td><td rowspan="2">23</td><td rowspan="2">20</td><td>18</td><td>+0.008
-0.003</td><td rowspan="4">j6</td><td rowspan="2">40</td><td rowspan="2">28</td></tr>
<tr><td>7</td><td rowspan="3">+0.007
-0.002</td><td>11</td><td rowspan="3">+0.008
-0.003</td><td>19</td><td rowspan="3">+0.009
-0.004</td></tr>
<tr><td>8</td><td rowspan="2">20</td><td>12
14</td><td>30</td><td>25</td><td rowspan="2">20
22
24</td><td rowspan="2">50</td><td rowspan="2">36</td></tr>
<tr><td>9</td><td>16</td><td>40</td><td>28</td></tr>
</table>

（续）

d 公称尺寸	d 极限偏差		L 长系列	L 短系列
25	+0.009 −0.004	j6	60	42
28				
30	+0.018 +0.002	k6	80	58
32				
35				
38				
40			110	82
42				
45				
48				
50				
55	+0.030 +0.001	m6		
56				
60			140	105
63				
65				
70				
71				
75				

d 公称尺寸	d 极限偏差		L 长系列	L 短系列
80	+0.030 +0.011	m6	170	130
85	+0.035 +0.013			
90				
95				
100			210	165
110				
120				
125	+0.040 +0.015			
130			250	200
140				
150				
160			300	240
170				
180	+0.046 +0.017			
190			350	280
200				
220				

d 公称尺寸	d 极限偏差		L 长系列	L 短系列
240	+0.046 +0.017	m6	410	330
250				
260	+0.052 +0.020			
280			470	380
300				
320				
340	+0.057 +0.021		550	450
360				
380				
400			650	540
420	+0.063 +0.023			
440				
450				
460				
480				
500				
530	+0.070 +0.026		800	680
560				
600				
630				

注：1. 直径大于630~1250mm的轴伸直径和长度系列可参见原标准附录A。

2. 本表适用于一般机器之间的连接并传递转矩的场合。

4.2 圆锥形轴伸结构尺寸（见表12.2-6~表12.2-9）

表12.2-6 直径220mm以下的圆锥形轴伸形式与尺寸（GB/T 1570—2005） （mm）

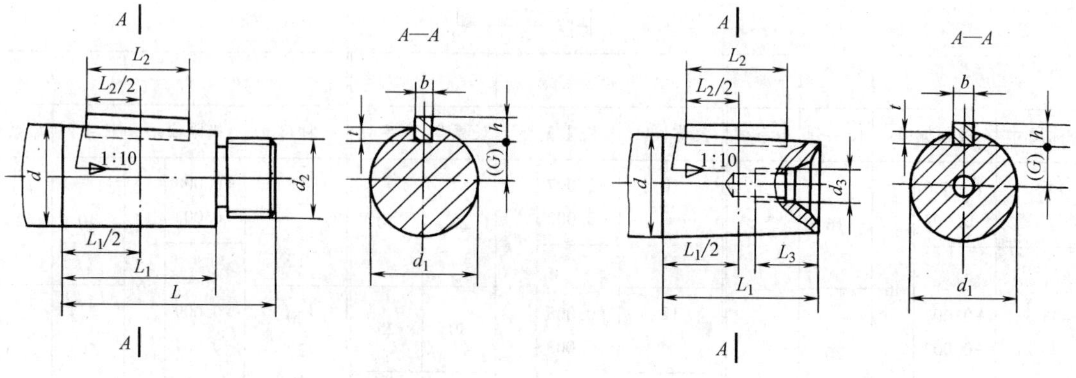

（续）

d	L	L_1	L_2	b	h	d_1	t	(G)	d_2	d_3	L_3
长　系　列											
6	16	10	6	—	—	5.5	—	—	M4	—	—
7						6.5					
8	20	12	8			7.4			M6		
9						8.4					
10	23	15	12			9.25					
11				2	2	10.25	1.2	3.9			
12	30	18	16			11.1		4.3	M8×1	M4	10
14				3	3	13.1	1.8	4.7			
16	40	28	25			14.6		5.5	M10×1.25		
18				4	4	16.6	2.5	5.8		M5	13
19						17.6		6.3			
20	50	36	32			18.2		6.6	M12×1.25	M6	16
22						20.2		7.6			
24				5	5	22.2		8.1			
25	60	42	36			22.9	3	8.4	M16×1.5	M8	19
28						25.9		9.9			
30	80	58	50			27.1		10.5	M20×1.5	M10	22
32				6	6	29.1	3.5	11.0			
35						32.1		12.5			
38						35.1		14.0			
40	110	82	70	10	8	35.9	5	12.9	M24×2	M12	28
42						37.9		13.9			
45				12	8	40.9		15.4			
48						43.9		16.9	M30×2	M16	36
50						45.9		17.9			
55				14	9	50.9	5.5	19.9	M36×3	M20	42
56						51.9		20.4			
60	140	105	100	16	10	54.75	6	21.4	M42×3		
63						57.75		22.9			
65						59.75		23.9			
70				18	11	64.75	7	25.4	M48×3	M24	50
71						65.75		25.9			
75						69.75		27.9			
80	170	130	110	20	12	73.5	7.5	29.2	M56×4	—	—
85						78.5		31.7			

d	L	L_1	L_2	b	h	d_1	t	(G)	d_2	d_3	L_3
长　系　列											
90	170	130	110	22	14	83.5	9	32.7	M64×4	—	—
95						88.5		35.2			
100	210	165	140	25	14	91.75		36.9	M72×4		
110						101.75		41.9	M80×4		
120	210	165	140	28	16	111.75	10	45.9	M90×4	—	—
125						116.75		48.3			
130	250	200	180	32	18	120		50	M100×4		
140						130	11	54			
150						140		59	M110×4		
160	300	240	220	36	20	148	12	62	M125×4		
170						158		67	M140×6		
180				40	22	168	13	71			
190	350	280	250			176		75	N160×6		
200						186		80			
220				45	25	206	15	88			
短　系　列											
16	28	16	14	3	3	15.2	1.8	5.8	M10×1.25	M4	10
18				4	4	17.2	2.5	6.1		M5	13
19						18.2		6.6			
20	36	22	20			18.9		6.9	M12×1.25	M6	16
22						20.9		7.9			
24				5	5	22.9	3	8.4			
25	42	24	22			23.8		8.9	M16×1.5	M8	19
28						26.8		10.4			
30	58	36	32			28.2		11.1	M20×1.5	M10	22
32				6	6	30.2	3.5	11.6			
35						33.2		13.1			
38						36.2		14.6	M24×2	M12	28
40	82	54	50	10	8	37.3	5	13.6			
42						39.3		14.6			
45				12	8	42.3		16.1	M30×2	M16	36
48						45.3		17.6			
50						47.3		18.6	M36×3		
55				14	9	52.3	5.5	20.6		M20	42
56						53.3		21.1			

（续）

d	L	L_1	L_2	b	h	d_1	t	(G)	d_2	d_3	L_3
短系列											
60	105	70	63	16	10	56.5	6	22.2	M42×3	M20	42
63						59.5		23.7			
65						61.5		24.7			
70				18	11	66.5	7	26.2	M48×3	M24	50
71						67.5		26.7			
75						71.5		28.7			
80	130	90	80	20	12	75.5	7.5	30.2	M56×4	—	—
85						80.5		32.7			
90				22	14	85.5	9	33.7	M64×4		
95						90.5		36.2			
100	165	120	110	25	14	94		38	M72×4		
110						104		43	M80×4		
120				28	16	114	10	47	M90×4		
125						119		49.5			
130	200	150	125	28	16	122.5	10	51.2	M100×4	—	—
140						132.5		55.2			
150				32	18	142.5	11	60.2	M110×4		
160	240	180	160	36	20	151	12	63.5	M125×4	—	—
170						161		68.5			
180				40	22	171	13	72.5	M140×6		
190	280	210	180			179.5		76.7			
200						189.5		81.7			
220				45	25	209.5	15	89.7	M160×6		

注：1. 键槽深度 t，可用测量 G 来代替，或按表 12.2-8 的规定。

2. L_2 可根据需要选取小于表中的数值。

表 12.2-7 直径 220mm 以上的圆锥形轴伸形式与尺寸（GB/T 1570—2005） （mm）

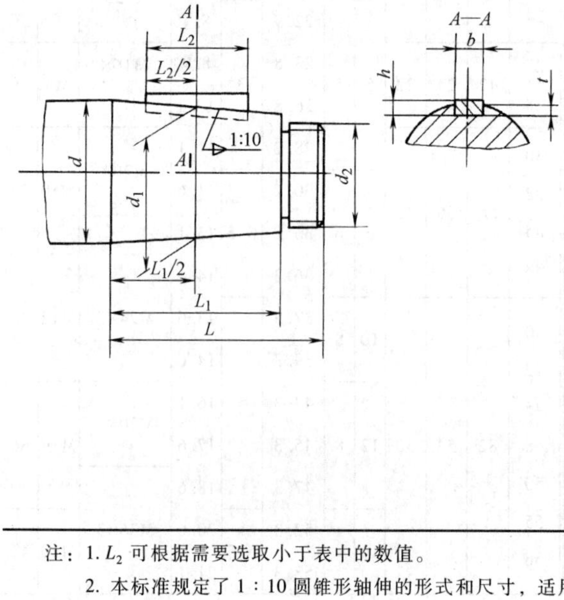

d	L	L_1	L_2	b	h	d_1	t	d_2
240	410	330	280	50	28	223.5	17	M180×6
250						233.5		
260						243.5		M200×6
280	470	380	320	56	32	261	20	M220×6
300				63		281		
320						301		M250×6
340	550	450	400	70	36	317.5	22	M280×6
360						337.5		
380						357.5		M300×6
400	650	540	450	80	40	373	25	M320×6
420						393		
440						413		M350×6
450				90	45	423	28	
460						433		M380×6
480						453		
500						473		M420×6
530	800	680	500	100	50	496	31	
560						526		M450×6
600						566		M500×6
630						596		M550×6

注：1. L_2 可根据需要选取小于表中的数值。

2. 本标准规定了 1∶10 圆锥形轴伸的形式和尺寸，适用于一般机器之间的连接并传递转矩的场合。

表 12.2-8　圆锥形轴伸大端处键槽深度尺寸（参考）　（mm）

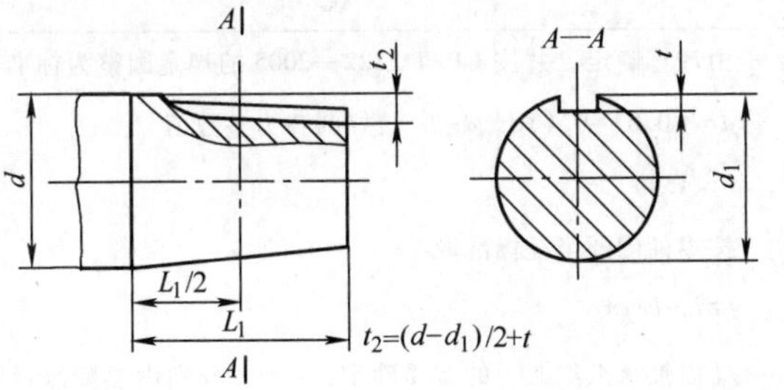

d	t_2		d	t_2		d	t_2	
	长系列	短系列		长系列	短系列		长系列	短系列
11	1.6	—	40	7.1	6.4	95	12.3	11.3
12	1.7	—	42	7.1	6.4	100	13.1	12.0
14	2.3	—	45	7.1	6.4	110	13.1	12.0
16	2.5	2.2	48	7.1	6.4	120	14.1	13.0
18	3.2	2.9	50	7.1	6.4	125	14.1	13.0
19	3.2	2.9	55	7.6	6.9	130	15.0	13.8
20	3.4	3.1	56	7.6	6.9	140	16.0	14.8
22	3.4	3.1	60	8.6	7.8	150	16.0	14.8
24	3.9	3.6	65	8.6	7.8	160	18.0	16.5
25	4.1	3.6	70	9.6	8.8	170	18.0	16.5
28	4.1	3.6	71	9.6	8.8	180	19.0	17.5
30	4.5	3.9	75	9.6	8.8	190	20.0	18.3
32	5.0	4.4	80	10.8	9.8	200	20.0	18.3
35	5.0	4.4	85	10.8	9.8	220	22.0	20.3
38	5.0	4.4	90	12.3	11.3			

注：t_2 的极限偏差与 t 的极限偏差相同，按大端直径检验键槽深度时，表 12.2-6 中的 t 作为参考尺寸。

表 12.2-9　圆锥形轴伸 L_1 的轴向极限偏差　（mm）

直径 d	L_1 的轴向极限偏差	直径 d	L_1 的轴向极限偏差	直径 d	L_1 的轴向极限偏差
6～10	0 −0.22	55～80	0 −0.46	260～300	0 −0.81
11～18	0 −0.27	85～120	0 −0.54	320～400	0 −0.89
19～30	0 −0.33	125～180	0 −0.63	420～500	0 −0.97
32～50	0 −0.39	190～250	0 −0.72	530～630	0 −1.10

注：1. 直径 d 的公差选用 GB/T 1800.1 及 GB/T 1800.2 中的 IT8。

2. 1∶10 的圆锥角公差选用 GB/T 11334 中的 AT6。

4.3　滑动轴承的轴颈和轴端润滑油孔（见表 12.2-10～表 12.2-12）

表 12.2-10　滑动轴承的向心轴颈结构尺寸

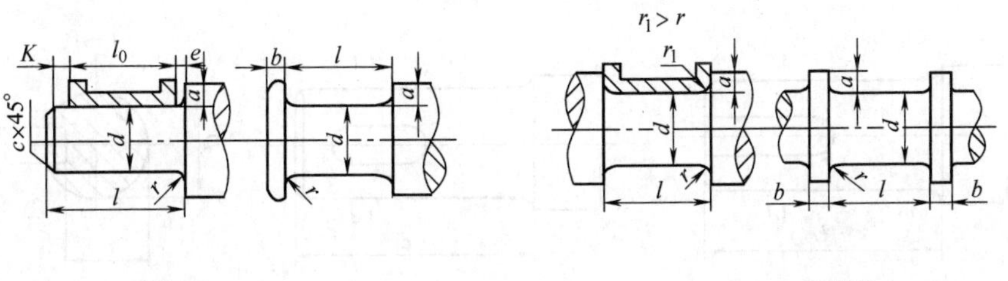

端轴颈　　中轴颈

（续）

代号	名　　称	说　　明
d	轴颈直径	由计算确定，并按 GB/T 2822—2005 的规定圆整为标准直径
a	轴肩（环）高度	$a\approx(0.07\sim0.1)d$，$d+2a$ 最好圆整为整数值
b	轴环宽度	$b\approx1.4a$
r、r_1	倒圆半径	按零件倒圆半径标准取
l	轴颈长度	$l=l_0+k+e+c$ l_0 由轴承工作能力的需要确定，e 和 k 分别由热膨胀量和安装误差确定，c 按倒角标准取，对于固定轴轴颈 $l=l_0$

表 12.2-11　滑动轴承的止推轴颈结构尺寸

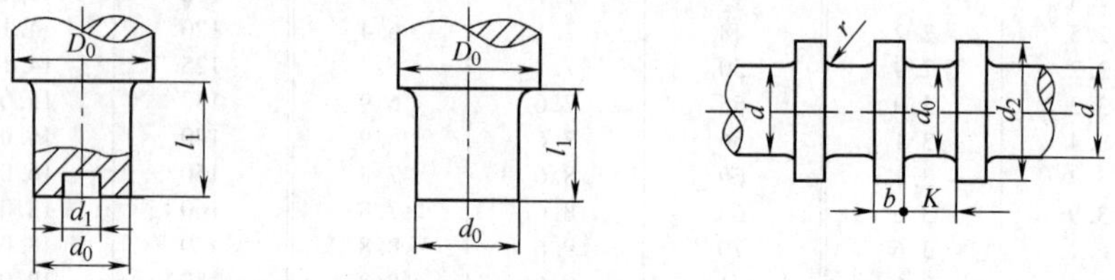

代号	名　称	说　明	代号	名　称	说　明
D_0	轴 直 径	计算确定	b	轴环宽度	$b=(0.1\sim0.15)d$
d	轴 直 径	计算确定	K	轴环距离	$K=(2\text{-}3)b$
d_0	止推轴颈直径	计算确定	l_1	止推轴颈长度	由计算和推力轴承结构确定
d_1	空心轴颈内径	$d_1=(0.4\sim0.6)d_0$	n	轴环数	$n\geqslant1$ 由计算和推力轴承结构确定
d_2	轴环外径	$d_2=(1.2\sim1.6)d$	r	轴环根部圆角半径	按标准 GB/T 6403.4—2008 选取

表 12.2-12　轴端润滑油孔　（mm）

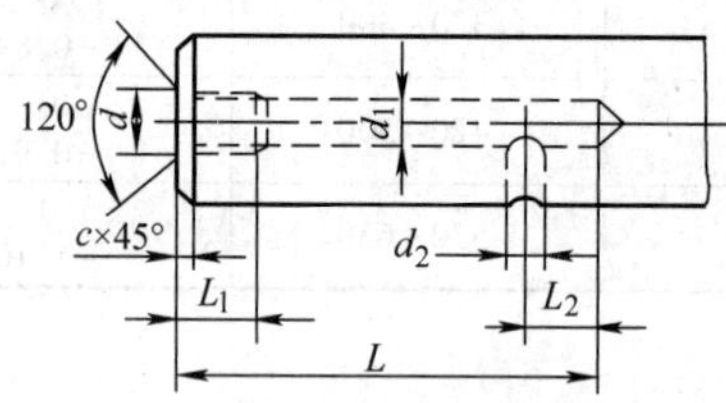

螺纹直径 d	d_1	d_2	L_{max}	L_{1min}	L_{2min}	c
M6-7H	5	5	100	10	15	0.5
M10×1-7H	9		150	12		
M14×1.5-7H	12.5	10	400	20	25	1
M20×1.5-7H	18.5	12	800	25	30	

4.4　旋转电动机轴伸的结构尺寸（见表 12.2-13、表 12.2-14）

表 12.2-13　旋转电动机圆柱形轴伸的尺寸（摘自 GB/T 756—2010）　（mm）

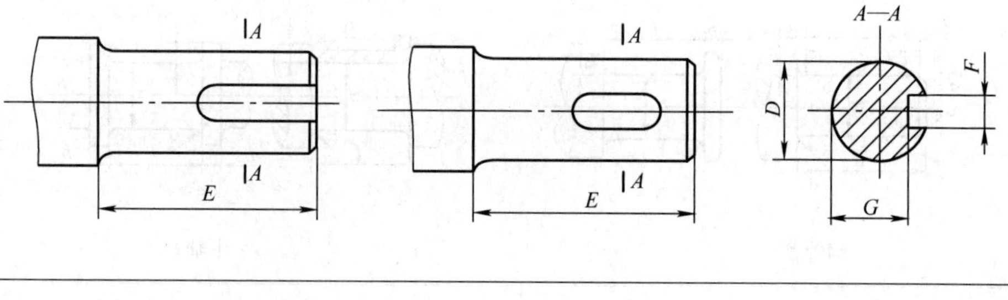

（续）

D 公称尺寸	D 极限偏差	D 公差带	E 公称尺寸 长系列	E 公称尺寸 短系列	F 公称尺寸	F 极限偏差 正常连接 N9	F 极限偏差 紧密连接 P9	G 公称尺寸	G 极限偏差
6	+0.006 -0.002	j6	16		2	-0.004 -0.029	-0.006 -0.031	4.8	0 -0.1
7								5.8	
8	+0.007 -0.002		20					6.8	
9					3			7.2	
(10)			23	20				8.2	
11	+0.008 -0.003				4	0 -0.030	-0.012 -0.042	8.5	
(12)			30	25				9.5	
14					5			11.0	
16			40	28				13.0	
18					6			14.5	
19	+0.009 -0.004							15.5	
(20)			50	36				16.5	
22								18.5	
24					8	0 -0.036	-0.015 -0.051	20.0	0 -0.2
(25)			60	42				21.0	
28								24.0	
(30)			80	58				26.0	
32	+0.018 +0.002	k6			10			27.0	
(35)								30.0	
38								33.0	
(40)			110	82	12	0 -0.043	-0.018 -0.061	35.0	
42								37.0	
(45)					14			39.5	
48								42.5	
(50)								44.5	
55	+0.030 +0.011	m6			16			49.0	
60			140	105	18			53.0	
65								58.0	

D 公称尺寸	D 极限偏差	D 公差带	E 公称尺寸 长系列	E 公称尺寸 短系列	F 公称尺寸	F 极限偏差 正常连接 N9	F 极限偏差 紧密连接 P9	G 公称尺寸	G 极限偏差
70	+0.030 +0.011	m6	140	105	20	0 -0.052	-0.022 -0.074	62.5	0 -0.2
75								67.5	
80			170	130	22			71.0	
85	+0.035 +0.013							76.0	
90					25			81.0	
95								86.0	
100			210	165	28			90.0	
110								100	
120					32	0 -0.062	-0.026 -0.088	109	
130	+0.040 +0.015		250	200				119	
140					36			128	0 -0.3
150								138	
160			300	240	40	0 -0.062	-0.026 -0.088	147	
170								157	
180					45			165	
190	+0.046 +0.017		350	280				175	
200								185	
220					50			203	
240			410	330	56	0 -0.074	-0.032 -0.106	220	
250								230	
260	+0.052 +0.020							240	
280			470	380	63			260	
300					70			278	
320	+0.057 +0.021							298	
340			550	450	80			315	
360								335	
380								355	
400			650	540	90	0 -0.087	-0.037 -0.124	372	0 -0.3

轴伸键槽的对称度公差

键槽宽 F	公差	键槽宽 F	公差	键槽宽 F	公差	键槽宽 F	公差
>1~3	0.020	>6~10	0.030	>18~30	0.050	>50~100	0.080
>3~6	0.025	>10~18	0.040	>30~50	0.060		

注：1. 带括号的直径尽量不用，本表未摘录标准中轴伸直径（D）420~630mm 部分。
2. 轴伸直径大于 500mm 者，键槽尺寸及其公差由用户与制造厂协商确定。
3. 轴伸长度 E 一般应采用长系列尺寸。当电动机专与某种指定机械配套或有特殊使用要求时，允许采用短系列尺寸，但应在电动机的标准中做出规定。
4. 轴伸键槽宽 F 的极限偏差应采用正常连接。当对传动有特殊要求时，如频繁起动或经常承受冲击载荷，允许采用紧密连接，但应在电动机的标准中做出规定。

表 12.2-14 旋转电动机长系列圆锥形轴伸的尺寸（摘自 GB/T 757—2010） (mm)

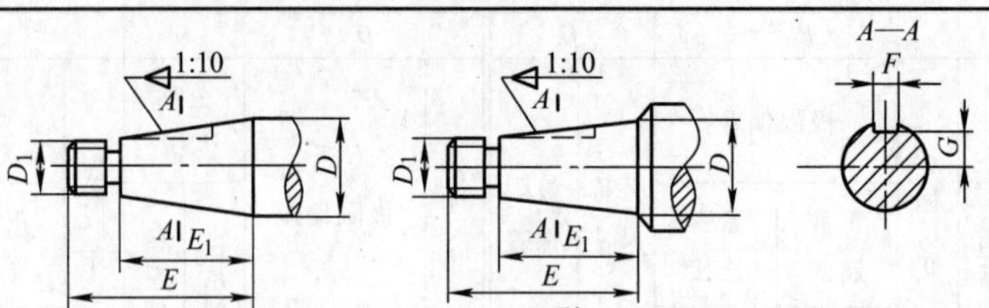

A 型　　B 型

D	E (js14)	E_1	F	G 尺寸	G 偏差	D_1	D	E (js14)	E_1	F	G 尺寸	G 偏差	D_1
16	40	28	$3^{-0.004}_{-0.029}$	5.5	$^{0}_{-0.1}$	M10×1.25	70	140	105	$18^{0}_{-0.043}$	25.4	$^{0}_{-0.2}$	M48×3
18				5.8			75				27.9		
19			$4^{0}_{-0.030}$	6.3			80	170	130	$20^{0}_{-0.052}$	29.2		M56×4
20	50	36		6.6		M12×1.25	85				31.7		
22				7.6			90			$22^{0}_{-0.052}$	32.7		M64×4
24			$5^{0}_{-0.030}$	8.1			95				35.2		
25	60	42		8.4		M16×1.5	100	210	165	$25^{0}_{-0.052}$	36.9		M72×4
28				9.9			110				41.9		M80×4
30	80	58		10.5		M20×1.5	120			$28^{0}_{-0.052}$	45.9		M90×4
32			$6^{0}_{-0.030}$	11.0			130	250	220		50.0		M100×4
35				12.5			140			$32^{0}_{-0.062}$	54.0		
38				14.0		M24×2	150				59.0		M110×4
40	110	82	$10^{0}_{-0.036}$	12.9	$^{0}_{-0.2}$		160	300	240	$36^{0}_{-0.062}$	62.0	$^{0}_{-0.3}$	M125×4
42				13.9			170				67.0		
45			$12^{0}_{-0.043}$	15.4		M30×2	180			$40^{0}_{-0.062}$	71.0		M140×6
48				16.9			190	350	280		75.0		
50				17.9		M36×2	200				80.0		M160×6
55			$14^{0}_{-0.043}$	19.9			220			$45^{0}_{-0.062}$	88.0		
60	140	105	$16^{0}_{-0.043}$	21.4		M42×3							
65				23.9									

尺寸 E_1 的极限偏差

直径 D	E_1 的轴向极限偏差	直径 D	E_1 的轴向极限偏差
16~18	$^{0}_{-0.27}$	85~120	$^{0}_{-0.54}$
19~30	$^{0}_{-0.33}$	130~180	$^{0}_{-0.63}$
32~50	$^{0}_{-0.39}$	190~220	$^{0}_{-0.72}$
55~80	$^{0}_{-0.46}$		

注：1. 尺寸 D 的公差选用 GB/T 1800.2—2009 中的 IT8。
2. 螺纹的公差带选用按 GB/T 197—2003 中的 6g。
3. 螺纹退刀槽应符合 GB/T 3—1997 的规定。

5 轴的结构工艺性

设计轴的结构时，应使轴的结构形状便于加工、装配、测量和维修。

1）轴的直径变化应尽可能少，应尽量限制轴的最大直径与各轴段的直径差，这样既能节省材料，又可减少切削量。

2）在同一轴上直径相差不大的轴段上的键槽，应尽可能采用同一规格的键槽截面尺寸，并应分布在同一加工直线上。

3）对于需要磨削的轴段，应留有砂轮越程槽（见 GB/T 6403.5）；对于需要切削螺纹的轴段，应留有螺纹退刀槽（见 GB/T 3—1997）。

4）为便于轴上零件的装配，常采用直径从两端向中间逐渐增大的阶梯轴。轴上各阶梯中，除用于轴上零件轴向固定的可按表 12.2-2 确定轴肩高度外，其余仅为便于安装而设置的轴肩，轴肩高度可取 0.5~3mm。轴端应加工成 45°、30°或 60°的倒角。轴上过盈配合部分的装入端常加工出半圆锥角为 10°的导向锥面。

5）轴上所有零件，都应无过盈地到达配合的部位。

6）轴的配合直径应按 GB/T 2822 圆整为标准值。

7）为保证轴向定位可靠，与轮毂配装的轴段长度应略小于轮毂宽（长）度 2～3mm。

8）为减少加工刀具种类和提高劳动生产率，轴上的倒角、倒圆等应尽可能取相同尺寸。

9）固定滚动轴承的轴肩高度通常应不大于内圈高度的 3/4，过高不便于轴承的拆卸，具体值可见滚动轴承的安装尺寸。

滚动轴承支承的轴的结构如图 12. 2-7 所示。各部分结构尺寸及公差等的确定，请参阅本手册有关章节。

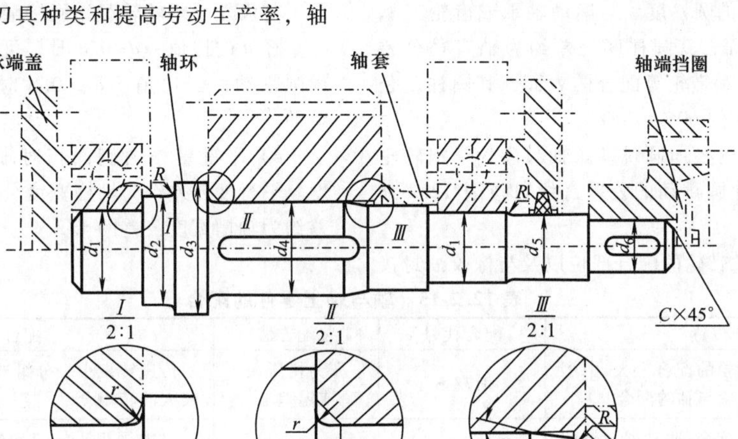

图 12. 2-7　滚动轴承支承的轴的结构

滑动轴承支承的轴结构与滚动轴承支承的轴结构相仿，只是轴颈结构不同。滑动轴承的轴颈结构尺寸见表 12. 2-10、表 12. 2-11。

6　轴的零件工作图

图 12. 2-8 是一个典型的轴的零件工作图。

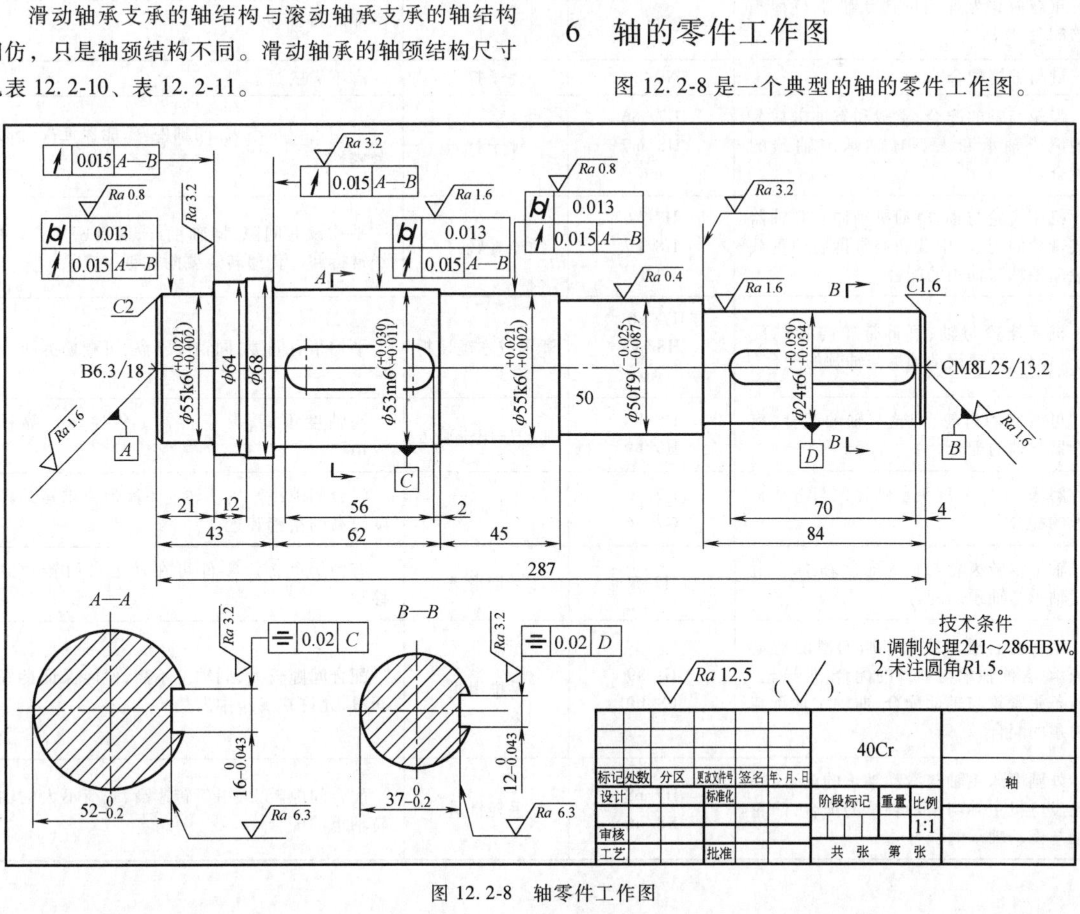

图 12. 2-8　轴零件工作图

一般机器中轴的精度多为IT5~IT7。轴与轴上零件的配合按表12.2-15选择。轴的表面粗糙度按表12.2-16选择。在轴的工作图上标注的几何公差的项目见表12.2-17的推荐。几何公差值的大小，根据传动精度和工作条件等查本手册第2篇。对于一般的机器，可取下面的推荐值：

1）配合表面的圆柱度。与滚动轴承或齿轮（蜗轮）等配合的表面，其圆柱度公差约为轴直径公差的1/2；与联轴器和带轮等配合的表面，其圆柱度公差约为轴直径公差的60%~70%。

2）配合表面的径向圆跳动。轴与齿轮、蜗轮轮毂的配合部位径向圆跳动的公差等级可按表12.2-18确定。

轴与联轴器、带轮的配合部位以及与橡胶油封接触部位的径向圆跳动可按表12.2-19确定。

轴与滚动轴承的配合部位的径向圆跳动，其公差等级：对球轴承为IT6，对滚子轴承为IT5。

3）轴肩的端面圆跳动。与滚动轴承端面接触：对球轴承约取（1~2）IT5；对滚子轴承约取（1~2）IT4。

与齿轮、蜗轮轮毂端面接触：当轮毂宽度 l 与配合直径 d 的比值 $l/d<0.8$ 时，可按表12.2-20确定端面圆跳动；当比值 $l/d \geqslant 0.8$ 时，可不标注端面圆跳动。

4）平键键槽两侧面相对轴线的平行度和对称度。平行度公差约为轴槽宽度公差的1/2；对称度公差约为轴槽宽度公差的1/2。

表12.2-15 轴与轴上零件的配合

配合位置	配合代号	装配方法	配合特性
减速器中轴与蜗轮的配合。大、中型减速器中低速级齿轮与轴的配合	H7/s6	压力机压入或温差法	传递转矩小。分组选配或加键连接可传递较大的转矩
重载齿轮与轴的配合、联轴器与轴的配合(均需附加键)	H7/r6	同上	只能受很小转矩和轴向力，传递转矩时需加键。需要时可拆卸
有振动的机械(如破碎机)的齿轮与轴的配合，爪型联轴器与轴的配合，受特重载荷和重冲击的滚子轴承与轴颈的配合	H7/n6 H8/n7 n6	压力机压入	同轴度和配合紧密性好，定位精度高。附加键后可承受振动、冲击并能传递较大转矩。不能经常拆卸
键与键槽配合	N9/h9	锤子打入	有不大的过盈量
齿轮与轴的配合，重载和有冲击载荷的滚子轴承和大型球轴承与轴颈的配合	H7/m6 H8/m7 m6	锤子打入	平均过盈量不大，同轴度好，能保证配合的紧密性
机床齿轮与轴、电动机轴伸与联轴器或带轮的配合，中载和经常拆装的重载滚动轴承与轴颈的配合	H7/k6 H8/k7 k6	锤子轻轻打入	平均没有间隙，同轴度好，能精密定位，可经常拆卸。传递转矩要附加键
机床挂轮与轴、可拆带轮与轴的配合，轻载、高速滚动轴承与轴颈的配合	H7/js6、 H8/js7 js6	锤子或木锤装拆	平均稍有间隙，同轴度不高，可频繁拆卸
可拆卸的齿轮、带轮与轴的配合，离合器与轴的配合	H8/h8 H9/h9	加油后用手旋进	同轴度不高，易于拆卸。传递转矩靠键或销
磨床、车床分度头主轴轴颈与滑动轴承的配合	H7/g6 G7/h6	手旋进	配合间隙小。用于转速不高但要求运动精度较高的精密装置
轴上空转齿轮与轴的配合，机床中滑动轴承与轴颈的配合	H7/f7	手推滑进	有中等间隙。零件可在轴上自由转动或移动
用普通润滑油或润滑脂润滑的滑动轴承、含油轴承与轴颈的配合，带导轮、链条张紧轮与轴的配合，曲轴主轴承与轴颈的配合	H8/f9 F8/h9	手推滑进	配合间隙较大，同轴度不高，但能保证良好润滑，允许在工作中发热
外圆磨床主轴与滑动轴承的配合，蜗轮发电机主轴与滑动轴承的配合，凸轮轴与滑动轴承的配合	H7/e8 E8/h6	手轻推进	配合间隙较大，用于转速高、载荷不大的轴与轴承的配合

表 12.2-16 轴的表面粗糙度数值

表面位置		表面粗糙度 $Ra/\mu m$	加工方法
轴颈	与非液体摩擦滑动轴承配合	0.2~3.2	精车、半精车
	与液体摩擦滑动轴承配合	0.1~0.4	精磨
	与 P0 级滚动轴承配合	0.8~1.6	精车或磨削
带密封件的轴段	橡胶密封	0.2~0.8	精车或磨削
	毛毡密封	0.4~0.8	精车
	迷宫密封	1.6~3.2	半精车
	隙缝密封	1.6~3.2	半精车

表面位置		表面粗糙度 $Ra/\mu m$	加工方法
与毂孔配合表面		0.8~1.6	精车或磨削
键槽	侧面	1.6~3.2	铣
	底面	6.3~12.5	
轴肩（轴环）定位端面	定位 P0 级滚动轴承	≤1.6	半精车
	定位 P6,P5,P4 级滚动轴承	≤0.8(d≤80)	精车
		≤1.6(d>80)	半精车
中心孔		≤1.6	钻孔后铰孔
端面、倒角及其他表面		≤12.5	粗车

表 12.2-17 轴的几何公差推荐项目

公差类型	项　目		对工作性能的影响
形状公差	与传动零件和轴承相配合表面的	圆度 圆柱度	影响传动零件和轴承与轴配合的松紧及对中性
跳动公差	传动零件和轴承的定位端面相对其配合表面的	轴向圆跳动 全跳动	影响传动零件和轴承的定位及其受载的均匀性
位置公差		同轴度	
跳动公差	与传动零件和轴承相配合的表面相对于基准轴线的	径向圆跳动 全跳动	影响传动零件和轴承的运转偏心
位置公差	键槽相对轴中心线的(要求不高时不注)	对称度	影响键受载的均匀性及装拆的难易
方向公差		平行度	

表 12.2-18 齿轮、蜗轮轮毂的配合部位的径向圆跳动的公差等级

精度等级		6	7、8	9
轴上安装圆柱齿轮和锥齿轮处	径向圆跳动	2IT3	2IT4	2IT5
轴上安装蜗轮处		—	2IT5	2IT6

表 12.2-19 联轴器、带轮配合部位及橡胶油封接触部位的径向圆跳动

轴转速/$r \cdot min^{-1}$		300	600	1000	1500	3000
与联轴器、带轮配合部位	径向圆跳动/mm	0.08	0.04	0.024	0.016	0.008
与橡胶油封接触部位		0.1	0.07	0.05	0.02	0.01

表 12.2-20 齿轮、蜗轮轮毂端面接触处轴肩轴向圆跳动的公差等级

精度等级	6	7、8	9
轴肩的轴向圆跳动	2IT3	2IT4	2IT5

第 3 章　轴的强度计算

轴的强度计算有 3 种方法：①按转矩估算轴径；②按当量弯矩近似计算；③安全系数的精确校核计算。

1　按转矩估算轴径

当轴的长度及跨度未定时，由于支座反力及弯矩无法求得，故多支点或不重要的轴常根据轴所承受的转矩估算轴径。如果轴上还承受弯矩，则用降低许用应力的方法加以考虑。在此估算轴径的基础上进行轴的结构设计。

对于不重要的轴，此法也可作为最后计算结果。

轴的直径计算公式见表 12.3-1。

表 12.3-1　按转矩计算轴径的计算公式

类别	公　式	说　明
实心轴	$d \geqslant \sqrt[3]{\dfrac{5T}{[\tau]}}$ 或 $d \geqslant A\sqrt[3]{\dfrac{P}{n}}$	d—计算截面处轴的直径(mm) T—轴传递的额定转矩(N·mm) $T=9550000P/n$ $[\tau]$—轴的许用切应力(MPa)，见表 12.3-2 A—按$[\tau]$定的系数，见表 12.3-2 P—轴传递的额定功率(kW) n—轴的转速(r/min) ν—空心圆轴的内径 d_0 与外径 d 之比 $\nu=\dfrac{d_0}{d}$，$\sqrt[3]{\dfrac{1}{1-\nu^4}}$ 数值见图 12.3-1
空心轴	$d \geqslant \sqrt[3]{\dfrac{5T}{[\tau]}} \times \sqrt[3]{\dfrac{1}{1-\nu^4}}$ 或 $d \geqslant A\sqrt[3]{\dfrac{P}{n}} \times \sqrt[3]{\dfrac{1}{1-\nu^4}}$	

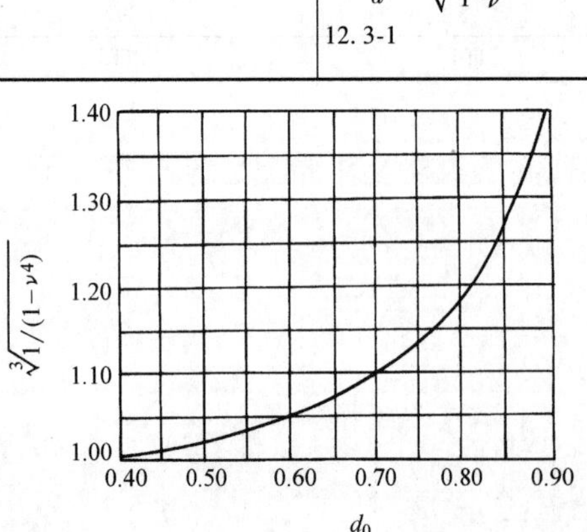

图 12.3-1　空心圆轴的 $\sqrt[3]{\dfrac{1}{1-\nu^4}}$ 数值

表 12.3-2　几种轴用材料的［τ］及 A 值

轴的材料	Q235、20	35	45	1Cr18Ni9Ti①	40Cr、35SiMn、38SiMnMo、20Cr13、42SiMn、20CrMnTi
$[\tau]$/N·mm^{-2}	12~20	20~30	30~40	15~25	40~52
A	160~135	135~118	118~107	148~125	100.7~98

注：1. 当弯矩相对转矩很小或只受转矩时，［τ］取较大值，A 取较小值；反之，［τ］取较小值，A 取较大值。

2. 当采用 Q235 及 35SiMn 时，［τ］取较小值，A 取较大值。

3. 计算的截面上有一个键槽，A 值增大 4%~5%；有两个键槽 A 值增大 7%~10%。

① 此牌号虽已淘汰，但行业仍在少量使用。

2　按当量弯矩近似计算轴的强度

当轴的结构确定后，轴的支承位置和轴所受载荷的作用点便确定了，可求出支点反力和弯矩，这时可按当量弯矩计算轴的强度。一般的轴用这种方法计算强度即可。计算步骤如下：

1）画出轴的受力简图。轴的支承简化成铰支座，支反力的作用点根据轴承的类型及其组合的不同按图 12.3-2 确定，图 b 的 a 值查相应的滚动轴承参数表。

通常作用在轴上的载荷是由装在轴上的传动件（齿轮、带轮、链轮、联轴器等）传给的。轴与轴上零件的自重通常忽略不计，但对于有不平衡重量的高速回转轴须计入惯性力。由于载荷在零件上的作用宽度相对于轴的长度都较小，故将轴上的载荷简化为集中载荷，力的作用点取轮缘宽度的中点，力矩的作用点取轮毂宽度的中点。

2）画出轴垂直面的受力简图和弯矩图 M_Y。

3）画出轴水平面的受力简图和弯矩图 M_Z。

4）画出轴的合成弯矩图 M，$M=\sqrt{M_Y^2+M_Z^2}$。

5）画出轴的扭矩图 T。

6）画出轴的当量弯矩图 M_V，$M_V=\sqrt{M^2+(\alpha T)^2}$。

7）确定危险截面（当量弯矩大，截面尺寸小的轴截面），按表 12.3-3 做强度计算。

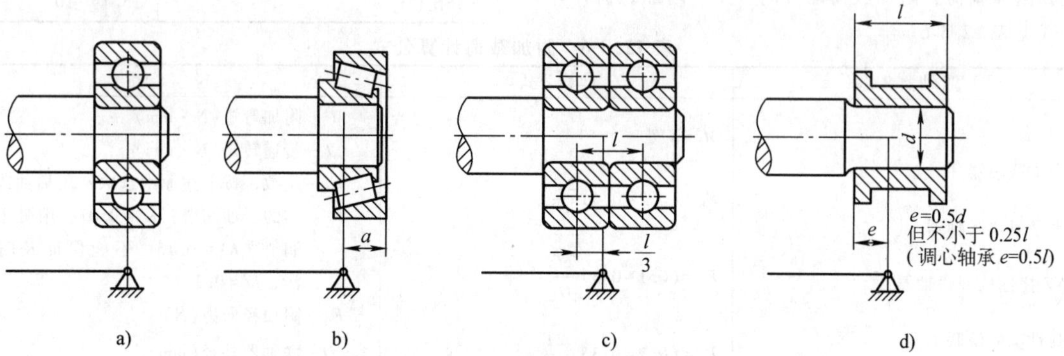

图 12.3-2　轴上支承反力作用点

a）深沟球轴承　b）圆锥滚子轴承　c）两个深沟球轴承　d）滑动轴承

表 12.3-3　按当量弯矩计算轴强度的计算公式

	公　式	说　明
实心轴	$\sigma=\dfrac{M_V}{0.1d^3}=\dfrac{10\times\sqrt{M^2+(\alpha T)^2}}{d^3}\leqslant[\sigma_{-1}]$ $d\geqslant\sqrt[3]{\dfrac{M_V}{0.1[\sigma_{-1}]}}=\sqrt[3]{\dfrac{10\times\sqrt{M^2+(\alpha T)^2}}{[\sigma_{-1}]}}$	σ—轴计算截面上的工作应力(MPa) M_V—计算截面的当量弯矩(N·mm) d—轴计算截面上的直径(mm) M—轴计算截面上的合成弯矩(N·mm) α—考虑转矩和弯矩的作用性质差异的系数。当切应力按对称循环变化时，$\alpha=1$；当切应力按脉动循环变化时，$\alpha=[\sigma_{-1}]/[\sigma_0]\approx0.6$；当切应力不变化时，$\alpha=[\sigma_{-1}]/[\sigma_{+1}]\approx0.3$ $[\sigma_{-1}]$、$[\sigma_0]$、$[\sigma_{+1}]$—分别为对称循环应力、脉动循环应力、静应力下材料的许用弯曲应力(MPa)，见表 12.3-4 T—轴计算截面上的转矩(N·mm) ν—空心轴内径 d_0 与外径 d 之比，$\nu=d_0/d$，$\sqrt[3]{\dfrac{1}{1-\nu^4}}$数值见图 12.3-1
空心轴	$\sigma=\dfrac{M_V}{0.1d^3}\times\dfrac{1}{1-\nu^4}=\dfrac{10\times\sqrt{M^2+(\alpha T)^2}}{d_3}\times\dfrac{1}{1-\nu^4}\leqslant[\sigma_{-1}]$ $d\geqslant\sqrt[3]{\dfrac{M_V}{0.1[\sigma_{-1}]}}\times\dfrac{1}{\sqrt[3]{1-\nu^4}}=\sqrt[3]{\dfrac{10\times\sqrt{M^2+(\alpha T)^2}}{[\sigma_{-1}]}}\times\dfrac{1}{\sqrt[3]{1-\nu^4}}$	

表 12.3-4　轴的许用弯曲应力　(MPa)

材料	R_m	$[\sigma_{+1}]$	$[\sigma_0]$	$[\sigma_{-1}]$	材料	R_m	$[\sigma_{+1}]$	$[\sigma_0]$	$[\sigma_{-1}]$
碳钢	400	130	70	40	合金钢	1000	330	150	90
	500	170	75	45		1200	400	180	110
	600	200	95	55	铸钢	400	100	50	30
	700	230	110	65		500	120	70	40
合金钢	800	270	130	75	灰铸铁	400	65	35	25
	900	300	140	80					

轴上带有键槽时需加大轴径，其增大值见表 12.3-5。

表 12.3-5 有键槽时轴径增大的百分比

轴径/mm	<30	30~100	>100
有一个键槽时增大的百分比(%)	7	5	3
有两个相差 180°的键槽时增大的百分比(%)	15	10	7

如果轴端装有补偿式联轴器或弹性联轴器，由于安装误差和弹性元件的不均匀磨损，将会使轴及轴承受到附加载荷，附加载荷的方向不定。附加载荷计算公式见表 12.3-6。

表 12.3-6 附加载荷计算公式

联轴器名称	计算公式	说明
齿式联轴器	$M'=K'T$ $F_0=(0.2\sim0.4)\dfrac{2T}{D}$	M'—附加弯矩(N·mm) T—传递转矩(N·mm) K'—系数，按下述原则选取：用稀油或清洁的干油润滑，$K'=0.07$；用脏干油润滑，$K'=0.13$；不能保证及时润滑，$K'=0.3$ F_0—附加径向力(N) D—联轴器外径(mm) D_0—柱销中心圆直径(mm)
十字滑块联轴器		
NZ 挠性爪型联轴器	$F_0=(0.1\sim0.3)\dfrac{2T}{D}$	
弹性圆柱销联轴器	$F_0=(0.2\sim0.35)\dfrac{2T}{D_0}$	

3 轴安全系数的精确校核计算

对于重要的轴，应精确考虑影响轴强度的有关因素，按安全系数校核各危险截面，借以精确评定轴的安全裕度。

轴的安全系数校核计算包括：疲劳强度安全系数校核和静强度安全系数校核。

3.1 轴的疲劳强度安全系数校核

疲劳强度安全系数校核是经过初步计算和结构设计之后，根据轴的实际尺寸、承受的弯矩、转矩图，考虑应力集中、表面状态、尺寸影响等因素，以及轴材料的疲劳极限，计算轴的危险截面处的疲劳安全系数是否满足要求。

轴的疲劳强度根据长期作用在轴上的最大变载荷进行校核计算。

危险截面安全系数 S 的校核计算公式为

$$S=\frac{S_\sigma S_\tau}{\sqrt{S_\sigma^2+S_\tau^2}}\geqslant[S] \qquad (12.3\text{-}1)$$

式中 S_σ——只考虑弯矩作用时的安全系数；

S_τ——只考虑转矩作用时的安全系数；

$[S]$——按疲劳强度计算的许用安全系数，其值见表 12.3-7。

$$S_\sigma=\frac{\sigma_{-1}}{\dfrac{K_\sigma}{\beta\varepsilon_\sigma}\sigma_\alpha+\psi_\sigma\sigma_m} \qquad (12.3\text{-}2)$$

$$S_\tau=\frac{\tau_{-1}}{\dfrac{K_\tau}{\beta\varepsilon_\tau}\tau_\alpha+\psi_\tau\tau_m} \qquad (12.3\text{-}3)$$

式中 σ_{-1}——对称循环应力下材料的弯曲疲劳极限(MPa)，其值见表 12.1-1；

τ_{-1}——对称循环应力下材料的扭转疲劳极限(MPa)，其值见表 12.1-1；

K_σ、K_τ——弯曲和扭转时的有效应力集中系数，其值见表 12.3-8~表 12.3-10；

β——表面质量系数，其值见表 12.3-11~表 12.3-14（一般用表 12.3-11，轴表面强化处理后用表 12.3-12，有腐蚀情况时用表 12.3-13、表 12.3-14)；

ε_σ、ε_τ——弯曲和扭转时的尺寸影响系数，其值见表 12.3-15；

ψ_σ、ψ_τ——材料拉伸和扭转的平均应力折算系数，钢的该系数值见表 12.3-16；

σ_α、σ_m——弯曲应力的应力幅和平均应力(MPa)，其计算公式见表 12.3-17；

τ_α、τ_m——切应力的应力幅和平均应力（MPa)，其计算公式见表 12.3-17。

如果计算结果不能满足 $S\geqslant[S]$，则应改进轴的结构以降低应力集中。其主要措施可参见表 12.2-4。亦可采用热处理、表面强化处理等工艺措施，以及加大轴径、改用较好材料等方法解决。

表 12.3-7 许用安全系数 $[S]$ 值

$[S]$	选取条件
1.3~1.5	载荷确定精确，材料性质较均匀
1.5~1.8	载荷确定不够精确，材料性质不够均匀
1.8~2.5	载荷确定不精确，材料性质均匀度较差

表 12.3-8　螺纹、键、花键、横孔处及配合的边缘处的有效应力集中系数

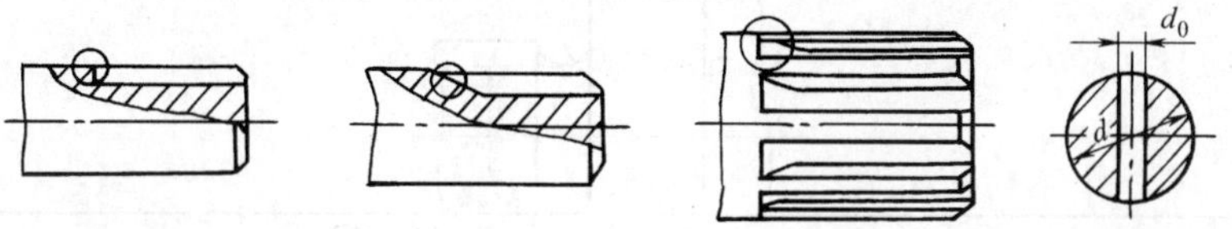

A型　B型　花键　横孔

R_m/MPa	螺纹($K_\tau=1$)	键槽			花键			横孔			配合					
		K_σ		K_τ		K_τ		K_σ		K_τ	H7/r6		H7/k6		H7/h6	
	K_σ	A 型	B 型	A、B 型	K_σ	矩形	渐开线形	$\frac{d_0}{d}=0.05\sim0.15$	$\frac{d_0}{d}=0.15\sim0.25$	$\frac{d_0}{d}=0.05\sim0.25$	K_σ	K_τ	K_σ	K_τ	K_σ	K_τ
400	1.45	1.51	1.30	1.20	1.35	2.10	1.40	1.90	1.70	1.70	2.05	1.55	1.55	1.25	1.33	1.14
500	1.78	1.64	1.38	1.37	1.45	2.25	1.43	1.95	1.75	1.75	2.30	1.69	1.72	1.36	1.49	1.23
600	1.96	1.76	1.46	1.54	1.55	2.35	1.46	2.00	1.80	1.80	2.52	1.82	1.89	1.46	1.64	1.31
700	2.20	1.89	1.54	1.71	1.60	2.45	1.49	2.05	1.85	1.80	2.73	1.96	2.05	1.56	1.77	1.40
800	2.32	2.01	1.62	1.88	1.65	2.55	1.52	2.10	1.90	1.85	2.96	2.09	2.22	1.65	1.92	1.49
900	2.47	2.14	1.69	2.05	1.70	2.65	1.55	2.15	1.95	1.90	3.18	2.22	2.39	1.76	2.08	1.57
1000	2.61	2.26	1.77	2.22	1.72	2.70	1.58	2.20	2.00	1.90	3.41	2.36	2.56	1.86	2.22	1.66
1200	2.90	2.50	1.92	2.39	1.75	2.80	1.60	2.30	2.10	2.00	3.87	2.62	2.90	2.05	2.5	1.83

注：1. 滚动轴承与轴的配合按 H7/r6 配合选择系数。

2. 蜗杆螺旋根部有效应力集中系数可取 $K_\sigma=2.3\sim2.5$，$K_\tau=1.7\sim1.9$。

表 12.3-9　圆角处的有效应力集中系数

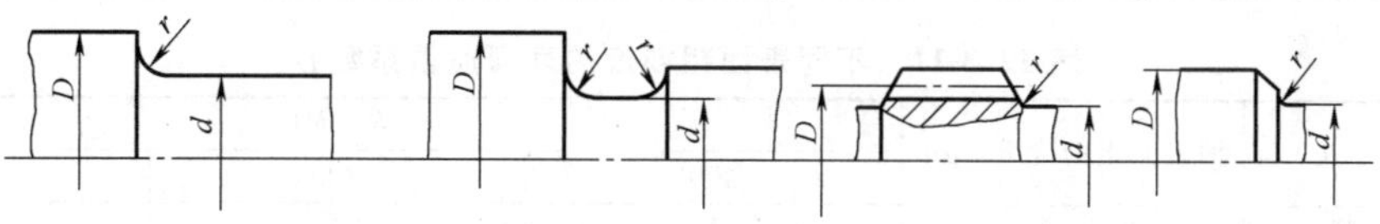

a)　b)　c)　d)

$\frac{D-d}{r}$	$\frac{r}{d}$	K_σ								K_τ							
		R_m/MPa								R_m/MPa							
		400	500	600	700	800	900	1000	1200	400	500	600	700	800	900	1000	1200
2	0.01	1.34	1.36	1.38	1.40	1.41	1.43	1.45	1.49	1.26	1.28	1.29	1.29	1.30	1.30	1.31	1.32
	0.02	1.41	1.44	1.47	1.49	1.52	1.54	1.57	1.62	1.33	1.35	1.36	1.37	1.37	1.38	1.39	1.42
	0.03	1.59	1.63	1.67	1.71	1.76	1.80	1.84	1.92	1.39	1.40	1.42	1.44	1.45	1.47	1.48	1.52
	0.05	1.54	1.59	1.64	1.69	1.73	1.78	1.83	1.93	1.42	1.43	1.44	1.46	1.47	1.50	1.51	1.54
	0.10	1.38	1.44	1.50	1.55	1.61	1.66	1.72	1.83	1.37	1.38	1.39	1.42	1.43	1.45	1.46	1.50
4	0.01	1.51	1.54	1.57	1.59	1.62	1.64	1.67	1.72	1.37	1.39	1.40	1.42	1.43	1.44	1.46	1.47
	0.02	1.76	1.81	1.86	1.91	1.96	2.01	2.06	2.16	1.53	1.55	1.58	1.59	1.61	1.62	1.65	1.68
	0.03	1.76	1.82	1.88	1.94	1.99	2.05	2.11	2.23	1.52	1.54	1.57	1.59	1.61	1.64	1.66	1.71
	0.05	1.70	1.76	1.82	1.88	1.95	2.01	2.07	2.19	1.50	1.53	1.57	1.59	1.62	1.65	1.68	1.74
6	0.01	1.86	1.90	1.94	1.99	2.03	2.08	2.12	2.21	1.54	1.57	1.59	1.61	1.64	1.66	1.68	1.73
	0.02	1.90	1.96	2.02	2.08	2.13	2.19	2.25	2.37	1.59	1.62	1.66	1.69	1.72	1.75	1.79	1.86
	0.03	1.89	1.96	2.03	2.10	2.16	2.23	2.30	2.44	1.61	1.65	1.68	1.72	1.74	1.77	1.81	1.88
10	0.01	2.07	2.12	2.17	2.23	2.28	2.34	2.39	2.50	2.12	2.18	2.24	2.30	2.37	2.42	2.48	2.60
	0.02	2.09	2.16	2.23	2.30	2.38	2.45	2.52	2.66	2.03	2.08	2.12	2.17	2.22	2.26	2.31	2.40

表 12.3-10　环槽处的有效应力集中系数

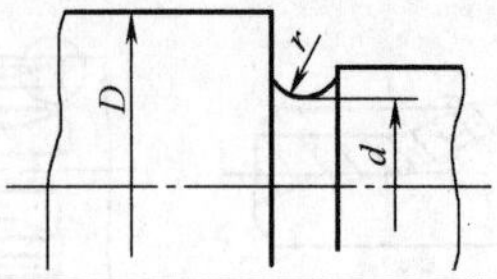

系数	$\frac{D-d}{r}$	$\frac{r}{d}$	R_m/MPa							
			400	500	600	700	800	900	1000	1200
K_σ	1	0.01	1.88	1.93	1.98	2.04	2.09	2.15	2.20	2.31
		0.02	1.79	1.84	1.89	1.95	2.00	2.06	2.11	2.22
		0.03	1.72	1.77	1.82	1.87	1.92	1.97	2.02	2.12
		0.05	1.61	1.66	1.71	1.77	1.82	1.88	1.93	2.04
		0.10	1.44	1.48	1.52	1.55	1.59	1.62	1.66	1.73
	2	0.01	2.09	2.15	2.21	2.27	2.37	2.39	2.45	2.57
		0.02	1.99	2.05	2.11	2.17	2.23	2.28	2.35	2.49
		0.03	1.91	1.97	2.03	2.08	2.14	2.19	2.25	2.36
		0.05	1.79	1.85	1.91	1.97	2.03	2.09	2.15	2.27
	4	0.01	2.29	2.36	2.43	2.50	2.56	2.63	2.70	2.84
		0.02	2.18	2.25	2.32	2.38	2.45	2.51	2.58	2.71
		0.03	2.10	2.16	2.22	2.28	2.35	2.41	2.47	2.59
	6	0.01	2.38	2.47	2.56	2.64	2.73	2.81	2.90	3.07
		0.02	2.28	2.35	2.42	2.49	2.56	2.63	2.70	2.84
K_τ	任何比值	0.01	1.60	1.70	1.80	1.90	2.00	2.10	2.20	2.40
		0.02	1.51	1.60	1.69	1.77	1.86	1.94	2.03	2.20
		0.03	1.44	1.52	1.60	1.67	1.75	1.82	1.90	2.05
		0.05	1.34	1.40	1.46	1.52	1.57	1.63	1.69	1.81
		0.10	1.17	1.20	1.23	1.26	1.28	1.31	1.34	1.40

表 12.3-11　不同表面粗糙度的表面质量系数 β

加工方法	轴表面粗糙度 Ra/μm	R_m/MPa		
		400	800	1200
磨削	0.4~0.2	1	1	1
车削	3.2~0.8	0.95	0.90	0.80
粗车	25~6.3	0.85	0.80	0.65
未加工的表面		0.75	0.65	0.45

表 12.3-12　各种强化方法的表面质量系数 β

强化方法	心部强度 R_m/MPa	β		
		光轴	低应力集中的轴 $K_\sigma \leqslant 1.5$	高应力集中的轴 $K_\sigma \geqslant 1.8 \sim 2$
高频感应淬火	600~800	1.5~1.7	1.6~1.7	2.4~2.8
	800~1000	1.3~1.5		
氮化	900~1200	1.1~1.25	1.5~1.7	1.7~2.1
渗碳	400~600	1.8~2.0	3	—
	700~800	1.4~1.5	—	—
	1000~1200	1.2~1.3	2	—
喷丸硬化	600~1500	1.1~1.25	1.5~1.6	1.7~2.1
滚子滚压	600~1500	1.1~1.3	1.3~1.5	1.6~2.0

注：1. 高频感应淬火系根据直径为10~20mm，淬硬层厚度为(0.05~0.20)d的试件实验求得的数据；对大尺寸的试件，强化系数的值会有某些降低。

2. 渗氮层厚度为0.01d时用小值，在(0.03~0.04)d时用大值。

3. 喷丸硬化系根据8~40mm的试件求得的数据。喷丸速度低时用小值，速度高时用大值。

4. 滚子滚压系根据17~130mm的试件求得的数据。

表 12.3-13　各种腐蚀情况的表面质量系数 β

工作条件	强度极限 R_m/MPa										
	400	500	600	700	800	900	1000	1100	1200	1300	1400
淡水中,有应力集中	0.7	0.63	0.56	0.52	0.46	0.43	0.40	0.38	0.36	0.35	0.33
淡水中,无应力集中 海水中,有应力集中	0.58	0.50	0.44	0.37	0.33	0.28	0.25	0.23	0.21	0.20	0.19
海水中,无应力集中	0.37	0.30	0.26	0.23	0.21	0.18	0.16	0.14	0.13	0.12	0.12

表 12.3-14　表面有防腐层轴的表面质量系数 β

材　料	表面处理方法	表层厚度/μm	腐蚀介质	试验应力循环数 N 及转速 n/r·min^{-1}	β
碳钢 [w(C)=0.3%~0.5%]	电镀铬或镍	5~15 15~30	3%(质量分数) NaCl 溶液	$N=10^7$ $n=1500$	0.25~0.45 0.8~0.95
	喷铝	50		$N=2\times10^7$, $n=2200$	0.8
	滚子滚压	—	淡水	$N=10^7$, $n=1500$	1
渗氮钢 (R_m=700~1200MPa)	渗氮	—		$N=10^7\sim10^8$	1.2~1.4

注：1. 表中数据为小直径(d=8~10mm)试样的试验数据。
2. 电镀铬和镍的轴在空气中的疲劳极限将降低，β=0.65~0.9。

表 12.3-15　尺寸影响系数 ε_σ、ε_τ

直径 d/mm		>20~30	>30~40	>40~50	>50~60	>60~70	>70~80	>80~100	>100~120	>120~150	>150~500
ε_σ	碳　钢	0.91	0.88	0.84	0.81	0.78	0.75	0.73	0.70	0.68	0.60
	合金钢	0.83	0.77	0.73	0.70	0.68	0.66	0.64	0.62	0.60	0.54
ε_τ	各种钢	0.89	0.81	0.78	0.76	0.74	0.73	0.72	0.70	0.68	0.60

表 12.3-16　钢的 ψ_σ 及 ψ_τ 值

应力种类	系数	表面状态				
		抛光	磨光	车削	热轧	锻造
弯　曲	ψ_σ	0.50	0.43	0.34	0.215	0.14
拉　压	ψ_σ	0.41	0.36	0.30	0.18	0.10
扭　转	ψ_τ	0.33	0.29	0.21	0.11	

表 12.3-17　应力幅及平均应力计算公式

循环特性	应力名称	弯曲应力	切应力
对称循环	应力幅	$\sigma_a=\sigma_{max}=\dfrac{M}{W}$	$\tau_a=\tau_{max}=\dfrac{T}{W_p}$
	平均应力	$\sigma_m=0$	$\tau_m=0$
脉动循环	应力幅	$\sigma_a=\dfrac{\sigma_{max}}{2}=\dfrac{M}{2W}$	$\tau_a=\dfrac{\tau_{max}}{2}=\dfrac{T}{2W_p}$
	平均应力	$\sigma_m=\sigma_a$	$\tau_m=\tau_a$
说明	M、T—轴危险截面上的弯矩和转矩(N·mm) W、W_p—轴危险截面的抗弯和抗扭截面系数(mm^3),见表 12.3-19~表 12.3-21		

3.2　轴的静强度安全系数校核

轴的静强度校核的目的在于评定轴对塑性变形的抵抗能力。静强度校核的根据是轴上作用的最大瞬时载荷(包括动载荷和冲击载荷)。对于没有特殊安全保护装置的传动，其最大瞬时载荷可按电动机过载能力 100%来计算。危险截面的位置应是静应力较大的若干截面。

危险截面安全系数的校核计算公式为

$$S_s=\frac{S_{s\sigma}S_{s\tau}}{\sqrt{S_{s\sigma}^2+S_{s\tau}^2}}\geqslant[S_s] \qquad (12.3\text{-}4)$$

式中　$S_{s\sigma}$——只考虑弯曲时的安全系数；

$S_{s\tau}$——只考虑扭转时的安全系数；

$[S_s]$——静强度的许用安全系数，其值见表 12.3-18；

$$S_{s\sigma}=\frac{\sigma_s}{\dfrac{M_{max}}{W}} \qquad S_{s\tau}=\frac{\tau_s}{\dfrac{T_{max}}{W_p}}$$

式中　R_{eL}、τ_s——材料的拉伸和扭转屈服强度(MPa)；通常可取 $\tau_s\approx$(0.55~

0.62)R_{eL}；

M_{max}、T_{max}——轴危险截面上的最大弯矩和最大转矩（N·mm）；

W、W_p——轴危险截面的抗弯和抗扭截面系数（mm^3），见表12.3-19～表12.3-21。

表 12.3-18 静强度的许用安全系数

R_{eL}/R_m	0.45～0.55	0.55～0.7	0.7～0.9	铸 件
$[S_s]$	1.2～1.5	1.4～1.8	1.7～2.2	1.6～2.5

注：当最大载荷只能近似求得时，表中的［S_s］值应增大 20%～50%。

表 12.3-19 轴抗弯和抗扭截面系数计算公式

截 面 形 状	W	W_p
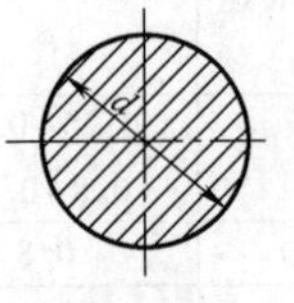	$\dfrac{\pi d^3}{32}\approx 0.1d^3$	$\dfrac{\pi d^3}{16}\approx 0.2d^3$
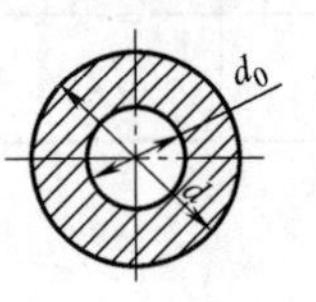	$\dfrac{\pi d^3}{32}(1-\nu^4)\approx 0.1d^3(1-\nu^4)\ \left(\nu=\dfrac{d_0}{d}\right)$	$\dfrac{\pi d^3}{16}(1-\nu^4)\approx 0.2d^3(1-\nu^4)$
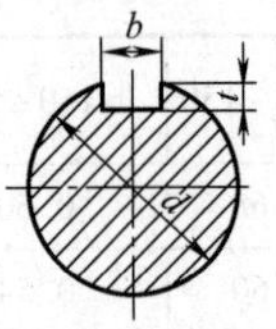	$\dfrac{\pi d^3}{32}-\dfrac{bt(d-t)^2}{2d}$	$\dfrac{\pi d^3}{16}-\dfrac{bt(d-t)^2}{2d}$
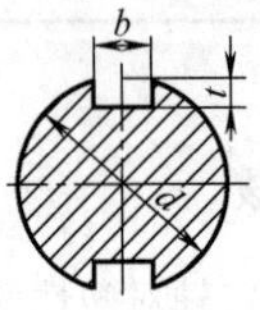	$\dfrac{\pi d^3}{32}-\dfrac{bt(d-t)^2}{d}$	$\dfrac{\pi d^3}{16}-\dfrac{bt(d-t)^2}{d}$
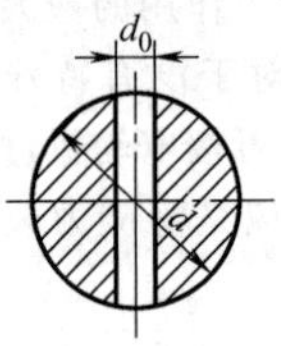	$\dfrac{\pi d^3}{32}\left(1-1.54\dfrac{d_0}{d}\right)$	$\dfrac{\pi d^3}{16}\left(1-\dfrac{d_0}{d}\right)$
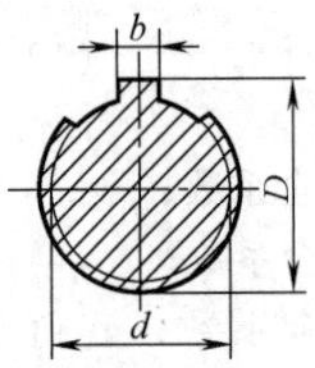	$\dfrac{\pi d^4+bz_n(D-d)(D+d)^2}{32D}$ （z_n—花键齿数）	$\dfrac{\pi d^4+bz_n(D-d)(D+d)^2}{16D}$
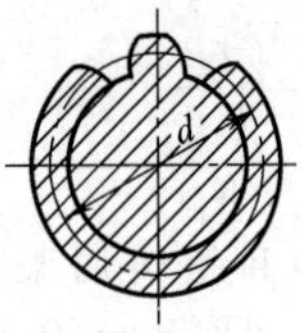	$\dfrac{\pi d^3}{32}\approx 0.1d^3$	$\dfrac{\pi d^3}{16}\approx 0.2d^3$

表 12.3-20　标准键槽处轴的截面系数及截面积

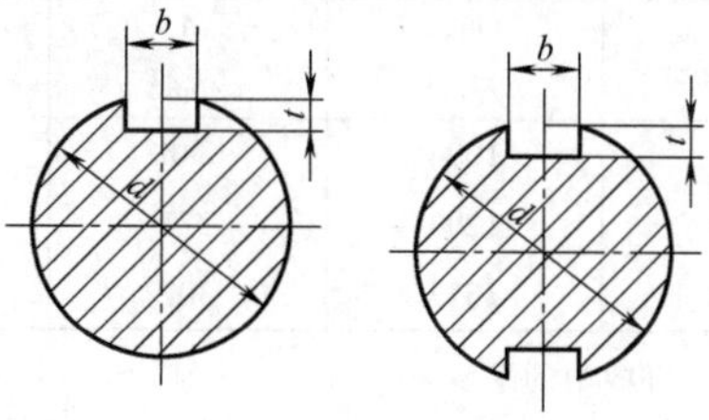

D /mm	(b/mm)×(h/mm)	单键 W /cm³	单键 W_p /cm³	单键 A /cm²	双键 W /cm³	双键 W_p /cm³	双键 A /cm²
20	6×6	0.643	1.43	2.93	0.5	0.28	2.72
21		0.756	1.66	3.25	0.603	1.51	3.04
22		0.889	1.92	3.59	0.719	1.78	3.38
24	8×7	1.06	2.42	4.20	0.825	2.13	3.88
25		1.25	2.79	4.59	0.97	2.5	4.27
26		1.43	3.15	4.99	1.13	2.85	4.67
28		1.83	3.98	5.84	1.49	3.65	5.52
30		2.29	4.94	6.75	1.93	4.58	6.43
32	10×8	2.65	5.86	7.54	2.08	5.30	7.04
34		3.24	7.14	8.58	2.62	6.48	8.08
35		3.57	7.78	9.12	2.93	7.14	8.62
38		4.67	10.05	10.8	3.95	9.34	10.3
40	12×8	5.36	11.65	12.0	4.45	10.72	11.4
42		6.30	13.57	13.3	5.32	12.59	12.7
45	14×9	7.61	16.56	15.1	6.29	15.23	14.4
48		9.41	20.27	17.3	7.97	18.82	16.6
50		10.75	23.02	18.9	9.22	21.5	18.1
52	16×10	11.85	25.66	20.3	9.90	23.7	19.3
55		14.24	30.58	22.8	12.14	28.48	21.8
58		16.92	36.08	25.5	14.69	33.84	24.5
60	18×11	18.26	39.47	27.0	15.31	36.52	25.8
65		23.72	50.67	31.9	20.44	47.44	30.7
70	20×12	29.5	63.18	37.0	25.32	58.98	35.5
75		36.87	78.3	42.7	32.32	73.74	41.2
80	22×14	44.85	94.32	48.3	37.78	89.7	46.3
85		53.67	114.05	54.8	46.98	107.32	52.8
90	25×14	63.4	134.9	61.4	55.08	126.7	59.1
95		75.44	159.63	68.6	66.7	150.87	66.4
100	28×16	87.89	168.09	75.7	77.6	175.76	72.9
105		101.65	215.32	83.8	89.68	203.3	81.0
110		118	248.7	92.2	105.3	236	89.4
115	32×18	132.8	282	100	116	265.6	96.8
120		152.3	322	110	135	304.5	106
130		196.5	412	129	177	393	126
140	36×20	244	514	150	219	488	145
150		304	635	172	276.6	608	168
160	40×22	367	769	196	332	734	191
170		444.7	927	222	407	889	217

（续）

D /mm	(b/mm)×(h/mm)	单键 W /cm³	单键 W_p /cm³	单键 A /cm²	双键 W /cm³	双键 W_p /cm³	双键 A /cm²
180	45×25	521	1094	248	470	1042	241
190		619	1293	277	565	1238	270
200		728	1513	307	670	1455	301

注：表中键槽尺寸适用于 GB/T 1095—2003 中的平键。

表 12.3-21 矩形花键轴的截面系数及截面积（$W_p = 2W$）

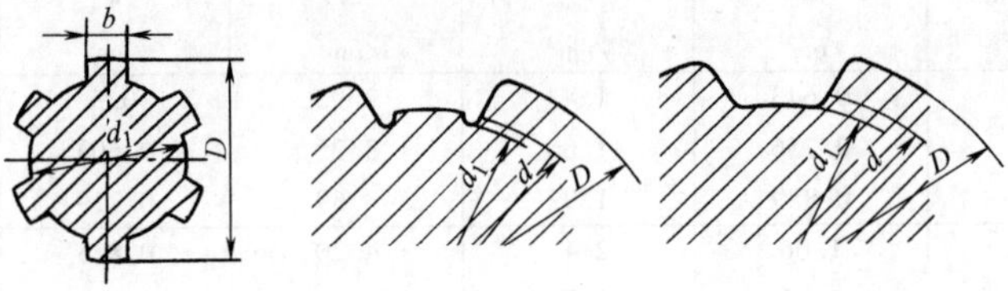

公称尺寸/mm (z_n×D×d×b)	按 D 定心 W /cm³	按 D 定心 A /cm²	按 d 定心 W /cm³	按 d 定心 A /cm²
轻系列				
4×15×12×4	0.187	1.28	0.208	1.37
4×18×15×5	0.358	1.96	0.389	2.06
4×20×17×6	0.529	2.53	0.564	2.63
4×22×19×8	0.773	3.22	0.810	3.31
6×26×23×6	1.28	4.52	1.36	4.69
6×30×26×6	1.79	5.70	1.96	6.03
6×32×28×7	2.29	6.69	2.47	6.99
8×36×32×6	3.34	8.57	3.63	9.00
8×40×36×7	4.79	10.8	5.13	11.3
8×46×42×8	7.53	14.6	7.98	15.1
8×50×46×9	9.94	17.5	10.4	18.0
8×58×52×10	14.4	22.6	15.5	23.6
8×62×56×10	17.5	25.8	18.9	27.0
8×68×62×12	24.3	31.9	25.8	33.0
10×78×72×12	38.0	43.0	40.3	44.3
10×88×82×12	54.5	54.6	57.8	56.4
10×98×92×14	77.7	68.9	81.4	70.6
10×108×102×16	106	84.6	110	86.5
10×120×112×18	142	103	149	105
10×140×125×20	202	131	218	137
10×160×145×22	305	173	331	181
10×180×160×24	413	213	453	225
10×200×180×30	608	273	650	284
10×220×200×30	799	329	864	344
10×240×220×35	1080	401	1150	415
10×260×240×35	1360	468	1460	487

（续）

公称尺寸/mm ($z_n×D×d×b$)	按 D 定心 W /cm³	按 D 定心 A /cm²	按 d 定心 W /cm³	按 d 定心 A /cm²
中系列				
6×16×13×3.5	0.253	1.54	0.278	1.64
6×20×16×4	0.462	2.31	0.516	2.49
6×22×18×5	0.681	2.97	0.741	3.14
6×25×21×5	0.976	3.81	1.08	4.06
6×28×23×6	1.37	4.75	1.50	5.05
6×32×26×6	1.86	5.88	2.11	6.39
6×34×28×7	2.41	6.95	2.66	7.41
8×38×32×6	3.47	8.85	3.87	9.48
8×42×36×7	4.94	11.1	5.44	11.8
8×48×42×8	7.66	14.9	8.39	15.7
8×54×46×9	10.4	18.3	11.4	19.5
8×60×52×10	14.7	23.0	16.1	24.4
8×65×56×10	17.8	26.4	19.9	28.2
8×72×62×12	25.1	33.0	27.6	35.0
10×82×72×12	39.6	44.4	43.0	46.7
10×92×82×12	54.9	55.5	60.5	58.8
10×102×92×14	78.5	70.1	85.1	73.4
10×112×102×16	108	86.4	115	89.7
10×125×112×18	145	105	156	110
重系列				
10×26×21×3	0.968	3.78	1.13	4.21
10×29×23×4	1.48	4.96	1.64	5.35
10×32×26×4	1.92	5.95	2.19	6.51
10×35×28×4	2.32	6.77	2.71	7.55
10×40×32×5	3.70	9.15	4.19	10.0
10×45×36×5	4.86	11.1	5.71	12.4
10×52×42×6	7.76	15.1	9.06	16.8
10×56×46×7	10.4	18.4	11.9	20.1
16×60×52×5	14.1	22.5	16.1	24.4
16×65×56×5	17.2	25.8	19.9	28.2
16×72×62×6	24.2	32.2	27.6	35.0
16×82×72×7	37.5	43.0	42.3	46.3
20×92×82×6	53.2	54.5	60.5	58.8
20×102×92×7	76.7	69.2	85.1	73.4
补充系列				
6×35×30×10	3.27	8.36	3.40	8.56
6×38×33×10	4.10	9.76	4.30	10.0
6×40×35×10	4.77	10.8	5.00	11.1
6×42×36×10	5.20	11.5	5.55	11.9
6×45×40×12	7.10	14.0	7.39	14.3
6×48×42×12	8.28	15.6	8.64	16.0
6×50×45×12	9.61	17.2	10.0	17.7
6×55×50×14	13.2	21.2	13.7	21.7
6×60×54×14	16.4	24.6	17.3	25.4
6×65×58×16	20.9	28.9	21.9	29.7
6×70×62×16	25.1	32.8	26.7	34.0

（续）

公称尺寸/mm ($z_n \times D \times d \times b$)	按 D 定心		按 d 定心	
	W /cm³	A /cm²	W /cm³	A /cm²
补充系列				
6×75×65×16	28.7	36.1	31.2	37.9
6×80×70×20	37.9	43.1	40.0	44.4
6×90×80×20	53.2	54.2	56.7	56.2
10×30×26×4	1.81	5.72	2.01	6.11
10×32×28×5	2.40	6.84	2.58	7.15
10×35×30×5	2.92	7.83	3.21	8.31
10×38×33×6	4.00	9.61	4.30	10.0
10×40×35×6	4.63	10.6	5.00	11.1
10×42×36×6	5.06	11.3	5.55	11.9
10×45×40×7	6.85	13.7	7.34	14.3
16×38×33×3.5	3.80	9.32	4.22	9.95
16×50×43×5	8.91	16.3	9.74	17.3

4 轴的强度计算实例

例 12.3-1 试设计带式运输机减速器的主动轴（见图 12.3-3）。已知传递的功率 $P=13\text{kW}$，转速 $n=200\text{r}\cdot\text{min}^{-1}$，齿轮的齿宽 $B=100\text{mm}$，齿数 $z=40$，模数 $m_n=5\text{mm}$，螺旋角 $\beta=9°22'$，轴端装有联轴器。

解

（1）按转矩初步估算轴径和选择联轴器

选择轴的材料为 45 钢，经调质处理，由表 12.1-1查得材料力学性能数据为

$$R_m = 650\text{MPa}$$
$$R_{eL} = 360\text{MPa}$$
$$\sigma_{-1} = 270\text{MPa}$$
$$\tau_{-1} = 155\text{MPa}$$
$$E = 2.15\times10^5\text{MPa}$$

根据表 12.3-1 公式初步计算轴径，由于材料为 45 钢，由表 12.3-2 选取 $A=115$，则得

$$d_{min} = A\sqrt[3]{\frac{P}{n}} = 115\times\sqrt[3]{\frac{13}{200}}\text{mm} = 46.2\text{mm}$$

考虑装联轴器加键，需将其轴径增加 4%～5%，故取锥形轴伸的大端直径为 50mm。

考虑动载荷及过载，取联轴器工作情况系数 $K=1.25$（根据联轴器篇选取），则联轴器计算转矩

$$T_c = KT = K\times9550\frac{P}{n} = 1.25\times9550\times\frac{13}{200}\text{N}\cdot\text{m} = 775.93\text{N}\cdot\text{m}$$

根据工作要求选择弹性柱销联轴器。依轴径 $d=50\text{mm}$ 和 T_c 选择联轴器的型号为：HL4 联轴器 $\frac{\text{ZC50}\times84}{\text{YA50}\times112}$GB/T 5014—2003，允许最大转矩 $[T]=1250\text{N}\cdot\text{m}$。

（2）轴的结构设计

如图 12.3-3a 所示，根据轴的受力，选取 6000 型滚动轴承。为便于轴承的装配，取装轴承处的直径 $d_1=55\text{mm}$，装齿轮处的轴径 $d_2=60\text{mm}$，$a=b=80\text{mm}$，$c=170\text{mm}$，$D_1=150\text{mm}$。初选滚动轴承 6311，其宽度 $B=29\text{mm}$，根据结构要求取轴环宽度为 15mm。

（3）轴上受力分析

轴传递的转矩 $T_1 = 9550\frac{P}{n} = 9550\times\frac{13}{200}\text{N}\cdot\text{m} = 620.75\text{N}\cdot\text{m} = 620750\text{N}\cdot\text{mm}$

齿轮圆周力 $F_t=\frac{2T_1}{d_1}=\frac{2\times620750}{40\times5/\cos9°22'}\text{N}=6124\text{N}$

齿轮的径向力 $F_r = F_t\frac{\tan\alpha_n}{\cos\beta} = 6124\times\frac{0.364}{0.986}\text{N} = 2260\text{N}$

齿轮的轴向力 $F_x = F_t\tan\beta = 6124\times0.164\text{N} = 1004\text{N}$

联轴器因制造和安装误差所产生的附加圆周力 F_0（方向不定）为

$$F_0 \approx 0.3\frac{2T_1}{D_1} = 0.3\times\frac{2\times620750}{150}\text{N} = 2483\text{N}$$

该轴受力简图见图 12.3-3b。

在水平平面内的支反力（见图 12.3-3c）

由 $\Sigma M_A=0$ 得

$$R_{Bz}(a+b)-F_r a+F_a\frac{d_1}{2}=0$$

$$R_{Bz}=\frac{F_r a-F_a\dfrac{d_1}{2}}{a+b}$$

$$=\frac{2260\times0.08-1004\times\dfrac{0.202}{2}}{0.08+0.08}\text{N}$$

$$=496\text{N}$$

由 $\Sigma F_z=0$，得 $R_{Az}=F_r-R_{Bz}=2260\text{N}-496\text{N}=1764\text{N}$

在垂直平面的支反力（见图 12.3-3e），由图可知

$$R_{Ay}=R_{By}=\frac{1}{2}F_t$$

$$=\frac{6124}{2}\text{N}$$

$$=3062\text{N}$$

由于 F_0 的作用，在支点 A、B 处（见图12.3-3g）的支反力为

由 $\Sigma M_B=0$ 得 $R_{A0}(a+b)-F_0c=0$

则 $R_{A0}=\dfrac{F_0c}{a+b}=\dfrac{2483\times0.17}{0.08+0.08}\text{N}=2638\text{N}$

$$R_{B0}=F_0+R_{A0}$$
$$=2483\text{N}+2638\text{N}$$
$$=5121\text{N}$$

（4）弯矩图

由齿轮的作用力在水平平面的弯矩图(见图 12.3-3d)，$M_{Dz}=R_{Az}a=1764\times0.08\text{N}\cdot\text{m}=141\text{N}\cdot\text{m}$；

$$M'_{Dz}=M_{Dz}-F_a\frac{d_1}{2}$$

$$=\left(141-1004\times\frac{0.202}{2}\right)\text{N}\cdot\text{m}$$

$$=40\text{N}\cdot\text{m}$$

由齿轮的作用力在垂直平面的弯矩图（见图 12.3-3f），$M_{Dy}=R_{Ay}a=3062\times0.08\text{N}\cdot\text{m}=245\text{N}\cdot\text{m}$

由于齿轮作用力在 D 截面的最大合成弯矩

$$M'_D=\sqrt{M_{Dz}^2+M_{Dy}^2}$$

$$=\sqrt{141^2+245^2}\text{N}\cdot\text{m}$$

$$=282\text{N}\cdot\text{m}$$

由 F_0 的作用画出的弯矩图（见图 12.3-3h），$M_{B0}=F_0c=2483\times0.17\text{N}\cdot\text{m}=422\text{N}\cdot\text{m}$。该弯矩图的作用平面不定，但当其与上述合成弯矩图共面时是危险情况。这时其弯矩为二者之和，如截面 D 的最大弯矩为

$$M_D=M'_D+M_{D0}=(282+211)\text{N}\cdot\text{m}$$
$$=493\text{N}\cdot\text{m}$$

（5）转矩图（见图 12.3-3i）

$$T_1=620.75\text{N}\cdot\text{m}$$

（6）确定危险截面并计算其安全系数

根据轴的结构尺寸及弯矩图、转矩图，截面 B 处弯矩较大，且有轴承配合引起的应力集中；截面 E 处弯矩也较大，直径较小，又有圆角引起的应力集中；截面 D 处弯矩最大，且有齿轮配合与键槽引起的应力集中，故属危险截面。下面以截面 D 为例进行其安全系数校核。

由于轴转动，弯矩引起对称循环的弯曲应力，其应力幅为

$$\sigma_a=\frac{M_D}{W}=\frac{493\times10^3}{18.26\times10^3}\text{MPa}$$
$$=27\text{MPa}$$

式中　W——抗弯截面系数，由表 12.3-20 查得

$$W=18.26\text{cm}^3=18.26\times10^3\text{mm}^3$$

弯曲正应力的平均应力 $\sigma_m=0$

根据式（12.3-2）

$$S_\sigma=\frac{\sigma_{-1}}{\dfrac{K_\sigma}{\beta\varepsilon_\sigma}\sigma_a+\psi_\sigma\sigma_m}$$

$$=\frac{270}{\dfrac{2.62}{0.92\times0.81}\times27+0}$$

$$=2.84$$

式中　σ_{-1}——材料在对称循环应力时试件的弯曲疲劳极限，由表 12.1-1 查得 $\sigma_{-1}=270\text{MPa}$；

K_σ——正应力的有效应力集中系数，由表 12.3-8 按键查得 $K_\sigma=1.82$；按配合查得 $K_\sigma=2.62$，此处取 $K_\sigma=2.62$；

β——表面质量系数，轴经车削加工，由表 12.3-11 查得 $\beta=0.92$；

ε_σ——尺寸系数，由表 12.3-15 查得 $\varepsilon_\sigma=0.81$。

转矩 $T_1=620.75\text{N}\cdot\text{m}$，考虑到轴上作用的转矩总是有些变动，故单向传递转矩的轴的切应力一般视为脉动循环应力。

$$\tau_m=\tau_a=\frac{T_1}{2W_p}$$

$$=\frac{620.75\times10^3}{2\times39.47\times10^3}\text{MPa}$$

$$=7.86\text{MPa}$$

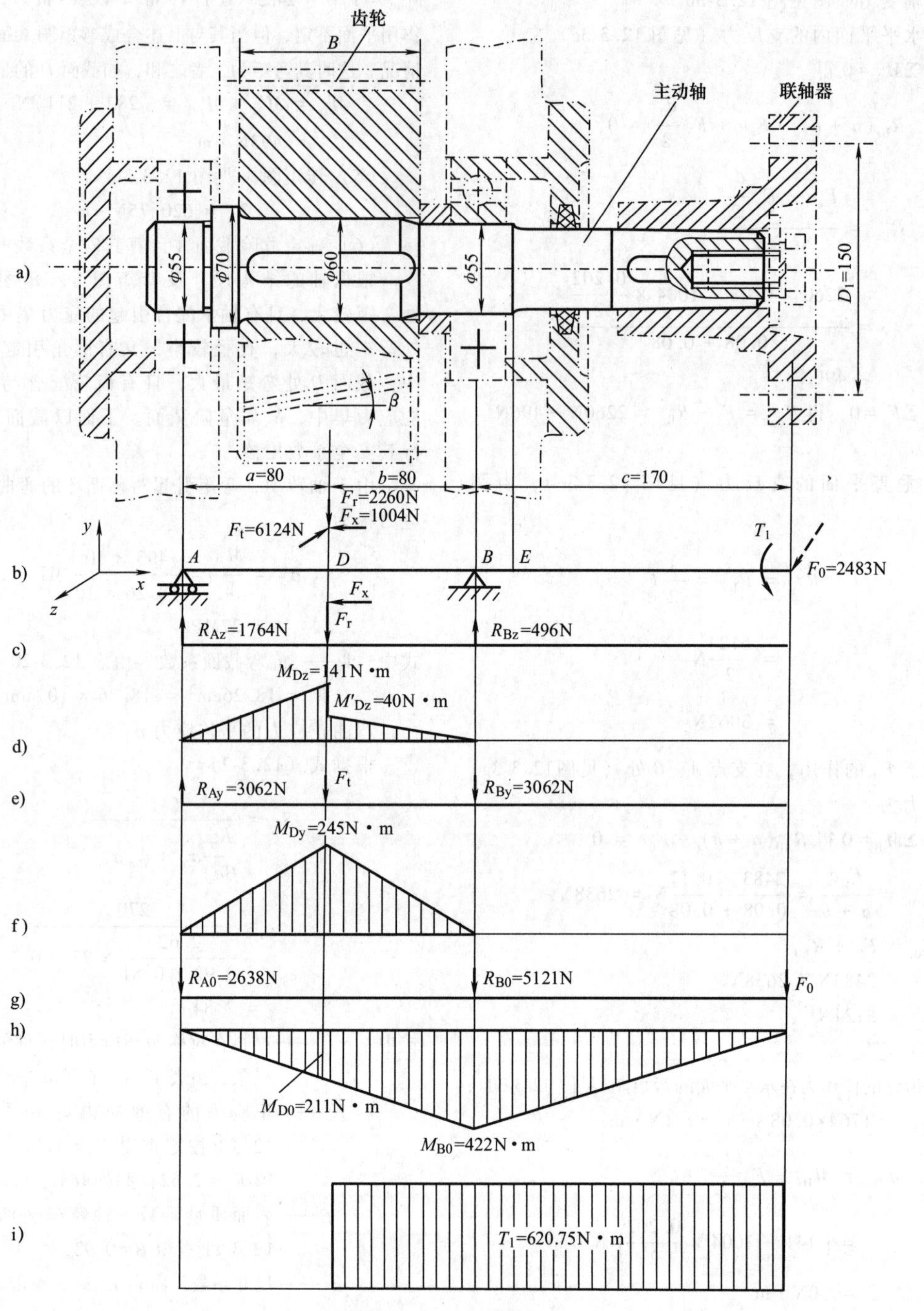

图 12.3-3 轴的载荷分布

式中 W_p——抗扭截面系数，由表 12.3-20 查得

$$W_p = 39.47\text{cm}^3 = 39.47 \times 10^3\text{mm}^3$$

根据式（12.3-3）

$$S_\tau = \frac{\tau_{-1}}{\dfrac{K_\tau}{\beta\varepsilon_\tau}\tau_a + \psi_\tau\tau_m}$$

$$= \frac{155}{\dfrac{1.88}{0.92 \times 0.76} \times 7.86 + 0.21 \times 7.86}$$

$$= 6.80$$

式中 τ_{-1}——材料在对称循环应力时试件的扭转疲劳极限，由表 12.1-1 查得 $\tau_{-1} = 155\text{MPa}$；

K_τ——切应力的有效应力集中系数，由表 12.3-8，按键查得 $K_\tau=1.61$；按配合查得 $K_\tau=1.88$，此处取 $K_\tau=1.88$；

β——同正应力情况；

ε_τ——尺寸系数，由表 12.3-15 查得 $\varepsilon_\tau=0.76$；

ψ_τ——平均应力折算系数，由表 12.3-16 查得 $\psi_\tau=0.21$。

按式（12.3-1）

$$S=\frac{S_\sigma S_\tau}{\sqrt{S_\sigma^2+S_\tau^2}}=\frac{2.84\times 6.80}{\sqrt{2.84^2+6.80^2}}=2.62$$

由表 12.3-7 可知，$[S]=1.3\sim2.5$

故 $S>[S]$，该轴 D 截面是安全的。

第 4 章　轴的刚度校核

轴在载荷的作用下，将产生弯曲和扭转变形。若变形量超过允许的限度，就会影响轴上零件的正常工作。因此在设计重要的轴时，必须检验轴的变形量，即做轴的刚度校核。轴的刚度分为弯曲刚度和扭转刚度，前者以挠度 y 和偏转角 θ 来度量，后者以扭转角 φ 来度量。

一般机械制造业中，轴的变形许用值见表 12.4-1。

表 12.4-1　轴的变形许用值

变形		名　称	变形许用值
弯曲变形	挠度 y	一般用途轴	$[y]=(0.0003\sim0.0005)L$
		刚度要求高的轴	$[y]=0.0002L$
		安装齿轮的轴	$[y]=(0.01\sim0.03)m_n$
		安装蜗轮的轴	$[y]=(0.02\sim0.05)m_t$
		感应电动机轴	$[y]\leqslant0.1\delta$
	偏转角 θ	滑动轴承处	$[\theta]=0.001\text{rad}$
		深沟球轴承处	$[\theta]=0.005\text{rad}$
		调心球轴承处	$[\theta]=0.05\text{rad}$
		圆柱滚子轴承处	$[\theta]=0.0025\text{rad}$
		圆锥滚子轴承处	$[\theta]=0.0016\text{rad}$
		安装齿轮处	$[\theta]=(0.001\sim0.002)\text{rad}$
扭转变形	扭转角 φ	一般轴	$[\varphi]=(0.5°\sim1°)/\text{m}$
		精密传动轴	$[\varphi]=(0.25°\sim0.5°)/\text{m}$
		精度要求不高传动轴	$[\varphi]\geqslant1°/\text{m}$
		重型机床走刀轴	$[\varphi]=5'/\text{m}$
		起重机传动轴	$[\varphi]=(15'\sim20')/\text{m}$
说明	L—支承间跨距 δ—电动机定子与转子间的气隙 m_n—齿轮法面模数 m_t—蜗轮端面模数		

1　轴的弯曲刚度校核

轴在载荷作用下若产生过大的弯曲变形，会影响轴上零件的正常工作。例如，安装齿轮的轴，如轴的弯曲刚度不足而产生过大的挠度 y 和偏转角 θ，会使齿轮轮齿啮合发生偏载。在电动机中，轴的过大挠度 y 会改变电动机转子与定子间的间隙，使电动机性能恶化。在滑动轴承中运转的轴颈，轴的偏转角 θ 过大，会使轴承与轴颈发生边缘接触，加剧磨损和导致胶合。对于用滚动轴承支承的轴，偏转角 θ 会使轴承内、外套圈互相倾斜，如偏转角超过滚动轴承的允许转角，就显著降低滚动轴承的使用寿命。

要精确计算出轴的弯曲变形是比较困难的，由于轴承间隙、箱体刚度、配合在轴上的零件的刚度，以及轴的局部削弱等都影响到轴的变形。因此，在计算中要进行不同程度的简化。

轴的弯曲变形计算，可采用材料力学的图解法、当量直径法或能量法。图解法比较适用于求轴上多点变形量或整根轴的挠度曲线；当量直径法是把阶梯轴当作直径为 d_m 的等直径轴来计算，只适用于对各段直径相差很小的阶梯轴的近似计算；当只需比较精确地计算轴上某几个特定点的变形或利用计算机时，可用能量法。

1.1　能量法

用能量法计算轴的弯曲变形时，需先绘出轴的外形图和弯矩 M 图（见图 12.4-1a、b），如果需计算 A 处的挠度 y_A，则在 A 处加一单位力 $F_i=1\text{N}$，单位力的方向与变形方向相同，并绘出其弯矩 M'图，如图 12.4-1c 所示。若要计算 B 处的偏转角 θ_B，则在 B 处加一个与变形方向相同的单位弯矩 $M_i=1\text{N}\cdot\text{mm}$，并绘制出其弯矩（$M'$）图（见图 12.4-1d）。然后按 M、M'及截面的连续性把轴分为若干段，如图 12.4-1c、d 所示，则变形量

$$\Delta_i = \sum_{i=1}^{n}\int_0^{l_i}\frac{MM'}{EI}\mathrm{d}l \qquad (12.4\text{-}1)$$

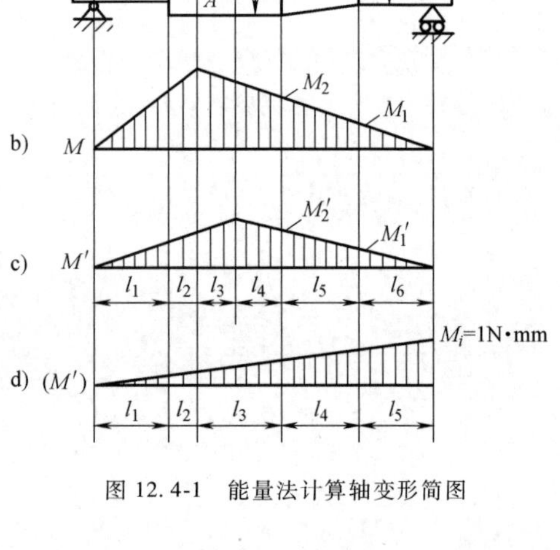

图 12.4-1　能量法计算轴变形简图

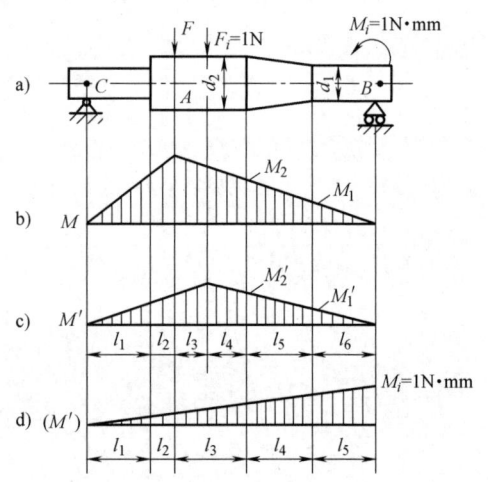

式中　Δ_i——计算变形处的变形量（挠度 y 或转角 θ）（mm 或 rad）；

M——轴所受弯矩（N · mm）；

M'——在计算变形处加单位力 $F_i=1\text{N}$ 或单位力矩 $M_i=1\text{N}\cdot\text{mm}$ 时轴上引起的弯矩（N · mm）；

E——材料弹性模量，对于钢，$E=2.1\times10^5\text{MPa}$；

I——截面惯性矩（mm^4）；

l_i——各轴段的长度（mm）。

各种轴段的积分值 $\int_0^{l_i}\frac{MM'}{EI}\text{d}l$ 列于表 12.4-2 中。

表 12.4-2　积分值 $\int_0^{l_i}\frac{MM'}{EI}\text{d}l$

变矩图	轴段形状	$\int_0^{l_i}\frac{MM'}{EI}\text{d}l$
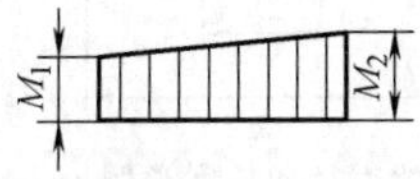	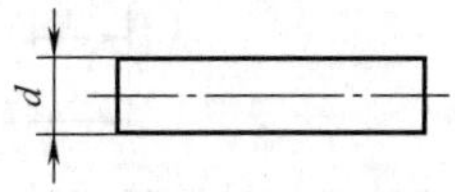	$\frac{l_i}{0.294Ed^4}[M_1(2M'_1+M'_2)+M_2(2M'_2+M'_1)]$
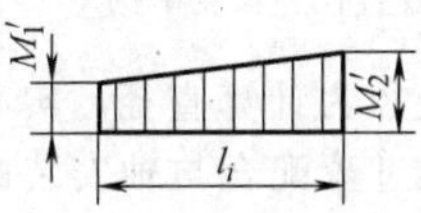	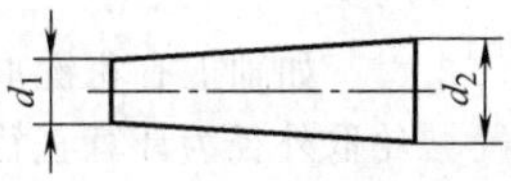	$\frac{l_i}{0.294Ed_1^3d_2^3}[2d_2^2M_1M'_1+d_1d_2(M_1M'_2+M'_1M_2)+2d_1^2M'_2M_2]$
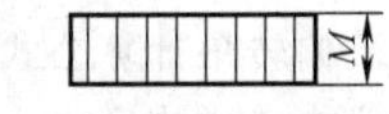	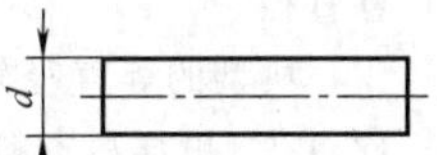	$\frac{l_i}{0.098Ed^4}(M'_1+M'_2)M$
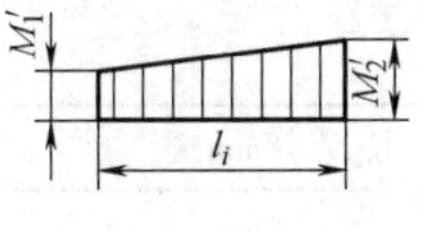	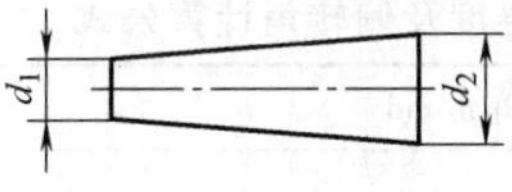	$\frac{l_i}{0.294Ed_1^3d_2^3}M[2d_2^2M'_1+d_1d_2(M'_1+M'_2)+2d_1^2M'_2]$
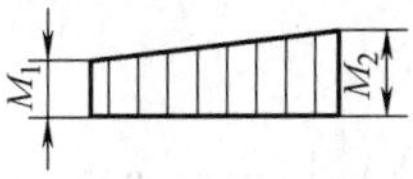	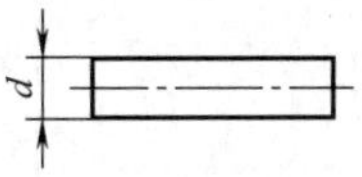	$\frac{l_i}{0.294Ed^4}M'(M_1+2M_2)$
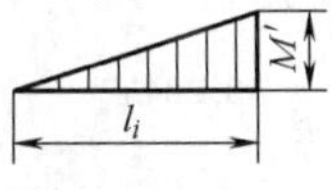	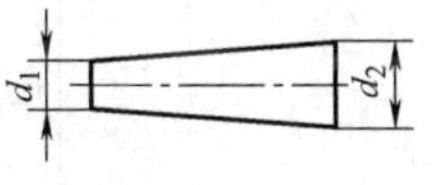	$\frac{l_i}{0.294Ed_1^2d_2^3}(d_2M_1M'+2d_1M_2M')$
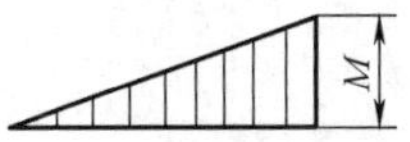	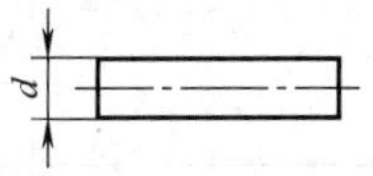	$\frac{l_i}{0.147Ed^4}MM'$
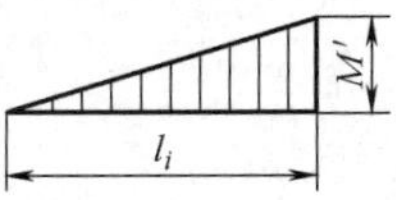	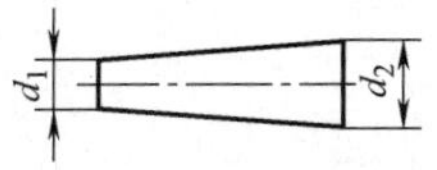	$\frac{l_i}{0.147Ed_1d_2^3}MM'$
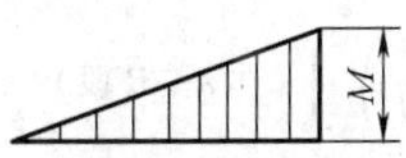	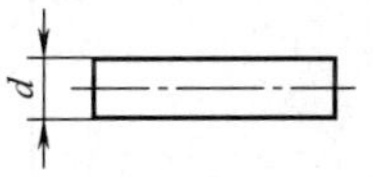	$\frac{l_i}{0.294Ed^4}MM'$
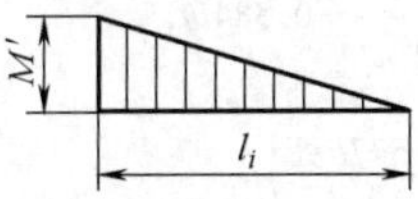	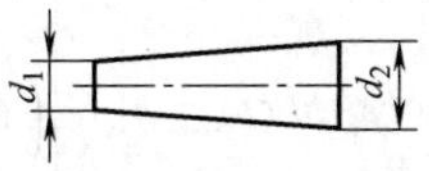	$\frac{l_i}{0.294Ed_1^2d_2^2}MM'$

注：1. 如 M 和 M' 的方向相反，则其中一个取“+”，另一个取“−”。

2. 如轴段为空心圆柱形，则表中的 d^4 要用（$d^4-d_0^4$）代替。

如果轴上各载荷不在同一平面内，可把这些载荷分解为互相垂直的两个平面内的分力，分别算出在这两个平面内各截面处的 y 及 θ，然后用矢量法求出合成挠度和合成偏转角。

1.2 当量直径法

把不等直径的阶梯轴，连同安装的零件，当成直径为 d_m 的等直径轴计算。其计算公式为

$$d_m = \sqrt[4]{\frac{L}{\sum_{i=1}^{n}\frac{l_i}{d_i^4}}} \tag{12.4-2}$$

式中 l_i——阶梯轴 i 段的长度；

d_i——阶梯轴 i 段的直径；

L——两支承之间的长度；

当载荷作用于两支承之间时，$L=l$；

当载荷作用于悬臂端时，$L=l+K$，K 为轴的悬臂长度。

图 12.4-2 为选取轴等效直径和长度举例。如图中所示两支承之间与轴安装在一起的零件，其计算长度为零件宽度的 1/2，如齿宽 $2l_5$，则等效直径长取 l_5，等效直径取节圆直径 d_5；安装在轴悬臂端上的实心齿轮，计算长度取零件宽度的 1/4，如齿宽 $4l_1$，则取 l_1 为计算长度，节圆直径 d_1 为等效直径。

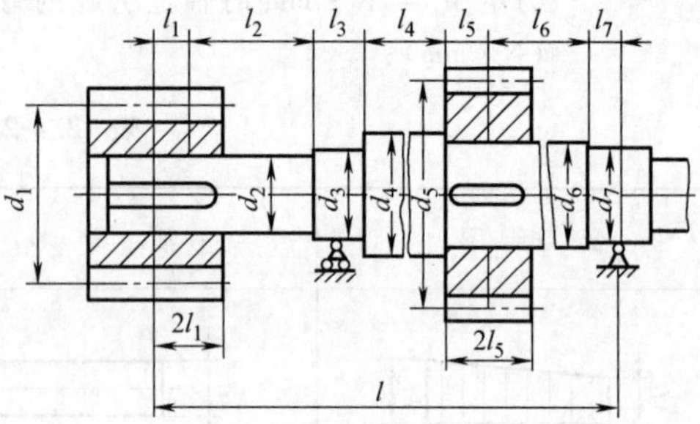

图 12.4-2 选取轴等效直径和长度举例

如轴上有花键取平均直径为计算直径，实心带轮取外径为计算直径；用小过盈配合与轴安装的零件，如滚动轴承内圈，则不计入，仍按原轴径为计算直径。

典型的等直径轴的挠度及偏转角计算公式见表 12.4-3，更详尽资料见材料力学的有关内容。

表 12.4-3 轴的挠度及偏转角计算公式

梁的类型及载荷简图	偏转角 θ/rad	挠度 y/mm
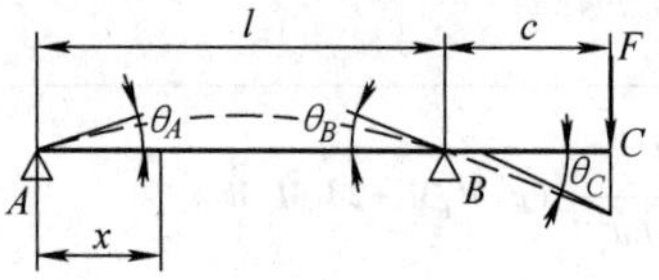	$\theta_A=\frac{Fcl}{6\times10^4 d^4}$ $\theta_B=-\frac{Fcl}{3\times10^4 d^4}=-2\theta_A$ $\theta_C=\theta_B-\frac{Fc^2}{2\times10^4 d^4}$ $\theta_x=\theta_A\left[1-3\left(\frac{x}{l}\right)^2\right]$（在 A—B 段）	$y_C=\theta_B c-\frac{Fc^3}{3\times10^4 d^4}$ $y_x=\theta_A x\left[1-\left(\frac{x}{l}\right)^2\right]$（在 A—B 段） $y_{max}=\frac{Fcl^2}{9\sqrt{3}\times10^4 d^4}\approx0.384l\theta_A$ $\left(在\ x=\frac{l}{\sqrt{3}}\approx0.577l\ 处\right)$
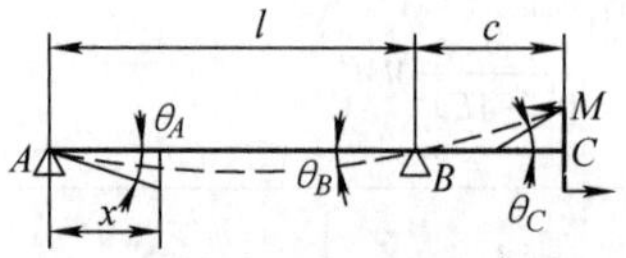	$\theta_A=-\frac{Ml}{6\times10^4 d^4}$ $\theta_B=\frac{Ml}{3\times10^4 d^4}=-2\theta_A$ $\theta_C=\theta_B+\frac{Mc}{10^4 d^4}$ $\theta_x=\theta_A\left[1-3\left(\frac{x}{l}\right)^2\right]$（在 A—B 段）	$y_C=\theta_B c+\frac{Mc^2}{2\times10^4 d^4}$ $y_x=\theta_A x\left[1-\left(\frac{x}{l}\right)^2\right]$（在 A—B 段） $y_{max}=-\frac{Ml^2}{9\sqrt{3}\times10^4 d^4}\approx0.384l\theta_A$ $\left(在\ x=\frac{l}{\sqrt{3}}\approx0.577l\ 处\right)$

（续）

梁的类型及载荷简图	偏转角 θ/rad	挠度 y/mm
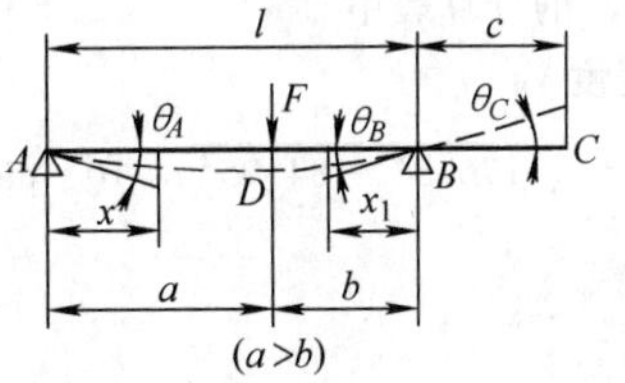 ($a>b$)	$\theta_A=-\frac{Fab}{6\times10^4d^4}\left(1+\frac{b}{l}\right)$ $\theta_B=\frac{Fab}{6\times10^4d^4}\left(1+\frac{a}{l}\right)$ $\theta_C=\theta_B$ $\theta_D=-\frac{Fab}{3\times10^4d^4}\left(1-2\frac{a}{l}\right)$ $\theta_x=-\frac{Fbl}{6\times10^4d^4}\left[1-\left(\frac{b}{l}\right)^2-3\left(\frac{x}{l}\right)^2\right]$ （在 A—D 段） $\theta_{x1}=\frac{Fal}{6\times10^4d^4}\left[1-\left(\frac{a}{l}\right)^2-3\left(\frac{x_1}{l}\right)^2\right]$ （在 B—D 段）	$y_C=\theta_Bc$ $y_x=-\frac{Fblx}{6\times10^4d^4}\left[1-\left(\frac{b}{l}\right)^2-\left(\frac{x}{l}\right)^2\right]$ （在 A—D 段） $y_{x1}=-\frac{Falx_1}{6\times10^4d^4}\left[1-\left(\frac{a}{l}\right)^2-\left(\frac{x_1}{l}\right)^2\right]$ （在 B—D 段） $y_D=-\frac{Fa^2b^2}{3\times10^4ld^4}$ $y^*_{max}=-\frac{Fbl^2}{9\sqrt{3}\times10^4d^4}\left[1-\left(\frac{b}{l}\right)^2\right]^{3/2}$ $\approx0.384l\theta_A\sqrt{1-\left(\frac{b}{l}\right)^2}$ $\left(在\ x=\sqrt{\frac{l^2-b^2}{3}}\approx0.577\sqrt{l^2-b^2}\ 处\right)$
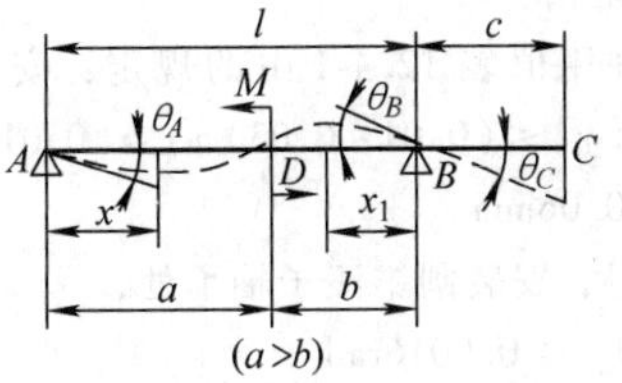 ($a>b$)	$\theta_A=-\frac{Ml}{6\times10^4d^4}\left[1-3\left(\frac{b}{l}\right)^2\right]$ $\theta_B=-\frac{Ml}{6\times10^4d^4}\left[1-3\left(\frac{a}{l}\right)^2\right]$ $\theta_C=\theta_B$ $\theta_D=\frac{Ml}{3\times10^4d^4}\left[1-3\left(\frac{a}{l}\right)+3\left(\frac{a}{l}\right)^2\right]$ $\theta_x=-\frac{Ml}{6\times10^4d^4}\left[1-3\left(\frac{b}{l}\right)^2-3\left(\frac{x}{l}\right)^2\right]$ （在 A—D 段） $\theta_{x1}=-\frac{Ml}{6\times10^4d^4}\left[1-3\left(\frac{a}{l}\right)^2-3\left(\frac{x_1}{l}\right)^2\right]$ （在 B—D 段）	$y_C=\theta_Bc$ $y_x=-\frac{Mlx}{6\times10^4d^4}\left[1-3\left(\frac{b}{l}\right)^2-\left(\frac{x}{l}\right)^2\right]$ （在 A—D 段） $y_{x1}=\frac{Mlx_1}{6\times10^4d^4}\left[1-3\left(\frac{a}{l}\right)^2-\left(\frac{x_1}{l}\right)^2\right]$ （在 B—D 段） $y_D=-\frac{Mab}{3\times10^4d^4}\left(1-2\frac{b}{l}\right)$ $y^*_{max}=-\frac{Ml^2}{9\sqrt{3}\times10^4d^4}\left[1-3\left(\frac{b}{l}\right)^2\right]^{3/2}$ $\approx0.384l\theta_A\sqrt{1-3\left(\frac{b}{l}\right)^2}$ $\left(在\ x=\sqrt{\frac{l^2-3b^2}{3}}\approx0.577\sqrt{l^2-3b^2}\ 处\right)$

注：1. 如果实际作用载荷的方向与图示相反，则公式中的正负号应相应改变。

2. 表中公式适用于弹性模量 $E=206\times10^3$MPa。

3. 标有“＊”的 y_{max} 计算公式适用于 $a>b$ 的场合，y_{max} 产生在 A—D 段。当 $a<b$ 时，y_{max} 产生在 B—D 段，计算时应将式中的 b 换成 a，x 换成 x_1，θ_A 换成 θ_B。

2　轴的扭转刚度校核

轴的扭转刚度校核就是计算轴在工作时的扭转变形量。对于一般机器中的轴，扭转刚度并不是主要考虑的因素。但在某些类型机器中，轴的过大扭转变形会影响机器的性能和工作精度。例如，内燃机凸轮轴的扭转角 φ 如过大，会影响气门的正确启闭时间；龙门式起重机运行部分传动轴的扭转角过大会影响驱动轮的同步性；对于有发生扭转振动危险的轴以及操纵系统中的轴来说，都必须具有较大的扭转刚度。

对于圆形轴扭转角 φ 的简化计算公式见表 12.4-4。

对于实心圆形钢轴每米长度扭转角的校核计算式为

$$\varphi=\frac{T}{138.5d^4}\leqslant[\varphi] \qquad (12.4\text{-}3)$$

满足此刚度要求的轴直径可由式（12.4-4）求得

$$d\geqslant\sqrt[4]{\frac{T}{138.5[\varphi]}} \qquad (12.4\text{-}4)$$

表 12.4-4 圆形轴扭转角 φ 的简化计算公式

轴的种类		公 式	说 明
光轴	实心轴	$\varphi=584\dfrac{Tl}{Gd^4}$	T—轴传递的转矩（N·mm） l—轴受转矩作用的长度（mm） d—轴的外直径（mm） d_0—空心轴的内直径（mm） G—材料的切变模量（MPa） 对钢 $G=8.1\times10^8$MPa T_i，l_i，d_i，d_{0i}—分别代表阶梯轴第 i 段上所传递的转矩，长度，内、外直径
	空心轴	$\varphi=584\dfrac{Tl}{G(d^4-d_0^4)}$	
阶梯轴	实心轴	$\varphi=\dfrac{584}{G}\sum\limits_{i=1}^{n}\dfrac{T_il_i}{d_i^4}$	
	空心轴	$\varphi=\dfrac{584}{G}\sum\limits_{i=1}^{n}\dfrac{T_il_i}{(d_i^4-d_{0i}^4)}$	

3 轴的刚度计算实例

例 12.4-1 轴的结构简图及其有关尺寸如图 12.4-3 所示，其中图 a 为结构简图，图 b 及图 c 分别为该轴在水平和垂直两个平面中的受力简图。轴的材料为 45 钢，$E=2.15\times10^5$MPa，试计算轴上截面 N 处的挠度 y_N 及支承 B 处的偏转角 θ_B，齿轮模数 $m=2$mm。

解 用能量法计算：

1）根据轴受力情况求出支反力之后（见图 12.4-3b、c），画出轴在水平和垂直两个平面中的弯矩 M_{xz} 及 M_{yz}（N·mm）图，见图 12.4-3d、e。

2）在截面 N 处加单位力 $F_i=1$N，画弯矩 M'（N·mm）图，见图 12.4-3f。

3）在支承 B 处加单位力矩 $M_i=1$N·mm，画弯矩 M'（N·mm）图，见图 12.4-3g。

4）计算 y_N：

① 计算水平平面中的挠度 y_{Nxz}。取矩形花键处的轴径为 $d_1=d_8=(25+22)/2$mm$=23.5$mm。按图 12.4-3a、d、f 的数值及表 12.4-2 的相应算式，计算各轴段和累计挠度，计算结果列于 y_{Nxz} 的计算表中。

② 计算垂直平面中的挠度 y_{Nyz}。

按图 12.4-3a、e、f 的数值及表 12.4-2 的相应算式计算，结果列于 y_{Nyz}的计算表中。

③ 计算合成挠度 y_N

$$y_N=\sqrt{y_{Nxz}^2+y_{Nyz}^2}=\sqrt{176.3^2+84.95^2}\times10^{-4}\text{mm}$$
$$=0.0196\text{mm}$$

5）计算 θ_B：

① 水平平面中的偏转角 θ_{Bxz} 的计算，按图 12.4-3a、d、g 的数值及表 12.4-2 的相应算式进行计算，结果列于 θ_{Bxz}的计算表中。

② 垂直平面中的偏转角 θ_{Byz} 的计算，按图 12.4-3a、e、g 的数值及表 12.4-2 的相应公式计算，结果列于 θ_{Byz}的计算表中。

③ 计算合成偏转角 θ_B

$$\theta_B=\sqrt{\theta_{Bxz}^2+\theta_{Byz}^2}=\sqrt{14.57^2+9.43^2}\times10^{-5}\text{rad}$$
$$=17.36\times10^{-5}\text{rad}\approx0.000174\text{rad}$$

6）计算许用变形值：

根据轴的变形许用值表 12.4-1 中的规定：安装齿轮轴的许用挠度 $[y]\leqslant(0.01\sim0.03)m_n=(0.01\sim0.03)\times2\text{mm}=0.02\sim0.06$mm。

由表 12.4-1 查得，安装圆锥滚子轴承处，

$$[\theta]\leqslant0.0016\text{rad}$$

该例中的轴计算结果：

$$y_N=0.0196\text{mm}<[y]=0.02\sim0.06\text{mm}$$
$$\theta_B=0.000174\text{rad}<[\theta]=0.0016\text{rad}$$

所以，实际变形 y_N、θ_B 均小于许用值，故轴的刚度完全满足要求。

y_{Nxz}的计算表

轴 段	$\int_0^{l_i}\dfrac{MM'}{EI}\mathrm{d}l$	计算结果/mm
l_1	$\dfrac{11}{0.147\times2.15\times10^5\times23.5^4}\times19800\times11$	2.49×10^{-4}
l_2	$\dfrac{41}{0.294\times2.15\times10^5\times30^4}[19800\times(2\times11+52)+93600\times(2\times52+11)]$	97.9×10^{-4}
l_3	$\dfrac{3}{0.294\times2.15\times10^5\times30^4}[93600\times(2\times52+50.2)+88900\times(2\times50.2+52)]$	16.4×10^{-4}
l_4	$\dfrac{76}{0.294\times2.15\times10^5\times35^4}[88900\times(2\times50.2+1.9)+(-30600)\times(2\times1.9+50.2)]$	59.6×10^{-4}
l_5	$\dfrac{3}{0.294\times2.15\times10^5\times30^4}\times1.9\times[2\times(-30600)+(-35300)]$	-0.107×10^{-4}

（续）

轴　段	$\int_0^{l_i}\frac{MM'}{EI}dl$	计算结果/mm
l_6,l_7,l_8	$M'=0$	0
累　计	$y_{Nxz}=\Delta_i=\sum_{i=1}^{8}\int_0^{l_i}\frac{MM'}{EI}dl$	176.3×10^{-4}

y_{Nyz}的计算表

轴　段	$\int_0^{l_i}\frac{MM'}{EI}dl$	计算结果/mm
l_1	$\frac{11}{0.147\times2.15\times10^5\times23.5^4}\times7250\times11$	0.91×10^{-4}
l_2	$\frac{41}{0.294\times2.15\times10^5\times30^4}[7250\times(2\times11+52)+34300\times(2\times52+11)]$	35.9×10^{-4}
l_3	$\frac{3}{0.294\times2.15\times10^5\times30^4}[34300\times(2\times52+50.2)+34200\times(2\times50.2+52)]$	6.15×10^{-4}
l_4	$\frac{76}{0.294\times2.15\times10^5\times35^4}[34200\times(2\times50.2+1.9)+32000\times(2\times1.9+50.2)]$	41.88×10^{-4}
l_5	$\frac{3}{0.294\times2.15\times10^5\times30^4}\times1.9\times(2\times31900+32000)$	0.107×10^{-4}
l_6,l_7,l_8	$M'=0$	0
累　计	$y_{Nyz}=\Delta_i=\sum_{i=1}^{8}\int_0^{l_i}\frac{MM'}{EI}dl$	84.95×10^{-4}

θ_{Bxz}的计算表

轴　段	$\int_0^{l_i}\frac{MM'}{EI}dl$	计算结果/rad
l_1,l_2	$M'=0$	0
l_3	$\frac{3}{0.294\times2.15\times10^5\times30^4}[93600\times(2\times1+0.963)+88900\times(2\times0.963+1)]$	3.15×10^{-5}
l_4	$\frac{76}{0.294\times2.15\times10^5\times35^4}[88900\times(2\times0.963+0.037)+(-30600)\times(2\times0.037+0.0963)]$	11.44×10^{-5}
l_5	$\frac{3}{0.294\times2.15\times10^5\times30^4}\times0.037\times[2\times(-30600)+(-35300)]$	-0.021×10^{-5}
l_6,l_7,l_8	$M'=0$	0
累　计	$\theta_{Bxz}=\Delta_i=\sum_{i=1}^{8}\int_0^{l_i}\frac{MM'}{EI}dl$	14.57×10^{-5}

θ_{Byz}的计算表

轴　段	$\int_0^{l_i}\frac{MM'}{EI}dl$	计算结果/rad
l_1,l_2	$M'=0$	0
l_3	$\frac{3}{0.294\times2.15\times10^5\times30^4}[34300\times(2\times1+0.963)+34200\times(2\times0.963+1)]$	1.18×10^{-5}
l_4	$\frac{76}{0.294\times2.15\times10^5\times35^4}[34200\times(2\times0.963+0.037)+32000\times(2\times0.037+0.0963)]$	8.04×10^{-5}
l_5	$\frac{3}{0.294\times2.15\times10^5\times30^4}\times0.037\times(2\times32000+31900)$	0.021×10^{-5}
l_6,l_7,l_8	$M'=0$	0
累　计	$\theta_{Byz}=\Delta_i=\sum_{i=1}^{8}\int_0^{l_i}\frac{MM'}{EI}dl$	9.43×10^{-5}

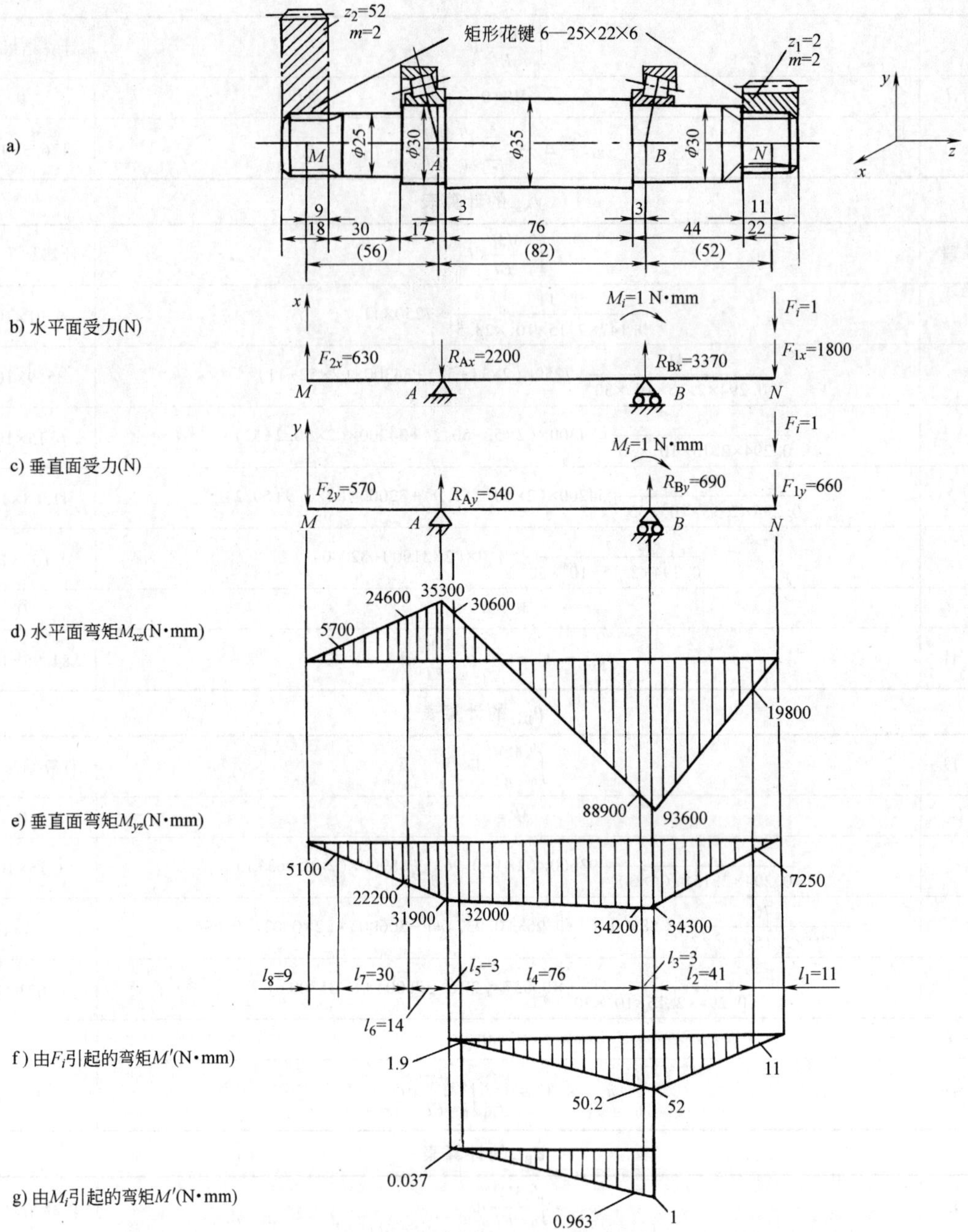

图 12.4-3 轴的变形计算用图

第 5 章　轴的临界转速

轴是一个弹性体，当其旋转时，由于轴和轴上零件的材料组织不均匀、制造误差，或对中不好等，就要产生以离心力为表现形式的周期性干扰力，从而引起轴的弯曲振动(或称横向振动)。如果这种干扰力的频率与轴的弯曲自振频率相接近，就会出现弯曲共振现象。

发生共振时轴的转速称为轴的临界转速。如果轴的转速停滞在临界转速附近，轴的变形将迅速增大，以致达到使轴甚至整个机器破坏的程度。

对于任何一个轴来说，理论上都有无穷多个临界转速，如果按其数值由小到大排列为 n_{cr1}、n_{cr2}、…、n_{crk}，则分别称为轴的一阶、二阶、…、K 阶临界转速。

轴的临界转速的高低取决于材料的弹性特性、轴的形状和尺寸、轴的支承形式和轴上零件的自重等，而与轴的空间位置(垂直、水平或倾斜)无关。

为避免轴在运转中产生共振现象，所设计的轴的转速不得与任何临界转速相接近，也不能与一阶临界转速的简单倍数重合，而应该在各阶临界转速一定范围之外。当轴工作转速低于一阶临界转速时，其工作转速应选为 $n<0.75n_{cr1}$，工程上称这种轴为刚性轴；当轴工作转速高于一阶临界转速时，其工作转速应选为 $1.4n_{cr1}<n<0.7n_{cr2}$，通常称这种轴为挠性轴。

阶梯轴临界转速的精确计算比较复杂，作为近似计算，可将阶梯轴视为当量直径为 d_v 的光轴进行计算，当量直径 d_v 按式（12.5-1）计算

$$d_v = \xi \frac{\Sigma d_i \Delta l_i}{\Sigma \Delta l_i} \qquad (12.5\text{-}1)$$

式中　d_i——第 i 段轴的直径（mm）；

Δl_i——第 i 段轴的长度（mm）；

ξ——经验修正系数，若阶梯轴最粗一段或几段的轴段长度超过轴全长的 50%，则可取 $\xi=1$；若它们小于轴全长的 15%，则此段当作轴环，另按次粗轴段来考虑。在一般情况下，最好按照同系列机器的计算对象，选取有准确解的轴试算几例，从中找出 ξ 值。例如一般的压缩机、离心机、鼓风机转子可取 $\xi=1.094$。

1　不带圆盘的均质轴的临界转速

各种支承条件下，等直径轴横向振动时第一、第二、第三阶临界转速的计算公式见表 12.5-1。

表 12.5-1　横向振动时轴的临界转速 n_{cr}

均匀质量轴的临界转速 $n_{crk}=946\lambda_k\sqrt{\dfrac{EI}{W_0L^3}}$，($k$=1,2,3 为临界转速阶数)		带圆盘但不计轴自重时轴的一阶临界转速 $n_{cr1}=946\sqrt{\dfrac{K}{W_1}}$	
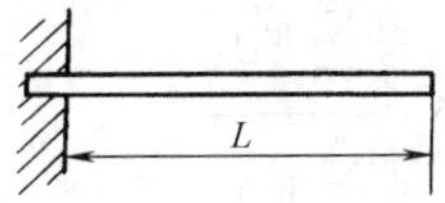	$\lambda_1=3.52$ $\lambda_2=22.43$ $\lambda_3=61.83$	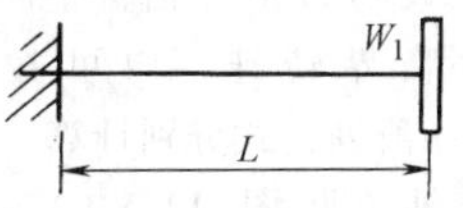	$K=\dfrac{3EI}{L^3}$
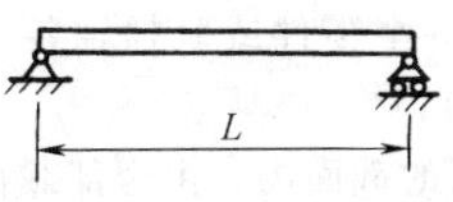	$\lambda_1=9.87$ $\lambda_2=39.48$ $\lambda_3=88.83$	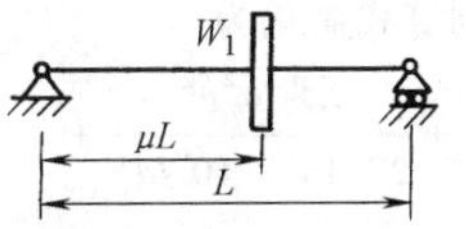	$K=\dfrac{3EI}{\mu^2(1-\mu)^2L^3}$
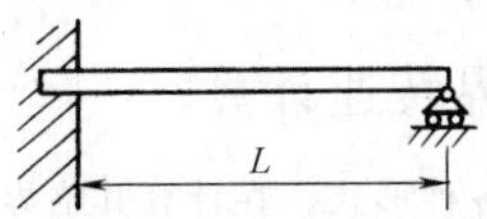	$\lambda_1=15.42$ $\lambda_2=49.97$ $\lambda_3=104.2$	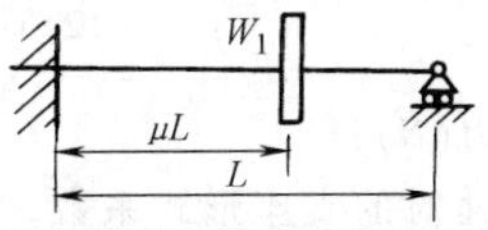	$K=\dfrac{12EI}{\mu^3(1-\mu)^2(4-\mu)L^3}$
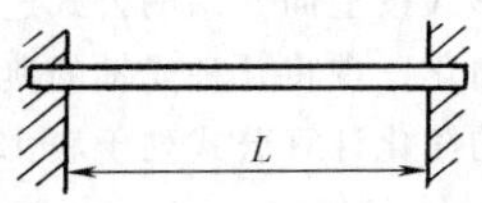	$\lambda_1=22.37$ $\lambda_2=61.67$ $\lambda_3=120.9$	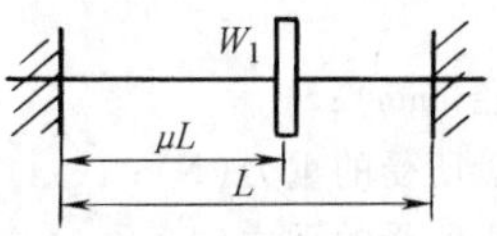	$K=\dfrac{3EI}{\mu^3(1-\mu)^3L^3}$

（续）

<table>
<tr><th>均匀质量轴的临界转速</th><th>带圆盘但不计轴自重时轴的一阶临界转速</th></tr>
<tr><td>$n_{crk}=946\lambda_k\sqrt{\frac{EI}{W_0L^3}}$，（$k=1,2,3$ 为临界转速阶数）</td><td>$n_{cr1}=946\sqrt{\frac{K}{W_1}}$</td></tr>
<tr><td>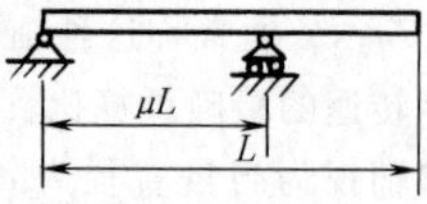</td><td rowspan="2">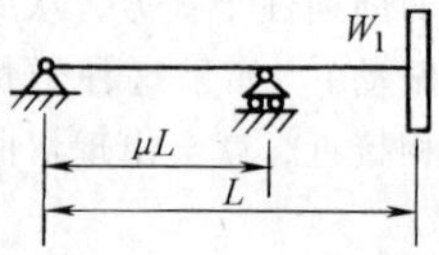$K=\frac{3EI}{(1-\mu)^2L^3}$</td></tr>
<tr><td>

μ	0.5	0.55	0.6	0.65	0.7	0.75
λ_1	8.716	9.983	11.50	13.13	14.57	15.06
μ	0.8	0.85	0.9	0.95	1.0	
λ_1	14.44	13.34	12.11	10.92	9.87	

</td></tr>
</table>

注：W_0—轴所受的重力（N）；W_1—圆盘所受的重力（N）；L—轴的长度（mm）；λ_k—支座形式系数；E—轴材料的弹性模量，对钢，$E=206\times10^3$MPa；I—轴截面的惯性矩（mm^4），$I=\frac{\pi d^4}{64}$；μ—支承间距离或圆盘处轴段长度 μL 与轴总长度 L 之比；K—轴的刚度系数（N/mm）。

2　带圆盘的轴的临界转速

带单个圆盘且不计轴自重时，轴的一阶临界转速 n_{cr1} 的计算公式见表 12.5-1。

带多个圆盘并需计及轴自重时，可按邓柯莱（Dunkerley）公式计算 n_{cr1}。

$$\frac{1}{n_{cr1}^2}\approx\frac{1}{n_0^2}+\frac{1}{n_{01}^2}+\frac{1}{n_{02}^2}+\cdots+\frac{1}{n_{0i}^2}+\cdots \qquad (12.5\text{-}2)$$

式中　n_0——只考虑轴自重时轴的一阶临界转速；

n_{01}、n_{02}、…、n_{0i}——轴上只装一个圆盘（盘 1、2、…或 i）且不计轴自重时的一阶临界转速，均可按表 12.5-1 所列公式分别计算。

对双铰支多圆盘钢轴（见图 12.5-1），式（12.5-2）按表 12.5-1 中所列算式简化为

$$\frac{1}{n_{cr1}^2}\approx\frac{W_0L^3}{9.04\times10^9\lambda_1^2d_v^4}+\frac{\Sigma W_ia_i^2b_i^2}{27.14\times10^9ld_v^4}+\frac{\Sigma G_jc_j^2(l+c_j)}{27.14\times10^9d_v^4} \qquad (12.5\text{-}3)$$

式中　W_0——轴所受的重力（N）；

λ_1——一阶临界转速时的支座形式系数，查表 12.5-1；

d_v——轴的当量直径（mm）；

W_i——支承间的圆盘所受的重力（N）；

G_j——外伸端的圆盘所受的重力（N）。

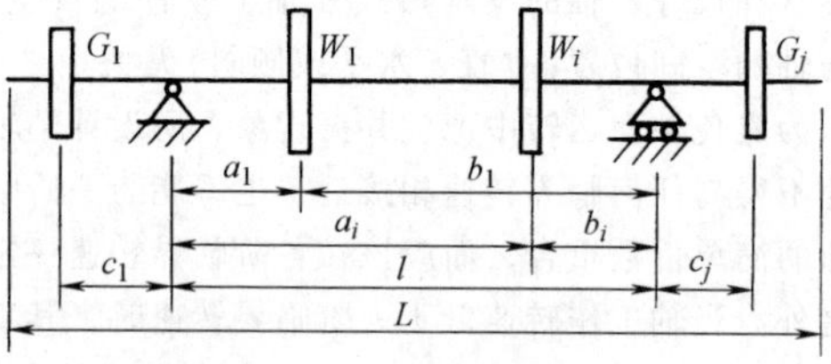

图 12.5-1　双铰支多圆盘轴

带多个圆盘的轴（包括阶梯轴），如果在各个圆盘重力的作用下，轴的挠度曲线或轴上各圆盘处的挠度值已知时，也可用雷利（Rayleigh）公式近似求其一阶临界转速。

$$n_{cr1}=946\sqrt{\frac{\sum_{i=1}^{n}W_iy_i}{\sum_{i=1}^{n}W_iy_i^2}}$$

式中　W_i——轴上所装各个零件或阶梯轴各个轴段的重力（N）；

y_i——在 W_i 作用的截面内，由全部载荷引起的轴的挠度（mm）。

3　光轴的一阶临界转速计算

实际机器中的轴有各种形式，在计算其临界转速时，应视其具体条件及形式按上面介绍的公式进行计算。为便于工程中计算简化，现将几种光轴的典型简化形式、一阶临界转速的简化计算公式列于表 12.5-2 中，供设计时参考。

表 12.5-2　光轴的一阶临界转速计算公式

<table>
<tr><th>简　　图</th><th>临界转速 n_{cr1}</th></tr>
<tr><td>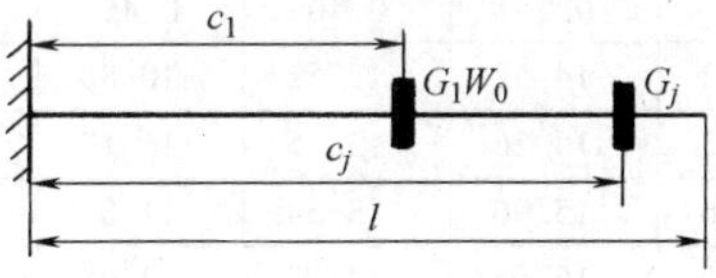</td><td>$$n_{cr1} \approx \frac{3.35\times10^5 d^2}{\sqrt{W_0 l^3 + 4.12\Sigma c_j^3 G_j}}$$</td></tr>
<tr><td>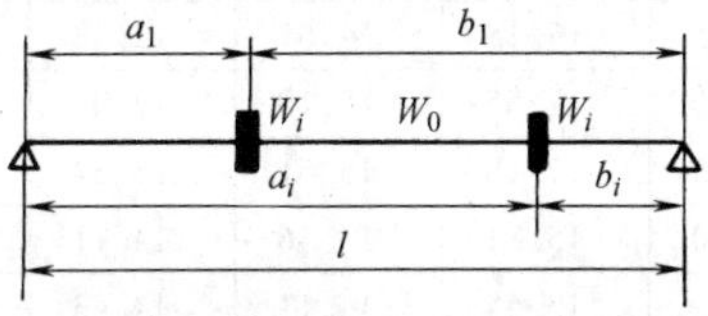</td><td>$$n_{cr1} \approx \frac{9.36\times10^5 d^2}{\sqrt{W_0 l^3 + \frac{32.47}{l}\Sigma a_i^2 b_i^2 W_i}}$$</td></tr>
<tr><td>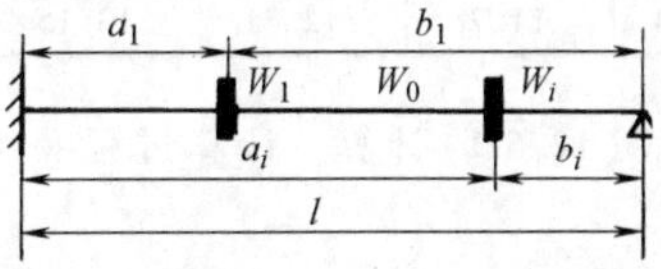</td><td>$$n_{cr1} \approx \frac{14.65\times10^5 d^2}{\sqrt{W_0 l^3 + \frac{19.82}{l^3}\Sigma a_i^3 b_i^2 (3a_i + 4b_i) W_i}}$$</td></tr>
<tr><td>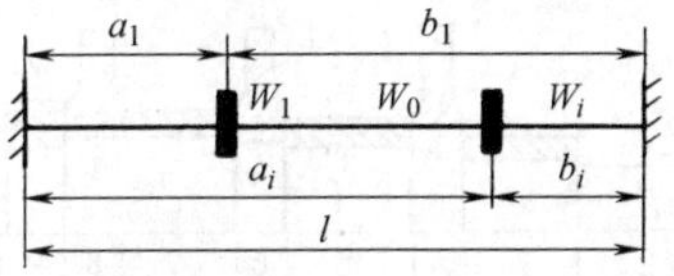</td><td>$$n_{cr1} \approx \frac{21.26\times10^5 d^2}{\sqrt{W_0 l^3 + \frac{166.3}{l^3}\Sigma a_i^3 b_i^3 W_i}}$$</td></tr>
<tr><td>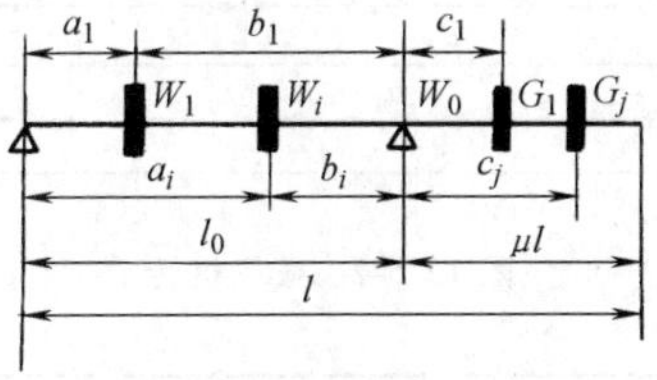</td><td rowspan="2">$$n_{cr1} \approx \frac{9.52\times10^4 \lambda_1 d^2}{\sqrt{W_0 l^3 + \frac{\lambda_1^2}{3}\left[\frac{1}{l_0}\Sigma W_i a_i^2 b_i^2 + \Sigma G_j c_1^2 (l_0 + c_j)\right]}}$$
一端外伸轴的系数 λ_1 值见表 12.5-3
两端外伸轴的系数 λ_1 值见表 12.5-4</td></tr>
<tr><td>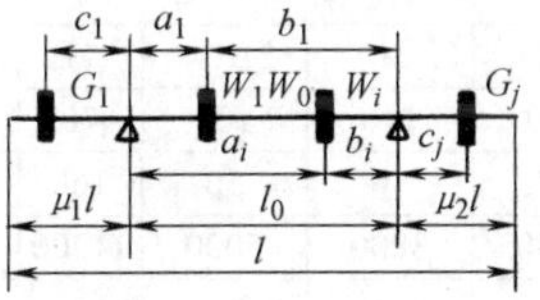</td></tr>
</table>

说　　明

W_i—支承间第 i 个圆盘重力(N)

G_j—外伸端第 j 个圆盘重力(N)

W_0—轴的重力(N),对实心钢轴 $W_0 = 60.5\times10^{-6} d^2 l$,对空心钢轴应乘以 $1-\nu^2$

ν—空心轴的内径 d_0 与外径 d 之比

d—轴的直径(mm)

l—轴的全长(mm)

l_0—支承间距离(mm)

μ、μ_1、μ_2—外伸端长度与轴长 l 之比

a_i、b_i—支承间第 i 个圆盘至左及右支承的距离(mm)

c_j—外伸端第 j 个圆盘至支承间的距离(mm)

注：1. 表列公式适用于弹性模量 $E = 206\times10^3$ MPa 的钢轴。

2. 当计算空心轴的临界转速时，应将表列公式乘以 $\sqrt{1-\nu^2}$。

表 12.5-3　一端外伸轴的系数 λ_1 值

μ	0	0.05	0.10	0.15	0.20	0.25	0.30	0.35	0.40	0.45	0.50	0.55	0.60	0.65	0.70	0.75	0.80	0.85	0.90	0.95	1
λ_1	9.87	10.9	12.1	13.3	14.4	15.1	14.6	13.1	11.5	10	8.7	7.7	6.9	6.2	5.6	5.2	4.8	4.4	4	3.7	3.5

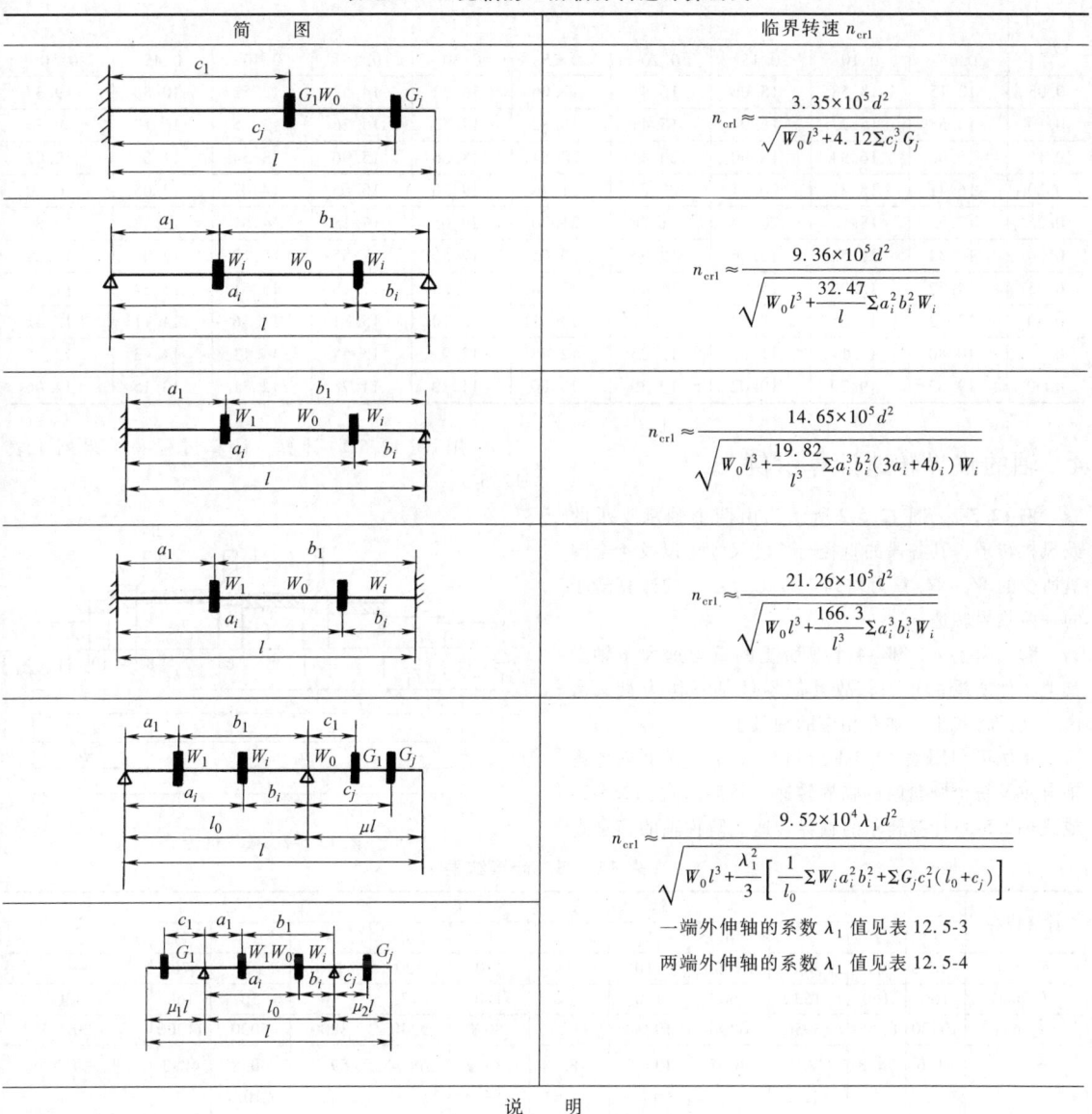

表 12.5-4 两端外伸轴的系数 λ_1 值

μ_2	μ_1									
	0.05	0.10	0.15	0.20	0.25	0.30	0.35	0.40	0.45	0.50
0.05	12.15	13.58	15.06	16.41	17.06	16.32	14.52	12.52	10.80	9.37
0.10	13.58	15.22	16.94	18.41	18.82	17.55	15.26	13.05	11.17	9.70
0.15	15.06	16.94	18.90	20.41	20.54	18.66	15.96	13.54	11.58	10.02
0.20	16.41	18.41	20.41	21.89	21.76	19.56	16.65	14.07	12.03	10.39
0.25	17.06	18.82	20.54	21.76	21.70	20.05	17.18	14.61	12.48	10.80
0.30	16.32	17.55	18.66	19.56	20.05	19.56	17.55	15.10	12.97	11.29
0.35	14.52	15.26	15.96	16.65	17.18	17.55	17.18	15.51	13.54	11.78
0.40	12.52	13.05	13.54	14.07	14.61	15.10	15.51	15.46	14.11	12.41
0.45	10.80	11.17	11.58	12.03	12.48	12.97	13.54	14.11	14.43	13.15
0.50	9.37	9.70	10.02	10.39	10.80	11.29	11.78	12.41	13.15	14.06

4 轴的临界转速计算示例

例 12.5-1 图 12.5-2 所示为由两个轴承支承的鼓风机转子，其各段的直径与长度尺寸，以及 4 个圆盘所受的 $W_1 \sim W_4$ 重力均列于表 12.5-5。试计算转子的一阶临界转速 n_{cr1}。

解 由于 $W_1 \sim W_4$ 4 个盘所受的重力远大于轴上其他零件所受的重力，故其他零件都不作为盘来考虑，而只将其重力加在相应的轴段上。

本例可利用表 12.5-1 所列公式分别算出只考虑轴自重及每个圆盘时的临界转速，然后用式(12.5-2)或式(12.5-3)计算转子的临界转速。阶梯轴的当量直径 d_v 用式(12.5-1)计算。计算过程及结果列于表 12.5-5。

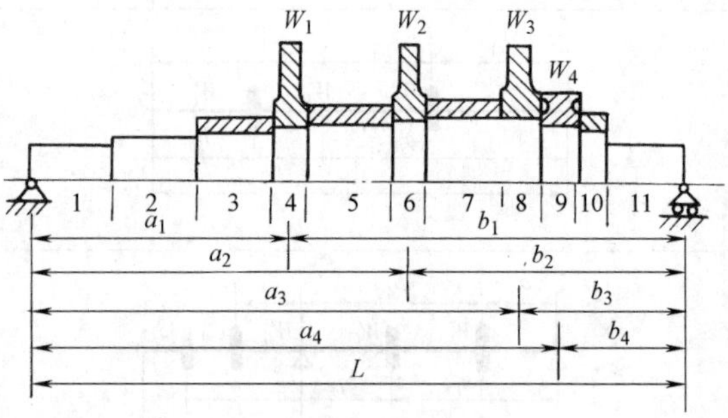

图 12.5-2 鼓风机转子

表 12.5-5 计算结果

计算内容	轴段号及结果											Σ
	1	2	3	4	5	6	7	8	9	10	11	
d_i/mm	65	85	90	105	110	115	120	120	110	100	70	—
l_i/mm	160	160	155	60	180	60	150	77	80	50	160	$L=1300$
$d_i l_i$/mm²	10400	14280	13950	6300	19800	6900	18000	9240	8800	5000	11200	123870
W_{0i}/N	41.6	74.8	77.4 +13.7 =91.1	40.7	134.2 +48.9 =183.1	48.9	133.2 +54.3 =187.5	68.4	59.7	30.8 +10.7 =41.5	48.3	$W_0=885.6$
W_i/N				500.4		490.3		499.5	147.3			
a_i/mm				513		753		971.5	1050			
b_i/mm				787		547		328.5	250			
$W_i a_i^2 b_i^2$ /N·mm⁴				81.56 ×10^{12}		83.16 ×10^{12}		50.87 ×10^{12}	10.15 ×10^{12}			225.74 ×10^{12}
d_v/mm	最粗轴段长 $l_c=150+77=227$(7、8 二段) $\dfrac{l_c}{L}=\dfrac{227}{1300}=0.1746<0.5$ 取 $\xi=1.094$ 由式(12.5-1)得 $d_v=\xi\dfrac{\Sigma d_i l_i}{\Sigma l_i}=104.2$											

（续）

计算内容	轴段号及结果											Σ
	1	2	3	4	5	6	7	8	9	10	11	
$n_{cr1}/r \cdot min^{-1}$	由表 12.5-1，$\lambda_1=9.87$ 由式（12.5-3）得 $\frac{1}{n_{cr1}^2} \approx \frac{W_0L^3}{9.04\times10^9\lambda_1^2 d_v^4}+\frac{\Sigma W_i a_i^2 b_i^2}{27.14\times10^9 L d_v^4}=\frac{885.6\times1300^3}{9.04\times10^9\times9.87^2\times104.2^4}+\frac{225.74\times10^{12}}{27.14\times10^9\times1300\times104.2^4}$ $\approx1.874\times10^{-8}+5.427\times10^{-8}=7.301\times10^{-8}$ $n_{cr1}\approx3701$ 此值和该转子的精确解 $n_{cr1}=3584$ 比较，误差为 3.3%											

第 6 章 钢丝软轴

钢丝软轴主要用于两个传动零件的轴线不在同一直线上，或工作时彼此要求有相对运动的空间传动，也适合于受连续振动的场合以缓和冲击。它的应用范围是可移式机械化工具、主轴可调位的机床、混凝土振动器、砂轮机、医疗器械，以及里程表、遥控仪等传动中。

软轴安装简便、结构紧凑、工作适应性较强。适用于高转速、小转矩场合。当转速低、转矩大时，从动端的转速往往不均匀，且扭转刚度也不易保证。

软轴传递功率范围一般不超过 5.5kW，转速可达 20000r/min。

1 软轴的结构型式和规格

软轴通常由钢丝软轴、软管、软轴接头和软管接头等几部分组成。按照用途不同，软轴又分功率型（G 型）和控制型（K 型）两种。功率型软轴一般有防逆转装置，以保证单向传动。

表 12.6-1 是 G 型和 K 型软轴的常用结构型式。

表 12.6-1 常用软轴的结构型式

类型	结构	特点
功率型（动力传动用）软轴	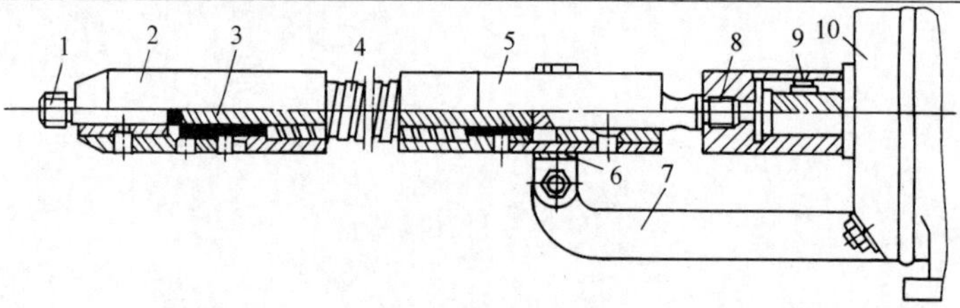 1、8—软轴接头 2、5—软管接头 3—钢丝软轴 4—软管 6—卡箍 7—托架 9—联轴器 10—电动机	钢丝软轴接头端部为固定式（螺纹连接），软管接头内带滑动轴套（一般用青铜轴套）
	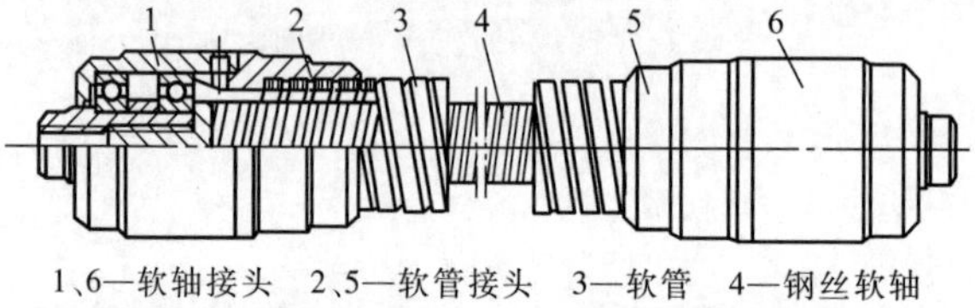 1、6—软轴接头 2、5—软管接头 3—软管 4—钢丝软轴	钢丝软轴接头端部为固定式（螺纹连接），软管接头内带有滚动轴承
	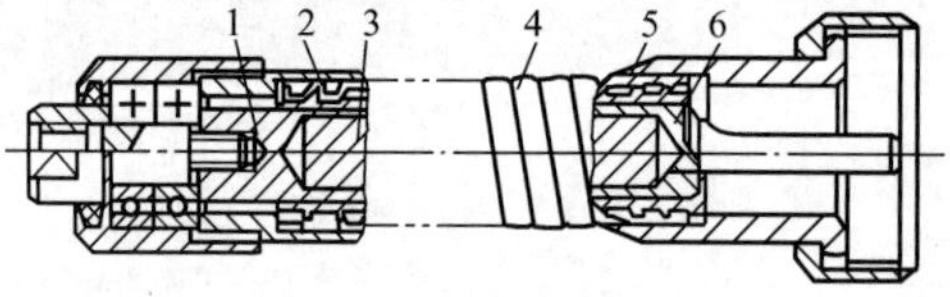 1、6—软轴接头 2、5—软管接头 3—钢丝软轴 4—软管	钢丝软轴接头端部，一端为固定式，另一端为滑动式，软管接头内带有滚动轴承
控制型（控制仪器传动用）软轴	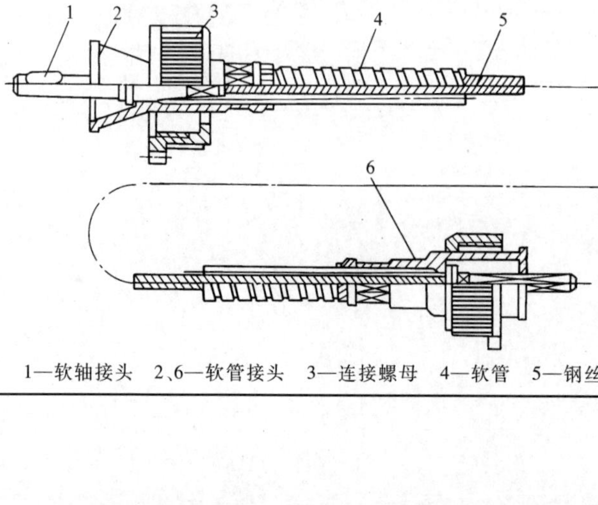 1—软轴接头 2、6—软管接头 3—连接螺母 4—软管 5—钢丝软轴	钢丝软轴接头端部为滑动式，软管接头为镦压连接（用于解放牌汽车里程表）

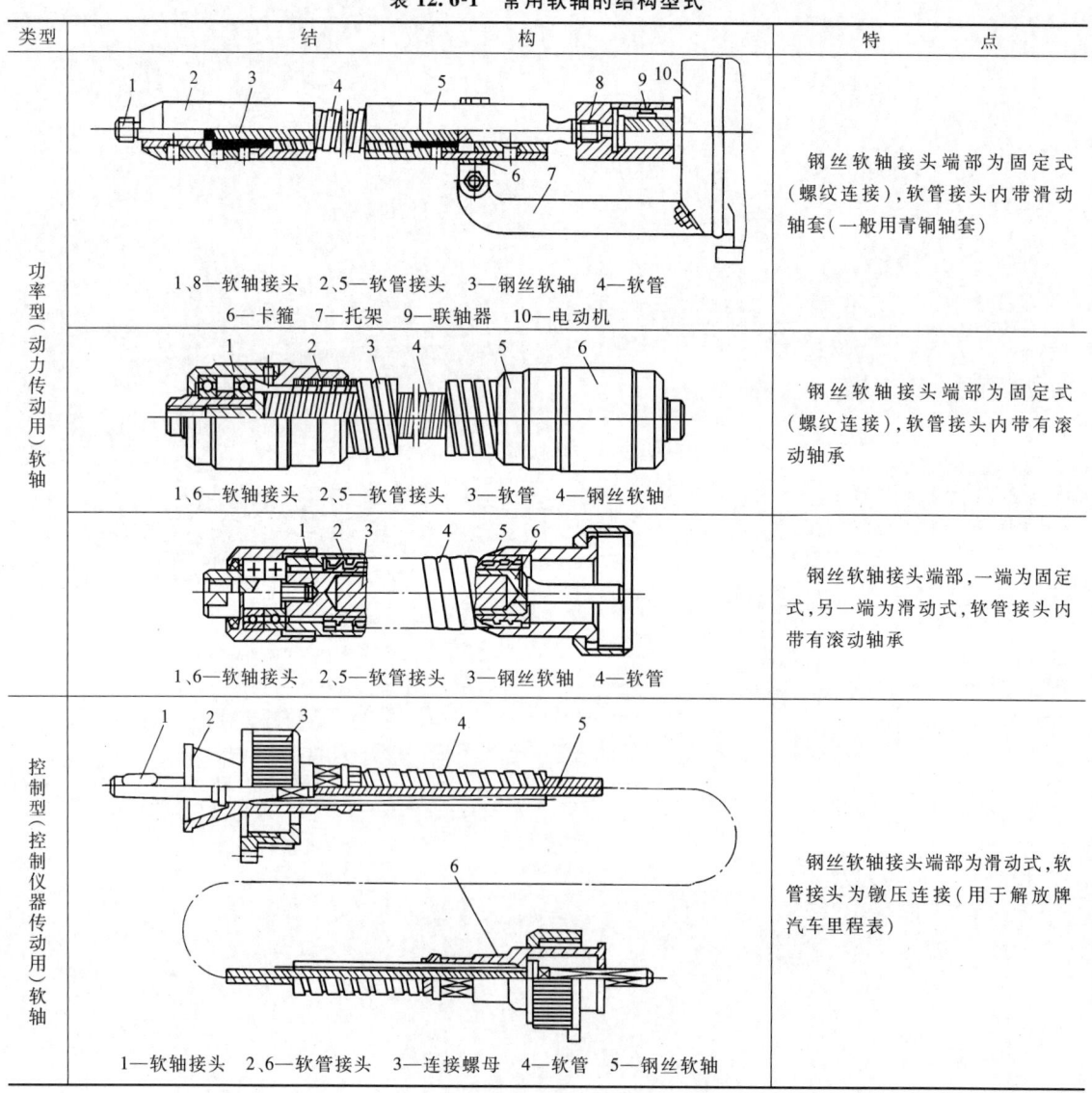

1.1　钢丝软轴的结构与规格

钢丝软轴的结构如图 12.6-1 所示。它是由几层弹簧钢丝紧绕在一起而成的，而每一层又用若干根钢丝卷绕而成。相邻钢丝层的缠绕方向相反。外层钢丝比内层的要选得粗些。当传递转矩时，相邻两层钢丝中的一层趋于绕紧，另一层趋于旋松，使各层钢丝相互压紧。轴的旋转方向，应使表层钢丝趋于绕紧为合理。

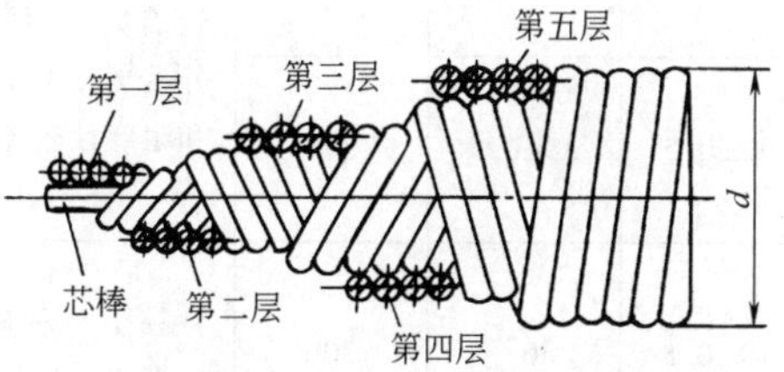

图 12.6-1　钢丝软轴的结构

钢丝软轴按表层钢丝缠绕方向分为左旋和右旋。一般常用左旋，如需要可制成右旋。

功率型钢丝软轴外层钢丝直径较大，层数较少，有的还不带芯棒，因而耐磨性和挠性都较好。

控制型钢丝软轴都有芯棒，钢丝层数和每层钢丝的根数较多，钢丝直径较小，扭转刚度较大。

常用钢丝软轴的规格尺寸见表 12.6-2～表 12.6-4。

表 12.6-2　钢丝软轴规格尺寸

公称直径 /mm	5	6	8	10	12	13	16	19
理论质量 /kg·m^{-1}	0.12	0.18	0.32	0.50	0.72	0.85	1.28	1.81
最大转矩 /N·m	14	21	30	38	48	50	61	74
最小弯曲半径/mm	120	140	160	180	190	200	230	280

注：上海公利振动器厂产品规格。

表 12.6-3　钢丝软轴技术规格

公称直径 /mm	8	10	12	13	16	20	25	30	40
最小弯曲半径/mm	160	180	190	200	230	280	350	400	600
最大转矩 /N·m	30	38	46	50	61	76	96	115	153
最大轴向拉力/N	920	2000	2700	3000	4000	5200	6700	8200	11200

注：沈阳市金属软轴软管厂产品规格，还可根据用户需要生产系列外各种规格软轴，长度按需而定。

1.2　软管的结构与规格

传动时软管并不随软轴转动。软管的作用是保护钢丝软轴，以免与外界机件接触，并保存润滑剂和防止尘垢侵入；工作时软管还起支承作用，使软轴便于操作。

表 12.6-4　常用软轴的尺寸规格　　(mm)

型号	公称直径	允许偏差	端头允许偏差	轴芯直径	每层钢丝头数×钢丝直径							
					1	2	3	4	5	6	7	8
G型动力传动用	10	±0.10	+0.4	1.2	4×0.8	4×1.0	4×1.2	5×1.4				
	12	±0.15	+0.6	1.2	4×0.8	4×0.8	4×1.0	5×1.3	5×1.5			
	13	±0.15	+0.6	1.2	4×0.8	4×1.0	4×1.2	5×1.3	5×1.6			
	16	±0.15	+0.7	1.6	4×1.0	4×1.2	4×1.4	5×1.6	5×2.0			
	20	±0.20	+1.0	1.6	4×1.0	4×1.2	4×1.4	5×1.6	6×1.8	6×2.2		
	25	±0.5	+1.5	1.6	4×1.0	4×1.2	4×1.4	5×1.6	6×1.8	6×2.2	6×2.6	
	30	±1.0	+2.5	1.8	4×1.0	4×1.4	5×1.8	5×2.0	6×2.4	6×2.6	6×3.0	
	40	±1.5	+3.0	2.0	4×1.2	5×1.6	5×2.0	6×2.4	6×2.6	6×2.8	6×3.0	6×3.5
K型控制传动用	4	±0.2	+0.4	0.6	4×0.3	6×0.3	8×0.3	8×0.4	10×0.4			
	5	±0.2	+0.4	0.6	4×0.3	6×0.3	6×0.3	8×0.4	10×0.4	10×0.4		
	6	±0.25	+0.5	0.6	4×0.4	6×0.4	6×0.4	8×0.5	8×0.5	10×0.5		
	6.5	±0.25	+0.5	0.7	4×0.4	6×0.4	6×0.4	8×0.5	8×0.5	10×0.6		
	8	±0.3	+0.6	0.8	4×0.4	6×0.4	6×0.4	8×0.5	8×0.6	10×0.6		

注：沈阳振捣器厂软轴产品规格，长度可按需要订购。

软管尺寸的选择取决于软轴直径。一般软管的内径较软轴外径大 20%～30%，常用软管结构型式和选配尺寸见表 12.6-5。

表 12.6-5　常用软管的结构型式与规格尺寸

类型	结构简图	软管主要尺寸/mm 软轴直径 d	软管内径 d_0	软管外径 D	最小弯曲半径 R_{min}	特点
金属软管	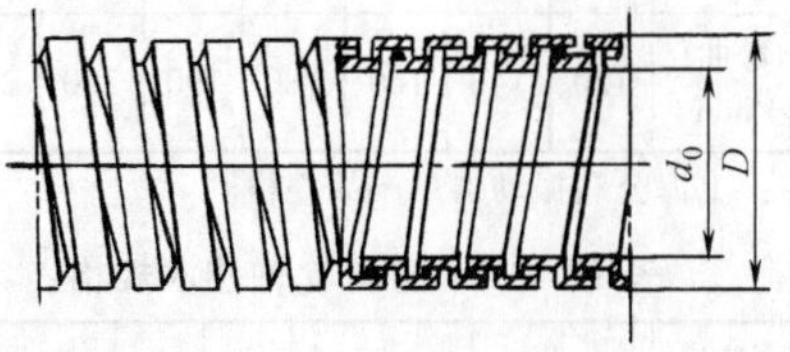	13	20±0.5	25±0.5	270	由镀锌的低碳钢带卷成，钢带镶口内填以石棉或棉纱绳。结构较简单，重量轻，外径小，但强度和耐磨性较差
		16	25±0.5	32±0.5	300	
		19	32±0.5	38±0.5	375	
橡胶金属软管	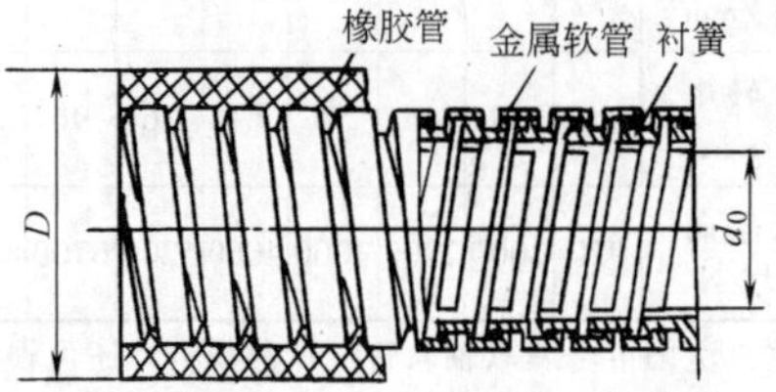	13	19±0.5	36^{+1}_{0}	300	在上一种软管内衬以衬簧，外面包上橡胶保护层。耐磨性及密封性均较上一种好
			21±0.5	40^{+1}_{0}	325	
衬簧橡胶软管	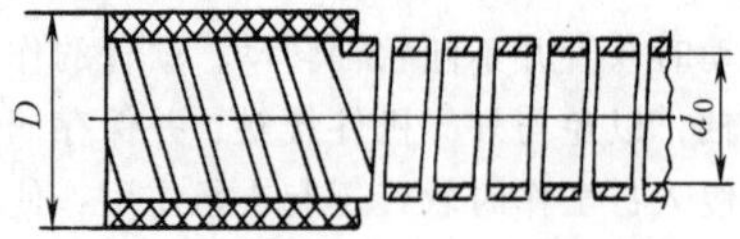	8	$14^{+0.5}_{0}$	22^{+1}_{0}	225	在橡胶管内衬以衬簧，比上一种结构简单。混凝土振动器多用此种软管
		10	$16^{+0.5}_{0}$	30^{+1}_{0}	320	
		13	$20^{+0.5}_{0}$	36^{+1}_{0}	360	
		16	$24^{+0.5}_{0}$	40^{+1}_{0}	400	
衬簧编织软管	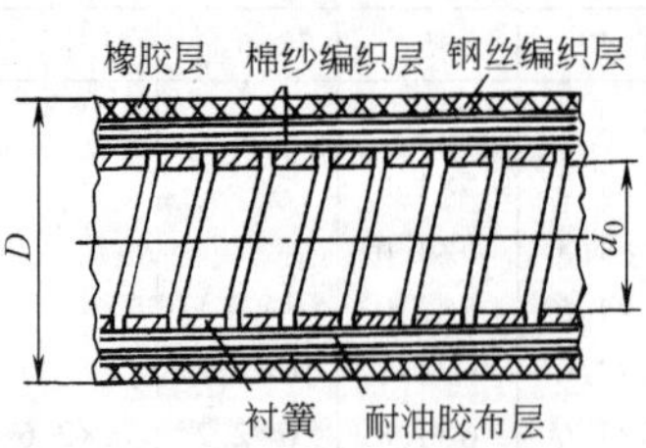	13	$20^{+0.5}_{0}$	36^{+1}_{0}	360	衬簧由弹簧钢带卷成，外面依次包上耐油胶布层、棉纱、钢丝编织层和耐磨橡胶。强度、挠性、耐磨性、密封性均较好
小金属软管	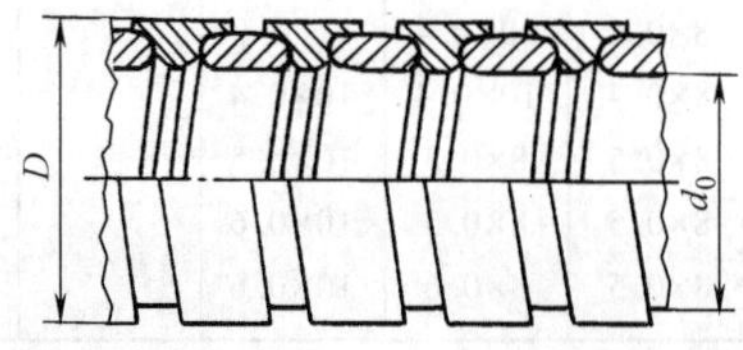	3.3	5.5±0.1	8±0.1	150	由两层成形钢带卷成，挠性较好，密封性较差 用于控制型软轴
		5	8±0.2	10.5±0.2	175	

注：由于目前尚无软管统一标准，各厂家生产的规格尺寸不尽相同，设计选用时应以各厂的产品样本为准。表中所列仅是部分产品规格。

1.3　软轴的接头及连接

软轴接头用以连接动力输出轴及工作部件。其连接方式分固定式和滑动式两种。固定式多用于软轴较短或工作中弯曲半径变化不大的场合。当软轴工作时的弯曲半径变化较大时，允许软轴在软管内有较大的窜动，以补偿软管弯曲时的长度变化。但弯曲半径不能过小，以防止接头滑出。常用软轴接头结构型式见表12.6-6。常用软轴接头与轴端连接方式见表12.6-7。为便于软轴拆卸检查和润滑，应使软轴接头一端的外径小于软管和软管接头的内直径。

表12.6-6　常用软轴接头结构型式

型式	结构简图	特点	型式	结构简图	特点
固定式	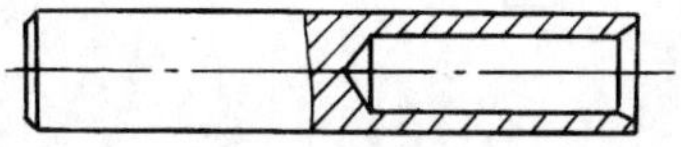	用紧定螺钉连接，装拆方便	滑动式	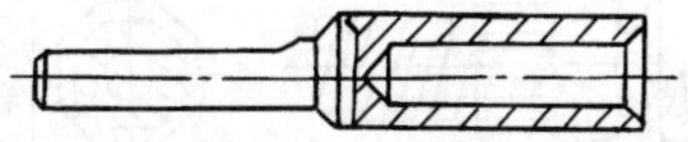	用鸭舌形插头连接，制造容易，装拆方便
	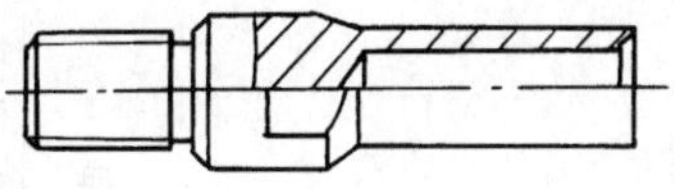	用螺纹连接，简单可靠，装拆较费时		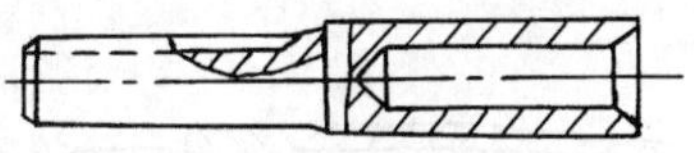	用键连接，能传递较大转矩
	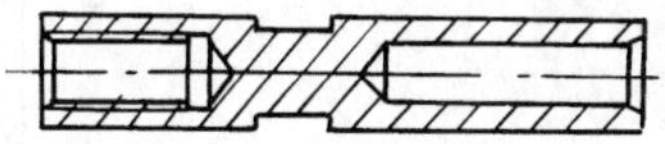	用内螺纹连接，简单可靠，装拆较费时		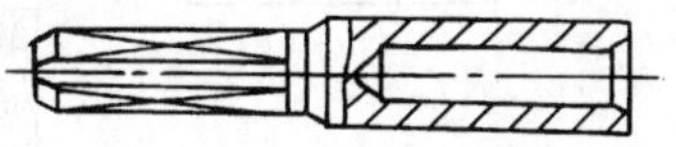	用方形插头连接，制造容易，装拆方便

表12.6-7　常用软轴接头与轴端连接方式

方式	结构简图	特点
焊接	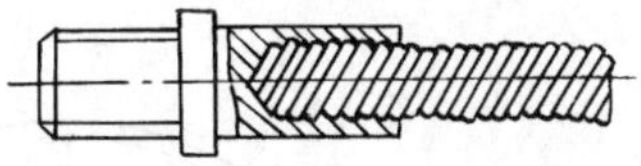	接头用锡焊可重复使用，但费工费料，使用渐少
镦压	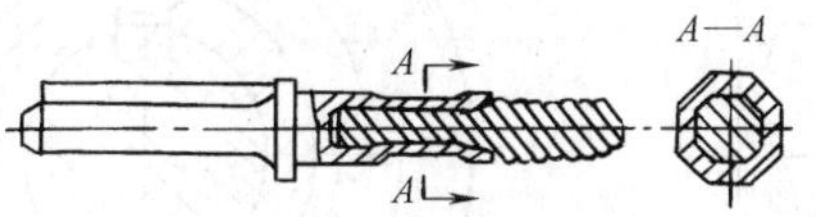	工艺简单，应用广泛
滚压	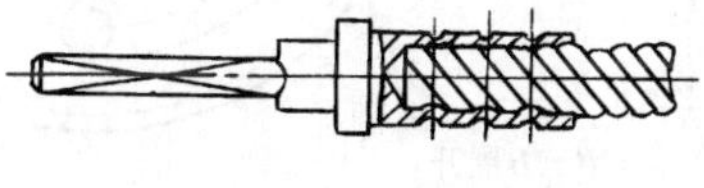	工艺简单，应用广泛

1.4　软管的接头及连接

软管接头是连接传动装置及工作部件的机体，有时也是软轴接头的轴承座。其连接方式分为固定式和滑动式两种。常用软管接头形式及连接方式见表12.6-8。

表 12.6-8　常用软管接头形式及连接方式

方式		结构简图	特点	方式		结构简图	特点
固定式	焊接	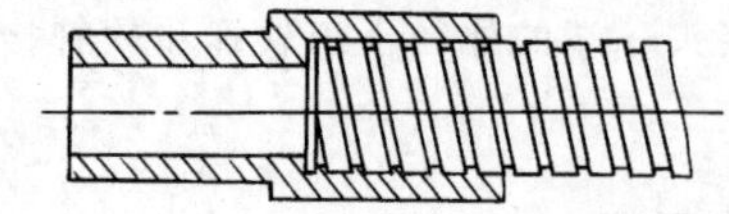	用锡焊，用于金属软管与接头的连接	固定式	滚压	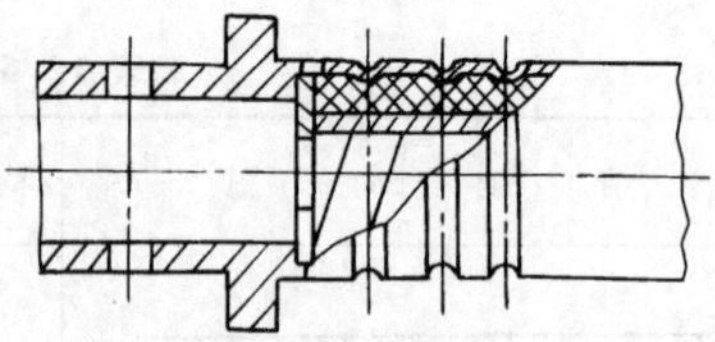	工艺简单，用于有橡胶保护层的软管与接头的连接
固定式	镦压	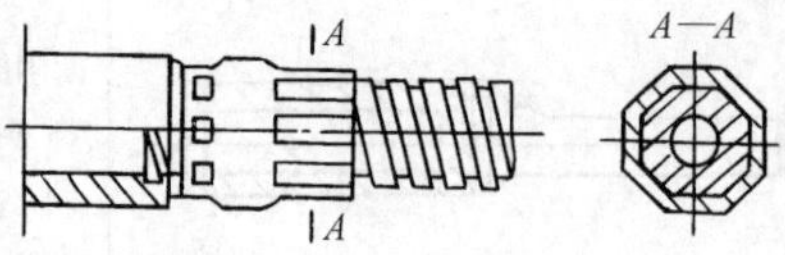	工艺简单，用于金属软管与接头的连接				
固定式	锥套连接	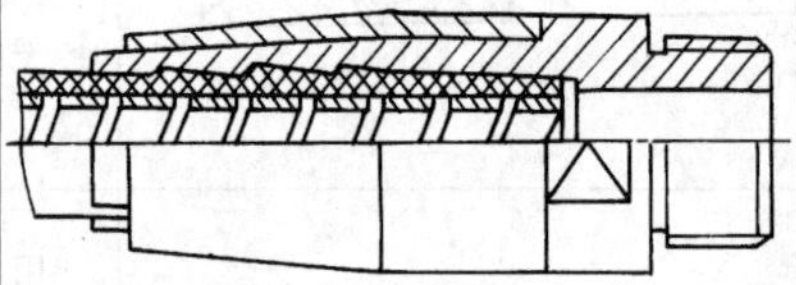	装拆较方便，但结构较复杂。用于有橡胶保护层的软管与接头的连接	滑动式		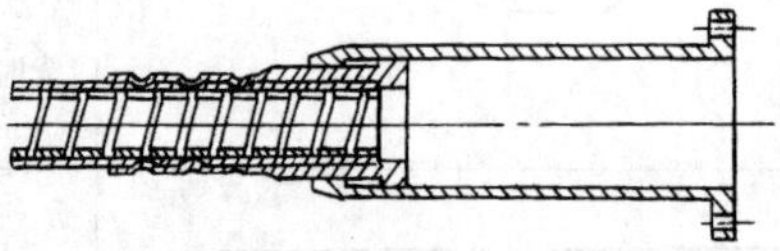	软管接头为伸缩套式，用于钢丝软轴两端均为固定式连接的场合

1.5　防逆转装置

软轴的防逆转装置，可采用各种超越离合器。图12.6-2所示为广东软轴钢窗厂生产的S3SRD150多速软轴砂轮机所采用的防逆转装置。

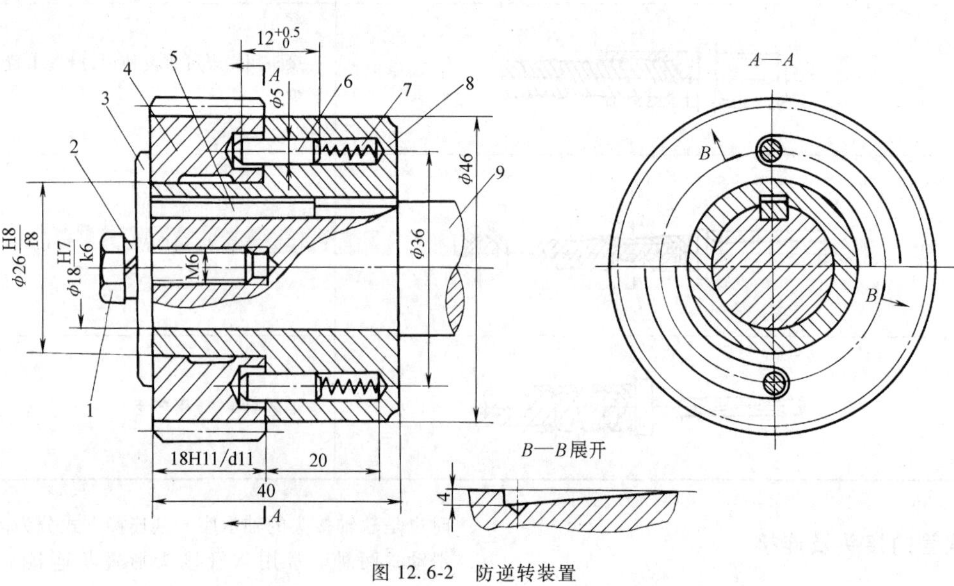

图 12.6-2　防逆转装置

1—螺钉　2—弹簧垫圈　3—垫圈　4—齿轮　5—键　6—传动销　7—弹簧　8—传动盘　9—电动机主轴

2　软轴的选择和使用

2.1　软轴的选择

软轴尺寸应根据所需传递的转矩、转速、旋转方向、工作中的弯曲半径，以及传递距离等使用要求选择。

低于额定转速时，软轴按恒转矩传递动力；高于额定转速时，按恒功率传递动力。软轴在额定转速下所能传递的最大转矩列于表12.6-9。

软轴直径按下式可从表12.6-9中选定

$$T_0 \geqslant T\frac{k_1k_2k_3n}{\eta n_0}$$

式中　T_0——软轴能传递的最大转矩(N·cm)；

T——软轴从动端所需传递的转矩(N·cm)；

k_1——过载系数；当短时最大转矩小于软轴无弯曲时所能传递的最大转矩时，$k_1=1$；当大于此值时，k_1可取与此值的比值；

k_2——软轴转向系数；当旋转时，若软轴外层钢丝趋于绕紧，则$k_2=1$；若趋于旋松，则$k_2\approx1.5$；

k_3——软轴支承情况系数；当钢丝软轴在软管内，其支承跨距与软轴直径之比小于50时，$k_3\approx1$；当比值大于150时，$k_3\approx1.25$；

n——软轴的工作转速(r/min)，当$n<n_0$时，用n_0代入；

η——软轴传动的效率，通常$\eta=1\sim0.7$；当软轴无弯曲工作时，$\eta=1$，弯曲半径越小，弯曲段越多，η值越近下限；

n_0——额定转速，即与表12.6-9中T_0相应的转速(r/min)。

表12.6-9　软轴在额定转速n_0时能传递的最大转矩T_0

软轴直径/mm	无弯曲时	工作中弯曲半径/mm									额定转速 n_0 /r·min^{-1}	最高转速 n_{max} /r·min^{-1}
		1000	750	600	450	350	250	200	150	120		
	T_0/N·cm											
6	150	140	130	120	100	80	60	50	40	30	3200	13000
8	240	220	200	180	160	140	120	90	60	—	2500	10000
10	400	360	330	300	260	230	190	150	—	—	2100	8000
13	700	600	520	460	400	340	280	—	—	—	1750	6000
16	1300	1200	1000	800	600	450	—	—	—	—	1350	4000
19	2000	1700	1400	1100	800	550	—	—	—	—	1150	3000
25	3300	2600	1900	1300	900	—	—	—	—	—	950	2000
30	5000	3800	2500	1650	1000	—	—	—	—	—	800	1600

2.2　软轴使用时的注意事项

软轴通常用在传动系统中转速较高的一级，并使其工作转速尽可能接近额定转速。传动的长度，一般是几米到十几米，如果要求更长时，建议只在弯曲处采用软轴。

使用软轴时的注意事项如下：

1）钢丝软轴必须定期涂润滑脂。润滑脂品种按工作温度选择。软管应定期清洗。

2）切勿把控制型软轴与功率型软轴相互替代。

3）在运输和安装过程中，不得使软轴的弯曲半径小于允许最小半径(一般为钢丝软轴直径的15~20倍)。运转时应尽可能使软管夹定位置，并使其在靠近接头部分伸直。

4）钢丝软轴和软管要分别与接头牢固连接。当工作中弯曲半径变化较大时，应使钢丝软轴或软管的接头有一端可以滑动，以补偿软轴弯曲时的长度变化。

第7章　低速曲轴

曲轴广泛用于往复式动力机械（内燃机，活塞式压缩机等）、通用机械以及冲剪床上，是一种常见的传动部件。

1　曲轴的结构设计

1.1　曲轴的设计要求

曲轴的横截面沿着轴线方向急剧变化，因而应力分布极不均匀，很难准确计算出应力，给出强度判据。尤其在曲柄臂和轴颈的过渡圆角部分，油孔附近会产生严重的应力集中。在循环应力作用下，在应力集中区便可能产生疲劳破坏。

实践表明，弯曲和扭转疲劳断裂是曲轴的主要破坏形式。弯曲疲劳断裂更为常见。曲轴疲劳破坏形式及其主要原因见表12.7-1。

曲轴的主要设计要求如下：

1）足够的强度，主要是曲柄部分的弯曲疲劳强度、扭转疲劳强度以及功率输出端的静强度。要尽量减少应力集中并加强薄弱环节。

2）足够的刚度，以减少曲轴挠曲变形，保证活塞连杆组和曲轴各轴承可靠工作，同时提高曲轴的自振频率，尽量避免在工作转速范围内发生共振。

3）轴颈-轴承副具有足够的承压面积和较高的耐磨性，油孔布置合理。

4）合理的曲柄排列，使其工作时运转平稳，扭矩均匀，并改善轴系的扭振情况。

5）合理配置平衡块，减轻主轴承负荷和振动。

上述各项设计要求相互关联，又相互制约，应根据各种机械的不同特点，结合总体设计综合考虑，尤其是曲轴部分的结构形状和主要尺寸，对曲轴的抗弯疲劳强度和扭转刚度有主要影响，因而在设计时必须对曲轴的结构强度问题予以充分注意。

表12.7-1　曲轴疲劳破坏形式及其主要原因

破坏形式	特征	主要原因	破坏形式	特征	主要原因
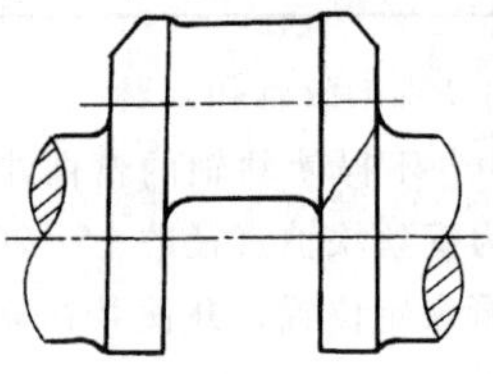	裂纹最初常发生在主轴颈或连杆轴颈与曲柄臂过渡圆角处应力集中严重点，随后逐渐发展成横断曲柄臂的疲劳裂纹	1）由于曲轴过渡圆角太小，曲柄臂太薄，过渡圆角加工不完善所致 2）曲轴箱或支承刚度太小，引起附加弯矩过大 3）由于曲轴箱刚度不够，主轴颈变形太大，引起不均匀磨损，造成不同轴，致使附加弯矩过大。这时断裂常发生在运行较长时间之后	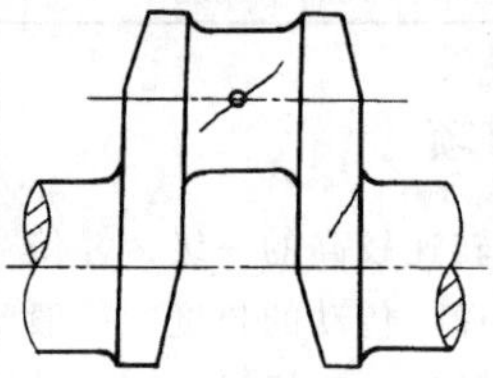	裂纹起源于过渡圆角或油孔，且只有一个方向裂纹，裂纹与轴线呈45°	1）由于不对称交变转矩引起最大应力，致使疲劳破坏 2）圆角加工不好，及热加工工艺不完善，造成材料组织不均匀 3）油孔孔口圆角加工不完善 4）连杆轴颈太细
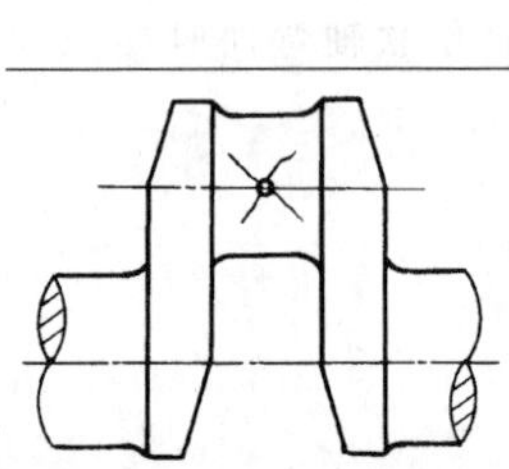	裂纹起源于油孔，沿与轴线呈45°方向发展	1）由于过大的扭转振动，引起附加应力 2）油孔边缘加工不完善，或孔口过渡圆角太小，引起过大的应力集中	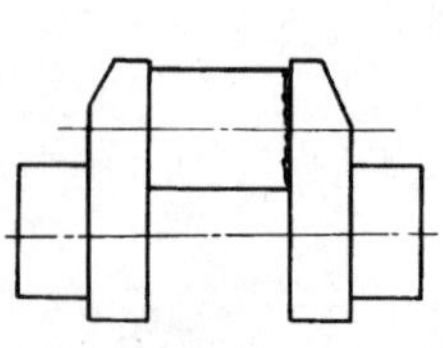	裂纹沿过渡圆角周向同时发生，断口呈径向锯齿形	由于圆角太尖锐，引起过大的应力集中

1.2　曲轴的结构

1）整体锻造曲轴。整体锻造曲轴尺寸紧凑，重量较轻，强度高，但对于复杂的形状加工困难，平衡块也不易与曲轴做成一体。整体锻造曲轴一般采用模锻和连续纤维挤压锻造。只有小量生产的曲轴，主要是曲柄半径在800mm以下的大中型曲轴，才采用自由锻。

2）整体铸造曲轴。整体铸造曲轴的加工性能好，金属切削量少、成本低。铸造曲轴可以获得较合理的结构形状，如椭圆形曲柄臂、桶形空心轴颈和卸载槽等，从而使应力分布均匀，对提高曲轴的疲劳强度有显著效果，如图 12.7-1 所示。

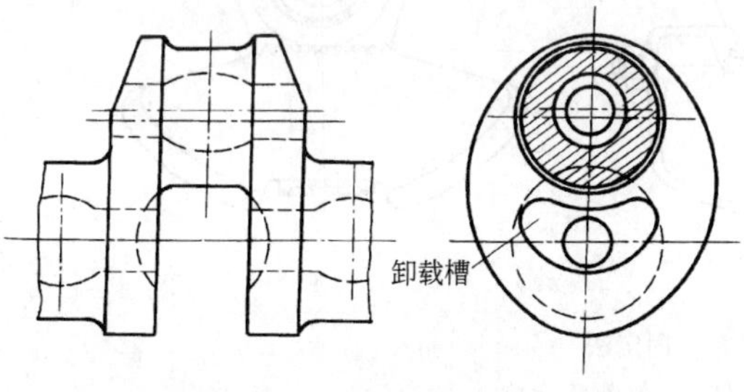

图 12.7-1　带卸载槽的整体铸造空心曲轴

3）组合曲轴。大型曲轴由于整体毛坯的制造能力受到限制，以及部分损坏时更换整根曲轴很不经济，故采用组合曲轴。在一些有特殊要求的情况下，中小曲轴也可以做成组合式。而用得最多的是套合曲轴。

套合曲轴（全套合或半套合）主轴颈、曲柄销、曲柄臂全部分开或部分分开制造（后者通常曲柄销与曲柄臂铸成一体），然后再用“热套”或液压压入等方法连接起来，即为全套合或半套合曲轴。

套合曲轴一般用于曲柄半径大于 400~450mm 的大型低速十字头柴油机曲轴（见图 12.7-2、图 12.7-3），以及曲柄销上采用滚针轴承的小型曲轴。

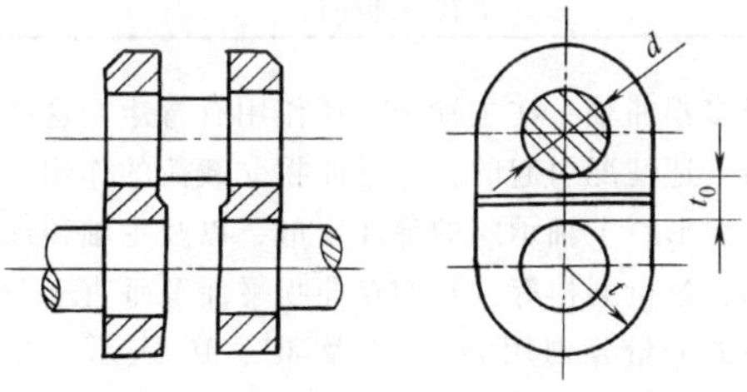

图 12.7-2　全套合曲轴

大型套合曲轴全套合时 $t_0 \geqslant \frac{1}{3}d$，$t$ 近于 t_0；半套合时 t 亦接近于 $\frac{1}{3}d$。在 200~250°C 以下“热套”时，曲柄臂材料的屈服强度应不小于 220MPa，配合过盈量为 $\left(\frac{1.4}{1000}\sim\frac{1.6}{1000}\right)d$，压入量为 $(0.4\sim0.45)d$（d 为配合处的轴颈直径）。目前大型 Π 形曲柄段也可整体铸造，所以大型套合曲轴一般都已采用“半套合”形式。

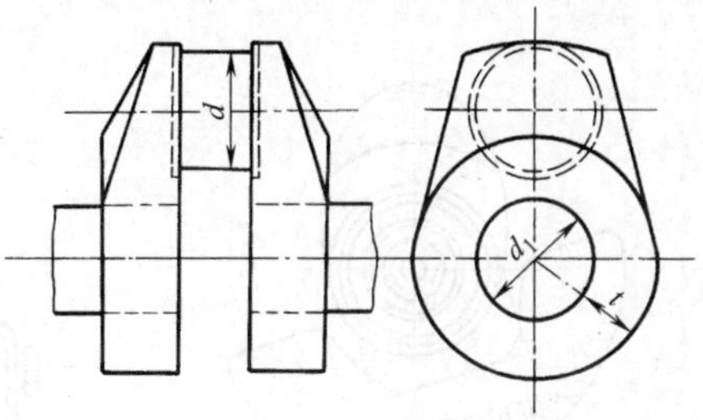

图 12.7-3　半套合曲轴

4）润滑油道。曲轴主轴颈和曲柄销一般采用压力供油润滑。润滑油由主油道（或主油管）送到各主轴承，再经曲轴内润滑油道进入连杆轴承。当主轴承为滚动轴承时，润滑可从“假轴承”进入曲轴内腔，再分配到各有关轴承。

在决定主轴颈和曲柄销上的油孔位置时，主要应考虑保证供油压力和油孔对曲轴强度的影响程度。因此一般希望把主轴颈油孔开在最大轴颈压力作用线的垂直方向，曲柄销油孔开在轴承负荷较低的地方。从强度考虑曲柄销油孔应位于曲轴的垂直平面内，因为在该平面内曲柄销的表面弯曲正应力和扭转切应力都较小。此外，还应同时根据曲轴结构和钻孔工艺等因素来确定油孔位置。油孔部位应力集中较严重，疲劳裂纹可由油孔边缘产生和发展，以致造成曲轴扭转疲劳断裂。所以油孔边缘应倒角并抛光。

润滑油道布置形式示例如图 12.7-4 所示。

5）曲轴平衡块。平衡块用来平衡曲轴的不平衡惯性力和力矩，减轻主轴承载荷，以及减小曲轴和曲轴箱（或机体）所受的内力矩。但曲轴配置平衡块后质量增加，将使曲轴系统的扭振频率有所降低。因此，应根据曲轴结构、转速、曲柄排列等因素来配置平衡块和确定平衡精度要求。平衡块可与曲轴制成一体，也可与曲轴分开制造后再进行装配。图 12.7-5 所示为分开式平衡块的固定法简图。

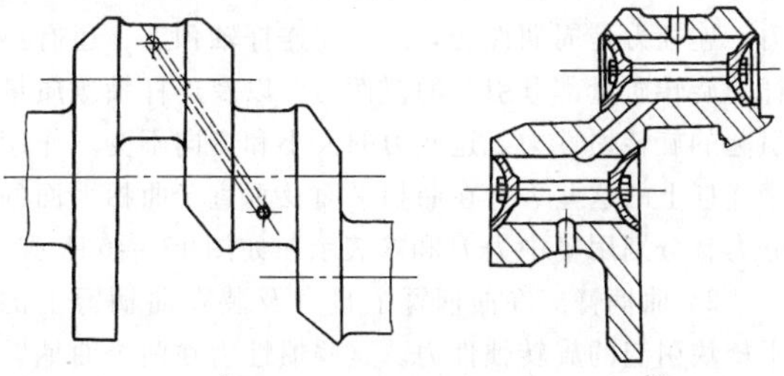

a)　　b)

图 12.7-4　曲轴润滑油道

a）连杆轴承间的油孔　b）主轴承与连杆轴承间的油孔

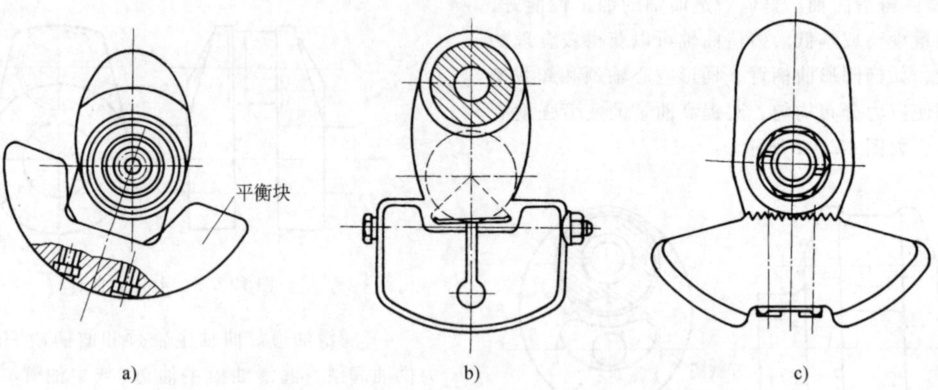

图 12.7-5 分开式平衡块固定法
a) 凸台定位 b) 燕尾槽定位 c) 锯齿定位

1.3 提高曲轴强度的工艺措施

对于应力集中严重的曲柄过渡圆角部位进行局部表面强化，可明显提高曲轴疲劳强度。常用曲轴强化方法见表 12.7-2。

表 12.7-2 常用曲轴强化方法

名称	软渗氮、渗氮和离子渗氮	圆角滚压	圆角淬火
作用	表面层产生残余压应力并提高硬度 可提高抗弯疲劳强度	表面层产生残余压应力，提高表面质量，并消除显微裂纹、针孔等缺陷 可提高抗弯疲劳强度	将圆角部位连同轴颈一起进行感应淬火（采用特殊淬火冷却介质），表面层产生残余压应力 可提高抗弯疲劳强度
抗弯疲劳强度提高效果	软渗氮： 碳素钢曲轴 60%~80% 低合金钢曲轴 20%~30% 球墨铸铁曲轴 50%~70% 渗氮： 钢和球墨铸铁曲轴 30%~40% 离子渗氮：钢、球墨铸铁曲轴 30%~50%	钢曲轴：20%~70% 球墨铸铁曲轴：50%~90%	钢或球墨铸铁曲轴：30%~100%
备注	同时提高轴颈耐磨性 应用广泛	中小型曲轴 应用广泛	方法简单、效果也好，但应注意控制曲轴变形等

2 曲轴的受力分析与计算

2.1 曲轴的受力分析

1）连杆轴颈。连杆轴颈一般受到连杆力的作用。在活塞式压缩机及内燃机上，连杆力包括活塞所受的气体压力和活塞连杆组往复运动由于质量引起的惯性力。连杆力是周期性变化的。在连杆轴颈上，还有连杆的旋转质量部分引起的惯性力，以及连杆轴颈质量引起的旋转惯性力。这些力的大小和方向不变。作用于连杆上的这些力，在曲拐平面及垂直于曲拐平面的分力，分别用集中力 P 和 S 表示，如图 12.7-6 所示。

2）曲柄臂。在曲柄臂上自身及装在曲柄臂上的平衡块引起的旋转惯性力。这些惯性力在两个曲柄臂上分别用 Q 及 Q' 表示（见图 12.7-6）。

3）主轴颈。在主轴颈上，作用有输入转矩 T 及阻力转矩（$T+SR$）（在某些情况下，它又是输出转矩）。对于多拐曲轴，在主轴颈上还作用有弯矩。这些弯矩是由下述情况引起的：邻近曲拐受载荷的作用，曲轴箱的变形，主轴承座的弹性变形，以及主轴颈加工不同轴，过量磨损等。它们在曲拐平面及垂直于曲拐平面内的分量分别用 m^l、m^r 及 M^l、M^r 表示。在主轴颈上，还作用有支承反力，它们在曲拐平面及垂直于曲拐平面内的分力分别用 r^l、r^r 及 R^l、R^r 表示（见图 12.7-6）。

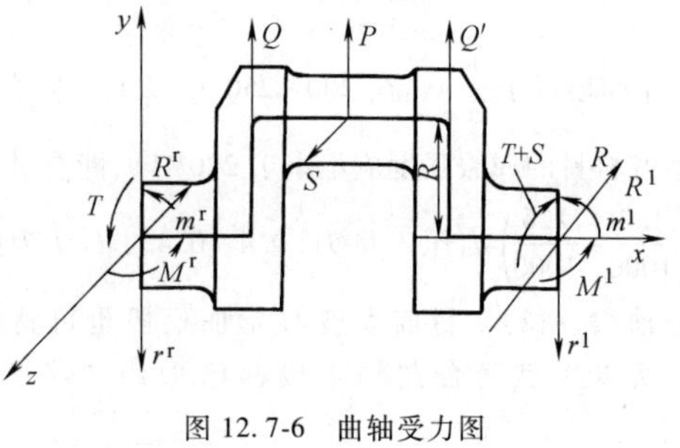

图 12.7-6 曲轴受力图

2.2　曲轴应力集中系数的计算

通过曲轴的实验应力分析表明，曲轴的主轴颈圆角、连杆轴颈圆角及连杆轴颈上的油孔等处是曲轴的应力集中区，是曲轴发生疲劳破坏的裂纹源。这些部位应力值的局部升高，是造成曲轴疲劳损坏的主要原因。

图 12.7-7 所示为曲轴在弯矩作用下的应力分布图。

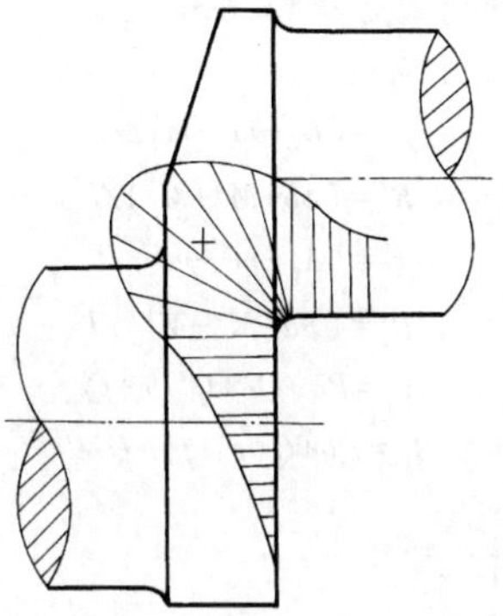

图 12.7-7　曲轴在弯矩作用下的应力分布图

应力值局部升高的程度，常用应力集中系数来表示。它可用来校核疲劳强度，也可用来对设计方案进行比较。

1）曲轴在集中力的作用下，曲拐平面内过渡圆角处的弯曲应力集中系数 α_σ 为(见图 12.7-8)

$$\alpha_\sigma = \frac{\sigma_{\max}}{\sigma_n} = \frac{\sigma_{\max}}{\dfrac{32M_W}{\pi d^3}} \qquad (12.7\text{-}1)$$

式中　$\sigma_{\max}$——曲拐平面内过渡圆角处的实际最大正应力；

σ_n——曲柄臂的名义弯曲正应力；

M_W——曲柄臂形心处的弯矩。

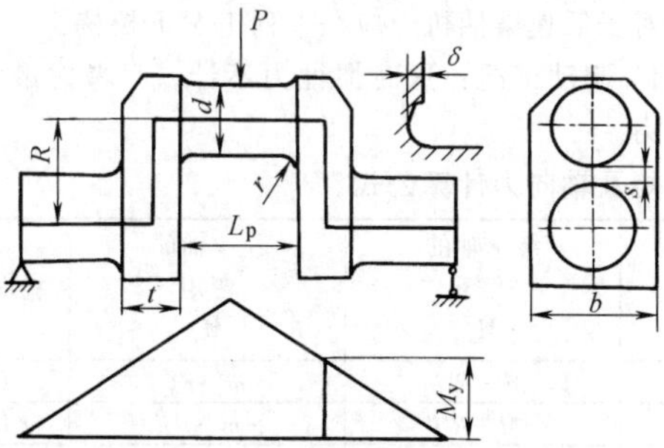

图 12.7-8　曲轴受集中力作用简图

过渡圆角处的弯曲应力集中系数 α_σ，可用下面的经验公式估算（也可从有关曲线上查得）

$$\alpha_\sigma = 4.84 f_1 f_2 f_3 f_4 f_5 \qquad (12.7\text{-}2)$$

式中　$f_1 = 0.420 + 0.160\sqrt{d/r - 6.864}$

$f_2 = 1 + 81[0.769 - (0.407 - s/d)^2](\delta/r) \times (r/d)^2$

$f_3 = 0.285(2.2 - b/d)^2 + 0.785$

$f_4 = 0.444(d/t)^{1.4}$

$f_5 = 1 - (s/d + 0.1)^2/(4t/d - 0.7)$

式（12.7-2）的适用范围：

$8 \leqslant d/r \leqslant 27$　　$0 \leqslant \delta/r \leqslant 1$

$-0.3 \leqslant s/d \leqslant 0.3$　　$1.33 \leqslant b/d \leqslant 2.1$

$0.36 \leqslant t/d \leqslant 0.56$

2）曲轴在转矩作用下，曲拐平面内过渡圆角处的扭转应力集中系数 α_τ，定义为

$$\alpha_\tau = \frac{\tau_{\max}}{\tau_n} = \frac{\tau_{\max}}{\dfrac{16T}{\pi d^3}} \qquad (12.7\text{-}3)$$

式中　$\tau_{\max}$——曲拐平面内过渡圆角处的实际最大切应力；

τ_n——过渡圆角处的名义切应力；

T——轴颈承受的转矩。

过渡圆角处的扭转应力集中系数 α_τ，可用下面的经验公式估算：

$$\alpha_\tau = 1.75 q_1 q_2 q_3 \qquad (12.7\text{-}4)$$

$q_1 = 31.6(0.152 - r/d)^2 + 0.67$

$q_2 = 1.04 + 0.317 s/d$

$q_3 = 1.31 - 0.233 b/d$

式(12.7-4)的适用范围：

$0.022 \leqslant r/d \leqslant 0.143$

$-0.286 \leqslant s/d \leqslant 0.222$

$0.30 \leqslant t/d \leqslant 0.588$

$1.14 \leqslant b/d \leqslant 2.00$

$0.489 \leqslant L_p/d \leqslant 0.857$

3）曲轴在弯矩、转矩作用下，油孔处的弯曲和扭转应力集中系数可由图 12.7-9 和图 12.7-10 分别查得。

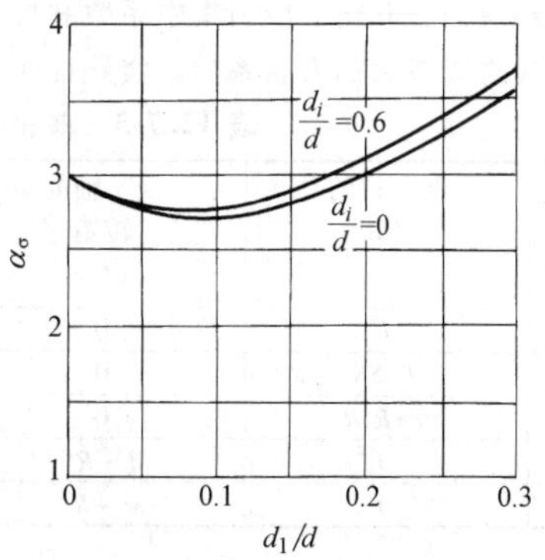

图 12.7-9　弯曲应力集中系数

注：d_1—油孔直径。

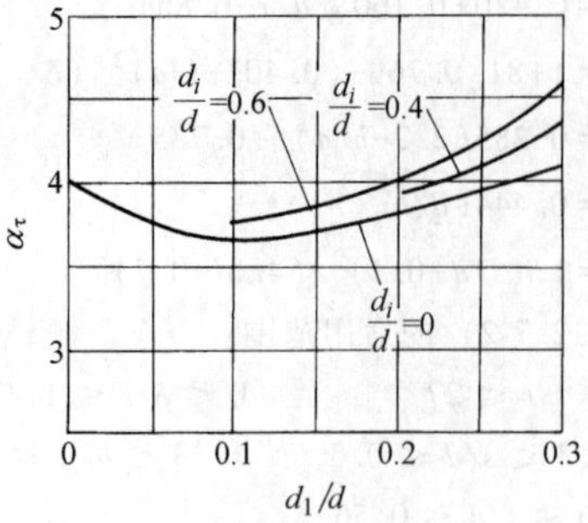

图 12.7-10　扭转应力集中系数

注：d_1—油孔直径。

在弯矩作用下，有

$$\alpha_\sigma = \frac{\sigma_{\max}}{\sigma_n} \tag{12.7-5}$$

$$\sigma_n = \frac{M}{\dfrac{\pi(d^4 - d_i^4)}{32d}}$$

式中　d_i——轴颈的内孔径。

在转矩的作用下，有

$$\alpha_\tau = \frac{\tau_{\max}}{\tau_n} \tag{12.7-6}$$

$$\tau_n = \frac{T}{\dfrac{\pi(d^4 - d_i^4)}{16d}}$$

2.3　曲轴的强度计算

从断口分析得知，曲轴的破坏大多由于应力集中区疲劳裂纹的发生和发展引起。因此应对通常易于发生疲劳裂纹处（如连杆轴颈的圆角、油孔等）进行强度校核。但是为了计算能够简化，在低速柴油机和活塞式压缩机的设计计算中，仍采用静强度校核的方式，即将曲轴所受载荷看成是应力幅度等于最大应力的对称循环应力，并略去应力集中系数和尺寸系数的影响，而代之以较大的安全系数。实践证明，在采用合适的安全系数和许用应力的情况下，这种静强度校核方式对于低速柴油机和活塞式压缩机的设计计算仍可采用。

2.3.1　曲轴的静强度计算

曲轴的静强度校核主要在主轴颈Ⅰ-Ⅰ和Ⅱ-Ⅱ截面、连杆轴颈Ⅲ-Ⅲ截面及曲柄臂Ⅳ-Ⅳ和Ⅴ-Ⅴ截面（见图 12.7-11）处进行。曲轴各截面的弯矩、转矩及轴向力计算公式见表 12.7-3。

表 12.7-3 中支反力：

$$r^r = (B_p - m^r - m^l)/l$$

$$R^r = (Sb + M^r + M^l)/l$$

$$r^l = (A_p + m^r + m^l)/l$$

$$R^l = (Sa - M^r - M^l)/l$$

$$A_p = Pa + Qe + Q'(e+f)$$

$$B_p = Pb + Q(e'+f) + Q'e'$$

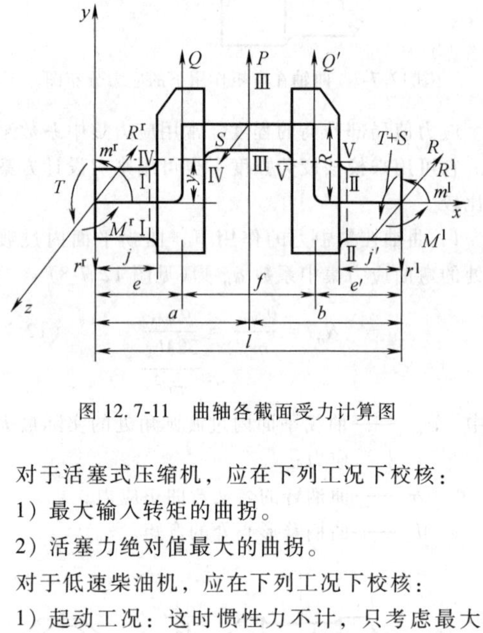

图 12.7-11　曲轴各截面受力计算图

对于活塞式压缩机，应在下列工况下校核：

1）最大输入转矩的曲拐。

2）活塞力绝对值最大的曲拐。

对于低速柴油机，应在下列工况下校核：

1）起动工况：这时惯性力不计，只考虑最大气体压力。

表 12.7-3　曲轴各截面的弯矩、转矩及轴向力计算公式

截面编号	绕 x 轴的转矩 T_x	绕 y 轴的转矩 T_y	绕 x 轴的弯矩 M_x	绕 y 轴的弯矩 M_y	绕 z 轴的弯矩 M_z	轴向力
Ⅰ	T	0	0	$M^r - R^r j$	$m^r + r^r j$	0
Ⅱ	$T+SR$	0	0	$-M^l - R^l j'$	$-m^l + r^l j'$	0
Ⅲ	$T+R^r R$	0	0	$M^r - R^r a$	$ar^r - (a-e)Q + m^r$	0
Ⅳ	0	$M^r - R^r e$	$T+R^r y$		$r^r e + m^r$	r^r
Ⅴ	0	$-M^l - R^r e'$	$T+SR-R^l y$		$r^l e' - m^l$	r^l

2）标定工况：活塞处于上死点；曲拐的切向力最大时的位置；各曲拐的总切向力为最大值时的位置。校核的曲拐，应取其最大转矩。

在轴颈上所校核的截面危险点处，其正应力和切

应力分别为

$$\left.\begin{aligned}\sigma &= \frac{\sqrt{M_y^2 + M_z^2}}{W}\\ \tau &= \frac{M_x}{W_n}\end{aligned}\right\}\qquad(12.7\text{-}7)$$

式中　$W=\frac{1}{2}W_n=\frac{\pi d^3}{32}$。

2.3.2　曲轴的疲劳强度计算

校核曲轴疲劳强度是在应力集中严重的过渡圆角及油孔处进行。目前较普遍使用的方法还是分段法，即截取受载荷情况最严重的一拐，将此拐作为简支梁进行疲劳强度校核。活塞式压缩机，是对邻近功率输入端的曲拐进行疲劳强度校核；内燃机，是对累积转矩变化幅度最大的曲拐进行校核。

$$S = \frac{S_\sigma S_\tau}{\sqrt{S_\sigma^2 + S_\tau^2}} \geqslant [S] \qquad (12.7\text{-}8)$$

式中　$[S]$——许用安全系数。

$$S_\sigma = \frac{\sigma_{-1}}{\frac{K_\sigma}{\varepsilon_\sigma\beta}\sigma_a + \psi_\sigma\sigma_m}$$

$$S_\tau = \frac{\tau_{-1}}{\frac{K_\tau}{\varepsilon_\tau\beta}\tau_a + \psi_\tau\tau_m}$$

式中　S_σ、S_τ——抗弯安全系数和抗扭安全系数。

K_σ、K_τ、ε_σ、ε_τ、β、ψ_σ、ψ_τ 见本篇第 3 章。

上式未考虑曲轴表面局部强化处理（如辊压、渗氮、淬火等）的影响。经过表面强化处理的曲轴，其疲劳强度应根据试验确定。

提高曲轴的疲劳强度主要在于降低曲轴应力集中区的应力及提高该处材料的疲劳强度。它可通过改进曲轴结构的几何形状，如增大过渡圆角（多圆弧连接圆角，圆角处做沉割），增大重叠度，采用空心轴颈及在曲柄臂上做卸载槽，尽量增大油孔边缘圆角，以及采用局部强化工艺（高频感应淬火，圆角辊压，软渗氮）等措施，来提高曲轴应力集中区的疲劳强度。

参考文献

[1] 机械工程手册电机工程手册编辑委员会. 机械工程手册：机械零部件设计卷［M］. 2版. 北京：机械工业出版社，1997.

[2] 闻邦椿. 现代机械设计师手册：上册［M］. 北京：机械工业出版社，2012.

[3] 闻邦椿. 现代机械设计实用手册［M］. 北京：机械工业出版社，2015.

[4] 机械设计手册编辑委员会. 机械设计手册：第3卷［M］. 新版. 北京：机械工业出版社，2004.

[5] 吴宗泽. 机械设计师手册［M］. 2版. 北京：机械工业出版社，2009.

[6] 徐灏. 安全系数和许用应力［M］. 北京：机械工业出版社，1981.

[7] 陈榕林，张磊. 直轴设计与制造［M］. 石家庄：河北人民出版社，1982.

第 13 篇　滑动轴承

主　编　卜　炎
编写人　卜　炎
审稿人　吴宗泽

第5版
滑动轴承

主　编　卜　炎
编写人　卜　炎
审稿人　吴宗泽

第1章　概　述

1　滑动轴承的类型

1.1　滑动轴承的分类

滑动轴承的种类繁多，有多种分类方法。

1）按能承受的载荷方向不同，分为径向轴承、径向止推轴承和止推轴承。

2）按承载机理不同，分为固体摩擦轴承、边界摩擦轴承、动压轴承、静压轴承、静电轴承和磁力轴承等。

3）按轴瓦材料不同，分为金属轴承、粉末冶金含油轴承、炭石墨轴承、塑料轴承、橡胶轴承、宝石轴承、木轴承和陶瓷轴承等。

4）按润滑剂不同，分为无润滑轴承、固体润滑轴承、脂润滑轴承、油润滑轴承、水润滑轴承和气体润滑轴承等。

5）油润滑轴承按润滑方法不同，有滴油润滑轴承、油垫润滑轴承、油环（油盘）润滑轴承、含油轴承、油浴润滑轴承和压力供油轴承等。

6）流体润滑轴承按运转（润滑）状态不同，分为流体膜润滑轴承、边界润滑轴承和混合润滑轴承等。

表13.1-1是滑动轴承的一种分类方法。

表13.1-1　滑动轴承的分类

轴承类型		润滑(摩擦)状态	润滑方法	计算方法
固体摩擦轴承	无润滑轴承	固体润滑(摩擦)	无须润滑	考虑磨损的条件性计算或按试验曲线计算
	固体润滑轴承		涂覆固体润滑剂膜	
不完整油膜润滑轴承	含油轴承	固体、边界、流体润滑(摩擦)的混合状态	浸渍润滑油	
	普通轴承		脂杯、油壶、油绳、油垫及油环润滑等	近似计算或条件性计算
油膜①润滑轴承	动压轴承	流体润滑(摩擦)	油浴、压力供油等循环润滑	求解润滑方程
	静压轴承		压力供油循环润滑	按流动连续性方程或求解润滑方程

① 此处油膜包含气膜。

1.2　各类轴承的性能比较

各类轴承的性能比较见表13.1-2（为了便于选择轴承类型将滚动轴承也列入）。

表13.1-2　各类轴承的性能比较

轴承性能		轴承类型				
		油膜润滑轴承		不完整油膜润滑轴承	固体摩擦轴承	滚动轴承
		动压轴承	静压轴承	普通轴承和含油轴承		
承载特性		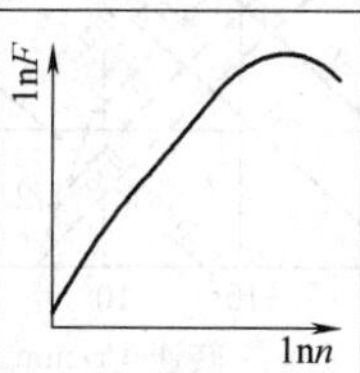	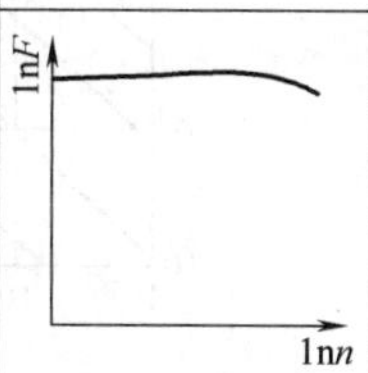	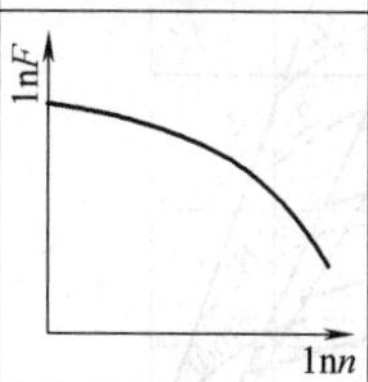	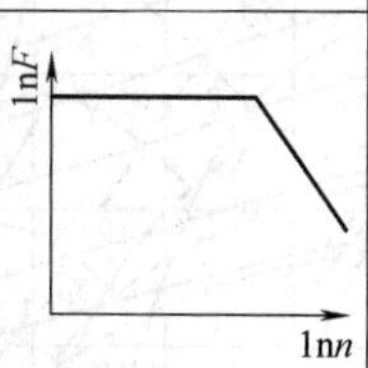	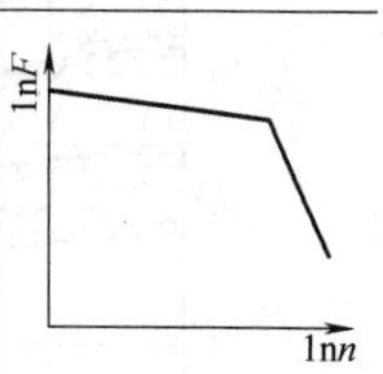
运转性能	阻尼	中到大	大	较小	最小	最小
	起动转矩	中到大	最小	大	最大	小
	功耗	小到大，与润滑剂黏度、转速成正比	最小到中，与润滑剂黏度、转速成正比，另有泵功耗	较大，与载荷有较大关系	最大，与轴瓦或润滑膜材料有较大关系	较小
	旋转精度	高	最高	中	低	高
	运转噪声	轴承本身很小，但还有泵噪声		很小	稳定载荷下较小	小到中
	寿　命	取决于起动次数	寿命极长	取决于轴瓦材料的耐磨性		取决于疲劳磨损

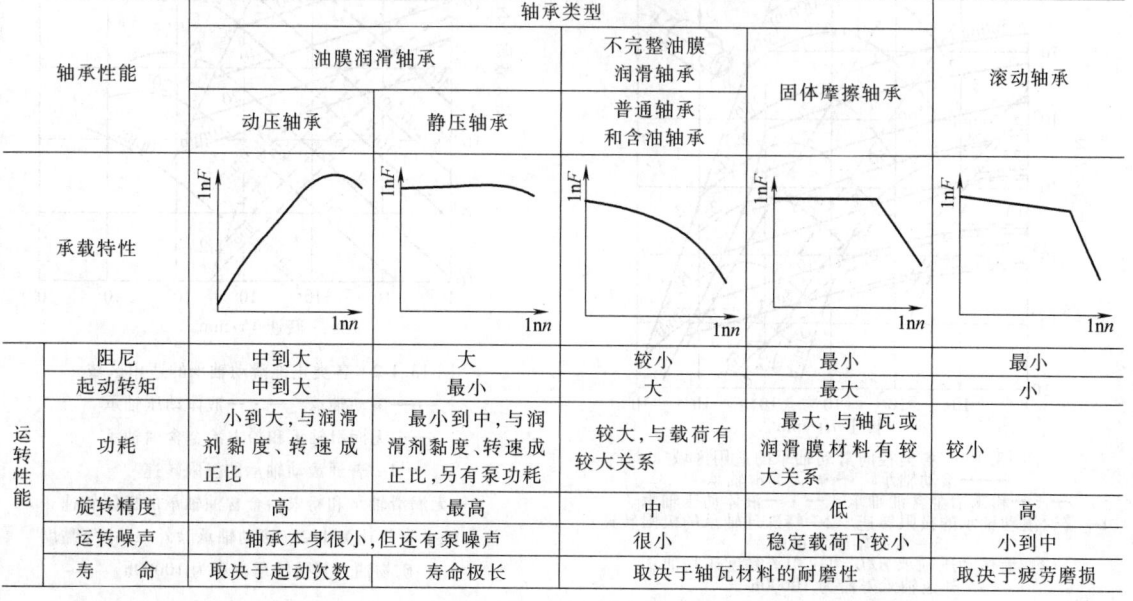

（续）

轴承性能		轴承类型				
		油膜润滑轴承		不完整油膜润滑轴承	固体摩擦轴承	滚动轴承
		动压轴承	静压轴承	普通轴承和含油轴承		
环境适应性能	高温	取决于润滑剂的抗氧化能力或轴瓦材料		取决于润滑剂的抗氧化能力	取决于轴瓦材料	取决于轴承材料
	低温	取决于起动转矩			取决于轴瓦材料	取决于润滑剂
	真空	可以，但要用特殊润滑剂			最好	可以，但要用特殊润滑剂
	潮湿	好		可以，注意密封	可以，轴颈和轴瓦材料必须耐腐蚀	可以，注意密封
	尘埃	可以，注意润滑系统密封和过滤	好，注意润滑系统密封和过滤	可以，注意密封	好，密封更好	可以，需仔细密封
	辐射	受润滑剂限制			好	受润滑剂限制
运动适应性	频繁起动	差	好			
	频繁改向	差	好	可以	很好	
	摆动	不可以	可以			
制造维护性能	对制造安装误差的敏感性	很敏感	敏感	不敏感		敏感
	标准化程度	较差	最差	好	较好	最好
	润滑	循环润滑，润滑剂用量多，润滑装置复杂	循环润滑，润滑剂用量最多，润滑装置复杂	润滑装置简单，用油量少到中等	无须润滑	大多数润滑装置简单，用油量有限
	维护	经常检查，定期清洗润滑系统和更换润滑剂		定期补充润滑油	无须维护	定期清洗并更换润滑剂
经济性		制造成本高，运转成本取决于润滑系统		成本较低	成本最低	成本低

注：不完整油膜润滑轴承因润滑状态、方式和材料的不同，性能差异较大。

1.3 滑动轴承类型的选择

选择径向滑动轴承时可参考图 13.1-1，选择止推滑动轴承时可参考图 13.1-2。

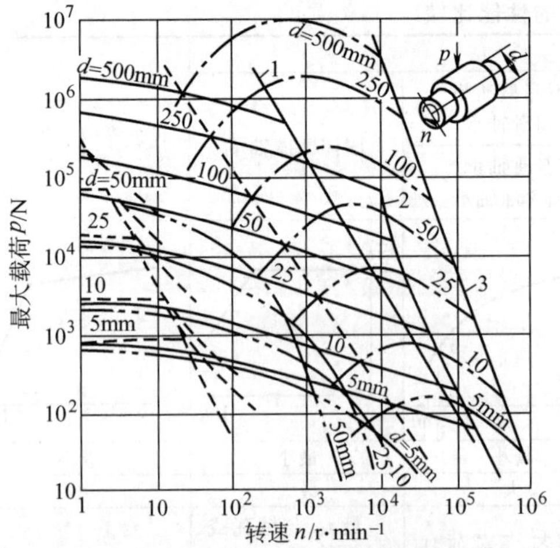

图 13.1-1 各类径向滑动轴承的适用区域

——滚动轴承 ------无润滑轴承

—··—粉末冶金含油轴承 —·—液体动压轴承

1—普通滚动轴承的极限转速 2—特殊球轴承的极限转速

3—实心轴断裂极限

注：液体动压轴承 $B/D=1$，中等黏度矿物油；其他轴承寿命为 10000h

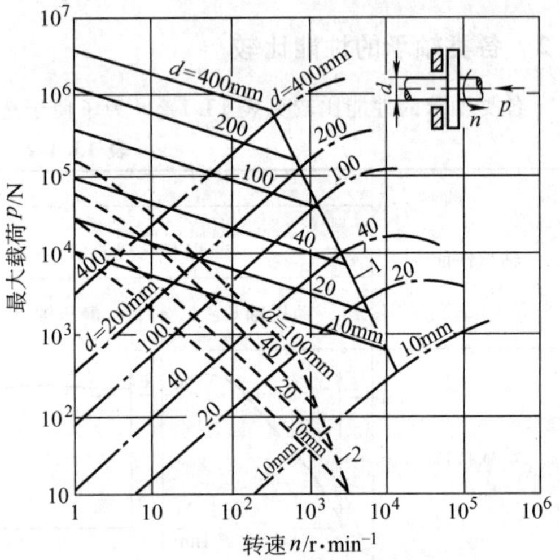

图 13.1-2 各类止推滑动轴承的适用区域

——滚动轴承 —·—液体动压轴承

------无润滑轴承和粉末冶金含油轴承

1—普通滚动轴承的极限转速

2—无润滑轴承和粉末冶金含油轴承的极限转速

注：轴承直径比为 1/2（滚动轴承除外）；中等黏度矿物油；其他轴承寿命为 10000h

2　滑动轴承的基本形式

2.1　径向滑动轴承的基本形式

径向滑动轴承的基本形式如图 13.1-3 所示。

图 13.1-3 中 a、b、c 三种形式结构简单、制造方便，承载能力大，但高速稳定性差，易产生油膜振荡。

在上方（非承载区）设置油槽（形式 b），有利于减少摩擦功耗、降低温升和提高承载能力，且可收集油中垃圾。

两侧设置油槽（形式 c），供油量大，轴承温升低，是轴承载荷方向基本不变时主要采用的形式。

浮环轴承（形式 d）的浮环随轴颈转动，转速约为轴颈转速的一半，使摩擦面间（轴颈与浮环、浮环与轴瓦间）的相对速度下降，从而降低了轴承摩擦功耗和温升。浮环内、外均能形成压力润滑膜，故高速稳定性好。这种轴承特别适合小型高速轻载轴承。

周向油槽供油轴承（形式 e）设有中间环槽，由环槽向两侧供给润滑剂，承载能力较低，是承受载荷方向变动，特别是旋转载荷的轴承采用的形式。

螺旋槽轴承（形式 f）利用螺旋槽的泵入作用给轴承提供润滑剂，并且槽面与台面构成阶梯面，可以产生油楔效应。它供油充分、轴承温升低，高速稳定性好，是高速轴承，特别是气体轴承采用的主要形式之一。

形式 g~l 都属多油楔轴承，一般运转时形成多个压力润滑膜。与圆轴承相比，它承载能力有所下降，摩擦功耗有所上升，但旋转精度和定心性较好，刚度和阻尼较大，高速稳定性好，是高速轻载轴承常常采用的形式。

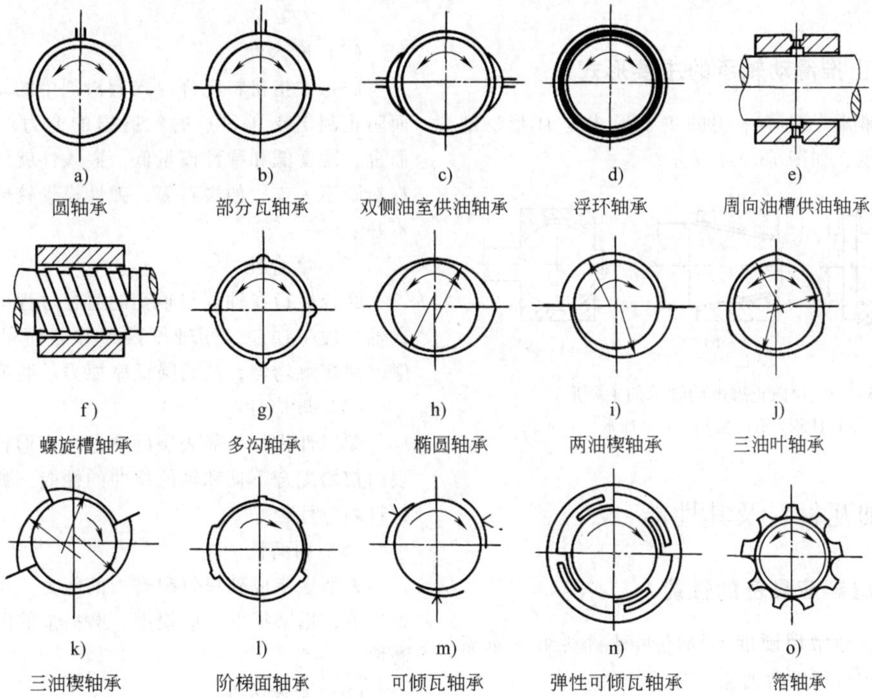

图 13.1-3　径向滑动轴承的基本形式

形式 m、n 属可倾瓦轴承，一般采用多个瓦块。这种瓦块能随载荷、速度的变化自动调整其斜度，是稳定性最好的轴承形式，主要是高速轻载轴承采用。

箔轴承（形式 o）是以弹性很大的薄金属带作轴瓦的滑动轴承。它工作稳定可靠、承载能力大、摩擦功耗低，对环境污染、温度变化、表面变形及外部冲击载荷、振动等有较强承受能力，要求的制造精度较低。

2.2　止推滑动轴承的基本形式

止推滑动轴承的基本形式如图 13.1-4 所示。

图 13.1-4 中形式 a、b 为普通止推轴承，不易获得完全油膜润滑，只用于不重要的轴承，其中形式 a 为端轴颈，轴瓦直径受轴的直径限制，承载能力有限；形式 b 为环状轴颈，可以用增加环数来增

加支承面积；形式 c 为轴瓦上铣有螺旋槽，主要用于气体轴承。

形式 h、i 为可倾瓦止推轴承，是大、中型重要止推轴承常采用的形式。

形式 d~g 为固定瓦止推轴承，是止推轴承最主要的形式，其中形式 e 只适用于卧轴。

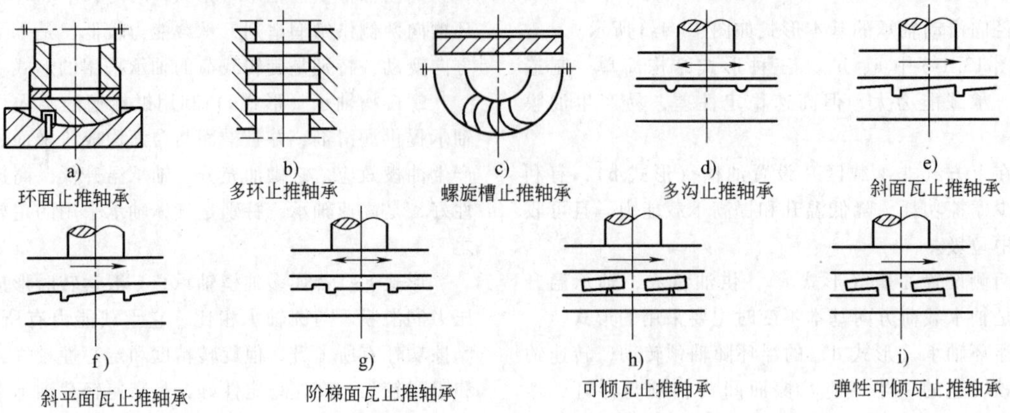

图 13.1-4　止推滑动轴承的基本形式

2.3　径向止推滑动轴承的主要形式

径向止推滑动轴承采用的主要形式是 H 形、锥形和球形轴承，如图 13.1-5 所示。

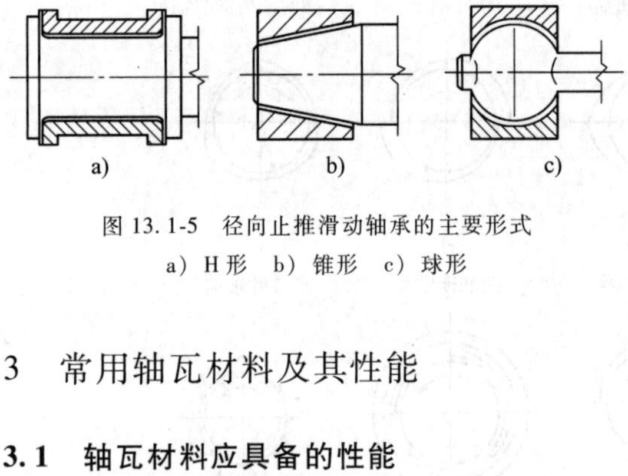

图 13.1-5　径向止推滑动轴承的主要形式

a）H 形　b）锥形　c）球形

3　常用轴瓦材料及其性能

3.1　轴瓦材料应具备的性能

滑动轴承通常用硬度不同的两种材料组成摩擦副，一般用较软材料做轴瓦。

（1）摩擦相容性

摩擦相容性指轴颈与轴瓦直接接触时防止发生黏附和形成边界润滑的性能。影响摩擦副摩擦相容性的材料因素是：

1）成副材料冶金上构成合金的难易程度。

2）材料与润滑剂的亲和能力。

3）成副材料在无润滑状态下的摩擦因数。

4）材料的微观组织。

5）材料的热导率。

6）材料表面能的大小和氧化膜的特性。

（2）嵌入性

嵌入性指材料允许混入润滑剂中的硬质颗粒嵌入而防止刮伤或（和）磨粒磨损的能力。对金属材料而言，硬度低和弹性模量低，嵌入性就好，而非金属材料则不一定，如炭石墨，弹性模量较低，但嵌入性不好。

（3）磨合性

磨合性指在轴颈与轴瓦的磨合过程中，减小轴颈或轴瓦加工误差、同轴度误差和表面粗糙度等参数值，使接触均匀，从而降低摩擦力、磨损率的能力。

（4）顺应性

顺应性指材料靠表层的弹塑性变形补偿滑动摩擦表面初始配合不良和轴的挠曲的性能。弹性模量低的材料顺应性较好。

（5）耐磨性

耐磨性指成副材料耐磨损的能力。在规定的摩擦条件下，用磨损率或磨损度、磨损量的倒数来表示耐磨性。

（6）耐疲劳性

耐疲劳性指在疲劳载荷作用下材料抵抗疲劳破坏的能力。在使用温度下，轴瓦材料的强度、硬度、耐冲击强度和组织均匀性是影响耐疲劳性的十分重要的因素。磨合性、嵌入性好的材料，通常耐疲劳性差。

（7）耐蚀性

耐蚀性指材料耐腐蚀的能力。润滑油在大气中使用，将逐渐氧化产生酸性物质，而且在大多数润滑油中还含有极压添加剂，它们都会腐蚀轴承材料，因此轴承材料需要具备耐蚀性。

（8）耐气蚀性

在固体相对于液体运动的状态下，当液体中的气泡在固体表面附近破裂时，产生局部冲击高压或局部高温，将导致气蚀磨损。材料耐气蚀磨损的能力称为耐气蚀性。通常，铜铅合金、锡基轴承合金和铝锌硅系合金的耐气蚀性较好。

（9）抗压强度

抗压强度指承受压力而不被挤坏、变形或尺寸不变化的能力。

3.2　轴瓦材料的分类

滑动轴承常用轴瓦材料有金属材料、粉末冶金材料和非金属材料三大类，见表13.1-3。

3.3　常用轴瓦材料

动压轴承、静压轴承及不完整油膜轴承中的普通轴瓦一般都用金属材料，含油轴承的轴瓦常用粉末冶金材料，无润滑轴承的轴瓦常用非金属材料。

3.3.1　金属轴瓦材料

用作轴瓦的金属材料有铸铁和锡基、铅基、铜基及铝基轴承合金，表13.1-4列出的轴承合金有的仅能做多层轴瓦的衬层，有的既可做衬层还可制作单层轴瓦。

常用的表面涂层材料有：PbSn10、PbIn7及PbSn10Cu2等。

表13.1-3　轴瓦材料的分类

轴承类型	类别	轴瓦结构	轴瓦材料
润滑轴承	金属	单层轴瓦	铸造铜合金类 加工铜合金类 铝基合金类 经表面处理的钢
		多层轴瓦	铸造铜合金类 锡基轴承合金类 铅基轴承合金类 铝基轴承合金类 烧结铜合金类
	非金属	油润滑轴瓦	塑料类
		水润滑轴瓦	酚醛塑料类 橡胶 炭石墨 陶瓷
自润滑轴承	非金属	单层轴瓦	聚四氟乙烯类 聚缩醛类 其他塑料类 炭石墨
		多层轴瓦	聚四氟乙烯类 聚缩醛类 其他塑料类
	金属	单层轴瓦	高密度复合粉末冶金类 含油粉末冶金类 含油成长铸铁类
		多层轴瓦	高密度复合粉末冶金类

表13.1-4　常用金属轴瓦材料及其基本性能

	材料牌号	p_P/MPa	v_P/m·s^{-1}	$(pv)_P$/MPa·m·s^{-1}	最高工作温度θ_{max}/℃	硬度HBW	摩擦相容性	顺应性	耐蚀性	耐疲劳性	一般用途
单层轴瓦材料											
铜基合金	CuSn8Pb2	7(25)			280	60	中	劣	良	优	用于制作不重要的轴承,需充分润滑
	CuSn7Pb7Zn3					65					
	CuSn10P					90					用于制作有冲击载荷的轴承
	CuSn12Pb2					80					
	CuPb5Sn5Zn5	8	3	15		65					用于制作一般用途的轴承
	CuSn8P	7(25)				160					用于制作重载、高速及有冲击载荷轴承
	CuZn31Si1				200	160	中	劣	优	优	
	CuZn37Mn2Al2Si	10	1	10		150					用于制作润滑条件不良的轴承
	CuAl9Fe4Ni4	15	4	12	280	160	劣	劣	良	良	适于制作在海洋环境中工作的轴承
铝基合金	AlSn6CuNi				200	40	中	中	优	优	用于制作高速、中到重载轴承,如柴油机、压气机和制冷机轴承
灰铸铁	HT150	4	0.5		150	143~255					用于制作低速、轻载或不重要的轴承,价廉
	HT200	2	1								
	HT250	1	2								

（续）

	材料牌号	p_P/MPa	v_P/m·s^{-1}	$(pv)_P$/MPa·m·s^{-1}	最高工作温度θ_{max}/℃	硬度HBW	摩擦相容性	顺应性	耐蚀性	耐疲劳性	一般用途
单层轴瓦材料											
球墨铸铁	QT500-7	0.5~12	1.0~5	2.5~12		170~230					与轴瓦配合的轴颈需经淬火处理
	QT450-10					160~210					用于制作轴颈未经淬火处理的轴承
单层轴瓦与衬层通用材料											
铜基合金	CuPb9Sn5	7(20)			280	60	中	差	良	良	一般用作汽轮机、发动机、机床、汽车转向器和差速器轴承
	CuPb10Sn10					70					
	CuPb15Sn8					65					中载、中到高速的冷轧机轴承
	CuPb20Sn5					55	中	差	差	良	汽车变速箱、内燃机摇臂轴轴套
	CuAl10Fe5Ni5					140	劣	劣	良	良	适于制作在海洋环境中工作的轴承
	CuAl10Fe3	20	5	15		110					
耐磨铸铁	MTCuMo-175	0.05~9	0.2~2	0.1~1.8		195~260	劣	劣	优	优	铸造铜钼合金灰铸铁，与其配合的轴颈需经热处理（淬火或正火）
	MTCrMoCu-235	0.1~6	0.75~3	0.3~4.5		200~250					铸造铬钼铜合金灰铸铁，与其配合的轴颈需经热处理（淬火或正火）
	KTZ450-06	0.5~1.2	1.0~5	2.5~12		150~200					可锻铸铁，与其配合的轴颈需经热处理（淬火或正火）
	KTZ550-04					180~250					
轴瓦衬层材料											
锡基合金	SnSb12Pb10Cu4	5(15)	80	20	150	29	优	优	优	劣	用于制作高速、重载下工作的的重要轴承。疲劳载荷下易疲劳，价贵
	SnSb12Cu6Cd1					34					
	SnSb11Cu6					27					
	SnSb8Cu4					24					
	SnSb4Cu4					20					
铅基合金	PbSb16Sn16Cu2	15	12	10		30	优	优	中	劣	用于制作中速、中载及无显著冲击载荷的轴承
	PbSb15Sn5Cu3Cd2	5	8	5		32					
	PbSb15Sn5					20					适于制作载荷较小的内燃机主轴和连杆轴承、凸轮轴套
	PbSb10Sn6	12				18					
	PbSb15SnAs					20②					
	PbSb15Sn10	20	15	15		24					
	PbSn10Cu2										用于制作薄壁轴瓦的镀覆层
	PbSn10										
	PbIn7										
铜基合金	CuPb30	25	12	30	280	25	良	良	劣	中	用于制作重载、高速、冲击载荷轴承
	CuPb10Sn10①					70	中	差	良	良	一般用作汽轮机、发动机、机床、汽车转向器和差速器轴承
	CuPb17Sn5					95	良	良	良	良	适于制作重载内燃机轴承
	CuPb24Sn4					80					适于制作高速、重载轴承
	CuPb24Sn					70					常用于制作内燃机轴承
铝基合金	AlSn20Cu	34	14		170	40	中	中	优	优	用于制作高速、中到重载轴承，如柴油机、压气机和制冷机轴承
	AlSn6Cu	41~51				45	中	差	优	优	
	AlSn12Si2.5Pb1.7					40				中~优	主要用于制作内燃机主轴承和连杆轴承、止推垫圈及卷制轴套
	AlSi4Cd	47				40					
	AlCd3CuNi	—				55					
	AlSi11Cu					60					

注：1. 部分内容摘自 JB/T 7921—1995~JB/T 7923—1995 和 GB/T 18326—2001。

2. 材料的加工方法有：砂型铸造、金属型铸造、离心铸造、连续铸造、烧结、轧制和挤压，表中给出的硬度是最高硬度。

① 做衬层用的 CuPb10Sn10 与可以作整体轴瓦用的 CuPb10Sn10 化学元素质量分数不同。

② 该硬度为维氏硬度 HV。

3.3.2 含油轴承轴瓦材料

可以用作含油轴承的轴瓦材料有：木材、成长铸铁、铸铜合金和粉末冶金减摩材料，以及与润滑油有亲和特性的聚合物，如含油酚醛树脂。含油轴承常用轴瓦材料及其物理、力学性能见表 13.1-5。

表 13.1-5 含油轴承常用轴瓦材料及其物理、力学性能

轴瓦材料			牌 号	含油密度 ρ/g · cm^{-3}	$\phi_{油}$（体积分数,%）	线胀系数 $\alpha_l/10^{-6}$ · K^{-1}	热导率 λ/W(m · K)$^{-1}$	弹性模量 E/GPa	径向抗压强度 R_{mc}/MPa	表观硬度 HBW
粉末冶金	铁基	铁	FZ11060	5.7~6.2	≥18	11~12	41.9~125.6	80~100	>200	30~70
			FZ11065	>6.2~6.6	≥12				>250	40~80
		铁-碳	FZ12058	5.6~6.0	≥18				>250	50~100
			FZ12062	>6.0~6.4	≥12				>300	60~110
		铁-碳-铜	FZ13058	5.6~6.0	≥18				>350	60~110
			FZ13062	>6.0~6.4	≥12				>400	70~120
		铁-铜	FZ14058	5.6~6.0	≥18				>300	50~100
			FZ14062	>6.0~6.4	≥12				>350	60~110
	铜基	铜-锡-锌-铅	FZ21070	6.6~7.2	≥18	16~18	41.9~58.6	60~70	>150	20~50
			FZ21075	>7.2~7.8	≥12				>200	30~60
		铜-锡	FZ22066	6.4~6.8	≥18				>150	25~55
			FZ22070	>6.8~7.2	≥12				>200	35~65
		铜-锡-铅	FZ23065	6.3~6.9	≥18				>150	20~50
成长铸铁			—	6.0~7.0	5~20	10~12	41.9~54.4	60~100	300~600	100~400
含油酚醛树脂			—	—	—	84	0.13	2.5~2.6	100	20~40
铸铜合金			—	—	3~6	—	—	—	540	60~80
青铜石墨			—	—	12~30	—	—	—	70	—

注：粉末冶金含油轴承轴瓦材料的性能中除线胀系数、热导率、弹性模量和表观硬度外均摘自 GB/T 2688—2012。

3.3.3 非金属轴瓦材料

轴瓦用非金属材料有塑料、炭石墨、陶瓷、木材和橡胶等。

（1）轴瓦用塑料

塑料因具有自润滑性而广泛应用于滑动轴承。用塑料作轴瓦还有如下一些优点：很少会损坏轴颈；吸振性优于金属轴瓦；耐蚀性强；密度小，重量轻；适合于批量生产。塑料作为轴瓦材料有如下一些缺点：机械强度不及金属材料；受温度和湿度的影响，尺寸稳定性不好；热导率低等。为改善塑料性能，常在塑料中加入填充材料。此外，还可在轴承设计时从结构上使塑料轴瓦满足对轴承的性能要求。

轴瓦用塑料的基本性能见表 13.1-6，应用性能见表 13.1-7。

表 13.1-6 轴瓦用塑料的基本性能

轴瓦材料			硬度 HBW	摩擦因数	p_P/MPa	最高工作温度 θ_{max}/℃	说 明
热固性塑料	石棉布基酚醛树脂层压材	填充石墨或 MoS_2	30~45	0.10~0.40	35	150~170	强度高、耐磨及耐酸和弱碱，减振性好
	棉布基酚醛树脂层压材		30~35			85	
		PTFE 涂层	—			150	
热塑性塑料	聚酰胺	单层轴瓦(套)	7.8~17.2	0.10~0.43	10	85~120	耐油、耐磨及耐冲击与疲劳。噪声很低，但易吸湿，蠕变性大。增强后性能改善
		金属衬背轴瓦衬层	—	0.17~0.43		120	
		填充 MoS_2		0.20~0.42	14	90~100	
	聚醚醚酮	单层轴瓦(套)		—	—	—	
		金属衬背轴瓦衬层		0.10~0.15	140	260	
		填充石墨		—	—	120~158	
		填充固体润滑剂	100~118①	0.11		—	
		填充纤维					
	均聚甲醛	单层轴瓦(套)	11.4	0.25~0.35	—	104	耐磨，极耐疲劳
		金属衬背轴瓦衬层				—	
		填充 PTFE	—	—		91	

（续）

轴瓦材料			硬度 HBW	摩擦因数	p_P/MPa	最高工作温度 θ_{max}/℃	说　明
热塑性塑料	聚苯硫醚	无填充物	—	0.34	—	200	不耐冲击
		填充石墨		0.26		—	
	聚酰亚胺	无填充物	92~102①	0.29			长期耐热性好，适于高温工作
		填充石墨	68~94①	0.03~0.25		280	
	聚对苯二甲酸丁二酯		132~151	0.30~0.33		150	性能稍差，价格低
氟塑料	聚四氟乙烯	无填充物	—	0.05~0.20	2	250	
		酚醛树脂层压材衬背		0.10~0.40	35	150	
		填充玻璃纤维	5.6~6.9	0.20~0.24	7	250	能耐任何化学制剂的侵蚀，但价格高，承载能力低，刚度和尺寸稳定性差。增强后，耐磨性成百倍地提高，热导率、抗压强度和压缩弹性模量均有增加
		填充锡青铜粉	8.1	0.18~0.20			
		填充石墨	5.1~5.3	0.16			
		填充炭纤维	5.8	0.19			
		填充锡青铜粉、玻璃纤维和石墨	—	—			
		填充玻璃纤维和石墨	5.2~5.9	0.15~0.17			
		填充聚苯	6.4	0.11			
浸渍聚四氟乙烯棉织物衬层			—	0.05~0.25	700	120	
浸渍聚四氟乙烯玻璃纤维织物衬层						150	

① 洛氏硬度 HRM。

表 13.1-7　塑料轴瓦的应用性能

材料牌号	p_P/MPa	v_P/m·s^{-1}	$(pv)_P$/MPa·m·s^{-1}	应　用
酚醛树脂	39~41	12~13	0.18~0.5	以织物、石棉等为填料与酚醛树脂压制而成。抗胶合性好，强度高，抗振性好。能耐水、碱和酸，导热性差，重载时需用水或油充分润滑。易膨胀，轴承间隙宜取大些
聚酰胺（尼龙）	7~14	3~8	0.11(0.05m/s)	最常用的塑料轴瓦。摩擦因数低，耐磨性好，无噪声。覆在金属瓦背上能承受中等载荷；加入石墨、二硫化钼等填料可提高刚性和耐磨性；加入耐热成分可提高工作温度
			0.09(0.5m/s)	
聚碳酸酯	7	5	0.03(0.05m/s)	这些都是较新的塑料。物理性能好，易于喷射成型，比较经济
			0.01(0.5m/s)	
醛缩醇	14	3	0.1	
聚酰亚胺			4(0.05m/s)	
聚四氟乙烯	3~3.4	0.25~1.3	0.04(0.05m/s)	摩擦因数很低，自润滑性能好，能耐任何化学制剂的侵蚀，适用温度范围宽，但成本高，未填充聚四氟乙烯的承载能力低
			0.06(0.5m/s)	
增强聚四氟乙烯	16.7	5	0.3	
聚四氟乙烯织物	400	0.8	0.9	
填充聚四氟乙烯	17	5	0.5	

（2）轴瓦用炭石墨

炭石墨是耐高温、有自润滑性的轴瓦材料，它高温稳定性好，耐化学腐蚀能力强，热导率比塑料高，线胀系数比塑料小。在大气和室温条件下与镀铬表面的摩擦因数和磨损率都很低，但是在湿度很低时，它会丧失润滑性。

轴瓦用炭石墨属机械用炭类，即 M 类，其品种和基本性能见表 13.1-8。

（3）轴瓦用陶瓷

陶瓷材料质硬，耐高温，耐磨，但性脆，加工困难，成本高。在气体轴承、高温轴承等特殊场合中获得成功应用。各种轴瓦用陶瓷材料的基本性能见表 13.1-9。

表 13.1-8　轴瓦用炭石墨材料及其性能

轴瓦材料		密度	硬度 HS	气孔率(%)	抗压强度	抗折强度	线胀系数	耐热温度
基体	浸渍物	ρ/g·cm^{-3}			R_{mc}/MPa	/MPa	α_l/10^{-6}·K^{-1}	θ_{max}/℃
炭石墨	—	1.50~1.70	50~85	10~20	80~180	25~55	1.50~1.56	350
	酚醛树脂	1.65	90	5	260	65	14	170

（续）

轴瓦材料		密度	硬度 HS	气孔率(%)	抗压强度	抗折强度	线胀系数	耐热温度
基体	浸渍物	ρ/g·cm^{-3}			R_{mc}/MPa	/MPa	$\alpha_l/10^{-6}\cdot K^{-1}$	θ_{max}/℃
炭石墨	环氧树脂	1.62～1.68	65～92	2	100～270	45～75	11.5	—
	呋喃树脂	1.7	70～90	2	170～270	60	6.5	—
	聚四氟乙烯	1.6～1.9	80～100	<8	140～180	40～60	—	—
	锡基轴承合金	2.4	60	2	200	65	—	—
	青铜		90	4	320	80	6	500
电化石墨	—	1.60～1.80	40～55	10～20	35～75	20～40	3	400
	酚醛树脂	1.80	45～72	2～3	90～140	35～50	14	170
	环氧树脂	1.80～1.90	40～90	1	70～150	30～80	11.5	—
	呋喃树脂	1.85～1.90	50～80	2	120～150	45～50	6.5	170
	聚四氟乙烯	1.70	65	—	60	30	5.2	250
	锡基轴承合金	2.40	42～60	3	100～200	40～70	5.5	200
	青铜	2.45	45～60	2～3	120～150	60～70	6	500
	铝合金	2.10～2.20	45	1	200	100	6	400
	磷酸盐	1.60	65	—	50	30	5.2	500

表 13.1-9 轴瓦用陶瓷材料的基本性能

陶瓷材料	密度 ρ/g·cm^{-3}	抗弯强度 R_{mb}/MPa	弹性模量 E/GPa	硬度 HV	热导率 λ/W(m·K)$^{-1}$	线胀系数 $\alpha_l/10^{-6}\cdot K^{-1}$	最高工作温度 θ_{max}/℃
SiC	3.1	785	390	2600	79.5	3.9	1400～1500
Si_3N_4	3.2	785	295	1400	16.7	3.0	1100～1400
Al_2O_3	3.83～3.93	295～440	375	90～95	19.3	7.90～8.26	1700～1750

3.4 各种轴瓦材料的性能比较

材料的物理性能是选择轴瓦材料时的重要参考，表 13.1-10 列出了各种轴瓦材料力学、物理性能的平均值。

各种轴瓦材料的性能比较见表 13.1-11。

表 13.1-10 各种轴瓦材料力学、物理性能的平均值

轴瓦材料	抗拉强度 R_m/MPa	弹性模量 E/GPa	密度 ρ/g·cm^{-3}	热导率 λ/W(m·K)$^{-1}$	线胀系数 $\alpha_l/10^{-6}\cdot K^{-1}$
锡基轴承合金	80～90	48～57	7.30～7.38	33.5～38.5	23.1
铅基轴承合金	60～80	29	9.30～10.20	20.9～25.1	24.0～28.0
铜基轴承合金	150～700	75～120	7.60～9.00	27～71	16～19
铝基轴承合金	100～250	71	2.65～2.90	184～130	23.0～24.0
耐磨铸铁	200～350	—	—	—	—
铁基粉末冶金	200～400③	80～100	5.70～6.70④	41.9～125.6	11～12
铜基粉末冶金	150～200③	60～70	6.20～7.80④	41.9～58.6	16～18
酚醛层压材	150～250③	7.0	1.30～1.60	0.38	80/25①
聚酰胺	73.6～175③	2.8	1.03～1.70	0.04～0.26	80～170
均聚甲醛	80.6～82.0③	3.1	1.42～1.54	0.23	14～58
聚苯硫醚	127～183③	—	1.34	0.29	54
聚酰亚胺	124～276③	—	1.43～1.65	0.33～2.22	23～63
聚醚醚酮	—	1.0	1.32～1.47	—	9～15
聚四氟乙烯	4.9～22.6③	0.4～1.1	2.18～3.92	0.26～0.33	116/14②
炭石墨	40～200③	4～28	1.50～2.40	11～126	1.4～20.0
木材	8	12	0.68	0.19	5
橡胶	—	—	1.20	0.16	77

① 分子为垂直瓦面的值，分母为沿瓦面的值。
② 分子为增强后的值，分母为未增强的值。
③ 为抗压强度。
④ 为含油密度。

表 13.1-11 各种轴瓦材料的性能比较

性能	金属材料				非金属材料				含油多孔质金属材料
	锡(铅)基轴承合金	铜基轴承合金	铜铅合金	铸铁	塑料	木材	橡胶	炭石墨	
承载能力	尚可	良	良	良	尚可	差	差	差	尚可
减摩性	优	中等	良	中等	中等	优	优	良	中等
耐磨性	尚可	优	中等	优	中等	尚可	差	尚可	中等
顺应性	优	尚可	差	差	优	良	优	中等	差
嵌入性	优	尚可	差	差	中等	良	优	良	尚可
导热性	中等~良	良	良	良	差	差	差	尚可	中等
热胀性	中等	良	中等	优	差	尚可	差	良	优
高速安全性	优	中等	中等	差	差	差	差	良	差
高温安全性	差	中等	差	中等	差	差	差	优	差
紧急安全性	优	中等	良	中等	优	尚可	差	优	优
油润滑性	优	优	优	优	优	优	中等	优	优
水润滑性	差	差	差	差	优	优	优	优	差
自润滑性	差	差	差	差	优	差	差	优	差

3.5 轴瓦表面涂层及其材料

由于摩擦发生在表面层，通过改善表面层材料或在表面涂覆涂层，并使涂层材料与基体材料适当匹配，能获得比单一材料优越得多的轴承性能。

涂层的功能是：

1）使轴瓦表面与轴颈有良好的摩擦相容性。

2）提供一定的嵌入性。

3）改善轴瓦表面的顺应性。

4）防止含铅衬层材料中的铅对轴颈的腐蚀。

涂层的厚度一般为 0.017~0.075mm。常用的表面涂层材料有：PbSn10、PbIn7 和 PbSn10Cu2 等。

3.6 对轴颈表面硬度的要求

不同材料轴瓦对轴颈的表面硬度要求不同，故对轴颈应采用不同的表面处理。各种轴瓦表面层材料要求的轴颈表面硬度见表 13.1-12。

表 13.1-12 各种轴瓦表面层材料要求的轴颈表面硬度

轴瓦表面层材料	轴颈表面硬度 HV
厚 0.1~0.5mm 的锡锑或铅锑合金衬层	140
在钢背上的 CuPb30 衬层	250
在钢背上的 CuPb30 涂层	230
在钢背上的 CuPb20Sn5 衬层	500
在钢背上的 CuPb20Sn5 涂层	230
在钢背上的 CuPb10Sn10 衬层	500
AlSn6Cu1Ni1、AlSn6Cu	280~500
AlSn20Cu	200
在钢背上的 AlSi4Cd 涂层	250
铸造磷青铜	500

4 滑动轴承的润滑

4.1 润滑剂的选择

绝大多数滑动轴承用矿物润滑油或润滑脂作为润滑剂。如果轴承的工作温度较高，则需采用合成润滑油；温度再高，可以采用固体润滑剂或无润滑滑动轴承。采用气体作为润滑剂也适合于很高的工作温度。

矿物润滑油有较宽的黏度范围，可以加入各种添加剂，以获得需要的性能，去适应不同的载荷和速度。

润滑脂仅用于运转速度为 1~2m/s 的低速轴承及断续运转场合，它能适应有污物和潮湿的环境。

合成润滑油耐高温、不易燃，挥发性低，黏温特性好，但黏度范围有限，价格高，只在某些特殊场合使用。

高速轻载滑动轴承可以采用气体作为润滑剂，这种轴承摩擦功耗低、发热少，适用温度范围宽（耐高温 300~500℃，低温到 10K 气体轴承仍能工作），能抗原子辐射，且不会污染环境。

采用固体润滑剂的滑动轴承和用有自润滑性材料制作的滑动轴承，结构简单，不污染环境，无须维护保养，且适用温度范围宽，在汽车、家用电器、办公自动化机械和视频机械中广泛应用。

4.2 润滑油黏度的选择

对流体动力润滑滑动轴承来说，润滑油最重要的性质是其黏度和黏温特性。如果黏度太低，轴承的承载能力就不足；如果黏度太高，功耗大、运转温度高。图 13.1-6 所示为在给定线速度和载荷下允许的滑动轴承用润滑油（轴承平均工作温度下）的最小黏度。

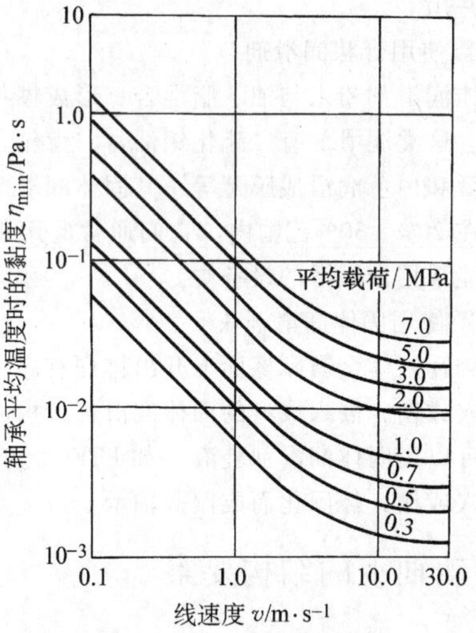

图 13.1-6　滑动轴承用润滑油的最小黏度

4.3　润滑脂的选择

润滑脂的性能在很大程度上决定于基础油的黏度和稠化剂的种类。滑动轴承常用润滑脂的主要性能见表 13.1-13，供选用时参考。

表 13.1-13　滑动轴承常用润滑脂的主要性能

润滑脂品种	工作温度范围/℃	特　性
锂基润滑脂	-20～120	良好的耐水性、机械安定性、氧化安定性和缓蚀性
钙基润滑脂	-10～60	良好的耐水性
膨润土润滑脂	-30～200	适用于中、低速轴承

4.4　滑动轴承的润滑方法

4.4.1　用油润滑的润滑方法

用油润滑滑动轴承的润滑方法见表 13.1-14。

4.4.2　用脂润滑的润滑方法

用脂润滑滑动轴承的润滑方法见表 13.1-15，加脂周期见表 13.1-16。

4.4.3　用固体润滑剂的润滑方法（成膜方法）

使用固体润滑剂润滑的方法（固体润滑剂成膜方法）有以下几种。

（1）使用固体润滑剂粉末

在摩擦表面擦涂润滑剂粉末，形成一层擦涂膜。它省时、省工，使用方便，可以提高工效，延长零件寿命。

表 13.1-14　用油润滑滑动轴承的润滑方法

供给方法		主要特性	应用场合
全损耗润滑	手工加油	非自动、不规则的。初始成本低而维护成本高	适于低速、不重要的轴承
	滴油、油绳供油	非自动、可调节的。中等有效，价廉	
循环润滑	油垫供油	自动、有效，维护尚可靠，结构简单	适于 $v \leqslant 4.0$m/s 的轴承，如传动装置、铁路车辆、机床等
	油环、油盘供油	自动、有效、可靠和价廉。只能用于水平轴	适于 $p \leqslant 1.7$MPa，$v \leqslant 1.0$m/s 的泵、风扇、大型电动机的轴承
	油池、溅油供油	自动、有效、可靠。需要不漏的箱体，初始成本高	适于一般用途轴承、止推轴承、机床轴承
	油泵（压力）供油	自动、准确可调、有效和可靠。初始成本高	适于高速、重载轴承，如机床、发动机和压缩机等

表 13.1-15　用脂润滑滑动轴承的润滑方法

供脂方法	适用锥入度等级	供脂量/cm^3 · h^{-1}
脂枪	0～3	
压力脂杯	0～5	$4d \times 10^{-2}$ d—轴颈直径（m）
干油泵	0～2	
油池	≥6	

表 13.1-16　用脂润滑滑动轴承的加脂周期

工作条件		转速/r · min^{-1}	加脂周期
偶尔工作		<200	5 天
		>200	3 天
间断工作		<200	2 天
		>200	1 天
连续工作	工作温度<40℃	<200	1 天
		>200	1 班
	工作温度 40～100℃	<200	8h
		>200	4h

擦涂粉末润滑剂的主要缺点是维持润滑作用的时间不长，也不易补充，如果采用喷粉润滑会造成环境污染。

擦涂固体润滑剂粉末的表面最好进行预处理，如磷化、喷砂、喷丸及阳极氧化等，使表面轻微粗糙化，以便在微坑和凹陷处储存一定量的润滑剂粉末，延长擦涂膜的使用寿命。

（2）使用固体润滑剂悬浮液

将固体润滑剂粉末分散于水、酒精或丙酮等挥发性分散介质中，制成悬浮液，然后将其刷涂或浸润到轴套（瓦）的表面，分散介质挥发后表面存留一层润滑剂薄膜。零件表面也可进行磷化、喷砂等粗糙化预处理，以提高润滑剂的附着力和黏附量。

除水以外，其他可采用的分散介质对环境均有污染，容易着火，成本也高，应用受到限制。

(3) 使用干膜润滑剂

固体润滑剂粉末与胶粘剂混合后形成的润滑剂，将其喷涂到摩擦表面，形成粘结型润滑干膜。

根据胶粘剂的不同，干膜分为有机粘结干膜和无机粘结干膜。有机粘结干膜又有自然干燥型（胶粘剂：硝化纤维、丙烯酸酯、聚氯乙烯、聚乙烯醇缩丁醛、橡胶和氟树脂等）、烧结型（胶粘剂：酚醛树脂、环氧树脂、尿素、聚酰亚胺和聚硫化物等）和反应固化型（胶粘剂：异氰酸、间苯二酚、聚酯和醇酸树脂等）。无机粘结干膜有以金属氧化物、氟化物、硼化物、碳化物等为主要润滑成分的硬性膜和以二硫化钼等为主要润滑成分的柔性膜。

应针对不同的使用目的和环境选用不同的干膜润滑剂。在高温环境下，应选用无机盐（硅酸盐、磷酸盐、硼酸盐和钴酸盐等）作为胶黏剂的干膜或陶瓷膜；在腐蚀环境下，应选用树脂作为胶黏剂的干膜；在底材材质不宜承受高温的场合，应选用常温下固化的干膜；在需与润滑油、脂并用的场合，应选用耐油性好的干膜；在潮湿环境、有水蒸气的场合，不应选用易溶于水的无机盐类干膜；在与有机溶剂接触的场合，宜选用热固性的、耐溶剂性好的或无机盐类干膜。

使用干膜润滑剂应注意以下几点：

1）干膜应涂在轴瓦与轴颈中表面硬度较高的一件上。

2）在使用过程中，干膜润滑剂的性能会急剧下降，其使用寿命离散性较大，故如有条件最好与润滑油、脂并用。

(4) 使用膏状润滑剂

固体润滑剂粉末与油、脂混合，形成糊状或膏状润滑剂。这类润滑剂有二硫化钼油膏，齿轮、轮轨润滑成膜膏和白色润滑成膜膏等，其固体润滑剂的质量分数应在20%~30%范围内。它们通常应用于露天工作和不能采用油润滑的设备中。

(5) 使用固体润滑剂块

在轴瓦基体金属摩擦面上开出排列有序、大小适当的孔穴或槽，嵌入成型的固体润滑剂，构成镶嵌轴承；也可以用固体润滑剂乳液（如 PTFE 乳液）注入这些孔穴或槽，经固化而成镶嵌轴承。

5　滑动轴承的结构要素

5.1　油槽

轴瓦内表面应开油槽，使润滑剂能均匀分布于轴瓦的工作表面上。

5.1.1　一般滑动轴承油槽的布置形式

用油润滑时，油槽尽可能开在非承载区，槽的边缘要圆滑；用脂润滑时，油槽可以遍布整个瓦面。不完整油膜润滑轴承常用油槽的布置形式及其应用场合见表 13.1-17。

表 13.1-17　不完整油膜润滑轴承常用油槽的布置形式及其应用

示意图	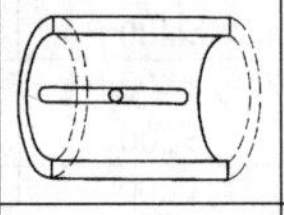	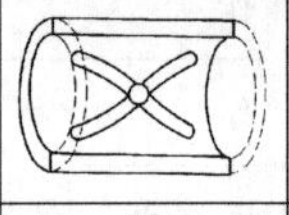	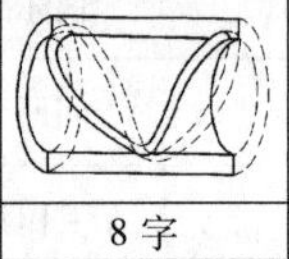	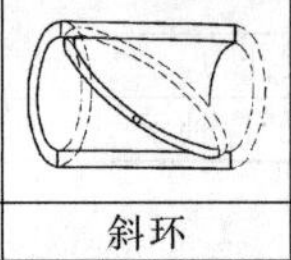	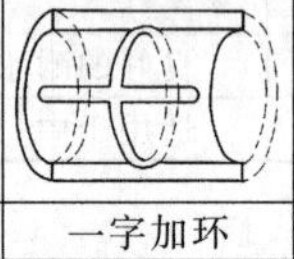	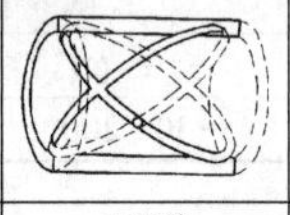	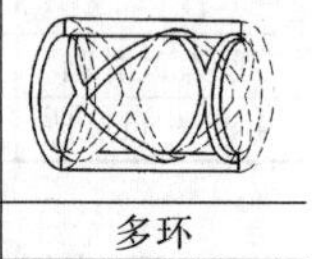
油槽型式	一字	叉	8字	斜环	一字加环	双环	多环
载荷方向	固定			固定/变化	固定	固定/变化	
旋转方向	固定	固定/变化	变化	—	固定/变化		
轴瓦结构	整体/剖分		整体		整体/剖分	整体	
润滑剂	油					脂	
备注	通用式		用于小电动机	用于移动轴瓦	经轴供油	—	—

5.1.2　润滑槽的形式

表 13.1-18 给出的是 GB/T 6403.2—2008 规定的一般滑动轴承上用的润滑槽形式和尺寸。表 13.1-19 给出的是 GB/T 7308—2008 规定的薄壁轴瓦上推荐用的润滑槽形式、尺寸与极限偏差。

表 13.1-18　一般滑动轴承用的润滑槽形式和尺寸　(mm)

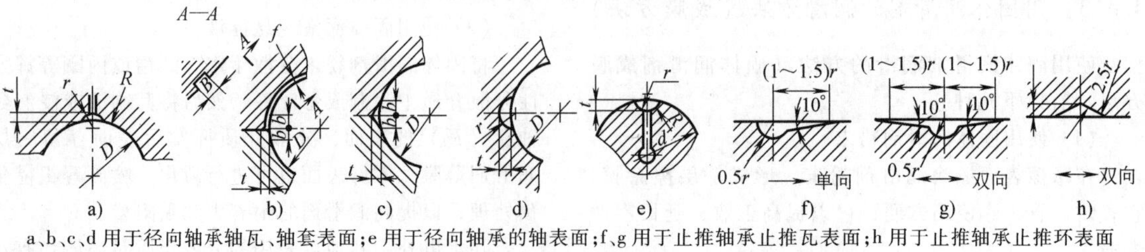

a、b、c、d 用于径向轴承轴瓦、轴套表面；e 用于径向轴承的轴表面；f、g 用于止推轴承止推瓦表面；h 用于止推轴承止推环表面

（续）

D 或 d	t	r	R	B	f	b
≤50	0.8	1.0	1.0	—	—	—
	1.0	1.6	1.6	—	—	—
	1.6	3.0	6.0	5.0	1.6	4.0
>50~120	2.0	4.0	10	8.0	2.0	6.0
	2.5	5.0	16	10	2.0	8.0
	3.0	6.0	20	12	2.5	10
>120	4.0	8.0	25	16	3.0	12
	5.0	10	32	20	3.0	16
	6.0	12	40	25	4.0	20

表 13.1-19　薄壁轴瓦上推荐用的润滑槽形式、尺寸与极限偏差　（mm）

油槽形式			
油槽形式		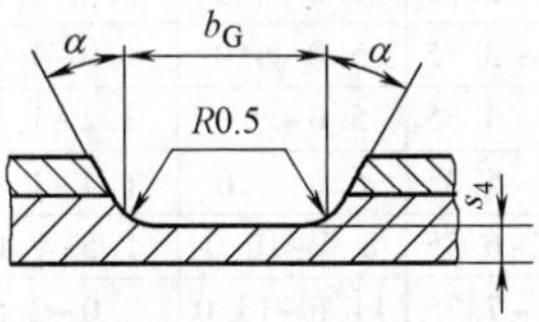	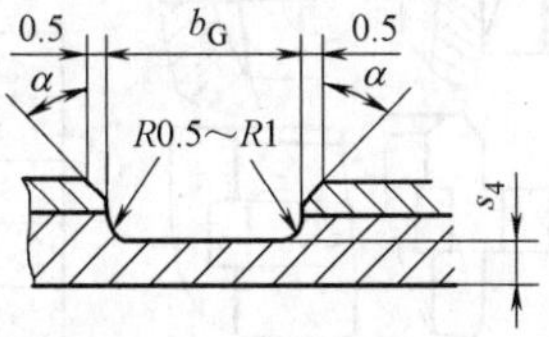
油槽宽度	尺寸 b_G	2.0、2.5、3.0、3.5、4.0、5.0、6.0	8.0、9.0、10.0 等
	极限偏差	±0.25	
槽底壁厚	尺寸 s_4	$(1/3\sim1/2)s_3$；≥0.7	≥1.2
	极限偏差	$^{+0.2}_{0}$	$^{+0.35}_{0}$

注：s_3—轴瓦壁厚。

5.2　轴套与轴瓦的固定

5.2.1　轴套的固定

JB/ZQ 4616—2006 规定：重载轴套采用薄型平键连接的固定方式，键连接的形式和尺寸见表13.1-20；键槽的断面尺寸（轴套槽深 t_1 和轴承座槽深 t_2 及其偏差、圆角半径 r）按 GB/T 1566—2003 的规定。

轻载轴套采用骑缝螺钉的固定方式，所用螺钉及位置尺寸见表 13.1-21。

表 13.1-20　重载轴套固定用键连接的形式和尺寸（摘自 JB/ZQ 4616—2006）　（mm）

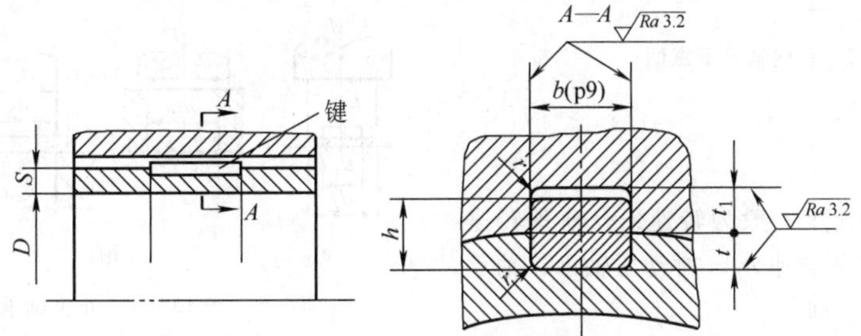

轴套内径 D	>80~200	>200~300	>300~450	>450~600	>600~1250
壁厚 S	7.5~10	12.5~15	17.5~20	>20~25	>25
键尺寸 b×h	6×4~12×6	12×6~20×8	20×8~28×10	28×10~32×11	32×11

5.2.2　薄壁轴瓦的固定

虽然薄壁轴瓦被压紧在轴承座中，但为了更可靠地使轴瓦在轴承座里保持正确的位置，还需要定位结构。推荐的定位结构为定位唇结构，而不推荐定位销结构。装配时，将轴瓦的定位唇嵌入轴承座相应的定位凹槽中，与两片轴瓦对应的定位凹槽应配置在同一侧。

定位唇与定位槽的标准尺寸见表 13.1-22。

表 13.1-21　轻载轴套固定用螺钉及位置尺寸（摘自 JB/ZQ 4616—2006）　(mm)

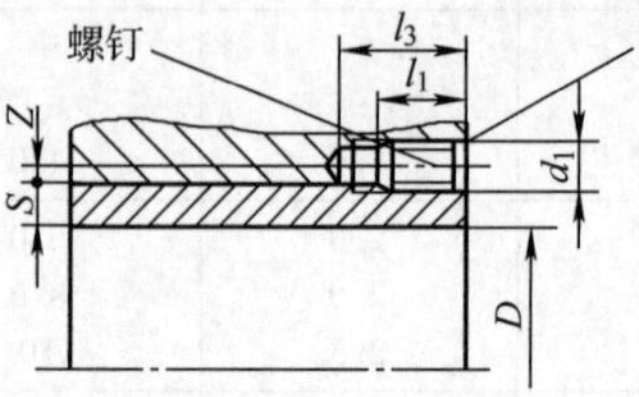

轴套内径 D	壁厚 S	紧定螺钉 GB/T 73		l_3	Z
		$d_1 \times l_1$	数量		
>30~50	4	M6×15	1	20	1.5
>50~80	5	M8×20		25	2
>80~200	7.5~10		2		
>200~300	12.5~15	M10×20		26	
>300~450	17.5~20	M12×25		31	3
>450~600	>20~25	M16×30	3	37	4

表 13.1-22　定位唇与定位槽的推荐尺寸（摘自 GB/T 7308—2008）　(mm)

图　示

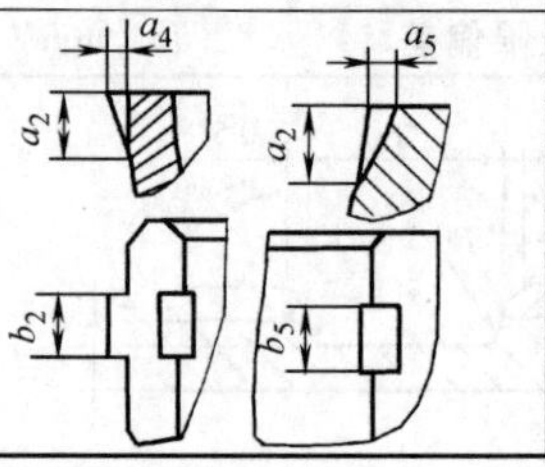

外径 d	定位唇			定位槽		
	宽度 b_2	长度 a_2	高度 a_4	宽度 b_5	长度 a_2	深度 a_5
≤45	2.20~2.35	3.0~4.0	0.8~1.1	3.06~2.94	5.5~4.5	1.75~1.50
>45~65	3.20~3.35	5.0~6.0	1.0~1.3	4.06~3.94	8.5~7.0	2.15~1.75
>65~85	4.20~4.35	5.0~6.0	1.2~1.5	5.07~4.93	10.0~8.0	2.60~2.00
>85~120	5.20~5.35	6.0~7.0	1.4~1.7	6.07~5.93	12.0~9.0	3.00~2.25
>120~200	6.20~6.35	8.5~10.0	1.5~2.0	8.08~7.92	15.5~12.0	4.00~3.00
>200~250	7.20~7.35	11.5~13.0	2.0~2.5	10.08~9.92	20.0~15.0	4.70~3.50

6　滑动轴承的速度与载荷

6.1　径向轴承

径向轴承示意图如图 13.1-7 所示。

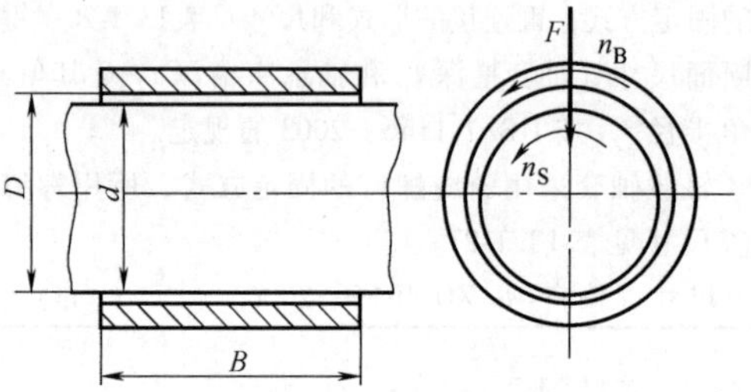

图 13.1-7　径向轴承示意图

6.1.1　速度

径向滑动轴承的速度一般为转速，有轴颈转速 n_S、轴瓦转速 n_B 和载荷转速 n_F。对动压轴承，轴承计算采用等效转速 n_h，即

$$n=n_h=n_S+n_B-2n_F \quad (13.1\text{-}1)$$

对其他滑动轴承，轴承计算采用相对转速 n，即

$$n=n_S-n_B$$

这时滑动轴承的线速度为

$$v=\pi dn \quad (13.1\text{-}2)$$

式中　d——轴颈直径。

6.1.2　载荷

轴瓦上载荷的分布与轴承间隙的大小和材料的弹性模量有关，准确计算十分复杂，所以通常按载荷平均分布在轴瓦上计算，即轴瓦单位投影面积上的载荷 p，其计算式为

$$p=\frac{F}{BD} \quad (13.1\text{-}3)$$

式中　F——轴颈上的载荷；

B——轴瓦宽度；

D——轴瓦孔径。

6.2　止推轴承

止推轴承示意图如图 13.1-8 所示。

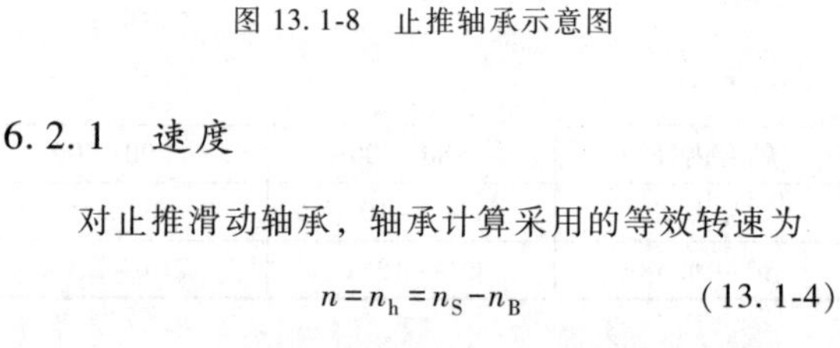

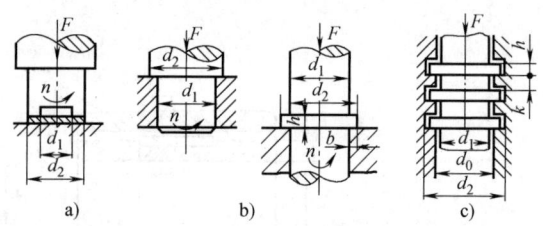

图 13.1-8　止推轴承示意图

6.2.1　速度

对止推滑动轴承，轴承计算采用的等效转速为

$$n=n_h=n_S-n_B \quad (13.1\text{-}4)$$

当推力盘与轴瓦转速相同时，有效转速为零，这时无法形成动压润滑。

止推轴承推力盘不同半径处的线速度是不等的，以平均半径上的线速度为计算线速度，即

$$v=\pi D_m n \tag{13.1-5}$$

$$D_m=(D_i+D_o)/2$$

式中　D_i——轴瓦内径；

D_o——轴瓦外径。

6.2.2　载荷

止推轴瓦上的载荷理论上是均匀分布的，因此有

$$p=\frac{4F}{\pi z K_k(D_o^2-D_i^2)}\approx 0.32\frac{F}{zK_kBD_m} \tag{13.1-6}$$

式中　z——止推环数；

B——轴瓦宽度；

K_k——考虑瓦面沟槽使承载面积减小的因子。

6.3　径向止推轴承

径向止推轴承示意图如图13.1-9所示。

H形轴承计算速度与载荷时径向轴承和止推轴承分别进行。锥形轴承用中间值按径向轴承进行。

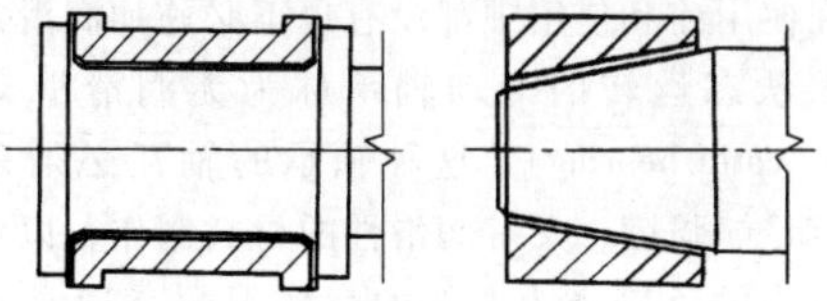

图13.1-9　径向止推轴承示意图

7　滑动轴承设计资料

表13.1-23给出了一般滑动轴承的设计资料。

表13.1-23　一般滑动轴承设计资料

机器名称	轴承形式	许用压力 p_P/MPa①	许用速度 v_P/m·s^{-1}	$(pv)_P$/MPa·m·s^{-1}	适宜黏度 η/Pa·s	$\left(\frac{\eta n}{p}\right)_{min}$/$10^{-9}$	相对间隙 ψ	宽径比 B^*
金属切削机床	主轴承	0.5~5.0	—	1~5	0.04	2.5	<0.001	1~3
传动装置	轻载轴承 重载轴承	0.15~0.30 0.5~1.0	—	1~2	0.025~0.06	230 66	0.001	1~2
减速机	各轴轴承	0.5~4.0	1.5~6.0	3~20	0.03~0.05	83	0.001	1~3
轧钢机	主轴承	5~30	0.5~30	50~80	0.05	23	0.0015	0.8~1.5
冲压机和剪床	主轴承 曲柄轴承	28 55	—	—	0.1	—	0.001	1~2
铁路车辆	货车轴承 客车轴承	3~5 3~4	1~3	10~15	0.1	116	0.001	1.4~2.0
发电机、电动机、离心压缩机	转子轴承	1~3	—	2~3	0.025	416	0.0013	0.8~1.5
汽轮机	主轴承	1~3	5~60	85	0.002~0.016	250	0.001	0.8~1.25
活塞式压缩机和泵	主轴承 连杆轴承 活塞销轴承	2~10 4~10 7~13	—	2~3 3~4 5	0.03~0.08	66 46 23	0.001 <0.001 <0.001	0.8~2 0.9~2 1.5~2
精纺机	锭子轴承	0.01~0.02	—	—	0.002	25000	0.005	—
汽车发动机	主轴承 连杆轴承 活塞销轴承	6~15 6~20 18~40	6~8 6~8 —	>50 >80 —	0.007~0.008	33 23 16	0.001 0.001 <0.001	0.35~0.70 0.5~0.8 0.8~1.0
二冲程柴油机	主轴承 连杆轴承 活塞销轴承	5~9 7~10 9~13	1~5 1~5 —	10~15 15~20 —	0.02~0.065	58 28 23	0.001 <0.001 <0.001	0.60~0.75 0.5~1.0 1.5~2.0
四冲程柴油机	主轴承 连杆轴承 活塞销轴承	6~13 12~15 15~20	1~5	15~20 20~30 —	0.02~0.065	47 23 12	0.001 <0.001 <0.001	0.45~0.90 0.5~0.8 1~2

注：本表仅供参考。

① 与轴瓦的材料和润滑方法有关：小值用于滴油、油环或飞溅润滑，轴瓦材料强度较低者；大值用于压力供油润滑，轴瓦材料强度较高者

第2章 无润滑滑动轴承

在使用前和使用中都没有也不必施加润滑剂，以干摩擦状态运转的滑动轴承称为无润滑滑动轴承（unlubricatid bearing）。这种轴承的轴瓦必须采用自身既有足够强度，又有润滑性的材料制作，以保证轴承有相当的承载能力、低的摩擦因数（通常希望摩擦因数不超过0.1~0.3）和磨损率。

1 无润滑滑动轴承的结构和材料

1.1 轴瓦材料

用作无润滑滑动轴承的轴瓦材料主要有聚合物、炭石墨和特种陶瓷三类。

1.1.1 陶瓷

陶瓷是种较新的无润滑轴承轴瓦材料，特别是SiC和Si_3N_4，其强度、耐热性和耐蚀性都很好，摩擦学特性也很好。表13.2-1列出了轴瓦用陶瓷材料及其性能。

1.1.2 炭石墨

炭石墨一般导电性好、耐热、耐磨和有润滑性，高温稳定性好，耐化学腐蚀能力强，热导率比聚合物高，线胀系数小。在大气和室温条件下与镀铬表面的摩擦因数和磨损率都很低。但在湿度很低时会丧失润滑性。涂覆耐磨涂层能提高炭石墨的耐磨性。

炭石墨可直接作为摩擦副材料使用，如制作造纸、木材加工、纺织及食品等忌油场所的轴承、高温滑动轴承，以及密封圈、活塞环和刮片等。

机械工程用炭石墨材料的类代号为M，有四个系列：炭石墨材料、电化石墨材料、树脂炭复合材料和金属石墨材料。

轴瓦用炭石墨材料及其使用性能见表13.2-2。

表13.2-1 轴瓦用陶瓷材料及其性能

陶瓷材料	密度 $\rho/g\cdot cm^{-3}$	抗弯强度 σ_{bb}/MPa	弹性模量 E/GPa	硬度 HV	热导率 $\lambda/W(m\cdot K)^{-1}$	线胀系数 $\alpha_l/10^{-6}\cdot K^{-1}$	最高工作温度 $\theta_{max}/℃$
SiC	3.1	785	390	2600	79.5	3.9	1400~1500
Si_3N_4	3.2	785	295	1400	16.7	3.0	1100~1400
Al_2O_3	3.83~3.93	295~440	375	90~95HRA	19.3	7.90~8.26	1700~1750

表13.2-2 轴瓦用炭石墨材料及其使用性能

<table>
<tr><th>炭石墨材料</th><th>热导率 $\lambda/W(m\cdot K)^{-1}$</th><th>压缩弹性模量 E/GPa</th><th>摩擦因数 μ</th><th>最大静载荷 p_{max}/MPa</th></tr>
<tr><td>炭石墨</td><td>11</td><td>9.6</td><td>0.15~0.35</td><td>2</td></tr>
<tr><td>电化石墨</td><td>55</td><td>4~8</td><td rowspan="4">0.15~0.32</td><td>1.4</td></tr>
<tr><td>加有铜粉的石墨</td><td rowspan="2">23</td><td rowspan="2">15.8</td><td rowspan="2">4</td></tr>
<tr><td>加有铜粉和铅粉的石墨</td></tr>
<tr><td>加有锡基合金粉的石墨</td><td>15</td><td>7</td><td>3</td></tr>
<tr><td>浸渍热固性塑料的石墨</td><td>40</td><td>11.7</td><td>0.13~0.49</td><td>2</td></tr>
<tr><td>浸渍金属和MoS_2的石墨</td><td>126</td><td>28</td><td>0.10~0.15</td><td>70</td></tr>
</table>

1.1.3 聚合物

作为机械工程材料使用的聚合物称为工程塑料，它是以合成树脂为主要成分，还含有各种增塑剂、稳定剂、抗氧剂、防静电剂、阻燃剂、固化剂、增强料和填充料的有机高分子材料。聚合物的种类很多，按其特性分为热塑性和热固性两大类。

常用的热塑性聚合物主要有：聚酰胺、聚缩醛、聚乙烯、聚四氟乙烯、聚丙烯和聚氨酯等，它们是具有线形或支链形结构的有机高分子化合物，可以反复受热软化和冷却变硬。热塑性塑料可用注塑、挤塑、吹塑及压延等工艺方法成型。

常用的热固性聚合物主要有酚醛树脂、环氧树脂等。它们在加工过程中加入催化剂或固化剂使之固化，一旦固化完成，它就成为永远不可熔融的固体材料。热固性聚合物可用压塑、层压、浇注等方法成型。

聚合物具有重量轻、绝缘、减摩、耐磨、自润滑、耐腐蚀、成型工艺简单和生产效率高等特点。与金属材料相比，它们的摩擦学性能对环境温度和湿度敏感，与黏弹性有关的特性显著，强度低、弹性模量小，对润滑油的吸附性差。

（1）轴瓦用聚合物

轴瓦常用的聚合物材料及其基本性能见表 13.1-6，其物理性能见表 13.2-3。

表 13.2-3　轴瓦用聚合物材料的物理性能

轴瓦(套)材料			压缩弹性模量 E/GPa	线胀系数 $\alpha_l/10^{-6}\ K^{-1}$	热导率 λ/W(m·K)$^{-1}$
增强热固性塑料	含石墨或 MoS_2	石棉布基酚醛树脂层压材	7.0	80/25①	0.38
		棉布基酚醛树脂层压材			
	有 PTFE 织物表面层	布基酚醛树脂层压材			
热塑性塑料	聚酰胺(尼龙)	单层轴瓦	2.8	140~170	0.04~0.16
		金属衬背的衬层		99	0.24
	均聚甲醛	单层轴瓦 金属衬背的衬层	3.1②	58	0.23
	聚对苯二甲酸丁二酯		—	20~90	—
	聚苯硫醚			54	0.29
	聚酰亚胺			45~52	0.33~0.37
	聚缩醛		—	81~83	0.24
	聚醚醚酮	单层轴瓦 金属衬背的衬层	1.0②	—	—
增强热塑性塑料	聚酰胺(尼龙)	填充 MoS_2 填充石墨	2.8	80	0.26
	聚醚醚酮	填充固体润滑剂 填充纤维	—	9~15	—
	均聚甲醛，填充 15%PTFE			14	—
	聚苯硫醚，填充石墨			—	—
	聚酰亚胺，填充石墨			23~63	0.35~2.22
氟塑料	聚四氟乙烯(PTFE)		0.4	103~128	0.26
	聚四氟乙烯	填充玻璃纤维	0.9~1.0	13~14	0.33
		填充锡青铜粉	—	13	
		填充石墨		14	
		填充碳纤维	1.1	17	
		填充锡青铜粉、玻璃纤维和石墨	—	14	
		填充玻璃纤维和石墨	1.0	12~13	
		填充聚苯	—	12	
聚四氟乙烯织物	聚四氟乙烯棉织物衬层 聚四氟乙烯玻璃纤维织物衬层		4.8	12	0.24

① 分子为垂直瓦面方向之值，分母为沿瓦面方向之值。
② 拉伸弹性模量。

（2）聚合物轴承用填充料

聚合物无润滑滑动轴承常使用加入填充料的增强聚合物。常用填充料的种类及其作用见表 13.2-4。

常用的增强纤维有：

玻璃纤维：直径为 5~20μm，具有很高的抗拉强度（1000~2400MPa），弹性模量约为钢的 1/3（70GPa）。

碳纤维：抗拉强度极高，可达 1700~3300MPa，弹性模量为 230~290GPa。

金属纤维：常用的有钢纤维、铜纤维和铝纤维。

此外，棉纤维、石棉纤维、尼龙纤维和聚四氟乙烯纤维也可用来增强聚合物。

常用的增强颗粒有石墨、二硫化钼和聚四氟乙烯等。

表 13.2-4　常用填充料的种类及其作用

填充料的种类	作　用
固体润滑剂、润滑油和金属皂	改善润滑性能
棉布、玻璃纤维和玻璃丝网	提高力学性能
炭黑、颜料	提高耐气候性
陶瓷、滑石粉	提高尺寸稳定性
石棉	提高耐热性
金属纤维、金属粉末和金属薄片	提高传热性

（3）增强聚四氟乙烯和聚缩醛的性能

增强聚四氟乙烯和聚缩醛的摩擦学性能分别见表 13.2-5 和表 13.2-6。

表 13.2-5　增强聚四氟乙烯的摩擦学性能

性能			填充材料					
			玻璃纤维	玻璃纤维	石墨	青铜	玻璃纤维+石墨	玻璃纤维+MoS_2
			w(%)					
			15	25	15	60	20+5	15+5
$(pv)_P$ /MPa·m·s^{-1}	v/m·s^{-1}	0.05		0.34		0.52	0.38	0.38
		0.50	0.43	0.45	0.59	0.64	0.52	0.48
		5.00	0.52	0.55	0.96	1.02	0.76	0.60
	磨损率 1.3μm/h		0.11	0.18	0.05	0.28	0.12	0.19
磨损系数 K_μ/10^{-6}·m^2·N^{-1}			3.11	1.93	6.59	1.17	2.89	1.74
静摩擦因数 μ_s ①			0.10~0.13		0.08~0.10			
动摩擦因数 μ	v/m·s^{-1}	0.05	0.20~0.22	0.17~0.21	0.12~0.16	0.08~0.10	0.12~0.15	0.12~0.13
		0.50	0.27~0.40	0.26~0.29	0.20~0.26		0.24~0.50	0.32~0.35
		5.00	0.37~0.50	0.30~0.45	0.30~0.31		0.24~0.37	0.19~0.24

① 试验载荷为226N。

表 13.2-6　聚缩醛的 $(pv)_P$ 值

轴瓦材料	$(pv)_P$/MPa·m·s^{-1}					摩擦因数 μ
	v/m·s^{-1}					
	0.05	0.20	0.50	1.00	2.00	
Derlin AF	0.26	0.23	0.19	—	0.14	—
Derlin 500	0.17	0.13	0.10	—	0.08	—
Duracon PF20	—	—	0.36	0.42	—	0.23~0.24

表 13.2-7 列出了无润滑滑动轴承轴瓦材料的环境适应性。

表 13.2-7　无润滑滑动轴承轴瓦材料的环境适应性

轴瓦材料	环境特征							
	高温	低温	辐射	真空	潮湿	油	磨粒	酸、碱
增强热固性塑料	85~170℃	好	部分尚好	大多数可用，但不能填充石墨	通常差，要特别注意配合间隙	通常好	有的差，有的尚好	部分好
增强热塑性塑料	90~260℃	通常好	通常差					尚好或好
增强氟塑料	250℃	很好	很差					很好
炭石墨	200~500℃	很好	好，但不能填充塑料	极差	尚好	好	不好	好（强酸除外）
陶瓷	1100~1750℃	好	—	好	—	—	好	很好

1.2　轴瓦结构

无润滑滑动轴承的轴瓦有两种结构：整体的单层轴瓦（见图 13.2-1a）和带衬背的双层或复合轴瓦（见图 13.2-1b），衬背用结构强度较高的材料（常用金属或纤维增强塑料层压材）制作。由于聚合物的导热性能较差，不易散热，金属衬背有助于改善轴承的散热性能。

1.3　轴瓦安装

在轴承座孔内正确安装无润滑滑动轴承轴瓦的方法是：

1）聚合物单层轴瓦用机械连接或黏结。

2）金属衬背聚合物衬层轴套用过盈连接。

3）炭石墨轴套用过盈连接，胀缩法装配。

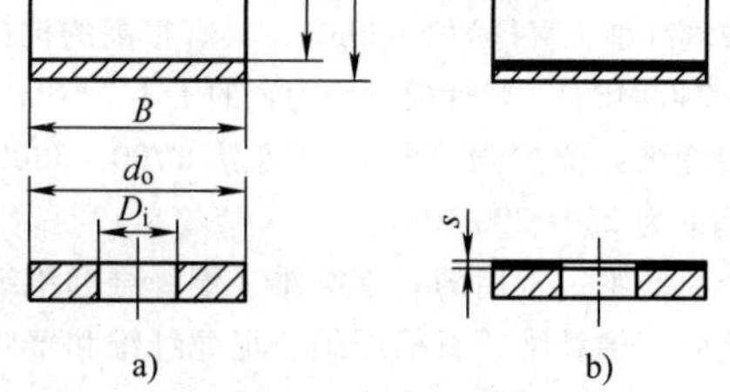

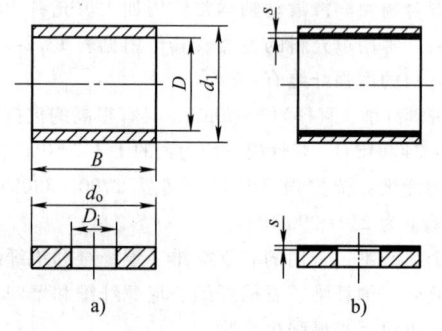

图 13.2-1　无润滑轴承轴瓦
a）单层轴瓦　b）双层轴瓦

2　参数的选择

2.1　宽径比 B^* 与直径比 D^*

2.1.1　宽径比 B^*

宽径比是径向轴承的轴瓦宽度与其孔径之比，即 $B^*=B/D$，用以表征径向轴承的几何特征。

因为增大轴颈直径时 v 值同时增大，不能提高轴承的承载能力，只有增加轴承宽度才能提高其承载能力。但是，增加轴承宽度，轴的直线度、两轴承的同轴度误差的敏感性加大，且磨屑和热量不易排出。所以，通常取 $B^*=0.35\sim1.50$。

2.1.2　直径比 D^*

直径比是止推轴承的轴瓦外径与内径之比，即 $D^*=d_o/D_i$，用以表征止推轴承的几何特征。

直径比 D^* 值大，轴承承载能力高，但对摩擦副表面的平面度和平行度精度要求高，且不便于排屑和散热。所以，通常取 $D^*\leqslant2$。

2.2　轴承间隙

径向轴承半径间隙记作 C_r，它与轴瓦孔半径 R 之比称为相对间隙，记作 ψ，即 $\psi=C_r/R$。

轴承间隙是无润滑径向滑动轴承的重要参数，对保证轴承正常工作有极大的影响。间隙过大，则载荷分布不均匀，磨损率大，且回转精度低；间隙过小，则轴承发热量大、温升高。最佳轴承间隙通常由经验确定，以经验公式或表格形式给出。影响轴承间隙选择的因素很多，选择时可参考表 21.2-8。

表 13.2-8　各种因素对轴承相对间隙 ψ 选择的影响

因素	线速度	转动方向	载荷状态	载荷大小	轴颈直径	宽径比	材料硬度	材料弹性模量	热导率	支承结构	装配精度	回转精度	轴颈表面粗糙度
选小的 ψ	小	摆动	动载荷	大	大	≤0.8	软	低	小	调心支承	高	高	Ra 小
选大的 ψ	大	单向旋转	静载荷	小	小	>0.8	硬	高	大	刚性支承	低	低	Ra 大

2.2.1　聚合物轴承的间隙

热塑性塑料的尺寸稳定性较差，它们会因吸收液体而膨胀，浸入水中的热塑性塑料尺寸变化可达0.3%~2.0%，而聚四氟乙烯在 20~25℃ 时因相变体积将增大1%。同时，除聚四氟乙烯外，热塑性塑料的线胀系数比金属大，故尺寸受温度的影响也大。为了使热塑性塑料轴瓦尺寸变化后不致影响运转与排屑，所取间隙值应大于金属轴瓦的间隙。试验表明，相对间隙 ψ 的最佳值：单层轴瓦约为 0.005~0.014；带金属衬背的双层轴瓦约为 0.005~0.010；而最小半径间隙不宜小于 0.1 mm。对运转精度要求不高，或者在特别高的温度、湿度下运转时，甚至取更大的相对间隙 ψ。

热固性塑料的尺寸稳定性比热塑性塑料的好，但不如金属。对中等以下尺寸的热固性塑料轴瓦，当宽径比为 0.8~1.0、轴瓦壁厚为（0.20~0.25）D 时，最佳相对间隙 ψ 约为 0.002~0.003。

如果没有这方面的经验或统计资料，可参考下列公式计算聚合物轴承的半径间隙

$$C_{r\max}=\frac{\sigma_{Hp}^2 d^2 B}{0.7FE'}$$

$$C_{r\min}=C_{r\max}-0.05d^{3/2} \tag{13.2-1}$$

式中　C_r——半径间隙（mm）；

σ_{Hp}——许用接触应力（MPa），按表 13.2-9 选取；

d——轴颈直径（mm）；

B——轴瓦宽度（mm）；

F——轴瓦径向载荷（N）；

$$E'=\frac{2E_1E_2}{E_1+E_2}\ (\text{MPa})$$

式中　E_1——轴颈材料的弹性模量（MPa）；

E_2——轴瓦材料的弹性模量（MPa）。

表 13.2-9　聚合物轴瓦的许用接触应力

轴瓦材料	热固性塑料	均聚甲醛	聚四氟乙烯	聚酰亚胺	聚酰胺
σ_{Hp}/MPa	11.8	5.4	4.9	3.9	4.9

2.2.2　炭石墨轴承的间隙

炭石墨材料的线胀系数较小，浸渍金属的炭石墨的线胀系数与金属接近，故轴承间隙可取得比塑料轴承小些。炭石墨轴承的半径间隙 C_r 可按式（13.2-2）计算：

$$C_r=0.0006d+k_B \tag{13.2-2}$$

式中，k_B 是系数，可按表 13.2-10 选取。

表 13.2-10　系数 k_B

轴颈直径 d/mm	系数 k_B/mm	轴颈直径 d/mm	系数 k_B/mm
10~18	0.008~0.010	50~80	0.014~0.015
18~30	0.010~0.012	80~120	0.015~0.018
30~50	0.012~0.014	120~180	0.018~0.020

表 13.2-11 给出了推荐的炭石墨轴承的半径间隙和壁厚。为了排屑，半径间隙最好不小于 0.038mm。

表 13.2-11　炭石墨轴承半径间隙和壁厚的推荐值

轴瓦内径 D/mm	≤10	>10~20	>20~35	>35~70	>70~100	>100~150	>150~200
半径间隙 C_r/mm	0.005~0.015	0.01~0.03	0.03~0.05	0.04~0.07	0.06~0.08	0.1~0.2	0.2~0.3
轴瓦壁厚 δ/mm	2	3~4	4~5	6~8	10~12	12~18	18~25

2.3　轴瓦壁厚

(1) 聚合物轴瓦壁厚

聚合物的热导率比金属低得多，而且尺寸变化对运转性能的影响随轴瓦体积的增加更加明显，故壁厚应尽可能薄，建议按表 13.2-12 选取单层轴瓦的壁厚。

采用金属衬背的双层轴瓦是进一步减薄聚合物层厚度，以加强散热、提高强度的有效措施。

(2) 炭石墨轴瓦壁厚

由于强度的原因，炭石墨轴瓦的壁厚应大一些，其推荐值见表 13.2-11。

表 13.2-12　聚合物单层轴瓦轴瓦壁厚推荐值

轴瓦内径 D/mm	10~18	18~30	30~40	40~50	50~65	65~80
轴瓦壁厚 δ/mm	0.8~1.0	1.0~1.5	1.5~2.0	2.5~3.0	3.0~3.5	3.5~4.0

2.4　轴颈表面粗糙度

为使无润滑滑动轴承在运转中磨损主要发生在轴瓦上，通常轴颈的表面硬度都高于轴瓦（陶瓷轴瓦除外），因此轴瓦表面粗糙度对磨损率的影响不如轴颈表面粗糙度。

兼顾轴承使用寿命和经济性，建议取轴颈表面粗糙度为 $Ra=0.2\sim0.4\mu m$。

另外，如果轴颈表面加工的最后工序是磨削，那么，砂轮相对轴颈的运动方向应该与轴瓦相对轴颈的运动方向相同。

3　性能计算

3.1　磨损量计算

轴承在运转中轴瓦不断磨损，轴承间隙不断增大，内径也不断增大。允许的最大间隙决定了轴瓦允许的最大磨损量。

磨损量，即内径增量，与载荷 F、轴颈转速 n 和轴承运转时间 t 成正比，与轴瓦宽度 B 成反比，其比例系数是磨损系数 K_μ，它与轴瓦材料有关，即

$$\Delta D=K_\mu\frac{60Fnt}{B} \tag{13.2-3}$$

式中　ΔD——轴瓦内径增量（mm）；

F——轴承的载荷（N）；

n——轴颈转速（r/min）；

t——轴承运转时间（h）；

B——轴瓦宽度（mm）。

无润滑滑动轴承的磨损系数可由式（13.2-4）计算

$$K_\mu=k_sK_m \tag{13.2-4}$$

式中　K_m——材料的磨损系数，其值见表 13.2-13；

k_s——考虑工作条件影响的修正因子，$k_s=k_{s1}k_{s2}k_{s3}k_{s4}k_{s5}$，其考虑的因素及其数值见表 13.2-14。

表 13.2-13　无润滑滑动轴承轴瓦材料的磨损系数 K_m

轴瓦材料		$K_m/mm^2\cdot N^{-1}$
热塑性塑料		2.09×10^{-9}
增强热塑性塑料		1.05×10^{-9}
金属衬背增强热塑性塑料衬层		0.511×10^{-9}
聚四氟乙烯		4.29×10^{-9}
金属衬背增强聚四氟乙烯衬层		0.050×10^{-9}
布基酚醛树脂层压材衬背、聚四氟乙烯衬层		0.434×10^{-9}
增强热固性塑料		0.511×10^{-9}
聚四氟乙烯	填充玻璃纤维	0.191×10^{-9}
	填充锡青铜粉和石墨	0.191×10^{-9}
	填充石墨	0.124×10^{-9}
炭石墨	炭石墨(高炭)	0.471×10^{-9}
	电化石墨	3.54×10^{-9}
	加有铅粉和铜粉	0.471×10^{-9}
	加有锡基轴承合金粉	0.354×10^{-9}
	浸渍热固性树脂	0.315×10^{-9}
	浸渍金属	0.347×10^{-9}

3.2　p-v 曲线

当定向载荷限定磨损率为 $0.250\mu m/h$、旋转载荷限定磨损率为 $0.125\mu m/h$ 时，通过试验得出的几种无润滑滑动轴承轴瓦材料的许用 p-v 曲线。如果允许的磨损率高于 $0.250\mu m/h$，则轴承可以承受高于曲线限定的载荷和速度，反之，则只能承受低于曲线限定的载荷和速度。

图 13.2-2 所示为聚合物（塑料）轴瓦的许用 p-v 曲线。图 13.2-3 所示为聚四氟乙烯轴瓦的许用 p-v 曲线。图 13.2-4 所示为炭石墨轴瓦的许用 p-v 曲线。

表 13.2-14　无润滑滑动轴承磨损系数的修正因子 k_s

修正因子 名称	修正因子 符号	工作条件		数值
转动因子	k_{s1}	连续转动	旋转载荷	0.5
			单向载荷	1.0
		摆动		2.0
散热因子	k_{s2}	金属轴承座	间歇运转	0.5
			连续运转	1.0
		非金属轴承座	连续运转	2.0
温度因子	k_{s3}	氟塑料	20℃	1.0
			100℃	2.0
			200℃	5.0
		炭石墨 热固性塑料	20℃	1.0
			100℃	3.0
			200℃	6.0
轴颈材料因子	k_{s4}	不锈钢、镀硬铬		0.5
		钢		1.0
		铜合金、铝合金		2~5
表面粗糙度因子	k_{s5}	$Ra/\mu m$	0.1~0.2	1
			0.2~0.4	2~3
			0.4~0.8	4~10

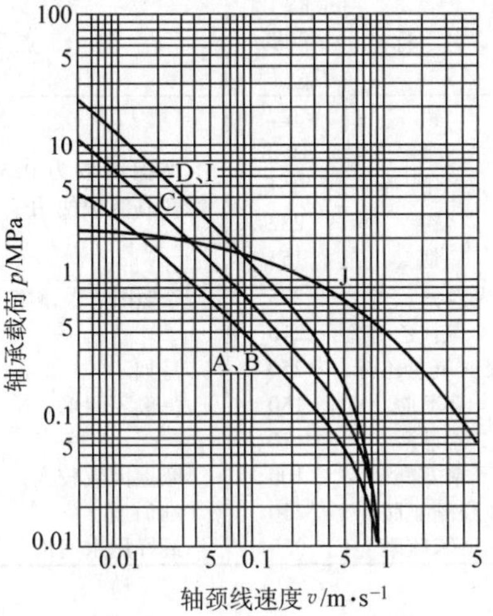

图 13.2-2　聚合物（塑料）轴瓦的许用 p-v 曲线

A—热塑性塑料轴瓦　B—金属衬背热塑性塑料衬层轴瓦

C—增强热塑性塑料轴瓦

D—金属衬背增强热塑性塑料衬层轴瓦

I—增强热固性塑料轴瓦　J—石墨增强热固性塑料轴瓦

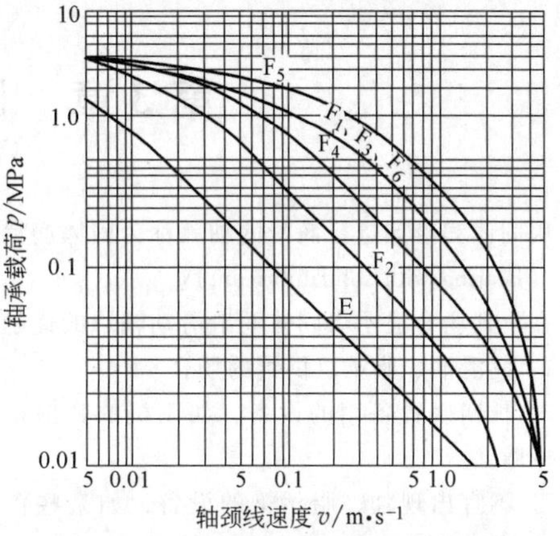

图 13.2-3　聚四氟乙烯轴瓦的许用 p-v 曲线

F_1—填充玻璃纤维　F_2—填充云母

F_3—填充青铜和石墨　F_4—填充石墨

F_5—填充青铜和铅　F_6—填充陶瓷

E—无填充料

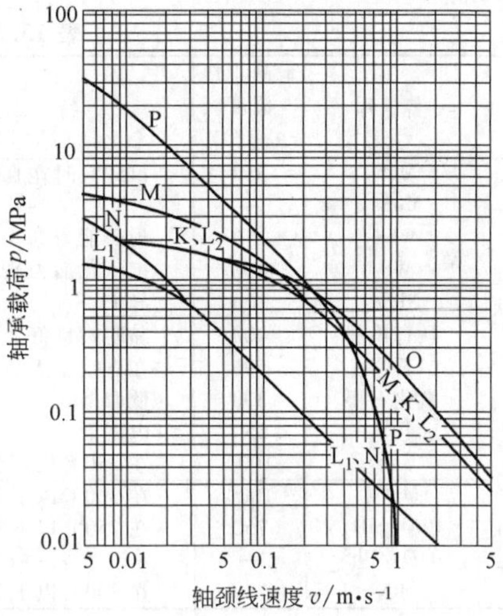

图 13.2-4　炭石墨轴瓦的许用 p-v 曲线

L_1—炭石墨（高炭）　L_2—炭石墨（低炭）

M—加有铜粉和铅粉的石墨

N—加有锡基或铅基轴承合金粉的石墨

O—浸渍热固性塑料的石墨　K—电极石墨

P—浸渍铁或青铜的石墨

第3章　固体润滑滑动轴承

用固体润滑剂进行润滑的轴承称为固体润滑滑动轴承（bearing with solid lubricant）。

在下列场合显示出固体润滑滑动轴承的优越性：

1）润滑油、脂难以供给的场合。

2）长期搁置备用的设备，如飞机的弹射椅、枪支的枪膛。

3）不宜出现油、脂污染的设备，如某些食品机械、纺织机械。

4）超高、低温设备。在深冷环境或高于200℃的温度下，润滑油、脂已不能工作。

5）辐射及真空环境下工作的设备。

6）在腐蚀环境下工作的设备，如长期在露天搁置的建筑设备、与海洋盐雾接触的设备及某些化工生产设备。

7）在特定条件下，如超高真空、高温、氧化、腐蚀环境中需要防止相互黏结的轴承。

对固体润滑剂的要求是：

1）使轴承具有低且稳定的摩擦因数。

2）在规定的温度范围内，具有化学稳定性，不会侵蚀和损伤轴瓦和轴颈的摩擦表面。

3）能牢固地黏附在轴瓦和轴颈的摩擦表面上，不会被载荷挤出两表面的接触区。

4）有足够的耐磨性。

5）无毒、经济、便于控制。

最常用的固体润滑剂有：二硫化钼（MoS_2）、石墨、氧化铅（PbO）、铅、银和聚四氟乙烯（PTFE）等。根据材料特征，把固体润滑剂分为无机物、软金属和聚合物三类，见表13.3-1。

表13.3-1　固体润滑剂的分类

类型		名　称	最高工作温度 θ_{max}/℃	特　点
无机物	层状固体	MoS_2	350	1150℃时在真空中分解
		$MoSe_2$	—	—
		WSe_2	370	耐热能力高于MoS_2
		WS_2	400	抗氧化能力高于MoS_2
		$NbSe_2$	370	导电
		酞青染料	400	黏附性良好
		石墨	500	在真空中无效
		氟化石墨	300	低摩擦
		TaS_2	550	电阻低
		CaF_2	1000	在350℃以下无效
	其他	MoO_3	1000	在300℃以下无效
		PbO/SiO_2	750	在250℃以下无效
		B_2O_3/PbS	—	—
		BN	750	在300℃以下无效

类型	名　称	最高工作温度 θ_{max}/℃	特　点
软金属	铅	327	摩擦因数为0.3左右，能在真空中使用
	金	1048	
	银	961	
	锡	232	
	铟	155	
聚合物	聚四氟乙烯	275	摩擦因数小，耐蚀性极强
	聚全氟代乙丙烯	210	—
	聚三氟氯乙烯	250	易加工
	聚酰胺	150	一般不耐磨
	乙缩醛	130	—
	聚氨酯	100	摩擦因数较大
	聚酰亚胺	250	难加工
	聚苯硫醚	350	最好用水润滑

注：软金属的最高工作温度是它们的熔点。

磨损和胶合是固体润滑滑动轴承最主要的失效形式。固体润滑滑动轴承的使用（磨损）寿命决定于轴瓦的磨损率。影响磨损率的因素除材质和环境外，与轴承设计有关的主要是轴瓦上的载荷p和滑动速度v。

为保证轴承有一定的使用寿命，必须控制其磨损率，即控制载荷p和滑动速度v。通过试验可求得给定磨损率的极限p、v和（pv）值。

因此，固体润滑滑动轴承的设计准则是：

$$p \leqslant p_p;\ v \leqslant v_p;\ (pv) \leqslant (pv)_p$$

1　覆膜轴承

使固体润滑剂在轴瓦上形成一层薄膜，构成覆膜轴承。覆膜轴承的性能与固体润滑膜的厚度、抗剪强度及与轴瓦材料的结合强度等有关，也与成膜方法（参见本篇第1章）有关。

1.1　SF-1轴承

在钢背上烧结出青铜多孔质层，再浸渍铅和聚四氟乙烯而制成的覆膜轴承，其商品名是SF-1轴承。不同速度、不同温度下SF-1轴承的p_p和$(pv)_p$值分别见表13.3-2和表13.3-3。

1.2　聚四氟乙烯覆膜轴承

在钢制轴套的钢背上烧结铜合金层，再覆以聚四氟乙烯或聚甲醛（均聚）膜制成覆膜轴承。

表 13.3-2　不同速度下 SF-1 轴承的 p_p 和 $(pv)_p$ 值

速度 v/m·s^{-1}	无油润滑		油润滑	
	p_p /MPa	$(pv)_p$ /MPa·m·s^{-1}	p_p /MPa	$(pv)_p$ /MPa·m·s^{-1}
~0.01	50.0	0.50	120	1.2
0.10	6.0	0.60	30	3.0
0.50	1.5	0.75	10	5.0
1.00	1.2	1.20	7	7.0
5.00	0.4	2.00	5	25.0
10.00	0.2	2.00	3	30.0

表 13.3-3　不同温度下 SF-1 轴承的 $(pv)_p$ 值

速度 v/m·s^{-1}	温度/℃		
	20	100	200
	$(pv)_p$/MPa·m·s^{-1}		
~0.01	0.5	0.30	0.16
0.10	0.6	0.35	0.12
1.00	1.2	0.72	0.24
5.00	2.0	1.00	0.40
10.00	2.0	1.20	0.40
20.00	1.0	0.90	0.20

GB/T 12949—1991 对滑动轴承覆有减摩层的双金属轴套做了规定，该轴套由塑料-烧结铜合金-钢三层复合板材卷制而成。衬背材料一般为 08F 钢、08 钢或 10 钢，烧结铜的牌号为 CuSn10，铜合金层厚度为 0.20~0.30mm，减摩层塑料为聚四氟乙烯或聚甲醛（均聚）。覆有减摩塑料层双金属卷制轴套形式如图 13.3-1 所示。

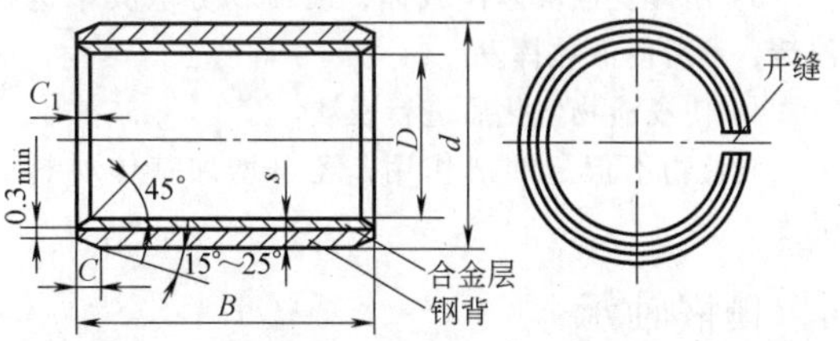

图 13.3-1　覆有减摩塑料层双金属卷制轴套形式

轴套尺寸公差：内径 H7；外径 IT7；宽度 h13；厚度 $\delta_T \leqslant 2.5$mm 时为 ±0.05，大于 2.5mm 时由供需双方协商。表面粗糙度：外圆表面 $Ra \leqslant 3.2\mu m$；其他加工部位 $Ra \leqslant 25\mu m$。

覆有减摩塑料层的双金属轴套的基本尺寸见表 13.3-4。

表 13.3-4　覆有减摩塑料层的双金属轴套的基本尺寸

壁厚 s/mm	1.0	1.5	2.0	2.5	宽度 B/mm	壁厚 δ/mm	1.0	1.5	2.0	2.5	宽度 B/mm
外径 d/mm	内径 D/mm					外径 d/mm	内径 D/mm				
6	4				4、6、8	34			30		12、15、20、25、30、40
7	5				4、5、6、8	36			32		20、30
8	6				6、8、10	39			35		12、20、25、30、40、50
9	7				10、12	42			38		30、40
10	8				6、8、10、12	44			40		12、20、25、30、40、50
12	10				6、8、10、12、15	50				45	20、25、30、40、50
14	12				6、8、10、12、15、20	55				50	20、30、40、60
16	14				10、12、15、20	60				55	30、40、60
17	15				10、12、15、20、25	65				60	30、40、60
18	16				10、12、15、20、25	70				65	30、40、60
20	18				10、12、15、20、25	75				70	40、60、80
23		20			10、12、15、20、25、30	80				75	30、40、60、80
25		22			10、12、15、20、25	85				80	40、60、80
27		24			15、20、25、30	90				85	40、60、80
28		25			10、12、15、20、25、30	95				90	40、60、80
32			28		20、30	105				100	50、95

2　烧结轴承

将固体润滑剂粉末与粉末状轴瓦基体材料混合、成型、加热，制成烧结轴瓦，与轴颈构成烧结轴承。这种轴承在摩擦过程中能向摩擦表面连续提供固体润滑剂。

轴瓦基体材料通常用金属，润滑剂用层状固体润滑剂，需要注意的是基体材料与润滑剂应有足够的相互浸润性，以保证轴瓦有足够的强度。可以加入增大浸润性的添加剂，如 Ca-Si 合金可以增大铁和石墨烧结的相互浸润性。实践表明，Cu-Ag-MoS_2 和 Fe-Pb-MoS_2 烧结轴承具有良好的性能。

烧结轴承的强度与润滑剂的质量分数成反比。综合考虑轴瓦强度和摩擦学性能，工业生产中多限制润滑剂的质量分数在 10% 以下。

烧结材料的另一特性是各向异性，表 13.3-5 列出了铜基烧结材料在温度为 250 ℃、载荷为 0.4 MPa 下不同方向的磨损率。

表 13.3-5　铜基烧结材料的磨损率

摩擦方向	平行于压制的方向	垂直于压制的方向
磨损率/g·h^{-1}	0.0082	0.0046

3　浸渍复合轴承

以多孔质材料为基体，浸渍固体润滑剂，构成固体润滑的浸渍复合轴承。贮存于轴瓦内部的固体润滑剂随着轴瓦磨损不断供给摩擦表面。典型的浸渍复合轴承是以炭石墨为轴瓦基体材料，浸渍软金属、聚四氟乙烯或无机物（如 BaF_2）构成的轴承。

浸渍的方法有：

1）使浸渍物成为熔融状态进行真空浸渍。

2）用硬化性液体作载体，浸渍物置于其中进行浸渍。

3）用挥发性液体作载体，浸渍物分散其中进行浸渍，然后使液体挥发。

4）使浸渍物气化后进行浸渍。

浸渍物不但起润滑作用，还可增加基体材料的强度。

4 镶嵌轴承

在轴瓦摩擦表面上开出排列有序、大小适当的孔穴或槽，嵌入成型的固体润滑剂，构成镶嵌轴承。也有用固体润滑剂乳液（如 PTFE 乳液）注入这些孔穴或槽，经固化而成的。

它的特点是承载能力大、工作寿命长。与烧结轴承相比，虽然它的摩擦因数较大，但磨损率却低一个数量级；与覆膜轴承相比，它具有更高的使用寿命和耐热性；与炭石墨轴承相比，它的磨损率较低。

用作镶嵌轴承轴瓦的金属有铸铁、不锈钢、锡青铜、黄铜和铅锑合金等。镶嵌轴承的镶嵌体多数采用复合成分的固体润滑剂，主要是石墨、PTFE 和 MoS_2。应用不同的配方可以制成线胀系数与轴瓦材料相同的镶嵌体，以适应高温条件下使用；也可以制成能承受低速、重载、耐水及耐化学溶剂的镶嵌体等。

嵌入的固体润滑剂的摩擦表面面积应占轴瓦整个摩擦面积的 30%左右，其排列形式如图 13.3-2 所示。武汉油缸厂生产了 ZRHQ 系列以青铜 ZCuSn5Pb5Zn5 为基材、ZRHH 系列以黄铜 ZCuSn25Al6Fe3Mn3 为基材和 ZRHT 系列以铸铁 HT200 为基材的镶嵌轴承，其性能参数见表 13.3-6。

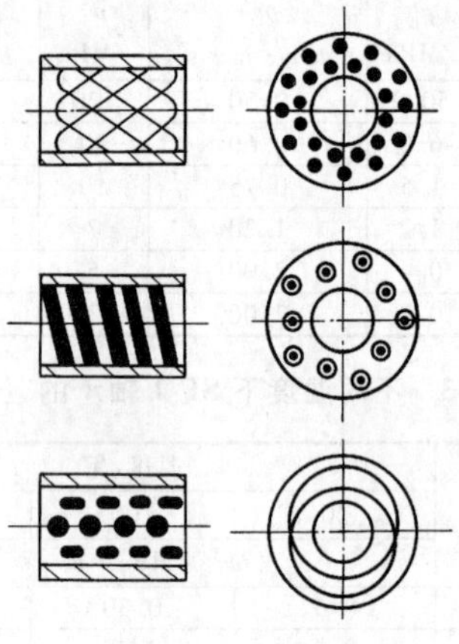

a) b)

图 13.3-2 镶嵌轴承的排列形式

a）径向轴瓦 b）止推轴瓦

表 13.3-6 镶嵌轴承的性能参数

项 目	轴承种类					
	ZRHQ		ZRHH		ZRHT	
	无油	有油	无油	有油	无油	有油
p_p/MPa	15	15	25	25	5	8
v_p/m·s^{-1}	0.42	2.50	0.25	1.00	1.00	1.67
工作温度/℃	400		250		300	
摩擦因数 μ	0.05					

4.1 镶嵌轴套

轴套的结构型式和标准的铜合金轴套相同，有圆柱轴套、有法兰轴套两种，其结构型式和尺寸分别见表 13.3-7 和表 13.3-8。

表 13.3-7 圆柱镶嵌轴套的结构型式尺寸

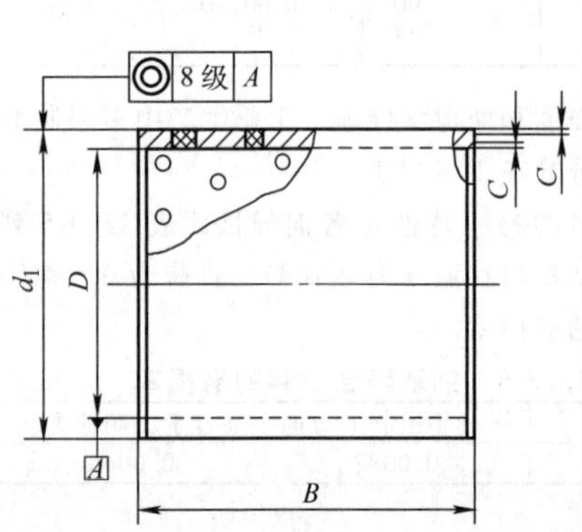

代号	D/mm	d_1/mm	B/mm	C/mm	质量/kg
WQZ 030	30	38	50	1	0.190
WQZ 035	35	45	55	1	0.308
WQZ 040	40	50	60	1	0.378
WQZ 045	45	55	70	1	0.490
WQZ 050	50	60	75	1	0.578
WQZ 060	60	70	80	2	0.728
WQZ 070	70	85	100	2	1.628
WQZ 080	80	95	100	2	1.838
WQZ 090	90	105	120	2	2.457
WQZ 100	100	115	120	2	2.709
WQZ 110	110	125	140	2	3.455
WQZ 120	120	135	150	2	4.016
WQZ 140	140	160	170	2	7.140

注：1. 轴承座采用整体有衬正滑动轴承座（JB/T 2560—2007）。

2. 标记示例：圆柱镶嵌轴承 WQZ 030。

3. 数据取自武汉油缸厂。

表 13.3-8　有法兰镶嵌轴套的结构型式和尺寸

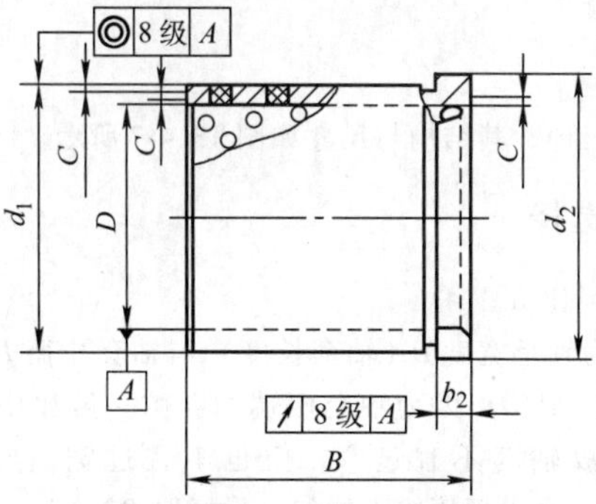

代号	D/mm	d_1/mm	d_2/mm	B/mm	b_2/mm	C/mm	质量/kg
WQZD 030	30	38	48	34	6	1	0.166
WQZD 035	35	45	55	45	6.5		0.298
WQZD 040	40	50	60	50	7.5		0.373
WQZD 045	45	55	65	55			0.448
WQZD 050	50	60	70	60			0.530
WQZD 060	60	70	80	70	10	2	0.742
WQZD 070	70	85	95	80			1.428
WQZD 080	80	95	110	95	12.5		2.015
WQZD 090	90	105	120	105			2.445
WQZD 100	100	115	130	115			2.918
WQZD 110	110	125	140	125			3.432
WQZD 120	120	135	150	140	15		4.197
WQZD 140	140	160	175	160	20		7.424
WQZD 160	160	180	200	180			9.632

注：1. 轴承座采用整体有衬正滑动轴承座（JB/T 2560—2007）。
2. 标记示例：有法兰镶嵌轴承 WQZD 030。
3. 数据取自武汉油缸厂。

4.2　镶嵌轴瓦

A 型镶嵌轴瓦的结构型式和尺寸见表 13.3-9。

表 13.3-9　A 型镶嵌轴瓦的结构型式和尺寸

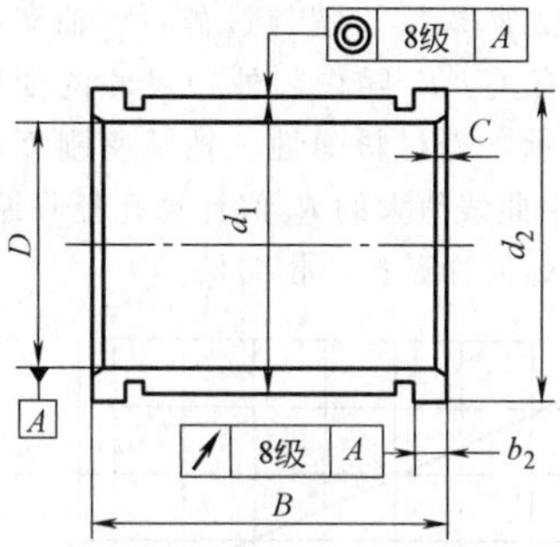

代　号	D/mm	d_1/mm	d_2/mm	B/mm	b_2/mm	C/mm	质量/kg
WQP 030	30	38	48	34	6	1	0.201
WQP 035	35	45	55	45	6.5		0.343
WQP 040	40	50	60	50	7.5		0.406
WQP 045	45	55	65	55			0.511
WQP 050	50	60	70	60			0.598
WQP 060	60	70	80	70	10	2	0.847
WQP 070	70	85	95	80			1.554
WQP 080	80	95	110	95	12.5		2.284
WQP 090	90	105	120	105			2.741
WQP 100	100	115	130	115			3.239
WQP 110	110	125	140	125			3.780
WQP 120	120	135	150	140	15		4.646
WQP 140	140	160	175	160	20		8.127
WQP 160	160	180	200	180			10.696

注：1. 轴承座采用对开式二螺柱正滑动轴承座（JB/T 2561—2007）。
2. 标记示例：镶嵌轴瓦 WQP 030 号 A 型。
3. 数据取自武汉油缸厂。

第4章　含油轴承

利用材质的多孔特性或与润滑油的亲和特性，在轴瓦安装使用前，使润滑油浸润轴瓦材料；在轴承工作期间，可以始终不加或较长时间不加润滑油，这种轴承称为含油轴承（oil-impregnated bearings）。

利用材料多孔特性，使润滑油充满孔隙的含油轴承轴瓦材料有：木材、成长铸铁、铸铜合金和粉末冶金减摩材料；利用材料与润滑油的亲和特性，使润滑油均匀分散在材料中的含油轴承轴瓦材料多为聚合物，如含油酚醛树脂等。

含油轴承常用轴瓦材料及其物理、力学性能见表13.1-5。

1　粉末冶金含油轴承

含油轴承中用得最多的是粉末冶金含油轴承。通过制备粉料、成形、烧结和浸渍润滑油等主要工序制成的轴套称为粉末冶金含油轴承。

粉末冶金含油轴承的特点是：

1）适于大批量生产。

2）无须切削加工，节约材料，价格便宜。

3）噪声比滚动轴承低。

4）几乎可以不用加润滑油，也可以通过轴套壁渗透供油。

5）模具费用高，不适于少量生产。

6）强度较低。

7）摩擦因数偏大。

制造这种轴套的粉末冶金减摩材料分为铁基、铜基和铝基三种。

铁基粉末冶金减摩材料以铁为主，有时加入少量铜（w_{Cu}为2%～20%），以改善边界润滑性能。它的特点是强度高、价格便宜，但轴承摩擦性能较差，且会生锈，仅适用于低速场合，并且轴颈必须经淬火处理。

铜基粉末冶金减摩材料以青铜为主，加入6%～10%（质量分数）的锡、少量的锌和铅。它的特点是不会生锈，在中速、轻载下轴承性能稳定，但价格较贵。

铝基粉末冶金减摩材料的特点是价格较低、强度适中，但耐磨性和抗胶合性较差。

铁基和铜基粉末冶金减摩材料已制定了国家标准，其牌号和物理、力学性能见表13.1-5。

标准的粉末冶金含油轴承轴瓦的形式有圆柱、有法兰和球面三种，其结构与尺寸如图13.4-7所示。

1.1　参数选择

（1）宽径比B^*

宽径比为轴承宽度B（轴套长度）与轴套孔径D之比，即$B^*=B/D$。因为轴套两端的孔隙一般比中间部位小，故轴套不宜过窄，但也不宜过宽。当$B^*\geqslant 2\sim4$时，会出现压粉不均匀，最好取$B^*\approx1$。

（2）压入过盈量

应该用压力机将轴套压入轴承座，不许用锤击打。轴套外径与轴承座孔应为过盈配合，其平均过盈量Δ_m（mm）可取为

$$\Delta_m=0.025+0.0075d_1^{1/2} \tag{13.4-1}$$

式中　d_1——轴套外径（mm）。

选择轴承座孔径公差时，应使最大过盈不大于平均过盈量的两倍，最小过盈不小于平均过盈量的1/2。当轴套压入轴承座后，轴套孔径会收缩变小，确定轴颈尺寸时应考虑到该收缩量。轴套孔径收缩量与过盈量之比称为孔径收缩率K_F，它与过盈量、轴套内外径尺寸和孔隙度有关。K_F随内、外径尺寸的变化曲线如图13.4-1所示。当材料弹性、轴承座刚度较大时，需要取比图中曲线值大的K_F值计算孔径收缩量，反之，按较小的K_F值计算孔径收缩量。

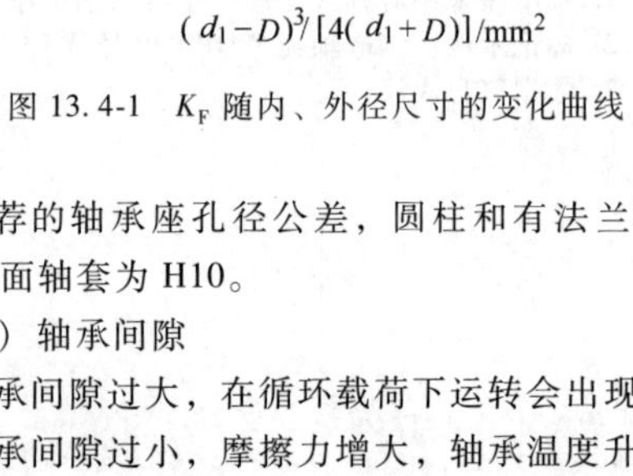

图13.4-1　K_F随内、外径尺寸的变化曲线

推荐的轴承座孔径公差，圆柱和有法兰轴套为H7，球面轴套为H10。

（3）轴承间隙

轴承间隙过大，在循环载荷下运转会出现大的噪声；轴承间隙过小，摩擦力增大，轴承温度升高，轴承间隙因材料热膨胀而进一步减小，很容易损坏轴承。所以，要特别注意高速轴承的间隙选取。

含油轴承直径间隙C与轴套孔径D之比称为相

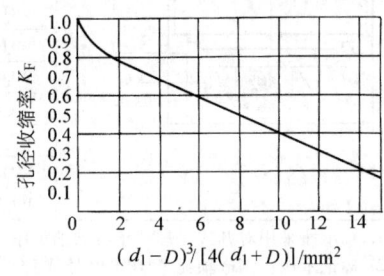

对间隙 ψ，图 13.4-2 所示为推荐的粉末冶金含油轴承的相对间隙 ψ。

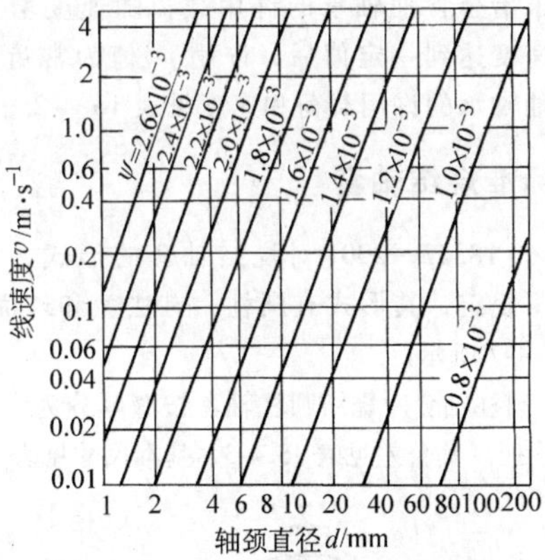

图 13.4-2　推荐的粉末冶金含油轴承的相对间隙

GB/T 2688—2012 推荐的粉末冶金含油轴承的最小半径间隙见表 13.4-1。

表 13.4-1　粉末冶金含油轴承的最小半径间隙 $C_{r\,min}$

轴颈直径 d/mm	≤6	>6 ~10	>10 ~18	>18 ~40	>40 ~50	>50 ~60
最小半径间隙 $C_{r\,min}$/μm	4	5	6	12.5	20	25

（4）配副轴颈表面状况

配副轴颈的表面硬度推荐不低于 250HBW，表面粗糙度 Ra 不超过 1.6μm。

1.2　润滑与润滑油

（1）润滑油

粉末冶金含油轴承轴套在使用前需浸入 80~120℃的润滑油中约 1h，待浸透润滑油后装入轴承座内使用。它采用的润滑油需要有高的氧化安定性、油膜强度和黏温指数，特别要注意不能使用加有悬浮固体颗粒的润滑油。

粉末冶金含油轴承常用的润滑油是汽油机油（EQ 类），高速轻载时也可以用主轴油（F 类）。由图 13.4-3 可查得适宜的润滑油黏度。

铁基粉末冶金含油轴承浸渍的润滑油中需要加入缓蚀剂。

（2）重新浸油周期

含油轴承在使用中可以不加润滑油，但因为润滑油会损耗和变质，所以工作较长时间后，需要拆下重新浸油。浸一次润滑油能工作的时间（重新浸油周期）与转速和轴承温度有关，大致可按图 13.4-4 确定。

（3）供油方式

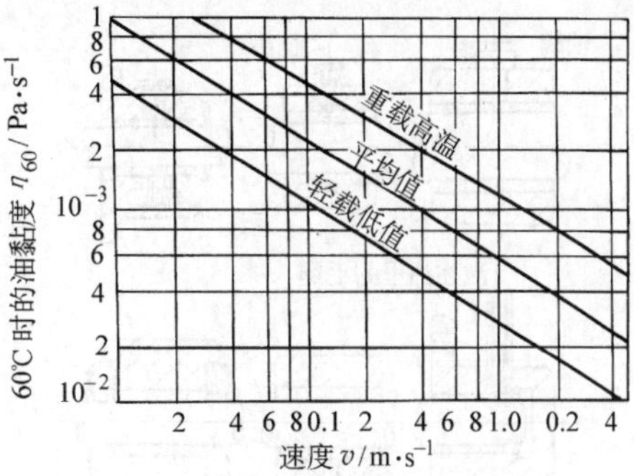

图 13.4-3　粉末冶金含油轴承适宜的润滑油黏度

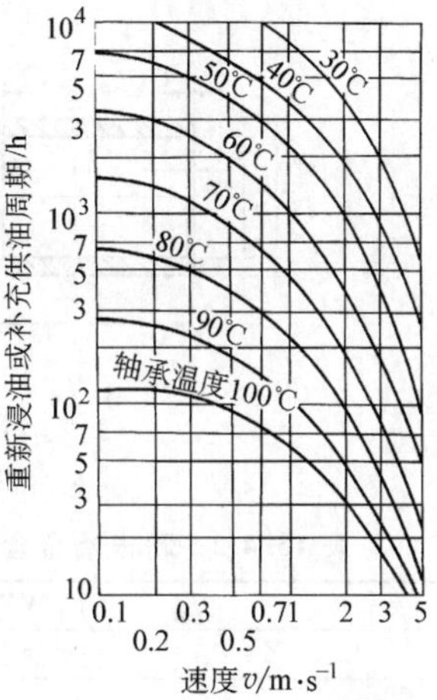

图 13.4-4　粉末冶金含油轴承重新浸油周期

含油轴承也可在连续或间歇供油下运转，供油可提高其承载能力和许用滑动速度。图 13.4-5 所示为不同供油方式下粉末冶金含油轴承的安全运转范围。

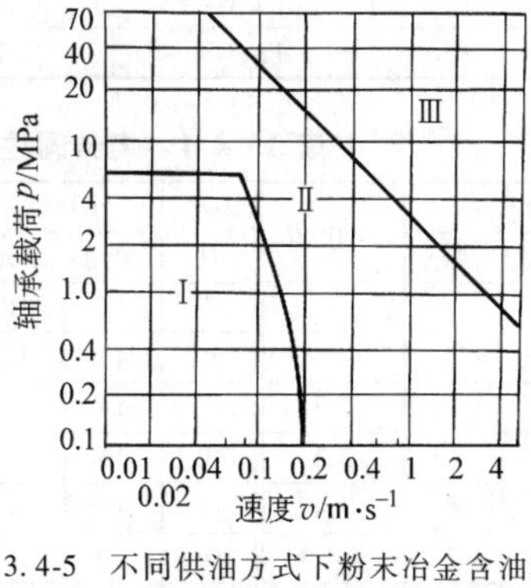

图 13.4-5　不同供油方式下粉末冶金含油轴承的安全运转范围

Ⅰ—不供油　Ⅱ—间歇供油　Ⅲ—连续供油

粉末冶金含油轴承的供油方式如图 13.4-6 所示。

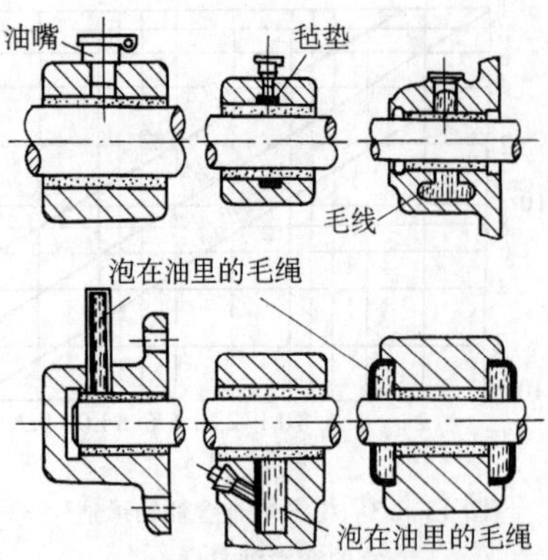

图 13.4-6　粉末冶金含油轴承的供油方法

1.3　许用载荷

粉末冶金含油轴承的许用载荷随速度增加而下降。当速度达到一定值后，许用 pv 值为常量。粉末冶金含油轴承的许用载荷和速度见表 13.4-2。

1.4　标准烧结轴套

GB/T 18323—2001 对烧结轴套的形式、尺寸和公差做了规定，其形式有圆柱、有法兰和球面三种，如图 13.4-7 所示。

1）圆柱轴套。烧结圆柱轴套按壁厚分为常用系列和薄壁系列。其公差见表 13.4-3，基本尺寸见表 13.4-4。

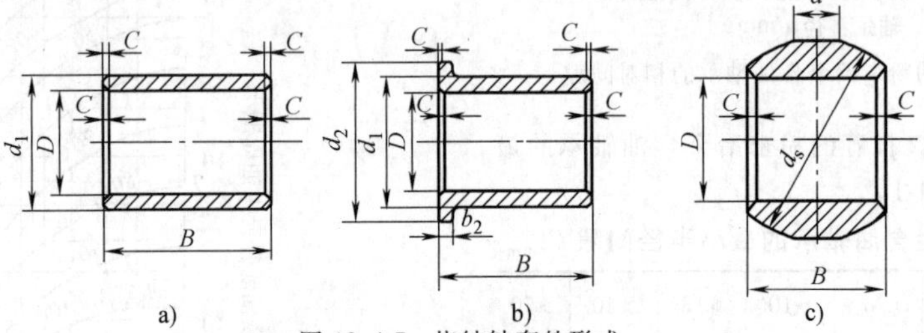

图 13.4-7　烧结轴套的形式

a）圆柱轴套　b）有法兰轴套　c）球面轴承

表 13.4-2　粉末冶金含油轴承的许用载荷和速度（摘自 GB/T 2688—2012）

材料类别	p_p/MPa 自润滑 v/m·s^{-1}						$(pv)_p$/MPa·m·s^{-1}			v_p/m·s^{-1}
	间断运行~0.125	>0.125~0.25	>0.25~0.5	>0.5~0.75	>0.75~1.0	>1.0	不供油 >1.0	间歇供油 >1.0	连续供油 >1.0	p/MPa ≤0.5
铁基	23	13	3.2	2.1	1.6	0.5/v	1.0	2.0	4.0	3
铜基	22.5	14	3.9	2.6	2.0	0.3/v	1.75	3.5	—	4

表 13.4-3　烧结圆柱轴套的公差

部位		内径 D	外径 d_1	宽度 B	同轴度	轴承座孔
d_1/mm	≤50	F7、G7	r6、s7	js13	IT9	H7
	>50	F8、G8	r7、s8		IT10	H8

表 13.4-4　烧结圆柱轴套的基本尺寸（摘自 GB/T 18323—2001）　　（mm）

内径 D	外径 d_1 常用	外径 d_1 薄壁	宽度 B	内径 D	外径 d_1 常用	外径 d_1 薄壁	宽度 B	内径 D	外径 d_1 常用	外径 d_1 薄壁	宽度 B	内径 D	外径 d_1 常用	外径 d_1 薄壁	宽度 B
1	3	—	1.2	7	11	10	5、8、10	18	24	22	12、18、30	38	48	44	25、35、45、55
1.5	4			8	12	11	6、8、12	20	26	25	15、20、	40	50	46	30、40、50、60
2	5		2.3	9	14	12	6、10、14	22	28	27	25、30	42	52	48	
2.5	6		3.3	10	16	14	8、10、16	25	32	30	20、25、30、35	45	55	51	35、45、55、65
3		5	3.4	12	18	16	8、12、20	28	36	33	20、25、30、40	48	58	55	30、50、70
4	8	7	3、4、6	14	20	18	10、14、20	30	38	35		50	60	58	
5	9	8	4、5、8	15	21	19	10、15、25	32	40	38		55	65	63	40、55、70
6	10	9	4、6、10	16	22	20	12、16、25	35	45	41	25、35、40、50	60	72	68	50、60、70

注：1. 对内径 D≥20mm 的轴套，宽度的最后一个值不能用于薄壁系列。

2. 特殊情况可不用宽度 33mm 而用宽度 34mm，不用宽度 35mm 而用宽度 36mm。

2）有法兰轴套。烧结有法兰轴套按壁厚分为常用系列和薄壁系列。其公称尺寸见表 13.4-5，公差见表 13.4-6。

表 13.4-5　烧结有法兰轴套的公称尺寸（摘自 GB/T 18323—2001）　（mm）

内径 D	1	1.5	2	2.5	3	4	5	6	7	8	9
外径 d_1	3		4	5	6	8	9	10	11	12	14
法兰直径 d_2	5		6	8	9	12	13	14	15	16	19
法兰宽度 b_2	1			1.5		2			2.5		
宽度 B	2		3		4	3、4、6	4、5、8	4、6、10	5、8、10	6、8、12	6、10、14

	内径 D	10	12	14	15	16	18	20	22	25
常用	外径 d_1	16	18	20	21	22	24	26	28	32
常用	法兰直径 d_2	22	24	26	27	28	30	32	34	39
常用	法兰宽度 b_2	3								3.5
薄壁	外径 d_1	14	16	18	19	20	22	25	27	30
薄壁	法兰直径 d_2	18	20	22	23	24	26	30	32	35
薄壁	法兰宽度 b_2	2						2.5		
	宽度 B	8、10、16	8、12、20	10、14、20	10、15、25	12、16、25	12、18、30	15、20、25、(30)	15、20、25、(30)	20、25、30

内径 D	28	30	32	35	38	40	42	45	48	50	55	60
外径 d_1	36	38	40	45	48	50	52	55	58	60	65	72
法兰直径 d_2	44	46	48	55	58	60	62	65	68	70	75	84
法兰宽度 b_2	4		5									6
宽度 B	20、25、30			25、35、40	25、35、45	30、40、50		35、45、55	35、50		40、55	50、60

注：带括号的轴套宽度不能用于薄壁系列。

表 13.4-6　烧结有法兰轴套的公差

部位		内径 D	外径 d_1	宽度 B	法兰直径 d_2	法兰宽度 b_2	同轴度	轴承座孔
d_1/mm	≤50	F7、G7	r6、s7	js13	js13	js13	IT9	H7
	>50	F8、G8	r7、s8				IT10	H8

3）球面轴套。烧结球面轴套的尺寸见表 13.4-7。内径 D 的公差为 H7，宽度 B 的公差为 js13，球面直径 d_s 的公差为 h11，与其相配的轴承座孔的公差用 G10。

表 13.4-7　烧结球面轴套的公称尺寸　（mm）

内径 D	1	1.5	2	2.5	3	4	5	6	7	8	9	10		12	14	15	16	18	20
球径 d_s	3	4.5	5	6	8	10	12	14	16		18	20	22		24	27	28	30	36
宽度 B	2	3		4	6	8	9	10	11		12	13	14	15	17	20			25

2　铸铜合金含油轴承

铸造青铜时加入微量的 Ti、Zr、Fe 或 Al 等元素，使晶粒细化，从而形成多孔性的铸件，浸渍润滑油后成为铸铜合金含油轴承。

铸铜合金含油轴承的特点是：

1）需要进行切削加工。

2）铸造法生产，不需要金属型，故适宜制造批量小的中、大型含油轴承。

3）与铜基粉末冶金含油轴承相比，铸铜合金含油轴承承载能力高，磨损率低，抗胶合性相近。

4）孔隙率低、含油量少，故往往需要有间歇供油装置。

铸铜合金含油轴承与铜基粉末冶金含油轴承的性能比较见表 13.4-8。

表 13.4-8　铸铜合金含油轴承与铜基粉末冶金含油轴承的性能比较

项　目	铸铜合金	铜基粉末冶金
抗拉强度 R_m/MPa	147~216	98
抗压强度 R_{mc}/MPa	540	147~245
断后伸长率 A(%)	4~8	1
硬度 HBW	60~80	25~40
含油率 $\varphi_{油}$(%)	4~6	18~40

3　成长铸铁含油轴承

将普通铸铁件缓慢加热到下临界点以上（880℃）的温度，保温一定时间（20 min），使其组织成长（称成长处理），形成多孔性铸件，然后进行调质处理和终加工，再浸渍润滑油，成为成长铸铁含油轴承。元素 C 和 Si 对铸铁的成长影响最大，一般 C 和 Si 越多，成长率越高。但如果 $w_{Si}>4\%$，成长反而困难。

在 O_2或 CO_2等气体中加热，铸铁的成长率比在空气中加热时大；在 N_2 或 Ar 气中加热，铸铁的成长率比在空气中加热时小。

和铸铜合金含油轴承一样，因为只需要用木模砂型铸造，故可以用于生产批量少的中、大型含油轴承。

成长铸铁含油轴承的物理、力学性能见表 13.4-9。除强度外，基本上和普通铸铁相同，安装在用钢铁制成的机器上，尺寸稳定性和精度保持性均好。

成长铸铁含油轴承的承载能力高，抗胶合性能好，在正常工况下磨损率低。根据止推轴承摩擦试验结果，成长铸铁含油轴承的许用 p-v 曲线如图 13.4-8 所示。

表 13.4-9　成长铸铁含油轴承的物理、力学性能

密度 ρ/g·cm^{-3}	抗拉强度 R_m/MPa	抗压强度 R_{mc}/MPa	冲击韧度 α_K/kJ·m^{-2}	硬度 HS	线胀系数 α_l /10^{-6}·℃$^{-1}$	弹性模量 E/GPa	热导率 λ /W(m·℃)$^{-1}$	$\phi_{油}$ (%)	摩擦因数 μ
6~7	98~295	295~588	29~49	15~40	10~12	60~100	41.9~54.4	4~10	0.04~0.08

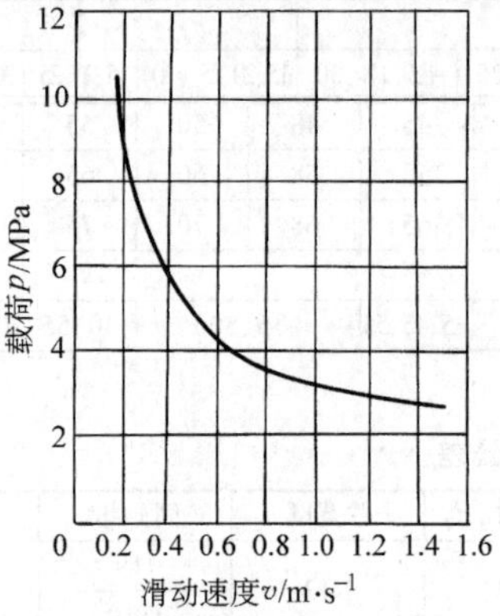

图 13.4-8　成长铸铁含油轴承的许用 p-v 曲线

4　聚合物含油轴承

4.1　聚合物含油轴承的特性

聚合物含油轴承具有如下特性：

1）自润滑性。与金属摩擦时摩擦因数较小。

2）质量小。聚合物的密度比金属小，一般只有铝的一半多一点，有助于减轻机器的重量。

3）易成型。聚合物可以注塑成型，超过 1 kg 的大型轴承，可以用压缩成型或单体浇铸成型。成型速度快、精度高，生产成本较低。

4）吸振性。聚合物轴承耐冲击、吸振性好。例如，轿车方向盘操纵系统采用聚缩醛含油轴承后，能阻止路面不平引起的振动传向人体，使驾驶更舒适、更安全。

5）顺应性。聚合物的弹性模量约为金属的 1%，所以顺应性较好，能使轴颈与轴瓦接触良好。

6）耐蚀性。聚合物的耐蚀性优于金属，甚至可用水作润滑剂。例如，酚醛和聚邻苯二甲酸二丙烯酯可作为水润滑轴承的轴瓦材料。

聚合物含油轴承与普通聚合物轴承的性能比较见表 13.4-10。

表 13.4-10　聚合物含油轴承与普通聚合物轴承的性能比较

轴瓦材料		许用载荷 p_p/MPa	许用速度 v_p/m·s^{-1}	$(pv)_P$ /MPa·m·s^{-1}	摩擦因数 μ	磨损系数 K_m/mm^2·N^{-1}·10^{-9}	最高工作温度 θ_{max}/℃④
尼龙 66	无油	7.85	0.84	0.14	0.2	227.8~908.4	80/120
	含油	14.71	5.00	1.64	0.08~0.12	5.6~69.4	
聚缩醛	无油	19.61	1.67	1.41	0.08~0.12	5.6~22.2	80/100
	含油	19.61	5.00	4.27	0.06~0.12	0.6~8.4	
聚对苯二丁酸丁二酯	无油	14.71	1.67	0.98	0.08~0.15	14.9~44.4	120/150
	含油①	6.86	0.50	0.49	0.10~0.15	22.2~114.9	
聚苯硫醚	无油	14.71	1.67	1.64	0.08~0.18	8.4~46.1	200/250
	含油②	9.81	0.84	0.65	0.10~0.15	22.2~146.1	
苯酚树脂	无油	29.42	1.67	0.98	0.08~0.18	14.9~69.4	100/200
	含油	44.42	4.44	2.45	0.08~0.12	2.2~14.9	
	水中	44.42	16.67	16.44	0.004~0.10	0.6~84.4	
填充 4%PTFE 的聚酰亚胺	无油	11.77	5.00	4.27	0.20~0.25	1.4~22.2	200/250
	含油③	9.81	0.84	0.49	0.05~0.12	22.2~146.1	

① 温度为 100℃时的值。
② 温度为 150℃时的值。
③ 温度为 200℃时的值。
④ 分子为连续运转的运转温度，分母为间歇运转时的值。

4.2　酚醛含油轴承

酚醛含油轴承是在多孔质化的酚醛树脂中浸渍润滑油构成的，在边界摩擦条件下，它显现出优越的性能。酚醛含油轴承的摩擦学性能见表13.4-11。

表 13.4-11　酚醛含油轴承的摩擦学性能

润滑剂	供油条件	许用载荷 p_p/MPa	许用线速度 v_p/m·s^{-1}	$(pv)_p$/MPa·m·s^{-1}	最高工作温度 θ_{max}/℃
油润滑	不供油	9.8	1.4	0.98	常温
	油杯定期供油	11.8	1.7	1.67	100
	滴油供油	11.8	4.4	2.45	100
	油浴、压力供油	11.8	15.0	6.47	100
水润滑	不供水	9.8	1.4	0.98	常温
	水浴	14.8	15.0	4.91	100

5　青铜石墨含油轴承

将青铜粉末与石墨颗粒混合，烧结成多孔质材料，浸渍润滑油，构成青铜石墨含油轴承。它具有较高的耐磨性和良好的减摩性，在汽车、拖拉机、洗衣机和电风扇，以及小型、微型电动机、发电机中均有应用。

青铜石墨含油轴承所含润滑油的体积分数为12%~40%，圆柱轴套的径向抗压强度为70MPa。

青铜石墨含油轴承径向破坏载荷按式（13.4-2）计算：

$$F=R_{mc}\frac{B(d_1-D)^2}{2(d_1+D)} \tag{13.4-2}$$

式中　R_{mc}——轴套径向抗压强度；

B——轴套宽度；

d_1——轴套外径；

D——轴套内径。

针对青铜石墨含油轴承的轴套制定了机械行业标准（JB/T 3729—2008）。标准青铜石墨含油轴承轴套有筒形、有法兰和球形三种（其形式与GB/T 18323—2012规定的烧结轴套完全一样，参见图13.1-7），其尺寸和偏差分别见表13.4-12~表13.4-14。

表 13.4-12　青铜石墨含油筒形轴套的尺寸和偏差（摘自 JB/T 3729—2008）　（mm）

型号		Z-6	Z-10			Z-11	Z-11.9	Z-12
尺寸偏差	内径 D	$6^{+0.030}_{+0.005}$	$10^{+0.022}_{0}$			$11^{+0.060}_{+0.025}$	$11.9^{0}_{-0.10}$	$12^{+0.04}_{+0.01}$
	外径 d_1	$10^{+0.065}_{+0.035}$	$16^{+0.046}_{+0.028}$	$13^{+0.045}_{+0.010}$	$20^{+0.039}_{+0.025}$	$15^{+0.075}_{+0.045}$	$16^{+0.045}_{+0.010}$	$22^{+0.095}_{+0.050}$
	宽度 B	10±0.3	14	10±0.2	14	$16^{0}_{-0.5}$	13±0.2	15±0.2
同轴度公差		—	0.03	0.05	0.04	—	0.10	0.07

型号		Z-12.3	Z-12.4	Z-12.5		Z-12.7	
尺寸偏差	内径 D	$12.3^{0}_{-0.10}$	$12.4^{0}_{-0.01}$	$12.5^{+0.045}_{+0.010}$	$12.5^{+0.045}_{-0.010}$	$12.7^{+0.040}_{+0.010}$	$12.7^{0}_{-0.010}$
	外径 d_1	$16^{+0.07}_{-0.05}$	$16^{+0.045}_{+0.010}$	$18.5^{+0.5}_{-1.0}$	$16^{+0.045}_{+0.010}$	$16^{+0.080}_{+0.045}$	$16^{+0.070}_{-0.050}$
	宽度 B	23.5±0.5	$18.5^{+0.5}_{-1.0}$	—		23.5±0.5	
同轴度公差		0.10					

型号		Z-14		Z-15	Z-15.9	Z-16	Z-16.2
尺寸偏差	内径 D	$14^{+0.035}_{0}$		$15^{+0.055}_{+0.020}$	$15.9^{+0.045}_{0}$	$16^{+0.027}_{0}$	$16.2^{+0.050}_{-0.010}$
	外径 d_1	$18^{+0.045}_{+0.010}$	$17^{+0.115}_{+0.080}$	$21^{+0.100}_{+0.055}$	$20^{+0.095}_{+0.050}$	$20^{+0.074}_{+0.041}$	$19.25^{+0.095}_{+0.050}$
	宽度 B	20±0.4	$16.4^{0}_{-0.24}$	20±0.3	$21^{0}_{-1.0}$	15	$15^{+0.5}_{-1.0}$
同轴度公差		—	0.10	—	0.05	0.06	0.10

（续）

型号		Z-18.2	Z-19		Z-25	Z-38	Z-45	Z-11
尺寸偏差	内径 D	$18.2^{+0.065}_{+0.020}$	$19^{+0.210}_{+0.160}$	$19^{+0.033}_{0}$	$25^{+0.045}_{0}$	38±0.5	$45^{+0.10}_{+0.04}$	11
	外径 d_1	$24^{+0.100}_{+0.055}$	$21.7^{+0.075}_{+0.050}$	$23^{+0.074}_{+0.041}$	$32^{+0.115}_{+0.065}$	58.5±0.5	$55^{+0.051}_{-0.013}$	$28^{+0.036}_{+0.015}$
	宽度 B	25±0.4	$17^{0}_{-1.1}$	20	$18^{0}_{-1.0}$	$11^{+1.0}_{0}$	38±0.25	3
同轴度公差		—	0.15	0.06	0.05		—	

表 13.4-13 青铜石墨含油有法兰轴套的尺寸和偏差（摘自 JB/T 3729—2008） （mm）

型号	尺寸与偏差				
	内径 D	外径 d_1	法兰盘外径 d_2	宽度 B	法兰盘厚度 b_2
Z-10B	$10^{+0.018}_{0}$	$15.2^{+0.046}_{+0.028}$	19	13	2
	$10^{+0.022}_{0}$	$18^{+0.034}_{+0.012}$	24	40	3
	$10^{+0.016}_{-0.010}$	$15^{+0.030}_{0}$	20	35	7.5

表 13.4-14 青铜石墨含油球面轴套的尺寸和偏差（摘自 JB/T 3729—2008） （mm）

型号	尺寸与偏差				
	内径 D	外径 d_1	球面直径 d_s	宽度 B	同轴度公差
Z-8Q	$8^{+0.015}_{0}$	$15.5^{0}_{-0.2}$	$15.9^{0}_{-0.11}$	11.2±0.08	0.06
Z-10Q	$10^{+0.016}_{0}$	15.5±0.2	$16^{0}_{-0.12}$	11±0.12	0.10
	$10^{+0.022}_{0}$	$19.6^{+0.075}_{+0.035}$	20±0.10	15	0.08
Z-12Q	$12^{+0.027}_{0}$	$21.6^{0}_{-0.10}$	$22^{0}_{-0.26}$	$16.5^{+0.20}_{0}$	0.025

注：外径 d_1 指不完全球面的直径，GB/T 18323—2012 对烧结轴套的该尺寸未作规定。

第5章　普通滑动轴承

采用润滑脂、滴油、油绳或油垫润滑的径向滑动轴承，得不到产生完整承载油膜需要的充足润滑剂，只能在不完整的油膜上运转，它们多半采用金属轴瓦材料。为了方便，称这类轴承为普通滑动轴承，以区别含油轴承[⊖]。这类轴承的性能与轴瓦材料、轴颈和轴瓦的表面粗糙度、润滑剂供给量有很大关系。

1　轴承的性能

在不完整油膜上运转的滑动轴承，其承载能力、温升和摩擦功耗等性能取决于油膜占轴瓦表面积的比例和允许的最小油膜厚度，而它们受轴颈线速度、供油量、轴颈和轴瓦表面粗糙度等多因素影响，很难准确计算。

目前，不完整油膜润滑轴承的通行计算方法仍限于简化的条件性计算法，计算准则有以下几种。

(1) 限制轴承平均压力（载荷）p

磨损与压力（载荷）有关，为了不产生过度磨损，应限制轴承的单位面积载荷，即

$$p \leqslant p_{\mathrm{p}} \tag{13.5-1}$$

式中，p 值的计算分别见式（13.1-3）和式（13.1-6）。

(2) 限制轴承的线速度 v

当压力 p 较小时，也可能由于滑动速度过高而加速磨损，因而还应限制轴承的滑动速度，即线速度

$$v \leqslant v_{\mathrm{p}} \tag{13.5-2}$$

式中，v 值的计算分别见式（13.1-2）和式（13.1-5）。

(3) 限制轴承的 pv 值

pv 值与摩擦因数 μ 的乘积称为摩擦功，轴承温升与摩擦功成正比。若视摩擦因数 μ 为常数。则轴承温升与 pv 成正比，故限制 pv 值也就限制了轴承的温升，即

$$pv \leqslant (pv)_{\mathrm{p}} \tag{13.5-3}$$

式中，pv 值的计算分别见式（13.1-2）式（13.1-3）和式（13.1-5）、式（13.1-6）。

p_{p}、v_{p} 和 $(pv)_{\mathrm{p}}$ 值根据所选轴瓦材料可查表13.1-4。

⊖ 这类轴承也被称为“非液体摩擦滑动轴承”，但该名称可能与用非液体润滑剂润滑的轴承混淆，故本书采用“普通滑动轴承”。

2　主要参数选取

2.1　轴承相对间隙

根据轴颈直径和制造精度选取合适的轴承半径间隙。一般精度普通滑动轴承可按式（13.5-4a）选取

$$C_{\mathrm{r}} = 0.315d + 10.44 \tag{13.5-4a}$$

若制造精度高，对中良好，经过仔细磨合，可按式（13.5-4b）选取

$$C_{\mathrm{r}} = 0.286d + 2.68 \tag{13.5-4b}$$

若制造精度较差，可按式（13.5-4c）选取

$$C_{\mathrm{r}} = 0.467d + 15.83 \tag{13.5-4c}$$

当采用脂润滑时，半径间隙应比用油润滑的大2~3倍，可按式（13.5-4d）选取

$$C_{\mathrm{r}} = (2.5 \sim 4)d + 50 \tag{13.5-4d}$$

式中　C_{r}——半径间隙（μm）；

d——轴颈直径（mm）。

半径间隙 C_{r} 与轴颈半径 r 之比称为相对间隙 ψ，即 $\psi = C_{\mathrm{r}}/r$。

2.2　表面粗糙度

表面粗糙度影响油膜的完整性，该值越大，油膜的完整性越差，因此表面粗糙度宜取较小的值。考虑到加工的难易不同，建议：轴颈的表面粗糙度取为 $Ra = 0.2 \sim 0.4\mu\mathrm{m}$，一般精磨轴颈可达到这样的表面粗糙度；轴瓦表面粗糙度取为 $Ra = 0.4 \sim 0.8\mu\mathrm{m}$，一般铰孔和金刚石镗孔可达到这样的表面粗糙度。

一般车削或粗磨表面粗糙度 $Rz = 12\mu\mathrm{m}$；细磨或精镗表面粗糙度 $Rz = 3\mu\mathrm{m}$；精磨表面粗糙度 $Rz = 0.8\mu\mathrm{m}$；研磨或抛光表面粗糙度 $Rz = 0.2\mu\mathrm{m}$。

2.3　轴瓦宽度

根据宽径比确定轴瓦宽度。普通径向滑动轴承的宽径比宜在0.7~1.3之间选取。

3　适宜的工况参数

普通径向滑动轴承适宜的 p-v 范围如图13.5-1所示。虚线内（区域3）是普通径向滑动轴承的安全工作区域。

当采用运转参数在虚线和实线之间的这种轴承时，需要特别注意，磨合要仔细，表面粗糙度值要小，两轴承的同轴度要高，轴瓦材料选用要正确。

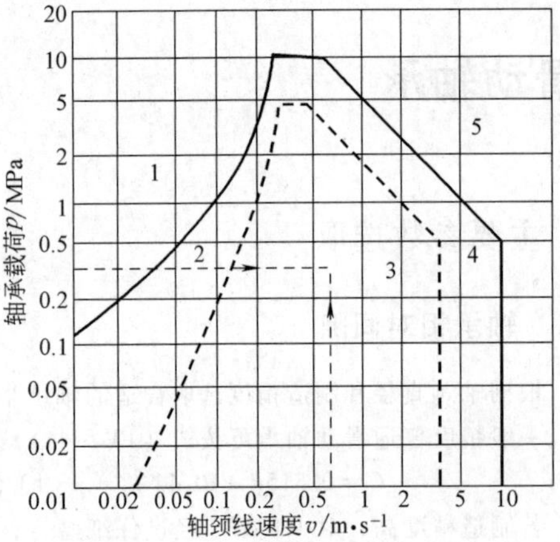

图 13.5-1 普通径向滑动轴承 p-v 范围
1—边界润滑区 2—脂润滑区 3—普通滑动轴承安全区 4—滴油、油垫润滑区 5—油环、油盘和压力供油润滑区

在低速一侧（区域2），可采用润滑脂润滑；在高速一侧（区域4），只能采用滴油和油垫润滑。

4 润滑剂及其黏度的选择

润滑脂适用的场合是重载、低速轴承，允许有较大的轴承间隙，需要的油量仅为润滑油的1/100～1/10。即使在静止状态下承受载荷，润滑膜也可能存在，因此起动转矩较低。但它运转阻力比油润滑高，冷却效果又差，因此运转温度较高。同时，准确计算脂润滑轴承的性能比较困难。

在为脂润滑轴承选择润滑脂品种和锥入度时，需要考虑的因素是工作温度、载荷、速度和环境，一般情况下可参考表13.5-1选取。

在为普通油润滑轴承选择润滑油品种和黏度等级时，可参考表13.5-2。选择时通常假定工作温度比环境温度高50～60℃。

表 13.5-1 润滑脂品种和锥入度的选择

工作温度 θ/℃	<60		60～130		>130
速度 v/m·s^{-1}	<0.5	>0.5	<0.5	>0.5	全部
润滑脂品种	钙基润滑脂		烃基润滑脂	锂基润滑脂	膨润土基润滑脂
锥入度/10^{-1}mm	265～340	335～385	220～250		

表 13.5-2 润滑油品种和黏度的选择

工作温度 θ/℃	<60		60～130		>130
速度 v/m·s^{-1}	<0.5	>0.5	<0.5	>0.5	全部
润滑油品种	含减摩添加剂的矿物润滑油		含抗氧添加剂的矿物润滑油		含抗氧添加剂的合成润滑油
运动黏度 v_{40}/mm^2·s^{-1}	68	32	130	68	130

5 标准轴套与轴瓦

标准轴套与轴瓦指由国家标准规定了形式、尺寸和公差的轴套与轴瓦。本节所述的金属轴瓦材料的轴套与轴瓦，既可用于普通滑动轴承，也可用于动压轴承。能否形成完整油膜取决于供油方式、加工精度、表面粗糙度与运转条件。

5.1 铜合金轴套

铜合金轴套可以有油孔、润滑槽，也可以不带油孔。

GB/T 18324—2001 规定了一般用途的、内径从6mm至200mm的单层铜合金轴套的形式、尺寸及公差。C型为圆柱轴套，F型为有法兰轴套（见图13.5-2）。

标记示例：

C型轴套内径 D=20mm，外径 d_1=24mm，宽度 B=20mm，协商而定的外圆倒角 C_2 为15°，材料为CuSn8P，标记为：

轴套 GB/T 18324-C20×24×20Y-CuSn8P。

C型铜合金圆柱轴套按厚度不同（内径相同、外径不同）有薄、中、厚三个系列，其公称尺寸见表13.5-3；F型有法兰轴套有薄、厚两个系列，其公称尺寸见表13.5-4。它们的尺寸公差见表13.5-5。

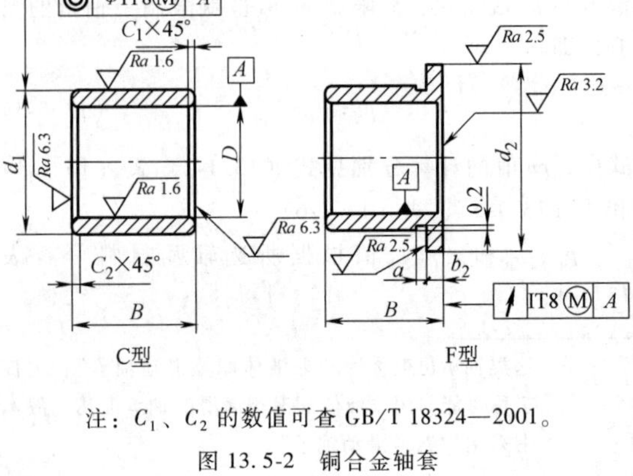

注：C_1、C_2 的数值可查 GB/T 18324—2001。

图 13.5-2 铜合金轴套

表 13.5-3　C 型铜合金轴套的公称尺寸（摘自 GB/T 18324—2001）　（mm）

内径 D	外径 d_1 系列 1	外径 d_1 系列 2	外径 d_1 系列 3	宽度 B			内径 D	外径 d_1 系列 1	外径 d_1 系列 2	外径 d_1 系列 3	宽度 B		
6	8	10	12	6	10	—	48	53	56	58	40	50	60
8	10	12	14				50	55	58	60			
10	12	14	16				55	60	63	65			70
12	14	16	18	10	15	20	60	65	70	75	50	60	80
14	16	18	20				65	70	75	80			
15	17	19	13				70	75	80	85		70	90
16	18	20	22	12			75	80	85	90			
18	20	22	24		20	30	80	85	90	95	60	80	100
20	23	24	26	15			85	90	95	100			
22	25	26	28				90	100	105	110			120
(24)	27	28	30				95	105	110	115		100	
25	28	30	32	20	30	40	100	110	115	120	80		
(27)	30	32	34				105	115	120	125			
28	32	34	36				110	120	125	130			150
30	34	36	38				120	130	135	140	100	120	
32	36	38	40				130	140	145	150			
(33)	37	40	42				140	150	155	160		150	
35	39	41	45	30	40	50	150	160	165	170	120		180
(36)	40	42	46				160	170	180	185			
38	42	45	48				170	180	190	195		180	200
40	44	48	50			60	180	190	200	210	150		250
42	46	50	52				190	200	210	220			
45	50	53	55				200	210	220	230	180	200	

注：括号内的值仅作特殊用途，应尽可能避免使用。

表 13.5-4　F 型铜合金有法兰轴套的公称尺寸（摘自 GB/T 18324—2001）　（mm）

内径 D	系列 1 外径 d_1	系列 1 法兰外径 d_2	系列 1 法兰宽度 b_2	系列 2 外径 d_1	系列 2 法兰外径 d_2	系列 2 法兰宽度 b_2	宽度 B	内径 D	系列 1 外径 d_1	系列 1 法兰外径 d_2	系列 1 法兰宽度 b_2	系列 2 外径 d_1	系列 2 法兰外径 d_2	系列 2 法兰宽度 b_2	宽度 B
6	8	10	1	12	14	3	10	48	53	58	2.5	58	66	5	40、50、60
8	10	12		14	18			50	55	60		60	68		
10	12	14		16	20			55	60	65		65	73		40、50、70
12	14	16		18	22		10、15、20	60	65	70		75	83	7.5	40、60、80
14	16	18		20	25			65	70	75		80	88		50、60、80
15	17	19		21	27			70	75	80		85	95		50、70、90
16	18	20		22	28		12、15、20	75	80	85		90	100		
18	20	22		24	30		12、20、30	80	85	90		95	105		60、80、100
20	23	26	1.5	26	32		15、20、30	85	90	95		100	110		
22	25	28		28	34			90	100	110	5	110	120	10	60、80、120
(24)	27	30		30	36			95	105	115		115	125		60、100、120
25	28	31		32	38	4	20、30、40	100	110	120		120	130		80、100、120
(27)	30	33		34	40			105	115	125		125	135		
28	32	36	2	36	42			110	120	130		130	140		
30	34	38		38	44			120	130	140		140	150		100、120、150
32	36	40		40	46			130	140	150		150	160		
(33)	37	41		42	48	5		140	150	160		160	170		100、150、180
35	39	43		45	50		30、40、50	150	160	170		170	180		120、150、180
(36)	40	44		46	52			160	170	180		185	200	12.5	
38	42	46		48	54			170	180	190		195	210		120、180、200
40	44	48		50	58		30、40、60	180	190	200		210	220	15	150、180、250
42	46	50		52	60			190	200	210		220	230		
45	50	55	2.5	55	63			200	210	220		230	240		180、200、250

注：括号内的值仅作特殊用途，应尽可能避免使用。

表 13.5-5　铜合金轴套尺寸公差

内径 D	外径 d_1 ≤120mm	外径 d_1 >120mm	法兰外径 d_2	宽度 B	轴承座孔径 D_1	轴径 d
E6	s6	r6	d11	h13	H7	E7、g7

5.2　卷制轴套

5.2.1　卷制轴套的形式与尺寸

GB/T 12613.1—2011 对卷制轴套的形式及尺寸做了规定，多层材料制成的卷制轴套形式如图 13.5-3 所示。

(1) 公称尺寸

卷制轴套的公称尺寸及宽度的极限偏差见表 13.5-6；内、外倒角的尺寸见表 13.5-7。

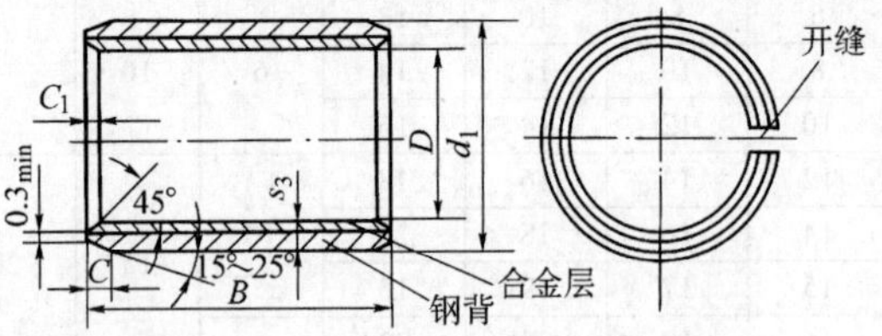

图 13.5-3　多层材料制成的卷制轴套形式

表 13.5-6　卷制轴套的公称尺寸及宽度的极限偏差（摘自 GB/T 12613.1—2011）　(mm)

D	d_1	s_3	B														
			4	6	8	10	12	15	20	25	30	40	50	60	70	80	100
			极限偏差														
4	5.5	0.75	a		×												
6	8																
8	10			a	a												
10	12						a										
12	14	1.0				a				b							
13	15						×										
14	16							b									
15	17						a										
16	18																
18	20						×		b								
	21									b							
20	23						a										
22	25	1.5						a									
24	27																
25	28																
28	31																
	32										b	×	b				
30	34							a		a							
32	36	2.0															
35	39												b				
38	42								a	×							
40	44											b					
45	50												b				
50	55									a				b			
55	60									×	a		×				
60	65																
65	70											×	b	×			
70	75														c		
75	80																
80	85											b	×			c	
85	90	2.5															
90	95														×		
95	100																
100	105																
105	110												b				
110	115																
115	120													b		×	
120	125												b		b		
125	130																
130	135																c
135	140														×	b	
140	145															×	
150	155															b	
160	165																
170	175																
180	185																
200	205																
220	225																
250	255																
300	305																

注：宽度 B 的极限偏差，a为±0.25mm，b为±0.5mm，c为±0.75mm。

表 13.5-7　卷制轴套内、外倒角的尺寸

（摘自 GB/T 12613.1—2011）（mm）

壁厚 s_3	外倒角 C		内倒角 C_1
	机加工	辗制	
0.75	0.5±0.3	0.5±0.3	-0.1 -0.4
1.0	0.6±0.4	0.6±0.4	-0.1 -0.5
1.5	0.6±0.4	0.6±0.4	-0.1 -0.7
2.0	1.2±0.4	1.0±0.4	-0.1 -0.7
2.5	1.6±0.6	1.2±0.4	-0.2 -1.0

（2）尺寸偏差

卷制轴套的制造精度分为 A、B、C、D、E 和 W 共六个系列：A、B、C、D、E 系列控制轴套壁厚的公差，其中 C、E 系列由轴套生产厂商留出轴承孔的加工余量，其余的不留孔加工余量；W 系列控制轴套内、外直径的公差。

卷制轴套壁厚的公称尺寸和极限偏差见表 13.5-8，W 系列卷制轴套直径的极限偏差见表 13.5-9，轴套表面粗糙度 Ra 见表 13.5-10。

（3）材料及其代号

GB/T 12613.4—2011 规定了卷制轴套用单层和多层滑动轴承的材料及其代号，见表 13.5-11。

表 13.5-8　卷制轴套壁厚的公称尺寸和极限偏差（摘自 GB/T 12613.1—2011）（mm）

<table>
<tr><th colspan="2" rowspan="2">壁厚公称尺寸</th><th colspan="5">壁厚极限偏差</th><th colspan="2">钢背厚度极限偏差</th></tr>
<tr><th>A</th><th>B</th><th>D</th><th>C</th><th>E</th><th>尺寸范围</th><th>极限偏差</th></tr>
<tr><td colspan="2">0.75</td><td rowspan="4">0
-0.015</td><td>0
-0.020</td><td>—</td><td rowspan="4">+0.25
+0.15</td><td>—</td><td>0.38~0.53</td><td>±0.08</td></tr>
<tr><td colspan="2">1.0</td><td>+0.005
-0.020</td><td>+0.020
-0.045</td><td rowspan="3">+0.11
+0.07</td><td>0.45~0.68</td><td>±0.13</td></tr>
<tr><td colspan="2">1.5</td><td>+0.005
-0.025</td><td>+0.025
-0.055</td><td>0.85~1.1</td><td>±0.15</td></tr>
<tr><td colspan="2">2.0</td><td>+0.005
-0.030</td><td>+0.030
-0.065</td><td>1.3~1.55</td><td rowspan="4">±0.20</td></tr>
<tr><td rowspan="3">2.5</td><td>$d_1 \leqslant 80$</td><td>0
-0.020</td><td>+0.005
-0.040</td><td rowspan="3">+0.040
-0.085</td><td rowspan="3">+0.30
+0.15</td><td rowspan="3">+0.14
+0.07</td><td rowspan="3">1.8~2.05</td></tr>
<tr><td>$80 < d_1 \leqslant 120$</td><td>0
-0.025</td><td>+0.010
-0.060</td></tr>
<tr><td>$d_1 > 120$</td><td>0
-0.030</td><td>+0.035
-0.085</td></tr>
</table>

注：1. 按 GB/T 12613.4—2011 材料 P1（衬层为多孔烧结锡青铜/铅锡青铜，表面覆盖层为 PTFE）制造的轴套只用于 B 系列。

2. 按 GB/T 12613.4—2011 材料 P2（衬层为多孔烧结锡青铜/铅锡青铜，表面覆盖层为热塑性塑料）制造的轴套优先用于 D 系列。

3. 钢背厚度取决于衬层材料。

表 13.5-9　W 系列卷制轴套直径的极限偏差（mm）

内径 D	公称尺寸	≤10	>10~18	>18~30	>30~50	>50~80	>80~120	>120~175
	极限偏差	+0.036 0	+0.043 0	+0.052 0	+0.062 0	+0.074 0	+0.087 0	+0.100 0

外径 d_1		公称尺寸	≤10	>10~18	>18~30	>30~50	>50~80	>80~120	>120~140	>140
	极限偏差	钢　背 多层轴套	+0.055 +0.025	+0.065 +0.030	+0.075 +0.035	+0.085 +0.045	+0.100 +0.055	+0.120 +0.070	+0.170 +0.100	+0.225 +0.125
		铜合金 单层轴套	+0.075 +0.045	+0.080 +0.050	+0.095 +0.055	+0.110 +0.065	+0.125 +0.075	+0.140 +0.090	+0.190 +0.120	+0.245 +0.145

注：1. 除非另有异议，轴套内径与外径的同轴度为 0.05mm。

2. 内径按照 GB/T 12613.1—2011 检验方法 C 检验。

3. 外径按照 GB/T 12613.1—2011 检验方法 A 和 D 检验。

4. 对于外径 d_1>140mm 的轴套，其外径可根据 GB/T 12613.2—2011 检验方法 D 的精密测量，通过圆整比较测量控制。

表 13.5-10　轴套表面粗糙度 *Ra*　　(μm)

表面	系　列				
	A	B	C/E	D	W
轴承孔	0.8	1.6①	6.3	1.6①	
轴承背面	1.6				
其他表面	25				

① 按照 ISO 3547—4 中规定的 B1 和 P1 材料制成的轴套，轴承孔 $Ra \leqslant 6.3\mu m$。

表 13.5-11　卷制轴套用单层和多层滑动轴承的材料及其代号（摘自 GB/T 12613.4—2011）

材料牌号	标记代号	硬度 HBW	材料牌号	标记代号	硬度 HBW	材料牌号	标记代号	硬度 HBW
钢(硬化)	Z1	—	钢/P-CuPb24Sn	S2	40~60	钢/AlZn5	R4	60~100
CuSn8P	Y1	120	钢/G-CuPb24Sn4	S3	60~90	钢-烧结锡青铜、填充物以及加入添加剂的 PTFE 表面涂层（磨合层）	P1、B1	—
	Y2	150	钢/P-CuPb24Sn4	S4	45~90			
CuZn31Si	W1	110	钢/G-CuPb10Sn10	S5	70~130			
	W2	140	钢/P-CuPb10Sn10	S6	60~90			
钢/SnSb8Cu4	T2	17~24①	钢/AlSn20Cu	R2	30~40	钢-带热塑性聚合物的烧结青铜	P2、B2	—
钢/G-CuPb24Sn	S1	55~80	钢/AlSn12SiCu	R3	40~60			

注：斜线前为衬背材料，斜线后为衬层材料；G—铸造，P—烧结。

① 硬度为 HV。

5.2.2　卷制轴套用润滑孔、润滑槽和油穴

（1）润滑孔

润滑孔中心与开缝的夹角应为 45°±5°，位置应尽可能避开图 13.5-4 中所示的斜线部分，其尺寸见表 13.5-12。

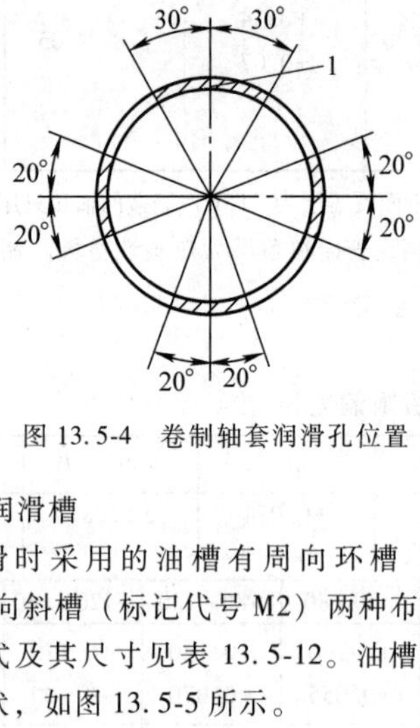

图 13.5-4　卷制轴套润滑孔位置

（2）润滑槽

油润滑时采用的油槽有周向环槽（标记代号 M1）和轴向斜槽（标记代号 M2）两种布置方式。油槽布置方式及其尺寸见表 13.5-12。油槽有 A、B 两种截面形状，如图 13.5-5 所示。

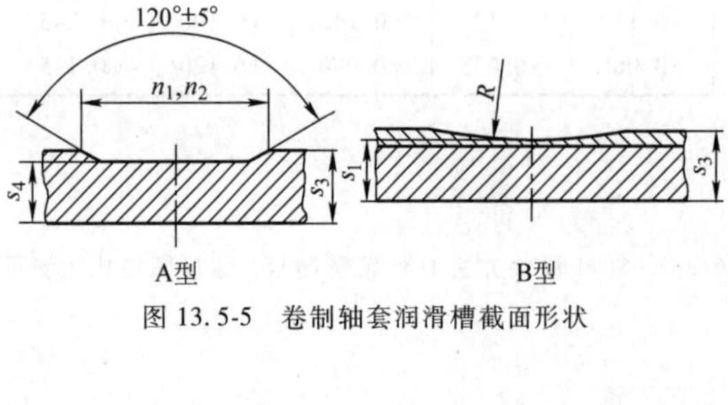

图 13.5-5　卷制轴套润滑槽截面形状

（3）油穴

当轴套壁厚大于 1mm 时，可在复合材料钢带上制出油穴，油和脂润滑均可采用油穴，可以单独使用，也可与润滑孔、润滑槽共同使用。油穴有圆形（标记代号 N1）和椭圆（标记代号 N2）或菱形（标记代号 N3）。

表 13.5-12　卷制轴套润滑孔、润滑槽尺寸　　(mm)

	轴套孔径 D	油孔直径 d_L	b_1 系列 A、B、D、W	b_1 系列 C
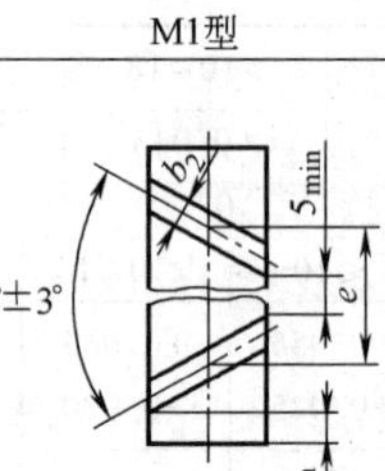 M1型	>14~22	3	4	5
	>22~40	4	5	6
	>40~50	5	6	7
	>50~100	6	7	8
	>100	7	8	9
	轴套孔径 D	e	b_2 系列 A、B、D、W	b_2 系列 C
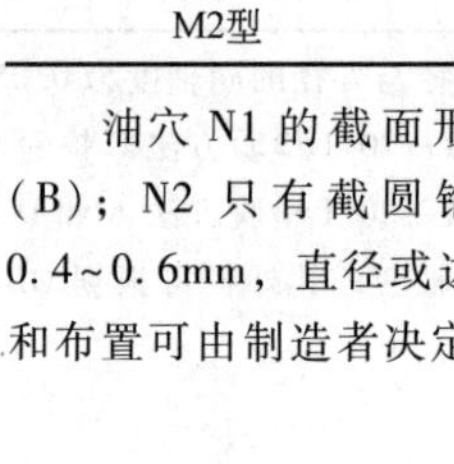 M2型	>18~26	32	3	4
	>26~36	45		
	>36~50	70	5	6
	>50~70	100		
	>70~100	130	6	7
	>100	140	7	8

油穴 N1 的截面形状有球面（A）或截圆锥形（B）；N2 只有截圆锥形（见图 13.5-6），深度为 0.4~0.6mm，直径或边长为 1.5~3.0mm。油穴形式和布置可由制造者决定。

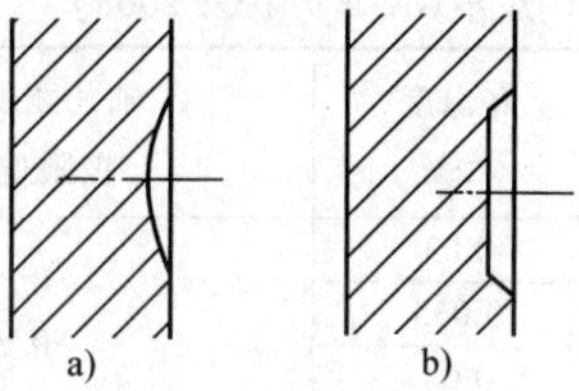

图 13.5-6　油穴形状

a）球面　b）截圆锥形

5.2.3　标记

标记内容有：公差系列、外径、宽度和材料，以及油孔、油槽、油穴结构及检验方法等。

标记示例：

轴套 GB/T 12613—C30 A 34×20-S5-M1A N1B-AS

壁厚极限偏差为 A 系列、内径 $D=30$mm、外径 $d_1=34$mm、宽度 $B=20$mm、符合 GB/T 12613.4 中材料代码为 S5 的多层材料制成、符合 GB/T 12613.3 润滑油孔和环形油槽的结构 M1A、油穴结构 N1B 和符合 GB/T 12613.2 中的检验方法 A 的 C 型卷制圆柱轴套。S 表示壁厚检测按 GB/T 12613.7 的规定。

5.3　轴瓦

根据轴瓦的壁厚，轴瓦分为厚壁轴瓦和薄壁轴瓦，国家标准仅对薄壁轴瓦做了规定。薄壁轴瓦有无法兰和有法兰两种，如图 13.5-7 所示。

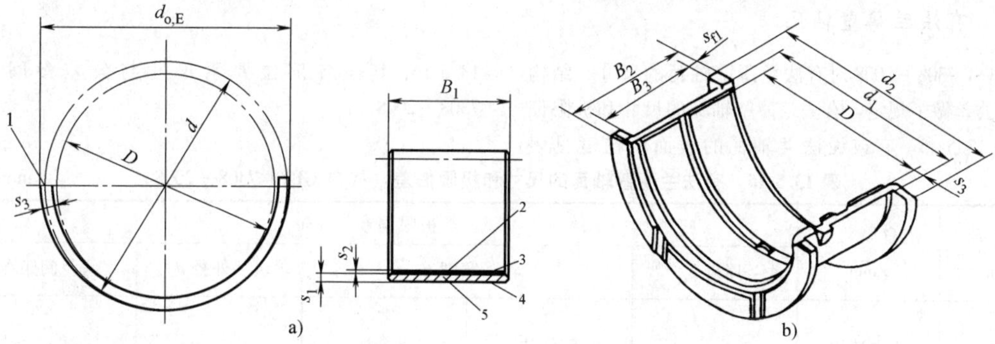

$d_{o,E}$—轴瓦自由状态（有自由弹张量）的外径（mm）

B_1—轴瓦宽度（无法兰）（mm）

s_1—钢背厚度（mm）

s_2—轴承合金厚度（mm）

s_3—轴瓦壁厚（mm）

B_2—有法兰轴瓦宽度（mm）

B_3—法兰间距（mm）

D—轴瓦公称内径（轴承孔）（mm）

d—轴承公称外径（mm）

d_2—法兰外径（mm）

d_1—轴承公称外径（mm）

s_{f1}—法兰厚度（mm）

图 13.5-7　薄壁轴瓦

a）无法兰薄壁轴瓦（有自由弹张量）　b）有法兰薄壁轴瓦（整体式或组合式，无自由弹张量）

1—对口面　2—滑动表面　3—轴承合金　4—轴瓦背面　5—钢背

5.3.1　无法兰薄壁轴瓦

GB/T 7308—2008 对薄壁轴瓦尺寸、结构要素与公差做了规定。轴承公称外径 d 和壁厚 s_3 的标准尺寸见表 13.5-13，各部位的尺寸、公差和极限偏差见表 13.5-14。

表 13.5-13　无法兰薄壁轴瓦的外径 d 和壁厚 s_3 的标准尺寸（摘自 GB/T 7308—2008）（mm）

<table>
<tr><td colspan="12">壁　厚　s_3</td></tr>
<tr><td>1.5</td><td>1.75</td><td>2</td><td>2.5</td><td>3</td><td>3.5</td><td>4</td><td>5</td><td>6</td><td>8</td><td>10</td><td>12</td></tr>
<tr><td colspan="12">外　径　d</td></tr>
<tr><td colspan="4">≤50</td><td></td><td></td><td></td><td></td><td></td><td></td><td></td><td></td></tr>
<tr><td></td><td colspan="4">>50～80</td><td></td><td></td><td></td><td></td><td></td><td></td><td></td></tr>
<tr><td></td><td></td><td colspan="4">>80～120</td><td></td><td></td><td></td><td></td><td></td><td></td></tr>
<tr><td></td><td></td><td></td><td></td><td colspan="4">>120～160</td><td></td><td></td><td></td><td></td></tr>
<tr><td></td><td></td><td></td><td></td><td></td><td colspan="3">>160～200</td><td></td><td></td><td></td><td></td></tr>
<tr><td></td><td></td><td></td><td></td><td></td><td></td><td colspan="3">>200～250</td><td></td><td></td><td></td></tr>
<tr><td></td><td></td><td></td><td></td><td></td><td></td><td></td><td colspan="3">>250～315</td><td></td><td></td></tr>
<tr><td></td><td></td><td></td><td></td><td></td><td></td><td></td><td></td><td colspan="3">>315～400</td><td></td></tr>
<tr><td></td><td></td><td></td><td></td><td></td><td></td><td></td><td></td><td></td><td colspan="3">>400～500</td></tr>
</table>

表 13.5-14　薄壁轴瓦各部位的尺寸、公差和极限偏差（摘自 GB/T 7308—2008）　　(mm)

外径 d		壁厚 s_3 公差		高出度公差	轴瓦宽度 B_1 极限偏差
大于	至	无电镀减摩层	带电镀减摩层		
—	50	0.008	—	0.03	0 -0.3
50	80		0.012	0.035	
80	120	0.010	0.015	0.04	
120	160	0.015	0.022	0.045	0 -0.4
160	200			0.05	
200	250	0.02	0.03	0.055	
250	315			0.06	0 -0.5
315	400	0.025	0.035	0.07	
400	500	0.03	0.04		

注：轴瓦宽度 B 根据使用要求而定，但宽度极限偏差应按本表中的规定。

5.3.2　有法兰薄壁轴瓦

GB/T 7308—2008 对有法兰薄壁轴瓦的尺寸、结构要素与公差做了规定。有法兰薄壁轴瓦的尺寸和极限偏差见表 13.5-15。有或无法兰轴瓦的表面粗糙度见表 13.5-16，其他各部位要素尺寸与公差参阅 GB/T 7308—2008。

表 13.5-15　有法兰薄壁轴瓦的尺寸和极限偏差（摘自 GB/T 7308—2008）　　(mm)

外径 d_1 /mm		壁厚 s_3 /mm	极限偏差①/mm				
			法兰厚度 s_{f1} ②③	轴瓦宽度 B_2		法兰外径 d_2	法兰间距③ B_3
>	≤	优先选用的公称尺寸		整体法兰轴瓦	组合法兰轴瓦		
—	50	1.5、1.75、2、2.5	0 -0.05	0 -0.05	0 -0.12	±1	+0.05 0
50	80	1.75、2、2.5、3	0 -0.05	0 -0.05	0 -0.12	±1	+0.05 0
80	120	2、2.5、3、3.5	0 -0.05	0 -0.07	0 -0.12	±1	+0.07 0
120	160	3、3.5 4、5	0 -0.05	0 -0.07	0 -0.2	±1.5	+0.07 0
160	200	3.5、4、5	0 -0.05	0 -0.12	0 -0.2	±1.5	+0.07 0
200	250	4、5、6	0 -0.05	0 -0.12	0 -0.2	±1.5	+0.07 0
250	315	5、6、8	—	—	—	—	—
315	400	6、8、10	—	—	—	—	—
400	500	8、10、12	—	—	—	—	—

注：有法兰薄壁轴瓦的壁厚公差、高出度公差与无法兰薄壁轴瓦相同，见表 13.5-14。

① 经用户与制造商共同商定。

② 在承载边。

③ 极限偏差不应加大。

表 13.5-16　有或无法兰薄壁轴瓦的表面粗糙度

外径 d(或 d_1)/mm	瓦背表面粗糙度 $Ra/\mu m$	滑动表面表面粗糙度 $Ra/\mu m$
≤120	0.8	0.8
>120~250	1.2	0.8
>250~500	1.6	1.2

注：1. 表面粗糙度按照 GB/T 10610 规定的方法评定。

2. 带电镀减摩层的轴瓦表面粗糙度测量，可能会因测量装置的探针将软合金层划伤而不够安全。

5.4　热固性塑料轴套

热固性塑料轴套用于水润滑径向轴承。在水中工作的塑料轴套通常采用的热固性塑料有酚醛（PF）和聚邻苯二甲酸二丙烯酯（PDAP），所用酚醛塑料是以线性酚醛树脂为黏合剂，以石棉、焦炭粉和石墨等为填充料的酚醛模塑料，其牌号有 P23-1（材料代号为 M）、P117、FM 和 COP。聚邻苯二甲酸二丙烯酯塑料以聚邻苯二甲酸二丙烯酯树脂为基体，以矿物纤维和耐热性固体润滑剂为填充料，其牌号有 DAP-2。水润滑塑料轴套的基本形式如图 13.5-8 所示。其工作表面开有直的或螺旋形导水槽，直槽有圆弧形和方形两种；螺旋槽为圆弧形，可以是左旋或右旋，单线或多线。

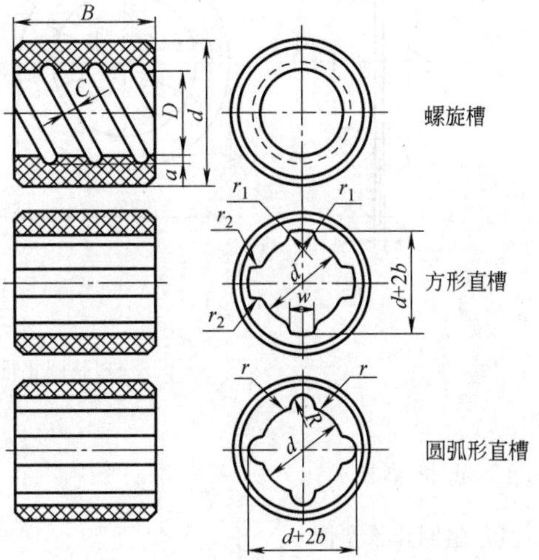

图 13.5-8　水润滑塑料轴套的基本形式

水润滑热固性塑料径向轴套尺寸见表 13.5-17。

内径 d 的公差为 H8；外径 D 的公差，外圆无定位要素的为 p7，有定位要素的为 d9；宽度的上极限偏差为 0，下极限偏差为-0.50。

表 13.5-17　水润滑热固性塑料径向轴套尺寸（摘自 JB/T 5985—1992）　（mm）

内径 D	外径 d	宽度 B	带直槽工作表面					带螺旋槽工作表面		半径间隙 C_r	
			槽数	方形槽		圆弧槽		槽宽	槽深	外圆有定位要素	外圆无定位要素
				$w \times b$	r_1、r_2	R、b	r	C	a		
25	40	30、40、48	4	10×3	1、2	5、3	4	6	3	0.035	0.06
28	44	35、44、52									
30	50	40、50、60		12×3	2、4	6、4					
35	55	44、55、66								0.05	0.08
38	58	46、58、70	6				6				
42	62	50、62、75									
45	65	52、65、78									
50	74	60、74、90		14×4	3、6	7、5		8	4		
55	80	64、80、96								0.06	0.10
60	85	68、85、102					8				
70	95	76、95、114									
80	110	86、110、132						10	5		
90	120	96、120、144	8	16×5	6、8	8、6				0.07	0.125
100	130	104、130、156									
120	150	120、150、180									

5.5　止推轴瓦

止推轴瓦（止推垫圈）是与轴瓦或轴套配套使用的滑动止推轴瓦。止推垫圈有整圆止推垫圈和半圆止推垫圈（见图13.5-9）。整圆止推垫圈与卷制轴套或整体轴套相配，半圆止推垫圈与轴瓦相配。止推垫圈一般不承受大的轴向载荷，只起防止轴的轴向窜动的作用。

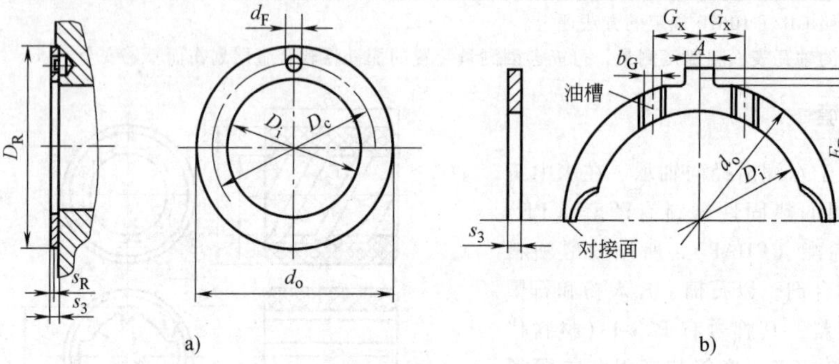

图13.5-9　止推垫圈
a）整圆止推垫圈　b）半圆止推垫圈

5.5.1　止推垫圈

（1）整圆止推垫圈

GB/T 10446—2008规定了整圆止推垫圈的形式、尺寸和极限偏差。

垫圈上要开设油槽，其形状与轴套上的油槽相同，标准对油槽尺寸未做规定。垫圈的平面度：直径小于80mm的为0.10mm，大于80mm的为0.12mm。

整圆止推垫圈的主要尺寸和极限偏差见表13.5-18。

整圆止推垫圈装在轴承座的凹座内，图13.5-9中所示的尺寸 D_R 与 s_R 分别为凹座的直径和深度。凹座直径 $D_R=d_o$，其公差为G10；深度 s_R 取决于止推垫圈可能出现的磨损量、载荷条件，并要求卸载后保证止推垫圈不脱落。

表13.5-18　整圆止推垫圈的主要尺寸和极限偏差（摘自GB/T 10446—2008）　（mm）

尺寸元素		D_i	d_o	s_3	D_c	d_F	尺寸元素		D_i	d_o	s_3	D_c	d_F
轴套外径	6	6	16	1.00	11	1.5	轴套外径	27、(28)	28	48	1.50	39	4.0
	7	7	17		12			30、32	32	54		43	
	8	8	18		13			34、36	36	60		48	
	9	9	19		14			38、(39)、40	40	64		52	
	10	10	22		16			42、(44)、45	45	70		57.5	
	11、12	12	24	1.50	18			48、50	50	76	2.00	63	
	13、14	14	26		20	2.0		53、(55)	55	80		67.5	5.0
	15、16	16	30		23			56、(57)、60	60	90		75	
	17、18	18	32		25			63、(65)	65	100		83.5	
	19、20	20	36		28	3.0		67、(70)	70	105		88	
	21、22	22	38		30			71、75	75	110		92.5	
	(23)24	24	42		33			80	80	120		100	
	25、26	26	44		35								
极限偏差		+0.25 0	0 −0.25	0 −0.05	±0.15	+0.40 −0.10	极限偏差		+0.25 0	0 −0.25	0 −0.05	±0.15	+0.40 −0.10

注：括号内轴套外径仅作特殊用途，应尽可能避免使用。

（2）半圆止推垫圈

图 13.5-9b 所示为 GB/T 10447—2008 推荐的形式，它只规定了半圆止推垫圈各尺寸要素的公差，未对尺寸做规定。各尺寸要素的极限偏差见表 13.5-19。垫圈设定位凸缘，以防止垫圈转动。推荐的定位凸缘尺寸及极限偏差见表 13.5-20。

对接面宽度尺寸的计算式为 $L_{jmin}=(D-d)/4$，但 L_{jmin} 不得小于 3mm。

表 13.5-19　半圆止推垫圈各尺寸要素的极限偏差（摘自 GB/T 10447—2008）　（mm）

尺寸元素		垫圈外径 d_o	垫圈内径 D_i	垫圈高度 H_D	垫圈厚度 s_3	油槽底部宽度 b_G	油槽距中心轴线距离 G_X	平面度 p 的公差
垫圈外径 d_o	≤80	0 -0.25	+0.25 0	0 -0.20	0 -0.05	+0.50 0	≤60，±1.5	0.10
	>80~120				0 -0.06		>60~160，±2.5	0.12
	>120~160	0 -0.35	+0.35 0	0 -0.25	0 -0.07			0.15

注：平面度公差 p 应在止推垫圈自由状态下测量。

表 13.5-20　定位凸缘尺寸推荐值及极限偏差（摘自 GB/T 10447—2008）　（mm）

尺寸元素		顶部高度 E_D	根部高度 F_D		宽度 A		轴承座定位槽公差
			尺寸	极限偏差	尺寸	极限偏差	
垫圈外径 d_o	≤80	H_D+5	$H_{D\,min}-r_{2max}-0.5$	0 -0.5	8	-0.25 -0.50	JS13
	>80~120	H_D+8			10		
	>120~160				12		

注：顶部高度 E_D 的极限偏差为±0.25mm。

5.5.2　热固性塑料止推轴承

热固性塑料止推轴承的基本形式如图 13.5-10 所示，其工作表面有扇面形和筋条块形两种，支承面可以是平面（见图 13.5-10a、图 13.5-10b）或槽面（见图 13.5-10c、图 13.5-10d）。

水润滑热固性塑料止推轴承的尺寸见表 13.5-21。轴承厚度的上极限偏差为 0，下极限偏差为-0.15mm。

运转 5000h 轴承磨损不大于 1mm 条件下，止推轴承的最大允许载荷见表 13.5-22。

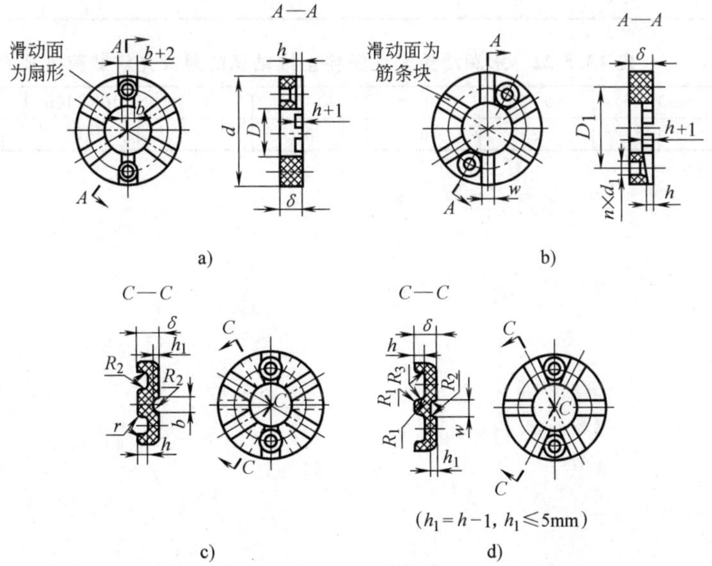

图 13.5-10　热固性塑料止推轴承的基本形式

表 13.5-21 水润滑热固性塑料止推轴承的尺寸（摘自 JB/T 5985—1992） (mm)

外径 d 尺寸	外径 d 公差	内径 D	瓦厚 δ	定位孔中心圆直径 D_1	定位孔直径 d_1	定位孔数	工作面为扇形面 润滑水槽数	工作面为扇形面 水槽宽 b	工作面为扇形面 圆角 r	工作面为筋条块 筋条块数	工作面为筋条块 块宽 w	槽深或筋条块高 h	托盘进水孔总截面积 /mm^2 ≤
35		15		25									35
40			10	30			6			6		3	
45	-0.10 -0.25	20		32							6		55
50				35				8					
55		30		43									110
60				45						8			
65			12	50	5.5							4	
70		35		53			10						200
75				55									
80	-0.20 -0.40	40		60						10			300
85		45		65		2~4		10	2				400
90		50	15	70								5	470
95				73									
100		55		78			12			12	8		620
110				83									670
120		65		92	6.6								
130		70	20	100								6	
140	-0.20 -0.45			105			16	12		16			900
150		80		115									
160		90	25	125	9		20			20		8	1100
170				130									

表 13.5-22 水润滑热固性塑料止推轴承的最大允许载荷（摘自 JB/T 5985—1992）

轴承外径 d/mm	35~45	50~55	60~65	70~80	85~95	100~120	130~150	160~170
最大允许载荷 F/kN	1.5	2	4	6	8	10	15	22

第 6 章　液体动压径向滑动轴承

1　压力供油径向圆形轴承

对径向滑动轴承，若其轴瓦孔的各横截面均为圆或圆弧，称为圆形轴承。轴瓦包角为 360°者，为全圆轴承；若轴瓦是不完整的圆弧形，即其包角小于 360°，称其为部分瓦轴承（见图 13.6-1）。

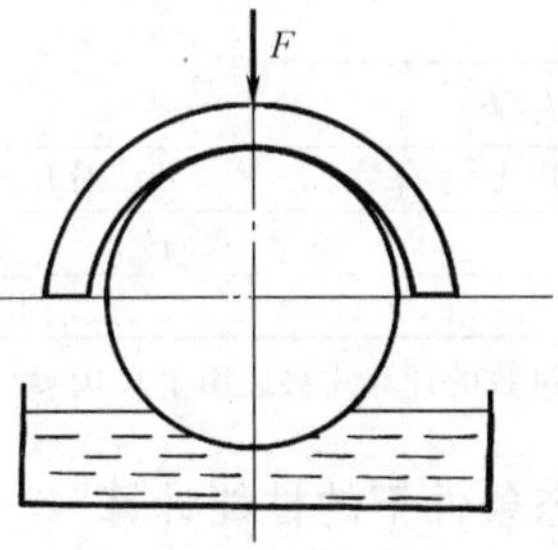

图 13.6-1　部分瓦轴承

压力供油能提供充足的润滑油，当轴颈中心偏离轴瓦孔的中心时，轴承间隙呈现出一个收敛楔形，可以构成动力润滑，成为动压轴承（见图 13.6-2）。间隙最大处的油膜厚度为最大油膜厚度 h_1，间隙最小处的油膜厚度为最小油膜厚度 h_2，轴颈中心偏离轴瓦孔中心的距离称为偏心距 e。轴承的半径间隙为 C_r，它等于轴瓦孔半径 R 与轴颈半径 r 之差，即 $C_r=R-r$。偏心距 e 与半径间隙 C_r 之比为偏心率 ε，即 $\varepsilon=e/C_r$。

当轴颈处于同心状态时，$\varepsilon=0$，其油膜厚度为 h_0，因而，$h_0=C_r$。

由图 13.6-2 可知，最小油膜厚度为

$$h_2=R-r-e=C_r-\varepsilon C_r=C_r(1-\varepsilon) \qquad (13.6\text{-}1)$$

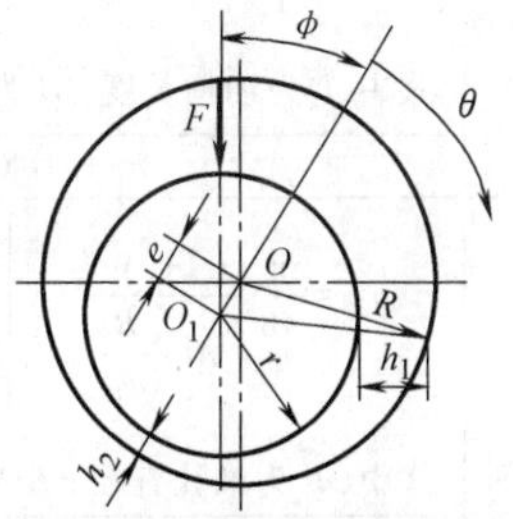

图 13.6-2　动压轴承几何参数

1.1　供油装置

润滑油以 0.05~0.20MPa 的压力泵入轴瓦中。供油温度取决于循环润滑系统的冷却能力，对于高速轴承，供油温度为 40℃ 左右是合适的。向轴瓦内供油，最合适的方法是在轴瓦不受载的区域钻油孔，或再开油槽、油腔。

（1）供油形式

有三种供油形式可供选择：油孔供油、油孔加油槽供油和油孔加油腔供油。油槽分两种：轴向油槽，为与轴线平行的直线形槽，适用于载荷方向固定或变化不大的场合；周向油槽，为与轴承孔同心的环形槽，也可以是局部（弧形）槽，适用于载荷方向变化超过 180°，甚至旋转的场合。

压力供油径向圆形轴承油孔位置可设在轴承载荷反向位置、与轴承载荷成 90°方向单油孔或与轴承载荷成 90°方向双油孔（见 GB/T 21466.2—2008）。

压力供油径向圆形轴承常用油槽/孔的形式及其特点见表 13.6-1。

表 13.6-1　压力供油径向圆形轴承常用油槽/孔的形式及其特点

油槽形式	单轴向油槽/单供油孔		双轴向油槽/双供油孔	周　向　油　槽
编　号	1	2	3	4
简　图	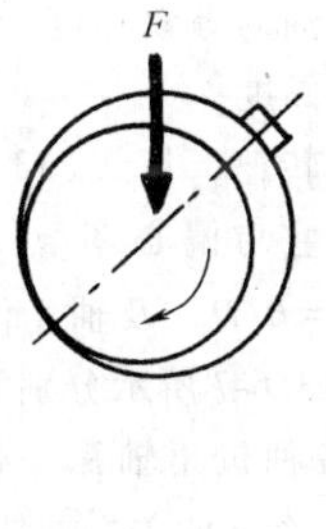	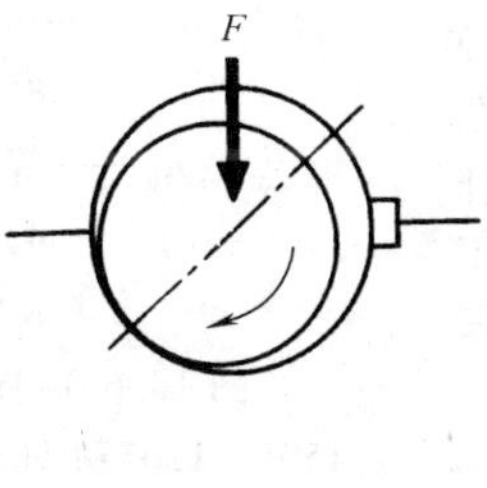	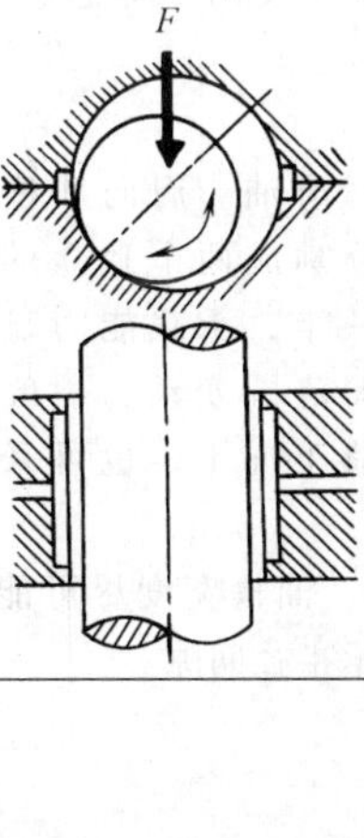	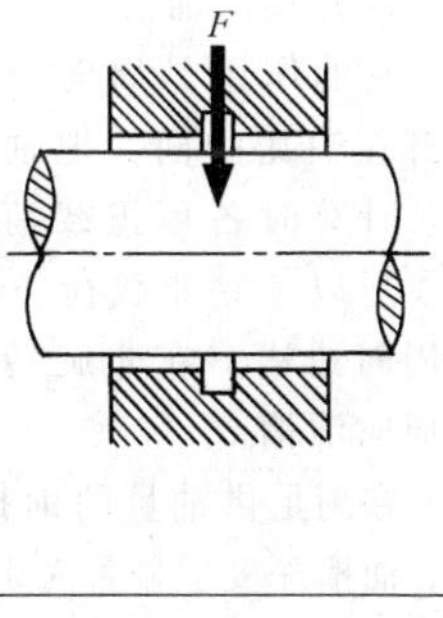

（续）

<table>
<tr><td colspan="2">油槽形式</td><td colspan="2">单轴向油槽/单供油孔</td><td>双轴向油槽/双供油孔</td><td>周　向　油　槽</td></tr>
<tr><td colspan="2">编　号</td><td>1</td><td>2</td><td>3</td><td>4</td></tr>
<tr><td rowspan="6">非承载区端泄流量数计算式①</td><td rowspan="3">供油槽</td><td>$q_2^* = \frac{\pi}{6}\ \frac{(1+\varepsilon)^3}{A\ln\frac{B}{l_a}}$</td><td>$q_2^* = \frac{\pi}{6}\ \frac{1}{A\ln\frac{B}{l_a}}$</td><td>$q_2^* = \frac{\pi}{6}\ \frac{2}{A\ln\frac{B}{l_a}}$</td><td rowspan="6">$q_2^* = \frac{\pi}{24}\ \frac{D(1+1.5\varepsilon^2)}{B-b}$
式中，b为槽宽，B为轴承宽度，D为轴承内径</td></tr>
<tr><td colspan="3">式中，l_a为油槽长度，B为轴承宽度</td></tr>
<tr><td colspan="3">$A=1.188+1.582(l_a/B)-2.585(l_a/B)^2+5.563(l_a/B)^3$</td></tr>
<tr><td rowspan="3">供油孔</td><td>$q_2^* = \frac{\pi}{48}\ \frac{(1+\varepsilon)^3}{A\ln\frac{B}{d_L}}$</td><td>$q_2^* = \frac{\pi}{48}\ \frac{1}{A\ln\frac{B}{d_L}}$</td><td>$q_2^* = \frac{\pi}{48}\ \frac{2}{A\ln\frac{B}{d_L}}$</td></tr>
<tr><td colspan="3">式中，d_L为油孔直径，B为轴承宽度</td></tr>
<tr><td colspan="3">$A=1.204+0.368(d_L/B)-1.046(d_L/B)^2+1.942(d_L/B)^3$</td></tr>
<tr><td rowspan="3">特点</td><td>轴承座</td><td>整体式</td><td>对开式</td><td>对开式/整体式</td><td>对开式/整体式</td></tr>
<tr><td>轴颈转向</td><td colspan="2">单向</td><td colspan="2">双向</td></tr>
<tr><td>载荷方向</td><td colspan="3">不变或变动很小</td><td>变化或旋转</td></tr>
</table>

① 非承载区端泄流量也称为供油压力下的润滑油流量，轴向油槽端泄流量数的计算式只适用于 $0.05 \leqslant l_a/B \leqslant 0.7$。

（2）单轴向油槽

单轴向油槽最好开在最大油膜厚度的位置上，但是因偏位角随载荷、转速和转向变化，所以只有在稳定工况下最大油膜厚度的位置才稳定。当工况变化不大时，可按其年平均工况拟定油槽位置，也可以将油槽开在载荷的反向位置，油槽位置与最大油膜厚度位置偏离不多时，没有不利的影响。

剖分轴瓦常把油槽开在剖分处，而不开在最大油膜厚度位置。

轴向油槽的长度可以从很小到轴承宽度的70%（$0.7B$）；油槽宽度可以为轴承直径的10%~30%；也可以取较宽的油槽，使油槽变为油室，其宽度只要不超出非承载区就行。油槽深度应显著大于轴承半径间隙。

（3）双轴向油槽

双轴向油槽一般开在与载荷作用方向成90°的直径上。对于剖分轴瓦，通常剖分面也在此位置，因此油槽一般开在剖分处。

这种油槽形式允许轴颈正、反两方向旋转。油槽尺寸与单轴向油槽相同。

（4）周向油槽

它的作用是周向分布润滑油。周向油槽通常都开在轴瓦中间，把轴承分割成两个独立的窄轴承，计算时各承担载荷的一半，承载能力显著下降。所以，除非载荷方向大范围变动，一般不采用周向油槽。在非旋转载荷工况下，也可采用局部周向油槽。

在满足供油量的前提下，油槽宽度尽可能窄一些，油槽深度应显著大于轴承半径间隙。

1.2 稳态条件下的性能计算

下面介绍的计算仅适用于层流状态，满足层流条件的判断式为

$$Re \leqslant 41.3\sqrt{\frac{D}{2C_r}} \qquad (13.6\text{-}2)$$

式中　Re——雷诺数；

D——轴承内径（m）；

C_r——轴承径向半径间隙（m）。

1.2.1 承载能力（摘自GB/T 21466.1—2008）

承载能力指滑动轴承正常运转时所能承受的最大载荷。令轴承上单位投影面积的载荷为$p=\frac{F}{BD}$，相对间隙为$\psi=\frac{C_r}{r}$，润滑油黏度为η，转速为n，则$\frac{p\psi^2}{\eta n}$是个量纲1的数群，称其为载荷数，记作F^*，则

$$F^* = \frac{p\psi_{eff}^2}{\eta_{eff} n_h} \qquad (13.6\text{-}3)$$

式中　ψ_{eff}——考虑轴颈、轴瓦热膨胀后的等效平均相对间隙；

η_{eff}——润滑油的等效黏度，即在等效油温θ_{eff}时的黏度；

n_h——等效转速，见式（13.1-1）和式（13.1-4）。它与偏心率$\varepsilon(=e/C_r)$、宽径比$B^*(=B/D)$及轴瓦包角α有关。

图13.6-3~图13.6-7所示分别为$\alpha=360°$、180°、150°、120°和90°各种包角轴瓦，载荷数F^*在不同宽径比B^*下与偏心率ε的关系曲线。

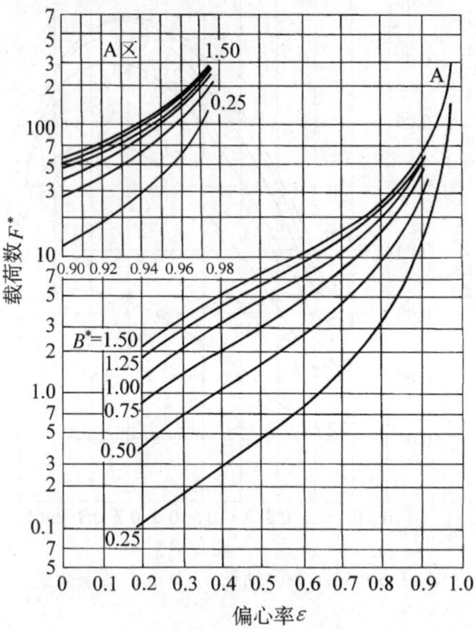

图 13.6-3　$\alpha = 360°$轴承 F^* 与 ε 的关系曲线

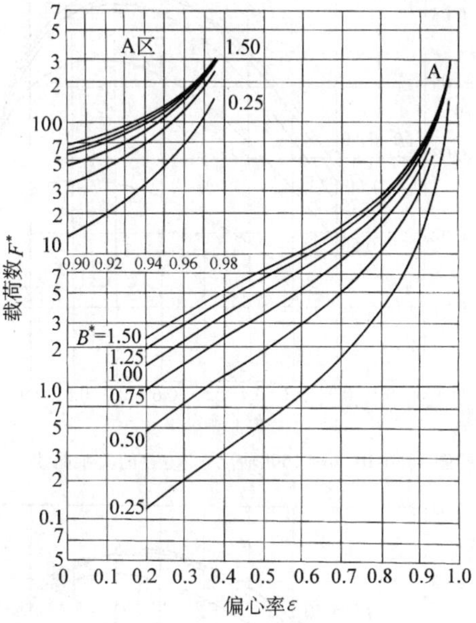

图 13.6-4　$\alpha = 180°$轴承 F^* 与 ε 的关系曲线

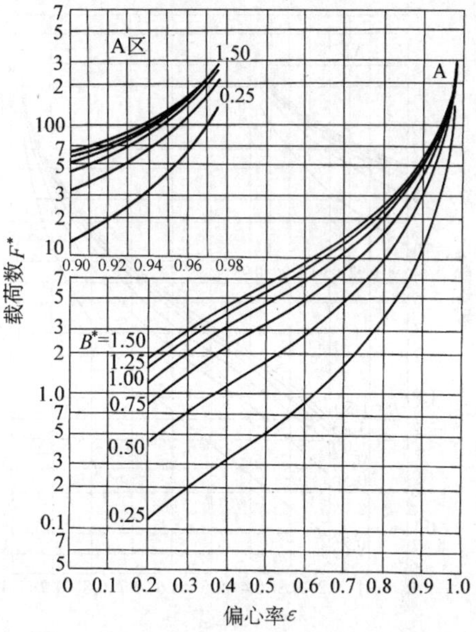

图 13.6-5　$\alpha = 150°$轴承 F^* 与 ε 的关系曲线

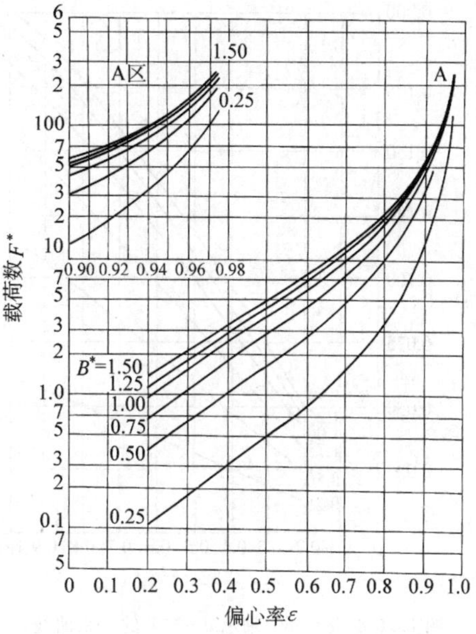

图 13.6-6　$\alpha = 120°$轴承 F^* 与 ε 的关系曲线

1.2.2　流量

（1）端泄流量（摘自 GB/T 21466.1—2008）

润滑油经轴承间隙从轴瓦两端面流出称为端泄。润滑油充满轴承间隙，形成完全油膜时，通过轴瓦两侧的端泄流量 q 由两部分组成，一部分为承载区端泄流量 q_1，又称为流体动压力产生的润滑油流量；另一部分为非承载区端泄流量 q_2，又称为供油压力产生的润滑油流量。

1）承载区端泄流量 q_1。它与等效平均相对间隙 ψ_{eff}、等效转速 n_h和轴承内径 D 的 3 次方成正比。令量纲 1 的承载区端泄流量数为 q_1^*，于是有

$$q_1^* = \frac{q_1}{2\pi n_h \psi_{eff} D^3} \tag{13.6-4}$$

图 13.6-8～图 13.6-12 所示分别为 $\alpha = 360°$、180°、150°、120°和 90°各种包角轴瓦，承载区端泄流量数 q_1^* 在不同宽径比 B^* 下与偏心率 ε 的关系曲线。

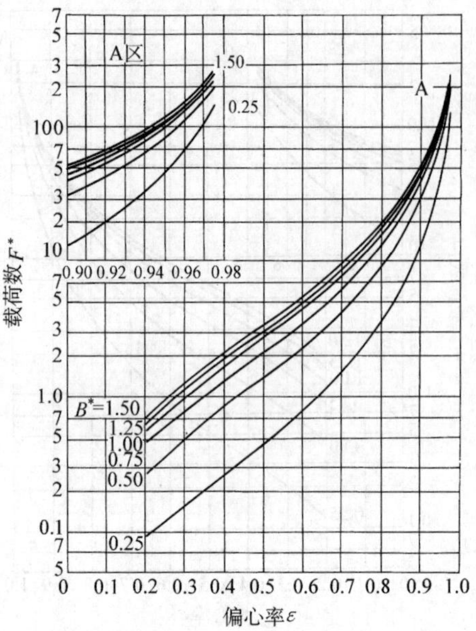

图 13.6-7 $\alpha=90°$轴承 F^* 与 ε 的关系曲线

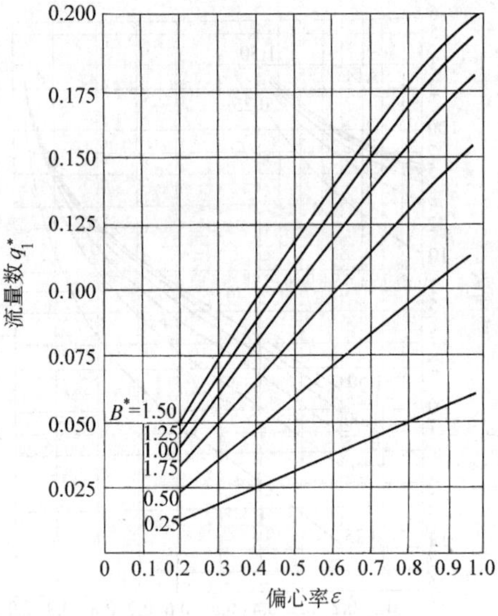

图 13.6-8 $\alpha=360°$轴承 q_1^* 与 ε 的关系曲线

2）非承载区端泄流量 q_2。它与供油压力、轴承直径和等效平均相对间隙的3次方成正比，与润滑油等效黏度 η_{eff}成反比。令量纲1的非承载区端泄流量数为 q_2^*，则其表达式为

$$q_2^*=\frac{q_2\eta_{eff}}{D^3\psi_{eff}^3p_s} \tag{13.6-5}$$

式中 p_s——供油压力。

各种形式供油槽的 q_2^* 计算式见表 13.6-1。

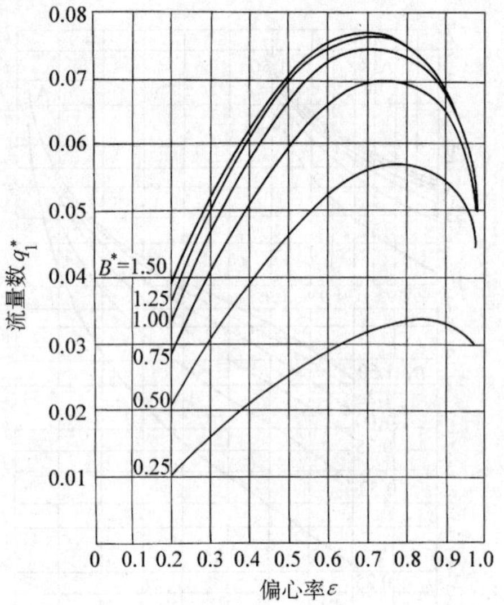

图 13.6-9 $\alpha=180°$轴承 q_1^* 与 ε 的关系曲线

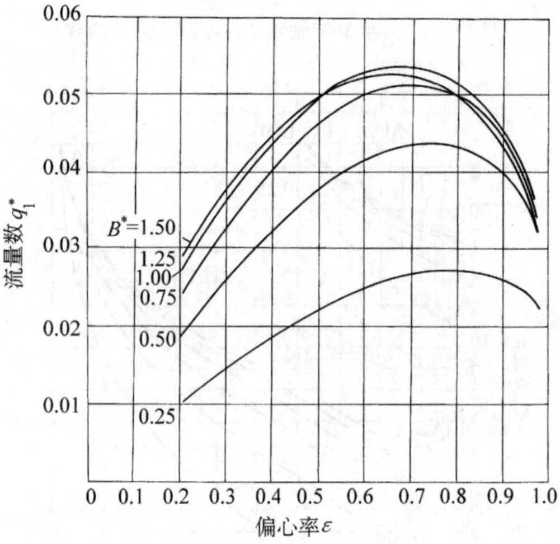

图 13.6-10 $\alpha=150°$轴承 q_1^* 与 ε 的关系曲线

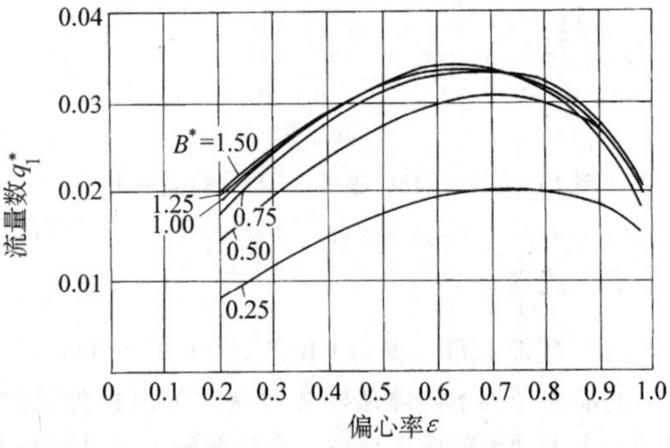

图 13.6-11 $\alpha=120°$轴承 q_1^* 与 ε 的关系曲线

（2）油槽供油量

1）轴向油槽的供油量 q_s。轴向油槽的供油量 q_s 由 q_{sv} 和 q_{sp} 两部分组成，q_{sv}是因轴颈旋转从油槽带入

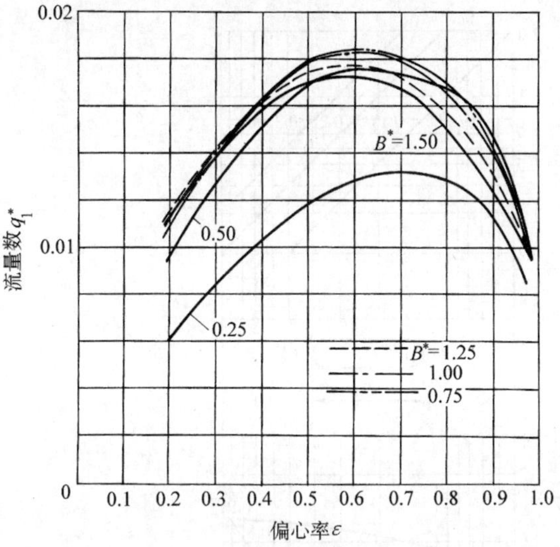

图 13.6-12　$\alpha=90°$轴承 $q_1{}^*$ 与 ε 的关系曲线

轴承间隙的速度供油量，q_{sp} 是靠供油压力从油槽压向轴承间隙的压力供油量。

速度供油量数 q_{sv}^* 的表达式为

$$q_{sv}^*=\frac{q_{sv}}{\psi_{eff}n_h l_a D} \tag{13.6-6}$$

式中　l_a——油槽长度（见图 13.6-16）。

不同宽径比下，当轴向油槽位于最大油膜处时，其速度供油量数 q_{sv}^* 与偏心率 ε 的关系曲线如图13.6-13所示；位于与轴承载荷成 90°方向时，其速度供油量数 q_{sv}^* 与偏心率 ε 的关系曲线如图 13.6-14 所示。

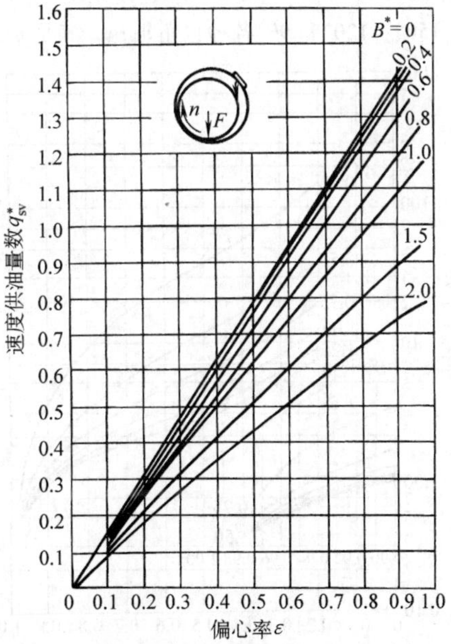

图 13.6-13　速度供油量数 q_{sv}^* 与 ε 的关系曲线

（轴向油槽位于最大油膜处时）

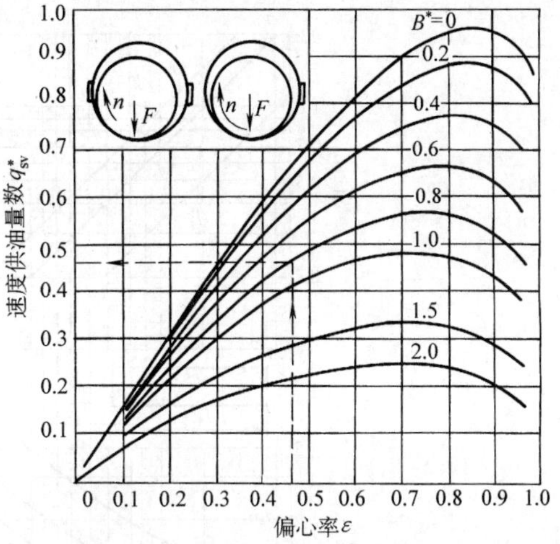

图 13.6-14　速度供油量数 q_{sv}^* 与 ε 的关系曲线

（轴向油槽位于与轴承载荷成 90°方向）

对 $\alpha=360°$ 的圆形轴承，压力供油量数 q_{sp}^* 的表达式：

油槽位于最大油膜处时为

$$q_{sp}^*=\frac{\eta_i q_{sp}}{p_s h_f^3} \tag{13.6-7a}$$

油槽与载荷成 90°方向时为

$$q_{sp}^*=\frac{\eta_i q_{sp}}{p_s(h_{f1}^3+h_{f2}^3)} \tag{13.6-7b}$$

式中　η_i——进口油温下的润滑油黏度；

h_f——油槽处的油膜厚度，可由图 13.6-15 查出相对油膜厚度 h_f/h_0 值。

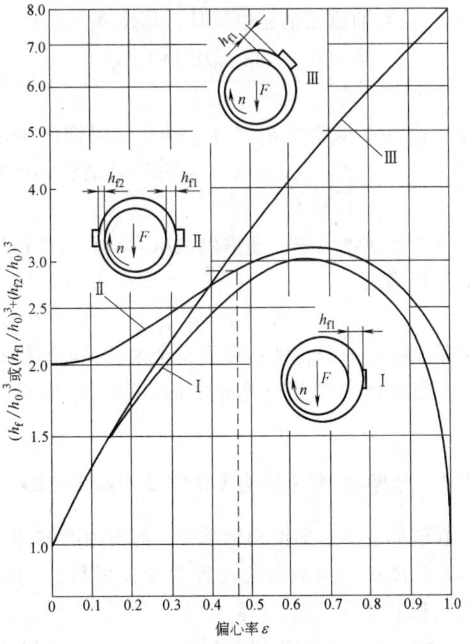

图 13.6-15　油槽处的相对油膜厚度 $(h_f/h_0)^3$

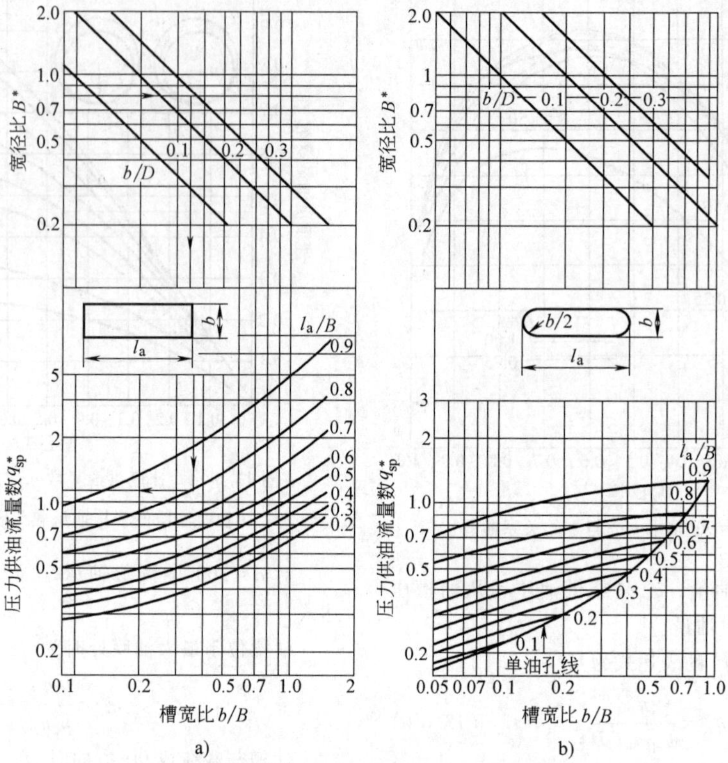

图 13.6-16　q_{sp}^*与油槽形状和尺寸的关系曲线

a）方头轴向油槽　b）圆头轴向油槽

轴向供油槽的压力供油量数 q_{sp}^* 与油槽形状和尺寸的关系曲线如图 13.6-16 所示。

2）周向油槽的供油量 q_s。周向油槽只有压力供油量 q_{sp}，当油槽在轴瓦中间时，其计算公式为

$$q_{sp}=\frac{0.5323p_s h_0^3 D(1+1.5\varepsilon)}{\eta_m B} \qquad (13.6\text{-}8)$$

式中　η_m——温度为 $\theta_m=(\theta_{eff}+\theta_i)/2$ 时润滑油的黏度，θ_{eff}为承载区的等效油温，θ_i为进口油温。

在设计供油装置、选取供油压力和确定油槽尺寸时，最好满足：

$$q_s \geqslant q_1+q_2$$

以便轴承获得充分供油，形成完全油膜。q_s不得小于 q_1，否则轴承不能获得充分供油，只能形成不完全油膜。

1.2.3　摩擦功耗（摘自 GB/T 21466.1—2008）

在流体动压径向滑动轴承中，润滑油的黏滞切应力引起的摩擦力与载荷之比称为摩擦因数 μ。因此，摩擦功耗的计算式为

$$P_\mu=\pi\mu FDn_h \qquad (13.6\text{-}9)$$

令摩擦阻力数 $\mu^*=\mu/\psi$，摩擦功耗的计算式改写为

$$P_\mu=\pi\mu^* F\psi_{eff}Dn_h$$

图 13.6-17 ~ 图 13.6-21 所示分别为 $\alpha=360°$、180°、150°、120°和 90°各种包角轴瓦，满足 $q_s \geqslant q_1+$

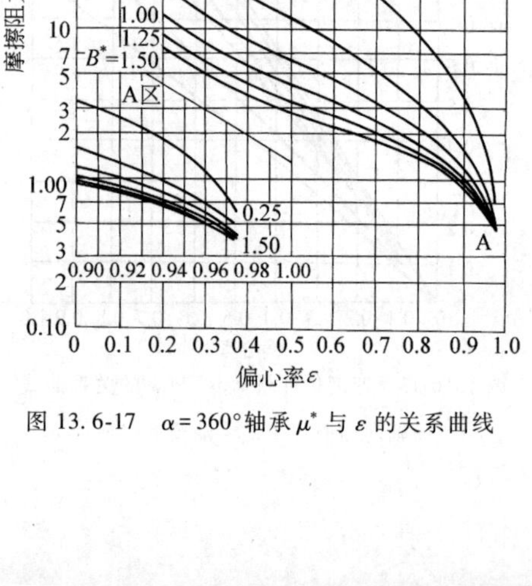

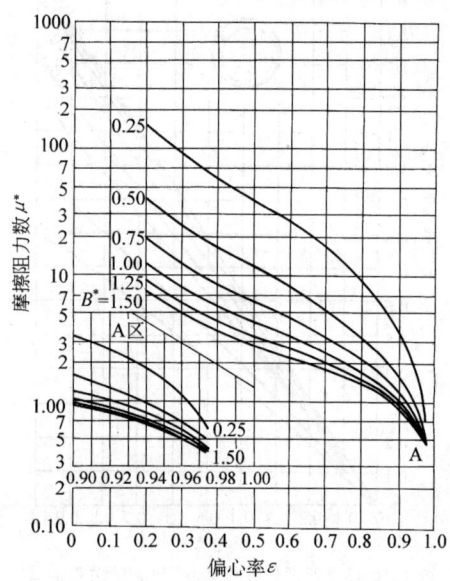

图 13.6-17　$\alpha=360°$轴承μ^*与ε的关系曲线

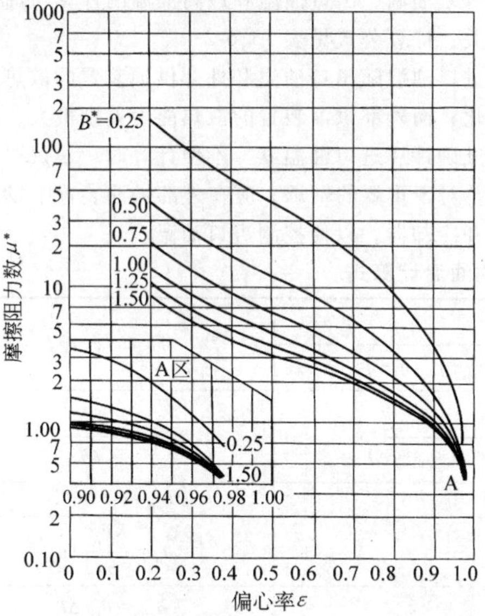

图 13.6-18　$\alpha=180°$轴承μ^*与ε的关系曲线

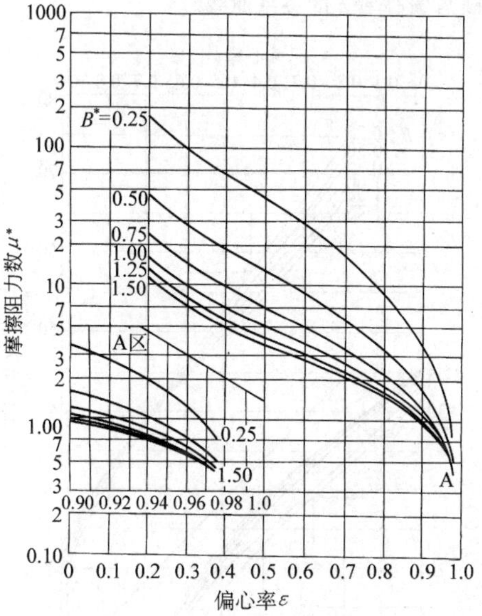

图 13.6-19　$\alpha=150°$轴承μ^*与ε的关系曲线

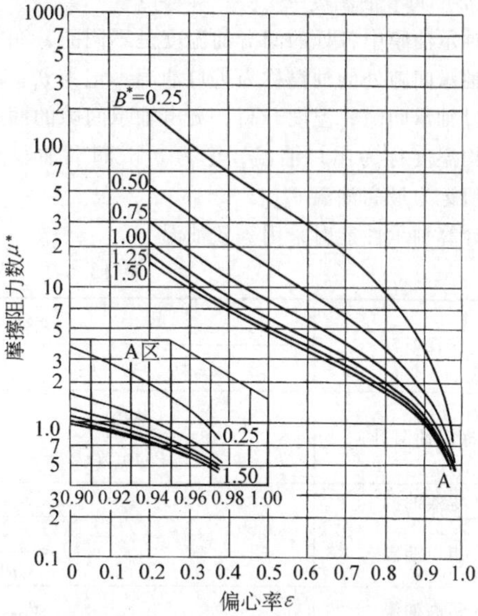

图 13.6-20　$\alpha=120°$轴承μ^*与ε的关系曲线

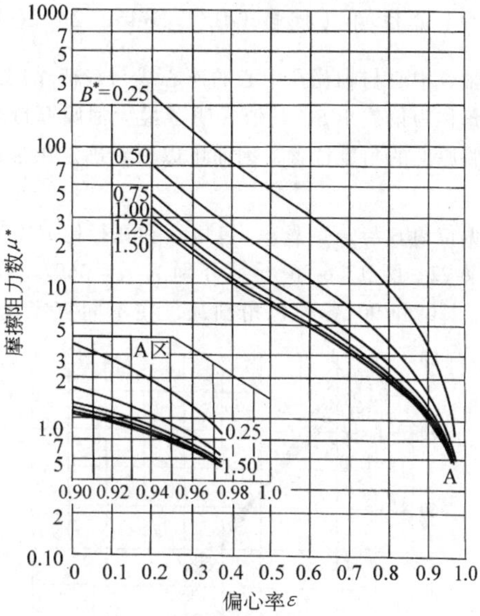

图 13.6-21　$\alpha=90°$轴承μ^*与ε的关系曲线

q_2条件，在不同宽径比B^*下μ^*与偏心率ε的关系曲线。$q_s=q_1$时的μ^*可参见 GB/T 21466.2—2008。

1.2.4　润滑油温度

（1）温升

根据热平衡计算润滑油温度。在压力供油的动压轴承间隙中，摩擦热有少部分靠传导、对流和辐射传给周围环境，大部分由润滑油带出。润滑油带出部分所占的比例称为散热比 K。严格计算 K 值十分困难，压力供油轴承通常取 $K=0.8\sim1.0$，无压力供油轴承（如油浴润滑）通常取 $K=0\sim0.2$。

润滑油温升 $\Delta\theta$ 的计算式为

$$\Delta\theta=\frac{KP_{\mu}}{c_p\rho q} \tag{13.6-10}$$

式中　c_p——润滑油的比定压热容；

ρ——润滑油的密度；

q——润滑油的流量。

对于矿物润滑油，可取 $c_p\rho=1.8\times10^6\ \mathrm{J/(m^3\cdot K)}$。不同形式油槽的油温计算式见表 13.6-2。

（2）润滑油温度

轴承油膜中各处的润滑油温度是不同的，润滑油进入轴承间隙处的油温称为进口油温，记为 θ_i；润滑油流过轴承间隙，温度升高，流出轴承间隙的润滑油的平均温度称为出口油温，记为 θ_o。润滑油温度的最高值记为最高油温 θ_{max}。

计算轴承性能时采用等效油温。

等效油温、出口油温和最高油温的计算与油槽形式有关，计算公式见表 13.6-2。

进口油温随出口油温和外部供油装置的散热能力而变化，而外部供油装置的散热能力差别极大，因此很难准确计算进口油温 θ_i。不便计算时，建议取 $\theta_i \approx$ 40℃。对于重要的轴承，应在外部供油装置中设置加热器和冷却器，以便控制进口油温。

表 13.6-2　不同形式油槽的油温计算式

计算项目	轴向油槽		周向油槽
	$q_{sp}+q_{sv} \geqslant q_1+q_2$	$q_1 \leqslant q_{sp}+q_{sv} < q_1+q_2$	
润滑油温升	$\Delta\theta=\dfrac{KP_\mu}{c_p\rho(q_1+q_2)}$	$\Delta\theta=\dfrac{KP_\mu}{c_p\rho(q_{sp}+q_{sv})}$	$\Delta\theta=\dfrac{KP_\mu}{c_p\rho q_{sp}}$
等效油温	$\theta_{eff}=\theta_i+\Delta\theta$		$\theta_{eff}=\theta_i+\Delta\theta/2$
出口油温	$\theta_o=\dfrac{KP_\mu}{c_p\rho(q_{sp}+q_{sv})}+\theta_i$		$\theta_o=\dfrac{KP_\mu}{c_p\rho q_{sp}}+\theta_i$
最高油温	$\theta_{max}=\theta_i+2\Delta\theta$		$\theta_{max}=\theta_i+\Delta\theta$

注：θ_i 为进口油温。

1.2.5　偏位角（摘自 GB/T 13466.2—2008）

轴颈中心与轴瓦孔中心的连心线与载荷作用线所夹锐角称为偏位角 β，其值表明了最大油膜厚度和最小油膜厚度的角度位置，因而可以按它确定供油槽的位置。

偏位角 β 与偏心率 ε、包角 α 和宽径比 B^* 有关，图13.6-22～图 13.6-26 所示分别为 α = 360°、180°、150°、120°和 90°各种包角轴瓦，在不同宽径比 B^* 下 β 随与偏心率 ε 的关系曲线。

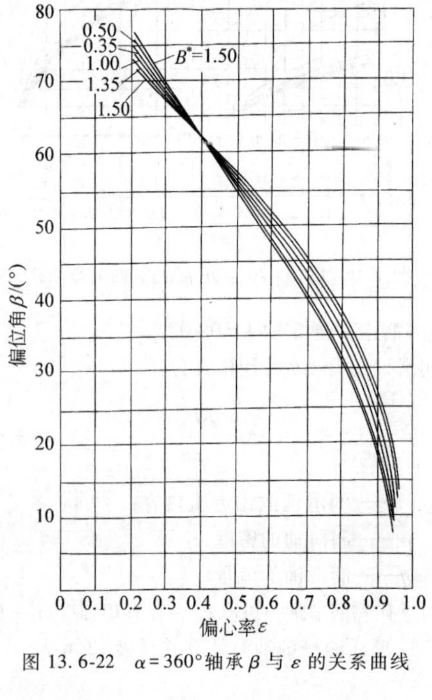

图 13.6-22　α = 360°轴承 β 与 ε 的关系曲线

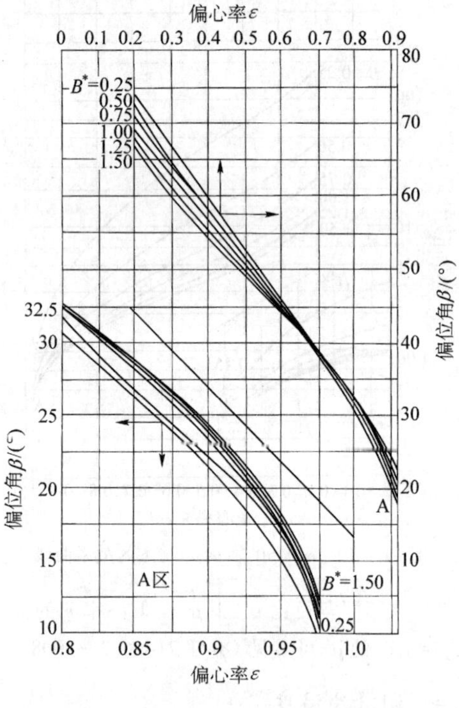

图 13.6-23　α = 180°轴承 β 与 ε 的关系曲线

1.3　动态特性

润滑油膜的刚度和阻尼是描述动压轴承动态特性的重要参数，它们分别反映油膜压力与轴颈位移、油膜阻尼与轴颈位移速度之间的函数关系。

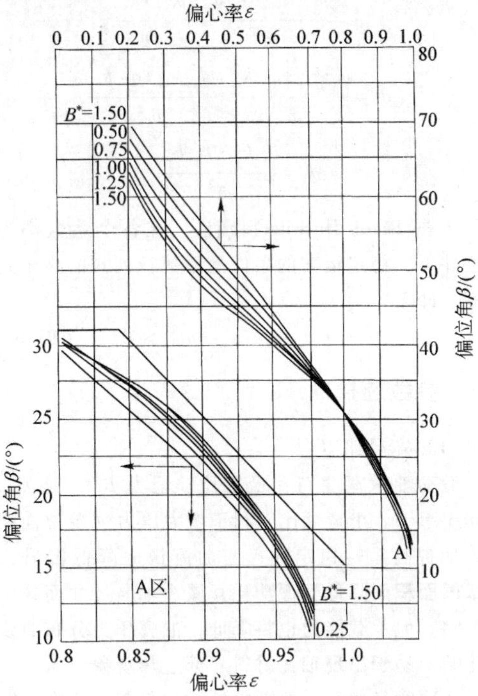

图 13.6-24　$\alpha=150°$ 轴承 β 与 ε 的关系曲线

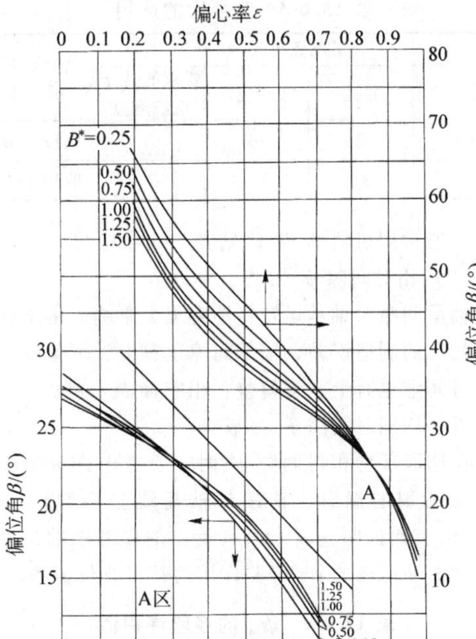

图 13.6-25　$\alpha=120°$ 轴承 β 与 ε 的关系曲线

用刚度系数 k_{ij} 和阻尼系数 d_{ij} 来表示刚度和阻尼的大小，将它们的量纲化为 1，称为刚度数和阻尼数，它们的表达式为

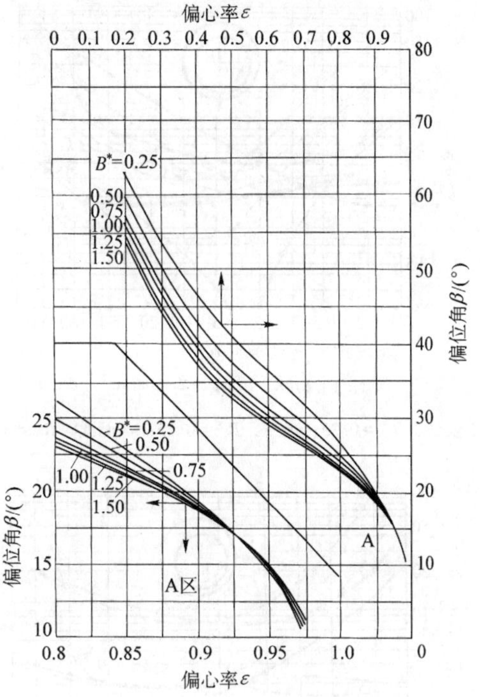

图 13.6-26　$\alpha=90°$ 轴承 β 与 ε 的关系曲线

$$k_{ij}^*=\frac{k_{ij}C_{\mathrm{r}}}{F} \tag{13.6-11}$$

$$d_{ij}^*=\frac{2\pi nC_{\mathrm{r}}d_{ij}}{F} \tag{13.6-12}$$

对不可压缩的牛顿流体，在层流状态下，当不考虑轴的变形时，油膜刚度数 k_{ij}^* 与载荷数 F^* 的关系曲线如图 13.6-27 和图 13.6-28 所示。油膜阻尼数 d_{ij}^* 与载荷数 F^* 的关系曲线如图 13.6-29 和图 13.6-30 所示。

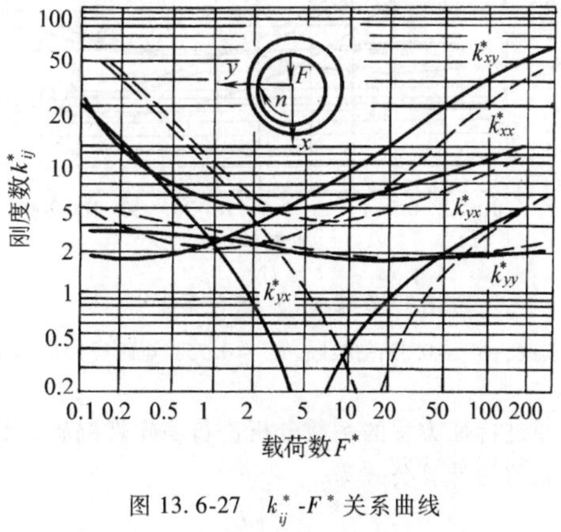

图 13.6-27　k_{ij}^*-F^* 关系曲线

注：实线，$B^*=0.5$；虚线，$B^*=1.0$。

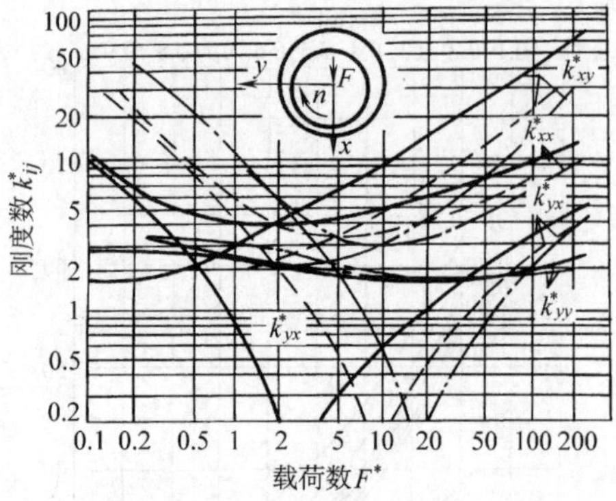

图 13. 6-28 k_{ij}^*-F^* 关系曲线

注：实线，$B^*=0.35$；虚线，$B^*=0.75$；点画线，$B^*=1.5$。

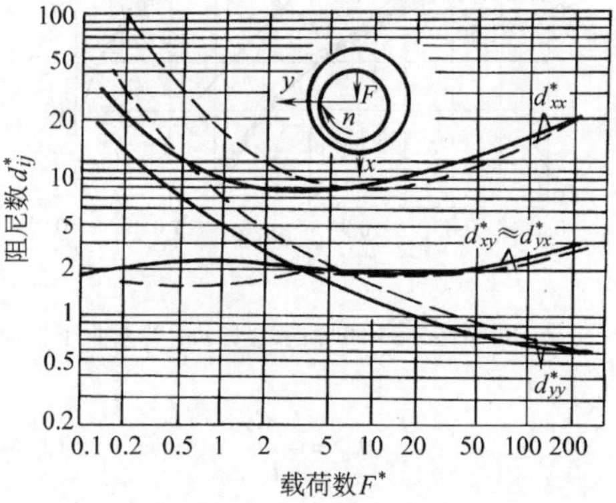

图 13. 6-29 d_{ij}^*-F^* 关系曲线

注：实线，$B^*=0.5$；虚线，$B^*=1.0$。

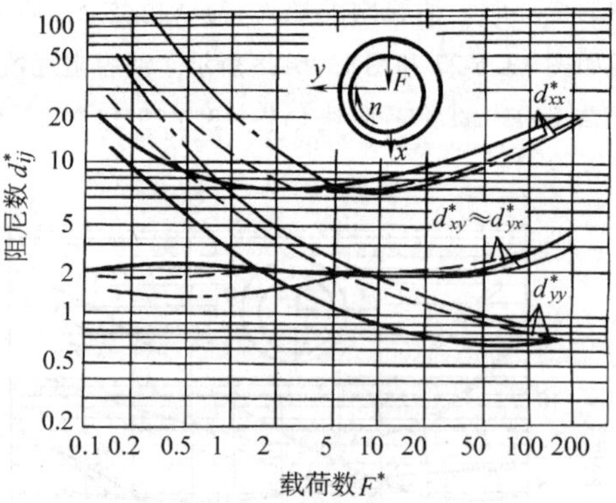

图 13. 6-30 d_{ij}^*-F^* 关系曲线

注：实线，$B^*=0.35$；虚线，$B^*=0.75$；点画线，$B^*=1.5$。

通过特征方程的系数分析进行稳定性判别，特征方程系数的计算公式为

$$a_1=\frac{d_{xx}+d_{yy}}{m}$$

$$a_2=\frac{d_{xx}d_{yy}-d_{xy}d_{yx}}{m^2}+\frac{k_{xx}+k_{yy}}{m}$$

$$a_3=\frac{d_{xx}k_{yy}+d_{yy}k_{xx}}{m^2}-\frac{d_{xy}k_{yx}+d_{yx}k_{xy}}{m^2}$$

$$a_4=\frac{k_{xx}k_{yy}-k_{xy}k_{yx}}{m^2}$$

根据 Routh-Hurwitz 判别法，在各个系数都为正的条件下，稳定运转的条件是系数行列式的主子式大于零，即

$$a_1a_2a_3-a_1^2a_4-a_3^2>0 \qquad (13.6\text{-}13)$$

1.4 参数选择

（1）宽径比 B^*

滑动轴承宽度与孔径之比，记为 B^*。通常 B^* 为 0.3~1.5。小宽径比有利于增大压力（单位面积载荷）而提高运转稳定性；增加流量而降低温升；减小摩擦面积而降低摩擦功耗；减小轴向尺寸而减少占用空间。但承载能力也将降低，油膜压力分布曲线变得陡峭，易于出现轴瓦材料局部过热现象。

选取宽径比时，要考虑轴承的载荷、速度、轴的挠性及对转子系统刚度的要求，表 13. 6-3 可供参考。

表 13. 6-3 宽径比的选用

工况条件				轴承 B^* 的选取
载荷	转速	轴的挠性	要求的转子系统刚度	
小	低	小	大	取较大 B^*
大	高	大	小	取较小 B^*

一般常用机器的 B^* 值见表 13. 1-23。

（2）相对间隙 ψ

轴承间隙对轴承运转特性有很大影响。由于轴颈和轴瓦孔的制造误差，轴承间隙也有上、下偏差，因此相对间隙也有上、下偏差，相应有 ψ_{max} 和 ψ_{min}。计算时以平均相对间隙 ψ_m 为基础。

在选取平均相对间隙 ψ_m 时，要考虑许多影响因素（如轴颈的温升、轴颈与轴瓦线胀系数的差异等），但实践证明，表 13. 6-4 给出的仅考虑轴颈直径和轴颈滑动速度的 ψ_m 经验许用值是很有价值的。

表 13. 6-4 ψ_m 的经验许用值

（摘自 GB/T 21466. 3—2008）

轴颈直径 d/mm	轴颈滑动速度 v/m·s^{-1}				
	≤1	>1~3	>3~10	>10~30	>30
	ψ_m (‰)				
≤100	1. 32	1. 6	1. 9	2. 24	
>100~250	1. 12	1. 32	1. 6	1. 9	2. 24
>250	1. 12		1. 32	1. 6	1. 9

实践证实，也可按近似公式（13.6-14）计算平均相对间隙 ψ_m 值：

$$\psi_m = 0.8\sqrt[4]{v} \quad (13.6\text{-}14)$$

式中 v——轴颈线速度。

建议优先从下面数列中选取轴承平均相对间隙 ψ_m（‰）：0.56、0.80、1.12、1.32、1.6、1.9、2.24 和 3.15。

经验表明，有时很难按公差配合标准选定合适的配合间隙。

（3）润滑油黏度 η

选用高黏度润滑油，轴承承载能力高、流量小，摩擦功耗大，故轴承温升高。但油温高，润滑油黏度下降，因而靠提高润滑油黏度来增加轴承承载能力有一定限制。

对一般滑动轴承，根据转速，按公式（13.6-15）选取润滑油黏度，可以保证轴承温升不致过高。

$$\eta = \frac{0.068}{\sqrt[3]{n}} \quad (13.6\text{-}15)$$

式中 η——润滑油黏度，（Pa·s）；

n——轴颈转速，（r/s）。

计算所得黏度应为等效油温下的黏度。

（4）运行参数的极限值

动压轴承的主要运行参数有：最小油膜厚度 h_2、轴承温度 θ_B 和轴承载荷 p，为避免磨损、机械和热过载，对这些参数需做限制。理论上确定最小油膜厚度极限值 h_{2lim}、轴承温度的极限值 θ_{Blim} 和轴承载荷的极限值 p_{lim} 比较困难，一般设计可根据经验确定。

表 13.6-5～表 13.6-7 分别列出了最小油膜厚度、轴承温度和轴承载荷的极限值 h_{2lim}、θ_{Blim} 和 p_{lim}。

表 13.6-5 h_{2lim} 的经验值

（摘自 GB/T 21466.3—2008）

轴颈直径 d/mm	h_{2lim}/μm				
	轴颈滑动速度 v/m·s^{-1}				
	≤1	>1～3	>3～10	>10～30	>30
>24～63	3	4	5	7	10
>63～160	4	5	7	9	12
>160～400	6	7	9	11	14
>400～1000	8	9	11	13	16
>1000～2500	10	12	14	16	18

表 13.6-6 θ_{Blim} 的经验值

（摘自 GB/T 13466.3—2008）

润滑油总量/润滑油每分钟流量		≤5	>5
压力润滑	θ_{Blim}/℃	100(115)	110(125)
无压润滑		90(110)	

注：括号中的值适用于一些特殊的工况。

表 13.6-7 轴承的极限载荷 p_{lim}

（摘自 GB/T 21466.3—2008）

轴瓦材料	铅和锡基合金	铜铅基合金	铜锡基合金	铝锡基合金	铝锌基合金
p_{lim}/MPa	5(15)	7(20)	7(25)	7(18)	7(20)

注：括号中的数值仅用于个别场合和一些特殊条件，如极低的滑动速度。

1.5 制造公差和表面粗糙度的确定

（1）制造公差的确定

对动压轴承而言，按国家标准规定的公差与配合确定制造公差，难以保证轴承安全运转，为此应限定相对间隙的偏差。建议该偏差限定为

$$\psi_{max} \leqslant 1.185\psi_m$$

$$\psi_{min} \geqslant 0.875\psi_m$$

这时，轴承孔与轴颈直径的偏差应满足

$$D_{max} - d_{min} = \psi_{max} D$$

$$D_{min} - d_{max} = \psi_{min} D$$

（2）表面粗糙度的确定

通常，轴颈和轴瓦孔表面轮廓粗糙度值 Ra 之和应不大于 h_{2lim} 的 1/5～1/10。图 13.6-31 可供按最小油膜厚度极限值 h_{2lim} 选取轴颈和轴瓦孔表面粗糙度值 Ra 时参考。考虑到加工孔与轴的难易因数不同，一般轴颈表面粗糙度参数值小于轴瓦孔的值，建议轴颈的表面粗糙度值按图 13.6-31 中下限取，而轴瓦孔表面粗糙度值 Ra 按上限取。

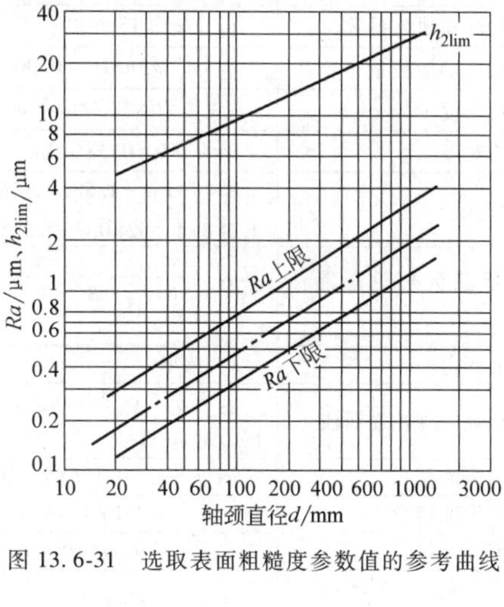

图 13.6-31 选取表面粗糙度参数值的参考曲线

1.6 计算示例

例 13.6-1 计算汽轮机转子的径向轴承。已知：转子直径 d=300mm；轴承上的载荷 F=65kN；轴颈转速 n=3000r/min；轴承选用剖分、调心式，载荷垂直向下，

压力供油，在水平剖分面开两轴向供油槽，进油温度控制在40℃左右。其计算项目和计算结果见表13.6-8。

表13.6-8 压力供油径向轴承的计算项目和计算结果

计算项目	计算公式及说明	计算结果
宽径比	B^*，参考表13.1-24选取	0.8
轴承宽度	$B=B^*\times D=0.8\times0.3\text{m}$	0.24m(240mm)
轴承单位投影面积载荷	$p=\dfrac{F}{BD}=\dfrac{65000}{0.3\times0.24}\text{Pa}$	0.903MPa
等效转速	$n_h=n$	3000r/min
滑动速度	$v=\pi Dn=\pi\times0.3\times3000/60\text{m/s}$	47.1m/s
平均相对间隙	ψ_m，根据表13.6-4选取	0.0019
半径间隙	$C_r=\dfrac{\psi_m D}{2}=\dfrac{0.0019\times0.3}{2}\text{m}$	0.285×10^{-3}m
润滑油黏度(初选)	根据式13.6-15，$\eta=\dfrac{0.068}{\sqrt[3]{n}}=\dfrac{0.068}{\sqrt[3]{50}}\text{Pa}\cdot\text{s}$	0.0185Pa·s
选润滑油	润滑油牌号	L-TSA 22
初取等效油温	θ_{eff}	50℃
等效油温下的运动黏度	v_{eff}，参考润滑油黏温曲线	$18\text{mm}^2/\text{s}$
润滑油密度	ρ，查有关手册，矿物润滑油	$\approx900\text{kg/m}^3$
等效油温下的黏度	$\eta_{eff}=\nu_{eff}\rho=18\times10^{-6}\times900\text{Pa}\cdot\text{s}$	0.0162Pa·s
载荷数	$F^*=\dfrac{p\psi_m^2}{\eta_{eff}n}=\dfrac{0.903\times10^6\times0.0019^2}{0.0162\times50}$	4.02
偏心率	ε，查图13.6-4	0.495
最小油膜厚度	由式13.6-1 $h_2=C_r(1-\varepsilon)=0.285\times10^{-3}(1-0.495)\text{m}$	0.144×10^{-3}m(0.144mm)
最小油膜厚度极限值	h_{2lim}，查表13.6-5	0.014mm，满足$<h_2$，否则，重新选B^*、η、ψ_m
偏位角	β，查图13.6-23	51°
摩擦阻力数	μ^*，查图13.6-17	6.0
摩擦功耗	$P_\mu=\pi\mu^*F\psi_m Dn=\pi\times6.0\times65000\times0.0019\times0.3\times50\text{W}$	34.9kW
承载区端泄流量数	q_1^*，查图13.6-8	0.061
承载区端泄流量	$q_1=q_1^*\psi_m nBD^2=0.061\times0.0019\times50\times0.24\times0.3^2\text{m}^3/\text{s}$	$0.125\times10^{-3}\text{m}^3/\text{s}$
油槽长度	$l_a=0.7B=0.7\times0.24\text{m}$	0.168m(168mm)
油槽宽度	$b=0.3D=0.3\times0.3\text{m}$	0.09m(90mm)
参数A	$A=1.188+1.582(l_a/B)-2.585(l_a/B)^2+5.563(l_a/B)^3=1.188+1.582\times0.7-2.585\times0.7^2+5.563\times0.7^3$	2.9369
非承载区理论端泄流量数	$q_2^*=\dfrac{\pi}{6}\dfrac{2}{A\ln\dfrac{B}{l_a}}=\dfrac{\pi}{6}\times\dfrac{2}{2.9369\times\ln\dfrac{1}{0.7}}$	1.0
供油压力	p_s，选取	0.2MPa
非承载区理论端泄流量	$q_2=q_2^*\psi_m^3D^3p_s/\eta_{eff}=1.0\times0.0019^3\times0.3^3\times0.2\times10^6/0.0162\text{m}^3/\text{s}$	$2.286\times10^{-3}\text{m}^3/\text{s}$
总端泄流量	$q=q_1+q_2=0.125\times10^{-3}\text{m}^3/\text{s}+2.286\times10^{-3}\text{m}^3/\text{s}$	$2.411\times10^{-3}\text{m}^3/\text{s}$
速度供油量数	q_{sv}^*，查图13.6-14	0.485
速度供油量	$q_{sv}=q_{sv}^*\psi_m nl_aD^2=0.485\times0.0019\times50\times0.168\times0.3^2\text{m}^3/\text{s}$	$0.697\times10^{-3}\text{m}^3/\text{s}$
比值$(h_{f1}/h_0)^3+(h_{f2}/h_0)^3$	查图13.6-15	3.0
参数$h_{f1}^3+h_{f2}^3$	$h_{f1}^3+h_{f2}^3=[(h_{f1}/h_0)^3+(h_{f2}/h_0)^3]\times h_0^3=3.0\times(0.285\times10^{-3})^3$ $(h_0=C_r)$	69.45×10^{-12}
压力供油量数	q_{sp}^*，查图13.6-16	0.9
压力供油量	$q_{sp}=q_{sp}^*p_s(h_{f1}^3+h_{f2}^3)/\eta=0.9\times0.2\times10^6\times69.45\times10^{-12}/0.0162\text{m}^3/\text{s}$	$0.772\times10^{-3}\text{m}^3/\text{s}$

（续）

计算项目	计算公式及说明	计算结果
总供油量	$q_s=q_{sp}+q_{sv}=0.772\times10^{-3}\mathrm{m^3/s}+0.697\times10^{-3}\mathrm{m^3/s}$	$q_1<1.469\times10^{-3}\mathrm{m^3/s}<q$
散热比	K,假设	0.8
比定压热容	对矿物油 $c_p=1890\mathrm{J/(kg\cdot K)}$	1890J/(kg · K)
润滑油密度	对矿物油可取 $\rho=900\mathrm{kg/m^3}$	$900\mathrm{kg/m^3}$
润滑油温升	$\Delta\theta=\dfrac{KP_\mu}{c_p\rho(q_{sp}+q_{sv})}=\dfrac{0.8\times34.9\times10^3}{1.7\times10^6\times1.469\times10^{-3}}$℃	11.2℃
等效油温	$\theta_{eff}=\Delta\theta+\theta_i=11.2$℃$+40$℃	51.2℃　与初设接近,否则,重新选 θ_{eff}
最高油温	$\theta_{max}=2\Delta\theta+\theta_i=2\times11.2$℃$+40$℃	62℃,满足 $\theta_{max}<\theta_{Blim}$,否则,重新选 B^*、η、ψ_m
轴承分担的转子质量	m,汽轮机径向轴承上的载荷主要是转子重力,故 $m=F/g=65000/9.8\mathrm{kg}$	6630kg
刚度数	k_{xy}^*,查图 13.6-28	2.9
	k_{yx}^*,查图 13.6-28	−1.05
	k_{xx}^*,查图 13.6-28	3.7
	k_{yy}^*,查图 13.6-28	2.0
阻尼数	d_{xy}^*,查图 13.6-30	2.0
	d_{yx}^*,查图 13.6-30	2.0
	d_{xx}^*,查图 13.6-30	7.1
	d_{yy}^*,查图 13.6-30	2.3
刚度	$k_{xy}=k_{xy}^*F/C_r=[2.9\times65000/(0.285\times10^{-3})]\mathrm{N/m}$	$0.6614\times10^9\mathrm{N/m}$
	$k_{yx}=k_{yx}^*F/C_r=[-1.05\times65000/(0.285\times10^{-3})]\mathrm{N/m}$	$-0.2395\times10^9\mathrm{N/m}$
	$k_{xx}=k_{xx}^*F/C_r=[3.7\times65000/(0.285\times10^{-3})]\mathrm{N/m}$	$0.8439\times10^9\mathrm{N/m}$
	$k_{yy}=k_{yy}^*F/C_r=[2.0\times65000/(0.285\times10^{-3})]\mathrm{N/m}$	$0.4561\times10^9\mathrm{N/m}$
阻尼	$d_{xy}=\dfrac{d_{xy}^*F}{2\pi nC_r}=\dfrac{2.0\times65000}{2\pi\times50\times0.285\times10^{-3}}\mathrm{N\cdot s/m}$	$1.45\times10^6\mathrm{N\cdot s/m}$
	$d_{yx}=\dfrac{d_{yx}^*F}{2\pi nC_r}=\dfrac{2.0\times65000}{2\pi\times50\times0.285\times10^{-3}}\mathrm{N\cdot s/m}$	$1.45\times10^6\mathrm{N\cdot s/m}$
	$d_{xx}=\dfrac{d_{xx}^*F}{2\pi nC_r}=\dfrac{7.1\times65000}{2\pi\times50\times0.285\times10^{-3}}\mathrm{N\cdot s/m}$	$5.15\times10^6\mathrm{N\cdot s/m}$
	$d_{yy}=\dfrac{d_{yy}^*F}{2\pi nC_r}=\dfrac{2.3\times65000}{2\pi\times50\times0.285\times10^{-3}}\mathrm{N\cdot s/m}$	$1.67\times10^6\mathrm{N\cdot s/m}$
特征方程系数	$a_1=\dfrac{d_{xx}+d_{yy}}{m}=\dfrac{5.15\times10^6+1.67\times10^6}{6630}\mathrm{s^{-1}}$	$1028.6\mathrm{s^{-1}}$
	$a_2=\dfrac{d_{xx}d_{yy}-d_{xy}d_{yx}}{m^2}+\dfrac{k_{xx}+k_{yy}}{m}=\dfrac{5.15\times10^6\times1.67\times10^6-1.45\times10^6\times1.45\times10^6}{6630^2}\mathrm{s^{-2}}+\dfrac{0.2281\times10^9+0.4561\times10^9}{6630}\mathrm{s^{-2}}$	$0.344\times10^6\mathrm{s^{-2}}$
	$a_3=\dfrac{d_{xx}k_{yy}+d_{yy}k_{xx}-d_{xy}k_{yx}+d_{yx}k_{xy}}{m^2}=\dfrac{5.15\times10^6\times0.4561\times10^9+1.67\times10^6\times0.2281\times10^9}{6630^2}\mathrm{s^{-3}}-\dfrac{1.45\times10^6\times(-0.2395\times10^9)-1.45\times10^6\times0.6641\times10^9}{6630^2}\mathrm{s^{-3}}$	$0.0481\times10^9\mathrm{s^{-3}}$
	$a_4=\dfrac{k_{xx}k_{yy}-k_{xy}k_{yx}}{m^2}=\dfrac{0.2281\times10^9\times0.4561\times10^9-0.6614\times10^9\times(-0.2395\times10^9)}{6630^2}\mathrm{s^{-4}}$	$5.9704\times10^9\mathrm{s^{-4}}$

（续）

计算项目	计算公式及说明	计算结果
稳定运转条件	a_1,a_2,a_3,a_4	>0
	$a_1a_2a_3-a_1{}^2a_4-a_3=1028.6\times0.344\times10^6\times0.0481\times10^9-1028.6^2\times5.9704\times10^9-0.0481\times10^9$	$0.7\times10^{15}>0$ 通过，否则改变轴承参数
相对间隙上偏差	$\psi_{max}\leqslant1.185\psi_m\leqslant1.185\times0.0019$	0.0023
相对间隙下偏差	$\psi_{min}\geqslant0.875\psi_m\geqslant0.875\times0.0019$	0.0017
孔的尺寸		$\phi300^{+0.052}_{0}$
轴颈的尺寸		$\phi300^{+0.570}_{-0.630}$
轴颈表面粗糙度	Ra_j，参考图 13.6-31	0.8μm
轴瓦孔表面粗糙度	Ra_B，参考图 13.6-31	1.6μm

2 多楔径向轴承

轴瓦孔不是简单的圆柱孔，而是由特定的弧面构成，与圆柱轴颈配合可以形成两个或更多个楔形间隙，这样的轴承称为多楔（叶）径向轴承。它们在运转时每个收敛的楔形间隙构成一个油楔，产生液体动压力（见图 13.6-32）。每个油楔油膜压力的合力相当于部分瓦径向轴承的承载能力，其他稳态性能均可按圆形轴承的曲线计算。多楔径向轴承的承载能力为各油楔承载能力的矢量和，摩擦功耗为各油楔摩擦功耗的数量和。

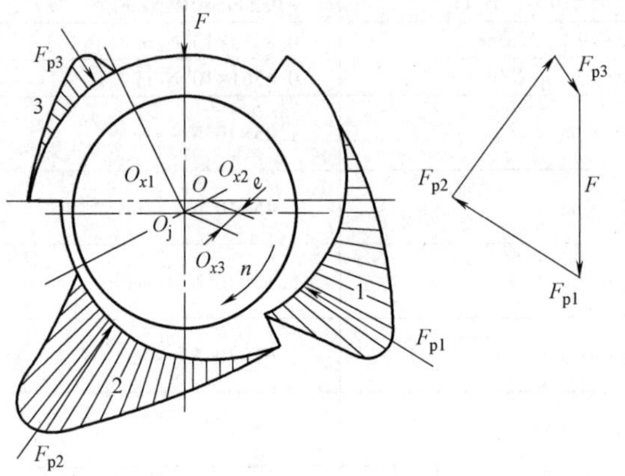

图 13.6-32 三楔径向轴承的油膜压力

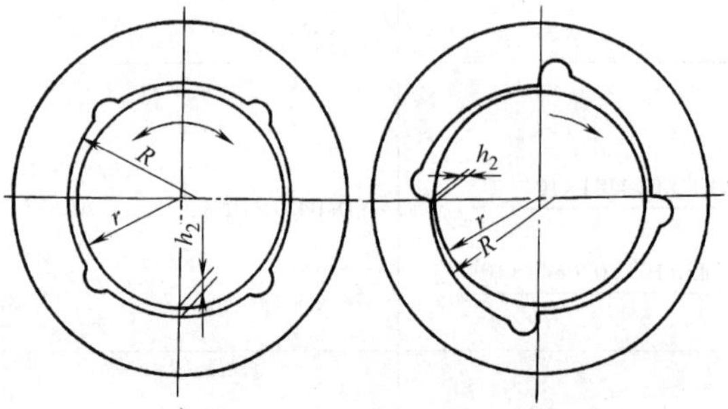

a) b)

图 13.6-33 多楔径向轴承的结构型式

a）双向结构 b）单向结构

多楔径向轴承有单向和双向两种结构型式。双向结构（见图 13.6-33a）轴颈可做顺时针旋转，也可做逆时针旋转（也称多叶轴承）；而单向结构（见图 13.6-33b）轴颈只能做单向旋转（图中为顺时针）。

多楔径向轴承轴瓦弧面常用的曲线有阿基米德螺旋线、偏心圆弧和不等半径圆弧组成的折线等，不等半径圆弧与轴颈构成阶梯面楔形间隙。由两段不同心圆弧构成的两油楔、双向结构的轴承，习惯上称为椭圆轴承（见图 13.6-38）。

2.1 几何参数

多楔径向轴承的几何参数、符号及计算公式见表 13.6-9。

表 13.6-9 多楔径向轴承的几何参数、符号及计算公式

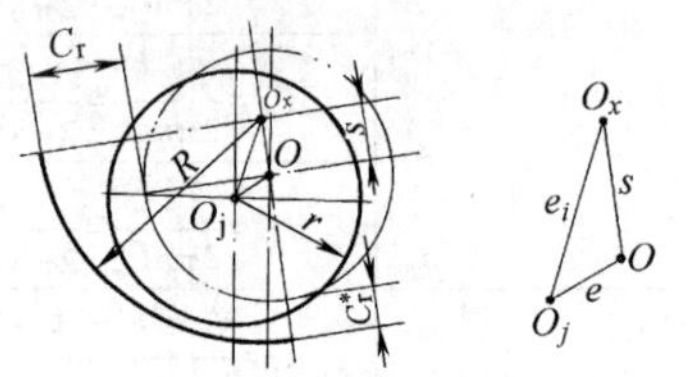

符号	计算公式	参数名称	
		椭圆轴承	多楔轴承
O	—	轴瓦几何中心	
O_j	—	轴颈中心	
O_x	—	轴瓦油楔弧面曲率中心	
R	—	轴瓦油楔弧面曲率半径	
r	—	轴颈半径	
s	OO_x	油楔弧面加工偏心距	
C_r^*	$C_r^*=R-r-s$	顶隙	半径间隙
C_r	$C_r=R-r=C_r^*+s$	侧隙	半径楔隙
e	OO_j	轴颈偏心距	
e_i	O_jO_{xi}	油楔偏心距	
ε	$\varepsilon=e/C_r$	偏心率	
ε_i	$\varepsilon_i=e_i/C_r$	油楔偏心率	
ε^*	$\varepsilon^*=e/C_r^*$	轴颈偏心率	
ψ^*	$\psi^*=C_r^*/r$	相对顶隙	相对间隙
ψ	$\psi=C_r/r$	相对侧隙	相对楔隙
ψ/ψ^*	$\psi/\psi^*=C_r/C_r^*$	椭圆度	楔形度

2.2　参数选择

（1）油楔数

油楔数 Z 影响轴承的稳定性和承载能力。椭圆轴承的稳定区比圆形轴承的大，三楔轴承的稳定区又比椭圆轴承的大，但并非油楔数越多稳定区越大。

油楔数增多，一般说来，轴承的承载能力将下降，而在各个半径方向上轴承的油膜刚度越均匀。

确定油楔数时要兼顾稳定性和承载能力两方面的要求。为了提高多楔轴承的承载能力，可采用不等长的油楔，用较长的油楔承受轴承外载荷（见图 13.6-34）。

确定油楔数时还需要考虑轴瓦结构，偶数油楔便于轴瓦剖分。

（2）半径楔隙 C_r与半径间隙 C_r^*

轴瓦油楔弧面曲率半径 R 与轴颈半径 r 之差称为半径楔隙 C_r，C_r 与轴颈半径 r 之比称为相对楔隙 ψ；对椭圆轴承分别称为侧隙和相对侧隙。当轴颈中心处于轴瓦孔几何中心时，轴颈表面到油楔弧面的最小距离称为半径间隙 C_r^*，它与轴颈半径 r 之比称为相对间隙 ψ^*；对椭圆轴承分别称为顶隙和相对顶隙。

高精度机床主轴轴承常采用 10μm 以下的最小半径间隙，相对间隙 ψ^* 为 0.0001～0.0002；速度较快的轴承，如汽轮机、发电机、离心压缩机和水轮机等，为了减少摩擦功耗、降低温升，常采用较大的间隙，相对间隙 ψ^* 为 0.001～0.0025。

（3）楔形度 ψ/ψ^*

相对楔隙与相对间隙之比 ψ/ψ^* 称为楔形度，对椭圆轴承称为椭圆度。楔形度大，表示楔形间隙的楔角大。由表 13.6-9 中的公式可以看出，楔形度的大小主要取决于油楔弧面加工偏心距 s，s 越大楔形度越大。

楔形度大，可能在楔形间隙的起始段不能形成承载油膜，使承载油膜变短，轴承的承载能力下降，而摩擦阻力相对增大。

楔形度小，工艺上难以实现。同时，轴颈偏移之后，有些油楔只能形成很短的承载油膜。

最佳楔形度在 2～3 范围内。间隙很小的多楔（$Z \geqslant 3$）轴承，工艺上很难实现这样小的楔形度。同时，对于轴颈工作偏心率较大的轴承，为了使各楔形间隙形成的承载油膜不致太短，推荐取楔形度 $\psi/\psi^* \geqslant 5$，也就是油楔弧面加工偏心距不低于 4 倍最小半径间隙，即 $s \geqslant 4C_r^*$。

其他参数参考圆形轴承选取。

2.3　多楔径向轴承的性能计算

多楔径向轴承的承载能力与油楔的布置方式有关，载荷正对油楔中心（见图 13.6-34a）的承载能力比载荷对着两油楔之间（见图 13.6-34b）的大。

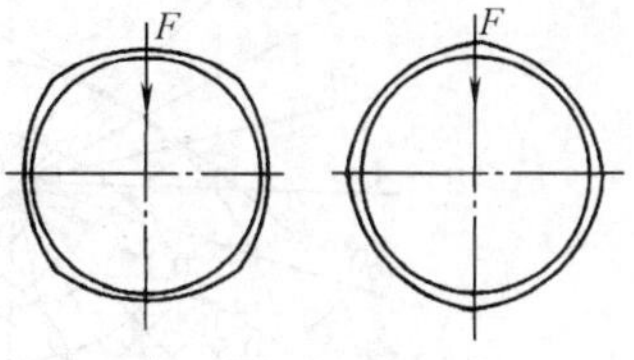

a)　　b)

图 13.6-34　多楔径向轴承的油楔布置方式
a）载荷正对油楔中心　b）载荷对着两油楔之间

2.3.1　迭代法

多楔径向轴承指定方向的承载能力只能用迭代法计算。若已知条件为轴瓦的安装位置、载荷的作用方向、轴承的几何尺寸和油楔偏心距，则根据本章部分瓦轴承的性能数据，用迭代法求出给定最小油膜厚度极限值下的承载能力。多楔径向轴承迭代法的计算框图如图 13.6-35 所示。

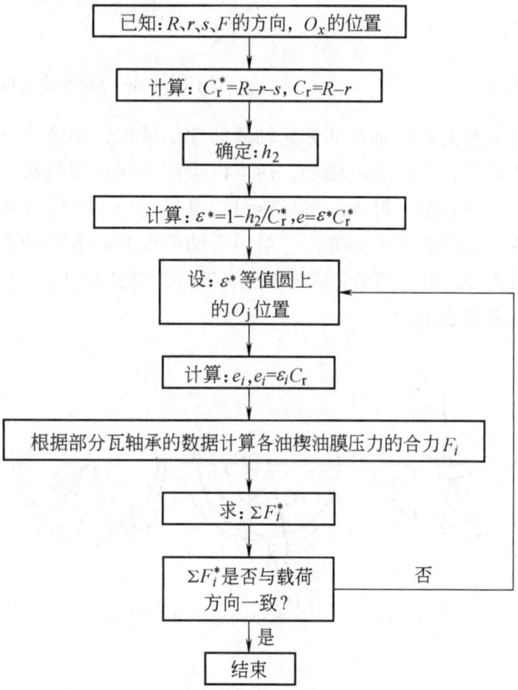

图 13.6-35　多楔径向轴承迭代法计算框图

若依此步骤，以一定的步长，找出各个 ε^* 值下的 O_j点位置和承载能力，连接这些点将构成载荷逐渐增加时的轴心位移轨迹曲线，图 13.6-36 所示为不等长三楔径向轴承的轴心位移轨迹曲线。

2.3.2　近似算法

多楔径向轴承指定偏心距方向的承载能力，除了

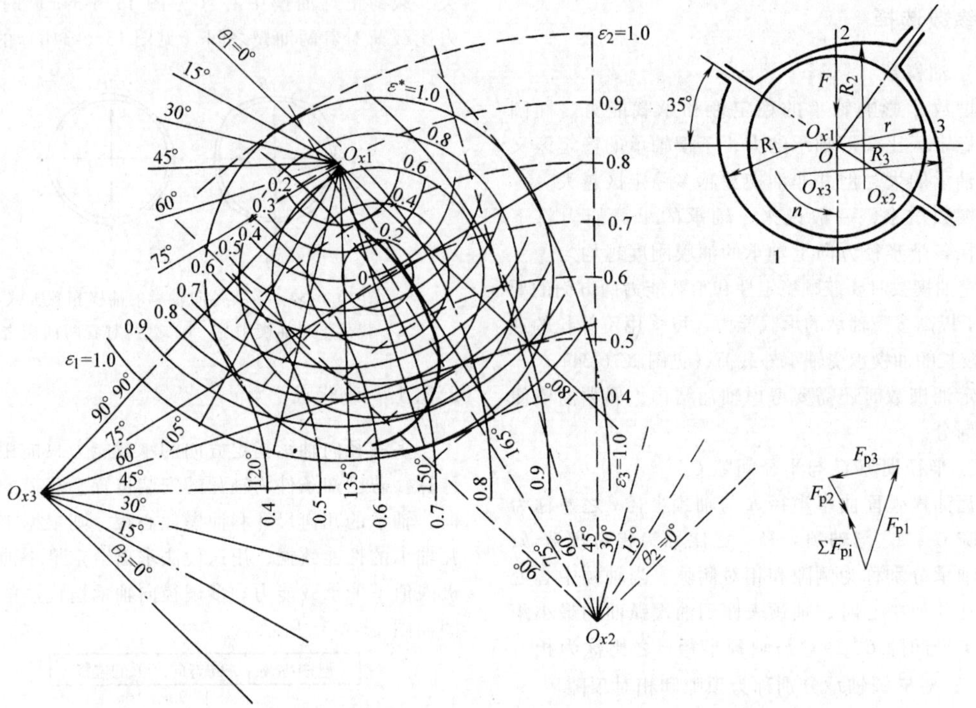

图 13.6-36　不等长三楔径向轴承的轴心位移轨迹曲线

可以根据圆形轴承部分瓦轴承的性能数据，用迭代法计算外，若偏心距较小，还可以采用下述近似算法。

偏心距 e 很小，则 $e/s \ll 1$，可以忽略 e/s 的高次项。若设轴颈偏心方向与第一个油楔偏心距方向的夹角为 α，于是第 i 个油楔的偏心距 e_i（见图 13.6-37）可近似表示为

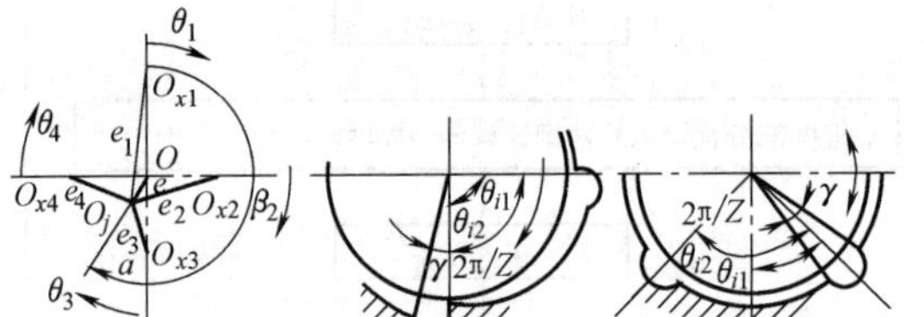

图 13.6-37　多楔径向轴承 e_i 的计算

$$e_i = s - e\cos\left[\alpha - \frac{2\pi(i-1)}{Z}\right] \qquad (13.6\text{-}16)$$

同时，若 $\alpha \to \pi$，则上式可进一步简化为

$$e_i = s + e\cos\left[\frac{2\pi(i-1)}{Z}\right] \qquad (13.6\text{-}17)$$

当不考虑油槽宽度对中心角 γ 的影响时，则每个油楔面起点角度 θ_{i1}（见图 13.6-37）为

$$\begin{cases} \theta_{i1} = \dfrac{(Z-1)\pi}{Z}, \text{双向结构} \\ \theta_{i1} = \dfrac{(Z-2)\pi}{Z}, \text{单向结构} \end{cases} \qquad (13.6\text{-}18)$$

终点角为 $\theta_{i2} = \pi$。

当偏心率很小时，油膜中压力不很高，若忽略轴向的压力流动（端泄），则可用无限宽一维雷诺方程做近似计算，计算公式及步骤见表 13.6-10。由于计算未考虑端泄，所以一般计算出来的承载能力偏大。

表 13.6-10　多楔径向轴承近似的计算公式及步骤

计算项目	符号	计算公式
置换变量	γ_i	$\cos\gamma_i = \dfrac{\varepsilon_i + \cos\theta_{i1}}{1 + \varepsilon_i\cos\theta_{i1}}$
积分	J_{1i}	$J_{1i} = \dfrac{(\pi - \gamma_i)\varepsilon_i}{\sqrt{1-\varepsilon_i^2}}$
	J_{2i}	$J_{2i} = \dfrac{\varepsilon_i^2(\pi - \gamma_i + \varepsilon_i\sin\gamma_i)}{\sqrt{(1-\varepsilon_i^2)^3}}$

（续）

计算项目	符号	计算公式
积分	J_{3i}	$J_{3i}=\dfrac{\varepsilon_i^3}{\sqrt{(1-\varepsilon_i^2)^5}}\left[(\pi-\gamma_i)\left(1+\dfrac{\varepsilon_i^2}{2}\right)+2\varepsilon_i\sin\gamma_i-\dfrac{\varepsilon_i^2\sin2\gamma_i}{4}\right]$
	I_{2i}	$I_{2i}=\dfrac{\varepsilon_i}{1+\varepsilon_i\cos\theta_{i2}}-\dfrac{\varepsilon_i}{1+\varepsilon_i\cos\theta_{i1}}$
	I_{3i}	$I_{3i}=\dfrac{1}{2}\left[\dfrac{\varepsilon_i^2}{(1+\varepsilon_i\cos\theta_{i2})^2}-\dfrac{\varepsilon_i^2}{(1+\varepsilon_i\cos\theta_{i1})^2}\right]$
—	x_i y_i	$x_i=I_{2i}-J_{2i}I_{3i}/J_{3i}$ $y_i=J_{1i}-J_{2i}^2/J_{3i}$
载荷数	F_x^*	$F_x^*=\sum\limits_{i=1}^{Z}\dfrac{1}{\varepsilon_i^2}\left[x_i\cos\dfrac{2(i-1)}{Z}\pi+y_i\sin\dfrac{2(i-1)}{Z}\pi\right]$
	F_y^*	$F_y^*=\sum\limits_{i=1}^{Z}\dfrac{1}{\varepsilon_i^2}\left[y_i\cos\dfrac{2(i-1)}{Z}\pi-x_i\sin\dfrac{2(i-1)}{Z}\pi\right]$
	F^*	$F^*=\dfrac{p_m\psi^2}{\eta_{eff}n}=6\pi\sqrt{F_x^{*2}+F_y^{*2}}$
承载能力	F	$F=\dfrac{F^*BD\eta_{eff}n}{\psi^2}$

例 13.6-2 一单向结构的五楔径向轴承，宽度 $B=90$mm，轴承直径 $D=60$mm，轴颈转速 $n=1200$r/min（20r/s），半径间隙 $C_r^*=0.045$mm，油楔弧面加工偏心距 $s=0.04$mm。采用 L-FD 2 主轴油润滑。试计算轴颈偏心距 $e=0.001$mm 时的承载能力。

五楔径向轴承的计算项目和计算结果见表 13.6-11。

表 13.6-11 五楔径向轴承的计算项目和计算结果

计算项目	单位	油楔代号				
		1	2	3	4	5
e_i	mm	0.0410	0.0403	0.0392	0.0392	0.0403
ε_i	—	0.9111	0.8958	0.8709	0.8709	0.8958
γ_i	rad	0.5771	0.6224	0.6938	0.6938	0.6224
θ_{i1}	rad	1.8850				
θ_{i2}	rad	π				
J_{1i}	—	5.6689	5.0721	4.3378	4.3378	5.0721
J_{2i}	—	36.2986	27.7729	19.2009	19.2009	27.7729
J_{3i}	—	281.9100	181.4937	99.1663	99.1663	181.4937
I_{2i}	—	8.9818	7.3524	5.5549	5.5549	7.3524
I_{3i}	—	51.7271	36.1513	22.0474	22.0474	36.1513
x_i	—	2.3215	1.8223	1.2860	1.2860	1.8223
y_i	—	0.9951	0.8222	0.6200	0.6200	0.8222
F_x^*	—	1.4569				
F_y^*	—	0.5049				
F^*	—	29.0961				
η_{eff}	Pa·s	0.0018（设平均温度为 50℃）				
ψ^*	—	0.0015				
F	N	2514				

2.4 椭圆轴承的性能计算

图 13.6-38 所示为椭圆轴承的示意图。因为它有较大的侧隙，故流量大，摩擦功耗和温升比圆形轴承低。

椭圆轴承通常做成剖分的，在两片轴瓦之间垫以

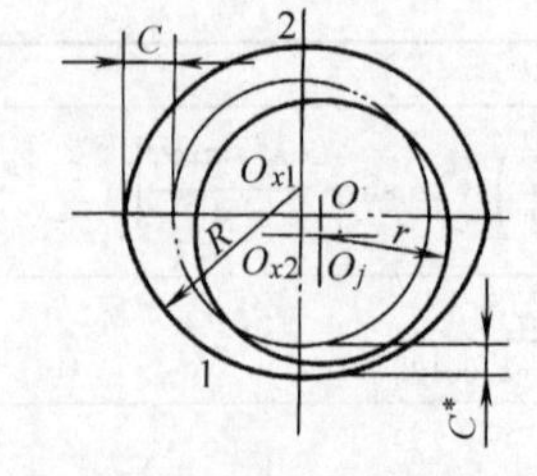

图 13.6-38　椭圆轴承的示意图

厚度为 2s 的垫片，再对轴瓦孔进行终加工，做成圆孔。安装时撤去垫片，构成椭圆轴承，故制造十分简单。

椭圆轴承在工作时，一般使外载荷对着其中的一个瓦，称该瓦为受载瓦，另一个为背载瓦。

2.4.1　稳态性能计算

（1）承载能力

轴承载荷数的表达式同式（13.6-3）。椭圆度 $\psi/\psi^*=2.2$、3 和 4 的椭圆轴承，其载荷数 F^* 与受载瓦相对偏心率 ε_p 的关系曲线如图 13.6-39 所示。

根据表 13.6-5 确定最小油膜厚度的极限值 $h_{2\lim}$ 后，可以确定 ε_p 的极限值，由图查出载荷数即可计算承载能力。

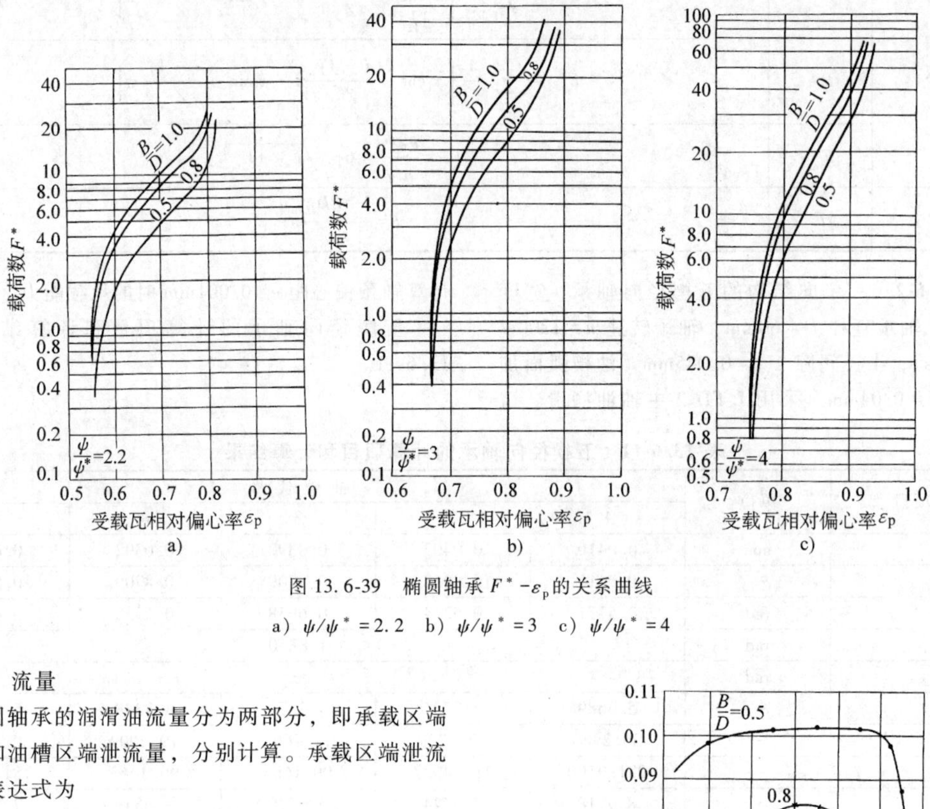

图 13.6-39　椭圆轴承 $F^*-\varepsilon_p$ 的关系曲线

a）$\psi/\psi^*=2.2$　b）$\psi/\psi^*=3$　c）$\psi/\psi^*=4$

（2）流量

椭圆轴承的润滑油流量分为两部分，即承载区端泄流量和油槽区端泄流量，分别计算。承载区端泄流量数的表达式为

$$q_1^*=\frac{q_1}{\pi BD^2n\psi} \qquad (13.6\text{-}19)$$

它与 ε_p 的关系曲线如图 13.6-40 所示。

油槽区端泄流量数的表达式为

$$q_2^*=\frac{q_2\eta_{\text{eff}}}{0.3p_sC_r^2} \qquad (13.6\text{-}20)$$

式中　p_s——供油压力。

它与椭圆度 ψ/ψ^* 的关系曲线如图 13.6-41 所示。

（3）摩擦功耗

摩擦功耗数的表达式为

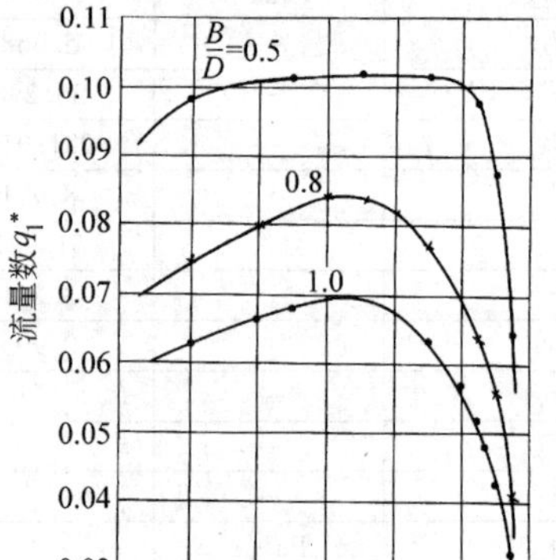

图 13.6-40　椭圆轴承 q_1^*-ε_p 的关系曲线

$$P_\mu^*=\frac{P_\mu\psi}{\pi^2\eta_{\text{eff}}BD^2n^2} \qquad (13.6\text{-}21)$$

它与椭圆度 ψ/ψ^* 的关系曲线也如图 13.6-41 所示。

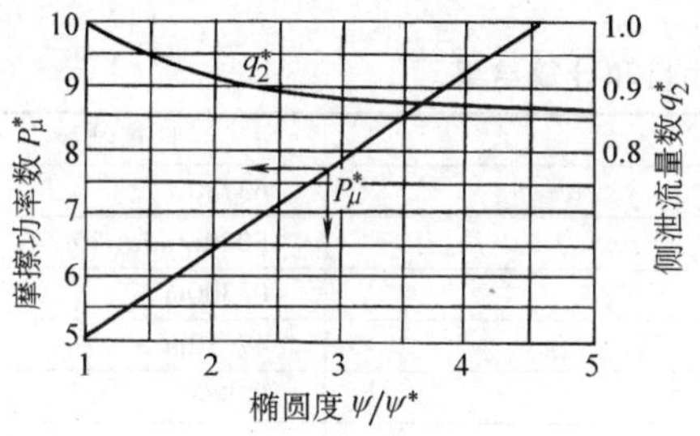

图 13.6-41　椭圆轴承 q_2^*-ψ/ψ^* 和 P_μ^*-ψ/ψ^* 的关系曲线

（4）温升

温升计算公式见表 13.6-2。

2.4.2　稳定性计算

计算方法与圆形轴承完全相同。椭圆度 ψ/ψ^* = 2、3 和 4 的椭圆轴承，其刚度数 k^* 和阻尼数 d^* 与载荷数 F^* 的关系曲线分别如图 13.6-42 ~ 13.6-47 所示。

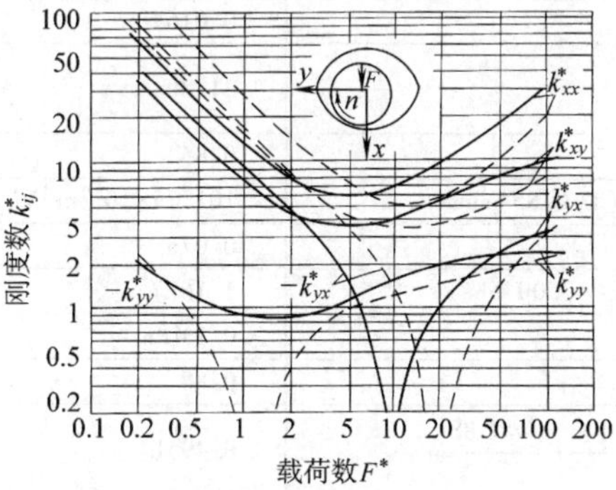

图 13.6-42　椭圆轴承 k_{ij}^*-F^* 的关系曲线（$\psi/\psi^*=2$）

注：实线为 $B/D=0.5$；虚线为 $B/D=1.0$。

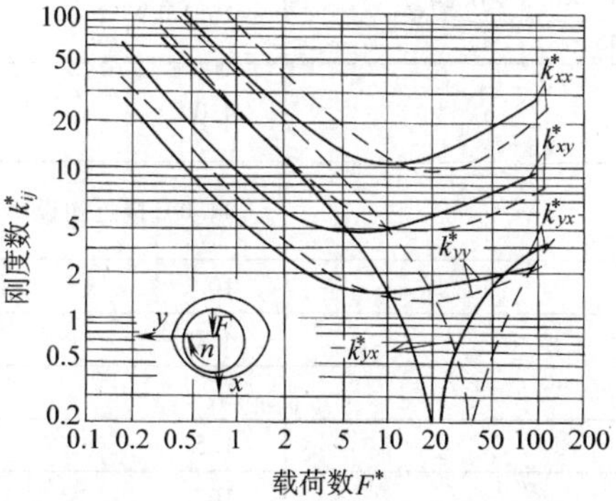

图 13.6-43　椭圆轴承 k_{ij}^*-F^* 的关系曲线（$\psi/\psi^*=3$）

注：实线为 $B/D=0.5$；虚线为 $B/D=1.0$。

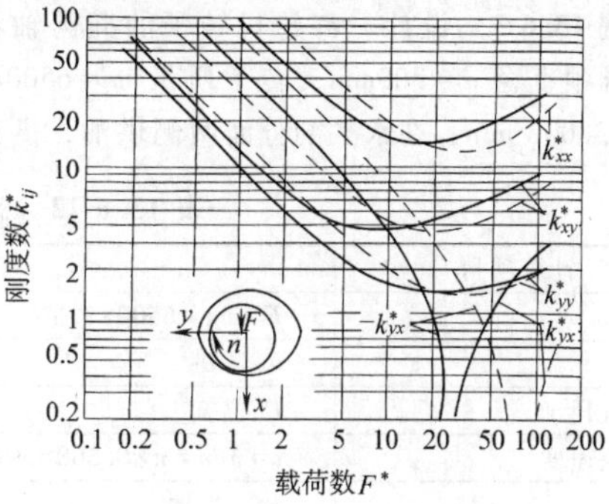

图 13.6-44　椭圆轴承 k_{ij}^*-F^* 的关系曲线（$\psi/\psi^*=4$）

注：实线为 $B/D=0.5$；虚线为 $B/D=1.0$。

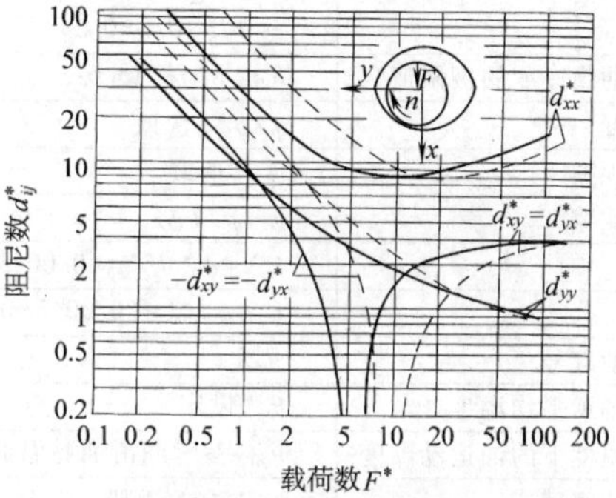

图 13.6-45　椭圆轴承 d_{ij}^*-F^* 的关系曲线（$\psi/\psi^*=2$）

注：实线为 $B/D=0.5$；虚线为 $B/D=1.0$。

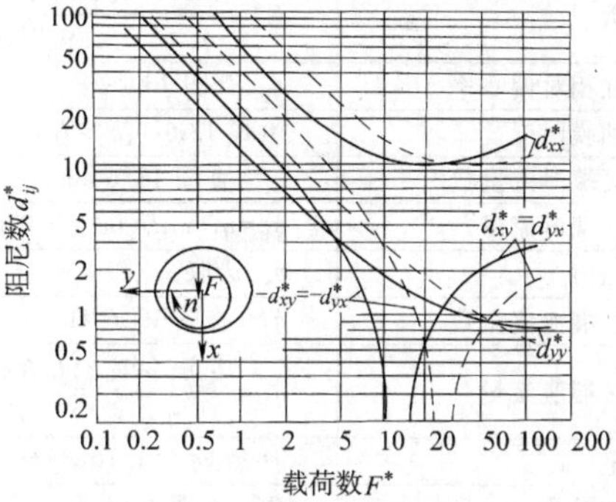

图 13.6-46　椭圆轴承 d_{ij}^*-F^* 的关系曲线（$\psi/\psi^*=3$）

注：实线为 $B/D=0.5$；虚线为 $B/D=1.0$。

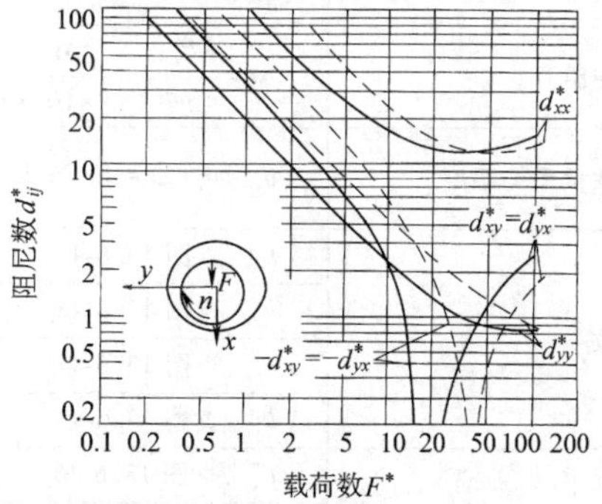

图 13.6-47　椭圆轴承 d_{ij}^*-F^* 的关系曲线（$\psi/\psi^*=4$）

注：实线为 $B/D=0.5$；虚线为 $B/D=1.0$。

例 13.6-3 设计一汽轮机转子的椭圆轴承。已知：轴颈直径 $d=300$mm；转子质量 $m=6500$kg；转速 $n=3000$r/min；在水平剖分面两侧供油，供油压力 $p_s=0.1$MPa；进油温度控制在40℃。

椭圆轴承的计算项目和计算结果见表 13.6-12。

表 13.6-12 椭圆轴承的计算项目和计算结果

计算项目	计算公式及说明	计算结果
载荷	$F=mg=6500\times9.8$N	63740N
转速	n,已知	3000r/min(50r/s)
轴承直径	D,已知	0.300m
轴颈线速度	$v=\pi dn=\pi\times0.300\times50$m/s	47.12m/s
宽径比	B^*,选取	0.8
轴承宽度	$B=B^*\times D=0.8\times0.300$m	0.240m
轴承压力	$p=\dfrac{F}{BD}=\dfrac{63740}{0.3\times0.24}$Pa	0.885MPa
最小油膜厚度的极限值	$h_{2\lim}$,查表 13.6-5	14μm
椭圆度	ψ/ψ^*,选取	3
相对顶隙	ψ^*,选取	0.0015
相对侧隙	$\psi=\psi^*(\psi/\psi^*)=0.0015\times3$	0.0045
顶隙	$C_r^*=\psi^*d/2=(0.0015\times0.300/2)$m	0.225×10^{-3}m
侧隙	$C_r=\psi d/2=(0.0045\times0.300/2)$m	0.675×10^{-3}m
润滑油牌号	选定	L-TSA22
初设轴承平均温度	θ_m,设定	45℃
平均温度下的油运动黏度	ν_{eff},参考润滑油黏温曲线	18.2mm²/s
润滑油密度	ρ,查有关手册	900kg/m³
平均温度下的润滑油黏度	$\eta_{eff}=\nu_{eff}\rho=18.2\times10^{-6}\times900$Pa·s	0.0164Pa·s
载荷数	$F^*=\dfrac{p\psi^2}{\eta_{eff}n}=\dfrac{0.885\times10^6\times0.0045^2}{0.0164\times50}$	21.86
受载瓦相对偏心率	ε_p,查图 13.6-39	0.85
最小油膜厚度	由式 13.6-1,$h_2=C_r(1-\varepsilon_p)=0.675\times10^{-3}(1-0.85)$mm	101.25×10^{-6}m($>h_{2\lim}$)
承载区端泄流量数	q_1^*,查图 13.6-40	0.076
承载区端泄流量	$q_1=q_1^*\pi nD^2B\psi=0.076\times\pi\times50\times0.3^2\times0.24\times0.0045$m³/s	1.16L/s
供油压力	p_s,选取	0.1MPa
油槽区端泄流量数	q_2^*,查图 13.6-41	0.88
油槽区端泄流量	$q_2=\dfrac{0.3p_sC_r^3q_2^*}{\eta_{eff}}=\dfrac{0.3\times0.1\times10^6\times(0.675\times10^{-3})^3\times0.88}{0.0164}$m³/s	0.495L/s
总流量	$q=q_1+q_2=1.16$L/s$+0.495$L/s	1.655L/s
摩擦功耗数	P_μ^*,查图 13.6-41	7.8
摩擦功耗	$P_\mu=\dfrac{P_\mu^*\pi^2\eta_{eff}n^2D^2B}{\psi}=\dfrac{7.8\times\pi^2\times0.0164\times50^2\times0.3^2\times0.24}{0.0045}$W	15.15kW
润滑油温升	$\Delta\theta=\dfrac{KP_\mu}{c_p\rho q}=\dfrac{0.8\times15150}{1.8\times10^6\times1.665\times10^{-3}}$℃	4.0℃
校核轴承平均温度	$\theta_m=\theta_i+\Delta\theta=40℃+4.0℃$	44.0℃接近初设
刚度数	k_{xx}^*,查图 13.6-43	10
	k_{xy}^*,查图 13.6-43	4.1
	k_{yx}^*,查图 13.6-43	1
	k_{yy}^*,查图 13.6-43	1.5
阻尼数	d_x^*,查图 13.6-46	10
	$d_{xy}^*=d_{yx}^*$,查图 13.6-46	0.1
	d_{yy}^*,查图 13.6-46	1.6

（续）

计算项目	计算公式及说明	计算结果
刚度	$k_{xx}=k_{xx}^{*}F/C_r=10\times63740/(0.675\times10^{-3})\text{N/m}$	$0.944\times10^9\text{N/m}$
	$k_{xy}=k_{xy}^{*}F/C_r=4.1\times63740/(0.675\times10^{-3})\text{N/m}$	$0.387\times10^9\text{N/m}$
	$k_{yx}=k_{yx}^{*}F/C_r=1\times63740/(0.675\times10^{-3})\text{N/m}$	$0.094\times10^9\text{N/m}$
	$k_{yy}=k_{yy}^{*}F/C_r=1.5\times63740/(0.675\times10^{-3})\text{N/m}$	$0.142\times10^9\text{N/m}$
阻尼	$d_{xx}=\dfrac{d_{xx}^{*}F}{2\pi nC_r}=\dfrac{10\times63740}{2\times\pi\times50\times0.675\times10^{-3}}\text{N}\cdot\text{s/m}$	$3.01\times10^6\text{N}\cdot\text{s/m}$
	$d_{xy}=d_{yx}=\dfrac{d_{xy}^{*}F}{2\pi nC_r}=\dfrac{0.1\times63740}{2\times\pi\times50\times0.675\times10^{-3}}\text{N}\cdot\text{s/m}$	$0.30\times10^6\text{N}\cdot\text{s/m}$
	$d_{yy}=\dfrac{d_{yy}^{*}F}{2\pi nC_r}=\dfrac{1.6\times63740}{2\times\pi\times50\times0.675\times10^{-3}}\text{N}\cdot\text{s/m}$	$0.48\times10^6\text{N}\cdot\text{s/m}$
特征方程系数	$a_1=\dfrac{d_{xx}+d_{yy}}{m}=\dfrac{3.01\times10^6+0.48\times10^6}{6500}\text{s}^{-1}$	536.9s^{-1}
	$a_2=\dfrac{d_{xx}d_{yy}-d_{xy}d_{yx}}{m^2}+\dfrac{k_{xx}+k_{yy}}{m}$ $=\dfrac{3.01\times10^6\times0.48\times10^6-0.30\times10^6\times0.30\times10^6}{6500^2}\text{s}^{-2}+\dfrac{0.944\times10^9+0.142\times10^9}{65000}\text{s}^{-2}$	$0.199\times10^6\text{s}^{-2}$
	$a_3=\dfrac{d_{xx}k_{yy}+d_{yy}k_{xx}-d_{xy}k_{yx}-d_{yx}k_{xy}}{m^2}$ $=\dfrac{3.01\times10^6\times0.142\times10^9+0.48\times10^6\times0.944\times10^9-0.30\times10^6\times0.387\times10^9}{6500^2}\text{s}^{-3}$	$17.43\times10^6\text{s}^{-3}$
	$a_4=\dfrac{k_{xx}k_{yy}-k_{xy}k_{yx}}{m^2}=\dfrac{0.944\times10^9\times0.142\times10^9-0.387\times10^9\times0.094\times10^9}{6500^2}\text{s}^{-4}$	$2.312\times10^9\text{s}^{-4}$
稳定性判断	a_1、a_2、a_3、a_4	>0
	$a_1a_2a_3-a_1{}^2a_4-a_3=536.9\times0.199\times10^6\times17.43\times10^6-536.9^2\times2.312\times10^9-17.43\times10^6$	$1.2\times10^{15}>0$ 通过

3　可倾瓦径向轴承㊀

可倾瓦径向轴承由若干支承在轴承座上的弧形瓦块组成，若瓦块支承为与轴线平行的线接触，则瓦块可以绕支承点在圆周方向摆动（故称可倾瓦轴承），改变与轴颈表面形成的楔角，以适应不同的工况。若支承为点接触（实际上为球面接触），瓦块除能绕支承点在圆周方向摆动外，也能在轴线方向摆动，可以适应轴承的同轴度误差和轴的弯曲变形。它最主要的优点是稳定性极好，故在高速、轻载轴承中应用很多。

瓦块的布置方式有两种：图 13.6-48a 所示为载荷对着瓦块支承点的方式，图 13.6-48b 所示为载荷对着两支承点之间的方式。在受载最大瓦块的最小油膜厚度相同的条件下，载荷对着两支承点之间，轴承承载能力较高。

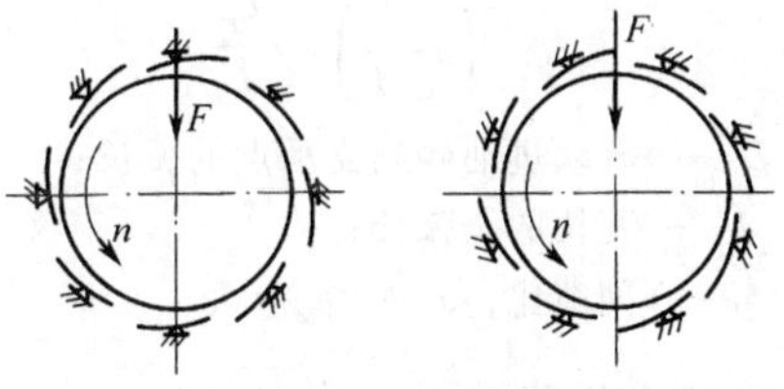

图 13.6-48　可倾瓦径向轴承的瓦块布置方式
a）载荷对着瓦块的支承点　b）载荷对着两支承点之间

3.1　半径间隙

瓦面曲率半径 R 与轴颈半径 r 之差称为加工半径间隙 C_r，由轴颈和瓦面加工尺寸所决定。瓦块装入轴承座后，支承点处瓦面至轴瓦孔几何中心的距离与轴颈半径 r 之差称为安装半径间隙 C_{ra}，在安装调整时确定（C_{ra}通常可以调整）。不允许 $C_{ra}>C_r$，C_r/C_{ra} 最好为 1～2。

㊀　与可倾瓦轴承对应，将圆形轴承和多楔（叶）轴承称为固定瓦轴承。

3.2　油膜厚度

瓦块的最大油膜厚度记作 h_1，最小油膜厚度记作 h_2，支承点处的油膜厚度记作 h_c。与固定瓦轴承不同，h_1、h_2不仅与轴颈偏心距有关，还与瓦块的摆角有关，而 h_c仅与安装半径间隙 C_{ra}和轴颈偏心距 e 有关。当轴颈处于轴承几何中心时，各瓦块的 h_c等于安装间隙 C_{ra}；当轴颈偏移距离 e 后，各瓦块的 h_c近似为

$$h_{ci}=C_{ra}+e\cos\theta_i \tag{13.6-22}$$

式中　θ_i——轴承孔几何中心与轴心连心线到各瓦块支承点所在半径的夹角（见图 13.6-49）。

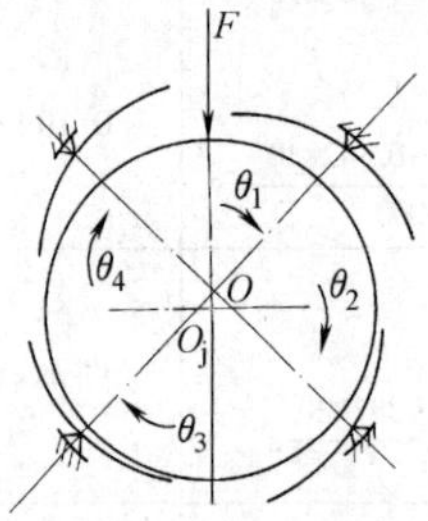

图 13.6-49　支点的角度坐标

可倾瓦径向轴承的载荷作用线与轴颈受载位移方向十分接近，通常可以认为两者是一致的，所以 θ_i也是载荷作用线到各瓦块支承点所在半径的夹角。

当 $C_r/C_{ra}=1$ 时，最小油膜厚度 h_2与 h_c的关系为

$$h_2=\frac{h_c}{\left(1-\frac{L_c}{L}\right)a+\frac{L_c}{L}} \tag{13.6-23}$$

式中　L_c——瓦块进油侧到支承点的弧长；

L——瓦块的全弧长；

a——间隙比，$a=h_1/h_2$。

3.3　支承点位置

瓦块上的支承点位置影响瓦块的承载能力，获得最大承载能力的支承点位置与瓦块几何尺寸 L/B 有关，其中 B 为瓦块的宽度。图 13.6-50 所示为最佳相对支承点位置 L_c/L 与 L/B 的关系曲线。

当轴颈需要双向旋转时，只能牺牲承载能力，取 $L_c/L=0.5$。

3.4　几何尺寸

一个轴承各瓦块的总弧长 ZL 与轴颈圆周周长 πd 之比，称为填充因子 K_k，即

$$K_k=\frac{ZL}{\pi d} \tag{13.6-24}$$

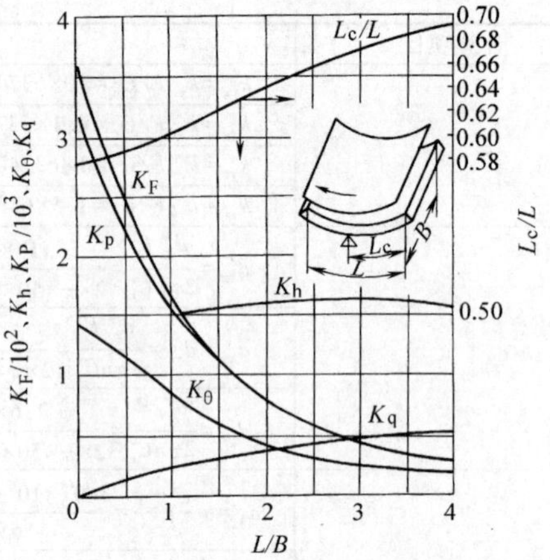

图 13.6-50　可倾瓦径向轴承的性能影响因子和最佳支点位置

通常取 $K_k=0.7\sim0.8$。因摩擦功耗与 K_k成正比，载荷较小时可取更小的 K_k值（如 $K_k=0.5$），以降低摩擦功耗与温升。

每个瓦块的弧长

$$L=\frac{K_k\pi d}{Z} \tag{13.6-25}$$

瓦块的轴向尺寸为宽度 B，其值最好接近瓦块的弧长 L，即最好取 $L/B\approx1$。

对同一直径的轴承，瓦块数多，则 L 值小，B 也小，所以瓦块数越多，轴承宽径比 B^* 越小。可倾瓦径向轴承的 B^* 通常为 0.3~0.8。

3.5　性能计算

瓦块数及其几何尺寸影响其承载能力、摩擦功耗、温升和润滑剂流量。

与圆形轴承类似，可倾瓦径向轴承载荷数 F^* 的表达式为

$$F^*=\frac{p\psi^2}{\eta_{eff}nK_k^2K_F} \tag{13.6-26}$$

式中　p——单位投影面积上的载荷，也称平均压力，$p=F/Bd$；

ψ——加工半径间隙与轴颈半径之比，即相对间隙，$\psi=C_r/r$；

K_F——瓦块长宽比对承载能力的影响因子，其值如图 13.6-50 所示。

载荷数 F^* 与偏心率 ε 在不同瓦块数下的关系曲线如图 13.6-51 所示。

最小油膜厚度数的表达式为

$$h_2^*=\frac{K_hh_2}{C_r} \tag{13.6-27}$$

式中　C_r——加工半径间隙；

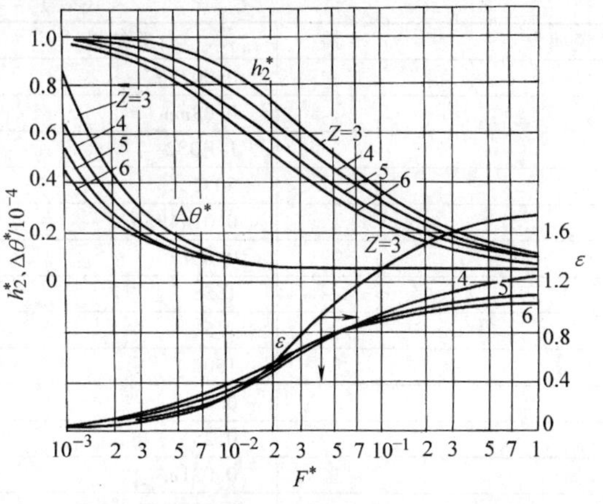

图 13.6-51　可倾瓦径向轴承 ε、$h_2{}^*$、$\Delta\theta^*$ 与 F^* 的关系曲线

K_h——瓦块长宽比对最小油膜厚度的影响因子，其值如图 13.6-50 所示。

最小油膜厚度数 h_2^* 与载荷数 F^* 在不同瓦块数下的关系曲线如图 13.6-51 所示。

温升数的表达式为

$$\Delta\theta^* = \frac{\Delta\theta K_k^2 K_\theta}{p} \qquad (13.6\text{-}28)$$

式中　K_θ——瓦块长宽比对温升的影响因子（系数），其值如图 13.6-50 所示。

温升数 $\Delta\theta^*$ 与载荷数 F^* 在不同瓦块数下的关系曲线如图 13.6-51 所示。

摩擦阻力数的表达式为

$$\mu^* = \frac{K_p K_k \mu}{\psi} \qquad (13.6\text{-}29)$$

式中　K_p——瓦块长宽比对摩擦功耗的影响因子，其值如图 13.6-50 所示。

摩擦阻力数 μ^* 与载荷数 F^* 在不同瓦块数下的关系曲线如图 13.6-52 所示。

可倾瓦径向轴承各瓦块上的受载差异极大，受载最大瓦块上的载荷 F_{pmax} 与轴承载荷 F 之比随载荷数 F^* 变化，它们的关系曲线如图 13.6-52 所示。

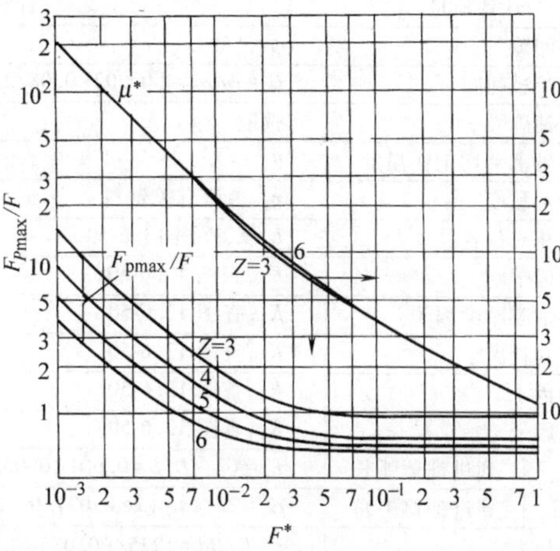

图 13.6-52　可倾瓦径向轴承 μ^*、F_{pmax}/F 与 F^* 的关系曲线

通过这些曲线可以计算出偏心率 ε、最小油膜厚度 h_2、温升 $\Delta\theta$、摩擦因数 μ 和摩擦功耗 P_μ。

可倾瓦径向轴承的性能计算由下例说明。

例 13.6-4　计算一鼓风机的可倾瓦径向轴承。已知：瓦块数 $Z=5$；轴颈直径 $d=80$mm；转速 $n=11500$ r/min；相对间隙 $\psi=0.002$；转子质量 $m=125$kg。进油温度希望在 40℃左右，其瓦块布置如图 13.6-53 所示。

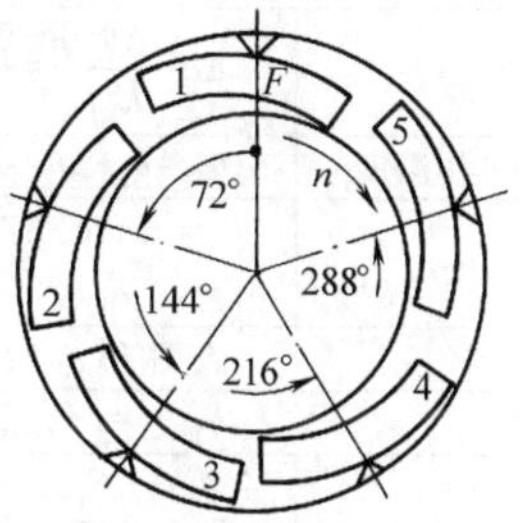

图 13.6-53　可倾瓦径向轴承的瓦块布置

可倾瓦径向轴承的计算项目和计算结果见表 13.6-13。

表 13.6-13　可倾瓦径向轴承的计算项目和计算结果

计算项目	计算公式及说明	计算结果
轴承载荷	$F=mg=125\times9.8$N	1225N
转速	n,已知	11500r/min(191.67r/s)
轴颈直径	d,已知	0.080m
填充因子	K_k,选取	0.7
瓦块数	Z,已知	5
瓦块弧长	$L=\pi K_k d/Z=(\pi\times0.7\times0.080/5)$m	0.035m
瓦块长宽比	L/B,选取	1
瓦宽	$B=L/(L/B)=(0.035/1)$m	0.035m
瓦块中心角	$\beta=2L/d=(2\times0.035/0.080)$rad	0.875rad
轴承宽径比	$B^*=B/d=0.035/0.080$	0.437

（续）

计算项目		计算公式及说明	计算结果
相对间隙		ψ,已知	0.002
加工半径间隙		$C_r=\psi d/2=(0.002\times0.08/2)$m	0.08mm
润滑油牌号		选取	L-FD32
初设轴承平均工作温度		θ_m	50℃
润滑油黏度		η_{eff}参考有关资料	0.0144Pa·s
支点相对位置		L_c/L,查图13.6-50	0.601
载荷因子		K_F,查图13.6-50	165
最小油膜厚度因子		K_h,查图13.6-50	1.5
摩擦功耗因子		K_p,查图13.6-50	1505
温升因子		K_θ,查图13.6-50	0.85
流量因子		K_q,查图13.6-50	0.25
支点位置	到进油侧弧长	$L_c=(L_c/L)L=0.601\times0.035$m	0.021m
	到进油侧夹角	$\beta_c=2L_c/d=(2\times0.021/0.080)$rad	0.525rad
平均压力		$p=F/Bd=1225/(0.035\times0.080)$Pa	0.438MPa
载荷数		$F^*=\dfrac{p\psi^2}{\eta_{eff}nK_k^2K_F}=\dfrac{0.438\times10^6\times0.002^2}{0.0144\times191.67\times0.7^2\times165}$	7.85×10^{-3}
偏心率		ε,查图13.6-51	0.25
最小油膜厚度数		h_2^*,查图13.6-51	0.775
最小油膜厚度		$h_2=h_2^*C_r/K_h=(0.775\times0.08/1.5)$mm	0.041mm
摩擦阻力数		μ^*,查图13.6-52	28×10^3
摩擦因数		$\mu=\dfrac{\mu^*\psi}{K_pK_k}=\dfrac{28\times10^3\times0.002}{1505\times0.7}$	0.053
摩擦功耗		$P_\mu=\pi\mu Fnd=\pi\times0.053\times1225\times191.67\times0.080$W	3.13kW
温升数		$\Delta\theta^*$,查图13.6-51	0.01×10^{-3}℃·m^2/N
温升		$\Delta\theta=\dfrac{\Delta\theta^*p}{K_k^2K_\theta}=\dfrac{0.01\times10^{-3}\times0.437\times10^6}{0.7^2\times0.85}$℃	10.5℃
校核轴承平均工作温度		$\theta_m=\theta_i+\Delta\theta=40℃+10.5℃$	50.5℃(通过)
流量		$q=\pi ndC_rBZK_q=\pi\times191.67\times0.080\times0.08\times10^{-3}\times0.035\times5\times0.25\text{m}^3/\text{s}$	$0.169\times10^{-3}\text{m}^3/\text{s}$
F_{pmax}/F		查图13.6-52	1.1
最大瓦块载荷		$F_{pmax}=(F_{pmax}/F)F=1.1\times1225$N	1348N
最大瓦块压力		$p_{pmax}=\dfrac{F_{pmax}}{BL}=\dfrac{1348}{0.035\times0.035}$Pa	1.1MPa

第7章 液体动压止推滑动轴承

液体动压止推滑动轴承采用环形结构，由止推轴瓦（若干扇形瓦块组成）和止推环组成（见图13.7-1），其基本形式如图13.1-4所示。根据瓦面几何形状，分为平面瓦、斜-平面瓦、阶梯面瓦和可倾瓦止推轴承。

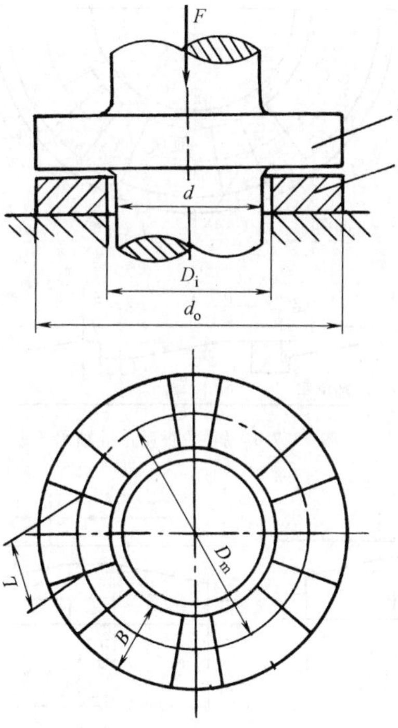

图13.7-1 止推轴承组成

1—止推环 2—止推轴瓦

1 润滑方式与润滑油温度

液体动压止推滑动轴承主要有两种润滑方式：压力供油润滑（见图13.7-2a）和油浴润滑（见图13.7-2b），为降低搅油功耗，高速轴承不宜采用油浴润滑。

当采用油浴润滑时，温度为θ_1的冷油从内侧进入轴承间隙，同时混入温度为θ_2的热油，故进瓦油温θ_i近似取为

$$\theta_i=\frac{\theta_1+\theta_2}{2} \tag{13.7-1}$$

压力供油润滑时，进瓦油温θ_i即为供油油温θ_s。通过轴瓦后，油的温度升高，若温升为$\Delta\theta$，则

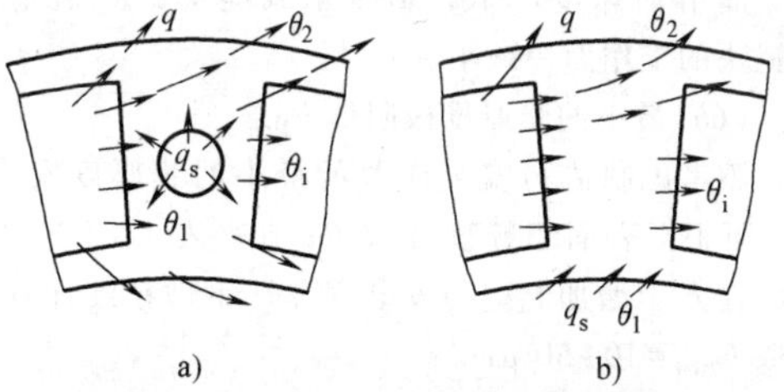

a) b)

图13.7-2 液体动压止推轴承的润滑方式

a）压力供油润滑 b）油浴润滑

q_s—供油流量 q—侧泄流量 θ_1—进油油温

θ_2—出油油温 θ_i—进瓦油温

油膜最高油温约为

$$\theta_{max}=\theta_i+1.5\Delta\theta \tag{13.7-2}$$

进瓦油温θ_i宜控制在40~60℃，油的温升$\Delta\theta$最好在20℃左右。使用矿物润滑油，最高油温不宜超过120℃。

2 参数选择

（1）宽长比B/L

宽长比为止推轴瓦宽度$B[B=(d_o-D_i)/2]$与瓦中径周长L之比。当$B/L=1$时，承载能力最大，故通常取$B/L=0.6\sim2.0$。

（2）直径比d_o/D_i

直径比为止推轴瓦外径d_o与内径D_i之比。内径D_i取决于轴的直径d，它应该比d略大，完全避开止推环和轴之间的过渡圆角，并保证有足够的缝隙供润滑油通过。

止推轴瓦外径d_o由轴承上的载荷决定，应使瓦面上的压力p为1.5~3.5MPa。对进油温度能严格控制、有均载结构的轴承，p可提高到6~7MPa。

由于希望$B/L\approx1$，所以d_o/D_i与瓦块数Z呈一定的对应关系，考虑到瓦块数不宜过多，通常取$d_o/D_i=1.2\sim2.4$。

（3）轴承中径D_m

止推轴瓦中径即轴承平均直径，$D_m=(d_o+D_i)/2$。

（4）瓦块数Z

瓦块数Z最少为3，多数为6~12，最多有达20以上的。瓦块数过多，由于L减小，为保证$B/L\approx1$，B也减小，d_o/D_i下降，故承载能力下降，且增加制造和安装调整的困难；瓦块数少，轴承温升高。

（5）填充因子 K_k

填充因子 K_k 为瓦块中径周长之和 ZL 与止推轴瓦中径周长 πD_m 之比，建议取 $K_k=0.70\sim0.85$。K_k 值过大，瓦块与瓦块之间的距离即油沟宽度过小，由前一瓦块流出的热油易于进入下一瓦块，使进瓦油温高，润滑油黏度降低，影响承载能力；K_k 值过小，使瓦块的工作面积减小。

（6）最小油膜厚度极限值 h_{2lim}

不考虑制造与安装误差的最小油膜厚度安全值 h_s，可根据表面粗糙度参数 Ra 值查表 13.7-1。h_{2lim} 值应在 h_s 上增加制造与安装误差。不做精细计算时，可取 $h_{2lim}=10\sim50\ \mu m$。

表 13.7-1　最小油膜厚度安全值 h_s

瓦面粗糙度 $Ra/\mu m$	0.1~0.2	0.2~0.4	0.4~0.8	0.8~1.6	1.6~3.2
$h_s/\mu m$	2.5	6.2	12.5	25	50

3　平面瓦止推轴承

理论上说，平面止推环和平面瓦不可能形成动压效应。实际上，由于微量表面起伏和运转时热膨胀引起的微小尺寸变化，在一定的速度下它们也能够产生动压效应。润滑油不同黏度时能产生动压效应的最低速度见表 13.7-2。

表 13.7-2　平面瓦止推轴承能产生 0.5MPa 承载能力的最低速度

润滑剂运动黏度 $\nu/mm^2\cdot s^{-1}$	100	68	46	32
最低速度 $v_{min}/m\cdot s^{-1}$	2.5	4	6	8

这种轴承的性能不能做精确的预测，只能做近似估算。

（1）承载能力

$$F=0.3(d_o^2-D_i^2) \tag{13.7-3}$$

式中　F——承载能力（N）；

d_o——止推轴瓦外径（mm）；

D_i——止推轴瓦内径（mm）。

（2）摩擦功耗

$$P_\mu=70\times10^{-6}FnD_m \tag{13.7-4}$$

式中　P_μ——摩擦功耗（W）；

n——轴的转速（r/s）；

D_m——止推轴瓦中径（mm）。

（3）润滑油流量

$$q=2.1\times10^{-12}\ FnD_m \tag{13.7-5}$$

式中　q——体积流量（m^3/s）。

4　斜-平面瓦止推轴承

斜-平面瓦止推轴承主要用作中小尺寸的止推轴承，最大直径约为 0.6m。瓦面由斜面和平面两部分组成（见图13.7-3）。轴转动时止推环与瓦块的斜-平面构成油楔，形成动压油膜。对于立轴，由平面部分支承全部静载荷（如转子重力）。

对单向和双向转动的止推轴承，其瓦面沿轴承中径周长方向的轮廓如图 13.7-4 所示。按图示比例尺寸（瓦块平面部分的中径周长为 0.2L）轴承承载能力最佳。双向旋转时，$B/L=3/5$，只有一个斜面起作用。与单向旋转的轴承相比，瓦块数减少约 1/3，承载能力减小约 35%，摩擦功耗降低约 20%。

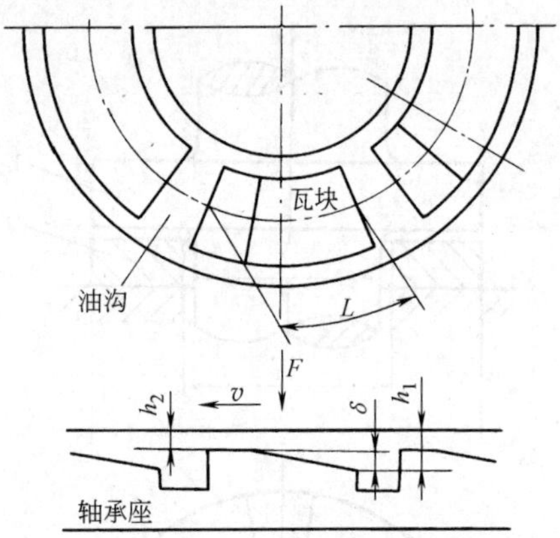

图 13.7-3　斜-平面瓦止推轴承

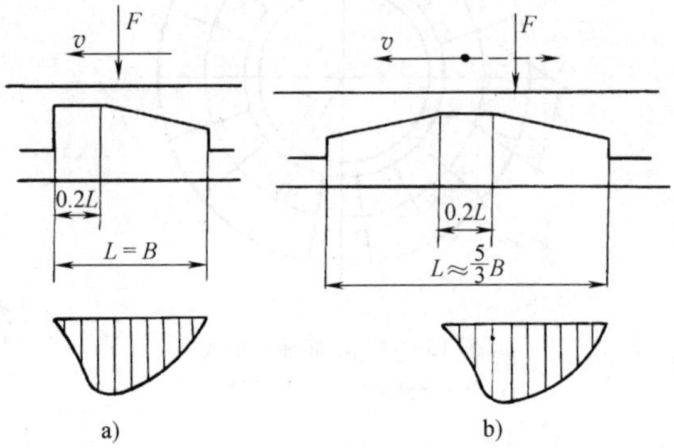

图 13.7-4　斜-平面瓦瓦面周长方向轮廓

a）单向旋转　b）双向旋转

各瓦块的平面部分应在同一平面上，若偏差大于瓦块斜面升高值 δ 的 10%，则将严重影响轴承性能，位置偏高的瓦块将过热。瓦块平面和止推环平面必须垂直于轴的轴线，否则个别瓦块将过热。

4.1　几何尺寸选取

定义如下特征数：

（1）最小油膜厚度数

$$h_2^*=\frac{h_2F^{1/2}}{\eta_{eff}^{1/2}n^{1/2}D_i^2}$$

式中　h_2——最小油膜厚度（m）；

F——轴承载荷（N）；

η_{eff}——润滑油等效黏度（Pa·s）；

n——轴的转速（r/s）；

D_i——止推轴瓦内径（m）。

（2）温升数

$$\Delta\theta^* = \frac{\Delta\theta c_p \rho D_i^2}{F}$$

式中　$\Delta\theta$——轴承温升；

c_p——润滑油比定压热容；

ρ——润滑油密度。

按转子直径确定轴承内径。选定润滑油牌号，给定温升 $\Delta\theta$ 一个初值后，建议按图 13.7-5，根据温升数 $\Delta\theta^*$ 和最小油膜厚度数 h_2^*，由实线选取外内径比 d_o/D_i 和瓦块数 Z，由虚线选取瓦块斜面升高比 δ/h_2；然后计算出外径 d_o 和瓦块斜面升高 δ，就初步选定了斜-平面瓦块止推轴承的几何尺寸。

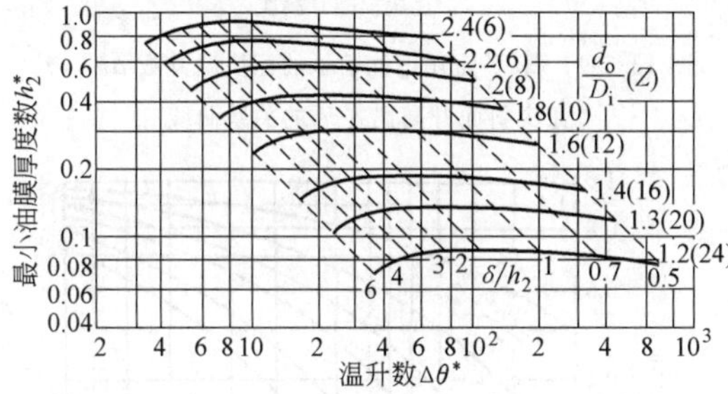

图 13.7-5　斜-平面瓦块止推轴承内外径比、瓦块数和瓦块斜面升高比

4.2　性能计算

（1）最小油膜厚度的极限值 $h_{2\text{lim}}$

最小油膜厚度的极限值 $h_{2\text{lim}}$ 取决于轴瓦和止推环的表面粗糙度及制造和安装精度，建议按式（13.7-6）确定。

$$h_{2\text{lim}} = h_s + (0.10 \sim 0.25) \times 10^{-3} d \quad (13.7\text{-}6)$$

（2）瓦块载荷数

瓦块上的载荷 $F_p = F/Z$，则瓦块载荷数为

$$F_p^* = \frac{F_p}{\eta_{\text{eff}} n B D_m}$$

（3）瓦块摩擦功耗数

$$P_{\mu p}^* = \frac{P_{\mu p}}{(nD_m)^{3/2}(\eta_{\text{eff}} B F_p)^{1/2}}$$

式中　$P_{\mu p}$——瓦块摩擦功耗。

图 13.7-6 所示为瓦块摩擦功耗数 $P_{\mu p}^*$ 与瓦块斜面升高比 δ/h_2 的关系曲线。

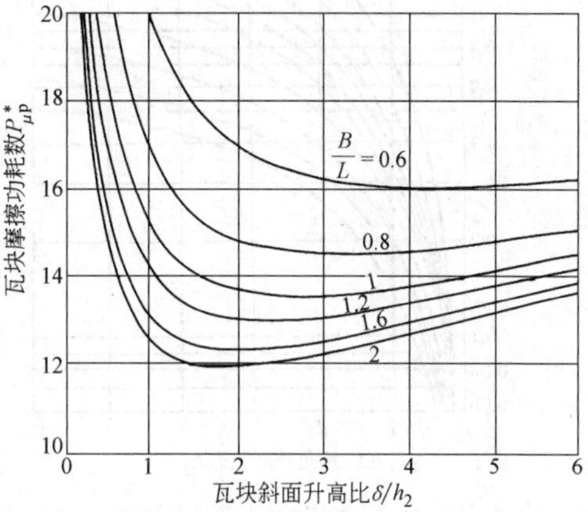

图 13.7-6　斜-平面瓦止推轴承瓦块的摩擦功耗数 $P_{\mu p}^*$ 与瓦块斜面升高比 δ/h_2 的关系曲线

（4）瓦块最小油膜厚度数

$$h_{2p}^* = \frac{h_{2p} F_p^{1/2}}{\eta_{\text{eff}}^{1/2} n^{1/2} B^{3/2} D_m^{1/2}}$$

式中　h_{2p}——瓦块最小油膜厚度。

图 13.7-7 所示为瓦块最小油膜厚度数 h_{2p}^* 与瓦块斜面升高比 δ/h_2 的关系曲线。

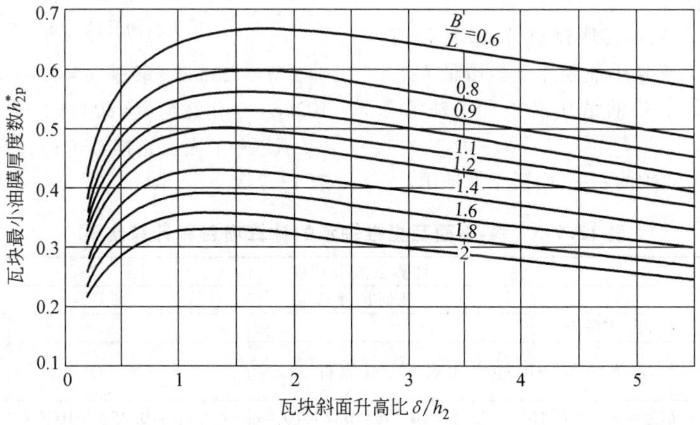

图 13.7-7　斜-平面瓦止推轴承瓦块的最小油膜厚度数 h_{2p}^* 与瓦块斜面升高比 δ/h_2 的关系曲线

(5) 瓦块端泄流量数

$$q_p^* = \frac{q_p F_p^{1/2}}{\eta_{eff}^{1/2} n^{3/2} B^{5/2} D_m^{3/2}}$$

式中 q_p——瓦块端泄流量。

图 13.7-8 所示为瓦块端泄流量数 q_p^* 与瓦块斜面升高比 δ/h_2 的关系曲线。

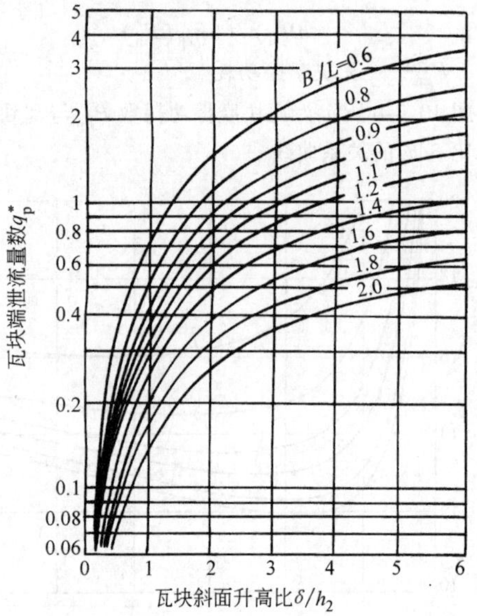

图 13.7-8 斜-平面瓦块止推轴承的瓦块端泄流量数 q_p^* 与瓦块斜面升高比 δ/h_2 的关系曲线

(6) 瓦块温升数

$$\Delta\theta_p^* = \frac{\Delta\theta_p B^2 c_p \rho K_\theta}{F_p}$$

式中 $\Delta\theta_p$——瓦块温升；

K_θ——温度修正因子。

图 13.7-9 所示为瓦块温升数 $\Delta\theta_p^*$ 与瓦块斜面升高比 δ/h_2 的关系曲线，图 13.7-10 所示为 K_θ 与瓦块斜面升高比 δ/h_2 的关系曲线。

计算结果中：$\Delta\theta$ 必须接近所赋温升 $\Delta\theta$ 的初值；最小油膜厚度 h_2 必须大于最小油膜厚度极限值 h_{2lim}；当采用压力供油润滑时，供油量 q_s 必须大于轴承总端泄流量 Zq_p。

例 13.7-1 设计一立轴的斜-平面瓦止推轴承。

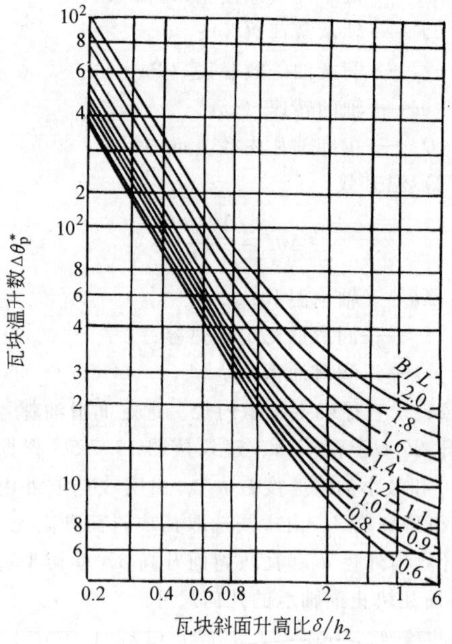

图 13.7-9 斜-平面瓦止推轴承的瓦块温升数 $\Delta\theta_p^*$ 与瓦块斜面升高比 δ/h_2 的关系曲线

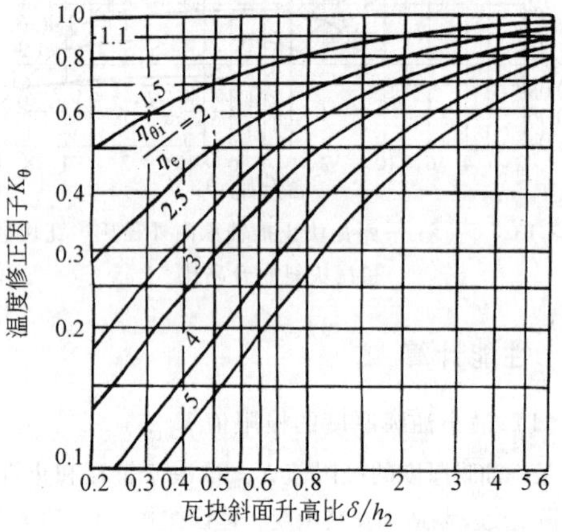

图 13.7-10 斜-平面瓦止推轴承的温度修正因子 K_θ 与瓦块斜面升高比 δ/h_2 的关系曲线

轴径 $d=125\text{mm}$，转速 $n=7200\text{r/min}$，转子质量 $m=102\text{kg}$，工作载荷 $F=8000\text{N}$。压力供油润滑。

该斜-平面瓦止推轴承的计算项目和计算结果见表 13.7-3。

表 13.7-3 斜-平面瓦止推轴承的计算项目和计算结果

计算项目	计算公式及说明	计算结果
	几何尺寸选取	
止推轴瓦内径	D_i，比 d 略大	140mm
油膜厚度最小安全值	h_s，取 $Ra=0.2\sim0.4\mu m$，由表 13.7-1 查得	6.2μm
最小油膜厚度极限值	$h_{2lim}=h_s+(0.10\sim0.25)\times10^{-3}d=6.2\times10^{-6}\text{m}+(0.10\sim0.25)\times10^{-3}\times0.125\text{m}=(18.7\sim37.5)\times10^{-6}\text{m}$	取 37.5μm

（续）

计算项目	计算公式及说明	计算结果
	几何尺寸选取	
润滑油牌号	选定	L-FD46
进瓦油温	θ_i，设定	60℃
赋温升初值	$\Delta\theta$	8℃
有效油温	$\theta_{eff}=\theta_i+\Delta\theta=60℃+8℃$	68℃
润滑油黏度	$\eta_{\theta i}$，查润滑油资料	0.0206Pa·s
润滑油等效黏度	η_{eff}，查润滑油资料	0.0155Pa·s
黏度比	$\eta_{\theta i}/\eta_{eff}=0.0206/0.0155$	1.33
润滑油比定压热容与其密度之积	$c_p\rho$，矿物润滑油，查得	1.70×10^6J/(m·K)
最小油膜厚度数	$h_2^*=\dfrac{h_2F^{1/2}}{\eta_{eff}^{1/2}n^{1/2}D_i^2}=\dfrac{37.5\times10^{-6}\times8000^{1/2}}{0.0155^{1/2}\times120^{1/2}\times0.140^2}$	0.125
温升数	$\Delta\theta^*=\dfrac{\Delta\theta D_i^2c_p\rho}{F}=\dfrac{8\times0.140^2\times1.7\times10^6}{8000}$	33.32
直径比	d_o/D_i，根据$\Delta\theta^*$和h_2^*，由图 13.7-5 查得	1.3
瓦块数	Z，根据 $\Delta\theta^*$ 和 h_2^*，由图 13.7-5 查得	20
瓦块斜面升高比	δ/h_2，根据 $\Delta\theta^*$ 和 h_2^* 由图 13.7-5 查得	3.0
止推轴瓦外径	$d_o=(d_o/D_i)D_i=1.3\times0.140$m	182mm
止推轴瓦中径	$D_m=(d_o+D_i)/2=(182\text{mm}+140\text{mm})/2$	161mm
止推轴瓦宽度	$B=(d_o-D_i)/2=(182\text{mm}-140\text{mm})/2$	21mm
止推轴瓦中径周长	$L=B$	21mm
填充因子	$K_k=ZL/(\pi D_m)=20\times21/(161\pi)$	0.83，合适
瓦块平面部分中径周长	按图 13.7-4，取 $0.2L$	4.2mm
	校核计算	
瓦块载荷	$F_p=F/Z=(8000/20)$N	400N
瓦块载荷数	$F_p^*=\dfrac{F_p}{\eta_{eff}nBD_m}=\dfrac{400}{0.0155\times120\times0.021\times0.161}$	63.6×10^3
温度修正因子	K_θ，根据 δ/h_2 和 $\eta_{\theta i}/\eta_{eff}$ 由图 13.7-10 查出	0.97
瓦块温升数	$\Delta\theta_p^*$，根据 δ/h_2 和 B/L 由图 13.7-9 查出	12.5
瓦块温升	$\Delta\theta_p=\dfrac{\Delta\theta_p^*F_p}{B^2c_p\rho K_\theta}=\dfrac{12.5\times400}{0.021^2\times1.7\times10^6\times0.97}$℃	6.9℃，与初值接近
瓦块最小油膜厚度数	h_{2p}^*，根据 δ/h_2 和 B/L 由图 13.7-7 查出	0.50
瓦块最小油膜厚度	$h_{2p}=\dfrac{h_{2p}^*\eta_{eff}^{1/2}n^{1/2}D_m^{1/2}B^{3/2}}{F_p^{1/2}}=\dfrac{0.5\times0.0155^{1/2}\times120^{1/2}\times0.161^{1/2}\times0.021^{3/2}}{400^{1/2}}$m	41.0μm，$>h_{2lim}$
最高油温	$\theta_{max}=\theta_i+1.5\Delta\theta=60℃+1.5\times6.9℃$	70℃，<120℃
瓦块平面部分面积	$A_p\approx0.042ZB=4.2\times20\times21\text{mm}^2$	1764mm^2
静载荷	$F_{st}=mg=102\times9.8$N	1000N
静载压力	$P_{st}=F_{st}/A_p=(1000/1764)$MPa	0.57MPa
瓦块斜面升高	$\delta=(\delta/h_2)h_{2p}=3.0\times41\mu$m	0.123mm
瓦块摩擦功耗数	$P_{\mu p}^*$，根据 δ/h_2 和 B/L 由图 13.7-6 查出	13.7
瓦块摩擦功耗	$P_{\mu p}=P_{\mu p}^*(n_{eff}BF_p)^{1/2}(nD_m)^{3/2}=13.7\times(0.0155\times0.021\times400)^{1/2}(120\times0.161)^{3/2}$W	0.42kW
轴承摩擦功耗	$P_\mu=ZP_{\mu p}=20\times0.42$kW	8.4kW
瓦块端泄流量数	q_p^*，根据 δ/h_2 和 B/L 由图 13.7-8 查出	1.1
瓦块端泄流量	$q_p=\dfrac{q_p^*n^{3/2}D_m^{3/2}B^{5/2}\eta_{eff}^{1/2}}{F_p^{1/2}}=\dfrac{1.1\times120^{3/2}\times0.161^{3/2}\times0.021^{5/2}\times0.0155^{1/2}}{400^{1/2}}\text{m}^3/\text{s}$	0.0372L/s
需要供油量	$q_s>Zq_p=20\times0.0372\times60$L/min	>44.6L/min

5　阶梯面瓦止推轴承

阶梯面瓦止推轴承结构最简单，主要用于小型轴承。每一瓦面由高度差为 δ 的两平行平面组成（见图 13.7-11）。根据流体动力润滑的要求，$\delta(=h_1-h_2)$ 应该近似等于最小油膜厚度 h_2，所以它是极小的值。切削加工出这样小的 δ 比较困难，可用压痕、腐蚀等方法制出阶梯面。

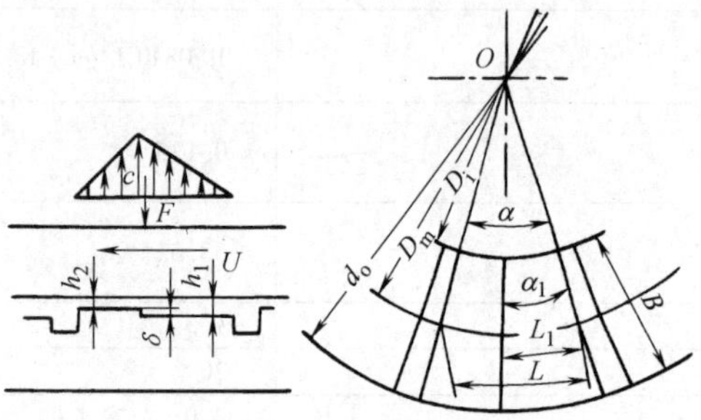

图 13.7-11　阶梯面瓦止推轴承

运转中，当间隙比 $a(=h_1/h_2)=1.866$、$L_1/L=2.549$ 时，轴承的承载能力最大。这时，计算油膜厚度和摩擦功耗的公式分别为

$$h_2=0.8L\sqrt{\frac{\eta_{\mathrm{eff}}D_{\mathrm{m}}nZB}{F}} \tag{13.7-7}$$

$$P_{\mu}=8.34L\frac{\eta D_{\mathrm{m}}^2n^2ZB}{h_2} \tag{13.7-8}$$

若欲提高承载能力，可将阶梯面制成带阻油边的形式（见图 13.7-12）。

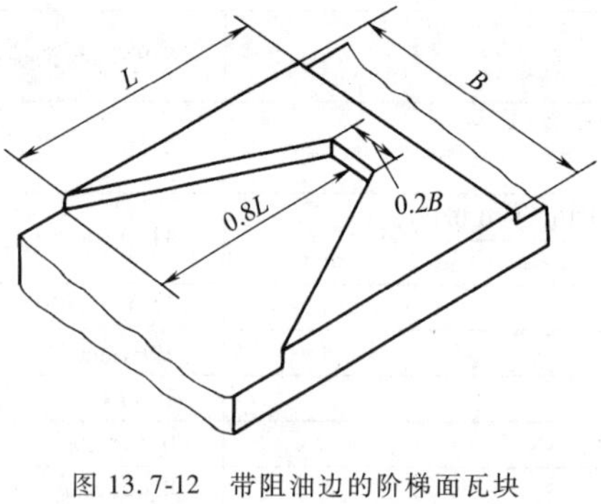

图 13.7-12　带阻油边的阶梯面瓦块

6　可倾瓦止推轴承

可倾瓦止推轴承由分布在一个平面上的若干可倾瓦块（瓦块数 $Z\geqslant3$）组成（见图 13.7-13a）。

可倾瓦块依靠支承装置，以不同的支承方式，成线接触或点接触支承在轴承座上（见图 13.7-13b）。

可倾瓦止推轴承瓦块的支承方式见表 13.7-4。

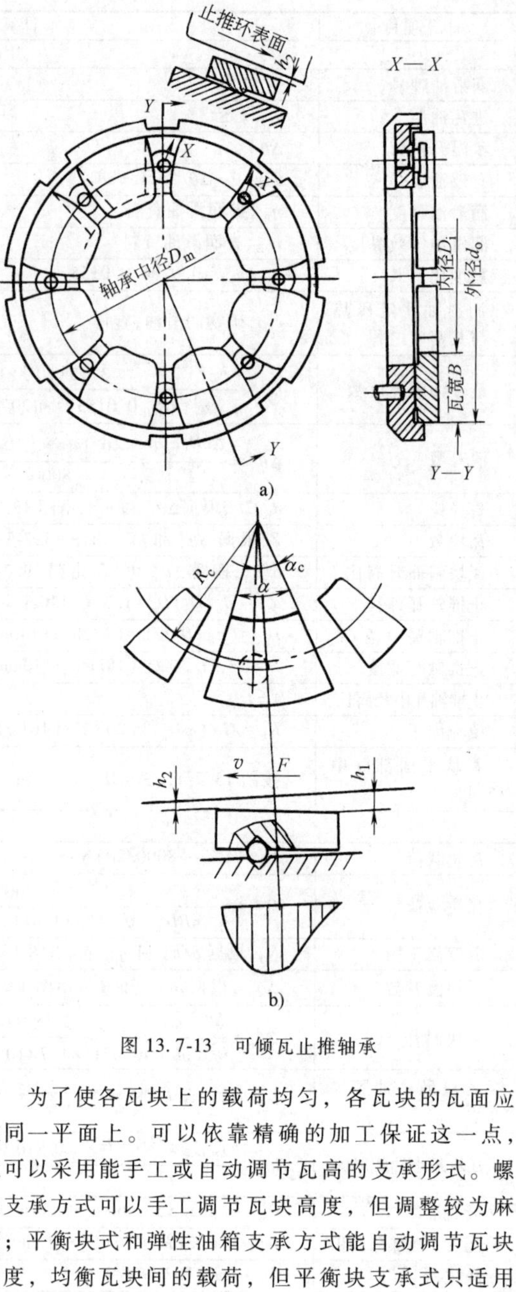

图 13.7-13　可倾瓦止推轴承

为了使各瓦块上的载荷均匀，各瓦块的瓦面应在同一平面上。可以依靠精确的加工保证这一点，也可以采用能手工或自动调节瓦高的支承形式。螺柱支承方式可以手工调节瓦块高度，但调整较为麻烦；平衡块式和弹性油箱支承方式能自动调节瓦块高度，均衡瓦块间的载荷，但平衡块支承式只适用于低速轴承。

可倾瓦止推轴承的各瓦块能依据工况的变化自动调节斜度，出油侧油膜厚度 h_2 相应改变，但间隙比 a 保持不变（见图 13.7-13b）。载荷或速度经常变化的大型、中型、小型止推轴承均适用，在大型止推轴承中应用最广。

能使线接触支承、单向旋转轴承的承载能力最大的支承点位置和最佳间隙比如图 13.7-14 所示。双向旋转轴承的支承点只能取在瓦块的中点。

表 13.7-4　可倾瓦止推轴承瓦块的支承方式

刚性支承	线接触支承 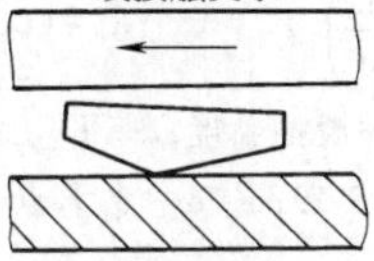	球接触支承 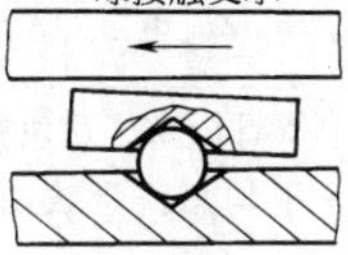	螺柱支承 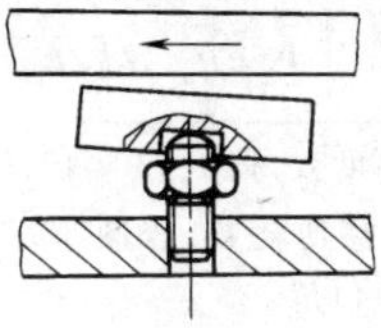	平衡块支承 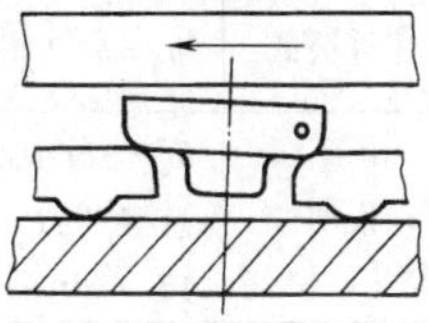
弹性支承	弹性垫支承 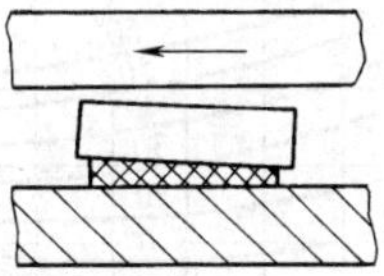	弯曲弹性支承 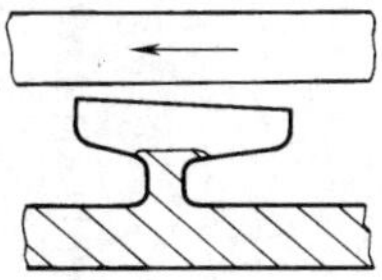	弹簧支承 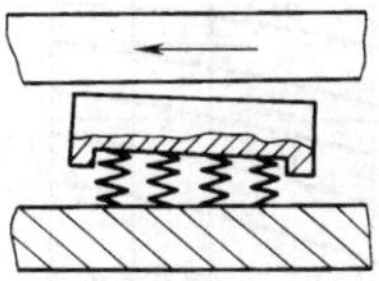	弹性油箱支承 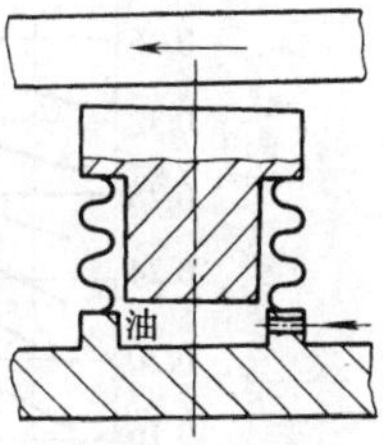
应用	小型轴承	小型、中型轴承	中型、大型轴承	大型轴承

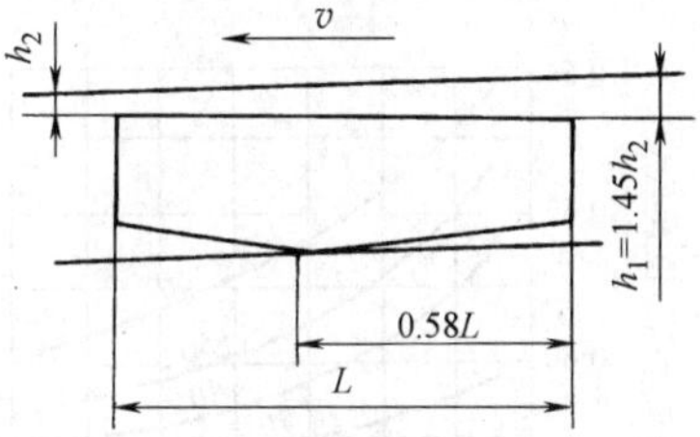

图 13.7-14　线接触轴承和单向旋转轴承的最佳支承点位置和间隙比

为降低瓦温可以采取下列措施：适当增大瓦块间距；改变瓦块的形状，切去对承载能力贡献不大的瓦角，甚至采用圆形瓦块；在瓦块间设置冷却喷管；设置刮油板以刮去瓦面上的热油；在瓦块内设置冷却盘管。后几种方法主要用于大型可倾瓦止推轴承。

6.1　瓦块尺寸的选取

瓦块沿径向的尺寸（宽度 B）最好接近于圆周方向的尺寸（在中径上的周长 L），即宽长比 $B/L \approx 1$。

宽长比确定之后，可倾瓦止推轴承的承载能力取决于瓦块数、转速和润滑油的黏度。对于中、小型可倾瓦止推轴承，若取 $B/L=1$，当载荷、轴的直径给定之后，可以用图 13.7-15 选取瓦块数 Z 和瓦块宽 B；然后用图 13.7-16 根据瓦块数和瓦块宽选取轴承内径（内接圆直径）D_i，则轴承外径 $d_o=D_i+2B$，瓦块中径周长 $L=B$。

6.2　性能计算

可倾瓦止推轴承的主要校核计算项目见表 13.7-5。

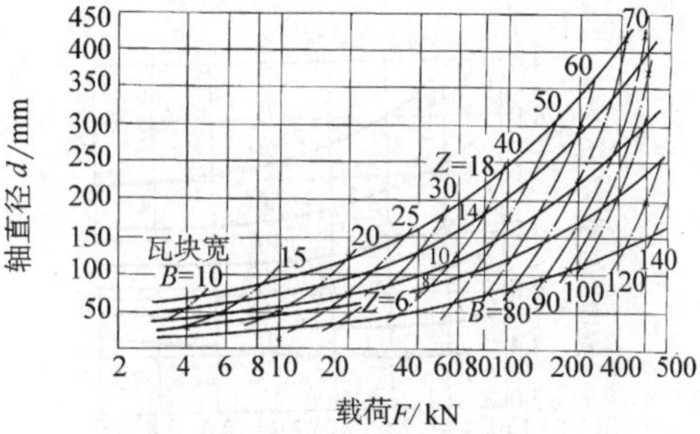

注：实线为瓦块数；点画线为瓦块宽度。

图 13.7-15　瓦块数 Z 和瓦块宽 B 的初选

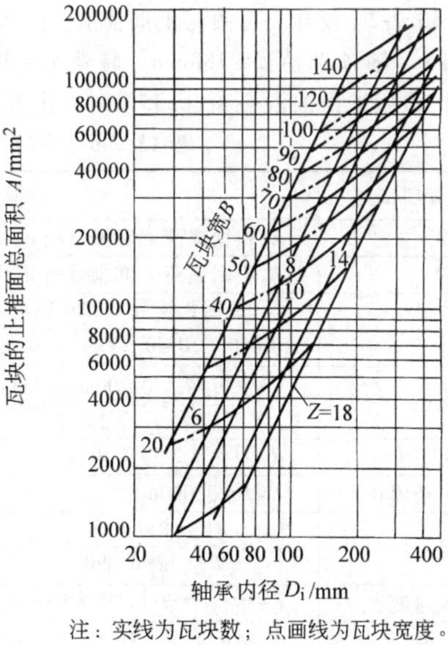

注：实线为瓦块数；点画线为瓦块宽度。

图 13.7-16　轴承内径的初选

表 13.7-5　可倾瓦止推轴承的主要校核计算项目

计算项目	最小油膜厚度	摩擦功耗	平均总流量	支承点角度位置	支承点半径
计算公式	$h_2=h_2^* L\sqrt{\dfrac{ZB\eta v}{F}}$	$P_\mu=P_\mu^*\sqrt{FZB\eta v^3}$	$q_m=q_m^* Zh_2Bv$	$\alpha_c=\left(\dfrac{\alpha_c}{\alpha}\right)\alpha$	$R_c=(0.97\sim1.06)R_m$
说明	h_2^*—最小油膜厚度数,查图 13.7-17;L—瓦块中径周长;Z—瓦块数;η—润滑油黏度;v—平均线速度;F—轴承总载荷;P_μ^*—摩擦功耗数,查图 13.7-18;q_m^*—平均总流量数,查图 13.7-19;α_c/α—支承点相对位置,查图 13.7-20;α—瓦块包角				

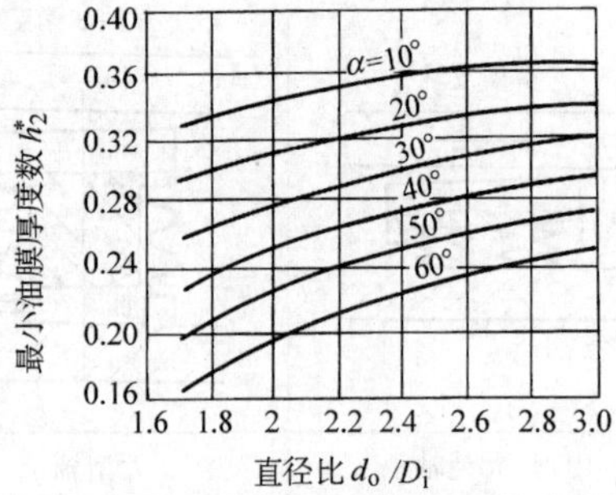

图 13.7-17　最小油膜厚度数 h_2^*

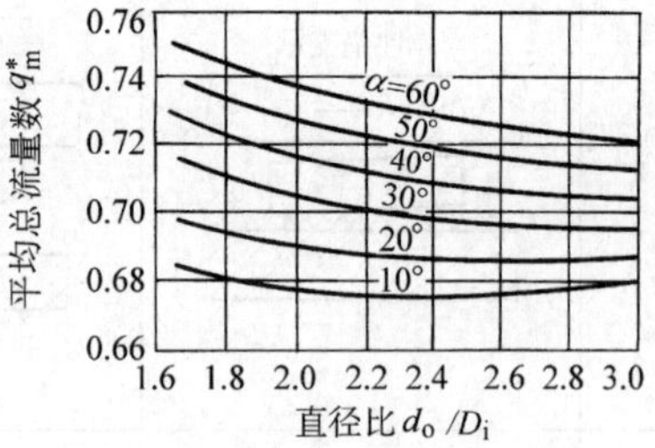

图 13.7-19　平均总流量数 q_m^*

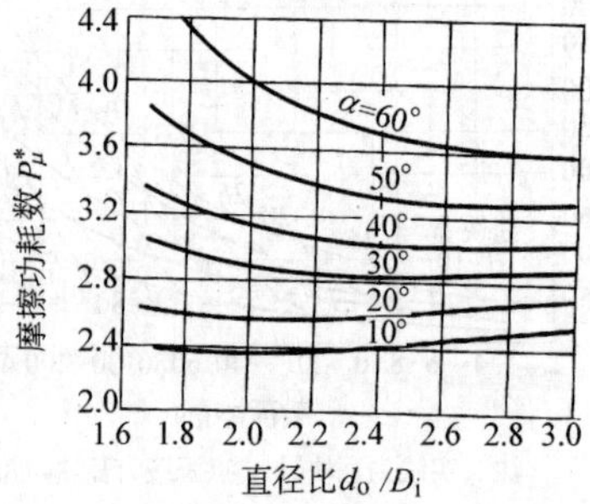

图 13.7-18　摩擦功耗数 P_μ^*

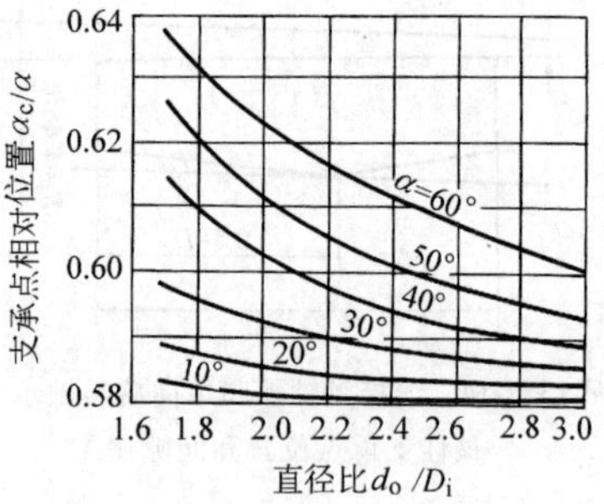

图 13.7-20　支承点相对位置（α_c/α）

例 13.7-2　设计一可倾瓦止推轴承。已知：载荷 $F=210\text{kN}$、轴颈直径 $d=180\text{mm}$、转速 $n=300\text{r/min}$（5r/s）。希望进瓦油温不低于 35℃时，出瓦油温不高于 70℃。采用 L-FD30 主轴油、压力供油。

计算项目和计算结果见表 13.7-6。

表 13.7-6　可倾瓦止推轴承性能计算项目和计算结果

计算项目	计算公式及说明	计算结果
瓦块数	Z,根据载荷 F 和轴直径 d,由图 13.7-15 选取	8
瓦块宽	B,根据载荷 F 和轴直径 d,由图 13.7-15 选取	0.090m
轴承内径	D_i,根据瓦块数 Z 和瓦块宽 B,由图 13.7-16 选取	0.200m
轴承外径	$d_o=D_i+2B=0.200\text{m}+2\times0.090\text{m}$	0.380m
轴承中径	$D_m=\dfrac{D_i+d_o}{2}=\dfrac{0.200\text{m}+0.380\text{m}}{2}$	0.290m
直径比	$d_o/D_i=0.380/0.200$	1.90
瓦块中径周长	$L=B=0.090\text{m}$	0.090m
填充因子	$K_k=\dfrac{ZL}{\pi D_m}=\dfrac{8\times0.090}{\pi\times0.290}$	0.79,合适
平均线速度	$v=\pi D_m n=\pi\times0.290\times5\text{m/s}$	4.56m/s
平均油温	初设 θ_m	50℃
润滑油黏度	η_{θ_m},查润滑油资料	0.028Pa·s

（续）

计算项目	计算公式及说明	计算结果
轴瓦包角	$\alpha=\frac{2L\times180°}{\pi D_m}=\frac{2\times0.090\times180°}{\pi\times0.290}$	35.6°
最小油膜厚度数	h_2^*，根据直径比 d_o/D_i 和轴瓦包角 α，查图 13.7-17	0.26
最小油膜厚度	$h_2=h_2^* L\sqrt{\frac{ZB\eta v}{F}}=0.26\times0.090\sqrt{\frac{8\times0.090\times0.028\times4.56}{210000}}$m	15.5×10^{-6}m，可行
摩擦功耗数	P_μ^*，根据直径比 d_o/D_i 和轴瓦包角 α，查图 13.7-18	3.08
摩擦功耗	$P_\mu=P_\mu^*\sqrt{FZB\eta v^3}=3.08\sqrt{210000\times8\times0.090\times0.028\times4.56^3}$ W	取 1950W
平均总流量数	q_m^*，根据直径比 d_o/D_i 和轴瓦包角 α，查图 13.7-19	0.714
平均总流量	$q_m=q_m^* Zh_2Bv=0.714\times8\times15.5\times10^{-6}\times0.090\times4.56$m³/s	36.3×10^{-6}m³/s
润滑油温升	$\Delta\theta=\frac{P_\mu}{c_p\rho q_m}=\frac{1950}{1.7\times10^6\times36.3\times10^{-6}}$℃	31.6℃
校核平均油温	$\theta_m=\theta_i+\Delta\theta/2=35℃+31.6/2℃$	50.8℃，与初设相近
校核出瓦油温	$\theta_2=\theta_i+\Delta\theta=35℃+31.6℃$	66.6℃，满足要求
支承点相对位置	α_c/α，根据直径比 d_o/D_i 和轴瓦包角 α，查图 13.7-20	0.60
支承点角度	$\alpha_c=(\alpha_c/\alpha)\alpha=0.60\times35.6°$	21.4°
支承点半径	$R_c=(0.97\sim1.06)D_m/2=[(0.97\sim1.06)\times0.290/2]$m	0.141~0.154m，取 0.150m

第 8 章　液体静压轴承

液体静压轴承靠润滑油泵把压力油送到轴承间隙中，强制形成润滑油膜，由润滑油的静压力平衡外载荷。因此，油膜压力与轴颈转速基本无关，可在极低速度甚至零速下获得液体膜润滑，因而也能获得极低的摩擦因数。

1　设计基础

1.1　润滑系统

润滑系统由油箱、润滑油泵、过滤器、溢流阀、电动机和油垫等组成（见图 13.8-1、图 13.8-2）。

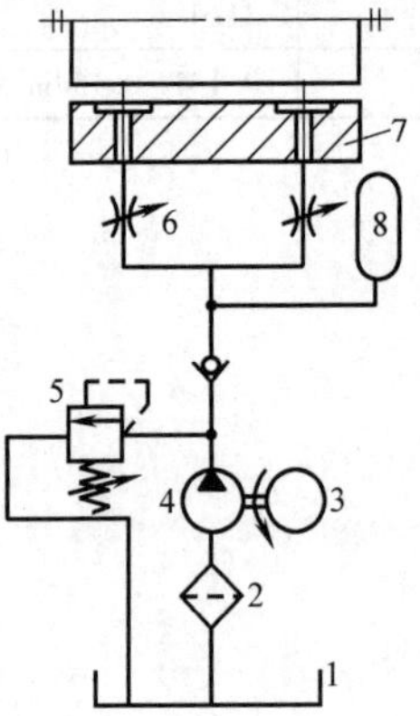

图 13.8-1　液体静压轴承的润滑系统（恒压力）
1—油箱　2—过滤器　3—电动机　4—润滑油泵
5—溢流阀　6—节流器　7—轴瓦　8—蓄能器

封油面和油腔的组合称为油垫，它就是要润滑的支承轴颈的表面（轴瓦表面）。油垫之外的各个部分构成供油系统。

供油系统有恒压力和恒流量两种。图 13.8-1 所示的恒压力供油系统，通常用一个润滑油泵，通过若干节流器，分别向各个油腔供油，由溢流阀调节供油压力；恒流量供油系统采用定量泵或定量阀供油，图 13.8-2 所示为用定量阀的恒流量供油系统，它不需节流器，由定量阀（分流器）直接向每一个油腔供给定量的润滑油。

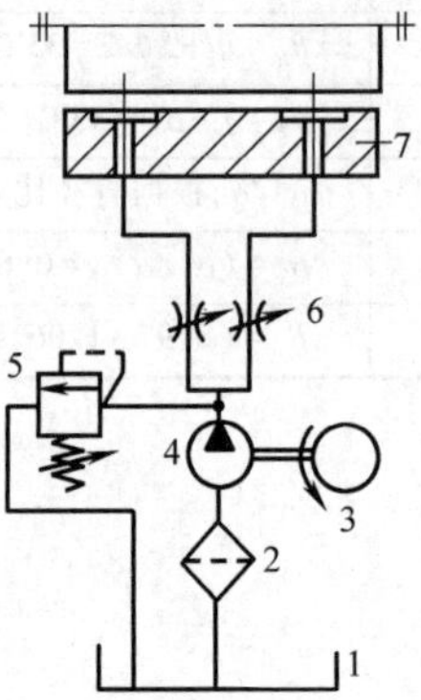

图 13.8-2　液体静压轴承的润滑系统（恒流量）
1—油箱　2—过滤器　3—电动机　4—润滑油泵
5—溢流阀　6—分流器　7—轴瓦

1.2　节流器及其流量

节流器是恒压力液体静压轴承润滑系统中最重要的元件之一。

（1）节流器的类型与特性

按节流尺寸可否调节，节流器分为固定节流器和可变节流器。各种节流器的节流尺寸和特性见表 13.8-1。

表 13.8-1　各种节流器的节流尺寸和特性

类型	缝式节流器	管式节流器	孔式节流器①	定量阀(定量泵)	滑阀反馈节流器	膜片反馈节流器
示意图	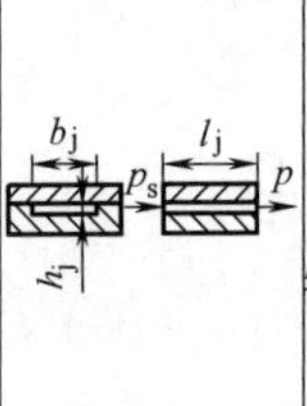	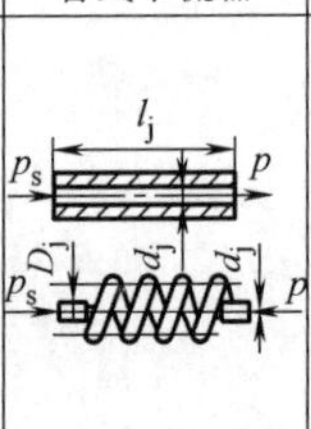	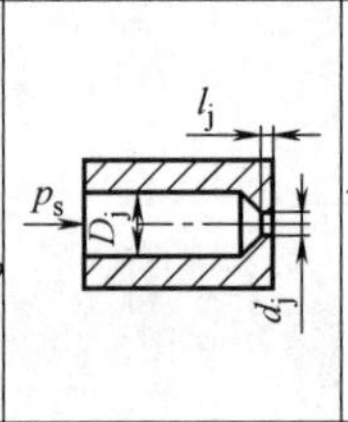	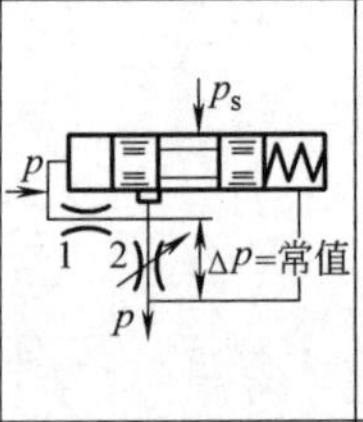	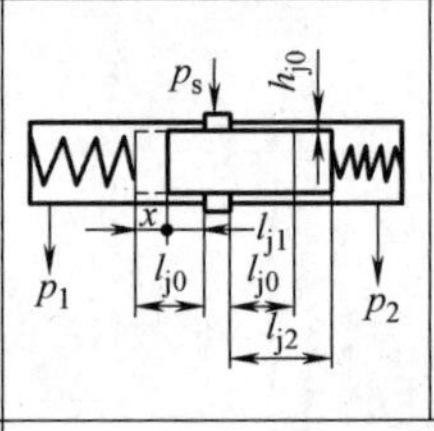	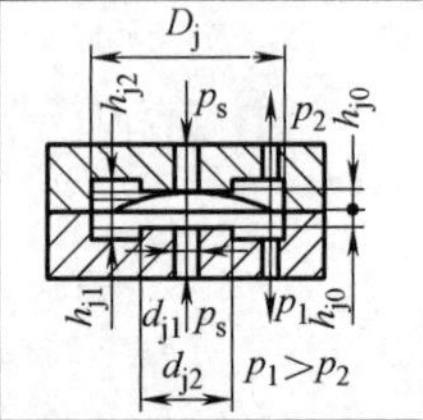
	p—油腔压力			p—油腔压力 1—稳定节流孔 2—工作节流孔	p_1—受载油腔压力 p_2—背载油腔压力	

（续）

类型	缝式节流器	管式节流器	孔式节流器①	定量阀（定量泵）	滑阀反馈节流器	膜片反馈节流器
节流尺寸	为一狭长缝、节流尺寸为缝宽 b_j、缝隙（高）h_j、缝长 l_j。缝式节流器可以直接做在轴瓦上	为一细长管，节流尺寸为管径 d_j 和管长 l_j。可为直管或螺旋管，长度可以做成可调的	为一锐边小孔，$l_j<0.5d_j$。节流尺寸为孔的面积（特征尺寸 d_j）时是小孔节流；为孔的周长和间隙（即 d_j 和 h）时是环面节流	—	滑阀居中时，有效节流尺寸为间隙 h_{j0} 和长度 l_{j0}；受载后，滑阀因两端压差而位移，节流长度改变	膜片平直时，节流尺寸为间隙 h_{j0} 和节流长度（$d_{j2}-d_{j1}$）/2；受载后，膜片因两侧压差而变形，节流间隙改变
特性	结构较简单，轴承性能稳定，不受润滑油黏度变化的影响		占用空间小，流动状态为湍流，润滑油黏度变化将影响轴承性能	结构较复杂，制造费用较高	流量与节流长度成反比，反馈灵敏度较低。结构较复杂，制造费用较高	流量与节流间隙的 3 次方成正比，反馈灵敏度较高。但容易出现自振。结构较复杂，制造费用较高
载荷位移曲线	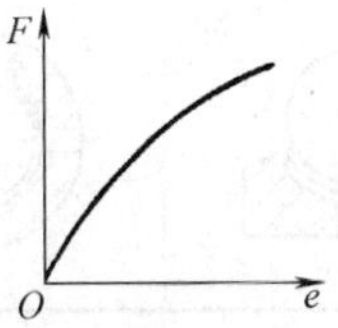		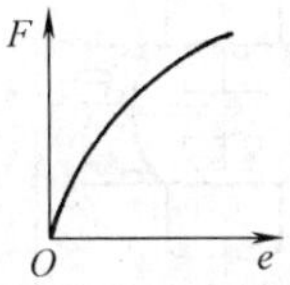	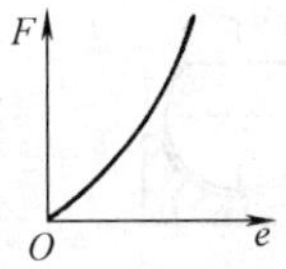	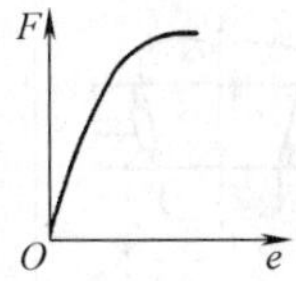	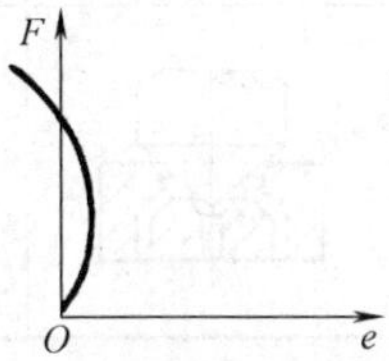

① 液体静压轴承都设有油腔，所以采用孔式节流器时，一般为小孔节流器。

（2）节流器流量计算

各种节流器的流量 q_j 的计算公式及节流器尺寸见表 13.8-2。因为是恒压力供油，故公式中的供油压力 p_s 是常量。

表 13.8-2　各种节流器的流量 q_j 的计算公式及节流器尺寸

节流器类型	流量公式	节流器尺寸
管式节流器	$q_j=\dfrac{\pi d_j^4}{128 l_j K_1}\dfrac{p_s-p}{\eta}$	1）避免堵塞，应满足 $d_j \geqslant 0.55$mm 2）保证层流，应满足 $l_j/d_j \geqslant 20$mm（层流判据，$Re \leqslant 2000$） 3）对非圆管，$d_j=4A_j/s$，A_j 为管的截面面积，s 为湿周长 4）K_1 为螺旋管流阻修正因子，其值见图 a 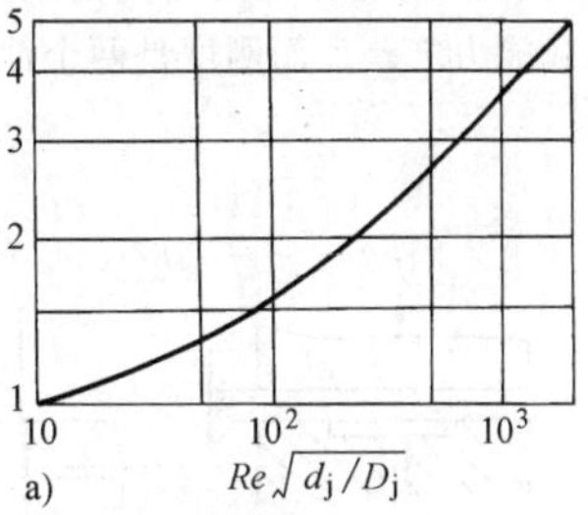 a) D_j—螺旋线中径
缝式节流器	$q_j=\dfrac{b_j h_j^3}{12 l_j}\dfrac{p_s-p}{\eta}$	防止自堵塞，应满足 $h_j \geqslant 0.02$mm
孔式节流器	$q_j=\sqrt{2}KA_j\sqrt{\dfrac{p_s-p}{\rho}}$ 小孔节流面积 $A_j=\pi d_j^2/4$ 环面节流面积 $A_j=\pi d_j h$	1）避免堵塞，应满足 $d_j \geqslant 0.45$mm 2）K 为流量修正因子，通常取 $K=0.6\sim0.7$，准确值见图 b 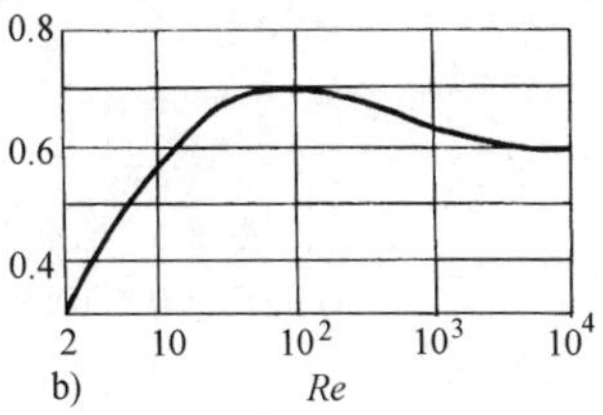 b)
滑阀反馈节流器	$q_j=\dfrac{\pi d_j h_{j0}^3}{12 l_j}\dfrac{p_s-p}{\eta}$	1）防止自堵塞，应满足 $h_{j0} \geqslant 0.03$mm 2）避免卡住滑阀，应满足 $l_{j0}/d_j \geqslant 1.0\sim1.5$ 3）通常取 $d_j \geqslant 10\sim16$mm
膜片反馈节流器	$q_j=\dfrac{\pi h_j^3}{6\ln(d_{j2}/d_{j1})}\left(\dfrac{h_j}{h_{j0}}\right)^3\dfrac{p_s-p}{\rho}$	1）防止自堵塞，应满足 $h_{j0} \geqslant 0.03$mm 2）保证足够节流长度，应满足（$d_{j2}-d_{j1}$）/2 ≥ 3～4mm 3）通常取 $D_j=25\sim35$mm

注：下标 0 表示滑阀居中或膜片平直，公式中符号的意义见表 13.8-1。

1.3　油垫结构及其流量

(1) 油垫的结构类型

油垫的结构类型见表 13.8-3，分单腔油垫和多腔油垫。一个单腔油垫没有承受力矩载荷的能力，而一个多腔油垫则可承受力矩载荷。

表 13.8-3　油垫的结构类型

圆形单腔平面油垫	环形单腔平面油垫	环形多腔平面油垫	矩形单腔平面油垫	矩形多腔平面油垫
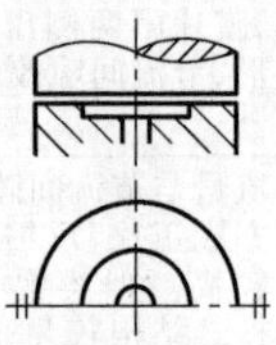	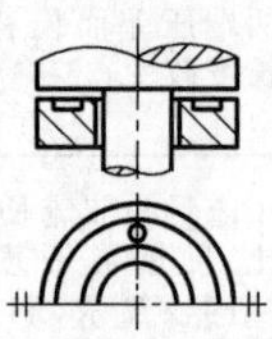	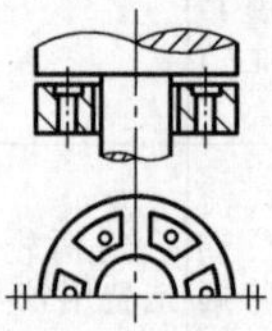	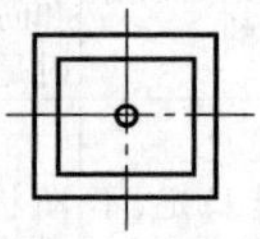	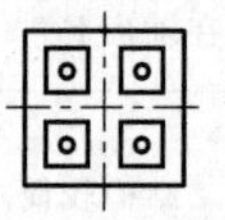

多腔锥面油垫	多腔(截)锥面油垫	多腔(半)球面油垫	多腔(整)球面油垫	单腔(半)柱面油垫	多腔(整)柱面油垫
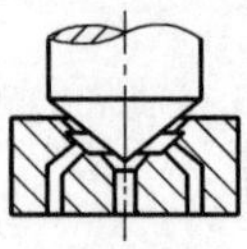	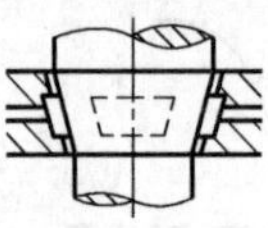	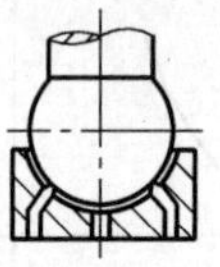	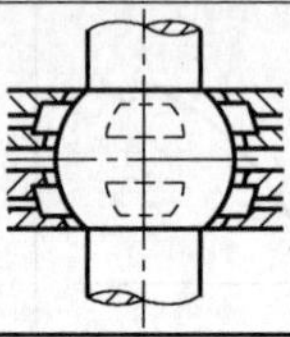	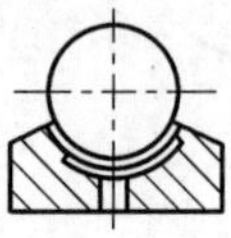	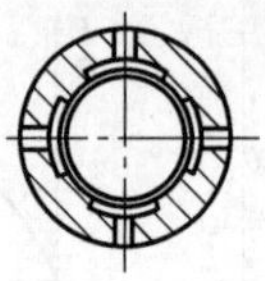

油垫还有平面油垫、柱面油垫、锥面油垫和球面油垫之分。平面油垫可以组成止推轴承和导轨，柱面油垫可以组成径向轴承，锥面和球面油垫可以组成径向止推轴承。

因布置方式不同，油垫分单向油垫和对向油垫（见图 13.8-3）。对向油垫的承载能力是两个油垫的承载能力之差，而刚度是两个油垫之和。

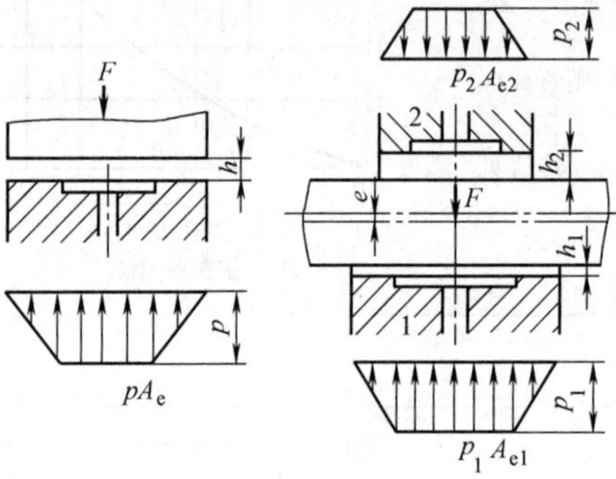

图 13.8-3　油垫的布置
a) 单向油垫　b) 对向油垫

对向平面油垫组成双向止推轴承或闭式导轨，而对向柱面油垫相当于垫式径向轴承。

(2) 油垫流量公式

为了使公式具有普遍性，油垫流量公式按任意偏置油垫分析（见图 13.8-4）。令偏置角为 ϕ_i，偏心距为 e，偏心率为 ε，油腔压力为 p，通过油垫的流量为 q。将其转变为量纲 1 的流量数 q^*，即

$$q^*=\frac{q\eta}{ph_0^3(1-\Phi\varepsilon)^3} \tag{13.8-1}$$

式中　h_0——$e=0$（设计状态）时的油膜厚度，其值等于半径间隙 C_r；

Φ——油垫曲度因子，对平面油垫，因 $\beta_m=0$，故 $\Phi=1$；

ε——偏心率；

η——润滑油动力黏度。

$$\Phi=\frac{\sin\beta_m+\dfrac{B-b}{2R}\dfrac{b}{l}\cos\beta_m}{\beta_m+\dfrac{B-b}{2R}\dfrac{b}{l}}\left|\cos\phi_i\right|$$

油垫流量数与油垫的形状和尺寸有关，其数值及相关参数的计算公式见表 13.8-4。流量计算误差随偏心率减小而减小。

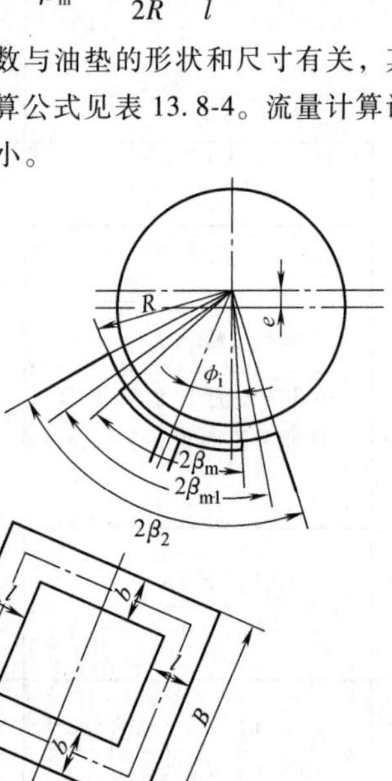

图 13.8-4　偏置油垫

表 13.8-4　油垫流量数 q^*、阻力比 Γ 和有效承载面积 A_e 的计算公式

圆形平面油垫	环形平面油垫	矩形平面油垫
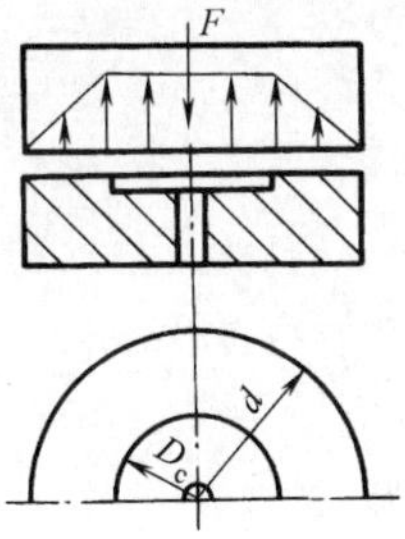	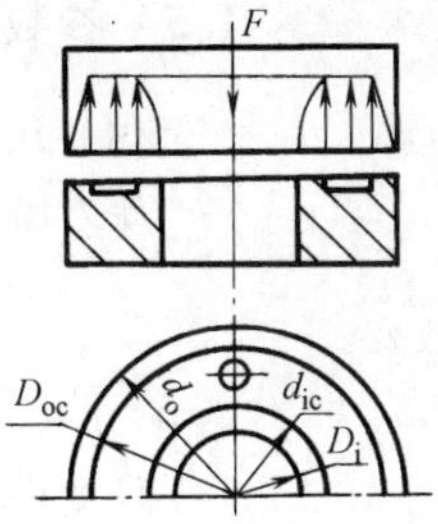	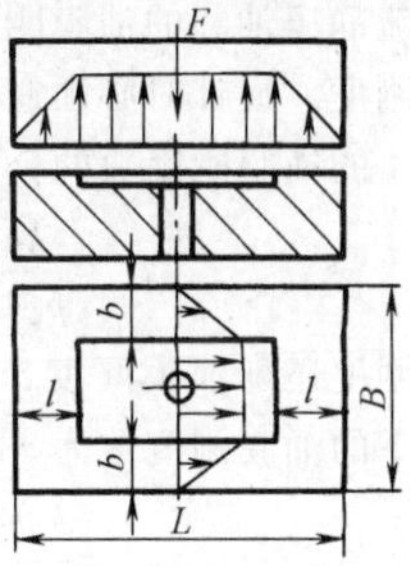
$q^*=\dfrac{\pi}{6\ln(d/D_c)}$ $A_e=\dfrac{\pi}{8}\,\dfrac{d^2-D_c^2}{\ln(d/D_c)}$	$q^*=\dfrac{\pi}{6}\left[\dfrac{1}{\ln(d_o/D_{oc})}-\dfrac{1}{\ln(d_{ic}/D_i)}\right]$ $A_e=\dfrac{\pi}{8}\left[\dfrac{d_o^{\ 2}-D_{oc}^{\ 2}}{\ln(d_o/D_{oc})}-\dfrac{d_{ic}^2-D_i^2}{\ln(d_{ic}/D_i)}\right]$	$q^*=\dfrac{1}{6}\left(\dfrac{B-b}{l}+\dfrac{L-l}{b}\right)$ $A_e=(B-b)(L-l)$

多腔柱面油垫的一个腔	单腔柱面油垫
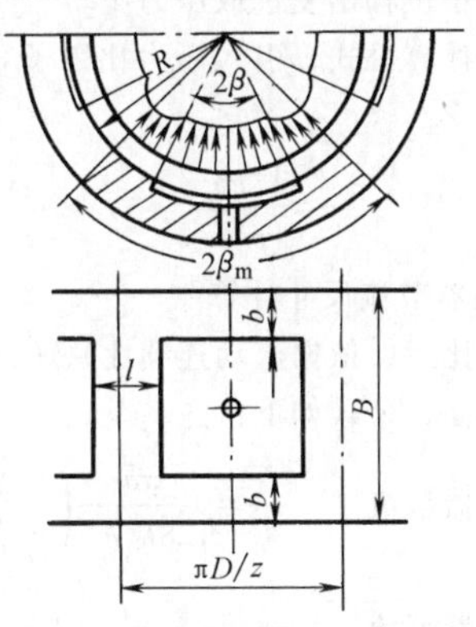	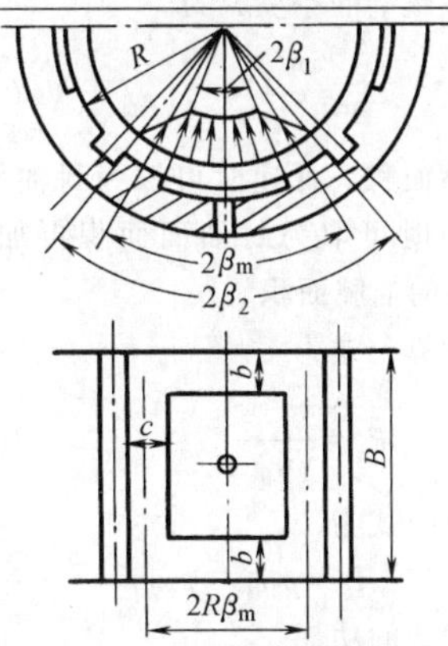
$q^*=\dfrac{\pi}{6}\,\dfrac{D}{Zb}$ $A_e=D(B-b)\sin\beta_m$ $\Gamma=\dfrac{Zb}{\pi D}\,\dfrac{B-b}{l}$	$q^*=\dfrac{1}{6}\left(\dfrac{B-b}{l}+\dfrac{D\beta_m}{b}\right)$ $A_e=D(B-b)\sin\beta_m$ $\Gamma=\dfrac{Zb}{\pi D-Z(\delta+l)}\,\dfrac{B-b}{l}$

1.4　油垫的性能计算

1.4.1　承载能力

（1）油垫有效承载面积

对于单向油垫，其油膜压力的合力即承载能力，可以表示为

$$F = pA_e \tag{13.8-2}$$

式中　A_e——油垫有效承载面积。

当把封油面上的压力降近似视为线性时，A_e 的计算公式见表 13.8-4。对于柱面油垫，A_e 为垂直载荷方向的投影面积。

对向油垫的承载能力为两油垫的之差，即（见图 13.8-3）

$$F=F_1-F_2=p_1A_{e1}-p_2A_{e2} \tag{13.8-3}$$

（2）载荷数

油垫的承载能力常用量纲 1 的载荷数 F^* 的形式表示，即

$$F^* = \frac{F}{p_sA_e} \tag{13.8-4}$$

式中　p_s——油垫的供油压力。

1.4.2　油膜刚度

承载能力相对位移的变化率为刚度，符号为 k

$$k=\frac{\mathrm{d}F}{\mathrm{d}e}$$

位移的变化即油垫中油膜厚度的变化，故 k 称为油膜刚度亦称油垫刚度，它与节流器的种类和尺寸有

关。对于管式、缝式、孔式节流器节流的恒压力供油和恒流量供油的静压油垫，其油膜刚度始终为正值，而反馈节流静压油垫的油膜刚度有可能出现负值，或称负油膜刚度。设计时必须避免出现负油膜刚度。

量纲 1 的油膜刚度数的公式为

$$k^*=\frac{kh}{p_s A_e}$$

油膜刚度还随油膜厚度，即轴颈位移量而改变。设计状态下的油膜刚度数为

$$k_0^*=\frac{k_0 h_0}{p_s A_e} \tag{13.8-5}$$

式中 k_0——设计状态下的油膜刚度。

1.4.3 功耗

静压油垫的功耗包括摩擦功耗和泵功耗。

设计状态下油垫上的摩擦力为

$$F_\mu=\frac{\eta v A_\mu}{h_0} \tag{13.8-6}$$

式中 A_μ——摩擦面积，低速时可取为封油面面积；高速时可取为封油面面积再加 20%～25%的油腔面积。

摩擦功耗的计算公式为

$$P_\mu=\frac{\eta v^2 A_\mu}{h_0} \tag{13.8-7}$$

泵功耗的计算公式为

$$P_p=p_s q \tag{13.8-8}$$

于是，静压油垫的功耗

$$P=P_\mu+P_p=(1+G)P_p \tag{13.8-9}$$

式中 G——功耗比，$G=P_\mu/P_p$。

1.4.4 温升

不计热传导、辐射散去的热量，即认为热量全部由润滑油带走，则润滑油流经油垫一次后的温升为

$$\Delta\theta=\frac{(1+G)p_s}{c_p\rho} \tag{13.8-10}$$

若近似取润滑油的比定压热容 $c_p=2000\text{J}/(\text{kg}\cdot\text{K})$，密度 $\rho=850\text{kg/m}^3$，则润滑油的温升为

$$\Delta\theta=\frac{1+G}{1.7}p_s \tag{13.8-11}$$

式中 p_s——供油压力（MPa）。

润滑油工作温度

$$\theta=\theta_i+\frac{1+G}{c_p\rho}p_s$$

式中 θ_i——进油温度。

若控制进油温度为 40℃，则工作温度不超过 75℃时允许的功耗比为

$$G=\frac{(\theta-\theta_i)c_p\rho}{p_s}-1\approx\frac{60}{p_s}-1$$

1.5 参数选择

(1) 压力比 p^*

压力比 p^* 的定义为

$$p^*=\frac{p}{p_s}$$

式中 p——油腔压力。

设计状态下的压力比为

$$p_0^*=\frac{p_0}{p_s}$$

它对油垫性能有很大影响，是极重要的参数。

可根据不同的要求，如最大承载能力、最大油膜刚度、最小位移或最小流量等，选取最佳压力比。单向油垫常从最小位移出发选取压力比。

为了简化计算公式，引入压力比因子 a，其表达式为

$$a=\frac{1-p_0^*}{p_0^*} \tag{13.8-12}$$

(2) 节流器节流尺寸计算

选定压力比后，依据流动连续性原理，即可计算出所需节流尺寸，公式如下：

管式节流器节流 $\dfrac{l_j}{d_j}=\dfrac{\pi a}{128K_1 q^*}\left(\dfrac{d_j}{h_0}\right)^3$

缝式节流器节流 $\dfrac{l_j}{b_j}=\dfrac{a}{12q^*}\left(\dfrac{h_j}{h_0}\right)^3$

孔式节流器节流 $d_j=\sqrt{\dfrac{2.83h_0^3 q^*}{\pi K a\eta}\sqrt{\dfrac{\rho p_s}{a(a+1)}}}$

滑阀反馈节流器节流 $h_{j0}=h_0\sqrt[3]{\dfrac{12 l_{j0} q^*}{\pi a d_j}}$

膜片反馈节流器节流 $h_{j0}=h_0\sqrt[3]{\dfrac{6\ln(d_{j2}/d_{j1})q^*}{\pi a}}$

式中符号的意义见表 13.8-1 中图示。

(3) 润滑油动力黏度

选定预期的工作温度后，按设计状态，可依式 (13.8-13) 的计算结果选用润滑油的动力黏度

$$\eta\leqslant\frac{p_s h_0^2}{v\sqrt{\dfrac{G p_0^* q^*}{A_\mu}}} \tag{13.8-13}$$

若计算出来的黏度过低，首先考虑适当减小封油面宽度，其次是增大设计间隙。

(4) 设计间隙

设计间隙 h_0 可由油膜厚度极限值 h_{lim} 与最大位

移率 ε_{max} 决定，计算式为

$$h_0=\frac{h_{lim}}{1-\varepsilon_{max}}$$

式中，h_{lim} 取决于轴承尺寸、形状偏差、表面粗糙度值及轴线偏斜量等，建议依下式取值

$$h_{lim}=\max[25(L/m)^{1/4}、3\times形状偏差、40\times Ra、2\times预计轴线偏斜量]$$

黏度确定后，功耗比 $G=3$ 时功耗最小，使功耗最小的设计间隙由式（13.8-14）计算

$$h_0=\sqrt[3]{\frac{\eta v^2 A_\mu}{3p_s^2 q^* p_0^*}} \quad (13.8\text{-}14)$$

（5）供油压力

满足刚度要求的供油压力为

$$p_s \geqslant \frac{kh_0}{k_0^* A_e} \quad (13.8\text{-}15)$$

若无刚度要求，可按承载能力选取供油压力，这时供油压力的计算式为

$$p_s \geqslant \frac{F}{F^* A_e} \quad (13.8\text{-}16)$$

一般不宜采用过高的供油压力，以免增大功耗和温升。

（6）封油面宽度

同样尺寸的油垫，封油面宽度减小，有效承载面积增大，摩擦功耗减少，流量增多，温升下降，但泵功耗增加。

对速度较低的油垫，按泵功耗最小原则确定封油面宽度 b。圆形平面油垫取 $b=d/4$；矩形平面油垫取 $b=B/4$、$l=L/4$。腔式柱面油垫的封油面宽度也可按此比例选取。

对速度较高的油垫，为了减少摩擦功耗，宜取较小的封油面宽度。封油面宽度最小可取为 $B/10$，甚至小到 $100h_0$。

2　止推轴承

2.1　单向止推轴承

单向止推轴承常采用单向环形多腔平面油垫，如图 13.8-5 所示。常取一个油腔所占圆环中径弧长 L $\left(L=\frac{\pi D_m}{Z}\right)$ 与宽度 $B\left(B=\frac{d_o+D_i}{2}\right)$ 之比 $L/B=1\sim2$。

（1）管式、缝式和孔式节流器节流

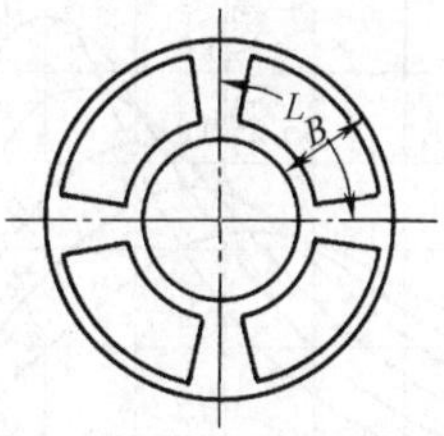

图 13.8-5　环形单向止推静压轴承

管式、缝式和孔式节流器节流单向止推轴承的压力比 p_0^*、载荷数 F^* 和刚度数 k^* 的计算公式，以及性能曲线分别见表 13.8-5 和图 13.8-6、图 13.8-7。

表 13.8-5　管式、缝式和孔式节流器节流的单向止推轴承（油垫）的计算公式

计算项目	管式和缝式节流器节流	孔式节流器节流
压力比	$p^*=\frac{p}{p_s}=\frac{1}{1+a(1-\Phi\varepsilon)^3}$	$p^*=\frac{p}{p_s}=\frac{2}{1+\sqrt{1+4a(a+1)(1-\Phi\varepsilon)^3}}$
载荷数	$F^*=\frac{F}{p_s A_e}=p^*$	$F^*=\frac{F}{p_s A_e}=p^*$
刚度数	$\frac{k^*}{\Phi}=\frac{3a(1-\Phi\varepsilon)^2}{[1+a(1-\Phi\varepsilon)^3]^2}$	$\frac{k^*}{\Phi}=\frac{24a(a+1)(1-\Phi\varepsilon)^5}{[1+\sqrt{1+4a(a+1)(1-\Phi\varepsilon)^6}]^2}\frac{1}{\sqrt{1+4a(a+1)(1-\Phi\varepsilon)^6}}$

在图 13.8-6 和图 13.8-7 中，过各 p_0^* 的 k^*/Φ 最大值（曲线 $\frac{k^*}{\Phi}-\Phi\varepsilon$ 顶点）作纵坐标平行线，与相同 p_0^* 的 F^*、$p^*-\Phi\varepsilon$ 曲线相交点的连线为 A 线。由图 13.8-6 和图 13.8-7 可见，无论压力比 p^* 是多少：刚度最大时的载荷数 F^*，管式和缝式节流是 0.67，孔式节流是 0.69；横坐标为 0 时，刚度最大对应的设计状态压力比 p_0^*，管式和缝式节流是 0.50，孔式节流是 0.60。

压力比 p^* 的常用范围是 0.4~0.7。对于载荷变化大而要求位移较小的场合，可取较小的压力比（如 $p^*=0.2$），流量也相应减少。

例 13.8-1　设计一管式节流器节流的单向止推轴承。已知：最大载荷 $F_{max}=20\text{kN}$，最小载荷 $F_{min}=5\text{kN}$；采用圆形平面油垫，直径 $d=275\text{mm}$，油腔直径 $D_c=215\text{mm}$；转速 $n=50\text{r/min}$；允许最大位移率 $\varepsilon_{max}=0.4$，最大位移 $e_{max}=0.025\text{mm}$。

计算项目与结果见表 13.8-6。

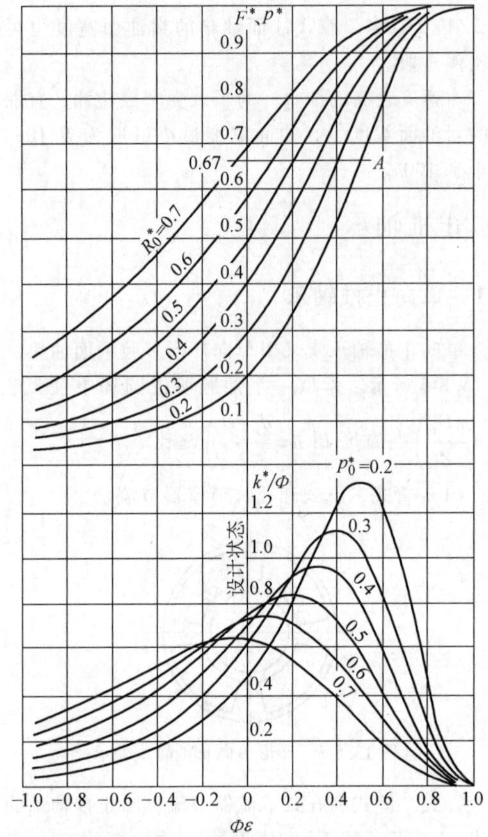

图 13.8-6　管式和缝式节流器节流的单向止推轴承性能曲线

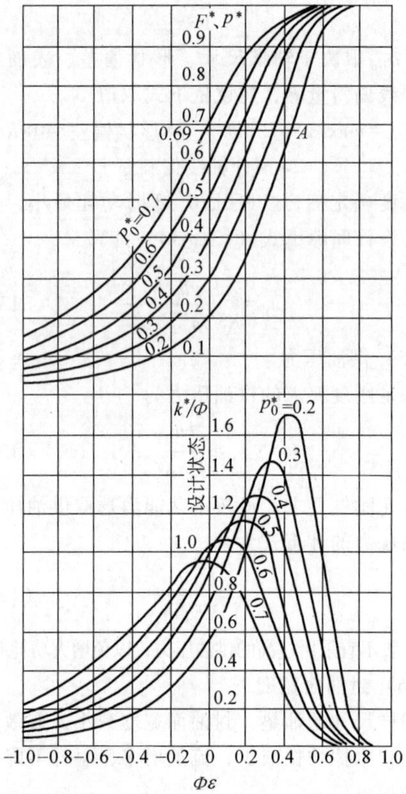

图 13.8-7　孔式节流器节流的单向止推轴承性能曲线

表 13.8-6　管式节流单向止推轴承的计算项目与结果

计算项目	计算公式及说明	计算结果
设计状态下的压力比	p_0^*，要求的刚度较高，取较小的设计状态压力比	0.3
载荷数（初选）	F^*，要求的刚度较高，由图 13.8-6 选取	0.67
有效承载面积	$A_e=\dfrac{\pi}{8}\dfrac{d^2-D_c^2}{\ln(d/D_c)}=\dfrac{\pi}{8}\times\dfrac{275^2-215^2}{\ln(275/215)}\text{mm}^2$	0.047m^2
油垫曲度因子	Φ，平面油垫	1
供油压力	$p_s=F_{max}/(F^*A_e)=20000/(0.67\times0.047)\text{MPa}=0.636\text{MPa}$	取为 0.7MPa
设计状态下的油腔压力	$p_0=p_0^*p_s=0.3\times0.7\text{MPa}$	0.21MPa
最大载荷数	$F_{max}^*=F_{max}/(p_sA_e)=20000/(0.7\times10^6\times0.047)$	0.609
最小载荷数	$F_{min}^*=F_{min}/(p_sA_e)=5000/(0.7\times10^6\times0.047)$	0.152
最大位移率	ε_{max}，根据 F_{max}^*、p_0^* 由图 13.8-6 查出 $\Phi\varepsilon=0.35$	0.35
最小位移率	ε_{min}，根据 F_{min}^*、p_0^* 由图 13.8-6 查出 $\Phi\varepsilon=-0.30$	-0.30
表面粗糙度参数	Ra，选取	0.4μm
极限油膜厚度	$h_{lim}=\max[25\times d^{1/4},40Ra]=\max[25\times0.275^{1/4}\mu\text{m},40\times0.4\mu\text{m}]$	18.1μm
设计间隙（$e=0$ 时的油膜厚度）	$h_0\geqslant h_{lim}/(1-\varepsilon_{max})=[18.1/(1-0.35)]\mu\text{m}=27.9\mu\text{m}$	取为 30μm
最大位移	$e_{max}=(\varepsilon_{max}-\varepsilon_{min})h_0=[0.35-(-0.3)]\times30\mu\text{m}$	0.020mm，<0.025mm
最大刚度数	k_{max}^*，根据 $\varepsilon_{max}p_0^*$ 由图 13.8-6 查出	1.1
最大刚度	$k_{max}=k_{max}^*p_sA_e/h_0=(1.1\times0.7\times10^6\times0.047/30)\text{N}/\mu\text{m}$	1.206kN/μm
最小刚度数	k_{min}^*，根据 $\varepsilon_{min}p_0^*$ 由图 13.8-6 查出	0.33
最小刚度	$k_{min}=k_{min}^*p_sA_e/h_0=(0.33\times0.7\times10^6\times0.047/30)\text{N}/\mu\text{m}$	0.362kN/μm

（续）

计算项目	计算公式及说明	计算结果
流量数	$q^*=\dfrac{\pi}{6\ln(d/D_c)}=\dfrac{\pi}{6\ln(275/215)}$	2.13
摩擦面积 功耗比(初选) 平均线速度	$A_\mu=\pi d^2/4-3/4\pi D_c^2/4=(\pi\times0.275^2/4)m^2-(0.75\times\pi\times0.215^2/4)m^2$ $G\leqslant60/p_s-1=60/0.7-1=84.7$ $v=\pi n(d+D_c)/2=[\pi\times50/60\times(275+215)/2]mm/s$	$0.032m^2$ 选取 5 0.641m/s
润滑油黏度	$\eta\leqslant\dfrac{p_s h_0^2}{v}\sqrt{\dfrac{Gp_0^* q^*}{A_\mu}}=\dfrac{0.7\times10^6\times(30\times10^{-6})^2}{0.641}\sqrt{\dfrac{5\times0.3\times2.13}{0.032}}$	0.0098Pa·s
润滑油牌号 润滑油实际黏度 设计状态下的流量 泵功耗 摩擦功耗 功耗比(实际)	选取 η_{40},查润滑油资料 $q_0=q^*p_0h_0^3/\eta=(2.13\times0.21\times10^6\times(30\times10^{-6})^3/0.0148)m^3/s$ $P_p=p_sq_0=0.7\times10^6\times0.816\times10^{-6}W$ $P_\mu=\eta v^2A_\mu/h_0=[0.0148\times0.641^2\times0.032/(30\times10^{-6})]W$ $G=P_\mu/P_p=6.49/0.57$	L-FC15 0.0148Pa·s $0.816\times10^{-6}m^3/s$ 0.57W 6.49W 11.38
润滑油温升	$\Delta\theta=\dfrac{(1+G)p_s}{c_p\rho}=\dfrac{(1+11.38)\times0.7\times10^6}{1.7\times10^6}$℃	5.1℃
压力比因子 节流管直径	$a=\dfrac{1-p_0^*}{p_0^*}=\dfrac{1-0.3}{0.3}$ 采用针管，按 GB/T 18457—2015 取 d_j	2.33 0.56mm
节流管长径比	$\dfrac{l_j}{d_j}=\dfrac{\pi a}{128K_1q^*}\left(\dfrac{d_j}{h_0}\right)^3=\dfrac{2.33\times\pi}{128\times1\times2.13}\times\left(\dfrac{0.56\times10^{-3}}{30\times10^{-6}}\right)^3$	174.88
节流管长度	$l_j=(l_j/d_j)d_j=174.88\times0.56mm$	100mm
雷诺数	$Re=\dfrac{4q_0\rho}{\pi d_j\eta}=\dfrac{4\times0.816\times10^{-6}\times850}{\pi\times0.56\times10^{-3}\times0.0148}$	106.5,<2000

（2）定量泵、定量阀供油

由于供油流量为常量，根据流量公式可知，当油膜厚度（间隙）减小 20%，油腔压力将增大 95%，因此这种止推轴承具有极高的承载能力和刚度。

定量泵、定量阀供油单向止推轴承的计算公式见表 13.8-7，性能曲线如图 13.8-8 所示。

采用定量泵时，供油压力等于油腔压力。

表 13.8-7　定量泵、定量阀供油单向止推轴承的计算公式

项目	定量阀	定量泵
压力比	$p^*=\dfrac{p}{p_s}=\dfrac{p_0^*}{(1-\Phi\varepsilon)^3}$	
载荷数	$F^*=\dfrac{F}{p_sA_e}=p^*$	
刚度数	$k^*=\dfrac{3\Phi p_0^*}{(1-\Phi\varepsilon)^4}$	$k^*=\dfrac{3\Phi}{(1-\Phi\varepsilon)^4}$

（3）膜片反馈节流

膜片反馈节流单向止推轴承需要采用单向膜片反馈节流器。这种节流器有无弹簧式和有弹簧式两种（见图 13.8-9）。节流器的膜片通常为平的、圆形薄片，四周固定在阀体上，与直径为 d_{j2} 的圆台平面有 h_{ja} 的间隙，称该间隙为安装间隙。润滑油通过直径为 d_{j1} 的小孔泵入间隙 h_{ja}，节流后从圆台外侧环形腔的孔道流入轴承；也可以由环形腔的孔道泵入润滑油，从直径为 d_{j1} 的小孔流入轴承。

在润滑油的压力作用下，膜片变形，若膜片中心的变形量为 δ，定义膜片与弹簧组合刚度为

$$k_j=\frac{\pi D_j p}{4\delta}\qquad(13.8\text{-}17)$$

单向膜片反馈节流器节流的单向止推轴承的载荷-位移关系为

$$\Phi\varepsilon=1-\left[1+(p^*-p_0^*)K_C\sqrt[3]{\frac{1-p^*}{1-p_0^*}\frac{p_0^*}{p^*}}\right]\qquad(13.8\text{-}18)$$

式中　K_C——节流器控制因子，它与膜片的刚度有关，$K_C=\dfrac{\pi p_s D_j^2}{4k_jh_{j0}}$；

h_{j0}——设计状态下的节流间隙。

对有弹簧式单向膜片节流器，通过调节弹簧力的大小可以改变节流器控制因子 K_C 和膜片安装间隙 h_{ja}。

在不同压力比 p_0^* 和节流器控制因子 K_C 下，单向止推轴承的性能曲线如图 13.8-10 所示。

K_C 值满足式（13.8-19）

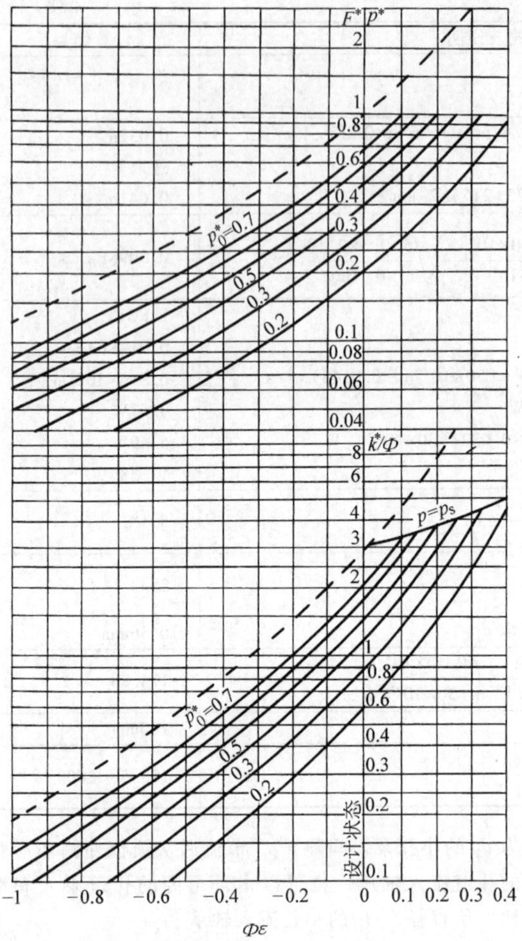

图 13.8-8　定量阀、定量泵供油单向止推轴承的性能曲线

注：虚线为定量阀供油，实线为定量泵供油。

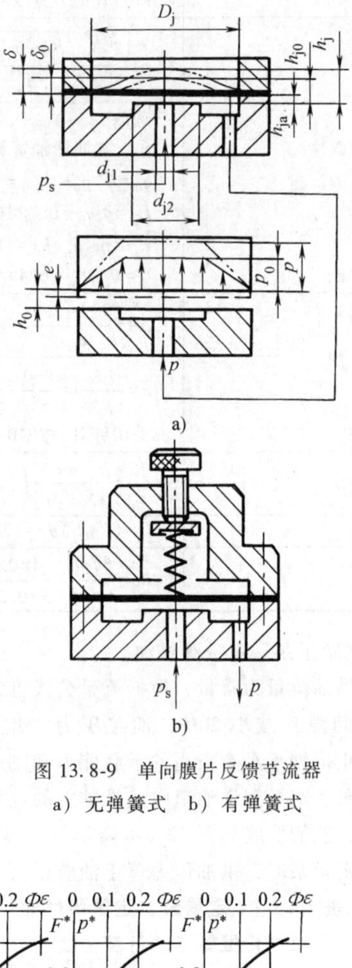

图 13.8-9　单向膜片反馈节流器
a）无弹簧式　b）有弹簧式

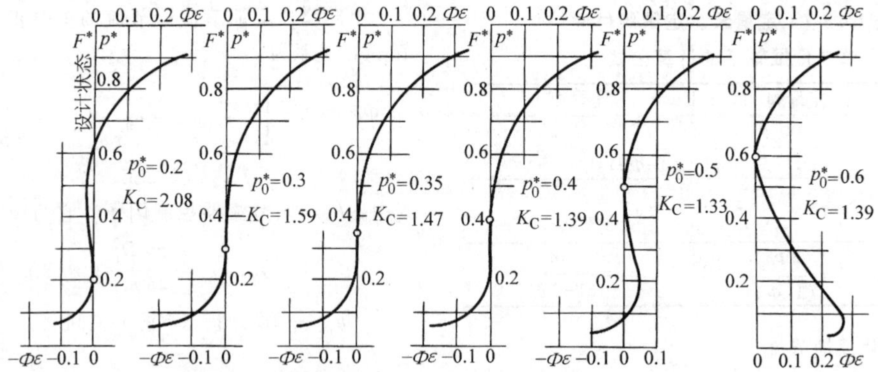

图 13.8-10　膜片反馈节流器节流单向止推轴承的性能曲线

$$K_C=\frac{1}{3p_0^*(1-p_0^*)} \tag{13.8-19}$$

时，在设计状态（$\varepsilon=0$）下的刚度为无穷大；当 $p_0^*=0.4$、$K_C=1.39$，在载荷数 F^* 变化范围为 0.2～0.5 时，止推轴颈位移量最小；为避免出现较大负刚度，p_0^* 最好小于 0.5。

膜片厚度的计算公式见表 13.8-11。

例 13.8-2　设计一圆形单向止推轴承，采用单向膜片反馈节流器。已知：最大载荷 $F_{max}=20kN$，最小载荷 $F_{min}=5kN$；轴承直径 $d=275mm$，油腔直径 $D_c=215mm$；转速 $n=50r/min$；允许最大偏心率 $\varepsilon_{max}=0.05$。

计算项目和计算结果见表 13.8-8。

表 13.8-8　膜片反馈节流器节流单向圆形止推轴承的计算项目和计算结果

计算项目	计算公式及说明	计算结果
压力比	p_0^*，选取	0.4
节流器控制因子	$K_C=1/[3p_0^*(1-p_0^*)]=1/[3\times0.4(1-0.4)]$	1.39
有效承载面积	$A_c=\dfrac{\pi}{8}\dfrac{d^2-D_c^2}{\ln(d/D_c)}=\dfrac{\pi}{8}\times\dfrac{275^2-215^2}{\ln(275/215)}mm^2$	$0.047m^2$
摩擦面积	$A_\mu=\pi d^2/4-3/4\pi D_c^2/4=(\pi\times0.275^2/4-0.75\times\pi\times0.215^2/4)m^2$	$0.032m^2$
流量数	$q^*=\dfrac{\pi}{6\ln(d/D_c)}=\dfrac{\pi}{6\times\ln(275/215)}$	2.13
表面粗糙度	Ra，选取	0.4 μm
极限油膜厚度	$h_{lim}=\max[25\times d^{1/4},40Ra]=\max[25\times0.275^{1/4}\mu m,40\times0.4\mu m]$	18.1μm
油垫曲度因子	Φ，平面油垫	1
载荷数	F^*，根据 p_0^*、$\Phi\varepsilon$，由图 13.8-10 查出	0.67
供油压力	$p_s=F_{max}/(F^*A_e)=20000/(0.67\times0.047)=0.635MPa$	取为 0.7MPa
设计间隙（$e=0$ 时的油膜厚度）	$h_0\geqslant h_{lim}/(1-\varepsilon_{max})=18.1/(1-0.05)\mu m=19.05\mu m$	取为 20μm
功耗比（初选）	G，按最小功耗比原则选取	3
平均线速度	$v=\pi n(d+D_c)/2=[\pi\times50/60\times(275+215)/2]mm/s$	0.641m/s
润滑油黏度	$\eta\approx\dfrac{p_sh_0^2}{v}\sqrt{\dfrac{Gp_0^*q^*}{A_\mu}}\approx\dfrac{0.7\times10^6\times(20\times10^{-6})^2}{0.641}\times\sqrt{\dfrac{3\times0.4\times2.13}{0.032}}Pa\cdot s$	0.0039Pa · s
润滑油牌号	选取	L-FC5
润滑油实际黏度	η_{40}，查润滑剂资料	0.0054Pa · s
设计状态油腔压力	$p_0=p_0^*\ p_s=0.4\times0.7MPa$	0.28MPa
设计状态下的流量	$q_0=q^*p_0h_0{}^3/\eta=[2.13\times0.28\times10^6\times(20\times10^{-6})^3/0.0054]m^3/s$	$0.884\times10^{-6}m^3/s$
泵功耗	$P_p=p_sq_0=0.7\times10^6\times0.884\times10^{-6}W$	0.62W
摩擦功耗	$P_\mu=\eta v^2A_\mu/h_0=0.0054\times0.641^2\times0.032/(20\times10^{-6})W$	3.55W
功耗比（实际）	$G=P_\mu/P_p=3.55/0.62$	5.73
润滑油温升	$\Delta\theta=\dfrac{(1+G)p_s}{c_p\rho}=\dfrac{(1+5.73)\times0.7\times10^6}{1.7\times10^6}℃$	2.77℃
节流器尺寸	D_j，选取	35mm
	d_{j1}，选取	3mm
	d_{j2}，选取	10mm
	$A_j=\pi D_j{}^2/4=[\pi(35\times10^{-3})^2/4]m^2$	$0.96\times10^{-3}m^2$
压力比因子	$a=(1-p_0^*)/p_0^*=(1-0.4)/0.4$	1.5
设计状态下的节流间隙	$h_{j0}=h_0\sqrt[3]{\dfrac{6q^*\ln(d_{j2}/d_{j1})}{\pi a}}=20\times10^{-6}\sqrt[3]{\dfrac{6\times2.13\times\ln(10/3)}{1.5\pi}}m=29.67\mu m$	取为 30μm
膜片刚度	$k_j=p_sA_j/(K_Ch_{j0})=[0.7\times10^6\times0.96\times10^{-3}/(1.39\times30)]N/\mu m$	16.12N/μm
膜片厚度	$h_\delta=0.24(k_jD_j{}^2/E)^{1/3}=0.24\times[16.12\times10^6\times(35\times10^{-3})^2/210\times10^9]^{1/3}m$	1.10mm
安装间隙	$h_{ja}=h_{j0}-(p_sA_j/k_j)=30\times10^{-6}m-[(0.28\times10^6\times0.96\times10^{-3}/16.12\times10^6)]m$	13.33μm

2.2　双向止推轴承

双向止推轴承可视为对向平面油垫，其承载能力为两个单向平面油垫承载能力之差，而刚度、流量和功耗则为两个单向平面油垫的刚度、流量和功耗之和。

（1）缝式、管式和孔式节流器节流

缝式、管式和孔式节流器节流双向止推轴承的载荷数、刚度数的计算公式见表 13.8-9，曲线图如图 13.8-11～图 13.8-14 所示。

（2）滑阀反馈、膜片反馈节流器节流

表 13.8-9　管式、缝式和孔式节流器节流双向止推轴承的计算公式

节流器种类	计算项目	计 算 公 式
管式和缝式节流器	载荷数	$F^*=\dfrac{F}{p_sA_e}=\dfrac{1}{1+a(1-\Phi\varepsilon)^3}-\dfrac{1}{1+a(1+\Phi\varepsilon)^3}$
	刚度数	$\dfrac{k^*}{\Phi}=\dfrac{kh_0}{\Phi p_sA_e}=\dfrac{3a(1-\Phi\varepsilon)^2}{[1+a(1-\Phi\varepsilon)^3]^2}+\dfrac{3a(1+\Phi\varepsilon)^2}{[1+a(1+\Phi\varepsilon)^3]^2}$
孔式节流器	载荷数	$F^*=\dfrac{F}{p_sA_e}=\dfrac{2}{1+\sqrt{1+4a(a+1)(1-\Phi\varepsilon)^6}}-\dfrac{2}{1+\sqrt{1+4a(a+1)(1+\Phi\varepsilon)^6}}$
	刚度数	$\dfrac{k^*}{\Phi}=\dfrac{kh_0}{\Phi p_sA_e}=\dfrac{24a(a+1)(1-\Phi\varepsilon)^5}{[1+\sqrt{1+4a(a+1)(1-\Phi\varepsilon)^6}]^2\sqrt{1+4a(a+1)(1-\Phi\varepsilon)^6}}+\dfrac{24a(a+1)(1+\Phi\varepsilon)^5}{[1+\sqrt{1+4a(a+1)(1+\Phi\varepsilon)^6}]^2\sqrt{1+4a(a+1)(1+\Phi\varepsilon)^6}}$

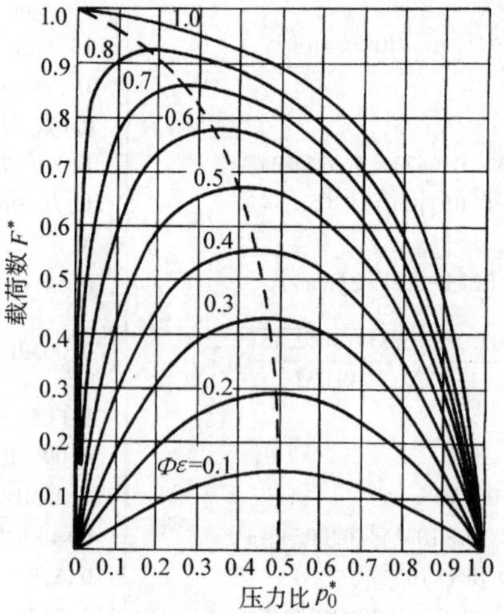

图 13.8-11　缝式、管式节流器节流双向止推轴承的载荷数曲线

注：实线为 F^*-p_0^* 曲线；虚线为各条 F^*-p_0^* 曲线最高点连线。

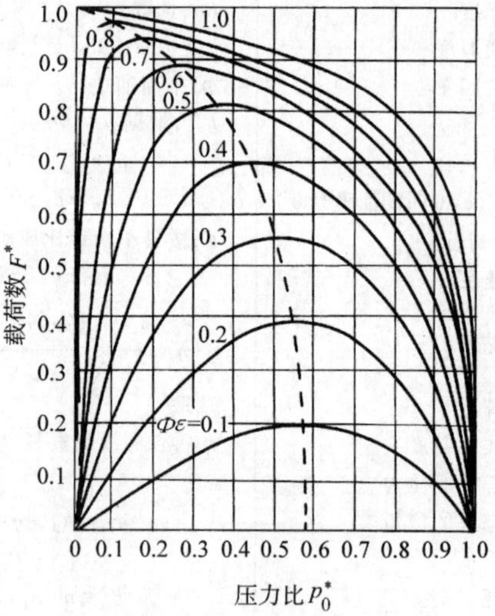

图 13.8-12　孔式节流器节流双向止推轴承的载荷数曲线

注：实线为 F^*-p_0^* 曲线；虚线为各条 F^*-p_0^* 曲线最高点连线。

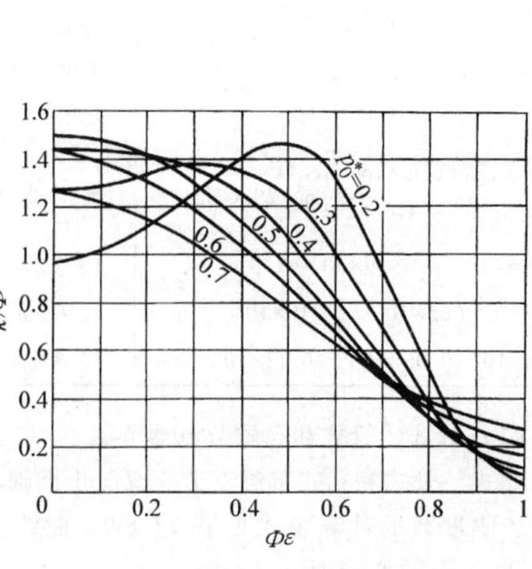

图 13.8-13　缝式、管式节流器节流双向止推轴承的刚度数曲线

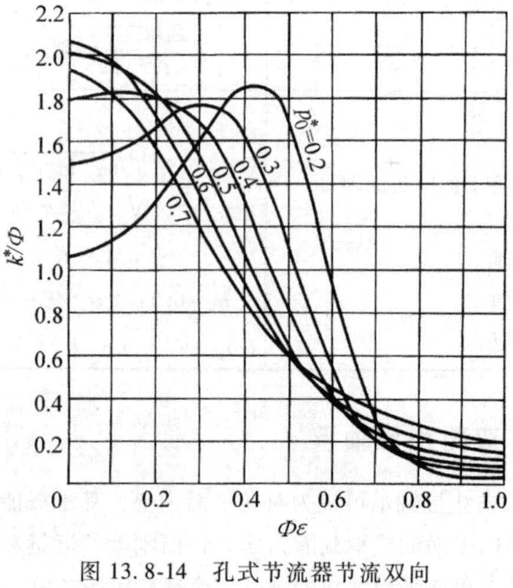

图 13.8-14　孔式节流器节流双向止推轴承的刚度数曲线

图 13.8-15 所示为滑阀反馈、膜片反馈节流器节流双向止推轴承。膜片反馈节流器节流双向止推轴承一般采用双作用面膜片反馈节流器节流（见图 13.8-15b）。在载荷作用下，受载轴瓦和背载轴瓦的压力比 p_1^*、p_2^*，以及位移率 ε、滑阀位移量 x 或膜片变形量 δ、滑阀和膜片控制因子 K_c 等的计算公式见表 13.8-10。

表 13.8-11 给出了滑阀反馈、膜片反馈节流器节流的计算公式。

表 13.8-10　滑阀、膜片节流器节流双向止推轴承的计算公式

项目	滑阀反馈节流器节流	膜片反馈节流器节流
压力比	$p_1^*=\dfrac{p_1}{p_s}=\dfrac{1}{1+a(1-K_CF^*)(1-\Phi\varepsilon)^3}$	$p_1^*=\dfrac{p_1}{p_s}=\dfrac{1}{1+a\left(\dfrac{1-\Phi\varepsilon}{1+K_CF^*}\right)^3}$
	$p_2^*=\dfrac{p_2}{p_s}=\dfrac{1}{1+a(1+K_CF^*)(1+\Phi\varepsilon)^3}$	$p_2^*=\dfrac{p_2}{p_s}=\dfrac{1}{1+a\left(\dfrac{1+\Phi\varepsilon}{1-K_cF^*}\right)^3}$
位移率	$\varepsilon=\dfrac{e}{h_0}=\dfrac{F^*\left[\dfrac{(1+a)^2}{a}-2K_C\right]-aF^{*3}K_C^2}{6\Phi(1-K_CF^{*2})}$	$\varepsilon=\dfrac{e}{h_0}=\dfrac{F^*\{(1-K_C^2F^{*2})^3+2a[1-3K_C+K_C^2F^{*2}(3-K_C)]+a^2\}}{6a[1-3K_C(1-K_C)F^{*2}-K_C^3F^{*4}]}$
滑阀位移量（膜片变形量）	$x=l_{j0}K_CF^*$	$\delta=h_{j0}K_CF^*$
滑阀和膜片控制因子	$K_C=\dfrac{\pi p_sd_j^2}{8k_jl_{j0}}$	$K_C=\dfrac{\pi p_sD_j^2}{4k_jh_{j0}}$

表 13.8-11　滑阀和膜片反馈节流器的计算公式

滑阀反馈节流器（见图 13.8-15a）		膜片反馈节流器（见图 13.8-15b）	
项目	计算公式	项目	计算公式
滑阀直径	d_j 取 8~16mm	膜片节流器内径	D_j
滑阀居中节流长度	$l_{j0}=(1.0\sim1.5)d_j$	节流器圆台直径	d_{j2}
滑阀最大位移	$x_{max}=K_Cl_{j0}F^*_{max}$	节流器圆台孔径	d_{j1}
滑阀最小节流长度	$l_{jmin}=l_{j0}-x_{max}$	膜片最大变形	$\delta_{max}=K_Ch_{j0}F^*_{max}$
弹簧刚度	$k_j=\dfrac{\pi p_sd_j^2}{8K_Cl_{j0}}$	膜片居中间隙	$h_{j0}=h_0\sqrt[3]{\dfrac{6q^*\ln(d_{j2}/d_{j1})}{\pi a}}$
弹簧最大压缩量	$\lambda_{max}=2x_{max}+\lambda_0$	膜片刚度	$k_j=\dfrac{\pi p_sD_j^2}{4K_Ch_{j0}}$
弹簧最大载荷	$F_{Tmax}=k_j\lambda_{max}$		
滑阀设计间隙	$h_{j0}=h_0\sqrt[3]{\dfrac{12l_{j0}q^*}{\pi ad_j}}$	膜片厚度	$h_\delta=0.24\sqrt[3]{\dfrac{k_jD_j^2}{E}}$ 式中　E—材料弹性模量

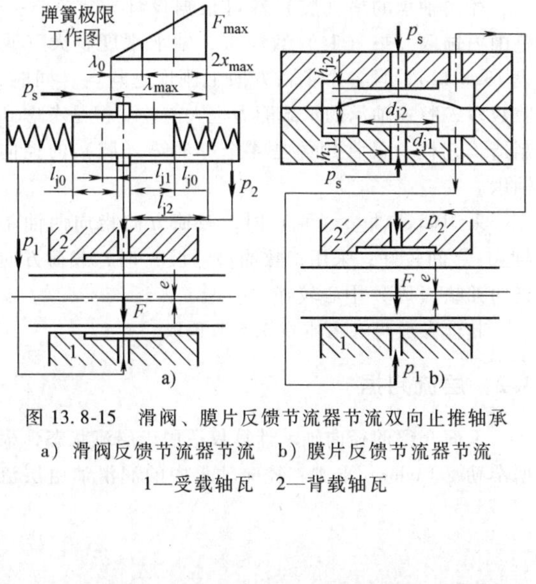

图 13.8-15　滑阀、膜片反馈节流器节流双向止推轴承
a）滑阀反馈节流器节流　b）膜片反馈节流器节流
1—受载轴瓦　2—背载轴瓦

1）设计膜片反馈节流器节流双向止推轴承时，若取 $p_0^*\leqslant0.6$，则均为正刚度（见图 13.8-16）；当 $p_0^*>0.6$ 时，就可能出现负刚度。可根据允许的最大偏心率和最大载荷数确定可用压力比范围。

2）设计滑阀反馈节流器节流双向止推轴承时，需要先确定 F^*_{max}：精密支承可取 $F^*_{max}\leqslant0.3$；重载支承可取 $0.3<F^*_{max}<0.6$。在满足载荷最大时轴颈位移为零和滑阀最大位移 $x_{max}\leqslant0.9l_{j0}$ 的前提下，若采用最佳 p_0^*、K_C 组合，则都将在约 $2F^*_{max}/3$ 时出现最大轴颈位移。滑阀反馈节流器节流双向止推轴承的载荷-轴颈位移曲线如图 13.8-17 所示。该图共有 8 条载荷-轴颈位移曲线，为了表达清楚，图 13.8-17a 中的曲线 1、2、3 是将坐标值放大而画，与图 13.8-17b 合并为一个图。

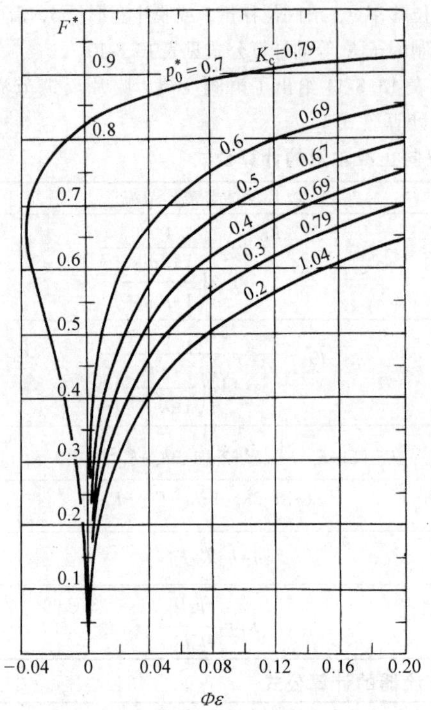

图 13.8-16 膜片反馈节流器节流双向止推轴承载荷-轴颈位移曲线

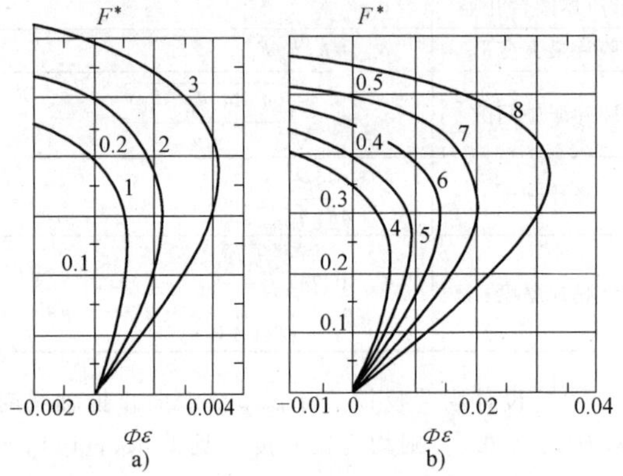

曲线	F^*_{max}	p_0^*	K_C	曲线	F^*_{max}	p_0^*	K_C
1	0.20	0.74	2.55	5	0.40	0.70	2.21
2	0.25	0.73	2.47	6	0.45	0.65	1.98
3	0.30	0.73	2.44	7	0.50	0.60	1.81
4	0.35	0.72	2.35	8	0.55	0.52	1.63

图 13.8-17 滑阀反馈节流器节流双向止推轴承的载荷-轴颈位移曲线

3 径向轴承

液体静压径向轴承有垫式和腔式两种（见图 13.8-18）。腔间轴向回油槽把圆柱内表面分割成若干个独立的油垫（见图 13.8-18a），构成单腔多垫式径向轴承，称为垫式径向轴承；腔间无回油槽（见图 13.8-18b），则内圆柱面是一个油垫，构成多腔单垫式径向轴承，称为腔式径向轴承。

通常，组成一个轴承的各个油腔或油垫采用尺寸相等的油腔或油垫，但也可以设计成不同的大小，让受载油腔或油垫大一些。

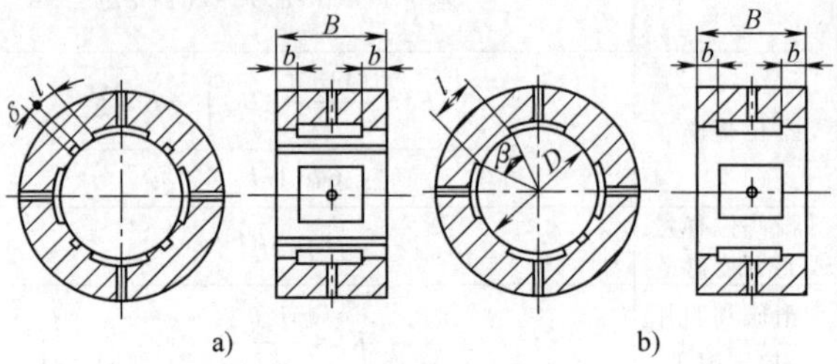

图 13.8-18 径向轴承的基本型式
a）垫式轴承 b）腔式轴承

3.1 参数选取

（1）宽径比

径向轴承的宽径比 $B^*=B/D$，可在 0.5~1.5 范围内选取，通常取 $B^*=1$。

（2）半径间隙

径向轴承的半径间隙 C_r 可参考下列数值选取：

$D\leqslant 50$mm，$C_r=(0.30\sim0.50)\times10^{-3}D$；$50<D\leqslant100$mm，$C_r=(0.25\sim0.40)\times10^{-3}D$；$100<D\leqslant200$mm，$C_r=(0.20\sim0.35)\times10^{-3}D$。

（3）垫（腔）数

径向轴承的垫（腔）数可根据设计要求在 3~8 范围内选取。垫（腔）数越多，轴承刚度越大（见表 13.8-12），且各个半径方向上刚度越均匀；同时，腔数多，腔式轴承的承载能力也大一些。但是考虑到制造工艺性，最常用的是 4 个等油垫（腔）的径向轴承。

采用偶数油垫（腔）时，载荷方向指向两油垫（腔）之间较好；采用奇数油垫（腔）时，载荷方向指向油垫（腔）中心较好。

其他参数可参考本章 1.5 节选取。

3.2 层流判据

下面介绍的径向轴承计算仅适用于层流状态，根据泰勒（Taylor）准则，径向轴承中的润滑油由层流

转变为非层流的轴颈临界转速为

$$n_{cr}=9.25\eta\sqrt{\frac{1}{\rho^2D^3h_0^3}} \qquad (13.8\text{-}20)$$

3.3　垫式径向轴承

3.3.1　设计状态下的性能

设计状态即轴颈与轴瓦孔同心的状态。

(1) 承载能力

在设计状态下，轴承的承载能力为零。

(2) 刚度

若轴颈位移方向指向油垫中心，则设计状态下量纲 1 的刚度数表达式为

$$k_0^*=\frac{k_0C_r}{p_sBD} \qquad (13.8\text{-}21)$$

表 13.8-12 给出了垫数为 3~6 的垫式径向轴承的刚度数 k_0^*。确定了轴承直径和宽度，选定了半径间隙 C_r、供油压力 p_s，根据 k_0^* 值即可计算出垫式径向轴承在同心状态下的刚度。

表 13.8-12　垫式径向轴承的刚度数 k_0^*

垫数	缝式、管式节流器节流	孔式节流器节流	定量泵供油
3	$4.5\Lambda p_0^*(1-p_0^*)(1-b^*)/[1+\Gamma(1-p_0^*)]$	$9\Lambda p_0^*(1-p_0^*)(1-b^*)/[2-p_0^*+2\Gamma(1-p_0^*)]$	$4.5\Lambda p_0^*(1-p_0^*)(1-b^*)/(1+\Gamma)$
4	$6.0\Lambda p_0^*(1-p_0^*)(1-b^*)/[1+\Gamma(1-p_0^*)]$	$12\Lambda p_0^*(1-p_0^*)(1-b^*)/[2-p_0^*+2\Gamma(1-p_0^*)]$	$6.0\Lambda p_0^*(1-p_0^*)(1-b^*)/(1+\Gamma)$
5	$7.5\Lambda p_0^*(1-p_0^*)(1-b^*)/[1+\Gamma(1-p_0^*)]$	$15\Lambda p_0^*(1-p_0^*)(1-b^*)/[2-p_0^*+2\Gamma(1-p_0^*)]$	$7.5\Lambda p_0^*(1-p_0^*)(1-b^*)/(1+\Gamma)$
6	$9.0\Lambda p_0^*(1-p_0^*)(1-b^*)/[1+\Gamma(1-p_0^*)]$	$18\Lambda p_0^*(1-p_0^*)(1-b^*)/[2-p_0^*+2\Gamma(1-p_0^*)]$	$9.0\Lambda p_0^*(1-p_0^*)(1-b^*)/(1+\Gamma)$

注：1. $\Lambda=\sin\beta_m(\sin\beta_m/\beta_m+\Gamma\cos\beta_m)$。
2. Γ 阻力比，见表 13.8-4。
3. $b^*=b/B$。

(3) 流量

设计状态下轴承流量的计算式为

$$q_0=\frac{Zq^*p_0C_r^3}{\eta} \qquad (13.8\text{-}22)$$

式中　q^*——油垫流量数，其计算式见表 13.8-4。
　　Z——轴承的油垫数。

(4) 轴承功耗

泵功耗的计算式为

$$P_{p0}=p_sq_0 \qquad (13.8\text{-}23)$$

摩擦功耗的计算式为

$$P_{\mu0}=\eta ZA_\mu v^2/C_r \qquad (13.8\text{-}24)$$

式中　A_μ——一个油垫的摩擦面积，其计算见本章 1.4.3 小节。

3.3.2　性能计算

(1) 承载能力

不考虑动压效应，垫式径向轴承轴颈的位移方向与载荷方向一致，当其偏心率为 ε 时，相对第 i 个油垫的偏心率为（见图 13.8-4）

$$\varepsilon_i=\varepsilon\cos\phi_i$$

式中　ϕ_i——第 i 个油垫位置角，即从连心线到第 i 个油垫中心的夹角。

根据计算出来的 ε_i 按节流形式分别由图 13.8-6~图 13.8-8 或图 13.8-10 查得单向止推轴承（即单向油垫）的油垫载荷数 F^*，即可求出 F_i。由此得出轴承在轴颈位移方向的承载能力为

$$F=\sum F_i\cos\phi_i \qquad (13.8\text{-}25)$$

(2) 刚度

轴承在轴颈位移方向的刚度为

$$k=\sum k_i\cos^2\phi_i \qquad (13.8\text{-}26)$$

式中，k_i 为单向止推轴承，即单向油垫的油垫刚度。对缝式、管式和孔式节流器节流的单向油垫，可从图 13.8-6、图 13.8-7 查出油垫刚度数而求出刚度。

(3) 流量与功耗

流量与功耗可近似按设计状态下的油垫的流量与功耗的计算。

例 13.8-3　计算一 4 垫径向轴承的承载能力。已知，轴承几何尺寸：$B=D=64$mm、$b=16$mm，$2\beta_1=60°$、$2\beta_2=84.6°$、$2\beta_m=72.3°$，$l=6.88$mm、$\delta=3$mm、$C_r=0.0335$mm，供油压力 $p_s=1.5$MPa、压力比 $p_0^*=0.5$；最大偏心率 $\varepsilon_{max}=0.5$、润滑油黏度 $\eta=0.0085$ Pa·s（润滑油牌号 L-FC10）、转速 $n=1200$r/min；载荷指向两油垫之间。

采用直管节流器节流的垫式径向轴承的计算项目和计算结果见表 13.8-13。

3.4　腔式径向轴承

腔式径向轴承和垫式径向轴承一样，当轴颈与轴瓦孔同心时，轴承的承载能力为零。

腔式轴承各油腔间润滑油因有压差而串流，影响油腔压力，只能通过求解雷诺方程方可计算出轴承承载能力。

表 13.8-13　垫式径向轴承的计算项目和计算结果

计算项目	计算公式及说明	计算结果 油垫序号 1	2	3	4
油垫位置角	ϕ_i	45°	135°	225°	315°
油垫偏心率	$\varepsilon_{i\max}=\varepsilon_{\max}\cos\phi_i=0.5\times\cos\phi_i$	0.3536	−0.3536	−0.3536	0.3536
油垫曲度因子	$\Phi=\dfrac{\sin\beta_m+\dfrac{B-b}{D}\dfrac{b}{l}\cos\beta_m}{\beta_m+\dfrac{B-b}{D}\dfrac{b}{l}}\lvert\cos\phi_i\rvert$ $=\dfrac{\sin36.15°+\dfrac{64-16}{64}\times\dfrac{16}{6.88}\cos36.15°}{0.6309+\dfrac{64-16}{64}\times\dfrac{16}{6.88}}\lvert\cos\phi_i\rvert$	0.5949			
压力比因子	$a=(1-p_0^*)/p_0^*=(1-0.5)/0.5$	1			
$\Phi\varepsilon_{i\max}$	$\Phi\varepsilon_{i\max}=0.5949\varepsilon_{i\max}$	0.2103	−0.2103	−0.2103	0.2103
载荷数	$F_i^*=1/[1+a(1-\Phi\varepsilon_{i\max})^3]=1/[1+(1-\Phi\varepsilon_{i\max})^3]$	0.670	0.361	0.361	0.670
刚度数	$k_i^*=3a\Phi(1-\Phi\varepsilon_{i\max})^2/[1+a(1-\Phi\varepsilon_{i\max})^3]^2$ $=3\Phi(1-\Phi\varepsilon_{i\max})^2/[1+(1-\Phi\varepsilon_{i\max})^3]^2$	0.500	0.340	0.340	0.500
$F_i^*\cos\phi_i$	—	0.474	−0.255	−0.255	0.474
$k_i^*\cos^2\phi_i$		0.250	0.170	0.170	0.250
有效承载面积	$A_e=D(B-b)\sin\beta_m=64(64-16)\sin36.15°\text{mm}^2$	$1.812\times10^{-3}\text{m}^2$			
轴承承载能力	$F=p_sA_e\sum_{i=1}^{4}F_i^*\cos\varphi_i=1.5\times10^6\times1.812\times10^{-3}\times2(0.474-0.255)\text{N}$	1190N			
轴承刚度	$k=\dfrac{p_sA_e}{C_r}\sum_{i=1}^{4}k_i^*\cos^2\varphi_i=\dfrac{1.5\times10^6\times1.812\times10^{-3}}{33.5\times10^{-6}}\times2(0.25+0.17)\text{N/m}$	68N/m			
阻力比	$\Gamma=\dfrac{Zb}{\pi D-Z(\delta+l)}\dfrac{B-b}{l}=\dfrac{4\times16}{\pi\times64-4(3+6.88)}\times\dfrac{64-16}{6.88}$	2.764			
流量数	$q^*=\dfrac{1}{6}\left(\dfrac{B-b}{l}+\dfrac{D\theta_m}{b}\right)=\dfrac{1}{6}\left(\dfrac{64-16}{6.88}+\dfrac{64\times0.6309}{16}\right)$	1.58			
设计状态下的油腔压力	$p_0=p_0^*p_s=0.5\times1.5\text{MPa}$	0.75MPa			
轴承流量	$q\approx q_0=Zq^*p_0C_r^3/\eta=[4\times1.58\times0.75\times10^6\times(33.5\times10^{-6})^3/0.0085]\text{m}^3/\text{s}$	$21\times10^{-6}\text{m}^3/\text{s}$			
泵功耗	$P_p=p_sq=1.5\times10^6\times21\times10^{-6}\text{W}$	31.5W			
摩擦面积	$A_\mu=\pi DB-3(B-2b)D\beta_1Z/4$ $=[\pi\times0.064\times0.064-3\times(0.064-2\times0.016)\times0.064\times0.5236\times4/4]\text{m}^2$	$9.65\times10^{-3}\text{m}^2$			
摩擦功耗	$P_\mu=\pi^2\eta n^2A_\mu d^2/C_r$ $=[\pi^2\times0.0085\times20^2\times9.65\times10^{-3}\times0.064^2/(33.5\times10^{-6})]\text{W}$	39.6W			
功耗比	$G=P_\mu/P_p=39.6/31.5$	1.26			
温升	$\Delta\theta=(1+G)p_s/(c_p\rho)=(1+1.26)\times1.5\times10^6/(1.7\times10^6)℃$	1.99℃			
节流管直径	采用注射针管，按 GB/T 18457—2015 取 d_j	0.56mm			
流阻修正因子	直管，K_1	1			
节流管长径比	$l_jK_1/d_j=\pi a(d_j/C_r)^3/(128q^*)=\pi\times1[0.56\times10^{-3}/(33.5\times10^{-6})]^3/(128\times1.58)$	72.6，>20			
针管长度	$l_j=(l_jK_1/d_j)d_j/K_1=(72.6\times0.56/1)\text{mm}$	40.6mm，取为 40mm			
雷诺数	$Re=4q_0\rho/(\pi d_j\eta)$ $=4\times1.58\times10^{-6}\times850/(\pi\times0.56\times10^{-3}\times0.0085)$	359，<2000，层流			

3.4.1　参数选取

除下列参数外，一般可按本章 3.1 和 1.5 节选取。

（1）封油面宽度

轴向封油面宽度建议取 $b^* = b/B = 0.25$。周向封油面宽度：四腔轴承，建议取 $\theta = 30°$（$l = 0.2618D$）；六腔轴承，建议取 $\theta = 24°$（$l = 0.2094D$）。封油面宽，流量小，但承载能力低；封油面窄，很容易因擦伤而使流量过分增大。

（2）压力比

理论分析表明，当 $\varepsilon \leqslant 0.5$，压力比 $p_0^* = 0.5$ 时，承载能力最大，而在 $p_0^* = 0.4 \sim 0.7$ 范围内，承载能力变化不大。

（3）半径间隙偏差

由于轴颈和轴瓦孔直径都有一定的制造误差，所以半径间隙具有偏差。建议选择直径公差等级时，要保证最大间隙与最小间隙之比不超过 1.5。据此，通常选 IT5 或 IT6 较为合适。

（4）润滑油黏度

润滑油黏度可根据封油面宽度、功耗比和公差等级，由图 13.8-19 查出 $p_s/(\eta n B^*)$ 再计算出 η 值。

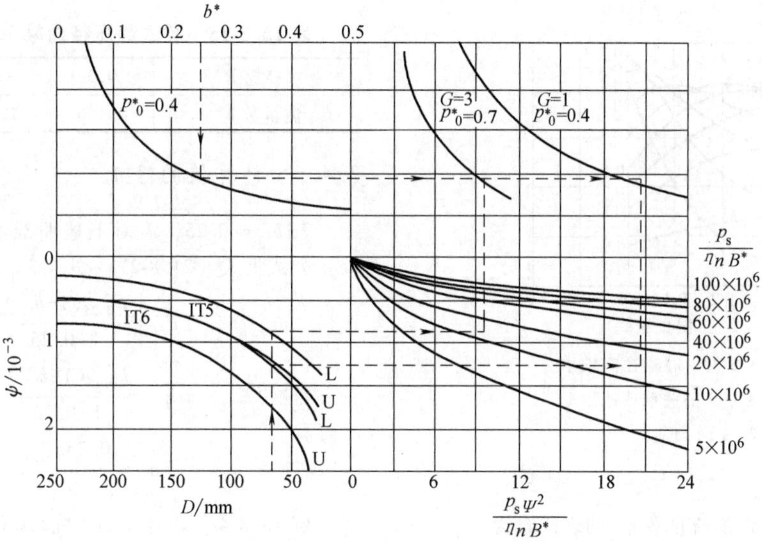

图 13.8-19　腔式轴承润滑油黏度的选取

3.4.2　承载能力

将承载能力转换为量纲 1 的特征数——载荷数，其表达式为

$$F^* = \frac{F}{p_s BD}$$

当不考虑动压效应（转速为零）时，四腔（$\beta = 30°$，$\beta_m = 45°$）、六腔（$\beta = 24°$，$\beta_m = 30°$）腔式静压径向轴承的载荷数 F^* 与偏心率 ε 的关系曲线如图 13.8-20 所示。载荷数 F^* 与压力比 p_0^* 的关系曲线如图 13.8-21 所示。

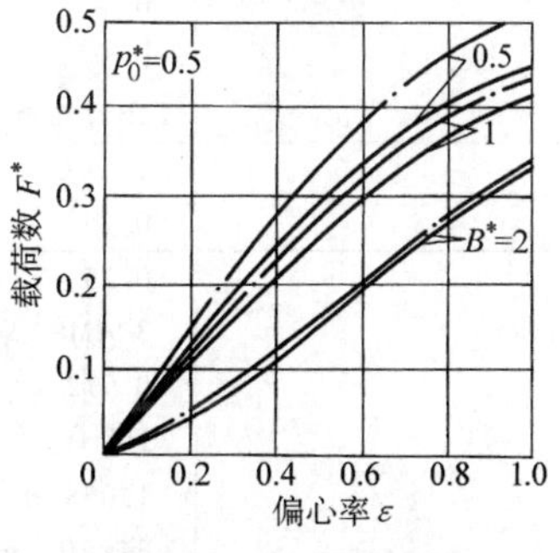

图 13.8-20　腔式静压径向轴承 F^*-ε 的关系曲线

注：实线的 $Z=4$，$\beta=30°$；点画线的 $Z=6$，$\beta=24°$；$\phi=0°$　$b^*=0.25$。

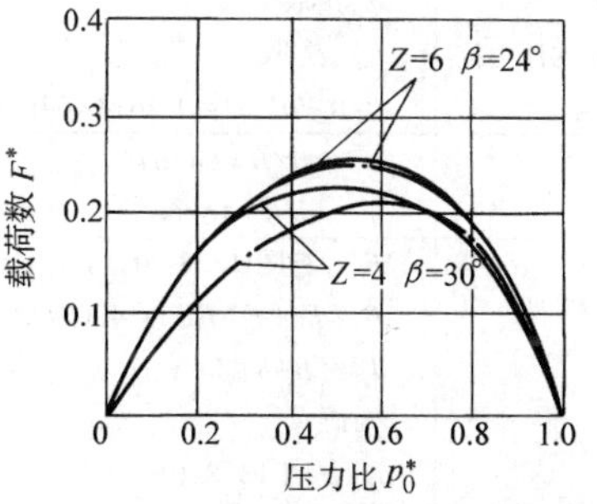

图 13.8-21　腔式静压径向轴承 F^*-p_0^* 的关系曲线

注：实线的 $\phi=0°$；点画线的 $\phi=45°$；$B^*=1$　$b^*=0.25$　$\varepsilon=0.5$。

3.4.3　刚度

当轴颈位移方向指向油腔中心（位置角 $\phi=0°$）时，腔式静压径向轴承设计状态下的刚度数 k_0^* 见表 13.8-14，不同偏心率和压力比 p^* 下的刚度数 k^* 如图 13.8-22 所示。

表 13.8-14　腔式静压径向轴承设计状态下的刚度数 k_0^*

腔数	缝式、管式节流	小孔节流	定量供油
3	$3.22p_0^*(1-p_0^*)(1-b^*)/[1+1.50\Gamma(1-p_0^*)]$	$6.44p_0^*(1-p_0^*)(1-b^*)/[2-p_0^*+3.00\Gamma(1-p_0^*)]$	$3.22p_0^*(1-b^*)/(1+1.50\Gamma)$
4	$3.82p_0^*(1-p_0^*)(1-b^*)/[1+\Gamma(1-p_0^*)]$	$7.65p_0^*(1-p_0^*)(1-b^*)/[2-p_0^*+2.00\Gamma(1-p_0^*)]$	$3.82p_0^*(1-b^*)/(1+\Gamma)$
5	$4.12p_0^*(1-p_0^*)(1-b^*)/[1+0.69\Gamma(1-p_0^*)]$	$8.25p_0^*(1-p_0^*)(1-b^*)/[2-p_0^*+1.38\Gamma(1-p_0^*)]$	$4.25p_0^*(1-b^*)/(1+0.69\Gamma)$
6	$4.30p_0^*(1-p_0^*)(1-b^*)/[1+0.50\Gamma(1-p_0^*)]$	$8.60p_0^*(1-p_0^*)(1-b^*)/[2-p_0^*+\Gamma(1-p_0^*)]$	$4.30p_0^*(1-b^*)/(1+0.50\Gamma)$

注：1. $k_0^*=kC_r/(p_sBD)$。
2. Γ 为阻力比，其计算公式见表 13.8-4。
3. $b^*=b/B$。

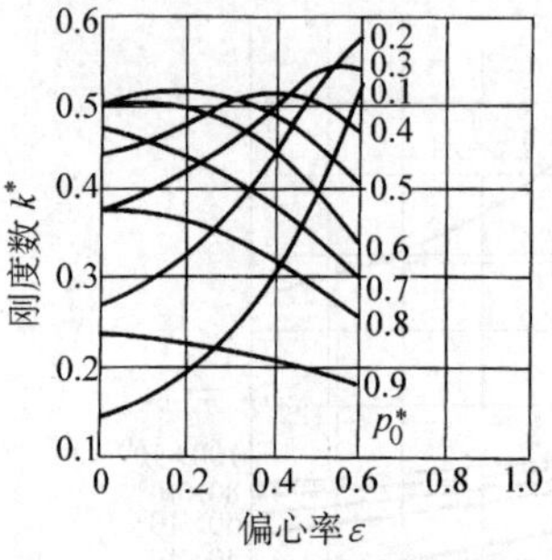

图 13.8-22　腔式径向轴承 k^*-ε 的关系曲线

3.4.4　流量

令腔式径向轴承的流量数 q^* 的表达式为

$$q^*=\frac{q\eta}{p_s p_0^* C_r^3}$$

符合图 13.8-20 条件，不同宽径比 B^* 下的腔式静压径向轴承的流量数 q^* 见表 13.8-15。

表 13.8-15　腔式静压径向轴承的流量数 q^*

宽径比 B^*	0.5	1.0	2.0
流量数 q^*	4.166	2.08	1.0

3.4.5　计算值的修正

若 $b^*\neq0.25$，需对上述曲线和表值进行修正，修正公式见式（21.8-27）~式（21.8-29）：

$$F^*=\frac{F_{0.25}^*(1-b^*)}{1-0.25} \tag{13.8-27}$$

$$k^*=\frac{k_{0.25}^*(1-b^*)}{1-0.25} \tag{13.8-28}$$

$$q^*=\frac{0.25q_{0.25}^*}{b^*} \tag{13.8-29}$$

例 13.8-4　计算一四腔静压径向轴承。已知：$F=4000\text{N}$，$B=D=64\text{mm}$，$b=16\text{mm}$，$n=20\text{r/s}$，最大偏心率 $\varepsilon_{max}=0.5$ 直径公差等级为 IT5，采用小孔节流器节流。

计算项目和结果见表 13.8-16。

表 13.8-16　腔式静压径向轴承的计算项目和结果

计算项目	计算公式及说明	计算结果
腔间周向尺寸	β，选取	30°
位置角	ϕ，选取	0°
设计状态下的压力比	p_0^*，选取	0.5
封油面宽度	$l=0.2618D=0.2618\times64\text{mm}$	16.76mm
相对几何尺寸	$B^*=B/D=64/64$	1
	$b^*=b/B=16/64$	0.25
载荷数	F^*，查图 13.8-20，当 $\varepsilon_{max}=0.5$ 时	0.25
供油压力	$P_s=F/(F^*BD)=4000/(0.25\times0.064\times0.064)\text{Pa}$	3.91MPa，取为 4MPa
阻力比	$\Gamma=(B-b)Zb/(\pi Dl)=(64-16)\times4\times16/(\pi\times64\times16.76)$	0.912
公差等级	选取	IT5
相对间隙	ψ，查图 13.8-19	1.05×10^{-3}
半径间隙	$C_r=\psi D/2=(1.05\times10^{-3}\times0.064/2)\text{m}$	$34\times10^{-6}\text{m}$
刚度数	$k_0^*=3.82p_0^*(1-p_0^*)(1-b^*)/[1+\Gamma(1-p_0^*)]$ $=3.82\times0.5(1-0.5)(1-0.25)/[1+0.912\times(1-0.5)]$	0.492
	$k_{0.5}^*$，查图 13.8-22	0.45

（续）

计算项目	计算公式及说明	计算结果
轴承刚度	$k_0=k_0^* p_s BD/C_r=0.492\times4\times10^6\times0.064\times0.064/(34\times10^{-6})$	237×10^6N/m
	$k_{0.5}=k_{0.5}^* p_s BD/C_r=0.45\times4\times10^6\times0.064\times0.064/(34\times10^{-6})$	217×10^6N/m
$p_s/(\eta nB^*)$	根据 $b^*=0.25$，$p_0^*=0.5$，公差等级 IT5，$D=0.064$m，查图 13.8-19	15×10^6
计算黏度	$\eta=p_s/(15\times10^6 n B^*)=4\times10^6/(15\times10^6\times20)$Pa·s	0.0133Pa·s
润滑油牌号	选取	L-FC15
润滑油黏度	η_{40}，查润滑剂资料	0.0128Pa·s
流量数	q^*，查表 13.8-15	2.08
轴承流量	$q=q^* p_s p_0^* C_r^3/\eta=[2.08\times4\times10^6\times0.5\times(34\times10^{-6})^3/0.0128]$m³/s	12.77×10^{-6}m³/s
摩擦面积	$A_\mu=\pi BD\{1-3(1-2b^*)[1-Z\beta/(2\pi)]/4\}$ $=\pi\times0.064\times0.064\times\{1-3\times(1-2\times0.25)[1-4\times30/(360°)]/4\}$m²	9.65×10^{-3}m²
泵功耗	$P_p=p_s q=4\times10^6\times12.77\times10^{-6}$W	51.1W
摩擦功耗	$P_\mu=\pi^2\eta A_\mu d^2 n^2/C_r=[\pi^2\times0.0128\times9.65\times10^{-3}\times0.064^2\times20^2/(34\times10^{-6})]$W	58.7W
功耗比	$G=P_\mu/P_p=58.7/51.1$	1.15
轴承功耗	$P=P_\mu+P_p=(58.7+51.1)$W	109.8W
温升	$\Delta\theta=(1+G)p_s/(c_p\rho)=[(1+1.15)\times4\times10^6/(1.7\times10^6)]$℃	5.1℃
润滑油密度	ρ	850kg/m³
流量修正因子	K 选取	0.65
节流孔直径	$d_j=[(4\times q/2^{1/2})/\{\pi K[p_s(1-p_0^*)/\rho]^{1/2}\}]^{1/2}$ $=[(2.828\times12.77\times10^{-6}/4)/\{0.65\times\pi[4\times10^6(1-0.5)/850]^{1/2}\}]^{1/2}$m	0.604mm，取 0.6mm

4　径向止推轴承

径向止推轴承能同时承受径向载荷和轴向载荷，静压径向止推轴承有三种形式：H 形、锥形和球形轴承。

4.1　H 形轴承

利用径向轴瓦的两个端面做止推瓦面，相应的轴上有两个止推环，构成能同时承受径向力和双向轴向力的径向止推轴承，这样的轴承称为 H 形轴承。

在止推瓦面上开设油腔，与径向轴瓦的间隙相通，用径向油垫的回油供给止推油垫，这种 H 形静压轴承如图 13.8-23 所示。它结构简单、使用可靠，需要的油量少，单位载荷的泵功耗小。但是，这种 H 形轴承的径向性能与止推性能相互影响，有足够的径向承载能力和刚度时，轴向承载能力和刚度就较低。

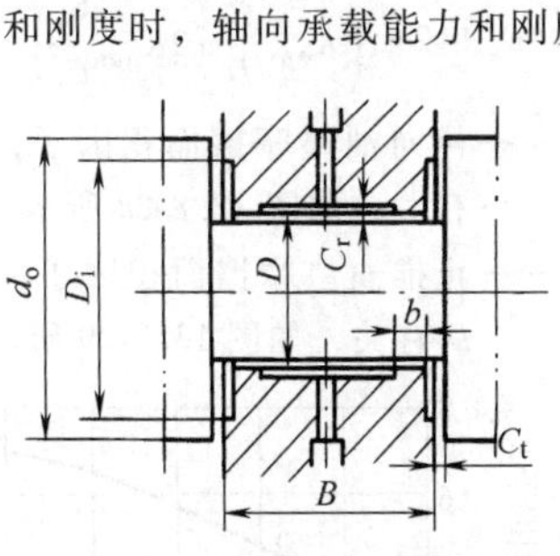

图 13.8-23　H 形静压轴承

在轴向载荷大或要求轴向刚度高的场合，需采用径向和止推有各自独立的供油系统的 H 形静压轴承或其他形式的径向止推轴承。

下面仅介绍用径向油垫的回油供给止推油垫的 H 形轴承。

4.1.1　性能计算

（1）承载能力

分别定义 H 形静压轴承的径向和轴向载荷数为

$$F_r^* = F_r/(p_s BD) \quad (13.8\text{-}30)$$

$$F_t^* = F_t/(p_s A_{et}) \quad (13.8\text{-}31)$$

式中　A_{et}——止推油垫的有效承载面积。

对于止推油垫为环形油腔的 H 形轴承，止推油垫有效承载面积 A_{et} 的计算式为

$$A_{et}=\pi(K_{Aet}d_o^2-D^2)/4 \quad (13.8\text{-}32)$$

式中　d_o——止推环外径；

K_{Aet}——止推油垫有效面积因子，其值与止推油垫封油面直径比 d_o/D_i 有关，其关系曲线如图 13.8-24 所示。

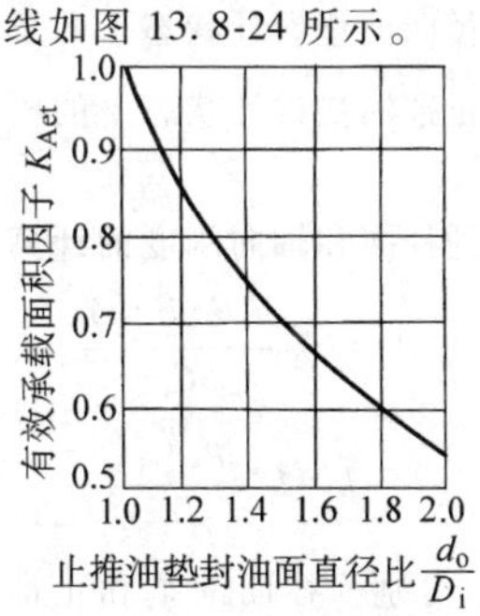

图 13.8-24　H 形轴承止推油垫有效承载面积因子 K_{Aet} 与 d_o/D_i 的关系曲线

对于止推油垫为环形油腔的 H 形轴承，不同轴向压力比 p_{0t}^* 下的径向载荷数 F_r^* 和轴向载荷数 F_t^* 如图 13.8-25 所示。在给定轴向、径向压力比下，不同载荷数对应的偏心率，即 H 形轴承的承载能力特性曲线如图 13.8-26 所示。

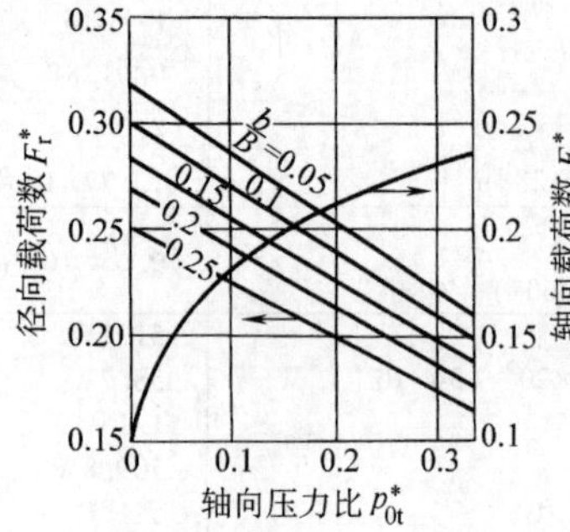

图 13.8-25　H 形轴承 F_r^*-p_{0t}^* 曲线和 F_t^*-p_{0t}^* 曲线

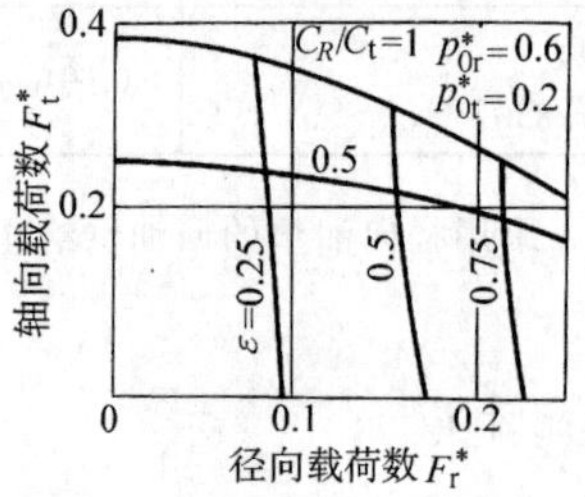

图 13-8-26　H 形轴承的承载能力特性曲线

（2）流量

H 形轴承的流量计算式为

$$q=\frac{2p_{0t}^* p_s C_t^3}{\eta}q^* \tag{13.8-33}$$

式中，q^* 为量纲 1 的 H 形轴承的流量数，流量数的计算式为

$$q^*=\frac{\pi D}{12b}\left(\frac{C_r}{C_t}\right)^3\left(\frac{p_{0r}^*}{p_{0t}^*}-1\right) \tag{13.8-34}$$

式中　C_r——径向油垫的半径间隙；

C_t——止推油垫的单向间隙；

p_{0r}^*——径向油垫设计状态下的压力比；

p_{0t}^*——止推油垫设计状态下的压力比。

（3）刚度

H 形轴承的径向和轴向刚度的计算式分别为

$$k_r=k_r^*\frac{p_s D(B-b)}{C_r} \tag{13.8-35}$$

$$k_t=k_t^*\frac{p_s A_{et}}{C_t} \tag{13.8-36}$$

式中，k_r^* 和 k_t^* 分别为径向油垫和止推油垫的量纲 1 的油垫刚度数。令无止推油垫影响的纯径向刚度数为 k_{rj}^*，则径向刚度数与纯径向刚度数的关系式为

$$k_r^*=k_{rj}^*(1-p_{0t}^*) \tag{13.8-37}$$

常用的腔数为 3～6 的径向油垫，其纯径向刚度数 k_{rj}^* 的数值见表 13.8-17。

表 13.8-17　H 形轴承纯径向刚度数 k_{rj}^*

径向油垫腔数	管式节流器节流	孔式节流器节流
	k_{rj}^*	
3	$0.270/(1-0.75\Gamma)$	$0.540/(1.5-0.75\Gamma)$
4	$0.955/(1-0.50\Gamma)$	$1.910/(1.5-\Gamma)$
5	$1.030/(1-0.345\Gamma)$	$2.125/(1-0.69\Gamma)$
6	$1.075/(1-0.25\Gamma)$	$2.150/(1.5-0.50\Gamma)$

注：Γ—阻力比，$\Gamma=Zb(B-b)/(\pi Dl)$。

轴向刚度数 k_t^* 与 p_{0t}^* 的关系曲线如图 13.8-27 所示。

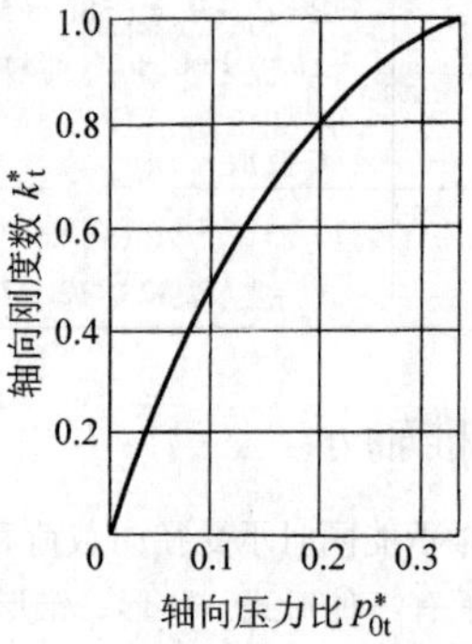

图 13.8-27　H 形轴承的轴向刚度数 k_t^* 与 p_{0t}^* 的关系曲线

（4）摩擦功耗

H 形轴承的摩擦功耗包括径向油垫的摩擦功耗和止推油垫的摩擦功耗，其计算式为

$$P_\mu=P_\mu^*\frac{\eta n^2D^4}{2C_r} \tag{13.8-38}$$

式中，P_μ^* 为摩擦功耗数，它的值与摩擦面积有关，计算式为

$$P_\mu^*=2\pi^3\left(K_{A\mu r}\frac{B}{D}+2K_{A\mu t}\frac{C_r}{C_t}\right) \tag{13.8-39}$$

式中　$K_{A\mu r}$——径向油垫摩擦面积因子，其值与 b^* 有关，如图 13.8-28 所示；

$K_{A\mu t}$——止推油垫摩擦面积因子，其值与 d_o/D 有关，如图 13.8-29 所示。

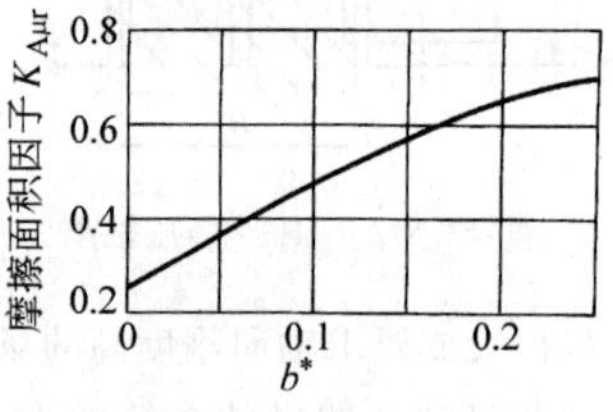

图 13.8-28　径向油垫 $K_{A\mu r}$-b^* 关系曲线

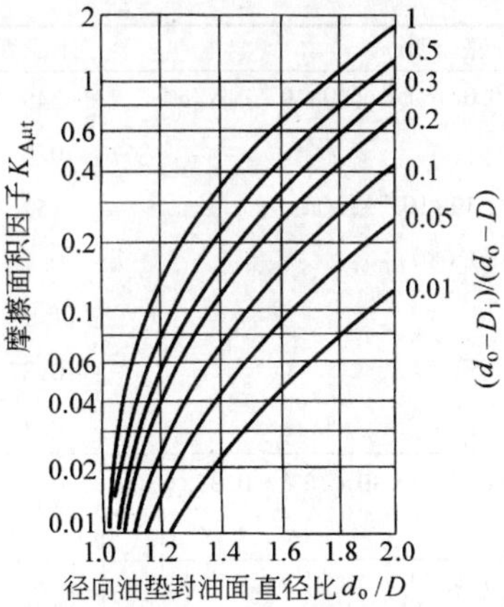

图 13.8-29　止推油垫 $K_{A\mu t}$-d_o/D 关系曲线

4.1.2　参数选取

各设计参数以下标 r 表示属于径向油垫，下标 t 表示属于止推油垫。

(1) 压力比

在设计状态下，径向油垫和止推油垫的压力比具有式 (13.8-40) 给出的关系，即

$$p_{0r}^*=\frac{1+p_{0t}^*}{2} \tag{13.8-40}$$

为使径向油垫和止推油垫都能得到较满意的承载能力和刚度，建议取 $p_{0t}^*=0.1\sim0.3$，则 $p_{0r}^*=0.55\sim0.65$。

(2) 封油面宽度

径向油垫的轴向封油面宽度 l 的选取与径向轴承相同，径向封油面宽度应该与轴向的接近相等，建议按式 (13.8-41) 计算：

$$l=\frac{4\pi bD}{3ZB} \tag{13.8-41}$$

止推油垫的封油面宽度取决于其直径比 d_o/D_i，需按流量平衡确定，故止推油垫油腔尺寸应根据轴承流量数 q^* 由图 13.8-30 确定。

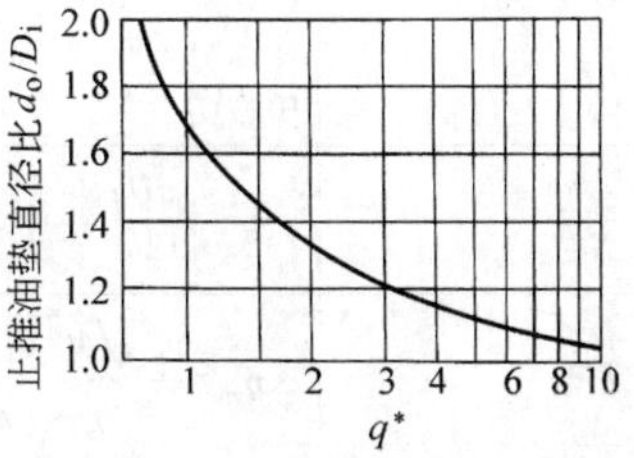

图 13.8-30　H 形轴承止推的油垫尺寸

(3) 润滑油黏度

根据最佳功耗比选取，最佳黏度的计算式为

$$\eta_{op}=\frac{p_s\sqrt{4C_rC_t^3p_{0t}^*q^*}}{nd^2\sqrt{P_\mu^*}} \tag{13.8-42}$$

例 13.8-5　设计一液体静压 H 形径向止推轴承。已知：$F_r=2000\text{N}$，$F_t=1200\text{N}$，$n=20\text{r/s}$，$B=D=80\text{mm}$。

解：取 $b^*=0.25$，$b=20\text{mm}$，$C_r=C_t=30\mu\text{m}$，$Z=4$，采用管式节流。H 形径向止推轴承的计算项目和计算结果见表 13.8-18。

表 13.8-18　H 形径向止推轴承的计算项目与计算结果

计算项目	计算公式及说明	计算结果
止推油垫压力比	p_{0t}^* 选定	0.2
径向油垫压力比	$p_{0r}^*=(1+p_{0t}^*)/2=(1+0.2)/2$	0.6
轴向载荷数	根据 $p_{0t}^*=0.2$，由图 13.8-25 查出 F_t^*	0.21
径向载荷数	取 $b^*=0.25$，根据 $p_{0t}^*=0.2$，由图 13.8-25 查出 F_r^*	0.20
供油压力	$p_s=F_r/(BD\,F_r^*)=[2000/(0.080\times0.080\times0.20)]\text{Pa}$	$1.56\times10^6\text{Pa}$
径向油垫周向封油面宽度	$l=[4\pi b\,D/(3ZB)=[4\times\pi\times0.020\times0.080/(3\times4\times0.080)]\text{m}$	0.021m
宽径比	$B^*=B/D=0.080/0.080$	1
流量数	$q^*=[\pi D/(12b)](C_r/C_t)^3(p_{0r}^*/p_{0r}^*-1)=[\pi\times0.080/(12\times0.020)](30/30)^3(0.6/0.2-1)$	2.094
止推油垫封油面直径比	根据流量数，由图 13.8-30 查出 d_o/D_i	1.3
止推油垫有效面积因子	根据 d_o/D_i 值，由图 13.8-24 查出 K_{Aet}	0.78
止推油垫需要的有效面积	$A_{et}=F_t/p_s\,F_t^*=[1200/(1.56\times10^6\times0.21)]\text{m}^2$	$3.66\times10^{-3}\text{m}^2$
止推油垫外径	$d_o=[4A_{et}/(\pi\,K_{Aet})+(D^2/K_{Aet})]^{1/2}=[4\times3.66\times10^{-3}/(\pi\times0.78)+0.080^2/0.78]^{1/2}\text{m}$	0.119，取 0.120m
止推油垫油腔直径	$D_i=d_0/(d_o/D_i)=0.120/1.3\text{m}$	0.092m
阻力比	$\Gamma=Zb(B-b)/(\pi Dl)=4\times0.020\times(0.080-0.020)/(\pi\times0.080\times0.021)$	0.909
纯径向刚度数	由表 13.8-17 查出 $k_{rj}^*=0.955/(1-0.50\Gamma)=0.955/(1-0.5\times0.909)$	1.75
径向刚度数	$k_r^*=k_{rj}^*(1-p_{0t}^*)=1.75(1-0.2)$	1.40

（续）

计 算 项 目	计 算 公 式 及 说 明	计 算 结 果
轴承径向刚度	$k_r=p_sD(B-b)k_r^*/C_r=[1.56\times10^6\times0.08\times(0.08-0.02)\times1.4/(30\times10^{-6})]$N/m	349.4×10^6N/m
轴向刚度数	根据 p_{0t}^* 由图 13.8-27 查出 k_t^*	0.8
轴承轴向刚度	$k_t=p_sA_{et}k_t^*/C_t=1.56\times10^6\times3.66\times10^{-3}\times0.8/(30\times10^{-6})$N/m	152.3×10^6N/m
参数	$(d_o-D_i)/(d_o-D)=(0.120-0.092)/(0.120-0.080)$	0.7
径向油垫封油面直径比	$d_o/D=0.120/0.080$	1.5
止推油垫摩擦面积因子	根据参数和 d_o/D，由图 13.8-29 查出 $K_{A\mu t}$	0.37
径向油垫摩擦面积因子	根据 b^*，由图 13.8-28 查出 $K_{A\mu r}$	0.7
摩擦功耗数	$P_\mu^*=2\pi^3(BK_{A\mu r}/D+2C_rK_{A\mu t}/C_t)=2\pi^3[1\times0.7+2\times30\times10^{-6}\times0.37/(30\times10^{-6})]$	89.3
轴承流量数	$q^*=\frac{\pi D}{12b}\left(\frac{C_r}{C_t}\right)^3\left(\frac{p_{or}^*}{p_{ot}^*}-1\right)=\frac{\pi\times0.080}{12\times0.020}\left(\frac{30}{30}\right)^3\left(\frac{0.6}{0.2}-1\right)$	2.1
润滑油计算黏度	$\eta_{op}=\frac{p_s\sqrt{4C_rC_t^3p_{ot}^*q^*}}{nd^2\sqrt{P_\mu^*}}=\frac{1.56\times10^6\sqrt{4\times30\times10^{-6}\times(30\times10^{-6})^3\times0.2\times2.1}}{20\times0.080^2\times\sqrt{89.3}}$Pa·s	0.0015Pa·s
润滑油牌号	选定	L-FC2
润滑油实际黏度	η_{40}，查润滑剂资料	0.0038Pa·s
轴承流量	$q=2p_{0t}^*p_sC_r^3q^*/\eta=[2\times0.2\times1.56\times10^6\times(30\times10^{-6})^3\times2.1/0.0038]\text{m}^3/\text{s}$	$9.29\times10^{-6}\text{m}^3/\text{s}$
泵功耗	$P_p=p_sq=1.56\times10^6\times9.29\times10^{-6}$W	14.5W
摩擦功耗	$P_\mu=P_\mu^*\eta n^2D^4/(2C_r)=[89.3\times0.0038\times20^2\times0.08^4/(2\times30\times10^{-6})]$W	92.7W
总功耗	$P=P_\mu+P_p=92.7+14.5$W	107.2W
轴承温升	$\Delta\theta=P/(c_p\rho q)=[107.2/(2000\times850\times9.29\times10^{-6})]$℃	6.8℃

4.2 锥形轴承

锥形静压轴承是由有圆锥形孔的轴瓦（油垫）和圆锥形轴颈构成，能同时承受径向力和单向轴向力的径向止推静压轴承（见图 13.8-31）。

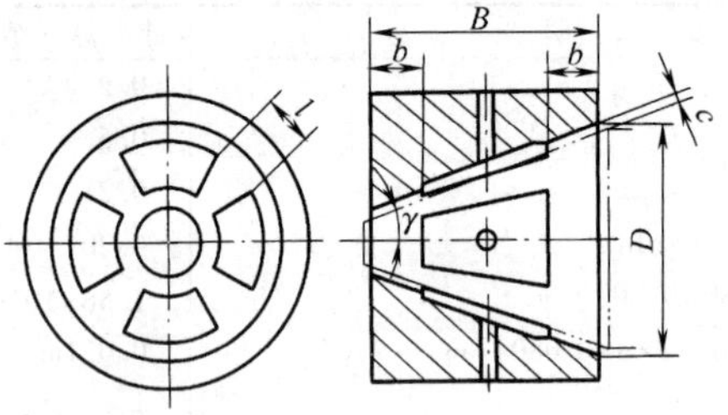

图 13.8-31 锥形静压轴承

锥形静压轴承的特点是间隙可以调整，但轴瓦的制造工艺较为复杂。

4.2.1 参数选取

对于锥形腔式静压轴承，轴瓦尺寸参数可参考径向轴承确定。建议轴向和径向封油面（腔间距离）相对宽度取接近相等，即 $b/B\approx l/D$。

锥半角 γ 可根据轴向载荷与径向载荷之比 F_t/F_r 和宽径比 B/D 由图 13.8-32 选定。

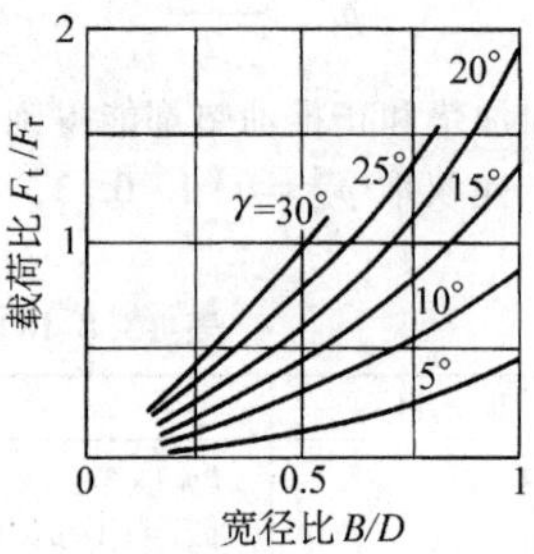

图 13.8-32 锥形腔式轴承锥半角的选取

润滑油黏度按最佳功耗比选取，根据最佳功耗比确定最佳参数 $\frac{\eta n}{p_s\psi^2}$，其中 $\psi=\frac{2C_n}{D}$，而 C_n 为轴承法向半径间隙。由该参数即可计算出润滑油黏度。

4.2.2 性能计算

（1）垫式锥形静压轴承

可以将其看作是油膜压力的合力方向不在一条直线上的对向斜油垫，计算时可先求出各油垫的径向承载能力和刚度。其径向承载能力和刚度的计算式分别为

$$F_r=\sum_{i=1}^{Z}F_i\cos\gamma\cos\beta_i$$

$$k_r = \sum_{i=1}^{Z} k_i \cos^2\gamma \, |\cos\beta_i|$$

式中　β_i——油垫的位置角；

Z——油垫数。

轴向承载能力和刚度的计算式分别为

$$F_t = \sum_{i=1}^{Z} F_i \sin\gamma$$

$$k_t = \sum_{i=1}^{Z} k_i \sin^2\gamma$$

（2）腔式锥形静压轴承

其性能计算的基本公式为

径向承载能力　$F_r = p_s BDF_r^*$　（13.8-43）

轴向承载能力　$F_t = p_s D^2 F_t^*$　（13.8-44）

径向刚度　$k_r = p_s BDk_r^* / C_n$　（13.8-45）

轴向刚度　$k_t = p_s D^2 k_t^* / C_n$　（13.8-46）

轴承流量　$q = p_s C_n^3 q^* / \eta b^* B^*$　（13.8-47）

当为管式节流器节流、$p_0^* = 0.3$ 时，载荷数 F_r^* 和 F_t^* 的关系曲线、刚度数 k_r^* 和 k_t^* 的关系曲线、流量数 q^* 曲线分别如图 13.8-33～图 13.8-35 所示，最佳参数 $\frac{\eta n}{p_s \psi^2}$-$b^*$ 曲线如图 13.8-36 所示。

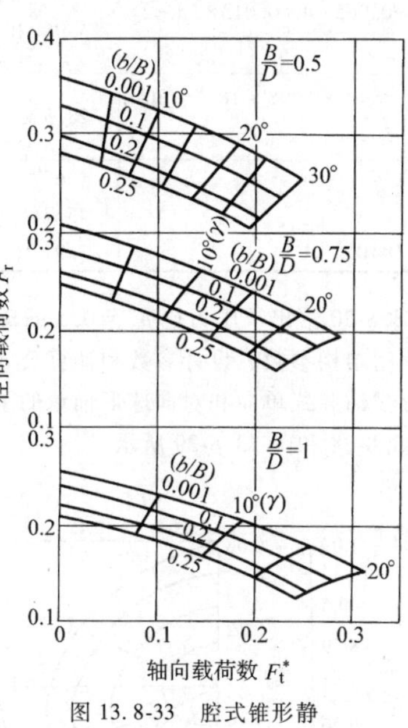

图 13.8-33　腔式锥形静压轴承 F_r^* 和 F_t^* 的关系曲线

注：管式节流器节流，$p_0^* = 0.3$

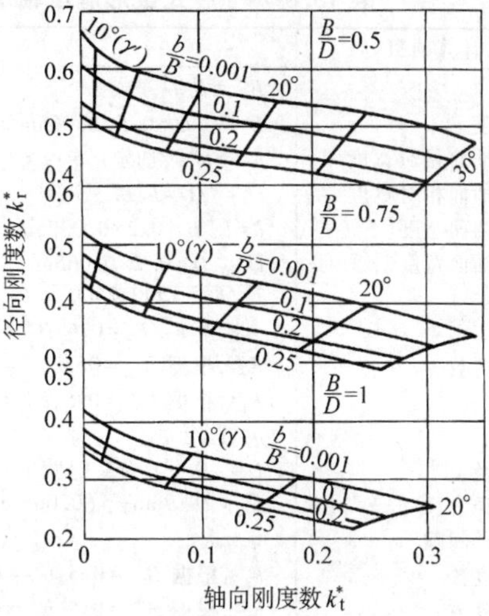

图 13.8-34　腔式锥形静压轴承 k_r^* 和 k_t^* 的关系曲线

注：管式节流器节流，$p_0^* = 0.3$

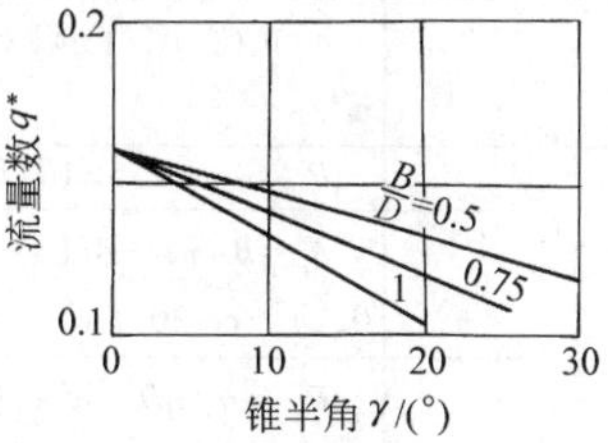

图 13.8-35　腔式锥形静压轴承 q^* 曲线

注：管式节流器节流，$p_0^* = 0.3$

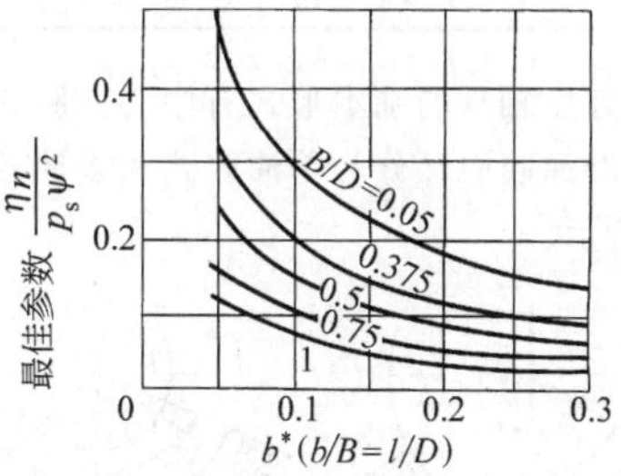

图 13.8-36　腔式锥形静压轴承 $\eta n / p_s \psi^2 - b^*$ 曲线

注：管式节流器节流，$p_0^* = 0.3$

例 13.8-6　设计一腔式锥形静压轴承。已知：径向载荷 F_r = 2500N；轴向载荷 F_t = 1500N；转速 n = 20r/s，轴承大端直径 D = 65mm。采用管式节流，取 $p_0^* = 0.3$。腔式锥形静压轴承的计算项目和计算结果见表 13.8-19。

4.3　球形轴承

球形轴颈和内球面孔的轴瓦（油垫）构成能同时承受径向载荷和轴向载荷的径向止推静压轴承，这种轴承称为球形静压轴承，半球面静压轴承只能承受单向轴向力，称为单向球形轴承；整球面静压轴承能承受双向轴向力，称为对向球形轴承。它们的特点是倾覆阻力矩极小。

表 13.8-19　腔式锥形静压轴承（管式节流、$p_0^*=0.3$）的计算项目和计算结果

计算项目	计算公式及说明	计算结果
宽径比	$B^*=B/D$,选定	0.5
轴承宽度	$B=B^*D=0.5\times0.065$m	0.0325m
轴向封油面相对宽度	$b^*=b/B$,选定	0.2
径向封油面相对宽度	$l^*=l/D=b/B$	0.2
轴向封油面宽度	$b=b^*B=0.2\times0.0325$m	0.0065m
径向封油面宽度	$l=l^*D=0.2\times0.065$m	0.013m
载荷比	$F_t/F_r=1500/2500$	0.6
锥半角	γ 根据 $F_t/F_r=0.6, B^*=0.5$,由图 13.8-32 查出	20°
径向载荷数	F_r^*,根据 $B^*=0.5, b^*=0.2, \gamma=20°$,由图 13.8-33 查出	0.243
轴向载荷数	F_t^*,根据 $B^*=0.5, b^*=0.2, \gamma=20°$,由图 13.8-33 查出	0.145
供油压力	p_s,选定	2.5MPa
轴瓦直径	$D=[F_t/(p_sF_t^*)]^{1/2}=[1500/(2.5\times10^6\times0.145)]^{1/2}$m	0.064m,取为 0.065m
轴承中径	$D_m=D-B\tan\gamma=(0.065-0.0325\times\tan20°)$m	0.0532m
法向设计间隙	C_n,选定	30×10^{-6}m
径向刚度数	k_r^*,根据 $B^*=0.5, b^*=0.2, \gamma=20°$,由图 13.8-34 查出	0.455
轴向刚度数	k_t^*,根据 $B^*=0.5, b^*=0.2, \gamma=20°$,由图 13.8-34 查出	0.136
最佳参数 $\eta n/p_s\psi^2$	根据 $B^*=0.5, b^*=0.2$,由图 13.8-36 查出	0.09
润滑油计算黏度	$\eta=[\eta n/(p_s\psi^2)]p_s(2C_n/D)^2/n=[0.09\times2.5\times10^6\times(2\times30\times10^{-6}/0.065)^2/20]$Pa·s	0.00959Pa·s
润滑油牌号	选取	L-FC15
润滑油实际黏度	η_{40} 查润滑剂资料	0.0128Pa·s
流量数	q^*,根据 $B^*=0.5, \gamma=20°$,由图 13.8-35 查出	0.13
轴承流量	$q=p_sC_n^3q^*/(\eta b^*B^*)=[2.5\times10^6(30\times10^{-6})^3\times0.13/(0.0128\times0.2\times0.5)]$ m³/s	6.86×10^{-6}m³/s
泵功耗	$P_p=p_sq=2.5\times10^6\times6.86\times10^{-6}$W	17.2W
摩擦面积	$A_\mu=B[\pi D-4l(1-2b^*)]/\cos\gamma=\{0.0325[\pi\times0.065-4\times0.013\times(1-2\times0.2)]/\cos20°\}$m²	5.98×10^{-3}m²
摩擦功耗	$P_\mu=\pi^2\eta D_m^2n^2A_\mu/C=[\pi^2\times0.0128\times0.0532^2\times20^2\times5.98\times10^{-3}/(30\times10^{-6})]$W	28.5W
功耗比	$G=P_\mu/P_p=28.5/17.2$	1.657
轴承功耗	$P=P_\mu+P_p=(28.5+17.2)$W	45.7W
温升	$\Delta\theta=p_s(1+G)/(c_p\rho)=[2.5\times10^6(1+1.657)/(1.7\times10^6)]$℃	3.91℃

球形静压轴承的基本形式有中心油腔式和环形油腔式，环形油腔中又分为单油腔式和多油腔式，如图 13.8-37 所示。

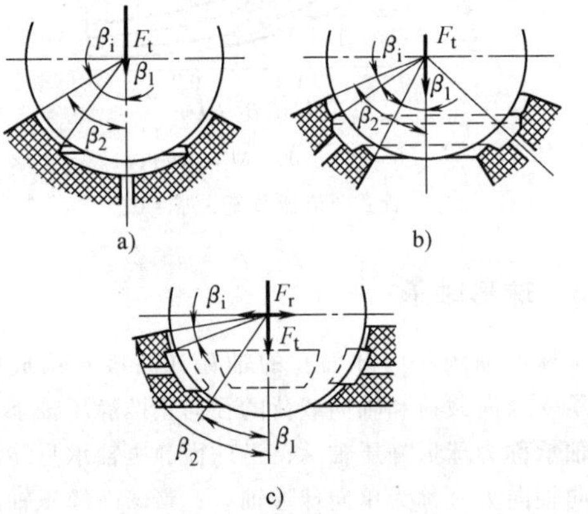

图 13.8-37　球形静压轴承

a）中心油腔式　b）环形单油腔式　c）环形多油腔式

表 13.8-20 给出了压力比 $p_0^*=0.5$ 的球形静压轴承的推荐用结构参数、设计参数和计算公式。

环形多油腔式单向和对向球形轴承的承载性能曲线如图 13.8-38 和图 13.8-39 所示。

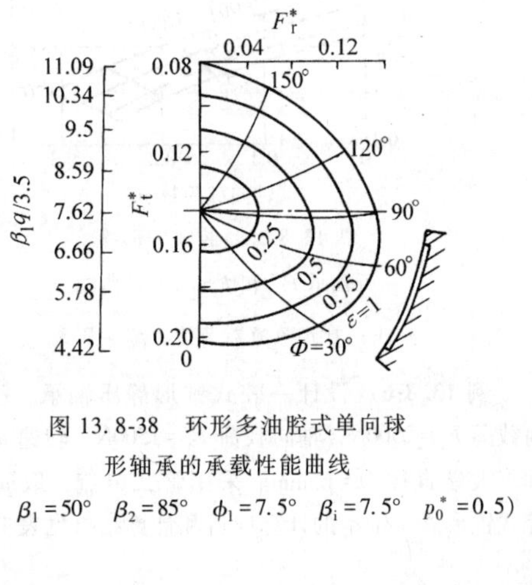

图 13.8-38　环形多油腔式单向球形轴承的承载性能曲线

（$Z=6$　$\beta_1=50°$　$\beta_2=85°$　$\phi_1=7.5°$　$\beta_i=7.5°$　$p_0^*=0.5$）

例 13.8-7　设计一环形多油腔对向球形液体静压轴承。已知：径向载荷 $F_r=1800\text{N}$；轴向载荷 $F_t=1200\text{N}$；轴径 $d_s=70\text{mm}$；转速 $n=20\text{r/s}$。球形静压轴承的计算项目和计算结果见表 13.8-21。

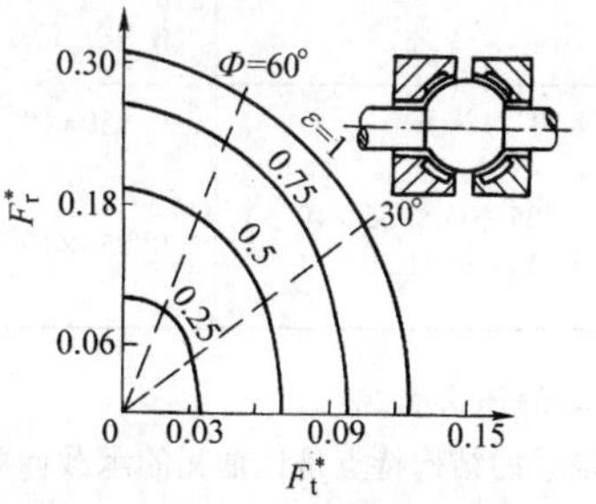

图 13.8-39　环形多油腔式对向球形轴承的承载性能曲线

($Z=6$　$\beta_1=50°$　$\beta_2=85°$　$\phi_1=7.5°$　$\beta_i=7.5°$　$p_0^*=0.5$)

表 13.8-20　球形静压轴承的结构参数、设计参数和计算公式

基本型式		中心油腔	环形单油腔	环形多油腔单向轴承	环形多油腔对向轴承
结构参数	β_1	35°	50°	50°	50°
	β_2	70°	85°	85°	85°
	β_i	35°	7.5°	7.5°	7.5°
	ϕ_1	—	—	7.5°	7.5°
	Z	1	1	6	6
设计参数	F_r^*	0	0	0.08	0.18
	F_t^*	0.22	0.10~0.18	0.10~0.18	0.06
	q^*	0.328	3.56	0.06	7.12
	k_t^*	0.1	0.03		—
计算公式		$F_r=p_sD^2F_r^*$；$F_t=p_sD^2F_t^*$；$q=p_sC_r^3q^*/\eta$			
		$k_t=2p_sD^2k_t^*/C_r$		$k_r=2p_sD^2F_{r\,0.5}^*/C_r$ $k_t=2p_sD^2(F_{t\,0.5}^*-F_{t0}^*)/C_r$	

表 13.8-21　环形多油腔对向球形轴承的计算项目和计算结果

计算项目	计算公式及说明	计算结果
结构参数	β_1，按表 13.8-20 确定	50°
结构参数	β_2，按表 13.8-20 确定	85°
结构参数	β_i，按表 13.8-20 确定	7.5°
结构参数	ϕ_1，按表 13.8-20 确定	7.5°
腔数	Z，选取	6
压力比	p_0^*，选取	0.5
设计间隙	C_r，选取	$35\times10^{-6}\text{m}$
球面直径	$D=d_s/\sin\beta_1=(0.070/\sin50°)\text{m}$	0.0914，取为 0.092m
径向载荷数	F_r^*，由表 13.8-20 查出	0.18
轴向载荷数	F_t^* 由表 13.8-20 查出	0.06
供油压力	$p_s=F_t/(D^2F_t^*)=[1200/(0.092^2\times0.06)]\text{Pa}$	$2.36\times10^6\text{Pa}$，取为 2.4MPa
油腔面积	$A_r=\pi D^2[\cos(\beta_1+\beta_i)-\cos(\beta_2-\beta_i)](1-Z\phi_1/360)$ $=\pi\times0.092^2[\cos(50°+7.5°)-\cos(85°-7.5°)](1-6\times7.5/360)\text{m}^2$	$7.47\times10^{-3}\text{m}^2$
摩擦面积	$A_\mu=\pi D^2(\cos\beta_1-\cos\beta_2)-3A_r/4=[\pi\times0.092^2(\cos50°-\cos85°)-3\times7.47\times10^{-3}/4]\text{m}^2$	$9.18\times10^{-3}\text{m}^2$
平均圆周速度	$v=\pi Dn\sin[(\beta_1+\beta_2)/2]=\pi\times0.092\times20\times\sin[(50°+85°)/2]\text{m/s}$	5.34m/s
流量数	q^*，由表 13.8-20 查出	7.12
计算最佳黏度	$\eta=(p_sC_r^2/v)(q^*/A_\mu)=[2.4\times10^6\times(35\times10^{-6})^2/5.34]\times[7.12/(9.18\times10^{-3})]^{1/2}\text{Pa}\cdot\text{s}$	0.0153Pa·s
润滑油牌号	根据润滑油标准	L-FC15
润滑油实际黏度	η_{40}，查找相关资料	0.0141Pa·s
轴承流量	$q=p_sC_r^3q^*/\eta=[2.4\times10^6\times(35\times10^{-6})^3\times7.12/0.0141]\text{m}^3/\text{s}$	取为 $52.0\times10^{-6}\text{m}^3/\text{s}$
泵功耗	$P_p=p_sq=2.4\times10^6\times52.0\times10^{-6}\text{W}$	124.8W
摩擦功耗	$P_\mu=\eta A_\mu v^2/C_r=[0.0141\times9.18\times10^{-3}\times5.34^2/(35\times10^{-6})]\text{W}$	105.5W
功耗比	$G=P_\mu/P_p=105.5/124.8$	0.85
轴承功耗	$P=P_\mu+P_p=105.5+124.8\text{W}$	230.3W
实际载荷数	$F_r^*=F_r/(p_sD^2)=1800/(2.4\times10^6\times0.092^2)$ $F_t^*=F_t/(p_sD^2)=1200/(2.4\times10^6\times0.092^2)$	0.089 0.059
偏心率	ε 按 $F_r^*=0.089$、$F_t^*=0.059$，查图 13.8-39	0.045
偏位角	ϕ 按 $F_r^*=0.089$、$F_t^*=0.059$，查图 13.8-39	31°

（续）

计算项目	计算公式及说明	计算结果
给定偏心率下的载荷数	$F_{r0.5}^{*}$，查图 13.8-39	0.13
	F_{t0}^{*}，查图 13.8-39	0
	$F_{t0.5}^{*}$，查图 13.8-39	0.05
平均径向刚度	$k_r = 2p_sD^2F_{r0.5}^{*}/C_r = 2\times2.4\times10^6\times0.092^2\times0.13/(35\times10^{-6})$ N/m	0.150×10^9 N/m
平均轴向刚度	$k_t = 2p_sD^2(F_{t0.5}^{*}-F_{t0}^{*})/C_r = 2\times2.4\times10^6\times0.092^2\times(0.05-0)/(35\times10^{-6})$ N/m	0.058×10^9 N/m

5 动静压混合轴承

将动压效应与静压效应结合应用于一个轴承，构成新型轴承。按其结合方式不同，这类轴承有三种型式，即静压起动、动压工作型，动静压联合型和动静压混合型

（1）静压起动、动压工作型

这种轴承的结构特点是在轴瓦的承载面中心部位开有静压油腔（见表 13.8-22 中的简图），需要设动压与静压两套供油系统。在转子起动前，应先起动静压供油系统，利用静压油腔的压力支承起静止的转子；然后起动转子，待其达到预定转速后，起动动压供油系统并关闭静压供油系统，利用动压效应支承转子及转子上的载荷，简称静压升举轴承。它起动转矩小、起动过程无磨损，而压力较高的静压供油系统又无须长期工作。这种轴承多用于重型机械，如冷轧机、大型立式车床和水轮机等；

（2）动静压联合型

这种轴承的结构特点是在轴瓦承载面上润滑油出口一侧开设油腔（见图 13.8-40），动压油楔内的压力油流入该油腔，在腔内形成能支承载荷的静压力，油腔内的静压力和动压油楔内的动压力共同支承转子上的载荷，这种轴承称为动静压联合轴承。它承载能力强、温升低、功耗少，但瓦面形状复杂、工艺性不好，而且起动转矩大，起动时有磨损，未能克服动压轴承的主要缺点。

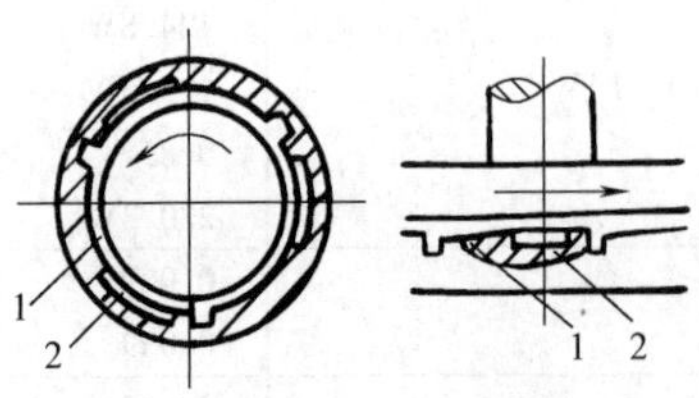

图 13.8-40 动静压联合轴承
1—动压油楔 2—静压油腔

（3）动静压混合型

这种轴承的结构特点是让轴瓦的承载面既能产生动压效应，又能产生静压效应，并且只需一套静压供油系统。在转子起动前，先起动供油系统，利用静压油腔的承载能力支承起静止的转子，然后起动转子；随着转子转速增加，动压效应增大，待达到预定转速后，施加工作载荷。由动压与静压效应同时承受转子上的全部载荷，称为动静压混合轴承，简称动静压轴承。

动静压混合轴承吸收了动压和静压轴承各自的优点，摒弃了它们各自的缺点，其供油系统的供油压力、流量和泵功耗均比静压轴承低，它的起动转矩比动压轴承小，起动过程无磨损。

这种轴承具有承载能力强、刚度大及油膜阻尼大等特点，特别适用于转子起动后方施加工作载荷的高速、精密主轴承和高速重载轴承。

5.1 静压升举轴承

为了不过分减弱动压承载面积，静压升举轴承的静压油腔一般宜取小些、浅些，所以供油压力都比较大。

液体静压升举轴承的基本形式及其静压升举性能的计算见表 13.8-22；其动压效应计算与动压轴承相同，可参考本篇第 6 章“液体动压径向滑动轴承”。

例 13.8-8 设计一静压升举径向轴承。已知：轴颈直径 $d=200$mm；轴瓦宽度 $B=300$mm；半径间隙 $C_r=0.15$mm；封油边宽度 $b=75$mm；载荷 $F=64000$N；润滑油工作黏度 $\eta=0.106$Pa·s。求升举高度达 $e=0.06$mm 时所需润滑泵压力和流量。因轴承较宽，采用轴向油腔。其计算结果见表 13.8-24。

5.2 小油腔腔式动静压径向轴承

小油腔腔式动静压径向轴承（见图 13.8-41）的油腔尺寸小，封油面尺寸大，因而动压效应较普通腔式静压轴承大，而静压作用比普通腔式静压轴承小，所以计算小油腔腔式径向轴承时，必须考虑动压效应，即轴颈旋转的影响。

表 13.8-22　液体静压升举轴承的基本形式及其静压升举性能的计算

形式	轴向油腔(宽轴承)	周向油腔(窄轴承)	中间油腔(适贴式)
简图	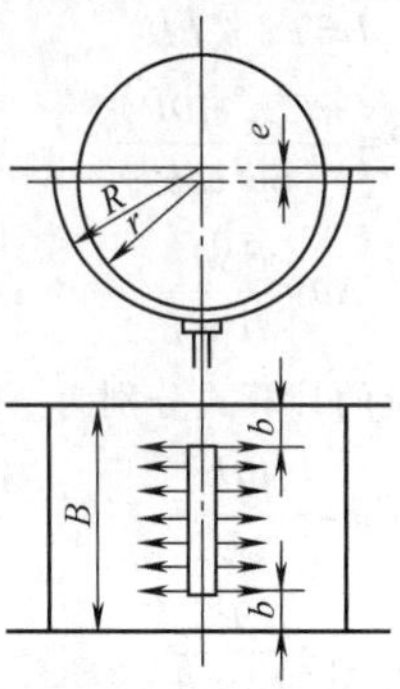	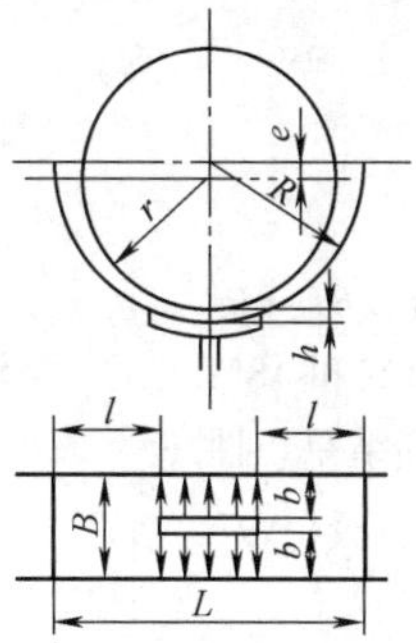	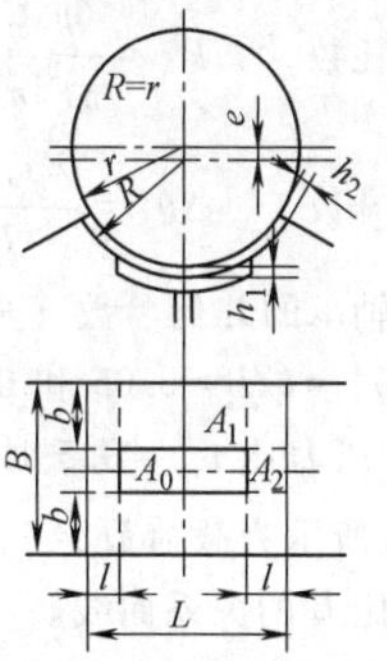
性能计算公式	$p_0=\dfrac{2FK_B}{(B-2b)dK_A}$ $q=\dfrac{p_0(B-2b)d^2\psi^3}{2\eta K_B}$ $\psi=\dfrac{C_r}{r},\varepsilon=\dfrac{e}{C_r}$	$p_0=\dfrac{F}{(L-2l)(B-b)}$ $q=\dfrac{p_0(L-2l)h^3}{6\eta b}$ $h=C_r-e$	$p_0=\dfrac{F}{(B-2b)(L-l)+(L-2l)b}$ $q=\dfrac{p_0}{6\eta}\left[\dfrac{e^3(L-2l)}{b}+\dfrac{h_2^3(B-2b)}{l}\right]$ $h_2=[R^2+e^2+e(4R^2-L^2)^{1/2}]^{1/2}-R$
说明	q—流量；p_0—需要的油腔压力；F—升举载荷；C_r—半径间隙；e—升举高度；η—润滑油黏度；d—轴颈直径（$=2r$）；ψ—相对间隙；ε—升举率 $K_A=12[(2+3\varepsilon-\varepsilon^2)/(1-\varepsilon^2)^2]$ $K_B=12\{\varepsilon(4-\varepsilon^2)/[2(1-\varepsilon^2)^2]+(2+\varepsilon^2)/(1-\varepsilon^2)^{5/2}\times\arctan[(1+\varepsilon)/(1-\varepsilon^2)^{1/2}]\}$；$K_A$、$K_B$ 值见表 13.8-23		

表 13.8-23　因子 K_A、K_B 值

ε	K_A	K_B	ε	K_A	K_B
0.0	24.00	18.85	0.91	1615	4345
0.1	28.15	23.11	0.92	2025	5797
0.2	33.75	29.18	0.93	2620	8044
0.3	41.63	38.27	0.94	3533	11753
0.4	53.33	52.79	0.95	5040	18426
0.5	72.00	78.04	0.96	7800	31993
0.6	105.00	127.68	0.97	13733	65729
0.7	173.33	245.39	0.98	30600	178813
0.8	360.00	633.31	0.99	121200	1005534
0.9	1320.00	3360.00	1.00	∞	∞

表 13.8-24　静压升举径向轴承的计算结果

计算项目	计算公式及说明	计算结果
油腔长度	l,确定	0.150mm
油腔宽度	稍大于进油孔	
相对间隙	$\psi=2C_r/d=2\times0.15/200$	0.0015
升举率	$\varepsilon=e/C_r=0.06/0.15$	0.4
K_A 值	查表 13.8-23	53.33
K_B 值	查表 13.8-23	52.79
油腔所需压力	$p=2FK_B/[(B-2b)dK_A]$ $=\{2\times64000\times52.79/[(0.3-2\times0.075)\times0.2\times53.33]\}$Pa	4.22MPa,取为 4.5MPa
流量	$q=p(B-2b)d^2\psi^3/(2\eta K_B)$ $=[4.5\times10^6\times(0.3-2\times0.075)\times0.2^2\times0.0015^3/(2\times0.106\times52.79)]$m^3/s	8.14×10^{-6} m^3/s

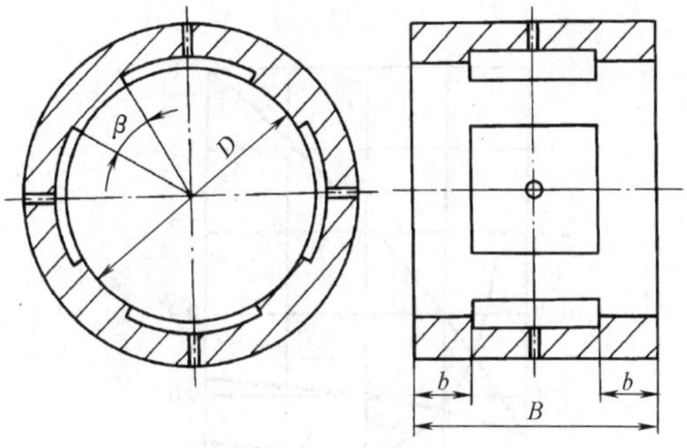

图 13.8-41　小油腔腔式动静压径向轴承

定义轴承辅助参数（特性数）为

$$S_h=\frac{4\eta n}{p_s\psi^2}\tag{13.8-48}$$

式中　$\psi=2C_r/D$，它可以表征轴承动压效应的大小。

当转子转速为零时，$S_h=0$，这时摩擦功耗为零，功耗比为零；随转子转速增加，动压效应增加，摩擦功耗也增加，因而功耗比 G 也加大。故也可以用功耗比 G 表征轴承动压效应的大小。

轴承的承载能力 F、刚度 k、功耗 P 和温升 $\Delta\theta$ 都是 G 的函数。令

载荷数　$F^* = \dfrac{F}{p_s BD}$

功耗数　$P^* = \dfrac{6p_s^2 C_r bP}{\pi F^2 n^2 \eta D}$

温升数　$\Delta\theta^* = \dfrac{D^2 c_p \rho \Delta\theta}{F}$

当轴承的几何参数（见图 13.8-41）为：$B^* = B/D = 1$；$b^* = b/B = 0.05$ 和 0.1；$Z = 4$；$\beta = 12°$ 和 18°；$\phi = 0°$，压力比 $p_0^* = 0.5$ 时，根据数值计算结果，图 13.8-42 所示为载荷数 F^*、功耗数 P^*、温升数 $\Delta\theta^*$ 与功耗比 G 的关系曲线。

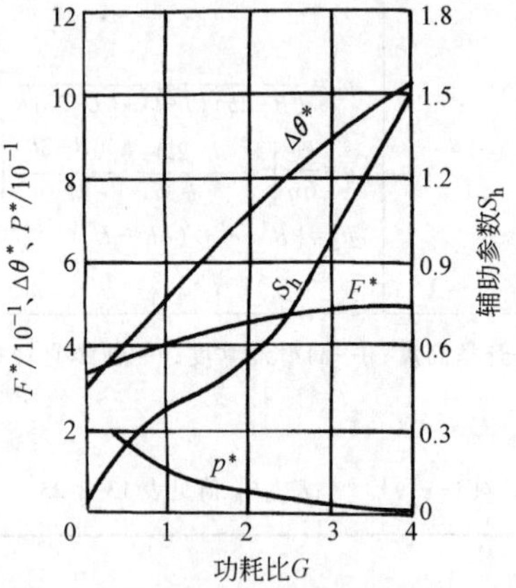

a)

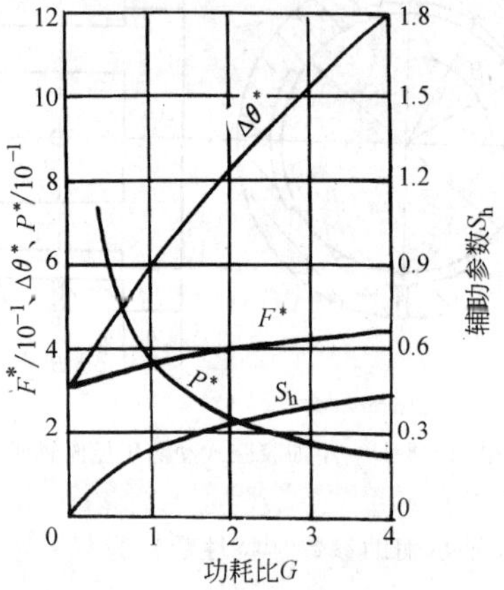

b)

图 13.8-42　小油腔腔式动静压径向轴承的参数关系

a）$b^* = 0.05$，$\beta = 12°$　b）$b^* = 0.10$，$\beta = 18°$

已知转子转速、直径，选定润滑油黏度、供油压力和轴承间隙之后，可以计算出轴承辅助参数（特性数）S_h，由图 13.8-42 可以查出其功耗比 G。根据 G 可以查出载荷数 F^*、功耗数 P^* 和温升数 $\Delta\theta^*$，于是，轴承的承载能力 F、功耗 P、和温升 $\Delta\theta$ 的计算式分别为

$$F = F^* p_s BD \tag{13.8-49}$$

$$P = \frac{\pi F^2 n^2 \eta D P^*}{6p_s^2 C_r b} \tag{13.8-50}$$

$$\Delta\theta = \frac{F\Delta\theta^*}{D^2 c_p \rho} \tag{13.8-51}$$

轴承刚度和流量的计算式分别为

$$k = \frac{p_s BDF^*}{\varepsilon C_r} \tag{13.8-52}$$

$$q = \frac{P}{c_p \rho \Delta\theta} \tag{13.8-53}$$

5.3　无腔动静压径向轴承

无腔动静压径向轴承（见图 13.8-43）的轴瓦孔内不开设油腔，这种轴承常用的节流方式是缝式和孔式节流器节流。当采用孔式节流器节流时，由于没有油腔，孔口间隙很小，从孔口通向轴承间隙的圆环面积 $\pi d_j h$ 比节流孔的截面积 πd_j^2 小得多，因此起节流作用的是该圆环面积，即 $\pi d_j h$，称为孔式环面节流。轴承一般设双排缝（孔），当轴承较窄时也可采用单排缝（孔）。

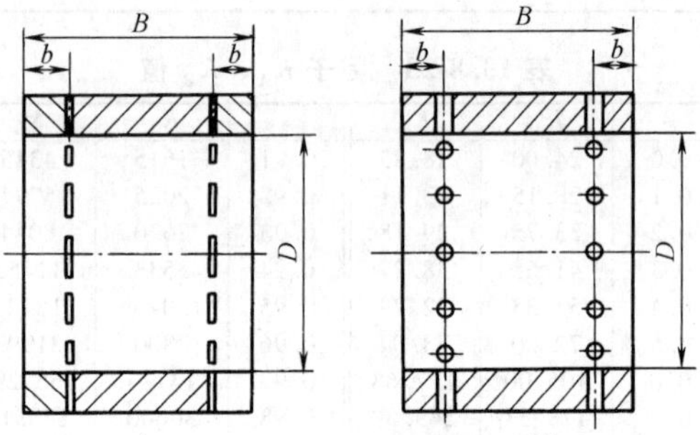

a)　　b)

图 13.8-43　无腔动静压径向轴承

a）缝式节流　b）孔式环面节流

无腔动静压径向轴承结构简单，工艺性好，但损伤后不易修复。

缝（孔）的位置用位置因子 $b^* = b/B$ 表示，采用单排缝（孔）时，缝（孔）设在轴瓦中间，$b^* = 0.5$；采用双排缝（孔）时，$b^* = 0.25$，静压性能最佳。但是，当动压效应较高时，有的节流缝（孔）处的油膜压力可能超过供油压力，这时润滑油将从该节流缝（孔）处倒流，影响轴承性能。为避免润滑油倒流，可取较小的 b^* 值。然而，b^* 值小，轴承的静压承载能力也小，同时流量增大。可以接受的最小 b^* 值约为 0.1。

5.3.1　纯静压承载能力

无腔动静压径向轴承的纯静压（$G=0$，即摩擦功耗为零，转子转速为零）承载能力与 p_0^* 的关系曲线如图 13.8-44 所示。

图 13.8-44 中纵坐标为载荷数 F^*，其表达式为 $F^*=\dfrac{F}{p_s BD}$。曲线是按轴承宽径比 $B^*=1$、双排缝（孔），轴承的位置因子 $b^*=0.25$ 画出的；若 $B^*\neq 1$，则可做如下修正：

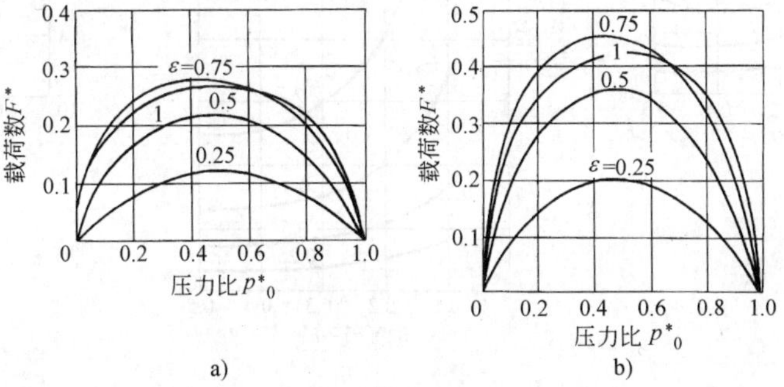

图 13.8-44　无腔动静压径向轴承纯静压承载能力 F^* 与 P_0^* 的关系曲线

a) 单排节流缝（孔）　b) 双排节流缝（孔）（$b^*=0.25$）

$$
\begin{cases} B^*=0.5 & F_{0.5}^*\approx 1.1F_1^* \\ B^*=2.0 & F_2^*\approx 0.6F_1^* \end{cases} \tag{13.8-54}
$$

若 $b^*\neq 0.25$，则可做如下近似修正：

$$
F_b^*\approx\frac{F_{0.25}^*(1-b^*)}{1-0.25} \tag{13.8-55}
$$

5.3.2　动静压混合承载能力

无腔动静压径向轴承的动压承载能力随转子转速增加而增加。在 $G=3$ 时，根据数值计算的结果，图 13.8-45 所示为载荷数 F^* 随设计状态下的压力比 p_0^* 的变化曲线，图 13.8-46 所示为动静压混合承载能力的载荷数 F^* 随位置因子 b^* 的变化曲线，

5.3.3　参数选择

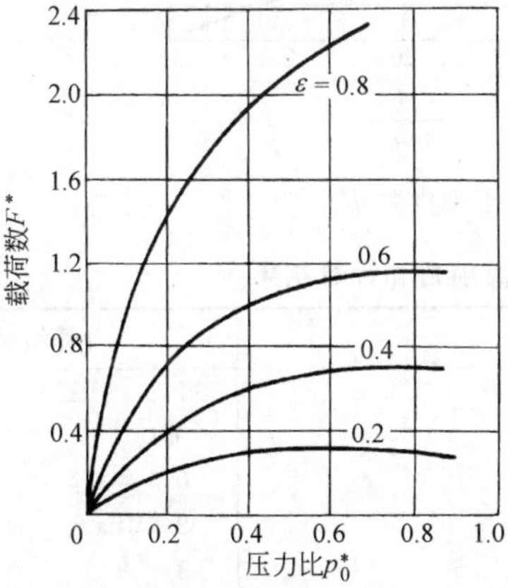

图 13.8-45　无腔动静压径向轴承 F^*-p_0^* 曲线

（1）供油压力 p_s

供油压力 p_s 应根据起动时的载荷，按纯静压承载能力保证起动前能建立起静压油膜计算。

（2）相对间隙 ψ

动静压径向轴承和静压径向轴承一样，轴瓦孔径的公差等级推荐取为 IT5 或 IT6。选定公差等级后，根据轴瓦直径 D 可由图 13.8-47 选取相对间隙 ψ。

（3）润滑油黏度

令量纲 1 的数组 $p_s/\eta nB^*$ 为黏度特征数，简称黏度数，记作 η^*。图 13.8-47 所示为最佳 η^* 值，即 $p_s/\eta nB^*$。根据 b^*、G 和 ψ 由图 13.8-47 可以找出最佳黏度数 η^*。选定供油压力 p_s 和轴承宽径比 B^* 后，即可计算出适宜的润滑油黏度，再根据润滑油的标准黏度等级选取润滑油，或者掺配使用。

无腔动静压径向轴承的性能计算见表 13.8-25。

例 13.8-9　设计一无腔动静压径向轴承。采用缝式节流，起动时的载荷为 800N，轴颈转速 $n=30\text{r/s}$，运转总工作载荷为 8000N。要求 $\varepsilon_{运转}\leqslant 0.75$，$\varepsilon_{起动}\leqslant 0.25$，供油压力 $p_s\leqslant 2.5\text{MPa}$。

无腔动静压径向轴承的计算项目和计算结果见表 13.8-25。

5.4　阶梯腔动静压径向轴承

阶梯腔动静压径向轴承是由阶梯面动压径向轴承演变而来。这种轴承有内部节流和外节流器两种形式。

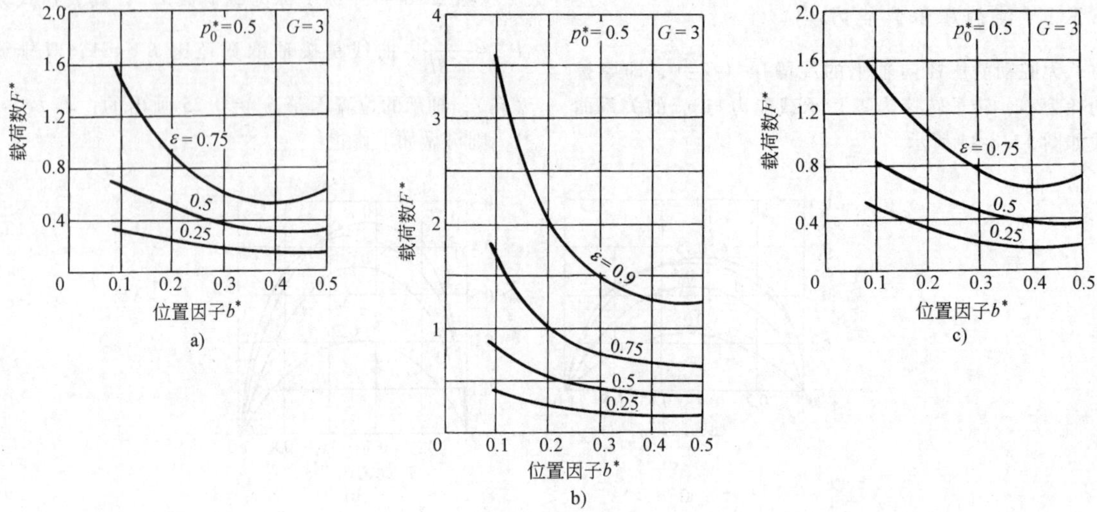

图 13.8-46 无腔动静压径向轴承 F^*-b^* 曲线

a) $B^*=0.5$ b) $B^*=1.0$ c) $B^*=2.0$

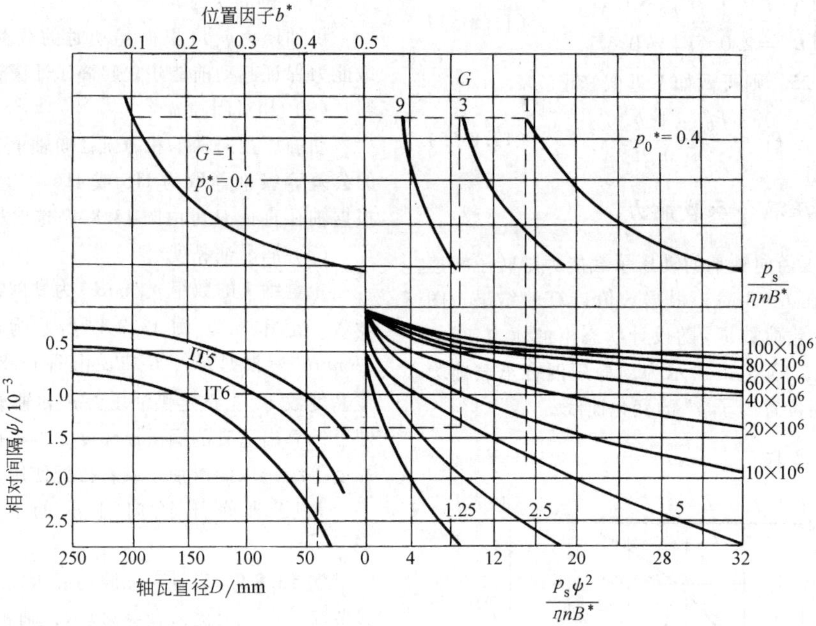

图 13.8-47 无腔动静压径向轴承的最佳黏度数 η^*

表 13.8-25 无腔动静压径向轴承的计算项目和计算结果

计算项目	计算公式及说明	计算结果
宽径比	B^*,选取	1
节流缝位置因子	b^*,选取	0.1
设计状态下的压力比	p_0^*,选取	0.5
供油压力	p_s,选取	2.5MPa
功耗比	G,选取	3
载荷数	F^*,查图 13.8-45,当 $\varepsilon=0.75$ 时	1.70

（续）

计算项目	计算公式及说明	计算结果
轴瓦直径	$D=[F/(p_s B^* F)]^{1/2}=[8000/(2.5\times10^6\times1\times1.70)]^{1/2}$m	0.043m，取为 0.045m
轴瓦宽度	$B=B^*D=1\times0.045$m	0.045m
起动载荷数	$F^*_{0.1起动}=F_{起动}/(p_s BD)=800/(2.5\times10^6\times0.045\times0.045)$	0.16
	$F^*_{0.25起动}=F^*_{0.1起动}(1-0.25)/(1-b^*)=0.16\times(1-0.25)/(1-0.1)$	0.13
校核起动偏心率	$\varepsilon_{起动}$，查图 13.8-44	<0.25
公差等级	选取	IT5
相对间隙	ψ，根据 $D=0.045$m，查图 13.8-47	1.4×10^{-3}
半径间隙	$C_r=\psi D/2=(1.4\times10^{-3}\times0.045/2)$m	31.5×10^{-6}，取为 32×10^{-6}m
最佳 η^*	根据 b^*、ψ 和 G，从图 13.8-47 查出	4.5×10^{-6}
润滑油计算黏度	$\eta=p_s/(nB^*\eta^*)=[2.5\times10^6/(30\times1\times4.5\times10^6)]$Pa·s	0.0185Pa·s
润滑油牌号	选取	L-FC 22
润滑油实际黏度	η_{40}，查润滑油资料	0.0188Pa·s
流量	$q=\pi Dp_s p_0^* C_r^3/(6b^*B\eta)=[\pi\times0.045\times2.5\times10^6\times0.5\times(32\times10^{-6})^3/(6\times0.1\times0.045\times0.0188)]$m³/s	11.41×10^{-6}m³/s
泵功耗	$P_p=p_s q=2.5\times10^6\times11.41\times10^{-6}$W	28.5W
摩擦面积	$A_\mu=\pi BD=\pi\times0.045\times0.045$m²	6.36×10^{-3}m²
摩擦功耗	$P_\mu=\pi^2\eta A_\mu n^2D^2/C_r=[\pi^2\times0.0188\times6.36\times10^{-3}\times30^2\times0.045^2/(32\times10^{-6})]$W	67.2W
实际功耗比	$G=P_\mu/P_p=67.2/28.5$	2.36
温升	$\Delta\theta=(1+G)p_s/(c_p\rho)=[(1+2.36)\times2.5\times10^6/(1.7\times10^6)]$℃	4.94℃

（1）内部节流阶梯腔动静压径向轴承

图 13.8-48 所示为内部节流阶梯腔动静压径向轴承的典型结构。在轴承中部有一环形供油槽，轴瓦内表面上的油腔深度很小，通常只有半径间隙的两倍左右，故腔内压力不能再视作均匀分布。压力油由油孔进入环槽，流入很浅的油腔，再经过轴瓦封油面与轴颈表面间的间隙流出。该轴承又称表面节流静压径向轴承。

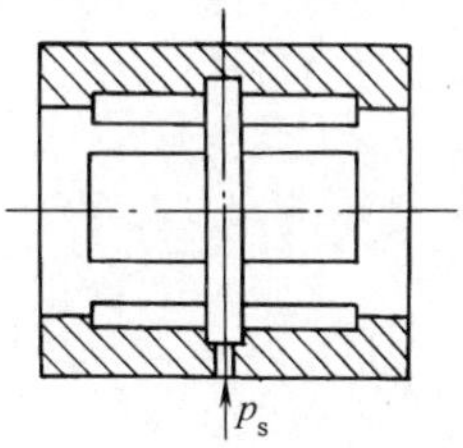

图 13.8-48　内部节流阶梯腔动静压径向轴承的典型结构

当轴颈中心偏心时，各油腔及封油面与轴颈表面构成的间隙不相等，故通过各油腔经封油面流出的润滑油量也不相等，因此各油腔内的压力及其分布也不相同。产生使轴颈回复到同心位置的油腔压力差，即为静压承载能力。

在轴旋转的状态下，由于腔与封油面形成的阶梯面楔效应，产生动压承载能力。

它没有外设节流器，所以结构简单、工艺性好，没有堵塞节流器的危险，且动压承载能力高。它的缺点是静压承载能力很低，不宜用于在较大载荷下起动的机器。

（2）外节流器阶梯腔动静压径向轴承

图 13.8-49 所示为孔式环面节流阶梯腔动静压径向轴承，属于有外节流器一类。压力油通过由节流孔孔口与轴颈表面构成的环形间隙的节流作用后，流入油腔，再通过封油面流出。

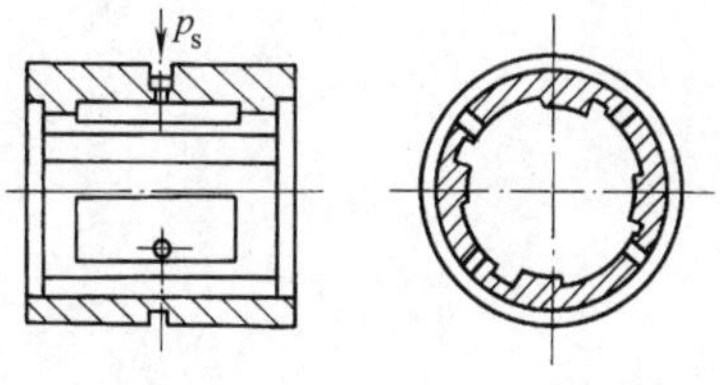

图 13.8-49　孔式环面节流阶梯腔动静压径向轴承

在节流孔截面积 πd_j^2 比由节流孔孔口与轴颈表面构成的环形间隙面积大得多的条件下，起节流作用的通过面积为

$$A_j=\pi d_j(C_r+\delta) \tag{13.8-56}$$

式中　d_j——节流孔孔径；

C_r——节流孔处的半径间隙；

δ——油腔深度。

油腔很浅，润滑油在腔内流动有节流作用。当轴转动时，腔与封油面构成阶梯面，产生楔效应，因而产生动压承载能力。这种轴承的动静压综合承载能力比纯静压承载能力高得多。图 13.8-50 所示为 3 阶梯

腔孔式环面节流动静压径向轴承，当载荷指向油腔中心时的 F^*-ε 曲线。点画线为纯静压（$S_h p_0^* = 0$）时的 F^*-ε 曲线，实线为动静压综合效应时的 F^*-ε 曲线［$(S_h p_0^*) = 31.24$］。由图 13.8-50 可见，当 $\varepsilon = 0.5$ 时，后者比前者大两倍多。

在轴线方向，应将节流孔设置在腔的中间；在圆周方向，应将节流孔设置在腔的一侧，使其处于收敛楔形油膜的起始端，那里油膜压力最低，可以避免出现动压油膜压力造成的倒流现象。利用环面节流，节流孔直径较大，不易堵塞。

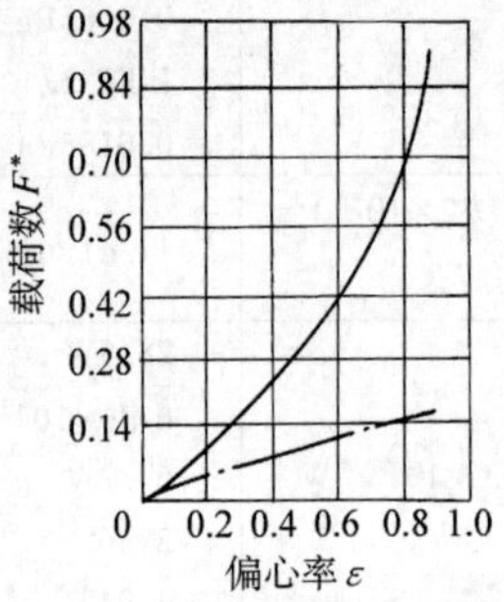

图 13.8-50　3 阶梯腔孔式环面节流动静压径向轴承的 F^*-ε 曲线

注：$F^* = F/(p_s BD)$　点画线的（$S_h p_0^*$）= 0；实线的（$S_h p_0^*$）= 31.24。

这种轴承的静压承载能力比内部节流型的高许多（见图 13.8-51）。而且试验与计算表明，其动静压综合承载能力也比内部节流型的高约 60%～85%，刚度也高。

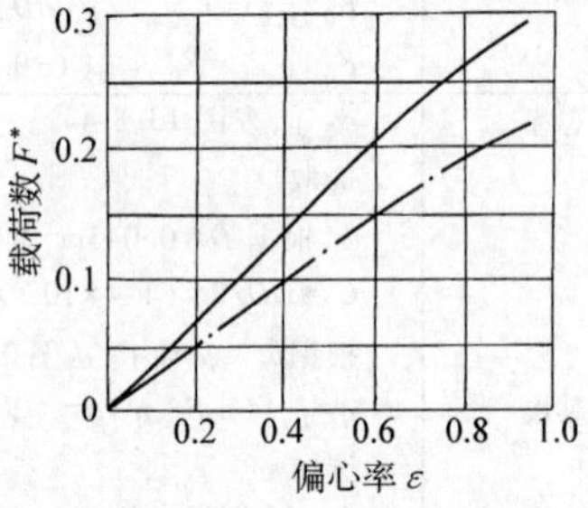

图 13.8-51　阶梯腔动静压径向轴承静压承载能力的比较

注：实线为外节流器的（$d_j = 1\text{mm}$）；点画线为内部节流的；$p_s = 2\text{MPa}$；$F^* = F/(p_s BD)$。

第 9 章　气体润滑轴承

气体润滑轴承是以气体作为润滑剂的滑动轴承。它利用气体的传输性（扩散性、黏性和热传导性）、吸附性和可压缩性，使之在摩擦副之间，在流体动压效应、静压效应和（或）挤压效应的作用下，形成一层完整气膜，起到支承载荷、减少摩擦的作用。气体轴承一般分为气体动压轴承、气体静压轴承和气体挤压轴承三种基本类型。实际轴承的润滑状态常常以动、静压，动、挤压，静、挤压及动、静、挤压混合润滑状态形式存在。表 13.9-1 列出了气体轴承三种基本润滑类型及其特性。

表 13.9-1　气体轴承三种基本润滑类型及其特性

润滑类型	形成条件	主参数	膜厚/μm	承载能力	功　耗	制造难易程度
动压润滑	速度 v，偏心率 ε	$\Lambda=\frac{12\pi\eta n}{p_a}\left(\frac{R}{C_r}\right)^2$ 压缩数	1~6	小	大	难
静压润滑	供气压力 p_s，节流器	Γ① 节流器数	12~36	大	小	易
挤压润滑	挤压频率 ν，激振器	$\sigma=\frac{12\eta\nu}{p_a}\left(\frac{R}{C_r}\right)^2$ 挤压数	—	更小	中	较难

注：p_a—环境压力。

① 节流器数的表达式因节流器结构不同而不同，在相关章节中给出。

与润滑油相反，气体的黏度随温度升高而增大，各种气体黏度随温度的变化曲线如图 13.9-1 所示。

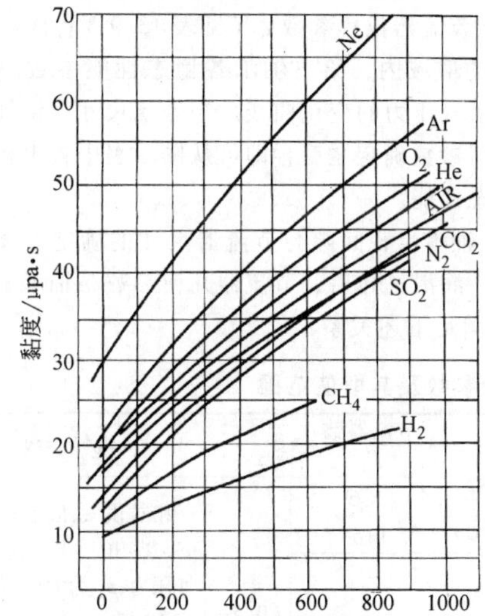

图 13.9-1　气体黏度随温度的变化曲线

气体轴承的特点是：摩擦转矩小，摩擦功耗少；耐温度范围宽，可在-263~+500℃下工作；采用最常用的空气或惰性气体作润滑剂时，润滑剂的排放对环境无任何污染；噪声低；能在极高速下工作；但承载能力低，刚度差。

1　气体静压轴承

气体静压轴承与液体静压轴承不同，受压缩性和稳定性的限制，通常在轴瓦表面不设气腔，且节流器应尽量接近轴瓦表面。需要注意的是在气体静压轴承的计算中，压力采用绝对压力，而在液体静压轴承的计算中压力为表压力。

1.1　常用节流器形式

气体静压轴承常用节流器形式与液体静压轴承完全相同，表 13.9-2 给出了气体静压轴承常用节流方式及其特性。

1.2　气体静压径向轴承

1.2.1　孔式节流型径向轴承

图 13.9-2 所示为典型的孔式节流型径向轴承。孔式节流有小孔节流和环面节流两种形式：小孔节流的节流面积 $A_j=\pi d_j^2/4$；环面节流的节流面积 $A_j=\pi d_j h$，h 是孔口间隙。一般来说，节流孔口有凹穴（气室）者为小孔节流，无凹穴（气室）者为环面节流。严格来说，若凹穴深度为 δ_R（无凹穴 $\delta_R=0$），则节流孔直径 $d_j\leqslant 1.2(h+\delta_R)$ 时为小孔节流；节流

孔直径 $d_j \geqslant 10\ (h+\delta_R)$ 时为环面节流。否则，两种　　节流作用同时存在。

表 13.9-2　气体静压轴承常用节流方式及其特性

节流方式		孔式节流		缝式节流		多孔质材料节流	反馈节流	浅腔节流
节流名称		小孔节流	环面节流	周向缝节流	轴向缝节流	多孔质节流	可变节流	表面节流
结构示意图		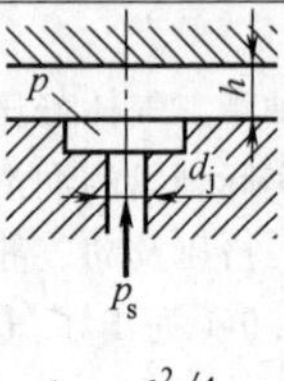 $A_j=\pi d_j^2/4$	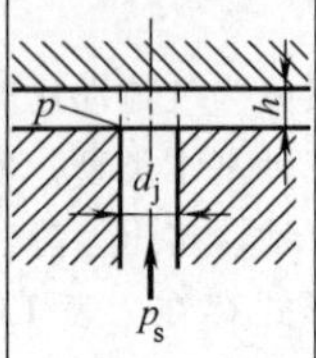 $A_j=\pi d_j h$	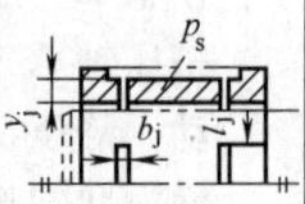	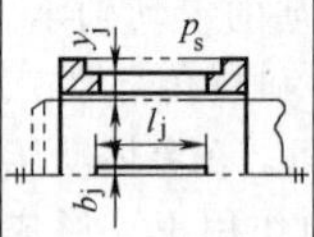	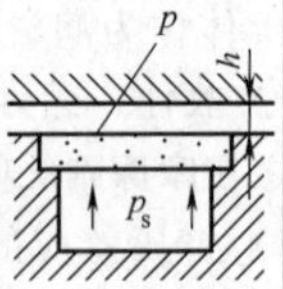	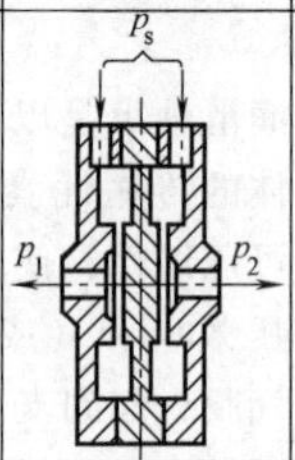	
轴承性能	承载能力	高	较低	较高	最低	高	最高	较低
	刚　度	最大	较小	大	小	大	极大	（轴向）大
	流　量	最小	较小	大	最大	大	小	较大
	稳定性	差	较好	好	最好	好	较差	好
	涡流力矩	大	大	小	最大	最小	大	大
宽径比		0.5~2.0		≤1	≥2	任意		小
影响因素	非轴向流	大	大	小	最小	最小	大	小
	散　流	大	大	小	大	小	大	小
	供气压力	大	大	小	小	大	最大	大
	气体种类和温度	有	有	无	无	有	有	无

注：在相同的供气压力下，可变节流器静压轴承的刚度比固定节流器的大几倍。常用的可变节流器有：膜片式节流器、弹性孔节流器、自补偿节流器和压变节流器等。

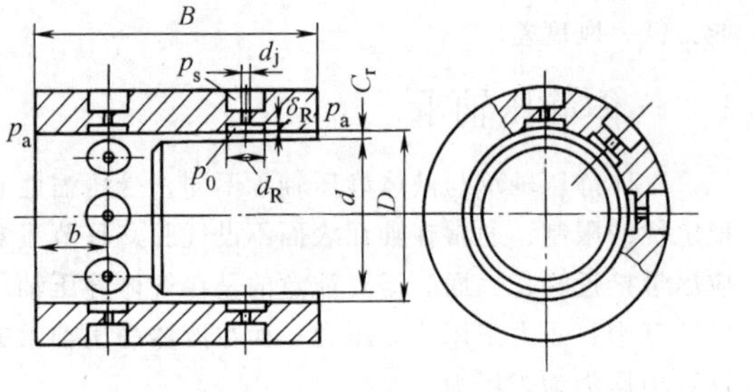

图 13.9-2　孔式节流型径向轴承

（1）设计参数选取

孔式节流型径向轴承的设计参数及其取值范围见表 13.9-3。

（2）稳态性能设计计算

稳态性能的设计计算有表压比法、节流器数法、通用曲线法和复位势法等，下面仅介绍节流器数法。

采用节流器数法设计气体静压轴承，是在节流器数 Γ_k 和节流器位置参数 ξ（见表 13.9-3 备注）的乘积 $\Gamma_k\xi$ 的值域内，给出轴承各稳态性能参数随轴承尺寸和供气压力的变化曲线。当轴承尺寸、供气压力和节流器参数确定之后，即可从图、表中查出相应的轴承稳态性能。

1）轴承半径间隙与节流器尺寸的确定。选定节流器数、润滑气体后，节流器几何参数与轴承半径间隙 C_r 应满足下述关系：

表 13.9-3　孔式节流型径向轴承的设计参数及其取值范围

节流形式	结构参数			节流器参数			节流器数		供气参数
	i	B/D	b/B	d_j/mm	Z	A_j	Γ_k		
小孔节流（$\delta\to0$）	1	1/4~1	1/2	0.1~0.4	6~12	$\pi d_j^2/4$	$\dfrac{3i\eta d_j^2 Z}{p_s C_r^{\ 3}}\sqrt{\dfrac{\mathscr{R}\Theta}{1+\delta^2}}$	(0.5~0.7)/ξ	相对供气压力 $p_s^*=p_s/p_a=2\sim10$。式中，p_s 为供气压力，p_a 为大气压力 表压比 $p_0^*=0.35\sim0.80$ $p_0^*=0.4$ 时轴承承载能力最大 $p_0^*=0.8$ 时轴承刚度最大
	2	1~2	1/4~1/8						
环面节流［$\delta\to d_j/(4C_r)$］	1	1/4~1	1/2	0.3~0.8		$\pi d_j C_r$	$\dfrac{6i\eta d_j Z}{p_s C_r^{\ 2}}\sqrt{\mathscr{R}\Theta}$		
	2	1~2	1/4~1/8						
备　注	δ—节流孔因子，$\delta=d_j^{\ 2}/(4C_r d_R)$，$d_R$ 为凹穴直径，C_r 为半径间隙；i—列数，单列 $i=1$，双列 $i=2$；Θ—热力学温度；$\mathscr{R}$—气体常数；p_0^*—表压比，$p_0^*=(p_0-p_a)/(p_s-p_a)$；$\xi$—节流器位置参数，$i=1$ 时，$\xi=B/D$，$i=2$ 时，$\xi=(B-2b)/D$								

小孔节流器节流　$\dfrac{Zd_j^2}{\sqrt{1+\delta^2}}=\dfrac{p_s C_r{}^3 \Gamma_k}{3i\eta\sqrt{\mathscr{R}\Theta}}$　(13.9-1a)

环面节流器节流　$Zd_j=\dfrac{p_s C_r{}^3 \Gamma_k}{6i\eta\sqrt{\mathscr{R}\Theta}}$　(13.9-1b)

半径间隙 C_r 必须比零件制造误差 Δ 大 3~5 倍以上，即应满足

$$C_r>(3\sim5)\Delta$$

选定轴承半径间隙后，用式 (13.9-1) 可以计算出节流孔尺寸，该尺寸应符合表 13.9-3 中的推荐值。

2）轴承性能特征数。轴承各性能特征数的定义见表 13.9-4。

表 13.9-4　轴承各性能特征数的定义

性能特征数	定义式
载荷数	$F^*=\dfrac{F}{(p_s-p_a)BD}$
刚度数	$k^*=\dfrac{1+\delta^2}{1+2\delta^2/3}\,\dfrac{kC_r}{(p_s-p_a)BD}$
角刚度数	$k_\alpha^*=\dfrac{k_\alpha C_r}{(p_s-p_a)BD}$
质量流量数	$q_m^*=\dfrac{6\eta\mathscr{R}\Theta q_m}{\pi C_r{}^3 p_a^2}$
气容比	$V^*=\dfrac{ZV_i}{\pi DBC_r}$

3）稳态性能计算。轴承的载荷数、刚度数和质量流量数根据 $\Gamma_k\xi$ 由设计图表查出。图 13.9-3 和图 13.9-4 所示分别为单列和双列节流孔型径向轴承 $B/D\to0$ 时不同偏心率 ε 下载荷数 F^* 随 $\Gamma_k\xi$ 变化的曲线。

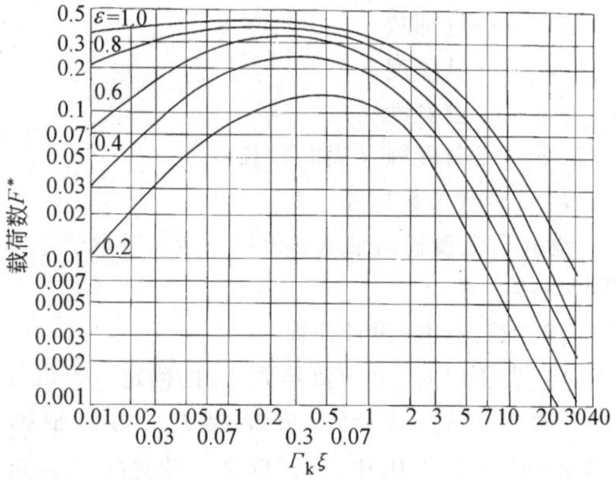

图 13.9-3　单列节流孔型径向轴承的 F^*-$\Gamma_k\xi$ 曲线

注：$B/D\to0$，$p_s^*=6$。

图 13.9-5、图 13.9-6 所示分别为单、双列节流孔径向轴承不同相对供气压力 p_s^* ($p_s^*=p_s/p_a$) 下刚度数 k^* 随 $\Gamma_k\xi$ 变化的曲线。

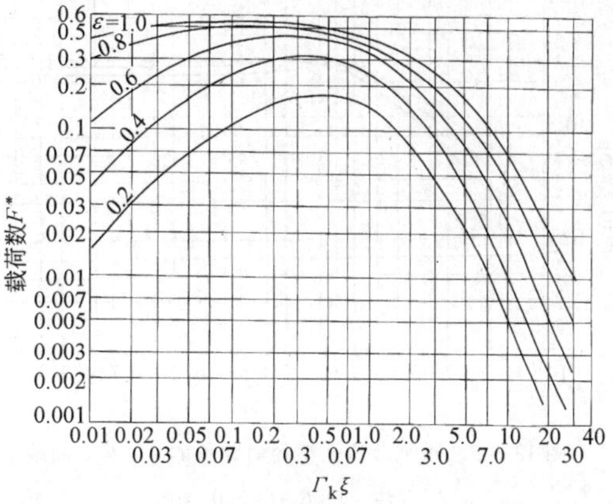

图 13.9-4　双列节流孔型径向轴承的 F^*-$\Gamma_k\xi$ 曲线

注：$B/D\to0$，$p_s^*=6$。

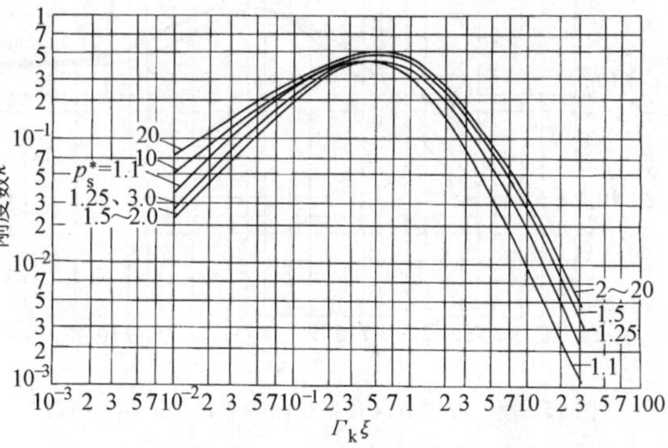

图 13.9-5　单列节流孔型径向轴承的 k^*-$\Gamma_k\xi$ 曲线

注：$\xi=B/D=1.0$。

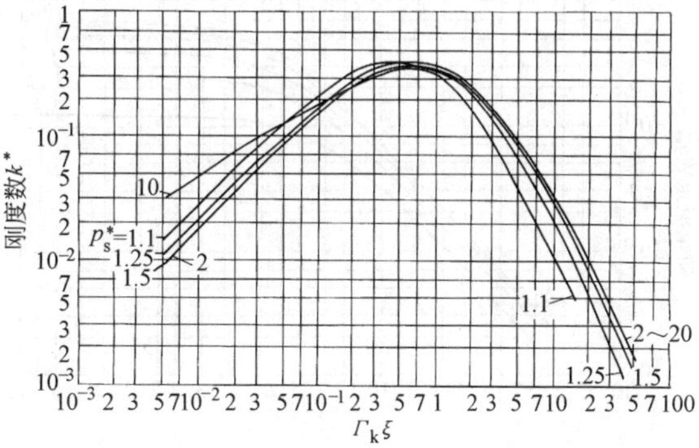

图 13.9-6　双列节流孔型径向轴承的 k^*-$\Gamma_k\xi$ 曲线

注：$B/D=2.0$，$b/B=0.25$，$\xi=1.0$。

图 13.9-7、图 13.9-8 所示分别为单、双列节流孔型径向轴承不同相对供气压力 p_s^* 下角刚度数 k_α^* 随 $\Gamma_k\xi$ 变化的曲线。

图 13.9-9 所示为孔式节流型径向轴承不同相对供气压力 p_s^* 下质量流量数 q_m^* 随 $\Gamma_k\xi$ 变化的曲线。

根据载荷数、刚度数和质量流量数，用表 13.9-4

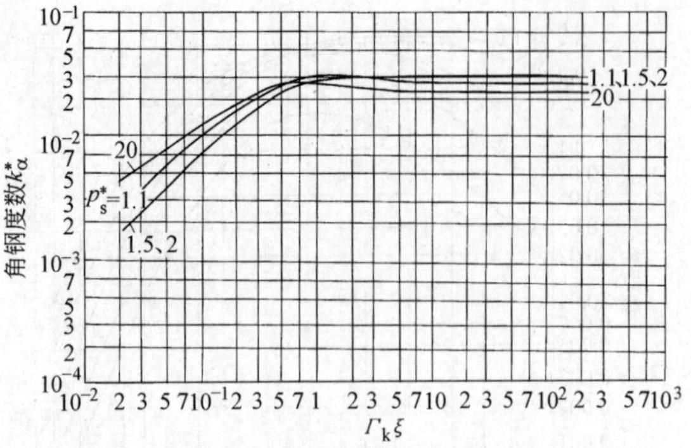

图 13.9-7　单列节流孔型径向轴承的 k_α^*-$\Gamma_k\xi$ 曲线

注：$\xi=B/D=2.0$。

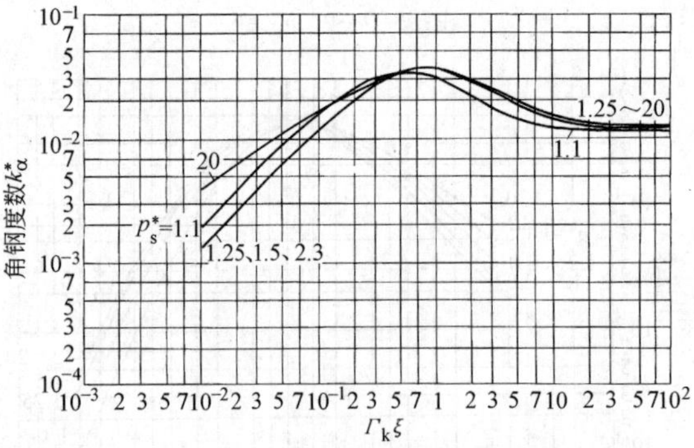

图 13.9-8　双列节流孔型径向轴承的 k_α^*-$\Gamma_k\xi$ 曲线

注：$B/D=2.0$，$b/B=0.25$，$\xi=1.0$。

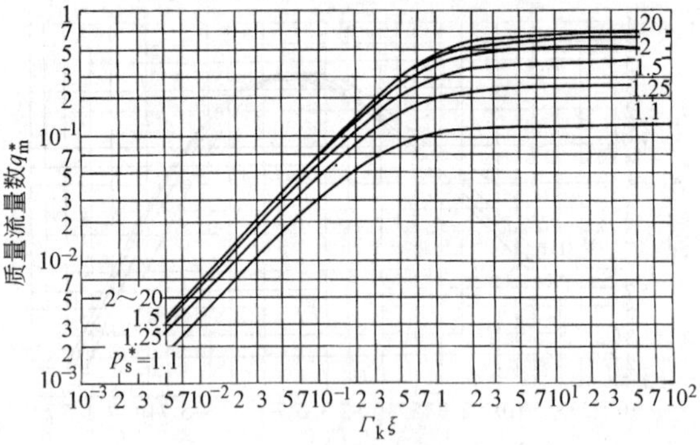

图 13.9-9　孔式节流型径向轴承的 q_m^*-$\Gamma_k\xi$ 曲线

中的定义式即可计算出承载能力、刚度和流量。

轴承的总功耗为摩擦功耗与泵功耗之和，即 $P=P_\mu+P_p$。摩擦功耗的计算式为

$$P_\mu=\frac{3.455\eta BD^3n^2}{C_r\sqrt{1-\varepsilon^2}} \qquad (13.9\text{-}2)$$

式中　C_r——平均气膜厚度，即轴颈与轴瓦同心状态下的气膜厚度。

泵功耗的计算式为

$$P_p=3.455q_m\mathscr{R}\Theta\ln p_s^* \qquad (13.9\text{-}3)$$

1.2.2　缝式节流型径向轴承

缝式节流型径向轴承绝大多数采用周向间断缝，节流缝均布在轴瓦圆周上（见图 13.9-10）。

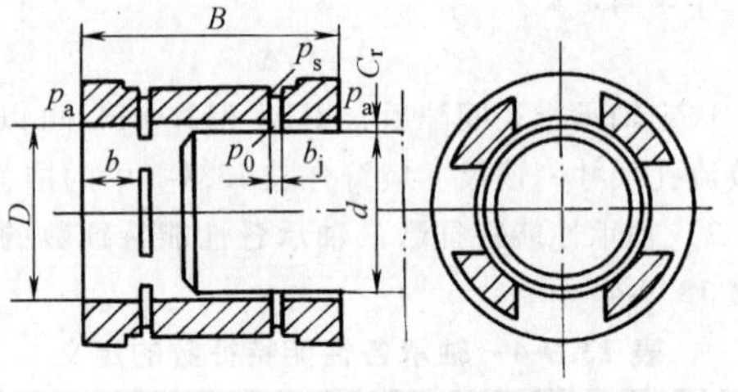

图 13.9-10　缝式节流型径向轴承

由于润滑气体通过节流器的流动与通过轴承间隙的流动是一样的，都是缝间流动，所以在其流动关系式中不含气体种类（η，$\mathscr{R}$）和温度（Θ）参数，其润滑边界条件也比孔式节流静压轴承简单，因此表压比 p_0^* 可以表示为

$$p_0^*=\frac{1}{p_s^*-1}\left(\sqrt{\frac{\Gamma_f+p_s^{*2}}{1+\Gamma_f}}-1\right) \qquad (13.9\text{-}4)$$

式中　Γ_f——节流缝的节流器数。

节流器数 Γ_f 是缝式节流轴承的结构参数，它的表达式为

$$\Gamma_f=\frac{2\pi y_jD}{Zia_jb}\left(\frac{C_r}{b_j}\right)^3 \qquad (13.9\text{-}5)$$

式中　Z——间断缝数目；

i——缝列数；

y_j——缝深度；

b_j——缝宽度；

a_j——每段缝（周向）长度。

（1）设计参数选取

缝式节流型径向轴承的设计参数及其取值范围见表 13.9-5。

（2）稳态性能设计计算

1）表压比 p_0^* 和节流器数 Γ_f 的确定。当供气压力 p_s 确定以后，给定节流器数 Γ_f，可以根据式（13.9-4）确定表压比 p_0^*；反之，若选定了表压比 p_0^* 值，也可求得节流器数 Γ_f 值。

对应最大承载能力的 $p_0^*=0.5$，当 $\varepsilon=0.5$ 时 $\Gamma_f=8$，则刚度最大。但若取 $\Gamma_f=8$，缝宽 b_j 必须很小，制造困难，故一般取 $\Gamma_f=1\sim2$。一般以承载能力为主的设计，p_0^* 的取值范围为 0.2～0.7，Γ_f 的取值范围为 2～8。

2）性能特征数。载荷数和体积流量数的表达式分别为

$$F^* = \frac{F}{BD(p_s - p_a)}$$

$$q_V^* = \frac{\eta q_V}{C_r^3(p_s - p_a)}$$

表 13.9-5　缝式节流型径向轴承的设计参数及其取值范围

结构参数			节流器参数				节流器数	供气参数(表压比)
列数 i	B/D	b/B	b_j	y_j	a_j	Z	Γ_f	p_0^*
单列 1	1/4~1	1/2	0.01~0.05	$<b$	$\approx\frac{\pi D}{Z}$	3~12	1~2	0.2~0.7
双列 2	1~2	1/4~1/8						

3）稳态性能计算。以 p_0^* 或 Γ_f 为主参数，给出缝式节流型径向轴承稳态性能特征数随其变化的曲线。图 13.9-11、图 13.9-12 所示分别为单列、双列缝式节流型径向轴承的 F^* - p_0^* 曲线。图 13.9-13 所示为 q_V^* - p_0^* 曲线，左、右纵坐标分别为单、双列缝式节流型径向轴承的 q_V^* 值。图 13.9-14、图 13.9-15 所示分别为单、双列缝式节流型径向轴承的 F^* -Γ_f 曲线。

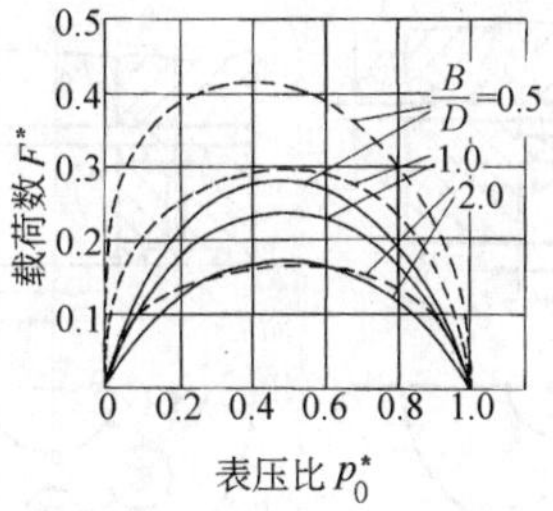

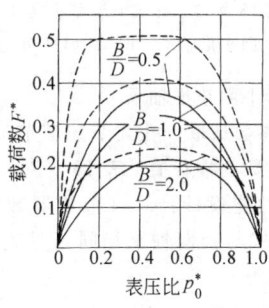

图 13.9-11　单列缝式节流型径向轴承的 F^* -p_0^* 曲线

注：$p_s^*=5$；实线的 $\varepsilon=0.5$；虚线的 $\varepsilon=1.0$。

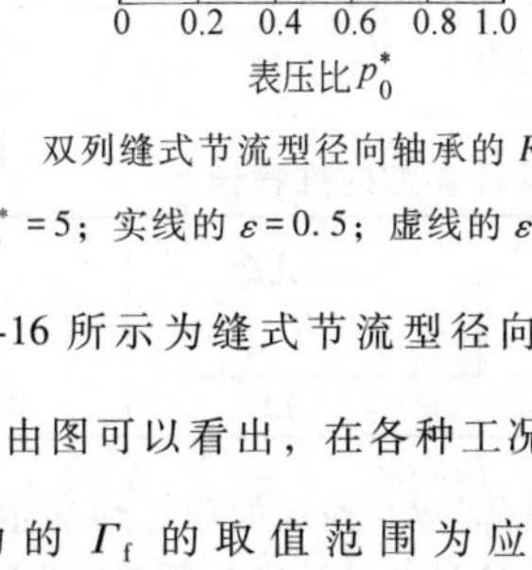

图 13.9-12　双列缝式节流型径向轴承的 F^* -p_0^* 曲线

注：$p_s^*=5$；实线的 $\varepsilon=0.5$；虚线的 $\varepsilon=1.0$。

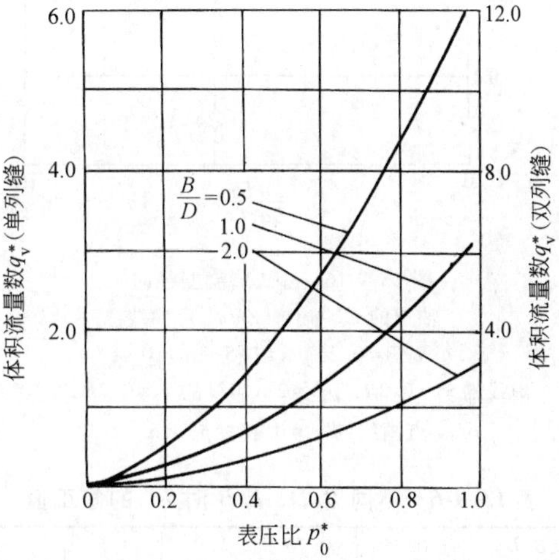

图 13.9-13　缝式节流型径向轴承的 q_V^* -p_0^* 曲线

$p_s^*=5$

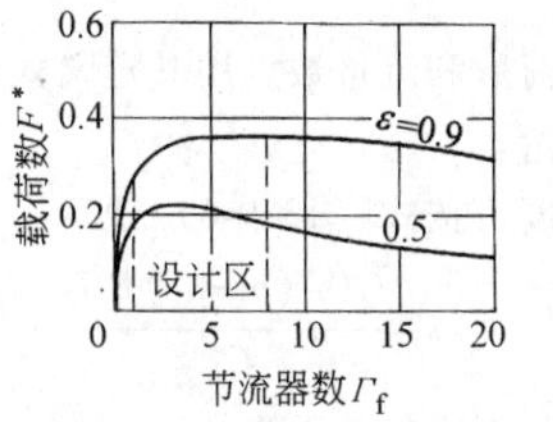

图 13.9-14　单列缝式节流型径向轴承的 F^* -Γ_f 曲线

$B/D=0.5$　$b/B=0.5$

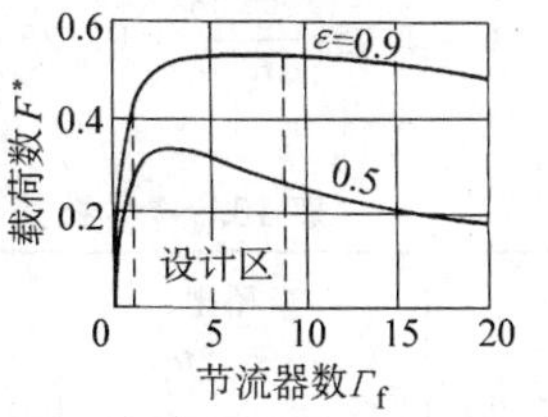

图 13.9-15　双列缝式节流型径向轴承的 F^* -Γ_f 曲线

$B/D=0.5$　$b/B=0.25$

图 13.9-16 所示为缝式节流型径向轴承的 F^* - $\frac{\pi D}{Za_j\Gamma_f}$ 曲线。由图可以看出，在各种工况下，实现最大承载能力的 Γ_f 的取值范围为应为（1.25 ~ 2.50）$\frac{\pi D}{Za_j\Gamma_f}$。

若轴承宽径比 B/D、供气缝位置 b/B 与图 13.9-14、图 13.9-15 中所示的值不同时，载荷数 F^* 可按表 13.9-6 给的数值进行修正。

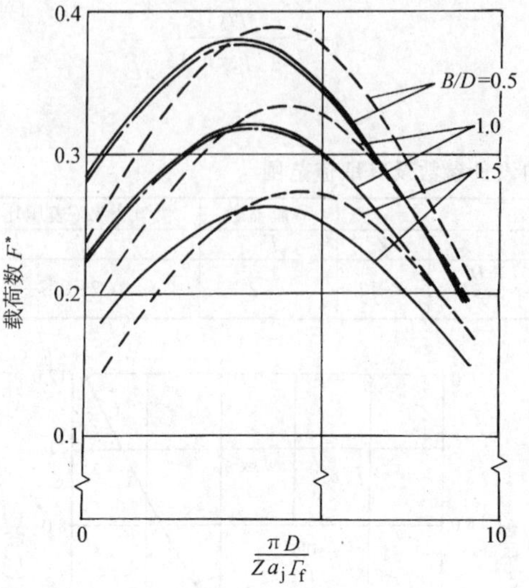

图 13.9-16　缝式节流型径向轴承的 F^*-$\pi D/(Za_j\Gamma_f)$ 曲线

$b/B=0.25$　$\varepsilon=0.5$　$\Lambda=0$

注：虚线的 $y_j=0.2R$，$p_s^*=2$；实线的 $y_j=0.2R$，$p_s^*=5$；点画线的 $y_j=0.4R$，$p_s^*=5$。

表 13.9-6　不同 B/D、b/B 时 F^* 的修正值

B/D	0.25	0.75	1.0	1.5	2.0
乘因子	1.06	0.91	0.84	0.71	0.61
b/B	0.125		0.333		
乘因子	1.167		0.890		

根据载荷数和流量数，用其定义式即可计算出承载能力和流量。

轴承刚度可按式（13.9-6）计算：

$$k=\frac{2F^*(p_s-p_a)BD}{C_r}\tag{13.9-6}$$

角刚度与刚度的关系为

$$\begin{aligned}k_\alpha&=k\frac{B^2}{16},\frac{b}{B}=0.25\\k_\alpha&=1.05k\frac{B^2}{16},\frac{b}{B}=0.125\end{aligned}\tag{13.9-7}$$

对于 $B^*\leqslant0.5$ 的窄轴承，当 $\Gamma_f=8$、$\varepsilon=0.5$ 时，轴承刚度最大，其稳态性能可用近似公式（13.9-8）计算：

$$\begin{cases}F_{\varepsilon=0.5}=0.4(1-b/B)BD(p_s-p_a)\\k_{\varepsilon=0.5}=1.04\dfrac{(1-b/B)BD(p_s-p_a)}{C_r}\\q_{m\varepsilon=0.5}=0.111\dfrac{\pi DC_r^3(p_s^2-p_a^2)}{12\eta b\mathscr{R}\Theta}\end{cases}\tag{13.9-8}$$

泵功耗和摩擦功耗的计算式与孔式节流器节流的轴承完全相同。

1.3　气体静压止推轴承

1.3.1　孔式节流型止推轴承

常用的有圆平面和环形平面两种结构，如图13.9-17所示。环形平面止推轴承用得较多。

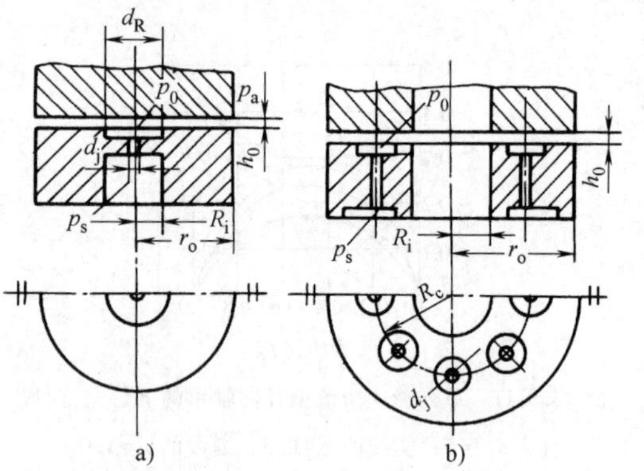

图 13.9-17　孔式节流型止推轴承

a）圆平面止推轴承　b）环形平面止推轴承

（1）环形平面止推轴承

1）设计参数选取。孔式节流器节流环形平面止推轴承设计参数的推荐值见表 13.9-7。

2）稳态性能设计计算（节流器数法）。节流器数 Γ_k 的定义式与径向轴承相同（见表 13.9-3），参数 ξ 的定义式为

表 13.9-7　孔式节流器节流环形平面止推轴承设计参数的推荐值

参　　数	半径比 $r^*=r_o/R_i$	节流孔直径 d_j/mm	轴承设计间隙 h_0/mm	节流孔数 Z	表压比 p_0^*
推荐值	1.25~4.0	0.1~0.8	$(5\sim15)\times10^{-3}$	3~12	0.35~0.8

$$\xi=\frac{1}{2}\ln r^*\tag{13.9-9}$$

式中　r^*——轴承半径比。

① 性能特征数。轴承的稳态性能主要包括承载能力、刚度和流量，以及摩擦转矩与功耗等，气体静压止推轴承的承载能力、刚度和流量特征数的定义见表 13.9-8。

表 13.9-8　气体静压止推轴承各性能特征数的定义

性能特征数	定义式
载荷数	$F^*=\dfrac{F}{\pi(p_s-p_a)(r_o^2-R_i^2)}$
刚度数	$k^*=\dfrac{1+\delta^2}{1+2\delta^2/3}\dfrac{kh_0}{\pi(p_s-p_a)(r_o^2-R_i^2)}$
角刚度数	$k_\alpha^*=\dfrac{1+\delta^2}{1+2\delta^2/3}\dfrac{k_\alpha h_0}{\pi(p_s-p_a)(r_o^2-R_i^2)}$
质量流量数	$q_m^*=\dfrac{6\eta\mathscr{R}\Theta q_m}{\pi h_0^3 p_s^2}$

② 稳态性能计算。和气体静压径向轴承一样，从节流器数 Γ_k 出发，对不同 ξ 值给出止推轴承各稳态性能随 Γ_k 和 p_s^- 的变化规律，根据这些关系曲线进行轴承设计。

轴承摩擦功耗按式（13.9-10）计算

$$P_\mu=1.728\eta(r_o^4-R_i^4)n^2/h_0 \quad (13.9\text{-}10)$$

图 13.9-18～图 13.9-21 所示为 $r^*=2$ 的环形平面止推轴承的 F^*、k^*、k_α^* 和 q_m^* 随 Γ_k 的变化曲线。

③ 节流器参数。节流器参数 d_j、Z 和 R_c 中 d_j 和 Z 仍可按式（13.9-1）确定；节流器数的取值范围为

$\Gamma_k=(0.41\sim0.55)/\xi$　　刚度最大

$\Gamma_k\geqslant(1.1\sim1.6)/\xi$　　承载能力最大

R_c 是环形止推轴承供气孔分布半径，从使向内和向外流量均等考虑，应取 $R_c=(r_oR_i)^{1/2}$；从轴承具有最大承载能力和刚度，而流量又尽可能小考虑，应取 $R_c=(R_i+r_o)/2$。

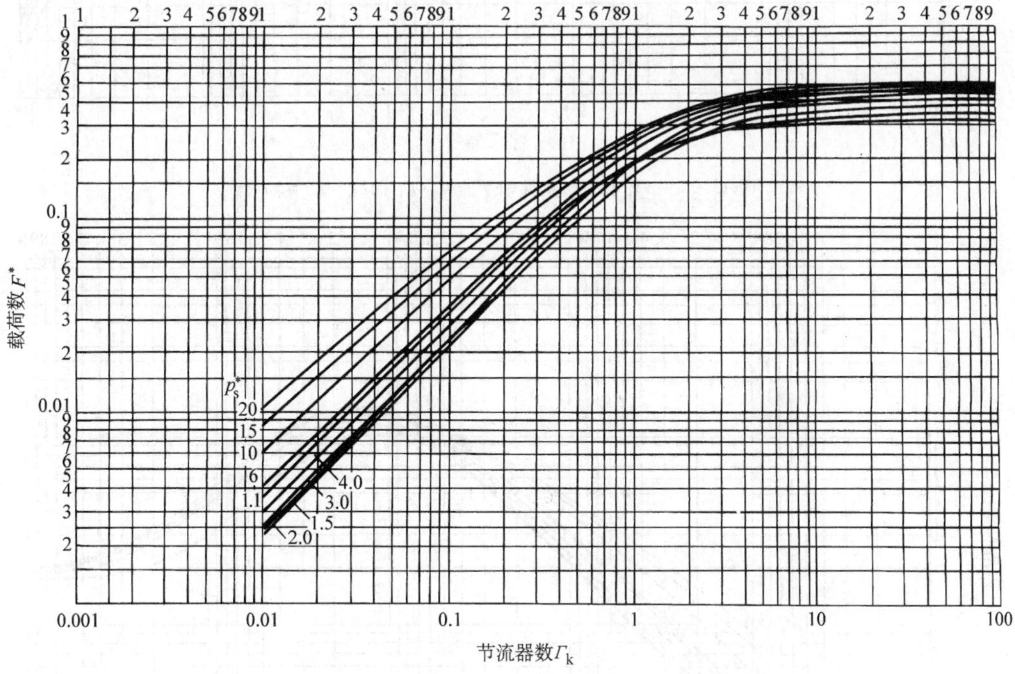

图 13.9-18　环形平面止推轴承的 F^*-Γ_k 曲线（$r^*=2$）

④ 设计气膜厚度（间隙）h_0。一般的常规设计，推荐轴承的设计气膜厚度取值范围为

$$h_0=(0.5\sim2.0)\times10^{-3}r_o$$

（2）圆平面止推轴承

对于单供气孔的这种轴承，按最大刚度设计（$p_0^*=0.69$），有如下简化计算式

$$F^*=\frac{4F}{\pi(p_s-p_a)(d_o^2-d_R^2)} \quad (13.9\text{-}11)$$

$$k^*=\frac{kh_0}{\pi(p_s-p_a)(d_o^2-d_R^2)} \quad (13.9\text{-}12)$$

$$q_m^*=\frac{12\eta\mathscr{R}\Theta q_m\ln(d_o/d_R)}{\pi h_0^3(p_s^2-p_a^2)} \quad (13.9\text{-}13)$$

式中　d_R——节流孔口凹穴直径。

1.3.2　缝式节流型止推轴承

缝式节流型止推轴承常用单列周向缝、环形平面的结构型式如图 13.9-22 所示。

这种轴承节流器数的表达式为

$$\Gamma_f=\frac{4y_j}{R_c\ln r^*}\left(\frac{h_0}{b_j}\right)^3 \quad (13.9\text{-}14)$$

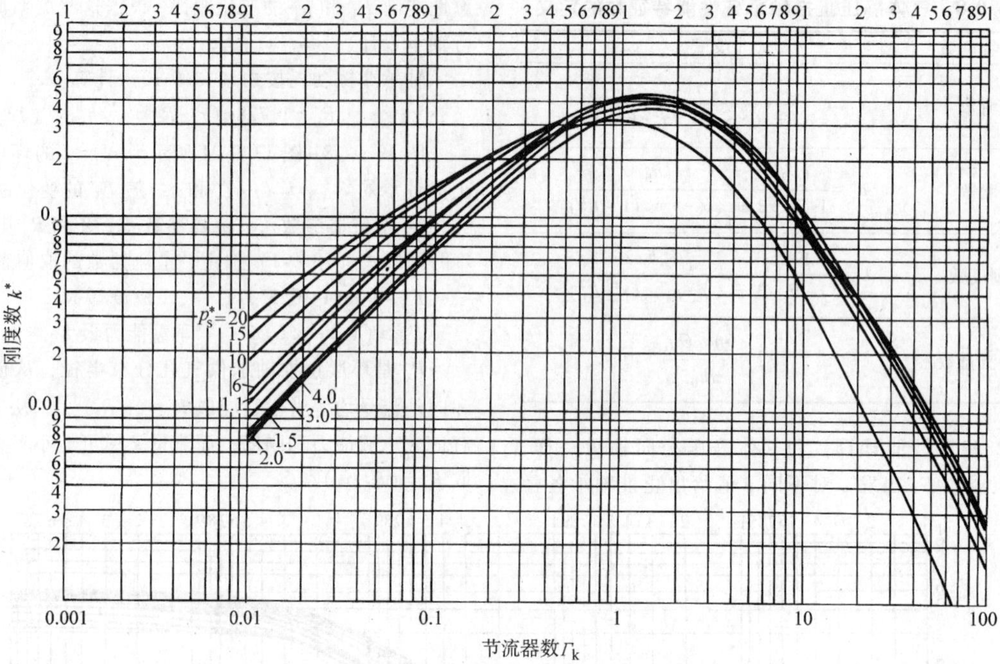

图 13.9-19　环形平面止推轴承的 k^*-Γ_k 曲线（$r^*=2$）

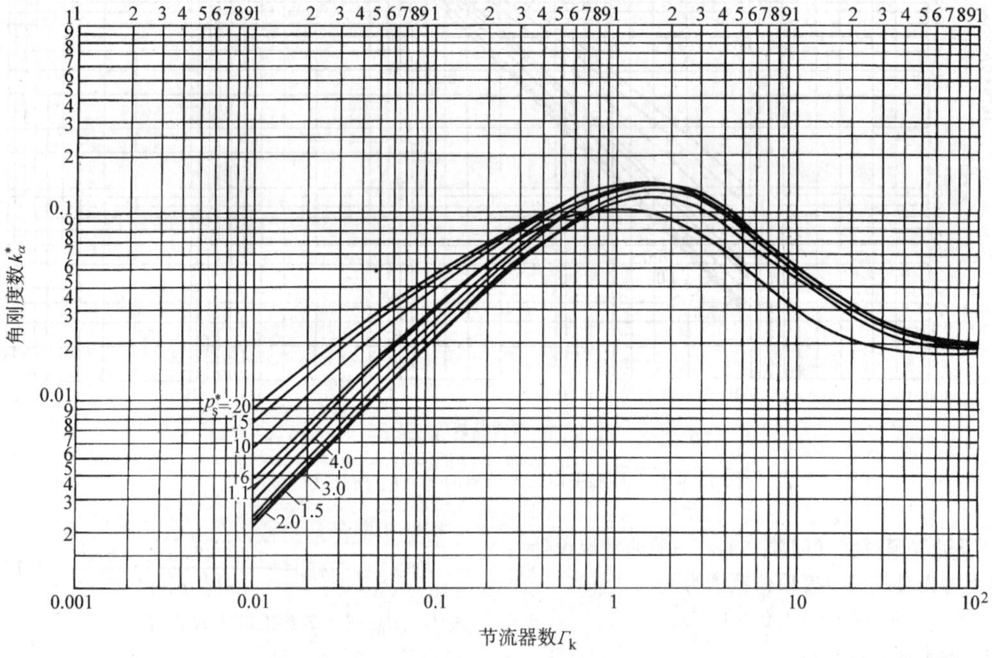

图 13.9-20　环形平面止推轴承的 k_α^*-Γ_k 曲线（$r^*=2$）

式中，h_0 是设计状态下的气膜厚度，这时其表压比 p_0^* 随 $\Gamma_f{}^{1/3}$ 的变化曲线，如图 13.9-23 所示。

使轴承具有最大刚度的 p_0^* 和 Γ_f 值分别为

$$p_0^*=0.67\sim0.75,\ \Gamma_f=0.42\sim0.86$$

单向支承的平面止推轴承以设计载荷控制轴承气膜厚度，设计载荷可根据需要确定，常取最大载荷的一半作为设计载荷。双向支承平面止推轴承以偏心率来控制轴承气膜厚度。

（1）性能计算

在周向缝节流窄环形平面止推轴承中，沿径向压力分布可以认为是线性的，于是其设计状态下稳态性能的近似计算式为

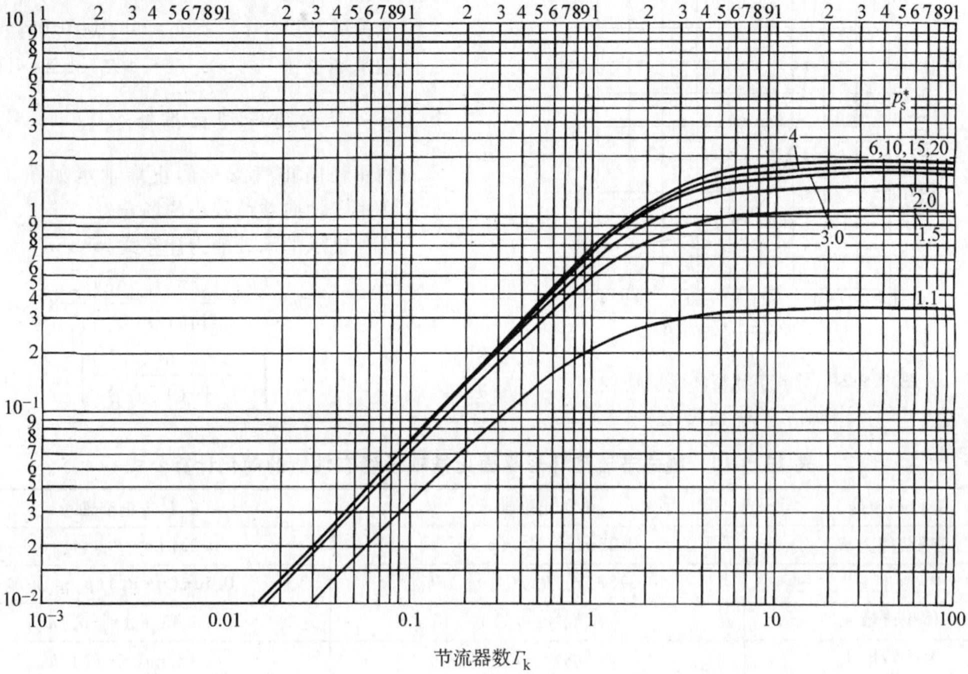

图 13.9-21　环形平面止推轴承的 q_m^*-Γ_k 曲线（$r^*=2$）

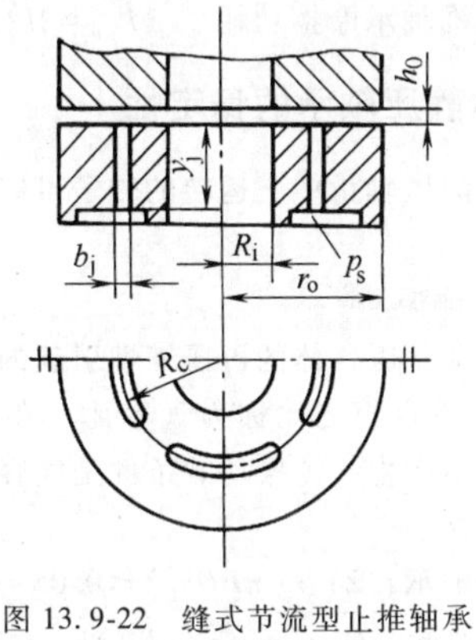

图 13.9-22　缝式节流型止推轴承

$$\begin{cases} F=\dfrac{\pi}{2}p_0^*(r_o^2-R_i^2)(p_s-p_a) \\ k=-\dfrac{dp_0^*}{dh}\dfrac{\pi}{2}(r_o^2-R_i^2)(p_s-p_a) \\ q_m=\dfrac{\pi h_0^3}{3\eta\mathscr{R}\Theta\ln r^*}\dfrac{p_s^2-p_a^2}{1+\Gamma_f} \end{cases} \quad (13.9\text{-}15)$$

这时，最佳 Γ_f 值及对应的 p_0^* 和 dp_0^*/dh 值见表 13.9-9。

表 13.9-9　最佳 Γ_f 值及对应的 p_0^* 和 dp_0^*/dh 值

p_s^*	2	3	5
Γ_f	0.65	0.72	0.77
p_0^*	0.68	0.69	0.70
dp_0^*/dh	-0.64	-0.61	-0.58

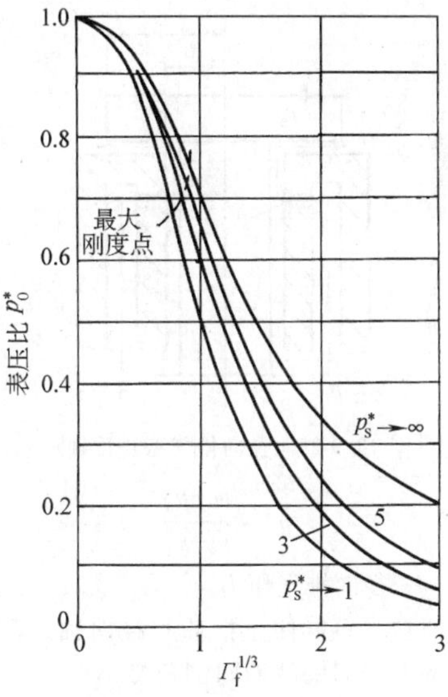

图 13.9-23　缝式节流型环形平面止推轴承的 p_0^*-$\Gamma_f^{1/3}$ 曲线

单、双向支承的缝式节流型环形平面止推轴承稳态性能的简化计算公式见表 13.9-10，其中的流量系数 K_q 如图 13.9-24 所示。

（2）参数选取

节流缝的位置与尺寸建议如下：

节流缝所在半径　　$R_c=(r_oR_i)^{1/2}$

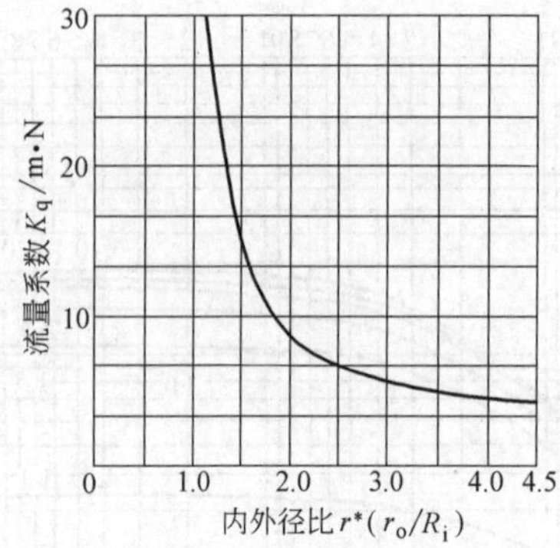

图13.9-24 缝式节流型环形平面止推轴承K_q-r^*曲线

节流缝长度 $y_i=(0.1\sim0.5)r_o$

节流缝宽度 $b_j=(0.01\sim0.05)$ mm

轴承半径比 $r^*=r_o/R_i=1.5\sim4.0$

1.3.3 径向排气型止推轴承

利用径向排气支承的止推轴承如图13.9-25所示，适用于轴向载荷较小的场合。

这种轴承的承载能力计算式为

$$F=\frac{(p_s-p_a)\pi(r_o^2-R_i^2)p_e^*}{2\ln(1/r^*)}\times\left[1-\frac{2r^{*2}\ln(1/r^*)}{1-(1/r^{*2})}\right] \tag{13.9-16}$$

表13.9-10 缝式节流型环形平面止推轴承稳态性能的简化计算公式

稳态性能	单向止推轴承	双向止推轴承
承载能力F	$0.25\pi(r_o^2-R_i^2)(p_s-p_a)$	$0.23\pi(r_o^2-R_i^2)(p_s-p_a)$
刚度k	$0.375\pi(r_o^2-R_i^2)(p_s-p_a)/h_0$	$0.50\pi(r_o^2-R_i^2)(p_s-p_a)/h_0$
体积流量q_V	$K_q h_0^3(p_s^2-p_a^2)A_q$	$0.4K_q h_0^3(p_s^2-p_a^2)A_q$
摩擦转矩T_μ	$2\pi^3\eta n(r_o^4-R_i^4)/h_0$	$4\pi^3\eta n(r_o^4-R_i^4)/h_0$
备　注	$\Gamma_f=1.25$；空气，$A_q=35.4$；蒸汽，$A_q=43.0$	

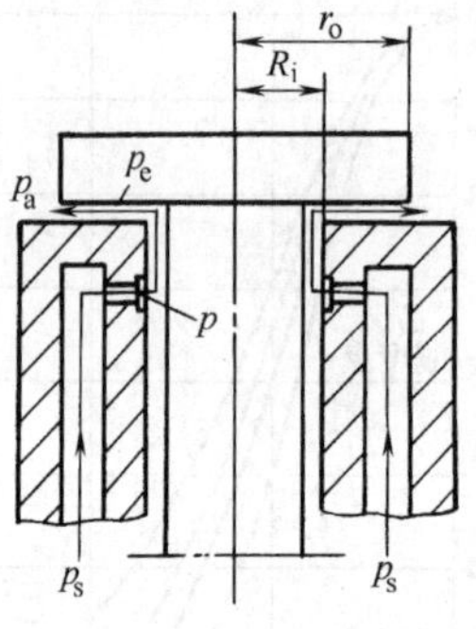

图13.9-25 径向排气型止推轴承

$$p_e^*=\frac{p_e-p_a}{p_s-p_a}$$

式中 p_e——径向排气压力。

设计时应尽可能使止推环和径向轴颈间为清角，轴瓦止推面和径向圆柱面间倒角最小。

1.3.4 双向止推轴承

在实际应用中，大多数机械都设置两个止推轴承，以便承受两个方向的轴向载荷或轴向定位。这种轴承的稳态性能与单个止推轴承相应性能间的关系是：

双向止推轴承流量 $q_d=2q$

双向止推轴承承载能力 $F_d=1.25F$

双向止推轴承刚度 $k_d=2.88F/h_0$

双向止推轴承摩擦转矩 $T_{\mu d}=2T_\mu$

双向止推轴承摩擦功耗 $P_{\mu d}=2P_\mu$

1.4 气体静压轴承的稳定性

在气体静压轴承中，运转的转子可能产生气锤振动和涡动。

（1）气锤振动

气锤振动是因气体的可压缩性引起的。轴承气容V_c总和与气膜容积之比称为气容比。在气体静压轴承中，转子不产生气锤振动的条件是气容比小于极限值，即

对径向轴承，$ZV_c/(\pi BDh_0)\leqslant0.05\sim0.15$

对止推轴承，$ZV_c/[\pi(r_o{}^2-R_i{}^2)h_0]\leqslant0.02\sim0.10$

缝式节流轴承气容比一般为零。

（2）涡动

涡动失稳的工程判别法如下：

在气体静压轴承中，转子涡动稳定性条件为

$$1.7n_{cr2}<n<0.6n_{cr1}$$

式中 n_{cr}——涡动临界转速。

对用两个气体静压轴承支承的转子，涡动临界转速可按式（13.9-17）计算

$$n_{cri}=\frac{1}{2\pi}\sqrt{\frac{1}{2}(\Omega_2+\Omega_1)\pm\sqrt{\frac{1}{4}(\Omega_2-\Omega_1)^2+\Omega_3^2}} \tag{13.9-17}$$

$$\Omega_1=\frac{k_1+k_2}{m}$$

$$\Omega_2=\frac{k_1L_1^2+k_2L_2^2}{J_t-J_\rho}$$

$$\Omega_3=\frac{k_2L_2-k_1L_1}{\sqrt{m(J_t-J_\rho)}}$$

式中　k_1、k_2——两个轴承各自的刚度；

m——转子质量；

L_1、L_2——转子质心到两个轴承中心的距离；

J_t——转子横向转动惯量；

J_ρ——转子极转动惯量。

2　气体动压轴承

气体动压轴承的工作原理与液体动压轴承完全相同，所以理论上液体动压轴承的结构型式也适用气体动压轴承。由于气体的黏度比液体低得多，所以气体润滑轴承的承载能力也比液体润滑轴承低许多。为了提高其承载能力，较多采用螺旋槽型，或采用更小的轴承间隙和表面粗糙度。

常用气体动压轴承的结构类型见表 13.9-11。

表 13.9-11　常用气体动压轴承的结构类型

轴承类型		径向轴承	止推轴承	球形轴承	锥形轴承	组合轴承
结构型式	阶梯面		☆			
	螺旋槽人字槽	☆	☆	☆	☆	☆
	可倾瓦块	☆				☆

注：☆表示是常用结构。

2.1　气体动压径向轴承

为了获得高承载能力，适宜采用螺旋槽型；为了获得高速稳定性，适宜采用可倾瓦块型。

2.1.1　螺旋槽型径向轴承

螺旋槽型径向轴承分螺旋槽型定向轴承和人字槽型定向轴承两种，图 13.9-26 所示为人字槽型径向轴承的结构。

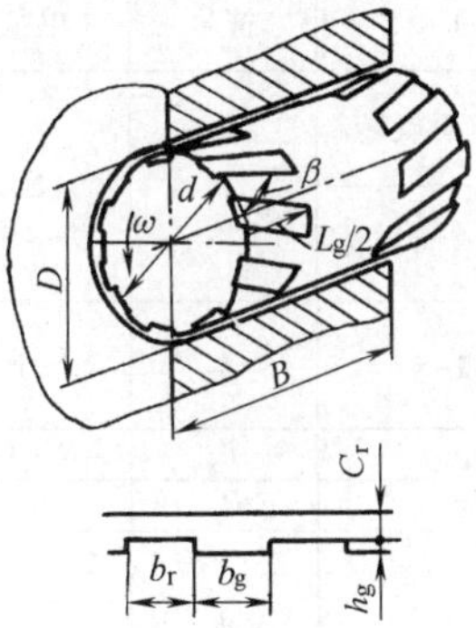

图 13.9-26　人字槽型径向轴承的结构

表 13.9-12 给出了螺旋槽型径向轴承槽参数的推荐值，表 13.9-13 给出了螺旋槽（人字槽）型径向轴承的性能计算。

2.1.2　可倾瓦径向轴承的设计

最常用的是三块瓦和四块瓦轴承。可倾瓦气体动压径向轴承高速稳定性好，有自动调心作用，但结构较复杂，制造较困难。主要用于高速径向轴承，气体止推轴承很少采用。

（1）可倾瓦气体动压径向轴承的结构参数

可倾瓦气体动压径向轴承的瓦块内半径记作 R，支承点处瓦面到轴承几何中心的距离称为轴承半径，记作 R_B。轴颈半径为 r 时，称 $R-r$ 为加工半径间隙，记作 C_r；R_B-r 为安装半径间隙，记作 C_{ra}。通常要求 $C_r \geqslant C_{ra}$。

可倾瓦块气体动压径向轴承瓦块的结构尺寸及坐标关系如图 13.9-27 所示，结构参数的推荐值见表 13.9-14。

可倾瓦气体动压径向轴承各性能特征数的定义式见表 13.9-15。

表 13.9-12　螺旋槽型径向轴承槽参数的推荐值

槽结构参数	最大承载能力		最大稳定性		超高速工作
	槽面旋转	无槽面旋转	槽面旋转	无槽面旋转	
螺旋角 $\beta/(°)$	23~24	27~28	20~50	21~32	34
槽宽比 $b_g^*=b_g/(b_g+b_r)$	0.35~0.45	0.40~0.50	0.60	0.47~0.53	0.67
槽长比 $L_g^*=L_g/B$	0.5~0.6	0.70~0.85	1.0	0.5~0.7	—
槽深比(间隙比) $h_g^*=(h_g+C_r)/C_r$	2.6	2.6~2.8	3.0~4.0	2.2~2.5	2.43
槽数 Z	$Z\geqslant\frac{\Lambda}{5},\Lambda=\frac{12\pi\eta n}{p_s\psi^2}$				

注：Λ 为压缩数。

表 13.9-13　螺旋槽（人字槽）型径向轴承的性能计算

计算项目		符号	单位	计算公式	
				按最大承载能力选择槽参数	按最大稳定性选择槽参数
承载能力	槽面旋转	F	N	$F=(1+0.040B^*\Lambda)p_aBD\varepsilon$　$B^*\geqslant1$ $F=(0.7+0.056B^*\Lambda)p_aBD\varepsilon$　$B^*<1$	$F_s=(0.23\sim0.50)F$
	无槽面旋转			$F=(1+0.055B^*\Lambda)p_aBD\varepsilon$　$B^*\geqslant1$ $F=(0.7+0.072B^*\Lambda)p_aBD\varepsilon$　$B^*<1$	$F_s=(0.7\sim0.8)F$
刚　度		k	N/m	$k=[0.35\Lambda^{0.6}+0.045\Lambda(B^*-1)]p_aBD/C_r$	$5\leqslant\Lambda<40$
				$k=[(0.048+0.044B^*)\Lambda-0.00025\Lambda^2]p_aBD/C_r$	$40\leqslant\Lambda\leqslant100$
摩擦转矩		T_μ	N·m	$T_\mu=0.45\pi^2\eta nBD^3/C_r$	
摩擦功耗		P_μ	W	$P_\mu=0.90\pi^3\eta n^2BD^3/C_r$	
偏位角		ϕ	(°)	$\phi=43-(6.625-0.3125\Lambda)(\Lambda-2)$	$2\leqslant\Lambda<10$
				$\phi=B^{*-2.2}\arctan(3.6/\Lambda-0.085)+9.6(B^*-1)^{1/2}$	$10\leqslant\Lambda<40$
				$\phi=1+9(B^*-1)^{1/2}$	$40\leqslant\Lambda\leqslant40$

注：Λ 为压缩数。

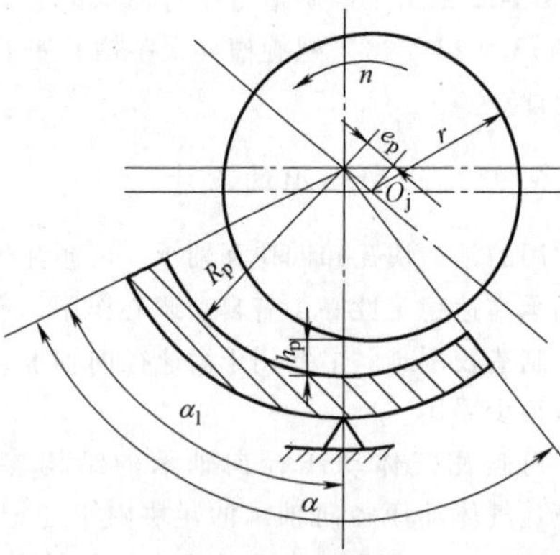

图 13.9-27　可倾瓦块的结构尺寸及坐标关系

（2）三块瓦气体动压径向轴承的性能计算

由三块瓦构成的可倾瓦气体动压径向轴承，通常采用包角为 100° 和 120° 两种瓦块。图 13.9-28～图 13.9-31 所示为 $\alpha=100°$、$\alpha_1/\alpha=0.65$，$\Lambda=1.5$、3.5 和 5 时的瓦块载荷数 F_p^*、瓦块径向刚度数 k_{rp}^*、瓦块角刚度数 $k_{\alpha p}^*$ 和摩擦转矩数 $T_{\mu p}^*$ 随相对油膜厚度 h_p^* 的变化曲线。

可先求出各瓦块的承载能力、刚度、摩擦转矩和偏位角等，然后通过矢量叠加求出可倾瓦气体动压径向轴承的稳态性能。进行叠加时，要先确定载荷作用线方向。一般取两种方向，一是载荷作用线通过一个支点，另一个是载荷作用线在两个支点的中分线上。通过偏位角迭代来实现确定的载荷方向。

表 13.9-14　可倾瓦气体动压径向轴承的结构参数推荐值

结构参数	推荐值	取　值　说　明
瓦块数 Z	3、4、5	—
瓦块包角 α/rad	$(1.5\sim1.7)\pi/Z$	速度高者取小值
瓦块长宽比 L_p/B_p	1.0	$L_p=\alpha R_p$，瓦块弧长；B_p 是瓦块宽度，即轴承宽度
支承点位置 α_1/α	0.6～0.7	α_1 为瓦块支承点引导边一侧的包角；一般取 0.65，载荷大时取 0.7
相对间隙 $\psi=C_r/r$	$(1\sim2)\times10^{-3}$	直径小者取大值，反之取小值
相对油膜厚度 $h_p^*=h_p/C_r$	0.5～0.7	一般取 0.6，高速时因发热膨胀间隙减小者取 0.7，反之取 0.5；h_p 是支点处油膜厚度，即支点处间隙
瓦块厚径比 δ_p/r	0.37	—

表 13.9-15　可倾瓦气体动压径向轴承各性能特征数的定义式

性能特征数	轴承载荷数	瓦块载荷数	瓦块径向刚度数	瓦块角刚度数
定义式	$F^*=\dfrac{F}{p_aBd}$ F—轴承总载荷	$F_p^*=\dfrac{F_p}{p_aBd}$ F_p——块瓦的载荷	$k_{rp}^*=\dfrac{k_{rp}C_r}{p_aBd}$ k_{rp}—瓦块径向刚度	$k_{\alpha p}^*=\dfrac{4k_{\alpha p}C_r}{p_aBd^3}$ $k_{\alpha p}$—瓦块角刚度
性能特征数	瓦块摩擦转矩数	轴承摩擦转矩数	轴质量数	瓦块转动惯量数
定义式	$T_{\mu p}^*=\dfrac{T_{\mu p}}{p_aBC_rR_p}$ $T_{\mu p}$——块瓦上的摩擦转矩	$T_\mu^*=\dfrac{8T_{\mu j}C_r}{2\pi n\eta Bd^3}$ $T_{\mu j}$—轴颈上的摩擦转矩	$m_s^*=\dfrac{2\pi^2m_sC_rn^2}{p_sBd}$ m_s—轴质量	$J_p^*=\dfrac{\pi^2J_pC_rn^2}{p_aBR_p^3}$ J_p—瓦块绕支点摆动的转动惯量

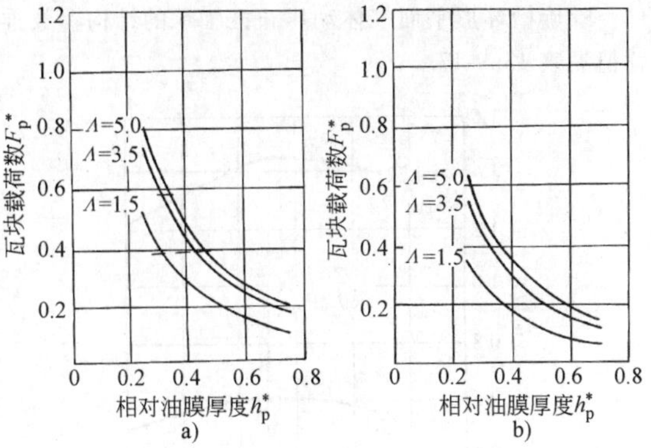

图 13.9-28　包角 100°瓦块的 F_p^*-h_p^* 曲线 $\alpha_1/\alpha = 0.65$

a）$B^* = 1$　b）$B^* = 0.5$

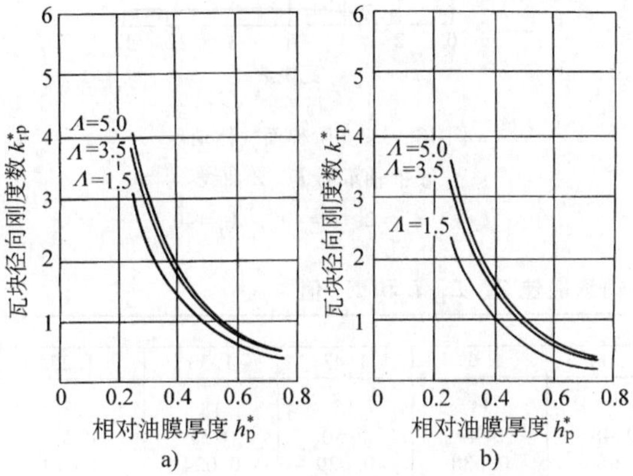

图 13.9-29　包角 100°瓦块的 k_{rp}^*-h_p^* 曲线

a）$B^* = 1$　b）$B^* = 0.5$

注：$\alpha_l/\alpha = 0.65$。

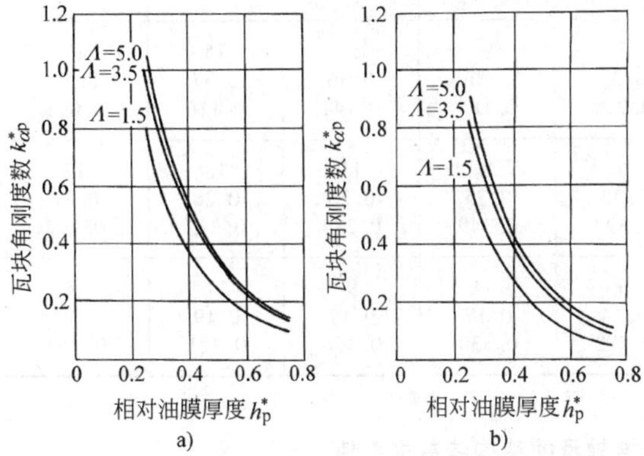

图 13.9-30　包角 100°瓦块的 $k_{\alpha p}^*$-h_p^* 曲线

a）$B^* = 1$　b）$B^* = 0.5$

注：$\alpha_1/\alpha = 0.65$。

（3）瓦块支承点的设计

支承点常用形式有球面对球面、球面对柱面和球面对平面。形状应尽量简单，同时注意材质的强度、耐磨性、表面处理和制造精度。

有些场合应考虑设计成弹性支座，常用的有梁型弯

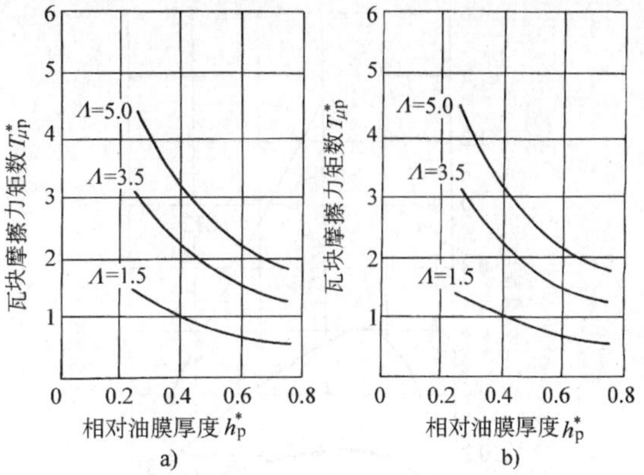

图 13.9-31　包角 100°瓦块的 $T_{\mu p}^*$-h_p^* 曲线

a）$B^* = 1$　b）$B^* = 0.5$

注：$\alpha_l/\alpha = 0.65$。

曲支座、柔软的螺旋弹簧型支座和金属膜片型支座。

2.2　气体动压止推轴承

（1）阶梯面气体动压止推轴承

阶梯面气体动压止推轴承的结构与液体阶梯面瓦止推轴承相似（见图 13.7-11）。轴承外半径为 r_o，内半径为 R_i，两者之比称为半径比，即 $r^* = r_o/R_i$。轴承宽度为 $r_o - R_i$，扇形角为 α，浅腔的扇形角为 α_1。轴承载荷数 F^* 和压缩数 Λ 的定义如下：

$$F^* = \frac{F}{\pi p_a (r_o^2 - R_i^2)}$$

$$\Lambda = \frac{12\pi\eta n}{p_a}\left(\frac{r_o}{h_2}\right)^2$$

$$\Lambda_\delta = \frac{12\pi\eta n}{p_a}\left(\frac{r_o}{h_1 - h_2}\right)^2$$

图 13.9-32、图 13.9-33 所示分别为阶梯面气体动压止推轴承在不同间隙比 a（$= h_1/h_2$）下的载荷数 F^* 随瓦块长度比 L_1/L 和瓦块数 Z 的变化曲线。

图 13.9-34 所示为阶梯面气体动压止推轴承最佳扇形角 α_{opt} 随 Λ_δ 的变化曲线。表 13.9-16 是按最大承载能力给出的结构参数 Z、L_1/L 和相应的 F^* 值。

（2）螺旋槽面气体动压止推轴承

在螺旋槽面气体动压止推轴承中应用最多的是环形平面气体动压止推轴承（见图 13.9-35），有泵入型螺旋槽、泵出型螺旋槽和人字型螺旋槽三种结构型式，其中以泵入型螺旋槽应用最多。泵入型螺旋槽止推轴承若内侧（R_i 处）与环境压力相通，称为开式泵入型螺旋槽止推轴承；否则，称为闭式泵入型螺

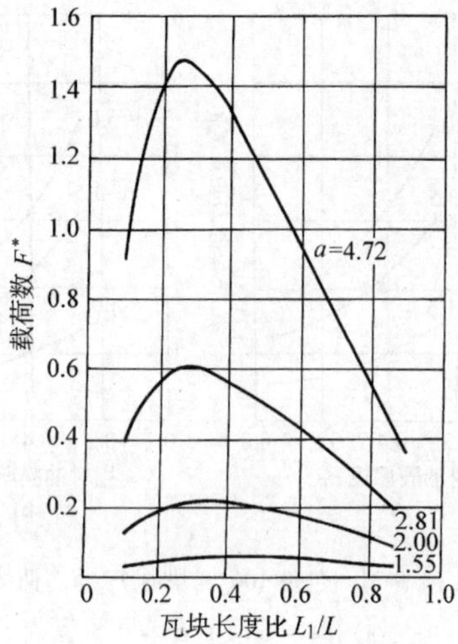

图 13.9-32 阶梯面气体动压止推轴承的 F^*-L_1/L 曲线

注：$R^*=2$，$\alpha=40°$，$\Lambda_\delta=40$。

旋槽止推轴承。开式泵入型螺旋槽止推轴承性能最佳。螺旋槽环形平面气体动压止推轴承的结构参数推荐值见表 13.9-17。

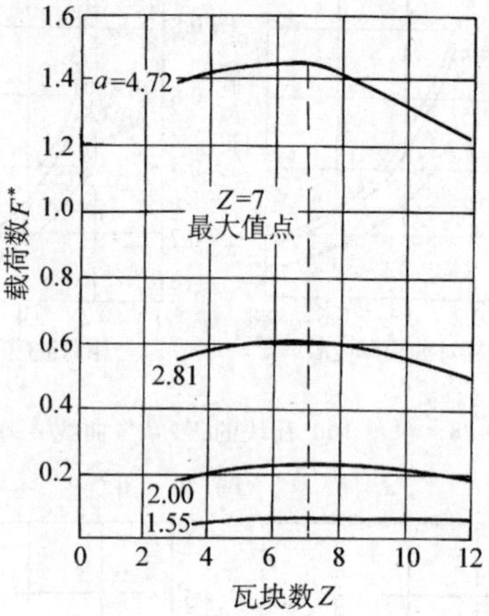

图 13.9-33 阶梯面气体动压止推轴承的 F^*-Z 曲线

注：$r^*=2$，$\alpha=40°$，$\Lambda_\delta=40$。

表 13.9-16 阶梯面气体动压止推轴承最佳 Z、L_1/L 和 F^* 值

Λ	参数	r^*							
		5.00	3.33	2.50	2.00	1.67	1.43	1.33	1.25
10	Z L_1/L F^*	4 0.45 0.064	5 0.45 0.059	6 0.46 0.053	8 0.48 0.046	11 0.49 0.038	15 0.50 0.029	18 0.51 0.024	23 0.53 0.019
20	Z L_1/L F^*	4 0.39 0.141	5 0.39 0.131	6 0.39 0.119	7 0.39 0.103	10 0.42 0.084	14 0.45 0.063	17 0.46 0.052	21 0.48 0.041
40	Z L_1/L F^*	3 0.26 0.286	4 0.29 0.270	5 0.31 0.248	7 0.33 0.219	9 0.36 0.184	12 0.36 0.141	15 0.37 0.116	19 0.40 0.091
80	Z L_1/L F^*	3 0.16 0.470	4 0.20 0.457	5 0.23 0.431	6 0.23 0.397	8 0.25 0.349	11 0.28 0.284	13 0.28 0.243	17 0.31 0.195
160	Z L_1/L F^*	3 0.10 0.638	4 0.12 0.622	5 0.14 0.602	6 0.14 0.572	7 0.17 0.530	9 0.17 0.466	11 0.19 0.421	14 0.22 0.363

注：$a=2$；$\alpha_g=2°$。

表 13.9-17 螺旋槽环形平面止推轴承的结构参数推荐值

轴承类型		结构参数					
		螺旋角 β/(°)	槽宽比 b_g^*	槽长比 L_g^*	槽深比 h_g^*	半径比 r^*	槽数 Z
泵入型或泵出型	最大刚度	72.2	0.65	0.72	3.25	1.43~2.5	$Z\geqslant\dfrac{10\pi b_g^*\left(1+\dfrac{1}{r^*}\right)}{L_g^*\tan\beta\left(1-\dfrac{1}{r^*}\right)}$
	最大承载能力	70.5	0.69	0.75	4.22		
人字槽型	最大刚度	75.0	0.5	1.0	2.93		
	最大承载能力	74.5	0.5	0.5	3.61		
说明		$b_g^*=b_g/b$，b_g—槽宽，b—槽台副总宽度；$h_g^*=(h_g+h_0)/h_0$；$L_g^*=(r_o-R_g)/(r_o-R_i)$（泵入型）；$L_g^*=(R_g-R_i)/(r_o-R_i)$（泵出型）；$L_g^*=[(r_o-R_{g2})+(R_{g1}-R_i)]/(r_o-R_i)$（人字槽型）					

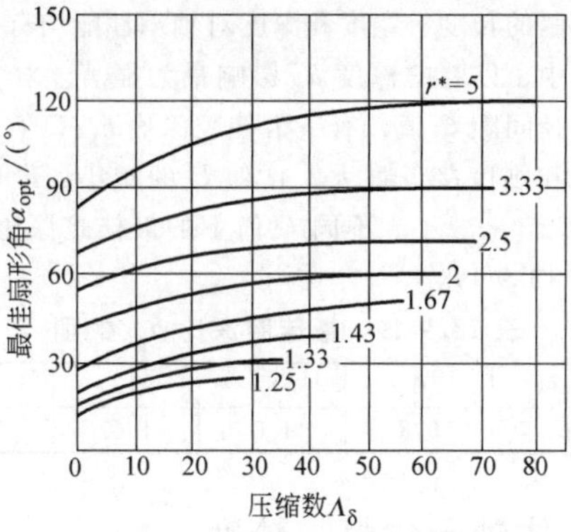

图 13.9-34　阶梯面气体动压止推轴承的 α_{opt}-Λ_δ 曲线

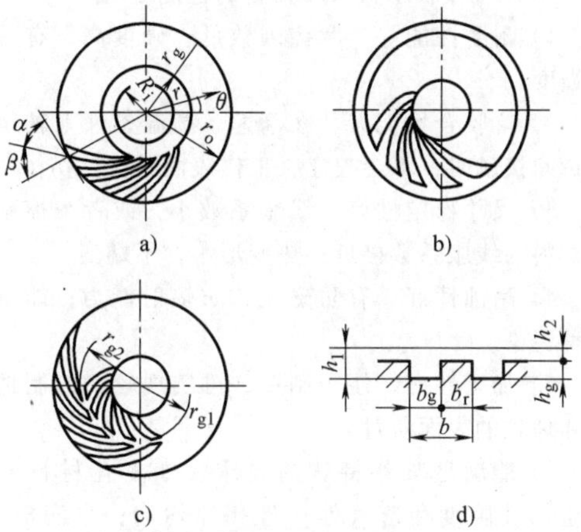

图 13.9-35　螺旋槽环形平面气体动压止推轴承的结构型式
a）泵入型　b）泵出型
c）人字槽型　d）槽截面

采用所推荐结构参数的螺旋槽环形平面气体动压止推轴承，其稳态性能的特征数可用下列近似公式求得：

按最大承载能力

$$\begin{cases}F^*=0.0255\Lambda\\ T_\mu^*=0.319\dfrac{(r^*+1)^2}{r^{*2}+1}\end{cases}\tag{13.9-18}$$

按最大刚度

$$\begin{cases}F^*=0.0215\Lambda\\ T_\mu^*=0.337\dfrac{(r^*+1)^2}{r^{*2}+1}\end{cases}\tag{13.9-19}$$

开式结构　$k^*=0.0076\Lambda^{1.03}e^{-2.68/Z}$

闭式结构　$k^*=0.0102\Lambda e^{-2.68/Z}$　(13.9-20)

于是，螺旋槽环形平面气体动压止推轴承的稳态性能可用公式（13.9-21）~式（13.9-23）计算。

$$F=\frac{\pi p_a(r_o^2-R_i^2)}{K_gS_j}F^*\tag{13.9-21}$$

$$k=\frac{\pi p_a(r_o^2-R_i^2)}{K_gS_jh_0}k^*\tag{13.9-22}$$

$$T_\mu=\frac{\pi(r_o^2-R_i^2)}{6}p_ah_0\Lambda T_\mu^*\tag{13.9-23}$$

式中　K_g——考虑槽数的修正因子，如图 13.9-36 所示；

S_j——安全因数；

Λ——压缩数，$\Lambda=\dfrac{6\pi\eta n\ (r_o^2-R_i^2)}{p_ah_0^2}$。

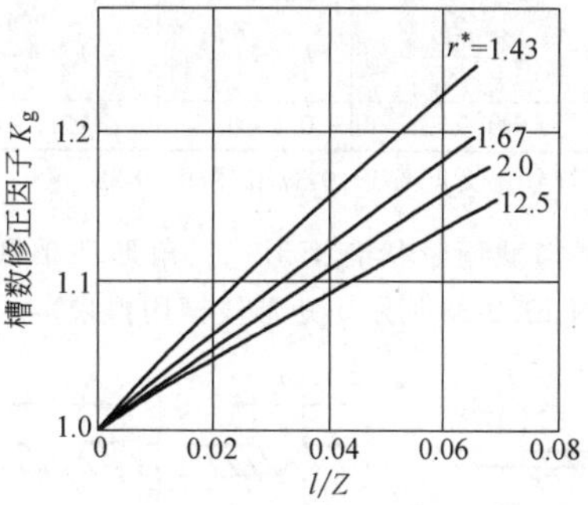

图 13.9-36　螺旋槽平面气体动压止推轴承的 K_g-Z 曲线

3　气体动静压混合轴承

在同一轴承内同时具有两种或两种以上的润滑形式，这种轴承称为混合轴承。理论上，凡旋转的静压轴承都有动压润滑作用，均应属混合轴承；实际上只把动压效应较大的静压轴承算作动静压混合轴承。

通常，把高速孔式节流器节流和缝式节流器节流的轴承列为动静压混合轴承。

3.1　表面节流型轴承

在轴瓦工作表面沿圆周均匀分布地开设 Z 个有一定轴向长度的浅槽，构成表面节流型动静压混合轴承（见图 13.9-37）。压缩气体通过轴瓦中部的供气孔和环槽进入浅槽，经浅槽节流后进入轴承间隙。这种轴承工艺性好，成本低，动压效应大，角刚度和高速稳定性都优于孔式和缝式供气静压轴承。

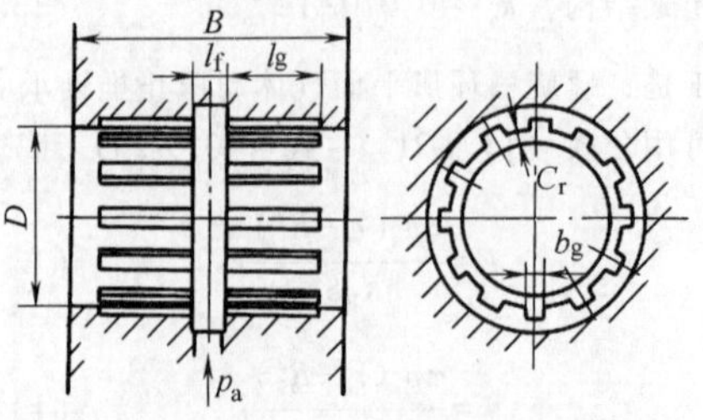

图 13.9-37　表面节流型动静压混合径向轴承

表面节流型轴承浅槽的结构参数见表 13.9-18。

表 13.9-18　表面节流型轴承浅槽的结构参数

径向轴承			
Z 槽数	槽长比 $l_g^*=\frac{2l_g}{B-l_f}$	槽宽比 $b_g^*=\frac{Zb_g}{\pi D}$	槽深比 $h_g^*=\frac{h_g+C_r}{C_r}$
16	0.8~0.9	0.1~0.3	2.25~4.00
止推轴承			
Z 槽数	槽长比 $l_g^*=\frac{2l_g}{r_o-R_i-l_f}$	槽宽比 $b_g^*=\frac{Z\phi_g}{2\pi}$	槽深比 $h_g^*=\frac{h_g+h_0}{h_0}$
18~48	0.9	0.1~0.5	2.5~4.0

注：符号意义见图 13.9-37 和图 13.9-38。

浅槽横截面形状有矩形、三角形和半圆形等几种，如图 13.9-38 所示。矩形浅槽用得最多。

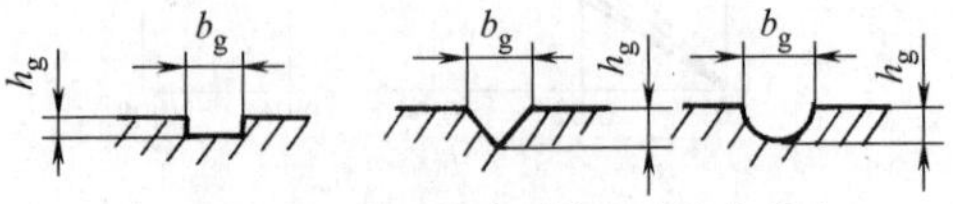

图 13.9-38　表面节流型轴承浅槽的形状

3.2　孔-腔二次节流型径向轴承

在轴承工作表面上，沿周向均布数个（通常是 3~8）浅腔，在每个浅腔的某特定位置，设有 1~2 个供气孔，这样的轴承称为孔-腔二次节流型轴承，其典型结构与液体阶梯腔动静压轴承相似，可参见图 13.8-48。

浅腔的长度、宽度和深度对轴承性能均有一定影响，其中，以腔的深度 h_g 影响最为显著。对每一给定的半径间隙 C_r 值，有一最佳腔深比 h_g/C_r 值，使承载能力和刚度接近最大，且随 C_r 的减小，最佳腔深比 h_g/C_r 值也减小。不同 C_r 值下的最佳腔深比 h_g/C_r 值见表 13.9-19。

表 13.9-19　最佳腔深比 h_g/C_r 值

C_r/μm	6	8	12	16
h_g/C_r	0.8	1.0	1.67	5.0

4　气体轴承材料与精度

4.1　气体轴承材料

（1）气体轴承材料应具备的性能

1）耐磨性能好，摩擦因数低，硬度高，有一定的强度。

2）抗胶合性能好，在高速、高温条件下轴承发生瞬间接触时，不会咬死，工作表面不被擦伤。

3）尺寸稳定性好；线胀系数小，或者摩擦副两种材料的线胀系数接近；热变形小，不蠕变。

4）耐蚀性好；有防磁化、防辐射能力；能承受各种污染。

5）加工性好，便于制造，可实现较高的制造精度和理想的表面质量。

6）能满足某些特殊的要求，如多孔材料要求一定的孔隙度和透气性，且孔隙均匀；自润滑性、一定的弹性、对气体有较强的吸附性、耐高温和低温等。

7）价格不昂贵，便于推广应用。

（2）气体轴承材料的分类与特性

气体轴承材料的分类与特性见表 13.9-20。几种常用的气体轴承材料及其主要性能见表 13.9-21。

表 13.9-20　气体轴承材料的分类与特性

类型		名称	特性
耐磨类		陶瓷	超硬、耐磨、中等强度、质量小、难加工
		硬质合金	超硬、耐磨、高强度、高密度、难加工
		钢结硬质合金	可加工、较小密度
自润滑类		石墨、铸铁和含固体润滑剂的粉末冶金材料	自润滑、易加工、低强度和质脆
易加工类	钢 铜 铝	轴承钢、不锈钢和结构钢 硬黄铜，青铜 超硬铝	易加工、致密性好、中等或较高强度、价廉
特殊类	多孔质材料 复合材料 可激振材料	多孔青铜、石墨和陶瓷 钢背尼龙 压电陶瓷	材料来源困难、低强度、易变形及不稳定

表 13.9-21　几种常用的气体轴承材料及其主要性能

名　称	牌　号	主　要　性　能					
		密度 $\rho/\mathrm{g\cdot cm^{-3}}$	线胀系数 $\alpha_l/10^{-6}\cdot ℃^{-1}$	硬度	弹性模量 E/GPa	抗拉强度 R_m/MPa	抗弯强度 σ_{bb}/MPa
轴承钢	GCr15	7.81	13.29~14.85①	61~65HRC	216	588~716⑦	—
不锈钢	95Cr18	7.7	10.5~12.0②	55HRC	203.89	510	—
	06Cr18Ni11Ti	7.9	16.6~18.6③	187HBW	202	550~800	—
高速工具钢	W18Cr4V	8.7	10.4~10.8④	56~67HRC	—	1800~4300	—
硬黄铜	H62	—	16.2~18.1⑤	—	—	300~380	—
硅青铜	QSi3-1	8.62	18	—	101.25	350~500	650~750
硬质合金	YT5~YT30	11.17	40~50	1600HV		1200	3900
	YG6~YG20	14.5	60~65	1600HV		1400~2000	4600
钛合金	TC4	4.8	9.4~10.8	300HBW	105~120	750~950	—
	TA7	4.42			113	950	—
石墨		1.66	1~5	40~45HBW	4.9~9.9	—	—
青铜石墨	M1××C	—	—	—	—	—	—
钢结硬质合金	GT35	6.5	6.1~8.4⑥	67~71HRC	343	1880	—
	ST60	5.8	8.4~10.1⑥	70HRC	—	1540	—
微晶陶瓷	Al_2O_3	4.24	7.6	2130HV	380	800	3200
氮化硅	Si_3N_4	3.19	3.6	1600HV	315	950	4200
氧化锆	ZrO_2	6.05	9.2	1340HV	210	1300	—

① 温度范围 20~900℃。
② 温度范围 20~500℃。
③ 温度范围 20~700℃。
④ 温度范围 0~800℃。
⑤ 温度范围 0~625℃。
⑥ 温度范围 20~200℃。
⑦ 780℃退火状态。

4.2　气体轴承的精度

气体动压轴承的精度要求一般比气体静压轴承高，气体动压轴承的典型精度值、工艺方法及测量仪器见表 13.9-22。

表 13.9-22　气体动压轴承的典型精度值、工艺方法及测量仪器

轴承类型	几何形状精度	公差/μm	工　艺　方　法	测量仪器
径向和平面止推轴承	孔径圆度	0.1~0.25	超精磨,研磨	圆度仪
	轴径圆度	0.15~0.30	超精磨,研磨	圆度仪
	孔直线度	0.10~0.25	超精磨,研磨	直线度测量仪
	轴直线度	0.15~0.30	超精磨,研磨	直线度测量仪
	圆柱度	0.1~0.3	超精磨	—
	同轴度	0.1~0.3	研磨	电子测微比较仪
	平面度	0.1~0.3	超精磨,研磨	光学平晶/单色光
	止推面垂直度	1″~3″	超精磨,研磨	准直光管
	止推环垂直度	1″~3″	超精磨	准直光管
	表面粗糙度 *Ra*	≤0.04	研磨,抛光	表面粗糙度仪
球形轴承	面轮廓度	0.1~0.3	研磨	圆度仪,球径仪,光学样板
	表面粗糙度 *Ra*	≤0.04		表面粗糙度仪
对置锥形轴承	锥角	1″~3″	超精磨,将磨床主轴按锥半角调整好角度后锁紧。加工好凸锥后,机床主轴不动,按加工凸锥的方法,做一个和凸锥一样的胎具,再把要加工的凹锥装夹在胎具上,用磨内圆砂轮加工凹锥面	光学分度头和电子测微比较仪配合一起测量
	同轴度	0.1~0.3		
	直线度	0.1~0.3		
	表面粗糙度 *Ra*	≤0.04		表面粗糙度仪

第 10 章　其 他 轴 承

1　箔轴承

用弹性很大的箔带作轴瓦，与轴颈构成的支承称为箔轴承。它靠流体动压力或流体静压力的作用，使箔带与轴颈彼此隔开。箔带可以用金属或非金属材料制成，润滑剂可以用气体、蒸汽、水或润滑油等。箔轴承运转稳定、可靠、承载能力大、功耗低；对环境污染、温度变化、表面变形、冲击载荷及振动等有较强承受能力；要求的制造精度较低、公差较大。实用中以气体润滑箔轴承居多。

箔轴承的主要类型及其应用场合见表 13.10-1。

显然，箔轴承的性能主要与箔带材料的弹性模量 E、泊松比 ν 以及厚度 δ 有关。

表 13.10-1　箔轴承的主要类型及其应用场合

类型	拉　伸　型	弯　曲　型	悬　臂　型
示意图	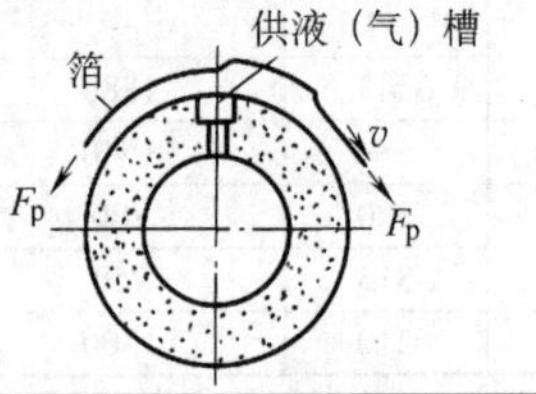	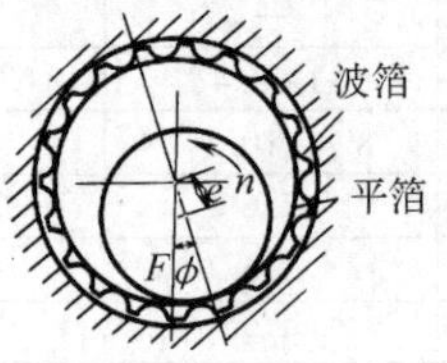	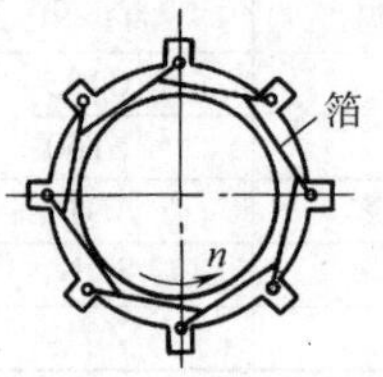
主要应用场合	录音、录像机，高速摄影机，计算机磁带记录装置，有箔带移动的造纸、轧钢、纺织等工业设备	高速电主轴、高速纺锭	涡轮膨胀机、涡轮压缩机、涡轮增压器及车用燃气轮机

1.1　拉伸型箔轴承

拉伸型箔轴承有单叶式（见图 13.10-1）和三叶式（见图 13.10-2）两种结构。

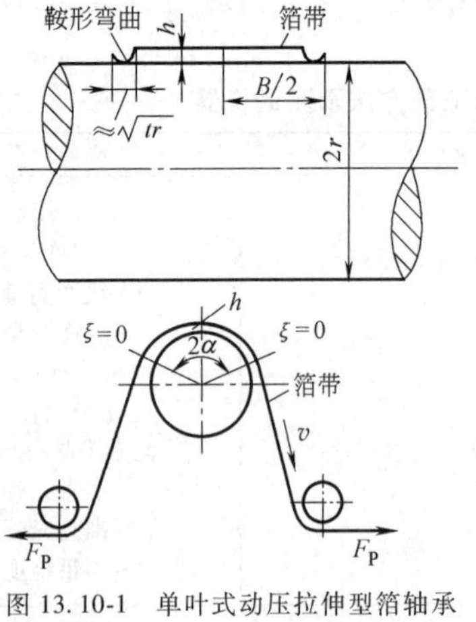

图 13.10-1　单叶式动压拉伸型箔轴承

若箔带单位宽度上的初始张力为 F_p，移动速度为 v，润滑剂黏度为 η，则称下列量纲 1 的数组为压缩数 Λ，即

$$\Lambda=\frac{6\eta v}{F_p} \tag{13.10-1}$$

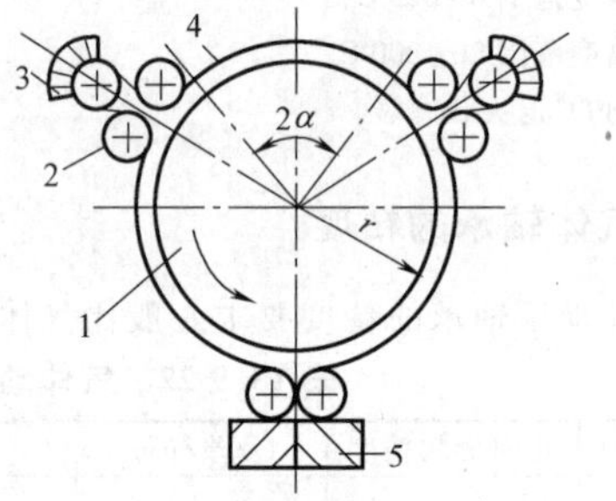

图 13.10-2　三叶式动压拉伸型箔轴承

1—轴　2—导向装置　3—压板

4—箔带　5—锁定装置

（1）单叶式动压拉伸型箔轴承

图 13.10-1 所示为单叶式动压拉伸型箔轴承。在小载荷，润滑流体为不可压缩流体，等温、等黏度流动，忽略垂直箔带运动方向的流动等条件下，其轴承性能计算公式见表 13.10-2。

（2）柱面拉伸型静压箔轴承

柱面拉伸型静压箔轴承的结构型式如图 13.10-6 所示。

入口区膜厚 h_0及出口区膜厚 h 的计算式为

表 13.10-2　单叶式动压拉伸型箔轴承性能计算公式

项目及符号	单位	计算公式
包绕区压力 p_α	Pa	$p_\alpha \approx \dfrac{F_p}{r}$
包角系数 K_α	rad	$K_\alpha = \dfrac{\alpha}{\Lambda^{1/3}}$
中心膜厚 h_0	m	$h_0 = K_f r \Lambda^{2/3}$
参数 ξ	1	$\xi = \dfrac{x\Lambda^{1/3}}{h_0}$
膜厚 h	m	$h = h_0 H'(\xi)$
润滑膜压力 p	Pa	$p = \dfrac{F_p[h_0 - \Lambda^{2/3} H''(\xi)]}{r h_0}$
箔刚度数 k^*	1	$k^* = \dfrac{E\delta^3 \Lambda^{2/3}}{12 h_0^2 F_p (1-\nu^2)}$
备　注		α—箔带包角的半角 r—轴颈半径 x—沿圆周方向的坐标 K_f—常数,见图 13.10-3 $H''(\xi)$—参数,见图 13.10-4 $H'(\xi)$—参数,见图 13.10-5

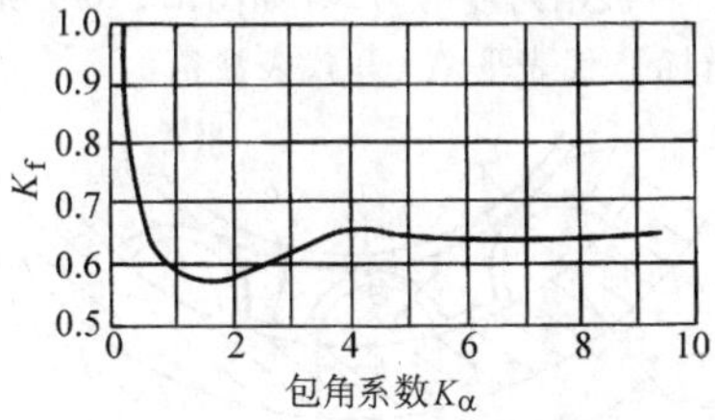

图 13.10-3　K_f-K_α 曲线

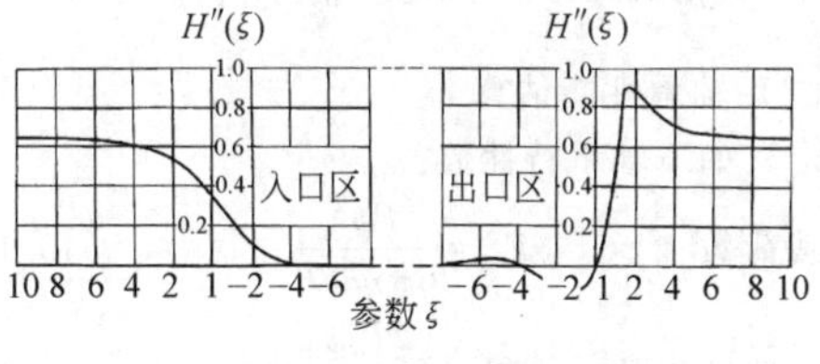

图 13.10-4　$H''(\xi)$-ξ 曲线

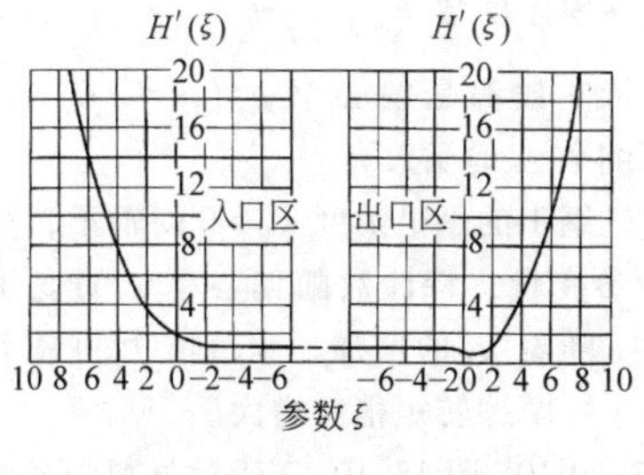

图 13.10-5　$H'(\xi)$-ξ 曲线

$$\begin{cases} h_0 = K_f r \Lambda^{2/3} \\ h = h_0 + K_f r \zeta\left(\dfrac{p_0 r}{F_p} - 1\right) \end{cases} \qquad (13.10\text{-}2)$$

式中　K_f——常数，见图 13.10-3；

r——轴颈半径；

p_0——节流器出口压力；

p_a——环境压力；

ζ——参数，$\zeta = \dfrac{(h-h_0)\ F_p \Lambda^{2/3}}{h_0^2\ (p_0 - p_a)}$。

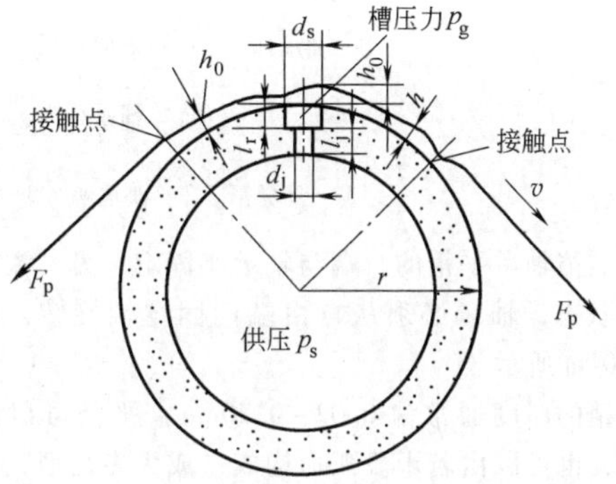

图 13.10-6　柱面拉伸型静压箔轴承的结构型式

令参量

$$\iota = \sqrt{\frac{E\delta^3}{12 F_p (1-\nu^2)}} \qquad (13.10\text{-}3)$$

式中　E——箔带材料的弹性模量；

δ——箔带厚度；

ν——箔带材料的泊松比。

参数 ζ 与 $\iota\Lambda^{1/3}/(h_0 r)^{1/2}$ 和 d_s/ι 有关，在不同 d_s/ι 下，ζ 随 $\iota\Lambda^{1/3}/(h_0 r)^{1/2}$ 的变化曲线如图 13.10-7 所示。

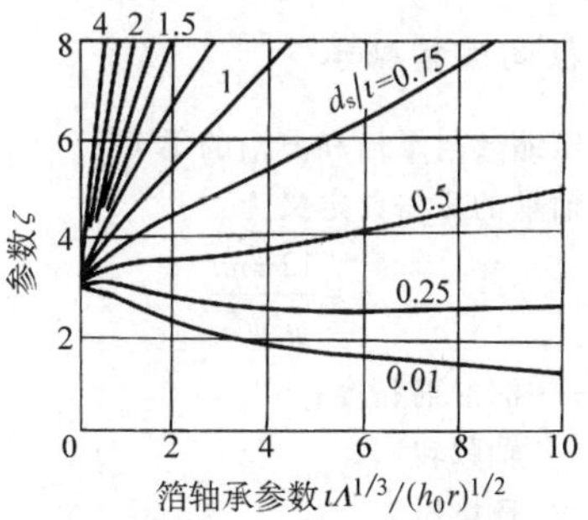

图 13.10-7　ζ-$\iota\Lambda^{1/3}/(h_0 r)^{1/2}$ 曲线

1.2　弯曲型箔轴承

弯曲型箔轴承有波箔式、柔性支承式和缠绕式等类型，它们的结构如图 13.10-8a、b、c 所示，其中波箔式箔轴承用得最多。

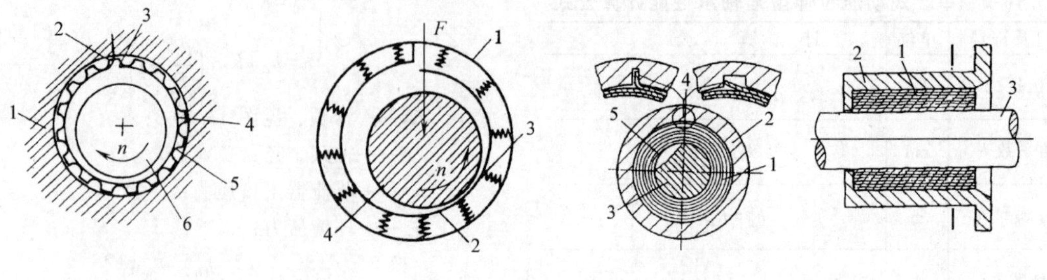

a) b) c)

图 13.10-8 弯曲型箔轴承的结构

a）波箔式

1—轴承座 2—平箔固定端 3—平箔自由端 4—平箔 5—波箔 6—轴颈

b）柔性支承式

1—轴承座 2—平箔 3—支承弹簧 4—轴颈

c）缠绕式

1—缠绕箔 2—轴承座 3—轴颈 4—缠绕箔固定端 5—缠绕箔自由端

波箔轴承平箔的一端与轴承座固定，另一端处于自由状态，轴颈必须从自由端向固定端旋转，如图 13.10-8a 所示。

箔的厚度通常为 0.02～0.20mm。平箔可以是整周的，也可以由若干段弧形构成，成为多瓦型，后者的稳定性较好。平箔的最大挠度必须大于轴承最小间隙的一半。

金属平箔的热处理工艺是制造波箔轴承的关键之一。对平箔进行表面涂覆可以提高箔带的耐磨性，降低摩擦因数，从而能减少功耗，延长工作寿命，并且能改善加工性能，降低制造成本。常用涂层材料有：Al_2O_3、TiC、TiB_2、B_4C 和 MoS_2 等。

波箔的波形有圆弧形、三角形、矩形、正弦曲线形和渐开线形等，最常用的是圆弧形波箔。波箔有定刚度和变刚度两种，波箔的刚度是波箔轴承设计的关键，通常应为润滑膜刚度的一半。

1.2.1 径向波箔轴承

（1）压缩数与平箔和波箔的柔度

波箔轴承的压缩数定义为

$$\Lambda=\frac{12\pi\eta n}{p_a\psi^2} \tag{13.10-4}$$

式中 η——润滑剂黏度；

n——轴颈转速；

p_a——环境压力；

ψ——轴承相对间隙；

$$\psi=\frac{C_r}{r}$$

式中 C_r——轴承半径间隙；

r——轴颈半径。

平箔和波箔量纲 1 的柔度分别为

$$\lambda_P=\frac{p_a s^4\Lambda(1-\nu_P^2)}{32E_P\delta_P^3C_r} \tag{13.10-5}$$

$$\lambda_B=\frac{2p_a s l^3\Lambda(1-\nu_B^2)}{E_B\delta_B^3C_r} \tag{13.10-6}$$

式中 s——波箔的节距，即两波峰间的弧长，如图 13.10-9 所示；

l——波箔跨度的 1/2，如图 13.10-9 所示。

下角标 P 代表平箔、B 代表波箔。

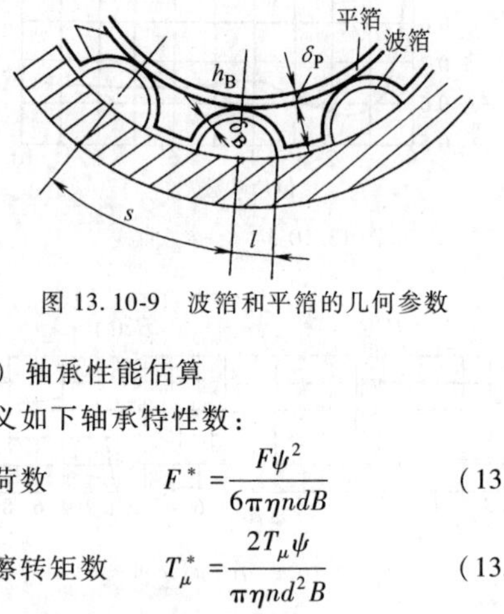

图 13.10-9 波箔和平箔的几何参数

（2）轴承性能估算

定义如下轴承特性数：

载荷数 $$F^*=\frac{F\psi^2}{6\pi\eta ndB} \tag{13.10-7}$$

摩擦转矩数 $$T_\mu^*=\frac{2T_\mu\psi}{\pi\eta nd^2B} \tag{13.10-8}$$

最小油膜厚度数 $$h_{min}^*=\frac{h_{min}}{C_r} \tag{13.10-9}$$

这些特性数都是偏心率 ε（$\varepsilon=e/C_r$，e 为偏心距）和压缩数 Λ 的函数。

对于量纲 1 的平箔柔度 $\lambda_P=0$ 的轴承，可以用压缩数 Λ 为参变量，特性数随偏心率 ε 的变化曲线估算其性能。随着 λ_P 的增加，承载能力和最小油膜厚度稍有减小，摩擦转矩稍有增大。

图 13.10-10～图 13.10-12 所示分别为径向波箔轴承的 $F^*-\varepsilon$、$T_\mu^*-\varepsilon$ 和 $h_{min}^*-\varepsilon$ 曲线。

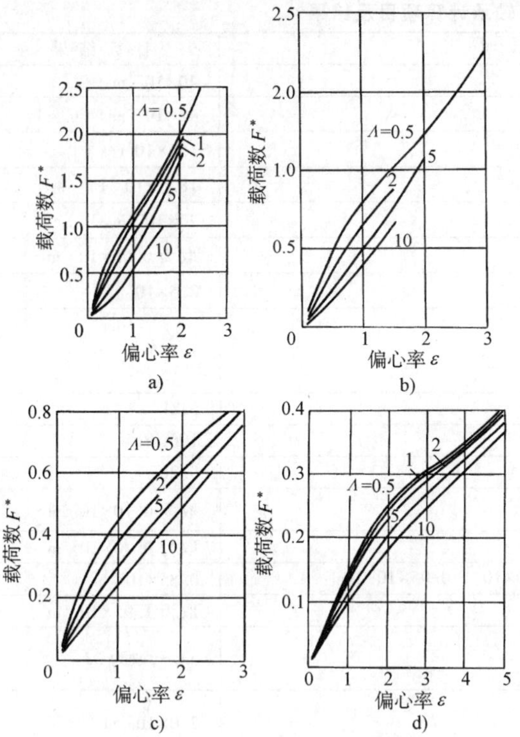

图 13.10-10　径向波箔轴承的 F^*-ε 曲线

a）$\lambda_P=1$　b）$\lambda_P=2$　c）$\lambda_P=5$　d）$\lambda_P=20$

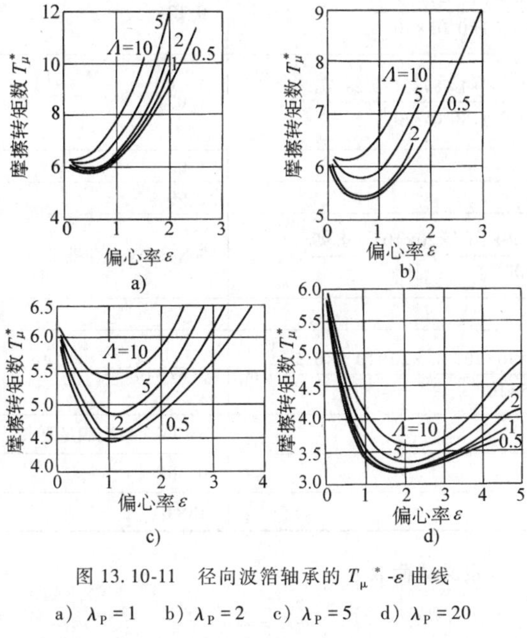

图 13.10-11　径向波箔轴承的 T_μ^*-ε 曲线

a）$\lambda_P=1$　b）$\lambda_P=2$　c）$\lambda_P=5$　d）$\lambda_P=20$

例 13.10-1　设计一动压径向波箔轴承，该轴承在 50℃的空气中工作，环境压力 $p_a=0.1$MPa，转速 $n=96000$r/min。要求承载能力 $F\geqslant 60$N，摩擦功耗 $P_\mu\leqslant 40$W，其计算项目及结果见表 13.10-3。

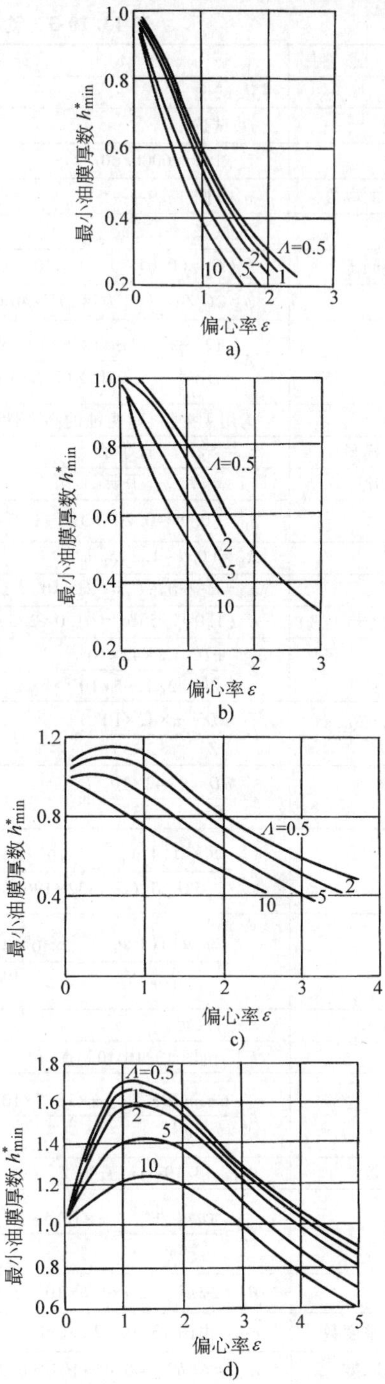

图 13.10-12　径向波箔轴承的 h_{min}^*-ε 曲线

a）$\lambda_P=1$　b）$\lambda_P=2$　c）$\lambda_P=5$　d）$\lambda_P=20$

1.2.2　止推波箔轴承

止推波箔轴承是在环形轴瓦上设置扇形波箔和平箔，用隔离块把两个扇形平箔和波箔隔开，如图 13.10-13 所示。

表 13.10-3 动压径向波箔轴承计算项目及结果

计 算 项 目		计 算 公 式 及 说 明	计 算 结 果
轴颈直径		d,试选	40×10^{-3}m
轴套内径		D,试选	42×10^{-3}m
转速		已知 $n=96000/60$r/s	1.6×10^{3}r/s
50℃空气的黏度		η、查图 13.9-1	18.5×10^{-6}Pa·s
轴套宽度		B,试选	20×10^{-3}m
轴承半径间隙		C_r($C_r=(0.01\sim0.10)\times10^{-3}$m),选取	取为 0.05×10^{-3}m
相对间隙		$\psi=2C_r/d=2\times0.05\times10^{-3}/40\times10^{-3}$	2.5×10^{-3}
压缩数		$\Lambda=\dfrac{12\pi\eta n}{p_a\psi^2}=\dfrac{12\pi\times18.5\times10^{-6}\times1.6\times10^3}{10^5\times(2.5\times10^{-3})^2}$	1.785
箔材料	牌号	选用无磁性、耐腐蚀的高弹性合金	3J21
箔材料	弹性模量	$E_P=E_B=E$,查手册	196GPa
箔材料	泊松比	$\nu_P=\nu_B=\nu$,查手册	0.28
平箔厚度		$\delta_P=(0.05\sim0.20)\times10^{-3}$m	取为 0.10×10^{-3}m
波箔	厚度	$\Delta_B=(0.7\sim1.2)\delta_P$m	取为 0.10×10^{-3}m
波箔	高度	$h_B=R-r-\delta_P-C_r=(21\times10^{-3}-20\times10^{-3}-0.10\times10^{-3}-0.05\times10^{-3})$m	0.85×10^{-3}m
波箔	跨度之半(初选)	$l=(1.0\sim2.5)h_B=(1.0\sim2.5)0.85\times10^{-3}$m	取为 1.95×10^{-3}m
波箔	波数	$Z\leqslant\dfrac{\pi D}{2l}\leqslant\dfrac{\pi\times42\times10^{-3}}{2\times1.95\times10^{-3}}$	33.8,取为 33
波箔	跨度之半	$l\leqslant\dfrac{\pi D}{2Z}\leqslant\dfrac{\pi\times42\times10^{-3}}{2\times33}$m	2.0×10^{-3}m
波箔	间距	$s=\dfrac{\pi D}{Z}=\dfrac{\pi\times42\times10^{-3}}{33}$m	4×10^{-3}m=4mm
平箔柔度		$\lambda_P=\dfrac{p_a s^4\Lambda(1-\nu_P^2)}{32E_P\delta_P^3C_r}=\dfrac{10^5\times(4\times10^{-3})^4\times1.785\times(1-0.28^2)}{32\times196\times10^9\times(0.10\times10^{-3})^3\times0.05\times10^{-3}}$	0.134
波箔柔度		$\lambda_B=\dfrac{2p_a sl^3\Lambda(1-\nu_B{}^2)}{E_B\delta_B{}^3C_r}=\dfrac{2\times10^5\times4\times10^{-3}\times(2.0\times10^{-3})^3\times1.785\times(1-0.28^2)}{196\times10^9\times(0.10\times10^{-3})^3\times0.05\times10^{-3}}$	1.074
最大偏心率		ε_{max},选定	1.0
载荷数		F^*,由图 13.10-10a,查得	0.99
承载能力		$F=\dfrac{6\pi\eta ndBF^*}{\psi^2}=\dfrac{6\pi\times18.5\times10^{-6}\times1.6\times10^3\times40\times10^{-3}\times20\times10^{-3}\times0.99}{(2.5\times10^{-3})^2}$N	70N,>60N,满足要求
摩擦转矩数		由图 13.10-11a,查得 T_μ^*	6.5
摩擦转矩		$T_\mu=\dfrac{\pi\eta nd^2BT_\mu^*}{2\psi}=\dfrac{\pi\times18.5\times10^{-6}\times1.6\times10^3\times(40\times10^{-3})^2\times20\times10^{-3}\times6.5}{2\times2.5\times10^{-3}}$N·m	3.87×10^{-3}N·m
摩擦功耗		$P_\mu=2\pi nT_\mu=2\pi\times1.6\times10^3\times3.87\times10^{-3}$W	38.9W,<40W,满足要求
最小油膜厚度数		h_{min}^*,由图 13.10-12a 查得	0.36
最小油膜厚度		$h_{min}=C_r\,h_{min}^*=0.05\times10^{-3}\times0.36$m	18×10^{-6}m

止推波箔轴承的量纲 1 的柔度为

$$\lambda=\frac{2p_a sl^3(1-\nu^2)}{E\delta^3h_2}\qquad(13.10\text{-}10)$$

令压缩数为

$$\Lambda=\frac{12\pi\eta nr_o^2}{p_a h_2^2}\qquad(13.10\text{-}11)$$

定义载荷数为

$$F^*=\frac{F}{p_a r_o^2}$$

摩擦转矩数为

$$T_\mu^*=\frac{T}{p_a h_2 r_o^2}$$

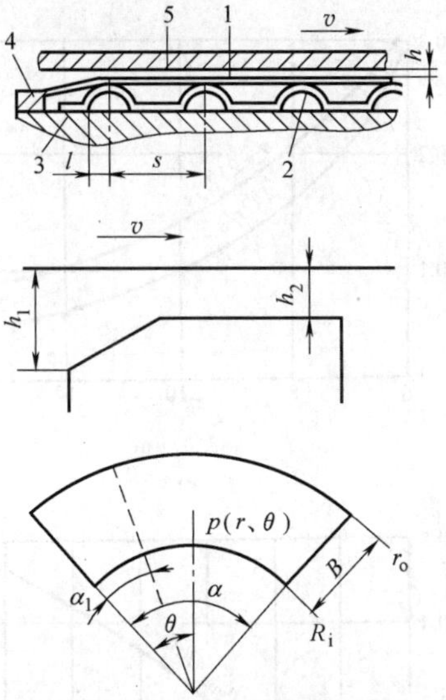

图 13.10-13　止推波箔轴承
1—平箔　2—波箔　3—轴承座
4—隔离块　5—止推环

图 13.10-14 所示为两个参数确定的止推波箔轴承载荷数 F^* 与扇形瓦块圆心角 α 的关系曲线。图 13.10-14a 的止推波箔轴承 $\lambda=1.00$，为较硬的波箔轴承；图 13.10-14b 所示的止推波箔轴承 $\lambda=2.67$，为较软的波箔轴承。从图 13.10-14 中可以看出，扇形瓦圆心角 $\alpha=50°$ 左右时，轴承承载能力最大，即扇形瓦块数为 6~7 时轴承承载能力最大。

图 13.10-15 所示为 $\alpha=45°$、$h_1/h_2=2$ 时，两个止推波箔轴承载荷数 F^* 和摩擦转矩数 T_μ^* 与 α_1/α 的关系曲线。对应最大承载能力的 α_1/α 值，较硬波箔轴承为 0.7，较软波箔轴承为 0.5。

1.3　悬臂型箔轴承

悬臂型箔轴承是将一片片矩形箔镶嵌在轴承座上构成的轴承，每片箔一端固定，一端自由呈悬臂状，各片间有部分相互重叠，呈鳞片状排列。

(1) 径向悬臂型箔轴承

图 13.10-16 所示为典型的径向悬臂型箔轴承。

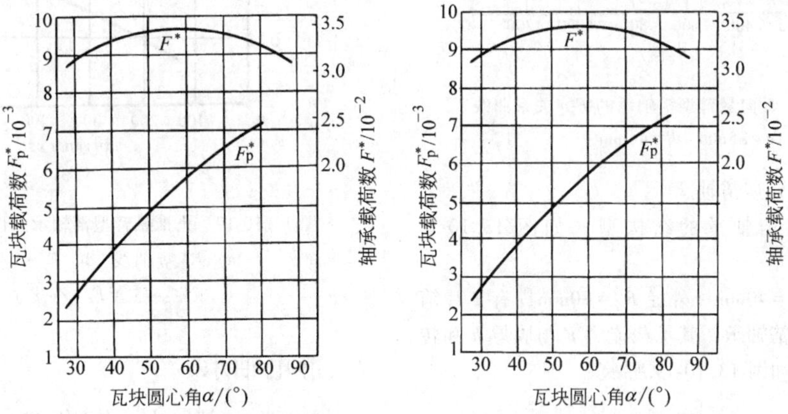

图 13.10-14　止推波箔轴承载荷数 F^* 与扇形瓦圆心角 α 的关系曲线（$B/r_o=0.5$）

a）$\alpha_1/\alpha=0.8$，$h_1/h_2=2.0$，$\lambda=1.00$，$\Lambda=3.00$　b）$\alpha_1/\alpha=0.5$，$h_1/h_2=2.5$，$\lambda=2.67$，$\Lambda=0.59$

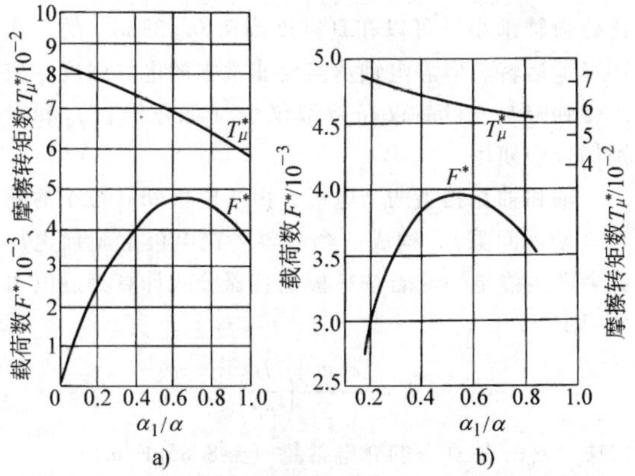

图 13.10-15　止推波箔轴承载荷数 F^*、摩擦转矩数 T^* 与 α_1/α 的关系曲线（$B/r_o=0.5$）

a）$\Lambda=3.00$，$\lambda=1.00$　b）$\Lambda=0.75$，$\lambda=5.00$

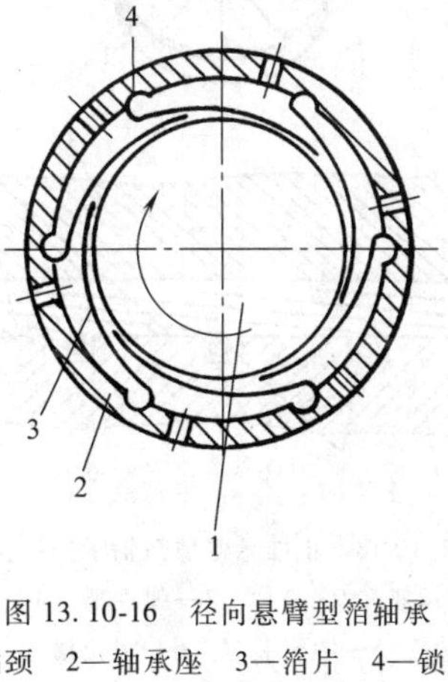

图 13.10-16　径向悬臂型箔轴承
1—轴颈　2—轴承座　3—箔片　4—锁定槽

箔片数通常为 6~16 片，沿轴承座内壁顺序、均匀地重叠排列，保持一定比例的重叠面积。轴颈的旋转方向只能是单向的。箔片的曲率半径大于轴颈半径，镶嵌在轴承座孔内产生弯曲弹性变形。

箔片的弹性变形、各箔片之间位移产生的摩擦都能有效地吸收掉外部的振动与冲击能量，以及转子本身的自激涡动能量，故这种轴承有较高的稳定性。

图 13.10-17 所示为计算参数确定的径向悬臂型箔轴承得到的承载能力 F 与转速 n 之间的关系曲线。

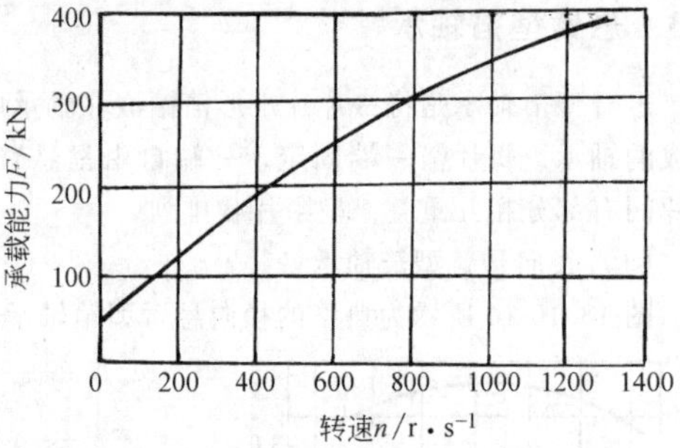

图 13.10-17　径向悬臂型箔轴承的 F-n 关系曲线
d=35mm　B=44mm

（2）止推悬臂型箔轴承

止推悬臂型箔轴承的结构型式如图 13.10-18 所示。

一个内径 R_i=40mm、外径 R_o=80mm，有 8 片箔片的止推悬臂型箔轴承，其承载能力 F 与膜厚 h 和转速 n 的关系曲线如图 13.10-19 所示。

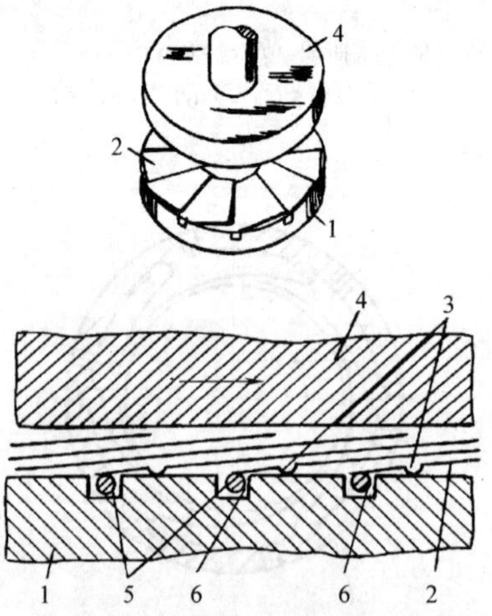

图 13.10-18　止推悬臂型箔轴承的结构型式
1—轴承座　2—箔片　3—弹性槽　4—止推环
5—锁定装置　6—定位槽

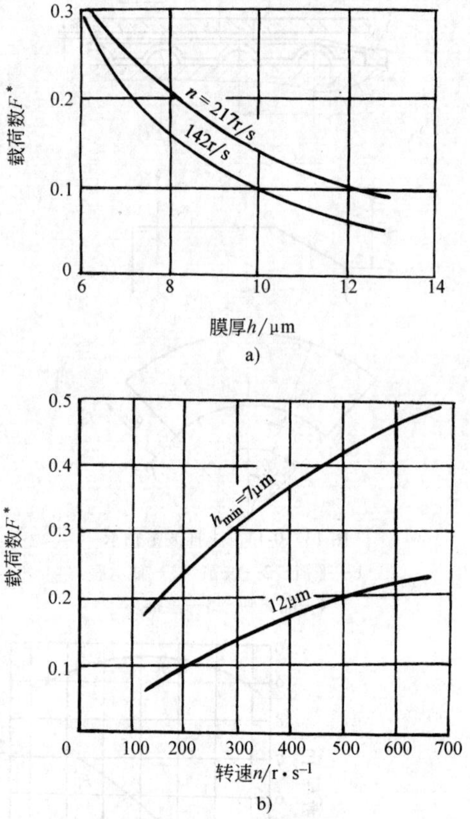

图 13.10-19　止推悬臂型箔轴承的性能关系曲线
a）F^*-h 曲线　b）F^*-n 曲线
注：$F^*=F/(Zp_ar_o)$

2　静电轴承

静电轴承利用电场力使轴悬浮，故又称电悬浮轴承。静电轴承结构紧凑，几乎没有摩擦，不需要润滑，能耗极低。它的有害转矩（对精密仪表有影响）比磁力轴承小，可以在真空度高于 0.133mPa 的工作环境下运转。但静电轴承需要非常强的电场强度，应用受到限制，目前仅在微型仪表（如陀螺仪）和个别场合中使用。

轴和轴瓦相当两个电极，由于电极间有很小的间隙（轴承间隙），构成一个电容。在电极上施加电压就会产生静电力。若按平板电容器公式计算其静电力 F，则

$$F=-\frac{\varepsilon_0\varepsilon_r A}{2}\left(\frac{U}{h_0}\right)^2$$

式中　ε_0——真空的介电常量（≈8.85pF/m）；

ε_r——电极间物质的相对介电常数（其介电常量与真空介电常量之比）；

A——电极面积（轴承面积）；

U——电压；

h_0——电极间的间隙（轴承间隙）。

式中，负号表示静电力为吸力，计算时常略去。和其他轴承一样，若沿轴的一周设置 Z 个电极，则轴承的承载能力是这些电极吸力的矢量和的反向等值载荷。

由伺服控制达到稳定的静电轴承称为有源型静电轴承，靠自身电磁参数调谐达到稳定的静电轴承称为无源型静电轴承，还有有源和无源联合型静电轴承。

按几何形状，静电轴承分为平面止推轴承、圆柱径向轴承、球形轴承和锥形轴承等。

静电轴承推荐用参数及常用材料见表 13. 10-4。

2. 1　无源型静电轴承

无源型静电轴承根据支承回路可分为两类，一类是利用改变电路电感和电阻构成谐振式支承回路，另一类是采用非调谐的电桥式支承回路，使轴承稳定工作。

2. 1. 1　静电平面止推轴承

无源型静电止推轴承大多是平面的。两平行板导体之间的电场力为

$$F=\frac{\varepsilon_r E^2 A}{8\pi}=\frac{\varepsilon_r U^2 A}{8\pi h_0^2}=\frac{U^2 C}{2h_0} \tag{13.10-12}$$

式中　E——电场强度；

h_0——轴承间隙；

U——外加电压；

C——电容。

无源型静电平面止推轴承的回路及性能计算公式见表 13. 10-5。

表 13. 10-4　静电轴承推荐用参数及常用材料

	参数名称	荐用值	
电参数	外加电压 U	2～4kV	受击穿场强限制
	偏置电压 U_0	20～100V	—
	电场强度 E	40～50MV/m	—
几何参数	轴承间隙 h_0	0. 05～0. 3mm	按电压和加工精度确定
	几何形状误差	小于间隙值的 1/100～1/10	按仪器要求精度确定最小误差
	表面粗糙度 Ra	≤0. 08μm	影响击穿场强
材料	壳体或定子	金属、陶瓷等	
	电极	钢、铜、铝等或表面涂覆	
	转子	铝、铍等轻金属	

表 13. 10-5　无源型静电平面止推轴承的回路及性能计算公式

类型	回　路	性　能　计　算　公　式	
并联调谐	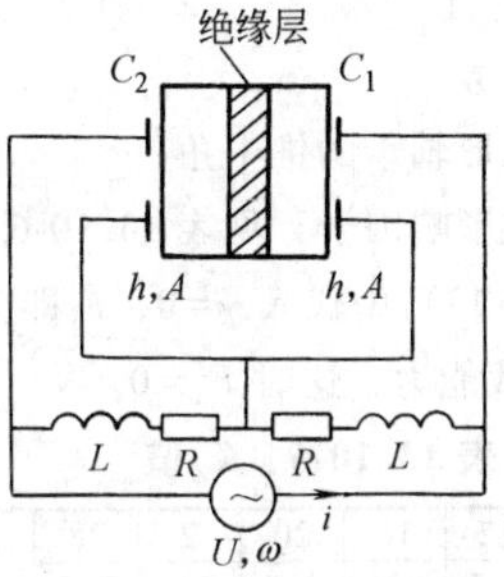	承载能力 /N	$F=\dfrac{3.67\varepsilon_r AU^2(Q^2-Q_0Q+1)\varepsilon\times10^{-12}}{h_0^2\{[Q+(Q_0-Q)\varepsilon^2]^2+(1-\varepsilon^2)^2\}}$ $F=\dfrac{14.68\varepsilon_r AI^2(Q^2-Q_0Q+1)\varepsilon\times10^{-12}}{h_0^2G_e^2g_1g_2}$
		刚度 /N · m⁻¹	$k=\dfrac{3.67\varepsilon_r AU^2(Q^2-Q_0Q+1)\times10^{-12}}{h_0^3(Q^2+1)}$ $k=\dfrac{14.68\varepsilon_r AI^2(Q^2-Q_0Q+1)\times10^{-12}}{h_0^3G_e^2(Q^2+1)^2}$
串联调谐	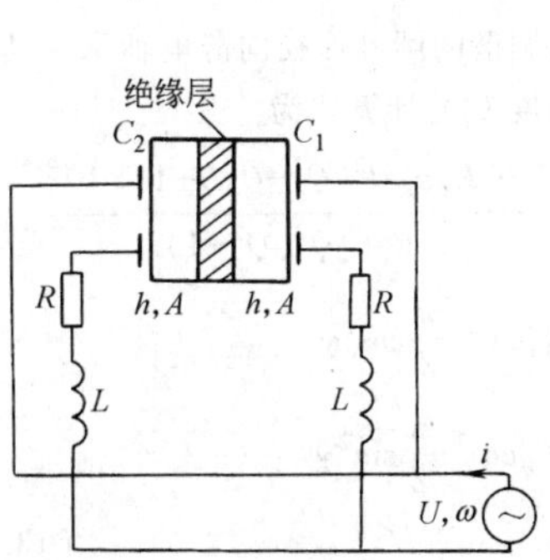	承载能力 /N	$F=\dfrac{14.68\varepsilon_r AU^2[(Q_c-Q)^2+1](Q^2-Q_0Q+1)\varepsilon\times10^{-12}}{h_0^2g_1g_2}$ $F=\dfrac{3.67\varepsilon_r AI^2(Q^2-Q_0Q+1)\varepsilon\times10^{-12}}{h_0^2G_e^2\{[Q_cQ+(Q_c-Q_0)(Q_0-Q)\varepsilon^2+[Q_c-(Q_c-Q_0)\varepsilon^2]^2\}}$
		刚度 /N · m⁻¹	$k=\dfrac{14.68\varepsilon_r AU^2[(Q_c-Q)^2+1](Q^2-Q_0Q+1)\times10^{-12}}{h_0^3(Q^2+1)^2}$ $k=\dfrac{3.67\varepsilon_r AI^2(Q^2-Q_0Q+1)\times10^{-12}}{h_0^3G_e^2Q_c^2(Q^2+1)}$

（续）

类型	回路	性能计算公式	
电桥回路	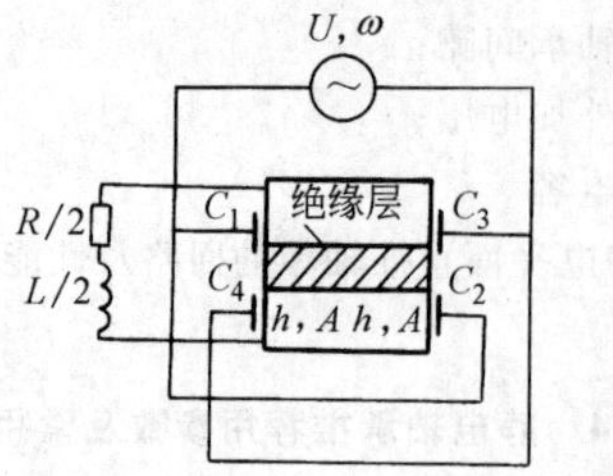	承载能力 /N	$F=\dfrac{14.68\varepsilon_r AU^2(Q^2-Q_0Q+1)\varepsilon\times10^{-12}}{h_0^2\{[Q+(Q_0+Q)\varepsilon^2]^2+(1-\varepsilon^2)^2\}}$ $F=\dfrac{3.67\varepsilon_r AI^2(Q^2-Q_0Q+1)\varepsilon\times10^{-12}}{h_0^2G_e^2g_1g_2}$
		刚度 /N·m⁻¹	$k=\dfrac{14.68\varepsilon_r AU^2(Q^2-Q_0Q+1)\times10^{-12}}{h_0^3(Q^2+1)}$ $k=\dfrac{3.67\varepsilon_r AI^2(Q^2-Q_0Q+1)\times10^{-12}}{h_0^3G_e^2(Q^2+1)^2}$
说明	$Q_c=\dfrac{\omega(C_0+C_e)}{2G_e}$ $Q=Q_c-Q_L$ $Q_L=\dfrac{1}{2\omega L_eG_e}$ $Q_0=\dfrac{\omega C_0}{2G_e}$	C_0——一个电极在无偏心时的电容， $C_0=8.85\varepsilon_r A\times10^{-12}/h_0$ C_e——一个电极的漏电容 L_e—等效并联电感 G_e—等效并联电导 ε—偏心率 ω—角频率，$\omega=2\pi f$	f—电源频率 $g_1=[Q_0-(Q_0-Q)(1-\varepsilon)]^2+(1-\varepsilon)^2$ $g_2=[Q_0-(Q_0-Q)(1+\varepsilon)]^2+(1+\varepsilon)^2$

2.1.2 圆柱和圆锥形静电轴承

圆柱和圆锥形静电轴承的极数一般为 4 的整倍数。图 13.10-20 所示为串联调谐 4 极圆柱形径向静电轴承。

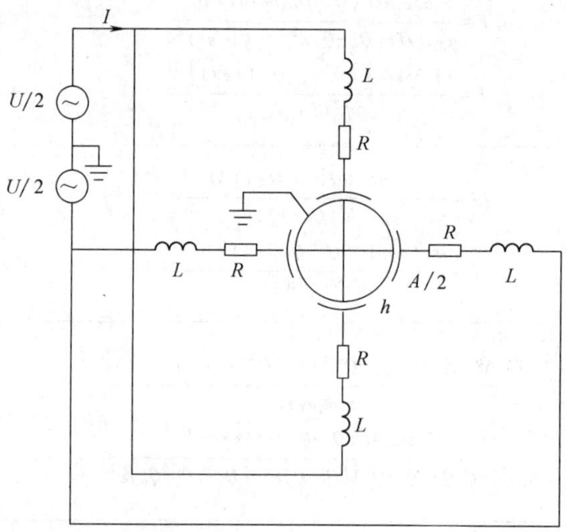

图 13.10-20 串联调谐 4 极圆柱形径向静电轴承

（1）承载能力

对于串联调谐的圆锥形径向止推静电轴承，其径向承载能力 F_r和轴向承载能力 F_a的计算公式为

$$F_0=\frac{3.67K_Z\varepsilon_r AI^2(Q^2-Q_0Q+1)\varepsilon\times10^{-12}}{C_r^2G_e^2Q_c^2(Q^2+1)} \tag{13.10-13}$$

$$\begin{cases}F_r=F_0\cos^2\dfrac{\pi}{Z}\cos\gamma\\ F_a=F_0\cos^2\dfrac{\pi}{Z}\sin\gamma\end{cases}$$

式中 Z——电极数；

γ——圆锥形轴承的锥半角；

K_Z——极数影响因子，见表 13.10-6。

在式（13.10-13）中代入 $\gamma=0$，F_r即为圆柱形径向静电轴承的承载能力，这时 $F_a=0$。

表 13.10-6 K_Z值

Z	4	8	12	16	20	2	28	32	36
K_Z	1	1	1.5	2	2.5	3	3.5	4	4.5

（2）刚度

对于串联调谐的圆锥形径向静电轴承，其径向刚度 k_r和轴向刚度 k_a的计算式为

$$\begin{cases}k_0=\dfrac{3.67K_Z\varepsilon_r AI^2(Q^2-Q_0Q+1)\times10^{-12}}{C_r^3G_e^2Q_c^2(Q^2+1)}\\ k_r=k_0\cos^2\dfrac{\pi}{Z}\cos^2\gamma\\ k_a=F_0\cos^2\dfrac{\pi}{Z}\sin^2\gamma\end{cases} \tag{13.10-14}$$

在式（13.10-14）中代入 $\gamma=0$，k_r即为圆柱形向轴承的刚度，这时 $k_a=0$。

2.1.3　球形静电轴承

球形静电轴承多数采用 6 面电极结构，有正六面体电极和圆电极两种，其示意图如图 13.10-21 所示。

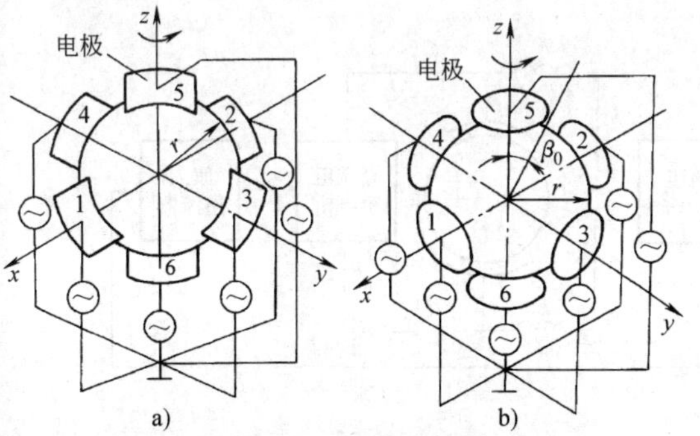

图 13.10-21　六面电极球形静电轴承示意图
a）正六面体电极　b）圆形电极

（1）电压源系统

球形静电轴承承载能力的计算公式为

$$\begin{cases} F_0=\dfrac{J_3A\varepsilon_r U_0^2}{C_r^2} \\ F_x=\dfrac{F_0}{U_0^2}[(U_1^2-U_2^2)+J_1\varepsilon_x(U_1^2+U_2^2)+J_2\varepsilon_x(U_3^2+U_4^2+U_5^2+U_6^2)] \\ F_y=\dfrac{F_0}{U_0^2}[(U_3^2-U_4^2)+J_1\varepsilon_y(U_3^2+U_4^2)+J_2\varepsilon_y(U_5^2+U_6^2+U_1^2+U_2^2)] \\ F_z=\dfrac{F_0}{U_0^2}[(U_5^2-U_6^2)+J_1\varepsilon_x(U_5^2+U_6^2)+J_2\varepsilon_x(U_1^2+U_2^2+U_3^2+U_4^2)] \end{cases} \tag{13.10-15}$$

式中　F_0——无偏心时单电极上的电场力；
U_0——无偏心时的偏置电压；
U_i——各电极上的外加电压；
ε_x、ε_y、ε_z——分别为 x、y、z 轴方向的偏心率；
J_1、J_2、J_3——常数。

刚度的计算公式为

$$\begin{cases} k_0=\dfrac{J_3A\varepsilon_r U_0^2}{C_r^3} \\ k_x=\dfrac{k_0}{U_0^2}[J_1(U_1^2+U_2^2)+J_2(U_3^2+U_4^2+U_5^2+U_6^2)] \\ k_y=\dfrac{k_0}{U_0^2}[J_1(U_3^2+U_4^2)+J_2(U_5^2+U_6^2+U_1^2+U_2^2)] \\ k_z=\dfrac{k_0}{U_0^2}[J_1(U_5^2+U_6^2)+J_2(U_1^2+U_2^2+U_3^2+U_4^2)] \end{cases} \tag{13.10-16}$$

对正六面体电极

$$J_1=1.667、J_2=0.272、J_3=3.67\times10^{-12}$$

对圆电极

$$J_1=\frac{4(2-\cos\beta_0-\cos\beta_0\cos2\beta_0)}{3(1-\cos^2\beta_0)}$$

$$J_2=\frac{2(4-5\cos\beta_0-\cos\beta_0\cos2\beta_0)}{3(1-\cos^2\beta_0)}$$

$$J_3=\frac{1.106(1-\cos2\beta_0)}{1-\cos\beta_0}\times10^{-12}$$

$$A=2\pi r(1-\cos\beta_0)$$

式中　β_0——电极边界角，采用 6 个电极时$\beta_0\leqslant35°$。

（2）电流源系统

球形静电轴承承载能力的计算公式为

$$\begin{cases} F_0=\dfrac{J_5I_0^2}{\omega^2(1+2C_c)A^2\varepsilon_r} \\ F_x=\dfrac{F_0}{I_0^2}[(I_1^2-I_2^2)+J_4\varepsilon_x(I_1^2+I_2^2)+J_2\varepsilon_x(I_3^2+I_4^2+I_5^2+I_6^2)] \\ F_y=\dfrac{F_0}{I_0^2}[(I_3^2-I_4^2)+J_4\varepsilon_x(I_3^2+I_4^2)+J_2\varepsilon_x(I_5^2+I_6^2+I_1^2+I_2^2)] \\ F_z=\dfrac{F_0}{I_0^2}[(I_5^2-I_6^2)+J_4\varepsilon_x(I_5^2+I_6^2)+J_2\varepsilon_x(I_1^2+I_2^2+I_3^2+I_4^2)] \end{cases} \tag{13.10-17}$$

式中　I_0——无偏心时 1 个电极支路的电流；
I_i——各电极支路的电流；
C_c——杂散电容与无偏心时电极电容之比。

刚度的计算公式为

$$\begin{cases} k_0=\dfrac{J_5I_0^2}{\omega^2(1+2C_c)AC_R\varepsilon_r} \\ k_x=\dfrac{k_0}{I_0^2}[J_2(I_3^2+I_4^2+I_5^2+I_6^2)-J_4(I_1^2+I_2^2)] \\ k_y=\dfrac{k_0}{I_0^2}[J_2(I_5^2+I_6^2+I_1^2+I_2^2)-J_4(I_3^2+I_4^2)] \\ k_z=\dfrac{k_0}{I_0^2}[J_2(I_1^2+I_2^2+I_3^2+I_4^2)-J_4(I_5^2+I_6^2)] \end{cases} \tag{13.10-18}$$

对正六面体电极

$$J_4=(0.013+1.686C_c),J_5=4.69\times10^{10}$$

对圆电极

$$J_4=(1+2C_c)J_1-2J_3,$$

$$J_5=\frac{1.41(1-\cos2\beta_0)}{1-\cos\beta_0}\times10^{10}$$

2.2　有源型静电轴承

有源型静电轴承有较高的轴承刚度和响应速度，可以使用直流电源。这种轴承的几何结构与无源型静电轴承完全相同，只是它带有伺服控制电路。图 13.10-22 所示为有源型 6 极球形静电轴承的示意图和一对电极的伺服控制电路图。

有源型静电轴承常用的位置传感器有光电传感器、高频电桥等。伺服控制系统通常包括输出电路、位置敏感电路、补偿网络、放大器、振荡器、调制器和解调器等。

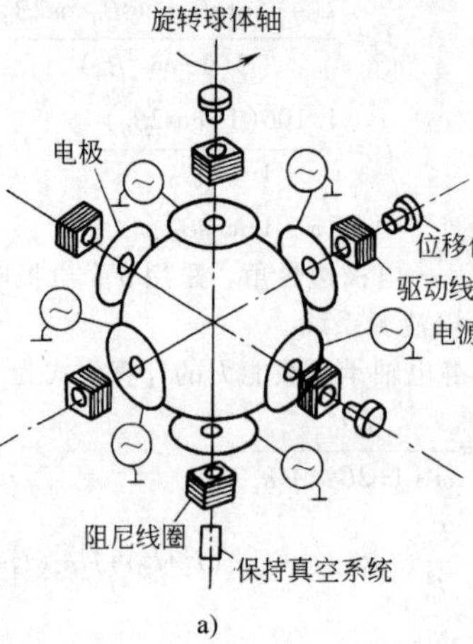

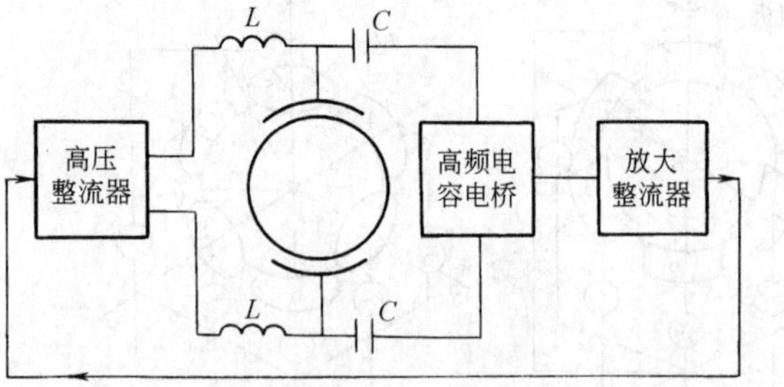

图 13.10-22　有源型6极球形静电轴承

a）轴承示意图　b）伺服控制电路

2.3　静电轴承的设计步骤

设计静电轴承时，首先要根据使用场合以及轴承在设备中的作用，明确是承载用还是定心用。设计步骤大致如下：

1）选择轴承结构型式及轴承材料。

2）根据承载能力和刚度要求，确定轴承尺寸和极板总面积。

3）确定极板数 Z（一般2~12极）和轴承半径间隙 C_r或 h_0，计算初始电参数。

4）选择电源（交流或直流），决定控制方式（若选用直流电源必须采用有源型轴承，这时还得选择位置传感器的型式）。

5）建立转子运动方程，计算控制系统参数。

6）核算承载能力和刚度，若不满足要求，需重新选择参数直至满足要求为止。

7）进行系统动态分析。

8）进行电子电路设计。

例 13.10-2　设计一在真空中工作的无源球形静电轴承。要求：转子外径 $d=40$mm；最大承载力 $F_{max}\geqslant 1.4$N；无偏心时的刚度 $k_z\geqslant 100$N/m。

解　选择正六面体电极，采用电压源系统，其计算项目和计算结果见表13.10-7。

表 13.10-7　无源型球形静电轴承的计算项目和计算结果

计算项目	计算公式及说明	计算结果
转子外半径	$r=d/2=(40\times10^{-3}/2)$ m	20×10^{-3} m
轴承半径间隙	C_r，可按表13.10-4选取	100×10^{-6} m
一个电极的面积	$A\approx1.82r^2=1.82\times(20\times10^{-3})^2$ m^2	0.728×10^{-3} m^2
相对介电常数	真空时 $\varepsilon_r=\varepsilon_0/\varepsilon_0$	1
无偏心时的偏置电压	U_0，按表13.10-4选取	100V
常数	J_1 J_2 J_3	1.667 0.272 3.67×10^{-12}
无偏心时单电极电场力	$F_0=\dfrac{J_3A\varepsilon_rU_0^2}{C_r^2}=\dfrac{3.67\times10^{-12}\times0.728\times10^{-3}\times1\times100^2}{(100\times10^{-6})^2}$N	2.67×10^{-3} N
无偏心时单电极的刚度	$k_0=\dfrac{J_3A\varepsilon_rU_0^2}{C_r^3}=\dfrac{3.67\times10^{-12}\times0.728\times10^{-3}\times1\times100^2}{(100\times10^{-6})^3}$N/m	26.7N/m
最大偏心率	ε_{max}，选定	0.15
z 向上电极的外加电压	U_z，按表13.10-4选取	2100V

（续）

计算项目	计算公式及说明	计算结果
其余各电极的外加电压	$U_1=U_2=U_3=U_4=U_6=U_0$，自选	100V
z 向最大承载力	$F_z=\frac{F_0}{U_0^2}[(U_5^2-U_6^2)+J_1\varepsilon_x(U_5^2+U_6^2)+J_2\varepsilon_x(U_1^2+U_2^2+U_3^2+U_4^2)]$ $=\frac{2.67\times10^{-3}}{100^2}\times[(2100^2-100^2)+1.667\times0.15\times(2100^2+100^2)+$ $0.272\times0.15\times(100^2+100^2+100^2+100^2)]\mathrm{N}$	1.47N
z 向无偏心时的刚度	$k_z=\frac{k_0}{U_0^2}[J_1(U_5^2+U_6^2)+J_2(U_1^2+U_2^2+U_3^2+U_4^2)]$ $=\frac{26.7}{100^2}\times[1.667\times(2100^2+100^2)+$ $0.272\times(100^2+100^2+100^2+100^2)]\mathrm{N/m}$	$19.7\times10^3\mathrm{N/m}$
转子材料	金属	铍
转子材料的密度	ρ，查资料	$1.85\times10^3\mathrm{kg/m^3}$
空心转子的壁厚	$\delta=(0.7\sim2)\times10^{-3}\mathrm{m}$	取为 $1.5\times10^{-3}\mathrm{m}$
转子质量	$m=4\pi\rho\delta(r^2-r\delta+\delta^2)/3=\{4\pi\times1.85\times10^3\times1.5\times10^{-3}\times$ $[(20\times10^{-3})^2-20\times10^{-3}\times1.5\times10^{-3}+(1.5\times10^{-3})^2]/3\}\mathrm{kg}$	$4.33\times10^{-3}\mathrm{kg}$
转子重量	$W=mg=4.33\times10^{-3}\times9.81\mathrm{N}$	0.0425N
承受加速度的能力	$F_{z\max}/W=1.47/0.0425$	34.6

3　磁力轴承

磁力轴承是利用磁场力使轴悬浮，故又称磁悬浮轴承。它无须任何润滑剂，可在真空中工作，因此可达到极高的速度，目前有圆周速度为 2 倍声速的应用实例。

3.1　分类与应用

磁力轴承按控制方式，有无源型、有源型和有源无源混合型；按磁能来源，有永磁式、激励式、激励永磁混合式和超导体式，其分类见表 13.10-8。

无源型磁力轴承不可能在空间坐标 3 个方向上都稳定，至少在 1 个方向要采用有源型，因此实用的磁力轴承都是无源和有源混合型的。按照支承系统约束自由度数不同，无源和有源混合型磁力轴承有 1～5 个自由度是有源型轴承约束，其余是无源型轴承约束的 5 种。

表 13.10-8　磁力轴承的分类

名称	按控制方式		
	无源型磁力轴承	有源型磁力轴承	有源无源混合型磁力轴承
示意图	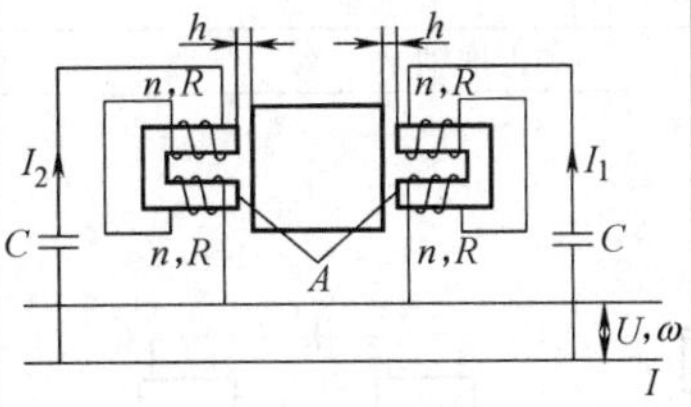	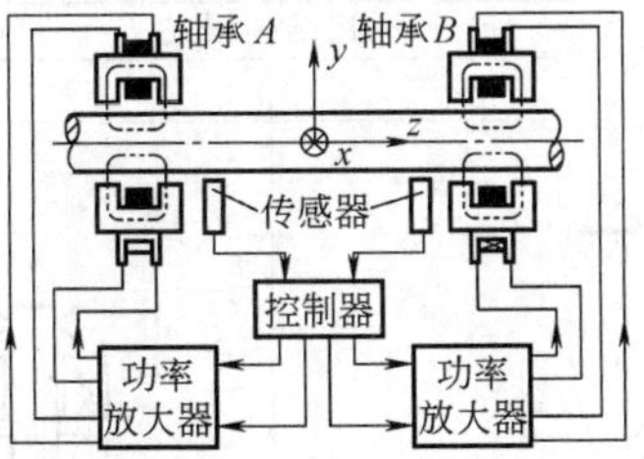	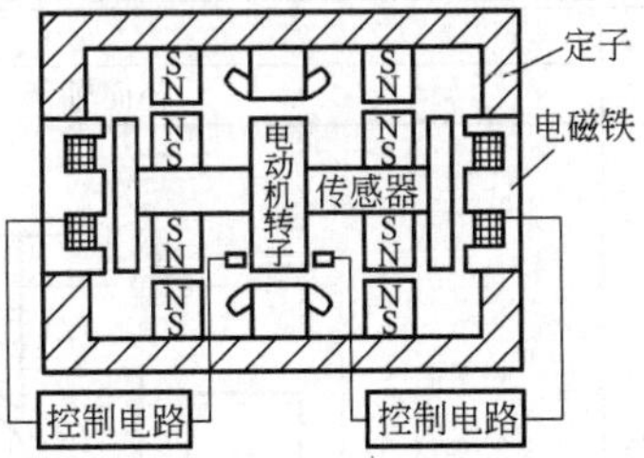
特点	利用调整本身励磁参数的方法实现轴承的稳定运转，故又称被动稳定型磁力轴承。结构简单，但刚度小，损耗较大	利用各种电的或机械的传感器、桥式网络电或磁参数的变化进行伺服控制，以实现轴承的稳定运转，故又称主动控制型磁力轴承。与无源型比较，刚度大、响应速度快、功耗小，可实现 5 个自由度的控制，但需要外控回路	兼有有源型和无源型磁力轴承的特点

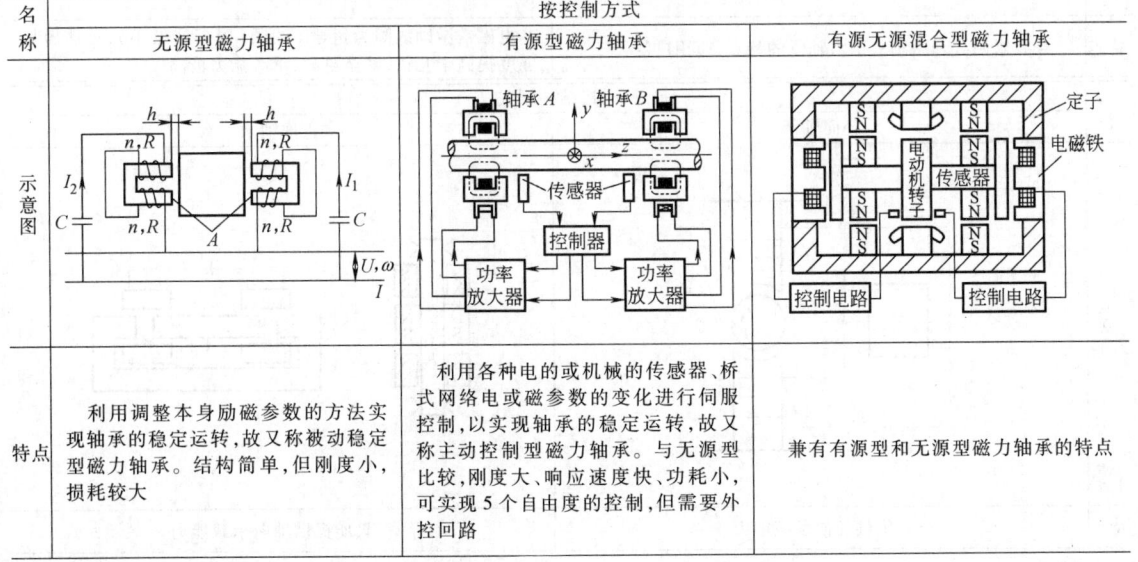

（续）

<table>
<tr><td rowspan="2">名称</td><td colspan="2">按磁能来源</td></tr>
<tr><td>永磁式磁力轴承</td><td>激励式磁力轴承</td></tr>
<tr><td>示意图</td><td>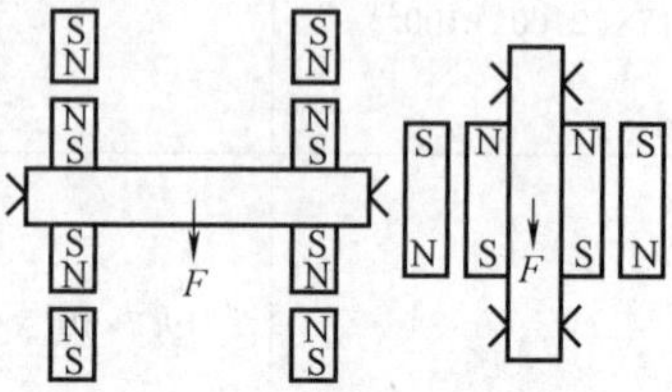
</td><td>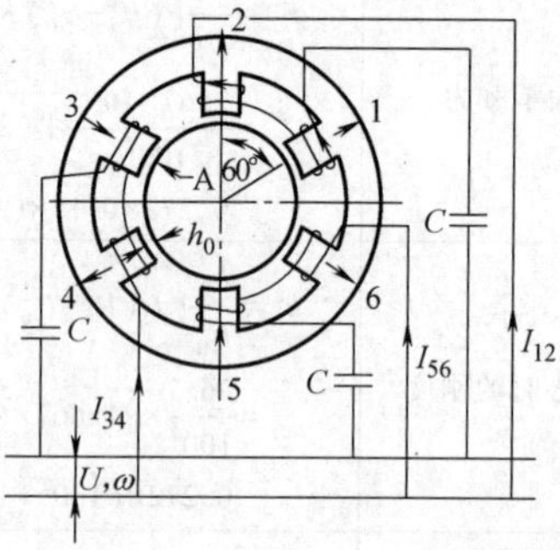
</td></tr>
<tr><td>特点</td><td>结构简单，无控制系统和调谐电路，功耗小。但刚度低，稳定性差，采用一般的永磁材料有退磁作用，配合不当还会出现反转。大型轴承装配困难</td><td>利用电磁铁原理，配有控制系统或调谐电路。结构多样，承载能力和刚度大，稳定性好，应用广泛。但体积大，功耗高</td></tr>
<tr><td rowspan="2">名称</td><td colspan="2">按磁能来源</td></tr>
<tr><td>激励永磁混合式磁力轴承</td><td>超导体式磁力轴承</td></tr>
<tr><td>示意图</td><td>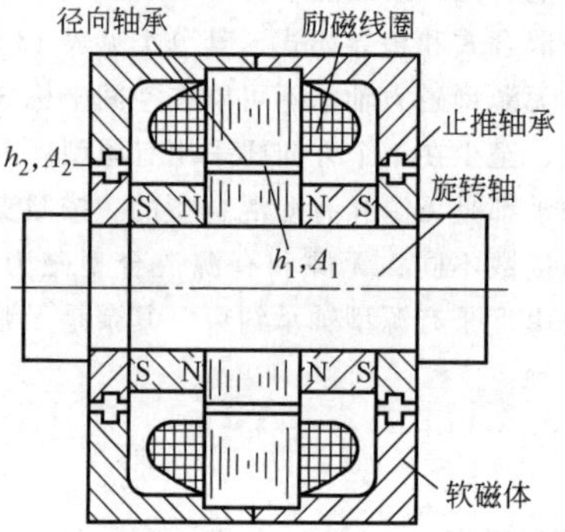
</td><td>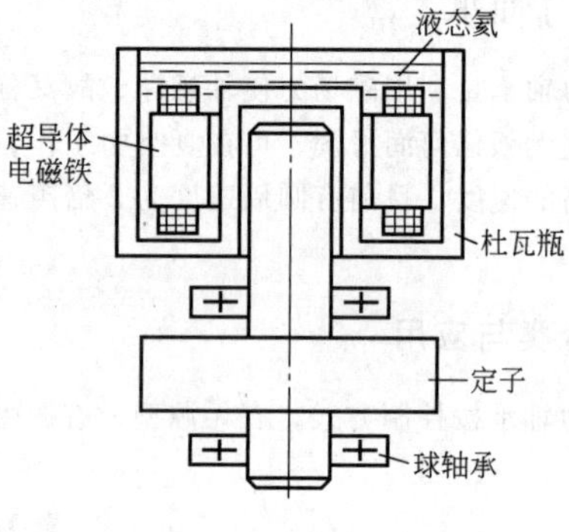
</td></tr>
<tr><td>特点</td><td>兼有永磁式和激励式磁力轴承的特点，应用广泛</td><td>电磁铁激励线圈为超导体线圈（置于液氦中），可使磁场强度提高十几倍，甚至更高，承载能力极高</td></tr>
<tr><td rowspan="2">名称</td><td colspan="2">按结构型式</td></tr>
<tr><td>径向轴承</td><td>止推轴承</td></tr>
<tr><td>示意图</td><td>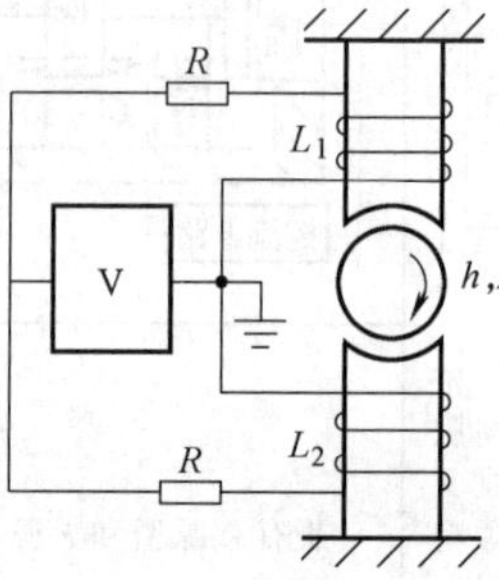
</td><td>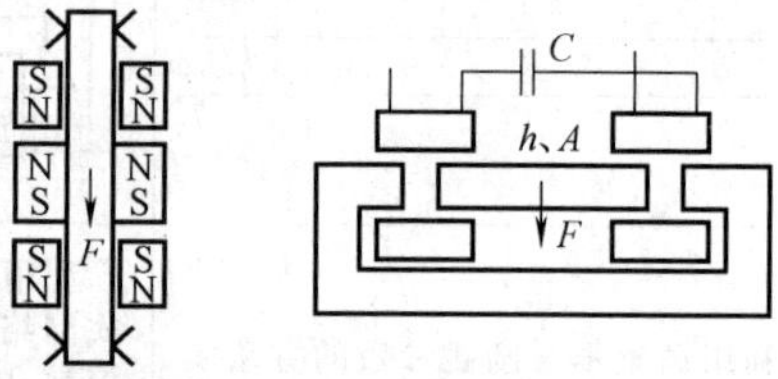
</td></tr>
<tr><td>特点</td><td>提供径向承载能力</td><td>只能提供轴向承载能力</td></tr>
</table>

（续）

名称	按结构型式		
	径向止推轴承		
	锥形轴承	T形轴承	阶梯轴承
示意图	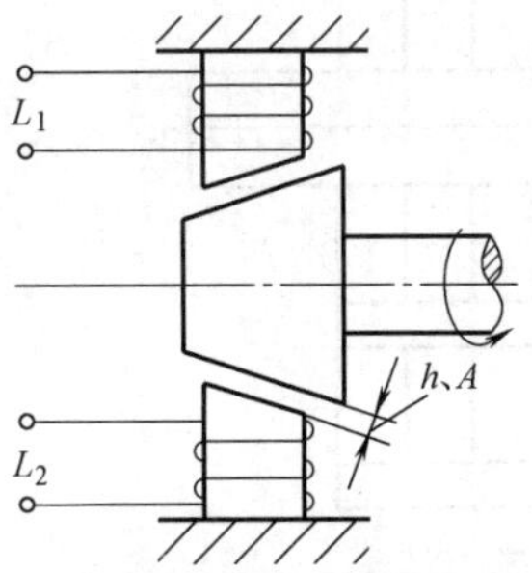	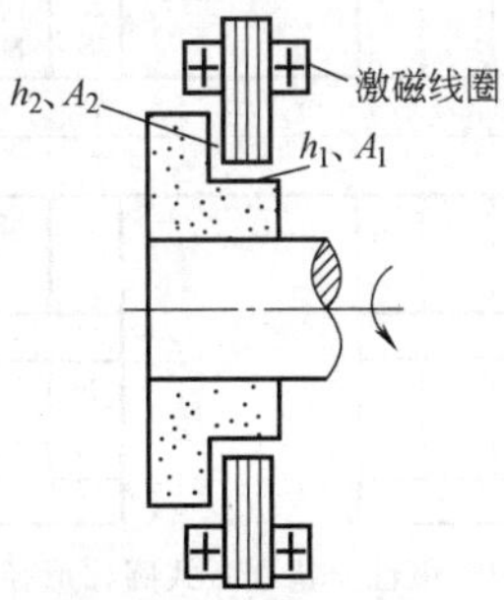	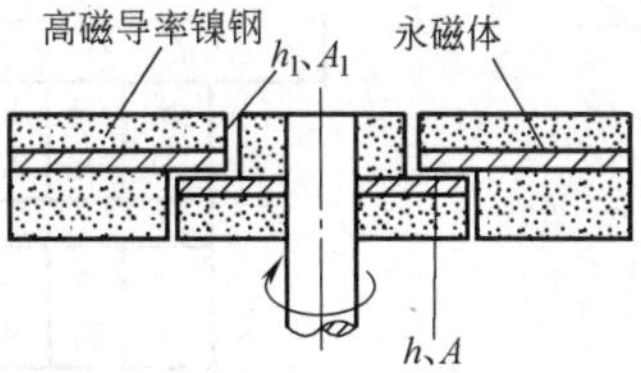
特点	结构紧凑，可靠性高，能同时提供径向和轴向承载能力。当轴向和径向位移都相当大时，会产生轴向和径向耦合干扰	容易加工，可靠性高。轴向和径向耦合干扰比锥形轴承小。磁通垂直于叠片平面，所以工作频率受限制	结构紧凑，工艺性好，可以利用多种磁性材料组合以满足使用要求

名称	按结构型式	
	径向止推轴承	
	球形轴承	边缘磁场轴承
示意图	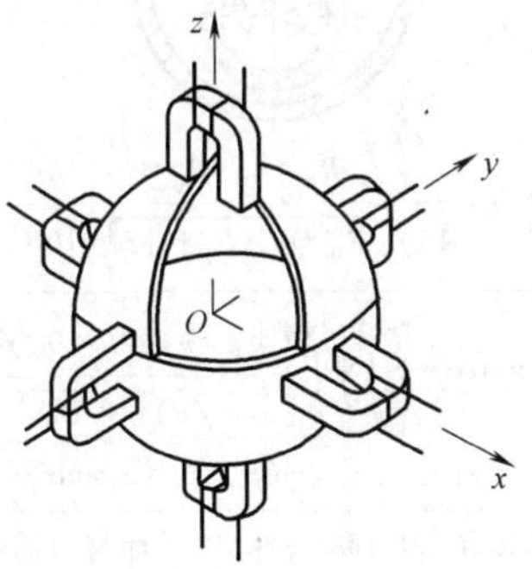	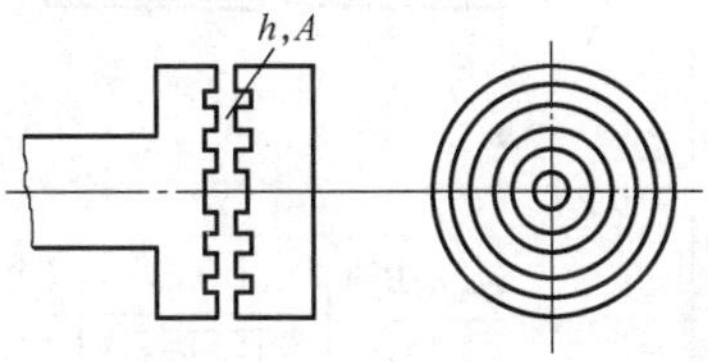
特点	可提供3向承载能力，多用于陀螺仪等仪表	当轴径向偏移后，齿对不准，边缘磁通产生径向力使轴恢复原位

磁力轴承主要的应用场合有精密陀螺仪、加速度计、空间飞行器姿态飞轮、密度计、流量计、同步调相机、精密电流稳定器、振动阻尼器、真空泵、功率表、钟表、超高速离心机、金属提纯设备、超高速磨头、精密机床、水轮发电机、大型电动机、发电机、汽轮机、气体压缩机和抽风机等。

3.2　无源型磁力轴承

3.2.1　永磁式磁力轴承

永磁式磁力轴承有多种结构型式，而且永久磁铁也可以做成多种形状和磁化方式（有些还有软钢底座）。图13.10-23所示为圆环形薄片永磁体极性交错地贴合在一起所构成的圆柱径向轴承。

永磁式磁力轴承的承载能力和刚度取决于永磁材料的种类，磁极的面积、形状、厚度和布置，轴承间隙和软磁钢部分的尺寸，因此要进行理论计算比较困难。最简单的确定方法是试验相似法，借助几种用试验已测定出承载能力的结构，采用同样的材料和结构，只要所设计的轴承尺寸和间隙具有和试验结构同样的比值，则其承载能力与磁铁任一线性尺寸的平方成正比。

增加磁铁厚度，采用软磁钢极靴结构，能提高轴承承载能力。设计中应注意，任何一种永磁材料和结构的永磁式轴承都有其尺寸极限，超过此极限轴承就不能支承其本身重量。

永磁式径向和止推磁力轴承承载能力的估算公式见表13.10-9。

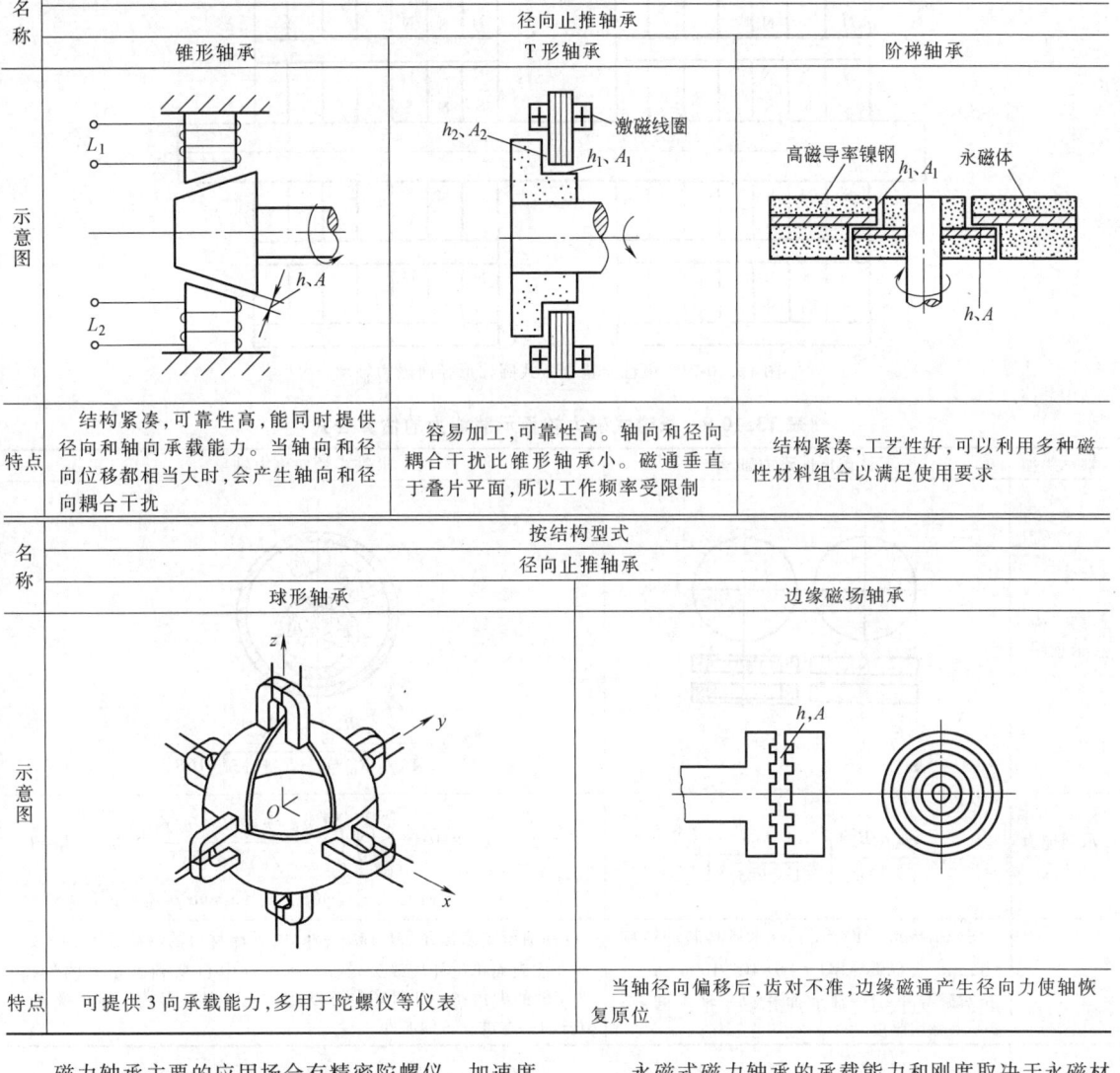

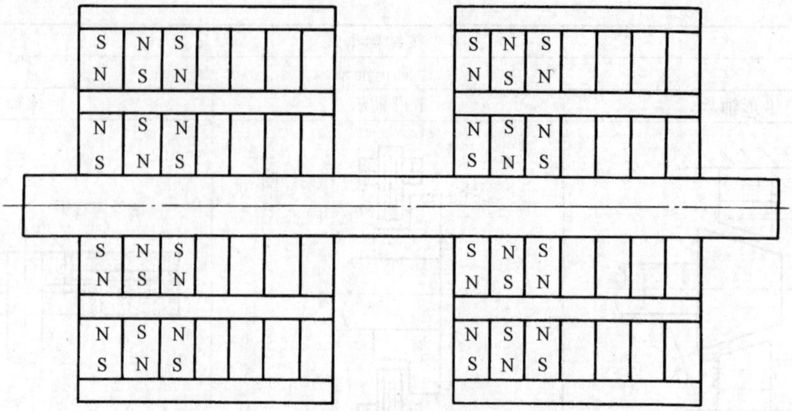

图 13.10-23　极性交错永磁式圆柱形径向磁力轴承

表 13.10-9　永磁式磁力轴承承载能力的估算公式

轴承类型	永磁式止推磁力轴承	永磁式径向磁力轴承
结构示意图	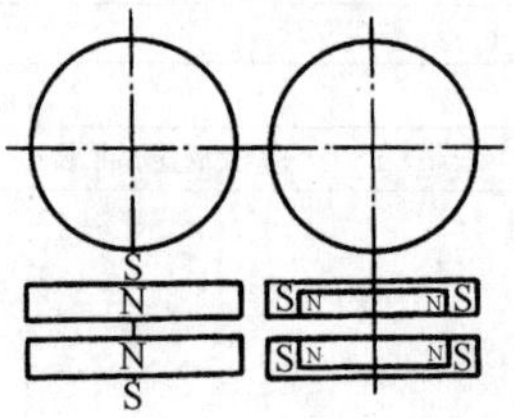 $\xi=1$　　$\xi=1.7$	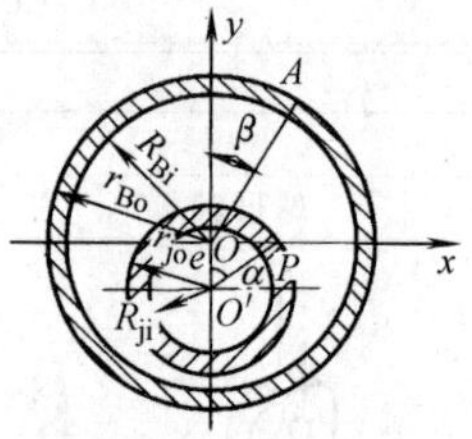 $\xi=\dfrac{R_{Bi}+r_{Bo}+R_{ji}+r_{jo}}{4\sqrt{(R_{Bi}+r_{Bo}+R_{ji}+r_{jo})^2+16B^2}}$
承载能力公式	$F=\dfrac{\xi\mu_0\mu_r H_c^2 A}{16}\left[\dfrac{1-h/\delta}{\sqrt{1-(h/\delta)^2}}\right]^{1.35}$	$F=(1-\xi)\times10^{-7}\int_{R_{Bi}}^{r_{Bo}}\int_{R_{ji}}^{r_{jo}}\int_0^{2\pi}\int_0^{2\pi}\dfrac{(M_1\cdot n)(M_2\cdot n)r_B r_j X}{\sqrt[3]{(Y^2+X^2)^2}}dr_B dr_j d\alpha d\beta$ $X=r_j\cos\alpha-e-r_B\cos\beta\quad Y=r_j\sin\alpha-r_B\sin\beta$
备　　注	ξ—结构形式因子；H_c—永磁材料的矫顽力；μ_0—真空磁导率（$=4\pi\times10^{-7}$ H/m）；μ_r—相对磁导率；A—轴承面积；h—轴承间隙；δ—永磁铁厚度	ξ—轴承宽度因子；M_1、M_2—外、内磁环材料的磁化强度；n—磁环介质表面单位外法线矢量；α—内磁环中心 O' 到磁元 P 的矢径与 y 轴的夹角；β—外磁环中心 O 到磁元 A 的矢径与 y 轴的夹角；B—轴承宽度；e—偏心距

3.2.2　激励式磁力轴承

（1）激励式磁力止推轴承

激励式磁力止推轴承通常都是成对组合的，如图 13.10-24 所示。

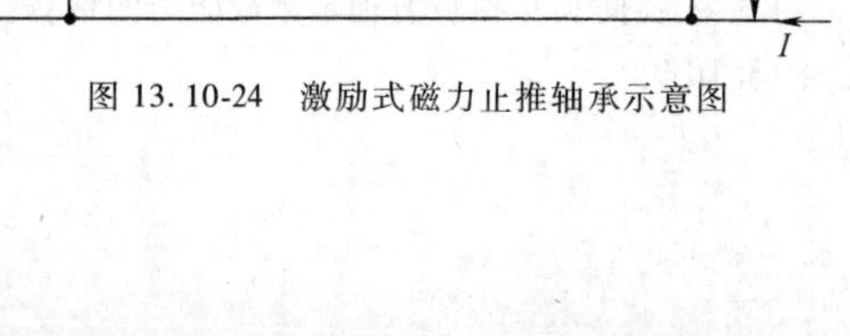

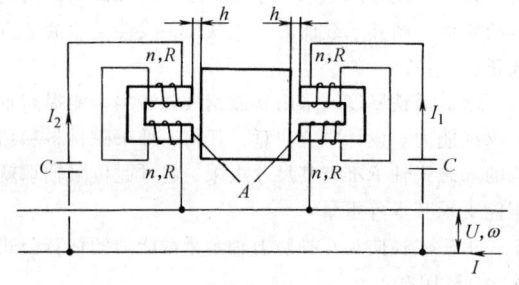

图 13.10-24　激励式磁力止推轴承示意图

1）品质因数。线圈品质因数为

$$Q_0=\frac{N^2\mu_0\mu_r A\omega}{(R+R_c)h_0} \tag{13.10-19}$$

式中　N——线圈匝数；

ω——电源角频率；

R——线圈直流电阻；

R_c——铁损等值电阻。

考虑漏感时线圈品质因数为

$$Q_L=\frac{\omega(L_c+L_0)}{R+R_c} \tag{13.10-20}$$

式中　L_c——漏感；

L_0——自感。

电容器品质因数为

$$Q_c=\frac{1}{2\omega C(R+R_c)} \tag{13.10-21}$$

式中　C——调谐电容。

设计时应使 Q_0 或 Q_c 尽可能大，并使 $Q=Q_L-Q_c=1$，即所谓半功率点。功率点与品质因数 Q 之间的关系为

$$\frac{I_0^2}{I_r^2}=\frac{1}{Q^2+1} \tag{13.10-22}$$

式中　I_0——1 个回路的稳态电流；

I_r——谐振电流。

2）承载能力。当两个方向轴承参数相同时，其承载能力的计算式为

$$F=\frac{N^2I^2\mu_0\mu_rA}{(\omega RCh_0)^2}\cdot\frac{\varepsilon(Q^2-Q_0Q+1)}{g_1g_2} \tag{13.10-23}$$

式中　$g_1=[Q_0-(Q_0-Q)(1-\varepsilon)]^2+(1-\varepsilon)^2$

$g_2=[Q_0-(Q_0-Q)(1+\varepsilon)]^2+(1+\varepsilon)^2$

I——电流有效值；

3）刚度。当两个方向轴承参数相同时，其刚度的计算式为

$$k=\frac{N^2I^2\mu_0\mu_rA(Q_L-Q)(Q^2-Q_0Q+1)}{h_0^3(Q^2+1)^2} \tag{13.10-24}$$

4）稳定工作条件。

$$Q_0>2$$

或

$$\frac{Q_0-\sqrt{Q_0^2-4}}{2}<Q<\frac{Q_0+\sqrt{Q_0^2-4}}{2}$$

5）总功耗。

$$P=1.41IU$$

6）推荐用参数。

① 品质因数。$Q_0>10$、$Q\approx1$。

② 气隙磁通密度。$B_a\approx0.6B$。

③ 气隙最大磁通密度。$B_{am}\leqslant0.8B_s$（B_s 为饱和磁通密度）。

④ 激磁频率。$f=\omega/(2\pi)=400\sim13000\text{Hz}$。

⑤ 气隙最大磁阻与铁心最大磁阻之比。$R_{am}/R_{cm}\approx25$。

⑥ 轴承间隙。$h_0=(h_1+h_2)/2=0.1\sim0.5\text{mm}$。

（2）激励式磁力径向轴承

常用圆柱形，极数一般采用 4 的倍数，4 极和 8 极用得最多。激励式磁力径向轴承的示意图如图 13.10-25 所示，常用电路见表 13.10-10。

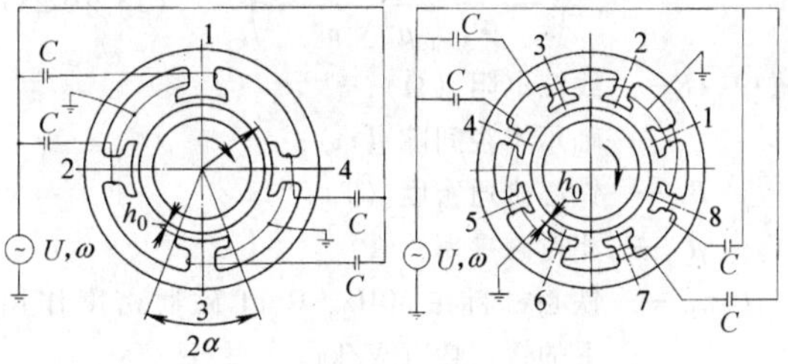

图 13.10-25　激励式磁力径向轴承的示意图

a）4 极　b）8 极

表 13.10-10　激励式磁力径向轴承常用电路

类型	4 极圆柱径向轴承	8 极圆柱径向轴承	
电路图	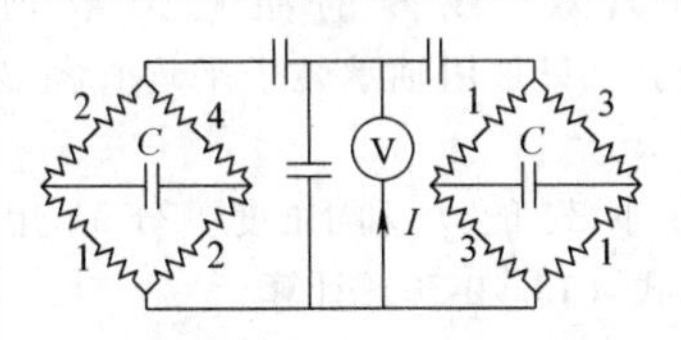	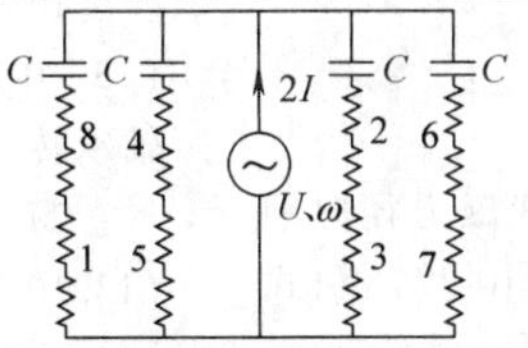	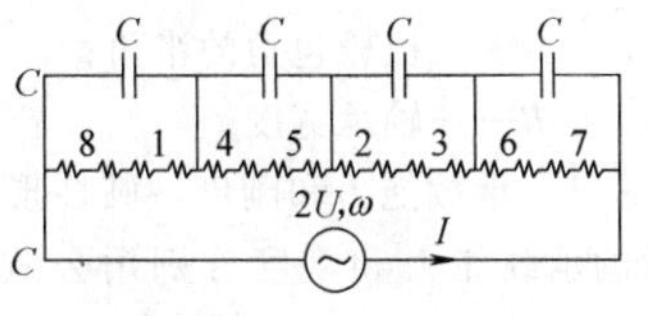
特点	每个极上绕两个相同的线圈，通常采用双线并绕法	采用串联调谐，使用电压源，需要 5 根导线连接	并联调谐，使用电流源
类型	4 极圆柱径向轴承	8 极圆柱径向轴承	
电路图	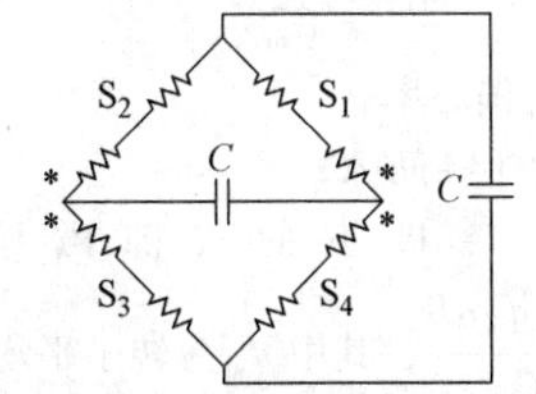	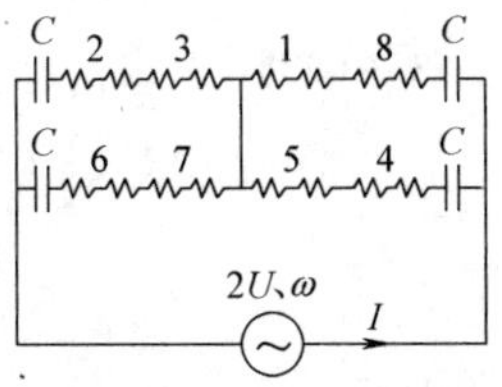	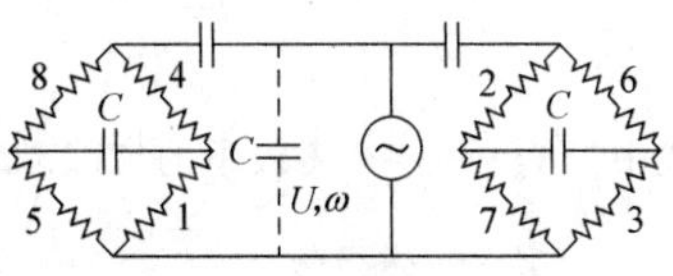
特点	每极采用变压器绕法，二次绕组 S 接成桥式，而一次绕组 P 加极性串联并接在电压源或电流源上，当轴承无偏心时，二次绕组没有电流	采用串联调谐，使用电流源，需要 4 根导线连接	使用电压源，两个桥电路是独立的

（续）

类型	4极圆柱径向轴承	8极圆柱径向轴承	
电路图	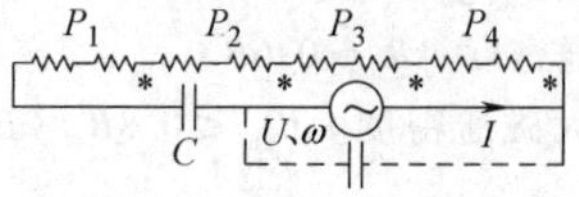	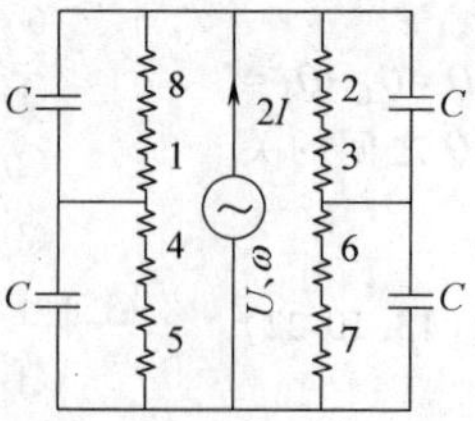	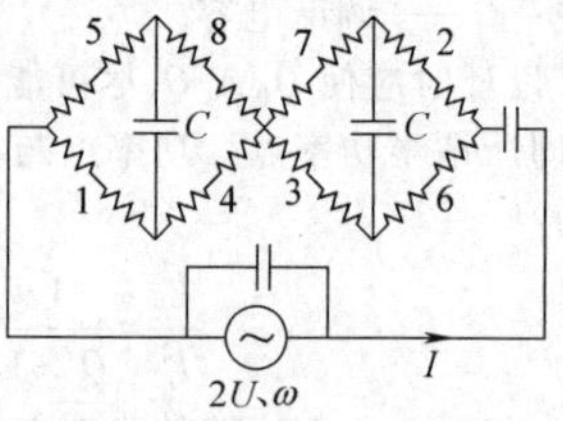
特点	这种电路只需2个电容器，6根导线	并联调谐，使用电压源	使用电流源，两个桥电路是独立的

注：图中虚线表示调谐时用。

1）最佳电源频率。励磁电源的频率对磁力轴承性能的影响很大。对圆柱形激励式磁力径向轴承，其最佳电源频率可用下式估算

$$f_0=\left(\frac{0.445\times10^{14}RC_r^2B_c^{0.2}}{P_{50/10}\mu_r^2N^2m}\right)^{0.769} \quad (13.10\text{-}25)$$

式中　R——线圈电阻（Ω）；

C_r——轴承半径间隙（m）；

B_c——铁心磁通密度（T）；

μ_r——相对磁导率；

$P_{50/10}$——铁心材料在50Hz、0.1T磁通密度作用下的铁损耗（W/kg）；

N——线圈匝数；

m——半支磁路上的铁心质量（kg）。

2）品质因数。线圈的品质因数为

$$Q_0=\frac{\omega N^2\mu_r\mu_0 d\alpha B}{(R+R_c)C_r} \quad (13.10\text{-}26)$$

式中　d——轴承转子直径；

α——极靴包角的半角；

B——轴承宽度。

3）承载能力和刚度。圆柱形激励式磁力径向轴承的承载能力和刚度分别用公式（13.10-27）和式（13.10-28）计算

$$F=4K_ZN^2I^2\Lambda_\delta\varepsilon\frac{Q_0-2}{C_r}\cos^2\frac{\pi}{Z} \quad (13.10\text{-}27)$$

$$k=\frac{F}{\varepsilon C_r} \quad (13.10\text{-}28)$$

式中　Λ_δ——1个磁极下的气隙磁导，$\Lambda_\delta=\dfrac{\mu_r\mu_0 d\alpha B}{C_r}$；

Z——磁极数；

K_Z——磁极数因子，其值见表13.10-11。

表13.10-11　磁极数因子 K_Z

Z	4	8	12	16	20	24	28	32	36
K_Z	1	1	1.5	2	2.5	3	3.5	4	4.5

4）稳定工作条件。

$$Q_0=2$$

5）总功耗。

$$P=2.83IU$$

6）推荐用参数。

① 气隙磁通密度。$B_a=0.05\sim0.30$T。

② 铁心磁通密度。$B_c\leqslant0.6B_s$（B_s—饱和磁通密度）。

③ 激磁频率。$f>400$Hz。

④ 铁损等值电阻与铁心最大磁阻之比。$R_c/R=0.8\sim1.2$。

⑤ 最大偏心率。$\varepsilon_{max}\leqslant\dfrac{1}{2(Q_0-1)}$。

⑥ 轴承半径间隙。$C_r=0.25\sim0.5$mm。

（3）激励式磁力锥形轴承

激励式磁力锥形轴承（见图13.10-26）可同时提供径向和轴向承载能力，属于径向止推轴承。锥形轴承的设计原则与径向轴承几乎完全一样。

1）品质因数。线圈的品质因数仍用式（13.10-26）计算，只是用轴承转子平均直径 d_m 代替轴承转子直径 d。

2）径向承载能力和刚度。分别用公式（13.10-29）和式（13.10-30）计算

$$F_r=4K_ZN^2I^2\Lambda_\delta\varepsilon_r\frac{Q_0-2}{C_{rn}}\cos^2\frac{\pi}{Z}\cos^2\gamma \quad (13.10\text{-}29)$$

$$k_r=\frac{F_r}{\varepsilon_r C_{rn}} \quad (13.10\text{-}30)$$

式中　ε_r——径向偏心率；

C_{rn}——法向半径间隙；

Λ_δ——1个磁极下的气隙磁导，$\Lambda_\delta=\dfrac{\mu_r\mu_0 d_m\alpha B}{C_r}$，其中 d_m 为转子平均直径。

3）轴向承载能力和刚度。分别用公式（13.10-31）和式（13.10-32）计算

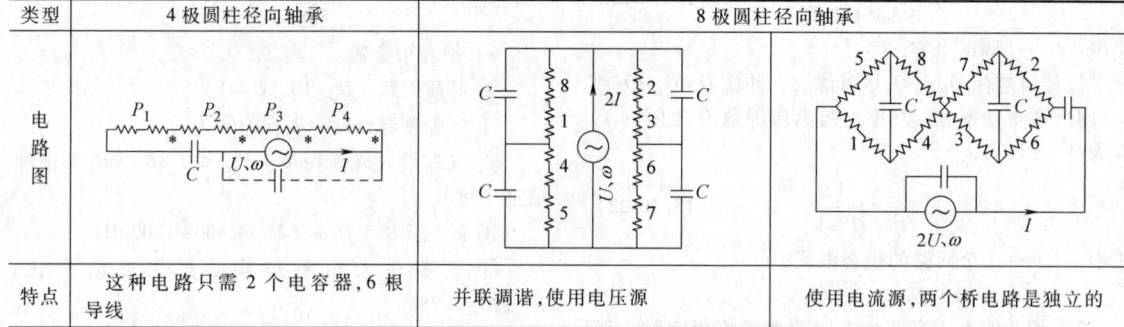

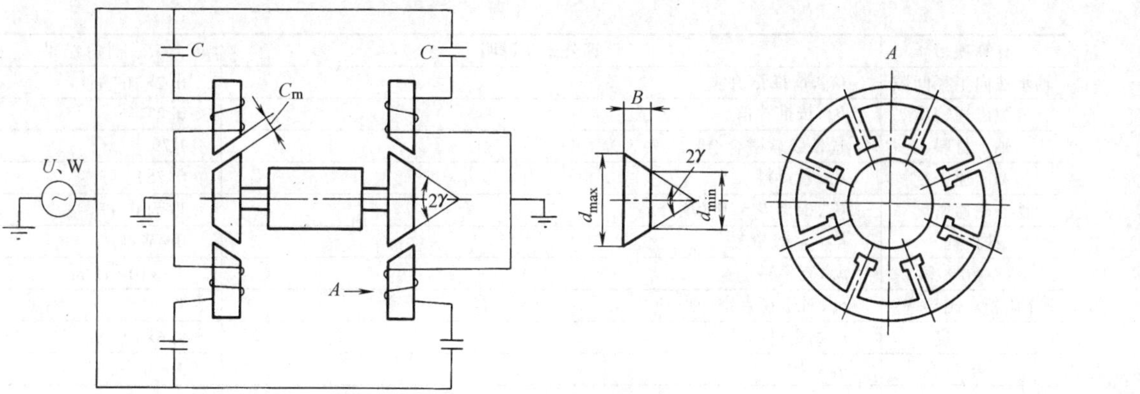

图 13.10-26 激励式磁力锥形轴承

$$F_a=ZN^2I^2\Lambda_\delta\varepsilon_a\frac{Q_0-2}{C_{rn}}\sin^2\gamma \quad (13.10\text{-}31)$$

$$k_a=\frac{F_a}{\varepsilon_a C_{rn}} \quad (13.10\text{-}32)$$

式中 ε_a——轴向偏心率。

4）锥半角选择。锥半角的推荐用值见表 13.10-12。

表 13.10-12 激励式磁力锥形轴承锥半角 γ 推荐用值

Z	4	8	12	16	20	24	28	32	36
γ/(°)	26.6	24.8	25.8	26.1	26.3	26.4		26.5	

5）稳定工作条件。

$$Q_0=2$$

6）总功耗。对于具有 4 条支电路的轴承对总功耗

$$P=2.83IU \quad (13.10\text{-}33)$$

3.3 有源型磁力轴承

无源型磁力轴承不可能在 3 个方向上都稳定，至少有一个方向要采用有源型；此外，用直流激励时也必须采用有源型。有源型磁力轴承的承载能力和刚度等的计算与无源型磁力轴承一样，它的主要特点是具有敏感偏心变化的位置传感器和反馈系统或伺服控制系统。信号反馈方法通常有：电感-电容电桥电路、电感-电阻电桥电路、差动变压器、求和电路、相位漂移电路和比较时间滞后效应等。

有源型磁力轴承的控制方式分为脉冲式和时分式，它们都是用轴承激励线圈交替地作为位置传感器和力发生器，不同之处在于：脉冲式是将预定幅值和宽度的恒定脉冲电流馈入线圈，从而产生承载能力，脉冲数越多，承载能力越大；时分式是改变线圈中直流电流的大小，从而产生大小不同的承载能力，电流越大，承载能力越高。

例 13.10-3 设计一由两个锥形磁力轴承、锥顶相对配置支承系统中的磁力轴承。轴承在真空中工作，采用无源型 8 极锥形磁力轴承。要求径向承载能力 $F_r \geqslant 150$N，轴向承载能力 $F_a \geqslant 75$N，径向刚度 $k_r \geqslant 1500$N/m，轴向 $k_a \geqslant 750$N/m。

解 选择的定子叶片槽形如图 13.10-27 所示。锥形磁力轴承的计算项目及其计算结果见表 13.10-13。

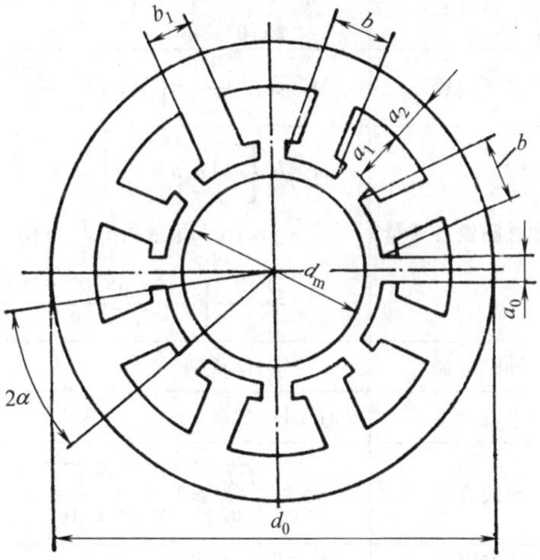

图 13.10-27 定子叶片槽形

表 13.10-13 锥形磁力轴承的计算项目及其计算结果

计算项目	计算公式及说明	计算结果
极数	Z,已知	8
锥轴颈平均直径	d_m,按需要选定	40×10^{-3}m
锥半角	γ,查表 13.10-12	24.8°
轴承宽度	B,选定	20×10^{-3}m

（续）

计算项目		计算公式及说明	计算结果
轴承法向半径间隙		C_{rn}，按推荐值	0.2×10^{-3}m
气隙磁通密度		B_a，按推荐值	0.2T
轴承材料		选铁镍软磁合金	IJ79
饱和磁通密度		B_s，查资料	0.75T
铁心磁通密度		B_c，根据 $B_c\leqslant0.6B_s$	取为 0.4T
铁损耗		$P_{50/10}$，查资料	0.4W/kg
真空磁导率		μ_0，查资料	$4\pi\times10^{-7}$H/m
介质相对磁导率		μ_r，对于在真空中	1
材料密度		ρ，查资料	8.6×10^{-3}kg/m^3
定子几何参数	槽口宽	$a_0\geqslant10c_n$	2×10^{-3}m
	极靴高	$a=a_0$	2×10^{-3}m
	齿高	a_1，选定	10×10^{-3}m
	极靴宽	$b=\dfrac{\pi(d_m+2C_{rn})}{m}-a_0=\left[\dfrac{\pi(40\times10^{-3}+2\times0.2\times10^{-3})}{8}-2\times10^{-3}\right]$m	13.9×10^{-3}，取 14×10^{-3}m
	极靴包角	$2\alpha=\dfrac{2b}{d_m+2C_{Rn}}=\dfrac{2\times14\times10^{-3}}{40\times10^{-3}+2\times0.2\times10^{-3}}$rad	0.69rad
	齿宽	$b_1=\dfrac{B_ab}{B_m}=\dfrac{0.2\times14\times10^{-3}}{0.4}$m	7×10^{-3}m
	轭厚	$a_2=b_1$	7×10^{-3}m
	窗口面积	$A_1=a_1\left[\dfrac{\pi(d_m+2C_{Rn}+2a+a_1)}{m}-b_1\right]$ $=10\times10^{-3}\left[\dfrac{\pi(40\times10^{-3}+2\times0.2\times10^{-3}+2\times2\times10^{-3}+10\times10^{-3})}{8}-7\times10^{-3}\right]$m	0.144×10^{-3}m
	外径	$d_0=d_m+2(C_{Rn}+a+a_1+a_2)=40\times10^{-3}\text{m}+2(0.2\times10^{-3}+2\times10^{-3}+10\times10^{-3}\text{m}+7\times10^{-3})$m	78.4×10^{-3}m
转子内径		$D_{ji}=d_m-\dfrac{2B_ab}{B_m}=\left(40\times10^{-3}-\dfrac{2\times0.2\times14\times10^{-3}}{0.4}\right)$m	26×10^{-3}m
半支磁路铁心质量		$m=B\rho\left\{ab+a_1b_1+\dfrac{a_2}{2}\left[\dfrac{\pi(d_0-a_2)}{m}+b_1\right]+\dfrac{\pi(d_m^2-D_{ji}^2)}{4m}\right\}$ $=20\times10^{-3}\times8.6\times10^3\left\{2\times10^{-3}\times14\times10^{-3}+10\times10^{-3}\times7\times10^{-3}+\dfrac{7\times10^{-3}}{2}\left[\dfrac{\pi(78.4\times10^{-3}-7\times10^{-3})}{8}+7\times10^{-3}\right]+\dfrac{\pi(0.04^2-0.026^2)}{4\times8}\right\}$kg	0.0536kg
励磁电流		I 选定，电流源	0.1A
电流密度		$J\leqslant4\times10^6$	4×10^6A/m^2
导线直径		$d\geqslant2\sqrt{\dfrac{I}{\pi J}}\geqslant2\sqrt{\dfrac{0.1}{\pi\times4\times10^6}}$m	0.18×10^{-3}，取为 0.2×10^{-3}m
填充因子		$K_k=0.2\sim0.8$	0.2
线圈匝数		$N=\dfrac{2K_kA_1}{\pi d^2}=\dfrac{2\times0.2\times0.144\times10^{-3}}{\pi\times0.0002^2}$	458
1匝线平均长度		$L_m\approx2.4\left\{B+\dfrac{\pi[d_m+2(C_{Rn}+a+a_1)]}{Z}\right\}$ $\approx2.4\left\{20\times10^{-3}+\dfrac{\pi[40\times10^{-3}+2(0.2\times10^{-3}+2\times10^{-3}+10\times10^{-3})]}{8}\right\}$m	0.109m
环境温度		θ，根据情况确定	60℃
导线电阻率		ρ_{20}，查资料	0.557Ω/m

（续）

计算项目	计算公式及说明	计算结果
线圈电阻	$R=\rho_{20}(0.92+0.00393\theta)NL_m=0.557(0.92+0.00393\times60)\times458\times0.109\Omega$	32.1Ω
最佳电源频率	$f_0=\left(\dfrac{0.445\times10^{14}RC_{rn}^2B_c^{0.2}}{P_{50/10}\mu_r^2N^2m}\right)^{0.769}=\left(\dfrac{0.445\times10^{14}\times32.1\times0.0002^2\times0.4^{0.2}}{0.4\times1^2\times458^2\times0.0536}\right)^{0.769}\text{Hz}$	1244，取为 1250Hz
铁损等效电阻	$R_c=0.14\dfrac{P_{50/10}\mu_0^2\mu_r^2N^2mf_0^{1.3}}{\pi^2C_{rn}^2B_c^{0.2}}=0.14\dfrac{0.4(4\pi\times10^{-7})^2\times1\times458^2\times0.0536\times1250^{1.3}}{\pi^2(0.2\times10^{-3})^2\times0.4^{0.2}}\Omega$	32.1Ω
线圈品质因数	$Q_0=2\pi\dfrac{f_0N^2\mu_r\mu_0d_m\alpha B}{C_{rn}(R+R_c)}=2\pi\dfrac{1250\times458^2\times4\pi\times10^{-7}\times1\times40\times10^{-3}\times0.345\times20\times10^{-3}}{0.2\times10^{-3}(32.1+32.1)}$	44.5
气隙磁导	$\Lambda_\delta=\dfrac{\mu_r\mu_0d_m\alpha B}{C_{rn}}=\dfrac{4\pi\times10^{-7}\times1\times40\times10^{-3}\times0.345\times20\times10^{-3}}{0.2\times10^{-3}}\text{H}$	1.73×10^{-6}H
偏心率	取 $\varepsilon_r=\varepsilon_a$	0.1
径向承载能力	$F_r=4K_ZN^2I^2\Lambda_\delta\varepsilon_r\dfrac{Q_0-2}{C_{rn}}\cos^2\dfrac{\pi}{Z}\cos^2\gamma=4\times1\times458^2\times0.1^2\times1.73\times10^{-6}\times0.1\dfrac{44.5-2}{0.2\times10^{-3}}\times\cos^2\left(\dfrac{\pi}{8}\right)\times\cos^2 24.8°\text{N}$	217N
轴向承载能力	$F_a=ZN^2I^2\Lambda_\delta\varepsilon_a\dfrac{Q_0-2}{C_{rn}}\sin^2\gamma=8\times458^2\times0.1^2\times1.73\times10^{-6}\times0.1\dfrac{44.5-2}{0.2\times10^{-3}}\times\sin^2 24.8°\text{N}$	109N
径向刚度	$k_r=\dfrac{F_r}{\varepsilon_rC_{rn}}=\dfrac{217}{0.1\times0.2\times10^{-3}}\text{N/m}$	10.9×10^6N/m
轴向刚度	$k_a=\dfrac{F_a}{\varepsilon_aC_{rn}}=\dfrac{109}{0.1\times0.2\times10^{-3}}\text{N/m}$	5.5×10^6N/m
1 只线圈自感电势	$E\approx2\pi f_0N^2I^2\Lambda_\delta\approx2\pi\times1250\times458^2\times0.1^2\times1.73\times10^{-6}\text{V}$	28.5V
工作电容	$C=\dfrac{1}{8\pi f_0(Q_0-1)R}=\dfrac{1}{8\pi\times1250(44.5-1)\times32.1}\text{F}$	23×10^{-9}F
电源电压	$U=2.828E-0.225\dfrac{I}{f_0C}=\left(2.828\times286-0.225\dfrac{0.1}{1250\times23\times10^{-9}}\right)\text{V}$	26.2V
功耗	$P=2\times2.83IU=2\times2.83\times0.1\times26.2\text{W}$	14.8W

3.4　磁力轴承材料

磁力轴承应用的磁性材料有 3 类，永磁材料、软磁材料和超导磁性材料。

（1）永磁材料

轴承对永磁材料的要求是磁能积高、抗去磁性能强、温度稳定性好、磁性能稳定和具有可加工性。磁力轴承常用的永磁材料及其性能见表 13.10-14。

（2）软磁材料

磁力轴承对软磁材料的要求是磁导率高、铁损耗小、磁对机械变形不敏感、机械稳定性好和机械加工性能好。常用的软磁材料有高硅合金、硅镍铁合金、镍铁合金、铁铝合金，以及各种坡莫合金和软磁铁氧体。

（3）超导磁性材料

用作磁力轴承的超导体，要求其临界温度应尽量高，以便于冷却；同时要求超导体内部具有较强的封闭滞止效应，从而产生大的封闭滞止力，以提高轴承的承载能力。MPMG2 超导材料就是具有最大封闭滞止力的一种超导磁性材料。

根据超导材料的临界温度高低，划分为低温超导体和高温超导体。纯金属超导元素一般属于低温超导体，其临界温度<10K。合金及多元氧系列合金，属于高温超导体，其临界温度>10K。

表 13.10-14　磁力轴承常用永磁材料及其性能

材料名称	代　号	磁性能 剩磁感应强度 B_r/T	矫顽力 H_c/kA·m^{-1}	磁能积 $(BH)_{max}$/kJ·m^{-3}	密度 ρ/g·cm^{-3}	剩磁温度系数 θ/℃	特　性
铁氧体	H10	≥0.2	127~159	6.4~9.5	4.5~4.8	-0.0018	各向同性
	H35	0.38~0.42	159~215	26~29	4.0~5.2		各向异性
铝镍钴合金	LNG12	0.70	40~43	12	7.4		各向同性
	LNG16	0.78	52~54	16			各向异性
	LNG34	1.20	44~45	34			
	LNG37	1.20	48~49	37			
	LNG40	1.25	48~49	40			
	LNG44	1.25	52~53	44			
	LNG52	1.30	56~57	52			
稀土钴	XGS80/36	0.60	320~360	64~88	7.8~8.4	-0.0004	
	XGS96/40	0.70	360~400	88~104			
	XGS112/96	0.73	520~960	104~120			
	XGS128/120	0.78	560~1200	120~135			
	XGS144/120	0.84	600~120	135~150			
	XGS160/96	0.88	640~960	150~183			
	XGS196/96	0.96	690~960	183~207			
	XGS196/40	0.98	380~400	183~200			
	XGS208/44	1.02	420~440	200~220			
	XGS240/46	1.07	440~460	220~250			
钕铁硼		1.00~1.25	577~916	191~287		-0.0012	

4　宝石轴承

用金刚石、人造刚玉或蓝宝石等硬质材料制成的滑动轴承称为宝石轴承，见表 13.10-15。它常用于各类仪器仪表中，在钟表行业习惯称为钻。目前，制造宝石轴承的材料主要是蓝宝石、人造刚玉、玛瑙和微晶玻璃。

表 13.10-15　宝石轴承的结构类型

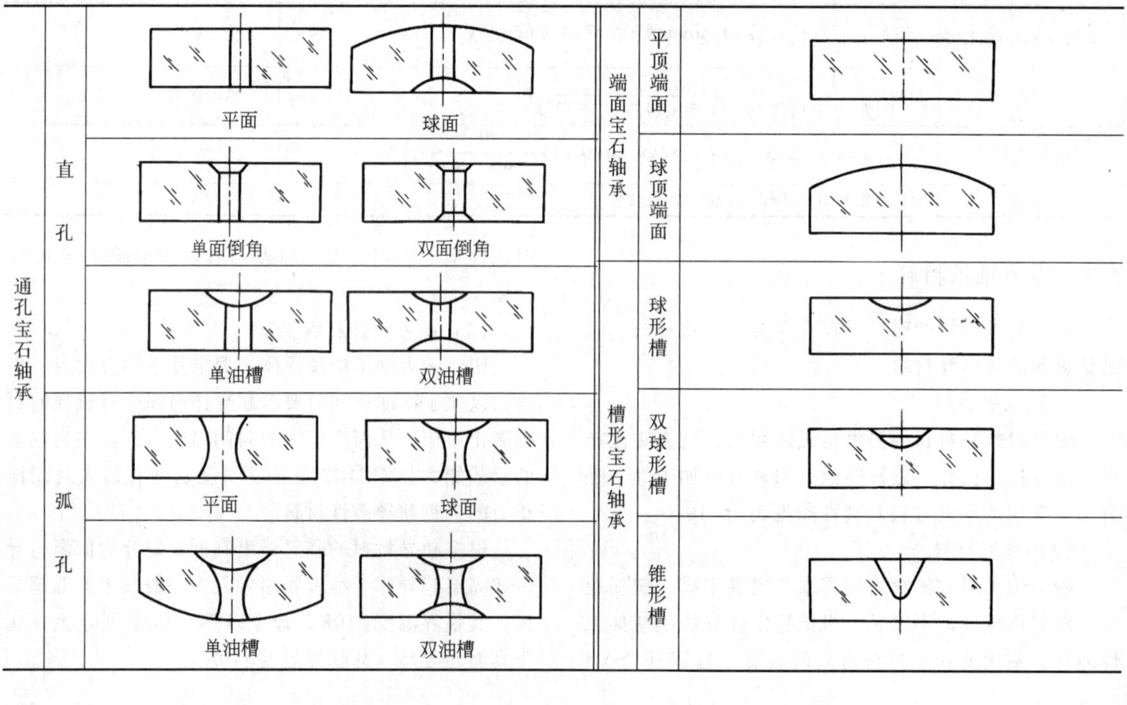

枢轴与宝石轴承组成宝石支承。枢轴常用钢材制作,必须经淬火并回火处理,轴尖要精细抛光。

宝石轴承中加入适当的润滑油能显著改善支承性能。

宝石轴承的特点是:

1)摩擦因数小。配以工具钢制造的枢轴时,玛瑙宝石轴承的摩擦因数是 0.13,钢与宝石轴承的摩擦因数是 0.15。低摩擦转矩的轴承能保证仪器仪表有高的灵敏度。

2)硬度高。常用宝石轴承材料的硬度见表 13.10-16。高硬度保证宝石轴承有高的耐磨性,使仪器仪表有长的工作寿命和好的精度保持性。

表 13.10-16　常用宝石轴承材料的硬度

轴承材料	刚玉	玛瑙	微晶玻璃
硬度 HV	1525~2000	650~850	800~1000

3) 耐蚀性好。

4) 线胀系数低。

5) 抗压强度高。能保证宝石轴承有足够的承载能力。虽然仪器仪表中枢轴上的载荷不大,但为了保证轴承有足够小的摩擦转矩,宝石轴承与枢轴之间的接触面积都很小,所以接触压力相当大。

4.1　结构

宝石轴承的主要结构类型有通孔宝石轴承、端面宝石轴承和槽形宝石轴承,见表 13.10-15。通孔宝石轴承相当于径向轴套,端面宝石轴承相当于止推轴瓦,槽形宝石轴承相当于径向止推轴承。

枢轴与宝石轴承组成的支承结构有 3 种类型(见表 13.10-17):圆柱枢轴与通孔宝石轴承组成圆柱宝石支承,分为托钻止推式和轴肩止推式;端部为圆锥形的枢轴轴尖与通孔宝石轴承组成的顶针支承;端部为球面或锥形的枢轴轴尖与槽形宝石轴承组成的轴尖支承。

槽形宝石轴承与枢轴轴尖组成的轴尖支承的结构特点见表 13.10-18。

表 13.10-17　宝石支承的类型及其计算

分类		简图	摩擦转矩	轴颈尺寸
圆柱宝石支承	托钻止推式	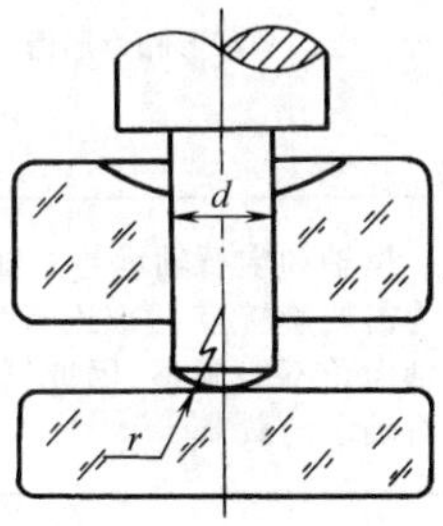	$T_\mu=\dfrac{F_r\mu d}{2}+\dfrac{3\pi F_a\mu R_k}{16}$ $R_k=0.881\left(\dfrac{F_a(E_1+E_2)}{E_1E_2}\right)^{1/3}$	$d\geqslant\left(\dfrac{32F_rL}{\pi\sigma_{bp}}\right)^{1/3}$
	轴肩止推式	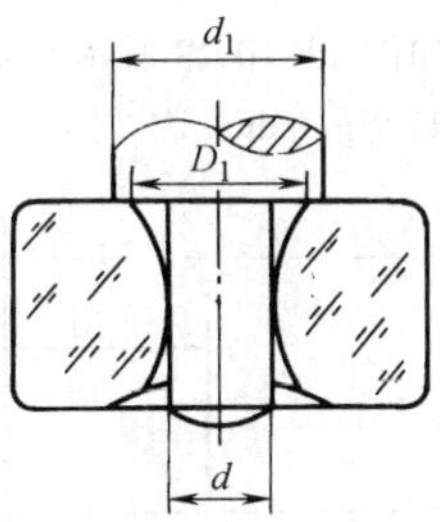	$T_\mu=\dfrac{F_r\mu d}{2}+\dfrac{F_a\mu}{3}\dfrac{d_1^3-D_1^3}{d_1^2-D_1^2}$	
顶针支承		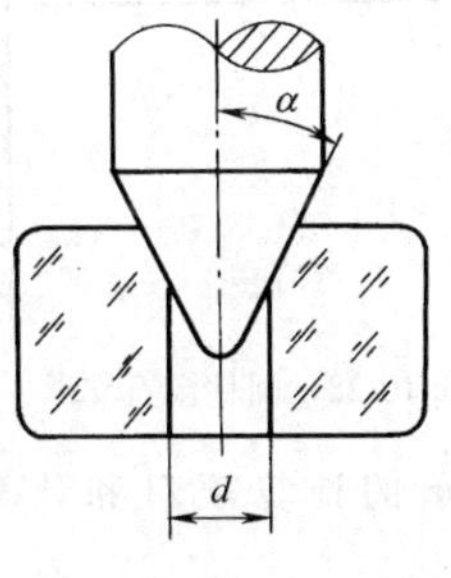	$T_\mu=\dfrac{\mu d}{2}\left(\dfrac{F_r}{\cos\alpha}+\dfrac{F_a}{\sin\alpha}\right)$	—

（续）

分类		简图	摩擦转矩	轴颈尺寸
轴尖支承	垂直轴	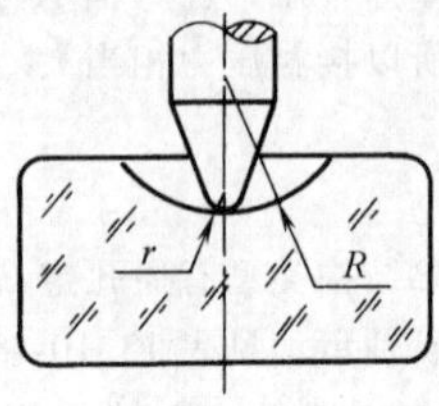	$T_\mu=\frac{3\pi F_a\mu R_k}{16}$ $R_k=0.881\left(\frac{F_a(E_1+E_2)}{E_1E_2}\frac{rR}{r+R}\right)^{1/3}$	$r=0.485\frac{R-r}{R}\frac{E_1E_2}{E_1+E_2}\sqrt{\frac{F_a}{\sigma_{HP}^3}}$
	水平轴		$T_\mu=\frac{F_r\mu r}{\sqrt{(\mu/e)^2(R-r)^2+1}}$ $e=\sqrt{h_0(R-r)-h_0^2/4}$	$r=0.485\frac{R-r}{R}\frac{E_1E_2}{E_1+E_2}\sqrt{\frac{F_r}{\sigma_{HP}^3}}$
说明		F_r—径向载荷(N)；F_a—轴向载荷(N)；σ_{bp}—枢轴材料的许用弯曲应力(MPa)；σ_{HP}—支承中较弱材料的许用接触应力(MPa)；e—偏心距(m)；h_0—轴向单侧间隙(m)；L—枢轴与宝石轴承接触点到枢轴危险截面的距离(m)；E_1—枢轴材料的弹性模量(Pa)；E_2—宝石轴承材料的弹性模量(Pa)		

表 13.10-18　轴尖支承的结构特点

布置	垂直轴		水平轴
简图	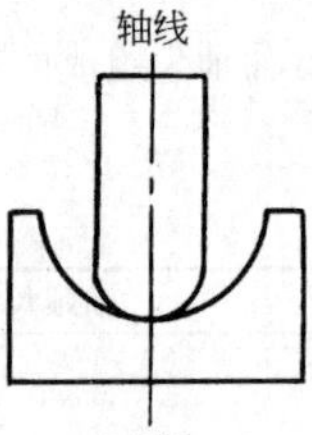 球形槽	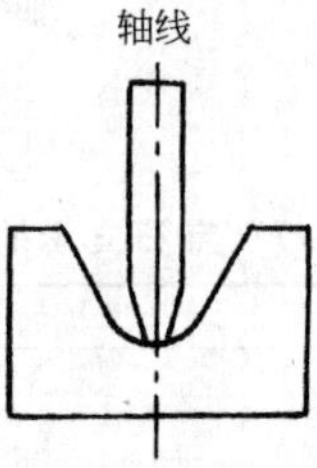 锥形槽	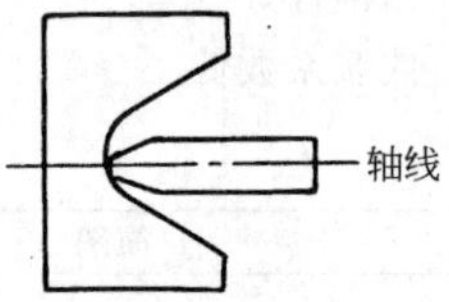 球形和锥形槽
说明	枢轴是圆柱形，端部是球面，宝石轴承是球面座，用于指南针和电积分表。光学轴向角能调整	枢轴是圆柱形，端部是圆锥形，顶尖是半球形。宝石轴承凹槽是锥形的，底端是半球形，用于多种指示仪器。光学轴向角能调整	枢轴和宝石轴承与立轴时一样。因为需要旋转宝石来进行校正，故光学轴向角不能调整，因此这时应减小宝石轴承的载荷

4.2 设计与计算

（1）注意要点

天然刚玉晶体（如蓝宝石）有天然的解理面，且光学轴（光线沿此轴透过而不发生衍射的轴）与这些平面垂直。光学轴与载荷作用线所加锐角称为光学轴向角 α，设计宝石支承时应使 $\alpha=90°$。

（2）计算

各类宝石轴承的计算公式见表 13.10-17，宝石轴承常用材料的力学性能见表 13.10-19。

表 13.10-19　宝石轴承常用材料的力学性能

材料	工具钢	钴钨合金	玛瑙	刚玉	微晶玻璃
E/GPa	204	127	98	358	55
σ_{HP}/MPa	4900	3900	4900	—	—

材料	中碳钢	调质刚	40Cr
σ_{bP}/MPa	500~700	700~850	900

例 13.10-4　计算某示数装置中的圆柱宝石轴承，两轴承距离 $l=30$mm，载荷 $F=25\times10^{-3}$N，作用在距右轴承 10mm 处，如图 13.10-28 所示。要求支承摩擦转矩不大于 2.4×10^{-3}N·mm。

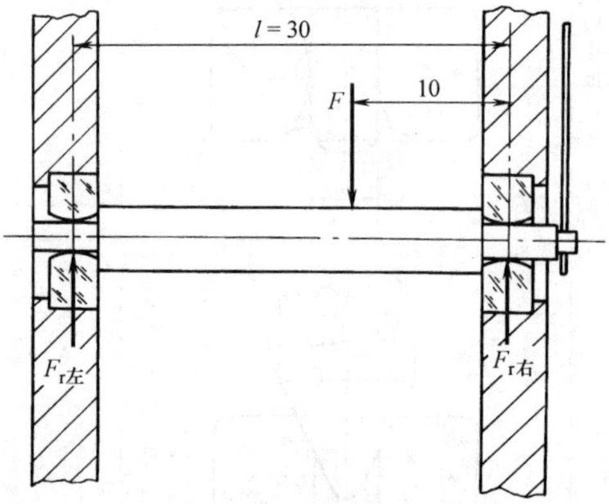

图 13.10-28　圆柱宝石支承

圆柱宝石轴承的计算项目和计算结果见表 13.10-20。

表 13.10-20　圆柱宝石轴承的计算项目和计算结果

计算项目	计算公式及说明	计算结果
右轴承上的载荷	$F_{r右}=F\dfrac{l-10}{l}=25\times10^{-3}\dfrac{30-10}{30}$N	16.7×10^{-3}N
左轴承上的载荷	$F_{r左}=F-F_{r右}=25\times10^{-3}-16.7\times10^{-3}$N	8.3×10^{-3}N
摩擦因数	选用刚玉宝石轴承，钢枢轴	0.15
轴颈直径	根据允许摩擦转矩 $T_{\mu\max}=2.4\times10^{-3}$N · mm 计算 $d\leqslant\dfrac{2T_{\mu\max}}{\mu F}=\dfrac{2\times2.4\times10^{-3}}{0.15\times25\times10^{-3}}$mm	1.28mm，取为 1mm
宝石轴承规格	选定	HG2.5×1.0×1.2
接触点到轴颈危险截面距离	$L=H/2=1.2/2$mm	0.6mm
轴颈强度校核	$\sigma_b=\dfrac{32F_{r右}L}{\pi d^3}=\dfrac{32\times16.7\times10^{-3}\times0.6}{\pi\times1.0^3}$MPa	0.1MPa<R_{mp}，通过

4.3　尺寸规格

宝石轴承的尺寸规格见表 13.10-21～表 13.10-23。

表 13.10-21　仪器仪表用通孔宝石轴承的尺寸（摘自 JB/T 6792—2010）　　（mm）

平面直孔和弧孔宝石轴承　　代号：平面直孔刚玉轴承 PZG，玛瑙轴承 PZM，平面弧孔刚玉轴承 PHG

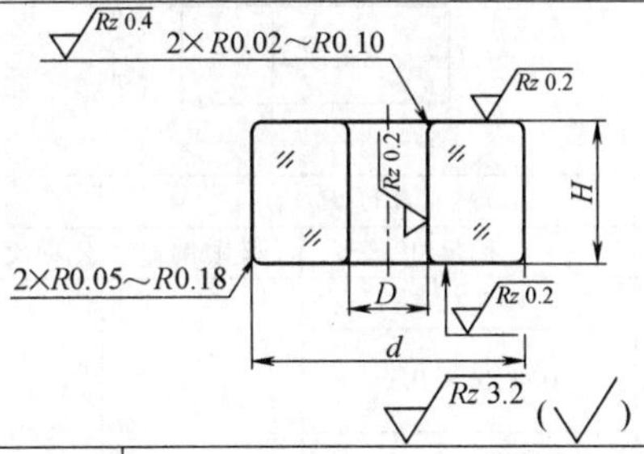

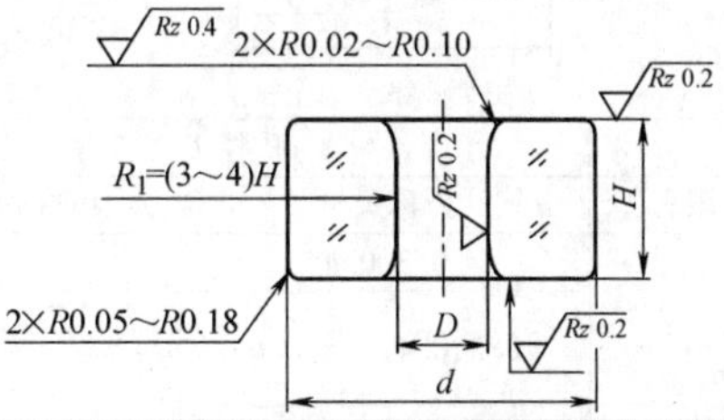

<table>
<tr><th colspan="2">外径 d</th><th colspan="2">孔径 D</th><th colspan="2">高度 H</th></tr>
<tr><th>公称尺寸</th><th>极限偏差</th><th>公称尺寸</th><th>极限偏差</th><th>公称尺寸</th><th>极限偏差</th></tr>
<tr><td>0.8</td><td rowspan="12">h7</td><td rowspan="2">0.2、0.3</td><td rowspan="12">$D\leqslant0.6,\ {}^{+0.006}_{\ \ 0}$；
$D\geqslant0.8,\ {}^{+0.01}_{\ \ 0}$；
$D\geqslant2.0,\ {}^{+0.012}_{\ \ 0}$</td><td>0.3</td><td rowspan="12">±0.02</td></tr>
<tr><td>1.0</td><td>0.3、0.4</td></tr>
<tr><td>1.2</td><td>0.2、0.3、0.4</td><td rowspan="2">0.3、0.4、0.5</td></tr>
<tr><td>1.5</td><td rowspan="2">0.3、0.4、0.5、0.6、0.8</td></tr>
<tr><td>1.6</td><td>0.3、0.4、0.5、0.6</td></tr>
<tr><td>1.8</td><td rowspan="2">0.4、0.5、0.6、0.8</td><td rowspan="2">0.3、0.4、0.5、0.6、0.8</td></tr>
<tr><td>2.0</td></tr>
<tr><td>2.5</td><td>0.6、0.8、1.0、1.2</td><td rowspan="3">0.5、0.6、0.8、1.0、2.0、3.0</td></tr>
<tr><td>3.0</td><td>0.8、1.0、1.2</td></tr>
<tr><td>3.5</td><td>0.8、1.2、1.5、2.0、2.5</td></tr>
<tr><td>4.0</td><td rowspan="2">1.5、2.0、2.5</td><td>1.0、2.0、3.0</td></tr>
<tr><td>5.0</td><td>2.0、3.0</td></tr>
</table>

球面直孔和弧孔宝石轴承　　代号：球面直孔刚玉轴承 QZG，弧孔刚玉轴承 QHG

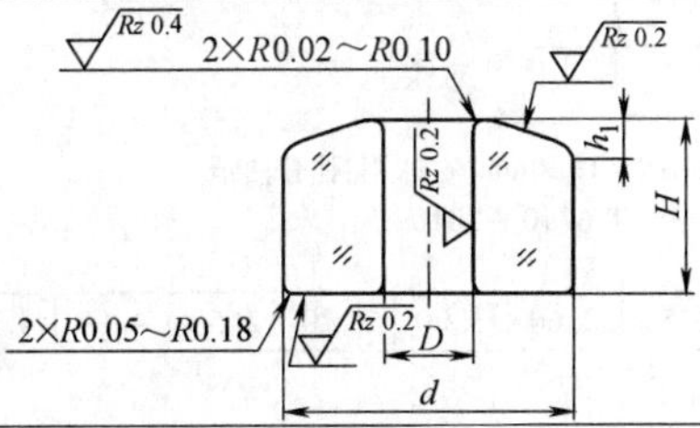

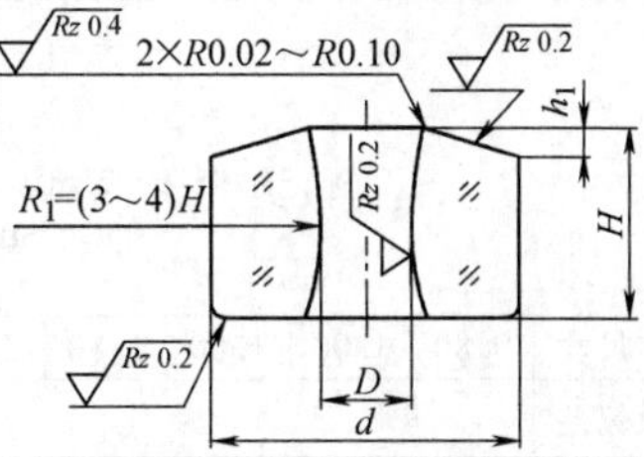

（续）

外径 d		孔径 D		高度 H		球顶高 h_1	
公称尺寸	极限偏差	公称尺寸	极限偏差	公称尺寸	极限偏差		极限偏差
1.5	h7	0.3、0.4、0.5、0.6、0.8	$D\leqslant0.6$，$^{+0.006}_{0}$；$D\geqslant0.8$，$^{+0.01}_{0}$	0.3、0.4、0.5、0.6	±0.02	0.07	$^{+0.05}_{0}$
1.6							
1.8		0.4、0.5、0.6、0.8					
2.0		0.5、0.6、0.8		0.3、0.4、0.5、0.6、0.8		0.12	
2.5		0.8、1.0		0.4、0.5、0.6、0.8			
3.0		0.8、1.0、1.2		0.5、0.6、0.8、1.0、2.0、3.0		0.14	
3.5		1.0、1.2、1.5		0.6、0.8、1.0、2.0、3.0			
4.0		1.2、1.5		0.8、1.0、2.0、3.0		0.16	
5.0		1.5		1.0、2.0、3.0		0.18	

单油槽及双油槽、直孔和弧孔宝石轴承　　代号：单油槽平面直、弧孔刚玉轴承 DPZG、DHG，双油槽平面直、弧孔刚玉轴承 SPZG、SPHG

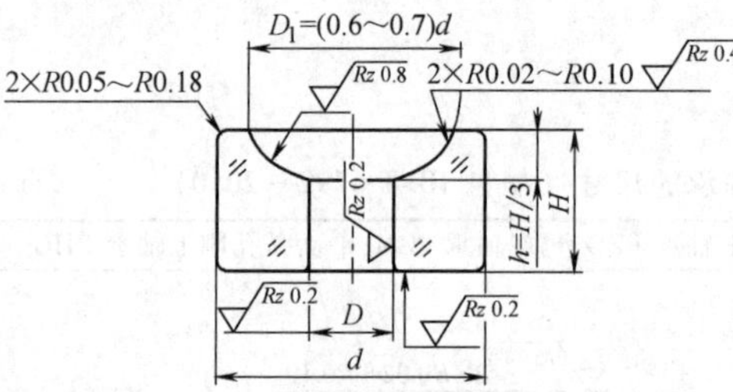

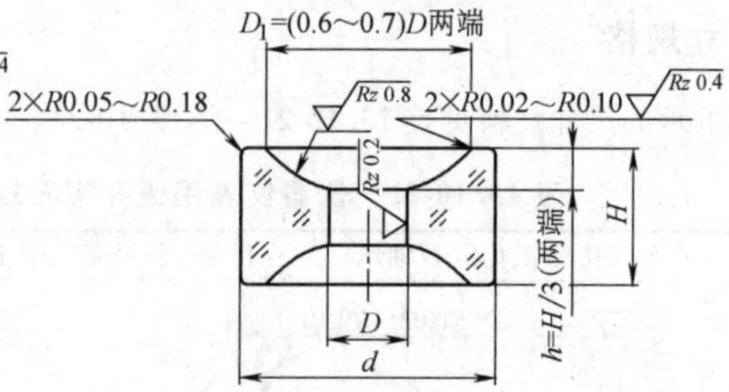

外径 d		孔径 D		高度 H		油槽深 h	
公称尺寸	极限偏差	公称尺寸	极限偏差	公称尺寸	极限偏差	公称尺寸	极限偏差
1.2	h7	0.3、0.4	$D\leqslant0.6$，$^{+0.006}_{0}$；$D\geqslant0.8$，$^{+0.01}_{0}$	0.3、0.4	±0.02	1/3H	$^{0}_{-0.05}$
1.5		0.3、0.4、0.5、0.6		0.4、0.5、0.6			
1.6							
1.8		0.4、0.5、0.6、0.8		0.4、0.5、0.6、0.8			
2.0		0.4、0.5、0.6、0.8、1.0、1.2					
2.5				0.6、0.8、1.0			
3.0		0.8、1.0、1.2、1.6		0.8、1.0、1.2、1.5			
3.2							
4.0		1.2、1.6、2.0		1.5、2.0			
5.0		1.5				0.18	

表 13.10-22　仪器仪表用槽形宝石轴承的尺寸（摘自 JB/T 6790—2010）　　（mm）

球形

代号：球形刚玉轴承，QG；球形玛瑙轴承，QM

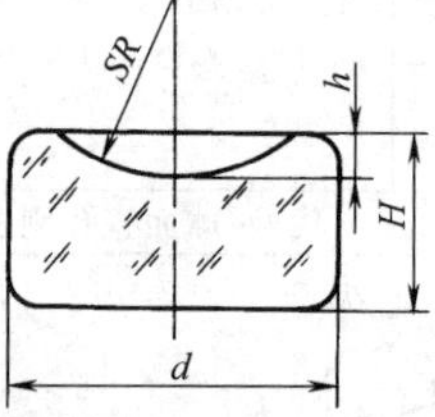

标记示例：d=2.50mm、H=1.50mm、SR=1.20mm 的球形刚玉轴承

QG2.50×1.50×1.20　JB/T 6790—2010

外径 d														
公称尺寸	0.80	1.00	1.60	1.80	2.00	2.40	2.50	2.60	3.00	3.20	3.50	4.00	4.50	5.00
极限偏差	h7													

（续）

球形	高度 *H*	公称尺寸	0.6	0.80	1.00 1.20	1.20	1.00 1.30 1.50	1.20 1.40	1.40 1.50	1.30 1.40	1.40 1.50	1.50 1.80	2.00	2.00、2.50		2.00、4.00
		极限偏差	0 -0.04													
	曲率半径 *SR*	公称尺寸	0.30	0.45	0.50 1.00	0.75	0.75 1.00 1.20	1.00 1.20	0.80 1.10	1.10 1.60	0.75 1.50	1.80 2.60	2.00	2.00 2.50	2.50、3.00	
		极限偏差	±0.05													
	槽深 *h*	公称尺寸	0.15、0.20 0.25		0.20 0.25	0.25 0.30	0.30 0.35	0.30、0.35、0.40			0.35 0.40 0.45	0.40、0.45、 0.50		0.45、0.50		
		极限偏差	+0.05 0	±0.04												

代号：锥形刚玉轴承，ZG；锥形玛瑙轴承，ZM

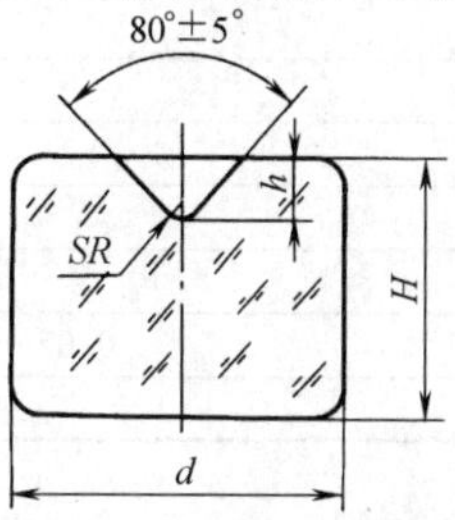

标记示例：d=2.50mm，H=1.50mm，SR=0.20mm 的锥形玛瑙轴承 ZM2.50×1.50×0.20 JB/T 6790—2010

锥形	外径 *d*	公称尺寸	1.00	1.20	1.50	1.60	2.0	2.5
		极限偏差	h7					
	高度 *H*	公称尺寸	0.08、1.00	1.00、1.20	1.20、1.50		1.50、2.00	2.00、2.50
		极限偏差	0 -0.04					
	槽深 *h*	公称尺寸	0.30	0.35	0.35、0.40、0.45		0.50	0.60
		极限偏差	±0.04					
	锥形槽角度	公称尺寸	80°					
		极限偏差	±5°					
	锥形槽曲率半径 *SR*	公称尺寸	0.06、0.08、 0.10、0.15	0.20	0.25		0.30	0.40
		极限偏差	+0.02 0	+0.05 0				

双球形

代号：双球形刚玉轴承 SQG

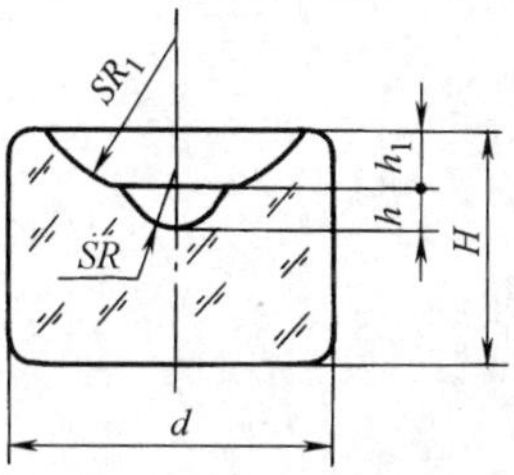

外径 *d*		公称尺寸	3.00	3.50
		极限偏差	h7	
高度 *H*		公称尺寸	1.50	2.00
		极限偏差	0 -0.06	
曲率半径	SR_1	公称尺寸	1.20	1.30
		极限偏差	+0.12 0	
	SR	公称尺寸	0.50	
		极限偏差	+0.08 0	
槽深	h_1	公称尺寸	0.50	
		极限偏差	±0.05	
	h	公称尺寸	0.80	
		极限偏差	±0.03	

表 13.10-23 仪器仪表用端面宝石轴承的尺寸（摘自 JB/T 6791—2010） (mm)

代号：平顶端面刚玉轴承 PDG、玛瑙轴承 PDM；球顶端面刚玉轴承 QDG、玛瑙轴承 QDM

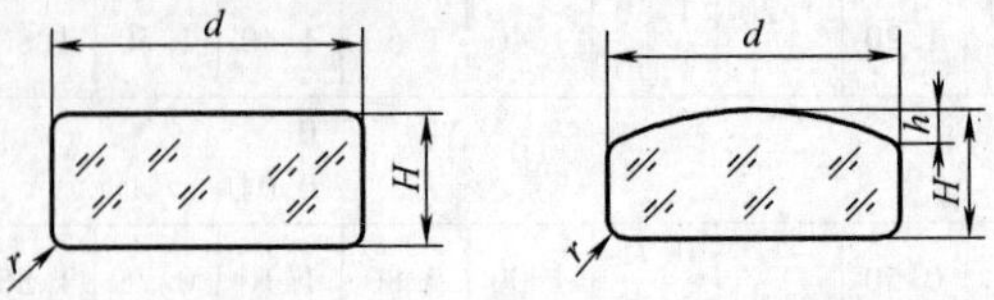

标记示例：d=2.5mm，H=1.0mm 的平顶端面刚玉轴承 PDG2.50×1.00 JB/T 6791—2010

<table>
<tr><td rowspan="2">外径
d</td><td>公称尺寸</td><td>0.50</td><td>0.80</td><td>1.00</td><td>1.20</td><td>1.50</td><td>1.60</td><td>1.80</td><td>2.00</td><td>2.50</td><td>3.00</td><td>3.20</td><td>3.50</td><td>4.00</td><td>5.00</td></tr>
<tr><td>极限偏差</td><td colspan="14">H8(G)，h9(M)</td></tr>
<tr><td rowspan="10">高度
H</td><td rowspan="9">公称尺寸</td><td colspan="3">0.20</td><td colspan="11"></td></tr>
<tr><td colspan="4">0.30</td><td colspan="10"></td></tr>
<tr><td colspan="2"></td><td colspan="5">0.40</td><td colspan="7"></td></tr>
<tr><td colspan="3"></td><td colspan="6">0.50</td><td colspan="5"></td></tr>
<tr><td colspan="4"></td><td colspan="5">0.60</td><td colspan="5"></td></tr>
<tr><td colspan="7"></td><td colspan="4">0.80</td><td colspan="3"></td></tr>
<tr><td colspan="7"></td><td colspan="6">1.00</td><td></td></tr>
<tr><td colspan="8"></td><td colspan="5">1.20</td><td></td></tr>
<tr><td colspan="9"></td><td colspan="5">1.5、2.0、2.50</td></tr>
<tr><td>极限偏差</td><td colspan="14">±0.03</td></tr>
<tr><td rowspan="2">球顶高 h</td><td>公称尺寸</td><td colspan="4">0.05</td><td colspan="4">0.07</td><td>0.12</td><td colspan="3">0.14</td><td>0.16</td><td>0.18</td></tr>
<tr><td>极限偏差</td><td colspan="14">±0.03</td></tr>
</table>

第 11 章　滑动轴承的支承结构

1　轴的支承方式

轴上的任一载荷均可以分解成径向载荷和轴向载荷，它们均需通过轴承传递到机座上。在径向，轴承要能承受轴上的径向载荷，又要有合适的径向间隙，使轴能灵活地旋转，并使轴心保持足够的旋转精度；在轴向，轴承既要能承受轴上的轴向载荷、保持轴的准确的轴向位置，也要有合适的轴向间隙使轴能灵活地旋转，并保证轴能自由伸缩，能在轴产生热变形时，防止卡死。因此，轴的支承结构设计对转子的运转精度和轴承的工作性能起着重要作用，需要综合考虑轴承的排列与配置方式、轴向位置的限定与调整以及轴的热伸长补偿、轴承间隙的调整以及轴承的固定、润滑和密封等诸多问题。

轴一般采用两支承结构，每个支承由 1~2 套轴承组成。轴的径向位置通常由两个支承共同限定，所以两个支承的轴承要有一定精度的同轴度。轴的支承有三种方式，即两个支点每个单轴向限位的固定方式，一个支点双轴向限位固定、一支点游动方式和两支点游动的方式。

有轴向限位功能的轴承称为固定轴承，无轴向限位功能的轴承称为游动轴承。普通圆柱滑动轴承属于游动轴承；锥形滑动轴承、单面有法兰或带止动垫圈的圆柱轴承能单轴向限位，属于固定轴承；球面轴承、双面有法兰或带止动垫圈的圆柱轴承（H 形轴承）能双轴向限位，也属于固定轴承。

1.1　两支点每个单轴向限位结构

每个支点只限定轴的一个轴向方向位移，两个支点共同实现限定轴的两个轴向方向的窜动。

当轴热膨胀后，轴向间隙将改变，故这种支承结构只适用于轴热伸长较小的场合。这时，两个支点处均需采用能承受单向轴向力的轴承，可以用翻边轴瓦或止推垫圈和锥形轴承两种型式。

（1）两侧止推型支承结构

这种支承结构主要用于承受纯径向，也能同时承受径向载荷和不很大的单向轴向载荷。这种支承结构的轴向间隙需要在装配时调整。轴瓦的有法兰或止推垫圈可置于外侧（见图 13.11-1a）或内侧（见图 13.11-1b）。当止推面置于外侧时，轴向间隙调整方便，且轴热膨胀后轴向间隙加大；当止推面置于内侧时，轴向间隙调整不便，且轴热膨胀后轴向间隙减小。

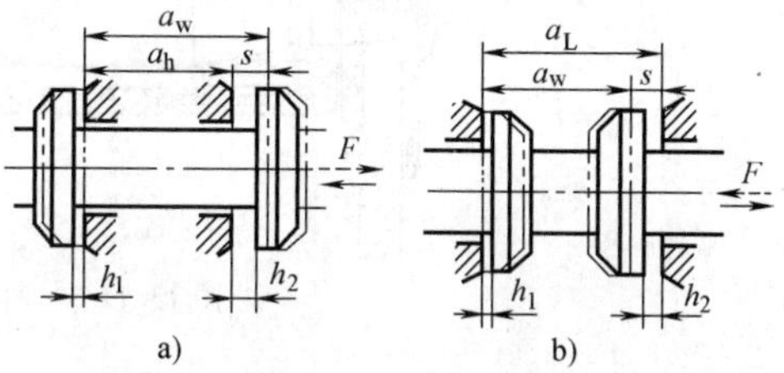

图 13.11-1　止推面的配置

图 13.11-2 所示卷筒为轴瓦法兰在外侧的滑动轴承支承结构。随卷筒旋转的轴套法兰布置在外侧，与支架止推环面构成一个单向止推轴承，两个单向止推轴承限定了卷筒的轴向位置。

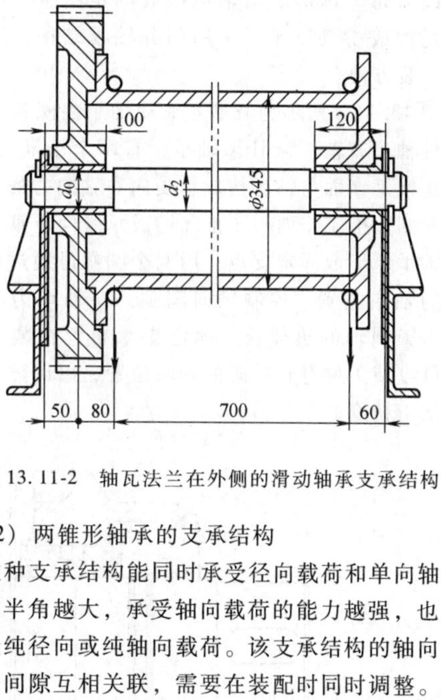

图 13.11-2　轴瓦法兰在外侧的滑动轴承支承结构

（2）两锥形轴承的支承结构

这种支承结构能同时承受径向载荷和单向轴向载荷，锥半角越大，承受轴向载荷的能力越强，也可用于承受纯径向或纯轴向载荷。该支承结构的轴向间隙与径向间隙互相关联，需要在装配时同时调整。与两侧止推型支承结构类似，锥顶可朝外或朝里。锥顶朝外的结构，间隙调整方便，且轴热膨胀后轴向和径向间隙同时减小，有轴卡死的危险；锥顶朝内的结构，间隙调整困难，但轴热膨胀后轴向和径向间隙同时增大，没有轴卡死的危险。

它结构简单，主要缺点是制造、调整较两侧止推型支承结构困难。

图 13.11-3 所示为某磨床砂轮轴的两锥形滑动轴承的支承结构。锥顶朝外的轴承布置形式使轴因温度升高而伸长时间隙减小，有卡死的风险。靠轴向移动右侧轴承以调整间隙，间隙量要考虑轴热伸长的影响。

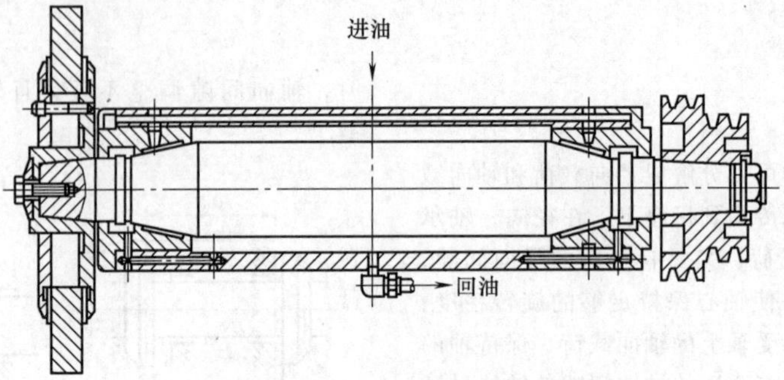

图 13.11-3 两锥形滑动轴承的支承结构

1.2 一支点轴向固定、一支点游动结构

一个支点限定轴的两个轴向方向位移，另一个支点不限定轴的轴向移动，前者称为固定支点，后者称为游动支点。这种支承结构能适应轴任意的热伸长，特别适用于轴的温度变化很大和轴较长的场合。

可以采用有双法兰的轴瓦、普通轴瓦加两个止推垫圈或 H 形、球形滑动轴承构成固定支承，一个普通轴瓦构成游动支承。采用剖分轴承结构，结构简单、安装方便。

图 13.11-4 所示为某型号滚动轴承内圈沟道磨床的工件轴，右轴承为 H 形轴承，有两个止推工作面。右侧止推工作面与轴环构成承受向右轴向力的止推轴承，左侧止推工作面与止推环构成承受向左轴向力的止推轴承，形成固定支点。用两个圆螺母通过调整止推环的轴向位置，控制轴向间隙。左轴承为游动支点，不影响轴的热伸长。固定支承布置在装卡工件端，可以使工件有较精确的轴向位置，以保障内圈滚道的加工精度。

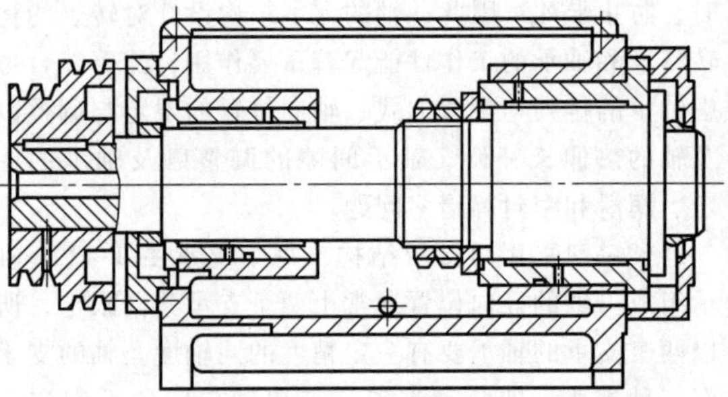

图 13.11-4 一支点固定、一支点游动支承结构

1.3 两支点游动结构

在某些特殊情况下需要轴能在轴向自由移动，这时应采用两游动支承的支承结构，如人字齿轮传动，当固定了其中一根轴的轴向位置后，另一根轴必须能自由地轴向移动，以保证两侧轮齿均衡受力。采用两个普通轴瓦且不设止推垫圈是构成这种支承形式的滑动轴承支承结构，如图 13.11-5 所示。

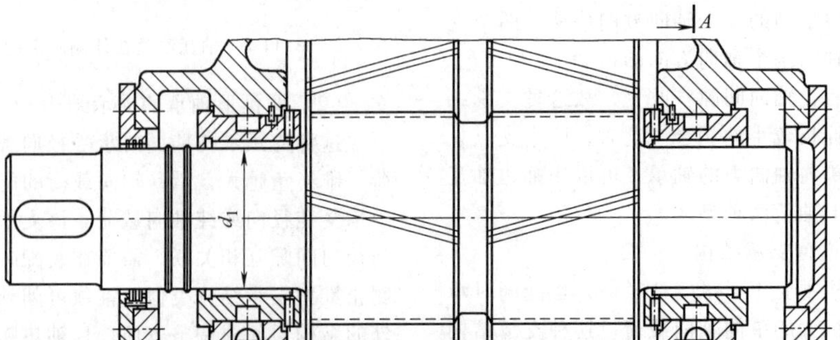

图 13.11-5 滑动轴承双游动支承结构

2　轴承间隙的调整

2.1　径向间隙的调整

一般圆柱滑动轴承的径向间隙在加工时确定。希望能调整径向间隙时，可采用剖分式轴瓦或内圆外锥式轴套。

在剖分式轴瓦的剖分面间加厚或减薄垫片即可调整径向间隙，当然，轴承的圆度会受到影响。

将内圆外锥形轴套铣出轴向切口，装在内锥外圆的套筒内，通过套筒两端的圆螺母使轴套相对套筒移动，依靠锥面的作用，可以改变间隙（见图13.11-6）。

锥形轴承只需轴向移动轴套即可改变间隙。

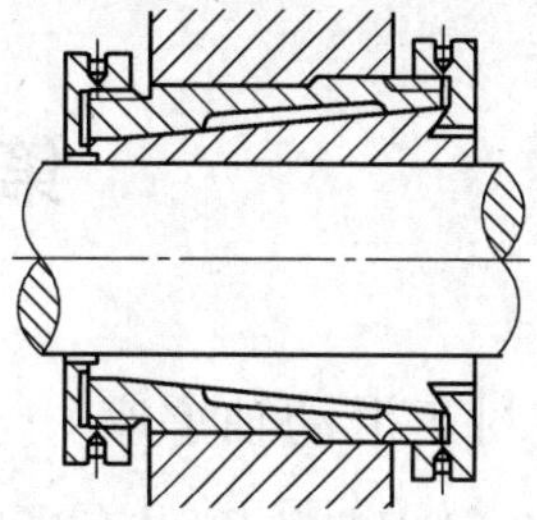

图 13.11-6　内圆外锥式轴套

2.2　轴向间隙的调整

圆柱轴承的轴向间隙一般靠移动止推环的轴向位置调整；锥形轴承靠移动轴套的轴向位置与径向间隙同时调整。

第 12 章　滑动轴承座

1　整体有衬正滑动轴承座

JB/T 2560—2007 规定了整体有衬正滑动轴承座的形式、尺寸和公差。它规定的轴承座形式如图 13.12-1 所示，尺寸见表 13.12-1。该形式轴承座主要用于承受径向载荷，载荷方向应该在轴承座中心线左右 35°范围内。

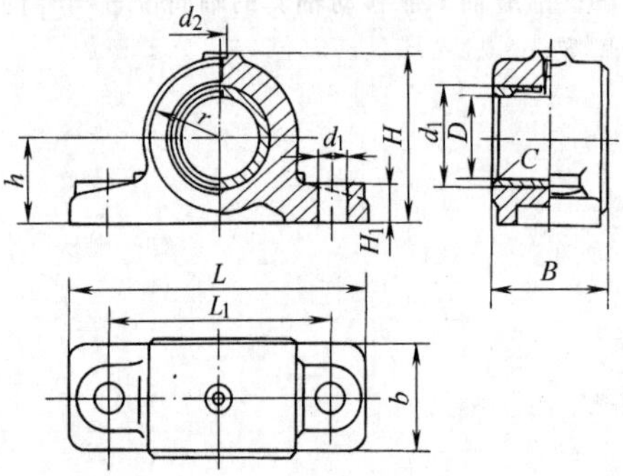

图 13.12-1　整体有衬正滑动轴承座的形式

2　对开式二螺柱正滑动轴承座

JB/T 2561—2007 规定了对开式二螺柱正滑动轴承座的形式、尺寸和公差。它规定的轴承座形式如图 13.12-2 所示，尺寸见表 13.12-2。该形式轴承座主要用于承受径向载荷，载荷方向应该在轴承座中心线左右 35°范围内，允许通过轴肩承受不大的轴向载荷（最大不得超过径向载荷的 30%）。

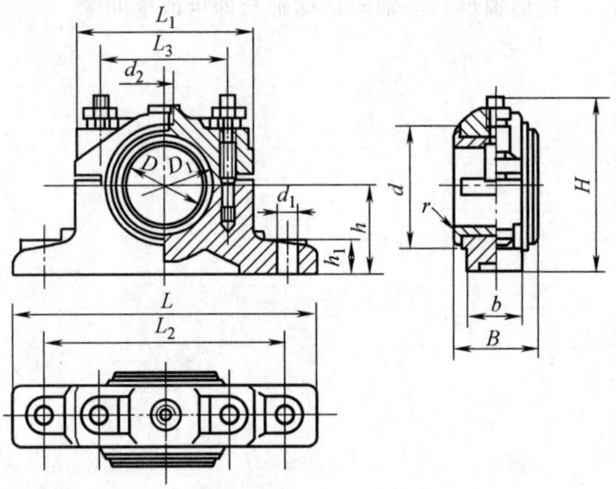

图 13.12-2　对开式二螺柱正滑动轴承座的形式

表 13.12-1　整体有衬正滑动轴承座的尺寸（摘自 JB/T 2560—2007）　（mm）

型　号	D (H8)	d	r	B	b	L	L_1	H ≈	h (h12)	h_1	d_1	d_2	C	质量 /kg≈
HZ020	20	28	26	30	25	105	80	50	30	14	12	M10×1	1.5	0.6
HZ025	25	32	30	40	35	125	95	60	35	16	14.5			0.9
HZ030	30	38		50	40	150	110	70		20	18.5			1.7
HZ035	35	45	38	55	45	160	120	84	42				2.0	1.9
HZ040	40	50	49	60	50	165	125	88	45					2.4
HZ045	45	55	45	70	60	185	140	90	50	25	24			3.6
HZ050	50	60		75	65			100						3.8
HZ060	60	70	55	80	70	225	170	120	60	30	28	M14×1.5	2.5	6.5
HZ070	70	85	65	100	80	245	190	140	70					9.0
HZ080	80	95	70			255	200	155	80					10.0
HZ090	90	105	75	120	90	285	220	165	85	40	35		3.0	13.2
HZ100	100	115	85			305	240	180	90					15.5
HZ110	110	125	90	140	100	315	250	190	95					21.0
HZ120	120	135	100	150	110	370	290	210	100	45	42			27.0
HZ140	140	160	115	170	120	400	320	240	120					38.0

注：1. 轴承座壳体和轴套可以单独订货，但在订货时必须说明。
2. 技术条件应符合 JB/T 2564—2007 的规定。

表 13.12-2　对开式二螺柱正滑动轴承座的尺寸（摘自 JB/T 2561—2007）　(mm)

型　号	D (H8)	D_1	d	B	b	L	L_1	L_2	L_3	H ≈	h (h12)	h_1	d_1	d_2	r	质量 /kg≈
H2030	30	38	48	34	22	140	85	115	60	70	35	15	10	M10×1	1.5	0.8
H2035	35	45	55	45	28	165	100	135	75	87	42	18	12		2.0	1.2
H2040	40	50	60	50	35	170	110	140	80	90	45	20	14.5			1.8
H2045	45	55	65	55	40	175		145	85	100	50					2.3
H2050	50	60	70	60		200	120	160	90	105		25	18.5			2.9
H2060	60	70	80	70	50	240	140	190	100	125	60		24	M14×1.5	2.5	4.6
H2070	70	85	95	80	60	260	160	210	120	140	70	30				7.0
H2080	80	95	110	95	70	290	180	240	140	160	80	35	28			10.5
H2090	90	105	120	105	80	300	190	250	150	170	85				3.0	12.5
H2100	100	115	130	115	90	340	210	280	160	185	90	40	35			17.5
H2110	110	125	140	125	100	350	220	290	170	190	95					19.5
H2120	120	135	150	140	110	370	240	310	190	205	105	45				25.0
H2140	140	160	175	160	120	390	260	330	210	230	120	50			4	33.5
H2160	160	180	200	180	140	410	280	350	230	250	130					45.5

注：1. 与轴套配合的轴颈表面应进行硬化处理。
2. 轴颈圆角尺寸按 GB/T 6403.4—2008 选取。
3. 技术条件应符合 JB/T 2564—2007 的规定。

3　对开式四螺柱正滑动轴承座

JB/T 2562—2007 规定了对开式四螺柱正滑动轴承座的形式、尺寸和公差。它规定的轴承座形式如图 13.12-3 所示，尺寸见表 13.12-3。该形式轴承座主要用于承受径向载荷，载荷方向应该在轴承座中心线左右 35°范围内，允许通过轴肩承受不大的轴向载荷（最大不得超过径向载荷的 30%）。

4　对开式四螺柱斜滑动轴承座

JB/T 2563—2007 规定了对开式四螺柱斜滑动轴承座的形式、尺寸和公差。它规定的轴承座形式如图 13.12-4 所示，尺寸见表 13.12-4。该形式轴承座主要用于承受径向载荷，载荷方向应该在垂直于分合面的轴承座中心线左右 35°范围内，允许通过轴肩承受不大的轴向载荷（最大不得超过径向载荷的 30%）。

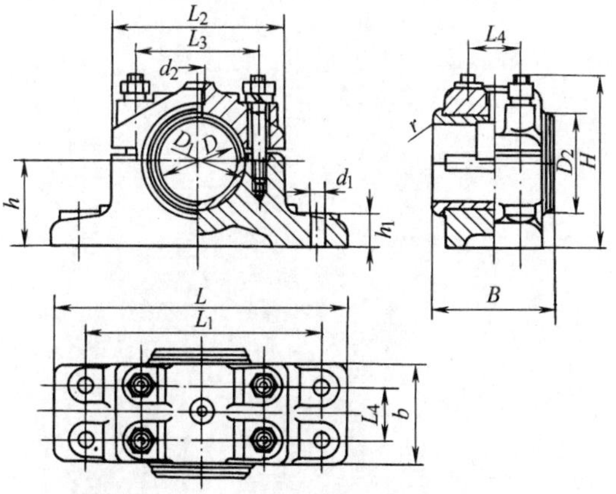

图 13.12-3　对开式四螺柱正滑动轴承座的形式

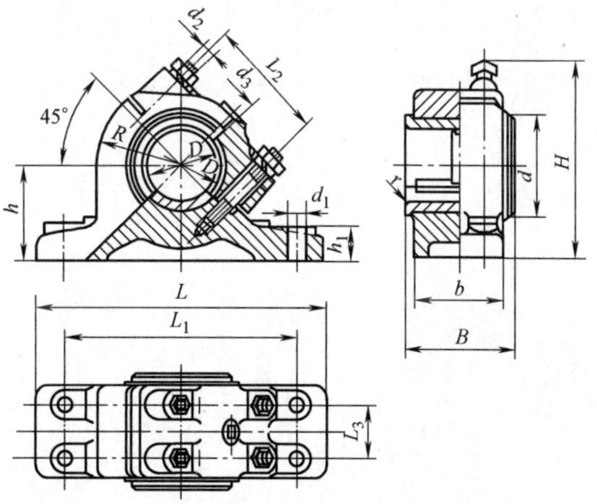

图 13.12-4　对开式四螺柱斜滑动轴承座的形式

表 13.12-3　对开式四螺柱正滑动轴承座的尺寸（摘自 JB/T 2562—2007）　(mm)

型　号	D (H8)	D_1	d	B	b	L	L_1	L_2	L_3	L_4	H ≈	h (h12)	h_1	d_1	d_2	r	质量 /kg≈
H4050	50	60	70	75	60	200	160	120	90	30	105	50	25	14.5	M10×1	2.5	4.2
H4060	60	70	80	90	75	240	190	140	100	40	125	60		18.5			6.5
H4070	70	85	95	105	90	260	210	160	120	45	135	70	30				9.5
H4080	80	95	110	120	100	290	240	180	140	55	160	80	35	24			14.5
H4090	90	105	120	135	115	300	250	190	150	70	165	85				3	18.0
H4100	100	115	130	150	130	340	280	210	160	80	175	90	40				23.0
H4110	110	125	140	165	140	350	290	220	170	85	185	95					30.0
H4120	120	135	150	180	155	370	310	240	190	90	200	105		28	M14×1.5		41.5
H4140	140	160	175	210	170	390	330	260	210	100	230	120	45			4	51.0
H4160	160	180	200	240	200	410	350	280	230	120	250	130	50				59.5
H4180	180	200	220	270	220	460	400	320	260	140	260	140		35			73.0
H4200	200	230	250	300	245	520	440	360	300	160	295	160	55	42		5	98.0
H4220	220	250	270	320	265	550	470	390	330	180	360	170	60				125.0

注：1. 与轴套配合的轴颈表面应进行硬化处理。
2. 轴颈圆角尺寸按 GB/T 6403.4—2008 选取。
3. 技术条件应符合 JB/T 2564—2007 的规定。

表 13.12-4　对开式四螺柱斜滑动轴承座的尺寸（摘自 JB/T 2563—2007）　(mm)

型　号	D (H8)	D_1	d	B	b	L	L_1	L_2	L_3	H ≈	h (h12)	h_1	R	d_1	d_2	r	质量 /kg≈
HX050	50	60	70	75	60	200	160	90	30	140	65	25	60	14.5	M10×1	2.5	5.1
HX060	60	70	80	90	75	240	190	100	40	160	75		70	18.5			8.1
HX070	70	85	95	105	90	260	210	120	45	185	90	30	80				12.5
HX080	80	95	110	120	100	290	240	140	55	215	100	35	90	24			17.5
HX090	90	105	120	135	115	300	250	150	70	225	105		95			3	21.0
HX100	100	115	130	150	130	340	280	160	80	250	115	40	105				29.5
HX110	110	125	140	165	140	350	290	170	85	260	120		110				32.5
HX120	120	135	150	180	155	370	310	190	90	275	130		120	28	M14×1.5		40.5
HX140	140	160	175	210	170	390	330	210	100	300	140	45	130			4	53.5
HX160	160	180	200	240	200	410	350	230	120	335	150	50	140	35			76.5
HX180	180	200	220	270	220	460	400	260	140	375	170		160				94.0
HX200	200	230	250	300	245	520	440	300	160	425	190	55	180	42		5	120.0
HX220	220	250	270	320	265	550	470	330	180	440	205	60	195				140.0

注：1. 与轴套配合的轴颈表面应进行硬化处理。
2. 轴颈圆角尺寸按 GB/T 6403.4—2008 选取。
3. 技术条件应符合 JB/T 2564—2007 的规定。

参 考 文 献

[1] 闻邦椿. 机械设计手册：第 3 卷 [M]. 5 版. 北京：机械工业出版社，2010.

[2] 机械工程手册电机工程手册编辑委员会. 机械工程手册：机械零部件设计卷 [M]. 2 版. 北京：机械工业出版社，1996.

[3] 石田拓実. トライボロジー1 [M]. 東京：集英社，2015.

[4] Jones M H, Scott D. Industrial Tribology: The Practical Aspects of Friction, Lubrication and Wear [M]. Amsterdam: Elsevier Scientific Publishing Company, 1983.

[5] Neale M J. Tribology Handbook [M]. 2nd ed. London: Elsevier Ltd., 1996.

[6] 丹羽小三郎. 滑り軸受の適用限界とトライボロジー [J]. トライボロジ, 1991 (4): 76-77.

[7] 佐藤之信. 滑り軸受の選定と設計上のポイント [J]. 機械設計, 1981, 25 (1): 31-35.

[8] Beitz W, Küttner K-H. Dubbel 机械工程手册 (第 1 卷) [M]. 张维，张淑英，等译，北京：清华大学出版社，1991.

[9] 柴田銑二郎，福岡辰彦. 滑り軸受の種類と性能検討 [J]. 機械設計, 1981, 25 (1): 18-23.

[10] 日本機械学会. すべり軸受の静特性および動特性資料集 [M]. 東京：日本工業出版，1984.

[11] 汪恺. 机械设计标准应用手册：第 2 卷 [M]. 北京：机械工业出版社，2016.

[12] Welsh R J. Plain Bearing Design Handbook [M]. London: Butterworths, 1983.

[13] Воскресенский В А, и др. Расчети проектирование опор скольжения (жидкостная смазка) [M]. Москва: МАШИНОСТРОЕНИЕ, 1980.

[14] Hamrock B J, Schmid S R. Fundamentals of Fluid Film Lubrication (Second Edition) [M]. New York: Marcel Dekker Inc., 2004.

[15] Rowe W B. Hydrostatic Aerostatic and Hybrid Be-aring Design [M]. London: Butterworths, 2012.

[16] 李文录，等. 腔式与垫式静压轴承的比较 [J]. 磨床与磨削，1986 (1): 28-31.

[17] 卜炎，等. 动静压轴承定义的初议 [J]. 机床与液压，1985 (3): 42-48.

[18] 张锡圣，等. 孔式环面节流浅腔动静压混合轴承的研制 [J]. 设备管理与维修，1986 (5).

[19] 张锡圣，等. 阶梯腔式动静压混合轴承发展概况 [J]. 机床与液压，1992 (1): 10-16.

[20] 邓力凡. 孔式环面深浅腔液体动静压轴承的结构及稳定特性研究 [J]. 机床与液压，2013, 41 (1): 80-81.

[21] 朗格 O R，斯泰因希尔伯 W. 滑动轴承 [M]. 王成焘，等译. 北京：机械工业出版社，1986.

[22] 周恒，刘延柱. 气体动压轴承的原理及计算 [M]. 北京：国防工业出版社，1981.

[23] 王云飞. 气体润滑理论与气体轴承设计 [M]. 北京：机械工业出版社，1999.

[24] Nobuyoshi Kawabata, Yasumi Ozama, Shuji Kamaya, et al. Static characteristics of the reguler and reversible rotation type herringbone grooved journal bearing [J]. Journal of Tribology, 1989, 111 (3): 484-490.

[25] 刘暾，等. 静压气体轴承 [M]. 哈尔滨：哈尔滨工业大学出版社，1990.

[26] 卢泽生，杜金名，孙雅洲. 气体静压多孔质球面轴承静态性能分析 [J]. 机械工程学报，2004, 40 (12): 115-119.

[27] Yoshimoto S, Nakano Y, Kakubari T. Static characteristics of externally pressurized gas journal bearings with circular slot restrictors [J]. Tribology International, 1984, 17 (4): 199-203.

[28] 矢部　寛. 表面絞り軸受の作動特性 [J]. 潤滑，1988, 33 (5): 355-358.

[29] Singh K C, Rao N S, Majumdar B C. Effect of slip flow on the steady state performance of aerostatic porous journal bearings [J]. Journal of Tribology, 1984, 106 (1): 156-162.

[30] Stout K J, Tawfik M. Design date for externally pressurized spherical gas bearings [J]. Tribology International, 1977, 10 (3): 163-169.

[31] Wang Fu-sheng, Bao Gang. Static characteristics of new type externally pressurized spherical air bearings [J]. Journal of Central South university, 2011, 18 (4): 1133-1138.

[32] Ingle R B, Ahuja B B. An experimental investigation on performance characteristics and natural frequency analysis of high-speed carbon—epoxy

shaft in aerostatic conical journal bearings [J]. Journal of Scientific &Industrial Research, 2005, 64 (8): 571-580.
[33] Majurmdar M C, Majurmdar B C. Study of the pneumatic instability of externally pressurized porous gas thrust bearings with slip velocity [J]. Wear, 1988, 124 (3): 261-277.
[34] 佐田勇一,等. 氣體潤滑ちれた球面スパイラルグルーブ軸受の特性 [J]. 潤滑. 1983, 28 (3): 221-227.
[35] Воронков Б Д. Подшипники Сухого Трения [M]. Ленинград: Машиностроение. 1979
[36] 社团法人日本トライボロジー学会,固体潤滑研究会. 固体潤滑ハンドブック [M]. 新版. 東京:養賢堂,2010.
[37] Clauss F J. Solid Lubricants and Self-Lubricating Solid [M]. New York and London: Academic Press, 1972.
[38] 川崎景民,高田彌太郎. 非金屬材料のオイルレスベアリング [J]. 日本機械学会誌, 1977, 80 (701): 356-360.
[39] 植中清英,丸山泉. 無潤滑軸受の材料 設計技術 [J]. 機械設計, 1988, 32 (11): 39-46.
[40] 颜志光. 新型润滑材料与润滑技术实用手册 [M]. 北京:国防工业出版社,1999.
[41] 西江 宏,関本徹雄. 焼結含油軸受(家電製品,音響機器用)[J]. 機械設計, 1981, 25 (1): 68-72.
[42] 笠原又一. プラスチック系軸受 [J]. 機械設計, 1981, 25 (1): 73-80.
[43] 宋正芳. 炭-石墨制品的性能及其应用 [M]. 北京:机械工业出版社,1987.
[44] 张玉龙,张文栋,严晓峰. 实用工程塑料手册 [M]. 北京:机械工业出版社,2012.
[45] 石安富,龚云表. 工程塑料手册 [M]. 上海:上海科学技术出版社,2003.
[46] Rothbart H, Brown T. Mechanical Design and Systems Handbook [M]. 2nd ed. New York: McGraw-Hill Book Company, 2006.
[47] 坂本雅昭. すべり軸受材料 [J]. トライボロジト, 1991, 36 (9): 684-688.
[48] 机械工业部标准化研究所. 滑动轴承标准汇编 [M]. 北京:中国标准出版社,2008.
[49] 林友德,胡寿镛. 宝石支承 [M]. 北京:机械工业出版社,1983.
[50] 郑晨升. 仪表机械结构设计 [M]. 北京:化学工业出版社,2006.
[51] Schweitzer G. Magnetic Bearings [M]. Berlin: Springer-Verlag, 1988.
[52] Allaire P E, Maslen E H, Kim H C, et al. Design of a magnetic bearing supported prototype centrifugal artifical heart pump [J]. STLE Tribology Trans, 1996, 39 (3): 663-669.
[53] 福山寛正. 超電導磁氣軸受の性能と研究動向 [J]. トライホロシスト, 1996, 41 (8): 641-646.
[54] 進士忠彦,等. 高精度磁氣轴受の研究(第2報) [J]. 精密工学会誌. 1997, 63 (5): 694-698.
[55] 张钢,曹广忠. 电磁轴承的工业应用设计 [J]. 轴承, 1998 (6): 2-6.
[56] 沈钺,虞烈. 电磁轴承及控制系统的设计原理及参数选择 [J]. 轴承, 2001 (9): 13-16.
[57] 成大先. 机械设计手册:第2卷 [M]. 6版. 北京:化学工业出版社,2016.
[58] 龚焕孙,张鸿兴,张台维,等. 径向波箔轴承的设计计算和试验研究:(II) 几何参数计算和实验研究 [J]. 上海机械学院学报, 1992, 14 (4): 39-47.
[59] 闻邦椿. 现代机械设计实用手册 [M]. 北京:机械工业出版社,2015.

第 14 篇　滚动轴承

主　编　李元科
编写人　李元科　毛宽民
审稿人　吴宗泽

第5版
滚动轴承

主　编　李元科
编写人　李元科
审稿人　吴宗泽

第 1 章　滚动轴承的分类、结构与代号

按 ISO 规定，滚动轴承包括做旋转运动的滚动轴承（简称通用轴承）、做摆动或倾斜运动的关节轴承和做直线运动的直线运动滚动支承三大类。

1　通用轴承的分类、结构与代号

1.1　通用轴承的分类（摘自 GB/T 271—2008）

通用轴承一般由内圈、外圈、滚动体和保持架组成。推力轴承中与轴相配合的套圈称轴圈，与外壳孔相配合的套圈称座圈，内、外圈或轴圈与座圈通过滚动体和保持架实现同轴旋转运动。

通用轴承的类型很多，可从不同角度分类，基本的分类方法见表 14.1-1。

表 14.1-1　通用轴承的分类方法

分类方法		名称	
按结构类型	按能承受的载荷方向或公称接触角 α 的大小	向心轴承——主要用于承受径向载荷的轴承 （$0°\leqslant\alpha\leqslant45°$）	径向接触轴承（$\alpha=0°$）
			角接触向心轴承（$0°<\alpha\leqslant45°$）
		推力轴承——主要用于承受轴向载荷的轴承 （$45°<\alpha\leqslant90°$）	轴向接触轴承（$\alpha=90°$）
			角接触推力轴承（$45°<\alpha<90°$）
	按滚动体的种类	球轴承——滚动体为球的轴承	
		滚子轴承——滚动体为滚子的轴承	圆柱滚子轴承——滚动体是圆柱滚子的轴承
			滚针轴承——滚动体是滚针的轴承
			圆锥滚子轴承——滚动体是圆锥滚子的轴承
			调心滚子轴承——滚动体是球面滚子的轴承
	按滚动体的列数	单列轴承——具有一列滚动体的轴承 双列轴承——具有两列滚动体的轴承 多列轴承——具有多于两列的滚动体并承受同一方向载荷的轴承	
	按能否调心	调心轴承——滚道是球面形的，能适应两滚道轴心线间的角偏差及角运动的轴承 非调心轴承（刚性轴承）——能阻抗滚道间轴心线角偏移的轴承	
	按组件能否分离	可分离轴承——具有可分离组件的轴承 不可分离轴承——轴承在最终配套后，套圈均不能任意自由分离的轴承	
	按结构形状	可以分为多种结构类型，如： 有无装填槽 有无内外圈 有无保持架 套圈的不同形状 挡边的不同结构等	
按公称外径 D 的尺寸大小		类型	公称外径 D/mm
		微型轴承	$D\leqslant26$
		小型轴承	$26<D<60$
		中小型轴承	$60\leqslant D<120$
		中大型轴承	$120\leqslant D<200$
		大型轴承	$200\leqslant D\leqslant440$
		特大型轴承	$D>440$
综合分类		滚动轴承 — 向心轴承 　— 径向接触轴承 　　— 径向接触球轴承——深沟球轴承 　　— 径向接触滚子轴承：圆柱滚子轴承；滚针轴承 　— 角接触向心轴承 　　— 角接触向心球轴承：调心球轴承；角接触球轴承 　　— 角接触向心滚子轴承：圆锥滚子轴承；调心滚子轴承 — 推力轴承 　— 轴向接触轴承 　　— 轴向接触球轴承——推力球轴承 　　— 轴向接触滚子轴承：推力圆柱滚子轴承；推力滚针轴承 　— 角接触推力轴承 　　— 角接触推力球轴承——推力角接触球轴承 　　— 角接触推力滚子轴承：推力圆锥滚子轴承；推力调心滚子轴承 — 组合轴承	

1.2　通用轴承的代号与结构（摘自 GB/T 272—1993，JB/T 2974—2004）

滚动轴承代号是一组由字母和数字组成的产品符号，用于表示滚动轴承的类型结构、尺寸、公差等级和技术性能等基本特征。

通用轴承的代号由[前置代号]、[基本代号]和[后置代号]三部分组成，见表 14.1-2。

表 14.1-2　通用轴承的代号组成

前置代号			基本代号							后置代号								
			通用轴承(除滚针轴承)					滚针轴承		1	2	3	4	5	6	7	8	9
			类型代号			尺寸系列代号	内径代号	类型代号	配合安装特征代号	内部结构变化	密封、防尘与外部形状变化	保持架及其材料	轴承零件材料	公差等级	游隙	配置	振动及噪声	其他
代号	含义	示例	代号	轴承类型	原标准代号													
L	可分离轴承的可分离内圈或外圈	LNU 207 LN207	0	双列角接触球轴承	6	见表 14.1-3	见表 14.1-4	见表 14.1-6		见表 14.1-7	见表 14.1-8	见表 14.1-9	见表 14.1-11	见表 14.1-12	见表 14.1-13	见表 14.1-14	见表 14.1-15	见表 14.1-16
R	不带可分离内圈或外圈的组件(滚针轴承仅适用于 NA 型)	RNU207 RNA6904	1	调心球轴承	1													
			2	调心滚子轴承和推力调心滚子轴承	3 9													
K	滚子和保持架组件	K81107	3	圆锥滚子轴承	7													
			4	双列深沟球轴承	0													
WS	推力圆柱滚子轴承轴圈	WS81107	5	推力球轴承	8													
			6	深沟球轴承	0													
GS	推力圆柱滚子轴承座圈	GS 81107	7	角接触球轴承	6													
			8	推力圆柱滚子轴承	9													
F	带凸缘外圈的向心球轴承(仅适用于 $d \leq 10mm$)	F 618/4	N	圆柱滚子轴承	2													
			NN	双列或多列圆柱滚子轴承														
FNS	凸缘外圈分离型微型角接触轴承(仅适用于 $d \leq 10mm$)	FSN 719/5—Z	U	外球面球轴承	0													
			QJ	四点接触球轴承	6													
KOW-	无轴圈推力轴承	KOW-51108	C	长弧面滚子轴承(圆环轴承)														
KIW-	无座圈推力轴承	KIW-51108	滚动轴承的基本代号构成见表 14.1-5															
LR	带可分离的内圈或外圈的滚动体组件轴承																	

1.2.1　基本代号的组成

基本代号表示轴承的类型、结构和尺寸，是轴承代号的核心。通用轴承中，唯有滚针轴承的基本代号方法与其他轴承不同。

1）一般通用轴承（除滚针轴承外）的基本代号由[类型代号]、[尺寸系列代号]和[内径代号]三部分组成，见表 14.1-2~表 14.1-4。

2）滚针轴承的基本代号由[类型代号]和[配合安装特征代号]组成，见表 14.1-2 和表 14.1-6。

表 14.1-3　尺寸系列代号

直径系列代号	向心轴承							推力轴承			
	宽度系列代号							高度系列代号			
	8	0	1	2	3	4	5	6	7	9	1	2
	尺寸系列代号											
7	—	—	17	—	37	—	—	—	—	—	—	—
8	—	08	18	28	38	48	58	68	—	—	—	—
9	—	09	19	29	39	49	59	69	—	—	—	—
0	—	00	10	20	30	40	50	60	70	90	10	—
1	—	01	11	21	31	41	51	61	71	91	11	—
2	82	02	12	22	32	42	52	62	72	92	12	22
3	83	03	13	23	33	—	—	—	73	93	13	23
4	—	04	—	24	—	—	—	—	74	94	14	24
5	—	—	—	—	—	—	—	—	—	95	—	—

表 14.1-4　内径代号

轴承公称内径/mm		内径代号	示　例
0.6~10(非整数)		用公称内径毫米数直接表示,在其与尺寸系列代号之间用"/"分开	深沟球轴承 618/2.5 d=2.5mm
1~9(整数)		用公称内径毫米数直接表示,对深沟及角接触球轴承 7、8、9 直径系列,内径与尺寸系列代号之间用"/"分开	深沟球轴承 625、618/5 d=5mm
10~17	10	00	深沟球轴承 6200 d=10mm
	12	01	
	15	02	
	17	03	
20~480 (22,28,32 除外)		公称内径除以 5 的商数,商数为个位数时,需在商数左边加"0",如 08	调心滚子轴承 23208 d=40mm
大于或等于 500 以及 22,28,32		用公称内径毫米数直接表示,但与尺寸系列之间用"/"分开	调心滚子轴承 230/500 d=500mm 深沟球轴承 62/22 d=22mm

1.2.2　基本结构与基本代号(见表 14.1-5、表 14.1-6)

表 14.1-5　通用轴承的基本结构与代号

轴承类型		简图	类型代号	尺寸系列代号	基本代号	标准号
深沟球轴承	深沟球	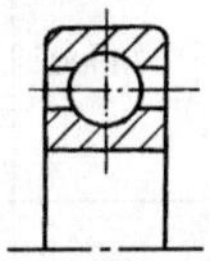	6 16 6	17 37 18 19 (0)0 (1)0 (0)2 (0)3 (0)4	61700 63700 61800 61900 16000 6000 6200 6300 6400	GB/T 276—2013
深沟球轴承	有装球缺口、有保持架	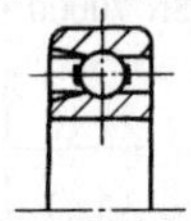	(6)	(0)2 (0)3	200 300	—
深沟球轴承	双列	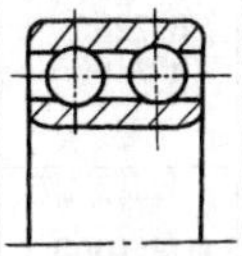	4	(2)2 (2)3	4200 4300	—
调心球轴承	调心球	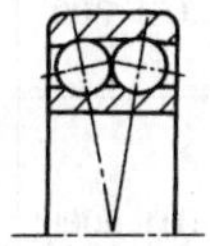	1 1 1 1 (1) 1 (1)	39 (1)0 30 (0)2 22 (0)3 23	13900 1000 3000 1200 2200 1300 2300	GB/T 281—2013
圆柱滚子轴承	外圈无挡边	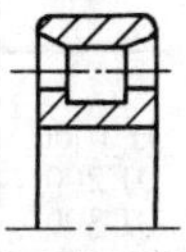	N	10 (0)2 22 (0)3 23 (0)4	N 1000 N 200 N 2200 N 300 N 2300 N 400	GB/T 283—2007
圆柱滚子轴承	内圈无挡边	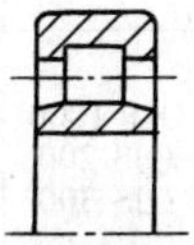	NU	10 (0)2 22 (0)3 23 (0)4	NU 1000 NU 200 NU 2200 NU 300 NU 2300 NU 400	
圆柱滚子轴承	内圈单挡边	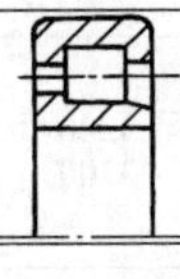	NJ	(0)2 22 (0)3 23 (0)4	NJ 200 NJ 2200 NJ 300 NJ 2300 NJ 400	

轴承类型		简图	类型代号	尺寸系列代号	基本代号	标准号
圆柱滚子轴承	内圈单挡边并带平挡圈	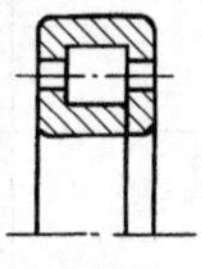	NUP	(0)2 22 (0)3 23 (0)4	NUP 200 NUP 2200 NUP 300 NUP 2300 NUP 400	GB/T 283—2007
圆柱滚子轴承	外圈单挡边	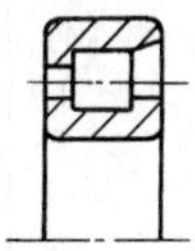	NF	(0)2 (0)3 23	NF 200 NF 300 NF 200	
圆柱滚子轴承	双列	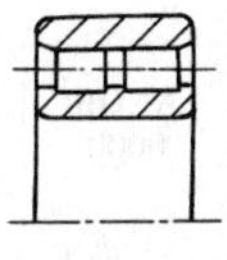	NN	49 30	NN 4900 NN 3000	GB/T 285—2013
圆柱滚子轴承	内圈无挡边、双列	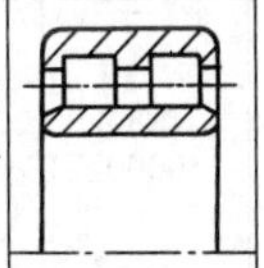	NNU	49 41	NNU 4900 NNU 4100	
圆柱滚子轴承	无挡边	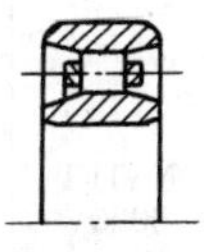	NB		NB 0000	—
圆柱滚子轴承	外圈单挡边并带平挡圈	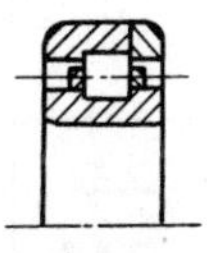	NFP		NFP 0000	—
圆柱滚子轴承	内圈无挡边但带平挡圈	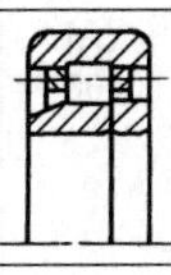	NJP		NJP 0000	—

（续）

轴承类型		简图	类型代号	尺寸系列代号	基本代号	标准号
圆柱滚子轴承	外圈无挡边带双锁圈、无保持架	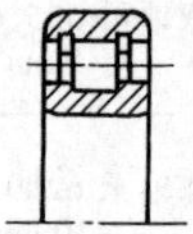	NCL		NCL 0000V	—
	内圈无挡边两面带平挡圈、无保持架双列	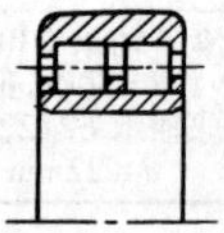	NNUP		NNUP 0000V	—
	外圈双面带平挡圈、双列	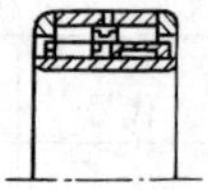	NNP		NNP 0000	—
	外圈有止动槽、两面带密封圈、双内圈无保持架、双列	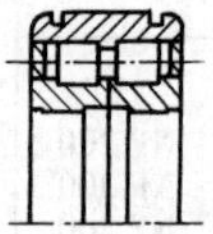	NNF		NNF 0000 —2LSNV	—
	无挡边、四列	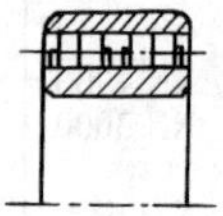	NNQB		NNQB 0000	—
	无挡边、三列	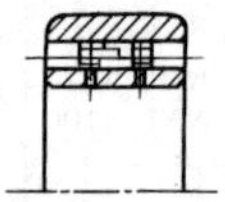	NNTB		NNTB 0000	—
	内圈无挡边、两面带平挡圈、无保持架、三列	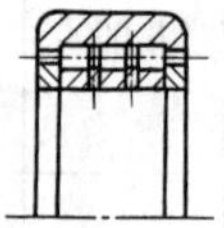	NNTUP		NNTUP 0000V	—
	外圈带平挡圈、四列	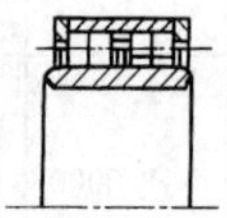	NNQP		NNQP 0000	—

轴承类型		简图	类型代号	尺寸系列代号	基本代号	标准号
调心滚子轴承	调心滚子	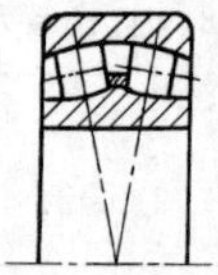	2	38 48 39 49 30 40 31 41 22 32 03 23	23800 24800 23900 24900 23000 24000 23100 24100 22200 23200 21300 22300	GB/T 288 —2013
	单列	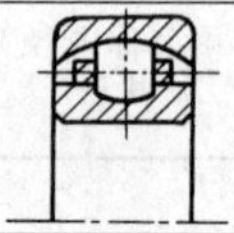	2 2 2	02 03 04	20200 20300 20400	—
角接触球轴承	角接触	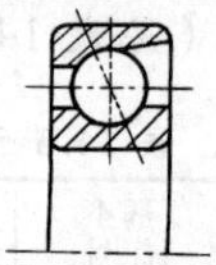	7	18 19 (1)0 (0)2 (0)3 (0)4	71800 71900 7000 7200 7300 7400	GB/T 292 —2007
	分离型	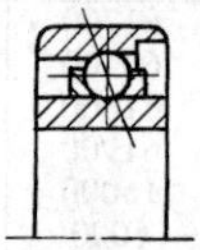	S7		S 70000	—
	内圈分离型	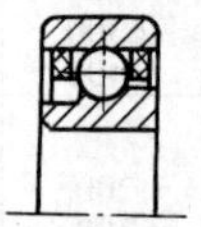	SN7		SN 70000	—
	锁口在内圈	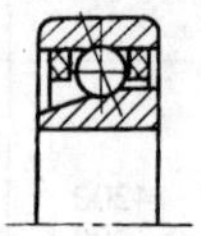	B7 B7 B7	(1)0 (0)2 (0)3	B 7000 B 7200 B 7300	GB/T 292 —2007
	双半外圈四点接触	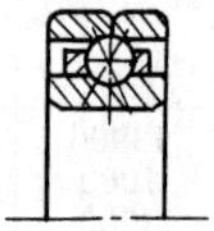	QJF	10 (0)2 (0)3	QJF 1000 QJF 200 QJF 300	GB/T 294 —2015
	双半外圈三点接触	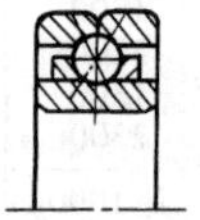	QJT		QJT 0000	
	四点接触	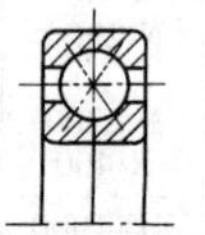	QJ QJ QJ	10 (0)2 (0)3	QJ 1000 QJ 200 QJ 300	
	双半内圈三点接触	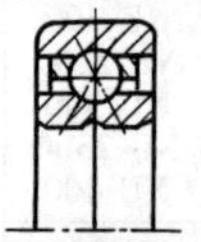	QJS	10 (0)2 (0)3	QJS 1000 QJS 200 QJS 300	
	双列角接触	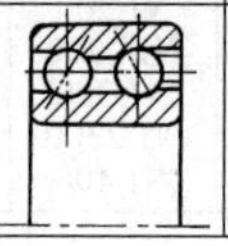	(0) (0)	32 33	3200 3300	GB/T 296 —2015

（续）

轴承类型		简图	类型代号	尺寸系列代号	基本代号	标准号
圆锥滚子轴承	单列圆锥滚子	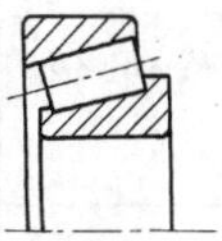	3	29 20 30 31 02 22 32 03 13 23	32900 32000 33000 33100 30200 32200 33200 30300 31300 32300	GB/T 297 —2015
	双内圈、双列	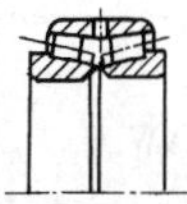	35	19 29 10 20 11 21 22 13	351900 352900 351000 352000 351100 352100 352200 351300	GB/T 299 —2008
	双外圈、双列	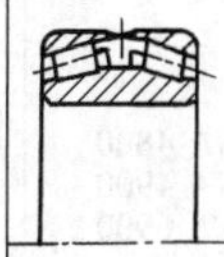	37	—	370000	
	四列	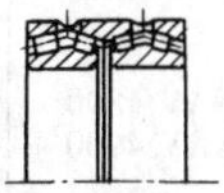	38	19 29 10 20 11 21	381900 382900 381000 382000 381100 382100	GB/T 300 —2008
推力球轴承	推力球	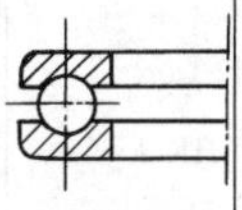	5	11 12 13 14	51100 51200 51300 51400	GB/T 301 —2015
	双向	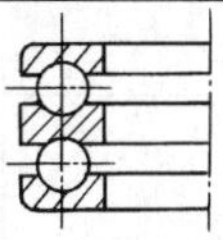	5	22 23 24	52200 52300 52400	
	带球面座圈	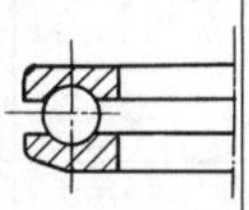	5	32① 33 34	53200 53300 53400	
	带球面座圈、双向	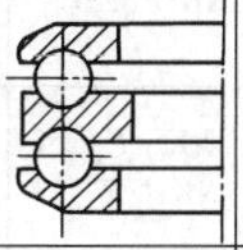	5	42② 43 44	54200 54300 54400	
推力角接触球轴承	推力角接触球	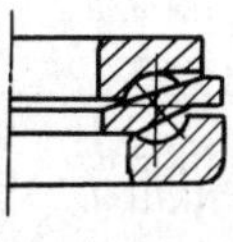	56 76	—	560000 760000	JB/T 8717 —2010 JB/T 24604 —2009

轴承类型		简图	类型代号	尺寸系列代号	基本代号	标准号
推力角接触球轴承	双向	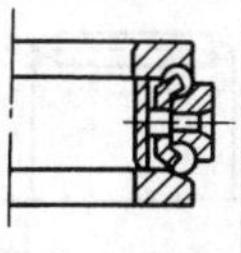	23 23 23	44③ 47 49	234400 234700 234900	JB/T 6362 —2007
推力圆柱滚子轴承	推力圆柱滚子	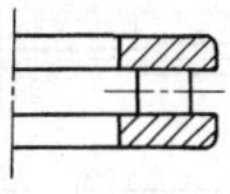	8 8	11 12	81100 81200	GB/T 4663 —1994
	双列或多列	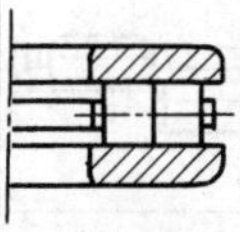	8 8 8	93 74 94	89300 87400 89400	—
	双向	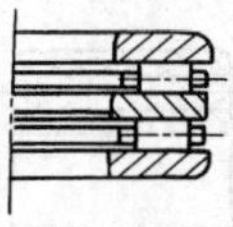	8 8	22 23	82200 82300	GB/T 4663— 1994
推力圆锥滚子轴承	推力圆锥滚子	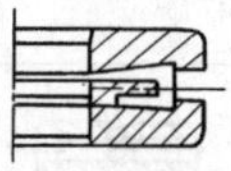	9	11 12	91100 91200	—
	双向推力圆锥滚子轴承	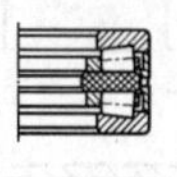	9	21	92100	JB/T 7751— 2016
推力调心滚子轴承	推力调心滚子	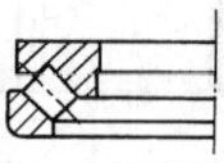	2 2 2	92 93 94	29200 29300 29400	GB/T 5859 —2008
外球面球轴承	带紧定螺钉	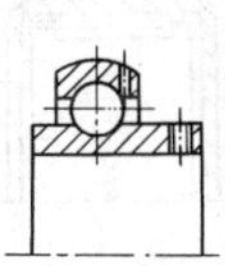	UC UC	2 3	UC 200 UC 300	GB/T 3882 —1995
	带偏心套	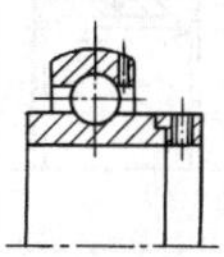	UEL UEL	2 3	UEL 200 UEL 300	
	圆锥孔	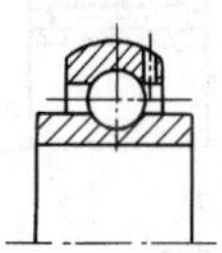	UK UK	2 3	UK 200 UK 300	

注：表中括号“（　）”表示该数字在代号中省略。

① 尺寸系列实为 12、13、14，表示成 32、33、34。

② 尺寸系列实为 22、23、24，表示成 42、43、44。

③ 尺寸系列代号不同于表 14.1-3。

表 14.1-6 滚针轴承的基本结构与代号

轴承类型		简 图	类型代号	配合安装特征尺寸表示	基本代号	标准号
滚针和保持架组件	滚针和保持架组件	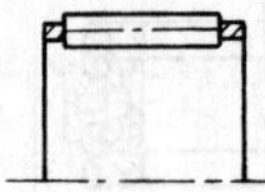	K	$F_w \times E_w \times B_c$	K $F_w \times E_w \times B_c$	GB/T 20056
	推力	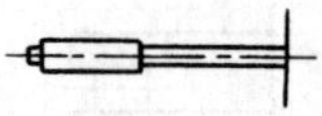	AXK	$d_c D_c$①	AXK$d_c D_c$	GB/T 4605—2003
	带冲压中心套、推力	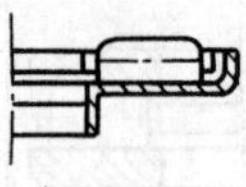	AXW	D_1	AXW D_1	—
滚针轴承	滚针轴承	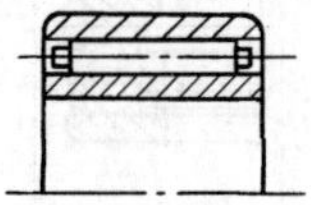	NA	用尺寸系列代号、内径代号表示：尺寸系列代号 48、49、69；内径代号按表 14.1-4②的规定	NA 4800 NA 4900 NA 6900	GB/T 5801—2006
	满装	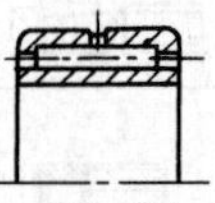	NAV	尺寸系列代号 48、49；内径代号按表 14.1-4②的规定	NAV 4800 NAV 4900	JB/T 3588—2007
	开口型冲压外圈	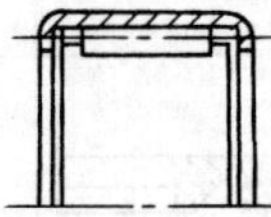	HK④	$F_w C$①	HK $F_w C$	GB/T 12764—2009
	封口型冲压外圈	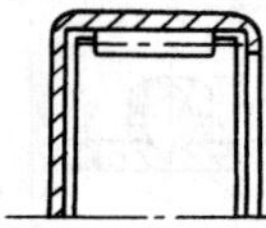	BK④	$F_w C$①	BK $F_w C$	GB/T 12764—2009
	无内圈（轻系列）	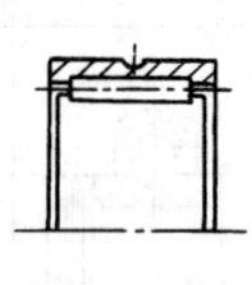	NK	F_w/B	NK F_w/B	GB/T 5801—2006
	无内圈（重系列）		NKS NKH	F_w F_w	NKS F_w NKH F_w	—
	滚针轴承（轻系列）	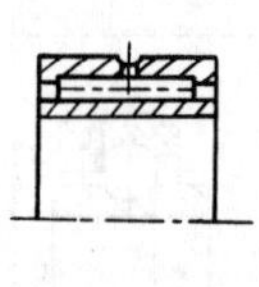	NKI	d/B	NKI d/B	GB/T 5801—2006
	滚针轴承（重系列）		NKIS NKIH	d d	NKIS d NKIH d	—
	外圈无挡边	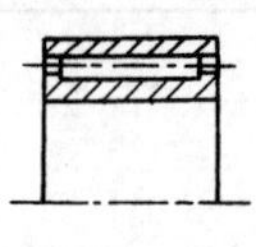	NAO	$d \times D \times B$	NAO $d \times D \times B$	—

（续）

轴承类型		简　图	类型代号	配合安装特征尺寸表示	基本代号	标准号
滚针轴承	开口型冲压外圈满装 轻系列 重系列	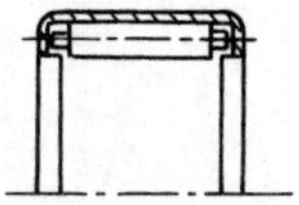	F-[4] FH-	F_wC[1]	F-F_wC H-F_wC	GB/T 12764—2009
	封口型冲压外圈满装	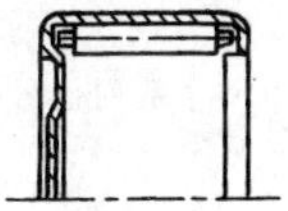	MF-[4]	F_wC[1]	MF-F_wC	
	开口型冲压外圈满装（油脂限位）	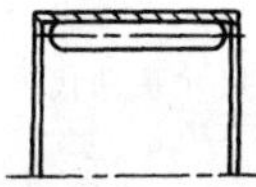	FY-	F_wC[1]	FY-F_wC	—
	封口型冲压外圈满装（油脂限位） 轻系列 重系列	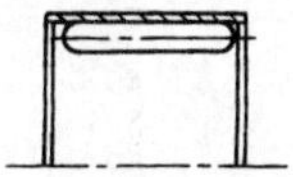	FY- MFY-	F_wC[1]	FY-F_wC MFY-F_wC	—
滚针组合轴承	滚针和推力圆柱滚子组合	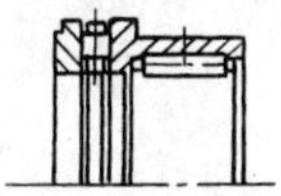	NKXR	F_w	NKXR F_w	GB/T 16643—2015
	滚针和推力球组合	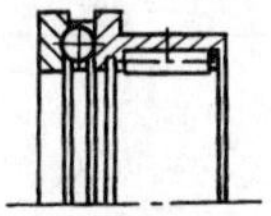	NKX	F_w	NKXF_w	GB/T 25760—2010
	带外罩的滚针和满装推力球组合（油润滑）	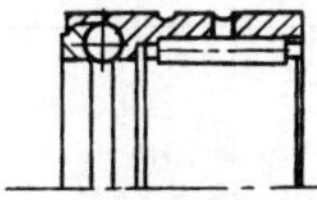	NX	F_w	NXF_w	
	滚针和角接触球组合	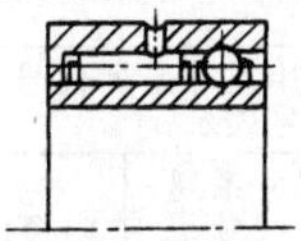	NKIA	用尺寸系列代号、内径代号表示	NKIA 5900	GB/T 25761—2010
	滚针和三点接触球组合	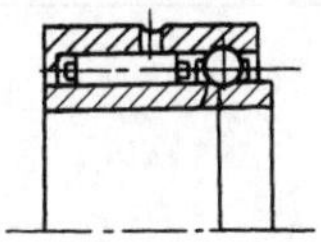	NKIB	尺寸系列代号 59 内径代号按表 14.1-4	NKIB 5900	
	滚针和双向推力圆柱滚子组合	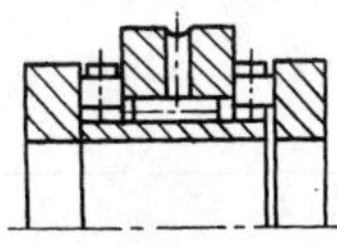	ZARN	dD	ZARN dD	GB/T 25768—2010
	带法兰盘的滚针和双向推力圆柱滚子组合	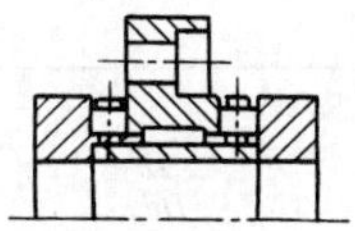	ZARF	dD	ZARF dD	

（续）

	轴承类型	简图	类型代号	配合安装特征尺寸表示		基本代号	标准号
滚针组合轴承	圆柱滚子与双向推力滚针组合	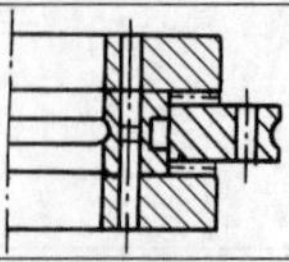	YRT	d		YRTd	—
长圆柱滚子轴承	长圆柱滚子	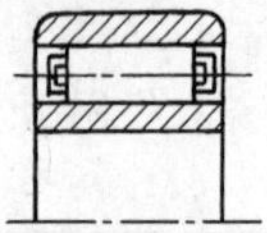	NAOL	用尺寸系列代号、内径代号表示		NAOL 0000	—
	外圈带双挡边	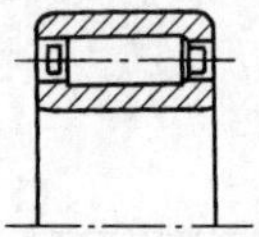	NAL	用尺寸系列代号、内径代号表示		NAL 0000	—
	长弧面滚子轴承	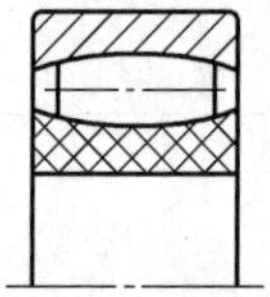	C	29 39 49 59 69 30 40 50 60 31 41 22 32		C 2900 C 3900 C 4900 C 5900 C 6900 C 3000 C 4000 C 5000 C 6000 C 3100 C 4100 C 2200 C 3200	—
特种滚针轴承	调心滚针	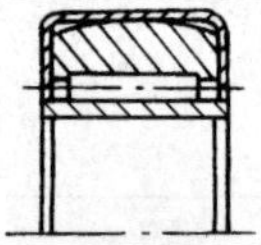	PNA	d/D		PNA d/D	
滚轮滚针轴承	无挡边	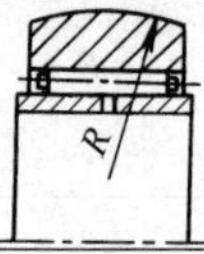	STO	d		STO d	—
	两面带密封圈，外圈双挡边	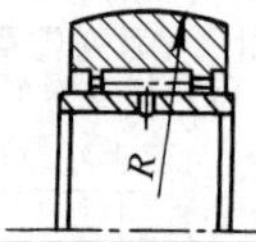	NA	用尺寸系列代号、内径代号表示		NA 2200-2RS	—
				尺寸系列代号 22	内径代号[2]		
	平挡圈 （轻系列） （重系列）	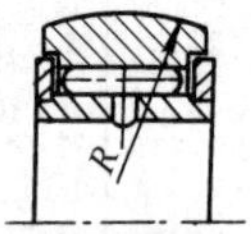	NATR NATR	d dD		NATR d NATR dD	GB/T 6445—2007
	平挡圈满装 （轻系列） （重系列）	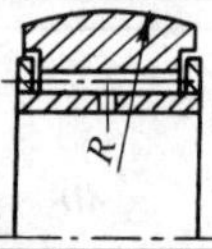	NATV NATV	d dD		NATV d NATV dD	
	带螺栓轴 （轻系列） （重系列）	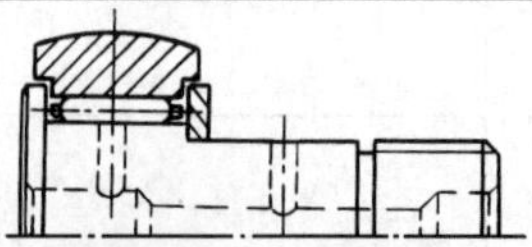	KR[3] KR	D Dd_1		KR D KR Dd_1	
	带螺栓轴满装 （轻系列） （重系列）	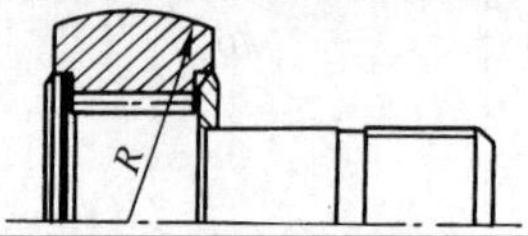	KRV[3] KRV	D Dd_1		KRV D KRV Dd_1	

（续）

轴承类型		简　图	类型代号	配合安装特征尺寸表示	基本代号	标准号
滚轮圆柱滚子轴承	平挡圈双列满装 （轻系列） （重系列）	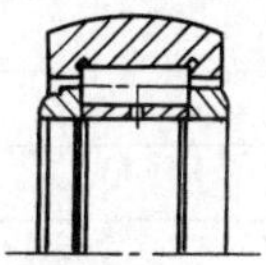	NUTR NUTR	d dD	NUTR d NUTR dD	JB/T 7754—2007
	螺栓型双列满装	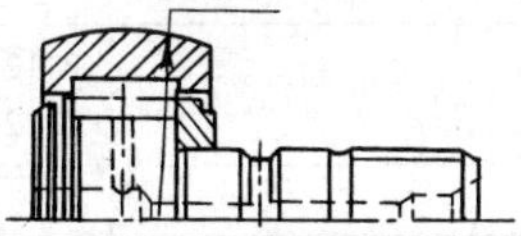 	NUKR③	D	NUKR D	

注：表中 d—轴承内径；D—轴承外径；B—轴承宽度；F_w—无内圈滚针轴承滚针总体内径；D_1—带冲压中心套的推力滚针和保持架组件，中心套外径；d_1—带螺栓轴滚轮滚针轴承螺栓公称直径；d_c—推力滚针和保持架组件内径；D_c—推力滚针和保持架组件外径；B_c—滚针保持架组件宽度；E_w—向心滚针和保持架组件外径；F_w—向心滚针和保持架组件内径。

① 尺寸直接用毫米数表示时，如是个位数，需在其左边加“0”，如 8mm 用 08 表示。

② 内径代号除 $d<10$mm 用“/实际毫米数”表示外，其余按表 14. 1-4 的规定。

③ KR、KRV、NUKR 型轴承带偏心套，则在该类型代号后加 E，分别变为 KRE、KRVE、NUKRE。

④ 该代号为 1 系列尺寸的轴承代号；按 2 系列尺寸时，则在类型代号后加“H”，即 HKH、BKH、FH-、MFH-。

1. 2. 3　前置代号与后置代号

前置代号表示成套轴承分部件，其代号表示与含义见表 14. 1-2。

后置代号表示轴承的类型和外形尺寸相同，但内部结构不同的各种特征，其代号和含义分别见表 14. 1-7～表 14. 1-16。

表 14. 1-7　内部结构变化代号

代号	含　义	示　例
A	无装球缺口的双列角接触或深沟球轴承	3205A
	滚针轴承外圈带双锁圈（$d>9$mm，$F_w>12$mm）	—
	套圈直滚道的深沟球轴承	—
AC	角接触球轴承　公称接触角 $\alpha=25°$	7210 AC
B	角接触球轴承　公称接触角 $\alpha=40°$	7210B
	圆锥滚子轴承　接触角加大	32310B
C	角接触球轴承　公称接触角 $\alpha=15°$	7005C
	调心滚子轴承　C 型　调心滚子轴承设计改变，内圈无挡边，活动中挡圈，冲压保持架，对称型滚子，加强型	23122C
CA	C 型调心滚子轴承，内圈带挡边，活动中挡圈，实体保持架	23084 CA/W33
CAB	CA 型调心滚子轴承，滚子中部穿孔，带柱销式保持架	—
CABC	CAB 型调心滚子轴承，滚子引导方式有改进	—
CAC	CA 型调心滚子轴承，滚子引导方式有改进	22252 CACK
CC②	C 型调心滚子轴承，滚子引导方式有改进	22205 CC
D	剖分式轴承	K 50×55×20 D
E	加强型①	NU 207 E
ZW	滚针保持架组件　双列	K 20×25×40 ZW

① 加强型，即内部结构设计改进，增大轴承承载能力。

② CC 还有第二种解释，见表 14. 1-14。

表 14. 1-8　密封、防尘与外部形状变化代号

代号	含　义	示　例
D	双列角接触球轴承，双内圈	3307D
	双列圆锥滚子轴承，无内隔圈，端面不修磨	—
D1	双列圆锥滚子轴承，无内隔圈，端面修磨	—
DC	双列角接触球轴承，双外圈	3924-2KDC

（续）

代号	含　义	示　例
DH	有两个座圈的单向推力轴承	—
DS	有两个轴圈的单向推力轴承	—
-FS	轴承一面带毡圈密封	6203-FS
-2FS	轴承两面带毡圈密封	6206-2FSWB
K	圆锥孔轴承，锥度为 1∶12（外球面球轴承除外）	1210 K，锥度为 1∶12 代号为 1210 的圆锥孔调心球轴承
K30	圆锥孔轴承，锥度为 1∶30	24122 K30，锥度为 1∶30 代号为 24122 的圆锥孔调心滚子轴承
-2K	双圆锥孔轴承　锥度为 1∶12	QF 2308-2K
L	组合轴承带加长阶梯形轴圈	ZARN 1545 L
-LS	轴承一面带骨架式橡胶密封圈（接触式，套圈不开槽）	—
-2LS	轴承两面带骨架式橡胶密封圈（接触式，套圈不开槽）	NNF 5012-2LSNV
N	轴承外圈上有止动槽	6210 N
NR	轴承外圈上有止动槽，并带止动环	6210 NR
N1	轴承外圈有一个定位槽口	—
N2	轴承外圈有两个或两个以上的定位槽口	—
N4	N+N2　定位槽口和止动槽不在同一侧	—
N6	N+N2　定位槽口和止动槽在同一侧	—
P	双半外圈的调心滚子轴承	—
PP	轴承两面带软质橡胶密封圈	NATR 8 PP
PR	同 P，两半外圈间有隔圈	—
-2PS	滚轮轴承，滚轮两端为多片卡簧式密封	—
R	轴承外圈有止动挡边（凸缘外圈）（不适用于内径小于 10mm 的向心球轴承）	30307 R
-RS	轴承一面带骨架式橡胶密封圈（接触式）	6210-RS
-2RS	轴承两面带骨架式橡胶密封圈（接触式）	6210-2RS
-RSL	轴承一面带骨架式橡胶密封圈（轻接触式）	6210-RSL
-2RSL	轴承两面带骨架式橡胶密封圈（轻接触式）	6210-2RSL
-RSZ	轴承一面带骨架式橡胶密封圈（接触式）、一面带防尘盖	6210-RSZ
-RZZ	轴承一面带骨架式橡胶密封圈（非接触式）、一面带防尘盖	6210-RZZ
-RZ	轴承一面带骨架式橡胶密封圈（非接触式）	6210-RZ
-2RZ	轴承两面带骨架式橡胶密封圈（非接触式）	6210-2RZ
S	轴承外圈表面为球面（外球面球轴承和滚轮轴承除外）	—
	游隙可调（滚针轴承）	NA 4906 S
SC	带外罩向心轴承	—
SK①	螺栓型滚轮轴承，螺栓轴端部有内六角盲孔	
U	推力球轴承　带调心座垫圈	53210 U
WB	宽内圈轴承（双面宽）	—
WB1	宽内圈轴承（单面宽）	—
WC	宽外圈轴承	—
X	滚轮轴承外圈表面为圆柱面	KR 30 X NUTR 30 X
Z	带防尘罩的滚针组合轴承	NK 25 Z
	带外罩的滚针和满装推力球组合轴承（脂润滑）	—
-Z	轴承一面带防尘盖	6210-Z
-2Z	轴承两面带防尘盖	6210-2Z
-ZN	轴承一面带防尘盖，另一面外圈有止动槽	6210-ZN
-2ZN	轴承两面带防尘盖，外圈有止动槽	6210-2ZN

（续）

代号	含　　义	示　　例
-ZNB	轴承一面带防尘盖,同一面外圈有止动槽	6210-ZNB
-ZNR	轴承一面带防尘盖,另一面外圈有止动槽并带止动环	6210-ZNR
ZH	推力轴承,座圈带防尘罩	—
ZS	推力轴承,轴圈带防尘罩	—

注：密封圈代号与防尘盖代号同样可以与止动槽代号进行多种组合。

① 对螺栓型滚轮轴承，滚轮两端为多片卡簧式密封，螺栓轴端部有内六角盲孔，后置代号可简化为-2PSK。

表 14.1-9　保持架代号

代号		含　　义	代号		含　　义
保持架材料	F	钢、球墨铸铁或粉末冶金实体保持架	保持架结构型式及表面处理	A	外圈引导
	J	钢板冲压保持架		B	内圈引导
	L	轻合金实体保持架		C	有镀层的保持架(C1——镀银)
	M	黄铜实体保持架		D	碳氮共渗保持架
	Q	青铜实体保持架		D1	渗碳保持架
	SZ	保持架由弹簧丝或弹簧制造		D2	渗氮保持架
	T	酚醛层压布管实体保持架		D3	低温碳氮共渗保持架
	TH	玻璃纤维增强酚醛树脂保持架(筐型)		E	磷化处理保持架
	TN	工程塑料模注保持架		H	自锁兜孔保持架
	X	铜板冲压保持架		P	由内圈或外圈引导的拉孔或冲孔的窗形保持架
	ZA	锌铝合金保持架		R	铆接保持架(用于大型轴承)
无保持架	V	满装滚动体		S	引导面有润滑槽
				W	焊接保持架

注：保持架结构型式及表面处理的代号只能与保持架材料代号结合使用。

表 14.1-10　不编制保持架后置代号的轴承

序号	轴　承　类　型	保持架的结构和材料
1	深沟球轴承	a. 当轴承外径 $D \leqslant 400$mm 时,采用钢板(带)或黄铜板(带)冲压保持架 b. 当轴承外径 $D>400$mm 时,采用黄铜实体保持架
2	调心球轴承	a. 当轴承外径 $D \leqslant 200$mm 时,采用钢板(带)冲压保持架 b. 当轴承外径 $D>200$mm 时,采用黄铜实体保持架
3	圆柱滚子轴承	a. 圆柱滚子轴承:轴承外径 $D \leqslant 400$mm 时,采用钢板(带)冲压保持架,外径 $D>400$mm 时,采用钢制实体保持架 b. 双列圆柱滚子轴承,采用黄铜实体保持架
4	调心滚子轴承	a. 对称调心滚子轴承(带活动中挡圈),采用钢板(带)冲压保持架 b. 其他调心滚子轴承,采用黄铜实体保持架
5	滚针轴承 长圆柱滚子轴承	采用钢板或硬铝冲压保持架 采用钢板(带)冲压保持架
6	角接触球轴承	a. 分离型角接触球轴承采用酚醛层压布管实体保持架 b. 双半内圈或双半外圈(三点、四点接触)球轴承采用铝制实体保持架 c. 角接触球轴承及其变形 当轴承外径 $D \leqslant 250$mm 时,接触角 $\alpha=15°$、$25°$,采用酚醛层压布管实体保持架;$\alpha=40°$,采用钢板冲压保持架 当轴承外径 $D>250$mm 时,采用黄铜或硬铝制实体保持架 P5、P4、P2 级采用酚醛层压布管实体保持架 锁口在内圈的角接触球轴承及其变型采用酚醛层压布管实体保持架 d. 双列角接触球轴承,采用钢板(带)冲压保持架
7	圆锥滚子轴承	a. 当轴承外径 $D \leqslant 650$mm 时,采用钢板冲压保持架 b. 当轴承外径 $D>650$mm 时,采用钢制实体保持架
8	推力球轴承	a. 当轴承外径 $D \leqslant 250$mm 时,采用钢板(带)冲压保持架 b. 当轴承外径 $D>250$mm 时,采用实体保持架

（续）

序号	轴承类型	保持架的结构和材料
9	推力滚子轴承	a. 推力圆柱滚子轴承，采用实体保持架 b. 推力调心滚子轴承，采用实体保持架 c. 推力圆锥滚子轴承，采用实体保持架 d. 推力滚针轴承，采用冲压保持架

表 14.1-11 轴承零件材料改变代号

后置代号	含义	示例
/CS	轴承零件采用碳素结构钢制造	—
/HC	套圈和滚动体或仅是套圈由渗碳轴承钢（/HC—G20Cr2Ni4A；/HC1—G20Cr2Mn2MoA；/HC2—15Mn）制造	—
/HE	套圈和滚动体由电渣重熔轴承钢 GCr15Z 制造	6204/HE
/HG	套圈和滚动体或仅是套圈由其他轴承钢（/HG—5CrMnMo；/HG1—55SiMoVA）制造	—
/HN	套圈、滚动体由高温轴承钢（/HN—G80Cr4Mo4V；/HN1—Cr14Mo4；/HN2—Cr15Mo4V；/HN3—W18Cr4V）制造	NU 208/HN
/HNC	套圈和滚动体由高温渗碳轴承钢 G13Cr4Mo4Ni4V 制造	—
/HP	套圈和滚动体由铍青铜或其他防磁材料制造	—
/HQ	套圈和滚动体由非金属材料（/HQ—塑料；/HQ1—陶瓷）制造	—
/HU	套圈和滚动体由 1Cr18Ni9Ti 不锈钢制造	6004/HU
/HV	套圈和滚动体由可淬硬不锈钢（/HV—G95Cr18；/HV1—G102Cr18Mo）制造	6014/HV

表 14.1-12 公差等级代号

代号	含义	示例
/PN	公差等级符合标准规定的 普通级，代号中省略不表示	6203
/P6	公差等级符合标准规定的 6 级	6203/P6
/P6X	公差等级符合标准规定的 6X 级	30210/P6X
/P5	公差等级符合标准规定的 5 级	6203/P5
/P4	公差等级符合标准规定的 4 级	6203/P4
/P2	公差等级符合标准规定的 2 级	6203/P2
/SP	尺寸精度相当于 5 级，旋转精度相当于 4 级	234420/SP
/UP	尺寸精度相当于 4 级，旋转精度高于 4 级	234730/UP

表 14.1-13 游隙代号

代号	含义	示例
/C2	游隙符合标准规定的 2 组	6210/C2
/CN	游隙符合标准规定的 N 组，代号中省略不表示	6210
/C3	游隙符合标准规定的 3 组	6210/C3
/C4	游隙符合标准规定的 4 组	NN 3006 K/C4
/C5	游隙符合标准规定的 5 组	NNU 4920 K/C5
/CA	公差等级为 SP 和 UP 的机床主轴用圆柱滚子轴承径向游隙	—
/CM	电机深沟球轴承游隙	6204-2RZ/P6CM
/CN	N 组游隙。/CN 与字母 H、M 和 L 组合，表示游隙范围减半，或与 P 组合，表示游隙范围偏移，如 /CNH——N 组游隙减半，相当于 N 组游隙范围的上半部 /CNL——N 组游隙减半，相当于 N 组游隙范围的下半部 /CNM——N 组游隙减半，相当于 N 组游隙范围的中部 /CNP——偏移的游隙范围，相当于 N 组游隙范围的上半部及 3 组游隙范围的下半部组成	—
/C9	轴承游隙不同于现标准	6205-2RS/C9

注：公差等级代号与游隙代号需同时表示时，可进行简化，取公差等级代号加上游隙组号（N 组不表示）组合表示。

例 1：/P63 表示轴承公差等级 6 级，径向游隙 3 组。

例 2：/P52 表示轴承公差等级 5 级，径向游隙 2 组。

表 14.1-14　配置、预紧及轴向游隙代号

代号		含义	示例
/DB		成对背靠背安装	7210 C/DB
/DF		成对面对面安装	32208 /DF
/DT		成对串联安装	7210 C/DT
配置组中轴承数目	/D	两套轴承	配置组中轴承数目和配置中轴承排列可以组合成多种配置方式,如 ——成对配置的/DB、/DF、/DT ——三套配置的/TBT、/TFT、/TT ——四套配置的/QBC、/QFC、/QT、/QBT、/QFT 等 7210 C/TFT——接触角 α = 15° 的角接触球轴承 7210 C,三套配置,两套串联和一套面对面 7210 C/PT——接触角 α = 15°的角接触球轴承 7210 C,五套串联配置 7210 AC/QBT——接触角 α = 25° 的角接触球轴承 7210 AC,四套成组配置,三套串联和一套背对背
	/T	三套轴承	
	/Q	四套轴承	
	/P	五套轴承	
	/S	六套轴承	
配置中轴承排列	B	背对背	
	F	面对面	
	T	串联	
	G	万能组配	
	BT	背对背和串联	
	FT	面对面和串联	
	BC	成对串联的背对背	
	FC	成对串联的面对面	
预载荷	G	特殊预紧,附加数字直接表示预紧的大小(单位为 N)用于角接触球轴承时,“G”可省略	7210 C/G325——接触角 α = 15° 的角接触球轴承 7210 C,特殊预载荷为 325N
	GA	轻预紧,预紧值较小(深沟及角接触球轴承)	7210 C/DBGA——接触角 α = 15° 的角接触球轴承 7210 C,成对背对背配置,有轻预紧
	GB	中预紧,预紧值大于 GA(深沟及角接触球轴承)	—
	GC	重预紧,预紧值大于 GB(深沟及角接触球轴承)	—
	R	径向载荷均匀分配	NU 210/QTR——圆柱滚子轴承 NU 210,四套配置,均匀预紧
轴向游隙	CA	轴向游隙较小(深沟及角接触球轴承)	—
	CB	轴向游隙大于 CA(深沟及角接触球轴承)	—
	CC	轴向游隙大于 CB(深沟及角接触球轴承)	—
	CG	轴向游隙为零(圆锥滚子轴承)	—

表 14.1-15　振动及噪声代号

代　号	含　　义	示　　例
/Z	轴承的振动加速度级极值组别。附加数字表示极值不同	
	Z1—轴承的振动加速度级极值符合有关标准中规定的 Z1 组	6204/Z1
	Z2—轴承的振动加速度级极值符合有关标准中规定的 Z2 组	6205-2RS/Z2
	Z3—轴承的振动加速度级极值符合有关标准中规定的 Z3 组	—
	Z4—轴承的振动加速度级极值符合有关标准中规定的 Z4 组	—
/ZF3	振动加速度级达到 Z3 组,且振动加速度级峰值与振动加速度级之差不大于 15dB	—
/ZF4	振动加速度级达到 Z4 组,且振动加速度级峰值与振动加速度级之差不大于 15dB	—
/V	轴承的振动速度级极值组别,附加数字表示极值不同	—
	V1—轴承的振动速度级极值符合有关标准中规定的 V1 组	6306/V1
	V2—轴承的振动速度级极值符合有关标准中规定的 V2 组	6304/V2
	V3—轴承的振动速度级极值符合有关标准中规定的 V3 组	—
	V4—轴承的振动速度级极值符合有关标准中规定的 V4 组	—

（续）

代 号	含 义	示 例
/VF3	振动速度达到V3组且振动速度波峰因数达到F组①	—
/VF4	振动速度达到V4组且振动速度波峰因数达到F组①	—
/ZC	轴承噪声值有规定,附加数字表示限值不同	—

① F——低频振动速度波峰因数不大于4，中、高频振动速度波峰因数不大于6。

表14.1-16 其他特性代号

代号		含 义	示例
工作温度	/S0	轴承套圈经过高温回火处理,工作温度可达150℃	N 210/S0
	/S1	轴承套圈经过高温回火处理,工作温度可达200℃	NUP 212/S1
	/S2	轴承套圈经过高温回火处理,工作温度可达250℃	NU 214/S2
	/S3	轴承套圈经过高温回火处理,工作温度可达300℃	NU 308/S3
	/S4	轴承套圈经过高温回火处理,工作温度可达350℃	NU 214/S4
摩擦力矩	/T	对起动力矩有要求的轴承,后接数字表示起动力矩	—
	/RT	对转动力矩有要求的轴承,后接数字表示转动力矩	—
润滑	/W20	轴承外圈上有三个润滑油孔	—
	/W26	轴承内圈上有六个润滑油孔	—
	/W33	轴承外圈上有润滑油槽和三个润滑油孔	23120 CC/W33
	/W33X	轴承外圈上有润滑油槽和六个润滑油孔	—
	/W513	W26+W33	—
	/W518	W20+W26	—
	/AS	外圈有油孔,附加数字表示油孔数(滚针轴承)	HK 2020/AS1
	/IS	内圈有油孔,附加数字表示油孔数(滚针轴承)	NAO 17×30×13/IS1
	/ASR	外圈有润滑油孔和沟槽	NAO 15×28×13/ASR
	/ISR	内圈有润滑油孔和沟槽	—
润滑脂	/HT	轴承内充特殊高温润滑脂。当轴承内润滑脂的装填量和标准值不同时附加字母表示 A—润滑脂的装填量少于标准值 B—润滑脂的装填量多于标准值 C—润滑脂的装填量少于B(充满)	NA 6909/ISR/HT
	/LT	轴承内充特殊低温润滑脂	—
	/MT	轴承内充特殊中温润滑脂	—
	/LHT	轴承内充特殊高、低温润滑脂	—
表面涂层	/VL	套圈表面带涂层	—
其他	/Y	Y和另一个字母(如YA、YB)组合用来识别无法用现有后置代号表达的非成系列的改变,凡轴承代号中有Y的后置代号,应查阅图样或补充技术条件以便了解其改变的具体内容 YA—结构改变(综合表达) YB—技术条件改变(综合表达)	—

1.2.4　通用轴承代号汇总

轴承代号

- 前置代号
  - 成套轴承分部件
- 基本代号
  - 类　型
  - 尺寸系列
    - 宽度系列
    - 直径系列
  - 内　径
- 后置代号
  - 内部结构
  - 密封与防尘套圈变型
  - 保持架及其材料

成套轴承分部件

F　凸缘外圈向心球轴承（仅适用于 $d \leqslant 10$mm）
L　可分离轴承的内圈或外圈
B　不带可分离内圈或外圈的轴承（滚针轴承仅适用 NA 型）
WS　推力圆柱滚子轴承轴圈
GS　推力圆柱滚子轴承座圈
KOW　无轴圈推力轴承
KIW　无座圈推力轴承
LR　带可分离内圈或外圈与滚动体组件轴承
K　滚子和保持架组件

类型

0　双列角接触球轴承
1　调心球轴承
2　调心滚子轴承
3　圆锥滚子轴承
4　双列深沟球轴承
5　推力球轴承
6、16　深沟球轴承
7　角接触球轴承
8　推力圆柱滚子轴承
N　圆柱滚子轴承
NU　内圈无挡边
NJ　内圈单挡边
NUP　内圈单挡边并带平挡圈
NF　外圈单挡边
NN　双列
NNU　内圈无挡边的双列
U　外球面球轴承
QJ　四点接触球轴承

内径

d=0.6~10mm　（非整数）：/公称内径
d=1~9mm：公称内径；深沟球轴承、角接触球轴承 7、8、9直径系列：/公称内径
d=10~17mm；10mm：00，12mm：01；15mm：02；17mm：03
d=20~480mm　（22、28、32mm 等非标尺寸除外）：公称内径除以5的商（商仅有个位数时，在其左边加0）
$d \geqslant$500mm和22、28、32mm等：/公称内径

内部结构

A、B、C、D、E　表示（1）内部结构改变；（2）标准设计，其含义因类型、结构而异
B　①角接触球轴承，公称接触角 α=10°
　②圆锥滚子轴承，接触角加大
C　①角接触球轴承，公称接触角 α=15°
　②调心滚子轴承 C 型、CA 型、CC 型
E　加强型
AC 角接触球轴承，公称接触角 α=25°
D　剖分式轴承
ZW 双列滚针保持架组件

密封与防尘套圈变型

K30　圆锥孔轴承，锥度 1：30
R　外圈有止动挡边（凸缘外圈）（不适用于 $d \leqslant$ 10mm 的深沟球轴承）
N　外圈有止动槽
-NR　外圈有止动槽和环
-RS　一面带骨架式橡胶密封圈（接触式）
-2RS　两面带骨架式橡胶密封圈（接触式）
-RZ　一面带骨架式橡胶密封圈（非接触式）
-2RZ　两面带骨架式橡胶密封圈（非接触式）
-Z　一面带防尘盖
-2Z　两面带防尘盖
-FS　一面带毡圈密封
-2FS　两面带毡圈密封
-RSZ　一面带骨架式橡胶密封圈（接触式）另一面带防尘盖
-RZZ　一面带骨架式橡胶密封圈（非接触式）另一面带防尘盖
-ZN　一面带防尘盖，另一面外圈有止动槽
-ZNR　一面带防尘盖，另一面外圈有止动槽和环
-ZNB　一面带防尘盖，同一面外圈有止动槽
-2ZN　两面带防尘盖，外圈有卡动槽

保持架及其材料

F　钢、球墨铸铁或粉末冶金实体保持架
　F1 — 碳钢，F2 — 石墨钢，
　F3 — 球墨铸铁，F4 — 粉末冶金
Q　青铜实体保持架
　Q1 — 铝铁锰青铜，Q2 — 硅铁锌青铜
　Q3 — 硅镍青铜，Q4 — 铝青铜
M　黄铜实体保持架
L　轻合金实体保持架
　L1-2A11CZ，L2-2A12CA
T　酚醛层压布管实体保持架
TH 玻璃纤维增强酚醛树脂实体保持架
TN 工程塑料模注保持架
　TN1—尼龙，TN2—聚砜，
　TN3—聚酰亚胺，TN4—聚碳酸酯，
　TN5—聚甲醛
J　钢板冲压保持架
X　钢板冲压保持架
SZ 保持架用弹簧丝或弹簧制造
H　自锁兜孔保持架
W　焊接保持架
E　磷化保持架
D　碳氮共渗保持架
　D1—渗碳，D2—渗氮，
　D3—低温碳氮共渗保持架
C　镀层保持架　C1 — 镀银
A　外圈引导
B　内圈引导
P　由外圈或内圈引导的拉孔或冲孔窗形保持架
S　引导面有润滑槽
JA 钢板冲压保持架，外圈引导
V　满装滚动体（无保持架）

尺寸系列

宽度系列：对应同一直径系列的宽度尺寸系列
直径系列：对应同一内径的外径尺寸系列
尺寸系列代号[注：（）内的数字在代号中省略]
双列角接触球轴承：32、33、30
调心球轴承(0)2、22、(0)3、23、30
推力调心滚子轴承：92、93、94
调心滚子轴承：12、13、22、23、30、31、32、40、41
圆锥滚子轴承：02、03、13、20、22、23、29、30、31、32
双列深沟球轴承：(2)2、(2)3
推力球轴承：11、12、13、14
双向推力球轴承：22、23、24
球面座圈推力球轴承：32、33、34
球面座圈双向推力球轴承：42、43、44
双向推力角接触球轴承：44、47、49
深沟球轴承：17、37、18、19、(0) 0、(1) 0、(0) 2、(0) 3、(0) 4
角接触球轴承：18、19、(1) 0、(0) 2、(0) 3、(0) 4
锁口在内圈：(1) 0、(0) 2、(0) 3
分离型：19、(1) 0、(0) 2、(0) 3
四点角接触球轴承：10、(0) 2、(0) 3
推力圆柱滚子轴承：11、12
双列或多列推力圆柱滚子轴承：93、74、94
双向推力圆柱滚子轴承：22、23
圆柱滚子轴承：
　外圈无挡边：10、(0) 2、22、(0) 3、23、(0) 4
　内圈无挡边：10、(0) 2、22、(0) 3、23、(0) 4
　内圈无挡边双列：49
　内圈单挡边：(0) 2、22、(0) 3、23
　外圈单挡边：(0) 2、(0) 3、23
　双列：30、49

轴承材料 | 公差等级 | 游隙 | 配置 | 其他 + 附件代号

附件代号

带附件轴承代号：轴承代号+附件代号
带紧定套：轴承代号+紧定套代号
带退卸套：轴承代号+退卸套代号
带内圈：轴承代号+IR
适用于无内圈滚针轴承、滚针组合轴承
带斜挡圈：轴承代号+斜挡圈代号
适用于圆柱滚子轴承

其他

/Z 轴承振动加速度级极值组别
Z1、Z2、Z3、Z4 振动加速度级极值分别符合标准规定的Z1组、Z2组、Z3组、Z4组
/V 轴承振动速度级极值组别
V1、V2、V3、V4 振动速度级极值分别符合标准规定的V1组、V2组、V3组、V4组
/ZC 振动噪声级极值有规定（附加表示极值不同）
/T 对起动力矩有要求的轴承（后拉数字表示起动力矩）
/RT 对转动力矩有要求的轴承（后接数字表示转动力矩）
/S0、/S1、/S2、/S3、/S4 轴承套圈经过高温回火处理，工作温度分别可达：150°C、200°C、250°C、300°C、350°C
/W20 轴承外圈有3个润滑油孔
/W26 轴承内圈有6个润滑油孔
/W33 轴承外圈有润滑油槽和3个润滑油孔
/33X 轴承外圈有润滑油槽和6个润滑油孔
/513 W26+W33
/518 W20+W26
/AS 外圈有油孔，附加数字表示油孔数（滚针轴承）
/IS 内圈有油孔，附加数字表示油孔数（滚针轴承）
注：在AS、IS后加R，分别表示外圈、内圈上有润滑油孔和沟槽
/HT、/LT、/MT、/LMT 轴承内分别充填特殊高温润滑脂、低温润滑脂、中温润滑脂、高低温润滑脂当填脂量与标准值不同时附加字母表示：
A—填脂量少于标准值
B—填脂量多于标准值
C—填脂量多于B（充满）
/YY 和另一字母或再加数字组合用来识别无法用现有后置代号表达的非成系列的变化。
YA— 结构改变（综合表达）
YA1— 外圈外表面与标准设计有差异
YA2— 内圈内孔与标准设计有差异
YA3— 套圈端面与标准设计有差异
YA4— 套圈滚道与标准设计有差异
YA5— 滚动体与标准设计有差异
YB— 技术条件改变（综合表达）
YB1— 套圈表面有镀层
YB2— 轴承尺寸和公差要求改变
YB3— 套圈表面粗糙度要求改变
YB4— 热处理要求（如硬度）改变

配置

轴承数目 | 排列方式 | 轴向游隙、预紧、载荷分配

深沟球轴承：A轻预紧 B中预紧 C重预紧
角接触球轴承：GA轻预紧 GB中预紧 GC重预紧
深沟及角接触球轴承：
CA 轴向游隙较小
CB 轴向游隙较CA大
CC 轴向游隙较CB大
圆锥滚子轴承：
CG轴向游隙为零
一般地，G 特殊预紧
R 载荷均布

B、F、T、BT、FT、BC、FC 分别表示配置组中轴承排列形式：背对背、面对面、串联、背对背和串联、面对面和串联、成对串联的背对背、成对串联的面对面

/D、/T、/Q、/P、/S 分别表示配置组中轴承数量为2、3、4、5、6套

轴承数目与排列方式组合成多种配置方式
/DB 成对背对背
/DF 成对面对面
/DT 成对串联
/TT 3套串联
/QT 4套串联
/TBT 2套串联和1套背对背
/QBC 4套配置：成对串联的背对背
/QFC 4套配置：成对串联的面对面
/QBT 3套串联和1套背对背
/QFT 3套串联和1套面对面

游隙

/C2、/C3、/C4、/C5 游隙分别符合标准规定的2组、N组、3组、4组、5组（代号中N组省略）
/CN N组游隙（/CN）与H M或L组合，表示游隙减半；与P组合，表示游隙范围偏移
/C9 游隙不同于现标准

公差等级

/PN、/P6、/P6x、/P5、/P4、/P2 公差等级分别符合标准规定的普通级、6级、6x级、5级、4级、2级（代号中的PN省略）
/SP 尺寸精度相当于P5级 旋转精度相当于P4级
/UP 尺寸精度相当于P4级 旋转精度相当于P4级

轴承材料

/CS 轴承零件采用碳素结构钢制造
/HC 套圈和滚动体或仅是套圈由渗碳轴承钢(/HC—G20Cr2Ni4A；/HC1—G20Cr2Mn2MoA；/HC2—15Mn)制造
/HE 套圈和滚动体由电渣重熔轴承钢GCr15Z制造
/HG 套圈和滚动体或仅是套圈由其他轴承钢(/HG—5CrMnMo；/HG1—55SiMoVA)制造
/HN 套圈、滚动体由高温轴承钢(/HN—G80Cr4Mo4V；/HN1—Cr14Mo4；/HN2—Cr15Mo4V；/HN3—W18Cr4V)制造
/HNC 套圈和滚动体由高温渗碳轴承钢G13Cr4Mo4Ni4V制造
/HP 套圈和滚动体由铍青铜或其他防磁材料制造
/HQ 套圈和滚动体由非金属材料(/HQ—塑料；/HQ1—陶瓷)制造
/HU 套圈和滚动体由1Cr18Ni9Ti不锈钢制造
/HV 套圈和滚动体由可淬硬不锈钢(/HV—G95Cr18；/HV1—G102Cr18Mo)制造

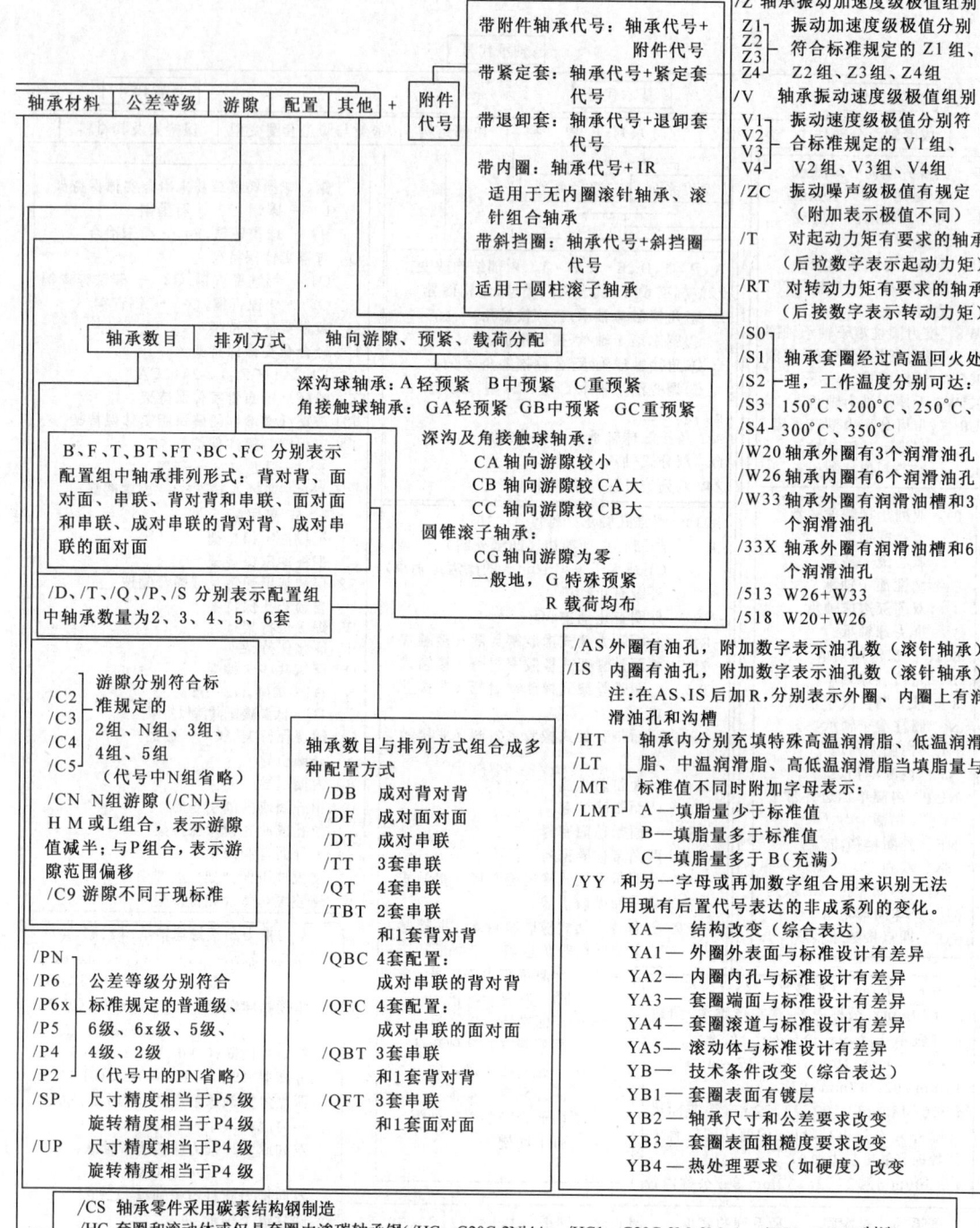

1.2.5　轴承代号的编排规则

前述通用轴承代号的编排规则和书写格式见表 14.1-17。

表 14.1-17　代号的编排规则

代号	编排规则	示例
基本代号	基本代号中当轴承类型代号用字母表示时，编排时应与表示轴承尺寸的系列代号、内径代号或安装配合特征尺寸的数字之间空半个汉字距	NJ 230、AXK 0821
后置代号	a. 后置代号置于基本代号的右边并与基本代号空半个汉字距（代号中有符号“-”“/”除外）。当改变项目多，具有多组后置代号时，按表 14.1-2 所列从左至右的顺序排列 b. 改变为 4 组（含 4 组）以后的内容，在代号前用“/”与前面代号隔开 c. 改变内容为第 4 组后的两组，在前组与后组代号中的数字或文字表示含义可能混淆时，两代号间空半个汉字距	6205-2Z/P6 22308/P63 6208/P63 V1

1.2.6　非标准轴承的代号

1. 非标准轴承

非标准轴承是指轴承的内径、外径或宽（高）度尺寸不符合 GB/T 273（所有部分）或其他有关标准规定的外形尺寸的轴承。

2. 非标准轴承代号的构成

非标准轴承代号中，类型代号和前、后置代号与排列顺序同本篇第 1 章 1.2，尺寸表示分为两种：

1）用尺寸系列代号和内径代号表示的非标准轴承（见表 14.1-18～表 14.1-25）。

2）用配合安装特征尺寸表示的非标准轴承。

轴承的尺寸表示为：/内径×外径×宽度（实际尺寸的毫米数）。

3. 示例（见表 14.1-21）

表 14.1-18　尺寸系列代号

字　母	含　义
X1	外径非标准
X2	宽度（高度）非标准
X3	外径、宽（高）度非标准（标准内径）

注：非标准外径或宽（高）度尺寸用对照标准尺寸的方法或按表 14.1-22～表 14.1-25 中规定的外形尺寸延伸的规则，取最接近的直径系列或宽（高）度系列，并在基本代号后加字母表示。

表 14.1-19　不定尺寸系列代号

轴承类型	不定系列		备　注
	宽（高）度系列代号	直径系列代号	
向心轴承	0 (4)	6	a. 双列角接触球轴承不定系列为 46 b. 不定系列 06 与类型代号组合时“0”省略（圆锥滚子轴承、双列深沟球轴承除外）
推力轴承	1 2	7	单向推力轴承，不定系列 17 双向推力轴承，不定系列 27

注：非标准内径、外径、宽（高）度，尺寸无法采用对照标准尺寸或按表 14.1-22～表 14.1-25 中规定的外形尺寸延伸规则时，用不定系列表示。轴承外径、宽（高）度尺寸为非标准，轴承的直径系列和宽（高）度系列无法确定的尺寸系列为不定系列。

表 14.1-20　内径代号

内径	表示法
标准尺寸	按表 14.1-4 的规定
非标准尺寸	500mm 以下能用 5 整除的整数，用除以 5 的商数表示，其他尺寸用实际内径毫米数直接表示，但应与尺寸系列代号间用“/”分开

表 14.1-21　示例

代号	轴承类型	说　明
66/6.4	深沟球轴承	不定系列，内径 6.4mm
61700X1	深沟球轴承	外径非标准，接近直径系列 7
62/14.5	深沟球轴承	尺寸系列 02，内径 14.5mm
52706	双向推力球轴承	不定系列，内径 30mm
K/13×17×13	滚针和保持架组件	F_w = 13mm，E_w = 17mm，B_c = 13mm

表 14.1-22　向心轴承尺寸延伸的一般规则

<table>
<tr><td colspan="3">轴承外形尺寸/mm</td><td colspan="9">尺寸延伸的一般规则</td></tr>
<tr><td colspan="3">内径 d</td><td colspan="9">大于 500mm 的内径 d，应从 GB/T 321《优先数和优先数系》R40 优先数系列中选取</td></tr>
<tr><td rowspan="7">外径 D</td><td rowspan="4">计算</td><td>公式</td><td colspan="9">$D=d+f_D d^{0.9}$</td></tr>
<tr><td rowspan="2">式中系数</td><td>直径系列</td><td>7</td><td>8</td><td>9</td><td>0</td><td>1</td><td>2</td><td>3</td><td>4</td></tr>
<tr><td>f_D</td><td>0.34</td><td>0.45</td><td>0.62</td><td>0.84</td><td>1.12</td><td>1.48</td><td>1.92</td><td>2.56</td></tr>
<tr><td>说明</td><td colspan="9">算得的值应优先选用外形尺寸总方案中已有的外形尺寸，如为新的外形尺寸，应进行圆整</td></tr>
<tr><td colspan="2" rowspan="3">圆整</td><td rowspan="2">D</td><td>超过</td><td colspan="2">—</td><td colspan="2">3</td><td colspan="2">80</td><td colspan="2">230</td></tr>
<tr><td>到</td><td colspan="2">3</td><td colspan="2">80</td><td colspan="2">230</td><td colspan="2">—</td></tr>
<tr><td colspan="2">圆整到最接近值/mm</td><td colspan="2">0.5</td><td colspan="2">1</td><td colspan="2">5</td><td colspan="2">10</td></tr>
<tr><td rowspan="4">宽度 B</td><td rowspan="4">计算</td><td>公式</td><td colspan="9">$B=0.5f_B(D-d)$</td></tr>
<tr><td rowspan="2">式中系数</td><td>宽度系列</td><td>0</td><td>1</td><td>2</td><td>3</td><td>4</td><td>5</td><td colspan="2">6</td></tr>
<tr><td>f_B</td><td>0.64</td><td>0.88</td><td>1.15</td><td>1.5</td><td>2</td><td>2.7</td><td colspan="2">3.6</td></tr>
<tr><td>说明</td><td colspan="9">新的轴承宽度尺寸应从 GB/T 321《优先数和优先数系》R80 优先数系列中选取，并进行圆整</td></tr>
</table>

（续）

轴承外形尺寸/mm		尺寸延伸的一般规则					
内径 d		大于 500mm 的内径 d，应从 GB/T 321《优先数和优先数系》R40 优先数系列中选取					
宽度 B	圆整	B	超过	—	3	4	500
			到	3	4	500	—
		圆整到最接近值/mm		0.1	0.5	1	5
最小单向倒角尺寸 r_{smin}		r_{smin} 按表 14.1-23 选取，其数值原则上接近于但不得大于轴承宽度 B 的 7%和截面高度 $(D-d)/2$ 的 7%两值中的较小值					

表 14.1-23　向心轴承倒角尺寸　　(mm)

r_{smin}	d 超过	d 到	r_{smax}① 径向	r_{smax}① 轴向
0.5	—	—	0.1	0.2
0.8	—	—	0.16	0.3
0.1	—	—	0.2	0.4
0.15	—	—	0.3	0.6
0.2	—	—	0.5	0.8
0.3	—	40	0.6	1
	40	—	0.8	1
0.6	—	40	1	2
	40	—	1.3	2
1	—	50	1.5	3
	50	—	1.9	3
1.1	—	120	2	3.5
	120	—	2.5	4
1.5	—	120	2.3	4
	120	—	3	5

r_{smin}	d 超过	d 到	r_{smax}① 径向	r_{smax}① 轴向
2	—	80	3	4.5
	80	220	3.5	5
	220	—	3.8	6
2.1	—	280	4	6.5
	280	—	4.5	7
2.5	—	100	3.8	6
	100	280	4.5	6
	280	—	5	7
3	—	280	5	8
	280	—	5.5	8
4	—	—	6.5	9
5	—	—	8	10
6	—	—	10	13
7.5	—	—	12.5	17
9.5	—	—	15	19
12	—	—	18	24
15	—	—	21	30
19	—	—	25	38

注：倒角表面的确切形状不予规定，但是在轴平面内其轮廓不应超出与套圈端面和内孔或外圆柱表面相切的以 r_{smin} 或 r_{1smin} 为半径的假想圆弧。

① 对于宽度≤2mm 的轴承，r_{smax} 的径向值也适用于轴向。

表 14.1-24　推力轴承尺寸延伸的一般规则

轴承外形尺寸/mm	尺寸延伸的一般规则							
轴圈内径 d	d>500mm 时，按 GB/T 321《优先数和优先数系》中 R40 系列的优先数选择							
座圈外径 D	计算公式	$D=d+f_D d^{0.8}$						
	式中系数	直径系列	0	1	2	3	4	5
		f_D	0.36	0.72	1.2	1.84	2.68	3.8
	圆整	算得的值应优先选用外形尺寸总方案中已有的外形尺寸，如为新的外径尺寸，应进行圆整						
		D	超过	—	3	80	230	
			到	3	80	230	—	
		圆整到最接近值/mm		0.5	1	5	10	
高度 T	计算公式	$T=f_T \dfrac{D-d}{2}$						
	式中系数	高度系列	7	9	1			
		f_T	0.9	1.2	1.6			
	圆整	T	超过	—	3	4	500	
			到	3	4	500	—	
		圆整到最接近值/mm		0.1	0.5	1	5	
最小单向倒角尺寸 r_{smin}	r_{smin} 按表 14.1-25 选取，其数值原则上应接近但不得大于 7% T 和 $\left(\dfrac{D-d}{2}\right)$ ×7%两值中的较小值							

表 14.1-25　推力轴承倒角尺寸　　(mm)

r_{smin} 或 r_{1smin}	r_{smax} 或 r_{1smax} 径向和轴向	r_{smin} 或 r_{1smin}	r_{smax} 或 r_{1smax} 径向和轴向	r_{smin} 或 r_{1smin}	r_{smax} 或 r_{1smax} 径向和轴向	r_{smin} 或 r_{1smin}	r_{smax} 或 r_{1smax} 径向和轴向
0.3	0.8	1.5	3.5	4	6.5	9.5	15
0.6	1.5	2	4	5	8	12	18
1	2.2	2.1	4.5	6	10	15	21
1.1	2.7	3	5.5	7.5	12.5	19	25

注：1. 表中规定的倒角尺寸适用于：
a）座圈的底面及外圆柱面倒角；
b）单向轴承的轴圈底面及内孔表面倒角；
c）双向轴承的中圈端面及内孔表面倒角。
2. 同表 14.1-23 注。

1.3　带座外球面球轴承的分类、结构与代号

1.3.1　带座外球面球轴承的分类（摘自 GB/T 28779—2012）

带座外球面球轴承是新发展起来的一种新型结构轴承。它与一般轴承的区别在于：轴承外圈带有轴承座，轴承内圈靠紧定螺钉、偏心套、紧定套等与轴紧固；外圈外滚道为球面，内圈加宽等。带座外球面球轴承有多种结构型式，能满足许多不同的使用要求，结构性能优良，用途非常广泛。带座外球面球轴承的分类方法见表 14.1-26。常用带座外球面球轴承的结构型式见表 14.1-30。

1.3.2　带座外球面球轴承的代号（摘自 GB/T 27554—2011）

带座外球面球轴承属轴承单元，其代号随座和轴承结构的不同而变化。带座外球面球轴承的代号方法与普通轴承一样，只是基本代号中的类型代号由 轴承结构型式代号 加 轴承座结构型式代号 构成。如 UCP200 的 UC 代表“带紧定螺钉外球面球轴承”，P 代表“带立式座”，组合起来则代表“带立式座紧定螺钉的外球面球轴承。”

常用带座外球面球轴承的代号方法见表14.1-27~表 14.1-29。

表 14.1-26　带座外球面球轴承分类方法

分类方法	名　称
按轴承座的形状	带立式座轴承 带方形座轴承 带菱形座轴承 带圆形座轴承 带滑块座轴承 带环形座轴承 带悬挂式座轴承 带悬吊式座轴承 带三角形座轴承
按座内的轴承结构型式	带座紧定螺钉外球面球轴承 带座偏心套外球面球轴承 带座紧定套外球面球轴承
按轴承座的加工方式	带铸造座轴承 带冲压座轴承

表 14.1-27　带座轴承代号构成与排列

前置代号		基本代号							后置代号	
前置代号为带座轴承上附加防尘盖时，在其基本代号前添加的补充代号		结构型式代号				尺寸系列代号		内径代号	后置代号为带座轴承在结构型式、尺寸、公差、技术要求等有改变时，在基本代号后添加的补充代号	
		外球面球轴承结构型式代号		外球面球轴承座结构型式代号		代号	系列			
代号	含义	代号	含义	代号	含义				代号	含义
C-	带座轴承两侧（对法兰座只有一侧）为铸造通盖	UC	带紧定螺钉外球面球轴承	P	铸造立式座			见表14.1-4	-RZ	一面密封结构改变
CM-	带座轴承一侧为铸造通盖，而另一侧（对法兰座只有这一侧）为铸造盲盖	UEL	带偏心套外球面球轴承	PH	铸造高中心立式座	2	2		-2RZ	两面密封结构改变
		UK	有圆锥孔外球面球轴承	PA	铸造窄立式座	3	3		/J	轴承与轴承座的球面内径采用 J 公差相配合
S-	带座轴承两侧（对法兰座只有一侧）为钢板冲压通盖	UB	一端平头带紧定螺钉外球面球轴承	FU	铸造方形座				—	轴承与轴承座的球面内径采用 H 公差相配合
SM-	带座轴承一侧为钢板冲压通盖，而另一侧（对法兰座只有这一侧）为钢板冲压盲盖	UE	一端平头带偏心套外球面球轴承	FS	铸造凸台方形座				/K	轴承与轴承座的球面内径采用 K 公差相配合
		UD	两端平头外球面球轴承	FLU	铸造菱形座				W3	轴承外圈上有润滑油槽
				FA	铸造可调菱形座					
				FC	铸造凸台圆形座					
				K(T)	铸造滑块座					
				C	铸造环形座					
				FT	铸造三角形座					
				FB	铸造悬挂式座					
				HA	铸造悬吊式座					
				PP	冲压立式座					
				PF	冲压圆形座					
				PFT	冲压三角形座					
				PFL	冲压菱形座					
方形、菱形、圆形、三角形座属法兰座		常用的带座轴承结构型式、尺寸系列、内径及组合而成的基本代号见表 14.1-28							其他后置代号同本章 1.2	

表 14.1-28　带座轴承基本代号

结 构 型 式	带座轴承结构型式代号		尺寸系列代号	内径代号	基本代号
	轴承结构型式代号	轴承座结构型式代号			
带立式座紧定螺钉外球面球轴承	UC	P	2 3	00	UCP 200 UCP 300

（续）

结构型式	带座轴承结构型式代号		尺寸系列代号	内径代号	基本代号
	轴承结构型式代号	轴承座结构型式代号			
带立式座偏心套外球面球轴承	UEL	P	2 3	00	UELP 200 UELP 300
带高中心立式座紧定螺钉外球面球轴承	UC	PH	2	00	UCPH 200
带窄立式座紧定螺钉外球面球轴承	UC	PA	2	00	UCPA 200
带方形座紧定螺钉外球面球轴承	UC	FU	2 3	00	UCFU 200 UCFU 300
带方形座偏心套外球面球轴承	UEL	FU	2 3	00	UELFU 200 UELFU 300
带凸台方形座紧定螺钉外球面球轴承	UC	FS	3	00	UCFS 300
带菱形座紧定螺钉外球面球轴承	UC	FLU	2 3	00	UCFLU 200 UCFLU 300
带菱形座偏心套外球面球轴承	UEL	FLU	2 3	00	UELFLU 200 UELFLU 300
带可调菱形座紧定螺钉外球面球轴承	UC	FA	2	00	UCFA 200
带凸台圆形座紧定螺钉外球面球轴承	UC	FC	2	00	UCFC 200
带凸台圆形座偏心套外球面球轴承	UEL	FC	2	00	UELFC 200
带滑块座紧定螺钉外球面球轴承	UC	K(T)	2 3	00	UCK(T) 200 UCK(T) 300
带滑块座偏心套外球面球轴承	UEL	K(T)	2 3	00	UELK(T) 200 UELK(T) 300
带环形座紧定螺钉外球面球轴承	UC	C	2 3	00	UCC 200 UCC 300
带环形座偏心套外球面球轴承	UEL	C	2 3	00	UELC 200 UELC 300
带三角形座紧定螺钉外球面球轴承	UC	FT	2	00	UCFT 200
带悬挂式座紧定螺钉外球面球轴承	UC	FB	2	00	UCFB 200
带悬吊式座紧定螺钉外球面球轴承	UC	HA	2	00	UCHA 200
带冲压立式座紧定螺钉外球面球轴承	UB	PP	2	00	UBPP 200
带冲压立式座偏心套外球面球轴承	UE	PP	2	00	UEPP 200
带冲压圆形座紧定螺钉外球面球轴承	UB	PF	2	00	UBPF 200
带冲压圆形座偏心套外球面球轴承	UE	PF	2	00	UEPF 200
带冲压三角形座紧定螺钉外球面球轴承	UB	PFT	2	00	UBPFT 200
带冲压三角形座偏心套外球面球轴承	UE	PFT	2	00	UEPFT 200
带冲压菱形座紧定螺钉外球面球轴承	UB	PFL	2	00	UBPFL 200
带冲压菱形座偏心套外球面球轴承	UE	PFL	2	00	UEPFL 200

表 14.1-29　带附件的带座轴承代号

结构型式	带座轴承结构型式代号	紧定套代号	组合代号
带立式座紧定套外球面球轴承	UKP	H 000	UKP 000+H 000
带方形座紧定套外球面球轴承	UKFU	H 000	UKFU 000+H 000
带菱形座紧定套外球面球轴承	UKFL	H 000	UKFL 000+H 000
带凸台圆形座紧定套外球面球轴承	UKFC	H 000	UKFC 000+H 000
带滑块座紧定套外球面球轴承	UKK(T)	H 000	UKK 000+H 000

1.3.3　带座外球面球轴承的结构（见表 14.1-30）

表 14.1-30　带座外球面球轴承的分类、结构与代号

类型	结构型式	结构简图及代号			标准
		带紧定螺钉	带偏心套	带紧定套	
带铸造座外球面球轴承	带立式座	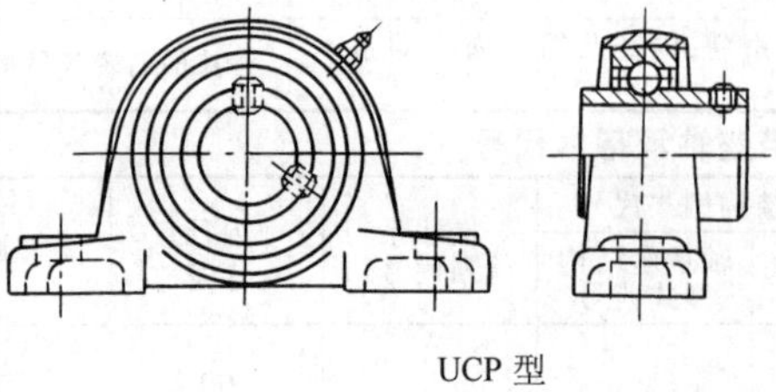 UCP 型	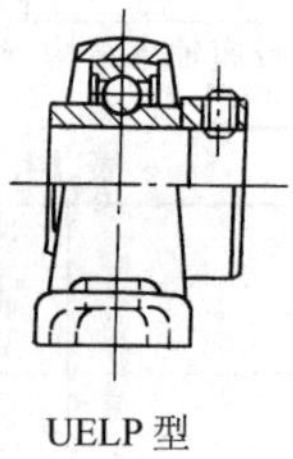 UELP 型	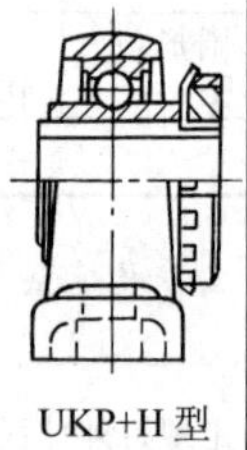 UKP+H 型	GB/T 7810 —1995

（续）

类型	结构型式	结构简图及代号 带紧定螺钉	带偏心套	带紧定套	标准
带铸造座外球面球轴承	带高中心立式座	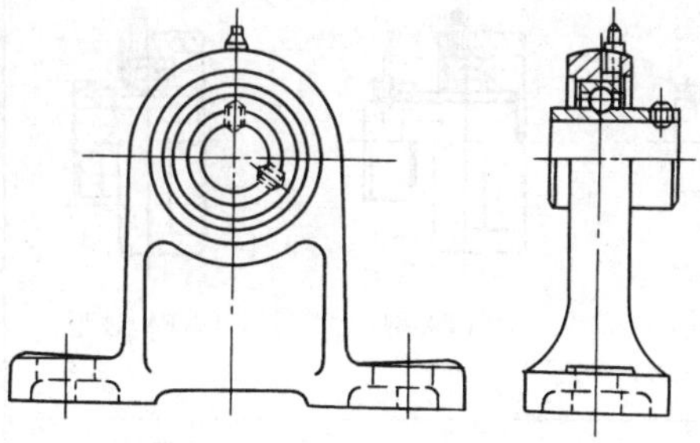 UCPH 型	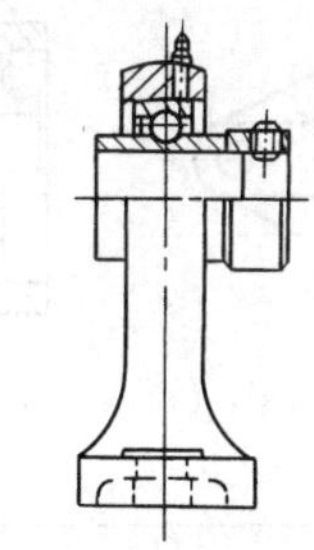 UELPH 型	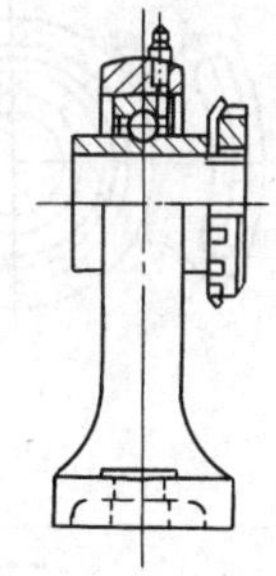 UKPH+H 型	JB/T 5303—2002
	带窄立式座	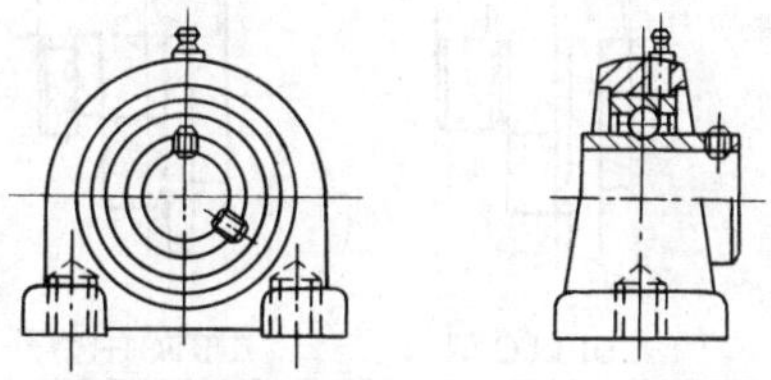 UCPA 型	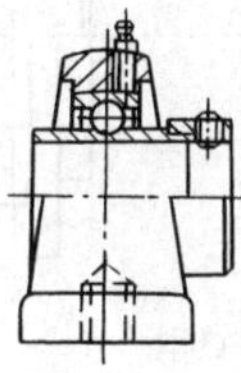 UELPA 型	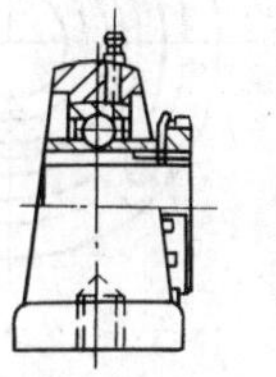 UKPA+H 型	JB/T 5303—2002
	带方形座	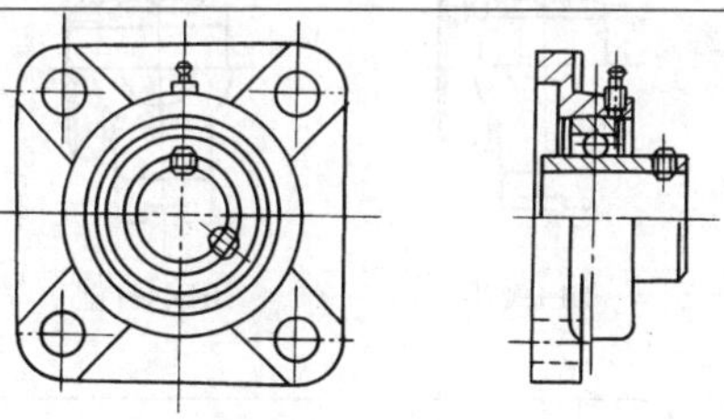 UCFU 型	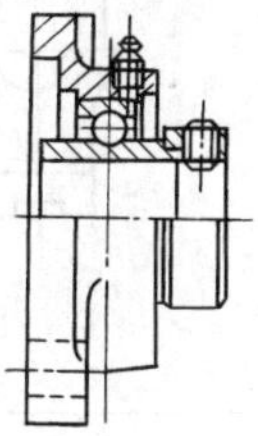 UELFU 型	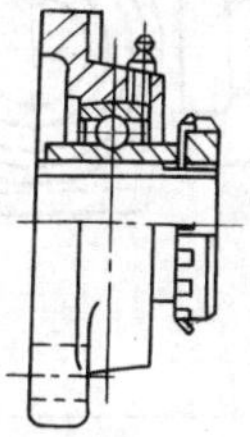 UKFU+H 型	GB/T 7810—1995
	带凸台方形座	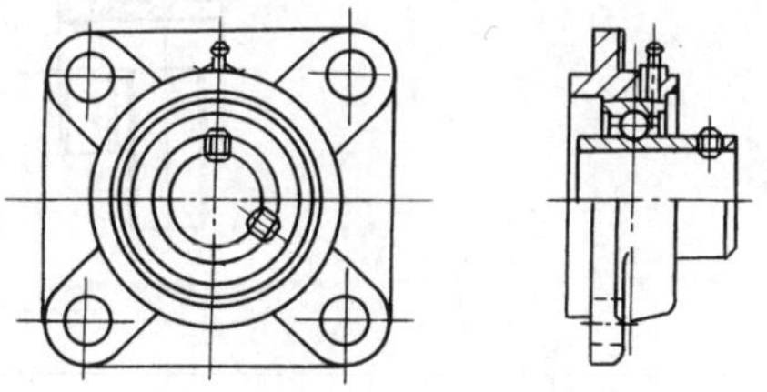 UCFS 型	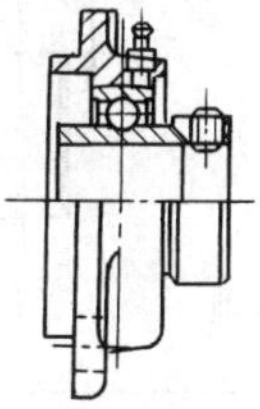 UELFS 型	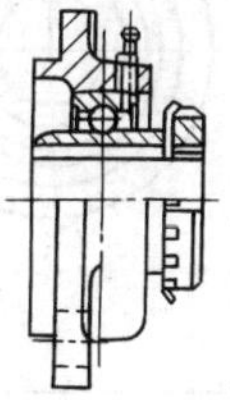 UKFS+H 型	GB/T 7810—1995
	带菱形座	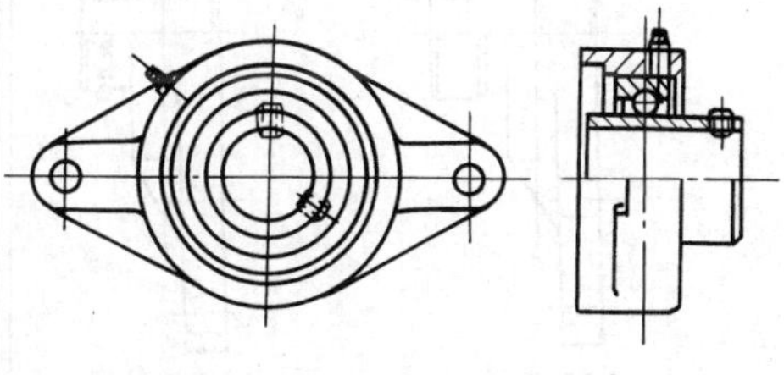 UCFLU 型	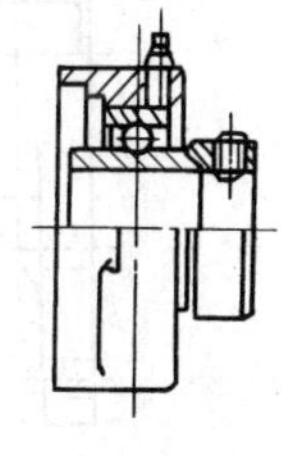 UELFLU 型	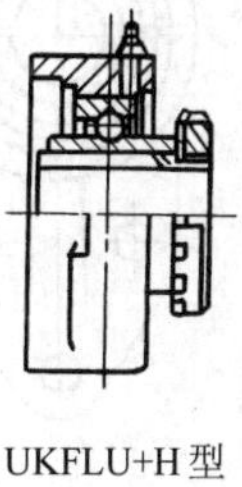 UKFLU+H 型	GB/T 7810—1995

（续）

类型	结构型式	结构简图及代号			标准
		带紧定螺钉	带偏心套	带紧定套	
带铸造座外球面球轴承	带可调菱形座	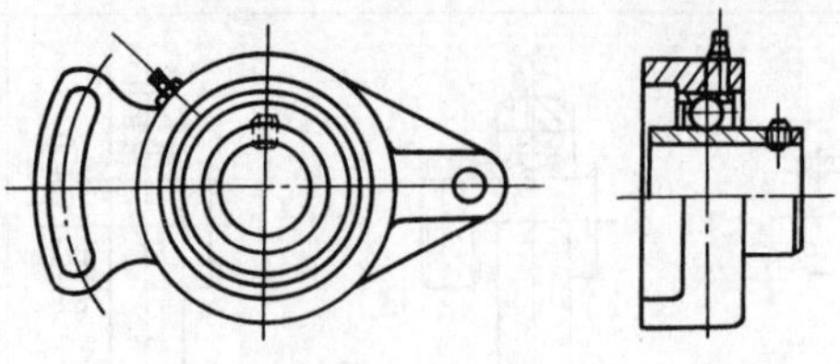 UCFA 型	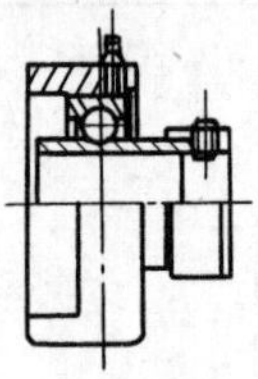 UELFA 型	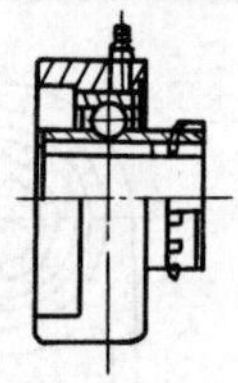 UKFA+H 型	JB/T 5303—2002
	带凸台圆形座	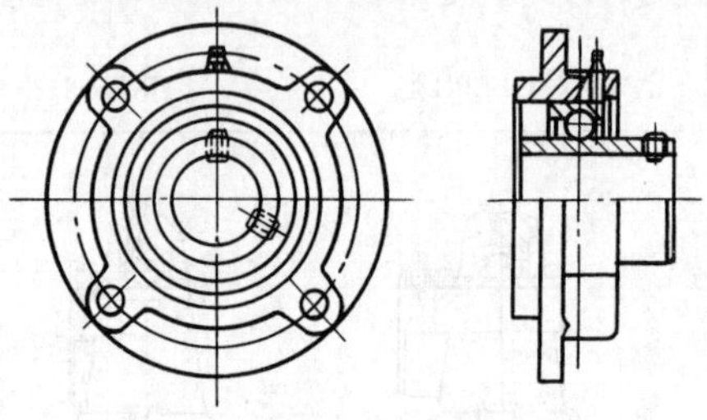 UCFC 型	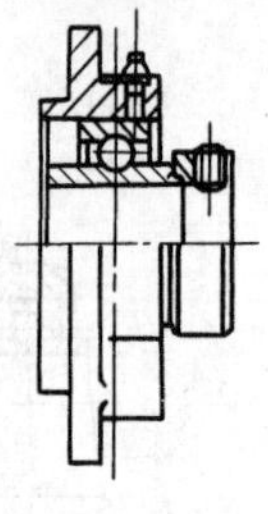 UELFC 型	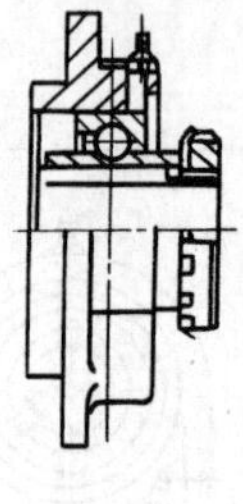 UKFC+H 型	GB/T 7810—1995
	带滑块座	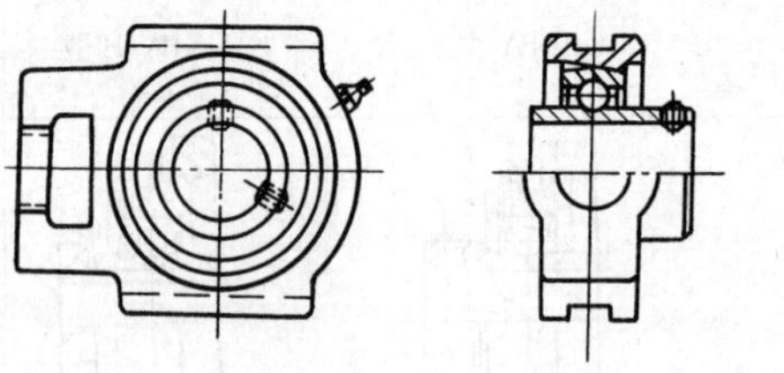 UCK 型	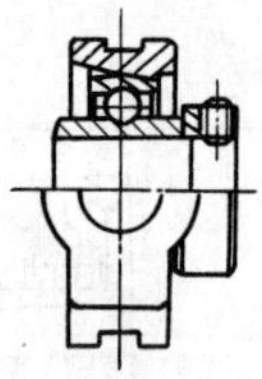 UELK 型	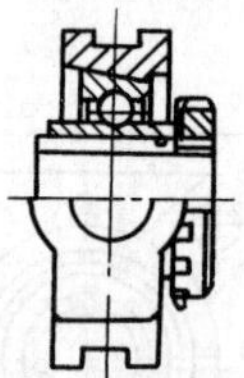 UKK+H 型	GB/T 7810—1995
	带环形座	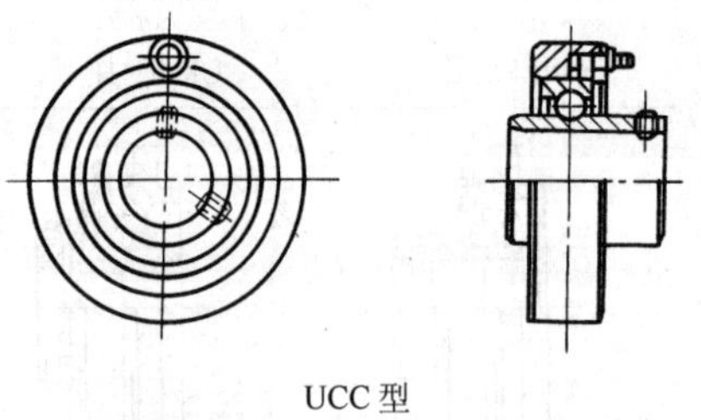 UCC 型		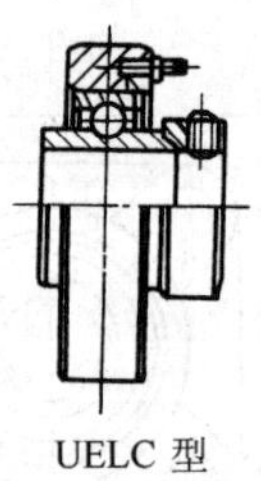 UELC 型	GB/T 7810—1995
	带悬挂式座	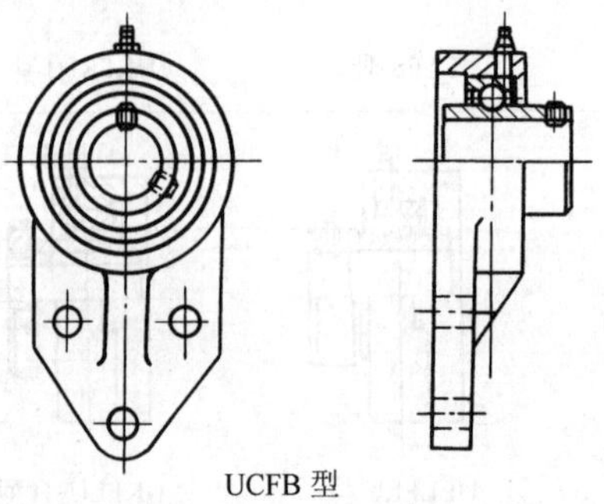 UCFB 型	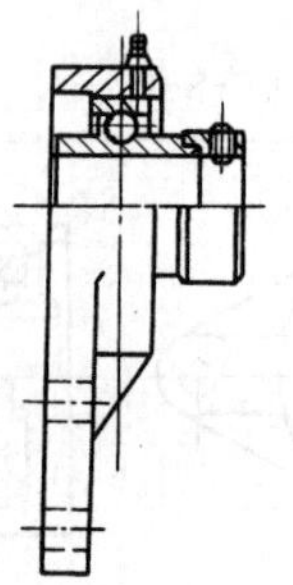 UELFB 型	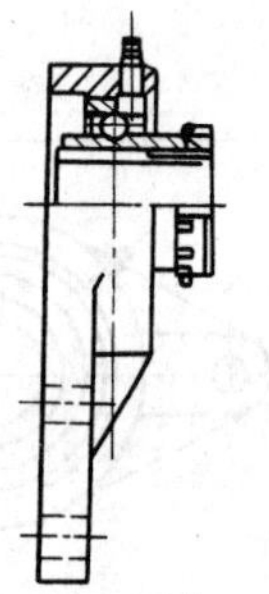 UKFB+H 型	JB/T 5303—2002

（续）

类型	结构型式	结构简图及代号			标准
		带紧定螺钉	带偏心套	带紧定套	
带铸造座轴承	带悬吊式座	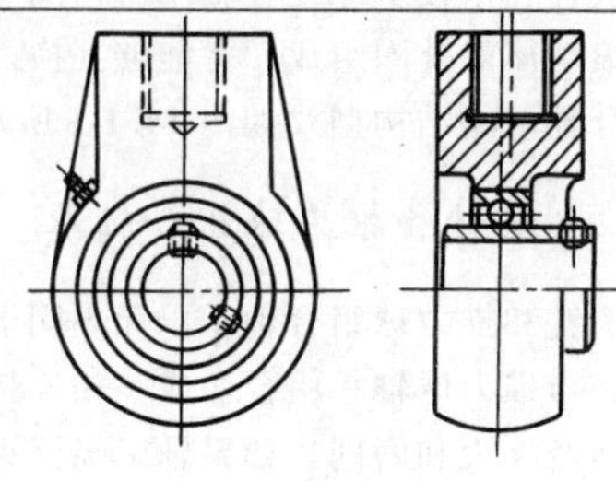 UCHA 型	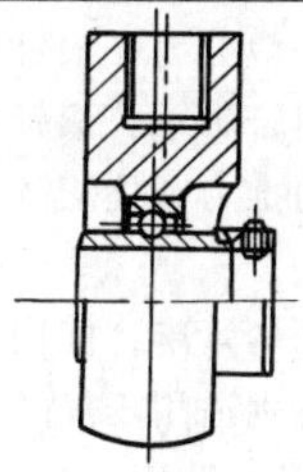 UELHA 型	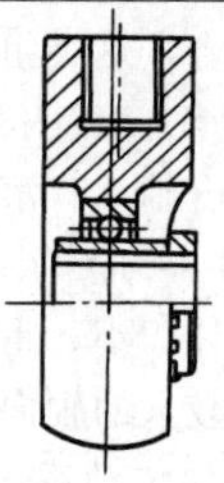 UKHA+H 型	JB/T 5303—2002
带冲压座外球面球轴承		一端平头紧定螺钉		一端平头偏心套	
	带冲压立式座	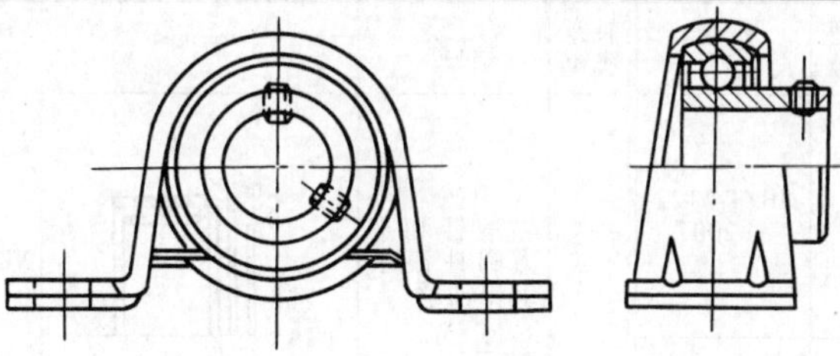 UBPP 型		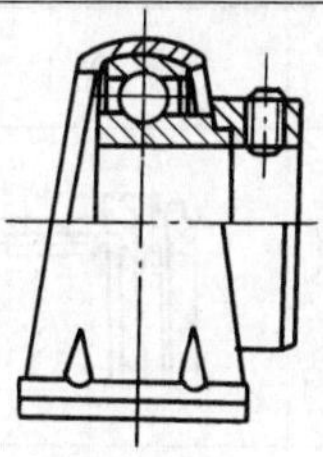 UEPP 型	GB/T 7810—1995
	带冲压圆形座	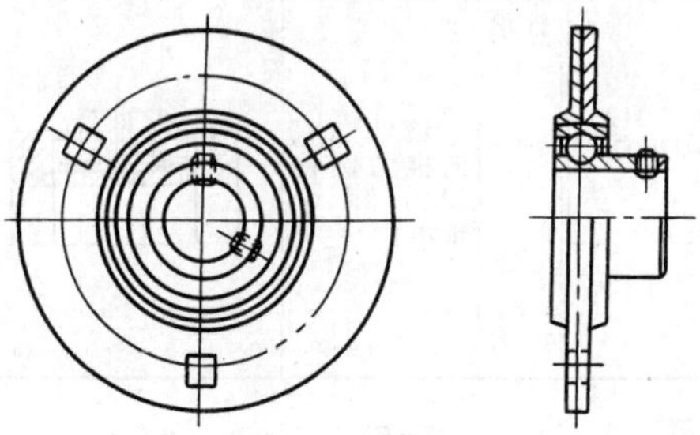 UBPF 型		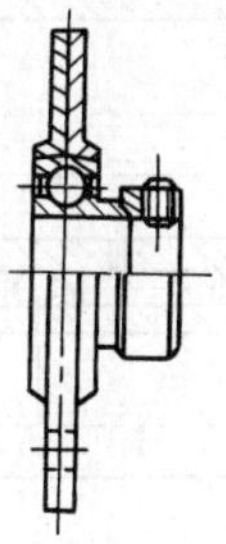 UEPF 型	GB/T 7810—1995
	带冲压菱形座	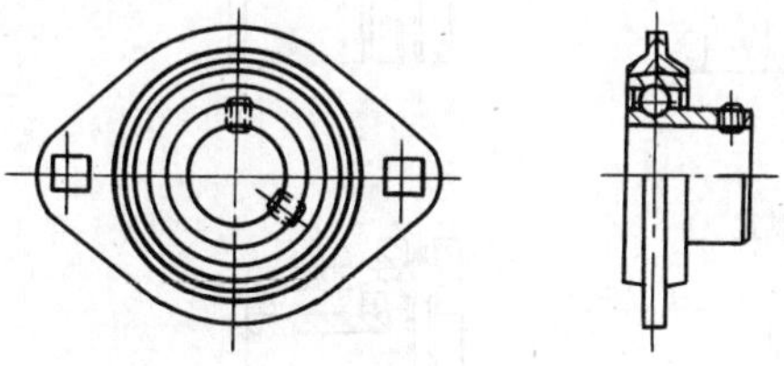 UBPFL 型		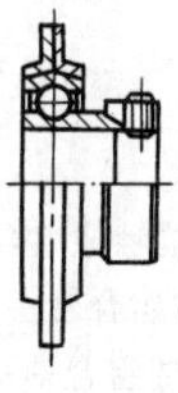 UEPFL 型	GB/T 7810—1995
	带冲压三角形座	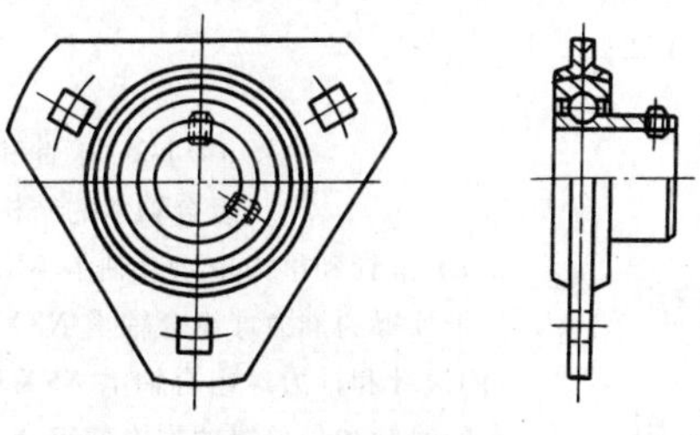 UBPFT 型		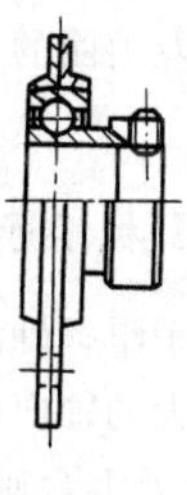 UEPFT 型	GB/T 7810—1995

1.4 组合轴承的分类、结构与代号

组合轴承一般是指滚针组合轴承，即滚针轴承和其他各类轴承的组合。这类组合轴承一般分为：滚针和角接触球组合轴承；滚针和推力球组合轴承；滚针和推力圆柱滚子组合轴承；滚针和双向推力圆柱滚子组合轴承，见表 14.1-31。

滚针组合轴承体积小、重量轻、结构紧凑，能同时承受径向载荷和较大的轴向载荷，特别适用于尺寸受限的机械部件，如传动系统、工具机、钻床主轴、螺杆等。

1.4.1 滚针和角接触球组合轴承

滚针和角接触球组合轴承由内圈和带有保持架与整套滚动体的外圈组成，并能够互换。滚针和角接触球组合轴承的结构型式如图 14.1-1 所示。

1.4.2 滚针和推力球组合轴承

滚针和推力球组合轴承以无内圈滚针轴承作为基本型，与推力球轴承组合而成。相连接的轴上的滚道部分须经淬火和磨削。如果轴未经淬火，可选用带内圈的滚针和推力球组合轴承。

表 14.1-31 组合轴承的基本结构与代号

轴承类型	名称	简图	类型代号	标准编号
组合轴承	滚针和推力球组合轴承	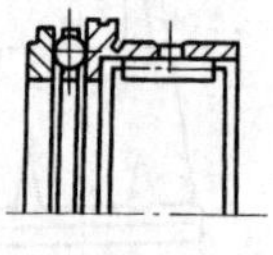	NKX	JB/T 3122—2007
	滚针和角接触球组合轴承	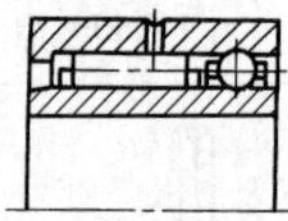	NKIA	JB/T 3123—2007
	滚针和双向角接触球组合轴承	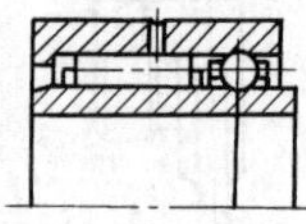	NKIB	
组合轴承	滚针和推力圆柱滚子组合轴承	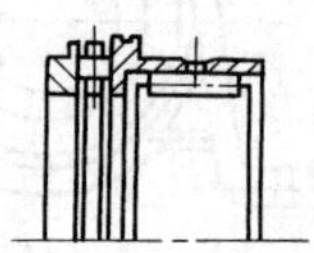	NKXR	GB/T 16643—2015
	滚针和双向推力圆柱滚子组合轴承	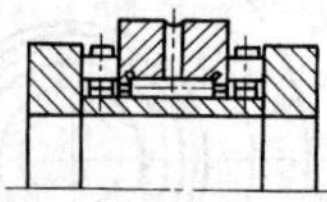	ZARN	JB/T 6644—2007

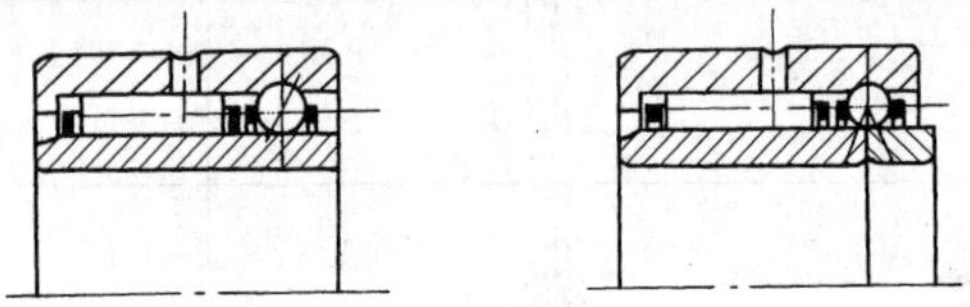

a) b)

图 14.1-1 滚针和角接触球组合轴承的结构型式

a）滚针和角接触球组合轴承 NKIA 0000 型

b）滚针和三点接触球组合轴承 NKIB 0000 型

滚针和推力球组合轴承可分离的轴圈上带有整套推力球的保持架组件，轴圈组件与座圈之间能互换。滚针和推力球组合轴承及内圈的结构型式如图 14.1-2 和图 14.1-3 所示。

1.4.3 滚针和推力圆柱滚子组合轴承

滚针和推力圆柱滚子组合轴承与滚针和推力球组合轴承相比，可承受较大的轴向载荷。

滚针和推力圆柱滚子组合轴承的结构型式如图 14.1-4 所示。

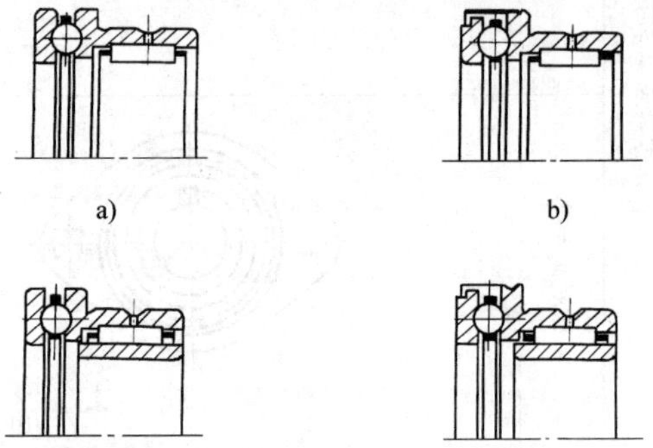

a) b) c) d)

图 14.1-2 滚针和推力球组合轴承的结构型式

a）滚针和推力球组合轴承 NKX 00 型 b）滚针和带外罩的推力球组合轴承 NKX 00 Z 型 c）有内圈的滚针和推力球组合轴承 NKX 00+IR 型 d）有内圈的滚针和带外罩的推力球组合轴承 NKX 00Z+IR 型

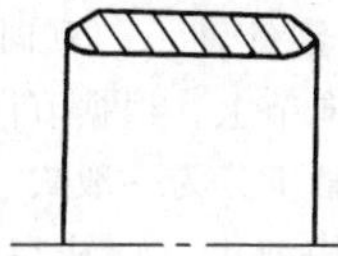

图 14.1-3　滚针和推力球组合轴承内圈的结构型式

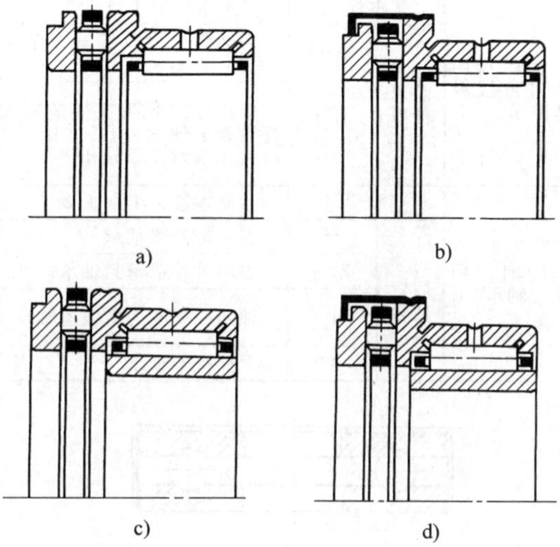

图 14.1-4　滚针和推力圆柱滚子组合轴承的结构型式

a）滚针和推力圆柱滚子组合轴承 NKXR 00 型　b）滚针和带外罩的推力圆柱滚子组合轴承 NKXR 00 Z 型　c）有内圈的滚针和推力圆柱滚子组合轴承 NKXR 00+IR 型　d）有内圈的滚针和带外罩的推力圆柱滚子组合轴承 NKXR 00Z+IR 型

1.4.4　滚针和双向推力圆柱滚子组合轴承

滚针和双向推力圆柱滚子组合轴承由一个内圈、一个外圈、一套向心滚针和保持架组件、两套推力圆柱滚子和保持架组件、两个轴圈组成。其结构紧凑，具有较高的承载能力和刚度，可承受径向和双向轴向载荷，且有较高的精度。

滚针和双向推力圆柱滚子组合轴承的结构型式如图 14.1-5 所示。

2　专用轴承的分类、结构与代号

专用轴承通常指的是用于机床、汽车、铁路、轧钢机械等主机上的轴承。由于这些轴承在特定的场合下使用，因此在外形尺寸、代号方法和技术要求等方面与通用轴承不完全相同，具有一定的特殊性。

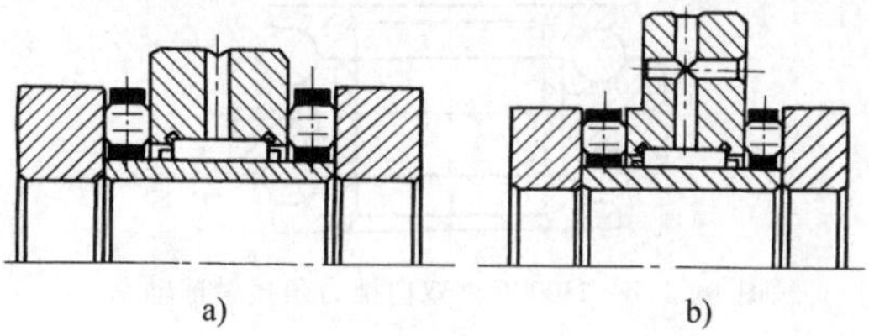

图 14.1-5　滚针和双向推力圆柱滚子组合轴承的结构型式

a）ZARN 型　b）ZARF 型

2.1　机床轴承

机床专用轴承主要分机床丝杠轴承和机床主轴轴承，它们的共同特点是精度高、各项技术指标要求严格，具有很强的专用性。

1）机床丝杠用轴承为推力角接触球轴承，分离型结构，接触角为 60°，类型代号为 76，内径代号符合表 14.1-4 的规定，轴承结构型式如图 14.1-6 所示。

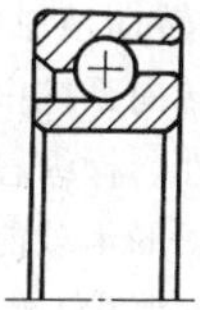

图 14.1-6　机床丝杠用推力角接触球轴承

2）机床主轴轴承主要有：双向推力角接触球轴承，双列圆柱滚子轴承，单列和双列圆锥滚子轴承。双向推力角接触球轴承的接触角为 60°，类型代号为 23，结构型式如图 14.1-7 所示。

机床专用轴承的代号方法见表 14.1-32。

表 14.1-32　机床轴承的代号方法

轴承类型	代号方法		
双向推力角接触球轴承	基本代号		参见本篇第 1 章 1.2
	预加载荷代号	0 组	不表示
		其他组	均在公差等级代号后加组别代号
		特殊组	在公差等级代号后用字母“G”加上预加载荷数值(单位:N)
双列圆柱滚子轴承	参见本篇第 1 章 1.2		
圆锥滚子轴承			

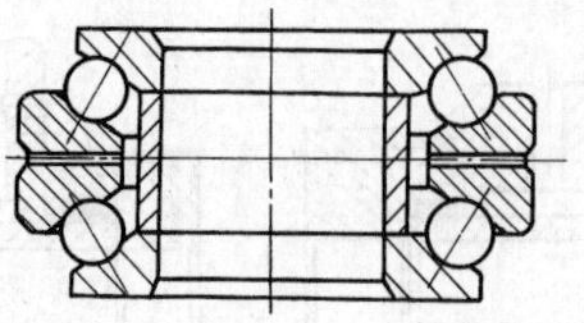

图 14.1-7 230000 型双向推力角接触球轴承

2.2 汽车轴承

汽车轴承指汽车各部位使用的各种通用和专用轴承。按安装部位可分为：发电机轴承、传动系统轴承（包括离合器分离轴承、传动轴万向节等）、转向系统轴承（包括转向器轴承和转向节轴承）。

1）汽车发电机轴承。汽车发电机轴承一般为通用结构的密封深沟球轴承，其代号方法和外形尺寸符合现行标准规定，要求具有良好的密封性能和高速性能。轴承的径向游隙为深沟球轴承游隙表中的第 3 组，采用锂基润滑脂，润滑脂的装填空间占轴承内部空间的 20%～30%，轴承零件的热处理应保证轴承在 150℃的温度下正常工作。

2）汽车转向器和转向节轴承。转向器轴承和转向节轴承用于汽车的转向系统中。汽车行驶对转向系统的主要要求是灵活性、操纵轻便性和安全性。由此决定了对转向系统轴承的承载能力、支承刚度、可靠性及摩擦等方面较高的要求。转向器轴承采用推力角接触轴承，结构型式如图 14.1-8 所示。转向节轴承采用推力轴承，结构型式如图 14.1-9 所示。转向器和转向节轴承的代号方法见表 14.1-33。

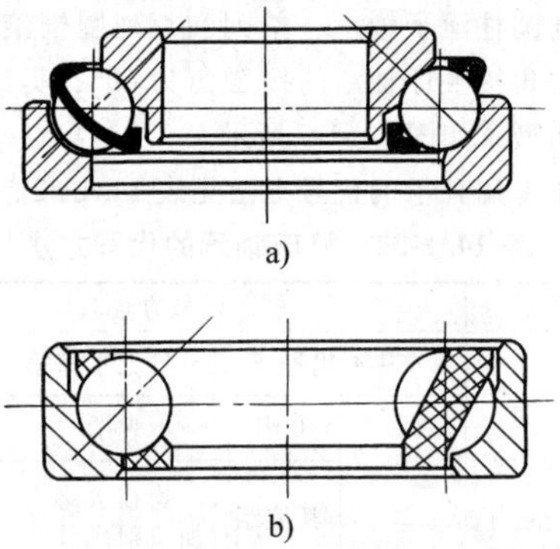

图 14.1-8 转向器轴承

a）560000 型 b）KOW-560000 型

3）汽车离合器轴承及轴承单元。汽车离合器轴承已由单一的角接触球轴承向带分离套筒的离合器轴承单元发展，由不可调心轴承发展成可调心轴承，并有多种结构型式，如图 14.1-10 所示。

根据离合器对减振、降噪及减轻运动接合面的摩擦和磨损的要求，离合器轴承及其轴承单元在结构、密封及润滑等方面采取了相应的措施。

4）汽车万向节滚针轴承。万向节滚针轴承主要用在汽车十字轴万向节上，根据万向节的结构和使用要求，万向节滚针轴承分为一般式、内卡式、外卡式和压板式等多种结构型式，如图 14.1-11 所示；其代号方法见表 14.1-34。

表 14.1-33 汽车转向器和转向节轴承的代号方法

轴承类型	代号方法		
转向器用推力角接触球轴承	基本代号		参见本篇第 1 章 1.2
	前置代号	KOW	无轴圈推力角接触球轴承（见图 14.1-8）
		内径代号	用钢球内切圆直径毫米数直接表示轴承内径，并用“/”与尺寸系列代号分开
转向节用推力轴承	基本代号		参见本篇第 1 章 1.2
	后置代号	ZS	表示带外罩轴承
		ZRS	表示带外罩密封轴承
		P	轴圈或座圈为平滚道轴承
		V	无保持架轴承

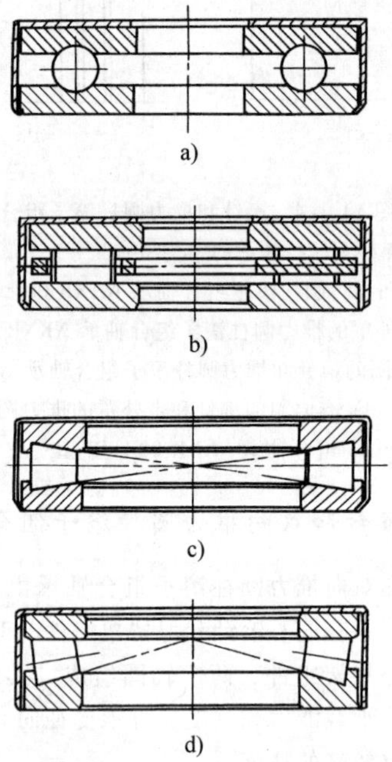

图 14.1-9 转向节轴承

a）推力球轴承 50000ZS 型

b）推力圆柱滚子轴承 80000ZS 型

c）锥形轴圈圆锥滚子轴承 90000ZS 型

d）平滚道轴圈圆锥滚子轴承 90000PZS 型

汽车离合器轴承及其轴承单元的代号方法如下：轴承及其单元的代号构成，按以下顺序自左向右排列。

轴承代号的构成
- 接触圆直径代号 —— 由接触圆直径的毫米数(四舍五入取整数)表示
- 类型结构代号
  - 接触圆表面形状代号 —— 弧面用R表示，平面不注代号
  - 类型代号
    - T —— 推式离合器分离轴承
    - WT —— 非调心、推式、外圈旋转的离合器分离轴承单元
    - NT —— 非调心、推式、内圈旋转的离合器分离轴承单元
    - NL —— 非调心、拉式离合器分离轴承单元
    - CT —— 自动调心、推式离合器分离轴承单元
    - CL —— 自动调心、拉式离合器分离轴承单元
  - 密封型式代号
    - Z —— 冲压外罩密封
    - M —— 橡胶密封圈密封
    - 轴承单元不注代号
  - 内外圈结构代号 —— 实体车制时不注代号，冲压件用Y表示
- 套圈材料代号—GCr15不注代号，其他材料用Q表示
- 内径代号—轴承内径代号用轴承公称内径毫米数(四舍五入取整数)表示，轴承单元内径代号用分离套筒内径毫米数(四舍五入取整数)表示
- 轴承公称宽度或轴承单元配合宽度代号—轴承公称宽度代号用轴承公称宽度毫米数(四舍五入取整数)表示，轴承单元配合宽度代号用单元配合宽度毫米数(四舍五入取整数)表示
- 分离套筒材料代号
  - F0 —— 工程塑料
  - F1 —— 低碳钢
  - F2 —— 铸铁
  - F3 —— 铸钢
  - F4 —— 粉末冶金
  - F5 —— 轴承钢

示例：

轴承代号

48　R　T　Z　38　16

- 16 — 轴承公称宽度为16mm
- 38 — 轴承内径为38mm
- Z — 冲压外罩密封
- T — 推式离合器分离轴承
- R — 接触圆表面为弧面
- 48 — 接触圆直径为48mm

轴承单元代号

50　R　CT　38　40　F1

- F1 — 低碳钢分离套筒
- 40 — 单元配合宽度为40mm
- 38 — 单元内径为33mm
- CT — 自动调心推式离合器分离轴承单元
- R — 接触圆表面为弧面
- 50 — 接触圆直径为50mm

表 14.1-34　汽车万向节滚针轴承的代号方法

前置代号		基本代号	后置代号	
符号	含　义		符号	含　义
W WN WW WY	万向节滚针轴承 内卡式万向节滚针轴承 外卡式万向节滚针轴承 压板式万向节滚针轴承	由四位数字组成 ××　×× 滚针组内径 F_w　轴承宽度	ZC T RS LS PP PP1 PP2 A、B、C Y R	万向节滚针轴承带冲压罩 万向节滚针轴承带挡圈 万向节滚针轴承带直角唇金属盖密封圈 万向节滚针轴承带内骨架密封圈 万向节滚针轴承(无密封圈) 万向节滚针轴承带 Y 型密封圈 万向节滚针轴承带 U 型密封圈 内部结构改变 外部结构改变 万向节滚针轴承外圈有凸缘

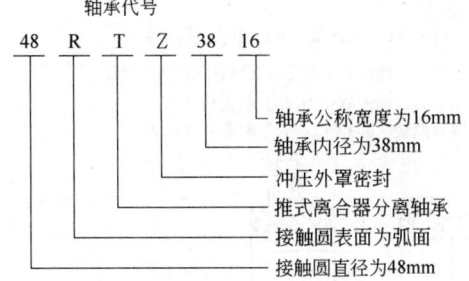

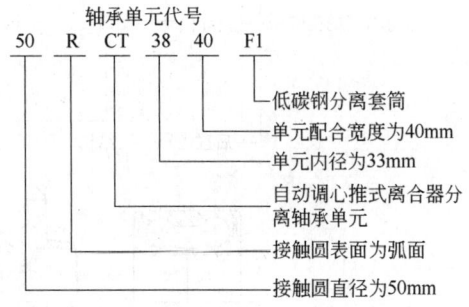

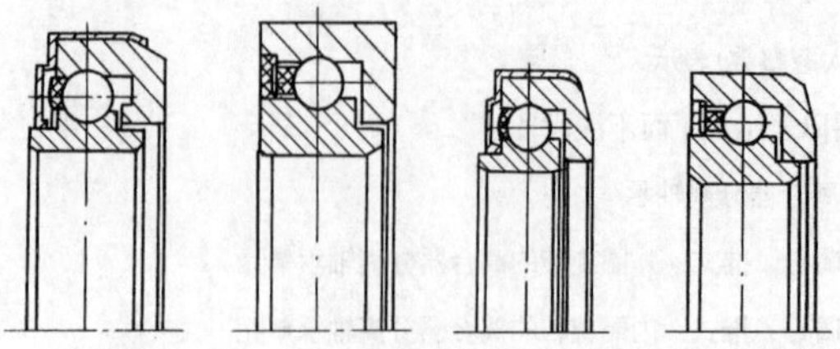

图 14.1-10　汽车离合器轴承及其轴承单元的结构型式
a）TZ 型　b）TM 型
c）RTZ 型　d）RTM 型

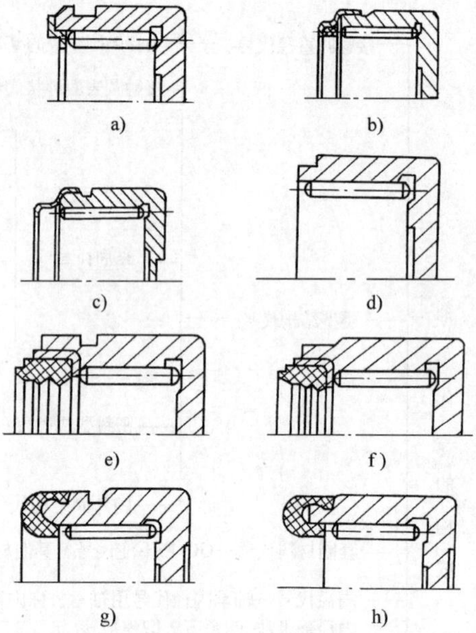

图 14.1-11　汽车万向节滚针轴承的结构型式
a）WN…T 型　b）WY 型　c）WY…PP 型
d）W 型　e）WN…RS 型　f）WW…RS 型
g）WN…PP2 型　h）WW…PP2 型

5）汽车轮毂轴承。汽车轮毂轴承为汽车承重支承并为轮毂的转动提供精确的引导。汽车轮毂轴承同时承受径向和轴向载荷，是汽车轮毂的重要零件。目前轮毂轴承对轴承材料、密封、润滑和寿命等都提出了更高的要求，并逐渐向单元化发展。汽车轮毂轴承采用锂基脂润滑，填脂量为轴承单元有效空间容积的 40%～60%，漏脂率不超过 10%，在 25℃室温时温升不超过 65℃。我国目前成系列生产的轮毂轴承有四种结构型式，如图 14.1-12 所示。

汽车轮毂轴承的代号方法如下：

轮毂轴承单元的代号构成，按以下顺序自左向右排列。

轴承代号的构成
- 类型代号
  - DAC——双列角接触球轴承单元
  - DACF——外圈带凸缘的双列角接触球轴承单元
  - DU——双列圆锥滚子轴承单元
  - DUF——外圈带凸缘的双列圆锥滚子轴承单元
- 尺寸代号——××　×××　××（七位数字）
  - ××（末两位）——轴承单元宽度 B 或 C 最大值的毫米数
  - ×××——轴承单元外径 D 或凸缘外径 F 的毫米数
  - ××（首两位）——轴承单元内径 d 的毫米数
- 后置代号——结构、尺寸、公差、技术要求等有改变时的补充代号(见本篇第1章1.2)

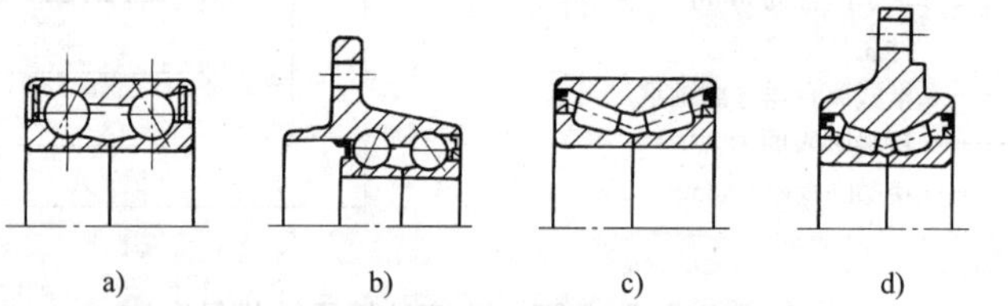

图 14.1-12　汽车轮毂轴承的结构型式
a）DAC 型　b）DACF 型　c）DU 型　d）DUF 型

示例：

DAC　34　064　37
- 37——轴承单元宽度为37mm
- 064——轴承单元外径为64mm
- 34——轴承单元内径为34mm
- DAC——双列角接触球轴承单元

DAC　30　060　37　X1
- X1——外径为60.03mm，非标准
- 37——轴承单元宽度为37mm
- 060——轴承单元外径为60mm
- 30——轴承单元内径为30mm
- DAC——双列角接触球轴承单元

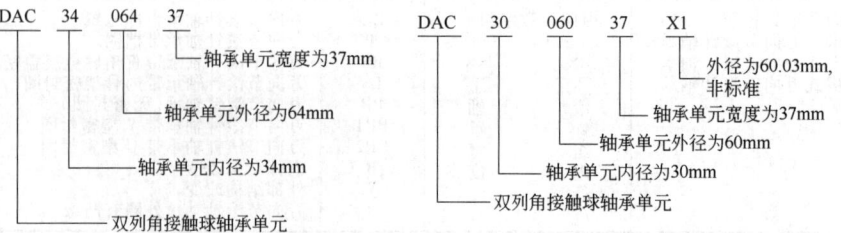

2.3　磁电动机轴承

磁电动机是供汽油机点火的装置，采用分离型角接触球轴承。磁电动机轴承具有特定的尺寸系列，其外圈外径公差也与通用轴承不同。其结构型式如图 14.1-13 所示。代号方法见表 14.1-35。

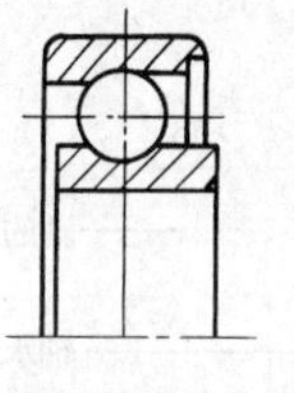

图 14.1-13　磁电动机轴承的结构型式

表 14.1-35　磁电动机轴承的代号方法

基本代号		后置代号	示例
类型代号	尺寸代号	表示轴承公差等级、零件材料改变等，参见本篇第 1 章 1.2	EN 15 Y / P6 P6—公差等级为6级 Y—铜板冲压保持架 15—轴承公称内径 d =15mm EN—外圈外径具有负偏差值的磁电动机轴承 E 15 / P5 P5—公差等级为5级 15—轴承公称内径 d =15mm E—外圈外径具有正偏差值的磁电动机轴承
E,EN	用公称内径的毫米数表示		

2.4　内燃机水泵轴承

目前用于汽车、拖拉机及工程机械等的内燃机水泵轴承多采用轴连形式，实际上是一个双支承轴承组件。内燃机水泵轴承密封性能好，漏脂量不超过 5%，温升不超过 60℃；轴承旋转灵活，无阻滞现象，并具有支承刚性好、旋转精度高、结构简单、装拆方便等优点，日益得到广泛的应用。内燃机水泵轴承的结构型式如图 14.1-14 所示，代号方法见表 14.1-36。

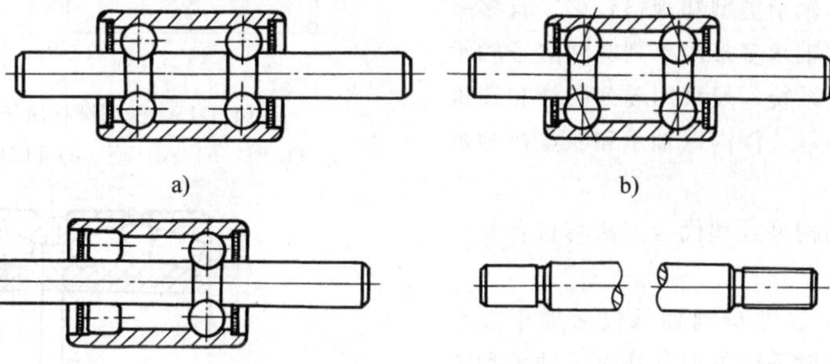

图 14.1-14　内燃机水泵轴承的结构型式

a）WB 型　b）WB…C 型　c）WR 型　d）轴伸出端台阶轴

表 14.1-36　内燃机水泵轴承的代号方法

基本代号			后置代号	
类型代号		配合安装特征尺寸代号	符号	含义
符号	含义	由七位数字组成	T	轴上加工有螺纹
WB	两列球的水泵轴连轴承（见图 14.1-14a、b）	××—轴连轴承轴公称直径 ××—轴连轴承公称外径 ×××—轴连轴承轴公称长度	F	轴上铣有扁平面
			K	轴上有键槽
			R	轴上钻有孔
WR	一列滚子、一列球的水泵轴连轴承（见图 14.1-14c）		Y	结构变化大，用以上代号不能表示时

代号示例：

WB　12　26　091

- 091——轴的公称长度为91mm
- 26——轴承公称外径为26mm
- 12——轴的公称直径为12mm
- WB——表示有两列球的水泵轴连轴承

WR　16　30　104　—1

- 1——顺序号
- 104——轴的公称长度为104.5mm
- 30——轴承公称外径为30mm
- 16——轴的公称直径为16mm
- WR——表示有一列滚子、一列球的水泵轴连轴承

2.5　铁路轴承

铁路轴承通常是指机车、货车与客车上使用的各类滚动轴承。这些轴承的质量直接关系到行车的安全，其各项性能（尤其是运转可靠性、寿命等指标）是决定轴承是否满足使用要求的重要因素。因此，对各个部位上使用的轴承提出了严格的技术及检验要求，以满足铁路车辆的使用要求。

1）铁路机车轴承。机车轴承包括机车轴箱轴承、电动机轴承（主发电机和牵引电动机轴承）以及传动系统轴承。轴箱轴承一般采用双列圆锥滚子轴承、单列和双列圆柱滚子轴承、调心滚子轴承、深沟球轴承和角接触滚子轴承。轴承类型和规格较多，且多采用非标准游隙。电动机轴承多采用单列圆柱滚子轴承和调心滚子轴承。传动系统一般采用单列圆柱和圆锥滚子轴承、调心滚子轴承、深沟球轴承和四点接触球轴承。

铁路机车轴承的结构型式和代号方法均符合现行标准的规定。

2）铁路车辆轴承。铁路车辆轴承包括货车及客车上所使用的轴承。一般采用单列圆柱滚子轴承和圆锥滚子轴承。轴承规格较少，但有其特殊的技术要求。例如车辆滚动轴承的跌落试验和内圈扩张试验是检验其是否满足使用要求的重要依据；客车轴承滚子凸度的要求是其满足性能要求的关键。

铁路车辆轴承的结构型式与代号方法均符合现行标准的规定。

2.6　轧机轴承

轧机轴承主要是指轧辊轴承和压下机构轴承。它们的共同特点是承载量大，工作条件恶劣，要求的工作寿命较长。同时具有高转速、高精度以及耐冲击等特性。

1）轧辊轴承。轧辊轴承主要采用四列圆柱滚子轴承和四列圆锥滚子轴承。通常，高速、高精度轧机支承辊采用四列圆柱滚子轴承，而对于更换频繁的工作轧辊大都采用四列圆锥滚子轴承。四列圆柱滚子轴承结构型式如图14.1-15所示，四列圆锥滚子轴承结构型式如图14.1-16所示。轧辊轴承的代号方法见表14.1-37。

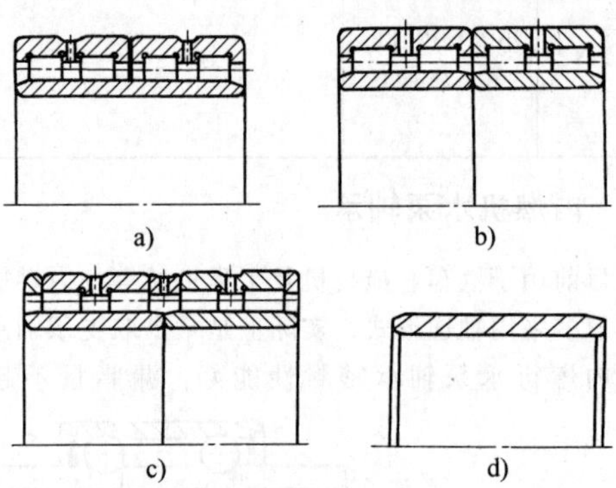

图14.1-15　四列圆柱滚子轴承的结构型式
a）FC型　b）FCD型　c）FCDP型　d）LFC型内圈

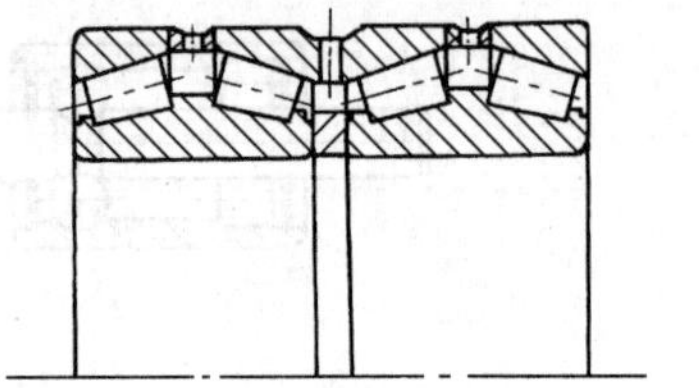

图14.1-16　四列圆锥滚子轴承的结构型式

代号示例：

FCD　100　144　530　/P53

- /P53——公差等级5，径向游隙3组
- 530——公称宽度为530mm
- 144——公称外径为144mm
- 100——公称内径为100mm
- FCD——双内圈四列圆柱滚子轴承

2）压下机构用轴承。压下机构采用圆锥滚子推力轴承，有两种结构型式，如图14.1-17所示。润滑时应选用含有极压添加剂的润滑油，轴承顶圈的调心

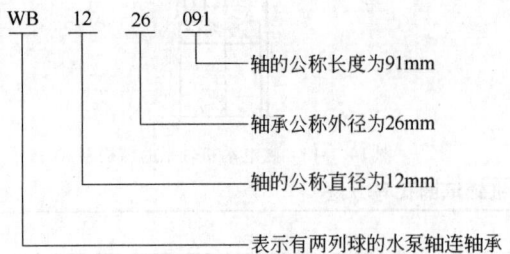

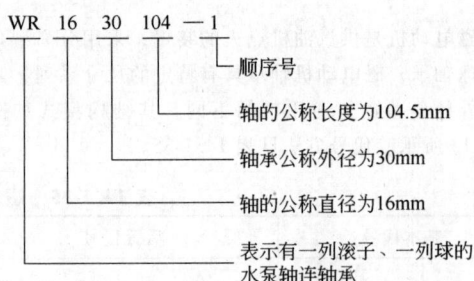

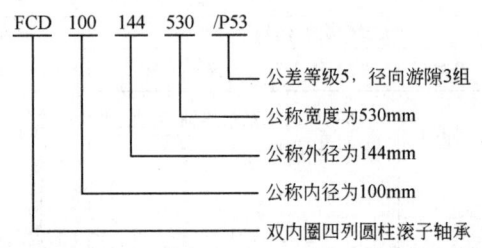

球面可涂润滑干膜。其代号方法见表 14.1-38。

表 14.1-37　轧辊轴承的代号方法

轴承类型	结构代号		尺寸代号	后置代号
	符号	含　义		
四列圆柱滚子轴承	FC	四列圆柱滚子轴承(一个内圈),如图 14.1-15a 所示	××× ××× ××× 公称宽度 公称外径/5 公称内径/5	A、B 或 C 表示内部结构改变,其他参见本篇第 1 章 1.2
	FCD	双内圈、双外圈四列圆柱滚子轴承,如图 14.1-15b 所示		
	FCDP	外圈带平挡圈的双内圈四列圆柱滚子轴承,如图 14.1-15c 所示		
四列圆锥滚子轴承	参见本篇第 1 章 1.2,结构示意图如图 14.1-16 所示			
四列圆柱滚子轴承内圈	在轴承代号前加"L"表示,结构示意图如图 14.1-15d 所示			

注:对于非标准外形尺寸的四列圆柱滚子轴承,其代号中类型代号与尺寸代号间用"/"分开。

表 14.1-38　轧机压下机构用轴承的代号方法

代　号	含　义	备　注
TTSV 000	顶圈底面为凹球面形的满装圆锥滚子推力轴承 阿拉伯数字表示轴承底圈公称外径的毫米数	图 14.1-17a
TTSX 000	顶圈底面为凸球面形的满装圆锥滚子推力轴承 阿拉伯数字表示轴承底圈公称外径的毫米数	图 14.1-17b

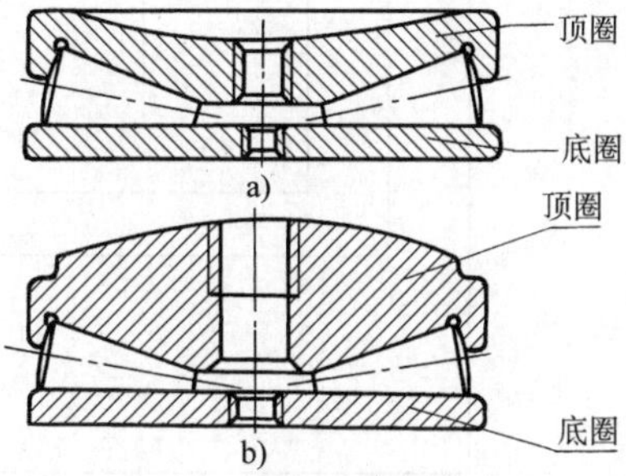

图 14.1-17　圆锥滚子推力轴承的结构型式
a）TTSV 000 型　b）TTSX000 型

2.7　回转支承

回转支承由内、外套圈和滚动体、隔离块、密封圈等组成。外圈和内圈分别与转台（盘）和机座相连接。回转支承的外圈可以做成带有渐开线齿的外齿圈，内圈可以做成带有渐开线齿的内齿圈，并可通过齿轮传动实现转台（盘）与机座的相对转动。回转支承可以承受很大的轴向载荷和径向载荷，也可以承受倾覆力矩的作用，故广泛应用于起重机、挖掘机、运输机械、军事装备、工业机器人等领域。

回转支承按其结构型式分为 4 类：单排四点接触球式回转支承、双排异径球式回转支承、单排交叉滚柱式回转支承、三排滚柱式回转支承。其中常用的三种结构型式如图 14.1-18～图 14.1-20 所示。

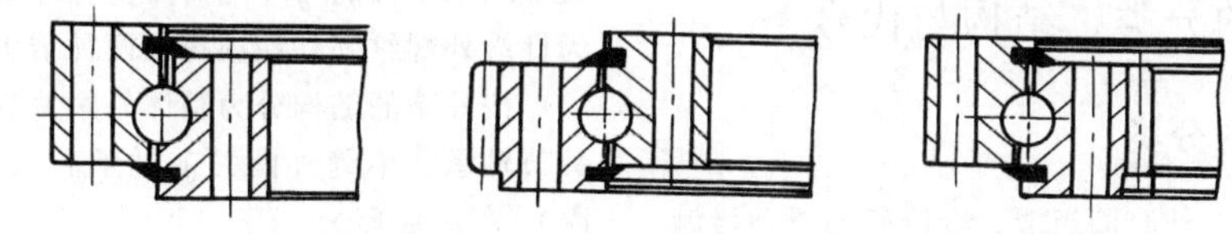

a)　　b)　　c)

图 14.1-18　单排四点接触球式回转支承
a）无齿式　b）外齿式　c）内齿式

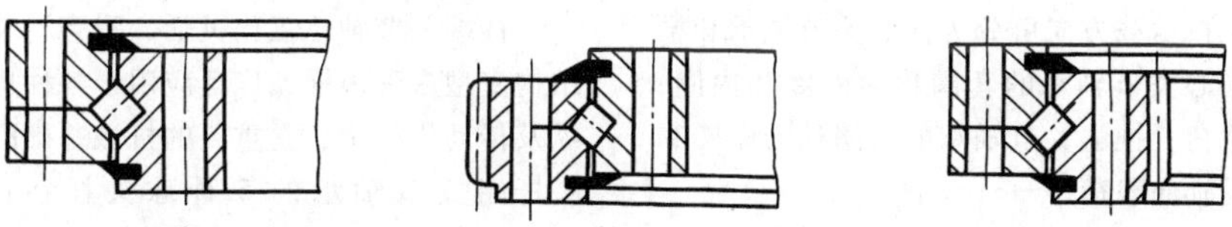

a)　　b)　　c)

图 14.1-19　单排交叉滚柱式回转支承
a）无齿式　b）外齿式　c）内齿式

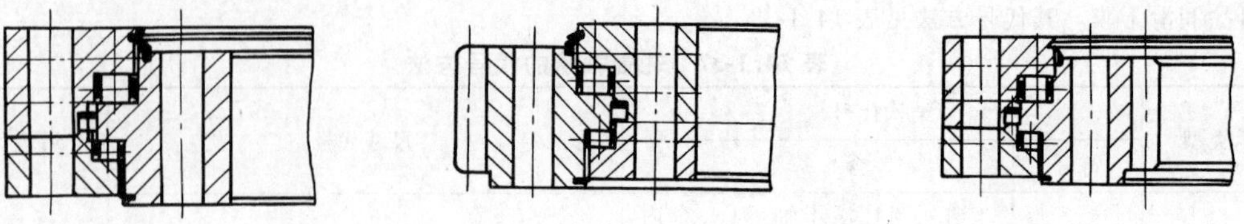

图 14.1-20 三排滚柱式回转支承
a）无齿式 b）外齿式 c）内齿式

回转支承的代号方法符合 JB/T 2300—2011 的规定。代号示例为：

回转支承 ×× ×．×× ．×××× ．× × JB/T 2300

- 安装孔形式：0—内、外圈安装孔均为通孔
  1—内、外圈安装孔均为螺纹孔
  2—内圈安装孔为螺纹孔，外圈安装孔为通孔
  3—外圈安装孔为螺纹孔，内圈安装孔为通孔
- 安装配合形式：0—标准型无止口
  1—标准型有止口
  2—特殊孔
- 滚道中心圆直径D_L(mm)
- 滚动体直径D_W(mm)
- 传动形式：0—无齿式
  1—渐开线圆柱齿轮外齿啮合小模数
  2—渐开线圆柱齿轮外齿啮合大模数
  3—渐开线圆柱齿轮内齿啮合小模数
  4—渐开线圆柱齿轮内齿啮合大模数
- 结构型式：01—单排四点接触球式回转支承
  02—双排异径球式回转支承
  11—单排交叉滚柱式回转支承
  13—三排滚柱式回转支承

标记示例：单排四点接触球式，内齿啮合大模数，滚动体直径为 40mm，滚动体组节圆直径为 1000mm，标准型有止口，内、外圈安装孔均为通孔的回转支承。标记为：回转支承 014.40.1000.10 JB/T 2300

3 关节轴承的分类、结构与代号

3.1 关节轴承的分类

关节轴承由内、外套圈组成，套圈间的滑动接触表面为球面，适用于摆动运动、倾斜运动和旋转运动。

关节轴承可按承载方向、润滑方式和结构型式等多种方法分类，按承载方向可分为向心关节轴承和推力关节轴承。向心关节轴承的套圈称为外圈和内圈，主要承受径向载荷；推力关节轴承的套圈称为座圈和轴圈，主要承受轴向载荷。

按润滑方式可分为一般润滑关节轴承（简称关节轴承）和自润滑关节轴承。一般润滑关节轴承工作时需要润滑，因此在外圈或内圈上设置有油槽或油孔。自润滑关节轴承的内、外圈一般为淬硬轴承钢，内圈滑动表面镀硬铬，外圈滑动表面为以聚四氟乙烯为添加剂的玻璃纤维增强塑料。

按结构型式可分为外圈和内圈组合式的普通关节轴承和外圈做在杆件上的组装式杆端关节轴承。杆端关节轴承中杆的另一端需要设置螺纹连接，因此又分为杆端外螺纹和杆端内螺纹两种结构。

按外圈的结构分为整体外圈关节轴承、双半外圈关节轴承、单缝外圈关节轴承和双缝外圈（部分外圈）关节轴承。

通常按承受载荷方向、公称接触角和结构型式进行综合分类，分为向心关节轴承、角接触关节轴承、推力关节轴承和杆端关节轴承。

杆端关节轴承工作灵活、耐磨、装拆方便，并且结构变型多种多样，广泛应用于各种机械和车辆的操纵及传动机构中，是重要的机械基础配件。自润滑球头杆端关节轴承的 5 种球头杆在同一轴径可以通用。

关节轴承的分类方法见表 14.1-39，关节轴承的结构的分类、结构与代号见表 14.1-41。

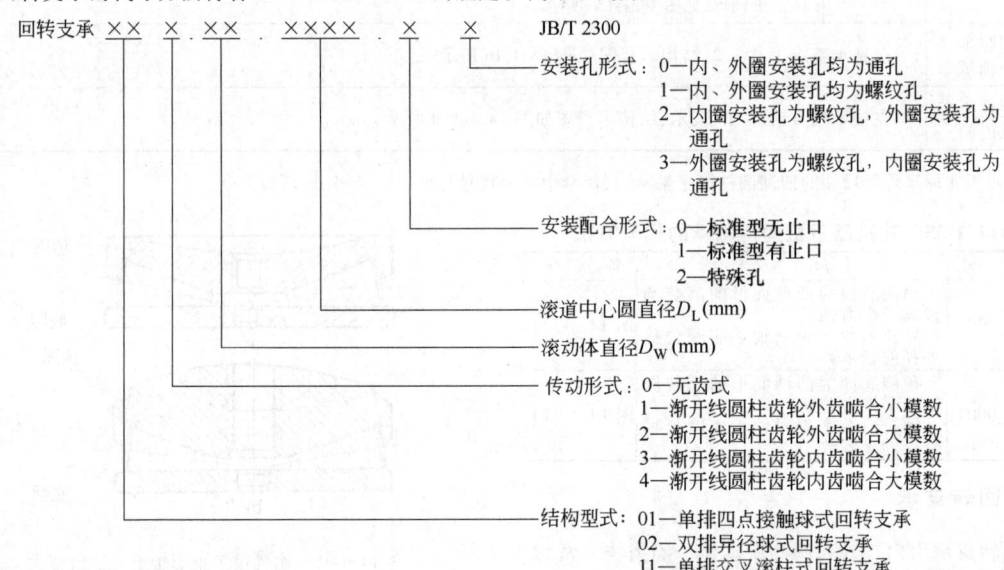

表 14.1-39 关节轴承的分类方法

序号	分类方法	名称		备注
1	按所承受的载荷方向或公称接触角 α	向心关节轴承（$0° \leqslant \alpha \leqslant 30°$ 承受径向载荷）	径向接触向心关节轴承（$\alpha=0°$）	
			角接触向心关节轴承（$0°<\alpha \leqslant 30°$）	
		推力关节轴承（$30°<\alpha \leqslant 90°$ 承受轴向载荷）	轴向接触推力关节轴承（$\alpha=90°$）	
			角接触推力关节轴承（$30°<\alpha<90°$）	
2	按外圈的结构	整体外圈关节轴承		
		双半外圈关节轴承		
		单缝外圈关节轴承		
		双缝外圈（剖分外圈）关节轴承		
3	按是否附有杆端或装于杆端上	一般关节轴承		
		杆端关节轴承		
4	按工作时是否需补充润滑剂	非自润滑关节轴承		
		自润滑关节轴承（不需补充润滑剂）		
5	按承受载荷方向、公称接触角和结构型式	向心关节轴承		此种综合分类方法最常用
		角接触关节轴承		
		推力关节轴承		
		杆端关节轴承		

3.2 关节轴承代号

关节轴承的代号由 基本代号 和 补充代号 组成。基本代号由类型代号、尺寸系列代号、内径代号、结构型式及材料代号构成。关节轴承的补充代号由字母和数字组成（最多允许采用3个字母），以斜杠“/”和基本代号分开，表示零件材料、技术要求或结构的改变。关节轴承的代号构成及排序见表14.1-40。

3.3 关节轴承的结构（见表14.1-41）

表 14.1-40 关节轴承的代号构成及排序

基本代号——类型代号

代号	含义
GE	向心关节轴承
GAC	角接触关节轴承
GX	推力关节轴承
SI	内螺纹组装型杆端关节轴承
SA	外螺纹组装型杆端关节轴承
SIB	内螺纹整体型杆端关节轴承
SAB	外螺纹整体型杆端关节轴承
SIL	左旋内螺纹组装型杆端关节轴承
SAL	左旋外螺纹组装型杆端关节轴承
SILB	左旋内螺纹整体型杆端关节轴承
SALB	左旋外螺纹整体型杆端关节轴承

基本代号——尺寸系列代号

代号	含义
C	大型和特大型向心关节轴承特轻系列
E	正常系列（代号中省略）
G	G系列
EW	W系列（宽内圈）
JK	JK系列
H	H系列
F	F系列
K	K系列
EM	M系列（宽内圈）
EH	杆端关节轴承EH系列（加强型）
EG	杆端关节轴承EG系列（加强型）
Z	寸制尺寸正常系列

基本代号——内径代号：用内径的毫米数表示，但不标单位

基本代号——结构型式、材料代号

代号	含义
A	外圈为中碳钢，有固定滑动表面材料的固定器
C	一套圈或一套圈滑动表面为烧结青铜复合材料
DE1	挤压外圈（外圈为轴承钢，在内圈装配后挤压成形）
DEM1	同DE1，但外圈有端沟
DS	外圈有装配槽
E	单缝外圈
F	一套圈滑动表面为以聚四氟乙烯为添加剂的玻璃纤维增强塑料或塑料圆片
F1	一套圈滑动表面为聚醚亚胺工程塑料
F2	外圈为玻璃纤维增强塑料，其滑动表面同“F”
H	双半外圈
I	内圈为中碳钢，有固定滑动表面材料的固定器
L	套圈或杆端为特殊自润滑合金

补充代号

改变特征	含义	代号
材料改变	套圈由不锈钢制造	X
	套圈由渗碳钢制造	S
	套圈或滑动表面由不常采用的材料制造	V
	套圈或滑动表面由青铜或青铜圆片制造	Q
	套圈由铍铜制造	P
特殊补充技术要求	零件的回火温度有特殊要求	T
	轴承内填充特殊润滑脂	R
	N组游隙	—
	2组游隙，径向游隙值小于N组	-C2
	3组游隙，径向游隙值大于N组	-C3
	轴承游隙不同于现行标准	-C9
	轴承的摩擦力矩及旋转灵活性有特殊要求	M
	套圈滑动表面涂敷固体润滑剂干膜	G
	杆端关节轴承螺纹有特殊要求	B

（续）

基本代号								补充代号		
类型代号		尺寸系列代号		内径代号	结构型式、材料代号			改变特征	含义	代号
代号	含义	代号	含义		代号	含义				
SQ	弯杆型球头杆端关节轴承	P	P 系列	用内径的毫米数表示	N	外圈有止动槽		特殊补充技术要求	滑动表面以外的表面需电镀（镀铬—D、镀锌—D_1、镀镉—D_2 等）	D
SQZ	直杆型球头杆端关节轴承				S	套圈或杆端有油槽和油孔				
SQD	单杆型球头杆端关节轴承				T	外圈滑动表面为聚四氟乙烯织物		结构改变	零件的形状或尺寸改变	K
SQL	左旋弯杆型球头杆端关节轴承				X	双缝外圈				
SQLD	左旋单杆型球头杆端关节轴承				-2RS	两面带密封圈				
SK	带圆柱焊接型杆端关节轴承（圆柱型）				-2Z	两面带防尘盖		其他	轴承有上述各种改变特征以外的其他特征，或具有多项改变特征而无法用上述补充代号完全表示时	/Y
SF	带平底座焊接型杆端关节轴承（方型）									
SIR	带锁口型杆端关节轴承									

注：补充代号用字母和数字表示。最多允许采用 3 个字母，表示轴承零件材料改变、结构改变及特殊技术要求，游隙代号在最右边。

表 14.1-41　关节轴承的分类、结构与代号

类型	结构特征	结构简图、代号及其他特点	标准号
向心关节轴承	单缝外圈	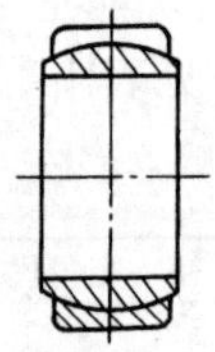 无润滑油槽 GE…E 型 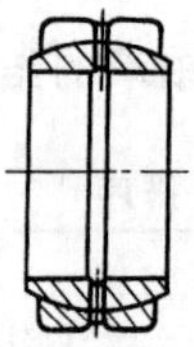 有润滑油槽 GE…ES 型	GB/T 9163—2001
向心关节轴承	带密封圈，单缝外圈	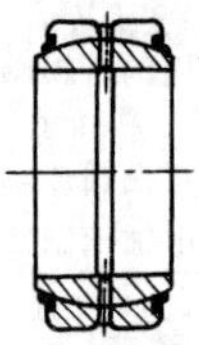 有润滑油槽 GE…ES-2RS 型 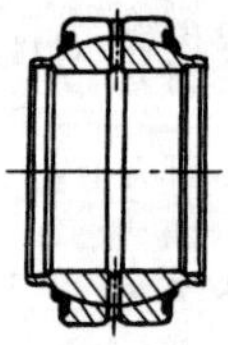 有润滑油槽，宽内圈 GEEW…FS-2RS 型	GB/T 9163—2001
向心关节轴承	外圈有止动槽	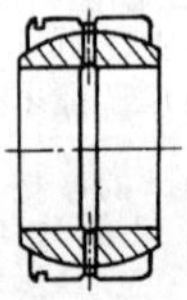 有润滑油槽，双缝外圈 GE…XSN 型 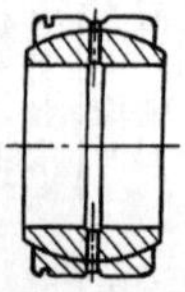 有润滑油槽，单缝外圈 GE…ESN 型	—
向心关节轴承	双半外圈	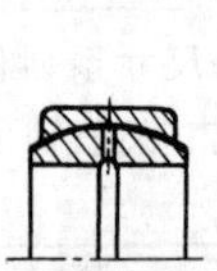 内圈有润滑油槽 GE…HS 型	—
向心关节轴承	无缝外圈	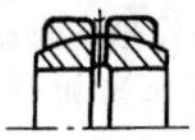 有润滑油槽 GE…DE1 型  外圈有端沟 GE…DEM1 型 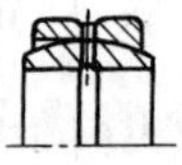 外圈有装配槽和润滑油槽 GE…DS 型	—
自润滑向心关节轴承	滑动表面有自润滑材料	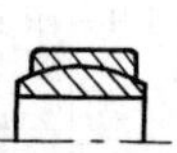 滑动表面有青铜复合材料 GE…C 型　滑动表面有聚四氟乙烯织物 GE…T 型	—

（续）

类型	结构特征	结构简图、代号及其他特点	标准号
自润滑向心关节轴承	滑动表面有聚四氟乙烯织物，宽内圈，自润滑	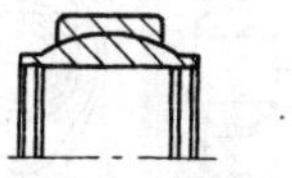 GEEW…T 型	GB/T 9163—2001
	滑动表面为玻璃纤维增强塑料，自润滑	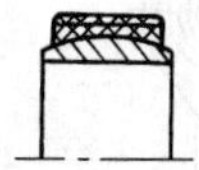 外圈为轴承钢 GE…F 型  外圈为玻璃纤维增强塑料 GE…F2 型	—
	滑动表面有玻璃纤维增强塑料圆片，自润滑	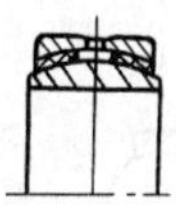 GE…FSA 型 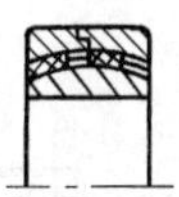 双半外圈 GE…FIH 型	—
角接触关节轴承	GAC…F 型滑动表面为玻璃纤维增强塑料	 外圈有油槽和油孔 GAC…S 型 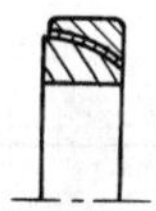 自润滑 GAC…F 型	—
推力关节轴承	GX…F 型滑动表面为玻璃纤维增强塑料	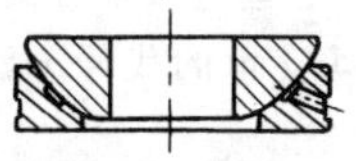 外圈有油槽和油孔 GX…S 型 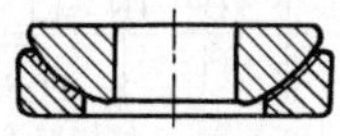 自润滑 GX…F 型	GB/T 9162—2001

类型	结构特征	结构简图、代号及其他特点	标准号
杆端关节轴承	无润滑油槽	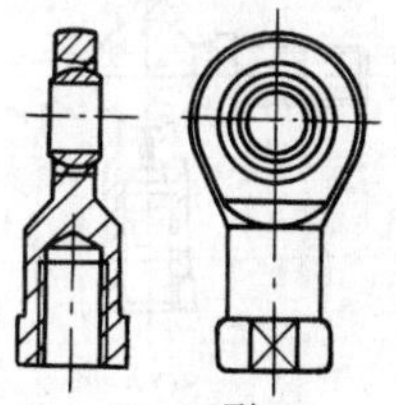 SI…E 型 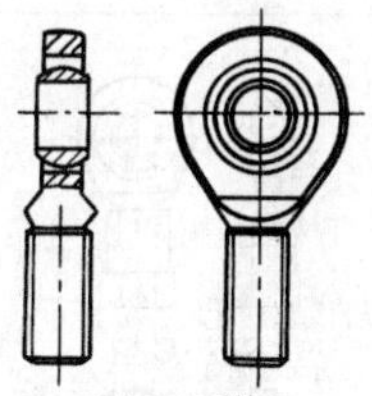 SA…E 型	GB/T 9161—2001
	有润滑油槽	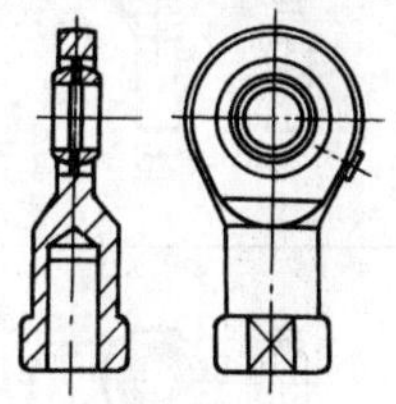 SI…ES 型 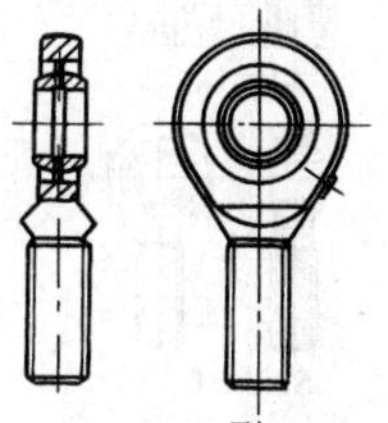 SA…ES 型	GB/T 9161—2001
	有润滑油槽	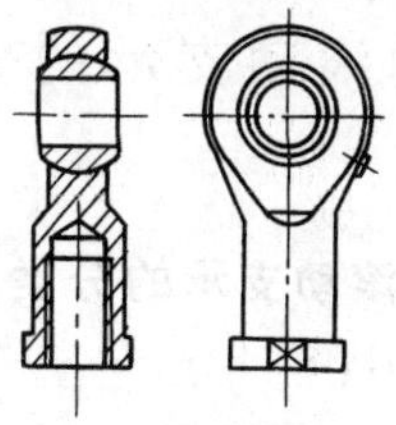 SIB…S 型 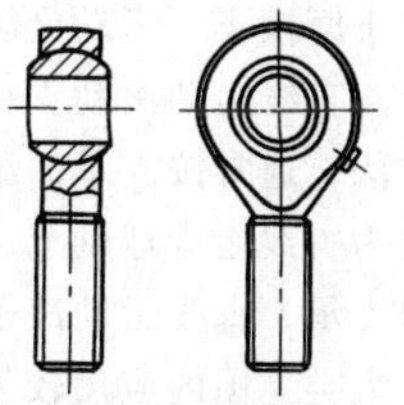 SAB…S 型	GB/T 9161—2001

（续）

类型	结构特征	结构简图、代号及其他特点	标准号
杆端关节轴承	直杆球头	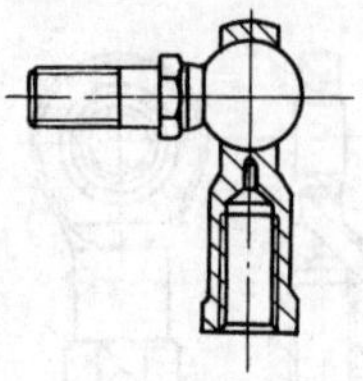 SQ…型	—
杆端关节轴承	自润滑	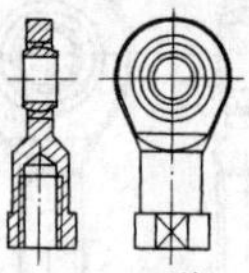 SI…C 型 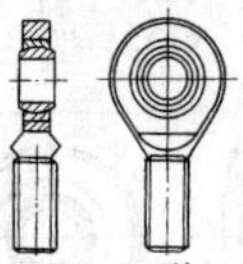 SA…C 型	GB/T 9161—2001
杆端关节轴承	滑动表面为烧结青铜复合材料，自润滑	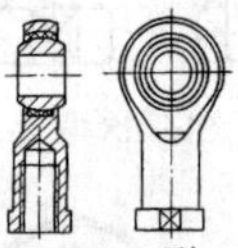 SIR…C 型 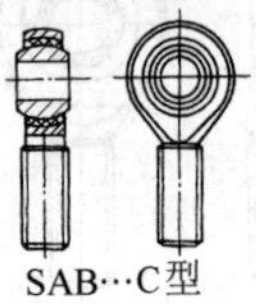 SAB…C 型	GB/T 9161—2001
杆端关节轴承	滑动表面为玻璃纤维增强塑料，自润滑	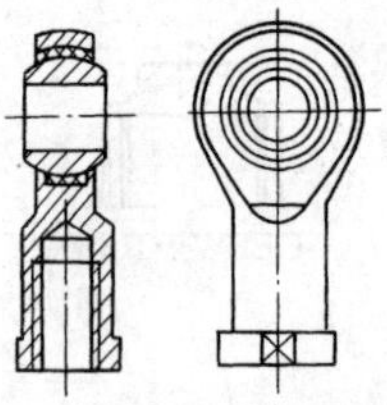 SIB…F 型 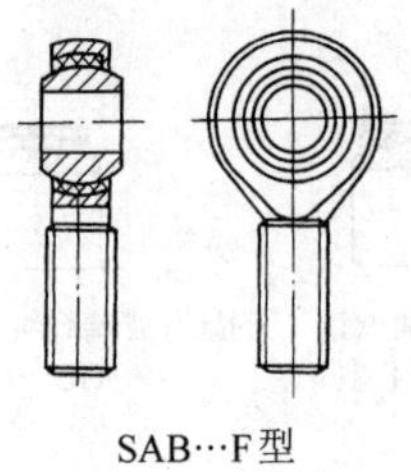 SAB…F 型	—
杆端关节轴承	直杆球头自润滑	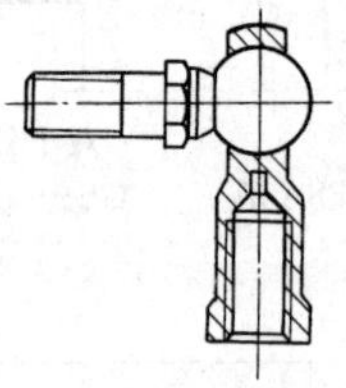 SQ…L 型	—

4 直线运动滚动支承的分类、结构与代号

4.1 直线运动滚动支承的分类（摘自 GB/T 27558—2011）

直线运动滚动支承用于对往复直线运动零件的支承，其主要特点在于摩擦小、运动灵敏、平稳、精度高、承载能力强等。直线运动滚动支承的结构类型很多，有多种分类方法，通常按支承的结构特征和滚动体的种类将轴承分为直线运动球轴承、直线运动滚子轴承、直线运动球支承、直线运动滚子轴承、直线运动滚针导轨支承五大类。国内应用较为普遍且成系列产品的直线运动滚动支承主要有：直线运动球轴承、滚针导轨支承及滚针和平保持架组件这 3 类。

4.2 直线运动滚动支承代号（摘自 GB/T 27557—2011）

我国目前采用的直线运动滚动支承代号基本上与国际的通用表示方法一致，即采用三段式表示：基本代号、补充代号，公差等级及分组代号。

直线运动滚动支承的代号方法及排列顺序见表 14.1-42。

代号示例：

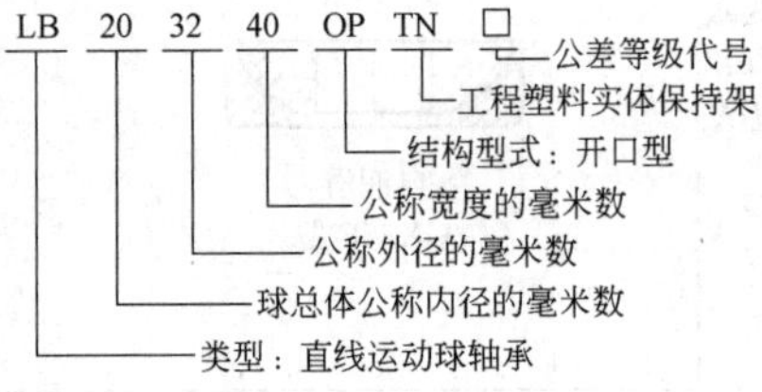

表 14.1-42　直线运动滚动支承代号方法及排列顺序

第一段　基本代号

符号	含义
LB	直线运动球轴承
LR	直线运动滚子轴承
LBS	滚动直线球导轨支承
LRS	滚动直线滚子导轨支承
LNS	滚动直线滚针导轨支承

外形尺寸代号

流动直线球轴承和流动直线滚子轴承

F_w 或 d_p	D	C
滚动体公称内径或球节圆直径	公称外径	公称宽度

滚动直线球导轨支承和滚动直线滚子导轨支承

名称			
双列循环球导轨支承	H	L	B
球导板	H	L	B
盒式球导轨支承	D_w		
链球支承	D_w		
循环滚子导轨支承	B	L	
循环滚子链圆导轨支承	d		
交叉滚子链支承	D_w		
双列循环滚子导轨支承	H	L	B
滚针和平保持架组件	D_w	B	(L)
循环滚针导轨支承	B	L	

结构型式代号

直线运动球轴承

符号	含义
—	外套为圆筒状整体,有保持架,球无限循环
AJ	外套轴向有一条缝,可调径向游隙
OP	轴承有一轴向扇形缺口
HF	套筒型轴承轴向剖分的一半
BP	外套镶有数条轴向滚道板
RA	循环球占用径向空间
ST	可同时往复和旋转,球非循环
BS	导轴有三条轴向凸缘,可传递转矩
BC	无外套,可往复旋转
POR	冲压外圈,可同时往复和旋转,球非循环

滚动直线球导轨支承

符号	含义
DB	滚动体为循环球,行程无限
FB	薄形平板状,做无限直线运动
BB	可沿 V 形槽做无限直线运动,可微调游隙
CB	属冲程式,沿 V 形导轨做有限直线运动
ND	用球作滚动体,每个球有两个接触点的直线支承
NF	用球作滚动体,每个球有四个接触点的直线支承

滚动直线滚子导轨支承

符号	含义
SG	由滚道基体和一组滚子组成,滚子成单列,径向安装孔
SGK	由滚道基体和一组滚子组成,滚子成单列,轴向安装孔
RC	滚子为凹形表面在圆柱导轨上无限运动
CR	滚子回转轴呈 90°交叉,可做有限运动
DR	由滚道基体和一组滚子组成,滚子成双列
FR	平型导轨,圆柱滚子非循环
VN	导轨为 90°角 V 型构件
CN	圆柱滚子交叉排设

滚动直线滚针导轨支承

符号	含义
NC	单排滚针,平型组件
NCW	双排滚针,V 型组件
NCWV	双排滚针,V 型组件,其组件中滚动体直径用$10\sqrt{2}D_w$表示
NCZW	双排滚针,平型组件
RN	滚针端部为阶梯形
GRN	滚针中部为凹槽,带冲压壳型
GRNU	滚针中部为凹槽,带端头型
FN	平型导轨,滚针非循环

第二段　补充代号

符号	含义
TN	保持架、端盖等零件用工程塑料制造
L	保持架、端盖等零件用铝合金制造
RS	单面带橡胶密封
ZRS	双面带橡胶密封
V	无保持架或隔离块
K	支承零件的形状或尺寸改变
Y	支承有上述改变项目以外的其他改变内容

第三段　公差等级、组件分组组合代号

直线运动球轴承	L9, L7, L7A; L6, L6A 和 L6J、L6JA 依次由低到高
循环式滚针滚子导轨支承	普通级 G、高级 E(E5, E10)、精密级 D(D3, D6, D9, D12)和超精密级 C(C2, C4, C6, C8, C10),依次由低到高
滚针和平保持架组件	PN(PN2, PN4, PN6)和 P5(P51, P52, P53, P54),依次由低到高

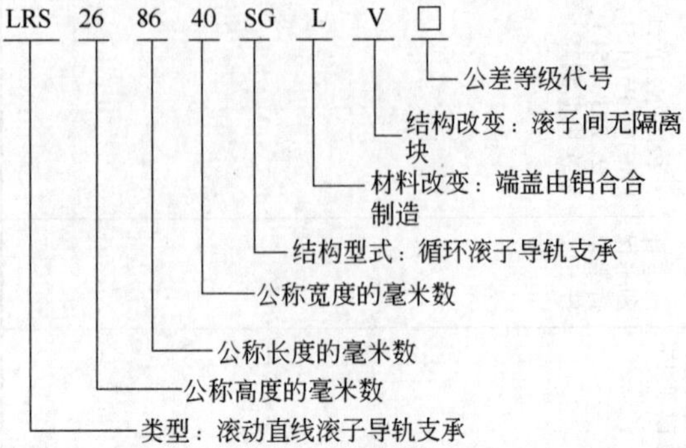

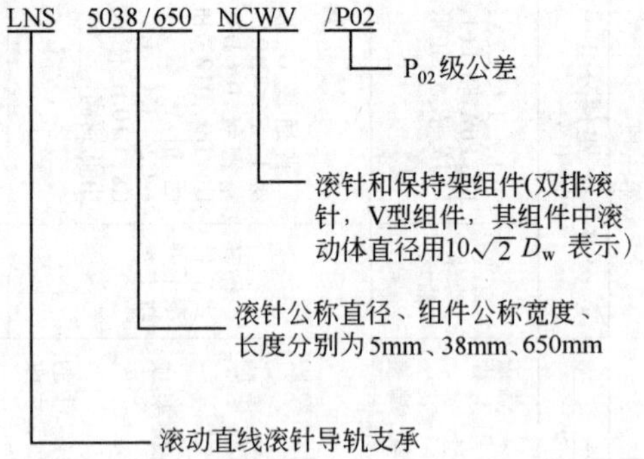

4.3 直线运动滚动支承的结构（见表 14.1-43）

表 14.1-43 直线运动滚动支承的分类、结构与代号

类型	结构简图及代号
直线运动球轴承	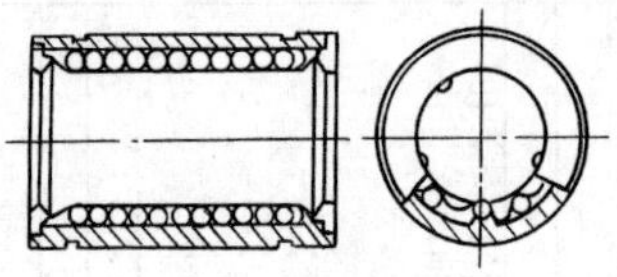 套筒型 LB… 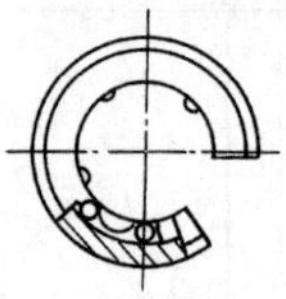 调整游隙型 LB…AJ 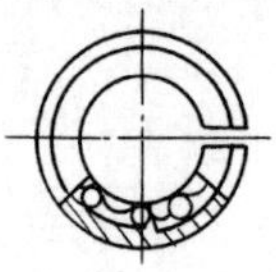 开口型 LB…OP 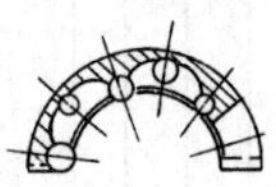 半型 LB…HF
	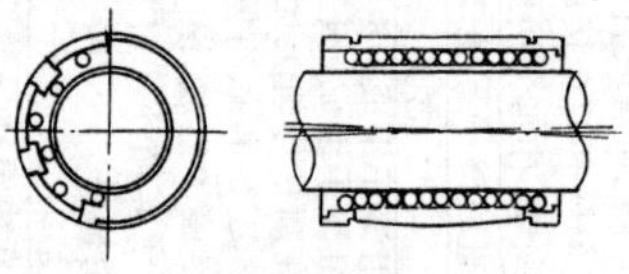 嵌滚道板调心型 LB…BP 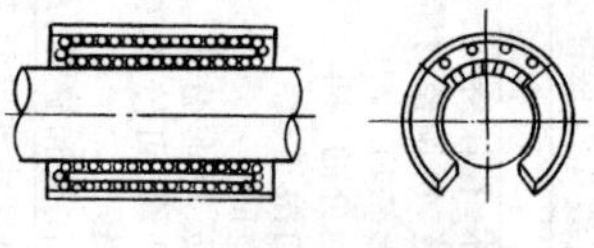 径向循环型 LB…RA
	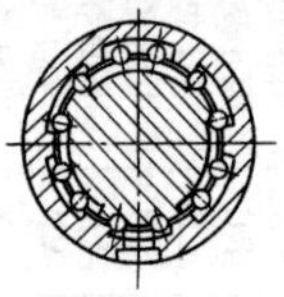 球花键型 LB…BS 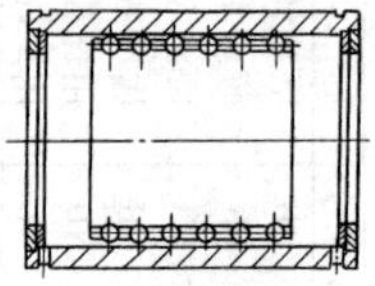 往复旋转型 LB…ST 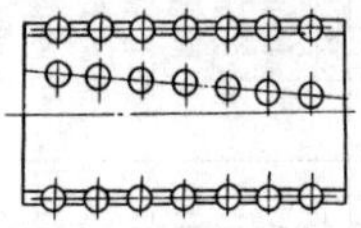 球和保持架组件 LB…BC
直线运动滚子轴承	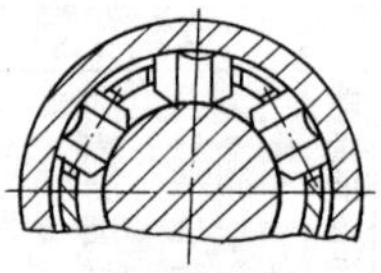 非循环型 LR…
滚动直线球导轨支承	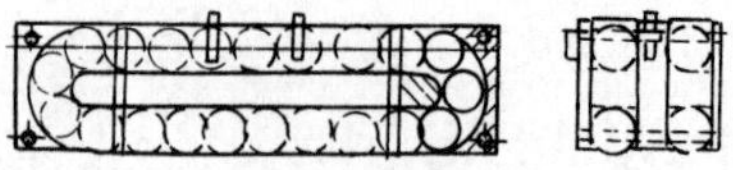 双列循环球型 LBS…DB 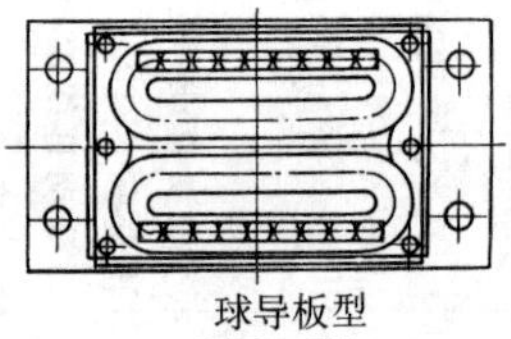 球导板型 LBS…FB

（续）

类型	结构简图及代号
滚动直线球导轨支承	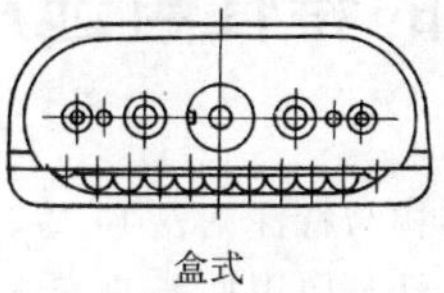 盒式 LBS…BB 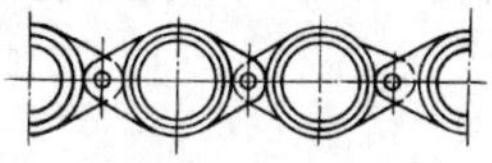 链球型 LBS…CB
滚动直线滚子导轨支承	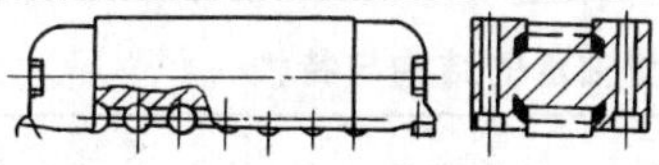 径向安装孔循环型 LRS…SG 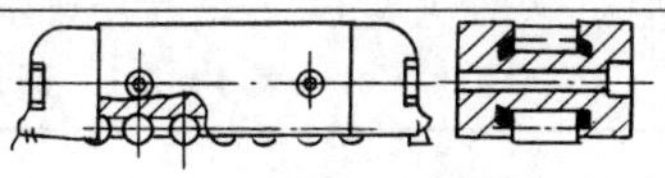 轴向安装孔循环型 LRS…SGK
	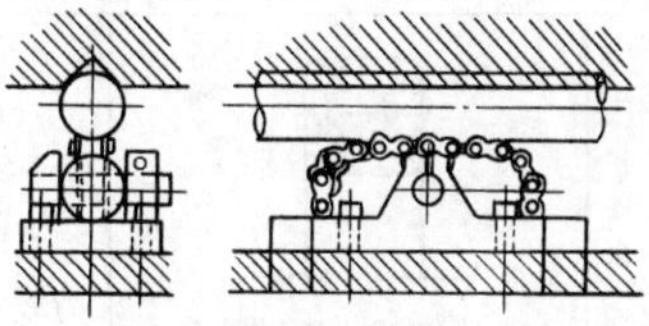 循环滚子链型 LRS…RC 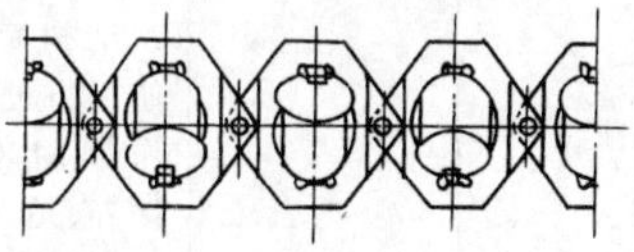 交叉滚子链型 LRS…CR
	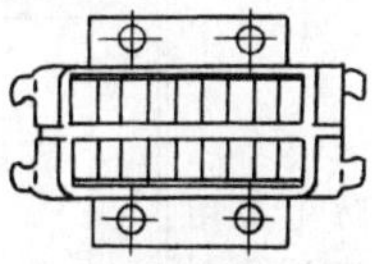 双列循环滚子型 LRS…DR
滚动直线滚针导轨支承	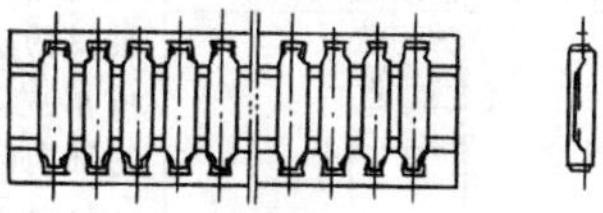 平型组件 LNS…NS 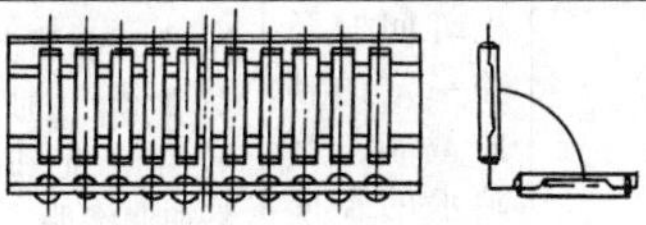 V 型组件 LNS…NCW
	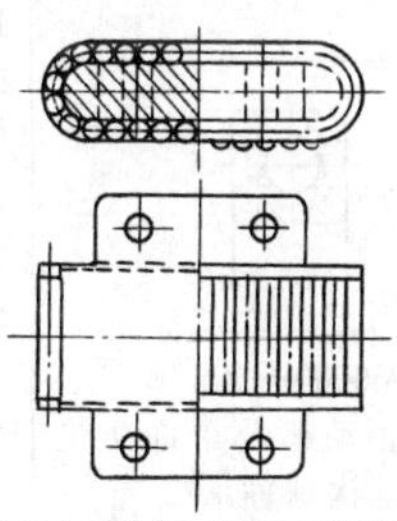 循环滚针导轨型（滚针端部阶梯形） LNS…RN 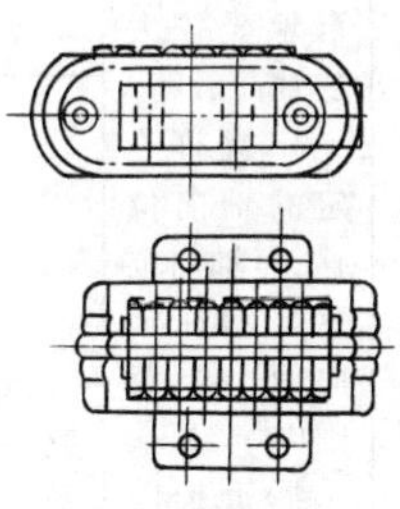 循环滚针导轨型（滚针中部凹槽，带冲压外壳） LNS…GRN
	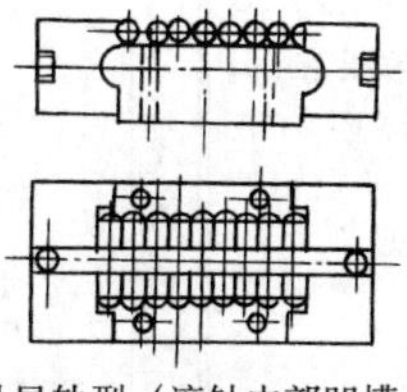 循环滚针导轨型（滚针中部凹槽，带端头型） LNS…GRNU

第2章　滚动轴承的特性与选用

1　常用滚动轴承的特性

通用轴承的结构与特性见表 14. 2-1，关节轴承的结构与特性见表 14. 2-2，直线运动滚动支承的结构、特性与应用见表 14. 2-3~表 14. 2-5。

表 14. 2-1　通用滚动轴承的结构与特性

序号	结构简图、代号、名称	一般特性	其他特性	序号	结构简图、代号、名称	一般特性	其他特性
深沟球轴承				深沟球轴承			
1	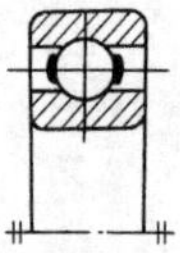 60000型 深沟球轴承	1. 承载能力较小，额定动载荷比为1 2. 主要承受径向载荷，也可同时承受一定的轴向载荷。当轴承的径向游隙加大时，具有角接触轴承的功能，可承受较大的轴向载荷 3. 允许一定的轴向位移，但轴向位移限制在轴向游隙范围内 4. 摩擦因数小，极限转速高	结构简单，使用方便，工作期间不需保养，适于高速，应用极为广泛	6	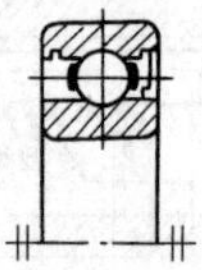 60000—RZ型 一面带密封圈的深沟球轴承（非接触式）	1. 承载能力较小，额定动载荷比为1 2. 主要承受径向载荷，也可同时承受一定的轴向载荷。当轴承的径向游隙加大时，具有角接触轴承的功能，可承受较大的轴向载荷 3. 允许一定的轴向位移，但轴向位移限制在轴向游隙范围内 4. 摩擦因数小，极限转速高	采用钢骨架或丁腈橡胶密封圈。密封唇与内圈挡边不接触，为不接触密封。轴承在安装时不用清洗和添加润滑剂
2	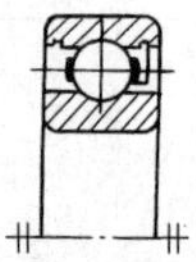 60000—Z型 一面带防尘盖的深沟球轴承		防尘盖用08或10钢制造，与内圈挡边之间存在径向间隙。安装使用时不用清洗和添加润滑脂	7	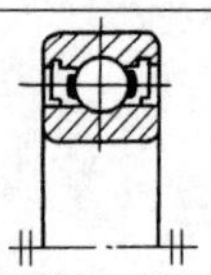 60000—2RZ型 两面带密封圈的深沟球轴承（非接触式）		
3	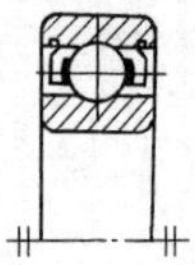 60000—2Z型 两面带防尘盖的深沟球轴承			8	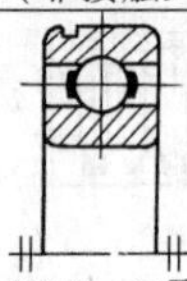 60000—N型 带止动槽的深沟球轴承		装上止动环后可简化轴承在座孔内的轴向定位。轴承部件的轴向尺寸较小
4	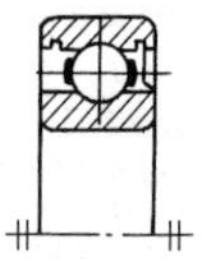 60000—LS型 一面带密封圈的深沟球轴承（接触式）		采用钢骨架或丁腈橡胶密封圈。密封唇与内圈挡边径向接触，为接触式密封。密封效果好，但摩擦阻力较大，极限转速较低	9	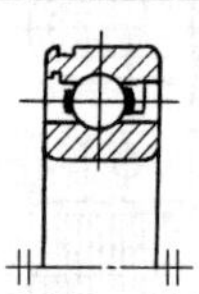 60000—ZN型 带止动槽及单面防尘盖的深沟球轴承		
				调心球轴承			
5	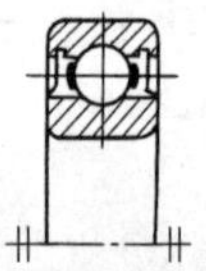 60000—2LS型 两面带密封圈的深沟球轴承（接触式）			10	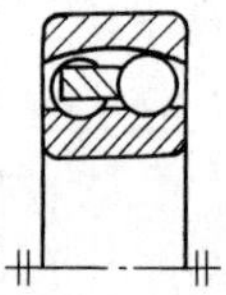 10000(TN1、M)型 圆柱孔调心球轴承	1. 承载能力较小，额定动载荷比为0. 6~0. 9 2. 主要承受径向载荷，也可同时承受少量的轴向载荷，不宜承受纯轴向载荷	—

（续）

序号	结构简图、代号、名称	一般特性	其他特性
	调心球轴承		
11	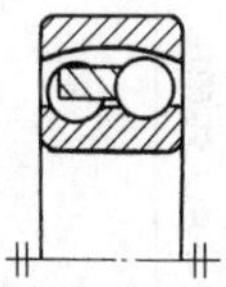 10000K(KTN、KM)型 圆锥孔调心球轴承（孔的锥度为 1 : 12）	3. 具有很好的调心性，可以自动补偿由于轴的挠曲和壳体变形产生的同轴度误差，适用于支承座孔不能严格对中的部件中 4. 极限转速中 TN1—尼龙保持架 M—黄铜实体保持架	可微调轴承的径向游隙
12	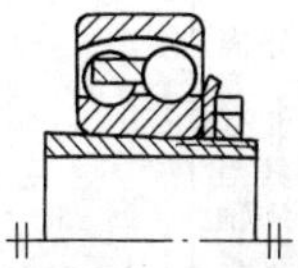 10000K(KTN、KM)+H型 带紧定套的调心球轴承		用于无轴肩的光轴，安装拆卸方便，还可微调轴承的径向游隙
	角接触球轴承		
13	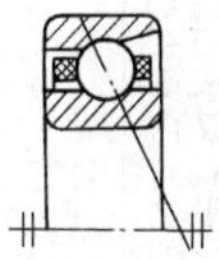 70000C(AC)型 锁口在外圈的单列角接触球轴承	1. 承载能力较大，额定动载荷比为1～1.4 2. 可以同时承受径向载荷和轴向载荷，也可承受纯轴向载荷，接触角越大，轴向承载能力越大 3. 只能承受一个方向的轴向载荷，在承受径向载荷时，会引起附加轴向力，一般成对使用，使轴向力相平衡 4. 极限转速高	70000C 接触角 $\alpha=15°$ 70000AC 接触角 $\alpha=25°$ 70000B 接触角 $\alpha=40°$
14	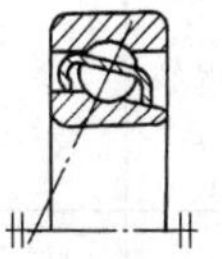 70000B型 锁口在内圈的单列角接触球轴承		
15	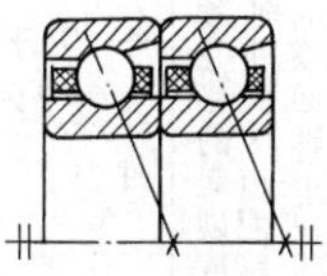 70000C(AC、B)/DT型 成对安装的角接触球轴承（串联排列）	1. 能承受较大的单向轴向载荷，承载能力随接触角的增大而增加 2. 能限制轴或外壳在一个方向上的轴向位移 3. 极限转速中	用于承受较大的轴向载荷

序号	结构简图、代号、名称	一般特性	其他特性
	角接触球轴承		
16	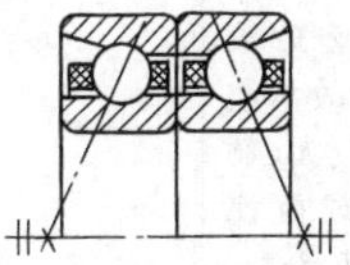 70000C(AC、B)/DB型 成对安装的角接触球轴承（背对背排列）	1. 能承受双向轴向载荷，承载能力随接触角的增大而增加 2. 通过预紧可限制轴或外壳的轴向位移 3. 通过预紧可增加轴承的刚度和旋转精度 4. 极限转速中	有较大的抗弯刚度，适合悬臂轴的支承
17	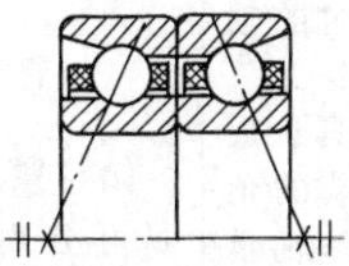 70000C(AC、B)/DB型 成对安装的角接触球轴承（面对面排列）		—
18	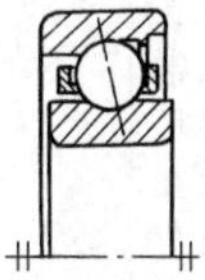 S70000J型 外圈可分离型角接触球轴承	1. 承载能力较大 2. 能承受以径向载荷为主的径、轴向联合载荷 3. 能限制轴和外壳的单向轴向位移 4. 极限转速高	内外圈可分别安装，适用于安装条件受限制的部位，一般成对使用
19	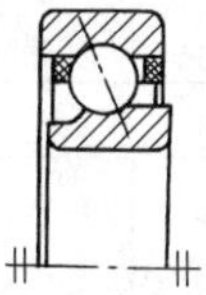 SN70000型 内圈可分离型角接触球轴承		
20	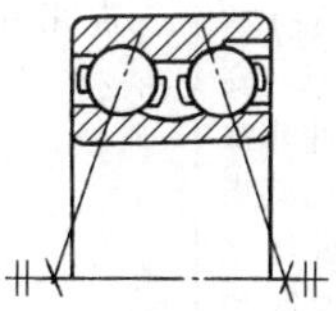 00000型 双列角接触球轴承	1. 承载能力大 2. 能承受双向轴向载荷，还可以承受一定的倾覆力矩 3. 具有成对安装的背对背轴承的特点，但宽度较窄 4. 极限转速高	接触角 $\alpha=30°$，刚度较好

（续）

序号	结构简图、代号、名称	一般特性	其他特性
	四点接触球轴承		
21	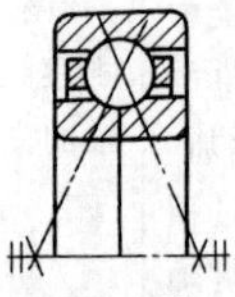 QJ0000型 四点接触球轴承（双半内圈）	1. 装球数量多，故承载能力较大，额定动载荷比1.4~1.8 2. 可承受双向轴向载荷，可限制轴或外壳在两个方向的轴向位移 3. 具有成对安装的角接触球轴承的特性，但占用轴向空间更小 4. 无载荷或纯径向载荷作用时，钢球与套圈呈四点接触；在纯轴向载荷作用时，钢球与套圈为二点接触 5. 极限转速高	结构紧凑，属可分离型轴承，接触角为35°
22	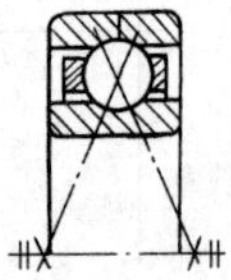 QJF0000型 四点接触球轴承（双半外圈）		
	圆柱滚子轴承		
23	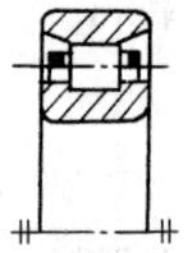 N型 外圈无挡边的圆柱滚子轴承	1. 承载能力大，额定动载荷比1.5~3 2. 不能承受轴向载荷 3. 不能限制轴和外壳的轴向位移 4. 属分离型轴承，安装、拆卸非常方便，尤其当内外圈与轴和壳体都是过盈配合时，更显其优点 5. 极限转速高	常用作游动支承
24	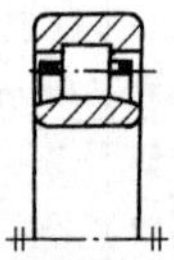 NU型 内圈无挡边的圆柱滚子轴承		
	圆柱滚子轴承		
25	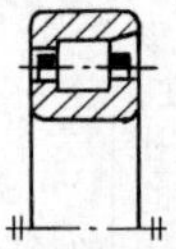 NF型 外圈单挡边的圆柱滚子轴承	1. 径向承载能力大，额定动载荷比1.5~3 2. 能承受较小的单方向的轴向载荷 3. 能限制轴和外壳的单向轴向位移 4. 属分离型轴承，安装、拆卸非常方便，尤其当内外圈与轴和壳体都是过盈配合时，更显其优点 5. 极限转速高	需成对使用
26	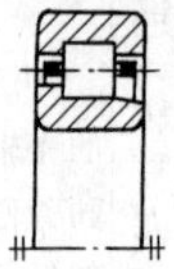 NJ型 内圈单挡边的圆柱滚子轴承		
27	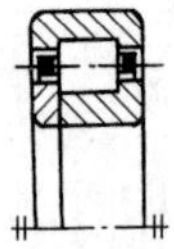 NUP型 内圈单挡边带平挡圈的圆柱滚子轴承	1. 承载能力大，额定动载荷比1.5~3 2. 能承受较小的双向轴向载荷 3. 能限制轴和外壳的双向轴向位移 4. 属分离型轴承，安装、拆卸非常方便，尤其当内外圈与轴和壳体都是过盈配合时，更显其优点 5. 极限转速高	用于轴向安装尺寸较小的场合
28	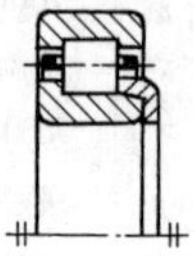 NH(NJ+HJ)型 内圈单挡边并带斜挡圈的圆柱滚子轴承		
29	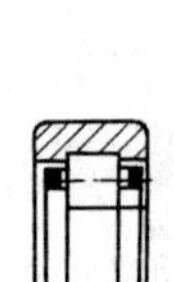 RNU型 无内圈圆柱滚子轴承	1. 额定动载荷比1.5~3 2. 不能承受轴向载荷，不能限制轴和外壳的轴向位移 3. 与轴承接触的轴颈表面或外壳孔表面直接作为轴承的内、外滚道表面，其表面硬度、加工精度和表面质量应与套圈滚道相近 4. 极限转速高	占用径向尺寸小，用于径向尺寸受限制的部件中

（续）

序号	结构简图、代号、名称	一般特性	其他特性
	圆柱滚子轴承		
30	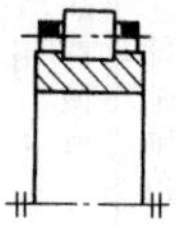 RN型 无外圈圆柱滚子轴承	1. 额定动载荷比 1.5~3 2. 不能承受轴向载荷，不能限制轴和外壳的轴向位移 3. 与轴承接触的轴颈表面或外壳孔表面直接作为轴承的内、外滚道表面，其表面硬度、加工精度和表面质量应与套圈滚道相近 4. 极限转速高	占用径向尺寸小，用于径向尺寸受限制的部件中
31	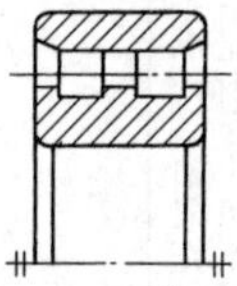 NN型 双列圆柱滚子轴承	1. 径向承载能力大，额定动载荷比 2.6~5.2 2. 不能承受轴向载荷 3. 不能限制轴和外壳的轴向位移 4. 极限转速高 5. 有圆柱孔和圆锥孔两种结构，圆锥孔轴承可微量调整轴承游隙	结构紧凑，分离型，刚性大，受载后变形小，可用作游动支承，特别适于用作机床主轴轴承
32	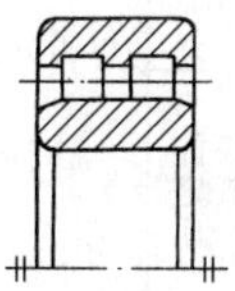 NNU型 内圈无挡边双列圆柱滚子轴承		
33	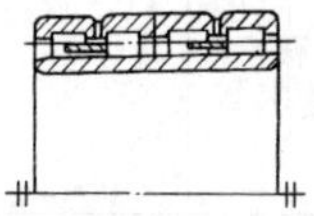 FC型 双半外圈四列圆柱滚子轴承	1. 径向承载能力很大，额定动载荷比 4.5~6 2. 不能承受轴向载荷 3. 不能限制轴向位移 4. 极限转速高 5. 轴承套圈和滚动体组件可方便地分离，轴承的清洗、检查和装拆都很方便	结构紧凑，分离型，刚性大。主要用于重型机械和轧钢机械中
34	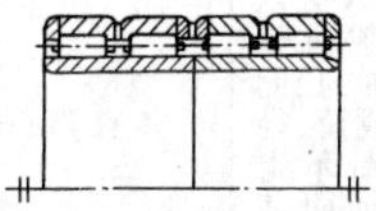 FCDP型 双半内圈四列圆柱滚子轴承		

序号	结构简图、代号、名称	一般特性	其他特性
	圆柱滚子轴承		
35	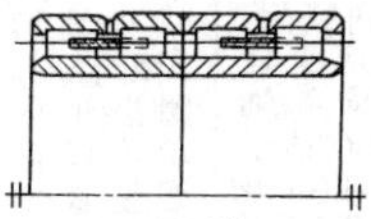 FCD型 双半外圈、双半内圈四列圆柱滚子轴承	1. 径向承载能力很大，额定动载荷比 4.5~6 2. 不能承受轴向载荷 3. 不能限制轴向位移 4. 极限转速高 5. 轴承套圈和滚动体组件可方便地分离，轴承的清洗、检查和装拆都很方便	结构紧凑，分离型，刚性大。主要用于重型机械和轧钢机械中
	调心滚子轴承		
36	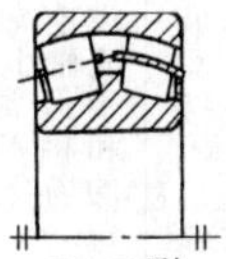 20000型 圆柱孔调心滚子轴承	1. 承载能力大，额定动载荷比2.3~5.2 2. 主要承受径向载荷，也能承受任一方向的轴向载荷，适于在重载和振动载荷下工作，不能承受纯轴向载荷 3. 轴和外壳的轴向位移限制在轴向游隙范围内 4. 调心性好，能补偿同轴度误差 5. 极限转速低	—
37	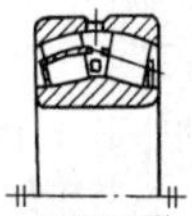 20000C型 圆柱孔调心滚子轴承（改进型）		经优化设计的结构型式，滚子和滚道间的摩擦减小，承载能力较强，应优先选用
38	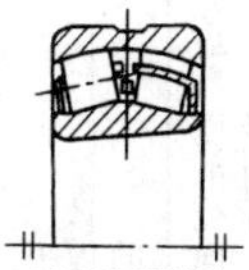 20000CK型 圆锥孔调心滚子轴承（内孔锥度 1：12）	CC—改进型，钢板（带）冲压保持架 CACM—黄铜车制实体保持架 TN1—尼龙保持架 W33—外圈有润滑油槽和三个润滑油孔	与锥形轴颈配合时，内圈沿轴向移动可以微量调整轴承的径向游隙

（续）

序号	结构简图、代号、名称	一般特性	其他特性
	调心滚子轴承		
39	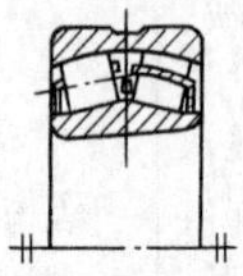 20000CK30型 圆锥孔调心滚子轴承（内孔锥度1∶30）	1. 承载能力大，额定动载荷比2.3~5.2 2. 主要承受径向载荷，也能承受任一方向的轴向载荷，适于在重载和振动载荷下工作，不能承受纯轴向载荷 3. 轴和外壳的轴向位移限制在轴向游隙范围内 4. 调心性好，能补偿同轴度误差 5. 极限转速低 CC—改进型，钢板（带）冲压保持架 CACM—黄铜车制实体保持架 TN1—尼龙保持架 W33—外圈有润滑油槽和三个润滑油孔	与锥形轴颈配合时，内圈沿轴向移动可以微量调整轴承的径向游隙
40	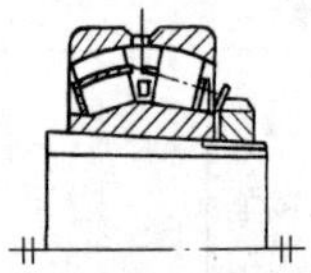 20000K+H型 带紧定套的调心滚子轴承（内孔锥度1∶12）		可安装在没有轴肩的光轴上，适用于经常安装和拆卸轴承的场合
	圆锥滚子轴承		
41	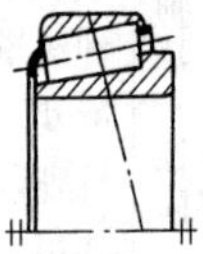 30000型 单列圆锥滚子轴承	1. 额定动载荷比1.5~2.5 2. 能承受单向轴向载荷，在径向载荷作用下会产生附加轴向力，一般成对使用 3. 能限制轴和外壳在一个方向的轴向位移 4. 极限转速低	313系列具有较大的接触角，可以承受更大的轴向载荷。其他系列的接触角在10°~18°范围内
42	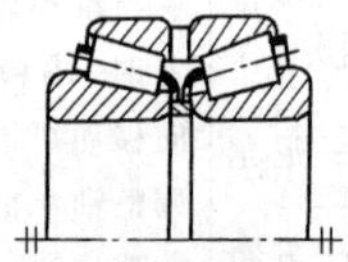 350000型 双列圆锥滚子轴承	1. 额定动载荷比2.6~4.3 2. 在承受径向载荷的同时，可承受双向轴向载荷 3. 限制轴和外壳的轴向位移在轴向游隙范围内 4. 极限转速中	改变隔圈的厚度可以调整轴承的径向游隙

序号	结构简图、代号、名称	一般特性	其他特性
	圆锥滚子轴承		
43	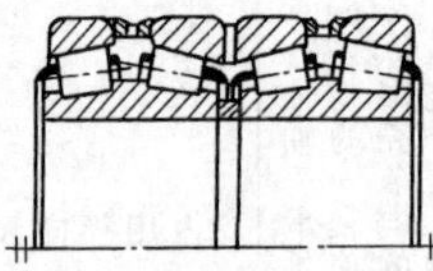 380000型 四列圆锥滚子轴承	1. 承载能力很大，额定动载荷比4.5~7.4 2. 能承受较大的双向轴向载荷 3. 限制轴和外壳的轴向位移在轴向游隙范围内 4. 极限转速低	改变隔圈的厚度可以调整轴承的径向游隙。主要用于重型机械，如轧钢机械等
	推力球轴承		
44	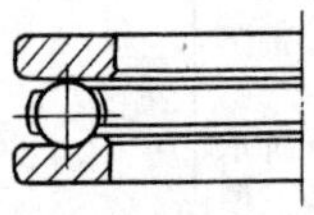 51000型 单向推力球轴承	1. 承载能力较低，额定动载荷比为1 2. 不能承受径向载荷，只能承受一个方向的轴向载荷，可限制轴和外壳在一个方向的轴向位移 3. 极限转速低	属分离型轴承
45	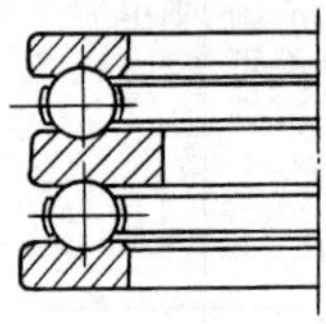 52000型 双向推力球轴承	1. 承载能力较低，额定动载荷比为1 2. 不能承受径向载荷，能承受两个方向的轴向载荷，可限制轴和外壳在两个方向的轴向位移 3. 极限转速低	
	推力滚子轴承		
46	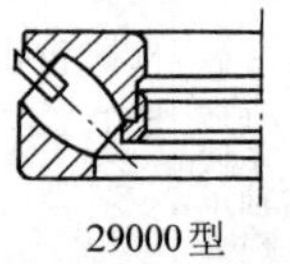 29000型 推力调心滚子轴承	1. 额定动载荷比1.7~2.2 2. 承受以轴向载荷为主的轴、径向联合载荷，径向载荷不得超过轴向载荷的55% 3. 摩擦因数较低，极限转速中	具有调心性

（续）

序号	结构简图、代号、名称	一般特性	其他特性
推力滚子轴承			
47	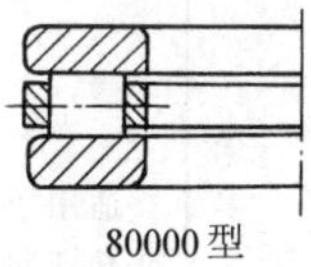 80000 型 推力圆柱滚子轴承	1. 承载能力较大 2. 可以承受单向轴向载荷 3. 刚性大，占用轴向空间小 4. 极限转速低	—
48	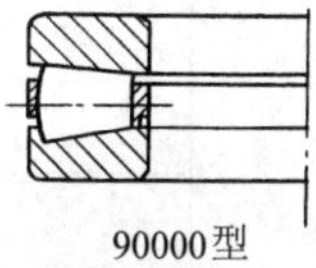 90000 型 推力圆锥滚子轴承		转速高于推力圆柱滚子轴承
滚针轴承			
49	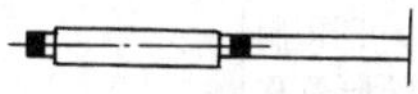 AXK 型 推力滚针和保持架组件	1. 承载能力较小 2. 与滚针组件相接触的两个端面作为滚动面，其表面硬度、加工精度和表面质量应与座圈滚道相近 3. 极限转速低	占用轴向空间最小
50	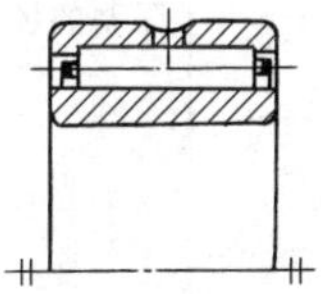 NA、NKI 型 单列滚针轴承	1. 只能承受径向载荷，不能承受轴向载荷 2. 滚动体为细而长的滚子（长度为直径的 3~5 倍，直径≤5mm），径向尺寸小，结构紧凑，适用于径向尺寸受限制的场合 3. 极限转速高	可分别安装内圈和外圈
51	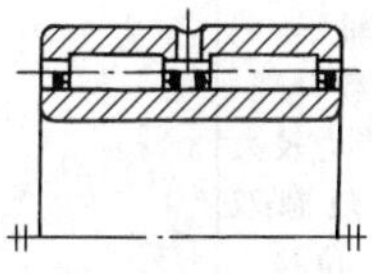 NA6900 型 双列滚针轴承		

序号	结构简图、代号、名称	一般特性	其他特性
滚针轴承			
52	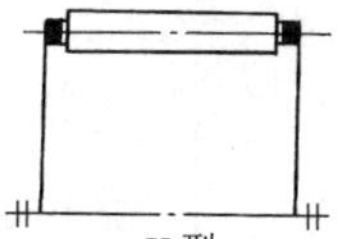 K 型 向心滚针和保持架组件	1. 与组件接触的轴颈表面和外壳孔表面直接作为轴承的内、外滚道表面，其表面硬度、加工精度和表面质量应与套圈滚道相近 2. 极限转速低	径向尺寸最小，适用于径向尺寸受限制的场合
53	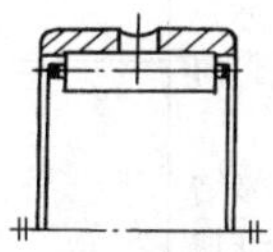 RNA、NK 型 无内圈滚针轴承	1. 能承受径向载荷，不能承受轴向载荷 2. 与轴承接触的轴颈表面直接作为轴承的内滚道表面，其表面硬度、加工精度和表面质量应与套圈滚道相近 3. 采用压入配合装进座孔中，无须进行轴向定位 4. 极限转速低	
54	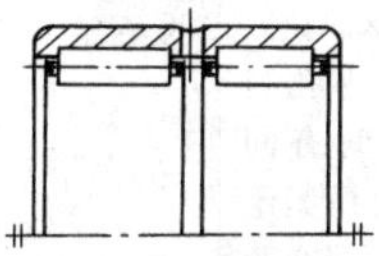 RNA6900 型 双列无内圈滚针轴承		
55	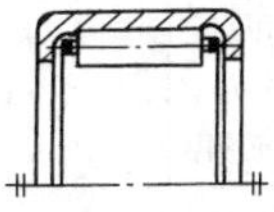 HK0000 型 穿孔型冲压外圈滚针轴承	1. 由薄壁冲压外圈、保持架和整组滚针组成，成本低，载荷容量大 2. 装配前注入足量的润滑脂，工作时一般不再润滑 3. 极限转速低	
56	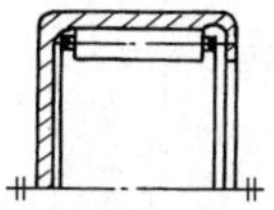 BK0000 型 封口型冲压外圈滚针轴承		用于轴颈无伸出端的支承，能承受小的轴向游动，端面起密封作用

（续）

序号	结构简图、代号、名称	一般特性	其他特性
外球面球轴承			
57	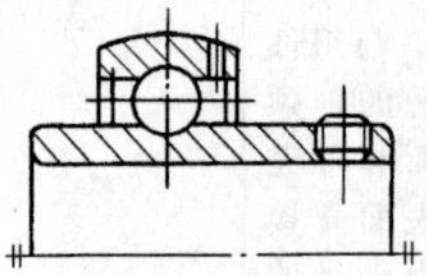 UC型 带紧定螺钉外球面球轴承	1. 承载能力较小，额定动载荷比为1 2. 主要承受径向载荷，也能承受一定的轴向载荷 3. 内部结构与深沟球轴承相同，但内圈宽于外圈，外圈具有球形外表面，与轴承座的凹球面相配，能自动调心 4. 内孔与轴之间有间隙，可用紧定螺钉、偏心套或紧定套把内圈固定在轴上 5. 结构紧凑，装卸方便，密封好，适用于简单支承	适用于旋转方向变化的场合
58	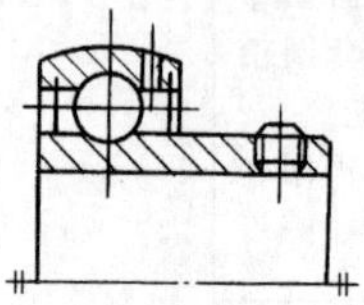 UB型 带紧定螺钉外球面球轴承（一端平头）		
59	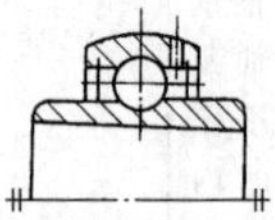 UK型 圆锥孔外球面球轴承		适用于旋转方向变化、转速较高且运转较平稳的场合
60	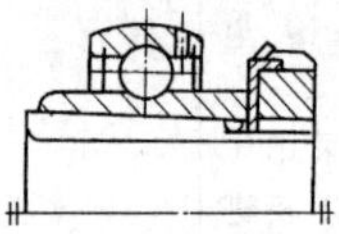 UK+H型 带紧定套外球面球轴承		
61	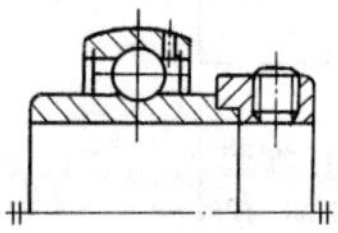 UEL型 带偏心套外球面球轴承		适用于旋转方向不变化的场合
62	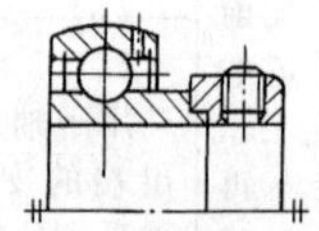 UE型 带偏心套外球面球轴承（一端平头）		

序号	结构简图、代号、名称	一般特性	其他特性
组合轴承			
63	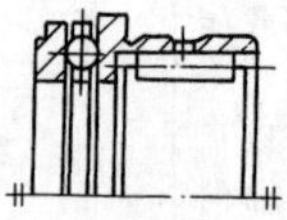 NKX型 滚针和单向推力球组合轴承	1. 两套轴承分别承受较大的径向载荷和轴向载荷，受载合理，承载能力较大 2. 可限制单向轴向位移 3. 体积小，重量轻，结构紧凑	适用于径向尺寸和轴向尺寸均受限制的场合
64	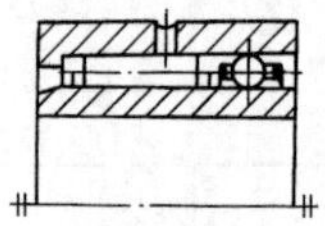 NKXA型 滚针和单向推力角接触球组合轴承		适用于径向尺寸和轴向尺寸受限制的场合
65	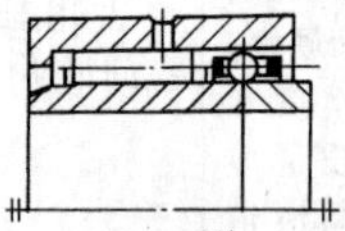 NKIB型 滚针和双向推力角接触球组合轴承		
66	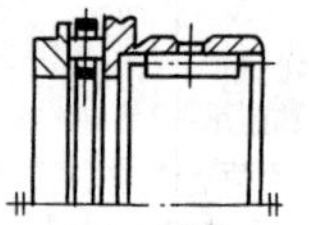 NKXR型 滚针和单向推力圆柱滚子组合轴承		
67	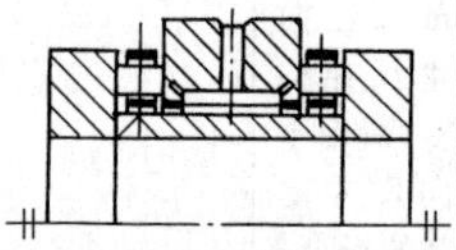 ZARN型 滚针和双向推力圆柱滚子组合轴承	1. 可承受较大的径向载荷和轴向载荷，受载合理，承载能力较大 2. 限制双向轴向位移 3. 体积小，重量轻，结构紧凑	

表 14. 2-2　关节轴承的结构与特性

序号	结构简图、代号、名称	载荷特性	结构特点
	向心关节轴承		
1	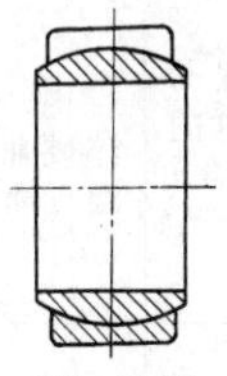 GE…E 型 向心关节轴承	径向载荷和任一方向较小的轴向载荷	单缝外圈 无润滑油槽
2	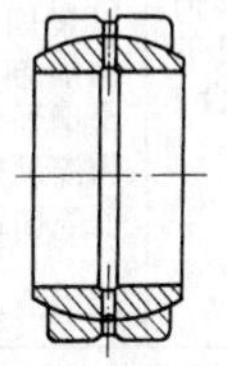 GE…ES 型 向心关节轴承		单缝外圈 有润滑油槽
3	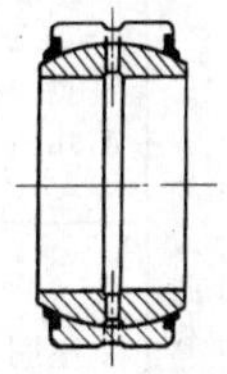 GE…ES-2RS 型 向心关节轴承		单缝外圈 有润滑油槽 两面带密封圈
4	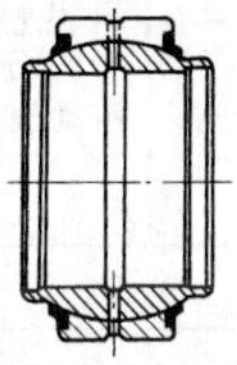 GEEW…ES-2RS 型 向心关节轴承	径向载荷和任一方向较大的轴向载荷	单缝外圈，有润滑油槽，两面带密封圈
5	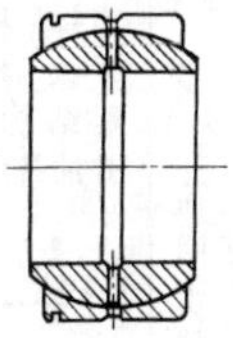 GE…ESN 型 向心关节轴承	径向载荷和任一方向不大的轴向载荷，但轴向载荷由止动环承受时，承受轴向载荷的能力降低	单缝外圈，有润滑油槽，外圈有止动槽
6	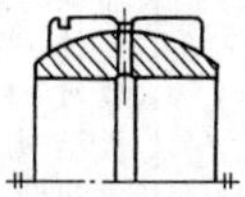 GE…XSN 型 向心关节轴承		双缝外圈（部分外圈）有润滑油槽，外圈有止动槽
7	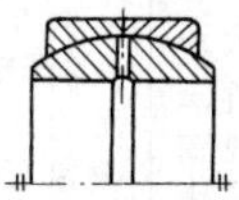 GE…HS 型 向心关节轴承	径向载荷和任一方向不大的轴向载荷	内圈有润滑油槽，双半外圈，磨损后游隙可调整
8	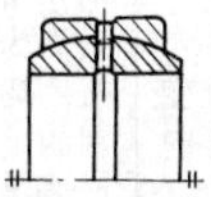 GE…DE1 型 向心关节轴承		内圈为淬硬轴承钢，外圈为轴承钢，在内圈装配时挤压成形，有润滑油槽和油孔。内径小于 15mm 的轴承，无润滑油槽和油孔
9	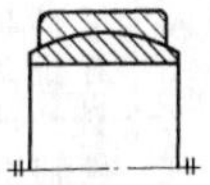 GE…DEM1 型 向心关节轴承		内圈为淬硬轴承钢，外圈为轴承钢，在内圈装配时挤压成形，轴承装入轴承座后在外圈上压出端沟，使轴承轴向固定
10	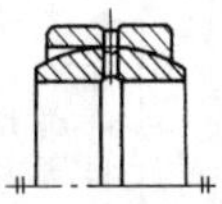 GE…DS 型 向心关节轴承	径向载荷和不大的轴向载荷（装配槽一般不能承受轴向载荷）	外圈有装配槽和润滑油槽，只限于大尺寸的轴承
11	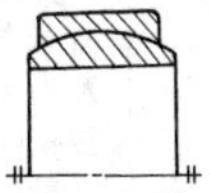 GE…C 型 GE…T 型 自润滑向心关节轴承	径向载荷和任一方向不大的轴向载荷	挤压外圈，外圈滑动表面为烧结青铜复合材料；内圈为淬硬轴承钢，滑动表面镀硬铬，只限于小尺寸的轴承 外圈为轴承钢，滑动表面为一层聚四氟乙烯织物；内圈为淬硬轴承钢，滑动表面镀硬铬

（续）

序号	结构简图、代号、名称	载荷特性	结构特点
	向心关节轴承		
12	 GEEW…T型 自润滑宽内圈向心关节轴承	方向不变的载荷，在承受径向载荷的同时能承受任一方向不大的轴向载荷	外圈为轴承钢，滑动表面为一层聚四氟乙烯织物；内圈为淬硬轴承钢，滑动表面镀硬铬
13	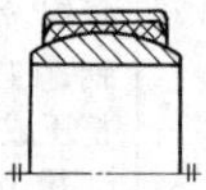 GE…F型 自润滑向心关节轴承	方向不变的中等径向载荷	外圈为淬硬轴承钢，滑动表面为以聚四氟乙烯为添加剂的玻璃纤维增强塑料；内圈为淬硬轴承钢，滑动表面镀硬铬
14	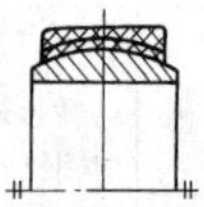 GE…F2型 自润滑向心关节轴承	方向不变的中等径向载荷	外圈为玻璃纤维增强塑料，滑动表面为以聚四氟乙烯为添加剂的玻璃纤维增强塑料；内圈为淬硬轴承钢，滑动表面镀硬铬
15	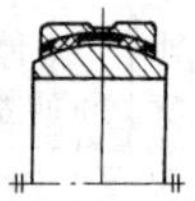 GE…FSA型 自润滑向心关节轴承	较重的径向载荷	外圈为中碳钢，滑动表面由以聚四氟乙烯为添加剂的玻璃纤维增强塑料圆片组成并用固定器定于外圈上；内圈为淬硬轴承钢，用于大型和特大型轴承
16	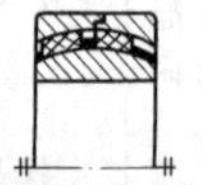 GE…FIH型 自润滑向心关节轴承		外圈为淬硬轴承钢，内圈为中碳钢，滑动表面由以聚四氟乙烯为添加剂的玻璃纤维增强塑料圆片组成并用固定器固定于内圈上，用于大型和特大型轴承，双半外圈
	角接触关节轴承		
17	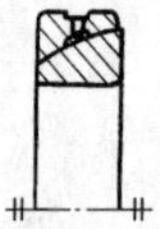 GAC…S型 角接触关节轴承	径向载荷和一方向的轴向（联合）载荷	内、外圈均为淬硬轴承钢，外圈有油槽和油孔
18	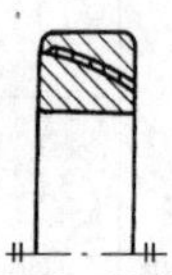 GAC…F型 自润滑角接触关节轴承	径向载荷和一方向的轴向（联合）载荷	外圈为淬硬轴承钢，滑动表面为以聚四氟乙烯为添加剂的玻璃纤维增强塑料；内圈为淬硬轴承钢，滑动表面镀硬铬
	推力关节轴承		
19	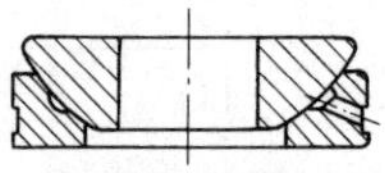 GX…S型 推力关节轴承	一方向的轴向载荷或联合载荷（此时其径向载荷值不得大于轴向载荷的50%）	轴圈和座圈均为淬硬轴承钢，座圈有油槽和油孔
20	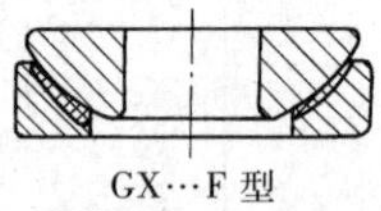 GX…F型 自润滑推力关节轴承		座圈为淬硬轴承钢，滑动表面为以聚四氟乙烯为添加剂的纤维增强塑料；轴圈为淬硬轴承钢，滑动表面镀硬铬
	杆端关节轴承		
21	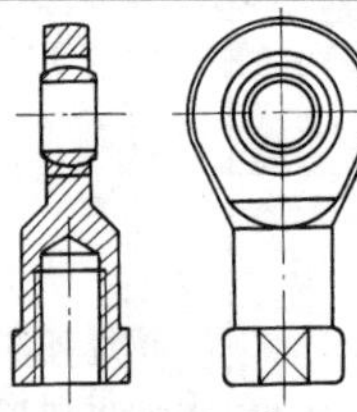 SI…E型 杆端关节轴承	径向载荷和任一方向小于或等于20%径向载荷的轴向载荷	系GE…E型轴承与杆端的组装体，杆端带内螺纹，材料为碳素结构钢，无润滑油槽
22	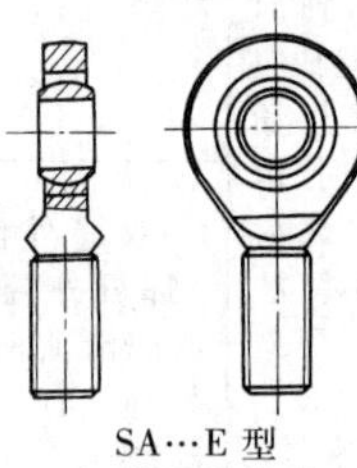 SA…E型 杆端关节轴承		系GE…E型轴承与杆端的组装体，杆端带外螺纹，材料为碳素结构钢，无润滑油槽

（续）

序号	结构简图、代号、名称	载荷特性	结构特点
	杆端关节轴承		
23	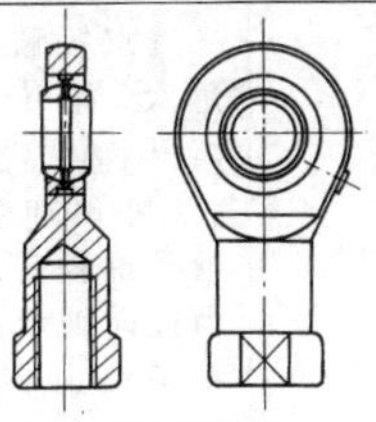 SI…ES 型 杆端关节轴承	径向载荷和任一方向小于或等于20%径向载荷的轴向载荷	系 GE…ES 型轴承与杆端的组装体，杆端带内螺纹，材料为碳素结构钢，有润滑油槽
24	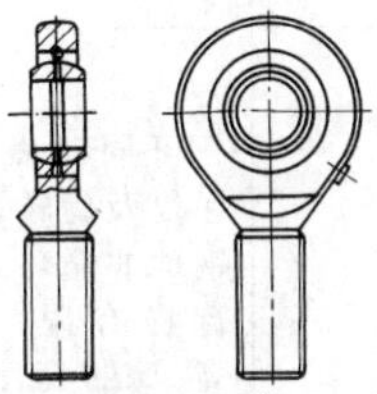 SA…ES 型 杆端关节轴承		系 GE…ES 型轴承与杆端的组装体，杆端带外螺纹，材料为碳素结构钢，有润滑油槽
25	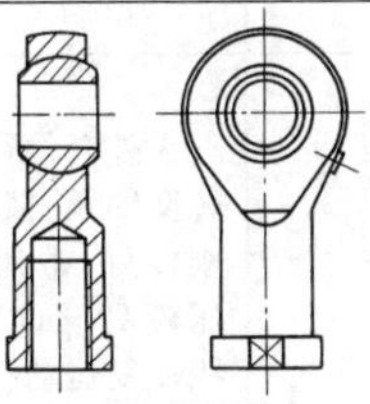 SIB…S 型 整体杆端关节轴承		杆端带内螺纹，材料为碳素结构钢，内圈为淬硬轴承钢，有润滑油槽
26	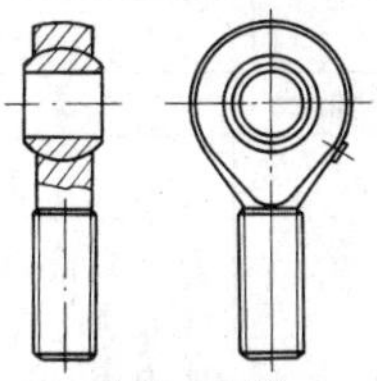 SAB…S 型 整体杆端关节轴承		杆端带外螺纹，材料为碳素结构钢，内圈为淬硬轴承钢，有润滑油槽
27	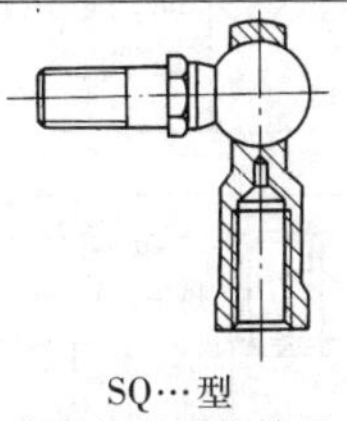 SQ…型 球头杆端关节轴承	径向载荷和任一方向不大的轴向载荷	杆端为碳素结构钢；球头为渗碳钢
28	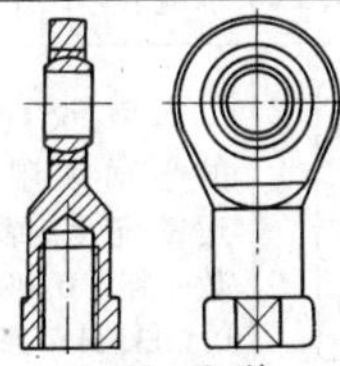 SI…C 型 自润滑杆端关节轴承	方向不变的载荷，在承受径向载荷的同时承受任一方向小于或等于20%径向载荷的轴向载荷	系 GE…C 型轴承与杆端的组装体 杆端带内螺纹，材料为碳素结构钢
	杆端关节轴承		
29	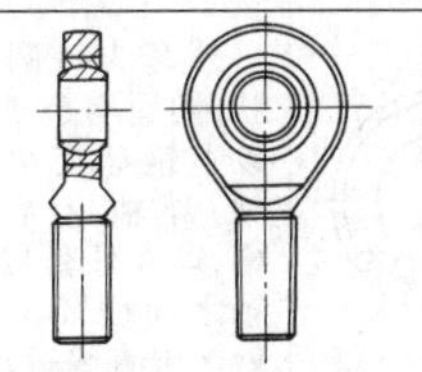 SA…C 型 自润滑杆端关节轴承	方向不变的载荷，在承受径向载荷的同时承受任一方向小于或等于20%径向载荷的轴向载荷	系 GE…C 型轴承与杆端的组装体 杆端带外螺纹，材料为碳素结构钢
30	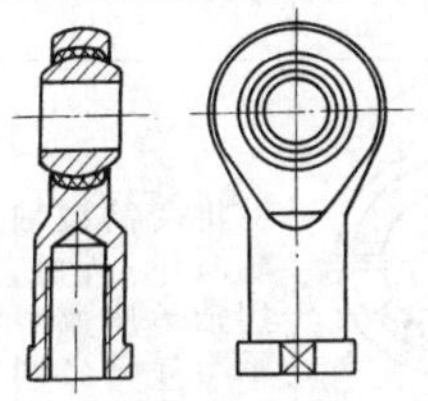 SIR…C 型 自润滑整体杆端关节轴承	方向不变的径向载荷	杆端带内螺纹，材料为碳素结构钢，滑动表面为烧结青铜复合材料；内圈为淬硬轴承钢，滑动表面镀硬铬
31	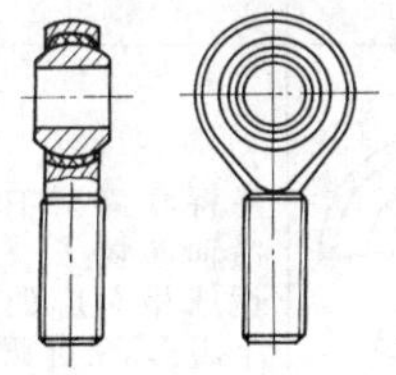 SAB…C 型 自润滑整体杆端关节轴承		杆端带外螺纹，材料为碳素结构钢，滑动表面为烧结青铜复合材料；内圈为淬硬轴承钢，滑动表面镀硬铬
32	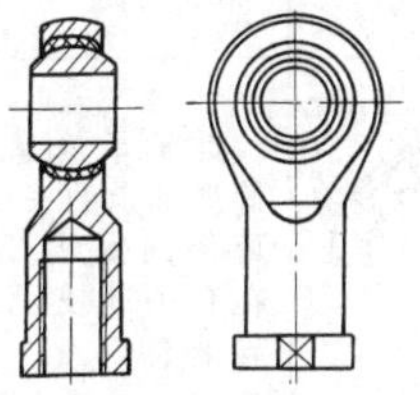 SIB…F 型 自润滑整体杆端关节轴承		杆端带内螺纹，材料为碳素结构钢，滑动表面为以聚四氟乙烯为添加剂的玻璃纤维增强塑料；内圈为淬硬轴承钢，滑动表面镀硬铬
33	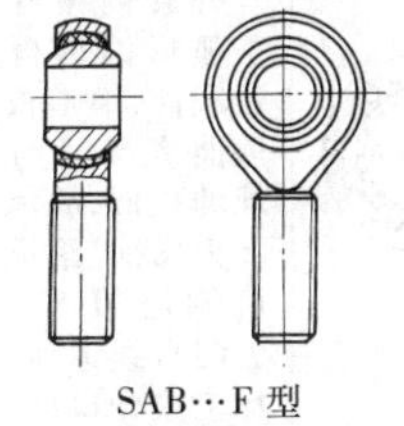 SAB…F 型 自润滑整体杆端关节轴承		杆端带外螺纹，材料为碳素结构钢，滑动表面为以聚四氟乙烯为添加剂的玻璃纤维增强塑料；内圈为淬硬轴承钢，滑动表面镀硬铬
34	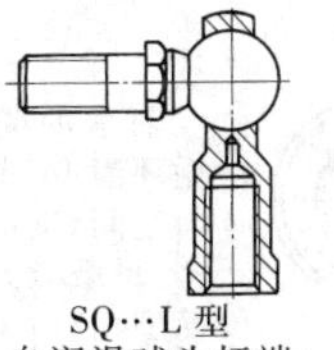 SQ…L 型 自润滑球头杆端关节轴承	径向载荷和任一方向不大的轴向载荷	由特殊自润滑合金材料制成

注：新增加的结构类型可参阅 GB/T 304.1—2002。

表 14.2-3　直线运动滚动支承的结构

序号	结构简图、代号、名称	结构特点
	直线运动球轴承	
1	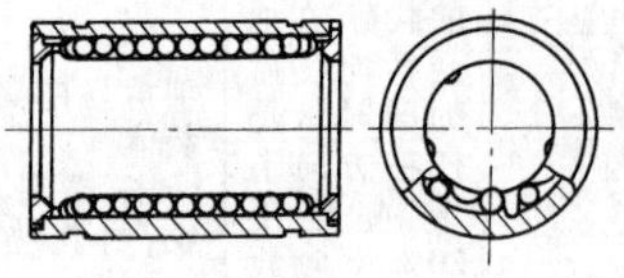 LB… 套筒型	外套为一圆筒状,圆周均布三组以上钢球支承导轴,导轴上无沟槽,球在外套与导轴之间循环滚动做无限直线运动,可承受轻的径向载荷
2	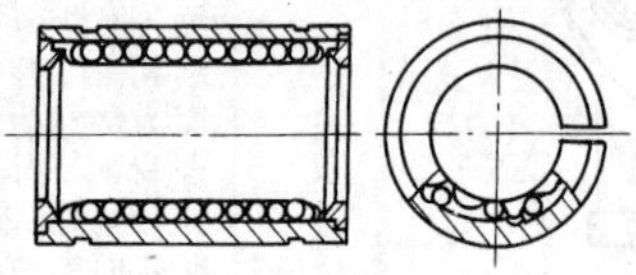 LB…AJ 调整游隙型	将套筒型轴承轴向开一窄缝,利用轴承座调整轴承与导轴之间的径向游隙
3	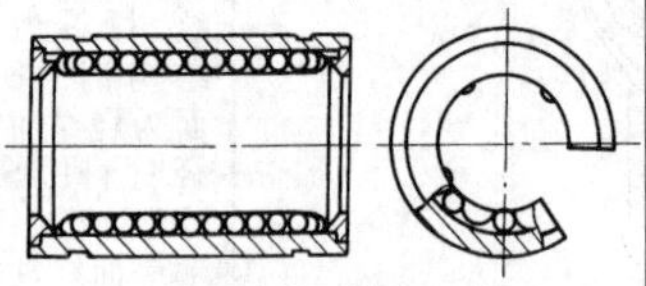 LB…OP 开口型	将套筒型轴承沿轴向切去一组钢球相对应的一个扇形面,可调整径向间隙
4	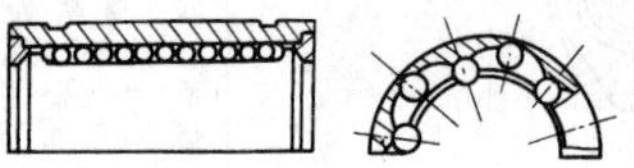 LB…HF 半型	此轴承恰是套筒型轴承的一半,可径向安装。用在有中间支承的导轴上
5	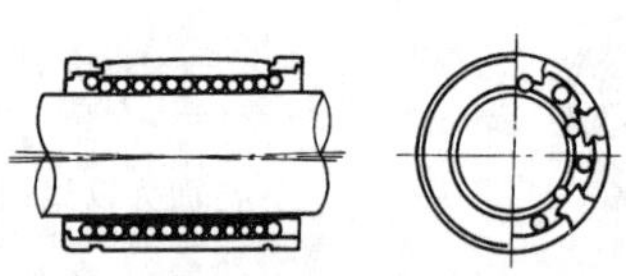 LB…BP 镶滚道板调心型	外套内镶有数条弧形滚道板承受载荷,滚道板沟道曲率半径与钢球的相似,故承载能力增加,滚道板可调心 0.5°,做无限直线运动,可加工成开口型
6	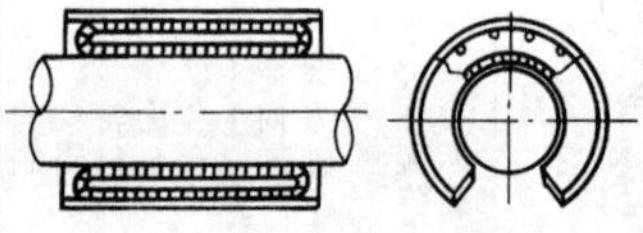 LB…RA 径向循环型	轴承的椭圆形循环滚道,占用径向空间,钢球数量多,承载能力较套筒型大,做无限直线运动
	直线运动球轴承	
7	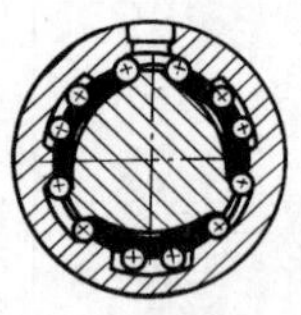 LB…BS 球花键型	三点接触,接触角大,能传递转矩,导轴为花键轴式,可预加载荷,承受重载荷,可作为径向轴承使用,每条滚道有一组循环球,直线运动,行程无限
8	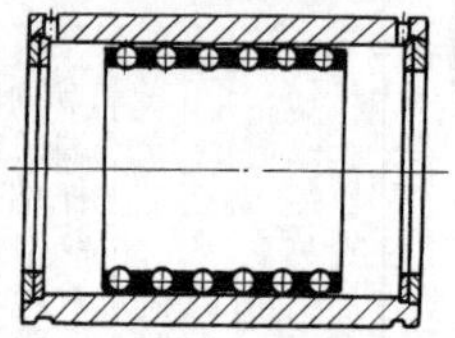 LB…ST 往复旋转型	可同时做直线往复及旋转运动,钢球非循环运动,行程有限,精度高,摩擦因数低,可承受中等载荷
9	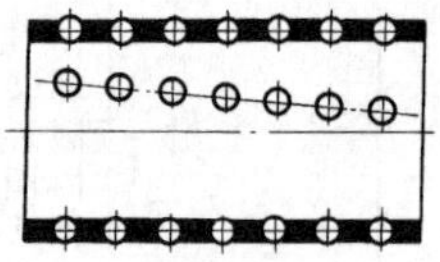 LB…BC 球和保持架组件	无外套的往复旋转型轴承,精度高,刚性好,常用于冲压模具导向轴,直线往复运动行程有限,球不能做循环运动,承受中等载荷
	直线运动滚子轴承	
10	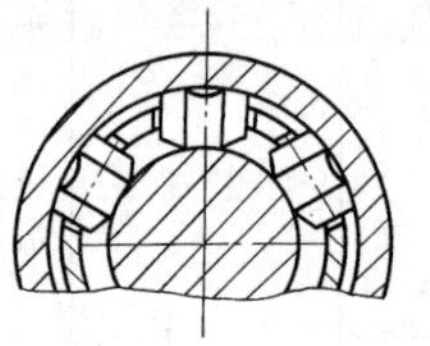 LR… 非循环直线运动滚子轴承	滚动体与导轴及外套滚道均为线接触,故承载能力大,刚性好,仅做有限直线运动,滚子非循环运动
	滚动直线球导轨支承	
11	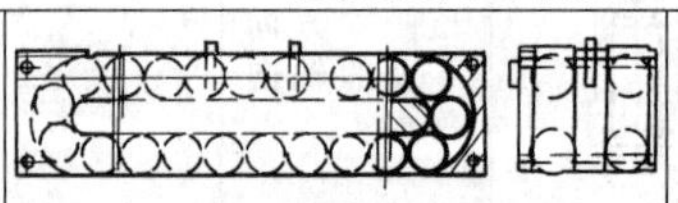 LBS…DB 双列循环球导轨支承	滚动体为循环球的平面导轨支承,做直线往复运动,行程无限,可承受轻、中载荷
12	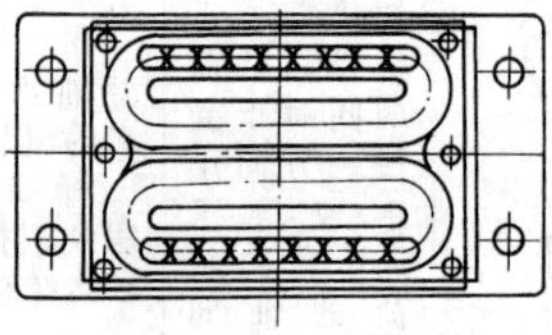 LBS…FB 球导板	薄型,装配简单的平面无限直线运动支承,摩擦因数为 0.002 ~ 0.003,只可承受极轻载荷,亦可用塑料保持架

（续）

序号	结构简图、代号、名称	结构特点
	滚动直线球导轨支承	
13	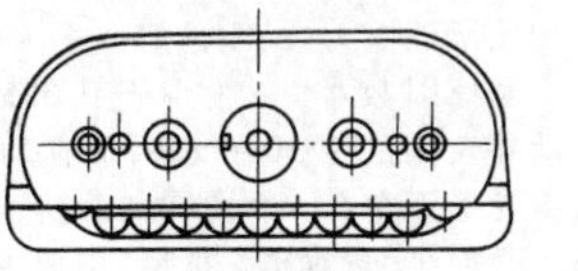 LBS…BB 盒式球导轨支承	沿 V 形槽做无限直线运动，结构紧凑，球与滚道之间隙可用偏心销微调，可承受中等载荷
14	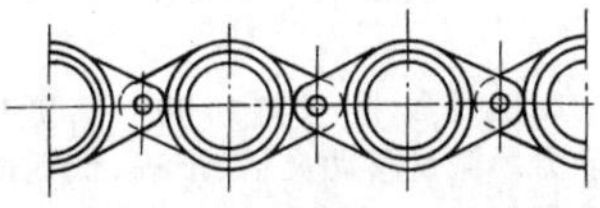 LBS…CB 链球支承	属冲程式，可在成对 V 形或弧形导轨内做有限行程往复运动，结构简单，精度高，摩擦因数低，可承受轻载荷
	滚动直线滚子导轨支承	
15	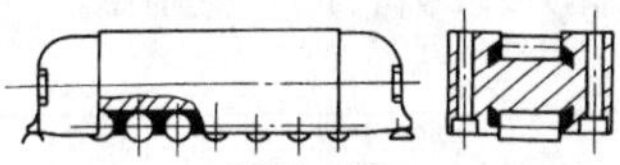 LRS…SG 径向安装孔循环滚子导轨支承	由滚道基体和一组滚子组成，径向安装孔。做平面无限直线运动，可用塑料保持架以降低噪声，可承受重载荷
16	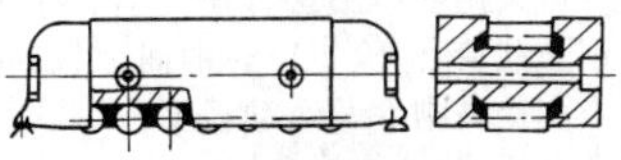 LRS…SGK 轴向安装孔循环滚子导轨支承	由滚道基体和一组滚子组成，轴向安装孔。做平面无限直线运动，可用塑料保持架以降低噪声，可承受重载荷
17	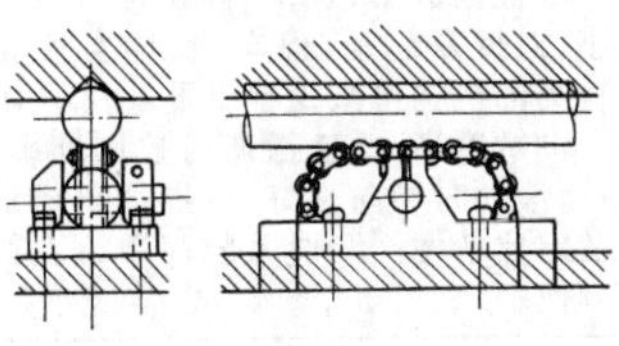 LRS…RC 循环滚子链圆导轨支承	支承滚子的凹形表面，其曲率半径与导轴的相似，承载能力大大提高，行程无限，但滚子加工困难
18	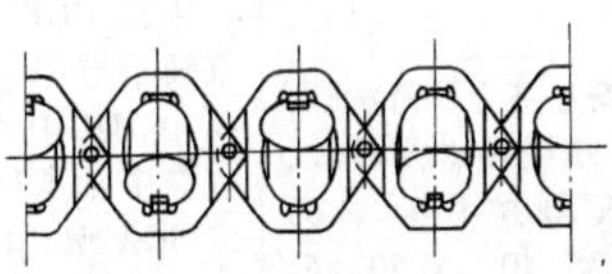 LRS…CR 交叉滚子链支承	支承滚子的回转轴呈 90°交叉，可承受双向载荷。在 V 形滚道上做有限直线运动，可承受重载荷
	滚动直线滚子导轨支承	
19	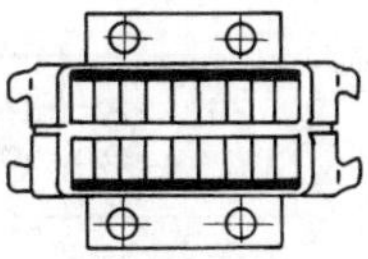 LRS…DR 双列循环滚子导轨支承	由滚道基体和一组滚子组成，滚子成双列，做平面无限直线运动，可用塑料保持架，以降低噪声，可承受重载荷
	滚动直线滚针导轨支承	
20	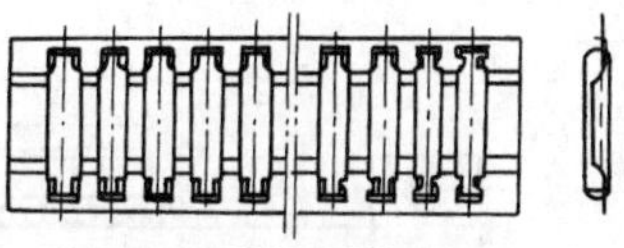 LNS…NC 滚针和保持架平型组件	由保持架和滚针组成，做平面有限运动，平型组件。用金属或塑料保持架，可承受重载荷
21	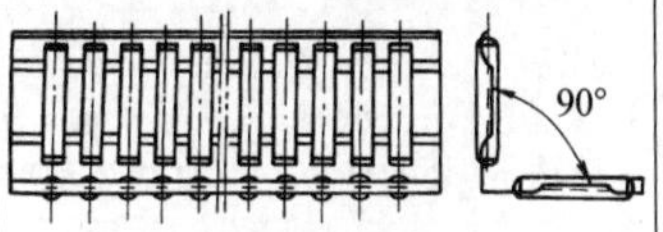 LNS…NCW 滚针和保持架 V 型组件	由保持架和滚针组成，做平面有限运动，V 型组件。用金属或塑料保持架，可承受重载荷
22	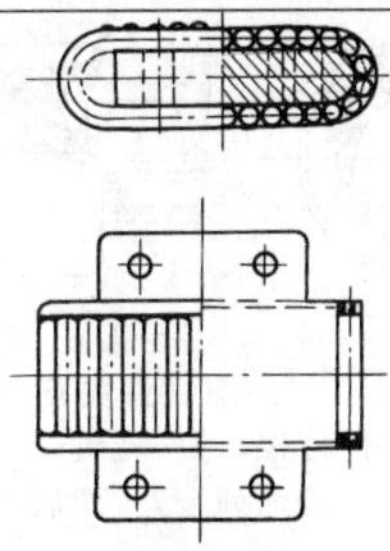 LNS…RN 循环滚针导轨支承	由滚道基体和一组滚针组成，滚针端部为阶梯形。做无限直线往复运动，寿命长，可承受重载荷
23	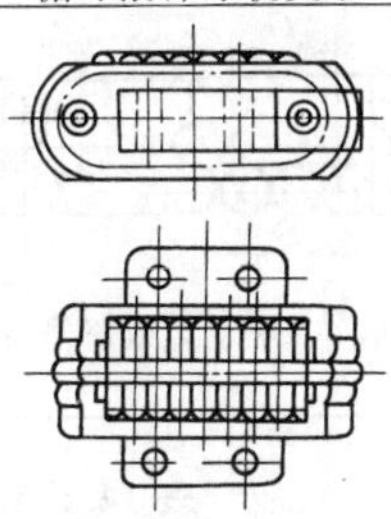 LNS…GRN 循环滚针导轨支承	由滚道基体和一组滚针组成，滚针中部凹槽，带冲压外壳。做无限直线往复运动，寿命长，可承受重载荷
24	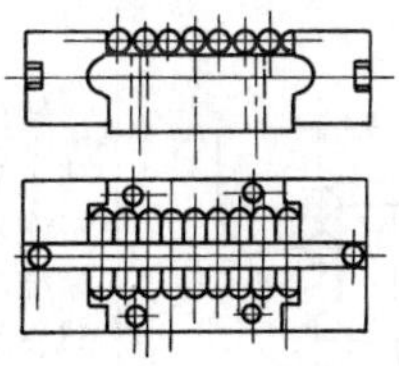 LNS…GRNU 循环式滚针导轨支承	由滚道基体和一组滚针组成，滚针中部凹槽，带端头型。做无限直线往复运动，寿命长，可承受重载荷

表 14.2-4　直线运动滚动支承的特性与应用

序号	结构简图、类型、名称	特性与应用
1	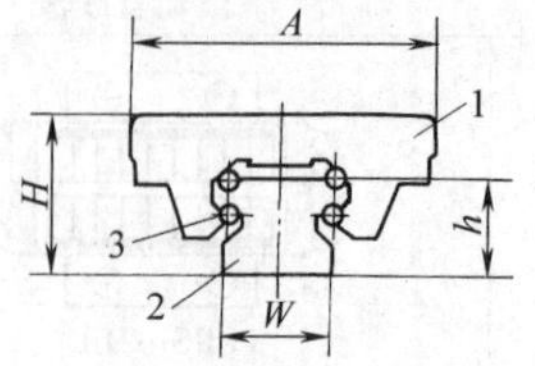 滚动直线球导轨副 1—滑块　2—导轨　3—滚珠	滚动体与圆弧沟槽相接触，与点接触相比承载能力大，刚性好 摩擦因数小，一般小于 0.005，仅为滑动导轨副的 1/50～1/20，节省动力，可以承受上下左右 4 个方向的载荷 磨损小，寿命长，安装、维修及润滑简便。运动灵活，无冲击，在低速微量进给时，能很好地控制位置尺寸
2	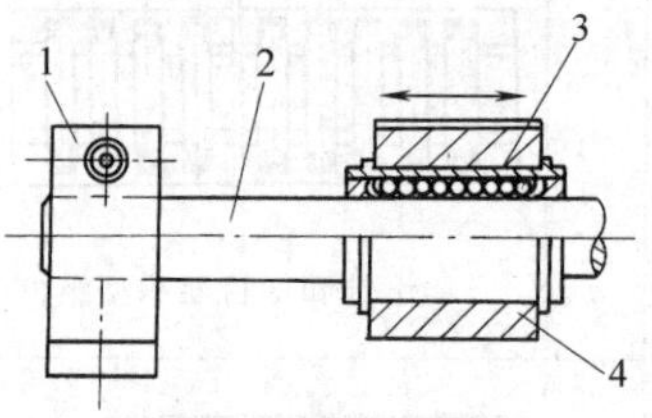 滚动直线导套副 1—导轨一端支承座　2—导轨轴　3—直线运动球轴承（外购件）　4—直线运动球轴承支座	摩擦因数小，只有 0.001～0.004，节省动力。微量移动灵活、准确，低速时无蠕动爬行 精度高，行程长，移动速度快。具有自调整能力，可降低相配件加工精度。维修、润滑简便 导轨与导套呈圆柱形，造价低，但滚动体与轴呈点接触，承载能力较小，适用于精度要求较高、载荷较轻的场合
3	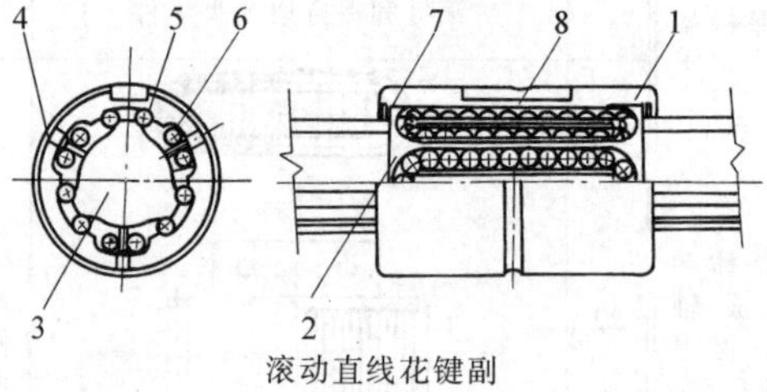 滚动直线花键副 1—花键套　2—保持架　3—花键轴　4—油孔　5—承载滚珠列　6—退出滚珠列　7—橡胶密封垫　8—键槽	摩擦阻力极小，可进行高速旋转或直线往复运动（速度可达 100m/min 以上）。摩擦阻力几乎与运动速度无关，在低速微动往复运动时，不会出现爬行现象 可采用变换滚珠直径大小的办法施加预加载荷，消除正反转的间隙，以减少冲击和提高刚度及运动精度，承载能力强，寿命长，精度保持性好
4	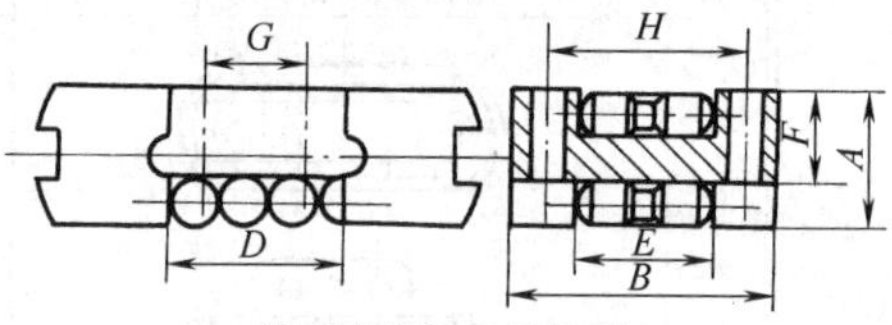 滚动直线滚子导轨副	滚动体为圆柱滚子，承载能力大约为球轴承的 10 倍以上 摩擦因数小，且动、静摩擦因数之差较小，对反复起动、停车、反向且变化频率较高的机构可减少整机重量及动力消耗 灵敏度高，低速微调时控制准确，无爬行，滚动时导向性好，可提高机械随动性及定位精度。润滑系统简单，装拆、调整方便

表 14.2-5　滚动直线导轨副的特性与应用

序号	结构简图、名称	特性与应用	主要厂家及牌号
1	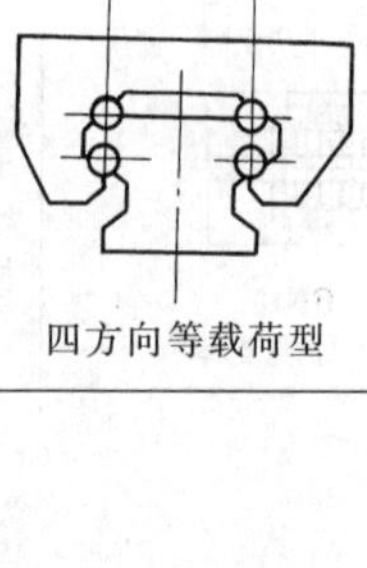 四方向等载荷型	轨道两侧各有互成 45°的两列承载滚珠。上、下和左、右额定载荷相同。额定载荷大，刚性好，可承受冲击及重载，用途较广，如加工中心、数控机床、机器人、机械手等。A 为标准参数（也为型号代码）：20、25、30、35、40、45、50、55、65、80	南京 GGB 型（南京轴承有限公司）、汉中 HJG-D 型（海红汉中轴承厂）、上海 SGA 型（上海轴承有限公司）、济宁 JSA 型（济宁精益轴承有限公司）

（续）

序号	结构简图、名称	特性与应用	主要厂家及牌号
2	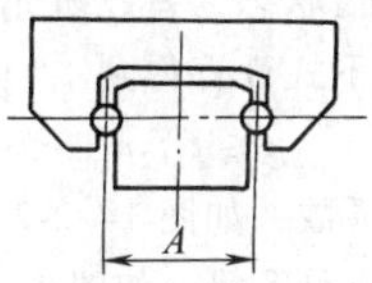 轻载荷型（双边单列）	轨道两侧各有一列承载滚珠。结构轻、薄、短小，且调整方便，可承受上下左右的载荷及不大的力矩，是集成电路片传输装置、医疗设备、办公自动化设备和机器人等的常用导轨。*A* 为标准参数（也为型号代码）：8、10、12、15、20	南京 GGC、GGE 型（南京轴承有限公司），汉中 HJG-D15 型（海红汉中轴承厂），上海 SGC 型（上海轴承有限公司）
3	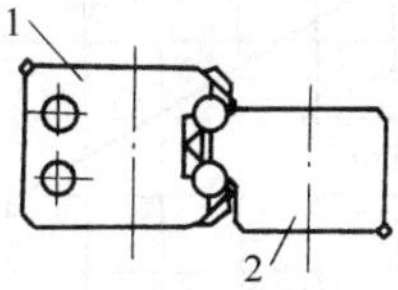 分离型（单边双列） 1—滑块　2—导轨	两列滚珠与运动平面均成 45°接触，因此同一平面只要安装一组导轨，就可以上下左右均匀地承载。若采用两组平行导轨，上下左右可承受同一额定载荷，间隙调整方便，广泛用于电加工机床、精密工作台等电子机械设备（参数尚未标准化）	南京 GGF 型（南京轴承有限公司）、汉中 HJG-$\frac{25}{35}$T 型（海红汉中轴承厂），上海 SGB 型（上海轴承有限公司）
4	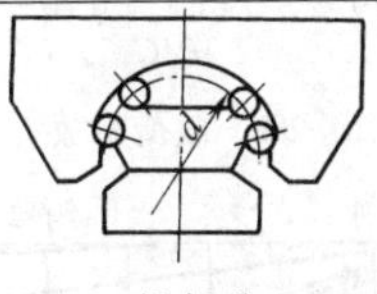 径向型	垂直向下和左右水平额定载荷大，对垂直向下载荷的精度稳定性较好，运行噪声小，可用于电加工机床、各种检验仪器中。*d* 为标准参数（也为型号代码）：20、25、30、35、40、45、50、55、65、80	南京 GGA 型（南京轴承有限公司）
5	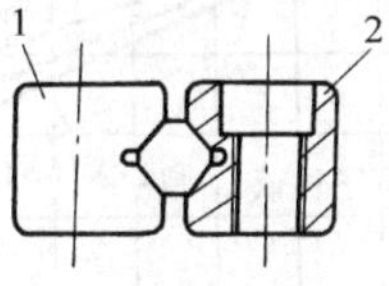 交叉滚柱 V 型 1—滑块　2—轨道	采用圆柱滚子代替滚珠，且相邻滚子安装位置交错 90°，采用 V 型导轨，其接触面长为原来的 1.7 倍，刚性为 2 倍，寿命为 6 倍；适用于轻、重载荷，无间隙，运动平稳无冲击的场合，如精密内外圆磨床、电子计算机、电加工机床、测量仪器、医疗器械和木工机械等（尺寸及精度与日本 THK 同）	上海 SGV 型（上海组合夹具厂）

2　滚动轴承的选用

2.1　滚动轴承的类型选择

不同结构的滚动轴承具有不同的工作特性，不同的使用场合和安装部位对轴承的结构和性能有不同的要求。因此滚动轴承的类型选择无固定的模式可循，一般在选择轴承时可从以下几个方面进行综合考虑。

2.1.1　有效空间

通常在机械设计中，轴承的选定是在轴的结构设计基本确定后进行的。因此，轴承安装处的轴颈尺寸和安装空间是已知的，它们就是初步选择轴承类型的主要依据。一般来说，当轴颈尺寸较小时，选用各种球轴承；轴颈尺寸较大时，选用各种滚子轴承，当轴承的径向安装空间较小时，可选择直径尺寸较小的 17、37、08~68、09~69 系列轴承，无外圈或无内圈圆柱滚子轴承，或者滚针轴承。当轴承的轴向安装尺寸较小时，可选用宽度较小的 82、93、08、09、00~04、17~19、10~13 系列轴承或高度较小的 70~74、90~95 系列轴承，也可选用外圈带止动槽的深沟球轴承。

2.1.2　承载能力

滚动轴承的承载能力与轴承类型和尺寸有关。相同外形尺寸下，滚子轴承的承载能力约为球轴承的 1.5~3 倍。向心类轴承主要用于承受径向载荷。推力类轴承主要用于承受轴向载荷。角接触轴承可同时承受径向载荷和轴向载荷的联合作用，其轴向载荷能力的大小随接触角 α 的增大而增大。深沟球轴承的接触角 α 为零，但由于球与滚道间存在微量间隙，有轴向载荷作用时，内外圈产生相对位移，形成不大的接触角，故也能承受较小的轴向载荷。

滚动轴承的承载能力一般用额定动载荷比粗略表示。其含义为某种轴承的额定动载荷值与相同外形尺寸的深沟球轴承（或推力球轴承）额定动载荷的比值。各类轴承的额定动载荷比见表 14.2-1。

滚动轴承的选用，既应满足外载荷的要求，又应尽量发挥轴承本身的承载能力。当用一个轴承承受力矩载荷时，若使用角接触球轴承，因每转中钢球的接触角和钢球的公转速度都是变化的，会在保持架上产生很大的接触应力和相对滑动速度，从而引起保持架的胶合破坏。若使用圆锥滚子轴承，由于边缘应力很大，会引起滚子和滚道的早期点蚀。因此，原则上要用两个轴承承受力矩载荷。

轴向游动支承只承受径向载荷，宜使用只承受径向力的轴承，以免产生附加轴向力，如内圈无挡边或外圈无挡边的圆柱滚子轴承。

受纯轴向载荷的支承，一般采用推力圆柱滚子轴承或带球面座垫的单向推力球轴承。转速很高、离心力很大时，可采用深沟球轴承。

轴向定位支承，通常受联合载荷作用。轴承的选用应视载荷角 $\beta=\arctan(F_a/F_r)$ 的大小而有所不同。

当载荷角 β 很小时，可采用无挡边圆柱滚子轴承和各种类型的向心轴承，且接触角越小越有利。

当载荷角 β 较大时，可采用角接触球轴承、圆锥滚子轴承和内圈有挡边的圆柱滚子轴承，并要求其公称接触角 α 稍大于载荷角 β，如图 14.2-1 所示。也可采用由向心轴承和推力轴承分别承受径向力和轴向力的组合方式。这种组合方式的优点在于，各轴承受力合理，且具有较高的刚性。

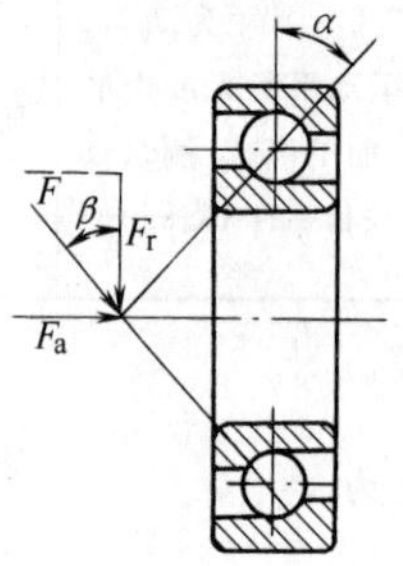

图 14.2-1 接触角与载荷角

2.1.3 速度特性

滚动轴承的工作转速上升到一定限度后，滚动体和保持架的惯性力，以及极小的形状偏差，不仅导致运转状态的恶化，而且造成摩擦面间温度升高和润滑剂的性能变化，从而导致滚动体回火或轴承元件的胶合失效。

在一定载荷和润滑条件下，滚动轴承所能允许的最高转速称为轴承的极限转速。它与轴承类型、尺寸、精度、游隙、保持架的材料与结构、润滑方式、润滑剂的性质与用量、载荷的大小与方向以及散热条件等因素有关。

通用轴承在不同润滑条件下的极限转速 n_{lim} 见表 14.6-1~表 14.6-35。表中数值仅适用于当量动载荷 $P\leqslant0.1C$、润滑与冷却条件正常、向心轴承仅受径向载荷、推力轴承仅受轴向载荷条件下的 P0 级精度的轴承。

当轴承在重载荷（$P>0.1C$）条件下工作时，因接触应力增大、润滑状态变差，所允许的最高工作转速降低，其值可由下式计算得到

$$n_{max}\leqslant f_1f_2n_{lim} \tag{14.2-1}$$

式中 f_1——载荷系数，如图 14.2-2 所示；

f_2——载荷分布系数，如图 14.2-3 所示。

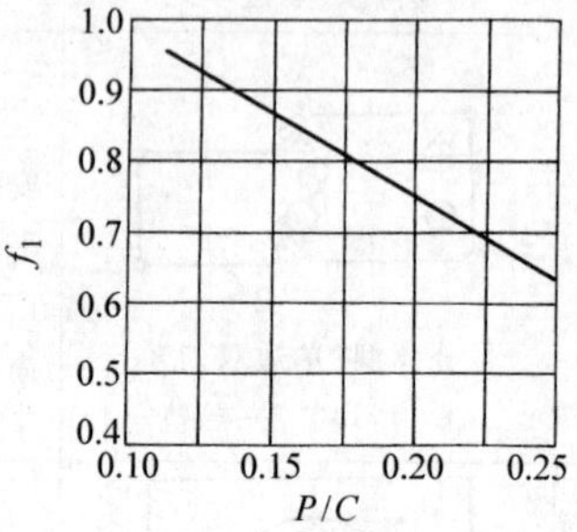

图 14.2-2 载荷系数 f_1

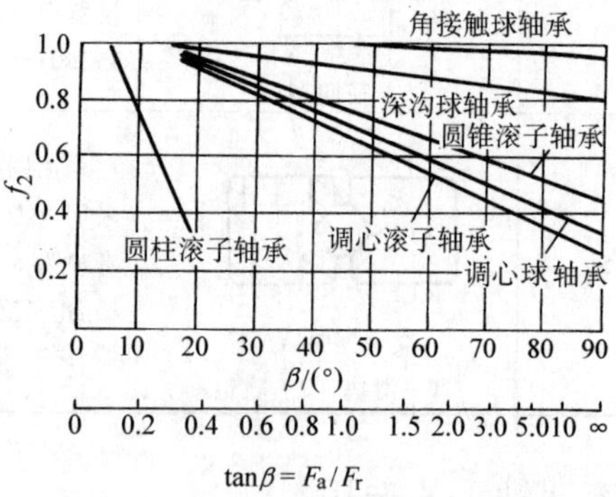

图 14.2-3 载荷分布系数 f_2

如果极限转速不能满足要求，需另选轴承或采取改进措施，如提高轴承精度、加大球轴承的游隙、采用青铜或夹布胶木保持架及采用喷油或油雾润滑等。若综合使用以上各项措施，可使极限转速提高一倍以上。

一般来说，深沟和角接触球轴承、圆柱滚子轴承具有较高的极限转速。

当轴承内径相同时，外径越小，则滚动体越小越轻，运转时滚动体作用于外圈滚道上的离心力越小，因而更适合于高速下工作。故高速时，宜选用超轻、特轻及轻系列轴承。

重系列及特重系列轴承只用在低速重载的场合。

保持架的材料与结构对转速的影响极大，实体保持架比冲压保持架允许的极限转速要高。

推力轴承的极限转速很低。当工作转速较高，又有较大的纯轴向载荷或径轴向联合载荷作用时，可采用向心轴承与角接触轴承的组合方式。

2.1.4　摩擦特性

存在于轴承内部各元件间的摩擦，不仅影响轴承的温升、功率损耗、承载能力和使用寿命，而且在各种控制仪表、伺服电动机以及精密机械中，还影响系统的精度和可靠性。

轴承中的摩擦是以摩擦力矩的大小度量的。摩擦力矩与轴承类型、结构、尺寸及加工精度等因素有关，也受载荷、转速和润滑等条件的影响。

摩擦力矩一般是在加载轴向载荷的情况下测量。但受轴向载荷作用时，摩擦特性好的轴承，不一定在受径向载荷时摩擦特性也同样好。因此，必要时，也需要在径向载荷条件下，测量其摩擦力矩。

通常，轴承的摩擦力矩

$$M_f = \mu \frac{d}{2} F \tag{14.2-2}$$

式中　M_f——摩擦力矩（N·mm）；

μ——摩擦因数，见表 14.2-6；

d——轴承内径（mm）；

F——外载荷（N）。

一般来说，球轴承比滚子轴承的摩擦力矩小。受纯径向载荷时向心轴承的摩擦力矩较小，受纯轴向载荷时，推力轴承的摩擦力矩较小。受径向载荷和轴向载荷联合作用时，当载荷角 β 与接触角 α 接近相等时，其摩擦力矩较小。

表 14.2-6　滚动轴承的摩擦因数

轴承类型	摩擦因数 μ
深沟球轴承	0.0015～0.003
调心球轴承	0.001～0.003
角接触球轴承	0.0015～0.002
双列角接触球轴承	0.0024～0.003
圆柱滚子轴承	0.001～0.003
滚针轴承	0.002
调心滚子轴承	0.002～0.003
圆锥滚子轴承	0.002～0.005
推力球轴承	0.0012
推力调心球轴承	0.003
推力圆柱滚子轴承	0.004
推力滚针轴承	0.004

2.1.5　调心性

由于外壳孔和轴的加工与安装误差，以及受载后轴的挠曲变形，轴和内外圈轴线在工作中不可能保持重合，会产生一定的偏斜。轴线的偏斜将引起轴承内部接触应力的不均匀分布，造成轴承的早期失效。

轴承能够自动补偿轴和外壳孔中心线的相对偏斜，从而保证轴承正常工作状态的能力，即轴承的调心性。

调心球轴承和调心滚子轴承具有良好的调心性能。外球面深沟球轴承，其球面外径与外壳孔的凹球面相配合，调心范围更大。

各类滚子轴承，尤其滚针轴承对轴线偏斜最为敏感，应尽可能避免在有轴线偏斜的条件下使用。常用轴承所允许的轴线偏斜量见表 14.2-7。

表 14.2-7　常用轴承所允许的轴线偏斜量

轴承类型			允许角度误差
深沟球轴承(0 组游隙)			8′
深沟球轴承(3 组游隙)			12′
深沟球轴承(4 组游隙)			16′
圆柱滚子轴承(N、NU 型)			4′
圆柱滚子轴承(其他结构)			2′
圆锥滚子轴承			2′
调心球轴承	尺寸系列	12	2.5°
		13	3°
		14	3°
		22	2.5°
		23	3°
调心滚子轴承		213	1°
		222	1.5°
		223	2°
		230	1.5°
		231	1.5°
		232	2.5°
		239	1.5°
		240	2°
		241	2.5°

2.1.6　运转精度

用滚动轴承支承的轴，其轴向及径向运转精度既与轴承零件的精度及弹性变形有关，也与相邻部件的精度及弹性变形有关。

就轴承本身而言，旋转套圈的径向圆跳动与轴向圆跳动、滚动体的直径差、轴承的工作游隙及刚度等都不同程度地影响着轴承的运转精度。

从相邻部件看，轴承套圈的配合状态、配合表面的圆度，定位轴肩或挡肩的垂直度以及外壳的刚度等对轴承的运转精度也产生影响。

转轴和旋转套圈的径向圆跳动一般是由轴承滚道的制造误差引起的，如内圈滚道与内孔表面的同轴度偏差，外圈滚道与外圆表面的同轴度偏差及内外滚道的圆度偏差等。转轴和旋转套圈的轴向圆跳动则是由轴的弯曲变形、轴肩或外壳孔挡肩的垂直度偏差引起的。轴承安装后，这两种跳动互相影响。当外圈轴向被紧固时，旋转内圈和轴肩的轴向圆跳动将引起滚道歪斜，进而造成滚道的径向圆跳动。因此，对于所有能承受轴向载荷的精密向心轴承，安装后既要测量径向圆跳动，又要测量滚道轴向圆跳动。

从理论上讲，滚动体的直径偏差会引起轴承

的跳动和轴的偏转；但实际上在优质轴承中几乎见不到这种干扰。这是由于滚动体的直径差特别小，同时接触处的弹性变形又能使这种误差得到补偿的缘故。

为了达到精确地同心引导，轴承内滚动体与滚道间应无游隙。但由于热变形和制造等方面的原因，径向工作游隙需限制在一定的数值范围内。工作游隙越大，由轴承引起的轴的偏转越大，因此对于运动精度要求高的轴承，应选用 2 组游隙值；同时通过结构处理，如对轴承进行轴向调整或使用圆锥孔轴承，使其工作游隙尽可能小。

轴承与轴和外壳孔的配合间隙也会导致轴的中心偏移，影响轴承与轴的运转精度，因此，对于运转精度要求高的轴承，需选用过盈配合；对于游动支承，常使用圆柱滚子轴承，因为这种轴承的两个套圈，在安装时都可采用过盈配合。

轴承的套圈一般比较薄，因此与轴承相配合的轴和外壳孔的形状误差也会影响轴承的运转精度，因此配合件的精度必须与轴承相一致。

载荷对轴承的运转精度也有关系。作用载荷越大，滚动体和滚道的变形越大，轴的偏转亦越大。可见，正确选用滚动轴承有利于提高轴承及轴的运转精度。

2.1.7 振动噪声特性

滚动轴承的振动和噪声是由于某种原因产生的振动，通过与之相连的零部件传到机器表面，引起空气振动，形成噪声。

滚动轴承中最基本的振动是滚动体通过振动。即使滚动轴承的几何形状完全正确，承受径向载荷时，由于存在径向游隙，运转过程中滚动体逐渐进入和退出载荷区，使得内圈中心的径向位置发生周期性变化，从而产生频率为滚动体公转速度与滚动体个数乘积的振动，即滚动体通过振动。

另一类振动是与制造有关的振动，包括内外圈及滚动体的形状误差和表面波纹度引起的振动、保持架的振动等。研究表明，滚动体与套圈的表面粗糙度对振动影响不大，而滚动体、内圈滚道和外圈滚道的波纹度对振动的影响依次递减。

还有一类与轴承安装使用有关的振动。这与安装条件、轴承座的刚度及座孔的加工精度有关，也与轴承的密封形式及润滑剂的性质有关。

可见，滚动轴承的振动和噪声是设计、制造、安装和使用中所存在的各种问题的综合反映。

降低轴承的振动和噪声，除提高轴承及支座的设计水平、制造精度和安装质量外，还可通过适当减小径向游隙、采用间隙调整和预紧装置及使用性能良好的润滑剂等措施。

2.1.8 工作性能比较

常用滚动轴承工作性能比较见表 14.2-8。

表 14.2-8 常用滚动轴承工作性能比较

名称		深沟球轴承	外球面球轴承	角接触球轴承	调心球轴承	调心滚子轴承	圆柱滚子轴承				滚针轴承	圆锥滚子轴承		推力球轴承		推力圆柱滚子轴承	推力圆锥滚子轴承	推力调心滚子轴承
							单挡边	斜挡圈	无挡边	双列		单列	双列	单向	双向			
承载能力	径向载荷	中	中	中	中	优	优	优	优	优	良	良	优	无	无	无	无	差
	轴向载荷	差	差	良	差	中	差	差	无	无	无	良	良	良	良	优	优	优
	轴向载荷方向	↔	↔	←	↔	↔	←	←	无	无	无	←	↔	←	↔	←	←	←
高速性		优	优	优	良	中	良	良	优	良	良	中	中	无	无	差	差	差
高精度性		优	良	优	中	中	优	优	优	良	中	良	良	良	中	中	差	差
低噪声性		优	优	优	中	差	优	优	良	良	差	中	中	中	中	中	中	中
刚性		中	中	中	差	中	良	良	良	优	良	良	优	良	良	优	优	良
调心性		差	优	中	优	优	无	无	无	无	无	中	无	无	无	无	无	优
摩擦性		优	优	优	良	中	优	优	优	良	差	中	中	良	良	中	中	中
可分离性		不可	不可	可	不可	不可	可	可	可	可	可	可	可	可	可	可	可	可
可否用作固定支承		可	可	可	可	可	不可	可	不可	不可	不可	可	可	不可	不可	不可	不可	不可
可否用作游动支承		可	不可	不可	可	可	可	可	可	可	可	不可	可	不可	不可	不可	不可	不可
使用寿命		长	长	长	较短	较长	很长	很长	很长	长	较长	很长	长	较短	较短	较长	较长	较长
价格		低	较低	低	较高	高	较低	较低	较低	较高	较低	较低	较高	低	低	较低	较高	高

2.2 滚动轴承的尺寸选择

在轴承类型和预期寿命确定以后，轴承的尺寸（包括尺寸系列与内径）主要取决于轴承所受的载荷。载荷越大，轴承尺寸应越大。

2.2.1 按额定动载荷选择轴承尺寸

轴承的寿命与载荷的关系

$$L_{10}=\left(\frac{f_tC}{P}\right)^{\varepsilon} \qquad (14.2\text{-}3)$$

或

$$L_{10h}=\frac{10^6}{60n}\left(\frac{f_tC}{P}\right)^{\varepsilon} \qquad (14.2\text{-}4)$$

式中　L_{10}——基本额定寿命（10^6r）；

f_t——温度系数，见表 14.2-9；

C——基本额定动载荷（N），见本篇第 3 章有关论述；

P——当量动载荷（N），见本篇第 3 章有关论述；

L_{10h}——基本额定寿命（h）；

n——轴承工作转速（r/min）。

对车辆轴承基本额定寿命往往以千米为单位，这时有

$$L_{10S}=\frac{\pi D}{1000}L_{10} \qquad (14.2\text{-}5)$$

式中　L_{10S}——基本额定寿命（km）；

D——车轮直径（m）。

表 14.2-9　温度系数 f_t

工作温度/℃	<120	125	150	175	200	225	250	300
f_t	1.00	0.95	0.90	0.85	0.80	0.75	0.70	0.60

为了简化计算，取 500h 作为基本额定寿命，可导出如下速度系数 f_n 和寿命系数 f_h

$$f_n=\left(\frac{\frac{100}{3}}{n}\right)^{1/\varepsilon}$$

$$f_h=\left(\frac{L_{10h}}{500}\right)^{1/\varepsilon}$$

这时，轴承所需的基本额定动载荷

$$C'=\frac{f_h}{f_n}P \qquad (14.2\text{-}6)$$

在初步选定轴承的尺寸以后，可以根据以上公式计算出轴承在给定工作条件下的基本额定寿命。若计算所得基本额定寿命小于给定的预期寿命，说明选定轴承的尺寸偏小，应适当加大轴承内径或选取尺寸系列较大的轴承，再次进行寿命计算；若计算所得基本额定寿命比预期寿命大得很多，说明选定轴承的尺寸偏大，应适当减小轴承内径或采用较小尺寸系列的轴承。可见，式（14.2-3）~式（14.2-5）是用于判断选定轴承是否满足寿命要求的校核公式。

如果轴承的预期寿命 L_h' 和转速 n 均已知，当量动载荷 P 也已确定，可由式（14.2-4）求得轴承所需基本额定动载荷

$$C'=\frac{P}{f_t}\sqrt[\varepsilon]{\frac{60nL_h'}{10^6}} \qquad (14.2\text{-}7)$$

式中　ε——寿命指数（球轴承 $\varepsilon=3$，滚子轴承 $\varepsilon=10/3$）。

不同应用场合下，轴承的预期寿命 L_h' 可从表 14.2-10 中查取。根据 C' 可以很容易地从本篇第 6 章中的相应表格中选定基本额定动载荷 $C\geqslant C'$ 的轴承型号。

表 14.2-10　不同应用场合下预期寿命 L_h'

使　用　条　件	使用寿命/h
不经常使用的仪器和设备	300~3000
短期或间断使用的机械，中断使用不致引起严重后果，如手动机械、农业机械、装配起重机、自动送料装置	3000~8000
间断使用的机械，中断使用将引起严重后果，如发电站辅助设备、流水作业的传动装置、带式运输机、车间起重机	8000~12000
每天 8h 工作的机械，但经常不是满载荷使用，如电动机、一般齿轮装置、压碎机、起重机和一般机械	10000~25000
每天 8h 工作，满载荷使用，如机床、木材加工机械、工程机械、印刷机械、分离机、离心机	20000~30000
24h 连续工作的机械，如压缩机、泵、电动机、轧机齿轮装置、纺织机械	40000~50000
24h 连续工作的机械，中断使用将引起严重后果，如纤维机械、造纸机械、电站主要设备、给水排水设备、矿用泵、矿用通风机	≈100000

2.2.2　按额定静载荷选择轴承尺寸

当轴承工作中处于静止或近似静止的状态时，为了防止轴承在冲击载荷作用下产生过大的塑性变形，需要控制轴承的基本额定静载荷。轴承的基本额定静载荷

$$C_0 \geqslant S_0 P_0 \tag{14.2-8}$$

式中　C_0——基本额定静载荷（N），见本篇第 3 章的有关论述；

S_0——安全系数，见本篇第 3 章；

P_0——当量静载荷（N），见本篇第 3 章的有关论述。

对某些载荷变化较大，尤其在转动中有较大的冲击载荷作用的旋转轴承，在按基本额定动载荷计算并选定轴承的尺寸系列和内径以后，还必须对基本额定静载荷加以校核。

2.3　滚动轴承的公差等级选择

滚动轴承的公差等级按尺寸公差和旋转精度由低到高分为 5 级：PN、P6（6x）、P5、P4、P2 级。向心轴承（圆锥滚子轴承除外）公差等级分为 5 级：PN、P6、P5、P4、P2 级；圆锥滚子轴承公差等级分为 4 级：PN、P6x、P5、P4 级；推力轴承公差等级分为 4 级：PN、P6、P5、P4 级。各等级的公差数值见 GB/T 307.1—2005、GB/T 307.4—2012 和 GB/T 275—2015。

尺寸公差指轴承内径、外径和宽度等尺寸的加工精度。旋转精度指内圈和外圈的径向圆跳动、内圈的轴向圆跳动、外圈表面对基准面的垂直度、内外圈端面的平行度等。

各类轴承都制造有 PN 级公差等级的产品。高于 PN 级公差等级的轴承可按表 14.2-11 选用。使用高公差等级轴承时，相应的轴与外壳孔的加工精度也应提高。

表 14.2-12 列出了部分机械设备中使用高公差等级轴承的实例，供选择时参考。

2.4　滚动轴承的游隙选择

滚动轴承的游隙分为径向游隙 u_r 和轴向游隙 u_a。它们分别表示一个套圈固定时，另一套圈沿径向和轴向由一个极限位置到另一个极限位置的移动量，如图 14.2-4 所示。

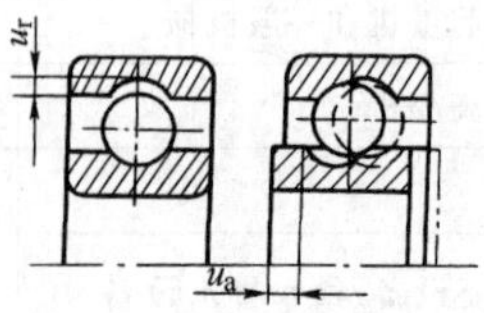

图 14.2-4　滚动轴承的游隙

各类滚动轴承的游隙数值见 GB/T 4604.1—2012、GB/T 4604.2—2013 和 GB/T 25766—2010。

各类轴承的径向游隙 u_r 和轴向游隙 u_a 之间有一定的对应关系，如图 14.2-5 所示。

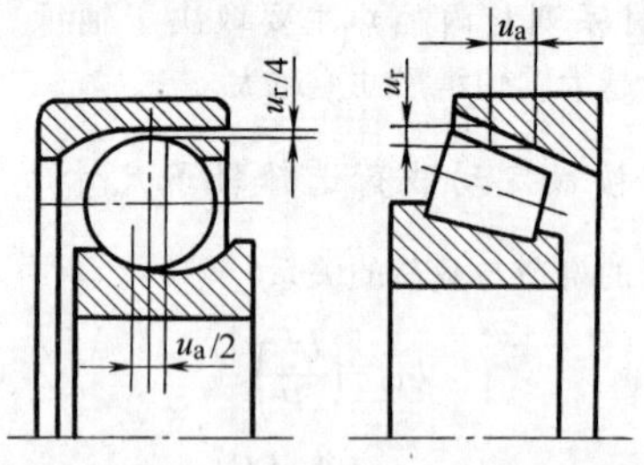

图 14.2-5　径向游隙和轴向游隙的关系

径向游隙又分为原始游隙、安装游隙和工作游隙。原始游隙指未安装前的游隙。各种轴承的原始游隙分组数值见表 14.2-13～表 14.2-28。

严格说来，轴承的基本额定动载荷是随游隙的大小而变化的。产品样本中所列的基本额定载荷（C 和 C_0）是工作游隙为零时的载荷数值。

试验分析表明，使轴承寿命最大的工作游隙值是一个比零稍小的数值。

合理的轴承游隙的选择，应在原始游隙的基础上，考虑因配合、内外圈热变形以及载荷等因素所引起的游隙变化，以使工作游隙接近最佳状态。

轴承零件在工作中的温度是不同的，在稳定状态下，内圈比外圈的温度高，膨胀量大，从而使径向游隙减小。径向游隙的减小量 Δu（mm）可由式（14.2-9）估定

$$\Delta u = \Delta t \alpha (d + D)/2 \tag{14.2-9}$$

式中　Δt——内外圈温差；

α——钢的线胀系数，$\alpha = 0.000011$；

d——轴承内径；

D——轴承外径。

在一般条件下 Δt 约为 5～10℃，当工作温度较高以及轴承散热条件不好时，Δt 可达 15～20℃。

如有外部热源影响轴承时，径向游隙的变化会更大。外热源既可使径向游隙减小，也可使径向游隙增大，主要取决于热量是从轴颈还是外壳导入轴承。

此外，过盈配合也将造成轴承径向游隙的减小。

轴承的径向游隙是在考虑上述温度及配合等因素的影响下确定的，所以在一般工作条件下，应优先选用基本组 N 值；在温度较高或有外热源存在，或配合的过盈量较大时，在需要降低摩擦力矩、改善调心性能以及深沟球轴承承受较大轴向载荷的场合，宜采用较大游隙组；当运转精度要求较高，或需严格限制轴向位移时，宜用较小游隙组。

角接触球轴承、圆锥滚子轴承及内圈带锥孔的轴承，其工作游隙可以在安装或使用中调整。

转速很低或在回转运动中产生振荡的轴承，可采用无游隙或预紧安装。

表 14.2-11 轴承的制造精度

轴承类型	轴承结构型式		系列代号	精度级别①		
				P6	P5	P4
深沟球轴承	单列		62800、61900、16000、6000、6200、6300	△	△	△
			6400	△	△	—
	单列带防尘盖		所有系列	△	—	—
调心球轴承	双列		内径小于或等于 80mm 的轴承	△	△	—
			内径大于 80mm 的轴承	△	—	—
圆柱滚子轴承	单列		N1000、NU200、N2200、N300、N2300	△	△	△
			N400	△	△	—
			NU1000、NU200、NU2200、NU300、NU2300	△	△	△
			NU400、NJ200、NJ2200、NJ300、NJ2300、NJ400	△	△	—
	双列		NN3000、NN4900	△	△	△
角接触球轴承	单列	分离型	所有系列	△	△	△
		锁口在外圈上	7000C、7000AC、7200C、7200AC	△	△	△
			7200B、7300B、7400B	△	△	—
		锁口在内圈上	B7100、B7100AC、B7200C、B7200AC	△	△	△
			B7300C、B7300AC	△	△	—
		四点接触	QJ1900、QJ100、QJ1000、QJ200	△	△	△
			QJ300	△	△	—
	成对双联		接触角 15°和 25°,尺寸系列 00、01 的轴承	△	△	△
	双列		所有系列	△	—	—
圆锥滚子轴承	单列		30200、30300、31300、32000、32300、32200、32900、33000、33100、33200	△	△	△
推力球轴承	单向		所有系列	△	△	△

① 标有"△"表示目前已生产。

表 14.2-12 高精度轴承选用参考表

设备类型	轴承精度等级				
	深沟球轴承	圆柱滚子轴承	角接触球轴承	圆锥滚子轴承	推力与角接触推力球轴承
普通车床主轴		P5、P4	P5	P5	P5、P4
精密车床主轴		P4	P5、P4	P5、P4	P5、P4
铣床主轴		P5、P4	P5	P5	P5、P4
镗床主轴		P5、P4	P5、P4	P5、P4	P5、P4
坐标镗床主轴		P4、P2	P4、P2	P4、P2	P4
机械磨头			P5、P4	P4	P5
高速磨头			P4	P2	P4、P2
精密仪表	P5、P4		P5、P4		
增压器	P5		P5		
航空发动机主轴	P5	P5	P5、P4		

表 14.2-13 深沟球轴承径向游隙(摘自 GB/T 4604.1—2012) (μm)

公称内径 d/mm		2 组		N 组		3 组		4 组		5 组	
超过	到	min	max	min	max	min	max	min	max	min	max
2.5	6	0	7	2	13	8	23	—	—	—	—
6	10	0	7	2	13	8	23	14	29	20	37
10	18	0	9	3	18	11	25	18	33	25	45
18	24	0	10	5	20	13	28	20	36	28	48
24	30	1	11	5	20	13	28	23	41	30	53
30	40	1	11	6	20	15	33	28	46	40	64
40	50	1	11	6	23	18	36	30	51	45	73
50	65	1	15	8	28	23	43	38	61	55	90
65	80	1	15	10	30	25	51	46	71	65	105
80	100	1	18	12	36	30	58	53	84	75	120
100	120	2	20	15	41	36	66	61	97	90	140
120	140	2	23	18	48	41	81	71	114	105	160
140	160	2	23	18	53	46	91	81	130	120	180
160	180	2	25	20	61	53	102	91	147	135	200
180	200	2	30	25	71	63	117	107	163	150	230
200	225	2	35	25	85	75	140	125	195	175	265
225	250	2	40	30	95	85	160	145	225	205	300
250	280	2	45	35	105	90	170	155	245	225	340
280	315	2	55	40	115	100	190	175	270	245	370
315	355	3	60	45	125	110	210	195	300	275	410
355	400	3	70	55	145	130	240	225	340	315	460
400	450	3	80	60	170	150	270	250	380	350	520
450	500	3	90	70	190	170	300	280	420	390	570
500	560	10	100	80	210	190	330	310	470	440	630
560	630	10	110	90	230	210	360	340	520	490	700
630	710	20	130	110	260	240	400	380	570	540	780
710	800	20	140	120	290	270	450	430	630	600	860
800	900	20	160	140	320	300	500	480	700	670	960
900	1000	20	170	150	350	330	550	530	770	740	1040
1000	1120	20	180	160	380	360	600	580	850	820	1150
1120	1250	20	190	170	410	390	650	630	920	890	1260
1250	1400	30	200	190	440	420	700	680	1000	—	—
1400	1600	30	210	210	470	450	750	730	1060	—	—

表 14.2-14 调心球轴承径向游隙(摘自 GB/T 4604.1—2012) (μm)

公称内径 d/mm		圆柱孔										圆锥孔									
		2 组		N 组		3 组		4 组		5 组		2 组		N 组		3 组		4 组		5 组	
超过	到	min	max	min	max	min	max	min	max	min	max	min	max	min	max	min	max	min	max	min	max
2.5	6	1	8	5	15	10	20	15	25	21	33	—	—	—	—	—	—	—	—	—	—
6	10	2	9	6	17	12	25	19	33	27	42	—	—	—	—	—	—	—	—	—	—
10	14	2	10	6	19	13	26	21	35	30	48	—	—	—	—	—	—	—	—	—	—
14	18	3	12	8	21	15	28	23	37	32	50	—	—	—	—	—	—	—	—	—	—
18	24	4	14	10	23	17	30	25	39	34	52	7	17	13	26	20	33	28	42	37	55
24	30	5	16	11	24	19	35	29	46	40	58	9	20	15	28	23	39	33	50	44	62
30	40	6	18	13	29	23	40	34	53	46	66	12	24	19	35	29	46	40	59	52	72
40	50	6	19	14	31	25	44	37	57	50	71	14	27	22	39	33	52	45	65	58	79
50	65	7	21	16	36	30	50	45	69	62	88	18	32	27	47	41	61	56	80	73	99
65	80	8	24	18	40	35	60	54	83	76	108	23	39	35	57	50	75	69	98	91	123
80	100	9	27	22	48	42	70	64	96	89	124	29	47	42	68	62	90	84	116	109	144
100	120	10	31	25	56	50	83	75	114	105	145	35	56	50	81	75	108	100	139	130	170

（续）

公称内径 d/mm		圆柱孔										圆锥孔									
		2 组		N 组		3 组		4 组		5 组		2 组		N 组		3 组		4 组		5 组	
超过	到	min	max	min	max	min	max	min	max	min	max	min	max	min	max	min	max	min	max	min	max
120	140	10	38	30	68	60	100	90	135	125	175	40	68	60	98	90	130	120	165	155	205
140	160	15	44	35	80	70	120	110	161	150	210	45	74	65	110	100	150	140	191	180	240
160	180	15	50	40	92	82	138	126	185	—	—	50	85	75	127	117	173	161	220	—	—
180	200	17	57	47	105	93	157	144	212	—	—	55	95	85	143	131	195	182	250	—	—
200	225	18	62	50	115	100	170	155	230	—	—	63	107	95	160	145	215	200	275	—	—
225	250	20	70	57	130	115	195	175	255	—	—	70	120	107	180	165	245	230	310	—	—
250	280	23	78	65	145	125	220	200	295	—	—	78	133	120	200	180	275	255	350	—	—
280	315	27	90	75	165	145	250	230	335	—	—	87	150	135	225	205	310	280	385	—	—
315	355	32	100	85	185	165	285	260	380	—	—	97	165	150	250	220	340	310	430	—	—
355	400	35	110	90	205	185	325	295	430	—	—	105	180	160	275	245	375	335	470	—	—
400	450	38	125	100	230	205	345	315	465	—	—	115	200	170	300	260	400	360	510	—	—
450	500	40	135	110	255	230	380	345	510	—	—	120	215	180	325	275	425	380	545	—	—

表 14.2-15　圆柱滚子轴承和滚针轴承径向游隙（摘自 GB/T 4604.1—2012）　　(μm)

公称内径 d/mm		圆柱孔										圆锥孔							
		2 组		N 组		3 组		4 组		5 组		2 组		N 组		3 组		4 组	
超过	到	min	max	min	max	min	max	min	max	min	max	min	max	min	max	min	max	min	max
—	10	0	25	20	45	35	60	50	75	—	—	15	40	30	55	40	65	50	75
10	24	0	25	20	45	35	60	50	75	65	90	15	40	30	55	40	65	50	75
24	30	0	25	20	45	35	60	50	75	70	95	20	45	35	60	45	70	55	80
30	40	5	30	25	50	45	70	60	85	80	105	20	45	40	65	55	80	70	95
40	50	5	35	30	60	50	80	70	100	95	125	25	55	45	75	60	90	75	105
50	65	10	40	40	70	60	90	80	110	110	140	30	60	50	80	70	100	90	120
65	80	10	45	40	75	65	100	90	125	130	160	35	70	60	95	85	120	110	145
80	100	15	50	50	85	75	110	105	140	155	190	40	75	70	105	95	130	120	155
100	120	15	55	50	90	85	125	125	165	180	220	50	90	90	130	115	155	140	180
120	140	15	50	60	105	100	145	145	190	200	245	55	100	100	145	130	175	160	205
140	160	20	70	70	120	115	165	165	215	225	275	60	110	110	160	145	195	180	230
160	180	25	75	75	125	120	170	170	220	250	300	75	125	125	175	160	210	195	245
180	200	35	90	90	145	140	195	195	250	275	330	85	140	140	195	180	235	220	275
200	225	45	105	105	165	160	220	220	280	305	365	95	155	155	215	200	260	245	305
225	250	45	110	110	175	170	235	235	300	330	395	105	170	170	235	220	285	270	335
250	280	55	125	120	195	190	260	260	330	370	440	115	185	185	255	240	310	295	365
280	315	55	130	130	205	200	275	275	350	410	485	130	205	205	280	265	340	325	400
315	355	65	145	145	225	225	305	305	385	455	530	145	225	225	305	290	370	355	435
355	400	100	190	190	280	280	370	370	460	510	600	165	255	255	345	330	420	405	495
400	450	110	210	210	310	310	410	410	510	565	665	185	285	285	385	370	470	455	555
450	500	110	220	220	330	330	440	440	550	625	735	205	315	315	425	410	520	505	615
500	560	120	240	240	360	360	480	480	600	—	—	230	350	350	470	455	575	560	680
560	630	140	260	260	380	380	500	500	620	—	—	260	380	380	500	500	620	620	740
630	710	145	285	285	425	425	565	565	705	—	—	295	435	435	575	565	705	695	835
710	800	150	310	310	470	470	630	630	790	—	—	325	485	485	645	630	790	775	935
800	900	180	350	350	520	520	690	690	860	—	—	370	540	540	710	700	870	860	1030
900	1000	200	390	390	580	580	770	770	960	—	—	410	600	600	790	780	970	960	1150
1000	1120	220	430	430	640	640	850	850	1060	—	—	455	665	665	875	860	1075	1065	1275
1120	1250	230	470	470	710	710	950	950	1190	—	—	490	730	730	970	960	1200	1200	1440
1250	1400	270	530	530	790	790	1050	1050	1310	—	—	550	810	810	1070	1070	1330	1330	1590
1400	1600	330	610	610	890	890	1170	1170	1450	—	—	640	920	920	1200	1200	1480	1480	1760
1600	1800	380	700	700	1020	1020	1340	1340	1660	—	—	700	1020	1020	1340	1340	1660	1660	1980
1800	2000	400	760	760	1120	1120	1480	1480	1840	—	—	760	1120	1120	1480	1480	1840	1840	2200

表 14.2-16　调心滚子轴承径向游隙（摘自 GB/T 4604.1—2012）　（μm）

公称内径 d/mm		圆柱孔										圆锥孔									
		2组		N组		3组		4组		5组		2组		N组		3组		4组		5组	
超过	到	min	max	min	max	min	max	min	max	min	max	min	max	min	max	min	max	min	max	min	max
14	18	10	20	20	35	35	45	45	60	60	75	—	—	—	—	—	—	—	—	—	—
18	24	10	20	20	35	35	45	45	60	60	75	15	25	25	35	35	45	45	60	60	75
24	30	15	25	25	40	40	55	55	75	75	95	20	30	30	40	40	55	55	75	75	95
30	40	15	30	30	45	45	60	60	80	80	100	25	35	35	50	50	65	65	85	85	105
40	50	20	35	35	55	55	75	75	100	100	125	30	45	45	60	60	80	80	100	100	130
50	65	20	40	40	65	65	90	90	120	120	150	40	55	55	75	75	95	95	120	120	160
65	80	30	50	50	80	80	110	110	145	145	180	50	70	70	95	95	120	120	150	150	200
80	100	35	60	60	100	100	135	135	180	180	225	55	80	80	110	110	140	140	180	180	230
100	120	40	75	75	120	120	160	160	210	210	260	65	100	100	135	135	170	170	220	220	280
120	140	50	95	95	145	145	190	190	240	240	300	80	120	120	160	160	200	200	260	260	330
140	160	60	110	110	170	170	220	220	280	280	350	90	130	130	180	180	230	230	300	300	380
160	180	65	120	120	180	180	240	240	310	310	390	100	140	140	200	200	260	260	340	340	430
180	200	70	130	130	200	200	260	260	340	340	430	110	160	160	220	220	290	290	370	370	470
200	225	80	140	140	220	220	290	290	380	380	470	120	180	180	250	250	320	320	410	410	520
225	250	90	150	150	240	240	320	320	420	420	520	140	200	200	270	270	350	350	450	450	570
250	280	100	170	170	260	260	350	350	460	460	570	150	220	220	300	300	390	390	490	490	620
280	315	110	190	190	280	280	370	370	500	500	630	170	240	240	330	330	430	430	540	540	680
315	355	120	200	200	310	310	410	410	550	550	690	190	270	270	360	360	470	470	590	590	740
355	400	130	220	220	340	340	450	450	600	600	750	210	300	300	400	400	520	520	650	650	820
400	450	140	240	240	370	370	500	500	660	660	820	230	330	330	440	440	570	570	720	720	910
450	500	140	260	260	410	410	550	550	720	720	900	260	370	370	490	490	630	630	790	790	1000
500	560	150	280	280	440	440	600	600	780	780	1000	290	410	410	540	540	680	680	870	870	1100
560	630	170	310	310	480	480	650	650	850	850	1100	320	460	460	600	600	760	760	980	980	1230
630	710	190	350	350	530	530	700	700	920	920	1190	350	510	510	670	670	850	850	1090	1090	1360
710	800	210	390	390	580	580	700	700	1010	1010	1300	390	570	570	750	750	960	960	1220	1220	1500
800	900	230	430	430	650	650	860	860	1120	1120	1440	440	640	640	840	840	1070	1070	1370	1370	1690
900	1000	260	480	480	710	710	930	930	1220	1220	1570	480	710	710	930	930	1190	1190	1520	1520	1860

表 14.2-17　双列圆柱滚子轴承径向游隙　（μm）

公称内径 d/mm		圆柱孔						圆锥孔			
		1组		2组		3组		1组		2组	
超过	到	min	max	min	max	min	max	min	max	min	max
—	24	5	15	10	20	20	30	10	20	20	30
24	30	5	15	10	25	25	35	15	25	25	35
30	40	5	15	12	25	25	40	15	25	25	40
40	50	5	18	15	30	30	45	17	30	30	45
50	65	5	20	15	35	35	50	20	35	35	50
65	80	10	25	20	40	40	60	25	40	40	60
80	100	10	30	25	45	45	70	35	55	45	70
100	120	10	30	25	50	50	80	40	60	50	80
120	140	10	35	30	60	60	90	45	70	60	90
140	160	10	35	35	65	65	100	50	75	65	100

公称内径 d/mm		圆柱孔						圆锥孔			
		1组		2组		3组		1组		2组	
超过	到	min	max	min	max	min	max	min	max	min	max
160	180	10	40	35	75	75	110	55	85	75	110
180	200	15	45	40	80	80	120	60	90	80	120
200	225	15	50	45	90	90	135	60	95	90	135
225	250	15	50	50	100	100	150	65	100	100	150
250	280	20	55	55	110	110	165	75	110	110	165
280	315	20	60	60	120	120	180	80	120	120	180
315	355	20	65	65	135	135	200	90	135	135	200
355	400	25	75	75	150	150	225	100	150	150	225
400	450	25	85	85	170	170	255	110	170	170	255
450	500	25	95	95	190	190	285	120	190	190	285

表 14.2-18　双列和四列圆锥滚子轴承径向游隙　　（μm）

公称内径 d/mm		1 组		2 组		N 组		3 组		4 组		5 组	
超过	到	min	max	min	max	min	max	min	max	min	max	min	max
—	30	0	10	10	20	20	30	40	50	50	60	70	80
30	40	0	12	12	25	25	40	45	60	60	75	80	95
40	50	0	15	15	30	30	45	50	65	65	80	90	110
50	65	0	15	15	30	30	50	50	70	70	90	90	120
65	80	0	20	20	40	40	60	60	80	80	110	110	150
80	100	0	20	20	45	45	70	70	100	100	130	130	170
100	120	0	25	25	50	50	80	80	110	110	150	150	200
120	140	0	30	30	60	60	90	90	120	120	170	170	230
140	160	0	30	30	65	65	100	100	140	140	190	190	260
160	180	0	35	35	70	70	110	110	150	150	210	210	280
180	200	0	40	40	80	80	120	120	170	170	230	230	310
200	225	0	40	40	90	90	140	140	190	190	260	260	340
225	250	0	50	50	100	100	150	150	210	210	290	290	380
250	280	0	50	50	110	110	170	170	230	230	320	320	420
280	315	0	60	60	120	120	180	180	250	250	350	350	460
315	355	0	70	70	140	140	210	210	280	280	390	390	510
355	400	0	70	70	150	150	230	230	310	310	440	440	580
400	450	0	80	80	170	170	260	260	350	350	490	490	650
450	500	0	90	90	190	190	290	290	390	390	540	540	720
500	560	0	100	100	210	210	320	320	430	430	590	590	790
560	630	0	110	110	230	230	350	350	480	480	660	660	880
630	710	0	130	130	260	260	400	400	540	540	740	740	910
710	800	0	140	140	290	290	450	450	610	610	830	830	1100
800	900	0	160	160	330	330	500	500	670	670	920	920	1240
900	1000	0	180	180	360	360	540	540	720	720	980	980	1300
1000	1120	0	200	200	400	400	600	600	820				
1120	1250	0	220	220	450	450	670	670	900				
1250	1400	0	250	250	500	500	750	750	980				

表 14.2-19　外球面球轴承径向游隙　　（μm）

轴承公称内径 d/mm		圆　柱　孔						圆　锥　孔					
		2 组		N 组		3 组		2 组		N 组		3 组	
超过	到	min	max	min	max	min	max	min	max	min	max	min	max
10	18	3	18	10	25	18	33	10	25	18	33	25	45
18	24	5	20	12	28	20	36	12	28	20	36	28	48
24	30	5	20	12	28	23	41	12	28	23	41	30	53
30	40	6	20	13	33	28	46	13	33	28	46	40	64
40	50	6	23	14	36	30	51	14	36	30	51	45	73
50	65	8	28	18	43	38	61	18	43	38	61	55	90
65	80	10	30	20	51	46	71	20	51	46	71	65	105
80	100	12	36	24	58	53	84	24	58	53	84	75	120
100	120	15	41	28	66	61	97	28	66	61	97	90	140
120	140	18	48	33	81	71	114	33	81	71	114	105	160

表 14.2-20 四点接触球轴承轴向游隙（摘自 GB/T 4604.2—2013） (μm)

公称内径 d/mm		2组		N组		3组		4组	
超过	到	min	max	min	max	min	max	min	max
10	18	15	65	50	95	85	130	120	165
18	40	25	75	65	110	100	150	135	185
40	60	35	85	75	125	110	165	150	200
60	80	45	100	85	140	125	175	165	215
80	100	55	110	95	150	135	190	180	235
100	140	70	130	115	175	160	220	205	265
140	180	90	155	135	200	185	250	235	300
180	220	105	175	155	225	210	280	260	330
220	260	120	195	175	250	230	305	290	360
260	300	135	215	195	275	255	335	315	390
300	350	155	240	220	305	285	370	350	430
350	400	175	265	245	330	310	400	380	470
400	450	190	285	265	360	340	435	415	510
450	500	210	310	290	390	365	470	445	545
500	560	225	335	315	420	400	505	485	595
560	630	250	365	340	455	435	550	530	645
630	710	270	395	375	500	475	600	580	705
710	800	290	425	405	540	520	655	635	770
800	900	315	460	440	585	570	715	695	840
900	1000	335	490	475	630	615	770	755	910

表 14.2-21 E、EH 系列关节轴承径向游隙 (μm)

d/mm		向心关节轴承 E系列						杆端关节轴承 E、EH系列					
		2组		N组		3组		2组		N组		3组	
超过	到	min	max	min	max	min	max	min	max	min	max	min	max
2.5	12	8	32	32	68	68	104	4	32	16	68	34	104
12	20	10	40	40	82	82	124	5	40	20	82	41	124
20	35	12	50	50	100	100	150	6	50	25	100	50	150
35	60	15	60	60	120	120	180	8	60	30	120	60	180
60	80	18	72	72	142	142	212	9	72	36	142	71	212
80	90	18	72	72	142	142	212	—	—	—	—	—	—
90	140	18	85	85	165	165	245	—	—	—	—	—	—
140	200	18	100	100	192	192	284	—	—	—	—	—	—
200	240	18	110	110	214	214	318	—	—	—	—	—	—
240	300	18	125	125	239	239	353	—	—	—	—	—	—

表 14.2-22 G、GH 系列关节轴承径向游隙 (μm)

d/mm		向心关节轴承 G系列						杆端关节轴承 G、GH系列					
		2组		N组		3组		2组		N组		3组	
超过	到	min	max	min	max	min	max	min	max	min	max	min	max
2.5	10	8	32	32	68	68	104	4	32	16	68	34	104
10	17	10	40	40	82	82	124	5	40	20	82	41	124
17	30	12	50	50	100	100	150	6	50	25	100	50	150
30	50	15	60	60	120	120	180	8	60	30	120	60	180
50	70	18	72	72	142	142	212	9	72	36	142	71	212
70	80	18	72	72	142	142	212	—	—	—	—	—	—
80	120	18	85	85	165	165	245	—	—	—	—	—	—
120	180	18	100	100	192	192	284	—	—	—	—	—	—
180	220	18	110	110	214	214	318	—	—	—	—	—	—
220	280	18	125	125	239	239	353	—	—	—	—	—	—

表 14.2-23　C 系列关节轴承径向游隙　（μm）

d/mm		N 组		d/mm		N 组	
超过	到	min	max	超过	到	min	max
300	340	125	239	850	1060	195	405
340	420	135	261	1060	1400	220	470
420	530	145	285	1400	1700	240	540
530	670	160	320	1700	2000	260	610
670	850	170	350				

表 14.2-24　K 系列关节轴承径向游隙　（μm）

d/mm		2 组			N 组			3 组		
		min		max	min		max	min		max
超过	到	向心关节轴承	杆端关节轴承		向心关节轴承	杆端关节轴承		向心关节轴承	杆端关节轴承	
2.5	8	8	4	32	32	16	68	68	34	104
8	16	10	5	40	40	20	82	82	41	124
16	25	12	6	50	50	25	100	100	50	150
25	40	15	8	60	60	30	120	120	60	180
40	50	18	9	72	72	36	142	142	71	212

表 14.2-25　H 系列关节轴承径向游隙　（μm）

d/mm		2 组		N 组		3 组		d/mm		2 组		N 组		3 组	
超过	到	min	max	min	max	min	max	超过	到	min	max	min	max	min	max
90	120	18	85	85	165	165	245	380	480	—	—	145	285	—	—
120	180	18	100	100	192	192	284	480	600	—	—	160	320	—	—
180	240	18	110	110	214	214	318	600	750	—	—	170	350	—	—
240	300	18	125	125	239	239	353	750	950	—	—	195	405	—	—
300	380	—	—	135	261	—	—	950	1000	—	—	220	470	—	—

表 14.2-26　W 系列关节轴承径向游隙　（μm）

d/mm		2 组		N 组		3 组		d/mm		2 组		N 组		3 组	
超过	到	min	max	min	max	min	max	超过	到	min	max	min	max	min	max
2.5	12	8	32	32	68	68	104	90	125	18	85	85	165	165	245
12	20	10	40	40	82	82	124	125	200	18	100	100	192	192	284
20	32	12	50	50	100	100	150	200	250	18	125	125	239	239	353
32	50	15	60	60	120	120	180	250	320	18	135	135	261	261	387
50	90	18	72	72	142	142	212								

表 14.2-27　K 系列关节轴承径向游隙（摩擦副材料为钢/青铜）　（μm）

d/mm		向心关节轴承						杆端关节轴承					
		2 组		N 组		3 组		2 组		N 组		3 组	
超过	到	min		max		min		max		min		max	
2.5	6	4	34	10	50	42	72	2	34 (22)	5	50 (40)	21	72 (65)
6	10	5	41	13	61	52	88	3	41 (27)	7	61 (49)	26	88 (78)
10	18	6	49	16	75	64	107	3	49 (33)	8	75 (59)	32	107 (93)
18	30	7	59	20	92	77	102	4	59 (40)	10	92 (72)	39	120 (103)
30	50	9	71	25	112	98	150	5	71 (48)	13	112 (87)	49	150 (125)

注：对于特殊结构的杆端关节轴承（如组装结构和整体结构），允许采用括号内的值。

表 14.2-28　自润滑向心关节轴承径向游隙　（μm）

d/mm		N 组		d/mm		N 组	
超过	到	min	max	超过	到	min	max
4	12	4	28	20	30	6	44
12	20	5	35				

第3章　滚动轴承计算

1　滚动轴承的失效形式

滚动轴承的失效形式主要有疲劳点蚀、过量的永久变形和磨损等。轴承在正常的条件下使用时，内圈、外圈和滚动体上的接触应力都是变化的，工作一定时间后，接触表面就可能发生疲劳点蚀，以致造成疲劳剥落。故疲劳点蚀是轴承的正常失效形式，它决定了轴承的工作寿命。轴承的寿命一般指疲劳寿命。

转速很低或间歇往复摆动的轴承，在过大的静载荷或冲击载荷作用下，会使套圈滚道和滚动体接触处的局部应力超过材料的屈服强度，以致表面发生过大的塑性变形，使轴承不能正常工作。

在润滑不良和密封不严的情况下，轴承工作时，接触面容易发生磨损。转速越高，磨损越严重。磨损会使轴承的游隙增加，振动和噪声增大，各项技术性能急剧下降，导致轴承失效。

此外，轴承还有胶合、烧伤、套圈断裂、滚动体压碎、保持架磨损和断裂及锈蚀等失效形式。在正常的使用条件下，这些失效是可以避免的，因此称之为非正常失效。

2　通用轴承计算

本节相关内容摘自 GB/T 6391—2010、GB/T 6930—2002、GB/T 4662—2012。

2.1　基本额定寿命

轴承的疲劳寿命指一套轴承，其中一个套圈（或垫圈）或滚动体的材料出现第一个疲劳扩展迹象之前，一个套圈（或垫圈）相对另一个套圈（或垫圈）的转速或在一定转速下工作的小时数。大量试验证明，滚动轴承的疲劳寿命是相当离散的。同一批生产的同一型号轴承，在完全相同的条件下运转，疲劳寿命各不相同，甚至相差数十倍。因此对于一个具体的轴承很难预知其确切的疲劳寿命，但是一批轴承的疲劳寿命却服从一定的概率分布规律。

为了兼顾轴承工作的可靠性与经济性，对一批同型号的轴承，在相同的条件下运转，把 10% 轴承发生疲劳点蚀之前的寿命定义为这批轴承的基本额定寿命，用 L_{10} 表示，单位为 10^6r，或用一定转速下运转的小时数 L_{10h}（h）表示。设计中通常取基本额定寿命作为轴承的寿命指标。这就是说，单个轴承能达到基本额定寿命的可靠度为 90%。

2.2　基本额定载荷

2.2.1　基本额定动载荷

滚动轴承的基本额定动载荷指在特定条件下，轴承承受恒定载荷的能力。对向心轴承来说，是承受大小和方向恒定的纯径向载荷的能力，称为径向基本额定动载荷，用 C_r 表示。对推力轴承来说，是承受大小和方向恒定的纯轴向载荷的能力，称为轴向基本额定动载荷，用 C_a 表示。

上述特定条件包括：

1）轴承材料为高质量淬硬钢。

2）失效概率为 10%。

3）基本额定寿命 L_{10} 等于 10^6r。

4）向心轴承的套圈之间只产生径向位移，推力轴承的套圈之间只产生轴向位移。

简单地说，基本额定动载荷就是使轴承的基本额定寿命等于 1（10^6r）的载荷。它与轴承的滚动体个数、滚动体直径、滚动体列数、滚子的长度等结构参数有关，是衡量轴承承载能力的主要指标。

（1）单套轴承的基本额定动载荷

滚动轴承基本额定动载荷的计算公式见表 14.3-1。常用滚动轴承的基本额定动载荷的数值可从本篇第 6 章中的相应表格中查到。

（2）成对安装和多套安装轴承的基本额定动载荷

1）两套相同的向心轴承，成对安装在同一轴上的同一个支承位置，整体运转，这对轴承的基本额定动载荷按一套双列轴承计算。

2）两套和两套以上相同的向心轴承，以“串联”方式安装在同一轴上的同一个支承位置，整体运转，若能保证载荷均匀分布，这一轴承组合的径向基本额定动载荷，对于球轴承，等于轴承数的 0.7 次幂乘以单列轴承的径向基本额定动载荷；对于滚子轴承，等于轴承数的 7/9 次幂乘以单列轴承的径向基本额定动载荷。

3）两列或多列球径相同的推力球轴承，承受同一方向的轴向载荷作用时，其轴向基本额定动载荷按式（14.3-1）计算：

$$C_a=(Z_1+Z_2+\cdots+Z_n)\times[(Z_1/C_{a1})^{10/3}+(Z_2/C_{a2})^{10/3}+\cdots+(Z_n/C_{an})^{10/3}]^{-3/10} \tag{14.3-1}$$

式中　Z_1、Z_2、…、Z_n——各列轴承的球数；

C_{a1}、C_{a2}、…、C_{an}——各单列轴承的轴向基本额定动载荷。

4）两列或多列滚子直径相同的推力滚子轴承，承受同一方向的轴向载荷时，其轴向基本额定动载荷按式（14.3-2）计算：

$$C_a=(Z_1L_{we1}+Z_2L_{we2}+\cdots+Z_nL_{wen})\times[(Z_1L_{we1}/C_{a1})^{9/2}+(Z_2L_{we2}/C_{a2})^{9/2}+\cdots+(Z_nL_{wen}/C_{an})^{9/2}]^{-2/9} \quad (14.3\text{-}2)$$

式中　L_{we1}、L_{we2}、…、L_{wen}——各列滚子的有效长度。

表 14.3-1　基本额定动载荷的计算公式

<table>
<tr><th colspan="3" rowspan="2">轴承类型</th><th rowspan="2">名称</th><th rowspan="2">符号</th><th colspan="2">计算公式</th><th rowspan="2">说　明</th></tr>
<tr><th>$D_w \leqslant 25.4$mm</th><th>$D_w > 25.4$mm</th></tr>
<tr><td rowspan="2">向心轴承</td><td colspan="2">球轴承</td><td rowspan="2">径向基本额定动载荷</td><td rowspan="2">C_r</td><td>$b_m f_c(i\cos\alpha)^{0.7}Z^{2/3}D_w^{1.8}$</td><td>$3.647b_m f_c(i\cos\alpha)^{0.7}Z^{2/3}D_w^{1.4}$</td><td rowspan="6">$f_c$—系数，见表 14.3-2
b_m—系数，见表 14.3-3
i—滚动体列数
α—接触角
Z—滚动体个数
D_w、D_{we}—分别为球和滚子直径(mm)
L_{we}—滚子有效长度(mm)</td></tr>
<tr><td colspan="2">滚子轴承</td><td colspan="2">$b_m f_c(iL_{we}\cos\alpha)^{7/9}Z^{3/4}D_{we}^{29/27}$</td></tr>
<tr><td rowspan="4">推力轴承</td><td rowspan="2">球轴承</td><td>$\alpha=90°$</td><td rowspan="4">轴向基本额定动载荷</td><td rowspan="4">C_a</td><td>$b_m f_c Z^{2/3}D_w^{1.8}$</td><td>$3.647b_m f_c Z^{2/3}D_w^{1.4}$</td></tr>
<tr><td>$\alpha\neq90°$</td><td>$b_m f_c(\cos\alpha)^{0.7}\tan\alpha Z^{2/3}D_w^{1.8}$</td><td>$3.647b_m f_c(\cos\alpha)^{0.7}\tan\alpha Z^{2/3}D_w^{1.4}$</td></tr>
<tr><td rowspan="2">滚子轴承</td><td>$\alpha=90°$</td><td colspan="2">$b_m f_c L_{we}^{7/9}Z^{3/4}D_{we}^{29/27}$</td></tr>
<tr><td>$\alpha\neq90°$</td><td colspan="2">$b_m f_c(L_{we}\cos\alpha)^{7/9}\tan\alpha Z^{3/4}D_{we}^{29/27}$</td></tr>
</table>

表 14.3-2　系数 f_c 值

向心球轴承

$D_w\cos\alpha/D_{pw}$	深沟球轴承和单、双列角接触球轴承	双列深沟球轴承	单、双列调心球轴承	磁电动机球轴承
0.05	46.7	44.2	17.3	16.2
0.06	49.1	46.5	18.6	17.4
0.07	51.1	48.4	19.9	18.5
0.08	52.8	50.0	21.1	19.5
0.09	54.3	51.4	22.3	20.6
0.10	55.5	52.6	23.4	21.5
0.12	57.5	54.5	25.6	23.4
0.14	58.8	55.7	27.7	25.3
0.16	59.6	56.5	29.7	27.1
0.18	59.9	56.8	31.7	28.8
0.20	59.9	56.8	33.5	30.5
0.22	59.6	56.5	35.2	32.1
0.24	59.0	55.9	36.8	33.7
0.26	58.2	55.1	38.2	35.2
0.28	57.1	54.1	39.4	36.6
0.30	56.0	53.0	40.3	37.8
0.32	54.6	51.8	40.9	38.9
0.34	53.2	50.4	41.2	39.8
0.36	51.7	48.9	41.3	40.4
0.38	50.0	47.4	41.0	40.8
0.40	48.4	45.8	40.4	40.9

推力球轴承

D_w/D_{pw}	$\alpha=90°$	$D_w\cos\alpha/D_{pw}$	$45°\leqslant\alpha<60°$	$\alpha=60°$	$\alpha=75°$
0.01	36.7	0.01	42.1	39.2	37.3
0.02	45.2	0.02	51.7	48.1	45.9
0.03	51.1	0.03	58.2	54.2	51.7
0.04	55.7	0.04	63.3	58.9	56.1
0.05	59.5	0.05	67.3	62.6	59.7
0.06	62.9	0.06	70.7	65.8	62.7
0.07	65.8	0.07	73.5	68.4	65.2
0.08	68.5	0.08	75.9	70.7	67.3
0.09	71.0	0.09	78.0	72.6	69.2
0.10	73.3	0.10	79.7	74.2	70.7
0.12	77.4	0.12	82.3	76.6	
0.14	81.1	0.14	84.1	78.3	
0.16	84.4	0.16	85.1	79.2	
0.18	87.4	0.18	85.5	79.6	
0.20	90.2	0.20	85.4	79.5	
0.22	92.8	0.22	84.9		
0.24	95.3	0.24	84.0		
0.26	97.6	0.26	82.8		
0.28	99.8	0.28	81.3		
0.30	101.9	0.30	79.6		
0.32	103.9				
0.34	105.8				

（续）

向心滚子轴承									
$D_{we}\cos\alpha/D_{pw}$	0.01	0.02	0.03	0.04	0.05	0.06	0.07	0.08	0.09
f_c	52.1	60.8	66.5	70.7	74.1	76.9	79.2	81.2	82.8
$D_{we}\cos\alpha/D_{pw}$	0.10	0.12	0.14	0.16	0.18	0.20	0.22	0.24	0.26
f_c	84.2	86.4	87.7	88.5	88.8	88.7	88.2	87.5	86.4
$D_{we}\cos\alpha/D_{pw}$	0.28	0.30							
f_c	85.2	83.8							

推力滚子轴承					
D_{we}/D_{pw}	$\alpha=90°$	$D_{we}\cos\alpha$	$45°\leqslant\alpha<60°$	$60°\leqslant\alpha<75°$	$75\leqslant\alpha<90°$
0.01	105.4	0.01	109.7	107.1	105.6
0.02	122.9	0.02	127.8	124.7	123.0
0.03	134.5	0.03	139.5	136.2	134.3
0.04	143.4	0.04	148.3	144.7	142.8
0.05	150.7	0.05	155.2	151.5	149.4
0.06	156.9	0.06	160.9	157.0	154.9
0.07	162.4	0.07	165.6	161.6	159.4
0.08	167.2	0.08	169.5	165.5	163.2
0.09	171.7	0.09	172.8	168.7	166.4
0.10	175.7	0.10	175.5	171.4	169.0
0.12	183.0	0.12	179.7	175.4	173.0
0.14	189.4	0.14	182.3	177.9	175.5
0.16	195.1	0.16	183.7	179.3	
0.18	200.3	0.18	184.1	179.7	
0.20	205.0	0.20	183.7	179.3	
0.22	209.4	0.22	182.6		
0.24	213.5	0.24	180.9		
0.26	217.3	0.26	178.7		
0.28	220.9				
0.30	224.3				
说明	D_{pw}—球或滚子组的节圆直径（mm） 对表中数据的中间值，f_c 值由线性内插法求得				

表 14.3-3 系数 b_m 值

轴承类型			b_m
向心轴承	向心球轴承	径向接触和角接触沟型球轴承以及调心球轴承（有装填槽和外球面轴承除外）	1.3
		有装填槽的轴承	1.1
		外球面轴承	1.3
	向心滚子轴承	圆柱滚子轴承、圆锥滚子轴承和机制套圈的滚针轴承	1.1
		冲压外圈滚针轴承	1
		调心滚子轴承	1.15
推力轴承	推力球轴承	推力球轴承	1.3
	推力滚子轴承	圆柱滚子轴承和滚针轴承	1
		圆锥滚子轴承	1.1
		调心滚子轴承	1.15

2.2.2 基本额定静载荷

基本额定静载荷是为了限制轴承的永久变形，引进的一种假想载荷，它代表轴承承受静止载荷的能力。

当向心轴承处于静止状态或缓慢运转状态时，使受载最大的滚动体与滚道接触中心处的接触应力达到以下数值的径向载荷称为径向基本额定静载荷，用 C_{0r} 表示。

4600MPa　调心球轴承

4200MPa　其他向心球轴承

4000MPa　向心滚子轴承

当推力轴承处于静止状态或缓慢运转状态时，使受载最大的滚动体与滚道接触中心处的接触应力达到以下数值的轴向载荷称为轴向基本额定静载荷，用 C_{0a} 表示。

4200MPa　推力球轴承

4000MPa　推力滚子轴承

基本额定静载荷的计算公式见表 14.3-4 和表 14.3-5。常用轴承的基本额定静载荷可以从本篇第 6 章的相关表格中查到。

表 14.3-4 基本额定静载荷的计算公式

轴承类型	名称	计算公式
向心球轴承 向心滚子轴承	径向基本额定静载荷	$C_{0r}=f_0 iZD_w^2\cos\alpha$ $C_{0r}=44\left(1-\dfrac{D_{we}\cos\alpha}{D_{pw}}\right)iZL_{we}D_{we}\cos\alpha$
单向或双向推力球轴承 单向或双向推力滚子轴承	轴向基本额定静载荷	$C_{0a}=f_0 ZD_w^2\sin\alpha$ $C_{0a}=220\left(1-\dfrac{D_{we}\cos\alpha}{D_{pw}}\right)ZL_{we}D_{we}\sin\alpha$

注：表中 f_0 值见表 14.3-5。

表 14.3-5 系数 f_0 值

$\dfrac{D_w\cos\alpha}{D_{pw}}$	系数 f_0			$\dfrac{D_w\cos\alpha}{D_{pw}}$	系数 f_0		
	深沟球轴承、角接触球轴承	调心球轴承	推力球轴承		深沟球轴承、角接触球轴承	调心球轴承	推力球轴承
0	14.7	1.9	61.6	0.21	13.7	2.8	45
0.01	14.9	2	60.8	0.22	13.5	2.9	44.2
0.02	15.1	2	59.9	0.23	13.2	2.9	43.5
0.03	15.3	2.1	59.1	0.24	13	3	42.7
0.04	15.5	2.1	58.3	0.25	12.8	3	41.9
0.05	15.7	2.1	57.5	0.26	12.5	3.1	41.2
0.06	15.9	2.2	56.7	0.27	12.3	3.1	40.5
0.07	16.1	2.2	55.9	0.28	12.1	3.2	39.7
0.08	16.3	2.3	55.1	0.29	11.8	3.2	39
0.09	16.5	2.3	54.3	0.3	11.6	3.3	38.2
0.1	16.4	2.4	53.5	0.31	11.4	3.3	37.5
0.11	16.1	2.4	52.7	0.32	11.2	3.4	36.8
0.12	15.9	2.4	51.9	0.33	10.9	3.4	36
0.13	15.6	2.5	51.2	0.34	10.7	3.5	35.3
0.14	15.4	2.5	50.4	0.35	10.5	3.5	34.6
0.15	15.2	2.6	49.6	0.36	10.3	3.6	
0.16	14.9	2.6	48.8	0.37	10	3.6	
0.17	14.7	2.7	48	0.38	9.8	3.7	
0.18	14.4	2.7	47.3	0.39	9.6	3.8	
0.19	14.2	2.8	46.5	0.4	9.4	3.8	
0.2	14	2.8	45.7				

2.3 当量载荷

2.3.1 当量动载荷

轴承的基本额定动载荷是在如下假定的载荷条件下确定的：向心轴承仅承受径向载荷，推力轴承仅承受轴向载荷。实际上，轴承在大多数应用场合，同时受径向载荷和轴向载荷的联合作用。因此在进行轴承寿命计算时，必须把实际载荷转换成与额定动载荷的载荷条件相一致的载荷，称为当量动载荷。径向当量动载荷是一恒定的径向载荷，轴向当量动载荷是一恒定的轴向载荷。轴承在当量动载荷作用下的寿命与在实际载荷作用下的寿命相当。

1）在大小和方向恒定的径向载荷和轴向载荷作用下，当量动载荷

$$P=XF_r+YF_a \tag{14.3-3}$$

式中 P——当量动载荷（N）；

F_r——轴承所受径向载荷（N）；

F_a——轴承所受轴向载荷（N）；

X——径向动载荷系数；

Y——轴向动载荷系数。

各类轴承当量动载荷的计算系数 X、Y 的取值见表 14.3-6 和表 14.3-7。

表 14.3-6 向心轴承的系数 X、Y

轴承类型	相对轴向载荷		单列轴承				双列轴承				e
			$F_a/F_r\leqslant e$		$F_a/F_r>e$		$F_a/F_r\leqslant e$		$F_a/F_r>e$		
	F_a/C_{0r}	$F_a/(ZD_w^2)$	X	Y	X	Y	X	Y	X	Y	
	0.014	0.172				2.30				2.30	0.19
	0.028	0.345				1.99				1.99	0.22
	0.056	0.689				1.71				1.71	0.26
	0.084	1.03				1.55				1.55	0.28
深沟球轴承	0.11	1.38	1	0	0.56	1.45	1	0	0.56	1.45	0.30
	0.17	2.07				1.31				1.31	0.34
	0.28	3.45				1.15				1.15	0.38
	0.42	5.17				1.04				1.04	0.42
	0.56	6.89				1.00				1.00	0.44

（续）

轴承类型		相对轴向载荷		单列轴承				双列轴承				e
				$F_a/F_r\leqslant e$		$F_a/F_r>e$		$F_a/F_r\leqslant e$		$F_a/F_r>e$		
		F_a/C_{0r}	$F_a/(ZD_w^2)$	X	Y	X	Y	X	Y	X	Y	
角接触球轴承	$\alpha=5°$	0.014	0.172			此类轴承用单列深沟球轴承的 X、Y 和 e 值			2.78		3.74	0.23
		0.028	0.345						2.40		3.23	0.26
		0.056	0.689						2.07		2.78	0.30
		0.085	1.03						1.87		2.52	0.34
		0.11	1.38	1	0			1	1.75	0.78	2.36	0.36
		0.17	2.07						1.58		2.13	0.40
		0.28	3.45						1.39		1.87	0.45
		0.42	5.17						1.26		1.69	0.50
		0.56	6.89						1.21		1.63	0.52
	$\alpha=10°$	0.014	0.172				1.88		2.18		3.06	0.29
		0.029	0.345				1.71		1.98		2.78	0.32
		0.057	0.689				1.52		1.76		2.47	0.36
		0.086	1.03				1.41		1.63		2.29	0.38
		0.11	1.38	1	0	0.46	1.34	1	1.55	0.75	2.18	0.40
		0.17	2.07				1.23		1.42		2.00	0.44
		0.29	3.45				1.10		1.27		1.79	0.49
		0.43	5.17				1.01		1.17		1.64	0.54
		0.57	6.89				1.00		1.16		1.63	0.54
	$\alpha=15°$（7000C）	0.015	0.172				1.47		1.65		2.39	0.38
		0.029	0.345				1.40		1.57		2.28	0.40
		0.058	0.689				1.30		1.46		2.11	0.43
		0.087	1.03				1.23		1.38		2.00	0.46
		0.12	1.38	1	0	0.44	1.19	1	1.34	0.72	1.93	0.47
		0.17	2.07				1.12		1.26		1.82	0.50
		0.29	3.45				1.02		1.14		1.66	0.55
		0.44	5.17				1.00		1.12		1.63	0.56
		0.58	6.89				1.00		1.12		1.63	0.56
	$\alpha=20°$	—	—			0.43	1.00		1.09	0.70	1.63	0.57
	$\alpha=25°$（7000AC）	—	—			0.41	0.87		0.92	0.67	1.41	0.68
	$\alpha=30°$	—	—	1	0	0.39	0.76	1	0.78	0.63	1.24	0.80
	$\alpha=35°$	—	—			0.37	0.66		0.66	0.60	1.07	0.95
	$\alpha=40°$（7000B）	—	—			0.35	0.57		0.55	0.57	0.93	1.14
	$\alpha=45°$	—	—			0.33	0.50		0.47	0.54	0.81	1.34
圆锥滚子轴承 $\alpha\neq0°$				1	0	0.40	$0.40\cot\alpha$	1	$0.45\cot\alpha$	0.67	$0.67\cot\alpha$	$1.5\tan\alpha$

表 14.3-7　推力轴承的系数 X、Y

轴承类型	α	单向轴承①		双向轴承				e
		$F_a/F_r>e$		$F_a/F_r\leqslant e$		$F_a/F_r>e$		
		X	Y	X	Y	X	Y	
推力球轴承	45°	0.66		1.18	0.59	0.66		1.25
	50°	0.73		1.37	0.57	0.73		1.49
	55°	0.81		1.60	0.56	0.81		1.79
	60°	0.92		1.90	0.55	0.92		2.17
	65°	1.06	1	2.30	0.54	1.06	1	2.68
	70°	1.28		2.90	0.53	1.28		3.43
	75°	1.66		3.89	0.52	1.66		4.67
	80°	2.43		5.86	0.52	2.43		7.09
	85°	4.80		11.75	0.51	4.80		14.29
	$\alpha\neq90°$	$1.25\tan\alpha\times\left(1-\frac{2}{3}\sin\alpha\right)$	1	$\frac{20}{13}\tan\alpha\times\left(1-\frac{1}{3}\sin\alpha\right)$	$\frac{10}{13}\times\left(1-\frac{1}{3}\sin\alpha\right)$	$1.25\tan\alpha\times\left(1-\frac{2}{3}\sin\alpha\right)$	1	$1.25\tan\alpha$
推力滚子轴承	$\alpha\neq90°$	$\tan\alpha$	1	$1.5\tan\alpha$	0.67	$\tan\alpha$	1	$1.5\tan\alpha$

① 对单向推力轴承，$F_a/F_r\leqslant e$ 不适用。

2）当轴承还承受恒定的力矩载荷作用时，当量动载荷可按式（14.3-4）计算：

$$P_m=f_mP \tag{14.3-4}$$

式中　P_m——考虑力矩载荷的当量动载荷（N）；

f_m——力矩载荷系数，见表 14.3-8。

表 14.3-8　力矩载荷系数 f_m 值

载荷大小	f_m
力矩载荷较小时	1.5
力矩载荷较大时	2

3）当轴承承受冲击载荷时，当量动载荷

$$P_d = f_d P \qquad (14.3\text{-}5)$$

式中　P_d——考虑冲击载荷的当量动载荷（N）；

f_d——冲击载荷系数，见表 14.3-9。

4）当轴承受变载荷或在变速条件下工作时，采用由式（14.3-6）计算的平均当量动载荷：

$$P_m = \sqrt[3]{\frac{1}{N}\int_0^N P^3 \mathrm{d}N} \qquad (14.3\text{-}6)$$

式中　P_m——平均当量动载荷（N）；

N——载荷变动一个周期内的总转数（r）。

对于如图 14.3-1 所示的载荷与转速之间的关系，平均当量动载荷

$$P_m = \sqrt[3]{\frac{N_1P_1^3+N_2P_2^3+N_3P_3^3+\cdots}{N}} \qquad (14.3\text{-}7)$$

式中　P_1、P_2、P_3、…是在 N_1、N_2、N_3、…转速时的当量动载荷

$$N_1+N_2+N_3+\cdots = N$$

表 14.3-9　冲击载荷系数 f_d 值

载荷性质	f_d	举　例
无冲击或轻微冲击	1.0~1.2	电动机、汽轮机、通风机、水泵
中等冲击	1.2~1.8	车辆、机床、起重机、冶金设备、内燃机
强大冲击	1.8~3.0	破碎机、轧钢机、石油钻机、振动筛

5）当轴承的转速不变，载荷在 P_{min} 和 P_{max} 之间线性变化时，当量动载荷

$$P_m = \frac{1}{3}\left(P_{min}+2P_{max}\right) \qquad (14.3\text{-}8)$$

6）当轴承的转速不变，载荷随时间单调而连续地周期性变化时，平均当量动载荷按图 14.3-2 给出的公式计算。

7）当轴承载荷由大小和方向均不变的固定载荷 F_1（如转子重量等）和大小不变的旋转载荷 F_2（如不平衡量引起的离心力等）组成时，如图 14.3-3 所示，平均当量动载荷按式（14.3-9）计算。

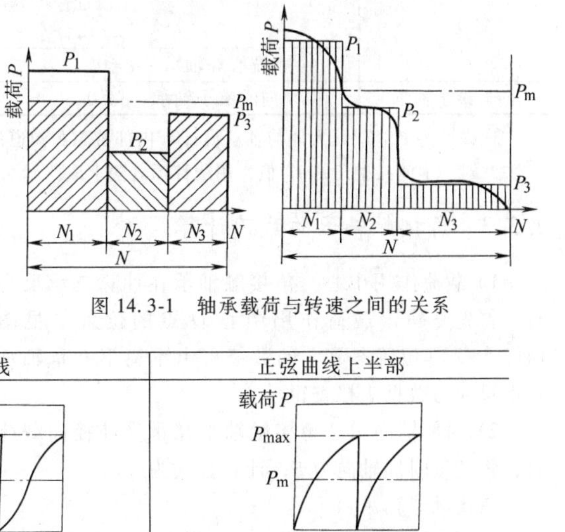

图 14.3-1　轴承载荷与转速之间的关系

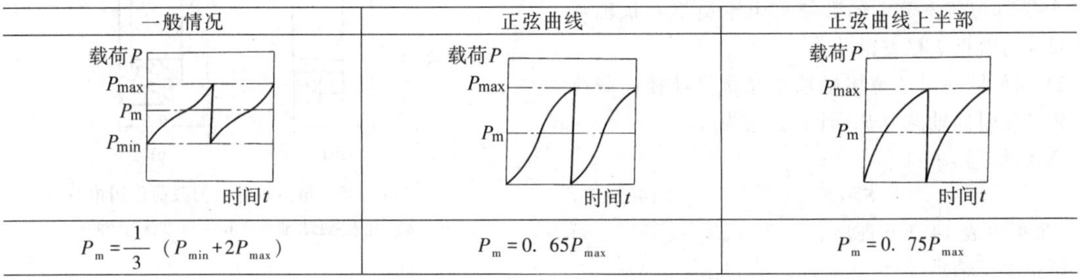

图 14.3-2　平均当量动载荷的近似计算

$$P_m = \phi_m\left(F_1+F_2\right) \qquad (14.3\text{-}9)$$

式中　ϕ_m——按图 14.3-4 确定。

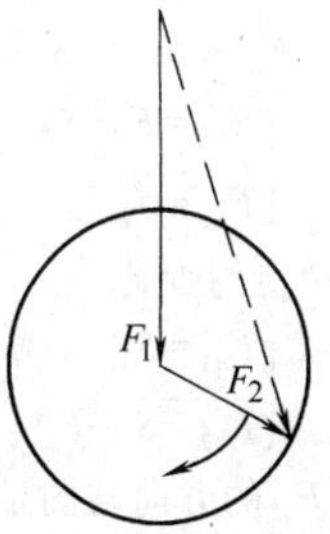

图 14.3-3　F_1 和 F_2 组成的轴承载荷

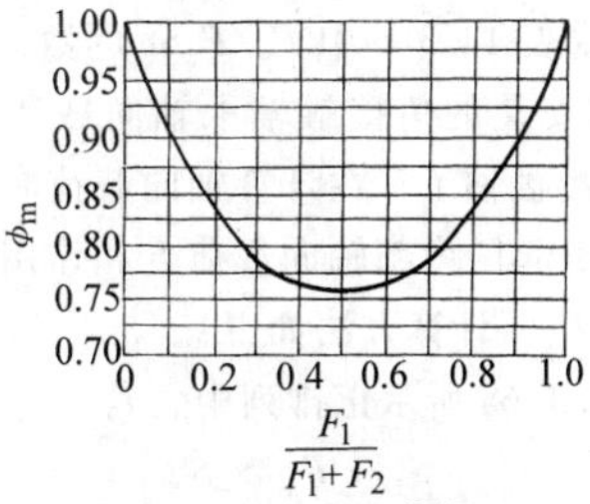

图 14.3-4　ϕ_m 曲线

2.3.2　当量静载荷

当轴承处于静止状态或缓慢运转状态时，若轴承

的实际受载情况与基本额定静载荷的假定情况不同，要将实际载荷转换为当量静载荷。

对于向心轴承，当 $\alpha=0°$时，径向当量静载荷为

$$P_{0r}=F_r \qquad (14.3\text{-}10)$$

当 $\alpha\neq0°$时，径向当量静载荷取下列两式计算出的较大值

$$P_{0r}=X_0F_r+Y_0F_a \qquad (14.3\text{-}11)$$
$$P_{0r}=F_r$$

式中 X_0——径向静载荷系数，见表 14.3-10；

F_r——径向载荷（N）；

Y_0——轴向静载荷系数，见表 14.3-10；

F_a——轴向载荷（N）。

对推力轴承，轴向当量静载荷取下列两式中的较大值

$$\begin{cases}P_{0a}=2.3F_r\tan\alpha+F_a, & \alpha\neq90°\\ P_{0a}=F_a, & \alpha=90°\end{cases} \qquad (14.3\text{-}12)$$

式中 F_r、F_a——轴承的径向载荷和轴向载荷。

表 14.3-10 向心轴承的系数 X_0、Y_0

轴承类型			单列轴承		双列轴承	
			X_0	$Y_0$②	X_0	$Y_0$②
向心球轴承	深沟球轴承①		0.6	0.5	0.6	0.5
	角接触球轴承 α=	5°	0.5	0.52	1	1.04
		10°	0.5	0.5	1	1
		15°	0.5	0.46	1	0.92
		20°	0.5	0.42	1	0.84
		25°	0.5	0.38	1	0.76
		30°	0.5	0.33	1	0.66
		35°	0.5	0.29	1	0.58
		40°	0.5	0.26	1	0.52
		45°	0.5	0.22	1	0.44
	调心球轴承 $\alpha\neq0°$		0.5	$0.22\cot\alpha$	1	$0.44\cot\alpha$
向心滚子轴承	向心滚子轴承 $\alpha\neq0°$		0.5	$0.22\cot\alpha$	1	$0.44\cot\alpha$

① 许可的 F_a/C_{0r}最大值与轴承设计（内部游隙和沟道深度）有关。

② 对于中间接触角的 Y_0 值，用线性插入法求取。

2.3.3 角接触轴承的载荷计算

1）载荷作用中心。角接触轴承在计算支承反力时，首先要确定载荷作用中心 O 点的位置（见图 14.3-5），其位置参数 a 的数值可由本篇第 6 章轴承基本尺寸与数据表格查得。

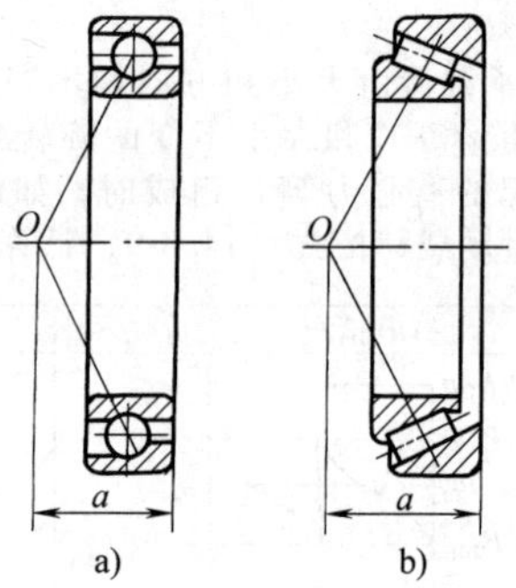

图 14.3-5 角接触轴承的载荷作用中心
a）角接触球轴承 b）圆锥滚子轴承

2）内部轴向力。角接触轴承在承受纯径向载荷时，将产生附加轴向力 S，计算公式为

角接触球轴承

$$S=eF_r \qquad (14.3\text{-}13)$$

e 的数值可由表 14.3-6 查出。

圆锥滚子轴承

$$S=F_r/(2Y) \qquad (14.3\text{-}14)$$

式中 Y 应取表 14.3-6 中 $F_a/F_r>e$ 的数值。

3）成对安装的角接触轴承轴向载荷计算。对成对安装的角接触轴承，在计算轴向载荷时，要同时考虑由径向力引起的内部轴向载荷 S 和作用于轴上的轴向工作载荷 F_a。计算方法如下：

在图 14.3-6a 所示正排列中，若

$$S_1+F_a>S_2$$

则

$$\begin{cases}F_{a1}=S_1\\ F_{a2}=S_1+F_a\end{cases} \qquad (14.3\text{-}15a)$$

若 $S_1+F_a<S_2$

则

$$\begin{cases}F_{a1}=S_2-F_a\\ F_{a2}=S_2\end{cases} \qquad (14.3\text{-}15b)$$

在图 14.3-6b 所示反排列中，若

$$F_a+S_2>S_1$$

则

$$\begin{cases}F_{a1}=F_a+S_2\\ F_{a2}=S_2\end{cases} \qquad (14.3\text{-}16a)$$

若 $F_a+S_2<S_1$

则

$$\begin{cases}F_{a1}=S_1\\ F_{a2}=S_1-F_a\end{cases} \qquad (14.3\text{-}16b)$$

若外加轴向力 F_a 的方向与图示方向相反，则只需轴承 1 和轴承 2 交换一下标号，计算公式仍为上面各式。

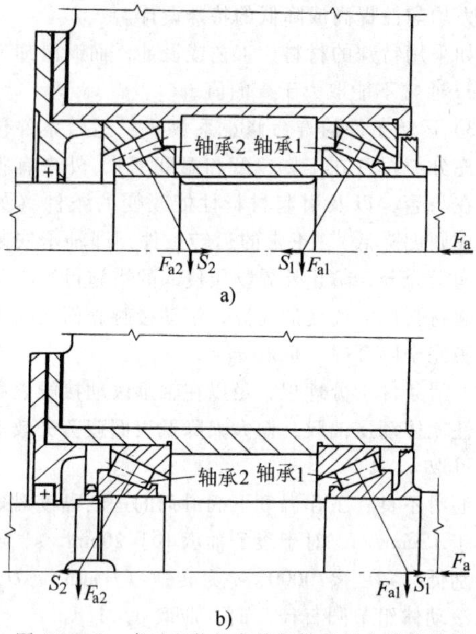

图 14.3-6　成对安装的角接触轴承轴向载荷计算

a）正排列　b）反排列

2.3.4　静不定支承的载荷计算

图 14.3-7 所示为一端成对安装两个同一型号的角接触轴承，另一端安装一个只能承受径向载荷的向心轴承的静不定支承结构。若轴的变形忽略不计，可参照图 14.3-8 采用试算迭代的方法求出每个轴承承受的载荷，计算步骤如下：

1）假定合成径向载荷 F_r 作用在中点 O 处，可算出

$$F_r^{(1)} = \frac{Fl_1}{l}$$

2）由 $\frac{F_a\cot\alpha}{F_r^{(1)}}$ 值查图 14.3-8，找出相应的 $\frac{b_1}{b}$ 值。其中，对角接触球轴承

$$\cot\alpha = \frac{1.25}{e}$$

对圆锥滚子轴承

$$\cot\alpha = 2.5Y$$

式中　e、Y 值可由表 14.3-6 查出。

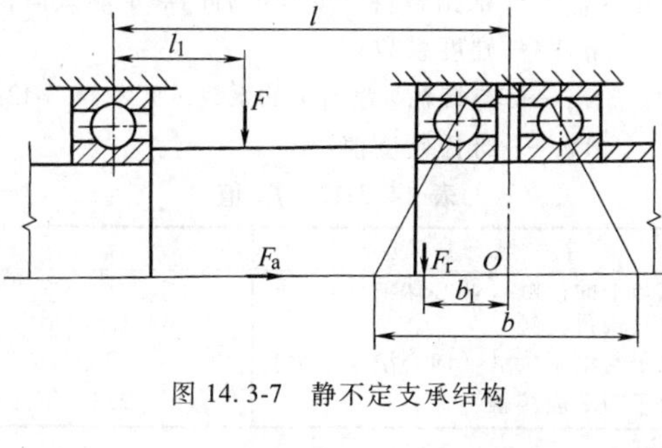

图 14.3-7　静不定支承结构

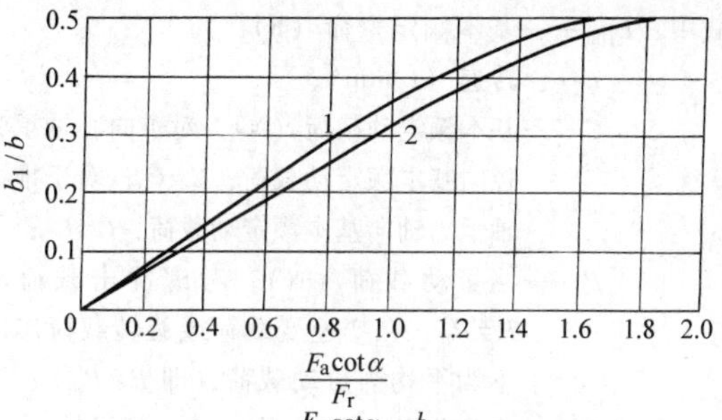

图 14.3-8　$\frac{F_a\cot\alpha}{F_r}$ 与 $\frac{b_1}{b}$ 的对应值

1—角接触球轴承　2—圆锥滚子轴承

3）根据 b_1 值，可由下式计算 $F_r^{(2)}$

$$F_r^{(2)} = \frac{Fl_1}{l - b_1}$$

这样，经过几次迭代，$F_r^{(n)}$ 与 $F_r^{(n-1)}$ 比较接近或 b_1 值在两次迭代中比较接近时，即可得到 F_r 的值。

成对安装两个同一型号的角接触轴承，可按双列轴承进行寿命计算，其基本额定动载荷和当量动载荷均应取双列轴承的数值。如单列轴承的基本额定动载荷为 C_{r1}，则双列轴承的基本额定动载荷为

角接触球轴承　$C_r = 1.62C_{r1}$

圆锥滚子轴承　$C_r = 1.71C_{r1}$

2.4　通用轴承的寿命计算

2.4.1　额定寿命计算

轴承的寿命与所受载荷的大小有关，载荷越大，在接触表面引起的接触应力越大，因而在轴承零件发生疲劳点蚀前所经历的总转数越小，即轴承的寿命越短。大量试验表明，表征轴承载荷 P 与基本额定寿命 L_{10} 的 P-L_{10} 曲线近似于一条双曲线，其方程可写作

$$P^{\varepsilon}L_{10} = 常数$$

根据基本额定动载荷的定义可知，在基本额定动载荷 C 的作用下，轴承的基本额定寿命等于 1，即 $L_{10} = 1$（10^6r），将此关系代入上式，则有

$$P^{\varepsilon}L_{10} = C^{\varepsilon} \times 1$$

由此得出滚动轴承的基本额定寿命

$$L_{10} = \left(\frac{C}{P}\right)^{\varepsilon} \quad (14.3\text{-}17)$$

实际计算中，轴承的工作转速是已知的，这时用小时数表示轴承的寿命比较方便，于是得以小时数为单位的基本额定寿命计算式

$$L_{10h} = \frac{10^6}{60n}\left(\frac{C}{P}\right)^{\varepsilon} \quad (14.3\text{-}18)$$

式中 L_{10h}——基本额定寿命（h）；

n——转速（r/min）；

C——基本额定动载荷（N），对于向心轴承为径向基本额定动载荷，$C=C_r$；对于推力轴承为轴向基本额定动载荷，$C=C_a$；

P——当量动载荷（N），考虑冲击载荷时 $P=P_d$，在变速变载荷或旋转载荷作用下为平均当量动载荷，即 $P=P_m$；

ε——寿命指数（球轴承 $\varepsilon=3$，滚子轴承 $\varepsilon=10/3$）。

2.4.2 修正额定寿命计算

使用基本额定寿命 L_{10} 作为选择与评定轴承寿命的一般准则通常是令人满意的。这个寿命与 90% 的可靠度、当前常用材料和加工质量以及常规运转条件相关。

许多使用场合要求对各种不同的可靠度、特殊的轴承性能以及运转条件不属于正常情况下的轴承寿命进行计算，这时，可采用以下修正基本额定寿命计算公式

$$L_{na}=a_1a_2a_3L_{10} \quad (14.3\text{-}19)$$

式中 L_{na}——特殊的轴承性能和运转条件、可靠度为 $(100-n)\%$ 的修正额定寿命（10^6r）；

a_1——可靠性寿命修正系数；

a_2——特殊的轴承性能寿命修正系数；

a_3——运转条件的寿命修正系数。

1）可靠性寿命修正系数 a_1：一般情况下是以 90% 的可靠度来评定轴承的疲劳寿命，这时 $a_1=1$；但在一些场合，要求可靠度高于 90%，这时的 a_1 系数可按表 14.3-11 选取。

表 14.3-11 可靠性寿命修正系数 a_1

可靠度（%）	90	95	96	97	98	99
a_1	1	0.62	0.53	0.44	0.33	0.21
L_{na}	L_{10a}	L_{5a}	L_{4a}	L_{3a}	L_{2a}	L_{1a}

2）特殊的轴承性能寿命修正系数 a_2：采用特殊种类与质量的材料和特殊的制造工艺以及专门的设计来达到特殊的寿命特性要求时，用系数 a_2 反映寿命值的变化。

根据目前的技术状况，尚不能对 a_2 值与定量表示的材料特性或滚道几何形状之间的关系做出规定，但选取 a_2 值时，可从下列几个方面选取经验值。

采用夹杂物含量非常低或经过特别分析处理的钢材，可取 $a_2 \geqslant 1$。若采用特殊的热处理造成材料硬度降低而导致轴承寿命下降，应相应减小 a_2 的值。选取 a_2 值时，还应考虑是否涉及滚动体与滚道之间接触应力均匀性提高或降低的特殊设计。

如采用特殊的材料、工艺或设计，而润滑却不良时，a_2 通常不能取大于 1 的值。

3）运转条件的寿命修正系数 a_3：运转条件包括润滑充分与否（在工作速度和温度下），外来有害物质存在与否，以及引起材料性能改变的条件（如高温造成硬度降低）。正常的运转条件，即轴承安装正确，润滑充分，防止外界物质侵入的措施得当，且没有引起材料性能改变的高温，滚动接触表面之间由润滑油膜完全隔开时，可取 $a_3=1$。

润滑条件十分理想，足以在轴承滚动接触表面形成弹性流体动压油膜，而大大降低表面疲劳失效概率时，可取 $a_3>1$。

润滑不良，工作温度下润滑剂的运动黏度对球轴承小于 $13\text{mm}^2/\text{s}$，对于滚子轴承小于 $20\text{mm}^2/\text{s}$，或转速特别低［$nD_{pw}<10000$，n 为转速（r/min），D_{pw} 为轴承滚动体组节圆直径］时，应取 $a_3<1$。

2.5 通用轴承的额定静载荷校核计算

对于处于静止和缓慢运转状态下的轴承，或者受载变化较大，尤其承受较大冲击载荷的轴承，为了防止轴承零件的接触表面产生过大的塑性变形，需要对载荷加以一定的限制或者要求轴承的静载荷承载能力达到一定水平。这些要求可以通过如下的额定静载荷校核计算予以实现：

$$C_0 \geqslant S_0P_0 \quad (14.3\text{-}20)$$

式中 C_0——额定静载荷，其值从本篇第 6 章的相关表格中查取；

P_0——当量静载荷；

S_0——安全系数。

若轴承经特殊热处理或高温工作等原因引起材料表面硬度降低，轴承的静载荷能力将下降。

材料硬度对轴承额定静载荷的影响由下式计算：

$$C_{0H}=\eta_H C_0 \quad (14.3\text{-}21)$$

$$\eta_H=f_H\left(\frac{\text{HV}}{800}\right)^2 \quad (14.3\text{-}22)$$

式中 C_{0H}——根据材料硬度修正后的额定静载荷；

η_H——硬度系数；

f_H——与接触类型有关的系数，见表 14.3-12；

HV——维氏硬度值。

表 14.3-12 f_H 值

接触类型	f_H
球与平面接触（调心球轴承）	1
球与沟道接触	1.5
滚子与滚子接触（向心滚子轴承）	2
滚子与平面接触	2.5

对静止轴承、缓慢摆动和转速极低的轴承，安全系数可参照表 14.3-13 选取。对载荷变化较大，尤其受较大冲击载荷作用的旋转轴承，若转速较低，对运转精度和摩擦力矩要求不高时，取 $S_0<1$，否则取 $S_0>1$。一般情况下可参考表 14.3-14 选取。

对于推力调心滚子轴承，无论其旋转与否，均应取 $S_0\geqslant 4$。

另外，还要考虑轴承配合部位的刚度。轴承箱的刚度较低时，应选较高的安全系数，否则，应选较低的安全系数。

表 14.3-13　静止轴承的安全系数 S_0 值

轴承的使用场合	S_0
飞机变距螺旋桨叶片	≥0.5
水坝闸门装置	≥1
吊桥	≥1.5
附加动载荷较小的大型起重机吊钩	≥1
附加动载荷很大的小型装卸起重机起重吊钩	≥1.6

表 14.3-14　旋转轴承的安全系数 S_0 值

使用要求或载荷性质	S_0	
	球轴承	滚子轴承
对旋转精度及平稳性要求高，或承受冲击载荷	1.5~2	2.5~4
正常使用	0.5~2	1~3.5
对旋转精度及平稳性要求较低，没有冲击和振动	0.5~2	1~3

3　关节轴承计算

关节轴承的失效形式主要是摩擦、磨损失效，而不像通用轴承主要是疲劳失效。在选择这类轴承时，一般是根据轴承所受载荷情况和抗摩擦、磨损的能力，确定所需轴承的额定载荷，并据此来选择轴承的类型及型号。或是根据支承结构的要求和工况条件选定轴承型号后，再验算轴承寿命是否满足要求。

3.1　关节轴承的符号及含义（见表 14.3-15）

表 14.3-15　关节轴承的符号及含义

符号	含　义	单位	符号	含　义	单位
B	关节轴承内(轴)圈公称宽度	mm	X_r	径向轴承当量载荷系数	—
C	关节轴承外(座)圈公称宽度	mm	X_{ra}	角接触轴承当量载荷系数	—
H	推力关节轴承公称高度	mm	Y_a	推力轴承当量载荷系数	—
T	角接触关节轴承公称宽度	mm	$[p]$	材料许用应力极限	N/mm²
d_m	关节轴承滑动球面公称直径	mm	$\overline{C}$	轴承中工作表面的有效接触宽度	mm
$\overline{d}_m$	滑动球面等效直径	mm	$I(\varepsilon)$	积分参数	—
C_d	关节轴承额定动载荷	N	f_p	载荷变化频率	Hz
C_{dr}	关节轴承径向额定动载荷	N	k	耐压系数	N/mm²
C_{da}	关节轴承轴向额定动载荷	N	a	系数	—
C_s	关节轴承额定静载荷	N	G	系数	—
C_{sr}	径向额定静载荷	N	L	关节轴承初润滑寿命	摆次
C_{sa}	轴向额定静载荷	N	L_R	关节轴承重润滑寿命	摆次
f_r	径向轴承额定动载荷系数	N/mm²	L_w	关节轴承重润滑间隔	摆次
f_{ra}	角接触轴承额定动载荷系数	N/mm²	t	温度	°C
f_a	推力轴承额定动载荷系数	N/mm²	v	关节轴承滑动速度	mm/s
f	关节轴承摆动频率	min⁻¹	K_M	与摩擦副材料有关的系数	—
f_s	额定静载荷系数	—	α_k	载荷特性寿命系数	—
P	关节轴承当量动载荷	N	α_t	温度寿命系数	—
P_r	径向当量静载荷	N	α_v	滑动速度寿命系数	—
P_a	轴向当量静载荷	N	α_p	载荷寿命系数	—
p	名义接触压力	N/mm²	α_z	轴承质量与润滑寿命系数	—
F_{min}	最小载荷	N	α_h	重润滑间隔寿命系数	—
F_{max}	最大载荷	N	α_β	重润滑摆角寿命系数	—
F_a	轴向载荷	N	β	摆角	°
F_r	径向载荷	N	ζ	折算系数	—

3.2　关节轴承的额定载荷（见表 14.3-16）

f_r、f_{ra}、f_a 和 $f_s=f_s$（$[p]$，ε，d_m）与轴承接触副材料和结构型式尺寸及径向游隙等因素有关，表 14.3-17～表 14.3-19 列出了正常游隙值下的各系数值，X_r、X_{ra} 和 Y_a 值见表 14.3-20。

表 14.3-16 关节轴承额定载荷计算公式 (N)

类型	额定动载荷	额定静载荷	当量动载荷	当量静载荷
向心关节轴承	$C_{dr}=f_r C d_m$	$C_{sr}=f_s C d_m$	$P=X_r F_r$	$P_r=X_r F_r$
角接触关节轴承	$C_{dr}=f_{ra}(B+C-T)d_m$	$C_{sr}=f_s(B+C-T)d_m$	$P=X_{ra}F_r$	$P_r=X_{ra}F_r$
推力关节轴承	$C_{da}=f_a(B+C-H)d_m$	$C_{sa}=f_s(B+C-H)d_m$	$P=Y_a F_a$	$P_a=Y_a F_a$
杆端关节轴承	当杆端关节轴承为向心型时,采用向心关节轴承的方法计算 当杆端关节轴承为球头型时,采用推力关节轴承的方法计算 当 C_{sr} 超过杆体材料屈服强度的许用值时,取该许用值作为计算 C_{sr} 的依据			

注：当关节轴承在一个摆动周期内承受变动载荷时，其当量动载荷为 $P=\sqrt{\dfrac{F_{\min}^2+F_{\max}^2}{2}}$。

表 14.3-17 向心关节轴承的 f_r、f_s 值

d_m/mm		摩擦副材料							
		钢/钢		钢/铜		钢/PTFE 织物		钢/PTFE 复合物	
超过	到	f_r	f_s	f_r	f_s	f_r	f_s	f_r	f_s
5	400	85	425	50	125	120	242	90	225
400	500	87	435	—	—	125	261	—	—
500	700	90	454	—	—	136	268	—	—
700	1000	93	468	—	—	138	278	—	—
1000	1200	93	475	—	—	138	284	—	—

表 14.3-18 角接触关节轴承的 f_{ra}、f_s 值

d_m/mm		摩擦副材料			
		钢/钢		钢/PTFE 织物	
超过	到	f_{ra}	f_s	f_{ra}	f_s
5	55	85.5	426	128	254.0
55	500	88	440	132	263.5

表 14.3-19 推力关节轴承的 f_a、f_s 值

d_m/mm		摩擦副材料			
		钢/钢		钢/PTFE 织物	
超过	到	f_a	f_s	f_a	f_s
5	60	170	855	255	512
60	100	185	924	280	560
100	110	185	966	280	575
110	150	190	966	288	575
150	200	180	920	275	550
200	220	180	768	275	462
220	300	155	768	230	462
300	500	143	710	222	425
500	700	—	—	256	529

表 14.3-20 关节轴承的 X_r、X_{ra}、Y_a 值

F_a/F_r	0	0.1	0.2	0.3	0.4
X_r	1	1.3	1.7	2.45	3.5

F_a/F_r	0	0.5	1	1.5	2	2.5	3
X_{ra}	1	1.22	1.51	1.86	2.265	2.63	3

F_a/F_r	0	0.1	0.2	0.4	0.4	0.5
Y_a	1	1.1	1.22	1.33	1.48	1.61

3.3 关节轴承的寿命计算

关节轴承的寿命与载荷、材料和工作条件有关。

3.3.1 初润滑寿命计算

一般情况下，关节轴承的寿命为

$$L=\alpha_k\alpha_t\alpha_p\alpha_v\alpha_z\frac{K_M C_d}{vP} \qquad (14.3\text{-}23)$$

式中 v——轴承球面滑动速度（mm/s）；

P——当量动载荷（N）；

其他系数分别从表 14.3-21～表 14.3-23 中选取。

关节轴承的球面滑动速度（mm/s）为

$$v=2.9089\times10^{-4}\beta f\bar{d}_m \qquad (14.3\text{-}24)$$

式中，$\bar{d}_m=\zeta d_m$，折算系数 ζ 的值见表 14.3-24。

关节轴承中的名义接触压力（N/mm^2）为

$$p=k\frac{P}{C_d} \qquad (14.3\text{-}25)$$

式中，耐压系数 k 值见表 14.3-25。

3.3.2 重润滑寿命计算

对于需维护的关节轴承，应定期更换轴承中的润滑剂，此时轴承的寿命估算方法如下：

$$L_R=\alpha_h\alpha_\beta L \qquad (14.3\text{-}26)$$

式中 α_h、α_β——按表 14.3-27 选取。

3.3.3 分段载荷下的寿命计算

当关节轴承承受分段载荷作用时，其寿命为

$$L=T\Big/\sum_{i=1}^{n}\frac{T_i}{L_i} \qquad (14.3\text{-}27)$$

式中 $T=\sum_{i=1}^{n}T_i$；

n——载荷的分段数；

T_i——第 i 段载荷的作用时间；

L_i——第 i 段载荷下的计算寿命。

3.4 关节轴承的工作能力计算

关节轴承属于非液体摩擦滑动轴承，其工作能力受

制于磨损失效和胶合失效，为此，必须对轴承滑动表面的相对速度 v、名义接触应力 p 和 pv 值加以限制，即

$$v \leqslant [v]$$

$$p \leqslant [p]$$

$$pv \leqslant [pv]$$

式中　$[v]$、$[p]$、$[pv]$——分别是滑动速度、名义压力和 pv 的许用值，见表 14.3-26。

$$pv = 2.9089 \times 10^{-4} k\beta f \bar{d}_m \frac{P}{C_d} \qquad (14.3\text{-}28)$$

不同材料接触副的 pv 值限制范围见表 14.3-26。

表 14.3-21　寿命系数

系数	摩擦副材料				
	钢/钢	钢/铜	钢/PTFE 织物	钢/PTFE 复合物	备　注
K_M	830	207600	2.592×10^5	2.946×10^5	
α_k	1	1	1	1	恒定载荷
	1	1	$(0.6062 \sim 6.0207) \times 10^{-3} f_p p^{1.11}$	$(0.6062 \sim 3.1309) \times 10^{-3} f_p p^{1.25}$	脉动载荷
	2	2	$(0.433 \sim 4.3005) \times 10^{-3} f_p p^{1.11}$	$(0.433 \sim 2.2364) \times 10^{-3} f_p p^{1.25}$	交变载荷
α_t	1	1	1	1	$t \leqslant 60°C$
	0.9	$(1.15 \sim 2.5) \times 10^{-3} t$	$(1.225 \sim 3.75) \times 10^{-3} t$	$(2.2 \sim 0.02) t$	$60°C < t \leqslant 100°C$
	0.8	$(2.1 \sim 0.012) t$	$(1.35 \sim 0.005) t$	—	$100°C < t \leqslant 150°C$
	0.6	—	—	—	$150°C < t \leqslant 200°C$
α_v	$v^{0.86} \beta^{0.84} f^{0.64}$	$v^{0.4} f^{0.8}$	$\dfrac{f}{1.00475 av \times 1.0093^{\beta}}$	$\dfrac{f}{1.00344 av}$	
α_p	$\alpha_p = G/P^b$				G、b 值见表 14.3-22
a			$a = 1.0193^p$	$a = 1.0399^p$	

表 14.3-22　G、b 值

p/N·mm^{-2}		摩擦副材料							
		钢/钢		钢/铜		钢/PTFE 织物		钢/PTFE 复合物	
超过	到	G	b	G	b	G	b	G	b
0	10	2	0	0.25	0	15.3460	0.0488	4.5102	0.2230
10	25	80.533	1.465	1	0.6	15.3460	0.0488	4.5102	0.2230
25	45	80.533	1.465	1	0.6	22.9060	0.1732	13.7170	0.5686
45	65	80.533	1.465	—	—	47.7259	0.3660	13.7170	0.5686
65	100	80.533	1.465	—	—	157.9193	0.6527	13.7170	0.5686
100	150	—	—	—	—	402.0115	0.8556	—	—

表 14.3-23　系数 α_z

润滑与结构	油脂润滑		自润滑
	无油槽	有油槽	
α_z	0.1~0.5	0.3~1	0.5~1

表 14.3-24　折算系数 ζ 值

轴承类型	向心轴承	角接触轴承	推力轴承
ζ	1	0.9	0.7

表 14.3-25　耐压系数 k 值

摩擦副材料	钢/钢	钢/铜	钢/PTFE 织物	钢/PTFE 复合物
k	100	50	150	100

表 14.3-26　v、p、pv 的许用值

摩擦副材料	钢/钢	钢/铜	钢/PTFE 织物	钢/PTFE 复合物
$[v]$/mm·s^{-1}	100	100	300	300
$[p]$/N·mm^{-2}	100	50	150	100
$[pv]$/N·mm^{-2}·mm·s^{-1}	400	400	300	300

表 14.3-27　系数 α_h、α_β

$h=L/L_w$	1	5	10	20	30	40	50
α_h	1	2	2.85	4	4.9	5.45	5.45

β/(°)	≤7	10	15	20	25	30	35	40
α_β	0.8	1	2.4	3.7	4.6	5.2	5.2	5.2

4　直线运动滚动支承计算

常用的 3 种直线运动导轨基本性能比较见表 14.3-28。滚动直线导轨的运行速度已达 200m/min，在欧美各国 2/3 以上的高速数控机床都采用了滚动直线导轨，它已在各种现代机械设备中得到越来越广泛的应用。

表 14.3-28　直线运动导轨基本性能比较

运动形式	滑动导轨	滚动直线导轨	静压导轨
摩擦因数	$\mu = 0.04 \sim 0.06$	$\mu = 0.003 \sim 0.005$	$\mu = 0.0005 \sim 0.001$
运行速度	低	低~高	中~高
刚　度	高	较高	较低
寿　命	三者相近		
可靠性	高	较高	较差

4.1　直线运动系统的载荷

直线运动系统所承受的载荷受工件重力及重心位置的变化、驱动力 F 及工作阻力 R 作用位置的变化、起动及停止时加速或减速引起的速度变化等因素的影响而发生变化。表 14.3-29 给出了 7 种常见的四滑块工作台直线运动系统载荷计算方法。

表 14.3-29 直线运动系统常见受载情况的计算

	使用条件	作用在一个滑块上的载荷	应用
1	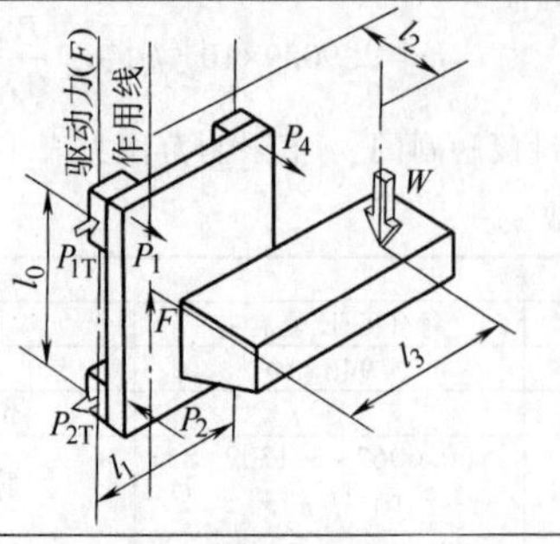	$P_1 \sim P_4=\frac{W}{2}\times\frac{l_2}{l_0}$ $P_{1T} \sim P_{4T}=\frac{W}{2}\times\frac{l_3}{l_0}$ 式中 W—外加载荷 P_1、P_2、…—垂直于运动平面的支反力,下同 P_{1T}、P_{2T}、…—平行于运动平面且垂直于导轨的支反力,下同 F—驱动(推)力	立式导轨 匀速运动或静止时用左列公式计算。起动及停止时因惯性力引起的载荷变化参见本表 7。常见于工业用立式机械手、自动喷涂机械、起重机等场合
2	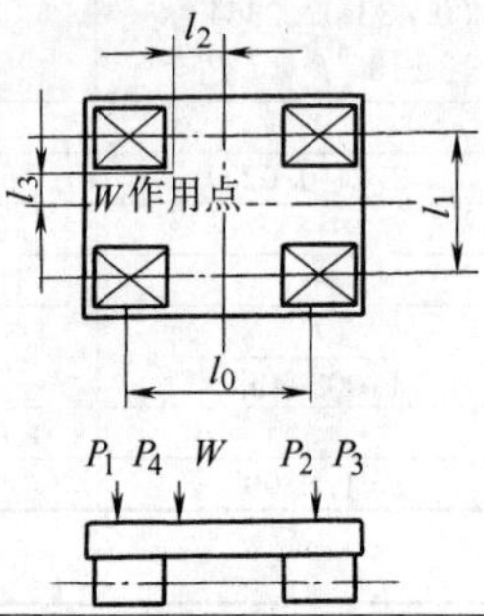	$P_1=\frac{W}{4}+\frac{W}{2}\times\frac{l_2}{l_0}-\frac{W}{2}\times\frac{l_3}{l_1}$ $P_2=\frac{W}{4}-\frac{W}{2}\times\frac{l_2}{l_0}-\frac{W}{2}\times\frac{l_3}{l_1}$ $P_3=\frac{W}{4}-\frac{W}{2}\times\frac{l_2}{l_0}+\frac{W}{2}\times\frac{l_3}{l_1}$ $P_4=\frac{W}{4}+\frac{W}{2}\times\frac{l_2}{l_0}+\frac{W}{2}\times\frac{l_3}{l_1}$	卧式导轨之一(滑块移动) 匀速或静止时的卧式导轨(滑块移动)用左列公式计算。直线运动且 $l_2 l_3$ 变化时,平均载荷的计算参见表 14.3-30 平均载荷部分。常见于工业用卧式机械手、自动压力机械、X-Y 平台
3	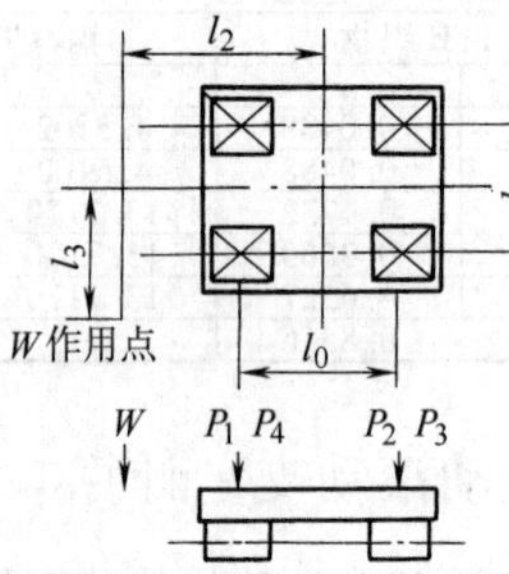	$P_1=\frac{W}{4}+\frac{W}{2}\times\frac{l_2}{l_0}-\frac{W}{2}\times\frac{l_3}{l_1}$ $P_2=\frac{W}{4}-\frac{W}{2}\times\frac{l_2}{l_0}-\frac{W}{2}\times\frac{l_3}{l_1}$ $P_3=\frac{W}{4}-\frac{W}{2}\times\frac{l_2}{l_0}+\frac{W}{2}\times\frac{l_3}{l_1}$ $P_4=\frac{W}{4}+\frac{W}{2}\times\frac{l_2}{l_0}+\frac{W}{2}\times\frac{l_3}{l_1}$	卧式导轨之二(滑块移动) 匀速或静止时的卧式导轨(滑块移动)用左列公式计算,如工业用机械手、工厂运送机械、X-Y 平台
4	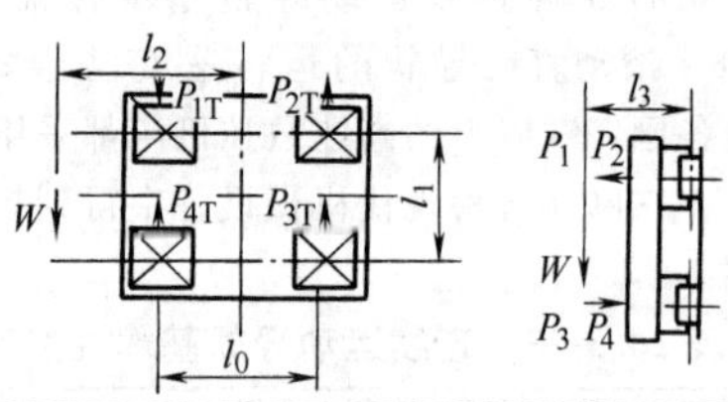	$P_1 \sim P_4=\frac{W}{2}\times\frac{l_3}{l_1}$ $P_{1T}=P_{4T}=\frac{W}{4}+\frac{W}{2}\times\frac{l_2}{l_0}$ $P_{2T}=P_{3T}=\frac{W}{4}-\frac{W}{2}\times\frac{l_2}{l_0}$	横梁导轨 匀速运动或静止时的垂直导轨用左列公式计算,常见于交叉式轨道、工业用机械手
5	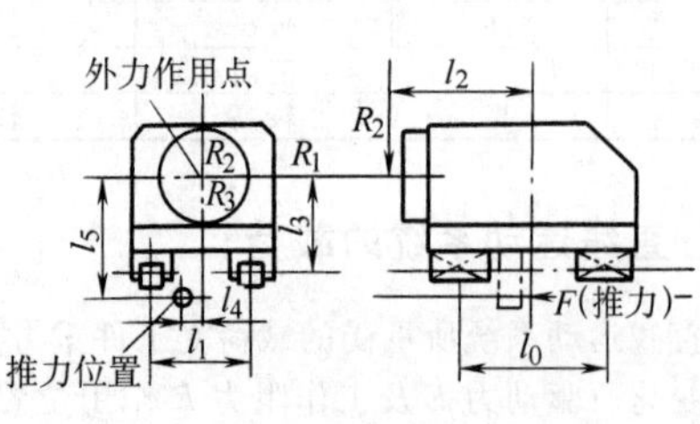	R_1 作用时 $P_1 \sim P_4=\frac{R_1}{2}\times\frac{l_5}{l_0}$ $P_{1T} \sim P_{4T}=\frac{R_1}{2}\times\frac{l_4}{l_0}$ R_2 作用时 $P_1=P_4=\frac{R_2}{4}+\frac{R_2}{2}\times\frac{l_2}{l_0}$ $P_2=P_3=\frac{R_2}{4}-\frac{R_2}{2}\times\frac{l_2}{l_0}$ R_3 作用时 $P_1 \sim P_4=\frac{R_3}{2}\times\frac{l_3}{l_1}$ $P_{1T}=P_{4T}=\frac{R_3}{4}+\frac{R_3}{2}\times\frac{l_2}{l_0}$ $P_{2T}=P_{3T}=\frac{R_3}{4}-\frac{R_3}{2}\times\frac{l_2}{l_0}$	承受水平及垂直外力时的导轨 常见于钻孔机组、铣床、车床、机械加工中心等切削机械

（续）

使用条件		作用在一个滑块上的载荷	应用
6	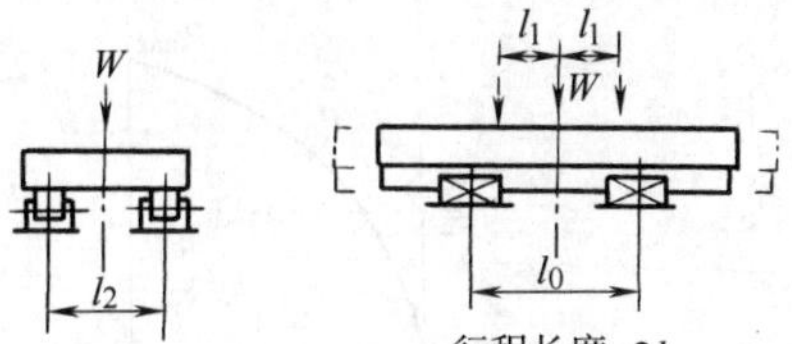 行程长度：$2l_1$	$P_1 \sim P_4(\max)=\frac{W}{4}+\frac{W}{2}\times\frac{l_1}{l_0}$ $P_1 \sim P_4(\min)=\frac{W}{4}-\frac{W}{2}\times\frac{l_1}{l_0}$	水平式导轨 用于匀速运动时取平均载荷，常见于企业用机械手、X-Y 平台
7	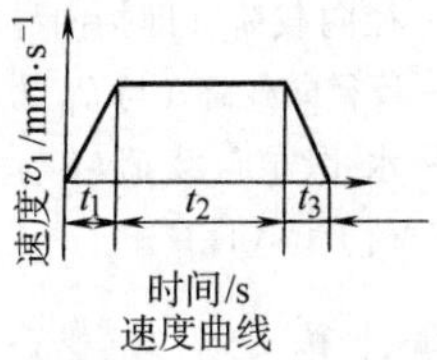 速度曲线 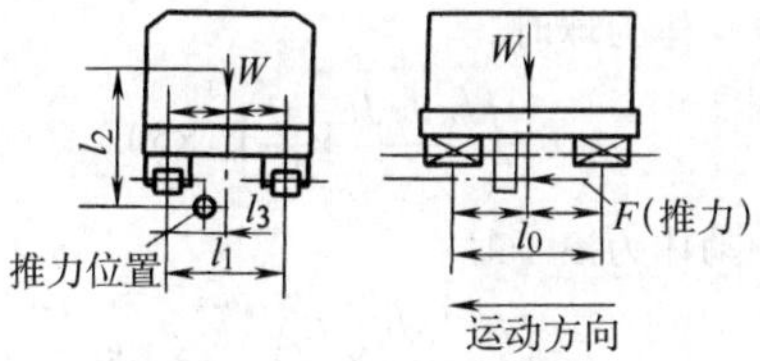	加速时 $P_1=P_4=\frac{W}{4}-\frac{W}{2}\times\frac{1}{g}\times\frac{v_1}{t_1}\times\frac{l_2}{l_0}$ $P_2=P_3=\frac{W}{4}+\frac{W}{2}\times\frac{1}{g}\times\frac{v_1}{t_1}\times\frac{l_2}{l_0}$ $P_{1T} \sim P_{4T}=\frac{W}{2}\times\frac{1}{g}\times\frac{v_1}{t_1}\times\frac{l_3}{l_0}$ g 为重力加速度，$g=9.8\text{m/s}^2$ 匀速时 $P_1 \sim P_4=\frac{W}{4}$ 减速时 $P_1=P_4=\frac{W}{4}+\frac{W}{2}\times\frac{1}{g}\times\frac{v_1}{t_3}\times\frac{l_2}{l_0}$ $P_2=P_3=\frac{W}{4}-\frac{W}{2}\times\frac{1}{g}\times\frac{v_1}{t_3}\times\frac{l_2}{l_0}$ $P_{1T} \sim P_{4T}=\frac{W}{2}\times\frac{1}{g}\times\frac{v_1}{t_3}\times\frac{l_3}{l_0}$	承受惯性力的水平式导轨 以滚珠丝杠驱动居多

有些机械工作过程中载荷是变化的，如工业机械手及机床，这时就要按平均（或当量）载荷 P_m 来进行直线运动滚动支承的计算。常见的 3 种变载荷下的平均载荷 P_m 计算公式见表 14.3-30。

表 14.3-30　常见的平均载荷（P_m）计算公式

载荷变化		计算公式
阶梯式变化载荷	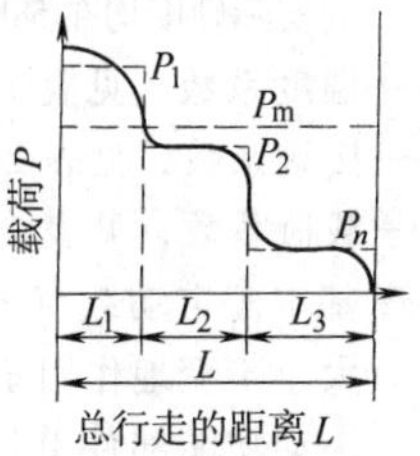	$P_m=\sqrt[3]{\frac{1}{L}(P_1^3L_1+P_2^3L_2+\cdots+P_n^3L_n)}$　（14.3-29） 式中　P_m—平均载荷（N） P_n—变动载荷（N） L—总运行距离（m） L_n—承受 P_n 载荷时行走的距离（m）
单调式变化载荷	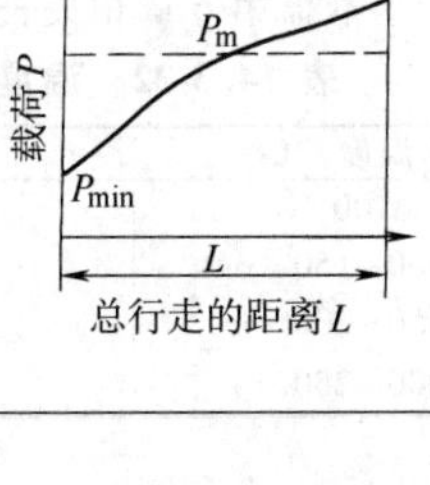	$P_m \approx \frac{1}{3}(P_{min}+2P_{max})$　（14.3-30） 式中　P_{min}—最小载荷（N） P_{max}—最大载荷（N）

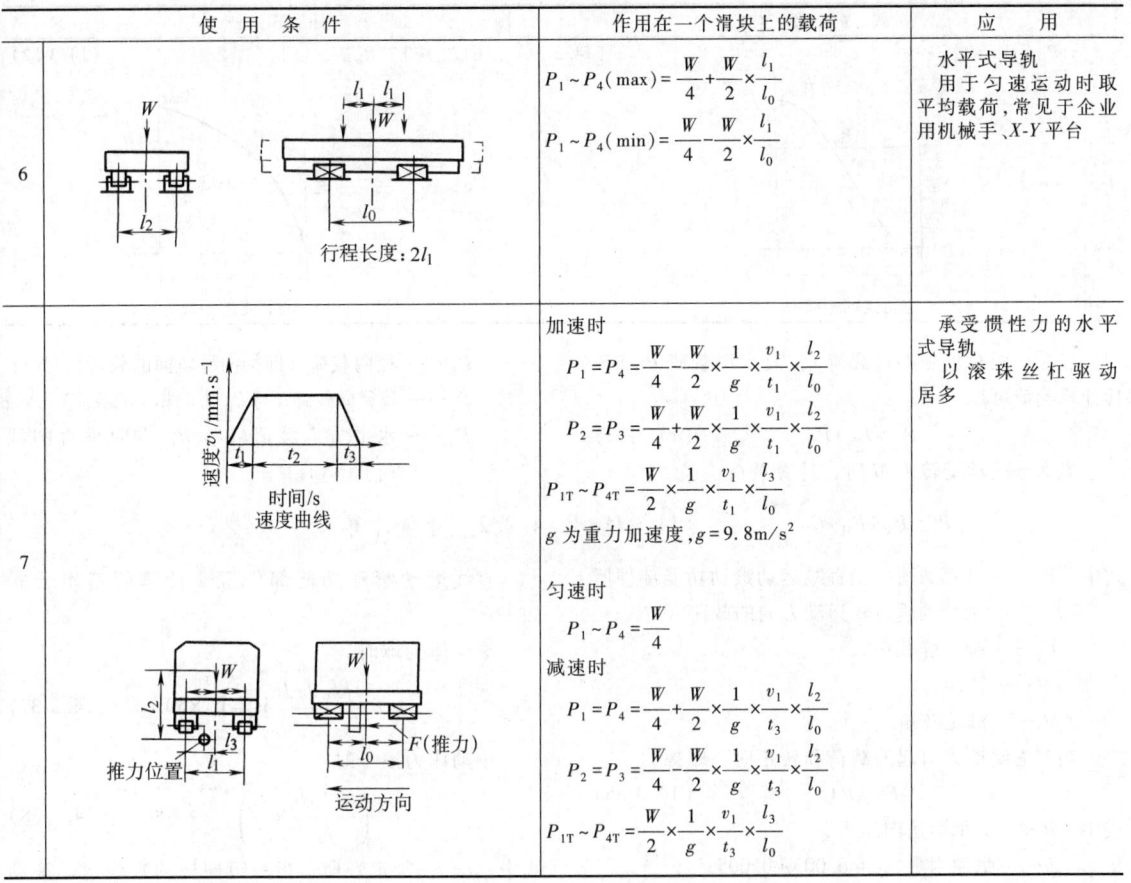

（续）

载荷变化		计算公式
正弦曲线式变化载荷	a) $P_m \approx 0.65P_{max}$　（14.3-31） 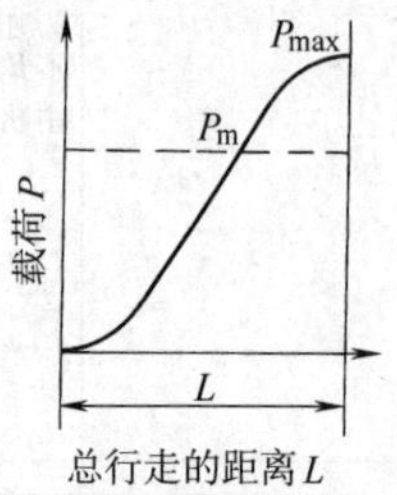	b) $P_m \approx 0.75P_{max}$　（14.3-32） 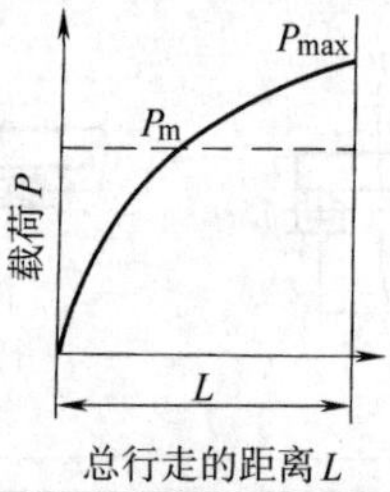

当支承同时承受垂直载荷 P_V 及水平载荷 P_H 时，其计算载荷可取

$$P_C = P_V + P_H \tag{14.3-33}$$

当支承还承受转矩 M 时，计算载荷

$$P_C = P_V + P_H + C_0 \frac{M}{M_t} \tag{14.3-34}$$

式中　P_C——计算载荷，指直线运动滚动功能部件所承受的垂直于运动方向的载荷（kN）；

C_0——额定静载荷；

M——转矩；

M_t——额定转矩。

当考虑摩擦力引起的载荷和转矩时，摩擦力

$$F = \mu P + f \tag{14.3-35}$$

式中　P——支承面法向压力；

μ——摩擦因数，$\mu = 0.003 \sim 0.005$；

f——密封件摩擦阻力，参见表 14.3-31。

表 14.3-31　滚动直线导轨副密封件摩擦阻力参考值

型号	20	25	30	35	45	55
阻力/N	3	5	15	25	30	35

4.2　直线运动滚动支承的承载能力

滚动功能部件的主要失效形式是滚动元件与滚道的疲劳点蚀与塑性变形，其相应的计算准则为寿命（或动载荷）计算和静载荷计算。某些滚动功能部件还具有滚动体循环装置，循环装置的失效主要靠正确的制造、安装与使用维护来避免。

4.2.1　当量载荷计算

一般情况下，当量载荷

$$P_E = P_C \text{ 或 } P_E = P_m$$

当各个方向的载荷同时作用于滚动直线导轨副中的滑块上时，当量载荷

$$P_E = |P_R - P_L| + P_T \tag{14.3-36}$$

式中　P_m——平均载荷（N）；

P_R——径向载荷（即指向导轨面的载荷）（N）；

P_L——反径向载荷（与 P_R 方向相反的载荷）（N）；

P_T——水平方向载荷（与 P_R 方向垂直的载荷）（N）。

4.2.2　寿命计算

直线运动滚动功能部件寿命计算的基本公式如下：

滚动体为球时

$$L = \left(\frac{f_H f_T f_C}{f_W} \times \frac{C}{P_E}\right)^3 \times 50 \tag{14.3-37}$$

滚动体为滚子时

$$L = \left(\frac{f_H f_T f_C}{f_W} \times \frac{C}{P_E}\right)^{10/3} \times 100 \tag{14.3-38}$$

式中　L——额定寿命，指一组同样的直线运动滚动功能部件，在相同条件下运行，其数量的 90%不发生疲劳时所能达到的总运行距离（km）；

f_H——硬度系数，f_H =（实际硬度 HRC 值/58HRC）$^{3.6}$，一般厂家滚动元件及滚道表面的实际硬度均在 58HRC 以上，f_H 均可取 1；

f_T——温度系数，见表 14.3-32；

f_C——接触系数，见表 14.3-33；

f_W——载荷系数，见表 14.3-34；

C——基本额定动载荷，指垂直于运动方向且大小不变地作用于一组同样的直线运动滚动功能部件上使额定寿命为 L = 50km（对球形滚动体）或 L = 100km（对滚子形滚动体）时的载荷（kN），其数值见本篇第 6 章相关表格。

表 14.3-32　温度系数 f_T

工作温度/°C	f_T
≤100	1.00
>100～150	0.90
>150～200	0.73
>200～250	0.6

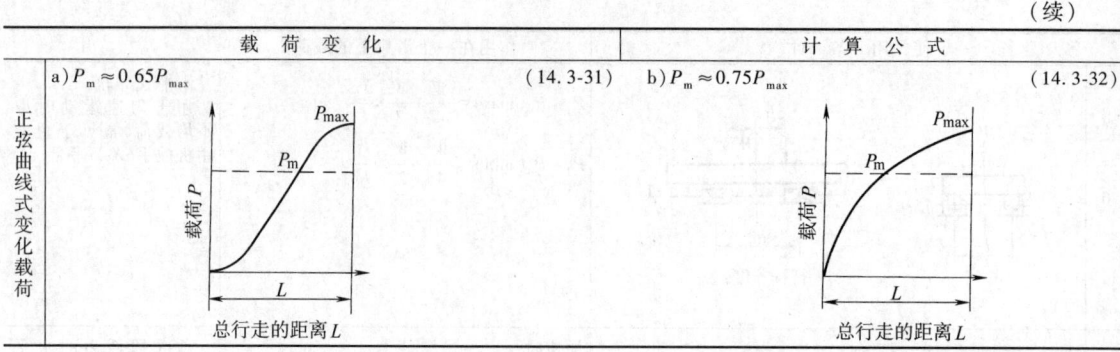

表 14.3-33　接触系数 f_C

每根导轨上的滑块(或导套)数或每根轴上花键套个数	f_C
1	1.00
2	0.81
3	0.72
4	0.66
5	0.61

表 14.3-34　载荷系数 f_W

工作条件	f_W
无外部冲击或振动的低速运动场合,速度小于 15m/min	1~1.5
无明显冲击或振动的中速运动场合,速度小于 60m/min	1.5~2
有外部冲击或振动的高速运动场合,速度大于 60m/min	2~3.5

用小时数表示的额定寿命 L_h 为

$$L_h = 8.3L/ln \tag{14.3-39}$$

式中　l——直线运动部件单向行程长度（m）；

n——直线运动部件每分钟往返次数（min^{-1}）。

4.2.3　静载荷计算

$$\frac{C_0}{P_0} \geqslant f_s \tag{14.3-40}$$

式中　C_0——基本额定静载荷，指直线运动滚动功能部件中承受最大接触应力的滚动体与滚道的塑性变形之和为滚动体直径 1/10000 时的载荷（kN）；

P_0——滚动功能部件在垂直于运动方向所受的最大静载荷（kN），当各个方向的载荷同时作用于滚动直线导轨副的滑块上时，$P_0 = P_E$；

f_s——静态安全系数，考虑起动与停止时惯性力对 P_0 的影响，其值见表 14.3-35。

表 14.3-35　静态安全系数 f_s

运动条件	载荷条件	f_s 的下限
不经常运动情况	冲击小,导轨挠曲变形小时	1.0~1.3
	有冲击、扭曲载荷作用时	2.0~3.0
普通运动情况	普通载荷、导轨挠曲变形小时	1.0~1.5
	有冲击、扭曲载荷作用时	2.5~5.0

第 4 章　滚动轴承的组合设计

机器中的轴一般都是用滚动轴承（以下简称轴承）支承的。轴的支承结构设计对于保证轴的运转精度，发挥轴承的工作能力起着重要作用。支承结构的设计，需要综合考虑轴承的配置、轴向位置的限定与调整、轴的热膨胀补偿、轴承游隙调整、轴承的紧固、轴承的润滑和密封等问题。

1　轴承配置

轴一般采用双支承结构，每个支承由 1~2 个轴承组成。受纯径向载荷的轴，两支承可取向心轴承对称布置。受径向载荷和轴向载荷联合作用的轴，两支承通常选用同型号的角接触轴承，此时，两轴承的配置可取以下三种方式之一。

1.1　背对背排列

当载荷作用中心处于轴承中心线之外（见图 14.4-1a）时，此轴承配置称背对背排列（外圈宽、端面相对）。这种排列支点间跨距较大，悬臂长度较小，故悬臂端刚性较大。当轴受热伸长时，轴承游隙增大，因此不会发生轴承卡死破坏。如采用预紧安装，当轴受热伸长时，预紧量将减小。

1.2　面对面排列

当载荷作用中心处于轴承中心线之内（见图 14.4-1b）时，此轴承配置称面对面排列（外圈窄端面相对）。这种排列结构简单、装拆方便。当轴受热伸长时，轴承游隙减小，容易造成轴承卡死，因此要特别注意轴承游隙的调整。

1.3　串联排列

载荷作用中心处于轴承中心线同一侧的轴承配置

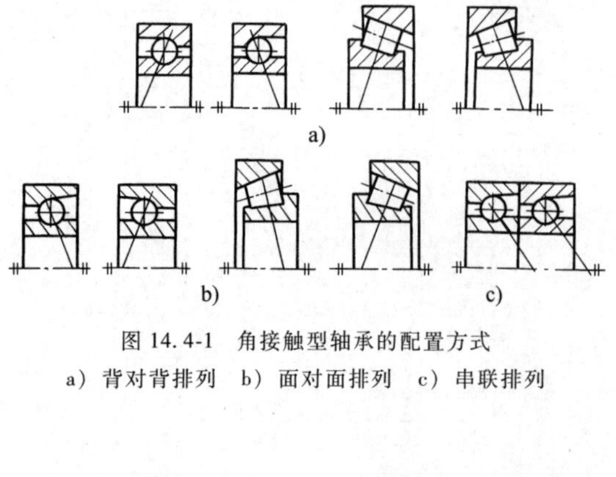

图 14.4-1　角接触型轴承的配置方式
a）背对背排列　b）面对面排列　c）串联排列

方式（见图 14.4-1c）称串联排列（外圈宽、窄端面相对）。这种排列适于轴向载荷大，需多个轴承联合承载的情况。

2　支承结构的基本形式

轴的径向位置一般由两个支承共同限定，而轴向位置则可以有不同的限定方法，由此可将支承结构分为下面三种基本形式。

2.1　两端固定支承

两端固定支承指两个支承端各限制一个方向的轴向位移的支承形式。

在纯径向载荷或轴向载荷较小的联合载荷作用下的轴，一般采用向心轴承组成两端固定支承（见图 14.4-2），并在其中一个支承端，使轴承外圈与外壳孔间采用较松的配合，同时在外圈与端盖间留出适当的空隙，以适应轴的受热伸长。

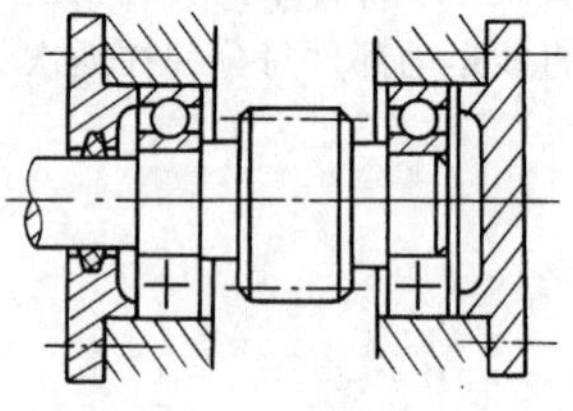

图 14.4-2　两端固定支承一

受径向和轴向载荷联合作用的轴，多采用角接触轴承面对面或背对背排列组成两端固定支承（见图 14.4-3）。这种支承结构可以在安装或检修时，通过调整某个轴承套圈的轴向位置，以使轴承达到所要求的游隙或预紧量。由于轴承游隙可调，这种支承结构特别适用于旋转精度要求高的机械。

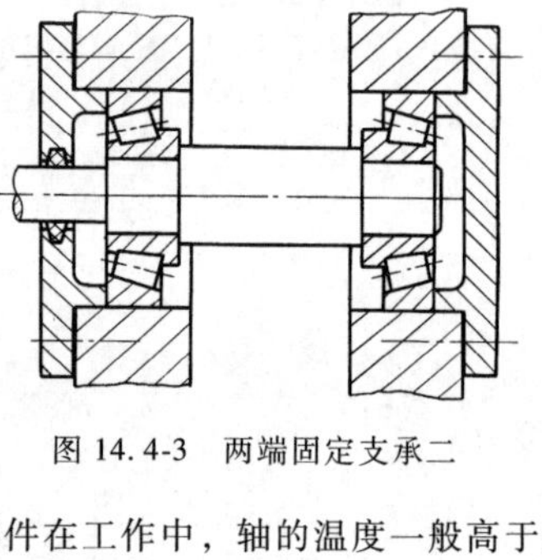

图 14.4-3　两端固定支承二

支承部件在工作中，轴的温度一般高于外壳的温度，因此轴与轴承内圈的膨胀量（包括轴向伸长量和径向膨胀量）均大于外圈。这种变化对于面对面排列的支承结构，将使游隙减小，而对于背对背排列的圆锥滚子轴承支承结构，其游隙变化可分为以下三种情况（见图 14.4-4）。

1）外滚道锥顶重合时，轴向膨胀量和径向膨胀量基本平衡，预调游隙保持不变。

2）外滚道锥顶交错时，径向膨胀量大于轴向膨胀量，工作游隙减小。

3）外滚道锥顶不相交时，轴向膨胀量大于径向膨胀量，工作游隙增大。

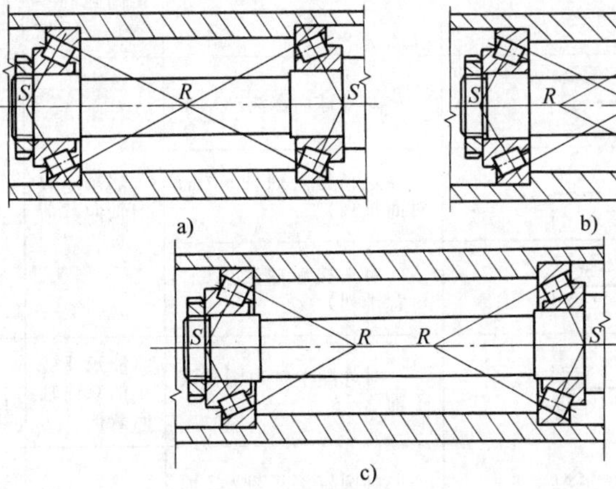

图 14.4-4　圆锥滚子轴承背对背排列支承结构

a）锥顶重合　b）锥顶交错　c）锥顶不相交

2.2　固定-游动支承

固定-游动支承指在轴的一个支承端使轴承与轴及外壳孔的位置相对固定（称固定端），以实现轴在该方向上的轴向定位。而在轴的另一支承端，使轴承与轴或外壳孔间可以相对移动（称游动端），以补偿轴因热变形及制造安装误差所引起的长度变化，见图 14.4-5。

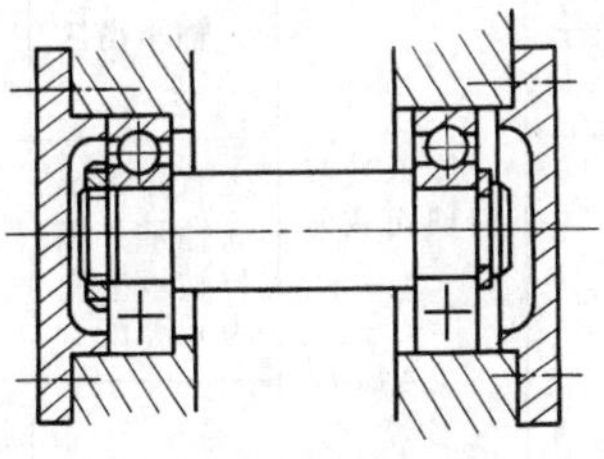

图 14.4-5　固定-游动支承

显然，在这种支承中，轴的轴向定位精度取决于固定端轴承轴向游隙量的大小。因此用一对角接触球轴承或圆锥滚子轴承组成的固定端的轴向定位精度，要比用一套深沟球轴承的精度高。

固定端轴承通常可选用：

1）深沟球轴承，承受径向载荷和一定的轴向载荷。

2）一对角接触球轴承或圆锥滚子轴承，承受径向载荷和双向轴向载荷。

3）向心轴承与推力轴承组合，或者不同类型的角接触轴承组合，以分别承受径向载荷和轴向载荷。

固定端轴承的内外圈，应分别与轴和外壳孔做轴向定位和固定。

游动端对轴的长度变化的补偿，最简单有效的方法是采用内圈无挡边或外圈无挡边的圆柱滚子轴承。当采用其他类型轴承时，可根据载荷形式和工作条件，分别使内圈与轴或外圈与外壳孔成间隙配合，以满足轴向游动的需要。

固定-游动支承的运转精度高，对各种工作条件的适应性强，因此在各种机床主轴、工作温度较高的蜗杆轴以及跨距较大的长轴支承中得到了广泛的应用。

2.3　两端游动支承

在两端游动支承结构中，两个支承端的轴承都对轴不做精确的轴向定位，因此都属于游动支承。此类支承常用于轴的轴向位置已由其他零件限定的场合，如人字齿轮轴支承。

几乎所有不需要调整的轴承，均可用作游动支承。如用深沟球轴承或调心滚子轴承构成游动支承，内外圈之一采用间隙配合。用内圈或外圈无挡边圆柱滚子轴承作为游动支承时，轴承本身就可进行长度调整。角接触球轴承不宜用作游动支承。

两端游动支承不需精确限定轴的轴向位置，因此安装时不必调整轴承的轴向游隙。工作中，即使处于不利的发热状态，轴承也不会被卡死。

常见支承结构见表 14.4-1。

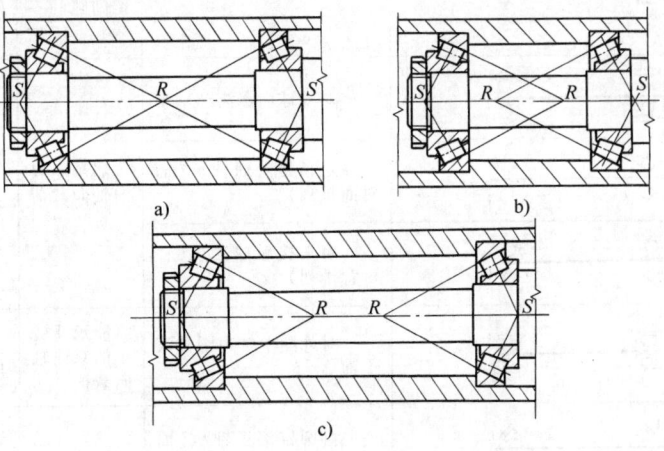

表 14.4-1 常见支承结构

支承形式	序号	简图	轴承配置		承受轴向载荷情况	轴热伸长补偿方式	其他特点
			固定端	游动端			
两端固定	1		一对深沟球轴承		能承受单向轴向载荷（应指向不留间隙的一端）	外圈端面与端盖间的间隙	转速高，结构简单，调整方便
	2		一对外球面深沟球轴承		能承受双向轴向载荷	轴承游隙	
	3	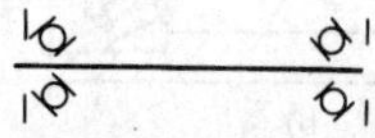	一对角接触球轴承（面对面排列）				
	4		一对角接触球轴承（背对背排列）				
	5	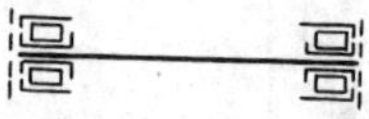	一对外圈单挡边圆柱滚子轴承		能承受较小的双向轴向载荷	外圈端面与端盖间隙	结构简单，调整方便
	6	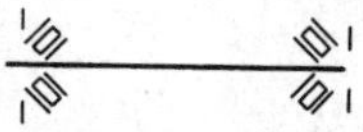	一对圆锥滚子轴承（面对面排列）		能承受双向轴向载荷	轴承游隙	
	7		一对圆锥滚子轴承（背对背排列）				
	8		两套深沟球轴承与推力球轴承组合				用于转速较低的立轴
	9	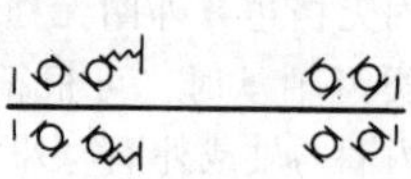	角接触球轴承串联构成背对背排列			轴受热伸长后轴承游隙增大，靠预紧弹簧保持预紧量	用于转速较高的场合
	10	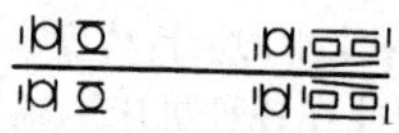	深沟球轴承、推力球轴承与带锥度双列圆柱滚子轴承组合			轴承游隙	通过径向预紧可提高支承刚性
固定-游动	11		深沟球轴承			右端深沟球轴承外圈与轴承座孔为间隙配合	允许转速高，结构简单，调整方便
	12	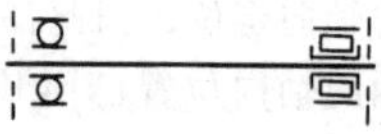	深沟球轴承	外圈无挡边圆柱滚子轴承		滚子相对外圈滚道轴向移动	结构简单，调整方便
	13	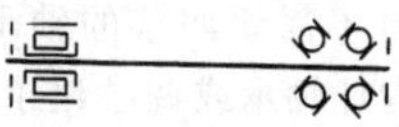	成对安装角接触球轴承（背对背）	外圈无挡边圆柱滚子轴承			通过轴向预紧可提高支承刚性
	14	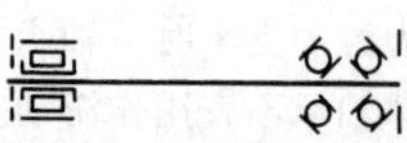	成对安装角接触球轴承（面对面）	外圈无挡边圆柱滚子轴承			
	15	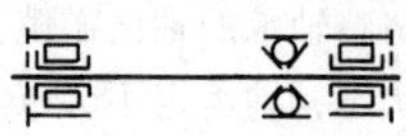	三点接触球轴承与外圈无挡边圆柱滚子轴承	外圈无挡边圆柱滚子轴承		左端支承滚子相对外圈滚道轴向移动	允许转速较高，能承受较大的径向载荷，结构紧凑

（续）

支承形式	序号	简图	轴承配置 固定端	轴承配置 游动端	承受轴向载荷情况	轴热伸长补偿方式	其他特点
固定-游动	16	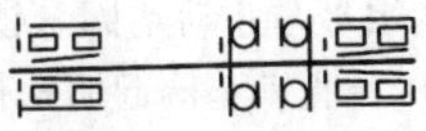	圆锥孔双列圆柱滚子轴承与双向推力球轴承	圆锥孔双列圆柱滚子轴承	能承受双向轴向载荷	左端支承滚子相对外圈滚道轴向移动	可承受较大的径、轴向载荷，支承刚性好
	17	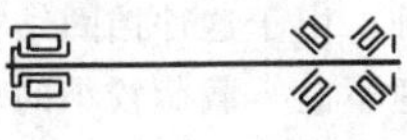	成对安装圆锥滚子轴承（背对背）	外圈无挡边圆柱滚子轴承			可承受较大的径、轴向载荷，结构简单，调整方便
	18	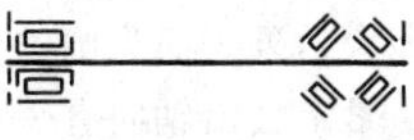	成对安装圆锥滚子轴承（面对面）	外圈无挡边圆柱滚子轴承			
	19		成对安装角接触球轴承（背对背）	成对安装角接触球轴承（串联）		右端轴承外圈与轴承座孔为间隙配合	允许转速较高
	20	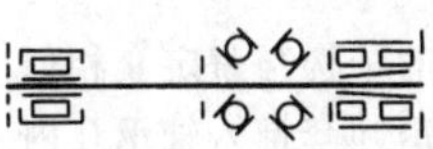	双向推力角接触球轴承与圆锥孔双列圆柱滚子轴承	内圈无挡边圆柱滚子轴承		左端轴承滚子相对内圈滚道轴向移动	旋转精度较高，能承受较大的径向、轴向载荷，刚性好
	21		一对调心滚子轴承		能承受较小的双向轴向载荷	右端轴承外圈与轴承座为间隙配合	适用于径向载荷较大的轴，具有调心性能
两端游动	22		一对外圈无挡边圆柱滚子轴承		不能承受轴向载荷	两端轴承的滚子相对外圈滚道移动	用于要求轴能轴向游动的场合
	23		一对无内圈滚针轴承			两端支承处滚针相对轴移动	

3　轴向紧固

为了防止滚动轴承在轴上和外壳孔内发生不必要的轴向移动，轴承内圈或外圈应做轴向紧固。轴向紧固包括轴向定位和轴向固定。

3.1　轴向定位

轴承内外圈一般靠轴和外壳孔的挡肩定位。为了保证轴承端面与挡肩接触，防止过渡圆角与轴承倒角相碰（见图 14.4-6），轴和外壳孔的单向最大圆角半径应符合表 14.4-2 的规定。

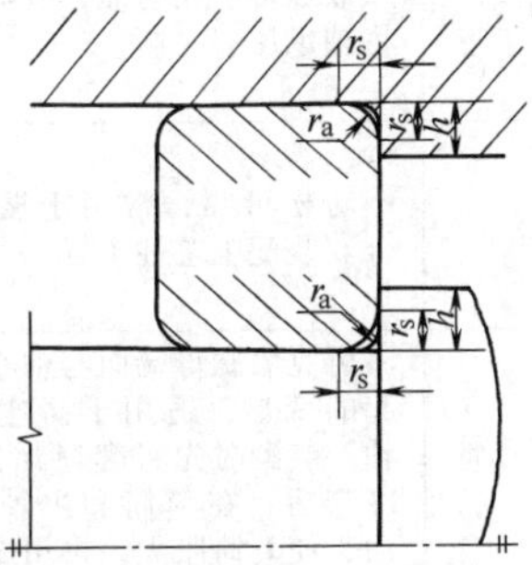

图 14.4-6　轴承倒角半径 r_a 与挡肩高度 h 的关系

表 14.4-2　轴和外壳孔单向最大圆角半径（mm）

轴承最小单向倒角 r_s	r_{as} max	轴承最小单向倒角 r_s	r_{as} max
0.05	0.05	2.0	2.0
0.08	0.08	2.1	2.1
0.10	0.10	3.0	2.5
0.15	0.15	4.0	3.0
0.20	0.20	5.0	4.0
0.30	0.30	6.0	5.0
0.60	0.60	7.5	6.0
1.00	1.00	9.5	8.0
1.10	1.10	12.0	10.0
1.50	1.50	15.0	12.0

表 14.4-3　挡肩最小高度　（mm）

轴承最小单向倒角 r_s	h min 一般情况	h min 特殊情况①	轴承最小单向倒角 r_s	h min 一般情况	h min 特殊情况①
0.05	0.2	—	2.0	5	4.5
0.08	0.3	—	2.1	6	5.5
0.10	0.4	—	3.0	7	6.5
0.15	0.6	—	4.0	9	8.0
0.20	0.8	—	5.0	11	10.0
0.30	1.2	1.0	6.0	14	12.0
0.60	2.5	2.0	7.5	18	—
1.00	3.0	2.5	9.5	22	—
1.10	3.5	3.3	12.0	27	—
1.50	4.5	4.0	15.0	32	—

① 特殊情况指推力载荷极小，或要求挡肩小的情况。

挡肩的高度 h 不仅应保证与轴承端面的充分接触，而且要便于安装和拆卸工具的使用。一般情况下，挡肩最小高度应符合表 14.4-3 的规定。

3.2 轴向固定

轴承的轴向固定是为了使轴承始终处于定位面所限定的位置上，因此轴向固定包括内圈在轴上的固定和外圈在外壳孔内的固定。尽管轴承的内外圈都要求准确的定位，但并不一定要同时做轴向固定。在两端固定的支承结构中，每个支承端只受单向轴向载荷，故只需从一个方向加以轴向固定。在固定-游动支承中，固定端承受双向轴向载荷，故需双向轴向固定。游动端应根据轴承类型和游动方式采用不同的固定结构。

3.3 轴向紧固装置

轴向紧固装置的种类很多，选用时应考虑轴向载荷的大小、转速的高低、轴承类型及其在轴上的安装位置和装拆条件等。载荷越大，转速越高，轴向紧固应越可靠，这时，内圈多采用锁紧螺母、止动垫圈；外圈多采用端盖、螺纹环等。轴向载荷较小，转速较低时，内圈多采用弹性挡圈、紧定套、退卸套，外圈多采用孔用弹性挡圈、止动环等。已标准化的轴向紧固装置如下：

1）锁紧螺母与止动垫圈。锁紧螺母与止动垫圈必须同时使用，止动垫圈起防松作用。

2）弹性挡圈。弹性挡圈分轴用弹性挡圈和孔用弹性挡圈两种。由于这种挡圈结构简单、尺寸小，广泛应用于转速不高、载荷较小的场合。

3）紧定套和退卸套。紧定套的内孔为圆柱面，用以与轴相配合，外表面为圆锥面，用以与锥孔轴承内孔相配合。紧定套沿轴向有一切口，尾部车有外螺纹。它与锁紧螺母配合使用时，可使轴承沿紧定套锥面轴向移动，实现其轴向紧固。此种紧固装置结构简单、装拆方便，适用于转速不高、轴向载荷不大的光轴。

退卸套的结构与紧定套相似。使用时可用轴上的锁紧螺母将退卸套推入轴承孔内，以达到紧固轴承的目的。尾部的外螺纹是供拆卸轴承用的。

4）常见的轴承内外圈紧固方式。轴承内圈的紧固方式见表 14.4-4，外圈的紧固方式见表 14.4-5。

表 14.4-4 轴承内圈的紧固方式

序号	简图	紧固方式	特点
1	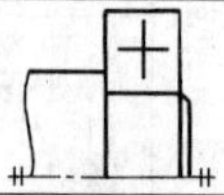	内圈靠轴肩定位，外圈外侧以端盖紧固	结构简单、装拆方便，占用空间小，可用于两端固定支承中
2	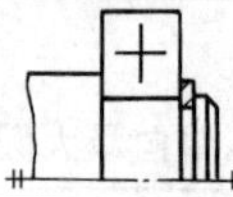	内圈用弹性挡圈紧固	结构简单、装拆方便，占用空间小，多用于向心轴承的紧固
3		内圈用锁紧螺母与止动垫圈紧固	结构简单、装拆方便、紧固可靠
4	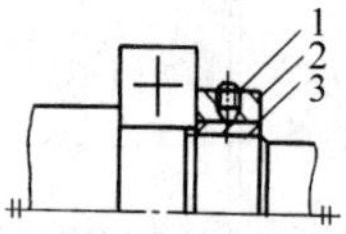 1 2 3	用螺母 2 紧固内圈，紧定螺钉 1 防松，垫片 3 用软金属制造，以增强防松效果，并防止螺纹被压坏	常用于机床主轴的端部支承或中间支承
5	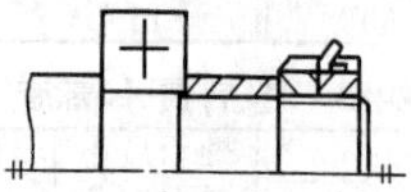	用两个螺母和一个套筒紧固内圈	双螺母防松可靠，套筒可防止螺母将轴承压斜
6	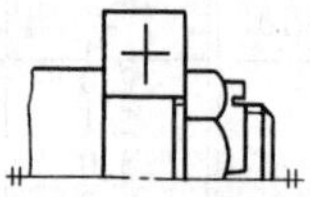	用螺母紧固内圈，开口销防松	防松可靠，常用于振动较大的场合。装配工艺性不好
7	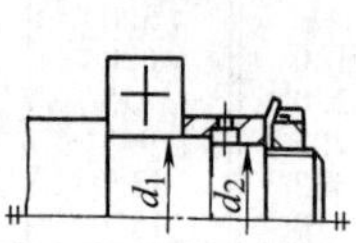 d_1 d_2	用阶梯套筒紧固内圈，套筒与轴颈 d_1 及 d_2 为过盈配合	可克服螺母端面与轴心线不垂直引起的变形，适用于高速精密机床主轴。装配时先将套筒加热装在轴上，冷却后，在套筒和主轴间通入压力油，使套筒胀大，再用螺母调整套筒的位置

（续）

序号	简　图	紧固方式	特　点
8	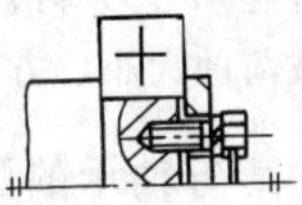	在轴端用压板和螺钉紧固，用弹簧垫片和铁丝防松	不能调整轴承游隙，多用于轴颈较大（d>70mm）的场合，不在轴上车螺纹，允许转速较高
9	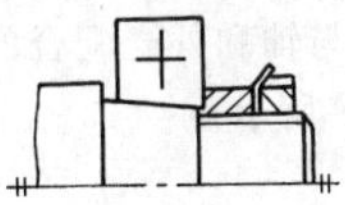	带锥度的轴承内孔和锥度轴颈相配合，由垫圈螺母紧固	可调整轴承的径向游隙，适用于带锥孔的轴承
10	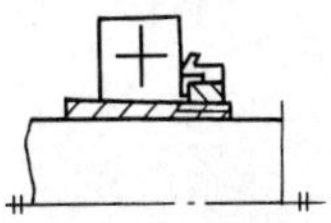	用紧定套（或退卸套）、螺母和止动垫圈紧固内圈	可调整轴承的轴向位置和径向游隙，装拆方便，多用于调心球轴承的内圈紧固。适用于不便加工轴肩的多支点轴的支承

表 14.4-5　轴承外圈的紧固方式

序号	简　图	紧固方式	特　点
1	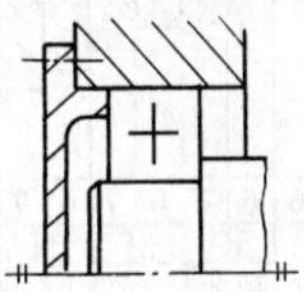	外圈用端盖紧固	结构简单，紧固可靠，调整方便
2	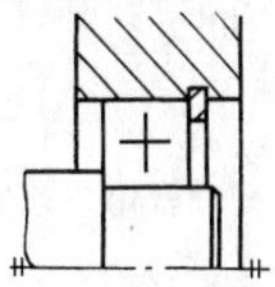	外圈用弹性挡圈紧固	结构简单、装拆方便，占用空间小，多用于向心轴承
3	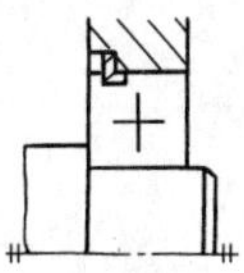	外圈用止动环紧固	用于轴向尺寸受限制的部件，外壳孔不需加工凸肩
4	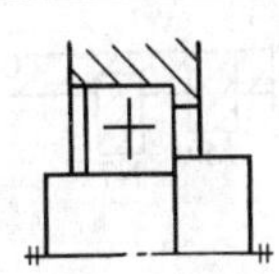	外圈由挡肩定位	结构简单，工作可靠
5	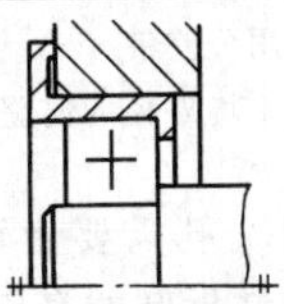	外圈由套筒上的挡肩定位，再用端盖紧固	结构简单，外壳孔可为通孔，利用垫片可调整轴系的轴向位置，装配工艺性好
6	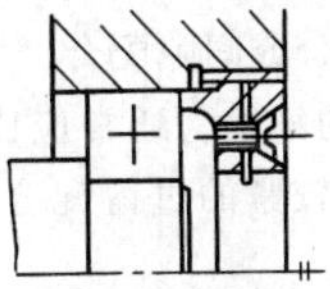	外圈由带螺纹的端盖紧固，端盖上有一开口槽，用螺钉拧入即可防松	多用于角接触轴承。缺点是要在孔内加工螺纹
7	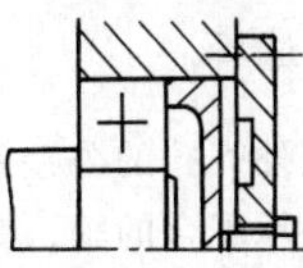	外圈用螺钉和调节环紧固	便于调整轴承游隙，用于角接触轴承的紧固

4　滚动轴承的配合（摘自 GB/T 307.1—2005，GB/T 307.4—2012，GB/T 275—2015）

滚动轴承内圈与轴的配合采用基孔制，外圈与外壳孔的配合采用基轴制。与一般的圆柱面配合不同，由于轴承内外径的上极限偏差均为零，故在配合种类相同的条件下，内圈与轴颈的配合较紧，外圈与外壳孔的配合较松。

滚动轴承的配合种类和公差等级应根据轴承的类型、精度、尺寸以及载荷的大小、方向和性质确定。

4.1　轴孔公差带及其与轴承的配合

普通级公差轴承与轴和外壳配合的常用公差带如图 14.4-7 和图 14.4-8 所示。

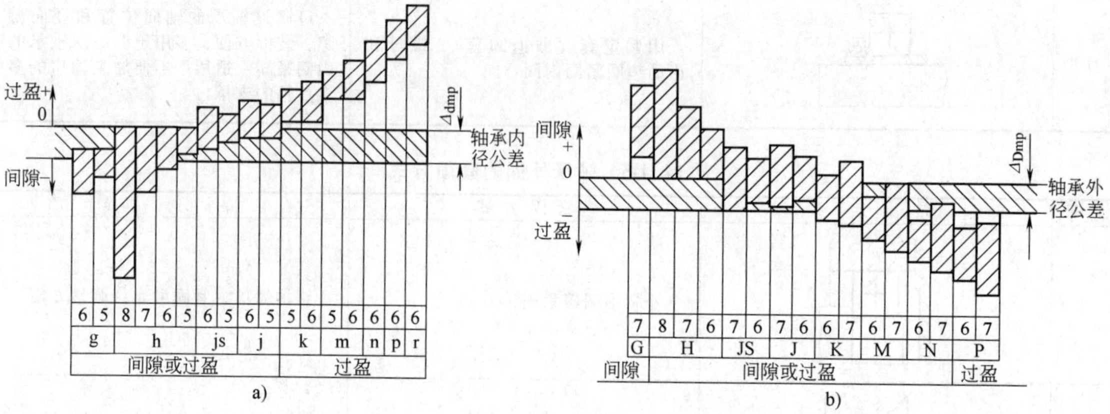

图 14.4-7　普通级公差轴承的常用公差带

a）普通级公差轴承与轴配合的常用公差带　b）普通级公差轴承与外壳孔配合常用公差带

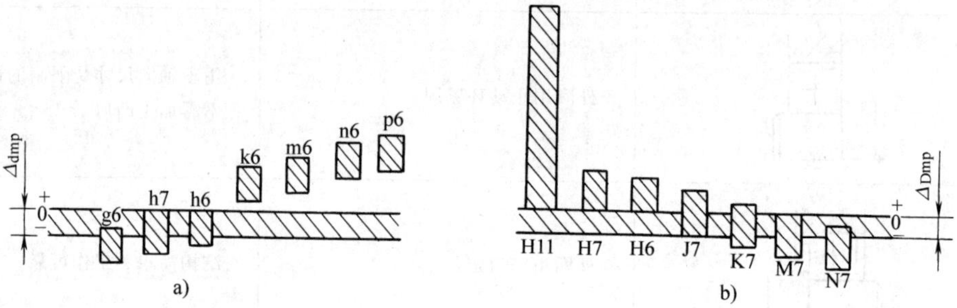

图 14.4-8　关节轴承的常用公差带

a）关节轴承与轴配合常用公差带　b）关节轴承与外壳孔配合常用公差带

注：Δ_{dmp}为轴承内圈单一平面平均内径的偏差；Δ_{Dmp}为轴承外圈单一平面平均外径的偏差。

4.2　轴承配合选择的基本原则

4.2.1　配合种类的选择

1）相对于载荷方向旋转的套圈与轴或外壳孔，应选择过渡配合或过盈配合。过盈量的大小，以轴承在载荷下工作时，其套圈在轴上或外壳孔内的配合表面上不产生“爬行”现象为原则。

2）相对于载荷方向固定的套圈与轴或外壳孔，应选择过渡配合或间隙配合。

3）相对于轴或外壳孔需要做轴向移动的套圈（游动圈）以及需要经常拆卸的套圈与轴或外壳孔，应选择较松的过渡配合或间隙配合。

4）承受重载荷的轴承，通常应比承受轻载荷或正常载荷的轴承选用较紧的过盈配合，且载荷越重，过盈量应越大。

4.2.2　公差等级的选择

与轴承配合的轴或外壳孔的公差等级与轴承精度有关。与普通级精度轴承配合的轴，其公差等级一般为 IT6，外壳孔一般为 IT7。

对旋转精度和运转的平稳性有较高要求的场合（如电动机等），轴的公差等级应为 IT5，外壳孔应为 IT6。

4.2.3　公差带的选择

当量径向载荷 P 可分为：轻、正常和重 3 种情况，它们与轴承额定动载荷 C 之间的关系见表 14.4-6。

根据 P 的大小和性质，轴和外壳孔的公差带代号见表 14.4-7～表 14.4-10。关节轴承的公差带代号见表 14.4-11、表 14.4-12。

表 14.4-6　当量径向载荷与额定动载荷的关系

P	P 与 C 之比
轻	$P\leq 0.07C$
正常	$0.07C<P\leq 0.15C$
重	$0.15C<P$

对于向心型和角接触型轴承而言，大多数情况下，轴旋转且径向载荷方向不变，即轴承内圈相对载荷方向旋转，故轴和内圈一般选作过渡配合或过盈配合。当轴不转动，即轴承内圈相对载荷方向静止时，轴和内圈可选作过渡配合或间隙配合。

当载荷方向相对轴承外圈摆动或旋转时，外圈与外壳孔之间应避免用间隙配合。

表 14.4-7　向心轴承和轴的配合、轴公差带

圆柱孔轴承							
载荷情况			举例	深沟球轴承、调心球轴承和角接触球轴承	圆柱滚子轴承和圆锥滚子轴承	调心滚子轴承	轴公差带
				轴承公称内径/mm			
内圈承受旋转载荷或方向不定载荷	轻载荷		输送机、轻载齿轮箱	≤18 >18～100 >100～200 —	— ≤40 >40～140 >140～200	— ≤40 >40～100 >100～200	h5 j6① k6① m6①
	正常载荷		一般通用机械、电动机、泵、内燃机、直齿轮传动装置	≤18 >18～100 >100～140 >140～200 >200～280 — —	— ≤40 >40～100 >100～140 >140～200 >200～400 —	— ≤40 >40～65 >65～100 >100～140 >140～280 >280～500	j5、js5 k5② m5② m6 n6 p6 r6
	重载荷		铁路机车车辆轴箱、牵引电动机、破碎机等	—	>50～140 >140～200 >200 —	>50～100 >100～140 >140～200 >200	n6③ p6③ r6③ r7③
内圈承受固定载荷	所有载荷	内圈需在轴向易移动	非旋转轴上的各种轮子	所有尺寸			f6 g6
		内圈不需在轴向易移动	张紧轮、绳轮				h6 j6
仅有轴向载荷			所有尺寸				j6、js6
圆锥孔轴承							
所有载荷	铁路机车车辆轴箱		装在退卸套上	所有尺寸			h8（IT6）④⑤
	一般机械传动		装在紧定套上	所有尺寸			h9（IT7）④⑤

① 凡对精度有较高要求的场合，应用 j5、k5…代替 j6、k6…。

② 圆锥滚子轴承、角接触球轴承配合对游隙影响不大，可用 k6、m6 代替 k5、m5。

③ 重载荷下轴承游隙应选大于 N 组。

④ 凡有较高精度或转速要求的场合，应选用 h7（IT5）代替 h8（IT6）等。

⑤ IT6、IT7 表示圆柱度公差数值。

表 14.4-8 向心轴承和外壳孔的配合、孔公差带

载荷情况		举例	其他状况	孔公差带①	
				球轴承	滚子轴承
外圈承受固定载荷	轻、正常、重	一般机械、铁路机车车辆轴箱	轴向易移动,可采用剖分式轴承座	H7、G7②	
	冲击		轴向能移动,可采用整体或剖分式轴承座	J7、JS7	
方向不定载荷	轻、正常	电动机、泵、曲轴主轴承			
	正常、重		轮毂轴承 轴向不移动,采用整体式轴承座	K7	
	重、冲击	牵引电动机		M7	
外圈承受旋转载荷	轻	带张紧轮		J7	K7
	正常	轮毂轴承		M7	N7
	重			—	N7、P7

① 并列公差带随尺寸的增大从左至右选择,对旋转精度有较高要求时,可相应提高一个公差等级。
② 不适用于剖分式外壳。

表 14.4-9 推力轴承和轴的配合、轴公差带

载荷情况		轴承类型	轴承公称内径/mm	轴公差带
仅有轴向载荷		推力球和推力圆柱滚子轴承	所有尺寸	j6、js6
径向和轴向联合载荷	轴圈承受固定载荷	推力调心滚子轴承、推力角接触球轴承、推力圆锥滚子轴承	≤250	j6
			>250	js6
	轴圈承受旋转载荷或方向不定载荷		≤200	k6①
			>200~400	m6
			>400	n6

① 要求较小过盈时,可分别用 j6、k6、m6 代替 k6、m6、n6。

表 14.4-10 推力轴承和外壳孔的配合、孔公差带

载荷情况		轴承类型	孔公差带
仅有轴向载荷		推力球轴承	H8
		推力圆柱、圆锥滚子轴承	H7
		推力调心滚子轴承	—①
径向和轴向联合载荷	座圈承受固定载荷	推力角接触球轴承、推力调心滚子轴承、推力圆锥滚子轴承	H7
	座圈承受旋转载荷或方向不定载荷		K7②
			M7③

① 轴承座孔与座圈间间隙为 0.001D(D 为轴承公称外径)。
② 一般工作条件。
③ 有较大径向载荷时。

表 14.4-11 关节轴承与轴配合的公差带

轴承类型	工作条件	轴公差带	
		套圈滑动接触表面类型	
		非自润滑	自润滑
向心关节轴承	各种载荷,浮动支承	h6,h7	h6,g6
	各种载荷,固定支承	m6	k6
角接触关节轴承	各种载荷	m6,n6	m6
推力关节轴承			
杆端关节轴承	不定向载荷	n6,p6	m6,n6
	一般条件	h6,h7	h6,g6

注:内圈采用 h6 和 h7 配合时,轴颈需淬硬。

表 14.4-12 关节轴承与外壳孔配合的公差带

轴承类型	工作条件		孔公差带	
			套圈滑动接触表面类型	
			非自润滑	自润滑
向心关节轴承	轻载荷	浮动支承	H6,H7	H7
	重载荷	固定支承	M7	K7
	轻合金外壳孔		N7	M7
角接触关节轴承	各种载荷	浮动支承	J7	J7
		固定支承	M7	M7
推力关节轴承	纯轴向载荷		H11	H11
	联合载荷		J7	J7

4.2.4 外壳结构型式的选择

外壳结构原则上应选用整体式,尤其当外壳孔的公差等级为 IT6 时更应如此。剖分式外壳装拆方便,适用于间隙配合,对紧于 K7(包括 K7)的配合,不应采用剖分式结构。

4.3 配合面的几何公差

轴颈和外壳孔表面的圆柱度公差、轴肩和外壳孔的轴向圆跳动(见图 14.4-9、图 14.4-10),均应不超过表 14.4-13、表 14.4-14 中的数值。

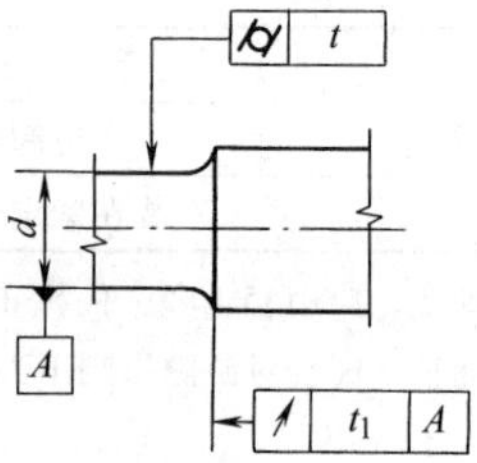

图 14.4-9 轴颈的几何公差

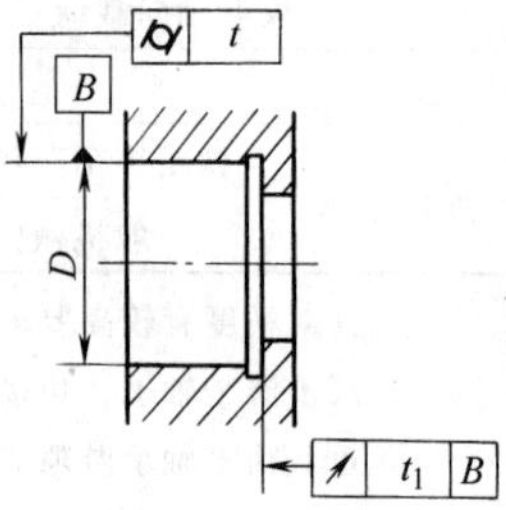

图 14.4-10 外壳孔的几何公差

表 14.4-13　通用轴承轴和外壳孔的几何公差

公称尺寸/mm		圆柱度 t/μm				轴向圆跳动 t_1/μm			
		轴颈		外壳孔		轴肩		外壳孔肩	
		轴承公差等级							
>	≤	N	6 (6X)	N	6 (6X)	N	6 (6X)	N	6 (6X)
—	6	2.5	1.5	4	2.5	5	3	8	5
6	10	2.5	1.5	4	2.5	6	4	10	6
10	18	3	2	5	3	8	5	12	8
18	30	4	2.5	6	4	10	6	15	10
30	50	4	2.5	7	4	12	8	20	12
50	80	5	3	8	5	15	10	25	15
80	120	6	4	10	6	15	10	25	15
120	180	8	5	12	8	20	12	30	20
180	250	10	7	14	10	20	12	30	20
250	315	12	8	16	12	25	15	40	25
315	400	13	9	18	13	25	15	40	25
400	500	15	10	20	15	25	15	40	25
500	630	—	—	22	16	—	—	50	30
630	800	—	—	25	18	—	—	50	30
800	1000	—	—	28	20	—	—	60	40
1000	1250	—	—	33	24	—	—	60	40

表 14.4-14　关节轴承配合表面的表面粗糙度和几何公差　（μm）

轴承公称直径/mm		圆柱度公差 t		轴向圆跳动 t_1		垫圈两端面平行度公差 t_2	表面粗糙度 Ra		
		轴颈	外壳孔	轴肩	外壳孔肩		轴颈表面	外壳孔表面	轴肩、垫圈及外壳孔肩端面
超过	到	max							
3	6	4	—	8	—	12	1.6	1.6	3.2
6	10	4	4	9	9	15			
10	18	5	5	11	11	18			
18	30	6	6	13	13	21			
30	50	7	7	16	16	25			
50	80	8	8	19	19	30			
80	120	10	10	22	22	35	3.2	3.2	3.2
120	150	12	12	25	25	40			
150	180	12	12	25	25	40			
180	250	14	14	29	29	46			
250	315	16	16	32	32	52			
315	400	18	18	36	36	57			
400	500	20	20	40	40	63			
500	630	22	22	44	44	70	6.3	6.3	12.5
630	800	25	25	50	50	80			
800	1000	28	28	56	56	92			

注：表面粗糙度和几何公差，轴颈表面、轴肩和内垫圈端面以内径查表确定；外壳孔表面、外壳孔挡肩和外垫圈以外径查表确定。

4.4　配合表面的表面粗糙度

轴颈和外壳孔配合表面的表面粗糙度应符合表 14.4-14、表 14.4-15 的规定。

表 14.4-15　通用轴承配合面的表面粗糙度

轴或外壳孔直径/mm		轴或外壳孔配合表面直径公差等级					
		IT7		IT6		IT5	
		表面粗糙度 Ra/μm					
>	≤	磨	车	磨	车	磨	车
	80	1.6	3.2	0.8	1.6	0.4	0.8
80	500	1.6	3.2	1.6	3.2	0.8	1.6
500	1250	3.2	6.3	1.6	3.2	1.6	3.2
端面		3.2	6.3	6.3	6.3	6.3	3.2

5 轴承的预紧

滚动轴承的预紧指在安装时使轴承内部滚动体与套圈间保持一定的初始压力和弹性变形，以减小工作载荷下轴承的实际变形量，从而改善支承刚度、提高旋转精度的一种措施。

轴承的预紧分轴向预紧和径向预紧，轴向预紧又分定位预紧和定压预紧。

5.1 定位预紧

将一对轴承的外圈或内圈磨去一定厚度或在其间加装垫片（见图 14.4-11），以使轴承在一定的轴向载荷作用下产生预变形的方法称为定位预紧。

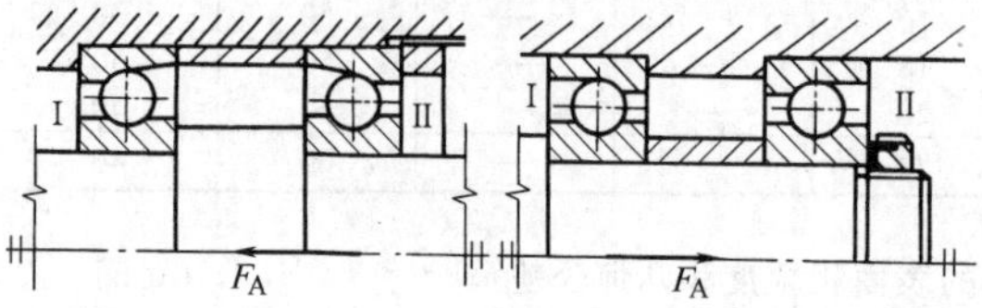

图 14.4-11 轴承定位预紧结构

一对深沟球轴承在定位预紧安装下的载荷-变形曲线如图 14.4-12 所示。

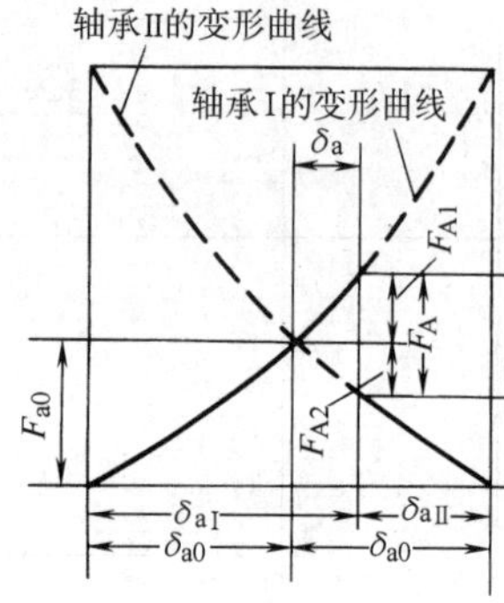

图 14.4-12 载荷-变形曲线

预紧前，两轴承的内圈与内垫片间存在间隙，施加轴向预紧力 F_{a0}后，轴向间隙消除，轴承内部产生的轴向变形 $\delta_{aⅠ}$、$\delta_{aⅡ}$ 均为 δ_{a0}。

当继续施加轴向载荷 F_A 时，两轴承的轴向变形和轴向载荷发生如下变化（见图 14.4-12）。

$$\delta_{aⅠ} = \delta_{a0} + \delta_a \qquad \delta_{aⅡ} = \delta_{a0} - \delta_a$$

$$F_{aⅠ} = F_{a0} + F_{A1} \qquad F_{aⅡ} = F_{a0} - F_{A2}$$

当 F_A 增大到使 $F_{A2}=F_{a0}$时，轴承Ⅱ将处于卸载状态，此时支承系统的轴向变形量为

$$\delta_a = \delta_{a0}$$

若不加预紧，使轴承Ⅱ卸载的支承系统变形量（轴承Ⅰ的变形量）为

$$\delta_a = 2\delta_{a0}$$

可见，与不预紧相比，定位预紧可提高支承刚度1倍。

预紧量过小将达不到预紧的目的，预紧量过大又会使轴承中的接触应力和摩擦阻力增大，从而导致轴承寿命的缩短。合适的预紧量应根据表 14.4-16 中的公式画出轴承的载荷-变形曲线，再由不同的载荷情况和使用要求确定。

表 14.4-16 轴向变形量的计算公式

轴承类型	轴向变形量 δ_a/mm
深沟球轴承 角接触球轴承	$\dfrac{0.002F_A^{2/3}}{D_g^{1/3}Z^{2/3}(\sin\alpha)^{5/3}}$
推力球轴承	$\dfrac{0.0024F_A^{2/3}}{D_g^{1/3}Z^{2/3}(\sin\alpha)^{5/3}}$
圆锥滚子轴承	$\dfrac{0.0006F_A^{2/3}}{Z^{0.9}L^{0.8}(\sin\alpha)^{1.9}}$
说明	D_g—滚动体直径（mm），Z—滚动体数，α—接触角（°），L—滚子长度（mm）

轻度预紧用于高速、轻载条件下，要求提高旋转精度和减轻振动的支承。中度或重度预紧用于中速、中载和低速重载条件下，要求增大支承刚度的场合。

定位预紧时，滚动体与滚道应始终保持接触，为此所需要的最小预紧载荷 F_{a0min} 可按表 14.4-17 所列公式确定。

表 14.4-17 定位预紧的最小预紧载荷 F_{a0min}

轴承类型	载荷条件	
	纯轴向载荷 F_A	径、轴向联合载荷 F_A、F_r
角接触球轴承	$0.35F_A$	$1.7F_{rⅠ}\tan\alpha_Ⅰ-\dfrac{F_A}{2}$ $1.7F_{rⅡ}\tan\alpha_Ⅱ+\dfrac{F_A}{2}$
圆锥滚子轴承	$0.5F_A$	$1.9F_{rⅠ}\tan\alpha_Ⅰ-\dfrac{F_A}{2}$ $1.9F_{rⅡ}\tan\alpha_Ⅱ+\dfrac{F_A}{2}$
说明	$F_{rⅠ}$—轴承Ⅰ所承受的径向载荷(kN)；$F_{rⅡ}$—轴承Ⅱ承受的径向载荷(kN)；$\alpha_Ⅰ$—轴承Ⅰ的接触角(°)；$\alpha_Ⅱ$—轴承Ⅱ的接触角(°)	

5.2 定压预紧

利用弹簧使轴承承受一定的轴向载荷并产生预变形的方法（见图 14.4-13）称为定压预紧。

一对角接触球轴承采用定压预紧时的载荷-变形曲线如图 14.4-14 所示。图中弹簧产生的预紧载荷为 F_{a0}，当外部轴向载荷 F_A作用到轴上时，轴承Ⅰ的轴向变形增加 δ_a，而轴承Ⅱ的变形量几乎不变。因此，

定压预紧不会出现卸载状态，且预紧量不受温度变化的影响，但对轴承刚度的提高不大。

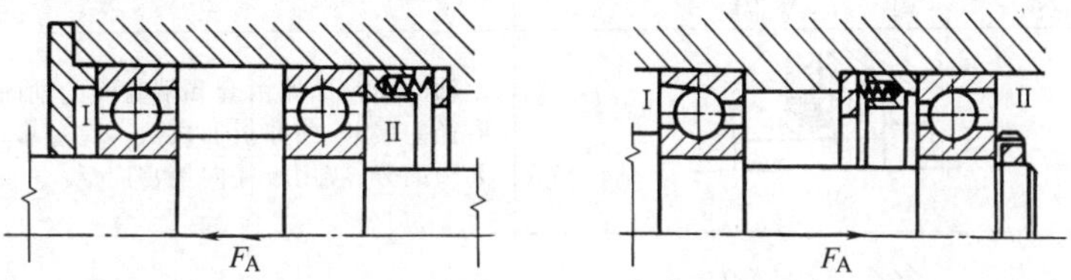

图 14.4-13　轴承定压预紧结构

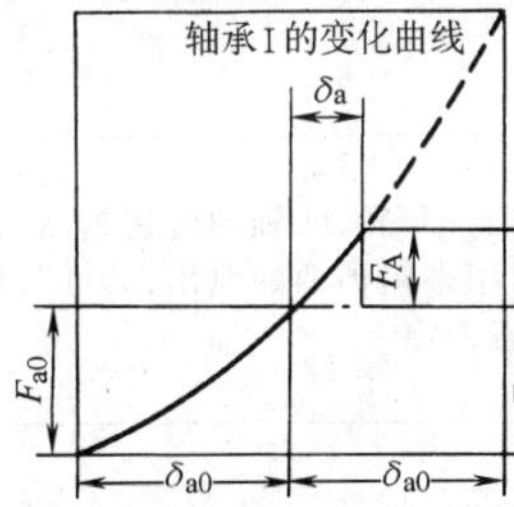

图 14.4-14　定压预紧载荷-变形曲线

5.3　径向预紧

利用轴承和轴颈的过盈配合，使轴承内圈膨胀，以消除径向游隙并产生一定预变形的方法，称为轴承的径向预紧。通常，这种预紧可以通过带锥孔的轴承内圈在带锥面的衬套或轴颈上移动来实现。

6　轴承的密封

为了防止润滑剂泄出，并防止灰尘、切屑微粒及其他杂物和水分侵入，轴承必须进行必要的密封，以保持良好的润滑条件和工作环境，使轴承达到预期的工作寿命。通常在选择轴承密封形式时，应考虑以下因素：

1）轴承外部工作环境。

2）轴承的转速与工作温度。

3）轴的支承结构与特点。

4）润滑剂的种类与性能。

轴承的密封装置一般分为非接触式和接触式两类。

6.1　非接触式密封

非接触式密封包括间隙式、迷宫式和垫圈式等不同结构。由于在此类装置中，密封件不与轴或配合件直接接触，因此可用于高速运转轴承的密封。非接触密封装置的结构与特点见表 14.4-18。

表 14.4-18　非接触式密封

序号	密封形式		简图	说明
1	间隙式	缝隙式间隙	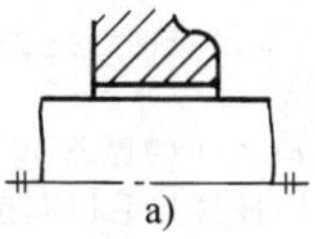 a)	轴与端盖配合面之间间隙越小，轴向宽度越长，密封效果越好。一般径向间隙取 0.1~0.3mm。适用于环境比较干净的脂润滑条件
2	间隙式	沟槽式间隙	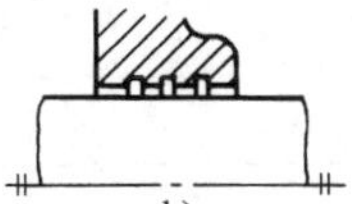 b)	在端盖配合面上开有沟槽，充填润滑脂以提高密封效果
3	间隙式	W 形间隙	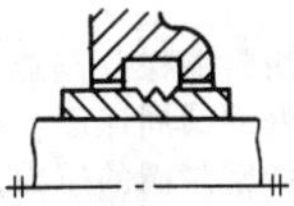 c)	用于油润滑。在轴或套上开有 W 形槽，借以甩回渗漏出来的润滑油。端盖孔内也开有回油槽，将甩到孔壁上的油回收入轴承或箱内
4	迷宫式	径向迷宫	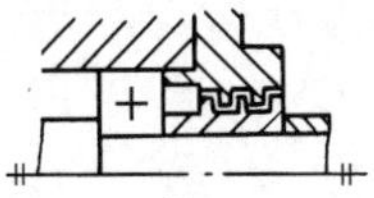 d)	径向迷宫曲路是由套和端盖的径向间隙构成迷宫曲路沿轴向展开，故径向尺寸紧凑。曲路折回次数越多，密封越可靠。适用于较脏的工作环境

（续）

序号	密封形式		简图	说明
5	迷宫式	轴向迷宫	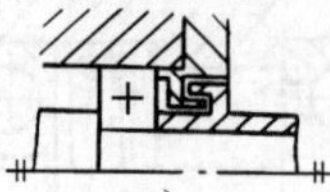 e)	轴向迷宫曲路由套和端盖间的轴向间隙构成。迷宫曲路沿径向展开,曲路折回次数不宜过多。由于装拆方便,端盖无须剖分,应用较径向迷宫广泛
6		组合式迷宫	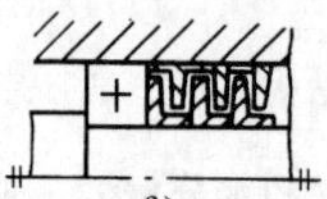 f)	组合式迷宫曲路是由两组T形垫圈构成,占用空间小,成本低,适于成批生产。此类垫圈成组安装,数量越多,密封效果越好
7	垫圈式	旋转垫圈	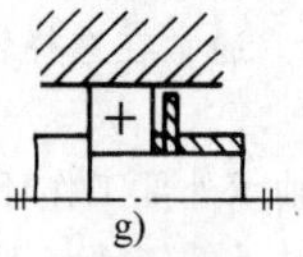 g)	工作时,垫圈与轴一起转动,轴的转速越高,密封效果越好。旋转垫圈既可用来阻挡油的泄出,又可阻挡杂物的侵入,视垫圈所在位置而定
8		静止垫圈	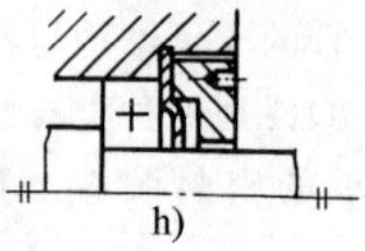 h)	固定在轴承外圈上的垫圈工作时静止不动。主要用来阻挡外界灰尘、杂物的侵入

6.2 接触式密封

接触式密封包括毛毡密封、橡胶密封等。在此类密封装置中，密封件与轴或其他配合件直接接触，故工作中产生摩擦、磨损，并使温度升高。一般适用于中、低速运转条件下轴承的密封，见表14.4-19。

表14.4-19 接触式密封

序号	密封形式		简图	说明
1	毛毡密封	单毡圈式	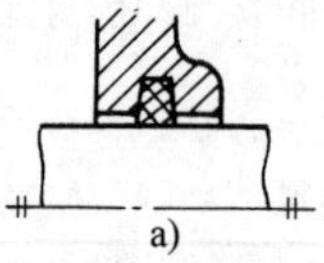 a)	主要用于脂润滑,用于对干净环境下工作的轴承进行密封。一般接触处的圆周速度不超过4~5m/s,允许工作温度可达90°C。如果表面经过抛光,毛毡质量较好,圆周速度可达7~8m/s 毡圈与轴之间的摩擦较大,长期使用易把轴磨出沟槽。一般多采用轴套与毛毡圈接触的结构
2		双毡圈式	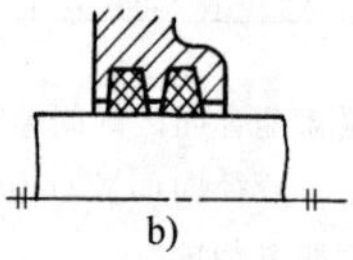 b)	
3		多毡圈式	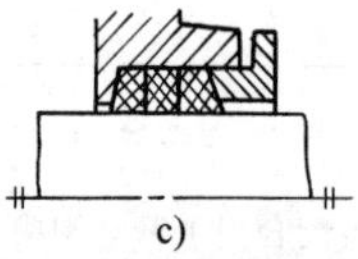 c)	
4	橡胶密封	密封唇向里	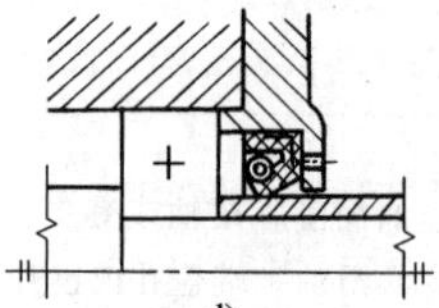 d)	密封圈用耐油橡胶制成,用于脂润滑或油润滑的轴承密封。接触处的圆周速度不超过7m/s,温度不高于100°C 为了保持密封圈的压力,密封圈用弹簧圈紧箍在轴上,使密封唇呈锐角状。图d的密封唇面向轴承,用于防止润滑油的泄出,图e的密封唇背向轴承,用于防止灰尘杂物的侵入
5		密封唇向外	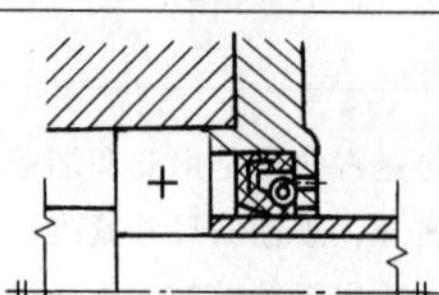 e)	

（续）

序号	密封形式		简　　图	说　　明
6	橡胶密封	双密封圈	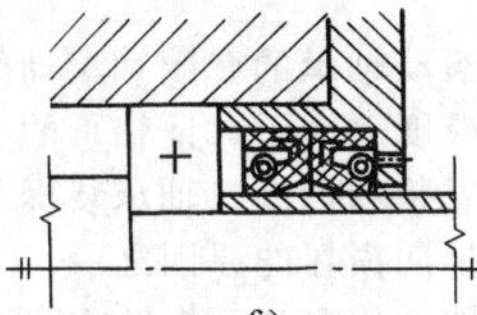 f)	图 f 同时采用两个密封圈相对安装，既可防止润滑油泄出，又可防止灰尘杂物侵入

根据工作环境和对密封的不同要求，工程中往往综合运用几种不同的密封形式，以期达到更好的密封效果，如图 14.4-15 所示。

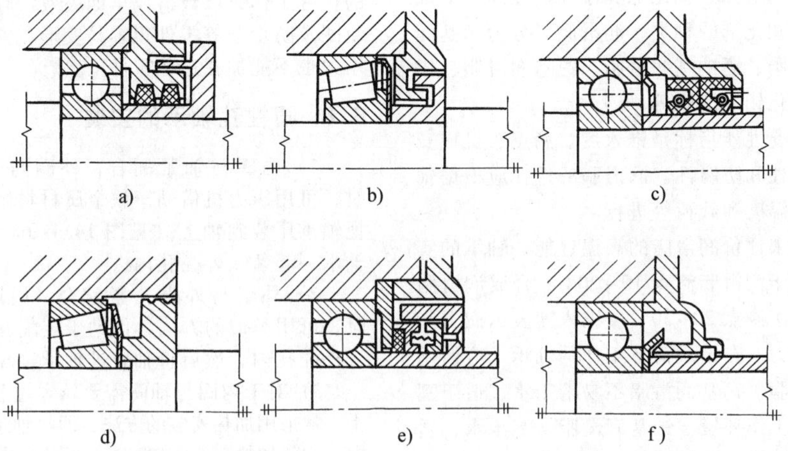

图 14.4-15　综合密封形式

7　轴承的润滑

7.1　润滑的作用

在运转过程中，轴承内部各元件间均存在不同程度的相对滑动，从而导致摩擦发热和元件的磨损。因此工作中必须对轴承进行可靠的润滑。润滑轴承的主要目的是：

1）减小摩擦发热，避免工作温度过高。

2）降低磨损。

3）防止锈蚀。

4）散热（油润滑）。

5）密封（脂润滑）。

7.2　润滑剂的选择

选择润滑剂时应考虑的因素有：

1）轴承的工作温度。各种润滑剂都有其各自适于工作的温度范围。过高的工作温度会使润滑剂的黏度降低，润滑效果变差，以致完全失效。正常的工作温度应使润滑油的黏度，对于球轴承不低于 $1.3\times10^{-5}m^2/s$，对于滚子轴承不低于 $2\times10^{-5}m^2/s$。

2）轴承的工作载荷。润滑油的黏度是随压力而变化的，当轴承所受载荷增大时，润滑区内润滑油的压力增加、黏度降低，从而导致油膜厚度减薄，甚至破裂。因此，轴承工作载荷越大，所选润滑油的黏度也应越大。

表 14.4-20　各种润滑方式下轴承允许的 *dn* 值　　（$mm\cdot r\cdot min^{-1}$）

轴承类型	脂润滑	油浴润滑	滴油润滑	循环油润滑	喷雾润滑
深沟球轴承	160000	250000	400000	600000	
调心球轴承	160000	250000	400000	—	
角接触球轴承	160000	250000	400000	600000	
圆柱滚子轴承	120000	250000	400000	600000	>600000
圆锥滚子轴承	100000	160000	230000	300000	
调心滚子轴承	80000	120000	—	250000	
推力球轴承	40000	60000	120000	150000	

3）轴承的工作转速。工作中，轴承转速越高，内部摩擦发热量越大。为了控制轴承的温升，通常对轴承的 dn 值［d 为轴承内径（mm），n 为转速（r/min）］加以限制。各类轴承在不同润滑剂和润滑方式下所允许的 dn 值见表 14.4-20。

7.3　润滑剂的种类

7.3.1　润滑脂

润滑脂是由润滑油、稠化剂和添加剂在高温下混合而成的。根据稠化剂的种类，润滑脂可分为钙基润滑脂、钠基润滑脂、钙钠基润滑脂、锂基润滑脂、铝基润滑脂和二硫化钼润滑脂等。

润滑脂的主要性能指标是锥入度、滴点、机械安定性、氧化安定性和防腐性。润滑脂的选择应根据轴承的工作条件、温度和载荷等进行。

滴点一般用来评价润滑脂的高温性能。轴承的实际工作温度应低于润滑脂滴点 10~20℃；合成润滑脂的使用温度应低于滴点 20~30℃。锥入度表示润滑脂的软硬或承载能力。在重载荷下工作的轴承，应使用锥入度小的润滑脂。钙基润滑脂不易溶于水，适于潮湿、水分较多的工作环境。钠基润滑脂易溶于水，适于干燥、水分较少的工作环境。

一般轴承多采用脂润滑。脂润滑的优点是：油膜强度高；油脂黏附性好，不易流失，使用时间较长；密封简单，能防止灰尘、水分和其他杂物进入轴承。其缺点是：转速较高时，摩擦损耗的功率较大。

润滑脂的不足或过多，都会导致轴承工作中温升增大，磨损加快，故润滑脂的填充量要适度。一般来说，以填充量占轴承与外壳空间的 1/3~1/2 为宜。

7.3.2　润滑油

润滑油包括特制的矿物油、植物油和合成润滑油。

润滑油的性能指标有黏度、黏-温特性、酸值、腐蚀性、闪点及凝固点等。

黏度指润滑油内部相对运动的摩擦阻力。黏度的大小，直接影响润滑油的流动性和在摩擦面间形成润滑油膜的能力，因此黏度是选择润滑油的重要依据。

在高速或高温条件下工作的轴承，一般采用油润滑。油润滑的优点：润滑可靠、摩擦因数小，具有良好的冷却和清洗作用，可用多种润滑方式以适应不同的工作条件。其缺点是需要复杂的密封装置和供油设备。

当轴承浸在油中时（油浴润滑），油面高度不应超过最下面滚动体的中心。转速较高时，应采用滴油或油雾润滑。

8　轴承的安装与拆卸

滚动轴承的套圈和滚动体有较高的加工精度和表面粗糙度。为了保证轴承的工作精度和寿命，必须仔细地安装和拆卸。轴承装拆方法不正确，常常是引起轴承早期损坏的原因之一。

轴承的安装、拆卸方法，应根据轴承的结构、尺寸大小及配合性质而定。安装、拆卸轴承的作用力应直接加在紧配合的套圈端面上，切不可通过滚动体传递压力，以免在轴承工作表面上形成压痕，影响轴承的正常工作，以致造成早期失效。轴承的保持架、密封圈及防尘盖等零件很容易变形，安装、拆卸时的作用力也不能加在这些零件上。

8.1　圆柱孔轴承的安装

1）内圈与轴紧配合，外圈与外壳孔配合较松时，可用压力机借助于软金属材料做的装配套管，先把轴承压装到轴上（见图 14.4-16a），然后将轴连同轴承一起装入外壳孔内。

2）外圈与外壳孔紧配合，内圈与轴配合较松时，可用类似的方法，借助于装配套管，先把轴承装入外壳孔内，然后将轴装进轴承（见图 14.4-16b）。

3）对于内圈与轴间需要较大过盈量的大、中型轴承，常采用加热安装的方法，即将轴承或套圈放入油箱中，均匀加热至 80~100°C,然后从油中取出装到轴上。

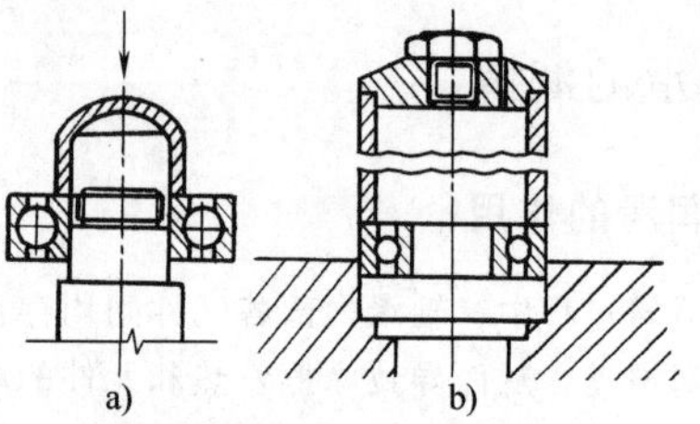

a)　　b)

图 14.4-16　圆柱孔轴承的安装

a）内圈安装　b）外圈安装

8.2　圆锥孔轴承的安装

圆锥孔轴承可以直接装在有锥度的轴颈上，或装在紧定套或退卸套的锥面上（见图 14.4-17）。

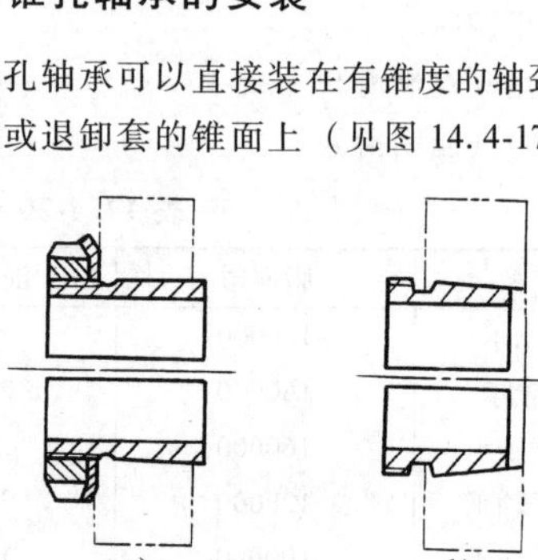

a)　　b)

图 14.4-17　紧定套与退卸套

a）紧定套　b）退卸套

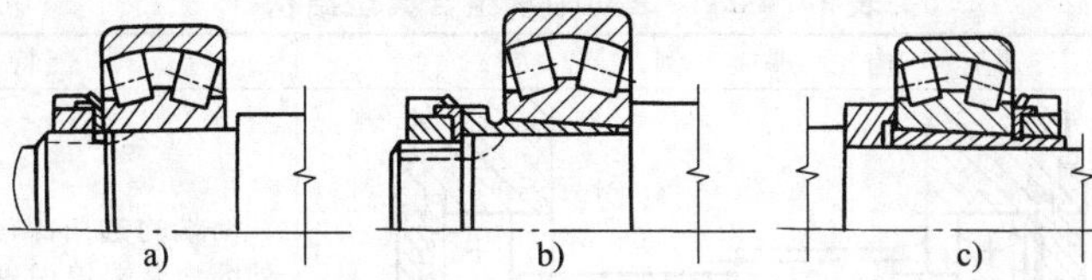

图 14.4-18　圆锥孔轴承安装
a）锁紧螺母安装　b）退卸套安装　c）紧定套安装

此种轴承有较严格的配合，当轴承进入锥形轴颈或轴套时，由于内圈膨胀使轴承径向游隙减小，故可通过控制轴承压进锥形配合面的距离，调整径向游隙。

不可分离型轴承的径向游隙，可用塞尺测量，也可以根据轴承在轴向的移动量，计算径向游隙的减小量。可分离型轴承，可用外径千分尺测量内圈的膨胀，以求得径向游隙的减小量。

直接装在锥形轴颈上的圆锥孔轴承，可以和一般圆柱孔轴承一样，使用装配套管或加热等方法安装，也可采用锁紧螺母安装。

通过紧定套或退卸套安装的圆锥孔轴承，一般采用锁紧螺母安装（见图 14.4-18）。

8.3　角接触轴承的安装

角接触球轴承采用一般圆柱孔轴承的安装方法。圆锥滚子轴承的内外圈，则应分别安装。安装中，应仔细调整这类轴承的轴向游隙和预紧量。

轴承游隙或预紧量的大小，与支承结构的形式、轴承间距、轴和外壳的材料有关，应根据工作要求计算确定。轴向游隙可用指示表检查，游隙大小可通过端盖、调整环、螺纹环或锁紧螺母等调整。

8.4　推力轴承的安装

推力轴承的轴圈与轴一般取过渡配合，座圈与外壳孔一般取间隙配合，故这种轴承容易安装。不过对于双向推力轴承，轴圈必须进行轴向固定，从而防止其相对于轴发生转动。

安装推力轴承时，应检查轴圈对轴的中心线的垂直度、轴向游隙并加以调整。在高速运转条件下，还应适当预紧，以防止因滚动体惯性力矩引起的相对滑动。

8.5　滚动轴承的拆卸

滚动轴承的拆卸，一般应以不影响轴承及其配合件的精度为原则。因此，拆卸力不应直接或间接地作用于滚动体上。

8.5.1　不可分离型轴承的拆卸

轴承与轴一般配合较紧，与外壳孔配合较松，故可先将轴承与轴一起从外壳孔中取出，然后再从轴上卸下轴承。在这两次拆卸过程中，拆卸力应分别直接加于轴承外圈和内圈上。从轴上拆卸轴承时，可使用压力机和其他拆卸工具（见图 14.4-19）。

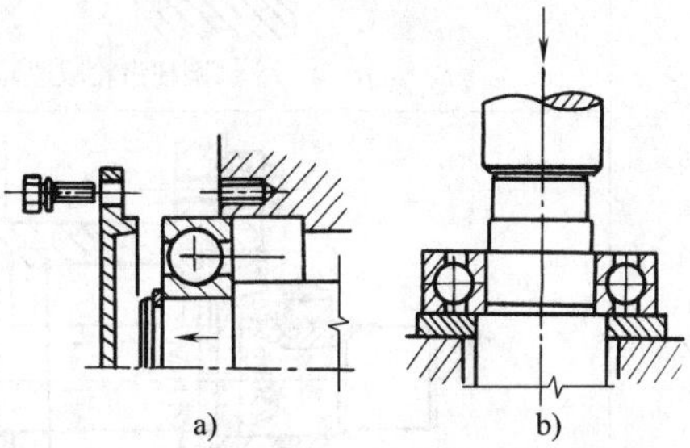

图 14.4-19　不可分离型轴承的拆卸
a）外圈拆卸　b）内圈拆卸

8.5.2　分离型轴承的拆卸

分离型轴承的拆卸，可先把轴连同内圈一起取出，然后再用压力机等将内圈取下，将外圈取出（见图 14.4-20）。

9　滚动轴承组合典型结构

滚动轴承组合典型结构见表 14.4-21。

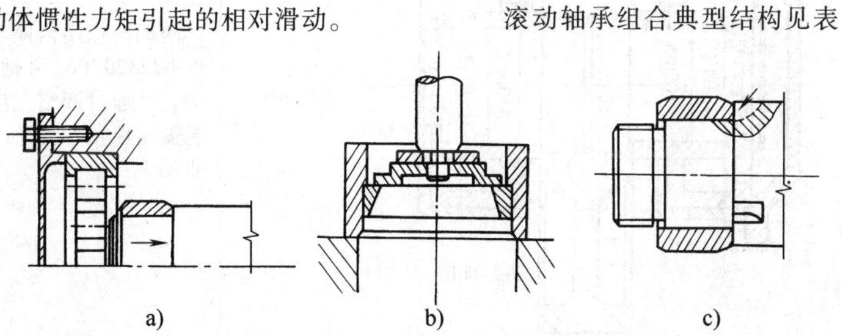

图 14.4-20　分离型轴承的拆卸
a）轴的拆卸　b）外圈拆卸　c）内圈拆卸

表 14.4-21 滚动轴承组合典型结构

支承形式	结 构 举 例	特 点
两端固定支承	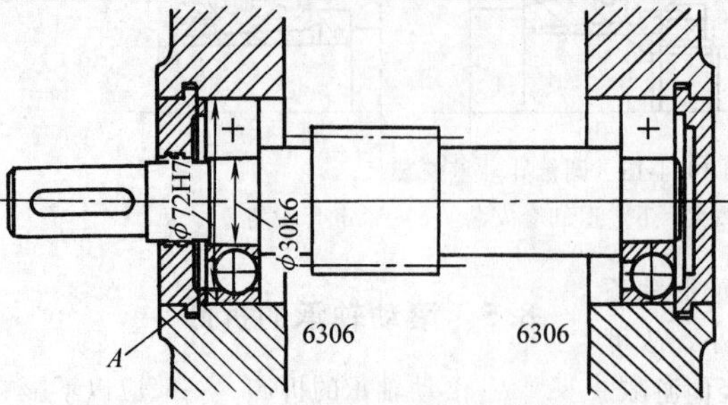 圆柱齿轮减速器高速轴(一)	两端均选用深沟球轴承 6306,两轴承的外圈均靠端盖做轴向固定,在左端外圈与端盖间放置调整垫片 A,并保证有 0.25～0.5mm 的轴向间隙,以补偿轴的热伸长量。采用油沟密封。适于中速、轻载,轴较短,且工作温度变化不大、环境清洁干燥的场合
	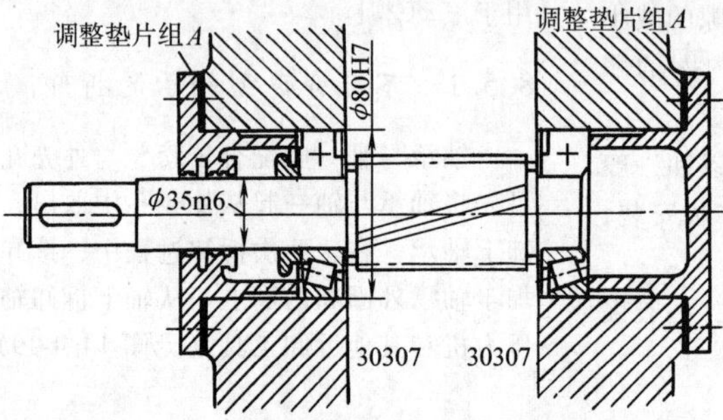 圆柱齿轮减速器高速轴(二)	两端均选用圆锥滚子轴承 30307,外圈窄端面相对安装,两端以端盖固定,利用调整垫片组 A 的厚度控制轴向游隙,以补偿热伸长
	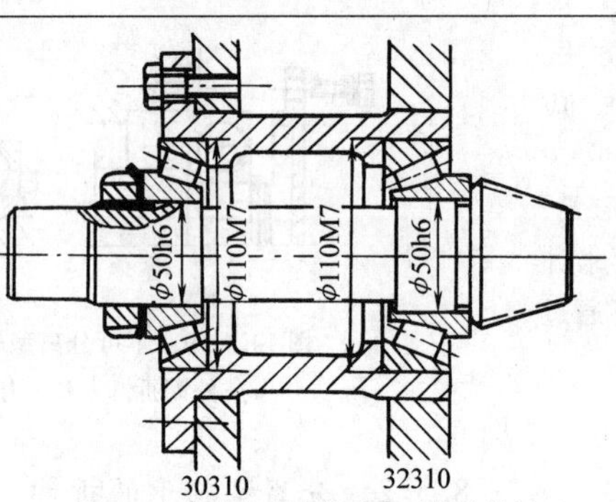 东风-50拖拉机中央传动主动锥齿轮轴	两端分别选用圆锥滚子轴承 30310 和 32310,外圈宽端面相对安装。用锁紧螺母实现轴向预紧。支承刚度好,可保证锥齿轮的正确啮合,无须补偿轴的热伸长
	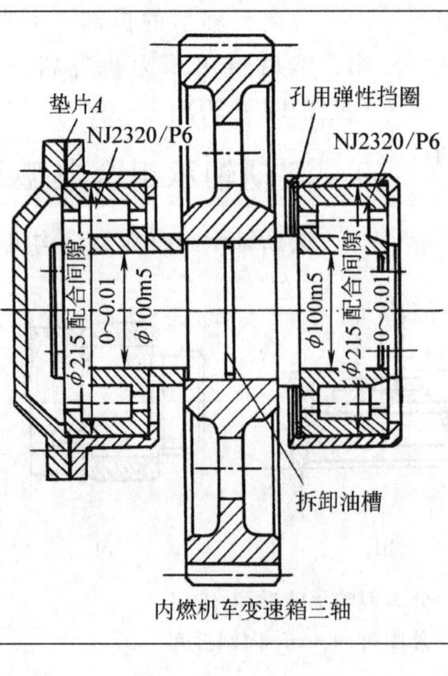 内燃机车变速箱三轴	两端均选用内圈带单挡边的圆柱滚子轴承 NJ2320/P6,两轴承的内外圈均轴向固定。可通过调整左端的垫片组 A,使外圈与端盖间保留小量轴向间隙,以补偿轴的热伸长

（续）

支承形式	结　构　举　例	特　点
固定-游动支承	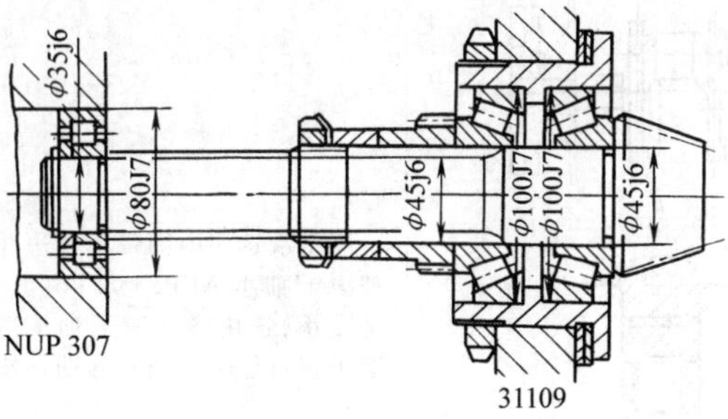 东方红-40拖拉机中央传动锥齿轮轴	固定端选用两个圆锥滚子轴承 31109,外圈宽端面相对安装。游动端选用圆柱滚子轴承 NUP307,外圈与外壳孔为间隙配合,可补偿轴的热伸长。固定端两个圆锥滚子轴承可预紧安装,故支承刚性好。固定端采用套杯安装,锥齿轮的啮合位置易保证
	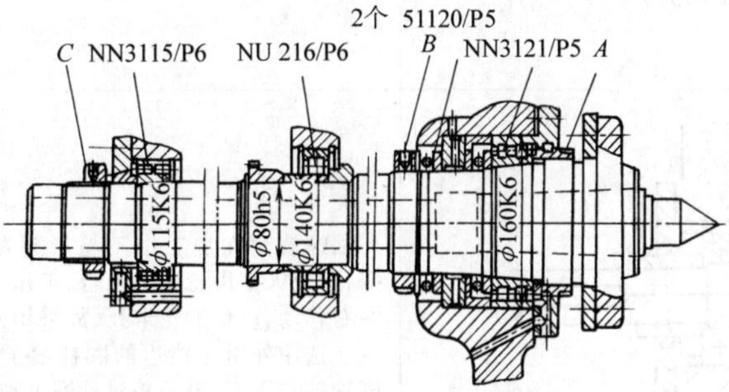 卧式车床主轴	前支承为固定端,由双列圆柱滚子轴承 NN3121/P5 和两个推力球轴承 51120/P5 组成。前者内孔为锥孔,可实现径向预紧和调整径向游隙,后者可承受双向轴向载荷。中央支承选用圆柱滚子轴承 NU216/P6,后支承选用双列圆柱滚子轴承 NN3115/P6,均用以承受径向载荷,并以滚子相对外圈的轴向移动补偿热伸长
	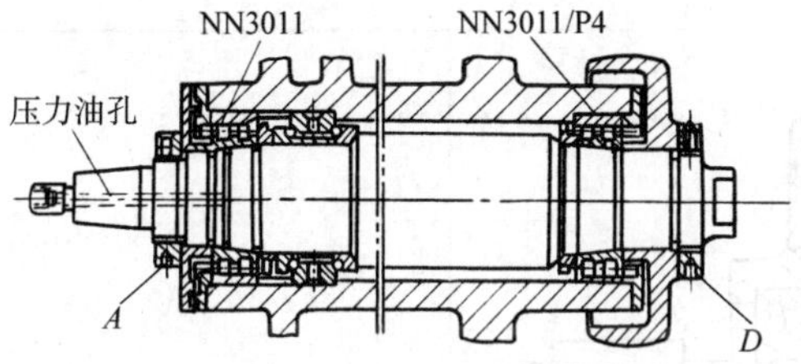 平面磨床砂轮轴	前支承为固定端,由双列圆柱滚子轴承和双向角接触推力球轴承组成,可承受双向轴向载荷。后支承为游动端,选用 NN3011/P4 轴承,利用滚子与外圈的轴向移动补偿轴的热伸长
	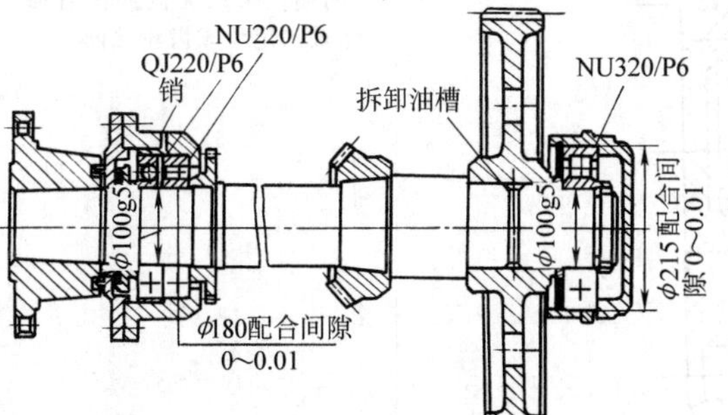 内燃机车变速器三轴	左端为固定端,由圆柱滚子轴承 NU220/P6 和四点接触球轴承 QJ220/P6 组成。前者承受径向载荷,后者与外壳孔不接触,仅承受双向轴向载荷。右端为游动端,选用圆柱滚子轴承 NU320/P6 承受径向载荷,利用滚子与内圈的轴向移动补偿轴的热伸长

（续）

支承形式	结 构 举 例	特 点
固定-游动支承	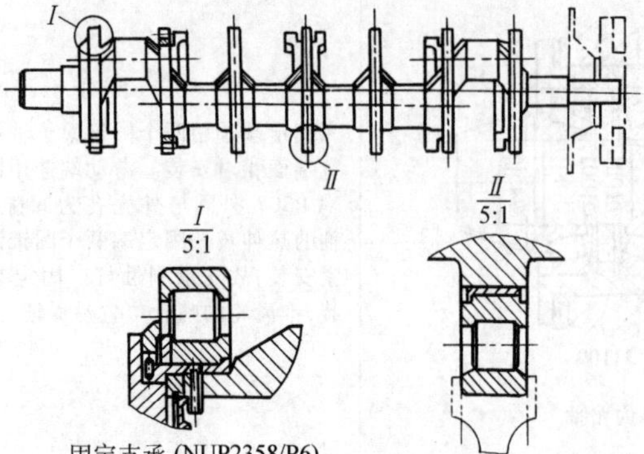 固定支承 (NUP2358/P6) 游动支承 (N 2358/P6) 内燃机主轴	固定端选用内圈带单挡边并带平挡圈的圆柱滚子轴承 NUP2358/P6，其他支承均为游动支承，选用圆柱滚子轴承 N2358/P6，利用滚子相对外圈的轴向移动补偿轴的热伸长
两端游动支承	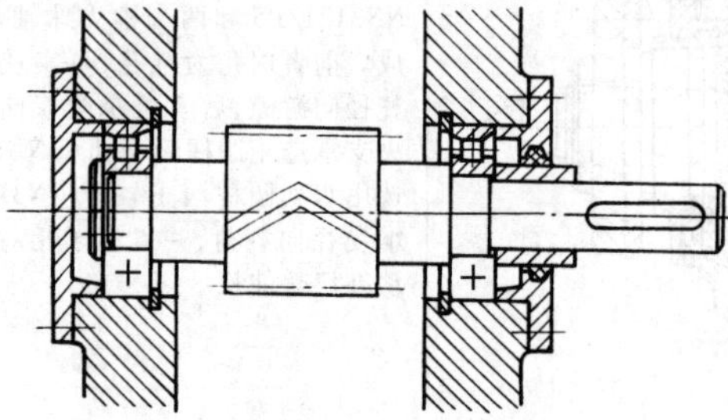 减速器人字齿轮轴	因螺旋角在加工中不易做到左右完全相等，为使人字齿轮正确啮合，工作中要求轴能左右移动，以免齿轮卡死，故采用两端游动支承。选用外圈无挡边的圆柱滚子轴承，内外圈均轴向固定，滚子相对外圈可轴向移动
	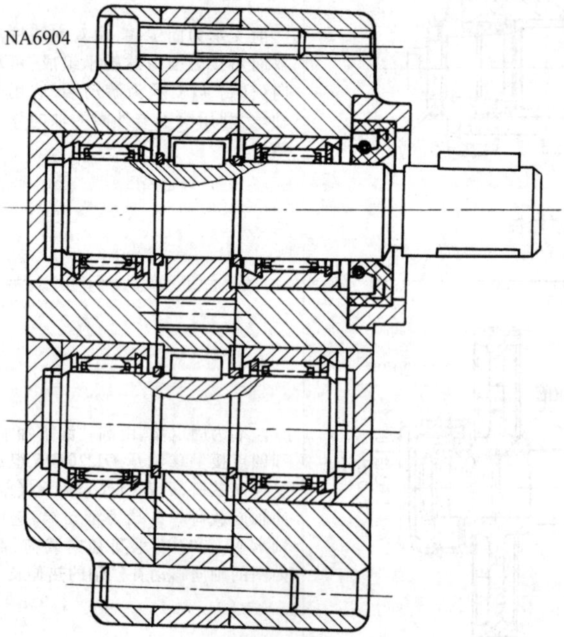 齿轮轴泵	两端均采用无内圈滚针轴承作为游动支承，轴向定位靠齿轮端面

第 5 章　滚动轴承支承设计实例

1　立柱式旋臂起重机支承设计

立柱式旋臂起重机由一个可沿地面轨道运动的门架和安装在门架上的回转部分组成。门架和回转部分间用立柱和滚动轴承支承，立柱分固定式和旋转式两种，如图 14.5-1 和图 14.5-2 所示。

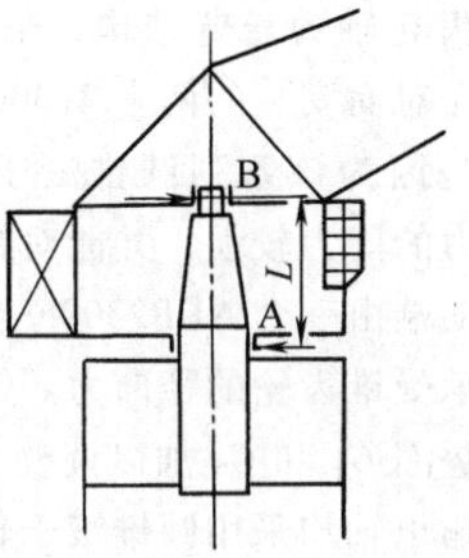

图 14.5-1　立柱固定式旋臂起重机简图

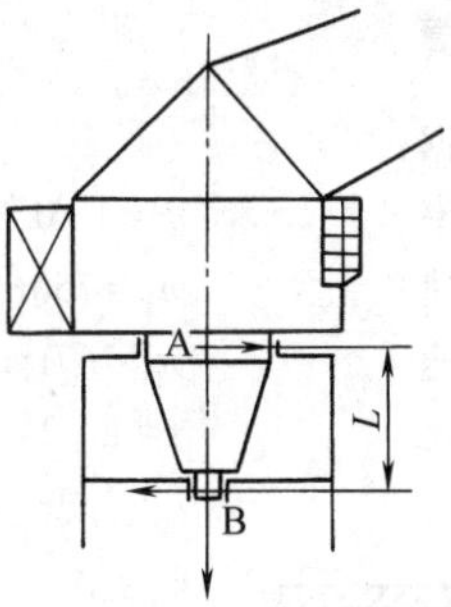

图 14.5-2　立柱转动式旋臂起重机简图

两种结构中，提升重量和回转部件的重量均由立柱支承轴承 B 承受，此外，轴承 B 还必须传递由倾覆力矩产生的径向反力。设置在立柱较大直径处的游动支承 A 只承受径向力，因直径较大，多安装支承滚轮或导向滚轮。本例只介绍立柱支承 B 的设计。

1.1　轴承组合设计

轴承 B 在工作中受到很大的轴向载荷，因此需要有很高的轴向承载能力。在钢结构中，由于外壳孔的同轴度误差和弹性变形不可避免，又要求轴承具有较强的角度调整性，因此选用推力调心滚子轴承（接触角 $\alpha=50°$）。

为使推力调心滚子轴承的承载圆弧不至过小，其载荷比应满足关系

$$F_r/F_a \leqslant e = 1.5\tan\alpha$$

否则，需要在支承部位 B 处再配置一套向心轴承，或者增大支承部位 A 和 B 间的距离，以减轻推力调心滚子轴承的径向载荷。

1.2　寿命计算

1）已知数据。回转部件总重（包括吊挂重量）

$$G = 470\text{kN}$$

倾覆力矩与风压力 B 处产生的径向反力

$$F_r = 250\text{kN}$$

接触角

$$\alpha = 50°$$

2）载荷与寿命。回转部件总重量即为轴承所需承受的轴向载荷，因此

$$F_a = G = 470\text{kN}$$

于是有

$$F_r/F_a = \frac{250}{470} = 0.53 < 1.5\tan 50° = 0.55$$

所以，只需在支承部位使用一套推力调心滚子轴承，如图 14.5-3 所示。

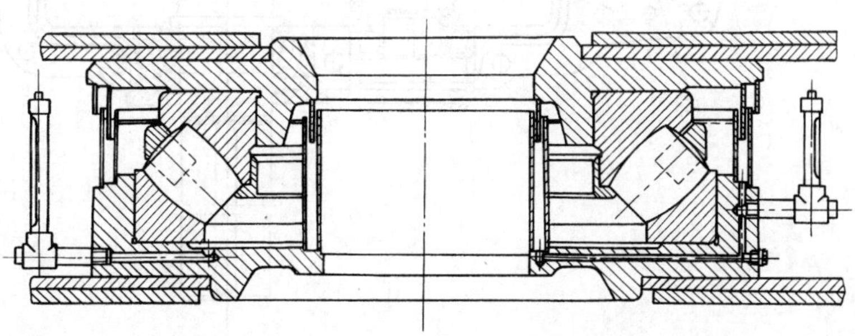

图 14.5-3　立柱式旋臂起重机立柱支承

轴承 B 在实际工作中的回转速度很慢，故可以用静载荷来判定轴承支承的可靠性。

对于接触角 $\alpha<90°$ 的推力轴承，其当量静载荷可按式（14.3-12）计算，即

$$P_0 = F_a + 2.3F_r\tan\alpha = 1145\text{kN}$$

在已知工况条件下，取轴承的静态安全系数 $f_s=2$，轴承所需具备的最小基本额定静载荷

$$C_0' = f_s P_0 = 2290\text{kN}$$

由此选用基本额定静载荷 $C_0=2753\text{kN}$ 的推力调心滚子轴承 29330 作为立柱支承轴承。

1.3 配合与安装

因立柱支承轴承的内圈受局部载荷作用，内圈与轴采用较松的过渡配合，轴颈公差精度取为 j6。外圈受循环负荷，本应与外壳孔过盈配合，但为了安装和拆卸的方便，外壳孔一般加工至 J7 级精度。

1.4 润滑与密封

立柱支承通常采用油浴润滑，以使用加有高压添加剂的矿物油较为合适，若将轴承完全浸入油中运转，还能实现对挡边的良好润滑。通常，油位至少应达到保持架上缘。这样高的油位不仅能够保证全部滚动面和滑动面的良好润滑，而且可以防止轴承被锈蚀。

2 圆锥圆柱齿轮减速器支承设计

减速器是用于原动机和工作机之间的独立的闭式传动装置。由于齿轮减速器具有结构紧凑、传动效率高、传动准确可靠及使用维护方便等优点，故在各种机械设备中应用甚广。

齿轮减速器种类很多，其中圆锥圆柱齿轮减速器用于传递两垂直相交轴间的运动和动力。

圆锥圆柱齿轮减速器一般采用中心剖分式结构，箱体采用以小锥齿轮的轴线为对称中心的对称结构，以便大锥齿轮调头安装，改变输出轴的方向。

图 14.5-4 所示为一圆锥圆柱齿轮减速器的结构简图。

2.1 轴承组合设计

主动小锥齿轮轴为悬臂结构，采用固定-游动支承。固定端由面对面安装的两套 31300 系列圆锥滚子轴承组成。这是因为该系列圆锥滚子轴承接触角较大，承受轴向力的能力较强，并能对锥齿轮啮合加以精确引导。游动端由一套 NUP2300E 系列圆柱滚子轴承构成，用以承受锥齿轮的径向力。锥齿轮的啮合间隙，可以通过垫圈 G_1 和 G_2 加以调整。

中间轴和输出轴均采用圆锥滚子轴承组成两端固定支承。

2.2 寿命计算

1）已知数据：

传递功率	$P=135\text{kW}$
输入转速	$n_1=750\text{r/min}$
输出转速	$n_2=67\text{r/min}$
总减速比	$i=11.2$

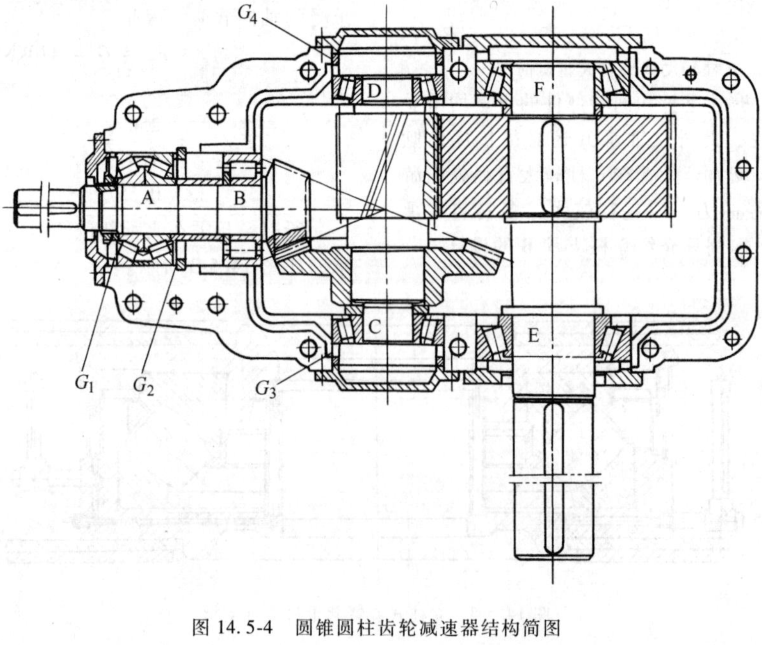

图 14.5-4 圆锥圆柱齿轮减速器结构简图

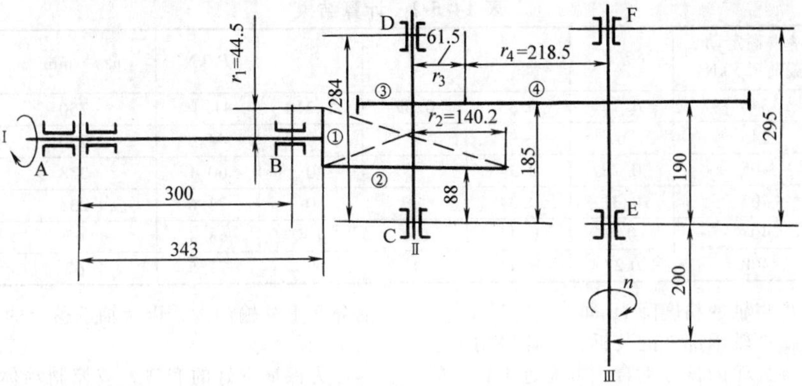

图 14.5-5 减速器传动系统示意图及相对位置尺寸

锥齿轮减速比　$i_1=3.15$

斜齿轮减速比　$i_2=3.55$

压力角　$\alpha=20°$

节圆锥角　$\delta_1=15°$（小锥齿轮）

$\delta_2=75°$（大锥齿轮）

螺旋角　$\beta_1=35°$（锥齿轮）

$\beta_2=10°$（斜齿轮）

输出端径向载荷　$Q=50\text{kN}$

传动简图及相对位置尺寸如图 14.5-5 所示。

2）轴承载荷：各轴转矩为

$$T_{\mathrm{I}}=9550\frac{P}{n_1}=1719\text{kN}\cdot\text{m}$$

$$T_{\mathrm{II}}=T_{\mathrm{I}}i_1=5415\text{kN}\cdot\text{m}$$

$$T_{\mathrm{III}}=T_{\mathrm{I}}i=19252\text{kN}\cdot\text{m}$$

弧齿锥齿轮传动中的作用力为

圆周力　$F_{t1}=F_{t2}=T_{\mathrm{I}}/r_1=38.6\text{kN}$

径向力　$F_{r1}=F_{t1}(\tan\alpha\cos\delta_1/\cos\beta_1-\tan\beta_1\sin\delta_1)=9.57\text{kN}$

$F_{r2}=F_{t1}(\tan\alpha\sin\delta_1/\cos\beta_1+\tan\beta_1\cos\delta_1)=30.5\text{kN}$

轴向力　$F_{a1}=F_{r2}=30.5\text{kN}$

$F_{a2}=F_{r1}=9.57\text{kN}$

斜齿轮传动中的作用力为

圆周力　$F_{t3}=F_{t4}=T_{\mathrm{II}}/r_3=88.1\text{kN}$

径向力　$F_{r3}=F_{r4}=F_{t3}\tan\alpha/\cos\beta_2=32.6\text{kN}$

轴向力　$F_{a3}=F_{a4}=F_{t3}\tan\beta_2=15.5\text{kN}$

在轴Ⅱ上，斜齿轮的轴向力应与锥齿轮的轴向力相反，因 $F_{a3}>F_{a2}$，轴承 C 只受本身内部轴向力的作用。轴承 D 所受轴向载荷为

$$F_a=F_{a3}-F_{a2}=5.9\text{kN}$$

轴承 C、D 所受径向载荷的计算数值见表 14.5-1，由式（14.3-14）可求得它们所产生的内部轴向力为

$$S_C=0.5\times F_{rC}/Y_C=16.7\text{kN}$$

$$S_D=0.5\times F_{rD}/Y_D=20.4\text{kN}$$

式中　$Y_C=Y_D=1.8$

由此求得轴承 C 和 D 所受轴向载荷为

$$F_{aC}=S_C=16.7\text{kN}$$

$$F_{aD}=F_a+S_C=22.6\text{kN}$$

同样的计算可得到Ⅰ轴和Ⅲ轴上轴承 A、B 和 E、F 所受的载荷值，见表 14.5-1。

表 14.5-1　轴承 A、B、C、D、E、F 所受的载荷值

轴号	轴承部件	轴承型号	F_r/kN	F_a/kN
Ⅰ	A	32315	6.4	30.5
	B	NUP2315E	44.6	0
Ⅱ	C	30320	60.1	16.7
	D	30320	73.6	22.6
Ⅲ	E	30228	68.4	34.5
	F	30228	71.5	19

3）轴承寿命：根据上述计算载荷，可求出各轴承的当量动载荷 P 与寿命 L_h，计算结果见表 14.5-2。

通用传动装置中，轴承的工作寿命一般要求大于 7200h。由此可知，上述减速器中，3 根传动轴的支承设计均满足寿命要求。

2.3　配合与安装

主动锥齿轮轴上的圆柱滚子轴承，系轴向游动轴承，因此将其外圈以可移动方式配合于 H6 级精度的外壳孔内。由两套圆锥滚子轴承面对面安装构成的固定端，一般用端盖通过外圈进行调整，因此应将外圈间隙配合于 H6 级精度的外壳孔中。安装在中间轴上的两套圆锥滚子轴承为适应轴的热伸长，也应将外壳孔加工到 H6 级精度。

3 根轴上所有轴承的内圈均受循环载荷，故全部采用过盈配合的方式，安装在 k5 级精度的轴上。

表 14.5-2 计算结果

轴承部位	基本额定动载荷 C_r/kN	F_a/F_r	e	X	Y	P/kN	n/r · min^{-1}	L_h/h
A	348	4.77	0.83	0.67	1.218	41.44	750	26730
B	245	0	—	1	0	44.6	750	6496
C	405	0.28	0.34	1	0	60.1	238	40451
D	405	0.31	0.34	1	0	73.6	238	20588
E	408	0.5	0.43	0.4	1.4	68.4	67	68404
F	408	0.27	0.43	1	0	71.5	67	82594

当载荷很大时，可将轴的精度降为 m6。

为便于减速器中轴承部件的装拆，箱体采用中心剖分式。为保证锥齿轮的良好啮合，可通过Ⅰ轴上的垫圈 G_1、G_2 和Ⅱ轴上的垫圈 G_3、G_4 来调整锥齿轮的啮合间隙。

2.4 润滑与密封

由于大锥齿轮的线速度已超过 2m/s，因此该减速器里的全部轴承均采用飞溅润滑，即依靠大锥齿轮的旋转将油甩到箱体内壁上，然后经上箱壁和下箱座剖分面上的输油沟，以及轴承盖上的导油槽，将油引入轴承。

为保证良好的润滑，应控制箱体内油面的高度。一般情况下，应至少把大锥齿轮的整个齿宽的 70% 浸入油中。

为了防止减速器周围环境中的灰尘、水气、酸气和其他杂质侵入轴承内，同时防止箱内润滑油外漏，在轴伸出端盖的部位应设置密封装置，在多数情况下，使用橡胶密封圈。

第 6 章　常用滚动轴承的基本尺寸与数据㊀

1　深沟球轴承（见表 14.6-1～表 14.6-4）

表 14.6-1　深沟球轴承（部分摘自 GB/T 276—2013）

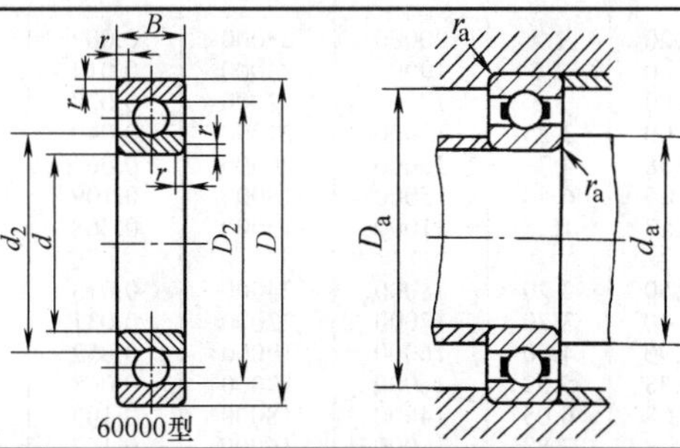

60000型

径向当量动载荷

当 $F_a/F_r \leqslant e$ 时，$P_r = F_r$

当 $F_a/F_r > e$ 时，$P_r = 0.56F_r + YF_a$

其中系数 Y、e 的值见表 14.3-6

径向当量静载荷

当 $P_{0r} < F_r$ 时，$P_{0r} = F_r$

当 $P_{0r} \geqslant F_r$ 时，$P_{0r} = 0.6F_r + 0.5F_a$

公称尺寸/mm			安装尺寸/mm			其他尺寸/mm			基本额定载荷/kN		极限转速/r·min⁻¹		质量/kg	轴承代号
d	D	B	d_a min	D_a max	r_a max	d_2 ≈	D_2 ≈	r min	C_r	C_{0r}	脂	油	W ≈	60000 型
3	8	3	4.2	6.8	0.15	4.5	6.5	0.15	0.45	0.15	38000	48000	0.0008	619/3
	10	4	4.2	8.8	0.15	5.2	8.1	0.15	0.65	0.22	38000	48000	0.002	623
4	9	3.5	4.8	8.2	0.1	5.52	7.48	0.1	0.55	0.18	38000	48000	0.0008	628/4
	11	4	5.2	9.8	0.15	5.9	9.1	0.15	0.95	0.35	36000	45000	0.002	619/4
	13	5	5.6	11.4	0.2	6.7	10.1	0.2	1.15	0.4	36000	45000	0.0003	624
	16	5	6.4	13.6	0.3	8.4	10.1	0.3	1.88	0.68	32000	40000	0.005	634
5	13	4	6.6	11.4	0.2	7.35	10.1	0.2	1.08	0.42	34000	43000	0.0025	619/5
	14	5	6.6	12.4	0.2	7.35	10.1	0.2	1.05	0.5	30000	38000	0.0045	605
	16	5	7.4	13.6	0.3	8.4	12.6	0.3	1.88	0.68	32000	40000	0.004	625
	19	6	7.4	17.0	0.3	10.7	15.3	0.3	2.80	1.02	28000	36000	0.008	635
6	13	5	7.2	11.8	0.15	7.9	11.1	0.15	1.08	0.42	34000	43000	0.0021	628/6
	15	5	7.6	13.4	0.2	8.6	12.4	0.2	1.48	0.60	32000	40000	0.0045	619/6
	17	6	8.4	14.6	0.3	9.0	14	0.3	1.95	0.72	30000	38000	0.006	606
	19	6	8.4	17.0	0.3	10.7	15.7	0.3	2.80	1.05	28000	36000	0.008	626
7	14	5	8.2	12.8	0.15	9.0	12	0.15	1.18	0.50	32000	40000	0.0024	628/7
	17	5	9.4	15.2	0.3	9.6	14.4	0.3	2.02	0.80	30000	38000	0.0057	619/7
	19	6	9.4	16.6	0.3	10.7	15.3	0.3	2.88	1.08	28000	36000	0.007	607
	22	7	9.4	19.6	0.3	11.8	18.2	0.3	3.28	1.35	26000	34000	0.014	627
8	16	5	9.6	14.4	0.2	10.8	14	0.2	1.32	0.65	30000	38000	0.004	628/8
	19	6	10.4	17.2	0.3	11.0	16	0.3	2.25	0.92	28000	36000	0.0085	619/8
	22	7	10.4	19.6	0.3	11.8	18.2	0.3	3.32	1.38	26000	34000	0.015	608
	24	8	10.4	21.6	0.3	12.8	19.2	0.3	3.35	1.40	24000	32000	0.016	628
9	17	5	10.6	15.4	0.2	11.1	14.9	0.2	1.60	0.72	28000	36000	0.0042	628/9
	20	6	11.4	18.2	0.3	12.0	17	0.3	2.48	1.08	27000	34000	0.0092	619/9
	24	7	11.4	21.6	0.3	14.2	19.2	0.3	3.35	1.40	22000	30000	0.016	609
	26	8	11.4	23.6	0.3	14.4	21.1	0.3	4.45	1.95	22000	30000	0.019	629
10	19	5	12.0	17	0.3	12.6	16.4	0.3	1.80	0.93	28000	36000	0.005	61800
	22	6	12.4	20	0.3	13.5	18.5	0.3	2.70	1.30	25000	32000	0.008	61900
	26	8	12.4	23.6	0.3	14.9	21.3	0.3	4.58	1.98	22000	30000	0.019	6000
	30	9	15.0	26	0.6	17.4	23.8	0.6	5.10	2.38	20000	26000	0.032	6200
	35	11	15.0	30.0	0.6	19.4	27.6	0.6	7.65	3.48	18000	24000	0.053	6300
12	21	5	14	19	0.3	14.6	18.4	0.3	1.90	1.00	24000	32000	0.005	61801
	24	6	14.4	22	0.3	15.5	20.6	0.3	2.90	1.50	22000	28000	0.008	61901
	28	7	14.4	25.6	0.3	16.7	23.3	0.3	5.10	2.40	20000	26000	0.015	16001
	28	8	14.4	25.6	0.3	17.4	23.8	0.3	5.10	2.38	20000	26000	0.022	6001
	32	10	17.0	28	0.6	18.3	26.1	0.6	6.82	3.05	19000	24000	0.035	6201
	37	12	18.0	32	1	19.3	29.7	1	9.72	5.08	17000	22000	0.051	6301

㊀ 本章除标准参数外，还包括洛阳轴承研究所的数据。

（续）

公称尺寸/mm			安装尺寸/mm			其他尺寸/mm			基本额定载荷/kN		极限转速/r · min^{-1}		质量/kg	轴承代号
d	D	B	d_a min	D_a max	r_a max	d_2 ≈	D_2 ≈	r min	C_r	C_{0r}	脂	油	W ≈	60000 型
15	24	5	17	22	0.3	17.6	21.4	0.3	2.10	1.30	22000	30000	0.005	61802
	28	7	17.4	26	0.3	18.3	24.7	0.3	4.30	2.30	20000	26000	0.012	61902
	32	8	17.4	29.6	0.3	20.2	26.8	0.3	5.60	2.80	19000	24000	0.023	16002
	32	9	17.4	29.6	0.3	20.4	26.6	0.3	5.58	2.85	19000	24000	0.031	6002
	35	11	20.0	32	0.6	21.6	29.4	0.6	7.65	3.72	18000	22000	0.045	6202
	42	13	21.0	37	1	24.3	34.7	1	11.5	5.42	16000	20000	0.080	6302
17	26	5	19	24	0.3	19.6	23.4	0.3	2.20	1.5	20000	28000	0.007	61803
	30	7	19.4	28	0.3	20.3	26.7	0.3	4.60	2.6	19000	24000	0.014	61903
	35	8	19.4	32.6	0.3	22.7	29.3	0.3	6.00	3.3	18000	22000	0.028	16003
	35	10	19.4	32.6	0.3	22.9	29.1	0.3	6.00	3.25	17000	21000	0.040	6003
	40	12	22.0	36	0.6	24.6	33.4	0.6	9.58	4.78	16000	20000	0.064	6203
	47	14	23.0	41.0	1	26.8	38.2	1	13.5	6.58	15000	18000	0.109	6303
	62	17	24.0	55.0	1	31.9	47.1	1.1	22.7	10.8	11000	15000	0.268	6403
20	32	7	22.4	30	0.3	23.5	28.6	0.3	3.50	2.20	18000	24000	0.015	61804
	37	9	22.4	34.6	0.3	25.2	31.8	0.3	6.40	3.70	17000	22000	0.031	61904
	42	8	22.4	39.6	0.3	27.1	34.9	0.3	7.90	4.50	16000	19000	0.052	16004
	42	12	25.0	38	0.6	26.9	35.1	0.6	9.38	5.02	16000	19000	0.068	6004
	47	14	26.0	42	1	29.3	39.7	1	12.8	6.65	14000	18000	0.103	6204
	52	15	27.0	45.0	1	29.8	42.2	1.1	15.8	7.88	13000	16000	0.142	6304
	72	19	27.0	65.0	1	38.0	56.1	1.1	31.0	15.2	9500	13000	0.400	6404
25	37	7	27.4	35	0.3	28.2	33.8	0.3	4.3	2.90	16000	20000	0.017	61805
	42	9	27.4	40	0.3	30.2	36.8	0.3	7.0	4.50	14000	18000	0.038	61905
	47	8	27.4	44.6	0.3	33.1	40.9	0.3	8.8	5.60	13000	17000	0.059	16005
	47	12	30	43	0.6	31.9	40.1	0.6	10.0	5.85	13000	17000	0.078	6005
	52	15	31	47	1	33.8	44.2	1	14.0	7.88	12000	15000	0.127	6205
	62	17	32	55	1	36.0	51.0	1.1	22.2	11.5	10000	14000	0.219	6305
	80	21	34	71	1.5	42.3	62.7	1.5	38.2	19.2	8500	11000	0.529	6405
30	42	7	32.4	40	0.3	33.2	38.8	0.3	4.70	3.60	13000	17000	0.019	61806
	47	9	32.4	44.6	0.3	35.2	41.8	0.3	7.20	5.00	12000	16000	0.043	61906
	55	9	32.4	52.6	0.3	38.1	47.0	0.3	11.2	7.40	11000	14000	0.084	16006
	55	13	36	50.0	1	38.4	47.7	1	13.2	8.30	11000	14000	0.113	6006
	62	16	36	56	1	40.8	52.2	1	19.5	11.5	9500	13000	0.200	6206
	72	19	37	65	1	44.8	59.2	1.1	27.0	15.2	9000	11000	0.349	6306
	90	23	39	81	1.5	48.6	71.4	1.5	47.5	24.5	8000	10000	0.710	6406
35	47	7	37.4	45	0.3	38.2	43.8	0.3	4.90	4.00	11000	15000	0.023	61807
	55	10	40	51	0.6	41.1	48.9	0.6	9.50	6.80	10000	13000	0.078	61907
	62	9	37.4	59.6	0.3	44.6	53.5	0.3	12.2	8.80	9500	12000	0.107	16007
	62	14	41	56	1	43.3	53.7	1	16.2	10.5	9500	12000	0.148	6007
	72	17	42	65	1	46.8	60.2	1.1	25.5	15.2	8500	11000	0.288	6207
	80	21	44	71	1.5	50.4	66.6	1.5	33.4	19.2	8000	9500	0.455	6307
	100	25	44	91	1.5	54.9	80.1	1.5	56.8	29.5	6700	8500	0.926	6407
40	52	7	42.4	50	0.3	43.2	48.8	0.3	5.10	4.40	10000	13000	0.026	61808
	62	12	45	58	0.6	46.3	55.7	0.6	13.7	9.90	9500	12000	0.103	61908
	68	9	42.4	65.6	0.3	49.6	58.5	0.3	12.6	9.60	9000	11000	0.125	16008
	68	15	46	62	1	48.8	59.2	1	17.0	11.8	9000	11000	0.185	6008
	80	18	47	73	1	52.8	67.2	1.1	29.5	18.0	8000	10000	0.368	6208
	90	23	49	81	1.5	56.5	74.6	1.5	40.8	24.0	7000	8500	0.639	6308
	110	27	50	100	2	63.9	89.1	2	65.5	37.5	6300	8000	1.221	6408
45	58	7	47.4	56	0.3	48.3	54.7	0.3	6.40	5.60	9000	12000	0.030	61809
	68	12	50	63	0.6	51.8	61.2	0.6	14.1	10.90	8500	11000	0.123	61909
	75	10	50	70	0.6	55.0	65.0	0.6	15.6	12.2	8000	10000	0.155	16009
	75	16	51	69	1	54.2	65.9	1	21.0	14.8	8000	10000	0.230	6009
	85	19	52	78	1	58.8	73.2	1.1	31.5	20.5	7000	9000	0.416	6209
	100	25	54	91	1.5	63.0	84.0	1.5	52.8	31.8	6300	7500	0.837	6309
	120	29	55	110	2	70.7	98.3	2	77.5	45.5	5600	7000	1.520	6409
50	65	7	52.4	62.6	0.3	54.3	60.7	0.3	6.6	6.1	8500	10000	0.043	61810
	72	12	55	68	0.6	56.3	65.7	0.6	14.5	11.7	8000	9500	0.122	61910
	80	10	55	75	0.6	60.0	70.0	0.6	16.1	13.1	8000	9500	0.166	16010
	80	16	56	74	1	59.2	70.9	1	22.0	16.2	7000	9000	0.250	6010
	90	20	57	83	1	62.4	77.6	1.1	35.0	23.2	6700	8500	0.463	6210
	110	27	60	100	2	69.1	91.9	2	61.8	38.0	6000	7000	1.082	6310
	130	31	62	118	2.1	77.3	107.8	2.1	92.2	55.2	5300	6300	1.855	6410

（续）

公称尺寸/mm			安装尺寸/mm			其他尺寸/mm			基本额定载荷/kN		极限转速/r · min^{-1}		质量/kg	轴承代号
d	D	B	d_a min	D_a max	r_a max	d_2 ≈	D_2 ≈	r min	C_r	C_{0r}	脂	油	W ≈	60000 型
55	72	9	57.4	69.6	0.3	60.2	66.9	0.3	9.1	8.4	8000	9500	0.070	61811
	80	13	61	75	1	62.9	72.2	1	15.9	13.2	7500	9000	0.170	61911
	90	11	60	85	0.6	67.3	77.7	0.6	19.4	16.2	7000	8500	0.207	16011
	90	18	62	83	1	65.4	79.7	1.1	30.2	21.8	7000	8500	0.362	6011
	100	21	64	91	1.5	68.9	86.1	1.5	43.2	29.2	6000	7500	0.603	6211
	120	29	65	110	2	76.1	100.9	2	71.5	44.8	5600	6700	1.367	6311
	140	33	67	128	2.1	82.8	115.2	2.1	100	62.5	4800	6000	2.316	6411
60	78	10	62.4	75.6	0.3	66.2	72.9	0.3	9.1	8.7	7000	8500	0.093	61812
	85	13	66	80	1	67.9	77.2	1	16.4	14.2	6700	8000	0.181	61912
	95	11	65	90	0.6	72.3	82.7	0.6	19.9	17.5	6300	7500	0.224	16012
	95	18	67	89	1	71.4	85.7	1.1	31.5	24.2	6300	7500	0.385	6012
	110	22	69	101	1.5	76.0	94.1	1.5	47.8	32.8	5600	7000	0.789	6212
	130	31	72	118	2.1	81.7	108.4	2.1	81.8	51.8	5000	6000	1.710	6312
	150	35	72	138	2.1	87.9	122.2	2.1	109	70.0	4500	5600	2.811	6412
65	85	10	69	81	0.6	71.1	78.9	0.6	11.9	11.5	6700	8000	0.13	61813
	90	13	71	85	1	72.9	82.2	1	17.4	16.0	6300	7500	0.196	61913
	100	11	70	95	0.6	77.3	87.7	0.6	20.5	18.6	6000	7000	0.241	16013
	100	18	72	93	1	75.3	89.7	1.1	32.0	24.8	6000	7000	0.410	6013
	120	23	74	111	1.5	82.5	102.5	1.5	57.2	40.0	5000	6300	0.990	6213
	140	33	77	128	2.1	88.1	116.9	2.1	93.8	60.5	4500	5300	2.100	6313
	160	37	77	148	2.1	94.5	130.6	2.1	118	78.5	4300	5300	3.342	6413
70	90	10	74	86	0.6	76.1	83.9	0.6	12.1	11.9	6300	7500	0.138	61814
	100	16	76	95	1	79.3	90.7	1	23.7	21.1	6000	7000	0.336	61914
	110	13	75	105	0.6	83.8	96.2	0.6	27.9	25.0	5600	6700	0.386	16014
	110	20	77	103	1	82.0	98.0	1.1	38.5	30.5	5600	6700	0.575	6014
	125	24	79	116	1.5	89.0	109.0	1.5	60.8	45.0	4800	6000	1.084	6214
	150	35	82	138	2.1	94.8	125.3	2.1	105	68.0	4300	5000	2.550	6314
	180	42	84	166	2.5	105.6	146.4	3	140	99.5	3800	4500	4.896	6414
75	95	10	79	91	0.6	81.1	88.9	0.6	12.5	12.8	6000	7000	0.147	61815
	105	16	81	100	1	84.3	95.7	1	24.3	22.5	5600	6700	0.355	61915
	115	13	80	110	0.6	88.8	101.2	0.6	28.7	26.8	5300	6300	0.411	16015
	115	20	82	108	1	88.0	104.0	1.1	40.2	33.2	5300	6300	0.603	6015
	130	25	84	121	1.5	94.0	115.0	1.5	66.0	49.5	4500	5600	1.171	6215
	160	37	87	148	2.1	101.3	133.7	2.1	113	76.8	4000	4800	3.050	6315
	190	45	89	176	2.5	112.1	155.9	3	154	115	3600	4300	5.739	6415
80	100	10	84	96	0.6	86.1	93.9	0.6	12.7	13.3	5600	6700	0.155	61816
	110	16	86	105	1	89.3	100.7	1	24.9	23.9	5300	6300	0.375	61916
	125	14	85	120	0.6	95.8	109.2	0.6	33.1	31.4	5000	6000	0.539	16016
	125	22	87	118	1	95.2	112.8	1.1	47.5	39.8	5000	6000	0.821	6016
	140	26	90	130	2	100.0	122.0	2	71.5	54.2	4300	5300	1.448	6216
	170	39	92	158	2.1	107.9	142.2	2.1	123	86.5	3800	4500	3.610	6316
	200	48	94	186	2.5	117.1	162.9	3	163	125	3400	4000	6.752	6416
85	110	13	90	105	1	92.5	102.5	1	19.2	19.8	5000	6300	0.245	61817
	120	18	92	113.5	1	95.8	109.2	1.1	31.9	29.7	4800	6000	0.507	61917
	130	14	90	125	0.6	100.8	114.2	0.6	34	33.3	4500	5600	0.568	16017
	130	22	92	123	1	99.4	117.6	1.1	50.8	42.8	4500	5600	0.848	6017
	150	28	95	140	2	107.1	130.9	2	83.2	63.8	4000	5000	1.803	6217
	180	41	99	166	2.5	114.4	150.6	3	132	96.5	3600	4300	4.284	6317
	210	52	103	192	3	123.5	171.5	4	175	138	3200	3800	7.933	6417
90	115	13	95	110	1	97.5	107.5	1	19.5	20.5	4800	6000	0.258	61818
	125	18	97	118.5	1	100.8	114.2	1.1	32.8	31.5	4500	5600	0.533	61918
	140	16	96	134	1	107.3	122.8	1	41.5	39.3	4300	5300	0.671	16018
	140	24	99	131	1.5	107.2	126.8	1.5	58.0	49.8	4300	5300	1.10	6018
	160	30	100	150	2	111.7	138.4	2	95.8	71.5	3800	4800	2.17	6218
	190	43	104	176	2.5	120.8	159.2	3	145	108	3400	4000	4.97	6318
	225	54	108	207	3	131.8	183.2	4	192	158	2800	3600	9.56	6418
95	120	13	100	115	1	102.5	112.5	1	19.8	21.3	4500	5600	0.27	61819
	130	18	102	124	1	105.8	119.2	1.1	33.7	33.3	4300	5300	0.56	61919
	145	16	101	139	1	112.3	127.8	1	42.7	41.9	4000	5000	0.71	16019
	145	24	104	136	1.5	110.2	129.8	1.5	57.8	50.0	4000	5000	1.15	6019
	170	32	107	158	2.1	118.1	146.9	2.1	110	82.8	3600	4500	2.62	6219
	200	45	109	186	2.5	127.1	167.9	3	157	122	3200	3800	5.74	6319

（续）

公称尺寸/mm			安装尺寸/mm			其他尺寸/mm			基本额定载荷/kN		极限转速/r·min^{-1}		质量/kg	轴承代号
d	D	B	d_a min	D_a max	r_a max	d_2 ≈	D_2 ≈	r min	C_r	C_{0r}	脂	油	W ≈	60000 型
100	125	13	105	120	1	107.5	117.5	1	20.1	22.0	4300	5300	0.28	61820
	140	20	107	133	1	112.3	127.8	1.1	42.7	41.9	4000	5000	0.77	61920
	150	16	106	144	1	118.3	133.8	1	43.8	44.3	3800	4800	0.74	16020
	150	24	109	141	1.5	114.6	135.4	1.5	64.5	56.2	3800	4800	1.18	6020
	180	34	112	168	2.1	124.8	155.3	2.1	122	92.8	3400	4300	3.19	6220
	215	47	114	201	2.5	135.6	179.4	3	173	140	2800	3600	7.09	6320
	250	58	118	232	3	146.4	203.6	4	223	195	2400	3200	12.9	6420
105	130	13	110	125	1	112.5	122.5	1	20.3	22.7	4000	5000	0.30	61821
	145	20	112	138	1	117.3	132.8	1.1	43.9	44.3	3800	4800	0.81	61921
	160	18	111	154	1	123.7	141.3	1	51.8	50.6	3600	4500	1.00	16021
	160	26	115	150	2	121.5	143.6	2	71.8	63.2	3600	4500	1.52	6021
	190	36	117	178	2.1	131.3	163.7	2.1	133	105	3200	4000	3.78	6221
	225	49	119	211	2.5	142.1	187.9	3	184	153	2600	3200	8.05	6321
110	140	16	115	135	1	119.3	130.7	1	28.1	30.7	3800	5000	0.50	61822
	150	20	117	143	1	122.3	137.8	1.1	43.6	44.4	3600	4500	0.84	61922
	170	19	116	164	1	130.7	149.3	1	57.4	56.7	3400	4300	1.27	16022
	170	28	120	160	2	129.1	152.9	2	81.8	72.8	3400	4300	1.89	6022
	200	38	122	188	2.1	138.9	173.2	2.1	144	117	3000	3800	4.42	6222
	240	50	124	226	2.5	150.2	199.8	3	205	178	2400	3000	9.53	6322
	280	65	128	262	3	163.6	226.5	4	225	238	2000	2800	18.34	6422
120	150	16	125	145	1	129.3	140.7	1	28.9	32.9	3400	4300	0.54	61824
	165	22	127	158	1	133.7	151.3	1.1	55.0	56.9	3200	4000	1.13	61924
	180	19	126	174	1	140.7	159.3	1	58.8	60.4	3000	3800	1.374	16024
	180	28	130	170	2	137.7	162.4	2	87.5	79.2	3000	3800	1.99	6024
	215	40	132	203	2.1	149.4	185.6	2.1	155	131	2600	3400	5.30	6224
	260	55	134	246	2.5	163.3	216.7	3	228	208	2200	2800	12.2	6324
130	165	18	137	158	1	140.8	154.2	1.1	37.9	42.9	3200	4000	0.736	61826
	180	24	139	171	1.5	145.2	164.8	1.5	65.1	67.2	3000	3800	1.496	61926
	200	22	137	193	1	153.6	176.4	1.1	79.7	79.2	2800	3600	1.868	16026
	200	33	140	190	2	151.4	178.7	2	105	96.8	2800	3600	3.08	6026
	230	40	144	216	2.5	162.9	199.1	3	165	148.0	2400	3200	6.12	6226
	280	58	148	262	3	176.2	233.8	4	253	242	2000	2600	14.77	6326
140	175	18	147	168	1	150.8	164.2	1.1	38.2	44.3	3000	3800	0.784	61828
	190	24	149	181	1.5	155.2	174.8	1.5	66.6	71.2	2800	3600	1.589	61928
	210	22	147	203	1	163.6	186.4	1.1	82.1	85	2400	3200	2.00	16028
	210	33	150	200	2	160.6	189.5	2	116	108	2400	3200	3.17	6028
	250	42	154	236	2.5	175.8	214.2	3	179	167	2000	2800	7.77	6228
	300	62	158	282	3	189.5	250.5	4	275	272	1900	2400	18.33	6328
150	190	20	157	183	1	162.3	177.8	1.1	49.1	57.1	2800	3400	1.114	61830
	210	28	160	180	2	168.6	191.4	2	84.7	90.2	2600	3200	2.454	61930
	225	24	157	218	1	175.6	199.4	1.1	91.9	98.5	2200	3000	2.638	16030
	225	35	162	213	2.1	172.0	203.0	2.1	132	125	2200	3000	3.903	6030
	270	45	164	256	2.5	189.0	231.0	3	203	199	1900	2600	9.78	6230
	320	65	168	302	3	203.6	266.5	4	288	295	1700	2200	21.87	6330
160	200	20	167	193	1	172.3	187.8	1.1	49.6	59.1	2600	3200	1.176	61832
	220	28	170	190	2	178.6	201.4	2	86.9	95.5	2400	3000	2.589	61932
	240	25	169	231	1.5	187.6	212.4	1.5	98.7	107	2000	2800	2.835	16032
	240	38	172	228	2.1	183.8	216.3	2.1	145	138	2000	2800	4.83	6032
	290	48	174	276	2.5	203.1	246.9	3	215	218	1800	2400	12.22	6232
	340	68	178	322	3	221.6	284.5	4	313	340	1600	2000	26.43	6332
170	215	22	177	208	1	183.7	201.3	1.1	61.5	73.3	2200	3000	1.545	61834
	230	28	180	220	2	188.6	211.4	2	88.8	100	2000	2800	2.725	61934
	260	28	179	251	1.5	201.4	228.7	1.5	118	130	1900	2600	4.157	16034
	260	42	182	248	2.1	196.8	233.2	2.1	170	170	1900	2600	6.50	6034
	310	52	188	292	3	216.0	264.0	4	245	260	1700	2200	15.241	6234
	360	72	188	342	3	237.0	303.0	4	335	378	1500	1900	31.14	6334
180	225	22	187	218	1	193.7	211.3	1.1	62.3	75.9	2000	2800	1.621	61836
	250	33	190	240	2	201.6	228.5	2	118	133	1900	2600	4.062	61936
	280	31	190	270	2	214.5	245.5	2	144	157	1800	2400	5.135	16036
	280	46	192	268	2.1	212.4	251.6	2.1	188	198	1800	2400	8.51	6036
	320	52	198	302	3	227.5	277.9	4	262	285	1600	2000	15.518	6236

（续）

公称尺寸/mm			安装尺寸/mm			其他尺寸/mm			基本额定载荷/kN		极限转速/r·min^{-1}		质量/kg	轴承代号
d	D	B	d_a min	D_a max	r_a max	d_2 ≈	D_2 ≈	r min	C_r	C_{0r}	脂	油	W ≈	60000 型
190	240	24	199	231	1.5	205.2	224.9	1.5	75.1	91.6	1900	2600	2.1	61838
	260	33	200	250	2	211.6	238.5	2	117	133	1800	2400	4.216	61938
	290	31	200	280	2	224.5	255.5	2	149	168	1700	2200	5.429	16038
	290	46	202	278	2.1	220.4	259.7	2.1	188	200	1700	2200	8.865	6038
	340	55	208	322	3	241.2	294.6	4	285	322	1500	1900	18.691	6238
200	250	24	209	241	1.5	215.2	234.9	1.5	74.2	91.2	1800	2400	2.178	61840
	280	38	212	268	2.1	224.5	255.5	2.1	149	168	1700	2200	5.879	61940
	310	34	210	300	2	238.5	271.6	2	167	191	1800	2000	6.624	16040
	310	51	212	298	2.1	234.2	275.8	2.1	205	225	1600	2000	11.64	6040
	360	58	218	342	3	253.0	307.0	4	288	332	1400	1800	22.577	6240
220	270	24	229	261	1.5	235.2	254.9	1.5	76.4	97.8	1700	2200	2.369	61844
	300	38	232	288	2.1	244.5	275.5	2.1	152	178	1600	2000	6.340	61944
	340	37	232	328	2.1	262.5	297.6	2.1	181	216	1400	1800	9.285	16044
	340	56	234	326	2.5	257.0	304.0	3	252	268	1400	1800	18.0	6044
	400	65	238	382	3	282.0	336.0	4	355	365	1200	1600	36.5	6244
240	300	28	250	290	2	259.0	282	2	83.5	108	1500	1900	4.50	61848
	320	38	252	308	2.1	266.0	294.0	2.1	142	178	1400	1800	8.2	61948
	360	37	252	348	2.1	281.0	319	2.1	172	210	1200	1600	14.5	16048
	360	56	254	346	2.5	277.0	324	3	270	292	1200	1600	20.0	6048
	440	72	258	422	3	308.0	373	4	358	467	1000	1400	53.9	6248
260	320	28	270	310	2	279.0	302.0	2	95	128	1300	1700	4.85	61852
	360	46	272	348	2.1	292.0	328.0	2.1	210	268	1200	1600	13.70	61952
	400	44	274	386	2.5	306.0	354.0	3	235	310	1100	1500	22.5	16052
	400	65	278	382	3	304.0	357.0	4	292	372	1100	1500	28.80	6052
280	350	33	290	340	2	302.0	329.0	2	135	178	1200	1600	7.4	61856
	380	46	292	368	2.1	312.0	349.0	2.1	210	268	1100	1400	15.0	61956
	420	65	298	402	3	324.0	376.0	4	305	408	950	1300	32.10	6056
300	380	38	312	368	2.1	326.0	356.0	2.1	162	222	1100	1400	11.0	61860
	420	56	314	406	2.5	338.0	382.0	3	270	370	1000	1300	21.10	61960
320	400	38	332	388	2.1	346.0	375.0	2.1	168	235	1000	1300	11.80	61864
	440	56	334	426	2.5	358.0	402.0	3	275	392	950	1200	23.0	61964
	480	74	338	462	3	370.0	431.0	4	345	510	900	1100	48.4	6064
340	460	56	354	446	2.5	378.0	422.0	3	292	418	900	1100	27.0	61968
360	540	82	382	518	4	416.0	485.0	5	400	622	750	950	68.0	6072
380	480	46	392	468	2.1	412.0	449.0	2.1	235	348	800	1000	20.5	61876
400	600	90	422	478	4	462.0	536.0	5	512	868	630	800	89.4	6080
460	580	56	474	566	2.5	498.0	542.0	3	322	538	600	750	36.28	61892
500	670	78	522	648	4	555.0	615.0	5	445	808	500	630	79.50	619/500
	720	100	528	692	5	568.0	650.0	6	625	1178	450	560	117.00	60/500

表 14.6-2　带防尘盖的深沟球轴承（部分摘自 GB/T 276—2013）

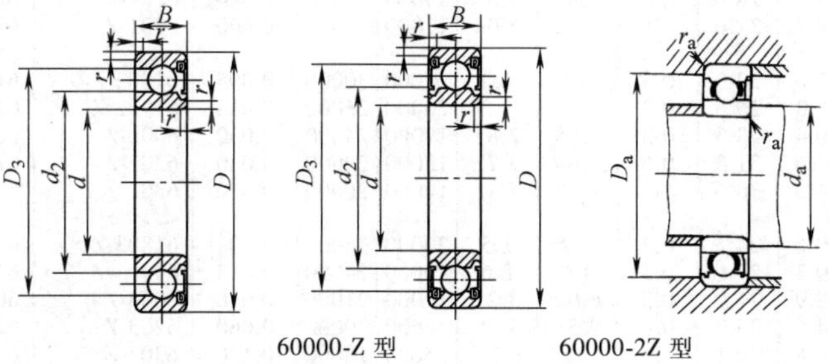

60000-Z 型　　60000-2Z 型

当量载荷计算同表 14.6-1

代号含义

Z—一面带防尘盖

2Z—两面带防尘盖

（续）

公称尺寸/mm			安装尺寸/mm			其他尺寸/mm			基本额定载荷/kN		极限转速/r·min^{-1}		质量/kg	轴承代号	
d	D	B	d_a min	D_a max	r_a max	d_2 ≈	D_3 ≈	r min	C_r	C_{0r}	脂	油	W ≈	60000-Z型	60000-2Z型
3	8	3	4.2	6.8	0.15	4.5	6.8	0.15	0.45	0.15	38000	48000	0.0008	619/3-Z	619/3-2Z
	10	4	4.2	8.8	0.15	5.2	8.3	0.15	0.65	0.22	38000	48000	0.002	623-Z	623-2Z
4	9	3.5	4.8	8.2	0.1	5.52	7.8	0.1	0.55	0.18	38000	48000	0.0008	628/4-Z	628/4-2Z
	11	4	5.2	9.8	0.15	5.9	9.6	0.15	0.95	0.35	36000	45000	0.002	619/4-Z	619/4-2Z
	13	5	5.6	11.4	0.2	6.7	10.8	0.2	1.15	0.4	36000	45000	0.0003	624-Z	624-2Z
	16	5	6.4	13.6	0.3	8.4	13.3	0.3	1.88	0.68	32000	40000	0.005	634-Z	634-2Z
5	13	4	6.6	11.4	0.2	7.35	10.7	0.2	1.08	0.42	34000	43000	0.0025	619/5-Z	619/5-2Z
	14	5	6.6	12.4	0.2	7.35	11.1	0.2	1.05	0.5	30000	38000	0.0045	605-Z	605-2Z
	16	5	7.4	13.6	0.3	8.4	13.3	0.3	1.88	0.68	32000	40000	0.004	625-Z	625-2Z
	19	6	7.4	17.0	0.3	10.7	16.8	0.3	2.80	1.02	28000	36000	0.008	635-Z	635-2Z
6	13	5	7.2	11.8	0.15	7.9	11.8	0.15	1.08	0.42	34000	43000	0.0021	628/6-Z	628/6-2Z
	15	5	7.6	13.4	0.2	8.6	13	0.2	1.48	0.60	32000	40000	0.0045	619/6-Z	619/6-2Z
	17	6	8.4	14.6	0.3	9.0	14.7	0.3	1.95	0.72	30000	38000	0.006	606-Z	606-2Z
	19	6	8.4	17.0	0.3	10.7	16.8	0.3	2.80	1.05	28000	36000	0.008	626-Z	626-2Z
7	14	5	8.2	12.8	0.15	9.0	12.5	0.15	1.18	0.50	32000	40000	0.0024	628/7-Z	628/7-2Z
	17	5	9.4	15.2	0.3	9.6	15.1	0.3	2.02	0.80	30000	38000	0.0057	619/7-Z	619/7-2Z
	19	6	9.4	16.6	0.3	10.7	16.5	0.3	2.88	1.08	28000	36000	0.007	607-Z	607-2Z
	22	7	9.4	19.6	0.3	11.8	19.3	0.3	3.28	1.35	26000	34000	0.014	627-Z	627-2Z
8	16	5	9.6	14.4	0.2	10.8	14.5	0.2	1.32	0.65	30000	38000	0.004	628/8-Z	628/8-2Z
	19	6	10.4	17.2	0.3	11.0	17.1	0.3	2.25	0.92	28000	36000	0.0085	619/8-Z	619/8-2Z
	22	7	10.4	19.6	0.3	11.8	19.3	0.3	3.32	1.38	26000	34000	0.015	608-Z	608-2Z
	24	8	10.4	21.6	0.3	12.8	20.3	0.3	3.35	1.40	24000	32000	0.016	628-Z	628-2Z
9	17	5	10.6	15.4	0.2	11.1	15.4	0.2	1.60	0.72	28000	36000	0.0042	628/9-Z	628/9-2Z
	20	6	11.4	18.2	0.3	12.0	18.1	0.3	2.48	1.08	27000	34000	0.0092	619/9-Z	619/9-2Z
	24	7	11.4	21.6	0.3	14.2	20.3	0.3	3.35	1.40	22000	30000	0.016	609-Z	609-2Z
	26	8	11.4	23.6	0.3	14.4	22.2	0.3	4.45	1.95	22000	30000	0.019	629-Z	629-2Z
10	19	5	12.0	17	0.3	12.6	17.3	0.3	1.8	0.93	28000	36000	0.005	61800-Z	61800-2Z
	19	6	12.0	17	0.3	12.6	16.4	0.3	1.6	0.75	26000	34000	0.0063	62800-Z	62800-2Z
	22	6	12.4	20	0.3	13.5	19.4	0.3	2.7	1.3	25000	32000	0.008	61900-Z	61900-2Z
	22	8	12.4	20	0.3	13.5	18.5	0.3	2.7	1.28	25000	32000	0.015	62900-Z	62900-2Z
	26	8	12.4	23.6	0.3	14.9	22.6	0.3	4.58	1.98	22000	30000	0.020	6000-Z	6000-2Z
	30	9	15	26	0.6	17.4	25.2	0.6	5.10	2.38	20000	26000	0.030	6200-Z	6200-2Z
	35	11	15	30	0.6	19.4	29.5	0.6	7.65	3.48	18000	24000	0.050	6300-Z	6300-2Z
12	21	5	14	19	0.3	14.6	19.3	0.3	1.9	1.0	24000	32000	0.005	61801-Z	61801-2Z
	24	6	14.4	22	0.3	15.5	21.5	0.3	2.9	1.5	22000	28000	0.008	61901-Z	91901-2Z
	28	8	14.4	25.6	0.3	17.4	24.8	0.3	5.10	2.38	20000	26000	0.022	6001-Z	6001-2Z
	32	10	17	28	0.6	18.3	28.0	0.6	6.82	3.05	19000	24000	0.040	6201-Z	6201-2Z
	37	12	18	32	1	19.3	31.6	1	9.72	5.08	17000	22000	0.060	6301-Z	6301-2Z
15	24	5	17	22	0.3	17.6	22.3	0.3	2.1	1.3	22000	30000	0.005	61802-Z	61802-2Z
	28	7	17.4	26	0.3	18.3	25.6	0.3	4.3	2.3	20000	26000	0.012	61902-Z	61902-2Z
	32	9	17.4	29.6	0.3	20.4	28.5	0.3	5.58	2.85	19000	24000	0.030	6002-Z	6002-2Z
	35	11	20	32.0	0.6	21.6	31.3	0.6	7.65	3.72	18000	22000	0.040	6202-Z	6202-2Z
	42	13	21	37	1	24.3	36.6	1	11.5	5.42	16000	20000	0.080	6302-Z	6302-2Z
17	26	5	19	24	0.3	19.6	24.3	0.3	2.2	1.5	20000	28000	0.007	61803-Z	61803-2Z
	30	7	19.4	28	0.3	20.3	27.6	0.3	4.6	2.6	19000	24000	0.014	61903-Z	61903-2Z
	35	10	19.4	32.6	0.3	22.9	31.0	0.3	6.00	3.25	17000	21000	0.040	6003-Z	6003-2Z
	40	12	22	36	0.6	24.6	35.3	0.6	9.58	4.78	16000	20000	0.060	6203-Z	6203-2Z
	47	14	23	41	1	26.8	40.1	1	13.5	6.58	15000	18000	0.110	6303-Z	6303-2Z

（续）

公称尺寸/mm			安装尺寸/mm			其他尺寸/mm			基本额定载荷/kN		极限转速/r·min^{-1}		质量/kg	轴承代号	
d	D	B	d_a min	D_a max	r_a max	d_2 ≈	D_3 ≈	r min	C_r	C_{0r}	脂	油	W ≈	60000-Z 型	60000-2Z 型
20	32	7	22.4	30	0.3	23.5	29.7	0.3	3.5	2.2	18000	24000	0.015	61804-Z	61804-2Z
	37	9	22.4	34.6	0.3	25.2	32.9	0.3	6.4	3.7	17000	22000	0.031	61904-Z	61904-2Z
	42	12	25	38	0.6	26.9	37.0	0.6	9.38	5.02	16000	19000	0.070	6004-Z	6004-2Z
	47	14	26	42	1	29.3	41.6	1	12.8	6.65	14000	18000	0.10	6204-Z	6204-2Z
	52	15	27	45	1	29.8	44.4	1.1	15.8	7.88	13000	16000	0.140	6304-Z	6304-2Z
25	37	7	27.4	35	0.3	28.2	34.9	0.3	4.3	2.9	16000	20000	0.017	61805-Z	61805-2Z
	42	9	27.4	40	0.3	30.2	37.9	0.3	7.0	4.5	14000	18000	0.038	61905-Z	61905-2Z
	47	12	30	43	0.6	31.9	42.0	0.6	10.0	5.85	13000	17000	0.080	6005-Z	6005-2Z
	52	15	31	47	1	33.8	46.4	1	14.0	7.88	12000	15000	0.120	6205-Z	6205-2Z
	62	17	32	55	1	36.0	53.2	1.1	22.2	11.5	10000	14000	0.220	6305-Z	6305-2Z
30	42	7	32.4	40	0.3	33.2	39.9	0.3	4.7	3.6	13000	17000	0.019	61806-Z	61806-2Z
	47	9	32.4	44.6	0.3	35.2	42.9	0.3	7.2	5.0	12000	16000	0.043	61906-Z	61906-2Z
	55	13	36	50	1	38.4	49.9	1	13.2	8.3	11000	14000	0.120	6006-Z	6006-2Z
	62	16	36	56	1	40.8	54.4	1	19.5	11.5	9500	13000	0.190	6206-Z	6206-2Z
	72	19	37	65	1	44.8	61.4	1.1	27.0	15.2	9000	11000	0.350	6306-Z	6306-2Z
35	47	7	37.4	45	0.3	38.2	44.9	0.3	4.9	4.0	11000	15000	0.023	61807-Z	61807-2Z
	55	10	40	51	0.6	41.1	50.3	0.6	9.5	6.8	10000	13000	0.078	61907-Z	61907-2Z
	62	14	41	56	1	43.3	55.9	1	16.2	10.5	9500	12000	0.160	6007-Z	6007-2Z
	72	17	42	65	1	46.8	62.4	1.1	25.5	15.2	8500	11000	0.270	6207-Z	6207-2Z
	80	21	44	71	1.5	50.4	68.8	1.5	33.4	19.2	8000	9500	0.420	6307-Z	6307-2Z
40	52	7	42.4	50	0.3	43.2	49.9	0.3	5.1	4.4	10000	13000	0.026	61808-Z	61808-2Z
	62	12	45	58	0.6	46.3	57.1	0.6	13.7	9.9	9500	12000	0.103	61908-Z	61908-2Z
	68	15	46	62	1	48.8	61.4	1	17.0	11.8	9000	11000	0.190	6008-Z	6008-2Z
	80	18	47	73	1	52.8	69.4	1.1	29.5	18.0	8000	10000	0.370	6208-Z	6208-2Z
	90	23	49	81	1.5	56.5	77.0	1.5	40.8	24.0	7000	8500	0.630	6308-Z	6308-2Z
45	58	7	47.4	56	0.3	48.3	55.8	0.3	6.4	5.6	9000	12000	0.030	61809-Z	61809-2Z
	68	12	50	63	0.6	51.8	62.6	0.6	14.1	10.9	8500	11000	0.123	61909-Z	61909-2Z
	75	16	51	69	1	54.2	68.1	1	21.0	14.8	8000	10000	0.230	6009-Z	6009-2Z
	85	19	52	78	1	58.8	75.7	1.1	31.5	20.5	7000	9000	0.420	6209-Z	6209-2Z
	100	25	54	91	1.5	63.0	86.5	1.5	52.8	31.8	6300	7500	0.830	6309-Z	6309-2Z
50	65	7	52.4	62.6	0.3	54.3	61.8	0.3	6.6	6.1	8500	10000	0.043	61810-Z	61810-2Z
	72	12	55	68	0.6	56.3	67.1	0.6	14.5	11.7	8000	9500	0.122	61910-Z	61910-2Z
	80	16	56	74	1	59.2	73.1	1	22.0	16.2	7000	9000	0.280	6010-Z	6010-2Z
	90	20	57	83	1	62.4	80.1	1.1	35.0	23.2	6700	8500	0.470	6210-Z	6210-2Z
	110	27	60	100	2	69.1	94.4	2	61.8	38.0	6000	7000	1.080	6310-Z	6310-2Z
55	72	9	57.4	69.6	0.3	60.2	68.3	0.3	9.1	8.4	8000	9500	0.070	61811-Z	61811-2Z
	80	13	61	75	1	62.9	73.6	1	15.9	13.2	7500	9000	0.170	61911-Z	61911-2Z
	90	18	62	83	1	65.4	82.2	1.1	30.2	21.8	7000	8500	0.380	6011-Z	6011-2Z
	100	21	64	91	1.5	68.9	88.6	1.5	43.2	29.2	6000	7500	0.580	6211-Z	6211-2Z
	120	29	65	110	2	76.1	103.4	2	71.5	44.8	5600	6700	1.370	6311-Z	6311-2Z
60	78	10	62.4	75.6	0.3	66.2	74.6	0.3	9.1	8.7	7000	8500	0.093	61812-Z	61812-2Z
	85	13	66	80	1	67.9	78.6	1	16.4	14.2	6700	8000	0.181	61912-Z	61912-2Z
	95	18	67	89	1	71.4	88.2	1.1	31.5	24.2	6300	7500	0.390	6012-Z	6012-2Z
	110	22	69	101	1.5	76.0	96.5	1.5	47.8	32.8	5600	7000	0.770	6212-Z	6212-2Z
	130	31	72	118	2.1	81.7	111.1	2.1	81.8	51.8	5000	6000	1.710	6312-Z	6312-2Z
65	85	10	69	81	0.6	71.1	80.6	0.6	11.9	11.5	6700	8000	0.130	61813-Z	61813-2Z
	90	13	71	85	1	72.9	83.6	1	17.4	16.0	6300	7500	0.196	61913-Z	61913-2Z
	100	18	72	93	1	75.3	92.2	1.1	32.0	24.8	6000	7000	0.420	6013-Z	6013-2Z
	120	23	74	111	1.5	82.5	105.0	1.5	57.2	40.0	5000	6300	0.980	6213-Z	6213-2Z
	140	33	77	128	2.1	88.1	119.7	2.1	93.8	60.5	4500	5300	2.090	6313-Z	6313-2Z
70	90	10	74	86	0.6	76.1	85.6	0.6	12.1	11.9	6300	7500	0.138	61814-Z	61814-2Z
	100	16	76	95	1	79.3	92.6	1	23.7	21.1	6000	7000	0.336	61914-Z	61914-2Z
	110	20	77	103	1	82.0	100.5	1.1	38.5	30.5	5600	6700	0.570	6014-Z	6014-2Z
	125	24	79	116	1.5	89.0	111.8	1.5	60.8	45.0	4800	6000	1.040	6214-Z	6214-2Z
	150	35	82	138	2.1	94.8	128.0	2.1	105	68.0	4300	5000	2.60	6314-Z	6314-2Z

（续）

公称尺寸/mm			安装尺寸/mm			其他尺寸/mm			基本额定载荷/kN		极限转速/r·min^{-1}		质量/kg	轴承代号	
d	D	B	d_a min	D_a max	r_a max	d_2 ≈	D_3 ≈	r min	C_r	C_{0r}	脂	油	W ≈	60000-Z型	60000-2Z型
75	95	10	79	91	0.6	81.1	90.6	0.6	12.5	12.8	6000	7000	0.147	61815-Z	61815-2Z
	105	16	81	100	1	84.3	97.6	1	24.3	22.5	5600	6700	0.355	61915-Z	61915-2Z
	115	20	82	108	1	88.0	106.5	1.1	40.2	33.2	5300	6300	0.640	6015-Z	6015-2Z
	130	25	84	121	1.5	94.0	117.8	1.5	66.0	49.5	4500	5600	1.180	6215-Z	6215-2Z
	160	37	87	148	2.1	101.3	136.5	2.1	113	76.8	4000	4800	3.050	6315-Z	6315-2Z
80	100	10	84	96	0.6	86.1	95.6	0.6	12.7	13.3	5600	6700	0.155	61816-Z	61816-2Z
	110	16	86	105	1	89.3	102.6	1	24.9	23.9	5300	6300	0.375	61916-Z	61916-2Z
	125	22	87	118	1	95.2	115.6	1.1	47.5	39.8	5000	6000	0.830	6016-Z	6016-2Z
	140	26	90	130	2	100.0	124.8	2	71.5	54.2	4300	5300	1.380	6216-Z	6216-2Z
	170	39	92	158	2.1	107.9	144.9	2.1	123	86.5	3800	4500	3.620	6316-Z	6316-2Z
85	110	13	90	105	1	92.5	104.4	1	19.2	19.8	5000	6300	0.245	61817-Z	61817-2Z
	120	18	92	113.5	1	95.8	111.1	1.1	31.9	29.7	4800	6000	0.507	61917-Z	61917-2Z
	130	22	92	123	1	99.4	120.4	1.1	50.8	42.8	4500	5600	0.860	6017-Z	6017-2Z
	150	28	95	140	2	107.1	133.7	2	83.2	63.8	4000	5000	1.750	6217-Z	6217-2Z
	180	41	99	166	2.5	114.4	153.4	3	132	96.5	3600	4300	4.270	6317-Z	6317-2Z
90	115	13	95	110	1	97.5	109.4	1	19.5	20.5	4800	6000	0.258	61818-Z	61818-2Z
	125	18	97	118.5	1	100.8	116.1	1.1	32.8	31.5	4500	5600	0.533	61918-Z	61918-2Z
	140	24	99	131	1.5	107.2	129.6	1.5	58.0	49.8	4300	5300	1.10	6018-Z	6018-2Z
	160	30	100	150	2	111.7	141.1	2	95.8	71.5	3800	4800	2.20	6218-Z	6218-2Z
95	120	13	100	115	1	102.5	114.4	1.0	19.8	21.3	4500	5600	0.27	61819-Z	61819-2Z
	130	18	102	124	1	105.8	121.1	1.1	33.7	33.3	4300	5300	0.558	61919-Z	61919-2Z
	145	24	104	136	1.5	110.2	132.6	1.5	57.8	50.0	4000	5000	1.14	6019-Z	6019-2Z
	170	32	107	158	2.1	118.1	149.7	2.1	110	82.8	3600	4500	2.62	6219-Z	6219-2Z
100	125	13	105	120	1	107.5	119.4	1.0	20.1	22.0	4300	5300	0.283	61820-Z	61820-2Z
	140	20	107	133	1	112.3	130.1	1.1	42.7	41.9	4000	5000	0.774	61920-Z	61920-2Z
	150	24	109	141	1.5	114.6	138.2	1.5	64.5	56.2	3800	4800	1.250	6020-Z	6020-2Z
	180	34	112	168	2.1	124.8	158.0	2.1	122	92.8	3400	4300	3.200	6220-Z	6220-2Z
105	130	13	110	125	1	112.5	124.4	1.0	20.3	22.7	4000	5000	0.295	61821-Z	61821-2Z
	145	20	112	138	1	117.3	135.1	1.1	43.9	44.3	3800	4800	0.808	61921-Z	61921-2Z
	160	26	115	150	2	121.5	146.4	2	71.8	63.2	3600	4500	1.52	6021-Z	6021-2Z
110	140	16	115	135	1	119.3	133.0	1.0	28.1	30.7	3800	5000	0.496	61822-Z	61822-2Z
	150	20	117	143	1	122.3	140.1	1.1	43.6	44.4	3600	4500	0.835	61922-Z	61922-2Z
	170	28	120	160	2	129.1	155.7	2	81.8	72.8	3400	4300	1.87	6022-Z	6022-2Z
120	150	16	125	145	1	129.3	143.0	1.0	28.9	32.9	3400	4300	0.536	61824-Z	61824-2Z
	165	22	127	158	1	133.7	153.6	1.1	55	56.9	3200	4000	1.131	61924-Z	61924-2Z
	180	28	130	170	2	137.7	165.2	2	87.5	79.2	3000	3800	2.00	6024-Z	6024-2Z
130	165	18	137	158	1	140.8	156.5	1.1	37.9	42.9	3200	4000	0.736	61826-Z	61826-2Z
	180	24	139	171	1.5	145.2	167.1	1.5	65.1	67.2	3000	3800	1.496	61926-Z	61926-2Z
140	175	18	147	168	1	150.8	166.5	1.1	38.2	44.3	3000	3800	0.784	61828-Z	61828-2Z

表 14.6-3　带止动槽及单面防尘盖的深沟球轴承（部分摘自 GB/T 276—2013）

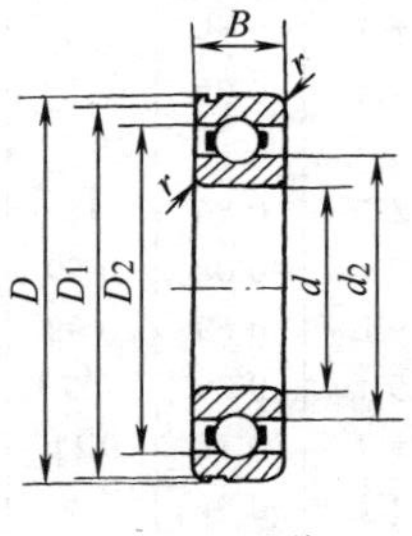

60000-N型

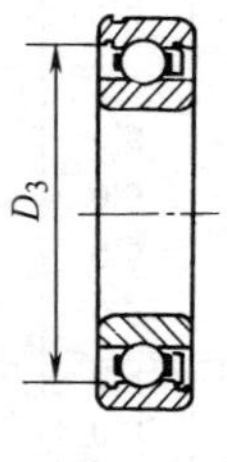

60000-ZN型

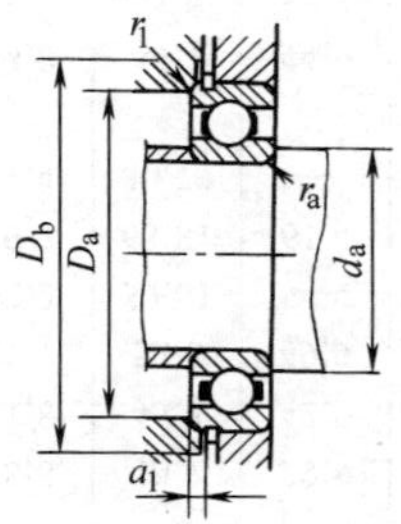

当量载荷计算同表 14.6-1
代号含义
N—外圈有止动槽
ZN——面带防尘盖，一面外圈有止动槽

公称尺寸/mm			安装尺寸/mm						其他尺寸/mm					基本额定载荷/kN		极限转速 /r·min^{-1}		质量 /kg	轴承代号	
d	D	B	d_a min	D_a max	D_b	a_1	r_a max	r_1 max	d_2	D_2	D_1 max	D_3	r min	C_r	C_{0r}	脂	油	W ≈	60000-N 型	60000-ZN 型
10	19	5	12.0	17	—	—	0.3	—	12.6	16.4	—	17.3	0.3	1.8	0.93	28000	36000	0.005	61800-N	61800-ZN
	22	6	12.4	20	26	0.8	0.3	0.2	13.5	18.5	20.8	19.4	0.3	2.7	1.3	25000	32000	0.008	61900-N	61900-ZN
	26	8	12.4	23.6	31	1.4	0.3	0.3	14.9	21.3	25.15	22.6	0.3	4.58	1.98	22000	30000	0.019	6000-N	6000-ZN
	30	9	15.0	26	36	1.6	0.6	0.5	17.4	23.8	28.17	25.2	0.6	5.10	2.38	20000	26000	0.030	6200-N	6200-ZN
	35	11	15.0	30	41	1.6	0.6	0.5	19.4	27.6	33.17	29.5	0.6	7.65	3.48	18000	24000	0.050	6300-N	6300-ZN
12	21	5	14	19	—	—	0.3	—	14.6	18.4	—	19.3	0.3	1.9	1.0	24000	32000	0.005	61801-N	61801-ZN
	24	6	14.4	22	28	0.8	0.3	0.2	15.5	20.6	22.8	21.5	0.3	2.9	1.5	22000	28000	0.008	61901-N	61901-ZN
	28	8	14.4	25.6	32	1.4	0.3	0.3	17.4	23.8	26.7	24.8	0.3	5.1	2.38	20000	26000	0.022	6001-N	6001-ZN
	32	10	17.0	28	38	1.6	0.6	0.5	18.3	26.1	30.15	28.0	0.6	6.82	3.05	19000	24000	0.035	6201-N	6201-ZN
	37	12	18.0	32	43	1.6	1	0.5	19.3	29.7	34.77	31.6	1	9.72	5.08	17000	22000	0.050	6301-N	6301-ZN
15	24	5	17	22	28	—	0.3	—	17.6	21.4	22.8	22.3	0.3	2.1	1.3	22000	30000	0.005	61802-N	61802-ZN
	28	7	17.4	26	32	1.1	0.3	0.3	18.3	24.7	26.7	25.6	0.3	4.3	2.3	20000	26000	0.012	61902-N	61902-ZN
	32	9	17.4	29.6	38	1.6	0.3	0.3	20.4	26.6	30.15	28.5	0.3	5.58	2.85	19000	24000	0.030	6002-N	6002-ZN
	35	11	20.0	32.0	41	1.6	0.6	0.5	21.6	29.4	33.17	31.3	0.6	7.65	3.72	18000	22000	0.040	6202-N	6202-ZN
	42	13	21.0	37	48	1.6	1	0.5	24.3	34.7	39.75	36.6	1	11.5	5.42	16000	20000	0.080	6302-N	6302-ZN

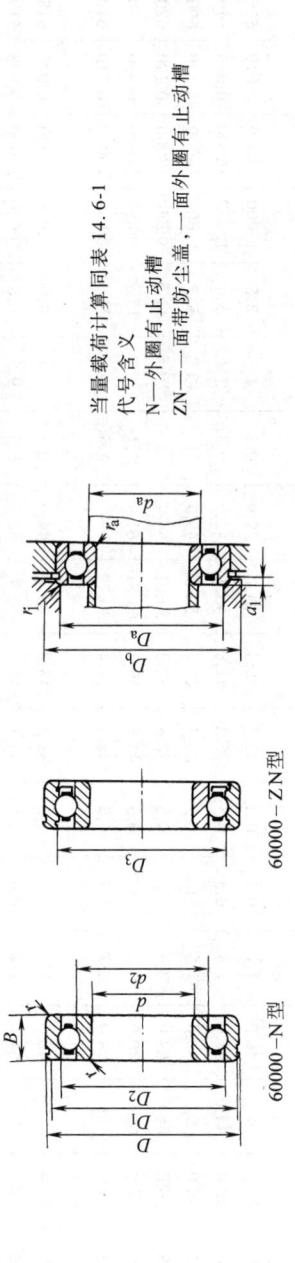

（续）

公称尺寸/mm			安装尺寸/mm						其他尺寸/mm					基本额定载荷/kN		极限转速/r·min^{-1}		质量/kg	轴承代号	
d	D	B	d_a min	D_a max	D_b	a_1	r_a max	r_1 max	d_2	D_2	D_1 max	D_3	r min	C_r	C_{0r}	脂	油	W ≈	60000-N 型	60000-ZN 型
17	26	5	19	24	—	—	0.3	—	19.6	23.4	—	24.3	0.3	2.2	1.5	20000	28000	0.007	61803-N	61803-ZN
	30	7	19.4	28	34	1.1	0.3	0.3	20.3	26.7	28.7	27.6	0.3	4.6	2.6	19000	24000	0.014	61903-N	61903-ZN
	35	10	19.4	32.6	42	1.6	0.3	0.3	22.9	29.1	33.17	31	0.3	6.0	3.25	17000	21000	0.040	6003-N	6003-ZN
	40	12	22.0	36	46	1.6	0.6	0.5	24.6	33.4	38.1	35.3	0.6	9.58	4.78	16000	20000	0.060	6203-N	6203-ZN
	47	14	23	41	54	2	1	0.5	26.8	38.2	44.6	40.1	1	13.5	6.58	15000	18000	0.110	6303-N	6303-ZN
	62	17	24	55	69	2.7	1	0.5	31.9	47.1	59.61	—	1.1	22.7	10.8	11000	15000	0.268	6403-N	6403-ZN
20	32	7	22.4	30	36	1.1	0.3	0.3	23.5	28.6	30.7	29.7	0.3	3.5	2.2	18000	24000	0.015	61804-N	61804-ZN
	37	9	22.4	34.6	41	1.4	0.3	0.3	25.2	31.8	35.7	32.9	0.3	6.4	3.7	17000	22000	0.031	61904-N	61904-ZN
	42	12	25	38	49	1.6	0.6	0.5	26.9	35.1	39.75	37	0.6	9.38	5.02	16000	19000	0.070	6004-N	6004-ZN
	47	14	26	42	54	2	1	0.5	29.3	39.7	44.6	41.6	1	12.8	6.65	14000	18000	0.100	6204-N	6204-ZN
	52	15	27	45	59	2	1	0.5	29.8	42.2	49.73	44.6	1.1	15.8	7.88	13000	16000	0.140	6304-N	6304-ZN
	72	19	27	65	80	2.7	1	0.5	38.0	56.1	68.81	—	1.1	31.0	15.2	9500	13000	0.40	6404-N	6404-ZN
25	37	7	27.4	35	41	1.1	0.3	0.3	28.2	33.8	35.7	34.9	0.3	4.3	2.9	16000	20000	0.017	61805-N	61805-ZN
	42	9	27.4	40	46	1.4	0.3	0.3	30.2	36.8	40.7	37.9	0.3	7.0	4.5	14000	18000	0.038	61905-N	61905-ZN
	47	12	30	43	54	1.6	0.6	0.6	31.9	40.1	44.6	42	0.6	10.0	5.85	13000	17000	0.080	6005-N	6005-ZN
	52	15	31	47	59	2	1	1	33.8	44.2	49.73	46.4	1	14.0	7.88	12000	15000	0.120	6205-N	6205-ZN
	62	17	32	55	69	2.6	1	1	36.0	51.0	59.61	53.2	1.1	22.2	11.5	10000	14000	0.220	6305-N	6305-ZN
	80	21	34	71	88	2.7	1.5	1.5	42.3	62.7	76.81	—	1.5	38.2	19.2	8500	11000	0.529	6405-N	6405-ZN
30	42	7	32.4	40	46.0	1.1	0.3	0.3	33.2	38.8	40.7	39.9	0.3	4.7	3.6	13000	17000	0.019	61806-N	61806-ZN
	47	9	32.4	44.6	51.0	1.4	0.3	0.3	35.2	41.8	45.7	42.9	0.3	7.2	5.0	12000	16000	0.043	61906-N	61906-ZN
	55	13	36.0	50	62.0	1.6	1	0.5	38.4	47.7	52.6	49.9	1	13.2	8.3	11000	14000	0.120	6006-N	6006-ZN
	62	16	36.0	56.0	69.0	2.6	1	0.5	40.8	52.2	59.61	54.4	1	19.5	11.5	9500	13000	0.190	6206-N	6206-ZN
	72	19	37.0	65.0	80.0	2.6	1	0.5	44.8	59.2	68.81	61.4	1.1	27.0	15.2	9000	11000	0.350	6306-N	6306-ZN
	90	23	39	81	98.0	2.7	1.5	0.5	48.6	71.4	86.79	—	1.5	47.5	24.5	8000	10000	0.710	6406-N	6406-ZN
35	47	7	37.4	45	46.0	1.1	0.3	0.3	38.2	43.8	45.7	44.9	0.3	4.9	4.0	11000	15000	0.023	61807-N	61807-ZN
	55	10	40	51	54.0	1.4	0.6	0.5	41.1	48.9	53.7	50.3	0.6	9.5	6.8	10000	13000	0.078	61907-N	61907-ZN
	62	14	41.0	56	69.0	1.6	1	0.5	43.3	53.7	59.61	55.9	1	16.2	10.5	9500	12000	0.160	6007-N	6007-ZN

（续）

公称尺寸/mm			安装尺寸/mm						其他尺寸/mm					基本额定载荷/kN		极限转速/r·min^{-1}		质量/kg	轴承代号	
d	D	B	d_a min	D_a max	D_b	a_1	r_a max	r_1 max	d_2	D_2	D_1 max	D_3	r min	C_r	C_{0r}	脂	油	W ≈	60000-N 型	60000-ZN 型
35	72	17	42.0	65	80.0	2.6	1	0.5	46.8	60.2	68.81	62.4	1.1	25.5	15.2	8500	11000	0.270	6207-N	6207-ZN
	80	21	44.0	71.0	88.0	2.6	1.5	0.5	50.4	66.6	76.81	68.8	1.5	33.4	19.2	8000	9500	0.420	6307-N	6307-ZN
	100	25	44	91	108.0	2.7	1.5	0.5	54.9	80.1	96.8	—	1.5	56.8	29.5	6700	8500	0.926	6407-N	6407-ZN
40	52	7	42.4	50	51.0	1.1	0.3	0.3	43.2	48.8	50.7	49.9	0.3	5.1	4.4	10000	13000	0.026	61808-N	61808-ZN
	62	12	45	58	61.0	1.4	0.6	0.5	46.3	55.7	60.7	57.1	0.6	13.7	9.9	9500	12000	0.103	61908-N	61908-ZN
	68	15	46.0	62.0	76.0	2	1	0.5	48.8	59.2	64.82	61.4	1	17.0	11.8	9000	11000	0.190	6008-N	6008-ZN
	80	18	47.0	73.0	88.0	2.6	1	0.5	52.8	67.2	76.81	69.4	1.1	29.5	18.0	8000	10000	0.370	6208-N	6208-ZN
	90	23	49.0	81.0	98.0	2.6	1.5	0.5	56.5	74.6	86.79	77.0	1.5	40.8	24.0	7000	8500	0.630	6308-N	6308-ZN
	110	27	50	100	118.0	2.7	2	0.5	63.9	89.1	106.81	—	2	65.5	37.5	6300	8000	1.221	6408-N	6408-ZN
45	58	7	47.4	56	57.0	1.1	0.3	0.3	48.3	54.7	56.7	55.8	0.3	6.4	5.6	9000	12000	0.030	61809-N	61809-ZN
	68	12	50	63	66.0	1.4	0.6	0.5	51.8	61.2	66.7	62.6	0.6	14.1	10.9	8500	11000	0.123	61909-N	61909-ZN
	75	16	51.0	69.0	83.0	2	1	0.5	54.2	65.9	71.83	68.1	1	21.0	14.8	8000	10000	0.230	6009-N	6009-ZN
	85	19	52.0	78.0	93.0	2.6	1	0.5	58.8	73.2	81.81	75.7	1.1	31.5	20.5	7000	9000	0.420	6209-N	6209-ZN
	100	25	54	91	108.0	2.6	1.5	0.5	63.0	84.0	96.8	86.5	1.5	52.8	31.8	6300	7500	0.837	6309-N	6309-ZN
	120	29	55	110	131.0	3.4	2	0.5	70.7	98.3	115.21	—	2	77.5	45.5	5600	7000	1.520	6409-N	6409-ZN
50	65	7	52.4	62.6	69.0	1.1	0.3	0.3	54.3	60.7	63.7	61.8	0.3	6.6	6.1	8500	10000	0.043	61810-N	61810-ZN
	72	12	55	68	76.0	1.4	0.6	0.5	56.3	65.7	70.7	67.1	0.6	14.5	11.7	8000	9500	0.122	61910-N	61910-ZN
	80	16	56	74	88	2	1	0.5	59.2	70.9	76.81	73.1	1	22.0	16.2	7000	9000	0.280	6010-N	6010-ZN
	90	20	57	83	98	2.6	1	0.5	62.4	77.6	86.79	80.1	1.1	35.0	23.2	6700	8500	0.470	6210-N	6210-ZN
	110	27	60	100	118	2.6	2	0.5	69.1	91.9	106.81	94.4	2	61.8	38.0	6000	7000	1.080	6310-N	6310-ZN
	130	31	62	118	141.0	3.4	2.1	0.5	77.3	107.8	125.22	—	2.1	92.2	55.2	5300	6300	1.855	6410-N	6410-ZN
55	72	9	57.4	69.6	76.0	1.4	0.3	0.3	60.2	66.9	70.7	68.3	0.3	9.1	8.4	8000	9500	0.070	61811-N	61811-ZN
	80	13	61	75	86.0	1.7	1	0.5	62.9	72.2	77.9	73.6	1	15.9	13.2	7500	9000	0.170	61911-N	61911-ZN
	90	18	62	83	98	2.2	1	0.5	65.4	79.7	86.79	82.2	1.1	30.2	21.8	7000	8500	0.380	6011-N	6011-ZN
	100	21	64	91	108	2.6	1.5	0.5	68.9	86.1	96.8	88.6	1.5	43.2	29.2	6000	7500	0.580	6211-N	6211-ZN
	120	29	65	110	131	3.2	2	0.5	76.1	100.9	115.21	103.4	2	71.5	44.8	5600	6700	1.370	6311-N	6311-ZN
	140	33	67	128	151.0	4.1	2.1	0.5	82.8	115.2	135.23	—	2.1	100	62.5	4800	6000	2.316	6411-N	6411-ZN

（续）

公称尺寸/mm			安装尺寸/mm						其他尺寸/mm					基本额定载荷/kN		极限转速/r·min^{-1}		质量/kg	轴承代号	
d	D	B	d_a min	D_a max	D_b	a_1	r_a max	r_1 max	d_2	D_2	D_1 max	D_3	r min	C_r	C_{0r}	脂	油	W ≈	60000-N 型	60000-ZN 型
60	78	10	62.4	75.6	84.0	1.4	0.3	0.3	66.2	72.9	76.2	74.6	0.3	9.1	8.7	7000	8500	0.093	61812-N	61812-ZN
	85	13	66	80	91.0	1.7	1	0.5	67.9	77.2	82.9	78.6	1	16.4	14.2	6700	8000	0.181	61912-N	61912-ZN
	95	18	67	89	103	2.2	1	0.5	71.4	85.7	91.82	88.2	1.1	31.5	24.2	6300	7500	0.390	6012-N	6012-ZN
	110	22	69	101	118	2.6	1.5	0.5	76.0	94.1	106.81	96.5	1.5	47.8	32.8	5600	7000	0.770	6212-N	6212-ZN
	130	31	72	118	141	3.2	2.1	0.5	81.7	108.4	125.22	111.1	2.1	81.8	51.8	5000	6000	1.710	6312-N	6312-ZN
	150	35	72	138	161.0	4.1	2.1	0.5	87.9	122.2	145.24	—	2.1	109	70.0	4500	5600	2.811	6412-N	6412-ZN
65	85	10	69	81	91.0	1.4	0.6	0.5	71.1	78.9	82.9	80.6	0.6	11.9	11.5	6700	8000	0.130	61813-N	61813-ZN
	90	13	71	85	96.0	1.7	1	0.5	72.9	82.2	87.9	83.6	1	17.4	16.0	6300	7500	0.196	61913-N	61913-ZN
	100	18	72	93	108	2.2	1	0.5	75.3	89.7	96.8	92.2	1.1	32.0	24.8	6000	7000	0.420	6013-N	6013-ZN
	120	23	74	111	131	3.2	1.5	0.5	82.5	102.5	115.21	105.0	1.5	57.2	40.0	5000	6300	0.980	6213-N	6213-ZN
	140	33	77	128	151	3.9	2.1	0.5	88.1	116.9	135.23	119.7	2.1	93.8	60.5	4500	5300	2.090	6313-N	6313-ZN
	160	37	77	148	171.0	4.1	2.1	0.5	94.5	130.6	155.22	—	2.1	118	78.5	4300	5300	3.342	6413-N	6413-ZN
70	90	10	74	86	96.0	1.4	0.6	0.5	76.1	83.9	87.9	85.6	0.6	12.1	11.9	6300	7500	0.138	61814-N	61814-ZN
	100	16	76	95	106.0	2.1	1	0.5	79.3	90.7	97.9	92.6	1	23.7	21.1	6000	7000	0.336	61914-N	61914-ZN
	110	20	77	103	118	2.2	1	0.5	82.0	98.0	106.81	100.5	1.1	38.5	30.5	5600	6700	0.57	6014-N	6014-ZN
	125	24	79	116	136	3.2	1.5	0.5	89.0	109.0	120.22	111.8	1.5	60.8	45.0	4800	6000	1.04	6214-N	6214-ZN
	150	35	82	138	161	3.9	2.1	0.5	94.8	125.3	145.24	128.0	2.1	105	68.0	4300	5000	2.60	6314-N	6314-ZN
	180	42	84	166	194	4.8	2.5	0.5	105.6	146.4	173.66	—	3	140	99.5	3800	4500	4.896	6414-N	6414-ZN
75	95	10	79	91	101.0	1.4	0.6	0.5	81.1	88.9	92.9	90.6	0.6	12.5	12.8	6000	7000	0.147	61815-N	61815-ZN
	105	16	81	100	112.0	2.1	1	0.5	84.3	95.7	102.6	97.6	1	24.3	22.5	5600	6700	0.355	61915-N	61915-ZN
	115	20	82	108	123	2.2	1	0.5	88.0	104.0	111.81	106.5	1.1	40.2	33.2	5300	6300	0.64	6015-N	6015-ZN
	130	25	84	121	141	3.2	1.5	0.5	94.0	115.0	125.22	117.8	1.5	66.0	49.5	4500	5600	1.180	6215-N	6215-ZN
	160	37	87	148	171	3.9	2.1	0.5	101.3	133.7	155.22	136.5	2.1	113	76.8	4000	4800	3.050	6315-N	6315-ZN
	190	45	89	176	204	4.8	2.5	0.5	112.1	155.9	183.64	—	3	154	115	3600	4300	5.739	6415-N	6415-ZN
80	100	10	84	96	106.0	1.4	0.6	0.5	86.1	93.9	97.9	95.6	0.6	12.7	13.3	5600	6700	0.155	61816-N	61816-ZN

（续）

公称尺寸/mm			安装尺寸/mm						其他尺寸/mm					基本额定载荷/kN		极限转速/r·min^{-1}		质量/kg	轴承代号	
d	D	B	d_a min	D_a max	D_b	a_1	r_a max	r_1 max	d_2	D_2	D_1 max	D_3	r min	C_r	C_{0r}	脂	油	W ≈	60000-N 型	60000-ZN 型
80	110	16	86	105	117.0	2.1	1	0.5	89.3	100.7	107.6	102.6	1	24.9	23.9	5300	6300	0.375	61916-N	61916-ZN
	125	22	87	118	136	2.2	1	0.5	95.2	112.8	120.22	115.6	1.1	47.5	39.8	5000	6000	0.830	6016-N	6016-ZN
	140	26	90	130	151	3.9	2	0.5	100.0	122.0	135.23	124.8	2	71.5	54.2	4300	5300	3.620	6216-N	6216-ZN
	170	39	92	158	184	4.6	2.1	0.5	107.9	142.0	163.65	144.9	2.1	123	86.5	3800	4500	3.620	6316-N	6316-ZN
	200	48	94	186	214	4.8	2.5	0.5	117.1	162.9	193.65	—	3	163	125	3400	4000	6.740	6416-N	6416-ZN
85	110	13	90	105	91.0	1.7	1	0.5	92.5	102.5	107.6	104.4	1	19.2	19.8	5000	6300	0.245	61817-N	61817-ZN
	120	18	92	113.5	127.0	2.6	1	0.5	95.8	109.2	117.6	111.1	1.1	31.9	29.7	4800	6000	0.507	61917-N	61917-ZN
	130	22	92	123	141	2.2	1	0.5	99.4	117.6	125.22	120.4	1.1	50.8	42.8	4500	5600	0.860	6017-N	6017-ZN
	150	28	95	140	161	3.9	2	0.5	107.1	130.9	145.24	133.7	2	83.2	63.8	4000	5000	1.750	6217-N	6217-ZN
	180	41	99	166	191	4.6	2.5	0.5	114.4	150.6	173.66	153.4	3	132	96.5	3600	4300	4.270	6317-N	6317-ZN
	210	52	103	192	224	4.8	3	0.5	123.5	171.5	203.6	—	4	175	138	3200	3800	7.933	6417-N	6417-ZN
90	115	13	95	110	122.0	1.7	1	0.5	97.5	107.5	112.6	109.4	1	19.5	20.5	4800	6000	0.258	61818-N	61818-ZN
	125	18	97	118.5	132.0	2.6	1	0.5	100.8	114.2	122.6	116.1	1.1	32.8	31.5	4500	5600	0.533	61918-N	61918-ZN
	140	24	99	131	151	2.8	1.5	0.5	107.2	126.8	135.23	129.6	1.5	58.0	49.8	4300	5300	1.10	6018-N	6018-ZN
	160	30	100	150	171	3.9	2	0.5	111.7	138.4	155.22	141.1	2	95.8	71.5	3800	4800	2.20	6218-N	6218-ZN
95	120	13	100	115	127.0	1.7	1	0.5	102.5	112.5	117.6	114.4	1	19.8	21.3	4500	5600	0.270	61819-N	61819-ZN
	130	18	102	124	137.0	2.8	1	0.5	105.8	119.2	127.6	121.1	1.1	33.7	33.3	4300	5300	0.558	61919-N	61919-ZN
	145	24	104	136	156	2.8	1.5	0.5	110.2	129.8	140.23	132.6	1.5	57.8	50.0	4000	5000	1.140	6019-N	6019-ZN
	170	32	107	158	184	4.6	2.1	0.5	118.1	146.9	163.65	149.7	2.1	110	82.8	3600	4500	2.350	6219-N	6219-ZN
100	125	13	105	120	132.0	1.7	1	0.5	107.5	117.5	122.6	119.4	1	20.1	22.0	4300	5300	0.283	61820-N	61820-ZN
	140	20	107	133	147.0	2.8	1	0.5	112.3	127.8	137.6	130.1	1.1	42.7	41.9	4000	5000	0.774	61920-N	61920-ZN
	150	24	109	141	161	2.8	1.5	0.5	114.6	135.4	145.24	138.2	1.5	64.5	56.2	3800	4800	1.250	6020-N	6020-ZN
	180	34	112	168	194	4.6	2.1	0.5	124.8	155.3	173.66	158.0	2.1	122	92.8	3400	4300	3.120	6220-N	6220-ZN

表 14.6-4 带密封圈的深沟球轴承（部分摘自 GB/T 276—2013）

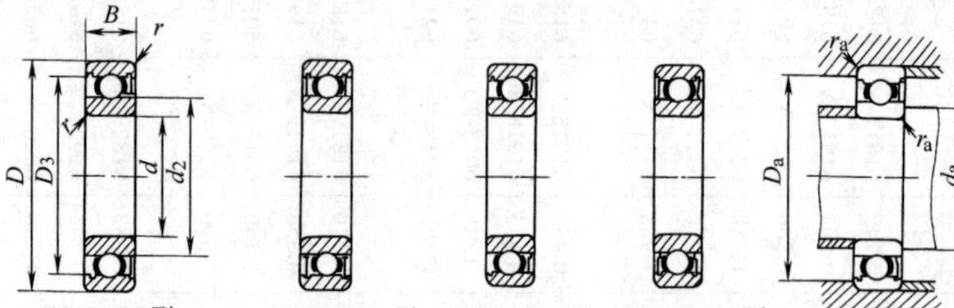

60000-RZ型 60000-2RZ型 60000-LS型 60000-2LS型

当量载荷计算同表 14.6-1

代号含义

RZ——一面带橡胶骨架密封圈（非接触式）

2RZ—两面带橡胶骨架密封圈（非接触式）

LS——一面带橡胶骨架密封圈（接触式）

2LS—两面带橡胶骨架密封圈（接触式）

公称尺寸/mm			安装尺寸/mm			其他尺寸/mm			基本额定载荷/kN		极限转速/r·min^{-1}		质量/kg	轴承代号	
d	D	B	d_a min	D_a max	r_a max	d_2	D_3	r min	C_r	C_{0r}	脂	油	W ≈	60000-RZ 型 60000-LS 型	60000-2RZ 型 60000-2LS 型
10	19	5	12	17	0.3	12.6	17.3	0.3	1.8	0.93	21000		0.005	61800-LS	61800-2LS
	19	5	12	17	0.3	12.6	17.3	0.3	1.8	0.93	28000	36000	0.005	61800-RZ	61800-2RZ
	22	6	12.4	20	0.3	13.5	19.4	0.3	2.7	1.3	19000		0.008	61900-LS	61900-2LS
	22	6	12.4	20	0.3	13.5	19.4	0.3	2.7	1.3	25000	32000	0.008	61900-RZ	61900-2RZ
	26	8	12.4	23.6	0.3	14.9	22.6	0.3	4.58	1.98	15000		0.019	6000-LS	6000-2LS
	26	8	12.4	23.6	0.3	14.9	22.6	0.3	4.58	1.98	22000	30000	0.019	6000-RZ	6000-2RZ
	30	9	15	26	0.6	17.4	25.2	0.6	5.10	2.38	14000		0.030	6200-LS	6200-2LS
	30	9	15	26	0.6	17.4	25.2	0.6	5.10	2.38	20000	26000	0.030	6200-RZ	6200-2RZ
	35	11	15	30	0.6	19.4	29.5	0.6	7.65	3.48	12000		0.050	6300-LS	6300-2LS
	35	11	15	30	0.6	19.4	29.5	0.6	7.65	3.48	18000	24000	0.050	6300-RZ	6300-2RZ
12	21	5	14.0	19	0.3	14.6	19.3	0.3	1.9	1.0	18000		0.005	61801-LS	61801-2LS
	21	5	14.0	19	0.3	14.6	19.3	0.3	1.9	1.0	24000	32000	0.005	61801-RZ	61801-2RZ
	24	6	14.4	22	0.3	15.5	25.6	0.3	2.9	1.5	17000		0.008	61901-LS	61901-2LS
	24	6	14.4	22	0.3	15.5	25.6	0.3	2.9	1.5	22000	28000	0.008	61901-RZ	61901-2RZ
	28	8	14.4	25.6	0.3	17.4	24.8	0.3	5.10	2.38	14000		0.020	6001-LS	6001-2LS
	28	8	14.4	25.6	0.3	17.4	24.8	0.3	5.10	2.38	20000	26000	0.020	6001-RZ	6001-2RZ
	32	10	17	28.0	0.6	18.3	28.0	0.6	6.82	3.05	13000		0.040	6201-LS	6201-2LS
	32	10	17	28.0	0.6	18.3	28.0	0.6	6.82	3.05	19000	24000	0.040	6201-RZ	6201-2RZ
	37	12	18	32.0	1	19.3	31.6	1	9.72	5.08	12000		0.060	6301-LS	6301-2LS
	37	12	18	32.0	1	19.3	31.6	1	9.72	5.08	17000	22000	0.060	6301-RZ	6301-2RZ
15	24	5	17.0	22	0.3	17.6	22.3	0.3	2.1	1.3	17000		0.005	61802-LS	61802-2LS
	24	5	17.0	22	0.3	17.6	22.3	0.3	2.1	1.3	22000	30000	0.005	61802-RZ	61802-2RZ
	28	7	17.4	26	0.3	18.3	25.6	0.3	4.3	2.3	15000		0.012	61902-LS	61902-2LS
	28	7	17.4	26	0.3	18.3	25.6	0.3	4.3	2.3	20000	26000	0.012	61902-RZ	61902-2RZ
	32	9	17.4	29.6	0.3	20.4	28.5	0.3	5.58	2.85	13000		0.030	6002-LS	6002-2LS
	32	9	17.4	29.6	0.3	20.4	28.5	0.3	5.58	2.85	19000	24000	0.030	6002-RZ	6002-2RZ
	35	11	20	32	0.6	21.6	31.3	0.6	7.65	3.72	12000		0.040	6202-LS	6202-2LS
	35	11	20	32	0.6	21.6	31.3	0.6	7.65	3.72	18000	22000	0.040	6202-RZ	6202-2RZ
	42	13	21	37	1	24.3	36.6	1	11.5	5.42	11000		0.080	6302-LS	6302-2LS

（续）

公称尺寸/mm			安装尺寸/mm			其他尺寸/mm			基本额定载荷/kN		极限转速/r·min^{-1}		质量/kg	轴承代号	
d	D	B	d_a min	D_a max	r_a max	d_2	D_3	r min	C_r	C_{0r}	脂	油	W ≈	60000-RZ 型 60000-LS 型	60000-2RZ 型 60000-2LS 型
15	42	13	21	37	1	24.3	36.6	1	11.5	5.42	16000	20000	0.080	6302-RZ	6302-2RZ
17	26	5	19.0	24	0.3	19.6	24.3	0.3	2.2	1.5	15000		0.007	61803-LS	61803-2LS
	26	5	19.0	24	0.3	19.6	24.3	0.3	2.2	1.5	20000	28000	0.007	61803-RZ	61803-2RZ
	30	7	19.4	28	0.3	20.3	27.6	0.3	4.6	2.6	14000		0.014	61903-LS	61903-2LS
	30	7	19.4	28	0.3	20.3	27.6	0.3	4.6	2.6	19000	24000	0.014	61903-RZ	61903-2RZ
	35	10	19.4	32.6	0.3	22.9	31.0	0.3	6.00	3.25	12000		0.040	6003-LS	6003-2LS
	35	10	19.4	32.6	0.3	22.9	31.0	0.3	6.00	3.25	17000	21000	0.040	6003-RZ	6003-2RZ
	40	12	22	36.0	0.6	24.6	35.3	0.6	9.58	4.78	11000		0.060	6203-LS	6203-2LS
	40	12	22	36.0	0.6	24.6	35.3	0.6	9.58	4.78	16000	20000	0.060	6203-RZ	6203-2RZ
	47	14	23	41.0	1	26.8	40.1	1	13.5	6.58	10000		0.110	6303-LS	6303-2LS
	47	14	23	41.0	1	26.8	40.1	1	13.5	6.58	15000	18000	0.110	6303-RZ	6303-2RZ
20	32	7	22.4	30	0.3	23.5	29.7	0.3	3.5	2.2	14000		0.015	61804-LS	61084-2LS
	32	7	22.4	30	0.3	23.5	29.7	0.3	3.5	2.2	18000	24000	0.015	61804-RZ	61804-2RZ
	37	9	22.4	34.6	0.3	25.2	32.9	0.3	6.4	3.7	13000		0.031	61904-LS	61904-2LS
	37	9	22.4	34.6	0.3	25.2	32.9	0.3	6.4	3.7	17000	22000	0.031	61904-RZ	61904-2RZ
	42	12	25	38.0	0.6	26.9	37.0	0.6	9.38	5.02	11000		0.070	6004-LS	6004-2LS
	42	12	25	38.0	0.6	26.9	37.0	0.6	9.38	5.02	16000	19000	0.070	6004-RZ	6004-2RZ
	47	14	26	42.0	1	29.3	41.6	1	12.8	6.65	9500		0.100	6204-LS	6204-2LS
	47	14	26	42.0	1	29.3	41.6	1	12.8	6.65	14000	18000	0.100	6204-RZ	6204-2RZ
	52	15	27	45	1	29.8	44.4	1.1	15.8	7.88	9000		0.140	6304-LS	6304-2LS
	52	15	27	45	1	29.8	44.4	1.1	15.8	7.88	13000	16000	—	6304-RZ	6304-2RZ
25	37	7	27.4	35	0.3	28.2	34.9	0.3	4.3	2.9	12000		0.017	61805-LS	61805-2LS
	37	7	27.4	35	0.3	28.2	34.9	0.3	4.3	2.9	16000	20000	0.017	61805-RZ	61805-2RZ
	42	9	27.4	40	0.3	30.2	37.9	0.3	7.0	4.5	11000		0.038	61905-LS	61905-2LS
	42	9	27.4	40	0.3	30.2	37.9	0.3	7.0	4.5	14000	18000	0.038	61905-RZ	61905-2RZ
	47	12	30	43	0.6	31.9	42.0	0.6	10.0	5.85	9000		0.080	6005-LS	6005-2LS
	47	12	30	43	0.6	31.9	42.0	0.6	10.0	5.85	13000	17000	0.080	6005-RZ	6005-2RZ
	52	15	31	47	1	33.8	46.4	1	14.0	7.88	8000		0.120	6205-LS	6205-2LS
	52	15	31	47	1	33.8	46.4	1	14.0	7.88	12000	15000	0.120	6205-RZ	6205-2RZ
	62	17	32	55	1	36.0	53.2	1.1	22.2	11.5	6800		0.220	6305-LS	6305-2LS
	62	17	32	55	1	36.0	53.2	1.1	22.2	11.5	10000	14000	0.220	6305-RZ	6305-2RZ
30	42	7	32.4	40	0.3	33.2	39.9	0.3	4.7	3.6	11000		0.019	61806-LS	61806-2LS
	42	7	32.4	40	0.3	33.2	39.9	0.3	4.7	3.6	13000	17000	0.019	61806-RZ	61806-2RZ
	47	9	32.4	44.6	0.3	35.2	42.9	0.3	7.2	5.0	9000		0.043	61906-LS	61906-2LS
	47	9	32.4	44.6	0.3	35.2	42.9	0.3	7.2	5.0	12000	16000	0.043	61906-RZ	61906-2RZ
	55	13	36	50	1	38.4	49.8	1	13.2	8.30	7500		0.120	6006-LS	6006-2LS
	55	13	36	50	1	38.4	49.8	1	13.2	8.30	11000	14000	0.120	6006-RZ	6006-2RZ
	62	16	36	56	1	40.8	54.4	1	19.5	11.5	6700		0.190	6206-LS	6206-2LS

（续）

公称尺寸/mm			安装尺寸/mm			其他尺寸/mm			基本额定载荷/kN		极限转速 /r · min^{-1}		质量 /kg	轴承代号	
d	D	B	d_a min	D_a max	r_a max	d_2	D_3	r min	C_r	C_{0r}	脂	油	W ≈	60000-RZ 型 60000-LS 型	60000-2RZ 型 60000-2LS 型
30	62	16	36	56	1	40.8	54.4	1	19.5	11.5	9500	13000	0.190	6206-RZ	6206-2RZ
	72	19	37	65	1	44.8	61.4	1.1	27.0	15.2	6000		0.350	6306-LS	6306-2LS
	72	19	37	65	1	44.8	61.4	1.1	27.0	15.2	9000	11000	0.350	6306-RZ	6306-2RZ
35	47	7	37.4	45	0.3	38.2	44.9	0.3	4.9	4.0	9000		0.023	61807-LS	61807-2LS
	47	7	37.4	45	0.3	38.2	44.9	0.3	4.9	4.0	11000	15000	0.023	61807-RZ	61807-2RZ
	55	10	40	51	0.6	41.1	50.3	0.6	9.5	6.8	7500		0.078	61907-LS	61907-2LS
	55	10	40	51	0.6	41.1	50.3	0.6	9.5	6.8	10000	13000	0.078	61907-RZ	61907-2RZ
	62	14	41	56	1	43.3	55.9	1	16.2	10.5	6500		0.160	6007-LS	6007-2LS
	62	14	41	56	1	43.3	55.9	1	16.2	10.5	9500	12000	0.160	6007-RZ	6007-2RZ
	72	17	42	65	1	46.8	62.4	1.1	25.5	15.2	5800		0.270	6207-LS	6207-2LS
	72	17	42	65	1	46.8	62.4	1.1	25.5	15.2	8500	11000	0.270	6207-RZ	6207-2RZ
	80	21	44	71	1.5	50.4	68.8	1.5	33.4	19.2	5400		0.420	6307-LS	6307-2LS
	80	21	44	71	1.5	50.4	68.8	1.5	33.4	19.2	8000	9500	0.420	6307-RZ	6307-2RZ
40	52	7	42.4	50	0.3	43.2	49.9	0.3	5.1	4.4	7500		0.026	61808-LS	61808-2LS
	52	7	42.4	50	0.3	43.2	49.9	0.3	5.1	4.4	10000	13000	0.026	61808-RZ	61808-2RZ
	62	12	45	58	0.6	46.3	57.1	0.6	13.7	9.9	7000		0.103	61908-LS	61908-2LS
	62	12	45	58	0.6	46.3	57.1	0.6	13.7	9.9	9500	12000	0.103	61908-RZ	61908-2RZ
	68	15	46	62	1	48.8	61.4	1	17.0	11.8	6000		0.190	6008-LS	6008-2LS
	68	15	46	62	1	48.8	61.4	1	17.0	11.8	9000	11000	0.190	6008-RZ	6008-2RZ
	80	18	47	73	1	52.8	69.4	1.1	29.5	18.0	5400		0.370	6208-LS	6208-2LS
	80	18	47	73	1	52.8	69.4	1.1	29.5	18.0	8000	10000	0.370	6208-RZ	6208-2RZ
	90	23	49	81	1.5	56.5	77.0	1.5	40.8	24.0	4800		0.630	6308-LS	6308-2LS
	90	23	49	81	1.5	56.5	77.0	1.5	40.8	24.0	7000	8500	0.630	6308-RZ	6308-2RZ
45	58	7	47.4	56	0.3	48.3	55.8	0.3	6.4	5.6	6800		0.030	61809-LS	61809-2LS
	58	7	47.4	56	0.3	48.3	55.8	0.3	6.4	5.6	9000	12000	0.030	61809-RZ	61809-2RZ
	68	12	50	63	0.6	51.8	62.6	0.6	14.1	10.9	6400		0.123	61909-LS	61909-2LS
	68	12	50	63	0.6	51.8	62.6	0.6	14.1	10.9	8500	11000	0.123	61909-RZ	61909-2RZ
	75	16	51	69	1	54.2	68.1	1	21.0	14.8	5400		0.240	6009-LS	6009-2LS
	75	16	51	69	1	54.2	68.1	1	21.0	14.8	8000	10000	0.240	6009-RZ	6009-2RZ
	85	19	52	78	1	58.8	75.7	1.1	31.5	20.5	4800		0.420	6209-LS	6209-2LS
	85	19	52	78	1	58.8	75.7	1.1	31.5	20.5	7000	9000	0.420	6209-RZ	6209-2RZ
	100	25	54	91	1.5	63.0	86.5	1.5	52.8	31.8	4300		0.830	6309-LS	6309-2LS
	100	25	54	91	1.5	63.0	86.5	1.5	52.8	31.8	6300	7500	0.830	6309-RZ	6309-2RZ
50	65	7	52.4	62.6	0.3	54.3	61.8	0.3	6.6	6.1	6400		0.043	61810-LS	61810-2LS
	65	7	52.4	62.6	0.3	54.3	61.8	0.3	6.6	6.1	8500	10000	0.043	61810-RZ	61810-2RZ
	72	12	55	68	0.6	56.3	67.1	0.6	14.5	11.7	6000		0.122	61910-LS	61910-2LS
	72	12	55	68	0.6	56.3	67.1	0.6	14.5	11.7	8000	9500	0.122	61910-RZ	61910-2RZ
	80	16	56	74	1	59.2	73.1	1	22.0	16.2	4800		0.280	6010-LS	6010-2LS
	80	16	56	74	1	59.2	73.1	1	22.0	16.2	7000	9000	0.280	6010-RZ	6010-2RZ
	90	20	57	83	1	62.4	80.1	1.1	35.0	23.2	4600		0.470	6210-LS	6210-2LS

（续）

公称尺寸/mm			安装尺寸/mm			其他尺寸/mm			基本额定载荷/kN		极限转速 /r · min^{-1}		质量 /kg	轴承代号	
d	D	B	d_a min	D_a max	r_a max	d_2	D_3	r min	C_r	C_{0r}	脂	油	W ≈	60000-RZ 型 60000-LS 型	60000-2RZ 型 60000-2LS 型
50	90	20	57	83	1	62.4	80.1	1.1	35.0	23.2	6700	8500	0.470	6210-RZ	6210-2RZ
	110	27	60	100	2	69.1	94.4	2	61.8	38.0	4100		1.080	6310-LS	6310-2LS
	110	27	60	100	2	69.1	94.4	2	61.8	38.0	6000	7000	1.080	6310-RZ	6310-2RZ
55	72	9	57.4	69.6	0.3	60.2	68.3	0.3	9.1	8.4	6000		0.070	61811-LS	61811-2LS
	72	9	57.4	69.6	0.3	60.2	68.3	0.3	9.1	8.4	8000	9500	0.070	61811-RZ	61811-2RZ
	80	13	61	75	1	62.9	73.6	1	15.9	13.2	5600		0.170	61911-LS	61911-2LS
	80	13	61	75	1	62.9	73.6	1	15.9	13.2	7500	9000	0.170	61911-RZ	61911-2RZ
	90	18	62	83	1	65.4	82.2	1.1	30.2	21.8	4800		0.380	6011-LS	6011-2LS
	90	18	62	83	1	65.4	82.2	1.1	30.2	21.8	7000	8500	0.380	6011-RZ	6011-2RZ
	100	21	64	91	1.5	68.9	88.6	1.5	43.2	29.2	4100		0.580	6211-LS	6211-2LS
	100	21	64	91	1.5	68.9	88.6	1.5	43.2	29.2	6000	7500	0.580	6211-RZ	6211-2RZ
	120	29	65	110	2	76.1	103.4	2	71.5	44.8	3800		1.370	6311-LS	6311-2LS
	120	29	65	110	2	76.1	103.4	2	71.5	44.8	5600	6700	1.370	6311-RZ	6311-2RZ
60	78	10	62.4	75.6	0.3	66.2	74.6	0.3	9.1	8.7	5300		0.093	61812-LS	61812-2LS
	78	10	62.4	75.6	0.3	66.2	74.6	0.3	9.1	8.7	7000	8500	0.093	61812-RZ	61812-2RZ
	85	13	66	80	1	67.9	78.6	1	16.4	14.2	5000		0.181	61912-LS	61912-2LS
	85	13	66	80	1	67.9	78.6	1	16.4	14.2	6700	8000	0.181	61912-RZ	61912-2RZ
	95	18	67	89	1	71.4	88.2	1.1	31.5	24.2	4300		0.410	6012-LS	6012-2LS
	95	18	67	89	1	71.4	88.2	1.1	31.5	24.2	6300	7500	0.410	6012-RZ	6012-2RZ
	110	22	69	101	1.5	76.0	96.5	1.5	47.8	32.8	3800		0.770	6212-LS	6212-2LS
	110	22	69	101	1.5	76.0	96.5	1.5	47.8	32.8	5600	7000	0.770	6212-RZ	6212-2RZ
	130	31	72	118	2.1	81.7	111.1	2.1	81.8	51.8	3400		1.710	6312-LS	6312-2LS
	130	31	72	118	2.1	81.7	111.1	2.1	81.8	51.8	5000	6000	1.710	6312-RZ	6312-2RZ
65	85	10	69	81	0.6	71.1	80.6	0.6	11.9	11.5	5000		0.130	61813-LS	61813-2LS
	85	10	69	81	0.6	71.1	80.6	0.6	11.9	11.5	6700	8000	0.130	61813-RZ	61813-2RZ
	90	13	71	85	1	72.9	83.6	1	17.4	16.0	4700		0.196	61913-LS	61913-2LS
	90	13	71	85	1	72.9	83.6	1	17.4	16.0	6300	7500	0.196	61913-RZ	61913-2RZ
	100	18	72	93	1	75.3	92.2	1.1	32.0	24.8	4100		0.410	6013-LS	6013-2LS
	100	18	72	93	1	75.3	92.2	1.1	32.0	24.8	6000	7000	0.410	6013-RZ	6013-2RZ
	120	23	74	111	1.5	82.5	105.0	1.5	57.2	40.0	3400		0.980	6213-LS	6213-2LS
	120	23	74	111	1.5	82.5	105.0	1.5	57.2	40.0	5000	6300	0.980	6213-RZ	6213-2RZ
	140	33	77	128	2.1	88.1	119.7	2.1	93.8	60.5	3000		2.090	6313-LS	6313-2LS
	140	33	77	128	2.1	88.1	119.7	2.1	93.8	60.5	4500	5300	2.090	6313-RZ	6313-2RZ
70	90	10	74	86	0.6	76.1	85.6	0.6	12.1	11.9	4700		0.138	61814-LS	61814-2LS
	90	10	74	86	0.6	76.1	85.6	0.6	12.1	11.9	6300	7500	0.138	61814-RZ	61814-2RZ
	100	16	76	95	1	79.3	92.6	1	23.7	21.1	4500		0.336	61914-LS	61914-2LS
	100	16	76	95	1	79.3	92.6	1	23.7	21.1	6000	7000	0.336	61914-RZ	61914-2RZ
	110	20	77	103	1	82.0	100.5	1.1	38.5	30.5	3800		0.60	6014-LS	6014-2LS
	110	20	77	103	1	82.0	100.5	1.1	38.5	30.5	5600	6700	0.60	6014-RZ	6014-2RZ
	125	24	79	116	1.5	89.0	111.8	1.5	60.8	45.0	3300		1.04	6214-LS	6214-2LS

（续）

公称尺寸/mm			安装尺寸/mm			其他尺寸/mm			基本额定载荷/kN		极限转速/$r\cdot min^{-1}$		质量/kg	轴承代号	
d	D	B	d_a min	D_a max	r_a max	d_2	D_3	r min	C_r	C_{0r}	脂	油	W ≈	60000-RZ 型 60000-LS 型	60000-2RZ 型 60000-2LS 型
70	125	24	79	116	1.5	89.0	111.8	1.5	60.8	45.0	4800	6000	1.04	6214-RZ	6214-2RZ
	150	35	82	138	2.1	94.8	128.0	2.1	105	68.0	2900		2.60	6314-LS	6314-2LS
	150	35	82	138	2.1	94.8	128.0	2.1	105	68.0	4300	5000	2.60	6314-RZ	6314-2RZ
75	95	10	79	91	0.6	81.1	90.6	0.6	12.5	12.8	4500		0.147	61815-LS	61815-2LS
	95	10	79	91	0.6	81.1	90.6	0.6	12.5	12.8	6000	7000	0.147	61815-RZ	61815-2RZ
	105	16	81	100	1	84.3	97.6	1	24.3	22.5	4200		0.355	61915-LS	61915-2LS
	105	16	81	100	1	84.3	97.6	1	24.3	22.5	5600	6700	0.355	61915-RZ	61915-2RZ
	115	20	82	108	1	88.0	106.5	1.1	40.2	33.2	3600		0.64	6015-LS	6015-2LS
	115	20	82	108	1	88.0	106.5	1.1	40.2	33.2	5300	6300	0.64	6015-RZ	6015-2RZ
	130	25	84	121	1.5	94.0	117.8	1.5	66.0	49.5	3000		1.18	6215-LS	6215-2LS
	130	25	84	121	1.5	94.0	117.8	1.5	66.0	49.5	4500	5600	1.18	6215-RZ	6215-2RZ
	160	37	87	148	2.1	101.3	136.5	2.1	113	76.8	2800		3	6315-LS	6315-2LS
	160	37	87	148	2.1	101.3	136.5	2.1	113	76.8	4000	4800	3	6315-RZ	6315-2RZ
80	100	10	84	96	0.6	86.1	95.6	0.6	12.7	13.3	4200		0.155	61816-LS	61816-2LS
	100	10	84	96	0.6	86.1	95.6	0.6	12.7	13.3	5600	6700	0.155	61816-RZ	61816-2RZ
	110	16	86	105	1	89.3	102.6	1	24.9	23.9	4000		0.375	61916-LS	61916-2LS
	110	16	86	105	1	89.3	102.6	1	24.9	23.9	5300	6300	0.375	61916-RZ	61916-2RZ
	125	22	87	118	1	95.2	115.6	1.1	47.5	39.8	3400		1.05	6016-LS	6016-2LS
	125	22	87	118	1	95.2	115.6	1.1	47.5	39.8	5000	6000	1.05	6016-RZ	6016-2RZ
	140	26	90	130	2	100.0	124.8	2	71.5	54.2	2900		1.38	6216-LS	6216-2LS
	140	26	90	130	2	100.0	124.8	2	71.5	54.2	4300	5300	1.38	6216-RZ	6216-2RZ
	170	39	92	158	2.1	107.9	144.9	2.1	123	86.5	2600		3.62	6316-LS	6316-2LS
	170	39	92	158	2.1	107.9	144.9	2.1	123	86.5	3800	4500	3.62	6316-RZ	6316-2RZ
85	110	13	90	105	1	92.5	104.4	1	19.2	19.8	3800		0.245	61817-LS	61817-2LS
	110	13	90	105	1	92.5	104.4	1	19.2	19.8	5000	6300	0.245	61817-RZ	61817-2RZ
	120	18	92	113.5	1	95.8	111.1	1.1	31.9	29.7	3600		0.507	61917-LS	61917-2LS
	120	18	92	113.5	1	95.8	111.1	1.1	31.9	29.7	4800	6000	0.507	61917-RZ	61917-2RZ
	130	22	92	123	1	99.4	120.4	1.1	50.8	42.8	3200		1.10	6017-LS	6017-2LS
	130	22	92	123	1	99.4	120.4	1.1	50.8	42.8	4500	5600	1.10	6017-RZ	6017-2RZ
	150	28	95	140	2	107.1	133.7	2	83.2	63.8	2800		1.75	6217-LS	6217-2LS
	150	28	95	140	2	107.1	133.7	2	83.2	63.8	4000	5000	1.75	6217-RZ	6217-2RZ
	180	41	99	166	2.5	114.4	153.4	3	132	96.5	2400		4.27	6317-LS	6317-2LS
	180	41	99	166	2.5	114.4	153.4	3	132	96.5	3600	4300	4.27	6317-RZ	6317-2RZ
90	115	13	95	110	1	97.5	109.4	1	19.5	20.5	3600		0.258	61818-LS	61818-2LS
	115	13	95	110	1	97.5	109.4	1	19.5	20.5	4800	6000	0.258	61818-RZ	61818-2RZ
	125	18	97	118.5	1	100.8	116.1	1.1	32.8	31.5	3400		0.533	61918-LS	61918-2LS
	125	18	97	118.5	1	100.8	116.1	1.1	32.8	31.5	4500	5600	0.533	61918-RZ	61918-2RZ
	140	24	99	131	1.5	107.2	129.6	1.5	58.0	49.8	3000		1.16	6018-LS	6018-2LS
	140	24	99	131	1.5	107.2	129.6	1.5	58.0	49.8	4300	5300	1.16	6018-RZ	6018-2RZ
	160	30	100	150	2	111.7	141.1	2.0	95.8	71.5	2600		2.18	6218-LS	6218-2LS

（续）

公称尺寸/mm			安装尺寸/mm			其他尺寸/mm			基本额定载荷/kN		极限转速/r·min⁻¹		质量/kg	轴承代号	
d	D	B	d_a min	D_a max	r_a max	d_2	D_3	r min	C_r	C_{0r}	脂	油	W ≈	60000-RZ 型 60000-LS 型	60000-2RZ 型 60000-2LS 型
90	160	30	100	150	2	111.7	141.1	2.0	95.8	71.5	3800	4800	2.18	6218-RZ	6218-2RZ
	190	43	104	176	2.5	120.8	164.0	3	145	108	2200		4.96	6318-LS	6318-2LS
	190	43	104	176	2.5	120.8	164.0	3	145	108	3400	4000	4.96	6318-RZ	6318-2RZ
95	120	13	100	115	1	102.5	114.4	1	19.8	21.3	3400		0.27	61819-LS	61819-2LS
	120	13	100	115	1	102.5	114.4	1	19.8	21.3	4500	5600	0.27	61819-RZ	61819-2RZ
	130	18	102	124	1	105.8	121.1	1.1	33.7	33.3	3200		0.558	61919-LS	61919-2LS
	130	18	102	124	1	105.8	121.1	1.1	33.7	33.3	4300	5300	0.558	61919-RZ	61919-2RZ
	145	24	104	136	1.5	110.2	132.6	1.5	57.8	50.0	2800		1.21	6019-LS	6019-2LS
	145	24	104	136	1.5	110.2	132.6	1.5	57.8	50.0	4000	5000	1.21	6019-RZ	6019-2RZ
	170	32	107	158	2.1	118.1	149.7	2.1	110	82.8	2400		2.62	6219-LS	6219-2LS
	170	32	107	158	2.1	118.1	149.7	2.1	110	82.8	3600	4500	2.62	6219-RZ	6219-2RZ
100	125	13	105	120	1	107.5	119.4	1	20.1	22.0	3200		0.283	61820-LS	61820-2LS
	125	13	105	120	1	107.5	119.4	1	20.1	22.0	4300	5300	0.283	61820-RZ	61820-2RZ
	140	20	107	133	1	112.3	130.1	1.1	42.7	41.9	3000		0.774	61920-LS	61920-2LS
	140	20	107	133	1	112.3	130.1	1.1	42.7	41.9	4000	5000	0.774	61920-RZ	61920-2RZ
	150	24	109	141	1.5	114.6	138.2	1.5	64.5	56.2	2600		1.25	6020-LS	6020-2LS
	150	24	109	141	1.5	114.6	138.2	1.5	64.5	56.2	3800	4800	1.25	6020-RZ	6020-2RZ
	180	34	112	168	2.1	124.8	158.0	2.1	122	92.8	2200		3.2	6220-LS	6220-2LS
	180	34	112	168	2.1	124.8	158.0	2.1	122	92.8	3400	4300	3.2	6220-RZ	6220-2RZ
105	130	13	110	125	1	112.5	124.4	1	20.3	22.7	3000		0.295	61821-LS	61821-2LS
	130	13	110	125	1	112.5	124.4	1	20.3	22.7	4000	5000	0.295	61821-RZ	61821-2RZ
	145	20	112	138	1	117.3	135.1	1.1	43.9	44.3	2900		0.808	61921-LS	61921-2LS
	145	20	112	138	1	117.3	135.1	1.1	43.9	44.3	3800	4800	0.808	61921-RZ	61921-2RZ
	160	26	115	150	2	121.5	146.4	2	71.8	63.2	2400		1.52	6021-LS	6021-2LS
	160	26	115	150	2	121.5	146.4	2	71.8	63.2	3600	4500	1.52	6021-RZ	6021-2RZ
110	140	16	115	135	1	119.3	133.0	1	28.1	30.7	2900		0.496	61822-LS	61822-2LS
	140	16	115	135	1	119.3	133.0	1	28.1	30.7	3800	5000	0.496	61822-RZ	61822-2RZ
	150	20	117	143	1	122.3	140.1	1.1	43.6	44.4	2700		0.835	61922-LS	61922-2LS
	150	20	117	143	1	122.3	140.1	1.1	43.6	44.4	3600	4500	0.835	61922-RZ	61922-2RZ
	170	28	120	160	2	129.1	155.7	2	81.8	72.8	2200		1.87	6022-LS	6022-2LS
	170	28	120	160	2	129.1	155.7	2	81.8	72.8	3400	4300	1.87	6022-RZ	6022-2RZ
120	150	16	125	145	1	129.3	143.0	1	28.9	32.9	2600		0.536	61824-LS	61824-2LS
	150	16	125	145	1	129.3	143.0	1	28.9	32.9	3400	4300	0.536	61824-RZ	61824-2RZ
	165	22	127	158	1	133.7	153.6	1.1	55	56.9	2400		1.131	61924-LS	61924-2LS
	165	22	127	158	1	133.7	153.6	1.1	55	56.9	3200	4000	1.131	61924-RZ	61924-2RZ
	180	28	130	170	2	137.7	165.2	2	87.5	79.2	2000		2	6024-LS	6024-2LS
	180	28	130	170	2	137.7	165.2	2	87.5	79.2	3000	3800	2	6024-RZ	6024-2RZ

2 调心球轴承（见表 14.6-5、表 14.6-6）

表 14.6-5 调心球轴承（部分摘自 GB/T 281—2013）

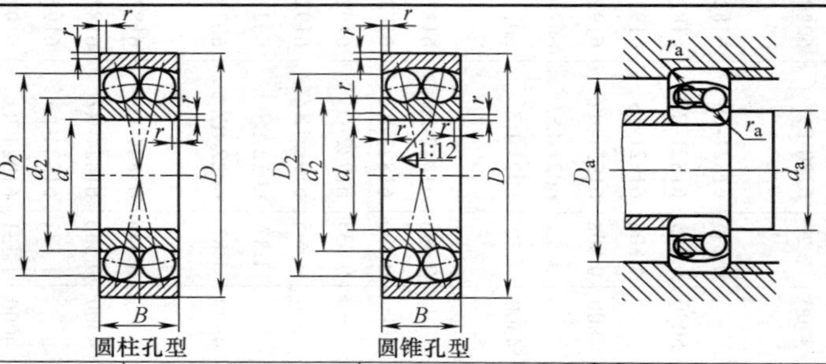

径向当量动载荷：

当 $F_a/F_r \leq e$ 时，$P_r = F_r + Y_1 F_a$

当 $F_a/F_r > e$ 时，$P_r = 0.65F_r + Y_2 F_a$

径向当量静载荷：

$P_{0r} = F_r + Y_0 F_a$

代号含义

K—圆锥孔（锥度 1：12）

TN—尼龙保持架

M—黄铜实体保持架

公称尺寸/mm			安装尺寸/mm			其他尺寸/mm			计算系数				基本额定载荷/kN		极限转速/r·min^{-1}		质量/kg	轴承代号	
d	D	B	d_a max	D_a max	r_a max	d_2	D_2	r min	e	Y_1	Y_2	Y_0	C_r	C_{0r}	脂	油	W ≈	圆柱孔 10000（TN、M）型	圆锥孔 10000 K（KTN、KM）型
10	30	9	15	25	0.6	16.7	24.4	0.6	0.32	2.0	3.0	2.0	5.48	1.20	24000	28000	0.035	1200	1200 K
	30	9	15	25	0.6	16.7	23.5	0.6	0.31	2.1	3.17	2.1	5.40	1.20	24000	28000	0.035	1200 TN	1200 KTN
	30	14	15	25	0.6	15.3	23.32	0.6	0.62	1.0	1.6	1.1	7.12	1.58	24000	28000	0.050	2200	2200 K
	30	14	15	25	0.6	15.6	23.3	0.6	0.48	1.3	2.0	1.4	8.00	1.70	24000	28000	0.054	2200 TN	—
	35	11	15	30	0.6	—	—	0.6	0.33	1.9	3.0	2.0	7.22	1.62	20000	24000	0.06	1300	1300 K
	35	11	15	30	0.6	18.5	26.4	0.6	0.33	1.9	3.0	2.0	7.30	1.60	20000	24000	0.062	1300 TN	—
	35	17	15	30	0.6	—	—	0.6	0.66	0.95	1.5	1.0	11.0	2.45	18000	22000	0.09	2300	2300 K
	35	17	15	30	0.6	17.1	25.4	0.6	0.56	1.1	1.7	1.1	10.8	2.40	18000	22000	0.097	2300 TN	—
12	32	10	17	27	0.6	18.5	26.2	0.6	0.33	1.9	2.9	2.0	5.55	1.25	22000	26000	0.042	1201	1201 K
	32	10	17	27	0.6	18.4	25.5	0.6	0.32	1.9	3.0	2.1	6.20	1.40	22000	26000	0.042	1201 TN	1201 KTN
	32	14	17	27	0.6	—	—	0.6	—	—	—	—	8.80	1.80	22000	26000	—	2201	2201 K
	32	14	17	27	0.6	17.6	25.6	0.6	0.45	1.4	2.2	1.5	8.50	1.90	22000	26000	0.059	2201 TN	—
	37	12	18	31	1	20.0	30.8	1	0.35	1.8	2.8	1.9	9.42	2.12	18000	22000	0.07	1301	1301 K
	37	12	18	31	1	20.0	29.2	1	0.34	1.8	2.8	1.9	9.40	2.10	18000	22000	0.071	1301 TN	—
	37	17	18	31	1	—	—	1	—	—	—	—	12.5	2.72	17000	22000	—	2301	2301 K
	37	17	18	31	1	18.8	27.5	1	0.53	1.1	1.9	1.3	11.5	2.60	17000	22000	0.105	2301 TN	—
15	35	11	20	30	0.6	20.9	29.9	0.6	0.33	1.9	3.0	2.0	7.48	1.75	18000	22000	0.051	1202	1202 K
	35	11	20	30	0.6	21.0	29.0	0.6	0.30	2.1	3.2	2.2	7.40	1.70	18000	22000	0.051	1202 TN	1202 KTN
	35	14	20	30	0.6	20.8	30.4	0.6	0.50	1.3	2.0	1.3	7.65	1.80	18000	22000	0.06	2202	2202 K
	35	14	20	30	0.6	20.5	28.6	0.6	0.39	1.6	2.5	1.7	8.70	2.00	18000	22000	0.066	2202 TN	—
	42	13	21	36	1	23.6	34.1	1	0.33	1.9	2.9	2.0	9.50	2.28	16000	20000	0.1	1302	1302 K
	42	13	21	36	1	23.9	33.7	1	0.31	2.0	3.1	2.1	10.8	2.60	16000	20000	0.097	1302 TN	—
	42	17	21	36	1	23.2	35.2	1	0.51	1.2	1.9	1.3	12.0	2.88	14000	18000	0.11	2302	2302 K
	42	17	21	36	1	23.9	33.5	1	0.46	1.4	2.1	1.4	11.8	2.90	14000	18000	0.126	2302 TN	—
17	40	12	22	35	0.6	24.2	33.7	0.6	0.31	2.0	3.2	2.1	7.90	2.02	16000	20000	0.076	1203	1203 K

（续）

公称尺寸/mm			安装尺寸/mm			其他尺寸/mm			计算系数				基本额定载荷/kN		极限转速/r·min^{-1}		质量/kg	轴承代号	
d	D	B	d_a max	D_a max	r_a max	d_2	D_2	r min	e	Y_1	Y_2	Y_0	C_r	C_{0r}	脂	油	W ≈	圆柱孔 10000（TN、M）型	圆锥孔 10000 K（KTN、KM）型
17	40	12	22	35	0.6	24.1	32.8	0.6	0.30	2.1	3.2	2.2	8.90	2.20	16000	20000	0.075	1203 TN	1203 KTN
	40	16	22	35	0.6	23.5	34.3	0.6	0.50	1.2	1.9	1.3	9.00	2.45	16000	20000	0.09	2203	2203 K
	40	16	22	35	0.6	23.6	33.1	0.6	0.40	1.6	2.4	1.6	10.5	2.50	16000	20000	0.098	2203 TN	—
	47	14	23	41	1	26.4	38.3	1	0.33	1.9	3.0	2.0	12.5	3.18	14000	17000	0.14	1303	1303 K
	47	14	23	41	1	28.9	39.5	1	0.30	2.1	3.2	2.2	12.8	3.40	14000	17000	0.131	1303 TN	—
	47	19	23	41	1	25.8	39.4	1	0.52	1.2	1.9	1.3	14.5	3.58	13000	16000	0.17	2303	2303 K
	47	19	23	41	1	26.5	37.5	1	0.50	1.3	1.9	1.3	14.5	3.60	13000	16000	0.175	2303 TN	—
20	47	14	26	41	1	28.9	39.1	1	0.27	2.3	3.6	2.4	9.95	2.65	14000	17000	0.12	1204	1204 K
	47	14	26	41	1	29.2	39.6	1	0.30	2.1	3.2	2.2	12.8	3.40	14000	17000	0.12	1204 TN	1204 KTN
	47	18	26	41	1	28.0	40.4	1	0.48	1.3	2.0	1.4	12.5	3.28	14000	17000	0.15	2204	2204 K
	47	18	26	41	1	27.4	39.3	1	0.40	1.6	2.4	1.6	16.8	4.20	14000	17000	0.152	2204 TN	2204 KTN
	52	15	27	45	1	31.3	43.6	1.1	0.29	2.2	3.4	2.3	12.5	3.38	12000	15000	0.17	1304	1304 K
	52	15	27	45	1	32.4	43.4	1.1	0.28	2.2	3.4	2.3	14.2	4.00	12000	15000	0.169	1304 TN	1304 KTN
	52	21	27	45	1	28.8	43.7	1.1	0.51	1.2	1.9	1.3	17.8	4.75	11000	14000	0.22	2304	2304 K
	52	21	27	45	1	29.5	40.9	1.1	0.44	1.4	2.2	1.5	18.2	4.70	11000	14000	0.238	2304 TN	2304 KTN
25	52	15	31	46	1	33.1	44.9	1	0.27	2.3	3.6	2.4	12.0	3.30	12000	14000	0.14	1205	1205 K
	52	15	31	46	1	33.3	44.2	1	0.28	2.3	3.5	2.4	14.2	4.00	12000	14000	0.148	1205 TN	1205 KTN
	52	18	31	46	1	33.0	44.7	1	0.41	1.5	2.3	1.5	12.5	3.40	12000	14000	0.19	2205	2205 K
	52	18	31	46	1	32.6	44.6	1	0.33	1.9	3.0	2.0	16.8	4.40	12000	14000	0.17	2205 TN	2205 KTN
	62	17	32	55	1	37.8	52.5	1.1	0.27	2.3	3.5	2.4	17.8	5.05	10000	13000	0.26	1305	1305 K
	62	17	32	55	1	37.3	50.3	1.1	0.28	2.2	3.5	2.3	18.8	5.50	10000	13000	0.272	1305 TN	1305 KTN
	62	24	32	55	1	35.2	52.5	1.1	0.47	1.3	2.1	1.4	24.5	6.48	9500	12000	0.35	2305	2305 K
	62	24	32	55	1	36.1	50.0	1.1	0.41	1.5	2.3	1.6	24.5	6.50	9500	12000	0.375	2305 TN	2305 KTN
30	62	16	36	56	1	40.1	53.2	1	0.24	2.6	4.0	2.7	15.8	4.70	10000	12000	0.23	1206	1206 K
	62	16	36	56	1	40.0	51.7	1	0.25	2.5	3.9	2.7	15.5	4.70	10000	12000	0.228	1206 TN	1206 KTN
	62	20	36	56	1	40.0	53.0	1	0.39	1.6	2.4	1.7	15.2	4.60	10000	12000	0.26	2206	2206 K
	62	20	36	56	1	38.8	53.4	1	0.33	1.9	3.0	2.0	23.8	6.60	10000	12000	0.275	2206 TN	2206 KTN
	72	19	37	65	1	44.9	60.9	1.1	0.26	2.4	3.8	2.6	21.5	6.28	8500	11000	0.4	1306	1306 K
	72	19	37	65	1	44.9	59.0	1.1	0.25	2.5	3.9	2.6	21.2	6.30	8500	11000	0.399	1306 TN	1306 KTN
	72	27	37	65	1	41.7	60.9	1.1	0.44	1.4	2.2	1.5	31.5	8.68	8000	10000	0.5	2306	2306 K
	72	27	37	65	1	41.9	58.5	1.1	0.43	1.5	2.3	1.5	31.5	8.70	8000	10000	0.556	2306 TN	2306 KTN
35	72	17	42	65	1	47.5	60.7	1.1	0.23	2.7	4.2	2.9	15.8	5.08	8500	10000	0.32	1207	1207 K
	72	17	42	65	1	47.1	60.2	1.1	0.23	2.7	4.2	2.9	18.8	5.90	8500	10000	0.328	1207 TN	1207 KTN
	72	23	42	65	1	46.0	62.2	1.1	0.38	1.7	2.6	1.8	21.8	6.65	8500	10000	0.44	2207	2207 K
	72	23	42	65	1	45.1	61.9	1.1	0.31	2.0	3.1	2.1	30.5	8.70	8500	10000	0.425	2207 TN	2207 KTN
	80	21	44	71	1.5	51.5	69.5	1.5	0.25	2.6	4.0	2.7	25.0	7.95	7500	9500	0.54	1307	1307 K
	80	21	44	71	1.5	51.7	67.1	1.5	0.25	2.5	3.9	2.6	26.2	8.50	7500	9500	0.534	1307 TN	1307 KTN
	80	31	44	71	1.5	46.5	68.4	1.5	0.46	1.4	2.1	1.4	39.2	11.0	7100	9000	0.68	2307	2307 K
	80	31	44	71	1.5	47.7	66.6	1.5	0.39	1.6	2.5	1.7	39.5	11.2	7100	9000	0.763	2307 TN	2307 KTN
40	80	18	47	73	1	53.6	68.8	1.1	0.22	2.9	4.4	3.0	19.2	6.40	7500	9000	0.41	1208	1208 K
	80	18	47	73	1	53.6	66.7	1.1	0.22	2.9	4.5	3.0	20.0	6.90	7500	9000	0.43	1208 TN	1208 KTN

（续）

公称尺寸/mm			安装尺寸/mm			其他尺寸/mm			计算系数				基本额定载荷/kN		极限转速/r·min^{-1}		质量/kg	轴承代号	
d	D	B	d_a max	D_a max	r_a max	d_2	D_2	r min	e	Y_1	Y_2	Y_0	C_r	C_{0r}	脂	油	W ≈	圆柱孔 10000（TN、M）型	圆锥孔 10000 K（KTN、KM）型
40	80	23	47	73	1	52.4	68.8	1.1	0.24	1.9	2.9	2.0	22.5	7.38	7500	9000	0.53	2208	2208 K
	80	23	47	73	1	52.1	69.3	1.1	0.29	2.2	3.4	2.3	31.8	10.2	7500	9000	0.523	2208 TN	2208 KTN
	90	23	49	81	1.5	57.5	76.8	1.5	0.24	2.6	4.0	2.7	29.5	9.50	6700	8500	0.71	1308	1308 K
	90	23	49	81	1.5	60.6	78.7	1.5	0.24	2.6	4.1	2.8	33.7	11.3	6700	8500	0.723	1308 TN	1308 KTN
	90	33	49	81	1.5	53.5	76.8	1.5	0.43	1.5	2.3	1.5	44.8	13.2	6300	8000	0.93	2308	2308 K
	90	33	49	81	1.5	53.4	76.2	1.5	0.40	1.6	2.5	1.7	54.0	15.8	6300	8000	1.013	2308 TN	2308 KTN
45	85	19	52	78	1	57.3	73.7	1.1	0.21	2.9	4.6	3.1	21.8	7.32	7100	8500	0.49	1209	1209 K
	85	19	52	78	1	57.4	71.7	1.1	0.22	2.9	4.5	3.0	23.5	8.30	7100	8500	0.489	1209 TN	1209 KTN
	85	23	52	78	1	57.5	74.1	1.1	0.31	2.1	3.2	2.2	23.2	8.00	7100	8500	0.55	2209	2209 K
	85	23	52	78	1	55.3	72.4	1.1	0.26	2.4	3.8	2.5	32.5	10.5	7100	8500	0.574	2209 TN	2209 KTN
	100	25	54	91	1.5	63.7	85.7	1.5	0.25	2.5	3.9	2.6	38.0	12.8	6000	7500	0.96	1309	1309 K
	100	25	54	91	1.5	67.7	87.0	1.5	0.23	2.7	4.2	2.8	38.8	13.5	6000	7500	0.978	1309 TN	1309 KTN
	100	36	54	91	1.5	60.2	86.0	1.5	0.42	1.5	2.3	1.6	55.0	16.2	5600	7100	1.25	2309	2309 K
	100	36	54	91	1.5	60.0	85.0	1.5	0.37	1.7	2.6	1.8	63.8	19.2	5600	7100	1.351	2309 TN	2309 KTN
50	90	20	57	83	1	62.3	78.7	1.1	0.20	3.1	4.8	3.3	22.8	8.08	6300	8000	0.54	1210	1210 K
	90	20	57	83	1	62.3	77.5	1.1	0.21	3.0	4.6	3.1	26.5	9.50	6300	8000	0.55	1210 TN	1210 KTN
	90	23	57	83	1	62.5	79.3	1.1	0.29	2.2	3.4	2.3	23.2	8.45	6300	8000	0.68	2210	2210 K
	90	23	57	83	1	61.3	79.3	1.1	0.24	2.7	4.1	2.8	33.5	11.2	6300	8000	0.596	2210 TN	2210 KTN
	110	27	60	100	2	70.1	95.0	2	0.24	2.7	4.1	2.8	43.2	14.2	5600	6700	1.21	1310	1310 K
	110	27	60	100	2	70.3	90.6	2	0.24	2.7	4.1	2.8	43.8	15.2	5600	6700	1.301	1310 TN	1310 KTN
	110	40	60	100	2	65.8	94.4	2	0.43	1.5	2.3	1.6	64.5	19.8	5000	6300	1.64	2310	2310 K
	110	40	60	100	2	67.7	91.4	2	0.34	1.9	2.9	2.0	64.8	20.2	5000	6300	1.839	2310 TN	2310 KTN
55	100	21	64	91	1.5	70.1	88.4	1.5	0.20	3.2	5.0	3.4	26.8	10.0	6000	7100	0.72	1211	1211 K
	100	21	64	91	1.5	70.7	86.4	1.5	0.19	3.3	5.1	3.4	27.8	10.5	6000	7100	0.717	1211 TN	1211 KTN
	100	25	64	91	1.5	69.7	87.8	1.5	0.28	2.3	3.5	2.4	26.8	9.95	6000	7100	0.81	2211	2211 K
	100	25	64	91	1.5	67.6	87.4	1.5	0.23	2.7	4.2	2.8	39.2	13.5	6000	7100	0.81	2211 TN	2211 KTN
	120	29	65	110	2	77.7	104	2	0.23	2.7	4.2	2.8	51.5	18.2	5000	6300	1.58	1311	1311 K
	120	29	65	110	2	78.7	101.5	2	0.23	2.7	4.2	2.8	52.8	18.8	5000	6300	1.641	1311 TN	1311 KTN
	120	43	65	110	2	72	103	2	0.41	1.5	2.4	1.6	75.2	23.5	4800	6000	2.1	2311	2311 K
	120	43	65	110	2	73.9	99.7	2	0.33	1.9	3.0	2.0	75.2	24.0	4800	6000	2.345	2311 TN	2311 KTN
60	110	22	69	101	1.5	77.8	97.5	1.5	0.19	3.4	5.3	3.6	30.2	11.5	5300	6300	0.9	1212	1212 K
	110	22	69	101	1.5	78.6	95.7	1.5	0.18	3.4	5.3	3.6	31.2	12.2	5300	6300	0.917	1212 TN	1212 KTN
	110	28	69	101	1.5	75.5	96.1	1.5	0.28	2.3	3.5	2.4	34.0	12.5	5300	6300	1.1	2212	2212 K
	110	28	69	101	1.5	74.8	96.0	1.5	0.24	2.6	4.0	2.7	46.5	16.2	5300	6300	1.109	2212 TN	2212 KTN
	130	31	72	118	2.1	87	115	2.1	0.23	2.8	4.3	2.9	57.2	20.8	4500	5600	1.96	1312	1312 K
	130	31	72	118	2.1	87.1	111.5	2.1	0.23	2.8	4.3	2.9	58.2	21.2	4500	5600	2.023	1312 TN	1312 KTN
	130	46	72	118	2.1	76.9	112	2.1	0.41	1.6	2.5	1.6	86.8	27.5	4300	5300	2.6	2312	2312 K
	130	46	72	118	2.1	80.0	108.5	2.1	0.33	1.9	3.0	2.0	87.5	28.2	4300	5300	2.912	2312 TN	2312 KTN
65	120	23	74	111	1.5	85.3	105	1.5	0.17	3.7	5.7	3.9	31.0	12.5	4800	6000	0.92	1213	1213 K
	120	23	74	111	1.5	85.7	104.0	1.5	0.18	3.6	5.6	3.8	35.0	13.8	4800	6000	1.155	1213 TN	1213 KTN
	120	31	74	111	1.5	81.9	105	1.5	0.28	2.3	3.5	2.4	43.5	16.2	4800	6000	1.5	2213	2213 K

（续）

公称尺寸/mm			安装尺寸/mm			其他尺寸/mm			计算系数				基本额定载荷/kN		极限转速/r·min^{-1}		质量/kg	轴承代号	
d	D	B	d_a max	D_a max	r_a max	d_2	D_2	r min	e	Y_1	Y_2	Y_0	C_r	C_{0r}	脂	油	W ≈	圆柱孔 10000（TN、M）型	圆锥孔 10000 K（KTN、KM）型
65	120	31	74	111	1.5	80.9	104.5	1.5	0.24	2.6	4.0	2.7	56.8	20.2	4800	6000	1.504	2213 TN	2213 KTN
	140	33	77	128	2.1	92.5	122	2.1	0.23	2.8	4.3	2.9	61.8	22.8	4300	5300	2.39	1313	1313 K
	140	33	77	128	2.1	90.4	115.7	2.1	0.23	2.7	4.2	2.9	62.8	22.8	4300	5300	2.528	1313 TN	1313 KTN
	140	48	77	128	2.1	85.5	122	2.1	0.38	1.6	2.6	1.7	96.0	32.5	3800	4800	3.2	2313	2313 K
	140	48	77	128	2.1	87.6	118.4	2.1	0.32	2.0	3.1	2.1	97.2	31.8	3800	4800	3.477	2313 TN	2313 KTN
70	125	24	79	116	1.5	87.4	109	1.5	0.18	3.5	5.4	3.7	34.5	13.5	4800	5600	1.29	1214	1214 K
	125	24	79	116	1.5	88.7	106.9	1.5	0.18	3.5	5.4	3.7	34.5	13.5	4800	5600	1.345	1214 M	1214 KM
	125	31	79	116	1.5	87.5	111	1.5	0.27	2.4	3.7	2.5	44.0	17.0	4500	5600	1.62	2214	2214 K
	125	31	79	116	1.5	88.1	109.3	1.5	0.23	2.7	4.2	2.9	55.2	19.5	4500	5600	1.575	2214 TN	2214 KTN
	150	35	82	138	2.1	97.7	129	2.1	0.22	2.8	4.4	2.9	74.5	27.5	4000	5000	3.0	1314	1314 K
	150	35	82	138	2.1	97.2	125.1	2.1	0.23	2.8	4.3	2.9	75.0	28.5	4000	5000	3.267	1314 M	1314 KM
	150	51	82	138	2.1	91.6	130	2.1	0.38	1.7	2.6	1.8	110	37.5	3600	4500	3.9	2314	2314 K
	150	51	82	138	2.1	91.7	126.1	2.1	0.37	1.7	2.6	1.8	113	37.2	3600	4500	5.358	2314 M	2314 KM
75	130	25	84	121	1.5	93	116	1.5	0.17	3.6	5.6	3.8	38.8	15.2	4300	5300	1.35	1215	1215 K
	130	25	84	121	1.5	93.9	113.3	1.5	0.17	3.7	5.7	3.8	38.8	15.5	4300	5300	1.461	1215 M	1215 KM
	130	31	84	121	1.5	93.1	117	1.5	0.25	2.5	3.9	2.6	44.2	18.0	4300	5300	1.72	2215	2215 K
	130	31	84	121	1.5	93.2	113.9	1.5	0.22	2.9	4.4	3.0	56.5	20.8	4300	5300	1.619	2215 TN	2215 KTN
	160	37	87	148	2.1	104	138	2.1	0.22	2.8	4.4	3.0	79.0	29.8	3800	4500	3.6	1315	1315 K
	160	37	87	148	2.1	106.0	135.0	2.1	0.22	2.8	4.4	3.0	78.8	30.0	3800	4500	3.898	1315 M	1315 KM
	160	55	87	148	2.1	97.8	139	2.1	0.38	1.7	2.6	1.7	122	42.8	3400	4300	4.7	2315	2315 K
	160	55	87	148	2.1	98.8	135.2	2.1	0.37	1.7	2.7	1.8	126	42.2	3400	4300	6.535	2315 M	2315 KM
80	140	26	90	130	2	101	125	2	0.18	3.6	5.5	3.7	39.5	16.8	4000	5000	1.65	1216	1216 K
	140	26	90	130	2	102	121.7	2	0.17	3.7	5.7	3.9	39.5	16.2	4000	5000	1.792	1216 M	1216 KM
	140	33	90	130	2	98.8	124	2	0.25	2.5	3.9	2.6	48.8	20.2	4000	5000	2.19	2216	2216 K
	140	33	90	130	2	98.9	124.5	2	0.22	2.9	4.4	3.0	65.2	25.5	4000	5000	2.057	2216 TN	2216 KTN
	170	39	92	158	2.1	109	147	2.1	0.22	2.9	4.5	3.1	88.5	32.8	3600	4300	4.2	1316	1316 K
	170	39	92	158	2.1	110.2	140.7	2.1	0.22	2.8	4.4	3.0	86.5	32.8	3600	4300	4.648	1316 M	1316 KM
	170	58	92	158	2.1	104	148	2.1	0.39	1.6	2.5	1.7	128	45.5	3200	4000	5.7	2316	2316 K
	170	58	92	158	2.1	105.4	144.4	2.1	0.37	1.7	2.6	1.8	137	47.5	3200	4000	7.785	2316 M	2316 KM
85	150	28	95	140	2	107	134	2	0.17	3.7	5.7	3.9	48.8	20.5	3800	4500	2.1	1217	1217 K
	150	28	95	140	2	107.1	129	2	0.17	3.6	5.6	3.8	47.8	19.5	3800	4500	2.240	1217 M	1217 KM
	150	36	95	140	2	105	133	2	0.25	2.5	3.8	2.6	58.2	23.5	3800	4500	2.53	2217	2217 K
	150	36	95	140	2	104.7	130.3	2	0.22	2.9	4.5	3.0	66.3	26.2	3800	4500	2.611	2217 TN	2217 KTN
	180	41	99	166	2.5	117	158	3	0.22	2.9	4.5	3.0	97.8	37.8	3400	4000	5.0	1317	1317 K
	180	41	99	166	2.5	117.4	149.4	3	0.22	2.9	4.4	3.0	97.8	38.5	3400	4000	5.475	1317 M	1317 KM
	180	60	99	166	2.5	111	157	3	0.38	1.7	2.6	1.7	140	51.0	3000	3800	6.70	2317	2317 K
	180	60	99	166	2.5	114.6	153.6	3	0.36	1.8	2.7	1.8	140	51.5	3000	3800	8.982	2317 M	2317 KM

（续）

公称尺寸/mm			安装尺寸/mm			其他尺寸/mm			计算系数				基本额定载荷/kN		极限转速/r·min^{-1}		质量/kg	轴承代号	
d	D	B	d_a max	D_a max	r_a max	d_2	D_2	r min	e	Y_1	Y_2	Y_0	C_r	C_{0r}	脂	油	W ≈	圆柱孔 10000（TN、M）型	圆锥孔 10000 K（KTN、KM）型
90	160	30	100	150	2	112	142	2	0.17	3.8	5.7	4.0	56.5	23.2	3600	4300	2.5	1218	1218 K
	160	30	100	150	2	113.9	137.2	2	0.18	3.6	5.5	3.7	52.5	21.7	3600	4300	2.753	1218 M	1218 KM
	160	40	100	150	2	112	142	2	0.27	2.4	3.7	2.5	70.0	28.5	3600	4300	3.22	2218	2218 K
	160	40	100	150	2	112.6	139	2	0.26	2.4	3.7	2.5	70.2	28.5	3600	4300	4.073	2218 M	2218 KM
	190	43	104	176	2.5	122	165	3	0.22	2.8	4.4	2.9	115	44.5	3200	3800	6.0	1318	1318 K
	190	43	104	176	2.5	126.7	162.4	3	0.23	2.7	4.2	2.9	115.8	46.2	3200	3800	6.418	1318 M	1318 KM
	190	64	104	176	2.5	115	164	3	0.39	1.6	2.5	1.7	142	57.2	2800	3600	7.9	2318	2318 K
	190	64	104	176	2.5	119.4	160.5	3	0.37	1.7	2.6	1.8	152	57.8	2800	3600	10.722	2318 M	2318 KM
95	170	32	107	158	2.1	120	151	2.1	0.17	3.7	5.7	3.9	63.5	27.0	3400	4000	3.0	1219	1219 K
	170	32	107	158	2.1	121.8	147.6	2.1	0.17	3.7	5.7	3.8	63.8	26.8	3400	4000	3.314	1219 M	1219 KM
	170	43	107	158	2.1	118	151	2.1	0.26	2.4	3.7	2.5	82.8	33.8	3400	4000	4.2	2219	2219 K
	170	43	107	158	2.1	119.1	147.9	2.1	0.27	2.3	3.6	2.5	83.2	34.2	3400	4000	5.024	2219 M	2219 KM
	200	45	109	186	2.5	127	174	3	0.23	2.8	4.3	2.9	132	50.8	3000	3600	7.0	1319	1319 K
	200	45	109	186	2.5	131.1	170.2	3	0.24	2.6	4.0	2.7	132	52.4	3000	3600	7.5	1319 M	1319 KM
	200	67	109	186	2.5	—	—	3	0.38	1.7	2.6	1.8	162	64.2	2800	3400	9.2	2319	2319 K
	200	67	109	186	2.5	125.1	168.6	3	0.37	1.7	2.7	1.8	165	64.2	2800	3400	12.414	2319 M	2319 KM
100	180	34	112	168	2.1	127	159	2.1	0.18	3.5	5.4	3.7	68.5	29.2	3200	3800	3.7	1220	1220 K
	180	34	112	168	2.1	128.5	155.4	2.1	0.17	3.7	5.7	3.8	69.2	29.5	3200	3800	3.979	1220 M	1220 KM
	180	46	112	168	2.1	125	160	2.1	0.27	2.3	3.6	2.5	97.2	40.5	3200	3800	5.0	2220	2220 K
	180	46	112	168	2.1	125.7	156.8	2.1	0.27	2.4	3.7	2.5	97.5	40.5	3200	3800	6.065	2220 M	2220 KM
	215	47	114	201	2.5	—	185	3	0.24	2.7	4.1	2.8	142	57.2	2800	3400	8.64	1320	1320 K
	215	47	114	201	2.5	140.3	181	3	0.24	2.7	4.1	2.8	145	59.5	2800	3400	9.240	1320 M	1320 KM
	215	73	114	201	2.5	—	—	3	0.37	1.7	2.6	1.8	192	78.5	2400	3200	12.4	2320	2320 K
	215	73	114	201	2.5	134.5	182.5	3	0.37	1.7	2.6	1.8	192	78.5	2400	3200	15.949	2320 M	2320 KM
105	190	36	117	178	2.1	134	167	2.1	0.18	3.5	5.5	3.7	74	32.2	3000	3600	4.4	1221	1221 K
	190	36	117	178	2.1	135.6	163.7	2.1	0.17	3.7	5.7	3.9	74.5	32.2	3000	3600	4.727	1221 M	1221 KM
	190	50	117	178	2.1	—	—	2.1	—	—	—	—	—	—	3000	3600	—	2221	2221 K
	190	50	117	178	2.1	131.9	164.8	2.1	0.27	2.3	3.6	2.4	110	46.5	3000	3600	7.391	2221 M	—
	225	49	119	211	2.5	—	—	3	0.24	2.6	4.1	2.7	152	64.5	2600	3200	9.55	1321	1321 K
	225	49	119	211	2.5	148.5	190.8	3	0.24	2.7	4.3	2.8	150	63.5	2600	3200	10.544	1321 M	—
	225	77	119	211	2.5	140.8	190.9	3	0.36	1.7	2.7	1.8	205	86.8	2400	3000	18.284	2321 M	2321 KM
110	200	38	122	188	2.1	140	176	2.1	0.17	3.6	5.6	3.8	87.2	37.5	2800	3400	5.2	1222	1222 K
	200	38	122	188	2.1	142.5	173.2	2.1	0.17	3.6	5.6	3.8	88.0	38.5	2800	3400	5.578	1222 M	1222 KM
	200	53	122	188	2.1	137	177	2.1	0.28	2.2	3.5	2.4	125	52.2	2800	3400	7.2	2222	2222 K
	200	53	122	188	2.1	138.3	174.1	2.1	0.28	2.3	3.5	2.4	125	52.2	2800	3400	8.759	2222 M	2222 KM
	240	50	124	226	2.5	154	206	3	0.23	2.8	4.3	2.9	162	72.8	2400	3000	11.8	1322	1322 K
	240	50	124	226	2.5	157.8	201.9	3	0.23	2.8	4.3	2.9	162	72.5	2400	3000	12.452	1322 M	1322 KM
	240	80	124	226	2.5	—	—	3	0.39	1.6	2.5	1.7	215	94.2	2200	2800	17.6	2322	2322 K
	240	80	124	226	2.5	149.8	202.6	3	0.37	1.7	2.7	1.8	215	94.2	2200	2800	21.967	2322 M	2322 KM

表 14.6-6　带紧定套的调心球轴承(部分摘自 GB/T 281—2013)

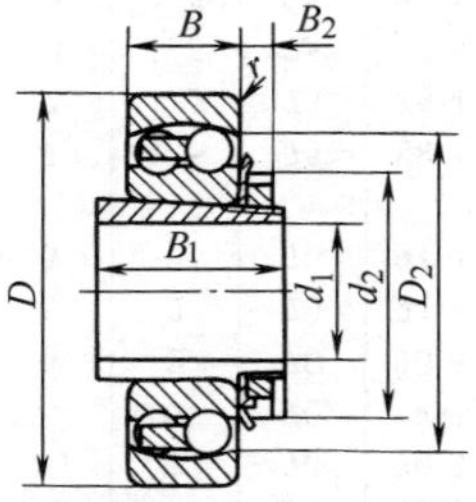

10000K(KTN、KM)+H型

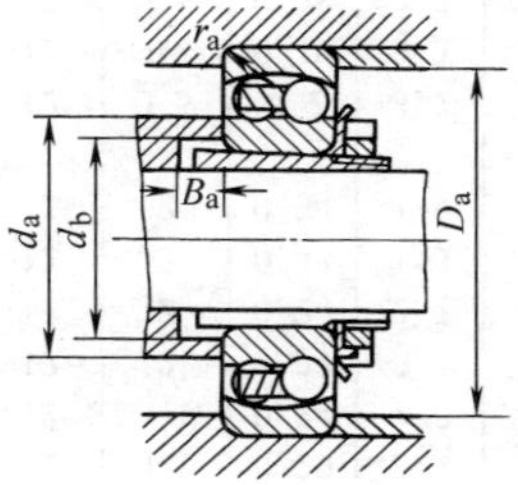

当量载荷计算同表 14.6-5
代号含义
同前
H0000—紧定套

公称尺寸/mm			安装尺寸/mm					其他尺寸/mm					计算系数				基本额定载荷/kN		极限转速/r·min⁻¹		质量/kg	轴承代号
d_1	D	B	d_a max	d_b min	D_a max	B_a min	r_a max	d_2	D_2	B_1	B_2	r min	e	Y_1	Y_2	Y_0	C_r	C_{0r}	脂	油	W ≈	10000K(KTN、KM)+H0000 型
17	47	14	28	23	41	5	1	32	39.1	24	7	1	0.27	2.3	3.6	2.4	9.95	2.65	14000	17000	—	1203 K+H 203
	47	14	29	23	41	5	1	32	39.5	24	7	1	0.3	2.1	3.2	2.2	12.8	3.4	14000	17000	—	1203 KTN+H 203
	47	18	28	23	41	5	1	32	40.4	28	7	1	0.48	1.3	2.0	1.4	12.5	3.28	14000	17000	—	2203 K+H 303
	47	18	27	23	41	5	1	32	39.3	28	7	1	0.40	1.6	2.4	1.7	16.8	4.2	14000	17000	—	2203 KTN+H 303
	52	15	31	23	45	8	1	32	43.6	28	7	1.1	0.29	2.2	3.4	2.3	12.5	3.38	12000	15000	—	1303 K+H 303
	52	15	32	23	45	8	1	32	43.4	28	7	1.1	0.28	2.2	3.4	2.3	14.2	4.0	12000	15000	—	1303 KTN+H 303
	52	21	28	24	45	5	1	32	43.7	31	7	1.1	0.51	1.2	1.9	1.3	17.8	4.75	11000	14000	—	2303 K+H 2303
	52	21	29	24	45	5	1	32	40.9	31	7	1.1	0.44	1.4	2.2	1.5	18.2	4.7	11000	14000	—	2303 KTN+H 2303
20	52	15	33	28	46	5	1	38	44.9	26	8	1	0.27	2.3	3.6	2.4	12.0	3.30	12000	14000	0.21	1204 K+H 204
	52	15	33	28	46	5	1	38	44.2	26	8	1	0.28	2.3	3.5	2.4	14.2	4.0	12000	14000	0.218	1204 KTN+H 204
	52	18	33	28	46	5	1	38	44.7	29	8	1	0.41	1.5	2.3	1.5	12.5	3.40	12000	14000	0.35	2204 K+H 304
	52	18	32	28	46	5	1	38	44.6	29	8	1	0.33	1.9	3.0	2.0	16.8	4.40	12000	14000	0.329	2204 KTN+H 304
	62	17	37	28	55	6	1	38	52.5	29	8	1.1	0.27	2.3	3.5	2.4	17.8	5.05	10000	13000	0.51	1304 K+H 304
	62	17	37	28	55	6	1	38	50.3	29	8	1.1	0.28	2.2	3.5	2.3	18.8	5.50	10000	13000	0.521	1304 KTN+H 304
	62	24	34	30	55	5	1	38	52.5	35	8	1.1	0.47	1.3	2.1	1.4	24.5	6.48	9500	12000	—	2304 K+H 2304
	62	24	36	30	55	5	1	38	50.0	35	8	1.1	0.41	1.5	2.3	1.6	24.5	6.50	9500	12000	—	2304 KTN+H 2304
25	62	16	40	33	56	5	1	45	53.2	27	8	1	0.24	2.6	4.0	2.7	15.8	4.70	10000	12000	0.33	1205 K+H 205
	62	16	40	33	56	5	1	45	51.7	27	8	1	0.25	2.5	3.9	2.7	15.5	4.70	10000	12000	0.328	1205 KTN+H 205
	62	20	40	33	56	5	1	45	53	31	8	1	0.39	1.6	2.4	1.7	15.2	4.60	10000	12000	0.37	2205 K+H 305
	62	20	38	33	56	5	1	45	53.4	31	8	1	0.33	1.9	3.0	2.0	23.8	6.60	10000	12000	0.384	2205 KTN+H 305
	72	19	44	33	65	6	1	45	60.9	31	8	1.1	0.26	2.4	3.8	2.6	21.5	6.28	8500	11000	0.51	1305 K+H 305
	72	19	44	33	65	6	1	45	59.0	31	8	1.1	0.25	2.5	3.9	2.6	21.2	6.30	8500	11000	0.504	1305 KTN+H 305
	72	27	41	35	65	5	1	45	60.9	38	8	1.1	0.44	1.4	2.2	1.5	31.5	8.68	8000	10000	0.63	2305 K+H 2305
	72	27	41	35	65	5	1	45	58.5	38	8	1.1	0.43	1.5	2.3	1.5	31.5	8.70	8000	10000	0.685	2305 KTN+H 2305
30	72	17	47	38	65	5	1	52	60.7	29	9	1.1	0.23	2.7	4.2	2.9	15.8	5.08	8500	10000	0.45	1206 K+H 206
	72	17	47	38	65	5	1	52	60.2	29	9	1.1	0.23	2.7	4.2	2.9	18.8	5.90	8500	10000	0.457	1206 KTN+H 206
	72	23	46	39	65	5	1	52	62.2	35	9	1.1	0.38	1.7	2.6	1.8	21.8	6.65	8500	10000	0.58	2206 K+H 306
	72	23	45	39	65	5	1	52	61.9	35	9	1.1	0.31	2.0	3.1	2.1	30.5	8.70	8500	10000	0.563	2206 KTN+H 306

（续）

公称尺寸 /mm			安装尺寸 /mm					其他尺寸 /mm					计算系数				基本额定载荷 /kN		极限转速 /r·min^{-1}		质量 /kg	轴承代号
d_1	D	B	d_a max	d_b min	D_a max	B_a min	r_a max	d_2	D_2	B_1	B_2	r min	e	Y_1	Y_2	Y_0	C_r	C_{0r}	脂	油	W ≈	10000K(KTN、KM)+H0000 型
30	80	21	51	39	71	7	1.5	52	69.5	35	9	1.5	0.25	2.6	4.0	2.7	25	7.95	7500	9500	0.68	1306 K+H 306
	80	21	51	39	71	7	1.5	52	67.1	35	9	1.5	0.25	2.5	3.9	2.6	26.2	8.50	7500	9500	0.673	1306 KTN+H 306
	80	31	46	40	71	5	1.5	52	68.4	43	9	1.5	0.46	1.4	2.1	1.4	39.2	11	7100	9000	0.85	2306 K+H 2306
	80	31	47	40	71	5	1.5	52	66.0	43	9	1.5	0.39	1.6	2.5	1.7	39.5	11.2	7100	9000	0.931	2306 KTN+H 2306
35	80	18	53	43	73	6	1	58	68.8	31	10	1.1	0.22	2.9	4.4	3.0	19.2	6.40	7500	9000	0.58	1207 K+H 207
	80	18	53	43	73	6	1	58	66.7	31	10	1.1	0.22	2.9	4.5	3.0	20.0	6.90	7500	9000	0.599	1207 KTN+H 207
	80	23	52	44	73	6	1	58	68.8	36	10	1.1	0.24	1.9	2.9	2.0	22.5	7.38	7500	9000	0.72	2207 K+H 307
	80	23	52	44	73	6	1	58	69.3	36	10	1.1	0.29	2.2	3.4	2.3	31.8	10.2	7500	9000	0.711	2207 KTN+H 307
	90	23	57	44	81	6	1.5	58	76.8	36	10	1.5	0.24	2.6	4.0	2.7	29.5	9.5	6700	8500	0.9	1307 K+H 307
	90	23	61	44	81	6	1.5	58	78.7	36	10	1.5	0.24	2.6	4.1	2.8	33.7	11.0	6700	8500	0.917	1307 KTN+H 307
	90	33	53	45	81	6	1.5	58	76.8	46	10	1.5	0.43	1.5	2.3	1.5	44.8	13.2	6300	8000	1.15	2307 K+H 2307
	90	33	53	45	81	6	1.5	58	76.2	46	10	1.5	0.40	1.6	2.5	1.7	54.0	15.8	6300	8000	1.23	2307 KTN+H 2307
40	85	19	57	48	78	6	1	65	73.7	33	11	1.1	0.21	2.9	4.6	3.1	21.8	7.32	7100	8500	0.72	1208 K+H 208
	85	19	59	48	78	6	1	65	71.7	33	11	1.1	0.22	2.9	4.5	3.0	23.5	8.30	7100	8500	0.718	1208 KTN+H 208
	85	23	57	50	78	8	1	65	74.1	39	11	1.1	0.31	2.1	3.2	2.2	23.2	8.00	7100	8500	0.8	2208 K+H 308
	85	23	55	50	78	8	1	65	72.4	39	11	1.1	0.26	2.4	3.8	2.5	32.5	10.5	7100	8500	0.822	2208 KTN+H 308
	100	25	63	50	91	6	1.5	65	85.7	39	11	1.5	0.25	2.5	3.9	2.6	38.0	12.8	6000	7500	1.21	1308 K+H 308
	100	25	67	50	91	6	1.5	65	87.0	39	11	1.5	0.23	2.7	4.2	2.8	38.8	13.5	6000	7500	1.225	1308 KTN+H 308
	100	36	60	50	91	6	1.5	65	86	50	11	1.5	0.42	1.5	2.3	1.6	54.0	16.2	5600	7100	1.51	2308 K+H 2308
	100	36	60	50	91	6	1.5	65	85	50	11	1.5	0.37	1.7	2.6	1.8	63.8	19.2	5600	7100	1.625	2308 KTN+H 2308
45	90	20	62	53	83	6	1	70	78.7	35	12	1.1	0.20	3.1	4.8	2.3	22.8	8.08	6300	8000	0.81	1209 K+H 209
	90	20	62	53	83	6	1	70	77.5	35	12	1.1	0.21	3.0	4.6	3.1	26.5	9.50	6300	8000	0.816	1209 KTN+H 209
	90	23	62	55	83	10	1	70	79.3	42	12	1.1	0.29	2.2	3.4	2.3	23.2	8.45	6300	8000	0.98	2209 K+H 309
	90	23	61	55	83	10	1	70	79.3	42	12	1.1	0.24	2.7	4.1	2.8	33.5	11.2	6300	8000	0.859	2209 KTN+H 309
	110	27	70	55	100	6	2	70	95	42	12	2	0.24	2.7	4.1	2.8	43.2	14.2	5600	6700	1.51	1309 K+H 309
	110	27	70	55	100	6	2	70	90.6	42	12	2	0.24	2.7	4.1	2.8	43.8	15.2	5600	6700	1.602	1309 KTN+H 309
	110	40	65	56	100	6	2	70	94.4	55	12	2	0.43	1.5	2.3	1.6	64.5	19.8	5000	6300	2	2309 K+H 2309
	110	40	67	56	100	6	2	70	91.4	55	12	2	0.34	1.9	2.9	2.0	64.8	20.2	5000	6300	2.097	2309 KTN+H 2309
50	100	21	70	60	91	7	1.5	75	88.4	37	12	1.5	0.2	3.2	5.0	3.4	26.8	10	6000	7100	1.03	1210 K+H 210
	100	21	70	60	91	7	1.5	75	86.4	37	12	1.5	0.19	3.3	5.1	3.4	27.8	10.5	6000	7100	1.025	1210 KTN+H 210
	100	25	69	60	91	11	1.5	75	87.8	45	12	1.5	0.28	2.3	3.5	2.4	26.8	9.95	6000	7100	1.2	2210 K+H 310
	100	25	67	60	91	11	1.5	75	87.4	45	12	1.5	0.23	2.7	4.2	2.8	39.2	13.5	6000	7100	1.196	2210 KTN+H 310
	120	29	77	60	110	7	2	75	104	45	12	2	0.23	2.7	4.2	2.8	51.5	18.2	5000	6300	1.97	1310 K+H 310

（续）

公称尺寸 /mm			安装尺寸 /mm					其他尺寸 /mm					计算系数				基本额定载荷 /kN		极限转速 /r·min⁻¹		质量 /kg	轴承代号
d_1	D	B	d_a max	d_b min	D_a max	B_a min	r_a max	d_2	D_2	B_1	B_2	r min	e	Y_1	Y_2	Y_0	C_r	C_{0r}	脂	油	W ≈	10000K(KTN、KM)+H0000 型
50	120	29	78	60	110	7	2	75	101.5	45	12	2	0.23	2.7	4.2	2.8	52.8	18.8	5000	6300	2.026	1310 KTN+H 310
	120	43	72	61	110	7	2	75	103	59	12	2	0.41	1.5	2.4	1.6	75.2	23.5	4800	6000	2.52	2310 K+H 2310
	120	43	73	61	110	7	2	75	99.7	59	12	2	0.33	1.9	3.0	2.0	75.2	24	4800	6000	2.761	2310 KTN+H 2310
55	110	22	77	64	101	7	1.5	80	97.5	38	13	1.5	0.19	3.4	5.3	3.6	30.2	11.5	5300	6300	1.25	1211 K+H 211
	110	22	78	64	101	7	1.5	80	95.7	38	13	1.5	0.18	3.4	5.3	3.6	31.2	12.2	5300	6300	1.265	1211 KTN+H 211
	110	28	75	65	101	10	1.5	80	96.1	47	13	1.5	0.28	2.3	3.5	2.4	34.0	12.5	5300	6300	1.49	2211 K+H 311
	110	28	74	65	101	10	1.5	80	96.0	47	13	1.5	0.24	2.6	4.0	2.7	46.5	16.2	5300	6300	1.512	2211 KTN+H 311
	130	31	87	65	118	7	2.1	80	115	47	13	2.1	0.23	2.8	4.3	2.9	57.2	20.8	4500	5600	2.35	1311 K+H 311
	130	31	87	65	118	7	2.1	80	111.5	47	13	2.1	0.23	2.8	4.3	2.9	58.2	21.2	4500	5600	2.49	1311 KTN+H 311
	130	46	76	66	118	7	2.1	80	112	62	13	2.1	0.41	1.6	2.5	1.6	86.8	27.5	4300	5300	3.09	2311 K+H 2311
	130	46	80	66	118	7	2.1	80	108.5	62	13	2.1	0.33	1.9	3.0	2.0	87.5	28.2	4300	5300	3.402	2311 KTN+H 2311
60	120	23	85	70	111	7	1.5	85	105	40	14	1.5	0.17	3.7	5.7	3.9	31.0	12.5	4800	6000	1.32	1212 K+H 212
	120	23	85	70	111	7	1.5	85	104	40	14	1.5	0.18	3.6	5.6	3.8	35.0	13.8	4800	6000	1.552	1212 KTN+H 212
	120	31	81	70	111	9	1.5	85	105	50	14	1.5	0.28	2.3	3.5	2.4	43.5	16.2	4800	6000	1.96	2212 K+H 312
	120	31	80	70	111	9	1.5	85	104.5	50	14	1.5	0.24	2.6	4.0	2.7	56.8	20.2	4800	6000	1.964	2212 KTN+H 312
	140	33	92	70	128	7	2.1	85	122	50	14	2.1	0.23	2.8	4.3	2.9	61.8	22.2	4300	5300	2.85	1312 K+H 312
	140	33	89	70	128	7	2.1	85	115.7	50	14	2.1	0.23	2.7	4.2	2.9	62.8	22.8	4300	5300	2.993	1312 KTN+H 312
	140	48	85	72	128	7	2.1	85	122	65	14	2.1	0.38	1.6	2.6	1.7	96.0	32.5	3800	4800	3.75	2312 K+H 2312
	140	48	87	72	128	7	2.1	85	118.4	65	14	2.1	0.32	2.0	3.1	2.1	97.2	31.8	3800	4800	4.022	2312 KTN+H 2312
65	130	25	93	80	121	7	1.5	98	116	43	15	1.5	0.17	3.6	5.6	3.8	38.8	15.2	4300	5300	2.06	1213 K+H 213
	130	25	93	80	121	7	1.5	98	113.3	43	15	1.5	0.17	3.7	5.7	3.8	38.8	15.5	4300	5300	2.171	1213 KM+H 213
	130	31	93	80	121	13	1.5	98	117	55	15	1.5	0.25	2.5	3.9	2.6	44.2	18.0	4300	5300	2.55	2213 K+H 313
	130	31	93	80	121	13	1.5	98	113.9	55	15	1.5	0.22	2.9	4.4	3.0	56.5	20.8	4300	5300	2.457	2213 KTN+H 313
	160	37	104	80	148	7	2.1	98	138	55	15	2.1	0.22	2.8	4.4	3.0	79.0	29.8	3800	4500	4.43	1313 K+H 313
	160	37	106	80	148	7	2.1	98	135	55	15	2.1	0.22	2.8	4.4	3.0	78.8	30.0	3800	4500	4.741	1313 KM+H 313
	160	55	97	82	148	7	2.1	98	139	73	15	2.1	0.38	1.7	2.6	1.7	122	42.8	3400	4300	5.75	2313 K+H 2313
	160	55	98	82	148	7	2.1	98	135.2	73	15	2.1	0.37	1.7	2.7	1.8	126	42.2	3400	4300	7.585	2313 KM+H 2313
70	140	26	101	85	130	7	2	105	125	46	17	2	0.18	3.6	5.5	3.7	39.5	16.8	4000	5000	2.53	1214 K+H 214
	140	26	102	85	130	7	2	105	121.7	46	17	2	0.17	3.7	3.7	3.9	39.5	16.2	4000	5000	2.672	1214 KM+H 214
	140	33	98	85	130	13	2	105	124	59	17	2	0.25	2.5	3.9	2.6	48.8	20.2	4000	5000	3.19	2214 K+H 314
	140	33	98	85	130	13	2	105	124.5	59	17	2	0.22	2.9	4.4	3.0	65.2	25.5	4000	5000	3.053	2214 KTN+H 314
	170	39	109	85	158	7	2.1	105	147	59	17	2.1	0.22	2.9	4.5	3.1	88.5	32.8	3600	4300	5.2	1314 K+H 314
	170	39	110	85	158	7	2.1	105	141.7	59	17	2.1	0.22	2.8	4.4	3.0	86.5	32.8	3600	4300	5.652	1314 KM+H 314
	170	58	104	88	158	7	2.1	105	148	78	17	2.1	0.39	1.6	2.5	1.7	128	45.5	3200	4000	7.0	2314 K+H 2314
	170	58	105	88	158	7	2.1	105	144.4	78	17	2.1	0.37	1.7	2.6	1.8	135	47.5	3200	4000	9.085	2314 KM+H 2314

（续）

公称尺寸/mm			安装尺寸/mm					其他尺寸/mm					计算系数				基本额定载荷/kN		极限转速/r·min^{-1}		质量/kg	轴承代号
d_1	D	B	d_a max	d_b min	D_a max	B_a min	r_a max	d_2	D_2	B_1	B_2	r min	e	Y_1	Y_2	Y_0	C_r	C_{0r}	脂	油	W ≈	10000K(KTN、KM)+H0000 型
75	150	28	107	90	140	8	2	110	134	50	18	2	0.17	3.7	5.7	3.9	48.8	20.5	3800	4500	3.1	1215 K+H 215
	150	28	107	90	140	8	2	110	129	50	18	2	0.17	3.6	5.6	3.8	47.8	19.5	3800	4500	3.24	1215 KM+H 215
	150	36	105	91	140	13	2	110	133	63	18	2	0.25	2.5	3.8	2.6	58.2	23.5	3800	4500	3.73	2215 K+H 315
	150	36	104	91	140	13	2	110	130.3	63	18	2	0.22	2.9	4.5	3.0	66.2	26.2	3800	4500	3.805	2215 KTN+H 315
	180	41	117	91	166	8	2.1	110	158	63	18	3	0.22	2.9	4.5	3.0	97.8	37.8	3400	4000	6.7	1315 K+H 315
	180	41	117	91	166	8	2.1	110	149.4	63	18	3	0.22	2.9	4.4	3.0	97.8	38.5	3400	4000	7.175	1315 KM+H 315
	180	60	111	94	166	8	2.5	110	157	82	18	3	0.38	1.7	2.6	1.7	140	51.5	3000	3800	8.15	2315 K+H 2315
	180	60	114	94	166	8	2.5	110	153.6	82	18	3	0.36	1.8	2.7	1.8	140	51.5	3000	3800	10.432	2315 KM+H 2315
80	160	30	112	95	150	8	2	120	142	52	18	2	0.17	3.8	5.7	4.0	56.5	23.2	3600	4300	3.7	1216 K+H 216
	160	30	113	95	150	8	2	120	137.2	52	18	2	0.18	3.6	5.5	3.7	52.5	21.8	3600	4300	3.953	1216 KM+H 216
	160	40	112	96	150	11	2	120	142	65	18	2	0.27	2.4	3.7	2.5	70.0	28.5	3600	4300	4.57	2216 K+H 316
	160	40	112	96	150	11	2	120	139	65	18	2	0.26	2.4	3.7	2.5	70.2	28.5	3600	4300	5.423	2216 KM+H 316
	190	43	122	96	176	8	2.5	120	165	65	18	3	0.22	2.8	4.4	2.9	115	44.5	3200	3800	7.35	1316 K+H 316
	190	43	126	96	176	8	2.5	120	162.4	65	18	3	0.23	2.7	4.2	2.9	115.8	46.2	3200	3800	7.768	1316 KM+H 316
	190	64	115	100	176	8	2.5	120	164	86	18	3	0.39	1.6	2.5	1.7	142	57.2	2800	3600	9.6	2316 K+H 2316
	190	64	119	100	176	8	2.5	120	160.5	86	18	3	0.37	1.7	2.6	1.8	152	57.8	2800	3600	12.422	2316 KM+H 2316
85	170	32	120	100	158	8	2.1	125	151	55	19	2.1	0.17	3.7	5.7	3.9	63.5	27.0	3400	4000	4.35	1217 K+H 217
	170	32	121	100	158	8	2.1	125	147.6	55	19	2.1	0.17	3.7	5.7	3.8	63.8	26.8	3400	4000	4.664	1217 KM+H 217
	170	43	118	102	158	10	2.1	125	157	68	19	2.1	0.26	2.4	3.7	2.5	82.8	33.8	3400	4000	5.75	2217 K+H 317
	170	43	119	102	158	10	2.1	125	147.9	68	19	2.1	0.27	2.3	3.6	2.5	83.2	34.2	3400	4000	6.574	2217 KM+H 317
	200	45	126	102	186	8	2.5	125	174	68	19	3	0.23	2.8	4.3	2.9	132	50.8	3000	3600	8.55	1317 K+H 317
	200	45	133	102	186	8	2.5	125	170.2	68	19	3	0.24	2.6	4.0	2.7	132	52.4	3000	3600	9.0	1317 KM+H 317
	200	67	—	105	186	8	2.5	125	—	90	19	3	0.38	1.7	2.6	1.8	162	64.2	2800	3400	—	2317 K+H 2317
	200	67	125	105	186	8	2.5	125	168.6	90	19	3	0.37	1.7	2.7	1.8	165	64.8	2800	3400	—	2317 KM+H 2317
90	180	34	127	106	168	8	2.1	130	159	58	20	2.1	0.18	3.5	5.4	3.7	68.5	29.2	3200	3800	5.2	1218 K+H 218
	180	34	128	106	168	8	2.1	130	155.4	58	20	2.1	0.17	3.7	5.7	3.7	69.2	29.5	3200	3800	5.479	1218 KM+H 218
	180	46	125	108	168	9	2.1	130	160	71	20	2.1	0.27	2.3	3.6	2.5	97.2	40.5	3200	3800	6.7	2218 K+H 318
	180	46	125	108	168	9	2.1	130	156.8	71	20	2.1	0.27	2.4	3.7	2.5	97.5	40.5	3200	3800	8.305	2218 KM+H 318
	215	47	136	108	201	8	2.5	130	185	71	20	3	0.24	2.7	4.1	2.8	142	57.2	2800	3400	10.34	1318 K+H 318
	215	47	140	108	201	8	2.5	130	181	71	20	3	0.24	2.7	4.1	2.8	145	59.5	2800	3400	10.94	1318 KM+H 318
	215	73	—	110	201	7	2.5	130	—	97	20	3	0.37	1.7	2.6	1.8	192	78.5	2400	3200	—	2318 K+H 2318
	215	73	134	110	201	8	2.5	130	182.5	97	20	3	0.37	1.7	2.6	1.8	192	78.5	2400	3200	—	2318 KM+H 2318
100	200	38	140	116	188	8	2.1	145	176	63	21	2.1	0.17	3.6	5.6	3.8	87.2	37.5	2800	3400	7.1	1220 K+H 220
	200	38	142	116	188	8	2.1	145	173.1	63	21	2.1	0.17	3.6	5.6	3.8	88.0	38.5	2800	3400	7.478	1220 KM+H 220
	200	53	137	118	188	7	2.1	145	177	77	21	2.1	0.28	2.2	3.5	2.4	125	52.2	2800	3400	9.4	2220 K+H 320
	200	53	138	118	188	7	2.1	145	174.1	77	21	2.1	0.28	2.3	3.5	2.4	125	52.2	2800	3400	10.959	2220 KM+H 320
	240	50	154	118	226	10	2.5	145	206	77	21	3	0.23	2.8	4.3	2.9	162	72.8	2400	3000	14	1320 K+H 320
	240	50	157	118	226	10	2.5	145	201.9	77	21	3	0.23	2.8	4.3	2.9	162	72.5	2400	3000	14.652	1320 KM+H 320

3　角接触球轴承（见表 14.6-7~表 14.6-11）

表 14.6-7　角接触球轴承（部分摘自 GB/T 292—2007）

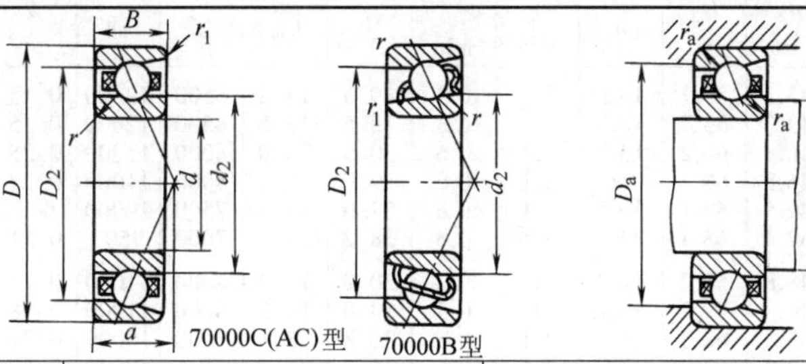

代号含义
C—$\alpha=15°$
AC—$\alpha=25°$
B—$\alpha=40°$

轴承型号 接触角 α	当量载荷	单个轴承	面对面/DF 背对背/DB
70000C 型 $\alpha=15°$	径向当量动载荷	当 $F_a/F_r\leqslant e$ 时，$P_r=F_r$ 当 $F_a/F_r>e$ 时，$P_r=0.44F_r+YF_a$	当 $F_a/F_r\leqslant e$ 时，$P_r=F_r+Y_1F_a$ 当 $F_a/F_r>e$ 时，$P_r=0.72F_r+Y_2F_a$
	径向当量静载荷	$P_{0r}=0.5F_r+0.46F_a$ 当 $P_{0r}<F_r$ 时，取 $P_{0r}=F_r$	$P_{0r}=F_r+0.92F_a$
70000AC 型 $\alpha=25°$	径向当量动载荷	当 $F_a/F_r\leqslant 0.68$ 时，$P_r=F_r$ 当 $F_a/F_r>0.68$ 时，$P_r=0.41F_r+0.87F_a$	当 $F_a/F_r\leqslant 0.68$ 时，$P_r=F_r+0.92F_a$ 当 $F_a/F_r>0.68$ 时，$P_r=0.67F_r+1.41F_a$
	径向当量静载荷	当 $P_{0r}\geqslant F_r$ 时，$P_{0r}=0.5F_r+0.38F_a$ 当 $P_{0r}<F_r$ 时，取 $P_{0r}=F_r$	$P_{0r}=F_r+0.76F_a$
70000B 型 $\alpha=40°$	径向当量动载荷	当 $F_a/F_r\leqslant 1.14$ 时，$P_r=F_r$ 当 $F_a/F_r>1.14$ 时，$P_r=0.35F_r+0.57F_a$	当 $F_a/F_r\leqslant 1.14$ 时，$P_r=F_r+0.55F_a$ 当 $F_a/F_r>1.14$ 时，$P_r=0.57F_r+0.93F_a$
	径向当量静载荷	当 $P_{0r}\geqslant F_r$ 时，$P_{0r}=0.5F_r+0.26F_a$ 当 $P_{0r}<F_r$ 时，取 $P_{0r}=F_r$	$P_{0r}=F_r+0.52F_a$

70000C 型 $\alpha=15°$				
$\frac{F_a}{C_{0r}}$	e	Y	Y_1	Y_2
0.015	0.38	1.47	1.65	2.39
0.029	0.40	1.40	1.57	2.28
0.058	0.43	1.30	1.46	2.11
0.087	0.46	1.23	1.38	2.00
0.12	0.47	1.19	1.34	1.93
0.17	0.50	1.12	1.26	1.82
0.29	0.55	1.02	1.14	1.66
0.44	0.56	1.00	1.12	1.63
0.58	0.56	1.00	1.12	1.63

公称尺寸/mm			安装尺寸/mm			其他尺寸/mm					基本额定载荷/kN		极限转速/r·min⁻¹		质量/kg	轴承代号
d	D	B	d_a min	D_a max	r_a max	d_2 ≈	D_2 ≈	a	r min	r_1 min	C_r	C_{0r}	脂	油	W ≈	70000 C (AC,B)型
10	26	8	12.4	23.6	0.3	14.9	21.1	6.4	0.3	0.15	4.92	2.25	19000	28000	0.018	7000 C
	26	8	12.4	23.6	0.3	14.9	21.1	8.2	0.3	0.15	4.75	2.12	19000	28000	0.018	7000 AC
	30	9	15	25	0.6	17.4	23.6	7.2	0.6	0.15	5.82	2.95	18000	26000	0.03	7200 C
	30	9	15	25	0.6	17.4	23.6	9.2	0.6	0.15	5.58	2.82	18000	26000	0.03	7200 AC
12	28	8	14.4	25.6	0.3	17.4	23.6	6.7	0.3	0.15	5.42	2.65	18000	26000	0.02	7001 C
	28	8	14.4	25.6	0.3	17.4	23.6	8.7	0.3	0.15	5.20	2.55	18000	26000	0.02	7001 AC
	32	10	17	27	0.6	18.3	26.1	8	0.6	0.15	7.35	3.52	17000	24000	0.035	7201 C
	32	10	17	27	0.6	18.3	26.1	10.2	0.6	0.15	7.10	3.35	17000	24000	0.035	7201 AC
15	32	9	17.4	29.6	0.3	20.4	26.6	7.6	0.3	0.15	6.25	3.42	17000	24000	0.028	7002 C
	32	9	17.4	29.6	0.3	20.4	26.6	10	0.3	0.15	5.95	3.25	17000	24000	0.028	7002 AC
	35	11	20	30	0.6	21.6	29.4	8.9	0.6	0.15	8.68	4.62	16000	22000	0.043	7202 C
	35	11	20	30	0.6	21.6	29.4	11.4	0.6	0.15	8.35	4.40	16000	22000	0.043	7202 AC
17	35	10	19.4	32.6	0.3	22.9	29.1	8.5	0.3	0.15	6.60	3.85	16000	22000	0.036	7003 C
	35	10	19.4	32.6	0.3	22.9	29.1	11.1	0.3	0.15	6.30	3.68	16000	22000	0.036	7003 AC
	40	12	22	35	0.6	24.6	33.4	9.9	0.6	0.3	10.8	5.95	15000	20000	0.062	7203 C
	40	12	22	35	0.6	24.6	33.4	12.8	0.6	0.3	10.5	5.65	15000	20000	0.062	7203 AC
20	42	12	25	37	0.6	26.9	35.1	10.2	0.6	0.15	10.5	6.08	14000	19000	0.064	7004 C
	42	12	25	37	0.6	26.9	35.1	13.2	0.6	0.15	10.0	5.78	14000	19000	0.064	7004 AC
	47	14	26	41	1	29.3	39.7	11.5	1	0.3	14.5	8.22	13000	18000	0.1	7204 C
	47	14	26	41	1	29.3	39.7	14.9	1	0.3	14.0	7.82	13000	18000	0.1	7204 AC
	47	14	26	41	1	30.5	37	21.1	1	0.3	14.0	7.85	13000	18000	0.11	7204 B
25	47	12	30	42	0.6	31.9	40.1	10.8	0.6	0.15	11.5	7.45	12000	17000	0.074	7005 C
	47	12	30	42	0.6	31.9	40.1	14.4	0.6	0.15	11.2	7.08	12000	17000	0.074	7005 AC
	52	15	31	46	1	33.8	44.2	12.7	1	0.3	16.5	10.5	11000	16000	0.12	7205 C
	52	15	31	46	1	33.8	44.2	16.4	1	0.3	15.8	9.88	11000	16000	0.12	7205 AC
	52	15	31	46	1	35.4	42.1	23.7	1	0,3	15.8	9.45	9500	14000	0.13	7205 B
	62	17	32	55	1	39.2	48.4	26.8	1.1	0.6	26.2	15.2	8500	12000	0.3	7305 B
30	55	13	36	49	1	38.4	47.7	12.2	1	0.3	15.2	10.2	9500	14000	0.11	7006 C
	55	13	36	49	1	38.4	47.7	16.4	1	0.3	14.5	9.85	9500	14000	0.11	7006 AC
	62	16	36	56	1	40.8	52.2	14.2	1	0.3	23.0	15.0	9000	13000	0.19	7206 C
	62	16	36	56	1	40.8	52.2	18.7	1	0.3	22.0	14.2	9000	13000	0.19	7206 AC
	62	16	36	56	1	42.8	50.1	27.4	1	0.3	20.5	13.8	8500	12000	0.21	7206 B
	72	19	37	65	1	46.5	56.2	31.1	1.1	0.6	31.0	19.2	7500	10000	0.37	7306 B

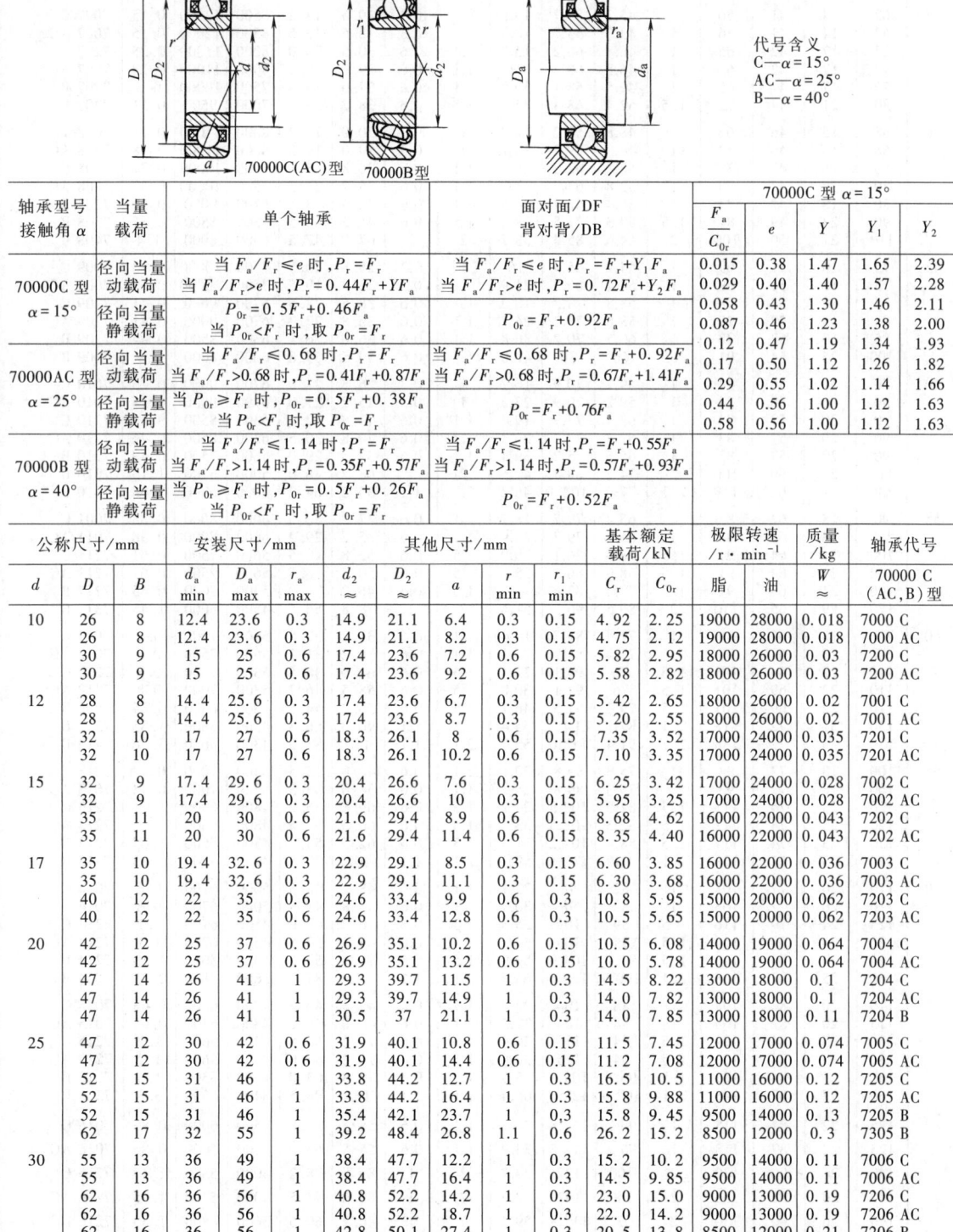

（续）

公称尺寸/mm			安装尺寸/mm			其他尺寸/mm					基本额定载荷/kN		极限转速/r·min⁻¹		质量/kg	轴承代号
d	D	B	d_a min	D_a max	r_a max	d_2 ≈	D_2 ≈	a	r min	r_1 min	C_r	C_{0r}	脂	油	W ≈	70000 C (AC,B)型
35	62	14	41	56	1	43.3	53.7	13.5	1	0.3	19.5	14.2	8500	12000	0.15	7007 C
	62	14	41	56	1	43.3	53.7	18.3	1	0.3	18.5	13.5	8500	12000	0.15	7007 AC
	72	17	42	65	1	46.8	60.2	15.7	1.1	0.6	30.5	20.0	8000	11000	0.28	7207 C
	72	17	42	65	1	46.8	60.2	21	1.1	0.6	29.0	19.2	8000	11000	0.28	7207 AC
	72	17	42	65	1	49.5	58.1	30.9	1.1	0.6	27.0	18.8	7500	10000	0.3	7207 B
	80	21	44	71	1.5	52.4	63.4	34.6	1.5	0.6	38.2	24.5	7000	9500	0.51	7307 B
40	68	15	46	62	1	48.8	59.2	14.7	1	0.3	20.0	15.2	8000	11000	0.18	7008 C
	68	15	46	62	1	48.8	59.2	20.1	1	0.3	19.0	14.5	8000	11000	0.18	7008 AC
	80	18	47	73	1	52.8	67.2	17	1.1	0.6	36.8	25.8	7500	10000	0.37	7208 C
	80	18	47	73	1	52.8	67.2	23	1.1	0.6	35.2	24.5	7500	10000	0.37	7208 AC
	80	18	47	73	1	56.4	65.7	34.5	1.1	0.6	32.5	23.5	6700	9000	0.39	7208 B
	90	23	49	81	1.5	59.3	71.5	38.8	1.5	0.6	46.2	30.5	6300	8500	0.67	7308 B
	110	27	50	100	2	64.6	85.4	38.7	2	1	67.0	47.5	6000	8000	1.4	7408 B
45	75	16	51	69	1	54.2	65.9	16	1	0.3	25.8	20.5	7500	10000	0.23	7009 C
	75	16	51	69	1	54.2	65.9	21.9	1	0.3	25.8	19.5	7500	10000	0.23	7009 AC
	85	19	52	78	1	58.8	73.2	18.2	1.1	0.6	38.5	28.5	6700	9000	0.41	7209 C
	85	19	52	78	1	58.8	73.2	24.7	1.1	0.6	36.8	27.2	6700	9000	0.41	7209 AC
	85	19	52	78	1	60.5	70.2	36.8	1.1	0.6	36.0	26.2	6300	8500	0.44	7209 B
	100	25	54	91	1.5	66	80	42.0	1.5	0.6	59.5	39.8	6000	8000	0.9	7309 B
50	80	16	56	74	1	59.2	70.9	16.7	1	0.3	26.5	22.0	6700	9000	0.25	7010 C
	80	16	56	74	1	59.2	70.9	23.2	1	0.3	25.2	21.0	6700	9000	0.25	7010 AC
	90	20	57	83	1	62.4	77.7	19.4	1.1	0.6	42.8	32.0	6300	8500	0.46	7210 C
	90	20	57	83	1	62.4	77.7	26.3	1.1	0.6	40.8	30.5	6300	8500	0.46	7210 AC
	90	20	57	83	1	65.5	75.2	39.4	1.1	0.6	37.5	29.0	5600	7500	0.49	7210 B
	110	27	60	100	2	74.2	88.8	47.5	2	1	68.2	48.0	5000	6700	1.15	7310 B
	130	31	62	118	2.1	77.6	102.4	46.2	2.1	1.1	95.2	64.2	5000	6700	2.08	7410 B
55	90	18	62	83	1	65.4	79.7	18.7	1.1	0.6	37.2	30.5	6000	8000	0.38	7001 C
	90	18	62	83	1	65.4	79.7	25.9	1.1	0.6	35.2	29.2	6000	8000	0.38	7011 AC
	100	21	64	91	1.5	68.9	86.1	20.9	1.5	0.6	52.8	40.5	5600	7500	0.61	7211 C
	100	21	64	91	1.5	68.9	86.1	28.6	1.5	0.6	50.5	38.5	5600	7500	0.61	7211 AC
	100	21	64	91	1.5	72.4	83.4	43	1.5	0.6	46.2	36.0	5300	7000	0.65	7211 B
	120	29	65	110	2	80.5	96.3	51.4	2	1	78.8	56.5	4500	6000	1.45	7311 B
60	95	18	67	88	1	71.4	85.7	19.4	1.1	0.6	38.2	32.8	5600	7500	0.4	7012 C
	95	18	67	88	1	71.4	85.7	27.1	1.1	0.6	36.2	31.5	5600	7500	0.4	7012 AC
	110	22	69	101	1.5	76	94.1	22.4	1.5	0.6	61.0	48.5	5300	7000	0.8	7212 C
	110	22	69	101	1.5	76	94.1	30.8	1.5	0.6	58.5	46.2	5300	7000	0.8	7212 AC
	110	22	69	101	1.5	79.3	91.5	46.7	1.5	0.6	56.0	44.5	4800	6300	0.84	7212 B
	130	31	72	118	2.1	87.1	104.2	55.4	2.1	1.1	90.0	66.3	4300	5600	1.85	7312 B
	150	35	72	138	2.1	91.4	118.6	55.7	2.1	1.1	118	85.5	4300	5600	3.56	7412 B
65	100	18	72	93	1	75.3	89.8	20.1	1.1	0.6	40.0	35.5	5300	7000	0.43	7013 C
	100	18	72	93	1	75.3	89.8	28.2	1.1	0.6	38.0	33.8	5300	7000	0.43	7013 AC
	120	23	74	111	1.5	82.5	102.5	24.2	1.5	0.6	69.8	55.2	4800	6300	1	7213 C
	120	23	74	111	1.5	82.5	102.5	33.5	1.5	0.6	66.5	52.5	4800	6300	1	7213 AC
	120	23	74	111	1.5	88.4	101.2	51.1	1.5	0.6	62.5	53.2	4300	5600	1.05	7213 B
	140	33	77	128	2.1	93.9	112.4	59.5	2.1	1.1	102	77.8	4000	5300	2.25	7313 B
70	110	20	77	103	1	82	98	22.1	1.1	0.6	48.2	43.5	5000	6700	0.6	7014 C
	110	20	77	103	1	82	98	30.9	1.1	0.6	45.8	41.5	5000	6700	0.6	7014 AC
	125	24	79	116	1.5	89	109	25.3	1.5	0.6	70.2	60.0	4500	6700	1.1	7214 C
	125	24	79	116	1.5	89	109	35.1	1.5	0.6	69.2	57.5	4500	6700	1.1	7214 AC
	125	24	79	116	1.5	91.1	104.9	52.9	1.5	0.6	70.2	57.2	4300	5600	1.15	7214 B
	150	35	82	138	2.1	100.9	120.5	63.7	2.1	1.1	115	87.2	3600	4800	2.75	7314 B
75	115	20	82	108	1	88	104	22.7	1.1	0.6	49.5	46.5	4800	6300	0.63	7015 C
	115	20	82	108	1	88	104	32.2	1.1	0.6	46.8	44.2	4800	6300	0.63	7015 AC
	130	25	84	121	1.5	94	115	26.4	1.5	0.6	79.2	65.8	4300	5600	1.2	7215 C
	130	25	84	121	1.5	94	115	36.6	1.5	0.6	75.2	63.0	4300	5600	1.2	7215 AC
	130	25	84	121	1.5	96.1	109.9	55.5	1.5	0.6	72.8	63.0	4000	5300	1.3	7215 B
	160	37	87	148	2.1	107.9	128.6	68.4	2.1	1.1	125	98.5	3400	4500	3.3	7315 B
80	125	22	87	118	1	95.2	112.8	24.7	1.1	0.6	58.5	55.8	4500	6000	0.85	7016 C
	125	22	87	118	1	95.2	112.8	34.9	1.1	0.6	55.5	53.2	4500	6000	0.85	7016 AC
	140	26	90	130	2	100	122	27.7	2	1	89.5	78.2	4000	5300	1.45	7216 C
	140	26	90	130	2	100	122	38.9	2	1	85.0	74.5	4000	5300	1.45	7216 AC
	140	26	90	130	2	103.2	117.8	59.2	2	1	80.2	69.5	3600	4800	1.55	7216 B
	170	39	82	158	2.1	114.8	136.8	71.9	2.1	1.1	135	110	3600	4800	3.9	7316 B

（续）

公称尺寸/mm			安装尺寸/mm			其他尺寸/mm					基本额定载荷/kN		极限转速/r·min^{-1}		质量/kg	轴承代号
d	D	B	d_a min	D_a max	r_a max	d_2 ≈	D_2 ≈	a	r min	r_1 min	C_r	C_{0r}	脂	油	W ≈	70000 C (AC,B)型
85	130	22	92	123	1	99.4	117.6	25.4	1.1	0.6	62.5	60.2	4300	5600	0.89	7017 C
	130	22	92	123	1	99.4	117.6	36.1	1.1	0.6	59.2	57.2	4300	5600	0.89	7017 AC
	150	28	95	140	2	107.1	131	29.9	2	1	99.8	85.0	3800	5000	1.8	7217 C
	150	28	95	140	2	107.1	131	41.6	2	1	94.8	81.5	3800	5000	1.8	7217 AC
	150	28	95	140	2	110.1	126	63.6	2	1	93.0	81.5	3400	4500	1.95	7217 B
	180	41	99	166	2.5	121.2	145.6	76.1	3	1.1	48	122	3000	4000	4.6	7317 B
90	140	24	99	131	1.5	107.2	126.8	27.4	1.5	0.6	71.5	69.8	4000	5300	1.15	7018 C
	140	24	99	131	1.5	107.2	126.8	38.8	1.5	0.6	67.5	66.5	4000	5300	1.15	7018 AC
	160	30	100	150	2	111.7	138.4	31.7	2	1	22	105	3600	4800	2.25	7218 C
	160	30	100	150	2	111.7	138.4	44.2	2	1	18	100	3600	4800	2.25	7218 AC
	160	30	100	150	2	118.1	135.2	67.9	2	1	05	94.5	3200	4300	2.4	7218 B
	190	43	104	176	2.5	128.6	153.2	80.2	3	1.1	58	138	2800	3800	5.4	7318 B
95	145	24	104	136	1.5	110.2	129.8	28.1	1.5	0.6	73.5	73.2	3800	5000	1.2	7019 C
	145	24	104	136	1.5	110.2	129.8	40	1.5	0.6	69.5	69.8	3800	5000	1.2	7019 AC
	170	32	107	158	2.1	118.1	147	33.8	2.1	1.1	35	115	3400	4500	2.7	7219 C
	170	32	107	158	2.1	118.1	147	46.9	2.1	1.1	28	108	3400	4500	2.7	7219 AC
	170	32	107	158	2.1	126.1	144.4	72.5	2.1	1.1	20	108	3000	4000	2.9	7219 B
	200	45	109	186	2.5	135.4	161.5	84.4	3	1.1	72	155	2800	3800	6.25	7319 B
100	150	24	109	141	1.5	114.6	135.4	28.7	1.5	0.6	79.2	78.5	3800	5000	1.25	7020 C
	150	24	109	141	1.5	114.6	135.4	41.2	1.5	0.6	75	74.8	3800	5000	1.25	7020 AC
	180	34	112	168	2.1	124.8	155.3	35.8	2.1	1.1	148	128	3200	4300	3.25	7220 C
	180	34	112	168	2.1	124.8	155.3	49.7	2.1	1.1	142	122	3200	4300	3.25	7220 AC
	180	34	112	168	2.1	130.9	150.5	75.7	2.1	1.1	130	115	2600	3600	3.45	7220 B
	215	47	114	201	2.5	144.5	172.5	89.6	3	1.1	188	180	2400	3400	7.75	7320 B
105	160	26	115	150	2	121.5	143.6	30.8	2	1	88.5	88.8	3600	4800	1.6	7021 C
	160	26	115	150	2	121.5	143.6	43.9	2	1	83.8	84.2	3600	4800	1.6	7021 AC
	190	36	117	178	2.1	131.3	163.8	37.8	2.1	1.1	162	145	3000	4000	3.85	7221 C
	190	36	117	178	2.1	131.3	163.8	52.4	2.1	1.1	155	138	3000	4000	3.85	7221 AC
	190	36	117	178	2.1	137.5	159	79.9	2.1	1.1	142	130	2600	3600	4.1	7221 B
	225	49	119	211	2.5	151.4	180.7	93.7	3	1.1	202	195	2200	3200	8.8	7321 B
110	170	28	120	160	2	129.1	152.9	32.8	2	1	100	102	3600	4800	1.95	7022 C
	170	28	120	160	2	129.1	152.9	46.7	2	1	95.5	97.2	3600	4800	1.95	7022 AC
	200	38	122	188	2.1	138.9	173.2	39.8	2.1	1.1	175	162	2800	3800	4.55	7222 C
	200	38	122	188	2.1	138.9	173.2	55.2	1.1	2.1	168	155	2800	3800	4.55	7222 AC
	200	38	122	188	2.1	144.8	166.8	84	2.1	1.1	155	145	2400	3400	4.8	7222 B
	240	50	124	226	2.5	160.3	192	98.4	3	1.1	225	225	2000	3000	10.5	7322 B
120	180	28	130	170	2	137.7	162.4	34.1	2	1	108	110	2800	3800	2.1	7024 C
	180	28	130	170	2	137.7	162.4	48.9	2	1	102	105	2800	3800	2.1	7024 AC
	215	40	132	203	2.1	149.4	185.7	42.4	2.1	1.1	188	180	2400	3400	5.4	7224 C
	215	40	132	203	2.1	149.4	185.7	59.1	2.1	1.1	180	172	2400	3400	5.4	7224 AC
130	200	33	140	190	2	151.4	178.7	38.6	2	1	128	135	2600	3600	3.2	7026 C
	200	33	140	190	2	151.4	178.7	54.9	2	1	122	128	2600	3200	3.2	7026 AC
	230	40	144	216	2.5	162.9	199.3	44.3	3	1.1	205	210	2200	3200	6.25	7226 C
	230	40	144	216	2.5	162.9	199.3	62.2	3	1.1	195	200	2200	3200	6.25	7226 AC
140	210	33	150	200	2	162	188	40	2	1	140	145	2400	3400	3.62	7028 C
	210	33	150	200	2	162	188	59.2	2	1	140	150	2200	3200	3.62	7028 AC
	250	42	154	236	2.5	—	—	41.7	3	1.1	230	245	1900	2800	9.36	7228 C
	250	42	154	236	2.5	—	—	68.6	3	1.1	230	235	1900	2800	9.24	7228 AC
	300	62	158	282	3	—	—	111	4	1.5	288	315	1700	2400	22.44	7328 B
150	225	35	162	213	2.1	174	201	43	2.1	1.1	160	155	2200	3200	4.83	7030 C
	225	35	162	213	2.1	174	201	63.2	2.1	1.1	152	168	2000	3000	4.83	7030 AC
160	290	48	174	276	2.5	—	—	47.9	3	1.1	262	298	1700	2400	14.5	7232 C
	290	48	174	276	2.5	—	—	78.9	3	1.1	248	278	1700	2400	14.5	7232 AC
170	260	42	182	248	2.1	—	—	73.4	2.1	1.1	192	222	1800	2600	8.25	7034 AC
	310	52	188	292	3	—	—	51.5	4	1.5	322	390	1600	2200	19.2	7234 C
	310	52	188	292	3	—	—	84.5	4	1.5	305	368	1600	2200	17.2	7234 AC
180	320	52	198	302	3	—	—	52.6	4	1.5	335	415	1500	2000	18.1	7236 C
	320	52	198	302	3	—	—	87	4	1.5	315	388	1500	2000	18.1	7236 AC
190	290	46	202	278	2.1	—	—	81.5	2.1	1.1	215	262	1600	2200	10.7	7038 AC
200	310	51	212	298	2.1	—	—	87.7	2.1	1.1	252	325	1500	2000	14.04	7040 AC
	360	58	218	342	3	—	—	58.8	4	1.5	360	475	1300	1800	25.2	7240 C
	360	58	218	342	3	—	—	97.3	4	1.5	345	448	1300	1800	25.2	7240 AC
220	400	65	238	382	3	—	—	108.1	4	1.5	358	482	1100	1600	38.5	7244 AC

表 14.6-8 成对安装角接触球轴承(部分摘自 GB/T 292—2007)

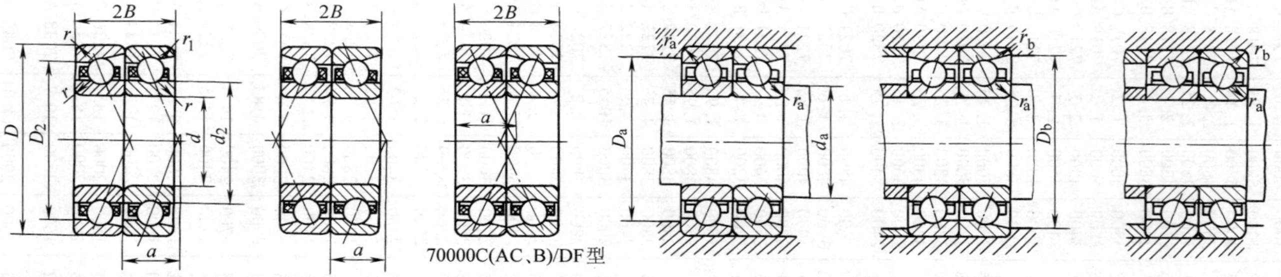

70000C(AC、B)/DT型 70000C(AC、B)/DB型 70000C(AC、B)/DF型

当量载荷计算见表 14.1-7

代号含义

DT—成对串联

DB—成对背靠背

DF—成对面对面

公称尺寸/mm			安装尺寸/mm					其他尺寸/mm					基本额定载荷/kN		极限转速/r·min⁻¹		质量/kg	轴承代号		
d	D	$2B$	d_a min	D_a max	D_b max	r_a max	r_b max	d_2 ≈	D_2 ≈	a	r min	r_1 min	C_r	C_{0r}	脂	油	W ≈	串联 70000 C(AC、B)/DT 型	背对背 70000 C(AC、B)/DB 型	面对面 70000 C(AC、B)/DF 型
10	26	16	12.4	23.6	24.8	0.3	0.15	14.9	21.1	6.4	0.3	0.15	7.98	4.50	14000	20000	0.036	7000 C/DT	7000 C/DB	7000 C/DF
	26	16	12.4	23.6	24.8	0.3	0.15	14.9	21.1	8.2	0.3	0.15	7.68	4.25	14000	20000	0.036	7000 AC/DT	7000 AC/DB	7000 AC/DF
	30	18	15	25	28.8	0.6	0.15	17.4	23.6	7.2	0.6	0.15	9.42	5.90	13000	18000	0.06	7200 C/DT	7200 C/DB	7200 C/DF
	30	18	15	25	28.8	0.6	0.15	17.4	23.6	9.2	0.6	0.15	9.02	5.65	13000	18000	0.06	7200 AC/DT	7200 AC/DB	7200 AC/DF
12	28	16	14.4	25.6	26.8	0.3	0.15	17.4	23.6	6.7	0.3	0.15	8.78	5.30	13000	18000	0.04	7001 C/DT	7001 C/DB	7001 C/DF
	28	16	14.4	25.6	26.8	0.3	0.15	17.4	23.6	8.7	0.3	0.15	8.42	5.20	13000	18000	0.04	7001 AC/DT	7001 AC/DB	7001 AC/DF
	32	20	17	27	30.8	0.6	0.15	18.3	26.1	8	0.6	0.15	11.8	7.05	12000	17000	0.07	7201 C/DT	7201 C/DB	7201 C/DF
	32	20	17	27	30.8	0.6	0.15	18.3	26.1	10.2	0.6	0.15	11.5	6.70	12000	17000	0.07	7201 AC/DT	7201 AC/DB	7201 AC/DF
15	32	18	17.4	29.6	30.8	0.3	0.15	20.4	26.6	7.6	0.3	0.15	10.0	6.85	12000	17000	0.056	7002 C/DT	7002 C/DB	7002 C/DF
	32	18	17.4	29.6	30.8	0.3	0.15	20.4	26.6	10	0.3	0.15	9.65	6.50	12000	17000	0.056	7002 AC/DT	7002 AC/DB	7002 AC/DF
	35	22	20	30	33.8	0.6	0.15	21.6	29.4	8.9	0.6	0.15	14.0	9.25	11000	15000	0.086	7202 C/DT	7202 C/DB	7202 C/DF
	35	22	20	30	33.8	0.6	0.15	21.6	29.4	11.4	0.6	0.15	13.5	8.80	11000	15000	0.086	7202 AC/DT	7202 AC/DB	7202 AC/DF
17	35	20	19.4	32.6	33.8	0.3	0.15	22.9	29.1	8.5	0.3	0.15	10.8	7.70	11000	15000	0.072	7003 C/DT	7003 C/DB	7003 C/DF
	35	20	19.4	32.6	33.8	0.3	0.15	22.9	29.1	11.1	0.3	0.15	10.2	7.35	11000	15000	0.072	7003 AC/DT	7003 AC/DB	7003 AC/DF
	40	24	22	35	37.6	0.6	0.3	24.8	33.4	9.9	0.6	0.3	17.5	11.8	10000	14000	0.124	7203 C/DT	7203 C/DB	7203 C/DF
	40	24	22	35	37.6	0.6	0.3	24.8	33.4	12.9	0.6	0.3	17.0	11.5	10000	14000	0.124	7203 AC/DT	7203 AC/DB	7203 AC/DF
20	42	24	25	37	40.8	0.6	0.15	26.9	35.1	10.2	0.6	0.15	17.0	12.2	9500	13000	0.128	7004 C/DT	7004 C/DB	7004 C/DF
	42	24	25	37	40.8	0.6	0.15	26.9	35.1	13.2	0.6	0.15	16.2	11.5	9500	13000	0.128	7004 AC/DT	7004 AC/DB	7004 AC/DF
	47	28	26	41	44.6	1	0.3	29.3	39.7	11.5	1	0.3	23.8	16.5	9500	13000	0.2	7204 C/DT	7204 C/DB	7204 C/DF
	47	28	26	41	44.6	1	0.3	29.3	39.7	14.9	1	0.3	22.8	15.5	9500	13000	0.2	7204 AC/DT	7204 AC/DB	7204 AC/DF
	47	28	26	41	44.6	1	0.3	30.5	37	21.1	1	0.3	22.8	15.8	9500	13000	0.22	7204 B/DT	7204 B/DB	7204 B/DF
25	47	24	30	42	45.8	0.6	0.15	31.9	40.1	10.8	0.6	0.15	18.8	14.8	9500	14000	0.148	7005 C/DT	7005 C/DB	7005 C/DF

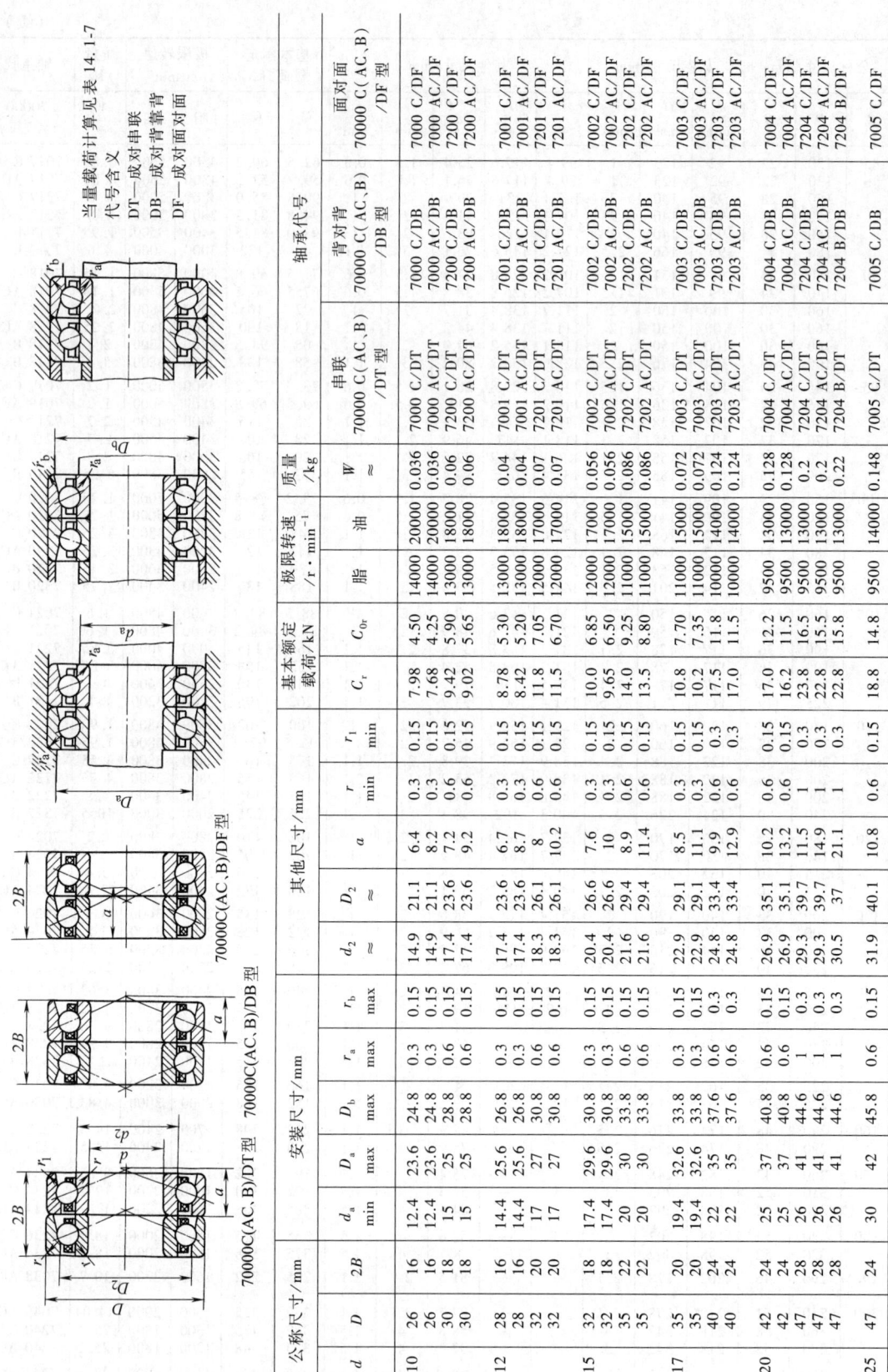

（续）

公称尺寸/mm			安装尺寸/mm					其他尺寸/mm					基本额定载荷/kN		极限转速/r·min^{-1}		质量/kg	轴承代号		
d	D	$2B$	d_a min	D_a max	D_b max	r_a max	r_b max	d_2 ≈	D_2 ≈	a	r min	r_1 min	C_r	C_{0r}	脂	油	W ≈	串联 70000 C(AC、B)/DT 型	背对背 70000 C(AC、B)/DB 型	面对面 70000 C(AC、B)/DF 型
25	47	24	30	42	45.8	0.6	0.15	31.9	40.1	14.4	0.6	0.15	18.0	14.2	9500	14000	0.148	7005 AC/DT	7005 AC/DB	7005 AC/DF
	52	30	31	46	49.6	1	0.3	33.8	44.2	12.7	1	0.3	26.8	21.0	8000	11000	0.24	7205 C/DT	7205 C/DB	7205 C/DF
	52	30	31	46	49.6	1	0.3	33.8	44.2	16.4	1	0.3	25.5	19.8	8000	11000	0.24	7205 AC/DT	7205 AC/DB	7205 AC/DF
	52	30	31	46	49.6	1	0.3	35.4	42.1	23.7	1	0.3	25.5	18.8	8000	11000	0.26	7205 B/DT	7205 B/DB	7205 B/DF
	62	34	32	55	57	1	0.6	39.2	48.4	26.8	1.1	0.6	42.5	30.5	6700	10000	—	7305 B/DT	7305 B/DB	7305 B/DF
30	55	26	36	49	52.6	1	0.3	38.4	47.7	12.2	1	0.3	24.5	20.5	6700	10000	0.22	7006 C/DT	7006 C/DB	7006 C/DF
	55	26	36	49	52.6	1	0.3	38.4	47.7	16.4	1	0.3	23.0	19.8	6700	10000	0.22	7006 AC/DT	7006 AC/DB	7006 AC/DF
	62	32	36	56	59.6	1	0.3	40.8	52.2	14.2	1	0.3	37.2	30.0	6300	9500	0.38	7206 C/DT	7206 C/DB	7206 C/DF
	62	32	36	56	59.6	1	0.3	40.8	52.2	18.7	1	0.3	35.5	28.5	6300	9000	0.38	7206 AC/DT	7206 AC/DB	7206 AC/DF
	62	32	36	56	59.6	1	0.3	42.8	50.1	27.4	1	0.3	33.2	27.5	6300	9000	0.42	7206 B/DT	7206 B/DB	7206 B/DF
	72	38	37	65	67	1	0.6	46.8	56.2	31.1	1.1	0.6	50.2	38.5	6000	8500	0.74	7306 B/DT	7306 B/DB	7306 B/DF
35	62	28	41	56	59.6	1	0.3	43.3	53.7	13.5	1	0.3	31.5	28.5	6000	8500	0.3	7007 C/DT	7007 C/DB	7007 C/DF
	62	28	41	56	59.6	1	0.3	43.3	53.7	18.3	1	0.3	30.0	27.0	6000	8500	0.3	7007 AC/DT	7007 AC/DB	7007 AC/DF
	72	34	42	65	67	1	0.6	46.8	60.2	15.3	1.1	0.6	49.0	40.0	5600	7500	0.56	7207 C/DT	7207 C/DB	7207 C/DF
	72	34	42	65	67	1	0.6	46.8	60.2	21	1.1	0.6	47.0	38.5	5600	7500	0.56	7207 AC/DT	7207 AC/DB	7207 AC/DF
	72	34	42	65	67	1	0.6	49.5	58.1	30.9	1.1	0.6	43.7	37.5	5600	7500	0.6	7207 B/DT	7207 B/DB	7207 B/DF
	80	42	44	71	75	1.5	0.6	52.4	63.4	34.6	1.5	0.6	61.8	49.0	5300	7000	1.02	7307 B/DT	7307 B/DB	7307 B/DF
40	68	30	46	62	65.6	1	0.3	48.8	59.2	14.7	1	0.3	32.5	30.5	5600	7500	0.36	7008 C/DT	7008 C/DB	7008 C/DF
	68	30	46	62	65.6	1	0.3	48.8	59.2	20.1	1	0.3	30.8	29.0	5600	7500	0.36	7008 AC/DT	7008 AC/DB	7008 AC/DF
	80	36	47	73	75	1	0.6	52.8	67.2	17	1.1	0.6	59.5	51.5	5300	7000	0.74	7208 C/DT	7208 C/DB	7208 C/DF
	80	36	47	73	75	1	0.6	52.8	67.2	23	1.1	0.6	57.0	49.0	5300	7000	0.74	7208 AC/DT	7208 AC/DB	7208 AC/DF
	80	36	47	73	75	1	0.6	56.4	65.7	34.5	1.1	0.6	52.5	47.0	5300	7000	0.78	7208 B/DT	7208 B/DB	7208 B/DF
	90	46	49	81	85	1.5	0.6	59.3	71.5	38.8	1.5	0.6	74.8	61.0	4500	6300	1.34	7308 B/DT	7308 B/DB	7308 B/DF
45	75	32	51	69	72.6	1	0.3	54.2	65.9	16	1	0.3	41.8	41.0	5300	7000	0.46	7009 C/DT	7009 C/DB	7009 C/DF
	75	32	51	69	72.6	1	0.3	54.2	65.9	21.9	1	0.3	41.8	39.0	5300	7000	0.46	7009 AC/DT	7009 AC/DB	7009 AC/DF
	85	38	52	78	80	1	0.6	58.8	73.2	18.2	1.1	0.6	62.5	57.0	4500	6300	0.82	7209 C/DT	7209 C/DB	7209 C/DF
	85	38	52	78	80	1	0.6	58.8	73.2	24.7	1.1	0.6	59.5	54.5	4500	6300	0.82	7209 AC/DT	7209 AC/DB	7209 AC/DF
	85	38	52	78	80	1	0.6	60.5	70.2	36.8	1.1	0.6	58.2	52.5	4500	6300	0.88	7209 B/DT	7209 B/DB	7209 B/DF
	100	50	54	91	95	1.5	0.6	66	80	42.9	1.5	0.6	96.5	79.5	4000	5600	1.8	7309 B/DT	7309 B/DB	7309 B/DF
50	80	32	56	74	77.6	1	0.3	59.2	70.9	16.7	1	0.3	43.0	44.0	4500	6300	0.5	7010 C/DT	7010 C/DB	7010 C/DF
	80	32	56	74	77.6	1	0.3	59.2	70.9	23.2	1	0.3	40.8	42.0	4500	6300	0.5	7010 AC/DT	7010 AC/DB	7010 AC/DF
	90	40	57	83	85	1	0.6	62.4	77.7	19.4	1.1	0.6	69.2	64.0	4300	6000	0.92	7210 C/DT	7210 C/DB	7210 C/DF
	90	40	57	83	85	1	0.6	62.4	77.7	26.3	1.1	0.6	66.2	61.0	4300	6000	0.92	7210 AC/DT	7210 AC/DB	7210 AC/DF
	90	40	57	83	85	1	0.6	65.4	75.2	39.4	1.1	0.6	60.8	58.0	4300	6000	0.98	7210 B/DT	7210 B/DB	7210 B/DF
	110	54	60	100	104	2	1	74.2	88.8	47.5	2	1	110	96.0	3800	5300	2.3	7310 B/DT	7310 B/DB	7310 B/DF
55	90	36	62	83	85	1	0.6	66	79	18.7	1.1	0.6	60.2	64.0	4000	5600	0.76	7011 C/DT	7011 C/DB	7011 C/DF
	90	36	62	83	85	1	0.6	66	79	25.9	1.1	0.6	57.0	58.5	4000	5600	0.76	7011 AC/DT	7011 AC/DB	7011 AC/DF
	100	42	64	91	95	1.5	0.6	68.9	86.1	20.9	1.5	0.6	85.5	81.0	3800	5300	1.22	7211 C/DT	7211 C/DB	7211 C/DF

（续）

公称尺寸/mm			安装尺寸/mm					其他尺寸/mm					基本额定载荷/kN		极限转速/r·min⁻¹		质量/kg	轴承代号		
d	D	$2B$	d_a min	D_a max	D_b max	r_a max	r_b max	d_2 ≈	D_2 ≈	a	r min	r_1 min	C_r	C_{0r}	脂	油	W ≈	串联 70000 C(AC、B)/DT 型	背对背 70000 C(AC、B)/DB 型	面对面 70000 C(AC、B)/DF 型
55	100	42	64	91	95	1.5	0.6	68.9	86.1	28.6	1.5	0.6	81.8	77.0	3800	5300	1.22	7211 AC/DT	7211 AC/DB	7211 AC/DF
	100	42	64	91	95	1.5	0.6	72.4	83.4	43	1.5	0.6	74.8	72.0	3800	5300	1.3	7211 B/DT	7211 B/DB	7211 B/DF
	120	58	65	110	114	2	1	80.5	96.4	51.4	2	1	128	112	3400	4800	2.9	7311 B/DT	7311 B/DB	7311 B/DF
60	95	36	67	88	90	1	0.6	71.4	85.7	19.38	1.1	0.6	61.8	65.5	3800	5300	0.8	7012 C/DT	7012 C/DB	7012 C/DF
	95	36	67	88	90	1	0.6	71.4	85.7	27.1	1.1	0.6	58.6	63.0	3800	5300	0.8	7012 AC/DT	7012 AC/DB	7012 AC/DF
	110	44	69	101	105	1.5	0.6	76	94.1	22.4	1.5	0.6	98.8	97.0	3600	5000	1.6	7212 C/DT	7212 C/DB	7212 C/DF
	110	44	69	101	105	1.5	0.6	76	94.1	30.8	1.5	0.6	94.2	92.5	3600	5000	1.6	7212 AC/DT	7212 AC/DB	7212 AC/DF
	110	44	69	101	105	1.5	0.6	79.3	91.5	46.7	1.5	0.6	90.8	89.0	3600	5000	1.68	7212 B/DT	7212 B/DB	7212 B/DF
	130	62	72	118	123	2.1	1	87.1	104.2	55.4	2.1	1.1	145	135	3400	4500	3.7	7312 B/DT	7312 B/DB	7312 B/DF
65	100	36	72	93	95	1	0.6	75.3	89.8	20.1	1.1	0.6	64.8	71.0	3600	5000	0.86	7013 C/DT	7013 C/DB	7013 C/DF
	100	36	72	93	95	1	0.6	75.3	89.8	28.2	1.1	0.6	61.5	67.5	3600	5000	0.86	7013 AC/DT	7013 AC/DB	7013 AC/DF
	120	46	74	111	115	1.5	0.6	82.5	102.5	24.2	1.5	0.6	112	110	3400	4500	2	7213 C/DT	7213 C/DB	7213 C/DF
	120	46	74	111	115	1.5	0.6	82.5	102.5	33.5	1.5	0.6	108	105	3400	4500	2	7213 AC/DT	7213 AC/DB	7213 AC/DF
	120	46	74	111	115	1.5	0.6	88.4	101.2	51.1	1.5	0.6	102	105	3400	4500	2.1	7213 B/DT	7213 B/DB	7213 B/DF
	140	66	77	128	133	2.1	1	93.9	112.4	59.5	2.1	1.1	165	155	3000	4000	4.5	7313 B/DT	7313 B/DB	7313 B/DF
70	110	40	77	103	105	1	0.6	82	98	22.1	1.1	0.6	78.0	87.0	3400	4800	1.2	7014 C/DT	7014 C/DB	7014 C/DF
	110	40	77	103	105	1	0.6	82	98	30.9	1.1	0.6	74.2	83.0	3400	4800	1.2	7014 AC/DT	7014 AC/DB	7014 AC/DF
	125	48	79	116	120	1.5	0.6	89	109	25.3	1.5	0.6	115	120	3200	4300	2.2	7214 C/DT	7214 C/DB	7214 C/DF
	125	48	79	116	120	1.5	0.6	89	109	35.1	1.5	0.6	112	115	3200	4300	2.2	7214 AC/DT	7214 AC/DB	7214 AC/DF
	125	48	79	116	120	1.5	0.6	91.1	104.9	52.9	1.5	0.6	115	115	3200	4300	2.3	7214 B/DT	7214 B/DB	7214 B/DF
	150	70	82	138	143	2.1	1	100.9	120.5	63.7	2.1	1.1	185	175	2800	3600	5.5	7314 B/DT	7314 B/DB	7314 B/DF
75	115	40	82	108	110	1	0.6	88	104	22.7	1.1	0.6	80.2	93.0	3400	4500	1.26	7015 C/DT	7015 C/DB	7015 C/DF
	115	40	82	108	110	1	0.6	88	104	32.2	1.1	0.6	75.8	88.5	3400	4500	1.26	7015 AC/DT	7015 AC/DB	7015 AC/DF
	130	50	84	121	125	1.5	0.6	94	115	26.4	1.5	0.6	128	132	3000	4000	2.4	7215 C/DT	7215 C/DB	7215 C/DF
	130	50	84	121	125	1.5	0.6	94	115	36.6	1.5	0.6	122	125	3000	4000	2.4	7215 AC/DT	7215 AC/DB	7215 AC/DF
	130	50	84	121	125	1.5	0.6	96.1	109.9	55.5	1.5	0.6	118	125	3000	4000	2.6	7215 B/DT	7215 B/DB	7215 B/DF
	160	74	87	148	153	2.1	1	107.9	128.6	68.4	2.1	1.1	202	198	2600	3400	6.6	7315 B/DT	7315 B/DB	7315 B/DF
80	125	44	87	118	120	1	0.6	95.2	112.8	24.7	1.1	0.6	94.8	112	3200	4300	1.7	7016 C/DT	7016 C/DB	7016 C/DF
	125	44	87	118	120	1	0.6	95.2	112.8	34.9	1.1	0.6	90.0	105	3200	4300	1.7	7016 AC/DT	7016 AC/DB	7016 AC/DF
	140	52	90	130	134	2	1	100	122	27.7	2	1	145	155	2800	3600	2.9	7216 C/DT	7216 C/DB	7216 C/DF
	140	52	90	130	134	2	1	100	122	28.9	2	1	138	148	2800	3600	2.9	7216 AC/DT	7216 AC/DB	7216 AC/DF
	140	52	90	130	134	2	1	103.2	117.8	59.2	2	1	130	138	2800	3600	3.1	7216 B/DT	7216 B/DB	7216 B/DF
	170	78	92	158	163	2.1	1	114.8	136.8	71.9	2.1	1.1	218	220	2400	3400	7.8	7316 B/DT	7316 B/DB	7316 B/DF
85	130	44	92	123	125	1	0.6	99.4	117.6	25.4	1.1	0.6	102	120	3000	4000	1.78	7017 C/DT	7017 C/DB	7017 C/DF
	130	44	92	123	125	1	0.6	99.4	117.6	36.1	1.1	0.6	95.8	115	3000	4000	1.78	7017 AC/DT	7017 AC/DB	7217 AC/DF
	150	56	95	140	144	2	1	107.1	131	29.9	2	1	162	170	2600	3400	3.6	7217 C/DT	7217 C/DB	7217 C/DF
	150	56	95	140	144	2	1	107.1	131	41.6	2	1	152	162	2600	3400	3.6	7217 AC/DT	7217 AC/DB	7217 AC/DF

（续）

公称尺寸/mm			安装尺寸/mm					其他尺寸/mm					基本额定载荷/kN		极限转速/r·min^{-1}		质量/kg	轴承代号		
d	D	$2B$	d_a min	D_a max	D_b max	r_a max	r_b max	d_2 ≈	D_2 ≈	a	r min	r_1 min	C_r	C_{0r}	脂	油	W ≈	串联 70000 C(AC、B)/DT 型	背对背 70000 C(AC、B)/DB 型	面对面 70000 C(AC、B)/DF 型
85	150	56	95	140	144	2	1	110.1	126	63.3	2	1	150	162	2600	3400	3.9	7217 B/DT	7217 B/DB	7217 B/DF
	180	82	99	166	173	2.5	1	121.2	145.6	76.1	3	1.1	240	245	2400	3200	9.2	7317 B/DT	7317 B/DB	7317 B/DF
90	140	48	99	131	135	1.5	0.6	107.2	126.8	27.4	1.5	0.6	115	140	2800	3600	2.3	7018 C/DT	7018 C/DB	7018 C/DF
	140	48	99	131	135	1.5	0.6	107.2	126.8	38.8	1.5	0.6	110	132	2800	3600	2.3	7018 AC/DT	7018 AC/DB	7018 AC/DF
	160	60	100	150	154	2	1	111.7	138.4	31.7	2	1	198	210	2400	3400	4.5	7218 C/DT	7218 C/DB	7218 C/DF
	160	60	100	150	154	2	1	111.7	138.4	44.2	2	1	192	200	2400	3400	4.5	7218 AC/DT	7218 AC/DB	7218 AC/DF
	160	60	100	150	154	2	1	118.1	135.2	67.9	2	1	170	188	2400	3400	4.8	7218 B/DT	7218 B/DB	7218 B/DF
	190	86	104	176	183	2.5	1	128.6	153.2	80.2	3	1.1	255	275	2200	3000	10.8	7318 B/DT	7318 B/DB	7318 B/DF
95	145	48	104	136	140	1.5	0.6	110.2	129.8	28.1	1.5	0.6	118	145	2600	3400	2.4	7019 C/DT	7019 C/DB	7019 C/DF
	145	48	104	136	140	1.5	0.6	110.2	129.8	40	1.5	0.6	112	138	2600	3400	2.4	7019 AC/DT	7019 AC/DB	7019 AC/DF
	170	64	107	158	163	2.1	1	118.1	147	33.8	2.1	1.1	218	228	2400	3200	5.4	7219 C/DT	7219 C/DB	7219 C/DF
	170	64	107	158	163	2.1	1	118.1	147	46.9	2.1	1.1	208	218	2400	3200	5.4	7219 AC/DT	7219 AC/DB	7219 AC/DF
	170	64	107	158	163	2.1	1	126.1	144.4	72.5	2.1	1.1	195	218	2400	3200	5.8	7219 B/DT	7219 B/DB	7219 B/DF
	200	90	109	186	193	2.5	1	135.4	161.5	84.4	3	1.1	278	310	2000	2800	12.5	7319 B/DT	7319 B/DB	7319 B/DF
100	150	48	109	141	145	1.5	0.6	114.6	135.4	28.7	1.5	0.6	128	158	2600	3400	2.5	7020 C/DT	7020 C/DB	7020 C/DF
	150	48	109	141	145	1.5	0.6	114.6	135.4	41.2	1.5	0.6	122	150	2600	3400	2.5	7020 AC/DT	7020 AC/DB	7020 AC/DF
	180	68	112	168	173	2.1	1	124.8	155.3	35.8	2.1	1.1	240	255	2200	3000	6.5	7220 C/DT	7220 C/DB	7220 C/DF
	180	68	112	168	173	2.1	1	124.8	155.3	49.7	2.1	1.1	230	245	2200	3000	6.5	7220 AC/DT	7220 AC/DB	7220 AC/DF
	180	68	112	168	173	2.1	1	130.9	150.5	75.7	2.1	1.1	210	230	2200	3000	6.9	7220 B/DT	7220 B/DB	7220 B/DF
	215	94	114	201	208	2.5	1	144.5	172.5	89.6	3	1.1	305	360	1800	2400	15.5	7320 B/DT	7320 B/DB	7320 B/DF
105	160	52	115	150	154	2	1	121.5	143.6	30.8	2	1	142	178	2600	3400	3.2	7021 C/DT	7021 C/DB	7021 C/DF
	160	52	115	150	154	2	1	121.5	143.6	43.9	2	1	135	168	2600	3400	3.2	7021 AC/DT	7021 AC/DB	7021 AC/DF
	190	72	117	178	183	2.1	1	131.3	163.8	37.8	2.1	1.1	262	290	2000	2800	7.7	7221 C/DT	7221 C/DB	7221 C/DF
	190	72	117	178	183	2.1	1	131.3	163.8	52.4	2.1	1.1	250	275	2000	2800	7.7	7221 AC/DT	7221 AC/DB	7221 AC/DF
	190	72	117	178	183	2.1	1	137.5	159	79.9	2.1	1.1	230	258	2000	2800	8.2	7221 B/DT	7221 B/DB	7221 B/DF
	225	98	119	211	218	2.5	1	151.4	180.7	93.7	3	1.1	328	392	1700	2400	17.6	7321 B/DT	7321 B/DB	7321 B/DF
110	170	56	120	160	164	2	1	129.1	152.9	32.8	2	1	162	205	2400	3400	3.9	7022 C/DT	7022 C/DB	7022 C/DF
	170	56	120	160	164	2	1	129.1	152.9	46.7	2	1	155	195	2400	3400	3.9	7022 AC/DT	7022 AC/DB	7022 AC/DF
	200	76	122	188	193	2.1	1	138.9	173.2	39.8	2.1	1.1	285	325	1900	2600	9.1	7222 C/DT	7222 C/DB	7222 C/DF
	200	76	122	188	193	2.1	1	138.9	173.2	55.2	2.1	1.1	272	310	1900	2600	9.1	7222 AC/DT	7222 AC/DB	7222 AC/DF
	200	76	122	188	193	2.1	1	144.8	166.8	84	2.1	1.1	250	290	1900	2600	9.6	7222 B/DT	7222 B/DB	7222 B/DF
	240	100	124	226	233	2.5	1	160.3	192	98.4	3	1.1	365	450	1500	2200	22.56	7322 B/DT	7322 B/DB	7322 B/DF

（续）

公称尺寸/mm			安装尺寸/mm					其他尺寸/mm					基本额定载荷/kN		极限转速/r·min^{-1}		质量/kg	轴承代号		
d	D	$2B$	d_a min	D_a max	D_b max	r_a max	r_b max	d_2 ≈	D_2 ≈	a	r min	r_1 min	C_r	C_{0r}	脂	油	W ≈	串联 70000 C(AC、B) /DT 型	背对背 70000 C(AC、B) /DB 型	面对面 70000 C(AC、B) /DF 型
120	180	56	130	170	174	2	1	137.7	162.4	34.1	2	1	175	222	1900	2600	4.2	7024 C/DT	7024 C/DB	7024 C/DF
	180	56	130	170	174	2	1	137.7	162.4	48.9	2	1	165	210	1900	2600	4.2	7024 AC/DT	7024 AC/DB	7024 AC/DF
	215	80	132	203	208	2.1	1	149.4	185.7	42.4	2.1	1.1	305	362	1700	2400	10.8	7224 C/DT	7224 C/DB	7224 C/DF
	215	80	132	203	208	2.1	1	149.4	185.7	59.1	2.1	1.1	292	345	1700	2400	10.8	7224 AC/DT	7224 AC/DB	7224 AC/DF
130	200	66	140	190	194	2	1	151.4	178.7	38.6	2	1	208	272	1800	2400	6.4	7026 C/DT	7026 C/DB	7026 C/DF
	200	66	140	190	194	2	1	151.4	178.7	54.9	2	1	198	258	1800	2400	6.4	7026 AC/DT	7026 AC/DB	7026 AC/DF
	230	80	144	216	223	2.5	1	162.9	199.3	44.3	3	1.1	332	418	1500	2200	12.5	7226 C/DT	7226 C/DB	7226 C/DF
	230	80	144	216	223	2.5	1	162.9	199.3	62.2	3	1.1	315	400	1500	2200	12.5	7226 AC/DT	7226 AC/DB	7226 AC/DF
140	210	66	150	200	204	2	1	—	—	—	2	1	228	290	1700	2400	7.24	7028 C/DT	7028 C/DB	7028 C/DF
	210	66	150	200	204	2	1	—	—	59.2	2	1	228	300	1500	2200	7.84	7028 AC/DT	7028 AC/DB	7028 AC/DF
	250	84	154	236	243	2.5	1	—	—	41.7	3	1.1	372	490	1300	2000	18.72	7228 C/DT	7228 C/DB	7228 C/DF
	250	84	154	236	243	2.5	1	—	—	68.6	3	1.1	372	470	1300	2000	18.48	7228 AC/DT	7228 AC/DB	7228 AC/DF
	300	124	158	282	291	3	1.5	—	—	111	4	1.5	465	630	1200	1700	44.88	7328 B/DT	7328 B/DB	7328 B/DF
150	225	70	162	213	218	2.1	1	—	—	—	2.1	1.1	260	312	1500	2200	9.66	7030 C/DT	7030 C/DB	7030 C/DF
	225	70	162	213	218	2.1	1	—	—	63.2	2.1	1.1	245	335	1400	2000	9.66	7030 AC/DT	7030 AC/DB	7030 AC/DF
160	290	96	174	276	283	2.5	1	—	—	47.9	3	1.1	425	595	1200	1700	29	7232 C/DT	7232 C/DB	7232 C/DF
	290	96	174	276	283	2.5	1	—	—	78.9	3	1.1	402	555	1200	1700	29	7232 AC/DT	7232 AC/DB	7232 AC/DF
170	260	84	182	248	253	2.1	1	—	—	73.4	2.1	1.1	310	445	1200	1800	16.5	7034 AC/DT	7034 AC/DB	7034 AC/DF
	310	104	188	292	301	3	1.5	—	—	51.5	4	1.5	522	780	1100	1500	38.4	7234 C/DT	7234 C/DB	7234 C/DF
	310	104	188	292	301	3	1.5	—	—	84.5	4	1.5	495	735	1100	1500	34.4	7234 AC/DT	7234 AC/DB	7234 AC/DF
180	320	104	198	302	311	3	1.5	—	—	52.6	4	1.5	542	830	1000	1400	36.2	7236 C/DT	7236 C/DB	7236 C/DF
	320	104	198	302	311	3	1.5	—	—	87	4	1.5	510	775	1000	1400	36.2	7236 AC/DT	7236 AC/DB	7236 AC/DF
190	290	92	202	278	283	2.1	1	—	—	81.5	2.1	1.1	348	525	1100	1500	21.4	7038 AC/DT	7038 AC/DB	7038 AC/DF
200	310	102	212	298	302	2.1	1	—	—	87.7	2.1	1.1	410	650	1000	1400	28.08	7040 AC/DT	7040 AC/DB	7040 AC/DF
	360	116	218	342	351	3	1.5	—	—	58.8	4	1.5	585	950	900	1300	50.4	7240 C/DT	7240 C/DB	7240 C/DF
	360	116	218	342	351	3	1.5	—	—	97.3	4	1.5	558	895	900	1300	50.4	7240 AC/DT	7240 AC/DB	7240 AC/DF
220	400	130	238	382	391	3	1.5	—	—	108.1	4	1.5	580	965	750	1100	77	7244 AC/DT	7244 AC/DB	7244 AC/DF

表 14.6-9　分离型角接触球轴承（部分摘自 GB/T 292—2007）

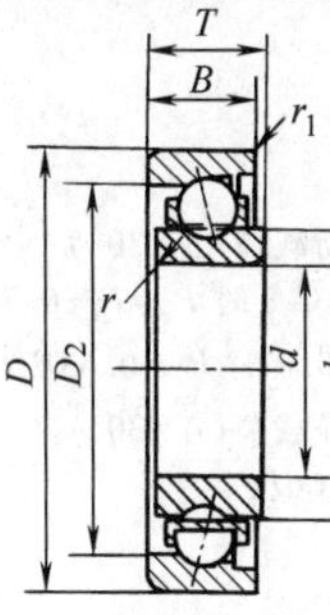

S70000J 型

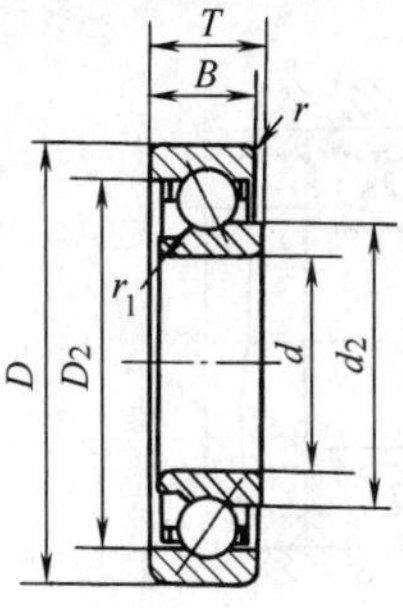

SN70000 型

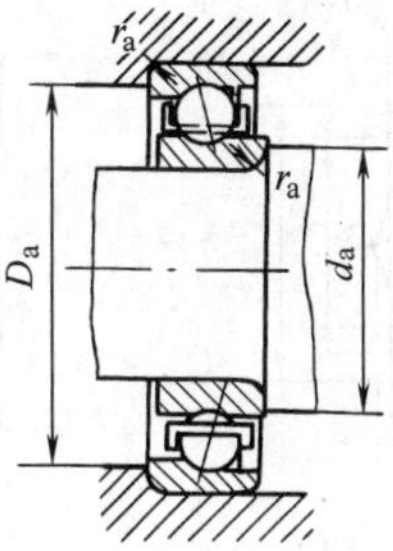

当量载荷计算见表 14.6-7

代号含义

S—外圈可分离

SN—内圈可分离

J—钢板冲压保持架

公称尺寸/mm			安装尺寸/mm			其他尺寸/mm					基本额定载荷/kN		极限转速/$r \cdot min^{-1}$		质量/kg	轴承代号
d	D	B	d_a min	D_a max	r_a max	d_2 ≈	D_2 ≈	T	r min	r_1 min	C_r	C_{0r}	脂	油	W ≈	S 70000J 型 SN 70000 型
3	10	4	4.2	8.8	0.15	7.7	5.55	4	0.15	0.08	0.25	0.18	36000	48000	0.015	S 723 J
5	13	4	6.6	11.4	0.2	7.25	10.1	4	0.2	0.1	0.45	0.42	32000	43000	0.0023	S 719/5 J
	16	5	7.4	13.6	0.3	8.1	12.8	5	0.3	0.15	1.10	0.82	30000	40000	0.046	S 725 J
6	15	5	7.6	13.4	0.2	8.8	12.2	5	0.2	0.1	1.10	0.92	30000	40000	0.0039	S 719/6 J
	19	6	8.4	16.6	0.3	9.5	15.45	6	0.3	0.15	1.50	1.12	26000	36000	—	S 726 J
7	22	7	9.4	19.6	0.3	10.7	17.6	7	0.3	0.15	2.20	1.30	24000	34000	0.022	S 727 J
8	22	7	10.4	19.6	0.3	12.1	17.8	7	0.3	0.15	1.60	1.40	24000	34000	—	S 708 J
	24	8	10.4	21.6	0.3	12.1	19	8	0.3	0.15	2.20	1.25	22000	30000	—	S 728 J
9	26	8	11.4	23.6	0.3	14.2	20.8	8	0.3	0.15	2.20	1.25	20000	29000	—	S 729 J
10	26	8	12.4	23.6	0.3	14.5	21.2	8	0.3	0.15	2.30	2.45	19000	28000	—	S 7000 J
	30	9	15	25	0.6	15.9	24.1	9	0.6	0.15	3.60	3.20	18000	26000	0.03	S 7200 J
12	28	8	14.4	25.6	0.3	16.7	23.3	8	0.3	0.15	2.30	2.68	18000	26000	—	S 7001 J
	32	7	14.4	29.6	0.3	17.7	24.6	7	0.3	—	2.50	3.00	17000	24000	0.028	S 78201 J
15	32	9	17.4	29.6	0.3	19.9	27.2	9	0.3	0.15	2.50	3.68	17000	24000	0.028	S 7002 J
	35	8	17.4	32.6	0.3	20.7	29	8	0.3	—	3.30	4.00	16000	22000	0.035	S 78202 J
	35	11	20	30	0.6	20.7	29.5	11	0.6	—	6.70	4.50	16000	22000	0.0436	SN 7202 J
	35	11	20	30	0.6	20.5	29.2	11	0.6	0.15	3.70	4.50	16000	22000	0.044	S 7202 J
17	40	12	22	35	0.6	23.4	33.8	12	0.6	—	9.20	6.45	15000	20000	0.0596	SN 7203 J
20	42	12	25	37	0.6	26.1	36.1	12	0.6	0.15	3.80	4.92	14000	19000	0.065	S 7004 J
	47	14	26	41	1	27.9	39.8	14	1	—	10.1	8.05	13000	18000	0.0946	SN 7204 J
25	52	15	31	46	1	32.9	44.4	15	1	—	12.8	9.55	11000	16000	0.114	SN 7205 J
30	62	16	36	56	1	40.3	52.7	16	1	—	17.8	14.8	9000	13000	0.187	SN 7206 J
600	730	60	614	716	2.5	—	—	60	3	—	332	888	380	500	60.7	S 718/600
800	980	82	822	958	4	—	—	—	5	—	568	1890	200	300	132	S 718/800
1180	1420	106	1208	1392	5	—	—	—	6	—	850	3580	—	—	332	S 718/1180

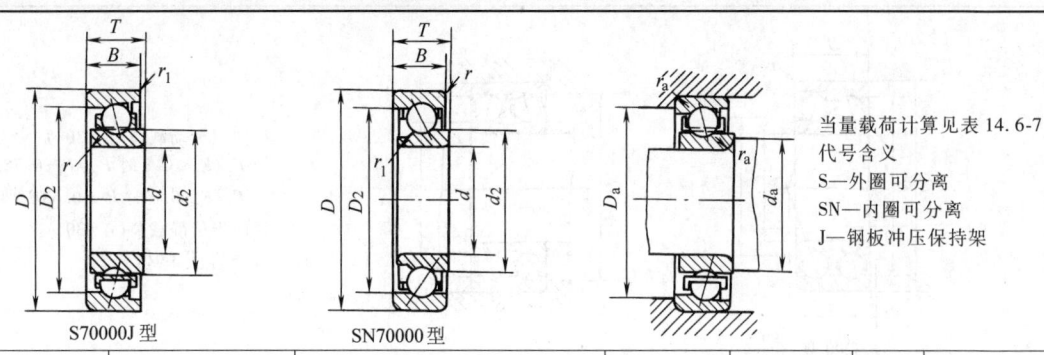

表 14.6-10　双列角接触球轴承（部分摘自 GB/T 296—2015）

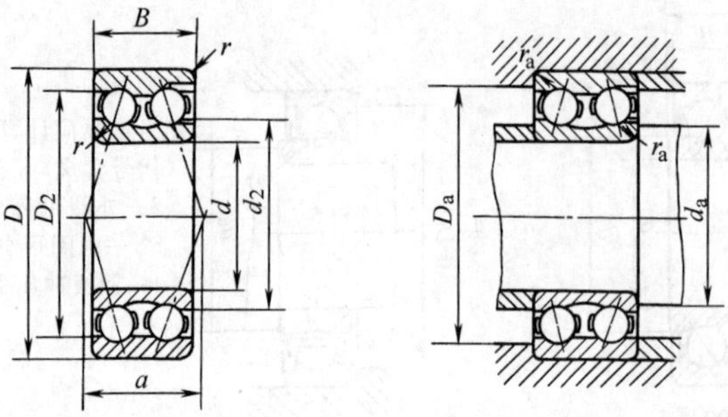

3200 型

径向当量动载荷（$\alpha=30°$）

当 $F_a/F_r \leqslant 0.8$ 时 $P_r=F_r+0.78F_a$

当 $F_a/F_r>0.8$ 时 $P_r=0.63F_r+1.24F_a$

径向当量静载荷（$\alpha=30°$）

$P_{or}=F_r+0.66F_a$

公称尺寸/mm			安装尺寸/mm			其他尺寸/mm				基本额定载荷 /kN		极限转速 /r·min^{-1}		质量 /kg	轴承代号
d	D	B	d_a min	D_a max	r_a max	d_2 ≈	D_2 ≈	a	r min	C_r	C_{0r}	脂	油	W ≈	3200 型 3300 型
10	30	14.3	15	25	0.6	17.7	23.6	18	0.6	7.42	4.30	16000	22000	0.054	3200
12	32	15.9	17	27	0.6	19.1	26.5	20	0.6	10.2	5.60	15000	20000	0.058	3201
15	35	15.9	20	30	0.6	22.1	29.5	22	0.6	11.2	6.80	12000	17000	0.066	3202
17	40	17.5	22	35	0.6	25.2	33.6	25	0.6	14.0	8.65	10000	15000	0.1	3203
20	47	20.6	26	41	1	29.6	39.5	30	1	18.5	12.0	9000	13000	0.16	3204
	52	22.2	27	45	1	31.8	42.6	32	1.1	22.2	14.2	8500	12000	0.22	3304
25	52	20.6	31	46	1	34.6	44.5	33	1	20.2	14.0	8000	11000	0.18	3205
	62	25.4	32	55	1	38.4	51.4	38	1.1	31.2	2.8	7500	10000	0.35	3305
30	62	23.8	36	56	1	41.4	53.2	38	1	25.2	20.0	7000	9500	0.29	3206
	72	30.2	37	65	1	39.8	64.1	44	1.1	36.8	28.5	6300	8500	0.53	3306
35	72	27	42	65	1	48.1	61.9	45	1.1	33.5	27.5	6000	8000	0.44	3207
	80	34.9	44	71	1.5	44.6	70.1	49	1.5	44.0	34.0	5600	7500	0.73	3307
40	80	30.2	47	73	1	47.8	72.1	49	1.1	40.5	33.5	5600	7500	0.58	3208
	90	36.5	49	81	1.5	50.8	80.1	56	1.5	53.2	43.0	5000	6700	0.95	3308
45	85	30.2	52	78	1	52.8	77.1	52	1.1	42.8	38.0	5000	6700	0.63	3209
	100	39.7	54	91	1.5	63.8	86.3	64	1.5	64.8	73.5	4500	6000	1.40	3309
50	90	30.2	57	83	1	57.8	82.1	56	1.1	42.8	39.0	4800	6300	0.66	3210
	110	44.4	60	100	2	73.3	97.0	73	2	79.2	96.5	4000	5300	1.95	3310
55	100	33.3	64	91	1.5	70.4	88.3	64	1.5	51.5	67.0	4300	5600	1.05	3211
	120	49.2	65	110	2	81.0	110	80	2	85.8	108	3800	5000	2.55	3311
60	110	36.5	69	101	1.5	78.0	98.3	71	1.5	65.0	85.0	3800	5000	1.4	3212
	130	54	72	118	2.1	87.2	115	86	2.1	100	128	3400	4500	3.25	3312
65	120	38.1	74	111	1.5	83.7	105	76	1.5	70.2	95.0	3600	4800	1.75	3213
	140	58.7	77	128	2.1	92.5	122	94	2.1	115	150	3200	4300	4.1	3313
70	125	39.7	79	116	1.5	90.6	111	81	1.5	68.8	98.0	3200	4300	1.90	3214
	150	63.5	82	138	2.1	99.2	131	101	2.1	132	172	2800	3800	5.05	3314
75	130	41.3	84	121	1.5	94.7	116	84	1.5	75.8	110	3200	4300	2.10	3215
	160	68.3	87	148	2.1	106	139	107	2.1	142	185	2600	3600	6.15	3315
80	140	44.4	90	130	2	102	127	91	2	90.8	135	2800	3800	2.65	3216
	170	68.3	92	158	2.1	113	148	112	2.1	158	212	2400	3400	6.95	3316
85	150	49.2	95	140	2	107	133	97	2	98	145	2600	3600	3.40	3217
	180	73	99	166	2.5	120	157	119	3	175	240	2200	3200	8.30	3317
90	160	52.4	100	150	2	115	143	104	2	115	172	2400	3400	4.15	3218
	190	73	104	176	2.5	128	169	125	3	198	285	2000	3000	9.25	3318

（续）

公称尺寸/mm			安装尺寸/mm			其他尺寸/mm				基本额定载荷/kN		极限转速/r·min^{-1}		质量/kg	轴承代号
d	D	B	d_a min	D_a max	r_a max	d_2 ≈	D_2 ≈	a	r min	C_r	C_{0r}	脂	油	W ≈	3200 型 3300 型
95	170	55.6	107	158	2.1	124	154	111	2.1	132	205	2200	3200	5.00	3219
	200	77.8	109	186	2.5	135	178	133	3	215	315	1900	2800	11.0	3319
100	180	60.3	112	168	2.1	129	160	118	2.1	142	220	2000	3000	6.10	3220
	215	82.6	114	201	2.5	142	187	139	3	230	355	1800	2600	13.5	3320
110	200	69.8	122	188	2.1	143	178	132	2.1	170	270	1900	2800	8.80	3222
	240	92.1	124	226	2.5	155	205	153	3	262	425	1700	2400	19.0	3322

表 14.6-11　四点接触球轴承（部分摘自 GB/T 294—2015）

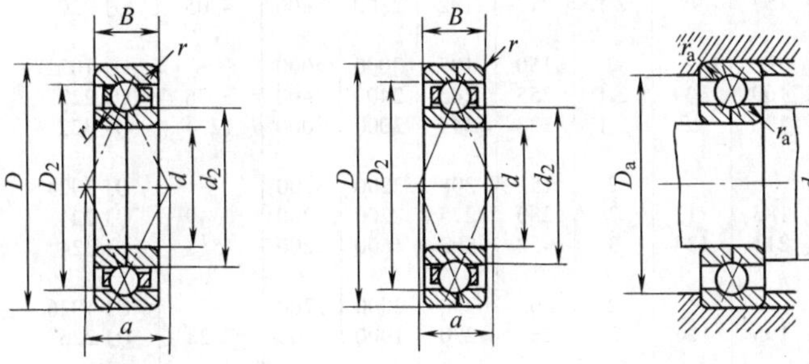

QJ0000 型　　QJF0000 型

径向当量动载荷

当 $F_a/F_r \leqslant 0.95$ 时，$P_r = F_r$

当 $F_a/F_r > 0.95$ 时，$P_r = 0.37F_r + 0.66F_a$

径向当量静载荷

当 $P_{0r} \geqslant F_r$ 时，$P_{0r} = 0.5F_r + 0.29F_a$

当 $P_{0r} < F_r$ 时，取 $P_{0r} = F_r$

代号含义

QJ—双半内圈

QJF—双半外圈

公称尺寸/mm			安装尺寸/mm			其他尺寸/mm				基本额定载荷/kN		极限转速/r·min^{-1}		质量/kg	轴承代号
d	D	B	d_a min	D_a max	r_a max	d_2 ≈	D_2 ≈	a	r min	C_r	C_{0r}	脂	油	W ≈	QJ 0000 型 QJF 0000 型
30	72	19	37	65	1	45.8	58.2	36	1.1	44.5	31.2	6700	9000	0.42	QJ 306
35	72	17	42	65	1	—	—	—	1.1	28.0	25.8	6300	8500	0.356	QJF 207
	80	21	44	71	1.5	50.7	64.3	40	1.5	53.2	37.2	6000	8000	0.57	QJ 307
40	80	18	47	73	1	—	—	—	1.1	36.0	32.0	6000	8000	0.394	QJF 208
	80	18	47	73	1	54	66	42	1.1	40.5	37.0	6700	9000	0.391	QJ 208
45	85	19	52	78	1	—	—	—	1.1	40.0	37.8	5300	7000	0.43	QJF 209
	100	25	54	91	1.5	—	—	—	1.5	55.5	50.2	4800	6300	0.923	QJF 309
50	90	20	57	83	1	—	—	—	1.1	41.8	40.2	5000	6700	0.514	QJF 210
	90	20	57	83	1	63.5	76.5	49	1.1	55.5	44.8	5000	6700	0.52	QJ 210
	110	27	60	100	2	—	—	—	2	73.5	72.2	4500	6000	1.2	QJF 310
	110	27	60	100	2	70	90	56	2	85.0	80.0	5000	6700	1.33	QJ 310
55	100	21	64	91	1.5	—	—	—	1.5	50.2	50.2	4500	6000	0.76	QJF 211
	100	21	64	91	1.5	70.3	84.7	54	1.5	71.0	62.0	5300	7000	0.769	QJ 211
	120	29	65	110	2	—	—	—	2	86.5	85.0	4000	5300	1.48	QJF 311
	120	29	65	110	2	77.2	97.8	61	2	115	86.5	4000	5300	1.48	QJ 311
60	110	22	69	101	1.5	—	—	—	1.5	62.8	63.8	4300	5600	1.0	QJF 212
	110	22	69	101	1.5	77	93	60	1.5	81.0	71.0	4800	6300	0.99	QJ 212
	130	31	72	118	2.1	—	—	—	2.1	93.5	93.2	3800	5000	2.2	QJF 312
65	120	23	74	111	1.5	—	—	—	1.5	65.2	67.8	3800	5000	1.12	QJF 213
	120	23	74	111	1.5	84.5	101	65	1.5	90.0	83.0	4300	5600	1.2	QJ 213
	140	33	77	128	2.1	—	—	—	2.1	105	102	3400	4500	2.32	QJF 313
70	125	24	79	116	1.5	89	106	68	1.5	98.0	91.5	4300	5600	2.32	QJ 214

（续）

公称尺寸/mm			安装尺寸/mm			其他尺寸/mm				基本额定载荷/kN		极限转速/r·min^{-1}		质量/kg	轴承代号
d	D	B	d_a min	D_a max	r_a max	d_2 ≈	D_2 ≈	a	r min	C_r	C_{0r}	脂	油	W ≈	QJ 0000 型 QJF 0000 型
70	150	35	82	138	2.1	97.3	123	77	2.1	168	132	3200	4300	3.15	QJ 314
75	130	25	84	121	1.5	93.8	112	72	1.5	108	98.0	4000	5300	1.45	QJ 215
85	180	41	99	166	2.5	117	148	93	3	210	188	2600	3600	5.5	QJ 317
90	140	24	99	131	1.5	—	—	—	1.5	102	130	3200	4300	—	QJ 1018
	160	30	100	150	2.0	114	136	88	2	165	150	3200	4300	2.91	QJ 218
	190	43	104	176	2.5	124	156	98	3	238	228	2400	3400	6.41	QJ 318
100	180	34	112	168	2.1	127	153	98	2.1	212	192	2800	3800	4.05	QJ 220
110	170	28	120	160	2	—	—	—	2	150	195	3000	4000	—	QJ 1022
	200	38	122	188	2.1	141	169	109	2.1	255	245	2400	3400	5.76	QJ 222
	240	50	122	188	2.1	154	196	23	2.1	328	345	2000	3000	12.4	QJ 322
120	180	28	130	170	2	—	—	—	2	152	208	2200	3200	—	QJ 1024
	215	40	132	203	2.1	152	183	117	2	280	275	2200	3200	6.49	QJ 224
	260	55	134	246	2.5	169	211	133	3	352	392	1600	2200	15.3	QJ 324
130	200	33	140	190	2	—	—	—	2	202	230	2000	2700	—	QJ 1026
	230	40	144	216	2.5	165	195	126	3	288	290	1900	2800	7.28	QJ 226
140	210	33	150	200	2	—	—	—	2	205	242	1900	2600	—	QJ 1028
	250	42	154	236	2.5	179	211	137	3	292	352	1500	2000	10.5	QJ 228
	300	62	158	282	3	196	244	154	4	422	512	1300	1800	22.4	QJ 328
150	225	35	162	213	2.1	174	201	131	2.1	225	275	1800	2400	4.59	QJ 1030
	270	45	164	256	2.5	194	226	147	3	302	372	1400	1900	12.4	QJ 230
160	240	38	172	228	2.1	—	—	140	2.1	260	318	1600	2200	—	QJ 1032
	290	48	174	276	2.5	207	243	158	3	352	455	1300	1800	14.7	QJ 232
170	260	42	182	248	2.1	198.8	231.2	151	2.1	200	350	1500	2000	7.45	QJ 1034
	310	52	188	292	3	222	258	168	4	358	480	1200	1700	18.1	QJ 234
180	280	46	192	268	2.1	212.7	247.8	161	2.1	335	408	1400	1800	10.7	QJ 1036
	320	52	198	302	3	231	269	175	4	392	545	1100	1600	—	QJ 236
190	290	46	202	278	2.1	—	—	168	2.1	348	430	1300	1700	—	QJ 1038
200	310	51	212	298	2.1	—	—	179	2.1	382	498	1200	1600	—	QJ 1040
220	340	56	234	326	2.5	259	301	196	3	448	622	1000	1400	18	QJ 1044
240	360	56	254	346	2.5	282.2	318	210	3	458	655	950	1300	21	QJ 1048
260	400	65	278	382	3	—	—	—	4	510	765	850	1200	—	QJ 1052
280	420	65	298	402	3	—	—	245	4	540	835	800	1000	—	QJ 1056
300	460	74	318	442	3	—	—	—	4	630	1040	700	950	—	QJ 1060
320	480	74	338	462	3	—	—	280	4	650	1090	650	850	—	QJ 1064
340	520	82	362	498	4	—	—	301	5	725	1270	600	800	—	QJ 1068
360	540	82	382	518	4	—	—	—	5	768	1380	530	700	—	QJ 1072
380	560	82	402	538	4	—	—	—	5	805	1430	500	670	—	QJ 1076

4 圆柱滚子轴承（见表 14.6-12～表 14.6-16）

表 14.6-12 圆柱滚子轴承（部分摘自 GB/T 283—2007）

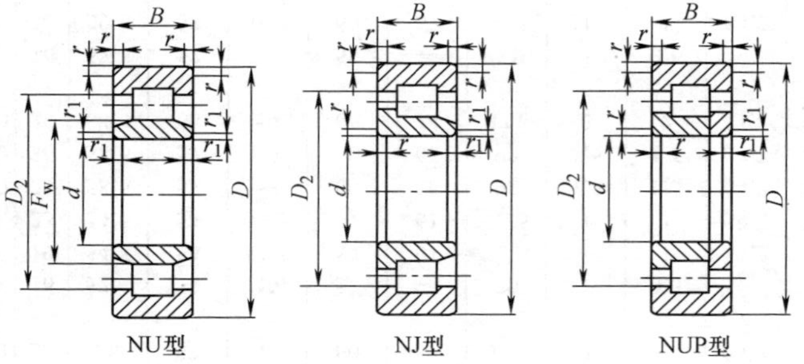

径向当量动载荷

$P_r=F_r$

对轴向承载圆柱滚子轴承（NJ、NUP 型）

对于 2、3 系列

当 $0<F_a/F_r\leqslant 0.12$ 时，$P_r=F_r+0.3F_a$

当 $0.12<F_a/F_r\leqslant 0.3$ 时，$P_r=0.94F_r+0.8F_a$

对于 22、23 系列

当 $0<F_a/F_r\leqslant 0.18$ 时，$P_r=F_r+0.2F_a$

当 $0.18<F_a/F_r\leqslant 0.3$ 时，$P_r=0.94F_r+0.53F_a$

径向当量静载荷

$P_{0r}=F_r$

代号含义

NU—内圈无挡边

NJ—内圈单挡边

NUP—内圈无挡边并带平挡圈

E—加强型，内圈结构改进，增大承载能力

公称尺寸/mm				安装尺寸/mm							其他尺寸/mm				基本额定载荷/kN		极限转速/r·min^{-1}		质量/kg	轴承代号		
d	D	B	F_W	d_a max	d_a min	d_b min	d_c min	D_a max	r_a max	r_b max	d_2	D_2	r min	r_1 min	C_r	C_{0r}	脂	油	W ≈	NU 型	NJ 型	NUP 型
15	35	11	19.3	—	17	21	23	31	0.6	0.3	22	26.4	0.6	0.3	8.35	5.5	15000	19000	—	NU 202	NJ 202	—
17	40	12	22.9	—	19	24	27	36	0.6	0.3	25.5	30.9	0.6	0.3	9.55	7.0	14000	18000	—	NU 203	NJ 203	NUP 203
	47	14	27	—	21	27	30	42	1	0.6	—	—	1	0.6	13.5	10.8	13000	17000	0.147	NU 303	NJ 303	—
20	42	12	25.5	—	22	27	—	38	0.6	0.3	—	—	0.6	0.3	11.0	9.2	13000	17000	0.09	NU 1004	—	—
	47	14	26.5	26	24	29	32	42	1	0.6	29.7	38.5	1	0.6	27.0	24.0	12000	16000	0.117	NU 204 E	NJ 204 E	NUP 204 E
	47	18	26.5	26	24	29	32	42	1	0.6	29.7	38.5	1	0.6	32.2	30.0	12000	16000	0.149	NU 2204 E	NJ 2204 E	NUP 2204 E
	52	15	27.5	27	24	30	33	45.5	1	0.6	31.2	42.3	1.1	0.6	30.5	25.5	11000	15000	0.155	NU 304 E	NJ 304 E	NUP 304 E
	52	21	27.5	27	24	30	33	45.5	1	0.6	29.7	38.5	1.1	0.6	41.0	37.5	10000	14000	0.216	NU 2304 E	NJ 2304 E	NUP 2304 E
25	47	12	30.5	30	27	32	—	43	0.6	0.3	—	38.8	0.6	0.3	11.5	10.2	11000	15000	0.1	NU 1005	—	—
	52	15	31.5	31	29	34	37	47	1	0.6	34.7	43.5	1	0.6	28.8	26.8	11000	14000	0.14	NU 205 E	NJ 205 E	NUP 205 E
	52	18	31.5	31	29	34	37	47	1	0.6	34.7	43.5	1	0.6	34.5	33.8	11000	14000	0.168	NU 2205 E	NJ 2205 E	NUP 2205 E
	62	17	34	33	31.5	37	40	55.5	1	1	38.1	50.4	1.1	1.1	40.2	35.8	9000	12000	0.251	NU 305 E	NJ 305 E	NUP 305 E
	62	24	34	33	31.5	37	40	55.5	1	1	38.1	50.4	1.1	1.1	56.0	54.5	9000	12000	0.355	NU 2305 E	NJ 2305 E	NUP 2303 E

（续）

公称尺寸/mm				安装尺寸/mm							其他尺寸/mm				基本额定载荷/kN		极限转速/r·min^{-1}		质量/kg	轴承代号		
d	D	B	F_W	d_a max	d_a min	d_b min	d_c min	D_a max	r_a max	r_b max	d_2	D_2	r min	r_1 min	C_r	C_{0r}	脂	油	W ≈	NU 型	NJ 型	NUP 型
30	55	13	36.5	35	34	38	—	50	1	0.6	—	45.6	1	0.6	13.5	12.8	9500	12000	0.12	NU 1006	—	—
	62	16	37.5	37	34	40	44	57	1	0.6	41.3	52.3	1	0.6	37.8	35.5	8500	11000	0.214	NU 206 E	NJ 206 E	NUP 206 E
	62	20	37.5	37	34	40	44	57	1	0.6	41.3	52.3	1	0.6	47.8	48.0	8500	11000	0.268	NU 2206 E	NJ 2206 E	NUP 2206 E
	72	19	40.5	40	36.5	44	48	65.5	1	1	45	58.6	1.1	1.1	51.5	48.2	8000	10000	0.377	NU 306 E	NJ 306 E	NUP 306 E
	72	27	40.5	40	36.5	44	48	65.5	1	1	45	58.6	1.1	1.1	73.2	75.5	8000	10000	0.538	NU 2306 E	NJ 2306 E	NUP 2306 E
	90	23	45	44	38	47	52	82	1.5	1.5	50.5	65.8	1.5	1.5	59.8	53.0	7000	9000	0.73	NU 406	NJ 406	NUP 406
35	62	14	42	41	39	44	—	57	1	0.6	—	54.5	1	0.6	20.5	18.8	8500	11000	0.16	NU 1007	—	—
	72	17	44	43	39	46	50	65.5	1	0.6	48.3	60.5	1.1	0.6	48.8	48.0	7500	9500	0.311	NU 207 E	NJ 207 E	NUP 207 E
	72	23	44	43	39	46	50	65.5	1	0.6	48.3	60.5	1.1	0.6	60.2	63.0	7500	9500	0.414	NU 2207 E	NJ 2207 E	NUP 2207 E
	80	21	46.2	45	41.5	48	53	72	1.5	1	51.1	66.3	1.5	1.1	65.0	63.2	7000	9000	0.501	NU 307 E	NJ 307 E	NUP 307 E
	80	31	46.2	45	41.5	48	53	72	1.5	1	51.1	66.3	1.5	1.1	91.8	98.2	7000	9000	0.738	NU 2307 E	NJ 2307 E	NUP 2307 E
	100	25	53	52	43	55	61	92	1.5	1.5	59	75.3	1.5	1.5	74.2	68.2	6000	7500	0.94	NU 407	NJ 407	NUP 407
40	68	15	47	46	44	49	—	63	1	0.6	—	57.6	1	0.6	22.2	22.0	7500	9500	0.22	NU 1008	NJ 1008	—
	80	18	49.5	49	46.5	52	56	73.5	1	1	54.2	67.6	1.1	1.1	54.0	53.0	7000	9000	0.394	NU 208 E	NJ 208 E	NUP 208 E
	80	23	49.5	49	46.5	52	56	73.5	1	1	54.2	67.6	1.1	1.1	70.8	75.2	7000	9000	0.507	NU 2208 E	NJ 2208 E	NUP 2208 E
	90	23	52	51	48	55	60	82	1.5	1.5	57.7	75.4	1.5	1.5	80.5	77.8	6300	8000	0.68	NU 308 E	NJ 308	NUP 308 E
	90	33	52	51	48	55	60	82	1.5	1.5	57.7	75.4	1.5	1.5	110	118	6300	8000	0.974	NU 2308 E	NJ 2308 E	NUP 2308 E
	110	27	58	57	49	60	67	101	2	2	64.8	83.3	2	2	94.8	89.8	5600	7000	1.25	NU 408	NJ 408	NUP 408
45	75	16	52.5	52	49	54	—	70	1	0.6	—	63.9	1	0.6	24.2	23.8	6500	8500	0.26	NU 1009	NJ 1009	—
	85	19	54.5	54	51.5	57	61	78.5	1	1	59.2	72.6	1.1	1.1	61.2	63.8	6300	8000	0.45	NU 209 E	NJ 209 E	NUP 209 E
	85	23	54.5	54	51.5	57	61	78.5	1	1	59.2	72.6	1.1	1.1	74.5	82.0	6300	8000	0.55	NU 2209 E	NJ 2209 E	NUP 2209 E
	100	25	58.5	57	53	60	66	92	1.5	1.5	64.7	83.6	1.5	1.5	97.5	98.0	5600	7000	0.93	NU 309 E	NJ 309 E	NUP 309 E
	100	36	58.5	57	53	60	66	92	1.5	1.5	64.7	83.6	1.5	1.5	135	152	5600	7000	1.34	NU 2309 E	NJ 2309 E	NUP 2309 E
	120	29	64.5	63	54	66	74	111	2	2	71.8	91.4	2	2	108	100	5000	6300	1.8	NU 409	NJ 409	NUP 409
50	80	16	57.5	57	54	59	—	75	1	0.6	—	68.9	1	0.6	26.2	27.5	6300	8000	—	NU 1010	NJ 1010	—
	90	20	59.5	58	56.5	62	67	83.5	1	1	64.2	77.6	1.1	1.1	64.2	69.2	6000	7500	0.505	NU 210 E	NJ 210 E	NUP 210 E
	90	23	59.5	58	56.5	62	67	83.5	1	1	64.2	77.6	1.1	1.1	77.8	88.8	6000	7500	0.59	NU 2210 E	NJ 2210 E	NUP 2210 E
	110	27	65	63	59	67	73	101	2	2	71.2	91.7	2	2	110	112	5300	6700	1.2	NU 310 E	NJ 310 E	NUP 310 E
	110	40	65	63	59	67	73	101	2	2	71.2	91.7	2	2	162	185	5300	6700	1.79	NU 2310 E	NJ 2310 E	NUP 2310 E
	130	31	70.8	69	61	73	81	119	2.1	2.1	78.8	101	2.1	2.1	125	120	4800	6000	2.3	NU 410	NJ 410	NUP 410

（续）

公称尺寸/mm				安装尺寸/mm							其他尺寸/mm				基本额定载荷/kN		极限转速/r·min^{-1}		质量/kg	轴承代号		
d	D	B	F_W	d_a max	d_a min	d_b min	d_c min	D_a max	r_a max	r_b max	d_2	D_2	r min	r_1 min	C_r	C_{0r}	脂	油	W ≈	NU 型	NJ 型	NUP 型
55	90	18	64.5	63	60	66	—	83.5	1	1	—	79	1.1	1	37.5	40.0	5600	7000	0.45	NU 1011	NJ 1011	—
	100	21	66	65	61.5	68	73	92	1.5	1	70.9	86.2	1.5	1.1	84.0	95.5	5300	6700	0.68	NU 211 E	NJ 211 E	NUP 211 E
	100	25	66	65	61.5	68	73	92	1.5	1	70.9	86.2	1.5	1.1	99.2	118	5300	6700	0.81	NU 2211 E	NJ 2211 E	NUP 2211 E
	120	29	70.5	69	64	72	80	111	2	2	77.4	100.6	2	2	135	138	4800	6000	1.53	NU 311 E	NJ 311 E	NUP 311 E
	120	43	70.5	69	64	72	80	111	2	2	77.4	100.6	2	2	198	228	4800	6000	2.28	NU 2311 E	NJ 2311 E	NUP 2311 E
	140	33	77.2	76	66	79	87	129	2.1	2.1	85.2	108	2.1	2.1	135	132	4300	5300	2.8	NU 411	NJ 411	NUP 411
60	95	18	69.5	68	65	71	—	88.5	1	1	—	81.6	1.1	1	40.2	45.0	5300	6700	0.48	NU 1012	NJ 1012	—
	110	22	72	71	68	75	80	102	1.5	1.5	77.7	95.8	1.5	1.5	94.0	102	5000	6300	0.86	NU 212 E	NJ 212 E	NUP 212 E
	110	28	72	71	68	75	80	102	1.5	1.5	77.7	95.8	1.5	1.5	128	152	5000	6300	1.12	NU 2212 E	NJ 2212 E	NUP 2212 E
	130	31	77	75	71	79	86	119	2.1	2.1	84.3	109.9	2.1	2.1	148	155	4500	5600	1.87	NU 312 E	NJ 312 E	NUP 312 E
	130	46	77	75	71	79	86	119	2.1	2.1	84.3	109.9	2.1	2.1	222	260	4500	5600	2.81	NU 2312 E	NJ 2312 E	NUP 2312 E
	150	35	83	82	71	85	94	139	2.1	2.1	91.8	116	2.1	2.1	162	162	4000	5000	3.4	NU 412	NJ 412	NUP 412
65	100	18	74.5	73	70	76	—	93.5	1	1	—	86.6	1.1	1	40	46.5	4800	6000	0.51	NU 1013	NJ 1013	—
	120	23	78.5	77	73	81	87	112	1.5	1.5	84.6	104	1.5	1.5	108	118	4500	5600	1.08	NU 213 E	NJ 213 E	NUP 213 E
	120	31	78.5	77	73	81	87	112	1.5	1.5	84.6	104	1.5	1.5	148	180	4500	5600	1.48	NU 2213 E	NJ 2213 E	NUP 2213 E
	140	33	82.5	81	76	85	93	129	2.1	2.1	90.6	118.8	2.1	2.1	178	188	4000	5000	2.31	NU 313 E	NJ 313 E	NUP 313 E
	140	48	82.5	81	76	85	93	129	2.1	2.1	90.6	118.8	2.1	2.1	245	285	4000	5000	3.34	NU 2313 E	NJ 2313 E	NUP 2313 E
	160	37	89.5	88	76	91	100	149	2.1	2.1	98.5	124	2.1	2.1	178	178	3800	4800	4	NU 413	NJ 413	NUP 413
70	110	20	80	78	75	82	—	103.5	1	1	—	95.4	1.1	1	49.8	57.0	4800	6000	0.71	NU 1014	NJ 1014	—
	125	24	83.5	82	78	86	92	117	1.5	1.5	89.6	109	1.5	1.5	118	135	4300	5300	1.2	NU 214 E	NJ 214E	NUP 214 E
	125	31	83.5	82	78	86	92	117	1.5	1.5	89.6	109	1.5	1.5	155	192	4300	5300	1.56	NU 2214 E	NJ 2214 E	NUP 2214 E
	150	35	89	87	81	92	100	139	2.1	2.1	97.5	127	2.1	2.1	205	220	3800	4800	2.86	NU 314 E	NJ 314 E	NUP 314 E
	150	51	89	87	81	92	100	139	2.1	2.1	97.5	127	2.1	2.1	272	320	3800	4800	4.1	NU 2314 E	NJ 2314 E	NUP 2314 E
	180	42	100	99	83	102	112	167	2.5	2.5	110	139	3	3	225	232	3400	4300	5.9	NU 414	NJ 414	NUP 414
75	115	20	85	83	80	87	—	108.5	1	1	—	101	1.1	1	54.0	61.2	4500	5600	0.74	NU 1015	NJ 1015	—
	130	25	88.5	87	83	90	96	122	1.5	1.5	94.6	114	1.5	1.5	130	155	4000	5000	1.32	NU 215 E	NJ 215 E	NUP 215 E
	130	31	88.5	87	83	90	96	122	1.5	1.5	94.6	114	1.5	1.5	162	205	4000	5000	1.64	NU 2215 E	NJ 2215 E	NUP 2215 E
	160	37	95	93	86	97	106	149	2.1	2.1	104.2	136.5	2.1	2.1	258	260	3600	4500	3.43	NU 315 E	NJ 315 E	NUP 315 E
	160	55	95.5	93	86	98	107	149	2.1	2.1	104	129	2.1	2.1	258	308	3600	4500	5.4	NU 2315	NJ 2315	NUP 2315
	190	45	104.5	103	88	107	118	177	2.5	2.5	116	147	3	3	262	272	3200	4000	7.1	NU 415	NJ 415	NUP 415

（续）

公称尺寸/mm				安装尺寸/mm							其他尺寸/mm				基本额定载荷/kN		极限转速/r·min^{-1}		质量/kg	轴承代号		
d	D	B	F_W	d_a max	d_a min	d_b min	d_c min	D_a max	r_a max	r_b max	d_2	D_2	r min	r_1 min	C_r	C_{0r}	脂	油	W ≈	NU 型	NJ 型	NUP 型
80	125	22	91.5	90	85	94	—	118.5	1	1	—	109	1.1	1	62.0	77.8	4300	5300	1	NU 1016	NJ 1016	—
	140	26	95.3	94	89	97	104	131	2	2	101.1	123.1	2	2	138	165	3800	4800	1.58	NU 216 E	NJ 216 E	NUP 216 E
	140	33	95.3	94	89	97	104	131	2	2	101.1	123.1	2	2	185	242	3800	4800	2.05	NU 2216 E	NJ 2216 E	NUP 2216 E
	170	39	101	99	91	105	114	159	2.1	2.1	110.1	144.2	2.1	2.1	258	282	3400	4300	4.05	NU 316 E	NJ 316 E	NUP 316 E
	170	58	103	99	91	106	114	159	2.1	2.1	111	136	2.1	2.1	270	328	3400	4300	6.4	NU 2316	NJ 2316	NUP 2316
	200	48	110	109	93	112	124	187	2.5	2.5	122	156	3	3	298	315	3000	3800	8.3	NU 416	NJ 416	NUP 416
85	130	22	96.5	95	90	99	—	123.5	1	1	—	114	1.1	1	67.5	81.6	4000	5000	1.05	NU 1017	NJ 1017	—
	150	28	100.5	99	94	104	110	141	2	2	107.1	131.7	2	2	165	192	3600	4500	2	NU 217 E	NJ 217 E	NUP 217 E
	150	36	100.5	99	94	104	110	141	2	2	107.1	131.7	2	2	215	272	3600	4500	2.58	NU 2217 E	NJ 2217 E	NUP 2217 E
	180	41	108	106	98	110	119	167	2.5	2.5	117.4	153	3	3	292	332	3200	4000	4.82	NU 317 E	NJ 317 E	NUP 317 E
	180	60	108	106	98	111	120	167	2.5	2.5	117	144	3	3	308	380	3200	4000	7.4	NU 2317	NJ 2317	NUP 2317
	210	52	113	111	101	115	128	194	3	3	126	162	4	4	328	345	2800	3600	9.8	NU 417	NJ 417	NUP 417
90	140	24	103	101	96.5	106	—	132	1.5	1	—	122	1.5	1.1	77.5	94.8	3800	4800	1.36	NU 1018	NJ 1018	—
	160	30	107	105	99	109	116	151	2	2	113.9	140	2	2	180	215	3400	4300	2.44	NU 218 E	NJ 218 E	NUP 218 E
	160	40	107	105	99	109	116	151	2	2	113.9	140	2	2	240	312	3400	4300	3.26	NU 2218 E	NJ 2218 E	NUP 2218 E
	190	43	113.5	111	103	117	127	177	2.5	2.5	123.7	161.9	3	3	312	348	3000	3800	5.59	NU 318 E	NJ 318 E	NUP 318 E
	190	64	115	111	103	118	128	177	2.5	2.5	125	153	3	3	325	395	3000	3800	8.4	NU 2318	NJ 2318	NUP 2318
	225	54	123.5	122	106	125	139	209	3	3	137	175	4	4	368	392	2400	3200	11	NU 418	NJ 418	NUP 418
95	145	24	108	106	101.5	111	—	137	1.5	1	—	127	1.5	1.1	79.0	98.5	3600	4500	1.4	NU 1019	NJ 1019	—
	170	32	112.5	111	106	116	123	159	2.1	2.1	120.2	148.9	2.1	2.1	218	262	3200	4000	2.96	NU 219 E	NJ 219 E	NUP 219 E
	170	43	112.5	111	106	116	123	159	2.1	2.1	120.2	148.9	2.1	2.1	288	368	3200	4000	3.97	NU 2219 E	NJ 2219 E	NUP 2219 E
	200	45	121.5	119	108	124	134	187	2.5	2.5	131.7	169.9	3	3	330	380	2800	3600	6.52	NU 319 E	NJ 319 E	NUP 319 E
	200	67	121.5	119	108	124	135	187	2.5	2.5	132	161	3	3	388	500	2800	3600	10.4	NU 2319	NJ 2319	NUP 2319
	240	55	133.5	132	111	136	149	224	3	3	147	185	4	4	395	428	2200	3000	14	NU 419	NJ 419	NUP 419
100	150	24	113	111	106.5	116	—	142	1.5	1	—	132	1.5	1.1	81.8	102	3400	4300	1.5	NU 1020	NJ 1020	—
	180	34	119	117	111	122	130	169	2.1	2.1	127	157.2	2.1	2.1	245	302	3000	3800	3.58	NU 220 E	NJ 220 E	NUP 220 E
	180	46	119	117	111	122	130	169	2.1	2.1	127	157.2	2.1	2.1	332	440	3000	3800	4.86	NU 2220 E	NJ 2220 E	NUP 2220 E
	215	47	127.5	125	113	132	143	202	2.5	2.5	139.1	182.3	3	3	382	425	2600	3200	7.89	NU 320 E	NJ 320 E	NUP 320 E
	215	73	129.5	125	113	132	143	202	2.5	2.5	140	172	3	3	435	558	2600	3200	13.5	NU 2320	NJ 2320	NUP 2320
	250	58	139	137	116	141	156	234	3	3	153	194	4	4	438	480	2000	2800	16	NU 420	NJ 420	NUP 420

（续）

公称尺寸/mm				安装尺寸/mm							其他尺寸/mm				基本额定载荷/kN		极限转速/r·min^{-1}		质量/kg	轴承代号		
d	D	B	F_W	d_a max	d_a min	d_b min	d_c min	D_a max	r_a max	r_b max	d_2	D_2	r min	r_1 min	C_r	C_{0r}	脂	油	W ≈	NU 型	NJ 型	NUP 型
105	160	26	119.5	118	112	122	—	151	2	1	—	140	2	1.1	95.8	122	3200	4000	1.9	NU 1021	NJ 1021	—
	190	36	126.8	124	116	129	137	179	2.1	2.1	135	159	2.1	2.1	195	235	2800	3600	4	NU 221	NJ 221	NUP 221
	225	49	135	132	118	137	149	212	2.5	2.5	147	181	3	3	338	392	2200	3000	—	NU 321	NJ 321	NUP 321
	260	60	144.5	143	121	147	162	244	3	3	159	202	4	4	532	602	1900	2600	—	NU 421	NJ 421	NUP 421
110	170	28	125	124	116.5	128	—	161	2	1	131	149	2	1.1	120	155	3000	3800	2.3	NU 1022	NJ 1022	—
	200	38	132.5	130	121	135	144	189	2.1	2.1	141.3	174.1	2.1	2.1	292	360	2600	3400	5.02	NU 222 E	NJ 222 E	NUP 222 E
	200	53	132.5	130	121	135	144	189	2.1	2.1	141	167	2.1	2.1	328	445	2600	3400	7.5	NU 2222	NJ 2222	NUP 2222
	240	50	143	140	123	145	158	227	2.5	2.5	155	192	3	3	368	428	2000	2800	11	NU 322	NJ 322	NUP 322
	240	80	143	140	123	145	158	227	2.5	2.5	155	201	3	3	560	740	2000	2800	17.5	NU 2322	NJ 2322	NUP 2322
	280	65	155	153	126	157	173	264	3	3	171	216	4	4	540	602	1800	2400	22	NU 422	NJ 422	NUP 422
120	180	28	135	134	126.5	138	—	171	2	1	—	159	2	1.1	135	168	2600	3400	2.96	NU 1024	NJ 1024	—
	215	40	143.5	141	131	146	156	204	2.1	2.1	153	188.1	2.1	2.1	338	422	2200	3000	6.11	NU 224 E	NJ 224 E	NUP 224 E
	215	58	143.5	141	131	146	156	204	2.1	2.1	153	180	2.1	2.1	362	522	2200	3000	9.5	NU 2224	NJ 2224	NUP 2224
	260	55	154	151	133	156	171	247	2.5	2.5	168	209	3	3	460	552	1900	2600	14	NU 324	NJ 324	NUP 324
	260	86	154	151	133	156	171	247	2.5	2.5	168	219	3	3	662	868	1900	2600	22.5	NU 2324	NJ 2324	NUP 2324
	310	72	170	168	140	172	190	290	4	4	188	238	5	5	672	772	1700	2200	30	NU 424	NJ 424	NUP 424
130	200	33	148	146	136.5	151	—	191	2	1	—	175	2	1.1	160	212	2400	3200	3.7	NU 1026	NJ 1026	—
	230	40	156	151	143	158	168	217	2.5	2.5	165	192	3	3	270	352	2000	2800	7	NU 226	NJ 226	NUP 226
	230	64	156	151	143	158	168	217	2.5	2.5	—	—	3	3	385	552	2000	2800	11.5	NU 2226	NJ 2226	NUP 2226
	280	58	167	164	146	169	184	264	3	3	182	225	4	4	515	620	1700	2200	18	NU 326	NJ 326	NUP 326
	280	93	167	164	146	169	184	264	3	3	182	236	4	4	785	1060	1700	2200	28.5	NU 2326	NJ 2326	NUP 2326
	340	78	185	183	150	187	208	320	4	4	—	—	5	5	820	942	1500	1900	39	NU 426	NJ 426	NUP426
140	210	33	158	156	146.5	161	—	201	2	1	—	185	2	1.1	165	220	2000	2800	4	NU 1028	NJ 1028	—
	250	42	169	166	153	171	182	237	2.5	2.5	179	208	3	3	315	415	1800	2400	9.1	NU 228	NJ 228	NUP 228
	250	68	169	166	153	171	182	237	2.5	2.5	179	208	3	3	458	700	1800	2400	15	NU 2228	NJ 2228	NUP 2228
	300	62	180	176	156	182	198	284	3	3	196	241	4	4	570	690	1600	2000	22	NU 328	NJ 328	NUP 328
	300	102	180	176	156	182	198	284	3	3	192	252	4	4	865	1180	1600	2000	37	NU 2328	NJ 2328	NUP 2328
	360	82	196	195	160	200	222	340	4	4	—	—	5	5	885	1020	1400	1800	—	NU 428	NJ 428	NUP 428

（续）

公称尺寸/mm				安装尺寸/mm							其他尺寸/mm				基本额定载荷/kN		极限转速/r·min^{-1}		质量/kg	轴承代号		
d	D	B	F_W	d_a max	d_a min	d_b min	d_c min	D_a max	r_a max	r_b max	d_2	D_2	r min	r_1 min	C_r	C_{0r}	脂	油	W ≈	NU型	NJ型	NUP型
150	225	35	169.5	167	158	173	—	214	2.1	1.5	—	198	2.1	1.5	198	268	1900	2600	4.8	NU 1030	NJ 1030	—
	270	45	182	179	163	184	196	257	2.5	2.5	193	225	3	3	378	490	1700	2200	11	NU 230	NJ 230	NUP 230
	270	73	182	179	163	184	196	257	2.5	2.5	193	225	3	3	555	772	1700	2200	17	NU 2230	NJ 2230	NUP 2230
	320	65	193	190	166	195	213	304	3	3	209	270	4	4	622	765	1500	1900	26	NU 330	NJ 330	NUP 330
	320	108	193	190	166	195	213	304	3	3	209	270	4	4	975	1340	1500	1900	45	NU 2330	NJ 2330	NUP 2330
	380	85	209	210	170	216	237	360	4	4	—	—	5	5	955	1100	1300	1700	53	NU 430	NJ 430	NUP 430
160	240	38	180	178	168	184	—	229	2.1	1.5	—	211	2.1	1.5	222	302	1800	2400	6	NU 1032	NJ 1032	—
	290	48	195	192	173	197	210	277	2.5	2.5	206	250	3	3	425	552	1600	2000	14	NU 232	NJ 232	NUP 232
	290	80	195	190	173	196	209	277	2.5	2.5	205	252	3	3	618	898	1600	2000	25	NU 2232	NJ 2232	NUP 2232
	340	68	208	200	176	211	228	324	3	3	—	—	4	4	658	825	1400	1800	31.6	NU 332	NJ 332	NUP 332
	340	114	208	200	176	211	228	324	3	3	—	—	4	4	1018	1430	1400	1800	55.8	NU 2332	NJ 2332	NUP 2332
170	260	42	193	190	181	197	—	249	2.1	2.1	—	227	2.1	2.1	268	365	1700	2200	8.14	NU 1034	NJ 1034	—
	310	52	208	204	186	211	233	294	3	3	220	269	4	4	445	650	1500	1900	17.1	NU 234	NJ 234	NUP 234
	360	72	220	216	186	223	241	344	3	3	—	290	4	4	750	952	1300	1700	36	NU 334	NJ 334	NUP 334
	360	120	220	212	186	223	241	344	3	3	—	290	4	4	1162	1650	1300	1700	63	NU 2334	NJ 2334	NUP 2334
180	280	46	205	203	191	209	—	269	2.1	2.1	215	244	2.1	2.1	315	438	1600	2000	10.1	NU 1036	NJ 1036	—
	320	52	218	214	196	221	233	304	3	3	230	279	4	4	445	650	1400	1800	18	NU 236	NJ 236	NUP 236
	380	75	232	227	196	235	255	364	3	3	252	306	4	4	875	1100	1200	1600	42	NU 336	NJ 336	NUP 336
	380	126	232	222	196	236	255	364	3	3	252	306	4	4	1268	1780	1200	1600	71.2	NU 2336	NJ 2336	NUP 2336
190	290	46	215	213	201	219	—	279	2.1	2.1	—	254	2.1	2.1	350	495	1500	1900	—	NU 1038	NJ 1038	—
	340	55	231	227	206	234	247	324	3	3	244	295	4	4	535	745	1300	1700	23	NU 238	NJ 238	NUP 238
	340	92	231	227	206	234	247	324	3	3	—	295	4	4	1022	1570	1300	1700	38.5	NU 2238	NJ 2238	NUP 2238
	400	78	245	240	210	248	268	380	4	4	—	322	5	5	925	1190	1100	1500	50	NU 338	NJ 338	NUP 338

（续）

公称尺寸/mm				安装尺寸/mm							其他尺寸/mm				基本额定载荷/kN		极限转速/r·min^{-1}		质量/kg	轴承代号		
d	D	B	F_W	d_a max	d_a min	d_b min	d_c min	D_a max	r_a max	r_b max	d_2	D_2	r min	r_1 min	C_r	C_{0r}	脂	油	W ≈	NU 型	NJ 型	NUP 型
200	310	51	229	226	211	233	—	299	2.1	2.1	239	269	2.1	2.1	428	615	1400	1800	14.3	NU 1040	NJ 1040	—
	360	58	244	240	216	247	261	344	3	3	258	312	4	4	598	842	1200	1600	26	NU 240	NJ 240	NUP 240
	360	98	244	—	216	247	261	344	3	3	—	—	4	4	1172	1725	1200	1600	—	NU 2240	NJ 2240	NUP 2240
	420	80	260	254	220	263	283	400	4	4	—	—	5	5	1018	1290	1000	1400	—	NU 340	NJ 340	NUP 340
220	340	56	250	248	233	254	—	327	2.5	2.5	262	297	3	3	470	685	1200	1600	—	NU 1044	NJ 1044	—
	400	65	270	266	236	273	289	384	3	3	286	332	4	4	735	1050	1000	1400	36	NU 244	NJ 244	NUP 244
	400	108	270	—	236	274	—	384	3	3	—	332	4	4	1425	2330	1000	1400	62	NU 2244	NJ 2244	NUP 2244
	460	88	284	278	240	287	—	440	4	4	307	371	5	5	1132	1465	900	1200	75	NU 344	NJ 344	—
240	360	56	270	268	253	275	—	347	2.5	2.5	282	317	3	3	492	745	1000	1400	21	NU 1048	NJ 1048	—
	440	72	295	293	256	298	316	424	3	3	313	365	4	4	922	1345	900	1200	48.2	NU 248	NJ 248	NUP 248
	500	95	310	296	260	313	—	480	4	4	335	403	5	5	1352	1810	800	1000	97.1	NU 348	NJ 348	—
260	400	65	296	292	276	300	—	384	3	3	309	349	4	4	620	932	950	1300	31	NU 1052	NJ 1052	—
280	420	65	316	311	296	320	—	404	3	3	329	369	4	4	628	965	850	1100	33	NU 1056	NJ 1056	—
300	460	74	340	335	316	344	—	444	3	3	356	402	4	4	922	1470	800	1000	44.4	NU 1060	NJ 1060	—
	540	85	364	358	320	368	392	520	4	4	387	451	5	5	1425	2190	700	900	87.2	NU 260	NJ 260	—
320	480	74	360	355	336	364	—	464	3	3	376	422	4	4	932	1520	750	950	47	NU 1064	NJ 1064	—
400	600	90	450	446	420	455	—	580	4	4	470	527	5	5	1488	2480	560	700	88.8	NU 1080	NJ 1080	—

注：质量为 NJ 型的数据。

表 14.6-13 圆柱滚子轴承（部分摘自 GB/T 283—2007）

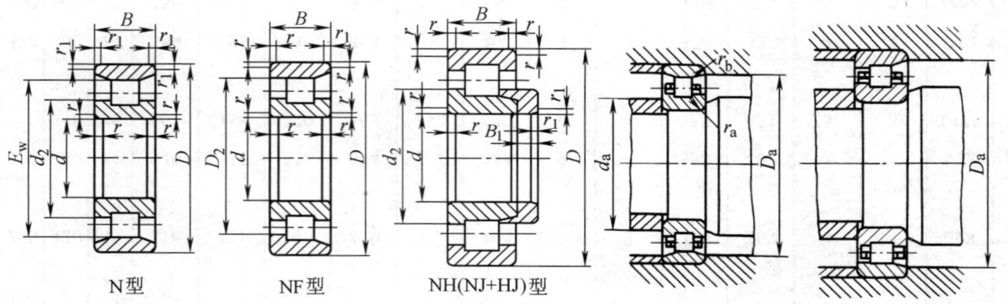

径向当量动载荷

$P_r=F_r$

对轴向承载圆柱滚子轴承（NF、NH 型）

对于 2、3 系列

当 $0<F_a/F_r\leqslant 0.12$ 时，$P_r=F_r+0.3F_a$

当 $0.12<F_a/F_r\leqslant 0.3$ 时，$P_r=0.94F_r+0.8F_a$

对于 22、23 系列

当 $0<F_a/F_r\leqslant 0.18$ 时，$P_r=F_r+0.2F_a$

当 $0.18<F_a/F_r\leqslant 0.3$ 时，$P_r=0.94F_r+0.53F_a$

径向当量静载荷

$P_{0r}=F_r$

代号含义

N—外圈无挡边

NF—外圈单挡边

NH—内圈单挡边（NJ）并带斜挡边（HJ）

E—加强型

公称尺寸/mm				安装尺寸/mm				其他尺寸/mm					基本额定载荷/kN		极限转速/r·min^{-1}		质量/kg	轴承代号		
d	D	B	E_w	d_a min	D_a max	r_a max	r_b max	d_2	D_2	B_1	r min	r_1 min	C_r	C_{0r}	脂	油	W ≈	N 型	NF 型	NH(NJ+HJ)型
15	35	11	29.3	19	—	0.6	0.3	22	26.4	—	0.6	0.3	8.35	5.5	15000	19000	—	N 202	NF 202	—
17	40	12	33.9	21	—	0.6	0.3	25.5	30.9	—	0.6	0.3	9.55	7.0	14000	18000	—	N 203	NF 203	—
20	42	12	36.5	24	—	0.6	0.3	28.3	—	—	0.6	0.3	11.0	8.0	13000	17000	0.09	N 1004	—	—
	47	14	40	25	42	1	0.6	29.9	36.7	3	1	0.6	13.0	11.0	12000	16000	0.11	—	NF 204	NJ 204+HJ 204
	47	14	41.5	25	42	1	0.6	29.7	—	—	1	0.6	27.0	24.0	12000	16000	0.117	N 204 E	—	—
	47	18	41.5	25	42	1	0.6	29.7	—	—	1	0.6	22.2	30.0	12000	16000	0.149	N 2204 E	—	—
	52	15	44.5	26.5	47	1	0.6	31.8	39.8	4	1.1	0.6	18.8	15.0	11000	15000	0.17	—	NF 304	NJ 304+HJ 304
	52	15	45.5	26.5	47	1	0.6	31.2	—	—	1.1	0.6	30.5	25.5	11000	15000	0.155	N 304 E	—	—
	52	21	45.5	26.5	47	1	0.6	31.2	—	—	1.1	0.6	41.0	37.5	10000	14000	0.216	N 2304 E	—	—
25	47	12	41.5	29	—	0.6	0.3	—	—	—	0.6	0.3	11.5	10.2	11000	15000	0.1	N 1005	—	—
	52	15	45	30	47	1	0.6	34.9	41.6	3	1	0.6	14.8	12.8	11000	14000	0.16	—	NF 205	NJ 205+HJ 205
	52	15	46.5	30	47	1	0.6	34.7	—	—	1	0.6	28.8	26.8	11000	14000	0.14	N 205 E	—	—
	52	18	—	30	—	1	0.6	34.9	41.6	3	1	0.6	22.2	19.8	11000	14000	—	—	—	NJ 2205+HJ 2205
	52	18	46.5	30	47	1	0.6	34.7	—	—	1	0.6	34.5	33.8	11000	14000	0.168	N 2205 E	—	—
	62	17	53	31.5	55	1	1	39	48	4	1.1	1.1	26.8	22.5	9000	12000	0.2	—	NF 305	NJ 305+HJ 305
	62	17	54	31.5	55	1	1	38.1	—	—	1.1	1.1	40.2	35.8	9000	12000	0.251	N 305 E	—	—
	62	24	53	31.5	55	1	1	39	48	—	1.1	1.1	40.2	39.2	9000	12000	—	—	NF 2305	—
	62	24	54	31.5	55	1	1	38.1	—	—	1.1	1.1	55.8	54.5	9000	12000	0.355	N 2305 E	—	—
30	62	16	53.5	36	56	1	0.6	41.8	49.1	4	1	0.6	20.5	18.2	8500	11000	0.2	—	NF 206	NJ 206+HJ 206
	62	16	55.5	36	56	1	0.6	41.3	—	—	1	0.6	37.8	35.5	8500	11000	0.214	N 206 E	—	—
	62	20	53.5	36	—	1	0.6	41.8	49.1	4	1	0.6	30.2	30.2	8500	11000	0.29	—	—	NJ 2206+HJ 2206
	62	20	55.5	36	56	1	0.6	41.3	—	—	1	0.6	47.8	48.0	8500	11000	0.268	N 2206 E	—	—

（续）

公称尺寸/mm				安装尺寸/mm				其他尺寸/mm					基本额定载荷/kN		极限转速/r·min^{-1}		质量/kg	轴承代号		
d	D	B	E_w	d_a min	D_a max	r_a max	r_b max	d_2	D_2	B_1	r min	r_1 min	C_r	C_{0r}	脂	油	W ≈	N 型	NF 型	NH(NJ+HJ)型
30	72	19	62	37	64	1	1	45.9	56.7	5	1.1	1.1	35.0	31.5	8000	10000	0.3	—	NF 306	NJ 306+HJ 306
	72	19	62.5	37	64	1	1	45	—	—	1.1	1.1	51.5	48.2	8000	10000	0.377	N 306 E	—	—
	72	27	62	37	64	1	1	45.9	56.7	—	1.1	1.1	48.8	47.5	8000	10000	0.6	—	NF 2306	—
	72	27	62.5	37	64	1	1	45	—	—	1.1	1.1	73.2	75.5	8000	10000	0.538	N 2306 E	—	—
	90	23	73	39	—	1.5	1.5	50.5	65.8	7	1.5	1.5	60.0	53.0	7000	9000	0.73	N 406	—	NJ 406+HJ 406
35	72	17	61.8	42	64	1	0.6	47.6	56.8	4	1.1	0.6	29.8	28.0	7500	9500	0.3	—	NF 207	NJ 207+HJ 207
	72	17	64	42	64	1	0.6	48.3	—	—	1.1	0.6	48.8	48.0	7500	9500	0.311	N 207 E	—	—
	72	23	61.8	42	—	1	0.6	47.6	56.8	4	1.1	0.6	45.8	48.5	7500	9500	0.45	—	—	NJ 2207+HJ 2207
	72	23	64	42	64	1	0.6	48.3	—	—	1.1	0.6	60.2	63.0	7500	9500	0.414	N 2207 E	—	—
	80	21	68.2	44	71	1.5	1	50.8	62.4	6	1.5	1.1	41.0	39.2	7000	9000	0.56	—	NF 307	NJ 307+HJ 307
	80	21	70.2	44	71	1.5	1	51.1	—	—	1.5	1.1	62.0	63.2	7000	9000	0.501	N307 E	—	—
	80	31	68.2	44	71	1.5	1	50.8	62.4	—	1.5	1.1	54.8	57.0	7000	9000	0.85	—	NF 2307	—
	80	31	70.2	44	71	1.5	1	51.5	—	—	1.5	1.1	87.5	98.2	7000	9000	0.738	N 2307 E	—	—
	100	25	83	44	—	1.5	1.5	59	75.3	8	1.5	1.5	70.8	68.2	6000	7500	0.94	N 407	—	NJ 407+HJ 407
40	68	15	61	45	—	1	0.6	50.3	—	—	1	0.6	21.2	22.0	7500	9500	0.22	N 1008	—	—
	80	18	70	47	72	1	1	54.2	64.7	5	1.1	1.1	37.5	38.2	7000	9000	0.4	—	NF 208	NJ 208+HJ 208
	80	18	71.5	47	72	1	1	54.2	—	—	1.1	1.1	51.5	53.0	7000	9000	0.394	N 208 E	—	—
	80	23	70	47	—	1	1	54.2	64.7	5	1.1	1.1	52.0	57.8	7000	9000	0.53	—	—	NJ 2208+HJ 2208
	80	23	71.5	47	72	1	1	54.2	—	—	1.1	1.1	67.5	75.2	7000	9000	0.507	N 2208 E	—	—
	90	23	77.5	49	80	1.5	1.5	58.4	71.2	7	1.5	1.5	48.8	47.5	6300	8000	0.7	—	NF 308	NJ 308+HJ 308
	90	23	80	49	80	1.5	1.5	57.7	—	—	1.5	1.5	76.8	77.8	6300	8000	0.68	N 308 E	—	—
	90	33	77.5	49	80	1.5	1.5	58.4	71.2	—	1.5	1.5	70.8	76.8	6300	8000	1.1	—	NF 2308	—
	90	33	80	49	80	1.5	1.5	57.7	—	—	1.5	1.5	105	118	6300	8000	0.974	N 2308 E	—	—
	110	27	92	50	—	2	2	64.8	83.3	8	2	2	90.5	89.8	5600	7000	1.25	N 408	—	NJ 408+HJ 408
45	85	19	75	52	77	1	1	59	69.7	5	1.1	1.1	39.8	41.0	6300	8000	0.5	—	NF 209	NJ 209+HJ 209
	85	19	76.5	52	77	1	1	59.2	—	—	1.1	1.1	58.5	63.8	6300	8000	0.45	N 209 E	—	—
	85	23	75	52	—	1	1	59	69.7	5	1.1	1.1	54.8	62.2	6300	8000	0.59	—	—	NJ 2209+HJ 2209
	85	23	76.5	52	77	1	1	59.2	—	—	1.1	1.1	71.0	82.0	6300	8000	0.55	N 2209 E	—	—
	100	25	86.5	54	89	1.5	1.5	64	79.3	7	1.5	1.5	66.8	66.8	5600	7000	0.9	—	NF 309	NJ 309+HJ 309
	100	25	88.5	54	89	1.5	1.5	64.7	—	—	1.5	1.5	93.0	98.0	5600	7000	0.93	N 309 E	—	—
	100	36	86.5	54	89	1.5	1.5	64	79.6	—	1.5	1.5	91.5	100	5600	7000	1.5	—	NF 2309	—
	100	36	88.5	54	89	1.5	1.5	64.7	—	—	1.5	1.5	130	152	5600	7000	1.34	N 2309 E	—	—
	120	29	100.5	55	—	2	2	71.8	91.4	8	2	2	102	100	5000	6300	1.8	N 409	—	N 409+HJ 409
50	80	16	72.5	55	—	1	0.6	—	—	—	1	0.6	25.0	27.5	6300	8000	—	N 1010	—	—

（续）

公称尺寸/mm				安装尺寸/mm				其他尺寸/mm					基本额定载荷/kN		极限转速/r · min^{-1}		质量/kg	轴承代号		
d	D	B	E_w	d_a min	D_a max	r_a max	r_b max	d_2	D_2	B_1	r min	r_1 min	C_r	C_{0r}	脂	油	W ≈	N 型	NF 型	NH(NJ+HJ)型
50	90	20	80.4	57	83	1	1	64.6	75.1	5	1.1	1.1	43.2	48.5	6000	7500	0.6	—	NF 210	NJ 210+HJ 210
	90	20	81.5	57	83	1	1	64.2	—	—	1.1	1.1	61.2	69.2	6000	7500	0.505	N 210 E	—	—
	90	23	80.4	57	—	1	1	64.6	75.1	5	1.1	1.1	57.2	69.2	6000	7500	0.65	—	—	NJ 2210+HJ 2210
	90	23	81.5	57	83	1	1	64.2	—	—	1.1	1.1	74.2	88.8	6000	7500	0.59	N 2210 E	—	—
	110	27	95	60	98	2	2	71	87.3	8	2	2	76.0	79.5	5300	6700	1.2	—	NF 310	NJ 310+HJ 310
	110	27	97	60	98	2	2	71.2	—	—	2	2	105	112	5300	6700	1.2	N 310 E	—	—
	110	40	95	60	98	2	2	71	87.3	8	2	2	112	132	5300	6700	1.85	—	NF 2310	—
	110	40	97	60	98	2	2	71.2	—	—	2	2	155	185	5300	6700	1.79	N 2310 E	—	—
	130	31	110.8	62	—	2.1	2.1	78.8	101	9	2.1	2.1	120	120	4800	6000	2.3	N 410	—	NJ 410+HJ 410
55	90	18	80.5	61.5	—	1	1	—	—	—	1.1	1	37.5	40.0	5600	7000	0.45	N 1011	—	—
	100	21	88.5	64	91	1.5	1	70.8	82.7	6	1.5	1.1	55.2	60.2	5300	6700	0.7	—	NF 211	NJ 211+HJ 211
	100	21	90.0	64	91	1.5	1	70.2	—	—	1.5	1.1	84.0	95.5	5300	6700	0.68	N 211 E	—	—
	100	25	88.5	64	—	1.5	1	70.8	82.7	6	1.5	1.1	74.2	87.5	5300	6700	0.86	—	—	NJ 2211+HJ 2211
	100	25	90	64	91	1.5	1	70.9	—	—	1.5	1.1	99.2	118	5300	6700	0.81	N 2211 E	—	—
	120	29	104.5	65	107	2	2	77.2	95.8	9	2	2	102	105	4800	6000	1.7	—	NF 311	NJ 311+HJ 311
	120	29	106.5	65	107	2	2	77.4	—	—	2	2	135	138	4800	6000	1.53	N 311 E	—	—
	120	43	104.5	65	107	2	2	77.2	95.8	9	2	2	135	148	4800	6000	2.4	—	NF 2311	NJ 2311+HJ 2311
	120	43	106.5	65	107	2	2	77.4	—	—	2	2	200	228	4800	6000	2.28	N 2311 E	—	—
	140	33	117.2	67	—	2.1	2.1	85.2	108	10	2.1	2.1	135	132	4300	5300	2.8	N 411	—	NJ 411+HJ 411
60	95	18	85.5	66.5	—	1	1	72.9	—	—	1.1	1	40.5	45.0	5300	6700	0.48	N 1012	—	—
	110	22	97	69	100	1.5	1.5	—	—	6	1.5	1.5	65.8	73.5	5000	6300	0.9	—	NF 212	NJ 212+HJ 212
	110	22	100	69	100	1.5	1.5	77.7	—	—	1.5	1.5	94.0	102	5000	6300	0.86	N 212 E	—	—
	110	28	97	69	—	1.5	1.5	—	—	6	1.5	1.5	95.5	118	5000	6300	1.25	—	—	NJ 2212+HJ 2212
	110	28	100	69	100	1.5	1.5	77.7	—	—	1.5	1.5	128	152	5000	6300	1.12	N 2212 E	—	—
	130	31	113	72	116	2.1	2.1	84.2	104	9	2.1	2.1	125	128	4500	5600	2	—	NF 312	NJ 312+HJ 312
	130	31	115	72	116	2.1	2.1	84.3	—	—	2.1	2.1	148	155	4500	5600	1.87	N 312 E	—	—
	130	46	113	72	116	2.1	2.1	84.2	104	9	2.1	2.1	162	195	4500	5600	2	—	NF 2312	NJ 2312+HJ 2312
	130	46	115	72	116	2.1	2.1	84.3	—	—	2.1	2.1	222	260	4500	5600	2.81	N 2312 E	—	—
	150	35	127	72	—	2.1	2.1	91.8	116	10	2.1	2.1	162	162	4000	5000	3.4	N 412	—	NJ 412+HJ 412
65	120	23	105.5	74	108	1.5	1.5	84.8	98.9	6	1.5	1.5	76.8	87.5	4500	5600	1.1	—	NF 213	NJ 213+HJ 213
	120	23	108.5	74	108	1.5	1.5	84.6	—	—	1.5	1.5	108	118	4500	5600	1.08	N 213 E	—	—
	120	31	105.5	74	—	1.5	1.5	84.8	98.6	6	1.5	1.5	112	145	4500	5600	—	—	—	NJ 2213+HJ 2213
	120	31	108.5	74	108	1.5	1.5	84.6	—	—	1.5	1.5	148	180	4500	5600	1.48	N 2213 E	—	—
	140	33	121.5	77	125	2.1	2.1	91	112	10	2.1	2.1	130	135	4000	5000	2.5	—	NF 313	NJ 313+HJ 313
	140	33	124.5	77	125	2.1	2.1	90.6	—	—	2.1	2.1	178	188	4000	5000	2.31	N 313 E	—	—

（续）

公称尺寸/mm				安装尺寸/mm				其他尺寸/mm					基本额定载荷/kN		极限转速/r·min^{-1}		质量/kg	轴承代号		
d	D	B	E_w	d_a min	D_a max	r_a max	r_b max	d_2	D_2	B_1	r min	r_1 min	C_r	C_{0r}	脂	油	W ≈	N 型	NF 型	NH(NJ+HJ)型
65	140	48	121.5	77	125	2.1	2.1	91	112	10	2.1	2.1	182	210	4000	5000	4	—	NF 2313	NJ 2313+HJ 2313
	140	48	124.5	77	125	2.1	2.1	90.6	—	—	2.1	2.1	245	285	4000	5000	3.34	N 2313 E	—	—
	160	37	135.3	77	—	2.1	2.1	98.5	124	11	2.1	2.1	178	178	3800	4800	4	N 413	—	NJ 413+ HJ 413
70	110	20	100	76.5	—	1	1	84.5	—	—	1.1	1	49.8	57.0	4800	6000	0.71	N 1014	—	—
	125	24	110.5	79	114	1.5	1.5	89.6	104	7	1.5	1.5	76.8	87.5	4300	5300	1.3	—	NF 214	NJ 214+HJ 214
	125	24	113.5	79	114	1.5	1.5	89.6	—	—	1.5	1.5	118	135	4300	5300	1.2	N 214 E	—	—
	125	31	110.5	79	—	1.5	1.5	89.6	104	7	1.5	1.5	112	145	4300	5300	1.7	—	—	NJ 2214+HJ 2214
	125	31	113.5	79	114	1.5	1.5	89.6	—	—	1.5	1.5	155	192	4300	5300	1.56	N 2214 E	—	—
	150	35	130	82	134	2.1	2.1	98	120	10	2.1	2.1	152	162	3800	4800	3.1	—	NF 314	NJ 314+HJ 314
	150	35	133	82	134	2.1	2.1	97.5	—	—	2.1	2.1	205	220	3800	4800	2.86	N 314 E	—	—
	150	51	130	82	134	2.1	2.1	98	120	10	2.1	2.1	222	260	3800	4800	4.4	—	NF 2314	NJ 2314+HJ 2314
	150	51	133	82	134	2.1	2.1	97.5	—	—	2.1	2.1	272	320	3800	4800	4.1	N 2314 E	—	—
	180	42	152	84	—	2.5	2.5	110	139	12	3	3	225	232	3400	4300	5.9	N 414	—	NJ 414+HJ 414
75	130	25	116.5	84	120	1.5	1.5	94	110	7	1.5	1.5	93.2	110	4000	5000	1.4	—	NF215	NJ 215+HJ 215
	130	25	118.5	84	120	1.5	1.5	94.6	—	—	1.5	1.5	130	155	4000	5000	1.32	N 215 E	—	—
	130	31	116.5	84	—	1.5	1.5	94	110	7	1.5	1.5	130	165	4000	5000	1.8	—	—	NJ 2215+HJ 2215
	130	31	118.5	84	120	1.5	1.5	94.6	—	—	1.5	1.5	162	205	4000	5000	1.64	N 2215 E	—	—
	160	37	139.5	87	143	2.1	2.1	104	129	11	2.1	2.1	172	188	3600	4500	3.7	—	NF 315	NJ 315+HJ 315
	160	37	143	87	143	2.1	2.1	104.2	—	—	2.1	2.1	238	260	3600	4500	3.43	N 315 E	—	—
	160	55	139.5	87	143	2.1	2.1	104	129	11	2.1	2.1	258	308	3600	4500	5.4	N 2315	NF 2315	NJ 2315+5HJ 2315
	190	45	160.5	89	—	2.5	2.5	116	147	13	3	3	262	272	3200	4000	7.1	N 415	—	NJ 415+HJ 415
80	125	22	113.5	86.5	—	1	1	—	—	—	1.1	1	62.0	77.8	4300	5300	1	N 1016	—	—
	140	26	125	90	128	2	2	101	118	8	2	2	108	125	3800	4800	1.7	—	NF 216	NJ 216+HJ 216
	140	26	127.3	90	128	2	2	101.1	—	—	2	2	138	165	3800	4800	1.58	N 216 E	—	—
	140	33	125	90	—	2	2	101	118	8	2	2	152	195	3800	4800	2.2	—	—	NJ 2216+HJ 2216
	140	33	127.3	90	128	2	2	101.1	—	—	2	2	188	242	3800	4800	2.05	N 2216 E	—	—
	170	39	147	92	151	2.1	2.1	111	136	11	2.1	2.1	185	200	3400	4300	4.4	—	NF 316	NJ 316+HJ 316
	170	39	151	92	151	2.1	2.1	110.1	—	—	2.1	2.1	258	282	3400	4300	4.05	N 316 E	—	—
	170	58	147	92	151	2.1	2.1	111	136	11	2.1	2.1	270	328	3400	4300	6.4	N 2316	NF 2316	NJ 2316+HJ 2316
	200	48	170	94	—	2.5	2.5	122	156	13	3	3	298	315	3000	3800	8.3	N 416	—	NJ 416+HJ 416
85	150	28	133.8	95	137	2	2	108	126	8	2	2	120	145	3600	4500	2.1	—	NF 217	NJ 217+HJ 217
	150	28	136.5	95	137	2	2	107.1	—	—	2	2	165	192	3600	4500	2	N 217 E	—	—
	150	36	133.8	95	—	2	2	108	126	8	2	2	172	230	3600	4500	2.8	—	—	NJ 2217+HJ 2217
	150	36	136.5	95	137	2	2	107.1	—	—	2	2	215	272	3600	4500	2.58	N 2217 E	—	—

（续）

公称尺寸/mm				安装尺寸/mm				其他尺寸/mm					基本额定载荷/kN		极限转速/r·min⁻¹		质量/kg	轴承代号		
d	D	B	E_w	d_a min	D_a max	r_a max	r_b max	d_2	D_2	B_1	r min	r_1 min	C_r	C_{0r}	脂	油	W ≈	N 型	NF 型	NH(NJ+HJ)型
85	180	41	156	99	160	2.5	2.5	117	144	12	3	3	222	242	3200	4000	5.2	—	NF 317	NJ 317+HJ 317
	180	41	160	99	160	2.5	2.5	117.4	—	—	3	3	295	332	3200	4000	4.82	N 317 E	—	—
	180	60	156	99	160	2.5	2.5	117	144	12	3	3	310	380	3200	4000	7.4	N 2317	NF 2317	NJ 2317+HJ 2317
	210	52	179.5	103	—	3	3	126	162	14	4	4	328	345	2800	3600	9.8	N 417	—	NJ 417+HJ 417
90	140	24	127	98	—	1.5	1	—	—	—	1.5	1.1	77.5	94.8	3800	4800	1.36	N 1018	—	—
	160	30	143	100	146	2	2	114	134	9	2	2	148	178	3400	4300	2.5	—	NF 218	NJ 218+HJ 218
	160	30	145	100	146	2	2	113.9	—	—	2	2	180	215	3400	4300	2.44	N 218 E	—	—
	160	40	143	100	—	2	2	114	134	9	2	2	202	268	3400	4300	3.5	—	—	NJ 2218+HJ 2218
	160	40	145	100	146	2	2	113.9	—	—	2	2	240	312	3400	4300	3.26	N 2218 E	—	—
	190	43	165	104	169	2.5	2.5	125	153	12	3	3	238	265	3000	3800	6.1	—	NF 318	NJ 318+HJ 318
	190	43	169.5	104	169	2.5	2.5	123.7	—	—	3	3	312	348	3000	3800	5.59	N 318 E	—	—
	190	64	165	104	169	2.5	2.5	125	153	12	3	3	325	395	3000	3800	8.4	N 2318	NF 2318	NJ 2318+HJ 2318
	225	54	191.5	108	—	3	3	137	175	14	4	4	368	392	2400	3200	11	N 418	—	NJ 418+HJ 418
95	170	32	151.5	107	155	2.1	2.1	121	142	9	2.1	2.1	160	190	3200	4000	3.2	—	NF 219	NJ 219+HJ 219
	170	32	154.5	107	155	2.1	2.1	120.2	—	—	2.1	2.1	218	262	3200	4000	2.96	N 219 E	—	—
	170	43	151.5	107	—	2.1	2.1	121	142	9	2.1	2.1	225	298	3200	4000	4.5	—	—	NJ 2219+HJ 2219
	170	43	154.5	107	155	2.1	2.1	120.2	—	—	2.1	2.1	288	368	3200	4000	3.97	N 2219 E	—	—
	200	45	173.5	109	178	2.5	2.5	132	161	13	3	3	258	288	2800	3600	7	—	NF 319	NJ 319+HJ 319
	200	45	177.5	109	178	2.5	2.5	131.7	—	—	3	3	330	380	2800	3600	6.52	N 319 E	—	—
	200	67	173.5	109	178	2.5	2.5	132	161	13	3	3	388	500	2800	3600	10.4	N 2319	NF 2319	NJ 2319+HJ 2319
	240	55	201.5	113	—	3	3	147	185	15	4	4	396	428	2200	3000	14	N 419	—	NJ 419+HJ 419
100	150	24	137	108	—	1.5	1	—	—	—	1.5	1.1	81.8	102	3400	4300	1.5	N 1020	—	—
	180	34	160	112	164	2.1	2.1	128	150	10	2.1	2.1	175	212	3000	3800	3.5	—	NF 220	NJ 220+HJ 220
	180	34	163	112	164	2.1	2.1	127	—	—	2.1	2.1	245	302	3000	3800	3.58	N 220 E	—	—
	180	46	160	112	—	2.1	2.1	128	150	10	2.1	2.1	252	335	3000	3800	5.2	—	—	NJ 2220+HJ 2220
	180	46	163	112	164	2.1	2.1	127	—	—	2.1	2.1	332	440	3000	3800	4.86	N 2220 E	—	—
	215	47	185.5	114	190	2.5	2.5	140	172	13	3	3	295	340	2600	3200	8.6	—	NF 320	NJ 320+HJ 320
	215	47	191.5	114	190	2.5	2.5	139.1	—	—	3	3	382	425	2600	3200	7.89	N 320 E	—	—
	215	73	185.5	114	190	2.5	2.5	140	172	13	3	3	435	558	2600	3200	13.5	N 2320	NF 2320	NJ 2320+HJ 2320
	250	58	211	118	—	3	3	153	194	16	4	4	438	480	2000	2800	16	N 420	—	NJ 420+HJ 420
105	160	26	145.5	114	—	2	1	125.5	—	—	2	1.1	95.8	122	3200	4200	1.9	N 1021	—	—
	190	36	168.8	117	173	2.1	2.1	135	159	10	2.1	2.1	195	235	2800	3600	4	N 221	NF 221	NJ 221+HJ 221
	225	49	196	119	199	2.5	2.5	147	181	13	3	3	338	392	2200	3000	—	N 321	NF 321	NJ 321+HJ 321

（续）

公称尺寸/mm				安装尺寸/mm				其他尺寸/mm					基本额定载荷/kN		极限转速/r·min^{-1}		质量/kg	轴承代号		
d	D	B	E_w	d_a min	D_a max	r_a max	r_b max	d_2	D_2	B_1	r min	r_1 min	C_r	C_{0r}	脂	油	W ≈	N 型	NF 型	NH(NJ+HJ)型
105	260	60	220.5	123	—	3	3	159	202	16	4	4	532	602	1900	2600	—	N 421	—	NJ 421+HJ 421
110	170	28	155	119	—	2	1	131	—	—	2	1.1	120	155	3000	3800	2.3	N 1022	—	—
	200	38	178.5	122	182	2.1	2.1	141	167	11	2.1	2.1	230	285	2600	3400	5	—	NF 222	NJ 222+HJ 222
	200	38	180.5	122	182	2.1	2.1	141.3	—	—	2.1	2.1	292	360	2600	3400	5.02	N 222 E	—	—
	200	53	178.5	122	—	2.1	2.1	141	167	11	2.1	2.1	328	445	2600	3400	7.5	N 2222	NF 2222	NJ 2222+HJ 2222
	240	50	207	124	211	2.5	2.5	155	192	14	3	3	368	428	2000	2800	11	N 322	NF 322	NJ 322+HJ 322
	240	80	207	124	211	2.5	2.5	155	201	14	3	3	560	740	2000	2800	7.5	N 2322	NF 2322	NJ 2322+HJ 2322
	280	65	235	128	—	3	3	171	216	17	4	4	540	602	1800	2400	22	N 422	—	NJ 422+HJ 422
120	180	28	165	129	—	2	1	156	—	—	2	1.1	135	168	2600	3400	2.96	N 1024	—	—
	215	40	191.5	132	196	2.1	2.1	153	180	11	2.1	2.1	240	332	2200	3000	6.4	—	NF 224	NJ 224+HJ 224
	215	40	195.5	132	196	2.1	2.1	153	—	—	2.1	2.1	338	422	2200	3000	6.11	N 224 E	—	—
	215	58	191.5	132	—	2.1	2.1	153	180	11	2.1	2.1	362	522	2200	3000	9.5	N 2224	—	NJ 2224+HJ 2224
	260	55	226	134	230	2.5	2.5	168	209	14	3	3	460	552	1900	2600	14	N 324	NF 324	NJ 324+HJ 324
	260	86	226	134	230	2.5	2.5	168	219	14	3	3	662	868	1900	2600	22.5	N 2324	NF 2324	NJ 2324+HJ 2324
	310	72	260	142	—	4	4	188	238	17	5	5	672	772	1700	2200	30	N 424	—	NJ 424+HJ 424
130	200	33	182	139	—	2	1	156	—	—	2	1.1	160	212	2400	3200	3.7	N 1026	—	—
	230	40	204	144	208	2.5	2.5	165	192	11	3	3	270	352	2000	2800	7	N 226	NF 226	NJ 226+HJ 226
	230	64	204	144	—	2.5	2.5	167	195	11	3	3	385	552	2000	2800	11.5	N 2226	NF 2226	NJ 2226+HJ 2226
	280	58	243	148	247	3	3	182	225	14	4	4	515	620	1700	2200	18	N 326	NF 326	NJ 326+HJ 326
	280	93	243	148	247	3	3	182	236	14	4	4	785	1060	1700	2200	28.5	N 2326	NF 2326	NJ 2326+HJ 2326
	340	78	285	152	—	4	4	—	—	18	5	5	820	942	1500	1900	39	N 426	—	NJ 426+HJ 426
140	210	33	192	149	—	2	1	—	—	—	2	1.1	165	220	2000	2800	4	N 1028	—	—
	250	42	221	154	—	2.5	2.5	179	208	11	3	3	315	415	1800	2400	9.1	N 228	NF 228	NJ 228+HJ 228
	250	68	221	154	—	2.5	2.5	179	208	11	3	3	458	700	1800	2400	15	N 2228	—	NJ 2228 HJ 2228
	300	62	260	158	—	3	3	196	241	15	4	4	570	690	1600	2000	22	N 328	NF 328	NJ 328+HJ 328
	300	102	260	158	—	3	3	192	252	15	4	4	865	1180	1600	2000	37	N 2328	NF 2328	NJ 2328+HJ 2328
	360	82	304	162	—	4	4	—	—	18	5	5	885	1020	1400	1800	—	N 428	—	NJ 428+HJ 428
150	225	35	205.5	161	—	2.1	1.5	177	—	—	2.1	1.5	198	268	1900	2600	4.8	N 1030	—	—
	270	45	238	164	—	2.5	2.5	193	225	12	3	3	378	490	1700	2200	11	N 230	NF 230	NJ 230+HJ 230
	270	73	238	164	—	2.5	2.5	193	225	12	3	3	555	772	1700	2200	17	N 2230	NF 2230	NJ 2230+HJ 2230
	320	65	277	168	—	3	3	209	270	15	4	4	625	765	1500	1900	26	N 330	NF 330	NJ 330+HJ 330
	320	108	277	168	—	3	3	209	270	15	4	4	975	1340	1500	1900	45	N 2330	NF 2330	NJ 2330+HJ 2330
	380	85	321	172	—	4	4	—	—	20	5	5	955	1100	1300	1700	53	N 430	—	NJ 430+HJ 430

（续）

公称尺寸/mm				安装尺寸/mm				其他尺寸/mm					基本额定载荷/kN		极限转速/r·min^{-1}		质量/kg	轴承代号		
d	D	B	E_w	d_a min	D_a max	r_a max	r_b max	d_2	D_2	B_1	r min	r_1 min	C_r	C_{0r}	脂	油	W ≈	N型	NF型	NH(NJ+HJ)型
160	240	38	220	171	—	2.1	1.5	—	—	—	2.1	1.5	222	302	1800	2400	6	N 1032	—	—
	290	48	255	174	—	2.5	2.5	206	250	12	3	3	425	552	1600	2000	14	N 232	NF 232	NJ 232+HJ 232
	290	80	255	174	—	2.5	2.5	205	252	12	3	3	618	898	1600	2000	25	N 2232	—	NJ 2232+HJ 2232
	340	68	292	178	—	3	3	—	—	—	4	4	658	825	1400	1800	31.6	N 332	NF 332	NJ 332+HJ 332
	340	114	292	178	—	3	3	—	—	—	4	4	1018	1430	1400	1800	55.8	N 2332	NF 2332	—
170	260	42	237	181	—	2.1	2.1	201	—	—	2.1	2.1	268	365	1700	2200	8.14	N 1034	—	—
	310	52	272	188	—	3	3	220	269	12	4	4	445	650	1500	1900	17.1	N 234	NF 234	NJ 234+HJ 234
	360	72	310	188	—	3	3	—	—	—	4	4	750	952	1300	1700	36	N 334	—	—
	360	120	310	188	—	3	3	—	290	—	4	4	1162	1650	1300	1700	63	N 2334	NF 2334	—
180	280	46	255	191	—	2.1	2.1	215	—	—	2.1	2.1	315	438	1600	2000	10.1	N 1036	—	—
	320	52	282	198	—	3	3	230	279	12	4	4	445	650	1400	1800	18	N 236	NF 236	NJ 236+HJ 236
	380	75	328	198	—	3	3	252	—	—	4	4	875	1100	1200	1600	42	N 336	—	—
	380	126	328	198	—	3	3	—	306	—	4	4	1268	1780	1200	1600	71.2	N 2336	NF 2336	—
190	290	46	265	201	—	2.1	2.1	225	—	—	2.1	2.1	350	495	1500	1900	10.0	N 1038	—	—
	340	55	299	208	—	3	3	244	295	13	4	4	535	745	1300	1700	23	N 238	NF 238	NJ 238+HJ 238
	340	92	299	208	—	3	3	—	295	13	4	4	1022	1570	1300	1700	38.5	N 2238	—	NJ 2238+HJ 2238
	400	78	345	212	—	4	4	264	—	—	5	5	925	1190	1100	1500	50	N 338	—	—
200	310	51	281	211	—	2.1	2.1	239	—	—	2.1	2.1	428	615	1400	1800	14.3	N 1040	—	—
	360	58	316	218	—	3	3	258	312	14	4	4	598	842	1200	1600	26	N 240	NF 240	NJ 240+HJ 240
	360	98	316	218	—	3	3	256	313	14	4	4	1172	1725	1200	1600	—	N 2240	—	NJ 2240+HJ 2240
	420	80	360	222	—	4	4	280	—	—	5	5	1018	1290	1000	1400	—	N 340	—	—
220	340	56	310	233	—	2.5	2.5	—	—	—	3	3	470	685	1200	1600	—	N 1004	—	—
	400	65	350	238	—	3	3	286	332	15	4	4	735	1050	1000	1400	36	N 244	NF 244	NJ 244+HJ 244
	400	108	350	238	—	3	3	—	—	—	4	4	1425	2330	1000	1400	62	N 2244	—	—
240	360	56	330	253	—	2.5	2.5	282	—	—	3	3	492	745	1000	1400	21	N 1048	—	—
	440	72	385	258	—	3	3	313	365	16	4	4	922	1345	900	1200	48.2	N 248	NF 248	NJ 248+HJ 248
	500	95	430	262	—	4	4	—	—	—	5	5	1352	1810	800	1000	97.1	N 348	—	—
260	400	65	364	276	—	3	3	309	—	—	4	4	620	932	950	1300	31	N 1052	—	—
280	420	65	384	296	—	3	3	329	—	—	4	4	628	965	850	1100	33	N 1056	—	—
300	460	74	420	316	—	3	3	356	—	—	4	4	922	1470	800	1000	44.4	N 1060	—	—
	540	85	475	322	487	4	4	—	—	—	5	5	1425	2190	700	900	87.2	N 260	—	—
320	480	74	440	336	—	3	3	376	—	—	4	4	932	1520	750	950	47	N 1064	—	—
400	600	90	550	420	—	4	4	470	—	—	5	5	1488	2480	560	700	88.8	N 1080	—	—

表 14.6-14　无外圈圆柱滚子轴承（部分摘自 GB/T 283—2007）

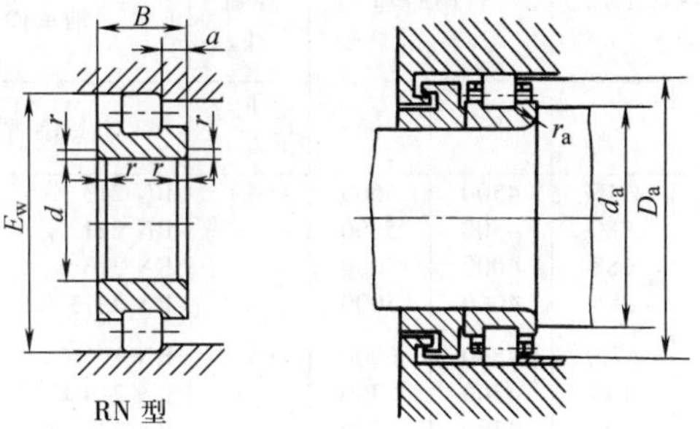

RN 型

代号含义
RN—无外圈，内圈有双挡边
E—加强型

公称尺寸/mm			安装尺寸/mm			其他尺寸/mm		基本额定载荷/kN		极限转速/r·min^{-1}		质量/kg	轴承代号
d	E_W	B	d_a min	D_a max	r_a max	a	r min	C_r	C_{0r}	脂	油	W ≈	RN 型
20	41.5	14	25	37.3	1	2.5	1	27.0	24.0	12000	16000	—	RN 204 E
	41.5	18	25	37.3	1	3.5	1	32.2	30.0	12000	16000	—	RN 2204 E
	45.5	15	26.5	41.2	1	2.5	1.1	30.5	25.5	11000	15000	—	RN 304 E
	45.5	21	26.5	41.2	1	3.5	1.1	41.0	37.5	10000	14000	—	RN 2304 E
25	46.5	15	30	42.3	1	3	1	28.8	26.8	11000	14000	—	RN 205 E
	46.5	18	30	42.3	1	3.5	1	34.5	33.8	11000	14000	—	RN 2205 E
	54	17	31.5	49.4	1	3	1.1	40.2	35.8	9000	12000	—	RN 305 E
	54	24	31.5	49.4	1	4	1.1	55.8	54.5	9000	12000	—	RN 2305 E
30	55.5	16	36	50.5	1	3	1	37.8	35.5	8500	11000	—	RN 206 E
	55.5	20	36	50.5	1	3.5	1	47.2	48.0	8500	11000	—	RN 2206 E
	62.5	19	37	58.2	1	3.5	1.1	51.5	48.2	8000	10000	—	RN 306 E
	62.5	27	37	58.2	1	4.5	1.1	73.2	75.5	8000	10000	—	RN 2306 E
35	64	17	42	59	1	3	1.1	48.8	48.0	7500	9500	—	RN 207 E
	64	23	42	59	1	4.5	1.1	60.2	63.0	7500	9500	—	RN 2207 E
	70.2	21	44	64.3	1.5	3.5	1.5	65.0	63.2	7000	9000	—	RN 307 E
	70.2	31	44	64.3	1.5	5	1.5	91.8	98.2	7000	9000	—	RN 2307 E
	83	25	44	—	1.5	—	1.5	74.2	68.2	6000	7500	0.64	RN 407
40	71.5	18	47	66.2	1	3.5	1.1	54.0	53.0	7000	9000	—	RN 208 E
	71.5	23	47	66.2	1	4	1.1	70.8	75.2	7000	9000	—	RN 2208 E
	80	23	49	73.3	1.5	4	1.5	80.5	77.8	6300	8000	—	RN 308 E
	80	33	49	73.3	1.5	5.5	1.5	110	118	6300	8000	—	RN 2308 E
	92	27	50	—	2	—	2	94.8	89.8	5600	7000	—	RN 408
45	76.5	19	52	71.2	1	3.5	1.1	61.2	63.8	6300	8000	—	RN 209 E
	76.5	23	52	71.2	1	4	1.1	74.5	82.0	6300	8000	—	RN 2209 E
	88.5	25	54	81.5	1.5	4.5	1.5	97.5	98.0	5600	7000	—	RN 309 E
	88.5	36	54	81.5	1.5	6	1.5	135	152	5600	7000	—	RN 2309 E
50	72.5	16	55	—	1	—	1	26.2	27.5	6300	8000	—	RN 1010
	81.5	20	57	77	1	4	1.1	64.2	69.2	6000	7500	—	RN 210 E
	81.5	23	57	77	1	4	1.1	77.8	88.8	6000	7500	—	RN 2210 E
	97	27	60	89.6	2	5	2	110	112	5300	6700	—	RN 310 E
	97	40	60	89.6	2	6.5	2	162	185	5300	6700	—	RN 2310 E
55	90	21	64	85	1.5	3.5	1.5	84.0	95.5	5300	6700	—	RN 211E
	90	25	64	85	1.5	4	1.5	99.2	118	5300	6700	—	RN 2211E
	106.5	29	65	98.2	2	5	2	135	138	4800	6000	—	RN 311E
	106.5	43	65	98.2	2	6.5	2	200	228	4800	6000	—	RN 2311E
60	86.5	18	66.5	—	1	—	1.1	40.2	45.0	5300	6700	0.303	RN 1012
	100	22	69	93.2	1.5	4	1.5	94.0	102	5000	6300	—	RN 212 E
	100	28	69	93.2	1.5	4	1.5	128	152	5000	6300	—	RN 2212E
	115	31	72	106.5	2.1	5.5	2.1	148	155	4500	5600	—	RN 312E
	115	46	72	106.5	2.1	7	2.1	222	260	4500	5600	—	RN 2312E

（续）

公称尺寸/mm			安装尺寸/mm			其他尺寸 /mm		基本额定载荷 /kN		极限转速 /r·min⁻¹		质量 /kg	轴承代号
d	E_W	B	d_a min	D_a max	r_a max	a	r min	C_r	C_{0r}	脂	油	W ≈	RN 型
65	108.5	23	74	101	1.5	4	1.5	108	118	4500	5600	—	RN 213 E
	108.5	31	74	101	1.5	4.5	1.5	148	180	4500	5600	—	RN 2213E
	124.5	33	77	114.6	2.1	5.5	2.1	178	188	4000	5000	—	RN 313 E
	124.5	48	77	114.6	2.1	8	2.1	245	285	4000	5000	—	RN 2313 E
70	100	20	76.5	—	1	—	1.1	49.8	57.0	4800	6000	—	RN 1014
	113.5	24	79	105.8	1.5	4	1.5	118	135	4300	5300	—	RN 214 E
	113.5	31	79	105.8	1.5	4.5	1.5	155	192	4300	5300	—	RN 2214 E
	133	35	82	123.5	2.1	5.5	2.1	205	220	3800	4800	—	RN 314 E
	133	51	82	123.5	2.1	8.5	2.1	272	320	3800	4800	—	RN 2314 E
75	118.5	25	84	111.4	1.5	4	1.5	130	155	4000	5000	—	RN 215 E
	118.5	31	84	111.4	1.5	4.5	1.5	162	205	4000	5000	—	RN 2215 E
	143	37	87	131.6	2.1	5.5	2.1	238	260	3600	4500	—	RN 315 E
80	127.3	26	90	119.8	2	4.5	2	138	165	3800	4800	—	RN 216 E
	127.3	33	90	119.8	2	4.5	2	185	242	3800	4800	—	RN 2216 E
	151	39	92	139	2.1	6	2.1	258	282	3400	4300	—	RN 316 E
85	136.5	28	95	129	2	4.5	2	165	192	3600	4500	—	RN 217 E
	136.5	36	95	129	2	5	2	215	272	3600	4500	—	RN 2217 E
	160	41	99	147	3	6.5	3	292	332	3200	4000	—	RN 317 E
90	145	30	100	136.4	2	5	2	180	215	3400	4300	—	RN 218 E
	145	40	100	136.4	2	6	2	240	312	3400	4300	—	RN 2218 E
	169.5	43	104	155.5	3	6.5	3	312	348	3000	3800	—	RN 318 E
95	154.5	32	107	145.5	2.1	5	2.1	218	262	3200	4000	—	RN 219 E
	154.5	43	107	145.5	2.1	6.5	2.1	288	368	3200	4000	—	RN 2219 E
	177.5	45	109	163.5	2.5	7.5	3	330	380	2800	3600	—	RN 319 E
100	163	34	112	152.8	2.1	5	2.1	245	302	3000	3800	—	RN 220 E
	163	46	112	152.8	2.1	6	2.1	332	440	3000	3800	—	RN 2220 E
	191.5	47	114	175	2.5	7.5	3	382	425	2600	3200	—	RN 320 E
105	168.8	36	117	161.2	2.1	7.5	2.1	195	235	2800	3600	2.76	RN 221
	195	49	119	184	2.5	9.5	3	338	392	2200	3000	—	RN 321
110	180.5	38	122	170.2	2.1	6	2.1	292	360	2600	3400	—	RN 222 E
	207	50	124	195	2.5	9	3	368	428	2000	2800	—	RN 322
120	195.5	40	132	183.5	2.1	6	2.1	338	422	2200	3000	—	RN 224 E
	226	55	134	213	2.5	9.5	3	460	552	1900	2600	—	RN 324
130	204	40	144	195	2.5	8	3	270	352	2000	2800	4.48	RN 226
	243	58	148	229	3	10	4	515	620	1700	2200	—	RN 326
140	221	42	154	211.5	2.5	8	3	315	415	1800	2400	5.94	RN 228
	260	62	158	245	3	11	4	570	690	1600	2000	13.2	RN 328
150	238	45	164	228	2.5	8.5	3	378	490	1700	2200	—	RN 230
	277	65	168	262	3	11.5	4	622	765	1500	1900	17.04	RN 230
160	255	48	174	245	2.5	9	3	425	552	1600	2000	—	RN 232
	292	68	178	276	3	13	4	658	825	1400	1800	—	RN 332
170	272	52	188	262	3	10	4	445	650	1500	1900	—	RN 234
	310	72	188	293	3	13.5	4	750	952	1300	1700	—	RN 334
180	282	52	198	270	3	10	4	445	650	1400	1800	—	RN 236
	328	75	198	309	3	13.5	4	875	1100	1200	1600	35.9	RN 336
190	299	55	208	286.5	3	10.5	4	535	745	1300	1700	—	RN 238
	345	78	212	325	4	14	5	925	1190	1100	1500	31.6	RN 338
200	316	58	218	302.5	3	11.5	4	598	842	1200	1600	—	RN 240
	360	80	222	340	4	15	5	1018	1290	1000	1400	—	RN 340
220	350	65	238	335	3	12.5	4	735	1050	1000	1400	—	RN 244

表 14.6-15　无内圈圆柱滚子轴承（部分摘自 GB/T 283—2007）

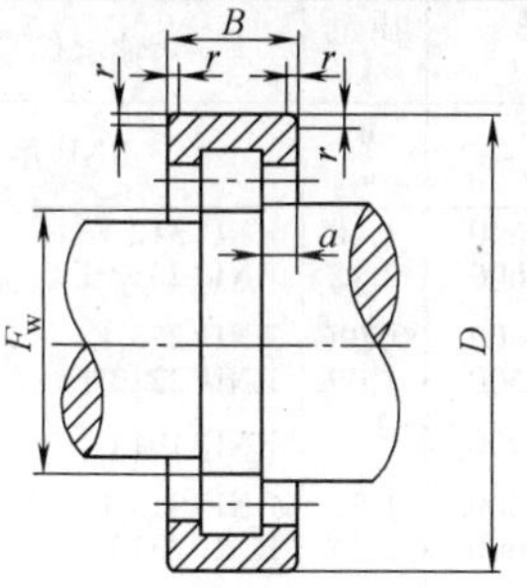

RNU 型

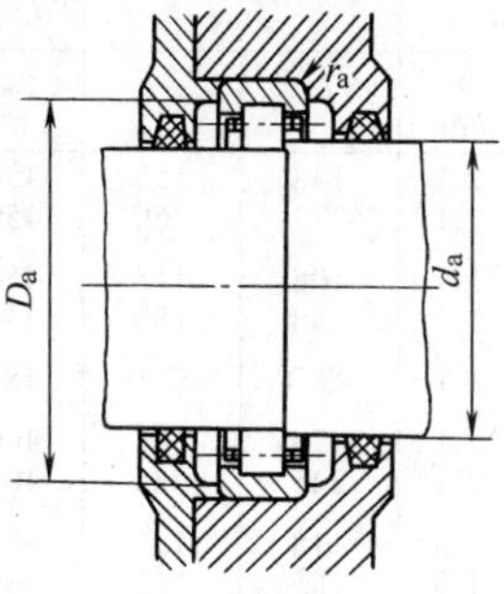

代号含义

RNU—无内圈，外圈有双挡边

E—加强型

公称尺寸/mm			安装尺寸/mm			其他尺寸/mm		基本额定载荷/kN		极限转速/r·min^{-1}		质量/kg	轴承代号
F_W	D	B	d_a max	D_a max	r_a max	a	r min	C_r	C_{0r}	脂	油	W ≈	RNU 型
20	35	11	22.4	31	0.6	3	0.6	8.35	5.5	15000	19000	0.038	RNU 202
22.9	40	12	25.3	36	0.6	3.25	0.6	9.55	7.0	14000	18000	—	RNU 203
26.5	47	14	29.8	42	1	2.5	1	27.0	24.0	12000	16000	0.089	RNU 204 E
	47	18	29.8	42	1	3.5	1	32.2	30.0	12000	16000	0.113	RNU 2204 E
27.5	52	15	32	45.5	1	2.5	1.1	30.5	25.5	11000	15000	0.12	RNU 304 E
	52	21	32	45.5	1	3.5	1.1	41.0	37.5	10000	14000	0.168	RNU 2304 E
30.5	47	12	32.6	43	0.6	3.25	0.6	11.5	10.2	11000	15000	—	RNU 1005
31.5	52	15	34.9	47	1	3	1	28.8	26.8	11000	14000	0.104	RNU 205 E
	52	18	34.9	47	1	3.5	1	34.5	33.8	11000	14000	0.124	RNU 2205 E
34	62	17	39	55.5	1	3	1.1	40.5	35.8	9000	12000	0.193	RNU 305 E
	62	24	39	55.5	1	4	1.1	55.8	54.5	9000	12000	0.272	RNU 2305 E
37.5	62	16	41.8	57	1	3	1	37.8	35.5	8500	11000	0.159	RNU 206 E
	62	20	41.8	57	1	3.5	1	47.8	48.0	8500	11000	0.202	RNU 2206 E
40.5	72	19	46.2	61.5	1	3.5	1.1	51.5	48.2	8000	10000	0.285	RNU 306 E
	72	27	46.2	61.5	1	4.5	1.1	73.5	75.5	8000	10000	0.409	RNU 2306 E
44	72	17	47.4	61.5	1	3	1.1	48.8	48.0	7500	9500	0.233	RNU 207 E
	72	23	47.4	61.5	1	4.5	1.1	60.2	63.0	7500	9500	0.307	RNU 2207 E
46.2	80	21	50.3	72	1.5	3.5	1.5	65.0	63.2	7000	9000	0.379	RNU 307 E
	80	31	50.3	72	1.5	5	1.5	91.8	98.2	7000	9000	0.557	RNU 2307 E
49.5	80	18	54.2	73.5	1	3.5	1.1	54.0	53.0	7000	9000	0.294	RNU 208 E
	80	23	54.2	73.5	1	4	1.1	70.8	75.2	7000	9000	0.38	RNU 2208 E
52	90	23	58.3	82	1.5	4	1.5	80.5	77.8	6300	8000	0.515	RNU 308 E
	90	33	58.3	82	1.5	5.5	1.5	110	118	6300	8000	0.738	RNU 2308 E
54.5	85	19	59	78.5	1	3.5	1.1	61.2	63.8	6300	8000	0.335	RNU 209 E
	85	23	59	78.5	1	4	1.1	74.5	82.0	6300	8000	0.407	RNU 2209 E
58.5	100	25	64	92	1.5	4.5	1.5	97.5	98.0	5600	7000	0.703	RNU 309 E
	100	36	64	92	1.5	6	1.5	135	152	5600	7000	1.01	RNU 2309 E
59.5	90	20	64.1	83.5	1	4	1.1	64.2	69.2	6000	7500	0.369	RNU 210 E
	90	23	64.1	83.5	1	4	1.1	77.8	88.8	6000	7500	0.433	RNU 2210 E
65	110	27	71	101	2	5	2	110	112	5300	6700	0.896	RNU 310 E
	110	40	71	101	2	6.5	2	162	185	5300	6700	1.34	RNU 2310 E
66	100	21	70	92	1.5	3.5	1.5	84.0	95.5	5300	6700	0.508	RNU 211 E
	100	25	70	92	1.5	4	1.5	99.2	118	5300	6700	0.601	RNU 2211 E
70.5	120	29	77.2	111	2	5	2	135	138	4800	6000	1.16	RNU 311 E
	120	43	77.2	111	2	6.5	2	200	228	4800	6000	1.74	RNU 2311 E
72	110	22	77.6	102	1.5	4	1.5	94.0	102	5000	6300	0.632	RNU 212 E
	110	28	77.6	102	1.5	4	1.5	128	152	5000	6300	0.831	RNU 2212 E

（续）

公称尺寸/mm			安装尺寸/mm			其他尺寸/mm		基本额定载荷/kN		极限转速/r·min^{-1}		质量/kg	轴承代号
F_W	D	B	d_a max	D_a max	r_a max	a	r min	C_r	C_{0r}	脂	油	W ≈	RNU 型
77	130	31	82.5	119	2.1	5.5	2.1	148	155	4500	5600	1.40	RNU 312 E
	130	46	82.5	119	2.1	7	2.1	222	260	4500	5600	2.12	RNU 2312 E
78.5	120	23	84	112	1.5	4	1.5	108	118	4500	5600	0.796	RNU 213 E
	120	31	84	112	1.5	4.5	1.5	148	180	4500	5600	1.09	RNU 2213 E
80	110	20	83.8	103.5	1	5	1.1	49.8	57.0	4800	6000	—	RNU 1014
82.5	140	33	90.8	129	2.1	5.5	2.1	178	188	4000	5000	1.75	RNU 313 E
	140	48	90.8	129	2.1	8	2.1	245	285	4000	5000	2.54	RNU 2313 E
83.5	125	24	88.6	117	1.5	4	1.5	118	135	4300	5300	0.878	RNU 214 E
	125	31	88.6	117	1.5	4.5	1.5	155	192	4300	5300	1.15	RNU 2214 E
88.5	130	25	92.9	122	1.5	4	1.5	30	155	4000	5000	0.964	RNU 215 E
	130	31	92.9	122	1.5	4.5	1.5	162	205	4000	5000	1.21	RNU 2215 E
89	150	35	97.5	139	2.1	5.5	2.1	205	220	3800	4800	2.18	RNU 314 E
	150	51	97.5	139	2.1	8.5	2.1	272	320	3800	4800	3.11	RNU 2314 E
95	160	37	103.5	149	2.1	5.5	2.1	238	260	3600	4500	2.62	RNU 315 E
95.3	140	26	100	131	2	4.5	2	138	165	3800	4800	1.14	RNU 216 E
	140	33	100	131	2	4.5	2	188	242	3800	4800	1.49	RNU 2216 E
95.5	160	55	103.5	149	2.1	—	2.1	258	308	3600	4500	4.54	RNU 2315
96.5	130	22	100.8	123.5	1	5.5	1.1	67.5	81.6	4000	5000	0.72	RNU 1017
100.5	150	28	107	141	2	4.5	2	165	192	3600	4500	1.48	RNU 217 E
	150	36	107	141	2	5	2	215	272	3600	4500	1.93	RNU 2217 E
101	170	39	111.8	159	2.1	6	2.1	258	282	3400	4300	3.1	RNU 316 E
103	140	24	107.8	132	1.5	6	1.5	77.5	94.8	3800	4800	0.98	RNU 1018
107	160	30	114.2	151	2	5	2	180	215	3400	4300	1.79	RNU 218 E
	160	40	114.2	151	2	6	2	240	312	3400	4300	2.41	RNU 2218 E
108	180	41	115.5	167	2.5	6.5	3	295	332	3200	4000	3.66	RNU 317 E
	180	60	115.5	167	2.5	—	3	310	380	3200	4000	6.47	RNU 2317
112.5	170	32	120	159	2.1	5	2.1	218	262	3200	4000	2.22	RNU 219 E
	170	43	120	159	2.1	6.5	2.1	288	368	3200	4000	2.97	RNU 2219 E
113.5	190	43	125	177	2.5	6.5	3	312	348	3000	3800	4.27	RNU 318 E
119	180	34	128	169	2.1	5	2.1	245	302	3000	3800	2.68	RNU 220 E
	180	46	128	169	2.1	6	2.1	332	440	3000	3800	3.65	RNU 2220 E
121.5	200	45	132	187	2.5	7.5	3	330	380	2800	3600	4.86	RNU 319 E
125	170	28	130.7	161	2	6. 5	2	120	155	3000	3800	1.91	RNU 1022
127.5	215	47	140.5	202	2.5	7.5	3	382	425	2600	3200	5.98	RNU 320 E
132.5	200	38	141.5	189	2.1	6	2.1	292	360	2600	3400	3.69	RNU 222 E
135	180	28	140.7	171	2	6.5	2	135	168	2600	3400	2.31	RNU 1024
	225	49	147	212	2.5	9.5	3	338	392	2200	3000	—	RNU 321
143	240	50	155.5	227	2.5	9	3	368	428	2000	2800	—	RNU 322
143.5	215	40	153	204	2.1	6	2.1	338	422	2200	3000	4.52	RNU 224 E
154	260	55	168.5	247	2.5	9.5	3	460	552	1900	2600	—	RNU 324
156	230	40	165.5	217	2.5	8	3	270	352	2000	2800	5.6	RNU 226
158	210	33	164.5	201	2	8	2	165	220	2000	2800	—	RNU 1028
167	280	58	182	264	3	10	4	515	620	1700	2200	—	RNU 326
169	250	42	179.5	237	2.5	8	3	315	415	1800	2400	—	RNU 228
169.5	225	35	176.7	214	2.1	8.5	2.1	198	268	1900	2600	3.64	RNU 1030
180	300	62	196	284	3	11	4	570	690	1600	2000	—	RNU 328
182	270	45	193	257	2.5	8.5	3	378	490	1700	2200	—	RNU 230
193	320	65	210	304	3	11.5	4	622	765	1500	1900	—	RNU 330
195	290	48	205	277	2.5	9	3	425	552	1600	2000	—	RNU 232
205	280	46	214.5	269	2.1	10.5	2.1	315	438	1600	2000	—	RNU 1036
208	340	68	225	324	3	13	4	658	825	1400	1800	—	RNU 332
	310	52	219.8	294	3	10	4	445	650	1500	1900	—	RNU 234
218	320	52	230.5	304	3	10	4	445	650	1400	2800	—	RNU 236
220	360	72	238	344	3	13.5	4	750	952	1300	1700	—	RNU 334
231	340	55	244.5	324	3	10.5	4	535	745	1300	1700	—	RNU 238
232	380	75	251	364	3	13.5	4	875	1100	1200	1600	—	RNU 336
244	360	58	258	344	3	11	4	598	842	1200	1600	—	RNU 240
245	400	78	265	380	4	14	5	925	1190	1100	1500	—	RNU 338
260	420	80	280	400	4	15	5	1018	1290	1000	1400	—	RNU 340
270	400	65	286	384	3	12.5	4	735	1050	1000	1400	—	RNU 244

表 14.6-16　四列圆柱滚子轴承（部分摘自 JB/T 5389.1—2016）

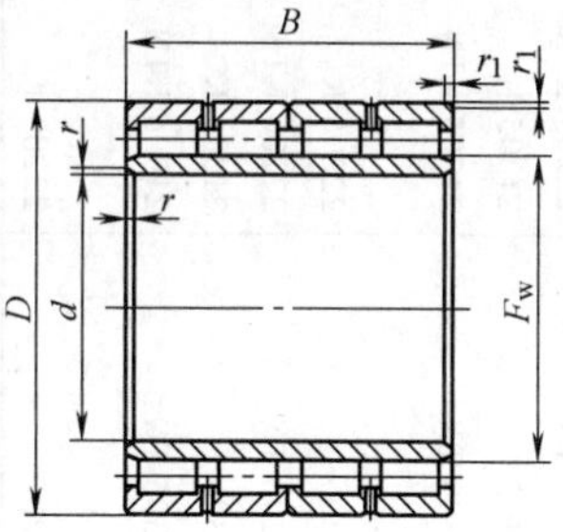

FC 型

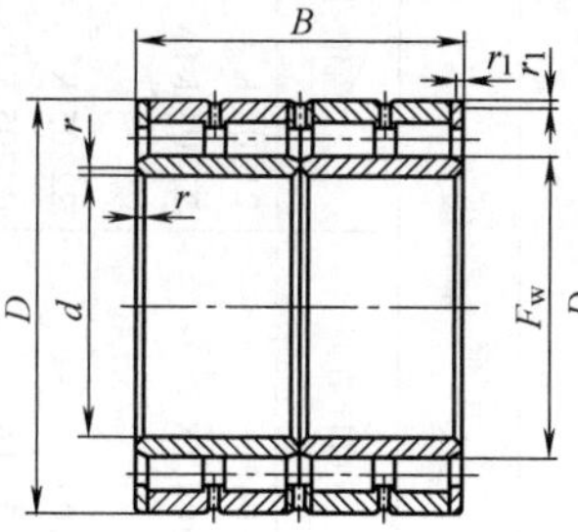

FCDP 型

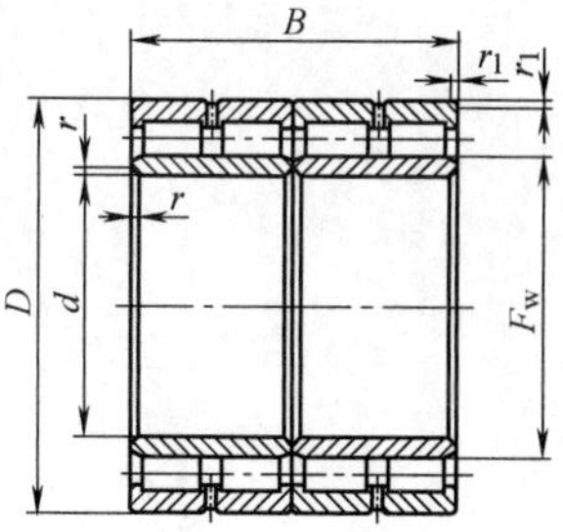

FCD 型

代号含义

FC——一个内圈，外圈带双挡边

FCDP—双内圈，外圈单挡边且带平挡圈

FCD—双内圈，外圈双挡边

主要尺寸/mm						基本额定载荷/kN		轴承代号
d	D	B	F_W	r min	r_1 min	C_r	C_{0r}	
100	140	104	111	1.5	1.1	395	925	FC 2028104
	145	70	113	1.5	1.1	255	540	FC 202970
110	170	120	127	2	2	708	1325	FC 2234120
120	180	105	135	2	2	550	1145	FC 2436105
130	200	125	149	2	2	862	1525	FC 2640125
140	210	125	158	2	2	840	1438	FC 2842125
145	210	155	166	2	2	855	2020	FC 2942155
	225	156	169	2	2	975	2080	FC 2945156
150	225	120	169	2	2	922	1612	FC 3045120
	230	156	174	2	2	990	2145	FC 3046156
160	230	130	180	1.5	1.5	815	1865	FC 3246130
	230	168	180	2.1	2.1	1000	2410	FC 3246168
	240	124	183	2.1	2.1	808	1638	FC 3248124
	240	168	183	2.1	2.1	1102	2438	FC 3248168
170	250	170	192	2.1	2.1	1252	2600	FC 3450170
	260	120	195	2.1	2.1	758	1275	FC 3452120
180	250	156	200	2.1	2.1	995	2490	FC 3650156
	260	168	202	2.1	2.1	1145	2715	FC 3652168
	280	180	207	2.1	2.1	1708	2925	FC 3656180
190	260	168	212	2.1	2.1	1085	2815	FC 3852168
	270	170	212	2.1	2.1	1185	2885	FC 3854170
	270	200	212	2.1	2.1	1345	3395	FC 3854200
	280	200	214	2.1	2.1	1440	3435	FC 3856200
200	270	170	222	2.1	2.1	1120	2985	FC 4054170
	280	200	222	2.1	2.1	1375	3555	FC 4056200
	290	192	226	2.1	2.1	1430	3450	FC 4058192
210	300	210	234	2.1	2.1	1802	4548	FC 4260210
220	310	192	246	2.1	2.1	1500	3760	FC 4462192
	320	210	248	2.1	2.1	1710	4155	FC 4464210
	310	225	244	2.1	2.1	1695	4410	FCD 4462225
230	330	206	260	2.1	2.1	1720	4245	FC 4666206
240	330	220	264	2.1	2.1	1735	4665	FC 4866220
	360	220	272	2.1	2.1	2060	4800	FC 4872220
250	350	220	278	3	3	1885	4885	FC 5070220①
260	370	220	292	3	3	2030	5110	FC 5274220①
	380	280	294	3	3	2580	6560	FCD 5276280
	400	290	296	4	4	2910	6915	FCD 5280290

主要尺寸/mm						基本额定载荷/kN		轴承代号
d	D	B	F_W	r min	r_1 min	C_r	C_{0r}	
270	380	230	298	3	3	2502	5938	FCD 5476230
280	390	220	312	3	3	2105	5465	FC 5678220
	390	275	308	1.5	1.1	2505	6830	FCDP 5678275
	420	280	318	4	4	2930	7130	FCD 5684280
290	410	240	320	4	4	2415	6205	FCD 5882240
	420	300	327	4	4	3010	7815	FCD 5884300
300	420	218	332	4	4	2315	5850	FC 6084218
	420	240	332	4	4	2455	6400	FCD 6084240
	420	300	332	3	3	2920	7995	FCD 6084300①
320	450	240	355	4	4	2665	6835	FCD 6490240
	480	290	364	4	4	3485	7475	FCD 6496290
	480	350	364	4	4	4645	10400	FCD 6496350①
330	460	340	365	4	4	3530	9955	FCD 6692340①
340	460	260	370	4	4	3100	8750	FCD 6892260
	480	350	378	4	4	3830	10605	FCD 6896350①
360	510	370	392	4	4	4280	11880	FCD 72102370①
370	520	380	409	4	4	4430	12510	FCD 74104380①
380	540	400	422	4	4	4850	13570	FCD 76108400①
400	560	410	445	5	5	5070	14575	FCD 80112410①
420	600	440	470	5	5	5875	16530	FCD 84120440
440	620	450	487	5	5	6115	17630	FCD 88124450①
460	650	470	509	5	5	6675	19270	FCD 92130470①
480	680	500	532	6	6	7365	21410	FCD 96136500①
500	720	530	568	6	6	8320	23765	FCD 100144530①
530	780	570	601	6	6	9770	27290	FCD 106156570①
570	815	594	628	6	6	10320	30295	FCD 114163594①
600	820	575	660	6	6	9675	30420	FCD 120164575①
	870	640	682	6	6	11875	34515	FCD 120174640①
650	920	670	723	7.5	7.5	12785	38835	FCD 130184670①
690	980	715	767.5	7.5	7.5	14440	44045	FCD 138196715①
710	1000	715	787.5	7.5	7.5	14645	45195	FCD 142200715①
750	1000	670	813	7.5	7.5	13085	43965	FCD 150200670①
800	1080	700	878	7.5	7.5	14935	49185	FCD 160216700①
830	1080	710	896	8	8	14370	51165	FCD 166216710①
850	1150	840	928	7.5	7.5	18460	62755	FCD 170230840①
1000	1360	800	1084	7.5	7.5	21410	70430	FCD 200272800①

① FCDP 型轴承同 FCD 型轴承外形尺寸和额定载荷相同。

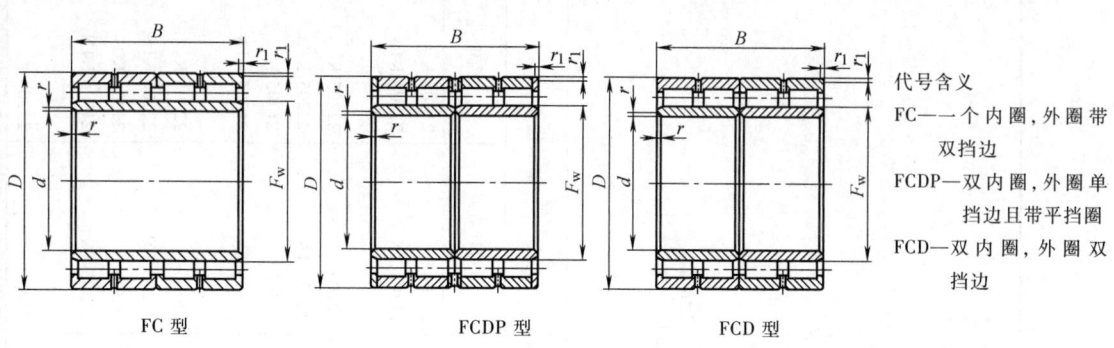

5 调心滚子轴承（见表 14.6-17、表 14.6-18）

表 14.6-17 调心滚子轴承（部分摘自 GB/T 288—2013）

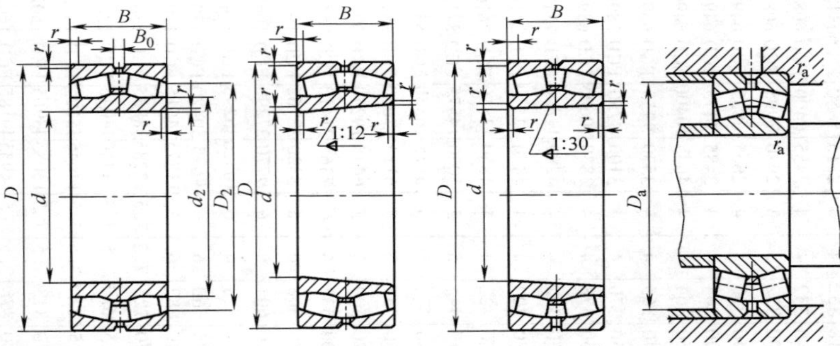

20000型 20000 K型 20000 K30型

径向当量动载荷

当 $F_a/F_r \leq e$ 时，$P_r=F_r+Y_1F_a$

当 $F_a/F_r>e$ 时，$P_r=0.67F_r+Y_2F_a$

径向当量静载荷

$P_{0r}=F_r+Y_0F_a$

代号含义

TN—尼龙保持架

K—圆锥孔（锥度 1∶12）

K30—圆锥孔（锥度 1∶30）

公称尺寸/mm			安装尺寸/mm			其他尺寸/mm				计算系数				基本额定载荷/kN		极限转速/r·min^{-1}		质量/kg	轴承代号	
d	D	B	d_a min	D_a max	r_a max	d_2 ≈	D_2 ≈	B_0	r min	e	Y_1	Y_2	Y_0	C_r	C_{0r}	脂	油	W ≈	圆柱孔	圆锥孔
20	52	15	27	45	1	29.5	42	—	1.1	0.31	2.2	3.3	2.2	31.5	31.2	6000	7500	0.175	21304	21304 K
	52	15	27	45	1	30.5	44.1	—	1.1	0.29	2.3	3.4	2.2	35.8	34.2	6000	7500	0.161	21304 TN	21304 KTN
25	52	18	30	46	1	30.9	43.9	5.5	1	0.35	1.9	2.9	1.9	36.8	36.8	8000	10000	0.177	22205	22205 K
	52	18	30	46	1	28.8	42.8	5.5	1	0.36	1.9	2.8	1.8	45.2	44.0	8000	10000	0.178	22205 TN	22205 KTN
	62	17	32	55	1	36.4	50.8	—	1.1	0.29	2.4	3.5	2.3	42.5	44.2	5300	6700	0.277	21305	21305 K
	62	17	32	55	1	35.9	51.3	—	1.1	0.29	2.4	3.5	2.3	45.5	44.5	5300	6700	0.257	21305 TN	21305 KTN
30	62	20	36	56	1	37.9	52.7	5.5	1	0.32	2.1	3.1	2.1	51.8	55.0	6700	8500	0.283	22206	22206 K
	62	20	35	56	1	37.4	53.3	5.5	1	0.32	2.1	3.1	2.1	58.2	59.5	6700	8500	0.271	22206 TN	22206 KTN
	72	19	37	65	1	43.3	59.6	—	1.1	0.27	2.5	3.7	2.4	57.2	62.0	4500	6000	0.412	21306	21306 K
	72	19	37	65	1	41.2	59.6	—	1.1	0.28	2.4	3.6	2.4	63.8	63.5	4500	6000	0.391	21306 TN	21306 KTN
35	72	23	42	65	1	44.1	60.9	5.5	1.1	0.32	2.1	3.2	2.1	70.2	79.0	5600	7000	0.437	22207	22207 K

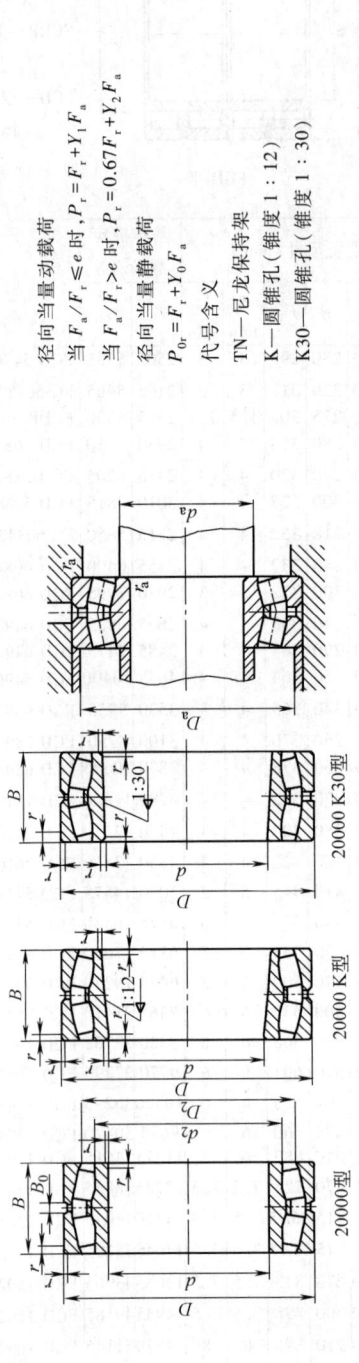

（续）

公称尺寸/mm			安装尺寸/mm			其他尺寸/mm				计算系数				基本额定载荷/kN		极限转速 /r·min^{-1}		质量/kg	轴承代号	
d	D	B	d_a min	D_a max	r_a max	d_2 ≈	D_2 ≈	B_0	r min	e	Y_1	Y_2	Y_0	C_r	C_{0r}	脂	油	W ≈	圆柱孔	圆锥孔
35	72	23	42	65	1	43.6	61.5	5.5	1.1	0.32	2.1	3.2	2.1	78.2	84.5	5600	7000	0.428	22207 TN	—
	80	21	44	71	1.5	49.1	66.3	—	1.5	0.27	2.5	3.8	2.5	65.2	73.2	4000	5300	0.542	21307	21307 K
	80	21	44	71	1.5	47.6	67.8	—	1.5	0.27	2.5	3.8	2.5	74.2	75.5	4000	5300	0.507	21307 TN	21307 KTN
40	80	23	47	73	1	50.4	69.4	5.5	1.1	0.28	2.4	3.6	2.4	79.0	88.5	5000	6300	0.524	22208	22208 K
	80	23	47	73	1	49.4	70.5	5.5	1.1	0.28	2.4	3.6	2.4	95.0	102	5000	6300	0.524	22208 TN	22208 KTN
	90	23	49	81	1.5	54.0	75.1	—	1.5	0.26	2.6	3.8	2.5	87.2	96.2	3600	4500	0.743	21308	21308 K
	90	23	49	81	1.5	53.5	75.6	—	1.5	0.26	2.6	3.8	2.5	93.5	99.0	3600	4500	0.717	21308 TN	21308 KTN
	90	33	49	81	1.5	51.4	74.3	5.5	1.5	0.38	1.8	2.7	1.8	122	138	4500	6000	1.02	22308	22308 K
	90	33	48	81	1.5	50.9	74.8	5.5	1.5	0.38	1.8	2.7	1.8	132	148	4500	6000	1.02	22308 TN	22308 KTN
45	85	23	52	78	1	54.6	73.6	5.5	1.1	0.26	2.6	3.8	2.5	82.8	95.2	4500	6000	0.571	22209	22209 K
	85	23	52	78	1	53.6	74.7	5.5	1.1	0.26	2.6	3.8	2.5	95.0	102	4500	6000	0.555	22209 TN	22209 KTN
	100	25	54	91	1.5	61.4	84.4	—	1.5	0.25	2.7	4.0	2.6	102	115	3200	4000	1.0	21309	21309 K
	100	25	54	91	1.5	60.4	84.4	—	1.5	0.25	2.7	4.0	2.6	110	120	3200	4000	0.949	21309 TN	21309 KTN
	100	36	54	91	1.5	57.6	82.2	5.5	1.5	0.37	1.8	2.7	1.8	145	170	4000	5300	1.37	22309	22309 K
	100	36	54	91	1.5	57.6	83.3	5.5	1.5	0.37	1.8	2.7	1.8	165	185	4000	5300	1.39	22309 TN	22309 KTN
50	90	23	57	83	1	59.7	78.8	5.5	1.1	0.24	2.8	4.1	2.7	86.0	102	4300	5300	0.614	22210	22210 K
	90	23	57	83	1	58.7	79.8	5.5	1.1	0.24	2.8	4.1	2.7	99.0	110	4300	5300	0.596	22210 TN	22210 KTN
	110	27	60	100	2	66.7	91.7	—	2	0.25	2.7	4.0	2.6	122	140	2800	3800	1.3	21310	21310 K
	110	27	60	100	2	67.3	93.3	—	2	0.25	2.7	4.1	2.7	128	140	2800	3800	1.22	21310 TN	21310 KTN
	110	40	60	100	2	63.4	91.9	5.5	2	0.37	1.8	2.7	1.8	182	212	3800	4800	1.79	22310	22310 K
	110	40	60	100	2	64.1	92.7	5.5	2	0.37	1.8	2.8	1.8	198	228	3800	4800	1.84	22310 TN	22310 KTN
55	100	25	64	91	1.5	66	88	5.5	1.5	0.24	2.8	4.2	2.8	105	125	3800	5000	0.847	22211	22211 K
	100	25	63	91	1.5	65.5	88.5	5.5	1.5	0.24	2.8	4.2	2.8	122	140	3800	5000	0.823	22211 TN	22211 KTN
	120	29	65	110	2	72.6	100.5	—	2	0.25	2.7	4.1	2.7	145	170	2600	3400	1.65	21311	21311 K
	120	29	65	110	2	74.1	102.1	—	2	0.24	2.8	4.2	2.7	148	165	2600	3400	1.57	21311 TN	21311 KTN
	120	43	65	110.	2	69.2	100.5	5.5	2	0.36	1.9	2.8	1.8	215	252	3400	4300	2.31	22311	22311 K
	120	43	65	110	2	68.8	101.2	5.5	2	0.36	1.9	2.8	1.8	232	262	3400	4300	2.32	22311 TN	22311 KTN

（续）

公称尺寸/mm			安装尺寸/mm			其他尺寸/mm				计算系数				基本额定载荷/kN		极限转速/r·min^{-1}		质量/kg	轴承代号	
d	D	B	d_a min	D_a max	r_a max	d_2 ≈	D_2 ≈	B_0	r min	e	Y_1	Y_2	Y_0	C_r	C_{0r}	脂	油	W ≈	圆柱孔	圆锥孔
60	110	28	69	101	1.5	72.7	96.5	5.5	1.5	0.24	2.8	4.1	2.7	125	155	3600	4500	1.15	22212	22212 K
	110	28	69	101	1.5	72.7	98.6	5.5	1.5	0.24	2.8	4.2	2.7	155	185	3600	4500	1.14	22212 TN	22212 KTN
	130	31	72	118	2.1	79.5	109.3	—	2.1	0.24	2.8	4.2	2.7	165	195	2400	3200	2.08	21312	21312 K
	130	31	72	118	2.1	80	110.8	—	2.1	0.24	2.8	4.2	2.8	175	195	2400	3200	1.96	21312 TN	21312 KTN
	130	46	72	118	2.1	74.9	109	5.5	2.1	0.36	1.9	2.8	1.8	248	292	3200	4000	2.88	22312	22312 K
	130	46	72	118	2.1	75.5	109.6	5.5	2.1	0.36	1.9	2.8	1.9	270	312	3200	4000	2.96	22312 TN	22312 KTN
65	120	31	74	111	1.5	78.4	104	5.5	1.5	0.25	2.7	4.0	2.6	155	195	3200	4000	1.54	22213	22213 K
	120	31	74	111	1.5	77.4	105	5.5	1.5	0.25	2.7	4.0	2.6	178	212	3200	4000	1.53	22213 TN	22213 KTN
	140	33	77	128	2.1	87.4	118.1	—	2.1	0.24	2.9	4.3	2.8	188	228	2200	3000	2.57	21313	21313 K
	140	33	77	128	2.1	86.4	119.1	—	2.1	0.24	2.9	4.3	2.8	202	235	2200	3000	2.45	21313 TN	21313 KTN
	140	48	77	128	2.1	81.5	117.4	5.5	2.1	0.35	1.9	2.9	1.9	272	320	3000	3800	3.47	22313	22313 K
	140	48	77	128	2.1	81.5	118.5	5.5	2.1	0.35	2.0	2.9	1.9	302	355	3000	3800	3.57	22313 TN	22313 KTN
70	125	31	79	116	1.5	84.1	109.7	5.5	1.5	0.24	2.9	4.3	2.8	155	195	3000	3800	1.6	22214	22214 K
	125	31	79	116	1.5	83	110.6	5.5	1.5	0.24	2.9	4.3	2.8	185	225	3000	3800	1.6	22214 TN	22214 KTN
	150	35	82	138	2.1	94.3	127.9	—	2.1	0.23	2.9	4.3	2.8	218	268	2000	2800	3.11	21314	21314 K
	150	35	82	138	2.1	92.8	127.4	—	2.1	0.23	2.9	4.3	2.8	225	265	2000	2800	2.97	21314 TN	21314 KTN
	150	51	82	138	2.1	88.2	125.9	8.3	2.1	0.34	2.0	2.9	1.9	320	395	2800	3400	4.34	22314	22314 K
	150	51	82	138	2.1	87.7	126.5	8.3	2.1	0.34	2.0	2.9	1.9	340	405	2800	3400	4.35	22314 TN	22314 KTN
75	130	31	84	121	1.5	88.2	114.8	5.5	1.5	0.22	3.0	4.5	2.9	165	215	3000	3800	1.69	22215	22215 K
	130	31	84	121	1.5	87.7	115.4	5.5	1.5	0.22	3.0	4.5	2.9	185	232	3000	3800	1.67	22215 TN	22215 KTN
	160	37	87	148	2.1	102.2	137.7	—	2.1	0.23	3.0	4.4	2.9	245	302	1900	2600	3.76	21315	21315 K
	160	37	87	148	2.1	99.5	136	—	2.1	0.23	2.9	4.3	2.9	258	310	1900	2600	3.63	21315 TN	21315 KTN
	160	55	87	148	2.1	94.5	133.8	8.3	2.1	0.35	2.0	2.9	1.9	358	448	2600	3200	5.28	22315	22315 K
	160	55	87	148	2.1	93.7	135.1	8.3	2.1	0.35	2.0	2.9	1.9	390	470	2600	3200	5.33	22315 TN	22315 KTN
80	140	33	90	130	2	95.1	122.8	5.5	2	0.22	3.0	4.5	3.0	180	235	2800	3400	2.13	22216	22216 K
	140	33	90	130	2	93.5	124.2	5.5	2	0.22	3.0	4.5	3.0	218	275	2800	3400	2.09	22216 TN	22216 KTN
	170	39	92	158	2.1	107	144.4	—	2.1	0.23	3.0	4.4	2.9	268	332	1800	2400	4.47	21316	21316 K

（续）

公称尺寸/mm			安装尺寸/mm			其他尺寸/mm				计算系数				基本额定载荷/kN		极限转速 /r·min^{-1}		质量/kg	轴承代号	
d	D	B	d_a min	D_a max	r_a max	d_2 ≈	D_2 ≈	B_0	r min	e	Y_1	Y_2	Y_0	C_r	C_{0r}	脂	油	W ≈	圆柱孔	圆锥孔
80	170	39	92	158	2.1	105	143.4	—	2.1	0.23	2.9	4.3	2.9	288	350	1800	2400	4.33	21316 TN	21316 KTN
	170	58	92	158	2.1	100.4	142.5	8.3	2.1	0.34	2.0	2.9	1.9	402	508	2400	3000	6.32	22316	22316 K
	170	58	92	158	2.1	100.4	143.6	8.3	2.1	0.34	2.0	2.9	1.9	422	515	2400	3000	6.27	22316 TN	22316 KTN
85	150	36	95	140	2	100.6	132.2	8.3	2	0.23	3.0	4.4	2.9	218	282	2600	3200	2.67	22217	22217 K
	150	36	95	140	2	101.3	135.9	8.3	2	0.22	3.0	4.5	2.9	270	340	2600	3200	2.64	22217 TN	22217 KTN
	180	41	99	166	2.5	112.9	153.3	—	3	0.23	3.0	4.4	2.9	305	385	1700	2200	5.23	21317	21317 K
	180	41	99	166	2.5	111.9	152.3	—	3	0.23	3.0	4.4	2.9	318	390	1700	2200	5.07	21317 TN	21317 KTN
	180	60	99	166	2.5	106.3	151.6	8.3	3	0.34	2.0	3.0	2.0	442	555	2200	2800	7.27	22317	22317 K
	180	60	99	166	2.5	105.3	152.6	8.3	3	0.34	2.0	3.0	2.0	472	572	2200	2800	7.27	22317 TN	22317 KTN
90	160	40	100	150	2	107.8	141	8.3	2	0.24	2.9	4.3	2.8	258	338	2400	3000	3.38	22218	22218 K
	160	40	100	150	2	107.8	142.1	8.3	2	0.24	2.9	4.3	2.8	288	378	2400	3000	3.35	22218 TN	22218 KTN
	160	52.4	100	150	2	105.5	137.2	5.5	2	0.31	2.2	3.2	2.1	338	482	1800	2400	4.4	23218	23218 K
	190	43	104	176	2.5	119.7	161	—	3	0.23	3.0	4.5	2.9	328	420	1600	2200	6.17	21318	21318 K
	190	43	104	176	2.5	119.7	161	—	3	0.23	3.0	4.5	2.9	338	420	1600	2200	5.88	21318 TN	21318 KTN
	190	64	104	176	2.5	112.8	159.7	8.3	3	0.34	2.0	3.0	2.0	495	640	2200	2600	8.63	22318	22318 K
	190	64	104	176	2.5	111.8	160.8	8.3	3	0.34	2.0	3.0	2.0	532	660	2200	2600	8.72	22318 TN	22318 KTN
95	170	43	107	158	2.1	113.5	148.5	8.3	2.1	0.24	2.8	4.2	2.7	290	390	2200	2800	4.2	22219	22219 K
	170	43	107	158	2.1	113.5	149.6	8.3	2.1	0.24	2.8	4.2	2.7	318	420	2200	2800	4.1	22219 TN	22219 KTN
	200	45	109	186	2.5	129.7	171.9	—	3	0.22	3.1	4.6	3.0	365	485	1700	2200	7.15	21319	21319 K
	200	45	109	186	2.5	127.6	169.8	—	3	0.22	3.0	4.5	3.0	375	482	1700	2200	6.9	21319 TN	21319 KTN
	200	67	109	186	2.5	118.5	168.2	8.3	3	0.34	2.0	3.0	2.0	545	705	2000	2600	9.97	22319	22319 K
	200	67	109	186	2.5	117.5	169.2	8.3	3	0.34	2.0	3.0	2.0	582	728	2000	2600	10.1	22319 TN	22319 KTN
100	165	52	110	155	2	115.5	144.3	5.5	2	0.29	2.3	3.5	2.3	330	510	1700	2200	4.31	23120	23120 K
	180	46	112	168	2.1	120.3	158.1	8.3	2.1	0.24	2.8	4.1	2.7	322	435	2200	2600	5.01	22220	22220 K
	180	46	112	168	2.1	119.3	159.1	8.3	2.1	0.24	2.8	4.1	2.7	378	492	2200	2600	4.97	22220 TN	22220 KTN
	180	60.3	112	168	2.1	118.6	154.5	5.5	2.1	0.32	2.1	3.2	2.1	432	630	1600	2200	6.52	23220	23220 K
	215	47	114	201	2.5	136.6	180.6	—	3	0.22	3.1	4.6	3.0	395	530	1600	2000	8. 81	21320	21320 K

（续）

公称尺寸/mm			安装尺寸/mm			其他尺寸/mm				计算系数				基本额定载荷/kN		极限转速/r·min^{-1}		质量/kg	轴承代号	
d	D	B	d_a min	D_a max	r_a max	d_2 ≈	D_2 ≈	B_0	r min	e	Y_1	Y_2	Y_0	C_r	C_{0r}	脂	油	W ≈	圆柱孔	圆锥孔
100	215	47	114	201	2.5	136.6	181.7	—	3	0.22	3.1	4.6	3.0	438	575	1600	2000	8.63	21320 TN	21320 KTN
	215	73	114	201	2.5	126.7	179.8	11.1	3	0.34	2.0	2.9	1.9	635	832	1900	2400	12.8	22320	22320 K
	215	73	114	201	2.5	125.7	180.9	11.1	3	0.34	2.0	2.9	1.9	675	855	1900	2400	13	22320 TN	22320 KTN
105	225	49	119	211	2.5	140.4	186.3	—	3	0.22	3.1	4.5	3.0	418	558	1500	1900	10.0	21321	21321 K
	225	49	119	211	2.5	143.4	190.4	—	3	0.22	3.1	4.6	3.0	458	605	1500	1900	9.75	21321 TN	21321 KTN
110	170	45	120	160	2	125.4	152.1	5.5	2	0.24	2.8	4.2	2.8	280	452	2000	2400	3.68	23022	23022 K
	180	56	120	170	2	126.4	157.9	5.5	2	0.29	2.4	3.5	2.3	388	602	1600	2000	5.51	23122	23122 K
	180	69	120	170	2	124.9	154.2	5.5	2	0.35	1.9	2.8	1.9	470	775	1600	2000	6.63	24122	24122 K
	200	53	122	188	2.1	132.5	173.7	8.3	2.1	0.25	2.7	4.0	2.6	420	588	1900	2400	7.32	22222	22222 K
	200	53	122	188	2.1	132.5	174.8	8.3	2.1	0.25	2.7	4.0	2.6	462	635	1900	2400	7.25	22222 TN	22222 KTN
	200	69.8	122	188	2.1	130.2	169.1	5.5	2.1	0.34	2.0	3.0	2.0	535	800	1500	1900	9.46	23222	23222 K
	240	50	124	226	2.5	150.5	200.5	—	3	0.21	3.2	4.8	3.1	472	635	1400	1800	11.8	21322	21322 K
	240	50	124	226	2.5	150.5	201.5	—	3	0.21	3.2	4.8	3.1	525	695	1400	1800	11.7	21322 TN	21322 KTN
	240	80	124	226	2.5	141	199.6	13.9	3	0.34	2.0	3.0	2.0	735	968	1700	2200	17.5	22322	22322 K
	240	80	124	226	2.5	140	200.7	13.9	3	0.34	2.0	3.0	2.0	815	1058	1700	2200	18.2	22322 TN	22322 KTN
120	180	46	130	170	2	133.5	162.2	5.5	2	0.23	2.9	4.4	2.9	308	500	1800	2200	3.98	23024	23024 K
	180	60	130	170	2	133.1	159.9	5.5	2	0.30	2.3	3.4	2.2	390	675	1500	2000	5.05	24024	24024 K
	200	62	130	190	2	140.1	175.1	5.5	2	0.29	2.4	3.5	2.3	462	722	1400	1800	7.67	23124	23124 K
	200	80	130	190	2	138.2	170.2	5.5	2	0.37	1.8	2.7	1.8	590	998	1400	1800	9.65	24124	24124 K
	215	58	132	203	2.1	143	187.9	11.1	2.1	0.26	2.6	3.9	2.6	492	690	1700	2200	9.0	22224	22224 K
	215	58	132	203	2.1	142	189	11.1	2.1	0.26	2.6	3.9	2.6	558	765	1700	2200	9.1	22224 TN	22224 KTN
	215	76	132	203	2.1	141.5	182.7	8.3	2.1	0.34	2.0	3.0	2.0	625	955	1300	1700	11.7	23224	23224 K
	260	86	134	246	2.5	152.4	216.6	13.9	3	0.34	2.0	3.0	2.0	868	1160	1500	1900	22.2	22324	22324 K
	260	86	134	246	2.5	152.4	216.6	13.9	3	0.34	2.0	3.0	2.0	935	1230	1500	1900	22.9	22324 TN	22324 KTN
130	200	52	140	190	2	148.1	180.5	5.5	2	0.23	2.9	4.3	2.8	382	630	1700	2000	5.85	23026	23026 K
	200	69	140	190	2	145.9	175.8	5.5	2	0.31	2.2	3.2	2.1	485	852	1400	1800	7.55	24026	24026 K
	210	64	140	200	2	148	183.9	8.3	2	0.28	2.4	3.6	2.4	495	802	1300	1700	8.49	23126	23126 K

（续）

公称尺寸/mm			安装尺寸/mm			其他尺寸/mm				计算系数				基本额定载荷/kN		极限转速 /r·min^{-1}		质量/kg	轴承代号	
d	D	B	d_a min	D_a max	r_a max	d_2 ≈	D_2 ≈	B_0	r min	e	Y_1	Y_2	Y_0	C_r	C_{0r}	脂	油	W ≈	圆柱孔	圆锥孔
130	210	80	140	200	2	147.7	181.1	8.3	2	0.35	1.9	2.9	1.9	600	1030	1300	1700	10.3	24126	24126 K
	230	64	144	216	2.5	153.3	200.9	11.1	3	0.26	2.6	3.8	2.5	578	832	1600	2000	11.2	22226	22226 K
	230	64	144	216	2.5	152.3	201.9	11.1	3	0.26	2.6	3.8	2.5	648	912	1600	2000	11.3	22226 TN	22226 KTN
	230	80	144	216	2.5	152.2	196.4	8.3	3	0.33	2.0	3.0	2.0	695	1080	1200	1600	13.8	23226	23226 K
	280	93	148	262	3	164.6	233.5	16.7	4	0.34	2.0	3.0	2.0	990	1340	1400	1800	27.5	22326	22326 K
	280	93	148	262	3	164.6	233.5	16.7	4	0.34	2.0	3.0	2.0	1078	1440	1400	1800	28.6	22326 TN	22326 KTN
140	210	53	150	200	2	158	190.4	8.3	2	0.22	3.0	4.5	2.9	405	680	1600	1900	6.31	23028	23028 K
	210	69	150	200	2	156.3	186.4	5.5	2	0.29	2.3	3.4	2.3	502	895	1300	1700	8.01	24028	24028 K
	225	68	152	213	2.1	159.7	197.4	8.3	2.1	0.28	2.4	3.6	2.4	552	905	1200	1600	10.2	23128	23128 K
	225	85	152	213	2.1	158.2	193.1	8.3	2.1	0.35	1.9	2.9	1.9	688	1200	1200	1600	12.5	24128	24128 K
	250	68	154	236	2.5	167.1	218.5	11.1	3	0.26	2.6	3.9	2.6	658	955	1400	1700	14.2	22228	22228 K
	250	68	154	236	2.5	166.1	219.5	11.1	3	0.26	2.6	3.9	2.6	745	1060	1400	1700	14.4	22228 TN	22228 KTN
	250	88	154	236	2.5	164.2	212.6	11.1	3	0.34	2.0	3.0	2.0	835	1300	1100	1500	18.1	23228	23228 K
	300	102	158	282	3	177.4	250.3	16.7	4	0.34	2.0	2.9	1.9	1160	1610	1300	1700	34.6	22328	22328 K
	300	102	158	282	3	176.3	250.3	16.7	4	0.34	2.0	2.9	1.9	1262	1720	1300	1700	36.2	22328 TN	22328 KTN
150	225	56	162	213	2.1	168.8	203	8.3	2.1	0.22	3.0	4.5	3.0	445	750	1400	1800	7.74	23030	23030 K
	225	75	162	213	2.1	167.6	199.2	5.5	2.1	0.30	2.3	3.4	2.2	585	1070	1200	1500	10.1	24030	24030 K
	250	80	162	238	2.1	173	216.5	11.1	2.1	0.30	2.3	3.4	2.2	758	1250	1100	1400	15.7	23130	23130 K
	250	100	162	238	2.1	171.7	211.6	8.3	2.1	0.37	1.8	2.7	1.8	915	1600	1100	1400	19.0	24130	24130 K
	270	73	164	256	2.5	178.7	234.7	13.9	3	0.26	2.6	3.9	2.6	770	1130	1300	1600	18	22230	22230 K
	270	73	164	256	2.5	178.7	236.8	13.9	3	0.26	2.6	3.9	2.6	858	1230	1300	1600	18.4	22230 TN	22230 KTN
	270	96	164	256	2.5	177.1	228.8	11.1	3	0.34	2.0	3.0	1.9	972	1540	1100	1400	23.2	23230	23230 K
	320	108	168	302	3	189.8	266.3	16.7	4	0.34	2.0	3.0	1.9	1305	1850	1200	1500	42	22330	22330 K
	320	108	168	302	3	190.8	267.3	16.7	4	0.34	2.0	3.0	1.9	1408	1970	1200	1500	43.6	22330 TN	22330 KTN
160	240	60	172	228	2.1	179.5	216.4	11.1	2.1	0.22	3.0	4.5	3.0	522	890	1300	1700	9.43	23032	23032 K
	240	80	172	228	2.1	178.1	212.2	8.3	2.1	0.30	2.3	3.4	2.2	670	1230	1100	1400	12.2	24032	24032 K
	270	86	172	258	2.1	186.5	234.5	13.9	2.1	0.30	2.3	3.4	2.2	868	1440	1000	1300	19.8	23132	23132 K
	270	109	172	258	2.1	184.4	228.4	8.3	2.1	0.37	1.8	2.7	1.8	1068	1880	1000	1300	24.4	24132	24132 K

（续）

公称尺寸/mm			安装尺寸/mm			其他尺寸/mm				计算系数				基本额定载荷/kN		极限转速 /r·min^{-1}		质量/kg	轴承代号	
d	D	B	d_a min	D_a max	r_a max	d_2 ≈	D_2 ≈	B_0	r min	e	Y_1	Y_2	Y_0	C_r	C_{0r}	脂	油	W ≈	圆柱孔	圆锥孔
160	290	80	174	276	2.5	191.9	251.4	13.9	3	0.26	2.6	3.8	2.5	870	1290	1200	1500	22.9	22232	22232 K
	290	80	174	276	2.5	190.9	252.4	13.9	3	0.26	2.6	3.8	2.5	978	1430	1200	1500	23.4	22232 TN	22232 KTN
	290	104	174	276	2.5	189.1	244.9	13.9	3	0.34	2.0	2.9	1.9	1120	1780	1100	1400	29.4	23232	23232 K
	340	114	178	322	3	213	279.4	—	4	0.38	1.8	2.7	1.8	1172	1770	800	1000	51	22332	22332 K
170	260	67	182	248	2.1	192.8	233.2	11.1	2.1	0.23	2.9	4.3	2.9	632	1100	1200	1600	12.8	23034	23034 K
	260	90	182	248	2.1	190.7	227.7	8.3	2.1	0.31	2.2	3.2	2.1	812	1520	1000	1300	16.7	24034	24034 K
	280	88	182	268	2.1	195.5	244.4	13.9	2.1	0.29	2.3	3.5	2.3	925	1550	1000	1300	21.1	23134	23134 K
	280	109	182	268	2.1	192.9	238.2	8.3	2.1	0.36	1.9	2.8	1.8	1098	1930	1000	1300	25.5	24134	24134 K
	310	86	188	292	3	205.4	269.6	16.7	4	0.26	2.6	3.8	2.5	1002	1500	1100	1400	28.1	22234	22234 K
	310	86	188	292	3	204.4	270.7	16.7	4	0.26	2.6	3.8	2.5	1120	1660	1100	1400	28.9	22234 TN	22234 KTN
	310	110	188	292	3	205.7	264.4	13.9	4	0.34	2.0	3.0	2.0	1232	2030	900	1200	35.7	23234	23234 K
	360	120	188	342	3	227.4	319	—	4	0.39	1.7	2.6	1.7	1295	2060	750	950	60	22334	22334 K
180	280	74	192	268	2.1	206.1	248.9	13.9	2.1	0.24	2.8	4.2	2.8	738	1310	1200	1400	16.9	23036	23036 K
	280	100	192	268	2.1	204.3	243.1	8.3	2.1	0.32	2.1	3.1	2.1	952	1820	950	1200	22.1	24036	24036 K
	300	96	194	286	2.5	208.5	260.9	13.9	3	0.30	2.3	3.4	2.2	1078	1830	900	1200	26.9	23136	23136 K
	300	118	194	286	2.5	207.8	256.4	11.1	3	0.36	1.9	2.8	1.8	1242	2220	900	1200	32.0	24136	24136 K
	320	86	198	302	3	215.7	280.1	16.7	4	0.25	2.7	3.9	2.6	1038	1590	1100	1300	29.4	22236	22236 K
	320	86	198	302	3	214.7	281.1	16.7	4	0.25	2.7	3.9	2.6	1170	1760	1100	1300	30.2	22236 TN	22236 KTN
	320	112	198	302	3	213.7	274.3	13.9	4	0.33	2.0	3.0	2.0	1315	2170	850	1100	37.9	23236	23236 K
	380	126	198	362	3	240.8	336.5	—	4	0.38	1.8	2.6	1.7	1420	2270	700	900	70	22336	22336 K
190	290	75	202	278	2.1	215.2	260	13.9	2.1	0.23	2.9	4.3	2.8	775	1380	1100	1400	17.7	23038	23038 K
	290	100	202	278	2.1	213.7	254.9	8.3	2.1	0.31	2.2	3.3	2.1	1002	1910	900	1200	23.0	24038	24038 K
	320	104	204	306	2.5	222.6	279.2	13.9	3	0.30	2.2	3.3	2.2	1232	2120	850	1100	33.6	23138	23138 K
	320	128	204	306	2.5	219.3	271.6	11.1	3	0.37	1.8	2.7	1.8	1448	2590	850	1100	40.2	24138	24138 K
	340	120	208	322	3	227.7	291.6	16.7	4	0.33	2.0	3.0	2.0	1488	2490	800	1100	46.1	23238	23238 K
	400	132	212	378	4	255	328.4	—	5	0.36	1.8	2.7	1.8	1568	2530	670	850	81	22338	22338 K
200	310	82	212	298	2.1	228.5	276.7	13.9	2.1	0.24	2.8	4.2	2.8	915	1650	1000	1300	22.7	23040	23040 K

（续）

公称尺寸/mm			安装尺寸/mm			其他尺寸/mm				计算系数				基本额定载荷/kN		极限转速 /r·min^{-1}		质量/kg	轴承代号	
d	D	B	d_a min	D_a max	r_a max	d_2 ≈	D_2 ≈	B_0	r min	e	Y_1	Y_2	Y_0	C_r	C_{0r}	脂	油	W ≈	圆柱孔	圆锥孔
200	310	109	212	298	2.1	226.5	270.8	11.1	2.1	0.32	2.1	3.2	2.1	1150	2220	850	1100	29.3	24040	24040 K
	340	112	214	326	2.5	235.6	295.5	16.7	3	0.31	2.2	3.0	2.2	1418	2460	800	1000	41.6	23140	23140 K
	340	140	214	326	2.5	231.2	285.8	11.1	3	0.38	1.8	2.6	1.7	1622	2950	800	1000	49.9	24140	24140 K
	360	128	218	342	3	240.7	307.8	16.7	4	0.34	2.0	3.0	2.0	1652	2790	750	1000	55.4	23240	23240 K
	420	138	222	398	4	267.4	371.3	—	5	0.38	1.8	2.7	1.7	1680	2720	630	800	94	22340	22340 K
220	340	90	234	326	2.5	252.9	305.8	13.9	3	0.24	2.9	4.3	2.8	1088	1990	950	1200	29.7	23044	23044 K
	340	118	234	326	2.5	248.7	297.5	11.1	3	0.31	2.2	3.2	2.1	1365	2680	750	1000	38.1	24044	24044 K
	370	120	238	352	3	258	332.7	16.7	4	0.30	2.3	3.4	2.2	1612	2820	700	950	51.5	23144	23144 K
	370	150	238	352	3	253.3	313.5	11.1	4	0.38	1.8	2.7	1.8	1900	3490	700	950	62.3	24144	24144 K
	400	144	238	382	3	263.6	340.2	16.7	4	0.34	2.0	2.9	1.9	2125	3620	670	900	78.5	23244	23244 K
	460	145	242	438	4	295.2	406.1	—	5	0.35	1.9	2.8	1.9	1905	3200	560	700	120	22344	22344 K
240	360	92	254	346	2.5	271	325	13.9	3	0.23	3.0	4.4	2.9	1160	2160	850	1100	32.4	23048	23048 K
	360	118	254	346	2.5	267.5	317.8	11.1	3	0.29	2.3	3.4	2.3	1438	2850	700	950	40.8	24048	24048 K
	400	128	258	382	3	278.4	350.6	16.7	4	0.30	2.3	3.4	2.2	1838	3220	670	850	63.7	23148	23148 K
	400	160	258	382	3	274.4	340.9	11.1	4	0.37	1.8	2.7	1.8	2155	3980	670	850	76.9	24148	24148 K
	440	160	258	422	3	289.6	372.5	22.3	4	0.35	2.0	2.9	1.9	2558	4490	630	800	107.3	23248	23248 K
	500	155	262	478	4	322.2	440.9	—	5	0.35	1.9	2.8	1.9	1950	3250	500	630	153	22348	22348 K
260	400	104	278	382	3	297.9	358.1	16.7	4	0.23	2.9	4.3	2.8	1458	2770	800	950	47.7	23052	23052 K
	400	140	278	382	3	293.3	348.2	11.1	4	0.31	2.1	3.2	2.1	1838	3740	630	850	62.4	24052	24052 K
	440	144	278	422	3	306.5	385.2	16.7	4	0.30	2.2	3.3	2.2	2270	4070	600	800	88.2	23152	23152 K
	440	180	278	422	3	300.4	372.4	13.9	4	0.38	1.8	2.7	1.7	2732	5180	600	800	107.6	24152	24152 K
	540	165	288	512	5	351	446.5	—	6	0.34	2.0	2.9	1.9	2480	4190	480	600	191	22352	22352 K
280	420	106	298	402	3	315	379.4	16.7	4	0.22	3.0	4.5	2.9	1582	3000	700	900	50.9	23056	23056 K
	420	140	298	402	3	310	369.6	11.1	4	0.30	2.3	3.4	2.2	1962	3980	600	800	65.8	24056	24056 K
	460	146	302	438	4	324.8	406.1	16.7	5	0.29	2.3	3.5	2.3	2372	4290	560	750	94.1	23056	23156 K
	460	180	302	438	4	318.4	393.8	13.9	5	0.36	1.9	2.8	1.8	2802	5330	560	750	113.2	24156	24156 K
	500	130	302	478	4	355	431.1	—	5	0.28	2.4	3.6	2.4	1900	3380	500	630	—	22256	22256 K

（续）

公称尺寸/mm			安装尺寸/mm			其他尺寸/mm				计算系数				基本额定载荷/kN		极限转速 /r·min^{-1}		质量/kg	轴承代号	
d	D	B	d_a min	D_a max	r_a max	d_2 ≈	D_2 ≈	B_0	r min	e	Y_1	Y_2	Y_0	C_r	C_{0r}	脂	油	W ≈	圆柱孔	圆锥孔
280	580	175	308	552	5	—	—	—	6	0.34	2.0	3.0	1.9	2730	4650	450	560	238	22356	22356 K
300	460	118	318	442	3	344	414.4	16.7	4	0.23	3.0	4.4	2.9	1910	3690	670	850	71.4	23060	23060 K
	460	160	318	442	3	337	401.6	13.9	4	0.31	2.2	3.2	2.1	2422	5010	530	700	94.1	24060	24060 K
	500	160	322	478	4	—	—	—	5	0.32	2.1	3.1	2.0	2150	4420	400	500	133	23160	23160 K
	540	140	322	518	4	378	464.2	—	5	0.28	2.4	3.6	2.4	2070	3450	450	560	134	22260	22260 K
320	480	121	338	462	3	—	—	—	4	0.26	2.6	3.8	2.5	1560	3260	400	500	81.5	23064	23064 K
340	520	133	362	498	4	—	—	—	5	0.25	2.7	4.0	2.6	1780	3810	380	480	109	23068	23068 K
360	540	134	382	518	4	—	—	—	5	0.25	2.7	4.0	2.6	1930	4180	360	450	114	23072	23072 K
380	560	135	402	538	4	—	—	—	5	0.24	2.8	4.1	2.7	1930	4240	340	430	120	23076	23076 K
	620	194	402	598	4	—	—	—	5	0.24	2.0	3.0	2.0	2950	6240	300	380	244	23176	23176 K
400	600	148	422	578	4	—	—	—	5	0.25	2.6	3.8	2.5	2320	5110	300	380	154	23080	23080 K
	820	243	436	784	6	—	—	—	7.5	0.33	2.1	3.1	2.0	5100	9290	240	320	644	22380	22380 K
420	620	150	442	598	4	—	—	—	5	0.24	2.8	4.3	2.8	2320	5110	280	360	160	23084	23084 K
440	650	157	468	622	5	—	—	—	6	0.24	2.8	4.2	2.8	2450	5740	260	340	192	23088	23088 K
460	680	163	488	652	5	—	—	—	6	0.23	2.9	4.4	2.9	2770	6670	220	300	232	23092	23092 K
	760	240	496	724	6	—	—	—	7.5	0.33	2.0	3.0	2.0	4420	9190	190	260	479	23192	23192 K
480	700	165	508	672	5	—	—	—	6	0.24	2.8	4.2	2.8	2820	6440	200	280	232	23096	23096 K
500	720	167	528	692	5	—	—	—	6	0.23	3.0	4.4	2.9	3040	7180	190	260	235	230/500	230/500 K
530	780	185	558	752	5	—	—	—	6	0.23	2.9	4.3	2.8	3580	8310	170	220	304	230/530	230/530 K
560	820	195	588	792	5	—	—	—	6	0.23	2.9	4.3	2.8	3930	9950	160	200	364	230/560	230/560 K
600	870	200	628	842	5	—	—	—	6	0.22	3.0	4.5	2.9	4240	10400	130	170	417	230/600	230/600 K
630	920	212	666	884	6	—	—	—	7.5	0.23	3.0	4.4	2.9	4700	11500	120	160	511	230/630	230/630 K
850	1220	272	886	1184	6	—	—	—	7.5	0.28	2.4	3.5	2.3	8750	22200	75	95	1388	230/850	230/850 K

注：代号不包括结构变化附加代号，结构如有加油槽或油孔等变化，需与厂家联系。

表 14.6-18　带紧定套的调心滚子轴承（部分摘自 GB/T 288—2013）

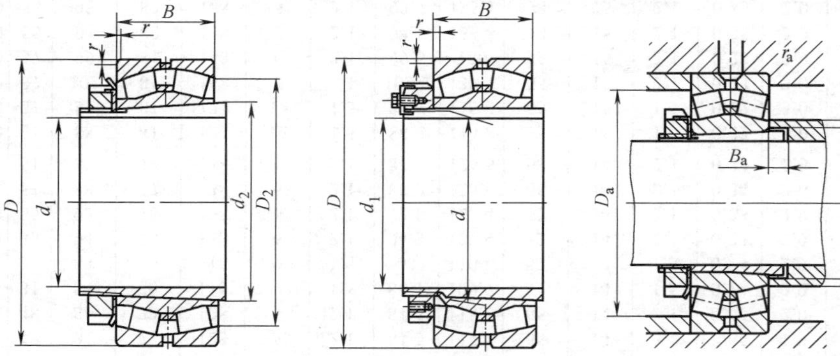

$d_1 \leqslant 180mm$　　$d_1 \geqslant 200mm$

20000 K+H 型

当量载荷计算同表 14.6-17
代号含义
同前

公称尺寸/mm			安装尺寸/mm					其他尺寸/mm					计算系数				基本额定载荷/kN		极限转速/r·min⁻¹		质量/kg	轴承代号
d_1	D	B	d_a max	d_b min	D_a max	B_a min	r_a max	d_2 ≈	D_2 ≈	B_1	B_2 ≈	r min	e	Y_1	Y_2	Y_0	C_r	C_{0r}	脂	油	W ≈	20000 K+H 型
17	52	15	29	23	45	8	1	29.5	42	28	7	1.1	0.31	2.2	3.3	2.2	31.5	31.2	6000	7500	—	21303 K+H 303
	52	15	30	23	45	8	1	30.5	44.1	28	7	1.1	0.29	2.3	3.4	2.2	35.8	34.2	6000	7500	—	21303 KTN+H 303
20	62	17	36	28	55	6	1	36.4	50.8	29	8	1.1	0.29	2.4	3.5	2.3	42.5	44.2	5300	6700	0.348	21304 K+H 304
	62	17	35	28	55	6	1	35.9	51.3	29	8	1.1	0.29	2.4	3.5	2.3	45.5	44.5	5300	6700	0.328	21304 KTN+H 304
25	72	19	43	33	65	6	1	43.3	59.6	31	8	1.1	0.27	2.5	3.7	2.4	57.2	62	4500	6000	0.507	21305 K+H 305
	72	19	41	33	65	6	1	41.2	59.6	31	8	1.1	0.28	2.4	3.6	2.4	63.8	63.5	4500	6000	0.486	21305 KTN+H 305
30	80	21	49	39	71	7	1.5	49.1	66.3	35	9	1.5	0.27	2.5	3.8	2.5	65.2	73.2	4000	5300	0.682	21306 K+H 306
	80	21	47	39	71	7	1.5	47.6	67.8	35	9	1.5	0.27	2.5	3.8	2.5	74.2	75.5	4000	5300	0.647	21306 KTN+H 306
35	80	23	50	44	73	5	1	50.4	69.4	36	10	1.1	0.28	2.4	3.6	2.4	79	88.5	5000	6300	0.71	22207 K+H 307
	80	23	49	44	73	5	1	49.4	70.5	36	10	1.1	0.28	2.4	3.6	2.4	95	102	5000	6300	0.71	22207 KTN+H 307
	90	23	54	44	81	5	1.5	54	75.1	36	10	1.5	0.26	2.6	3.8	2.5	87.2	96.2	3600	4500	0.93	21307 K+H 307
	90	23	53	44	81	5	1.5	53.5	75.6	36	10	1.5	0.26	2.6	3.8	2.5	93.5	99	3600	4500	0.91	21307 KTN+H 307
	90	33	51	45	81	5	1.5	51.4	74.3	46	10	1.5	0.38	1.8	2.7	1.8	122	138	4500	6000	1.24	22307 K+H 2307
	90	33	50	45	81	5	1.5	50.9	74.8	46	10	1.5	0.38	1.8	2.7	1.8	132	148	4500	6000	1.24	22307 KTN+H 2307
40	85	23	54	50	78	7	1	54.6	73.6	39	11	1.1	0.26	2.6	3.8	2.5	82.8	95.2	4500	6000	0.79	22208 K+H 308
	85	23	53	50	78	7	1	53.6	74.7	39	11	1.1	0.26	2.6	3.8	2.5	95	102	4500	6000	0.78	22208 KTN+H 308
	100	25	61	50	91	5	1.5	61.4	84.4	39	11	1.5	0.25	2.7	4.0	2.6	102	115	3200	4000	1.22	21308 K+H 308
	100	25	60	50	91	5	1.5	60.4	84.4	39	11	1.5	0.25	2.7	4.0	2.6	110	120	3200	4000	1.17	21308 KTN+H 308
	100	36	57	51	91	5	1.5	57.6	82.2	50	11	1.5	0.37	1.8	2.7	1.8	145	170	4000	5300	1.65	22308 K+H 2308
	100	36	57	51	91	5	1.5	57.6	83.3	50	11	1.5	0.37	1.8	2.7	1.8	165	185	4000	5300	1.67	22308 KTN+H 2308

（续）

公称尺寸/mm			安装尺寸/mm					其他尺寸/mm					计算系数				基本额定载荷/kN		极限转速/r·min^{-1}		质量/kg	轴承代号
d_1	D	B	d_a max	d_b min	D_a max	B_a min	r_a max	d_2 ≈	D_2 ≈	B_1	B_2 ≈	r min	e	Y_1	Y_2	Y_0	C_r	C_{0r}	脂	油	W ≈	20000 K+H 型
45	90	23	59	55	83	9	1	59.7	78.8	42	12	1.1	0.24	2.8	4.1	2.7	87.2	102	4300	5300	0.914	22209 K+H 309
	90	23	58	55	83	9	1	58.7	79.8	42	12	1.1	0.24	2.8	4.1	2.7	99.0	110	4300	5300	0.896	22209 KTN+H 309
	110	27	66	55	100	5	2	66.7	91.7	42	12	2	0.25	2.7	4.0	2.6	122	140	2800	3800	1.60	21309 K+H 309
	110	27	67	55	100	5	2	67.3	93.3	42	12	2	0.25	2.7	4.1	2.7	128	140	2800	3800	1.52	21309 KTN+H 309
	110	40	63	56	100	5	2	63.4	91.9	55	12	2	0.37	1.8	2.7	1.8	182	212	3800	4800	2.15	22309 K+H 2309
	110	40	64	56	100	5	2	64.1	92.7	55	12	2	0.37	1.8	2.8	1.8	198	228	3800	4800	2.2	22309 KTN+H 2309
50	100	25	66	60	91	10	1.5	66	88	45	12	1.5	0.24	2.8	4.2	2.8	105	125	3800	5000	1.20	22210 K+H 310
	100	25	65	60	91	10	1.5	65.5	88.5	45	12	1.5	0.24	2.8	4.2	2.8	122	140	3800	5000	1.17	22210 KTN+H 310
	120	29	72	60	110	6	2	72.6	100.5	45	12	2	0.25	2.7	4.1	2.7	145	170	2600	3400	2.00	21310 K+H 310
	120	29	74	60	110	6	2	74.1	102.1	45	12	2	0.24	2.8	4.2	2.7	148	165	2600	3400	1.92	21310 KTN+H 310
	120	43	69	61	110	6	2	69.2	100.5	59	12	2	0.36	1.9	2.8	1.8	215	252	3400	4300	2.73	22310 K+H 2310
	120	43	68	61	110	6	2	68.8	101.2	59	12	2	0.36	1.9	2.8	1.8	232	262	3400	4300	2.74	22310 KTN+H 2310
55	110	28	72	65	101	9	1.5	72.7	96.5	47	13	1.5	0.24	2.8	4.1	2.7	125	155	3600	4500	1.24	22211 K+H 311
	110	28	72	65	101	9	1.5	72.7	98.6	47	13	1.5	0.24	2.8	4.2	2.7	155	185	3600	4500	1.23	22211 KTN+H 311
	130	31	79	65	118	6	2.1	79.5	109.3	47	13	2.1	0.24	2.8	4.2	2.7	165	195	2400	3200	2.17	21311 K+H 311
	130	31	80	65	118	6	2.1	80	110.8	47	13	2.1	0.24	2.8	4.2	2.8	175	195	2400	3200	2.05	21311 KTN+H 311
	130	46	74	67	118	6	2.1	74.9	109	62	13	2.1	0.36	1.9	2.8	1.8	248	292	3200	4000	3.36	22311 K+H 2311
	130	46	75	67	118	6	2.1	75.5	109.6	62	13	2.1	0.36	1.9	2.8	1.9	270	312	3200	4000	3.44	22311 KTN+H 2311
60	120	31	78	70	111	8	1.5	78.4	104	50	14	1.5	0.25	2.7	4.0	2.6	155	195	3200	4000	2	22212 K+H 312
	120	31	77	70	111	8	1.5	77.4	105	50	14	1.5	0.25	2.7	4.0	2.6	178	212	3200	4000	1.99	22212 KTN+H 312
	140	33	87	70	128	6	2.1	87.4	118.1	50	14	2.1	0.24	2.9	4.3	2.8	188	228	2200	3000	3.03	21312 K+H 312
	140	33	86	70	128	6	2.1	86.4	119.1	50	14	2.1	0.24	2.9	4.3	2.8	202	235	2200	3000	2.91	21312 KTN+H 312
	140	48	81	72	128	5	2.1	81.5	117.4	65	14	2.1	0.35	1.9	2.9	1.9	272	320	3000	3800	4.02	22312 K+H 2312
	140	48	81	72	128	5	2.1	81.5	118.5	65	14	2.1	0.35	2.0	2.9	1.9	302	355	3000	3800	4.12	22312 KTN+H 2312
	125	31	84	76	116	9	1.5	84.1	109.7	52	14	1.5	0.24	2.9	4.3	2.8	155	195	3000	3800	1.6	22212 K+H 312
	125	31	83	76	116	9	1.5	83	110.6	52	14	1.5	0.24	2.9	4.3	2.8	185	225	3000	3800	1.6	22212 KTN+H 312
	150	35	94	76	138	6	2.1	94.3	127.9	52	14	2.1	0.23	2.9	4.3	2.8	218	268	2000	2800	3.11	21312 K+H 312
	150	35	92	76	138	6	2.1	92.8	127.4	52	14	2.1	0.23	2.9	4.3	2.8	225	265	2000	2800	2.97	21312 KTN+H 312
	150	51	88	77	138	6	2.1	88.2	125.9	68	14	2.1	0.34	2.0	2.9	1.9	320	395	2800	3400	4.34	22312 K+H 2312
	150	51	87	77	138	6	2.1	87.7	126.5	68	14	2.1	0.34	2.0	2.9	1.9	340	405	2800	3400	4.35	22312 KTN+H 2312
65	130	31	88	81	121	12	1.5	88.2	114.8	55	15	1.5	0.22	3.0	4.5	2.9	165	215	3000	3800	2.52	22213 K+H 313
	130	31	87	81	121	12	1.5	87.7	115.4	55	15	1.5	0.22	3.0	4.5	2.9	185	232	3000	3800	2.5	22213 KTN+H 313
	160	37	102	81	148	6	2.1	102.2	137.7	55	15	2.1	0.23	3.0	4.4	2.9	245	302	1900	2600	4.59	21313 K+H 313
	160	37	99	81	148	6	2.1	99.5	136	55	15	2.1	0.23	2.9	4.3	2.9	258	310	1900	2600	4.46	21313 KTN+H 313
	160	55	94	82	148	5	2.1	94.5	133.8	73	15	2.1	0.35	2.0	2.9	1.9	358	448	2600	3200	6.33	22313 K+H 2313
	160	55	93	82	148	5	2.1	93.7	135.1	73	15	2.1	0.35	2.0	2.9	1.9	390	470	2600	3200	6.38	22313 KTN+H 2313
70	140	33	95	86	130	12	2	95.1	122.8	59	17	2	0.22	2.0	4.5	3.0	180	235	2800	3400	3.13	22214 K+H 314

（续）

公称尺寸/mm			安装尺寸/mm					其他尺寸/mm					计算系数				基本额定载荷/kN		极限转速/r·min^{-1}		质量/kg	轴承代号
d_1	D	B	d_a max	d_b min	D_a max	B_a min	r_a max	d_2 ≈	D_2 ≈	B_1	B_2 ≈	r min	e	Y_1	Y_2	Y_0	C_r	C_{0r}	脂	油	W ≈	20000 K+H 型
70	140	33	93	86	130	12	2	93.5	124.2	59	17	2	0.22	3.0	4.5	3.0	218	275	2800	3400	3.09	22214 KTN+H 314
	170	39	107	86	158	6	2.1	107	144.4	59	17	2.1	0.23	3.0	4.4	2.9	268	332	1800	2400	5.47	21314 K+H 314
	170	39	105	86	158	6	2.1	105	143.4	59	17	2.1	0.23	2.9	4.3	2.9	288	350	1800	2400	5.33	21314 KTN+H 314
	170	58	100	88	158	6	2.1	100.4	142.5	78	17	2.1	0.34	2.0	2.9	1.9	402	508	2400	3000	7.62	22314 K+H 2314
	170	58	100	88	158	6	2.1	100.4	143.6	78	17	2.1	0.34	2.0	2.9	1.9	422	515	2400	3000	7.57	22314 KTN+H 2314
75	150	36	100	91	140	12	2	100.6	132.2	63	18	2	0.23	3.0	4.4	2.9	218	282	2600	3200	3.87	22215 K+H 315
	150	36	101	91	140	12	2	101.3	135.9	63	18	2	0.22	3.0	4.5	2.9	270	340	2600	3200	3.84	22215 KTN+H 315
	180	41	112	91	166	7	2.5	112.9	153.3	63	18	3	0.23	3.0	4.4	2.9	305	385	1700	2200	6.43	21315 K+H 315
	180	41	111	91	166	7	2.5	111.9	152.3	63	18	3	0.23	3.0	4.4	2.9	318	390	1700	2200	6.27	21315 KTN+H 315
	180	60	106	93	166	7	2.5	106.3	151.6	82	18	3	0.34	2.0	3.0	2.0	442	555	2200	2800	8.57	22315 K+H 2315
	180	60	105	93	166	7	2.5	105.3	152.6	82	18	3	0.34	2.0	3.0	2.0	472	572	2200	2800	8.57	22315 KTN+H 2315
80	160	40	107	96	150	10	2	107.8	141	65	18	2	0.24	2.9	4.3	2.8	258	338	2400	3000	4.73	22216 K+H 316
	160	40	107	96	150	10	2	107.8	142.1	65	18	2	0.24	2.9	4.3	2.8	288	378	2400	3000	4.7	22216 KTN+H 316
	160	52.4	105	99	150	18	2	105.5	137.2	86	18	2	0.31	2.2	3.2	2.1	338	482	1800	2400	6.1	23216 K+H 2316
	190	43	119	96	176	7	2.5	119.7	161	65	18	3	0.23	3.0	4.5	2.9	328	420	1700	2200	7.52	21316 K+H 316
	190	43	119	96	176	7	2.5	119.7	161	65	18	3	0.23	3.0	4.5	2.9	338	420	1700	2200	7.23	21316 KTN+H 316
	190	64	112	99	176	7	2.5	112.8	159.7	86	18	3	0.34	2.0	3.0	2.0	495	640	2200	2600	10.3	22316 K+H 2316
	190	64	111	99	176	7	2.5	111.8	160.8	86	18	3	0.34	2.0	3.0	2.0	532	660	2200	2600	10.4	22316 KTN+H 2316
85	170	43	113	102	158	9	2.1	113.5	148.5	68	19	2.1	0.24	2.8	4.2	2.7	290	390	2200	2800	5.75	22217 K+H 317
	170	43	113	102	158	9	2.1	113.5	149.6	68	19	2.1	0.24	2.8	4.2	2.7	318	420	2200	2800	5.65	22217 KTN+H 317
	200	45	129	102	186	7	2.5	129.7	171.9	68	19	3	0.22	3.1	4.6	3.0	365	485	1700	2200	8.7	21317 K+H 317
	200	45	127	102	186	7	2.5	127.6	169.8	68	19	3	0.22	3.0	4.5	3.0	378	482	1700	2200	8.45	21317 KTN+H 317
	200	67	118	104	186	7	2.5	118.5	168.2	90	19	3	0.34	2.0	3.0	2.0	545	705	2000	2600	11.9	22317 K+H 2317
	200	67	117	104	186	7	2.5	117.5	169.2	90	19	3	0.34	2.0	3.0	2.0	582	728	2000	2600	12	22317 KTN+H 2317
90	165	52	115	107	155	7	2	115.5	144.3	76	20	2	0.29	2.3	3.5	2.3	330	510	1700	2200	—	23118 K+H 3118
	180	46	120	108	168	8	2.1	120.3	158.1	71	20	2.1	0.24	2.8	4.1	2.7	322	435	2200	2600	6.71	22218 K+H 318
	180	46	119	108	168	8	2.1	119.3	159.1	71	20	2.1	0.24	2.8	4.1	2.7	378	492	2200	2600	6.68	22218 KTN 318
	180	60.3	118	110	168	19	2.1	118.6	154.5	97	20	2.1	0.32	2.1	3.2	2.1	432	630	1600	2200	8.67	23218 K+H 2318
	215	47	136	108	201	7	2.5	136.6	180.6	71	20	3	0.22	3.1	4.6	3.0	395	530	1600	2000	10.5	21318 K+H 318
	215	47	136	108	201	7	2.5	136.6	181.7	71	20	3	0.22	3.1	4.6	3.0	435	575	1600	2000	10.33	21318 KTN+H 318
	215	73	126	110	201	7	2.5	126.7	179.8	97	20	3	0.34	2.0	2.9	1.9	635	832	1900	2400	14.95	22318 K+H 2318
	215	73	125	110	201	7	2.5	125.7	180.9	97	20	3	0.34	2.0	2.9	1.9	675	855	1900	2400	15.15	22318 KTN+H 2318
100	180	56	126	117	170	7	2	126.4	157.9	81	21	2	0.29	2.4	3.5	2.3	388	602	1600	2000	7.61	23120 K+H 3120

（续）

公称尺寸/mm			安装尺寸/mm					其他尺寸/mm					计算系数				基本额定载荷/kN		极限转速/r·min^{-1}		质量/kg	轴承代号
d_1	D	B	d_a max	d_b min	D_a max	B_a min	r_a max	d_2 ≈	D_2 ≈	B_1	B_2 ≈	r min	e	Y_1	Y_2	Y_0	C_r	C_{0r}	脂	油	W ≈	20000 K+H 型
100	200	53	132	118	188	6	2.1	132.5	173.7	77	21	2.1	0.25	2.7	4.0	2.6	420	588	1900	2400	9.52	22220 K+H 320
	200	53	132	118	188	6	2.1	132.5	174.8	77	21	2.1	0.25	2.7	4.0	2.6	462	635	1900	2400	9.45	22220 KTN+H 320
	200	69.8	130	121	188	17	2.1	130.2	169.1	105	21	2.1	0.34	2.0	3.0	2.0	535	800	1500	1900	12.21	23220 K+H 2320
	240	50	150	118	226	9	2.5	150.5	200.5	77	21	3	0.21	3.2	4.8	3.1	472	635	1400	1800	14	21320 K+H 320
	240	50	150	118	226	9	2.5	150.5	201.5	77	21	3	0.21	3.2	4.8	3.1	525	695	1400	1800	13.9	21320 KTN+H 320
	240	80	140	121	226	7	2.5	140.9	199.6	105	21	3	0.34	2.0	3.0	2.0	735	968	1700	2200	20.25	22320 K+H 2320
	240	80	140	121	226	7	2.5	140	200.7	105	21	3	0.34	2.0	3.0	2.0	815	1058	1700	2200	20.95	22320 KTN+H 2320
110	180	46	133	127	170	7	2	133.5	162.2	72	22	2	0.23	2.9	4.4	2.9	308	500	1800	2200	5.68	23022 K+H 3022
	200	62	140	128	190	7	2	140.1	175.1	88	22	2	0.29	2.4	3.5	2.3	462	722	1400	1800	10.24	23122 K+H 3122
	215	58	143	128	203	11	2.1	143	187.9	88	22	2.1	0.26	2.6	3.9	2.6	492	690	1700	2200	11.65	22222 K+H 3122
	215	58	142	128	203	11	2.1	142	189	88	22	2.1	0.26	2.6	3.9	2.6	558	765	1700	2200	11.75	22222 KTN+H 3122
	215	76	141	131	203	17	2.1	141.5	182.7	112	22	2.1	0.34	2.0	3.0	2.0	625	955	1300	1700	14.9	23222 K+H 2322
	260	86	152	131	246	7	2.5	152.4	216.6	112	22	3	0.34	2.0	3.0	2.0	868	1160	1500	1900	25.4	22322 K+H 2322
	260	86	152	131	246	7	2.5	152.4	216.6	112	22	3	0.34	2.0	3.0	2.0	935	1230	1500	1900	26.1	22322 KTN+H 2322
115	200	52	148	137	190	8	2	148.1	180.5	80	23	2	0.23	2.9	4.3	2.8	385	630	1700	2000	8.4	23023 K+H 3023
	210	64	148	138	200	8	2	148	183.9	92	23	2	0.28	2.4	3.6	2.4	495	802	1300	1700	11.9	23123 K+H 3123
	230	64	153	138	216	8	2.5	153.3	200.9	92	23	3	0.26	2.6	3.8	2.5	578	832	1600	2000	14.85	22223 K+H 3123
	230	64	152	138	216	8	2.5	152.3	201.9	92	23	3	0.26	2.6	3.8	2.5	648	912	1600	2000	14.95	22223 KTN+H 3123
	230	80	152	142	216	21	2.5	152.2	196.4	121	23	3	0.33	2.0	3.0	2.0	695	1080	1200	1600	18.4	23223 K+H 2323
	280	93	164	142	262	8	3	164.6	233.5	121	23	4	0.34	2.0	3.0	2.0	990	1340	1400	1800	32.1	22323 K+H 2323
	280	93	164	142	262	8	3	164.6	233.5	121	23	4	0.34	2.0	3.0	2.0	1078	1440	1400	1800	33.2	22323 KTN+H 2323
125	210	53	158	147	200	8	2	158	190.4	82	24	2	0.22	3.0	4.5	2.9	405	680	1600	1900	9.11	23025 K+H 3025
	225	68	159	149	213	8	2.1	159.7	197.4	97	24	2.1	0.28	2.4	3.6	2.4	552	905	1200	1600	13.65	23125 K+H 3125
	250	68	167	149	236	8	2.5	167.1	218.5	97	24	3	0.26	2.6	3.9	2.6	658	955	1400	1700	18.55	22225K+H 3125
	250	68	166	149	236	8	2.5	166.1	219.5	97	24	3	0.26	2.6	3.9	2.6	745	1060	1400	1700	18.75	22225 KTN+H 3125
	250	88	164	152	236	22	2.5	164.2	212.6	131	24	3	0.34	2.0	3.0	2.0	835	1300	1100	1500	23.65	23225 K+H 2325
	300	102	177	152	282	8	3	177.4	250.3	131	24	4	0.34	2.0	2.9	1.9	1160	1610	1300	1700	40.15	22325 K+H 2325
	300	102	176	152	282	8	3	176.3	250.3	131	24	4	0.34	2.0	2.9	1.9	1262	1720	1300	1700	41.75	22325 KTN+H 2325
135	225	56	168	158	213	8	2.1	168.8	203	87	26	2.1	0.22	3.0	4.5	3.0	445	750	1400	1800	11.2	23027 K+H 3027
	250	80	173	160	238	8	2.1	173	216.5	111	26	2.1	0.30	2.3	3.4	2.2	758	1250	1100	1400	20.6	23127 K+H 3127
	270	73	178	160	256	15	2.5	178.7	234.7	111	26	3	0.26	2.6	3.9	2.6	770	1130	1300	1600	23.5	22227 K+H 3127
	270	73	178	160	256	15	2.5	178.7	236.8	111	26	3	0.26	2.6	3.9	2.6	858	1230	1300	1600	23.9	22227 KTN+H 3127
	270	96	177	163	256	20	2.5	117.1	228.8	139	26	3	0.34	2.0	3.0	1.9	972	1540	1100	1400	29.8	23227 K+H 2327

（续）

公称尺寸/mm			安装尺寸/mm					其他尺寸/mm					计算系数				基本额定载荷/kN		极限转速/r·min^{-1}		质量/kg	轴承代号
d_1	D	B	d_a max	d_b min	D_a max	B_a min	r_a max	d_2 ≈	D_2 ≈	B_1	B_2 ≈	r min	e	Y_1	Y_2	Y_0	C_r	C_{0r}	脂	油	W ≈	20000 K+H 型
135	320	108	189	163	302	8	3	189.8	266.3	139	26	4	0.34	2.0	3.0	1.9	1305	1850	1200	1500	48.6	22327 K+H 2327
	320	108	190	163	302	8	3	190.8	267.3	139	26	4	0.34	2.0	3.0	1.9	1405	1970	1200	1500	50.2	22327 KTN+H 2327
140	240	60	179	168	228	8	2.1	179.5	216.4	93	28	2.1	0.22	3.0	4.5	3.0	522	890	1300	1700	14.03	23028 K+H 3028
	270	86	186	170	258	8	2.1	186.5	234.5	119	28	2.1	0.30	2.3	3.4	2.2	868	1440	1000	1300	27.75	23128 K+H 3128
	290	80	191	170	276	14	2.5	191.9	251.4	119	28	3	0.26	2.6	3.8	2.5	870	1290	1200	1500	30.55	22228 K+H 3128
	290	80	190	170	276	14	2.5	190.9	252.4	119	28	3	0.26	2.6	3.8	2.5	978	1430	1200	1500	31.05	22228 KTN+H 3128
	290	104	189	174	276	18	2.5	189.1	244.9	147	28	3	0.34	2.0	2.9	1.9	1120	1780	1100	1400	38.55	23228 K+H 2328
	340	114	213	174	322	8	3	213	279.4	147	28	4	0.38	1.8	2.7	1.8	1170	1770	800	1000	60.15	22328 K+H 2328
150	260	67	192	179	248	8	2.1	192.8	233.2	101	29	2.1	0.23	2.9	4.3	2.9	632	1100	1200	1600	18.3	23030 K+H 3030
	280	88	195	180	268	8	2.1	195.5	244.4	122	29	2.1	0.29	2.3	3.5	2.3	925	1550	1000	1300	29.5	23130 K+H 3130
	310	86	205	180	292	10	3	205.4	269.6	122	29	4	0.26	2.6	3.8	2.5	1000	1500	1100	1400	36.5	22230 K+H 3130
	310	86	204	180	292	10	3	204.4	270.7	122	29	4	0.26	2.6	3.8	2.5	1120	1660	1100	1400	37.3	22230 KTN+H 3130
	310	110	205	185	292	18	3	205.7	264.4	154	29	4	0.34	2.0	3.0	2.0	1232	2030	900	1200	45.7	23230 K+H 2330
	360	120	227	185	342	8	3	227.4	319	154	29	4	0.39	1.7	2.6	1.7	1180	2060	750	950	70	22330 K+H 2330
160	280	74	206	189	268	8	2.1	206.1	248.9	109	30	2.1	0.24	2.8	4.2	2.8	738	1310	1200	1400	22.65	23032 K+H 3032
	300	96	208	191	286	8	2.5	208.5	260.9	131	30	3	0.30	2.3	3.4	2.2	1080	1830	900	1200	29.2	23132 K+H 3132
	320	86	215	191	302	18	3	215.7	280.1	131	30	4	0.25	2.7	3.9	2.6	1038	1590	1100	1300	38.9	22232 K+H 3132
	320	86	214	191	302	18	3	214.7	281.1	131	30	4	0.25	2.7	3.9	2.6	1170	1760	1100	1300	39.7	22232 KTN+H 3132
	320	112	213	195	302	22	3	213.7	274.3	161	30	4	0.33	2.0	3.0	2.0	1315	2170	850	1100	48.9	23232 K+H 2332
	380	126	240	195	362	8	3	240.8	336.5	161	30	4	0.38	1.8	2.6	1.7	1420	2270	700	900	81.0	22332 K+H 2332
170	290	75	215	199	278	9	2.1	215.2	260	112	31	2.1	0.23	2.9	4.3	2.8	775	1380	1100	1400	22.65	23034 K+H 3034
	320	104	222	202	306	9	2.5	222.6	279.2	141	31	3	0.30	2.2	3.3	2.2	1232	2120	850	1100	42.8	23134 K+H 3134
	340	120	227	206	322	21	3	227.7	291.6	169	31	4	0.33	2.0	3.0	2.0	1490	2490	800	1100	57.6	23234 K+H 2334
	400	132	255	206	378	9	4	255	328.4	169	31	5	0.36	1.8	2.7	1.8	1570	2530	670	850	92.5	22334 K+H 2334
180	310	82	228	210	298	9	2.1	228.5	276.7	120	32	2.1	0.24	2.8	4.2	2.8	915	1650	1000	1300	30.4	23036 K+H 3036
	340	112	235	212	326	9	2.5	235.6	295.5	150	32	3	0.31	2.2	3.3	2.2	1418	2460	800	1000	43.9	23136 K+H 3136
	360	128	240	216	342	19	3	240.7	307.8	176	32	4	0.34	2.0	3.0	2.0	1652	2790	750	1000	69.4	23236 K+H 2336
	420	138	267	216	398	9	4	267.4	371.3	176	32	5	0.38	1.8	2.7	1.7	1680	2720	630	800	108	22336 K+H 2336
200	340	90	252	231	326	9	2.5	252.9	305.8	126	35	3	0.24	2.9	4.3	2.8	1090	1990	950	1200	40.9	23040 K+H 3040
	370	120	258	233	352	9	3	258	323.7	161	35	4	0.30	2.3	3.4	2.2	1612	2820	700	950	62.7	23140 K+H 3140
	400	144	263	236	382	10	3	263.6	340.2	186	35	4	0.34	2.0	2.9	1.9	2125	3620	670	900	95.5	23240 K+H 2340
	460	145	295	236	438	9	4	295.2	406.1	186	35	5	0.35	1.9	2.8	1.9	1900	3200	560	700	137	22340 K+H 2340

（续）

公称尺寸/mm			安装尺寸/mm					其他尺寸/mm					计算系数				基本额定载荷/kN		极限转速/r·min⁻¹		质量/kg	轴承代号
d_1	D	B	d_a max	d_b min	D_a max	B_a min	r_a max	d_2 ≈	D_2 ≈	B_1	B_2 ≈	r min	e	Y_1	Y_2	Y_0	C_r	C_{0r}	脂	油	W ≈	20000 K+H 型
220	360	92	271	251	346	11	2.5	271	325	133	37	3	0.23	3.0	4.4	2.9	1160	2160	850	1100	42.4	23044 K+H 3044
	400	128	278	254	382	11	3	278.4	350.6	172	37	4	0.30	2.3	3.4	2.2	1838	3220	670	850	89.7	23144 K+H 3144
	440	160	289	257	422	6	3	289.6	372.5	199	37	4	0.35	2.0	2.9	1.9	2558	4490	630	800	127.3	23244 K+H 2344
	500	155	322	257	478	11	4	322.2	440.9	199	37	5	0.35	1.9	2.8	1.9	1950	3250	500	630	173	22344 K+H 2344
240	400	104	297	272	382	11	3	297.9	358.1	145	37	4	0.23	2.9	4.3	2.8	1458	2770	800	950	61.2	23048 K+H 3048
	440	144	306	276	422	11	3	306.5	385.2	190	39	4	0.30	2.2	3.3	2.2	2270	4070	600	800	109	23148 K+H 3148
	540	165	351	278	512	11	5	351	446.5	211	39	6	0.34	2.0	2.9	1.9	2480	4190	480	600	214	22348 K+H 2348
260	420	106	315	292	402	12	3	315	379.4	152	41	4	0.22	3.0	4.5	2.9	1580	3000	700	900	66.9	23052 K+H 3052
	460	146	324	296	438	12	4	324.8	406.1	195	41	5	0.29	2.3	3.5	2.3	2370	4290	560	750	117	23152 K+H 3152
	580	175	355	299	552	12	5	355	431.1	224	41	6	0.34	2.0	3.0	1.9	2730	4650	450	560	265	22352 K+H 2352
280	460	118	344	313	442	12	3	344	414.4	168	42	4	0.23	3.0	4.4	2.9	1910	3690	670	850	91.9	23056 K+H 3056
	500	160	—	318	478	12	4	—	—	208	40	5	0.32	2.1	3.1	2.0	2190	4420	400	500	162	23156 K+H 3156
	540	140	378	318	518	32	4	378	464.2	208	40	5	0.28	2.4	3.6	2.4	2070	3450	450	560	163	22256 K+H 3156

6 圆锥滚子轴承（见表 14.6-19~表 14.6-21）

表 14.6-19 圆锥滚子轴承（部分摘自 GB/T 297—2015）

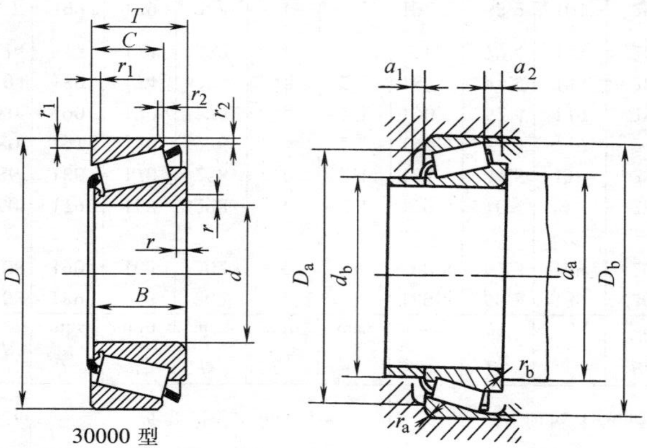

30000 型

径向当量动载荷

当 $F_a/F_r \leq e$ 时，$P_r = F_r$

当 $F_a/F_r > e$ 时，$P_r = 0.4F_r + Y_2F_a$

径向当量静载荷

$P_{0r} = 0.5F_r + Y_0F_a$

当 $P_{0r} < F_r$ 时，取 $P_{0r} = F_r$

附加轴向力

$S \approx F_r/(2Y_1)$

最小径向载荷 $F_{min} = 0.02C_r$

Y_1	Y_2	e	Y_0
0.45cotα	0.67cotα	1.5tanα	0.44cotα

代号含义

E—加强型

X2—宽度（高度）非标准

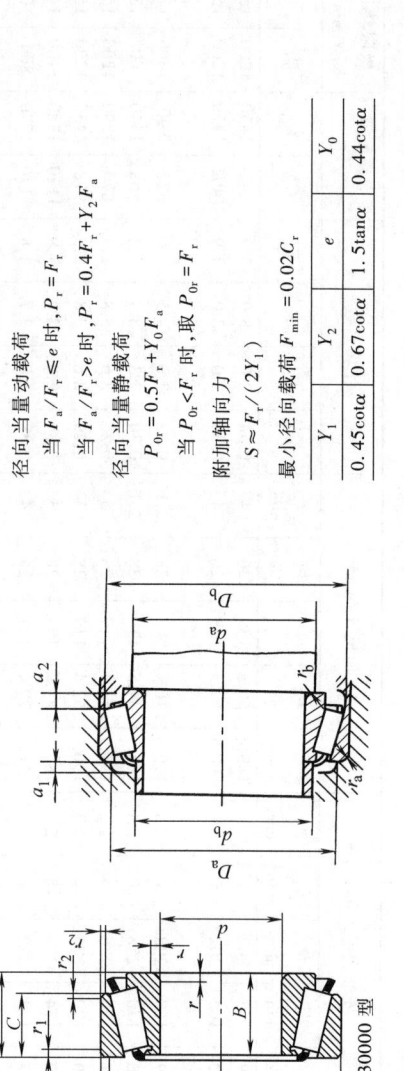

（续）

公称尺寸/mm					安装尺寸/mm									其他尺寸/mm			计算系数			基本额定载荷/kN		极限转速/r·min^{-1}		质量/kg	轴承代号
d	D	T	B	C	d_a min	d_b min	D_a min	D_a max	D_b min	a_1 min	a_2 min	r_a max	r_b max	a ≈	r min	r_1 min	e	Y	Y_0	C_r	C_{0r}	脂	油	W ≈	30000 型
15	42	14.25	13	11	21	22	36	36	38	2	3.5	1	1	9.6	1	1	0.29	2.1	1.2	23.8	21.5	9000	12000	0.094	30302
17	40	13.25	12	11	23	23	34	34	37	2	2.5	1	1	9.9	1	1	0.35	1.7	1	21.8	21.8	9000	12000	0.079	30203
	47	15.25	14	12	23	25	40	41	43	3	3.5	1	1	10.4	1	1	0.29	2.1	1.2	29.5	27.2	8500	11000	0.129	30303
	47	20.25	19	16	23	24	39	41	43	3	4.5	1	1	12.3	1	1	0.29	2.1	1.2	36.8	36.2	8500	11000	0.173	32303
20	37	12	12	9	—	—	—	—	—	—	—	0.3	0.3	8.2	0.3	0.3	0.32	1.9	1	13.8	17.5	9500	13000	0.056	32904
	42	15	15	12	25	25	36	37	39	3	3	0.6	0.6	10.3	0.6	0.6	0.37	1.6	0.9	26.2	28.2	8500	11000	0.095	32004
	47	15.25	14	12	26	27	40	41	43	2	3.5	1	1	11.2	1	1	0.35	1.7	1	29.5	30.5	8000	10000	0.126	30204
	52	16.25	15	13	27	28	44	45	48	3	3.5	1.5	1.5	11.1	1.5	1.5	0.3	2	1.1	34.5	33.2	7500	9500	0.165	30304
	52	22.25	21	18	27	26	43	45	48	3	4.5	1.5	1.5	13.6	1.5	1.5	0.3	2	1.1	44.8	46.2	7500	9500	0.230	32304
22	40	12	12	9	—	—	—	—	—	—	—	0.3	0.3	8.5	0.3	0.3	0.32	1.9	1	15.8	20.0	8500	11000	0.065	329/22
	44	15	15	11.5	27	27	38	39	41	3	3.5	0.6	0.6	10.8	0.6	0.6	0.40	1.5	0.8	27.2	30.2	8000	10000	0.100	320/22
25	42	12	12	9	—	—	—	—	—	—	—	0.3	0.3	8.7	0.3	0.3	0.32	1.9	1	16.8	21.0	6300	10000	0.064	32905
	47	15	15	11.5	30	30	40	42	44	3	3.5	0.6	0.6	11.6	0.6	0.6	0.43	1.4	0.8	29.2	34.0	7500	9500	0.11	32005
	47	17	17	14	30	30	40	42	45	3	3	0.6	0.6	11.1	0.6	0.6	0.29	2.1	1.1	34.0	42.5	7500	9500	0.129	33005
	52	16.25	15	13	31	31	44	46	48	2	3.5	1	1	12.5	1	1	0.37	1.6	0.9	33.8	37.0	7000	9000	0.154	30205
	52	22	22	18	31	30	43	46	49	4	4	1	1	14.0	1	1	0.35	1.7	0.9	49.2	55.8	7000	9000	0.216	33205
	62	18.25	17	15	32	34	54	55	58	3	3.5	1.5	1.5	13.0	1.5	1.5	0.3	2	1.1	49.0	48.0	6300	8000	0.263	30305
	62	18.25	17	13	32	31	47	55	59	3	5.5	1.5	1.5	20.1	1.5	1.5	0.83	0.7	0.4	42.5	46.0	6300	8000	0.262	31305
	62	25.25	24	20	32	32	52	55	58	3	5.5	1.5	1.5	15.9	1.5	1.5	0.3	2	1.1	64.5	68.8	6300	8000	0.368	32305
28	45	12	12	9	—	—	—	—	—	—	—	0.3	0.3	9.0	0.3	0.3	0.32	1.9	1	17.5	22.8	7500	9500	0.069	329/28
	52	16	16	12	34	33	45	46	49	3	4	1	1	12.6	1	1	0.43	1.4	0.8	33.0	40.5	6700	8500	0.142	320/28
	58	24	24	19	34	33	49	52	55	4	5	1	1	15.0	1	1	0.34	1.8	1.0	60.8	68.2	6300	8000	0.286	332/28
30	47	12	12	9	—	—	—	—	—	—	—	0.3	0.3	9.2	0.3	0.3	0.32	1.9	1	17.8	23.2	7000	9000	0.072	32906
	55	17	16	14	—	—	—	—	—	3	5	—	—	12.0	1	1	0.26	2.3	1.3	29.2	35.5	6300	8000	0.16	32006 X2
	55	17	17	13	36	35	48	49	52	3	4	1	1	13.3	1	1	0.43	1.4	0.8	37.5	46.8	6300	8000	0.170	32006
	55	20	20	16	36	35	48	49	52	3	4	1	1	12.8	1	1	0.29	2.1	1.1	45.8	58.8	6300	8000	0.201	33006
	62	17.25	16	14	36	37	53	56	58	2	3.5	1	1	13.8	1	1	0.37	1.6	0.9	45.2	50.5	6000	7500	0.231	30206
	62	21.25	20	17	36	36	52	56	58	3	4.5	1	1	15.6	1	1	0.37	1.6	0.9	54.2	63.8	6000	7500	0.287	32206
	62	25	25	19.5	36	36	53	56	59	5	5.5	1	1	15.7	1	1	0.34	1.8	1	66.8	75.5	6000	7500	0.342	33206
	72	20.75	19	16	37	40	62	65	66	3	5	1.5	1.5	15.3	1.5	1.5	0.31	1.9	1.1	61.8	63.0	5600	7000	0.387	30306
	72	20.75	19	14	37	37	55	65	68	3	7	1.5	1.5	23.1	1.5	1.5	0.83	0.7	0.4	55	60.5	5600	7000	0.392	31306
	72	28.75	27	23	37	38	59	65	66	4	6	1.5	1.5	18.9	1.5	1.5	0.31	1.9	1.1	85.5	96.5	5600	7000	0.562	32306
32	52	14	14	10	37	37	46	47	49	3	4	0.6	0.6	10.2	0.6	0.6	0.32	1.9	1	25.0	32.5	6300	8000	0.106	329/32

（续）

公称尺寸/mm					安装尺寸/mm									其他尺寸/mm			计算系数			基本额定载荷/kN		极限转速/r·min^{-1}		质量/kg	轴承代号
d	D	T	B	C	d_a min	d_b min	D_a min	D_a max	D_b min	a_1 min	a_2 min	r_a max	r_b max	a ≈	r min	r_1 min	e	Y	Y_0	C_r	C_{0r}	脂	油	W ≈	30000型
32	58	17	17	13	38	38	50	52	55	3	4	1	1	14.0	1	1	0.45	1.3	0.7	38.2	49.2	6000	7500	0.187	320/32
	65	26	26	20.5	38	38	55	59	62	5	5.5	1	1	16.6	1	1	0.35	1.7	1	72.0	82.2	5600	7000	0.385	332/32
35	55	14	14	11.5	40	40	49	50	52	3	2.5	0.6	0.6	10.1	0.6	0.6	0.29	2.1	1.1	27.0	34.8	6000	7500	0.114	32907
	62	18	17	15	—	—	—	—	—	3	5	1	1	14.0	1	1	0.29	2.1	1.1	35.5	47.2	5600	7000	0.21	32007 X2
	62	18	18	14	41	40	54	56	59	4	4	1	1	15.1	1	1	0.44	1.4	0.8	45.2	59.2	5600	7000	0.224	32007
	62	21	21	17	41	41	54	56	59	3	4	1	1	13.5	1	1	0.31	2	1.1	49.0	63.2	5600	7000	0.254	33007
	72	18.25	17	15	42	44	62	65	67	3	3.5	1.5	1.5	15.3	1.5	1.5	0.37	1.6	0.9	56.8	63.5	5300	6700	0.331	30207
	72	24.25	23	19	42	42	61	65	68	3	5.5	1.5	1.5	17.9	1.5	1.5	0.37	1.6	0.9	73.8	89.5	5300	6700	0.445	32207
	72	28	28	22	42	42	61	65	68	5	6	1.5	1.5	18.2	1.5	1.5	0.35	1.7	0.9	86.5	102	5300	6700	0.515	33207
	80	22.75	21	18	44	45	70	71	74	3	5	2	1.5	16.8	2	1.5	0.31	1.9	1.1	78.8	82.5	5000	6300	0.515	30307
	80	22.75	21	15	44	42	62	71	76	4	8	2	1.5	25.8	2	1.5	0.83	0.7	0.4	69.0	76.8	5000	6300	0.514	31307
	80	32.75	31	25	44	43	66	71	74	4	8.5	2	1.5	20.4	2	1.5	0.31	1.9	1.1	105	118	5000	6300	0.763	32307
40	62	15	14	12	—	—	—	—	—	3	5	0.6	0.6	12.0	0.6	0.6	0.28	2.1	1.2	22.2	28.2	5600	7000	0.14	32908 X2
	62	15	15	12	45	45	55	57	59	3	3	0.6	0.6	11.1	0.6	0.6	0.29	2.1	1.1	33.0	46.0	5600	7000	0.155	32908
	68	19	18	16	—	—	—	—	—	3	5	1	1	15.0	1	1	0.3	2	1.1	41.8	55.2	5300	6700	0.27	32008 X2
	68	19	19	14.5	46	46	60	62	65	4	4.5	1	1	14.9	1	1	0.38	1.6	0.9	54.2	71.0	5300	6700	0.267	32008
	68	22	22	18	46	46	60	62	64	3	4	1	1	14.1	1	1	0.28	2.1	1.2	63.0	79.5	5300	6700	0.306	33008
	75	26	26	20.5	47	47	65	68	71	4	5.5	1.5	1.5	18.0	1.5	1.5	0.36	1.7	0.9	88.8	110	5000	6300	0.496	33108
	80	19.75	18	16	47	49	69	73	75	3	4	1.5	1.5	16.9	1.5	1.5	0.37	1.6	0.9	66.0	74.0	5000	6300	0.422	30208
	80	24.75	23	19	47	48	68	73	75	3	6	1.5	1.5	18.9	1.5	1.5	0.37	1.6	0.9	81.5	97.2	5000	6300	0.532	32208
	80	32	32	25	47	47	67	73	76	5	7	1.5	1.5	20.8	1.5	1.5	0.36	1.7	0.9	110.0	135	5000	6300	0.715	33208
	90	25.25	23	20	49	52	77	81	84	3	5.5	2	1.5	19.5	2	1.5	0.35	1.7	1	95.2	108	4500	5600	0.747	30308
	90	25.25	23	17	49	48	71	81	87	4	8.5	2	1.5	29.0	2	1.5	0.83	0.7	0.4	85.5	96.5	4500	5600	0.727	31308
	90	35.25	33	27	49	49	73	81	83	4	8.5	2	1.5	23.3	2	1.5	0.35	1.7	1	120	148	4500	5600	1.04	32308
45	68	15	14	12	—	—	—	—	—	3	5	0.6	0.6	13.0	0.6	0.6	0.31	1.9	1.1	23.2	32.8	5300	6700	—	32909 X2
	68	15	15	12	50	50	61	63	65	3	3	0.6	0.6	12.2	0.6	0.6	0.32	1.9	1	33.5	48.5	5300	6700	0.180	32909
	75	20	19	16	—	—	—	—	—	4	6	1	1	16.0	1	1	0.3	2	1.1	46.5	62.5	5000	6300	0.32	32009 X2
	75	20	20	15.5	51	51	67	69	72	4	4.5	1	1	16.5	1	1	0.39	1.5	0.8	61.2	81.5	5000	6300	0.337	32009
	75	24	24	19	51	51	67	69	72	4	5	1	1	15.9	1	1	0.32	1.9	1	76.0	100	5000	6300	0.398	33009
	80	26	26	20.5	52	52	69	73	77	4	5.5	1.5	1.5	19.1	1.5	1.5	0.38	1.6	1	91.2	118	4500	5600	0.535	33109
	85	20.75	19	16	52	53	74	78	80	3	5	1.5	1.5	18.6	1.5	1.5	0.4	1.5	0.8	71.0	83.5	4500	5600	0.474	30209
	85	24.75	23	19	52	53	73	78	81	3	6	1.5	1.5	20.1	1.5	1.5	0.4	1.5	0.8	84.5	105	4500	5600	0.573	32209
	85	32	32	25	52	52	72	78	81	5	7	1.5	1.5	21.9	1.5	1.5	0.39	1.5	0.9	115.0	145	4500	5600	0.771	33209
	100	27.25	25	22	54	59	86	91	94	3	5.5	2	1.5	21.3	2	1.5	0.35	1.7	1	113.0	130	4000	5000	0.984	30309
	100	27.25	25	18	54	54	79	91	96	4	9.5	2.0	1.5	31.7	2	1.5	0.83	0.7	0.4	100	115	4000	5000	0.944	31309

（续）

公称尺寸/mm					安装尺寸/mm									其他尺寸/mm			计算系数			基本额定载荷/kN		极限转速/r·min^{-1}		质量/kg	轴承代号
d	D	T	B	C	d_a min	d_b min	D_a min	D_a max	D_b min	a_1 min	a_2 min	r_a max	r_b max	a ≈	r min	r_1 min	e	Y	Y_0	C_r	C_{0r}	脂	油	W ≈	30000 型
45	100	38.25	36	30	54	56	82	91	93	4	8.5	2.0	1.5	25.6	2	1.5	0.35	1.7	1	152	188	4000	5000	1.40	32309
50	72	15	14	12	—	—	—	—	—	3	5	0.6	0.6	15.0	0.6	0.6	0.35	1.7	0.9	23.2	32.8	5000	6300	0.7	32910 X2
	72	15	15	12	55	55	64	67	69	3	3	0.6	0.6	13.0	0.6	0.6	0.34	1.8	1	38.5	56.0	5000	6300	0.181	32910
	80	20	19	16	—	—	—	—	—	4	6	1	1	17.0	1	1	0.32	1.9	1	48.0	66.2	4500	5600	0.31	32010 X2
	80	20	20	15.5	56	56	72	74	77	4	4.5	1	1	17.8	1	1	0.42	1.4	0.8	64.0	89.0	4500	5600	0.366	32010
	80	24	24	19	56	56	72	74	76	4	5	1	1	17.0	1	1	0.32	1.9	1	80.5	110	4500	5600	0.433	33010
	85	26	26	20	57	56	74	78	82	4	6	1.5	1.5	20.4	1.5	1.5	0.41	1.5	0.8	93.5	125	4300	5300	0.572	33110
	90	21.75	20	17	57	58	79	83	86	3	5	1.5	1.5	20.0	1.5	1.5	0.42	1.4	0.8	76.8	92.0	4300	5300	0.529	30210
	90	24.75	23	19	57	57	78	83	86	3	6	1.5	1.5	21.0	1.5	1.5	0.42	1.4	0.8	86.8	108	4300	5300	0.626	32210
	90	32	32	24.5	57	57	77	83	87	5	7.5	1.5	1.5	23.2	1.5	1.5	0.41	1.5	0.8	118	155	4300	5300	0.825	33210
	110	29.25	27	23	60	65	95	100	103	4	6.5	2	2	23.0	2.5	2	0.35	1.7	1	135	158	3800	4800	1.28	30310
	110	29.25	27	19	60	58	87	100	105	4	10.5	2	2	34.8	2.5	2	0.83	0.7	0.4	113	128	3800	4800	1.21	31310
	110	42.25	40	33	60	61	90	100	102	5	9.5	2	2	28.2	2.5	2	0.35	1.7	1	185	235	3800	4800	1.89	32310
55	80	17	17	14	61	60	71	74	77	3	3	1	1	14.3	1	1	0.31	1.9	1.1	43.5	66.8	4800	6000	0.262	32911
	90	23	22	19	—	—	—	—	—	4	6	1.5	1.5	19.0	1.5	1.5	0.31	1.9	1.1	66.8	93.2	4000	5000	0.53	32011 X2
	90	23	23	17.5	62	63	81	83	86	4	5.5	1.5	1.5	19.8	1.5	1.5	0.41	1.5	0.8	84.0	118	4000	5000	0.551	32011
	90	27	27	21	62	63	81	83	86	5	6	1.5	1.5	19.0	1.5	1.5	0.31	1.9	1.1	99.2	145	4000	5000	0.651	33011
	95	30	30	23	62	62	83	88	91	5	7	1.5	1.5	21.9	1.5	1.5	0.37	1.6	0.9	120	165	3800	4800	0.843	33111
	100	22.75	21	18	64	64	88	91	95	4	5	2	1.5	21.0	2	1.5	0.4	1.5	0.8	95.2	115	3800	4800	0.713	30211
	100	26.75	25	21	64	62	87	91	96	4	6	2	1.5	22.8	2	1.5	0.4	1.5	0.8	112	142	3800	4800	0.853	32211
	100	35	35	27	64	62	85	91	96	6	8	2	1.5	25.1	2	1.5	0.4	1.5	0.8	148	198	3800	4800	1.15	33211
	120	31.5	29	25	65	70	104	110	112	4	6.5	2.5	2	24.9	2.5	2	0.35	1.7	1	160	188	3400	4300	1.63	30311
	120	31.5	29	21	65	63	94	110	114	4	10.5	2.5	2	37.5	2.5	2	0.83	0.7	0.4	135	158	3400	4300	1.56	31311
	120	45.5	43	35	65	66	99	110	111	5	10	2.5	2	30.4	2.5	2	0.35	1.7	1	212	270	3400	4300	2.37	32311
60	85	17	16	14	—	—	—	—	—	3	5	1	1	18.0	1	1	0.38	1.6	0.9	36.2	56.5	4000	5000	0.24	32912 X2
	85	17	17	14	66	65	75	79	82	3	3	1	1	15.1	1	1	0.33	1.8	1	48.2	73.0	4000	5000	0.279	32912
	95	23	22	19	—	—	—	—	—	4	6	1.5	1.5	20.0	1.5	1.5	0.33	1.8	1	67.8	98.0	3800	4800	0.56	32012 X2
	95	23	23	17.5	67	67	85	88	91	4	5.5	1.5	1.5	20.9	1.5	1.5	0.43	1.4	0.8	85.8	122	3800	4800	0.584	32012
	95	27	27	21	67	67	85	88	90	5	6	1.5	1.5	19.8	1.5	1.5	0.33	1.8	1	102	150	3800	4800	0.691	33012
	100	30	30	23	67	67	88	93	96	5	7	1.5	1.5	23.1	1.5	1.5	0.4	1.5	0.8	125	172	3600	4500	0.895	33112
	110	23.75	22	19	69	69	96	101	103	4	5	2	1.5	22.3	2	1.5	0.4	1.5	0.8	108	130	3600	4500	0.904	30212
	110	29.75	28	24	69	68	95	101	105	4	6	2	1.5	25.0	2	1.5	0.4	1.5	0.8	138	180	3600	4500	1.17	32212
	110	38	38	29	69	69	93	101	105	6	9	2	1.5	27.5	2	1.5	0.4	1.5	0.8	172	230	3600	4500	1.51	33212
	130	33.5	31	26	72	76	112	118	121	5	7.5	2.5	2.1	26.6	3	2.5	0.35	1.7	1	178	210	3200	4000	1.99	30312
	130	33.5	31	22	72	69	103	118	124	5	11.5	2.5	2.1	40.4	3	2.5	0.83	0.7	0.4	152	178	3200	4000	1.90	31312

（续）

公称尺寸/mm					安装尺寸/mm									其他尺寸/mm			计算系数			基本额定载荷/kN		极限转速/r·min^{-1}		质量/kg	轴承代号
d	D	T	B	C	d_a min	d_b min	D_a min	D_a max	D_b min	a_1 min	a_2 min	r_a max	r_b max	a ≈	r min	r_1 min	e	Y	Y_0	C_r	C_{0r}	脂	油	W ≈	30000型
60	130	48.5	46	37	72	72	107	118	122	6	11.5	2.5	2.1	32.0	3	2.5	0.35	1.7	1	238	302	3200	4000	2.90	32312
65	90	17	17	14	71	70	80	84	87	3	3	1	1	16.2	1	1	0.35	1.7	0.9	47.5	73.2	3800	4800	0.295	32913
	100	23	22	19	—	—	—	—	—	4	6	1.5	1.5	21.0	1.5	1.5	0.35	1.7	0.9	70.2	102	3600	4500	0.63	32013 X2
	100	23	23	17.5	72	72	90	93	97	4	5.5	1.5	1.5	22.4	1.5	1.5	0.46	1.3	0.7	86.8	128	3600	4500	0.620	32013
	100	27	27	21	72	72	89	93	96	5	6	1.5	1.5	20.9	1.5	1.5	0.35	1.7	1	102	158	3600	4500	0.732	33013
	110	34	34	26.5	72	73	96	103	106	6	7.5	1.5	1.5	26.0	1.5	1.5	0.39	1.6	0.9	148	220	3400	4300	1.30	33113
	120	24.75	23	20	74	77	106	111	114	4	5	2	1.5	23.8	2	1.5	0.4	1.5	0.8	125	152	3200	4000	1.13	30213
	120	32.75	31	27	74	75	104	111	115	4	6	2	1.5	27.3	2	1.5	0.4	1.5	0.8	168	222	3200	4000	1.55	32213
	120	41	41	32	74	74	102	111	115	7	9	2	1.5	29.5	2	1.5	0.39	1.5	0.9	212	282	3200	4000	1.99	33213
	140	36	33	28	77	83	122	128	131	5	8	2.5	2.1	28.7	3	2.5	0.35	1.7	1	205	242	2800	3600	2.44	30313
	140	36	33	23	77	75	111	128	134	5	13	2.5	2.1	44.2	3	2.5	0.83	0.7	0.4	172	202	2800	3600	2.37	31313
	140	51	48	39	77	79	117	128	131	6	12	2.5	2.1	34.3	3	2.5	0.35	1.7	1	272	350	2800	3600	3.51	32313
70	100	20	19	16	—	—	—	—	—	4	6	1	1	19.0	1	1	0.33	1.8	1	55.8	85.5	3600	4500	—	32914 X2
	100	20	20	16	76	76	90	94	96	4	4	1	1	17.6	1	1	0.32	1.9	1	74.2	115	3600	4500	0.471	32914
	110	25	24	20	—	—	—	—	—	5	7	1.5	1.5	23.0	1.5	1.5	0.34	1.8	1	87.8	128	3400	4300	0.85	32014 X2
	110	25	25	19	77	78	98	103	105	5	6	1.5	1.5	23.8	1.5	1.5	0.43	1.4	0.8	110	160	3400	4300	0.839	32014
	110	31	31	25.5	77	79	99	103	105	5	5.5	1.5	1.5	22.0	1.5	1.5	0.28	2	1	142	220	3400	4300	1.07	33014
	120	37	37	29	79	79	104	111	115	6	8	2	1.5	28.2	2	1.5	0.39	1.5	1.2	180	268	3200	4000	1.70	33114
	125	26.25	24	21	79	81	110	116	119	4	5.5	2	1.5	25.8	2	1.5	0.42	1.4	0.8	138	175	3000	3800	1.26	30214
	125	33.25	31	27	79	79	108	116	120	4	6.5	2	1.5	28.8	2	1.5	0.42	1.4	0.8	175	238	3000	3800	1.64	32214
	125	41	41	32	79	79	107	116	120	7	9	2	1.5	30.7	2	1.5	0.41	1.5	0.8	218	298	3000	3800	2.10	33214
	150	38	35	30	82	89	130	138	141	5	8	2.5	2.1	30.7	3	2.5	0.35	1.7	1	228	272	2600	3400	2.98	30314
	150	38	35	25	82	80	118	138	143	5	13	2.5	2.1	46.8	3	2.5	0.83	0.7	0.4	198	230	2600	3400	2.86	31314
	150	54	51	42	82	84	125	138	141	6	12	2.5	2.1	36.5	3	2.5	0.35	1.7	1	312	408	2600	3400	4.34	32314
75	105	20	20	16	81	81	94	99	102	4	4	1	1	18.5	1	1	0.33	1.8	1	82.0	125	3400	4300	0.490	32915
	115	25	24	20	—	—	—	—	—	5	7	1.5	1.5	24.0	1.5	1.5	0.35	1.7	0.9	89.2	135	3200	4000	0.88	32015 X2
	115	25	25	19	82	83	103	108	110	5	6	1.5	1.5	25.2	1.5	1.5	0.46	1.3	0.7	108	160	3200	4000	0.875	32015
	115	31	31	25.5	82	83	103	108	110	6	5.5	1.5	1.5	22.8	1.5	1.5	0.3	2	1	138	220	3200	4000	1.12	33015
	125	37	37	29	84	84	109	116	120	6	8	2	1.5	29.4	2	1.5	0.4	1.5	0.8	182	280	3000	3800	1.78	33115
	130	27.25	25	22	84	85	115	121	125	4	5.5	2	1.5	27.4	2	1.5	0.44	1.4	0.8	145	185	2800	3600	1.36	30215
	130	33.25	31	27	84	84	115	121	126	4	6.5	2	1.5	30.0	2	1.5	0.44	1.4	0.8	178	242	2800	3600	1.74	32215
	130	41	41	31	84	83	111	121	125	7	10	2	1.5	31.9	2	1.5	0.43	1.4	0.8	218	300	2800	3600	2.17	33215
	160	40	37	31	87	95	139	148	150	5	9	2.5	2.1	32.0	3	2.5	0.35	1.7	1	265	318	2400	3200	3.57	30315
	160	40	37	26	87	86	127	148	153	6	14	2.5	2.1	49.7	3	2.5	0.83	0.7	0.4	218	258	2400	3200	3.38	31315
	160	58	55	45	87	91	133	148	150	7	13	2.5	2.1	39.4	3	2.5	0.35	1.7	1	365	482	2400	3200	5.37	32315

（续）

公称尺寸/mm					安装尺寸/mm									其他尺寸/mm			计算系数			基本额定载荷/kN		极限转速/r · min^{-1}		质量/kg	轴承代号
d	D	T	B	C	d_a min	d_b min	D_a min	D_a max	D_b min	a_1 min	a_2 min	r_a max	r_b max	a ≈	r min	r_1 min	e	Y	Y_0	C_r	C_{0r}	脂	油	W ≈	30000 型
80	110	20	20	16	86	85	99	104	107	4	4	1	1	19.6	1	1	0.35	1.7	0.9	83.0	128	3200	4000	0.514	32916
	125	29	27	23	—	—	—	—	—	5	8	1.5	1.5	26.0	1.5	1.5	0.34	1.8	1	108	162	3000	3800	1.18	32016 X2
	125	29	29	22	87	89	112	117	120	6	7	1.5	1.5	26.8	1.5	1.5	0.42	1.4	0.8	148	220	3000	3800	1.27	32016
	125	36	36	29.5	87	90	112	117	119	6	7	1.5	1.5	25.2	1.5	1.5	0.28	2.2	1.2	190	305	3000	3800	1.63	33016
	130	37	37	29	89	89	114	121	126	6	8	2	1.5	30.7	2	1.5	0.42	1.4	0.8	188	292	2800	3600	1.87	33116
	140	28.25	26	22	90	90	124	130	133	4	6	2.1	2	28.1	2.5	2	0.42	1.4	0.8	168	212	2600	3400	1.67	30216
	140	35.25	33	28	90	89	122	130	135	5	7.5	2.1	2	31.4	2.5	2	0.42	1.4	0.8	208	278	2600	3400	2.13	32216
	140	46	46	35	90	89	119	130	135	7	11	2.1	2	35.1	2.5	2	0.43	1.4	0.8	258	362	2600	3400	2.83	33216
	170	42.5	39	33	92	102	148	158	160	5	9.5	2.5	2.1	34.4	3	2.5	0.35	1.7	1	292	352	2200	3000	4.27	30316
	170	42.5	39	27	92	91	134	158	161	6	15.5	2.5	2.1	52.8	3	2.5	0.83	0.7	0.4	242	288	2200	3000	4.05	31316
	170	61.5	58	48	92	97	142	158	160	7	13.5	2.5	2.1	42.1	3	2.5	0.35	1.7	1	408	542	2200	3000	6.38	32316
85	120	23	22	29	—	—	—	—	—	4	6	1.5	1.5	21.0	1.5	1.5	0.26	2.3	1.3	77.8	125	3400	3800	0.73	32917 X2
	120	23	23	18	92	92	111	113	115	4	5	1.5	1.5	21.1	1.5	1.5	0.33	1.8	1	102	165	3400	3800	0.767	32917
	130	29	27	23	—	—	—	—	—	5	8	1.5	1.5	27.0	1.5	1.5	0.35	1.7	0.9	110	170	2800	3600	1.25	32017 X2
	130	29	29	22	92	94	117	122	125	6	7	1.5	1.5	28.1	1.5	1.5	0.44	1.4	0.8	148	220	2800	3600	1.32	32017
	130	36	36	29.5	92	94	118	122	125	6	6.5	1.5	1.5	26.2	1.5	1.5	0.29	2.1	1.1	188	305	2800	3600	1.69	33017
	140	41	41	32	95	95	122	130	135	7	9	2.1	2	33.1	2.5	2	0.41	1.5	0.8	225	355	2600	3400	2.43	33117
	150	30.5	28	24	95	96	132	140	142	5	6.5	2.1	2	30.3	2.5	2	0.42	1.4	0.8	185	238	2400	3200	2.06	30217
	150	38.5	36	30	95	95	130	140	143	5	8.5	2.1	2	33.9	2.5	2	0.42	1.4	0.8	238	325	2400	3200	2.68	32217
	150	49	49	37	95	95	128	140	144	7	12	2.1	2	36.9	2.5	2	0.42	1.4	0.8	295	415	2400	3200	3.52	33217
	180	44.5	41	34	99	107	156	166	168	6	10.5	3	2.5	35.9	4	3	0.35	1.7	1	320	388	2000	2800	4.96	30317
	180	44.5	41	28	99	96	143	166	171	6	16.5	3	2.5	55.6	4	3	0.83	0.7	0.4	268	318	2000	2800	4.69	31317
	180	63.5	60	49	99	102	150	166	168	8	14.5	3	2.5	43.5	4	3	0.35	1.7	1	442	592	2000	2800	7.31	32317
90	125	23	22	19	—	—	—	—	—	4	6	1.5	1.5	25.0	1.5	1.5	0.38	1.6	0.9	81.5	140	3200	3600	—	32918 X2
	125	23	23	18	97	96	113	117	121	4	5	1.5	1.5	22.2	1.5	1.5	0.34	1.8	1	100	165	3200	3600	0.796	32918
	140	32	30	26	—	—	—	—	—	5	8	2	1.5	29.0	2	1.5	0.34	1.8	1	128	192	2600	3400	1.7	32018 X2
	140	32	32	24	99	100	125	131	134	6	8	2	1.5	30.0	2	1.5	0.42	1.4	0.8	178	270	2600	3400	1.72	32018
	140	39	39	32.5	99	100	127	131	135	7	6.5	2	1.5	27.2	2	1.5	0.27	2.2	1.2	242	388	2600	3400	2.20	33018
	150	45	45	35	100	100	130	140	144	7	10	2.1	2	34.9	2.5	2	0.4	1.5	0.8	265	415	2400	3200	3.13	33118
	160	32.5	30	26	100	102	140	150	151	5	6.5	2.1	2	32.3	2.5	2	0.42	1.4	0.8	210	270	2200	3000	2.54	30218
	160	42.5	40	34	100	101	138	150	153	5	8.5	2.1	2	36.8	2.5	2	0.42	1.4	0.8	282	395	2200	3000	3.44	32218
	160	55	55	42	100	100	134	150	154	8	13	2.1	2	40.8	2.5	2	0.4	1.5	0.8	345	500	2200	3000	4.55	33218
	190	46.5	43	36	104	113	165	176	178	6	10.5	3	2.5	37.5	4	3	0.35	1.7	1	358	440	1900	2600	5.80	30318
	190	46.5	43	30	104	102	151	176	181	6	16.5	3	2.5	58.5	4	3	0.83	0.7	0.4	295	358	1900	2600	5.46	31318
	190	67.5	64	53	104	107	157	176	178	8	14.5	3	2.5	46.2	4	3	0.35	1.7	1	502	682	1900	2600	8.81	32318
95	130	23	23	18	102	101	117	122	126	4	5	1.5	1.5	23.4	1.5	1.5	0.36	1.7	0.9	102	170	2600	3400	0.831	32919

（续）

公称尺寸/mm					安装尺寸/mm									其他尺寸/mm			计算系数			基本额定载荷/kN		极限转速/r·min^{-1}		质量/kg	轴承代号
d	D	T	B	C	d_a min	d_b min	D_a min	D_a max	D_b min	a_1 min	a_2 min	r_a max	r_b max	a ≈	r min	r_1 min	e	Y	Y_0	C_r	C_{0r}	脂	油	W ≈	30000 型
95	145	32	30	26	—	—	—	—	—	5	8	2	1.5	30.0	2	1.5	0.36	1.7	0.9	128	192	2400	3200	1.7	32019 X2
	145	32	32	24	104	105	130	136	140	6	8	2	1.5	31.4	2	1.5	0.44	1.4	0.8	185	280	2400	3200	1.79	32109
	145	39	39	32.5	104	104	131	136	139	7	6.5	2	1.5	28.4	2	1.5	0.28	2.2	1.2	240	390	2400	3200	2.26	33019
	160	49	49	38	105	105	138	150	154	7	11	2.1	2	37.3	2.5	2	0.39	1.5	0.8	312	498	2200	3000	3.94	33119
	170	34.5	32	27	107	108	149	158	160	5	7.5	2.5	2.1	34.2	3	2.5	0.42	1.4	0.8	238	308	2000	2800	3.04	30219
	170	45.5	43	37	107	106	145	158	163	5	8.5	2.5	2.1	39.2	3	2.5	0.42	1.4	0.8	318	448	2000	2800	4.24	32219
	170	58	58	44	107	105	144	158	163	9	14	2.5	2.1	42.7	3	2.5	0.41	1.5	0.8	395	568	2000	2800	5.48	33219
	200	49.5	45	38	109	118	172	186	185	6	11.5	3	2.5	40.1	4	3	0.35	1.7	1	388	478	1800	2400	6.80	30319
	200	49.5	45	32	109	107	157	186	189	6	17.5	3	2.5	61.2	4	3	0.83	0.7	0.4	325	400	1800	2400	6.46	31319
	200	71.5	67	55	109	114	166	186	187	8	16.5	3	2.5	49.0	4	3	0.35	1.7	1	540	738	1800	2400	10.1	32319
100	140	25	25	20	107	108	128	132	136	4	5	1.5	1.5	24.3	1.5	1.5	0.33	1.8	1	135	218	2400	3200	1.12	32920
	150	32	30	26	—	—	—	—	—	5	8	2	1.5	32.0	2	1.5	0.37	1.6	0.9	130	205	2200	3000	1.79	32020 X2
	150	32	32	24	109	109	134	141	144	6	8	2	1.5	32.8	2	1.5	0.46	1.3	0.7	180	282	2200	3000	1.85	32020
	150	39	39	32.5	109	108	135	141	143	7	6.5	2	1.5	29.1	2	1.5	0.29	2.1	1.2	240	390	2200	3000	2.33	33020
	165	52	52	40	110	110	142	155	159	8	12	2.1	2	40.3	2.5	2	0.41	1.5	0.8	322	528	2000	2800	4.31	33120
	180	37	34	29	112	114	157	168	169	5	8	2.5	2.1	36.4	3	2.5	0.42	1.4	0.8	268	350	1900	2600	3.72	30220
	180	49	46	39	112	113	154	168	172	5	10	2.5	2.1	41.9	3	2.5	0.42	1.4	0.8	355	512	1900	2600	5.10	32220
	180	63	63	48	112	112	151	168	172	10	15	2.5	2.1	45.5	3	2.5	0.4	1.5	0.8	458	665	1900	2600	6.71	33220
	215	51.5	47	39	114	127	184	201	199	6	12.5	3	2.5	42.2	4	3	0.35	1.7	1	425	525	1600	2000	8.22	30320
	215	56.5	51	35	114	115	168	201	204	7	21.5	3	2.5	68.4	4	3	0.83	0.7	0.4	390	488	1600	2000	8.59	31320
	215	77.5	73	60	114	122	177	201	201	8	17.5	3	2.5	52.9	4	3	0.35	1.7	1	628	872	1600	2000	13.0	32320
105	145	25	25	20	112	112	132	137	141	5	5	1.5	1.5	25.4	1.5	1.5	0.34	1.8	1	135	225	2200	3000	1.16	32921
	160	35	33	28	—	—	—	—	—	6	9	2.1	2	33.0	2.5	2	0.36	1.7	0.9	170	270	2000	2800	2.5	32021 X2
	160	35	35	26	115	116	143	150	154	6	9	2.1	2	34.6	2.5	2	0.44	1.4	0.7	215	335	2000	2800	2.40	32021
	160	43	43	34	115	116	145	150	153	7	9	2.1	2	30.8	2.5	2	0.28	2.1	1.2	270	438	2000	2800	2.97	33021
	175	56	56	44	115	115	149	165	170	8	12	2.1	2	42.9	2.5	2	0.4	1.5	0.8	368	608	1900	2600	5.29	33121
	190	39	36	30	117	121	165	178	178	6	9	2.5	2.1	38.5	3	2.5	0.42	1.4	0.8	298	398	1800	2400	4.38	30221
	190	53	50	43	117	118	161	178	182	5	10	2.5	2.1	45.0	3	2.5	0.42	1.4	0.8	398	578	1800	2400	6.26	32221
	190	68	68	52	117	117	159	178	182	12	16	2.5	2.1	48.6	3	2.5	0.4	1.5	0.8	522	770	1800	2400	8.12	33221
	225	53.5	49	41	119	133	193	211	208	7	12.5	3	2.5	43.6	4	3	0.35	1.7	1	452	562	1500	1900	9.38	30321
	225	58	53	36	119	121	176	211	213	7	22	3	2.5	70.0	4	3	0.83	0.7	0.4	418	525	1500	1900	9.58	31321
	225	81.5	77	63	119	128	185	211	210	8	18.5	3	2.5	55.1	4	3	0.35	1.7	1	678	945	1500	1900	14.8	32321
110	150	25	24	20	—	—	—	—	—	5	7	1.5	1.5	25	1.5	1.5	0.28	2.1	1.2	89.5	148	2000	2800	1.1	32922 X2
	150	25	25	20	117	117	137	142	146	5	5	1.5	1.5	26.5	1.5	1.5	0.36	1.7	0.9	135	232	2000	2800	1.20	32922
	170	38	36	31	—	—	—	—	—	6	9	2.1	2	35	2.5	2	0.35	1.7	0.9	190	302	1900	2600	3.1	32022 X2

（续）

公称尺寸/mm					安装尺寸/mm									其他尺寸/mm			计算系数			基本额定载荷/kN		极限转速/r·min⁻¹		质量/kg	轴承代号
d	D	T	B	C	d_a min	d_b min	D_a min	D_a max	D_b min	a_1 min	a_2 min	r_a max	r_b max	a ≈	r min	r_1 min	e	Y	Y_0	C_r	C_{0r}	脂	油	W ≈	30000 型
110	170	38	38	29	120	122	152	160	163	7	9	2.1	2	36.6	2.5	2	0.43	1.4	0.8	258	402	1900	2600	3.02	32022
	170	47	47	37	120	123	152	160	161	7	10	2.1	2	33.2	2.5	2	0.29	2.1	1.2	302	502	1900	2600	3.74	33022
	180	56	56	43	120	121	155	170	174	9	13	2.1	2	44.0	2.5	2	0.42	1.4	0.8	390	638	1800	2400	5.50	33122
	200	41	38	32	122	128	174	188	189	6	9	2.5	2.1	40.4	3	2.5	0.42	1.4	0.8	330	445	1700	2200	5.21	30222
	200	56	53	46	122	124	170	188	192	6	10	2.5	2.1	47.3	3	2.5	0.42	1.4	0.8	450	665	1700	2200	7.43	32222
	240	54.5	50	42	124	142	206	226	222	8	12.5	3	2.5	45.1	4	3	0. 35	1.7	1	495	612	1400	1800	11.0	30322
	240	63	57	38	124	129	188	226	226	7	25	3	2.5	75.3	4	3	0.83	0.7	0.4	480	610	1400	1800	12.1	31322
	240	84.5	80	65	124	137	198	226	224	9	19.5	3	2.5	57.8	4	3	0.35	1.7	1	760	1060	1400	1800	17.8	32322
120	165	29	29	23	127	128	150	157	160	6	6	1.5	1.5	29.3	1.5	1.5	0.35	1.7	1	180	318	1800	2400	1.78	32924
	180	38	36	31	—	—	—	—	—	6	9	2.1	2	38.0	2.5	2	0.37	1.6	0.9	208	338	1700	2200	3.1	32024 X2
	180	38	38	29	130	131	161	170	173	7	9	2.1	2	39.3	2.5	2	0.46	1.3	0.7	255	405	1700	2200	3.18	32024
	180	48	48	38	130	132	160	170	171	6	10	2.1	2	35.5	2.5	2	0.31	2	1.1	312	535	1700	2200	4.07	33024
	200	62	62	48	130	130	172	190	192	10	14	2.1	2	47.6	2.5	2	0.40	1.5	0.8	470	778	1600	2000	7.68	33124
	215	43.5	40	34	132	139	187	203	203	6	9.5	2.5	2.1	44.1	3	2.5	0.44	1.4	0.8	355	482	1500	1900	6.20	30224
	215	61.5	58	50	132	134	181	203	206	7	11.5	2.5	2.1	52.3	3	2.5	0.44	1.4	0.8	500	758	1500	1900	9.26	32224
	260	59.5	55	46	134	153	221	246	238	8	13.5	3	2.5	49.0	4	3	0.35	1.7	1	588	745	1300	1700	14.2	30324
	260	68	62	42	134	140	203	246	246	9	26	3	2.5	81.8	4	3	0.83	0.7	0.4	560	725	1300	1700	15.3	31324
	260	90.5	86	69	134	147	213	246	240	9	21.5	3	2.5	61.6	4	3	0.35	1.7	1	865	1230	1300	1700	22.1	32324
130	180	32	30	26	—	—	—	—	—	5	8	2	1.5	30.0	2	1.5	0.27	2.2	1.2	148	260	1700	2200	2.31	32926 X2
	180	32	32	25	140	139	164	171	174	6	7	2	1.5	31.6	2	1.5	0.34	1.8	1	215	380	1700	2200	2.34	32926
	200	45	42	36	—	—	—	—	—	7	11	2.1	2	42.0	2.5	2	0.35	1.7	0.9	255	418	1600	2000	4.46	32026 X2
	200	45	45	34	140	144	178	190	192	8	11	2.1	2	43.3	2.5	2	0.43	1.4	0.8	350	568	1600	2000	4.94	32026
	200	55	55	43	140	140	178	190	192	8	12	2.1	2	42.0	2.5	2	0.34	1.8	1	418	728	1600	2000	6.14	33026
	230	43.75	40	34	144	150	203	216	219	7	10	3	2.5	46.1	4	3	0.44	1.4	0.8	382	520	1400	1800	6.94	30226
	230	67.75	64	54	144	143	193	216	221	7	14	3	2.5	56.6	4	3	0.44	1.4	0.8	578	888	1400	1800	11.4	32226
	280	63.75	58	49	145	165	239	262	258	8	15	4	3	53.2	5	4	0.35	1.7	1	670	855	1100	1500	17.3	30326
	280	72	66	44	147	150	218	262	263	9	28	4	3	87.2	5	4	0.83	0.7	0.4	620	805	1100	1500	18.4	31326
140	190	32	30	26	—	—	—	—	—	5	8	2	1.5	32.0	2	1.5	0.29	2.1	1.1	152	265	1600	2000	2.43	32928 X2
	190	32	32	25	150	150	177	181	184	6	6	2	1.5	33.8	2	1.5	0.36	1.7	0.9	218	392	1600	2000	2.47	32928
	210	45	42	36	—	—	—	—	—	7	11	2.1	2	44.0	2.5	2	0.37	1.6	0.9	270	452	1400	1800	5.21	32028 X2
	210	45	45	34	150	153	187	200	202	8	11	2.1	2	46.0	2.5	2	0.46	1.3	0.7	345	568	1400	1800	5.15	32028
	210	56	56	44	150	150	186	200	202	8	12	2.1	2	45.1	2.5	2	0.36	1.7	0.9	428	755	1400	1800	6.57	33028
	250	45.75	42	36	154	162	219	236	236	9	11	3	2.5	49.0	4	3	0.44	1.4	0.8	428	585	1200	1600	8.73	30228
	250	71.75	68	58	154	156	210	236	240	8	14	3	2.5	60.7	4	3	0.44	1.4	0.8	675	1050	1200	1600	14.4	32228
	300	67.75	62	53	155	176	255	282	275	9	15	4	3	56.5	5	4	0.35	1.7	1	758	975	1000	1400	21.4	30328
	300	77	70	47	157	162	235	282	283	9	30	4	3	94.1	5	4	0.83	0.7	0.4	710	928	1000	1400	22.8	31328

（续）

公称尺寸/mm					安装尺寸/mm									其他尺寸/mm			计算系数			基本额定载荷/kN		极限转速/r·min^{-1}		质量/kg	轴承代号
d	D	T	B	C	d_a min	d_b min	D_a min	D_a max	D_b min	a_1 min	a_2 min	r_a max	r_b max	a ≈	r min	r_1 min	e	Y	Y_0	C_r	C_{0r}	脂	油	W ≈	30000 型
150	210	38	36	31	—	—	—	—	—	6	9	2.1	2	35.6	2.5	2	0.27	2.2	1.2	208	368	1400	1800	—	32930 X2
	210	38	38	30	160	162	192	200	202	7	8	2.1	2	36.4	2.5	2	0.33	1.8	1	272	510	1400	1800	3.87	32930
	225	48	45	38	—	—	—	—	—	7	12	2.5	2.1	47.0	3	2.5	0.37	1.6	0.9	305	525	1300	1700	6.2	32030 X2
	225	48	48	36	162	164	200	213	216	8	12	2.5	2.1	49.2	3	2.5	0.46	1.3	0.7	385	635	1300	1700	6.25	32030
	225	59	59	46	162	162	200	213	218	9	13	2.5	2.1	48.2	3	2.5	0.36	1.7	0.9	482	875	1300	1700	7.98	33030
	270	49	45	38	164	174	234	256	252	9	11	3	2.5	52.4	4	3	0.44	1.4	0.8	472	645	1100	1500	10.8	30230
	270	77	73	60	164	168	226	256	256	8	17	3	2.5	65.4	4	3	0.44	1.4	0.8	755	1180	1100	1500	18.2	32230
	320	72	65	55	165	190	273	302	294	9	17	4	3	60.6	5	4	0.35	1.7	1	840	1090	950	1300	25.2	30330
	320	82	75	50	167	173	251	302	302	9	32	4	3	100.1	5	4	0.83	0.7	0.4	808	1070	950	1300	27.4	31330
160	220	38	36	31	—	—	—	—	—	6	9	2.1	2	36.0	2.5	2	0.27	2.2	1.2	228	405	1300	1700	3.79	32932 X2
	220	38	38	30	170	170	199	210	214	7	8	2.1	2	38.7	2.5	2	0.35	1.7	1	275	525	1300	1700	4.07	32932
	240	51	48	41	—	—	—	—	—	7	12	2.5	2.1	50.0	3	2.5	0.37	1.6	0.9	362	632	1200	1600	7.7	32032 X2
	240	51	51	38	172	175	213	228	231	8	13	2.5	2.1	52.6	3	2.5	0.46	1.3	0.7	440	735	1200	1600	7.66	32032
	290	52	48	40	174	189	252	276	271	9	12	3	2.5	55.5	4	3	0.44	1.4	0.8	538	738	1000	1400	13.3	30232
	290	84	80	67	174	180	242	276	276	10	17	3	2.5	70.9	4	3	0.44	1.4	0.8	898	1430	1000	1400	23.3	32232
	340	75	68	58	175	202	290	320	312	9	17	4	3	63.3	5	4	0.35	1.7	1	920	1190	900	1200	29.5	30332
170	230	38	36	31	—	—	—	—	—	6	6	2.1	2	38.0	2.5	2	0.28	2.1	1.2	232	418	1200	1600	3.84	32934 X2
	230	38	38	30	180	183	213	220	222	7	8	2.1	2	41.9	2.5	2	0.38	1.6	0.9	295	560	1200	1600	4.33	32934
	260	57	54	46	—	—	—	—	—	8	13	2.5	2.1	51.0	3	2.5	0.31	1.9	1.1	405	728	1100	1500	10.1	32034 X2
	260	57	57	43	182	187	230	248	249	10	14	2.5	2.1	56.4	3	2.5	0.44	1.4	0.7	545	920	1100	1500	10.4	32034
	310	57	52	43	188	201	269	292	290	9	14	4	3	60.4	5	4	0.44	1.4	0.8	618	865	1000	1300	16.6	30234
	310	91	86	71	188	194	259	292	296	10	20	4	3	76.3	5	4	0.44	1.4	0.8	1015	1640	1000	1300	28.6	32234
	360	80	72	62	185	214	307	342	331	10	18	4	3	68.0	5	4	0.35	1.7	1	1042	1370	850	1100	35.6	30334
180	250	45	45	34	190	193	225	240	241	8	11	2.1	2	54.0	2.5	2	0.48	1.3	0.7	355	708	1100	1500	6.44	32936
	280	64	60	52	—	—	—	—	—	8	14	2.5	2.1	63	3	2.5	0.4	1.5	0.8	525	890	1000	1400	14.7	32036 X2
	280	64	64	48	192	199	247	268	267	10	16	2.5	2.1	60.1	3	2.5	0.42	1.4	0.8	670	1150	1000	1400	14.1	32036
	320	57	52	43	198	209	278	302	300	9	14	4	3	62.8	5	4	0.45	1.3	0.7	638	912	900	1200	17.3	30236
	320	91	86	71	198	201	267	302	306	10	20	4	3	78.8	5	4	0.45	1.3	0.7	1045	1720	900	1200	29.9	32236
	380	83	75	64	198	228	327	362	351	10	19	4	3	70.9	5	4	0.35	1.7	1	1142	1500	900	1100	40.7	30336
190	260	45	42	36	—	—	—	—	—	7	11	2.1	2	52.0	2.5	2	0.38	1.6	0.9	305	580	1000	1400	6.52	32938 X2
	260	45	45	34	200	204	235	250	251	8	11	2.1	2	55.2	2.5	2	0.48	1.3	0.7	378	740	1000	1400	6.66	32938
	290	64	60	52	—	—	—	—	—	8	14	2.5	2.1	56.0	3	2.5	0.29	2.1	1.1	525	932	950	1300	14.1	32038 X2
	290	64	64	48	202	209	257	278	279	10	16	2.5	2.1	62.8	3	2.5	0.44	1.4	0.8	682	1180	950	1300	14.6	32038
	340	60	55	46	208	223	298	322	321	9	14	4	3	65.0	5	4	0.44	1.4	0.8	732	1030	850	1100	20.8	30238
	340	97	92	75	208	214	286	322	326	10	22	4	3	82.1	5	4	0.44	1.4	0.8	1175	1900	850	1100	36.1	32238

（续）

公称尺寸/mm					安装尺寸/mm									其他尺寸/mm			计算系数			基本额定载荷/kN		极限转速/r · min^{-1}		质量/kg	轴承代号
d	D	T	B	C	d_a min	d_b min	D_a min	D_a max	D_b min	a_1 min	a_2 min	r_a max	r_b max	a ≈	r min	r_1 min	e	Y	Y_0	C_r	C_{0r}	脂	油	W ≈	30000 型
200	280	51	48	41	—	—	—	—	—	7	12	2.5	2.1	57.0	3	2.5	0.39	1.5	0.8	362	710	950	1300	8.86	32940 X2
	280	51	51	39	212	214	257	268	271	9	12	2.5	2.1	54.2	3	2.5	0.39	1.5	0.8	482	950	950	1300	9.43	32940
	310	70	66	56	—	—	—	—	—	10	16	2.5	2.1	67.0	3	2.5	0.37	1.6	0.9	602	1120	900	1200	17.4	32040 X2
	310	70	70	53	212	221	273	298	297	11	17	2.5	2.1	66.9	3	2.5	0.43	1.4	0.8	818	1420	900	1200	18.9	32040
	360	64	58	48	218	236	315	342	338	9	16	4	3	69.3	5	4	0.44	1.4	0.8	802	1140	800	1000	24.7	30240
	360	104	98	82	218	222	302	342	342	11	22	4	3	85.1	5	4	0.41	1.5	0.8	1382	2180	800	1000	43.2	32240
220	300	51	48	41	—	—	—	—	—	7	12	2	2.5	53.0	3	2.5	0.31	1.9	1.1	390	795	900	1200	10.1	32944 X2
	300	51	51	39	232	214	275	288	290	10	12	2.5	2.1	59.1	3	2.5	0.43	1.4	0.8	492	978	900	1200	10.0	32944
	340	76	72	62	—	—	—	—	—	10	16	3.5	2.5	71.0	4	3	0.35	1.7	0.9	735	1330	800	1000	22.3	32044 X2
	340	76	76	57	234	243	300	326	326	12	19	3	2.5	73.0	4	3	0.43	1.4	0.8	952	1670	800	1000	24.4	32044
240	320	51	48	41	—	—	—	—	—	7	12	2.5	2.1	67.0	3	2.5	0.45	1.3	0.7	408	860	800	1000	10.9	32948 X2
	320	51	51	39	252	254	290	308	311	10	12	2.5	2.1	64.7	3	2.5	0.46	1.3	0.7	545	1060	800	1000	10.7	32948
	360	76	72	62	—	—	—	—	—	10	16	3	2.5	70.0	4	3	0.32	1.9	1	745	1420	700	900	25.5	32048 X2
	360	76	76	57	254	261	318	346	346	12	19	3	2.5	78.4	4	3	0.46	1.3	0.7	965	1730	700	900	25.9	32048
260	360	63.5	60	52	—	—	—	—	—	8	14	2.5	2.1	64.0	3	2.5	0.3	2	1.1	550	1150	700	900	19.2	32952 X2
	360	63.5	63.5	48	272	279	328	348	347	11	15.5	2.5	2.1	69.6	3	2.5	0.41	1.5	0.8	720	1470	700	900	18.6	32952
	400	87	82	71	—	—	—	—	—	12	18	4	3	76.0	5	4	0.3	2	1.1	945	1810	670	850	37.8	32052 X2
	400	87	87	65	278	287	352	382	383	14	22	4	3	85.6	5	4	0.43	1.4	0.8	1175	2170	670	850	38.0	32052
280	380	63.5	63.5	48	292	298	344	368	368	11	15	2.5	2.1	74.5	3	2.5	0.43	1.4	0.7	780	1580	630	800	19.7	32956
	420	87	82	71	—	—	—	—	—	12	18	4	3	87.0	5	4	0.37	1.6	0.9	652	1940	600	750	39.6	32056 X2
	420	87	87	65	298	305	370	402	402	14	22	4	3	90.3	5	4	0.46	1.3	0.7	1248	2290	600	750	40.2	32056
300	420	76	72	62	—	—	—	—	—	10	16	3	2.5	72.0	4	3	0.28	2.1	1.2	815	1700	600	750	30.2	32960 X2
	420	76	76	57	315	324	379	406	405	13	19	3	2.5	80.0	4	3	0.39	1.5	0.8	1068	2200	600	750	31.5	32960
	460	100	95	82	—	—	—	—	—	14	20	4	3	90.0	5	4	0.31	1.9	1.1	1100	2190	560	700	55.9	32060 X2
	460	100	100	74	318	329	404	442	439	15	26	4	3	97.7	5	4	0.43	1.4	0.8	1592	2940	560	700	57.5	32060
320	440	76	72	62	—	—	—	—	—	10	16	3	2.5	76.0	4	3	0.3	2	1.1	838	1760	560	700	44.7	32964 X2
	440	76	76	57	335	343	398	426	426	13	19	3	2.5	85.1	4	3	0.42	1.4	0.8	1090	2320	560	700	33.3	32964
	480	100	95	82	—	—	—	—	—	14	20	4	3	106	5	4	0.42	1.4	0.8	1100	2190	530	670	59.1	32064 X2
	480	100	100	74	338	350	424	462	461	15	26	4	3	103.5	5	4	0.46	1.3	0.7	1615	3000	530	670	60.6	32064
340	460	76	72	62	—	—	—	—	—	10	16	3	2.5	80.0	4	3	0.31	1.9	1.1	845	1830	530	670	34.3	32968 X2
	460	76	76	57	355	362	417	446	446	13	19	3	2.5	90.5	4	3	0.44	1.4	0.8	1100	2380	530	670	34.8	32968
360	480	76	72	62	—	—	—	—	—	10	16	3	2.5	84.0	4	3	0.33	1.8	1	878	1940	500	630	35.8	32972 X2
	480	76	76	57	375	381	436	466	466	13	19	3	2.5	96.2	4	3	0.46	1.3	0.7	1110	2430	500	630	36.3	32972

表 14.6-20 双列圆锥滚子轴承（部分摘自 GB/T 299—2008）

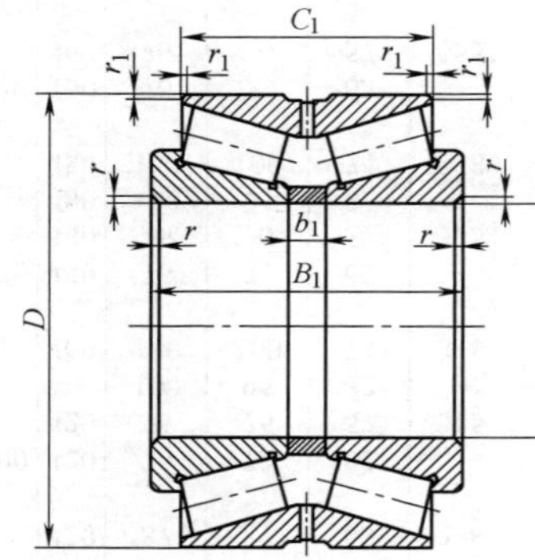

350000 型

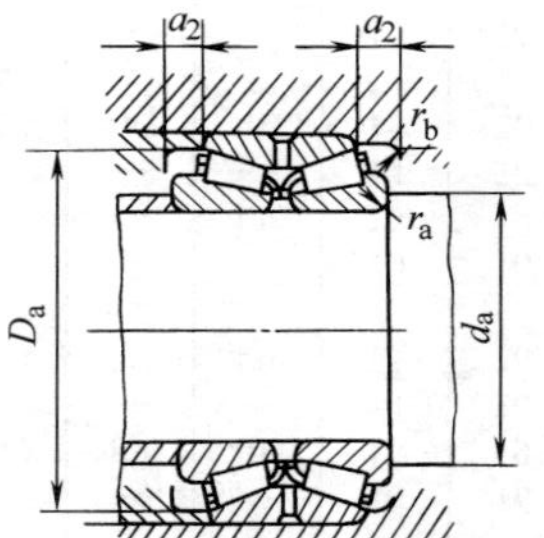

径向当量动载荷

当 $F_a/F_r \leqslant e$ 时，$P_r=F_r+Y_1F_a$

当 $F_a/F_r>e$ 时，$P_r=0.67F_r+Y_2F_a$

径向当量静载荷

$P_{0r}=F_r+Y_0F_a$

式中　F_r、F_a—作用于轴承上的总载荷

最小径向载荷 $F_{min}=0.02C_r$

代号含义

E—加强型

X2—宽度（高度）非标准

公称尺寸/mm			安装尺寸/mm					其他尺寸/mm				计算系数				基本额定载荷/kN		极限转速/r·min^{-1}		质量/kg	轴承代号①
d	D	B_1	d_a min	D_a min	a_2 min	r_a max	r_b max	C_1	b_1	r min	r_1 min	e	Y_1	Y_2	Y_0	C_r	C_{0r}	脂	油	W ≈	350000 型
25	62	42	32	59	5.5	1.5	0.6	31.5	8	1.5	0.6	0.83	0.8	1.2	0.8	69.8	100	4600	5600	—	351305 E
30	72	47	37	68	7	1.5	0.6	33.5	9	1.5	0.6	0.83	0.8	1.2	0.8	89.0	125	4000	5000	—	351306 E
35	80	51	44	76	8	2	0.6	35.5	9	2	0.6	0.83	0.8	1.2	0.8	112	160	3600	4500	—	351307 E
40	80	55	48	74	8	1.5	0.6	40	8	1.5	0.6	0.38	1.8	2.6	1.7	112	65.8	3800	4500	—	352208 X2
	80	55	47	75	6	1.5	0.6	43.5	9	1.5	0.6	0.37	1.8	2.7	1.8	135	188	3800	4500	1.18	352208 E
	90	56	49	87	8.5	2	0.6	39.5	10	2	0.6	0.83	0.8	1.2	0.8	138	170	3200	4000	1.56	351308 E
45	85	55	52	81	6	1.5	0.6	43.5	9	1.5	0.6	0.4	1.7	2.5	1.6	142	200	3200	4000	1.27	352209 E
	100	60	54	96	9.5	2	0.6	41.5	10	2	0.6	0.83	0.8	1.2	0.8	158	218	2900	3600	2.11	351309 E
50	90	55	57	86	6	1.5	0.6	43.5	9	1.5	0.6	0.42	1.6	2.4	1.6	152	218	3200	3800	1.36	352210 E
	110	64	60	105	10.5	2.1	0.6	43.5	10	2.5	0.6	0.83	0.8	1.2	0.8	185	260	2700	3400	2.65	351310 E
55	100	60	64	96	6	2	0.6	48.5	10	2	0.6	0.4	1.7	2.5	1.6	185	270	3800	3400	1.85	352211 E
	120	70	65	114	10.5	2.1	0.6	49	12	2.5	0.6	0.83	0.8	1.2	0.8	218	305	2400	3000	3.92	351311 E
60	110	66	69	105	6	2	0.6	54.5	10	2	0.6	0.4	1.7	2.5	1.6	225	330	2600	3200	—	352212 E
	130	74	72	124	11.5	2.5	1	51	12	3	1	0.83	0.8	1.2	0.8	248	350	2300	2800	—	351312 E
65	120	70	74	114	7.5	2	0.6	55	8	2	0.6	0.37	1.8	2.7	1.8	230	365	2200	3000	—	352213 X2
	120	73	74	115	6	2	0.6	61.5	11	2	0.6	0.4	1.7	2.5	1.6	272	410	2200	3000	2.49	352213 E
	140	79	77	134	13	2.5	1	53	13	3	1	0.83	0.8	1.2	0.8	280	410	2000	2600	5.16	351313 E

（续）

公称尺寸/mm			安装尺寸/mm					其他尺寸/mm				计算系数				基本额定载荷/kN		极限转速 /r · min^{-1}		质量 /kg	轴承代号①
d	D	B_1	d_a min	D_a min	a_2 min	r_a max	r_b max	C_1	b_1	r min	r_1 min	e	Y_1	Y_2	Y_0	C_r	C_{0r}	脂	油	W ≈	350000 型
70	125	70	79	118	8	2	0.6	55	8	2	0.6	0.39	1.7	2.6	1.7	240	388	2200	2800	—	352214 X2
	125	74	79	120	6.5	2	0.6	61.5	12	2	0.6	0.42	1.6	2.4	1.6	285	440	2200	2800	3.56	352214 E
	150	83	82	143	13	2.5	1	57	13	3	1	0.83	0.8	1.2	0.8	318	460	1900	2400	6.23	351314 E
75	130	74	84	126	6.5	2	0.6	61.5	12	2	0.6	0.44	1.6	2.3	1.5	288	445	2000	2600	3.68	352215 E
	130	75	84	124	7	2	0.6	62	8	2	0.6	0.41	1.7	2.5	1.6	245	412	2000	2600	3.6	352215 X2
	160	88	87	153	14	2.5	1	60	14	3	1	0.83	0.8	1.2	0.8	355	510	1700	2200	—	351315 E
80	140	78	90	135	7.5	2.1	0.6	63.5	12	2.5	0.6	0.42	1.6	2.4	1.6	335	530	1900	2400	4.58	352216 E
	140	80	90	133	8	2.1	0.6	65	10	2.5	0.6	0.4	1.7	2.5	1.6	282	480	1900	2400	4.97	352216 X2
	170	94	92	161	15.5	2.5	1	63	16	3	1	0.83	0.8	1.2	0.8	388	590	1600	2200	—	351316 E
85	150	85	95	142	11	2.1	0.6	65	10	2.5	0.6	0.4	1.7	2.5	1.6	330	560	1700	2200	6.01	352217 X2
	150	86	95	143	8.5	2.1	0.6	69	14	2.5	0.6	0.42	1.6	2.4	1.6	385	600	1700	2200	5.85	352217 E
	180	99	99	171	16.5	3	1	66	17	4	1	0.83	0.8	1.2	0.8	428	660	1400	2000	—	351317 E
90	160	94	100	153	8.5	2.1	0.6	77	14	2.5	0.6	0.42	1.6	2.4	1.6	460	720	1600	2200	7.35	352218 E
	160	95	100	152	9.5	2.1	0.6	78	10	2.5	0.6	0.39	1.7	2.6	1.7	375	630	1600	2200	7.46	352218 X2
	190	103	104	181	16.5	3	1	70	17	4	1	0.83	0.8	1.2	0.8	478	738	1300	1900	—	351318 E
95	170	100	107	163	8.5	2.5	1	83	14	3	1	0.42	1.6	2.4	1.6	515	835	1400	2000	9.04	352219 E
	200	109	109	189	17.5	3	1	74	19	4	1	0.83	0.8	1.2	0.8	525	830	1300	1700	—	351319 E
100	180	107	112	172	10	2.5	1	87	15	3	1	0.42	1.6	2.4	1.6	582	925	1400	1900	10.7	352220 E
	180	112	111	172	11	2.5	1	92	10	3	1	0.39	1.7	2.6	1.7	480	860	1400	1900	11.5	352220 X2
	215	124	114	204	21.5	3	1	81	22	4	1	0.83	0.8	1.2	0.8	630	1010	1100	1400	—	351320 E
105	190	115	117	182	10	2.5	1	95	15	3	1	0.42	1.6	2.4	1.6	648	1080	1300	1700	13.1	352221 E
	190	118	116	181	12	2.5	1	96	12	3	1	0.4	1.7	2.5	1.7	558	982	1300	1700	13	352221 X2
	225	127	119	213	22	3	1	83	21	4	1	0.83	0.8	1.2	0.8	670	1080	1100	1400	—	351321 E
110	180	95	120	173	10.5	2	0.6	76	11	2	0.6	0.25	2.7	4	2.6	442	840	1300	1700	10	352122
	200	121	122	192	10	2.5	1	101	15	3	1	0.42	1.6	2.4	1.6	732	1210	1200	1600	15.5	352222 E
	200	125	121	191	11.5	2.5	1	102	12	3	1	0.39	1.7	2.6	1.7	625	1120	1200	1600	16.4	352222 X2
	240	137	124	226	25	3	1	87	23	4	1	0.83	0.8	1.2	0.8	788	1290	1000	1300	—	351322 E
120	200	110	130	194	11	2	0.6	90	14	2	0.6	0.3	2.2	3.3	2.2	532	910	1100	1500	12.6	352124
	215	132	132	206	11.5	2.5	1	109	16	3	1	0.44	1.6	2.3	1.5	812	1360	1100	1400	18.9	352224 E
	215	132	132	206	14	2.5	1	106	12	3	1	0.41	1.6	2.5	1.6	732	1340	1100	1400	19.1	352224 X2

（续）

公称尺寸/mm			安装尺寸/mm					其他尺寸/mm				计算系数				基本额定载荷/kN		极限转速 /r · min^{-1}		质量 /kg	轴承代号①
d	D	B_1	d_a min	D_a min	a_2 min	r_a max	r_b max	C_1	b_1	r min	r_1 min	e	Y_1	Y_2	Y_0	C_r	C_{0r}	脂	油	W ≈	350000 型
120	260	148	134	246	26	3	1	96	24	4	1	0.83	0.8	1.2	0.8	902	1490	900	1200	—	351324 E
130	180	70	139	174	11	2	0.6	50	10	2	0.6	0.27	2.5	3.7	2.4	270	565	1200	1600	4.88	352926 X2
	200	95	140	194	11	2.1	0.6	75	10	2.5	0.6	0.35	1.9	2.9	1.9	442	830	1100	1500	9.72	352026 X2
	210	110	141	203	11	2	0.6	90	14	2	0.6	0.26	2.6	3.8	2.5	565	1000	1000	1400	12.9	352126
	230	145	144	221	14	3	1	117.5	17	4	1	0.44	1.6	2.3	1.5	938	1630	1000	1300	24.1	352226 E
	230	150	142	222	16	3	1	120	12	4	1	0.39	1.7	2.6	1.7	735	1400	1000	1300	26.2	352226 X2
	280	156	147	263	28	4	1	100	24	5	1.1	0.83	0.8	1.2	0.8	1015	1640	800	1100	—	351326 E
140	210	95	150	204	11	2.1	0.6	75	12	2.5	0.6	0.37	1.8	2.7	1.8	470	900	950	1300	8.35	352028 X2
	225	115	151	217	13.5	2, 1	1	90	15	2.5	1	0.34	2	3	2	588	1110	950	1300	15.3	352128
	250	153	154	240	14	3	1	125.5	17	4	1	0.44	1.6	2.3	1.5	1100	1840	850	1100	30.1	352228 E
	250	158	153	241	16	3	1	128	12	4	1	0.33	2.1	3.1	2	1032	1840	850	1100	30.6	352228 X2
	300	168	157	283	30	4	1	108	28	5	1.1	0.83	0.8	1.2	0.8	1162	1940	700	1000	—	351328 E
150	210	80	159	204	10	2.1	0.6	62	10	2.5	0.6	0.27	2.5	3.7	2.4	368	790	950	1300	9.32	352930 X2
	250	138	163	242	14	2.1	1	112	18	2.5	1	0.3	2.2	3.3	2.2	815	1560	850	1100	25.8	352130
	270	164	164	256	17	3	1	130	18	4	1	0.44	1.6	2.3	1.5	1225	2140	800	1100	37.3	352230 E
	270	172	164	260	18	3	1	138	12	4	1	0.39	1.7	2.6	1.7	1120	2180	800	1100	38.9	352230 X2
	320	178	167	302	32	4	1	114	28	5	1.1	0.83	0.8	1.2	0.8	1320	2250	670	950	—	351330 E
160	240	115	171	234	13.5	2.5	1	90	12	3	1	0.37	1.8	2.7	1.8	638	1260	850	1100	16.5	352032 X2
	270	150	174	262	16	2.1	1	120	18	2.5	1	0.36	1.9	2.8	1.8	912	1720	800	1000	28.2	352132
	290	178	174	276	17	3	1	144	18	4	1	0.44	1.6	2.3	1.5	1455	2840	700	1000	46.9	352232 E
170	230	82	180	223	9.5	2.1	0.6	65	10	2.5	0.6	0.28	2.4	3.6	2.3	415	922	850	1100	8.11	352934 X2
	260	120	183	252	13.5	2.5	1	95	12	3	1	0.31	2.2	3.2	2.1	705	1460	800	1000	20.4	352034 X2
	280	150	184	271	16	2.1	1	120	18	2.5	1	0.38	1.8	2.6	1.7	1005	2000	750	950	35.6	352134
	310	192	188	296	20	4	1	152	20	5	1.1	0.44	1.6	2.3	1.5	1655	3200	750	950	58.2	352234 E
180	250	95	190	243	11.5	2.1	0.6	74	10	2.5	0.6	0.37	1.8	2.7	1.8	490	1080	800	1000	13	352936 X2
	280	134	191	272	14	2.5	1	108	12	3	1	0.28	2.4	3.6	2.4	778	1540	750	950	28.5	352036 X2
	300	164	196	287	16	2.5	1	134	20	3	1	0.26	2.6	3.8	2.6	1152	2350	700	900	39.9	352136
	320	190	196	308	23.5	4	1	145	12	5	1.1	0.36	1.9	2.8	1.8	1455	2770	670	850	51.5	352236 X2
	320	192	198	306	20	4	1	152	20	5	1.1	0.45	1.5	2.2	1.5	1698	3350	670	850	63.8	352236 E
190	260	95	200	253	11	2.1	0.6	75	12	2.5	0.6	0.38	1.8	2.6	1.7	548	1270	750	950	13.3	352938 X2
	290	134	202	282	16	2.5	1	104	12	3	1	0.45	1.5	2.2	1.5	778	1540	700	900	28.8	352038 X2
	320	170	207	306	21	2.5	1	130	14	3	1	0.31	2.2	3.2	2.1	1215	2420	670	850	52	352138

（续）

公称尺寸/mm			安装尺寸/mm					其他尺寸/mm				计算系数				基本额定载荷/kN		极限转速/r·min⁻¹		质量/kg	轴承代号①
d	D	B_1	d_a min	D_a min	a_2 min	r_a max	r_b max	C_1	b_1	r min	r_1 min	e	Y_1	Y_2	Y_0	Cr	C_{0r}	脂	油	W ≈	350000 型
190	340	204	208	326	22	4	1	160	20	5	1.1	0.44	1.6	2.3	1.5	1822	3350	600	800	69.8	352238 E
200	280	105	211	273	13.5	2.5	1	80	12	3	1	0.39	1.8	2.6	1.7	638	1520	700	900	18.1	352940 X2
	310	152	212	300	17	2.5	1	120	12	3	1	0.39	1.7	2.6	1.7	955	2140	670	850	39	352040 X2
	340	184	220	326	18	2.5	1	150	20	3	1	0.25	2.7	4	2.7	1518	2970	630	800	63.8	352140
	360	218	218	342	22	4	1	174	22	5	1.1	0.41	1.7	2.5	1.6	2242	3950	560	700	90.7	352240 E
220	300	110	231	292	12	2.5	1	88	12	3	1	0.31	2.2	3.2	2.1	692	1710	670	850	21.7	352944 X2
	340	165	234	331	18.5	3	1	130	12	4	1	0.35	1.9	2.9	1.9	1298	2680	600	750	49	352044 X2
	370	195	238	356	23.5	3	1	150	19	4	1.1	0.37	1.8	2.7	1.8	1612	3240	600	750	76.3	352144
240	320	110	251	312	11	2.5	1	90	12	3	1	0.32	2.1	3.1	2.1	692	1580	600	750	22.2	352948 X2
	360	165	256	349	18.5	3	1	130	12	4	1	0.33	2	3	2	1298	2820	530	670	52.8	352048 X2
	400	210	261	384	25	3	1	163	20	4	1.1	0.31	2.2	3.2	2.1	1958	4050	500	630	98.1	352148
260	360	134	274	350	14.5	2.5	1	108	12	3	1	0.37	1.8	2.7	1.8	988	2490	530	670	37	352952 X2-1
	400	186	277	386	21.5	4	1	146	12	5	1.1	0.3	2.3	3.3	2.2	1645	3600	500	630	79.3	352052 X2
	440	225	284	421	24	3	1	180	13	4	1.1	0.24	2.8	4.2	2.8	2315	4720	450	560	124	352152
280	380	134	294	371	14.5	2.5	1	108	12	3	1	0.29	2.3	3.4	2.3	1132	2810	480	600	41.3	352956 X2
	420	186	297	409	21.5	4	1	146	16	5	1.1	0.37	1.8	2.7	1.8	1780	3880	450	560	81.5	352056 X2
300	420	160	317	408	17.5	3	1	128	16	4	1	0.28	2.4	3.6	2.3	1425	3610	450	560	60.8	352960 X2-1
	460	210	320	445	24	4	1	165	16	5	1.1	0.31	2.2	3.2	2.1	1918	4390	430	530	117	352060 X2
	500	205	327	480	28	4	1.5	165	25	5	1.5	0.32	2.1	3.2	2.1	2210	4460	400	500	143	351160
320	440	160	335	427	17.5	3	1	128	16	4	1	0.3	2.3	3.3	2.2	1478	3830	430	530	67	352964 X2
	480	210	340	468	26.5	4	1	160	16	5	1.1	0.42	1.6	2.4	1.6	1918	4390	400	500	122	352064 X2
340	460	160	355	448	17.5	3	1	128	16	4	1	0.31	2.2	3.2	2.1	1518	4050	400	500	71	352968 X2
	520	180	360	501	24	4	1.5	135	16	5	1.5	0.29	2.3	3.4	2.3	1958	4070	380	480	128	351068
	580	242	365	555	37.5	4	1.5	170	30	5	1.5	0.42	1.6	2.4	1.6	3008	5970	340	430	235	351168
360	480	160	376	468	17.5	3	1	128	16	4	1	0.33	2.1	3.1	2	1560	4270	380	480	74.3	352972 X2
	540	185	380	522	24	4	1.5	140	21	5	1.5	0.3	2.3	3.3	2.2	2220	4910	360	450	132	351072
	600	242	390	572	37.5	4	1.5	170	30	5	1.5	0.44	1.5	2.3	1.5	3090	6270	320	400	235	351172
380	520	145	402	505	21.5	3	1	105	15	4	1.1	0.43	1.6	2.3	1.6	1268	3250	360	450	80.3	351976
	560	190	406	542	26.5	4	1.5	140	26	5	1.5	0.31	2.2	3.2	2.1	2252	5090	340	430	146	351076

（续）

公称尺寸/mm			安装尺寸/mm					其他尺寸/mm				计算系数				基本额定载荷/kN		极限转速/r·min⁻¹		质量/kg	轴承代号①
d	D	B_1	d_a min	D_a min	a_2 min	r_a max	r_b max	C_1	b_1	r min	r_1 min	e	Y_1	Y_2	Y_0	C_r	C_{0r}	脂	油	W ≈	350000 型
380	620	242	406	598	37.5	4	1.5	170	30	5	1.5	0.46	1.5	3.2	1.4	3468	7430	300	380	264	351176
400	540	150	420	525	21.5	3	1	105	20	4	1.1	0.45	1.5	2.2	1.5	1268	3110	320	400	86.9	351980
	600	206	420	580	29.5	4	1.5	150	26	5	1.5	0.4	1.7	2.5	1.7	2745	6380	300	380	180	351080
420	560	145	440	546	21.5	3	1	105	15	4	1.1	0.31	2.2	3.2	2.1	1518	3740	300	380	88.8	351984
	620	206	448	601	29.5	4	1.5	150	26	5	1.5	0.41	1.6	2.5	1.6	2675	6600	280	360	196	351084
	700	275	460	670	39	5	2.5	200	31	6	2.5	0.32	2.1	3.2	2.1	4472	8810	240	320	392	351184
440	600	170	462	585	21.5	3	1	125	22	4	1.1	0.39	1.8	2.6	1.7	1980	4860	280	360	114	351988
	650	212	469	629	31.5	5	2.1	152	24	6	2.5	0.43	1.6	2.3	1.5	2880	7020	260	340	213	351088
460	620	174	480	605	23.5	3	1	130	26	4	1.1	0.4	1.7	2.5	1.7	2000	4990	260	340	128	351992
	680	230	489	657	29	5	2.1	175	30	6	2.5	0.31	2.2	3.2	2.1	3478	8160	220	300	253	351092
480	650	180	502	633	26.5	4	1.5	130	24	5	1.5	0.42	1.6	2	1.6	2042	5270	240	320	133	351996
	700	240	511	677	31.5	5	2.1	180	40	6	2.5	0.32	2.1	3.1	2.1	3488	8190	200	280	281	351096
	790	310	520	755	44.5	6	2.5	224	38	7.5	3	0.41	1.6	2.5	1.6	5238	11990	180	240	561	351196
500	670	180	524	650	26.5	4	1.6	130	24	5	1.5	0.44	1.5	2.3	1.5	2252	6120	220	300	129	3519/500
	720	236	530	700	29.5	5	2.1	180	36	6	2.5	0.33	2	3	2	3551	8450	190	260	289	3510/500
530	710	190	554	693	28.5	4	1.5	136	26	5	1.5	0.41	1.6	2.5	1.6	2505	6800	190	260	192	3519/530
560	750	213	586	731	30	4	1.5	156	43	5	1.5	0.44	1.5	2.3	1.5	2672	7060	170	220	235	3519/560
	820	260	594	795	39	5	2.1	185	30	6	2.5	0.4	1.7	2.5	1.7	4548	10800	160	200	410	3510/560
600	800	205	625	779	26	4	1.5	156	25	5	1.5	0.33	2.1	3.1	2	3362	9460	150	190	265	3519/600
	870	270	630	845	37.5	5	2.1	198	34	6	2.5	0.41	1.6	2.5	1.6	5112	12730	130	170	500	3510/600
630	850	242	657	829	31.5	5	2.1	182	42	6	2.5	0.4	1.7	2.5	1.7	3908	10390	130	170	368	3519/630
670	1090	410	719	1050	59	6	2.5	295	40	7.5	3	0.32	2.1	3.2	2.1	10140	23200	90	120	1370	3511/670
710	950	240	743	925	34	5	2.1	175	28	6	2.5	0.49	1.5	2.2	1.4	4262	12400	100	140	444	3519/710
	1030	315	752	1000	49	6	2.5	220	35	7.5	3	0.43	1.6	2.3	1.5	6872	17930	90	120	810	3510/710
750	1000	264	783	978	36.5	5	2.1	194	40	6	2.5	0.4	1.7	2.5	1.6	5260	14480	90	120	499	3519/750
800	1060	270	838	1031	34.5	5	2.1	204	40	6	2.5	0.35	1.9	2.9	1.9	5260	15000	80	100	604	3519/800
850	1120	268	886	1093	40.5	5	2.1	188	32	6	2.5	0.46	1.5	2.2	1.5	5720	16860	75	95	636	3519/850
900	1180	275	940	1146	36.5	5	2.1	205	31	6	2.5	0.39	1.7	2.6	1.7	5238	16200	70	90	730	3519/900
950	1250	300	994	1220	41.5	6	2.5	220	36	7.5	3	0.33	2	3	2	7112	21100	—	—	910	3519/950

① 按国标 GB/T 299 规定，优化设计的轴承代号后不加“E”。为了与老结构区分，本表中优化设计的双列圆锥滚子轴承代号后均加“E”。

表 14.6-21　四列圆锥滚子轴承（部分摘自 GB/T 300—2008）

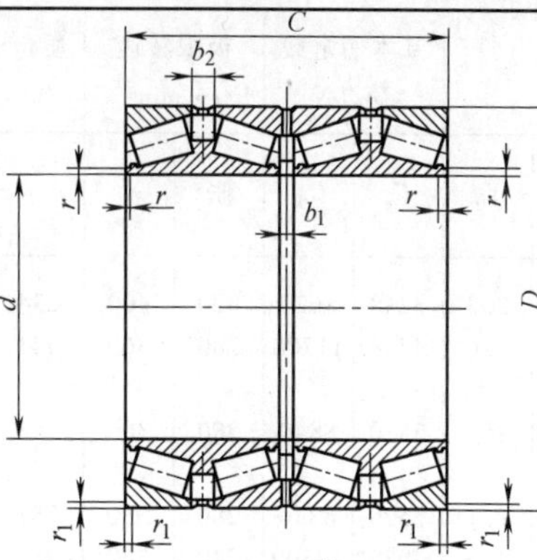

380000型

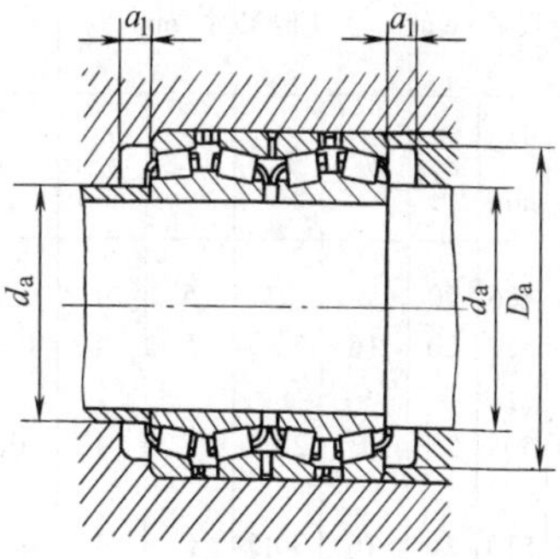

径向当量动载荷

当 $F_a/F_r \leqslant e$ 时，$P_r = F_r + Y_1 F_a$

当 $F_a/F_r > e$ 时，$P_r = 0.67F_r + Y_2 F_a$

径向当量静载荷

$P_{0r} = F_r + Y_0 F_a$

式中　F_r、F_a—作用于轴承上的总载荷最小径向载荷 $F_{min} = 0.02C_r$

公称尺寸/mm			安装尺寸/mm			其他尺寸/mm				计算系数				基本额定载荷/kN		极限转速/r·min^{-1}		质量/kg	轴承代号
d	D	T	d_a max	D_a min	a_1	b_1	b_2	r min	r_1 min	e	Y_1	Y_2	Y_0	C_r	C_{0r}	脂	油	W ≈	380000 型
140	210	185	150	196	16	14	17.5	2.5	2	0.37	0.2	0.3	2	632	1400	800	1000	24.1	382028
150	210	165	160	196	15	10	17.5	2.5	2	0.27	2.5	3.7	2.4	630	1580	800	1000	21.2	382930
170	260	230	183	240	15	14	22	3	2.5	0.44	1.5	2.3	1.5	1330	3290	670	850	39.5	382034
200	310	275	213	284	15	14	24.5	3	2.5	0.37	1.7	2.3	2.1	1842	4200	560	700	75.1	382040
220	340	305	234	314	15	14	31.5	4	3	0.35	1.9	2.8	1.9	2168	5430	500	630	98	382044
240	360	310	256	334	18	14	34	4	3	0.31	2.2	3.2	2.1	2210	5610	450	560	91	382048
260	360	265	274	337	20	14	29.5	3	2.5	0.37	1.8	2.7	1.8	1842	5220	450	560	76.3	382952
	400	345	277	370	20	16	34.5	5	4	0.29	2.3	3.4	2.3	2838	7140	430	530	153	382052
280	460	324	304	423	20	16	30	5	4	0.33	2.1	3.1	2	2975	7290	360	450	200	381156
300	420	300	317	394	20	14	29	4	3	0.29	2.3	3.4	2.3	2440	7210	380	480	130	382960
	460	390	320	425	20	20	37	5	4	0.31	2.2	3.2	2.1	3332	9330	360	450	219	382060
	500	370	327	460	20	15	39	5	4	0.32	2.1	3.2	2.1	3552	8710	340	430	285	381160
320	480	390	340	440	20	20	37	5	4	0.42	1.6	2.4	1.6	3332	9330	340	430	234	382064
340	460	310	355	434	20	14	34	4	3	0.31	2.2	3.2	2.1	2598	8100	340	430	145	382968

（续）

公称尺寸/mm			安装尺寸/mm			其他尺寸/mm				计算系数				基本额定载荷/kN		极限转速/r·min^{-1}		质量/kg	轴承代号
d	D	T	d_a max	D_a min	a_1	b_1	b_2	r min	r_1 min	e	Y_1	Y_2	Y_0	C_r	C_{0r}	脂	油	W ≈	380000 型
340	520	325	360	486	20	8	31	5	4	0.29	2.3	3.4	2.3	3248	8620	320	400	234	381068
	580	425	365	531	20	16	50.5	5	4	0.42	1.6	2.4	1.6	4798	11700	280	360	441	381168
360	540	325	380	504	20	13	28.5	5	4	0.3	2.3	3.3	2.2	3520	8840	300	380	248	381072
380	560	325	405	530	20	16	30.5	5	4	0.31	2.1	3.2	2.1	3520	8840	280	380	281	381076
	620	420	405	570	20	20	48	5	4	0.46	1.5	2.2	1.4	4935	12300	240	360	487	381176
400	600	356	420	560	20	16	36	5	4	0.4	1.7	2.5	1.7	4358	10400	240	320	317	381080
420	620	356	450	570	20	16	36	5	4	0.41	1.6	2.4	1.6	4358	10400	220	300	358	381084
	700	480	460	645	25	15	48	6	5	0.32	2.1	3.2	2.1	7102	18500	190	260	760	381184
440	650	376	469	606	20	16	44	6	5	0.43	1.6	2.3	1.5	4495	12390	200	280	401	381088
460	620	310	480	590	25	14	32	4	3	0.4	1.7	2.5	1.7	3520	10200	200	280	173	381992
	680	410	489	636	25	20	39	6	5	0.31	2.2	3.2	2.1	5375	14200	180	240	476	381092
480	650	338	502	613	25	20	39	5	4	0.42	1.6	2.4	1.6	3552	10500	190	260	301	381996
	700	420	510	655	25	20	40	6	5	0.32	2.1	3.1	2.1	6055	16900	170	220	547	381096
500	720	420	530	674	25	16	38	6	5	0.33	2.1	3.1	2	6160	17400	160	200	565	3810/500
530	780	450	560	742	25	20	49	6	5	0.38	1.8	2.6	1.7	7878	21500	140	180	744	3810/530
	870	590	570	794	25	24	60	7.5	6	0.46	1.5	2.2	1.4	9765	26100	120	160	1422	3811/530
560	750	368	586	710	30	28	42	5	4	0.43	1.6	2.3	1.5	4578	13300	140	180	456	3819/560
	920	620	604	848	25	20	70	7.5	6	0.39	1.7	2.6	1.7	11732	26100	100	140	1635	3811/560
600	800	380	625	760	30	13	40.5	5	4	0.33	2.1	3.1	2	5762	18900	120	160	536	3819/600
	870	480	630	821	30	20	52	6	5	0.41	1.7	2.5	1.6	8768	25400	100	140	995	3810/600
	980	650	644	908	25	22	71	7.5	6	0.32	2.1	3.2	2.1	13305	36700	90	120	1970	3811/600
630	850	418	657	800	30	26	40	6	5	0.4	1.7	2.5	1.7	6748	19800	100	140	720	3819/630
	920	515	669	858	30	25	57	7.5	6	0.42	1.6	2.4	1.6	9608	26800	95	130	1158	3810/630
	1030	670	673	959	30	22	78	7.5	6	0.3	2.2	3.3	2.2	15085	39900	85	110	2201	3811/630
670	900	412	700	855	30	24	38	6	5	0.44	1.5	2.3	1.5	7270	22300	95	130	959	3819/670
	1090	710	719	1020	30	26	72	7.5	6	0.32	2.1	3.2	2.1	16448	39900	75	95	2665	3811/670
710	1030	555	752	962	30	23	70	7.5	6	0.43	1.6	2.3	1.5	11732	35800	75	95	1568	3810/710
	1150	750	762	1078	30	26	74	9.5	8	0.32	2.1	3.2	2.1	17915	50900	67	85	3227	3811/710
750	1090	605	793	1020	30	25	74	7.5	6	0.43	1.6	2.4	1.6	13722	42400	70	90	1874	3810/750
	1220	840	807	1130	30	30	65	9.5	8	0.32	2.1	3.2	2.1	22942	68000	48	80	3994	3811/750
950	1360	880	1000	1290	30	40	60	7.5	6	0.26	2.6	3.8	2.6	24410	83600	—	—	4087	3820/950
1060	1500	1000	1117	1420	30	40	70	9.5	8	0.26	2.6	3.8	2.6	30485	105000	—	—	5896	3820/1060

7　推力球轴承（见表 14.6-22、表 14.6-23）

表 14.6-22　单向推力球轴承（部分摘自 GB/T 301—2015）

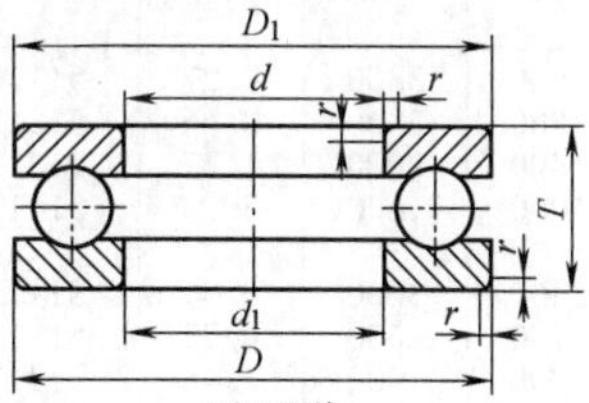

51000型

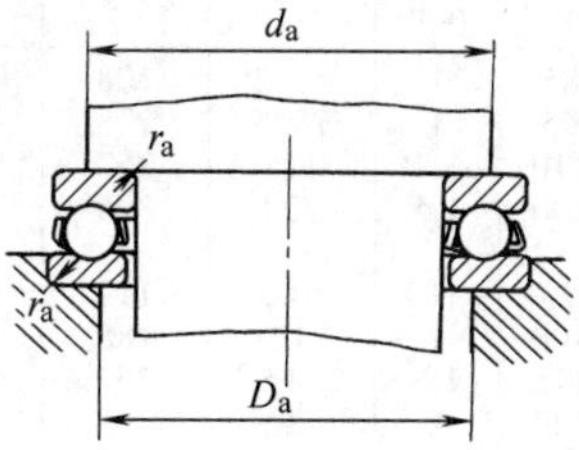

轴向当量动载荷

$P_a = F_a$

轴向当量静载荷

$P_{0a} = F_a$

最小轴向载荷

$$F_{amin} = A\left(\frac{n}{1000}\right)^2$$

式中　n—转速（r/min）

公称尺寸 /mm			安装尺寸 /mm			其他尺寸 /mm			基本额定载荷 /kN		最小载荷常数	极限转速 /r·min⁻¹		质量 /kg	轴承代号
d	D	T	d_a min	D_a max	r_a max	d_1 min	D_1 max	r min	C_a	C_{0a}	A	脂	油	W ≈	51000 型
10	24	9	18	16	0.3	11	24	0.3	10.0	14.0	0.001	6300	9000	0.019	51100
	26	11	20	16	0.6	12	26	0.6	12.5	17.0	0.002	6000	8000	0.028	51200
12	26	9	20	18	0.3	13	26	0.3	10.2	15.2	0.001	6000	8500	0.021	51101
	28	11	22	18	0.6	14	28	0.6	13.2	19.0	0.002	5300	7500	0.031	51201
15	28	9	23	20	0.3	16	28	0.3	10.5	16.8	0.002	5600	8000	0.022	51102
	32	12	25	22	0.6	17	32	0.6	16.5	24.8	0.003	4800	6700	0.041	51202
17	30	9	25	22	0.3	18	30	0.3	10.8	18.2	0.002	5300	7500	0.024	51103
	35	12	28	24	0.6	19	35	0.6	17.0	27.2	0.004	4500	6300	0.048	51203
20	35	10	29	26	0.3	21	35	0.3	14.2	24.5	0.004	4800	6700	0.036	51104
	40	14	32	28	0.6	22	40	0.6	22.2	37.5	0.007	3800	5300	0.075	51204
	47	18	36	31	1	22	47	1	35.0	55.8	0.016	3600	4500	0.15	51304
25	42	11	35	32	0.6	26	42	0.6	15.2	30.2	0.005	4300	6000	0.055	51105
	47	15	38	34	0.6	27	47	0.6	27.8	50.5	0.013	3400	4800	0.11	51205
	52	18	41	36	1	27	52	1	35.5	61.5	0.021	3000	4300	0.17	51305
	60	24	46	39	1	27	60	1	55.5	89.2	0.044	2200	3400	0.31	51405
30	47	11	40	37	0.6	32	47	0.6	16.0	34.2	0.007	4000	5600	0.062	51106
	52	16	43	39	0.6	32	52	0.6	28.0	54.2	0.016	3200	4500	0.13	51206
	60	21	48	42	1	32	60	1	42.8	78.5	0.033	2400	3600	0.26	51306
	70	28	54	46	1	32	70	1	72.5	125	0.082	1900	3000	0.51	51406
35	52	12	45	42	0.6	37	52	0.6	18.2	41.5	0.010	3800	5300	0.077	51107
	62	18	51	46	1	37	62	1	39.2	78.2	0.033	2800	4000	0.21	51207
	68	24	55	48	1	37	68	1	55.2	105	0.059	2000	3200	0.37	51307
	80	32	62	53	1	37	80	1.1	86.8	155	0.13	1700	2600	0.76	51407
40	60	13	52	48	0.6	42	60	0.6	26.8	62.8	0.021	3400	4800	0.11	51108
	68	19	57	51	1	42	68	1	47.0	98.2	0.050	2400	3600	0.26	51208
	78	26	63	55	1	42	78	1	69.2	135	0.096	1900	3000	0.53	51308
	90	36	70	60	1	42	90	1.1	112	205	0.22	1500	2200	1.06	51408
45	65	14	57	53	0.6	47	65	0.6	27.0	66.0	0.024	3200	4500	0.14	51109
	73	20	62	56	1	47	73	1	47.8	105	0.059	2200	3400	0.30	51209
	85	28	69	61	1	47	85	1	75.8	150	0.13	1700	2600	0.66	51309
	100	39	78	67	1	47	100	1.1	140	262	0.36	1400	2000	1.41	51409
50	70	14	62	58	0.6	52	70	0.6	27.2	69.2	0.027	3000	4300	0.15	51110
	78	22	67	61	1	52	78	1	48.5	112	0.068	2000	3200	0.37	51210
	95	31	77	68	1	52	95	1.1	96.5	202	0.21	1600	2400	0.92	51310
	110	43	86	74	1.5	52	110	1.5	160	302	0.50	1300	1900	1.86	51410
55	78	16	69	64	0.6	57	78	0.6	33.8	89.2	0.043	2800	4000	0.22	51111
	90	25	76	69	1	57	90	1	67.5	158	0.13	1900	3000	0.58	51211
	105	35	85	75	1	57	105	1.1	115	242	0.31	1500	2200	1.28	51311
	120	48	94	81	1.5	57	120	1.5	182	355	0.68	1100	1700	2.51	51411

（续）

公称尺寸/mm			安装尺寸/mm			其他尺寸/mm			基本额定载荷/kN		最小载荷常数	极限转速/$r \cdot min^{-1}$		质量/kg	轴承代号
d	D	T	d_a min	D_a max	r_a max	d_1 min	D_1 max	r min	C_a	C_{0a}	A	脂	油	W ≈	51000型
60	85	17	75	70	1	62	85	1	40.2	108	0.063	2600	3800	0.27	51112
	95	26	81	74	1	62	95	1	73.5	178	0.16	1800	2800	0.66	51212
	110	35	90	80	1	62	110	1.1	118	262	0.35	1400	2000	1.37	51312
	130	51	102	88	1.5	62	130	1.5	200	395	0.88	1000	1600	3.08	51412
65	90	18	80	75	1	67	90	1	40.5	112	0.07	2400	3600	0.31	51113
	100	27	86	79	1	67	100	1	74.8	188	0.18	1700	2600	0.72	51213
	115	36	95	85	1	67	115	1.1	115	262	0.38	1300	1900	1.48	51313
	140	56	110	95	2	68	140	2	215	448	1.14	900	1400	3.91	51413
70	95	18	85	80	1	72	95	1	40.8	115	0.078	2200	3400	0.33	51114
	105	27	91	84	1	72	105	1	73.5	188	0.19	1600	2400	0.75	51214
	125	40	103	92	1	72	125	1.1	148	340	0.60	1200	1800	1.98	51314
	150	60	118	102	2	73	150	2	255	560	1.71	850	1300	4.85	51414
75	100	19	90	85	1	77	100	1	48.2	140	0.11	2000	3200	0.38	51115
	110	27	96	89	1	77	110	1	74.8	198	0.21	1500	2200	0.82	51215
	135	44	111	99	1.5	77	135	1.5	162	380	0.77	1100	1700	2.58	51315
	160	65	125	110	2	78	160	2	268	615	2.00	800	1200	6.08	51415
80	105	19	95	90	1	82	105	1	48.5	145	0.12	1900	3000	0.40	51116
	115	28	101	94	1	82	115	1	83.8	222	0.27	1400	2000	0.90	51216
	140	44	116	104	1.5	82	140	1.5	160	380	0.81	1000	1600	2.69	51316
	170	68	133	117	2.1	83	170	2.1	292	692	2.55	750	1100	7.12	51416
85	110	19	100	95	1	87	110	1	49.2	150	0.13	1800	2800	0.42	51117
	125	31	109	101	1	88	125	1	102	280	0.41	1300	1900	1.21	51217
	150	49	124	111	1.5	88	150	1.5	208	495	1.28	950	1500	3.47	51317
	180	72	141	124	2.1	88	177	2.1	318	782	3.24	700	1000	8.28	51417
90	120	22	108	102	1	92	120	1	65.0	200	0.21	1700	2600	0.65	51118
	135	35	117	108	1	93	135	1.1	115	315	0.52	1200	1800	1.65	51218
	155	50	129	116	1.5	93	155	1.5	205	495	1.34	900	1400	3.69	51318
	190	77	149	131	2.1	93	187	2.1	325	825	3.71	670	950	9.86	51418
100	135	25	121	114	1	102	135	1	85.0	268	0.37	1600	2400	0.95	51120
	150	38	130	120	1	103	150	1.1	132	375	0.75	1100	1700	2.21	51220
	170	55	142	128	1.5	103	170	1.5	235	595	1.88	800	1200	4.86	51320
	210	85	165	145	2.5	103	205	3	400	1080	6.17	600	850	13.3	51420
110	145	25	131	124	1	112	145	1	87.0	288	0.43	1500	2200	1.03	51122
	160	38	140	130	1	113	160	1.1	138	412	0.89	1000	1600	2.39	51222
	190	63	158	142	2	113	187	2	278	755	2.97	700	1100	7.05	51322
	230	95	181	159	2.5	113	225	3	490	1390	10.4	530	750	20.0	51422
120	155	25	141	134	1	122	155	1	87.0	298	0.48	1400	2000	1.10	51124
	170	39	150	140	1	123	170	1.1	135	412	0.96	950	1500	2.62	51224
	210	70	173	157	2.1	123	205	2.1	330	945	4.58	670	950	9.54	51324
	250	102	196	174	3	123	245	4	412	1220	12.4	480	670	25.5	51424
130	170	30	154	146	1	132	170	1	108	375	0.74	1300	1900	1.70	51126
	190	45	166	154	1.5	133	187	1.5	188	575	1.75	900	1400	3.93	51226
	225	75	186	169	2.1	134	220	2.1	358	1070	5.91	600	850	11.7	51326
	270	110	212	188	3	134	265	4	630	2010	21.1	430	600	32.0	51426
140	180	31	164	156	1	142	178	1	110	402	0.84	1200	1800	1.85	51128
	200	46	176	164	1.5	143	197	1.5	190	598	1.96	850	1300	4.27	51228
	240	80	199	181	2.1	144	235	2.1	395	1230	7.84	560	800	14.1	51328
	280	112	222	198	3	144	275	4	630	2010	22.2	400	560	32.2	51428
150	190	31	174	166	1	152	188	1	110	415	0.93	1100	1700	1.95	51130
	215	50	189	176	1.5	153	212	1.5	242	768	3.06	800	1200	5.52	51230
	250	80	209	191	2.1	154	245	2.1	405	1310	8.80	530	750	14.9	51330
	300	120	238	212	3	154	295	4	670	2240	27.9	380	530	38.2	51430
160	200	31	184	176	1	162	198	1	110	428	1.01	1000	1600	2.06	51132
	225	51	199	186	1.5	163	222	1.5	240	768	3.23	750	1100	5.91	51232
	270	87	225	205	2.5	164	265	3	470	1570	12.8	500	700	18.9	51332

（续）

公称尺寸 /mm			安装尺寸 /mm			其他尺寸 /mm			基本额定载荷 /kN		最小载荷常数	极限转速 $/r \cdot min^{-1}$		质量 /kg	轴承代号
d	D	T	d_a min	D_a max	r_a max	d_1 min	D_1 max	r min	C_a	C_{0a}	A	脂	油	W ≈	51000 型
170	215	34	197	188	1	172	213	1.1	135	528	1.48	950	1500	2.71	51134
	240	55	212	198	1.5	173	237	1.5	280	915	4.48	700	1000	7.31	51234
	280	87	235	215	2.5	174	275	3	470	1580	13.8	480	670	22.5	51334
180	225	34	207	198	1	183	222	1.1	135	528	1.56	900	1400	2.77	51136
	250	56	222	208	1.5	183	247	1.5	285	958	4.91	670	950	7.84	51236
	300	95	251	229	2.5	184	295	3	518	1820	17.9	430	600	28.7	51336
190	240	37	220	210	1	193	237	1.1	172	678	2.41	850	1300	3.61	51138
	270	62	238	222	2	194	267	2	328	1160	6.97	630	900	10.5	51238
	320	105	266	244	3	195	315	4	608	2220	26.7	400	560	41.1	51338
200	250	37	230	220	1	203	247	1.1	172	698	2.60	800	1200	3.77	51140
	280	62	248	232	2	204	277	2	332	1210	7.59	600	850	11.0	51240
	340	110	282	258	3	205	335	4	600	2220	28.0	360	500	44.0	51340
220	270	37	250	240	1	223	267	1.1	188	782	3.35	720	1100	4.60	51144
	300	63	268	252	2	224	297	2	365	1360	10.3	560	800	13.7	51244
240	300	45	276	264	1.5	243	297	1.5	258	1040	5.95	700	1000	7.6	51148
	340	78	299	281	2.1	244	335	2.1	468	1870	19.0	450	630	23.6	51248
	380	112	322	298	3	245	375	4	692	2870	44.1	320	450	51	51348
260	320	45	296	284	1.5	263	317	1.5	270	1140	6.99	670	950	8.10	51152
	360	79	319	301	2.1	264	355	2.1	488	2050	22.3	430	600	25.5	51252
280	350	53	322	308	1.5	283	347	1.5	338	1430	11.2	560	800	12.2	51156
	380	80	339	321	2.1	284	375	2.1	490	2140	24.7	400	560	27.8	51256
300	380	62	348	332	2	304	376	2	415	1860	18.5	500	700	17.5	51160
	420	95	371	349	2.5	304	415	3	578	2670	39.3	360	560	42.5	51260
320	400	63	368	352	2	324	396	2	418	1920	20.2	480	670	18.9	51164
	440	95	391	369	2.5	325	435	3	612	2920	45.3	340	480	45.5	51264
340	420	64	388	372	2	344	416	2	428	2050	22.7	450	630	20.5	51168
	460	96	411	389	2.5	345	455	3	620	3040	49.6	320	450	52	51268
	540	160	460	420	4	345	535	5	1120	5720	175	150	220	145	51368
360	440	65	408	392	2	364	436	2	432	2110	24.6	430	600	22	51172
	500	110	442	418	3	365	495	4	775	3940	84.0	260	380	70.9	51272
380	460	65	428	412	2	384	456	2	440	2210	26.0	430	600	23.0	51176
	520	112	463	437	3	385	515	4	788	4120	91.5	240	360	73.0	51276
400	480	65	448	432	2	404	476	2	452	2320	28.0	400	560	23.7	51180
	540	112	482	458	3	405	535	4	802	4310	99.0	220	340	76	51280
420	500	65	468	452	2	424	495	2	462	2480	33.3	380	530	25.2	51184
440	540	80	499	481	2.1	444	536	2.1	527	3000	47.0	360	500	42.0	51188
	600	130	536	504	4	455	595	5	808	4430	105	180	280	112	51288
460	560	80	519	501	2.1	464	555	2.1	578	3310	58.9	320	450	43	51192
	620	130	556	524	4	465	615	5	892	5230	148	170	260	119	51292
480	580	80	539	521	2.1	484	575	2.1	592	3490	53.0	300	430	43.9	51196
500	600	80	559	541	2.1	504	595	2.1	595	3570	68.8	280	400	47.2	511/500
	670	135	600	570	4	505	665	5	1020	6200	212	150	220	140	512/500
530	640	85	595	575	2.5	534	635	3	708	4000	80.0	260	380	57.3	511/530
630	850	175	762	718	5	635	845	6	1320	9300	481	100	160	252	512/630
670	800	105	747	723	3	674	795	4	860	5020	206	160	240	105	511/670
750	900	90	838	812	3	755	895	4	768	5900	220	160	240	112.2	511/750

表 14.6-23 双向推力球轴承(部分摘自 GB/T 301—2015)

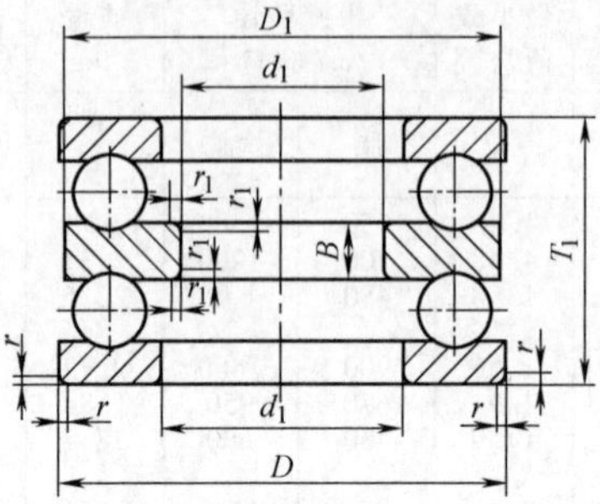

52000型

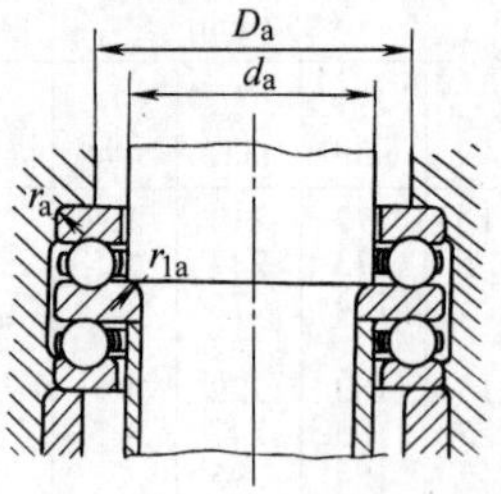

轴向当量动载荷 $P_a=F_a$

轴向当量静载荷 $P_{oa}=F_a$

公称尺寸 /mm			安装尺寸 /mm				其他尺寸 /mm					基本额定载荷/kN		最小载荷常数	极限转速 /r·min^{-1}		质量 /kg	轴承代号
d	D	T_1	d_a max	D_a min	r_a	r_{1a}	d_1 min	D_1 max	B	r min	r_1 min	C_a	C_{0a}	A	脂	油	W ≈	52000型
10	32	22	15	22	0.6	0.3	17	32	5	0.6	0.3	16.5	24.8	0.003	4800	6700	0.08	52200
15	40	26	20	28	0.6	0.3	22	40	6	0.6	0.3	22.2	37.5	0.007	3800	5300	0.15	52202
	60	45	25	39	1	0.6	27	60	11	1	0.6	55.5	89.2	0.044	2200	3400	0.61	52402
20	47	28	25	34	0.6	0.3	27	47	7	0.6	0.3	27.8	50.5	0.013	3400	4800	0.21	52204
	52	34	25	36	1	0.3	27	52	8	1	0.3	35.5	61.5	0.021	3000	4300	0.32	52304
	70	52	30	46	1	0.6	32	70	12	1	0.6	72.5	125	0.082	1900	3000	0.97	52404
25	52	29	30	39	0.6	0.3	32	52	7	0.6	0.3	28.0	54.2	0.016	3200	4500	0.24	52205
	60	38	30	42	1	0.3	32	60	9	1	0.3	42.8	78.5	0.033	2400	3600	0.47	52305
	80	59	35	53	1	0.6	37	80	14	1.1	0.6	86.8	155	0.13	1700	2600	1.41	52405
30	62	34	35	46	1	0.3	37	62	8	1	0.3	39.2	78.2	0.033	2800	4000	0.41	52206
	68	44	35	48	1	0.3	37	68	10	1	0.3	55.2	105	0.059	2000	3200	0.68	52306
	68	36	40	51	1	0.6	42	68	9	1	0.6	47.0	98.2	0.050	2400	3600	0.53	52206
	78	49	40	55	1	0.6	42	78	12	1	0.6	69.2	135	0.098	1900	3000	1.03	52306
	90	65	40	60	1	0.6	42	90	15	1.1	0.6	112	205	0.22	1500	2200	1.94	52406
35	73	37	45	56	1	0.6	47	73	9	1	0.6	47.8	105	0.059	2200	3400	0.59	52207
	85	52	45	61	1	0.6	47	85	12	1	0.6	75.8	150	0.13	1700	2600	1.25	52307
	100	72	45	67	1	0.6	47	100	17	1.1	0.6	140	262	0.36	1400	2000	2.64	52407
40	78	39	50	61	1	0.6	52	78	9	1	0.6	48.5	112	0.068	2000	3200	0.69	52208
	95	58	50	68	1	0.6	52	95	14	1.1	0.6	96.5	202	0.21	1600	2400	1.76	52308
	110	78	50	74	1.5	0.6	52	110	18	1.5	0.6	160	302	0.50	1300	1900	3.40	52408
45	90	45	55	69	1	0.6	57	90	10	1	0.6	67.5	158	0.13	1900	3000	1.17	52209
	105	64	55	75	1	0.6	57	105	15	1.1	0.6	115	242	0.31	1500	2200	2.38	52309
	120	87	55	81	1.5	0.6	57	120	20	1.5	0.6	182	355	0.68	1100	1700	4.54	52409
50	95	46	60	74	1	0.6	62	95	10	1	0.6	73.5	178	0.16	1800	2800	1.21	52210
	110	64	60	80	1	0.6	62	110	15	1.1	0.6	118	262	0.35	1400	2000	2.54	52310
	130	93	60	88	1.5	0.6	62	130	21	1.5	0.6	200	395	0.88	1000	1600	5.58	52410
	140	101	65	95	2	1	68	140	23	2	1	215	448	1.14	900	1400	7.07	52410
55	100	47	65	79	1	0.6	67	100	10	1	0.6	74.8	188	0.18	1700	2600	1.32	52211
	115	65	65	85	1	0.6	67	115	15	1.1	0.6	115	262	0.38	1300	1900	2.72	52311
	105	47	70	84	1	1	72	105	10	1	1	73.5	188	0.19	1600	2400	1.42	52211
	125	72	70	92	1	1	72	125	16	1.1	1	148	340	0.60	1200	1800	3.64	52311
	150	107	70	102	2	1	73	150	24	2	1	255	560	1.71	850	1300	8.71	52411
60	110	47	75	89	1	1	77	110	10	1	1	74.8	198	0.21	1500	2200	1.50	52212
	135	79	75	99	1.5	1	77	135	18	1.5	1	162	380	0.77	1100	1700	4.72	52312
	160	115	75	110	2	1	78	160	26	2	1	268	615	2.00	800	1200	10.7	52412
65	115	48	80	94	1	1	82	115	10	1	1	83.8	222	0.27	1400	2000	1.63	52213
	140	79	80	104	1.5	1	82	140	18	1.5	1	160	380	0.81	1000	1600	4.92	52313
	170	120	80	117	2.1	1	83	170	27	2.1	1	292	692	2.55	750	1100	12.5	52413
	180	128	85	124	2.1	1	88	179.5	29	2.1	1.1	318	782	3.24	700	1000	14.8	52413
70	125	55	85	109	1	1	88	125	12	1	1	102	280	0.41	1300	1900	2.27	52214
	150	87	85	114	1.5	1	88	150	19	1.5	1	208	495	1.28	950	1500	6.26	52314
	190	135	90	131	2.1	1	93	189.5	30	2.1	1.1	325	825	3.71	670	950	17.3	52414

（续）

公称尺寸 /mm			安装尺寸 /mm				其他尺寸 /mm					基本额定载荷/kN		最小载荷常数	极限转速 /r·min^{-1}		质量 /kg	轴承代号
d	D	T_1	d_a max	D_a min	r_a	r_{1a}	d_1 min	D_1 max	B	r min	r_1 min	C_a	C_{0a}	A	脂	油	W ≈	52000 型
75	135	62	90	108	1	1	93	135	14	1.1	1	115	315	0.52	1200	1800	3.05	52215
	155	88	90	116	1.5	1	93	155	19	1.5	1	205	495	1.34	900	1400	6.56	52315
80	210	150	100	145	2.5	1	103	209.5	33	3	1.1	400	1080	6.17	600	850	23.5	52416
85	150	67	100	120	1	1	103	150	15	1.1	1	132	375	0.75	1100	1700	4.03	52217
	170	97	100	128	1.5	1	103	170	21	1.5	1	235	595	1.88	800	1200	8.62	52317
90	230	166	110	159	2.5	1	113	229	37	3	1.1	490	1390	10.4	530	750	33.0	52418
95	160	67	110	130	1	1	113	160	15	1.1	1	138	412	0.89	1000	1600	4.38	52219
	190	110	110	142	2	1	113	189.5	24	2	1	278	755	2.97	700	1100	12.4	52319
100	170	68	120	140	1	1	123	170	15	1.1	1.1	135	412	0.96	950	1500	4.82	52220
	210	123	120	157	2.1	1	123	209.5	27	2.1	1.1	330	945	4.58	670	950	17.1	52320
	270	192	130	188	3	2	134	269	42	4	2	630	2010	21.1	430	600	55.0	52420
110	190	80	130	154	1.5	1	133	189.5	18	1.5	1.1	188	575	1.75	900	1400	7.36	52221
	225	130	130	169	2.1	1	134	224	30	2.1	1.1	358	1070	5.91	600	850	20.8	52321
	280	196	140	198	3	2	144	279	44	4	2	630	2010	22.2	400	560	61.2	52421
120	200	81	140	164	1.5	1	143	199.5	18	1.5	1.1	190	598	1.96	850	1300	7.80	52224
	240	140	140	181	2.1	1	144	239	31	2.1	1.1	395	1230	7.84	560	800	25.0	52324
	300	209	150	212	3	2	154	299	46	4	2	670	2240	27.9	380	530	68.1	52424
130	215	89	150	176	1.5	1	153	214.5	20	1.5	1.1	242	768	3.06	800	1200	10.3	52226
	250	140	150	191	2.1	1	154	249	31	2.1	1.1	405	1310	8.80	530	750	26.4	52326
140	225	90	160	186	1.5	1	163	224.5	20	1.5	1.1	240	768	3.23	750	1100	10.9	52228
	270	153	160	205	2.5	1	164	269	33	3	1.1	470	1570	12.8	500	700	33.6	52328
150	240	97	170	198	1.5	1	173	239.5	21	1.5	1.1	280	915	4.48	700	1000	13.4	52230
	280	153	170	215	2.5	1	174	279	33	3	1.1	470	1580	13.8	480	670	15.0	52330
	250	98	180	208	1.5	2	183	249	21	1.5	2	285	958	4.91	670	950	14.6	52230
	300	165	180	229	2.5	2	184	299	37	3	2	518	1820	17.9	430	600	49.0	52330
160	270	109	190	222	2	2	194	269	24	2	2	328	1160	6.97	630	900	19.5	52232
170	280	109	200	232	2	2	204	279	24	2	2	332	1210	7.59	500	850	20.4	52234

8　推力滚子轴承（见表 14.6-24～表 14.6-27）

表 14.6-24　推力调心滚子轴承（部分摘自 GB/T 5859—2008）

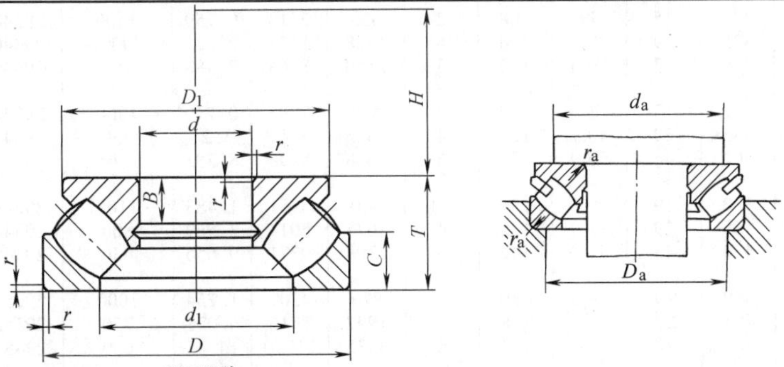

29000型

轴向当量动载荷

当 $F_r \leqslant 0.55F_a$ 时，

$P_a = F_a + 1.2F_r$

轴向当量静载荷

当 $F_r \leqslant 0.55F_a$ 时，

$P_{0a} = F_a + 2.7F_r$

最小轴向载荷

$$\frac{C_{0a}}{1000} \leqslant F_{a\min} > 1.8F_r + A\left(\frac{n}{1000}\right)^2$$

式中　n—转速（r/min）

公称尺寸 /mm			安装尺寸 /mm			其他尺寸 /mm						基本额定载荷/kN		最小载荷常数	极限转速 /r·min^{-1}	轴承代号
d	D	T	d_a min	D_a max	r_a max	d_1 max	D_1 max	B min	C	H	r min	C_a	C_{0a}	A	油	29000 型
60	130	42	90	107	1.5	89	123	15	20.1	38	1.5	328	897	0.086	2400	29412

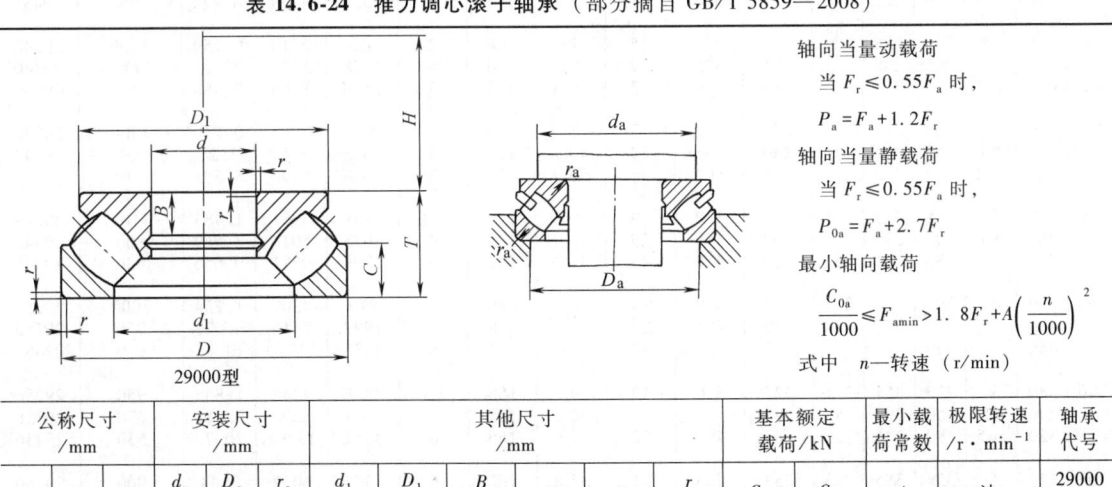

（续）

公称尺寸 /mm			安装尺寸 /mm			其他尺寸 /mm						基本额定载荷/kN		最小载荷常数	极限转速 /r·min^{-1}	轴承代号
d	D	T	d_a min	D_a max	r_a max	d_1 max	D_1 max	B min	C	H	r min	C_a	C_{0a}	A	油	29000型
65	140	45	100	115	2	96	133	16	21.3	42	2	380	1048	0.118	2200	29413
70	150	48	105	124	2	103	142	17	22.7	44	2	428	1198	0.155	2000	29414
75	160	51	115	132	2	109	152	18	24.3	47	2	480	1367	0.21	1900	29415
80	170	54	120	141	2.1	117	162	19	26.8	50	2.1	546	1563	0.263	1800	29416
85	150	39	115	129	1.5	114	143.5	13	18.7	50	1.5	335	1037	0.105	2200	29317
	180	58	130	150	2.1	125	170	21	27.3	54	2.1	598	1708	0.304	1700	29417
90	155	39	118	135	1.5	117	148.5	13	18.8	52	1.5	345	1089	0.116	2200	29318
	190	60	135	158	2.1	132	180	22	28.5	56	2.1	660	1904	0.392	1600	29418
100	170	42	132	148	1.5	129	163	14	20.8	58	1.5	400	1284	0.166	2000	29320
	210	67	150	175	2.5	146	200	24	32.4	62	3	798	2343	0.588	1400	29420
110	190	48	145	165	2	143	182	16	23	64	2	500	1625	0.279	1800	29322
	230	73	165	192	2.5	162	220	26	34.8	69	3	948	2854	0.724	1300	29422
120	210	54	160	182	2.1	159	200	18	25.9	70	2.1	638	2066	0.44	1600	29324
	250	78	180	210	3	174	236	29	36.6	74	4	1102	3308	0.933	1200	29424
130	225	58	170	195	2.1	171	215	19	27.8	76	2.1	680	2235	0.543	1500	29326
	270	85	195	227	3	189	255	31	40	81	4	1282	3918	1.64	1100	29426
140	240	60	185	208	2.1	183	230	20	28	82	2.1	738	2539	0.71	1400	29328
	280	85	205	237	3	199	268	31	40	86	4	1322	4133	1.796	1000	29428
150	250	60	195	220	2.1	194	240	20	28.9	87	2.1	802	2753	0.774	1300	29330
	300	90	220	253	3	214	285	32	42.1	92	4	1490	4680	2.285	950	29430
160	270	67	210	236	2.5	208	260	23	31.7	92	3	952	3253	1.063	1200	29332
	320	95	230	271	4	229	306	34	47.1	99	5	1632	5315	2.969	900	29432
170	280	67	220	247	2.5	216	270	23	31.7	96	3	965	3358	1.16	1100	29334
	340	103	245	288	4	243	324	37	48.8	104	5	1928	6265	4.015	850	29434
180	300	73	235	263	2.5	232	290	25	34.8	103	3	1140	4056	1.628	1000	29336
	360	109	260	305	4	255	342	39	51.9	110	5	2112	6867	4.936	750	29436
190	320	78	250	281	3	246	308	27	38.6	110	4	1335	4861	2.294	900	29338
	380	115	275	322	4	271	360	41	55	117	5	2358	7774	6.228	700	29438
200	280	48	235	258	2	236	271	15	24	108	2	628	2518	0.759	1400	29240
	340	85	265	298	3	261	325	29	39.1	116	4	1468	5181	2.827	900	29340
	400	122	290	338	4	286	380	43	56.5	122	5	2550	8368	7.588	700	29440
220	300	48	260	277	2	254	292	15	24	117	2	650	2705	0.749	1300	29244
	360	85	285	316	3	280	345	29	40.7	125	4	1565	5661	3.21	850	29344
	420	122	310	360	5	308	400	43	56.9	132	6	2658	8990	8.583	670	29444
240	340	60	285	311	2.1	283	330	19	29.3	130	2.1	940	3951	1.483	1100	29248
	380	85	300	337	3	300	365	29	41.9	135	4	1625	6014	3.569	800	29348
	440	122	330	381	5	326	420	43	51.2	142	6	2798	9771	9.656	630	29448
260	360	60	305	331	2.1	302	350	19	29.5	139	2.1	970	4207	1.754	1000	29252
	420	95	330	372	4	329	405	32	46	148	5	1992	7716	6.073	750	29352
	480	132	360	419	5	357	460	48	65	154	6	3335	11930	14.45	600	29452
280	380	60	325	351	2.1	323	370	19	29.5	150	2.1	980	4348	1.855	950	29256
	440	95	350	394	4	348	423	32	46.3	158	5	2078	8207	6.782	670	29356
	520	145	390	446	5	387	495	52	67.6	166	6	3852	13794	20.73	530	29456
300	420	73	355	386	2.5	353	405	21	35.8	162	3	1375	6057	3.43	900	29260
	480	109	380	429	4	379	460	37	53.1	168	5	2622	10396	10.2	630	29360
	540	145	410	471	5	402	515	52	68.3	175	6	4000	14689	22.95	480	29460

（续）

公称尺寸 /mm			安装尺寸 /mm			其他尺寸 /mm						基本额定载荷/kN		最小载荷常数	极限转速 /r · min^{-1}	轴承代号
d	D	T	d_a min	D_a max	r_a max	d_1 max	D_1 max	B min	C	H	r min	C_a	C_{0a}	A	油	29000型
320	440	73	375	406	2.5	372	430	21	36	172	3	1445	6556	3.822	800	29264
	500	109	400	449	4	399	482	37	53	180	5	2648	10691	11.15	600	29364
	580	155	435	507	6	435	555	55	75	191	7.5	4658	17432	31.97	450	29464
340	460	73	395	427	2.5	395	445	21	36.6	183	3	1470	6838	4.27	800	29268
	540	122	430	484	4	428	520	41	57.8	192	5	3132	12554	15.64	530	29368
	620	170	465	541	6	462	590	61	78.5	201	7.5	5135	18866	38.98	430	29468
360	500	85	420	461	3	423	485	25	40.8	194	4	1845	8412	6.797	700	29272
	560	122	450	504	4	448	540	41	58.1	202	5	3208	13114	16.33	500	29372
	640	170	485	560	6	480	610	61	81	210	7.5	5438	20562	43.24	400	29472
380	520	85	440	480	3	441	505	27	42.1	202	4	1935	9107	7.536	670	29276
	600	132	480	538	5	477	580	44	61.4	216	6	3655	15005	24.68	450	29376
	670	175	510	587	6	504	640	63	84.5	230	7.5	5955	23345	55.3	380	29476
400	540	85	460	500	3	460	526	27	42.2	212	4	1958	9359	8.989	670	29280
	620	132	500	557	5	494	596	44	64.7	225	6	3788	15865	24.52	450	29380
	710	185	540	622	6	534	680	67	86	236	7.5	6235	24293	67.59	360	29480
420	580	95	490	534	4	489	564	30	49.2	225	5	2420	11571	12.6	600	29284
	650	140	525	585	5	520	626	48	67.1	235	6	3770	17692	30.7	430	29384
	730	185	560	643	6	556	700	67	89	244	7.5	6514	25562	70.27	340	29484
440	600	95	510	554	4	508	585	30	49.3	235	5	2532	12439	13.89	560	29288
	680	145	548	614	5	548	655	49	70.8	245	6	4552	19229	36.0	400	29388
	780	206	595	684	8	588	745	74	97	260	9.5	7465	28835	89.34	320	29488
460	620	95	530	575	4	530	605	30	49.3	245	5	2540	12643	15.32	530	29292
	710	150	575	638	5	567	685	51	72	257	6	4890	21051	44.6	360	29392
	800	206	615	704	8	608	765	74	99.9	272	9.5	8002	31810	99.15	300	29492
480	650	103	555	603	4	556	635	33	49.4	259	5	2765	13555	17.66	500	29296
	730	150	593	660	5	590	705	51	74.4	270	6	5100	22458	48.02	340	29396
	850	224	645	744	8	638	810	81	102.8	280	9.5	8752	34066	132.4	280	29496
500	670	103	575	622	4	574	654	33	50.5	268	5	2855	14281	18.48	480	292/500
	750	150	615	683	5	611	725	51	74.9	280	6	5135	22895	48.09	340	293/500
	870	224	670	765	8	661	830	81	102.8	290	9.5	9032	35832	146.9	260	294/500
530	710	109	611	661	4	612	692	35	54	288	5	3235	16392	24.2	430	292/530
	800	160	650	724	6	648	772	54	78.6	295	7.5	5875	26124	68.1	320	293/530
	920	236	700	810	8	700	880	87	113.2	309	9.5	10430	42513	179.2	240	294/530
560	750	115	645	697	4	644	732	37	57.7	302	5	3520	17939	30.09	430	292/560
	850	175	691	770	6	690	822	60	87.5	310	7.5	6808	31664	86.9	300	293/560
	980	250	750	860	10	740	940	92	120	328	12	11650	47887	238	220	294/560
600	800	122	690	744	4	688	780	39	59.4	321	5	3918	20181	37.04	400	292/600
	900	180	735	815	6	731	870	61	90	335	7.5	7382	35016	102.9	280	293/600
	1030	258	800	900	10	785	990	92	126	347	12	12470	52890	290	200	294/600
630	850	132	730	786	5	728	830	42	67.3	338	6	4705	24547	52.95	360	292/630
	950	190	780	857	8	767	920	65	93.9	345	9.5	7970	36393	122.2	260	293/630
	1090	280	845	956	10	830	1040	100	13	365	12	13902	57622	343	180	294/630
670	900	140	780	830	5	773	880	45	68.6	364	6	5138	26906	65.18	340	292/670
	1000	200	825	905	8	813	963	68	100	372	9.5	8970	43170	158.4	240	293/670
	1150	290	900	1010	12	880	1105	106	138	387	15	14920	61781	405	170	294/670
710	950	145	825	880	5	815	930	46	73.7	380	6	5540	29444	80.47	300	292/710
	1060	212	875	960	8	864	1028	72	101.8	394	9.5	9798	45242	199.2	220	293/710
	1220	308	950	1070	12	925	1165	113	148.5	415	15	17238	74880	554.7	160	294/710
750	1000	150	870	928	5	861	976	48	76.8	406	6	5942	31990	94.72	280	292/750
	1120	224	925	1010	8	910	1086	76	108	415	9.5	10890	51639	250.5	200	293/750
	1280	315	1000	1125	12	983	1220	116	152	436	15	18305	79617	650.6	150	294/750
800	1060	155	925	985	6	915	1035	50	79.2	426	7.5	6530	35963	116.2	260	292/800

（续）

公称尺寸 /mm			安装尺寸 /mm			其他尺寸 /mm						基本额定载荷/kN		最小载荷常数	极限转速 /r·min^{-1}	轴承代号
d	D	T	d_a min	D_a max	r_a max	d_1 max	D_1 max	B min	C	H	r min	C_a	C_{0a}	A	油	29000 型
800	1180	230	985	1065	8	965	1146	78	112	440	9.5	11685	55789	295. 8	190	293/800
	1360	335	1070	1195	12	1040	1310	120	161	462	15	20440	89611	831. 6	140	294/800
850	1120	160	980	1035	6	966	1095	51	82.9	453	7.5	7072	39733	140. 9	240	292/850
	1250	243	1040	1130	10	1024	1205	85	116.5	468	12	12935	62092	371. 3	180	293/850
	1440	354	1130	1265	12	1060	1372	126	168	494	15	22010	96756	1026	130	294/850
900	1180	170	1035	1095	6	1023	1150	54	84.5	477	7.5	7608	42526	165. 4	220	292/900
	1320	250	1110	1195	10	1086	1280	86	120	496	12	13855	67595	471	170	293/900

表 14. 6-25　推力圆柱滚子轴承（部分摘自 GB/T 4663—1994）

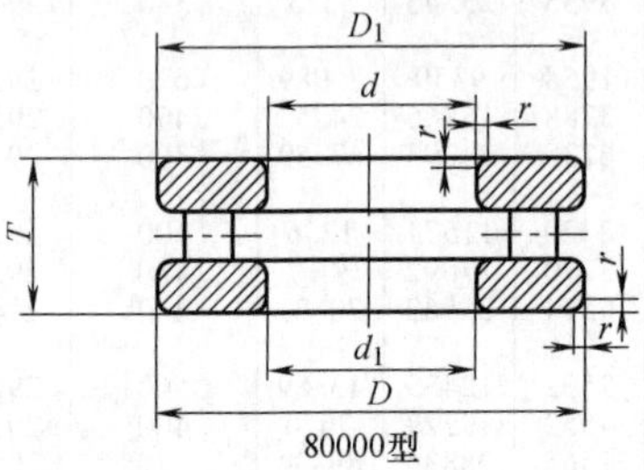

80000型

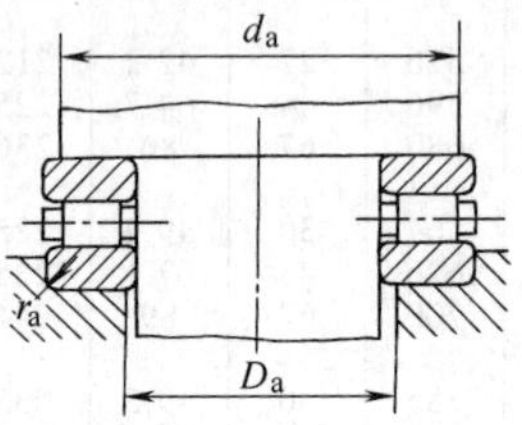

轴向当量动载荷

$P_a=F_a$

轴向当量静载荷

$P_{0a}=F_a$

最小轴向载荷

$$\frac{C_{0a}}{1000}\leqslant F_{a\min}>A\left(\frac{n}{1000}\right)^2$$

式中　n—转速（r/min）

公称尺寸 /mm			安装尺寸 /mm			其他尺寸 /mm			基本额定载荷 /kN		最小载荷常数	极限转速 /r·min^{-1}		质量 /kg	轴承代号
d	D	H	d_a min	D_a max	r_a max	d_1 min	D_1 max	r min	C_a	C_{0a}	A	脂	油	$W\approx$	80000 型
40	60	13	58	42	0. 6	42	60	0.6	37. 2	115	0. 002	1700	2400	0. 12	81108
	68	19	66	43	1	42	68	1	68. 2	190	0. 004	1200	1800	0. 27	81208
50	78	22	75	53	1	52	78	1	77. 0	235	0. 005	1000	1600	0. 45	81210
55	78	16	77	57	0. 6	57	78	0.6	56. 5	215	0. 005	1400	2000	0. 24	81111
	90	25	85	59	1	57	90	1	104	318	0. 009	950	1500	0. 71	81211
65	90	18	87	67	1	67	90	1	65. 8	235	0. 006	1200	1800	0. 381	81113
	100	27	96	69	1	67	100	1	112	362	0. 012	850	1300	0. 874	81213
75	110	27	106	79	1	77	110	1	125	430	0. 017	750	1100	0. 98	81215
85	110	19	108	87	1	87	110	1	75. 0	302	0. 008	900	1400	0. 45	81117
	125	31	119	90	1	88	125	1	152	550	0. 026	670	950	1. 44	81217
90	120	22	117	93	1	92	120	1	105	408	0. 015	850	1300	0. 67	81118
100	150	38	142	107	1	103	150	1.1	228	840	0. 059	560	850	2. 58	81220
120	155	25	151	124	1	122	155	1	155	660	0. 036	700	1000	1. 36	81124
130	190	45	181	137	1. 5	133	187	1.5	368	1420	0. 164	450	700	4. 59	81226

表 14. 6-26　推力圆锥滚子轴承

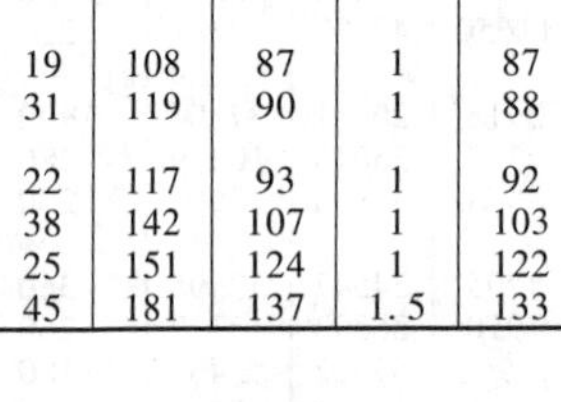

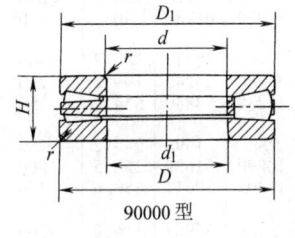

90000 型

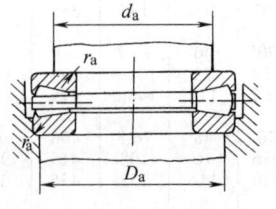

轴向当量动载荷

$P_a=F_a$

轴向当量静载荷

$P_{0a}=F_a$

最小轴向载荷

$$\frac{C_{0a}}{1000}\leqslant F_{a\min}>A\left(\frac{n}{1000}\right)^2$$

式中　n—转速（r/min）

（续）

公称尺寸 /mm			安装尺寸 /mm			其他尺寸 /mm			基本额定载荷 /kN		最小载荷常数	极限转速 /r·min⁻¹		质量 /kg	轴承代号
d	D	H	d_a min	D_a max	r_a max	d_1 min	D_1 max	r min	C_a	C_{0a}	A	脂	油	$W\approx$	90000 型
130	270	85	195	227	3	134	265	4	1140	3780	0.638	380	500	28.5	99426
140	280	85	205	237	3	144	275	4	1230	4150	0.736	360	480	—	99428
170	340	103	245	288	4	174	335	5	1670	5750	1.38	280	380	58	99434
180	360	109	260	305	4	184	355	5	1790	5980	1.58	240	340	55.8	99436
200	400	122	290	338	4	205	395	5	2020	7210	2.256	200	300	75	99440
240	440	122	330	381	5	245	435	6	2550	9480	3.826	180	260	—	99448
260	480	132	360	419	5	265	475	6	3000	11400	5.50	160	220	—	99452
280	520	145	390	446	5	285	515	6	3470	13400	7.56	140	190	—	99456
320	580	155	435	507	6	325	575	7.5	4400	17200	12.6	110	160	—	99464
380	670	175	510	587	6	385	665	7.5	5540	22900	22.2	85	120	254	99476

表 14.6-27　推力滚针和保持架组件　推力垫圈（部分摘自 GB/T 4605—2003）

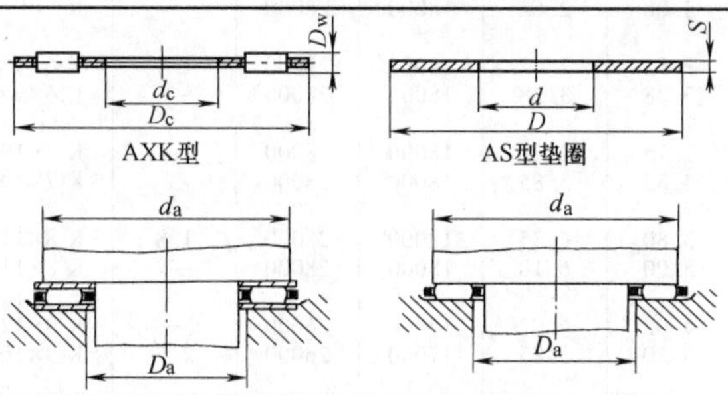

轴向当量动载荷

$$P_a = F_a$$

轴向当量静载荷

$$P_{0a} = F_a$$

最小轴向载荷

$$\frac{C_{0a}}{2000} \leqslant F_{a\min} > 1.8F_r + A\left(\frac{n}{1000}\right)^2$$

式中　n—转速（r/min）

公称尺寸 /mm			安装尺寸 /mm		基本额定载荷 /kN		极限转速 /r·min⁻¹		质量 /kg	组件代号	垫圈尺寸 /mm			质量 /kg	垫圈代号
d_c	D_c	D_W	d_a min	D_a max	C_a	C_{0a}	脂	油	$W\approx$	AXK 型	d	D	S	W	ASA 型 AS 型
17	30	2	29	19	7.28	29.5	3200	4300	0.004	AXK 1730	17	30	0.8	0.003	ASA1730
			29	19									1	0.004	AS 1730
20	35	2	34	22	9.0	38.0	2800	3800	0.005	AXK 2035	20	35	0.8	0.004	ASA2035
			34	22									1	0.005	AS 2035
25	42	2	41	29	13.0	48.2	2200	3200	0.007	AXK 2542	25	42	0.8	0.006	ASA2542
			41	29									1	0.007	AS 2542
30	47	2	46	35	15.8	74.0	2000	3000	0.008	AXK 3047	30	47	0.8	0.006	ASA3047
			46	35									1	0.008	AS 3047
35	52	2	51	40	16.0	80.2	1900	2800	0.01	AXK 3552	35	52	0.8	0.007	ASA3552
			51	40									1	0.009	AS 3552
40	60	3	58	45	25.0	110	1700	2400	0.016	AXK 4060	40	60	0.8	0.01	ASA4060
			58	45									1	0.012	AS 4060
45	65	3	63	50	26.0	122	1600	2200	0.018	AXK 4565	45	65	0.8	0.01	ASA4565
			63	50									1	0.013	AS 4565
50	70	3	68	55	27.5	135	1600	2200	0.02	AXK 5070	50	70	0.8	0.011	ASA5070
			68	55									1	0.014	AS 5070
55	78	3	76	60	30.2	162	1400	1900	0.028	AXK 5578	55	78	0.8	0.014	ASA5578
			76	60									1	0.018	AS 5578
60	85	3	83	65	35.5	228	1300	1800	0.033	AXK 6085	60	85	0.8	0.018	ASA6085
			83	65									1	0.022	AS 6085
65	90	3	88	70	36.0	242	1200	1700	0.035	AXK 6590	65	90	0.8	0.019	ASA6590
			88	70									1	0.024	AS 6590

9　滚针轴承（见表 14.6-28～表 14.6-31）

径向当量动载荷：$P_r = F_r$

径向当量静载荷：$P_{0r} = F_r$

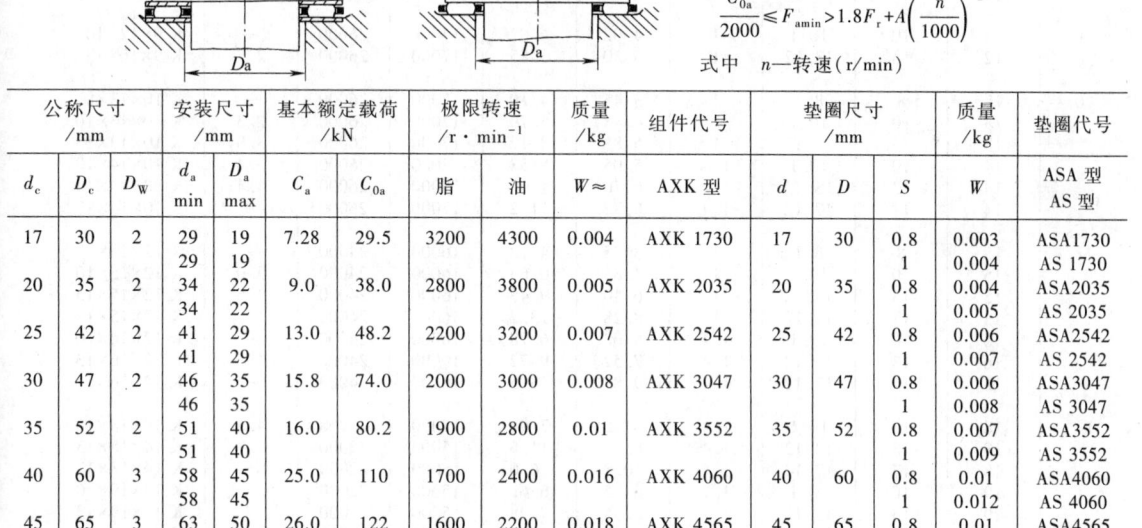

表 14.6-28 向心滚针和保持架组件

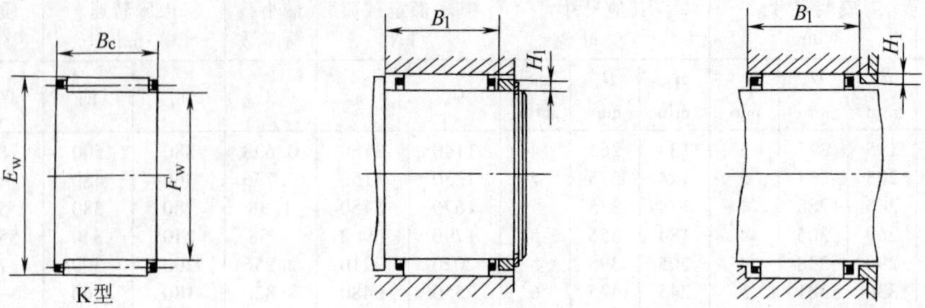

K型

公称尺寸 /mm		安装尺寸 /mm			基本额定载荷 /kN		极限转速 /r·min^{-1}		质量 /g	轴承代号
F_w	E_w	B_c	B_1	H_1	C_r	C_{0r}	脂	油	$W\approx$	K 型
5	8	8	8.1	1	2.28	2.08	18000	28000	—	K 5×8×8
	8	10	10.1	1	2.98	2.88	18000	28000	0.1	K 5×8×10
	9	10	10.1	1.4	3.08	2.62	18000	28000	—	K 5×9×10
6	9	8	8.1	1	2.52	2.42	18000	28000	1.4	K 6×9×8
	9	10	10.1	1	3.28	3.38	18000	28000	—	K 6×9×10
7	10	8	8.1	1	2.75	2.78	18000	28000	—	K 7×10×8
	10	10	10.1	1	3.55	3.85	18000	28000	—	K 7×10×10
8	11	10	10.1	1	3.80	4.35	18000	28000	1.8	K 8×11×10
	11	13	13.12	1	5.00	6.18	18000	28000	—	K 8×11×13
9	12	10	10.1	1	4.02	4.82	17000	26000	—	K 9×12×10
	12	13	13.12	1	5.30	6.85	17000	26000	2.7	K 9×10×13
10	13	8	8.1	1	3.45	4.10	17000	26000	—	K 10×13×8
	13	10	10.1	1	4.48	5.70	17000	26000	2.3	K 10×13×10
	13	13	13.12	1	5.88	8.12	17000	26000	3.0	K 10×13×13
	14	10	10.1	1.4	5.05	5.58	17000	26000	3.4	K 10×14×10
	14	13	13.12	1.4	6.70	7.98	17000	26000	4.4	K 10×14×13
	14	17	17.12	1.4	8.72	11.2	17000	26000	—	K 10×14×17
12	15	8	8.1	1	3.75	4.78	16000	24000	—	K 12×15×8
	15	10	10.1	1	4.85	6.65	16000	24000	3.0	K 12×15×10
	15	13	13.12	1	6.40	9.48	16000	24000	3.6	K 12×15×13
	15	17	17.12	1	8.28	13.2	16000	24000	—	K 12×15×17
	16	10	10.1	1.4	5.68	6.78	16000	24000	—	K 12×16×10
	16	13	13.12	1.4	7.52	9.72	16000	24000	4.5	K 12×16×13
	16	17	17.12	1.4	9.82	13.5	16000	24000	—	K 12×16×17
14	18	10	10.1	1.4	6.25	7.98	15000	22000	4.6	K 14×18×10
	18	13	13.12	1.4	8.28	11.5	15000	22000	6.3	K 14×18×13
	18	17	17.12	1.4	10.8	16.0	15000	22000	8.1	K 14×18×17
	19	10	10.1	1.7	6.05	6.62	15000	22000	—	K 14×19×10
	19	13	13.12	1.7	8.35	9.98	15000	22000	—	K 14×19×13
	19	17	17.12	1.7	11.2	14.5	15000	22000	—	K 14×19×17
	20	12	12.1	2	8.72	9.45	15000	22000	8.6	K 14×20×12
	20	17	17.12	2	12.8	15.5	15000	22000	—	K 14×20×17
15	19	10	10.1	1.4	6.52	8.58	14000	20000	—	K 15×19×10
	19	13	13.12	1.4	8.62	12.2	14000	20000	—	K 15×19×13
	19	17	17.12	1.4	11.2	11.2	14000	20000	8.8	K 15×19×17
	20	10	10.1	1.7	6.40	7.22	14000	20000	—	K 15×20×10
	20	13	13.12	1.7	8.82	10.8	14000	20000	8.9	K 15×20×13
	20	17	17.12	1.7	11.8	15.8	14000	20000	—	K 15×20×17
	21	17	17.12	2	12.8	15.8	14000	20000	—	K 15×21×17
16	20	10	10.1	1.4	6.78	9.18	13000	19000	5.7	K 16×20×10
	20	13	13.12	1.4	8.98	13.2	13000	19000	7.1	K 16×20×13
	20	17	17.12	1.4	11.5	18.5	13000	19000	9.2	K 16×20×17
	22	12	12.1	2	9.25	10.5	13000	19000	—	K 16×22×12
	22	17	17.12	2	13.5	17.2	13000	19000	—	K 16×22×17
	22	20	20.14	2	16.0	21.2	13000	19000	—	K 16×22×20

（续）

公称尺寸 /mm			安装尺寸 /mm		基本额定载荷 /kN		极限转速 /r·min^{-1}		质量 /g	轴承代号
F_w	E_w	B_c	B_1	H_1	C_r	C_{0r}	脂	油	$W\approx$	K 型
17	21	10	10.1	1.4	7.02	9.78	12000	18000	5.8	K 17×21×10
	21	13	13.12	1.4	9.28	14.0	12000	18000	7.5	K 17×21×13
	21	17	17.12	1.4	12.0	19.8	12000	18000	9.5	K 17×21×17
	23	17	17.12	2	14.5	18.8	12000	18000	—	K 17×23×17
	23	20	20.14	2	16.8	23.2	12000	18000	—	K 17×23×20
18	22	10	10.1	1.4	7.25	10.2	11000	17000	6.1	K 18×22×10
	22	13	13.12	1.4	9.60	14.8	11000	17000	7.7	K 18×22×13
	22	17	17.12	1.4	12.5	21.0	11000	17000	11	K 18×22×17
	24	17	17.12	2	14.2	19.0	11000	17000	16	K 18×24×17
	24	20	20.14	2	16.8	23.5	11000	17000	19	K 18×24×20
	24	30	30.14	2	24.5	38.2	11000	17000	—	K 18×24×30
20	24	10	10.1	1.4	7.42	11.0	10000	16000	7.0	K 20×24×10
	24	13	13.12	1.4	9.82	15.8	10000	16000	8.5	K 20×24×13
	24	17	17.12	1.4	12.8	22.2	10000	16000	11	K 20×24×17
	26	17	17.12	2	15.8	22.2	10000	16000	18	K 20×26×17
	26	20	20.14	2	18.5	27.5	10000	16000	20	K 20×26×20
22	26	10	10.1	1.4	7.85	12.2	9500	15000	7.1	K 22×26×10
	26	13	13.12	1.4	10.5	17.5	9500	15000	9.4	K 22×26×13
	26	17	17.12	1.4	13.5	24.8	9500	15000	12	K 22×26×17
	28	17	17.12	2	16.5	24.0	9500	15000	20	K 22×28×17
	28	20	20.14	2	19.2	29.5	9500	15000	—	K 22×28×20
25	29	10	10.1	1.4	8.45	14.0	9000	14000	8.3	K 25×29×10
	29	13	13.12	1.4	11.2	20.2	9000	14000	10.5	K 25×29×13
	29	17	17.12	1.4	14.5	28.2	9000	14000	14	K 25×29×17
	31	17	17.12	2	17.8	27.5	9000	14000	22	K 25×31×17
	31	20	20.14	2	20.8	33.8	9000	14000	25	K 25×31×20
	32	16	16.12	2.3	16.0	21.8	9000	14000	25	K 25×32×16
28	33	13	13.12	1.7	12.5	20.8	8500	13000	15	K 28×33×13
	33	17	17.12	1.7	16.8	30.0	8500	13000	20	K 28×33×17
	33	27	27.14	1.7	26.2	53.2	8500	13000	32	K 28×33×27
	34	17	17.12	2	18.8	30.8	8500	13000	—	K 28×34×17
	35	20	20.14	2.3	22.2	34.2	8500	13000	35	K 28×35×20
30	35	13	13.12	1.7	12.8	21.5	8000	12000	16	K 30×35×13
	35	17	17.12	1.7	17.0	31.5	8000	12000	21	K 30×35×17
	35	27	27.14	1.7	26.8	55.8	8000	12000	33	K 30×35×27
	37	20	20.14	2.3	23.0	36.5	8000	12000	40	K 30×37×20
	38	20	20.14	2.7	25.8	38.8	8000	12000	—	K 30×38×20
32	37	13	13.12	1.7	13.5	23.5	7500	11000	18	K 32×37×13
	37	17	17.12	1.7	18.0	34.2	7500	11000	22	K 32×37×17
	37	27	27.14	1.7	28.0	60.8	7500	11000	37	K 32×37×27
	39	20	20.14	2.3	23.8	38.8	7500	11000	42	K 32×39×20
	39	30	30.14	2.3	35.5	65.2	7500	11000	—	K 32×39×30
35	40	13	13.12	1.7	14.0	25.5	7000	10000	19	K 35×40×13
	40	17	17.12	1.7	18.0	37.0	7000	10000	25	K 35×40×17
	40	27	27.14	1.7	29.2	65.8	7000	10000	39	K 35×40×27
	42	20	20.14	2.3	25.2	43.2	7000	10000	41	K 35×42×20
	42	30	30.14	2.3	37.8	72.5	7000	10000	62	K 35×42×30
38	43	13	13.12	1.7	14.5	27.5	6700	9500	—	K 38×43×13
	43	17	17.12	1.7	19.5	39.8	6700	9500	—	K 38×43×17
	43	27	27.14	1.7	30.2	71.0	6700	9500	—	K 38×43×27
	46	20	20.14	2.7	29.5	49.2	6700	9500	46	K 38×46×20
	46	30	30.14	2.7	44.0	82.5	6700	9500	—	K 38×46×30
40	45	13	13.12	1.7	15.0	29.5	6300	9000	22	K 40×45×13
	45	17	17.12	1.7	20.2	42.8	6300	9000	27	K 40×45×17
	45	27	27.14	1.7	31.5	75.8	6300	9000	44	K 40×45×27
	48	20	20.14	2.7	30.2	51.8	6300	9000	52	K 40×48×20
	48	25	25.14	2.7	38.0	69.2	6300	9000	—	K 40×48×25
	48	30	30.14	2.7	45.2	86.8	6300	9000	—	K 40×48×30

（续）

公称尺寸 /mm			安装尺寸 /mm		基本额定载荷 /kN		极限转速 /r·min⁻¹		质量 /g	轴承代号
F_w	E_w	B_c	B_1	H_1	C_r	C_{0r}	脂	油	$W\approx$	K 型
42	47	13	13.12	1.7	15.2	30.5	6000	8500	22	K 42×47×13
	47	17	17.12	1.7	20.5	44.2	6000	8500	28	K 42×47×17
	47	27	27.14	1.7	31.8	78.5	6000	8500	47	K 42×47×27
	50	20	20.14	2.7	31.0	54.2	6000	8500	54	K 42×50×20
	50	30	30.14	2.7	46.5	91.2	6000	8500	—	K 42×50×30
45	50	13	13.12	1.7	16.2	33.5	5600	8000	24	K 45×50×13
	50	17	17.12	1.7	21.5	48.5	5600	8000	31	K 45×50×17
	50	27	27.14	1.7	33.5	86.0	5600	8000	50	K 45×50×27
	53	20	20.14	2.7	31.8	57.0	5600	8000	62	K 45×53×20
	53	25	25.14	2.7	39.8	76.5	5600	8000	—	K 45×53×25
	53	30	30.14	2.7	47.5	95.8	5600	8000	82	K 45×53×30
48	53	13	13.12	1.7	16.5	35.5	5300	7500	—	K 48×53×13
	53	17	17.12	1.7	22.2	51.2	5300	7500	32	K 48×53×17
	53	27	27.14	1.7	34.5	91.0	5300	7500	—	K 48×53×27
	56	20	20.14	2.7	33.2	62.0	5300	7500	—	K 48×56×20
	56	30	30.14	2.7	49.8	105	5300	7500	—	K 48×56×30
50	55	13	13.12	1.7	16.8	36.5	5000	7000	—	K 50×55×13
	55	17	17.12	1.7	22.5	52.8	5000	7000	32	K 50×55×17
	55	20	20.14	1.7	26.2	65.0	5000	7000	39	K 50×55×20
	55	27	27.14	1.7	35.0	93.5	5000	7000	—	K 50×55×27
	57	16	16.12	2.3	23.8	44.5	5000	7000	50	K 50×57×16
	58	20	20.14	2.7	34.0	64.8	5000	7000	65	K 50×58×20
	58	25	25.14	2.7	42.8	88.8	5000	7000	—	K 50×58×25
	58	30	30.14	2.7	50.8	108	5000	7000	95	K 50×58×30
52	57	17	17.12	1.7	23.0	55.5	4800	6700	—	K 52×57×17
	57	20	20.14	1.7	27.2	68.5	4800	6700	—	K 52×57×20
	60	20	20.14	2.7	34.8	67.2	4800	6700	—	K 52×60×20
	60	30	30.14	2.7	52.0	112	4800	6700	—	K 52×60×30
55	61	20	20.14	2	31.2	73.5	4800	6700	—	K 55×61×20
	61	30	30.14	2	45.8	120	4800	6700	—	K 55×61×30
	62	40	40.17	2.3	62.5	160	4800	6700	—	K 55×62×40
	63	20	20.14	2.7	35.2	69.8	4800	6700	73	K 55×63×20
	63	25	25.14	2.7	44.2	93.8	4800	6700	90	K 55×63×25
	63	30	30.14	2.7	52.8	118	4800	6700	110	K 55×63×30
58	66	20	20.14	2.7	36.8	75.0	4500	6300	—	K 58×66×20
	66	30	30.14	2.7	55.0	125	4500	6300	—	K 58×66×30
60	66	20	20.14	2	33.2	88.0	4300	6000	—	K 60×66×20
	66	30	30.14	2	48.5	132	4300	6000	—	K 60×66×30
	68	20	20.14	2.7	37.5	77.5	4300	6000	—	K 60×68×20
	68	25	25.14	2.7	47.0	105	4300	6000	—	K 60×68×25
	68	30	30.14	2.7	56.0	130	4300	6000	136	K 60×68×30
63	71	20	20.14	2.7	38.0	80.2	4000	5600	80	K 63×71×20
	71	25	25.14	2.7	47.5	108	4000	5600	—	K 63×71×25
	71	30	30.14	2.7	56.8	135	4000	5600	—	K 63×71×30
65	73	20	20.14	2.7	38.5	82.8	4000	5600	—	K 65×73×20
	73	25	25.14	2.7	48.5	112	4000	5600	—	K 65×73×25
	73	30	30.14	2.7	57.8	140	4000	5600	126	K 65×73×30
68	74	20	20.14	2	35.2	92.5	3800	5300	65	K 68×74×20
	74	30	30.14	2	51.5	150	3800	5300	97	K 68×74×30
	76	20	20.14	2.7	39.8	88	3800	5300	—	K 68×76×20
	76	25	25.14	2.7	50.0	118	3800	5300	—	K 68×76×25
	76	30	30.14	2.7	59.8	148	3800	5300	—	K 68×76×30
70	76	20	20.14	2	35.8	94.2	3800	5300	70	K 70×76×20
	76	30	30.14	2	52.2	155	3800	5300	100	K 70×76×30
	78	20	20.14	2.7	40.5	90.5	3800	5300	—	K 70×78×20
	78	25	25.14	2.7	50.8	122	3800	5300	115	K 70×78×25
	78	30	30.14	2.7	60.5	152	3800	5300	136	K 70×78×30
72	78	20	20.14	2	36.5	98.8	3600	5000	90	K 72×78×20

（续）

公称尺寸 /mm			安装尺寸 /mm		基本额定载荷 /kN		极限转速 /r · min^{-1}		质量 /g	轴承代号
F_w	E_w	B_c	B_1	H_1	C_r	C_{0r}	脂	油	$W\approx$	K 型
72	78	30	30.14	2	53.5	160	3600	5000	—	K 72×78×30
	80	20	20.14	2.7	41.0	93.2	3600	5000	94	K 72×80×20
	80	25	25.14	2.7	51.5	125	3600	5000	—	K 72×80×25
	80	30	30.14	2.7	61.5	155	3600	5000	—	K 72×80×30
75	81	20	20.14	2	37.5	102	3400	4800	75	K 75×81×20
	81	30	30.14	2	54.8	168	3400	4800	106	K 75×81×30
	83	20	20.14	2.7	72.5	98.2	3400	4800	100	K 75×83×20
	83	25	25.14	2.7	53.2	132	3400	4800	123	K 75×83×25
	83	30	30.14	2.7	63.5	165	3400	4800	147	K 75×83×30
80	86	20	20.14	2	38.5	108	3200	4500	76	K 80×86×20
	86	30	30.14	2	56.2	178	3200	4500	110	K 80×86×30
	88	25	25.14	2.7	54.5	138	3200	4500	130	K 80×88×25
	88	30	30.14	2.7	65	172	3200	4500	141	K 80×88×30
	88	35	35.17	2.7	75	210	3200	4500	—	K 80×88×35
85	92	20	20.14	2.3	40.5	105	3000	4300	96	K 85×92×20
	92	30	30.14	2.3	60.8	178	3000	4300	142	K 85×92×30
	93	20	20.14	2.7	45.0	112	3000	4300	130	K 85×93×20
	93	25	25.14	2.7	56.5	148	3000	4300	140	K 85×93×25
	93	30	30.14	2.7	67.5	185	3000	4300	160	K 85×93×30
	95	45	45.17	3.3	108	290	3000	4300	—	K 85×95×45
90	97	20	20.14	2.3	41.8	112	2800	4000	103	K 90×97×20
	97	30	30.14	2.3	62.8	190	2800	4000	151	K 90×97×30
	98	25	20.14	2.7	57.8	156	2800	4000	140	K 90×98×25
	98	30	25.14	2.7	69.0	195	2800	4000	172	K 90×98×30
95	102	20	20.14	2.3	43.2	120	2600	3800	110	K 95×102×20
	102	30	30.14	2.3	64.5	202	2600	3800	165	K 95×102×30
	103	30	30.14	2.7	71.5	208	2600	3800	165	K 95×103×30
100	107	20	20.14	2.3	44.5	125	2400	3600	95	K 100×107×20
	107	30	30.14	2.3	66.5	212	2400	3600	170	K 100×107×30
	108	30	30.14	2.7	72.8	218	2400	3600	190	K 100×108×30
105	112	20	20.14	2.3	45.2	132	2200	3400	115	K 105×112×20
	112	30	30.14	2.3	67.5	220	2200	3400	170	K 105×112×30
	115	30	30.14	3.3	81.8	218	2200	3400	205	K 105×115×30
110	117	25	25.14	2.3	58.2	185	2000	3200	150	K 110×117×25
	117	35	35.17	2.3	80.2	278	2000	3200	211	K 110×117×35
	120	30	30.14	3.3	85.0	228	2000	3200	—	K 110×120×30
115	122	25	25.14	2.3	59.8	195	2000	3200	—	K 115×122×25
	122	35	35.17	2.3	82.2	292	2000	3200	—	K 115×122×35
	125	35	35.17	3.3	99.5	290	2000	3200	—	K 115×125×35
120	127	25	25.14	2.3	61.2	202	1900	3000	168	K 120×127×25
	127	35	35.17	2.3	84.2	305	1900	3000	243	K 120×127×35
125	135	35	35.17	3.3	105	315	1900	3000	360	K 125×135×35
130	137	25	25.14	2.3	63.2	218	1800	2800	180	K 130×137×25
	137	35	35.17	2.3	87.2	328	1800	2800	250	K 130×137×35
145	153	30	30.14	2.7	88.5	315	1600	2400	262	K 145×153×30
155	163	30	30.14	2.7	91.5	338	1500	2200	304	K 155×163×30
165	173	35	35.17	2.7	108	432	1500	2200	322	K 165×173×35
175	183	35	35.17	2.7	112	460	1400	2000	390	K 175×183×35
185	195	40	40.17	3.3	145	548	1200	1800	590	K 185×195×40
195	205	40	40.17	3.3	150	585	1100	1700	650	K 195×205×40

注：F_w>100mm 的轴承为非标准轴承。

表 14.6-29 滚针轴承（部分摘自 GB/T 5801—2006）

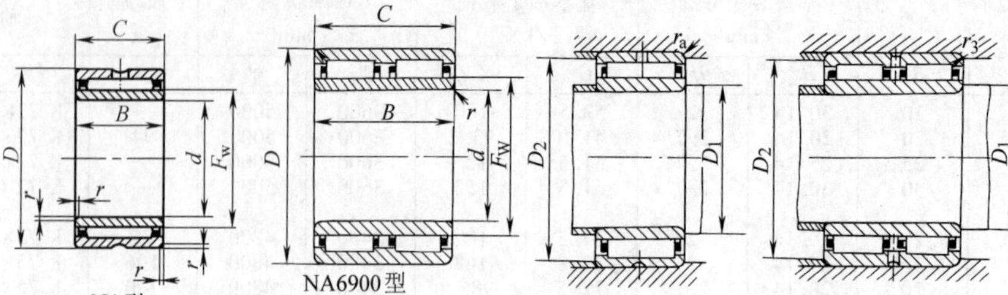

NA型 NKI型　　NA6900型 ($d \geq 32$mm)

代号含义
NA—外圈有双单边，内圈无挡边
NKI—外圈有双单边，内圈无挡边（轻系列）

公称尺寸 /mm			安装尺寸 /mm			其他尺寸 /mm		基本额定载荷 /kN		极限转速 /r·min^{-1}		质量 /g	轴承代号
d	D	B、C	D_1 min	D_2 max	r_a max	F_W	r min	C_r	C_{0r}	脂	油	W ≈	NA 型 NKI 型
5	15	12	7	13	0.3	8	0.3	3.70	3.70	19000	28000	12.3	NKI 5/12
	15	16	7	13	0.3	8	0.3	4.90	5.30	19000	28000	16.4	NKI 5/16
6	16	12	8	14	0.3	9	0.3	4.20	4.50	18000	26000	13.5	NKI 6/12
	16	16	8	14	0.3	9	0.3	5.60	6.50	18000	26000	18.1	NKI 6/16
7	17	12	9	15	0.3	10	0.3	4.40	4.90	16000	24000	14.8	NKI 7/12
	17	16	9	15	0.3	10	0.3	5.90	7.20	16000	24000	19.8	NKI 7/16
9	19	12	11	17	0.3	12	0.3	6.50	7.10	15000	22000	16.9	NKI 9/12
	19	16	11	17	0.3	12	0.3	9.10	11.0	15000	22000	22.4	NKI 9/16
10	22	13	12	20	0.3	14	0.3	8.60	9.20	15000	22000	24.3	NA 4900
	22	16	12	20	0.3	14	0.3	11.0	12.5	15000	22000	30.2	NKI 10/16
	22	20	12	20	0.3	14	0.3	14.0	17.0	15000	22000	37.8	NKI 10/20
12	24	16	14	22	0.3	16	0.3	11.5	14.0	13000	19000	33.8	NKI 12/16
	24	20	14	22	0.3	16	0.3	14.5	18.8	13000	19000	42.2	NKI 12/20
	24	13	14	22	0.3	16	0.3	9.60	10.8	13000	19000	27.6	NA 4901
	24	22	14	22	0.3	16	0.3	16.2	21.5	13000	19000	46.9	NA 6901
15	27	16	17	25	0.3	19	0.3	13.2	17.5	10000	16000	39.7	NKI 15/16
	27	20	17	25	0.3	19	0.3	16.8	23.5	10000	16000	49.7	NKI 15/20
	28	13	17	26	0.3	20	0.3	10.2	12.8	10000	16000	35.9	NA 4902
	28	23	17	26	0.3	20	0.3	17.5	25.2	10000	16000	63.7	NA 6902
17	29	16	19	27	0.3	21	0.3	13.8	18.8	9500	15000	43.3	NKI 17/16
	29	20	19	27	0.3	21	0.3	17.5	25.5	9500	15000	54.3	NKI 17/20
	30	13	19	28	0.3	22	0.3	11.2	14.5	9500	15000	39.4	NA 4903
	30	23	19	28	0.3	22	0.3	19.0	28.8	9500	15000	69.9	NA 6903
20	32	16	22	30	0.3	24	0.3	15.2	22.2	9000	14000	49.3	NKI 20/16
	32	20	22	30	0.3	24	0.3	19.2	30.2	9000	14000	61.7	NKI 20/20
	37	17	22	35	0.3	25	0.3	21.2	25.2	9000	14000	79.9	NA 4904
	37	30	22	35	0.3	25	0.3	35.2	48.5	9000	14000	141	NA 6904
22	34	16	24	32	0.3	26	0.3	15.5	23.5	9000	13000	52.9	NKI 22/16
	34	20	24	32	0.3	26	0.3	19.8	32.0	9000	13000	66.1	NKI 22/20

（续）

公称尺寸 /mm			安装尺寸 /mm			其他尺寸 /mm		基本额定载荷 /kN		极限转速 /r · min^{-1}		质量 /g	轴承代号
d	D	B、C	D_1 min	D_2 max	r_a max	F_W	r min	C_r	C_{0r}	脂	油	W ≈	NA 型 NKI 型
22	39	17	24	37	0.3	28	0.3	23.2	29.2	9000	13000	85.4	NA 49/22
	39	30	24	37	0.3	28	0.3	38.5	56.2	9000	13000	151	NA 69/22
25	38	20	27	36	0.3	29	0.3	22.2	23.0	8000	12000	78.6	NKI 25/20
	38	30	27	36	0.3	29	0.3	33.5	58.0	8000	12000	119	NKI 25/30
	42	17	27	40	0.3	30	0.3	24.0	31.2	8000	12000	94.7	NA 4905
	42	30	27	40	0.3	30	0.3	40.0	60.2	8000	12000	167	NA 6905
28	42	20	30	40	0.3	32	0.3	23.5	37.8	7500	11000	96.4	NKI 28/20
	42	30	30	40	0.3	32	0.3	35.5	64.2	7500	11000	145	NKI 28/30
	45	17	30	43	0.3	32	0.3	24.8	33.2	7500	11000	104	NA 49/28
	45	30	30	43	0.3	32	0.3	41.5	64.2	7500	11000	183	NA 69/28
30	45	20	32	43	0.3	35	0.3	24.8	41.5	7000	10000	112	NKI 30/20
	45	30	32	43	0.3	35	0.3	37.5	70.5	7000	10000	169	NKI 30/30
	47	17	32	45	0.3	35	0.3	25.5	35.5	7000	10000	108	NA 4906
	47	30	32	45	0.3	35	0.3	42.8	68.5	7000	10000	191	NA 6906
32	47	20	34	45	0.3	37	0.3	25.2	43.2	6300	9000	118	NKI 32/20
	47	30	34	45	0.3	37	0.3	38.2	74.0	6300	9000	178	NKI 32/30
	52	20	36	48	0.6	40	0.6	31.5	48.5	6300	9000	168	NA 49/32
	52	36	36	48	0.6	40	0.6	48.0	83.2	6300	9000		NA 69/32
35	50	20	37	48	0.3	40	0.3	26.5	47.2	6300	9000	127	NKI 35/20
	50	30	37	48	0.3	40	0.3	40.0	80.2	6300	9000	191	NKI 35/30
	55	20	39	51	0.6	42	0.6	32.5	51.0	6000	8500	181	NA 4907
	55	36	39	51	0.6	42	0.6	49.5	87.2	6000	8500		NA 6907
38	53	20	40	51	0.3	43	0.3	27.5	50.8	5600	8000	136	NKI 38/20
	53	30	40	51	0.3	43	0.3	41.5	86.5	5600	8000	205	NKI 38/30
40	55	20	42	53	0.3	45	0.3	28.0	52.8	5300	7500	142	NKI 40/20
	55	30	42	53	0.3	45	0.3	42.5	89.8	5300	7500	214	NKI 40/30
	62	22	44	58	0.6	48	0.6	43.5	66.2	5000	7000	240	NA 4908
	62	40	44	58	0.6	48	0.6	62.8	108	5000	7000		NA 6908
42	57	20	44	55	0.3	47	0.3	29.2	56.5	5000	7000	148	NKI 42/20
	57	30	44	55	0.3	47	0.3	44.2	96.2	5000	7000	223	NKI 42/30
45	62	25	49	58	0.6	50	0.6	38.8	74.2	4800	6700	225	NKI 45/25
	62	35	49	58	0.6	50	0.6	51.8	108	4800	6700	314	NKI 45/35
	68	22	49	64	0.6	52	0.6	46.0	73.0	4800	6700	284	NA 4909
	68	40	49	64	0.6	52	0.6	67.2	118	4800	6700	—	NA 6909
50	68	25	54	64	0.6	55	0.6	41.0	82.5	4500	6300	267	NKI 50/25
	68	35	54	64	0.6	55	0.6	54.8	120	4500	6300	373	NKI 50/35
	72	22	54	68	0.6	58	0.6	48.2	80.0	4500	6300	287	NA 4910
	72	40	54	68	0.6	58	0.6	70.2	128	4500	6300	—	NA 6910
55	72	25	59	68	0.6	60	0.6	43.2	90.8	4000	5600	267	NKI 55/25
	72	35	59	68	0.6	60	0.6	57.5	132	4000	5600	373	NKI 55/35
	80	25	60	75	1	63	1	58.5	99.0	4000	5600	416	NA 4911
	80	45	60	75	1	63	1	87.8	168	4000	5600	—	NA 6911
60	82	25	64	78	0.6	68	0.6	45.5	92.0	3800	5300	398	NKI 60/25
	82	35	64	78	0.6	68	0.6	66.5	150	3800	5300	559	NKI 60/35
	85	25	65	80	1	68	1	61.2	108	3800	5300	448	NA 4912
	85	45	65	80	1	68	1	90.8	182	3800	5300	—	NA 6912
65	90	25	70	85	1	73	1	54.2	100	3600	5000	483	NKI 65/25
	90	35	70	85	1	73	1	79.5	165	3600	5000	680	NKI 65/35
	90	25	70	85	1	72	1	62.2	112	3600	5000	479	NA 4913
	90	45	70	85	1	72	1	93.2	188	3600	5000	—	NA 6913
70	95	25	75	90	1	80	1	57.2	112	3200	4500	512	NKI 70/25
	95	35	75	90	1	80	1	83.8	182	3200	4500	720	NKI 70/35
	100	30	75	95	1	80	1	84.0	152	3200	4500	762	NA 4914
	100	54	75	95	1	80	1	130	260	3200	4500	—	NA 6914

（续）

公称尺寸 /mm			安装尺寸 /mm			其他尺寸 /mm		基本额定载荷 /kN		极限转速 /r·min^{-1}		质量 /g	轴承代号
d	D	B、C	D_1 min	D_2 max	r_a max	F_W	r min	C_r	C_{0r}	脂	油	W ≈	NA 型 NKI 型
75	105	25	80	100	1	85	1	69.2	120	3000	4300	669	NKI 75/25
	105	35	80	100	1	85	1	100	195	3000	4300	939	NKI 75/35
	105	30	80	100	1	85	1	85.5	158	3000	4300	805	NA 4915
	105	54	80	100	1	85	1	130	270	3000	4300	—	NA 6915
80	110	25	85	105	1	90	1	72.2	130	2800	4000	708	NKI 80/25
	110	35	85	105	1	90	1	105	210	2800	4000	993	NKI 80/35
	110	30	85	105	1	90	1	89.0	170	2800	4000	852	NA 4916
	110	54	85	105	1	90	1	135	292	2800	4000	—	NA 6916
85	115	26	90	110	1	95	1	76.8	142	2400	3600	774	NKI 85/26
	115	36	90	110	1	95	1	110	225	2400	3600	1070	NKI 85/36
	120	35	91.5	113.5	1	100	1.1	112	235	2400	3600	1280	NA 4917
	120	63	91.5	113.5	1	100	1.1	155	365	2400	3600	—	NA 6917
90	120	26	95	115	1	100	1	79.8	152	2400	3600	814	NKI 90/26
	120	36	95	115	1	100	1	115	242	2400	3600	1130	NKI 90/36
	125	35	96.5	118.5	1	105	1.1	115	250	2200	3400	1340	NA 4918
	125	63	96.5	118.5	1	105	1.1	165	388	2200	3400	—	NA 6918
95	125	26	100	120	1	105	1	80.8	158	2200	3400	851	NKI 95/26
	125	36	100	120	1	105	1	115	250	2200	3400	1180	NKI 95/36
	130	35	101.5	123.5	1	110	1.1	120	265	2000	3200	1410	NA 4919
	130	63	101.5	123.5	1	110	1.1	172	412	2000	3200	—	NA 6919
100	130	30	106.5	123.5	1	110	1.1	98.2	205	2000	3200	1020	NKI 100/30
	130	40	106.5	123.5	1	110	1.1	125	285	2000	3200	1370	NKI 100/40
	140	40	106.5	133.5	1	115	1.1	130	270	2000	3200	1960	NA 4920
	140	71	106.5	133.5	1	115	1.1	202	480	2000	3200	—	NA 6920
110	140	30	115	135	1	120	1	93.0	210	2000	3200	1130	NA 4822
	150	40	116.5	143.5	1	125	1.1	138	295	1900	3000	2120	NA 4922
120	150	30	125	145	1	130	1	96.2	225	1900	3000	1220	NA 4824
	165	45	126.5	158.5	1	135	1.1	180	382	1800	2800	2910	NA 4924
130	165	35	136.5	158.5	1	145	1.1	118	302	1700	2600	—	NA 4826
	180	50	138	172	1.5	150	1.5	202	460	1600	2400	3960	NA 4926
140	175	35	146.5	168.5	1	155	1.1	122	320	1600	2400	1980	NA 4828
	190	50	148	182	1.5	160	1.5	210	488	1500	2200	4220	NA 4928
150	190	40	156.5	183.5	1	165	1.1	152	395	1500	2200	2800	NA 4830
160	200	40	166.5	193.5	1	175	1.1	158	418	1500	2200	2970	NA 4832
170	215	45	176.5	208.5	1	185	1.1	192	520	1300	2000	4080	NA 4834
180	225	45	186.5	218.5	1	195	1.1	198	552	1200	1900	4290	NA 4836
190	240	50	198	232	1.5	210	1.5	230	688	1200	1800	5700	NA 4838
200	250	50	208	242	1.5	220	1.5	235	725	1100	1700	5970	NA 4840
220	270	50	228	262	1.5	240	1.5	245	785	950	1500	6500	NA 4844
240	300	60	249	291	2	265	2	352	1050	900	1400	10100	NA 4848
260	320	60	269	311	2	285	2	368	1130	800	1200	10800	NA 4852
280	350	69	289	341	2	305	2	445	1310	750	1100	15800	NA 4856
300	380	80	311	369	2.1	330	2.1	608	1700	750	1100	22200	NA 4860
320	400	80	331	389	2.1	350	2.1	630	1820	700	1000	23500	NA 4864
340	420	80	351	409	2.1	370	2.1	642	1900	670	950	24800	NA 4868
360	440	80	371	429	2.1	390	2.1	662	2010	630	900	26100	NA 4872

表 14.6-30　无内圈单列滚针轴承（部分摘自 GB/T 5801—2006）

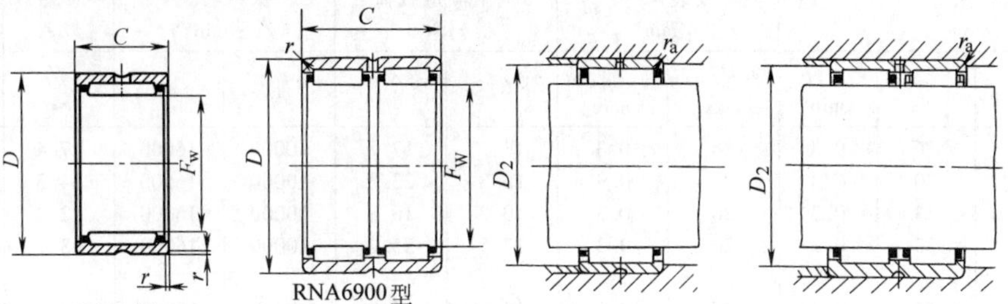

RNA 型
NK 型

RNA6900 型
($F_W \geqslant 40$mm)

代号含义
RNA—无内圈
NK—无内圈（轻系列）

公称尺寸 /mm				安装尺寸 /mm		基本额定载荷 /kN		极限转速 /r·min^{-1}		质量 /g	轴承代号
F_w	D	C	r min	D_2 max	r_a max	C_r	C_{0r}	脂	油	W ≈	RNA 型 NK 型
5	10	10	0.15	8.8	0.15	2.10	1.60	22000	32000	3.30	NK 5/10
	10	12	0.15	8.8	0.15	2.80	2.30	22000	32000	4.00	NK 5/12
6	12	10	0.15	10.8	0.15	2.40	1.90	22000	32000	5.10	NK 6/10
	12	12	0.15	10.8	0.15	3.10	2.80	22000	32000	6.20	NK 6/12
7	14	10	0.30	12	0.3	2.60	2.30	20000	30000	7.30	NK 7/10
	14	12	0.30	12	0.3	3.40	3.20	20000	30000	8.80	NK 7/12
8	15	12	0.30	13	0.3	3.70	3.70	19000	28000	9.60	NK 8/12
	15	16	0.30	13	0.3	4.90	5.30	19000	28000	12.8	NK 8/16
9	16	12	0.30	14	0.3	4.20	4.50	18000	26000	10.4	NK 9/12
	16	16	0.30	14	0.3	5.60	6.50	18000	26000	13.9	NK 9/16
10	17	12	0.30	15	0.3	4.40	4.90	16000	24000	11.2	NK 10/12
	17	16	0.30	15	0.3	5.90	7.20	16000	24000	15.1	NK 10/16
12	19	12	0.30	17	0.3	6.50	7.10	15000	22000	12.4	NK 12/12
	19	16	0.30	17	0.3	9.10	11.0	15000	22000	16.3	NK 12/16
14	22	16	0.3	20	0.3	11.0	12.5	15000	22000	20.9	NK 14/16
	22	20	0.3	20	0.3	14.0	17.0	15000	22000	26.2	NK 14/20
	22	13	0.3	20	0.3	8.60	9.20	15000	22000	16.8	RNA 4900
15	23	16	0.3	21	0.3	11.0	12.8	14000	20000	21.8	NK 15/16
	23	20	0.3	21	0.3	13.8	17.2	14000	20000	27.2	NK 15/20
16	24	16	0.3	22	0.3	11.5	14.0	13000	19000	23.0	NK 16/16
	24	20	0.3	22	0.3	14.5	18.8	13000	19000	28.6	NK 16/20
	24	13	0.3	22	0.3	9.60	10.8	13000	19000	18.8	RNA 4901
	24	22	0.3	22	0.3	16.2	21.5	13000	19000	32.1	RNA 6901
17	25	16	0.3	23	0.3	12.2	15.0	12000	18000	24.2	NK 17/16
	25	20	0.3	23	0.3	15.5	20.5	12000	18000	30.2	NK 17/20
18	26	16	0.3	24	0.3	12.8	16.2	11000	17000	25.4	NK 18/16
	26	20	0.3	24	0.3	16.2	22.0	11000	17000	31.7	NK 18/20
19	27	16	0.3	25	0.3	13.2	17.5	10000	16000	26.6	NK 19/16
	27	20	0.3	25	0.3	16.8	23.5	10000	16000	33.2	NK 19/20

（续）

公称尺寸 /mm				安装尺寸 /mm		基本额定载荷 /kN		极限转速 /r · min^{-1}		质量 /g	轴承代号
F_W	D	C	r min	D_2 max	r_a max	C_r	C_{0r}	脂	油	W ≈	RNA 型 NK 型
20	28	16	0.3	26	0.3	13.2	17.5	10000	16000	27.4	NK 20/16
	28	20	0.3	26	0.3	16.8	23.8	10000	16000	34.3	NK 20/20
	28	13	0.3	26	0.3	10.2	10.8	10000	16000	22.2	RNA 4902
	28	23	0.3	26	0.3	17.5	25.2	10000	16000	63.7	RNA 6902
21	29	16	0.3	27	0.3	13.8	18.8	9500	15000	28.6	NK 21/16
	29	20	0.3	27	0.3	17.5	25.5	9500	15000	35.9	NK 21/20
22	30	16	0.3	28	0.3	14.2	20.0	9500	15000	29.9	NK 22/16
	30	20	0.3	28	0.3	18.0	27.0	9500	15000	37.4	NK 22/20
	30	13	0.3	28	0.3	11.2	14.5	9500	15000	24.1	RNA 4903
	30	23	0.3	28	0.3	19.0	28.8	9500	15000	43.1	RNA 6903
24	32	16	0.3	30	0.3	15.2	22.2	9000	14000	32.3	NK 24/16
	32	20	0.3	30	0.3	19.2	30.2	9000	14000	40.4	NK 24/20
25	33	16	0.3	31	0.3	15.2	22.5	9000	14000	33.2	NK 25/16
	33	20	0.3	31	0.3	19.2	30.5	9000	14000	41.4	NK 25/20
	37	17	0.3	35	0.3	21.2	25.2	9000	14000	56.7	RNA 4904
	37	30	0.3	35	0.3	35.2	48.5	9000	14000	101	RNA 6904
26	34	16	0.3	32	0.3	15.5	23.5	9000	13000	34.4	NK 26/16
	34	20	0.3	32	0.3	19.8	32.0	9000	13000	42.9	NK 26/20
28	37	20	0.3	35	0.3	22.2	34.0	9000	13000	51.6	NK 28/20
	37	30	0.3	35	0.3	33.8	57.8	9000	13000	77.7	NK 28/30
	39	17	0.3	37	0.3	23.2	29.2	9000	13000	54.4	RNA 49/22
	39	30	0.3	37	0.3	38.5	56.2	9000	13000	96.5	RNA 69/22
29	38	20	0.3	36	0.3	22.2	34.0	8000	12000	52.7	NK 29/20
	38	30	0.3	36	0.3	33.5	58.0	8000	12000	79.4	NK 29/30
30	40	20	0.3	38	0.3	23.0	35.8	8000	12000	64.2	NK 30/20
	40	30	0.3	38	0.3	34.8	61.0	8000	12000	96.6	NK 30/30
	42	17	0.3	40	0.3	24.0	31.2	8000	12000	66.2	RNA 4905
	42	30	0.3	40	0.3	40.0	60.2	8000	12000	117	RNA 6905
32	42	20	0.3	40	0.3	23.5	37.8	7500	11000	67.6	NK 32/20
	42	30	0.3	40	0.3	35.5	64.2	7500	11000	102	NK 32/30
	45	17	0.3	43	0.3	24.8	33.2	7500	11000	79	RNA 49/28
	45	30	0.3	43	0.3	41.5	64.2	7500	11000	140	RNA 69/28
35	45	20	0.3	43	0.3	24.8	41.5	7000	10000	73.1	NK 35/20
	45	30	0.3	43	0.3	37.5	70.5	7000	10000	110	NK 35/30
	47	17	0.3	45	0.3	25.5	35.5	7000	10000	74.7	RNA 4906
	47	30	0.3	45	0.3	42.8	68.5	7000	10000	133	RNA 6906
37	47	20	0.3	45	0.3	25.2	43.2	6300	9000	76.5	NK 37/20
	47	30	0.3	45	0.3	38.2	74.0	6300	9000	115	NK 37/30
38	48	20	0.3	46	0.3	26.0	45.2	6300	9000	78.5	NK 38/20
	48	30	0.3	46	0.3	39.2	77.0	6300	9000	118	NK 38/30
40	50	20	0.3	48	0.3	26.5	47.2	6300	9000	81.9	NK 40/20
	50	30	0.3	48	0.3	40.0	80.2	6300	9000	123	NK 40/30

（续）

公称尺寸 /mm				安装尺寸 /mm		基本额定载荷 /kN		极限转速 /r·min^{-1}		质量 /g	轴承代号
F_W	D	C	r min	D_2 max	r_a max	C_r	C_{0r}	脂	油	W ≈	RNA 型 NK 型
40	52	20	0.6	48	0.6	31.5	48.5	6300	9000	98.7	RNA 49/32
	52	36	0.6	48	0.6	48.0	83.2	6300	9000	—	RNA 69/32
42	52	20	0.3	50	0.3	27.0	49.0	6000	8500	85.3	NK 42/20
	52	30	0.3	50	0.3	40.8	83.5	6000	8500	128	NK 42/30
	55	20	0.6	51	0.6	32.5	51.0	6000	8500	163	RNA 4907
	55	36	0.6	51	0.6	49.5	87.2	6000	8500	—	RNA 6907
43	53	20	0.3	51	0.3	27.5	50.8	5600	8000	87.3	NK 43/30
	53	30	0.3	51	0.3	41.5	86.5	5600	8000	132	NK 43/30
45	55	20	0.3	53	0.3	28.0	52.8	5300	7500	90.7	NK 45/20
	55	30	0.3	53	0.3	42.5	89.8	5300	7500	137	NK 45/30
47	57	20	0.3	55	0.3	29.2	56.5	5000	7000	94.7	NK 47/20
	57	30	0.3	55	0.3	44.2	96.2	5000	7000	143	NK 47/30
48	62	22	0.6	58	0.6	43.5	66.2	5000	7000	146	RNA 4908
	62	40	0.6	58	0.6	62.8	108	5000	7000	—	RNA 6908
50	62	25	0.6	58	0.6	38.8	74.2	4800	6700	154	NK 50/25
	62	35	0.6	58	0.6	51.8	108	4800	6700	215	NK 50/35
52	68	22	0.6	64	0.6	46.0	73.0	4800	6700	194	RNA 4909
	68	40	0.6	64	0.6	67.2	118	4800	6700	—	RNA 6909
55	68	25	0.6	64	0.6	41.0	82.5	4500	6300	188	NK 55/25
	68	35	0.6	64	0.6	54.8	120	4500	6300	264	NK 55/35
58	72	22	0.6	68	0.6	48.2	80.0	4500	6300	172	RNA 4910
	72	40	0.6	68	0.6	70.2	128	4500	6300	—	RNA 6910
60	72	25	0.6	68	0.6	43.2	90.8	4000	5600	181	NK 60/25
	72	35	0.6	68	0.6	57.5	132	4000	5600	254	NK 60/35
63	80	25	1	75	1	58.5	99.0	4000	5600	274	RNA 4911
	80	45	1	75	1	87.8	168	4000	5600	—	RNA 6911
65	78	25	0.6	74	0.6	45.2	98.8	4000	5600	219	NK 65/25
	78	35	0.6	74	0.6	60.2	142	4000	5600	307	NK 65/35
68	82	25	0.6	78	0.6	45.5	92.0	3800	5300	245	NK 68/25
	82	35	0.6	78	0.6	66.5	150	3800	5300	343	NK 68/35
	85	25	1	80	1	61.2	108	3800	5300	294	RNA 4912
	85	45	1	80	1	90.8	182	3800	5300		RNA 6912
72	90	25	1	85	1	62.2	112	3600	5000	335	RNA 4913
	90	45	1	85	1	93.2	188	3600	5000	—	RNA 6913
73	90	25	1	85	1	54.2	100	3600	5000	319	NK 73/25
	90	35	1	85	1	79.5	165	3600	5000	448	NK 73/35
75	92	25	1	87	1	55.2	105	3400	4800	328	NK 75/25
	92	35	1	87	1	81.0	170	3400	4800	460	NK 75/35
80	95	25	1	90	1	57.2	112	3200	4500	288	NK 80/25
	95	35	1	90	1	83.8	182	3200	4500	405	NK 80/35
	100	30	1	95	1	84.0	152	3200	4500	491	RNA 4914
	100	54	1	95	1	130	260	3200	4500	—	RNA 6914
85	105	25	1	100	1	69.2	120	3000	4300	429	NK85/25
	105	35	1	100	1	100	195	3000	4300	600	NK 85/35
	105	30	1	100	1	85.5	158	3000	4300	515	RNA 4915
	105	54	1	100	1	130	270	3000	4300	—	RNA 6915
90	110	25	1	105	1	72.2	130	2800	4000	452	NK 90/25
	110	35	1	105	1	105	210	2800	4000	634	NK 90/35

（续）

公称尺寸/mm				安装尺寸/mm		基本额定载荷/kN		极限转速/r·min^{-1}		质量/g	轴承代号
F_W	D	C	r min	D_2 max	r_a max	C_r	C_{0r}	脂	油	W ≈	RNA 型 NK 型
90	110	30	1	105	1	89.0	170	2800	4000	544	RNA 4916
	110	54	1	105	1	135	292	2800	4000	—	RNA 6916
95	115	26	1	110	1	76.8	142	2400	3600	492	NK 95/26
	115	36	1	110	1	110	225	2400	3600	681	NK 95/36
100	120	26	1	115	1	79.8	152	2400	3600	517	NK 100/26
	120	36	1	115	1	115	242	2400	3600	716	NK 100/36
	120	35	1.1	113.5	1	112	235	2400	3600	687	RNA 4917
	120	63	1.1	113.5	1	155	365	2400	3600	—	RNA 6917
105	125	26	1	120	1	80.8	158	2200	3400	538	NK 105/26
	125	35	1	120	1	115	250	2200	3400	745	NK 105/36
	125	36	1.1	118.5	1	115	250	2200	3400	721	RNA 4918
	125	63	1.1	118.5	1	165	388	2200	3400	—	RNA 6918
110	130	30	1.1	123.5	1	98.2	205	2000	3200	647	NK 110/30
	130	40	1.1	123.5	1	125	285	2000	3200	864	NK 110/40
	130	35	1.1	123.5	1	120	265	2000	3200	754	RNA 4919
	130	63	1.1	123.5	1	172	412	2000	3200	—	RNA 6919
115	140	40	1.1	133.5	1	130	270	2000	3200	1180	RNA 4920
	140	71	1.1	133.5	1	202	480	2000	3200	—	RNA 6920
120	140	30	1	135	1	93.0	210	2000	3200	718	RNA 4822
125	150	40	1.1	143.5	1	138	295	1900	3000	1275	RNA 4922
130	150	30	1	145	1	96.2	225	1900	3000	771	RNA 4824
135	165	45	1.1	158.5	1	180	382	1800	2800	1870	RNA 4924
145	165	35	1.1	158.5	1	118	302	1700	2600	990	RNA 4826
150	180	50	1.5	172	1.5	202	460	1600	2400	2280	RNA 4926
155	175	35	1.1	168.5	1	122	320	1600	2400	1050	RNA 4828
160	190	50	1.5	182	1.5	210	488	1500	2200	2410	RNA 4928
165	190	40	1.1	183.5	1	152	395	1500	2200	1670	RNA 4830
175	200	40	1.1	193.5	1	158	418	1500	2200	1760	RNA 4832
185	215	45	1.1	208.5	1	192	520	1300	2000	2640	RNA 4834
195	225	45	1.1	218.5	1	198	552	1200	1900	2770	RNA 4836
210	240	50	1.5	232	1.5	230	688	1200	1800	3290	RNA 4838
220	250	50	1.5	242	1.5	235	725	1100	1700	3440	RNA 4840
240	270	50	1.5	262	1.5	245	785	950	1500	3730	RNA 4844
265	300	60	2	291	2	352	1050	900	1400	5520	RNA 4848
285	320	60	2	311	2	368	1130	800	1200	5910	RNA 4852
305	350	69	2	341	2	445	1310	750	1100	9700	RNA 4856
330	380	80	2.1	369	2.1	608	1700	750	1100	13100	RNA 4860
350	400	80	2.1	389	2.1	630	1820	700	1000	13900	RNA 4864
370	420	80	2.1	409	2.1	642	1900	670	950	14600	RNA 4868
390	440	80	2.1	429	2.1	662	2010	630	900	15300	RNA 4872

表 14.6-31　冲压外圈滚针轴承（部分摘自 GB/T 290—1998）

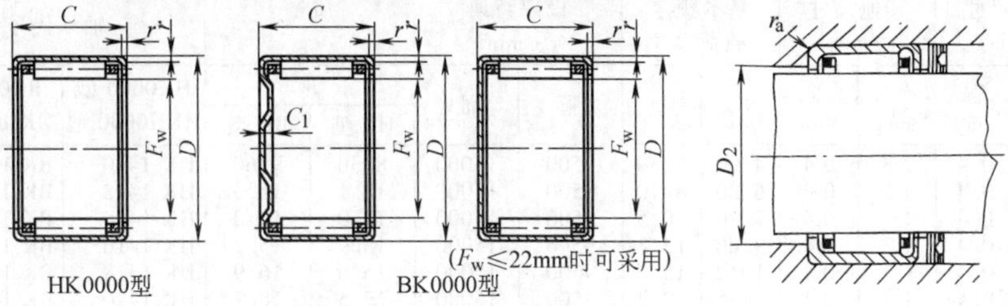

代号含义
HK,HKH—穿孔型
BK,BKH—封口型

公称尺寸/mm			安装尺寸/mm		其他尺寸/mm		基本额定载荷/kN		极限转速/r·min^{-1}		质量/g		轴承代号	
											W			
F_w	D	C	D_2 max	r_a max	C_1 max	r min	C_r	C_{0r}	脂	油	HK 型	BK 型	HK0000 型 HKH0000 型	BK0000 型 BKH0000 型
4	8	8	5	0.3	1.0	0.3	1.50	1.20	20000	28000	1.40	1.50	HK 0408	BK 0408
	8	9	5	0.4	1.0	0.4	1.80	1.40	20000	28000	1.60	1.70	HK 0409	BK 0409
5	9	8	5.3	0.4	1.0	0.4	1.90	1.60	17000	24000	1.70	1.80	HK 0508	BK 0508
	9	9	5.3	0.4	1.0	0.4	2.30	2.00	17000	24000	1.90	2.00	HK 0509	BK 0509
6	10	8	6.3	0.4	1.0	0.4	2.10	1.90	16000	22000	1.90	2.10	HK 0608	BK 0608
	10	9	6.3	0.4	1.0	0.4	2.50	2.40	16000	22000	2.10	2.30	HK 0609	BK 0609
	10	10	6.3	0.4	1.0	0.4	2.90	2.90	16000	22000	2.40	2.50	HK 0610	BK 0610
7	11	8	7.3	0.4	1.0	0.4	2.30	2.20	15000	20000	2.10	2.30	HK 0708	BK 0708
	11	9	7.3	0.4	1.0	0.4	2.70	2.70	15000	20000	2.40	2.50	HK 0709	BK 0709
	11	10	7.3	0.4	1.0	0.4	3.10	3.30	15000	20000	2.70	2.90	HK 0710	BK 0710
	11	12	7.3	0.4	1.0	0.4	3.90	4.30	15000	20000	3.30	3.40	HK 0712	BK 0712
8	12	8	8.3	0.4	1.0	0.4	2.40	2.40	14000	19000	2.40	2.60	HK 0808	BK 0808
	12	9	8.3	0.4	1.0	0.4	2.90	3.10	14000	19000	2.70	2.90	HK 0809	BK 0809
	12	10	8.3	0.4	1.0	0.4	3.30	3.70	14000	19000	2.90	3.20	HK 0810	BK 0810
	12	12	8.3	0.4	1.0	0.4	4.20	4.90	14000	19000	3.60	3.80	HK 0812	BK 0812
	14	10	9	0.4	1.3	0.4	3.40	3.20	14000	19000	5.50	5.90	HKH 0810	BKH 0810
	14	12	9	0.4	1.3	0.4	4.40	4.40	14000	19000	6.60	7.10	HKH 0812	BKH 0812
	14	14	9	0.4	1.3	0.4	5.40	5.70	14000	19000	7.90	8.30	HKH 0814	BKH 0814
9	13	8	9.3	0.4	1.0	0.4	2.70	2.90	13000	18000	2.70	2.90	HK 0908	BK 0908
	13	9	9.3	0.4	1.0	0.4	3.30	3.70	13000	18000	2.90	3.20	HK 0909	BK 0909
	13	10	9.3	0.4	1.0	0.4	3.70	4.40	13000	18000	3.30	3.50	HK 0910	BK 0910
	13	12	9.3	0.4	1.0	0.4	4.70	5.90	13000	18000	4.10	4.30	HK 0912	BK 0912
	13	14	9.3	0.4	1.0	0.4	5.60	7.40	13000	18000	4.90	5.20	HK 0914	BK 0914
	15	10	10	0.4	1.3	0.4	3.70	3.60	13000	18000	5.90	6.40	HKH 0910	BKH 0910
	15	12	10	0.4	1.3	0.4	4.80	5.00	13000	18000	7.20	7.70	HKH 0912	BKH 0912
	15	14	10	0.4	1.3	0.4	5.80	6.50	13000	18000	8.40	9.00	HKH 0914	BKH 0914
	15	16	10	0.4	1.3	0.4	6.80	7.90	13000	18000	9.80	10.4	HKH 0916	BKH 0916
10	14	8	10.3	0.4	1.0	0.4	2.90	3.20	11000	17000	2.90	3.20	HK 1008	BK 1008
	14	9	10.3	0.4	1.0	0.4	3.40	4.00	11000	17000	3.10	3.50	HK 1009	BK 1009
	14	10	10.3	0.4	1.0	0.4	3.90	4.80	11000	17000	3.60	3.90	HK 1010	BK 1010
	14	12	10.3	0.4	1.0	0.4	4.90	6.40	11000	17000	4.40	4.80	HK 1012	BK 1012
	14	14	10.3	0.4	1.0	0.4	5.80	8.00	11000	17000	5.30	5.60	HK 1014	BK 1014
	16	10	11	0.4	1.3	0.4	3.90	4.00	11000	17000	6.40	7.00	HKH 1010	BKH 1010
	16	12	11	0.4	1.3	0.4	5.10	5.60	11000	17000	7.80	8.50	HKH 1012	BKH 1012
	16	14	11	0.4	1.3	0.4	6.20	7.30	11000	17000	9.10	9.80	HKH 1014	BKH 1014
	16	16	11	0.4	1.3	0.4	7.30	8.90	11000	17000	10.6	11.2	HKH 1016	BKH 1016
12	16	8	12.3	0.4	1.0	0.4	3.10	3.80	9500	15000	3.30	3.80	HK 1208	BK 1208
	16	9	12.3	0.4	1.0	0.4	3.70	4.70	9500	15000	3.70	4.20	HK 1209	BK 1209
	16	10	12.3	0.4	1.0	0.4	4.30	5.60	9500	15000	4.10	4.60	HK 1210	BK 1210
	16	12	12.3	0.4	1.0	0.4	5.30	7.50	9500	15000	5.10	5.50	HK 1212	BK 1212
	16	14	12.3	0.4	1.0	0.4	6.30	9.40	9500	15000	6.00	6.50	HK 1214	BK 1214
	18	10	13	0.4	1.3	0.4	4.40	4.90	9500	15000	7.30	8.30	HKH 1210	BKH 1210
	18	12	13	0.4	1.3	0.4	5.80	6.90	9500	15000	9.00	9.90	HKH 1212	BKH 1212
	18	14	13	0.4	1.3	0.4	7.00	8.80	9500	15000	10.6	11.5	HKH 1214	BKH 1214
	18	16	13	0.4	1.3	0.4	8.20	10.8	9500	15000	12.2	13.2	HKH 1216	BKH 1216
	18	18	13	0.4	1.3	0.4	9.30	12.8	9500	15000	13.8	14.7	HKH 1218	BKH 1218

（续）

公称尺寸/mm			安装尺寸/mm		其他尺寸/mm		基本额定载荷/kN		极限转速/r·min^{-1}		质量/g		轴承代号	
											W			
F_w	D	C	D_2 max	r_a max	C_1 max	r min	C_r	C_{0r}	脂	油	HK型	BK型	HK0000型 HKH0000型	BK0000型 BKH0000型
14	20	10	15	0.4	1.3	0.4	4.90	5.80	9500	15000	8.30	9.60	HK 1410	BK 1410
	20	12	15	0.4	1.3	0.4	6.30	8.10	9500	15000	10.1	11.3	HK 1412	BK 1412
	20	14	15	0.4	1.3	0.4	7.70	10.5	9500	15000	12.0	13.2	HK 1414	BK 1414
	20	16	15	0.4	1.3	0.4	9.00	12.8	9500	15000	13.9	15.2	HK 1416	BK 1416
	20	18	15	0.4	1.3	0.4	10.2	15.0	9500	15000	15.6	16.9	HK 1418	BK 1418
	20	20	15	0.4	1.3	0.4	11.5	17.2	9500	15000	17.5	18.7	HK 1420	BK 1420
	22	12	16	0.4	1.3	0.4	7.00	7.20	9500	15000	13.2	14.5	HKH 1412	BKH 1412
	22	14	16	0.4	1.3	0.4	8.80	9.60	9500	15000	15.7	17.0	HKH 1414	BKH 1414
	22	16	16	0.4	1.3	0.4	10.5	12.0	9500	15000	18.1	19.4	HKH 1416	BKH 1416
	22	18	16	0.4	1.3	0.4	12.2	14.2	9500	15000	20.5	21.8	HKH 1418	BKH 1418
	22	20	16	0.4	1.3	0.4	13.5	16.8	9500	15000	23.1	24.4	HKH 1420	BKH 1420
15	21	10	16	0.4	1.3	0.4	5.10	6.20	9000	14000	8.70	10.2	HK 1510	BK 1510
	21	12	16	0.4	1.3	0.4	6.60	8.70	9000	14000	10.7	12.1	HK 1512	BK 1512
	21	14	16	0.4	1.3	0.4	8.00	11.2	9000	14000	12.7	14.1	HK 1514	BK 1514
	21	16	16	0.4	1.3	0.4	9.40	13.8	9000	14000	14.5	16.0	HK 1516	BK 1516
	21	18	16	0.4	1.3	0.4	10.8	16.2	9000	14000	16.5	18.0	HK 1518	BK 1518
	21	20	16	0.4	1.3	0.4	12.0	18.5	9000	14000	18.5	20.0	HK 1520	BK 1520
	23	12	17	0.4	1.3	0.4	7.50	7.90	9000	14000	13.9	15.4	HKH 1512	BKH 1512
	23	14	17	0.4	1.3	0.4	9.40	10.5	9000	14000	16.6	18.1	HKH 1514	BKH 1514
	23	16	17	0.4	1.3	0.4	11.2	13.2	9000	14000	19.3	20.8	HKH 1516	BKH 1516
	23	18	17	0.4	1.3	0.4	12.8	15.8	9000	14000	21.8	23.3	HKH 1518	BKH 1518
	23	20	17	0.4	1.3	0.4	14.5	18.5	9000	14000	24.4	25.9	HKH 1520	BKH 1520
16	22	10	17	0.4	1.3	0.4	5.30	6.60	8500	13000	9.00	10.6	HK 1610	BK 1610
	22	12	17	0.4	1.3	0.4	6.80	9.30	8500	13000	11.0	12.6	HK 1612	BK 1612
	22	14	17	0.4	1.3	0.4	8.30	12.0	8500	13000	13.0	14.7	HK 1614	BK 1614
	22	16	17	0.4	1.3	0.4	9.70	14.5	8500	13000	15.1	16.7	HK 1616	BK 1616
	22	18	17	0.4	1.3	0.4	11.2	17.2	8500	13000	17.2	18.8	HK 1618	BK 1618
	22	20	17	0.4	1.3	0.4	12.5	20.0	8500	13000	19.2	20.9	HK 1620	BK 1620
	24	12	18	0.8	1.3	0.8	7.50	8.00	8500	13000	14.1	15.8	HKH 1612	BKH 1612
	24	14	18	0.8	1.3	0.8	9.40	10.8	8500	13000	17.0	18.6	HKH 1614	BKH 1614
	24	16	18	0.8	1.3	0.8	11.2	13.2	8500	13000	19.6	21.3	HKH 1616	BKH 1616
	24	18	18	0.8	1.3	0.8	12.8	16.0	8500	13000	22.3	24.0	HKH 1618	BKH 1618
	24	20	18	0.8	1.3	0.8	14.5	18.8	8500	13000	24.9	26.6	HKH 1620	BKH 1620
17	23	10	18	0.4	1.3	0.4	5.50	7.10	8000	12000	9.30	11.2	HK 1710	BK 1710
	23	12	18	0.4	1.3	0.4	7.10	9.90	8000	12000	11.5	13.4	HK 1712	BK 1712
	23	14	18	0.4	1.3	0.4	8.60	12.8	8000	12000	13.7	15.6	HK 1714	BK 1714
	23	16	18	0.4	1.3	0.4	10.2	15.5	8000	12000	15.9	17.7	HK 1716	BK 1716
	23	18	18	0.4	1.3	0.4	11.5	18.5	8000	12000	18.1	19.9	HK 1718	BK 1718
	23	20	18	0.4	1.3	0.4	13.5	22.5	8000	12000	20.8	22.4	HK 1720	BK 1720
	25	12	19	0.8	1.3	0.8	7.90	8.80	8000	12000	14.9	16.8	HKH 1712	BKH 1712
	25	14	19	0.8	1.3	0.8	9.90	11.8	8000	12000	17.8	19.7	HKH 1714	BKH 1714
	25	16	19	0.8	1.3	0.8	11.8	14.5	8000	12000	20.7	22.6	HKH 1716	BKH 1716
	25	18	19	0.8	1.3	0.8	13.5	17.5	8000	12000	23.5	25.4	HKH 1718	BKH 1718
	25	20	19	0.8	1.3	0.8	15.2	20.5	8000	12000	26.4	28.3	HKH 1720	BKH 1720
18	24	10	19	0.4	1.3	0.4	5.60	7.50	7500	11000	9.90	12.0	HK 1810	BK 1810
	24	12	19	0.4	1.3	0.4	7.30	10.5	7500	11000	12.1	14.2	HK 1812	BK 1812
	24	14	19	0.4	1.3	0.4	8.90	13.5	7500	11000	14.5	16.5	HK 1814	BK 1814
	24	16	19	0.4	1.3	0.4	10.5	16.5	7500	11000	16.7	18.8	HK 1816	BK 1816
	24	18	19	0.4	1.3	0.4	12.0	19.5	7500	11000	19.0	21.1	HK 1818	BK 1818
	24	20	19	0.4	1.3	0.4	13.2	22.5	7500	11000	21.2	23.3	HK 1820	BK 1820
	26	12	20	0.8	1.3	0.8	8.30	9.50	7500	11000	15.7	17.9	HKH 1812	BKH 1812
	26	14	20	0.8	1.3	0.8	10.5	12.8	7500	11000	18.8	20.9	HKH 1814	BKH 1814
	26	16	20	0.8	1.3	0.8	12.5	15.8	7500	11000	21.8	23.9	HKH 1816	BKH 1816
	26	18	20	0.8	1.3	0.8	14.2	19.0	7500	11000	24.8	26.9	HKH 1818	BKH 1818
	26	20	20	0.8	1.3	0.8	16.2	22.2	7500	11000	27.8	30.0	HKH 1820	BKH 1820
20	26	10	21	0.4	1.3	0.4	6.00	8.40	7000	10000	10.8	13.3	HK 2010	BK 2010
	26	12	21	0.4	1.3	0.4	7.80	11.8	7000	10000	13.3	15.8	HK 2012	BK 2012
	26	14	21	0.4	1.3	0.4	9.50	15.2	7000	10000	15.7	18.3	HK 2014	BK 2014
	26	16	21	0.4	1.3	0.4	11.2	18.5	7000	10000	18.2	20.8	HK 2016	BK 2016
	26	18	21	0.4	1.3	0.4	12.5	21.8	7000	10000	20.8	23.3	HK 2018	BK 2018
	26	20	21	0.4	1.3	0.4	14.2	25.2	7000	10000	23.3	25.8	HK 2020	BKH 2020
	28	12	22	0.8	1.3	0.8	8.70	10.2	7000	10000	17.1	19.7	HKH 2012	BKH 2012
	28	14	22	0.8	1.3	0.8	11.0	13.8	7000	10000	20.3	22.9	HKH 2014	BKH 2014

（续）

公称尺寸 /mm			安装尺寸 /mm		其他尺寸 /mm		基本额定载荷/kN		极限转速 /r·min^{-1}		质量 /g		轴承代号	
F_w	D	C	D_2 max	r_a max	C_1 max	r min	C_r	C_{0r}	脂	油	W HK 型	W BK 型	HK0000 型 HKH0000 型	BK0000 型 BKH0000 型
20	28	16	22	0.8	1.3	0.8	13.0	17.2	7000	10000	23.6	26.2	HKH 2016	BKH 2016
	28	18	22	0.8	1.3	0.8	15.0	20.8	7000	10000	26.8	29.4	HKH 2018	BKH 2018
	28	20	22	0.8	1.3	0.8	16.8	24.2	7000	10000	30.2	32.8	HKH 2020	BKH 2020
22	28	10	23	0.4	1.3	0.4	6.30	9.30	6700	9500	11.7	14.8	HK 2210	BK 2210
	28	12	23	0.4	1.3	0.4	8.20	13.0	6700	9500	14.4	17.5	HK 2212	BK 2212
	28	14	23	0.4	1.3	0.4	10.0	16.8	6700	9500	17.2	20.2	HK 2214	BK 2214
	28	16	23	0.4	1.3	0.4	11.8	20.5	6700	9500	19.9	22.9	HK 2216	BK 2216
	28	18	23	0.4	1.3	0.4	13.2	24.2	6700	9500	22.5	25.6	HK 2218	BK 2218
	28	20	23	0.4	1.3	0.4	15.0	27.8	6700	9500	25.3	28.4	HK 2220	BK 2220
	30	12	24	0.8	1.3	0.8	9.10	11.2	6700	9500	18.4	21.5	HKH 2212	BKH 2212
	30	14	24	0.8	1.3	0.8	11.2	15.0	6700	9500	21.9	25.0	HKH 2214	BKH 2214
	30	16	24	0.8	1.3	0.8	13.5	18.5	6700	9500	25.3	28.4	HKH 2216	BKH 2216
	30	18	24	0.8	1.3	0.8	15.5	22.2	6700	9500	28.9	32.1	HKH 2218	BKH 2218
	30	20	24	0.8	1.3	0.8	17.5	26.0	6700	9500	32.4	35.6	HKH 2220	BKH 2220
25	32	12	27	0.8	1.3	0.8	9.10	13.2	6300	9000	18.3	22.2	HK 2512	BK 2512
	32	14	27	0.8	1.3	0.8	11.5	17.5	6300	9000	21.9	25.9	HK 2514	BK 2514
	32	16	27	0.8	1.3	0.8	13.5	22.0	6300	9000	25.2	29.2	HK 2516	BK 2516
	32	18	27	0.8	1.3	0.8	15.5	26.5	6300	9000	28.8	32.8	HK 2518	BK 2518
	32	20	27	0.8	1.3	0.8	17.5	30.8	6300	9000	32.3	36.3	HK 2520	BK 2520
	32	24	27	0.8	1.3	0.8	21.2	39.5	6300	9000	39.3	43.2	HK 2524	BK 2524
	35	14	28	0.8	1.6	0.8	12.2	14.0	6300	9000	29.9	34.0	HKH 2514	BKH 2514
	35	16	28	0.8	1.6	0.8	15.0	18.2	6300	9000	35.0	39.0	HKH 2516	BKH 2516
	35	18	28	0.8	1.6	0.8	17.5	22.5	6300	9000	40.0	44.1	HKH 2518	BKH 2518
	35	20	28	0.8	1.6	0.8	20.2	26.8	6300	9000	44.9	49.0	HKH 2520	BKH 2520
	35	24	28	0.8	1.6	0.8	25.0	35.2	6300	9000	54.8	58.9	HKH 2524	BKH 2524
28	35	12	30	0.8	1.3	0.8	9.50	14.5	6300	9000	20.0	24.9	HK 2812	BK 2812
	35	14	30	0.8	1.3	0.8	12.0	19.5	6300	9000	24.0	29.0	HK 2814	BK 2814
	35	16	30	0.8	1.3	0.8	14.2	24.2	6300	9000	27.6	32.6	HK 2816	BK 2816
	35	18	30	0.8	1.3	0.8	16.2	29.2	6300	9000	31.7	36.6	HK 2818	BK 2818
	35	20	30	0.8	1.3	0.8	18.5	34.0	6300	9000	35.5	40.5	HK 2820	BK 2820
	35	24	30	0.8	1.3	0.8	22.5	43.5	6300	9000	43.2	48.1	HK 2824	BK 2824
	38	14	31	0.8	1.6	0.8	13.2	16.2	6300	9000	33.2	38.3	HKH 2814	BKH 2814
	38	16	31	0.8	1.6	0.8	16.5	21.2	6300	9000	38.8	43.9	HKH 2816	BKH 2816
	38	18	31	0.8	1.6	0.8	19.2	26.2	6300	9000	44.4	49.5	HKH 2818	BKH 2818
	38	20	31	0.8	1.6	0.8	22.2	31.0	6300	9000	49.8	54.9	HKH 2820	BKH 2820
	38	24	31	0.8	1.6	0.8	27.5	41.0	6300	9000	60.8	65.8	HKH 2824	BKH 2824
30	37	12	32	0.8	1.3	0.8	10.0	15.8	5600	8000	21.4	27.1	HK 3012	BK 3012
	37	14	32	0.8	1.3	0.8	12.5	21.2	5600	8000	25.5	31.2	HK 3014	BK 3014
	37	16	32	0.8	1.3	0.8	15.0	26.5	5600	8000	29.6	35.3	HK 3016	BK 3016
	37	18	32	0.8	1.3	0.8	17.2	31.8	5600	8000	33.6	39.3	HK 3018	BK 3018
	37	20	32	0.8	1.3	0.8	19.2	37.0	5600	8000	37.9	43.6	HK 3020	BK 3020
	37	24	32	0.8	1.3	0.8	23.5	47.5	5600	8000	46.0	51.7	HK 3024	BK 3024
	40	14	33	0.8	1.6	0.8	13.8	17.5	5600	8000	35.2	41.0	HKH 3014	BKH 3014
	40	16	33	0.8	1.6	0.8	17.0	22.8	5600	8000	41.1	46.9	HKH 3016	BKH 3016
	40	18	33	0.8	1.6	0.8	20.2	28.0	5600	8000	47.0	52.8	HKH 3018	BKH 3018
	40	20	33	0.8	1.6	0.8	23.0	33.2	5600	8000	52.8	58.6	HKH 3020	BKH 3020
	40	24	33	0.8	1.6	0.8	28.5	43.8	5600	8000	64.4	70.2	HKH 3024	BKH 3024
32	39	12	34	0.8	1.3	0.8	10.5	17.2	5300	7500	22.7	29.2	HK 3212	BK 3212
	39	14	34	0.8	1.3	0.8	13.2	23.0	5300	7500	27.2	33.7	HK 3214	BK 3214
	39	16	34	0.8	1.3	0.8	15.5	28.5	5300	7500	31.3	37.8	HK 3216	BK 3216
	39	18	34	0.8	1.3	0.8	18.0	34.2	5300	7500	35.8	42.3	HK 3218	BK 3218
	39	20	34	0.8	1.3	0.8	20.2	40.0	5300	7500	40.4	46.8	HK 3220	BK 3220
	39	24	34	0.8	1.3	0.8	24.5	51.5	5300	7500	49.0	55.5	HK 3224	BK 3224
	42	14	35	0.8	1.6	0.8	14.5	18.5	5300	7500	37.2	43.7	HKH 3214	BKH 3214
	42	16	35	0.8	1.6	0.8	17.8	24.2	5300	7500	43.5	50.1	HKH 3216	BKH 3216
	42	18	35	0.8	1.6	0.8	20.8	29.8	5300	7500	49.7	56.3	HKH 3218	BKH 3218
	42	20	35	0.8	1.6	0.8	23.8	35.5	5300	7500	55.8	62.4	HKH 3220	BKH 3220
	42	24	35	0.8	1.6	0.8	29.5	46.8	5300	7500	68.1	74.7	HKH 3224	BKH 3224
35	42	12	37	0.8	1.3	0.8	10.8	18.5	5000	7000	24.5	32.3	HK 3512	BK 3512
	42	14	37	0.8	1.3	0.8	13.5	24.5	5000	7000	29.3	37.1	HK 3514	BK 3514
	42	16	37	0.8	1.3	0.8	16.2	30.8	5000	7000	33.9	41.6	HK 3516	BK 3516
	42	18	37	0.8	1.3	0.8	18.5	37.0	5000	7000	38.7	46.4	HK 3518	BK 3518
	42	20	37	0.8	1.3	0.8	21.0	43.2	5000	7000	43.5	51.2	HK 3520	BK 3520

（续）

公称尺寸 /mm			安装尺寸 /mm		其他尺寸 /mm		基本额定载荷/kN		极限转速 /r·min^{-1}		质量 /g		轴承代号	
											W		HK0000 型	BK0000 型
F_w	D	C	D_2 max	r_a max	C_1 max	r min	C_r	C_{0r}	脂	油	HK 型	BK 型	HKH0000 型	BKH0000 型
35	42	24	37	0.8	1.3	0.8	25.5	55.5	5000	7000	52.8	60.5	HK 3524	BK 3524
	45	14	38	0.8	1.6	0.8	14.8	19.8	5000	7000	39.8	47.6	HKH 3514	BKH 3514
	45	16	38	0.8	1.6	0.8	18.2	25.8	5000	7000	46.5	54.4	HKH 3516	BKH 3516
	45	18	38	0.8	1.6	0.8	21.5	31.8	5000	7000	53.2	61.0	HKH 3518	BKH 3518
	45	20	38	0.8	1.6	0.8	24.5	37.8	5000	7000	59.8	67.7	HKH 3520	BKH 3520
	45	24	38	0.8	1.6	0.8	30.2	49.8	5000	7000	72.9	80.8	HKH 3524	BKH 3524
38	45	12	40	0.8	1.3	0.8	11.2	19.8	4500	6300	26.4	35.4	HK 3812	BK 3812
	45	14	40	0.8	1.3	0.8	14.0	26.5	4500	6300	31.5	40.6	HK 3814	BK 3814
	45	16	40	0.8	1.3	0.8	16.8	33.0	4500	6300	36.4	45.4	HK 3816	BK 3816
	45	18	40	0.8	1.3	0.8	19.2	39.5	4500	6300	41.5	50.6	HK 3818	BK 3818
	45	20	40	0.8	1.3	0.8	21.8	46.2	4500	63000	46.7	55.7	HK 3820	BK 3820
	45	24	40	0.8	1.3	0.8	26.2	59.5	4500	6300	56.7	65.8	HK 3824	BK 3824
	48	14	41	0.8	1.6	0.8	15.8	22.2	4500	6300	43.1	52.3	HKH 3814	BKH 3814
	48	16	41	0.8	1.6	0.8	19.5	28.8	4500	6300	50.4	59.6	HKH 3816	BKH 3816
	48	18	41	0.8	1.6	0.8	22.8	35.5	4500	6300	57.6	66.8	HKH 3818	BKH 3818
	48	20	41	0.8	1.6	0.8	26.2	42.2	4500	6300	64.7	73.9	HKH 3820	BKH 3820
	48	24	41	0.8	1.6	0.8	32.2	55.5	4500	6300	78.9	88.1	HKH 3824	BKH 3824
40	47	12	42	0.8	1.3	0.8	11.5	21.2	4500	6300	27.6	37.7	HK 4012	BK 4012
	47	14	42	0.8	1.3	0.8	14.5	28.2	4500	6300	33.1	43.1	HK 4014	BK 4014
	47	16	42	0.8	1.3	0.8	17.2	35.2	4500	6300	38.1	48.2	HK 4016	BK 4016
	47	18	42	0.8	1.3	0.8	20.0	42.2	4500	6300	43.7	53.7	HK 4018	BK 4018
	47	20	42	0.8	1.3	0.8	22.5	49.2	4500	6300	49.0	59.1	HK 4020	BK 4020
	47	24	42	0.8	1.3	0.8	27.2	63.5	4500	6300	59.6	69.7	HK 4024	BK 4024
	50	14	43	0.8	1.6	0.8	16.2	23.2	4500	6300	45.1	55.2	HKH 4014	BKH 4014
	50	16	43	0.8	1.6	0.8	20.0	30.2	4500	6300	52.7	62.8	HKH 4016	BKH 4016
	50	18	43	0.8	1.6	0.8	23.5	37.2	4500	6300	60.3	70.4	HKH 4018	BKH 4018
	50	20	43	0.8	1.6	0.8	26.8	44.5	4500	6300	67.7	77.8	HKH 4020	BKH 4020
	50	24	43	0.8	1.6	0.8	33.2	58.5	4500	6300	82.7	92.8	HKH 4024	BKH 4024
42	49	12	44	0.8	1.3	0.8	12.0	22.5	4300	6000	29.0	40.1	HK 4212	BK 4212
	49	14	44	0.8	1.3	0.8	15.0	30.0	4300	6000	34.7	45.7	HK 4214	BK 4214
	49	16	44	0.8	1.3	0.8	18.0	37.5	4300	6000	40.1	51.2	HK 4216	BK 4216
	49	18	44	0.8	1.3	0.8	20.5	45.0	4300	6000	45.8	56.8	HK 4218	BK 4218
	49	20	44	0.8	1.3	0.8	23.2	52.2	4300	6000	51.4	62.5	HK 4220	BK 4220
	49	24	44	0.8	1.3	0.8	28.2	67.2	4300	6000	62.5	73.6	HK 4224	BK 4224
	52	14	46	0.8	1.6	0.8	16.5	24.5	4300	6000	47.0	58.2	HKH 4214	BKH 4214
	52	16	46	0.8	1.6	0.8	20.5	31.8	4300	6000	54.9	66.1	HKH 4216	BKH 4216
	52	18	46	0.8	1.6	0.8	24.0	39.2	4300	6000	62.9	74.1	HKH 4218	BKH 4218
	52	20	46	0.8	1.6	0.8	27.5	46.5	4300	6000	70.6	81.8	HKH 4220	BKH 4220
	52	24	46	0.8	1.6	0.8	34.2	61.5	4300	6000	86.2	97.4	HKH 4224	BKH 4224
45	52	12	47	0.8	1.3	0.8	12.2	23.8	3800	5300	30.8	43.5	HK 4512	BK 4512
	52	14	47	0.8	1.3	0.8	15.5	31.8	3800	5300	36.8	49.5	HK 4514	BK 4514
	52	16	47	0.8	1.3	0.8	18.5	39.5	3800	5300	42.5	55.2	HK 4516	BK 4516
	52	18	47	0.8	1.3	0.8	21.2	47.5	3800	5300	48.6	61.3	HK 4518	BK 4518
	52	20	47	0.8	1.3	0.8	24.0	55.5	3800	5300	54.7	67.4	HK 4520	BK 4520
	52	24	47	0.8	1.3	0.8	29.0	71.2	3800	5300	66.4	79.1	HK 4524	BK 4524
	55	14	49	0.8	1.6	0.8	17.0	25.5	3800	5300	49.6	62.5	HKH 4514	BKH 4514
	55	16	49	0.8	1.6	0.8	20.8	33.5	3800	5300	58.1	70.9	HKH 4516	BKH 4516
	55	18	49	0.8	1.6	0.8	24.5	41.2	3800	5300	66.4	79.3	HKH 4518	BKH 4518
	55	20	49	0.8	1.6	0.8	28.2	50.0	3800	5300	74.6	87.4	HKH 4520	BKH 4520
	55	24	49	0.8	1.6	0.8	34.8	64.5	3800	5300	91.1	104	HKH 4524	BKH 4524
50	58	16	53	0.8	1.6	0.8	21.2	43.5	3400	4800	52.7	68.4	HK 5016	BK 5016
	58	18	53	0.8	1.6	0.8	24.5	52.2	3400	4800	60.0	75.6	HK 5018	BK 5018
	58	20	53	0.8	1.6	0.8	27.8	61.0	3400	4800	67.3	82.9	HK 5020	BK 5020
	58	24	53	0.8	1.6	0.8	33.8	78.5	3400	4800	82.3	97.9	HK 5024	BK 5024
55	63	16	58	0.8	1.6	0.8	22.2	47.5	3200	4500	57.3	76.2	HK 5516	BK 5516
	63	18	58	0.8	1.6	0.8	25.8	57.2	3200	4500	65.3	84.2	HK 5518	BK 5518
	63	20	58	0.8	1.6	0.8	29.0	66.5	3200	4500	73.3	92.2	HK 5520	BK 5520
	63	24	58	0.8	1.6	0.8	35.2	85.5	3200	4500	89.6	109	HK 5524	BK 5524
60	68	16	63	0.8	1.6	0.8	23.5	52.8	2800	4000	62.4	84.9	HK 6016	BK 6016
	68	18	63	0.8	1.6	0.8	27.2	63.5	2800	4000	71.1	93.6	HK 6018	BK 6018

（续）

公称尺寸 /mm			安装尺寸 /mm		其他尺寸 /mm		基本额定载荷/kN		极限转速 /r·min^{-1}		质量 /g		轴承代号	
F_w	D	C	D_2 max	r_a max	C_1 max	r min	C_r	C_{0r}	脂	油	W HK 型	W BK 型	HK0000 型 HKH0000 型	BK0000 型 BKH0000 型
60	68	20	63	0.8	1.6	0.8	30.5	74.0	2800	4000	79.8	102	HK 6020	BK 6020
	68	24	63	0.8	1.6	0.8	37.2	95.0	2800	4000	97.6	120	HK 6024	BK 6024
65	73	16	68	0.8	1.6	0.8	24.5	56.8	2800	4000	67.1	93.5	HK 6516	BK 6516
	73	18	68	0.8	1.6	0.8	28.2	68.2	2800	4000	76.5	103	HK 6518	BK 6518
	73	20	68	0.8	1.6	0.8	31.8	79.5	2800	4000	85.8	112	HK 6520	BK 6520
	73	24	68	0.8	1.6	0.8	38.6	102	2800	4000	105	131	HK 6524	BK 6524
70	78	16	73	0.8	1.6	0.8	25.2	60.8	2600	3800	71.8	102	HK 7016	BK 7016
	78	18	73	0.8	1.6	0.8	29.2	73.0	2600	3800	81.8	112	HK 7018	BK 7018
	78	20	73	0.8	1.6	0.8	32.8	85.2	2600	3800	91.9	122	HK 7020	BK 7020
	78	24	73	0.8	1.6	0.8	40.0	110	2600	3800	112	143	HK 7024	BK 7024

10 滚轮轴承（见表 14.6-32~表 14.6-35）

滚轮轴承是具有厚壁外圈的滚针轴承或圆柱滚子轴承。这种厚壁外圈可以直接在工作面上滚动，并可以承受高的径向载荷和一定的冲击载荷。滚轮轴承的外圈具有圆柱形或凸球形的外表面，凸球形外表面的滚轮轴承可以补偿轴的倾斜或安装误差。

表 14.6-32 平挡圈型滚轮滚针轴承

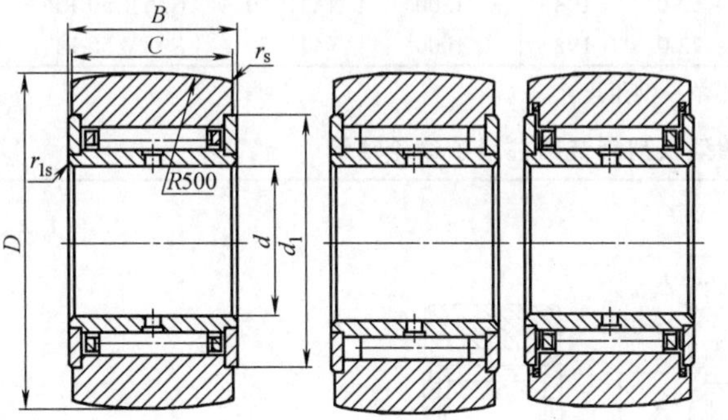

NATR型 NATV型 NATR PP型 NATV PP型

代号含义

NATR—平挡圈滚轮滚针轴承

NATV—平挡圈滚轮满装滚针轴承

PP—轴承两侧带接触式软质橡胶密封圈

公称尺寸/mm						基本额定载荷/kN		极限转速/r·min^{-1}	轴承代号	
d	D	B	C	$r_{s\,min}$	r_{1smin}	C_r	C_{0r}	油	NATR 型 NATV 型	NATR PP 型 NATV PP 型
5	16	12	11	0.15	0.15	3.8	3.8	22000	NATR 5	NATR 5 PP
	16	12	11	0.15	0.15	6.5	8.5	8500	NATV 5	NATV 5 PP
6	19	12	11	0.15	0.3	4.2	4.5	20000	NATR 6	NATR 6 PP
	19	12	11	0.15	0.3	7.2	10.8	7000	NATV 6	NATV 6 PP
8	24	15	14	0.3	0.3	6.8	7.8	15000	NATR 8	NATR 8 PP
	24	15	14	0.3	0.3	10.5	15.5	5500	NATV 8	NATV 8 PP
10	30	15	14	0.6	0.3	8.2	9.8	11000	NATR 10	NATR 10 PP
	30	15	14	0.6	0.3	12.2	19.0	4500	NATV 10	NATV 10 PP
12	32	15	14	0.6	0.3	8.8	11.0	9000	NATR 12	NATR 12 PP
	32	15	14	0.6	0.3	13.2	21.8	3900	NATV 12	NATV 12 PP
15	35	19	18	0.6	0.3	12.8	19.0	7000	NATR 15	NATR 15 PP
	35	19	18	0.6	0.3	18.2	35.0	3400	NATV 15	NATV 15 PP

（续）

公称尺寸/mm						基本额定载荷/kN		极限转速/r·min^{-1}	轴承代号	
d	D	B	C	$r_{s\ min}$	$r_{1s\ min}$	C_r	C_{0r}	油	NATR 型 NATV 型	NATR PP 型 NATV PP 型
17	40	21	20	1.0	0.3	14.2	20.5	6000	NATR 17	NATR 17 PP
	40	21	20	1.0	0.3	21.0	39.5	2900	NATV 17	NATV 17 PP
20	47	25	24	1.0	0.3	19.5	32.0	4900	NATR 20	NATR 20 PP
	47	25	24	1.0	0.3	28.0	59.0	2600	NATV 20	NATV 20 PP
25	52	25	24	1.0	0.3	21.2	38.0	3600	NATR 25	NATR 25 PP
	52	25	24	1.0	0.3	31.0	72.0	2100	NATV 25	NATV 25 PP
30	62	29	28	1.0	0.3	34.0	59.0	2600	NATR 30	NATR 30 PP
	62	29	28	1.0	0.3	48.5	108	1700	NATV 30	NATV 30 PP
35	72	29	28	1.0	0.6	37.0	69.0	2000	NATR 35	NATR 35 PP
	72	29	28	1.0	0.6	53.0	128	1400	NATV 35	NATV 35 PP
40	80	32	30	1.0	0.6	49.0	94.0	1700	NATR 40	NATR 40 PP
	80	32	30	1.0	0.6	66.0	158	1300	NATV 40	NATV 40 PP
45	85	32	30	1.0	0.6	51.0	102	1500	NATR 45	NATR 45 PP
50	90	32	30	1.0	0.6	52.0	108	1300	NATR 50	NATR 50 PP
	90	32	30	1.0	0.6	72.0	192	1000	NATV 50	NATV 50 PP

注：r_{smin}—外圈最小单一倒角尺寸；r_{1smin}—内圈最小单一倒角尺寸。

表 14.6-33 平挡圈型双列满装圆柱滚子滚轮轴承

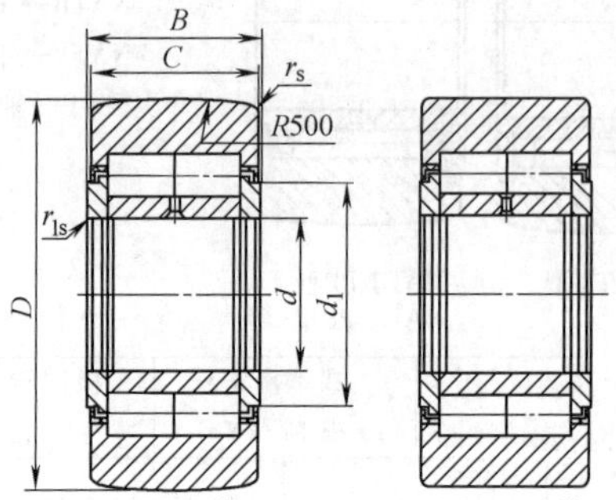

公称尺寸/mm							基本额定载荷/kN		极限转速/r·min^{-1}	轴承代号
d	D	B	C	d_1	$r_{s\ min}$	$r_{1s\ min}$	C_r	C_{0r}	油	NUTR 型 NUTR X 型
15	35	19	18	20	0.6	0.3	16.0	16.8	6500	NUTR 15
	42	19	18	20	0.6	0.3	18.0	21.8	6500	NUTR 1542
17	40	21	20	22	1.0	0.3	18.5	22.5	5500	NUTR 17
	47	21	20	22	1.0	0.3	21.2	28.0	5500	NUTR 1742
20	47	25	24	27	1.0	0.3	28.0	35.0	4200	NUTR 20
	52	25	24	27	1.0	0.3	31.5	41.0	4200	NUTR 2052
25	52	25	24	31	1.0	0.3	29.0	37.5	3400	NUTR 25
	62	25	24	31	1.0	0.3	35.5	50.0	3400	NUTR 2562

（续）

外形尺寸/mm							基本额定载荷/kN		极限转速/r · min⁻¹	轴承代号
d	D	B	C	d_1	$r_{s\ min}$	$r_{1s\ min}$	C_r	C_{0r}	油	NUTR 型 NUTR X 型
30	62	29	28	38	1.0	0.3	40.0	50.0	2600	NUTR 30
	72	29	28	38	1.0	0.3	47.5	64.0	2600	NUTR 3072
35	72	29	28	44	1.0	0.6	44.5	60.0	2100	NUTR 35
	80	29	28	44	1.0	0.6	51.0	72.0	2100	NUTR 3580
40	80	32	30	51	1.0	0.6	55.0	75.0	1600	NUTR 40
	90	32	30	51	1.0	0.6	66.0	95.0	1600	NUTR 4090
45	85	32	30	55	1.0	0.6	56.0	78.0	1400	NUTR 45
	100	32	30	55	1.0	0.6	71.0	108	1400	NUTR 45100
50	90	32	30	60	1.0	0.6	57.0	81.0	1300	NUTR 50
	110	32	30	60	1.0	0.6	76.0	120	1300	NUTR 50110

注：1. 轴承的外圈为圆柱面时，在轴承后加“X”。

2. r_{smin}—外圈最小单一倒角尺寸；r_{1smin}—内圈最小单一倒角尺寸。

表 14.6-34　螺栓型滚轮滚针轴承（部分摘自 GB/T 6445—2007）

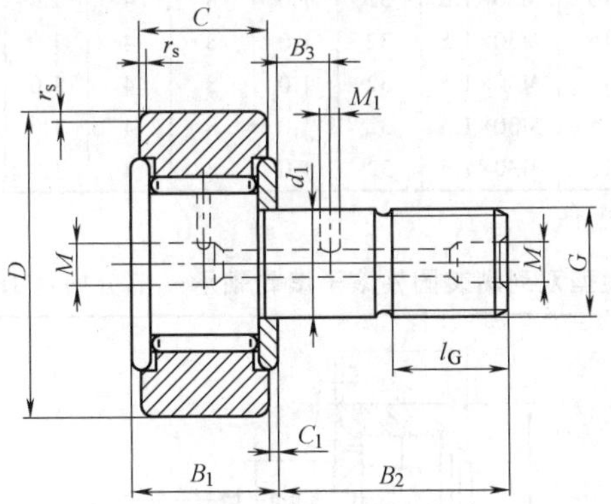

KR(KRV)型

公称尺寸/mm												基本额定载荷/kN		极限转速/r · min⁻¹	轴承代号
d_1	D	C	B_1 max	B_2	B_3	G	l_G	C_1	M	M_1	$r_{s\ min}$	C_r	C_{0r}	油	KR 型 KRV 型
6	16	11	12.2	16	—	M6×1	8	0.6	4	—	0.15	3.15	3.2	14000	KR 16
	16	11	12.2	16	—	M6×1	8	0.6	4	—	0.15	4.85	6.5	3800	KRV 16
8	19	11	12.2	20	—	M8×1.25	10	0.6	4	—	0.15	3.5	3.8	11000	KR 19
	19	11	12.2	20	—	M8×1.25	10	0.6	4	—	0.15	3.5	7.8	3100	KRV 19
10	22	12	13.2	23	—	M10×1	12	0.6	4	—	0.3	4.5	5.2	8000	KR 22
	22	12	13.2	23	—	M10×1	12	0.6	4	—	0.3	6.2	9.2	2600	KRV 22
	26	12	13.2	23	—	M10×1	12	0.6	4	—	0.3	5.2	6.2	8000	KR 26
	26	12	13.2	23	—	M10×1	12	0.6	4	—	0.3	7.2	11.2	2600	KRV 26
12	30	14	15.2	25	6	M12×1.5	13	0.6	6	3	0.6	6.8	8.5	5500	KR 30
	30	14	15.2	25	6	M12×1.5	13	0.6	6	3	0.6	9.5	14.5	2100	KRV 30
	32	14	15.2	25	6	M12×1.5	13	0.6	6	3	0.6	7.2	9	5500	KR 32
	32	14	15.2	25	6	M12×1.5	13	0.6	6	3	0.6	10	15.8	2100	KRV 32

（续）

公称尺寸/mm												基本额定载荷/kN		极限转速 /r · min^{-1}	轴承代号
d_1	D	C	B_1 max	B_2	B_3	G	l_G	C_1	M	M_1	$r_{s\ min}$	C_r	C_{0r}	油	KR 型 KRV 型
16	35	18	19.6	32.5	8	M16×1.5	17	0.8	6	3	1.0	9.8	14.2	3600	KR 35
	35	18	19.6	32.5	8	M16×1.5	17	0.8	6	3	1.0	12.8	23	1600	KRV 35
18	40	20	21.6	36.5	8	M18×1.5	19	0.8	6	3	1.0	10.8	15.5	2900	KR 40
	40	20	21.6	36.5	8	M18×1.5	19	0.8	6	3	1.0	14.8	26.5	1400	KRV 40
20	47	24	25.6	40.5	9	M20×1.5	21	0.8	8	4	1.0	15.5	25.5	2400	KR 47
	47	24	25.6	40.5	9	M20×1.5	21	0.8	8	4	1.0	20.5	42.0	1400	KRV 47
	52	24	25.6	40.5	9	M20×1.5	21	0.8	8	4	1.0	16.8	29.0	2400	KR 52
	52	24	25.6	40.5	9	M20×1. 5	21	0. 8	8	4	1.0	20.5	42.0	1300	KRV 52
24	62	29	30.6	49.5	11	M24×1.5	25	0. 8	8	4	1.0	26.5	48.0	1900	KR 62
	62	29	30.6	49.5	11	M24×1.5	25	0.8	8	4	1.0	34.0	76.0	1100	KRV 62
	72	29	30.6	49.5	11	M24×1.5	25	0.8	8	4	1.0	28.0	53.0	1900	KR 72
	72	29	30.6	49.5	11	M24×1.5	25	0.8	8	4	1.0	37.0	85.0	1100	KRV 72
30	80	35	37	63	15	M30×1.5	32	1.0	8	4	1.0	39.5	77.0	1300	KR 80
	80	35	37	63	15	M30×1.5	32	1.0	8	4	1.0	49.5	120	850	KRV 80
	85	35	37	63	15	M30×1.5	32	1.0	8	4	1.0	48.2	83.8	1300	KR 85
	85	35	37	63	15	M30×1.5	32	1.0	8	4	1.0	74.8	150	850	KRV 85
	90	35	37	63	15	M30×1.5	32	1.0	8	4	1.0	41. 5	83	1300	KR 90
	90	35	37	63	15	M30×1.5	32	1.0	8	4	1.0	53	130	850	KRV 90

注：r_{smin}——外圈最小单一倒角尺寸。

表 14. 6-35 螺栓型双列满装圆柱滚子滚轮轴承（部分摘自 JB/T 7754—2007）

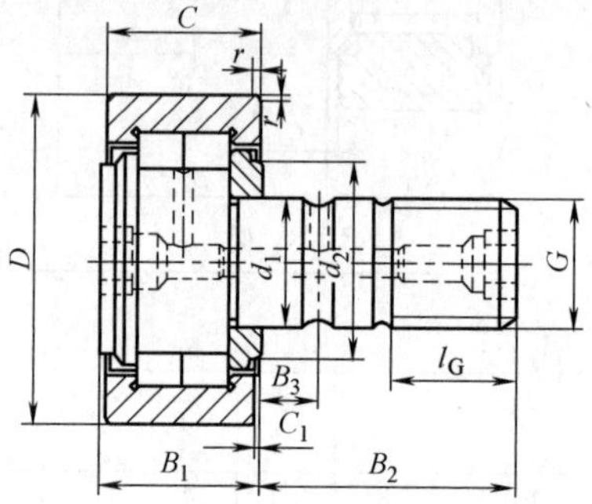

NUKR型

公称尺寸/mm											基本额定载荷/kN		极限转速 /r · min^{-1}	轴承代号
d_1	D	C	B_1	B_2	B_3	G	l_G	C_1	d_2	r_{smin}	C_r	C_{0r}	油	NUKR 型 NUKR X 型
16	35	18	19.6	32.5	8	M16×1.5	17	0.8	20	0.6	15.0	16.8	8400	NUKR 35
	35	18	19.6	32.5	8	M16×1.5	17	0.8	20	0.6	15.0	16.8	8400	NUKR 35 X
18	40	20	21.6	36.5	8	M18×1.5	19	0.8	22	1.0	18.4	22.6	7000	NUKR 40
	40	20	21.6	36.5	8	M18×1.5	19	0.8	22	1.0	18.4	22.6	7000	NUKR 40 X
20	47	24	25.6	40.5	9	M20×1.5	21	0.8	27	1.0	28.0	35.0	5400	NUKR 47
	47	24	25.6	40.5	9	M20×1.5	21	0.8	27	1.0	28.0	35.0	5400	NUKR 47 X
	52	24	25.6	40.5	9	M20×1.5	21	0.8	31	1.0	29.0	37.5	4400	NUKR 52
	52	24	25.6	40.5	9	M20×1.5	21	0.8	31	1.0	29.0	37.5	4400	NUKR 52 X

（续）

公称尺寸/mm											基本额定载荷/kN		极限转速/r·min^{-1}	轴承代号
d_1	D	C	B_1	B_2	B_3	G	l_G	C_1	d_2	r_{smin}	C_r	C_{0r}	油	NUKR 型 NUKR X 型
24	62	28	30.6	49.5	11	M24×1.5	25	0.8	38	1.0	40.0	50.0	3300	NUKR 62
	62	28	30.6	49.5	11	M24×1.5	25	0.8	38	1.0	40.0	50.0	3300	NUKR 62 X
	72	28	30.6	49.5	11	M24×1.5	25	0.8	44	1.0	44.5	60.0	2700	NUKR 72
	72	28	30.6	49.5	11	M24×1.5	25	0.8	44	1.0	44.5	60.0	2700	NUKR 72 X
30	80	35	37.0	63.0	15	M30×1.5	32	1.0	47	1.0	69.0	98.0	2300	NUKR 80
	80	35	37.0	63.0	15	M30×1.5	32	1.0	47	1.0	69.0	98.0	2300	NUKR 80 X
	90	35	30.6	63.0	15	M30 ×1.5	32	1.0	47	1.0	79.0	117.0	2300	NUKR 90
	90	35	30.6	63.0	15	M30×1. 5	32	1.0	47	1.0	79.0	117.0	2300	NUKR 90 X

注：r_{smin}——外圈最小单一倒角尺寸。

11　带座外球面球轴承

1）带座外球面球轴承与轴心线允许偏斜 5°。若使用中要求补充添加润滑脂，则偏斜角不允许超过 2°。

2）带座外球面球轴承内圈孔的上极限偏差为正值，下极限偏差为零。正常工作状态下，与带紧定螺钉和偏心套轴承配合的轴选用 h7，轻载荷、低速时选用比 h7 松的配合，重载荷、高速时选用比 h7 紧的配合。与带紧定套轴承配合的轴选用 h9。各种带座外球面球轴承在不同配合下的极限转速见表 14.6-36（供参考）。

3）所有这类轴承，在轴承内一般装填符合 GB 7631.8—1990 规定的 2 号工业锂基润滑脂，轴承两侧面带密封。

4）轴承座的标准符合 GB/T 7809—1995。

5）带座外球面球轴承的外形尺寸符合标准 GB/T 7810—1995（见表 14.6-37～表 14.6-51）。

表 14.6-36　带座外球面球轴承在不同配合下的极限转速　（r/min）

轴承内径 d/mm	轴的公差							
	j7(h9/IT5)①		h7		h8		h9	
	200 系列	300 系列	200 系列	300 系列	200 系列	300 系列	200 系列	300 系列
12	6700	—	5300	—	3800	—	1400	—
15	6700	—	5300	—	3800	—	1400	—
17	6700	—	5300	—	3800	—	1400	—
20	6000	—	4800	—	3400	—	1200	—
25	5600	5000	4000	3600	3000	2600	1000	900
30	4500	4300	3400	3000	2400	2200	850	800
35	4000	3800	3000	2800	2000	2000	750	700
40	3600	3400	2600	2400	1900	1700	670	630
45	3200	3000	2400	2200	1700	1500	600	560
50	3000	2600	2200	2000	1600	1400	560	500
55	2600	2400	2000	1800	1400	1300	500	450
60	2400	2200	1800	1700	1200	1100	450	430
65	2200	2000	1700	1500	1100	1100	430	400
70	2200	1900	1600	1400	1100	1000	400	360
75	2000	1800	1500	1300	1000	900	380	340
80	1900	1700	1400	1200	950	850	340	320
85	1800	1600	1300	1100	900	800	320	300
90	1700	1500	1200	1100	800	750	300	280
95	—	1400	—	1000	—	700	—	260
100	—	1300	—	950	—	670	—	240
105	—	1200	—	900	—	630	—	220
110	—	1200	—	800	—	600	—	200
120	—	1100	—	750	—	530	—	190
130	—	1000	—	670	—	480	—	180
140	—	900	—	600	—	430	—	160

① 括号内 h9/IT5 一栏适用于带紧定套外球面球轴承，其余 j7～h9 各栏适用于带紧定螺钉和偏心套外球面球轴承。

表 14.6-37　带立式座外球面球轴承（带紧定螺钉、带偏心套）（部分摘自 GB/T 7810—1995）

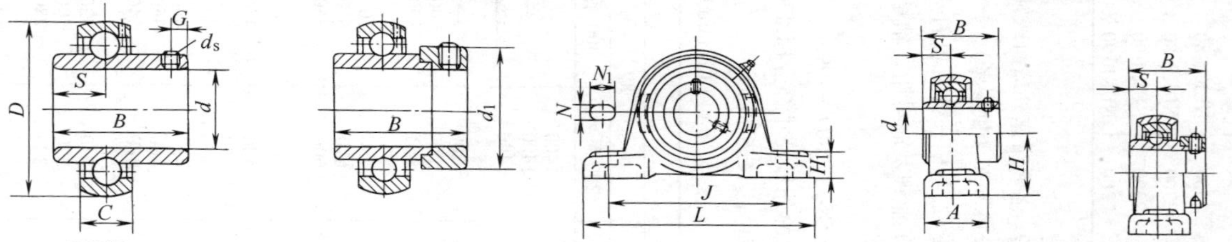

UC 型　　UEL 型　　UCP 型　　UELP 型

代号含义
UC—带紧定螺钉
UEL—带偏心套
P—铸造立式座

轴承尺寸/mm								基本额定载荷/kN		座尺寸/mm								带座轴承代号	轴承代号	座代号	配用偏心套
d	D	B	S	C	d_s	G	d_1 max	C_r	C_{0r}	A max	H	H_1 max	N min	N max	N_1 min	J	L max	UCP 型 UELP 型	UC 型 UEL 型	P 型	代号
12	40	27.4	11.5	14	M6×0.75	4	—	7.35	4.78	39	30.2	17	10.5	12.43	16	96	129	UCP201	UC201	P203	—
	40	37.3	13.9	14	—	—	28.6	7.35	4.78	39	30.2	17	10.5	12.43	16	96	129	UELP201	UEL201	P203	E201
15	40	27.4	11.5	14	M6×0.75	4	—	7.35	4.78	39	30.2	17	10.5	12.43	16	96	129	UCP202	UC202	P203	—
	40	37.3	13.9	14	—	—	28.6	7.35	4.78	39	30.2	17	10.5	12.43	16	96	129	UELP202	UEL202	P203	E202
17	40	27.4	11.5	14	M6×0.75	4	—	7.35	4.78	39	30.2	17	10.5	12.43	16	96	129	UCP203	UC203	P203	—
	40	37.3	13.9	14	—	—	28.6	7.35	4.78	39	30.2	17	10.5	12.43	16	96	129	UELP203	UEL203	P203	E203
20	47	31.0	12.7	17	M6×0.75	5	—	9.88	6.65	39	33.3	17	10.5	12.43	16	96	134	UCP204	UC204	P204	—
	47	43.7	17.1	17	—	—	33.3	9.88	6.65	39	33.3	17	10.5	12.43	16	96	134	UELP204	UEL204	P204	E204
25	52	34.1	14.3	17	M6×0.75	5	—	10.8	7.88	39	36.5	17	10.5	12.43	16	105	142	UCP205	UC205	P205	—
	62	38	15	21	M6×0.75	6	—	17.2	11.5	45	45	17	17		20	132	175	UCP305	UC305	P305	—
	52	44.4	17.5	17	—	—	38.1	10.8	7.88	39	36.5	17	10.5	12.43	16	105	142	UELP205	UEL205	P205	E205
	62	46.8	16.7	21	—	—	42.8	17.2	11.5	45	45	17	17		20	132	175	UELP305	UEL305	P305	E305
30	62	38.1	15.9	19	M6×0.75	5	—	15.0	11.2	48	42.9	20	13	14.93	19	121	167	UCP206	UC206	P206	—
	72	43	17	23	M6×0.75	6	—	20.8	15.2	50	50	20	17		20	140	180	UCP306	UC306	P306	—
	62	48.4	18.3	19	—	—	44.5	15.0	11.2	48	42.9	20	13	14.93	19	121	167	UELP206	UEL206	P206	E206
	72	50	17.5	23	—	—	50	20.8	15.2	50	50	20	17		20	140	180	UELP306	UEL306	P306	E306
35	72	42.9	17.5	20	M8×1	7	—	19.8	15.2	48	47.6	20	13	14.93	19	126	172	UCP207	UC207	P207	—
	80	48	19	25	M8×1	8	—	25.8	19.2	56	56	22	17		25	160	210	UCP307	UC307	P307	—
	72	51.1	18.8	20	—	—	55.6	19.8	15.2	48	47.6	20	13	14.93	19	126	172	UELP207	UEL207	P207	E207
	80	51.6	18.3	25	—	—	55	25.8	19.2	56	56	22	17		25	160	210	UELP307	UEL307	P307	E307

（续）

轴承尺寸/mm								基本额定载荷/kN		座尺寸/mm								带座轴承代号	轴承代号	座代号	配用偏心套
d	D	B	S	C	d_s	G	d_1 max	C_r	C_{0r}	A max	H	H_1 max	N min	N max	N_1 min	J	L max	UCP 型 UELP 型	UC 型 UEL 型	P 型	代号
40	80	49.2	19	21	M8×1	8	—	22.8	18.2	55	49.2	20	13	14.93	19	136	186	UCP208	UC208	P208	—
	90	52	19	27	M10×1.25	10	—	31.2	24.0	60	60	24	17		27	170	220	UCP308	UC308	P308	—
	80	56.3	21.4	21	—	—	60.3	22.8	18.2	55	49.2	20	13	14.93	19	136	186	UELP208	UEL208	P208	E208
	90	57.1	19.8	27	—	—	63.5	31.2	24.0	60	60	24	17		27	170	220	UELP308	UEL308	P308	E308
45	85	49.2	19.0	22	M8×1	8	—	24.5	20.8	55	54	22	13	14.93	19	146	192	UCP209	UC209	P209	—
	100	57	22	30	M10×1.25	10	—	40.8	31.8	67	67	26	20		30	190	245	UCP309	UC309	P309	—
	85	56.3	21.4	22	—	—	63.5	24.5	20.8	55	54	22	13	14.93	19	146	192	UELP209	UEL209	P209	E209
	100	58.7	19.8	30	—	—	70	40.8	31.8	67	67	26	20		30	190	245	UELP309	UEL309	P309	E309
50	90	51.6	19.0	24	M10×1.25	10	—	27.0	23.2	61	57.2	23	17	19.05	20.5	159	208	UCP210	UC210	P210	—
	110	61	22	32	M12×1.5	12	—	47.5	37.8	75	75	29	20		35	212	275	UCP310	UC310	P310	—
	90	62.7	24.6	24	—	—	69.9	27.0	23.2	61	57.2	23	17	19.02	20.5	159	208	UELP210	UEL210	P210	E210
	110	66.6	24.6	32	—	—	76.2	47.5	37.8	75	75	29	20		35	212	275	UELP310	UEL310	P310	E310
55	100	55.6	22.2	25	M10×1.25	10	—	33.5	29.2	61	63.5	25	17	19.02	20.5	172	233	UCP211	UC211	P211	—
	120	66	25	34	M12×1.5	12	—	55.0	44.8	80	80	32	20		38	236	310	UCP311	UC311	P311	—
	100	71.4	27.8	25	—	—	76.2	33.5	29.2	61	63.5	25	17	19.02	20.5	172	233	UELP211	UEL211	P211	E211
	120	73	27.8	34	—	—	83	55.0	44.8	80	80	32	20		38	236	310	UELP311	UEL311	P311	E311
60	110	65.1	25.4	27	M10×1.25	10	—	36.8	32.8	71	69.9	27	17	19.02	22	186	243	UCP212	UC212	P212	—
	130	71	26	36	M12×1.5	12	—	62.8	51.8	85	85	34	25		38	250	330	UCP312	UC312	P312	—
	110	77.8	31.0	27	—	—	84.2	36.8	32.8	71	69.9	27	17	19.02	22	186	243	UELP212	UEL212	P212	E212
	130	79.4	30.95	36	—	—	89	62.8	51.8	85	85	34	25		38	250	330	UELP312	UEL312	P312	E312
65	120	65.1	25.4	28	M10×1.25	10	—	44.0	40.0	73	76.2	34	21	24.52	24	203	268	UCP213	UC213	P213	—
	140	75	30	38	M12×1.5	12	—	72.2	60.5	90	90	37	25		38	260	340	UCP313	UC313	P313	—
	120	85.7	34.1	28	—	—	86	44.0	40.0	73	76.2	34	21	24.52	24	203	268	UELP213	UEL213	P213	E213
	140	85.7	32.55	38	—	—	97	72.2	60.5	90	90	37	25		38	260	340	UELP313	UEL313	P313	E313
70	125	74.6	30.2	29	M12×1.5	12	—	46.8	45.0	74	79.4	34	21	24.52	24	210	274	UCP214	UC214	P214	—
	150	78	33	40	M12×1.5	12	—	80.2	68.0	90	95	41	27		40	280	360	UCP314	UC314	P314	—
	125	85.7	34.1	29	—	—	90	46.8	45.0	74	79.4	34	21	24.52	24	210	274	UELP214	UEL214	P214	E214
	150	92.1	34.15	40	—	—	102	80.2	68.0	90	95	41	27		40	280	360	UELP314	UEL314	P314	E314
75	130	77.8	33.3	30	M12×1.5	12	—	50.8	49.5	83	82.6	35	21	24.52	24	217	300	UCP215	UC215	P215	—

（续）

轴承尺寸/mm								基本额定载荷/kN		座尺寸/mm								带座轴承代号	轴承代号	座代号	配用偏心套
d	D	B	S	C	d_s	G	d_1 max	C_r	C_{0r}	A max	H	H_1 max	N min	N max	N_1 min	J	L max	UCP型 UELP型	UC型 UEL型	P型	代号
75	160	82	32	42	M14×1.5	14	—	87.2	76.8	100	100	41	27		40	290	380	UCP315	UC315	P315	—
	130	92.1	37.3	30	—	—	102	50.8	49.5	83	82.6	35	21	24.52	24	217	300	UELP215	UEL215	P215	E215
	160	100	37.3	42	—	—	113	87.2	76.8	100	100	41	27		40	290	380	UELP315	UEL315	P315	E315
80	140	82.6	33.3	33	M12×1.5	12	—	55.0	54.2	84	88.9	38	21	24.52	24	232	305	UCP216	UC216	P216	—
	170	86	34	44	M14×1.5	14	—	94.5	86.5	110	106	46	27		40	300	400	UCP316	UC316	P316	—
	170	106.4	40.5	44	—	—	119	94.5	86.5	110	106	46	27		40	300	400	UELP316	UEL316	P316	E316
85	150	85.7	34.1	35	M12×1.5	12	—	64.0	63.8	95	95.2	41	21	24.52	24	247	330	UCP217	UC217	P217	—
	180	96	40	46	M16×1.5	16	—	102	96.5	110	112	46	33		45	320	420	UCP317	UC317	P317	—
	180	109.5	42.05	46	—	—	127	102	96.5	110	112	46	33		45	320	420	UELP317	UEL317	P317	E317
90	160	96.0	39.7	37	M12×1.5	12	—	73.8	71.5	100	101.6	44	25	28.52	34	262	356	UCP218	UC218	P218	—
	190	96	40	48	M16×1.5	16	—	110	108	110	118	51	33		45	330	430	UCP318	UC318	P318	—
	190	115.9	43.65	48	—	—	133	110	108	110	118	51	33		45	330	430	UELP318	UEL318	P318	E318
95	200	103	41	50	M16×1.5	16	—	120	122	120	125	51	36		50	360	470	UCP319	UC319	P319	—
	200	122.3	38.9	50	—	—	140	120	122	120	125	51	36		50	360	470	UELP319	UEL319	P319	E319
100	180	108	34	51	M12×1.5	12	—	95	92	111	115	46	25	28.52	34	308	390	UCP220	UC220	P220	—
	215	108	42	54	M18×1.5	18	—	132	140	120	140	56	36		50	380	490	UCP320	UC320	P320	—
	215	128.6	50	54	—	—	146	132	140	120	140	56	36		50	380	490	UELP320	UEL320	P320	E320
105	225	112	44	56	M18×1.5	18	—	142	152	120	140	56	36		50	380	490	UCP321	UC321	P321	—
110	240	117	46	60	M18×1.5	18	—	158	178	140	150	61	40		55	400	520	UCP322	UC322	P322	—
120	260	126	51	64	M18×1.5	18	—	175	208	140	160	71	40		55	450	570	UCP324	UC324	P324	—
130	280	135	54	68	M20×1.5	20	—	195	242	140	180	81	40		55	480	600	UCP326	UC326	P326	—
140	300	145	59	72	M20×1.5	20	—	212	272	140	200	81	40		55	500	620	UCP328	UC328	P328	—

注：P300型座中 A、H_1、L 尺寸为公称尺寸，不是最大值；N_1 尺寸为公称尺寸，不是最小值。

表 14. 6-38　带立式座外球面球轴承（带紧定套）（部分摘自 GB/T 7810—1995）

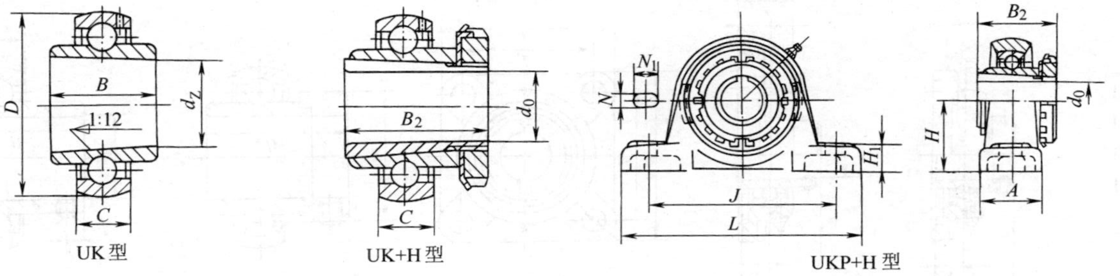

代号含义
UK—圆锥孔
H—带紧定套
P—铸造立式座

轴承尺寸/mm							基本额定载荷/kN		座尺寸/mm								带座轴承代号	轴承代号	座代号
d_Z	D	d_0	B_2	B min	B max	C	C_r	C_{0r}	A max	H	H_1 max	N min	N max	N_1 min	J	L max	UKP+H 型	UK+H 型	P 型
25	52	20	35	15	27	17	10.8	7.88	39	36.5	17	10.5	12.43	16	105	142	UKP205+H2305	UK205+H2305	P205
	62	20	35	21	27	21	17.2	11.5	45	45	17	17		20	132	175	UKP305+H2305	UK305+H2305	P305
30	62	25	38	16	30	19	15.0	11.2	48	42.9	20	13	14.93	19	121	167	UKP206+H2306	UK206+H2306	P206
	72	25	38	23	30	23	20.8	15.2	50	50	20	17		20	140	180	UKP306+H2306	UK306+H2306	P306
35	72	30	43	17	34	20	19.8	15.2	48	47.6	20	13	14.93	19	126	172	UKP207+H2307	UK207+H2307	P207
	80	30	43	26	34	25	25.8	19.2	56	56	22	17		25	160	210	UKP307+H2307	UK307+H2307	P307
40	80	35	46	18	36	21	22.8	18.2	55	49.2	20	13	14.93	19	136	186	UKP208+H2308	UK208+H2308	P208
	90	35	46	26	36	27	31.2	24.0	60	60	24	17		27	170	220	UKP308+H2308	UK308+H2308	P308
45	85	40	50	19	39	22	24.5	20.8	55	54	22	13	14.93	19	146	192	UKP209+H2309	UK209+H2309	P209
	100	40	50	28	39	30	40.8	31.8	67	67	26	20		30	190	245	UKP309+H2309	UK309+H2309	P309
50	90	45	55	20	43	24	27.0	23.2	61	57.2	23	17	19.02	20.5	159	208	UKP210+H2310	UK210+H2310	P210
	110	45	55	30	43	32	47.5	37.8	75	75	29	20		35	212	275	UKP310+H2310	UK310+H2310	P310
55	100	50	59	21	47	25	33.5	29.2	61	63.5	25	17	19.02	20.5	172	233	UKP211+H2311	UK211+H2311	P211
	120	50	59	33	47	34	55.0	44.8	80	80	32	20		38	236	310	UKP311+H2311	UK311+H2311	P311
60	110	55	62	22	49	27	36.8	32.8	71	69.9	27	17	19.02	22	186	243	UKP212+H2312	UK212+H2312	P212
	130	55	62	34	49	36	62.8	51.8	85	85	34	25		38	250	330	UKP312+H2312	UK312+H2312	P312
65	120	60	65	23	51	28	44.0	40.0	73	76.2	34	21	24.52	24	203	268	UKP213+H2313	UK213+H2313	P213
	140	60	65	36	51	38	72.2	60.5	90	90	37	25		38	260	340	UKP313+H2313	UK313+H2313	P313

（续）

轴承尺寸/mm							基本额定载荷/kN		座尺寸/mm								带座轴承代号	轴承代号	座代号
d_Z	D	d_0	B_2	B min	B max	C	C_r	C_{0r}	A max	H	H_1 max	N min	N max	N_1 min	J	L max	UKP+H 型	UK+H 型	P 型
75	130	65	73	25	58	30	50.8	49.5	83	82.6	35	21	24.52	24	217	300	UKP215+H2315	UK215+H2315	P215
	160	65	73	40	58	42	87.2	76.8	100	100	41		27	40	290	380	UKP315+H2315	UK315+H2315	P315
80	140	70	78	26	61	33	55.0	54.2	84	88.9	38	21	24.52	24	232	305	UKP216+H2316	UK216+H2316	P216
	170	70	78	42	61	44	94.5	86.5	110	106	46		27	40	300	400	UKP316+H2316	UK316+H2316	P316
85	150	75	82	28	64	35	64.0	63.8	95	95.2	41	21	24.52	24	247	330	UKP217+H2317	UK217+H2317	P217
	180	75	82	45	64	46	102	96.5	110	112	46		33	45	320	420	UKP317+H2317	UK317+H2317	P317
90	160	80	86	30	68	37	73.8	71.5	100	101.6	44	25	28.52	34	262	356	UKP218+H2318	UK218+H2318	P218
	190	80	86	47	68	48	110	108	110	118	51		33	45	330	430	UKP318+H2318	UK318+H2318	P318
95	200	85	90	49	71	50	120	122	120	125	51		36	50	360	470	UKP319+H2319	UK319+H2319	P319
100	215	90	97	51	77	54	132	140	120	140	56		36	50	380	490	UKP320+H2320	UK320+H2320	P320
110	240	100	105	56	84	60	158	178	140	150	61		40	55	400	520	UKP322+H2322	UK322+H2322	P322
120	260	110	112	60	90	64	175	208	140	160	71		40	55	450	570	UKP324+H2324	UK324+H2324	P324
130	280	115	121	65	98	68	195	242	140	180	81		40	55	480	600	UKP326+H2326	UK326+H2326	P326
140	300	125	131	70	107	72	212	272	140	200	81		40	55	500	620	UKP328+H2328	UK328+H2328	P328

注：P300 型座中 A、H_1、L 尺寸为公称尺寸，不是最大值；N_1 尺寸为公称尺寸，不是最小值。

表 14.6-39 带方形座外球面球轴承（带紧定螺钉、带偏心套）（部分摘自 GB/T 7810—1995）

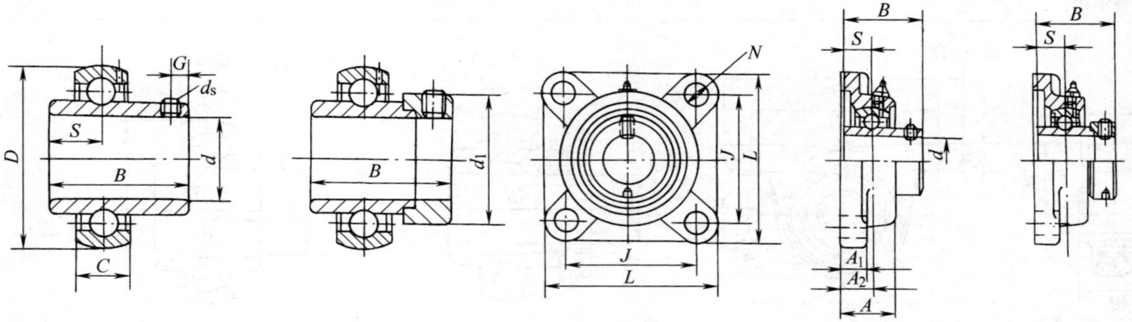

UC 型　UEL 型　UCFU 型　UELFU 型

代号含义

UC—带紧定螺钉

UEL—带偏心套

FU—铸造方形座

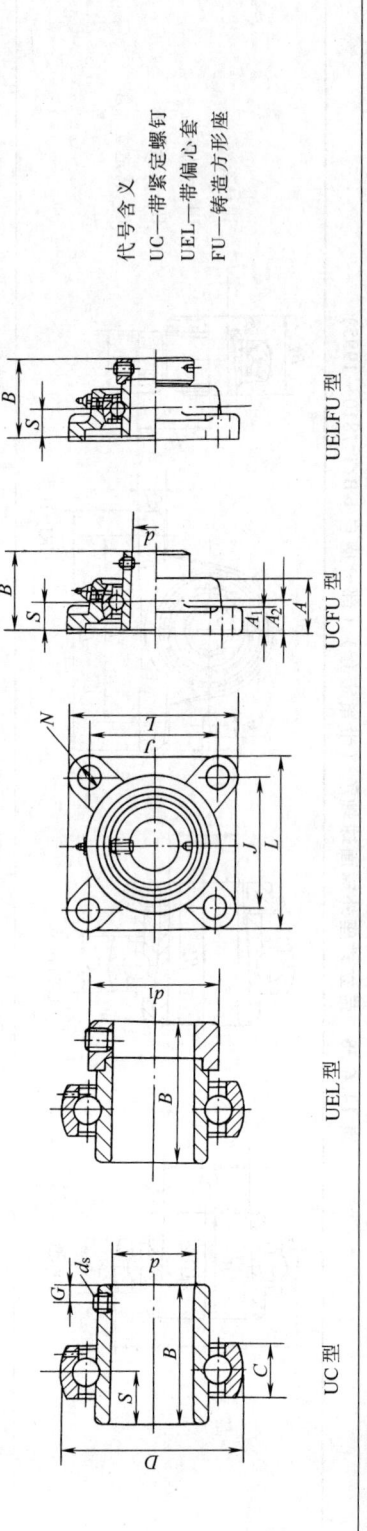

（续）

轴承尺寸/mm								基本额定载荷/kN		座尺寸/mm						带座轴承代号	轴承代号	座代号	配用偏心套
d	D	B	S	C	d_s	G	d_1 max	C_r	C_{0r}	A max	A_1 max	A_2	J	L max	N min max	UCFU 型 UELFU 型	UC 型 UEL 型	FU 型	代号
12	40	27.4	11.5	14	M6×0.75	4	7.35	4.78	—	32	13	17	54	78	10.5 12.43	UCFU 201	UC 201	FU 203	—
	40	37.3	13.9	14	—	—	28.6	7.35	4.78	32	13	17	54	78	11.5	UELFU201	UEL201	FU203	E201
15	40	27.4	11.5	14	M6×0.75	4	—	7.35	4.78	32	13	17	54	78	10.5 12.43	UCFU 202	UC 202	FU 203	—
	40	37.3	13.9	14	—	—	28.6	7.35	4.78	32	13	17	54	78	11.5	UELFU202	UEL202	FU203	E202
17	40	27.4	11.5	14	M6×0.75	4	—	7.35	4.78	32	13	17	54	78	10.5 12.43	UCFU 203	UC 203	FU 203	—
	40	37.3	13.9	14	—	—	28.6	7.35	4.78	32	13	17	54	78	11.5	UELFU203	UEL203	FU203	E203
20	47	31.0	12.7	17	M6×0.75	5	—	9.88	6.65	34	15	19	63.5	88	10.5 12.43	UCFU 204	UC 204	FU 204	—
	47	43.7	17.1	17	—	—	33.3	9.88	6.65	34	15	19	63.5	88	11.5	UELFU204	UEL204	FU204	E204
25	52	34.1	14.3	17	M6×0.75	5	—	10.8	7.88	35	15	19	70	97	11.5 12.43	UCFU 205	UC 205	FU 205	—
	62	38	15	21	M6×0.75	6	—	17.2	11.5	29	13	17	80	110	16	UCFU305	UC305	FU305	—
	52	44.4	17.5	17	—	—	38.1	10.8	7.88	35	15	19	70	97	11.5 12.43	UELFU205	UEL205	FU205	E205
	62	46.8	16.7	21	—	—	42.8	17.2	11.5	29	13	17	80	110	16	UELFU305	UEL305	FU305	E305
30	62	38.1	15.9	19	M6×0.75	5	—	15.0	11.2	38	16	20	82.5	110	11.5 12.43	UCFU 206	UC 206	FU 206	—
	72	43	17	23	M6×0.75	6	—	20.8	15.2	32	15	18	95	125	16	UCFU 306	UC 306	FU 306	—
	62	48.4	18.3	19	—	—	44.5	15.0	11.2	38	16	20	82.5	110	11.5 12.43	UELFU206	UEL206	FU206	E206
	72	50	17.5	23	—	—	50	20.8	15.2	32	15	18	95	125	16	UELFU306	UEL306	FU306	E306
35	72	42.9	17.5	20	M8×1	7	—	19.8	15.2	38	17	21	92	119	13 14.93	UCFU 207	UC 207	FU 207	—
	80	48	19	25	M8×1	8	—	25.8	19.2	36	16	20	100	135	19	UCFU 307	UC 307	FU 307	—
	72	51.1	18.8	20	—	—	55.6	19.8	15.2	38	17	21	92	119	13 14.93	UELFU207	UEL207	FU207	E207
	80	51.6	18.3	25	—	—	55	25.8	19.2	36	16	20	100	135	19	UELFU307	UEL307	FU307	E307
40	80	49.2	19	21	M8×1	8	—	22.8	18.2	43	17	24	101.5	132	13 14.93	UCFU 208	UC 208	FU 208	—
	90	52	19	27	M10×1.25	10	—	31.2	24.0	40	17	23	112	150	19	UCFU 308	UC 308	FU 308	—
	80	56.3	21.4	21	—	—	60.3	22.8	18.2	43	17	24	101.5	132	13 14.93	UELFU208	UEL208	FU208	E208
	90	57.1	19.8	27	—	—	63.5	31.2	24.0	40	17	23	112	150	19	UELFU308	UEL308	FU308	E308
45	85	49.2	19.0	22	M8×1	8	—	24.5	20.8	45	18	24	105	139	13 16.93	UCFU 209	UC 209	FU 209	—
	100	57	22	30	M10×1.25	10	—	40.8	31.8	44	18	25	125	160	19	UCFU 309	UC 309	FU 309	—
	85	56.3	21.4	22	—	—	63.5	24.5	20.8	45	18	24	105	139	13 16.93	UELFU209	UEL209	FU209	E209
	100	58.7	19.8	30	—	—	70	40.8	31.8	44	18	25	125	160	19	UELFU309	UEL309	FU309	E309

（续）

轴承尺寸/mm								基本额定载荷/kN		座尺寸/mm							带座轴承代号	轴承代号	座代号	配用偏心套
d	D	B	S	C	d_s	G	d_1 max	C_r	C_{0r}	A max	A_1 max	A_2	J	L max	N min	N max	UCFU 型 UELFU 型	UC 型 UEL 型	FU 型	代号
50	90	51.6	19.0	24	M10×1.25	10	—	27.0	23.2	48	20	28	111	145	17	19.02	UCFU 210	UC 210	FU 210	—
	110	61	22	32	M12×1.5	12	—	47.5	37.8	48	19	28	132	175	23		UCFU 310	UC 310	FU 310	—
	90	62.7	24.6	24	—	—	69.9	27.0	23.2	48	20	28	111	145	17	19.02	UELFU210	UEL210	FU210	E210
	110	66.6	24.6	32	—	—	76.2	47.5	37.8	48	19	28	132	175	23		UELFU310	UEL310	FU310	E310
55	100	55.6	22.2	25	M10×1.25	10	—	33.5	29.2	51	21	31	130	164	17	19.02	UCFU211	UC211	FU211	—
	120	66	25	34	M12×1.5	12	—	55.0	44.8	52	20	30	140	185	23		UCFU311	UC311	FU311	—
	100	71.4	27.8	25	—	—	76.2	33.5	29.2	51	21	31	130	164	17	19.02	UELFU211	UEL211	FU211	E211
	120	73	27.8	34	—	—	83	55.0	44.8	52	20	30	140	185	23		UELFU311	UEL311	FU311	E311
60	110	65.1	25.4	27	M10×1.25	10	—	36.8	32.8	60	21	34	143	177	17	19.02	UCFU212	UC212	FU212	—
	130	71	26	36	M12×1.5	12	—	62.8	51.8	56	22	33	150	195	23		UCFU312	UC312	FU312	—
	110	77.8	31.0	27	—	—	84.2	36.8	32.8	60	21	34	143	177	17	19.02	UELFU212	UEL212	FU212	E212
	130	79.4	30.95	36	—	—	89	62.8	51.8	56	22	33	150	195	23		UELFU312	UEL312	FU312	E312
65	120	65.1	25.4	28	M10×1.25	10	—	44.0	40.0	52	24	35	150	188	17	19.02	UCFU213	UC213	FU213	—
	140	75	30	38	M12×1.5	12	—	72.2	60.5	58	25	33	166	208	23		UCFU313	UC313	FU313	—
	120	85.7	34.1	28	—	—	86	44.0	40.0	52	24	35	150	188	17	19.02	UELFU213	UEL213	FU213	E213
	140	85.7	32.55	38	—	—	97	72.2	60.5	58	25	33	166	208	23		UELFU313	UEL313	FU313	E313
70	125	74.6	30.2	29	M12×1.5	12	—	46.8	45.0	54	24	35	152	193	17	19.93	UCFU214	UC214	FU214	—
	150	78	33	40	M12×1.5	12	—	80.2	68.0	61	28	36	178	226	25		UCFU314	UC314	FU314	—
	125	85.7	34.1	29	—	—	90	46.8	45.0	54	24	35	152	193	17	19.93	UELFU214	UEL214	FU214	E214
	150	92.1	34.15	40	—	—	102	80.2	68.0	61	28	36	178	226	25		UELFU314	UEL314	FU314	E314
75	130	77.8	33.3	30	M12×1.5	12	—	50.8	49.5	58	24	38	152	198	17	24.52	UCFU215	UC215	FU215	—
	160	82	32	42	M14×1.5	14	—	87.2	76.8	66	30	39	184	236	25		UCFU315	UC315	FU315	—
	130	92.1	37.3	30	—	—	102	50.8	49.5	58	24	38	152	198	17	24.52	UELFU215	UEL215	FU215	E215
	160	100	37.3	42	—	—	113	87.2	76.8	66	30	39	184	236	25		UELFU315	UEL315	FU315	E315
80	140	82.6	33.3	33	M12×1.5	12	—	55.0	54.2	65	24	34	166	213	21	24.52	UCFU216	UC216	FU216	—
	170	86	34	44	M14×1.5	14	—	94.5	86.5	68	32	41	196	256	31		UCFU316	UC316	FU316	—
	170	106.4	40.5	44	—	—	119	94.5	86.5	68	32	41	196	256	31		UELFU316	UEL316	FU316	E316
85	150	85.7	34.1	35	M12×1.5	12	—	64.0	63.8	75	26	36	172	220	21	24.52	UCFU217	UC217	FU217	—
	180	96	40	46	M16×1.5	16	—	102	96.5	74	32	44	204	260	31		UCFU317	UC317	FU317	—
	180	109.5	42.05	46	—	—	127	102	96.5	74	32	44	204	260	31		UELFU317	UEL317	FU317	E317

（续）

轴承尺寸/mm								基本额定载荷/kN		座尺寸/mm						带座轴承代号	轴承代号	座代号	配用偏心套
d	D	B	S	C	d_s	G	d_1 max	C_r	C_{0r}	A max	A_1 max	A_2	J	L max	N min max	UCFU 型 UELFU 型	UC 型 UEL 型	FU 型	代号
90	160	96.0	39.7	37	M12×1.5	12	—	73.8	71.5	75	27	42	187	240	21　24.52	UCFU218	UC218	FU218	—
	190	96	40	48	M16×1.5	16	—	110	108	76	36	44	216	280	35	UCFU318	UC318	FU318	—
	190	115.9	43.65	48	—	—	133	110	108	76	30	44	216	280	35	UELFU318	UEL318	FU318	E318
95	200	103	41	50	M16×1.5	16	—	120	122	94	30	59	228	290	35	UCFU319	UC319	FU319	—
	200	122.3	38.9	50	—	—	140	120	122	94	30	59	228	290	35	UELFU319	UEL319	FU319	E319
100	180	108	42	34 51	M12×1.5	12	—	95	92	80	29	44	210	270	25　28.52	UCFU220	UC220	FU220	—
	215	108	42	54	M18×1.5	18	—	132	140	94	32	59	242	310	38	UCFU320	UC320	FU320	—
	215	128.6	50	54	—	—	146	132	140	94	32	59	242	310	38	UELFU320	UEL320	FU320	E320
105	225	112	44	56	M18×1.5	18	—	142	152	94	32	59	242	310	38	UCFU321	UC321	FU321	—
110	240	117	46	60	M18×1.5	18	—	158	178	96	35	60	266	340	41	UCFU322	UC322	FU322	—
120	260	126	51	64	M18×1.5	18	—	175	208	110	40	65	290	370	41	UCFU324	UC324	FU324	—
130	280	135	54	68	M20×1.5	20	—	195	242	115	45	65	320	410	41	UCFU326	UC326	FU326	—
140	300	145	59	72	M20×1.5	20	—	212	272	125	55	75	350	450	41	UCFU328	UC328	FU328	—

注：FU300 型座中 A、A_1、L 尺寸为公称尺寸，不是最大值；N 尺寸为公称尺寸，不是最小值。

表 14.6-40　带方形座外球面球轴承（带紧定套）（部分摘自 GB/T 7810—1995）

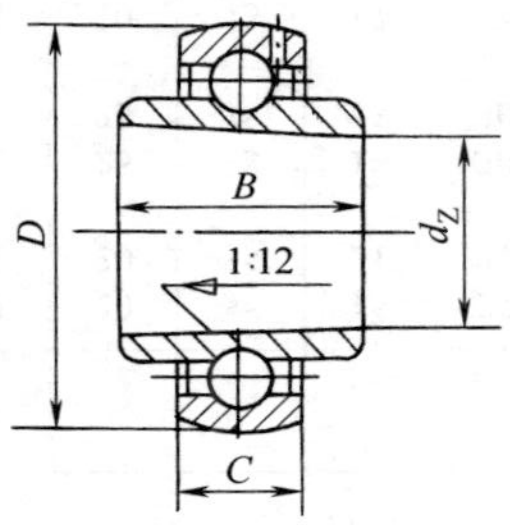

UK 型

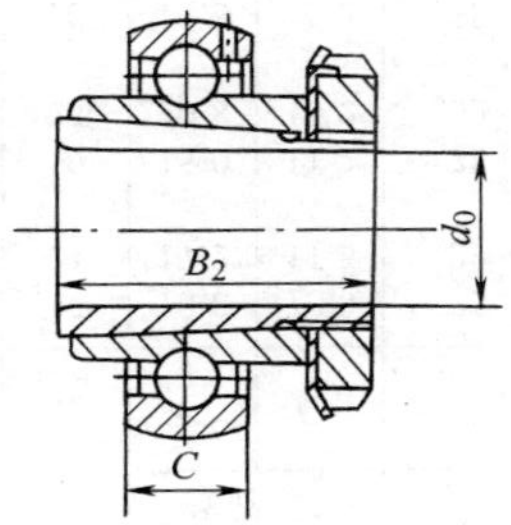

UK+H 型

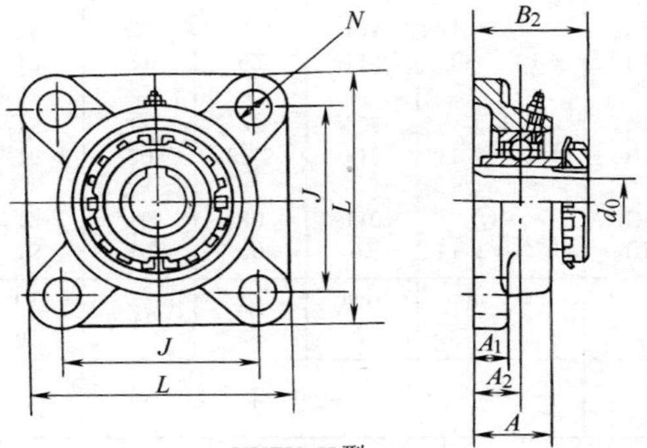

UKFU+H 型

代号含义

UK——带紧定套

FU——铸造方形座

（续）

轴承尺寸/mm							基本额定载荷/kN		座尺寸/mm							带座轴承代号	轴承代号	座代号
d_Z	D	d_0	B_2	B min	B max	C	C_r	C_{0r}	A max	A_1 max	A_2	J	L max	N min	N max	UKFU+H 型	UK+H 型	FU 型
25	52	20	35	15	27	17	10.8	7.88	35	15	19	70	97	11.5	12.43	UKFU205+H2305	UK205+H2305	FU205
	62	20	35	21	27	21	17.2	11.5	29	13	16	80	110	16		UKFU305+H2305	UK305+H2305	FU305
30	62	25	38	16	30	19	15.0	11.2	38	16	20	82.5	110	11.5	12.43	UKFU206+H2306	UK206+H2306	FU206
	72	25	38	23	30	23	20.8	15.2	32	15	18	95	125	16		UKFU306+H2306	UK306+H2306	FU306
35	72	30	43	17	34	20	19.8	15.2	38	17	21	92	119	13	14.93	UKFU207+H2307	UK207+H2307	FU207
	80	30	43	26	34	25	25.8	19.2	36	16	20	100	135	19		UKFU307+H2307	UK307+H2307	FU307
40	80	35	46	18	36	21	22.8	18.2	43	17	24	101.5	132	13	14.93	UKFU208+H2308	UK208+H2308	FU208
	90	35	46	26	36	27	31.2	24.0	40	17	23	112	150	19		UKFU308+H2308	UK308+H2308	FU308
45	85	40	50	19	39	22	24.5	20.8	45	18	24	105	139	13	16.93	UKFU209+H2309	UK209+H2309	FU209
	100	40	50	28	39	30	40.8	31.8	44	18	25	125	160	19		UKFU309+H2309	UK309+H2309	FU309
50	90	45	55	20	43	24	27.0	23.2	48	20	28	111	145	17	19.02	UKFU210+H2310	UK210+H2310	FU210
	110	45	55	30	43	32	47.5	37.8	48	19	28	132	175	23		UKFU310+H2310	UK310+H2310	FU310
55	100	50	59	21	47	25	33.5	29.2	51	21	31	130	164	17	19.02	UKFU211+H2311	UK211+H2311	FU211
	120	50	59	33	47	34	55.0	44.8	52	20	30	140	185	23		UKFU311+H2311	UK311+H2311	FU311
60	110	55	62	22	49	27	36.8	32.8	60	21	34	143	177	17	19.02	UKFU212+H2312	UK212+H2312	FU212
	130	55	62	34	49	36	62.8	51.8	56	22	33	150	195	23		UKFU312+H2312	UK312+H2312	FU312
65	120	60	65	23	51	28	44.0	40.0	52	24	34	149.5	189	17	19.02	UKFU213+H2313	UK213+H2313	FU213
	140	60	65	36	51	38	72.2	60.5	58	22	33	166	208	23		UKFU313+H2313	UK313+H2313	FU313
75	130	65	73	25	58	30	50.8	49.5	58	24	35	159	202	17	24.52	UKFU215+H2315	UK215+H2315	FU215
	160	65	73	40	58	42	87.2	76.8	66	25	39	184	236	25		UKFU315+H2315	UK315+H2315	FU315
80	140	70	78	26	61	33	55.0	54.2	65	24	35	165	213	21	24.52	UKFU216+H2316	UK216+H2316	FU216
	170	70	78	42	61	44	94.5	86.5	68	27	38	196	250	31		UKFU316+H2316	UK316+H2316	FU316
85	150	75	82	28	64	35	64.0	63.8	75	26	36	175	222	21	24.52	UKFU217+H2317	UK217+H2317	FU217
	180	75	82	45	64	46	102	96.5	74	27	44	204	260	31		UKFU317+H2317	UK317+H2317	FU317
90	190	80	86	47	68	48	110	108	76	30	44	216	280	35		UKFU318+H2318	UK318+H2318	FU318
95	200	85	90	49	71	50	120	122	94	30	59	228	290	35		UKFU319+H2319	UK319+H2319	FU319

（续）

轴承尺寸/mm							基本额定载荷/kN		座尺寸/mm							带座轴承代号	轴承代号	座代号
d_Z	D	d_0	B_2	B min	B max	C	C_r	C_{0r}	A max	A_1 max	A_2	J	L max	N min	N max	UKFU+H 型	UK+H 型	FU 型
100	215	90	97	51	77	54	132	140	94	32	59	242	310	38		UKFU320+H2320	UK320+H2320	FU320
110	240	100	105	56	84	60	158	178	96	35	60	266	340		41	UKFU322+H2322	UK322+H2322	FU322
120	260	110	112	60	90	64	175	208	110	40	65	290	370		41	UKFU324+H2324	UK324+H2324	FU324
130	280	115	121	65	98	68	195	242	115	45	65	320	410		41	UKFU326+H2326	UK326+H2326	FU326
140	300	125	131	70	107	72	212	272	125	55	75	350	450		41	UKFU328+H2328	UK328+H2328	FU328

注：FU300 型座中 A、A_1、L 尺寸为公称尺寸，不是最大值；N 尺寸为公称尺寸，不是最小值。

表 14.6-41　带菱形座外球面球轴承（带紧定螺钉、带偏心套）（部分摘自 GB/T 7810—1995）

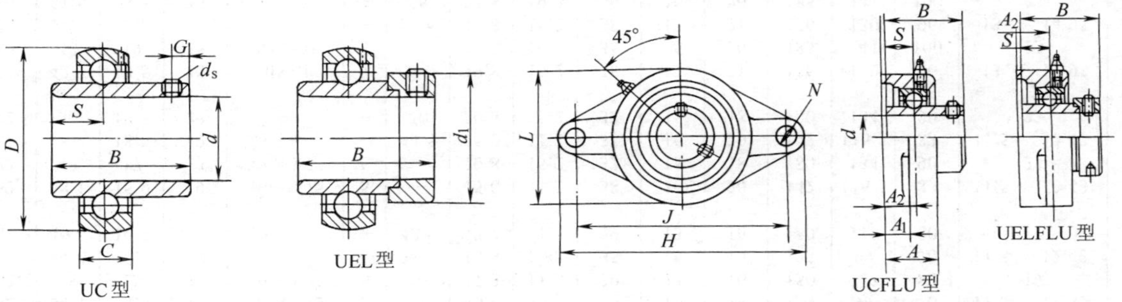

代号含义

UC—带紧定螺钉

UEL—带偏心套

FLU—铸造菱形座

轴承尺寸/mm								基本额定载荷/kN		座尺寸/mm								带座轴承代号	轴承代号	座代号	配用偏心套
d	D	B	S	C	d_s	G	d_1 max	C_r	C_{0r}	A max	A_1 max	A_2	H max	J	L max	N min	N max	UCFLU 型 UELFLU 型	UC 型 UEL 型	FLU 型	代号
12	40	27.4	11.5	14	M6×0.75	4	—	7.35	4.78	32	13	17	99	76.5	61	10.5	12.43	UCFLU201	UC201	FLU203	—
	40	37.3	13.9	14	—	—	28.6	7.35	4.78	32	13	17	99	76.5	61	10.5	12.43	UELFLU201	UEL201	FLU203	E201
15	40	27.4	11.5	14	M6×0.75	4	—	7.35	4.78	32	13	17	99	76.5	61	10.5	12.43	UCFLU202	UC202	FLU203	—
	40	37.3	13.9	14	—	—	28.6	7.35	4.78	32	13	17	99	76.5	61	10.5	12.43	UELFLU202	UEL202	FLU203	E202

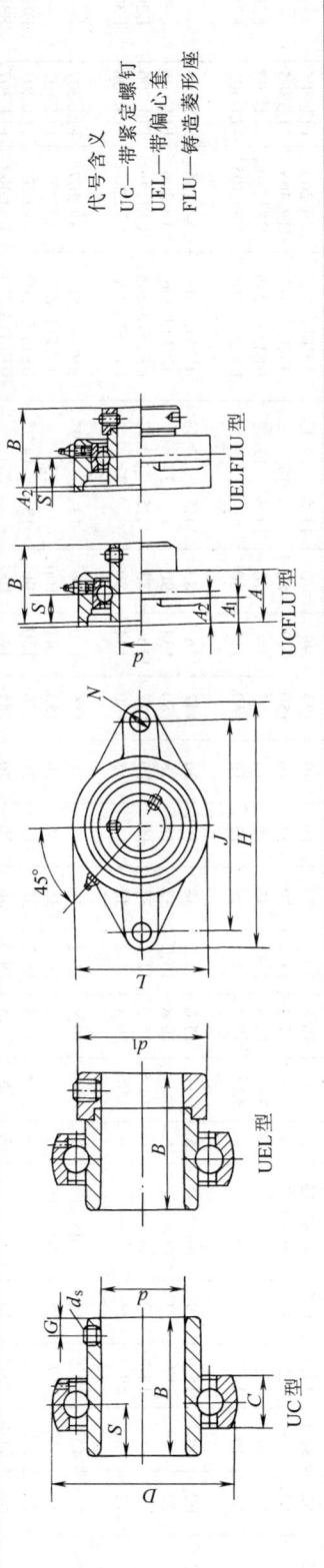

（续）

轴承尺寸/mm								基本额定载荷/kN		座尺寸/mm								带座轴承代号	轴承代号	座代号	配用偏心套
d	D	B	S	C	d_s	G	d_1 max	C_r	C_{0r}	A max	A_1 max	A_2	H max	J	L max	N min	N max	UCFLU 型 UELFLU 型	UC 型 UEL 型	FLU 型	代号
17	40	27.4	11.5	14	M6×0.75	4	—	7.35	4.78	32	13	17	99	76.5	61	10.5	12.43	UCFLU203	UC203	FLU203	—
	40	37.3	13.9	14	—	—	28.6	7.35	4.78	32	13	17	99	76.5	61	10.5	12.43	UELFLU203	UEL203	FLU203	E203
20	47	31.0	12.7	17	M6×0.75	5	—	9.88	6.65	34	15	19	113	90	62	10.5	12.43	UCFLU204	UC204	FLU204	—
	47	43.7	17.1	17	—	—	33.3	9.88	6.65	34	15	19	113	90	62	10.5	12.43	UELFLU204	UEL204	FLU204	E204
25	52	34.1	14.3	17	M6×0.75	5	—	10.8	7.88	35	15	19	125	99	70	11.5	12.43	UCFLU205	UC205	FLU205	—
	62	38	15	21	M6×0.75	6	—	17.2	11.5	29	13	16	150	113	80	19		UCFLU305	UC305	FLU305	—
	52	44.4	17.5	17	—	—	38.1	10.8	7.88	35	15	19	125	99	70	11.5	12.43	UELFLU205	UEL205	FLU205	E205
	62	46.8	16.7	21	—	—	42.8	17.2	11.5	29	13	16	150	113	80	19		UELFLU305	UEL305	FLU305	E305
30	62	38.1	15.9	19	M6×0.75	5	—	15.0	11.2	38	16	20	142	116.5	83	11.5	12.43	UCFLU206	UC206	FLU206	—
	72	43	17	23	M6×0.75	6	—	20.8	15.2	32	15	18	180	134	90	23		UCFLU306	UC306	FLU306	—
	62	48.4	18.3	19	—	—	44.5	15.0	11.2	38	16	20	142	116.5	83	11.5	12.43	UELFLU206	UEL206	FLU206	E206
	72	50	17.5	23	—	—	50	20.8	15.2	32	15	18	180	134	90	23		UELFLU306	UEL306	FLU306	E306
35	72	42.9	17.5	20	M8×1	7	—	19.8	15.2	38	17	21	156	130	96	13	14.93	UCFLU207	UC207	FLU207	—
	80	48	19	25	M8×1	8	—	25.8	19.2	36	16	20	185	141	100	23		UCFLU307	UC307	FLU307	—
	72	51.1	18.8	20	—	—	55.6	19.8	15.2	38	17	21	156	130	96	13	14.93	UELFLU207	UEL207	FLU207	E207
	80	51.6	18.3	25	—	—	55	25.8	19.2	36	16	20	185	141	100	23		UELFLU307	UEL307	FLU307	E307
40	80	49.2	19	21	M8×1	8	—	22.8	18.2	43	17	24	172	143.5	105	13	14.93	UCFLU208	UC208	FLU208	—
	90	52	19	27	M10×1.25	10	—	31.2	24.0	40	17	23	200	158	112	23		UCFLU308	UC308	FLU308	—
	80	56.3	21.4	21	—	—	60.3	22.8	18.2	43	17	24	172	143.5	105	13	14.93	UELFLU208	UEL208	FLU208	E208
	90	57.1	19.8	27	—	—	63.5	31.2	24.0	40	17	23	200	158	112	23		UELFLU308	UEL308	FLU308	E308
45	85	49.2	19.0	22	M8×1	8	—	24.5	20.8	45	18	24	180	148.5	112	13	16.93	UCFLU209	UC209	FLU209	—
	100	57	22	30	M10×1.25	10	—	40.8	31.8	44	18	25	230	177	125	25		UCFLU309	UC309	FLU309	—
	85	56.3	21.4	22	—	—	63.5	24.5	20.8	45	18	24	180	148.5	112	13	16.93	UELFLU209	UEL209	FLU209	E209
	100	58.7	19.8	30	—	—	70	40.8	31.8	44	18	25	230	177	125	25		UELFLU309	UEL309	FLU309	E309
50	90	51.6	19.0	24	M10×1.25	10	—	27.0	23.2	48	20	28	190	157	117	17	19.02	UCFLU210	UC210	FLU210	—
	110	61	22	32	M12×1.5	12	—	47.5	37.8	48	19	28	240	187	140		25	UCFLU310	UC310	FLU310	—
	90	62.7	24.6	24	—	—	69.9	27.0	23.2	48	20	28	190	157	117	17	19.02	UELFLU210	UEL210	FLU210	E210
	110	66.6	24.6	32	—	—	76.2	47.5	37.8	48	19	28	240	187	140	25		UELFLU310	UEL310	FLU310	E310
55	100	55.6	22.2	25	M10×1.25	10	—	33.5	29.2	51	21	31	222	184	134	17	19.02	UCFLU211	UC211	FLU211	—
	120	66	25	34	M12×1.5	12	—	55.0	44.8	52	20	30	250	198	150	25		UCFLU311	UC311	FLU311	—
	100	71.4	27.8	25	—	—	76.2	33.5	29.2	51	21	31	222	184	134	17	19.02	UELFLU211	UEL211	FLU211	E211
	120	73	27.8	34	—	—	83	55.0	44.8	52	20	30	250	198	150	25		UELFLU311	UEL311	FLU311	E311

（续）

轴承尺寸/mm								基本额定载荷/kN		座尺寸/mm							带座轴承代号	轴承代号	座代号	配用偏心套
d	D	B	S	C	d_s	G	d_1 max	C_r	C_{0r}	A max	A_1 max	A_2	H max	J	L max	N min max	UCFLU 型 UELFLU 型	UC 型 UEL 型	FLU 型	代号
60	110	65.1	25.4	27	M10×1.25	10	—	36.8	32.8	60	21	34	238	202	142	17 19.02	UCFLU212	UC212	FLU212	—
	130	71	26	36	M12×1.5	12	—	62.8	51.8	56	22	33	270	212	160	31	UCFLU312	UC312	FLU312	—
	110	77.8	31.0	27	—	—	84.2	36.8	32.8	60	21	34	238	202	142	17 19.02	UELFLU212	UEL212	FLU212	E212
	130	79.4	30.95	36	—	—	89	62.8	51.8	56	22	33	270	212	160	31	UELFLU312	UEL312	FLU312	E312
65	140	75	30	38	M12×1.5	12	—	72.2	60.5	58	25	33	295	240	175	31	UCFLU313	UC313	FLU313	—
	140	85.7	32.55	38	—	—	97	72.2	60.5	58	25	33	295	240	175	31	UELFLU313	UEL313	FLU313	E313
70	150	78	33	40	M12×1.5	12	—	80.2	68.0	61	28	36	315	250	185	35	UCFLU314	UC314	FLU314	—
	150	92.1	34.15	40	—	—	102	80.2	68.0	61	28	36	315	250	185	35	UELFLU314	UEL314	FLU314	E314
75	160	82	32	42	M14×1.5	14	—	87.2	76.8	66	30	39	320	260	195	35	UCFLU315	UC315	FLU315	—
	160	100	37.3	42	—	—	113	87.2	76.8	66	30	39	320	260	195	35	UELFLU315	UEL315	FLU315	E315
80	170	86	34	44	M14×1.5	14	—	94.5	86.5	68	32	38	355	285	210	38	UCFLU316	UC316	FLU316	—
	170	106.4	40.5	44	—	—	119	94.5	86.5	68	32	38	355	285	210	38	UELFLU316	UEL316	FLU316	E316
85	180	96	40	46	M16×1.5	16	—	102	96.5	74	32	44	370	300	220	38	UCFLU317	UC317	FLU317	—
	180	109.5	42.05	46	—	—	127	102	96.5	74	32	44	370	300	220	38	UELFLU317	UEL317	FLU317	E317
90	190	96	40	48	M16×1.5	16	—	110	108	76	36	44	385	315	235	38	UCFLU318	UC318	FLU318	—
	190	115.9	43.65	48	—	—	133	110	108	76	36	44	385	315	235	38	UELFLU318	UEL318	FLU318	E318
95	200	103	41	50	M16×1.5	16	—	120	122	94	40	59	405	330	250	41	UCFLU319	UC319	FLU319	—
	200	122.3	38.9	50	—	—	140	120	122	94	40	59	405	330	250	41	UELFLU319	UEL319	FLU319	E319
100	215	108	42	54	M18×1.5	18	—	132	140	94	40	59	440	360	270	44	UCFLU320	UC320	FLU320	—
	215	128.6	50	54	—	—	146	132	140	94	40	59	440	360	270	44	UELFLU320	UEL320	FLU320	E320
105	225	112	44	56	M18×1.5	18	—	142	152	94	40	59	440	360	270	44	UCFLU321	UC321	FLU321	
110	240	117	46	60	M18×1.5	18	—	158	178	96	42	60	470	390	300	44	UCFLU322	UC322	FLU322	
120	260	126	51	64	M18×1.5	18	—	175	208	110	48	65	520	430	330	47	UCFLU324	UC324	FLU324	
130	280	135	54	68	M20×1.5	20	—	195	242	115	50	65	550	460	360	47	UCFLU326	UC326	FLU326	
140	300	145	59	72	M20×1.5	20	—	212	272	125	60	75	600	500	400	51	UCFLU328	UC328	FLU328	

注：FLU300 型座中 A、H、L 尺寸为公称尺寸，不是最大值；N 尺寸为公称尺寸，不是最小值。

表 14.6-42 带菱形座外球面球轴承（带紧定套）（部分摘自 GB/T 7810—1995）

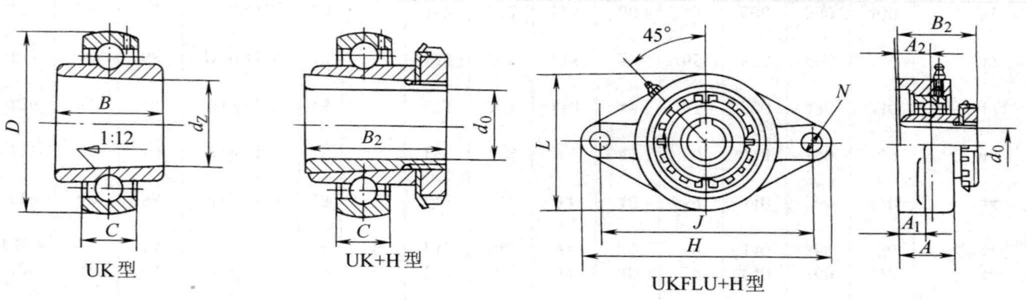

代号含义
UK—带紧定套
FLU—铸造菱形座
H—紧定套

轴承尺寸/mm							基本额定载荷/kN		座尺寸/mm								带座轴承代号	轴承代号	座代号
d_Z	D	d_0	B_2	B min	B max	C	C_r	C_{0r}	A max	A_1 max	A_2	H max	J	L max	N min	N max	UKFLU+H 型	UK+H 型	FLU 型
25	52	20	35	15	27	17	10.8	7.88	35	15	19	125	99	70	11.5	12.43	UKFLU205+H2305	UK205+H2305	FLU205
	62	20	35	21	27	21	17.2	11.5	29	13	16	150	113	80		19	UKFLU305+H2305	UK305+H2305	FLU305
30	62	25	38	16	30	19	15.0	11.2	38	16	20	142	116.5	83	11.5	12.43	UKFLU206+H2306	UK206+H2306	FLU206
	72	25	38	23	30	23	20.8	15.2	32	15	18	180	134	90		23	UKFLU306+H2306	UK306+H2306	FLU306
35	72	30	43	17	34	20	19.8	15.2	38	17	21	156	130	96	13	14.93	UKFLU207+H2307	UK207+H2307	FLU207
	80	30	43	26	34	25	25.8	19.2	36	16	20	185	141	100		23	UKFLU307+H2307	UK307+H2307	FLU307
40	80	35	46	18	36	21	22.8	18.2	43	17	24	172	143.5	105	13	14.93	UKFLU208+H2308	UK208+H2308	FLU208
	90	35	46	26	36	27	31.2	24.0	40	17	23	200	158	112		23	UKFLU308+H2308	UK308+H2308	FLU308
45	85	40	50	19	39	22	24.5	20.8	45	18	24	180	148.5	112	13	16.93	UKFLU209+H2309	UK209+H2309	FLU209
	100	40	50	28	39	30	40.8	31.8	44	18	25	230	177	125		25	UKFLU309+H2309	UK309+H2309	FLU309
50	90	45	55	20	43	24	27.0	23.2	48	20	28	190	157	117	17	19.02	UKFLU210+H2310	UK210+H2310	FLU210
	110	45	55	30	43	32	47.5	37.8	48	19	28	240	187	140		25	UKFLU310+H2310	UK310+H2310	FLU310
55	100	50	59	21	47	25	33.5	29.2	51	21	31	222	184	134	17	19.02	UKFLU211+H2311	UK211+H2311	FLU211
	120	50	59	33	47	34	55.0	44.8	52	20	30	250	198	150		25	UKFLU311+H2311	UK311+H2311	FLU311
60	110	55	62	22	49	27	36.8	32.8	60	21	34	238	202	142	17	19.02	UKFLU212+H2312	UK212+H2312	FLU212
	130	55	62	34	49	36	62.8	51.8	56	20	33	270	212	160		31	UKFLU312+H2312	UK312+H2312	FLU312

（续）

轴承尺寸/mm							基本额定载荷/kN		座尺寸/mm							带座轴承代号	轴承代号	座代号
d_Z	D	d_0	B_2	B min	B max	C	C_r	C_{0r}	A max	A_1 max	A_2	H max	J	L max	N min max	UKFLU+H 型	UK+H 型	FLU 型
65	140	60	65	36	51	38	72.2	60.5	58	25	33	295	240	175	31	UKFLU313+H2313	UK313+H2313	FLU313
75	160	65	73	40	58	42	87.2	76.8	66	30	39	320	260	195	35	UKFLU315+H2315	UK315+H2315	FLU315
80	170	70	78	42	61	44	94.5	86.5	68	32	38	355	285	210	38	UKFLU316+H2316	UK316+H2316	FLU316
85	180	75	82	45	64	46	102	96.5	74	32	44	370	300	220	38	UKFLU317+H2317	UK317+H2317	FLU317
90	190	80	86	47	68	48	110	108	76	36	44	385	315	235	38	UKFLU318+H2318	UK318+H2318	FLU318
95	200	85	90	49	71	50	120	122	94	40	59	405	330	250	41	UKFLU319+H2319	UK319+H2319	FLU319
100	215	90	97	51	77	54	132	140	94	40	59	440	360	270	44	UKFLU320+H2320	UK320+H2320	FLU320
110	240	100	105	56	84	60	158	178	96	42	60	470	390	300	44	UKFLU322+H2322	UK322+H2322	FLU322
120	260	110	112	60	90	64	175	208	110	48	65	520	430	330	47	UKFLU324+H2324	UK324+H2324	FLU324
130	280	115	121	65	98	68	195	242	115	50	65	550	460	360	47	UKFLU326+H2326	UK326+H2326	FLU326
140	300	125	131	70	107	72	212	272	125	60	75	600	500	400	51	UKFLU328+H2328	UK328+H2328	FLU328

注：FLU300 型座中 A、H、L 尺寸为公称尺寸，不是最大值；N 尺寸为公称尺寸，不是最小值。

表 14.6-43　带凸台圆形座外球面球轴承（带紧定螺钉、带偏心套）（部分摘自 GB/T 7810—1995）

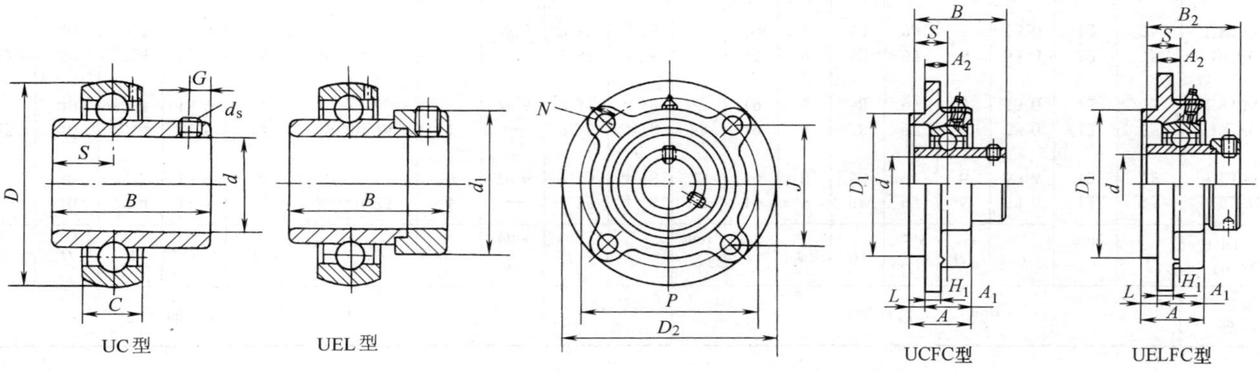

代号含义

UC—带紧定螺钉

UEL—带偏心套

FC—铸造凸台圆形座

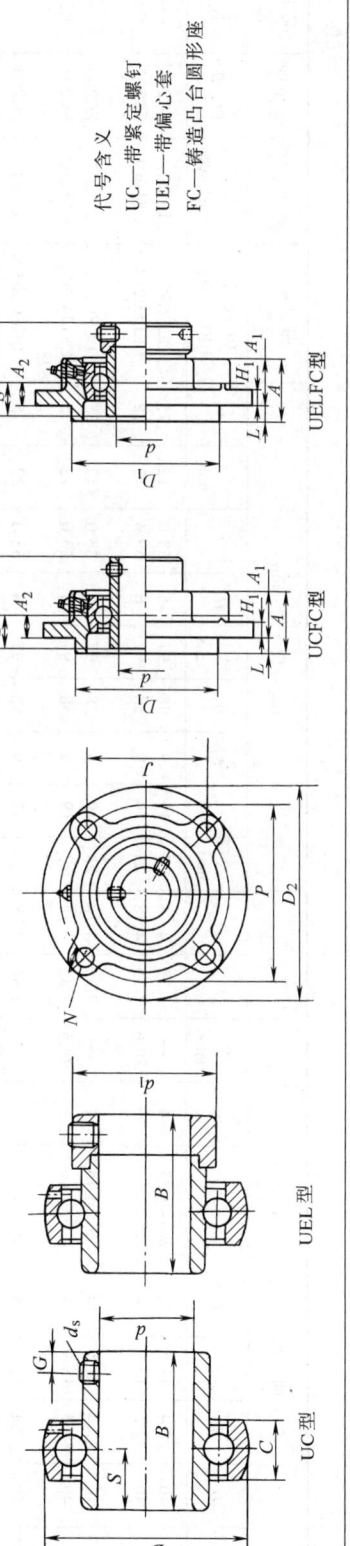

（续）

轴承尺寸/mm								基本额定载荷/kN		座尺寸/mm									带座轴承代号	轴承代号	座代号	配用偏心套
d	D	B	S	C	d_s	G	d_1 max	C_r	C_{0r}	A max	A_1	A_2	D_1	D_2 max	H_1	J	N min	P	UCFC 型 UELFC 型	UC 型 UEL 型	FC 型	代号
12	40	27.4	11.5	14	M6×0.75	4	—	7.35	4.78	23	19	9	58	97	6	53.0	12	75	UCFC201	UC201	FC203	—
	40	37.3	13.9	14	—	—	28.6	7.35	4.78	23	19	9	58	97	6	53.0	12	75	UELFC201	UEL201	FC203	E201
15	40	27.4	11.5	14	M6×0.75	4	—	7.35	4.78	23	19	9	58	97	6	53.0	12	75	UCFC202	UC202	FC203	—
	40	37.3	13.9	14	—	—	28.6	7.35	4.78	23	19	9	58	97	6	53.0	12	75	UELFC202	UEL202	FC203	E202
17	40	27.4	11.5	14	M6×0.75	4	—	7.35	4.78	23	19	9	58	97	6	53.0	12	75	UCFC203	UC203	FC203	—
	40	37.3	13.9	14	—	—	28.6	7.35	4.78	23	19	9	58	97	6	53.0	12	75	UELFC203	UEL203	FC203	E203
20	47	31.0	12.7	17	M6×0.75	5	—	9.88	6.65	25.5	20.5	10	62	100	7	55.1	12	78	UCFC204	UC204	FC204	—
	47	43.7	17.1	17	—	—	33.3	9.88	6.65	25.5	20.5	10	62	100	7	55.1	12	78	UELFC204	UEL204	FC204	E204
25	52	34.1	14.3	17	M6×0.75	5	—	10.8	7.88	27	21	10	70	115	7	63.6	12	90	UCFC205	UC205	FC205	—
	52	44.4	17.5	17	—	—	38.1	10.8	7.88	27	21	10	70	115	7	63.6	12	90	UELFC205	UEL205	FC205	E205
30	62	38.1	15.9	19	M6×0.75	5	—	15.0	11.2	31	23	10	80	125	8	70.7	12	100	UCFC206	UC206	FC206	—
	62	48.4	18.3	19	—	—	44.5	15.0	11.2	31	23	10	80	125	8	70.7	12	100	UELFC206	UEL206	FC206	E206
35	72	42.9	17.5	20	M8×1	7	—	19.8	15.2	34	26	11	90	135	9	77.8	14	110	UCFC207	UC207	FC207	—
	72	51.1	18.8	20	—	—	55.6	19.8	15.2	34	26	11	90	135	9	77.8	14	110	UELFC207	UEL207	FC207	E207
40	80	49.2	19	21	M8×1	8	—	22.8	18.2	36	26	11	100	145	9	84.8	14	120	UCFC203	UC208	FC208	—
	80	56.3	21.4	21	—	—	60.3	22.8	18.2	36	26	11	100	145	9	84.8	14	120	UELFC208	UEL208	FC208	E208
45	85	49.2	19.0	22	M8×1	8	—	24.5	20.8	38	26	10	105	160	14	93.3	16	132	UCFC209	UC209	FC209	—
	85	56.3	21.4	22	—	—	63.5	24.5	20.8	38	26	10	105	160	14	93.3	16	132	UELFC209	UEL209	FC209	E209
50	90	51.6	19.0	24	M10×1.25	10	—	27.0	23.2	40	28	10	110	165	14	97.6	16	138	UCFC210	UC210	FC210	—
	90	62.7	24.6	24	—	—	69.9	27.0	23.2	40	28	10	110	165	14	97.6	16	138	UELFC210	UEL210	FC210	E210
55	100	55.6	22.2	25	M10×1.25	10	—	33.5	29.2	43	31	13	125	185	15	106.1	19	150	UCFC211	UC211	FC211	—
	100	71.4	27.8	25	—	—	76.2	33.5	29.2	43	31	13	125	185	15	106.1	19	150	UELFC211	UEL211	FC211	E211
60	110	65.1	25.4	27	M10×1.25	10	—	36.8	32.8	48	36	17	135	195	15	113.1	19	160	UCFC212	UC212	FC212	—
	110	77.8	31.0	27	—	—	84.2	36.8	32.8	48	36	17	135	195	15	113.1	19	160	UELFC212	UEL212	FC212	E212
65	120	65.1	25.4	28	M10×1.25	10	—	44.0	40.0	50	36	16	145	205	15	120.2	19	170	UCFC213	UC213	FC213	—
	120	85.7	34.1	28	—	—	86	44.0	40.0	50	36	16	145	205	15	120.2	19	170	UELFC213	UEL213	FC213	E213

（续）

轴承尺寸/mm								基本额定载荷/kN		座尺寸/mm									带座轴承代号	轴承代号	座代号	配用偏心套
d	D	B	S	C	d_s	G	d_1 max	C_r	C_{0r}	A max	A_1	A_2	D_1	D_2 max	H_1	J	N min	P	UCFC 型 UELFC 型	UC 型 UEL 型	FC 型	代号
70	125	74.6	30.2	29	M12×1.5	12	—	46.8	45.0	54	40	17	150	215	18	125.1	19	177	UCFC214	UC214	FC214	—
	125	85.7	34.1	29	—	—	90	46.8	45.0	54	40	17	150	215	18	125.1	19	177	UELFC214	UEL214	FC214	E214
75	130	77.8	33.3	30	M12×1.5	12	—	50.8	49.5	56	40	18	165	220	18	130.1	19	184	UCFC215	UC215	FC215	—
	130	92.1	37.3	30	—	—	102	50.8	49.5	56	40	18	165	220	18	130.1	19	184	UELFC215	UEL215	FC215	E215
80	140	82.6	33.3	33	M12×1.5	12	—	55.0	54.2	58	42	18	170	240	18	141.4	23	200	UCFC216	UC216	FC216	—
85	150	85.7	34.1	35	M12×1.5	12	—	64.0	63.8	63	45	18	180	250	20	147.1	23	208	UCFC217	UC217	FC217	—
90	160	96.0	39.7	37	M12×1.5	12	—	73.8	71.5	68	50	22	190	265	20	155.5	23	220	UCFC218	UC218	FC218	—

表 14.6-44 带凸台圆形座外球面球轴承（带紧定套）（部分摘自 GB/T 7810—1995）

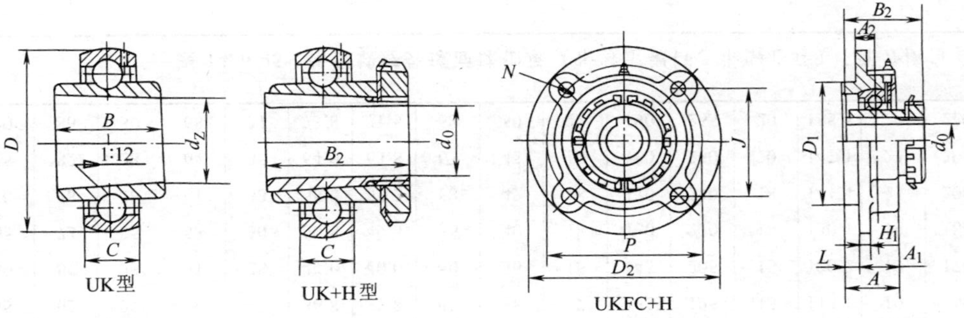

代号含义

UK—带紧定套

FC—铸造凸台圆形座

轴承尺寸/mm							基本额定载荷/kN		座尺寸/mm									带座轴承代号	轴承代号	座代号
d_Z	D	d_0	B_2	B min	B max	C	C_r	C_{0r}	A	A_1	A_2	D_1	D_2 max	H_1	J	N max	P	UKFC+H 型	UK+H 型	FC 型
25	52	20	35	15	27	17	10.8	7.88	27	21	10	70	115	7	63.6	12	90	UKFC205+H2305	UK205+H2305	FC205
30	62	25	38	16	30	19	15.0	11.2	31	23	10	80	125	8	70.7	12	100	UKFC206+H2306	UK206+H2306	FC206
35	72	30	43	17	34	20	19.8	15.2	34	26	11	90	135	9	77.8	14	110	UKFC207+H2307	UK207+H2307	FC207
40	80	35	46	18	36	21	22.8	18.2	36	26	11	100	145	9	84.8	14	120	UKFC208+H2308	UK208+H2308	FC208

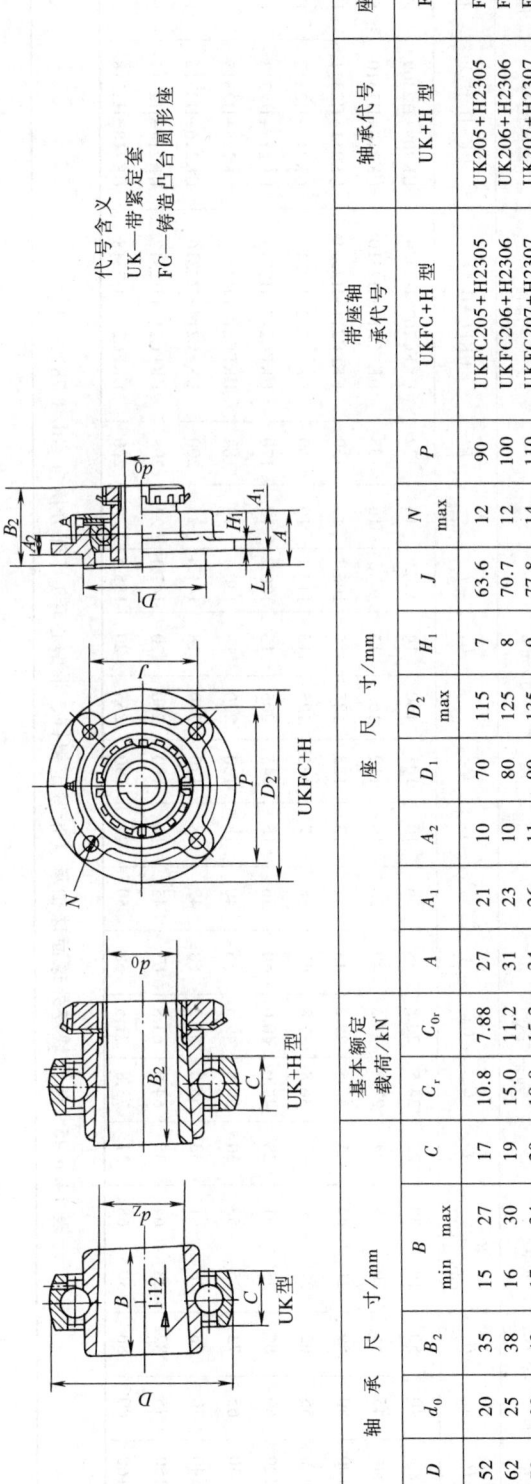

（续）

轴承尺寸/mm							基本额定载荷/kN		座尺寸/mm									带座轴承代号	轴承代号	座代号
d_Z	D	d_0	B_2	B min	B max	C	C_r	C_{0r}	A	A_1	A_2	D_1	D_2 max	H_1	J	N max	P	UKFC+H 型	UK+H 型	FC 型
45	85	40	50	19	39	22	24.5	20.8	38	26	10	105	160	14	93.3	16	132	UKFC209+H2309	UK209+H2309	FC209
50	90	45	55	20	43	24	27.0	23.2	40	28	10	110	165	14	97.6	16	138	UKFC210+H2310	UK210+H2310	FC210
55	100	50	59	21	47	25	33.5	29.2	43	31	13	125	185	15	106.1	19	150	UKFC211+H2311	UK211+H2311	FC211
60	110	55	62	22	49	27	36.8	32.8	48	36	17	135	195	15	113.1	19	160	UKFC212+H2312	UK212+H2312	FC212
65	120	60	65	23	51	28	44.0	40.0	50	36	16	145	205	15	120.2	19	170	UKFC213+H2313	UK213+H2313	FC213
75	130	65	73	25	58	30	50.8	49.5	56	40	18	160	220	18	130.1	19	184	UKFC215+H2315	UK215+H2315	FC215
80	140	70	78	26	61	33	55.0	54.2	58	42	18	170	240	18	141.4	23	200	UKFC216+H2316	UK216+H2316	FC216
85	150	75	82	28	64	35	64.0	63.8	63	45	18	180	250	20	147.1	23	208	UKFC217+H2317	UK217+H2317	FC217
90	160	80	86	30	68	37	73.8	71.5	68	50	22	190	265	20	155.5	23	220	UKFC218+H2318	UK218+H2318	FC218

表 14.6-45 带滑块座外球面球轴承（带紧定镙钉、带偏心套）（部分摘自 GB/T 7810—1995）

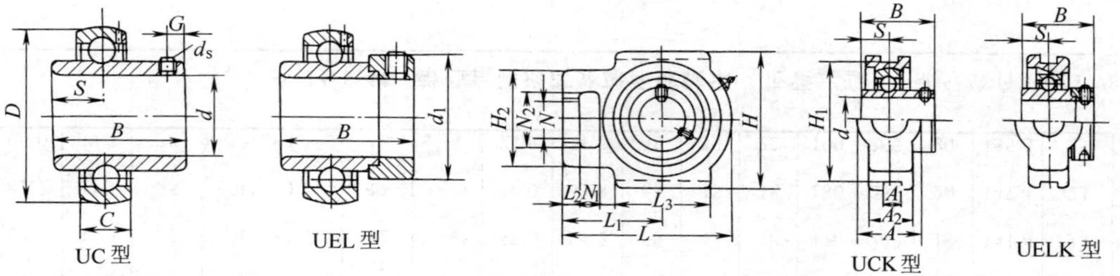

代号含义

UC—带紧定镙钉

UEL—带偏心套

K—铸造滑块座

轴承尺寸/mm								基本额定载荷/kN		座尺寸/mm													带座轴承代号	轴承代号	座代号	配用偏心套
d	D	B	S	C	d_s	G	d_1 max	C_r	C_{0r}	A max	A_1	A_2 max	H max	H_1	H_2 max	L max	L_1 max	L_2 min	L_3 max	N min	N_1 min	N_2 min	UCK 型 UELK 型	UC 型 UEL 型	K 型	代号
20	47	31.0	12.7	17	M6×0.75	5	—	9.88	6.65	51	13.5	36	94	76	64	104	69	9	59	18	15	30	UCK204	UC204	K204	—
	47	43.7	17.1	17	—	—	33.3	9.88	6.65	51	13.5	36	94	76	64	104	69	9	59	18	15	30	UELK204	UEL204	K204	E204
25	52	34.1	14.3	17	M6×0.75	5	—	10.8	7.88	51	13.5	38	94	76	64	104	69	9	59	18	15	30	UCK205	UC205	K205	—
	62	38	15	21	M6×0.75	6	—	17.2	11.5	36	12	26	89	80	62	122	76	12	65	26	16	36	UCK305	UC305	K305	—

（续）

轴承尺寸/mm								基本额定载荷/kN		座尺寸/mm													带座轴承代号	轴承代号	座代号	配用偏心套
d	D	B	S	C	d_s	G	d_1 max	C_r	C_{0r}	A max	A_1	A_2 max	H max	H_1	H_2 max	L max	L_1 max	L_2 min	L_3 max	N min	N_1 min	N_2 min	UCK 型 UELK 型	UC 型 UEL 型	K 型	代号
25	52	44.4	17.5	17	—	—	38.1	10.8	7.88	51	13.5	38	94	76	64	104	69	9	59	18	15	30	UELK205	UEL205	K205	E205
	62	46.8	16.7	21	—	—	42.8	17.2	11.5	36	12	26	89	80	62	122	76	12	65	26	16	36	UELK305	UEL305	K305	E305
30	62	38.1	15.9	19	M6×0.75	5	—	15.0	11.2	53	13.5	38	107	89	66	118	74	9	66	19	15	36	UCK206	UC206	K206	—
	72	43	17	23	M6×0.75	6	—	20.8	15.2	41	16	28	100	90	70	137	85	14	74	28	18	41	UCK306	UC306	K306	—
	62	48.4	18.3	19	—	—	44.5	15.0	11.2	53	13.5	38	107	89	66	118	74	9	66	19	15	36	UELK206	UEL206	K206	E206
	72	50	17.5	23	—	—	50	20.8	15.2	41	16	28	100	90	70	137	85	14	74	28	18	41	UELK306	UEL306	K306	E306
35	72	42.9	17.5	20	M8×1	7	—	19.8	15.2	53	13.5	38	107	89	66	132	81	10	72	19	15	36	UCK207	UC207	K207	—
	80	48	19	25	M8×1	8	—	25.8	19.2	45	16	32	111	100	75	150	94	15	80	30	20	45	UCK307	UC307	K307	—
	72	51.1	18.8	20	—	—	55.6	19.8	15.2	53	13.5	38	107	89	66	132	81	10	72	19	15	36	UELK207	UEL207	K207	E207
	80	51.6	18.3	25	—	—	55	25.8	19.2	45	16	32	111	100	75	150	94	15	80	30	20	45	UELK307	UEL307	K307	E307
40	80	49.2	19	21	M8×1	8	—	22.8	18.2	67	17.5	44	124	101	85	146	91	14	84	27	18	47	UCK208	UC208	K208	—
	90	52	19	27	M10×1.25	10	—	31.2	24.0	50	18	34	124	112	83	162	100	17	89	32	22	50	UCK308	UC308	K308	—
	80	56.3	21.4	21	—	—	60.3	22.8	18.2	67	17.5	44	124	101	85	146	91	14	84	27	18	47	UELK208	UEL208	K208	E208
	90	57.1	19.8	27	—	—	63.5	31.2	24.0	50	18	34	124	112	83	162	100	17	89	32	22	50	UELK308	UEL308	K308	E308
45	85	49.2	19.0	22	M8×1	8	—	24.5	20.8	67	17.5	44	124	101	85	149	91	14	84	27	18	47	UCK209	UC209	K209	—
	100	57	22	30	M10×1.25	10	—	40.8	31.8	55	18	38	138	125	90	178	110	18	97	34	24	55	UCK309	UC309	K309	—
	85	56.3	21.4	22	—	—	63.5	24.5	20.8	67	17.5	44	124	101	85	149	91	14	84	27	18	47	UELK209	UEL209	K209	E209
	100	58.7	19.8	30	—	—	70	40.8	31.8	55	18	38	138	125	90	178	110	18	97	34	24	55	UELK309	UEL309	K309	E309
50	90	51.6	19.0	24	M10×1.25	10	—	27.0	23.2	67	17.5	50	124	101	85	153	92	14	88	27	18	47	UCK210	UC210	K210	—
	110	61	22	32	M12×1.5	12	—	47.5	37.8	61	20	40	151	140	98	191	117	20	106	37	27	61	UCK310	UC310	K310	—
	90	62.7	24.6	24	—	—	69.9	27.0	23.2	67	17.5	50	124	101	85	153	92	14	88	27	18	47	UELK210	UEL210	K210	E210
	110	66.6	24.6	32	—	—	76.2	47.5	37.8	61	20	40	151	140	98	191	117	20	106	37	27	61	UELK310	UEL310	K310	E310
55	100	55.6	22.2	25	M10×1.25	10	—	33.5	29.2	72	27	56	152	130	104	191	120	17	104	34	24	62	UCK211	UC211	K211	—
	120	66	25	34	M12×1.5	12	—	55.0	44.8	66	22	44	163	150	105	207	127	21	115	39	29	66	UCK311	UC311	K311	—
	100	71.4	27.8	25	—	—	76.2	33.5	29.2	72	27	56	152	130	104	191	120	17	104	34	24	62	UELK211	UEL211	K211	E211
	120	73	27.8	34	—	—	83	55.0	44.8	66	22	44	163	150	105	207	127	21	115	39	29	66	UELK311	UEL311	K311	E311
60	110	65.1	25.4	27	M10×1.25	10	—	36.8	32.8	72	27	56	152	130	104	196	120	17	104	34	29	62	UCK212	UC212	K212	—
	130	71	26	36	M12×1.5	12	—	62.8	51.8	71	22	46	178	160	113	220	135	23	123	41	31	71	UCK312	UC312	K312	—
	110	77.8	31.0	27	—	—	84.2	36.8	32.8	72	27	56	152	130	104	196	120	17	104	34	29	62	UELK212	UEL212	K212	E212
	130	79.4	30.95	36	—	—	89	62.8	51.8	71	22	46	178	160	113	220	135	23	123	41	31	71	UELK312	UEL312	K312	E312

（续）

轴承尺寸/mm								基本额定载荷/kN		座尺寸/mm													带座轴承代号	轴承代号	座代号	配用偏心套
d	D	B	S	C	d_s	G	d_1 max	C_r	C_{0r}	A max	A_1	A_2 max	H max	H_1	H_2 max	L max	L_1 max	L_2 min	L_3 max	N min	N_1 min	N_2 min	UCK 型 UELK 型	UC 型 UEL 型	K 型	代号
65	140	75	30	38	M12×1.5	12	—	72.2	60.5	80	26	50	190	170	116	238	146	25	134	43	32	70	UCK313	UC313	K313	—
	140	85.7	32.55	38	—	—	97	72.2	60.5	80	26	50	190	170	116	238	146	25	134	43	32	70	UELK313	UEL313	K313	E313
70	150	78	33	40	M12×1.5	12	—	80.2	68.0	90	26	52	202	180	130	252	155	25	140	46	36	85	UCK314	UC314	K314	—
	150	92.1	34.15	40	—	—	102	80.2	68.0	90	26	52	202	180	130	252	155	25	140	46	36	85	UELK314	UEL314	K314	E314
75	160	82	32	42	M14×1.5	14	—	87.2	76.8	90	26	55	216	192	132	262	160	25	150	46	36	85	UCK315	UC315	K315	—
	160	100	37.3	42	—	—	113	87.2	76.8	90	26	55	216	192	132	262	160	25	150	46	36	85	UELK315	UEL315	K315	E315
80	170	86	34	44	M14×1.5	14	—	94.5	86.5	102	30	60	230	204	150	282	174	28	160	53	42	98	UCK316	UC316	K316	—
	170	106.4	40.5	44	—	—	119	94.5	86.5	102	30	60	230	204	150	282	174	28	160	53	42	98	UELK316	UEL316	K316	E316
85	180	96	40	46	M16×1.5	16	—	102	96.5	102	32	64	240	214	152	298	183	30	170	53	42	98	UCK317	UC317	K317	—
	180	109.5	42.05	46	—	—	127	102	96.5	102	32	64	240	214	152	298	183	30	170	53	42	98	UELK317	UEL317	K317	E317
90	190	96	40	48	M16×1.5	16	—	110	108	110	32	66	255	228	160	312	192	30	175	57	46	106	UCK318	UC318	K318	—
	190	115.9	43.65	48	—	—	133	110	108	110	32	66	255	228	160	312	192	30	175	57	46	106	UELK318	UEL318	K318	E318
95	200	103	41	50	M16×1.5	16	—	120	122	110	35	72	270	240	165	322	197	31	180	57	46	106	UCK319	UC319	K319	—
	200	122.3	38.9	50	—	—	140	120	122	110	35	72	270	240	165	322	197	31	180	57	46	106	UELK319	UEL319	K319	E319
100	215	108	42	54	M18×1.5	18	—	132	140	120	35	75	290	260	175	345	210	32	200	59	48	115	UCK320	UC320	K320	—
	215	128.6	50	54	—	—	146	132	140	120	35	75	290	260	175	345	210	32	200	59	48	115	UELK320	UEL320	K320	E320
105	225	112	44	56	M18×1.5	18	—	142	152	120	35	75	290	260	175	345	210	32	200	59	48	115	UCK321	UC321	K321	—
110	240	117	46	60	M18×1.5	18	—	158	178	130	38	80	320	285	185	385	235	38	215	65	52	125	UCK322	UC322	K322	—
120	260	126	51	64	M18×1.5	18	—	175	208	140	45	90	355	320	210	432	267	42	230	70	60	140	UCK324	UC324	K324	—
130	280	135	54	68	M20×1.5	20	—	195	242	150	50	100	385	350	220	465	285	45	240	75	65	150	UCK326	UC326	K326	—
140	300	145	59	72	M20×1.5	20	—	212	272	155	50	100	415	380	230	515	315	50	255	80	70	160	UCK328	UC328	K328	—

表 14.6-46 带滑块座外球面球轴承（带紧定套）（部分摘自 GB/T 7810—1995）

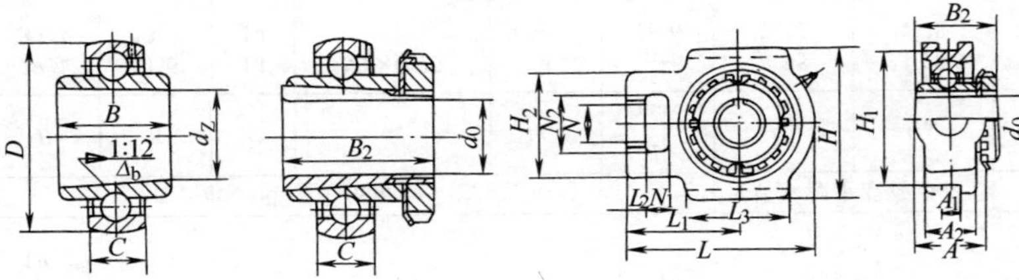

UK型 UK+H 型 UKK+H 型

代号含义
UK—带圆锥孔
K—铸造滑块座
H—紧定套

轴承尺寸/mm							基本额定载荷/kN		座尺寸/mm														带座轴承代号	轴承代号	座代号
d_Z	D	d_0	B_2	B min	B max	C	C_r	C_{0r}	A max	A_1	A_2 max	H max	H_1	H_2 max	L max	L_1 max	L_2 min	L_3 max	N min	N_1 min	N_2 min	UKK+H 型	UK+H 型	K 型
25	52	20	35	15	27	17	10.8	7.88	51	13.5	38	94	76	64	104	69	9	59	18	15	30	UKK205+H2305	UK205+H2305	K205
	62	20	35	21	27	21	17.2	11.5	36	12	26	89	80	62	122	76	12	65	26	16	36	UKK305+H2305	UK305+H2305	K305
30	62	25	38	16	30	19	15.0	11.2	53	13.5	38	107	89	66	118	74	9	66	19	15	36	UKK206+H2306	UK206+H2306	K206
	72	25	38	23	30	23	20.8	15.2	41	16	28	100	90	70	137	85	14	74	28	18	41	UKK306+H2306	UK306+H2306	K306
35	72	30	43	17	34	20	19.8	15.2	53	13.5	38	107	89	66	132	81	10	72	19	15	36	UKK207+H2307	UK207+H2307	K207
	80	30	43	26	34	25	25.8	19.2	45	16	32	111	100	75	150	94	15	80	30	20	45	UKK307+H2307	UK307+H2307	K307
40	80	35	46	18	36	21	22.8	18.2	67	17.5	44	124	101	85	146	91	14	84	27	18	47	UKK208+H2308	UK208+H2308	K208
	90	35	46	26	36	27	31.2	24.0	50	18	34	124	112	83	162	100	17	89	32	22	50	UKK308+H2308	UK308+H2308	K308
45	85	40	50	19	39	22	24.5	20.8	67	17.5	44	124	101	85	149	91	14	84	27	18	47	UKK209+H2309	UK209+H2309	K209
	100	40	50	28	39	30	40.8	31.8	55	18	38	138	125	90	178	110	18	97	34	24	55	UKK309+H2309	UK309+H2309	K309
50	90	45	55	20	43	24	27.0	23.2	67	17.5	50	124	101	85	153	92	14	88	27	18	47	UKK210+H2310	UK210+H2310	K210
	110	45	55	30	43	32	47.5	37.8	61	20	40	151	140	98	191	117	20	106	37	27	61	UKK310+H2310	UK310+H2310	K310
55	100	50	59	21	47	25	33.5	29.2	72	27	56	152	130	104	191	120	17	104	34	24	62	UKK211+H2311	UK211+H2311	K211
	120	50	59	33	47	34	55.0	44.8	66	22	44	163	150	105	207	127	21	115	39	29	66	UKK311+H2311	UK311+H2311	K311
60	110	55	62	22	49	27	36.8	32.8	72	27	56	152	130	104	196	120	17	104	34	29	62	UKK212+H2312	UK212+H2312	K212
	130	55	62	34	49	36	62.8	51.8	71	22	46	178	160	113	220	135	23	123	41	31	71	UKK312+H2312	UK312+H2312	K312
65	140	60	65	36	51	38	72.2	60.5	80	26	50	190	170	116	238	146	25	134	43	32	70	UKK313+H2313	UK313+H2313	K313
75	160	65	73	40	58	42	87.2	76.8	90	26	55	216	192	132	262	160	25	150	46	36	85	UKK315+H2315	UK315+H2315	K315

（续）

轴承尺寸/mm							基本额定载荷/kN		座尺寸/mm														带座轴承代号	轴承代号	座代号
d_Z	D	d_0	B_2	B min	B max	C	C_r	C_{0r}	A max	A_1	A_2 max	H max	H_1	H_2 max	L max	L_1 max	L_2 min	L_3 max	N min	N_1 min	N_2 min	UKK+H 型	UK+H 型	K 型
80	170	70	78	42	61	44	94.5	86.5	102	30	60	230	204	150	282	174	28	160	53	42	98	UKK316+H2316	UK316+H2316	K316
85	180	75	82	45	64	46	102	96.5	102	32	64	240	214	152	298	183	30	170	53	42	98	UKK317+H2317	UK317+H2317	K317
90	190	80	86	47	68	48	110	108	110	32	66	255	228	160	312	192	30	175	57	46	106	UKK318+H2318	UK318+H2318	K318
95	200	85	90	49	71	50	120	122	110	35	72	270	240	165	322	197	31	180	57	46	106	UKK319+H2319	UK319+H2319	K319
100	215	90	97	51	77	54	132	140	120	35	75	290	260	175	345	210	32	200	59	48	115	UKK320+H2320	UK320+H2320	K320
110	240	100	105	56	84	60	158	178	130	38	80	320	285	185	385	235	38	215	65	52	125	UKK322+H2322	UK322+H2322	K322
120	260	110	112	60	90	64	175	208	140	45	90	355	320	210	432	267	42	230	70	60	140	UKK324+H2324	UK324+H2324	K324
130	280	115	121	65	98	68	195	242	150	50	100	385	350	220	465	285	45	240	75	65	150	UKK326+H2326	UK326+H2326	K326
140	300	125	131	70	107	72	212	272	155	50	100	415	380	230	515	315	50	255	80	70	160	UKK328+H2328	UK328+H2328	K328

表 14.6-47 带环形座外球面球轴承（带紧定螺钉、带偏心套）（部分摘自 GB/T 7810—1995）

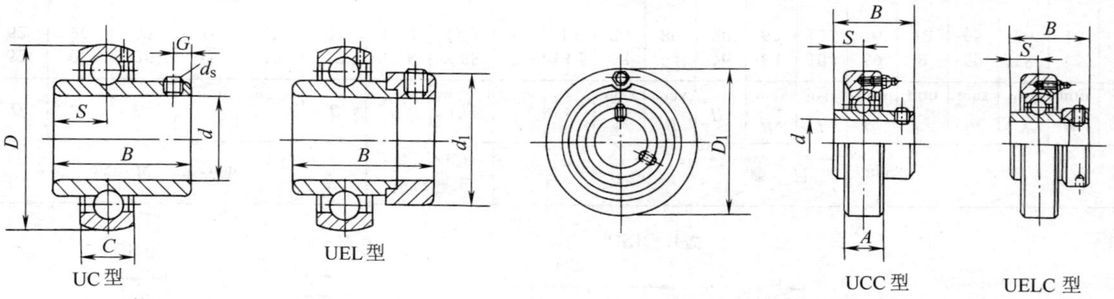

代号含义
UC—带紧定螺钉
UEL—带偏心套
C—铸造环形座

轴承尺寸/mm								基本额定载荷/kN		座尺寸/mm		带座轴承代号	轴承代号	座代号	配用偏心套
d	D	B	S	C	d_s	G	d_1 max	C_r	C_{0r}	A	D_1	UCC 型 UELC 型	UC 型 UEL 型	C 型	代号
12	40 40	27.4 37.3	11.5 13.9	14 14	M6×0.75 —	4 —	— 28.6	7.35 7.35	4.78 4.78	20 20	67 67	UCC201 UELC201	UC201 UEL201	C203 C203	— E201
15	40	27.4	11.5	14	M6×0.75	4	—	7.35	4.78	20	67	UCC202	UC202	C203	—

（续）

轴承尺寸/mm								基本额定载荷/kN		座尺寸/mm		带座轴承代号	轴承代号	座代号	配用偏心套
d	D	B	S	C	d_s	G	d_1 max	C_r	C_{0r}	A	D_1	UCC 型 UELC 型	UC 型 UEL 型	C 型	代号
15	40	37.3	13.9	14	—	—	28.6	7.35	4.78	20	67	UELC202	UEL202	C203	E202
17	40	27.4	11.5	14	M6×0.75	4	—	7.35	4.78	20	67	UCC203	UC203	C203	—
	40	37.3	13.9	14	—	—	28.6	7.35	4.78	20	67	UELC203	UEL203	C203	E203
20	47	31.0	12.7	17	M6×0.75	5	—	9.88	6.65	20	72	UCC204	UC204	C204	—
	47	43.7	17.1	17	—	—	33.3	9.88	6.65	20	72	UELC204	UEL204	C204	E204
25	52	34.1	14.3	17	M6×0.75	5	—	10.8	7.88	22	80	UCC205	UC205	C205	—
	62	38	15	21	M6×0.75	6	—	17.2	11.5	26	90	UCC305	UC305	C305	—
	52	44.4	17.5	17	—	—	38.1	10.8	7.88	22	80	UELC205	UEL205	C205	E205
	62	46.8	16.7	21	—	—	42.8	17.2	11.5	26	90	UELC305	UEL305	C305	E305
30	62	38.1	15.9	19	M6×0.75	5	—	15.0	11.2	27	85	UCC206	UC206	C206	—
	72	43	17	23	M6×0.75	6	—	20.8	15.2	28	100	UCC306	UC306	C306	—
	62	48.4	18.3	19	—	—	44.5	15.0	11.2	27	85	UELC206	UEL206	C206	E206
	72	50	17.5	23	—	—	50	20.8	15.2	28	100	UELC306	UEL306	C306	E306
35	72	42.9	17.5	20	M8×1	7	—	19.8	15.2	28	90	UCC207	UC207	C207	—
	80	48	19	25	M8×1	8	—	25.8	19.2	32	110	UCC307	UC307	C307	—
	72	51.1	18.8	20	—	—	55.6	19.8	15.2	28	90	UELC207	UEL207	C207	E207
	80	51.6	18.3	25	—	—	55	25.8	19.2	32	110	UELC307	UEL307	C307	E307
40	80	49.2	19	21	M8×1	8	—	22.8	18.2	30	100	UCC208	UC208	C208	—
	90	52	19	27	M10×1.25	10	—	31.2	24.0	34	120	UCC308	UC308	C308	—
	80	56.3	21.4	21	—	—	60.3	22.8	18.2	30	100	UELC208	UEL208	C208	E208
	90	57.1	19.8	27	—	—	63.5	31.2	24.0	34	120	UELC308	UEL308	C308	E308
45	85	49.2	19.0	22	M8×1	8	—	24.5	20.8	31	110	UCC209	UC209	C209	—
	100	57	22	30	M10×1.25	10	—	40.8	31.8	38	130	UCC309	UC309	C309	—
	85	56.3	21.4	22	—	—	63.5	24.5	20.8	31	110	UELC209	UEL209	C209	E209
	100	58.7	19.8	30	—	—	70	40.8	31.8	38	130	UELC309	UEL309	C309	E309
50	90	51.6	19.0	24	M10×1.25	10	—	27.0	23.2	33	120	UCC210	UC210	C210	—
	110	61	22	32	M12×1.5	12	—	47.5	37.8	40	140	UCC310	UC310	C310	—
	90	62.7	24.6	24	—	—	69.9	27.0	23.2	33	120	UELC210	UEL210	C210	E210
	110	66.6	24.6	32	—	—	76.2	47.5	37.8	40	140	UELC310	UEL310	C310	E310
55	100	55.6	22.2	25	M10×1.25	10	—	33.5	29.2	35	125	UCC211	UC211	C211	—
	120	66	25	34	M12×1.5	12	—	55.0	44.8	44	150	UCC311	UC311	C311	—

（续）

轴承尺寸/mm								基本额定载荷/kN		座尺寸/mm		带座轴承代号	轴承代号	座代号	配用偏心套
d	D	B	S	C	d_s	G	d_1 max	C_r	C_{0r}	A	D_1	UCC 型 UELC 型	UC 型 UEL 型	C 型	代号
55	100	71.4	27.8	25	—	—	76.2	33.5	29.2	35	125	UELC211	UEL211	C211	E211
	120	73	27.8	34	—	—	83	55.0	44.8	44	150	UELC311	UEL311	C311	E311
60	110	65.1	25.4	27	M10×1.25	10	—	36.8	32.8	38	130	UCC212	UC212	C212	—
	130	71	26	36	M12×1.5	12	—	62.8	51.8	46	160	UCC312	UC312	C312	—
	110	77.8	31.0	27	—	—	84.2	36.8	32.8	38	130	UELC212	UEL212	C212	E212
	130	79.4	30.95	36	—	—	89	62.8	51.8	46	160	UELC312	UEL312	C312	E312
65	120	65.1	25.4	28	M10×1.25	10	—	44.0	40.0	40	140	UCC213	UC213	C213	—
	140	75	30	38	M12×1.5	12	—	72.2	60.5	50	170	UCC313	UC313	C313	—
	120	85.7	34.1	28	—	—	86	44.0	40.0	40	140	UELC213	UEL213	C213	E213
	140	85.7	32.55	38	—	—	97	72.2	60.5	50	170	UELC313	UEL313	C313	E313
70	150	78	33	40	M12×1.5	12	—	80.2	68.0	52	180	UCC314	UC314	C314	—
	150	92.1	34.15	40	—	—	102	80.2	68.0	52	180	UELC314	UEL314	C314	E314
75	160	82	32	42	M14×1.5	14	—	87.2	76.8	55	190	UCC315	UC315	C315	—
	160	100	37.3	42	—	—	113	87.2	76.8	55	190	UELC315	UEL315	C315	E315
80	170	86	34	44	M14×1.5	14	—	94.5	86.5	60	200	UCC316	UC316	C316	—
	170	106.4	40.5	44	—	—	119	94.5	86.5	60	200	UELC316	UEL316	C316	E316
85	180	96	40	46	M16×1.5	16	—	102	96.5	64	215	UCC317	UC317	C317	—
	180	109.5	42.05	46	—	—	127	102	96.5	64	215	UELC317	UEL317	C317	E317
90	190	96	40	48	M16×1.5	16	—	110	108	66	225	UCC318	UC318	C318	—
	190	115.9	43.65	48	—	—	133	110	108	66	225	UELC318	UEL318	C318	E318
95	200	103	41	50	M16×1.5	16	—	120	122	72	240	UCC319	UC319	C319	—
	200	122.3	38.9	50	—	—	140	120	122	72	240	UELC319	UEL319	C319	E319
100	215	108	42	54	M18×1.5	18	—	132	140	75	260	UCC320	UC320	C320	—
	215	128.6	50	54	—	—	146	132	140	75	260	UELC320	UEL320	C320	E320
105	225	112	44	56	M18×1.5	18	—	142	152	75	260	UCC321	UC321	C321	—
110	240	117	46	60	M18×1.5	18	—	158	178	80	300	UCC322	UC322	C322	—
120	260	126	51	64	M18×1.5	18	—	175	208	90	320	UCC324	UC324	C324	—
130	280	135	54	68	M20×1.5	20	—	195	242	100	340	UCC326	UC326	C326	—
140	300	145	59	72	M20×1.5	20	—	212	272	100	360	UCC328	UC328	C328	—

表 14.6-48　带冲压立式座外球面球轴承（带紧定螺钉、带偏心套）（部分摘自 GB/T 7810—1995）

冲压座强度低，只适用于较小的载荷，允许轴向载荷小于允许径向载荷的 30%

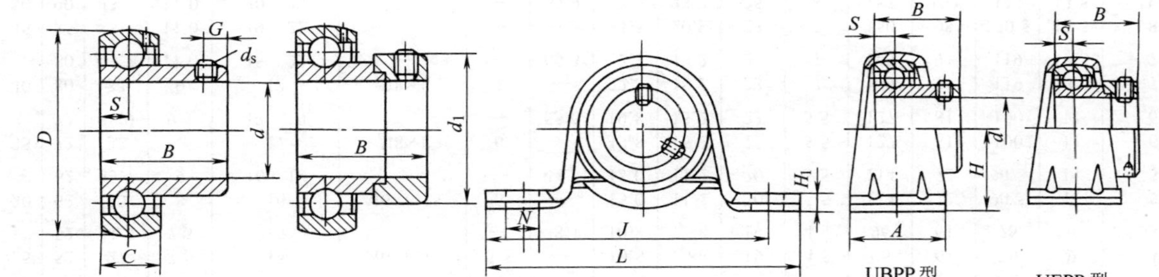

UB 型　UE型　UBPP 型　UEPP 型

代号含义
UB——一端平头，带紧定螺钉
UE——一端平头，带偏心套
PP—冲压立式座

轴承尺寸/mm								基本额定载荷/kN		座尺寸/mm						轴承座允许径向载荷/kN	带座轴承代号	轴承代号	座代号	配用偏心套
d	D	B	S	C min max	d_s	G	d_1 max	C_r	C_{0r}	A max	H	H_1 max	J	L max	N	max	UBPP 型 UEPP 型	UB 型 UE 型	PP 型	代号
12	40	22	6	12	M5×0.8	4.5	—	7.35	4.78	26	22.2	4	68	87	9.5	1.25	UBPP201	UB201	PP203	—
	40	28.6	6.5	12 13	—	—	28.6	7.35	4.78	26	22.2	4	68	87	9.5	1.25	UEPP201	UE201	PP203	E201
15	40	22	6	12	M5×0.8	4.5	—	7.35	4.78	26	22.2	4	68	87	9.5	1.25	UBPP202	UB202	PP203	—
	40	28.6	6.5	12 13	—	—	28.6	7.35	4.78	26	22.2	4	68	87	9.5	1.25	UEPP202	UE202	PP203	E202
17	40	22	6	12	M5×0.8	4.5	—	7.35	4.78	26	22.2	4	68	87	9.5	1.25	UBPP203	UB203	PP203	—
	40	28.6	6.5	12 13	—	—	28.6	7.35	4.78	26	22.2	4	68	87	9.5	1.25	UEPP203	UE203	PP203	E203
20	47	25	7	14	M6×0.75	5	—	9.88	6.65	33	25.4	4	76	99	9.5	1.70	UBPP204	UB204	PP204	—
	47	31.0	7.5	14 15	—	—	33.3	9.88	6.65	33	25.4	4	76	99	9.5	1.70	UEPP204	UE204	PP204	E204
25	52	27	7.5	15	M6×0.75	5.5	—	10.8	7.88	33	28.6	4.5	86	109	11.5	1.80	UBPP205	UB205	PP205	—
	52	31.5	7.5	15	—	—	38.1	10.8	7.88	33	28.6	4.5	86	109	11.5	1.80	UEPP205	UE205	PP205	E205
30	62	30	8	16	M6×0.75	6	—	15.0	11.2	39	33.3	4.5	95	119	11.5	2.50	UBPP206	UB206	PP206	—
	62	35.7	9	16 18	—	—	44.5	15.0	11.2	39	33.3	4.5	95	119	11.5	2.50	UEPP206	UE206	PP206	E206
35	72	32	8.5	17	M8×1	6	—	19.8	15.2	43	39.7	5	106	130	11.5	3.30	UBPP207	UB207	PP207	—
	72	38.9	9.5	17 19	—	—	55.6	19.8	15.2	43	39.7	5	106	130	11.5	3.30	UEPP207	UE207	PP207	E207
40	80	34	9	18	M8×1	7	—	22.8	18.2	43	43.7	5	120	148	13	3.80	UBPP208	UB208	PP208	—
	80	43.7	11.0	18 22	—	—	60.3	22.8	18.2	43	43.7	5	120	148	13	3.80	UEPP208	UE208	PP208	E208
45	85	43.7	11.0	19 22	—	—	63.5	24.5	20.8	45	46.8	6	128	156	13	4.20	UEPP209	UE209	PP209	E209

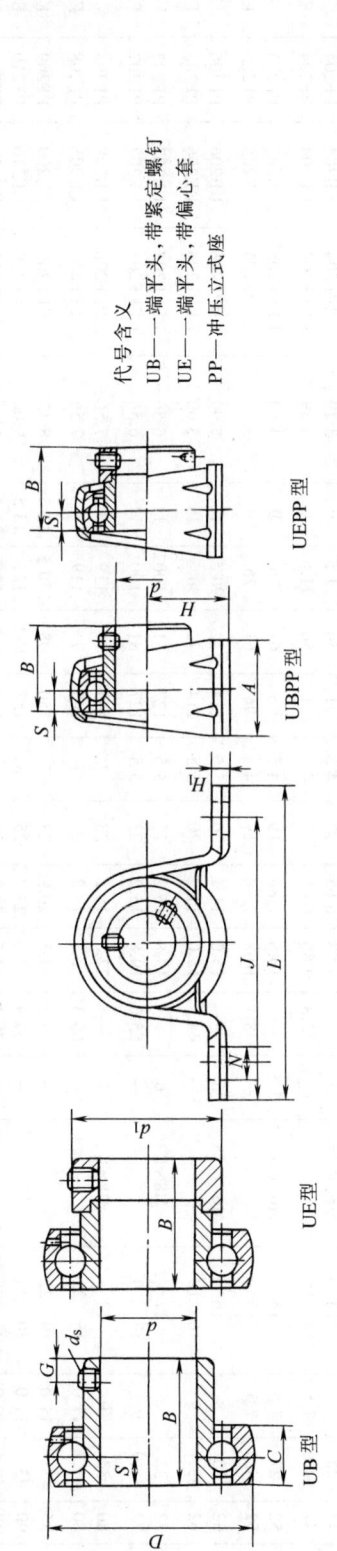

表 14.6-49 带冲压圆形座外球面球轴承（带紧定螺钉、带偏心套）（部分摘自 GB/T 7810—1995）

允许轴向载荷小于允许径向载荷的 50%

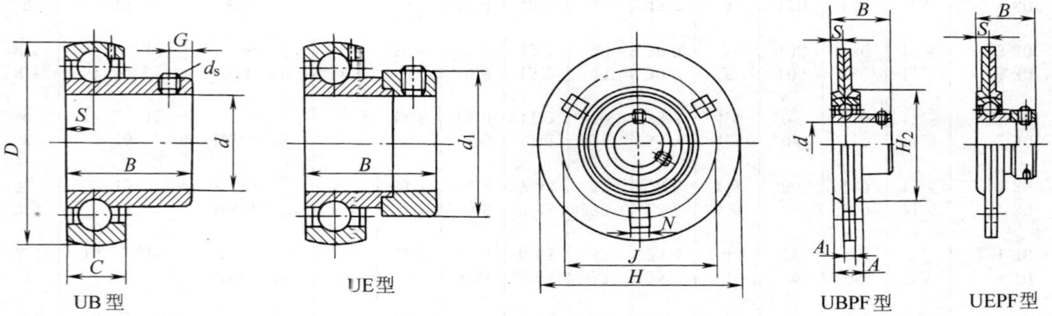

代号含义
UB——端平头，带紧定螺钉
UE——端平头，带偏心套
PF—冲压圆形座

轴承尺寸/mm								基本额定载荷/kN		座尺寸/mm						轴承座允许径向载荷/kN max	带座轴承代号	轴承代号	座代号	配用偏心套
d	D	B	S	C min max	d_s	G	d_1 max	C_r	C_{0r}	A max	A_1 max	H max	H_2 max	J	N		UBPF型 UEPF型	UB型 UE型	PF型	代号
12	40	22	6	12	M5×0.8	4.5	—	7.35	4.78	15	4.5	82	49	63.5	7.1	2.45	UBPF201	UB201	PF203	—
	40	28.6	6.5	12 13	—	—	28.6	7.35	4.78	15	4.5	82	49	63.5	7.1	2.45	UEPF201	UE201	PF203	E201
15	40	22	6	12	M5×0.8	4.5	—	7.35	4.78	15	4.5	82	49	63.5	7.1	2.45	UBPF202	UB202	PF203	—
	40	28.6	6.5	12 13	—	—	28.6	7.35	4.78	15	4.5	82	49	63.5	7.1	2.45	UEPF202	UE202	PF203	E202
17	40	22	6	12	M5×0.8	4.5	—	7.35	4.78	15	4.5	82	49	63.5	7.1	2.45	UBPF203	UB203	PF203	—
	40	28.6	6.5	12 13	—	—	28.6	7.35	4.78	15	4.5	82	49	63.5	7.1	2.45	UEPF203	UE203	PF203	E203
20	47	25	7	14	M6×0.75	5	—	9.88	6.65	17	4.5	91	56	71.5	9	3.29	UBPF204	UB204	PF204	—
	47	31.0	7.5	14 15	—	—	33.3	9.88	6.65	17	4.5	91	56	71.5	9	3.29	UEPF204	UE204	PF204	E204
25	52	27	7.5	15	M6×0.75	5.5	—	10.8	7.88	19	4.5	96	61	76	9	3.60	UBPF205	UB205	PF205	—
	52	31.5	7.5	15	—	—	38.1	10.8	7.88	19	4.5	96	61	76	9	3.60	UEPF205	UE205	PF205	E205
30	62	30	8	16	M6×0.75	6	—	15.0	11.2	20	5.5	114	72	90.5	11	5.00	UBPF206	UB206	PF206	—
	62	35.7	9	16 18	—	—	44.5	15.0	11.2	20	5.5	114	72	90.5	11	5.00	UEPF206	UE206	PF206	E206
35	72	32	8.5	17	M8×1	6	—	19.8	15.2	23	5.5	127	81	100	11	6.56	UBPF207	UB207	PF207	—
	72	38.9	9.5	17 19	—	—	55.6	19.8	15.2	23	5.5	127	81	100	11	6.56	UEPF207	UE207	PF207	E207
40	80	34	9	18	M8×1	7	—	22.8	18.2	23	7	149	91	119	13.5	7.56	UBPF208	UB208	PF208	—
	80	43.7	11.0	18 22	—	—	60.3	22.8	18.2	23	7	149	91	119	13.5	7.56	UEPF208	UE208	PF208	E208
45	85	43.7	11.0	19 22	—	—	63.5	24.5	20.8	23	7	150	98	120.5	13.5	8.13	UEPF209	UE209	PF209	E209
50	90	43.7	11.0	20 22	—	—	69.9	27.0	23.2	25	8	157	102	127	13.5	9.00	UEPF210	UE210	PF210	E210
55	100	48.4	12.0	21 25	—	—	76.2	33.5	29.2	26	8	168	113	138	13.5	11.1	UEPF211	UE211	PF211	E211
60	110	53.1	13.5	22 27	—	—	84.2	36.8	32.8	28	8	177	122	148	13.5	12.2	UEPF212	UE212	PF212	E212

注：PF208 和大于 PF208 的轴承座有四个螺孔。

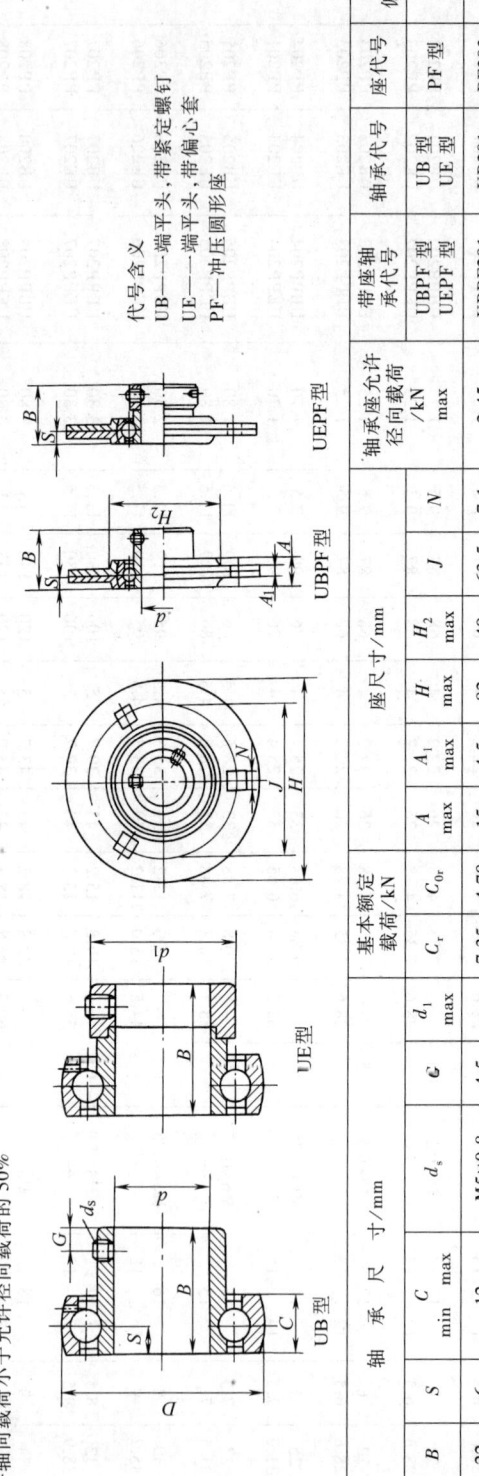

表 14.6-50　带冲压三角形座外球面球轴承（带紧定螺钉、带偏心套）（部分摘自 GB/T 7810—1995）

允许轴向载荷小于允许径向载荷的 50%

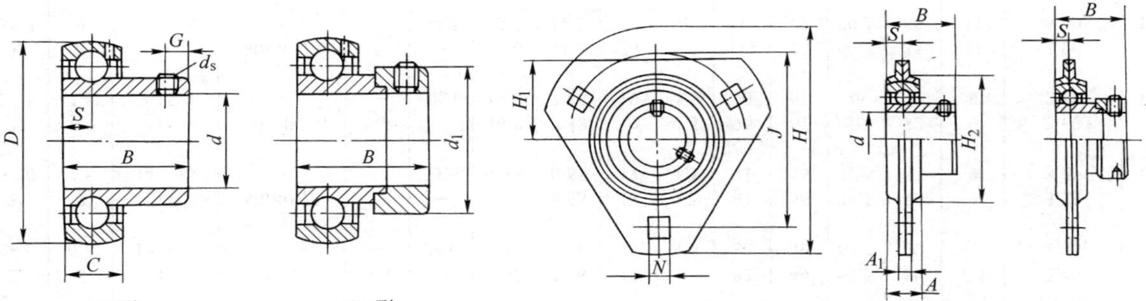

UB 型　UE 型　UBPFT 型　UEPFT 型

代号含义
UB——一端平头，带紧定螺钉
UE——一端平头，带偏心套
PFT—冲压三角形座

轴承尺寸/mm								基本额定载荷/kN		座尺寸/mm							轴承座允许径向载荷/kN	带座轴承代号	轴承代号	座代号	配用偏心套
d	D	B	S	C min max	d_s	G	d_1 max	C_r	C_{0r}	A max	A_1 max	H max	H_1 max	H_2 max	J	N	max	UBPFT 型 UEPFT 型	UB 型 UE 型	PFT 型	代号
12	40	22	6	12	M5×0.8	4.5	—	7.35	4.78	15	4.5	82	29	49	63.5	7.1	2.45	UBPFT201	UB201	PFT203	—
	40	28.6	6.5	12 13	—	—	28.6	7.35	4.78	15	4.5	82	29	49	63.5	7.1	2.45	UEPFT201	UE201	PFT203	E201
15	40	22	6	12	M5×0.8	4.5	—	7.35	4.78	15	4.5	82	29	49	63.5	7.1	2.45	UBPFT202	UB202	PFT203	—
	40	28.6	6.5	12 13	—	—	28.6	7.35	4.78	15	4.5	82	29	49	63.5	7.1	2.45	UEPFT202	UE202	PFT203	E202
17	40	22	6	12	M5×0.8	4.5	—	7.35	4.78	15	4.5	82	29	49	63.5	7.1	2.45	UBPFT203	UB203	PFT203	—
	40	28.6	6.5	12 13	—	—	28.6	7.35	4.78	15	4.5	82	29	49	63.5	7.1	2.45	UEPFT203	UE203	PFT203	E203
20	47	25	7	14	M6×0.75	5	—	9.88	6.65	17	4.5	91	34	56	71.5	9	3.29	UBPFT204	UB204	PFT204	—
	47	31.0	7.5	14 15	—	—	33.3	9.88	6.65	17	4.5	91	34	56	71.5	9	3.29	UEPFT204	UE204	PFT204	E204
25	52	27	7.5	15	M6×0.75	5.5	—	10.8	7.88	19	4.5	96	36	61	76	9	3.60	UBPFT205	UB205	PFT205	—
	52	31.5	7.5	15	—	—	38.1	10.8	7.88	19	4.5	96	36	61	76	9	3.60	UEPFT205	UE205	PFT205	E205
30	62	30	8	16	M6×0.75	6	—	15.0	11.2	20	5.5	114	41	72	90.5	11	5.00	UBPFT206	UB206	PFT206	—
	62	35.7	9	16 18	—	—	44.5	15.0	11.2	20	5.5	114	41	72	90.5	11	5.00	UEPFT206	UE206	PFT206	E206
35	72	32	8.5	17	M8×1	6	—	19.8	15.2	23	5.5	127	45	81	100	11	6.56	UBPFT207	UB207	PFT207	—
	72	38.9	9.5	17 19	—	—	55.6	19.8	15.2	23	5.5	127	45	81	100	11	6.56	UEPFT207	UE207	PFT207	E207

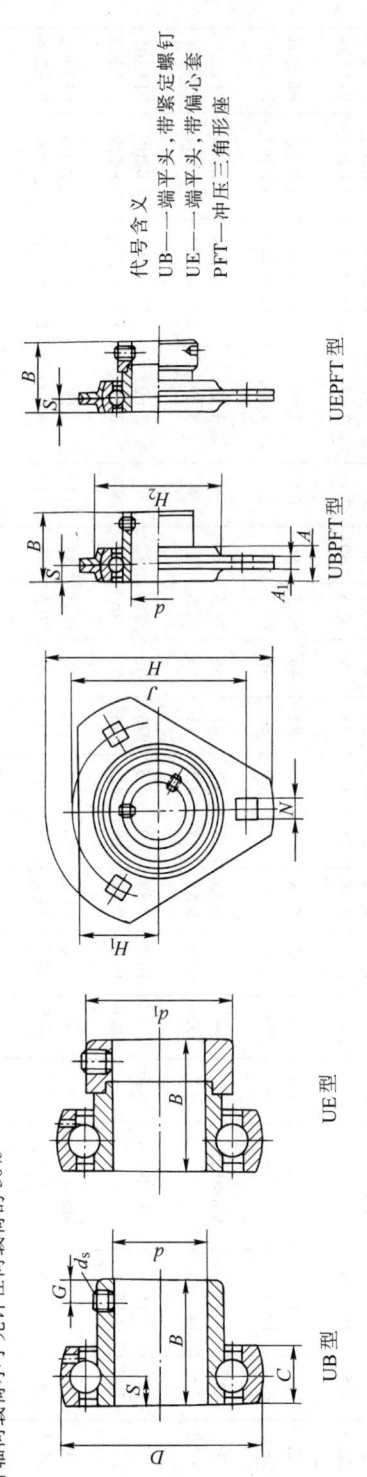

表 14.6-51 带冲压菱形座外球面球轴承(带紧定螺钉、带偏心套)(部分摘自 GB/T 7810—1995)

允许轴向载荷小于允许径向载荷的 50%

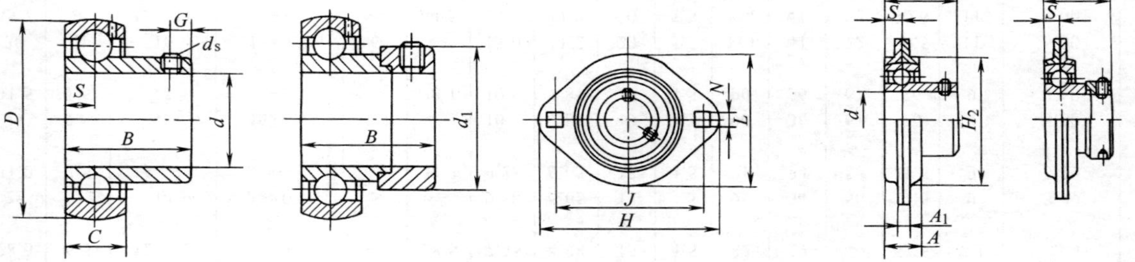

UB 型　　UE 型　　UBPFL型　　UEPFL 型

代号含义

UB——一端平头,带紧定螺钉

UE——一端平头,带偏心套

PFL—冲压菱形座

轴承尺寸/mm								基本额定载荷/kN		座尺寸/mm							轴承座允许径向载荷/kN	带座轴承代号	轴承代号	座代号	配用偏心套
d	D	B	S	C min max	d_s	G	d_1 max	C_r	C_{0r}	A max	A_1 max	H max	H_2 max	J	L max	N	max	UBPFL 型 UEPFL 型	UB 型 UE 型	PFL 型	代号
12	40	22	6	12	M5×0.8	4.5	—	7.35	4.78	15	4.5	82	49	63.5	60	7.1	2.45	UBPFL201	UB201	PFL203	—
	40	28.6	6.5	12 13	—	—	28.6	7.35	4.78	15	4.5	82	49	63.5	60	7.1	2.45	UEPFL201	UE201	PFL203	E201
15	40	22	6	12	M5×0.8	4.5	—	7.35	4.78	15	4.5	82	49	63.5	60	7.1	2.45	UBPFL202	UB202	PFL203	—
	40	28.6	6.5	12 13	—	—	28.6	7.35	4.78	15	4.5	82	49	63.5	60	7.1	2.45	UEPFL202	UE202	PFL203	E202
17	40	22	6	12	M5×0.8	4.5	—	7.35	4.78	15	4.5	82	49	63.5	60	7.1	2.45	UBPFL203	UB203	PFL203	—
	40	28.6	6.5	12 13	—	—	28.6	7.35	4.78	15	4.5	82	49	63.5	60	7.1	2.45	UEPFL203	UE203	PFL203	E203
20	47	25	7	14	M6×0.75	5	—	9.88	6.65	17	4.5	91	56	71.5	68	9	3.29	UBPFL204	UB204	PFL204	—
	47	31.0	7.5	14 15	—	—	33.3	9.88	6.65	17	4.5	91	56	71.5	68	9	3.29	UEPFL204	UE204	PFL204	E204
25	52	27	7.5	15	M6×0.75	5.5	—	10.8	7.88	19	4.5	96	61	76	72	9	3.60	UBPFL205	UB205	PFL205	—
	52	31.5	7.5	15	—	—	38.1	10.8	7.88	19	4.5	96	61	76	72	9	3.60	UEPFL205	UE205	PFL205	E205
30	62	30	8	16	M6×0.75	6	—	15.0	11.2	20	5.5	114	72	90.5	85	11	5.00	UBPFL206	UB206	PFL206	—
	62	35.7	9	16 18	—	—	44.5	15.0	11.2	20	5.5	114	72	90.5	85	11	5.00	UEPFL206	UE206	PFL206	E206
35	72	32	8.5	17	M8×1	6	—	19.8	15.2	23	5.5	127	81	100	95	11	6.56	UBPFL207	UB207	PFL207	—
	72	38.9	9.5	17 19	—	—	55.6	19.8	15.2	23	5.5	127	81	100	95	11	6.56	UEPFL207	UE207	PFL207	E207

12　滚动轴承附件及滚动轴承座

12.1　滚动轴承附件

12.1.1　紧定套（见表 14.6-52）

表 14.6-52　紧定套（摘自 GB/T 9160.1—2006）

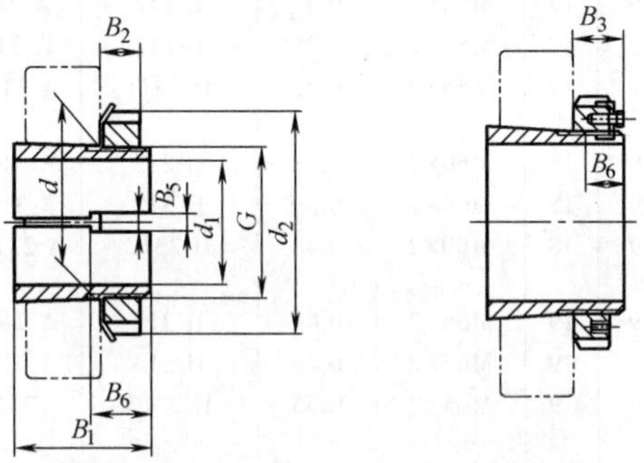

带锁紧螺母和锁紧垫圈　　带锁紧螺母和锁紧卡组件

H 型

公称尺寸/mm									质量/kg	紧定套型号	组成紧定套的零件代号			
d_1	d	d_2	B_1	B_2 max	B_3 max	B_5 min	B_6	螺纹 G	W ≈		紧定衬套	锁紧螺母	锁紧垫圈	锁紧卡
12	15	25	19	6	—	5	10	M15×1	—	H 202	A 202 X	KM 02	MB 02	—
		25	22	6	—	5	10	M15×1	—	H 302	A 302 X	KM 02	MB 02	—
		25	25	6	—	5	10	M15×1	—	H 2302	A 2302 X	KM 02	MB 02	—
14	17	28	20	6	—	5	10	M17×1	—	H 203	A 203 X	KM 03	MB 03	—
		28	24	6	—	5	10	M17×1	—	H 303	A 303 X	KM 03	MB 03	—
		28	27	6	—	5	10	M17×1	—	H 2303	A 2303 X	KM 03	MB 03	—
17	20	32	24	7	—	5	11	M20×1	—	H 204	A 204 X	KM 04	MB 04	—
		32	28	7	—	5	11	M20×1	—	H 304	A 304 X	KM 04	MB 04	—
		32	31	7	—	5	11	M20×1	—	H 2304	A 2304 X	KM 04	MB 04	—
20	25	38	26	8	—	6	12	M25×1.5	0.070	H 205	A 205 X	KM 05	MB 05	—
		38	29	8	—	6	12	M25×1.5	0.075	H 305	A 305 X	KM 05	MB 05	—
		38	35	8	—	6	12	M25×1.5	—	H 2305	A 2305 X	KM 05	MB 05	—
25	30	45	27	8	—	6	12	M30×1.5	0.10	H 206	A 206 X	KM 06	MB 06	—
		45	31	8	—	6	12	M30×1.5	0.11	H 306	A 306 X	KM 06	MB 06	—
		45	38	8	—	6	12	M30×1.5	—	H 2306	A 2306 X	KM 06	MB 06	—
30	35	52	29	9	—	7	13	M35×1.5	0.13	H 207	A 207 X	KM 07	MB 07	—
		52	35	9	—	7	13	M35×1.5	0.14	H 307	A 307 X	KM 07	MB 07	—
		52	43	9	—	7	13	M35×1.5	0.17	H 2307	A 2307 X	KM 07	MB 07	—
35	40	58	31	10	—	7	14	M40×1.5	0.17	H 208	A 208 X	KM 08	MB 08	—
		58	36	10	—	7	14	M40×1.5	0.19	H 308	A 308 X	KM 08	MB 08	—
		58	46	10	—	7	14	M40×1.5	0.22	H 2308	A 2308 X	KM 08	MB 08	—
40	45	65	33	11	—	7	15	M45×1.5	0.23	H 209	A 209 X	KM 09	MB 09	—
		65	39	11	—	7	15	M45×1.5	0.25	H 309	A 309 X	KM 09	MB 09	—
		65	50	11	—	7	15	M45×1.5	0.28	H 2309	A 2309 X	KM 09	MB 09	—

（续）

公称尺寸/mm									质量/kg	紧定套型号	组成紧定套的零件代号			
d_1	d	d_2	B_1	B_2 max	B_3 max	B_5 min	B_6	螺纹 G	W ≈		紧定衬套	锁紧螺母	锁紧垫圈	锁紧卡
45	50	70	35	12	—	7	16	M50×1.5	0.27	H 210	A 210 X	KM 10	MB 10	—
		70	42	12	—	7	16	M50×1.5	0.30	H 310	A 310 X	KM 10	MB 10	—
		70	55	12	—	7	16	M50×1.5	0.36	H 2310	A 2310 X	KM 10	MB 10	—
50	55	75	37	12	—	9	17	M55×2	0.31	H 211	A 211X	KM 11	MB 11	—
		75	45	12	—	9	17	M55×2	0.35	H 311	A 311X	KM 11	MB 11	—
		75	59	12	—	9	17	M55×2	0.42	H 2311	A 2311X	KM 11	MB 11	—
55	60	80	38	13	—	9	18	M60×2	0.38	H 212	A 212 X	KM 12	MB 12	—
		80	47	13	—	9	18	M60×2	0.39	H 312	A 312 X	KM 12	MB 12	—
		80	62	13	—	9	18	M60×2	0.48	H 2312	A 2312 X	KM 12	MB 12	—
60	65	85	40	14	—	9	19	M65×2	0.40	H 213	A 213 X	KM 13	MB 13	—
		85	50	14	—	9	19	M65×2	0.46	H 313	A 313 X	KM 13	MB 13	—
		85	65	14	—	9	19	M65×2	0.55	H 2313	A 2313 X	KM 13	MB 13	—
60	70	92	41	14	—	9	19	M70×2	—	H 214	A 214 X	KM 14	MB 14	—
		92	52	14	—	9	19	M70×2	—	H 314	A 314 X	KM 14	MB 14	—
		92	68	14	—	9	19	M70×2	0.99	H 2314	A 2314 X	KM 14	MB 14	—
65	75	98	43	15	—	9	20	M75×2	0.71	H 215	A 215 X	KM 15	MB 15	—
		98	55	15	—	9	20	M75×2	0.83	H 315	A 315 X	KM 15	MB 15	—
		98	73	15	—	9	20	M75×2	1.05	H 2315	A 2315 X	KM 15	MB 15	—
70	80	105	46	17	—	11	22	M80×2	0.88	H 216	A 216 X	KM 16	MB 16	—
		105	59	17	—	11	22	M80×2	1.00	H 316	A 316 X	KM 16	MB 16	—
		105	78	17	—	11	22	M80×2	1.30	H 2316	A 2316 X	KM 16	MB 16	—
75	85	110	50	18	—	11	24	M85×2	1.00	H 217	A 217 X	KM 17	MB 17	—
		110	63	18	—	11	24	M85×2	1.20	H 317	A 317 X	KM 17	MB 17	—
		110	82	18	—	11	24	M85×2	1.45	H 2317	A 2317 X	KM 17	MB 17	—
80	90	120	52	18	—	11	24	M90×2	1.20	H 218	A 218 X	KM 18	MB 18	—
		120	65	18	—	11	24	M90×2	1.35	H 318	A 318 X	KM 18	MB 18	—
		120	86	18	—	11	24	M90×2	1.70	H 2318	A 2318 X	KM 18	MB 18	—
85	95	125	55	19	—	11	25	M95×2	1.35	H 219	A 219 X	KM 19	MB 19	—
		125	68	19	—	11	25	M95×2	1.55	H 319	A 319 X	KM 19	MB 19	—
		125	90	19	—	11	25	M95×2	1.90	H 2319	A 2319 X	KM 19	MB 19	—
90	100	130	58	20	—	13	26	M100×2	1.50	H 220	A 220 X	KM 20	MB 20	—
		130	71	20	—	13	26	M100×2	1.70	H 320	A 320 X	KM 20	MB 20	—
		130	76	20	—	13	26	M100×2	—	H 3120	A 3120 X	KM 20	MB 20	—
		130	97	20	—	13	26	M100×2	2.15	H 2320	A 2320 X	KM 20	MB 20	—
95	105	140	60	20	—	13	26	M105×2	1.70	H 221	A 221X	KM 21	MB 21	—
		140	74	20	—	13	26	M105×2	1.95	H 321	A 321 X	KM 21	MB 21	—
		140	80	20	—	13	26	M105×2	—	H 3121	A 3121X	KM 21	MB 21	—
		140	101	20	—	—	—	M105×2	—	H 2321	A 2321X	KM 21	MB 21	—
100	110	145	63	21	—	13	27	M110×2	1.90	H 222	A 222 X	KM 22	MB 22	—
		145	77	21	—	13	27	M110×2	2.20	H 322	A 322 X	KM 22	MB 22	—
		145	81	21	—	13	27	M110×2	—	H 3122	A 3122 X	KM 21	MB 21	—
		145	105	21	—	13	27	M110×2	2.75	H 2322	A 2322 X	KM 22	MB 22	—

（续）

公称尺寸/mm									质量/kg	紧定套型号	组成紧定套的零件代号			
d_1	d	d_2	B_1	B_2 max	B_3 max	B_5 min	B_6	螺纹 G	W ≈		紧定衬套	锁紧螺母	锁紧垫圈	锁紧卡
110	120	145	72	22	—	15	32	M120×2	1.95	H 3024	A 3024 X	KML 24	MBL 24	—
		155	88	22	—	15	32	M120×2	2.65	H 3124	A 3124 X	KM 24	MB 24	—
		155	112	22	—	15	32	M120×2	3.20	H 2324	A 2324 X	KM 24	MB 24	—
		145	60	22	—	15	34	M120×2	—	H 3924	A 3924 X	KML 24	MBL 24	—
115	130	155	80	23	—	15	33	M130×2	2.85	H 3026	A 3026 X	KML 26	MBL 26	—
		165	92	23	—	15	33	M130×2	3.65	H 3126	A 3126 X	KM 26	MB 26	—
		165	121	23	—	15	33	M130×2	4.60	H 2326	A 2326 X	KM 26	MB 26	—
		155	65	23	—	15	36	M130×2	—	H 3926	A 3926 X	KML 26	MBL 26	—
125	140	165	82	24	—	17	34	M140×2	3.15	H 3028	A 3028 X	KML 28	MBL 28	—
		180	97	24	—	17	34	M140×2	4.35	H 3128	A 3128 X	KM 28	MB 28	—
		180	131	24	—	17	34	M140×2	5.55	H 2328	A 2328 X	KM 28	MB 28	—
		165	66	24	—	17	37	M140×2	—	H 3928	A 3928 X	KML 28	MBL 28	—
135	150	180	87	26	—	17	36	M150×2	3.90	H 3030	A 3030 X	KML 30	MBL 30	—
		195	111	26	—	17	36	M150×2	5.50	H 3130	A 3130 X	KM 30	MB 30	—
		195	139	26	—	17	36	M150×2	6.60	H 2330	A 2330 X	KM 30	MB 30	—
		180	76	26	—	17	39	M150×2	—	H 3930	A 3930 X	KML 30	MBL 30	—
140	160	190	93	28	—	19	38	M160×3	5.20	H 3032	A 3032 X	KML 32	MBL 32	—
		210	119	28	—	19	38	M160×3	7.65	H 3132	A 3132 X	KM 32	MB 32	—
		210	147	28	—	19	38	M160×3	9.15	H 2332	A 2332 X	KM 32	MB 32	—
		190	78	28	—	19	42	M160×3	—	H 3932	A 3932 X	KML 32	MBL 32	—
150	170	200	101	29	—	19	39	M170×3	6.00	H 3034	A 3034 X	KML 34	MBL 34	—
		220	122	29	—	19	39	M170×3	8.40	H 3134	A 3134 X	KM 34	MB 34	—
		220	154	29	—	19	39	Tr170×3	10.0	H 2334	A 2334 X	KM 34	MB 34	—
		200	79	29	—	19	43	M170×3	—	H 3934	A 3934 X	KML 34	MBL 34	—
160	180	210	109	30	—	21	40	M180×3	6.85	H 3036	A 3036 X	KML 36	MBL 36	—
		230	131	30	—	21	40	M180×3	9.50	H 3136	A 3136 X	KM 36	MB 36	—
		230	161	30	—	21	40	Tr180×3	11.0	H 2336	A 2336X	KM 36	MB 36	—
		210	87	30	—	21	44	M180×3	—	H 3936	A 3936 X	KML 36	MBL 36	—
170	190	220	112	31	—	21	41	M190×3	7.45	H 3038	A 3038 X	KML 38	MBL 38	—
		240	141	31	—	21	41	M190×3	11.0	H 3138	A 3138 X	KM 38	MB 38	—
		240	169	31	—	21	41	Tr190×3	12.5	H 2338	A 2338 X	KM 38	MB 38	—
		220	89	31	—	21	46	M190×3	—	H 3938	A 3938 X	KML 38	MBL 38	—
180	200	240	120	32	—	21	42	M200×3	9.20	H 3040	A 3040 X	KML 40	MBL 40	—
		250	150	32	—	21	42	M200×3	12.0	H 3140	A 3140 X	KM 40	MB 40	—
		250	176	32	—	21	42	Tr200×3	14.0	H 2340	A 2340 X	KM 40	MB 40	—
		240	98	32	—	21	47	M200×3	—	H 3940	A 3940 X	KML40	MBL 4	—
200	220	260	126	—	41	20	18	Tr220×4	10.5	H 3044	A 3044	HML 44	—	MSL 44
		280	161	—	35	20	18	Tr220×4	15.0	H 3144	A 3144	HM 44	—	MS 44
		280	186	—	35	20	18	Tr220×4	17.0	H 2344	A 2344	HM 44	—	MS 44
		260	96	—	41	20	21	Tr220×4	—	H 3944	A 3944	HML 44	—	MSL 44
220	240	290	133	—	46	20	18	Tr240×4	13.0	H 3048	A 3048	HML 48	—	MSL 48
		300	172	—	37	20	18	Tr240×4	18.0	H 3148	A 3148	HM 48	—	MS 44
		300	199	—	37	20	18	Tr240×4	20.0	H 2348	A 2348	HM 48	—	MS 44
		290	101	—	46	20	21	Tr240×4	—	H 3948	A 3948	HML 48	—	MSL 48

（续）

公称尺寸/mm									质量/kg	紧定套型号	组成紧定套的零件代号			
d_1	d	d_2	B_1	B_2 max	B_3 max	B_5 min	B_6	螺纹 G	W ≈		紧定衬套	锁紧螺母	锁紧垫圈	锁紧卡
240	260	310	145	—	46	20	18	Tr260×4	15.5	H 3052	A 3052	HML 52	—	MSL 48
		330	190	—	39	24	18	Tr260×4	22.5	H 3152	A 3152	HM 52	—	MS 52
		330	211	—	39	24	18	Tr260×4	25.0	H 2352	A 2352	HM 52	—	MS 52
		310	116	—	46	20	22	Tr260×4	—	H 3952	A 3952	HML 52	—	MSL 48
260	280	330	152	—	50	24	18	Tr280×4	17.5	H 3056	A 3056	HML 56	—	MSL 56
		350	195	—	41	24	18	Tr280×4	25.0	H 3156	A 3156	HM 56	—	MS 52
		350	224	—	41	24	18	Tr280×4	26.5	H 2356	A 2356	HM 56	—	MS 52
		330	121	—	50	24	22	Tr280×4	—	H 3956	A 3956	HML 56	—	MSL 56
280	300	360	168	—	54	24	18	Tr300×4	23.0	H 3060	A 3060	HML 60	—	MSL 60
		380	208	—	53	24	18	Tr300×4	30.0	H 3160	A 3160	HM 60	—	MS 60
		380	240	—	53	24	18	Tr300×4	—	H 3260	A 3260	HM 60	—	MS 60
		360	140	—	54	24	22	Tr300×4	—	H 3960	A 3960	HML 60	—	MSL 60
300	320	380	171	—	55	24	25	Tr320×5	24.5	H 3064	A 3064	HML 64	—	MSL 64
		400	226	—	56	24	25	Tr320×5	35.0	H 3164	A 3164	HM 64	—	MS 64
		400	258	—	56	24	25	Tr320×5	39.0	H 3264	A 3264	HM 64	—	MS 64
		380	140	—	55	24	25	Tr320×5	—	H 3964	A 3964	HML 64	—	MSL 64
320	340	400	187	—	58	24	25	Tr340×5	28.5	H 3068	A 3068	HML 68	—	MSL 64
		440	254	—	72	28	25	Tr340×5	—	H 3168	A 3168	HM 68	—	MS 68
		440	288	—	72	28	25	Tr340×5	—	H 3268	A 3268	HM68	—	MS 68
		400	144	—	58	24	26	Tr340×5	—	H 3968	A 3968	HML 68	—	MSL 64
340	360	420	188	—	58	28	25	Tr360×5	30.5	H 3072	A 3072	HML 72	—	MSL 72
		460	259	—	75	28	25	Tr360×5	—	H 3172	A 3172	HM 72	—	MS 68
		460	299	—	75	28	25	Tr360×5	—	H 3272	A 3272	HM 72	—	MS 68
		420	144	—	58	28	26	Tr360×5	—	H 3972	A 3972	HML 72	—	MSL 72
360	380	450	193	—	62	28	25	Tr380×5	36.0	H 3076	A 3076	HML 76	—	MSL 76
		490	264	—	77	32	25	Tr380×5	—	H 3176	A 3176	HM 76	—	MS 76
		490	310	—	77	32	25	Tr380×5	—	H 3276	A 3276	HM 76	—	MS 76
		450	164	—	62	28	26	Tr380×5	—	H 3976	A 3976	HML 76	—	MSL 76
380	400	470	210	—	66	28	25	Tr400×5	41.5	H 3080	A 3080	HML 80	—	MSL76
		520	272	—	82	32	25	Tr400×5	—	H 3180	A 3180	HM 80	—	MS 80
		520	328	—	82	32	25	Tr400×5	—	H 3280	A 3280	HM 80	—	MS 80
		470	168	—	66	28	27	Tr400×5	—	H 3980	A 3980	HML 80	—	MSL 76
400	420	490	212	—	66	32	25	Tr420×5	43.5	H 3084	A 3084	HML 84	—	MSL84
		540	304	—	90	32	25	Tr420×5	—	H 3184	A 3184	HM 84	—	MS 80
		540	352	—	90	32	25	Tr420×5	—	H 3284	A 3284	HM 84	—	MS 80
		490	168	—	66	32	27	Tr420×5	—	H 3984	A 3984	HML 84	—	MSL 84
410	440	520	228	—	77	32	25	Tr440×5	—	H 3088	A 3088	HML 88	—	MSL 88
		560	307	—	90	36	25	Tr440×5	—	H 3188	A 3188	HM 88	—	MS 88
		560	361	—	90	36	25	Tr440 ×5	—	H 3288	A 3288	HM 88	—	MS 88
		520	189	—	77	32	27	Tr440×5	—	H 3988	A 3988	HML 88	—	MSL 88
430	460	540	234	—	77	32	25	Tr460×5	—	H 3092	A 3092	HML 92	—	MSL 88
		580	326	—	95	36	25	Tr460×5	—	H 3192	A 3192	HM 92	—	MS 88
		580	382	—	95	36	25	Tr460×5	—	H 3292	A 3292	HM 92	—	MS 88
		540	189	—	77	32	28	Tr460×5	—	H 3992	A 3992	HML 92	—	MSL 88

（续）

公称尺寸/mm									质量/kg	紧定套型号	组成紧定套的零件代号			
d_1	d	d_2	B_1	B_2 max	B_3 max	B_5 min	B_6	螺纹 G	W ≈		紧定衬套	锁紧螺母	锁紧垫圈	锁紧卡
450	480	560	237	—	77	36	25	Tr480×5	73.5	H 3096	A 3096	HML 96	—	MSL 96
		620	335	—	95	36	25	Tr480×5	—	H 3196	A 3196	HM 96	—	MS 96
		620	397	—	95	36	25	Tr480×5	—	H 3296	A 3296	HM 96	—	MS 96
		560	200	—	77	36	28	Tr480×5	—	H 3996	A 3996	HML 96	—	MSL 96
470	500	580	247	—	85	36	25	Tr500×5	—	H 30/500	A 30/500	HML/500	—	MSL 96
		630	356	—	100	40	25	Tr500×5	—	H 31/500	A 31/500	HM/500	—	MS/500
		630	428	—	100	40	25	Tr500×5	—	H 32/500	A 32/500	HM/500	—	MS/500
		580	208	—	85	36	28	Tr500×5	—	H 39/500	A 39/500	HML/500	—	MSL 96
500	530	630	265	—	90	40	—	Tr530×6	—	H 30/530	A 30/530	HML/530	—	MSL/530
		670	364	—	105	40	—	Tr530×6	—	H 31/530	A 31/530	HM/530	—	MS/530
		670	447	—	105	40	—	Tr530×6	—	H 32/530	A 32/530	HM/530	—	MS/530
		630	216	—	90	40	—	Tr530×6	—	H 39/530	A 39/530	HML/530	—	MSL/530
530	560	650	282	—	97	40	—	Tr560×6	—	H 30/564	A 30/560	HML/560	—	MSL/560
		710	377	—	110	45	—	Tr560×6	—	H 31/560	A 31/560	HM/560	—	MS/560
		710	462	—	110	45	—	Tr560×6	—	H 32/560	A 32/560	HM/560	—	MS/560
		650	227	—	97	40	—	Tr560×6	—	H 39/560	A 39/560	HML/560	—	MSL/560
560	600	700	289	—	97	40	—	Tr600×6	—	H 30/600	A 30/600	HML/600	—	MSL/560
		750	399	—	110	45	—	Tr600×6	—	H 31/600	A 31/600	HM/600	—	MS/560
		750	487	—	110	45	—	Tr600×6	—	H 32/600	A 32/600	HM/600	—	MS/560
		700	239	—	97	40	—	Tr600×6	—	H 39/600	A39/600	HML/600	—	MSL/560
600	630	730	301	—	97	45	—	Tr630×6	—	H 30/630	A 30/630	HML/630	—	MSL/630
		800	424	—	120	50	—	Tr630×6	—	H 31/630	A 31/630	HM/630	—	MS/630
		800	521	—	120	50	—	Tr630×6	—	H 32/630	A 32/630	HM/630	—	MS/630
		730	254	—	97	45	—	Tr630×6	—	H 39/630	A 39/630	HML/630	—	MSL/630
630	670	780	324	—	102	45	—	Tr670×6	—	H 30/670	A 30/670	HML/670	—	MSL/670
		850	456	—	131	50	—	Tr670×6	—	H 31/670	A 31/670	HM/670	—	MS/670
		850	558	—	131	50	—	Tr670×6	—	H 32/670	A 32/670	HM/670	—	MS/670
		780	264	—	102	45	—	Tr670×6	—	H 39/670	A 39/670	HML/670	—	MSL/670
670	710	830	342	—	112	50	—	Tr710×7	—	H 30/710	A 30/710	HML/710	—	MSL/710
		900	467	—	135	55	—	Tr710×7	—	H 31/710	A 31/710	HM/710	—	MS/710
		900	572	—	135	55	—	Tr710×7	—	H 32/710	A 32/710	HM/710	—	MS/710
		830	286	—	112	50	—	Tr710×7	—	H 39/710	A 39/710	HML/710	—	MSL/710
710	750	870	356	—	112	55	—	Tr750×7	—	H 30/750	A 30/750	HML/750	—	MSL/750
		950	493	—	141	60	—	Tr750×7	—	H 31/750	A 31/750	HM/750	—	MS/750
		950	603	—	141	60	—	Tr750×7	—	H 32/750	A 32/750	HM/750	—	MS/750
		870	291	—	112	55	—	Tr750×7	—	H 39/750	A 39/750	HML/750	—	MSL/750
750	800	920	366	—	112	55	—	Tr800×7	—	H 30/800	A 30/800	HML/800	—	MSL/750
		1000	505	—	141	60	—	Tr800×7	—	H 31/800	A 31/800	HM/800	—	MS/750
		1000	618	—	141	60	—	Tr800×7	—	H 32/800	A 32/800	HM/800	—	MS/800
		920	303	—	112	55	—	Tr800×7	—	H 39/800	A 39/800	HML /800	—	MSL/750
800	850	980	380	—	115	60	—	Tr850×7	—	H 30/850	A 30/850	HML/850	—	MSL/850
		1060	536	—	147	70	—	Tr850×7	—	H 31/850	A 31/850	HM/850	—	MS/850
		1060	651	—	147	70	—	Tr850×7	—	H 32/850	A 32/850	HM/850	—	MS/850
		980	308	—	115	60	—	Tr850×7	—	H 39/850	A 39/850	HML/850	—	MSL/850

（续）

公称尺寸/mm									质量/kg	紧定套型号	组成紧定套的零件代号			
d_1	d	d_2	B_1	B_2 max	B_3 max	B_5 min	B_6	螺纹 G	W ≈		紧定衬套	锁紧螺母	锁紧垫圈	锁紧卡
850	900	1030	400	—	125	60	—	Tr900×7	—	H 30/900	A 30/900	HML/900	—	MSL/850
		1120	557	—	154	70	—	Tr900×7	—	H 31/900	A 31/900	HM/900	—	MS/900
		1120	660	—	154	70	—	Tr900×7	—	H 32/900	A 32/900	HM/900	—	MS/900
		1030	326	—	125	60	—	Tr900×7	—	H 39/900	A 39/900	HML/900	—	MSL/850
900	950	1080	420	—	125	60	—	Tr950×8	—	H 30/950	A 30/950	HML/950	—	MSL/950
		1170	583	—	154	70	—	Tr950×8	—	H 31/950	A 31/950	HM/950	—	MS/950
		1170	675	—	154	70	—	Tr950×8	—	H 32/950	A 32/950	HM/950	—	MS/950
		1080	344	—	125	60	—	Tr950×8	—	H 39/950	A 39/950	HML/950	—	MSL/950
950	1000	1140	430	—	125	60	—	Tr1000×8	—	H 30/1000	A 30/1000	HML/1000	—	MSL/1000
		1240	609	—	154	70	—	Tr1000×8	—	H 31/1000	A 31/1000	HM/1000	—	MS/1000
		1240	707	—	154	70	—	Tr1000×8	—	H 32/1000	A 32/1000	HM/1000	—	MS/1000
		1140	358	—	125	60	—	Tr1000×8	—	H 39/1000	A 39/1000	HML/1000	—	MSL/1000
1000	1060	1200	447	—	125	60	—	Tr1060×8	—	H 30/1060	A 30/1060	HML/1060	—	MSL/1000
		1300	622	—	154	70	—	Tr1060×8	—	H 31/1060	A 31/1060	HM/1060	—	MS/1000
		1200	372	—	125	60	—	Tr1060×8	—	H 39/1060	A 39/1060	HML/1060	—	MSL/1000

12.1.2　紧定衬套（见表14.6-53）

表14.6-53　紧定衬套（部分摘自GB/T 9160.1—2006）

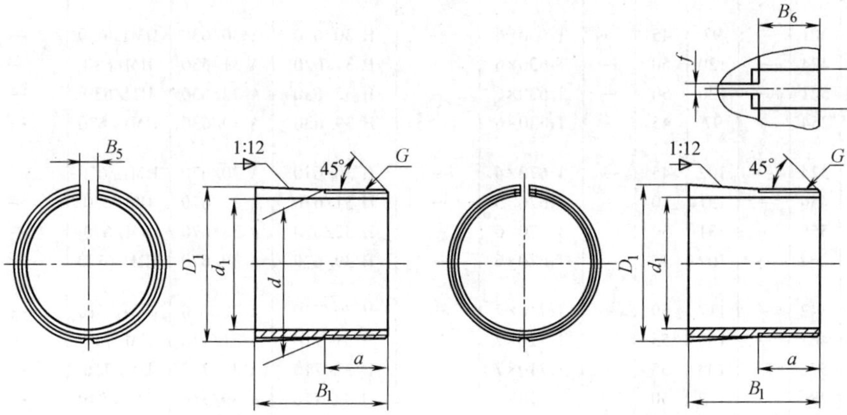

宽切口紧定衬套　　窄切口紧定衬套

公称尺寸/mm				螺纹 G	参考尺寸/mm				代号
d_1	d	B_1	B_5 min		D_1	a	f	B_6	
12	15	19	5	M15×1	16.08	10	2	10	A 202 X
		22	5	M15×1	16.33	10	2	10	A 302 X
		25	5	M15×1	16.58	10	2	10	A 2302 X
14	17	20	5	M17×1	18.17	10	2	10	A 203 X
		24	5	M17×1	18.50	10	2	10	A 303 X
		27	5	M17×1	18.75	10	2	10	A 2303 X

（续）

公称尺寸/mm				螺纹	参考尺寸/mm				代号
d_1	d	B_1	B_5 min	G	D_1	a	f	B_6	
17	20	24	5	M20×1	21.42	11	2	11	A 204 X
		28	5	M20×1	21.75	11	2	11	A 304 X
		31	5	M20×1	22.00	11	2	11	A 2304 X
20	25	26	6	M25×1.5	26.5	12	2	12	A 205
		29	6	M25×1.5	26.75	12	2	12	A 305 X
		35	6	M25×1.5	27.25	12	2	12	A 2305 X
25	30	27	6	M30×1.5	31.58	12	2	12	A 206 X
		31	6	M30×1.5	31.92	12	2	12	A 306 X
		38	6	M30×1.5	32.50	12	2	12	A 2306 X
30	35	29	7	M35×1.5	36.67	13	2	13	A 207 X
		35	7	M35×1.5	37.17	13	2	13	A 307 X
		43	7	M35×1.5	37.83	13	2	13	A 2307 X
35	40	31	7	M40×1.5	41.75	14	2	14	A 208 X
		39	7	M40×1.5	42.17	14	2	14	A 308 X
		46	7	M40×1.5	43.00	14	2	14	A 2308 X
40	45	33	7	M45×1.5	46.83	15	2	15	A 209 X
		39	7	M45×1.5	47.33	15	2	15	A 309 X
		50	7	M45×1.5	48.25	15	2	15	A 2309 X
45	50	35	7	M50×1.5	51.92	6	2	16	A 210
		42	7	M50×1.5	52.50	16	2	16	A 310X
		55	7	M50×1.5	53.58	16	2	16	A 2310 X
50	55	37	9	M55×2	57.08	17	3	17	A 211 X
		45	9	M55×2	57.75	17	3	17	A 311X
		59	9	M55×2	58.92	17	3	17	A 2311X
55	60	38	9	M60×2	62.08	18	3	18	A 212 X
		47	9	M60×2	62.84	18	3	18	A 312 X
		62	9	M60×2	64.08	18	3	18	A 2312 X
60	65	40	9	M65×2	67.17	19	3	19	A 213X
		50	9	M65×2	68.00	19	3	19	A 313X
		65	9	M65×2	69.25	19	3	19	A 2313 X
60	70	41	9	M70×2	72.25	19	3	19	A 214 X
		52	9	M70×2	73.17	19	3	19	A 314 X
		68	9	M70×2	74.50	19	3	19	A 2314 X
65	75	43	9	M75×2	77.33	20	3	20	A 215 X
		55	9	M75×2	78.33	20	3	20	A 315 X
		73	9	M75×2	79.83	20	3	20	A 2315 X
70	80	46	11	M80×2	82.42	22	3	22	A 216 X
		59	11	M80×2	83.50	22	3	22	A 316 X
		78	11	M80×2	85.08	22	3	22	A 2316 X

（续）

公称尺寸/mm				螺纹	参考尺寸/mm				代号
d_1	d	B_1	B_5 min	G	D_1	a	f	B_6	
75	85	50	11	M85×2	87.67	24	3	24	A 217 X
		63	11	M85×2	88.75	24	3	24	A 317 X
		82	11	M85×2	90.33	24	3	24	A 2317 X
80	90	52	11	M90×2	92.83	24	3	24	A 218 X
		65	11	M90×2	93.92	24	3	24	A 318 X
		86	11	M90×2	95.67	24	3	24	A 2318 X
85	95	55	11	M95×2	98.00	25	4	25	A 219 X
		68	11	M95×2	99.08	25	4	25	A 319 X
		90	11	M95×2	100.92	25	4	25	A 2319 X
90	100	58	13	M100×2	103.17	26	4	26	A 220 X
		71	13	M100×2	104.25	26	4	26	A 320 X
		76	13	M100×2	104.67	26	4	26	A 3120 X
		97	13	M100×2	106.42	26	4	26	A 2320 X
95	105	60	13	M105×2	108.34	26	4	26	A 221X
		74	13	M105×2	109.50	26	4	26	A 321X
		80	13	M105×2	110.00	26	4	26	A 3121X
		101	—	M105×2	—	—	—	—	A 2321X
100	110	63	13	M110×2	113.50	27	4	27	A 222 X
		77	13	M110×2	114.67	27	4	27	A 322 X
		81	13	M110×2	115.00	27	4	27	A 3122 X
		105	13	M110×2	117.00	27	4	27	A 2322X
110	120	72	15	M120×2	124.17	32	4	32	A 3024 X
		88	15	M120×2	125.5	32	4	32	A 3124 X
		112	15	M120×2	127.50	32	4	32	A 2324 X
		60	15	M120×2	123.2	29	5	34	A 3924 X
115	130	80	15	M130×2	134.75	33	4	33	A 3026X
		92	15	M130×2	135.75	33	4	33	A 3126 X
		121	15	M130×2	138.17	33	4	33	A 2326 X
		65	15	M130×2	133.5	31	5	56	A 3926 X
125	140	82	17	M140×2	144.83	34	4	34	A 3028 X
		97	17	M140×2	146.08	34	4	34	A 3128 X
		131	17	M140×2	148.92	34	4	34	A 2328 X
		66	17	M140×2	143.5	32	5	37	A 3928 X
135	150	87	17	M150×2	155.08	36	4	36	A 3030 X
		1111	17	M150×2	157.08	36	4	36	A 3130 X
		139	17	M150×2	159.42	36	4	36	A 362330 X
		76	17	M150×2	154.2	34	5	39	A 3930 X
140	160	93	19	M160×3	165.42	38	5	38	A 3032 X
		119	19	M160×3	167.58	38	5	38	A 3132 X
		147	19	M160×3	169.92	38	5	38	A 2332 X
		78	19	M160×3	164.2	36	6	42	A 3932 X
150	170	101	19	M170×3	176.00	39	5	39	A 3034 X
		122	19	M170×3	177.75	39	5	39	A 3134 X
		154	19	Tr170×3	180.42	39	5	39	A 2334 X
		79	19	M170×3	174.2	37	6	43	A 3034X

（续）

公称尺寸/mm				螺纹	参考尺寸/mm				代号
d_1	d	B_1	B_5 min	G	D_1	a	f	B_6	
160	180	109	21	M180×3	186.58	40	5	40	A 3036 X
		131	21	M180×3	188.42	40	5	40	A 3136 X
		161	21	Tr180×3	190.92	40	5	40	A 2336
		87	21	M180×3	184.8	38	6	44	A 3936
170	190	112	21	M190×3	196.75	41	5	41	A 3038X
		141	21	M190×3	199.17	41	5	41	A 3138 X
		169	21	Tr190×3	201.50	41	5	41	A 2338 X
		89	21	M190×3	194.9	40	6	46	A 3938 X
180	200	120	21	M200×3	207.33	42	5	42	A 3040 X
		150	21	M200×3	209.83	42	5	42	A 3140 X
		176	21	Tr200×3	212.00	42	5	42	A 2340 X
		98	21	M200×3	205.5	41	6	47	A 3940 X
200	220	126	20	Tr220×4	228.00	45	5	18	A 3044
		161	20	Tr220×4	230.75	47	5	18	A 3144
		186	20	Tr220×4	232.83	47	5	18	A 2344
		96	20	Tr220×4	225.5	39	5	21	A 3944
200	240	133	20	Tr240×4	248.25	49	5	18	A 3048
		172	20	Tr240×4	251.50	49	5	18	A 3148
		199	20	Tr240×4	253.75	49	5	18	A 2348
		101	20	Tr240×4	245.6	43	8	21	A 3948
240	260	145	20	Tr260×4	269.33	49	6	18	A 3052
		190	24	Tr260×4	272.83	51	6	18	A 3152
		211	24	Tr260×4	274.58	51	6	18	A 2352
		116	20	Tr260×4	266.8	44	8	22	A 3952
260	280	152	24	Tr280×4	289.50	53	6	18	A 3056
		195	24	Tr280×4	293.08	53	6	18	A 3156
		224	24	Tr280×4	295.50	53	6	18	A 2356
		121	24	Tr280×4	286.9	48	8	22	A 3956
280	300	168	24	Tr300×4	310.50	57	6	18	A 3060
		208	24	Tr300×4	314.00	55	6	18	A 3160
		240	24	Tr300×4	316.67	55	6	18	A 3260
		140	24	Tr300×4	308.2	52	8	22	A 3960
300	320	171	24	Tr320×5	330.75	57	6	25	A 3064
		226	24	Tr320×5	335.33	57	6	25	A 3164
		258	24	Tr320×5	338.00	57	6	25	A 3264
		140	24	Tr320×5	328.2	53	8	25	A 3964
320	340	187	24	Tr340×5	351.83	65	6	25	A 3068
		254	28	Tr340×5	356.58	75	6	25	A 3168
		288	28	Tr340×5	359.42	75	6	25	A 3268
		144	24	Tr340×5	348.2	56	8	26	A 3968
340	360	188	28	Tr360×5	371.82	65	6	25	A 3072
		259	28	Tr360×5	376.75	78	6	25	A 3172
		299	28	Tr360×5	380.08	78	6	25	A 3272
		144	28	Tr360×5	368.2	56	10	26	A 3972

（续）

公称尺寸/mm				螺纹	参考尺寸/mm				代号
d_1	d	B_1	B_5 min	G	D_1	a	f	B_6	
360	380	193	28	Tr380×5	392.08	68	6	25	A 3076
		264	32	Tr380×5	397.00	80	6	25	A 3176
		310	32	Tr380×5	400.83	80	6	25	A3276
		164	28	Tr380×5	389.7	60	10	26	A 3976
380	400	210	28	Tr400×5	413.17	72	6	25	A 3080
		272	32	Tr400×5	417.5	82	6	25	A 3180
		328	32	Tr400×5	422.17	82	6	25	A 3280
		168	28	Tr400×5	409.7	64	10	27	A 3980
400	420	212	32	Tr420×5	433.33	72	8	25	A 3084
		304	32	Tr420×5	439.5	90	8	25	A 3184
		352	32	Tr420×5	443.5	90	8	25	A 3284
		168	32	Tr420×5	429.7	64	10	27	A 3984
410	440	228	32	Tr440×5	454.00	80	8	25	A 3088
		307	36	Tr440×5	459.75	90	8	25	A 3188
		361	36	Tr440×5	464.25	90	8	25	A 3288
		189	32	Tr440×5	450.7	73	10	27	A 3988
430	460	234	32	Tr460×5	475.00	80	8	25	A 3092
		326	36	Tr460×5	480.93	95	8	25	A3192
		382	36	Tr460×5	485.58	95	8	25	A 3292
		189	32	Tr460×5	470.7	73	10	28	A3992
450	480	237	36	Tr480×5	494.75	80	8	25	A3096
		335	36	Tr480×5	501.67	95	8	25	A 3196
		397	36	Tr480×5	506.83	95	8	25	A 3296
		200	36	Tr480×5	491.7	73	10	28	A 3996
470	500	247	36	Tr500×5	514.92	88	8	25	A 30/500
		356	40	Tr500×5	523.00	100	8	25	A31/500
		428	40	Tr500×5	529.00	100	8	25	A 32/500
		208	36	Tr500×5	511.7	81	10	28	A 39/500
500	530	265	40	Tr530×6	—	—	—	—	A 30/530
		364	40	Tr530×6	—	—	—	—	A31/530
		447	40	Tr530×6	—	—	—	—	A 32/530
		216	40	Tr530×6	—	—	—	—	A 39/530
530	560	282	40	Tr560×6	—	—	—	—	A 30/560
		377	45	Tr560×6	—	—	—	—	A31/560
		462	45	Tr560×6	—	—	—	—	A 32/560
		227	40	Tr560×6	—	—	—	—	A 39/560
560	600	287	40	Tr600×6	—	—	—	—	A 30/600
		3999	45	Tr600×6	—	—	—	—	A 31/600
		487	45	Tr600×6	—	—	—	—	A 32/600
		239	40	Tr600×6	—	—	—	—	A 39/600
600	630	301	45	Tr630×6	—	—	—	—	A 30/630
		424	50	Tr630×6	—	—	—	—	A 31/630
		521	50	Tr630×6	—	—	—	—	A 32/630
		254	45	Tr630×6	—	—	—	—	A 39/630

（续）

公称尺寸/mm				螺纹	参考尺寸/mm				代号
d_1	d	B_1	B_5 min	G	D_1	a	f	B_6	
630	670	324	45	Tr670×6	—	—	—	—	A 30/670
		456	50	Tr670×6	—	—	—	—	A 31/670
		558	50	Tr670×6	—	—	—	—	A 32/670
		264	45	Tr670×6	—	—	—	—	A 39/670
670	710	342	50	Tr710×7	—	—	—	—	A 30/710
		467	55	Tr710×7	—	—	—	—	A31/710
		572	55	Tr710×7	—	—	—	—	A 32/710
		286	50	Tr710×7	—	—	—	—	A 39/710
710	750	356	55	Tr750×7	—	—	—	—	A 30/750
		493	60	Tr750×7	—	—	—	—	A 31/750
		603	60	Tr750×7	—	—	—	—	A 32/750
		291	55	Tr750×7	—	—	—	—	A 39/750
750	800	366	55	Tr800×7	—	—	—	—	A 30/800
		505	60	Tr800×7	—	—	—	—	A 31/800
		618	60	Tr800×7	—	—	—	—	A 32/800
		303	55	Tr800×7	—	—	—	—	A 39/800
800	850	380	60	Tr850×7	—	—	—	—	A 30/850
		536	70	Tr850×7	—	—	—	—	A 31/850
		651	70	Tr850×7	—	—	—	—	A 32/850
		308	60	Tr850×7	—	—	—	—	A 39/850
850	900	400	60	Tr900×7	—	—	—	—	A 30/900
		557	70	Tr900×7	—	—	—	—	A 31/900
		660	70	Tr900×7	—	—	—	—	A 32/900
		326	60	Tr900×7	—	—	—	—	A 39/900
900	950	420	60	Tr950×8	—	—	—	—	A 30/950
		583	70	Tr950×8	—	—	—	—	A 31/950
		675	70	Tr950×8	—	—	—	—	A 32/950
		344	60	Tr950×8	—	—	—	—	A 39/950
950	1000	430	60	Tr1000×8	—	—	—	—	A 30/1000
		609	70	Tr1000×8	—	—	—	—	A 31/1000
		707	70	Tr1000×8	—	—	—	—	A 32/1000
		358	60	Tr1000×8	—	—	—	—	A 39/1000
1000	1060	447	60	Tr1060×8	—	—	—	—	A 30/1060
		622	70	Tr1060×8	—	—	—	—	A31/1060
		372	60	Tr1060×8	—	—	—	—	A 39/1060

12.1.3 退卸衬套（见表 14.6-54）

表 14.6-54　退卸衬套（摘自 GB/T 9160.1—2006）

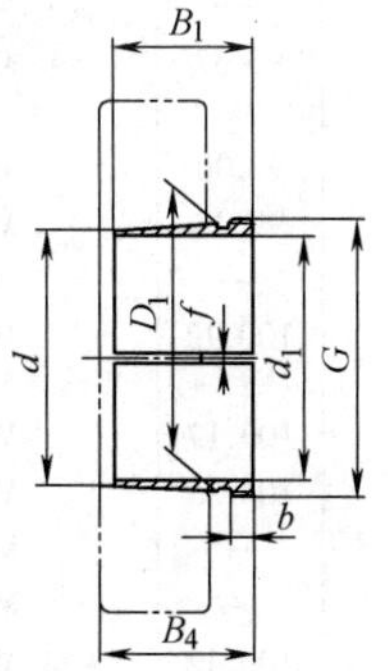

（续）

公称尺寸/mm								质量/kg	退卸衬套型号	适配的锁紧螺母型号
d_1	d	B_1 max	B_4	b	f	D_1 ≈	螺纹 G	W ≈		
35	40	25	27	6	2	41.75	M45×1.5	—	AH 208	KM 09
		29	32	6	2	42.17	M45×1.5	0.09	AH 308	KM 09
		40	43	7	2	43.00	M45×1.5	0.128	AH 2308	KM 09
40	45	26	29	6	2	46.83	M50×1.5	—	AH 209	KM 10
		31	34	6	2	47.33	M50×1.5	0.109	AH 309	KM 10
		44	47	7	2	48.25	M50×1.5	0.164	AH 2309	KM 10
45	50	28	31	7	2	51.92	M55×2	—	AH 210	KM 11
		35	38	7	2	52.50	M55×2	0.137	AH 310	KM 11
		50	53	9	2	53.58	M55×2	0.209	AH 2310	KM11
50	55	29	32	7	3	57.08	M60×2	—	AH 211	KM12
		37	40	7	3	57.75	M60×2	0.161	AH 311	KM12
		54	57	10	3	58.92	M60×2	0.253	AH2311	KM12
55	60	32	35	8	3	62.08	M65×2	—	AH 212	KM13
		40	43	8	3	62.83	M65×2	0.189	AH 312	KM13
		58	61	11	3	64.08	M65×2	0.297	AH2312	KM13
60	65	32.5	36	8	3	67.17	M70×2	—	HX 213	KM 14
		42	45	8	3	68.00	M70×2	0.253	AHX 313	KM 14
		61	64	12	3	69.25	M70×2	0.395	AHX 2313	KM 14
65	70	33.5	37	8	3	72.25	M75×2	—	AHX 214	KM 15
		43	47	8	3	73.17	M75×2	0.28	AHX 314	KM 15
		64	68	12	3	74.50	M75×2	0.466	AHX 2314	KM 15
70	75	34.5	38	8	3	77.33	M80×2	—	AHX 215	KM 16
		45	49	8	3	78.33	M80×2	0.313	AHX 315	KM16
		68	72	12	3	79.83	M80×2	0.534	AHX 2315	KM 16
75	80	35.5	39	8	3	82.42	M90×2	—	AH 216	KM18
		48	52	8	3	83.50	M90×2	0.365	AH 316	KM18
		71	75	12	3	85.08	M90×2	0.597	AH 2316	KM18
80	85	38.5	42	9	3	87.67	M95×2	—	AH 217	KM 19
		52	56	9	3	88.75	M95×2	0.429	AH 317	KM 19
		74	78	13	3	90.33	M95×2	0.69	AH 2317	KM 19
85	90	40	44	9	3	92.83	M100×2	—	AH 218	KM 20
		53	57	9	3	93.92	M100×2	0.461	AH 318	KM 20
		63	67	10	3	—	M100×2	0.576	AH 3218	KM 20
		79	83	14	3	95.67	M100×2	0.779	AH 2318	KM 20
90	95	43	47	10	4	98.00	M105×2	—	AH 219	KM 21
		57	61	10	4	99.08	M105×2	0.532	AH 319	KM 21
		67	71	11	4	—	M105×2	—	AH 3219	KM 21
		85	89	16	4	100.92	M105×2	0.886	AH 2319	KM 21
95	100	45	49	10	4	103.17	M110×2	—	AH 220	KM 22
		59	63	10	4	104.25	M110×2	0.582	AH 320	KM 22
		64	68	11	4	—	M110×2	0.65	AH 3120	KM 22
		73	77	11	4	—	M110×2	0.767	AH 3220	KM 22
		90	94	16	4	106.42	M110×2	0.998	AH 2320	KM 22

（续）

公称尺寸/mm								质量/kg	退卸衬套型号	适配的锁紧螺母型号
d_1	d	B_1 max	B_4	b	f	D_1 ≈	螺纹 G	W ≈		
100	105	47	51	11	4	108.34	M115×2	—	AH 221	KM23
		62	66	12	4	109.50	M115×2	—	AH 321	KM23
		68	72	11	4	—	M115×2	—	AH 3121	KM23
		78	82	11	4	—	M115×2	—	AH 3221	KM23
		94	98	16	4	—	M120×2	—	AH 2321	KM24
105	110	50	54	11	4	113.50	M120×2	—	AH 222	KM 24
		63	67	12	4	114.67	M120×2	0.663	AH 322	KM 24
		68	72	11	4	—	M120×2	0.76	AH 3122	KM 24
		82	86	11	4	—	M120×2	0.883	AHX 3222	KM 24
		82	91	—	—	—	M115×2	—	AH 24122	KM 23
		98	102	16	4	117.00	M120×2	0.350	AHX 2322	KM 24
115	120	53	57	12	4	—	M130×2	—	AH 224	KM 26
		60	64	13	4	—	M130×2	0.75	AH 3024	KML 26
		69	73	13	4	—	M130×2	—	AH 324	KM 26
		73	82	—	—	—	M125×2	—	AH 24024	KM 25
		75	79	12	4	—	M130×2	0.95	AH 3124	KM 26
		90	94	13	4	—	M130×2	1.11	AHX 3224	KM 26
		93	102	—	—	—	M130×2	—	AH 24124	KM 26
		105	109	17	4	127.50	M130×2	1.60	AHX 2324	KM 26
125	130	53	57	12	4	—	M140×2	—	AH 226	KM 28
		67	71	14	4	—	M140×2	0.93	AH3026	KML 28
		74	78	14	4	—	M140×2	—	AH 326	KM 28
		78	82	12	4	—	M140×2	1.08	AH 3126	KM 28
		83	93	—	—	—	M135×2	—	AH 24026	KM 27
		94	104	—	—	—	M140×2	—	AH 24126	KM 28
		98	102	15	4	—	M140×2	1.580	AHX 3226	KM 28
		115	119	19	4	138.17	M140×2	1.970	AHX 2326	KM 28
135	140	56	61	13	4	—	M150×2	—	AH 228	KM 30
		68	73	14	4	—	M150×2	1.01	AH 3028	KML 30
		77	82	14	4	—	M150×2	—	AH 328	KM 30
		83	88	14	4	—	M150×2	1.28	AH 3128	KM 30
		83	93	—	—	—	M145×2	—	AH 24028	KM 29
		99	109	—	—	—	M150×2	—	AH 24128	KM 30
		104	109	15	4	—	M150×2	1.84	AHX 3228	KM 30
		125	130	20	4	148.92	M150×2	2.330	AHX 2328	KM 30
145	150	60	65	14	4	—	M160×3	—	AH 230	KM 32
		72	77	15	4	—	M160×3	1.15	AH3030	KML 32
		83	88	15	4	—	M160×3	—	AHX 330	KM 32
		90	101	—	—	—	M155×3	—	AH 24030	KM 31
		96	101	15	4	—	M160×3	1.79	AHX 3130	KM 32
		114	119	17	4	—	M160×3	2.22	AHX 3230	KM 32
		115	126	—	—	—	M160×3	—	AH 24130	KM 32
		135	140	24	4	159.42	M160×3	2.82	AHX 2330	KM 32
150	160	64	69	15	5	—	M170×3	—	AH 232	KM 34
		77	82	16	5	—	M170×3	2.06	AH 3032	KML 34
		88	93	16	5	—	M170×3	—	AHX 332	KM 34
		95	106	—	—	—	M170×3	—	AH 24032	KM 34
		103	108	16	5	—	M170×3	2.87	AHX 3132	KM 34
		124	130	20	5	—	M170×3	4.08	AHX 3232	KM 34
		124	135	—	—	—	M170×3	—	AH 24132	KM 34
		140	146	24	5	169.92	M170×3	4.72	AHX 2332	KM 34

（续）

公称尺寸/mm								质量/kg	退卸衬套型号	适配的锁紧螺母型号
d_1	d	B_1 max	B_4	b	f	D_1 ≈	螺纹 G	W ≈		
160	170	59	64	13	5	—	M180×3	—	AH 3934	KML 36
		69	74	16	5	—	M180×3	—	AH 234	KM36
		85	90	17	5	—	M180×3	2.43	AH 3034	KML 36
		93	98	17	5	—	M180×3	—	AHX 334	KM36
		106	117	—	—	—	M180×3	—	AH 24034	KM36
		104	109	16	5	—	M180×3	3.04	AHX 3134	KM36
		125	136	—	—	—	M180×3	—	AH 24134	KM36
		134	140	24	5	—	M180×3	4.80	AHX 3234	KM 36
		146	152	24	5	180.42	M180×3	5.25	AHX 2334	KM 36
170	180	66	71	13	5	—	M190×3	—	AH 3936	KML 38
		69	74	16	5	—	M190×3	—	AH 236	KM 38
		92	98	17	5	—	M190×3	2.81	AH 3036	KML 38
		105	110	17	5	—	M190×3	—	AHX 2236	KM 38
		116	127	—	—	—	M190×3	—	AH 24036	KM 38
		116	122	19	5	—	M190×3	3.76	AHX 3136	KM 38
		134	145	—	—	—	M190×3	—	AH 24136	KM 38
		140	146	24	5	—	M190×3	5.32	AHX 3236	KM 38
		154	160	26	5	190.92	M190×3	5.83	AHX 2336	KM 38
180	190	66	71	13	5	—	M200×3	—	AH 3938	KML 40
		73	78	17	5	—	M200×3	—	AHX 238	KM 40
		96	102	18	5	—	M200×3	3.32	AHX 3038	KML 40
		112	117	18	5	—	M200×3	—	AHX 2238	KM 40
		118	131	—	—	—	M200×3	—	AH 24038	KM 40
		125	131	20	5	—	M200×3	4.89	AHX 3138	KM 40
		145	152	25	5	—	M200×3	5.90	AHX 3238	KM 40
		146	159	—	—	—	M200×3	—	AH 24138	KM 40
		160	167	26	5	201.50	M200×3	6.63	AHX 2338	KM 40
190	200	77	83	16	5	—	Tr210×4	—	AH 3940	KM 42
		77	82	18	5	—	Tr210×4	—	AHX 240	KM 42
		102	108	19	5	—	Tr210×4	3.80	AHX 3040	KM 42
		118	123	19	5	—	Tr220×4	—	AH 2240	KM 44
		127	140	—	—	—	Tr210×4	—	AH 24040	KM 42
		134	140	21	5	—	Tr220×4	5.49	AH 3140	KM 44
		153	160	25	5	—	Tr220×4	6.68	AH 3240	KM 44
		158	171	—	—	—	Tr210×4	—	AH 24140	KM 42
		170	177	30	5	212.00	Tr220×4	7.54	AH 2340	KM 44
200	220	77	83	16	5	—	Tr230×4	—	AH 3944	KM 46
		85	91	18	5	—	Tr230×4	—	AHX 244	KM 46
		111	117	20	5	—	Tr230×4	7.40	AHX 3044	KM 46
		130	136	20	5	—	Tr240×4	—	AH 2244	KM 48
		138	152	—	—	—	Tr230×4	—	AH 24044	KM 46
		145	151	23	5	—	Tr240×4	10.40	AH 3144	KM 48
		170	184	—	—	—	Tr230×4	—	AH 24144	KM 46
		181	189	30	5	232.83	Tr240×4	13.50	AH 2344	KM 48
220	240	77	83	16	8	—	Tr250×4	—	AH 3948	KM 50
		96	102	22	5	—	Tr260×4	—	AHX 248	KM 52
		116	123	21	5	—	Tr260×4	8.75	AH 3048	HML 52
		138	153	—	—	—	Tr250×4	—	AH 24048	KM 50
		144	150	21	5	—	Tr260×4	—	AH 2248	KM 52
		154	161	25	5	—	Tr260×4	12.0	AH 3148	KM 52
		180	195	—	—	—	Tr260×4	—	AH 24148	KM 52
		189	197	30	5	253.75	Tr260×4	15.50	AH 2348	KM 52

（续）

公称尺寸/mm								质量/kg	退卸衬套型号	适配的锁紧螺母型号
d_1	d	B_1 max	B_4	b	f	D_1 ≈	螺纹 G	W ≈		
240	260	94	100	18	8	—	Tr280×4	—	AH 3952	HML 56
		105	111	23	6	—	Tr280×4	—	AHX 252	KM 56
		128	135	23	6	—	Tr280×4	10.70	AH 3052	HML 56
		155	161	23	6	—	Tr280×4	—	AHX 2252	KM 56
		162	178	—	—	—	Tr280×4	—	AH 24052	KM 56
		172	179	26	6	—	Tr280×4	16.20	AHX 3152	KM 56
		202	218	—	—	—	Tr280×4	—	AH 24152	KM 56
		205	213	30	6	274.58	Tr280×4	19.60	AHX 2352	KM 56
260	280	94	100	18	8	—	Tr300×4	—	AH 3956	HML 60
		105	113	23	6	—	Tr300×4	—	AHX 256	HM 60
		131	139	24	6	—	Tr300×4	12.0	AH 3056	HML 60
		155	163	24	6	—	Tr300×4	—	AHX 2256	HM 60
		162	179	—	—	—	Tr300×4	—	AH 24056	HM 60
		175	183	28	6	—	Tr300×4	17.50	AHX 3156	HM 60
		202	219	—	—	—	Tr300×4	—	AH 24156	HM 60
		212	220	30	6	295.50	Tr300×4	21.60	AHX 2356	HM 60
280	300	112	119	21	8	—	Tr320×5	—	AH 3960	HML 64
		145	153	26	6	—	Tr320×5	14.40	AH 3060	HML 64
		170	178	26	6	—	Tr320×5	—	AHX 2260	HM 64
		184	202	—	—	—	Tr320×5	—	AH 24060	HM 64
		192	200	30	6	—	Tr320×5	20.80	AHX 3160	HM 64
		224	242	—	—	—	Tr320×5	—	AH 24160	HM 64
		228	236	34	6	—	Tr320×5	26.0	AHX 3260	HM 64
300	320	112	119	21	8	—	Tr340×5	—	AH 3964	HML 68
		149	157	27	6	—	Tr340×5	16.0	AHX 3064	HML 68
		180	190	27	6	—	Tr340×5	—	AHX 2264	HM 68
		184	202	—	—	—	Tr340×5	—	AH 24064	HM 68
		209	217	31	6	—	Tr340×5	24.50	AHX 3164	HM 68
		242	260	—	—	—	Tr340×5	—	AH 24164	HM 68
		246	254	36	6	—	Tr340×5	30.60	AHX 3264	HM 68
320	340	112	119	21	8	—	Tr360×5	—	AH 3968	HML 72
		162	171	28	6	—	Tr360×5	19.50	AHX 3068	HML 77
		206	225	—	—	—	Tr360×5	—	AH 24068	HM 72
		225	234	33	6	—	Tr360×5	29.0	AHX 3168	HM 72
		264	273	38	6	—	Tr360×5	35.40	AHX 3268	HM 72
		269	288	—	—	—	Tr360×5	—	AH 24168	HM 72
340	360	112	119	21	10	—	Tr380×5	—	AH 3972	HML 76
		167	176	30	6	—	Tr380×5	21.0	AHX 3072	HML 76
		206	226	—	—	—	Tr380×5	—	AH 24072	HM 76
		229	238	35	6	—	Tr380×5	33.0	AHX 3172	HM 76
		269	289	—	—	—	Tr380×5	—	AH 24172	HM 76
		274	283	40	6	—	Tr380×5	41.50	AHX 3272	HM 76
360	380	130	138	22	10	—	Tr400×5	—	AH 3976	HML 80
		170	180	31	6	—	Tr400×5	23.2	AHX 3076	HML 80
		208	228	—	—	—	Tr400×5	—	AH 24076	HM 80
		232	242	36	6	—	Tr400×5	35.7	AHX 3176	HM 80
		271	291	—	—	—	Tr400×5	—	AH 24176	HM 80
		284	294	42	6	—	Tr400×5	45.6	AHX 3276	HM 80

（续）

公称尺寸/mm								质量/kg	退卸衬套型号	适配的锁紧螺母型号
d_1	d	B_1 max	B_4	b	f	D_1 ≈	螺纹 G	W ≈		
380	400	130	138	22	10	—	Tr420×5	—	AH 3980	HML 84
		183	193	33	6	—	Tr420×5	27.3	AHX 3080	HML 84
		228	248	—	—	—	Tr420×5	—	AH 24080	HM 84
		240	250	38	6	—	Tr420×5	39.5	AHX 3180	HM 84
		278	298	—	—	—	Tr420×5	—	AH 24180	HM 84
		302	312	44	6	—	Tr420×5	51.7	AHX 3280	HM 84
400	420	130	138	22	10	—	Tr440×5	—	AH 3984	HML 88
		186	196	34	8	—	Tr440×5	29.0	AHX 3084	HML 88
		230	252	—	—	—	Tr440×5	—	AH 24084	HM 88
		266	276	40	8	—	Tr440×5	46.5	AHX 3184	HM 88
		310	332	—	—	—	Tr440×5	—	AH 24184	HM 88
		321	331	46	8	—	Tr440×5	58.9	AHX 3284	HM 88
420	440	145	153	25	10	—	Tr460×5	—	AH 3988	HML 92
		194	205	35	8	—	Tr460×5	32.0	AHX 3088	HML 92
		242	264	—	—	—	Tr460×5	—	AH 24088	HM 92
		270	281	42	8	—	Tr460×5	49.8	AHX 3188	HM 92
		310	332	—	—	—	Tr460×5	—	AH 24188	HM 92
		330	341	48	8	—	Tr460×5	63.8	AHX 3288	HM 92
440	460	145	153	25	10	—	Tr480×5	—	AH 3992	HML 96
		202	213	37	8	—	Tr480×5	35.2	AHX 3092	HML 96
		250	273	—	—	—	Tr480×5	—	AH 24092	HM 96
		285	296	43	8	—	Tr480×5	57.9	AHX 3192	HM 96
		332	355	—	—	—	Tr480×5	—	AH 24192	HM 96
		349	360	50	8	—	Tr480×5	74.5	AHX 3292	HM 96
460	480	158	167	28	10	—	Tr500×5	—	AH 3996	HML/500
		205	217	38	8	—	Tr500×5	39.2	AHX 3096	HML/500
		250	273	—	—	—	Tr500×5	—	AH 24096	HM/500
		295	307	45	8	—	Tr500×5	63.1	AHX 3196	HM/500
		340	363	—	—	—	Tr500×5	—	AH 24196	HM/500
		364	376	52	8	—	Tr500×5	82.1	AHX 3296	HM/500
480	500	162	172	32	10	—	Tr530×6	—	AH 39/500	HML/530
		209	221	40	8	—	Tr530×6	42.5	AHX 30/500	HML/530
		253	276	—	—	—	Tr530×6	—	AH 240/500	HM/530
		313	325	47	8	—	Tr530×6	70.9	AHX 31/500	HM/530
		360	383	—	—	—	Tr530×6	—	AH 241/500	HM/530
		393	405	54	8	—	Tr530×6	94.6	AHX 32/500	HM/530
500	530	175	185	—	—	—	Tr560×6	—	AH 39/530	HML/560
		230	242	—	—	—	Tr560×6	—	AH 30/530	HML/560
		285	309	—	—	—	Tr560×6	—	AH 240/530	HM/560
		325	337	—	—	—	Tr560×6	—	AH 31/530	HM/560
		370	394	—	—	—	Tr560×6	—	AH 241/530	HM/560
		412	424		—	—	Tr560×6	—	AH 32/530	HM/560
530	560	180	190	—	—	—	Tr600×6		AH 39/560	HML/600
		240	252	—	—	—	Tr600×6	—	AH 30/560	HML/600
		296	320	—	—	—	Tr600×6	—	AH 240/560	HM/600
		335	347	—	—	—	Tr600×6	—	AH 31/560	HM/600
		393	417	—	—	—	Tr600×6	—	AH 241/560	HM/600
		422	434	—	—	—	Tr600×6		AH 32/560	HM/600
570	600	192	202	—	—	—	Tr630×6	—	AH 39/600	HML/630
		245	259	—	—	—	Tr630×6	—	AH 30/600	HML/630
		310	336	—	—	—	Tr630×6	—	AH 240/600	HM/630
		355	369	—	—	—	Tr630×6	—	AH 31/600	HM 630
		413	439	—	—	—	Tr630×6	—	AH 241/600	HM/630
		445	459	—	—	—	Tr630×6	—	AH 32/600	HM/630

（续）

公称尺寸/mm								质量/kg	退卸衬套型号	适配的锁紧螺母型号
d_1	d	B_1 max	B_4	b	f	D_1 ≈	螺纹 G	W ≈		
600	630	210	222	—	—	—	Tr670×6	—	AH 39/630	HML/670
		258	272	—	—	—	Tr670×6	—	AH 30/630	HML/670
		330	356	—	—	—	Tr670×6	—	AH 240/630	HM/670
		375	389	—	—	—	Tr670×6	—	AH 31/630	HM/670
		440	466	—	—	—	Tr670×6	—	AH 241/630	HM/670
		475	489	—	—	—	Tr670×6	—	AH 32/630	HM/670
630	670	216	228	—	—	—	Tr710×7	—	AH 39/670	HML/710
		280	294	—	—	—	Tr710×7	—	AH 30/670	HML/710
		348	374	—	—	—	Tr710×7	—	AH 240/670	HM/710
		395	409	—	—	—	Tr710×7	—	AH 31/670	HM/710
		452	478	—	—	—	Tr710×7	—	AH 241/670	HM/710
		500	514	—	—	—	Tr710×7	—	AH 32/670	HM/710
670	710	228	240	—	—	—	Tr750×7		AH 39/710	HML/750
		286	302	—	—	—	Tr750×7	—	AH 30/710	HML/750
		360	386	—	—	—	Tr750×7	—	AH 240/710	HM/750
		405	421	—	—	—	Tr750×7	—	AH 31/710	HM/750
		483	509	—	—	—	Tr750×7	—	AH 241/710	HM/750
		515	531	—	—	—	Tr750×7		AH 32/710	HM/750
710	750	234	246	—	—	—	Tr800×7	—	AH 39/750	HML/800
		300	316	—	—	—	Tr800×7	—	AH 30/750	HML/800
		380	408	—	—	—	Tr800×7	—	AH 240/750	HM/800
		425	441	—	—	—	Tr800×7	—	AH 31/750	HM/800
		520	548	—	—	—	Tr800×7	—	AH 241/750	HM/800
		540	556	—	—	—	Tr800×7	—	AH 32/750	HM/800
750	800	245	257	—	—	—	Tr850×7		AH 39/800	HML/850
		308	326	—	—	—	Tr850×7	—	AH 30/800	HML/850
		395	423	—	—	—	Tr850×7	—	AH 240/800	HM/850
		438	456	—	—	—	Tr850×7	—	AH 31/800	HM/850
		525	553	—	—	—	Tr850×7	—	AH 241/800	HM/850
		550	568	—	—	—	Tr850×7		AH 32/800	HM/850
800	850	258	270	—	—	—	Tr900×7	—	AH 39/850	HML/900
		325	343	—	—	—	Tr900×7	—	AH 30/850	HML/900
		415	445	—	—	—	Tr900×7	—	AH 240/850	HM/900
		462	480	—	—	—	Tr900×7	—	AH 31/850	HM/900
		560	600	—	—	—	Tr900×7	—	AH 241/850	HM/900
		585	603	—	—	—	Tr900×7	—	AH 32/850	HM/900
850	900	265	277	—	—	—	Tr950×8	—	AH 39/900	HML/950
		335	355	—	—	—	Tr950×8	—	AH 30/900	HML/950
		430	475	—	—	—	Tr950×8	—	H 240/900	HM/950
		475	495	—	—	—	Tr950×8	—	AH 31/900	HM/950
		575	620	—	—	—	Tr950×8	—	AH 241/900	HM/950
		585	605	—	—	—	Tr950×8	—	AH 32/900	HM/950
900	950	282	297	—	—	—	Tr1000×8	—	AH 39/950	HML/1000
		355	375	—	—	—	Tr1000×8	—	AH 30/950	HML/1000
		467	512	—	—	—	Tr1000×8	—	AH 240/950	HM/1000
		500	520	—	—	—	Tr1000×8	—	AH 31/950	HM/1000
		600	620	—	—	—	Tr1000×8	—	AH 32/950	HM/1000
		605	650	—	—	—	Tr1000×8	—	AH 241/950	HM/1000
950	1000	296	311	—	—	—	Tr1060×8	—	AH 39/1000	HML/1060
		365	387	—	—	—	Tr1060×8	—	AH 30/1000	HML/1060
		469	519	—	—	—	Tr1060×8	—	AH 240/1000	HM/1060
		525	547	—	—	—	Tr1060×8	—	AH 31/1000	HM/1060
		645	695	—	—	—	Tr1060×8	—	AH 241/1000	HM/1060
		630	652	—	—	—	Tr1060×8	—	AH 32/1000	HM/1060
1000	1060	310	325	—	—	—	Tr1120×8	—	AH 39/1060	HML/1120
		385	407	—	—	—	Tr1120×8	—	AH 30/1060	HML/1120
		498	548	—	—	—	Tr1120×8	—	AH 240/1060	HM/1120
		540	562	—	—	—	Tr1120×8	—	AH 31/1060	HM/1120
		665	715	—	—	—	Tr1120×8	—	AH 241/1060	HM/1120

12.1.4　锁紧螺母（见表 14.6-55）

表 14.6-55　锁紧螺母（摘自 GB/T 9160.2—2006）

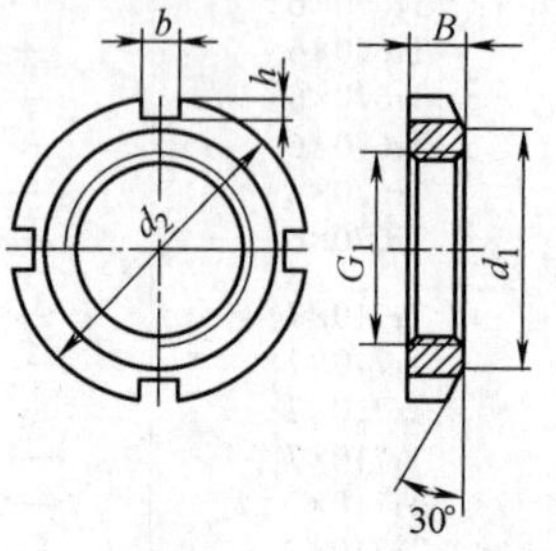

KM 型
采用锁紧垫圈的 4 槽锁紧螺母

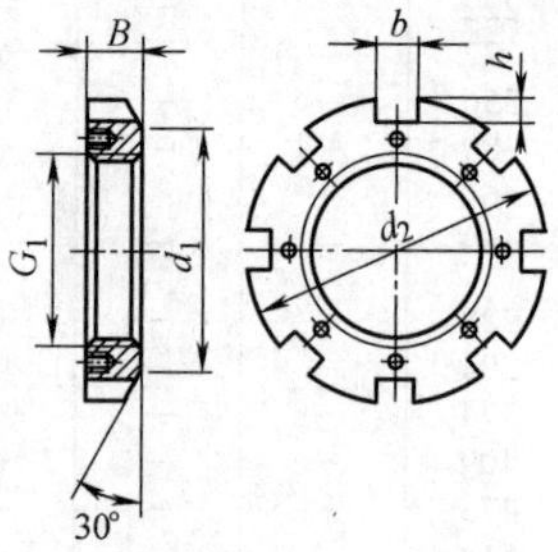

HM 型
采用锁紧卡的 8 槽锁紧螺母

螺纹 G_1	公称尺寸/mm d_1	d_2	B	b	h	锁紧螺母代号	锁紧垫圈代号	锁紧卡代号
M10×0.75	13.5	18	4	3	2	KM00	MB00	
M12×1	17	22	4	3	2	KM01	MB01	
M15×1	21	25	5	4	2	KM02	MB02	
M17×1	24	28	5	4	2	KM03	MB03	
M20×1	26	32	6	4	2	KM04	MB04	
M25×1.5	32	38	7	5	2	KM05	MB05	
M30×1.5	38	45	7	5	2	KM06	MB06	
M35×1.5	44	52	8	5	2	KM07	MB07	
M40×1.5	50	58	9	6	2.5	KM08	MB08	
M45×1.5	56	65	10	6	2.5	KM09	MB09	
M50×1.5	61	70	11	6	2.5	KM10	MB10	
M55×2	67	75	11	7	3	KM11	MB11	
M60×2	73	80	11	7	3	KM12	MB12	
M65×2	79	85	12	7	3	KM13	MB13	
M70×2	85	92	12	8	3.5	KM14	MB14	
M75×2	90	98	13	8	3.5	KM15	MB15	
M80×2	95	105	15	8	3.5	KM16	MB16	
M85×2	102	110	16	8	3.5	KM17	MB17	
M90×2	108	120	16	10	4	KM18	MB18	
M95×2	113	125	17	10	4	KM19	BM19	
M100×2	120	130	18	10	4	KM20	MB20	
M105×2	126	140	18	12	5	KM21	MB21	
M110×2	133	145	19	12	5	KM22	MB22	
M115×2	137	150	19	12	5	KM23	MB23	
M120×2	138	155	20	12	5	KM24	MB24	
	135	145	20	12	5	KML24	MBL24	
M125×2	148	160	21	12	5	KM25	MB25	
M130×2	149	165	21	12	5	KM26	MB26	
	145	155	21	12	5	KML26	MBL26	
M135×2	160	175	22	14	6	KM27	MB27	
M140×2	160	180	22	14	6	KM28	MB28	
	155	165	22	14	5	KML28	MBL28	

（续）

螺纹 G_1	公称尺寸/mm					锁紧螺母代号	锁紧垫圈代号	锁紧卡代号
	d_1	d_2	B	b	h			
M145×2	171	190	24	14	6	KM29	MB29	
M150×3	171	195	24	14	6	KM30	MB30	
	170	180	24	14	5	KML30	MBL30	
M155×3	182	200	25	16	7	KM31	MB31	
M160×3	182	210	25	16	7	KM32	MB32	
	180	190	25	16	5	KML32	MBL32	
M165×3	193	210	26	16	7	KM33	MB33	
M170×3	193	220	26	16	7	KM34	MB34	
	190	200	26	16	5	KML34	MBL34	
M180×3	203	230	27	18	8	KM36	MB36	
	200	210	27	18	5	KML36	MBL36	
M190×3	214	240	28	18	8	KM38	MB38	
	210	220	28	18	5	KML38	MBL38	
M200×3	226	250	29	18	8	KM40	MB40	
	222	240	29	18	8	KML40	MBL40	
Tr210×4	238	270	30	20	10	KM42	MB42	
Tr220×4	250	280	32	20	10	KM44	MB44	
	250	280	32	20	10	HM44		MS44
	242	260	30	20	9	HML44		MSL44
Tr230×4	260	290	34	20	10	KM46	—	
Tr240×4	270	300	34	20	10	KM48	MB48	
	270	300	34	20	10	HM48		MS44
	270	290	34	20	10	HML48		MSL48
Tr250×4	290	320	36	20	10	KM50	—	
Tr260×4	300	330	36	24	12	KM52	MB52	
	300	330	36	24	12	HM52		MS52
	290	310	34	20	10	HML52		MSL52
Tr280×4	320	350	38	24	12	KM56	MB56	
	320	350	38	24	12	HM56		MS52
	310	330	38	24	10	HML56		MSL56
Tr300×4	340	380	40	24	12	HM60		MS60
	336	360	42	24	12	HML60		MSL60
Tr320×5	360	400	42	24	12	HM64		MS64
	356	380	42	24	12	HML64		MSL64
Tr340×5	400	440	55	28	15	HM68		MS68
	376	400	45	24	12	HML68		MSL64
Tr360×5	420	460	58	28	15	HM72		M568
	394	420	45	28	1.3	HML72		MSL72
Tr380×5	440	490	60	32	18	HM76		MS76
	422	450	48	28	14	HML76		MSL76
Tr400×5	460	520	62	32	18	HM80		MS80
	442	470	52	28	14	HML80		MSL76
Tr420×5	490	540	70	32	18	HM84		MS80
	462	490	52	32	14	MHL84		MSL84
Tr440×5	510	560	70	36	20	HM88		MS88
	490	520	60	32	15	HML88		MSL88
Tr460×5	540	580	75	36	20	HM92		MS88
	510	540	60	32	15	HML92		MSL88
Tr480×5	560	620	75	36	20	HM96		MS96

（续）

螺纹 G_1	公称尺寸/mm d_1	d_2	B	b	h	锁紧螺母代号	锁紧垫圈代号	锁紧卡代号
	530	560	60	36	15	HML96		MSL96
Tr500×5	580	630	80	40	23	HM/500		MS/500
	550	580	68	36	15	HML/500		MSL96
Tr530×6	610	670	80	40	23	HM/530		MS/530
	590	630	68	40	20	HML/530		MSL/530
Tr560×6	650	710	85	45	25	HM/560		MS/560
	610	650	75	40	20	HML/560		MSL/560
Tr600×6	690	750	85	45	25	HM/600		MS/560
	660	700	75	40	20	HML/600		MSL/560
Tr630×6	730	800	95	50	28	HM/630		MS/630
	690	730	75	45	20	HML/630		MSL/630
Tr670×6	775	850	106	50	28	HM/670		MS/670
	740	780	80	45	20	HML/670		MSL/670
Tr710×7	825	900	106	55	30	HM/710		MS/710
	780	830	90	50	25	HML/710		MSL/710
Tr750×7	875	950	112	60	34	HM/750		MS/750
	820	870	90	55	25	HML/750		MSL/750
Tr800×7	925	1000	112	60	34	HM/800		MS/750
	870	920	90	55	25	HML/800		MSL/750
Tr850×7	975	1060	118	70	38	HM/850		MS/850
	920	980	90	50	25	HML/850		MSL/850
Tr900×7	1030	1120	125	70	38	HM/900		MS/900
	975	1030	100	60	25	HML/900		MSL/850
Tr950×8	1080	1170	125	70	38	HM/950		MS/950
	1025	1080	100	60	25	HML/950		MSL/950
Tr1000×8	1140	1240	125	70	38	HM/1000		MS/1000
	1085	1140	100	60	25	HML/1000		MSL/1000
Tr1060×8	1210	1300	125	70	38	HM/1060		MS/1000
	1145	1200	100	60	25	HML/1060		MSL/1000
Tr1120×8	1205	1260	100	60	25	HML/1120		MSL/1000

注：锁紧螺母代号中的 L 为尺寸系列 30 的代号。

12.1.5 锁紧垫圈（见表 14.6-56）

表 14.6-56 锁紧垫圈（摘自 GB/T 9160.2—2006）

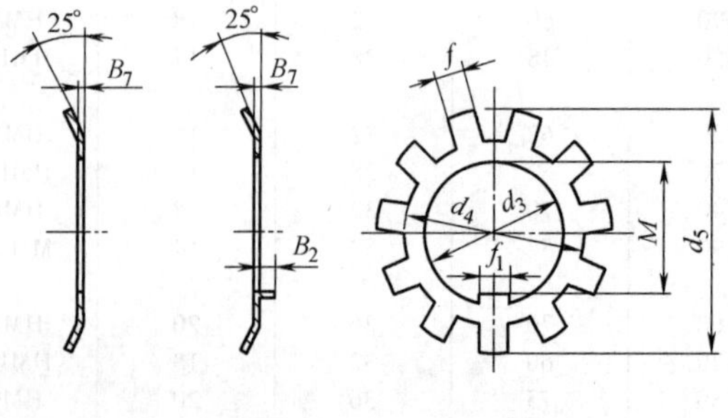

MB 型
直内爪锁紧垫圈

MBA 型
内爪向外弯锁紧垫圈

（续）

公称尺寸/mm								N③	锁紧垫圈型号		
d_3	d_4	$d_5\approx$	f_1	M	f①	$B_7$②	B_2		MB 型	MBA 型	MBL 型
10	13.5	21	3	8.5	3	1	3	9	MB00	MBA00	
12	17	25	3	10.5	3	1	3	11	MB01	MBA01	
15	21	28	4	13.5	4	1	4	11	MB02	MBA02	
17	24	32	4	15.5	4	1	4	11	MB03	MBA03	
20	26	36	4	18.5	4	1	4	11	MB04	MBA04	
22	28	38	4	20.5	4	1	4	11	—	MBA/22	
25	32	42	5	23	5	1.25	4	13	MB05	MBA05	
28	36	46	5	26	5	1.25	4	13	—	MBA/28	
30	38	49	5	27.5	5	1.25	4	13	MB06	MBA06	
32	40	52	6	29.5	5	1.25	4	13	—	MBA/32	
35	44	57	6	32.5	5	1.25	4	13	MB07	MBA07	
40	50	62	6	37.5	6	1.25	5	13	MB08	MBA08	
45	56	69	6	42.5	6	1.25	5	13	MB09	MBA09	
50	61	74	6	47.5	6	1.25	5	13	MB10	MBA10	
55	67	81	8	52.5	7	1.5	5	17	MB11	MBA11	
60	73	86	8	57.5	7	1.5	6	17	MB12	MBA12	
65	79	92	8	62.5	7	1.5	6	17	MB13	MBA13	
70	85	98	8	66.5	8	1.5	6	17	MB14	MBA14	
75	90	104	8	71.5	8	1.5	6	17	MB15	MBA15	
80	95	112	10	76.5	8	1.8	6	17	MB16	MBA16	
85	102	119	10	81.5	8	1.8	6	17	MB17	MBA17	
90	108	126	10	86.5	10	1.8	8	17	MB18	MBA18	
95	113	133	10	91.5	10	1.8	8	17	MB19	MBA19	
100	120	142	12	96.5	10	1.8	8	17	MB20	MBA20	
105	126	145	12	100.5	12	1.8	10	17	MB21	MBA21	
110	133	154	12	105.5	12	1.8	10	17	MB22	MBA22	
115	137	159	12	110.5	12	2	10	17	MB23	MBA23	
120	138	164	14	115	12	2	10	17	MB24	MBA24	
	135	151	14	115	12	2	6	19			MBL24
125	148	170	14	120	12	2	10	17	MB25	MBA25	
130	149	175	14	125	12	2	10	17	MB26	MBA26	
	145	161	14	125	12	2	6	19			MBL26
135	160	185	14	130	14	2	10	17	MB27	MBA27	
140	160	192	16	135	14	2	10	17	MB28	MBA28	
	155	171	16	135	14	2	8	19			MBL28
145	171	202	16	140	14	2	10	17	MB29	MBA29	
150	171	205	16	145	14	2	10	17	MB30	MBA30	
	170	188	16	145	14	2	8	19			MBL30
155	182	212	16	147.5	16	2.5	12	19	MB31	MBA31	
160	182	217	18	154	16	2.5	12	19	MB32	MBA32	
	180	199	18	154	16	2.5	8	19			MBL32
165	193	222	18	157.5	16	2.5	12	19	MB33	MBA33	
170	193	232	18	164	16	2.5	12	19	MB34	MBA34	
	190	211	18	164	16	2.5	8	19			MBL34
180	203	242	20	174	18	2.5	12	19	MB36	MBA36	
	200	221	20	174	18	2.5	8	19			MBL36
190	214	252	20	184	18	2.5	12	19	MB38	MBA38	
	210	231	20	184	18	2.5	8	19			MBL38
200	226	262	20	194	18	2.5	12	19	MB40	MBA40	
	222	248	20	194	18	2.5	8	19			MBL40
220	250	292	24	213	20	3	14	19	MB44	MBA44	
240	270	312	24	233	20	3	14	19	MB48	MBA48	
260	300	342	28	253	24	3	14	19	MB52	MBA52	
280	320	362	28	273	24	3	14	19	MB56	MBA56	

① f 应小于锁紧螺母槽宽 b。

② 厚度 B_7 为近似值，允许有微小偏差。

③ N 为最小外爪数。由于锁紧螺母有四个槽，所以 N 应为奇数。

12.1.6　锁紧卡（见表 14.6-57）

表 14.6-57　锁紧卡（摘自 GB/T 9160.2—2006）　（mm）

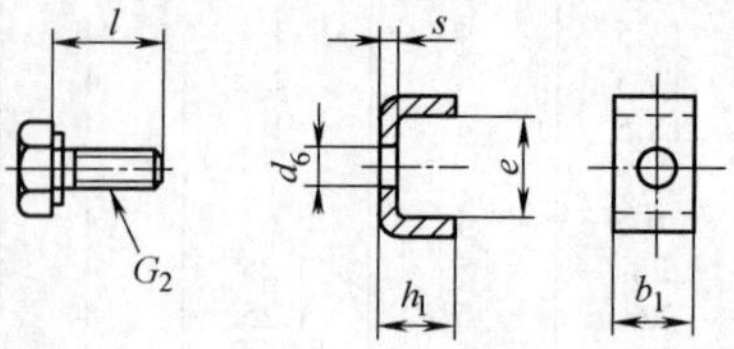

公称尺寸					锁紧卡型号	螺栓尺寸	
s[①] ≈	b_1[②]	h_1	e	d_6		l[③] ≈	G_2
4	20	12	22.5	9	MS44	16	M8
4	20	12	13.5	7	MSL44	12	M6
4	20	12	17.5	9	MSL48	16	M8
4	24	12	25.5	12	MS52	20	M10
4	24	12	17.5	9	MSL56	16	M8
4	24	12	30.5	12	MS60	20	M10
4	24	12	20.5	9	MSL60	16	M8
5	24	15	31	12	MS64	20	M10
5	24	12	21	9	MSL64	16	M8
5	28	15	38	14	MS68	25	M12
5	28	15	20	9	MSL72	16	M8
5	32	15	40	14	MS76	25	M12
5	28	15	24	12	MSL76	20	M10
5	32	15	45	18	MS80	30	M16
5	32	15	24	12	MSL84	20	M10
0							
5	36	15	43	18	MS88	30	M16
5	32	15	28	14	MSL88	25	M12
5	36	15	53	18	MS96	30	M16 M12
5	36	15	28	14	MSL96	25	M16
5	40	15	45	18	MS/500	30	M26
7	40	21	51	22	MS/530	40	M20
7	40	21	34	18	MSL/530	30	M16
7	45	21	54	22	MS/560	40	M20
7	40	21	29	18	MSL/560	30	M16
7	50	21	61	22	MS/630	40	M20
7	45	21	34	18	MSL/630	30	M16
7	50	21	66	22	MS/670	40	M20
7	45	21	39	18	MSL/670	30	M16
7	55	21	69	26	MS/710	50	M24
7	50	21	39	18	MSL/710	30	M16
7	60	21	70	26	MS/750	50	M24
7	55	21	39	18	MSL/750	30	M20
7	70	21	71	26	MS/850	50	M24
7	60	21	44	22	MSL/850	40	M20
7	70	21	76	26	MS/900	50	M24
7	70	21	78	26	MS/950	50	M24
7	60	21	46	22	MSL/950	40	M20
7	70	21	88	26	MS/1060	50	M24
7	60	21	51	22	MSL/1000	40	M20

注：代号中的 L 为尺寸系列 30 的代号。

① 厚度 s 仅为近似值，允许有微小的偏差。

② b_1 应为锁紧螺母的槽宽 b。

③ 螺栓长度应取表中所列优先长度，但允许有一定的偏差。

12.1.7　止推环（见表 14.6-58）

表 14.6-58　止推环（摘自 GB/T 7813—2008）

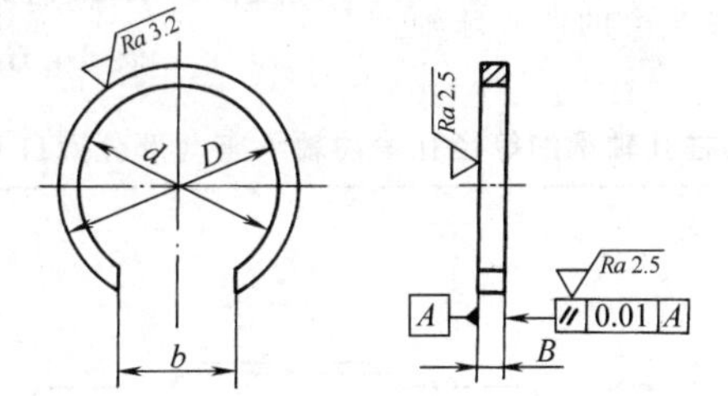

公称尺寸/mm				型号	公称尺寸/mm				型号
D	*d*	*B*	*b*		*D*	*d*	*B*	*b*	
52	45	5	32	SR 52×5	230	210	13	150	SR 230×13
52	45	7	32	SR 52×7	240	218	10	150	SR 240×10
62	54	7	38	SR 62×7	240	218	20	150	SR 240×20
62	54	8.5	38	SR 62×8.5	250	230	10	160	SR 250×10
62	54	10	38	SR 62×10	250	230	15	160	SR 250×15
72	64	8	47	SR 72×8	260	238	10	170	SR 260×10
72	64	9	47	SR 72×9	270	248	10	170	SR 270×10
72	64	10	47	SR 72×10	270	248	16.5	170	SR 270×16.5
80	70	7.5	52	SR 80×7.5	280	255	10	170	SR 280×10
80	70	10	52	SR 80×10	290	268	10	180	SR 290×10
85	75	6	57	SR 85×6	290	268	17	180	SR 290×17
85	75	8	57	SR 85×8	300	275	10	190	SR 300×10
90	80	6.5	62	SR 90×6.5	310	285	5	190	SR 310×5
90	80	10	62	SR 90×10	310	285	10	190	SR 310×10
100	90	6	68	SR 100×6	320	296	5	200	SR 320×5
100	90	8	68	SR 100×8	320	296	10	200	SR 320×10
100	90	10	68	SR 100×10	340	314	5	210	SR 340×5
100	90	10.5	68	SR 100×10.5	340	314	10	210	SR 340×10
110	99	8	73	SR 110×8	360	332	5	210	SR 360×5
110	99	10	73	SR 110×10	360	332	10	210	SR 360×10
110	99	11.5	73	SR 110×11.5	370	337	10	210	SR 370×10
120	108	10	78	SR 120×10	380	342	5	210	SR 380×5
120	108	12	78	SR 120×12	400	369	5	210	SR 400×5
125	113	10	84	SR 125×10	400	369	10	210	SR 400×10
125	113	13	84	SR 125×13	420	379	5	220	SR 420×5
130	118	8	88	SR 130×8	160	144	11.2	105	SR 160×11.2
130	118	10	88	SR 130×10	160	144	14	105	SR 160×14
130	118	12.5	88	SR 130×12.5	160	144	16.2	105	SR 160×16.2
140	127	8.5	93	SR 140×8.5	170	154	10	112	SR 170×10
140	127	10	93	SR 140×10	170	154	10.5	112	SR 170×10.5
140	127	12.5	93	SR 140×12.5	170	154	14.5	112	SR 170×14.5
150	135	9	98	SR 150×9	180	163	10	120	SR 180×10
150	135	10	98	SR 150×10	180	163	12.1	120	SR 180×12.1
150	135	13	98	SR1 50×13	180	163	14.5	120	SR 180×14.5
160	144	10	105	SR 160×10	180	163	18.1	120	SR 180×18.1
190	173	10	130	SR 190×10	440	420	5	220	SR 440×5
190	173	15.5	130	SR 190×15.5	440	420	10	220	SR 440×10
200	180	10	130	SR 200×10	460	430	5	200	SR 460×5
200	180	13.5	130	SR 200×13.5	460	430	10	200	SR 460×10
200	180	16	130	SR 200×16	480	451	5	240	SR 480×5
200	180	21	130	SR 200×21	500	461	5	220	SR 500×5
215	195	10	140	SR 215×10	500	461	10	220	SR 500×10
215	195	14	140	SR 215×14	540	487	5	240	SR 540×5
215	195	18	140	SR 215×18	540	487	10	240	SR 540×10
230	210	10	150	SR 230×10	580	524	5	260	SR 580×5

12.2 滚动轴承座

适用于直径系列2（22）和直径系列3（23）的调心球轴承、调心滚子轴承和带紧定套的调心球轴承、调心滚子轴承。

适用于线速度≤5m/s，工作温度≤90℃的工作条件。

12.2.1 二螺柱滚动轴承座（见表14.6-59～表14.6-61）

表14.6-59 适用圆柱孔轴承的等径孔滚动轴承座（部分摘自GB/T 7813—2008）

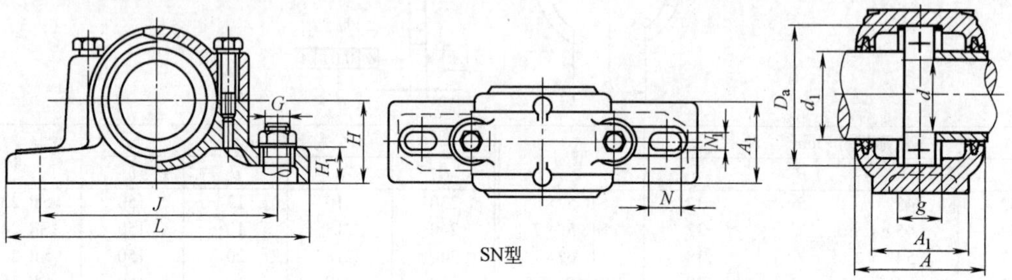

SN型

公称尺寸/mm													质量 W/kg ≈	轴承座型号	适用轴承			
d	D_a	g	A max	A_1	H	H_1 max	L max	J	G	N	N_1 min	d_1		SN型	调心球轴承		调心滚子轴承	
25	52	25	72	46	40	22	170	130	M12	15	15	30	1.3	SN 205	1205	2205	22205C	—
	62	34	82	52	50	22	185	150	M12	15	20	30	1.9	SN 305	1305	2305	—	—
30	62	30	82	52	50	22	190	150	M12	15	15	35	1.8	SN 206	1206	2206	22206C	—
	72	37	85	52	50	22	185	150	M12	15	20	35	2.1	SN 306	1306	2306	—	—
35	72	33	85	52	50	22	190	150	M12	15	15	45	2.1	SN 207	1207	2207	22207C	—
	80	41	92	60	60	25	205	170	M12	15	20	45	3.0	SN 307	1307	2307	—	—
40	80	33	92	60	60	25	210	170	M12	15	15	50	2.6	SN 208	1208	2208	22208C	—
	90	43	100	60	60	25	205	170	M12	15	20	50	3.3	SN 308	1308	2308	22308C	21308 C
45	85	31	92	60	60	25	210	170	M12	15	15	55	2.8	SN 209	1209	2209	22209C	—
	100	46	105	70	70	28	255	210	M16	18	23	55	4.6	SN 309	1309	2309	22309C	21309 C
50	90	33	100	60	60	25	210	170	M12	15	15	60	3.1	SN 210	1210	2210	22210C	—
	110	50	115	70	70	30	255	210	M16	18	23	60	5.1	SN 310	1310	2310	22310C	21310 C
55	100	33	105	70	70	28	270	210	M16	18	18	65	4.3	SN 211	1211	2211	22211C	—
	120	53	120	80	80	30	275	230	M16	18	23	65	6.5	SN 311	1311	2311	22311C	21311 C
60	110	38	115	70	70	30	270	210	M16	18	18	70	5.0	SN 212	1212	2212	22212C	—
	130	56	125	80	80	30	280	230	M16	18	23	70	7.3	SN 312	1312	2312	22312C	21312 C
65	120	43	120	80	80	30	290	230	M16	18	18	75	6.3	SN 213	1213	2213	22213C	—
	140	58	135	90	95	32	315	260	M20	22	27	75	9.7	SN 313	1313	2313	22313C	21313 C
70	125	44	120	80	80	30	290	230	M16	18	18	80	6.1	SN 214	1214	2214	22214C	—
	150	61	140	90	95	32	320	260	M20	22	27	80	11.0	SN 314	1314	2314	22314C	21314 C
75	130	41	125	80	80	30	290	230	M16	18	18	85	7.0	SN 215	1215	2215	22215C	—
	160	65	145	100	100	35	345	290	M20	22	27	85	14.0	SN 315	1315	2315	22315C	21315 C
80	140	43	135	90	95	32	330	260	M20	22	22	90	9.3	SN 216	1216	2216	22216C	—
	170	68	150	100	112	35	345	290	M20	22	27	90	13.8	SN 316	1316	2316	22316C	21316 C
85	150	46	140	90	95	32	330	260	M20	22	22	95	9.8	SN 217	1217	2217	22217C	—
	180	70	165	110	112	40	380	320	M24	26	32	95	15.8	SN 317	1317	2317	22317C	21317C

（续）

公称尺寸/mm													质量 W/kg	轴承座型号	适用轴承			
d	D_a	g	A max	A_1	H	H_1 max	L max	J	G	N	N_1 min	d_1	≈	SN 型	调心球轴承		调心滚子轴承	
90	160	62.4	145	100	100	35	360	290	M20	22	22	100	12.3	SN 218	1218	2218	22218C	—
100	180	70.3	165	110	112	40	400	320	M24	26	26	115	16.5	SN 220	1220	2220	22220C	23220 C
110	200	80	177	120	125	45	420	350	M24	26	26	125	19.3	SN 222	1222	2222	22222C	23222 C
120	215	86	187	120	140	45	420	350	M24	26	26	135	24.6	SN 224	—	—	22224C	23224 C
130	230	90	192	130	150	50	450	380	M24	26	26	145	30.0	SN 226	—	—	22226C	23226 C
140	250	98	207	150	150	50	510	420	M30	35	35	155	37.0	SN 228	—	—	22228C	23228 C
150	270	106	224	160	160	60	540	450	M30	35	35	165	45.0	SN 230	—	—	22230C	23230 C
160	290	114	237	160	170	60	560	470	M30	35	35	175	53.0	SN 232	—	—	22232C	23232C

表 14.6-60　适用圆柱孔轴承的异径孔滚动轴承座（部分摘自 GB/T 7813—2008）

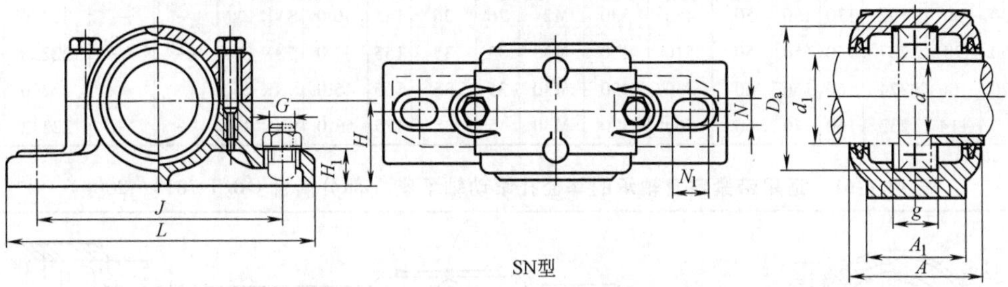

SN型

公称尺寸/mm													质量 W/kg	轴承座型号	适用轴承			
d	D_a	g	A max	A_1	H	H_1 max	L max	J	G	N	N_1 min	d_1	≈	SNK 型	调心球轴承		调心滚子轴承	
25	52	25	72	46	40	22	170	130	M12	15	15	30	1.3	SNK 205	1205	2205	22205	—
	62	34	82	52	50	22	185	150	M12	15	20	30	1.9	SNK 305	1305	2305	—	—
30	62	30	82	52	50	22	190	150	M12	15	15	35	1.8	SNK 206	1206	2206	22206	—
	72	37	85	52	50	22	185	150	M12	15	20	35	2.1	SNK 306	1306	2306	—	—
35	72	33	85	52	50	22	190	150	M12	15	15	45	2.1	SNK 207	1207	2207	22207	—
	80	41	92	60	60	25	205	170	M12	15	20	45	3.0	SNK 307	1307	2307	—	—
40	80	33	92	60	60	25	210	170	M12	15	15	50	2.6	SNK 208	1208	2208	22208	—
	90	43	100	60	60	25	205	170	M12	15	20	50	3.3	SNK 308	1308	2308	22308	21308 C
45	85	31	92	60	60	25	210	170	M12	15	15	55	2.8	SNK 209	1209	2209	22209	—
	100	46	105	70	70	28	255	210	M16	18	23	55	4.6	SNK 309	1309	2309	22309	21309 C
50	90	33	100	60	60	25	210	170	M12	15	15	60	3.1	SNK 210	1210	2210	22210	—
	110	50	115	70	70	30	255	210	M16	18	23	60	5.1	SNK 310	1310	2310	22310	21310 C
55	100	33	105	70	70	28	270	210	M16	18	18	65	4.3	SNK 211	1211	2211	22211	—
	120	53	120	80	80	30	275	230	M16	18	23	65	6.5	SNK 311	1311	2311	22311	21311 C
60	110	38	115	70	70	30	270	210	M16	18	18	70	5.0	SNK 212	1212	2212	22212	—
	130	56	125	80	80	30	280	230	M16	18	23	70	7.3	SNK 312	1312	2312	22312	21312 C
65	120	43	120	80	80	30	290	230	M16	18	18	75	6.3	SNK 213	1213	2213	22213	—
	140	58	135	90	95	32	315	260	M20	22	27	75	9.7	SNK 313	1313	2313	22313	21313 C
70	125	44	120	80	80	30	290	230	M16	18	18	80	6.1	SNK 214	1214	2214	22214	—
	150	61	140	90	95	32	320	260	M20	22	27	80	11.0	SNK 314	1314	2314	22214	21314C

（续）

公称尺寸/mm													质量 W/kg	轴承座型号	适用轴承			
d	D_a	g	A max	A_1	H	H_1 max	L max	J	G	N	N_1 min	d_1	≈	SNK 型	调心球轴承		调心滚子轴承	
75	130	41	125	80	80	30	290	230	M16	18	18	85	7.0	SNK 215	1215	2215	22215	—
	160	65	145	100	100	35	345	290	M20	22	27	85	14.0	SNK 315	1315	2315	22315	21315 C
80	140	43	135	90	95	32	330	260	M20	22	22	90	9.3	SNK 216	1216	2216	22216	—
	170	68	150	100	112	35	345	290	M20	22	27	90	13.8	SNK 316	1316	2316	22316	21316 C
85	150	46	140	90	95	32	330	260	M20	22	22	95	9.8	SNK 217	1217	2217	22217	—
	180	70	165	110	112	40	380	320	M24	26	32	95	15.8	SNK 317	1317	2317	22317	21317 C
90	160	62.4	145	100	100	35	360	290	M20	22	22	100	12.3	SNK 218	1218	2218	22218	—
100	180	70.3	165	110	112	40	400	320	M24	26	26	115	16.5	SNK 220	1220	2220	22220	23220 C
110	200	80	177	120	125	45	420	350	M24	26	26	125	19.3	SNK 222	1222	2222	22222	23222 C
120	215	86	187	120	140	45	420	350	M24	26	26	135	24.6	SNK 224	—	—	22224	23224 C
130	230	90	192	130	150	50	450	380	M24	26	26	145	30.0	SNK 226	—	—	22226	23226 C
140	250	98	207	150	150	50	510	420	M30	35	35	155	37.0	SNK 228	—	—	22228	23228 C
150	270	106	224	160	160	60	540	450	M30	35	35	165	45.0	SNK 230	—	—	22230	23230 C
160	290	114	237	160	170	60	560	470	M30	35	35	175	53.0	SNK 232	—	—	22232	23232 C

表 14.6-61 适用带紧定套轴承的等径孔滚动轴承座（部分摘自 GB/T 7813—2008）

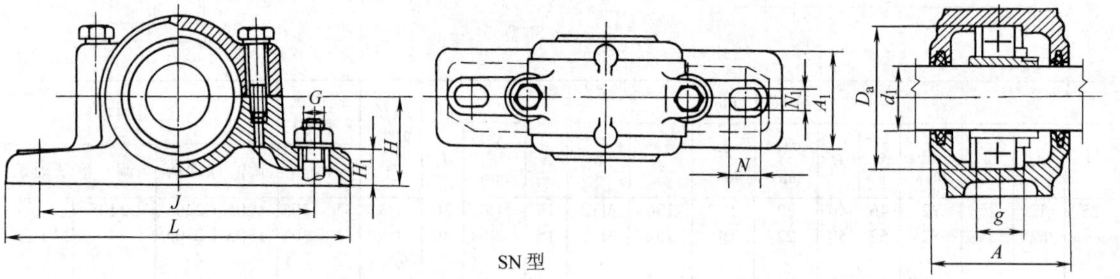

SN 型

公称尺寸/mm													质量 W/kg	轴承座型号	适用轴承及附件		
d_1	d	D_a	g	A max	A_1	H	H_1 max	L max	J	G	N	N_1 min	≈	SN 型	调心球轴承	调心滚子轴承	紧定套
17	20	47	24	66	45	35	19	150	115	M10	12	15	1.1	SN 504			
20	25	52	25	72	46	40	22	170	130	M12	15	15	1.4	SN 505	1205 K 2205 K	— —	H 205 H 305
		62	34	82	52	50	22	190	150	M12	15	15	2.0	SN 605	1305 K 2305 K	— —	H 305 H 2305
25	30	62	30	82	52	50	22	190	150	M12	15	15	1.9	SN 506	1206 K 2206 K	— —	H 206 H 306
		72	37	85	52	50	22	190	150	M12	15	15	2.2	SN 606	1306 K 2306 K	— —	H 306 H 2306
30	35	72	33	85	52	50	22	190	150	M12	15	15	2.1	SN 507	1207 K 2207 K	— —	H 207 H 307
		80	41	92	60	60	25	210	170	M12	15	15	3.3	SN 607	1307 K 2307 K	— —	H 307 H 2307
35	40	80	33	92	60	60	25	210	170	M12	15	15	3.1	SN 508	1208 K 2208 K	 22208 CK	H 208 H 308
		90	43	100	60	60	25	210	170	M12	15	15	3.4	SN 608	1308 K 2308 K	— 22308 CK	H 308 H 2308
40	45	85	31	92	60	60	25	210	170	M12	15	15	2.9	SN 509	1209 K 2209 K	— 22209 CK	H 209 H 309

（续）

公称尺寸/mm													质量 W/kg	轴承座型号	适用轴承及附件		
d_1	d	D_a	g	A max	A_1	H	H_1 max	L max	J	G	N	N_1 min	≈	SN 型	调心球轴承	调心滚子轴承	紧定套
		100	46	105	70	70	28	270	210	M16	18	18	4.7	SN 609	1309 K 2309 K	— 22309 CK	H 309 H 2309
45	50	90	33	100	60	60	25	210	170	M12	15	15	3.3	SN 510	1210 K 2210 K	— 22210 CK	H 210 H 310
		110	50	115	70	70	30	270	210	M16	18	18	5.0	SN 610	1310 K 2310 K	— 22310 CK	H 310 H 2310
50	55	100	33	105	70	70	28	270	210	M16	18	18	4.6	SN 511	1211 K 2211 K	— 22211 CK	H 211 H 311
		120	53	120	80	80	30	290	230	M16	18	18	6.6	SN 611	1311 K 2311K	— 22311 CK	H 311 H 2311
55	60	110	38	115	70	70	30	270	210	M16	18	18	5.4	SN S12	1212 K 2212 K	— 22212 CK	H 212 H 312
		130	56	125	80	80	30	290	230	M16	18	18	7.3	SN 612	1312 K 2312 K	— 22312 CK	H 312 H 2312
60	65	120	43	120	80	80	30	290	230	M16	18	18	6.7	SN 513	1213 K 2213K	— 22213 CK	H 213 H 313
		140	58	135	90	95	32	330	260	M20	22	22	9.9	SN 613	1313 K 2313 K	— 22313 CK	H 313 H 2313
65	75	130	41	125	80	80	30	290	230	M16	18	18	7.3	SN 515	1215 K 2215 K	— 22215 CK	H 215 H 315
		160	65	145	100	100	35	360	290	M20	22	22	13.3	SN 615	1315 K 2315 K	— 22315 CK	H 315 H 2315
70	80	140	43	135	90	95	32	330	260	M20	22	22	9.3	SN 516	1216 K 2216 K	— 22216 CK	H 216 H 316
		170	68	150	100	112	35	360	290	M20	22	22	14.3	SN 616	1316 K 2316K	— 22316 CK	H 316 H 2316
75	85	150	46	140	90	95	32	330	260	M20	22	22	9.8	SN 517	1217 K 2217 K	— 22217 CK	H 217 H 317
		180	70	165	110	112	40	400	320	M24	26	26	15	SN 617	1317 K 2317K	— 22317 CK	H 317 H 2317
80	90	160	62.4	145	100	100	35	360	290	M20	22	22	12.5	SN 518	1218 K 2218 K —	— 22218 CK 23218 CK	H 218 H 318 H 2318
		190	74	165	110	112	40	405	320	M24	26	26	—	SN 618	1318 K 2318 K	— 22318 CK	H 318 H 2318
85	95	200	77	117	120	125	45	420	350	M24	26	26	—	SN 619	1319 K 2319 K	— 22319 CK	H 319 H 2319
90	100	180	70.3	165	110	112	40	400	320	M24	26	26	17	SN 520	1220 K 2220 K —	— 22220 CK 23220 CK	H 220 H 320 H 2320
		215	83	187	120	140	45	420	350	M24	26	26	—	SN 620	1320 K 2320 K	— 22320 CK	H 320 H 2320
100	110	200	80	177	120	125	45	420	350	M24	26	26	18.5	SN 522	1222 K 2222 K —	— 22222 CK 23222 CK	H 222 H 322 H 2322
		240	90	195	130	150	50	475	390	M24	28	28	—	SN 622	1322 K 2322 K	— 22322 CK	H 322 H 2322
110	120	215	86	187	120	140	45	420	350	M24	26	26	24.5	SN 524	—	22224 CK 23224 CK	H 3124 H 2324
		260	96	210	160	160	60	545	450	M30	35	35	—	SN 624	—	22324 CK	H 2324
115	130	230	90	192	130	150	50	450	380	M24	28	28	30	SN 526	—	22226 CK 23226 CK	H 3126 H 2326
		280	103	225	160	170	60	565	470	M30	35	35	—	SN 626	—	22326 CK	H 2326
125	140	250	98	207	150	150	50	510	420	M30	35	35	38	SN 528	—	22228 CK 23228 CK	H 3128 H2328
		300	112	237	170	180	65	630	520	M30	35	35	—	SN 628	—	22328 CK	H 2328
135	150	270	106	224	160	160	60	540	450	M30	35	35	45.6	SN 530	—	22230 CK 23230 CK	H 3130 H 2330
		320	118	245	180	190	65	680	560	M30	35	35	—	SN 630	—	22330 CK	H 2330
140	160	290	114	237	160	170	60	560	470	M30	35	35	53.8	SN 532	—	22232 CK 23232 CK	H 3132 H 2332
		340	124	260	190	200	70	710	580	M36	42	42	—	SN 632	—	22332 CK	H 2332

注：SN 524～SN 532 和 SN 624～SN 632 应装有吊环螺钉。

12.2.2　四螺柱滚动轴承座（见表14.6-62）

表14.6-62　适用带紧定套轴承的四螺柱滚动轴承座（部分摘自GB/T 7813—2008）

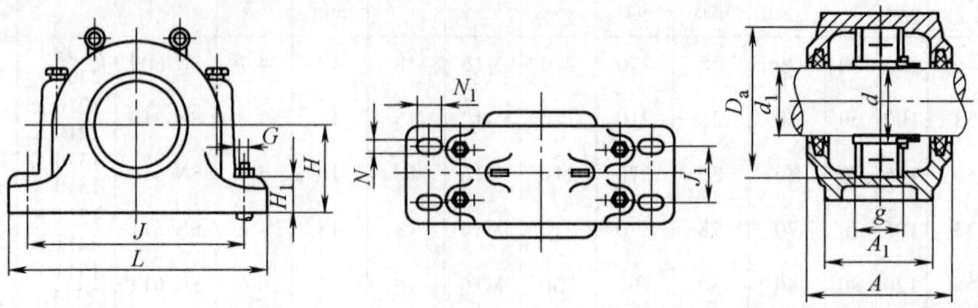

SD型　　紧定套未在图中表示其内径为d_1

公称尺寸/mm														轴承座型号	适用轴承及附件	
d_1	d	D_a	H	g	J	J_1	A max	L max	A_1	H_1 max	G	N	N_1 min		调心滚子轴承	紧定套
150	170	280	170	108	430	100	235	515	180	70	M24	28	28	SD 3134 TS	23134 CK	H 3134
		310	180	96	510	140	270	620	250	60	M30	35	35	SD 534	22234 CK	H 3134
		360	210	130	610	170	300	740	290	65	M30	35	35	SD 634	22334 CK	H 2334
160	180	300	180	116	450	110	245	535	190	75	M24	28	28	SD 3136 TS	23136 CK	H 3136
		320	190	96	540	150	280	650	260	60	M30	35	35	SD 536	22236 CK	H 3136
	180	380	225	136	640	180	320	780	310	70	M36	40	40	SD 636	22335 CK	H 2336
170	190	320	190	124	480	120	265	565	210	80	M24	28	28	SD 3138 TS	23133 CK	H 3138
		340	200	102	570	160	290	700	280	65	M30	35	35	SD 538	22238 CK	H 3138
		400	240	142	680	190	330	820	320	70	M36	40	40	SD 638	22338 CK	H 2338
180	200	340	210	132	510	130	285	615	230	85	M30	35	35	SD 3140 TS	23140 CK	H 3140
		360	210	108	610	170	300	740	290	65	M30	35	35	SD 540	22240 CK	H 3140
		420	250	148	710	200	350	860	340	85	M36	42	42	SD 640	22340 CK	H 2340
200	220	370	220	140	540	140	295	645	240	90	M30	35	35	SD 3144 TS	23144 CK	H 3144
		400	240	118	680	190	330	820	320	70	M36	40	40	SD 544	22244 CK	H 3144
		460	280	15	770	210	360	920	350	85	M36	42	42	SD 644	22344 CK	H 2344
220	240	400	240	148	600	150	315	705	260	95	M30	35	35	SD 3148 TS	23148 CK	H 3148
		440	260	132	740	200	340	880	330	85	M36	42	42	SD 548	22248 CK	H 3148
		500	300	165	830	230	390	990	380	100	M42	50	50	SD 648	22348 CK	H 2348
240	260	440	260	164	650	160	325	775	280	100	M36	42	42	SD 3152 TS	23152CAK	H 3152
		480	280	140	790	210	370	940	360	85	M36	42	42	SD 552	22252CAK	H 3152
		540	325	175	890	250	410	1060	400	100	M42	50	50	SD 652	22352 CAK	H 2352
260	280	460	280	166	670	160	325	795	280	105	M36	42	42	SD 3156 TS	23156 CAK	H 3156
		500	300	140	830	230	390	990	380	100	M42	50	50	SD 556	22256 CAK	H 3156
		580	355	185	930	270	440	1110	430	110	M48	57	57	SD 656	22336 CAK	H 2356
280	300	500	300	180	710	190	355	835	310	110	M36	42	42	SD 3160 TS	23160 CAK	H 3160
		540	325	150	890	250	410	1060	400	100	M42	50	50	SD 560	22260 CAK	H 3160
300	320	540	320	196	750	200	375	885	330	115	M36	42	42	SD 3164 TS	23164 CAK	H 3164
		580	355	160	930	270	440	1110	430	110	M48	57	57	SD 564	22264 CAK	H3164

注：不利用止推环使轴承在轴承座内固定时，g值减小20mm。

13 回转支承

13.1 单排四点接触球式回转支承（01 系列）（见表 14.6-63）（部分摘自 JB/T 2300—2011）

表 14.6-63 单排四点接触球式回转支承尺寸

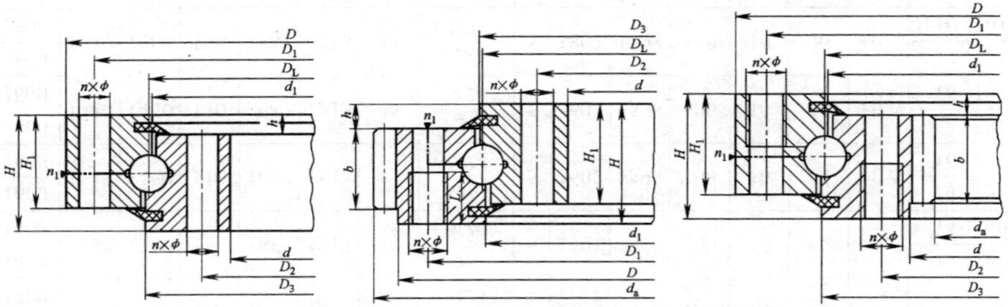

承载曲线图编号	基本型号			外形尺寸			安装尺寸				结构尺寸					齿轮参数			外齿参数		内齿参数		齿轮圆周力 $/10^4$N		参考质量 /kg
	无齿式 D_L/mm	外齿式 D_L/mm	内齿式 D_L/mm	D /mm	d /mm	H /mm	D_1 /mm	D_2 /mm	n	ϕ /mm	n_1	D_3 /mm	d_1 /mm	H_1 /mm	h /mm	b /mm	x	m /mm	D_e /mm	z	D_e /mm	z	正火 Z	调质 T	
1	010.30.500	011.30.500	013.30.500	602	398	80	566	434	20	18 (M16)	4	501	498	70	10	60	+0.5	5	629	123	367	74	3.7	5.2	85
		012.30.500	014.30.500															6	628.8	102	368.4	62	4.5	6.2	
1′	010.25.500	011.25.500	013.25.500	602	398	80	566	434	20	18 (M16)	4	501	499	70	10	60	+0.5	5	629	123	367	74	3.7	5.2	85
		012.25.500	014.25.500															6	628.8	102	368.4	62	4.5	6.2	
2	010.30.560	011.30.560	013.30.560	662	458	80	626	494	20	18 (M16)	4	561	558	70	10	60	+0.5	5	689	135	427	86	3.7	5.2	95
		012.30.560	014.30.560															6	688.8	112	428.4	72	4.5	6.2	
2′	010.25.560	011.25.560	013.25.560	662	458	80	626	494	20	18 (M16)	4	561	559	70	10	60	+0.5	5	689	135	427	86	3.7	5.2	95
		012.25.560	014.25.560															6	688.8	112	428.4	72	4.5	6.2	
3	010.30.630	011.30.630	013.30.630	732	528	80	696	564	24	18 (M16)	4	631	628	70	10	60	+0.5	6	772.8	126	494.4	83	4.5	6.2	110
		012.30.630	014.30.630															8	774.4	94	491.2	62	6.0	8.3	
3′	010.25.630	011.25.630	013.25.630	732	528	80	696	564	24	18 (M16)	4	631	629	70	10	60	+0.5	6	772.8	126	494.4	83	4.5	6.2	110
		012.25.630	014.25.630															8	774.4	94	491.2	62	6.0	8.3	
4	010.30.710	011.30.710	013.30.710	812	608	80	776	644	24	18 (M16)	4	711	708	70	10	60	+0.5	6	850.8	139	572.4	96	4.5	6.2	120
		012.30.710	014.30.710															8	854.4	104	571.2	72	6.0	8.3	
4′	010.25.710	011.25.710	013.25.710	812	608	80	776	644	24	18 (M16)	4	711	709	70	10	60	+0.5	6	850.8	139	572.4	96	4.5	6.2	120
		012.25.710	014.25.710															8	854.4	104	571.2	72	6.0	8.3	
5	010.40.800	011.40.800	013.40.800	922	678	100	878	722	30	22 (M20)	6	801	798	90	10	80	+0.5	8	966.4	118	635.2	80	8.0	11.1	220
		012.40.800	014.40.800															10	968	94	634	64	10.0	14.0	
5′	010.30.800	011.30.800	013.30.800	922	678	100	878	722	30	22 (M20)	6	801	798	90	10	80	+0.5	8	966.4	118	635.2	80	8.0	11.1	220
		012.30.800	014.30.800															10	968	94	634	64	10.0	14.1	

（续）

承载曲线图编号	基本型号			外形尺寸			安装尺寸				结构尺寸					齿轮参数			外齿参数		内齿参数		齿轮圆周力 $/10^4$N		参考质量
	无齿式 D_L/mm	外齿式 D_L/mm	内齿式 D_L/mm	D /mm	d /mm	H /mm	D_1 /mm	D_2 /mm	n	ϕ /mm	n_1	D_3 /mm	d_1 /mm	H_1 /mm	h /mm	b /mm	x	m /mm	D_e /mm	z	D_e /mm	z	正火 Z	调质 T	/kg
6	010.40.900	011.40.900	013.40.900	1022	778	100	978	822	30	22（M20）	6	901	898	90	10	80	+0.5	8	1062.4	130	739.2	93	8.0	11.1	240
		012.40.900	014.40.900															10	1068	104	734	74	10.0	14.0	
6′	010.30.900	011.30.900	013.30.900	1022	778	100	978	822	30	22（M20）	6	901	898	90	10	80	+0.5	8	1062.4	130	739.2	93	8.0	11.1	240
		012.30.900	014.30.900															10	1068	104	734	74	10.0	14.0	
7	010.40.1000	011.40.1000	013.40.1000	1122	878	100	1078	922	36	22（M20）	6	1001	998	90	10	80	+0.5	10	1188	116	824	83	10.0	14.0	270
		012.40.1000	014.40.1000															12	1185.6	96	820.8	69	12.0	16.7	
7′	010.30.1000	011.30.1000	013.30.1000	1122	878	100	1078	922	36	22（M20）	6	1001	998	90	10	80	+0.5	10	1188	116	824	83	10.0	14.0	270
		012.30.1000	014.30.1000															12	1185.6	96	820.8	69	12.0	16.7	
8	010.40.1120	011.40.1120	013.40.1120	1242	998	100	1198	1042	36	22（M20）	6	1121	1118	90	10	80	+0.5	10	1298	127	944	95	10.0	14.0	300
		012.40.1120	014.40.1120															12	1305.6	106	940.8	79	12.0	16.7	
8′	010.30.1120	011.30.1120	013.30.1120	1242	998	100	1198	1042	36	22（M20）	6	1121	1118	90	10	80	+0.5	10	1298	127	944	95	10.0	14.0	300
		012.30.1120	014.30.1120															12	1305.6	106	940.8	79	12.0	16.7	
9	010.45.1250	011.45.1250	013.45.1250	1390	1110	110	1337	1163	40	26（M24）	5	1252	1248	100	10	90	+0.5	12	1449.6	118	1048.8	88	13.5	18.8	420
		012.45.1250	014.45.1250															14	1453.2	101	1041.6	75	15.8	21.9	
9′	010.35.1250	011.35.1250	013.35.1250	1390	1110	110	1337	1163	40	26（M24）	5	1251	1248	100	10	90	+0.5	12	1449.6	118	1048.8	88	13.5	18.8	420
		012.35.1250	014.35.1250															14	1453.2	101	1041.6	75	15.8	21.9	
10	010.45.1400	011.45.1400	013.45.1400	1540	1260	110	1487	1313	40	26（M24）	5	1402	1398	100	10	90	+0.5	12	1605.6	131	1192.8	100	13.5	18.8	480
		012.45.1400	014.45.1400															14	1607.2	112	1195.6	86	15.8	21.9	
10′	010.35.1400	011.35.1400	013.35.1400	1540	1260	110	1487	1313	40	26（M24）	5	1401	1398	100	10	90	+0.5	12	1605.6	131	1192.8	100	13.5	18.8	480
		012.35.1400	014.35.1400															14	1607.2	112	1195.6	86	15.8	21.9	
11	010.45.1600	011.45.1600	013.45.1600	1740	1460	110	1687	1513	45	26（M24）	5	1602	1598	100	10	90	+0.5	14	1817.2	127	1391.6	100	15.8	21.9	550
		012.45.1600	014.45.1600															16	1820.8	111	1382.4	87	18.1	25.0	
11′	010.35.1600	011.35.1600	013.35.1600	1740	1460	110	1687	1513	45	26（M24）	5	1601	1598	100	10	90	+0.5	14	1817.2	127	1391.6	100	15.8	21.9	550
		012.35.1600	014.35.1600															16	1820.8	111	1382.4	87	18.1	25.0	
12	010.45.1800	011.45.1800	013.45.1800	1940	1660	110	1887	1713	45	26（M24）	5	1802	1798	100	10	90	+0.5	14	2013.2	141	1573.6	113	15.8	21.9	610
		012.45.1800	014.45.1800															16	2012.8	123	1574.4	99	18.1	25.0	
12′	010.35.1800	011.35.1800	013.35.1800	1940	1660	110	1887	1713	45	26（M24）	5	1801	1798	100	10	90	+0.5	14	2013.2	141	1573.6	113	15.8	21.9	610
		012.35.1800	014.35.1800															16	2012.8	123	1574.4	99	18.1	25.0	
13	010.60.2000	011.60.2000	013.60.2000	2178	1825	144	2110	1891	48	33（M30）	8	2002	1998	132	12	120	+0.5	16	2268.8	139	1734.4	109	24.1	33.3	1100
		012.60.2000	014.60.2000															18	2264.4	123	1735.2	97	27.1	37.5	
13′	010.40.2000	011.40.2000	013.40.2000	2178	1825	144	2110	1891	48	33（M30）	8	2001	1998	132	12	120	+0.5	16	2268.8	139	1734.4	109	24.1	33.3	1100
		012.40.2000	014.40.2000															18	2264.4	123	1735.2	97	27.1	37.5	

（续）

承载曲线图编号	基本型号			外形尺寸			安装尺寸				结构尺寸					齿轮参数			外齿参数		内齿参数		齿轮圆周力 $/10^4N$		参考质量 /kg
	无齿式 D_L/mm	外齿式 D_L/mm	内齿式 D_L/mm	D /mm	d /mm	H /mm	D_1 /mm	D_2 /mm	n	ϕ /mm	n_1	D_3 /mm	d_1 /mm	H_1 /mm	h /mm	b /mm	x	m /mm	D_e /mm	z	D_e /mm	z	正火 Z	调质 T	
14	010.60.2240	011.60.2240	013.60.2240	2418	2065	144	2350	2131	48	33	8	2242	2238	132	12	120	+0.5	16	2492.8	153	1990.4	125	24.1	33.3	1250
		012.60.2240	014.60.2240							(M30)								18	2498.4	136	1987.2	111	27.1	37.5	
14′	010.40.2240	011.40.2240	013.40.2240	2418	2065	144	2350	2131	48	33	8	2241	2238	132	12	120	+0.5	16	2492.8	153	1990.4	125	24.1	33.3	1250
		012.40.2240	014.40.2240							(M30)								18	2498.4	136	1987.2	111	27.1	37.5	
15	010.60.2500	011.60.2500	013.60.2500	2678	2325	144	2610	2391	56	33	8	2502	2498	132	12	120	+0.5	18	2768.4	151	2239.2	125	27.1	37.5	1400
		012.60.2500	014.60.2500							(M30)								20	2776	136	2228	112	30.1	41.8	
15′	010.40.2500	011.40.2500	013.40.2500	2678	2325	144	2610	2391	56	33	8	2501	2498	132	12	120	+0.5	18	2768.4	151	2239.2	125	27.1	37.5	1400
		012.40.2500	014.40.2500							(M30)								20	2776	136	2228	112	30.1	41.8	
16	010.60.2800	011.60.2800	013.60.2800	2978	2625	144	2910	2691	56	33	8	2802	2798	132	12	120	+0.5	18	3074.4	168	2527.2	141	27.1	37.5	1600
		012.60.2800	014.60.2800							(M30)								20	3076	151	2528	127	30.1	41.8	
16′	010.40.2800	011.40.2800	013.40.2800	2978	2625	144	2910	2691	56	33	8	2802	2798	132	12	120	+0.5	18	3074.4	168	2527.2	141	27.1	37.5	1600
		012.40.2800	014.40.2800							(M30)								20	3076	151	2528	127	30.1	41.8	
17	010.75.3150	011.75.3150	013.75.3150	3376	2922	174	3286	3014	56	45	8	3152	3147	162	12	150	+0.5	20	3476	171	2828	142	37.7	52.2	2800
		012.75.3150	014.75.3150							(M42)								22	3471.6	155	2824.8	129	41.5	57.4	
17′	010.50.3150	011.50.3150	013.50.3150	3376	2922	174	3286	3014	56	45	8	3152	3147	162	12	150	+0.5	20	3476	171	2828	142	37.7	52.2	2800
		012.50.3150	014.50.3150							(M42)								22	3471.6	155	2824.8	129	41.5	57.4	
18	010.75.3550	011.75.3550	013.75.3550	3776	3322	174	3686	3414	56	45	8	3552	3547	162	12	150	+0.5	20	3876	191	3228	162	37.7	52.2	3200
		012.75.3550	014.75.3550							(M42)								22	3889.6	174	3220.8	147	41.5	57.4	
18′	010.50.3550	011.50.3550	013.50.3550	3776	3322	174	3686	3414	56	45	8	3552	3547	162	12	150	+0.5	20	3876	191	3228	162	37.7	52.2	3200
		012.50.3550	014.50.3550							(M42)								22	3889.6	174	2220.8	147	41.5	57.4	
19	010.75.4000	011.75.4000	013.75.4000	4226	3772	174	4136	3864	60	45	10	4002	3997	162	12	150	+0.5	22	4329.6	194	3660.8	167	41.5	57.4	3600
		012.75.4000	014.75.4000							(M42)								25	4345	171	3660	147	47.1	65.2	
19′	010.50.4000	011.50.4000	013.50.4000	4226	3772	174	4136	3864	60	45	10	4002	3998	162	12	150	+0.5	22	4329.6	194	3660.8	167	41.5	57.4	3600
		012.50.4000	014.50.4000							(M42)								25	4345	171	3660	147	47.1	65.2	
20	010.75.4500	011.75.4500	013.75.4500	4726	4272	174	4636	4364	60	45	10	4502	4497	162	12	150	+0.5	22	4835.6	217	4166.8	190	41.5	57.4	4000
		012.75.4500	014.75.4500							(M42)								25	4845	191	4160	167	47.1	65.2	
20′	010.50.4500	011.50.4500	013.50.4500	4726	4272	174	4636	4364	60	45	10	4502	4497	162	12	150	+0.5	22	4835.6	217	4166.8	190	41.5	57.4	4000
		012.50.4500	014.50.4500							(M42)								25	4845	191	4160	167	47.1	65.2	

注：1. n_1 为润滑油孔数，均布；油杯 M10×1 JB/T 7940.1～7940.2。
2. 安装孔 $n\times\phi$ 可为光孔或螺孔；若为螺孔，螺纹深度是螺纹直径的 2 倍；齿宽 b 可改为 $H-h$。
3. 表内齿轮圆周力为最大圆周力，额定圆周力取其 1/2。
4. 外齿修顶系数为 0.1，内齿修顶系数为 0.2。
5. 内外径均为自由公差。若主机与回转支承有配合要求，订货时必须注明。
6. 生产厂：徐州罗特艾德回转支承公司。该公司除生产 01、03 系列回转支承外，还有单排交叉滚柱式（11 系列）、双排球式（02 系列）等多种产品。

13.2　三排滚柱式回转支承（13 系列）（见表 14.6-64）（部分摘自 JB/T 2300—2011）

表 14.6-64　三排滚柱式回转支承尺寸

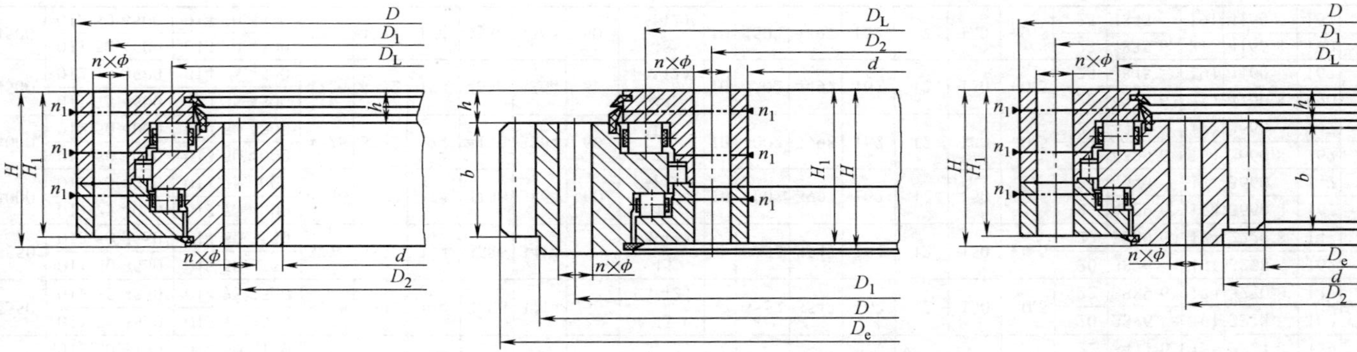

承载曲线图编号	基本型号 无齿式 D_L/mm	基本型号 外齿式 D_L/mm	基本型号 内齿式 D_L/mm	外形尺寸 D/mm	外形尺寸 d/mm	外形尺寸 H/mm	安装尺寸 D_1/mm	安装尺寸 D_2/mm	安装尺寸 n	安装尺寸 ϕ/mm	结构尺寸 n_1	结构尺寸 H_1/mm	结构尺寸 h/mm	齿轮参数 b/mm	齿轮参数 x	齿轮参数 m/mm	外齿参数 D_e/mm	外齿参数 z	内齿参数 D_e/mm	内齿参数 z	齿轮圆周力/10^4N 正火 Z	齿轮圆周力/10^4N 调质 T	参考质量/kg
1	130.25.500	131.25.500	133.25.500	634	366	148	598	402	24	18	4	138	32	80	+0.5	5	664	130	337	68	5.0	6.7	224
		132.25.500	134.25.500							(M16)						6	664.8	108	338.4	57	6.0	8.0	
2	130.25.560	131.25.560	133.25.560	694	426	148	658	462	24	18	4	138	32	80	+0.5	5	724	142	397	80	5.0	6.7	240
		132.25.560	134.25.560							(M16)						6	724.8	118	398.4	67	6.0	8.0	
3	130.25.630	131.25.630	133.25.630	764	496	148	728	532	28	18	4	138	32	80	+0.5	6	808.8	132	458.4	77	6.0	8.0	270
		132.25.630	134.25.630							(M16)						8	806.4	98	459.2	58	8.0	11.0	
4	130.25.710	131.25.710	133.25.710	844	576	148	808	612	28	18	4	138	32	80	+0.5	6	886.8	145	536.4	90	6.0	8.0	300
		132.25.710	134.25.710							(M16)						8	886.4	108	539.2	68	8.0	11.0	
5	130.32.800	131.32.800	133.32.800	964	636	182	920	680	36	22	4	172	40	120	+0.5	8	1006.4	123	595.2	75	12.1	16.7	500
		132.32.800	134.32.800							(M20)						10	1008	98	594	60	15.1	20.9	
6	130.32.900	131.32.900	133.32.900	1064	736	182	1020	780	36	22	4	172	40	120	+0.5	8	1102.4	135	691.2	87	12.1	16.7	600
		132.32.900	134.32.900							(M20)						10	1108	108	694	70	15.1	20.9	

（续）

承载曲线图编号	基本型号			外形尺寸			安装尺寸				结构尺寸			齿轮参数			外齿参数		内齿参数		齿轮圆周力 $/10^4N$		参考质量 /kg
	无齿式 D_L/mm	外齿式 D_L/mm	内齿式 D_L/mm	D /mm	d /mm	H /mm	D_1 /mm	D_2 /mm	n	ϕ /mm	n_1	H_1 /mm	h /mm	b /mm	x	m /mm	D_e /mm	z	D_e /mm	z	正火 Z	调质 T	
7	130. 32. 1000	131. 32. 1000	133. 32. 1000	1164	836	182	1120	880	40	22	5	172	40	120	+0. 5	10	1218	119	784	79	15. 1	20. 9	680
		132. 32. 1000	134. 32. 1000							(M20)						12	1221. 6	99	784. 8	66	18. 1	25. 1	
8	130. 32. 1120	131. 32. 1120	133. 32. 1120	1284	956	182	1240	1000	40	22	5	172	40	120	+0. 5	10	1338	131	904	91	15. 1	20. 9	820
		132. 32. 1120	134. 32. 1120							(M20)						12	1341. 6	109	904. 8	76	18. 1	25. 1	
9	130. 40. 1250	131. 40. 1250	133. 40. 1250	1445	1055	220	1393	1107	45	26	5	210	50	150	+0. 5	12	1509. 6	123	988. 8	83	22. 9	31. 4	1200
		132. 40. 1250	134. 40. 1250							(M24)						14	1509. 2	105	985. 6	71	26. 3	36. 6	
10	130. 40. 1400	131. 40. 1400	133. 40. 1400	1595	1205	220	1543	1257	45	26	5	210	50	150	+0. 5	12	1665. 6	136	1144. 8	96	22. 9	31. 4	1300
		132. 40. 1400	134. 40. 1400							(M24)						14	1663. 2	116	1139. 6	82	26. 3	36. 6	
11	130. 40. 1600	131. 40. 1600	133. 40. 1600	1795	1405	220	1743	1457	48	26	6	210	50	150	+0. 5	14	1873. 2	131	1335. 6	96	26. 3	36. 6	1520
		132. 40. 1600	134. 40. 1600							(M24)						16	1868. 8	114	1334. 4	84	30. 2	41. 7	
12	130. 40. 1800	131. 40. 1800	133. 40. 1800	1995	1605	220	1943	1657	48	26	6	210	50	150	+0. 5	14	2069. 2	145	1531. 6	110	26. 3	36. 6	1750
		132. 40. 1800	134. 40. 1800							(M24)						16	2076. 8	127	1526. 4	96	30. 2	41. 7	
13	130. 45. 2000	131. 45. 2000	133. 45. 2000	2221	1779	231	2155	1845	60	33	6	219	54	160	+0. 5	16	2300. 8	141	1702. 4	107	32. 2	44. 5	2400
		132. 45. 2000	134. 45. 2000							(M30)						18	2300. 4	125	1699. 2	95	36. 2	50. 1	
14	130. 45. 2240	131. 45. 2240	133. 45. 2240	2461	2019	231	2395	2085	60	33	6	219	54	160	+0. 5	16	2556. 8	157	1926. 4	121	32. 2	44. 5	2700
		132. 45. 2240	134. 45. 2240							(M30)						18	2552. 4	139	1933. 2	108	36. 2	50. 1	
15	130. 45. 2500	131. 45. 2500	133. 45. 2500	2721	2279	231	2655	2345	72	33	8	219	54	160	+0. 5	18	2822. 4	154	2185. 2	122	36. 2	50. 1	3000
		132. 45. 2500	134. 45. 2500							(M30)						20	2816	138	2188	110	40. 2	55. 6	
16	130. 45. 2800	131. 45. 2800	133. 45. 2800	3021	2579	231	2955	2645	72	33	8	219	54	160	+0. 5	18	3110. 4	170	2491. 2	139	36. 2	50. 1	3400
		132. 45. 2800	134. 45. 2800							(M30)						20	3116	153	2488	125	40. 2	55. 6	
17	130. 50. 3150	131. 50. 3150	133. 50. 3150	3432	2868	270	3342	2958	72	45	8	258	65	180	+0. 5	20	3536	174	2768	139	45. 2	62. 6	5000
		132. 50. 3150	134. 50. 3150							(M42)						22	3537. 6	158	2758. 8	126	49. 8	68. 9	
18	130. 50. 3550	131. 50. 3550	133. 50. 3550	3832	3268	270	3742	3358	72	45	8	258	65	180	+0. 5	20	3936	194	3168	159	45. 2	62. 6	5600
		132. 50. 3550	134. 50. 3550							(M42)						22	3933. 6	176	3154. 8	144	49. 8	68. 9	
19	130. 50. 4000	131. 50. 4000	133. 50. 4000	4282	3718	270	4192	3808	80	45	8	258	65	180	+0. 5	22	4395. 6	197	3616. 8	165	49. 8	68. 9	6400
		132. 50. 4000	134. 50. 4000							(M42)						25	4395	173	3610	145	56. 5	78. 3	
20	130. 50. 4500	131. 50. 4500	133. 50. 4500	4782	4218	270	4692	4308	80	45	8	258	65	180	+0. 5	22	4901. 6	220	4122. 8	188	49. 8	68. 9	7100
		132. 50. 4500	134. 50. 4500							(M42)						25	4895	193	4110	165	56. 5	78. 3	

14　关节轴承

14.1　向心关节轴承（见表 14.6-65～14.6-70）

向心关节轴承

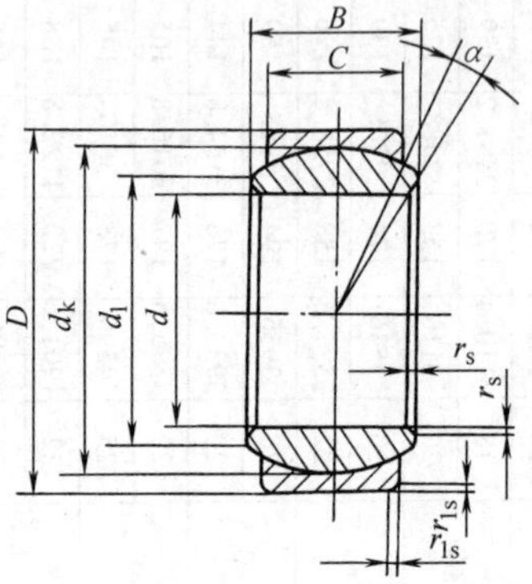

GE…E 型

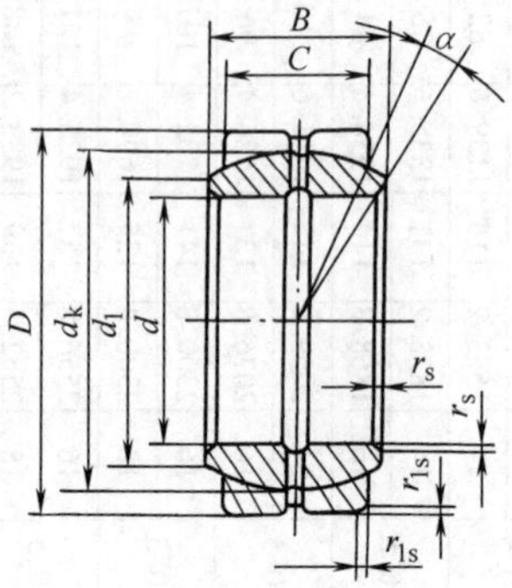

GE…ES 型

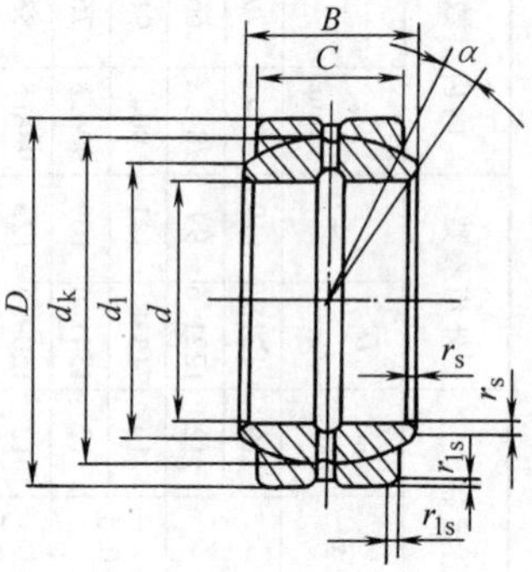

GE…DS 型

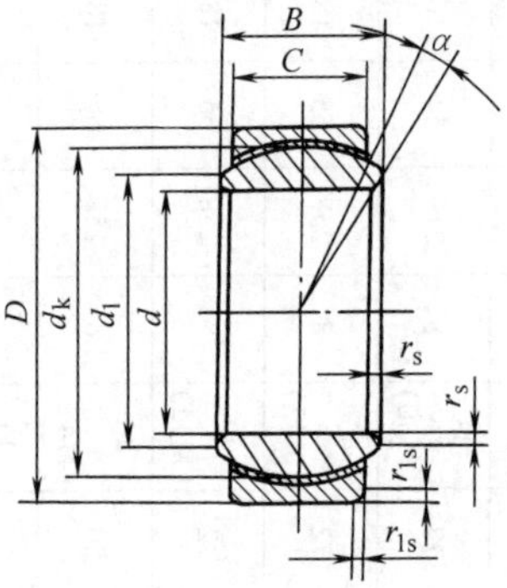

GE…C 自润滑型

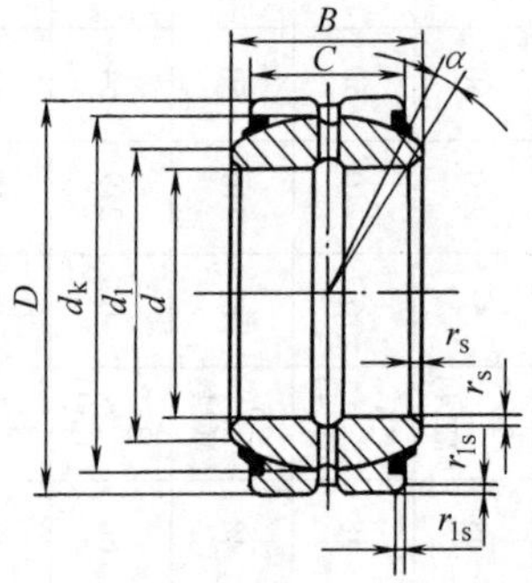

GE…ES-2RS 型

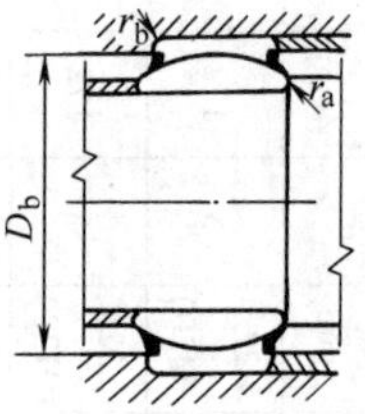

GE…ES-2RS 型

表 14.6-65　向心关节轴承 E 系列

轴承型号					公称尺寸/mm								α/(°)≈	
GE…E 型	GE…ES 型	GE…DS 型	GE…C 型	GE…ES-2RS 型	d	D	B	C	d_1 ≈	d_k①	r_{smin}	r_{1smin}	其他型	GE…ES-2RS 型
GE4E	—	—	GE4C	—	4	12	5	3	6	8	0.3	0.3	16	—
GE5E	—	GE5DS	GE5C	—	5	14	6	4	8	10	0.3	0.3	13	—
GE6E	—	GE6DS	GE6C	—	6	14	6	4	8	10	0.3	0.3	13	—
GE8E	—	GE8DS	GE8C	—	8	16	8	5	10	13	0.3	0.3	15	—
GE10E	—	GE10DS	GE10C	—	10	19	9	6	13	16	0.3	0.3	12	—
GE12E	—	GE12DS	GE12C	—	12	22	10	7	15	18	0.3	0.3	10	—
—	GE15ES	GE15DS	GE15C	GE15ES-2RS	15	26	12	9	18	22	0.3	0.3	8	5
—	GE17ES	GE17DS	GE17C	GE17ES-2RS	17	30	14	10	20	25	0.3	0.3	10	7
—	GE20ES	GE20DS	GE20C	GE20ES-2RS	20	35	16	12	24	29	0.3	0.3	9	6
—	GE25ES	GE25DS	GE25C	GE25ES-2RS	25	42	20	16	29	35	0.6	0.6	7	4
—	GE30ES	GE30DS	GE30C	GE30ES-2RS	30	47	22	18	34	40	0.6	0.6	6	4
—	GE35ES	GE35DS	—	GE35ES-2RS	35	55	25	20	39	47	0.6	1	6	4
—	GE40ES	GE40DS	—	GE40ES-2RS	40	62	28	22	45	53	0.6	1	7	4
—	GE45ES	GE45DS	—	GE45ES-2RS	45	68	32	25	50	60	0.6	1	7	4
—	GE50ES	GE50DS	—	GE50ES-2RS	50	75	35	28	55	66	0.6	1	6	4
—	GE55ES	GE55DS	—	GE55ES-2RS	55	85	40	32	62	74	0.6	1	7	—

（续）

轴承型号					公称尺寸/mm								α/(°) ≈	
GE…E 型	GE…ES 型	GE…DS 型	GE…C 型	GE…ES-2RS 型	d	D	B	C	d_1 ≈	d_k①	r_{smin}	r_{1smin}	其他型	GE…ES-2RS 型
—	GE60ES	GE60DS	—	GE60ES-2RS	60	90	44	36	66	80	1	1	6	3
—	GE70ES	GE70DS	—	GE70ES-2RS	70	105	49	40	77	92	1	1	6	4
—	GE80ES	GE80DS	—	GE80ES-2RS	80	120	55	45	88	105	1	1	6	4
—	GE90ES	GE90DS	—	GE90ES-2RS	90	130	60	50	98	115	1	1	5	3
—	GE100ES	GE100DS	—	GE100ES-2RS	100	150	70	55	109	130	1	1	7	5
—	GE110ES	GE110DS	—	GE110ES-2RS	110	160	70	55	120	140	1	1	6	4
—	GE120ES	GE120DS	—	GE120ES-2RS	120	180	85	70	130	160	1	1	6	4
—	GE140ES	GE140DS	—	GE140ES-2RS	140	210	90	70	150	180	1	1	7	5
—	GE160ES	GE160DS	—	GE160ES-2RS	160	230	105	80	170	200	1	1	8	6
—	GE180ES	GE180DS	—	GE180ES-2RS	180	260	105	80	192	225	1.1	1.1	6	5
—	GE200ES	GE200DS	—	GE200ES-2RS	200	290	130	100	212	250	1.1	1.1	7	6
—	GE220ES	GE220DS	—	GE220ES-2RS	220	320	135	100	238	275	1.1	1.1	8	6
—	GE240ES	GE240DS	—	GE240ES-2RS	240	340	140	100	265	300	1.1	1.1	8	6
—	GE260ES	GE260DS	—	GE260ES-2RS	260	370	150	110	285	325	1.1	1.1	7	6
—	GE280ES	GE280DS	—	GE280ES-2RS	280	400	155	120	310	350	1.1	1.1	6	5
—	GE300ES	GE300DS	—	GE300ES-2RS	300	430	165	120	330	375	1.1	1.1	7	6

① 参考尺寸。

表 14.6-66　向心关节轴承 G 系列

轴承型号					公称尺寸/mm								α/(°) ≈	
GEG…E 型	GEG…ES 型	GEG…DS 型	GEG…C 型	GEG…ES-2RS 型	d	D	B	C	d_1 ≈	d_k	r_{smin}	r_{1smin}	其他型	GEG…ES-2RS 型
GEG4E	—	—	GEG4C	—	4	14	7	4	7	10	0.3	0.3	20	—
GEG5E	—	—	GEG5C	—	5	14	7	4	7	10	0.3	0.3	20	—
GEG6E	—	—	GEG6C	—	6	16	9	5	9	13	0.3	0.3	21	—
GEG8E	—	—	GEG8C	—	8	19	11	6	11	16	0.3	0.3	21	—
GEG10E	—	—	GEG10C	—	10	22	12	7	13	18	0.3	0.3	18	—
GEG12E	—	—	GEG12C	—	12	26	15	9	16	22	0.3	0.3	18	—
—	GEG15ES	GEG15DS	GEG15C	GEG15ES-2RS	15	30	16	10	19	25	0.3	0.3	16	13
—	GEG17ES	GEG17DS	GEG17C	GEG17ES-2RS	17	35	20	12	21	29	0.3	0.3	19	16
—	GEG20ES	GEG20DS	GEG20C	GEG20ES-2RS	20	42	25	16	24	35	0.3	0.6	17	16
—	GEG25ES	GEG25DS	GEG25C	GEG25ES-2RS	25	47	28	18	29	40	0.6	0.6	17	15
—	GEG30ES	GEG30DS	GEG30C	GEG30ES-2RS	30	55	32	20	34	47	0.6	1	17	16
—	GEG35ES	GEG35DS	—	GEG35ES-2RS	35	62	35	22	39	53	0.6	1	16	15
—	GEG40ES	GEG40DS	—	GEG40ES-2RS	40	68	40	25	44	60	0.6	1	17	12
—	GEG45ES	GEG45DS	—	GEG45ES-2RS	45	75	43	28	50	66	0.6	1	15	13
—	GEG50ES	GEG50DS	—	GEG50ES-2RS	50	90	56	36	57	80	0.6	1	17	16
—	GEG60ES	GEG60DS	—	GEG60ES-2RS	60	105	63	40	67	92	1	1	17	15
—	GEG70ES	GEG70DS	—	GEG70ES-2RS	70	120	70	45	77	105	1	1	16	14
—	GEG80ES	GEG80DS	—	GEG80ES-2RS	80	130	75	50	87	115	1	1	14	13
—	GEG90ES	GEG90DS	—	GEG90ES-2RS	90	150	85	55	98	130	1	1	15	14
—	GEG100ES	GEG100DS	—	GEG100ES-2RS	100	160	85	55	110	140	1	1	14	12
—	GEG110ES	GEG110DS	—	GEG110ES-2RS	110	180	100	70	122	160	1	1	12	11
—	GEG120ES	GEG120DS	—	GEG120ES-2RS	120	210	115	70	132	180	1	1	16	15
—	GEG140ES	GEG140DS	—	GEG140ES-2RS	140	230	130	80	151	200	1	1	16	15
—	GEG160ES	GEG160DS	—	GEG160ES-2RS	160	260	135	80	176	225	1	1.1	16	14
—	GEG180ES	GEG180DS	—	GEG180ES-2RS	180	290	155	100	196	250	1.1	1.1	14	13
—	GEG200ES	GEG200DS	—	GEG200ES-2RS	200	320	165	100	220	275	1.1	1.1	15	14
—	GEG220ES	GEG220DS	—	GEG220ES-2RS	220	340	175	100	243	300	1.1	1.1	16	14
—	GEG240ES	GEG240DS	—	GEG240ES-2RS	240	370	190	110	263	325	1.1	1.1	15	14
—	GEG260ES	GEG260DS	—	GEG260ES-2RS	260	400	205	120	283	350	1.1	1.1	15	14
—	GEG280ES	GEG280DS	—	GEG280ES-2RS	280	430	210	120	310	375	1.1	1.1	15	14

自润滑向心关节轴承：

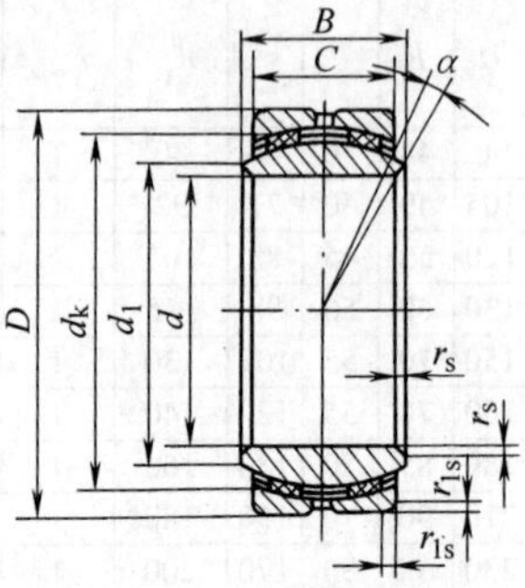

GEC…FSA自润滑型

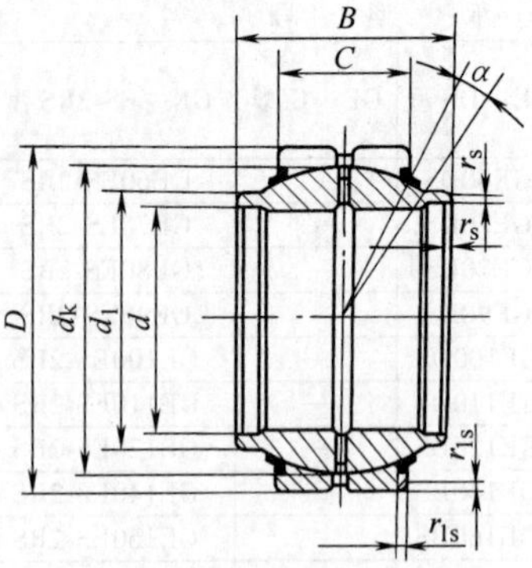

GEEW…ES-2RS 型

表 14.6-67 自润滑向心关节轴承 C 系列

轴承型号	公称尺寸/mm								α/(°)≈
GEC…FSA 型	d	D	B	C	d_1≈	d_k	r_{smin}	r_{1smin}	
GEC320FSA	320	440	160	135	340	375	1.1	3	4
GEC340FSA	340	460	160	135	360	390	1.1	3	3
GEC360FSA	360	480	160	135	380	410	1.1	3	3
GEC380FSA	380	520	190	160	400	440	1.5	4	4
GEC400FSA	400	540	190	160	425	465	1.5	4	3
GEC420FSA	420	560	190	160	445	480	1.5	4	3
GEC440FSA	440	600	218	185	465	515	1.5	4	3
GEC460FSA	460	620	218	185	485	530	1.5	4	3
GEC480FSA	480	650	230	195	510	560	2	5	3
GEC500FSA	500	670	230	195	530	580	2	5	3
GEC530FSA	530	710	243	205	560	610	2	5	3
GEC560FSA	560	750	258	215	590	645	2	5	4
GEC600FSA	600	800	272	230	635	690	2	5	3
GEC630FSA	630	850	300	260	665	730	3	6	3
GEC670FSA	670	900	308	260	710	770	3	6	3
GEC710FSA	710	950	325	275	755	820	3	6	3
GEC750FSA	750	1000	335	280	800	870	3	6	3
GEC800FSA	800	1060	355	300	850	915	3	6	3
GEC850FSA	850	1120	365	310	905	975	3	6	3
GEC900FSA	900	1180	375	320	960	1030	3	6	3
GEC950FSA	950	1250	400	340	1015	1090	4	7.5	3
GEC1000FSA	1000	1320	438	370	1065	1150	4	7.5	3
GEC1060FSA	1060	1400	462	390	1130	1220	4	7.5	3
GEC1120FSA	1120	1460	462	390	1195	1280	4	7.5	3
GEC1180FSA	1180	1540	488	410	1260	1350	4	7.5	3
GEC1250FSA	1250	1630	515	435	1330	1425	4	7.5	3
GEC1320FSA	1320	1720	545	460	1405	1510	4	7.5	3
GEC1400FSA	1400	1820	585	495	1485	1600	5	9.5	3
GEC1500FSA	1500	1950	625	530	1590	1710	5	9.5	3
GEC1600FSA	1600	2060	670	565	1690	1820	5	9.5	3
GEC1700FSA	1700	2180	710	600	1790	1925	5	9.5	3
GEC1800FSA	1800	2300	750	635	1890	2035	6	12	3
GEC1900FSA	1900	2430	790	670	2000	2150	6	12	3
GEC2000FSA	2000	2750	835	705	2100	2260	6	12	3

表 14.6-68　向心关节轴承 EW 系列

轴承型号	公称尺寸/mm								$\alpha/(°)\approx$
GEEW…ES-2RS 型	d	D	B	C	$d_1\approx$	d_k	r_{smin}	r_{1smin}	
GEEW12ES-2RS	12①	22	12	7	15.5	18	0.3	0.3	4
GEEW16ES-2RS	16	28	16	9	20	23	0.3	0.3	4
GEEW20ES-2RS	20	35	20	12	25	29	0.3	0.3	4
GEEW25ES-2RS	25	42	25	16	30.5	35	0.6	0.6	4
GEEW32ES-2RS	32	52	32	18	38	44	0.6	1	4
GEEW40ES-2RS	40	62	40	22	46	53	0.6	1	4
GEEW50ES-2RS	50	75	50	28	57	66	0.6	1	4
GEEW63ES-2RS	63	95	63	36	71.5	83	1	1	4
GEEW80ES-2RS	80	120	80	45	91	105	1	1	4
GEEW100ES-2RS	100	150	100	55	113	130	1	1	4
GEEW125ES-2RS	125	180	125	70	138	160	1	1	4
GEEW160ES-2RS	160	230	160	80	177	200	1	1	4
GEEW200ES-2RS	200	290	200	100	221	250	1.1	1.1	4
GEEW250ES-2RS	250	400	250	120	317	350	2.5	1.1	4
GEEW320ES-2RS	320	520	320	160	405	450	2.5	4	4

① 制造厂可自行决定是否在外圈上设置再润滑装置。

表 14.6-69　向心关节轴承 K 系列　（mm）

d	D	B	C	$d_1\approx$	d_k	r_{smin}	r_{1smin}	$\alpha/(°)\approx$	d	D	B	C	$d_1\approx$	d_k	r_{smin}	r_{1smin}	$\alpha/(°)\approx$
3	10	6	4.5	5.1	7.9	0.2	0.2	14	18	35	23	16.5	21.8	31.7	0.3	0.3	15
5	13	8	6	7.7	11.1	0.3	0.3	13	20	40	25	18	24.3	34.9	0.3	0.6	14
6	16	9	6.75	8.9	12.7	0.3	0.3	13	22	42	28	20	25.8	33.1	0.3	0.6	15
8	19	12	9	10.3	15.8	0.3	0.3	14	25	47	31	22	29.5	42.8	0.3	0.6	15
10	22	14	10.5	12.9	19	0.3	0.3	13	30	55	37	25	34.8	50.8	0.3	0.6	17
12	26	16	12	15.4	22.2	0.3	0.3	13	35	65	43	30	40.3	59	0.6	1	16
14	29	19	13.5	16.8	25.4	0.3	0.3	16	40	72	49	35	44.2	66	0.6	1	16
16	32	21	15	19.3	28.5	0.3	0.3	15	50	90	60	45	55.8	82	0.6	1	14

注：K 系列轴承是 GB/T 9163—2001 中新增系列。

表 14.6-70　向心关节轴承 H 系列　（mm）

d	D	B	C	$d_1\approx$	d_k	r_{smin}	r_{1smin}	$\alpha/(°)\approx$	d	D	B	C	$d_1\approx$	d_k	r_{smin}	r_{1smin}	$\alpha/(°)\approx$
100	150	71	67	114	135	1	1	2	420	600	300	280	441	534	1.5	4	2
110	160	78	74	122	145	1	1	2	440	630	315	300	479	574	1.5	4	2
120	180	85	80	135	160	1	1	2	460	650	325	308	496	593	1.5	5	2
140	210	100	95	155	185	1	1	2	480	680	340	320	522	623	2	5	2
160	230	115	109	175	210	1	1	2	500	710	355	335	536	643	2	5	2
180	260	128	122	203	240	1.1	1.1	2	530	750	375	355	558	673	2	5	2
200	290	140	134	219	260	1.1	1.1	2	560	800	400	380	602	723	2	5	2
220	320	155	148	245	290	1.1	1.1	2	600	850	425	400	645	773	2	6	2
240	340	170	162	259	310	1.1	1.1	2	630	900	450	425	677	813	3	6	2
260	370	185	175	285	340	1.1	1.1	2	670	950	475	450	719	862	3	6	2
280	400	200	190	311	370	1.1	1.1	2	710	1000	500	475	762	912	3	6	2
300	430	212	200	327	390	1.1	1.1	2	750	1060	530	500	814	972	3	6	2
320	460	230	218	344	414	1.1	3	2	800	1120	565	530	851	1022	3	6	2
340	480	243	230	359	434	1.1	3	2	850	1220	600	565	936	1112	3	7.5	2
360	520	258	243	397	474	1.1	4	2	900	1250	635	600	949	1142	3	7.5	2
380	540	272	258	412	494	1.5	4	2	950	1360	670	635	1045	1242	4	7.5	2
400	580	280	265	431	514	1.5	4	2	1000	1450	710	670	1103	1312	4	7.5	2

注：H 系列轴承是 GB/T 9163—2001 中新增系列。

14.2 角接触关节轴承（见表14.6-71）

角接触关节轴承：

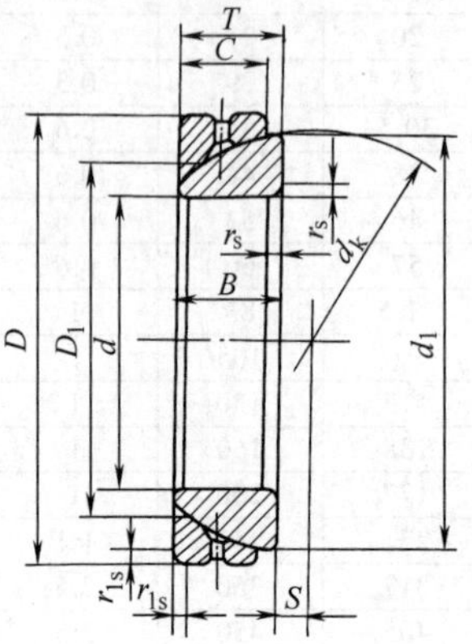

GAC···S型

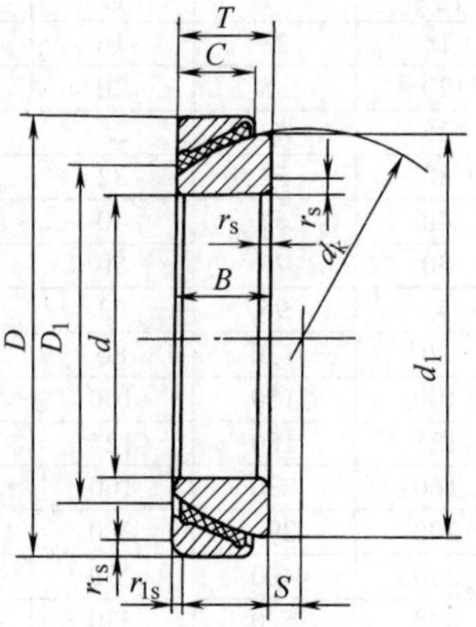

GAC···F型

表14.6-71 角接触关节轴承E系列

轴承型号		公称尺寸/mm									
GAC···S型	GAC···F型	d	D	B max	C max	T	d_k	d_1 ≈	D_1 max	S ≈	r_{smin} r_{1smin}
GAC25S	GAC25F	25	47	15	14	15	42	41.5	32	1	0.6
GAC28S	GAC28F	28	52	16	15	16	47	46.5	36	1	1
GAC30S	GAC30F	30	55	17	16	17	50	49.5	37	2	1
GAC32S	GAC32F	32	58	17	16	17	52	51.5	40	2	1
GAC35S	GAC35F	35	62	18	17	18	56	55.5	43	2	1
GAC40S	GAC40F	40	68	19	18	19	61	60.5	48	2	1
GAC45S	GAC45F	45	75	20	19	20	67	66.5	54	3	1
GAC50S	GAC50F	50	80	20	19	20	74	73.5	60	4	1
GAC55S	GAC55F	55	90	23	22	23	81	80	63	5	1.5
GAC60S	GAC60F	60	95	23	22	23	87	86	69	5	1.5
GAC65S	GAC65F	65	100	23	22	23	93	92	77	6	15
GAC70S	GAC70F	70	110	25	24	25	102	101	83	7	1.5
GAC75S	GAC75F	75	115	25	24	25	106	105	87	7	1.5
GAC80S	GAC80F	80	125	29	27	29	115	113.5	92	9	1.5
GAC85S	GAC85F	85	130	29	27	29	121	119	98	10	1.5
GAC90S	GAC90F	90	140	32	30	32	129	127	104	11	2
GAC95S	GAC95F	95	145	32	30	32	133	131.5	109	9	2
GAC100S	GAC100F	100	150	32	31	32	141	138.5	115	12	2
GAC105S	GAC105F	105	160	35	33	35	149	146.5	120	13	2.5
GAC110S	GAC110F	110	170	38	36	38	158	155	127	14	2.5
GAC120S	GAC120F	120	180	38	37	38	169	165	137	16	2.5
GAC130S	GAC130F	130	200	45	43	45	188	184	149	18	2.5
GAC140S	GAC140F	140	210	45	43	45	198	194	162	19	2.5
GAC150S	GAC150F	150	225	48	46	48	211	207	172	20	3
GAC160S	GAC160F	160	240	51	49	51	225	221	183	20	3
GAC170S	GAC170F	170	260	57	55	57	246	242	195	21	3
GAC180S	GAC180F	180	280	64	61	64	260	256	207	21	3
GAC190S	GAC190F	190	290	64	62	64	275	270	213	26	3
GAC200S	GAC200F	200	310	70	66	70	290	285	230	26	3

14.3　推力关节轴承（见表 14.6-72）

推力关节轴承（GB/T 9162—2001）：

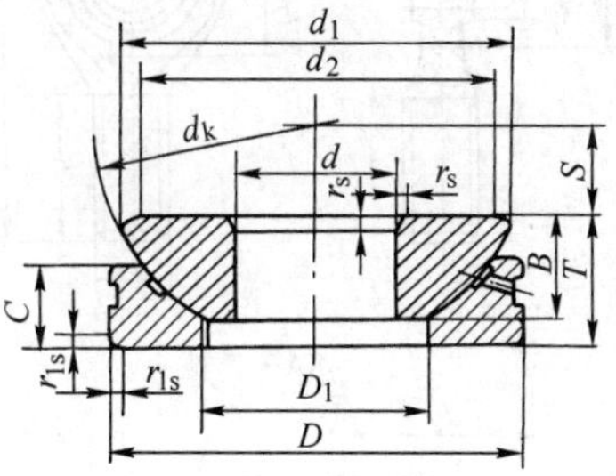

GX···S型

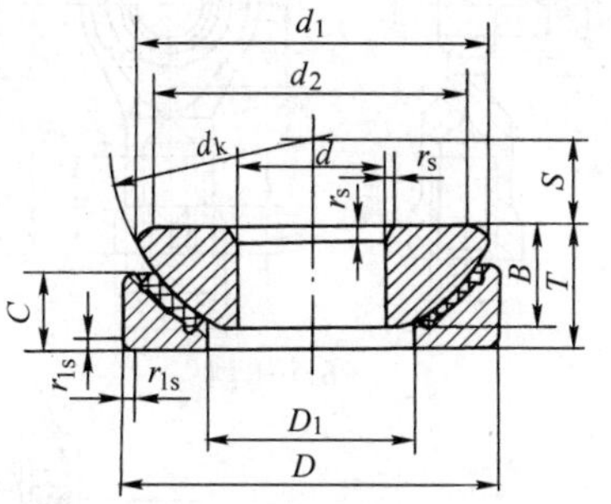

GX···F型

表 14.6-72　推力关节轴承 E 系列

轴承型号		公称尺寸/mm										
GX···S 型	GX···F 型	d	D	B max	C max	T	d_k	S ≈	d_1 min	$d_2$①≈	D_1 max	r_{smin} r_{1smin}
GX10S	GX10F	10	30	8	7	9.5	32	7	27	21	17	0.6
GX12S	GX12F	12	35	10	10	13	38	8	31.5	24	20	0.6
GX15S	GX15F	15	42	11	11	15	46	10	38.5	29	24.5	0.6
GX17S	GX17F	17	47	12	12	16	51	11	43	34	28.5	0.6
GX20S	GX20F	20	55	15	14	20	60	12.5	49.5	40	34	1
GX25S	GX25F	25	62	17	17	22.5	67	14	57	45	35	1
GX30S	GX30F	30	75	19	20	26	81	17.5	68.5	56	44.5	1
GX35S	GX35F	35	90	22	21	28	98	22	83.5	66	52.5	1
GX40S	GX40F	40	105	27	22	32	114	24.5	96	78	59.5	1
GX45S	GX45F	45	120	31	26	36.5	129	27.5	109	89	68.5	1
GX50S	GX50F	50	130	34	32	42.5	140	30	119	98	71	1
GX60S	GX60F	60	150	37	34	45	160	35	139	109	86.5	1
GX70S	GX70F	70	160	42	37	50	173	35	149	121	95.5	1
GX80S	GX80F	80	180	44	38	50	196	42.5	167	135	109	1
GX100S	GX100F	100	210	51	46	59	221	45	194	155	134	1
GX120S	GX120F	120	230	54	50	64	248	52.5	213	170	155	1
GX140S	GX140F	140	260	61	54	72	274	52.5	243	198	177	1.5
GX160S	GX160F	160	290	66	58	77	313	65	271	213	200	1.5
GX180S	GX180F	180	320	74	62	86	340	67.5	299	240	225	1.5
GX200S	GX200F	200	340	80	66	87	365	70	320	265	247	1.5

① 由制造厂确定。

14.4　杆端关节轴承（见表 14.6-73～表 14.6-76）

杆端关节轴承：

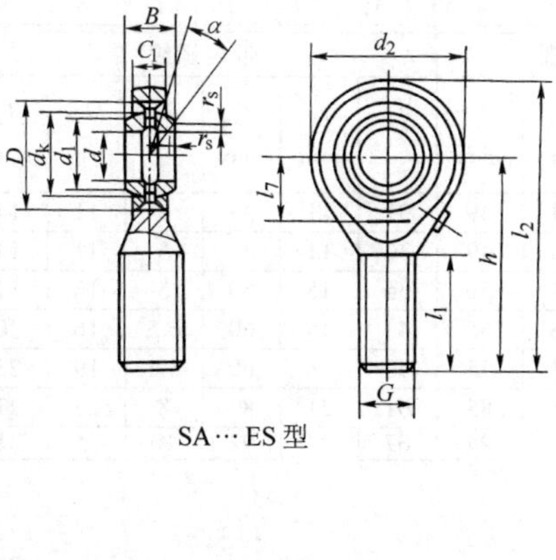

SA···ES型

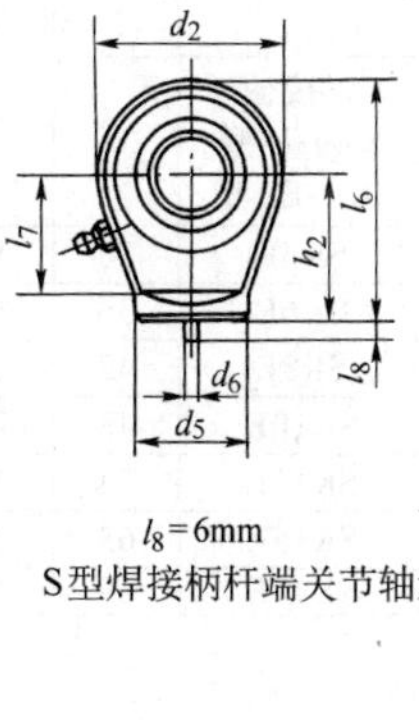

l_8=6mm

S型焊接柄杆端关节轴承

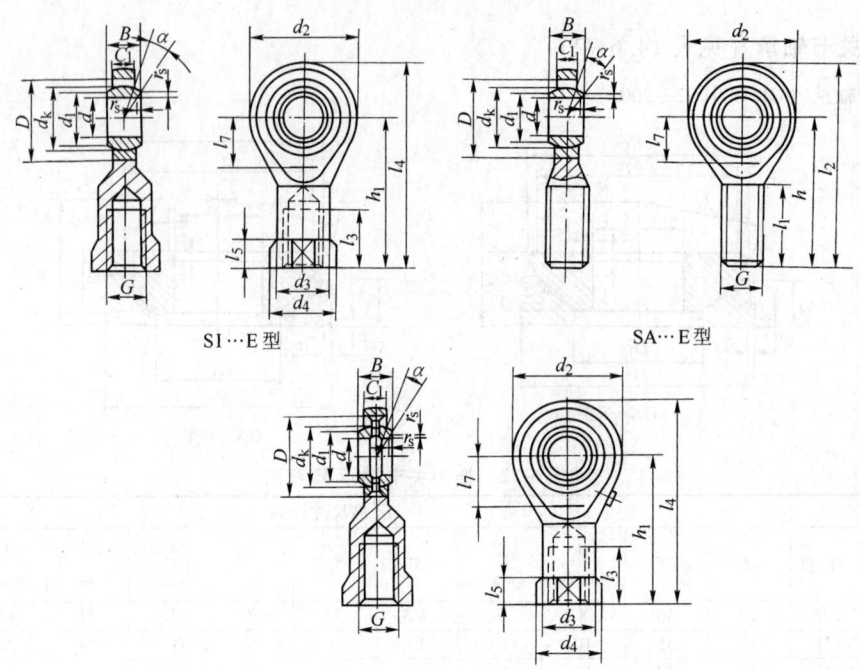

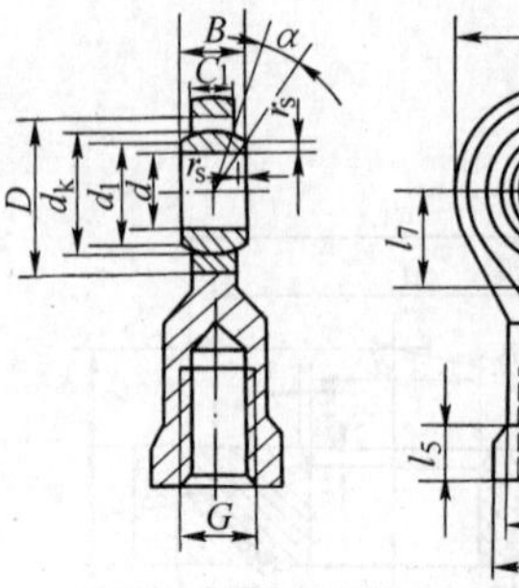

SI…E型

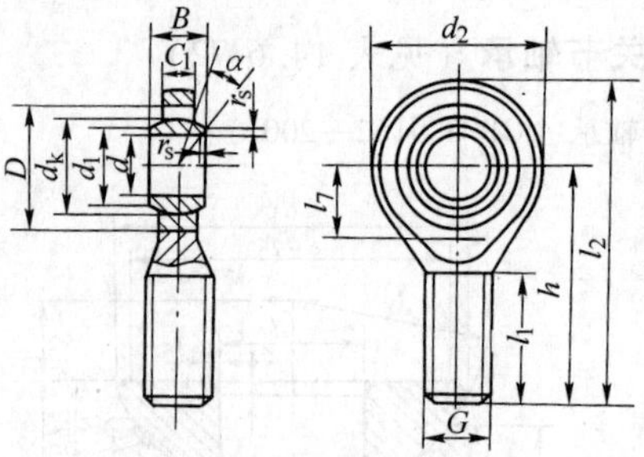

SA…E型

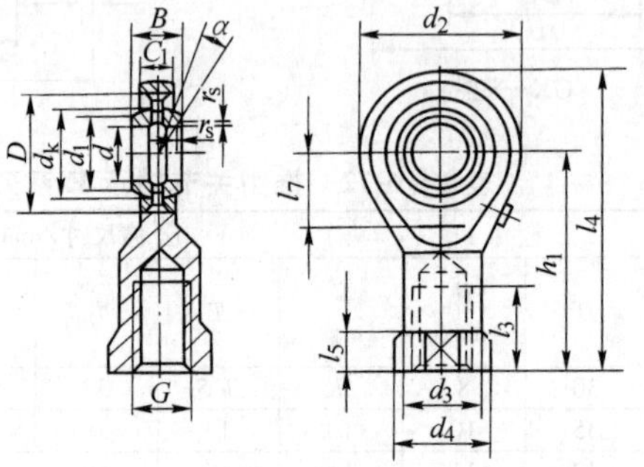

SI…ES型

表 14.6-73 杆端关节轴承 E 系列 (mm)

轴承型号			带外螺纹或内螺纹或焊接柄												
内螺纹 SI…E 型 SI…ES 型	外螺纹 SA…E 型 SA…ES 型	焊接柄 SK…E 型 SK…ES 型	d	D①	d_1 ≈	B	C①	d_k②	r_{smin}	r_{1smin}①	$\alpha/(°)$ ≈	G	C_1 max	d_2 max	l_7 min
SI5E	SA5E	SK5E	5③	14	8	6	4	10	0.3	0.3	13	M5	4.5	22	10
SI6E	SA6E	SK6E	6③	14	8	6	4	10	0.3	0.3	13	M6	4.5	22	10
SI8E	SA8E	SK8E	8③	16	10	8	5	13	0.3	0.3	15	M8	6.5	25	11
SI10E	SA10E	SK10E	10③	19	13	9	6	16	0.3	0.3	12	M10	7.5	30	13
SI12E	SA12E	SK12E	12③	22	15	10	7	18	0.3	0.3	10	M12	8.5	35	17
SI15E	SA15E	SK15E	15④	26	18	12	9	22	0.3	0.3	8	M14	10.5	41	19
SI17E	SA17E	SK17E	17④	30	20	14	10	25	0.3	0.3	10	M16	11.5	47	22
SI20E	SA20E	SK20E	20④	35	24	16	12	29	0.3	0.3	9	M20×1.5	13.5	54	24
SI25ES	SA25ES	SK25ES	25	42	29	20	16	35	0.6	0.6	7	M24×2	18	65	30
SI30ES	SA30ES	SK30ES	30	47	34	22	18	40	0.6	0.6	6	M30×2	20	75	34
SI35ES	SA35ES	SK35ES	35	55	39	25	20	47	0.6	1	6	M36×3	22	84	40
SI40ES	SA40ES	SK40ES	40	62	45	28	22	53	0.6	1	7	M39×3	24	94	46
SI45ES	SA45ES	SK45ES	45	68	50	32	25	60	0.6	1	7	M42×3	28	104	50
SI50ES	SA50ES	SK50ES	50	75	55	35	28	66	0.6	1	6	M45×3	31	114	58
SI60ES	SA60ES	SK60ES	60	90	66	44	36	80	1	1	6	M52×3	39	137	73
SI70ES	SA70ES	SK70ES	70	105	77	49	40	92	1	1	6	M56×4	43	162	85
SI80ES	SA80ES	SK80ES	80	120	88	55	45	105	1	1	6	M64×4	48	182	98

轴承型号			带外螺纹			带内螺纹						带焊接柄			
内螺纹 SI…E 型 SI…ES 型	外螺纹 SA…E 型 SA…ES 型	焊接柄 SK…E 型 SK…ES 型	h	l_1 min	l_2 max	h_1	l_3 min	l_4 max	l_5 ≈	d_3 ≈	d_4 max	h_2	l_6 max	d_5 max	d_6
SI5E	SA5E	SK5E	36	16	49	31	11	43	5	11	14	—	—	—	—
SI6E	SA6E	SK6E	36	16	49	30	11	43	5	11	14	—	—	—	—
SI8E	SA8E	SK8E	42	21	56	36	15	50	5	13	17	—	—	—	—
SI10E	SA10E	SK10E	48	26	65	43	15	60	6.5	16	20	24	40	16	3
SI12E	SA12E	SK12E	54	28	73	50	18	69	6.5	19	23	27	45	19	3
SI15E	SA15E	SK15E	63	34	85	61	21	83	8	22	27	31	52	22	4
SI17E	SA17E	SK17E	69	36	94	67	24	92	10	25	31	35	59	25	4

（续）

轴承型号			带外螺纹			带内螺纹						带焊接柄			
内螺纹 SI…E 型 SI…ES 型	外螺纹 SA…E 型 SA…ES 型	焊接柄 SK…E 型 SK…ES 型	h	l_1 min	l_2 max	h_1	l_3 min	l_4 max	l_5 ≈	d_3 ≈	d_4 max	h_2	l_6 max	d_5 max	d_6
SI20E	SA20E	SK20E	78	43	107	77	30	106	10	28	36	38	66	29	4
SI25ES	SA25ES	SK25ES	94	53	128	94	36	128	12	35	44	45	78	35	4
SI30ES	SA30ES	SK30ES	110	65	149	110	45	149	15	42	52	51	89	42	4
SI35ES	SA35ES	SK35ES	140	82	184	125	60	169	15	47	60	61	104	49	4
SI40ES	SA40ES	SK40ES	150	86	199	142	65	191	18	52	67	69	118	54	4
SI45ES	SA45ES	SK45ES	163	92	217	145	65	199	20	58	72	77	132	60	6
SI50ES	SA50ES	SK50ES	185	104	244	160	68	219	20	62	77	88	150	64	6
SI60ES	SA60ES	SK60ES	210	115	281	175	70	246	20	70	90	100	173	72	6
SI70ES	SA70ES	SK70ES	235	125	319	200	80	284	20	80	100	115	199	82	6
SI80ES	SA80ES	SK80ES	270	140	364	230	85	324	25	95	112	141	237	97	6

注：螺纹可为右旋或左旋，若为左旋，轴承代号为 SIL…E、SIL…ES、SAL…E 和 SAL…ES。对边宽度未规定尺寸。

① 参考尺寸，不适用于整体结构。

② 参考尺寸。

③ 这些杆端关节轴承无再润滑装置。

④ 这些杆端关节轴承具有再润滑装置，是通过润滑孔而不是通过润滑接口进行再润滑的。

表 14.6-74　符合尺寸系列 E、柄部为加强型的杆端关节轴承 EH 系列　（mm）

d	带外螺纹或内螺纹												带外螺纹			带内螺纹				
	D①	d_1 ≈	B	C①	d_k②	r_{smin}	r_{1smin}①	α/(°) ≈	G	C_1 max	d_2 max	l_7 min	h	l_1 min	l_2 max	h_1	l_3 min	l_4 max	l_5 ≈	d_3 ≈
35	55	39	25	20	47	0.6	1	6	M36×3	22	84	40	130	82	174	130	60	174	25	49
40	62	45	28	22	53	0.6	1	7	M42×3	24	94	46	145	90	194	145	65	194	25	58
45	68	50	32	25	60	0.6	1	7	M45×3	28	104	50	165	95	219	165	65	219	30	65
50	75	55	35	28	66	0.6	1	6	M52×3	31	114	58	195	110	254	195	68	254	30	70
60	90	66	44	36	80	1	1	6	M60×4	39	137	73	225	120	296	225	70	296	35	82
70	105	77	49	40	92	1	1	6	M72×4	43	162	85	265	132	349	265	80	349	40	92
80	120	88	55	45	105	1	1	6	M80×4	48	182	98	295	147	389	295	85	389	45	105

注：EH 系列是 GB/T 9161—2001 中新增系列，对边宽度未规定尺寸。

① 参考尺寸，不适用于整体结构。

② 参考尺寸。

表 14.6-75　杆端关节轴承 G 系列　（mm）

轴承型号			带外螺纹或内螺纹或焊接柄												
内螺纹 SIG…E 型 SIG…ES 型	外螺纹 SAG…E 型 SAG…ES 型	焊接柄 SKG…E 型 SKG…ES 型	d	D①	d_1 ≈	B	C①	d_k②	r_{smin}	r_{1smin}①	α/(°) ≈	G	C_1 max	d_2 max	l_7 min
SIG4E	SAG4E	SKG4E	4③	14	7	7	4	10	0.3	0.3	20	M5	4.5	22	10
SIG5E	SAG5E	SKG5E	5③	14	7	7	4	10	0.3	0.3	20	M6	4.5	22	10
SIG6E	SAG6E	SKG6E	6③	16	9	9	5	13	0.3	0.3	21	M8	6.5	25	11
SIG8E	SAG8E	SKG8E	8③	19	11	11	6	16	0.3	0.3	21	M10	7.5	30	13
SIG10E	SAG10E	SKG10E	10③	22	13	12	7	18	0.3	0.3	18	M12	8.5	35	17
SIG12E	SAG12E	SKG12E	12④	26	16	15	9	22	0.3	0.3	18	M14	10.5	41	19
SIG15E	SAG15E	SKG15E	15④	30	19	16	10	25	0.3	0.3	16	M16	11.5	47	22
SIG17E	SAG17E	SKG17E	17④	35	21	20	12	29	0.3	0.3	19	M20×1.5	13.5	54	24
SIG20ES	SAG20ES	SKG20ES	20	42	24	25	16	35	0.3	0.6	17	M24×2	18	65	30
SIG25ES	SAG25ES	SKG25ES	25	47	29	28	18	40	0.6	0.6	17	M30×2	20	75	34
SIG30ES	SAG30ES	SKG30ES	30	55	34	32	20	47	0.6	1	17	M36×3	22	84	40
SIG35ES	SAG35ES	SKG35ES	35	62	39	35	22	53	0.6	1	16	M39×3	24	94	46
SIG40ES	SAG40ES	SKG40ES	40	68	44	40	25	60	0.6	1	17	M42×3	28	104	50
SIG45ES	SAG45ES	SKG45ES	45	75	50	43	28	66	0.6	1	15	M45×3	31	114	58
SIG50ES	SAG50ES	SKG50ES	50	90	57	56	36	80	0.6	1	17	M52×3	39	137	73
SIG60ES	SAG60ES	SKG60ES	60	105	67	63	40	92	1	1	17	M56×4	43	162	85
SIG70ES	SAG70ES	SKG70ES	70	120	77	70	45	105	1	1	16	M64×4	48	182	98

（续）

轴承型号			带外螺纹			带内螺纹						带焊接柄			
内螺纹 SIG…E 型 SIG…ES 型	外螺纹 SAG…E 型 SAG…ES 型	焊接柄 SKG…E 型 SKG…ES 型	h	l_1 min	l_2 max	h_1	l_3 min	l_4 max	l_5 ≈	d_3 ≈	d_4 max	h_2	l_6 max	d_5 max	d_6
SIG4E	SAG4E	SKG4E	36	16	49	30	11	43	5	11	14	—	—	—	—
SIG5E	SAG5E	SKG5E	36	16	49	30	11	43	5	11	14	—	—	—	—
SIG6E	SAG6E	SKG6E	42	21	56	36	15	50	5	13	17	—	—	—	—
SIG8E	SAG8E	SKG8E	48	26	65	43	15	60	6.5	16	20	24	40	16	3
SIG10E	SAG10E	SKG10E	54	28	73	50	18	69	6.5	19	23	27	45	19	3
SIG12E	SAG12E	SKG12E	63	34	85	61	21	83	8	22	27	31	52	22	4
SIG15E	SAG15E	SKG15E	69	36	94	67	24	92	10	25	31	35	59	25	4
SIG17E	SAG17E	SKG17E	78	43	107	77	30	106	10	28	36	38	66	29	4
SIG20ES	SAG20ES	SKG20ES	94	53	128	94	36	128	12	35	44	45	78	35	4
SIG25ES	SAG25ES	SKG25ES	110	65	149	110	45	149	15	42	52	51	89	42	4
SIG30ES	SAG30ES	SKG30ES	140	82	184	125	60	169	15	47	60	61	104	49	4
SIG35ES	SAG35ES	SKG35ES	150	86	199	142	65	191	18	52	67	69	118	54	4
SIG40ES	SAG40ES	SKG40ES	163	92	217	145	65	199	20	58	72	77	132	60	6
SIG45ES	SAG45ES	SKG45ES	185	104	244	160	68	219	20	62	77	88	150	64	6
SIG50ES	SAG50ES	SKG50ES	210	115	281	175	70	246	20	70	90	100	173	72	6
SIG60ES	SAG60ES	SKG60ES	235	125	319	200	80	284	20	80	100	115	199	82	6
SIG70ES	SAG70ES	SKG70ES	270	140	364	230	85	324	25	95	112	141	237	97	6

注：螺纹可右旋或左旋，若为左旋，轴承代号为 SILG…E、SILG…ES、SALG…E 和 SALG…ES 对边宽度未规定尺寸。

① 参考尺寸，不适用于整体结构。

② 参考尺寸。

③ 这些杆端关节轴承无再润滑装置。

④ 这些杆端关节轴承具有再润滑装置，是通过润滑孔而不是通过润滑接口进行再润滑的。

表 14.6-76　符合尺寸系列 G、柄部为加强型的杆端关节轴承 GH 系列　（mm）

d	带外螺纹或内螺纹												带外螺纹			带内螺纹				
	D①	d_1 ≈	B	C①	d_k②	r_{smin}	r_{1smin}①	α/(°) ≈	G	C_1 max	d_2 max	l_7 min	h	l_1 min	l_2 max	h_1	l_3 min	l_4 max	l_5 ≈	d_3 ≈
30	55	34	32	20	47	0.6	1	17	M36×3	22	84	40	130	82	174	130	60	174	25	49
35	62	39	35	22	53	0.6	1	16	M42×2	24	94	46	145	90	194	145	65	194	25	58
40	68	44	40	25	60	0.6	1	17	M45×3	28	104	50	165	95	219	165	65	219	30	65
45	75	50	43	28	66	0.6	1	15	M52×3	31	114	58	195	110	254	195	68	254	30	70
50	90	57	56	36	80	0.6	1	17	M60×4	39	137	73	225	120	296	225	70	296	35	82
60	105	67	63	40	92	1	1	17	M72×4	43	162	85	265	132	349	265	80	349	40	92
70	120	77	70	45	105	1	1	16	M80×4	48	182	98	295	147	389	295	85	389	45	105

注：GH 系列是 GB/T 9161—2001 中新增系列，对边宽度未规定尺寸。

① 参考尺寸，不适用于整体结构。

② 参考尺寸。

14.5　自润滑杆端关节轴承（见表 14.6-77）

自润滑杆端关节轴承（部分摘自 GB/T 9161—2001）：

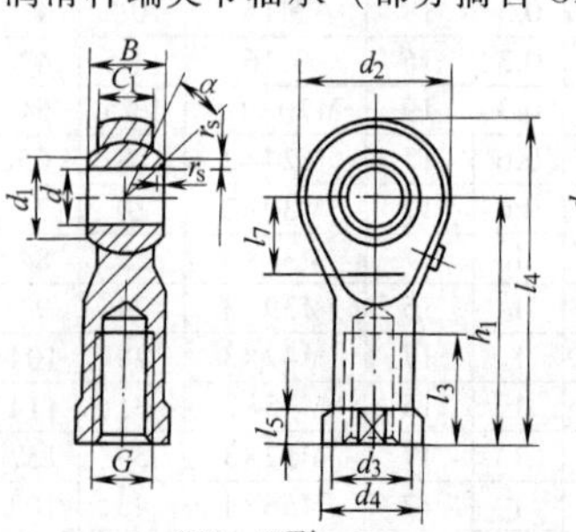

SIB…S型

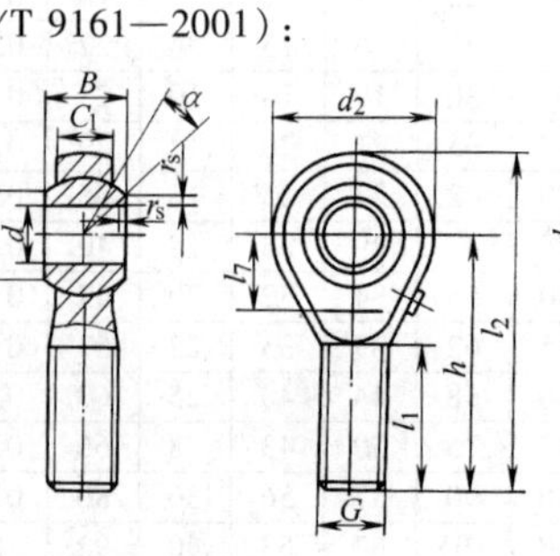

SAB…S型

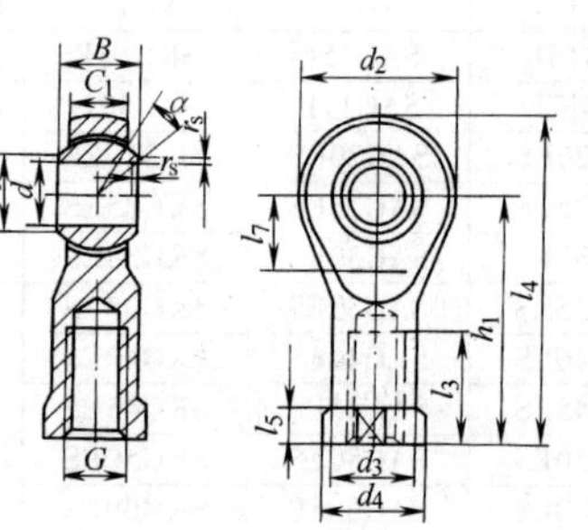

SIB…C型

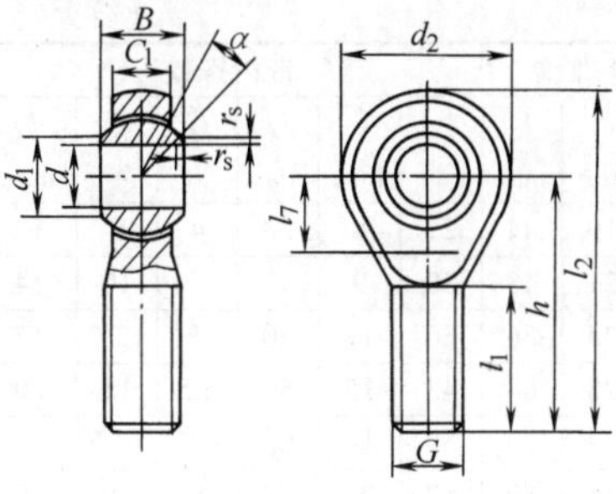

SAB…C 型

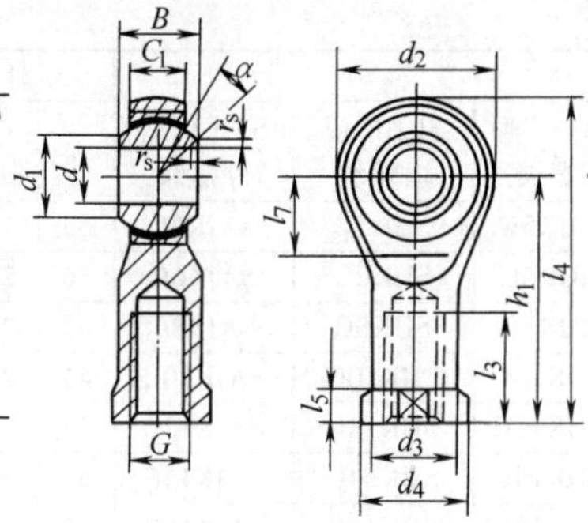

SI…C 型

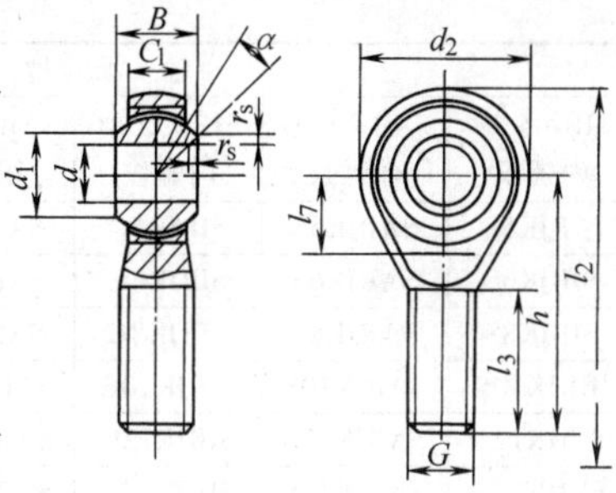

SA…C 型

表 14.6-77　自润滑杆端关节轴承 JK 系列　（mm）

轴承型号						带外螺纹或内螺纹						
SIB…S 型 内螺纹	SAB…S 型 外螺纹	SIB…C 型 内螺纹	SAB…C 型 外螺纹	SI…C 型 内螺纹	SA…C 型 外螺纹	d	D①	d_1 ≈	B	C①	d_k②	r_s
SIBJK5S	SABJK5S	SIBJK5C	SABJK5C	SIJK5C	SAJK5C	5③	13	7.7	8	6	11.1	0.3
SIBJK6S	SABJK6S	SIBJK6C	SABJK6C	SIJK6C	SAJK6C	6	16	8.9	9	6.75	12.7	0.3
SIBJK8S	SABJK8S	SIBJK8C	SABJK8C	SIJK8C	SAJK8C	8	19	10.3	12	9	15.8	0.3
SIBJK10S	SABJK10S	SIBJK10C	SABJK10C	SIJK10C	SAJK10C	10	22	12.9	14	10.5	19	0.3
SIBJK12S	SABJK12S	SIBJK12C	SABJK12C	SIJK12C	SAJK12C	12	26	15.4	16	12	22.2	0.3
SIBJK14S	SABJK14S	SIBJK14C	SABJK14C	SIJK14C	SAJK14C	14	29	16.8	19	13.5	25.4	0.3
SIBJK16S	SABJK16S	SIBJK16C	SABJK16C	SIJK16C	SAJK16C	16	32	19.3	21	15	28.5	0.3
SIBJK18S	SABJK18S	SIBJK18C	SABJK18C	SIJK18C	SAJK18C	18	35	21.8	23	16.5	31.7	0.3
SIBJK20S	SABJK20S	SIBJK20C	SABJK20C	SIJK20C	SAJK20C	20	40	24.3	25	18	34.9	0.3
SIBJK22S	SABJK22S	SIBJK22C	SABJK22C	SIJK22C	SAJK22C	22	42	25.8	28	20	38.1	0.3
SIBJK25S	SABJK25S	SIBJK25C	SABJK25C	SIJK25C	SAJK25C	25	47	29.5	31	22	42.8	0.3
SIBJK30S	SABJK30S	SIBJK30C	SABJK30C	SIJK30C	SAJK30C	30	55	34.8	37	25	50.8	0.3
SIBJK35S	SABJK35S	SIBJK35C	SABJK35C	SIJK35C	SAJK35C	35	65	40.3	43	30	59	0.6
SIBJK40S	SABJK40S	SIBJK40C	SABJK40C	SIJK40C	SAJK40C	40	72	44.2	49	35	66	0.6
SIBJK50S	SABJK50S	SIBJK50C	SABJK50C	SIJK50C	SAJK50C	50	90	55.8	60	45	82	0.6

轴承型号						带外螺纹或内螺纹					
SIB…S 型 内螺纹	SAB…S 型 外螺纹	SIB…C 型 内螺纹	SAB…C 型 外螺纹	SI…C 型 内螺纹	SA…C 型 外螺纹	r_{1smin}①	α/(°) ≈	G	C_1 max	d_2 max	l_7 min
SIBJK5S	SABJK5S	SIBJK5C	SABJK5C	SIJK5C	SAJK5C	0.3	13	M5	7.5	19	9
SIBJK6S	SABJK6S	SIBJK6C	SABJK6C	SIJK6C	SAJK6C	0.3	13	M6	7.5	21	10
SIBJK8S	SABJK8S	SIBJK8C	SABJK8C	SIJK8C	SAJK8C	0.3	14	M8	9.5	25	12
SIBJK10S	SABJK10S	SIBJK10C	SABJK10C	SIJK10C	SAJK10C	0.3	13	M10	11.5	29	14
SIBJK12S	SABJK12S	SIBJK12C	SABJK12C	SIJK12C	SAJK12C	0.3	13	M12	12.5	33	16
SIBJK14S	SABJK14S	SIBJK14C	SABJK14C	SIJK14C	SAJK14C	0.3	16	M14	14.5	37	18
SIBJK16S	SABJK16S	SIBJK16C	SABJK16C	SIJK16C	SAJK16C	0.3	15	M16	15.5	43	21
SIBJK18S	SABJK18S	SIBJK18C	SABJK18C	SIJK18C	SAJK18C	0.3	15	M18×1.5	17.5	47	23
SIBJK20S	SABJK20S	SIBJK20C	SABJK20C	SIJK20C	SAJK20C	0.6	14	M20×1.5	18.5	51	25
SIBJK22S	SABJK22S	SIBJK22C	SABJK22C	SIJK22C	SAJK22C	0.6	15	M22×1.5	21	55	27
SIBJK25S	SABJK25S	SIBJK25C	SABJK25C	SIJK25C	SAJK25C	0.6	15	M24×2	23	61	30
SIBJK30S	SABJK30S	SIBJK30C	SABJK30C	SIJK30C	SAJK30C	0.6	17	M30×2	27	71	35
SIBJK35S	SABJK35S	SIBJK35C	SABJK35C	SIJK35C	SAJK35C	1	16	M36×2	32	81	40
SIBJK40S	SABJK40S	SIBJK40C	SABJK40C	SIJK40C	SAJK40C	1	16	M42×2	37	91	45
SIBJK50S	SABJK50S	SIBJK50C	SABJK50C	SIJK50C	SAJK50C	1	14	M48×2	47	117	58

（续）

轴承型号						带外螺纹			带内螺纹					
SIB…S型 内螺纹	SAB…S型 外螺纹	SIB…C型 内螺纹	SAB…C型 外螺纹	SI…C型 内螺纹	SA…C型 外螺纹	h	l_1 min	l_2 max	h_1	l_3 min	l_4 max	l_5 ≈	d_3 ≈	d_4 max
SIBJK5S	SABJK5S	SIBJK5C	SABJK5C	SIJK5C	SAJK5C	33	19	44	27	8	38	4	9	12
SIBJK6S	SABJK6S	SIBJK6C	SABJK6C	SIJK6C	SAJK6C	36	21	48	30	9	42	5	10	14
SIBJK8S	SABJK8S	SIBJK8C	SABJK8C	SIJK8C	SAJK8C	42	25	56	36	12	50	5	12.5	17
SIBJK10S	SABJK10S	SIBJK10C	SABJK10C	SIJK10C	SAJK10C	48	28	64	43	15	59	6.5	15	20
SIBJK12S	SABJK12S	SIBJK12C	SABJK12C	SIJK12C	SAJK12C	54	32	72	50	18	68	6.5	17.5	23
SIBJK14S	SABJK14S	SIBJK14C	SABJK14C	SIJK14C	SAJK14C	60	36	80	57	21	77	8	20	27
SIBJK16S	SABJK16S	SIBJK16C	SABJK16C	SIJK16C	SAJK16C	66	37	89	64	24	87	8	22	29
SIBJK18S	SABJK18S	SIBJK18C	SABJK18C	SIJK18C	SAJK18C	72	41	97	71	27	96	10	25	32
SIBJK20S	SABJK20S	SIBJK20C	SABJK20C	SIJK20C	SAJK20C	78	45	106	77	30	105	10	27.5	37
SIBJK22S	SABJK22S	SIBJK22C	SABJK22C	SIJK22C	SAJK22C	84	48	114	84	33	114	12	30	40
SIBJK25S	SABJK25S	SIBJK25C	SABJK25C	SIJK25C	SAJK25C	94	55	127	94	36	127	12	33.5	44
SIBJK30S	SABJK30S	SIBJK30C	SABJK30C	SIJK30C	SAJK30C	110	66	148	110	45	148	15	40	52
SIBJK35S	SABJK35S	SIBJK35C	SABJK35C	SIJK35C	SAJK35C	140	85	183	125	56	168	20	49	60
SIBJK40S	SABJK40S	SIBJK40C	SABJK40C	SIJK40C	SAJK40C	150	90	198	142	60	190	25	57	69
SIBJK50S	SABJK50S	SIBJK50C	SABJK50C	SIJK50C	SAJK50C	185	105	246	160	65	221	25	65	78

注：螺纹可为左旋或右旋，若为左旋，轴承代号为 SILB…S、SALB…S、SILB…C、SALB…C、SIL…C 和 SAL…C。对边宽度未规定尺寸。

① 参考尺寸，不适用于整体结构。

② 参考尺寸。

③ 该杆端关节轴承无再润滑装置。

14.6　自润滑球头杆端关节轴承（见表 14.6-78～表 14.6-80）

自润滑球头杆端关节轴承（部分摘自 JB/T 5306—2007）

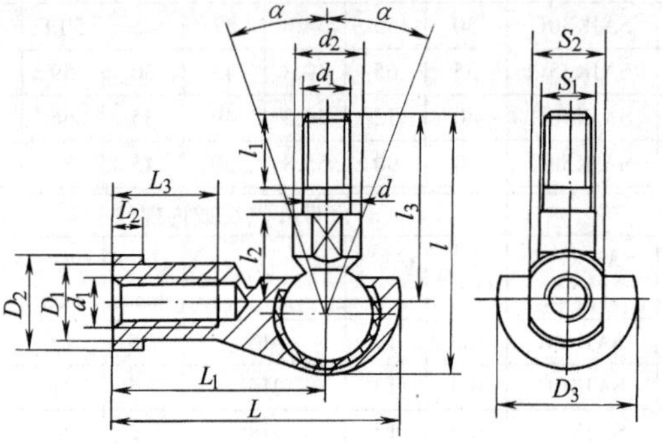

SQ…C型

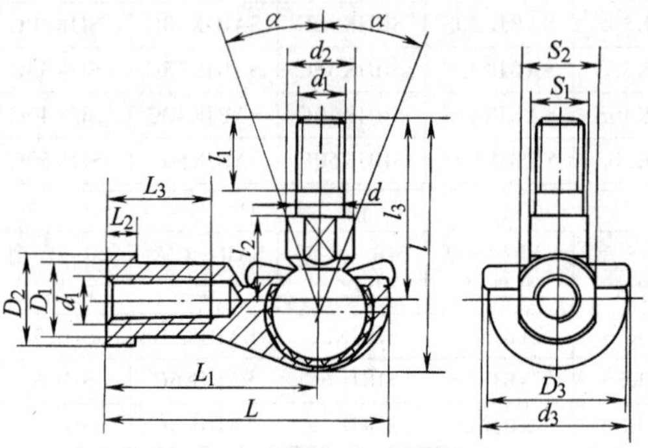

SQ…C-RS型

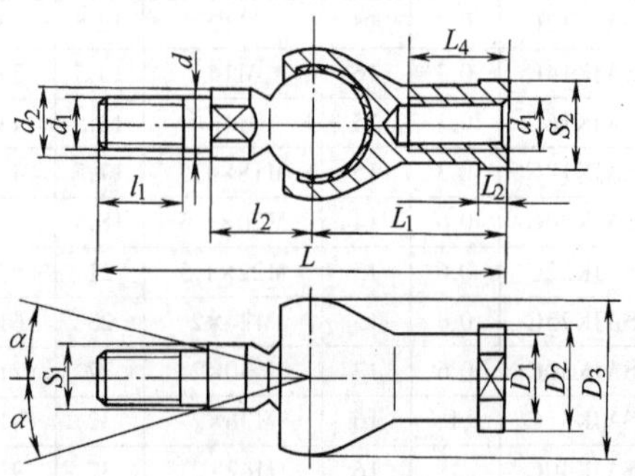

SQZ…C型

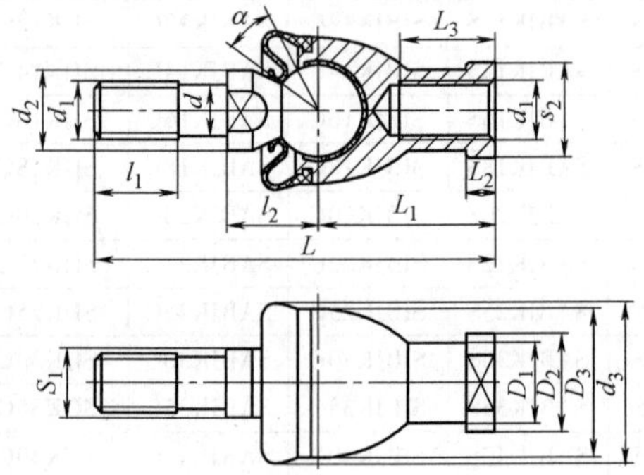

SQZ…C-RS型

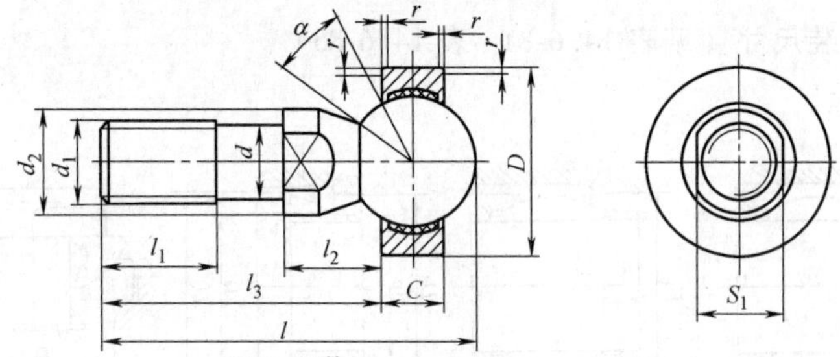

SQD…C型

表 14.6-78　自润滑球头杆端关节轴承 SQ…C 型和 SQ…C-RS 型　（mm）

轴承型号		公称尺寸																	
		d	d_1	l max	d_3 max	球头杆					球头座杆								倾斜角 $\alpha/(°)$
						l_1 min	l_2	l_3 max	d_2 min	S_1	L max	L_1	L_2 max	L_3 max	D_1 max	D_2 max	D_3 max	S_2	
SQ5C	SQ5C-RS	5	M5	30	20	8	10	21	9	7	36	27	4	14	9	12	18	10	25
SQ6C	SQ6C-RS	6	M6	36	20	11	11	26	10	8	40.5	30	5	14	10	13	20	10	25
SQ8C	SQ8C-RS	8	M8	43.5	24	12	14	31	12	10	49	36	5	17	12.5	16	25	13	25
SQ10C	SQ10C-RS	10	M10×1.25	51.5	30	15	17	37	14	11	58	43	6.5	21	15	19	29	16	25
SQ12C	SQ12C-RS	12	M12×1.25	57.6	32	17	19	42	19	16	66	50	6.5	25	17.5	22	31	18	25
SQ14C	SQ14C-RS	14	M14×1.5	73.5	38	22	21.5	56	19	16	75	57	8	26	20	25	35	21	25
SQ16C	SQ16C-RS	16	M16×1.5	79.5	44	23	23.5	60	22	18	84	64	8	32	22	27	39	24	20
SQ18C	SQ18C-RS	18	M18×1.5	90	45	25	26.5	68	25	21	93	71	10	34	25	31	44	27	20
SQ20C	SQ20C-RS	20	M20×1.5	90	50	25	27	68	29	24	99	77	10	35	27.5	34	44	30	20
SQ22C	SQ22C-RS	22	M22×1.5	95	52	26	28	70	29	24	109	84	12	41	30	37	50	30	16

注：球头座杆的螺纹可为右旋或左旋，若是左旋，轴承型号应加“L”、螺纹标记需加“左”，例如：SQL5CM5 左-6H；SQL10C-RSM10×1.25 左-6H。

表 14.6-79　自润滑球头杆端关节轴承 SQZ…C 型和 SQZ…C-RS 型　（mm）

轴承型号		公称尺寸																
		d	d_1	L max	d_3 max	球头杆				球头座杆								倾斜角 $\alpha/(°)$
						l_1 min	l_2	d_2 min	S_1	L_1	L_2 max	L_3 max	D_1 max	D_2 max	D_3 max	S_2		
SQZ5C	SQZ5C-RS	5	M5	46	20	8	11	9	7	24	4	12	9	12	17	10	15	
SQZ6C	SQZ6C-RS	6	M6	55.2	20	11	12.2	10	8	28	5	15	10	13	20	10	15	
SQZ8C	SQZ8C-RS	8	M8	65	24	12	16	12	10	32	5	16	12.5	16	24	13	15	
SQZ10C	SQZ10C-RS	10	M10×1.25	74.5	30	15	19.5	14	11	35	6.5	18	15	19	28	16	15	
SQZ12C	SQZ12C-RS	12	M12×1.25	84	32	17	21	19	16	40	6.5	20	17.5	22	32	18	15	
SQZ14C	SQZ14C-RS	14	M14×1.5	104.5	38	22	23.5	19	16	45	8	25	20	25	36	21	11	
SQZ16C	SQZ16C-RS	16	M16×1.5	112	44	23	25.5	22	18	50	8	27	22	27	40	24	11	
SQZ18C	SQZ18C-RS	18	M18×1.5	130.5	45	25	31	25	21	58	10	32	25	31	45	27	11	
SQZ20C	SQZ20C-RS	20	M20×1.5	133	50	25	31	29	24	63	10	38	27.5	34	45	30	7.5	
SQZ22C	SQZ22C-RS	22	M22×1.5	145	52	26	33	29	24	70	12	43	30	37	50	30	7.5	

注：球头座杆的螺纹可为右旋或左旋，若为左旋，轴承型号应加“L”、螺纹标记应加“左”，例如：SQZL5CM5 左-6H；SQZL12C-RSM12×1.25 左-6H。

表 14.6-80　自润滑球头杆端关节轴承 SQD…C 型　（mm）

轴承型号	公称尺寸											
	d	d_1	l max	球头杆					球头座			倾斜角 $\alpha/(°)$
				l_1 min	l_2	l_3 max	d_2 min	S_1	D	C	r min	
SQD5C	5	M5	27.5	8	8	19	9	7	16	6	0.5	25
SQD6C	6	M6	33.5	11	8.8	23.8	10	8	18	6.75	0.5	25
SQD8C	8	M8	41	12	11.6	28.6	12	10	22	9	0.5	25
SQD10C	10	M10×1.25	49	15	14.2	34.2	14	11	26	10.5	0.5	25
SQD12C	12	M12×1.25	55.1	17	15.1	38.1	19	16	30	12	0.5	25
SQD14C	14	M14×1.5	70.5	22	16.8	51.3	19	16	34	13.5	0.5	20
SQD16C	16	M16×1.5	76.3	23	18	54.5	22	18	38	15	0.5	20

14.7 关节轴承的安装尺寸（见表 14.6-81～表 14.6-85）

宽内圈向心关节轴承：

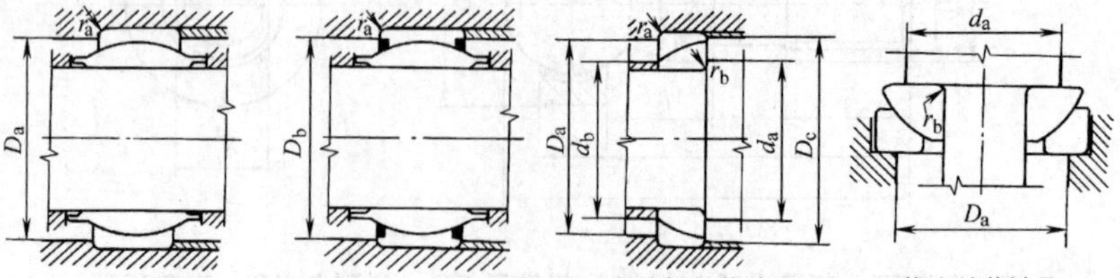

GEEW…ES型　GEEW…ES-2RS型　角接触关节轴承　推力关节轴承

表 14.6-81 向心关节轴承（E系列）安装尺寸 (mm)

轴承公称直径		d_a		D_a		D_b		r_a	r_b	轴承公称直径		d_a		D_a		D_b		r_a	r_b
d	D	max	min	max	min	max	min	max	max	d	D	max	min	max	min	max	min	max	max
4	12	6	6	10	8	—	—	0.3	0.3	70	105	77	75	99	84	99	89	1.0	1.0
5	14	7	7	12	10	—	—	0.3	0.3	80	120	88	85	114	97	114	102	1.0	1.0
6	14	8	8	12	10	—	—	0.3	0.3										
										90	130	98	96	124	106	124	110	1.0	1.0
8	16	10	10	14	13	—	—	0.3	0.3	100	150	109	106	144	120	144	127	1.0	1.0
10	19	13	13	17	17	—	—	0.3	0.3	110	160	120	116	154	131	154	138	1.0	1.0
12	22	15	15	19	18	—	—	0.3	0.3	120	180	130	126	174	146	174	154	1.0	1.0
										140	210	160	146	204	168	204	177	1.0	1.0
15	26	18	18	23	21	23	22	0.3	0.3	160	230	170	166	224	186	224	196	1.0	1.0
17	30	20	20	27	24	27	25	0.3	0.3										
20	35	24	23	31	28	31	30	0.3	0.3	180	260	192	187	253	214	253	224	1.0	1.0
25	42	29	28	38	33	38	36	0.6	0.6	200	290	212	207	283	233	283	245	1.0	1.0
30	47	34	33	43	38	43	40	0.6	0.6	220	320	238	227	313	260	313	272	1.0	1.0
35	55	39	38	50	44	50	47	0.6	1.0										
										240	340	265	247	333	286	333	299	1.0	1.0
40	62	45	44	57	50	57	53	0.6	1.0	260	370	280	267	363	310	363	323	1.0	1.0
45	68	50	49	63	56	63	59	0.6	1.0	280	400	310	287	393	333	393	346	1.0	1.0
50	75	55	54	70	61	70	64	0.6	1.0										
60	90	66	65	84	73	84	77	1.0	1.0	300	430	330	307	423	360	423	373	1.0	1.0

表 14.6-82 向心关节轴承（G系列）安装尺寸 (mm)

轴承公称直径		d_a		D_a		D_b		r_a	r_b	轴承公称直径		d_a		D_a		D_b		r_a	r_b
d	D	max	min	max	min	max	min	max	max	d	D	max	min	max	min	max	min	max	max
4	14	7	6	12	10	—	—	0.3	0.3	60	105	67	65	99	84	99	89	1.0	1.0
5	16	8	7	14	12	—	—	0.3	0.3	70	120	77	75	114	87	114	102	1.0	1.0
6	16	9	8	14	12	—	—	0.3	0.3	80	130	87	85	124	106	124	110	1.0	1.0
8	19	11	10	17	15	—	—	0.3	0.3	90	150	98	96	144	120	144	127	1.0	1.0
10	22	13	13	20	18	—	—	0.3	0.3	100	160	110	106	154	131	154	138	1.0	1.0
12	26	16	15	23	21	—	—	0.3	0.3	110	180	122	116	174	146	174	154	1.0	1.0
15	30	19	18	27	24	27	25	0.3	0.3										
17	35	21	20	32	28	32	30	0.3	0.3	120	210	132	126	204	168	204	177	1.0	1.0
20	42	24	23	38	33	38	36	0.3	0.3	140	230	151	146	224	186	224	196	1.0	1.0
										160	260	176	166	254	214	254	224	1.0	1.0
25	47	29	28	43	38	43	40	0.6	0.6										
30	55	34	33	50	44	50	47	0.6	1.0	180	300	196	187	283	233	283	245	1.0	1.0
35	62	39	38	57	50	57	53	0.6	1.0	200	320	220	207	313	260	313	272	1.0	1.0
										220	340	243	227	333	286	333	299	1.0	1.0
40	68	44	44	63	56	63	59	0.6	1.0										
45	75	50	49	70	61	70	64	0.6	1.0	240	370	263	247	363	310	363	323	1.0	1.0
50	90	57	54	84	73	84	77	0.6	1.0	260	400	285	267	393	333	393	346	1.0	1.0
										280	430	310	287	423	360	423	373	1.0	1.0

表 14.6-83 向心关节轴承（EW 系列）安装尺寸 (mm)

轴承公称直径		D_a		D_b		r_b	轴承公称直径		D_a		D_b		r_b
d	D	max	min	max	min	max	d	D	max	min	max	min	max
12	22	19	18	19	17	0.3	40	62	57	50	57	53	1.0
15	26	23	21	23	22	0.3	45	68	63	56	63	59	1.0
16	28	25	23	25	24	0.3	50	75	70	61	70	64	1.0
17	30	27	24	27	25	0.3							
20	35	31	28	31	30	0.3	60	90	84	73	84	77	1.0
25	42	38	33	38	36	0.3	63	95	89	76	89	81	1.0
							70	105	99	84	99	89	1.0
30	47	43	38	43	40	0.6							
32	52	47	41	47	44	1.0	80	120	114	97	114	102	1.0
35	55	50	44	50	47	1.0	100	150	144	120	144	127	1.0

表 14.6-84 角接触关节轴承（E 系列）安装尺寸 (mm)

轴承公称直径		d_a	d_b	D_a	D_c	r_c	轴承公称直径		d_a	d_b	D_a	D_c	r_c
d	D	min	max	max	min	max	d	D	min	max	max	min	max
25	47	31	29	41	43	1.0	70	110	79	79	103	104	1.0
30	55	36	34	49	51	1.0	75	115	84	84	108	109	1.0
35	62	41	39	56	57	1.0	80	125	89	87	118	117	1.0
40	68	46	44	62	63	1.0	85	130	94	94	123	124	1.0
45	75	51	50	69	70	1.0	90	140	99	97	131	130	1.5
50	80	56	56	74	75	1.0	95	145	104	104	136	137	1.5
55	90	62	60	83	83	1.0	100	150	110	110	141	143	1.5
60	95	67	67	88	89	1.0	105	160	115	113	151	150	2
65	100	72	72	93	95	1.0	110	170	120	116	161	157	2
							120	180	131	131	171	170	2

表 14.6-85 推力关节轴承（E 系列）安装尺寸 (mm)

轴承公称直径		d_a	D_a	r_c	轴承公称直径		d_a	D_a	r_c
d	D	min	max	max	d	D	min	max	max
10	30	22	23	0.6	45	120	84	97	1.0
12	36	25	27	0.6	50	130	93	104	1.0
15	42	31	32	0.6	60	150	109	119	1.0
17	47	34	37	0.6	70	160	123	124	1.0
20	55	38	44	1.0	80	180	137	141	1.0
25	62	47	47	1.0	100	210	157	171	1.0
30	75	55	59	1.0					
35	90	65	71	1.0	120	230	176	187	1.0
40	105	75	84	1.0					

15　直线运动滚动支承

15.1　直线运动球轴承（摘自 GB/T 16940—2012）（见表 14.6-86~表 14.6-89）

直线运动球轴承：

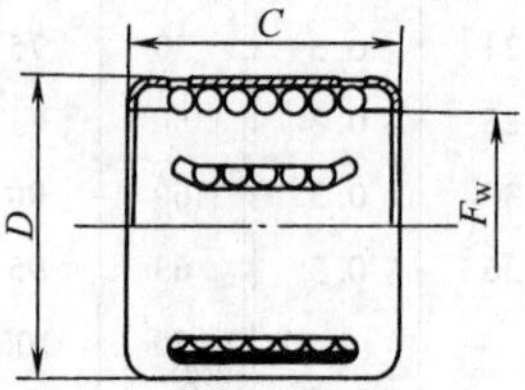

LBP…型
1,2系列结构型式

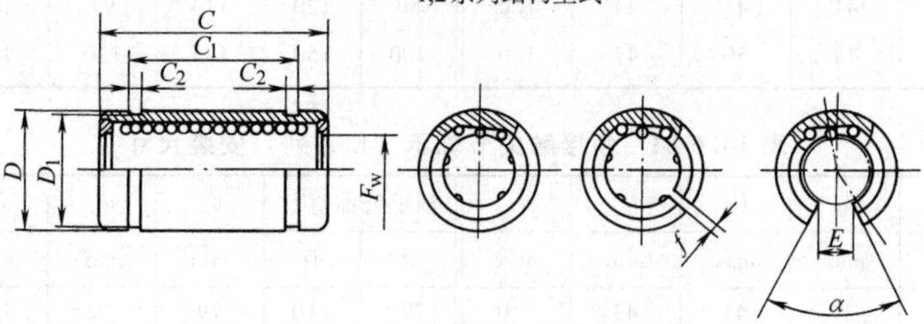

LB…型　LB…AJ型　LB…OP型
3系列结构型式

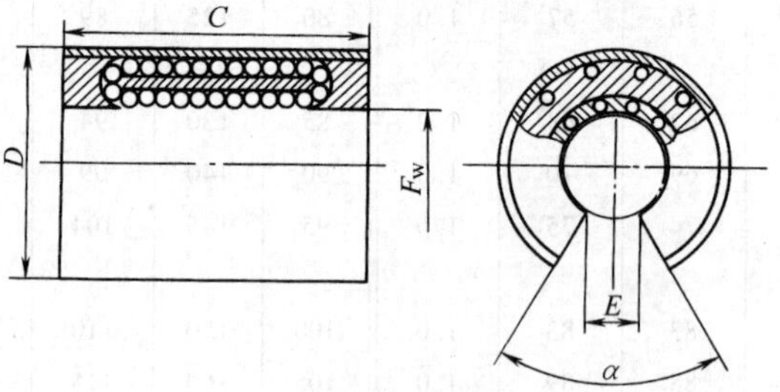

LB…WOP型
4系列结构型式

表 14.6-86　直线运动球轴承 1 系列外形尺寸　（mm）

轴承型号 LBP…型	F_W	D	C	轴承型号 LBP…型	F_W	D	C	轴承型号 LBP…型	F_W	D	C
LBP 3710	3	7	10	LBP 101726	10	17	26	LBP 304050	30	40	50
LBP 4812	4	8	12	LBP 121928	12	19	28	LBP 405260	40	52	60
LBP 51015	5	10	15	LBP 162430	16	24	30	LBP 506270	50	62	70
LBP 61219	6	12	19	LBP 202830	20	28	30	LBP 607585	60	75	85
LBP 81524	8	15	24	LBP 253540	25	35	40				

注：表中尺寸也适用于 LB…型和 LB…AJ 型轴承。

表 14.6-87　直线运动球轴承 2 系列外形尺寸　（mm）

轴承型号 LBP…型	F_W	D	C	轴承型号 LBP…型	F_W	D	C	轴承型号 LBP…型	F_W	D	C
LBP 122024	12	20	24	LBP 203030	20	30	30	LBP 304444	30	44	44
LBP 162528	16	25	28	LBP 253737	25	37	37	LBP 405656	40	56	56

注：表中尺寸也适用于 LB…型和 LB…AJ 型轴承。

表 14.6-88　直线运动球轴承 3 系列外形尺寸　（mm）

轴承型号			外形尺寸								开口包容角
LB…型	LB…AJ 型	LB…OP 型	F_W	D	C	C_1	C_{2min}	D_{1max}	f	E_{min}	$\alpha_{min}/(°)$
LB 51222	LB 51222 AJ	—	5	12	22	14.2	1.1	11.5	1	—	—
LB 61322	LB 61322 AJ	—	6	13	22	14.2	1.1	12.4	1	—	—
LB 81625	LB 81625 AJ	—	8	16	25	16.2	1.1	15.2	1	—	—
LB 101929	LB 101929 AJ	LB 101929 OP	10	19	29	21.6	1.3	18	1	6	65
LB 122232	LB 122232 AJ	LB 122232 OP	12	22	32	22.6	1.3	21	1.5	6.5	65
LB 162636	LB162636 AJ	LB 162636 OP	16	26	36	24.6	1.3	24.9	1.5	9	50
LB 203245	LB 203245 AJ	LB 203245 OP	20	32	45	31.2	1.6	30.5	2	9	50
LB 254058	LB 254058 AJ	LB 254058 OP	25	40	58	43.7	1.85	38.5	2	11	50
LB 304768	LB 304768 AJ	LB 304768 OP	30	47	68	51.7	1.85	44.5	2	12.5	50
LB 355270	LB 355270 AJ	LB 355270 OP	35	52	70	49.2	2.15	49	2.5	15	50
LB 406280	LB 406280 AJ	LB 406280 OP	40	62	80	60.3	2.15	59	2.5	16.5	50
LB 5075100	LB 5075100 AJ	LB 5075100 OP	50	75	100	77.3	2.65	72	2.5	21	50
LB 6090125	LB 6090125 AJ	LB 6090125 OP	60	90	125	101.3	3.15	86.5	3	26	50
LB 80120165	LB 80120165 AJ	LB 80120165 OP	80	120	165	133.3	4.15	116	3	36	50
LB 100150175	LB 100150175 AJ	LB 100150175 OP	100	150	175	143.3	4.15	145	3	45	50

注：对于开口型和调整型轴承，D 和 D_{1max} 是在套筒开缝后并装在直径为 D、偏差为零的厚壁环规中所测得的尺寸。

表 14.6-89　直线运动球轴承 4 系列外形尺寸　（mm）

轴承型号	外形尺寸				开口包容角	轴承型号	外形尺寸				开口包容角
LB…WOP 型	F_W	D	C	E_{min}	$\alpha_{min}/(°)$	LB…WOP 型	F_W	D	C	E_{min}	$\alpha_{min}/(°)$
LB 306075 WOP	30	60	75	14	72	LB 60110150 WOP	60	110	150	29	72
LB 4075100 WOP	40	75	100	19.5	72	LB 80145200 WOP	80	145	200	39	72
LB 5090125 WOP	50	90	125	24.5	72						

注：D 是在套筒开口后装在直径为 D、偏差为零的厚壁环规中所测得的尺寸。

15.2　直线运动滚子轴承（见表 14.6-90~表 14.6-95）

直线运动滚子轴承（摘自 JB/T 6364—2005）：

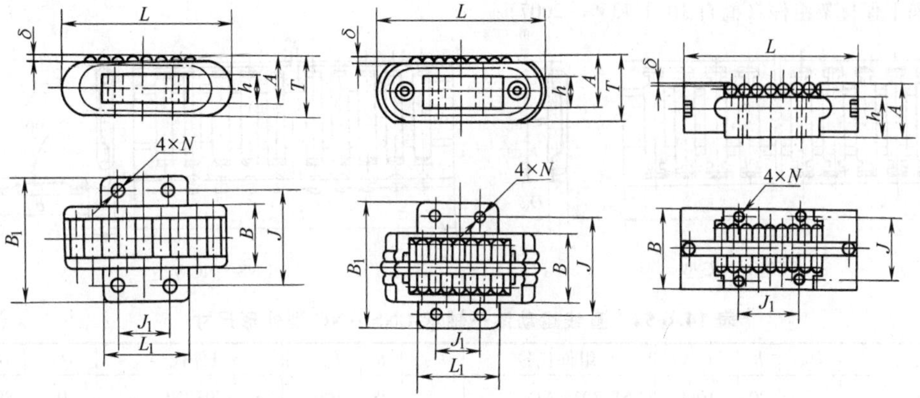

LNS…RN型　　LNS…GRN型　　LNS…GRNU型

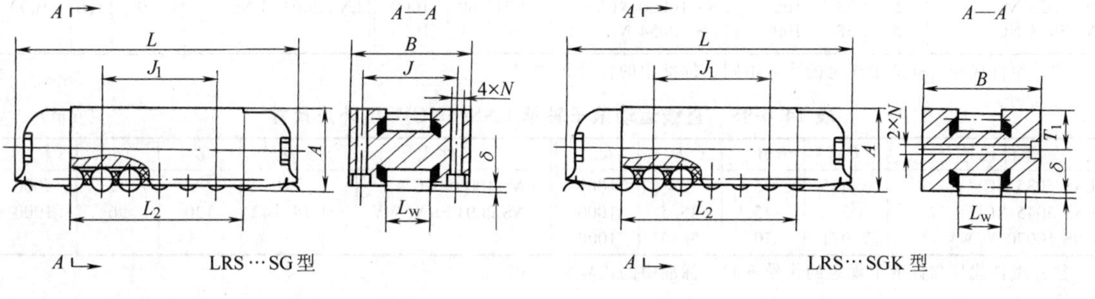

LRS…SG型　　LRS…SGK 型

表 14.6-90 直线运动滚子轴承 LNS…RN 型外形尺寸 (mm)

型号	B	L	B_1	A	T	L_1	h	δ	J	J_1	N
LNS 1540 RN	15	40	30	11	15	20	7	0.2	23	12	3.3
LNS 2050 RN	20	50	36	12	16	30	8	0.2	29	18	3.8
LNS 2560 RN	25	60	45	14	19	35	9	0.2	36	20	4.8
LNS 3270 RN	32	70	55	15	20	45	10	0.3	44	27	5.5
LNS 4087 RN	40	87	68	21	28	55	14	0.3	54	35	6.5
LNS 50125 RN	50	125	82	30	40	78	20	0.4	66	50	8.5

表 14.6-91 直线运动滚子轴承 LNS…GRN 型外形尺寸 (mm)

型号	B	L	B_1	A	T	L_1	h	δ	J	J_1	N
LNS 1540 GRN	15	40	30	15	20	20	11	0.3	23	12	3.3
LNS 2050 GRN	20	50	36	15	20	30	11	0.3	29	18	3.3
LNS 2560 GRN	25	60	45	18	24.5	35	13	0.3	36	20	4.8
LNS 3270 GRN	32	70	55	18	24.5	45	13	0.3	44	27	5.5
LNS 4092 GRN	40	92	68	25	34	55	18	0.4	54	35	6.5
LNS 50125 GRN	50	125	82	30	42	78	20	0.4	66	50	8.5

表 14.6-92 直线运动滚子轴承 LNS…GRNU 型外形尺寸 (mm)

型号	A	B	L	δ	J	J_1	N	h①
LNS 2251 GRNU	14.28	22.23	51	0.2	17.1	19.0	3.4	10.48
LNS 2573 GRNU	19.05	25.40	73	0.3	20.6	25.4	3.4	13.97
LNS 38102 GRNU	28.57	38.10	102	0.3	31.0	38.1	4.5	20.95
LNS 51140 GRNU	38.10	50.80	140	0.4	41.3	50.8	5.5	27.94

① 系参考尺寸。

表 14.6-93 直线运动滚子轴承 LRS…SG 和 LRS…SGK 型外形尺寸 (mm)

型号		A	B	L	J	J_1	T_1	L_2	N	δ	L_W
LRS 0000 SG 型	LRS 0000 SGK 型										
LRS 2562 SG	LRS 2562 SGK	16	25	62	19	17	8	36.7	3.4	0.2	8
LRS 2769 SG	LRS 2769 SGK	19	27	69	20.6	25.5	9.5	44	3.4	0.3	10
LRS 4086 SG	LRS 4086 SGK	26	40	86	30	28	13	53	4.5	0.3	14
LRS 52133 SG	LRS 52133 SGK	38	52	133	41	51	19	85	6.6	0.4	20

滚针和平保持架组件（摘自 JB/T 7359—2007）：

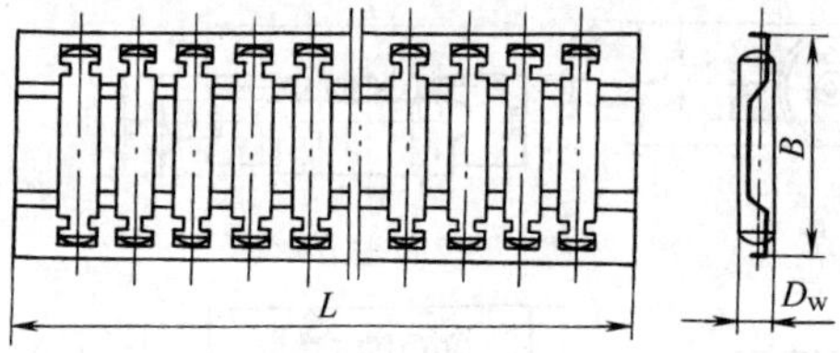

LNS…NC型

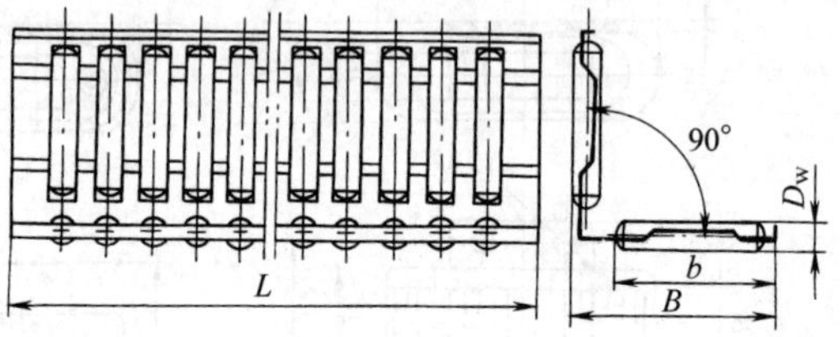

LNS…NCW型

表 14.6-94 直线运动滚子轴承 LNS…NC 型外形尺寸 (mm)

组件代号	D_W	B	L_{max}	组件代号	D_W	B	L_{max}	组件代号	D_W	B	L_{max}
LNS 3020 NC	3	20	1000	LNS 7028 NC	7	28	1000	LNS 10080NC	10	80	1000
LNS 5030 NCV	3.535	30	1000	LNS 10042 NCV	7.071	42	1000	LNS 200100 NCV	14.142	100	1000
LNS 5023 NC	5	23	1000	LNS 10060 NCV	7.071	60	1000	LNS 200120 NC	20	120	1000
LNS 5038 NC	5	38	1000	LNS 10054 NC	10	54	1000				

注：组件代号与标准中规定的代号不同，标准中的代号无“NC”。

表 14.6-95 直线运动滚子轴承 LNS…NCW 型外形尺寸 (mm)

组件代号	D_W	B	b	L_{max}	组件代号	D_W	B	b	L_{max}
LNS 5035 NCWV	3.535	35	29	1000	LNS 10095 NCW	10	95	77	1000
LNS 5045 NCW	5	45	35.5	1000	LNS 200120 NCWV	14.142	120	96	1000
LNS 10070 NCWV	7.071	70	56.5	1000					

注：组件代号与标准中规定的代号不同，标准中的代号无“NC”。

15.3　滚动直线导轨副（见表 14.6-96、表 14.6-97）

表 14.6-96　开放型滚动直线导轨副

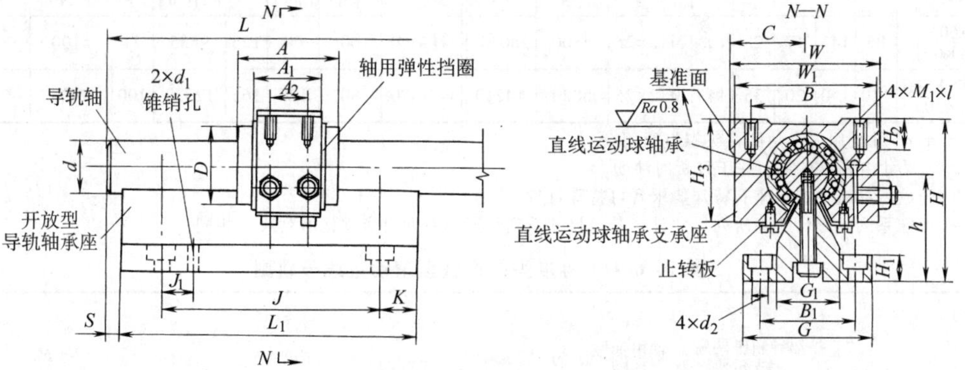

型号规格	通用系列 公称尺寸/mm																		
	d (js6)	d_1	d_2	D (h5)	L	L_1	A	A_1 (0.2)	A_2	J	J_1	K	C	W	W_1	B	B_1	G	G_1
GTA13 (HJG-YK13)	13	5	5.8	23	≤500	100	32	20.5	11	80	15	10	27	54	53	36	36	50	22
GTA16 (HJG-YK16)	16	5	5.8	28	≤650	100	37	23.5	13	80	15	10	28	56	54	42	36	50	24
GTA20 (HJG-YK20)	20	6	7	32	≤800	125	42	27.5	16	100	20	12.5	30	60	58	45	40	56	26
GTA25 (HJG-YK25)	25	6	7	40	≤1000	125	59	37.5	24	100	20	12.5	35.5	71	68	56	40	56	26
GTA30 (HJG-YK30)	30	6	7	45	≤1500	150	64	41	26	120	25	15	40	80	77	63	45	60	26
GTA35 (HJG-YK35)	35	8	9	52	≤1800	150	70	45.5	28	120	25	15	45	90	87	71	53	71	34
GTA38 (HJG-YK38)	38	8	9	57	≤2000	150	76	54.5	38	120	25	15	50	100	96	80	53	71	34
GTA40 (HJG-YK40)	40	8	9	60	≤2000	150	80	56.5	38	120	25	15	50	100	96	80	53	71	36
GTA50 (HJG-YK50)	50	8	11	80	≤2500	200	100	69	50	160	30	20	62.5	125	121	100	67	90	42
GTA60 (HJG-YK60)	60	8	11	90	≤3000	200	110	79	56	160	30	20	70	140	135	110	67	90	48
GTA80 (HJG-YK80)	80	8	13.5	120	≤3500	250	140	97.5	75	200	40	25	90	180	175	150	85	110	60

通用系列									特殊系列							
型号规格	公称尺寸/mm						额定动载荷/N	额定静载荷/N	型号规格	公称尺寸/mm					额定动载荷/N	额定静载荷/N
	h	H	H_1	H_2	H_3	$M_1 \times l$				d (js6)	D (h5)	A	A_1 (−0.2)	A_2		
GTA13 (HJG-YK13)	36	56	11	9	33	M5×8	260	480	GTAt13	12	22	32	20.4	11	250	480
GTA16 (HJG-YK16)	39	63	10	10	40	M5×14	420	720	GTAt16	16	26	36	22.4	12	280	550
GTA20 (HJG-YK20)	41	67	12	12	44	M6×14	550	920	GTAt20	20	32	45	28.5	16	550	970
GTA25 (HJG-YK25)	41	71	12	14	52	M6×14	870	1560	GTAt25	25	40	58	40.5	26	870	1560
GTA30 (HJG-YK30)	51	85	14	16	58	M8×16	1270	2150	GTAt30	30	47	68	48.5	32	1270	2150
GTA35 (HJG-YK35)	58	96	14	18	66	M8×16	1670	3040								
GTA38 (HJG-YK38)	58	100	14	20	73	M8×16	2050	3520								
GTA40 (HJG-YK40)	58	100	14	20	74	M8×16	2050	3520	GTAt40	40	62	80	56.5	40	2050	3520
GTA50 (HJG-YK50)	72	125	17	25	95	M12×25	4010	6950	GTAt50	50	75	100	72.5	53	4010	6950

（续）

型号规格	通用系列 公称尺寸/mm h	H	H_1	H_2	H_3	$M_1 \times l$	额定动载荷/N	额定静载荷/N	特殊系列 型号规格	公称尺寸/mm d (js6)	D (h5)	A	A_1 (−0.2)	A_2	额定动载荷/N	额定静载荷/N
GTA60 (HJG-YK60)	85	145	17	28	108	M12×25	4800	8030	GTAt60	60	90	125	95.5	71	5190	8910
GTA80 (HJG-YK80)	110	190	20	35	143	M12×25	8820	14210	GTAt80	80	120	165	125.5	100	8820	14120

注：1. $4 \times d_2$ 孔配用内六角圆柱头螺钉紧固。

2. S 尺寸由客户自定，并于订货时注明。

3. 开放型导轨轴支承座有特殊要求者可特殊订货。

4. 特殊系列外形尺寸除所列尺寸外，其他尺寸系列与通用系列对应规格所列尺寸相同。

表 14.6-97　标准型及调整型滚动直线导轨副

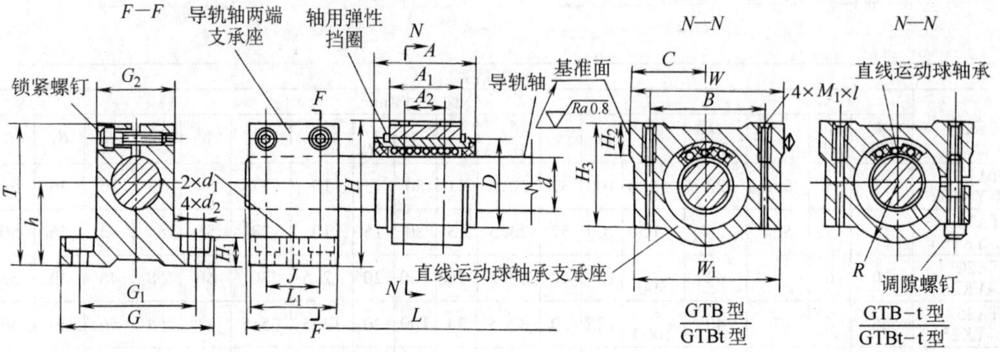

型号规格	通用系列 公称尺寸/mm d (js6)	d_4	d_2	D (h5)	h	C	G	G_1	G_2	L ≤	L_1	T	H_1	H	H_3	H_2	A	A_1 (0.2)	A_2	J
GTB13	13	5	5.8	23	20	25	45	32	20	500	32	38	10	40	28	9	32	20.5	11	18
GTB16 (HJG-Y16)	16	5	5.8	28	24	28	50	36	24	650	32	46	10	48	34	10	37	23.8	13	18
GTB20 (HJG-Y20)	20	6	7	32	27	30	60	45	30	800	38	50	12	53	38	12	42	27.8	16	22
GTB25 (HJG-Y25)	25	6	7	40	33	35.5	67	50	36	1000	38	60	12	63	42	14	59	37.4	24	22
GTB30 (HJG-Y30)	30	6	7	45	37	40	75	56	42	1500	38	67	12	71	50	16	64	41	26	22
GTB35 (HJG-Y35)	38	8	9	52	42	45	85	67	50	1800	48	75	16	80	56	18	70	45.5	28	28
GTB38 (HJG-Y38)	40	8	9	57	48	60	90	71	54	2000	48	85	16	90	63	20	76	54.5	40	28
GTB40 (HJG-Y40)	40	8	9	60	48	50	90	71	54	2000	48	85	16	90	63	20	80	56.4	40	28
GTB50 (HJG-Y50)	50	8	11	80	57	62.5	110	85	65	2500	52	105	20	110	75	25	100	69	50	30
GTB60 (HJG-Y60)	60	8	11	90	65	70	125	100	80	3000	52	120	20	125	85	28	110	79	56	30
GTB80 (HJG-Y80)	80	8	13.5	120	80	90	160	130	105	4000	60	150	25	160	110	25	140	99.4	75	34

（续）

通用系列								特殊系列							
型号规格	公称尺寸/mm					额定动载荷/N	额定静载荷/N	型号规格	公称尺寸/mm					额定动载荷/N	额定静载荷/N
	W	W_1	B	R	$M_1 \times l$				d (js6)	D (h5)	A	A_1 (−0.2)	A_2		
GTB13	50	48	36	18	M5×12	260	480	GTBt12	12	22	32	20.4	11	250	480
GTB16 (HJG-Y16)	56	54	42	22	M5×12	420	720	GTBt16	16	26	36	22.4	12	280	500
GTB20 (HJG-Y20)	60	58	45	24	M6×14	550	920	GTBt20	20	32	45	28.3	16	550	970
GTB25 (HJG-Y25)	71	68	56	28	M6×14	870	1560	GTBt25	25	40	58	40.5	26	870	1560
GTB30 (HJG-Y30)	80	77	63	32	M8×16	1270	2150	GTBt30	30	47	68	48.5	32	1270	2150
GTB35 (HJG-Y35)	90	87	71	36	M8×16	1670	3040								
GTB38 (HJG-Y38)	100	96	80	40	M8×18	2050	3520								
GTB40 (HJG-Y40)	100	96	80	40	M8×18	2050	3520	GTBt40	40	62	80	56.5	40	2050	3520
GTB50 (HJG-Y50)	125	121	100	50	M12×22	4010	6950	GTBt50	50	75	100	72.5	53	4010	6950
GTB60 (HJG-Y60)	140	135	110	56	M12×22	4800	8030	GTBt60	60	90	125	95.5	71	5190	8910
GTB80 (HJG-Y80)	180	175	150	70	M12×25	8820	14210	GTBt80	80	120	165	125.5	100	8820	14120

注：1. 通用系列 GTB-t 型所列尺寸，参数与 GTB 型相同。
2. 通用系列 4×d_2 孔配用内六角圆柱头螺钉。
3. 特殊系列外形尺寸除表所列尺寸外，其他尺寸系列与通用系列对应规格所列尺寸相同。
4. 特殊系列 GTBt-t 型所列尺寸，参数与 GTBt 型相同。

15.4　滚动花键副（见表 14.6-98～表 14.6-100）

表 14.6-98　GJZ 型、GJZA 型滚动花键副　（mm）

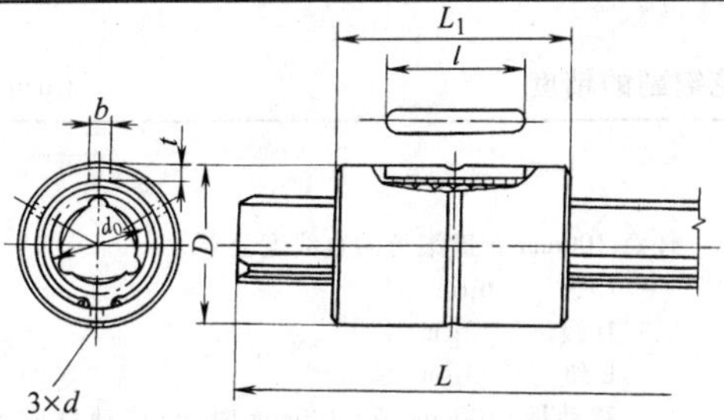

标记示例

GJZA50-C-P-2×500L
(1)(2)(3)(4)(5)(6)(7)(8)

型号说明
(1) 滚动花键副代号
(2)结构代号:Z—键连接型花键套
F—法兰连接型花键套
(3)A—加长型　(4)滚珠中心圆直径
(5)精度等级,见表 14.6-100　(6)回转间隙
(7)一根轴上花键轴套的个数　(8)花键轴全长

型号规格	公称轴径 d_0	外径 D	套长度 L_1	轴最大长度 L	键槽宽度 b	键槽深度 t	键槽长度 l	油孔直径 d	基本额定转矩 动转矩 C_T /N·m	基本额定转矩 动转矩 C_{0T} /N·m
GJZ15①	15	$23_{-0.016}^{0}$	$40_{-0.3}^{0}$	300	3.5H8	$2_{-0.3}^{0}$	20	2	27	45
GJZ20	20	$30_{-0.016}^{0}$	$50_{-0.3}^{0}$	500	4H8	$2.5_{0}^{+0.2}$	26	3	64	90
GJZ25	25	$38_{-0.016}^{0}$	$60_{-0.3}^{0}$	700	5H8	$3_{0}^{+0.2}$	36	3	134	184
GJZA25	25	$38_{-0.016}^{0}$	$70_{-0.3}^{0}$	700	5H8	$3_{0}^{+0.2}$	36	3	152	225
GJZ30T	30	$45_{-0.016}^{0}$	$70_{-0.3}^{0}$	1000	6H8	$3_{0}^{+0.2}$	40	3	238	317
GJZA32	32	$48_{-0.016}^{0}$	$70_{-0.3}^{0}$	1000	8H8	$4_{0}^{+0.2}$	40	3	238	317
GJCA32	32	$48_{-0.016}^{0}$	$80_{-0.3}^{0}$	1000	8H8	$4_{0}^{+0.2}$	40	3	272	388
GJZ40	40	$60_{-0.019}^{0}$	$90_{-0.3}^{0}$	1200	10H8	$5_{0}^{+0.2}$	56	4	523	670
GJZA40	40	$60_{-0.019}^{0}$	$100_{-0.3}^{0}$	1200	10H8	$5_{0}^{+0.2}$	56	4	607	837
GJZ50	50	$75_{-0.019}^{0}$	$100_{-0.3}^{0}$	1500	14H8	$5.5_{0}^{+0.2}$	60	4	956	1146
GJZA50	50	$75_{-0.019}^{0}$	$112_{-0.3}^{0}$	1500	14H8	$5.5_{0}^{+0.2}$	60	4	1130	1473
GJZ60	60	$90_{-0.022}^{0}$	$127_{-0.3}^{0}$	1500	16H8	$6_{0}^{+0.2}$	70	4	1631	2262
GJZ70	70	$100_{-0.022}^{0}$	$135_{-0.3}^{0}$	1200	18H8	$6_{0}^{+0.1}$	68	4	2617	3597
GJZ85	85	$120_{-0.022}^{0}$	$155_{-0.3}^{0}$	1200	20H8	$7_{0}^{+0.1}$	80	5	4139	5635

① 非标产品。

表 14.6-99　GJF 型滚动花键副　　(mm)

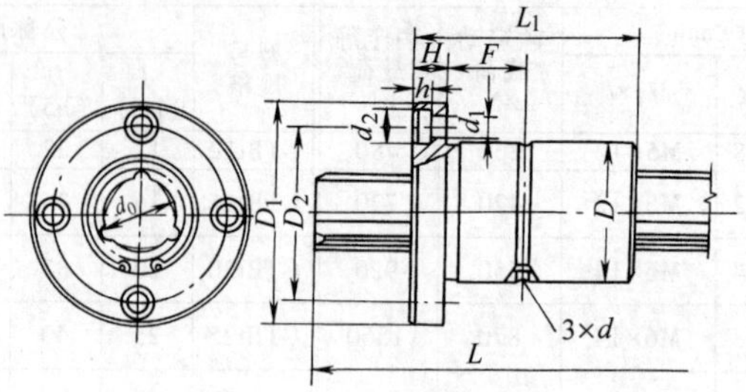

型号规格	公称轴径 d_0	外　径 D	套长度 L_1	轴最大长度 L	法兰直径 D_1	安装孔中心径 D_2	法兰厚度 H	沉孔深度 h	油孔直径 d	沉孔直径 d_2	过孔直径 d_1	油孔位置 F	基本额定转矩 动转矩 C_T /N·m	基本额定转矩 动转矩 C_{0T} /N·m
GJF15①	15	$23_{-0.013}^{0}$	$40_{-0.3}^{0}$	300	$43_{-0.2}^{0}$	32	7	4.4	2	8	4.5	13	27	45
GJF20	20	$30_{-0.016}^{0}$	$49_{-0.3}^{0}$	500	$49_{-0.2}^{0}$	38	7	4.4	3	8	4.5	18	64	90
GJF25	25	$38_{-0.016}^{0}$	$60_{-0.3}^{0}$	700	$60_{-0.2}^{0}$	47	9	5.4	3	10	5.8	21	134	184
GJF30T①	30	$45_{-0.016}^{0}$	$70_{-0.3}^{0}$	1000	$70_{-0.2}^{0}$	54	10	6	3	11	6.6	25	238	317
GJF32	32	$48_{-0.016}^{0}$	$70_{-0.3}^{0}$	1000	$73_{-0.2}^{0}$	57	10	6	3	12	7	25	238	317
GJF40	40	$57_{-0.016}^{0}$	$90_{-0.3}^{0}$	1200	$90_{-0.2}^{0}$	70	14	7	4	15	9	31	523	670
GJF50	50	$70_{-0.019}^{0}$	$100_{-0.3}^{0}$	1500	$108_{-0.3}^{0}$	86	16	9	4	18	11	34	956	1146
GJF60	60	$85_{-0.019}^{0}$	$127_{-0.3}^{0}$	1500	$124_{-0.3}^{0}$	102	18	11	4	18	11	45.5	1631	2262
GJF70	70	$100_{-0.022}^{0}$	$135_{-0.3}^{0}$	1200	$142_{-0.2}^{0}$	117	20	13	4	20	14	47.5	2617	3597
GJF85	85	$120_{-0.022}^{0}$	$135_{-0.3}^{0}$	1200	$168_{-0.2}^{0}$	138	22	13	5	20	13	55.5	4139	5635

注：1. 花键轴套采用渗碳钢制造，滚道硬度为 58~63HRC，法兰硬度≤30HRC 必要时可配钻铰定位销孔防止周向松动。

2. 花键轴套有特殊要求可特殊订货。

① 非标产品。

表 14.6-100　滚动花键副的精度　　(μm)

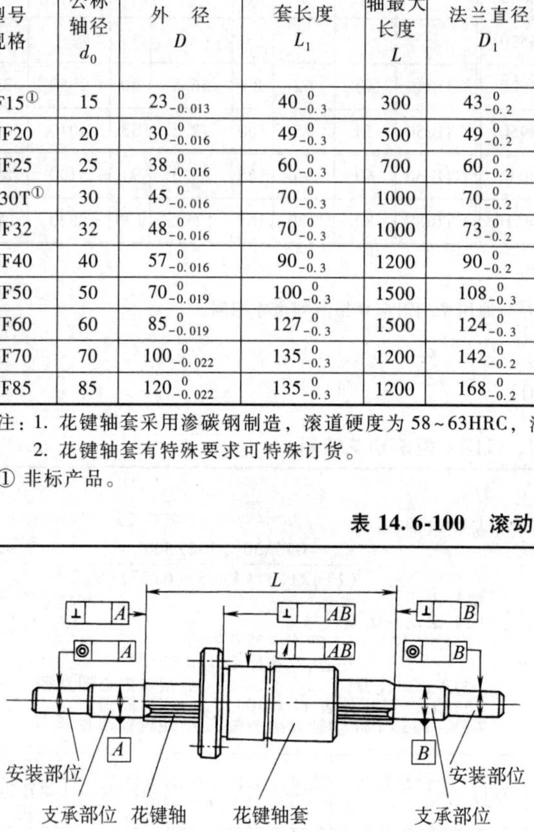

任意 100mm 花键滚道的直线度公差

C 级　6μm

D 级　13μm

E 级　33μm

移动量<100mm 或>100mm 时，与移动量成正比地增、减以上数值

滚珠中心圆直径 d_0 /mm	精度等级	花键轴套表面对支承部位轴线的径向圆跳动 长度 L/mm <200	200~315	315~400	400~500	500~630	630~800	800~1000	1000~1250	1250~1600	1600~2000	同轴度与垂直度公差 测量部位	精度等级	滚珠中心圆直径 d_0/mm 25,30 32	40,50	(60) 63
25	C	18	21	25	29	34	42					(1)	C	13	15	17
30	D	32	39	44	50	57	68	83					D	22	25	29
32	E	53	58	70	78	88	103	124					E	53	62	73
40	C	16	19	21	24	27	32	38	47			(2)	C	9	11	13
	D	32	36	39	43	47	54	63	76	93			D	13	16	19
50	E	53	58	63	68	74	84	97	114	139			E	33	39	46
(60)	C	16	17	19	21	23	26	30	35	43	54	(3)	C	11	13	15
	D	30	34	36	38	41	45	51	59	70	86		D	16	19	22
63	E	51	55	58	61	65	71	79	90	106	128		E	39	46	54

15.5　滚动直线导轨副（见表 14.6-101～表 14.6-106）

表 14.6-101　四方向等载荷型滚动直线导轨副　（mm）

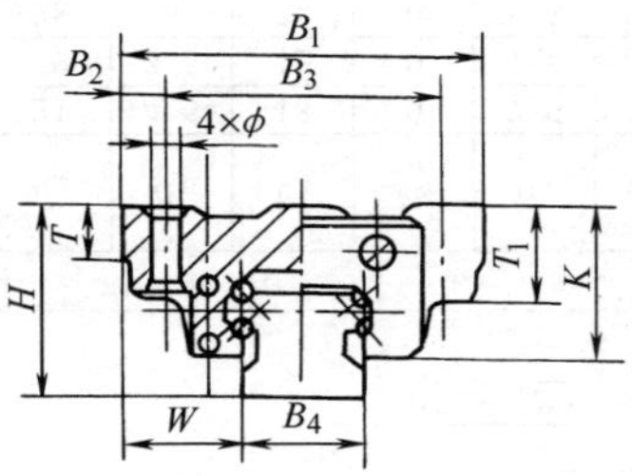

AB 型（光孔）
ABL 型（加长）

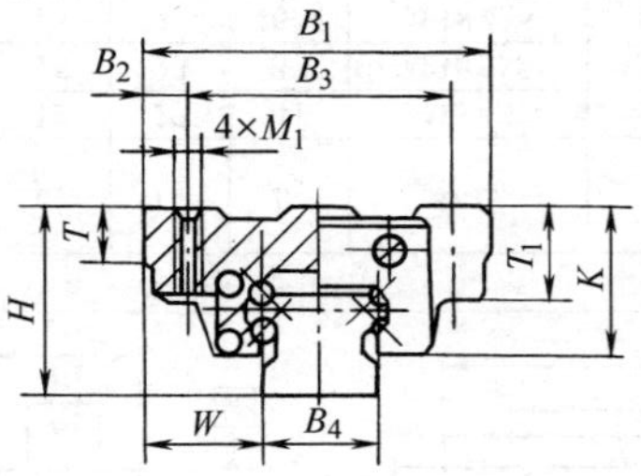

AA 型（螺孔）
AAL 型（加长）

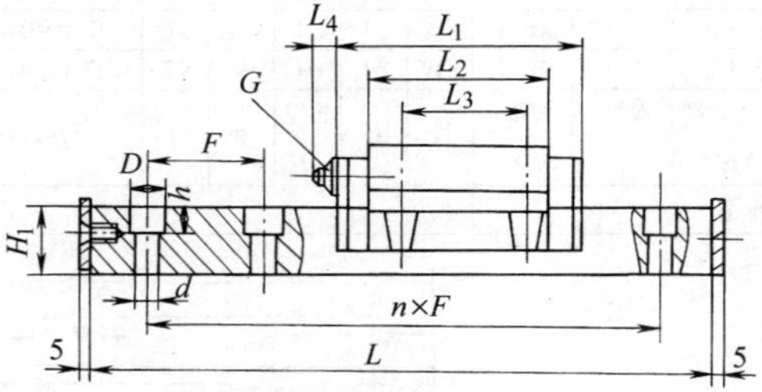

规格		公称尺寸																				载荷特性				
		B_1	B_2	B_3	B_4	W	M_1（AA）	ϕ（AB）	H	K	T	T_1	H_1	$d\times D\times h$	L_1	L_2	L_3	L_4	F	L_{max}	G（油杯）	C /kN	C_0 /kN	M_A /N·m	M_B /N·m	M_C /N·m
16	AA,AB	47	4.5	38	16	15.5	M5	4.5	24	19.4	7	11	15	4.5×7.5×5.3	58	40.5	30	2.5	60	500	ϕ4	6.07	6.8	55.5	55.5	88.8
20	AA,AB	63	5	53	20	21.5	M6	7	30	25	10	10	18	6×9.5×8.5	70	50	40	11	60	1200	M6	11.5	14.5	92.4	92.4	154
	AAL,ABL														86	66						13.6	20.3	121.8	121.8	203
25	AA,AB	70	6.5	57	23	23.5	M8	7	37（36）	30.5	12	16	22	7×11×9	79.5	59	45	11	60	3000	M6	17.7	22.6	149.8	149.8	246
	AAL,ABL														98.5	78						20.7	34.97	244.8	244.8	402
30	AA,AB	90	9	72	28	31	M10	9	42	35	10	18	26	9×14×12	95.2	70	52	11	80	3000	M6	27.6	34.4	311.3	311.3	546
	AAL,ABL														117.2	92						33.4	45.8	560	560	745.2
35	AA,AB	100	9	82	34	33	M10	11	48	38	13	21	29	9×14×12	107.8	81	62	11	80	3000	M6	35.1	47.2	488	488	790
	AAL,ABL														131.8	105						39.96	64.85	681	681	1102.45
45	AA,AB	120	10	100	45	37.5	M12	13	（60）62	51	15	25	38	14×20×17	135	102	80	11	100（105）	3000	M6	42.5	71	848	848	1448
	AAL,ABL														163	130						64.4	102.1	1345.4	1345.4	2247.25
55	AA,AB	140	12	116	53	43.5	M14	14	70	57	20	29	44	16×23×20	161	118	95	14	120	3000	M8×1	79.4	101	1547	1547	2580
	AAL,ABL														199	156						92.2	142.5	2264.3	2264.3	3776.25
65	AA,AB	170	14	142	63	53.5	M16	16	90	76	23	37	53	18×26×22	195	147	110	14	150	3000	M8×1	115	163	3237	3237	4860
	AAL,ABL														255	207						148	224.5	4627.5	4627.5	6945.95

（续）

规格		公称尺寸																				载荷特性				
		B_1	B_2	B_3	B_4	W	M_1（AA）	ϕ（AB）	H	K	T	T_1	H_1	$d\times D\times h$	L_1	L_2	L_3	L_4	F	L_{max}	G（油杯）	C /kN	C_0 /kN	M_A /N·m	M_B /N·m	M_C /N·m
85	AA, AB	215	15	185	85	65	M20	18	110	94	30	55	65	24×35×28	243.4	179	140	14	180	3000	M8×1	172.2	257.4	6076.4	6076.4	12842
	AAL, ABL														300.4	236						202.3	327.64	9946.3	9946.3	15410

注：1. 如选用上表中括号内数字，订购时请特别注明。本表为南京工艺装备厂 GGB 系列。

2. 表中 M_A、M_B、M_C（见图）指的是一个滑块的额定力矩值。

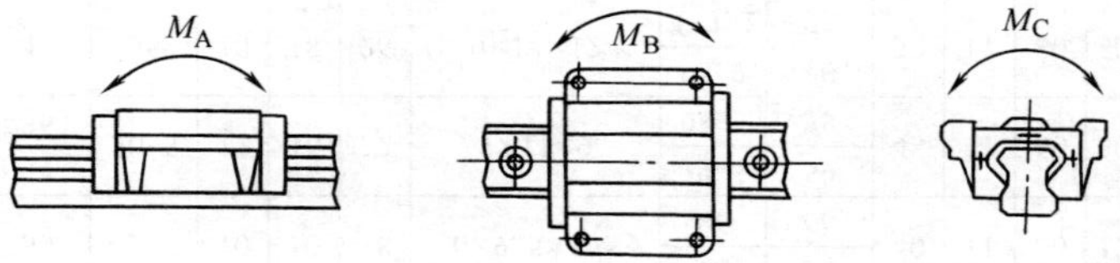

3. 表中 L_{max} 为导轨单根最大长度，如需接长另行协商。

4. 海红汉中轴承厂生产型号为 HJG-D15、25、35、45、55 及 65 型；上海轴承有限公司生产型号为 SGA、V15、$\frac{V}{W}$25、$\frac{V}{W}$25A、$\frac{V}{W}$35、$\frac{V}{W}$35A 型；济宁轴承厂生产型号为 JSA-LG25、35、45、55、65 型（又分 KL 宽型及 ZL 窄型两种）。以上产品基本参数都一样，安装连接尺寸相同，但其余结构尺寸有差别，因而载荷特性值也有所不同。

表 14.6-102　轻载荷型滚动直线导轨副 （mm）

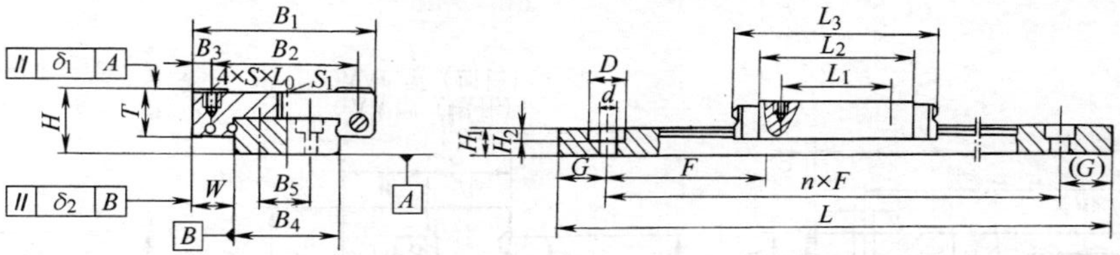

规格	公称尺寸																载荷特性				
	B_1	B_2	B_3	B_4	B_5	H_1	T	L_1	L_2	L_3	$S\times L_0$	$d\times D\times H_2$	F	W	G min	H	S_1	C /kN	C_0 /kN	M_A /N·m	M_B /N·m	M_C /N·m
GGC 9BAK	30	21	4.5	18	0	7.5	7.8	12	27	41	M3×3	3.6×6×4.5	25	6	10	12	M3	2.56	2.7	14.8	14.8	32.4
GGC 12BA	27	20	3.5	12	0	7.5	10	15	23	37	M3×3.5	3.5×6×4.5	25	7.5	10	13	M3	3.48	3.5	13.6	13.6	24.3
GGC12BAK	40	28	6	24	0	8.5	10	15	32.4	46.4	M3×3.5	4.5×8×4.5	40	8	10	14	M4	4.45	4.6	28.8	28.8	73
GGC15BA	32	25	3.5	15	0	9.5	12	20	25.7	43	M3×4	3.5×6×4.5	40	8.5	10	16	M4	5.4	5.5	25.4	25.4	47.3
GGC15BAK	60	45	7.5	42	23	9.5	12	20	41.3	55.3	M4×4.5	4.5×8×4.5	40	9	10	16	M5	7.5	8.5	68.6	68.6	70.3
HJG-D15J	32	25	3.5	15	1	9.5	12	20	29	42	M3×4	3.5×6×4.5	40	8.5	15	16	M4	4.4	6.5	16	18	34
HJG-D15K	60	45	7.5	42	23	9.5	12	20	41.3	55.5	M4×4.5	4.5×8×4.5	40	9	15	16	M5	4.6	7.8	27	29	108

注：1. GGC 为南京轴承有限公司产品，HJG 为海红汉中轴承厂产品。上海轴承有限公司有 SGC9、SGC12 及 SGC15，尺寸性能相近。

2. M_A、M_B、M_C 的含义见表 14.6-101 注 2。

3. 单根导轨最大长度 L：HJG-D15J 为 630mm，HJG-D15K 为 1030mm。

表 14.6-103　分离型滚动直线导轨副　　(mm)

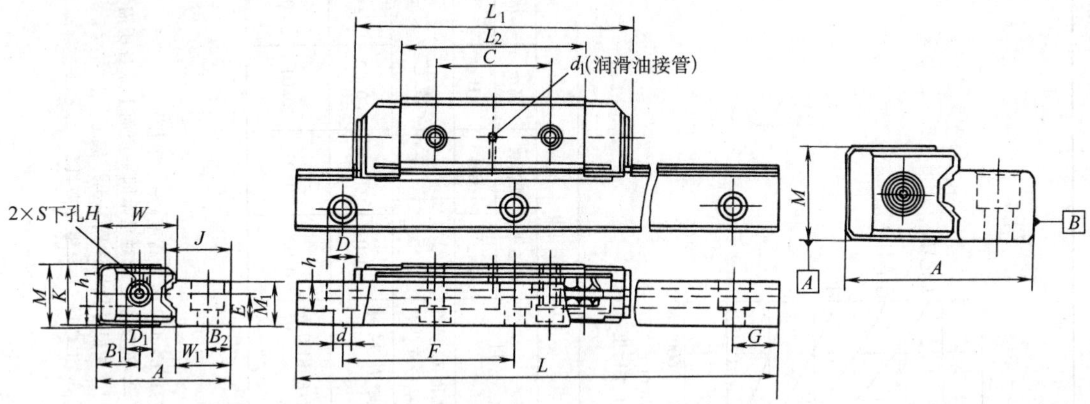

型号规格	公称尺寸																					L 系列尺寸
	M	A	L_1	L_2	C	B_1	K	W	D_1	h_1	H	S	d_1	W_1	M_1	B_2	E	$d\times D\times h$	J	F	G	$L=F(n)+2G$
HJG-D25T	25	55	121.5	80	45	16	24	32	11	7	6.8	M8	3	22	18	10	13	9×14×12	27	80	20	440(5)　520(6) 600(7)　680(8) 760(9)　840(10) 920(11)　1000(12) 1080(13)　1160(14) 1240(15)
HJG-D35T	35	75	155	103.8	60	21.5	34	43.5	18	12	10.5	M12	4	30.5	26	14.5	18	11×17.5 14	37	105	20	460(4)　565(5) 670(6)　775(7) 880(8)　985(9) 1090(10)　1195(11) 1300(12)　1405(13) 1510(14)
SGB20 $\frac{V}{W}$	20	42	93/112		35/50	13	19	22.5	10	5.5	8.5	M6	3		15	8			19.5	60	20	

型号规格	载荷特性				精度等级			
	额定载荷/kN		质量/kg		项　目	普通级	高级	精密级
	动载荷	静载荷	滑块	导轨		B	H	P
HJG-D25T	18.9	32.1	0.4	3.1	高 M 的尺寸公差	±0.1	±0.05	±0.025
HJG-D35T	30.8	47.9	1.02	6.3	总宽 A 的尺寸公差	±0.1	±0.1	±0.05
SGB20 $\frac{V}{W}$	8.9 12.2	15.4 20.6	备注:HJG 为海红汉中轴承厂产品,SGB 为上海轴承有限公司产品					

表 14.6-104　交叉滚柱 V 型滚动直线导轨副　　(mm)

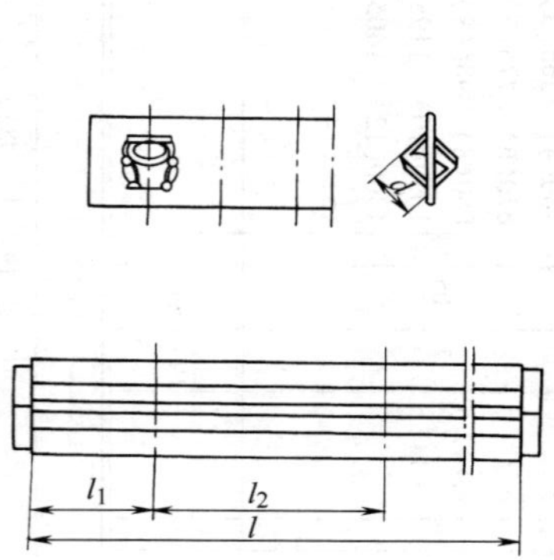

a) 导轨

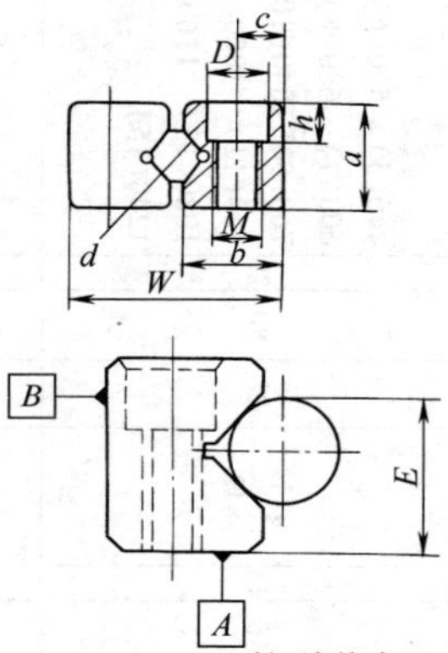

b) 滚柱支承

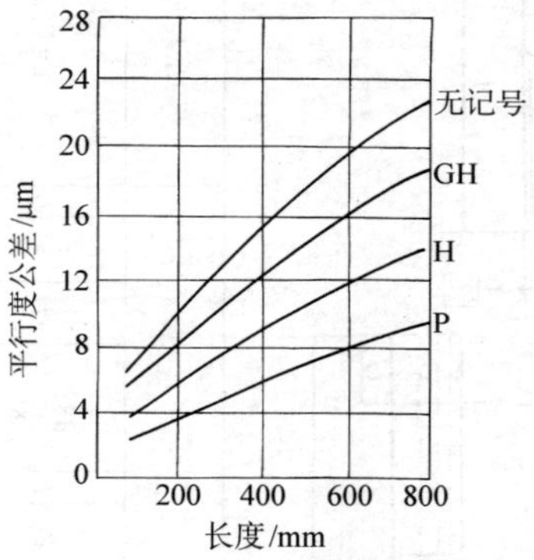

c) 平行度

型号规格	公称尺寸										长度系列(滚柱数) l	单个滚柱的额定载荷 动载荷 kN	单个滚柱的额定载荷 静载荷 kN
	d	W	a	b	c	M	l_1	l_2	D	h		C	C_0
SGV 3	3	18	8	8.3	3.5	M4	12.5	52	6	3.1	50(7)、75(10)、100(14)、125(17)、150(21)、175(24)、200(28)	0.36	0.27
SGV 4	4	22	11	10.2	4.5	M5	20	40	8	4.2	80(7)、120(11)、160(15)、200(19)、240(23)、280(27)、320(31)	0.76	0.63
SGV 6	6	30	15	14.4	6	M6	25	50	9.5	5.2	100(7)、150(10)、200(13)、250(17)、300(20)、350(24)、400(27)、450(31)、500(34)	1.9	1.7
SGV 9	9	40	20	19.2	8	M8	50	100	10.5	6.2	200(10)、300(15)、400(20)、500(25)、600(30)、700(35)	4.3	4.35
SGV 12	12	58	28	28	12	M10			14	8.2	200(7)、300(10)、400(14)、500(17)、600(21)、700(24)、800(28)	7.2	7.6
SGV 15	15	71	36	34.4	14	M12			17.5	10.2	300(8)、400(11)、500(13)、600(16)、700(19)、800(22)、900(25)、1000(27)	11.2	12.3

项目	精度等级 普通级 无记号	普高级 GH	高级 H	精密级 P
导轨面对基准 A、B 的平行度公差	按图 c 规定			
高度 E 尺寸公差	±0.02	±0.02	±0.02	±0.01
高度 E 相互配对差	0.02	0.02	0.01	0.01

备注：1. E=1/2 名义高度+滚子半径
2. 高度相互配对是指同一台面上床身所需使用的 4 根导轨标注同一出厂编号
3. 生产厂：上海组合夹具厂

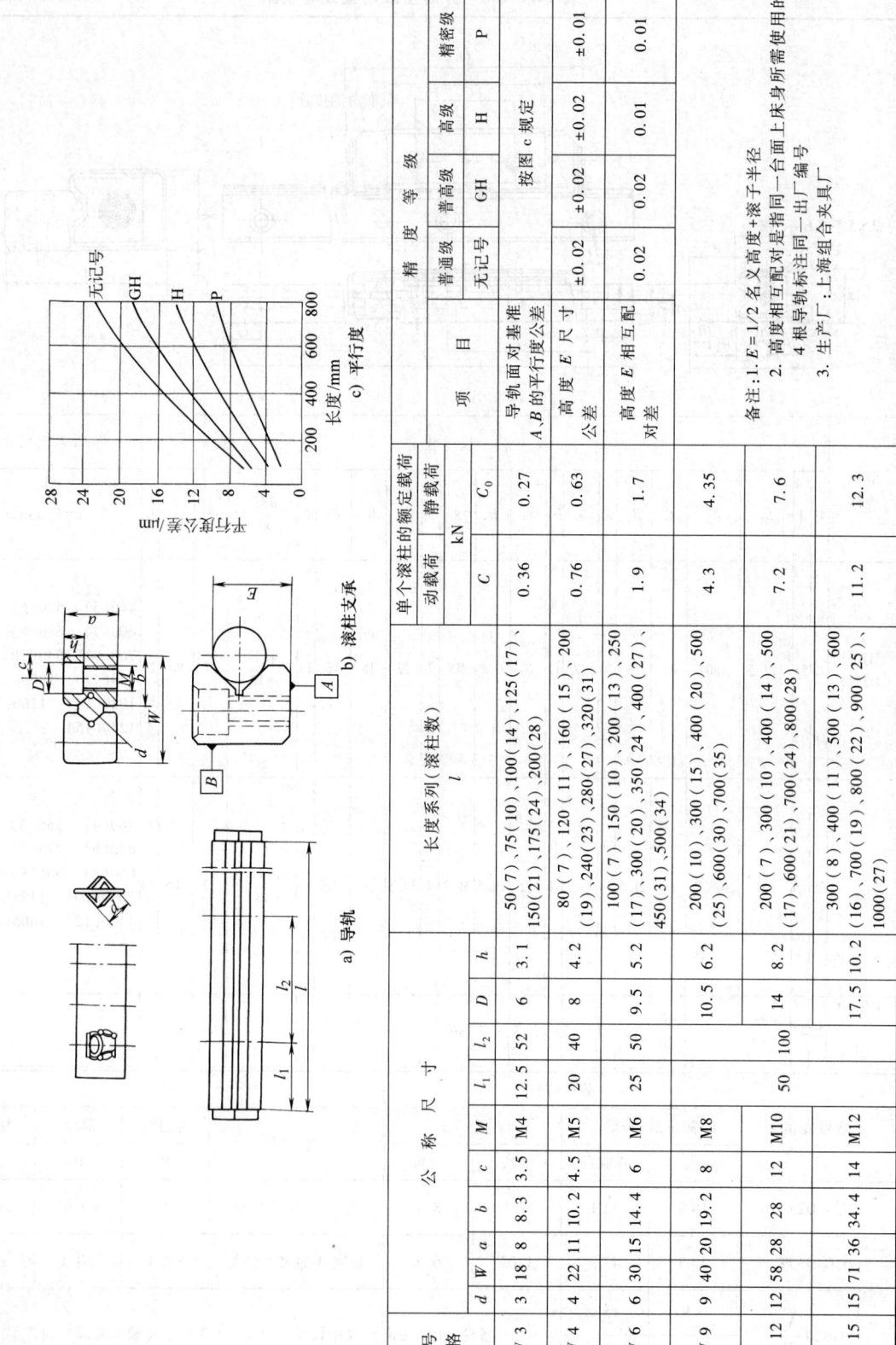

表 14.6-105　微型 SGD 滚动直线导轨副

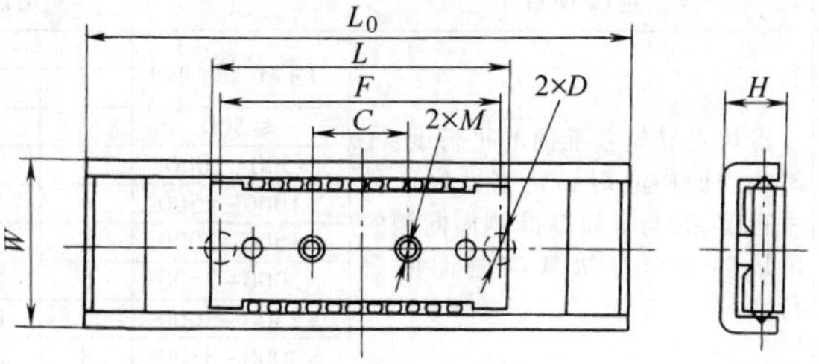

型　号	公称尺寸/mm								额定载荷/kN	
	W	H	L_0	L	F	C	M	D	静	动
SGD13	13	4.5	40	22	20	7	M2	ϕ2.4	7.4	5.6

表 14.6-106　微型 SGW 滚动直线导轨副

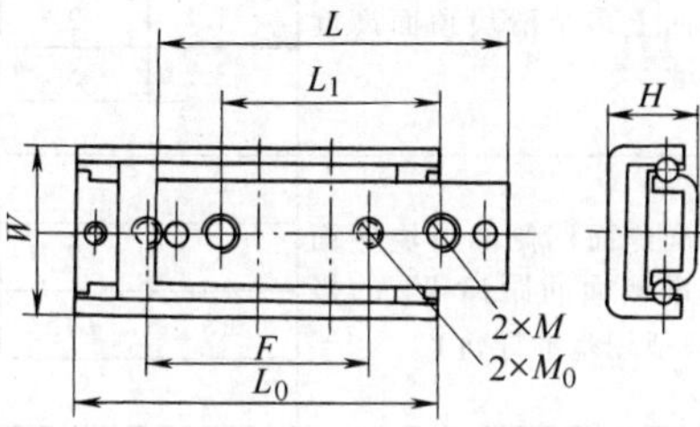

型　号	公称尺寸/mm								额定载荷/kN	
	W	H	L_0	L	F	L_1	M_0	M	静	动
SGW12	12	6	25	24	15	15	M2.5	M2.5	21	13

表 14.6-105 及表 14.6-106 为上海夹具厂生产的微型滚动直线导轨副，是由钢板冲制成形，重量轻、滚动轻便、摩擦阻力小、惯性小、反应灵敏，适用于录像机、半导体装置、硬盘等存储装置的读出与写入部位及医疗设备、绘图仪等高精度机械设备。

15.6　滚动直线导轨副安装连接尺寸（摘自 JB/T 7175.3—1996）（见表 14.6-107）

15.7　滚动直线导轨副的精度

本标准适用于四方向等载荷型、径向载荷型和轻载荷型以钢球为滚动体的导轨副，1~6 级精度依次递减。表 14.6-108、表 14.6-109 为各类机械推荐采用的精度等级（供参考）。

表 14.6-107　四方向等载荷型滚动直线导轨副的安装连接尺寸　(mm)

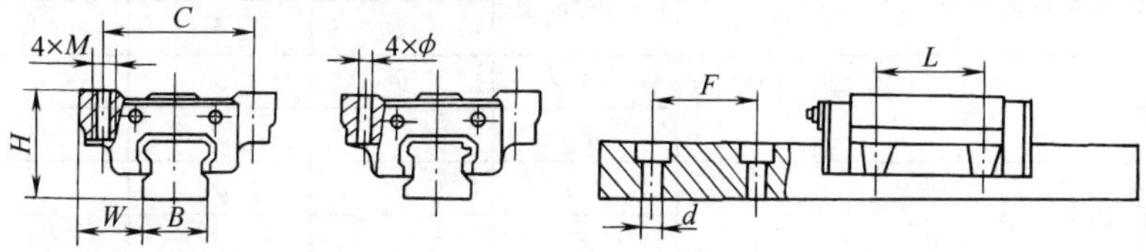

型　号	装配组合后		滑　　块				导　　轨		
	H	W	C	L	M	ϕ	B	F	d
20	30	21.50	53	40	M6	6	20	60	6
25	36	23.50	57	45	M8	7	23	60	7
30	42	31	72	52	M10	9	28	80	9
35	48	33	82	62	M10	9	34	80	9
45	60	37.50	100	80	M12	11	45	105	14
55	70	43.50	116	95	M14	14	53	120	16
65	90	53.50	142	110	M16	16	63	150	18

注：滑块有螺纹孔及光孔两种结构供用户选择，订货时向厂家说明。

表 14.6-108 滚动直线导轨的精度

序号	简图	检验项目	允许偏差/μm						
			导轨长度/mm	精度等级					
				1	2	3	4	5	6
1	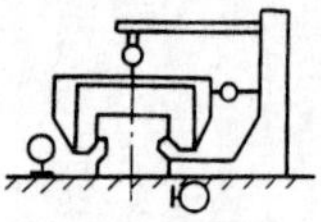	滑块对导轨基准面的平行度:①滑块顶面中心对导轨基准底面的平行度;②与导轨基准侧面同侧的滑块侧面对导轨基准侧面的平行度	≤500	2	4	8	14	20	28
			>500~1000	3	6	10	17	25	34
			>1000~1500	4	8	13	20	30	40
			>1500~2000	5	9	15	22	32	46
			>2000~2500	6	11	17	24	34	54
			>2500~3000	7	12	18	26	36	62
			>3000~3500	8	13	20	28	38	70
			>3500~4000	9	15	22	30	40	80
2	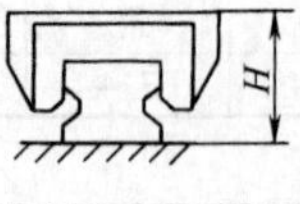	滑块顶面对导轨基准底面高度 H 的极限偏差		精度等级					
				1	2	3	4	5	6
				±5	±12	±25	±50	±100	±200
3		同一平面上多个滑块顶面高度 H 的变动量		精度等级					
				1	2	3	4	5	6
				3	5	7	20	40	60
4	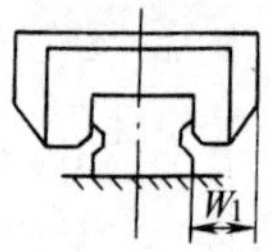	导轨基准侧面同侧的滑块侧面与导轨基准侧面间距离 W_1 的极限偏差(只适用基准导轨)		精度等级					
				1	2	3	4	5	6
				±8	±15	±30	±60	±150	±240
5	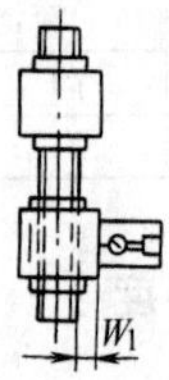	同一导轨上多个滑块侧面与导轨基准侧面间距离 W_1 的变动量(只适用基准导轨)		精度等级					
				1	2	3	4	5	6
				5	7	10	25	70	100

注:1. 精度检验方法见表中简图所示。

2. 由于导轨轴上的滚道是用螺栓将导轨轴紧固在专用夹具上精磨的,在自由状态下可能会存在误差,因此精度检验时应将导轨轴用螺栓固定在专用平台上测量。

3. 当基准导轨副上使用滑块数超过两件时,除首尾两件滑块外,中间滑块不做第 4 和第 5 项检查,但中间滑块的 W_1 值应小于首尾两滑块的 W_1 值。

表 14.6-109 滚动直线导轨的推荐采用等级

机床及机械类型		坐标	精度等级			
			2	3	4	5
数控机械	车床	X	✓	✓	✓	
		Z		✓	✓	✓
	铣床、加工中心	X、Y	✓	✓	✓	
		Z		✓	✓	✓
	坐标镗床、坐标磨床	X、Y	✓	✓		
		Z		✓	✓	
	磨床	X、Y	✓	✓		
		Z	✓		✓	
	电加工机床	X、Y	✓	✓		
		Z			✓	✓
	精密冲裁机	X、Z			✓	✓

附　录

A　国外著名轴承公司通用轴承代号

A.1　FAG（德国 FAG 公司）

轴承代号：前置代号 — 基本代号 — 后置代号

…	6	2	02	E	N	RS	J	/D5	/C3	/S1	G	K1	L…	Ks
轴承零件	类型	尺寸系列	内径	内部结构	外形尺寸和结构	密封	保持架	公差等级	内部游隙	热处理	特殊技术条件	成对安装	润滑	包装

轴承零件：

L　圆柱和圆锥滚子轴承的可分离套圈（不适用于磁电动机轴承）
R　除去L后轴承的剩余部分
B　旧FAG代号，已用W代替
M　旧FAG代号，已用E代替
BO圆柱滚子轴承的活挡圈
E　推力球轴承紧圈
W　推力球轴承活圈
GS推力圆柱滚子轴承活圈
WS推力圆柱滚子轴承紧圈
H　调心球轴承紧定套
K　滚动体和保持架组件

类型、尺寸系列、内径： 见附表A-1～附表A-3中新代号

内部结构：

A、B、C、D、E、HL 无固定含义，可用来表示轴承结构变动和特征，或具有永久性质时表示仅内部结构（如接触角）不同的轴承
VH具有整套自锁滚子的满装滚子型圆柱滚子轴承

外形尺寸和结构：

D　带双半内圈的不可分离型双列角接触球轴承
DA 带双半内圈的可分离型双列角接触球轴承
EK 无活圈推力球轴承；WK 无紧圈推力球轴承
N　外径上带止动槽的轴承，止动槽符合DIN616
NR 外径上带止动槽(DIN616)和止动环(DIN5417)
.OB不带活挡圈的圆柱滚子轴承
.OH不带紧定套的调心球轴承
P　带双半外圈（彼此相联）的双列角接触和带双半外圈（彼此隔离）的球面滚子轴承
S　外圈带润滑槽和润滑孔的球面滚子轴承
U　带球面活圈和座圈的推力球轴承
X　为适应国际标准而改变外形尺寸的轴承
2W 带两个活圈的推力球轴承；2E带两个紧圈
R　带凸缘外圈的圆锥滚子轴承
PR 带双半外圈和隔圈的球面滚子轴承
SY 外圈带油槽和油孔的球面滚子轴承
K　带锥孔轴承，锥度 1:12；K30　锥度1:30
/…　带特殊孔径的轴承；Z 特殊结构的技术条件

密封：

RS　带单面密封圈
RSN　一面带密封圈，另一面带止动槽
RSNB　同一面带密封圈和止动槽
RSNBR　带止动环和RSNB
RSNR　一面带密封圈，另一面带止动环
Z　带单面防尘盖
ZN　另一面带止动槽
ZNBR　同一面带止动环
ZNK　另一面带槽和环
-2Z　带双面防尘盖

保持架：

字母后含：A－外圈引导
B－内圈引导；S－带润滑槽
F　钢制实体，滚动体引导
FH 钢制实体，经渗碳淬火
FP 钢制实体窗型保持架
FV 同上，经时效或调值
L　轻金属制实体保持架
LP 轻金属制实体窗型保持架
M,M1黄铜实体保持架
MP黄铜实体直兜孔保持架
T　酚醛夹布层实体保持架
THB 酚醛夹布层兜孔型保持架
TN 工程塑料模铸保持架
TV 玻璃纤维增强聚酰胺实体
J　钢板冲压；JN 铆接
V　满装滚动体（无保持架）
VT 带隔离球或滚子的V

公差等级：

P0（省略）　符合ISO规定的 0 级公差
P6、P5、P4、P2 符合ISO规定的同等标准公差
P6E　符合 DIE42966 的电动机轴承公差
P6X 公差等级符合ISO规定的6X级圆锥滚子轴承
SP 尺寸公差相当于5级，旋转精度高于5级（双列圆柱滚子轴承）
UP 尺寸公差相当于4级，旋转精度高于4级（双列圆柱滚子轴承）
HG 尺寸公差相当于4级，旋转精度高于4级，低于2级（主轴轴承）

内部游隙：

C0（省略）符合标准规定的0组
C1<C2<C0<C3<C4<C5组（游隙值）
（例）P63=P6+C3
（例）R10.20 径向游隙10～20μm
（例）R120.160 轴向游隙 120～160μm

热处理：

S00套圈经120℃的稳定处理
轴承套圈经高温回火，处理温度：
S0　工作温度可达 150℃
S1　工作温度可达 200℃
S2　工作温度可达 250℃
S3　工作温度可达 300℃
S4　工作温度可达 350℃
A　表示外圈（或紧圈）经稳定处理
B　表示内圈（或活圈）经稳定处理

特殊技术条件：

测试噪声的轴承（低噪声轴承）：
F3　主要是指圆柱滚子轴承和内径大于60mm 的深沟球轴承
G　主要是指内径小于 60mm 的深沟球轴承

F..　连续编号的制造技术条件
K..　连续编号的检查技术条件
.BL 无挡边套圈的带凸度滚道
.KB 带凸度滚子的圆锥滚子轴承
.ZB 带凸度滚子的圆柱滚子轴承

成对安装：

K1　深沟球轴承，串联
K2　深沟球轴承，并联
K3　深沟球轴承，背对背，无游隙
K4　深沟球轴承，面对面，无游隙
K6　角接触球轴承，串联
K7　角接触球轴承，背对背，无游隙
K8　角接触球轴承，面对面，无游隙内外圈带隔圈的圆锥滚子轴承
K9　串联
K10背对背，无游隙
K11面对面，无游隙
（以上为K系列轴承）
通用配对型轴承：
.UA 轴承并联安装时有小的轴向游隙
.UO 轴承并联安装时无游隙
.UL 轴承并联安装时有轻度预过盈

润滑、包装：

润滑：
L.. 润滑脂
L9..润滑
包装：
KS-金属板集装箱包装

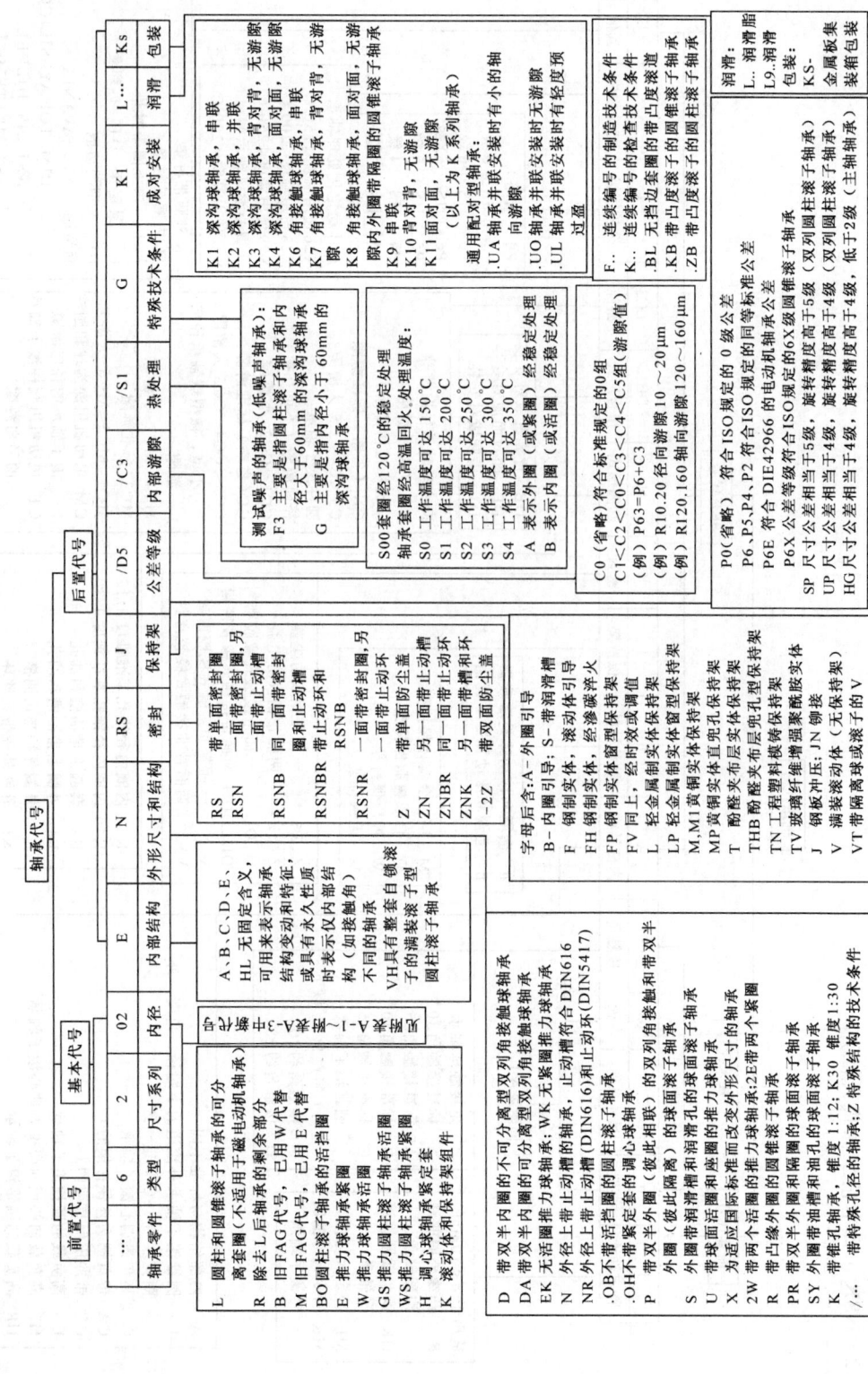

A.2 NSK（日本精工株式会社）

轴承代号：前置代号、基本代号、补充代号

F	6	2	03	…	A	h	T	D	N	DB	LC3	/P4	X28	+L
特定轴承	类型	尺寸系列	内径	接触角	内部结构	轴承材料	保持架	密封	套圈形式	组合形式	游隙	公差等级	特殊规格	其他

类型、尺寸系列、内径：同附录A.1

特定轴承：
适用于 $d<10mm$
F 凸缘外圈的深沟球轴承
HR 高负载圆锥滚子轴承
MF 特定尺寸的F
MR 特定尺寸的圆锥滚子轴承

接触角：
角接触球轴承
A 标准接触角30°
A5 标准接触角25°
B 标准接触角40°
C 标准接触角15°
圆锥滚子轴承
（省略）接触角17°以下
C 接触角约20°
D 接触角约28°

内部结构：
A 内部结构与标准不同
J 圆锥滚子轴承外滚道的小端径、角度、外圈宽度与ISO规定一致
C 高负载调心滚子轴承
CA 带黄铜实体保持架的C
CD 带冲压保持架的C
E 高负载的圆柱滚子轴承
H 高负载向心或向心推力调心滚子轴承
HR 高负载的圆锥滚子轴承

轴承材料：
g 套圈和滚动体是渗碳钢
h 套圈和滚动体是不锈钢

保持架：
M 铜合金实体保持架
T 合成树脂保持架
W 冲压保持架
V 无保持架

密封：
Z、ZS 一面带钢板防尘盖
ZZ、ZZS 两面带钢板防尘盖
D、DU 一面带接触式橡胶密封
DD、DDU 两面带接触式橡胶密封
V 一面带非接触式橡胶密封
VV 两面带非接触式橡胶密封

套圈形式：
K 内圈内径锥孔基准锥度1/12
K30 内圈内径锥孔基准锥度1/30
E 套圈上带油槽和油孔
E4 外圈上带油槽和油孔
N 外圈外径带止油槽
NR 外圈外径带止油环

组合形式：
DB 背靠背成对安装
DF 面对面成对安装
DT 串联成对安装

游隙：
向心球轴承径向游隙：
C1<C2 小游隙
（比标准游隙小）
CN（省略）标准游隙
C3<C4<C5 大游隙
圆柱滚子轴承：
径向游隙（不可互换）
CC1<CC2 小游隙
CC（省略）标准游隙
CC3<CC4<CC5 大游隙
小型、微型球轴承径向游隙
MC1<MC2 小游隙
MC3 标准游隙
MC4<MC5<MC6 大游隙
CM 电动机用深沟球和圆柱滚子轴承的径向游隙
CT 电动机用圆柱滚子轴承的径向游隙

公差等级：
P0（省略）JIS 0级
P6 JIS 6级
P6X JIS 6X级
P5 JIS 5级
P4 JIS 4级
P2 JIS 2级

特殊规格：
尺寸稳定化处理轴承
X26使用温度<150°C
X28使用温度<200°C
X29使用温度<250°C
（调心滚子轴承）
S11使用温度<200°C

其他：
+K 外圈带衬垫
+L 内圈带衬垫
+KL 内外圈带衬垫
H 紧定套 AH 拆卸套
HJ L型挡边圈
润滑脂 AV2 AVANIA
DIM TODAY SILICONE
NST NS HILUBE
PS2 MULTEMF

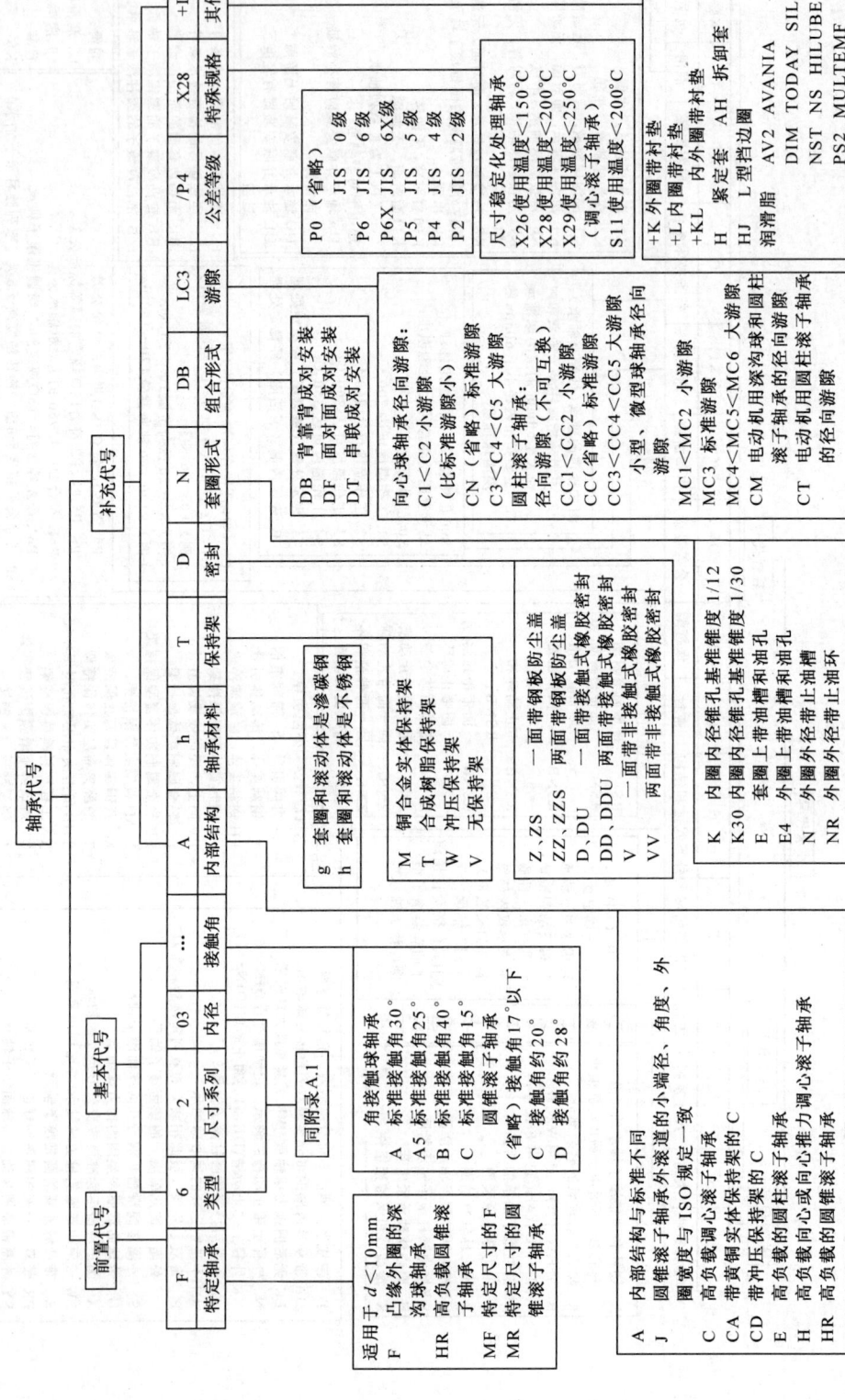

A.3　SKF（瑞典斯凯孚公司）

轴承代号

前置代号	基本代号				后置代号									
…	6	3	02	B	NRS	M	P5	/C3	/QE5	CC	/S1	HT	…
轴承部件	类型	尺寸系列	内径	内部设计	外部设计	保持架	公差等级	内部游隙	特殊技术要求	轴承配置	热处理	润滑剂	其他特性

轴承部件

L　可分离轴承的内圈或外圈
R　不带可分离内圈或外圈的轴承（滚针轴承仅适用 NA 型）
WS 推力圆柱滚子、推力滚针轴承轴圈
GS 推力圆柱滚子、推力滚针轴承座圈
K　推力圆柱滚子轴承滚子和保持架组件
K　符合英制AFBMA标准系列圆锥滚子轴承带滚子和保持架组合件的内圈或外圈

类型

0　双列角接触球轴承
1　调心球轴承
2　调心、推力调心滚子轴承
3　圆锥滚子轴承
4　双列深沟球轴承
5　推力球轴承
6、16　深沟球轴承
7　角接触球轴承
8　推力圆柱滚子轴承
N　圆柱滚子轴承
NU—内圈无挡边，NJ—内圈单挡边，NUP—内圈单挡边带平挡圈，NF—外圈单挡边，NN—双列，NNU—内圈无挡边的双列
R、NA 滚针轴承
Y—单元　外球面球轴承
QJ 四点接触球轴承

见附表A-2和附表A-3

尺寸系列：宽度系列　直径系列

内部设计

A、B、C、D、E　表示轴承内部设计或经过修改
B　①角接触球轴承，公称接触角 $\alpha=40°$
　②圆柱滚子轴承，采用表面处理滚子
C　①角接触球轴承，公称接触角 $\alpha=15°$
　②调心滚子轴承C型、CC型滚子为对称型
E　加强型
ACD 角接触球轴承，公称接触角 $\alpha=25°$

外部设计

CA、CB、CC　通用配对型角接触球轴承
K30　圆锥孔轴承，锥度 1:30，K为1:12
PP　轴承(支承滚轮轴承，凸轮随动轴承)两侧有接触式密封
N　外圈圆柱面有止动槽
NR　外圈有止动槽和止动圈
-LS 一侧有接触式油封，内圈无油封凹槽
-2LS 两侧有LS油封
-RZ 一面带骨架式合成橡胶低摩擦油封
-2RZ 两侧有RZ油封
-Z　一面带防尘盖(非接触式)
-2Z　两面带防尘盖
-RS　轴承(滚针轴承)一侧有合成橡胶接触式密封
K 1. 基本尺寸经修正以符合 ISO 标准
　2. 柱形滚动面(支承滚轮，凸轮随动轴承)
-RSL　轴承一侧有骨架式接触橡胶密封圈
-ZRSL　轴承两侧有RSL型密封
-ZN　一面带防尘盖，另一面外圈有止动槽
-ZNR　一面带防尘盖，另一面外圈有止动槽和环
-2ZNR 两面带防尘盖，一面外圈有止动槽
-2ZN　两面带防尘盖，外圈有止动槽

保持架

F　钢或特殊铸铁实体保持架
J　钢板冲压成形保持架
M　轻合金车制保持架
MP 黄铜车制保持架，窗型
L　轻合金实体保持架
TN 工程塑料模铸保持架
P　玻璃纤维增强尼龙 6.6 模铸保持架
Y　铜板冲压成形保持架
V　满滚子轴承（无保持架）
VH 由非分离型滚子组合件构成的满滚子轴承

公差等级

/CLN 相当于ISO公差6X级，用于米制圆锥轴承（宽度公差有所降低）
/CL0 相当于ISO0 级，用于英制圆锥滚子轴承
/CL3 相当于ISO3 级，用于英制圆锥滚子轴承
/CL7A 符合差速器轴承配置标准的圆锥滚子轴承
/CL7C 特殊标准（同上）
/P4　尺寸精度符合ISO4级公差
/P4A　除上外，旋转精度相当于AFBMA9级
/P5　尺寸和旋转精度符合ISO5级
/P6　尺寸和旋转精度符合ISO6级
/PA9A　尺寸和旋转精度相当于AFBMA9级
/PA9B　尺寸精度相当于AFBMA9 级，旋转精度高
/SP　尺寸精度约为P5，旋转精度约为P6
/UP　尺寸精度约为P4，旋转精度约为P4

内部游隙

/C1、/C2、-、/C3、/C4、/C5　游隙分别符合标准规定的1组、2组、0组、3组、4组、5组（代号中0组省略）
当游隙代号与轴承公差等级代号结合时，游隙代号C可省去，如 P6+C2=P62

特殊技术要求

/Q　最佳内部几何结构和表面粗糙度（用于圆锥滚子轴承）
/Q66 振动标准或峰值小于普通级标准
/QE5 符合电动机用特别标准尺寸及旋转精度达P6，噪声极低
/QE6 符合电动机用标准，低噪声值

轴承配置

A 轻预载荷（角接触球轴承）
B 预载荷较A大(角接触球轴承)
C 预载荷较B大(角接触球轴承)
CA 内部间隙较小(深沟球轴承或角接触球轴承)
CB 内部间隙较 CA 大（深沟球轴承或角接触球轴承）
CG“零”间隙（圆锥滚子轴承）

CC　内部间隙较 CB 大（深沟球轴承或角接触球轴承）
C…　特殊轴向内部间隙CC后面的数字表示轴向间隙大小
GA　较轻预载荷（深沟球轴承）
GB　预载荷大于 GA（深沟球轴承）
G　特殊预载荷（G后面的数字表示预载荷的大小）
/DB 两套可配对单列深沟球轴承、单列角接触球轴承或圆锥滚子轴承以背靠背方式成对安装，DB后的数字表示轴向间隙或安装时预载
/DF 两套以面对面方式排列的配对单列深沟球轴承、单列角接触球轴承或圆锥滚子轴承
/DT 两套串联排列的深沟球轴承、单列角接触球轴承或圆锥滚子轴承

热处理

轴承套圈稳定处理温度
/S0　150℃
/S1　200℃
/S2　250℃
/S3　300℃
/S4　350℃

润滑剂

/W　不能补充润滑油(无润滑油槽及油孔)
/W20　轴承外圈有三个润滑油孔
/W33　轴承外圈有润滑油槽及三个油孔
/W33X　轴承外圈有润滑油槽及六个油孔
（润滑脂类型后缀由一个字母与两个数字组成，字母表示温度范围，两个数字表示实际所用的润滑剂类型）
HT　高温润滑脂（-20~30℃）
LHT 低/高温润滑脂(-40~140℃)
LT　低温润滑脂（-50~80℃）
NT　中温润滑脂（-30~110℃）
NT　后缀表示特定轴承使用非标润滑脂，轴承内润滑脂用量与标准填充量（内部自由空间的25%~30%）不同时，可区别为
A:润滑脂用量少于标准用量
B:润滑脂用量大于标准用量
C:润滑脂用量大于B

其他特性

字母 V 和另一个字母（如VA）与三个数字组合，用来识别无法用现有其他后置代号表达的标准设计的变型，如：
/VA201—窑车轴承
/VA301—牵引电动机用圆柱滚子轴承

A.4 SNFA（法国森法公司）

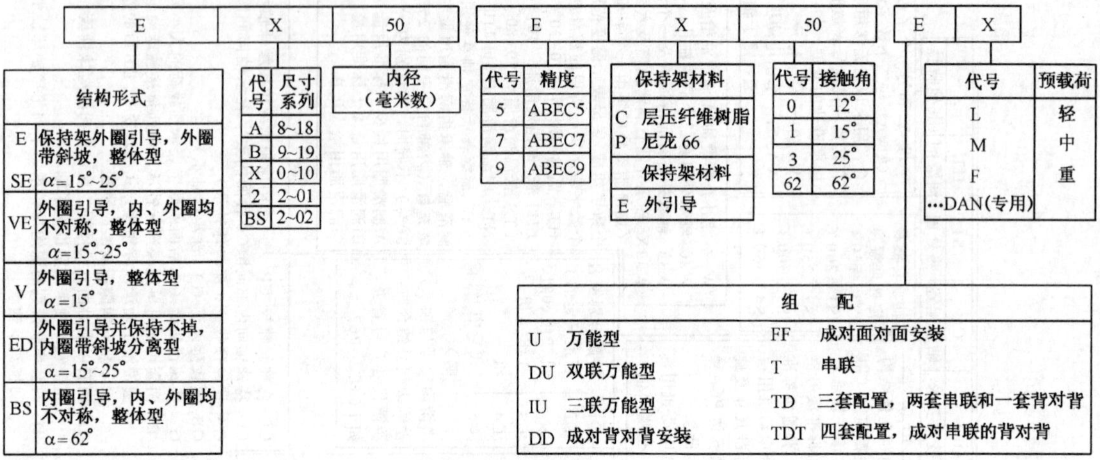

A.5 TIMKEN（美国铁姆肯公司）圆锥滚子轴承代号

A.5.1 分类明细表（见附表A-1）

附表A-1 分类明细表

代号系统		说明
英制轴承代号	旧代号	同系列轴承采用同样的滚子设计，通过改变滚子数量和滚道角度，可设计出不同径向承载力（小角度）或轴向承载力（大角度）的轴承；内外圈分别编号，一般地，内圈代号>系列号>外圈代号；如：500系列使用相同的滚子，595为大角度和24个滚子，525为小角度和15个滚子
	抗磨轴承制造商协会代号（AFBMA）（见附表1-3）	已成为英制尺寸轴承的国际标准。由前缀字母（一或两位字母，表示功能级别）、角度代号（前缀后第一位数字）、基本系列代号（第二至第四位数字）、部件代号（最后两位数字、表示轴承的确切代号）和修正后缀（一至三个字母，表示外部形状或内部设计）等五部分组成
米制轴承代号	J系列轴承代号	前缀字母J和AFBMA系统联用，用来识别米制尺寸及公差的内外圈，有时指米制化的英制轴承
	旧代号	由轴承类型代号（3）、宽度系列（0~3）、直径系列（0~3）和内圈孔径（最后两位数字）等四部分组成
	新（ISO）355轴承代号（见附表1-2）	3个字母和数字表示轴承系列，最后两位数字为轴承内径。此代号系统由类型代号（T）、角度系列（数字）、直径系列（字母）、宽度系列（字母）和内径等五部分组成
	TIMKEN 公司新代号	如：JP10049，J前缀—米制尺寸及公差：P—功能级别（C、D、F表示通用，P表示高速，W表示高轴向负荷，S、T表示用于小齿轮，N表示通用与S、T相结合）；100—内圈孔径/mm；49—部件代号（与AFBMA代号系统通用）

A.5.2 新国际标准（ISO）355米制轴承代号（见附表A-2）

附表A-2 新国际标准（ISO）355米制轴承代号

T	4		C		B		100
	角度系列代号	角度α（包括后者）	直径系列代号	$\frac{D}{d^{0.77}}$（包括后者）	宽度系列代号	$\frac{T}{(D-d)^{0.95}}$（包括后者）	
圆锥滚子轴承	1	为将来使用作保留	A	为将来使用作保留	A	为将来使用作保留	内圈孔径
	2	10°~13°52′	B	3.40~3.80	B	0.50~0.68	
	3	13°52′~15°59′	C	3.80~4.40	C	0.68~0.80	
	4	15°59′~18°55′	D	4.40~4.70	D	0.80~0.88	
	5	18°55′~23°	E	4.70~5.00	E	0.88~1.00	
	6	23°~27°	F	5.00~5.60			
	7	27°~30°	G	5.60~7.00			

A.5.3 AFBMA 寸制轴承代号（见附表 A-3）

附表 A-3 AFBMA 寸制轴承代号

HM		5		226				49	ADW
前缀字母	功能级别	角度代号	外圈夹角	系列代号	孔径/in	系列代号	孔径/in	部件代号	
EL	特轻型级	1	0°	00~19	含 0~1	640~659	15~16	外圈代号由 10~19 的数字表示，同一系列中第一个外圈截面最小的从 10 开始，如外圈在该系列中超过了 10 个代号，可使用 20~29	后缀代号（见附表 1-4）
LL	加轻型级	2	24°及以上	20~99	1~2	660~679	16~17		
L	轻型级	3	25°30′以上	000~029		680~694	17~18		
LM	轻中型级	4	27°以上	030~129	2~3	695~709	18~19		
M	中型级	5	28°30′以上	130~189	3~4	710~724	19~20		
HM	重中型级	6	30°30′以上	190~239	4~5	725~739	20~21		
H	重型级	7	32°30′以上	240~289	5~6	740~754	21~22	内圈代号将由 0~49 的数字表示，同一系列中第一个截面最小的内圈从 49 开始，如内圈在该系列中超过了 20 个代号，可使用 20~29	后缀代号（见附表 1-4）
HH	加重型级	8	36°以上	290~339	6~7	755~769	22~23		
EH	特重型级	9	45°以上，但非推力	340~389	7~8	770~784	23~24		
				390~429	8~9	785~799	24~25		
T	推力级	0	90°推力	430~469	9~10	800~829	25~30		
				470~509	10~11	830~859	30~35		
				510~549	11~12	860~879	35~40		
				550~579	12~13	880~889	40~50		
				580~609	13~14	890~899	50~72.5		
				610~639	14~15	900~999	72.5 以上		

A.5.4 后缀代号（见附表 A-4）

附表 A-4 后缀代号

A	内圈	与基本代号不同的内径或圆角半径	DH	内圈	使用特殊保持架、滚子的双内圈
A	外圈	不同的内径、宽度或圆角半径	DV	内外圈	用特殊钢材制成的双内圈或外圈
AB	外圈	带凸缘外圈（与基本代号不可互换）	DW	内外圈	带油槽或键槽等的双内圈或外圈
AC	内圈	不同的内径、圆角半径或内部结构	F	内圈	使用聚合物保持架
AC	外圈	不同的内径、宽度或圆角半径	G	内圈	内孔有护槽
AD	外圈	双外圈（与基本型号不可互换）	H	内圈	有特殊保持架、滚子或内部结构的组合
ADW	内圈	双内圈、两端带油槽和油孔	HR	外圈	用于液压挡边轴承的特殊外圈
AH	内圈	特殊的保持架、滚子或内部组合	R	内外圈	特殊轴承（与基本代号不可互换）
AS	内外圈	不同的内外径、宽度或圆角半径	S	内外圈	同上
AV	内外圈	用特殊钢材制成	SH	内圈	有特殊保持架、滚子或内部几何形状
AW	内外圈	带槽的内圈或外圈	SW	内外圈	带油槽或键槽（与基本代号不可互换）
AX	内圈	不同的内径和相同的圆角半径	T	内外圈	圆锥内孔或外径
AX	外圈	不同的外径和相同的圆角半径	TDE	内圈	带有圆锥内孔的双列和延伸挡边的内圈
AXD	外圈	ISO 外圈，无油孔或油沟的双外圈	TDH	内圈	除上面以外，另使用特殊内部结构
B	外圈	带法兰外圈（与基本代号不可互换）	TDV	内圈	除 TDE 外，另使用特殊钢材
B	内外圈	内部结构和外滚道角度不同	TE	内圈	单列，圆锥内孔，延伸大挡边
C	内圈	单内圈内部结构不同，同 CA	TL	内圈	有互锁的锥形内孔
C	外圈	尺寸与基本代号不同（不可互换）	U	内圈	一体化设计基本系列代号
CD	外圈	有油孔、油沟和定位销的双外圈	V	内外圈	用特殊钢材制造
CR	内外圈	外滚道有挡边的轴承系列	W	内外圈	开槽或带键槽，同 WA、WC、WS、X
CX	内圈	尺寸与基本代号不同（不可互换）	XD	外圈	双外圈，无油孔或油槽
D	内外圈	双内圈或外圈（不可互换）	XP	内圈	用特殊钢材及特殊工艺制成
DB	外圈	带法兰双外圈（不可互换）	XX	内外圈	单内圈或单外圈，用特殊钢材制造
DC	外圈	有定位销孔的双外圈	YD	外圈	双外圈带油孔，无油槽
DE	内外圈	尺寸与特性不同的双内圈或外圈	Z	内外圈	特殊座高

B 国内外通用轴承代号对照

B.1 国内外轴承公差等级对照（见附表 B-1）

附表 B-1 国内外轴承公差等级对照

国别(公司)标准	公差等级①				
中国 GB/T 307.1,GB/T 307.4	P0	P6(P6X②)	P5	P4	P2
ISO 492,ISO199	普通级	Class6(6X)	Class5	Class4	Class2
瑞典 SKF 公司	P0	P6(CLN)	P5	P4	PA9A
德国 DIN620	P0	P6(P6X)	P5	P4	P2
美国 AFBMA,Standard20	ABEC1	ABEC3	ABEC5	ABEC7	ABEC9
	RBEC1	RBEC3	RBEC5		
日本 JISB1514		P6(P6X)	P5	P4	P2
英国 BS292			EP5	EP7	EP9
英国 RHP 公司			EP5	EP7	EP9
法国 SNFA 公司			ABEC5	ABEC7	ABEC9

① 中国、SKF 具有 SP、UP 公差等级，FAG 具有 HG 公差等级。
SP—尺寸精度相当于 P5 级，旋转精度相当于 P4 级；
HG、UP—尺寸精度相当于 P4 级，旋转精度高于 P4 级。
② P6X 仅适用于圆锥滚子轴承。

B.2 国内外轴承游隙对照（见附表 B-2）

附表 B-2 国内外轴承游隙对照

轴承类型		中国	SKF	FAG	NSK	NACHI	NTN	STEYR	美国
深沟球轴承		C2	C2	C2	C2	C2	C2	C2	2
		(0组)	普通	C0	普通	普通	CN	标准	0
		C3	C3	C3	C3	C3	C3	C3	3
		C4	C4	C4	C4	C4	C4	C4	4
		C5	C5	C5	C5	C5	C5	C5	
调心滚子轴承	圆柱孔	C2	C2	C2	C2	C2	C2	C2	
		(0组)	普通	C0	普通	普通	CN	标准	
		C3	C3	C3	C3	C3	C3	C3	
		C4	C4	C4	C4	C4	C4	C4	
		C5			C5	C5	C5	C5	
	圆锥孔	C2	C2	C2	C2	C2	C2	C2	
		(0组)	普通	C0	普通	普通	CN	标准	
		C3	C3	C3	C3	C3	C3	C3	
		C4	C4	C4	C4	C4	C4	C4	
		C5			C5		C5	C5	
圆柱滚子轴承	可互换圆柱孔			C1①					
		C2	C2	C2	C2	C2	C2	C2	2
		(0组)	普通	C0	普通	普通	CN	标准	0
		C3	C3	C3	C3	C3	C3	C3	3
		C4	C4	C4	C4	C4	C4	C4	4
		C5	C5	C5	C5	C5	C5		
	不可互换圆柱孔				CC1		C1NA		
					CC2	C2NA	C2NA	C2	
					CC	CNA	CNA	标准	
					CC3	C3NA	C3NA	C3	
					CC4	C4NA	C4NA	C4	
					CC5	C5NA	C5NA		
调心球轴承	圆柱孔	C2	C2		C2	C2	C2	C2	2
		(0组)	普通		普通	普通	CN	标准	0
		C3	C3		C3	C3	C3	C3	3
		C4	C4		C4	C4	C4	C4	4
		C5	C5		C5	C5	C5		

（续）

轴承类型		中国	SKF	FAG	NSK	NACHI	NTN	STEYR	美国
调心球轴承	圆锥孔	C2	C2		C2	C2	C2	C2	2
		（0 组）	普通		普通	普通	CN	标准	0
		C3	C3		C3	C3	C3	C3	3
		C4	C4		C4	C4	C4	C4	4
		C5	C5		C5	C5	C5		

① FAG 的 SP 级、UP 级双列圆柱滚子轴承具有 C1 组游隙。

C　国内外钢球公差等级对照（见附表 C-1）

附表 C-1　国内外钢球公差等级对照

国别标准	公差等级	钢球尺寸、形状公差值/μm					球公称直径/mm
		球规值 S	批直径变动量 V_{DwL}	球直径变动量 V_{Dws}	球形误差 Δ_{SPH}	表面粗糙度 Ra	
中国 GB/T 308. 1—2013	G3	±5	0. 13	0. 08	0. 08	0. 012	0. 3~12. 7
	G5	±5	0. 25	0. 13	0. 13	0. 02	
	G10	±9	0. 5	0. 25	0. 25	0. 025	0. 3~25. 4
	G16	±10	0. 8	0. 4	0. 4	0. 032	
	G20	±10	1	0. 5	0. 5	0. 04	0. 3~38
	G28	±12	1. 4	0. 7	0. 7	0. 05	
	G40	±16	2	1	1	0. 08	0. 3~50. 8
	G60	±20	3	1. 5	1. 5	0. 1	0. 3~120
	G100	±40	5	2. 5	2. 5	0. 125	
	G200	±60	10	5	5	0. 2	
ISO3290—1998	3	±5	0. 13	0. 08	0. 08	0. 01	0. 3~104. 775
	5	±5	0. 25	0. 13	0. 13	0. 014	
	10	±9	0. 5	0. 25	0. 25	0. 02	
	16	±10	0. 8	0. 4	0. 4	0. 025	
	20	±10	1	0. 5	0. 5	0. 032	
	24	±12	1. 2	0. 6	0. 6	0. 04	
	28	±12	1. 4	0. 6	0. 7	0. 05	
	40	±16	2	1	1	0. 06	
	60	±18	3	1. 5	1. 5	0. 08	
	100	±40	5	2. 5	2. 5	0. 1	
	200	±60	10	5	5	0. 15	
美国 ANSI AFBMA std10—1989	3	±0. 75	0. 13	0. 08	0. 08	0. 012	0. 8~25
	5	+1. 25 −1	0. 25	0. 13	0. 13	0. 02	0. 3~38
	10	+1. 25 −1	0. 5	0. 25	0. 25	0. 025	
	16	+1. 25 −1	0. 8	0. 4	0. 4	0. 025	
	24	±2. 5	1. 2	0. 6	0. 6	0. 05	
	48		2. 4	1. 2	1. 2	0. 08	0. 8~75
	100	±12. 5	5	2. 5	2. 5	0. 125	
	200	±25	10	5	5	0. 2	
	500	±50	25	13	13		
	1 000	±125	50	25	25		10~114. 3
日本 JISB1501—1988	SP	±15	0. 3		0. 3		0. 3~76. 2
	P	±15	0. 5		0. 5		
	H	±15	0. 8		0. 8		
	N	±15	1. 5		1. 5		
德国 DIN5401—1993	Ⅰ	±10. 25	0. 5		0. 25		0. 3~10
	Ⅱ	±10. 5	1		0. 5		0. 3~25
	Ⅲ	±11	2		1		
	Ⅳ	±14	4		2		0. 3~10
	Ⅴ	±75	50		25		0. 3~50

D 国内外常用轴承钢材牌号对照（见附表 D-1）

附表 D-1 国内外常用轴承钢材牌号对照

序号	材料种类	国际标准 ISO 683/17	中国 GB/YB	美国 SAE	美国 AISI	美国 UNS	日本 JIS	德国 DIN	瑞典 SIS（SKF）	英国 BS	法国 NF	苏联 ГОСТ	意大利 UNI
1	高碳铬轴承钢	1	GCr15	52100	E52100	G62986	SUJ2	100Cr6	SKF3	534A99	100C6	ШХ15	100C6
2			GCr9	51100	E51100	G61986	SUJ1	105Cr4	SKF13	En31	100C5	ШХ9	105C4
3			GCr6	50100	E50100	G52986		105Cr2	SKF9		100C3	ШХ6	110C2
4		3	GCr15SiMn					100CrMn6		535M99		ШХ15СГ	25MC6
5		2	GCr9SiMn	52100. 1			SUJ3		SKF1				
6				52100. 2					SKF2			ШХ20СГ	
7				52100. 3				100CrMo73					
8	渗碳轴承钢		20Mn2	1024	1024	G1024	SMn420			150M19	20M5		
9				1118	1118	G1118				215M15			
10			12Cr2Ni4A	3310	E3310	G33100				655M13	10NC12	12Х2Н4А	
11				4023	4023	G40230							
12			G20CrMo	4118	4118	G41180						20ХМ	
13		14	G20Cr2Ni2Mo	4320	4320	G4320	SNCM420				20NCD7	20ХН2М	
14		11		4620	4620	G4620				665M20	20NDB	20Н2М	
15		13		4720	4720	G4720					18NCD4		
16				4820	4820	G4820							
17			20Cr	5120	5120	G5120	SCr420H			527A19	20MC5	20ХГР	
18		12	G20CrNiMo	8620	8620	G8620	SNCM220	20NiCrMo2		805M20	20NCD2		
19			G10CrNi3Mo	E9310	9310	G93106				832M13			
20	高温轴承钢	30	Cr4Mo4V		M50		AISI/M50	80MoCrV4216			80DCV40	8Х4В9Ф2-Ш	
21			Cr4Mo4		440M		440M			BG42			
22		31	W6Mo5Cr4V2		M2		SKH9	X82WMoCrV6542	2722	BM2	Z80WDCV6	Р6	UX82WD65
23			W9Cr4V2Mo		T7		SKH6	X82WV9. 2			Z70WD12	Р9	UX90W8
24		32	W18Cr4V		T1		SKH2	X75WCrV1841	2750	BT1	Z80WCV18	Р18	UX75W18
25			9Cr18				SUS57	WNr4535	2320			Х18	
26			9Cr18Mo		440C		SUS440C	X110CrMo15	3230			Х18М	
27			1Cr18Ni9Ti				SUS321	X10CrNiTi18. 9	2337	En58B	Z6CNT18. 11	12Х18Н9Т	X8CNT1810
28			55SiMoV		S2							55СМФА	

注：IOS—国际标准化组织标准；GB/YB—中国国家标准/冶金部标准；SAE—美国汽车工程师学会标准；AISI—美国钢铁学会标准；UNS—美国金属与合金统一编号；JIS—日本工业标准；SIS—瑞典工业标准；SKF—SKF 公司标准；DIN—德国国家标准；BS—英国国家标准；NF—法国国家标准；ГОСТ—苏联国家标准；UNI—意大利国家标准。

E　国内外常用轴承油品牌号对照（见附表 E-1）

附表 E-1　国内外常用轴承油品牌号对照

种类	项目内容	国际标准 ISO	中国 GB/SH	美国			英国	意大利	法国		日本	共同	德国
				MOBIL	SHELL	SUN	BP	AGIP	ELF	ESSO	石油	石油	FUCHS
主轴轴承油品	牌号		SH0017-90	Velocite Oil	Tellus	Sunvis	Energol HP CS	Blasia S		Spinseeo Teresso	Spinox S	MS Oil2	CLDLN 51517
主轴轴承油品	黏度等级	2	2	3			0			(MP2)	S2	1.5	CL2
主轴轴承油品	黏度等级	5	(3),5	4	C5		5			5	S5		CL5
主轴轴承油品	黏度等级	10	(7),10	6,E	C10		10,CS10			10	S10	10	CL10
主轴轴承油品	黏度等级	15	15	8		15				15			CL15
主轴轴承油品	黏度等级	22	22	10,DX,12	22,C22	22	CS22			22	S22	22	CL22
主轴轴承油品	黏度等级	32		CX(25)	32,C32	32	HP32,CS32			32	ACT32		CL32
主轴轴承油品	黏度等级	46		DTE M	46,C46	46	HP46,CS46			46	ACT46		CL46
主轴轴承油品	黏度等级	68		DTE HM	68,C48	68	HP68,CS68			68			CL68
主轴轴承油品	黏度等级	100		DTE H	100	100	HP100,CS100			100			CL100
滚动轴承用脂	通用		精密机床脂 SH0382-1992 锂基脂 GB7324—2010	Mobilux 1,2,3,EP 0,1,2 Mobiplex 43,44,45,46,47	Anvania X1,X2,X3,1,2,3 Sunlight 0,1,2,3 Alvania G2	JSO C Grease 1,2	Energrease LS2,LS3	GR MU2,3 Grease 30	Epexa 00,0,1,2	Lexdex 0,1,2 Beacon 2,3 Andok B,C	Multinoc Deluxe 1,2 Multinoc Grease 1,2	Lisonix Grease 0,1,2,3	(以下是 FUCHS) Renolit MP KP2-40 Calpsol Li EP 1,2,3
滚动轴承用脂	低温用		2 号低温脂及 KK3 脂	Grease22 Temp SHC100 SHC15ND	Alvania Grease RA	JSO C Grease 1,2	LT2		Rolexa 1,2,3	Beacon 325	MultioncWide2 ENS Grease HTN Grease	共石 LT Grease 0,1,2	
滚动轴承用脂	宽温度范围用		特 221 号脂及 KK-3 脂	Grease22 Temp SHC100 SHC460 TrackGrease	Valiant M2,M3,S1,S2 Aeroshell 7,17,15A Tivela Compound A	JSO MP Grease 40,41,42,43	MM-EP HTG2	GRMU/EP0,1,2,3 GR RP		Templex N2,N3 Andok 260	Multinoc Wide2 ENS Grease HTN Grease	共石 Urea Grease 0,1,2 LL-0,1,2	Renolit S2
滚动轴承用脂	混合皂基		滚珠轴承脂				C C3G				PAN WB pyronoc Universal N-6B		
轮毂轴承脂	锂基		锂基脂 GB/T 5671—2014	Mobil Grease 77,Mobil 1 Fully	Retinax A,AM Valiant WB Sunlight 2,3	JSC MP Grease 40,41,42,43	L2,LS2,LS3	33FD		Lexdex WB 2,3 Multi purpose Grease 1-1		Wheel Bearing Grease 1,2,3	

（续）

种类	项目内容	国际标准 ISO	中国 GB/SH	美国 MOBIL	美国 SHELL	美国 SUN	英国 BP	意大利 AGIP	法国 ELF	法国 ESSO	日本石油	共同石油	德国 FUCHS
溶剂稀释型防锈油	1号	相当于日本JIS（MIL）牌号-NP系列	NP-1 (P-1)	Mobilarma 633	Rustcoat101		Stemkor B1,B3,F	Pro 48 /D		RustBan373, 392,393, 397,398		共石 Everproof SP-1,P-1	Anticorit RP
	2号		NP-2 (P-2)	Meltal Guard 360	Ensis Fluid S		Stemkor G	Cover	Protera M1	Antirust ND91		SP-2	
	3号		NP-3 (P-3)	Meltal Guard 240, Mobilarma 245	Rustcoat 201, 300,301,302, 310,330		Stemkor H			Nd33,ND34	Antirust P-1300,1320, 1325,1327,1600	P-3	Anticorit Work22, PL3802
石油脂型防锈油	1号		NP-4 (P-4)		Ensis Fluid MD								RP4107 OHW360,TX, TW,R2
	2号		NP-5 (P-5)		Ensis Fluid SDC CompoundCC			Rustia 300GR					
	3号		NP-6 (P-6)	Mobilarma 798,355	Rustcoat 600,691					Rust-Ban 326	P-3600	SP-6	
置换型防锈油	1号		NP-7 (P-7)				Stemkor S	Rustia 81,82	Protera L-100			P7-7, P-77	
	2号		NP-8 (P-8)	EJ66/3044B			Stemkor X1	Dromus Oil Rustia 27	Protera L32,22			P-8, P-88	
	3号		NP-9 (P-9)		Rustcoat 900,901						P-2100, KS-5	P-9,P-99 P-950	Anticorit MKR4
	4号		NP-10 (P-10)	Mobilarma 523,524,525	Ensis Engine Oil30,40,10W, 20,Rustcoat 1001,1002		Protective Oil 20,30,40	Rustia 68/F,80/ F,100/F		JWS 2116K Rust-Ban 623,357	P-210,230	P-10-2	Anticorit 1,3,5F, 5012S
溶剂稀释透明型			NP-19 (P-19,21)					Rustia T1 10W/20, 30,50			P-1920		

注：MOBIL—美孚石油公司；SHELL—壳牌国际石油公司；SUN—太阳石油公司；BP—英国石油公司；AGIP—意大利石油总公司；ELF—法国爱尔菲（亿尔富）；ESSO—阿奎丁集团埃索标准油公司；日本石油—日本石油公司；共同石油—共同石油公司；FUCHS—德国福斯矿物油公司。

F　各国滚动轴承代号对照（见附表 F-1~附表 F-3）

附表 F-1　球轴承和滚子轴承

名称	中国 GB	瑞典 SKF	德国 FAG	日本 NSK	日本 NTN	日本 KOYO	日本 NACHI	美国 FAFNIR	美国 MRC	英国 RHP	奥地利 STEYR	法国 SNR
深沟球轴承	61800	61800	61800	6800								
	61900	61900		6900				9300K	1900S			
	16000	16000	16000	16000							16000	16000
	6000	6000	6000	6000				9100K	100KS	6000	6000	6000
	6200	6200	6200	6200				200K	200S	6200	6200	6200
	6300	6300	6300	6300				300K	300S	6300	6300	6300
	6400	6400	6400	—	6400				400S	6400	6400	
	6000-Z	6000-Z	6000ZR	6000Z			6000ZE	9100KD	100KSF	6000Z	6000Z	6000Z
	6200-Z	6200-Z	6200ZR	6200Z			6200ZE	200KD	200SF	6200Z	6200Z	6200Z
	6300-Z	6300-Z	6300ZR	6300Z			6300ZE	300KD	300SF	6300Z	6300Z	6300Z
	6000-2Z	6000-2Z	6000. 2ZR	6000ZZ			6000ZZE	9100KDD	100KSFF	6000-2Z	6000-2Z	6000ZZ
	6200-2Z	6200-2Z	6200. 2ZR	6200ZZ			6200ZZE	200KDD	200SFF	6200-2Z	6200-2Z	6200ZZ
	6300-2Z	6300-2Z	6300. 2ZR	6300ZZ			6300ZZE	300KDD	300SFF	6300-2Z	6300-2Z	6300ZZ
	6000-RS	600-RS1	600RSR	6000DU	6000LU	6000RS	6000NSE	9100P	100KSZ	6000RS	6000RS	6000E
	6200-RS	6200-RS1	6200RSR	6200DU	6200LU	6200RS	6200NSE	200P	200SZ	6200RS	6200RS	6200E
	6300-RS	6300-RS1	6300RSR	6300DU	6300LU	6300RS	6300NSE	300P	300SZ	6300RS	6300RS	6300E
	6000-2RS	600-2RS1	6000. 2RSR	600DDU	6000LLU	6000-2RS	6000-2NSE	9100PP	100KSZZ	6000-2RS	6000-2RS	6000EE
	6200-2RS	6200-2RS1	6200. 2RSR	6200DDU	6200LLU	6200-2RS	6200-2NSE	200PP	200SZZ	6200-2RS	6200-2RS	6200EE
	6300-2RS	6300-2RS1	6300. 2RSR	6300DDU	6300LLU	6300-2RS	6300-2NSE	300PP	300SZZ	6300-2RS	6300-2RS	6300EE

名称	中国 GB	瑞典 SKF	德国 FAG	日本 NTN	日本 NSK	日本 KOYO	日本 NACHI	英国 RHP	奥地利 STEYR	法国 SNR
调心球轴承	1200	1200E	1200	1200S	1200			1200	1200	1200
	1300	1300E	1300	1300S	1300			1300	1300	1300
	2200	2200E	2200	2200S	2200			2200	2200	2200
	2300			2300S	2300			2300		
	1200K	1200EK	1200K	1200SK	1200K			1200K	1200K	1200K
	1300K	1300EK	1300K	1300SK	1300K				1300K	1300K
	2200K	2200EK	2200K	2200SK	2200K			2200K	2200K	2200K
	2300K	2300EK	2300K	2300SK	2300K				2300K	2300K
	1200K +H200	1200EK +H200	1200K +H200	1200SK +H200X		1200K+H200X		1200K +H200	1200K +H200	1200K +H200

名称		中国 GB	瑞典 SKF	德国 FAG	德国 GMN	德国 DKF	德国 IBC	日本 NSK	日本 NTN	日本 KOYO	日本 NACHI
角接触球轴承	1	71900C	71900CD	B71900C	S61900C		71900C	7900C			
	2	7000C	7000CD	B7000C	S6000C		7000C	7000C			
	3	7200C	7200CD	B7200C	S6200C			7200C			
	4	7300C							7300C		
	5	7000AC	7000ACD	B7000E	S6000E	$B7000S_PB$	7000E	7000A	7000		
	6	7200AC	7200ACD	B7200E	S6200E	$B7200S_PB$	7200E	7200A	7200		
	7	7300AC				$B7300S_PB$	7300E	7300A	7300		
	8	7200B	7200B	7200B		7200B	7200BE	7200B			
	9	7300B	7300B	7300B		7300B	7300BE	7300B			

（续）

名称		美国 FAFNIR	美国 MRC	英国 RHP	英国 BARDEN	法国 SNFA	法国 SNR	奥地利 STEYR	波兰 FLT	捷克 ZKL
角接触球轴承	1	2M9300W1	1900-R	$7900X_2$	1900H	EB10CE1	71900C			
	2	2M9100W1	100-KR	$7000X_2$	100H	EX10CE1	7000C			
	3	2M200W1	200-R	$7200X_2$	200H	E210CE1	7200C			
	4	2MM300W1	300-R		300H		7300C			
	5	3M9100W1	7100-KR	$7000X_3$	2100H		7000H			
	6	3M200W1	7200	$7200X_3$	2200H	BS210CE3	7200H			
	7	3MM300W1	7300		2300H		7300H			
	8	7200WN	7200-P	$7200X_6$			7200B	7200B	7200B	7200C
	9	7300WN	7300-P	$7300X_6$			7300B	7300B	7300B	7300C

名称	中国 GB	瑞典 SKF	德国 FAG	日本 NSK	日本 NTN	日本 NACHI	日本 KOYO	美国 MRC	英国 RHP	奥地利 STEYR	波兰 FLT	捷克 ZKL
圆柱滚子轴承	N200			N200				MR200C		N200	N200	N200B
	N200E	N200EC	N200E									
	N300			N300						N300	N300	N300B
	N300E	N300EC	N300E									
	N400		N400M	N400				MR400C		N400	N400	N400B
	NF200			NF200				MR200D	NF200			
	NF300			NF300				MR300D	NF300			
	NU1000	NU1000	NU1000	NU1000				MR100KE		NU1000	NU1000	
	NU200			NU200				MR200E	NU200	NU200	NU200	NU200B
	NU200E	NU200EC	NU200E	NU200E		NU200R				NU200E		
	NU300			NU300				MR300E		NU300	NU300	NU300B
	NU300E	NU300EC	NU300E	NU300E		NU300R				NU300E		
	NU400	NU400	NU400	NU400				NR400E		NU400	NU400	NU400B
	NU2200			NU2200					NU2200	NU2200	NU2200	NU2200B
	NU2200E	NU2200EC	NU2200E	NU2200E		NU2200R				NU2200E		
	NU2300			NU2300					NU2300	NU2300	NU2300	NU2300B
	NU2300E	NU2300EC	NU2300E	NU2300E		NU2300R				NU2300E		
	NJ200			NJ200				MR200G		NJ200	NJ200	NJ200B
	NJ200E	NJ200EC	NJ200E	NJ200E		NJ200R				NJ200E		
	NJ300			NJ300				MR300G		NJ300	NJ300	NJ300B
	NJ300E	NJ300EC	NJ300E	NJ300E		NJ300R				NJ300E		
	NJ400	NJ400		NJ400				MR400G		NJ400	NJ400	NJ400B
	NJ2200			NJ2200						NJ2200	NJ2200	NJ2200B
	NJ2200E	NJ2200EC	NJ2200E	NJ2200E		NJ2200R				NJ2200E		
	NJ2300			NJ2300						NJ2300	NJ2300	NJ2300B
	NJ2300E	NJ2300EC	NJ2300E	NJ2300E		NJ2300R				NJ2300E		
	NUP200			NUP200						NUP200	NUP200	
	NUP200E	NUP200EC	NUP200E	NUP200E		NUP200R				NUP200E		
	NUP300			NUP300					NUP300	NUP300		
	NUP300E	NUP300EC	NUP300E	NUP300E		NUP300R				NUP300E		
	NUP400	NUP400	NUP400	NUP400						NUP400		
	NUP2200			NUP2200						NUP2200	NUP2200	
	NUP2200E	NUP2200EC	NUP2200E	NUP2200E		NUP2200R				NUP2200E		
	NUP2300			NUP2300						NUP2300	NUP2300	
	NUP2300E	NUP2300EC	NUP2300E	NUP2300E		NUP2300R				NUP2300E		

（续）

名称	中国 GB	瑞典 SKF	德国 FAG	日本 NSK	日本 NTN	日本 NACHI	日本 KOYO	美国 TORRINGTON
调心滚子轴承	21300CC	21300CC	21300E·TVPB	21300CD	21300C	21300E	21300RH	21300VCSJ
	21300CCK	21300CCK	21300EK·TVPB	21300CDK	21300CK	21300EK	21300RHK	21300KVCSJ
	2300CC/W33	23000CC/W33	2300EAS·M	23000CDE4	23000BD1	23000EW33	23000RHW33	
	2400CC/W33	24000CC/W33	24000ES·TVPB	24000CE4	24000BD1	24000EW33	24000RHW33	24000CJ
	23100CC/W33	23100CC/W33	23100EAS·M	23100CE4	23100BD1	23100EW33	23100RHW33	23100CJ
	24100CC/W33	24100CC/W33	24100ES·TVPB	24100CE4	24100BD1	24100EW33	24100RHW33	24100CJ
	22200CC/W33	22200CC	22200ES·TVPB	22200HE4	22200CD1	22200EW33	22200RHW33	22200CJ
	23200CC/W33	23200CC/W33	23200EAS·M	23200CE4	23200BD1	23200EW33	23200RHW33	
	22300CC/W33	22300CC	22300EAS·M	22300HE4	22300CD1	22300EW33	22300RHW33	22300CJ
	23000CCK /W33	23000CCK /W33	23000EASK·M	23000CDK4	23000BKD1	23000EK /EW33K	23000RHKW33	
	23100CCK /W33	23100CCK /W33	23100EASK·M	23100CKE4	23100BKD1	23100EK /EW33K	23100RHK W33	
	22200CCK /W33	22200CCK /W33	22200ESK· TVPB	22200HKE4	22200CKD1	22200EK/ EW33K	22200RHKW33	22200CJ
	23200CCK /W33	23200CCK /W33	23200EASK·M	23200CKE4	23200BKD1	23200EK /EW33K	23200RHKW33	
	22300CCK/W33	22300CCK	22300EASK·M	22300HKE4	22300CKD1	22300EK /EW33K	22300RHKW33	22300CJ
	24000CCK30 /W33	24000CCK30 /W33	24000BSK30 MB/BK30MB	24000 CK30E4	24000BK30D1	24000EW 33K30	24000RHK 30W33	
	24100CCK30 /W33	241000CCK30 /W33	24100ESK30 ·TVPB	24100 CK30E4	24100 BK30D1	24100EW 33K30	24100RHK 30W33	
	21300CCK +H300	21300CCK +H300	21300EK· TVPB+H300	21300CDK +H300X	21300CK +H300X	23100EK +H300	21300RHKW33 +H300X	
	23000CCK/W33 +H3000	23000CCK/ W33+H3000	23000EASK·M +H3000	23000CDKE4 +H3000	23000BKD1 +H3000X	23000EK +H3000	23000RHKW33 +H3000	23000E +SNW3000
	23100CCK/W33 +H3100	23100CCK/W33 +H3100	23100EASK· M+H3100	23100CKE4 +H3100X	23100BKD1 +H3100X	23100EK +H3100	23100RHKW33 +H3100X	23100K +SNW-3100
	22200CCK/W33 +H300	22200EK +H300	22200ESKTVPB +H300	22200HKE4 +H300X	22200CKD1 +H300X	22200EK +H300	22200RHKW33 +H300X	22200K +SNW-00
	23200CCK/W33 +H2300	23200CCK/W33 +H2300	23200EASK·M +H2300	23200CKE4 +H2300X	23200BKD1 +H2300X	23200EK +H2300	23200RHKW33 +H2300X	23200K +SNW-100
	22300CCK/W33 +H2300	22300EK +H2300	22300ESKTVPB +H2300	22300HKE4 +H2300X	22300CKD1 +H2300X	22300EK +H2300	22300RHKW33 +H2300X	22300K +SNW-100

名称	中国 GB	瑞典 SKF	德国 FAG	日本 NSK	日本 NTN	法国 SNR	奥地利 STEYR	捷克 ZKL	英国 RHP
圆锥滚子轴承	30200	30200	30200A	HR30200J	ET-30200	30200A	30200	30200E	
	30300	30300	30300A	HR30300J	ET-30300	30300V	30300	30300E	
	32200	32200	32200A	HR32200J	ET-32200	32200V	32200	32200E	
	32300	32300	32300A	HR32300J	ET-32300/ 4T-32300/ 32300U	32300V/ 32300BC12	32300	32300E	
	32000	32000X	32000X	HR32000XJ	ET-32000X 32000U	32000VC12	32000X	32000X	
	31300	31300	31300A	30300D/ HR30300DJ	4T-30300D/ ET-30300D/ 30300DU	31300VC12	31300	31300E	
	33000	33000	33000	HR33000J	4T-33000/ 33000U	33000VC12			
	33200	33200	33200	HR33200J	4T-33200/ 33200U				

（续）

名称	中国 GB	瑞典 SKF	德国 FAG	日本 NSK	日本 NTN	法国 SNR	奥地利 STEYR	捷克 ZKL	英国 RHP
推力球轴承	51100	51100	51100	51100	51100	51100	51100		51100
	51200	51200	51200	51200X	51200	51200	51200		51200
	51300	51300	51300	51300	51300	51300	51300		
	51400	51400	51400	51400	51400		51400		
	52200	52200	52200	52200	52200		52200		
	52300	52300	52300	52300	52300		52300		
	52400	52400	52400	52400	52400		52400		

注：1. 本表仅列出部分轴承的对照。
2. 有的国家有多家公司（工厂）生产轴承，表中只列出个别公司产品对照。
3. 本表为代号系列对照，具体某个代号对照请查有关标准。

附表 F-2 滚针轴承

	中国		德国	日本	美国	德国	日本	日本
	轴承代号	旧轴承代号	FAG	NTN	TORRINGTON	INA	IKO	KOYO
向心滚针和保持架组件	K5×8×8	（29241/5）	K5×8×8	K5×8×8	K5×8×8	K5×8×8	KT588	
	K6×9×8	K060908（29241/6）	K6×9×8	K6×9×8	K6×9×8	K6×9×8	KT698	
	K7×10×8	K071008（29241/7）	K7×10×8	K7×10×8	K7×10×8	K7×10×8	KT 7108	R7/8
	K8×11×8	K081108（29241/8）	K8×11×8	K8×11×8			KT8118	R8/8
	K14×18×10	K141810（29241/14）	K14×18×10	K14×18×10	K14×18×10	K14×18×10	KT141810	R14/10
	K15×19×10	K151910（29241/15）	K15×19×10	K15×19×10	K15×19×10	K15×19×10	KT151910	
	K16×20×10	K162010（29241/16）	K16×20×10	K16×20×10	K16×24×10	K16×20×10	KT162010	
	K17×21×10	K172110（29241/17）	K17×21×10	K17×21×10	K17×21×10	K17×21×10	KT172110	R17/10
	K18×22×10	K182210（29241/18）	K18×22×10	K18×22×10	K18×22×10	K18×22×10	KT182210	R18/10
	K20×24×10	K202410（29241/20）	K20×24×10	K20×24×10	K20×24×10	K20×24×10	KT202410	R20/10
	K22×26×10	K222610（29241/22）	K22×26×10	K22×26×10	K22×26×10	K22×26×10	KT222610	R22/10
	K25×29×10	K252910（29241/25）	K25×29×10	K25×29×10		K25×29×10	KT252910	R25/10
	K28×33×13	K283313（29241/28）	K28×33×13	K28×33×13		K28×33×13	KT283313	R28/10
	K30×35×13	K303513（29241/30）	K30×35×13	K30×35×13		K30×35×13	KT303513	R30/13-1
	K32×37×13	K323713（29241/32）	K32×37×13	K32×37×13	K32×37×13	K32×37×13	KT323713	
	K35×40×13	K354013（29241/35）	K35×40×13	K35×40×13	K35×40×13	K35×40×13	KT354013	
	K40×45×13	K404513（29241/40）		K40×45×13		K40×45×13	KT404513	
	K42×47×13	K424713（29241/42）	K42×47×13			K42×47×13	KT424713	
	K5×8×10	K050810（39241/5）	K5×8×10	K5×8×10	K5×8×10	K5×8×10		
	K6×9×10	K060910（39241/6）	K6×9×10	K6×9×10		K6×9×10	KT6910	
	K7×10×10	K071010（39241/7）	K7×10×10	K7×10×10		K7×10×10	KT71010	R7/10
	K8×11×10	K081110（39241/8）	K8×11×10	K8×11×10	K8×11×10	K8×11×10	KT81110	R8/10-1
	K9×12×10	K091210（39241/9）	K9×12×10	K9×12×10	K9×12×10	K9×12×10	KT91210	R9/10-1
	K10×13×10	K101310（39241/10）	K10×13×10	K10×13×10	K10×13×10	K10×13×10	KT101310	
	K12×15×10	K121510（39241/12）	K12×15×10	K12×15×10	K12×15×10	K12×15×10	KT121510	R12/10-1
	K14×18×13	K141813（39241/14）	K14×18×13	K14×18×13		K14×18×13	KT141813	
	K15×19×13	K151913（39241/15）	K15×19×13	K15×19×13	K15×19×13	K15×19×13	KT151913	R15/13
	K16×20×13	K162013（39241/16）	K16×20×13	K16×20×13	K16×20×13	K16×20×13	KT162013	R16/13
	K17×21×13	K172113（39241/17）	K17×21×13	K17×21×13	K17×21×13	K17×21×13	KT172113	R17/13
	K18×22×13	K182213（39241/18）	K18×22×13	K18×22×13		K18×22×13	KT182213	R18/13

（续）

	中国		德国	日本	美国	德国	日本	日本
	轴承代号	旧轴承代号	FAG	NTN	TORRINGTON	INA	IKO	KOYO
向心滚针和保持架组件	K20×24×13	K202413（39241/20）	K20×24×13	K20×24×13		K20×24×13	KT202413	R20/13
	K22×26×13	K222613（39241/22）	K22×26×13	K22×26×13	K22×26×13	K22×26×13	KT222613	R22/13
	K25×29×13	K252913（39241/25）	K25×29×13	K25×29×13	K25×29×13	K25×29×13	KT252913	R25/13-1
	K8×11×13	K081113（49241/8）	K8×11×13	K8×11×13		K8×11×13	KT81113	R8/13
	K9×12×13	K091213（49241/9）	K9×12×13	K9×12×13	K9×12×13	K9×12×13	KT91213	R9/13
	K10×13×13	K101313（49241/10）	K10×13×13	K10×13×13		K10×13×13	KT101313	R10/13
	K12×15×13	K121513（49241/12）	K12×15×13	K12×15×13	K12×15×13	K12×15×13	KT121513	R12/13
	K14×18×15	（49241/14）	K14×18×15	K14×18×15		K14×18×15		
	K17×21×15	（49241/17）	K17×21×15	K17×21×15			KT172115	
	K28×33×17	K283317（49241/28）	K28×33×17	K28×33×17		K28×33×17	KT283317	
	K30×35×17	K303517（49241/30）	K30×35×17	K30×35×17	K30×35×17	K30×35×17	KT303517	R30/17
	K32×37×17	K323717（49241/32）	K32×37×17	K32×37×17	K32×37×17	K32×37×17	KT323717	R32/17-1
	K35×40×17	K354017（49241/35）	K35×40×17	K35×40×17		K35×40×17	KT354017	R35/17
	K40×45×17	K404517（49241/40）	K40×45×17	K40×45×17	K40×45×17	K40×45×17	KT404517	
	K45×50×17	K455017（49241/45）	K45×50×17	K45×50×17	K45×50×17	K45×50×17	KT455017	
	K48×53×17	K485317（49241/48）	K48×53×17	K48×53×17	K48×53×17		KT485317	
	K55×61×20	K556120（49241/55）	K55×61×20	K55×61×20			KT556120	
	K70×76×20	K707620（49241/70）	K70×76×20	K70×76×20		K70×76×20		
	K80×86×20	K808620（49241/80）	K80×86×20	K80×86×20		K80×86×20		
	K14×18×17	K141817（59241/17）	K14×18×17	K14×18×17		K14×18×17		R14/17A
			K15×19×17	K15×19×17	K15×19×17	K15×19×17	KT151917	R15/17
	K16×20×17	K162017（59241/16）	K16×20×17	K16×20×17	K16×20×17	K16×20×17	KT162017	R16/17
	K17×21×17	K172117（59241/17）	K17×21×17	K17×21×17		K17×21×17	KT172117	
	K18×22×17	K182217（59241/18）	K18×22×17	K18×22×17		K18×22×17		R18/17
	K20×24×17	K202417（59241/20）	K20×24×17	K20×24×17		K20×24×17	KT202417	R20/17-1
	K22×26×17	K222617（59241/22）	K22×26×17	K22×26×17		K22×26×17	KT222617	R22/17
	K25×29×17	K252917（59241/25）	K25×29×17	K25×29×17		K25×29×17		R25/17
	K50×55×20	K505520（59241/50）	K50×55×20	K50×55×20	K50×55×20	K50×55×20	KT505520	R50/20
	K28×33×27	K283327（79241/28）	K28×33×27	K28×33×27		K28×33×27	KT283327	R28/27
	K30×35×27	K303527（79241/30）	K30×35×27	K30×35×27		K30×35×27	KT303527	
	K32×37×27	K323727（79241/32）	K32×37×27	KJ32×37×27		K32×37×27		
	K35×40×27	K354027（79241/35）	K35×40×27	KJ35×40×27		K35×40×27		
	K40×45×27	K404527（79241/40）	K40×45×27	K40×45×27		K40×45×27	KT404527	
	K42×47×27	K424727（79241/42）	K42×47×27	K42×47×27		K42×47×27		
	K45×50×27	K455027（79241/45）	K45×50×27	K45×50×27		K45×50×27	KT455027	R45/27
	K10×14×10	K101410（29242/10）	K10×14×10	K10×14×10		K10×14×10	KT101410	RS10/10
	K12×16×10	K121610（29242/12）	K12×16×10				KT121610	
	K15×20×13	K152013（29242/15）	K15×20×13	K15×20×13		K15×20×13		RS15/13
	K25×30×13	K253013（29242/25）	K25×30×13	K25×30×13	K25×30×13	K25×30×13	KT253013	
	K85×93×25	K859325（29242/85）	K85×93×25				KT859325	
	K90×98×25	K909825（29242/90）	K90×98×25				KT909825	
	K10×14×13	K101413（39242/10）	K10×14×13	K10×14×13		K10×14×13	KT101413	RS10/13
	K12×16×13	K121613（39242/12）	K12×16×13	K12×16×13	K12×16×13	K12×16×13	KT121613	12R1613

（续）

	中国		德国	日本	美国	德国	日本	日本
	轴承代号	旧轴承代号	FAG	NTN	TORRINGTON	INA	IKO	KOYO
向心滚针和保持架组件	K28×34×17	K283417（39242/28）	K28×34×17	K28×34×17		K28×34×17	KT283417	
	K40×46×17	K404617（39242/40）	K40×46×17	K40×46×17		K40×46×17		
	K85×93×30	K859330（39242/85）	K85×93×30	K85×93×30			KT859330	
	K100×108×30	K10010830（39242/100）	K100×108×30	K100×108×30		K100×108×30	KT10010830	
	K14×20×12	K142012（19243/14）	K14×20×12	K14×20×12	K14×20×12	K14×20×12	KT142012	
	K16×22×12	K162212（19243/16）	K16×22×12	K16×22×12		K16×22×12	KT162212	
	K18×24×12	K182412（19243/18）	K18×24×12	K18×24×12	K18×24×12	K18×24×12	KT182412	RS18/12-1
	K20×26×12	K202612（19243/20）	K20×26×12	K20×26×12	K20×26×12	K20×26×12	KT202612	
	K28×35×16	K283516（19243/28）	K28×35×16	K28×35×16		K28×35×16	KT283516	
	K30×37×16	K303716（19243/30）		K30×37×16		K30×37×16	KT303716	
	K35×42×16	K354216（19243/35）	K35×42×16	K35×42×16	K35×42×16	K35×42×16	KT354216	
	K55×63×20	K556320（19243/55）	K55×63×20	K55×63×20		K55×63×20	KT556320	
	K60×68×20	K606820（19243/60）	K60×68×20	K60×68×20		K60×68×20	KT606820	
	K63×71×20	K637120（19243/63）	K63×71×20				KT637120	
	K17×23×15	K172315（29243/17）	K17×23×15				KT172315	
	K30×37×20	K303720（29243/30）		K30×37×20			KT303720	RS30/20
	K32×39×20	K323920（29243/32）		K32×39×20			KT323920	
	K35×42×20	K354220（29243/35）		K35×42×20		K35×42×20	KT354220	RS35/20-1
	K40×47×20	K404720（29243/40）		K40×47×20		K40×47×20	KT404720	RS40/20
	K55×63×25	K556325（29243/55）	K55×63×25	K55×63×25		K55×63×25	KT556325	
	K60×68×25	K606825（29243/60）	K60×68×25	K60×68×25	K60×68×25	K60×68×25	KT606825	
	K80×88×25	K808825（29243/80）	K80×88×25				KT808825	
	K10×15×15	K101515（39243/10）		K10×15×15			KT101515	
	K16×22×17	K162217（39243/16）		K16×22×17			KT162217	RS16/17-1
	K18×24×17	K182417（39243/18）		K18×24×17			KT182417	RS18/17P
	K20×26×17	K202617（39243/20）	K20×26×17	K20×26×17	K20×26×17	K20×26×17	KT202617	RS20/17
	K25×31×17	K253117（39243/25）	K25×31×17	K25×31×17	K25×31×17	K25×31×17	KT253117	
	K65×73×30	K657330（39243/65）	K65×73×30	K65×73×30	K65×73×30	K65×73×30	KT657330	
	K70×78×30	K707830（39243/70）	K70×78×30	K70×78×30		K70×78×30	KT707830	
	K75×83×30	K758330（39243/75）	K75×83×30	K75×83×30		K75×83×30	KT758330	
	K80×88×30	K808830（39243/80）	K80×88×30	K80×88×30		K80×88×30	KT808830	
	K10×16×12	K101612（19244/10）		K10×16×12	K10×16×12	K10×16×12		
	K12×18×12	K121812（19244/12）	K12×18×12	K12×18×12		K12×18×12	KT121812	
	K25×32×16	K253216（19244/25）	K25×32×16	K25×32×16		K25×32×16	KT253216	
	K38×46×20	K384620（19244/38）	K38×46×20	K38×46×20		K38×46×20	KT384620	38R4620
	K40×48×20	K404820（19244/40）	K40×48×20	K40×48×20	K40×48×20	K40×48×20	KT404820	
	K45×53×20	K455320（19244/45）	K45×53×20	K45×53×20	K45×53×20	K45×53×20	KT455320	
	K50×58×20	K505820（19244/50）	K50×58×20	K50×58×20	K50×58×20	K50×58×20	KT505820	
	K40×48×25	K404825（29244/40）		K40×48×25			KT404825	
	K45×53×25	K455325（29244/45）	K45×53×25	K45×53×25			KT455325	
	K50×58×25	K505825（29244/50）	K50×58×25	K50×58×25	K50×58×25	K50×58×25	KT505825	

附表 F-3　带立式座外球面球轴承

		中国		日本				瑞典	德国
		轴承代号	旧轴承代号	NSK	NTN	FYH	ASAHI	SKF	FAG
带紧定螺钉UCP型	1.2系列	UCP 203	Z 90503					SY 17 TF	
		UCP 204	Z 90504	UCP 204	UCP 204	UCP 204	UCP 204	SY 20 TF	P56204
		UCP 205	Z 90505	UCP 205	UCP 205	UCP 205	UCP 205	SY 25 TF	P56205
		UCP 206	Z 90506	UCP 206	UCP 206	UCP 206	UCP 206	SY 30 TF	P56206
		UCP 207	Z 90507	UCP 207	UCP 207	UCP 207	UCP 207	SY 35 TF	P56207
		UCP 208	Z 90508	UCP 208	UCP 208	UCP 208	UCP 208	SY 40 TF	P56208
		UCP 209	Z 90509	UCP 209	UCP 209	UCP 209	UCP 209	SY 45 TF	P56209
		UCP 210	Z 90510	UCP 210	UCP 210	UCP 210	UCP 210	SY 50 TF	P56210
		UCP 211	Z 90511	UCP 211	UCP 211	UCP 211	UCP 211	SY 55 TF	P56211
		UCP 212	Z 90512	UCP 212	UCP 212	UCP 212	UCP 212	SY 60 TF	P56212
		UCP 213	Z 90513	UCP 213	UCP 213	UCP 213	UCP 213	SY 65 TF	
		UCP 214	Z 90514	UCP 214	UCP 214	UCP 214	UCP 214	SYJ 70 TG	
		UCP 215	Z 90515	UCP 215	UCP 215	UCP 215	UCP 215	SYJ 75 TG	
		UCP 216	Z 90516	UCP 216	UCP 216	UCP 216	UCP 216	SYJ 80 TG	
		UCP 217	Z 90517	UCP 217	UCP 217	UCP 217	UCP 217	SYJ 85 TG	
		UCP 218	Z 90518	UCP 218	UCP 218	UCP 218	UCP 218	SYJ 90 TG	
		UCP 220	Z 90520					SYJ 100 TG	
	2.3系列	UCP 305	Z 90605	UCP 305	UCP 305	UCP 305	UCP 305		
		UCP 306	Z 90606	UCP 306	UCP 306	UCP 306	UCP 306		
		UCP 307	Z 90607	UCP 307	UCP 307	UCP 307	UCP 307		
		UCP 308	Z 90608	UCP 308	UCP 308	UCP 308	UCP 308		
		UCP 309	Z 90609	UCP 309	UCP 309	UCP 309	UCP 309		
		UCP 310	Z 90610	UCP 310	UCP 310	UCP 310	UCP 310		
		UCP 311	Z 90611	UCP 311	UCP 311	UCP 311	UCP 311		
		UCP 312	Z 90612	UCP 312	UCP 312	UCP 312	UCP 312		

(续)

类型	中国		日本				瑞典	德国
	轴承代号	旧轴承代号	NSK	NTN	FYH	ASAHI	SKF	FAG
带紧定螺钉UCP型 2.3系列	UCP 313	Z 90613	UCP 313	UCP 313	UCP 313	UCP 313		
带紧定螺钉UCP型 2.3系列	UCP 314	Z 90614	UCP 314	UCP 314	UCP 314	UCP 314		
带紧定螺钉UCP型 2.3系列	UCP 315	Z 90615	UCP 315	UCP 315	UCP 315	UCP 315		
带紧定螺钉UCP型 2.3系列	UCP 316	Z 90616	UCP 316	UCP 316	UCP 316	UCP 316		
带紧定螺钉UCP型 2.3系列	UCP 317	Z 90617	UCP 317	UCP 317	UCP 317	UCP 317		
带紧定螺钉UCP型 2.3系列	UCP 318	Z 90618	UCP 318	UCP 318	UCP 318	UCP 318		
带紧定螺钉UCP型 2.3系列	UCP 319	Z 90619	UCP 319	UCP 319	UCP 319	UCP 319		
带紧定螺钉UCP型 2.3系列	UCP 320	Z 90620	UCP 320	UCP 320	UCP 320	UCP 320		
带紧定螺钉UCP型 2.3系列	UCP 321	Z 90621	UCP 321	UCP 321	UCP 321	UCP 321		
带紧定螺钉UCP型 2.3系列	UCP 322	Z 90622	UCP 322	UCP 322	UCP 322	UCP 322		
带紧定螺钉UCP型 2.3系列	UCP 324	Z 90624	UCP 324	UCP 324	UCP 324	UCP 324		
带紧定螺钉UCP型 2.3系列	UCP 326	Z 90626	UCP 326	UCP 326	UCP 326	UCP 326		
带紧定螺钉UCP型 2.3系列	UCP 328	Z 90628	UCP 328	UCP 328	UCP 328	UCP 328		
带偏心套UELP型(1.2系列/2.3系列)	UELP 201	Z 390501					SY 12 WM	
带偏心套UELP型(1.2系列/2.3系列)	UELP 202	Z 390502					SY 15 WM	
带偏心套UELP型(1.2系列/2.3系列)	UELP 203	Z 390503					SY 17 WM	
带偏心套UELP型(1.2系列/2.3系列)	UELP 204	Z 390504	EWP 204		NAP 204		SY 20 WM	
带偏心套UELP型(1.2系列/2.3系列)	UELP 205/UELP 305	Z 390505/Z 390605	EWP 205/EWP 305		NAP 205		SY 25 WM	P36205
带偏心套UELP型(1.2系列/2.3系列)	UELP 206/UELP 306	Z 390506/Z 390606	EWP 206/EWP 306		NAP 206		SY 30 WM	P36206
带偏心套UELP型(1.2系列/2.3系列)	UELP 207/UELP 307	Z 390507/Z 390507	EWP 207/EWP 307		NAP 207		SY 35 WM	P36207
带偏心套UELP型(1.2系列/2.3系列)	UELP 208/UELP 308	Z 390508/Z 390608	EWP 208/EWP 308		NAP 208		SY 40 WM	P36208
带偏心套UELP型(1.2系列/2.3系列)	UELP 209/UELP 309	Z 390509/Z 390609	EWP 209/EWP 309		NAP 209		SY 45 WM	P36209
带偏心套UELP型(1.2系列/2.3系列)	UELP 210/UELP 310	Z 390510/Z 390610	EWP 210/EWP 310		NAP 210		SY 50 WM	P36210
带偏心套UELP型(1.2系列/2.3系列)	UELP 211/UELP 311	Z 390511/Z 390611	EWP 211/EWP 311		NAP 211		SY 55 WM	
带偏心套UELP型(1.2系列/2.3系列)	UELP 212/UELP 312	Z 390512/Z 390612	EWP 212/EWP 312		NAP 212		SY 60 WM	

（续）

		中国		日本				瑞典	德国
		轴承代号	旧轴承代号	NSK	NTN	FYH	ASAHI	SKF	FAG
带紧定套UKP +H型	1.2系列	UKP 205+H 2305	Z 290504	UKP 205+H 2305X	UKP 205+H 2305X	UKP 205LⅡ+H 2305	UKP 205+H 2305		
		UKP 206+H 2306	Z 290505	UKP 206+H 2306X	UKP 206+H 2306X	UKP 206LⅢ+H 2306	UKP 206+H 2306		
		UKP 207+H 2307	Z 290506	UKP 207+H 2307X	UKP 207+H 2307X	UKP 207LⅢ+H 2307	UKP 207+H 2307		
		UKP 208+H 2308	Z 290507	UKP 208+H 2308X	UKP 208+H 2308X	UKP 208LⅢ+H 2308	UKP 208+H 2308		
		UKP 209+H 2309	Z 290508	UKP 209+H 2309X	UKP 209+H 2309X	UKP 209LⅢ+H 2309	UKP 209+H 2309		
		UKP 210+H 2310	Z 290509	UKP 210+H 2310X	UKP 210+H 2310X	UKP 210LⅢ+H 2310	UKP 210+H 2310		
		UKP 211+H 2311	Z 290510	UKP 211+H 2311X	UKP 211+H 2311X	UKP 211LⅢ+H 2311	UKP 211+H 2311		
		UKP 212+H 2312	Z 290511	UKP 212+H 2312X	UKP 212+H 2312X	UKP 212LⅢ+H 2312	UKP 212+H 2312		
		UKP 213+H 2313	Z 290512	UKP 213+H 2313X	UKP 213+H 2313X	UKP 213LⅢ+H 2313	UKP 213+H 2313		
		UKP 215+H 2315	Z 290513	UKP 215+H 2315X	UKP 215+H 2315X	UKP 215LⅢ+H 2315	UKP 215+H 2315		
		UKP 216+H 2316	Z 290514		UKP 216+H 2316X	UKP 216LⅢ+H 2316	UKP 216+H 2316		
		UKP 217+H 2317	Z 290515		UKP 217+H 2317X	UKP 217LⅢ+H 2317	UKP 217+H 2317		
		UKP 218+H 2318	Z 290516		UKP 218+H 2318X	UKP 218LⅢ+H 2318	UKP 218+H 2318		
	2.3系列	UKP 305+H 2305	Z 290604		UKP 305+H 2305X	UKP 305+H 2305	UKP 305+H 2305		
		UKP 306+H 2306	Z 290605		UKP 306+H 2306X	UKP 306+H 2306	UKP 306+H 2306		
		UKP 307+H 2307	Z 290606		UKP 307+H 2307X	UKP 307+H 2307	UKP 307+H 2307		
		UKP 308+H 2308	Z 290607		UKP 308+H 2308X	UKP 308+H 2308	UKP 308+H 2308		
		UKP 309+H 2309	Z 290608		UKP 309+H 2309X	UKP 309+H 2309	UKP 309+H 2309		
		UKP 310+H 2310	Z 290609		UKP 310+H 2310X	UKP 310+H 2310	UKP 310+H 2310		
		UKP 311+H 2311	Z 290610		UKP 311+H 2311X	UKP 311+H 2311	UKP 311+H 2311		
		UKP 312+H 2312	Z 290611		UKP 312+H 2312X	UKP 312+H 2312	UKP 312+H 2312		
		UKP 313+H 2313	Z 290612		UKP 313+H 2313X	UKP 313+H 2313	UKP 313+H 2313		
		UKP 315+H 2315	Z 290613	UKP 315+H 2315X	UKP 315+H 2315X	UKP 315+H 2315	UKP 315+H 2315		
		UKP 316+H 2316	Z 290614	UKP 316+H 2316X	UKP 316+H 2316X	UKP 316+H 2316	UKP 316+H 2316		
		UKP 317+H 2317	Z 290615	UKP 317+H 2317X	UKP 317+H 2317X	UKP 317+H 2317	UKP 317+H 2317		
		UKP 318+H 2318	Z 290616	UKP 318+H 2318X	UKP 318+H 2318X	UKP 318+H 2318	UKP 318+H 2318		
		UKP 319+H 2319	Z 290617	UKP 319+H 2319X	UKP 319+H 2319X	UKP 319+H 2319	UKP 319+H 2319		
		UKP 320+H 2320	Z 290618	UKP 320+H 2320X	UKP 320+H 2320X	UKP 320+H 2320	UKP 320+H 2320		
		UKP 322+H 2322	Z 290620	UKP 322+H 2322X	UKP 322+H 2322X	UKP 322+H 2322	UKP 322+H 2322		
		UKP 324+H 2324	Z 290622	UKP 324+H 2324	UKP 324+H 2324X	UKP 324+H 2324	UKP 324+H 2324		
		UKP 326+H 2326	Z 290623	UKP 326+H 2326	UKP 326+H 2326X	UKP 326+H 2326	UKP 326+H 2326		
		UKP 328+H 2328	Z 290625	UKP 328+H 2328	UKP 328+H 2328X	UKP 328+H 2328	UKP 328+H 2328		

参 考 文 献

[1] 《机械工程标准手册》编委会. 机械工程标准手册：轴承卷［M］. 北京：中国标准出版社, 2002.

[2] 洛阳轴研科技股份有限公司. 全国滚动轴承产品样本［M］. 北京：机械工业出版社，2012.

[3] 闻邦椿. 机械设计手册：第3卷［M］. 5版. 北京：机械工业出版社，2010.

[4] 机械工程手册机电工程手册编委会. 机械工程手册：第五卷第29篇［M］. 北京：机械工业出版社, 1980.

[5] 韦根特. 滚动轴承设计与应用手册［M］. 刘家文，译. 武汉：华中工学院出版社，1985.

[6] 中国机械工业集团公司洛阳轴承研究所. 最新国内外轴承代号对照手册［M］. 2版. 北京：机械工业出版社，2006.

第15篇　联轴器、离合器与制动器

主　编　孙志礼
编写人　孙志礼　闫玉涛　闫　明　王　健
审稿人　修世超　苏鹏程

第5版
联轴器、离合器与制动器

主　编　孙志礼
编写人　孙志礼　闫玉涛　闫　明
审稿人　鄂中凯　苏鹏程

第1章　联　轴　器

1　常用联轴器的类型、性能、特点及应用（见表 15.1-1）

表 15.1-1　常用联轴器的类型、性能、特点及应用

类别	联轴器名称	转矩范围 /N·m	轴径范围 /mm	最高转速 /r·min^{-1}	许用相对位移			特点及应用说明
					轴向 /mm	径向 /mm	角向	
固定式刚性联轴器	套筒联轴器	圆锥销： 0.3~4000 平键： 71~5600 半圆键： 8~450 花键： 150~12500	4~100 20~100 10~35 25~102	一般 ≤200	无补偿性能 要求两轴严格精确对中			结构简单，制造容易，径向尺寸小，成本低，但装拆时需沿轴向移动较大的距离，而且只能用于连接两轴直径相同的圆柱形轴伸。一般用于工作平稳的小功率传动轴系
固定式刚性联轴器	凸缘联轴器（GB/T 5843—2003）	10~20000	10~180	13000~2300	无补偿性能 要求两轴严格精确对中			结构简单，制造容易，工作可靠，装拆方便，刚性好，传递转矩大，但不能吸收冲击。当两轴对中精度较低时，将引起较大的附加载荷。适用于工作平稳的一般传动，高速传动时需要有高的对中和制造精度
固定式刚性联轴器	夹壳联轴器	85~9000	30~110	900~380	无补偿性能 要求两轴严格精确对中			装拆方便，不需沿轴向移动两轴，但平衡困难，而且两轴径必须是相同的圆柱形。仅适用于低速传动的水平或垂直轴系，以传递平稳载荷为宜
固定式刚性联轴器	紧箍夹壳联轴器	180~12500	30~110	900~380	无补偿性能 要求两轴严格精确对中			其特点和使用性能与夹壳联轴器相似，但外形简单，平衡条件有所改善，夹紧力大。很适宜用于径向装配尺寸受限制的场合
可移式刚性联轴器	滑块联轴器	金属滑块： 120~20000 尼龙滑块： 16~5000	15~150 10~100	250~100 10000~1500	1~2	0.04d ≤0.2	30′ ≤40′	结构简单，径向尺寸较小，许用两轴径向位移较大，尼龙滑块还有一定减振缓冲作用，但对角位移较敏感，传动效率低。主要用于径向位移较大的两轴连接，尼龙滑块工作温度-20~70℃
可移式刚性联轴器	齿式联轴器（JB/T 5514—2007）	TGL 型： 10~2500	6~125	10000~2120	±1	0.3~1.1	1°	承载能力大，补偿两轴相对位移性能好，工作可靠，但制造困难，工作时需良好润滑，适用于正反转多变、起动频繁的传动轴系。其中 TGL 型有缓冲吸振性能，适用于中小功率传动；GⅡCL、GⅡCLZ型传递转矩能力较高，但补偿性能不如GⅠCL、GⅠCLZ，通常后者应用较广；GⅠCLZ、GⅡCLZ型需加中间轴，可增加径向位移和角位移
	（JB/T 8854.3—2001）	GⅠCL、 GⅠCLZ 型： 630 ~ 2.8×10^6	16~620	4000~500	较大	1.96~21.7	3°	
	（JB/T 8854.2—2001）	GⅡCL、 GⅡCLZ 型： 400~5×10^6	16~1000	4000~460	较大	1.0~8.5	3°	
	（JB/T 8854.1—2001）	GCLD 型： 120~5000	22~200	4000~2100	较大	0.4~6.3	3°	

（续）

类别	联轴器名称	转矩范围 /N·m	轴径范围 /mm	最高转速 /r·min^{-1}	许用相对位移			特点及应用说明
					轴向 /mm	径向 /mm	角向	
可移式刚性联轴器	滚子链联轴器（GB/T 6069—2002）	40~25000	16~190	4500~900	1.4~9.5	0.19~1.27	1°	结构简单，采用标准件，工艺性好，制造容易，对安装精度要求不高，且有一定补偿能力；对环境适应范围广，但吸振和缓冲性能差，安全性也差。可用于连续运转的一般传动轴系
	十字轴式万向联轴器（JB/T 5901—1991）（JB/T 5513—2006）（JB/T 3241—2005）（JB/T 3242—1993）	WS、WSO 型：11.2~1120 SWC 型：（1.25~10^3）×10^3 SWP 型：（2.0~160）×10^4 SWZ 型：（1.8~80）×10^4	8~42 100~620（回转直径） 160~650（回转直径） 160~550（回转直径）				≤45° ≤15° ≤15° ≤10°	径向外形尺寸小，紧凑，维修方便，传递转矩大，传动效率高，使用寿命长，噪声低，能传递空间两相交轴之间的传动，两轴之间的夹角大，但当采用单个万向联轴器时，从动轴转速会呈周期性波动现象。主要用于相交轴之间的传动连接（SWZ 型为整体轴承座，未列出）
	球铰式万向联轴器（JB/T 6139—2007）	6.3~1120		1000~500			≤40°	结构简单、体积小，运转灵活，易于维护。适用于小功率以传递运动为主的传动轴系
	球笼式同步万向联轴器（GB/T 7549—2008）	180~560000	25~160	1120~340			14°~18°	轴向尺寸小，结构紧凑，不受两轴轴线之间夹角的影响，能保证主、从动轴同步转动，但结构复杂，制造困难，要求有高的加工精度。主要用于要求结构紧凑的相交轴之间的传动连接
金属弹性元件联轴器	弹性阻尼簧片联轴器（GB/T 12922—2008）	（4.29~586）×10^3		3600~1100	1.5~4.0	0.24~1.3	0.2°	弹性高，阻尼大，缓冲减振能力强，安全可靠，但结构复杂，制造困难，成本高。主要用于载荷变化大，或存在扭转振动的传动轴系，如大功率的内燃机
	蛇形弹簧联轴器	JS 型 45~8×10^5 JSB 型 45~63000 JSS 型 JSD 型 45~160000 JSJ 型 140~160000 JSG 型 140~25000 JSZ 型 125~9000	18~500 18~260 18~380 22~360 12~200 12~200	4500~540 6000~1600 3600~900 10000~3300 3820~820	±（0.3~1.3）	0.31~1.02	0°9′~0°57′	弹性好，缓冲减振能力强，工作可靠，径向尺寸小，具有较好的补偿综合位移的能力，且耐久，承载能力高，结构型式多，但结构复杂，需润滑。主要用于有严重冲击载荷的中、大功率传动轴系，工作温度为-30~150℃

（续）

类别	联轴器名称	转矩范围 /N·m	轴径范围 /mm	最高转速 /r·min^{-1}	许用相对位移 轴向 /mm	径向 /mm	角向	特点及应用说明
金属弹性元件联轴器	膜片联轴器（JB/T 9147—1999）	JMⅠ型 25~160000 JMⅠJ 型 25~6300 JMⅡ型 40~180000 JMⅡJ 型 63~10^{7}	14~320 14~125 14~340 20~950	6000~710 6000~1600 10700~1050 9300~350	1~12	与中间轴长度有关	1°~2°	易平衡，不需润滑，对环境适应性强，且结构简单，装拆方便，工作可靠，无噪声，有一定的补偿功能和缓冲功能。主要用于载荷较平稳的中、高速传动，可部分代替齿式联轴器
金属弹性元件联轴器	挠性杆联轴器（GB/T 14653—2008）	5900~2810000		10700~750			(8~12)×10^{-3} Δα(rad)	扭转刚度大，承载能力高，不需润滑，不受温度影响，尺寸小，重量轻，使用寿命长，但补偿量小。适用于平稳运转的高速传动轴系
非金属弹性元件联轴器	弹性环联轴器（GB/T 2496—2008）	710~100000		4000~1000	0.7~3.5	1.2~6.2	3.2°	具有很高的弹性和极好的减振性能，补偿两轴的相对位移量大，安装容易，维修简单，但结构复杂，制造困难，径向尺寸较大。主要用于冲击载荷大，需要消除扭转振动的中、大功率传动轴系
非金属弹性元件联轴器	轮胎式联轴器（GB/T 5844—2002）	10~25000	11~180	5000~800	1.0~8.0	1.0~5.0	1°30′	结构简单，弹性好，扭转刚度小，减振能力强，补偿两轴相对位移量大，但径向外形尺寸大，传动时有附加轴向载荷。主要用于有较大冲击载荷，正、反转多变，起动频繁的传动轴系，工作环境温度为-20~80℃
非金属弹性元件联轴器	LAK 鞍形块弹性联轴器（JB/T 7684—2007）	63~50000	20~220	3700~550	2~12	2~10	1°~1°30′	由若干 U 形块代替轮胎形元件，结构简单，制造容易，安装方便，轴向补偿能力大，缓冲减振性能良好，但外形尺寸大，许用转速低
非金属弹性元件联轴器	弹性套柱销联轴器（GB/T 4323—2002）	6.3~16000	9~170	8800~1150	较大	0.1~0.3	15′~45′	结构紧凑，装配方便，具有一定的弹性和缓冲性能，补偿两轴相对位移量不大，当位移量太大时，弹性件易损坏。主要用于一般的中小功率传动轴系，工作温度为-20~70℃

（续）

类别	联轴器名称	转矩范围 /N·m	轴径范围 /mm	最高转速 /r·min⁻¹	许用相对位移			特点及应用说明
					轴向 /mm	径向 /mm	角向	
非金属弹性元件联轴器	弹性柱销联轴器（GB/T 5014—2003）	250~180000	12~340	8500~950	±(0.5~3.0)	0.15~0.25	30′	结构简单，制造容易，更换方便，柱销较耐磨，但弹性差，补偿两轴相对位移量不大。主要用于载荷较平稳、起动频繁、轴向窜动量较大、对缓冲要求不高的传动轴系，工作温度为-20~70℃
	弹性柱销齿式联轴器（GB/T 5015—2003）	100 ~ 25 $\times10^5$	12~850	4000~460	±(1.5~5)	0.3~1.5	30′	有一定的弹性，能缓冲，且制造容易，不需润滑，更换方便，传递转矩范围大，可代替部分齿式联轴器。适用于正反转多变、起动频繁、转矩变化不大的传动轴系，工作温度为-20~70℃
	梅花形弹性联轴器（GB/T 5272—2002）	16~25000	12~160	15300~1900	1.2~5.0	0.2~0.8	30′~1°	结构简单，维修方便，有缓冲减振功能，安全可靠，耐磨，对加工精度要求不高，适应范围广。可用于各种中小功率的水平和垂直传动轴系，工作温度为-35~80℃
	径向弹性柱销联轴器（JB/T 7849—2007）	1250~355000	25~260	5000~1200	1	1	35′~1°	柱销由径向插入两半联轴器，其工作条件与梅花形弹性件相似，但制造容易，更换方便，不需沿轴向移动两半联轴器，不过外径尺寸较大，许用转速较低
	芯型弹性联轴器（GB/T 10614—2008）	6.3~8000	10~140	4000~1400	0.5~3.0	0.5~1.0	30′~1°30′	结构简单，径向尺寸小，具有补偿两轴相对位移和减振的功能，但橡胶环寿命较短，不耐酸碱和有机溶剂。可用于中小功率的水平和垂直轴系，工作温度为-20~70℃
	H 形弹性块联轴器（JB/T 5511—2006）	20~71000	12~250	5000~800	2~6	0.5~2.0	1°~1°30′	径向尺寸紧凑，具有一定补偿两轴相对位移和缓冲减振功能，但橡胶块寿命较短，不耐酸碱和有机溶剂。可用于水平和垂直传动轴系，工作温度为-30~80℃
	弹性块联轴器（JB/T 9148—1999）	10000~3150000	85~850	1950~380	1.5~3	0.5~1	15′~30′	装拆维护简便，使用寿命长，具有补偿两轴相对位移的功能和减振、缓冲功能，无噪声，可在现场简便地调整刚度。可用于大中功率、振动冲击较大的传动轴系，工作温度为-30~120℃

（续）

类别	联轴器名称	转矩范围 /N·m	轴径范围 /mm	最高转速 /r·min^{-1}	许用相对位移			特点及应用说明
					轴向 /mm	径向 /mm	角向	
非金属弹性元件联轴器	多角形橡胶联轴器 (JB/T 5512—1991)	50~8000	12~160	5000~900	±(2~5)	1~2	2°~5°	结构简单,弹性好,具有补偿两轴相对位移和减振、缓冲功能,拆修方便。可用于角位移较大、有较大冲击、正反转多变、起动频繁的传动轴系，工作温度为-30~60℃

2 联轴器的选择（摘自 GB/T 12458—2003）

2.1 联轴器类型的选择

在选择标准联轴器时应根据使用要求和工作条件，如承载能力、转速、两轴相对位移、缓冲吸振能力以及装拆和更换易损元件的难易程度等综合因素来确定。具体选择时可依次考虑以下几点：

1）原动机和工作机的机械特性。不同类型的原动机，有的输出功率和转速是平稳恒定的，有的是波动不均匀的。而各种工作机的载荷性质差异更大，有的平稳，有的有冲击甚至强烈冲击或振动。这将直接影响联轴器类型的选择，是选型的重要依据之一。对于载荷为平稳的，可选用刚性联轴器，否则宜选用弹性联轴器。

2）联轴器连接的轴系及其运转情况。对于连接轴系的重量大、转动惯量大，并且经常起动、变速或反转的联轴器，则应考虑选用能承受较大瞬时过载，并能缓冲吸振的弹性联轴器。

3）工作机的转速高低。对于需高速运转的两轴连接，应考虑选择具有高平衡精度特性的联轴器结构，以消除因离心力而产生的振动和噪声，减少相关元件的磨损和发热，降低传动重量和延长使用寿命。其中膜片联轴器对高速运转适应性较好。

4）联轴器保持良好对中是使运转正常的前提，也可防止产生过大附加载荷及其他不良工况。联轴器对中调整的难易，除与本身结构有关外，还应与其机械类型在对中时采用的措施相适应。同时还需考虑其机械工作时有关零件因受载和温升产生变形及零件相对滑动而发生的磨损，从而使两轴产生附加的相对位移。所以，选择的联轴器不但要补偿安装时难免存在的一定相对偏差，还应预计到能补偿两轴在运转中出现的相对位移的能力。

5）联轴器的结构及工作特性。联轴器的外形尺寸，安装、拆卸所需的空间大小和难易程度以及对维护的要求等都应与机组的具体配置位置和要求相适应，如两轴垂直时，有些齿式联轴器就不适用。此外还应考虑机组对联轴器主、从动轴转速的同步性（包括转速波动和弹性回差）是否有要求。例如，单十字轴式万向联轴器的从动轴转速有周期性波动，一般弹性联轴器在起动和载荷或转速改变时，从动轴有弹性回差现象。

6）联轴器的可靠性、使用寿命和工作环境。对于要求运转可靠，不允许运转工作临时中断的传动，最好选用不需润滑、无非金属弹性元件的联轴器；对高温和有油类、酸、碱及其他腐蚀性介质或有光辐射存在的场所，应尽量不用含有橡胶弹性元件的联轴器；对有灰尘、潮湿的环境，应选用有罩壳的联轴器；对环境有清洁要求时应尽量不用油润滑的联轴器。

7）联轴器的制造、安装和维护的成本。在满足使用要求的条件下，应使选择的联轴器成本低，不需维护，以降低经常费用。

2.2 联轴器的型号选择

在选用标准联轴器或已有推荐的系列尺寸的联轴器型号时，一般都是以联轴器所需传递的计算转矩 T_c 小于所选联轴器的许用转矩［T］或标准联轴器的公称转矩 T_n 为原则。由于传动轴系载荷变化性质不同以及联轴器本身的结构特点和性能不同，联轴器实际传递的转矩不等于传动轴系理论上需传递的转矩 T，通常

$$T_c = TKK_dK_rK_t = 9550\frac{P_w}{n}KK_dK_rK_t \leq T_n \tag{15.1-1}$$

式中 T——理论转矩（N·m），对于有制动器的传动系统，当制动器的理论转矩大于动力机的理论转矩时，应按前者计算；

P_w、n——驱动功率（kW）和转速（r/min）；

K——工况系数，见表 15.1-2；

K_d——动力机系数，见表 15.1-3；

K_r——起动系数，见表 15.1-4；

K_t——温度系数，见表 15.1-5。

表 15.1-2　工况系数 K（摘自 JB/T 7511—1994）

载荷性质	工作机类型	K
均匀载荷	转向机构、加煤机、风筛、装罐机械	1.00
	鼓风机（离心式）、风扇（离心式）、离心泵	1.00
	鼓风机（轴流式）、风扇（轴流式）、回转泵	1.50
	压缩机（离心式、轴流式）	1.25~1.50
	液体搅拌设备，酿造、蒸馏设备，均匀加载运输机	1.0~1.25
	不均匀加载运输机、提升机（自动式、重力卸料式）	1.25~1.5
	给料机（板式、带式、圆盘式、螺旋式）	1.25
	废水处理设备	1.25
	纺织机械	1.25~1.50
	造纸设备（漂白、校平、卷取、清洗机）	1.0~1.50
	传动装置（主、辅传动）	1.25~1.50
	食品机械（瓶、罐装机，谷类脱粒机）	1.0~1.25
	印刷机械	1.50
中等冲击载荷	通风机（冷却塔式、引风机）	2.00
	泵（单缸或多缸）	1.75~2.25
	往复式压缩机	2.00
	搅拌机（筒形、混凝土）	1.50~1.75
	运输机（板式、螺旋式、往复式）	1.50~2.50
	提升机（离心式、料斗式、普通货车用）	1.50~2.00
	造纸设备	1.50~2.25
	食品机械（切割、搅面、绞肉）	1.75~2.00
	木材加工机械	1.50~2.00
	工具机（刨床、弯曲机、压力机、攻丝机）	1.50~2.50
	石油机械（石蜡过滤机、油井泵、旋转窑）	1.75~2.00
	轧制设备（剪切、绕线、拉拔机、成形、压延等）	1.50~2.25
	旋转式粉碎机	2.00~2.25
	橡胶机械	2.00~2.50
	起重机、卷扬机	1.50~2.00
	挖泥机及附属设备	1.50~2.25
	黏土加工设备	1.75~2.00
	洗衣机、锤式粉碎机	2.00
	旋转式筛石机	1.50
重、特重冲击载荷	碎矿（石）机	2.75
	摆动运输机、往复式给料机	2.50
	可逆输送辊道	2.50
	初轧机、中厚板轧机、剪切机、压力机、机架辊	>2.75

注：表中 K 值的范围根据同类机械中载荷性质的差异而定。

表 15.1-3　动力机系数 K_d

动力机			
电动机、汽轮机	内燃机		
	四缸及以上	双缸	单缸
1.0	1.2	1.4	1.6

表 15.1-4　起动系数 K_r（摘自 GB/T 3931—2010）

$Z \leqslant 120$	$Z>120\sim240$	$Z>240$
1.0	1.3	由制造厂定

注：Z 为主动端起动频率。

表 15.1-5　温度系数 K_t

环境温度/℃	天然橡胶（NR）	聚氨酯弹性体（PUR）	丁腈橡胶（NBR）
-20~30	1.0	1.0	1.0
>30~40	1.1	1.2	1.0
>40~60	1.4	1.5	1.0
>60~80	1.8	不允许	1.2

3 联轴器的轴孔形式与键槽形式及尺寸

3.1 联轴器的轴孔形式及其代号

联轴器轴孔形式有圆柱形轴孔——Y型、J型和圆锥形轴孔——Z型、Z_1型四种（见图15.1-1）。其中圆柱形轴孔形式加工容易，应用较广泛，但Y型仅限用于长圆柱形轴伸的电动机轴端。由于这种轴孔一般采用过渡配合或过盈配合，因此装拆有些不便，而且经过多次装拆后过盈量减小会影响配合性质。圆锥形轴孔依靠轴向压紧产生过盈配合，装拆较方便而且能保证半联轴器与轴有良好的同轴度，因此适用于载荷较大和工作时有冲击或反向转动的场合，但是圆锥形轴孔制造较困难。

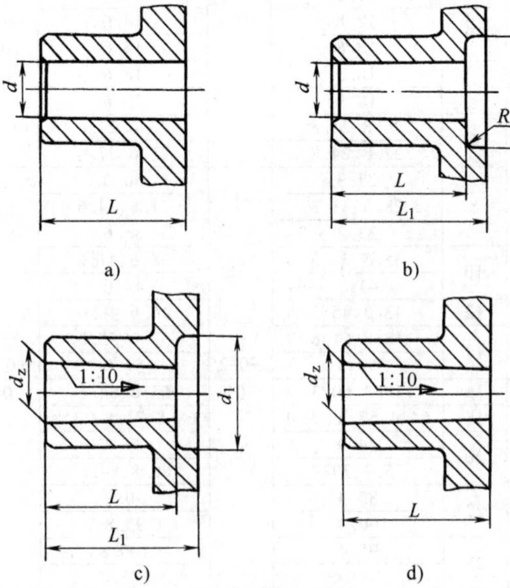

图15.1-1 联轴器的轴孔型式

a）Y型长圆柱形轴孔 b）J型有沉孔的短圆柱形轴孔

c）Z型有沉孔的长圆锥形轴孔 d）Z_1型无沉孔的长圆锥形轴孔

3.2 联轴器轴孔的键槽形式及其代号

联轴器与轴主要采用键连接，联轴器的键槽对圆柱形轴孔有A型（见图15.1-2a）、B型（见图15.1-2b）和B_1型（见图15.1-2c），以及普通切向键键槽——D型（见图15.1-2e）。对圆锥形轴孔有C型（见图15.1-2d）。

此外，也可采用花键连接和过盈连接等。联轴器轴孔和键槽的尺寸见表15.1-6和表15.1-7。

键槽的位置公差按照GB/T 1095—2003附录的规定。120°布置平键双键槽的倾斜度，180°布置平键双键槽的公共对称中心线的倾斜度，按GB/T 1184—1996《形状和位置公差 未注公差值》倾斜度公差7、8级选取，未注明的按9级选取。

当采用花键时，其形式与尺寸应符合花键标准的有关规定。

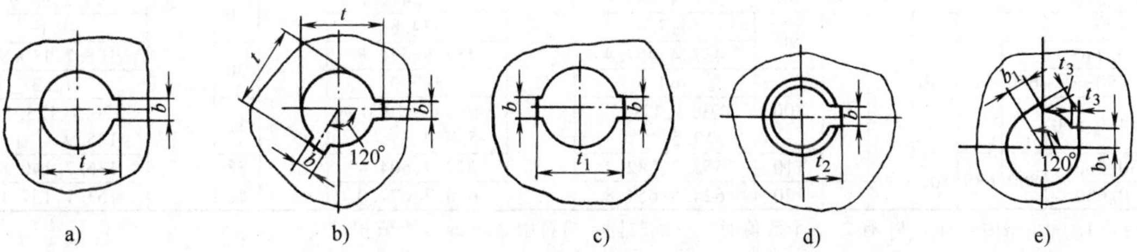

图15.1-2 联轴器轴孔的键槽形式

a）A型平键单键槽 b）B型120°布置平键双键槽 c）B_1型180°布置平键双键槽

d）C型圆锥形轴孔平键单键槽 e）D型圆柱形轴孔普通切向键键槽

表 15.1-6　圆柱形轴孔和键槽的尺寸（摘自 GB/T 3852—2008）　　（mm）

直径 d H7	长度 L 长系列	长度 L 短系列	长度 L_1	沉孔尺寸 d_1	沉孔尺寸 R	b P9	A 型、B 型、B_1 型键槽 t 公称尺寸	t 极限偏差	t_1 公称尺寸	t_1 极限偏差	D 型键槽 t_3 公称尺寸	t_3 极限偏差	b_1
6、7	18	—	—	—	—	2	7.8	+0.1 0	8.9	+0.2 0	—	—	—
8	22					2	9		10				
9						3	10.4		11.8				
10	25	22	—				11.4		12.8				
11						4	12.8		14.6				
12	32	27	—				13.8		15.6				
14						5	16.3		18.6				
16	42	30	42	38	1.5		18.3		20.6				
18、19						6	20.8、21.8		23.6、24.6				
20、22	52	38	52				22.8、24.8		25.6、27.6				
24						8	27.3	+0.2 0	30.6	+0.4 0			
25、28	62	44	62	48			28.3、31.3		31.6、34.6				
30	82	60	82	55			33.3		36.6				
32、35					2	10	35.3、38.3		38.6、41.6				
38				65			41.3		44.6				
40、42	112	84	112			12	43.3、45.3		46.6、48.6				
45、48				80		14	48.8、51.8		52.6、55.6				
50				95			53.8		57.6				
55、56					2.5	16	59.3、60.3		63.6、64.6				
60、63、65	142	107	142	105		18	64.4、67.4、69.4		68.8、71.8、73.8		7	0 -0.2	19.3、19.8、20.1
70				120		20	74.9		79.8				21.0
71、75							75.9、79.9		80.8、84.8		8		22.4、23.2
80	172	132	172	140	3	22	85.4		90.8				24.0
85							90.4		95.8				24.8
90				160		25	95.4		100.8				25.6
95							100.4		105.8		9		27.8
100、110	212	167	212	180	3	28	106.4、116.4	+0.2 0	112.8、122.8	+0.4 0	9	0 -0.2	28.6、30.1
120				210		32	127.4		134.8		10		33.2
125							132.4		139.8				33.9
130				235			137.4		144.8				34.6
140	252	202	252		4	36	148.4	+0.3 0	156.8	+0.6 0	11	0 -0.3	37.7
150				264			158.4		166.8				39.1
160、170	302	242	302			40	169.4、179.4		178.8、188.8		12		42.1、43.5
180						45	190.4		200.8				44.9
190、200	352	282	352	330	5		200.4、210.4		210.8、220.8		14		49.6、51.0
220						50	231.4		242.8		16		57.1
240	410	330	410	—	—	56	252.4		264.8				59.9
250、260							262.4、272.4		274.8、284.8		18		64.6、66.0
280	470	380	470			63	292.4		304.8		20		72.1
300						70	314.4		328.8				74.8
320							334.4		348.8		22		81.0
340	550	450	550				355.4		370.8				83.6
360、380						80	375.4、395.4		390.8、410.8		26		93.2、95.9
400	650	540	650			90	417.4		434.8				98.6
420、440							437.4、457.4		454.8、474.8		30		108.2、110.9
450						100	469.5		489.0				112.3
460、480、500							479.5、499.5、519.5		499.0、519.0、539.0		34		120.1、123.1、125.9
530、560	800	680	800			110	552.2、582.2		574.4、604.4		38		136.7、140.8
600、630						120	624.5、654.8		646.7、677.0		42		153.1、157.1

注：1. 一小格中 t、t_1、b_1 有 2~3 个数值时，分别与同一横行中 d 的 2~3 个值相对应。

2. 轴孔长度推荐选用 J 型和 Z 型，Y 型限用于长圆柱形轴伸电动机端。

3. 键槽宽度 b 的极限偏差也可采用 GB/T 1095—2003《平键　键槽的剖面尺寸》中规定的 JS9。

4. 沉孔亦可制成 d_1 为小端直径、锥度为 30°的锥形孔。

表 15.1-7 圆锥形轴孔和键槽的尺寸（摘自 GB/T 3852—2008） （mm）

直径 d_z H8	长度			沉孔尺寸		C型键槽		
	L Z型、Z_1型	L_1	L_2	d_1	R	b P9	t_2 Z型、Z_1型	t_2 极限偏差
6、7	12	—	—	—	—	—	—	—
8、9	14							
10	17							
11						2	6.1	+0.1 0
12	20	32					6.5	
14						3	7.9	
16	30	42	30	38	1.5		8.7	
18、19						4	10.1、10.6	
20、22	38	52	38				10.9、11.9	
24						5	13.4	
25、28	44	62	44	48			13.7、15.2	
30	60	82	60	55			15.8	
32、35					2.0	6	17.3、18.8	
38				65			20.3	
40、42	84	112	84			10	21.2、22.2	+0.2 0
45、48				80		12	23.7、25.2	
50							26.2	
55				95	2.5	14	29.2	
56							29.7	
60、63、65	107	142	107	105		16	31.7、32.2、34.2	
70、71、75				120		18	36.8、37.3、39.3	
80	132	172	132	140	3.0	20	41.6	
85							44.1	
90、95				160		22	47.1、49.6	
100、110	167	212	167	180		25	51.3、56.3	
120				210		28	62.6	
125					4.0		64.8	
130	202	252	202	235			66.4	
140						32	72.4	
150				265			77.4	
160、170	242	302	242			36	82.4、87.4	+0.3 0
180				330		40	93.4	
190、200	282	352	282		5.0		97.4、102.4	
220						45	113.4	

注：1. 一小格中 t_2 有几个数值时，分别与同一横行中 d_z 的几个值相对应。
2. b 的极限偏差也可采用 GB/T 1095—2003《平键　键槽的剖面尺寸》中规定的 JS9。

3.3 联轴器的轴孔与轴伸的配合

联轴器圆柱形轴孔与轴伸的配合见表 15.1-8。如采用无键过盈连接，其配合按照连接要求由计算确定。当选用过盈大于表 15.1-8 中规定的配合时，应验算联轴器轮毂的强度。圆锥形轴孔与轴伸的配合见表 15.1-9。

表 15.1-8 联轴器圆柱形轴孔与轴伸的配合

直径 d/mm	配合代号	
6~30	H7/j6	根据使用要求，也可选用 H7/r6、H7/p6 或 H7/n6 配合
>30~50	H7/k6	
>50	H7/m6	

注：联轴器轴孔与电动机或减速器轴伸的配合选用 H7/r6 或 H7/m6 时，轴孔按配置偏差加工。

表 15.1-9 圆锥形轴孔与轴伸的配合

(mm)

圆锥孔直径 d_z	孔 d_z 极限偏差	L 轴向极限偏差
>6~10	+0.058 0	0 -0.22
>10~18	+0.070 0	0 -0.27
>18~30	+0.084 0	0 -0.33
>30~50	+0.100 0	0 -0.39
>50~80	+0.120 0	0 -0.46
>80~120	+0.140 0	0 -0.54
>120~180	+0.160 0	0 -0.63
>180~250	+0.185 0	0 -0.72

注：锥度公差应符合 GB/T 11334—2005 圆锥公差中 AT6 级的规定。

3.4 联轴器轴孔和键槽的标记

对于 Y 型轴孔、A 型键槽的代号，其标记可以省略。当联轴器两端轴孔和键槽的形式与尺寸均相同时，可只标记一端，省略另一端。

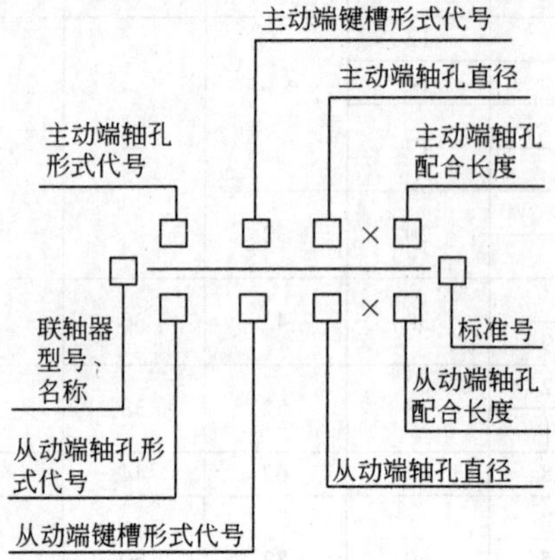

4 固定式刚性联轴器

4.1 套筒联轴器

4.1.1 非花键套筒联轴器（见表 15.1-10）

表 15.1-10 非花键套筒联轴器的形式、基本参数和主要尺寸 (mm)

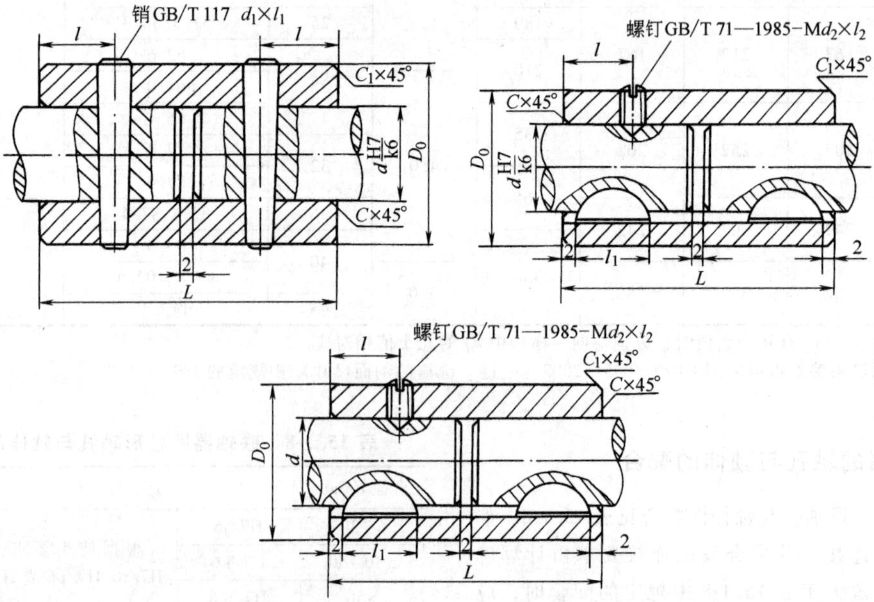

（续）

轴直径 dH7	许用转矩/N·m			D_0	L	l	C	C_1	$d_1 \times l_1$	$d_2 \times l_2$	普通型　平键 GB/T 1096—2003	半圆键　键槽的剖面尺寸 GB/T 1098—2003
	Ⅰ①	Ⅱ①	Ⅲ①									
10	4.5		8	18	35	8	0.5	0.5	2.5×18	M4×8		3×6.5×16
12	7.5		20	22	40				3×22			
14	16		28	25	45	10			4×25	M5×8		4×7.5×19
16	28		40	28	45				5×28			
18	32		56	32	55	12			5×32	M5×10		5×7.5×19
20	50	71	90	35	60	15	1.0	1.0	6×35	M6×10	6×22	5×9×22
22	56	90	110		65				6×35		6×25	
25	112	125	160	40	75	20			8×40		8×28	6×10×25
28	127	170	220	45	80				8×45	M8×12	8×32	
30	132	212	280		90						8×32	8×11×28
35	250	355	450	50	105	25	1.2		10×50		10×25	10×13×32
40	280	450		60	120				10×60	M8×12	12×50	—
45	530	710		70	140	35			12×70	M10×20	14×60	
50	600	850		80	150				12×80	M12×20		
55	630	1060		90	160		1.8		12×90	M12×25	16×70	
60	1060	1500		100	180	45		2.0	16×100	M12×25②	18×80	
70	1250	2240		110	200				16×110	M16×25②	20×90	
80	2240	3150		120	220	50			20×120		22×100	
90	2500	4000		130	240				20×130		25×110	
100	4000	5600		140	280	60			25×140	M20×25②	28×125	

注：键槽对套筒中心线的对称度根据使用要求，按 GB/T 1184—1996 中的对称度选取 7~9 级。

① Ⅰ—圆锥销套筒联轴器，Ⅱ—平键套筒联轴器，Ⅲ—半圆键套筒联轴器。

② 螺钉按照 GB/T 78—2007《内六角锥端紧定螺钉》。

4.1.2　花键套筒联轴器（见表 15.1-11）

表 15.1-11　花键套筒联轴器的形式、基本参数和主要尺寸　（mm）

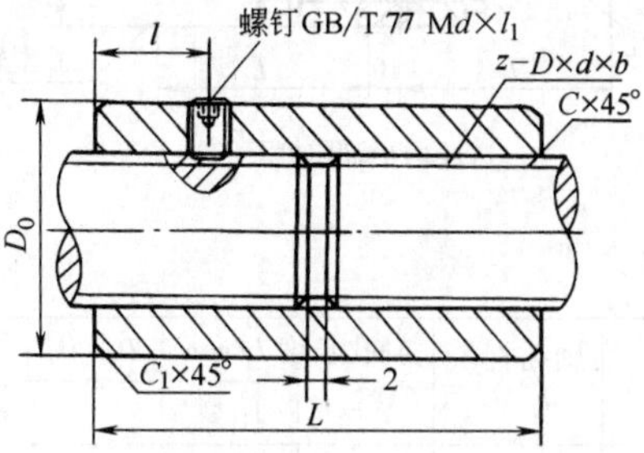

花键尺寸 z—D×d×b	键槽宽 b 极限偏差	D_0	L	l	C	C_1	许用转矩 [T] /N·m	$d \times l_1$	质量 /kg
6—25×21×5	+0.038 +0.020	35	45	10	1.0	1.0	150	M6×8	0.19
6—28×23×6		40	50	12			250		0.29
6—32×26×6		45	55		1.2		360	M6×10	0.41
6—34×28×7	+0.047 +0.025		60				420	M6×8	0.4
8—38×32×6	+0.038 +0.020	50	70	15			650	M6×10	0.56
8—42×36×7	+0.047 +0.025	55	80				900		0.74
8—48×42×8		60	90	20			1250	M8×10	0.88
8—54×46×9		70	100				2000	M8×12	1.48
8—60×52×10		80	110	25	1.8	2.0	2500	M8×16	2.22
8—65×56×10		90	120	30			3250	M10×18	3.33
8—72×62×12	+0.059 +0.032	100	130				4750		4.44
10—82×72×12		110	150	35			7500		5.68
10—92×82×12		120	170	40			10000	M12×18	7.24
10—102×92×14		130	190	45			12500		8.83

注：花键采用小径定心，花键槽直径 D 按 H7 制造。

4.2 凸缘联轴器（见表 15.1-12）

表 15.1-12 凸缘联轴器的形式、基本参数和主要尺寸（摘自 GB/T 5843—2003）

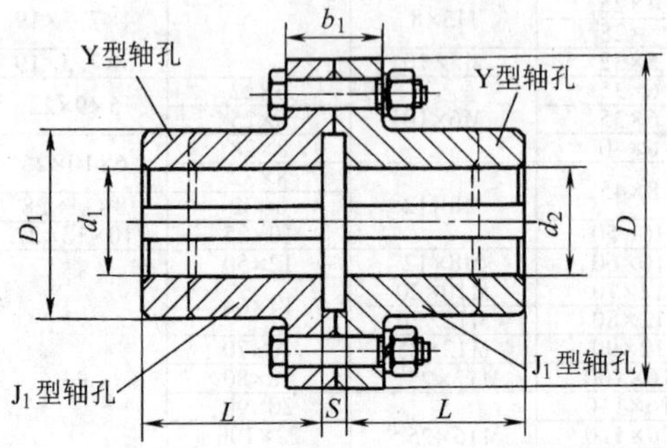

GY型凸缘联轴器

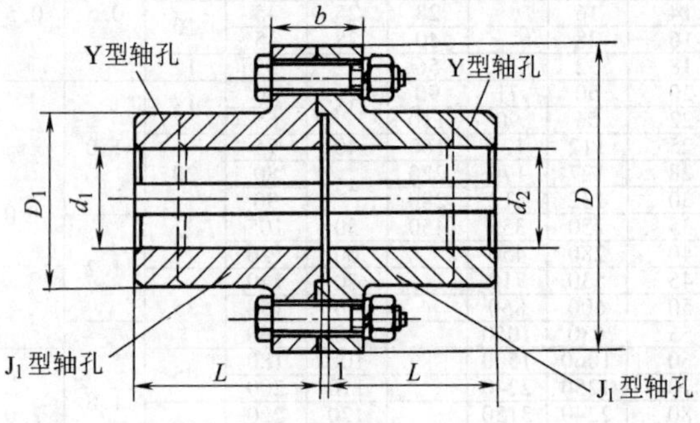

GYS型凸缘联轴器

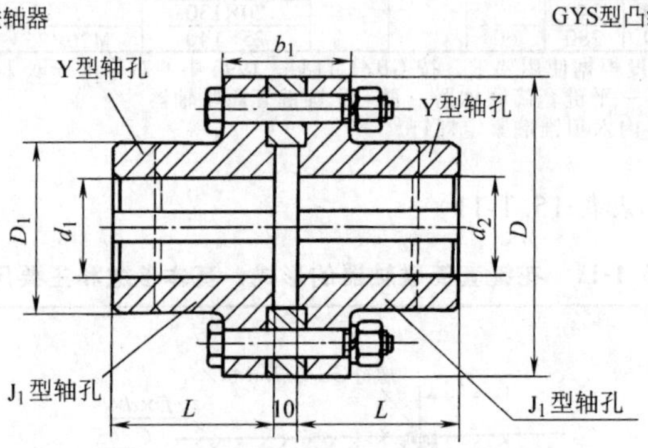

GYH型凸缘联轴器

型号	公称转矩 T_n/N·m	许用转速 $[n]$/r·min^{-1}	轴孔直径 d_1、d_2	轴孔长度 L/mm Y型	轴孔长度 L/mm J_1型	D (mm)	D_1 (mm)	b (mm)	b_1 (mm)	S (mm)	转动惯量 J/kg·m^2	质量 m/kg
GY1 GYS1 GYH1	25	12000	12	32	27	80	30	26	42	6	0.0008	1.16
			14									
			16	42	30							
			18									
			19									
GY2 GYS2 GYH2	63	10000	16	42	30	90	40	28	44	6	0.0015	1.72
			18									
			19									
			20	52	38							
			22									
			24									
			25	62	44							
GY3 GYS3 GYH3	112	9500	20	52	38	100	45	30	46	6	0.0025	2.38
			22									
			24									
			25	62	44							
			28									

（续）

型号	公称转矩 T_n/N·m	许用转速 $[n]$/r·min^{-1}	轴孔直径 d_1、d_2	轴孔长度 L/mm		D	D_1	b	b_1	S	转动惯量 J/kg·m^2	质量 m/kg
				Y 型	J_1 型	mm						
GY4 GYS4 GYH4	224	9000	25	62	44	105	55	32	48	6	0.003	3.15
			28									
			30	82	60							
			32									
			35									
GY5 GYS5 GYH5	400	8000	30	82	60	120	68	36	52	8	0.007	5.43
			32									
			35									
			38									
			40	112	84							
			42									
GY6 GYS6 GYH6	900	6800	38	82	60	140	80	40	56	8	0.015	7.59
			40	112	84							
			42									
			45									
			48									
			50									
GY7 GYS7 GYH7	1600	6000	48	112	84	160	100	40	56	8	0.031	13.1
			50									
			55									
			56									
			60	142	107							
			63									
GY8 GYS8 GYH8	3150	4800	60	142	107	200	130	50	68	10	0.103	27.5
			63									
			65									
			70									
			71									
			75									
			80	172	132							
GY9 GYS9 GYH9	6300	3600	75	142	107	260	160	66	84	10	0.319	47.8
			80	172	132							
			85									
			90									
			95									
			100	212	167							
GY10 GYS10 GYH10	10000	3200	90	172	132	300	200	72	90	10	0.720	82.0
			95									
			100	212	167							
			110									
			120									
			125									
GY11 GYS11 GYH11	25000	2500	120	212	167	380	260	80	98	10	2.278	162.2
			125									
			130	252	202							
			140									
			150									
			160	302	242							

（续）

型号	公称转矩 T_n/N·m	许用转速 $[n]$/r·min^{-1}	轴孔直径 d_1、d_2	轴孔长度 L/mm Y 型	轴孔长度 L/mm J_1 型	D	D_1	b	b_1	S	转动惯量 J/kg·m^2	质量 m/kg
						mm						
GY12 GYS12 GYH12	50000	2000	150	252	202	460	320	92	112	12	5.923	285.6
			160									
			170	302	242							
			180									
			190	353	282							
			200									
GY13 GYS13 GYH13	100000	1000	190	352	282	590	400	110	130	12	19.978	611.9
			200									
			220									
			240	410	330							
			250									

注：质量、转动惯量是按 GY 型联轴器 Y 型/J_1 型轴孔组合形式和最小轴孔直径计算的。

4.3 夹壳联轴器（见表 15.1-13）

表 15.1-13 夹壳联轴器的形式、基本参数和主要尺寸

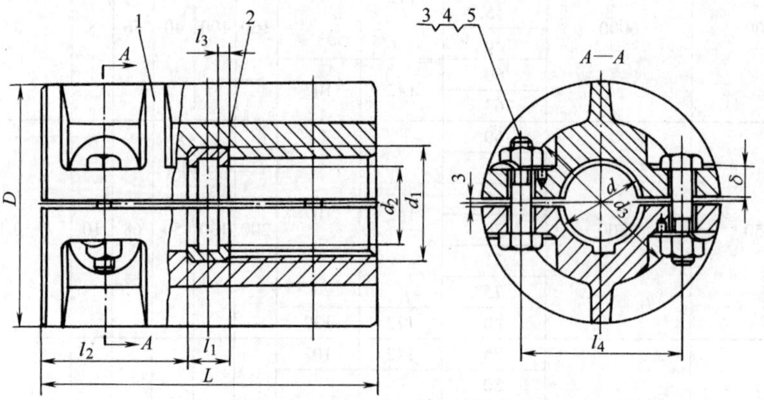

1—夹壳 2—半环 3—螺栓 4—螺母 5—外舌止动垫圈

轴径 d /mm	许用转矩 $[T]$ /N·m	许用转速 $[n]$ /r·min^{-1}	D	d_1	d_2	d_3	L	l_1 $\frac{H8}{js7}$	l_2	l_3 h11	l_4	δ	螺栓 z/个	螺栓 M×L_1 /mm	质量 /kg
			mm												
30	85	900	102	38	25	62	130	20	55	5	64	16	4	M12×50	4.47
40	236	800	118	48	35	76	162	20	71	5	80	16	6	M12×50	7.60
50	530	700	135	62	42	90	190	24	83	6	94	18	6	M12×55	10.85
65	1400	550	172	78	55	120	250	30	110	8	124	22	8	M16×65	25.06
80	2650	510	185	94	70	130	280	38	121	10	138	24	8	M16×70	30.16
95	5200	415	230	110	85	160	330	38	146	10	164	30	8	M24×100	56.38
110	9000	380	260	125	100	190	390	46	172	12	190	38	8	M24×120	78.00

4.4 紧箍夹壳联轴器（见表15.1-14）

表15.1-14 紧箍夹壳联轴器的形式、基本参数和主要尺寸

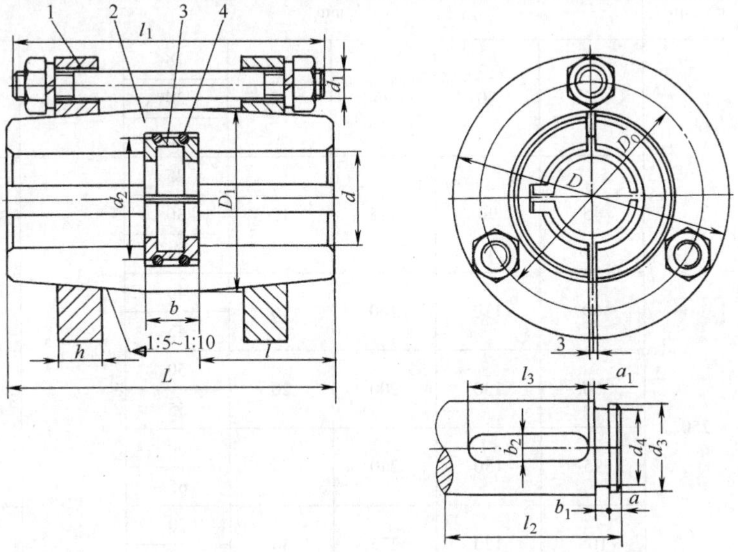

1—紧箍环 2—夹壳 3—半环 4—钢丝挡圈

轴径 d/mm	许用转矩 [T] /N·m	d_2	d_3	d_4	D	D_0	D_1	L	b	h	b_1	b_2	a	a_1	l	l_1	l_2	l_3	螺栓 z/个	螺栓 d_1/mm	质量/kg
		mm																			
30	180	35	28	23	90	70	55	120	16	16	4	8	3	2	52	115	65	50	3	M10	2.6
40	560	45	38	32	105	85	70	140	20	20	5	12	4	2	60	130	80	50	3	M10	4.6
50	900	55	48	42	120	100	85	170	24	24	6	16	5	2	73	160	90	70	3	M10	6.4
65	1400	70	62	55	160	135	115	230	30	30	8	18	6	2	100	210	120	100	3	M12	15.5
80	3150	90	78	70	180	155	135	260	36	36	10	24	8	2	112	240	140	110	3	M12	22.2
95	5600	105	92	82	210	180	160	320	40	40	10	28	8	3	140	285	170	140	3	M16	45.2
110	12500	125	108	98	240	210	185	370	45	45	12	32	10	3	163	345	200	160	3	M16	56.6

5 可移式刚性联轴器

5.1 滑块联轴器（见表15.1-15、表15.1-16）

表15.1-15 金属滑块联轴器的形式、基本参数和主要尺寸

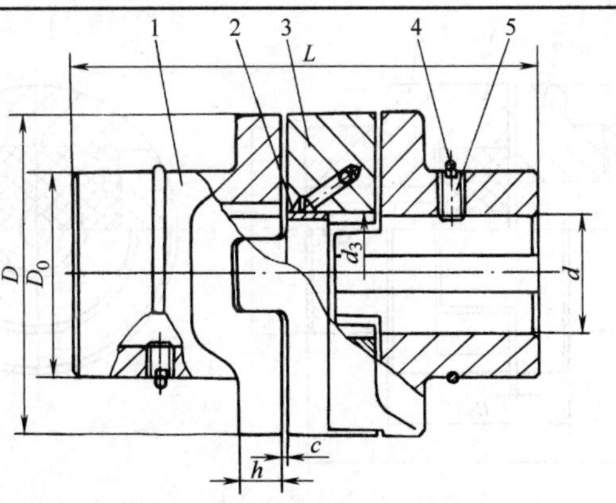

1—半联轴器 2—套筒 3—滑块 4—锁圈 5—螺钉

（续）

d/mm	许用转矩 [T] /N·m	许用转速 [n] /r·min^{-1}	D_0 (mm)	D (mm)	L (mm)	h (mm)	d_3 (mm)	c (mm)	转动惯量 J /kg·m^2	质量 /kg
15	120	250	32	70	95	12	18		0.0005	1.50
17							20			1.47
18							22			1.43
20	250		45	90	115	12	25		0.002	2.68
25							30			2.55
30							34			2.60
36	500		60	110	160	16	40		0.0065	5.57
40							45			5.21
45	800		80	130	200	20	50	$0.5^{+0.3}_{0}$	0.0175	10.00
50							55			9.46
55	1250		95	150	240	25	60		0.035	15.40
60							65			14.46
65	2000		105	170	275	30	70		0.063	22.41
70							75			21.29
75	3200		115	190	310	34	80		0.125	31.50
80							85			29.80
85	5000		130	210	355	38	90		0.225	44.77
90							95			42.46
95	8000		140	240	395	42	100		0.40	59.44
100							105			57.02
110	10000		170	280	435	45	115	$1.0^{+0.5}_{0}$	0.75	91.50
120							130			84.29
130	16000	100	190	320	485	50	140		1.425	129.55
140							150			120.00
150	20000		210	340	550	55	160		4.20	162.55

表 15.1-16　滑块联轴器的形式、基本参数和主要尺寸

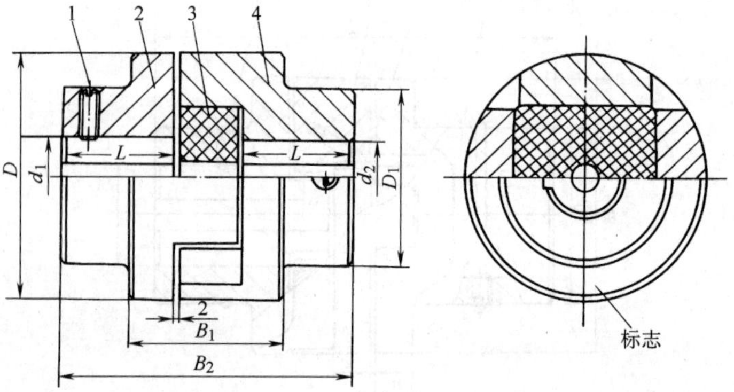

1—螺钉　2、4—半联轴器　3—滑块

（续）

型 号	许用转矩 [T] /N·m	许用转速 [n] /r·min⁻¹	轴孔直径 d_1、d_2	轴孔长度 Y型 L	轴孔长度 J_1型 L	D	D_1	B_1	B_2	转动惯量 J /kg·m²	质量 /kg
			mm								
KL1	16	10000	10,11 12,14	25 32	22 27	40	30	52	67 81	0.0007	0.6
KL2	31.5	8200	12,14 16,18	32 42	27 30	50	32	56	86 106	0.0038	1.5
KL3	63	7000	18,19 20,22	42 52	30 38	70	40	60	106 126	0.0063	1.8
KL4	160	5700	20,22,24 25,28	52 62	38 44	80	50	64	126 146	0.013	2.5
KL5	280	4700	25,28 30,32,35	62 82	44 60	100	70	75	151 191	0.045	5.8
KL6	500	3800	30,32,35,38 40,42,45	82 112	60 84	120	80	90	201 261	0.12	9.5
KL7	900	3200	40,42,45,48 50,55	112	84	150	100	120	266	0.43	25
KL8	1800	2400	50,55 60,63,65,70	112 142	84 107	190	120	150	276 336	1.98	55
KL9	3550	1800	65,70,75 80,85	142 172	107 132	250	150	180	346 406	4.9	85
KL10	5000	1500	80,85,90 95,100	172 212	132 167	330	190	180	406 486	7.5	120

注：1. 适用于控制器和油泵装置或其他传递转矩较小的场合。
2. 表中联轴器质量和转动惯量是按最小轴孔直径和最大长度计算的近似值。
3. 装配时两轴的许用补偿量为：轴向 $\Delta x=1\sim2$mm；径向 $\Delta y\leqslant0.2$mm；角向 $\Delta\alpha\leqslant40'$。
4. 联轴器的工作温度为-20~70℃。
5. 生产厂为乐清市联轴器厂。

5.2 齿式联轴器

齿式联轴器的承载能力既与材料及其热处理有关，也与两轴相对位移的方向和位移量大小有关，而且还与啮合齿面间的滑动速度和润滑状态有关，因此要精确计算齿式联轴器中轮齿的强度比较困难。对于GⅠCL、GⅡCL等标准联轴器，可按标准规定的方法选用，并按下式进行验算：

$$T_c=KK_dK_r9550\frac{P_w}{n}\leqslant K_1T_n \qquad (15.1\text{-}2)$$

式中 T_c——联轴器计算转矩［见式（15.1-1）］；
P_w、n——驱动功率（kW）和工作转速（r/min）；
K、K_d、K_r——系数，查表15.1-2~表15.1-4；
T_n——联轴器的公称转矩（N·m）；
K_1——转矩修正系数（由图15.1-3查出）。

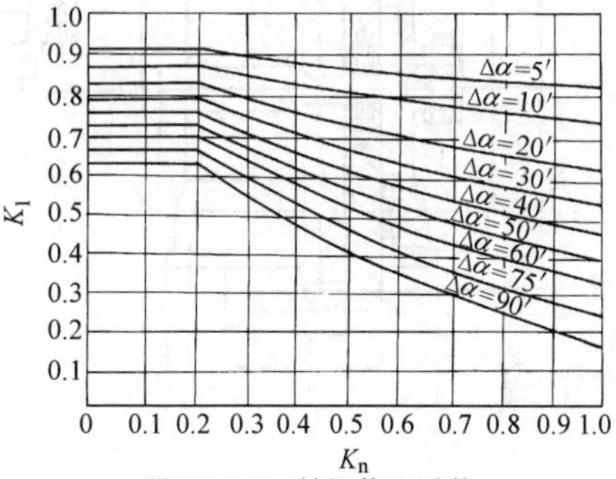

图15.1-3 转矩修正系数

图15.1-3中 K_n 为转速系数，其值为

$$K_n=\frac{n}{[n]} \qquad (15.1\text{-}3)$$

式中 n、$[n]$——工作转速和许用转速（r/min）。

5.2.1 GⅠCL、GⅠCLZ型鼓形齿式联轴器（见表15.1-17）

表 15.1-17　GⅠCL、GⅠCLZ 型鼓形齿式联轴器的形式、基本参数和主要尺寸（摘自 JB/T 8854.3—2001）

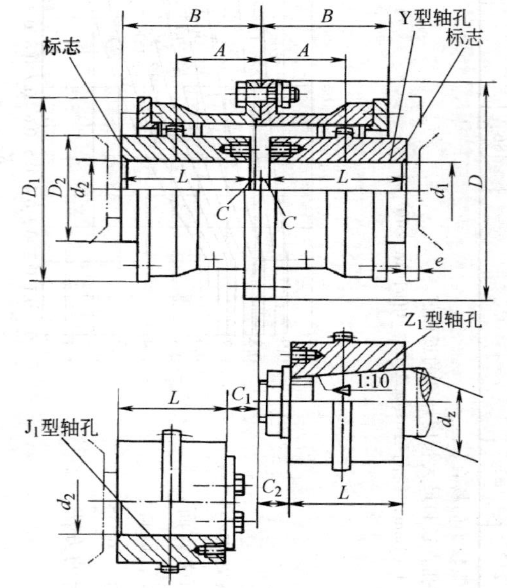

a) GⅠCL1～GⅠCL4型

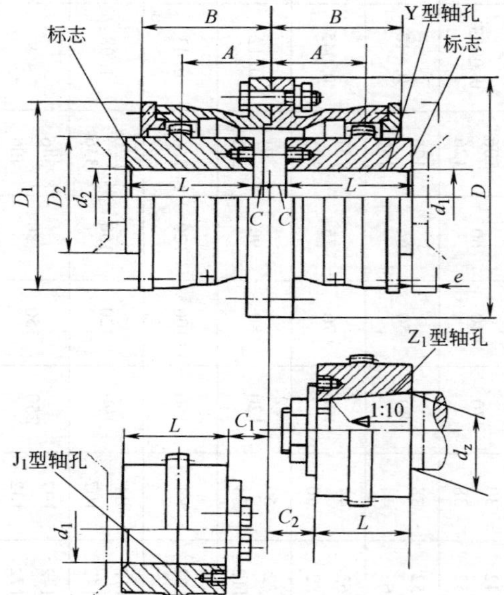

b) GⅠCL15～GⅠCL30型

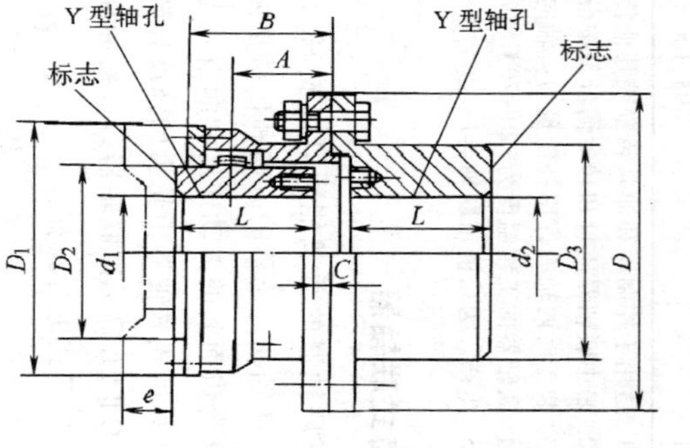

c) GⅠCLZ1～GⅠCLZ14型

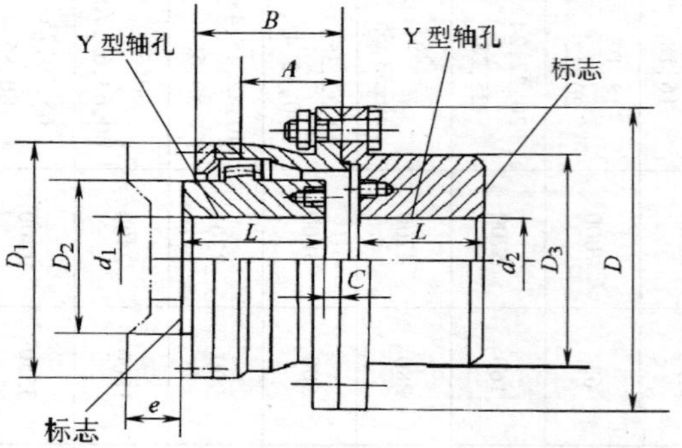

d) GⅠCLZ15～GⅠCLZ30型

型号	公称转矩 T_n /N·m	许用转速 $[n]$/ r·min⁻¹	轴孔直径 d_1、d_2、d_z	轴孔长度 L GⅠCL GⅠCLZ Y型	轴孔长度 L GⅠCL J型、Z_1型	D	D_1	D_2	D_3	B	A	GⅠCL C_1	GⅠCL C_2	GⅠCL C	GⅠCLZ C_1	GⅠCLZ C	e	转动惯量① J /kg·m²	润滑脂用量① /mL	质量① /kg
			mm																	
GⅠCL1/GⅠCLZ1	800	7100	16、18、19	42	—	125	95	60	80	57	37	—	—	20		24	30	0.009/0.0084	55/30	5.9/5.4
			20、22、24	52	38							—	24	10	—	14				
			25、28	62	44							—	19	2.5	19	6.5				
			30、32*、35*、38*	82	60							15	22							
			40*、42*、45*、48*、50*	112	84							—	—							
GⅠCL2/GⅠCLZ2	1400	6300	25、28	62	44	145	120	75	95	67	44	—	29	10.5	—	16	30	0.02/0.018	100/60	9.7/9.2
			30、32、35、38	82	60							12.5	30	2.5	18	8				
			40、42*、45*、48*、50*、55*、56*	112	84							13.5	28		19					
			60*	142	107							—	—							
GⅠCL3/GⅠCLZ3	2800	5900	30、32、35、38	82	60	170	140	95	115	77	53	24.5	25	3	29	7	30	0.047/0.0427	140/80	17.2/16.4
			40、42、45、48、50、55、56	112	84							17	28		22					
			60、63*、65*、70*	142	107							17	35							
GⅠCL4/GⅠCLZ4	5000	5400	32、35、38	82	60	195	165	115	130	89	62	37	32	14	42	19	30	0.091/0.076	170/90	24.9/22.7
			40、42、45、48、50、55、56	112	84							17	28	3	22	8.5				
			60、63*、65*、70*、71*、75*	142	107							17	35							
			80*	172	132							—	—							
GⅠCL5/GⅠCLZ5	8000	5000	40、42、45、48、50、55、56	112	84	225	183	130	150	99	71	25	28	3	31	9.5	30	0.167/0.149	270/140	38/36.2
			60、63、65、70、71、75	142	107							20	35		26					
			80、85*、90*	172	132							22	43		28					
GⅠCL6/GⅠCLZ6	11200	4800	48、50、55、56	112	84	240	200	145	170	109	80	35	35	6	41	11.5	30	0.267/0.24	380/200	48.2/46.2
			60、63、65、70、71、75	142	107							20	35	4	26	9.5				
			80、85*、90*、95*	172	132	240	200	145	170	109	80	22	43	4	28		30	0.267/0.24	380/200	48.2/46.2
			100*	212	167							—	—							
GⅠCL7/GⅠCLZ7	15000	4500	60、63、65、70、71、75	142	107	260	230	160	195	122	90	25	35	4	31	10.5	30	0.453/0.43	570/290	68.9/68.4
			80、85、90、95	172	132							22	43		28					
			100、110*、120*	212	167								48							
GⅠCL8/GⅠCLZ8	21200	4000	65、70、71、75	142	107	280	245	175	210	132	96	35	35	5	41	12	30	0.646/0.61	660/350	83.3/81.1
			80、85、90、95	172	132							22	43		28					
			100、110*、120*	212	167								48							
			130*	252	202							—	—							
GⅠCL9/GⅠCLZ9	26500	3500	70、71、75	142	107	315	270	200	225	142	104	45	45	10	53	18	30	1.036/0.94	700/370	110/110.1
			80、85、90、95	172	132							22	43	5	30	13				
			100、110、120、125	212	167								49							
			130*、140*	252	202							—	—							

（续）

型号	公称转矩 T_n /N·m	许用转速 $[n]$/ r·min^{-1}	轴孔直径 d_1、d_2、d_z	轴孔长度 L GⅠCL GⅠCLZ Y型	轴孔长度 L GⅠCL J型、Z_1型	D	D_1	D_2	D_3	B	A	GⅠCL C_1	GⅠCL C_2	GⅠCL C	GⅠCLZ C_1	GⅠCLZ C	e	转动惯量① J /kg·m^2	润滑脂用量① /mL	质量① /kg
			mm																	
GⅠCL10/GⅠCLZ10	42500	3200	80、85、90、95	172	132	345	300	220	250	165	124	43	43	5	51	14	30	1.88/1.67	900/500	156.7/147.1
			100、110、120、125	212	167							22	49		30					
			130、140*、150*	252	202							29	54		37					
			160*	302	242							—	—							
GⅠCL11/GⅠCLZ11	60000	3000	100、110、120	212	167	380	330	260	285	180	133	29	49	6	37	14	40	3.28/2.98	1200/650	217.1/206.3
			130、140、150	252	202								54							
			160、170*、180*	302	242								64							
GⅠCL12/GⅠCLZ12	80000	2600	120	212	167	440	380	290	325	208	156	57	57	6	65	14	40	5.08/5.31	2000/1100	305.1/284.5
			130、140、150	252	202							29	55							
			160、170、180*	302	242	440	380	290	325	208	156	29	68	6	37		40	5.08/5.31	2000/1100	305.1/284.5
			190*、200*	352	282							—	—							
GⅠCL13/GⅠCLZ13	112000	2300	140、150	252	202	480	420	320	360	238	182	54	57	7	62	15	40	10.06/9.26	3000/1600	419.4/402
			160、170、180	302	242							32	70		40					
			190、200*、220*	352	282								80							
GⅠCL14/GⅠCLZ14	160000	2100	160、170、180	302	242	520	465	360	420	266	207	42	70	8	50	16	40	16.774/15.92	4500/2300	593.9/582.2
			190、200、210、220*	352	282							32	80		40					
			240*、250*	410	330							—	—							
GⅠCL15/GⅠCLZ15	224000	1900	190、200、220	352	282	580	510	400	450	278	214	34	80	10	41	17	40	26.55/25.78	5000/2600	783.3/778.2
			240、250*、260*	410	330							38	—		45					
			280*	470	380							—	—							
GⅠCL16/GⅠCLZ16	355000	1600	200、220	352	282	680	595	465	500	320	250	58	80	10	65	16.5	50	52.22/16.89	8000/4100	1134.4/1071
			240、250、260	410	330							38	—		45	15.5				
			280、300*、320*	470	380															
GⅠCL17/GⅠCLZ17	400000	1500	220	352	282	720	645	495	530	336	256	74	80	10	81	17	50	69/60.59	10000/5100	1305/1210
			240、250、260	410	330							39	—		46					
			280、300*、320*	470	380															
GⅠCL18/GⅠCLZ18	500000	1400	240、250、260	410	330	775	675	520	540	351	262	46	—	10	53	16.5	50	96.16/81.75	11000/6000	1626/1475
			280、300、320*	470	380							41			48					
			340*	550	450							—								
GⅠCL19/GⅠCLZ19	630000	1300	260	410	330	815	715	560	580	372	280	67	—	10	74	17	50	115.6/101.57	13000/6700	1773/1603
			280、300、320	470	380															
			340、360*	550	450							41			48					

GⅠCL20 / GⅠCLZ20	710000	1200	280、300、320	470	380	855	755	585	600	393	297	44	—	13	51	20	50	167.41 / 140.03	16000 / 8100	2263 / 2033
			340、360*、380*	550	450															
GⅠCL21 / GⅠCLZ21	900000	1100	300、320	470	380	915	795	625	640	404	305	59	—	13	51	20	50	215.7 / 183.49	20000 / 10500	2593 / 2385
			340、360、370、380*	550	450							44								
			400*	650	540							—								
GⅠCL22 / GⅠCLZ22	950000	950	340、360、380	550	450	960	840	665	680	415	316	44	—	13	51	20	60	278.07 / 235.04	26000 / 14000	3036 / 2452
			400、420*	650	540															
GⅠCL23 / GⅠCLZ23	1120000	900	360、380	550	450	1010	890	710	720	435	333	44	—	13	51	20	60	379.4 / 323.16	29000 / 15000	3668 / 3332
			400、420*、450*	650	540							48			55					
GⅠCL24 / GⅠCLZ24	1250000	875	380	550	450	1050	925	730	760	445	342	46	—	15	53	22	60	448.1 / 387.97	32000 / 16500	3946 / 3639
			400、420、450*、480*	650	540							50			57					
GⅠCL25 / GⅠCLZ25	1400000	850	400、420、450、480*、500*	650	540	1120	975	770	800	465	362	50	—	15	58	22	60	564.64 / 485.96	34000 / 18000	4443 / 4073
GⅠCL26 / GⅠCLZ26	1600000	825	420、450、480、500*	650	540	1160	990	800	850	475	366	50	—	15	58	22	60	637.4 / 573.64	37000 / 19000	4791 / 4527
			530*																	
GⅠCL27 / GⅠCLZ27	1800000	800	450、480、500	650	540	1210	1060	850	900	479	369	50	—	15	58	22	70	866.26 / 789.74	45000 / 23000	5758 / 5485
			530、560*	800	680															
GⅠCL28 / GⅠCLZ28	2000000	770	480、500	650	540	1250	1080	890	960	517	402	55	—	20	63	28	70	1020.76 / 960.26	47000 / 24000	6232 / 6050
			530、560*、600*	800	680															
GⅠCL29 / GⅠCLZ29	2800000	725	500	650	540	1340	1200	960	1010	517	396	57	—	20	65	28	80	1450.84 / 1268.98	50000 / 26000	7549 / 7090
			530、560、600*、630*	800	680							55			63					
GⅠCL30 / GⅠCLZ30	3200000	700	560、600、630*	800	680	1390	1240	1005	1070	525	403	55	—	20	63	28	80	1974.17 / 1822.02	59000 / 30000	9541 / 9264
			670*	—	780							—								

注：1. 联轴器质量和转动惯量是按各型号中轴孔最小直径和最大长度计算的近似值。

2. 表中标记“*”号的轴孔尺寸只适合 GⅠCLZ 型的 d_2 选用。

3. GⅠCLZ 型无 d_z 轴孔。带有制动轮、接中间套等的其他结构与尺寸见生产厂样本。

4. 推荐选用 J_1 型轴孔长度。

5. 生产厂有宁波伟隆传动机械有限公司、乐清市联轴器厂。

① 上面一行数字为 GⅠCL 型、下面一行数字为 GⅠCLZ 型的值。

5.2.2 GⅡCL、GⅡCLZ 型鼓形齿式联轴器（见表 15.1-18）

表 15.1-18 GⅡCL、GⅡCLZ 型鼓形齿式联轴器的形式、基本参数和主要尺寸（摘自 JB/T 8854.2—2001）

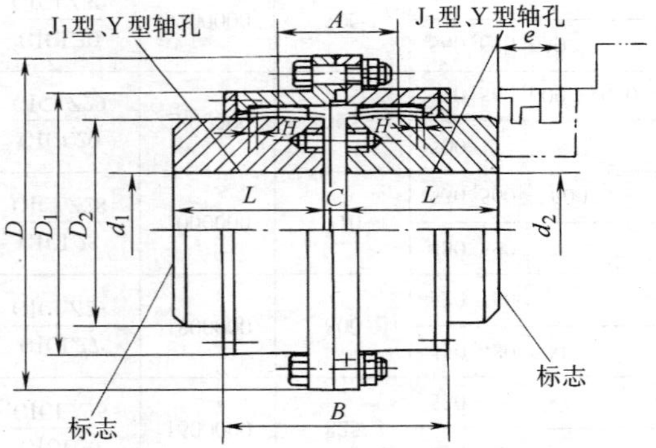

a) GⅡCL1～GⅡCL13型

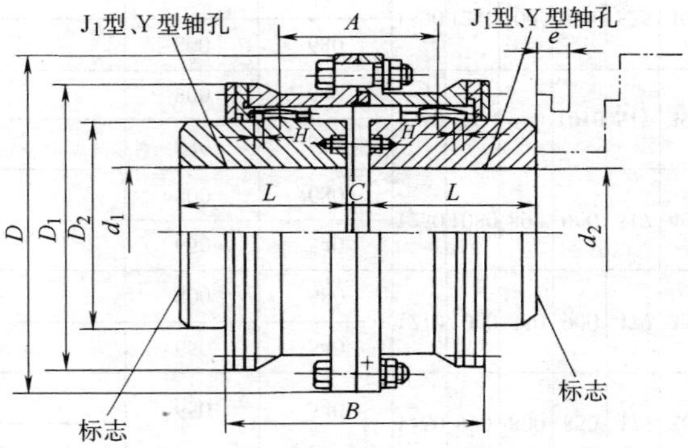

b) GⅡCL14～GⅡCL25型

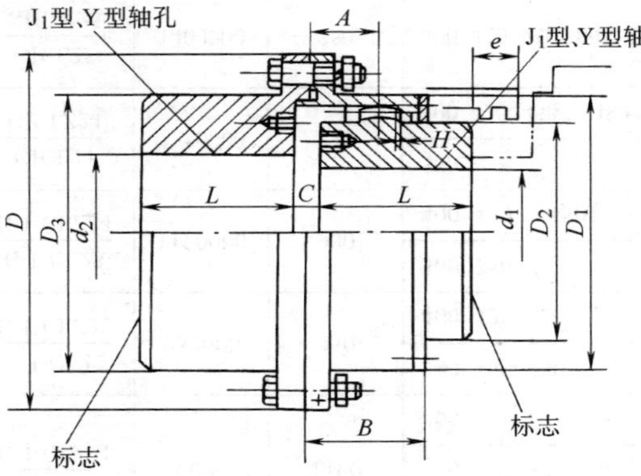

c) GⅡCLZ1～GⅡCLZ13型

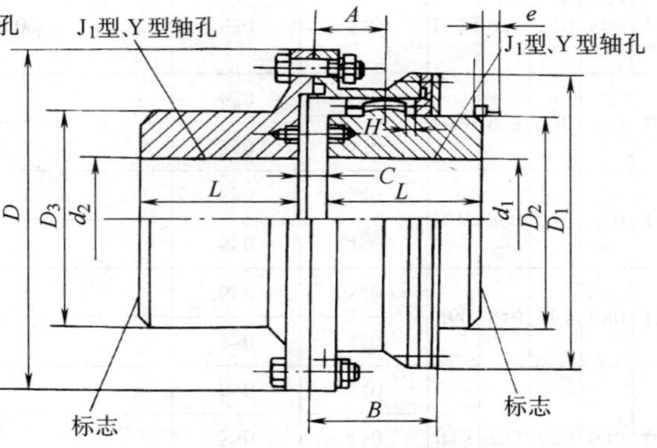

d) GⅡCLZ14～GⅡCLZ25型

标记示例：GⅡCL15 型鼓形齿式联轴器

主动端：J_1 型轴孔，B 型键槽，$d_1=220\text{mm}$，$L=282\text{mm}$

从动端：J_1 型轴孔，A 型键槽，$d_2=190\text{mm}$，$L=282\text{mm}$

标记为：

GⅡCL15 联轴器 $\dfrac{J_1B220\times282}{J_1190\times282}$ JB/T 8854.2—2001

标记示例：GⅡCLZ15 型鼓形齿式联轴器

主动端：Y 型轴孔，A 型键槽，$d_1=200\text{mm}$，$L=352\text{mm}$

从动端：Y 型轴孔，B 型键槽，$d_1=240\text{mm}$，$L=410\text{mm}$

标记为：

GⅡCLZ15 联轴器 $\dfrac{200\times352}{B240\times410}$ JB/T 8854.2—2001

型号	公称转矩 T_n /N·m	许用转速 [n]/ r·min⁻¹	轴孔直径 d_1、d_2	轴孔长度 L Y型	轴孔长度 L J_1型	D	D_1	D_2	$D_3^{②}$	C	H	A	B	e	GⅡCL 转动惯量 J /kg·m²	GⅡCL 润滑脂用量 /mL	GⅡCL 质量 /kg	GⅡCLZ 转动惯量 J /kg·m²	GⅡCLZ 润滑脂用量 /mL	GⅡCLZ 质量 /kg
				mm																
GⅡCL1/GⅡCLZ1	400	4000	16、18、19	42	—	103	71	50	71	8	2	36/18	76/38	38	0.0035	51	5.1	0.004	31	3.5
			20、22、24	52	38										0.0035		3	0.00375		3.3
			25、28	62	44										0.0035		3.1	0.004		3.5
			30、32、35、38*	82	60										0.00375		3.6	0.005		4.1
			40*、42*、45*、48*、50*	112	84										—		—	0.007		5.7
GⅡCL2/GⅡCLZ2	710	4000	20、22、24	52	—	115	83	60	83	8	2	42/21	88/44	42	0.00575	70	4.9	0.00675	42	5.3
			25、28	62	44										0.0055		4.5	0.00625		4.8
			30、32、35、38	82	60										0.006		5.1	0.007		5.7
			40、42、45、48*、50*、55*、56*	112	84										0.00675		6.2	0.008		7.2
			60*	142	107										—		—	0.01		9.2
GⅡCL3/GⅡCLZ3	1120	4000	22、24	52	—	127	95	75	95	8	2	44/22	90/45	42	0.0105	68	7.5	0.009	42	3.8
			25、28	62	44										0.01		7	0.011		7.8
			30、32、35、38	82	60										0.01		6.9	0.011		7.6
			40、42、45、48、50、55、56	112	84										0.01125		8.6	0.01325		9.8
			60*、63*、65*、70*	142	107										—		—	0.01675		12.5
GⅡCL4/GⅡCLZ4	1800	4000	38	82	60	149	116	90	116	8	2	49/24.5	98/49	42	0.02	87	10.1	0.02125	53	10.5
			40、42、45、48、50、55、56	112	84										0.02225		12.2	0.0255		13.5
			60、63、65、70*、71*、75*	142	107										0.0245		14.5	0.039		16.5
			80*	172	132										—		—	0.04875		19.4
GⅡCL5/GⅡCLZ5	3150	4000	40、42、45、48、50、55、56	112	84	167	134	105	134	10	2.5	55/27.5	108/54	42	0.03775	125	16.4	0.044	77	18.1
			60、63、65、70、71、75	142	107										0.04325		19.6	0.05175		23.1
			80*、85*、90*	172	132										—		—	0.0625		28.5
GⅡCL6/GⅡCLZ6	5000	4000	45、48、50、55、56	112	84	187	153	125	153	10	2.5	56/28	110/55	42	0.06625	148	22.1	0.075	91	23.9
			60、63、65、70、71、75	142	107										0.075		26.5	0.089		29.3
			80、85、90、95*	172	132										0.08425		31.2	0.10425		35.4
			100*、(105)*	212	167										—		—	0.1065		36.2
GⅡCL7/GⅡCLZ7	7100	3750	50、55、56	112	84	204	170	140	170	10	2.5	60/30	118/59	42	0.10125	175	27.6	0.1145	108	29.6
			60、63、65、70、71、75	142	107										0.115		33.1	0.1335		36.3
			80、85、90、95	172	132										0.12975		39.2	0.157		43.8

（续）

型号	公称转矩 T_n /N·m	许用转速 $[n]$/ r·min^{-1}	轴孔直径 d_1、d_2	轴孔长度 L Y型	轴孔长度 L J_1型	D	D_1	D_2	$D_3$②	C	H	A	B	e	G Ⅱ CL 转动惯量 J /kg·m^2	G Ⅱ CL 润滑脂用量 /mL	G Ⅱ CL 质量 /kg	G Ⅱ CLZ 转动惯量 J /kg·m^2	G Ⅱ CLZ 润滑脂用量 /mL	G Ⅱ CLZ 质量 /kg
				mm																
G Ⅱ CL7/G Ⅱ CLZ7	7100	3750	100(105)、110*、(105)*	212	167	204	170	140	170	10	2.5	60/30	118/59	42	0.1505	175	47.5	0.19	108	54.3
G Ⅱ CL8/G Ⅱ CLZ8	10000	3300	55、56	112	84	230	186	155	186	12	3	67/33.5	142/71	47	0.167	268	35.5	0.1835	161	37.8
			60、63、65、70、71、75	142	107										0.1875		42.3	0.215		46.1
			80、85、90、95	172	132										0.20975		49.7	0.25		54.9
			100、110、(115)120*、125*	212	167										0.241		60.2	0.2975		67.4
G Ⅱ CL9/G Ⅱ CLZ9	16000	3000	60、63、65、70、71、75	142	107	256	212	180	212	12	3	69/34.5	146/37	47	0.316	310	55.6	0.3575	184	60
			80、85、90、95	172	132										0.35625		65.6	0.415		71.8
			100、110、120、125	212	167										0.413		79.6	0.5		88
			130(135)、140*、150*	252	202										0.4695		95.8	0.575		104.4
G Ⅱ CL10/G Ⅱ CLZ10	22400	2650	65、70、71、75	142	107	287	239	200	239	14	3.5	78/39	164/82	47	0.5125	472	72	0.58	276	76.1
			80、85、90、95	172	132										0.575		84.4	0.6725		91.1
			100、110、120、125	212	167										0.66		101	0.8025		111.5
			130、140、150	252	202										0.745		119	0.935		133.5
G Ⅱ CL11/G Ⅱ CLZ11	35500	2350	70①、71①、75①	142	107	352	276	235	250	14	3.5	81/40.5	170/85	47	1.4525	550	97	—	322	—
			80①、85①、90①、95①	172	132										1.235		114	—		—
			100①、110①、120①、125①	212	167										1.235		138	1.225		—
			130、140、150	252	202										1.4		161	1.41		162.4
			160、170、(175)	302	242										1.5875		189	1.625		193
G Ⅱ CL12/G Ⅱ CLZ12	50000	2100	75①	142	107	362	313	270	286	16	4	89/44.5	190/95	49	1.6225	695	128	—	404	—
			80①、85①、90①、95①	172	132										1.8275		150	—		—
			100①、110①、120①、125①	212	167										2.1125		205	—		—
			130、140、150	252	202										2.4		213	2.39		212.8
			160、170、180	302	242										2.7275		248	2.7625		268
			190、200	352	282										3.05		285	3.0925		290
G Ⅱ CL13/G Ⅱ CLZ13	71000	1850	150	252	202	412	350	300	322	18	4.5	98/49	208/104	49	3.925	1019	269	3.93	585	272.3
			160、170、180、(185)	302	242										4.425		315	4.535		320
			190、200、220、(225)	352	282										4.925		360	6.34		370
G Ⅱ CL14/G Ⅱ CLZ14	112000	1650	170、180、(185)	302	242	462	418	335	420	22	5.5	172/86	296/148	63	8.025	3900	421	6.9	1600	389
			190、200、220	352	282										8.8		476	7.675		438
			240、250	410	330										9.725		544	8.6		509

G Ⅱ CL15 / G Ⅱ CLZ15	180000	1500	190、200、220	352	282	512	465	380	470	22	5.5	182/91	316/158	63	14.3	3700	608	12.425	2100	566
			240、250、260	410	330										15.85		696	13.975		650
			280、(285)	470	380										17.45		786	15.575		740
G Ⅱ CL16 / G Ⅱ CLZ16	250000	1300	220	352	282	580	522	430	522	28	7	209/104.5	354/177	67	23.925	4500	799	21.2	2500	751
			240、250、260	410	330										26.45		913	23.725		857
			280、300、320	470	380										29.1		1027	26.35		974
G Ⅱ CL17 / G Ⅱ CLZ17	355000	1200	250、260	410	330	644	582	490	582	28	7	198/99	364/182	67	43.075	4900	1176	38.75	2700	1110
			280(290)、300、320	470	380										47.525		1322	43.25		1255
			340、360、(365)	550	450										53.725		1532	49.5		1465
G Ⅱ CL18 / G Ⅱ CLZ18	500000	1050	280(295)、300、320	470	380	726	654	540	658	28	8	222/111	430/215	75	78.525	7000	1698	69.5	3900	1580
			340、360、380	550	450										87.75		1948	78.75		1830
			400	650	540										99.5		2278	90.5		2160
G Ⅱ CL19 / G Ⅱ CLZ19	710000	950	300、320	470	380	818	748	630	748	32	8	232/116	440/220	75	136.75	8900	2249	122.5	5000	2115
			340(350)、360、380、(390)	550	450										153.75		2591	139.5		2457
			400、420、440、450、460、(470)	650	540										175.5		3026	161.25		2892
G Ⅱ CL20 / G Ⅱ CLZ20	1000000	800	360、380、(390)	550	450	928	838	720	838	32	10.5	247/123.5	470/235	75	261.75	11000	3384	240	6200	3223
			400、420、440、450、460	650	540										299		3984	277.25		3793
			480、500	650	540										299		3984	277.25		3793
			530、(540)	800	680										360.75		4430	335		4680
G Ⅱ CL21 / G Ⅱ CLZ21	1400000	750	400、420、440、450、460	650	540	1022	928	810	928	40	11.5	255/127.5	490/245	75	468.75	13000	4977	435	7000	4780
			480、500	650	540										468.75		4977	435		4780
			530、560、600	800	680										561.5		6152	527.75		5905
G Ⅱ CL22 / G Ⅱ CLZ22	1800000	650	450、460、480、500	650	540	1134	1036	915	1036	40	13	262/131	510/255	75	753.75	16000	6318	701.25	8700	6069
			530、560、600、630	800	680										904.75		7738	701.25		6069
			670、(680)	900	780													852.25		7504
G Ⅱ CL23 / G Ⅱ CLZ23	2500000	600	530、560、600、630	800	680	1282	1178	1030	1178	50	14.5	299/149.5	580/290	80	1517	28000	10013	1415.75	15000	9633
			670(700)、710、750、(770)	900	780										1725		11553	1638.75		11133
G Ⅱ CL24 / G Ⅱ CLZ24	3550000	550	560、600、630	800	680	1428	1322	1175	1322	50	16.5	317/158.5	610/305	80	2486	33000	12915	2330.5	18000	12460
			670、(700)①、710、750	900	780										2838.25		15015	2682.75		14465
			800、850	1000	880										3131.75		16615	2976.25		16110
G Ⅱ CL25 / G Ⅱ CLZ25	5000000	460	670(700)、710、750	900	780	1644	1538	1390	1538	50	19	325/162.5	620/310	80	5174.25	43000	19837	5174.25	23000	19837
			800、850	1000	880										5836.5		22381	5836.5		22381
			900、950	—	980										6413		24765	6413		24765
			1000、(1040)	—	1100										7198.25		27797	7198.25		27797

注：1. 转动惯量与重量按 J_1 型轴伸计算并包括轴伸在内。

2. 轴孔直径栏中标注“ * ”号的轴孔尺寸只适合 G Ⅱ CLZ 型的 d_2 选用。

3. 轴孔长度推荐选用 J_1 型轴伸系列。带有制动轮或接中间套等的其他结构与尺寸见生产厂样本。

4. 生产厂有宁波伟隆传动机械有限公司、乐清市联轴器厂。

① 仅适用 G Ⅱ CL 型。

② 仅适用于 G Ⅱ CLZ 型。

5.2.3　TGL 鼓形齿式联轴器（见表 15.1-19）

表 15.1-19　TGL 鼓形齿式联轴器的形式、基本参数和主要尺寸（摘自 JB/T 5514—2007）

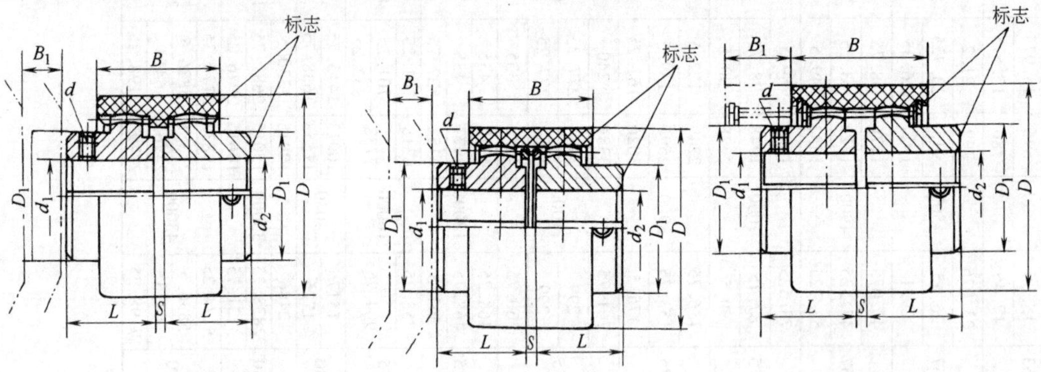

A型(基本型)　　B型(内挡圈型)　　C型(外挡圈型)

标记示例：TGLA4 鼓形齿式联轴器

主动端：J_1 型轴孔，A 型键槽，$d_1=20$mm，$L=38$mm

从动端：J_1 型轴孔，A 型键槽，$d_2=28$mm，$L=44$mm

TGLA4 联轴器$\frac{J_1 20\times38}{J_1 28\times44}$ JB/T 5514—2007

型号	公称转矩 T_n/N·m	许用转速 [n]/r·min^{-1}	轴孔直径 d_1、d_2/mm	轴孔长度 J_1 型 L/mm	D/mm A型 B型	D/mm C型	D_1/mm	B/mm A型 B型	B/mm C型	B_1/mm A型 B型	B_1/mm C型	S/mm	d/mm	质量/kg A型 B型	质量/kg C型	转动惯量 J/kg·m^2 A型 B型	转动惯量 J/kg·m^2 C型
TGLA1 TGLB1	10	10000	6、7	16	40	—	25	38	—	17	—	4	—	0.200	—	0.00003	—
			8、9	20									M5				
			10、11	22													
			12、14	27													
TGLA2 TGLB2	16	9000	8、9	20	48	—	32	38	—	17	—	4	M5	0.278	—	0.00006	—
			10、11	22													
			12、14	27													
			16、18、19	30													
TGLA3 TGLB3 TGLC3	31.5	8500	10、11	22	56	58	36	42	52	19	—	4	M5	0.482	0.533	0.00012	0.00015
			12、14	27							24						
			16、18、19	30													
			20、22、24	38													
TGLA4 TGLB4 TGLC4	45	8000	12、14	27	66	70	45	46	—	21	26	4	M8	0.815	0.869	0.00033	0.0004
			16、18、19	30					56								
			20、22、24	38													
			25、28	44													
TGLA5 TGLB5 TGLC5	63	7500	14	27	75	85	50	48	—	22	27	4	M8	1.39	1.52	0.00072	0.00088
			16、18、19	30					58								
			20、22、24	38													
			25、28	44													
			30、32	60													
TGLA6 TGLB6 TGLC6	80	6700	16、18、19	30	82	90	58	48	58	22	27	4	M8	2.02	2.15	0.0012	0.0015
			20、22、24	38													
			25、28	44													
			30、32、35、38	60													
TGLA7 TGLB7 TGLC7	100	6000	20、22、24	38	92	100	65	50	60	23	28	4	M8	3.01	3.14	0.0024	0.0027
			25、28	44													
			30、32、35、38	60													
			40、42	84													

（续）

型号	公称转矩 T_n/N·m	许用转速 $[n]$/r·min^{-1}	轴孔直径 d_1、d_2/mm	轴孔长度 J_1型 L/mm	D/mm A型 B型	D/mm C型	D_1/mm	B/mm A型 B型	B/mm C型	B_1/mm A型 B型	B_1/mm C型	S/mm	d/mm	质量/kg A型 B型	质量/kg C型	转动惯量 J/kg·m^2 A型 B型	转动惯量 J/kg·m^2 C型
TGLA8 TGLB8 TGLC8	140	5600	22、24	38	100	100	72	50	60	23	28	4	M8	4.06	4.18	0.0037	0.0039
			25、28	44													
			30、32、35、38	60													
			40、42、45、48	84													
TGLA9 TGLB9 TGLC9	355	4000	25、28	44	140	140	96	72	85	34	41	4	M10	8.25	8.51	0.0155	0.0166
			30、32、35、38	60													
			40、42、45、48 50、55、56	84													
			60、63、65、70	107													
TGLA10 TGLB10 TGLC10	710	3150	30、32、35、38	60	175	175	128	95	95	45	45	6	M10	16.92	17.10	0.0520	0.0535
			40、42、45、48 50、55、56	84													
			60、63、65、70 71、75	107													
			80、85	132													
TGLA11 TGLB11 TGLC11	1250	3000	40、42、45、48 50、55、56	84	210	210	165	102	102	48	48	8	M10	34.26	34.56	0.1624	0.165
			60、63、65、70 71、75	107													
			80、85、90、95	132													
			100、110	167													
TGLA12 TGLB12 TGLC12	2500	2120	50、55、56	84	270	270	192	135	135	63	63	10	M16	66.42	66.86	0.4674	0.4731
			60、63、65、70 71、75	107													
			80、85、90、95	132													
			100、110、120 125	167													

注：1. 瞬时过载转矩不得大于联轴器公称转矩的2倍。
2. 质量和转动惯量是各型号中最大值的近似计算值。
3. B_1 是保证原动机或工作机安装所必需的最小尺寸。
4. 推荐 TGL10~TGL12 采用B型。
5. 联轴器许用相对位移：轴向 $\Delta X=\pm1$mm。径向 ΔY：TGL1~TGL2，$\Delta Y=0.3$mm；TGL3~TGL8，$\Delta Y=0.4$mm；TGL9~TGL12，ΔY 分别为0.6mm、0.7mm、0.8mm、1.1mm。角向 $\Delta\alpha$（每半联轴器）=1°。
6. 工作环境温度为-20~80℃。

5.2.4 GCLD型鼓形齿式联轴器（见表15.1-20）

表15.1-20 GCLD型鼓形齿式联轴器的形式、基本参数和主要尺寸（摘自JB/T 8854.1—2001）

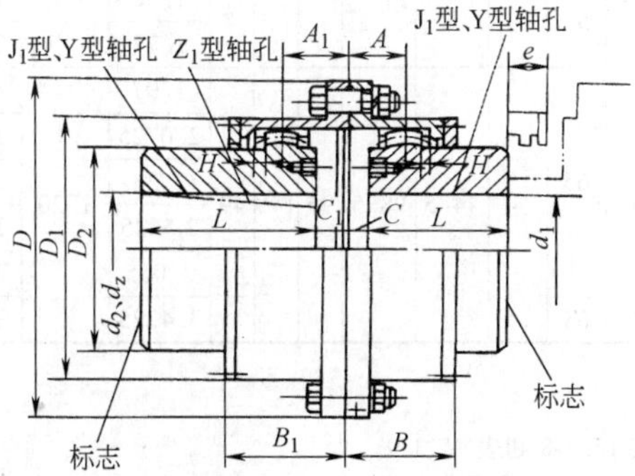

标记示例：GCLD9型鼓形齿式联轴器

主动端：Z_1 型轴孔，C型键槽，$d_z=100$mm，$L=167$cm

从动端：J_1 型轴孔，A型键槽，$d_2=120$mm，$L=167$cm

GCLD9 联轴器 $\dfrac{Z_1C100\times167}{J_1120\times167}$ JB/T 8854.1—2001

（续）

型号	公称转矩 T_n/N·m	许用转速 [n]/r·min⁻¹	轴孔直径/mm d_1、d_2、d_z	轴孔长度 L/mm Y型	轴孔长度 L/mm J_1型、Z_1型	D	D_1	D_2	C	C_1	H	A	A_1	B	B_1	e	转动惯量 J/kg·m²	润滑脂用量 /mL	质量 /kg
						mm													
GCLD1	1120	4000	22、24	52	38	127	95	75	6	27	2	22	43	45	66	42	0.00875	107	6.2
			25、28	62	44												0.01025		7.2
			30、32、35、38	82	60												0.011		7.8
			40、42、45、48、50、55、56	112	84												0.01175		9.6
GCLD2	1800	4000	38	82	60	149	116	90	6.5	26.5	2	24.5	49.5	49	70	42	0.02125	137	11.2
			40、42、45、48、50、55、56	112	84												0.02425		14
			60、63、65	142	107					33							0.0265		16.4
GCLD3	3150	4000	40、42、45、48、50、55、56	112	84	167	134	105	7	33	2.5	27.5	53.5	54	80	42	0.04	238	17.2
			60、63、65、70、71、75	142	107												0.0475		22.4
GCLD4	5000	4000	45、48、50、55、56	112	84	187	153	125	7.5	33.5	2.5	28	54	55	81	42	0.0725		25.2
			60、63、65、70、71、75	142	107												0.0825		26.4
			80、85、90	172	132					38							0.095		35.6
GCLD5	7100	3750	50、55	112	84	204	170	140	7.5	37.5	2.5	30	60	59	89	42	0.1125	298	31.6
			60、63、65、70、71、75	142	107												0.1275		38
			80、85、90、95	172	132												0.145		44.6
			100、(105)	212	167					43.5							0.1675		53.9
GCLD6	10000	3300	55、56	112	84	230	186	155	8.5	43.5	3	33.5	68.5	71	106	47	0.1875	465	40.5
			60、63、65、70、71、75	142	107												0.21		49.8
			80、85、90、95	172	132												0.235		56.3
			100、110、(115)	212	167												0.2675		67.5
GCLD7	16000	3000	60、63、65、70、71、75	142	107	256	212	180	9	48	3	34.5	73.5	73	112	47	0.3575	561	63.9
			80、85、90、95	172	132												0.4		74.7
			100、110、120、125	212	167												0.4625		88
			130、(135)	252	202												0.5275		106.7
GCLD8	22400	2650	65、70、71、75	142	107	287	239	200	8.5	40.5	3.5	39	75	82	112	47	0.560	734	81.7
			80、85、90、95	172	132												0.6275		95.5
			100、110、120、125	212	167					48							0.72		114
			130、140、150	252	202												0.8125		123
GCLD9	35500	2350	70、71、75	142	107	325	276	235	9.5	49.5	3.5	40.5	87.5	85	132	47	1.0775	956	112
			80、85、90、95	172	132												1.2075		130
			100、110、120、125	212	167												1.3825		156
			130、140、150	252	202					58							1.56		181
			160、170、(175)	302	242												1.77		212
GCLD10	50000	2100	75	142	107	362	313	270	11	65	4	44.5	98.5	95	149	49	1.97	1320	161
			80、85、90、95	172	132												2.0725		172
			100、110、120、125	212	167												2.38		206
			130、140、150	252	202												2.5625		239
			160、170、180	302	242												3.055		280
			190、200	352	282					68							3.4225		319

注：1. 转动惯量与质量包括轴伸在内。
2. e 为更换密封所需要的尺寸。
3. 轴孔和连接形式与尺寸见表 15.1-6，轴孔与轴伸的配合见表 15.1-8 和表 15.1-9。
4. 联轴器许用角位移 Δα（每半联轴器）= 1°30′。

5.3 滚子链联轴器（见表 15.1-21）

表 15.1-21　滚子链联轴器的形式、基本参数和主要尺寸
（摘自 GB/T 6069—2002）

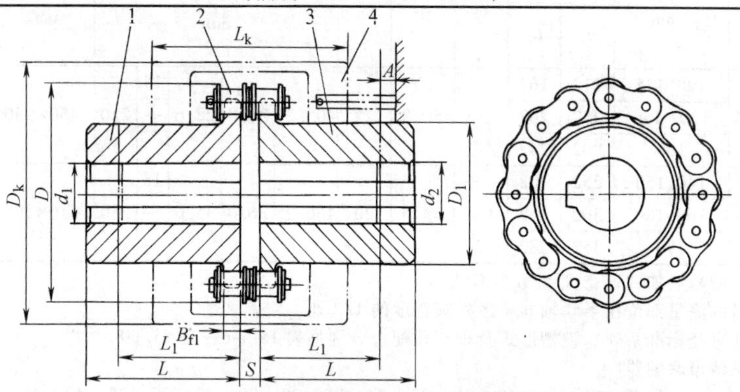

1、3—半联轴器　2—双排滚子链　4—罩壳
标记示例：GL7 型滚子链联轴器
主动端：J_1 型轴孔，B 型键槽，$d_1=45$mm，$L=84$mm
从动端：J_1 型轴孔，B_1 型键槽，$d_2=50$mm，$L_1=84$mm
标记为：

$$\text{GL7 联轴器}\frac{J_1B45\times84}{J_1B_150\times84}\quad \text{GB/T 6069—2002}$$

型号	公称转矩 T_n/N·m	许用转速 [n]/r·min⁻¹ 无罩壳	许用转速 [n]/r·min⁻¹ 有罩壳	轴孔直径 d_1、d_2/mm	轴孔长度/mm Y型 L	轴孔长度/mm J_1型 L_1	链号	链条节距 p	齿数 z	D/mm	B_{f1}/mm	S/mm	A/mm	D_1/mm	(D_k/mm)×(L_k/mm) max	质量/kg	许用补偿量 ΔY/mm	许用补偿量 ΔX/mm	许用补偿量 Δα/(°)
GL1	40	1400	4500	16~19	42	—	06B	9.525	14	51.06	5.3	4.9	—	35	70×70	0.40	0.19	1.40	1
				20	52	38							4						
GL2	63	1250	4500	19	42	—	06B	9.525	16	57.08	5.3	4.9	—	38	75×75	0.70			
				20~24	52	38							4						
GL3	100	1000	4000	20~24	52	38	08B	12.7	14	68.88	7.2	6.7	12	40	85×80	1.1	0.25	1.90	
				25	62	44							6						
GL4	160	1000	4000	24	52	—	08B	12.7	16	76.91	7.2	6.7	—	50	95×88	1.8			
				25、28	62	44							6						
				30、32	82	60							—						
GL5	250	800	3150	28	62	—	10A	15.875	16	94.46	8.9	9.2	—	60	112×100	3.2	0.32	2.30	
				30~38	82	60							—						
				40	112	84							—						
GL6	400	630	2500	32~38	82	60	10A	15.875	20	116.57	8.9	9.2	—	70	140×105	5.0			
				40~50	112	84							—						
GL7	630	630	2500	40~55	112	84	12A	19.05	18	127.78	11.9	10.9	—	85	150×122	7.4	0.38	2.80	
				60	142	107							—						
GL8	1000	500	2240	45~55	112	84	16A	25.40	16	154.33	15.0	14.3	12	110	180×135	11.1	0.50	3.80	
				60~70	142	107							—						
GL9	1600	400	2000	50、55	112	84	16A	25.40	20	186.50	15.0	14.3	12	120	215×145	20.0			
				60~75	142	107							—						
				80	172	132							—						
GL10	2500	315	1600	60~75	142	107	20A	31.75	18	213.02	18.0	17.8	6	140	245×165	26.1	0.63	4.70	
				80~90	172	132							—						
GL11	4000	250	1500	75	142	107	24A	38.1	16	231.49	24.0	21.5	35	160	270×195	39.2	0.76	5.70	
				80~95	172	132							10						
				100	212	167							—						
GL12	6300	250	1250	85~95	172	132	28A	44.45	16	270.08	24.0	24.9	20	170	310×205	59.4	0.88	6.60	
				100~120	212	167							—						
GL13	10000	200	1120	100~125	212	167	32A	50.8	18	340.80	30.0	28.6	14	200	380×230	86.5	1.0	7.60	
				130、140	252	202							—						

（续）

型号	公称转矩 T_n/N·m	许用转速 $[n]$/r·min⁻¹		轴孔直径 d_1、d_2/mm	轴孔长度/mm		链号	链条节距 p	齿数 z	D	B_{f1}	S	A	D_1	(D_k/mm)×(L_k/mm) max	质量/kg	许用补偿量		
		无罩壳	有罩壳		Y 型 L	J_1 型 L_1				mm							ΔY/mm	ΔX/mm	$\Delta\alpha$/(°)
GL14	16000	200	1000	120、125	212	167	32A	50.8	22	405.22	30.0	28.6	14	220	450×250	150.8	1.0	7.60	1
				130~150	252	202							—						
				160	302	242							—						
GL15	2500	200	900	140、150	252	202	40A	63.5	20	466.25	36.0	35.6	18	280	510×285	234.4	1.27	9.50	
				160、180	302	242							—						
				190	352	282							—						

注：1. 有罩壳时，型号后加“F”，即型号为 GLF。
2. 径向位移量的测量部位在半联轴器轮毂外圆宽度的 1/2 处。
3. 联轴器轴孔直径标准系列、键槽形式及轴与孔配合分别见表 15.1-6、表 15.1-8。
4. 生产厂为乐清市联轴器厂。
5. 轴孔直径 d_1、d_2 系列：16、18、19、20、22、24、25、28、30、32、35、38、40、45、48、50、55、60、65、70、75、80、85、90、95、100、110、120、125、130、140、150、160、170、180、190。

6　万向联轴器

6.1　十字轴式万向联轴器

6.1.1　WS 型和 WSD 型十字轴式万向联轴器

（1）基本参数和主要尺寸（见表 15.1-22）

（2）选择计算

1）要保证旋转运动的等角速度和主、从动轴之间保持同步转动，应选用双十字轴万向联轴器或两个单十字轴万向联轴器组合在一起使用，并满足以下 3 个条件：① 相等；② 中间轴两端叉头的对称面在同一平面内；③ 中间轴与主动轴、从动轴三轴线在同一平面内。

2）采用滑动轴承的十字轴式万向联轴器的功率曲线如图 15.1-4 所示。当夹角等于 10°时，单十字轴式万向联轴器在长期使用中能传递的功率和转矩与转速有关；当夹角大于 10°时，必须根据图 15.1-5 查出修正系数 η，再按下式计算修正功率 P'：

$$P'=\frac{P}{\eta} \tag{15.1-4}$$

式中　P——传递的功率（kW）。

表 15.1-22　WS 型和 WSD 型十字轴式万向联轴器的形式、基本参数和主要尺寸

（摘自 JB/T 5901—1991）

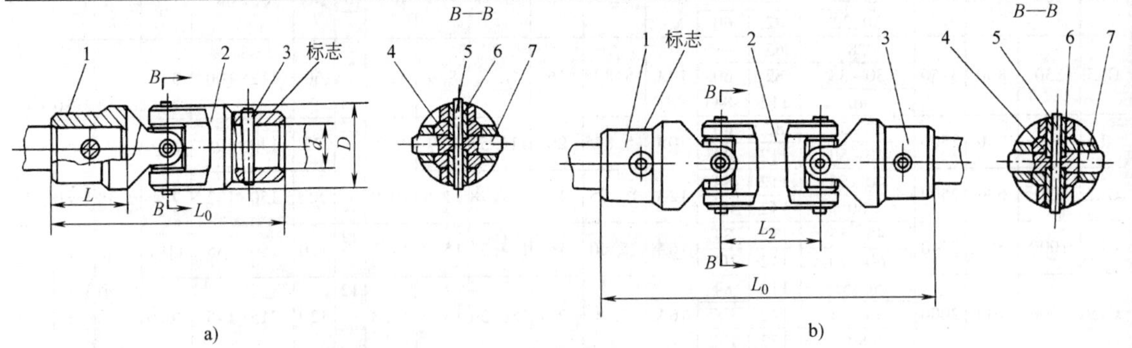

a）WSD 型

1、2—半联轴器　3—圆锥销　4—十字轴　5—销钉　6—套筒　7—圆柱销

b）WS 型

1、3—半联轴器　2—叉形接头　4—十字轴　5—销钉　6—套筒　7—圆柱销

标记示例：WS4 双十字轴式万向联轴器采用带键槽圆柱形孔和四方形孔

主动端：Y 型轴孔，A 型键槽，$d=16$mm，$D=32$mm

从动端：$S=14$mm，$D=32$mm

采用滑动轴承时的标记为：

$$\text{WS4 联轴器}\frac{16}{S14}\times 32(\text{H})\ \text{JB/T 5901—1991}$$

（续）

型号	公称转矩 T_n /N·m	d H7 /mm	D /mm	L_0/mm				L/mm		L_2 /mm	质量 /kg				转动惯量 J/kg·m^2			
				WSD 型		WS 型					WSD 型		WS 型		WSD 型		WS 型	
				Y 型	J_1 型	Y 型	J_1 型	Y 型	J_1 型		Y 型	J_1 型	Y 型	J_1 型	Y 型	J_1 型	Y 型	J_1 型
WS1 WSD1	11.2	8	16	60	—	80	—	20	—	20	0.23	—	0.32	—	0.06	—	0.08	—
		9																
		10		66	60	86	80					0.20		0.29		0.05		0.07
WS2 WSD2	22.4	10	20	70	64	96	90	25	22	26	0.64	0.57	0.93	0.88	0.10	0.09	0.15	0.15
		11																
		12		84	74	110	100											
WS3 WSD3	45	12	25	90	80	122	112	32	27	32	1.45	1.30	2.10	1.95	0.17	0.15	0.24	0.22
		14																
WS4 WSD4	71	16	32	116	82	154	130	42	30	38	5.92	4.86	8.56	0.48	0.39	032	0.56	0.49
		18																
WS5 WSD5	140	19	40	144	116	192	164			48	16.3	12.9	24.0	20.6	0.72	0.59	1.04	0.91
		20						52	38									
		22																
WS6 WSD6	280	24	50	152	124	210	182	52	38	58	45.7	36.7	68.9	59.7	1.28	1.03	1.89	1.64
		25		172	136	330	194	62	44									
		28																
WS7 WSD7	560	30	60	226	182	296	252	82	60	70	148	117	207	177	2.82	2.31	3.90	3.38
		32																
		35																
WS8 WSD8	1120	38	75	240	196	332	288			92	396	338	585	525	5.03	4.41	7.25	6.63
		40		300	244	392	336	112	84									
		42																

注：1. WS 表示双十字轴式万向联轴器，WSD 表示单十字轴式万向联轴器。
2. 当轴线夹角 $\alpha \neq 0°$ 时，联轴器的许用转矩 $[T] = T_n \cos\alpha$。
3. 中间轴尺寸 L_2 可根据需要选取。

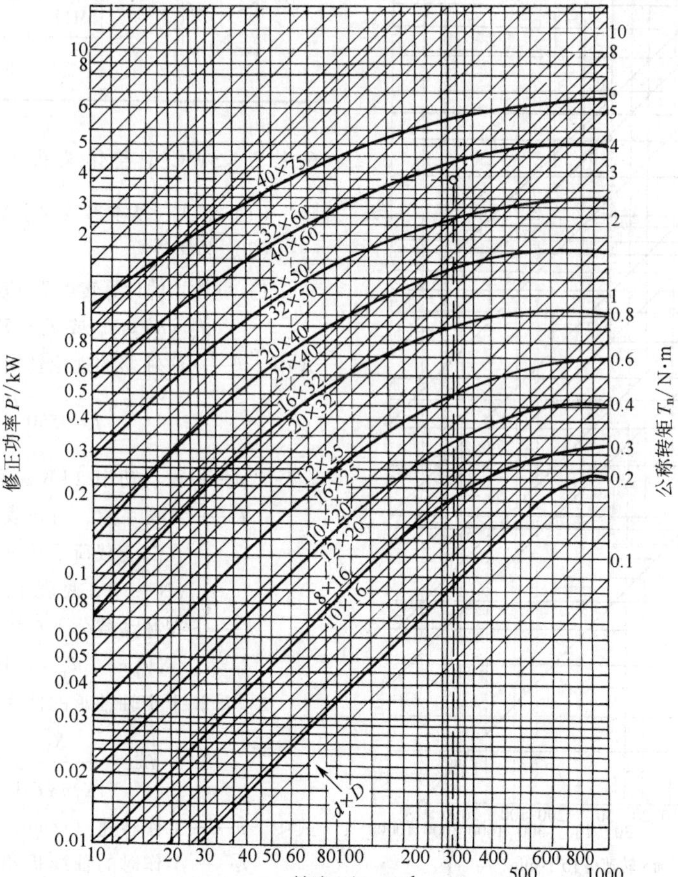

图 15.1-4 采用滑动轴承的十字轴式万向联轴器的功率曲线

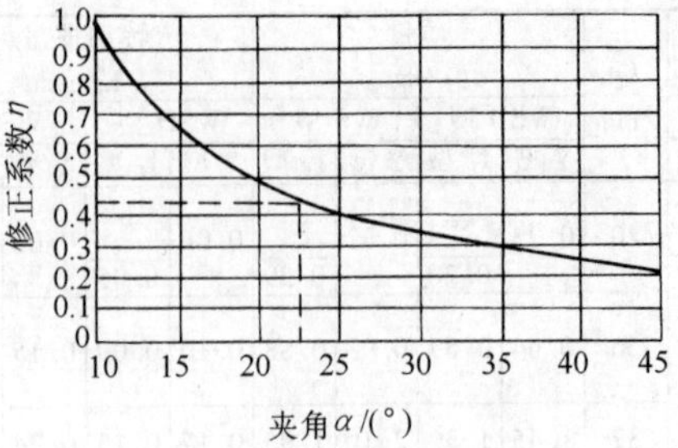

图 15.1-5　采用滑动轴承时的修正系数 η

若夹角在 0°~5°之间，可使 P' 提高 25%；当夹角在 5°~10°之间，可在线性区内用插值法求得。

双十字轴式万向联轴器可传递的功率仅为单十字轴式万向联轴器修正值的 90%。

3）采用滚针轴承的十字轴式万向联轴器的功率曲线如图 15.1-6 所示，修正系数 η_g 如图 15.1-7 所示。此时的修正转矩 T' 为

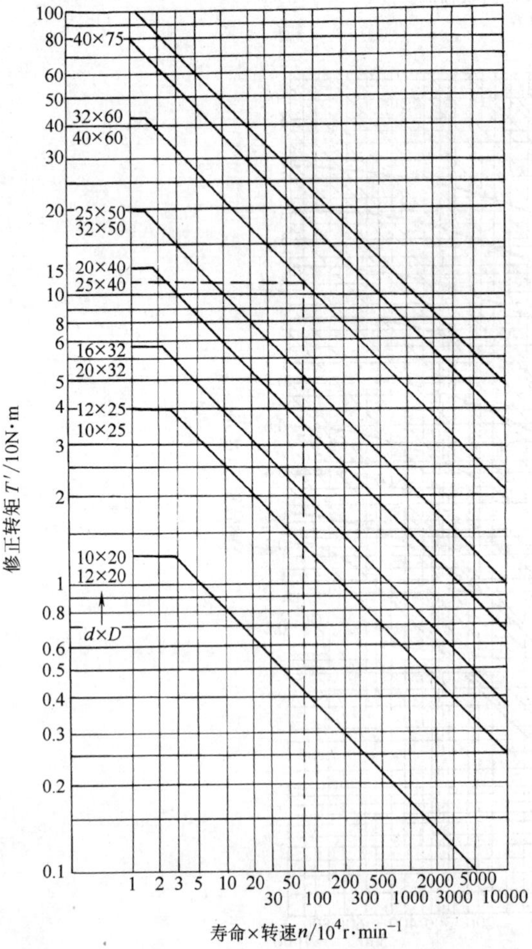

图 15.1-6　采用滚针轴承的十字轴式万向联轴器的功率曲线

$$T' = T\eta_g\eta_2 \tag{15.1-5}$$

式中　T——传递的转矩；

η_2——冲击系数，其值为 1.5。

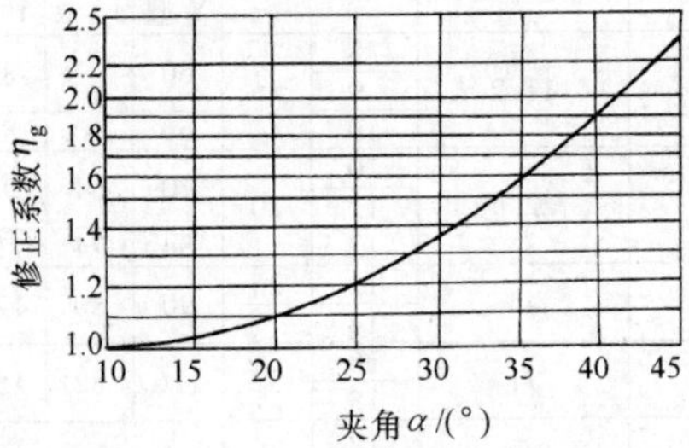

图 15.1-7　采用滚针轴承时的修正系数 η_g

4）四方形孔的主要尺寸（见表 15.1-23）。

表 15.1-23　四方形孔主要尺寸

(mm)

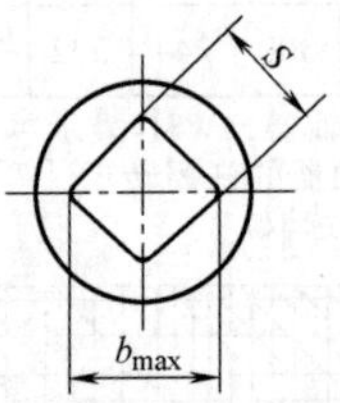

S M11	10	14	19	24
b_{max}	13	18	25	32
S M11	30	36	46	
b_{max}	40	48	60	

6.1.2　SWC 型整体叉头十字轴式万向联轴器

（1）形式、基本参数和主要尺寸（见表 15.1-24）

（2）选择计算

1）联轴器的计算转矩 T_c 应满足以下的强度条件：

$$T_c = KT \leqslant T_n \text{ 或 } T_c \leqslant T_f \text{ 或 } T_c \leqslant T_p \tag{15.1-6}$$

式中　T——联轴器的理论转矩（N·m），

$$T = 9550\frac{P_w}{n} \tag{15.1-7}$$

P_w、n——驱动功率（kW）和工作转速（r/min）；

K——工况系数，可按表 15.1-25 选取；

T_f——在交变载荷下按疲劳强度所允许的转矩（N·m），见表 15.1-24；

T_p——在脉动载荷下按疲劳强度所允许的转矩（N·m），$T_p = 1.45T_f$。

2）计算十字轴轴承的使用寿命 L_N。

$$L_N = \frac{K_L}{K_1 n\alpha T_f^{\frac{10}{3}}} \times 10^{10} \tag{15.1-8}$$

式中　n——工作转速（r/min）；

α——工作时的轴线折角（°），当在水平和垂直面同时存在轴线折角时

$$\tan\alpha = \sqrt{\tan^2\alpha_1 + \tan^2\alpha_2}$$

α_1、α_2——水平和垂直面内的轴线折角（°）；

T_f——疲劳转矩（N·m）；

K_1——原动机系数，对电动机 $K_1 = 1$，对柴油机 $K_1 = 1.2$；

K_L——轴承寿命系数，见表 15.1-26。

3）校核联轴器的最高转速 n_{max} 应满足如下条件（当回转直径 $D \leqslant 390$mm 时）：

$$n_{max} \leqslant [n_\alpha]$$
$$n_{max} \leqslant [n_L] \quad (15.1\text{-}9)$$

式中　$[n_\alpha]$——与工作轴线折角有关的最高许用转速，见图 15.1-8；

$[n_L]$——与工作长度有关的最高许用转速，见图 15.1-9。

表 15.1-24　SWC 型整体叉头十字轴式万向联轴器的形式、基本参数和主要尺寸

（摘自 JB/T 5513—2006）

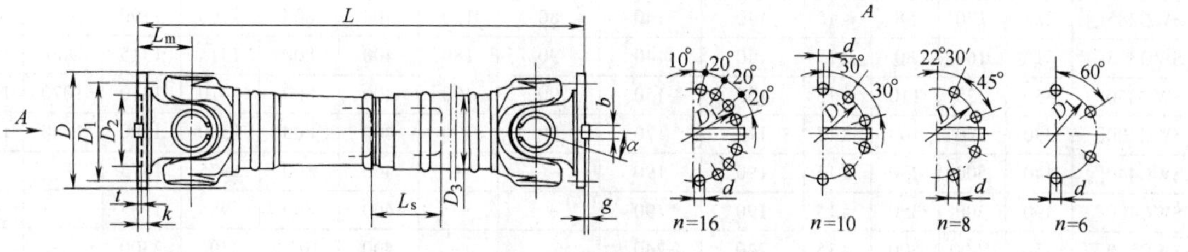

a) BH型—标准伸缩焊接式

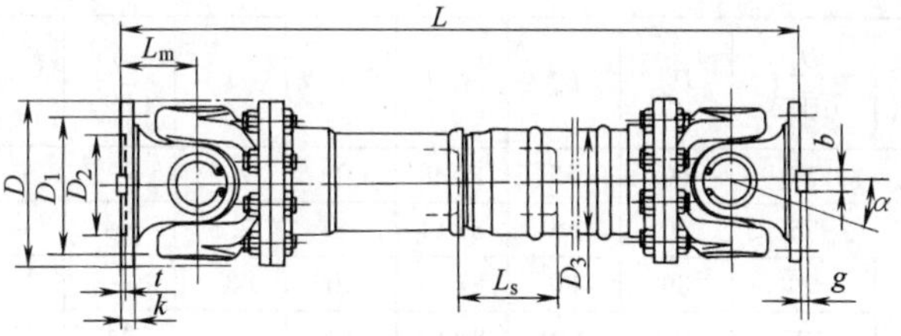

b) BF型—标准伸缩法兰式

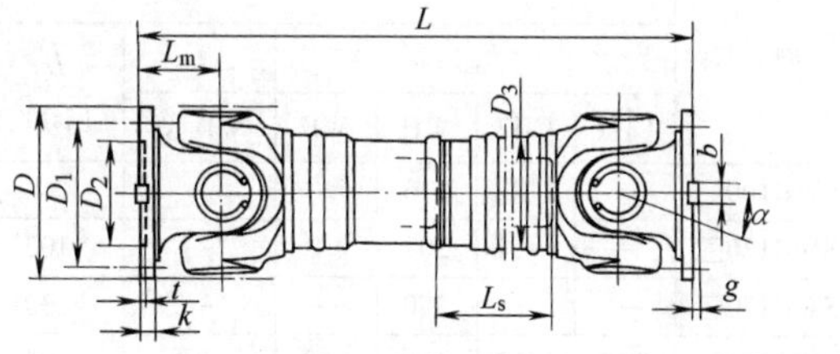

c) DH型—短伸缩焊接式

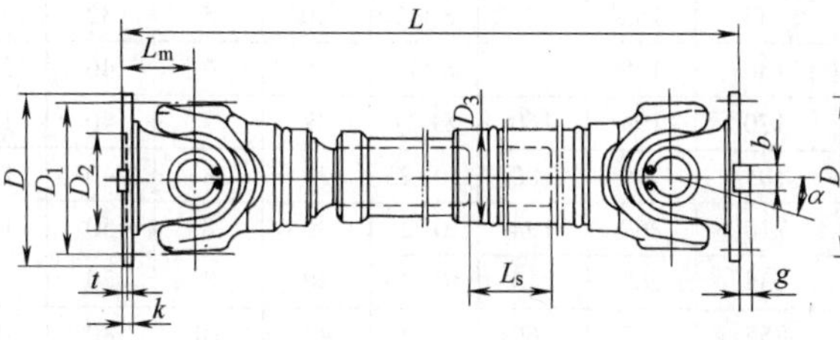

d) CH型—长伸缩焊接式

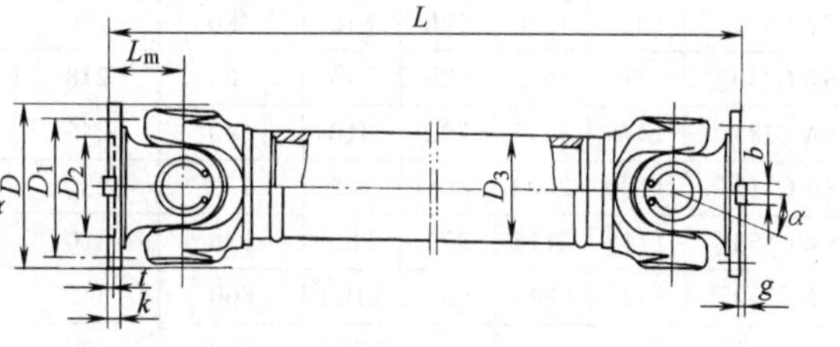

e) WH型—无伸缩焊接式

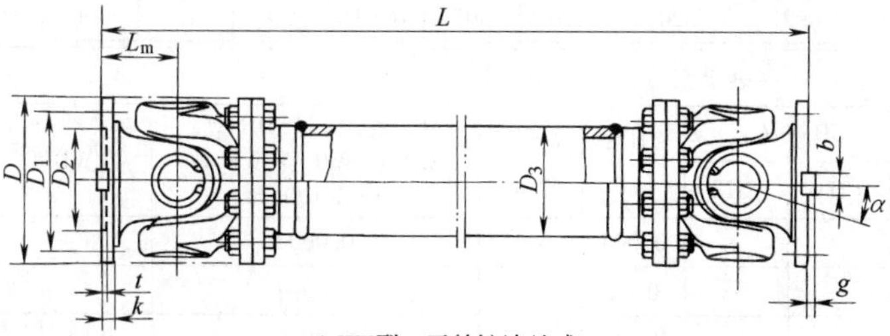

f) WF型—无伸缩法兰式

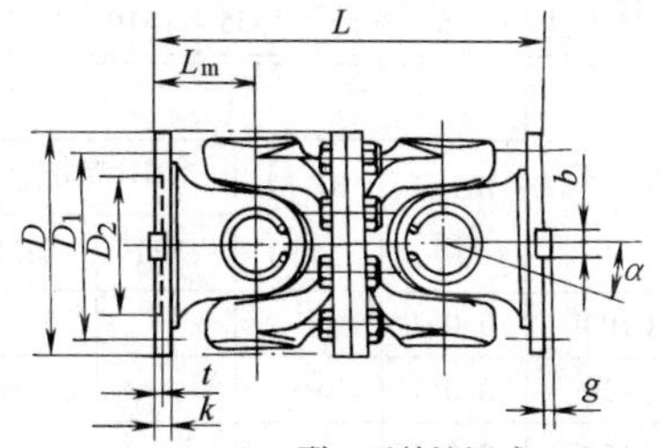

g) WD型—无伸缩短式

（图 b~g 的法兰螺孔分布见图 a 的 A 向视图）

（续）

型号	回转直径 D /mm	公称转矩 T_n/kN·m	疲劳转矩 T_f/kN·m	轴线折角 α /(°)	伸缩量 L_s/mm						尺寸/mm			
					BH 型	BF 型	DH 型		CH 型		L_{min}			
							DH1	DH2	CH1	CH2	BH	BF	DH1	DH2
SWC100□	100	2.5	1.25	≤25	55	—	—	—	—	—	405	—	—	—
SWC120□	120	5	2.5	≤25	80	—	—	—	—	—	485	—	—	—
SWC150□	150	10	5	≤25	80	—	—	—	—	—	590	—	—	—
SWC180□	180	22.4	11.2	≤15	100	100	55	105	200	700	840	840	600	650
SWC200□	200	36	18	≤15	110	110	60	120	200	700	860	860	620	680
SWC225□	225	56	28	≤15	140	140	70	140	220	700	920	920	640	710
SWC250□	250	80	40	≤15	140	140	70	130	300	700	1035	1035	735	795
SWC285□	285	120	58	≤15	140	140	80	150	400	800	1190	1190	880	950
SWC315□	315	160	80	≤15	140	140	90	180	400	800	1315	1315	980	1070
SWC350□	350	225	110	≤15	150	150	90	190	400	800	1410	1410	1070	1170
SWC390□	390	320	160	≤15	170	170	90	190	400	800	1590	1590	1200	1300
SWC440□	440	500	250	≤15	190	190	—	—	400	800	1875	1875	—	—
SWC490□	490	700	350	≤15	190	190	—	—	400	800	1985	1985	—	—
SWC550□	550	1000	500	≤15	240	240	—	—	400	1000	2300	2300	—	—

型号	尺寸/mm													
	L_{min}				L	D_1 (js11)	D_2 (H7)	D_3	L_m	$n \times d$	k	t	b (h9)	g
	CH1	CH2	WH	WF	WD 型									
SWC100□	—	—	243	—	—	84	57	60	55	6×9	7	2.5	—	—
SWC120□	—	—	307	—	—	102	75	70	65	8×11	8	2.5	—	—
SWC150□	—	—	350	—	—	130	90	89	80	8×13	10	3	—	—
SWC180□	925	1425	480	560	440	155	105	114	110	8×17	17	5	24	7
SWC200□	975	1465	500	585	460	170	120	133	115	8×17	17	5	28	8
SWC225□	1020	1500	520	610	480	196	135	152	120	8×17	20	5	32	9
SWC250□	1215	1615	620	715	560	218	150	168	140	8×19	25	6	40	12.5
SWC285□	1475	1875	720	810	640	245	170	194	160	8×21	27	7	40	15
SWC315□	1600	2000	805	915	720	280	185	219	180	10×23	32	8	40	15
SWC350□	1715	2115	875	980	776	310	210	267	194	10×23	35	8	50	16
SWC390□	1845	2245	955	1100	860	345	235	267	215	10×25	40	8	70	18
SWC440□	2110	2510	1155	1290	1040	390	255	325	260	16×28	42	10	80	20
SWC490□	2220	2620	1206	1360	1080	435	275	325	270	16×31	47	12	90	22.5
SWC550□	2585	3085	1355	1510	1220	492	320	426	305	16×31	50	12	100	22.5

型号	转动惯量 J/kg·m^2									
	BH 型 L_{min}	BF 型 L_{min}	DH 型 L_{min}		CH 型 L_{min}		WH 型 L_{min}	WF 型 L_{min}	BH 型、BF 型、DH 型、CH 型、WH 型、WF 型增长 100mm	WD 型
			DH1	DH2	CH1	CH2				
SWC100□	0.004	—	—	—	—	—	0.004	—	0.0002	—
SWC120□	0.011	—	—	—	—	—	0.01	—	0.0004	—
SWC150□	0.042	—	—	—	—	—	0.037	—	0.0016	—
SWC180□	0.175	0.267	0.162	0.165	0.181	0.216	0.15	0.248	0.007	0.145
SWC200□	0.314	0.505	0.261	0.276	0.328	0.402	0.246	0.316	0.013	0.261
SWC225□	0.538	0.788	0.397	0.415	0.561	0.674	0.365	0.636	0.023	0.355

（续）

型号	转动惯量 J/kg·m²									
	BH型 L_{min}	BF型 L_{min}	DH型 L_{min}		CH型 L_{min}		WH型 L_{min}	WF型 L_{min}	BH型、BF型、DH型、CH型、WH型、WF型增长100mm	WD型
			DH1	DH2	CH1	CH2				
SWC250□	0.966	1.445	0.885	0.9	1.016	1.127	0.847	1.352	0.028	0.831
SWC285□	2.011	2.873	1.801	1.876	2.156	2.360	1.756	2.664	0.051	1.715
SWC315□	3.605	5.094	3.163	3.331	3.812	4.150	2.893	4.469	0.08	2.820
SWC350□	5.316	7.476	5.330	5.721	5.926	6.814	4.814	7.189	0.146	4.791
SWC390□	12.16	16.62	10.763	11.13	12.73	13.62	6.814	13.18	0.222	8.229
SWC440□	21.42	28.24	—	—	22.54	22.43	15.79	23.25	0.474	15.32
SWC490□	34.1	48.43	—	—	35.12	37.11	27.78	41.89	0.690	25.74
SWC550□	68.92	86.98	—	—	72.79	79.57	48.32	68.48	1.357	46.78

型号	质量/kg									
	BH型 L_{min}	BF型 L_{min}	DH型 L_{min}		CH型 L_{min}		WH型 L_{min}	WF型 L_{min}	BH型、WH型增长100mm	WD型
			DH1	DH2	CH1	CH2				
SWC100□	6.1	—	—	—	—	—	4.5	—	0.35	—
SWC120□	10.8	—	—	—	—	—	7.7	—	0.55	—
SWC150□	24.5	—	—	—	—	—	18	—	0.85	—
SWC180□	70	80	56	58	74	104	48	58	2.8	52
SWC200□	98	109	74	76	99	139	72	82	3.7	76
SWC225□	122	138	92	95	132	182	78	93	4.9	82
SWC250□	172	196	136	148	190	235	124	143	5.3	127
SWC285□	263	295	221	229	300	358	185	220	6.3	189
SWC315□	382	428	334	346	434	514	262	300	8	270
SWC350□	532	582	452	475	622	773	349	387	11.5	370
SWC390□	738	817	600	655	817	964	506	588	15	524
SWC440□	1190	1290	—	—	131	153	790	880	21.7	798
SWC490□	1542	1721	—	—	164	186	1014	1263	27.3	1055
SWC550□	2380	2567	—	—	258	304	1526	1663	34	1524

注：1. T_f—在交变载荷下按疲劳强度所允许的转矩。
2. L_{min}—BH、BF、DH和CH型为缩短后的最小长度。
3. L—安装长度，按需要确定（WD型长度为固定值）。
4. □表示BH、BF、DH、CH、WH、WF和WD型中任意一个形式。
5. 生产厂有宁波伟隆传动机械有限公司、乐清市联轴器厂。

表15.1-25 工况系数 K

载荷性质	设备名称	K
轻冲击载荷	发电机、离心泵、通风机、木工机床、带式输送机、造纸机	1.1~1.5
中冲击载荷	压缩机（多缸）、活塞泵（多柱塞）、小型型钢轧机、连续线材轧机、运输机械主传动系统	1.5~2.0
重冲击载荷	船舶驱动、运输辊道、连续管轧机、连续工作辊道、中型型钢轧机 压缩机（单缸）、活塞泵（单柱塞）、搅拌机、压力机、矫直机、起重机主传动系统、球磨机	2~3
特重冲击载荷	起重机辅助传动、破碎机、可逆工作辊道、卷取机、破鳞机、初轧机	3~5
极重冲击载荷	机架辊道、厚板剪切机	6~15

表15.1-26 轴承寿命系数 K_L

型号	K_L	型号	K_L
SWC100	5.795×10^{-4}	SWC285	8.28×10^{1}
SWC120	4.641×10^{-3}	SWC315	2.79×10^{2}
SWC150	0.51×10^{-1}	SWC350	7.44×10^{2}
SWC180	0.245	SWC390	1.86×10^{3}
SWC200	1.115	SWC440	8.25×10^{3}
SWC225	7.812	SWC490	2.154×10^{4}
SWC250	2.82×10^{-1}	SWC550	6.335×10^{4}

注：表中数据为与BH型联轴器相配轴承的寿命系数。

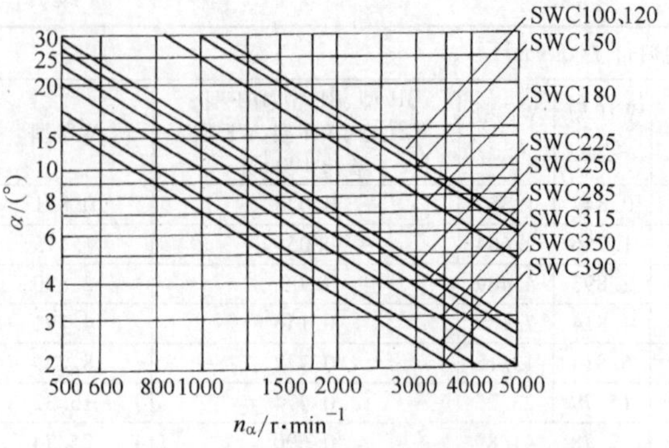

图 15.1-8 与工作轴向折角有关的最高许用转速

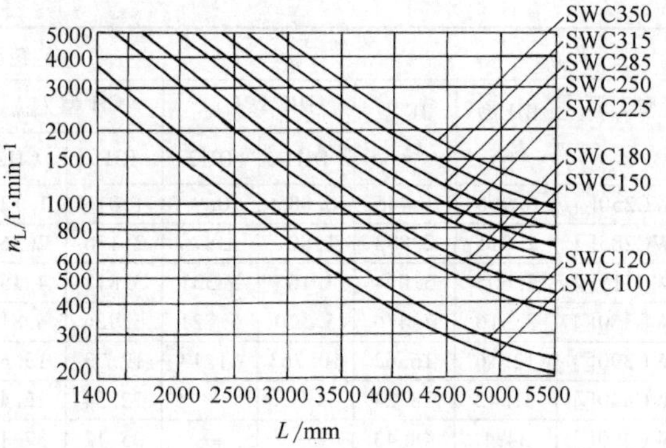

图 15.1-9 与工作长度有关的最高许用转速

（3）配件的连接尺寸及螺栓预紧力矩（见表 15.1-27）

表 15.1-27 SWC 型十字轴式万向联轴器配件的连接尺寸及螺栓预紧力矩

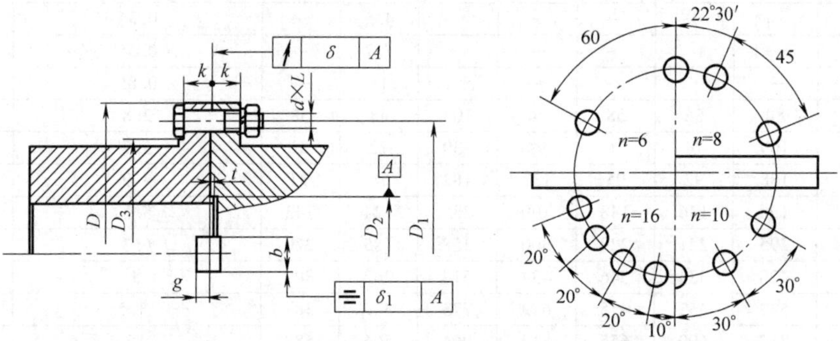

型 号	回转直径 D/mm	螺栓数 n	螺栓规格 (d/mm)×(L/mm)	预紧力矩 T_a /N·m	尺寸/mm D_1 js11	D_2 f8	D_3	k	b js8	g ($^{+0.5}_{0}$)	t	δ	δ_1
SWC100	100	6	M8×25	35	84	57	70.5	7	—	—	$2.3^{0}_{-0.2}$	0.04	—
SWC120	120	8	M10×30	69	102	75	84	8	—	—		0.04	—
SWC150	150	8	M12×40	120	130	90	110.3	10	—	—	$2.5^{0}_{-0.2}$	0.05	—
SWC180	180	8	M16×60	295	155	105	130.5	17	24	7.5	$4^{0}_{-0.2}$		0.025
SWC200	200	8	M16×65	295	170	120	145	17	28	8.5			0.025
SWC225	225	8	M16×65	295	196	135	171	20	32	9.5			0.03
SWC250	250	8	M18×75	405	218	150	190	25	40	13.0	$5^{0}_{-0.2}$		0.03
SWC285	285	8	M20×80	580	245	170	214	27	40	15.5	$6^{0}_{-0.5}$	0.06	0.03
SWC315	315	10	M22×95	780	280	185	247	32	40	15.5	$7^{0}_{-0.5}$		0.03
SWC350	350	10	M22×100	780	310	210	277	35	50	16.5			0.03
SWC390	390	10	M24×120	1000	345	235	308	40	70	18.5			0.04
SWC440	440	16	M27×120	1500	390	255	347	42	80	20.5	$9^{0}_{-0.5}$		0.04
SWC490	490	16	M30×140	2000	435	275	387	47	90	23.0	$11^{0}_{-0.5}$		0.04
SWC550	550	16	M30×140	2000	492	320	444	50	100	23.0		0.08	0.04

6.1.3 SWP 型和 SWP 型（G 型）剖分轴承座十字轴式万向联轴器

（1）基本参数和主要尺寸（见表 15.1-28～表 15.1-31）

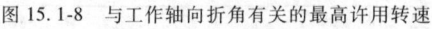

表 15.1-28　SWP 型剖分轴承座十字轴式万向联轴器的形式、基本参数和主要尺寸

（摘自 JB/T 3241—2005）

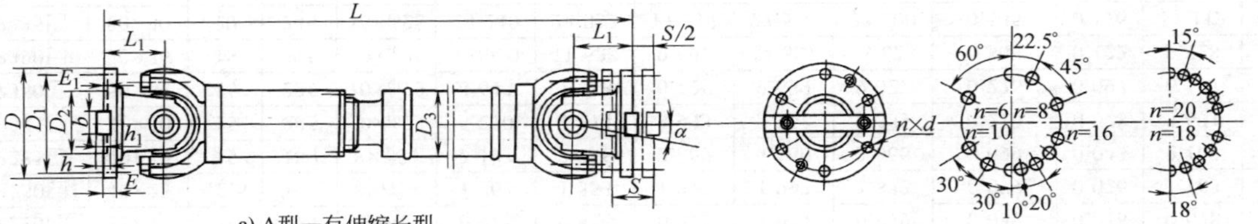

a) A型—有伸缩长型

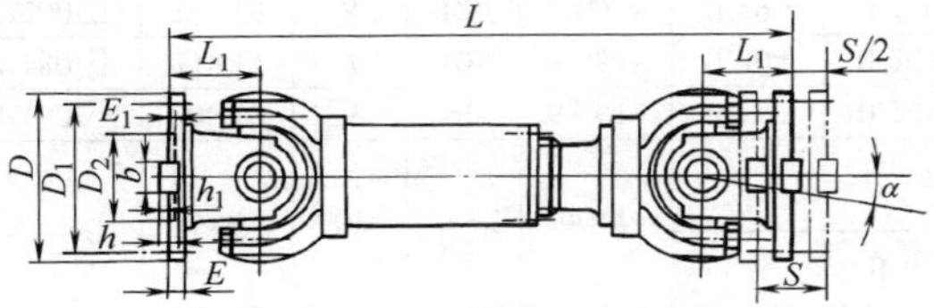

b) B型—有伸缩短型

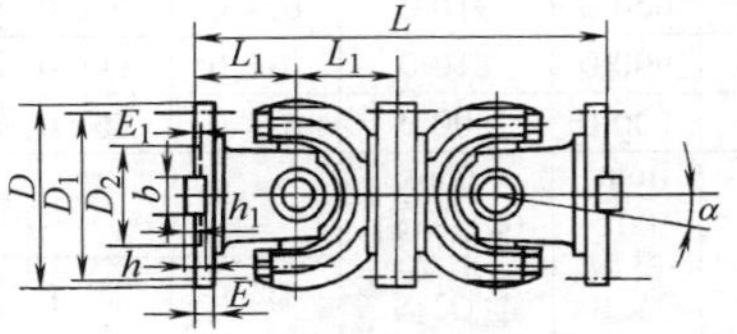

c) C型—无伸缩短型

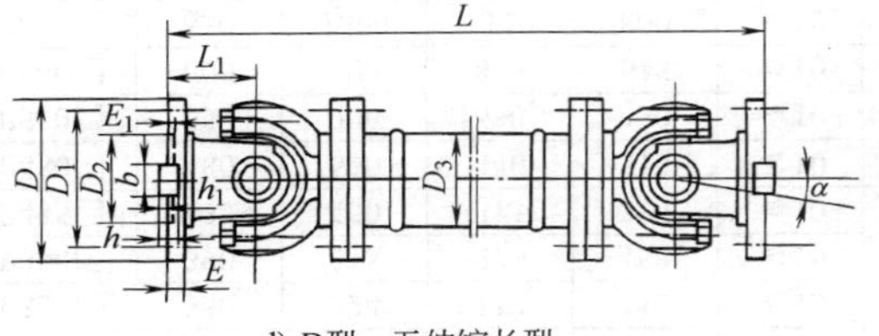

d) D型—无伸缩长型

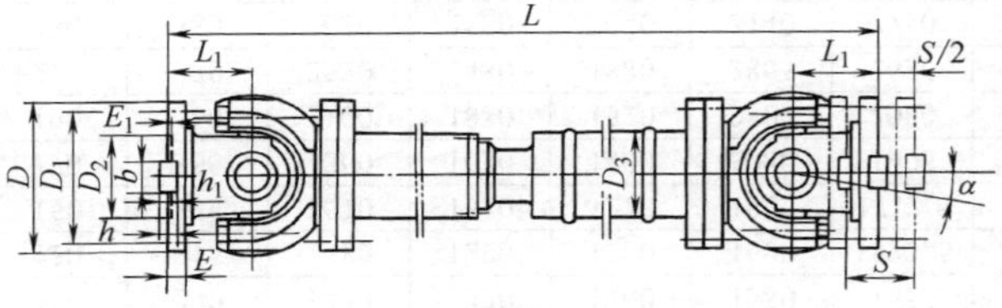

e) E型—有伸缩双法兰长型

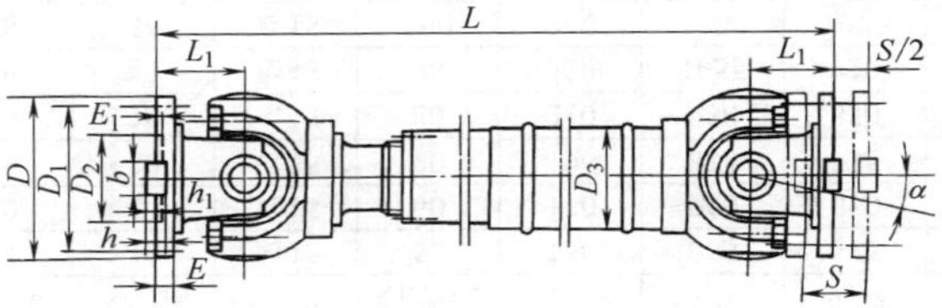

f) F型—大伸缩长型

标记：

SWP □ □
- 形式代号
- 回转直径
- 剖分轴承座十字轴式万向联轴器

（图 b~f 的侧视图及螺栓分布图参见图 a）

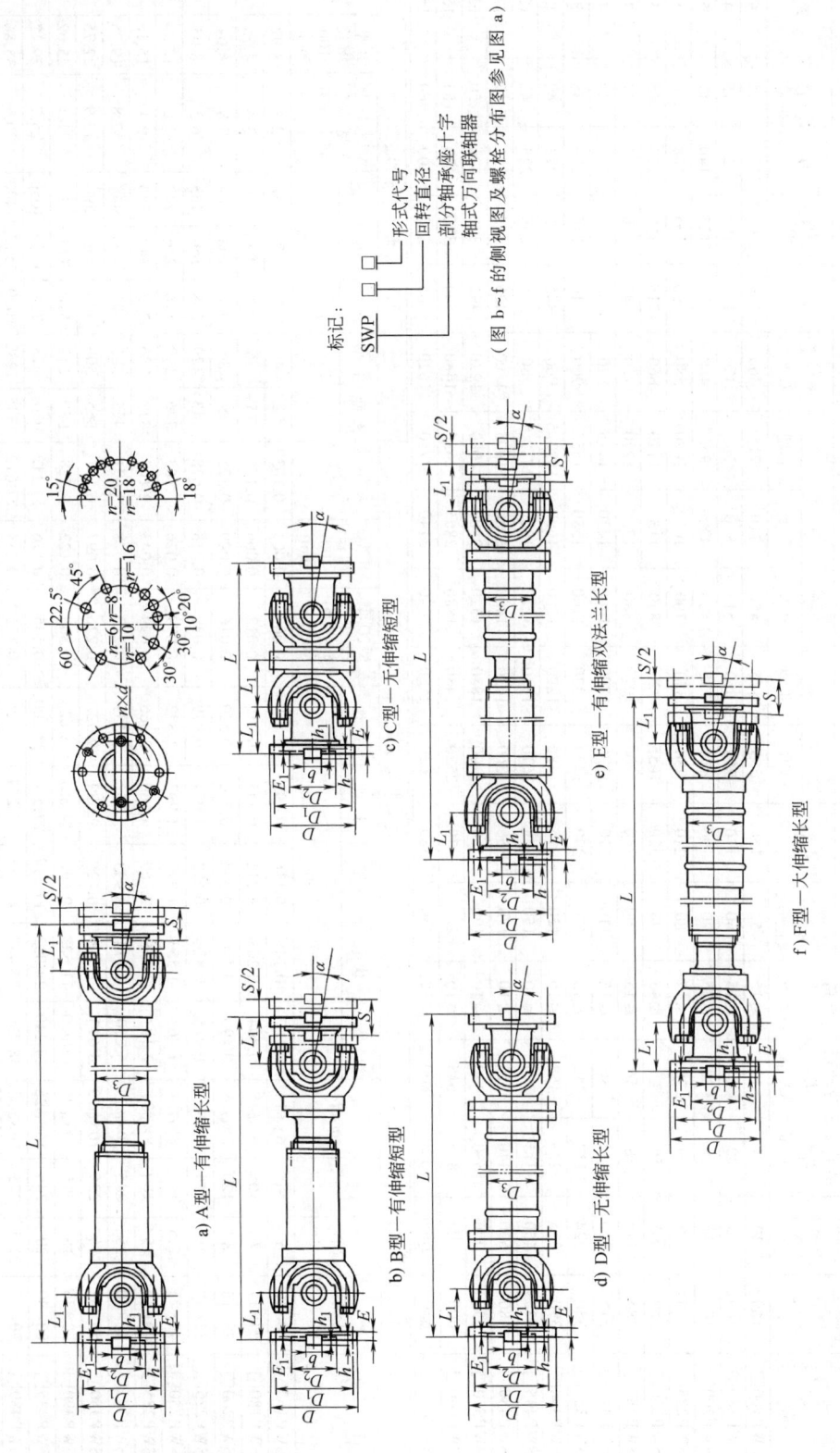

（续）

型号	回转直径 D /mm	公称转矩 T_n /kN·m	脉动疲劳转矩 T_p/ kN·m	交变疲劳转矩 T_f/ kN·m	轴线折角 α /(°)	伸缩量 S/mm A型、B型、E型	伸缩量 S/mm F型	尺寸/mm L_{min} A型	L_{min} B型	L_{min} D型	L_{min} E型	L_{min} F型	L C型	D_1	D_2 H7	D_3	E	E_1
SWP160□	160	20	14	10	≤15	50	150	655	575	450	710	715	360	140	95	121	15	4
SWP180□	180	28	20	14	≤15	60	170	760	650	515	810	785	420	155	105	127	15	4
SWP200□	200	40	28	20	≤15	70	190	825	735	585	885	955	480	175	125	140	17	5
SWP225□	225	56	40	28	≤15	80	210	950	850	700	1020	1020	580	196	135	168	20	5
SWP250□	250	80	56	40	≤15	90	220	1055	920	810	1135	1120	660	218	150	219	25	5
SWP285□	285	112	78	56	≤15	100	240	1200	1070	880	1280	1270	720	245	170	219	27	7
SWP315□	315	160	112	80	≤15	110	270	1330	1200	1000	1430	1415	820	280	185	273	32	7
SWP350□	350	224	157	112	≤15	120	290	1480	1330	1100	1580	1555	900	310	210	273	35	8
SWP390□	390	315	220	158	≤10	120	315	1480	1290	1100	1600	1522.5	960	345	235	273	40	8
SWP435□	435	450	315	225	≤10	150	335	1670	1520	1220	1825	1712.5	980	385	255	325	42	10
SWP480□	480	630	440	315	≤10	170	350	1860	1690	1400	2080	1905	1100	425	275	351	47	12
SWP550□	550	900	630	450	≤10	190	360	2100	1850	1520	2300	2050	1220	492	320	426	50	12
SWP600□	600	1250	875	625	≤10	210	370	2520	2480	1880	2865	2655	1480	544	380	480	55	15
SWP650□	650	1600	1120	800	≤10	230	380	2630	2580	2040	3140	2750	1620	585	390	500	60	15

型号	尺寸/mm b×h	h_1	L_1	n×d	转动惯量 J/kg·m² L_{min} A型	L_{min} B型	L_{min} D型	L_{min} E型	L_{min} F型	A型、D型、E型、F型增长100mm	B型增长100mm	C型	重量/kg L_{min} A型	L_{min} B型	L_{min} D型	L_{min} E型	L_{min} F型	A型、D型、E型、F型增长100mm	B型增长100mm	C型
SWP160□	20×12	6	90	6×ϕ13	0.167	0.148	0.116	0.192	0.179	0.008	0.004	0.103	52	46	36	60	56	2.5	3.92	32
SWP180□	24×14	7	105	6×ϕ15	0.304	0.268	0.211	0.345	0.312	0.012	0.006	0.195	75	66	52	85	77	3.4	4.75	48
SWP200□	28×16	8	120	8×ϕ15	0.490	0.430	0.345	0.540	0.520	0.016	0.009	0.325	98	86	69	108	104	3.8	6.64	65
SWP225□	32×18	9	145	8×ϕ17	0.916	0.826	0.692	1.024	0.979	0.039	0.013	0.628	143	129	108	160	153	6.2	8.05	98
SWP250□	40×25	12.5	165	8×ϕ19	1.763	1.553	1.373	1.997	1.872	0.079	0.026	1.163	226	199	176	256	240	7.2	12.54	149
SWP285□	40×30	15	180	8×ϕ21	3.193	2.856	2.367	3.560	3.366	0.099	0.043	2.163	313	280	232	349	330	9.4	15.18	212
SWP315□	40×30	15	205	10×ϕ23	5.270	4.774	3.993	5.952	5.555	0.219	0.078	3.671	425	385	322	480	448	12.8	19.25	296
SWP350□	50×32	16	225	10×ϕ23	8.645	7.788	6.426	9.639	9.027	0.226	0.097	6.197	565	509	420	630	590	13.9	22.75	405
SWP390□	70×36	18	215	10×ϕ25	12.920	11.628	9.690	14.687	13.623	0.303	0.122	9.728	680	612	510	773	717	21.1	25.62	512
SWP435□	80×40	20	245	16×ϕ28	24.240	22.032	17.712	27.576	25.200	0.545	0.176	17.112	1010	918	738	1149	1050	25.7	29.12	713
SWP480□	90×45	22.5	275	16×ϕ31	38.736	35.482	29.088	45.274	40.320	0.755	0.238	27.072	1345	1232	1010	1572	1400	30.7	35.86	940
SWP550□	100×45	22.5	305	16×ϕ31	76.570	67.868	50.252	87.172	76.152	1.435	0.341	56.050	2015	1786	1454	2294	2004	38.1	40.33	1475
SWP600□	90×55	27.5	370	22×ϕ34	134.100	137.115	100.575	160.155	141.300	2.493	0.467	95.760	2980	3047	2235	3559	3140	53.2	47.65	2128
SWP650□	100×60	30	405	18×ϕ38	192.720	194.991	152.064	241.930	205.498	3.210	0.623	144.408	3650	3693	2880	4582	3892	65.1	54.48	2735

注：1. L（$\geqslant L_{min}$）为缩短后的最小长度，不包括伸缩量 S。安装长度（L 加分配 S 的缩量值）按需要确定。

2. □表示 A、B、C、D、E 和 F 中的任意一个型号。

表 15.1-29 SWP 型（G 型）剖分轴承座十字轴式万向联轴器的形式、基本参数和主要尺寸

（摘自 JB/T 3241—2005）

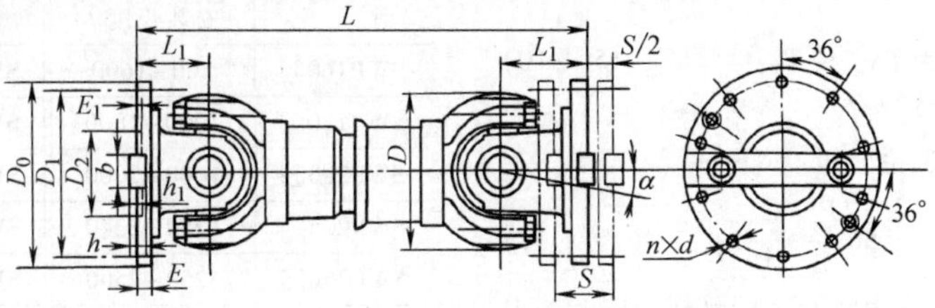

G 型—有伸缩超短型

型 号	回转直径 D /mm	公称转矩 T_n /kN·m	疲劳转矩 T_f /kN·m	轴线折角 α /(°)	伸缩量 S /mm	尺 寸 /mm L	D_0	D_1 js11	D_2 H7	E	E_1	$b\times h$	h_1	L_1	$n\times d$	转动惯量 J/ kg·m²	质量 /kg
SWP225G	225	56	28	≤5	40	470	275	248	135	15	5	32×18	9	80	10×15	0.512	78
SWP250G	250	80	40	≤5	40	600	305	275	150	15	5	40×25	9	100	10×17	1.128	142
SWP285G	285	112	56	≤5	40	665	348	314	170	18	7	40×30	12	120	10×19	1.956	190
SWP315G	315	160	80	≤5	40	740	360	328	185	18	7	40×30	12	135	10×19	3.264	260
SWP350G	350	224	112	≤5	55	850	405	370	210	22	8	50×32	16	150	10×21	5.461	355

表 15.1-30 SWP 型十字轴式万向联轴器配件的连接尺寸及螺栓预紧力矩

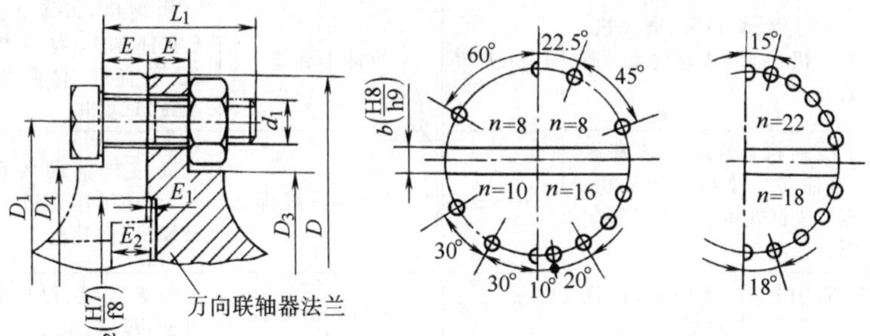

型 号	回转直径 D /mm	螺栓数 n	螺栓规格 (d_1/mm)×(L_1/mm)	预紧力矩 M_a /N·m	尺 寸 /mm D_1 js11	D_2 f8	D_3	D_4	E	E_1	E_2	b H8
SWP160□	160	6	M12×1.5×50	120	140	95	118	121	15	3.5	12	20
SWP180□	180	6	M14×1.5×50	190	155	105	128	133	15	3.5	13	24
SWP200□	200	8	M14×1.5×55	190	175	125	146	153	17	4.5	15	28
SWP225□	225	8	M16×1.5×65	295	196	135	162	171	20	4.5	16	32
SWP250□	250	8	M18×1.5×75	405	218	150	180	190	25	4.5	20	40
SWP285□	285	8	M20×1.5×85	580	245	170	205	214	27	6.0	23	40
SWP315□	315	10	M22×1.5×95	780	280	185	235	245	32	6.0	23	40
SWP350□	350	10	M22×1.5×100	780	310	210	260	280	35	7.0	25	50
SWP390□	390	10	M24×2×110	1000	345	235	290	308	40	7.0	28	70
SWP435□	435	16	M27×2×120	1500	385	255	325	342	42	9.0	32	80
SWP480□	480	16	M30×2×130	2000	425	275	370	377	47	11	36	90
SWP550□	550	16	M30×2×140	2000	492	320	435	444	50	11	36	100
SWP600□	600	22	M33×2×150	2650	544	380	480	492	55	13	43	100
SWP650□	650	18	M36×3×165	3170	585	390	515	528	60	13	45	100
SWP700□	700	22	M36×3×165	3170	635	420	565	578	60	13	45	100

注：□表示 A、B、C、D、E、F 和 G 中任意一个型号。

（2）选择计算

联轴器的计算转矩 T_c 按式（15.1-10）计算并满足如下条件：

$$T_c = TK_a \leqslant T_n \qquad (15.1\text{-}10)$$

或在交变载荷作用下　$T_c \leqslant T_f$

式中　T——联轴器的理论转矩（N·m），

$$T = 9550\frac{P_w}{n} \qquad (15.1\text{-}11)$$

P_w、n——驱动功率（kW）和工作转速（r/min）；

T_n——联轴器的公称转矩（N·m），对于 JB/T 3241—2005 规定的联轴器，T_n 是在 n = 10r/min，轴承寿命 L_h = 5000h，轴线折角 α = 3°以及载荷平稳等给定条件下的数值，见表 15.1-28、表 15.1-29；

T_f——在交变载荷作用时，联轴器允许的疲劳转矩（N·m），见表 15.1-28、表 15.1-29；

K_a——载荷性质系数，见表 15.1-32。

表 15.1-31　SWP 型标准规定安装长度选用

（摘自 JB/T 3241—2005）　（mm）

型　号	安装长度 L	型　号	安装长度 L
SWP160□	800~1600	SWP350□	1600~3550
SWP180□	1000~1800	SWP390□	1800~4000
SWP200□	1000~2000	SWP435□	2000~4500
SWP225□	1250~2240	SWP480□	2240~5000
SWP250□	1250~2500	SWP550□	2500~5600
SWP285□	1400~2800	SWP600□	3150~6300
SWP315□	1600~3150	SWP640□	3550~6300

注：1. L 的标准系列长度（mm）：800、1000、1250、1400、1600、1800、2000、2240、2500、2800、3150、3550、4000、4500、5000、5600、6300。
2. □表示 A、D、E 和 F 中任意一个型号。
3. 安装长度包括 $S/2$。
4. 选用表列以外的安装长度时，可与制造厂商定。

表 15.1-32　载荷性质系数

工作机构载荷性质	设备名称	K_a	工作机构载荷性质	设备名称	K_a
轻冲击载荷	发电机、离心泵、通风机、木工机床、带式输送机、造纸机	1.1~1.65	重冲击载荷	压缩机（单缸）、活塞泵（单柱塞）、搅拌机、压力机、矫直机、起重机主传动系统、球磨机	2.5~3.5
中等冲击载荷	压缩机（多缸）、活塞泵（多柱塞）、小型型钢轧机、连续线材轧机、运输机械主传动系统	1.65~2.5	特重冲击载荷	起重机辅助传动、破碎机、可逆工作辊道、卷取机、破鳞机、初轧机	3.5~7
重冲击载荷	船舶驱动、运输辊道、连续管轧机、中型型钢轧机	2.5~3.5	极重冲击载荷	机架辊道、厚板剪切机、可逆板坯轧机	7~15

6.2　球铰式万向联轴器（见表 15.1-33）

表 15.1-33　球铰式万向联轴器的形式、基本参数和主要尺寸（摘自 JB/T 6139—2007）

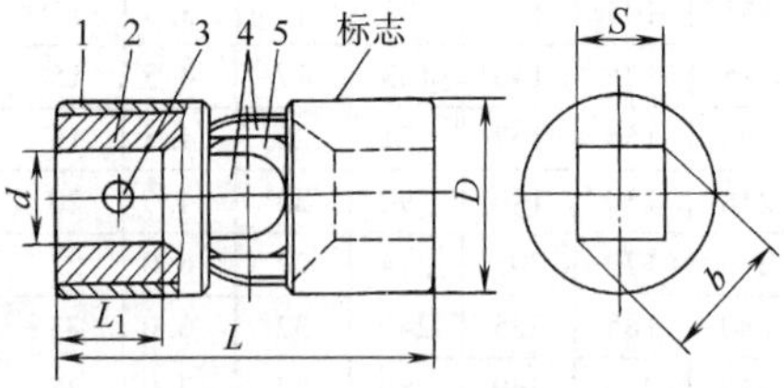

a) WJ型（单球铰式）

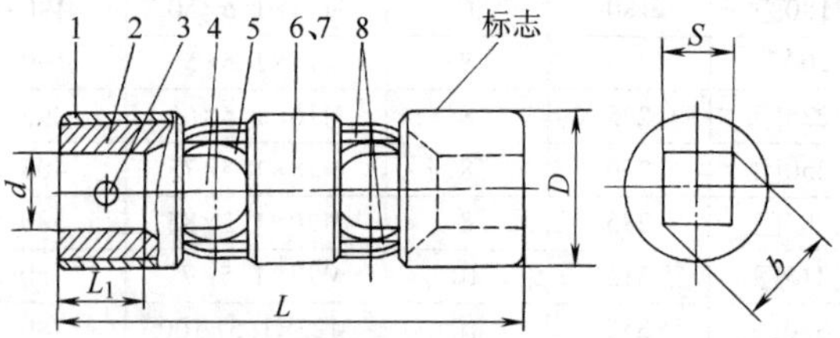

b) WJS型（双球铰式）

1—套　2—半联轴器　3—销　4、8—接头　5—球形件　6、7—叉形接头

型　号	公称转矩 T_n /N·m	许用转速 [n] /r·min^{-1}	D/mm	轴孔尺寸 圆柱孔 d	四方孔 S	四方孔 b	L_1	L/m WJ型	L/m WJS型	质量/kg WJ型	质量/kg WJS型	转动惯量/kg·m^2 WJ型	转动惯量/kg·m^2 WJS型
WJ1	6.3	1000	16	6	—	—	9	34	—	0.05	—	0.00005	—
WJ2	12.5	1000	18	8	—	—	11	40	—	0.06	—	0.00005	—
WJ3	25	980	22	10	—	—	12	45	—	0.10	—	0.00005	—

（续）

型号	公称转矩 T_n /N·m	许用转速 [n] /r·min⁻¹	D/mm	轴孔尺寸 圆柱孔 d	四方孔 S	四方孔 b	L_1	L/m WJ型	L/m WJS型	质量/kg WJ型	质量/kg WJS型	转动惯量/kg·m² WJ型	转动惯量/kg·m² WJS型
WJ4	40	900	26	12	10	13	13	50	—	0.15	—	0.00008	—
WJ5	63	820	29	14	—	—	16	56	—	0.20	—	0.0001	—
WJ6、WJS1	100	780	32	16	14	18	18	65	100	0.30	0.45	0.0001	0.0008
WJ7、WJS2	140	720	37	18	—	—	20	72	112	0.45	0.70	0.0003	0.0008
WJ8、WJS3	224	680	42	20	19	25	23	82	127	0.67	1.00	0.0005	0.0015
WJ9、WJS4	280	650	47	22	—	—	25	95	145	1.00	1.56	0.0008	0.003
WJ10、WJS5	355	620	52	25	24	32	29	108	163	1.35	2.10	0.001	0.005
WJ11、WJS6	450	600	58	30	—	—	34	122	182	1.85	2.75	0.003	0.009
WJ12、WJS7	560	570	70	35	30	40	39	140	212	3.15	4.75	0.005	0.01
WJ13、WJS8	710	550	80	40	36	48	44	160	245	4.60	7.20	0.03	0.01
WJ14、WJS9	1120	500	95	50	46	60	54	190	290	7.60	12.00	0.1	0.07

注：球铰式万向联轴器的型号选择，可根据转速、功率或转矩由图15.1-10确定。图中曲线是单向转动、轴线折角不大于10°、载荷均匀、连续运转不超过1h的单球铰式万向联轴器。双球铰式万向联轴器承载能力稍低。在其他轴线折角时，可用图中标注的系数计算。当承受周期性载荷或交替改变转向时，应选用带键槽的圆柱孔或方孔连接。

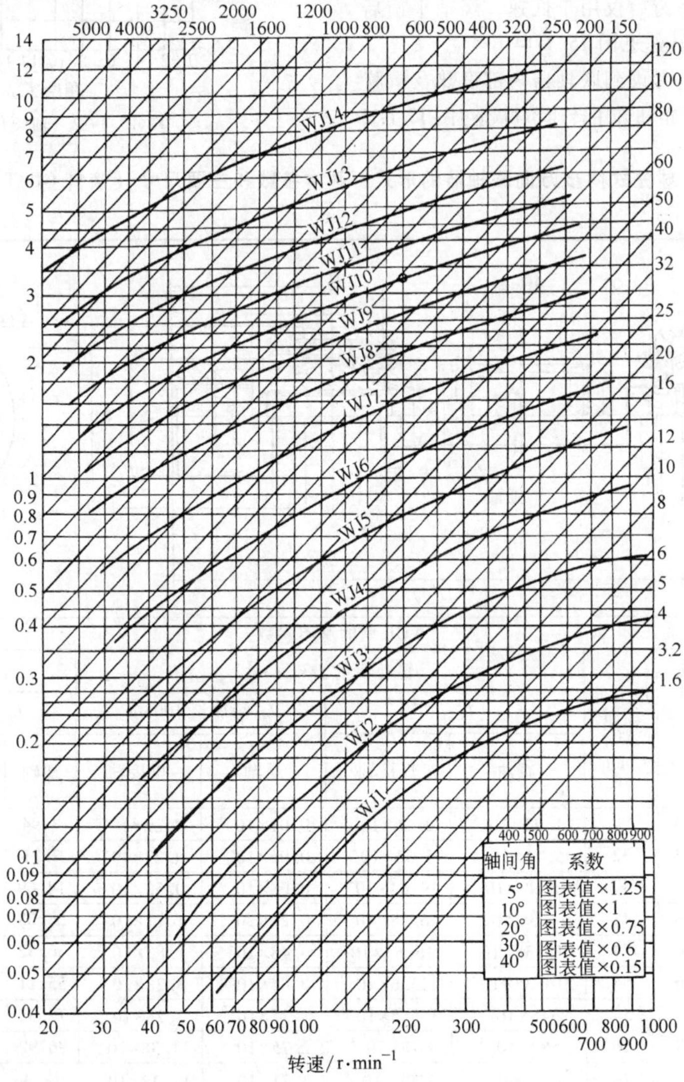

图15.1-10 球铰式万向联轴器选用线图

6.3　球笼式同步万向联轴器

（1）基本参数和主要尺寸（见表 15.1-34）

（2）选择计算

1）联轴器的计算转矩。

$$T_c = 171900\frac{K_1K_2}{K_3K_4} \times \frac{P_w}{n} \leqslant T_n \quad (15.1\text{-}12)$$

式中　T_c——联轴器的计算转矩（N·m）；

T_n——联轴器的公称转矩（N·m）；

P_w——驱动功率（kW）；

n——工作转速（r/min）；

K_1——原动机系数，见表 15.1-35；

K_2——连续工作时间系数，见图 15.1-11；

K_3——轴倾角系数，见图 15.1-12；

K_4——转速系数，见图 15.1-13。

2）联轴器经静平衡后仅用于低速，经动平衡后则可用于高速。许用转速见图 15.1-14。

3）连续工作时，考虑到联轴器内部发热及橡胶密封套的耐用性，轴倾角和许用转速不得超过图 15.1-15 中的极限值。

4）不同长度联轴器的许用转速不得超过图 15.1-16 中的极限值。

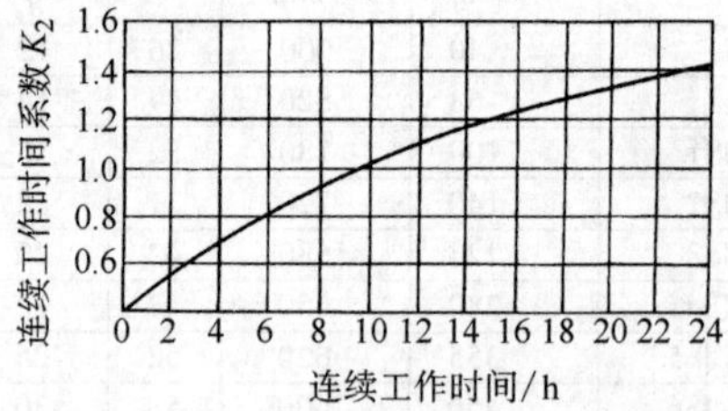

图 15.1-11　连续工作时间系数 K_2

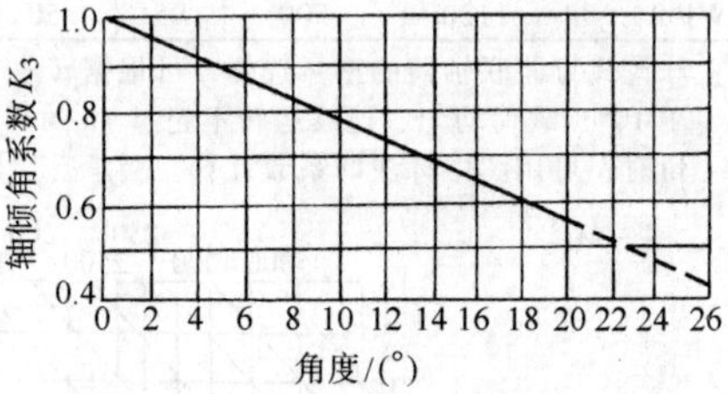

图 15.1-12　轴倾角系数 K_3

表 15.1-34　球笼式同步万向联轴器的形式、基本参数和主要尺寸（摘自 GB/T 7549—2008）

（mm）

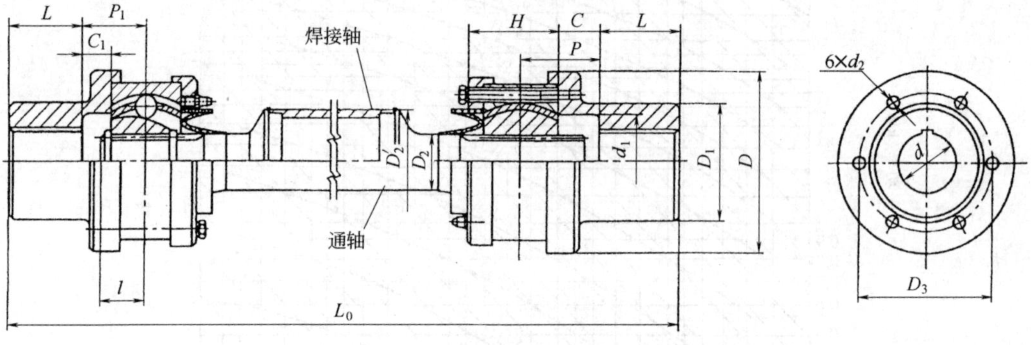

WQL 型的基本参数

型号	公称转矩 T_n /N·m	许用最大倾角 θ_{max} /(°)		最大伸缩量 ΔL_0 /mm	转动惯量 J/kg·m²				质量/kg			
					L_{0min}		L_0 每加长 100mm		L_{0min}		L_0 每加长 100mm	
		静止时	工作时		通轴	焊接轴	通轴	焊接轴	通轴	焊接轴	通轴	焊接轴
WQL1	180	16	14	24	1.90×10^{-3}	2.16×10^{-3}	0.01×10^{-3}	0.29×10^{-3}	3.94	4.68	0.25	0.55
WQL2	355	16	14	32	5.11×10^{-3}	5.35×10^{-3}	0.06×10^{-3}	0.29×10^{-3}	7.21	7.92	0.56	0.55
WQL3	800	18	16	40	18.99×10^{-3}	19.64×10^{-3}	0.08×10^{-3}	0.52×10^{-3}	14.69	16.02	0.61	0.68
WQL4	1400	18	16	48	44.38×10^{-3}	46.38×10^{-3}	0.29×10^{-3}	1.11×10^{-3}	25.08	27.42	1.19	0.88
WQL5	2240	18	16	54	112.38×10^{-3}	116.63×10^{-3}	0.48×10^{-3}	1.83×10^{-3}	36.32	40.17	1.54	1.04
WQL6	3150	18	16	54	216.35×10^{-3}	223.6×10^{-3}	0.84×10^{-3}	3.28×10^{-3}	55.11	59.95	2.04	1.42
WQL7	4500	18	16	54	348×10^{-3}	355.5×10^{-3}	1.22×10^{-3}	3.28×10^{-3}	72.34	77.54	2.45	1.42
WQL8	6300	20	18	60	584×10^{-3}	618×10^{-3}	2.75×10^{-3}	11.38×10^{-3}	96.92	109.97	3.56	2.60
WQL9	10000	20	18	70	1262×10^{-3}	1298×10^{-3}	3.31×10^{-3}	11.38×10^{-3}	148.36	162.84	4.04	2.60

（续）

WQL 型的主要尺寸

型号	轴孔直径 d(H7)	轴孔长度 L Y 型	轴孔长度 L J 型	L_{0min} 通轴	L_{0min} 焊接轴	D	D_1	D_2 通轴	D_2' 焊接轴	D_3	d_1	d_2	P	P_1	H	C	C_1	l
WQL1	25	62	44	284	392	85	55	20.0	50	66	45	M8	36.7	24.7	34.4	24	12	16
	28																	
	30	82	60															
	32																	
	35																	
WQL2	32	82	60	394	478	100	65	30.0	50	80	55	M8	48.4	32.4	38.8	32	16	21
	35																	
	38	112	84															
	40																	
	45																	
WQL3	45	112	84	448	561	130	90	31.5	60	106	75	M10	60.8	40.8	51.6	40	20	29
	48																	
	50																	
	55																	
	56																	
	60	142	107															
	63																	
	65																	
	70																	
WQL4	55	112	84	537	643	150	105	44.5	76	124	85	M12	72.9	48.9	59.8	48	24	28
	56																	
	60	142	107															
	63																	
	65																	
	70																	
	71																	
	75																	
WQL5	63	142	107	574	714	175	120	50.0	89	140	95	M14	80.2	60.2	62.4	54	34	38
	65																	
	70																	
	71																	
	75																	
	80	172	132															
	85																	
	90																	
WQL6	71	142	107	675	805	200	140	57.5	102	159	110	M12	85.8	65.8	72.6	55	35	40
	75																	
	80	172	132															
	85																	
	90																	
	95																	
	100	212	167															
	110																	
WQL7	80	172	132	701	840	220	160	63.0	102	180	130	M12	88.3	68.3	77.6	55	35	48
	85																	
	90																	
	95																	
	100	212	167															
	110																	
	120																	
WQL8	90	172	132	710	910	245	180	76.0	140	197	138	M16	96.3	76.3	87.6	58	38	53
	95																	
	100	212	167															
	110																	
	120																	
	125																	

（续）

型号	轴孔直径 d（H7）	轴孔长度 L		$L_{0\min}$		D	D_1	D_2	D'_2	D_3	d_1	d_2	P	P_1	H	C	C_1	l
WQL 型的主要尺寸																		
		Y 型	J 型	通轴	焊接轴			通轴	焊接轴									
WQL8	130	252	202	710	910	245	180	76.0	140	197	138	M16	96.3	76.3	87.6	58	38	53
	140																	
WQL9	100	212	167	842	1065	275	205	81.0	140	226	155	M16	112.8	82.8	99.6	70	45	65
	110																	
	120																	
	125																	
	130	252	202															
	140																	
	150																	
	160	302	242															

注：1. 公称转矩为转速 $n=100\text{r/min}$、0°轴倾角时的计算值。不同转速、轴倾角下的转矩按标准中附录 A 选用。

2. 在起动、制动时产生的短时过载转矩的允许值为 $T_{\max}=3T_n$，时间≤15s。

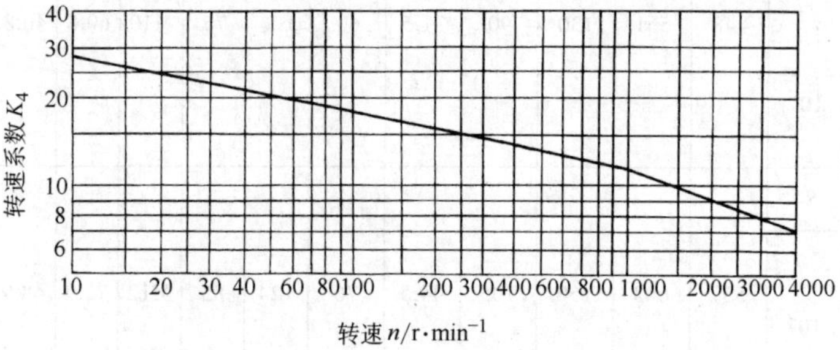

图 15.1-13 转速系数 K_4

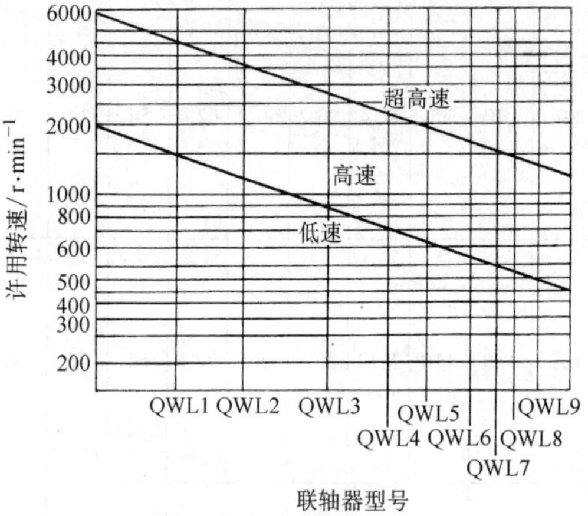

图 15.1-14 许用转速

表 15.1-35 原动机系数 K_1

原动机种类		K_1
电动机、汽轮发电机		1
汽油机	4 缸以上	1.25
	1~3 缸	1.5
柴油机	4 缸以上	2
	1~3 缸	3

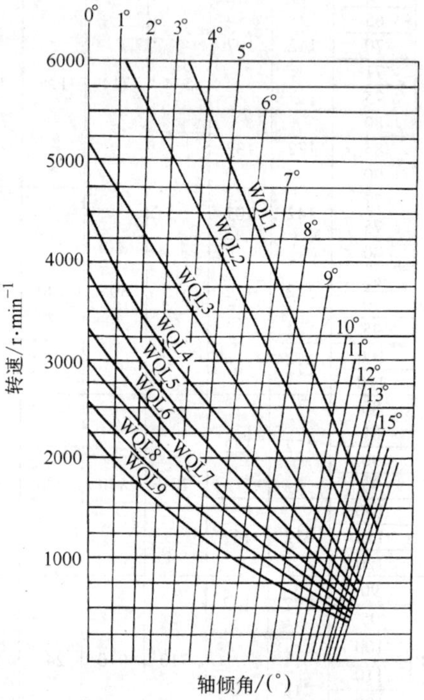

图 15.1-15 轴倾角与转速关系

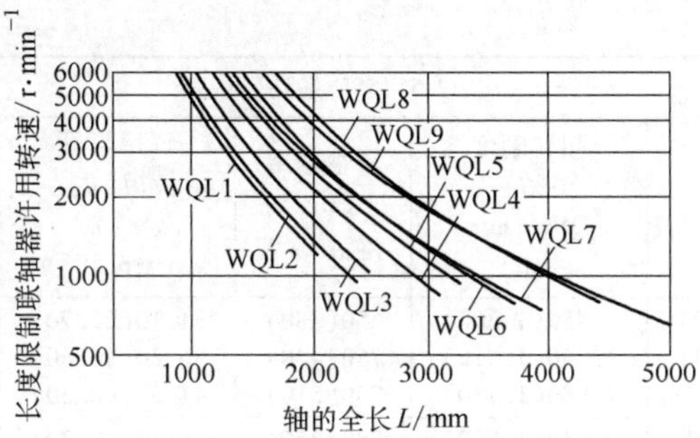

图 15.1-16 联轴器长度与许用转速关系

7 弹性联轴器

7.1 弹性阻尼簧片联轴器（见表 15.1-36、表 15.1-37）

表 15.1-36 弹性阻尼簧片联轴器的形式、基本参数和主要尺寸（摘自 GB/T 12922—2008）

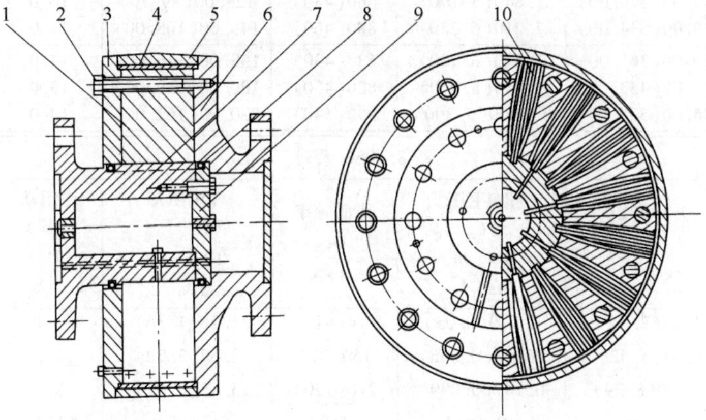

1—中间块 2—六角头螺栓 3—侧板 4—中间圈 5—紧固圈 6—法兰

7—花键轴 8—O形橡胶密封圈 9—密封圈座 10—簧片组件

55、55U 系列							
规格系列	公称转矩 T_n /kN·m	扭转刚度 C /MN·m·rad^{-1}	特征频率 ω_n /rad·s^{-1}	许用阻尼转矩$[T_d]$ /kN·m·MPa^{-1}	许用功率损失$[P_v]$ /kW	许用补偿量 径向 ΔY	轴向 ΔX
						mm	
41×2.5-55(U)	4.29(3.91)	0.079(0.071)	160(110)	1.72(1.31)	1.1	0.24(0.24)	1.5
41×5-55(U)	8.58(7.83)	0.158(0.142)	350(210)	3.44(2.61)	1.2	0.31(0.30)	
41×7.5-55(U)	12.90(11.70)	0.237(0.213)	500(300)	5.16(3.92)	1.3	0.35(0.34)	
41×10-55(U)	17.20(15.70)	0.315(0.284)	690(420)	6.88(5.23)	1.4	0.39(0.38)	
48×7.5-55(U)	17.90(15.90)	0.323(0.295)	460(280)	7.08(5.26)	1.7	0.39(0.38)	2.0
48×10-55(U)	23.90(21.20)	0.430(0.393)	610(380)	9.45(7.02)	1.9	0.43(0.42)	
48×12.5-55(U)	29.90(26.50)	0.538(0.492)	800(470)	11.80(8.77)	2.0	0.47(0.45)	
56×10-55(U)	32.10(28.90)	0.588(0.540)	530(330)	12.80(9.26)	2.5	0.48(0.46)	2.5
56×12.5-55(U)	40.20(36.10)	0.735(0.675)	630(430)	15.90(11.60)	2.6	0.51(0.50)	
56×15-55(U)	48.20(43.30)	0.883(0.810)	800(510)	19.10(13.90)	2.8	0.55(0.53)	
63×12.5-55(U)	52.10(43.50)	0.980(0.805)	630(330)	20.10(14.60)	3.2	0.56(0.53)	2.5
63×15-55(U)	62.50(52.20)	1.180(0.966)	770(390)	24.10(17.60)	3.4	0.60(0.56)	
63×17.5-55(U)	73.00(60.90)	1.370(1.130)	890(460)	28.10(20.60)	3.6	0.63(0.59)	

（续）

规格系列	公称转矩 T_n /kN·m	扭转刚度 C /MN·m·rad^{-1}	特征频率 ω_n /rad·s^{-1}	许用阻尼转矩[T_d] /kN·m·MPa^{-1}	许用功率损失[P_v] /kW	许用补偿量 径向 ΔY mm	许用补偿量 轴向 ΔX mm
55、55U 系列							
72×15-55(U)	80.10(70.10)	1.480(1.300)	650(380)	31.10(22.70)	4.2	0.65(0.62)	3.0
72×17.5-55(U)	93.40(81.80)	1.730(1.510)	750(440)	36.30(26.50)	4.4	0.68(0.65)	
72×20-55(U)	107.00(93.40)	1.980(1.730)	850(510)	41.50(30.30)	4.7	0.71(0.68)	
80×17.5-55(U)	110.00(96.00)	2.040(1.770)	580(350)	45.30(32.20)	5.3	0.72(0.69)	3.0
80×20-55(U)	126.00(110.00)	2.330(2.030)	660(400)	51.80(37.90)	5.5	0.75(0.72)	
80×22.5-55(U)	141.00(123.00)	2.620(2.280)	740(450)	58.30(42.60)	5.8	0.78(0.75)	
90×20-55(U)	166.00(145.00)	3.070(2.700)	650(400)	65.50(47.80)	6.8	0.82(0.79)	3.5
90×22.5-55(U)	186.00(163.00)	3.450(3.040)	750(440)	73.70(53.80)	7.0	0.86(0.82)	
90×25-55(U)	207.00(181.00)	3.840(3.370)	830(490)	81.90(59.70)	7.3	0.89(0.85)	
100×22.5-55(U)	233.00(203.00)	4.330(3.760)	660(390)	91.70(67.00)	8.4	0.92(0.88)	3.5
100×25-55(U)	259.00(225.00)	4.810(4.180)	750(440)	102.00(74.50)	8.7	0.96(0.91)	
110×22.5-55U	(251.00)	(4.670)	(390)	(80.70)	(9.8)	(0.95)	4.0
110×25-55(U)	315.00(279.00)	5.840(5.190)	660(430)	123.00(89.70)	10.0	1.00(0.98)	
110×30-55(U)	379.00(334.00)	7.010(6.230)	880(460)	148.00(108.00)	11.0	1.10(1.00)	
125×25-55(U)	419.00(361.00)	7.870(6.700)	630(430)	158.00(116.00)	13.0	1.10(1.10)	4.0
125×30-55(U)	502.00(433.00)	9.440(8.040)	820(430)	190.00(139.00)	13.0	1.20(1.10)	
125×35-55(U)	586.00(505.00)	11.000(9.390)	990(540)	220.00(162.00)	14.0	1.30(1.20)	

规格系列	公称转矩 T_n /kN·m	扭转刚度 C /MN·m·rad^{-1}	特征频率 ω_n /rad·s^{-1}	许用阻尼转矩[T_d] /kN·m·MPa^{-1}	许用功率损失[P_v] /kW	许用补偿量 径向 ΔY mm	许用补偿量 轴向 ΔX mm
85、85U 系列							
41×2.5-85(U)	4.02(2.76)	0.049(0.03)	74(41)	1.28(1.36)	1.1	0.24(0.21)	1.5
41×5-85(U)	8.04(5.52)	0.098(0.066)	150(87)	2.57(2.72)	1.2	0.30(0.27)	
41×7.5-85(U)	12.10(8.29)	0.147(0.099)	210(120)	3.85(4.07)	1.3	0.34(0.30)	
41×10-85U	(11.00)	(0.132)	(160)	(5.43)	(1.4)	(0.33)	
48×7.5-85(U)	17.20(11.30)	0.206(0.135)	220(110)	5.11(5.49)	1.7	0.39(0.34)	2.0
48×10-85(U)	22.90(15.10)	0.275(0.180)	290(150)	6.81(7.32)	1.9	0.43(0.37)	
48×12.5-85U	(18.80)	(0.226)	(180)	(9.15)	(2.0)	(0.40)	
56×10-85(U)	28.70(20.90)	0.345(0.251)	210(130)	9.04(9.59)	2.5	0.46(0.41)	2.5
56×12.5-85(U)	35.90(26.10)	0.431(0.313)	260(160)	11.30(12.00)	2.6	0.49(0.44)	
56×15-85U	(31.30)	(0.376)	(190)	(14.40)	(2.8)	(0.47)	
63×12.5-85(U)	44.6(33.30)	0.536(0.404)	230(150)	14.30(15.10)	3.2	0.53(0.48)	2.5
63×15-85(U)	53.6(40.00)	0.643(0.484)	290(180)	17.20(18.20)	3.4	0.57(0.51)	
63×17.5-85U	(46.70)	(0.565)	(210)	(21.20)	(3.6)	(0.54)	
72×15-85(U)	72.60(53.20)	0.875(0.641)	280(170)	22.10(23.50)	4.2	0.63(0.56)	3.0
72×17.5-85(U)	84.70(62.10)	1.020(0.748)	320(200)	25.80(27.40)	4.4	0.66(0.59)	
72×20-85U	(71.00)	(0.855)	(230)	(31.40)	(4.7)	(0.62)	
80×15-85	83.40	0.998	200	27.60	5.1	0.66	3.0
80×17.5-85(U)	97.70(70.30)	1.160(0.838)	230(140)	32.20(34.30)	5.3(5.3)	0.69(0.62)	
80×20-85(U)	111.00(80.40)	1.330(0.958)	260(170)	36.80(39.10)	5.4(5.5)	0.72(0.65)	
80×22.5-85U	(90.40)	(1.080)	(180)	(44.00)	(5.8)	(0.67)	
90×20-85(U)	147.00(110.00)	1.760(1.320)	260(180)	46.70(49.50)	6.8	0.79(0.72)	3.5
90×22.5-85(U)	165.00(123.00)	1.980(1.490)	290(200)	52.50(55.70)	7.0	0.82(0.75)	
90×25-85U	(137)	(1.650)	(200)	(61.90)	(7.3)	(0.77)	

（续）

85、85U 系列

规格系列	公称转矩 T_n /kN · m	扭转刚度 C /MN · m · rad^{-1}	特征频率 ω_n /rad · s^{-1}	许用阻尼转矩[T_d] /kN · m · MPa^{-1}	许用功率损失[P_v] /kW	许用补偿量	
						径向 ΔY	轴向 ΔX
						mm	
100×20-85	184.00	2.230	240	57.80	8.1	0.85	3.5
100×22.5-85(U)	207.00(153)	2.510(1.860)	280(170)	65.00(69.30)	8.4	0.89(0.80)	
100×25-85U	(170)	(2.060)	(190)	(77.00)	(8.7)	(0.83)	
110×20-85	221.00	2.640	220	70.20	9.5	0.91	4.0
110×22.5-85U	(182)	(2.190)	(150)	(83.30)	(9.8)	(0.85)	
110×25-85(U)	276.00(202.00)	3.300(2.430)	210(170)	87.70(92.50)	10.0	0.98(0.88)	
110×30-85U	(242.00)	(2.920)	(210)	(111.00)	(11.0)	(0.94)	
125×20-85	292.00	3.540	210	90.20	12.0	1.00	4.0
125×25-85(U)	365.00(272.00)	4.420(3.320)	280(170)	113.00(119.00)	13.0	1.10(0.97)	
125×30-85(U)	438.00(326.00)	5.310(3.990)	280(180)	135.00(143.00)	13.0	1.10(1.00)	
125×35-85U	(380.00)	(4.650)	(240)	(167.00)	(14.0)	(1.10)	

140、140U 系列

规格系列	公称转矩 T_n /kN · m	扭转刚度 C /MN · m · rad^{-1}	特征频率 ω_n /rad · s^{-1}	许用阻尼转矩[T_d] /kN · m · MPa^{-1}	许用功率损失[P_v] /kW	许用补偿量	
						径向 ΔY	轴向 ΔX
						mm	
41×2.5-140(U)	2.35(1.83)	0.017(0.013)	32(25)	1.24(1.28)	1.1	0.20(0.18)	1.5
41×5-140(U)	4.70(3.66)	0.034(0.027)	62(53)	2.47(2.55)	1.2	0.25(0.23)	
41×7.5-140(U)	7.06(5.49)	0.051(0.040)	97(76)	3.71(3.83)	1.3	0.29(0.26)	
41×10-140(U)	9.41(7.32)	0.069(0.053)	130(110)	4.95(5.10)	1.4	0.32(0.29)	
48×7.5-140(U)	11.10(7.67)	0.080(0.056)	110(70)	4.86(5.13)	1.7	0.33(0.30)	2.0
48×10-140(U)	14.80(10.20)	0.107(0.074)	160(100)	6.48(6.84)	1.9	0.37(0.33)	
48×12.5-140(U)	18.60(12.80)	0.134(0.093)	200(120)	8.10(8.55)	2.0	0.40(0.35)	
56×10-140(U)	19.40(15.00)	0.140(0.109)	130(100)	8.56(8.91)	2.5	0.40(0.37)	2.5
56×12.5-140(U)	24.20(18.70)	0.175(0.137)	160(130)	10.70(11.10)	2.6	0.43(0.40)	
56×15-140(U)	29.00(22.50)	0.210(0.164)	190(150)	12.80(13.40)	2.8	0.46(0.42)	
63×12.5-140(U)	30.90(23.50)	0.226(0.170)	150(110)	13.50(14.10)	3.2	0.47(0.43)	2.5
63×15-140(U)	37.10(28.20)	0.271(0.205)	180(140)	16.20(16.90)	3.4	0.50(0.46)	
63×17.5-140(U)	43.20(32.90)	0.316(0.239)	220(160)	18.90(19.70)	3.6	0.53(0.48)	
72×15-140(U)	47.40(36.80)	0.346(0.266)	150(120)	21.00(22.10)	4.2	0.54(0.50)	3.0
72×17.5-140(U)	55.30(42.90)	0.403(0.310)	170(140)	24.50(25.70)	4.4	0.57(0.53)	
72×20-140(U)	63.20(49.00)	0.641(0.355)	200(160)	28.00(29.40)	4.7	0.60(0.55)	
80×17.5-140(U)	68.20(51.00)	0.500(0.379)	150(120)	30.50(31.80)	5.3	0.61(0.56)	3.0
80×20-140(U)	78.00(59.20)	0.571(0.433)	180(130)	34.90(36.30)	5.5	0.64(0.58)	
80×22.5-140(U)	87.70(66.60)	0.642(0.487)	200(150)	39.20(40.80)	5.8	0.67(0.61)	
90×20-140(U)	98.50(77.20)	0.721(0.570)	160(130)	44.10(45.90)	6.8	0.69(0.64)	3.5
90×22.5-140(U)	111.00(86.80)	0.811(0.641)	180(140)	49.60(51.60)	7.0	0.72(0.66)	
90×25-140(U)	123.00(96.50)	0.901(0.712)	200(160)	55.10(57.30)	7.3	0.75(0.69)	
100×22.5-140(U)	141.00(112.00)	1.030(0.836)	170(140)	61.50(64.00)	8.4	0.78(0.72)	3.5
100×25-140(U)	156.00(125.00)	1.150(0.929)	200(160)	68.40(71.10)	8.7	0.81(0.75)	
110×22.5-140U	(129.00)	(0.947)	(120)	(77.40)	(0.98)	(0.76)	4.0
110×25-140(U)	189.00(144.00)	1.380(1.050)	170(130)	82.50(86.00)	10.0(10.0)	0.86(0.79)	
110×30-140(U)	226.00(173.00)	1.660(1.260)	200(150)	99.00(103.00)	11.0(11.0)	0.91(0.83)	
125×25-140(U)	251.00(191.00)	1.840(1.400)	160(120)	107.00(111.00)	13.0	0.95(0.86)	4.0
125×30-140(U)	301.00(229.00)	2.210(1.680)	190(150)	128.00(133.00)	13.0	1.00(0.92)	
125×35-140(U)	351.00(267.00)	2.580(1.960)	260(170)	149.00(156.00)	14.0	1.10(0.97)	

注：括号内数值仅适用可逆转弹性阻尼簧片联轴器。

表 15.1-37 弹性阻尼簧片联轴器的形式、连接尺寸、转动惯量和质量（GB/T 12922—2008） （mm）

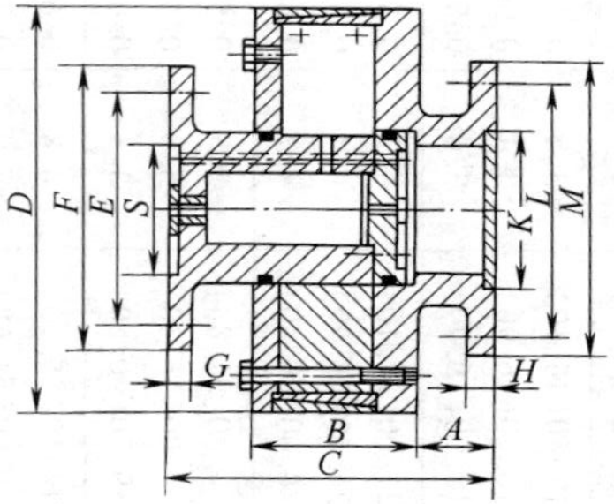

B 型

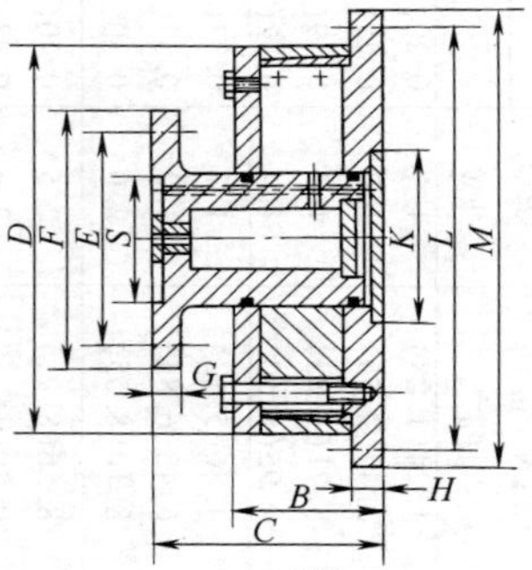

BC 型

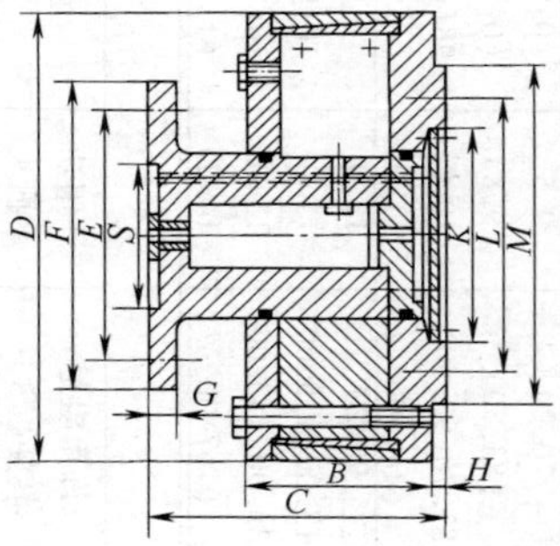

BE 型

规格	C(B 型)						C(BC 型)						C(BE 型)					
	55	85	140	55U	85U	140U	55	85	140	55U	85U	140U	55	85	140	55U	85U	140U
41×2.5	245	245	245	245	245	245	170	170	170	170	170	170	180	180	180	180	180	180
41×5	270	270	270	270	270	270	195	195	195	195	195	195	205	205	205	205	205	205
41×7.5	295	295	295	295	295	295	220	220	220	220	220	220	230	230	230	230	230	230
41×10	320	—	320	320	320	320	245	—	245	245	245	245	255	—	255	255	255	255
48×7.5	335	335	335	335	335	335	245	245	245	245	245	245	255	255	255	255	255	255
48×10	360	360	360	360	360	360	270	270	270	270	270	270	280	280	280	280	280	280
48×12.5	385	—	360	360	360	360	295	—	295	295	295	295	305	—	305	305	305	305
56×10	400	400	400	400	400	400	300	300	300	300	300	300	310	310	310	310	310	310
56×12.5	425	425	425	425	425	425	325	325	325	325	325	325	335	335	335	335	335	335
56×15	450	—	450	450	450	450	350	—	350	350	350	350	360	—	360	360	360	360
63×12.5	455	455	455	455	455	455	345	345	345	345	345	345	350	350	350	350	350	350
63×15	480	480	480	480	480	480	370	370	370	370	370	370	370	375	375	370	370	375
63×17.5	505	—	505	505	505	505	395	—	395	395	395	395	400	—	400	400	400	400

（续）

72×15	505	505	505	505	505	505	380	380	380	380	380	380	390	395	395	395	395	395
72×17.5	530	530	530	530	530	530	405	405	405	405	405	405	425	420	420	420	420	420
72×20	555	—	555	555	555	555	430	—	430	430	430	430	440	—	445	445	445	445
80×15	—	530	—	—	—	—	—	390	—	—	—	—	—	400	—	—	—	—
80×17.5	555	555	545	565	545	540	415	415	405	425	405	400	430	435	420	440	420	415
80×20	580	580	570	590	570	565	440	440	430	450	430	425	455	450	445	465	445	440
80×22.5①	605	—	595	615	595	590	—	—	—	—	—	—	480	—	470	490	470	465
90×20	620	620	615	625	615	600	475	475	470	480	470	455	490	490	485	495	485	470
90×22.5	645	645	640	650	640	625	500	500	495	505	495	480	515	515	510	520	510	495
90×25	670	—	665	675	665	650	525	—	520	530	520	505	540	—	535	545	535	520
100×20	—	650	—	—	—	—	—	495	—	—	—	—	—	510	—	—	—	—
100×22.5	675	675	660	675	660	650	520	520	505	520	505	495	535	535	520	535	520	510
100×25	700	—	685	700	685	675	545	—	530	545	530	520	560	—	545	560	545	535
110×20	—	705	—	—	—	—	—	530	—	—	—	—	—	540	—	—	—	—
110×22.5	—	—	—	730	710	700	—	—	—	555	535	525	—	—	—	565	545	535
110×25	755	755	735	755	735	725	580	580	560	580	560	550	590	590	570	590	570	560
110×30	805	—	785	825	785	775	630	—	610	650	610	600	640	—	620	660	620	610
125×20	—	725	—	—	—	—	—	535	—	—	—	—	—	555	—	—	—	—
125×25	780	805	780	815	780	770	590	615	590	625	590	580	610	635	610	645	610	600
125×30	855	855	830	865	830	820	665	665	640	675	640	630	685	685	660	695	660	650
125×35	905	—	880	915	900	—	715	—	690	725	710	680	735	—	710	745	730	700

规格	*D*	*E*	*F*	*G*	*S*	*A*	*B*		*K*		*L*		*H*			*M*			转动惯量 *J*/kg·m²				质量/kg			
						B型	B型、BC型	BE型	B型	BC型、BE型	B型、BE型	BC型	B型	BC型	BE型	B型	BC型	BE型	内部	外部 B型	外部 BC型	外部 BE型	内部	外部 B型	外部 BC型	外部 BE型
41×2.5	410	230	285	20	120	75	91	100	175	200	265	465	25	40	1	315	510	320	0.14	3.36	3.14	2.14	22	125	105	90
41×5							116	125											0.15	3.87	3.65	2.64	24	145	125	110
41×7.5							141	150											0.16	4.36	4.14	3.14	27	165	145	130
41×10							166	175											0.17	4.87	4.65	3.64	29	185	165	150
48×7.5	480	275	355	25	160	90	152	161	195	230	300	545	30	47	1	355	595	360	0.39	9.03	8.59	6.35	47	245	215	190
48×10							177	186											0.41	9.98	9.54	7.30	50	275	245	220
48×12.5							202	211											0.43	10.93	10.49	8.25	54	305	275	250
56×10	560	315	390	30	180	100	190	199	220	270	345	630	35	50	1	405	685	425	0.89	19.15	18.30	14.50	78	390	350	320
56×12.5							215	224											0.92	20.90	20.05	16.25	83	430	390	360
56×15							240	249											0.95	22.70	21.85	18.00	88	470	430	400

（续）

规格	D	E	F	G	S	A	B		K		L		H			M			转动惯量 J/kg·m²				质量/kg			
																			内部	外部			内部	外部		
						B型	B型、BC型	BE型	B型	BC型、BE型	B型、BE型	BC型	B型	BC型	BE型	B型	BC型	BE型		B型	BC型	BE型		B型	BC型	BE型
63×12.5	630	355	430	35	180	110	224	233	250	300	385	715	40	55	1	460	780	465	1.55	37.65	36.05	27.15	125	610	550	475
63×15							249	258											1.60	40.55	38.95	30.00	135	655	595	525
63×17.5							274	283											1.65	43.35	41.75	32.85	140	700	640	575
72×15	720	400	475	40	190	125	256	269	280	335	440	810	45	60	2	525	885	535	2.70	69.00	66.00	53.70	169	865	780	720
72×17.5							281	294											2.75	73.90	70.90	58.55	176	930	845	785
72×20							306	319											2.85	78.70	75.70	63.40	185	995	910	850
80×15	800	445	530	45	190	140、	264	277	315	370	490	900	50	64	2	580	975	585	4.55	108.00	103.00	84.30	230	1110	990	920
80×17.5							289	302											4.70	115.00	110.00	91.70	240	1190	1070	1000
80×20							314	327											4.85	123.00	118.00	99.10	250	1270	1150	1080
80×22.5①							339	352											5.00	130.00	—	106.50	260	1350	—	1160
90×20	900	500	590	50	220	145	322	335	350	460	580	1000	55	69	2	670	1085	675	8.15	202.00	192.00	162.00	310	1675	1490	1400
90×22.5							347	360											8.35	214.00	204.00	174.00	325	1775	1590	1500
90×25							372	385											8.55	226.00	216.00	186.00	340	1875	1690	1600
100×20	1000	555	655	55	220	155	328	341	395	510	640	1115	60	77	2	730	1205	750	12.85	321.00	305.00	252.00	365	2130	1890	1760
100×22.5							353	366											13.15	339.00	323.00	270.00	380	2255	2015	1880
100×25							378	391											13.45	357.00	341.00	288.00	395	2380	2140	2000
110×20	1100	605	720	60	220	175	343	350	430	555	710	1225	65	88	3	830	1330	820	21.20	507.00	479.00	380.00	530	2760	2430	2190
110×22.5							368	375											21.70	533.00	505.00	407.00	550	2910	2580	2340
110×25							393	400											22.20	560.00	532.00	433.00	570	3060	2730	2490
110×30							443	450											23.10	613.00	585.00	486.00	610	3360	3030	2790
125×20	1250	690	820	70	250	190	342	359	485	635	820	1395	75	82	3	925	1525	930	40.20	849.00	796.00	652.00	800	3620	3120	2910
125×25							392	409											41.80	937.00	884.00	740.00	850	4010	3510	3300
125×30							442	459											43.40	1025.00	972.00	828.00	900	4400	3900	3690
125×35							492	509											45.00	1113.00	1060.00	916.00	950	4790	4290	4080

注：1. 联轴器主要零件材料：六角头螺栓及花键轴为40Cr；紧固圈为42CrMo；簧片组件为50CrVA。

2. 联轴器内部构件和外部构件可互为主动件与从动件。进入联轴器的润滑油压力为0.1~0.5MPa。联轴器内不应有泄漏现象。

3. 联轴器的许用环境温度为-10~70℃。特殊要求的联轴器为-10~120℃。

① BC型无此规格。

7.2 蛇形弹簧联轴器

7.2.1 JS 型罩壳径向安装型（基本型）联轴器（见表 15.1-38）

表 15.1-38 JS 型罩壳径向安装型（基本型）联轴器的形式、基本参数和主要尺寸

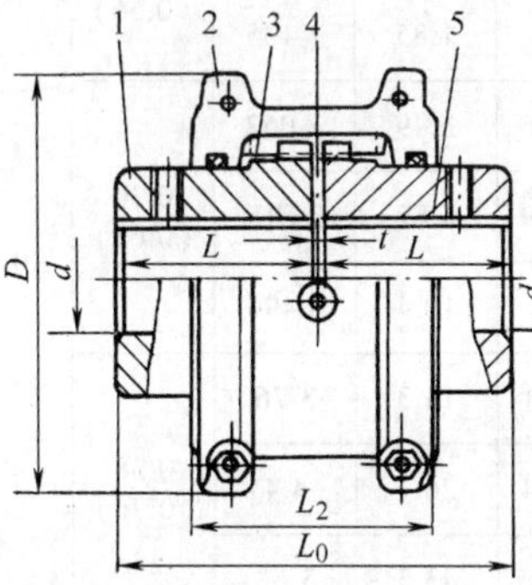

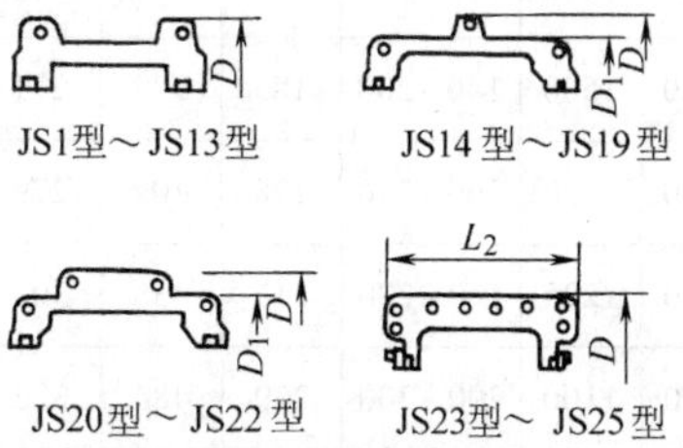

JS1型～JS22型的罩壳用铝合金制造
JS23型～JS25型的罩壳用钢制造

1、5—半联轴器 2—罩壳 3—蛇形弹簧 4—润滑孔

工作温度：−30～150℃

标记方法：

联轴器型号 联轴器 $\frac{\text{轴孔形式代号 键槽形式代号 轴孔直径×轴孔配合长度（主动端）}}{\text{轴孔形式代号 键槽形式代号 轴孔直径×轴孔配合长度（从动端）}}$

联轴器主、从动端连接形式与尺寸相同时，只标记一端，另一端省略

型号	公称转矩 T_n /N·m	许用转速 [n] /r·min⁻¹	轴孔直径 d	轴孔长度 L	总长 L_0	L_2	D	D_1	间隙 t	质量 /kg	转动惯量 J /kg·m²	润滑油 /kg	许用补偿量 径向 Δy /mm	许用补偿量 轴向 Δx /mm	许用补偿量 角向 Δα /(°)
			mm	mm	mm	mm	mm	mm	mm						
JS1	45	4500	18～28	47	97	66	95	—	3	1.91	0.00141	0.0272	0.15 (0.31)	±0.3	0.076 (0.25)
JS2	140		22～35			68	105			2.59	0.00223	0.0408			0.076 (0.31)
JS3	224		25～42	50	103	70	115			3.36	0.00327	0.0544	0.15 (0.31)	±0.3	0.076 (0.33)
JS4	400		32～50	60	123	80	130			5.45	0.00727	0.068	0.20 (0.41)		0.1 (0.4)
JS5	630	4350	40～56	63	129	92	150			7.26	0.0119	0.0862			0.127 (0.45)
JS6	900	4125	48～65	76	155	95	160			10.44	0.0185	0.113			0.127 (0.5)
JS7	1800	3600	55～80	89	181	116	190			17.7	0.0451	0.172			0.15 (0.6)
JS8	3150		65～95	98	199	122	210			25.42	0.0787	0.254			0.18 (0.7)
JS9	5600	2440	75～110	120	245	155	250		5	42.22	0.178	0.426	0.25 (0.51)	±0.5	0.2 (0.84)
JS10	8000	2250	85～120	127	259	162	270			54.45	0.27	0.508			0.23 (0.9)
JS11	12500	2025	90～140	149	304	192	310		6	81.27	0.514	0.735	0.28 (0.56)	±0.6	0.25 (1)

（续）

型号	公称转矩 T_n /N·m	许用转速 [n] /r·min⁻¹	轴孔直径 d	轴孔长度 L	总长 L_0	L_2	D	D_1	间隙 t	质量 /kg	转动惯量 J /kg·m²	润滑油 /kg	许用补偿量 径向 Δy /mm	许用补偿量 轴向 Δx /mm	许用补偿量 角向 Δα /(°)
			mm												
JS12	18000	1800	110~170	162	330	195	346	—	6	121	0.989	0.908	0.28 (0.56)	±0.6	0.3 (1.2)
JS13	25000	1650	120~200	184	374	201	384			178	1.85	1.135			0.33 (1.35)
JS14	35500	1500	140~200	183	372	271	450	391		234.26	3.49	1.952	0.30 (0.61)		0.4 (1.57)
JS15	50000	1350	160~240	198	402	279	500	431		316.89	5.82	2.815			0.45 (1.78)
JS16	63000	1225	180~280	216	438	304	566	487		448.1	10.4	3.496			0.5 (2)
JS17	90000	1100	200~300	239	484	322	630	555		619.71	18.3	3.76	0.38 (0.76)		0.56 (2.26)
JS18	125000	1050	240~320	260	526	356	675	608		776.34	26.1	4.4			0.6 (2.46)
JS19	160000	900	280~360	280	566	355	756	660		1058.27	43.5	5.63			0.68 (2.72)
JS20	224000	820	300~380	305	623	432	845	751	13	1425.56	75.5	10.53	0.46 (0.92)	±1.3	0.74 (2.99)
JS21	315000	730	320~420	325	663	490	920	822		1786.49	113	16.07			0.8 (3.28)
JS22	400000	680	340~450	345	703	546	1000	905		2268.64	175	24.06	0.48 (0.97)		0.89 (3.6)
JS23	500000	630	360~480	368	749	648	1087	—		2950.82	339	33.82			0.96 (3.9)
JS24	630000	580	400~460	401	815	698	1180			3836.3	524	50.17	0.5 (1.02)		1.07 (4.29)
JS25	800000	540	420~500	432	877	762	1260			4686.19	711	67.24			1.77 (4.65)

注：1. 轴孔直径范围内的直径系列尺寸见表 15.1-6。
2. 括号内的许用位移量指工作状态由安装误差、振动、冲击和温度变化等综合因素所形成的两轴相对位移的最大补偿量（无括号为安装误差最大值），角向补偿量 $\Delta\alpha = A - A_1$。

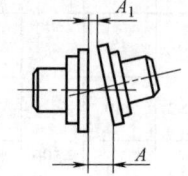

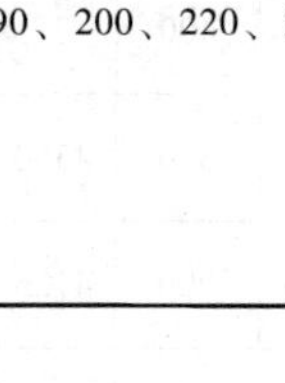

3. 质量、转动惯量按无孔计算。
4. 联轴器安装后应注入润滑油（脂）。
5. 选用其他标准轴孔，应与制造商协商。
6. 生产厂为宁波伟隆传动机械有限公司。
7. 轴孔直径系列：18、19、20、22、24、25、28、30、32、35、38、40、42、45、48、50、55、56、60、63、65、70、71、75、80、85、90、95、100、110、120、125、130、140、150、160、170、180、190、200、220、240、260、280、300、320、340、360、380、400、420、440、450、460、480、500。

7.2.2　JSB 型罩壳径向安装型联轴器（见表 15.1-39）

表 15.1-39　JSB 型罩壳径向安装型联轴器的形式、基本参数和主要尺寸

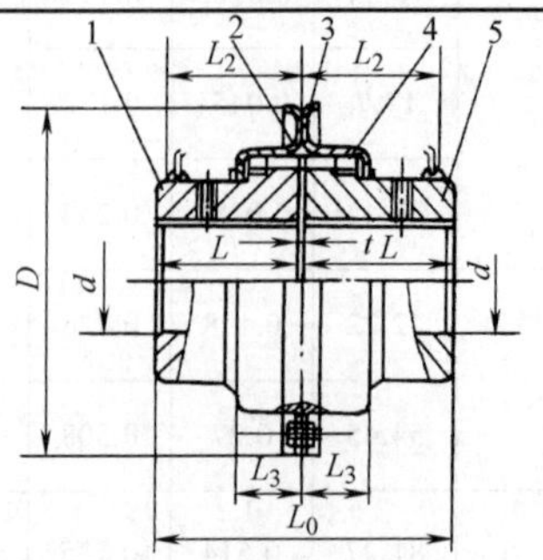

1、5—半联轴器　2—润滑孔　3—罩壳　4—蛇形弹簧

工作温度：-30~150℃
标记方法：见表 15.1-38

（续）

型号	公称转矩 T_n /N·m	许用转速 [n] /r·min^{-1}	轴孔直径 d (mm)	轴孔长度 L (mm)	总长 L_0 (mm)	L_2 (mm)	L_3 (mm)	D (mm)	间隙 t (mm)	质量 /kg	润滑油 /kg	许用补偿量 径向 Δy /mm	许用补偿量 轴向 Δx /mm	许用补偿量 角向 $\Delta\alpha$ /(°)
JSB1	45	6000	18~28	47	97	48	24	112	3	1.95	0.0272	0.15 (0.31)	±0.3	0.076 (0.25)
JSB2	140		22~35				25	122		2.59	0.048			0.076 (0.31)
JSB3	224		25~42	50	103	51	26	130		3.36	0.0544			0.076 (0.33)
JSB4	400		32~50	60	123	61	31	149		5.45	0.068	0.20 (0.41)		0.10 (0.40)
JSB5	630		40~56	63	129	64	32	163		7.26	0.0862			0.127 (0.45)
JSB6	900	5500	48~65	76	155	67	34	174		10.44	0.113			0.127 (0.50)
JSB7	1800	4750	55~80	89	181	89	44	200		17.7	0.172			0.15 (0.60)
JSB8	3150	4000	65~95	98	199	96	47	233		25.42	0.254			0.18 (0.70)
JSB9	5600	3250	75~110	120	245	121	60	268	6	42.22	0.427	0.25 (0.51)	±0.5	0.20 (0.84)
JSB10	8000	3000	80~120	127	259	124	63	287		54.48	0.508			0.23 (0.90)
JSB11	12500	2700	90~140	149	304	143	74	320		81.72	0.735	0.28 (0.56)	±0.6	0.25 (1.0)
JSB12	18000	2400	110~170	162	330	146	75	379		122.58	0.908			0.30 (1.2)
JSB13	25000	2200	120~200	184	374	156	78	411		180.24	1.135			0.33 (1.35)
JSB14	35500	2000	140~200	183	372	204	107	476		230.18	1.952	0.3 (0.61)		0.40 (1.57)
JSB15	50000	1750	160~240	216	438	216	115	533		321.43	2.815			0.45 (1.78)
JSB16	63000	1600	180~260			226	120	584		448.55	3.496			0.50 (2.0)

注：1. 质量按无孔计算。

2. L_2 为罩壳安装时需要的尺寸。

3. 其他见表 15.1-38 注中的 1、2、4、5、6、7。

7.2.3 JSS 型双法兰连接型联轴器（见表 15.1-40）

表 15.1-40 JSS 型双法兰连接型联轴器的形式、基本参数和主要尺寸

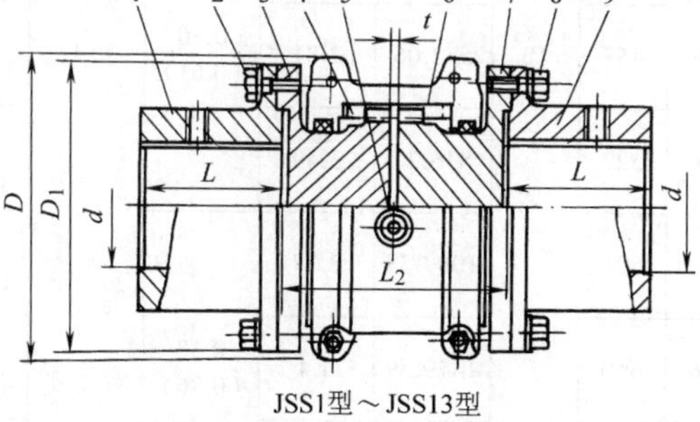

JSS1型～JSS13型

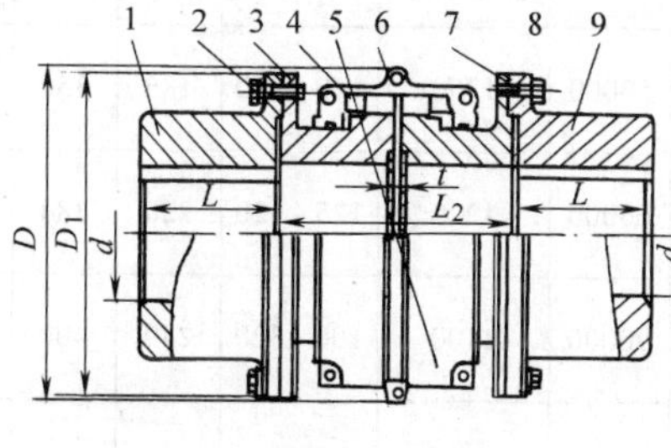

JSS14 型 ～JSS19 型

1、9—连接法兰 2、8—螺栓 3、7—半联轴器 4—蛇形弹簧 5—润滑孔 6—罩壳

工作温度：−30～150℃

标记方法：见表 15.1-38

（续）

型号	公称转矩 T_n /N·m	许用转速 [n] /r·min^{-1}	轴孔直径 d	轴孔长度 L	两轴端距离 L_2 min	两轴端距离 L_2 max	D	D_1	t	质量 /kg	润滑油 /kg	许用补偿量 径向 Δy /mm	许用补偿量 轴向 Δx /mm	许用补偿量 角向 $\Delta\alpha$ /(°)
			mm	mm	mm	mm	mm	mm	mm					
JSS1	45		18~35	35		203	97	86		3.86	0.0272			0.076 (0.25)
JSS2	140		22~42	42	89		106	94		5.266	0.0408	0.15 (0.31)		0.076 (0.31)
JSS3	224		25~56	54		216	114	112		8.44	0.0544			0.076 (0.33)
JSS4	400	3600	32~65	60	111		135	125	5	12.53	0.068		±0.5	0.1 (0.4)
JSS5	630		40~80	73	127	300	148	144		19.61	0.0682			0.127 (0.45)
JSS6	900		48~85	80			159	152		24.65	0.1135	0.20 (0.41)		0.127 (0.5)
JSS7	1800		55~95	89	184		190	178		39.4	0.173			0.15 (0.6)
JSS8	3150		65~110	102			211	209		60.38	0.254			0.18 (0.7)
JSS9	5600	2440	75~130	90	203		251	250	6	98.97	0.427	0.25 (0.51)	±0.6	0.20 (0.84)
JSS10	8000	2250	80~150	104	210	406	270	276		137.58	0.508			0.23 (0.9)
JSS11	12500	2025	90~170	120	246		308	319		196.58	0.735			0.25 (1)
JSS12	18000	180	110~190	135	257		346	346		259.69	0.908	0.28 (0.56)		0.3 (1.2)
JSS13	25000	1650	120~200	152	267		384	386		340.5	1.135			0.33 (1.35)
JSS14	35500	1500	100~250	173	345	371	453	426		442.7	1.95			0.4 (1.57)
JSS15	50000	1350	110~280	186	356	406	501	457	10	552.06	2.81	0.30 (0.61)	±1	0.45 (1.78)
JSS16	63000	1220	125~320	220	384	444	566	527		836.27	3.49			0.5 (2)
JSS17	90000	1100	100~320	249	400	491	630	591		1099.58	3.77			0.56 (2.26)
JSS18	125000	1050	110~360	276	411	508	676	660		1479.59	4.4	0.38 (0.76)		0.6 (2.46)
JSS19	160000	900	110~380	305	444	576	757	711		1856.86	5.63			0.68 (2.72)

注：见表 15.1-38 注 1~7。

7.2.4 JSD型单法兰连接型联轴器（见表15.1-41）

表15.1-41 JSD型单法兰连接型联轴器的形式、基本参数和主要尺寸

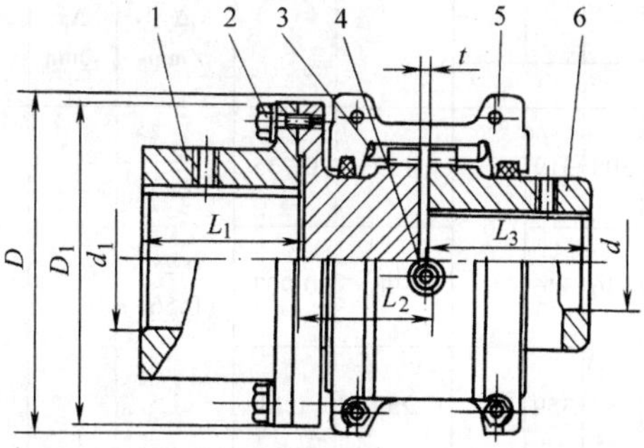

JSD1型～JSD13型

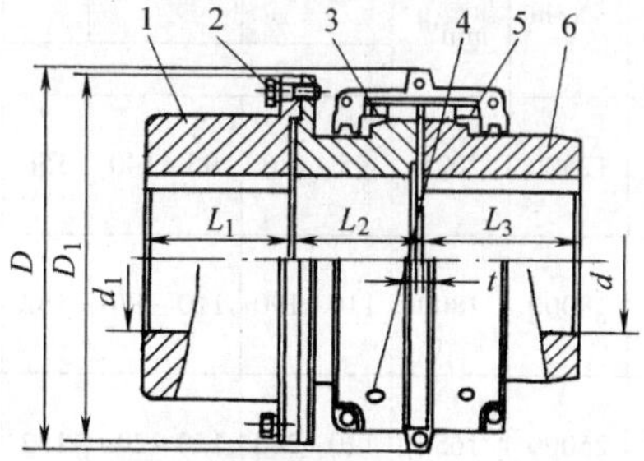

JSD14型～JSD19型

1—连接法兰 2—螺栓 3—蛇形弹簧 4—润滑孔 5—罩壳 6—半联轴器

工作温度：-30～150℃

标记方法：见表15.1-38

型号	公称转矩 T_n /N·m	许用转速 [n] /r·min^{-1}	轴孔直径		轴孔长度		两轴端距离 L_2		D	D_1	间隙 t	质量 /kg	润滑油 /kg	许用补偿量		
			法兰 d_1	半联轴器 d	法兰 L_1	半联轴器 L_3	min	max						径向 Δy /mm	轴向 Δx /mm	角向 $\Delta\alpha$ /(°)
			mm													
JSD1	45	3600	18～35	18～28	35	47	45	102	97	86	3	2.9	0.0272	0.15 (0.31)	±0.3	0.076 (0.25)
JSD2	140		22～42	22～35	41			109	106	94		3.9	0.0408			0.076 (0.31)
JSD3	224		25～56	25～42	54	50			114	113		5.9	0.0544			0.076 (0.33)
JSD4	400		32～65	32～50	60	60	56		135	125		8.98	0.068	0.2 (0.41)		0.1 (0.4)
JSD5	630		40～80	40～56	73	63	64	166	148	114		13.5	0.0862			0.127 (0.45)
JSD6	900		48～85	48～65	79	76			159	152		17.5	0.113			0.127 (0.5)
JSD7	1800		55～95	55～80	88	88	93	204	190	178		28.6	0.172			0.15 (0.6)
JSD8	3150		65～110	65～95	98	100			211	210		42.9	0.254			0.18 (0.7)
JSD9	5600	2400	80～130	80～110	120	90	103	205	251	251	5	70.8	0.426	0.25 (0.51)	±0.5	0.2 (0.84)
JSD10	8000	2250	90～150	90～120	127	104	106		270	276		95.7	0.508			0.23 (0.90)

（续）

型号	公称转矩 T_n /N·m	许用转速 [n] /r·min^{-1}	轴孔直径 法兰 d_1	轴孔直径 半联轴器 d	轴孔长度 法兰 L_1	轴孔长度 半联轴器 L_3	两轴端距离 L_2 min	两轴端距离 L_2 max	D	D_1	间隙 t	质量 /kg	润滑油 /kg	许用补偿量 径向 Δy /mm	许用补偿量 轴向 Δx /mm	许用补偿量 角向 $\Delta\alpha$ /(°)
			mm													
JSD11	12500	2025	95~170	95~140	150	120	125	205	308	319	6	139	0.735	0.28 (0.56)	±0.6	0.25 (1)
JSD12	18000	1800	110~190	110~170	162	134	130		346	346		190	0.907			0.3 (1.2)
JSD13	25000	1650	120~200	120~200	152	184	135		384	359	10	259	1.13			0.33 (1.35)
JSD14	35500	1500	100~250	100~200	173	183	175	185	453	426		342.77	1.95	0.30 (0.61)		0.4 (1.57)
JSD15	50000	1350	110~280	110~220	186	198	180	205	501	457		434.48	2.81			0.45 (1.78)
JSD16	63000	1220	125~320	130~250	220	216	194	224	566	527		641.96	3.49			0.5 (2)
JSD17	90000	1100	100~320	130~280	249	239	202	247	630	590		859.88	3.77	0.38 (0.76)		0.56 (2.26)
JSD18	125000	1050	110~360	150~300	276	259	207	267	676	660		1127.71	4.4			0.6 (2.46)
JSD19	160000	900	110~380	170~320	305	279	224	289	757	711		1479.53	5.63			0.68 (2.72)

注：见表 15.1-38 注 1~7。

7.2.5　JSJ 型接中间轴型联轴器（见表 15.1-42）

表 15.1-42　JSJ 型接中间轴型联轴器的形式、基本参数和主要尺寸

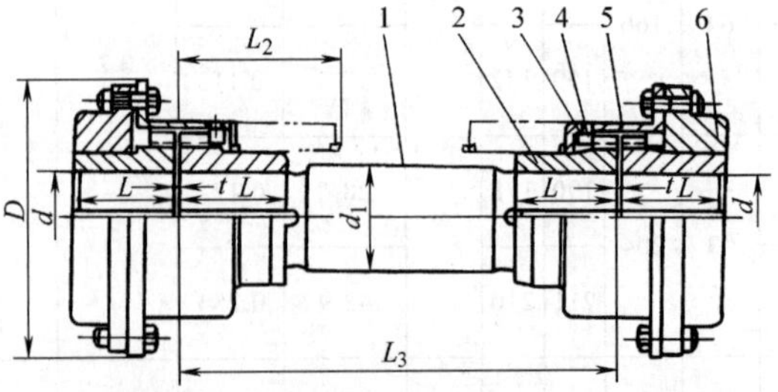

工作温度：-30~150℃
标记方法：见表 15.1-38

1—中间轴　2—半联轴器　3—蛇形弹簧　4—润滑孔　5—罩壳　6—连接法兰

（续）

型号	公称转矩 T_n /N·m	轴孔直径 d	中间轴 d_1	轴孔长度 L	中间轴 L_{3min}	D	L_2	间隙 t	质量（一端）/kg	润滑油（一端）/kg	许用补偿量 径向 Δy /mm	许用补偿量 轴向 Δx /mm	许用补偿量 角向 $\Delta\alpha$ /(°)
		mm											
JSJ1	140	22~35	28	48	162	116	78		3.9	0.0408	0.05		0.076 (0.31)
JSJ2	400	32~50	35	60	195	158	94		8.85	0.068	0.05		0.10 (0.40)
JSJ3	900	48~65	50	76	213	183	103	3	15.62	0.113	0.05	±0.3	0.127 (0.5)
JSJ4	1800	55~80	63	89	275	218	134		26.42	0.172	0.05		0.15 (0.6)
JSJ5	3150	65~85	75	98	294	245	144		37.23	0.254	0.076		0.18 (0.7)
JSJ6	5600	75~110	90	120	372	286	182	5	63.11	0.427		±0.5	0.2 (0.84)
JSJ7	8000	80~120	100	127	391	324	191		83.54	0.508	0.076		0.23 (0.9)
JSJ8	12500	90~140	120	150	453	327	220		98	0.735			0.25 (1)
JSJ9	18000	110~170	130	162	463	365	225		140.29	0.908			0.3 (1.2)
JSJ10	25000	120~200	140	184	482	419	235		209.75	1.135	0.1		0.33 (1.35)
JSJ11	35500	140~200	160	183	549	478	268		276.94	1.952			0.4 (1.57)
JSJ12	50000	160~240	200	198	587	548	287	6	381.36	2.815		±0.6	0.45 (1.78)
JSJ13	63000	180~250		216	622	604	305		519.38	3.496	0.127		0.5 (2)
JSJ14	90000	200~280	220	239	673	665	330		718.68	3.768			0.56 (2.26)
JSJ15	125000	240~320	250	259	711	708	350		898.47	4.4	0.15		0.6 (2.46)
JSJ16	160000	280~360	280	289	744	782	366		1205.28	5.62			0.68 (2.72)

注：1. 见表15.1-38注1~7。

2. 中间轴的最大长度计算方法：

1）按计算转矩选出型号，并从表中查出 d_1 和 L_{3min}。

2）按中间轴轴径 d_1 从图15.1-17中找出中间轴最大长度：当转速≤540r/min时，对应轴径 d_1 的左侧数值，即为中间轴的最大长度；转速>540r/min时，对应轴径与图中的粗实线（540r/min）相交的斜线与工作转速的交点所对应的右侧坐标轴上的数值即为中间轴的最大长度。

3）上述交点在图15.1-17中粗实线的右方时，要求轴的结构对称，在左方时，不要求轴对称。

4）若需要更长的中间轴，可降低转速或选用更大型号的联轴器，也可采用空心中间轴的结构。

7.2.6 JSG 型高速型联轴器（见表 15.1-43）

表 15.1-43 JSG 型高速型联轴器的形式、基本参数和主要尺寸

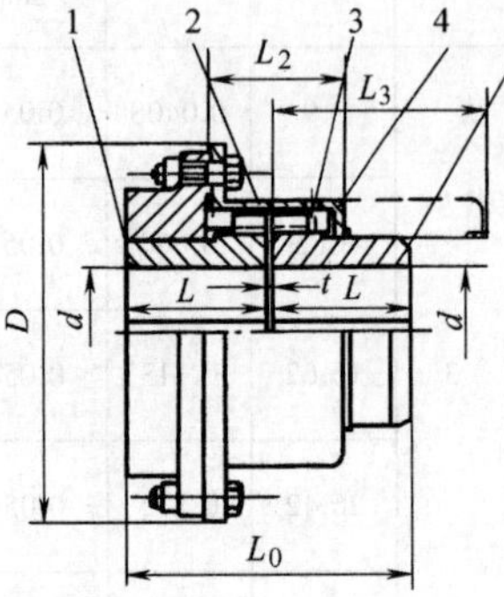

1、5—半联轴器 2—罩壳 3—润滑孔 4—蛇形弹簧

工作温度：-30～150℃

标记方法：见表 15.1-38

型号	公称转矩 T_n /N·m	许用转速 [n] /r·min⁻¹	轴孔直径 d (mm)	轴孔长度 L (mm)	总长 L_0 (mm)	D (mm)	L_2 (mm)	L_3 (mm)	间隙 t (mm)	质量 /kg	润滑油 /kg	许用补偿量 径向 Δy /mm	许用补偿量 轴向 Δx /mm	许用补偿量 角向 Δα /(°)
JSG1	140	10000	12～35	47	97	115	78	50	3	3.90	0.0408	0.076 (0.15)	±0.3	0.076 (0.31)
JSG2	400	9000	16～50	60	123	157	94	59		8.85	0.0675	0.1 (0.2)		0.1 (0.4)
JSG3	900	8200	19～65	76	155	182	103	86		15.62	0.1135			0.127 (0.5)
JSG4	1800	7100	28～80	88	179	218	134	86		26.42	0.1725			0.15 (0.6)
JSG5	3150	6000	28～95	98	199	244	144	92		37.23	0.254			0.18 (0.7)
JSG6	5600	4900	42～110	120	245	286	181	117	5	63.11	0.427	0.127 (0.28)	±0.5	0.2 (0.84)
JSG7	8000	4500	42～120	127	259	324	190	122		83.54	0.5085			0.23 (0.9)
JSG8	12500	4000	60～140	149	304	327	220	146	6	98.06	0.735	0.15 (0.3)	±0.6	0.25 (1)
JSG9	18000	3600	65～170	162	330	365	225	150		140.29	0.908			0.3 (1.2)
JSG10	25000	3300	65～200	184	374	419	345	156		209.75	1.135			0.33 (1.35)

注：见表 15.1-38 注 1～7。

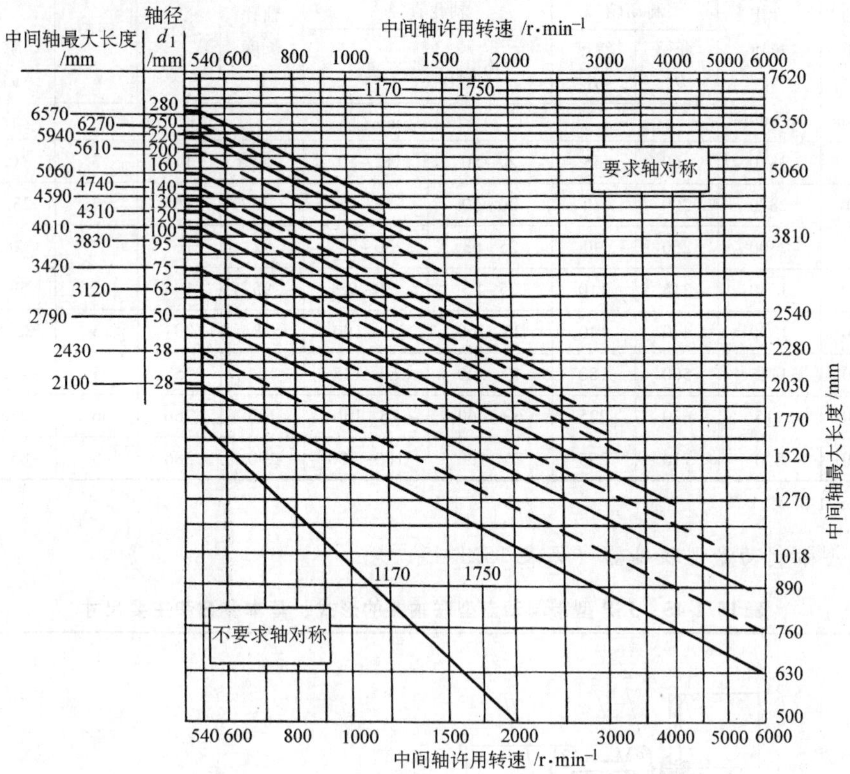

图 15.1-17 中间轴选择

7.2.7 JSZ 型带制动轮型联轴器（见表 15.1-44）

表 15.1-44 JSZ 型带制动轮型联轴器的形式、基本参数和主要尺寸

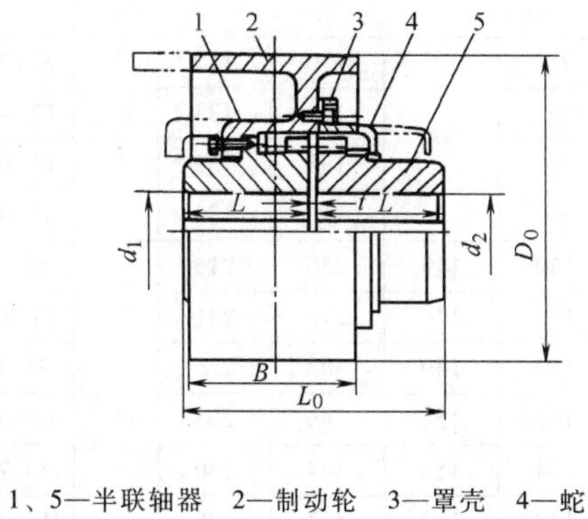

1、5—半联轴器 2—制动轮 3—罩壳 4—蛇形弹簧

工作温度：-30～150℃
标记方法：见表 15.1-38
制动轮安装在从动端

（续）

型号	制动转矩 T_m /N·m	许用转速 [n] /r·min⁻¹	制动轮 直径 D_0	制动轮 宽度 B	轴孔直径 d_1	轴孔直径 d_2	轴孔长度 L	总长 L_0	间隙 t	质量 /kg	润滑油 /kg
			mm								
JSZ1	125	3820	160	65	20~50	12~50	54	111	3	10.44	0.085
JSZ2	250	2870	200	70	20~50	16~65	76	155	3	23.61	0.142
JSZ3	355	2300	250	90	25~63	30~71	82	167	3	28.6	0.17
JSZ4	1000	1730	315	110	25~85	30~95	95	195	5	59.93	0.284
JSZ5	1400	1350	400	140	25~100	50~100	98	201	5	85.806	0.34
JSZ6	2800	1145	500	180	40~120	60~125	124	253	5	144.372	0.681
JSZ7	5600	915	630	225	60~160	75~150	130	266	6	255.6	1.248
JSZ8	9000	820	710	255	75~190	100~200	190	386	6	485.326	3.632

注：见表 15.1-38 注 1~7。

7.2.8　JSP 型带制动盘型联轴器（见表 15.1-45）

表 15.1-45　JSP 型带制动盘型联轴器的形式、基本参数和主要尺寸

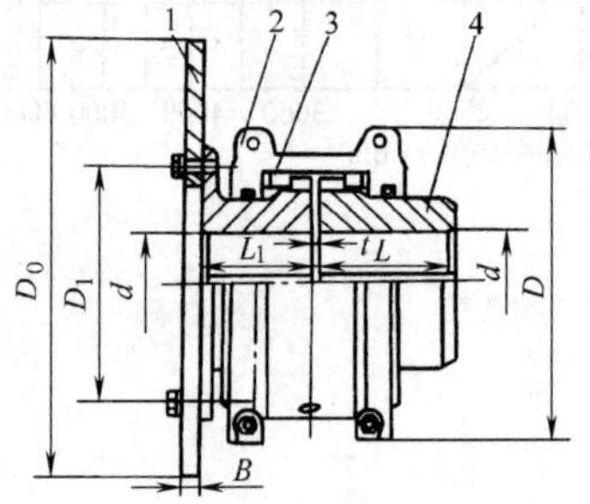

1—制动盘　2—罩壳　3—蛇形弹簧　4—半联轴器

工作温度：-30~150℃
标记方法：见表 15.1-38
制动盘安装在从动端

型号	制动转矩 T_m /N·m	许用转速 [n] /r·min⁻¹	制动盘 直径 D_0	制动盘 宽度 B	轴孔直径 d	轴孔长度 L	轴孔长度 L_1	D	D_1	间隙 t	质量 /kg	润滑油 /kg
			mm									
JSP1	200	3800			20~50	63		150	125		9.579	0.086
JSP2	315	3200	315		25~63	76	88	162	133	3	12.349	0.1135
JSP3	630	2800			30~75	88		193	152		19.794	0.1725
JSP4	1000	2700	400		35~85	98		212	179		28.42	0.254
JSP5	1800	2400			40~100	120	119	250	216		47.76	0.427
JSP6	2800	2200	450	30	50~110	127	146	270	241		64.922	0.5085
JSP7	4500	2000	500		60~125	150	149	308	276		91.35	0.729
JSP8	6300	1800	560		70~150	162	152	346	295	6	131.66	0.908
JSP9	9000	1600	630		80~180	184	158	384	330		184.798	1.135
JSP10	12500	1500	800		90~200	182	183	453	368		253.332	1.9068
JSP11	16000	1300	900		100~220	198	198	500	400		336.414	2.8148

注：见表 15.1-38 注 1~7。

7.2.9　JSA 型安全型联轴器（见表 15.1-46）

表 15.1-46　JSA 型安全型联轴器的形式、基本参数和主要尺寸

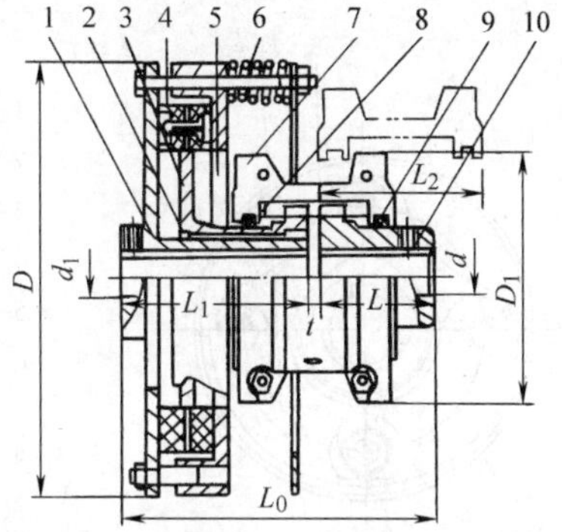

工作温度：-30～150℃
标记方法：见表 15.1-38
摩擦盘安装在从动端
1—摩擦盘轴套　2—内轴套
3—夹盘轴套　4—摩擦片
5—摩擦盘　6—压力调整装置
7—罩壳　8—蛇形弹簧
9—密封圈　10—半联轴器

型号	公称转矩 T_n /N·m	许用转速 $[n]$ /r·min^{-1}	轴孔直径 轴套 d_{1max} (mm)	轴孔直径 半联轴器 d (mm)	轴孔长度 轴套 L_1 (mm)	轴孔长度 半联轴器 L (mm)	总长 L_0 (mm)	最大外径 D (mm)	D_1 (mm)	L_2 (mm)	间隙 t (mm)	质量 /kg	润滑油 /kg
JSA1	4～35.5	3600	25	20～28	79	48	130	178	102	48	3	6.174	0.027
JSA2	12.5～100		32	25～35				202	111	50		8.172	0.04
JSA3	20～160		35	25～40		51	133	232	117	63		11.532	0.054
JSA4	31.5～250		42	30～48	87	60	150	270	138	63		16.435	0.068
JSA5	56～450		45	35～50	97	63	163	301	151	76		21.974	0.086
JSA6	80～630		56	40～63	104	76	183	324	162	83		28.239	0.1135
JSA7	140～1250	2800	65	45～75	114	89	206	362	194	92		41.042	0.172
JSA8	250～2000	2500	75	50～85	129	99	231	414	213	109		62.652	0.254
JSA9	450～3550	2100	90	70～100	144	121	270	491	251	147	5	100.788	0.426
JSA10	630～5600	1850	100	80～110	156	127	288	543	270	152		128.028	0.499
JSA11	1000～8000	1750	110	90～125	185	149	340	590	308	178	6	182.962	0.726
JSA12	1400～11200	1450	130	100～150	193	162	361	684	346	185		260.142	0.908
JSA13	2000～16000	1300	160	120～180	199	184	389	767	384	213		375.912	1.135
JSA14	2800～22400	1100	170	130～200	245	183	434	864	453	254		502.124	1.907
JSA15	4000～31500	950	200	160～220	250	198	454	989	501			652.398	2.815
JSA16	5600～45000	870	240	180～250	268	216	490	1066	566	267		869.864	3.495
JSA17	7100～63000	760	280	200～280	292	239	537	1161	630			1162.24	3.768
JSA18	10000～80000	720	300	240～300	297	259	562	1264	673	279		1426.922	4.404
JSA19	14000～100000	670	320	250～320	315	279	600	1377	757			1806.92	5.629

注：见表 15.1-38 注 1～7。

7.3　膜片联轴器

膜片联轴器采用一种厚度很薄的弹簧片制成各种形状，用螺栓分别与主、从动轴上的两半联轴器连接，其弹性元件为若干多边环形的膜片，在膜片的圆周上有若干螺栓孔。为了获得相对位移，常采用中间轴，其两端各有一组膜片组成两个膜片联轴器，分别与主、从动轴连接。

7.3.1　JMⅠ型、JMⅠJ 型膜片联轴器

（1）形式、基本参数和主要尺寸（见表 15.1-47）

表 15.1-47　JMⅠ型、JMⅠJ 型膜片联轴器的型式、基本参数和主要尺寸（摘自 JB/T 9147—1999）

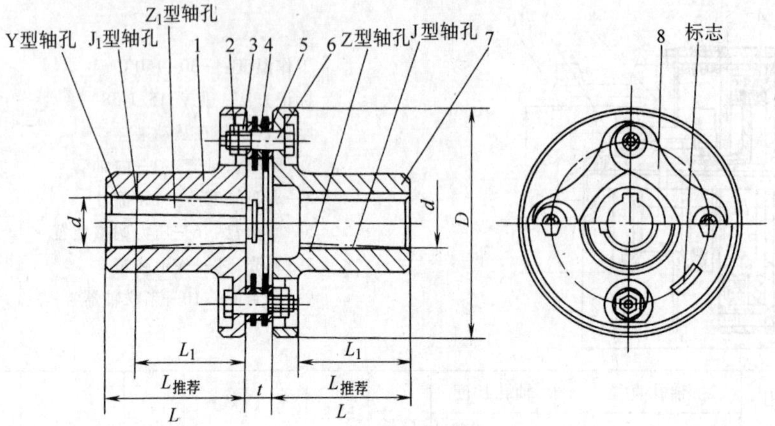

1、7—半联轴器
2—扣紧螺母
3—六角螺母
4—隔圈
5—支承圈
6—六角头铰制孔用螺栓
8—膜片

a) JMⅠ型联轴器

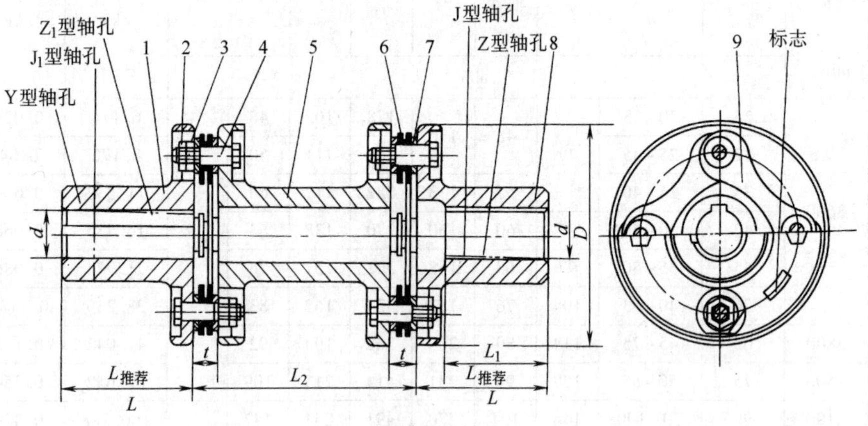

1、8—半联轴器
2—扣紧螺母
3—六角螺母
4—六角头铰制孔用螺栓
5—中间轴
6—隔圈
7—支承圈
9—膜片

b) JMⅠJ型联轴器

型号	公称转矩 T_n/N·m	瞬时最大转矩 T_{max}/N·m	许用转速 [n]/r·min^{-1}	轴孔直径 d/mm	轴孔长度/mm Y型 L	J、J_1、Z、Z_1型 L	J、J_1、Z、Z_1型 L_1	$L_{推荐}$	D/mm	t/mm	L_{2min}/mm	JMⅠ型扭转刚度 C/N·m·rad^{-1}	质量/kg	转动惯量 J/kg·m^2
JMⅠ1/JMⅠJ1	25	80	6000	14	32	—	27（J、J_1型）20（Z、Z_1型）	35	90	8.8	100	$1×10^4$	1/1.8	0.0007/0.0013
				16,18,19	42		30							
				20,22	52		38							
JMⅠ2/JMⅠJ2	63	180	5000	18,19	42		30	45	100	9.5		$1.4×10^4$	2.3/2.4	0.001/0.002
				20,22,24	52		38							
				25	62		44							
JMⅠ3/JMⅠJ3	100	315	5000	20,22,24	52	—	38	50	120	11	120	$1.87×10^4$	2.3/4.1	0.0024/0.0047
				25,28	62		44							
				30	82		60							

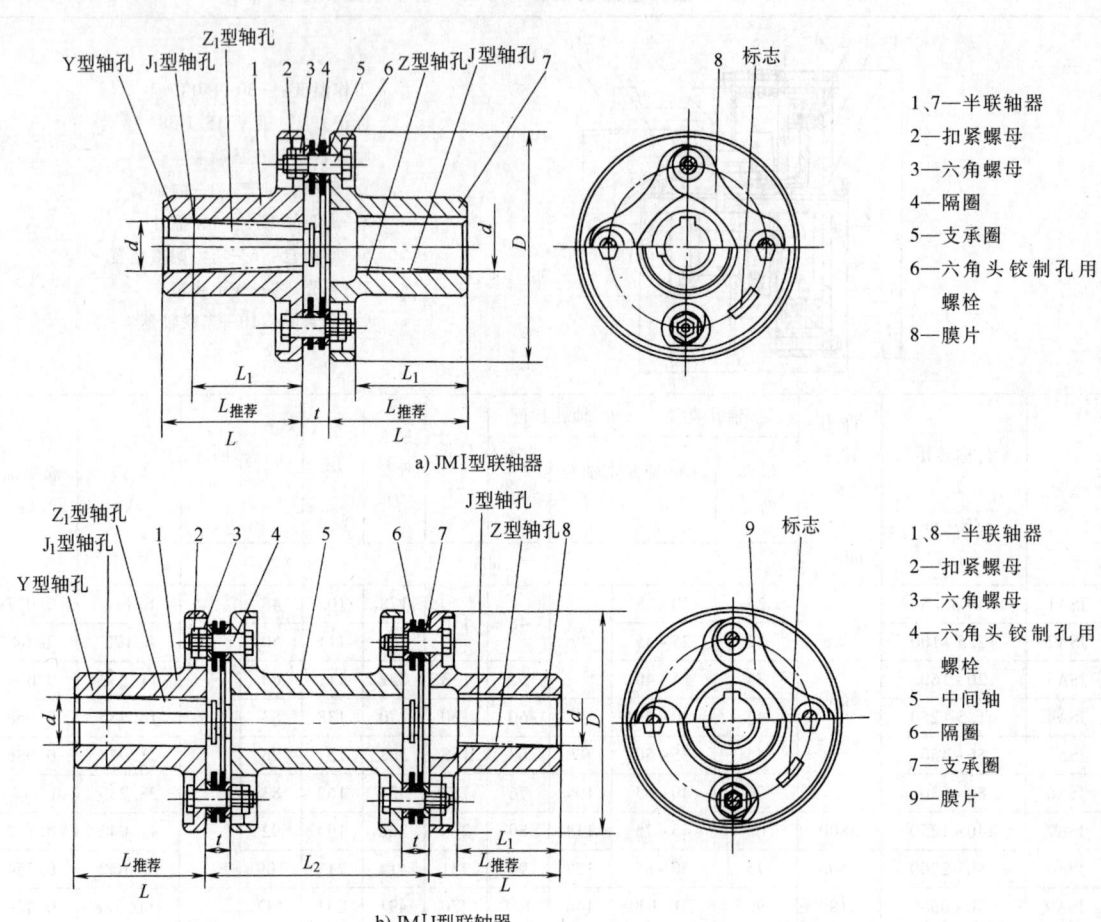

（续）

型号	公称转矩 T_n /N·m	瞬时最大转矩 T_{max} /N·m	许用转速 [n]/r·min^{-1}	轴孔直径 d/mm	轴孔长度/mm Y型 L	轴孔长度/mm J、J_1、Z、Z_1型 L	轴孔长度/mm J、J_1、Z、Z_1型 L_1	$L_{推荐}$	D /mm	t /mm	L_{2min} /mm	JMⅠ型扭转刚度 C/N·m·rad^{-1}	质量 /kg	转动惯量 J/kg·m^2
JMⅠ4/JMⅠJ4	160	500	4500	24	52	—	38	55	130	12.5	120	3.12×10^4	3.3/5.4	0.0024/0.0069
				25,28	62		44							
				30,32,35	82		60							
JMⅠ5/JMⅠJ5	250	710	4000	28	62		44	60	150	14	140	4.32×10^4	5.3/8.8	0.0083/0.0281
				30,32,35,38	82		60							
				40	112		84							
JMⅠ6/JMⅠJ6	400	1120	3600	32,35,38	82	82	60	65	170	15.5		6.88×10^4	8.7/13.4	0.0159/0.0281
				40,42,45,48,50	112	112	84							
JMⅠ7/JMⅠJ7	630	1800	3000	40,42,45,48,50,55,56			107	70	210	19	150	10.35×10^4	14.3/22.3	0.0432/0.076
				60	142	—								
JMⅠ8/JMⅠJ8	1000	2500	2800	45,48,50,55,56	112	112	84	80	240	22.5	180	16.11×10^4	22/36	0.0879/0.1602
				60,63,65,70	142	—	107							
JMⅠ9/JMⅠJ9	1600	4000	2500	55,56	112	112	84	85	260	24	220	26.17×10^4	29/48	0.1415/0.2509
				60,63,70,71,75	142	—	107							
				80	172		132							
JMⅠ10/JMⅠJ10	2500	6300	2000	63,65,70,71,75	142	142	107	90	280	17	250	7.88×10^4	52/85	0.2974/0.5195
				80,85,90,95	172	—	132							
JMⅠ11/JMⅠJ11	4000	9000	1800	75	142	142	107	95	300	19.5	290	10.49×10^4	69/112	0.4782/0.8223
				80,85,90,95	172	172	132							
				100,110	212	—	167							
JMⅠ12/JMⅠJ12	6300	12500	1600	90,95	172		132	120	340	23	300	14.07×10^4	94/152	0.8067/1.4109
				100,110,120,125	212		167							
JMⅠ13	10000	18000	1400	100,110,120,125				135	380	28	—	19.2×10^4	128	1.7053
				130,140	252		202							
JMⅠ14	16000	28000	1200	120,125	212		167	150	420	31	—	30.0×10^4	184	2.6832
				130,140,150	252		202							
				160	302		242							
JMⅠ15	25000	40000	1120	140,150	252		202	180	480	37.5	—	47.46×10^4	262	4.8015
				160,170,180	302		242							
JMⅠ16	40000	56000	1000	160,170,180				200	560	41	—	48.09×10^4	384	9.4118
				190,200	352		282							
JMⅠ17	63000	80000	900	190,200,220				220	630	47	—	10.13×10^4	561	18.3753
				140	410		330							

（续）

型　号	公称转矩 T_n /N·m	瞬时最大转矩 T_{max} /N·m	许用转速 [n]/r·min⁻¹	轴孔直径 d/mm	轴孔长度/mm Y 型 L	J、J_1、Z、Z_1 型 L	J、J_1、Z、Z_1 型 L_1	$L_{推荐}$	D /mm	t /mm	L_{2min} /mm	JMⅠ型扭转刚度 C/ N·m·rad⁻¹	质量 /kg	转动惯量 J/ kg·m²
JMⅠ18	100000	125000	800	220	352	—	282	250	710	54.5	—	16.14×10^4	723	28.2033
				240,250,260	410		330							
JMⅠ19	160000	200000	710	250,260				280	800	48	—	79.8×10^4	1267	66.5813
				280,300,320	470		380							

注：1. 质量、转动惯量为计算近似值；许用补偿量见表 15.1-49。

2. L 推荐为优选轴 3L 长度。

3. 标记方法：

联轴器型号　联轴器 $\dfrac{\text{轴孔形式代号　键槽形式代号　轴孔直径×轴孔配合长度（主动端）}}{\text{轴孔形式代号　键槽形式代号　轴孔直径×轴孔配合长度（从动端）}}$ 标准号

Y 型轴孔、A 型键槽的代号，标记中可予省略；

联轴器主、从动端连接形式与尺寸相同时，只标记一端，另一端省略。

4. 工作温度为-20～250℃。

5. 联轴器轴孔和连接形式应符合表 15.1-6、表 15.1-7 的规定，轴孔与轴伸的配合见表 15.1-8、表 15.1-9。

6. 生产厂有宁波伟隆传动机械有限公司、德阳立达基础件有限公司。

（2）选择计算

1）联轴器的计算转矩。

$$T_c = KK_1T = KK_1 9550\frac{P_w}{n} \qquad (15.1\text{-}13)$$

式中　P_w——驱动功率（kW）；

n——工作转速（r/min）；

K——工况系数，见表 15.1-2；

K_1——考虑角位移对传递转矩的影响系数，见图 15.1-18。

2）对于接中间轴的 JMⅠJ、JMⅡJ 型，当 $L_{1min}>10d$（d_1）时，应考虑验算工作转速与临界转速的关系。

$$n_K = 1.2\times10^8\times\frac{\sqrt{D_2^2+D_3^2}}{L_1^2} \qquad (15.1\text{-}14)$$

式中　D_2、D_3、L_1——中间轴的外径、内径和长度（mm）。

当轴线偏角 $\Delta\alpha\leqslant1.5°$时

$$n\leqslant0.85n_K \qquad (15.1\text{-}15)$$

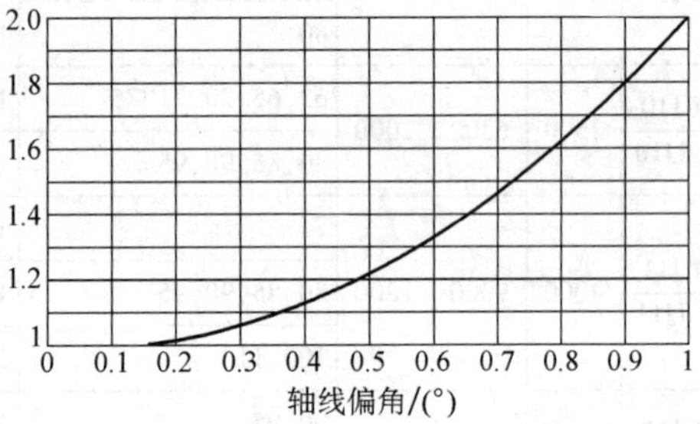

图 15.1-18　影响系数 K_1

7.3.2　JMⅡ型、JMⅡJ 型膜片联轴器（见表 15.1-48、表 15.1-49）

表 15.1-48　JMⅡ型、JMⅡJ 型膜片联轴器的形式、基本参数和主要尺寸（摘自 JB/T 9147—1999）

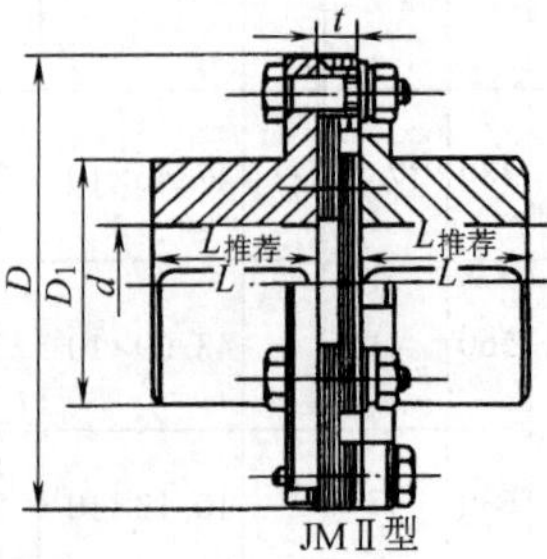

标记方法：见表 15.1-47 注

（续）

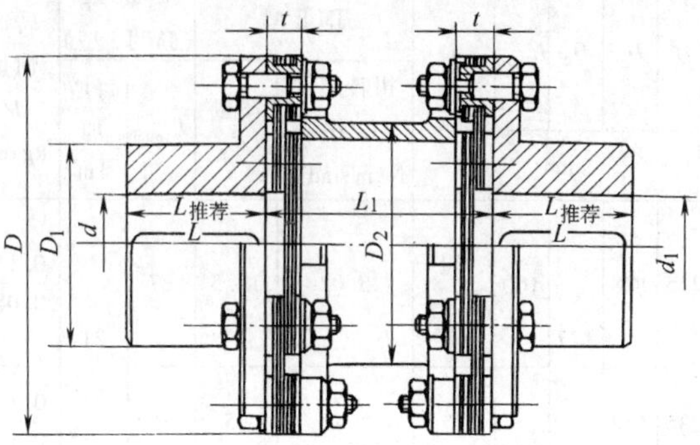

JMⅡJ1～JMⅡJ29

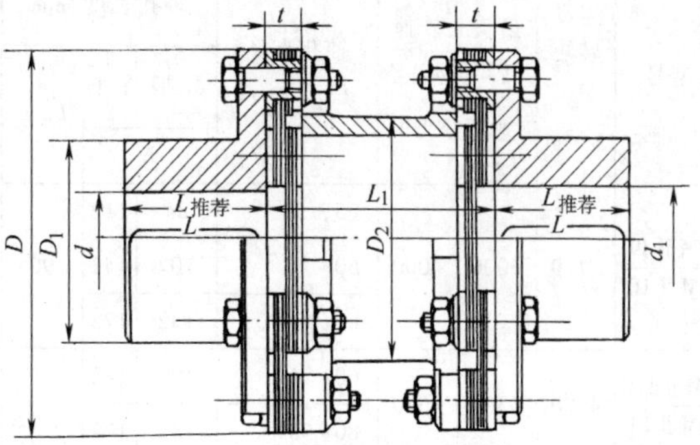

JMⅡJ30～JMⅡJ42

<table>
<tr><th rowspan="3">型号</th><th rowspan="3">公称转矩 T_n/N·m</th><th rowspan="3">瞬时最大转矩 T_{max}/N·m</th><th rowspan="3">最大转速 n_{max}/r·min^{-1}</th><th rowspan="3">轴孔直径 d、d_1/mm</th><th colspan="3">轴孔长度/mm</th><th rowspan="2">D</th><th rowspan="2">D_1</th><th rowspan="2">D_2</th><th rowspan="2">L_{1min}</th><th rowspan="2">t</th><th colspan="2">JMⅡ型</th><th colspan="2">质量/kg（JMⅡJ型）</th><th rowspan="3">转动惯量 J/kg·m^2</th></tr>
<tr><th>J$_1$型</th><th>Y型</th><th rowspan="2">$L_{推荐}$</th><th rowspan="2">扭转刚度 $C/10^6$ N·m·rad^{-1}</th><th rowspan="2">质量/kg</th><th rowspan="2">L_{1min}</th><th rowspan="2">每增加1m</th></tr>
<tr><th colspan="2">L</th><th colspan="5">mm</th></tr>
<tr><td rowspan="4">JMⅡ1</td><td rowspan="4">40</td><td rowspan="4">63</td><td rowspan="4">10700</td><td>14</td><td>27</td><td>32</td><td rowspan="4">35</td><td rowspan="4">80</td><td rowspan="4">39</td><td rowspan="4">—</td><td rowspan="4">—</td><td rowspan="4">8
±0.2</td><td rowspan="4">0.37</td><td rowspan="4">0.9</td><td rowspan="4">—</td><td rowspan="4">—</td><td rowspan="4">0.0005</td></tr>
<tr><td>16,18,19</td><td>30</td><td>42</td></tr>
<tr><td>20,22,24</td><td>38</td><td>52</td></tr>
<tr><td>25, 28</td><td>44</td><td>62</td></tr>
<tr><td rowspan="3">JMⅡJ1
JMⅡ2</td><td rowspan="3">63</td><td rowspan="3">100</td><td rowspan="3">9300</td><td>20,22,24</td><td>38</td><td>52</td><td rowspan="3">40</td><td rowspan="3">92</td><td rowspan="3">53</td><td rowspan="6">45</td><td rowspan="3">70</td><td rowspan="6">8
±0.2</td><td rowspan="3">0.45</td><td rowspan="3">1.4</td><td rowspan="3">2</td><td rowspan="6">4.1</td><td rowspan="3">0.002
0.0011</td></tr>
<tr><td>25, 28</td><td>44</td><td>62</td></tr>
<tr><td>30～38</td><td>60</td><td>82</td></tr>
<tr><td rowspan="3">JMⅡJ2
JMⅡ3</td><td rowspan="3">100</td><td rowspan="3">200</td><td rowspan="3">8400</td><td>25, 28</td><td>44</td><td>62</td><td rowspan="3">45</td><td rowspan="3">102</td><td rowspan="3">63</td><td rowspan="3">80</td><td rowspan="3">0.56</td><td rowspan="3">2.1</td><td rowspan="3">2.9</td><td rowspan="3">0.003
0.002</td></tr>
<tr><td>30～38</td><td>60</td><td>82</td></tr>
<tr><td>40,42,45</td><td>84</td><td>112</td></tr>
<tr><td rowspan="2">JMⅡJ3
JMⅡ4</td><td rowspan="2">250</td><td rowspan="2">400</td><td rowspan="2">6700</td><td>30～38</td><td>60</td><td>82</td><td rowspan="2">55</td><td rowspan="2">128</td><td rowspan="2">77</td><td rowspan="5">76</td><td rowspan="2">96</td><td rowspan="5">11
±0.3</td><td rowspan="2">0.81</td><td rowspan="2">4.2</td><td rowspan="2">5.7</td><td rowspan="5">8</td><td rowspan="2">0.009
0.006</td></tr>
<tr><td>40～55</td><td>84</td><td>112</td></tr>
<tr><td rowspan="3">JMⅡJ4
JMⅡ5</td><td rowspan="3">500</td><td rowspan="3">800</td><td rowspan="3">5900</td><td>35, 38</td><td>60</td><td>82</td><td rowspan="3">65</td><td rowspan="3">145</td><td rowspan="3">91</td><td rowspan="3">116</td><td rowspan="3">1.2</td><td rowspan="3">6.4</td><td rowspan="3">8.5</td><td rowspan="3">0.017
0.012</td></tr>
<tr><td>40～56</td><td>84</td><td>112</td></tr>
<tr><td>60,63,65</td><td>107</td><td>142</td></tr>
<tr><td rowspan="2">JMⅡJ5
JMⅡ6</td><td rowspan="2">800</td><td rowspan="2">1250</td><td rowspan="2">5100</td><td>40～56</td><td>84</td><td>112</td><td rowspan="2">75</td><td rowspan="2">168</td><td rowspan="2">105</td><td rowspan="5">102</td><td rowspan="2">136</td><td rowspan="2">14
±0.3</td><td rowspan="2">1.42</td><td rowspan="2">9.6</td><td rowspan="2">12.5</td><td rowspan="5">12</td><td rowspan="2">0.034
0.024</td></tr>
<tr><td>60～75</td><td>107</td><td>142</td></tr>
<tr><td rowspan="3">JMⅡJ6
JMⅡ7</td><td rowspan="3">1250</td><td rowspan="3">2000</td><td rowspan="3">4750</td><td>45～56</td><td>84</td><td>112</td><td rowspan="9">80</td><td rowspan="3">180</td><td rowspan="3">112</td><td rowspan="9">140</td><td rowspan="6">15
±0.4</td><td rowspan="3">1.9</td><td rowspan="3">12.5</td><td rowspan="3">16.5</td><td rowspan="3">0.053
0.0365</td></tr>
<tr><td>60～75</td><td>107</td><td>142</td></tr>
<tr><td>80</td><td>132</td><td>172</td></tr>
<tr><td rowspan="3">JMⅡJ7
JMⅡ8</td><td rowspan="3">2000</td><td rowspan="3">3150</td><td rowspan="3">4300</td><td>50,55,56</td><td>84</td><td>112</td><td rowspan="3">200</td><td rowspan="3">120</td><td rowspan="6">114</td><td rowspan="3">2.35</td><td rowspan="3">15.5</td><td rowspan="3">21</td><td rowspan="6">19</td><td rowspan="3">0.082
0.057</td></tr>
<tr><td>60～75</td><td>107</td><td>142</td></tr>
<tr><td>80, 85</td><td>132</td><td>172</td></tr>
<tr><td rowspan="3">JMⅡJ8
JMⅡ9</td><td rowspan="3">2500</td><td rowspan="3">4000</td><td rowspan="3">4200</td><td>55, 56</td><td>84</td><td>112</td><td rowspan="3">205</td><td rowspan="3">120</td><td rowspan="3">20
±0.4</td><td rowspan="3">2.7</td><td rowspan="3">16.5</td><td rowspan="3">23</td><td rowspan="3">0.092
0.065</td></tr>
<tr><td>60～75</td><td>107</td><td>142</td></tr>
<tr><td>80, 85</td><td>132</td><td>172</td></tr>
</table>

（续）

型号	公称转矩 T_n/N·m	瞬时最大转矩 T_{max}/N·m	最大转速 n_{max}/r·min⁻¹	轴孔直径 d、d_1/mm	轴孔长度/mm J₁型 L	轴孔长度/mm Y型 L	$L_{推荐}$	D	D_1	D_2	L_{1min}	t	JMⅡ型 扭转刚度 $C/10^6$ N·m·rad⁻¹	JMⅡ型 质量/kg	质量/kg（JMⅡJ型） L_{1min}	质量/kg（JMⅡJ型） 每增加1m	转动惯量 J/kg·m²
JMⅡJ9/JMⅡ10	3150	5000	4000	55，56	84	112	90	215	128	127	160	20±0.4	3.02	19.5	27	21	0.117/0.083
				60~75	107	142											
				80,85,90	132	172											
JMⅡJ10/JMⅡ11	4000	6300	3650	60~75	107	142	100	235	132		170	23±0.5	3.46	25	36		0.191/0.131
				80~95	132	172											
JMⅡJ11/JMⅡ12	5000	8000	3400	60~75	107	142		250	145	140			3.67	30	42	26	0.252/0.174
				80~95	132	172											
				100	167	212											
JMⅡJ12/JMⅡ13	6300	10000	3200	60~75	107	142	110	270	155		190		5.2	36	50		0.349/0.239
				80~95	132	172											
				100、110	167	212											
JMⅡJ13/JMⅡ14	8000	12500	2850	60~75	107	142	115	300	162	165	200	27±0.6	7.8	45	66	47	0.56/0.38
				80~95	132	172											
				100、110	167	212											
JMⅡJ14/JMⅡ15	10000	16000	2700	70、71、75	107	142	125	320	176		220		8.43	55	78		0.75/0.5
				80~95	132	172											
				100~125	167	212											
JMⅡJ15/JMⅡ16	12500	20000	2450	75	107	142	140	350	186		240	32±0.7	10.23	75	110	51	1.26/0.85
				80~95	132	172											
				100~125	167	212											
				130	202	252											
JMⅡJ16/JMⅡ17	16000	25000	2300	80~95	132	172	145	370	203	219	250		10.97	85	125	72	1.63/1.1
				100~125	167	212											
				130、140	202	252											
JMⅡJ17/JMⅡ18	20000	31500	2150	90、95	132	172	165	400	230		290		13.07	115	160		2.45/1.65
				100~125	167	212											
				130~150	202	252											
				160	242	302											
JMⅡJ18/JMⅡ19	25000	40000	1950	100~125	167	212	175	440	245		300	38±0.9	14.26	150	220		3.99/2.69
				130~150	202	252											
				160、170	242	302											
JMⅡJ19/JMⅡ20	31500	50000	1850	100~125	167	212	185	460	260	267	320		22.13	170	245	89	4.98/3.28
				130~150	202	252											
				160~180	242	302											
JMⅡJ20/JMⅡ21	35500	56000	1800	120、125	167	212	200	480	280	267	350	38±0.9	23.7	200	275	89	6.28/4.28
				130~150	202	252											
				160~180	242	302											
				190、200	282	352											

（续）

型号	公称转矩 T_n/N·m	瞬时最大转矩 T_{max}/N·m	最大转速 n_{max}/r·min^{-1}	轴孔直径 d、d_1/mm	轴孔长度/mm J$_1$型 L	轴孔长度/mm Y型 L	$L_{推荐}$	D	D_1	D_2	L_{1min}	t	JMⅡ型 扭转刚度 $C/10^6$ N·m·rad^{-1}	JMⅡ型 质量/kg	质量/kg（JMⅡJ型）L_{1min}	质量/kg（JMⅡJ型）每增加1m	转动惯量 J/kg·m^2
JMⅡJ21/JMⅡ22	40000	63000	1700	120*、125*	167	212	210	500	295	267	370	38±0.9	24.6	230	320	89	7.68/5.18
				130~150	202	252											
				160~180	242	302											
				190、200	282	352											
JMⅡJ22/JMⅡ23	50000	80000	1600	140、150	202	252	220	540	310	299	380	44±1	29.71	275	400	110	11.6/7.7
				160~180	242	302											
				190~220	282	352											
JMⅡJ23/JMⅡ24	63000	100000	1450	140、150	202	252	240	600	335	356	410	50±1.2	32.64	380	560	145	19.8/9.3
				160~180	242	302											
				190~220	282	352											
				240	330	410											
JMⅡJ24/JMⅡ25	80000	125000	1400	160~180	242	302	255	620	350		440		37.69	410	620		23.6/15.3
				190~220	282	352											
				240、250	330	410											
JMⅡJ25/JMⅡ26	90000	140000	1300	180	242	302	275	660	385	406	480		50.43	510	740	190	31.9/20.9
				190~220	282	352											
				240~260	330	410											
				280*	380	470											
JMⅡJ26/JMⅡ27	112000	180000	1200	180*	242	302	295	720	410		510		71.51	620	970		50.4/32.4
				190~220	282	352											
				240~260	330	410											
				280、300*	380	470											
JMⅡJ27/JMⅡ28	140000	200000	1150	220	282	352	300	740	420		520	60±1.4	93.37	680	1050		57/36
				240~260	330	410											
				280、300、320*	380	470											
JMⅡJ28/JMⅡ29	160000	224000	1100	240~260	330	410	320	770	450	457	560		114.53	780	1200	215	69.4/43.9
				280、300	380	470											
JMⅡJ29/JMⅡ30	180000	280000	1050	250、260	330	410	350	820	490		600		130.76	950	1400		95.5/60.5
				280~320	380	470											
				340	450	550											
JMⅡJ30	280000	450000	1000	280~320	380	470	350	875	480	559	620	50±1.6	—	—	1400	235	96.5/109.5
				340、360	450	550			550								

（续）

型号	公称转矩 T_n/N·m	瞬时最大转矩 T_{max}/N·m	最大转速 n_{max}/r·min^{-1}	轴孔直径 d、d_1/mm	轴孔长度/mm J_1型 L	Y型 L	$L_{推荐}$	D/mm	D_1/mm	D_2/mm	L_{1min}/mm	t/mm	JMⅡ型 扭转刚度 $C/10^6$ N·m·rad^{-1}	JMⅡ型 质量/kg	质量/kg (JMⅡJ型) L_{1min}	每增加1m	转动惯量 J/kg·m^2
JMⅡJ31	400000	630000	930	300、320	380	470	350	935	520	610	630	60±1.9	—	—	1800	290	142
				340~380	450	550			560								152
				400	540	650			600								162
JMⅡJ32	450000	710000	880	320	380	470	380	1030	480	622	690		—	—	2250	330	194
				340~380	450	550			600								224
				400、420	540	650			640								240
JMⅡJ33	560000	900000	820	360、380	450	550	400	1080	580	660	726	66±2.2	—	—	2750	390	271
				400~460					700								325
JMⅡJ34	1000000	1600000	740	400~450	540	650	460	1160	620	750	836	70±2.3	—	—	3500	450	387
				460~500					750								465
JMⅡJ35	1400000	2240000	680	440~500			520	1290	790	820	946	82±2.6	—	—	5000	570	750
				530、560	680	800			840								810
JMⅡJ36	2000000	3150000	620	480、500	540	650	570	1410	760	900	1040	92±2.8	—	—	6600	710	1050
				530~600	680	800			920								1290
JMⅡJ37	2800000	4000000	570	450~500	540	640	610	1530	810	1000	1100	105±3	—	—	8400	880	1630
				530~630	680	800			980								1950
JMⅡJ38	4000000	6000000	520	560~630			670	1670	950	1100	1210	115±3.4	—	—	11000	1050	2670
				670、710	780	—			1070								3030
JMⅡJ39	5000000	8000000	480	600~630	680	800	730	1830	970	1200	1320	125±3.7	—	—	14500	1350	4060
				670~750	780				1170								4800
JMⅡJ40	6300000	10000000	430	670~750	780		800	2000	1140	1300	1450	130±4	—	—	19000	1600	6600
				800、850	880				1290								7500
JMⅡJ41	8000000	12500000	400	750	780	—		2200	1260	1400	1600		—	—	25000	1850	10400
				800、850	880				1420			140±4.4					11900
JMⅡJ42	10000000	16000000	350	800、850			960	2400	1370	1500	1760		—	—	32000	2100	15200
				900、950	980				1550								17400

注：1. 表中带＊的轴孔直径只适用JMⅡJ型。
2. 轴孔直径范围内的直径系列尺寸应符合表15.1-6。
3. 其余见表15.1-47注1~6。

表15.1-49　膜片联轴器的许用补偿量

型号	轴向 Δx/mm	角向 $\Delta\alpha$
JMⅠ1~JMⅠ6	1	1°
JMⅠJ1~JMⅠJ6	2	2°
JMⅠ7~JMⅠ10	1.5	
JMⅠJ7~JMⅠJ10	3	
JMⅠ11~JMⅠ19	2	30′
JMⅠJ11~JMⅠJ12	4	1°
JMⅡ1~JMⅡ8	1	1°
JMⅡJ1~JMⅡJ8	2	2°
JMⅡ9~JMⅡ17	2.5	
JMⅡJ9~JMⅡJ17	5	
JMⅡ18~JMⅡ26	4	
JMⅡJ18~JMⅡJ26	8	
JMⅡ27~JMⅡ30	6	
JMⅡJ27~JMⅡJ42	12	

注：1. 表中所列许用补偿量是指在工作状态下，允许的由于制造误差、安装误差和工作载荷变化引起的振动、冲击、变形和温度变化等综合因素形成的两轴相对偏移量。
2. 本联轴器最大允许安装角向偏差应不超过±5′。

7.4 挠性杆联轴器

7.4.1 挠性杆联轴器的结构

挠性杆联轴器的结构如图 15.1-19 所示。它由若干分离的薄弹簧片组成一个封闭的多边形，每一边用螺栓交替地与主、从动部分连接，弹簧片的两端连接点不在同一直径的圆周上，形成一对弹簧片交叉地分布，工作时其中一片受拉伸，另一片受压缩。整个联轴器共有6~8对这样的弹簧片。为了获得补偿相对径向位移的能力，常采用中间轴连接两个挠性杆联轴器。如果需联轴器传递轴向力或者要求轴向不窜动，可采用关节轴承。

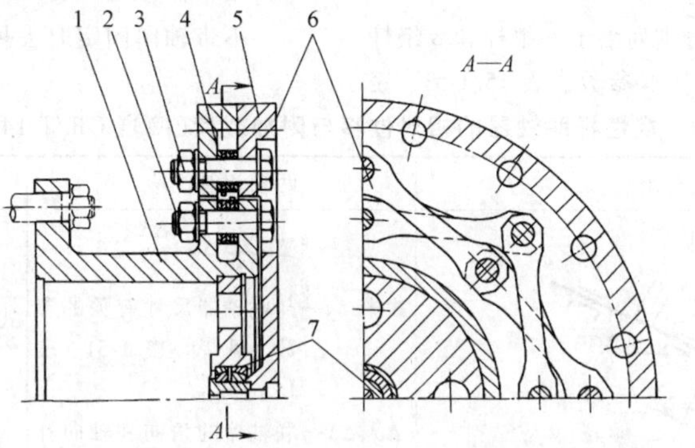

图 15.1-19 挠性杆联轴器的结构

1—内构件 2、3—六角头螺栓 4—外圈 5—法兰盘 6—挠性杆 7—关节轴承

挠性杆联轴器的弹性较低，扭转刚度大，但承载能力高，轴向恢复力小，不受油和温度等影响，无摩擦，不需润滑，而且尺寸小，重量轻，使用寿命长，可适用于载荷平稳的中高速传动轴系。

7.4.2 挠性杆联轴器的计算

对于下述标准的挠性杆联轴器，可按所需传递的计算转矩确定其型号，使

$$T_c \leqslant [T] = T_n \qquad (15.1\text{-}16)$$

当联轴器承受振动转矩时，对已满足式（15.1-16）条件确定的联轴器，还应检验其承受振动转矩的能力，其能力与计算转矩和许用转矩的差值有关，详见图 15.1-20。

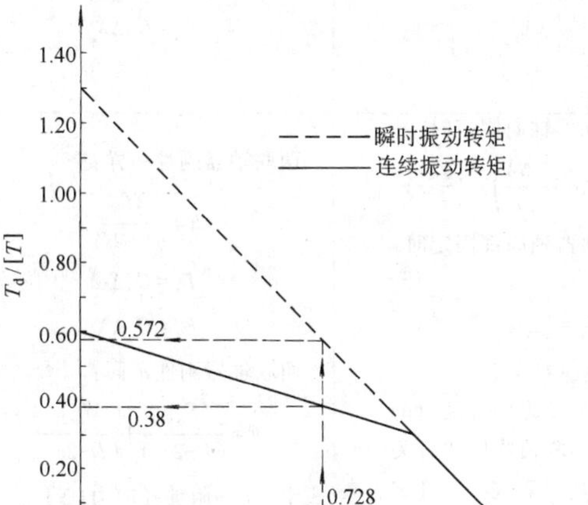

示例：联轴器的许用转矩 $[T]=88900\text{N}\cdot\text{m}$，如联轴器的平均转矩（计算转矩）$T_c=64689\text{N}\cdot\text{m}$，为 $[T]$ 的72.8%，由图 15.1-20 按 72.8%查得连续工作许用振动转矩

$$T_d=[T]\times0.38=33782\text{N}\cdot\text{m}$$

如果将 72.8%处直线向上延伸与瞬时振动转矩斜线相交，则可得瞬时工作许用振动转矩

$$T_d=[T]\times0.572=50851\text{N}\cdot\text{m}$$

图 15.1-20 挠性杆联轴器的许用振动转矩

挠性杆联轴器的许用相对位移及由相对位移产生的附加载荷可按表 15.1-50 所示的几种组合形式进行计算。

7.4.3 挠性杆联轴器的形式、基本参数和主要尺寸

GB/T 14653—2008《挠性杆联轴器》按许用转

速的高低，可分为普通型（S 型）和高速型（H 型）两种，S 型传递转矩能力较 H 型大。如果按挠性杆的数量，不论 S 型或 H 型均有 6 组杆和 8 组杆两种联轴器，8 组杆的承载能力较高，刚度也较大。联轴器与被连接两轴的组合共有 5 种形式（表 15.1-50 列出了其中的 4 种，还有一种为和弹性阻尼簧片联轴器组合与两轴连接）。

表 15.1-51、表 15.1-52 分别列出了 6 组杆和 8 组杆 S 型、H 型挠性杆联轴器的基本参数，表 15.1-53、表 15.1-54分别列出了按联轴器的法兰结构分为 P 型、T 型和 F 型、K 型挠性杆联轴器的主要尺寸和转动惯量及质量。

联轴器标记示例：

型号为 S56，P 型连接形式，8 组杆，带轴向固定的联轴器：

联轴器 S56-P8A GB/T 14653—2008

不带轴向固定时去掉代号 A。

表 15.1-50　挠性杆联轴器的相对位移与附加载荷（摘自 GB/T 14653—2008）

联轴器的结构与组装	两轴相对位移	附加载荷
单挠性杆联轴器，轴向可动 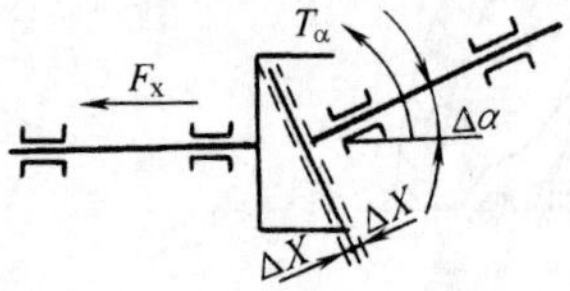	$[\Delta\alpha] \geqslant \Delta\alpha + \frac{\Delta X}{i}$ 式中　i—与联轴器尺寸有关的参数，见表 15.1-51、表 15.1-52 $\Delta\alpha$、ΔX—联轴器的角向和轴向补偿量	$T_\alpha = C_b \Delta\alpha$ $F_x = C_x \Delta X$ 式中　C_b、C_x—弯曲刚度和轴向刚度，见表 15.1-51、表 15.1-52 T_α—附加弯矩 F_x—附加轴向力
单挠性杆联轴器，轴向用关节轴承固定 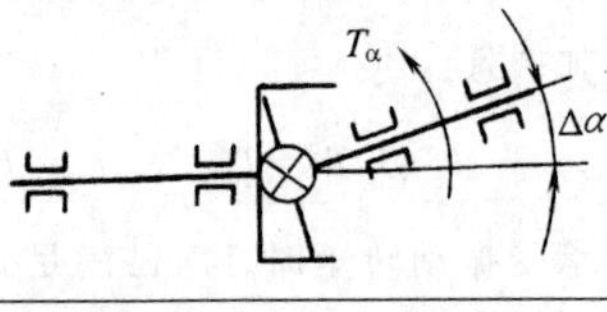	$\Delta\alpha \leqslant [\Delta\alpha]$ 式中　$[\Delta\alpha]$—许用角向补偿量，见表 15.1-51、表 15.1-52 注	$T_\alpha = C_b \Delta\alpha$
两个挠性杆联轴器，其中一个轴向固定 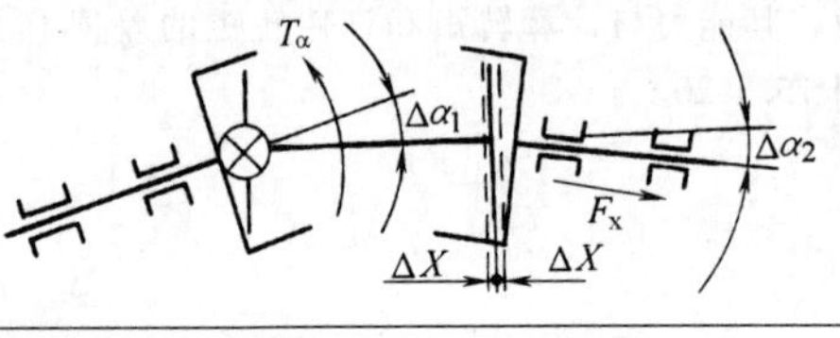	将两个联轴器看作两个独立部件，同时应满足： $\Delta\alpha_1 \leqslant [\Delta\alpha]$ $\Delta\alpha_2 + \frac{\Delta X}{i} \leqslant [\Delta\alpha]$	$T_{\alpha 1} = C_b \Delta\alpha_2$ $T_{\alpha 2} = C_b \Delta\alpha_1$ $F_x = C_x \Delta X$
两个挠性杆联轴器的主、从动轴平行 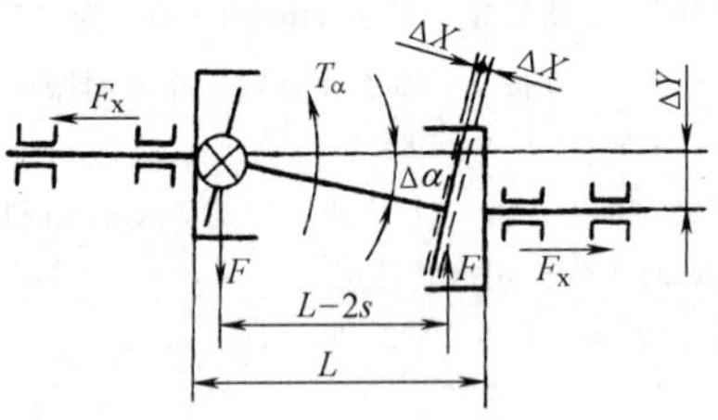	当一联轴器轴向固定时 $\Delta Y = \left([\Delta\alpha] - \frac{\Delta X}{i}\right)(L-2s)$ 当两联轴器轴向都固定时 $\Delta X = 0$ $\Delta\alpha_1 = \Delta\alpha_2 = [\Delta\alpha]$ $\Delta Y = [\Delta\alpha](L-2s)$ 式中　L—两凸缘间长度（mm） s—与联轴器尺寸有关的参数，见表 15.1-51、表 15.1-52	两联轴器刚性一样： $F = \frac{2T_\alpha}{(L-2s)}$ $T_\alpha = C_b \Delta\alpha$ $F_x = C_x \Delta X$ 两联轴器刚性不同： $F = \frac{T_{\alpha 1}}{(L-2s_1)} + \frac{T_{\alpha 2}}{(L-2s_2)}$ 式中　F—附加径向力（N）

注：没有关节轴承，联轴器的径向承载能力

$$F_{max} = \sqrt[3]{[T]^2} B \tag{15.1-17}$$

式中　$[T]$—联轴器的许用转矩（公称转矩 T_n）（N·m）；

B—系数，可按以下选定

	S 型	H 型
8 组杆	6.65	6.15
6 组杆	6.05	5.60

表 15.1-51　6 组杆挠性杆联轴器的基本参数（摘自 GB/T 14653—2008）

型号	公称转矩 T_n/N·m		扭转刚度 C /N·m·rad^{-1}	弯曲刚度 C_b /N·m·rad^{-1}	轴向刚度 C_x /N·mm^{-1}	最高转速 n_{max}/r·min^{-1}		参数		许用角向补偿量 Δα/rad	
	S 型	H 型				S 型	H 型	i (mm)	s (mm)	连续工作	瞬时工作
S（H）25	5900	4700	5.7×10^6	9×10^3	1020	5300	10700	135	25	12×10^{-3} (9×10^{-3})	15×10^{-3} (11×10^{-3})
S（H）28	8400	6700	8.1×10^6	11×10^3	1140	4800	9500	150	28		
S(H)31.5	11800	9500	11.4×10^6	14×10^3	1280	4200	8500	170	31		
S(H)35.5	16700	13400	16.1×10^6	18×10^3	1440	3700	7500	190	35		
S(H)40	23600	18900	22.7×10^6	23×10^3	1620	3300	6700	210	39		
S(H)45	33400	26700	32.1×10^6	28×10^3	1810	2900	5900	240	44		
S(H)50	47200	37700	45.3×10^6	36×10^3	2040	2700	5300	270	49		
S(H)56	66600	53300	64×10^6	45×10^3	2280	2400	4800	300	55		
S(H)63	94000	75300	90×10^6	57×10^3	2560	2100	4200	335	62		
S(H)71	133000	106500	128×10^6	71×10^3	2870	1900	3800	375	70		
S(H)80	188000	150000	180×10^6	90×10^3	3230	1650	3300	420	78		
S(H)90	265000	212000	255×10^6	113×10^3	3600	1500	3000	470	88		
S(H)100	375000	300000	360×10^6	143×10^3	4050	1350	2700	530	98		
S(H)112	529000	423000	508×10^6	180×10^3	4550	1200	2400	600	110		
S(H)125	748000	598000	720×10^6	226×10^3	5100	1050	2100	670	124		
S(H)140	1056000	845000	1010×10^6	285×10^3	5700	950	1900	750	139		
S(H)160	1490000	1190000	1430×10^6	358×10^3	6400	850	1700	840	156		
S(H)180	2107000	1680000	2020×10^6	450×10^3	7200	750	1500	945	175		

注：（　）内的 Δα 为 H 型的数值。

表 15.1-52　8 组杆挠性杆联轴器的基本参数（摘自 GB/T 14653—2008）

型号	公称转矩 T_n/N·m		扭转刚度 C /N·m·rad^{-1}	弯曲刚度 C_b /N·m·rad^{-1}	轴向刚度 C_x /N·mm^{-1}	最高转速 n_{max}/r·min^{-1}		参数		许用角向补偿量 Δα/rad	
	S 型	H 型				S 型	H 型	i (mm)	s (mm)	连续工作	瞬时工作
S（H）25	7900	6300	6.9×10^6	11×10^3	1080	5300	10700	135	25	8×10^{-3} (6×10^{-3})	12×10^{-3} (9×10^{-3})
S（H）28	11200	9000	8.8×10^6	14×10^3	1210	4800	9500	150	28		
S(H)31.5	15800	12600	12.7×10^6	17×10^3	1350	4200	8500	170	31		
S(H)35.5	22300	17800	18.6×10^6	22×10^3	1520	3700	7500	190	35		
S（H）40	31500	25200	26.5×10^6	27×10^3	1710	3300	6700	210	39		
S（H）45	44500	35600	37.3×10^6	34×10^3	1920	2900	5900	240	44		
S（H）50	62900	50300	52×10^6	43×10^3	2150	2700	5300	270	49		
S（H）56	88900	71100	73.5×10^6	54×10^3	2410	2400	4800	300	55		
S（H）63	125500	100500	104×10^6	68×10^3	2710	2100	4200	335	62		
S（H）71	177500	142000	147×10^6	86×10^3	3040	1900	3800	375	70		
S（H）80	250500	200500	208×10^6	108×10^3	3410	1650	3300	420	78		
S（H）90	354000	283000	295×10^6	136×10^3	3830	1500	3000	470	88	8×10^{-3} (6×10^{-3})	12×10^{-3} (9×10^{-3})
S（H）100	500000	400000	415×10^6	171×10^3	4300	1350	2700	530	98		
S（H）112	706000	565000	586×10^6	215×10^3	4800	1200	2400	600	110		
S（H）125	997000	798000	825×10^6	271×10^3	5400	1050	2100	670	124		
S（H）140	1410000	1128000	1170×10^6	341×10^3	6050	950	1900	750	139		
S（H）160	1990000	1590000	1650×10^6	430×10^3	6800	850	1700	840	156		
S（H）180	2810000	2250000	2330×10^6	540×10^3	7650	750	1500	945	175		

注：（　）内的 Δα 为 H 型的数值。

表 15.1-53 P 型、T 型挠性杆联轴器的形式、主要尺寸和转动惯量及质量（摘自 GB/T 14653—2008）

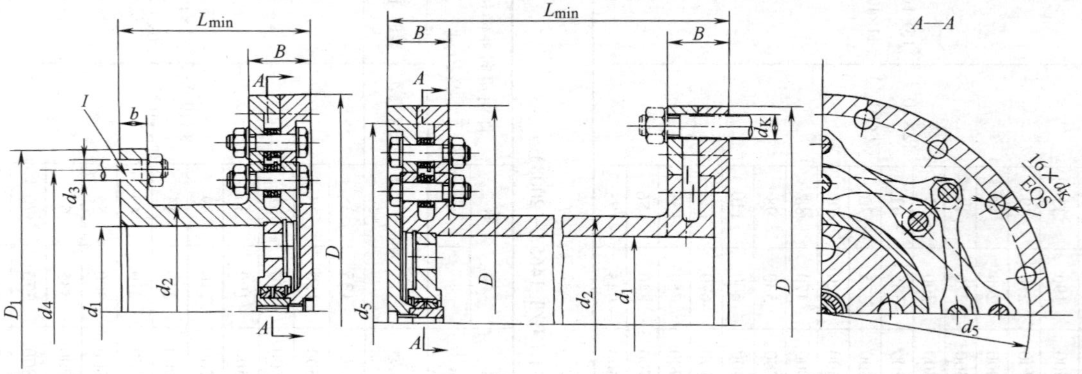

P 型　　　T 型

规格	D	B	d_5	d_K	D_1	d_4	b	$I\times d_3$	d_1	d_2	L_{min}/mm P 型	L_{min}/mm T 型	总质量/kg P 型	总质量/kg T 型 单个①	总质量/kg T 型 100mm②	转动惯量 J/kg·m² P 型 内部	转动惯量 J/kg·m² P 型 外部	转动惯量 J/kg·m² T 型 内部	转动惯量 J/kg·m² T 型 外部	转动惯量 J/kg·m² T 型 100mm③
	mm																			
S(H)25	301	49	271	17	238	200	18	20×13	119	147	135	146	27.0	18	4.6	0.09	0.18	0.03	0.18	0.02
S(H)28	337	54	304	19	250	220	20	20×15	134	165	155	168	38.0	25	5.7	0.16	0.32	0.06	0.32	0.03
S(H)31.5	378	61	341	21	275	240	23	20×17	150	185	175	185	52.5	34	7.2	0.26	0.57	0.09	0.57	0.05
S(H)35.5	425	68	382	23	310	270	25	20×19	169	208	200	209	74.0	48	9.1	0.46	1.01	0.16	1.01	0.08
S(H)40	476	75	429	25	355	312	28	20×21	189	233	220	232	104.5	69	11.5	0.85	1.80	0.28	1.80	0.13
S(H)45	535	85	481	28	415	370	32	20×23	212	262	250	262	153.5	97	14.6	1.61	3.20	0.50	3.20	0.21
S(H)50	600	93	540	31	430	380	35	24×25	238	294	270	289	206.0	135	18.4	2.74	5.70	1.13	5.70	0.33
S(H)56	673	104	606	34	475	420	38	24×28	267	330	305	319	289.0	191	23.2	4.28	10.10	1.54	10.10	0.53
S(H)63	755	116	680	40	550	490	45	24×32	300	370	330	364	410.0	269	28.9	7.94	18.00	2.71	18.00	0.82
S(H)71	847	134	763	43	625	560	48	24×34	337	415	365	402	577.0	380	36.1	14.10	32.00	4.80	32.00	1.29
S(H)80	950	147	856	50	710	635	54	24×38	378	466	395	450	813.0	537	45.8	25.50	57.00	8.70	57.00	2.06
S(H)90	1066	165	961	54	885	810	60	24×40	424	523	445	500	1207.0	761	57.8	59.50	101.00	20.00	101.00	3.30
S(H)100	1197	182	1078	62	920	841	70	30×44	475	586	490	566	1606.0	1033	72.6	91.60	180.00	34.00	180.00	5.20
S(H)112	1343	208	1209	66	1070	980	75	30×46	533	658	515	622	2345.0	1516	91.8	158.00	320.00	48.00	320.00	8.20
S(H)125	1506	230	1357	74	1270	1170	85	30×50	599	738	590	702	3320.0	2084	114.6	309.00	570.00	82.00	570.00	12.90
S(H)140	1690	257	1522	82	1480	1370	95	30×55	672	828	655	778	4821.0	2995	144.3	594.00	1012.00	143.00	1012.00	20.50
S(H)160	1896	287	1708	93	1860	1740	105	30×58	754	929	725	868	7205.0	4207	181.6	1419.00	1800.00	275.00	1800.00	32.50
S(H)180	2128	321	1917	104	2030	1900	120	30×66	846	1043	805	972	10040.0	5950	229.5	2359.00	3200.00	490.00	3200.00	51.70

注：表中 I 表示 d_3 孔的个数。
① 表示 L_{min} 的总质量。
② 表示 L 每增加 100mm 所增加的质量。
③ 表示 L 每增加 100mm 所增加的转动惯量。

表 15.1-54　F 型、K 型挠性杆联轴器的形式、主要尺寸和转动惯量及质量（摘自 GB/T 14653—2008）

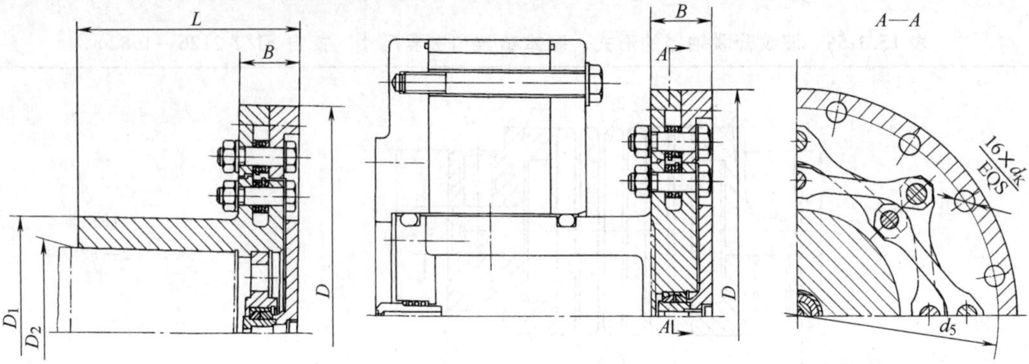

F型　　　　K型

规格	D	B	d_5	d_K	D_1	D_2	L	总质量/kg		转动惯量 J/kg·m²			
								F 型	K 型	F 型		K 型	
	mm									内部	外部	内部	外部
S(H)25	301	49	271	17	147	107	147	24.7	19.3	0.06	0.18	0.03	0.18
S(H)28	337	54	304	19	165	120	165	34.5	27.1	0.11	0.32	0.06	0.32
S(H)31.5	378	61	341	21	185	135	185	47.3	38.1	0.18	0.57	0.10	0.57
S(H)35.5	425	68	382	23	208	151	207	67.0	53.5	0.32	1.01	0.18	1.01
S(H)40	476	75	429	25	233	170	233	96.0	75.0	0.56	1.80	11.50	1.82
S(H)45	535	85	481	28	262	190	261	135.0	106.0	1.0	3.20	14.60	3.20
S(H)50	600	93	540	31	294	213	292	189.0	149.0	2.0	5.70	18.40	5.70
S(H)56	673	104	606	34	330	239	328	267.0	209.0	3.1	10.10	23.20	10.10
S(H)63	755	116	680	40	370	269	369	376.0	293.0	5.5	18.00	28.90	18.00
S(H)71	847	134	763	43	415	301	413	531.0	412.0	9.8	32.00	36.10	32.00
S(H)80	950	147	856	50	466	338	464	751.0	579.0	17.6	57.00	45.80	10.10
S(H)90	1066	165	961	54	523	379	520	1065.0	813.0	35.8	101.00	57.80	18.00
S(H)100	1197	182	1078	62	586	425	585	—	1143.0	—	—	72.60	32.00
S(H)112	1343	208	1209	66	658	478	655	—	1605.0	—	—	91.80	57.00
S(H)125	1506	230	1357	74	738	535	735	—	2255.0	—	—	114.60	101.00
S(H)140	1690	257	1522	82	828	600	820	—	3168.0	—	—	144.30	180.00
S(H)160	1896	287	1708	93	929	675	920	—	4451.0	—	—	181.60	320.00
S(H)180	2128	321	1917	104	1043	755	—	—	6253.0	—	—	229.50	570.00

7.5　小型弹性联轴器

7.5.1　弹性管联轴器（见表 15.1-55）

表 15.1-55　弹性管联轴器的形式、基本参数和主要尺寸（摘自 SJ/T 2124—1982）

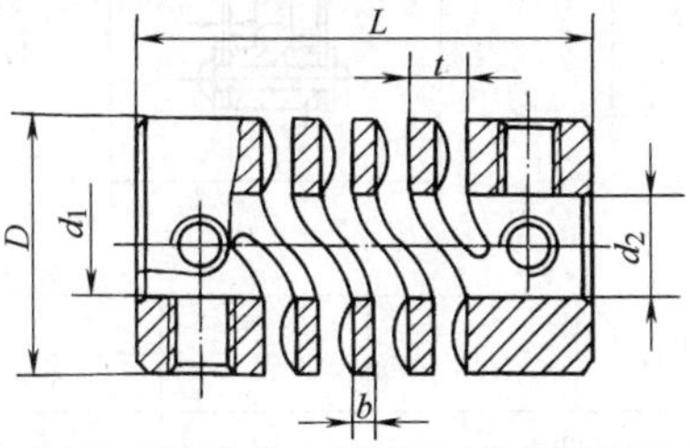

型　号	d_1	d_2	D	t	b	弹性管数 n	L	转矩 T/N·m		
								5	15	30
	mm							弹性回差/(′)		
TL-8-02/03	2H7	3H7	8H12	1.8	0.8	3	17	1.32	3.96	7.92
TL-10-02/04	3H7	4H7	10H12	1.8	0.8	3	17	0.97	2.91	5.82
TL-12-04/05	4H7	5H7	12H12	2	1	3	18	0.59	1.77	3.54
TL-14-04/06	4H7	6H7	14H12	2	1	3	18	0.47	1.41	2.82
TL-16-04/06	4H7	6H7	16H12	2.2	1.2	3	19	0.22	0.66	1.32

7.5.2　波纹管联轴器（见表15.1-56）

表15.1-56　波纹管联轴器的形式、基本参数和主要尺寸（摘自SJ/T 2126—1982）

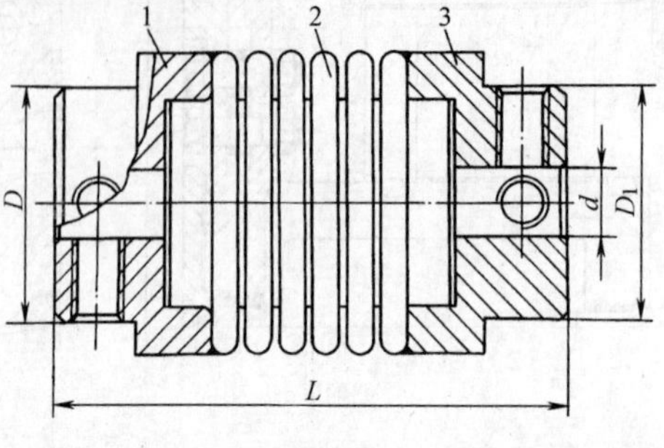

1、3—轴套
2—波纹管

型号	d	D_1	D	L	转矩 T/N·m 5	50	100	150
	mm				弹性回差/(′)			
BL-10-02	2H7	8	10h12	21.65	0.60	6.0	12	18
BL-12-02.5	2.5H7	9	12h12	22.75	0.25	2.5	5	7.5
BL-15-03	3H7	9	15h12	30.10	0.13	1.3	2.6	3.9
BL-18-04	4H7	12	18h12	31.15	0.06	0.6	1.2	1.8
BL-20-05	5H7	12	20h12	31.70	0.04	0.4	0.8	1.05
BL-22-06	6H7	14	22h12	32.30	0.02	0.2	0.4	0.65

7.5.3　薄膜联轴器（见表15.1-57）

表15.1-57　薄膜联轴器的形式、基本参数和主要尺寸（摘自SJ/T 2127—1982）

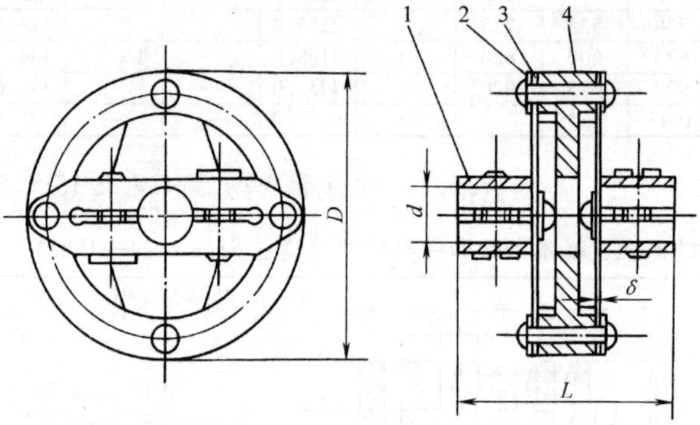

1—拨盘　2—垫圈
3—膜片　4—接头

型号	d	D	δ	L	转矩 T/N·m 5	50	100	200
	mm				弹性回差/(′)			
ML-20-02	2H7	20	0.15	21	0.34	3.4	6.8	13.6
ML-20-03	3H7	20	0.15	21	0.08	0.78	1.56	3.12
ML-30-04	4H7	30	0.15	23	0.04	0.42	0.84	1.68
ML-30-05	5H7	30	0.15	23	0.03	0.30	0.60	1.20
ML-40-06	6H7	40	0.3	27	0.02	0.19	0.38	0.77
ML-40-08	8H7	40	0.3	27	0.02	0.16	0.33	0.66

7.6 弹性环联轴器（见表 15.1-58、表 15.1-59）

表 15.1-58 XL 型弹性环联轴器的形式、基本参数和主要尺寸（摘自 GB/T 2496—2008）

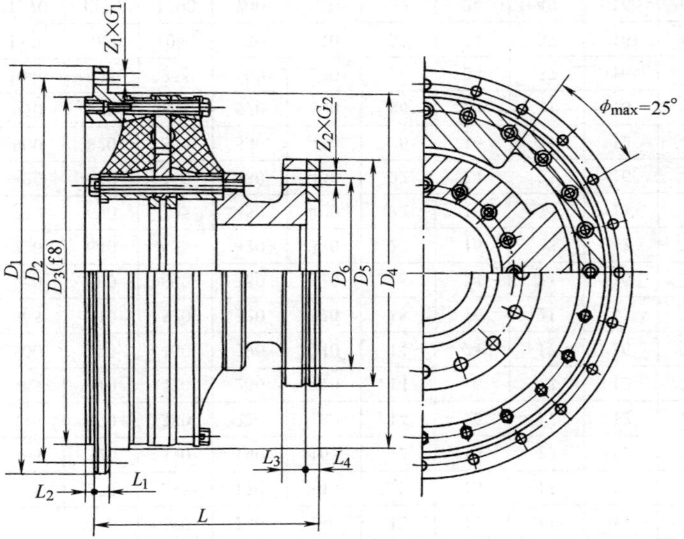

标记示例：

公称转矩为 11.20kN·m 的弹性环联轴器标记为：

联轴器 XL110 GB/T 2496—2008

型号	功率 P_w/转速 n kW/r·min^{-1}	公称转矩 T_n /N·m	瞬时最大转矩 T_{max} /N·m	许用振动转矩 [T_{ws}] /N·m	许用转速 [n] /r·min^{-1}	静态扭转角 T_n 时 ϕ_n/(°)	静态扭转角 T_{max} 时 ϕ_{max}/(°)	静刚度 C_s /N·m·rad^{-1}	许用补偿量 轴向 ΔX /mm	许用补偿量 径向 ΔY /mm	许用补偿量 角度 $\Delta\alpha$ /(°)
XL7	0.074	710	1775	±178	4000	10	25	4068	0.7	1.2	3.2
XL11	0.148	1120	2800	±280	3800	10	25	6417	0.8	1.5	3.2
XL18	0.187	1800	4500	±450	3500	10	25	10313	0.9	1.7	3.2
XL28	0.292	2800	7000	±700	3000	10	25	16043	1.0	2.0	3.2
XL40	0.417	4000	10000	±1000	2800	10	25	22918	1.2	2.2	3.2
XL56	0.583	5600	14000	±1400	2500	10	25	32086	1.3	2.4	3.2
XL80	0.833	8000	20000	±2000	2200	10	25	45837	1.4	2.6	3.2
XL110	1.166	11200	28000	±2800	1950	10	25	64171	1.6	3.0	3.2
XL160	1.427	16000	40000	±4000	1750	10	25	91670	1.8	3.2	3.2
XL180	1.874	18000	45000	±4500	1650	10	25	103132	2.0	3.6	3.2
XL250	2.603	25000	62500	±6250	1500	10	25	143239	2.2	4.0	3.2

（续）

型号	功率 P_w/转速/n kW/r·min^{-1}	公称转矩 T_n /N·m	瞬时最大转矩 T_{max} /N·m	许用振动转矩 $[T_{ws}]$ /N·m	许用转速 $[n]$ /r·min^{-1}	静态扭转角 T_n时 φ_n/(°)	静态扭转角 T_{max}时 φ_{max}/(°)	静刚度 C_s /N·m·rad^{-1}	许用补偿量 轴向 ΔX /mm	许用补偿量 径向 ΔY /mm	许用补偿量 角度 $\Delta\alpha$ /(°)
XL315	3.280	31500	78750	±7875	1400	10	25	180482	2.4	4.4	3.2
XL400	4.165	40000	100000	±10000	1300	10	25	229183	2.6	4.8	3.2
XL560	5.831	56000	140000	±14000	1200	10	25	320859	2.8	5.2	3.2
XL710	7.392	71000	177500	±17750	1100	10	25	406800	3.0	5.8	3.2
XL1000	10.411	100000	250000	±25000	1000	10	25	572959	3.2	6.2	3.2

型号	主要尺寸/mm															转动惯量 J/kg·m^2			质量
	D_1	D_2	D_3	D_4	D_5	D_6	G_1	Z_1	G_2	Z_2	L	L_1	L_2	L_3	L_4	外部	内部	总体	W/kg
XL7	295	275	240	250	150	130	12	12	11	12	150	10	5	12	10	0.14	0.04	0.18	20
XL11	335	315	275	285	170	145	12	16	13	12	170	10	5	15	10	0.28	0.07	0.35	30
XL18	390	365	320	330	190	165	12	16	13	12	200	12	5	20	10	0.51	0.16	0.67	45
XL28	440	415	370	380	220	180	14	16	17	12	230	15	5	20	15	1.02	0.33	1.35	70
XL40	490	465	410	420	250	210	14	16	17	12	265	15	5	25	15	1.74	0.58	2.32	100
XL56	530	500	450	460	290	240	14	24	17	16	300	15	5	30	20	2.59	1.04	3.63	135
XL80	600	565	510	520	320	270	18	16	21	12	315	15	5	30	20	4.35	1.77	6.12	180
XL110	680	640	580	600	380	320	18	24	21	16	355	20	10	35	20	8.85	3.36	12.21	265
XL160	760	720	640	655	420	370	22	16	25	12	380	25	10	35	20	14.52	5.56	20.08	350
XL180	810	770	690	705	450	400	22	16	25	12	410	25	10	35	25	19.62	8.12	27.78	415
XL250	860	820	750	765	480	430	22	24	25	16	440	25	10	40	25	26.45	12.57	39.02	500
XL315	950	900	820	835	530	460	26	16	31	12	475	30	10	40	30	45.52	19.40	64.92	700
XL400	1000	950	870	885	570	500	26	24	31	16	515	30	10	45	30	60.8	26.98	87.78	845
XL560	1120	1040	935	955	600	520	26	24	37	16	570	30	10	50	30	96.2	46.82	143.02	1120
XL710	1210	1130	1020	1040	650	570	32	24	37	16	630	40	10	60	40	149.2	68.2	217.50	1410
XL1000	1340	1270	1170	1190	700	620	32	24	49	16	680	40	10	70	50	254.46	103.5	358.96	2120

注：1. 当联轴器所连两轴同时存在径向和轴向位移时，其许用位移值应按比例减小，如当实际径向位移为表值的 30%时，则轴向位移不应超过表值的 70%。

2. 联轴器的工作温度范围为-10～60℃，工作时应避免与油类、有机溶剂和酸碱等接触，并防止露天暴晒。

3. 动刚度 C_d 为静刚度 C_s 值的 1.15 倍，即 $C_d=1.15C_s$。

表 15.1-59 XL 型弹性环组合件的形式和主要尺寸（摘自 GB/T 2496—2008） (mm)

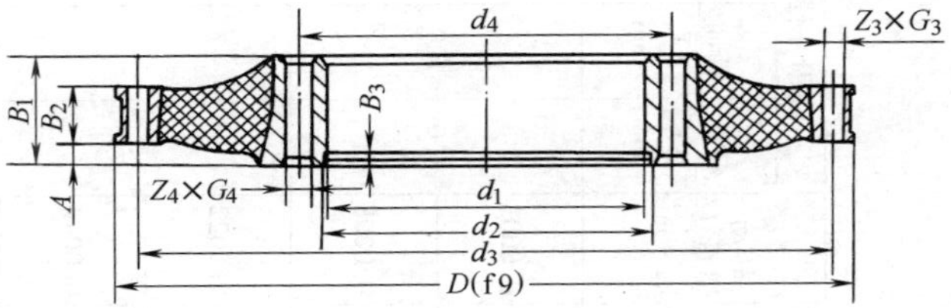

橡胶弹性环件号	D（f9）	d_1	d_2	d_3	d_4	B_1	B_2	B_3	A	G_3	Z_3/只	G_4	Z_4/只	质量 W_1/kg
XL7-01	240	90	95	220	110	35	19.5	3	6	11	12	11	12	4
XL11-01	275	105	110	255	130	40	22	3	7	11	16	13	12	6
XL18-01	320	130	135	300	155	47	25	3	8	11	16	13	12	10
XL28-01	370	150	155	350	180	55	31	4	9	13	16	17	12	15
XL40-01	410	170	175	385	200	63	34	4	10	13	16	17	12	20
XL56-01	450	195	200	425	225	70	39	6	11	13	24	17	16	27
XL80-01	510	210	220	480	250	75	42	7	12	17	16	21	12	38
XL110-01	580	250	260	550	290	85	48	8	14	17	24	21	16	52
XL160-01	640	270	280	605	320	95	53	8	16	21	16	25	12	75
XL180-01	690	300	310	655	350	100	56	8	17	21	16	25	12	90
XL250-01	750	340	350	715	390	110	62	8	19	21	24	25	16	110
XL315-01	820	350	360	770	410	120	67	8	20.5	25	16	31	12	160
XL400-01	870	380	390	830	440	130	73	8	22	25	24	31	16	190
XL560-01	935	400	420	900	455	145	80	10	27.5	25	24	37	24	260
XL710-01	1020	440	460	935	500	160	87	10	31	25	24	37	24	320
XL1000-01	1170	520	540	1125	580	177	98	10	35	25	32	37	32	475

7.7 轮胎式联轴器（见表 15.1-60）

表 15.1-60 UL 型轮胎式联轴器的形式、基本参数和主要尺寸（摘自 GB/T 5844—2002）

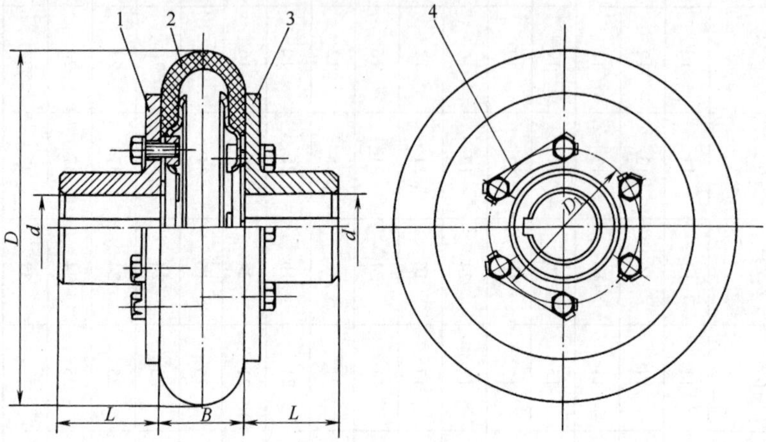

标记示例：

UL5 轮胎式联轴器

主动端：Y 型轴孔，A 型键槽，$d=28$mm，$L=62$mm

从动端：J_1 型轴孔，B 型键槽，$d=32$mm，$L=62$mm

UL5 联轴器 $\frac{28\times62}{J_1B32\times62}$ GB/T 5844—2002

1、3—半联轴器

2—轮胎环 4—止退垫板

型号	许用转矩 [T] /N·m	瞬时最大转矩 T_{max} /N·m	许用转速 [n] /r·min⁻¹ 钢	许用转速 铁	轴孔直径 dH7/mm 钢	轴孔直径 铁	轴孔长度 L/mm J型、J_1型	轴孔长度 Y型	D/mm	B/mm	D_1/mm	质量 /kg	转动惯量 J/kg·m²	许用补偿量 径向 ΔY/mm	许用补偿量 轴向 ΔX/mm	许用补偿量 角向 Δα/(°)
UL1	10	31.5	5000	3500	11	11	22	25	80	20	42	0.7	0.0003	1.0	1.0	1
					12、14	12、14	27	32								
					16、18	16	30	42								
UL2	25	80	5000	3000	14	14	27	32	100	26	51	1.2	0.0008			
					16、18、19	16、18、19	30	42								
					20、22	20	38	52								
UL3	63	180	4800	3000	18、19	18、19	30	42	120	32	62	1.8	0.0022	1.6	2.0	
					20、22、24	20、22	38	52								
					25	—	44	62								
UL4	100	315	4500	3000	20、22、24	20、22、24	38	52	140	38	69	3	0.0044			
					25、28	25	44	62								
					30	—	60	82								
UL5	160	500	4000	3000	24	24	38	52	160	45	80	4.6	0.0084			
					25、28	25、28	44	62								
					30、32、35	30	60	82								
UL6	250	710	3600	2500	28	28	44	62	180	50	90	7.1	0.0164			
					30、32、35、38	30、32、35	60	82								
					40	—	84	112								
UL7	315	900	3200	2500	32、35、38	32、35、38	60	82	200	56	104	10.9	0.029	2.0	2.5	
					40、42、45、48	40、42	84	112								
UL8	400	1250	3000	2000	38	38	60	82	220	63	110	13	0.0448	2.5	3.0	1°30′
					40、42、45、48、50	40、42、45	84	112								
UL9	630	1800	2800	2000	42、45、48、50、55、56	42、45、48、50、55	84	112	250	71	130	20	0.0898			
					60	—	107	142								

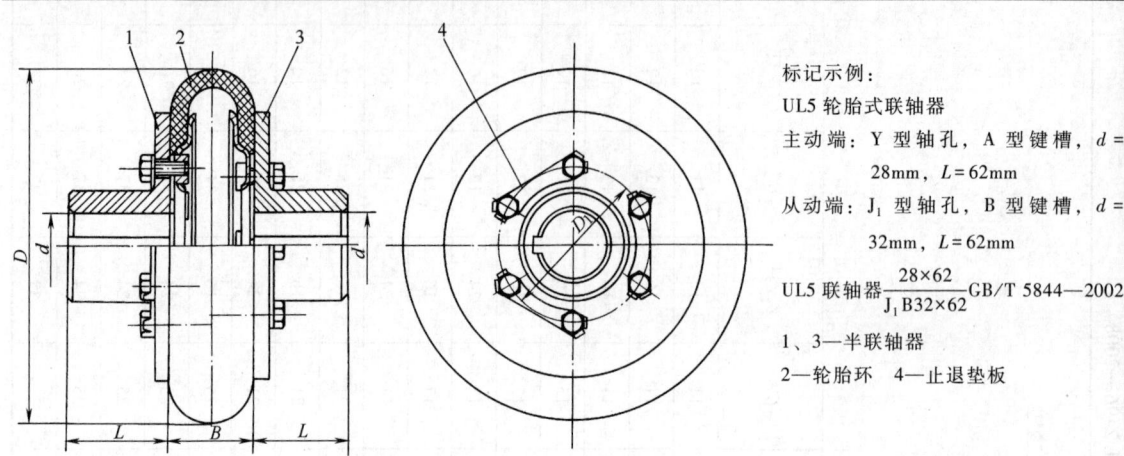

（续）

型号	许用转矩 [T] /N·m	瞬时最大转矩 T_{max} /N·m	许用转速 [n] /r·min⁻¹ 钢	许用转速 [n] /r·min⁻¹ 铁	轴孔直径 dH7/mm 钢	轴孔直径 dH7/mm 铁	轴孔长度 L/mm J型、J_1型	轴孔长度 L/mm Y型	D/mm	B/mm	D_1/mm	质量 /kg	转动惯量 J/kg·m²	许用补偿量 径向 ΔY /mm	许用补偿量 轴向 ΔX /mm	许用补偿量 角向 Δα /(°)
UL10	800	2240	2400	1600	45*、48*、50、55、56		84	112	280	80	148	30.6	0.1596	3.0	3.6	1°30′
					60、63、65、70	60、63、65	107	142								
UL11	1000	2500	2100	1600	50*、55*、56*		84	112	320	90	165	39	0.2792			
					60、63、65 70、71、75	60、63、65	107	142								
UL12	1600	4000	2000	1600	55*、56*	55*、56*	84	112	360	100	188	59	0.5356	3.6	4.0	
					60*、63*、65*、70、71、75		107	142								
					80、85	80	132	172								
UL13	2500	6300	1800	1600	63*、65*、70*、71*、75*		107	142	400	110	210	81	0.896	4.0	4.5	
					80、85、90、95		132	172								
UL14	4000	10000	1600	1400	75*	75*	107	142	480	130	254	145	2.2616		5.0	
					80*、85*、90*、95*		132	172								
					100、110	100、110	167	212								
UL15	6300	14000	1200	1120	85*、90* 95*	—、90*、95*	132	172	560	150	300	222	4.6456	5.0	5.6	
					100*、110*、120*、125*		167	212								
UL16	10000	20000	1000	1000	100*、110*、120*、125*		167	212	630	180	335	302	8.0924		6.0	
					130、140	130、140	202	252							6.7	
UL17	16000	31500	900	850	120*、125*	—	167	212	750	210	405	561	20.0176			
					130*、140*、150*		202	252								
					160*	160*	242	302							8.0	
UL18	25000	59000	800	750	140*、150*	—	202	252	900	250	490	818	43.053			
					160*、170*、180*		242	302								

注：1. 轴孔直径有 * 号者为结构允许制成 J 型轴孔。

2. 联轴器质量和转动惯量是各型号中最大值的计算近似值。

3. 生产厂有江苏联大集团有限公司、德阳立达基础件有限公司。

7.8　鞍形块弹性联轴器

（1）基本参数和主要尺寸（见表 15.1-61）

表 15.1-61　LAK 型鞍形块弹性联轴器的形式、基本参数和主要尺寸（摘自 JB/T 7684—2007）

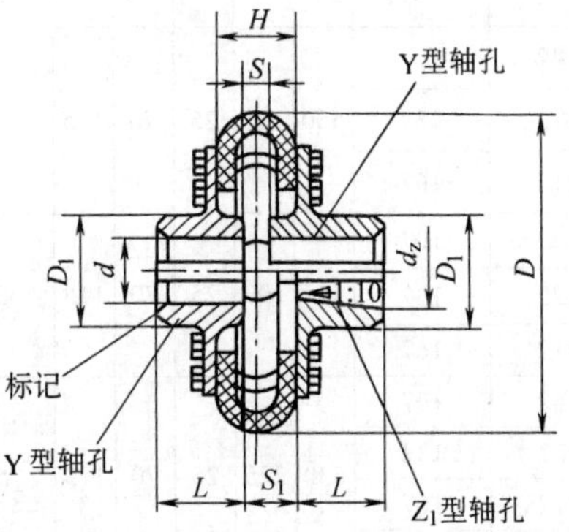

标记示例：

LAK11 型鞍形块弹性联轴器

主动端：Y 型轴孔，A 型键槽，d = 75mm，L = 142mm

从动端：J_1 型轴孔，B 型键槽，d = 75mm，L = 107mm

LAK11 联轴器 $\frac{75\times142}{J_1B75\times107}$　JB/T 7684—2007

（续）

型号	公称转矩 T_n /N·m	许用转速 [n] /r·min^{-1}	轴孔直径 d、d_z	轴孔长度 L Y型	轴孔长度 L J_1型、Z_1型	D	D_1	S	S_1	H	转动惯量 J /kg·m^2	质量 /kg
			mm									
LAK1	63	3700	20,22,24	52	38	155	50	10	30	50	0.005	3.4
			25,28	62	44							
			30,32	82	60							
LAK2	100	3500	25,28	62	44	165	60	10	30	50	0.007	4.8
			30,32,35,38	82	60							
LAK3	160	3150	28	62	44	185	75	10	30	50	0.018	8.73
			30,32,35,38	82	60							
			40,42,45	112	84							
LAK4	250	3000	30,32,35,38	82	60	185	75	10	30	50	0.018	8.86
			40,42,45,48	112	84							
LAK5	500	2500	40,42,45,48,50,55,56	112	84	235	95	15	45	75	0.039	14.4
			60,63,65	142	107							
LAK6	630	2400	42,45,48,50,55,56	112	84	240	100	15	45	75	0.043	16.1
			60,63,65,70,71	142	107							
LAK7	1000	2000	45,48,50,55,56	112	84	295	120	15	45	75	0.147	29
			60,63,65,70,71,75	142	107							
LAK8	1600	1700	50,55,56	112	84	340	130	15	45	75	0.28	38.5
			60,63,65,70,71,75	142	107							
			80	172	132							
LAK9	2500	1500	50,55,56	112	84	385	145	25	70	115	0.424	53
			60,63,65,70,71,75	142	107							
			80,85,90	172	132							
LAK10	4000	1250	50,56	112	84	460	160	25	70	115	1.03	76.6
			60,63,65,70,71,75	142	107							
			80,85,90,95	172	132							
			100	212	167							
LAK11	6300	1050	60,63,65,70,71,75	142	107	530	180	25	70	115	2.38	128
			80,85,90,95	172	132							
			100,110	212	167							
LAK12	7100	1000	65,70,71,75	142	107	575	190	25	70	115	3.32	144
			80,85,90,95	172	132							
			100,110,120	212	167							
LAK13	10000	900	75	142	107	630	225	25	70	115	5.45	198
			80,85,90,95	172	132							
			100,110,120,125	212	167							
			130,140	252	202							

（续）

型号	公称转矩 T_n /N·m	许用转速 [n] /r·min⁻¹	轴孔直径 d、d_z	轴孔长度 L Y型	轴孔长度 L J_1型、Z_1型	D	D_1	S	S_1	H	转动惯量 J /kg·m²	质量 /kg
			mm									
LAK14	14000	850	85,90,95	172	132	665	250	30	115	200	5.56	242
			100,110,120,125	212	167							
			130,140,150	252	202							
LAK15	20000	750	100,110,120,125	212	167	740	280	30	115	200	10.3	330
			130,140,150	252	202							
			160,170,180	302	242							
LAK16	31500	650	110,120,125	212	167	880	305	30	115	200	23.5	475
			130,140,150	252	202							
			160,170,180	302	242							
			190	352	282							
LAK17	50000	550	120,125	212	167	1040	345	30	115	200	50.2	701
			130,140,150	252	202							
			160,170,180	302	242							
			190,200,220	352	282							

注：1. 表中的质量和转动惯量均为最小轴孔Y型孔计算的近似值。
2. 联轴器两端不能同时采用Z_1型轴孔。
3. 联轴器最大转矩为公称转矩的3倍。

（2）选择计算

选用鞍形块弹性联轴器型号时的计算转矩

$$T_c = K_1 K_2 K_3 T \leqslant T_n \qquad (15.1\text{-}18)$$

式中 T_n——联轴器需传递的转矩（N·m）；

K_1——工况系数，载荷平稳取 $K_1=1.0\sim1.4$，载荷变化和冲击中等取 $K_1=1.4\sim2.1$，载荷变化和冲击较大取 $K_1=2.1\sim2.8$；

K_2——原动机系数，电动机和汽轮机取 $K_2=1.0$，水轮机和涡轮机取 $K_2=1.2$，内燃机≥四缸取 $K_2=1.2$、三缸取 $K_2=1.3$、双缸取 $K_2=1.5$、单缸取 $K_2=2.0$；

K_3——温度系数，

温度/℃	-20~30	>30~40	>40~50	>50~60	>60~70	>70~80
K_3	1.0	1.1	1.2	1.4	1.6	1.8

7.9 弹性套柱销联轴器

弹性套柱销联轴器以柱销与两半联轴器的凸缘相连，柱销的一端以圆锥面和螺母与半联轴器凸缘上的锥形销孔形成固定配合，另一端带有弹性套，装在另一半联轴器凸缘上的柱销孔中。弹性套的外表带有梯形槽以增加弹性变形量，并由于弹性套外径略小于销孔直径，从而获得补偿两轴相对位移的性能。

由于弹性套工作时受挤压发生的变形量不大，且因弹性套与销孔的配合间隙不宜过大，因此这种联轴器的缓冲和减振性能不高，补偿两轴相对位移量较小。如果工作时两轴相对位移过大，则联轴器的运转性能将趋恶化，弹性套的磨损加剧，很易损坏。为了适应角位移较大传动的需要，可改用鼓形弹性套。

弹性套用天然橡胶或合成橡胶制成，其硬度为邵氏A70±5，拉伸强度>15MPa，拉断伸长率>300%。

弹性套柱销联轴器的特点是结构简单，安装方便，更换容易，尺寸小，重量轻。如果安装调整后能保持两轴相对位移量在规定的范围内，则联轴器会有满意的使用性能和较长的工作寿命，因此它广泛应用于冲击载荷不大、由电动机驱动底座刚性较好、对中精确的各种中小功率传动轴系中。

7.9.1　LT 型弹性套柱销联轴器（见表 15.1-62）

表 15.1-62　LT 型弹性套柱销联轴器的型式、基本参数和主要尺寸（摘自 GB/T 4323—2002）

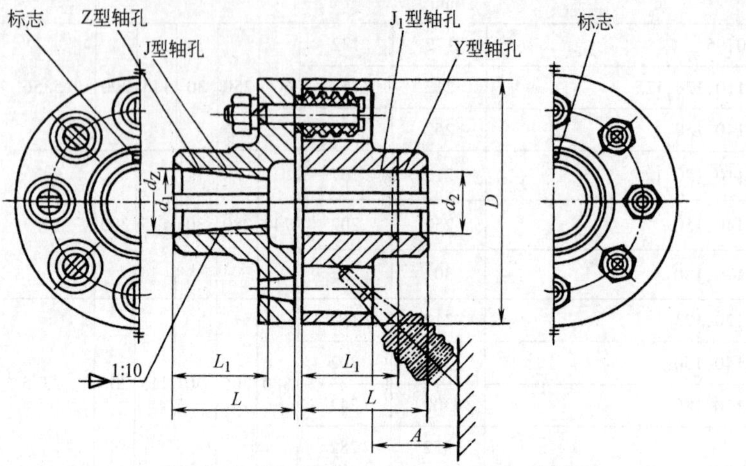

标记示例：

LT3 弹性套柱销联轴器

主动端：Z 型轴孔，C 型键槽，$d_2=16\text{mm}$，$L=30\text{mm}$

从动端：J 型轴孔，B 型键槽，$d_2=18\text{mm}$，$L=42\text{mm}$

LT3 联轴器 $\dfrac{\text{ZC16×30}}{\text{JB18×42}}$ GB/T 4323—2002

<table>
<tr><th rowspan="4">型号</th><th rowspan="4">公称转矩 T_n/N·m</th><th colspan="2" rowspan="2">许用转速 [n] /r·min⁻¹</th><th colspan="2" rowspan="2">轴孔直径 d_1、d_2、d_Z</th><th colspan="3">轴孔长度</th><th rowspan="3">$L_{推荐}$</th><th rowspan="3">D</th><th rowspan="3">A</th><th rowspan="4">质量 /kg</th><th rowspan="4">转动惯量 J/kg·m²</th><th colspan="2">许用安装补偿量</th></tr>
<tr><th>Y 型</th><th colspan="2">J、J₁、Z 型</th><th rowspan="3">ΔY /mm</th><th rowspan="3">Δα</th></tr>
<tr><th rowspan="2">铁</th><th rowspan="2">钢</th><th>铁</th><th>钢</th><th>L</th><th>L_1</th><th>L</th></tr>
<tr><th colspan="8">mm</th></tr>
<tr><td rowspan="3">LT1</td><td rowspan="3">6.3</td><td rowspan="3">6600</td><td rowspan="3">8800</td><td colspan="2">9</td><td>20</td><td>14</td><td rowspan="4">—</td><td rowspan="3">25</td><td rowspan="3">71</td><td rowspan="5">18</td><td rowspan="3">0.82</td><td rowspan="3">0.0005</td><td rowspan="9">0.1</td><td rowspan="11">45′</td></tr>
<tr><td colspan="2">10、11</td><td>25</td><td>17</td></tr>
<tr><td>12</td><td>12、14</td><td rowspan="2">32</td><td rowspan="2">20</td></tr>
<tr><td rowspan="2">LT2</td><td rowspan="2">16</td><td rowspan="2">5500</td><td rowspan="2">7600</td><td colspan="2">12、14</td><td rowspan="2">35</td><td rowspan="2">80</td><td rowspan="2">1.20</td><td rowspan="2">0.0008</td></tr>
<tr><td>16</td><td>16、18、19</td><td rowspan="2">42</td><td rowspan="2">30</td><td rowspan="2">42</td></tr>
<tr><td rowspan="2">LT3</td><td rowspan="2">31.5</td><td rowspan="2">4700</td><td rowspan="2">6300</td><td colspan="2">16、18、19</td><td rowspan="2">38</td><td rowspan="2">95</td><td rowspan="4">35</td><td rowspan="2">2.20</td><td rowspan="2">0.0023</td></tr>
<tr><td>20</td><td>20、22</td><td rowspan="2">52</td><td rowspan="2">38</td><td rowspan="2">52</td></tr>
<tr><td rowspan="2">LT4</td><td rowspan="2">63</td><td rowspan="2">4200</td><td rowspan="2">5700</td><td colspan="2">20、22、24</td><td rowspan="2">40</td><td rowspan="2">106</td><td rowspan="2">2.84</td><td rowspan="2">0.0037</td></tr>
<tr><td>—</td><td>25、28</td><td rowspan="2">62</td><td rowspan="2">44</td><td rowspan="2">62</td></tr>
<tr><td rowspan="2">LT5</td><td rowspan="2">125</td><td rowspan="2">3600</td><td rowspan="2">4600</td><td colspan="2">25、28</td><td rowspan="2">50</td><td rowspan="2">130</td><td rowspan="5">45</td><td rowspan="2">6.05</td><td rowspan="2">0.012</td><td rowspan="5">0.15</td></tr>
<tr><td>30、32</td><td>30、32、35</td><td rowspan="2">82</td><td rowspan="2">60</td><td rowspan="2">82</td></tr>
<tr><td rowspan="2">LT6</td><td rowspan="2">250</td><td rowspan="2">3300</td><td rowspan="2">3800</td><td colspan="2">32、35、38</td><td rowspan="2">55</td><td rowspan="2">160</td><td rowspan="2">9.75</td><td rowspan="2">0.028</td><td rowspan="10">30′</td></tr>
<tr><td>40</td><td>40、42</td><td rowspan="4">112</td><td rowspan="4">84</td><td rowspan="4">112</td></tr>
<tr><td>LT7</td><td>500</td><td>2800</td><td>3600</td><td>40、42、45</td><td>40、42、45、48</td><td>65</td><td>190</td><td>14.01</td><td>0.055</td></tr>
<tr><td rowspan="3">LT8</td><td rowspan="3">710</td><td rowspan="3">2400</td><td rowspan="3">3000</td><td colspan="2">45、48、50、55</td><td rowspan="3">70</td><td rowspan="3">224</td><td rowspan="6">65</td><td rowspan="3">23.12</td><td rowspan="3">0.340</td><td rowspan="8">0.2</td></tr>
<tr><td>—</td><td>56</td></tr>
<tr><td>—</td><td>60、63</td><td>142</td><td>107</td><td rowspan="2">142</td></tr>
<tr><td rowspan="3">LT9</td><td rowspan="3">1000</td><td rowspan="3">2100</td><td rowspan="3">2850</td><td colspan="2">50、55、56</td><td>112</td><td>84</td><td rowspan="3">80</td><td rowspan="3">250</td><td rowspan="3">30.69</td><td rowspan="3">0.213</td></tr>
<tr><td colspan="2">60、63</td><td rowspan="3">142</td><td rowspan="3">107</td><td rowspan="3">142</td></tr>
<tr><td>—</td><td>65、70、71</td></tr>
<tr><td rowspan="2">LT10</td><td rowspan="2">2000</td><td rowspan="2">1700</td><td rowspan="2">2300</td><td colspan="2">63、65、70、71、75</td><td rowspan="2">100</td><td rowspan="2">315</td><td rowspan="2">80</td><td rowspan="2">61.40</td><td rowspan="2">0.660</td></tr>
<tr><td>80、85</td><td>80、85、90、95</td><td rowspan="2">172</td><td rowspan="2">132</td><td rowspan="2">172</td><td rowspan="5">15′</td></tr>
<tr><td rowspan="2">LT11</td><td rowspan="2">4000</td><td rowspan="2">1350</td><td rowspan="2">1800</td><td colspan="2">80、85、90、96</td><td rowspan="2">115</td><td rowspan="2">400</td><td rowspan="2">100</td><td rowspan="2">120.70</td><td rowspan="2">2.122</td><td rowspan="4">0.25</td></tr>
<tr><td colspan="2">100、110</td><td rowspan="2">212</td><td rowspan="2">167</td><td rowspan="2">212</td></tr>
<tr><td rowspan="2">LT12</td><td rowspan="2">8000</td><td rowspan="2">1100</td><td rowspan="2">1450</td><td colspan="2">100、110、120、125</td><td rowspan="2">135</td><td rowspan="2">475</td><td rowspan="2">130</td><td rowspan="2">210.34</td><td rowspan="2">5.390</td></tr>
<tr><td>—</td><td>130</td><td>252</td><td>202</td><td>252</td></tr>
</table>

（续）

型号	公称转矩 T_n/N·m	许用转速 [n] /r·min⁻¹ 铁	许用转速 钢	轴孔直径 d_1、d_2、d_Z 铁	轴孔直径 钢	轴孔长度 Y型 L	轴孔长度 J、J_1、Z型 L_1	轴孔长度 J、J_1、Z型 L	$L_{推荐}$	D	A	质量 /kg	转动惯量 J/kg·m²	许用安装补偿量 ΔY /mm	许用安装补偿量 Δα
				mm											
LT13	16000	800	1150	120、125		212	167	212	160	600	180	419.36	17.580	0.3	15′
				130、140、150		252	202	252							
				160	160、170	302	242	302							

注：1. 优先选用 $L_{推荐}$ 轴孔长度。

2. 质量、转动惯量是按材料为铸钢、无孔和 $L_{推荐}$ 计算的近似值。

3. 联轴器许用运转补偿量为安装补偿量的 1 倍。

4. 联轴器短时过载不得超过公称转矩的 2 倍。

7.9.2 LTZ 型带制动轮弹性套柱销联轴器（见表 15.1-63）

表 15.1-63 LTZ 型带制动轮弹性套柱销联轴器的形式、基本参数和主要尺寸（摘自 GB/T 4323—2002）

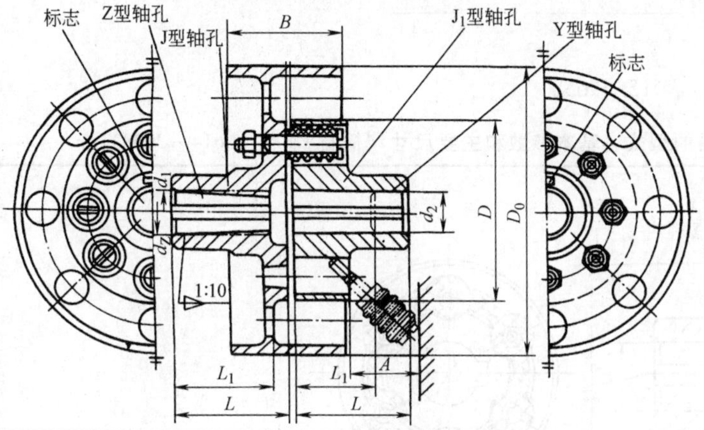

标记示例：LTZ6 带制动轮弹性套柱销联轴器

主动端：J 型轴孔，B 型键槽，d_1 = 65mm，L = 142mm

从动端：J 型轴孔，B 型键槽，d_2 = 70mm，L = 107mm

LTZ6 联轴器 $\frac{JB65\times142}{JB70\times107}$ GB/T 4323—2002

型号	公称转矩 T_n /N·m	许用转速 [n] /r·min⁻¹	轴孔直径 d_1、d_2、d_Z	轴孔长度 Y型 L	轴孔长度 J、J_1、Z型 L_1	轴孔长度 J、J_1、Z型 L	$L_{推荐}$	D_0	D	B	A ≥	质量 /kg	转动惯量 J/ kg·m²
			mm										
LTZ5	125	3800	25、38	62	44	62	50	200	130	85	45	13.38	0.0416
			30、32、35	82	60	82							
LTZ6	250	3000	32、35、38				55	250	160	105		21.25	0.1053
			40、42	112	84	112							
LTZ7	500	2400	40、42、45、48	112	84	112	65	315	190	132	45	35.00	0.2522
LTZ8	710		45、48、50、55、56				70		224		65	45.14	0.3470
			60、63	142	107	142							
LTZ9	1000		50、55、56	112	84	112	80		250	168		58.67	0.4070
			60、63、65、70	142	107	142							
LTZ10	2000	1900	63、65、70、71、75				100	400	315		80	100.30	1.3050
			80、85、90、95	172	132	172							
LTZ11	4000	1500	80、85、90、95				115	500	400	210	100	198.73	4.3300
			100、110	212	167	212							
LTZ12	8000	1200	100、110、120、125				135	630	475	265	130	370.60	12.4900
			130	252	202	252							

（续）

型号	公称转矩 T_n /N·m	许用转速 [n] /r·min⁻¹	轴孔直径 d_1、d_2、d_Z	轴孔长度 Y 型	轴孔长度 J、J_1、Z 型		$L_{推荐}$	D_0	D	B	A ≥	质量 /kg	转动惯量 J/ kg·m²
				L	L_1	L							
			mm										
LTZ13	16000	1000	120、125	212	167	212	160	710	600	298	180	611.13	30.4800
			130、140、150	252	202	252							
			160、170	302	242	302							

注：1. 见表 15.1-62 注中的 1、2、3。

2. 联轴器许用安装补偿量

型号	径向 Δy/mm	角向 $\Delta\alpha$
LTZ5~7	0.15	45′(LTZ5)
LTZ8~10	0.2	30′(LTZ6~10)
LTZ11~12	0.25	15′
LTZ13	0.3	

许用运转补偿量为上值的 1 倍。

7.10　芯型联轴器（见表 15.1-64、表 15.1-65）

表 15.1-64　芯型弹性联轴器的型式、基本参数和主要尺寸（摘自 GB/T 10614—2008）

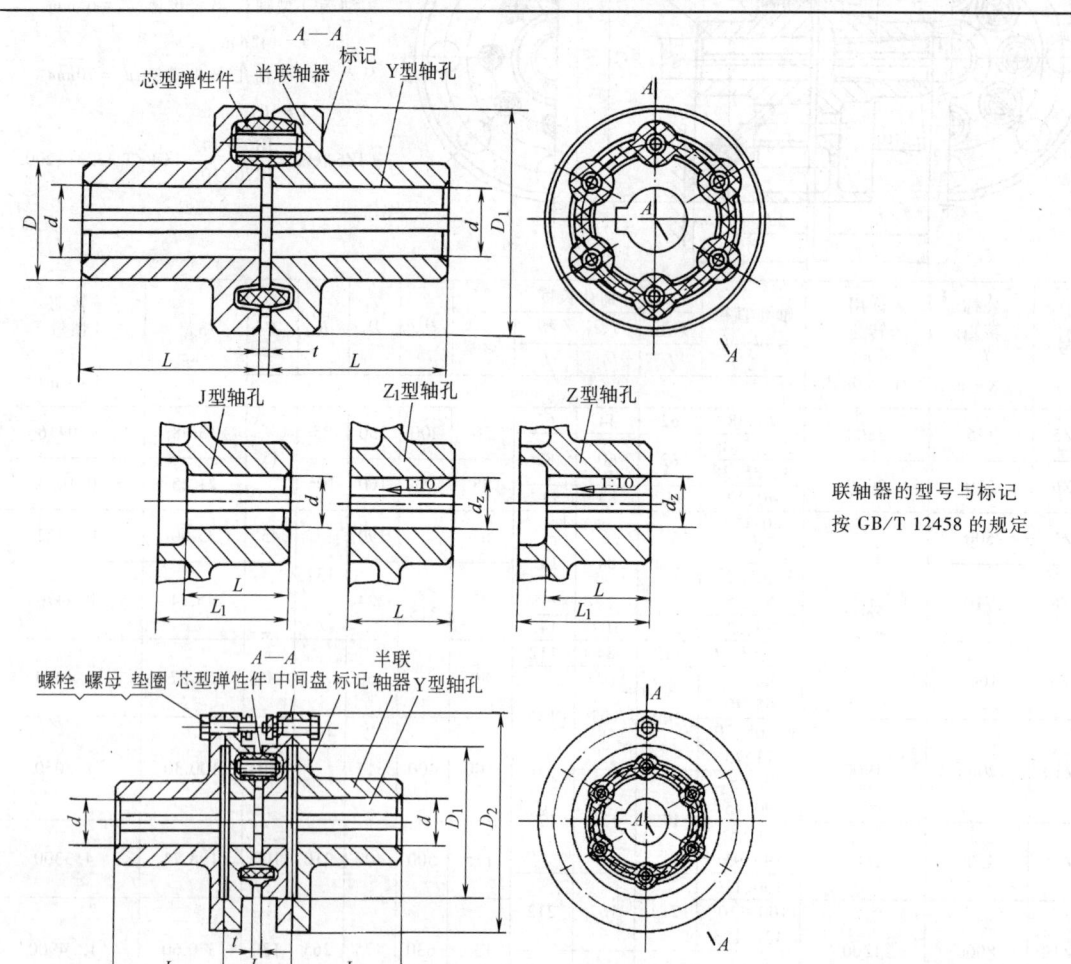

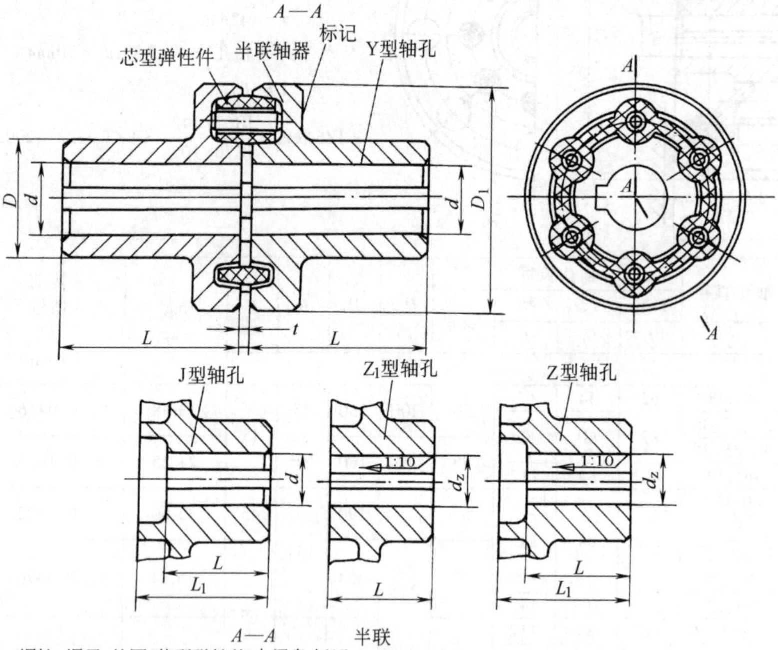

联轴器的型号与标记
按 GB/T 12458 的规定

（续）

代号	公称转矩 T_n /N·m	瞬时最大转矩 T_{max} /N·m	许用转速[n] /r·min^{-1}	轴孔直径 d、d_Z	轴孔长度			D	D_1	$D_2$①	t	质量 /kg	转动惯量 J /kg·m^2
					Y 型	J、Z、Z_1 型							
					L	L_1	L						
				mm									
LN1/LNS1	6.3	20	4000	10、11	25	—	22*	33	70	115	3	1.1/2.7	0.0006/0.0036
				12、14	32		27*						
				16、18、19	42	42**	30						
				20、22	52	52**	38						
LN2/LNS2	25	80	3500	16、18、19	42	42	30	42	85	120	3	2.0/3.8	0.0015/0.0054
				20、22、24	52	52	38						
				25、28	62	62**	44						
LN3/LNS3	63	180	3000	20、22、24	52	52	38	52.5	105	150	3	3.7/7.3	0.0039/0.0162
				25、28	62	62	44						
				30、32、35	82	82**	60						
LN4/LNS4	100	315	3000	24	52	52	38	63	120	165	3	6.0/11.2	0.0087/0.0301
				25、28	62	62	44						
				30、32、35、38	82	82	60						
				40、42	112	112**	84						
LN5/LNS5	160	500	3000	28	62	62	44	72	140	185	3	9.0/15.4	0.0169/0.0498
				30、32、35、38	82	82	60						
				40、42	112	112	84						
				45、48		112**							
LN6/LNS6	250	710	2500	32、35、38	82	82	60	84	160	215	3	14.1/23.7	0.0354/0.1018
				40、42	112	112	84						
				45、48、50、55、56		112**							
LN7/LNS7	400	1120	2500	38	82	82	60	90	180	235	4	16.8/29.6	0.0575/0.1654
				40、42	112	112	84						
				45、48、50、55、60		112**							
				60	142	142	107						
LN8/LNS8	630	1800	2000	45、48	112	112	84	105	200	255	4	24.1/42.1	0.0971/0.2752
				50、55、56		112**							
				60、63、65、70	142	142**	107						
LN9	900	2240	2200	48、50、55、56	112	112	84	112.5	220	275	4	30.7	0.1412
				60、63、65	142	142	107						
				70、71、75		142**							
LN10/LNS10	1250	3150	1600	55、56	112	112	84	120	240	300	5	38.5/64.1	0.2304/0.5842
				60、63、65	142	142	107						
				70、71、75		142**							
				80	172	172**	132						
LN11/LNS11	1600	4000	1600	60、63、65	142	142	107	135	250	310	5	45.2/75.4	0.2889/0.7886
				70、71、75		142**							
				80、85、90	172	172**	132						
LN12/LNS12	2500	6300	1600	70、71、75	142	142	107	142.5	320	380	6	76.2/120.3	0.7902/1.7446
				80、85、90、95	172	172	132						
LN13/LNS13	4000	10000	1600	80、85、90、95	172	172	132	180	360	435	7	118/176.5	1.4711/3.1462
				100、110	212	212	167						
				120		212**							
LN14/LNS14	8000	16000	1400	100、110、120、125	212	212	167	210	420	495	7	171.6/251.5	2.9312/5.9174
				130、140	252	252**	202						

注：1. 表中有横线的栏目中横线上、下分别为 LN 型及 LNS 型的数值。
2. 带＊的轴孔长度仅适用于 J_1 型轴孔，对于 Z_1 型轴孔，应把 22 改为 17，27 改为 20。
3. 带＊＊的 LN 型无此轴孔形式。
4. 轴孔形式可根据需要选取。
5. 联轴器质量和转动惯量是各个代号中最大的钢制半联轴器的计算近似值。

① D_2 列数值为 LNS 型的尺寸数值。

表 15.1-65 芯型弹性联轴器的许用补偿量（摘自 GB/T 10614—2008）

许用补偿量 \ 代号	LN1 LNS1	LN2 LNS2	LN3 LNS3	LN4 LNS4	LN5 LNS5	LN6 LNS6	LN7 LNS7	LN8 LNS8	LN9 LNS9	LN10 LNS10	LN11 LNS11	LN12 LNS12	LN13 LNS13	LN14 LNS14
轴向 ΔX/mm	0.5		0.8					1.2				2.0		3.0
径向 ΔY/mm	0.5							1.0						
角向 $\Delta\alpha$	1.5°					1°				30′				

注：1. 表中所列补偿量是指由于制造误差、安装误差和工作时载荷变化所引起的冲击、振动、零件变形和温度变化等因素所形成的两轴相对偏移量的补偿能力。

2. 径向补偿量的测量部位在半联轴器最大外圆宽度的1/2处。

7.11 弹性柱销联轴器

7.11.1 LX 型弹性柱销联轴器（见表 15.1-66）

表 15.1-66 LX 型弹性柱销联轴器的形式、基本参数和主要尺寸（摘自 GB/T 5014—2003）

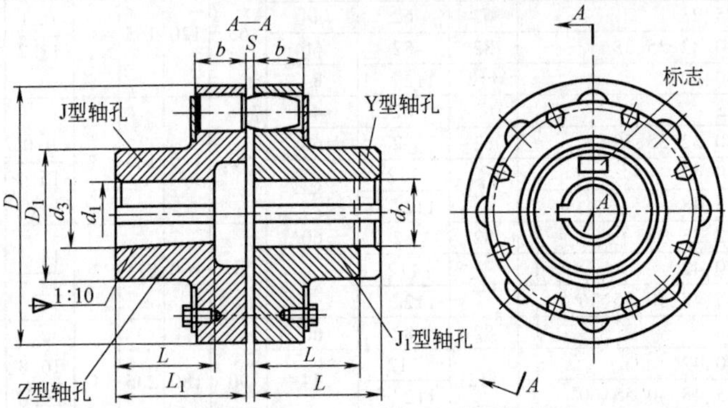

联轴器的标记方法、轴孔、连接形式及尺寸按 GB/T 3852 的规定

型号	公称转矩 T_n /N·m	许用转速[n] /r·min⁻¹	轴孔直径 d_1、d_2、d_z	轴孔长度 Y型 L	轴孔长度 J、J_1、Z型 L	轴孔长度 J、J_1、Z型 L_1	D	D_1	b	S	转动惯量 J /kg·m²	质量 /kg
			mm									
LX1	250	8500	12、14	32	27	—	90	40	20	2.5	0.002	2
			16、18、19	42	30	42						
			20、22、24	52	38	52						
LX2	560	6300	20、22、24	52	38	52	120	55	28	2.5	0.009	5
			25、28	62	44	62						
			30、32、35	82	60	82						
LX3	1250	4750	30、32、35、38	82	60	82	160	75	36	2.5	0.026	8
			40、42、45、48	112	84	112						
LX4	2500	3870	40、42、45、48、50、55、56	112	84	112	195	100	45	3	0.109	22
			60、63	142	107	142						
LX5	3150	3450	50、55、56	112	84	112	220	120	45	3	0.191	30
			60、63、65、70、71、75	142	107	142						
LX6	6300	2720	60、63、65、70、71、75	142	107	142	280	140	56	4	0.543	53
			80、85	172	132	172						
LX7	11200	2360	70、71、75	142	107	142	320	170	56	4	1.314	98
			80、85、90、95	172	132	172						
			100、110	212	167	212						
LX8	16000	2120	80、85、90、95	172	132	172	360	200	56	5	2.023	119
			100、110、120、125	212	167	212						

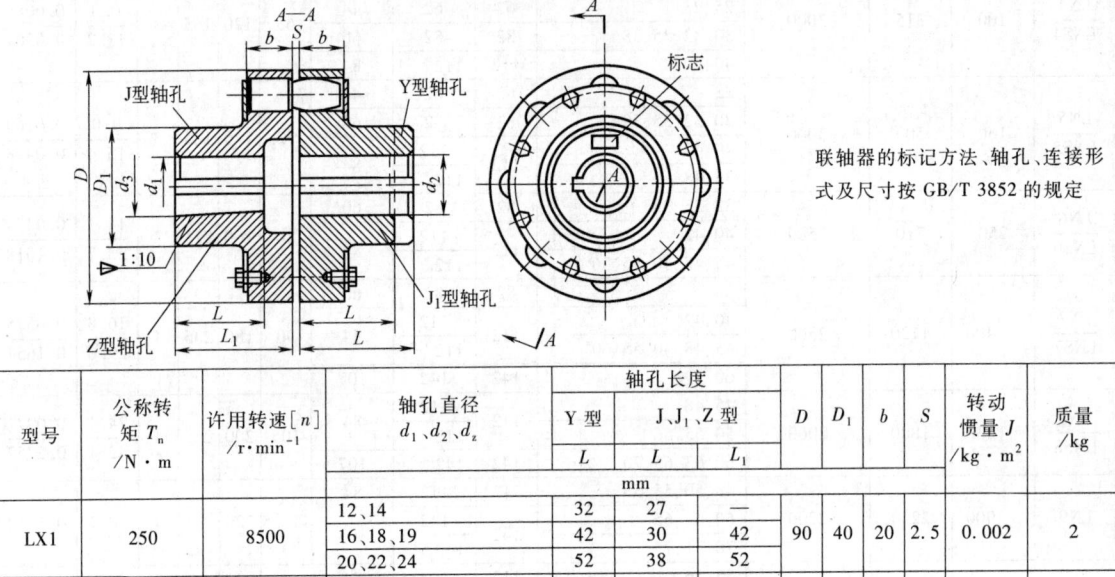

（续）

型号	公称转矩 T_n /N·m	许用转速[n] /r·min⁻¹	轴孔直径 d_1、d_2、d_z	轴孔长度 Y 型 L	轴孔长度 J、J_1、Z 型 L	轴孔长度 J、J_1、Z 型 L_1	D	D_1	b	S	转动惯量 J /kg·m²	质量 /kg
			mm									
LX9	22400	1850	100、110、120、125	212	167	212	410	230	63	5	4.386	197
			130、140	252	202	252						
LX10	35500	1600	110、120、125	212	167	212	480	280	75	6	9.760	322
			130、140、150	252	202	252						
			160、170、180	302	242	302						
LX11	50000	1400	130、140、150	252	202	252	540	340	75	6	20.05	520
			160、170、180	302	242	302						
			190、200、220	352	282	352						
LX12	80000	1220	160、170、180	302	242	302	630	400	90	7	37.71	714
			190、200、220	352	282	352						
			240、250、260	410	330	—						
LX13	125000	1080	190、200、220	352	282	352	710	465	100	8	71.37	1057
			240、250、260	410	330	—						
			280、300	470	380	—						
LX14	180000	950	240、250、260	410	330	—	800	530	110	8	170.6	1956
			280、300、320	470	380	—						
			340	550	450	—						

注：质量、转动惯量是按 J 型/Y 型轴孔组合形式和最小轴孔直径计算的。

7.11.2　LXZ 型带制动轮弹性柱销联轴器（见表 15.1-67）

表 15.1-67　LXZ 型带制动轮弹性柱销联轴器的形式、基本参数和主要尺寸

（摘自 GB/T 5014—2003）

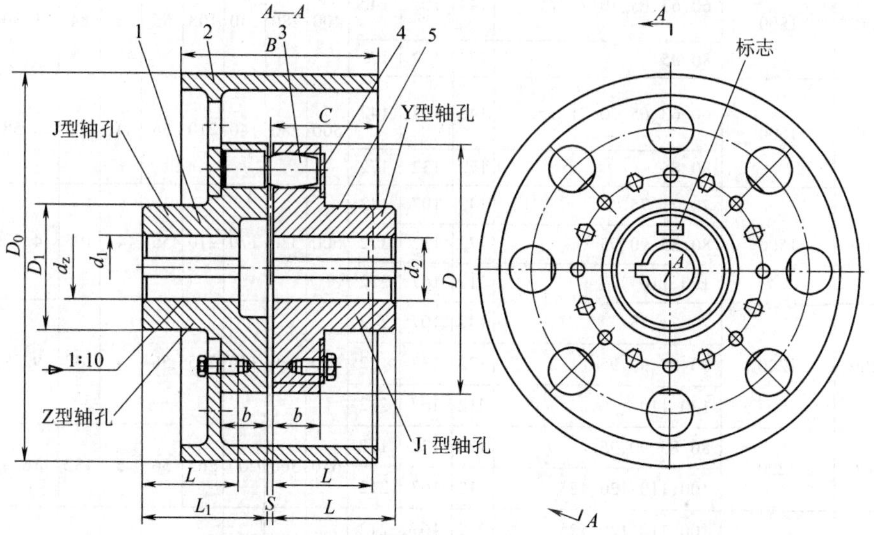

1、5—半联轴器　2—外套　3—柱销　4—外挡板

联轴器的标记方法、轴孔、连接形式

及尺寸按 GB/T 3852 的规定

（续）

型号	公称转矩 T_n /N·m	许用转速[n] /r·min^{-1}	轴孔直径 d_1、d_2、d_z	轴孔长度 Y 型 L	轴孔长度 J、J_1、Z 型 L	轴孔长度 J、J_1、Z 型 L_1	D_0	D	D_1	B	b	S	C	转动惯量 J /kg·m^2	质量 /kg
			mm												
LXZ1	560	5600	20、22、24	52	38	52	200	120	55	85	28	2.5	42	0.055	11
			25、28	62	44	62									
			30、32、35	82	60	82									
LXZ2	1250	3750	30、32、35、38	82	60	82	200	160	75	85	36	2.5	40	0.072	14
			40、42、45、48	112	84	112									
LXZ3	1250	2430	30、32、35、38	82	60	82	315	160	75	132	36	2.5	66	0.313	25
			40、42、45、48	112	84	112									
LXZ4	2500	2430	40、42、45、48、50、55、56	112	84	112	315	195	100	132	45	3	66	0.504	40
			60、63	142	107	142									
LXZ5	2500	1900	40、42、45、48、50、55、56	112	84	112	400	195	100	168	45	3	84	1.192	59
			60、63	142	107	142									
LXZ6	3150	1900	50、55、56	112	84	112	400	220	120	168	45	3	84	1.402	69
			60、63、65、70、71、75	142	107	142									
LXZ7	3150	1500	50、55、56	112	84	112	500	220	120	210	45	3	105	2.872	91
			60、63、65、70、71、75	142	107	142									
LXZ8	6300	1800	60、63、65、70、71、75	142	107	142	400	280	140	108	56	4	84	1.800	88
			80、85	172	132	172									
LXZ9	6300	1500	60、63、65、70、71、75	142	107	142	500	280	140	210	56	4	105	3.582	113
			80、85	172	132	172									
LXZ10	11200	1500	70、71、75	142	107	142	500	320	170	210	56	4	105	4.970	156
			80、85、90、95	172	132	172									
			100、110	212	167	212									
LXZ11	11200	1220	70、71、75	142	107	142	630	320	170	265	56	4	132	9.392	187
			80、85、90、95	172	132	172									
			100、110	212	167	212									
LXZ12	16000	1220	80、85、90、95	172	132	172	630	360	200	265	56	5	132	16.43	326
			100、110、120、125	212	167	212									
LXZ13	22400	1080	100、110、120、125	212	167	212	710	410	230	298	63	5	149	21.66	337
			130、140	252	202	252									
LXZ14	35500	1080	100、120、125	212	167	212	710	480	280	298	75	6	149	29.55	458
			130、140、150	252	202	252									
			160、170、180	302	242	302									

（续）

型号	公称转矩 T_n /N·m	许用转速 $[n]$ /r·min^{-1}	轴孔直径 d_1、d_2、d_z	轴孔长度 Y 型 L	轴孔长度 J、J_1、Z 型 L	轴孔长度 J、J_1、Z 型 L_1	D_0	D	D_1	B	b	S	C	转动惯量 J /kg·m^2	质量 /kg
			mm												
LXZ15	35500	950	110、120、125	212	167	212	800	480	280	335	75	6	168	41.08	504
			130、140、150	252	202	252									
			160、170、180	302	242	302									

注：1. 质量、转动惯量是按 J 型/Y 型轴孔组合形式和最小轴孔直径计算的。
2. 径向补偿量的测量部位在半联轴器最大外圆宽度的 1/2 处。
3. 表中所列补偿量是指由于安装误差、冲击、振动、变形、温度变化等因素形成的两轴相对偏移量，其安装误差必须小于表中数值。

联轴器许用补偿量

项目	型号													
	LX1	LX2	LX3	LX4	LX5	LX6	LX7	LX8	LX9	LX10	LX11	LX12	LX13	LX14
		LXZ1	LXZ2 LXZ3	LXZ4 LXZ5	LXZ6 LXZ7	LXZ8 LXZ9	LXZ10 LXZ11	LXZ12	LXZ13	LXZ14 LXZ15	—	—	—	—
轴向 ΔX/mm	±0.5	±1	±1	±1.5	±1.5	±2	±2	±2	±2	±2.5	±2.5	±2.5	±3	±3
径向 ΔY/mm	0.15	0.15	0.15	0.15	0.15	0.20	0.20	0.20	0.20	0.25	0.25	0.25	0.25	0.25
角向 $\Delta\alpha$	≤0°30′													

7.12 弹性柱销齿式联轴器

7.12.1 LZ 型、LZD 型弹性柱销齿式联轴器（见表 15.1-68）

表 15.1-68 LZ 型、LZD 型弹性柱销齿式联轴器的形式、基本参数和主要尺寸
（摘自 GB/T 5015—2003）

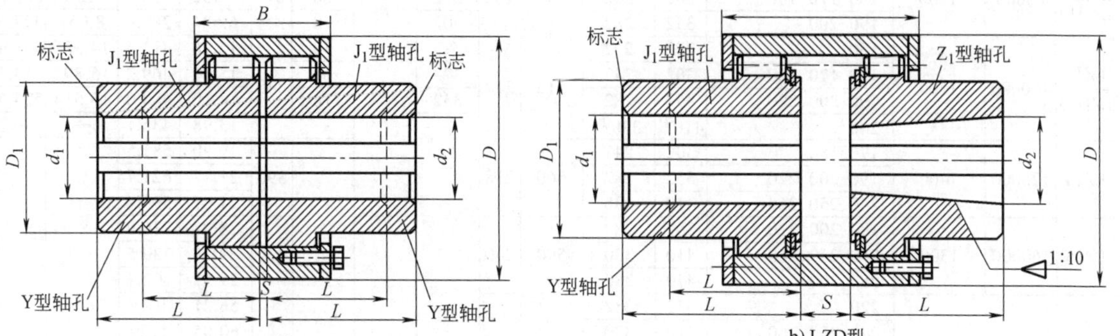

a) LZ型　　b) LZD型

联轴器型号与标记按 GB/T 12458 的规定

型号	公称转矩 T_n /N·m	许用转速 $[n]$ /r·min^{-1}	轴孔直径 d_1、d_2	轴孔长度 L Y 型	轴孔长度 L J_1 型、Z_1 型	D	B LZ 型	B LZD 型	S LZ 型	S LZD 型	D_1	LZ 型 转动惯量 J/kg·m^2	LZ 型 质量 m /kg	LZD 型 转动惯量 J/kg·m^2	LZD 型 质量 m /kg
			mm												
LZ1/LZD1	112	5000	12①、14①	32①	27①	76/78	42	—	2.5	—	40	0.001	1.53①	—	—
			16、18、19	42	30			65		14.5			1.60	0.002	2.08
			20、22、24	52	38			70		16.5			1.67		2.25
LZ2/LZD2	250	5000	25①、28①	62②	44②	—	—	75	—	20.5	—	—	—	—	2.30
			16①、18①、19①	42①	30①	90	50	—	2.5	—	50	0.002	2.70		—
			20①、22①、24①	52①	38①								2.76		
			25、28	62	44			88		20.5		0.003	2.79	0.004	3.74
			30、32	82	60			92		24.5			3.00		3.98

（续）

型号	公称转矩 T_n /N·m	许用转速 $[n]$ /r·min⁻¹	轴孔直径 d_1、d_2	轴孔长度 L Y 型	轴孔长度 L J_1 型、Z_1 型	D	B LZ 型	B LZD 型	S LZ 型	S LZD 型	D_1	LZ 型 转动惯量 J/kg·m²	LZ 型 质量 m /kg	LZD 型 转动惯量 J/kg·m²	LZD 型 质量 m /kg
			mm												
LZ3/LZD3	630	4500	25、28	62	44	118	70	—	3	—	65	0.011	6.49	—	—
			30、32、35、38	82	60			115		25			7.05	0.015	9.43
			40、42	112	84			125		31		0.012	7.31	0.016	10.30
LZ4/LZD4	1800	4200	40、42、45、48、50、55、56	112	84	158	90	145	4	32	90	0.044	16.20	0.052	22.46
			60	142	107			152		39		0.045	15.25	0.061	22.36
LZ5/LZD5	4500	4000	50、55、56	112	84	192	90	145		32	120	0.100	24.85	0.131	29.24
			60、63、65、70、71、75	142	107			152		39		0.107	27.02	0.141	31.71
			80	172	132			158		44		0.108	25.44	0.143	30.45
LZ6/LZD6	8000	3300	60、63、65、70、71、75	142	107	230	112	175	5	40	130	0.238	40.89	0.309	48.16
			80、85、90、95	172	132			178		45		0.242	40.15	0.312	47.25
LZ7/LZD7	11200	2900	70、71、75	142	107	260	112	178		40	160	0.406	54.93	0.535	64.13
			80、85、90、95	172	132			182		45		0.428	59.14	0.546	68.38
			100、110	212	167			188		50		0.443	59.60	0.570	69.42
LZ8/LZD8	18000	2500	80、85、90、95	172	132	300	128	202	6	46	190	0.860	89.35	1.091	102.7
			100、110、120、125	212	167			208		51		0.911	94.67	1.157	108.8
			130	252	202			212		56		0.908	87.43	1.105	101.7
LZ9/LZD9	25000	2300	90、95	172	132	335	150	232	7	47	220	1.559	113.9	1.957	142.4
			100、110、120、125	212	167			238		52		1.678	138.1	2.097	157.5
			130、140、150	252	202			242		57		1.733	136.6	2.157	156.0
LZ10/LZD10	31500	2100	100、110、120、125	212	167	355	152	240	8	53	245	2.236	165.5	2.728	184.2
			130、140、150	252	202			245		58		2.362	169.3	2.840	188.5
			160、170	302	242			255		68		2.422	164.0	2.926	184.1
LZ11/LZD11	40000	2000	110、120、125	212	167	380	172	260		53	260	3.054	190.9	3.659	212.3
			130、140、150	252	202			265		58		3.249	203.1	3.870	225.0
			160、170、180	302	242			275		68		3.369	202.1	4.021	224.8
LZ12/LZD12	63000	1700	130、140、150	252	202	445	182	282		58	290	6.146	288.5	7.548	325.7
			160、170、180	302	242			292		68		6.432	296.6	7.940	335.2
			190、200	352	282			302		78		6.524	288.0	8.051	327.9
LZ13/LZD13	100000	1500	150	252	202	515	218	313		58	345	12.76	413.6	14.925	468.4
			160、170、180	302	242			323		68		13.62	469.2	15.892	513.1
			190、200、220	352	282			332		78		14.19	480.0	16.514	524.5
			240①	410①	330①			—		—		13.98	436.1	—	—
LZ14	125000	1400	170、180	302	242	560	218	—		—	390	19.90	581.5	—	—
			190、200、220	352	282							21.17	621.7		
			240、250、260	410	330							21.67	599.4		
LZ15	160000	1300	190、200、220	352	282	590	240		10		420	28.08	736.9		
			240、250、260	410	330							29.18	730.5		
			280、300	470	380							29.52	702.1		
LZ16	250000	1000	220	352	282	695	265				490	56.21	1045		
			240、250、260	410	330							60.05	1129		
			280、300、320	470	380							60.56	1144		
			340	550	450							62.47	1064		
LZ17	355000	950	240、250、260	410	330	770	285				550	105.5	1500		
			280、300、320	470	380							102.3	1557		
			340、360、380	550	450							106.0	1535		
LZ18	450000	850	250、260	410	330	860	300		13		605	152.3	1902		
			280、300、320	470	380							161.5	2025		
			340、360、380	550	450							169.9	2062		
			400、420	650	540							175.4	2029		
LZ19	630000	750	280、300、320	470	380	970	322		14		695	283.7	2818		
			340、360、380	550	450							303.4	2963		
			400、420、440、450	650	540							323.2	3068		
LZ20	1120000	650	320	470	380	1160	355		15		880	581.2	4010		
			340、360、380	550	450							624.5	4426		
			400、420、440、450、460、480、500	650	540							669.4	4715		

（续）

型号	公称转矩 T_n /N·m	许用转速 [n] /r·min⁻¹	轴孔直径 d_1、d_2	轴孔长度 L Y 型	轴孔长度 L J_1 型、Z_1 型	D	B LZ 型	B LZD 型	S LZ 型	S LZD 型	D_1	LZ 型 转动惯量 J/kg·m²	LZ 型 质量 m/kg	LZD 型 转动惯量 J/kg·m²	LZD 型 质量 m/kg
			mm												
LZ21	1800000	530	380	550	450	1440	360	—	18	—	1020	1565	7293	—	—
			400、420、440、450、460、480、500	650	540							1715	8228		
			530、560、600、630	800	680							1880	8699		
LZ22	2240000	500	420、440、450、460、480、500	650	540	1520	405		19	—	1100	2388	9736		
			530、560、600、630	800	680							2596	10631		
			670、710、750	900	780							2522	9473		
LZ23	2800000	460	480、500	650	540	1640	440		20	—	1240	3490	11946		
			530、560、600、630	800	680							3972	13822		
			670、710、750	900	780							3949	12826		
			800、850	1000	880							3982	12095		

注：1. 联轴器的质量和转动惯量是按半联轴器最小轴孔直径、最大轴孔长度计算的近似值。
2. 短时过载不得超过公称转矩的 2 倍。
3. 联轴器轴孔和连接形式与尺寸应符合表 15.1-6、表 15.1-7 的规定，轴孔与轴伸的配合见表 15.1-8、表 15.1-9。
4. 联轴器许用补偿量见表 15.1-70。
① 为 LZ 型的数据。
② 为 LZD 型的数据。

7.12.2　LZJ 型接中间轴弹性柱销齿式联轴器（见表 15.1-69、表 15.1-70）

表 15.1-69　LZJ 型接中间轴弹性柱销齿式联轴器的形式、基本参数和主要尺寸
（摘自 GB/T 5015—2003）

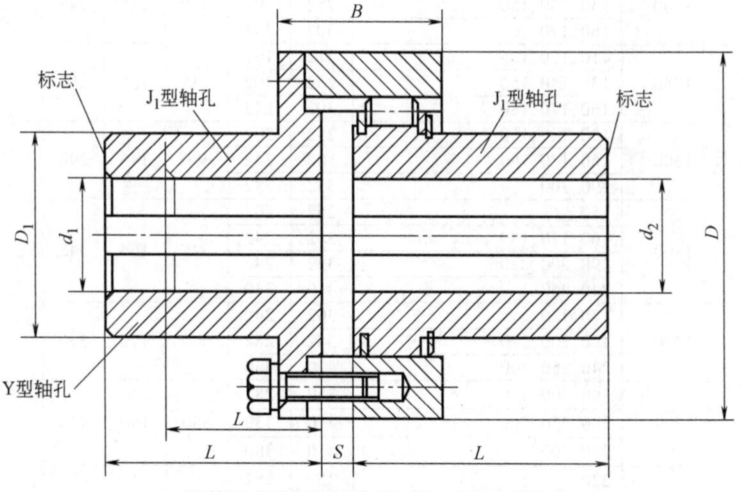

联轴器型号与标记按 GB/T 12458 的规定

（续）

型号	公称转矩 T_n /N·m	许用转速 $[n]$ /r·min^{-1}	轴孔直径 d_1、d_2	轴孔长度 L Y 型	轴孔长度 L J_1 型	D	B	D_1	S	转动惯量 J /kg·m^2	质量 /kg
			mm								
LZJ1	112	4500	12、14	32	27	84	38	40	2.5	0.001	1.77
			16、18、19	42	30						1.83
			20、22、24	52	38					0.002	1.90
			25、28	62	44						1.87
LZJ2	250		16、18、19	42	30	98	42	50		0.002	2.77
			20、22、24	52	38					0.003	2.94
			25、28	62	44						3.00
			30、32、35、38	82	60						3.18
LZJ3	630	4000	25、28	62	44	124	54	65	3	0.010	5.86
			30、32、35、38	82	60						6.42
			40、42、45、48	112	84					0.011	6.68
LZJ4	1800		40、42、45、48、50、55、56	112	84	166	72	90	4	0.046	15.98
			60、63、65、70	142	107					0.047	15.04
LZJ5	4500	3600	50、55、56	112	84	214	72	120		0.134	27.30
			60、63、65、70、71、75	142	107					0.136	29.50
			80、85、90	172	132					0.137	27.92
LZJ6	8000	3200	60、63、65、70、71、75	142	107	240	86	130	5	0.236	39.80
			80、85、90、95	172	132					0.241	39.06
LZJ7	11200	2700	70、71、75	142	107	280	90	160	5	0.472	58.15
			80、85、90、95	172	132					0.494	62.36
			100、110、120	212	167					0.511	62.82
LZJ8	18000	2300	80、85、90、95	172	132	330	100	190	6	1.045	96.12
			100、110、120、125	212	167					1.099	101.44
			130	252	202					1.100	94.20
LZJ9	25000	2000	90、95	172	132	380	115	220	7	2.072	138.3
			100、110、120、125							2.193	152.5
			130、140、150	252	202					2.253	150.9
LZJ10	31500	1900	100、110、120、125	212	167	400	115	245	8	2.832	181.1
			130、140、150	252	202					2.963	185.0
			160、170	302	242					3.031	179.7
LZJ11	40000	1750	110、120、125	212	167	435	130	260		4.167	217.0
			130、140、150	252	202					4.368	229.3
			160、170、180	302	242					4.499	228.2
LZJ12	63000	1600	130、140、150	252	202	480	145	290		7.092	305.2
			160、170、180	302	242					7.393	313.3
			190、200	352	282					7.504	304.7
LZJ13	100000	1400	150	252	202	545	165	345		13.38	430.9
			160、170、180	302	242					14.26	474.1
			190、200、220	352	282					14.86	484.9
			240、250	410	330					14.70	441.0
LZJ14	125000	1270	170、180	302	242	600	170	390		22.11	606.7
			190、200、220	352	282					23.41	646.9
			240、250、260	410	330					23.98	624.7
LZJ15	160000	1200	190、200、220	352	282	630	190	420	10	31.30	773.9
			240、250、260	410	330					32.5	767.5
			280、300	470	380					32.92	739.1
LZJ16	250000	1020	220	352	282	745	205	490		62.78	1097
			240、250、260	410	330					66.69	1180
			280、300、320	470	380					69.31	1210
			340	550	450					69.47	1115
LZJ17	355000	920	240、250、260	410	330	825	225	550		108.9	1578
			280、300、320	470	380					114.3	1635
			340、360、380	550	450					18.3	613

（续）

型号	公称转矩 T_n /N·m	许用转速 $[n]$ /r·min^{-1}	轴孔直径 d_1、d_2	轴孔长度 Y 型 L	轴孔长度 J_1 型 L_1	D	B	D_1	S	转动惯量 J /kg·m^2	质量 /kg
			mm								
LZJ18	450000	830	250、260	410	330	920	240	605	13	172	2009
			280、300、320	470	380					181.4	2131
			340、360、380	550	450					190.2	2168
			400、420	650	540					196.2	2136
LZJ19	630000	730	280、300、320	470	380	1040	255	695	14	317.5	2956
			340、360、380	550	450					337.7	3101
			400、420、440、450	650	540					358.1	3205
LZJ20	1120000	610	320	470	380	1240	285	800	15	654.8	4219
			340、360、380	550	450					698.4	4635
			400、420、440、450、460、480、500	650	540					744.2	4923
			530、560、600	800	680					766.6	4678
LZJ21	1800000	490	380	550	450	1540	310	1020	18	1821	7806
			400、420、440、450、460、480、500	650	540					1971	8741
			530、560、600、630	800	680					2143	9212
			670、710	—	780					2052	7971
LZJ22	2240000	460	420、440、450、460、480、500	650	540	1640	330	1100	19	2675	10296
			530、560、600、630	800	680					2937	11191
			670、710、750	—	780					2869	10033
LZJ23	2800000	430	450、480、500	650	540	1760	360	1240	20	3978	12873
			530、560、600、630	800	680					4450	14544
			670、710、750	—	780					4435	13548
			800、850	—	880					4477	12817

注：1. 联轴器轴孔和连接形式与尺寸应符合表 15.1-6 的规定，轴孔与轴伸的配合见表 15.1-8。
2. 中间轴的长度、结构由设计者自行决定。
3. 联轴器的质量和转动惯量是按 Y/J_1 轴孔组合型式和最小轴孔直径计算的。
4. 短时过载不能超过公称转矩的 2 倍。

表 15.1-70 LZ 型、LZD 型、LZJ 型联轴器许用补偿量（摘自 GB/T 5015—2003）

项目	型号 LZ1~LZ3 LZD1~LZD3	LZ4~LZ7 LZD4~LZD7	LZ8~LZ13 LZD8~LZD13	LZ14~LZ17	LZ18~LZ21	LZ22~LZ23
轴向 ΔX/mm	±1.5		±2.5		±5.0	
径向 ΔY/mm	0.3	0.4	0.6	1.0		1.5
角向 $\Delta\alpha$	0°30′					

项目	型号 LZJ1~LZJ3	LZJ4~LZJ6	LZJ7~LZJ8	LZJ9~LZJ10	LZJ11~LZJ15	LZJ16~LZJ19	LZJ20~LZJ23
轴向 ΔX/mm	+1.0	+3.0	+5.0	+10	+15		+20
径向 ΔY/mm	0.15	0.20		0.30		0.50	0.75
角向 $\Delta\alpha$	0°30′	1°	1°30′	2°		2°30′	

注：1. 径向补偿量的测量部位在半联轴器最大外圆宽度的 1/2 处。
2. 所列补偿量是指由安装误差、冲击、振动、变形和温度变化等因素所形成的两轴相对位移量，其安装误差必须小于表中数值。

7.12.3 LZZ 型带制动轮弹性柱销齿式联轴器（见表 15.1-71）

表 15.1-71 LZZ 型带制动轮弹性柱销齿式联轴器的形式、基本参数和主要尺寸

（摘自 GB/T 5015—2003）

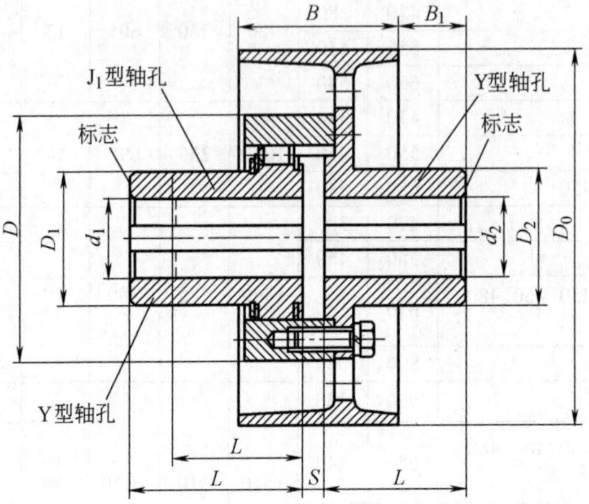

1—制动轮 2—内挡板
3—外套 4—柱销
5—外挡板 6—半联轴器
标记示例：见表 15.1-68

型号	公称转矩 T_n /N·m	许用转速 $[n]$ /r·min^{-1}	轴孔直径 d_1、d_2	轴孔长度 L Y 型	轴孔长度 L J_1 型	D_0	D	B	D_1	D_2	B_1	转动惯量 J /kg·m²	质量 m/kg
			mm										
LZZ1	250	4500	16、18、19	42	—	160	98	70	50	56	9	0.018	5.82
			20、22、24	52	38						19		6.05
			25、28	62	44						29		6.17
			30、32、(35)、(38)	82	60						49		6.64
LZZ2	630	3800	25、28	62	—	200	124	85	65	70	30	0.053	11.15
			30、32、35、38	82	60						50		11.77
			40、42、(45)、(48)	112	84						80		12.04
LZZ3	1800	3000	40、42、45、48、50、55、56	112	84	250	166	105	90	105	48.5	0.181	28.09
			60、(63)、(65)、(70)	142	107						78.5	0.183	27.54
LZZ4	4500	2450	50、55、56	112	84	315	214	135	120	130	40	0.534	48.75
			60、63、65、70、71、75	142	107						70	0.543	51.69
			80、(85)、(90)	172	132						100	0.547	50.21
LZZ5	8000	1900	60、63、65、70、71、75	142	107	400	240	170	130	145	44	1.404	76.51
			80、85、90、95	172	132						74	1.413	76.25
LZZ6	11200	1500	70、71、75	142	107	500	280	210	160	170	40	3.812	124.65
			80、85、90、(95)	172	132						70	3.841	129.73
			100、110、(120)	212	167						110	3.865	130.61
LZZ7	18000	1200	80、85、90、95	172	132	630	330	265	190	200	42	10.674	216.43
			100、110、120、125	212	167						82	10.742	222.63
			130	252	202						112	10.753	215.03
LZZ8	25000	1050	90、95	172	132	710	380	300	220	220	45	18.960	293.01
			100、110、120、125	212	167						45	19.089	307.92
			130、140、150	252	202						85	19.156	305.42
LZZ9	31500	950	100、110、120、125	212	167	800	400	340	245	245	40	33.258	403.84
			130、140、150	252	202						80	33.385	405.88
			160、170、180	302	242						130	33.446	398.57

注：1. S 值，LZZ1、LZZ2 型为 2mm，LZZ3、LZZ4、LZZ5 型为 3mm，LZZ6、LZZ7、LZZ8 型为 4mm，LZZ9 型为 5mm。

2. 其余见表 15.1-69 中注 1、2、3、4。

7.13　梅花形弹性联轴器

7.13.1　LM 型、LMD 型和 LMS 型梅花形弹性联轴器（见表 15.1-72）

表 15.1-72　LM 型、LMD 型和 LMS 型梅花形弹性联轴器的形式、基本参数和主要尺寸（摘自 GB/T 5272—2002）

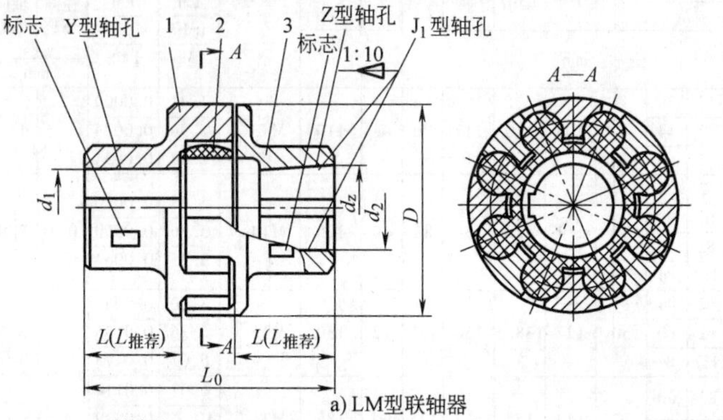

a) LM型联轴器

1、3—半联轴器　2—梅花形弹性元件

标记示例：LM3 型梅花形弹性联轴器

MT3 弹性件硬度为 a

主动端：Z 型轴孔，A 型键槽，d_1 = 30mm，$L_{推荐}$ = 60mm

从动端：Y 型轴孔，B 型键槽，d_2 = 25mm，$L_{推荐}$ = 62mm

LM3 联轴器$\frac{ZA30\times60}{YB25\times62}$MT3-a　GB/T 5272—2002

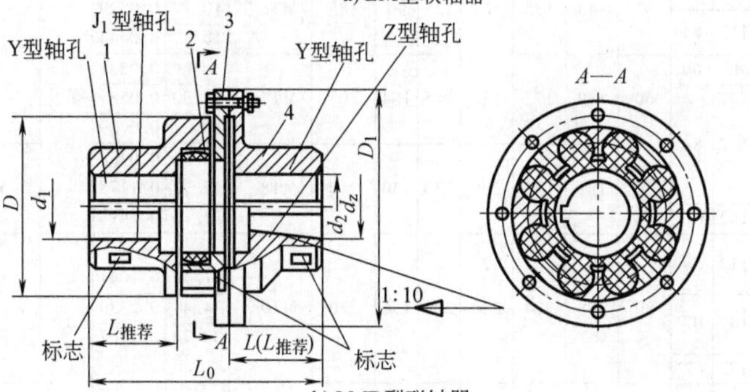

b) LMD型联轴器

1、4—半联轴器　2—梅花形弹性元件

3—法兰连接件

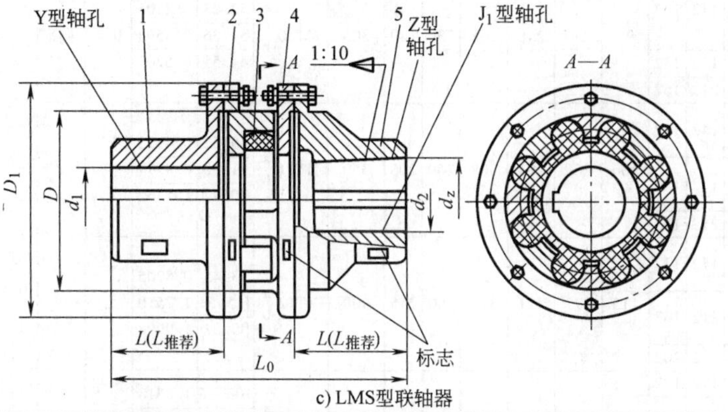

c) LMS型联轴器

1、5—法兰半联轴器　2、4—法兰连接件

3—梅花形弹性元件

型号	公称转矩 T_n/N·m		许用转速 [n] /r·min⁻¹		轴孔直径 d_1、d_2、d_z	轴孔长度			$L_{0推荐}$			D	D_1		弹性件型号	质量 /kg	转动惯量 J/ kg·m²	许用安装误差		
	弹性件硬度		LM	LMD、LMS		Y 型	J、Z 型	$L_{推荐}$	LM	LMD	LMS		LM	LMD、LMS		LM/LMD/LMS	LM/LMD/LMS	径向 ΔY	轴向 ΔX	角向 Δα
	a H_A	b H_D				L														
	80±5	90±5			mm													mm		(°)
LM1/LMD1/LMS1	25	45	15300	8500	12、14	32	27	35	86	92	98	50	30	90	MT1$^{-a}_{-b}$	0.66/1.21/1.33	0.0002/0.0008/0.0013	0.2	1.2	1.0
					16、18、19	42	30													
					20、22、24	52	38													
					25	62	44													
LM2/LMD2/LMS2	50	100	12000	7600	16、18、19	42	30	38	95	101.5	108	60	44	100	MT2$^{-a}_{-b}$	0.93/1.65/1.736	0.0004/0.0014/0.0021	0.3	1.3	
					20、22、24	52	38													
					25、28	62	44													
					30	82	60													

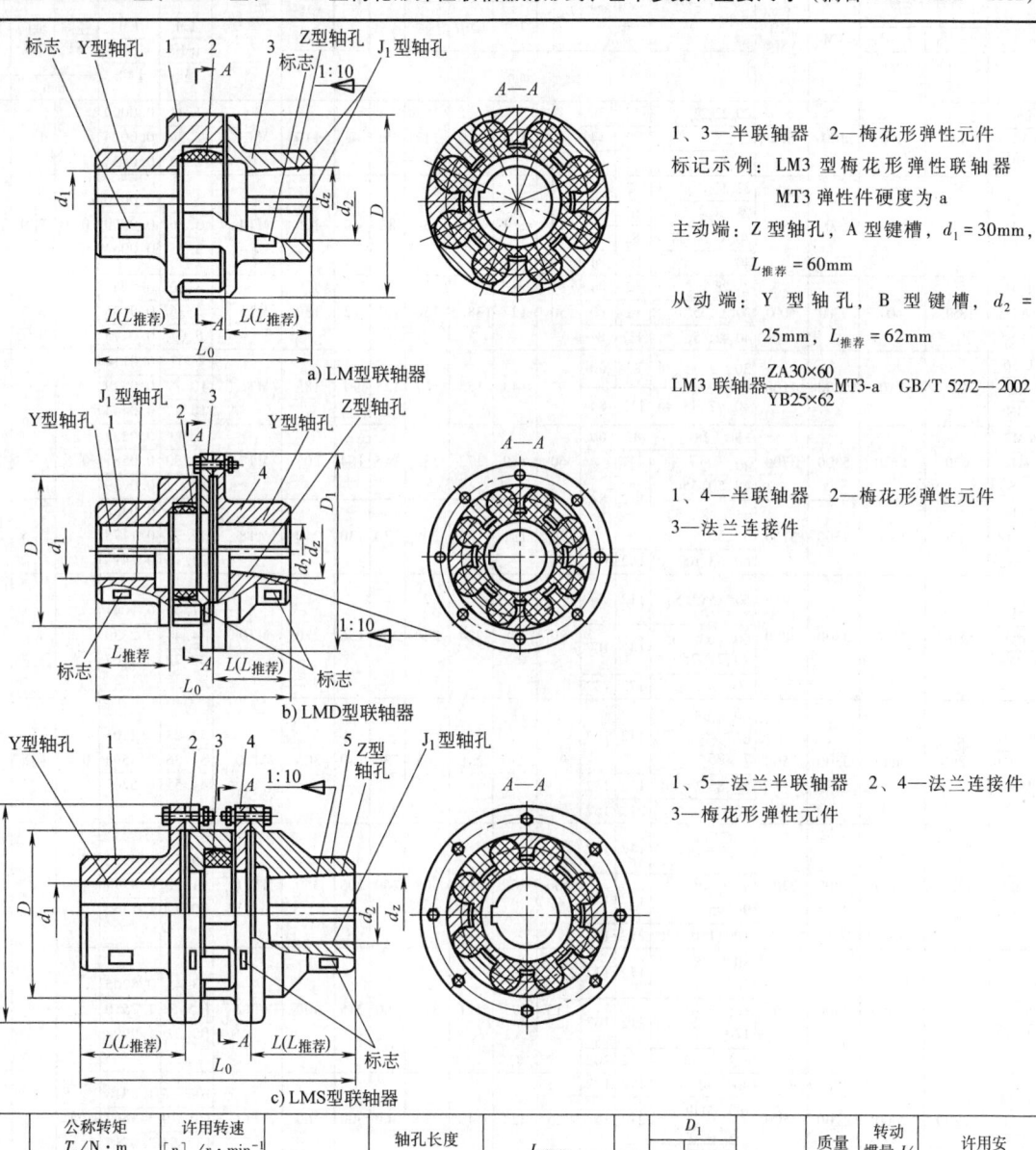

（续）

型号	公称转矩 T_n/N·m 弹性件硬度 a H_A 80±5	公称转矩 T_n/N·m 弹性件硬度 b H_D 90±5	许用转速 [n]/r·min^{-1} LM	许用转速 [n]/r·min^{-1} LMD、LMS	轴孔直径 d_1、d_2、d_z	轴孔长度 Y型 L	轴孔长度 J、Z型 L	轴孔长度 $L_{推荐}$	$L_{0推荐}$ LM	$L_{0推荐}$ LMD	$L_{0推荐}$ LMS	D	D_1 LM	D_1 LMD、LMS	弹性件型号	质量/kg LM/LMD/LMS	转动惯量 J/kg·m^2 LM/LMD/LMS	许用安装误差 径向 ΔY	许用安装误差 轴向 ΔX	许用安装误差 角向 Δα
					mm													mm	mm	(°)
LM3 LMD3 LMS3	100	200	10900	6900	20,22,24 25,28 30,32	52 62 82	38 44 60	40	103	110	117	70	48	110	MT3$^{-a}_{-b}$	1.41 2.36 2.33	0.0009 0.0024 0.0034	0.4	1.5	1.0
LM4 LMD4 LMS4	140	280	9000	6200	32,24 25,28 30,32,35,38 40	52 62 82 112	38 44 60 84	45	114	122	130	85	60	125	MT4$^{-a}_{-b}$	2.18 3.56 3.35	0.0020 0.0050 0.0064		2.0	
LM5 LMD5 LMS5	350	400	7300	5000	25,28 30,32,35,38 40,42,45	62 82 112	44 60 84	50	127	138.5	150	105	72	150	MT5$^{-a}_{-b}$	3.60 6.36 6.07	0.0050 0.0135 0.0175		2.5	
LM6 LMD6 LMS6	400	710	6100	4100	30、32、35、38 40、42、45、48	82 112	60 84	55	143	155	167	125	90	185	MT6$^{-a}_{-b}$	6.07 10.77 10.47	0.0114 0.0329 0.0444	0.5	3.0	0.7
LM7 LMD7 LMS7	630	1120	5300	3700	35*、38* 40*、42*、45、48、50、55	82 112	60 84	60	159	172	185	145	104	205	MT7$^{-a}_{-b}$	9.09 15.30 14.22	0.0232 0.0581 0.0739			
LM8 LMD8 LMS8	1120	2240	4500	3100	45*、48*、50、55、56 60、63、65	112 142	84 107	70	181	195	209	170	130	240	MT8$^{-a}_{-b}$	13.56 22.72 21.16	0.0468 0.1175 0.1493		3.5	
LM9 LMD9 LMS9	1800	3550	3800	2800	50*、55*、56* 60、63、65、70、71、75 80	112 142 172	84 107 132	80	208	224	240	200	156	270	MT9$^{-a}_{-b}$	21.40 34.44 30.70	0.1041 0.2333 0.2767		4.0	
LM10 LMD10 LMS10	2800	5600	3300	2500	60*、63*、65*、70、71、75 80、85、90、95 100	142 172 212	107 132 167	90	230	248	268	230	180	305	MT10$^{-a}_{-b}$	32.03 51.36 44.55	0.2105 0.4594 0.5262	0.7	4.5	
LM11 LMD11 LMS11	4500	9000	2900	2200	70*、71*、75* 80*、85*、90、95 100、110、120	142 172 212	107 132 167	100	260	284	308	260	205	350	MT11$^{-a}_{-b}$	49.52 81.30 70.72	0.4338 0.9777 1.1362			0.5
LM12 LMD12 LMS12	6300	12500	2500	1900	80*、85*、90*、95* 100、110、120、125 130	172 212 252	132 167 202	115	297	321	345	300	245	400	MT12$^{-a}_{-b}$	73.45 115.53 99.54	0.8205 1.7510 1.9998	0.8	0.5	
LM13 LMD13 LMS13	11200	2000	2100	1600	90*、95* 100*、110*、120*、125* 130、140、150	172 212 252	132 167 202	125	323	348	373	360	300	460	MT13$^{-a}_{-b}$	103.86 161.79 137.53	1.6718 3.3667 3.6719			
LM14 LMD14 LMS14	12500	25000	1900	1500	100*、110*、120*、125* 130*、140*、150 160	212 252 302	167 202 242	135	333	358	383	400	335	500	MT14$^{-a}_{-b}$	127.59 196.32 165.25	2.4990 4.8669 5.1581			

注：1. 优先选用 $L_{推荐}$ 轴孔长度，相应联轴器长度为 $L_{0推荐}$。若轴孔长度选用其他尺寸，请与生产厂家联系。
2. 质量、转动惯量是按 $L_{推荐}$ 最小轴孔计算的近似值。
3. 带＊号轴孔直径可用于Z型轴孔。
4. a、b为弹性件两种不同材质、硬度的代号。
5. 许用运转补偿量约为许用安装误差的1倍。
6. 轴孔和键槽形式按表15.1-6、表15.1-7的规定，轴孔与轴伸的配合见表15.1-8、表15.1-9。

7.13.2　LMZ-Ⅰ型、LMZ-Ⅱ型梅花形弹性联轴器（见表 15.1-73）

表 15.1-73　LMZ-Ⅰ型、LMZ-Ⅱ型梅花形弹性联轴器的形式、基本参数和主要尺寸（摘自 GB/T 5272—2002）

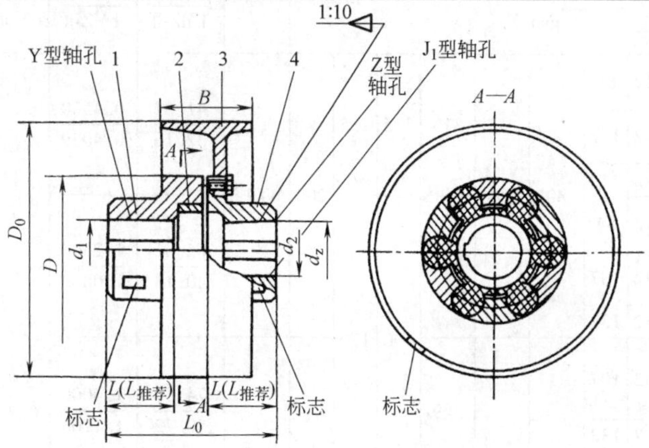

1、4—半联轴器
2—梅花形弹性元件
3—制动轮
标记示例：见表 15.1-72

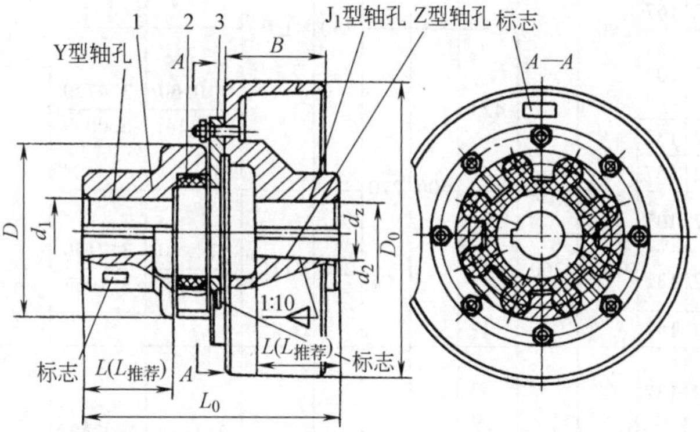

1—半联轴器
2—梅花形弹性元件
3—法兰连接件
标记示例：见表 15.1-72

型号	公称转矩 T_n/N·m		许用转速 [n] /r·min^{-1}	轴孔直径 d_1、d_2、d_z	轴孔长度			$L_{0推荐}$		D_0	B	D	弹性件型号	质量 /kg	转动惯量 J /kg·m^2	许用安装误差		
	弹性件硬度				Y 型	J、Z 型	$L_{推荐}$	LMZ-Ⅰ	LMZ-Ⅱ					LMZ-Ⅰ / LMZ-Ⅱ	LMZ-Ⅰ / LMZ-Ⅱ	径向 ΔY	轴向 ΔX	角向 $\Delta\alpha$
	a H_A	b H_D			L													
	80±5	60±5		mm												mm		(°)
LMZ5-Ⅰ-160 / LMZ5-Ⅱ-160	250	400	4750	25、28	62	44	50	127	188.5	160	70	105	MT5-a / -b	6.602 / 5.18	0.0198 / 0.0159	0.4	2.5	1.0
				30、32、35、38	82	60												
				40、42、45	112	84												
LMZ5-Ⅰ-200 / LMZ5-Ⅱ-200			3800	25、28	62	44			203.5	200	85			9.204 / 6.54	0.0440 / 0.0391			
				30、32、35、38	82	60												
				40、42、45	112	84												
LMZ6-Ⅰ-200 / LMZ6-Ⅱ-200	400	710		30、32、35、38	82	60	55	143	215			125	MT6-a / -b	11.45 / 9.12	0.0520 / 0.0448	0.5	3.0	0.7
				40、42、45、48	112	84												
LMZ7-Ⅰ-200 / LMZ7-Ⅱ-200	630	1120		35*、38*	82	60	60	159	227			145	MT7-a / -b	13.96 / 12.31	0.0640 / 0.0527			
				40*、42*、45、48、50、55、56	112	84												
LMZ7-Ⅰ-250 / LMZ7-Ⅱ-250			3050	35*、38*	82	60			257	250	105			20.09 / 14.28	0.1440 / 0.1189			
				40*、42*、45、48、50、55、56	112	84												
LMZ8-Ⅰ-250 / LMZ8-Ⅱ-250	1120	2240		45*、48*、50、55、56			70	181	270			170	MT8-a / -b	24.65 / 19.38	0.1750 / 0.1402		3.5	
				60、63、65	142	107												
LMZ8-Ⅰ-315 / LMZ8-Ⅱ-315			2400	45*、48*、50、55、56	112	84			300	315	135			34.13 / 24.02	0.0520 / 0.3666			
				60、63、65	142	107												

（续）

型号	公称转矩 T_n/N·m 弹性件硬度 a H_A 80±5	公称转矩 T_n/N·m 弹性件硬度 b H_D 60±5	许用转速 [n] /r·min^{-1}	轴孔直径 d_1、d_2、d_z (mm)	轴孔长度 Y型 L (mm)	轴孔长度 J、Z型 L (mm)	$L_{推荐}$ (mm)	$L_{0推荐}$ LMZ-Ⅰ (mm)	$L_{0推荐}$ LMZ-Ⅱ (mm)	D_0 (mm)	B (mm)	D (mm)	弹性件型号	质量/kg LMZ-Ⅰ/LMZ-Ⅱ	转动惯量 J/kg·m^2 LMZ-Ⅰ/LMZ-Ⅱ	许用安装误差 径向 ΔY (mm)	许用安装误差 轴向 ΔX (mm)	许用安装误差 角向 Δα (°)
LMZ9-Ⅰ-315/LMZ9-Ⅱ-315	1800	3550	2400	50*、55*、56*	112	84	80	208	319	315	135	200	MT9$^{-a}_{-b}$	41.67/32.16	0.4500/0.4039	0.7	4.0	0.7
				60、63、65、70、71、75	142	107												
				80	172	132												
LMZ9-Ⅰ-400/LMZ9-Ⅱ-400			1900	50*、55*、56*	112	84			354	400	170			65.61/40.18	1.2590/1.0863			
				60、63、65、70、71、75	142	107												
				80	172	132												
LMZ10-Ⅰ-400/LMZ10-Ⅱ-400	2800	5600		60*、63*、65*、70、71、75	142	107	90	230	369			230	MT10$^{-a}_{-b}$	74.53/50.72	1.4000/1.1700		4.5	0.5
				80、85、90、95	172	132												
				100	212	167												
LMZ10-Ⅰ-500/LMZ10-Ⅱ-500			1500	60*、63*、65*、70、71、75	142	107			423	500	210			110.60/64.14	3.4720/3.0039			
				80、85、90、95	172	132												
				100	212	167												
LMZ11-Ⅰ-500/LMZ11-Ⅱ-500	4500	9000		70*、71*、75*	142	107	100	260	448			260	MT11$^{-a}_{-b}$	121.70/81.75	3.7150/3.1957		5.0	
				80*、85*、90、95	172	132												
				100、110、120	212	167												
LMZ12-Ⅰ-630/LMZ12-Ⅱ-630	6300	12500	1200	80*、85*、90*、95*	172	132	115	297	523	630	265	300	MT12$^{-a}_{-b}$	213.70/133.80	10.2400/9.0441			
				100、110、120、125	212	167												
				130	252	202												
LMZ13-Ⅰ-710/LMZ13-Ⅱ-710	11200	20000	1050	90*、95*	172	132	125	323	583	710	300	360	MT13$^{-a}_{-b}$	341.60/195.93	19.9900/16.4898	0.8		
				100*、110*、120*、125*	212	167												
				130、140、150	252	202												
LMZ14-Ⅰ-800/LMZ14-Ⅱ-800	12500	25000	950	100*、110*、120*、125*	212	167	135	333	633	800	340	400	MT14$^{-a}_{-b}$	510.10/294.51	39.3600/37.9850			
				130*、140*、150	252	202												
				160	302	242												

注：1. 制动轮定位尺寸请向生产厂咨询。

2. LMZ-Ⅰ型制动轮与半联轴器连接螺栓的预紧力矩：

螺栓规格	M8	M10	M12	M16	M20
预紧力矩/N·m	26	45	80	200	400

3. 许用运转补偿量为许用安装误差的1倍。

4. 其他同表15.1-72中的1、2、3、4、6。

7.14 径向弹性柱销联轴器

（1）形式、基本参数和主要尺寸（见表15.1-74）

表15.1-74 LJ型径向弹性柱销联轴器的形式、基本参数和主要尺寸

（摘自JB/T 7849—2007）

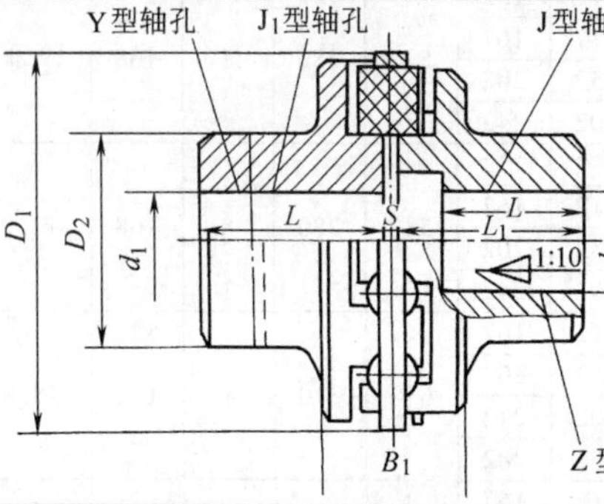

标记示例：LJ4 径向弹性柱销联轴器
主动端：Y 型轴孔，A 型键槽，
$d_1=42\text{mm}, L=112\text{mm}$
从动端：J 型轴孔，A 型键槽，
$d_2=45\text{mm}, L=112\text{mm}$

LJ4 联轴器 $\frac{42\times112}{J45\times112}$ JB/T 7849—2007

型号	公称转矩 T_n /N·m	许用转速 $[n]$ /$r\cdot min^{-1}$	轴孔直径 d_1、d_2、d_z	轴孔长度 Y型 L	轴孔长度 J_1型 L_1	轴孔长度 J型、Z型 L_1	轴孔长度 J型、Z型 L	D_1	D_2	S	B_1	转动惯量 J /$kg\cdot m^2$	质量 /kg
			mm										
LJ1	1250	5000	25,28	62	44	62	44	158	75	4	84	0.026	11.9
			30,32,35,38	82	60	82	60						
			40,42,(45),(48)	112	84	112	84						
LJ2	2000	4400	30,32,35,38	82	60	82	60	178	85	4	88	0.051	19.3
			40, 42, 45, 48, (50),(55),(56)	112	84	112	84						
LJ3	3150	4000	30,32,35,38	82	60	82	60	200	100	4	96	0.091	23.5
			40,42,45,48,50, 55,56	112	84	112	84						
			60,63,65	142	107	—	—						
LJ4	4500	3500	30,32,35,38	82	60	82	60	224	120	4	100	0.166	31.4
			40,42,45,48,50, 55,56	112	84	112	84						
			60, 63, 65, 70, 71,75	142	107	142	107						
LJ5	6300	3000	40,42,45,48,50, 55,56	112	84	112	84	260	140	6	114	0.34	52.3
			60, 63, 65, 70, 71,75	142	107	142	107						
			80,85,(90),(95)	172	132	172	132						
LJ6	12500	2600	50,55,56	112	84	112	84	320	170	6	118	0.8	79
			60, 63, 65, 70, 71,75	142	107	142	107						
			80,85,90,95	172	132	172	132						
			100,110	212	167	212	167						
LJ7	20000	2500	60, 63, 65, 70, 71,75	142	107	142	107	380	190	6	136	1.9	125
			80,85,90,95	172	132	172	132						
			100,110,(120)	212	167	212	167						
LJ8	31500	2300	70,71,75	142	107	142	107	420	220	6	142	3.1	171
			80,85,90,95	172	132	172	132						
			100,110,120,125	212	167	212	167						
			130,140	252	202	252	202						
LJ9	45000	2100	80,85,90,95	172	132	172	132	470	250	6	148	5.4	237
			100,110,120,125	212	167	212	167						
			130,140,150	252	202	252	202						
			160	302	242	302	242						

（续）

型号	公称转矩 T_n /N·m	许用转速 [n] /r·min⁻¹	轴孔直径 d_1、d_2、d_z	轴孔长度 Y型 L	J₁型 L	J型、Z型 L_1	L	D_1	D_2	S	B_1	转动惯量 J /kg·m²	质量 /kg
				mm									
LJ10	63000	1900	90,95	172	132	172	132	530	280	8	168	9.4	328
			100,110,120,125	212	167	212	167						
			130,140,150	252	202	252	202						
			160,170,(180)	302	242	302	242						
LJ11	80000	1800	90,95	172	132	172	132	580	280	8	168	12.9	380
			100,110,120,125	212	167	212	167						
			130,140,150	252	202	252	202						
			160,170,180	302	242	302	242						
LJ12	100000	1700	110,120,125	212	167	212	167	630	310	8	172	18.9	480
			130,140,150	252	202	252	202						
			160,170,180	302	242	302	242						
			190,200	352	282	352	282						
LJ13	125000	1600	110,120,125	212	167	212	167	680	340	8	198	28	566
			130,140,150	252	202	252	202						
			160,170,180	302	242	302	242						
			190,200,220	352	282	352	282						
LJ14	160000	1500	130,140,150	252	202	252	202	740	370	8	202	42	777
			160,170,180	302	242	302	242						
			190,200,220	352	282	352	282						
			240	410	330	—	—						
LJ15	250000	1400	150	252	202	252	202	840	400	8	206	70	1030
			160,170,180	302	242	302	242						
			190,200,220	352	282	352	282						
			240,250,260	410	330	—	—						
LJ16	355000	1200	160,170,180	302	242	302	242	940	400	8	212	110	1240
			190,200,220	352	282	352	282						
			240,250,260	410	330	—	—						

注：1. 带括号轴孔直径不适用J型、Z型轴孔。
2. 质量和转动惯量均是按联轴器最大实体计算的近似值。
3. 联轴器的许用补偿量

型号	LJ1~3	LJ4~5	LJ6~8	LJ9~10	LJ11	LJ12~14	LJ15~16
角向 Δα	1°	0.75°	0.65°	0.55°	0.5°	0.45°	0.35°
径向 ΔY 轴向 ΔX	1mm						

（2）选择计算

选择联轴器型号时计算转矩

$$T_c = KK_1K_2T \leqslant T_n \tag{15.1-19}$$

式中 T——理论转矩（N·m）；

K——工况系数：

载荷性质	载荷平稳	载荷变化，中等冲击	载荷变化，严重冲击
K	1.00~1.50	1.50~2.50	>2.50

K_1——原动机系数：

原动机	电动机、汽轮机	内燃机 ≥4缸	双缸	单缸
K_1	1.0	1.2	1.4	1.6

K_2——温度系数，对聚氨酯（尼龙）：$K_2=1$。

t/℃	-35~30	>30~40	>40~60	>60~80
K_2	1	1.2	1.5	1.8

7.15 多角形橡胶联轴器

（1）形式、基本参数和主要尺寸（见表15.1-75）

表 15.1-75 多角形橡胶联轴器的形式、基本参数和主要尺寸

（摘自 JB/T 5512—1991）

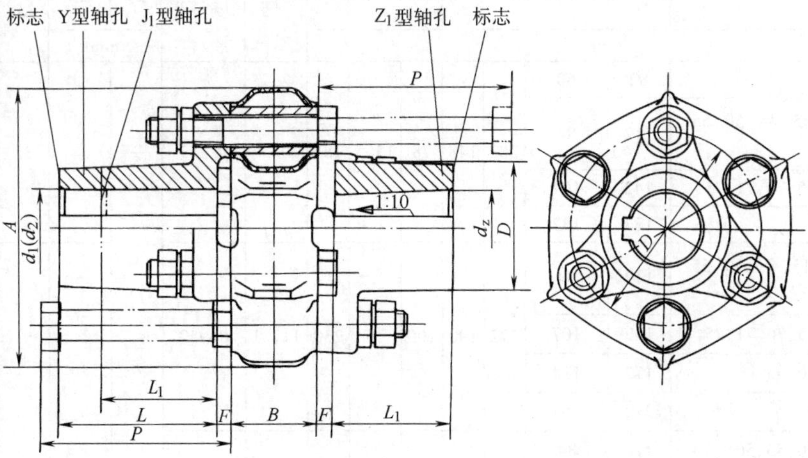

标记示例：LD5 多角形橡胶联轴器

主动端：Z_1 型轴孔，C 型键槽，$d_Z = 50$mm，$L_1 = 84$mm

从动端：J_1 型轴孔，B_1 型键槽，$d_2 = 50$mm，$L_1 = 84$mm

LD5 联轴器 $\dfrac{Z_1C50\times84}{J_1B_150\times84}$ JB/T 5512—1991

型号	公称转矩 T_n /N·m	许用转速 [n] /r·min⁻¹	轴孔直径 d_1、d_2、d_z (mm)	轴孔长度 Y型 L (mm)	轴孔长度 J_1型、Z_1型 L_1 (mm)	A (mm)	D (mm)	B (mm)	F (mm)	P (mm)	质量 /kg	转动惯量 J /kg·m²	许用补偿量 径向 ΔY (mm)	许用补偿量 轴向 ΔX (mm)	许用补偿量 角向 Δα
LD1	50	5000	12、14	32	—	96	42	28	4	75	1.9	0.001	1	±2	5°
			16、18、19	42	30										
			20、22、24	52	38										
			25	62	44										
LD2	80	4000	16、18、19	42	30	118	55	32	5	85	3.9	0.0031		±2.5	
			20、22、24	52	38										
			25、28	62	44										
			30、32	82	60										
LD3	160	3150	20、22、24	52	38	142	68	46	7	105	8.0	0.0089		±3	4°
			25、28	62	44										
			30、32、35、38	82	60										
			40	112	84										
LD4	280	2500	22、24	52	38	182	92	52	9	120	14.2	0.026		±3.5	
			25、28	62	44										
			30、32、35、38	82	60										
			40、42、45、48、50、55	112	84										
LD5	560	2000	25、28	62	44	235	122	62	12	140	31.4	0.095	1.5	±4	3°
			30、32、35、38	82	60										
			40、42、45、48、50、55、56	112	84										
			60、63、65、70、71	142	107										
LD6	800	1800	28	62	44	258	128	68	12	150	35.6	0.132			
			30、32、35、38	82	60										
			40、42、45、48、50、55、56	112	84										
			60、63、65、70、71、75	142	107										

（续）

型号	公称转矩 T_n /N·m	许用转速 $[n]$ /r·min^{-1}	轴孔直径 d_1、d_2、d_z	轴孔长度 Y型 L	轴孔长度 J_1型、Z_1型 L_1	A	D	B	F	P	质量 /kg	转动惯量 J /kg·m^2	许用补偿量 径向 ΔY	许用补偿量 轴向 ΔX	许用补偿量 角向 $\Delta\alpha$
			mm										mm		
LD7	1250	1600	35、38	82	60	282	148	78	13.5	185	58.4	0.287	2	±4	3°
			40、42、45、48、50、55、56	112	84										
			60、63、65、70、71、75	142	107										
			80、85	172	132										
LD8	2500	1250	40、42、45、48、50、55、56	112	84	372	190	100	15	230	117.1	0.952		±4.5	2°
			60、63、65、70、71、75	142	107										
			80、85、90、95	172	132										
			100、110	212	167										
LD9	3550	1120	45、48、50、55、56	112	84	420	220	115	15	270	171.8	1.981			
			60、63、65、70、71、75	142	107										
			80、85、90、95	172	132										
			100、110、120、125、130	212	167										
LD10	5600	1000	50、55、56	112	84	465	242	130	15	295	252.9	3.606		±5	
			60、63、65、70、71、75	142	107										
			80、85、90、95	172	132										
			100、110、120、125	212	167										
			130、140、150	252	202										
LD11	8000	900	60、63、65、70、71、75	142	107	520	260	150	20	365	386.7	7.48			
			80、85、90、95	172	132										
			100、110、120、125	212	167										
			130、140、150	252	202										
			160	302	242										

注：1. 许用转速是指角向补偿量1°范围内的允许转速，许用补偿量是指转速小于［n］70%时可使用的范围。
2. LD1～LD6多角橡胶弹性件为六角形，LD7～LD11多角橡胶弹性件为八角形。
3. 联轴器轴孔组合形式有Y—J_1、Y—Z、J_1—Z_1、Y—Y和J_1—J_1。
4. 瞬时冲击转矩不大于公称转矩的2.3倍。
5. 质量及转动惯量均是各型号中最大值的近似计算值。
6. 许用扭转角为4°（LD1、LD2为5°）。

（2）选择计算

选择多角形橡胶联轴器型号时的计算转矩

$$T_c = KT \leqslant T_n \qquad (15.1\text{-}20)$$

T——理论转矩（N·m）；

K——工况系数：

原动机＼工作机		Ⅰ	Ⅱ	Ⅲ	Ⅳ
电动机		1.0	1.5	2.0	2.5
内燃机	>4缸	1.5	2.0	2.5	3.0
	<3缸	2.0	2.5	3.0	3.5

Ⅰ类——转矩变化小的机械；

Ⅱ类——转矩变化较小的机械；

Ⅲ类——转矩变化中等的机械；

Ⅳ类——转矩变化大的机械。

7.16　H形弹性块联轴器

（1）形式、基本参数和主要尺寸（见表15.1-76）

（2）选择计算

选择联轴器型号时的计算转矩

$$T_c = KK_1T \leqslant T_n \qquad (15.1\text{-}21)$$

式中　T——理论转矩（N·m）；

K——工况系数：

原动机		平稳	变化和冲击中等	变化和冲击强烈
电动机、汽轮机液压马达		1	1.25	1.75
内燃机	4～6 缸	1.25	1.5	2.0
	1～3 缸	1.5	2.0	2.5（3）

若起动次数>25 次/h，则系数取邻近的大一档值，括号内数值（3）仅适用于起动次数>25 次/h；

K_1——温度系数，对丁腈橡胶，当 t>60℃ 时，K_1=1.2，其余为 1。

表 15.1-76　HTLA 型和 HTLB 型 H 形弹性块联轴器的形式、基本参数和主要尺寸（摘自 JB/T 5511—2006）

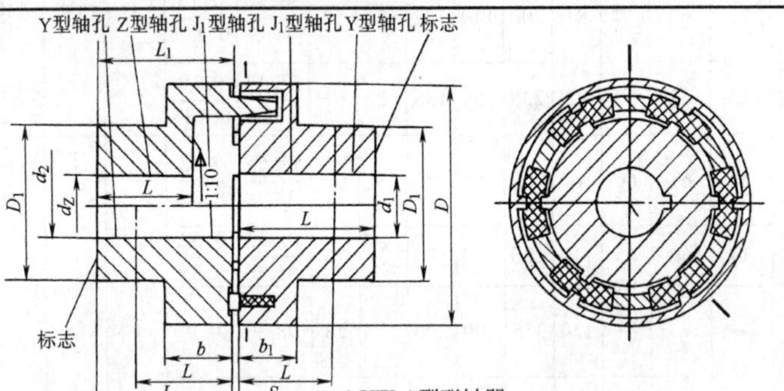

a) HTLA型联轴器

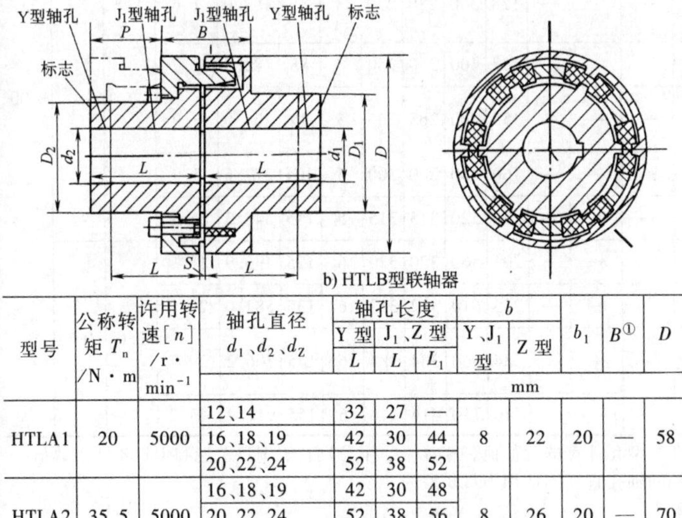

b) HTLB型联轴器

标记示例：HTLA5 型弹性块联轴器

主动端：Y 型轴孔，B_1 型键槽，d_1 = 35mm，L = 82mm

从动端：J_1 型轴孔，B_1 型键槽，d_2 = 35mm，L = 60mm

$$\text{HTLA5 联轴器}\frac{B_1 35\times 82}{J_1 B_1 35\times 60}\quad \text{JB/T 5511—2006}$$

型号	公称转矩 T_n /N·m	许用转速 [n] /r·min^{-1}	轴孔直径 d_1、d_2、d_Z	轴孔长度 Y 型 L	轴孔长度 J_1、Z 型 L	轴孔长度 J_1、Z 型 L_1	b Y、J_1 型	b Z 型	b_1	B①	D	D_1	$D_2$①	S	P	质量 /kg	转动惯量 J/kg·m^2	许用补偿量 径向 ΔY	许用补偿量 轴向 ΔX	许用补偿量 角向 $\Delta\alpha$
			mm															mm	mm	
HTLA1	20	5000	12、14	32	27	—	8	22	20	—	58	40	—	2	—	1.00	0.0003	0.5	+2	1°30′
			16、18、19	42	30	44														
			20、22、24	52	38	52														
HTLA2	35.5	5000	16、18、19	42	30	48	8	26	20	—	70	48	—	2	—	1.65	0.0006			
			20、22、24	52	38	56														
			25、28	62	44	62														
HTLA3	71	5000	20、22、24	52	38	60	10	32	21	—	82	60	—	2	—	3.22	0.0017			
			25、28	62	44	66														
			30、32	82	60	82														
HTLA4	112	5000	24	52	38	66	12	40	24	—	95	70	—	2	—	5.15	0.0041			
			25、28	62	44	72														
			30、32、35、38	82	60	88														
			40	112	84	112														
HTLA5/HTLB1	180	5000	28	62	44	72	14	42	27	49	110	80	62	2	33	7.39/6.0	0.008/0.007	0.8		
			30、32、35、38	82	60	88														
			40*、42*、45*	112	84	112														
HTLA6/HTLB2	280	4500	32、35、38	82	60	88	17	45	31	56	125	92	75	2	38	10.85/9.2	0.014/0.012			
			40、42、45、48*	112	84	112														
			50*	112		—														
HTLA7/HTLB3	400	4000	38	82	60	88	20	48	34	62	140	100	80	2	43	12.97/11.2	0.020/0.020			
			40、42、45、48、50、55*、56*	112	84	112														
HTLA8/HTLB4	630	3500	42、45、48、50、55、56	112		119	20	55	39	69	160	110	95	2	47	20.15/17.8	0.033/0.039	1	+4	
			60*、63*、65*	142	107	142														

（续）

型号	公称转矩 T_n /N·m	许用转速[n] /r·min⁻¹	轴孔直径 d_1、d_2、d_Z	轴孔长度 Y型 L	轴孔长度 J_1、Z型 L	轴孔长度 J_1、Z型 L_1	b Y、J_1型	b Z型	b_1	B①	D	D_1	$D_2$①	S	P	质量/kg	转动惯量 J/kg·m²	许用补偿量 径向ΔY	许用补偿量 轴向ΔX	许用补偿量 角向Δα
				mm			mm											mm		
HTLA9/HTLB5	1000	3100	50、55、56	112	84	119	20	55	42	74	180	125	108	2	50	26.12/25.4	0.061/0.072	1	+4	1°30′
			60、63、65、70*、71*、75*	142	107	142														
HTLA10/HTLB6	1600	2800	60、63、65、70、71、75	142		147	22	62	47	81	200	140	122	2	53	38.90/31.3	0.13/0.117			
			80*、85*	172	132	172														
HTLA11/HTLB7	2240	2500	65、70、71、75	142	107	147	22	62	52	92	225	150	138	2	61	43.13/43.4	0.19/0.183			
			80、85、90*	172	132	172														
HTLA12/HTLB8	3150	2200	71、75	142	107	152	22	67	60	105	250	165	155	3	69	57.55/58.5	0.33/0.35	1.5	+5	1°00′
			80、85、90、95	172	132	177														
			100*	212	167	212														
HTLA13/HTLB9	4500	2000	80、85、90、95	172	132	177	24	69	65	110	280	180	172	3	73	80.33/81.0	0.52/0.55			
			100、110*	212	167	212														
HTLB10	6300	1800	90、95	172	132	—	—	—	—	120	315	200	200	3	78	98.9	0.9			
			100、110、120、125	212	167	—														
HTLB11	8000	1600	100、110、120、125	212	167	—	—	—	—	128	350	230	230	3	83	152.0	1.6			
			130、140	252	202	—														
HTLB12	11200	1400	110、120、125	212	167	—	—	—	—	137	400	250	250	3	88	182.8	2.7			
			130、140、150	252	202	—														
HTLB13	14000	1300	120、125	212	167	—	—	—	—	155	440	265	265	5	99	204.0	3.9			
			130、140、150	252	202	—														
			160	302	242	—														
HTLB14	18000	1200	130、140、150	252	202	—	—	—	—	160	480	300	300	5	104	277.6	5.9			
			160、170	302	242	—														
HTLB15	22400	1100	140、150	252	202	—	—	—	—	175	520	315	315	5	115	348.3	8.6			
			160、170、180	302	242	—														
HTLB16	31500	1000	160、170、180	302	242	—	—	—	—	201	560	320	320	6	125	496.9	13.9	2.0	+6	
			190、200	352	282	—														
HTLB17	40000	900	170、180	302	242	—	—	—	—	215	610	352	352	6	135	582.0	20.2			
			190、200、220	352	282	—														
HTLB18	50000	860	180	302	242	—	—	—	—	234	660	384	384	6	145	706.2	29.7			
			190、200、220	352	282	—														
			240	410	330	—														
HTLB19	71000	800	200、220	352	382	—	—	—	—	246	710	416	416	6	155	917.2	43.2			
			240、250	410	330	—														

注：1. 质量和转动惯量是按铸铁件最小轴孔的Y型孔计算的近似值，横线上、下分别代表HTLA型和HTLB型的数值。
2. HTLB型轴孔直径无 d_Z，标记"＊"号的轴孔直径不适用HTLB型的 d_2。
3. 瞬时过载转矩不得大于公称转矩值的2倍。
4. 表中尺寸 P 为拆卸拨爪的最小尺寸。

① B、D_2 为HTLB型的数值。

7.17 弹性块联轴器（见表15.1-77）

表15.1-77 LK型弹性块联轴器的形式、基本参数和主要尺寸（摘自JB/T 9148—1999）

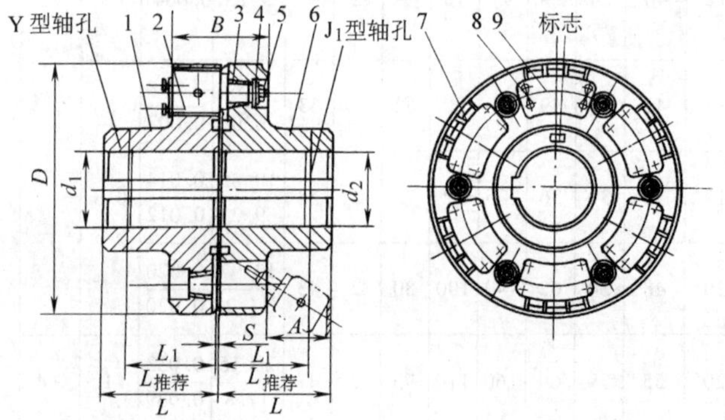

工作温度：-30～120℃

标记示例：

主动端：Y型轴孔，A型键槽，d_1=220mm，L=352mm

从动端：J_1型轴孔，B型键槽，d_2=230mm，L_1=330mm

LK7联轴器 $\frac{220\times352}{J_1B230\times330}$ JB/T 9148—1999

1、6—半联轴器 2—传力臂 3—锥套 4—垫圈 5—螺母 7—弹性块 8—螺栓 9—压板

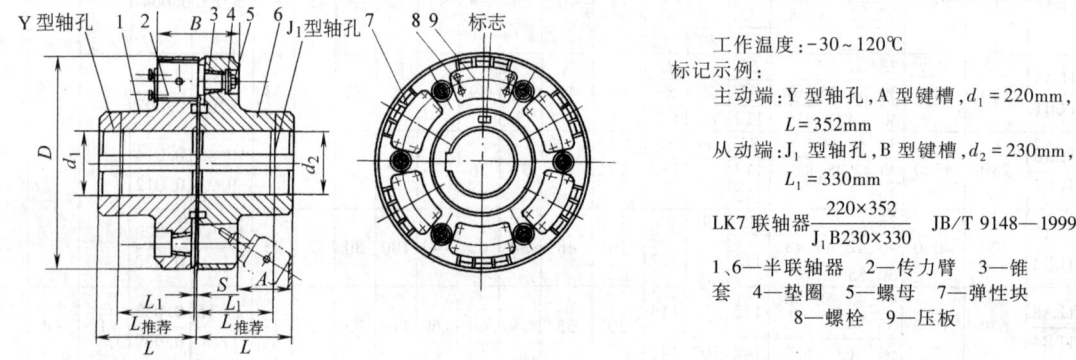

（续）

型号	公称转矩 T_n /N·m	许用转速 [n] /r·min⁻¹	轴孔直径 d_1、d_2	轴孔长度 Y 型 L	轴孔长度 J_1 型 L_1	$L_{推荐}$	D	B	S	A ≥	质量 /kg	转动惯量 J /kg·m²
				mm								
LK1	10000	1950	85,90,95	172	132	150	370	190	5	40	125	4
			100,110,120	212	167					75		
LK2	16000	1750	95	172	132	170	415	208		31	200	5.2
			100,110,120,125	212	167					66		
			130	252	202					101		
LK3	25000	1600	110,120,125	212	167	185	450	225		57	265	6.3
			130,140,150	252	202					92		
LK4	40000	1400	130,140,150			210	520	260		75	338	21.5
			160,170,180	302	242					115		
LK5	63000	1200	160,170,180		242	230	600	275	6	108	580	26.6
			190,200,220	352	282					148		
LK6	100000	1170	190,200,220			260	620	285		143	625	29.3
			240,250,260	410	330					191		
LK7	125000	1080	220	352	282	280	670	295		138	780	55
			240,250,260	410	330					186		
			280	470	380					236		
LK8	160000	990	240,250,260	410	330	300	730	305		181	880	80
			280,300,320	470	380					231		
LK9	200000	950	260	410	330	320	760	315		176	1075	100
			280,300,320	470	380					226		
			340	550	450					296		
LK10	250000	920	280,300,320	470	380	345	790	345	7	211	1270	120
			340,360	550	450					281		
LK11	315000	820	300,320	470	380	360	850	380		194	1545	192
			340,360,380	550	450					264		
LK12	400000	790	320	470	380	380	910	420		174	1820	255
			340,360,380	550	450					244		
			400	650	540					334		
LK13	500000	750	360,380	550	450	400	960	460	8	224	2245	332
			400,420,440							314		
LK14	630000	690	400,420,440,450,460,480	650	540	450	1050	505		292	2670	520
LK15	900000	600	440,450,460,480,500			500	1200	550	10	270	4401	708
			530	800	680					410		
LK16	1250000	535	460,480,500	650	540	520	1350	570		260	4870	1248
			530,560							400		
LK17	1600000	480	530,560,600,630	800	680	600	1500	650	12	361	5900	1930
LK18	2000000	450	560,600,630			650	1600	730		321	7000	2650
			670	900	780					421		
LK19	2500000	420	630	800	680	680	1700	780		296	8850	4080
			670,710,750	900	780					396		
LK20	3150000	380	710,750			750	1900	820		376	12060	5500
			800,850	1000	880					476		

注：1. 质量、转动惯量是近似值。

2. 瞬时最大转矩不得超过公称转矩 T_n 的 1.5 倍。

3. 轴孔和键槽形式及尺寸应符合表 15.1-6 的规定、轴孔与轴伸的配合见表 15.1-8。

4. 联轴器的许用补偿量：

许用补偿量	型号 LK1～LK4	型号 LK5～LK15	型号 LK16～LK18	型号 LK19～LK20
轴向 Δx/mm	±1.5	±2	±2.5	±3
径向 Δy/mm	0.5	0.8	0.8	1
角向 $\Delta\alpha$	0°30′	0°30′	0°15′	0°15′

安装时的误差应比上述数值减小 1/2。

5. 生产厂为成都市新星机械有限责任公司。

第2章　离　合　器

1　常用离合器的类型、性能、特点与应用（见表 15.2-1）

表 15.2-1　常用离合器的类型、性能、特点与应用

分类		名称和简图	转矩范围	特点与应用
操纵离合器	1. 机械离合器	牙嵌离合器 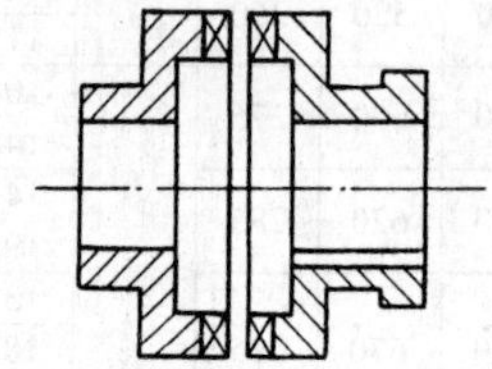	63~4100N·m	结构简单，外形尺寸小，传递转矩大，接合后主、从动轴无相对滑动，传动比不变，但接合时有冲击。适用于静止接合或转速差较小时的接合（对矩形牙，转速差≤10r/min；对其余牙形，转速差≤300r/min），主要用于低速机械中不需经常离合的传动轴系
		转键离合器 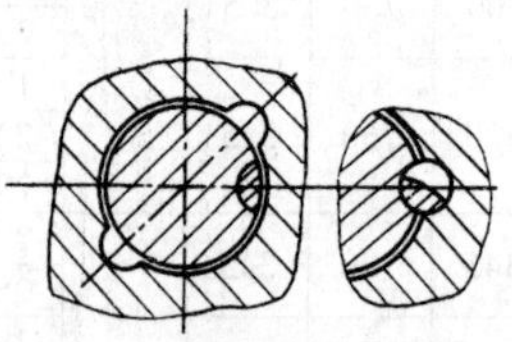 单键 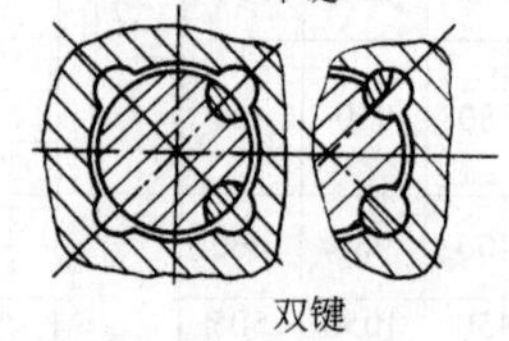 双键	100~3700N·m	利用置于轴上的键，转过一角度后卡在轴套键槽中，实现转矩传递。其结构简单，动作灵活、可靠，有单键（单向转动）和双键（双向转动）两种结构。适用于轴与传动件连接，可在转速差≤200r/min 下接合，常用于各种曲柄压力机中
		齿形式离合器 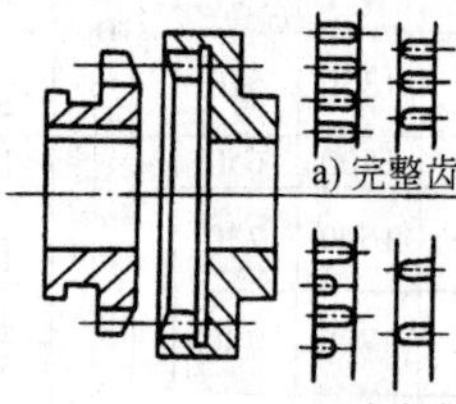 a) 完整齿 b) 含半齿		利用一对可沿轴向离合、具有相同齿数的内外齿轮传递转矩。其特点是传递转矩大，外形尺寸小，并可传递双向转矩。适用于转速差不大，带载荷进行接合，且传递转矩较大的机械主传动或变速机械的传动轴系
		片式离合器 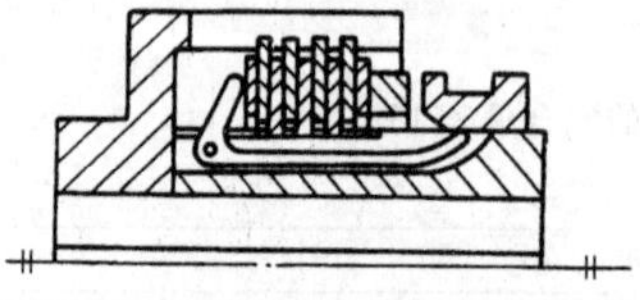	20~16000N·m	利用摩擦片或摩擦盘作为接合元件，结构型式多，传递转矩大，安装调整方便，摩擦材料种类多，能保证在不同工况下具有良好的工作性能，并能在高速下进行平稳脱开与接合；过载时打滑，有安全保护作用，但接合过程有摩擦发热，故需要调整摩擦面间隙。广泛应用于交通运输、建筑、轻工和纺织等行业的机械中
		圆锥离合器 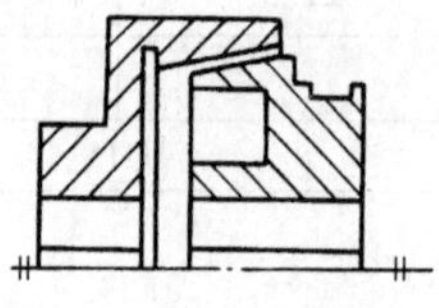	5000~286000N·m	可通过空心轴同轴安装，在相同直径及传递相同转矩的条件下比单盘摩擦离合器的接合力小 2/3，且脱开时分离彻底。其缺点是外形尺寸大，起动时惯性大，锥盘轴向移动困难。常制成双锥盘的结构型式

（续）

分类		名 称 和 简 图	转矩范围	特 点 与 应 用
操纵离合器	2. 气压离合器	活塞缸片式气压离合器 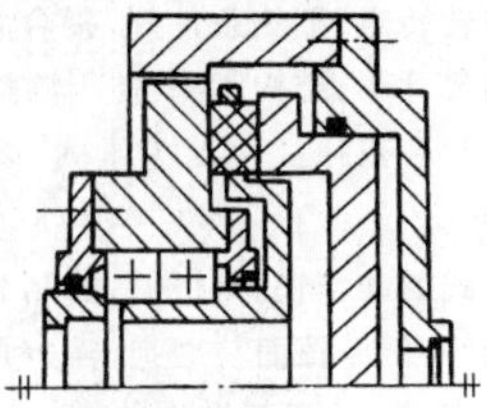	700~ 1600000N · m	接合元件为摩擦片、块或锥盘，其摩擦材料为石棉粉末冶金材料，在干式下工作。特点是结构简单，接合平稳，传递转矩大，使用寿命长，无需调整磨损间隙，常制成大型离合器。用于曲柄压力机、剪切机、平锻机、钻机、挖掘机、印刷机和造纸机等机械中
		隔膜离合器 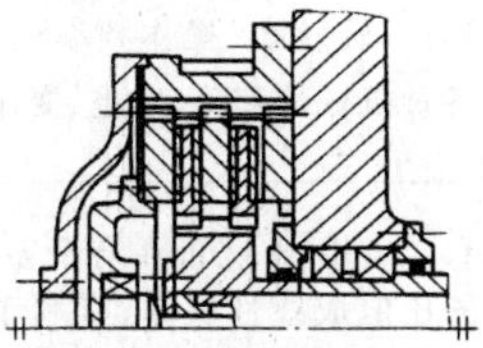	400~ 7100N · m	以隔膜片代替活塞，可减小离合器的轴向尺寸、重量及惯性，而且动作灵活，密封性好，能补偿装配误差和工作时的不规则磨损，有缓冲作用；离合时间短，耗气量少，制造和维修方便。但轴向工作行程小
		气胎离合器 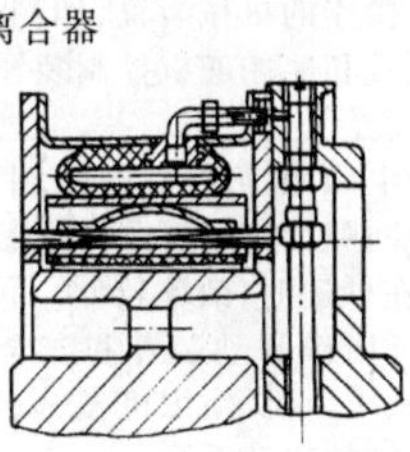	径向式 7100~ 90000N · m 轴向式 312~ 49600N · m	利用气压扩张气胎达到摩擦接合。其特点是能传递大的转矩，并有弹性能吸振，接合柔和起缓冲作用，且易安装，有补偿两轴相对位移的能力和自动补偿间隙的能力，此外，还具有密封性好、惯性小、使用寿命长等优点，但其变形阻力大，摩擦面易受润滑介质影响，对温度也较敏感。主要用于钻机、工程机械、锻压机械等大中型设备上
	3. 液压离合器	旋转片式液压离合器 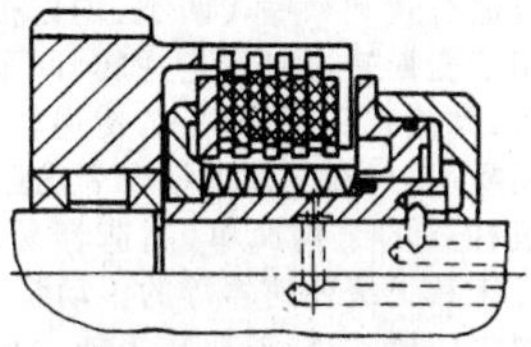 活塞缸固定片式液压离合器 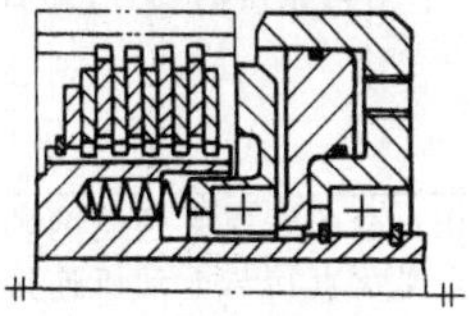	缸旋转摩擦式 160~ 1000N · m 缸固定牙嵌式 160~ 2000N · m	承载能力高，传递转矩大，体积小，当外形尺寸相同时其传递转矩比电磁摩擦离合器大3倍，而且无冲击，起动换向平稳；能自动补偿摩擦元件的磨损量，易于实现系列化生产，但接合速度不及气压离合器。广泛用于各种结构紧凑、高速、远距离操纵、频繁接合的机床、工程机械和船用机械上 缸体旋转式结构紧凑，外形尺寸小，但转动惯量大，进油接头复杂，油压易受离心力影响 缸体固定式进油简单可靠，油压力不受离心力影响，操纵和排油较快，可减小复位弹簧力，但需加装较大的推力轴承
	4. 电磁离合器	牙嵌电磁离合器 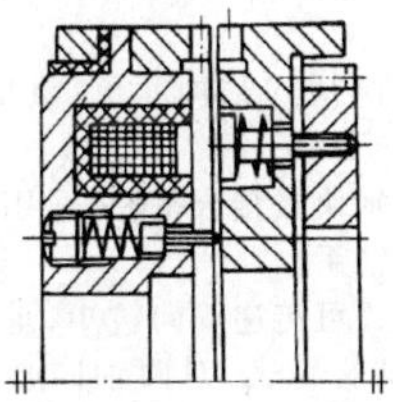	12~ 10000N · m	外形尺寸小，传递转矩大，传动比恒定，无空转转矩，不产生摩擦热，使用寿命长，可远距离操纵。但有转速差时，接合会发生冲击，不能在半接合状态下传递转矩。适用于低速下接合的各种机床、高速数控机械和包装机械等

（续）

分类		名称和简图	转矩范围	特点与应用
操纵离合器	5. 电磁离合器	无滑环单片摩擦电磁离合器 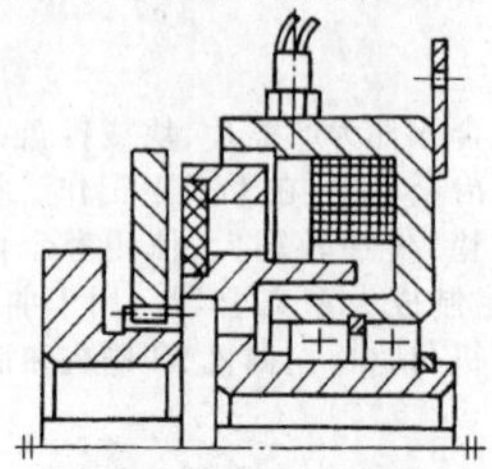 带滑环多片摩擦电磁离合器 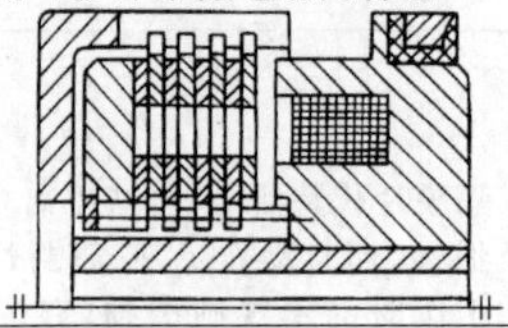	片式1000~1600N·m 多片干式100~25000N·m 多片湿式12~4000N·m	单片和双片式的结构简单，传递转矩大，反应快，无空转转矩，散热条件好，接合频率较高。多片式的径向尺寸小，结构紧凑，便于调整 单片和双片式主要为干式，多片式有干式和湿式两种 干式的动作快，价格低，控制容易，转矩较大，工作性能好，但摩擦面易磨损，需定期调整和更换。适用于快速接合、高频操作的机械，如机床、计算机外围设备、包装机械，纺织机械及起重运输机械等 湿式的尺寸小，传递转矩范围大，磨损轻微，寿命长，但有空转转矩，操作频率受限制，且需供油。常用于各种机械的起动、停止、变速和定位装置中
		磁粉离合器 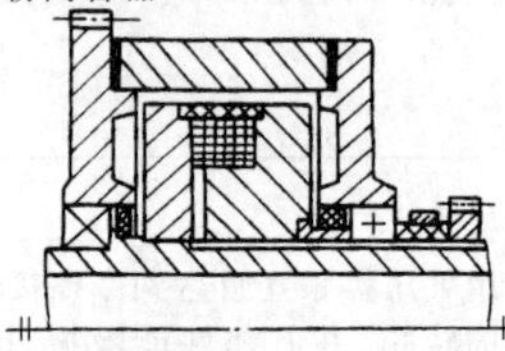	0.5~2000N·m	具有定力矩特性，可在有滑差条件下工作，转矩和电流的比值成线性关系，有利于自动控制。转矩的调节范围大，接合迅速，可用于高频操作，但磁粉寿命短，价格昂贵。主要适用于定力矩传动、缓冲起动和高频操作的机械装置，如测力计、造纸机等的张力控制装置和船舶舵机控制装置等
		转差式电磁离合器 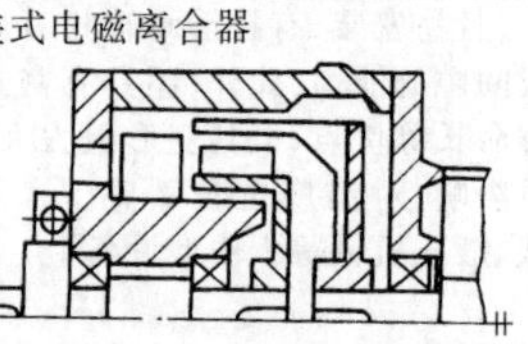	4~110N·m	利用电磁感应产生转矩，带动从动部分转动。离合器为间隙型，改变励磁电流可方便地进行无级调速（但在低速时，效率较低），可用来减轻起动时的冲击，也可用作制动装置和安全保护装置。适用于普通机床、压力机、纺织机械，以及印刷、造纸和化纤工业等机械的传动系统
自控离合器	1. 超越离合器	滚柱离合器 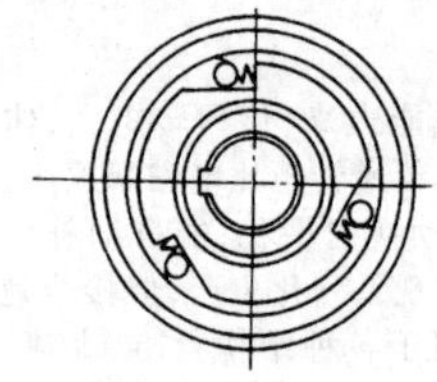 楔块离合器 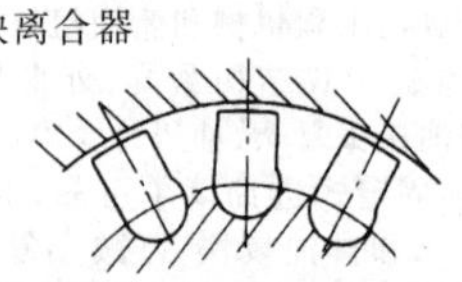	滚柱式3~4000N·m 楔块式31.5~25000N·m	分嵌合式和摩擦式两类，均以传递单向转矩为主，可用于变换转速时防止逆转、间歇运动的传动系统。其中，摩擦式具有体积小，传递转矩大，接合平稳，工作无噪声，可在高速下接合等优点 滚柱式的结构简单，制造容易，溜滑角小，主要用于机床和无级变速器等的传动装置中 楔块式尺寸小，传递转矩能力大，适用于传递转矩大、要求结构紧凑的场合，如石油钻机、提升机和锻压机械等
	2. 离心离合器	闸块离合器 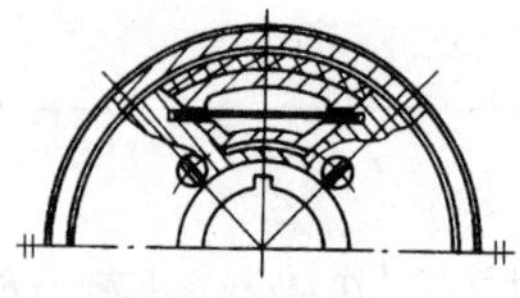 钢球离合器 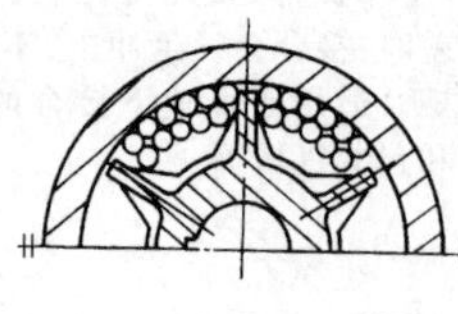	自由闸块式1.3~5100N·m 弹簧闸块式0.7~4500N·m 钢球式3~35000N·m	利用自身的转速来控制两轴的自动接合或脱开。其特点是可直接与电动机连接，使电动机在空载下平稳起动，改善电动机的发热，但由于未达到额定转速前会因打滑产生摩擦热，故不宜用于频繁起动的场合，且输出功率与转速有关，也不宜用于变速传动的轴系 自由闸块式结构简单，重量轻，但平稳性差，接合时间长 弹簧闸块式接合平稳，适用于接合时间短、转动惯量小的轴系 钢球式可传递双向转矩，重复作用精度高，打滑率低，起动转矩大，对两轴同心度要求不高，可用于要求起动平稳的场合

（续）

分类		名称和简图	转矩范围	特点与应用
自控离合器	3. 安全离合器	销式安全离合器 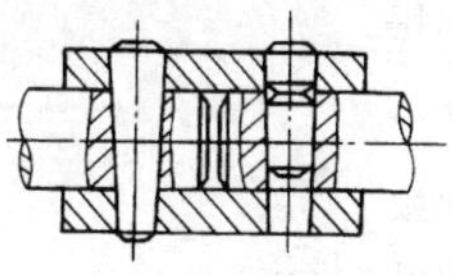	30~2000N·m	通过设计限制传递的转矩，防止过载和发生机械事故，并能充分发挥机械的效能 结构简单，制造容易，尺寸紧凑，保护严密，但工作精度不高，可用于偶然过载的传动
		牙嵌安全离合器 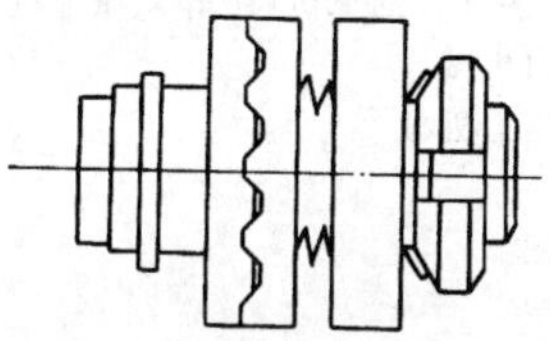	4~400N·m	嵌合式中的牙嵌式在断开瞬时会产生冲击力，可能将牙折断，故宜用于转速不高、从动部分转动惯量不大的轴系
		钢球安全离合器 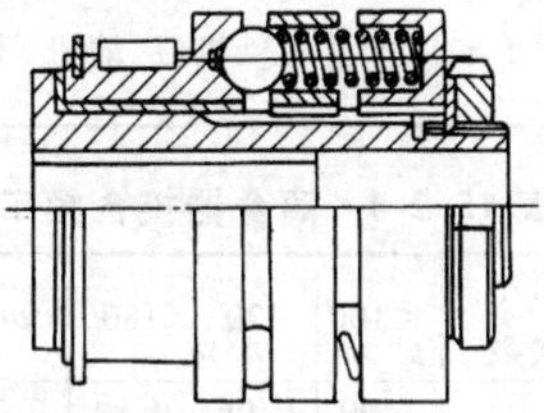	钢球式 13~4880N·m 摩擦式 0.1~200000N·m	制造简单，工作可靠，过载时滑动摩擦力小，动作灵敏度高，可适用于转速较高的传动
		片式安全离合器 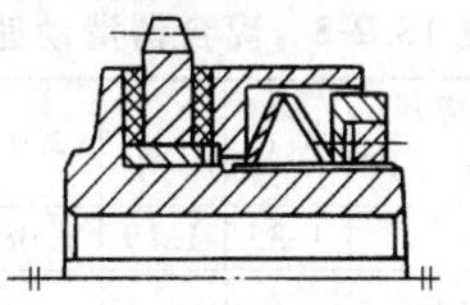		过载时因摩擦消耗能量能缓和冲击，故工作平稳，调整和使用方便，维修简单，灵敏度高，可用于转速高、转动惯量大的传动装置

2　离合器的选用与计算

2.1　离合器的结构型式与结构选择

（1）离合器接合元件的选择

接合元件应根据离合器使用的工况条件选择，可按下面几种情况考虑：

1）低速、停止转动下离合，不频繁离合，应选用刚性嵌合式接合元件。刚性嵌合式元件具有传递转矩大、转速完全同步、不产生摩擦热和外形尺寸小等特点。但因刚性大，在有转速差下接合瞬时，主、从动轴上将有较大冲击，引起振动和噪声。因此，这种接合元件限于静止或相对转速差较小、空载或轻载下接合的传动系统。

2）系统要求缓冲，通过离合器吸收峰值转矩，允许主、从动接合元件间存在一定滑差的情况，应选用摩擦式接合元件。接合时较为柔性，冲击小，但滑动会产生摩擦热，引起能量损耗。

3）长期打滑的工况，应选用电磁和液体传递能量的离合器，如磁粉离合器。

（2）离合器操纵方式的选择

1）人力操纵。人力操纵是指依靠人力的各种机械操纵离合器。手操纵力不大（<200N），动作行程一般≤250mm；脚踏板操纵力一般为250~300N，行程一般为100~150mm。这种方式反应慢，接合频率较低，主要用于中小功率的机械设备上。

2）气压操纵。气压操纵具有比较大的操纵力（0.4~0.8MPa），脱开与接合迅速，操纵频率较高，而且排气无污染，适用于各种容量和远距离操纵的离合器，特别是各种大型离合器。

3）液压操纵。液压操纵能产生很大的操纵力（0.7~3.5MPa），而且有良好的润滑和散热条件，适用于有润滑装置和不泄漏的机械设备，操纵体积小而传递转矩大的离合器，但接合速度较气压操纵慢。

4）电磁操纵。电磁操纵比较方便，接合迅速，时间短，可以并入控制电路系统实行自动控制，且易实现远距离控制，特别适用于各种操纵频率高的中小型以及微型离合器。

(3) 环境条件

开式结构可用于宽敞无污染的环境，而封闭式的结构则能适应有粉尘和存在污染的场合。对于有防爆要求的环境，不宜采用普通的电磁离合器。此外，对不希望有噪声的环境，最好选用有消声装置的一般气压离合器。具有橡胶元件的离合器，则应考虑环境温度和有害介质的影响。

(4) 关于离合器的转矩容量

离合器的转矩容量应按本章 2.2 节的内容进行计算。当考虑原动机的起动特性时，对于三相笼型异步电动机系统，可以允许有较大的超载范围，可选用较大容量的离合器，以便加载接合时能迅速驱动，不致出现长时打滑，造成发热；对于内燃机驱动，为了避免起动时原动机转速过分下降，应采用离合器工作容量储备较小的离合器。

2.2 离合器的选用计算

按照主、从动部分的接合元件采用的配合副的形式，还可以把离合器分为嵌合式和摩擦式，其计算转矩的计算公式见表 15.2-2。

表 15.2-2 计算转矩

类 型	计算公式
嵌合式离合器	$T_c = KT$
摩擦式离合器	$T_c = \dfrac{KT}{K_m K_v}$

注：T_c—离合器计算转矩。选用离合器时，T_c 小于或等于离合器的额定转矩。

T—离合器的理论转矩。对于嵌合式离合器，T 为稳定运转中的最大工作转矩或原动机的公称转矩；对于摩擦式离合器，可取运转中的最大工作转矩或接合过程中工作转矩与惯性转矩之和作为理论转矩，即 $T = T_t + \dfrac{J_2\ (\omega_1 - \omega_2)}{t_e}$，式中符号意义见表 15.2-23。

K—离合器工况系数，见表 15.2-3。对于干式摩擦式离合器可取较大值，对于湿式摩擦式离合器可取较小值。

K_m—离合器接合频率系数，见表 15.2-4。

K_v—离合器滑动速度系数，见表 15.2-5。

表 15.2-3 离合器工况系数（概略值）K（或称储备系数）

机械类别	K
金属切削机床	1.3~1.5
车辆	1.2~3
船舶	1.3~2.5
起重运输机械	
在最大载荷下接合	1.35~1.5
在空载下接合	1.25~1.35
活塞泵(多缸)、通风机(中等)、压力机	1.3
冶金矿山机械	1.8~3.2
曲柄式压力机械	1.1~1.3
拖拉机	1.5~3
轻纺机械	1.2~2
农业机械	2~3.5
挖掘机械	1.2~2.5
钻探机械	2~4
活塞泵(单缸)、大型通风机、压缩机、木材加工机床	1.7

表 15.2-4 离合器接合频率系数 K_m

离合器每小时接合次数	≤100	120	180	240	300	≥350
K_m	1.00	0.96	0.84	0.72	0.60	0.50

表 15.2-5 离合器滑动速度系数 K_v

摩擦面平均圆周速度 v_m/m·s^{-1}	1.0	1.5	2.0	2.5	3	4
K_v	1.35	1.19	1.08	1.00	0.94	0.86
摩擦面平均圆周速度 v_m/m·s^{-1}	5	6	8	10	13	15
K_v	0.80	0.75	0.68	0.63	0.59	0.55

注：$v_m = \dfrac{\pi D_m n}{60000}$。式中，$D_m = \dfrac{D_1 + D_2}{2}$，$D_1$、$D_2$ 为摩擦面的内、外直径（mm），n 为离合器的转速(r/min)。

3 嵌合式离合器

3.1 牙嵌离合器

3.1.1 牙嵌离合器的嵌合元件（见表 15.2-6、表 15.2-7）

表 15.2-6 嵌合元件的结构型式和特点

嵌合元件类型	结 构 型 式 和 特 点
牙嵌式 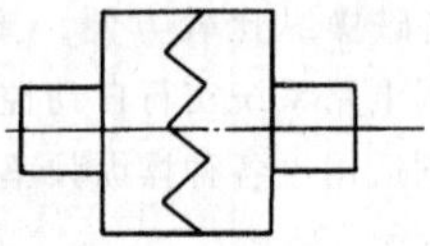	利用两半离合器端面上的牙互相嵌合或脱开以达到主、从动轴的离合，牙有矩形、梯形、三角形、锯齿形和螺旋形等几种形式。由于同时参与嵌合的牙数多，故承载能力较高，适用范围广泛

（续）

嵌合元件类型	结构型式和特点
转键式 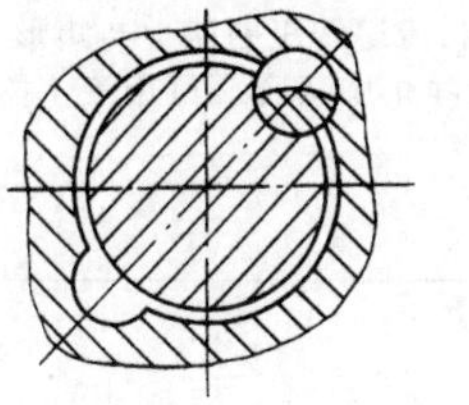	可以转动的圆弧形键装在从动轴上，当键转过某一角度，凸出轴表面时，即可由外部主动轴套带动转动。这种嵌合方式可使主、从动部分在离合过程中不需沿轴向移动，适于轴与轮毂的脱开与接合。其受力情况比滑销式好，冲击速度低。单转键式只能传递单向转矩，增加键长度可提高承载能力。转键式结构简单，动作灵敏可靠，如果采用两个反向安装的转键，则可传递双向转矩
滑销式 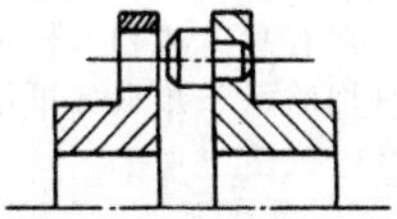	由装在半离合器凸缘端面上的销与另一半离合器凸缘端面上的销孔组成配合与滑动，以实现接合与脱开动作。根据传递转矩的大小，销孔数一般比销数多几倍，为了使有转速差时的接合容易，在凸缘端面制有弧形斜槽。滑销式结构形状简单，当销数少时，接合容易，适用于转矩不大的轴与轴的脱开与接合
拉键式 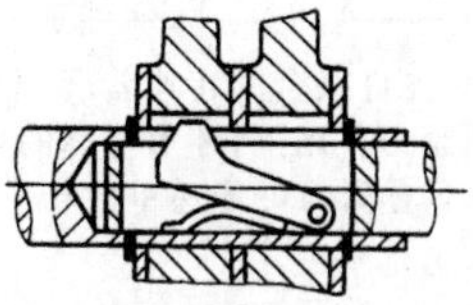	将特制的键装在轴上，可沿轴向移动，并可压入轴内以达到轴与轮毂在静止状态下的接合或分离。这种结构主要用于多级齿轮分别有选择地与轴连接而不需移动齿轮，适宜传递转矩不大的轴与传动件的连接
齿轮式 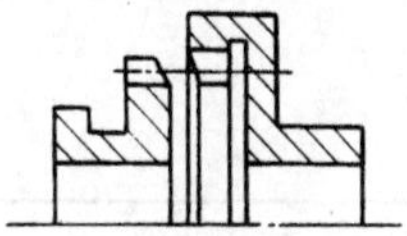	利用一对齿数相同的内、外齿轮的啮合或分离以实现两轴的连接或脱开。为了容易接合常将齿端倒角，其特点是齿轮加工工艺性好，比端面牙容易制造，精度高，且强度大，能传递大的转矩。在有些情况下，齿轮还可兼做传动元件，故应用也比较广泛

表 15.2-7　牙嵌式嵌合元件的牙形及其特点

牙　形	结构特点与应用
矩形牙　$z=3\sim15$ 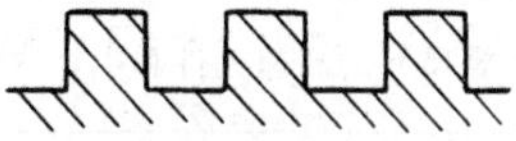	制造容易，牙的强度高，传递转矩大，可正反转传动，但接合和分离都比较困难，动态接合时冲击较大，无自动脱开的轴向分力，只能在静止或相对转速差不大于 10r/min 的条件下接合。适用于不经常离合的传动和手动调整机构。为了容易接合，可采用较大的牙侧间隙，或将牙端倒成较大的斜角或圆弧
正梯形牙　$\alpha=2°\sim8°$　$z=3\sim15$ 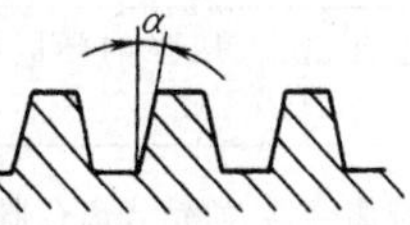	牙的强度高，传递转矩大。接合时冲击比矩形牙小，并可消除牙侧间隙；脱开时容易分离，工作时有轴向分力。当工作面的倾斜角 $\alpha=2°\sim8°$时，产生的轴向分力不会自动脱开；当 $\alpha=15°\sim20°$时，需加轴向压力防止轴向分力使牙自动退出，常用于电磁或液压离合器。斜梯形牙适用于单向传动，可使牙的接合更加容易些。具有牙尖倒角的尖梯形牙可使双向传动的接合容易些，适用于需在转速差较高的条件下进行接合的传动轴系
斜梯形牙　$\alpha=2°\sim8°$　$\beta=50°\sim70°$　$z=3\sim15$ 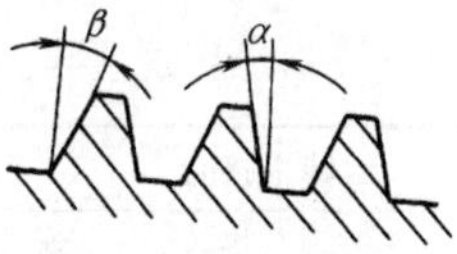	
尖梯形牙　$\alpha=2°\sim8°$　$z=3\sim15$ 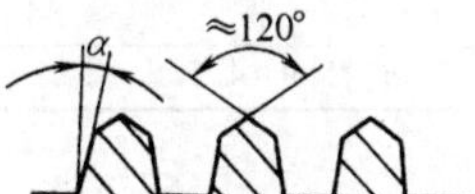	

（续）

牙　　形	结 构 特 点 与 应 用
锯齿形牙　$\alpha=1°\sim1.5°$　$z=3\sim15$ 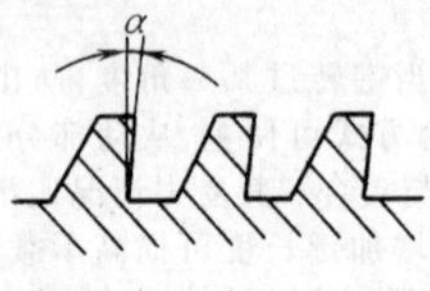	另一侧的牙形与斜梯形牙相同，传递转矩的能力与矩形牙相同，但只能传递单向的转矩，且宜于在静止中接合。可用于不需经常进行离合的传动轴系
正三角形牙　$\alpha=30°、45°$　$z=15\sim60$ 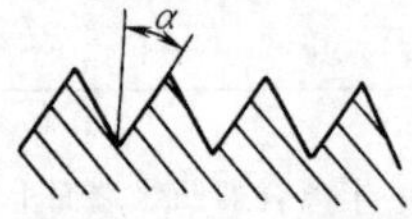 斜三角形牙　$\alpha=2°\sim8°$　$\beta=50°\sim70°$　$z=15\sim60$ 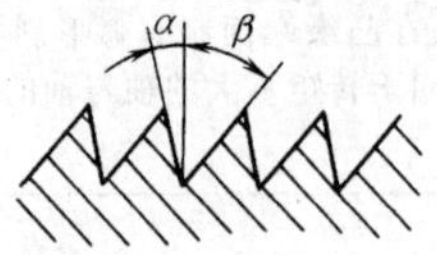	这种牙形的牙数较多，牙的接合容易，嵌入快，但牙的强度较低，只有当牙数多并加大轴向压力时，才能传递较大的转矩，适用于从动部分惯性较小、接合频率较高的传动。在有载荷或相对转速差较大时进行接合，容易损坏牙尖。采用不对称的斜三角形牙可增加牙的强度，但只适用于单向传动
螺旋形牙　$z=2\sim3$ 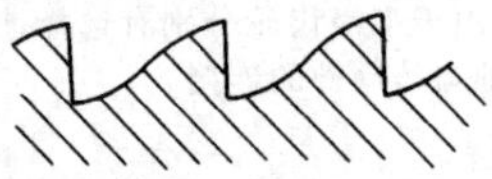	牙的强度高，接合和脱开较容易，允许接合的转速差高于上述几种牙形，但牙的加工复杂。在弹簧压紧力作用下，牙形对称的可传递双向转矩，过载时会自动脱开；牙形不对称的可传递单向转矩，而反转时会自动脱开

3.1.2　牙嵌离合器的材料与许用应力（见表 15.2-8、表 15.2-9）

表 15.2-8　接合元件的材料及应用范围

材料	热处理规范和硬度	应用范围
HT200 HT300	170~240HBW	低速、轻载牙嵌离合器的牙及齿形离合器的齿
45	淬火 38~46HRC 高频感应淬火 48~55HRC	载荷不大、转速不高的离合器
20Cr、20MnV 20Mn2B	渗碳 0.5~1.0mm 淬火、回火 56~62HRC	中等尺寸的高速元件和中等压强的元件
40Cr、45MnB	高频感应淬火、回火 48~58HRC	重载、压强高和冲击不大的牙嵌离合器、齿形离合器和滑销式离合器
18CrMnTi、12CrNi4A 12CrNi3	渗碳 0.8~1.2mm 淬火、回火 58~62HRC	高速冲击、大压强的牙嵌离合器、齿形离合器
50CrNi、T7	淬火、回火 40~50HRC 淬火 52~57HRC	转键离合器、滑销式离合器

表 15.2-9　牙嵌离合器的许用应力　　（MPa）

接合情况	静止时接合	运转中接合	
		低　速	高　速
许用挤压应力 σ_{pp}	88~117	49~68	34~44
许用弯曲应力 σ_{bp}	$\sigma_s/1.5$	$\sigma_s/5.9\sim4.5$	

注：1. 齿数多，许用应力值取小值；齿数少，取大值。

2. 表中许用挤压应力适用于渗碳淬火钢，硬度 56~62HRC。

3. 表中高、低速是指许用接合圆周速度差 Δv。低速，$\Delta v=0.7\sim0.8$m/s；高速，$\Delta v=0.8\sim1.5$m/s。

3.1.3 牙嵌离合器的计算（见表 15.2-10）

表 15.2-10 牙嵌离合器的计算

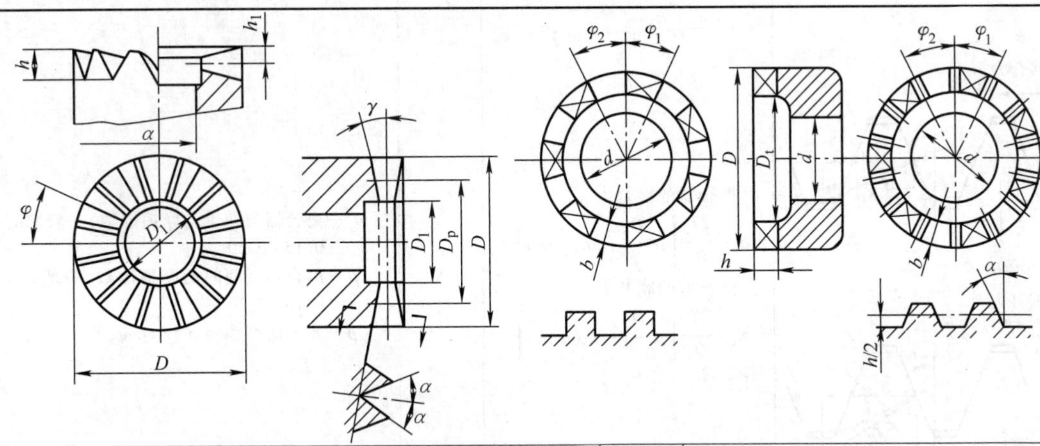

计算项目		公式及数据	单位	说明
基本参数	牙齿外径	$D=(1.5\sim3)d$	mm	d—离合器轴径（mm）
	牙齿内径	D_1 根据结构确定，通常 $D_1=(0.7\sim0.75)D$	mm	
	牙齿平均直径 牙齿宽度 牙齿高度 齿顶高 齿根高	$D_p=\dfrac{D+D_1}{2}$ $b=\dfrac{D-D_1}{2}$ $h=(0.6\sim1)b, h=h_1+h_2$ h_1 h_2 应大于 $h_1$0.5mm 左右	mm	
	牙齿齿数	$z=\dfrac{60}{n_0t}$ 或根据结构、强度确定		z—牙数，常取 z 为奇数，以便于加工 n_0—接合前，两个半离合器的转速差（r/min） t—最大结合时间（s），一般 $t=0.05\sim0.1$s
	牙齿工作面的倾斜角	$\alpha=2°\sim8°$（梯形牙） $\alpha=30°,45°$（三角形牙）	（°）	
	分度线上的齿宽	$l_m=D_p\sin\dfrac{\varphi}{2}$	mm	φ—牙的中心角（°），三角形、梯形牙啮合 $\varphi=\varphi_1=\varphi_2=\dfrac{360°}{z}$ 矩形牙啮合 $\varphi_1=\dfrac{360°}{2z}-(1°\sim2°)$ $\varphi_2=\dfrac{360°}{2z}+(1°\sim2°)$
	齿顶宽 齿根宽	$l_d=l_m-2h_1\tan\alpha$ $l_g=l_m+2h_2\tan\alpha$	mm	
	计算牙数	$z'=\left(\dfrac{1}{3}\sim\dfrac{1}{2}\right)z$		齿数多，制造精度低的，z'取小值 齿数多，制造精度高时，z'取大值
强度校核	牙齿工作面的挤压应力	$\sigma_p=\dfrac{2T_c}{D_pz'A}\leqslant\sigma_{pp}$ 对三角形牙，$A=D_pb\tan\gamma$ 对矩形牙，$A=hb$	MPa	T_c—计算转矩（N·mm），$T_c=KT$，见表 15.2-2 A—牙齿承压工作面积（mm^2） σ_{pp}、σ_{bp}—牙齿许用挤压应力和许用弯曲应力（MPa），见表 15.2-9 淬硬钢，$z>7$ 时进行弯曲强度校核；未经热处理，$z>5$ 时进行弯曲强度校核
	牙齿根部的弯曲应力	$\sigma_b=\dfrac{6T_ch}{D_pz'bl_g^2}\leqslant\sigma_{bp}$		

（续）

计算项目		公式及数据	单位	说明
移动离合器所需的力	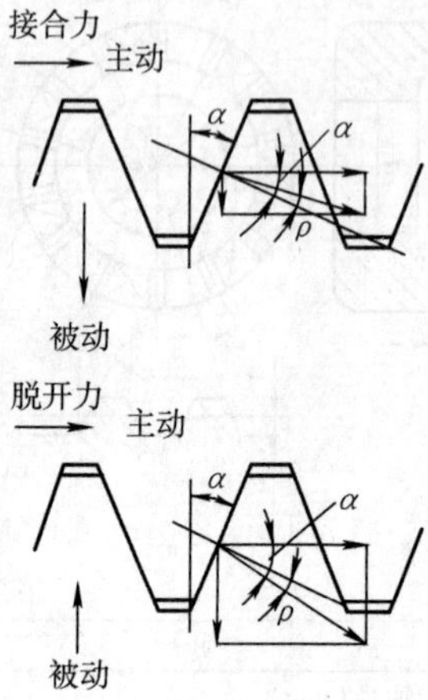	离合器的接合力 $S_h=\frac{2T_c}{D_p}\left[\mu'\frac{D_p}{d}+\tan(\alpha+\rho)\right]$ 离合器的脱开力 $S_k=\frac{2T_c}{D_p}\left[\mu\frac{D_p}{d}-\tan(\alpha-\rho)\right]$	N	μ'—离合器与花键的摩擦因数，一般取μ'=0.15~0.20 μ—离合器牙面间的摩擦因数，一般取μ=0.15~0.20 ρ—牙上的摩擦角 $\rho=\arctan\mu$
使用条件	牙齿自锁条件	$\tan\alpha\leqslant\mu+\mu'\frac{D_p}{d}$		
	接合时的许用转差	$\Delta n=\frac{60000}{\pi D_p}\Delta v$	r/min	Δv—许用接合圆周速度差（m/s），一般 $\Delta v<$0.8m/s
	接合时间	$t=\frac{60}{\Delta nz}$	s	

注：离合器有弹簧压紧装置时，接合力与脱开力还应考虑弹簧作用力。本表仅考虑离合器在花键轴上的滑动、离合器的牙面之间的相对滑动所需克服的摩擦力。

3.1.4　牙嵌离合器的尺寸标注示例（见图 15.2-1）

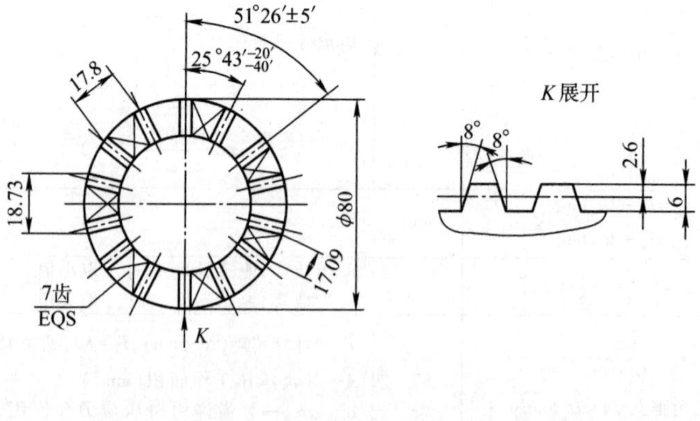

图中角度 25°43′$^{-20'}_{-40'}$控制齿厚，51°26′±5′控制牙齿分布的均匀性，弦长 17.09mm、17.8mm、18.73mm 供加工者参考。齿顶高小于齿根高，保证齿顶与槽底有足够的轴向间隙，以便消除侧隙。

图 15.2-1　牙嵌离合器标注方法

3.1.5　牙嵌离合器的结构尺寸（见表 15.2-11～表 15.2-14）

表 15.2-11　正三角形牙形的结构尺寸　（mm）

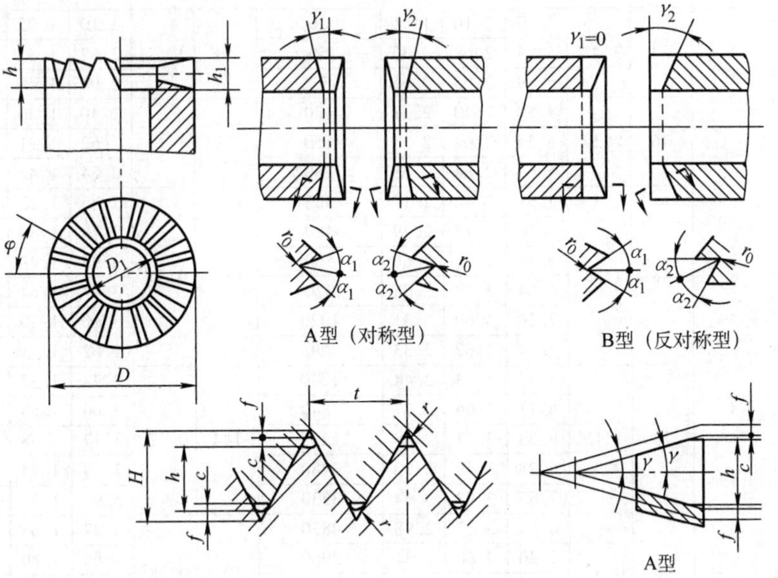

$r_0 = 0.2\text{mm}、0.5\text{mm}、0.8\text{mm}, r = r_0/\cos\gamma \approx r_0, \alpha_1 = 30°, c = 0.5r, f = r, \alpha_2 = 45°,$

$c = 0.3r, f = 0.4r, h = H-(2f+c)$

牙形角 $2\alpha = 60°, r = 0.2$

D	D_1	h_1	普通牙 牙数 z	普通牙 γ	普通牙 t	普通牙 H	普通牙 h	普通牙 许用转矩/N·m	细牙 牙数 z	细牙 γ	细牙 t	细牙 H	细牙 h	细牙 许用转矩/N·m
32	22	5	24	6°31′	4.19	3.62	3.07	45	48	3°15′	2.09	1.81	1.26	36
40	28				5.24	4.53	3.98	90			2.62	2.27	1.72	76
45	32				5.89	5.10	4.55	120			2.94	2.55	2.00	108
55	40		36	4°20′	4.80	4.15	3.60	210	72	2°10′	2.39	2.07	1.52	150
60	45				5.24	4.53	3.98	250			2.62	2.27	1.72	190
65	50				5.67	4.91	4.36	305			2.83	2.45	1.90	227
75	55	8	48	3°15′	4.91	4.25	3.70	520	96	1°37′	2.45	2.12	1.57	377
85	60				5.56	4.81	4.26	830			2.78	2.40	1.85	620
90	65				5.89	5.10	4.55	950			2.95	2.55	2.00	720
100	70				6.54	5.66	5.11	1400			3.27	2.83	2.28	1070
110	80				7.20	6.23	4.68	1440			3.60	3.12	2.57	1350
120	90				5.24	4.53	3.98	1350			2.62	2.27	1.72	1000
125			72	2°10′	5.45	4.72	4.17	2170	144	1°05′	2.73	2.36	1.81	1570
140	100				6.11	5.28	4.73	3140			3.05	2.64	2.09	2320
145					6.33	5.47	4.92	3750			3.16	2.74	2.19	2790
160	120				6.98	6.05	5.50	4260			3.49	3.03	2.48	3200
180	140				7.85	6.80	6.25	5540			3.93	3.39	2.84	4200
200	150		96	1°37′	6.54	5.66	5.11	8250	192	0°50′	3.27	2.83	2.28	6140
220	170				7.20	6.23	5.68	10220			3.60	3.12	2.57	7710
250	190				8.18	7.08	6.53	15900			4.09	3.54	2.99	12140
280	220				9.16	7.93	7.38	20440			4.58	3.97	3.42	15780

（续）

牙形角 $2\alpha=90°$，$r=0.2$															
			普通牙						细牙						
D	D_1	h_1	牙数 z	γ	t	H	h	许用转矩 /N·m	牙数 z	γ	t	H	h	许用转矩 /N·m
32	22	5	24	3°45′	4.19	2.10	1.81	26	48	1°52′	2.10	1.05	0.76	20
40	28				5.24	2.62	2.33	50			2.62	1.31	1.02	45
45	32				5.89	2.95	2.66	72			2.95	1.48	1.19	60
55	40		36	2°30′	4.80	2.40	2.11	120	72	1°15′	2.40	1.20	0.91	90
60	45				5.24	2.62	2.33	150			2.62	1.31	1.02	110
65	50				5.67	2.84	2.55	180			2.84	1.42	1.13	135
75	55	8	48	1°52′	4.91	2.46	2.17	305	96	0°57′	2.46	1.23	0.94	225
85	60				5.56	2.78	2.49	480			2.78	1.39	1.10	370
90	65				5.89	2.95	2.66	560			2.95	1.48	1.19	430
100	70				6.54	3.27	2.98	820			3.27	1.64	1.35	640
110	80				7.20	3.60	3.31	1020			3.60	1.80	1.51	800
120	90				5.24	2.62	2.33	790			2.62	1.31	1.02	600
125			72	1°15′	5.45	2.73	2.44	1270	144	0°37′	2.73	1.37	1.08	940
140	100				6.11	3.06	2.77	1840			3.06	1.53	1.24	1380
145					6.33	3.17	2.88	2200			3.17	1.58	1.29	1640
160	120				6.98	3.49	3.20	2480			3.49	1.75	1.46	1890
180	140				7.85	3.93	3.64	3230			3.93	1.97	1.68	2480
200	150		96	0°57′	6.54	3.27	2.98	4820	192	0°28′	3.27	1.64	1.35	3640
220	170				7.20	3.60	3.31	5960			3.60	1.80	1.51	4530
250	190				8.18	4.09	3.80	9260			4.09	2.05	1.76	7150
280	220				9.16	4.58	4.29	11880			4.58	2.29	2.00	9230

注：1. 表中许用转矩值是按照低速时接合，由牙工作面压强条件确定的，对于静止状态接合，表值应乘以 1.75。

2. D_1、h_1 尺寸根据结构尺寸选择，表值仅供参考。

表 15.2-12　$\alpha=30°$、45°三角形牙牙嵌离合器的结构尺寸　（mm）

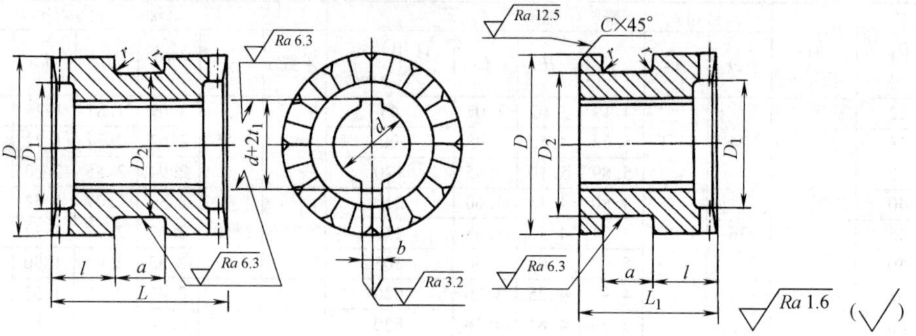

D	D_1	D_2	l	a	L	L_1	r	C	d H7	b H9	t_1 H12	许用转矩 /N·m
32	22	25	12	8	32	25	0.2	0.5	16	5	2.3	25
40	28	30	15	10	40	30	0.3		20	6	2.3	45
45	32	35	15	15	45	30			22			50
55	40	44	20		55	40		1	28	8	3.3	130
60	45	48	22	16	60	45			30			160
65	50	55	23	18	64	50			32	10		180
75	55	60	28		74	55			38			200
85	60	65	32	20	84	65			42	12		450
90	65	70	35		90	70			45	14	3.8	550
100	70	80	40		100	80			50			730

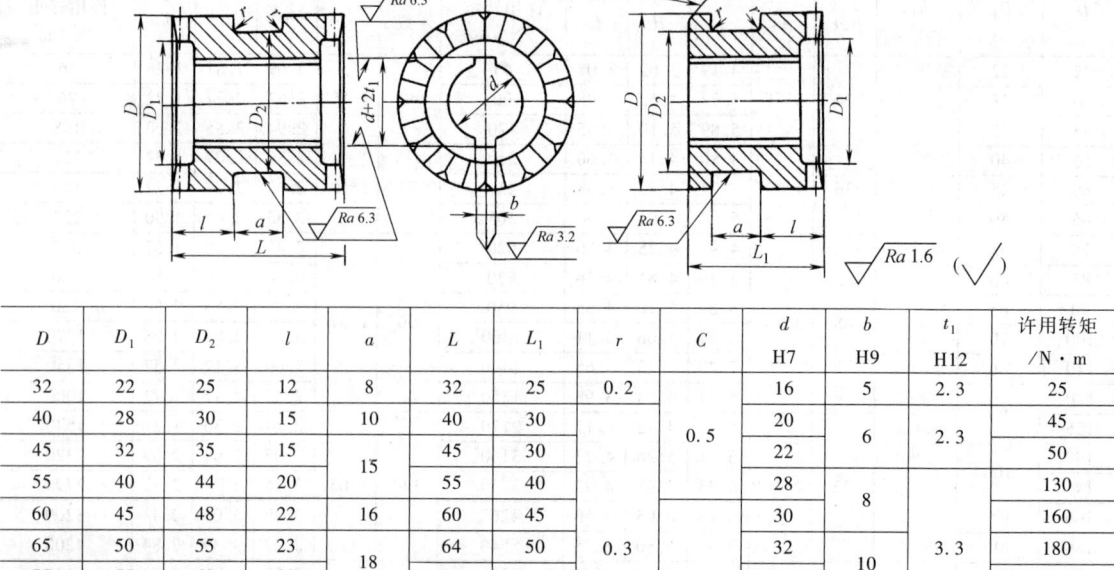

（续）

D	D_1	D_2	l	a	L	L_1	r	C	d H7	b H9	t_1 H12	许用转矩 /N·m
110	80	90	45	20	110	90	0.5	1.5	55	16	4.3	970
120	90	95	50		120	95			60	18	4.4	1300
125	90	100	50	25	125	100			65			1700
140	100	115	55		135	110			70	20	4.9	2200
145	120	125	60		145	115			75	20	4.9	2600
160	120	135	65		155	120		2	80	22	5.4	3000
180	140	145	70	30	170	130			90	25		4500
200	150	165	75		180	135			100	28	6.4	6100

注：1. 牙形结构尺寸见表15.2-11。

2. 表中许用转矩为双键轴所能承受的转矩，牙的强度足够。

3. 常用材料为45、40Cr或20Cr钢，牙部硬度为48~52HRC或58~62HRC。

表 15.2-13 矩形牙、正梯形牙的结构尺寸

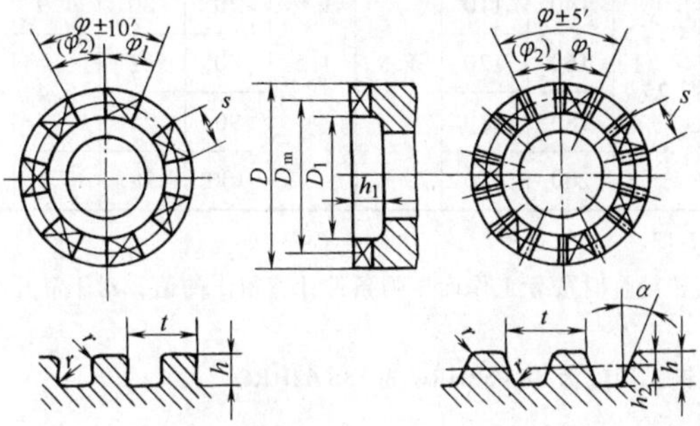

D	D_1	牙数 z	矩形牙 $\varphi\pm10'$	矩形牙 φ_1	矩形牙 φ_2	矩形牙 s/mm	正梯形牙 $\varphi\pm5'$	正梯形牙 $\varphi_{1\,-40'}^{\,-20'}$	正梯形牙 $\varphi_{2\,+20'}^{\,+40'}$	正梯形牙 s/mm	h (mm)	h_1 (mm)	h_2 (mm)	接合时要求同时接触牙数 z'
40 50	28 35	5	72°	35°	37°	12.03 15.04	72°	36°	36°	12.36 15.45	5	6	2.1	3
60 70 80 90 100	45 50 60 65 75	7	51°26′	24°43′	26°43′	12.84 14.98 17.12 19.26 21.40	51°26′	25°43′	25°43′	13.35 13.57 17.80 20.03 22.25	6	8	2.6	4
120 140	90 100	9	40°	18°30′	21°30′	19.29 22.50	40°	20°	20°	20.84 24.31	8	10	3.6	5
160 180 200	120 130 150	11	32°44′	14°22′	18°22′	20.01 22.51 25.01	32°44′	16°22′	16°22′	22.77 25.62 28.47				6

表 15.2-14 矩形牙、梯形牙牙嵌离合器的结构尺寸 （mm）

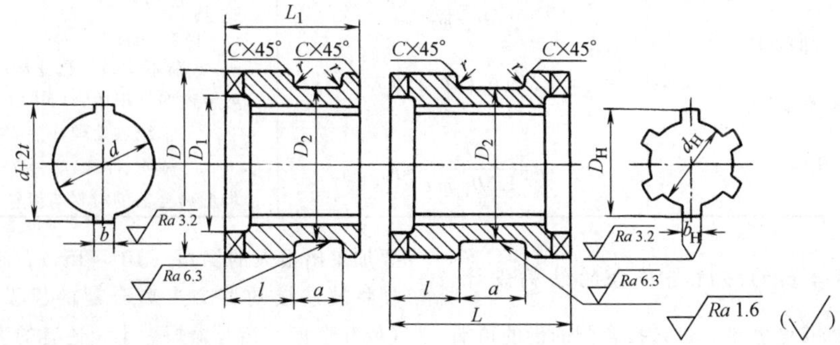

（续）

D	D_1	牙数 z	D_2	l	a	双向 L	单向 L_1	r	C	双键孔 d H7	双键孔 b H9	双键孔 t H12	花键孔 D_H H7	花键孔 d_H b12	花键孔 b_H D9	许用转矩 /N·m
40	28	5	30	15	10	40	30	0.5	0.5	20	6	2.3	20	17	6	77.1
50	35		38	20	12	50	38	0.8		25	8	3.2	25	21	5	120
60	45	7	48	22	16	60	45	1.0	1.0	32	10	3.3	32	28	7	246
70	50		54	28		70	50			35			35	30	10	375
80	60		60	30	20	80	60	1.2		40	12		40	35		437
90	65		70	35		90	70			45	14	3.8	45	40	12	605
100	75		80	40		100	80			50	16	3.8	50	45		644
120	90	9	100	50		120	100	1.5	1.5	60	18	4.4	60	54	14	1700
140	100		115	55	25	140	110			70	20	4.9	70	62	16	2580
160	120	11	135	65		160	120			80	22	5.4	80	70	20	3630
180	130		150	75		180	130			90	25		90	80		5020
200	150		160	85		200	140			100	28	6.4				5670

注：1. 牙形结构尺寸见表 15.2-13。

2. 表中许用转矩是低速运转接合时按牙工作面压强条件计算得出的值，对于静止接合的许用转矩值，可用表中数值乘以 1.75。

3. 常用材料为 45 或 20Cr 钢，硬度为 48~52HRC 或 58~62HRC。

3.2　齿形离合器

3.2.1　齿形离合器的计算（见表 15.2-15）

表 15.2-15　齿形离合器的计算

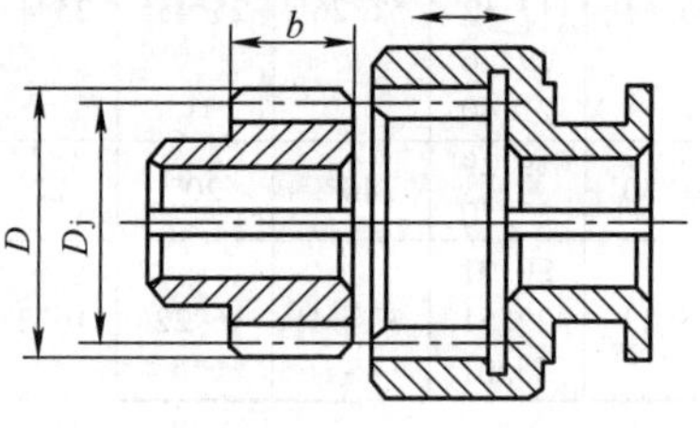

计算项目	计算公式	说　明
齿轮的分度圆直径	$D_j=mz$	z—齿数 m—模数(mm) ε—载荷不均匀系数，$\varepsilon=0.7\sim0.8$ p_p—齿面许用压强(MPa) 未经热处理，$p_p=25\sim40$MPa 调质、淬火，$p_p=47\sim70$MPa 齿形离合器的材料与齿轮相同
内齿轮宽度	$b=(0.1\sim0.2)D_j$	
齿面压强	$p=\dfrac{2T_c}{1.5D_jzbm\varepsilon}\leqslant p_p$	

3.2.2　齿形离合器的防脱与接合的结构设计

为了使离合器接合容易，进入接合侧的齿的顶端要加工出很大的倒角（10°~15°）。此外，有的离合器将被连接的那个半离合器的齿设计成每隔一齿（或几个齿）齿长缩短一半，还有的离合器另一半的内齿每隔一齿取消一个，接合过程如图 15.2-2 所示。第一步（见图 a），离合器 2 的齿（带阴影的齿）进入离合器 1 的长齿之间的宽间隔中，离合器 1 和 2 的齿侧面互相冲击，使它们的速度相等。第二步（见图 b），移动离合器，使齿完全接合。

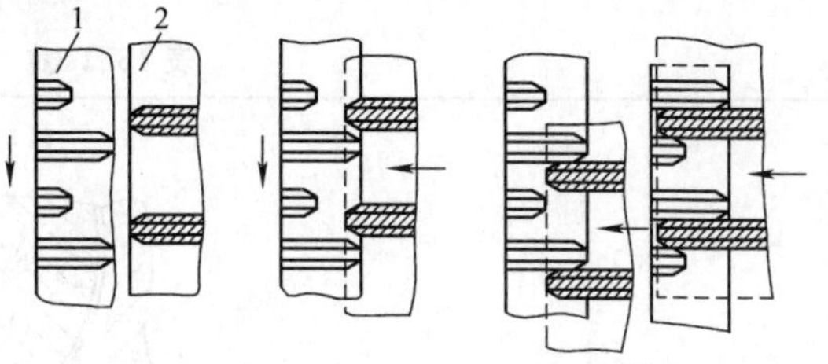

a) b)

图 15.2-2 齿形离合器接合过程简图

齿形离合器在载荷运转过程中往往会因附加的轴向分力推动离合器而使其向相反的方向滑移，最后完全脱开。为了避免这种脱离，在结构设计时要采取以下措施：

1）在外齿的前端加工出一个槽，如图 15.2-3a 所示，将齿长分为两部分，将后部的齿厚减薄，减薄量一侧为 0.2~0.5mm。内齿的齿长小于外齿的齿长，离合器受转矩之后，外齿两种齿厚所形成的一个小台阶被内齿端面卡住，从而不会因轴向力而滑脱。

2）将外齿加工出一个锥度，成为外大内小的形状，如图 15.2-3b 所示。离合器接合之后，外齿受一个阻止滑脱的轴向力。半锥角为 3°左右。

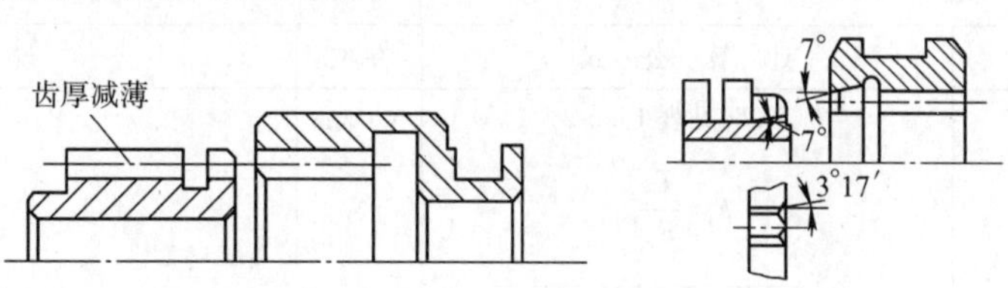

a) b)

图 15.2-3 齿形离合器的防脱结构

a）齿厚减薄 b）外齿加工出一个锥度

3.3 转键离合器

3.3.1 工作原理

图 15.2-4 所示为双转键离合器。主动件大齿轮 3 与中套 4 通过键 13 连成一体转动，并以滑动轴承支承在端套 6、7 上，按图示方向转动。工作转键 5 的尾端带有拨爪 8 并借助弹簧 10 拉紧，使工作转键常处于嵌入中套的状态，即离合器处于接合状态。当离合器需要脱开时，操纵操纵块 12，使拨爪 8 带动工作转键顺时针转 45°，完全转入轴槽之内，则离合器脱开。四连杆机构 11 分别与工作转键和止逆转键 14 相连，使工作转键与止逆转键反向同步转动，止逆转键的作用是防止反向转动造成冲击。

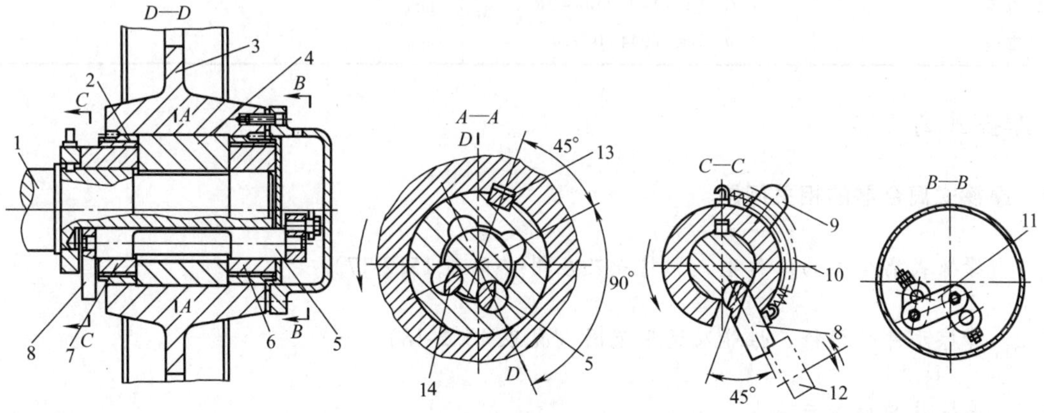

图 15.2-4 双转键离合器

1—曲轴 2—滑动轴承 3—大齿轮 4—中套 5—工作转键 6—右端套 7—左端套 8—拨爪 9—撞块 10—弹簧 11—四连杆机构 12—操纵块 13—键 14—止逆转键

3.3.2 转键离合器的计算（见表 15.2-16）

表 15.2-16 转键离合器的计算

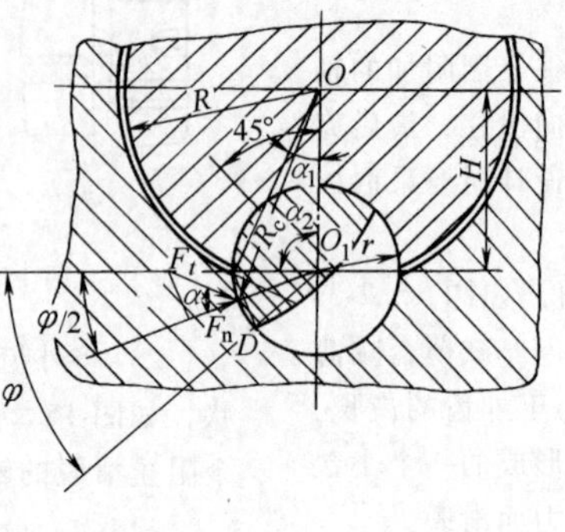

计算项目	计算公式	单位	说明
计算转矩	$T_c=KT$（见表 15.2-2）	N·mm	
作用在转键上的圆周力	$F_t=\dfrac{T_c}{R_c}$	N	
转键计算半径	$R_c=\sqrt{H^2-2Hr\cos\left(\alpha_2+\dfrac{\varphi}{2}\right)+r^2}$	mm	
作用在转键上的正压力	$F_n=F_t\cos\alpha$	N	r—转键工作半径（mm） φ—转键工作面的中心角，一般小于 60°，通常 $\varphi=45°$ σ_{pp}—许用挤压应力（MPa），一般取 $\sigma_{pp}=\dfrac{\sigma_s}{1.3\sim2.6}$ d_0—与曲轴相邻轴承直径（mm） H—轴心到转键中心距离
压力角	$\alpha\approx90°-\arccos\left(\dfrac{R_c^2+r^2-H^2}{2R_cr}\right)$	（°）	
转键挤压应力	$\sigma_p=\dfrac{F_n}{A_1}\leqslant\sigma_{pp}$	MPa	
挤压面积	$A_1=2rl\sin\dfrac{\varphi}{2}$	mm²	
单位长度压力	$q=\dfrac{F_n}{l}$	N/mm	
转键有效长度	$l=(1.4\sim1.65)d_1$	mm	
曲轴直径	$d_1=(1.12\sim1.2)d_0=2R$	mm	
转键直径	$d=2r=(0.44\sim0.5)d_1$	mm	

4 摩擦式离合器

4.1 摩擦式离合器的相关问题

4.1.1 摩擦式离合器的结构型式、特点及应用（见表 15.2-17）

4.1.2 摩擦元件的材料、性能及适用范围（见表 15.2-18）

4.1.3 摩擦片的形式与特点

常见摩擦元件的结构型式以圆环形摩擦片应用最广。典型圆环形摩擦片形式及主要特点见表 15.2-19。摩擦片由芯片和摩擦衬片或摩擦材料层组成。芯片由金属片或非金属片制成；摩擦衬片或摩擦材料层的种类很多，可以粘、铆或烧结到芯片上。按摩擦片结构及散热要求，可做成整体式或拼装式。

表 15.2-17　摩擦式离合器的结构型式、特点及应用

结　构　型　式		特点及应用
锥体	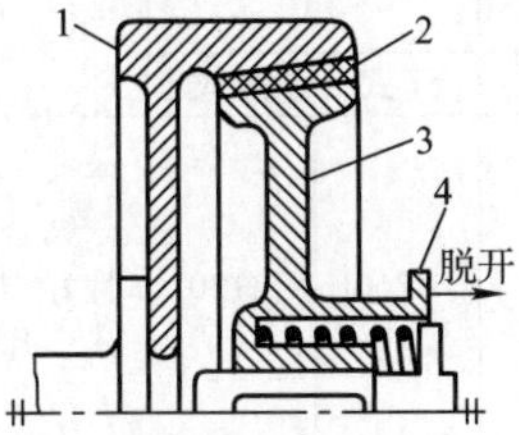 1—主动件　2—摩擦衬面　3—从动盘　4—操纵套筒	结构简单，可平稳地接合，在相同直径及传递相同转矩条件下比盘式离合器要求的轴向接合力小。易散热，但起动惯性大，锥盘轴向移动困难 用于进给装置。在牵引设备中几乎完全被盘式离合器代替
单片	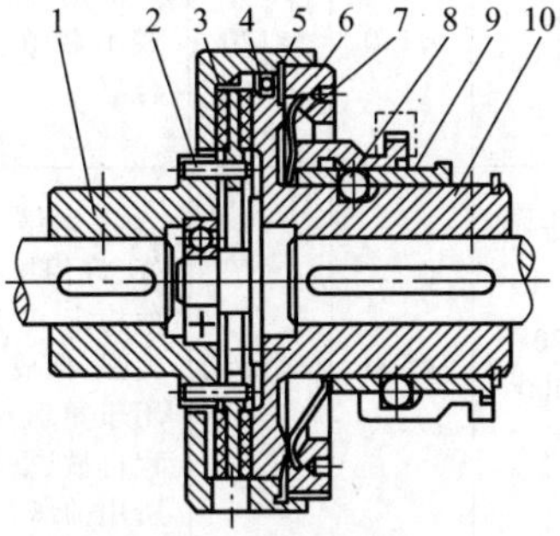 干式单片摩擦式离合器 1—轴套　2、4—导销　3—摩擦片 5、10—压紧盘　6—调节盖　7—碟形膜片弹簧　8—钢球　9—压紧环	主动部分与从动部分通过由碟形弹簧压紧摩擦片进行接合，离合器的接合与脱开由操纵杠杆拨动压紧环实现。这种干式单片离合器可用于传递转矩范围为 15 ~ 3000N · m的装置
多片	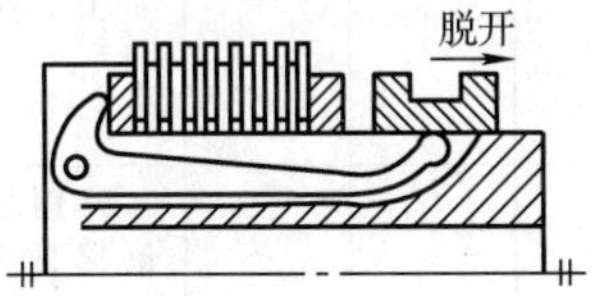	可通过增加摩擦片来增加容量，而不用加大直径。湿式多片离合器摩擦片浸在封闭箱体内的油液内，干式通常由循环的空气带走产生的热量。各种多片离合器的差别主要在于主动片和被动片的夹紧方式不同。广泛用于机床、中心距受空间限制的一些齿轮箱传动装置，以及推土机等工程机械的变速器中
涨圈	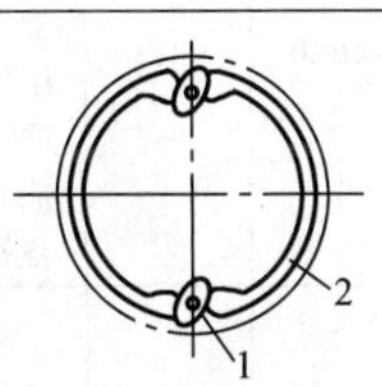 1—销轴　2—涨圈	涨圈为筒形摩擦片。销轴转动，迫使涨圈外径扩大，压紧环形槽内表面，离合器接合。涨圈转动时的离心力能增加接合功率。销轴复位，涨圈自身弹性收缩，离合器脱开。用于低速和转矩不大的场合，如挖掘机等
扭簧	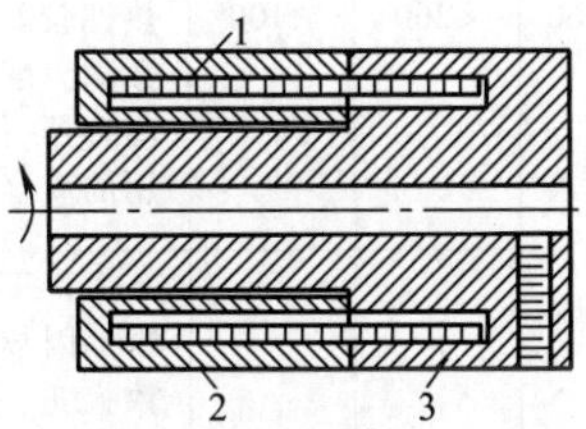 1—左旋扭簧　2—主动件　3—被动件	用扭簧与主、被动件的内表面相连接，工作时主动件使扭簧径向尺寸增大，压紧在被动件的表面上，借助摩擦力带动被动件。可看作是超越型，即主动件只能一个方向驱动被动件。如果被动件的转速超过主动件的转速，则扭簧将放松，两轴脱开。扭簧主要受剪切力。用于洗衣机中

注：摩擦式离合器有干式、湿式两种。干式与湿式相比，具有结构简单、价格便宜、维修量小、空转转矩小（为额定力矩的 0.05%）、换向时颤振小、转动惯量小和起动时间短的特点，通常用于要求瞬时脱开、过载保护的场合；湿式（一般浸在油中）能降低磨损，缓冲冲击载荷，但需要注意接合元件在油中摩擦因数减小以及散热不足，需加强冷却，常用于小直径多片离合器。

表 15.2-18 摩擦元件的材料、性能及适用范围

摩擦副		摩擦因数 $\frac{\mu_s}{\mu_d}$		许用压强 $[p]$/N·cm^{-2}		许用温度 /℃		特点和适用范围
摩擦片	对偶件	干式	湿式	干式	湿式	干式	湿式	
10 钢或 15 钢(渗碳 0.5mm,淬火 56~62HRC)	淬火钢	0.15~0.20	0.05~0.10	20~40	60~100	<260	<120	贴合紧密,耐磨性好,导热性好,热变形小。常用于湿式多片摩擦离合器
65Mn(淬火 35~45HRC)		0.12~0.16	0.04~0.08					
QSn6-6-3 QSn10-1 QAl9-4	钢、青铜、铸铁 HT200	0.15~0.20	0.06~0.12	20~40	60~100	<150	<120	滑动、静摩擦因数差较小,成本较高。多用于湿式离合器
		0.12~0.16	0.05~0.10					
铜基粉末冶金	铸铁 HT200 45 钢、40Cr	0.25~0.45	0.10~0.12	100~300	120~400	<560	<120	易烧结,耐高温,耐磨性好,许用压强高,摩擦因数高而稳定,导热性好,抗胶合能力强,但成本高,密度大。适用于重载湿式离合器,如工程机械、重型汽车、压力机等所用的离合器
		0.20~0.30	0.05~0.10					
铸铁	45 钢(高频感应淬火 42~48HRC)	0.15~0.20	0.05~0.10	20~40	60~100	<250	<120	具有较好的耐磨性和抗胶合能力,但不能承受冲击。常用于圆锥离合器
	20Mn2B(渗碳淬火 53~58HRC)	0.12~0.16	0.04~0.08					
	铸铁 HT200	0.15~0.25	0.06~0.12					
铁基粉末冶金	铸铁、钢	0.30~0.40	0.10~0.12	120~300	200~300	<680	<120	比铜基粉末冶金难制造,磨损量大。在油中耐磨性差,磨损后污染油。耐高温。接合时刚性大,有较大的许用压强和静摩擦因数。特别适用于重载干式离合器,如拖拉机、坦克等所用的离合器
石棉有机摩擦片	铸铁、钢	0.25~0.40	0.08~0.12	15~30	40~60	<260	<100	摩擦因数较高,密度小,有足够的机械强度,价格便宜,制造容易,耐热性较好,但导热性较差,不耐高温,摩擦因数随温度变化。常用于干式离合器,如拖拉机、汽车等所用的离合器
纸基摩擦片	铸铁、钢		0.08~0.12	—	100			生产工艺简单,价格低廉,摩擦因数大,滑动、静摩擦因数接近,换向冲击小,密度小,转动惯量小;耐磨性、耐热性较铜基和石墨基差,磨损量大,使用时需保证良好的冷却与润滑。常用于中小型载货汽车、拖拉机等所用的离合器
			0.04~0.06					

（续）

摩擦副		摩擦因数 $\frac{\mu_s}{\mu_d}$		许用压强 $[p]/N\cdot cm^{-2}$		许用温度 /℃		特点和适用范围
摩擦片	对偶件	干式	湿式	干式	湿式	干式	湿式	
石墨基摩擦片	合金钢		0.10~0.15 ——— 0.08~0.12	—	300~600			摩擦因数大，可在高速度低载荷条件下工作，也可用于重载机械；传递大转矩，不受润滑剂中杂质的影响，油的种类对摩擦性能影响小，成本介于纸基与粉末冶金材料之间，磨损稍低于纸基摩擦片，但高于粉末冶金摩擦片，工艺性好，用于重型载货汽车所用的离合器
半金属摩擦片	合金钢	0.26~0.37		168	—	<350		压强、速度和温度升高摩擦因数比较稳定，对偶件的磨损较小。转矩平稳性、对偶件磨损情况及制造成本均优于粉末冶金，适于中高速、高载荷、干式条件下使用
夹布胶木 皮革 软木	铸铁、钢	—	0.1~0.12					
	铸铁、钢	0.30~0.40	0.12~0.15	— 7~15 5~10	40~60 15~28 10~15	<150 <110 <110	<120	
	铸铁、钢	0.30~0.50	0.15~0.25					

注：1. μ_s 是静摩擦因数，是指摩擦副将开始打滑前的摩擦因数的最大值；μ_d 是滑动摩擦因数。后面所有 μ 符号，未注脚标时系指静摩擦因数。

2. 摩擦片数少，p_p 值取上限；摩擦片数多，p_p 取下限。

3. 摩擦片平均圆周速度大于 2.5m/s 时或每小时接合次数大于 100 次时，p_p 值要适当降低。

4. 摩擦因数列数据中横线上方为 μ_s 数值，横线下方为 μ_d 数值，其余为 μ_s 数值。

表 15.2-19　圆环形摩擦片的形式及主要特点

形式	内片			
	矩形齿内片	花键孔内片	渐开线齿内片	卷边开槽内片
简图	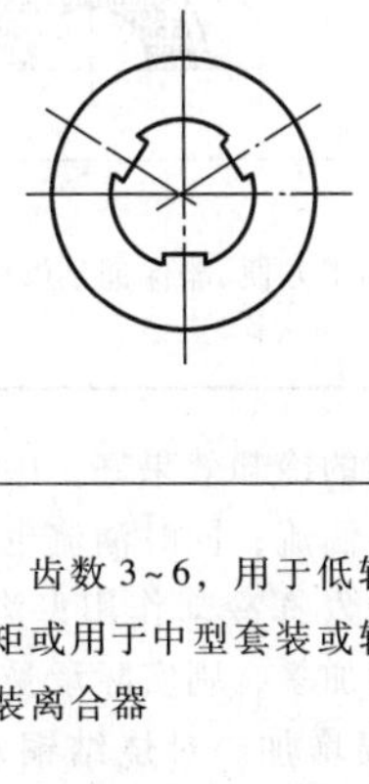	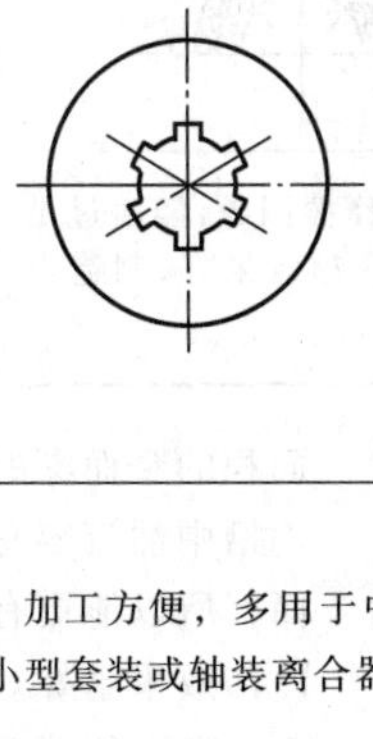	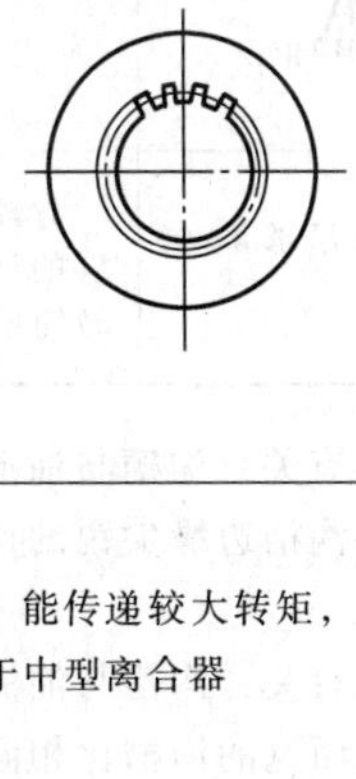	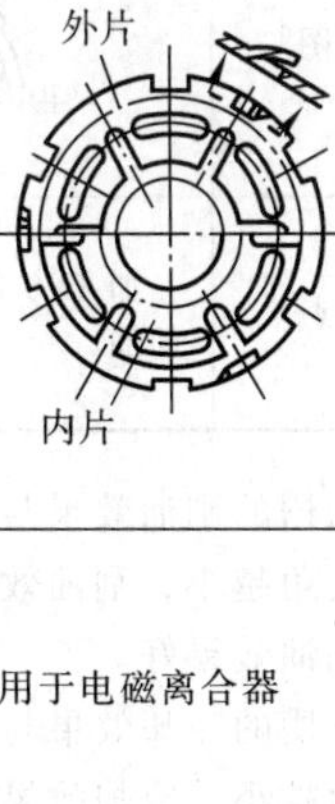
特点	齿数 3~6，用于低转矩或用于中型套装或轴装离合器	加工方便，多用于中小型套装或轴装离合器	能传递较大转矩，用于中型离合器	多用于电磁离合器

（续）

形式	内片	外片		
	带扭转减振器的弹性片	矩形齿外片	键槽式外片	渐开线齿外片
简图	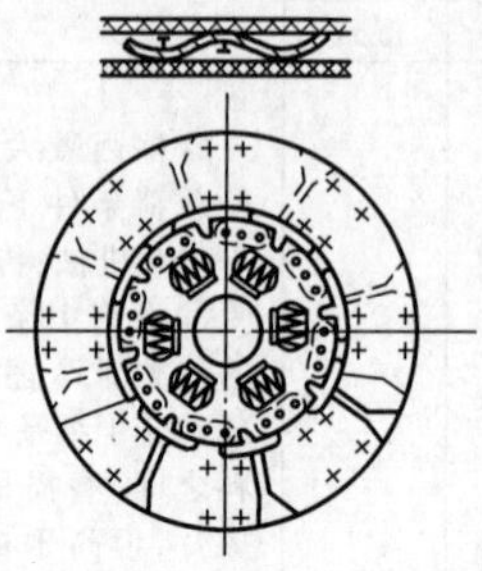	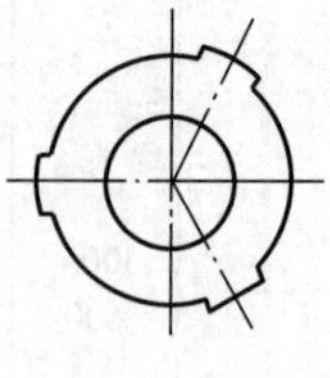	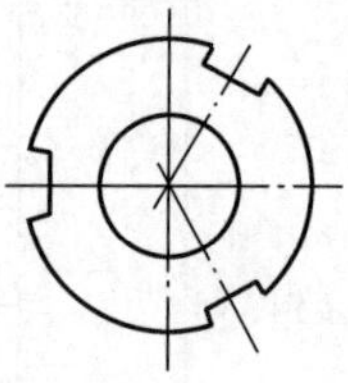	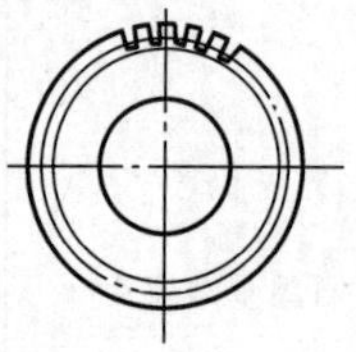
特点	用于汽车主离合器	齿数3~6,可与矩形齿内片或花键孔内片配合	槽数3~6,可与矩形齿片或花键孔内片配对	能传递较大转矩,与渐开线齿内片配对

对于工作时需要散发很大热量的干式离合器片，常采用带散热翅的端部摩擦片或带辐射的中空摩擦片，以加强通风或水冷。

摩擦片上往往加工出沟槽，常用沟槽见表15.2-20。沟槽可起到刮油、冷却和有效排出磨粒的作用。沟槽的刮油作用能降低摩擦副之间的油膜的厚度和压力，从而提高滑动摩擦因数；同时，沟槽还有把磨损脱落的小颗粒收集起来随油流排出到油池的作用，防止这部分颗粒对摩擦表面产生磨粒磨损。充满润滑油的沟槽快速扫过摩擦表面时，带走摩擦表面的摩擦热，还能通过设计特殊形式的沟槽来实现磨粒排出。例如，在外径一边开不通透的径向槽，当离合器脱开时，利用不通透的径向槽中油的压力把摩擦副顶开，但这种沟槽可能造成油膜增厚，摩擦因数下降。

表15.2-20 常用沟槽形式和特点

型式	同心圆或螺旋槽	辐射状	同心辐射状
简图	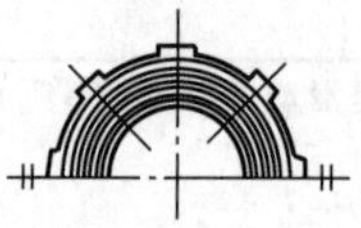	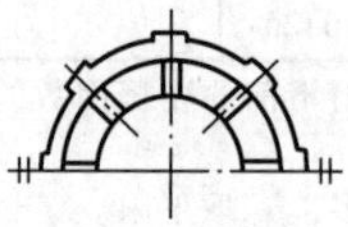	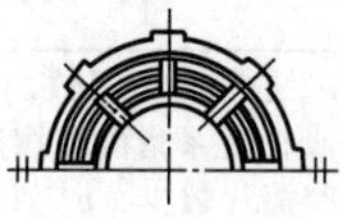
特点	有利于排油,有利于破坏油膜层,使摩擦因数提高,但冷却性能差	向摩擦表面供油好,冷却效果好,磨损减小,能促使摩擦片分离,但多形成液体润滑,使摩擦因数降低	摩擦因数较高,冷却效果好,制造较复杂
型式	棱状	放射棱状	方格状
简图			
特点	加工方便,能通过足够的冷却油	有较高的摩擦因数,能通过足够的油流,冷却效果好,制造也较简单	加工方便,能保证足够的冷却油通过

沟槽的刮油效果与两个因素有关：沟槽与油流方向的夹角越小，刮油效果越好；沟槽边缘尖锐的比圆滑的刮油效果好。

沟槽的冷却效果与三个因素有关：沟槽与油流方向夹角越小，冷却效果越差；浅而宽的沟槽比相同截面积的窄而深的沟槽的冷却效果好，因为在宽而浅的沟槽中油流容易产生湍流，同时油流也更靠近摩擦表面，所以能更有效地发挥冷却作用；沟槽间距越小，冷却效果越好。沟槽加多，则实际承受摩擦的面积减少，有可能导致磨损增加。对烧结铜基摩擦材料来讲，沟槽面积高达摩擦总面积的 50% 时磨损率可以毫无影响，而纸基摩擦材料的磨损对沟槽面积所占的比例则十分敏感。

对非金属摩擦片表面，开槽并不能使摩擦因数变大，相反却增加了磨损值，所以在纸质和石墨树脂衬面上仅开冷却油槽。

4.1.4　摩擦式离合器的计算（见表 15.2-21）

表 15.2-21　摩擦式离合器的计算

形式及尺寸符号说明	计算项目	计算公式	单位
圆环形摩擦片式 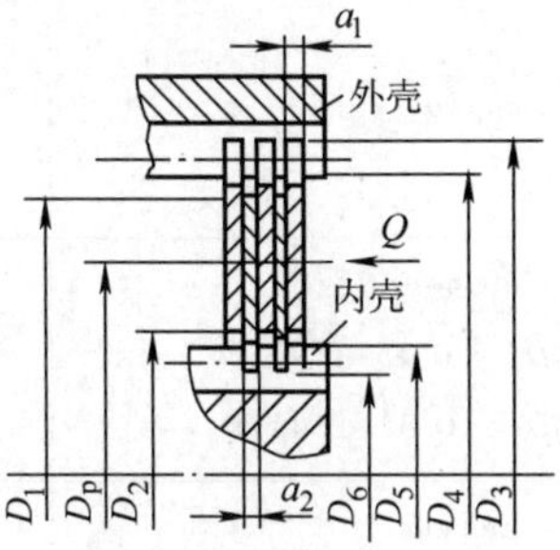 i_1—外摩擦片数 i_2—内摩擦片数 m—摩擦面对数，通常，湿式 $m=5\sim15$，干式 $m=1\sim6$ z—摩擦片总数，$z=i_1+i_2=m+1$ μ—摩擦因数，查表 15.2-18 $[p]$—许用压强（N/cm^2），查表 15.2-18 z_1—外摩擦片齿数 z_2—内摩擦片齿数 a_1、a_2—外、内摩擦片厚度（cm） K_1—摩擦片数修正系数，见表 15.2-22 K_v—速度修正系数（滑动速度系数），见表 15.2-5 K_m—接合次数修正系数（接合频率系数），见表 15.2-4 σ_{pp}—许用挤压应力 d—传动轴直径	计算转矩	$T_c=\dfrac{KT}{K_m K_v}$（见表 15.2-2）	N·cm
	摩擦片工作面的平均直径	$D_p=\dfrac{1}{2}(D_1+D_2)=(2.5\sim4)d$	cm
	摩擦片工作面的外径	$D_1=1.25D_p$	cm
	摩擦片工作面的内径	$D_2=0.75D_p$	cm
	摩擦片宽度	$b=\dfrac{D_1-D_2}{2}$	cm
	摩擦面对数	$m=z-1\geqslant\dfrac{8T_c}{\pi(D_1^2-D_2^2)D_p\mu p_p}$ （z 取奇数，m 取偶数）	
	摩擦片脱开时所需的间隙	湿式：$\delta=0.2\sim0.5$ 干式：无衬层　$\delta=0.4\sim1.0$ 有衬层　$\delta=1.0\sim1.5$	mm
	许用传递转矩	$T_{cp}=\dfrac{1}{8}\pi(D_1^2-D_2^2)D_p m\mu p_p K_1\geqslant T_c$	N·cm
	压紧力	$Q=\dfrac{T_c}{D_p\mu m}$	N
	摩擦面压强	$p=\dfrac{4Q}{\pi(D_1^2-D_2^2)}\leqslant[p]$	N/cm^2
	摩擦片与外壳接合处挤压应力	$\sigma_{p1}=\dfrac{8T_{cp}}{z_1 i_1 a_1(D_3^2-D_4^2)}\leqslant\sigma_{pp}$	N/cm^2
	摩擦片与内壳接合处挤压应力	$\sigma_{p2}=\dfrac{8T_{cp}}{z_2 i_2 a_2(D_5^2-D_6^2)}\leqslant\sigma_{pp}$	N/cm^2

（续）

形式及尺寸符号说明	计算项目	计算公式	单位
单圆锥摩擦式 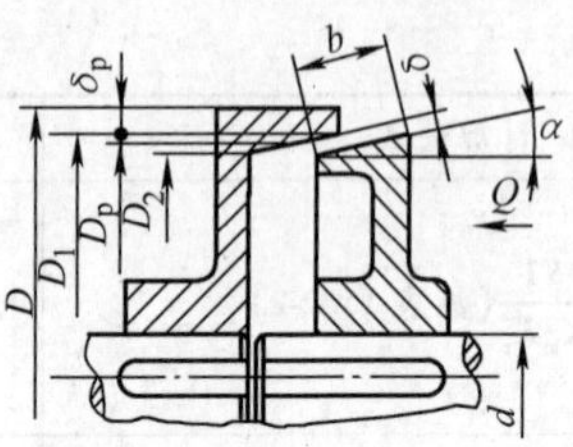	计算转矩	$T_c=\frac{KT}{K_mK_v}$（见表 15.2-2）	N·cm
	摩擦片工作面平均直径	单锥面：$D_p=(D_1+D_2)/2=(4\sim6)d$，或 $D_p=\sqrt[3]{\frac{T_c}{0.5\pi p_p\psi\mu}}$ 双锥面：$D_s=\sqrt[3]{\frac{T_c}{0.5\pi p_p\psi\mu}}$ 两式中 ψ 的计算见下	cm
双圆锥摩擦式 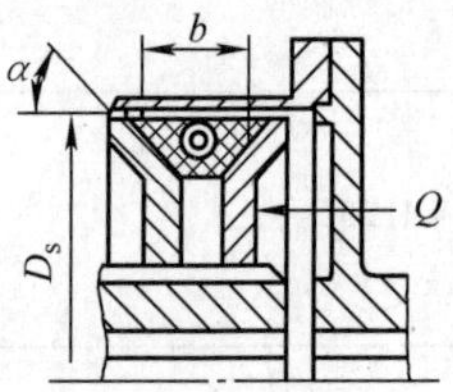	摩擦片宽度	一般机械：$b=\psi D_p=(0.4\sim0.7)D_p$ 机床：单锥面 $b=\psi D_p=(0.15\sim0.25)D_p$ 双锥面 $b=\psi D_s=(0.32\sim0.45)D_s$	cm
D_s—锥面摩擦块的外径或外壳的内径（cm）	摩擦锥的半锥角	$\alpha>\arctan\mu$ 金属-金属 $\alpha=8°\sim15°$ 石棉、木材-金属 $\alpha=20°\sim25°$ 皮革-金属 $\alpha=12°\sim15°$	（°）
μ—摩擦因数，见表 15.2-18 [p]—许用压强（N/cm^2），见表 15.2-18	离合器脱开间隙	无衬层 $\delta=0.5\sim1.0$ 有衬层 $\delta=1.5\sim2.0$	mm
α—半锥角，一般大于摩擦角	摩擦锥的行程	单锥面 $x=\delta/\sin\alpha$，双锥面 $x=2\delta/\sin\alpha$	mm
b—圆锥素线宽度（cm） σ_p—许用应力（N/cm^2）	摩擦面上的平均圆周速度	$v=\frac{\pi D_p n}{6000}$	m/s
铸铁 $\sigma_p=1960\sim2940N/cm^2$ 铸钢 $\sigma_p=3920\sim7850N/cm^2$ 碳素钢 $\sigma_p=7850\sim11770N/cm^2$ φ—摩擦角，$\varphi=\arctan\mu$ ψ—宽度系数	许用传递转矩	单锥面 $T_{cp}=\frac{1}{2}\pi D_p^2 b\mu p_p\geqslant T_c$ 双锥面 $T_{cp}=\frac{1}{2}\pi D_s^2 b\mu p_p\geqslant T_c$	N·cm
	所需的轴向压力与脱开力	单锥面 $Q=\frac{2T_c(\mu\cos\alpha\pm\sin\alpha)}{D_p\mu}$ 接合时用"+"，脱开时用"-" 双锥面 $Q=\frac{T_c(\sin\alpha+\mu\cos\alpha)}{\mu D'(\cos\alpha-\mu\sin\alpha)}$	N
	摩擦面压强	单锥面 $p=\frac{2T_c}{\pi D_p^2\mu b}\leqslant[p]$ 双锥面 $p=\frac{2T_c}{\pi D_s^2\mu b}\leqslant[p]$	N/cm^2
	外锥平均壁厚	$\delta_p\geqslant\frac{Q}{2b\pi\sigma_p\tan(\alpha+\varphi)}$	cm

（续）

形式及尺寸符号说明	计算项目	计算公式	单位
圆片摩擦块式 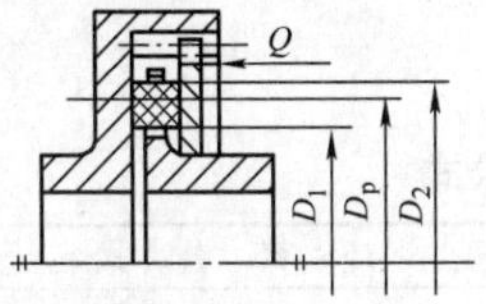 D_p—平均直径(cm) A—单个摩擦块单侧摩擦面积(cm^2) z—摩擦块数量 μ—摩擦因数，见表 15.2-18 $[p]$—许用压强(N/cm^2)，见表 15.2-18	压紧力	$Q=\dfrac{T_c}{D_p\mu}$	N
	摩擦面压强	$p=\dfrac{T_c}{D_p\mu Az}\leqslant[p]$	N/cm^2
涨圈式 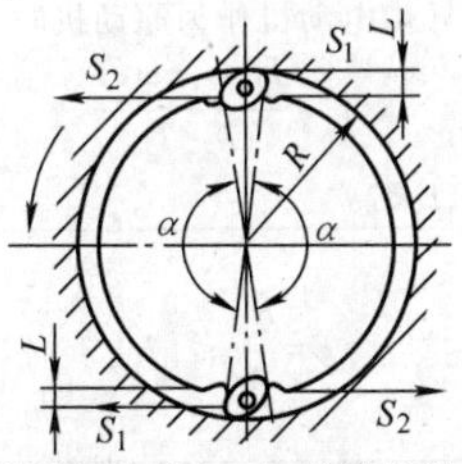 α—单根涨圈包角(rad)，按结构设计定 b—涨圈宽度(cm)，按结构设计定 z—涨圈数量 μ—摩擦因数，见表 15.2-18 $[p]$—许用压强(N/cm^2)，见表 15.2-18 R—环形槽半径(cm) L—转销上力臂(cm)	始端张力	$S_1=\dfrac{T_c}{R(e^{\mu\alpha}-1)z}$	N
	终端张力	$S_2=\dfrac{T_c e^{\mu\alpha}}{R(e^{\mu\alpha}-1)z}$	N
	摩擦面压强	$p=\dfrac{T_c}{R^2 b\alpha\mu z}\leqslant[p]$	N/cm^2
	接合力矩	$M_0=S_1L+S_2L$	N · cm
扭簧式 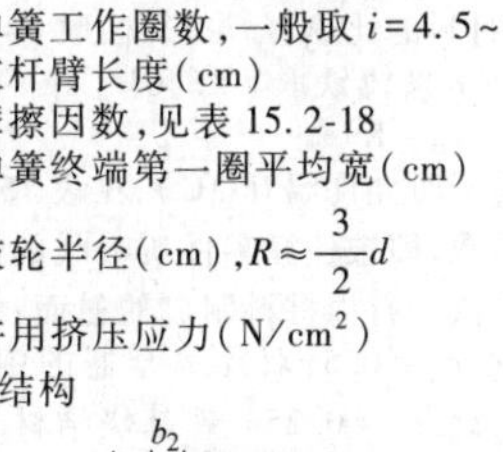 i—弹簧工作圈数，一般取 $i=4.5\sim6$ t、c—杠杆臂长度(cm) μ—摩擦因数，见表 15.2-18 b_m—弹簧终端第一圈平均宽(cm) R—鼓轮半径(cm)，$R\approx\dfrac{3}{2}d$ σ_{pp}—许用挤压应力(N/cm^2) 扭簧结构 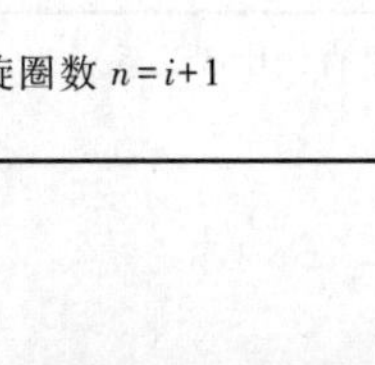 $b_1=0.5b_2$ $a_1=0.4b_2$ $a_2=0.9b_2$ 扭簧总螺旋圈数 $n=i+1$	圆周力	$F=T_c/R$	N
	终端张力	$S_2=F/e^{2\pi i\mu}$	N
	操纵端张力	$S_1=\dfrac{F}{e^{2\pi i\mu}(e^{2\pi\mu}-1)}$	N
	接合力	$S=S_1t/c$	N
	鼓轮表层挤压应力	$\sigma_p=\dfrac{F}{Rb_m}\leqslant\sigma_{pp}$	N/cm^2

表 15.2-22 K_1 值

离合器主动摩擦片数 i_1	≤3	4	5	6	7	8	9	10	11
K_1	1	0.97	0.94	0.91	0.88	0.85	0.82	0.79	0.76

4.1.5 摩擦式离合器的摩擦功和发热量计算（见表 15.2-23）

表 15.2-23 摩擦式离合器的摩擦功和发热量计算公式

<table>
<tr><th>简 图</th><th>计算项目</th><th>计 算 公 式</th></tr>
<tr><td rowspan="6">
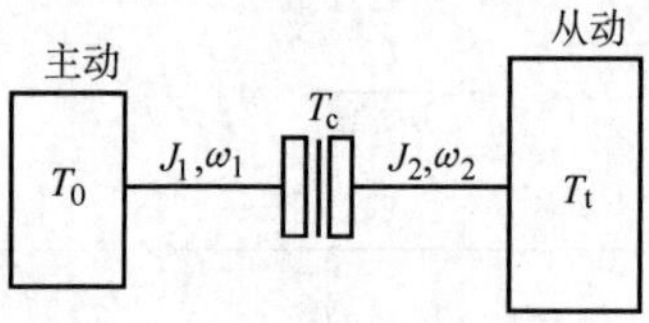

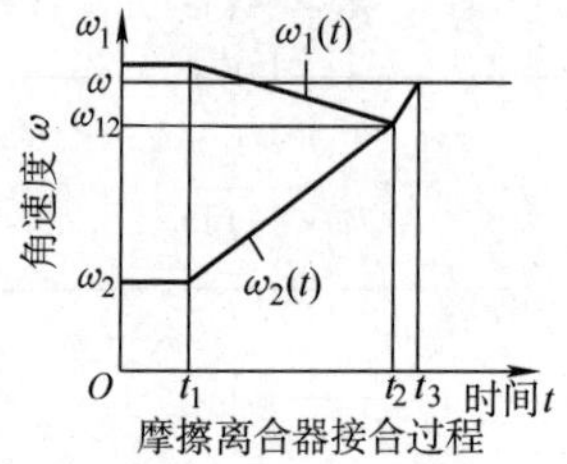

摩擦离合器接合过程

在 t_1 时，主、从动件开始接触，此后主动端角速度下降，从动端角速度上升

在 t_2 时，主、从动端达到同步运转，此后，主、从动端角速度同步上升到工作角速度，此时时间为 t_3

接合过程关系如下：

$$T_0-T_c=J_1\frac{d\omega_1(t)}{dt}$$

$$T_c-T_t=J_2\frac{d\omega_2(t)}{dt}$$

上两式积分后，使两式相等，求得离合器的接合摩擦时间 t_e
</td><td>摩擦元件的摩擦功</td><td>$$E_m=\frac{J_1J_2(\omega_1-\omega_2)^2}{2\left[J_1\left(1-\frac{T_t}{T_c}\right)+J_2\left(1-\frac{T_0}{T_c}\right)\right]}$$</td></tr>
<tr><td>接合摩擦时间</td><td>$$t_e=t_2-t_1=\frac{J_1J_2(\omega_1-\omega_2)}{J_2(T_c-T_0)+J_1(T_c-T_t)}$$
三相异步电动机作为原动机时，可取
$$t_e=\frac{J_2(\omega_1-\omega_2)}{T_c-T_t}$$
通常，$t_e<7s$</td></tr>
<tr><td>摩擦表面一次接合的单位摩擦功平均值</td><td>$$E=\frac{E_m}{Az}\leqslant[E]$$</td></tr>
<tr><td>一次接合终了时的平均温度</td><td>$$t_p=t_0+\Delta t=t_0+\frac{\alpha_1E_m}{mc}$$</td></tr>
<tr><td>一次接合的温升</td><td>$$\Delta t=\frac{\alpha_1E_m}{mc}\leqslant\Delta t_p$$
用油冷却的湿式离合器循环油的温升为
$$\Delta t=\frac{\sum E_m}{60\rho_cq}\leqslant\Delta t_p$$</td></tr>
<tr><td>pv</td><td>在高转速接合时，为防止摩擦副产生胶合，应验算 pv 值：
$$pv\leqslant(pv)_p$$
$(pv)_p$—许用值。对于干式石棉材料，为 2~2.5MPa·m/s；对湿式粉末冶金材料，为 30~60MPa·m/s</td></tr>
<tr><td>符号意义</td><td colspan="2">
J_1、J_2—分别为主、从动轴的转动惯量（kg·m²）
ω_1、ω_2—分别为接合时主、从动轴的起始角速度（rad/s）
ω_{12}—主、从动轴达到同步运转时的角速度
ω—主、从动轴达到同步运转后上升到工作角速度
T_c—摩擦元件所传递的计算转矩（N·m）
T_t—需传递的负载转矩（N·m）
T_0—原动机的驱动转矩（N·m）
A—一个摩擦副的工作面积（m²）
z—摩擦副对数
$[E]$—允许摩擦功（J/m²），见表 15.2-24
E_m—一次接合摩擦功（J）
t_e—接合摩擦时间（s）
t_0—接合开始时摩擦片的平均温度（℃）
Δt—当主、被动片热量和导热系数相同时，所有摩擦功转化为热的一次接合温升（℃）
m—离合器吸收热量部分的零件质量（kg）
c—主、被动片材料的比热容。冷却油取 c=1680~2100J/（kg·K），铸铁取 c=540J/（kg·K），钢取 c=490J/（kg·K）
Δt_p—一次接合终了时允许温升（℃），见表 15.2-24
α_1—热量分配系数，即被计算零件所吸收的热量对总热量的比值。石棉材料制成的衬面：单片离合器的压盘，α_1=0.5；双片离合器的中间盘，α_1=0.5；压盘，α_1=0.25。铁基烧结材料制成的衬面：单片从动盘，α_1=0.5；双片中间盘，α_1=0.25
$\sum E_m$—1h 内累积的摩擦功（J）
ρ_c—冷却油的密度，一般取 850~900kg/m³
q—冷却油的流量（m³/min）
p—摩擦副元件表面压强（MPa）
v—摩擦副元件表面平均圆周速度（m/s）
</td></tr>
</table>

注：1. 表中计算公式是假定 T_0、T_t 为定值，主、从动轴角速度的瞬时变化值随时间 t_e 呈直线比例关系。

2. 本表不适用于汽车和工程机械带变矩器及不带变矩器的变速器中的离合器。

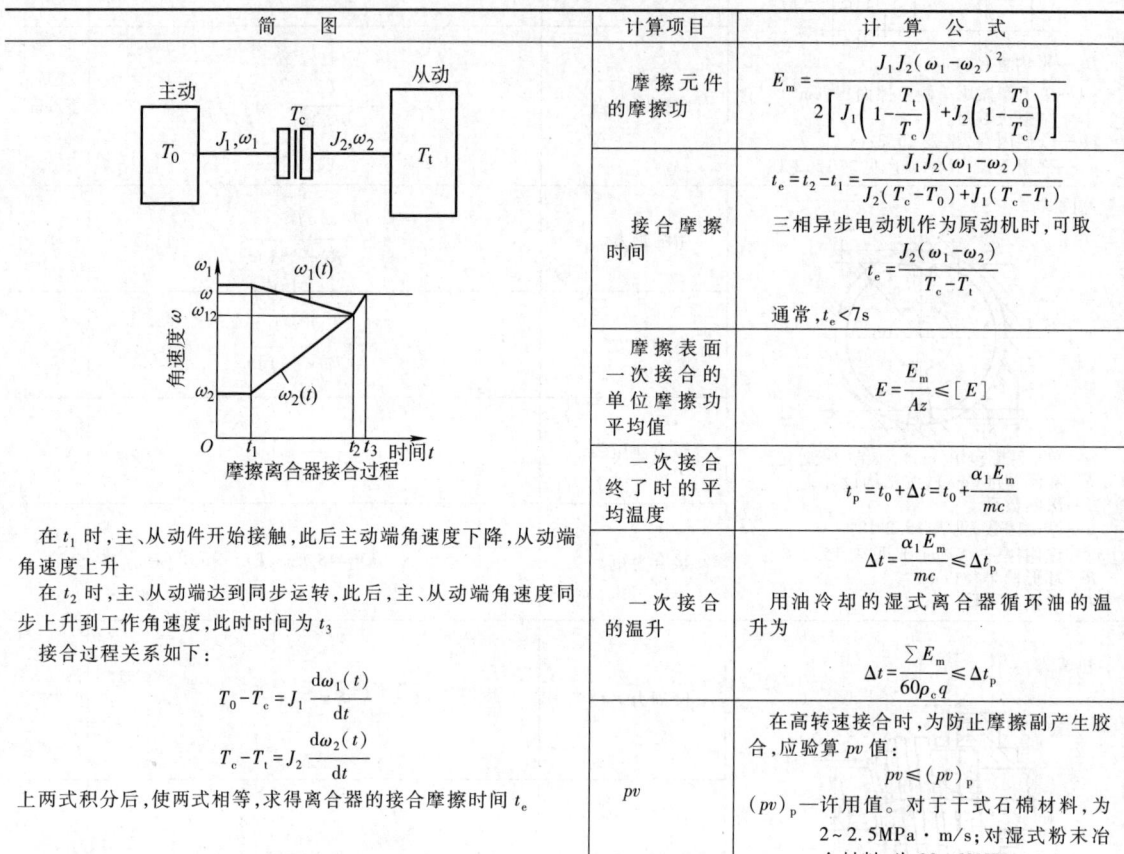

表 15.2-24　允许摩擦功 [E] 和允许温升 Δt_p

$[E]$/J·m^{-2}		Δt_p/℃	
干式离合器(衬面材料为铜丝石棉)	5×10^5	拖拉机(干式离合器)	3~5
		推土机、叉车(干式离合器)	≈3
轻型坦克	$(0.981\sim1.472)\times10^5$	履带车辆(坦克)	15~20
中型坦克	$(1.472\sim2.452)\times10^5$	离心离合器	70~75
重型坦克	$(2.452\sim3.924)\times10^5$	机床	150

4.1.6　摩擦式离合器的磨损和寿命（见表 15.2-25）

表 15.2-25　摩擦式离合器的磨损和寿命计算公式

项　目	计　算　公　式	符　号　含　义
磨损系数 ε	为了防止摩擦式离合器磨损速率过大,对于载荷大、接合频繁的离合器,应计算磨损系数 ε: $\varepsilon=\dfrac{E_m}{a}z\leqslant\varepsilon_p$	E_m—离合器一次接合摩擦功(J) z—每分钟接合次数(min^{-1}) a—总摩擦面积(mm^2) ε_p—许用磨损系数。普通石棉基摩擦材料(圆片式),ε_p = 0.5~0.8;普通石棉基摩擦材料(圆锥式、闸块式、闸带式),ε_p = 0.7~0.9;Z64 石棉基摩擦材料(圆片式),ε_p = 2.5
寿命期内接合次数 N	$N=\dfrac{V}{E_mK_\omega}$	V—磨损限度内(即寿命期内)摩擦片磨损的总体积(mm^3) E_m—接合一次的摩擦功(J) K_ω—摩擦材料的磨损率(mm^3/J)。对铜基粉末冶金材料,$K_\omega=(3\sim6)\times10^{-5}mm^3/J$;对半金属型摩擦材料,$K_\omega=(5\sim10)\times10^{-5}mm^3/J$;对铁基粉末冶金材料,$K_\omega=(5\sim9)\times10^{-5}mm^3/J$;对树脂型材料,$K_\omega=(6\sim12)\times10^{-5}mm^3/J$

4.1.7　摩擦式离合器的润滑和冷却

干式和湿式摩擦式离合器都有发热和冷却问题。干式摩擦式离合器的热量通过壳体散到周围环境中，温升过高时，可采用风扇强制冷却，干式摩擦式离合器外壳温度不超过 80℃。湿式摩擦式离合器的热量通过润滑油冷却。

(1) 湿式摩擦式离合器润滑油的选择

对润滑油的要求：①与摩擦表面黏附力大，油膜强度高，既能防止两摩擦面直接接触，又要求有高的摩擦因数。②适当的黏度和黏温指数。低速时，不致因黏度过大、油膜厚度增加而延长接合时间；高速时，不因黏度大而增加空转转矩和发热，也不因黏度低不易形成油膜而发生干摩擦，可参见表 15.2-26 选用。③耐热性好，抗氧化性高，无泡沫，不易老化变质，寿命长。④化学性能稳定，对摩擦元件无腐蚀作用。

对摩擦式离合器的润滑油，当工作温度为 40~70℃时，可用变压器油；当工作温度为 70~100℃时，可用汽轮机油；当工作温度更高时，宜用合成润滑油。

表 15.2-26　湿式摩擦式离合器润滑油的黏度

离合器类型	润滑油黏度 /mm^2·s^{-1}
机械和液压离合器	
中等线速度(5~12m/s)	30~33.5
低或高线速度(<5m/s 或>12m/s)	16.5~21
电磁离合器	
中等线速度(5~12m/s)	16.5~21
低或高线速度(<5m/s 或>12m/s)	8.5~12

(2) 湿式摩擦式离合器的润滑方式

1）飞溅润滑。装置简单，用于与齿轮箱组合在一起的场合，依靠浸入油池中的齿轮转动将油飞溅到离合器的摩擦元件上，但当齿轮线速度太低(<1.5m/s)或离合器接合频繁时，则不易得到充分的润滑。

2）轴心润滑。润滑油通过离合器轴的中心孔，依靠油压或离心力流到摩擦元件的摩擦面上。这种润滑方式比较合理，摩擦元件的使用寿命长，但结构比较复杂。

3）滴油或喷油润滑。将润滑油直接滴入或加压喷入离合器，但当离合器线速度大于5m/s时，润滑油就难以进入离合器，故一般用于线速度小于5m/s的场合。

4）浸油润滑。将离合器浸在油中，浸入深度一般为外径的10%，由于搅动油产生阻力使离合器的空转转矩增加，接合时间延长，一般用于线速度小于或等于2m/s的离合器。

4.2　片式离合器

4.2.1　干式多片离合器（见表15.2-27）

表15.2-27　干式多片离合器的结构型式、主要尺寸和特性参数　　(mm)

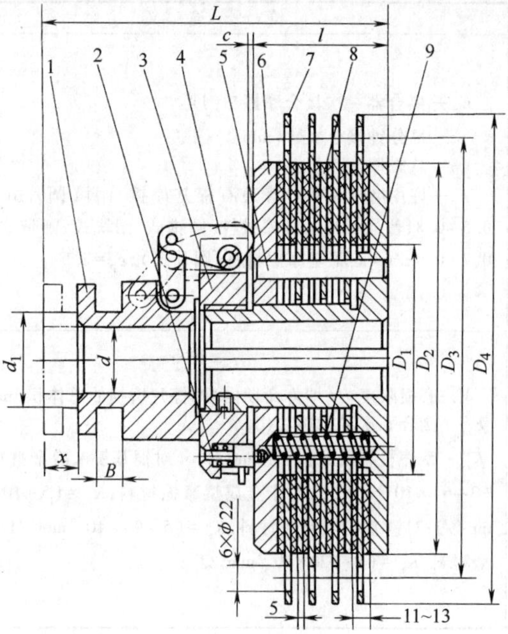

1—接合子　2—防松拨销　3—调整螺母
4—铰链杠杆　5—导销　6—压紧盘
7—外片　8—内片　9—分离弹簧

D_1	D_2	D_3	D_4	d H7	d_1	B	L	l	x	c	[T] /N·m	Q_{max} /N
146	229	260	295	45	80	20	136+l	根据摩擦片数确定	20	1.5	106	400
164	280	315	350	55	105	20	157+l		28	2.0	207	700
235	365	400	435	70	125	20	178+l		35	2.5	425	1200

注：1. 许用转矩［T］值为外摩擦片4片时的值，片数减少时，［T］值相应地减小（计算［T］值时，设［p］=0.25MPa，μ=0.3）。
2. Q_{max}为按μ=0.2换算到接合机构上的压紧力。

4.2.2　径向杠杆式多片离合器（见表15.2-28）

表15.2-28　径向杠杆式多片离合器的结构型式和尺寸

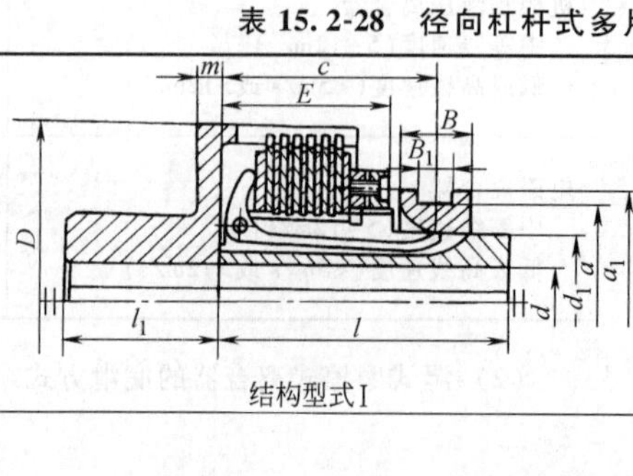

结构型式Ⅰ

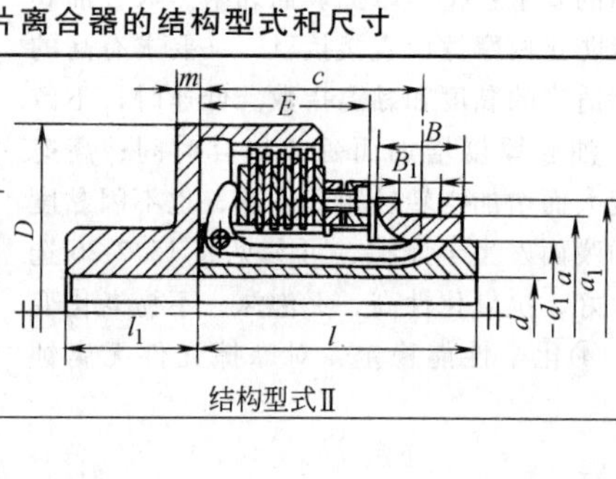

结构型式Ⅱ

（续）

转矩/N·m		结构型式Ⅰ								结构型式Ⅱ		
		20	40	80	160	200	320	450	640	900	1400	2300
轴径 d_{max}/mm		15	22	32	45	45	48	60	68	70	80	100
尺寸/mm	D	70	90	100	125	135	150	170	195	210	260	315
	d_1	35	50	60	72	72	72	102	102	102	120	153
	a	45	60	70	85	85	85	120	120	120	145	175
	a_1	55	75	85	100	100	100	140	140	140	170	205
	l	56	83	83	98	98	108	148	148	175	205	230
	l_1	25	35	35	50	50	50	70	70	80	80	90
	c	37	60	60	70	70	76	103	103	125	148	160
	E	28	46	46	52.5	52.5	58	77.5	76	94	111	119
	m	4	6	6	10	10	10	13	13	15	15	20
	B	18	24	24	32	32	32	50	50	50	55	70
	B_1	10	10	10	15	15	15	26	26	26	26	30
摩擦面对数 z		6	10	10	10	8	10	10	8	10	6	6
摩擦面直径/mm	外径	54	67	78	98	108	123	141	162	178	225	270
	内径	34	50	60	72	78	84	102	118	132	155	189
接合力/N		100	120	180	250	250	300	300	350	400	700	900
压紧力/N		1260	1430	1940	3250	9000	6250	6900	10400	10800	20500	27600

4.2.3　带辊子接合机构的双片离合器（见表 15.2-29）

表 15.2-29　带辊子接合机构的双片离合器的结构型式和主要尺寸　（mm）

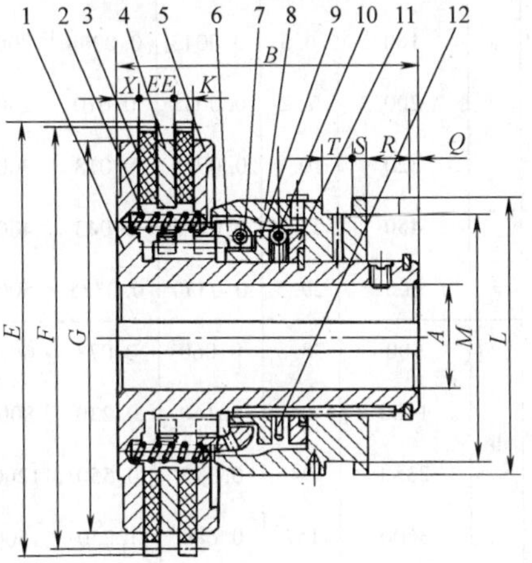

1—输入轴　2—分离弹簧　3—摩擦片　4—中间盘　5—加压盘　6—可调接合环　7—锁紧螺钉　8—接合子　9—活动支承盘　10—接合滚子　11—固定支承盘　12—保持弹簧

编号	功率[①]/kW		A	B[②]		E	F	G	齿数 z	模数 m	R	X	K	EE		M	Q	S	T	L
	单片	双片		单片	双片									单片	双片					
1	0.7	1.4	19~32	97	110	125	120	112	48	2.5	19	8	6	0	6	76	2	5	13	88.9
2	1.1	2.2	22~35	130	143	150	144	120	48	3	27	10	6	0	6	98	2	7	16	118
3	1.8	3.6	25~41	135	135	176	168	154	42	4	27	11	8	0	8	111	2	7	16	130
4	2.6	5.2	35~51	154	173	220	210	190	42	5	27	13	10	0	10	133	2	8	18	152
5	6.0	12	43~64	170	189	270	258	240	43	6	33	16	10	0	10	152	2	8	19	178
6	11	22	57~83	202	227	318	306	290	51	6	37	18	13	0	13	184	2	10	22	210
7	16.8	33.6	64~94	221	247	372	360	340	60	6	43	22	13	0	13	206	2	13	22	235
8	21.3	42.6	64~94	221	247	414	402	380	67	6	43	22	13	0	13	206	2	13	22	235
9	25.7	51.4	64~114	262	293	462	450	430	75	6	48	22	16	0	16	206	2	13	22	235

（续）

编号	功率①/kW		A	B②		E	F	G	齿数 z	模数 m	R	X	K	EE		M	Q	S	T	L
	单片	双片		单片	双片									单片	双片					
10	34.2	68.4	70～127	262	293	534	522	500	87	6	48	24	16	0	16	219	2	13	25	254
11	48	96	89～152	326	364	606	594	570	99	6	57	32	19	0	19	267	2	16	32	305
12	71	142	89～152	329	367	678	666	645	111	6	57	35	19	0	19	267	2	16	32	305
13	81	162	114～178	383	427	750	738	720	123	6	70	35	22	0	22	305	2	16	38	350
14	118	236	127～178	395	440	894	882	860	147	6	70	40	22	0	22	305	2	16	38	350

① 指转速为 100r/min 时的功率。
② 离合器根据工作需要可装成单片式。

4.2.4　带滚动轴承的多片离合器（见表 15.2-30）

表 15.2-30　带滚动轴承的多片离合器的结构型式、特性参数和主要尺寸

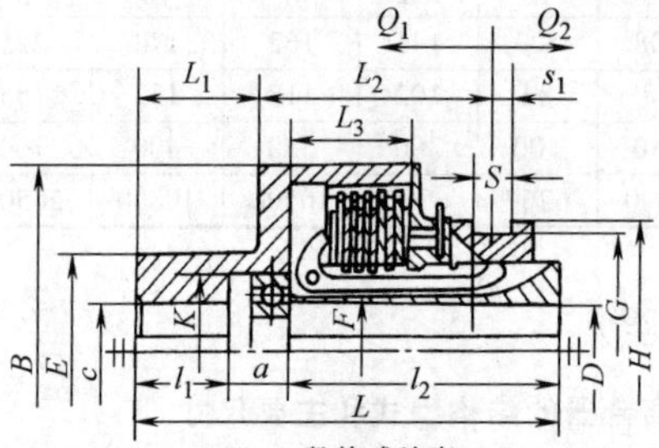

a) 整体式外壳

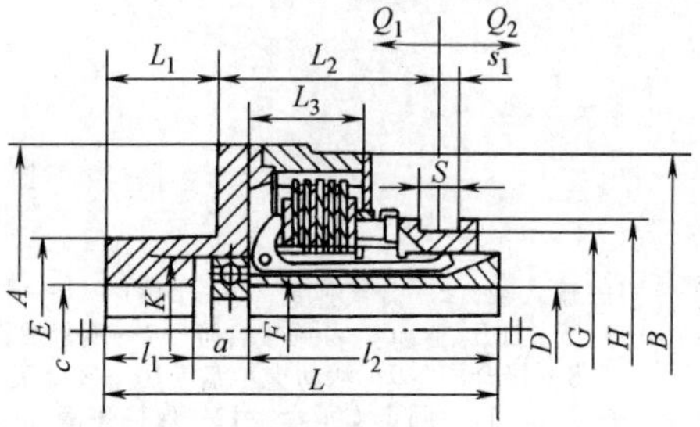

b) 组合式外壳

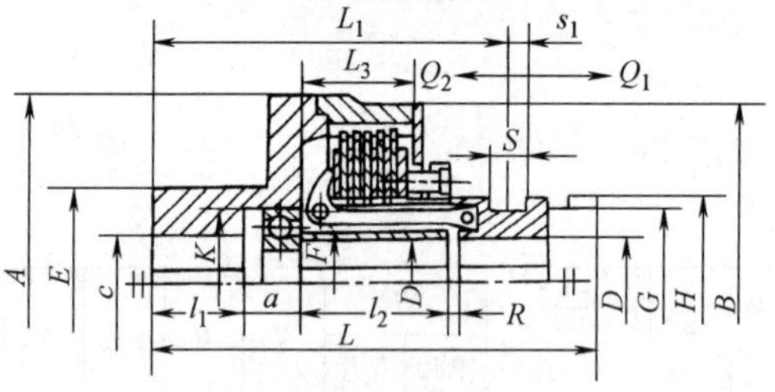

c) 带滚子接合杠杆

图号	许用转矩 [T]/N·m	质量 /kg	转动惯量 J/kg·m²		接合力/N	脱开力/N
			内部	外部		
a	20	1.6	0.00025	0.00025	80	50
	60	3.0	0.001	0.0018	130	80
	80	4.2	0.0025	0.0028	130	80
	120	4.7	0.0035	0.0050	170	100
	160	6.5	0.0043	0.0068	200	120
	200	7.2	0.0048	0.010	250	150
	320	10.4	0.0075	0.018	300	180
	450	22.5	0.0275	0.043	400	250
	600	29.5	0.0350	0.0725	500	300
b	900	38.5	0.060	0.078	600	360
	1400	64	0.160	0.230	800	500
	2350	94	0.375	0.550	1200	750
	3600	157	0.680	1.250	1500	900
c	5400	247	1.350	2.750	2000	1200
	7500	325	2.45	4.50	2800	1700
	16000	495	9.13	19.75	3750	2250

主　要　尺　寸/mm

图号	许用转矩 [T]/N·m	D	D_{max}	A	B		c	c_{max}	E	F	G	H	K	l_1	l_2	L	L_1	L_2	L_3	R	S	a	s_1
					闭式	开式																	
a	20	12	20	—	75	65	12	18	40	26	45	55	28	22	55	89	30	40	21	—	10	12	9
	60	15	24	—	90	80	15	24	55	35	60	75	35	40	81	137	50	64	35	—	10	16	10
	80	18	32	—	100	92	18	32	60	45	70	85	47	51	81	152	65	64	35	—	10	20	11
	120	18	32	—	108	100	18	32	60	45	70	85	47	51	81	152	65	64	35	—	10	20	11
	160	20	45	—	125	115	20	45	70	55	85	100	55	75	95	195	90	77	38	—	15	25	12

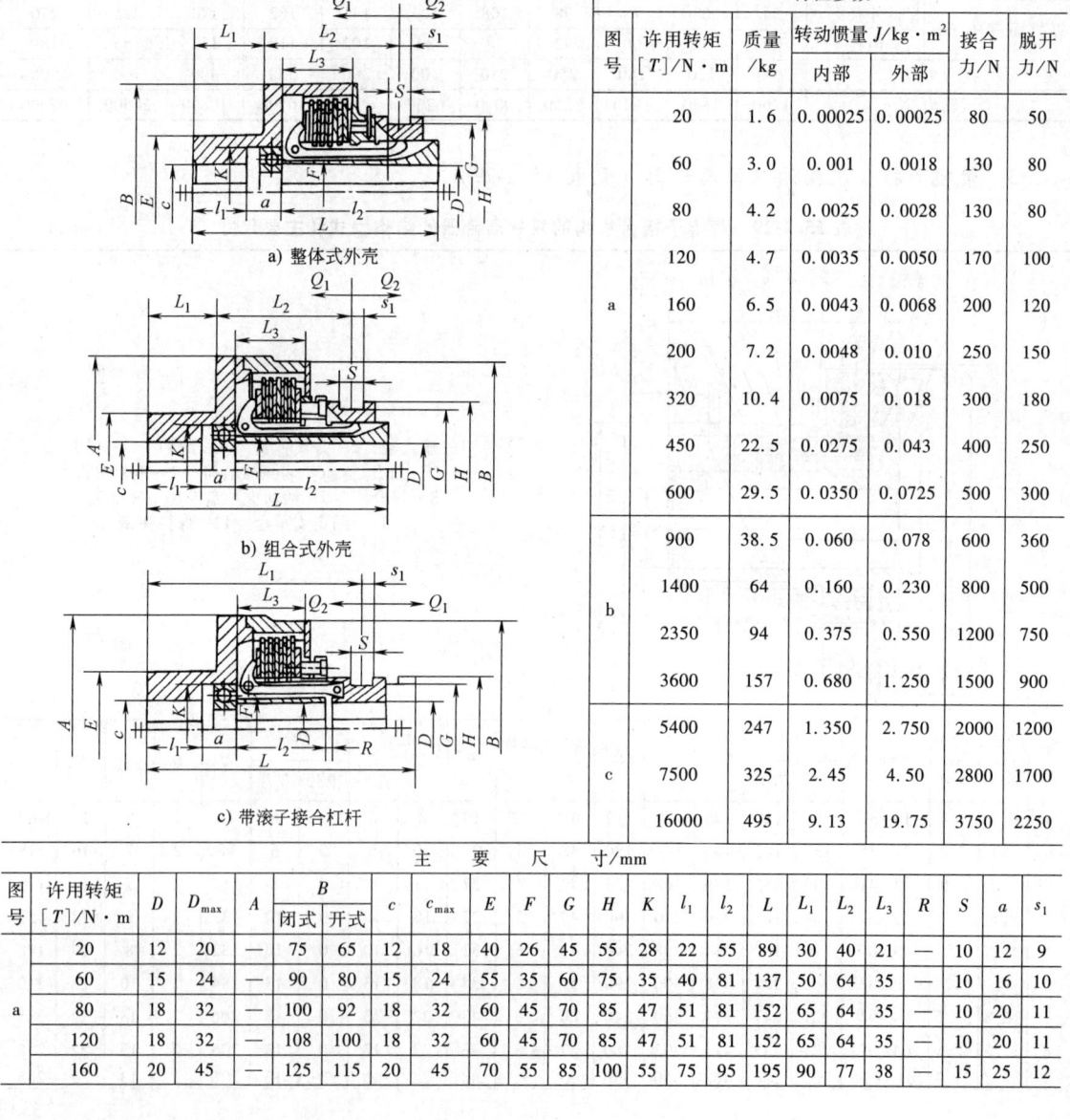

（续）

图号	许用转矩[T]/N·m	主要尺寸/mm																					
		D	D_{max}	A	B 闭式	B 开式	c	c_{max}	E	F	G	H	K	l_1	l_2	L	L_1	L_2	L_3	R	S	a	s_1
a	200	20	45	—	135	125	20	45	70	55	85	100	55	75	95	195	90	77	38	—	15	25	12
	320	20	48	—	150	140	20	50	80	58	85	100	62	85	105	215	100	83	43	—	15	25	16
	450	28	60	—	170	170	28	50	120	75	120	140	50	110	145	283	125	113	57	—	26	28	20
	600	30	70	—	195	195	30	70	120	80	120	140	90	110	145	283	125	113	59	—	26	28	20
b	900	30	70	225	210	210	30	70	130	80	120	140	100	140	175	305	115	140	68	—	26	30	25
	1400	50	80	285	260	260	50	80	130	100	145	170	100	160	205	395	175	163	94	—	26	30	30
	2350	70	100	335	315	315	70	100	160	110	175	205	125	180	230	445	195	180	102	—	30	35	35
	3600	70	100	395	370	370	70	100	190	145	175	170	140	170	295	510	195	252	123	—	26	45	40
c	5400	70	130	460	435	435	70	130	230	160	175	205	140	155	165	525	195	255	145	20	30	60	50
	7500	85	140	515	490	490	85	140	260	210	190	240	160	162	175	601	200	300	155	52	45	60	70
	16000	100	175	700	650	650	100	175	300	260	190	240	215	215	230	725	250	353	207	50	45	60	90

4.3 摩擦块离合器（见表15.2-31）

表15.2-31 摩擦块离合器的结构型式、主要尺寸和参数

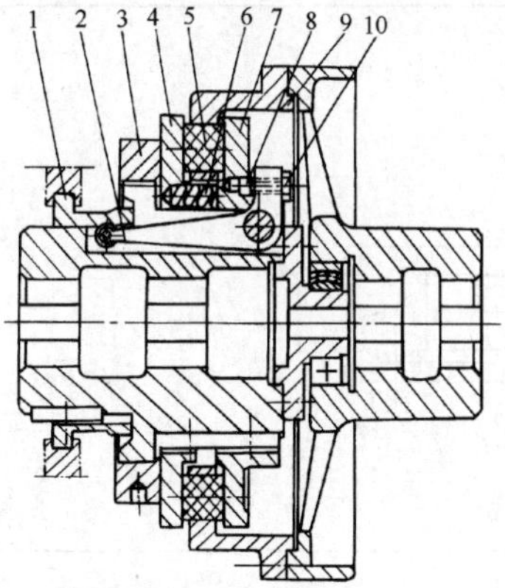

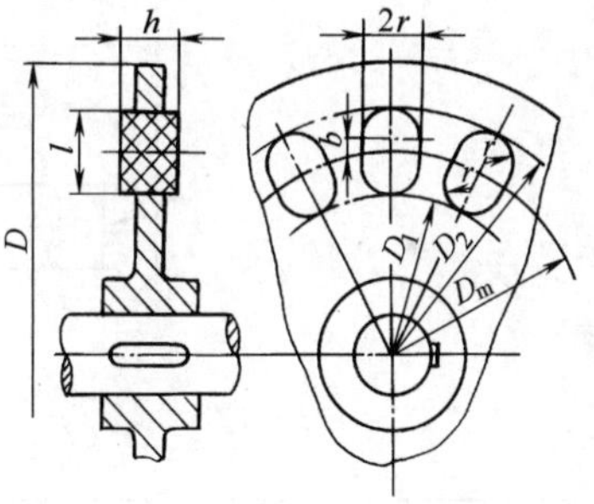

1—加压环 2—径向杠杆 3—螺母 4、7—压盘 5—摩擦块
6—分离弹簧 8—垫块 9—中间盘 10—调节螺钉

r/mm	b/mm	h/mm	接触面积 A/mm²	摩擦块数 z	D_m/mm	许用转矩①/N·m
32.5	10	35	3970	8	315	4410
				12	390	8170
37.5	15	35	5530	8	240	4690
				12	350	10200
45	15	35	7730	9	460	14100
				10	420	14300
					470	16000
					540	18400
				12	500	20500
					560	23000
					600	24500
60	20	40	13700	10	450	27200
				14	700	59400
60	30	45	14900	15	840	82900

① 对石棉、塑料，取 $\mu=0.3$，$[p]=0.15$MPa。

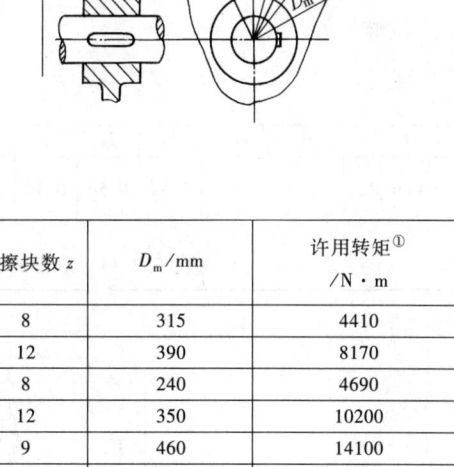

4.4　圆锥离合器（见表 15.2-32～表 15.2-34）

表 15.2-32　圆锥离合器常用摩擦材料组性能

材料组合	材料型号及热处理举例	静摩擦因数 μ_s		许用压强 $[p]$/MPa
		干式	湿式	
钢-钢	45 钢：高频感应淬火、回火，内锥 45～50HRC，外锥40～45HRC 45MnB：淬火、回火 50～55HRC 20Mn2B：渗碳层深度 0.5mm，淬火、回火 56～62HRC		0.12	1.2
钢或铸铁-铸铁	钢：同上 铸铁：HT200、HT300 等，硬度≥210HBW	0.16	0.12	1.0
钢-青铜	钢：同上 青铜：ZCuSn5Pb5Zn5、ZCuSn10Pb1、ZCuAl10Fe3 等	0.18	0.12	0.6
铸铁-青铜	同　　上	0.17	0.14	0.4
钢或铸铁-石棉材料	钢、铸铁同上 石棉材料：石棉和金属丝交织品，石棉纤维、铜丝及黏结剂的压制品等	0.3～0.4		0.3

表 15.2-33　圆锥离合器结构的比例尺寸

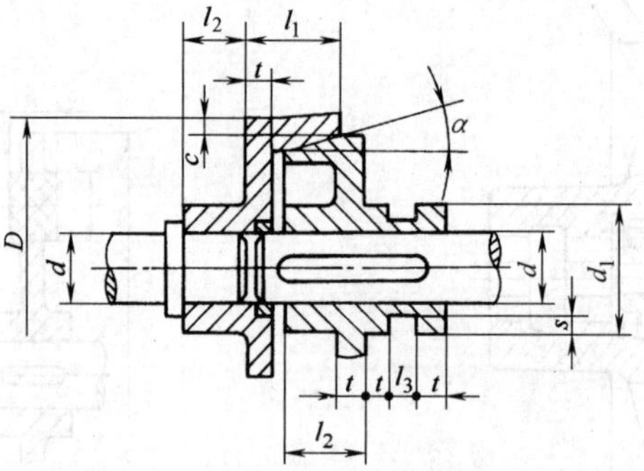

D	d_1	l_1	l_2	l_3	t	s	c	α	
(4～6)d	2.3d	2d	1.5d	0.5d	0.4d	0.3d	0.25d	用于金属对金属摩擦材料	≥8°～10°
								用于金属对石棉摩擦材料	≥20°～25°

表 15.2-34　双锥离合器的结构型式、主要尺寸和特性参数　　（mm）

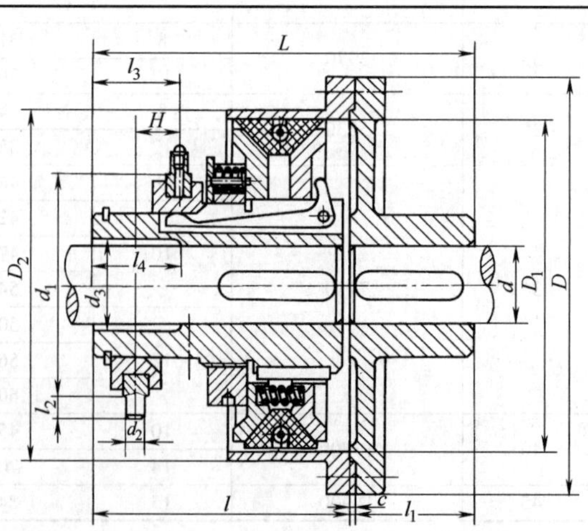

（续）

许用转矩 /N · m	许用转速 /r · min^{-1}	l	l_1	c	d	d_1	l_2	d_2	l_3	d_3	l_4	H	D	D_1	D_2	L	质量 /kg
71.6	4000	90	29	1	20	80	8	11	22	22	25	12	125	90	100	120	3.2
145	3200	101	33	1	25	90	10	12	27	26	29	15	152	115	125	135	6.5
215	2550	136	45	2	20～35	110	15	17	45	37	48	30	195	148	160	183	13
358	2120	153	60	3	30～55	140	17	17	50	57	50	33	235	185	200	216	22
573	1710	176	75	4	45～65	170	18	18	60	67	58	39	290	234	250	255	37
1150	1360	216	90	4	60～80	200	25	22	64	82	70	43	365	295	315	310	65
1790	1225	256	120	5	70～100	250	30	25	80	102	85	55	410	335	355	390	105
3580	1080	315	150	5	90～120	300	30	28	90	122	100	61	450	376	400	470	190
7160	855	389	170	6	110～140	360	30	35	114	142	125	70	580	472	500	565	320
14320	700	470	210	6	130～170	420	30	35	100	172	125	65	710	594	630	688	670

4.5　涨圈离合器

4.5.1　涨圈离合器的结构

图 15.2-5 所示为涨圈离合器的一种结构。置于带轮 3 环形槽内的涨圈 4 为一中间有未开通环槽的零件，一端有切口，使其成为一个容易改变外径的开口弹性环。当离合器接合时，通过加压环 1 的斜面使杠杆 2 摆动，同时带动有扁平切面的销轴 6 转动，迫使涨圈扩大外径，压紧在带轮的环形槽内表面，从而实现轴与带轮的连接。离合器脱开时，加压环向左，杠杆使销复位，涨圈依靠自身弹性收缩，与带轮脱离接触，并保持一定的间隙，利用调节螺钉 8 和调节垫片 7 可调节间隙的大小，涨圈内径与带轮轮毂配合，可达到周向间隙均匀分布。这种离合器适用于传递转矩不大的场合。

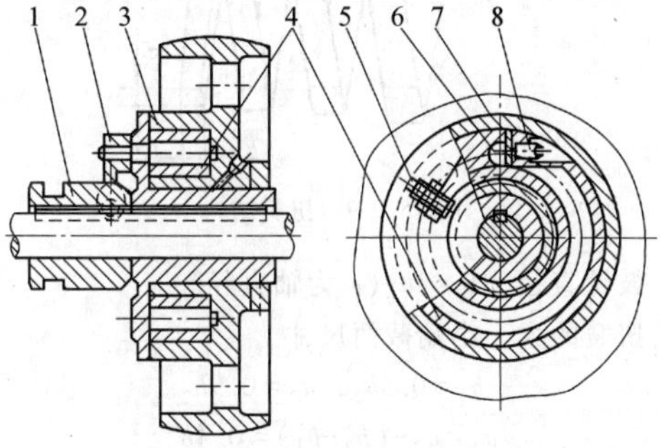

图 15.2-5　涨圈离合器的结构
1—加压环　2—杠杆　3—带轮　4—涨圈　5、8—调节螺钉　6—销轴　7—调节垫片

4.5.2　涨圈离合器的计算

（1）摩擦面的压强

设涨圈沿整个圆周接触，则

$$p=\frac{2T_c}{\pi bD^2\mu}\leqslant[p] \qquad (15.2\text{-}1)$$

式中　T_c——离合器的计算转矩（N · mm）；

b——涨圈的宽度（mm）；

D——环形槽直径（mm）；

μ——摩擦因数，见表 15.2-18；

$[p]$——摩擦材料的许用压强（MPa），见表 15.2-18。

（2）涨圈端部的张紧力（图 15.2-6）

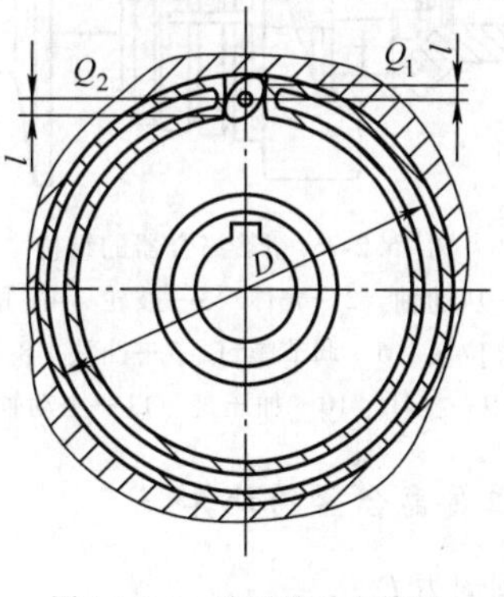

图 15.2-6　涨圈的受力简图

$$\begin{cases} Q_1=\dfrac{2T_c}{D\ (e^{2\pi\mu}-1)} \\ Q_2=\dfrac{2T_c e^{2\pi\mu}}{D\ (e^{2\pi\mu}-1)} \end{cases} \qquad (15.2\text{-}2)$$

平均张紧力

$$Q_0=\frac{Q_1+Q_2}{2}=\frac{\pi\mu pbD\ (e^{2\pi\mu}+1)}{2\ (e^{2\pi\mu}-1)}$$

（3）接合力矩

$$M_0=l\ (Q_1+Q_2) \qquad (15.2\text{-}3)$$

式中　l——销轴上的力臂（mm）；

e——自然对数的底，e = 2.71828。

4.6　扭簧离合器

4.6.1　扭簧离合器的结构

扭簧离合器的结构如图 15.2-7 所示。在主动轴 11 上装有鼓轮 3，矩形截面的扭簧 4 套在鼓轮外表面，扭簧的大端伸入从动部分的壳体 2 中，小端用销轴 8 与杠杆 9 连接。接合时，加压盘 10 沿主动轴向左移动推动杠杆绕销轴转动，并使调节螺钉 6 压向第二圈扭簧上的凸块 7，于是随着第一圈扭簧的收缩而使整个扭簧收缩，内径减小而箍紧鼓轮，从而实现带动从动轴 1 一起转动。脱开时，扭簧回松与鼓轮分开。鼓轮用耐磨的冷硬铸铁制成。限位块 5 用来防止离合器制动时因从动部分的惯性而发生反向冲击。扭簧采用变截面的结构，可获得变刚度特性，以保持与鼓轮的压紧力均匀分布。扭簧摩擦离合器只能传递单向转矩，且过载时不会打滑，但结构简单，外形尺寸小，工作可靠，使用寿命长。

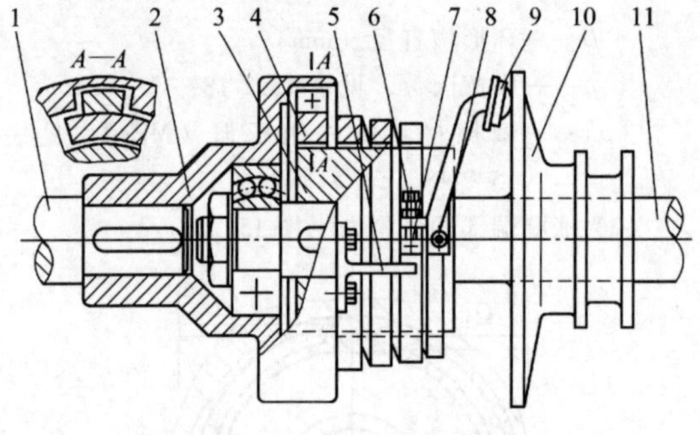

图 15.2-7　扭簧离合器的结构

1—从动轴　2—壳体　3—鼓轮　4—扭簧
5—限位块　6—调节螺钉　7—凸块　8—销轴
9—杠杆　10—加压盘　11—主动轴

4.6.2　扭簧离合器的计算

（1）圆周力 F_t

$$F_t = T_c / R \tag{15.2-4}$$

式中　R——鼓轮半径（mm）；

T_c——离合器的计算转矩（N · mm）。

（2）扭簧大端张力 F_2 和操纵端张力 F_1（见图 15.2-8）

$$F_2 = \frac{F_t}{e^{2\pi i\mu}} \tag{15.2-5}$$

$$F_1 = \frac{F_t}{e^{2\pi i\mu}\ (e^{2\pi\mu}-1)} \tag{15.2-6}$$

式中　i——扭簧的工作圈数，一般取 $i=4.5\sim6$；

μ——摩擦因数，见表 15.2-18。

（3）离合器的接合力 F

$$F = \frac{F_1 t}{c} \tag{15.2-7}$$

式中　t、c——杠杆臂长度（mm），见图 15.2-8。

（4）离合器接合时的摩擦功

$$E = KI_2\omega_1^2 / [2(K-1)] \tag{15.2-8}$$

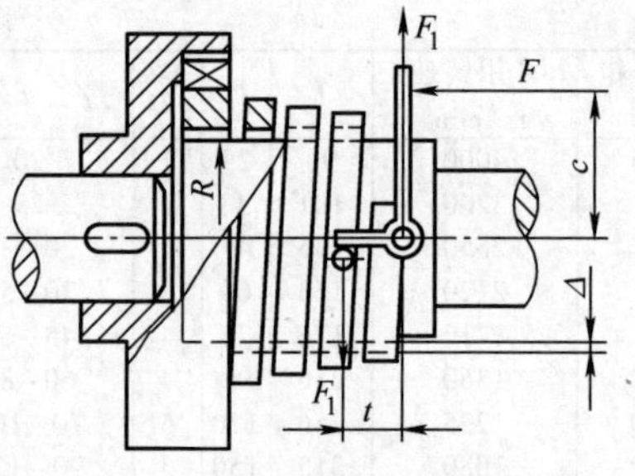

图 15.2-8　扭簧摩擦离合器的受力简图

式中　I_2——转化到离合器从动轴上的转动惯量（kg · m²）；

ω_1——主动轴的角速度（s^{-1}）；

K——工况系数，可取 $K=2\sim3$。

（5）鼓轮工作面的压强条件

$$p = F_t / Rb_2 \leqslant [p] \tag{15.2-9}$$

式中　b_2——扭簧大端第一圈的平均宽度（mm）；

[p]——鼓轮材料的许用压强（MPa），对钢-铸铁或钢，可取 $[p]=5$MPa。

（6）扭簧与鼓轮的径向间隙

$$\delta = 0.056\sqrt{R} \tag{15.2-10}$$

（7）扭簧的主要尺寸关系（见图 15.2-9）

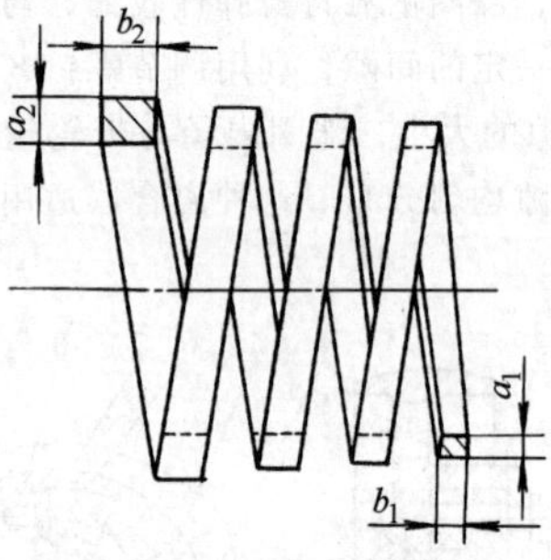

图 15.2-9　扭簧结构

鼓轮直径　$D=3d$（d 为轴直径）

扭簧的大、小端截面尺寸

$$b_1 = 0.5b_2,\quad a_2 = 0.9b_2$$

$$a_1 = a_2 - (b_2 - b_1) = 0.4b_2$$

扭簧总螺旋圈数　$n = i+1$

4.7　机械离合器的接合机构

4.7.1　对接合机构的要求

离合器的接合机构是对接合元件加力，使接合元件产生离合动作的部件。对接合机构的要求有：

1）具有大的传力比，即在达到规定要求的压紧力时，作用于接合机构主动件或操纵机构主动件上的接合力宜小些（一般不超过 80～100N）。

2）动作灵活，加压过程平稳，压力均匀，接合后压紧力波动要小，加压杠杆刚度适中。

3）接合或分离可靠，位置固定，接合后能自锁，使操纵机构可以卸载。

4）加压环在接合或分离时的工作行程尽可能短些，调整间隙要方便。

5）结构简单，工艺性好。

4.7.2　接合机构的工作过程

接合机构的工作过程由消除间隙的空行程 s_1、加力行程 s_2 和闭锁行程 s_3 三部分组成。图 15.2-10 和图 15.2-11 所示分别为铰链杠杆和杠杆斜面接合机构及其工作过程压紧力的变化图。空行程 s_1 的大小主要与间隙和机构结构有关，加力行程 s_2 则与机构结构和机构刚度有关，闭锁行程 s_3 是为了使接合位置固定。对于铰链杠杆机构，由于要达到闭锁，当杠杆行程终点超过了不稳定点 B_2 后，压紧力略有降低。

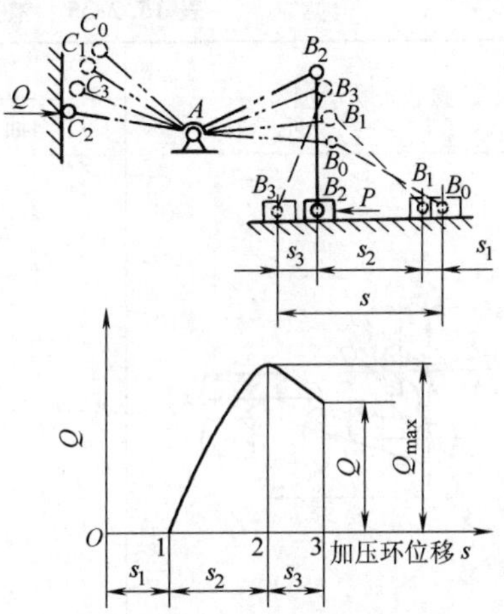

图 15.2-10　铰链杠杆接合机构及其压紧力变化图

图 15.2-12 所示为 3 种不同形状的杠杆斜面接合机构的加力面及其相应的接合力 P、压紧力 Q 和行程 s 的关系。图 15.2-12a 所示为单斜面型。图 15.2-12b 所示为双斜面型，接合开始时斜角 θ 大于 α_0 值，可缩短消除间隙的行程，而加力行程的斜角 α_b 减小，则使接合力 P 下降且使压紧力 Q 增加得比较缓慢，接合较平稳。图 15.2-12c 所示为斜面圆弧型，压紧力 Q 以非线性关系增加，即开始加力时，压紧力迅速增加，以后增加率逐渐减小，因而接合更加平稳，同时接合力最大位置向前推移且数值降低。

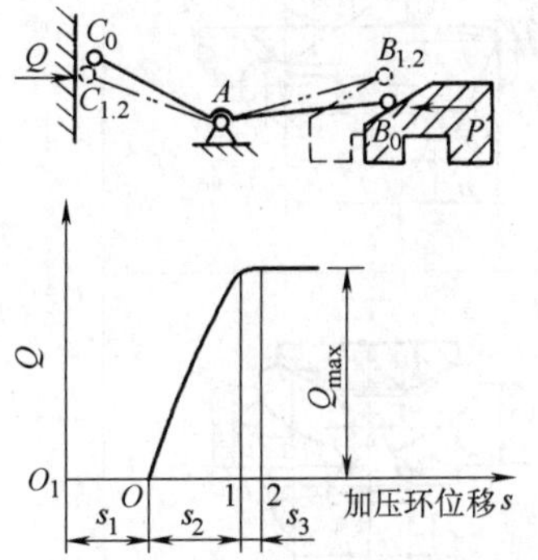

图 15.2-11　杠杆斜面接合机构及其压紧力变化图

表 15.2-35 列出了常用接合机构类型及接合力的计算式。

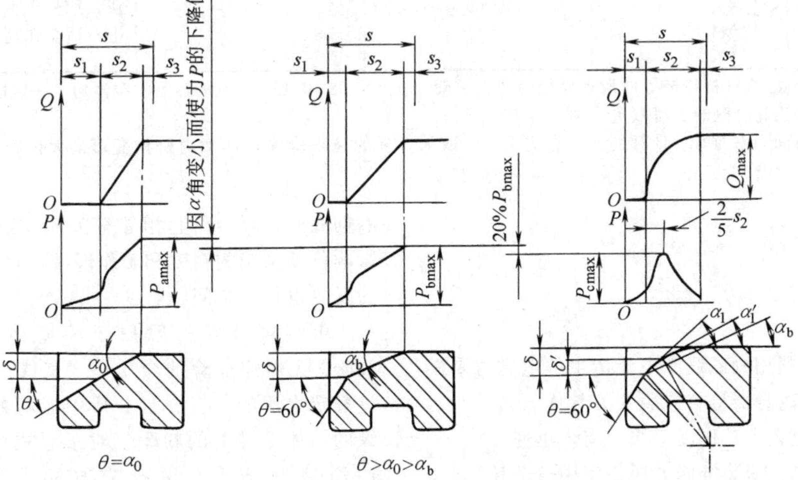

a)　　b)　　c)

图 15.2-12　不同加力面的接合力 P、压紧力 Q 与行程 s 的关系

a）单斜面型　b）双斜面型　c）斜面圆弧型

表 15.2-35　常用接合机构类型及接合力的计算式

接合机构类型		接合力计算公式		特　点
		斜面型加力面	圆弧型加力面	
径向杠杆式	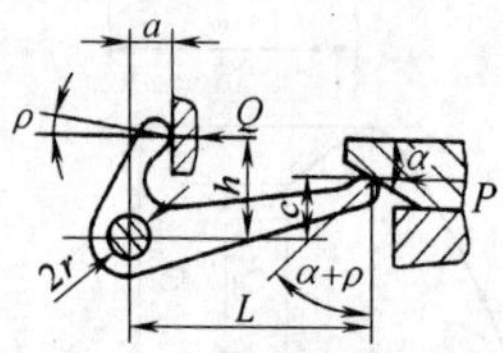	$P=Q\dfrac{h+\mu_d(a+r)}{L\cot(\alpha+\rho)-c-\mu_d r}$	$P=Q\left(1-\dfrac{\sin^2\dfrac{x}{2}}{\sin^2\dfrac{\alpha_1}{2}}\right)\times\dfrac{h+\mu_d(a+r)}{L\cot(x+\rho)-c-\mu_d r}$ $\cos x=\sqrt[3]{\cos\alpha_1}$, 或　$x\approx\dfrac{3}{5}\alpha_1$ $\sin\alpha_1=\dfrac{s_2}{R}$ 或　$\cot\alpha_1/2=s_2/\delta$	传力比较大，杠杆弹性好，磨损或发热引起的压紧力变化小，接合平稳。但加压环位移较大
切向杠杆式	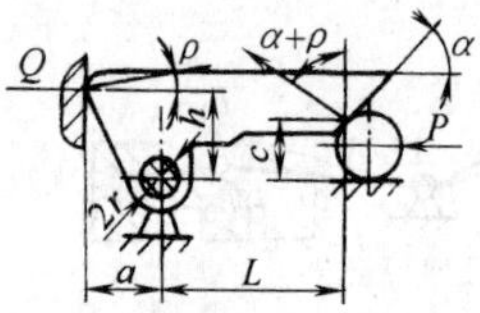	$P=Q\dfrac{h+\mu_d(a+r)}{L\cot(\alpha+\rho)+c-\mu_d r}$	$P=Q\left(1-\dfrac{\sin^2\dfrac{x}{2}}{\sin^2\dfrac{\alpha_1}{2}}\right)\times\dfrac{h+\mu_d(a+r)}{L\cot(x+\rho)+c-\mu_d r}$ $\cos x=\sqrt[3]{\cos\alpha_1}$, 或　$x\approx\dfrac{2}{5}\alpha_1$ $\sin\alpha_1=\dfrac{s_2}{R}$ 或　$\cot\dfrac{\alpha_1}{2}=\dfrac{s_2}{\delta}$	机构紧凑，但杠杆弹性较差，接合时有冲击；杠杆比小，故传力比小；制造安装较复杂。但加压环位移小
元宝形杠杆式	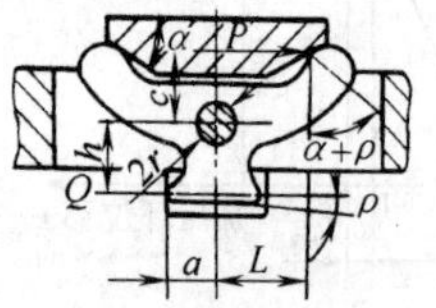			主要供双向离合器用，在一方接合之前，另一方已可靠地脱开，结构简单，加力机构外移，缩短了离合器本身的轴向和径向尺寸。杠杆弹性较差，传力比较小，不易于动平衡，一般不用于高速轴上
钢球压紧式	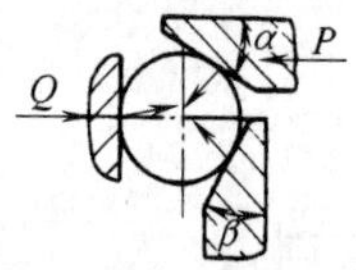	$P=Q\dfrac{\sin(\alpha+\rho)\sin(\beta+2\rho)}{\cos(\beta-\alpha)\cos\rho}$		传力比较大，结构紧凑，制造简单，易于动平衡。但磨损快，钢球弹性差，接合时有冲击。适合在高速轴上使用

注：1. 公式中 μ_d 为杠杆铰链处的滑动摩擦因数，一般取 $\mu_d=0.08\sim0.12$。ρ 为接触面的摩擦角，一般取 $\rho=4°\sim6°$。采用钢球或滚轮接触时，可取更小值。

2. 当加力面为平面时，计算最大接合力 P，应取加压环的极限位置（即加力机构变形最大位置），但 α 保持不变（不取 $\alpha=0°$）。

5　电磁离合器

5.1　概述

电磁离合器利用励磁线圈电流产生的电磁力来操纵接合元件，使离合器接合或脱开。其优点为：

1）起动力矩大，动作反应快，离合迅速。

2）结构简单，安装维修方便，使用寿命长。

3）可实现集中控制和远距离操纵，控制简单，功率小。

但电磁离合器有剩磁，影响主、从动摩擦片分离的彻底性，且会引起相邻有关部件磁化，吸附铁屑，影响传动系统的精度和工作寿命。此外，电磁离合器的发热也是一个问题。

电磁离合器一般用于环境相对湿度不大于85%、无爆炸危险的介质中，其线圈电压波动不超过额定电压的±5%，且介质中无腐蚀金属和破坏绝缘的气体及导电的粉尘。对于湿式离合器，必须保持油液纯洁，不得含有导电杂质，且黏度≤$23mm^2/s$（50℃时）；对于干式离合器，摩擦片表面不应沾染油污。

表 15.2-36 列出了常用电磁离合器的性能比较。

表 15.2-36　常用电磁离合器的性能比较

类别	结构简图	优点	缺点	应用范围
牙嵌式	牙嵌式 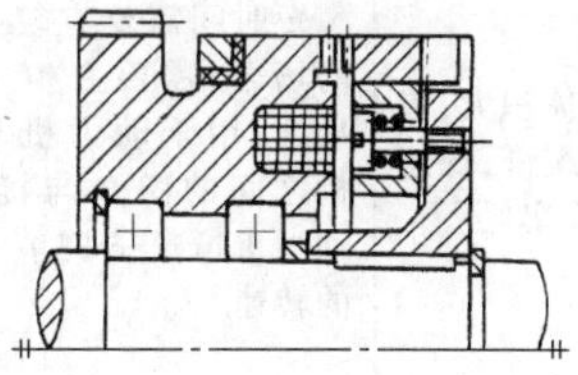	外形尺寸小，传递转矩大，无空转转矩，无摩擦发热，无磨损，不需调节，传动比恒定无滑差，重复精度高，使用寿命长，脱开快，干、湿两用	一般需在静态时接合。在有转差时接合突然，会发生冲击，无缓冲作用，过载时不能打滑	允许停车接合或负载转矩和转动惯量小，相对转速在 100r/min 以下时接合；不希望有空载转矩的场合，要求无滑差的传动系统，外形尺寸小，接合不太频繁的场合使用
摩擦片式	干式单片 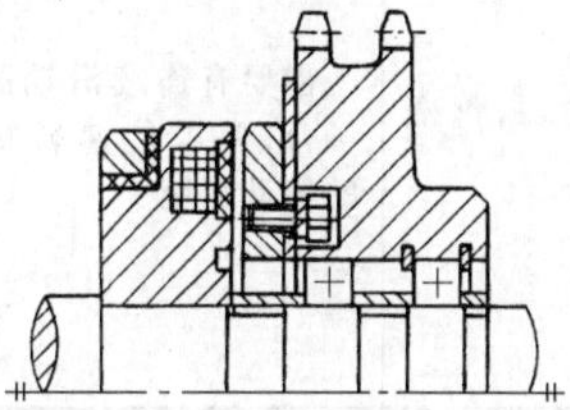	结构简单，价格低，动作快，允许接合力大，接合频率高，无空载转矩，转矩调节方便	径向尺寸大，摩擦片有磨损，需调整和更换，温升太高会出现摩擦性能衰退现象	对径向尺寸没有限制的场合，操作频率高及要求动作迅速的传动系统
	干式多片 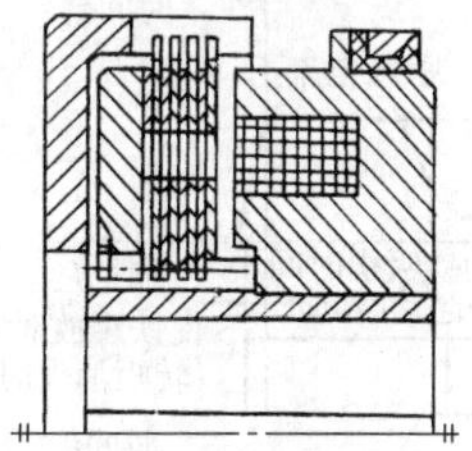	动作较快，空转转矩极小，结构紧凑，外形尺寸小	摩擦片有磨损；对一般人工调隙机构，在机械布局上要提供调整方便的装置；允许接合力小，温升太高时会出现摩擦性能衰退现象	要求动作快、工作频率高、接合力小、外形尺寸小、转矩大的传动系统以及便于调整的场合
	湿式多片有滑环式 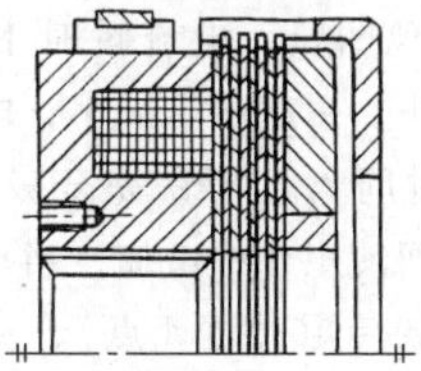	结构紧凑，转矩大，外形尺寸小；摩擦片几乎没有磨损，使用寿命长，不必调整	有空转转矩，高速时更要注意；残余转矩衰减过程时间长；接合与脱开动作较迟缓，接合频率不宜太高，要求有供油装置	不允许摩擦片有磨损、产生磨屑的场合和多油的场合；要求外形尺寸小、接合力不大和装拆不方便的场合
	湿式多片无滑环式 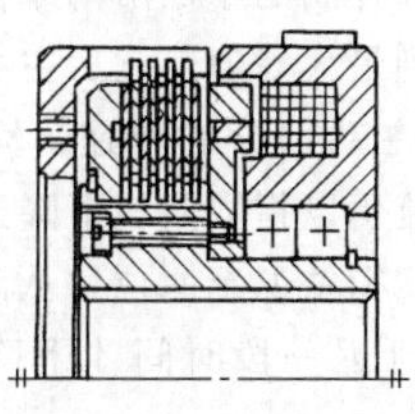	线圈静止固定，接线容易，转动惯量小，有利于电路的设计和布置；无电刷不产生火花，安全可靠，防爆性好；有一定耐振性，结构紧凑，操作方便	有空转转矩，残余转矩衰减过程时间长；需要供油装置；结构较复杂，成本高	不允许摩擦片有磨损、产生磨屑的场合和多油的场合；要求转速较高、转动惯量较高的传动；要求缩短接合时间，对动作精度要求较高的场合

（续）

类别	结 构 简 图	优 点	缺 点	应用范围
转差式	转差式 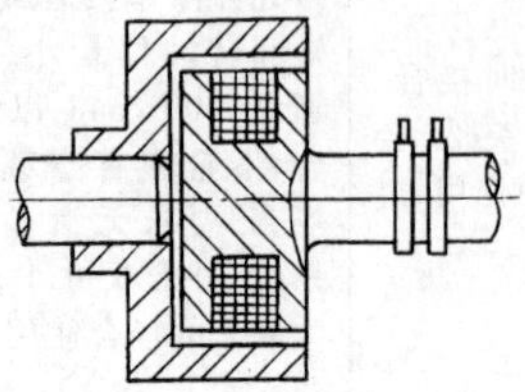	起动平稳，在主动轴恒速下，从动轴可做无级调速；无摩擦，工作可靠，寿命长；有缓冲吸振和安全保护作用	承载能力低，体积大，传递转矩小；动作缓慢，低速和转速差大时效率低	短时间需要有较大滑差的场合；需要有恒力矩的场合；用于动力机与工作机之间的脱开与接合，在动力机恒速下调节工作机的转速
磁粉式	磁粉式 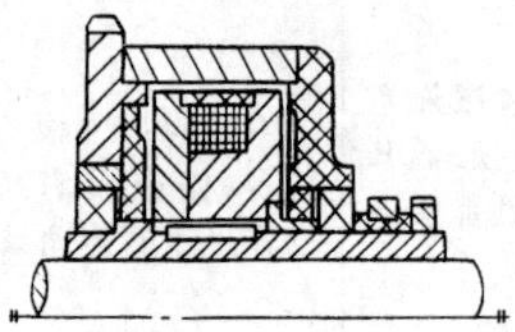	可在同步和滑差状态下工作，转矩控制范围广，精度高，响应快；接合与制动时无冲击，从动部分惯性小，接合面有气隙无磨损	磁粉使用寿命短，价格较贵	需要有连续滑动的工作场合，要求传递转矩不大的传动系统

5.1.1 电磁离合器的动作过程

（1）牙嵌电磁离合器的动作过程

矩形牙及牙形角很小（2°～8°）的梯形牙离合器在传递转矩时无轴向脱开力（或轴向脱开力小于轴向摩擦阻力），因此工作时无需加轴向压紧力，这类离合器称为第一类牙嵌电磁离合器。第二类牙嵌电磁离合器为传递转矩时必须加轴向压紧力，或必须用定位机构等措施来阻止其自动脱开，如三角形牙及牙形角较大的梯形牙离合器，在载荷下很容易脱开，这类离合器多用电磁或液压操纵（机械操纵的必须有定位机构）。上述两类离合器的选用和设计计算均有所不同。

图 15.2-13 所示为第二类牙嵌电磁离合器的典型动作过程图。图中励磁电流在按指数曲线上升过程中，第一次减小是由于衔铁被吸引，使线圈电感增大的缘故，以后出现电流减小则表示衔铁吸引后尚不能将载荷带动，产生牙的啮合—脱落—再啮合的滑跳现象，从而使转矩及电流（因线圈的电感变化）出现波动。电流切断后，当按指数曲线衰减的励磁电流小于衔铁的维持电流时，衔铁释放，离合器脱开。

（2）片式电磁离合器的动作过程

图 15.2-14 所示为湿式电磁离合器的接合动作过程图。以操作者发出指令（按下按钮）为起点，指令到达离合器，经过指令传入时间 t_1（经消除间隙、空行程等动作），此时电压升至稳定值。此后在电流

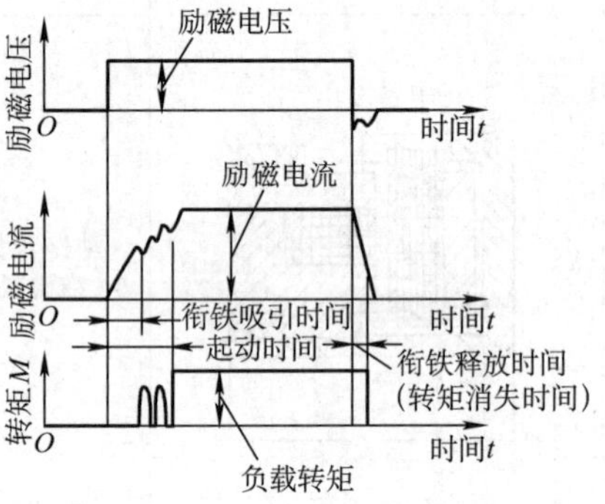

图 15.2-13 牙嵌电磁离合器的典型动作过程图

上升过程中，曲线出现凹口，电流瞬时下降（因衔铁被吸而使动气隙减小，引起磁阻减小，电感增加所致），此时（即完成时间 t_2）衔铁完全吸合。此后，打滑的内、外摩擦片间转矩开始增加，当动摩擦转矩值大于从动部分静负载转矩（过 A 点），从动部分开始转动，此后，主动部分转速稍降低，从动部分被加速，主、从动部分达到同步转动。当主、从动部分同步转动后，内、外摩擦片间的摩擦由动摩擦变为静摩擦，摩擦转矩瞬时达到最大峰值。此后主、从动部分转速同步升至接合前主动部分的转速，完成起动过程。离合器脱开，电流仍以指数曲线下降至电流小于衔铁动作维持电流时，衔铁退至原位，从动部分转速下降，转矩和转速要延迟一段时间才下降至接合前状态。

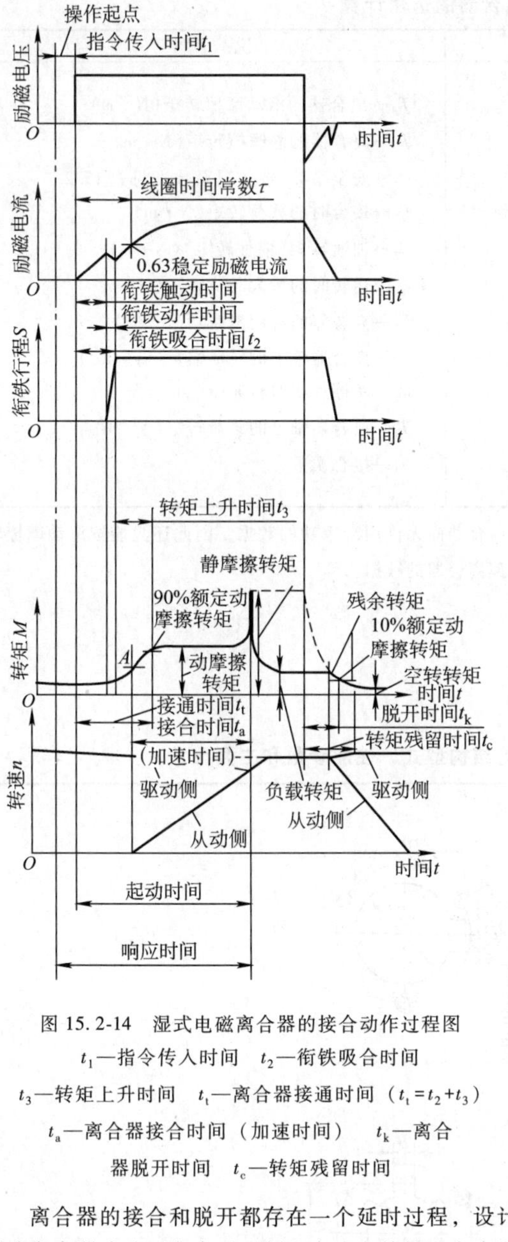

图 15.2-14 湿式电磁离合器的接合动作过程图

t_1—指令传入时间 t_2—衔铁吸合时间

t_3—转矩上升时间 t_t—离合器接通时间（$t_t=t_2+t_3$）

t_a—离合器接合时间（加速时间） t_k—离合器脱开时间 t_c—转矩残留时间

离合器的接合和脱开都存在一个延时过程，设计制造离合器或选用离合器必须注意这一特性。离合器的接通时间 t_t（即 t_2+t_3）和脱开时间 t_k 短，则离合器的精度高，动作灵敏；但转动惯量大时，若 t_t、t_k 短，则冲击、振动大。

根据生产工艺和设备的特点与要求，可以改变励磁方式、参数和电路设计，从而改变接通、脱开时间的长短。

图 15.2-14 中动、静转矩在数值上的差别是由于摩擦材料的滑动、静摩擦因数的差别引起的。通常，在干式离合器中，钢对压制石棉时，动转矩为静转矩的 80%~90%；钢对铜基粉末冶金材料时，动转矩为静转矩的 70%~80%。在湿式离合器中，除与摩擦材料有关外，还受油的黏度、油量、片的结构（影响油被挤出的快慢）、内外片间的相对速度和摩擦功的大小（摩擦功大时，难形成液体摩擦）等因素影响。通常，钢对钢时，动转矩为静转矩的 30%~60%。离合器脱开后，主动侧仍向从动侧传递的转矩称为空转转矩，主要由油的黏连产生，除与油的黏度、油量和油温有关外，还与转速有关。转速高时空转转矩大，但转速高到一定值时，片间油被甩出，此时空转转矩趋向一定值。摩擦片间间隙愈小，空转转矩愈大。湿式离合器中，剩磁对空转转矩的影响只占很小比例。

第二类牙嵌电磁离合器在不同转速下传递的转矩理论上应该是不变的，但由于实际安装时总会有同轴度、平行度和轴向及径向跳动误差，以及振动的影响，随着速度的增大，传递的转矩将下降，且速度越高，下降越多，这是在高速应用时必须要注意的。图 15.2-15 所示为某种牙嵌电磁离合器可传递的转矩和转速关系。

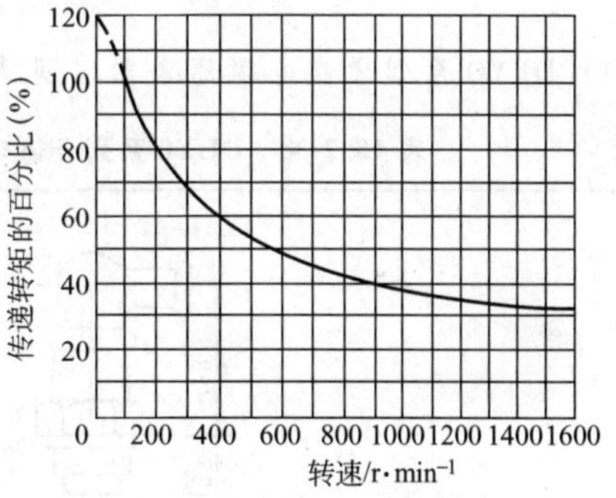

图 15.2-15 某种牙嵌电磁离合器可传递的转矩和转速关系

5.1.2 电磁离合器的选用计算

（1）牙嵌电磁离合器的选用

牙嵌电磁离合器传递转矩时须加轴向压紧力，否则超载时将产生牙的滑跳，导致牙的损坏。因此，选用时必须确保离合器工作时，特别是起动时不出现超载现象。

在一般的传动系统中，选用的牙嵌离合器的额定转矩 T 应大于电动机的起动转矩（最大转矩）。一般按下式计算：

$$T \geqslant T_c = KT \qquad (15.2\text{-}11)$$

式中，K 可参考表 15.2-3 中的数据，T 可按电动机的最大转矩取值（见电动机样本）。

（2）片式电磁离合器的选用

片式电磁离合器的选用计算见表 15.2-37。

表 15.2-37　片式电磁离合器的选用计算

计算项目	计算公式	说　明
按滑动摩擦转矩选择	$T_d \geqslant K(T_1+T_2)$	T_d—离合器的滑动摩擦转矩(N·m) T_s—离合器的静摩擦转矩(N·m) K—安全系数(或工况系数),见表 15.2-3 T_1—接合时的载荷转矩(N·m) T_2—加速转矩(惯性转矩)(N·m) T_{max}—运转时的最大载荷转矩(N·m) $[E]$—离合器的许用滑摩功(N·m) J—离合器轴上的转动惯量(kg·m^2) n_x—摩擦片相对转速(r/min) T_f—离合器轴上的载荷转矩(N·m) m—接合次数
按静摩擦转矩选择	$T_s \geqslant KT_{max}$	
按摩擦功选择	$[E] \geqslant \frac{Jn_x^2}{182}\frac{T_d}{T_d \mp T_f}m$ 减速时取正号	

注：选择离合器时需同时满足表中 3 项要求，但目前我国电磁离合器尚无许用滑摩功的数据，因此还只能按滑动摩擦转矩和静摩擦转矩选择。需计算摩擦功时，可参考国外同类型离合器的数据。

5.2　牙嵌电磁离合器

5.2.1　DLY0 系列牙嵌电磁离合器（见表 15.2-38）

表 15.2-38　DLY0 系列牙嵌电磁离合器的结构型式、性能参数和主要尺寸

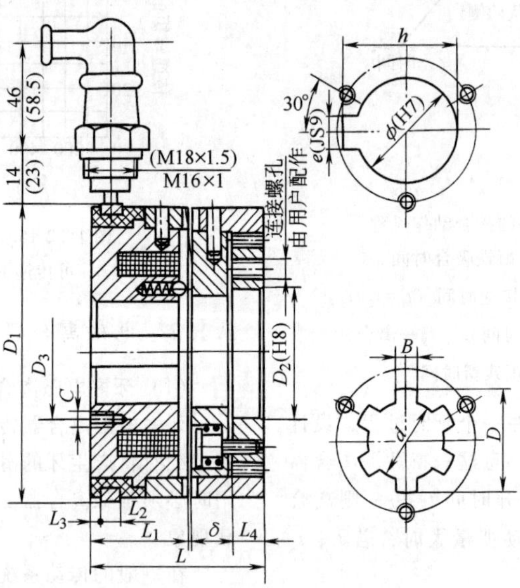

规　格	1.2/1.2A	2.5/2.5A	5/5A	10/10A	16/16A	25/25A	40/40A
额定传递转矩/N·m	12	25	50	100	160	250	400
额定工作电压(DC)/V	24	24	24	24	24	24	24
线圈消耗功率/W	8	8	16	21	24	32	35
允许最高接合转速/r·min^{-1}	80	65	50	35	25	20	15
允许最高转速/r·min^{-1}	5500	5000	4500	4000	3500	3300	3000
质量/kg	0.57	0.83	1.42	1.6	2.1	3.2	5.3

（续）

规格		1.2/1.2A	2.5/2.5A	5/5A	10/10A	16/16A	25/25A	40/40A
径向尺寸 /mm	D_1	61	73	87	94	104	125	140
	D_2	30	35	45	45	60	75	80
	D_3	27.5	34	41	50	55	70	75
	D	$20^{+0.019}_{0}$	$25^{+0.023}_{0}$	$28^{+0.023}_{0}$	$40^{+0.027}_{0}$	$45^{+0.027}_{0}$	$50^{+0.027}_{0}$	$60^{+0.03}_{0}$
	d	$17^{+0.12}_{0}$	$22^{+0.14}_{0}$	$24^{+0.14}_{0}$	$35^{+0.17}_{0}$	$40^{+0.17}_{0}$	$45^{+0.17}_{0}$	$54^{+0.2}_{0}$
	ϕ	18	25	28	40	45	50	60
	h	$19.9^{+0.14}_{0}$	$27.6^{+0.17}_{0}$	$30.6^{+0.17}_{0}$	$42.9^{+0.17}_{0}$	$47.9^{+0.17}_{0}$	$53.8^{+0.2}_{0}$	$64^{+0.2}_{0}$
	e	5	8	8	12	12	14	18
	B	$6^{+0.065}_{+0.025}$	$6^{+0.065}_{+0.025}$	$6^{+0.065}_{+0.025}$	$10^{+0.085}_{+0.035}$	$12^{+0.105}_{+0.045}$	$12^{+0.105}_{+0.045}$	$14^{+0.105}_{+0.045}$
	C	3×M4 深 8	3×M4 深 8	3×M4 深 8	3×M4 深 10	3×M5 深 10	3×M5 深 10	3×M6 深 10
轴向尺寸 /mm	L	36	36	44	45	50	52.5	62
	L_1	19.2	19.2	24.2	25.2	29.2	31	35
	L_2	7	8	8	8	8	9	10
	L_3	3	3	5	5	5	4	3
	L_4	6	6	8	8	8	9	10
	δ	0.2	0.3	0.3	0.5	0.5	0.5	0.8
推荐电刷号		DS-002					DS-001	

注：1. 规格中有 A 的为单键孔，无 A 的为花键孔。
2. 离合器可同轴安装，也可分轴安装，其同轴度误差不大于 0.06mm。
3. 离合器主、从动侧均不得有轴向窜动。
4. 安装时，端面牙间间隙应保持表中规定值。
5. 表中为天津机床电器有限公司的数据。

5.2.2 DLY5 系列牙嵌电磁离合器（见表 15.2-39）

表 15.2-39 DLY5 系列牙嵌电磁离合器的结构型式、性能参数和主要尺寸

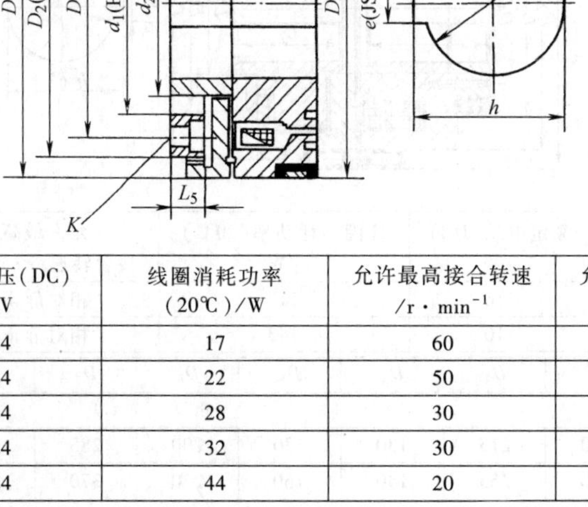

规格	公称转矩 /N·m	额定电压(DC) /V	线圈消耗功率 (20℃)/W	允许最高接合转速 /r·min^{-1}	允许最高转速 /r·min^{-1}	质量/kg
2A	20	24	17	60	5500	0.9
5A	50	24	22	50	4500	1.5
10A	100	24	28	30	4000	2.3
16A	160	24	32	30	3500	3.0
25A	250	24	44	20	3300	4.3

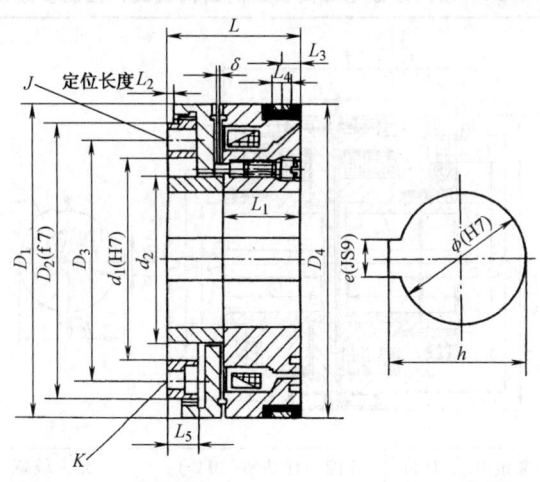

（续）

规格	公称转矩 /N·m	额定电压(DC) /V	线圈消耗功率 (20℃)/W	允许最高接合转速 /r·min^{-1}	允许最高转速 /r·min^{-1}	质量/kg
40A	400	24	58	10	3000	6.2
63A	630	24	60	相对静止	2500	8.9
100A	1000	24	73	相对静止	2200	14.0
160A	1600	24	87	相对静止	2000	20.0
250A	2500	24	85	相对静止	1700	34.0

规格	D_1	D_2	D_3	D_4	d_1	d_2	ϕ	h	e	J	K	L	L_1	L_2	L_3	L_4	L_5	δ	电刷型号
	mm																		
2A	75	65	55	75	45	39.5	25	$27.6^{+0.14}_{0}$	8	2×4	4×M4	33	18.6	1.5	6.5	8	8	0.4	湿式使用 DS-005
5A	90	75	64	90	53	49	30	$32.6^{+0.17}_{0}$	8	2×5	4×M5	40	24.1	2	6.5	8	9	0.5	
10A	105	85	75	105	65	57	40	$42.9^{+0.17}_{0}$	12	2×5	4×M5	45	26.6	2	6.5	8	10.5	0.5	
16A	115	100	85	115	70	62	45	$43.8^{+0.17}_{0}$	14	2×6	4×M6	50	29.6	2	6.5	8	12.5	0.5	
25A	125	105	90	125	75	68	50	$53.6^{+0.2}_{0}$	16	2×8	4×M6	58	33.9	2.5	6.5	8	15.5	0.6	
40A	140	115	100	140	85	74	60	$64^{+0.2}_{0}$	18	2×10	6×M6	67	40	2.5	7.5	10	17	0.6	干式使用 DS-006
63A	160	130	115	160	95	85	70	$74.3^{+0.2}_{0}$	20	2×10	6×M8	75	42	3	7.5	10	19.5	0.7	
100A	185	155	135	182	115	97	70	$74.3^{+0.2}_{0}$	20	2×12	6×M8	85	49	3	7.5	10	21	0.7	
160A	215	180	158	215	130	114	85	$95.8^{+0.4}_{0}$	22	2×12	6×M10	100	58	3.5	8.5	10	25.5	0.9	DS-010
250A	250	210	190	250	150	130	85	$95.8^{+0.4}_{0}$	22	2×12	6×M12	115	66	3.5	8.5	10	26	0.9	

注：1. 离合器可水平安装，也可垂直安装。

2. 其余同表 15.2-38 的注。

5.2.3　DLY9 系列牙嵌电磁离合器（见表 15.2-40）

表 15.2-40　DLY9 系列牙嵌电磁离合器的结构型式、性能参数和主要尺寸

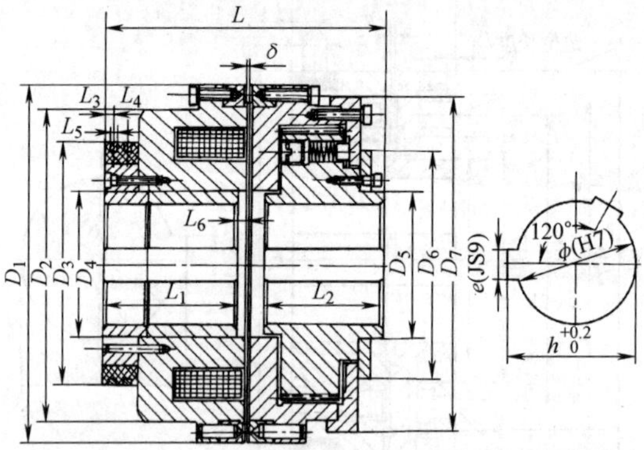

规格	公称转矩 /N·m	额定电压(DC) /V	线圈消耗功率(20℃) /W	允许最高 接合转速/r·min^{-1}	允许最高转速 /r·min^{-1}
500A	5000	110	117	相对静止	1300
1000A	10000	110	143	相对静止	1000

规格	D_1	D_2	D_3	D_4	D_5	D_6	D_7	ϕ	h	e
	mm									
500A	320	270	215	130	130	200	285	110	116.4	28
1000A	420	350	255	140	160	230	370	110	116.4	28

（续）

规格	L	L_1	L_2	L_3	L_4	L_5	L_6	δ	电刷型号
	mm								
500A	245	105	105	10	14.5	8	19	1	DS-010
1000A	310	135	135	12	20	10	23	1.5	

注：同表 15.2-38 的注。

5.2.4 DLY6 系列牙嵌电磁离合器（见表 15.2-41）

表 15.2-41　DLY6 系列牙嵌电磁离合器的结构型式、性能参数和主要尺寸

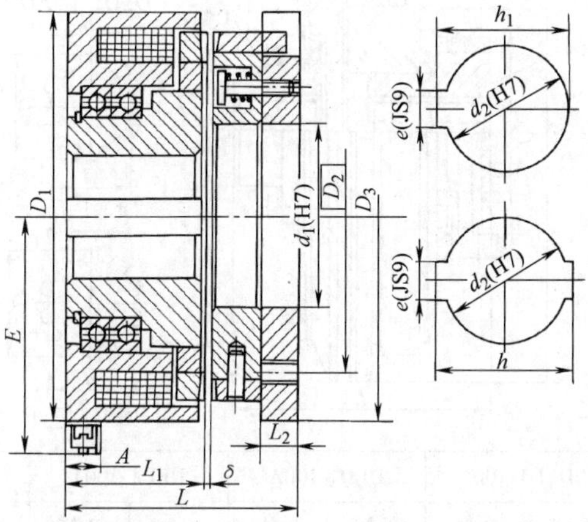

规　格		DLY6-10A	DLY6-10AT	DLY6-20A	DLY6-20AT	DLY6-50A	DLY6-100A
公称传递转矩/N·m		100	100	200	200	500	1000
接通时间/s　≤		0.06	0.06	0.07	0.07	0.09	0.11
断开时间/s　≤		0.08	0.08	0.1	0.1	0.20	0.40
额定工作电压(DC)/V		24	24	24	24	24	24
线圈功率(20℃)/W		36	28.8	30	30	85	101
允许最高转速/r·min^{-1}		2000	2000	2000	2000	2000	1800
允许最高接合转速/r·min^{-1}		36	36	20	20	0	0
质量/kg		2	2	3.3	3.3	5.7	10
径向尺寸/mm	D_1	95	100	115	115	134	166
	D_2	62	64	86	75	85	110
	D_3	93	90	114	105	127	162
	d_1	40	53	50	65	62	79
	d_2	25	25	34	25	46	60
	e	8	8	10	8	14	18
	h_1	$28.3^{+0.2}_{0}$	$28.3^{+0.2}_{0}$	$36.2^{+0.2}_{0}$	$28.3^{+0.2}_{0}$	$48.8^{+0.2}_{0}$	$63.3^{+0.2}_{0}$
	h	—	—	—	—	$51.6^{+0.2}_{0}$	$66.6^{+0.2}_{0}$
	E	57.5	60	67	67	77	93
轴向尺寸/mm	L_1	42.5	33.5	38.5	38.5	57	63
	L_2	6.5	10	10	12	15	20
	A	10	10	10	10	10	10
	L	60	50	62	57.5	88.5	102.5
	δ	0.3	0.3	0.5	0.5	0.4	0.5

注：同表 15.2-38 的注。

5.3　片式电磁离合器

5.3.1　DLD1 系列干式单片电磁离合器（见表 15.2-42）

表 15.2-42　DLD1 系列干式单片电磁离合器的结构型式、性能参数和主要尺寸

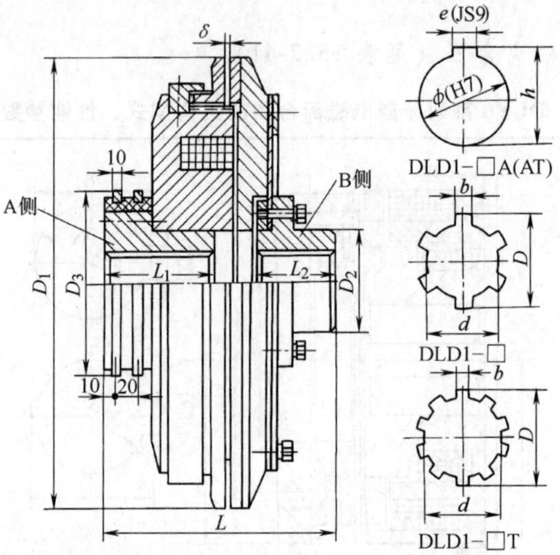

规格		DLD1-100		DLD1-100A		DLD1-100T		DLD1-160A		DLD1-160AT	
		A 侧	B 侧	A 侧	B 侧	A 侧	B 侧	A 侧	B 侧	A 侧	B 侧
公称动转矩/N·m		1000		1000		1000		1600		1600	
额定工作电压(DC)/V		24	110	24	110	24	110		110		110
线圈功率(20℃)/W		125	125	125	125	125	125		151		150
接通时间/s　≤		15		15		15					
断开时间/s　≤		0.8		0.8		0.8					
允许最高工作转速/r·min^{-1}		1500		1500		1500		1000		1000	
质量/kg		90		90		90		150		150	
径向尺寸/mm	D	$60^{+0.03}_{0}$	$60^{+0.03}_{0}$			$60^{+0.03}_{0}$	$38^{+0.027}_{0}$				
	d	$54^{+0.2}_{0}$	$54^{+0.2}_{0}$			$54^{+0.2}_{0}$	$33^{+0.34}_{0}$				
	b	$14^{+0.105}_{+0.045}$	$14^{+0.105}_{+0.045}$			$14^{+0.105}_{+0.045}$	$6^{+0.04}_{+0.17}$				
	ϕ			60	60			65	75	70	55
	h			$64.4^{+0.2}_{0}$	$64.4^{+0.2}_{0}$			$70^{+0.2}_{0}$	$81.1^{+0.2}_{0}$	$74.3^{+0.2}_{0}$	$58.6^{+0.2}_{0}$
	e			18	18			18	20	20	16
	D_1	420		420		420		480		480	
	D_2	90		90		60		110		100	
	D_3	170		170		170		200		200	
轴向尺寸/mm	L	212		212		216		259		270	
	L_1	105		105		117		110		110	
	L_2	75		75		58		100		110	
	δ	0.8±0.1		0.8±0.1		0.8±0.1		1±0.1		1±0.1	

注：1. 离合器的主、从动轴安装时的同轴度误差应小于 0.15mm。

2. 离合器安装时应调整间隙至规定值，安装好后 δ 应在 0.7mm 左右。

3. 表中为天津机床电器有限公司的数据。

5.3.2 DLM0系列有滑环湿式多片电磁离合器（见表15.2-43）

表15.2-43 DLM0系列有滑环湿式多片电磁离合器的结构型式、性能参数和主要尺寸

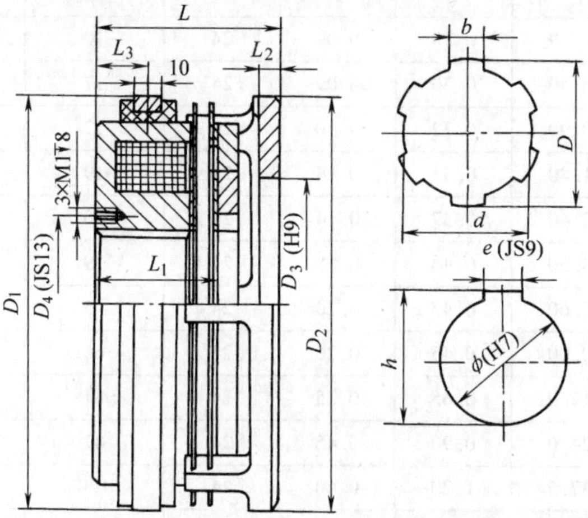

规格	公称动转矩 /N·m	公称静转矩 /N·m	空载转矩 /N·m ≤	接通时间 /s ≤	断开时间 /s ≤	额定电压 (DC)/V	线圈消耗功率(20℃) /W	允许最高转速 /r·min^{-1}	质量 /kg	供油量 /L·min^{-1}	电刷型号
2.5	12	25	0.4	0.28	0.10	24	13	3500	1.78	0.25	DS-0.01
6.3	50	100	1	0.32	0.10	24	19	3000	2.8	0.40	
16	100	200	2	0.35	0.15	24	23	3000	4.66	0.65	
40	250	500	5	0.40	0.20	24	51	2000	9.0	1.00	

规格	D_1	D_2	D_3	D_4	D	d	b	L	L_1	L_2	L_3	衔铁行程	e	h
	mm													
2.5	94	92	50	42	$30^{+0.023}_{0}$	$26^{+0.28}_{0}$	$8^{+0.085}_{+0.035}$	56	46.6	5	18.5	2.2	8	$32.3^{+0.1}_{0}$
6.3	116	113	65	52	$40^{+0.027}_{0}$	$35^{+0.34}_{0}$	$10^{+0.085}_{+0.035}$	60	48.2	5	18.5	2.8	12	$42.3^{+0.1}_{0}$
16	142	142	85	60	$50^{+0.027}_{0}$	$45^{+0.34}_{0}$	$12^{+0.105}_{+0.045}$	65	49.2	7.5	18.5	3.5	14	$52.4^{+0.2}_{0}$
40	176	178	105	86	$65^{+0.03}_{0}$	$58^{+0.4}_{0}$	$16^{+0.105}_{+0.045}$	80	62	10	22	4	18	$69.4^{+0.2}_{0}$

注：1. 离合器摩擦片需在油中工作，供油方式为外浇油或油浴式，但浸入油中部分的深度为离合器外径的1/5~1/4。高速或频繁动作时，宜采用轴心供油。供油量见表中。
2. 离合器可同轴或分轴安装，分轴安装的同轴度为9级。安装好后，主、从动部分都应轴向固定，不得有窜动。
3. 表中为天津机床电器有限公司的数据。

5.3.3 DLM5系列有滑环湿式多片电磁离合器（见表15.2-44）

表15.2-44 DLM5系列有滑环湿式多片电磁离合器的结构型式、性能参数和主要尺寸

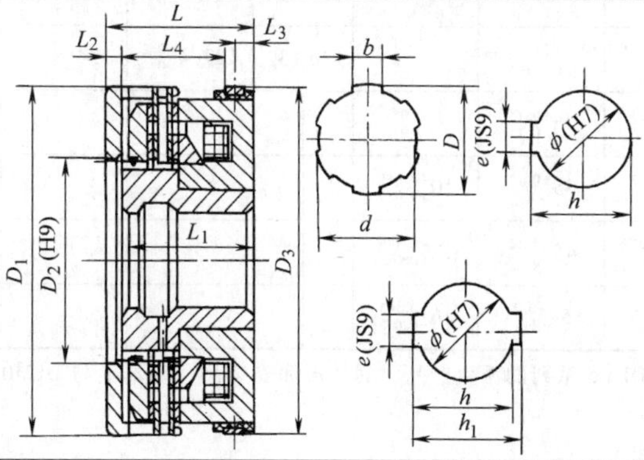

（续）

规格	公称动转矩 /N·m	公称静转矩 /N·m	空载转矩 /N·m	接通时间 /s ≤	断开时间 /s ≤	额定电压 (DC)/V	线圈消耗功率(20℃) /W	允许最高转速 /r·min^{-1}	质量 /kg	供油量 /L·min^{-1}
1.2/1.2C	12	20	0.39	0.28	0.09	24	10	3500	1.3	0.20
2.5	25	40	0.40	0.30	0.09	24	17	3500	1.73	0.25
5/5C	50	80	0.90	0.32	0.10	24	17	3000	2.9	0.40
10/10C	100	160	1.80	0.35	0.14	24	19	3000	4.3	0.65
16	160	250	2.40	0.37	0.14	24	26	2500	5.8	0.65
25/25C	250	400	3.50	0.40	0.18	24	39	2200	7.7	1.00
40	400	630	5.60	0.42	0.20	24	45	2000	12.2	1.00
63	630	1000	9.00	0.45	0.25	24	66	1800	16.2	1.2
100	1000	1600	15.0	0.65	0.35	24	81	1600	23.2	1.2
160	1600	2500	24.0	0.90	0.45	24	87	1600	31.7	1.5
250	2500	4000	37.5	1.20	0.60	24	100	1200	47.1	2.0
400	4000	6300	60.0	1.50	0.80	24	134	1000	100.9	3.0

规格	D_1	D_2	D_3	D	d	b	ϕ	e	h	h_1	L	L_1	L_2	L_3	L_4	电刷型号
	mm															
1.2	86	50	86	$20^{+0.023}_{0}$	$17^{+0.12}_{0}$	$6^{+0.065}_{+0.025}$	20	6	$22.8^{+0.1}_{0}$		43.5	38	5.5	5	7	
2.5	96	56	96	$25^{+0.023}_{0}$	$21^{+0.14}_{0}$	$6^{+0.065}_{+0.025}$	25	8	$28.3^{+0.2}_{0}$		48.5	43	5.5	7	7	DS-002
5	113	65	113	$30^{+0.023}_{0}$	$26^{+0.14}_{0}$	$6^{+0.065}_{+0.025}$	30	8	$33.3^{+0.2}_{0}$		55.5	50	5.5	7	8	
10	133	75	133	$40^{+0.027}_{0}$	$35^{+0.17}_{0}$	$10^{+0.085}_{+0.035}$	40	12	$43.3^{+0.2}_{0}$		61	54.5	6.5	8	10	
16	145	85	145	$45^{+0.027}_{0}$	$40^{+0.17}_{0}$	$12^{+0.105}_{+0.045}$	45	14	$48.8^{+0.2}_{0}$		63.5	57	6.5	8	10	
25	166	95	166	$50^{+0.027}_{0}$	$45^{+0.17}_{0}$	$12^{+0.105}_{+0.045}$	50	14	$53.8^{+0.2}_{0}$		72	64.5	7.5	10	10	
40	192	120	192	$60^{+0.03}_{0}$	$54^{+0.2}_{0}$	$14^{+0.105}_{+0.045}$	60	18	$64.4^{+0.2}_{0}$		82.5	74.5	8	10	10	
63	212	125	212	$70^{+0.03}_{0}$	$62^{+0.2}_{0}$	$16^{+0.105}_{+0.045}$	70	20	$74.9^{+0.2}_{0}$		91.5	82	9.5	12	10	
100	235	150	235				70	20	$74.9^{+0.2}_{0}$		105	96	10	15	10	
160	270	180	270				100	28	$106.4^{+0.2}_{0}$		118	104	14	15	10	DS-001
250	310	220	310				110	28	$116.4^{+0.2}_{0}$	$122.8^{+0.4}_{0}$	130	116	14	10	12	
400	415	235	415				120	32	$127.4^{+0.2}_{0}$	$134.8^{+0.4}_{0}$	150	132	18	10	12	
1.2C	94	50	86	$30^{+0.023}_{0}$	$26^{+0.14}_{0}$	$8^{+0.085}_{+0.035}$					56	50.5	5.5	19	10	
5C	116	65	113	$40^{+0.027}_{0}$	$35^{+0.17}_{0}$	$10^{+0.085}_{+0.035}$					59.5	54	5.5	19	10	
10C	142	85	133	$50^{+0.027}_{0}$	$45^{+0.17}_{0}$	$12^{+0.105}_{+0.045}$					64.5	58	6.5	19	10	
25C	176	105	160	$65^{+0.03}_{0}$	$58^{+0.2}_{0}$	$16^{+0.105}_{+0.045}$					81	73.5	7.5	21	10	

注：1. 带有“C”的规格为 DLM5 系列的派生产品，其外形和安装尺寸基本上与 DLM0 系列相同，可作为 DLM0 系列的替代品。

2. 其余同表 15.2-43 的注。

5.3.4　DLM10系列有滑环湿（干）式多片电磁离合器（见表15.2-45）

表15.2-45　DLM10系列有滑环湿（干）式多片电磁离合器的结构型式、性能参数和主要尺寸

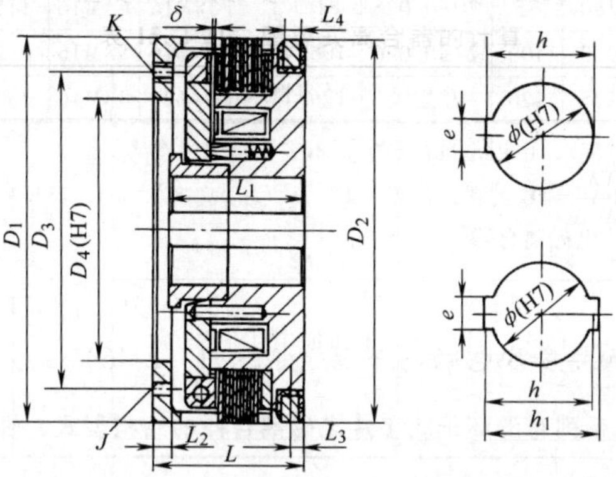

规格	公称动转矩 /N·m	公称静转矩 /N·m	空载转矩 /N·m	接通时间 /s ≤	断开时间 /s ≤	额定电压（DC）/V	线圈消耗功率（20℃）/W	允许最高转速 /r·min⁻¹	质量 /kg	电刷型号
1A/1AG	12.5	20/14	0.088/0.05	0.14/0.11	0.03/0.025		26	3000	2	
2A/2AG	25	40/27.5	0.175/0.10	0.18/0.16	0.032/0.028		27	3000	2.6	
4A/4AG	40	63/44	0.280/0.16	0.20/0.18	0.04/0.03		33	3000	3.2	
6A/6AG	63	100/70	0.350/0.26	0.25/0.20	0.45/0.04		43	3000	4	
10A/10AG	100	160/110	0.500/0.35	0.28/0.25	0.06/0.045		43	3000	5.5	
16A/16AG	160	250/175	1.00/0.56	0.30/0.28	0.08/0.06		47	2500	7.8	
25A/25AG	250	400/280	1.50/0.88	0.35/0.30	0.11/0.08	24	55	2200	11	湿式采用DS-005、干式采用DS-006
40A/40AG	400	630/440	2.50/1.40	0.40/0.35	0.12/0.11		62	2000	15	
63A/63AG	630	1000/700	4.00/2.20	0.50/0.40	0.15/0.12		70	1750	21	
100A/100AG	1000	1600/1100	6.00/3.00	0.60/0.50	0.18/0.15		79	1600	32	
160A/160AG	1600	2500/1750	10/5.5	0.90/0.70	0.22/0.18		93	1350	50	
250A/250AG	2500	4000/2750	15/8.6	1.15/0.90	0.28/0.25		110	1200	77	
400A/400AG	4000	6300/4400	24/14	1.30/1.20	0.35/0.30		123	1000	122	

规格	D_1	D_2	D_3	D_4	ϕ	e	h	J	K	L	L_1	L_2	L_3	L_4	δ
	mm														
1A/1AG	100	100	85	50	18	$5^{+0.025}_{0}$	$19.9^{+0.14}_{0}$	2×ϕ6	4×M6	45	42	5	5.5	8	0.30
2A/2AG	110	110	90	55	20	$6^{+0.025}_{0}$	$22.3^{+0.14}_{0}$	2×ϕ6	4×M6	48	45	5	5.5	8	0.30
4A/4AG	120	120	100	60	25	$8^{+0.03}_{0}$	$27.6^{+0.14}_{0}$	3×ϕ6	6×M6	52	48	6	5.5	8	0.30
6A/6AG	132	132	105	65	30	$8^{+0.03}_{0}$	$32.6^{+0.17}_{0}$	3×ϕ6	6×M8	55	50	7	5.5	8	0.30
10A/10AG	147	145	120	75	40	$12^{+0.035}_{0}$	$42.9^{+0.17}_{0}$	3×ϕ8	6×M8	58	53	7	5.5	8	0.35
16A/16AG	162	160	135	85	45	$14^{+0.035}_{0}$	$48.3^{+0.17}_{0}$	3×ϕ8	6×M8	62	57	7	5.5	8	0.40
25A/25AG	182	180	155	95	50	$16^{+0.035}_{0}$	$53.6^{+0.2}_{0}$	3×ϕ10	6×M10	68	63	8	6	8	0.45
40A/40AG	202	200	170	120	60	$18^{+0.035}_{0}$	$64^{+0.2}_{0}$	3×ϕ10	6×M10	76	70	9	6.25	8	0.50
63A/63AG	235	230	200	125	70	$20^{+0.045}_{0}$	$74.3^{+0.2}_{0}$	3×ϕ14	6×M12	86	80	10	6.25	8	0.60
100A/100AG	270	255	235	150	70	$20^{+0.045}_{0}$	$74.3^{+0.2}_{0}$	3×ϕ14	6×M16	100	92	12	8.5	10	0.70

（续）

规格	D_1	D_2	D_3	D_4	ϕ	e	h	J	K	L	L_1	L_2	L_3	L_4	δ
	mm														
160A/160AG	310	295	260	180	75	20±0.026	$81.1^{+0.2}_{0}$	3×ϕ16	6×M16	115	107	14	8	10	0.80
250A/250AG	360	340	305	200	100	28±0.026	$106.4^{+0.2}_{0}$	4×ϕ16	8×M16	132	122	15	8.5	10	0.90
400A/400AG	420	395	350	235	120	$32^{+0.05}_{0}$	$126.7^{+0.2}_{0}$	4×ϕ20	8×M16	150	138	17	8.5	10	1

注：1. D_3、J、K 为用户连接用尺寸，由用户自行加工，本表数据仅供参考。

2. 250A/250AG、400A/400AG 为双键孔，位置 180°，h_1 为 $112.8^{+0.2}_{0}$mm、$133.4^{+0.52}_{0}$mm。

3. 带有“G”的为干式多片电磁离合器。

4. 其余同表 15.2-43 的注。

5.3.5　DLM2 系列有滑环干式多片电磁离合器（见表 15.2-46）

表 15.2-46　DLM2 系列有滑环干式多片电磁离合器的结构型式、性能参数和主要尺寸

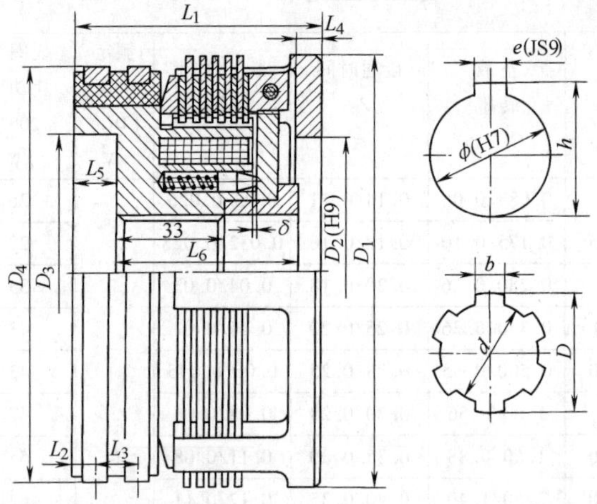

规　格		DLM2-10	DLM2-16	DLM2-40
公称动转矩/N·m		100	160	400
公称静转矩/N·m		110	175	440
空载转矩/N·m　≤		1.0	1.6	4.0
接通时间/s　≤		0.25	0.28	0.35
断开时间/s　≤		0.05	0.06	0.12
额定工作电压(DC)/V		24	24	24
线圈功率(20℃)/W		36	42	43
允许最高转速/r·min^{-1}		2500	2000	1500
质量/kg		4.8	6.2	13.5
径向尺寸/mm	D_1	122	148	198
	D_2	80	85	110
	D_3	80	91	140
	D_4	122	134	190

规　格		DLM2-10	DLM2-16	DLM2-40
径向尺寸/mm	D	$35^{+0.027}_{0}$	$45^{+0.027}_{0}$	$60^{+0.03}_{0}$
	d	$30^{+0.14}_{0}$	$40^{+0.17}_{0}$	$54^{+0.2}_{0}$
	b	$10^{+0.085}_{+0.035}$	$12^{+0.105}_{+0.045}$	$14^{+0.105}_{+0.045}$
	ϕ	35	45	60
	e	10	14	18
	h	$37.8^{+0.1}_{0}$	$47.8^{+0.1}_{0}$	$63.3^{+0.2}_{0}$
轴向尺寸/mm	L_1	77	79	98
	L_2	7	7	7
	L_3	13	13	15
	L_4	8	8	8
	L_5	14	16	25
	L_6	57	58	68
	δ(通电)	0.25±0.05	0.30±0.05	0.40±0.05
电刷型号		DS-003		

注：1. 离合器可分轴安装，但要保持同轴度误差小于 0.1mm。

2. 安装后轴向应固定，主、从动侧均不得有轴向窜动。

3. 安装后应调整间隙，使之在通电状态下达到表中规定值。

4. 表中为天津机床电器有限公司的数据。

5.3.6 DLM2B 型电磁离合器（见表 15.2-47）

表 15.2-47 DLM2B 型电磁离合器的性能参数和主要尺寸（摘自 JB/T 8808—2010）

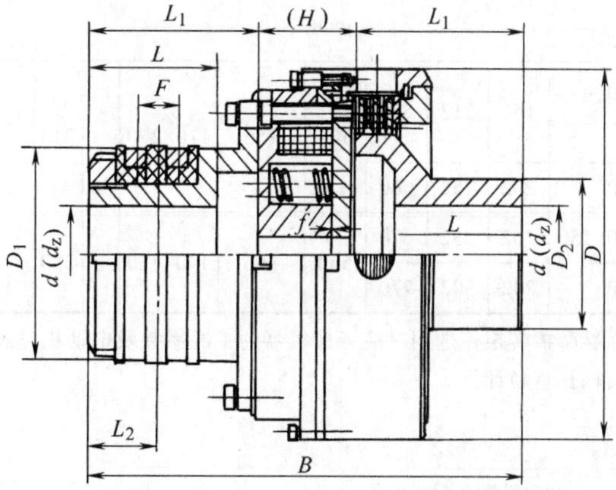

型号	公称转矩 T_n /N·m	许用转速 $[n]$ /r·min^{-1}	轴孔直径 d(H7) d_z(H8)	轴孔长度 J型、Z型 L	轴孔长度 J型、Z型 L_1	B	D	H	集电环位置尺寸 L_2/直径 D_1 (h9)	F	D_2	气隙 f	通电动作时间	断电动作时间	转动惯量 J/kg·m^2 主动端	转动惯量 J/kg·m^2 从动端	质量 /kg
			mm										s				
DLM2B-630	630	2000	40, 42, 45, 48,50,55	84	112	290	210	66	45/120		85	0.8~1.1	0.15	0.30	0.14	0.01	32
DLM2B-1000	1000	2000	45,48,50,55	84	112	300	235	76	45/130	27	95	0.8~1.1	0.15	0.30	0.26	0.03	45
			60	107	142	360											
DLM2B-1600	1600	2000	50,55	84	112	310	260	86	45/145		110	1.0~1.3	0.20	0.35	0.43	0.05	63
			60,63,65,70	107	142	370											
DLM2B-2500	2500	1800	65,70,75	107	142	380	300	96	60/170		130	1.0~1.3	0.22	0.38	0.84	0.10	90
			80,85	132	172	440											
DLM2B-4000	4000	1600	70,75	107	142	390	340	106	60/195		145	1.0~1.3	0.22	0.38	1.59	0.18	132
			80,85,90,95	132	172	450											
DLM2B-6300	6300	1400	80,85,90,95	132	172	460	390	116	80/220	30	165	1.0~1.3	0.25	0.40	3.02	0.41	194
			100,110	167	212	540											
DLM2B-10000	10000	1200	90,95	132	172	480	440	136	80/250		190	1.2~1.5	0.30	0.42	5.53	0.73	278
			100,110, 120,125	167	212	560											

（续）

型号	公称转矩 T_n /N·m	许用转速 [n] /r·min⁻¹	轴孔直径 d(H7) d_z(H8)	轴孔长度 J型、Z型 L	L_1	B	D	H	集电环位置尺寸 L_2/直径 D_1 (h9)	F	D_2	气隙 f	通电动作时间	断电动作时间	转动惯量 J/kg·m² 主动端	从动端	质量 /kg
			mm										s				
DLM2B-16000	16000	1100	100,110,120,125	167	212	580	500	156	110/270		210	1.5~1.8	0.35	0.45	10.70	1.69	428
			130,140	202	252	660				30							
DLM2B-25000	25000	1000	130,140,150	202	252	670	560	166	140/310		250	1.5~1.8	0.40	0.50	19.22	3.14	618
			160,170	242	302	770											

注：1. 公称转矩为标定的公称静摩擦转矩，选用时应考虑机器的工况系数及电动机过载系数。

2. 离合器质量按表中最大轴孔直径计算。

3. 所需电刷配套供应。

标记方法

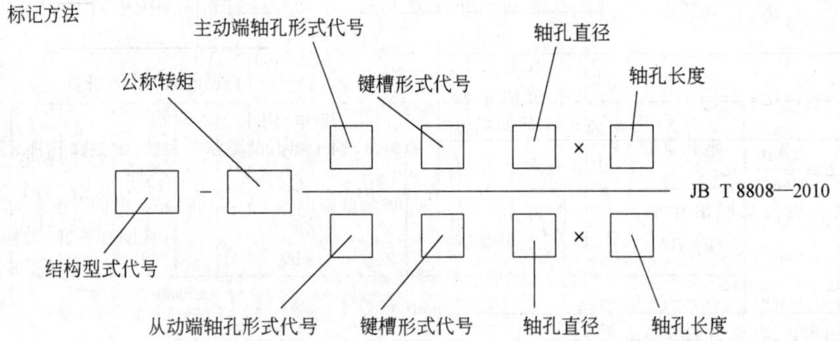

5.3.7　DLM3系列无滑环湿式多片电磁离合器（见表15.2-48）

表15.2-48　DLM3系列无滑环湿式多片电磁离合器的结构型式、性能参数和主要尺寸

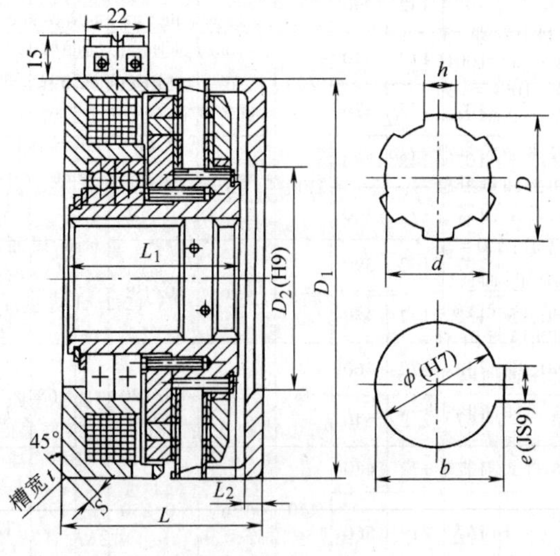

(续)

规格	公称动转矩 /N·m	公称静转矩 /N·m	空载转矩 /N·m ≤	接通时间 /s ≤	断开时间 /s ≤	额定电压 (DC)/V	线圈消耗功率(20℃) /W	允许最高转速 /r·min^{-1}	质量 /kg	供油量 /L·min^{-1}
DLM3 1.2	12	20	0.39	0.28	0.09	24	18	3500	1.6	0.2
DLM3 2.5	25	40	0.40	0.30	0.09	24	21	3500	2.3	0.25
DLM3 5	50	80	0.9	0.32	0.10	24	32	3000	3.4	0.40
DLM3 10	100	160	1.80	0.35	0.14	24	38	3000	5	0.65
DLM3 16	160	250	2.40	0.37	0.14	24	50	2500	6.6	0.65
DLM3 25	250	400	3.50	0.40	0.18	24	61	2200	8.6	1.0
DLM3 40	400	630	5.60	0.42	0.20	24	72	2000	14.7	1.0
DLM3 63	630	1000	9.00	0.45	0.25	24	83	1800	21	1.2

规格	D_1	D_2	D	d	b	ϕ	e	h	L	L_1	L_2	S	t
	mm												
DLM3 1.2	86	50	$20^{+0.023}_{0}$	$17^{+0.12}_{0}$	$6^{+0.065}_{+0.025}$	20	6	$21.8^{+0.1}_{0}$	51	44.5	5.5	3.5	6
DLM3 2.5	96	56	$25^{+0.023}_{0}$	$22^{+0.14}_{0}$	$6^{+0.065}_{+0.025}$	25	8	$27.3^{+0.1}_{0}$	57	51.5	5.5	3.5	6
DLM3 5	113	65	$30^{+0.023}_{0}$	$26^{+0.14}_{0}$	$8^{+0.085}_{+0.035}$	30	8	$32.3^{+0.1}_{0}$	63	56	5	3.5	8
DLM3 10	133	75	$40^{+0.027}_{0}$	$35^{+0.17}_{0}$	$10^{+0.085}_{+0.035}$	40	12	$42.3^{+0.1}_{0}$	68	59	6.5	5.5	8
DLM3 16	145	85	$45^{+0.027}_{0}$	$40^{+0.17}_{0}$	$12^{+0.105}_{+0.045}$	45	14	$47.4^{+0.2}_{0}$	70	61.5	6.5	5.5	10
DLM3 25	166	110	$50^{+0.027}_{0}$	$45^{+0.17}_{0}$	$12^{+0.105}_{+0.045}$	50	14	$52.4^{+0.2}_{0}$	78.5	68	7.5	5.5	10
DLM3 40	192	110	$60^{+0.03}_{0}$	$54^{+0.2}_{0}$	$14^{+0.105}_{+0.045}$	60	16	$62.2^{+0.2}_{0}$	91	79.5	8	6	10
DLM3 63	212	125	$70^{+0.03}_{0}$	$62^{+0.2}_{0}$	$16^{+0.105}_{+0.045}$	70	20	$74.3^{+0.2}_{0}$	109	96.5	9.5	7	10

注：同表 15.2-43 的注。

5.3.8 DLM9 系列无滑环湿式多片电磁离合器（见表 15.2-49）

表 15.2-49 DLM9 系列无滑环湿式多片电磁离合器的结构型式、性能参数和主要尺寸

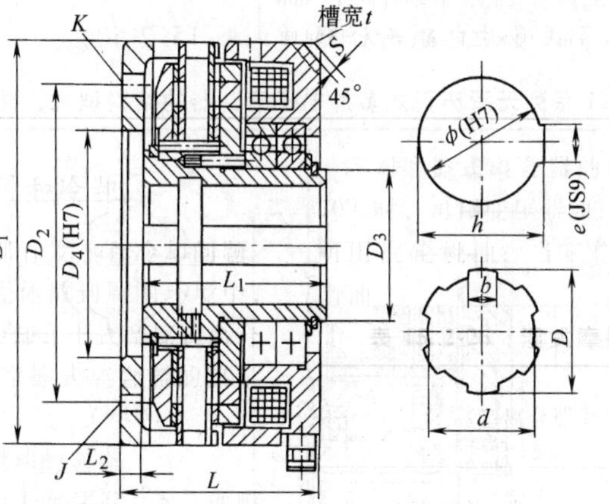

规格	公称动转矩 /N·m	公称静转矩 /N·m	空载转矩 /N·m	接通时间 /s ≤	断开时间 /s ≤	额定电压 (DC)/V	线圈消耗功率(20℃) /W	允许最高转速 /r·min^{-1}	质量 /kg	供油量 /L·min^{-1}
DLM9-2	16	25	0.48	0.28	0.09	24	24	3000	2.9	0.25
DLM9-5	50	80	0.85	0.30	0.10	24	37	3000	3.9	0.40
DLM9-10	100	160	1.80	0.32	0.14	24	50	3000	5.9	0.65
DLM9-16	160	250	2.40	0.36	0.16	24	56	2500	7.8	0.65
DLM9-25	250	400	3.80	0.40	0.18	24	76	2200	10.7	1.00

（续）

规格	公称动转矩 /N·m	公称静转矩 /N·m	空载转矩 /N·m	接通时间 /s ≤	断开时间 /s ≤	额定电压 (DC)/V	线圈消耗功率(20℃) /W	允许最高转速 /r·min^{-1}	质量 /kg	供油量 /L·min^{-1}
DLM9-40	400	630	6.00	0.60	0.22	24	86	2000	15	1.00
DLM9-63	630	1000	9.50	0.70	0.26	24	88	1800	22	1.20
DLM9-100	1000	1600	15.00	0.85	0.31	24	104	1600	33	1.20
DLM9-160	1600	2500	24.00	1.20	0.43	24	122	1500	51	1.50
DLM9-250	2500	4000	38.00	1.40	0.50	24	175.5	1200	67	2.00

规格	D_1	D_2	D_3	D_4	ϕ	e	h	J	K	L	L_1	L_2	S	t
	mm													
DLM9-2	95	80	35	50	20	6	$22.8^{+0.1}_{0}$	2×ϕ6	4×M6	55	50	5	4	8
DLM9-5	110	90	45	65	30	8	$33.3^{+0.2}_{0}$	3×ϕ6	4×M6	60	55	5	4	8
DLM9-10	132	105	50	75	40	12	$42.3^{+0.2}_{0}$	3×ϕ6	6×M8	67	60	7	5	10
DLM9-16	147	120	55	85	45	14	$47.4^{+0.2}_{0}$	3×ϕ8	6×M8	72	65	7	5	10
DLM9-25	162	135	65	95	50	16	$53.6^{+0.2}_{0}$	3×ϕ8	6×M8	82	75	7	6	12
DLM9-40	182	155	75	120	60	18	$64.4^{+0.2}_{0}$	3×ϕ10	6×M10	93	85	8	6	12
DLM9-63	202	170	85	125	70	20	$74.3^{+0.2}_{0}$	3×ϕ10	6×M10	109	100	9	8	14
DLM9-100	235	200	100	150	70	20	$74.9^{+0.2}_{0}$	3×ϕ14	6×M12	120	110	10	8	14
DLM9-160	270	235	110	200	90	25	$95.4^{+0.2}_{0}$	3×ϕ14	6×M12	142	130	12	10	16
DLM9-250	310	260	140	220	110	28	$116.4^{+0.2}_{0}$	3×ϕ16	6×M16	157	145	14	10	16

注：1. 表中 D_2、J、K 为连接尺寸，由用户自行加工，表中数据仅供参考。

2. 其余同表 15.2-43 的注。

5.3.9 DLK1 系列无滑环干式多片电磁离合器（见表 15.2-50）

表 15.2-50 DLK1 系列无滑环干式多片电磁离合器的结构型式、性能参数和主要尺寸

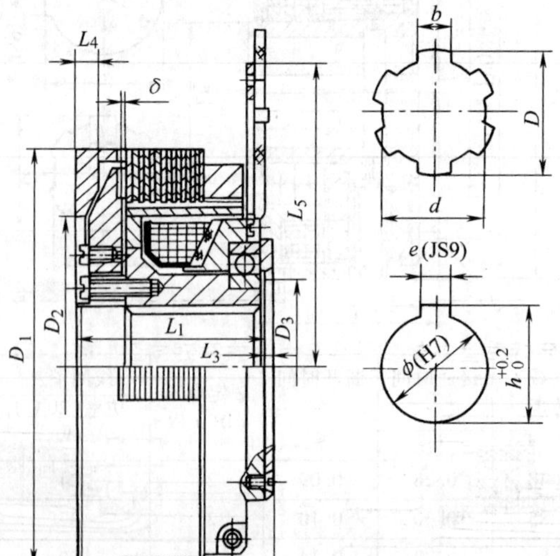

（续）

规格	公称动转矩 /N·m	空载转矩 /N·m	接通时间 /s ≤	断开时间 /s ≤	额定电压 (DC)/V	线圈消耗功率(20℃) /W	允许最高转速 /r·min^{-1}	质量 /kg
DLK1-2.5	25	0.10	0.10	0.03	24	16.5	3500	2
DLK1-5	50	0.20	0.14	0.04		20.5	3000	3
DLK1-10	100	0.30	0.16	0.06		28.8	3000	4.5
DLK1-16	160	0.8	0.20	0.10		48	2500	5.9
DLK1-25	250	1.2	0.27	0.15		53	2200	8.95
DLK1-40	400	2.0	0.35	0.20		62	2000	13.45
DLK1-80	800	4.0				79		

6　磁粉离合器

6.1　磁粉离合器的原理及特性

6.1.1　磁粉离合器的结构和工作原理

磁粉离合器是以磁粉为介质，借助磁粉间的结合力和磁粉与工作面间的摩擦力传递转矩的离合器。图 15.2-16 所示为无滑环磁粉离合器。从动转子 7 与从动轴 1 相连，以滚珠轴承支承回转。主动轴 12 与主动转子 11 相连一起回转。主动转子上嵌有励磁线圈 8，在主动转子与从动转子间充填磁粉。当线圈 8 通电时，产生垂直于间隙的磁通使松散的粉粒磁化结成磁粉链，产生磁连接力，并借助主、从动件与磁粉间摩擦力将动力传给从动件。断电后，磁粉恢复松散状态，并在离心力作用下，使磁粉贴靠主动转子内壁而与从动转子脱离，离合器脱开。

磁粉离合器主要用于接合频率高，要求接合平稳，需调节起动时间，自动调节转矩、转速或保持恒转矩运转及需过载保护的传动系统。磁粉离合器的工作条件：环境温度为-5~40℃，空气最大相对湿度为 90%（平均温度为 25℃时），海拔不超过 2500m，周围介质无爆炸危险、无腐蚀和无油雾的场合。

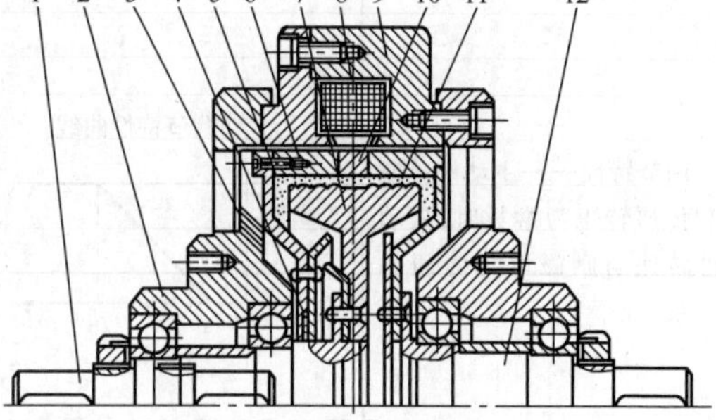

图 15.2-16　无滑环磁粉离合器

1—从动轴　2—从动轴支承盖　3—风扇　4—密封圈　5—转子端盖　6—磁粉　7—从动转子　8—线圈　9—定子　10—隔磁环　11—主动转子　12—主动轴

6.1.2　磁粉离合器的工作特性及特点（见表 15.2-51）

磁粉离合器的特点如下：

1）转矩与励磁电流呈线性关系，转矩调节范围广，精度高；传递转矩仅与励磁电流有关，转速改变时传递转矩基本不变。

2）可在主、从动件同步或稍有转速差下工作，过载打滑，有保护作用。

表 15.2-51　磁粉离合器的工作特性

特性内容	特性曲线	说明
静特性——主动件转速为常数，从动件被制动时，励磁电流与转矩的关系	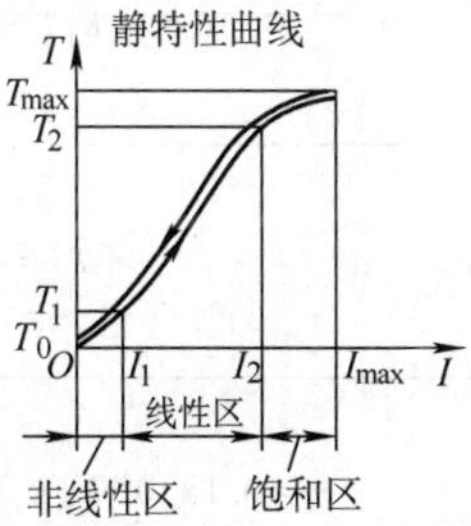 a) 主动件转速 n_1=常数 从动件转速 n_2=0 I—励磁电流 T—负载转矩	除弱励磁的非线性区和强励磁的饱和区外，其余区基本上为线性区，但由于磁性材料有剩磁，断电后有微小的空转转矩。从图 a 可知，磁滞回路线的宽度对公称转矩影响较小，即离合器有较宽的转矩线性调节范围

（续）

特性内容	特 性 曲 线	说 明
力学特性——主动件转速和励磁电流为常数时，从动件转速和能传递转矩的关系	力学特性曲线 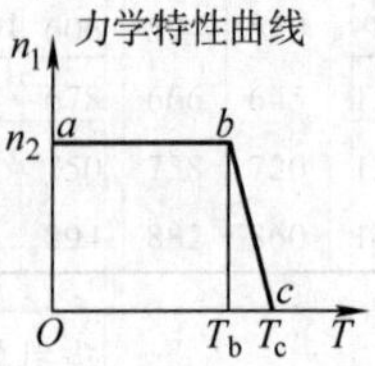 b) 主动件转速 n_1=常数 励磁电流 I=常数	当负载转矩小于某一 T_b 时，主、从动件同步转动；当负载转矩在 T_b 与 T_c 之间时，离合器在有滑差下工作；当负载转矩大于 T_c 时，从动件转速为零，离合器处于制动状态。图 b 表明在一定的范围内，从动件转速不随转矩而变
调节特性——主动件转速和传递转矩为常数时，从动件转速与励磁电流之间的关系	调节特性曲线 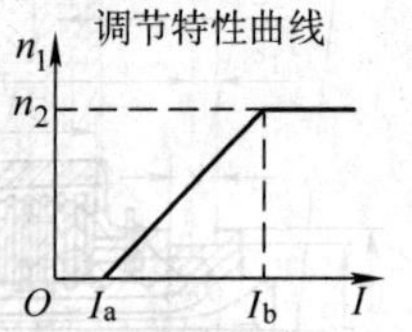 c) 主动件转速 n_1=常数 负载转矩 T=常数	当励磁电流小于 I_a 时从动件不动，转速为零；当励磁电流大于 I_a 时，离合器从动件开始转动，但有滑差；当励磁电流大于 I_b 时，离合器的主从动件同步转动，即表明从动件的转速可调，但调节范围不大
动特性——主动件转速和传递转矩为常数时，从动件励磁电流、转速和转矩与时间的关系	动特性曲线 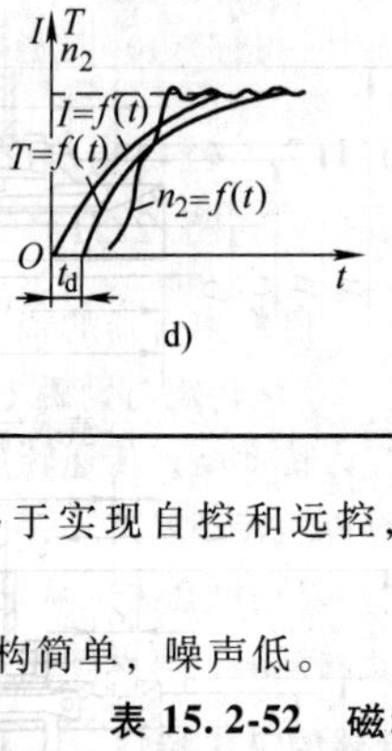 d) t—时间	在激磁线圈中加上电压后，电流逐渐增加至一额定值，但力矩要经过响应时间 t_d 后才开始上升，而从动件的转速 n_2 则还要再经过一段时间才开始转动

3）接合平稳，响应快，易于实现自控和远控，控制功率小，且传递转矩大。

4）从动件转动惯量小，结构简单，噪声低。

6.2 磁粉离合器的选用计算（见表 15.2-52）

表 15.2-52　磁粉离合器的选用计算

计算简图	计算公式	
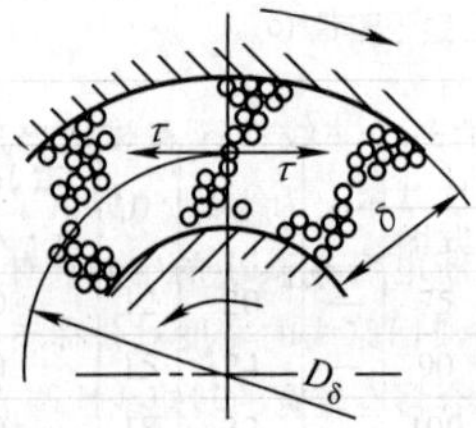 a)	计算转矩	$T_c=K_gK_1T_t\le[T]$（或公称转矩 T_n）
	离合器许用转矩	$[T]=\frac{\pi}{2}K_zK_\omega K_b m\tau_\delta D_\delta^3$
	单位面积剪力	$\tau_\delta=0.1\times10^{4n}K_mK_vK_\tau B_\delta^n$，$\tau_\delta$ 一般取 0.5~1.0MPa

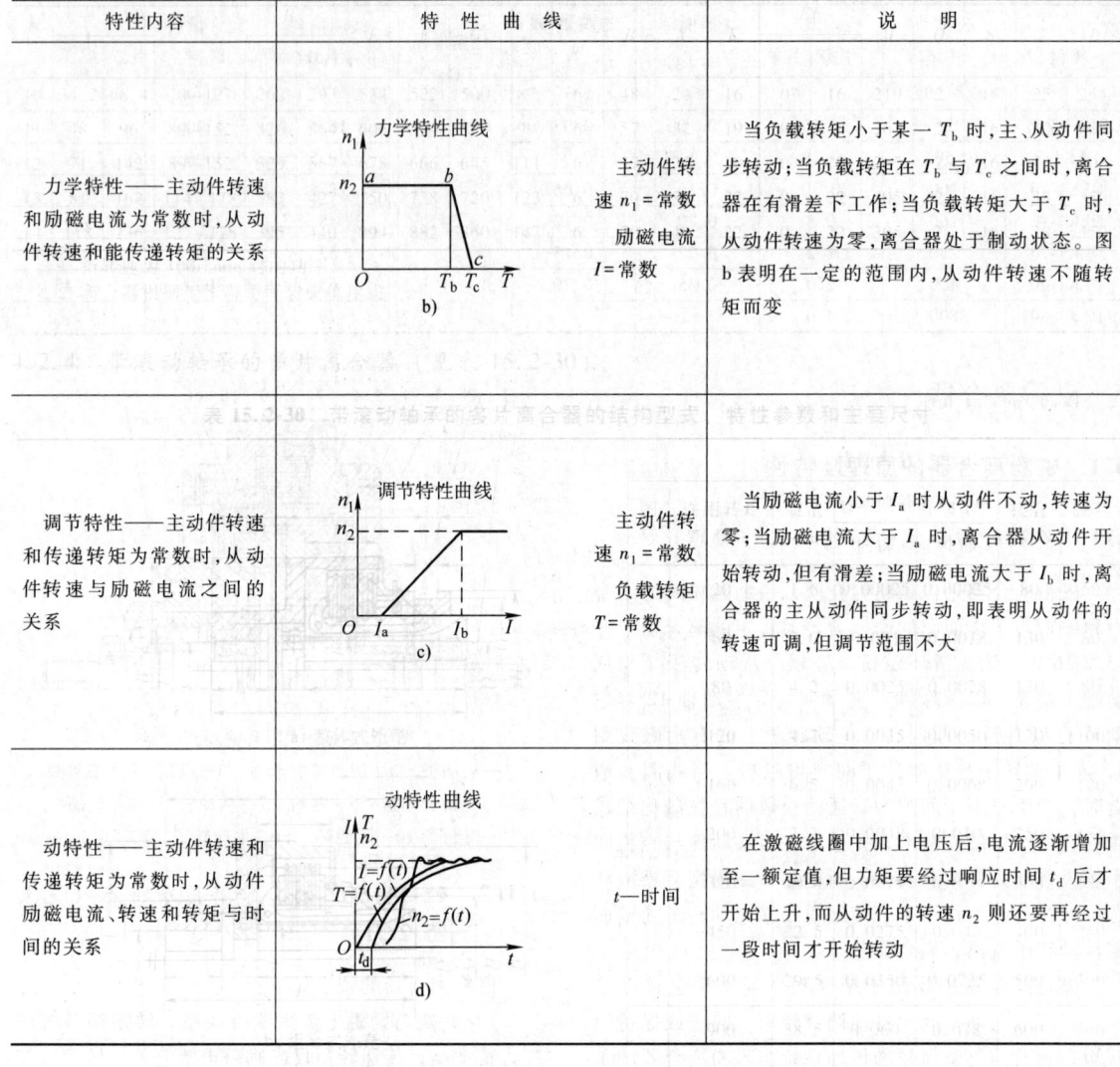

（续）

计算简图	计算公式
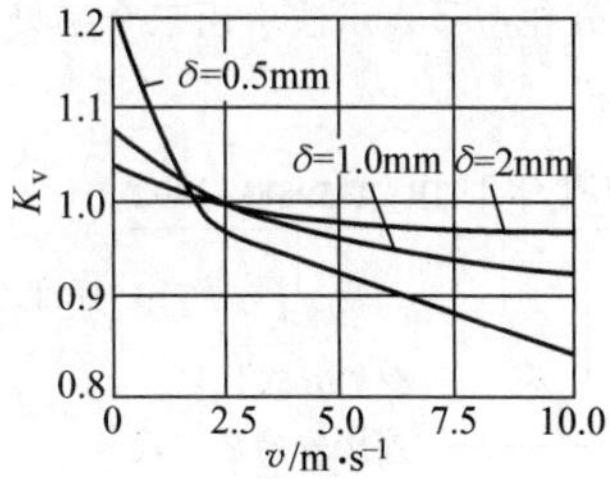 系数 K_v 值 b) 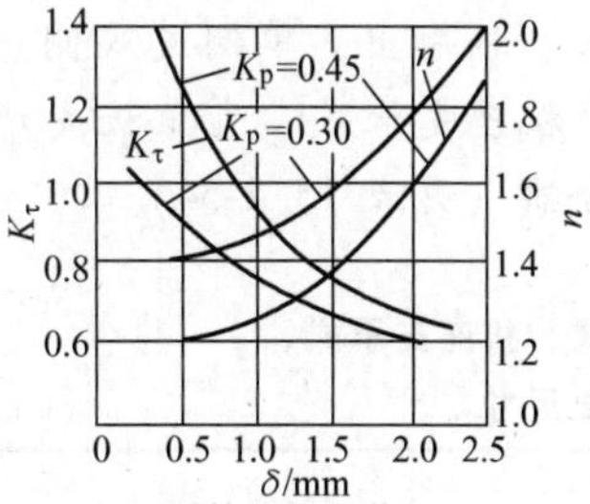 系数 K_τ 和 n 值 c)	K_g—过载系数。一般载荷时取 $K_g=1.1\sim1.3$，重载时取 $K_g=1.5\sim2$ K_1—磁粉老化系数，$K_1=1.3\sim1.5$ T_t—需传递的转矩（N · mm） m—工作间隙数 K_z—工作间隙系数。当 $m=1\sim4$ 时，$K_z=1\sim0.9$ K_ω—工作状况系数。同步时取 $K_\omega=1$，有滑差时取 $K_\omega=0.6\sim0.9$ K_b—从动件工作面宽度与从动件沿工作间隙的平均直径之比。当传递转矩为 $10^4\sim10^7$N · mm 时取 $K_b=0.12\sim0.08$ D_δ—从动件沿工作间隙的平均直径（mm） K_m—与磁粉松装密度有关的系数。对于不锈钢粉，$K_m=1$；对于铁铝铬、铁硅铝粉，$K_m=1.36$；对于铁钴镍粉，$K_m=1.55$ K_v—与从动件相对运动速度 v 及离合器工作间隙 δ 有关的系数，见图 b K_τ、n—与磁粉的填充系数 K_p 及工作间隙 δ 有关的系数，见图 c。K_p 为磁粉体积中铁（或其他导磁合金）的体积分数 B_δ—工作间隙平均磁通密度（T），一般取 $B_\delta=0.5\sim1$T

6.3　磁粉离合器的基本性能参数（见表 15.2-53）

表 15.2-53　磁粉离合器的基本性能参数（摘自 JB/T 5988—1992）

型　号	公称转矩 T_n /N · m	75°时线圈 最大电压 U_m /V	最大电流 I_m /A ≤	时间常数 T_{ir} /s ≤	许用同步转速 [n] /r · min⁻¹	飞轮力矩 GD^2 /N · m²	自冷式 许用滑差功率 [P] /W ≥	风冷式 许用滑差功率 [P] /W ≥	风量 /m³ · min⁻¹	液冷式 许用滑差功率 [P] /W	液量 /L · min⁻¹
FL0.5□	0.5	24	0.4	0.035	1500	4×10^{-4}	8	—	—	—	—
FL1□	1		0.54	0.040		1.7×10^{-3}	15	—	—	—	—
FL2.5□	2.5		0.64	0.052		4.4×10^{-3}	40	—	—	—	—
FL5□	5		1.2	0.066		10.8×10^{-3}	70	—	—	—	—
FL10□	10		1.4	0.11		2×10^{-2}	110	200	0.2	—	—
FL25□.□/□	25		1.9	0.11		7.8×10^{-2}	150	340	0.4	—	—
FL50□.□/□	50		2.8	0.12		2.3×10^{-1}	260	400	0.7	1200	3.0
FL100□.□/□	100		3.6	0.23		8.2×10^{-1}	420	800	1.2	2500	6.0
FL200□.□/□	200		3.8	0.33	1000	2.53	720	1400	1.6	3800	9.0
FL400□.□/□	400		5.0	0.44		6.6	900	2100	2.0	5200	15
FL630□.□/□	630	80	1.6	0.47		15.4	1000	2300	2.4	—	—
FL1000□.□/□	1000		1.8	0.57	750	31.9	1200	3900	3.2	—	—
FL2000□.□/□	2000		2.2	0.80		94.6	2000	8300	5.0	—	—

6.4　磁粉离合器的连接、支承、安装和尺寸

表 15.2-54~表 15.2-57 分别列出了各种输入、输出和各种支承形式及其尺寸。

6.5　磁粉离合器分类代号

按从动转子结构型式分，可分为柱形转子（代号省略）、杯形转子（代号：B）、筒形转子（代号：T）和盘形转子（代号：P）4 类。按连接安装形式分，最常见的是轴输入、轴输出，单侧或双侧止口支承式（代号省略）；轴输入、轴输出，机座支承式（代号：J）；轴输入、轴输出，单面直角板支承式（代号：M）；法兰盘输入、空心轴输出，空心轴（或单止口）支承式（代号：K）；法兰盘输入、单侧或双侧轴输出，单面止口支承式（代号：D）；齿轮（或带轮、链轮）输入、轴输出，单面止口支承式（代号 C）。按冷却方式分，可分为自然冷却式（代号省略）、强迫通风冷却式（代号：F）、液（水或油）冷却式（代号：Y）和电风扇冷却式（代号：S）。以上三种区分在型号表示法中用三个字母表示。

形式表示法：

□□□·□/□　JB/T 5988—1992

- 标准号
- 冷却方式代号
- 连接安装形式代号
- 结构型式代号
- 公称转矩(N·m)
- 磁粉离合器代号，用FL

6.5.1　轴输入、轴输出，单侧或双侧止口支承式、机座支承式、直角板支承式磁粉离合器（见表 15.2-54）

表 15.2-54　轴输入、轴输出，单侧或双侧止口支承式、机座支承式、直角板支承式磁粉离合器的结构型式和主要尺寸　(mm)

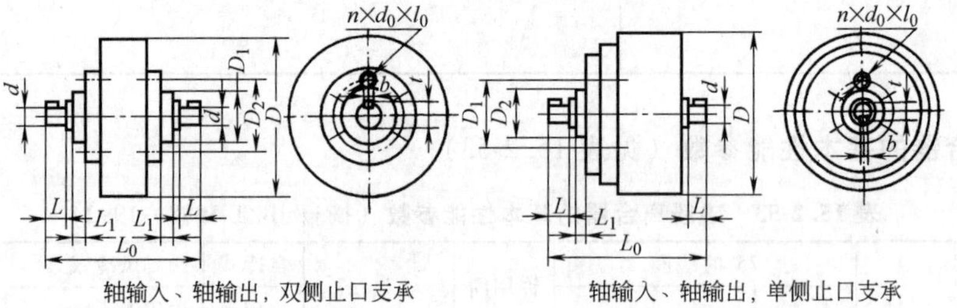

轴输入、轴输出，双侧止口支承　　轴输入、轴输出，单侧止口支承

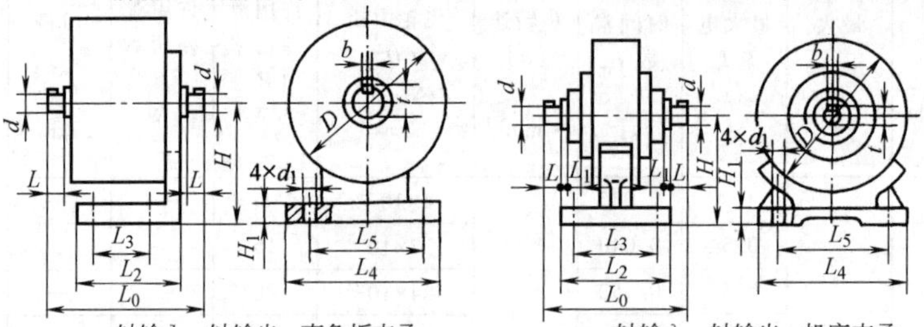

轴输入、轴输出，直角板支承　　轴输入、轴输出，机座支承

型号		外形尺寸			连接尺寸				止口支承式安装尺寸						机座支承式、直角板支承式安装尺寸						
		L_0	L_6	D①	d h7	L	b p7	t	D_1	L_1	D_2 g7	n	d_0	l_0	L_2	L_3	L_4	L_5	H	$H_1$①	d_1
FL2.5□	FL2.5□.J	150	—	120	10	20	3	11.2	64	8	42	6	M5	10	70	50	120	100	80	8	7
FL5□	FL5□.J	162	—	134	12	25	4	13.5	64	10	42	6	M5	10	70	50	140	120	90	10	7
FL10□./□	FL10□.J/F	184	—	152	14	25	5	16	64	13	42	6×2	M6	10	90	60	150	120	100	13	10

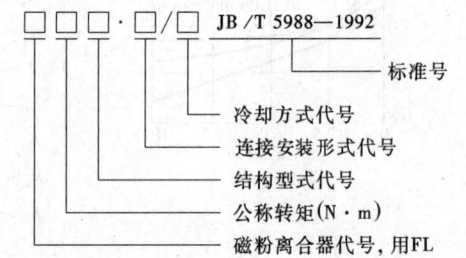

（续）

型号		外形尺寸			连接尺寸				止口支承式安装尺寸						机座支承式、直角板支承式安装尺寸						
		L_0	L_6	D①	d h7	L	b p7	t	D_1	L_1	D_2 g7	n	d_0	l_0	L_2	L_3	L_4	L_5	H	$H_1$①	d_1
FL25□./□	FL25□. J/F	216	—	182	20	36	6	22.5	78	15	55	6×2	M6	10	100	70	180	150	120	15	12
FL50□./□	FL50□. J/F	268	120	219	25	42	8	28	100	23	74	6×2	M6	10	110	80	210	180	145	15	12
FL100□./□	FL100□. J/F	346	120	290	30	58	8	33	140	25	100	6×2	M10	15	140	100	290	250	185	20	12
FL200□./□	FL200□. J/F	386	130	335	35	58	10	38	150	25	110	6×2	M10	15	160	120	330	280	210	22	15
FL400□./□	FL400□. J/F	480	130	398	45	82	14	48.5	200	33	130	8×2	M12	20	180	130	390	330	250	27	19
FL630□./□	FL630□. J/F	620	140	480	60	105	18	64	410	35	460	8×2	M12	25	210	150	480	410	290	33	24
FL1000□./□	FL1000□. J/F	680	150	540	70	105	20	74.5	460	40	510	8×2	M12	25	220	160	540	470	330	38	24
FL2000□./□	FL2000□. J/F	820	150	660	80	130	22	85	560	40	630	8×2	M16	30	230	180	660	580	390	45	24

注：对于液冷式（水冷或油冷式）产品在总长 L_0 中可以增加小于 L_6 的冷却液进出装置的长度。

① D、H_1 为推荐尺寸。

6.5.2 法兰盘输入、空心轴输出，空心轴（或单止口）支承式磁粉离合器（见表 15.2-55）

表 15.2-55 法兰盘输入、空心轴输出，空心轴（或单止口）支承式磁粉离合器的结构型式和主要尺寸

（mm）

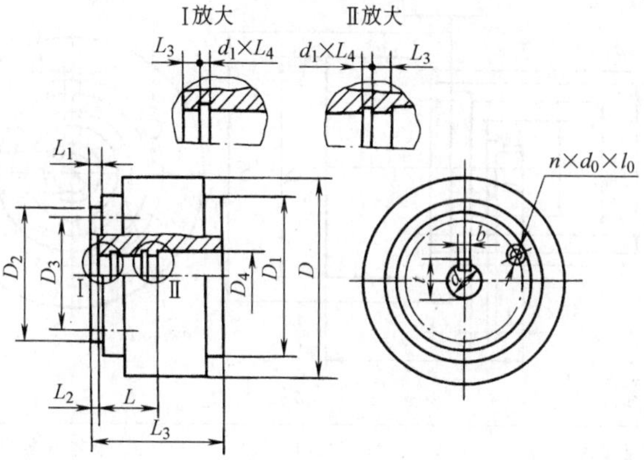

型号	外形尺寸		输入端连接尺寸							输出端连接尺寸								
	L_0	D①	D_1	D_2	D_3	L_1	n	d_0	l_0	D_4	L	L_2	L_3	L_4	d	d_1	b	t
FL10□. K	103	160	96	80	68	20	6	M6	15	24	30	2	4	1.1	18	19	6	20.8
FL25□. K	119	180	114	90	80	20	6	M6	15	27	38	2	4	1.1	20	21	6	22.8
FL50□. K	141	220	140	110	95	20	6	M8	20	—	60	3	5	1.3	30	31.4	8	33.3
FL100□. K	166	275	176	125	110	20	6	M10	25	—	60	4	5	1.7	35	37	10	38.3

① D 为推荐尺寸。

6.5.3　法兰盘输入、单侧或双侧轴输出，单面止口支承式磁粉离合器（见表 15.2-56）

表 15.2-56　法兰盘输入、单侧或双侧轴输出，单面止口支承式磁粉离合器的结构型式和主要尺寸

(mm)

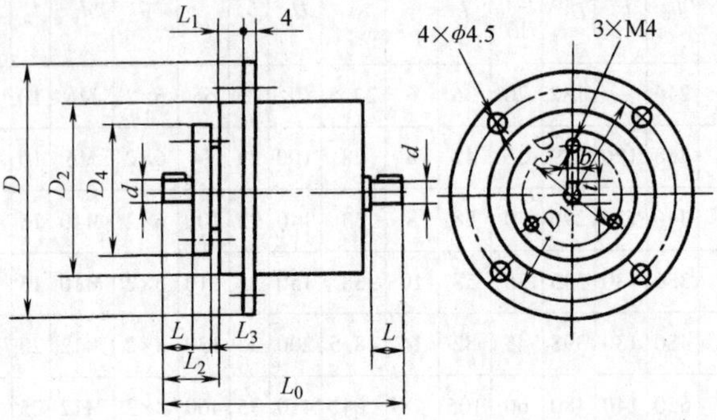

型　号	外形尺寸		安装尺寸			连接尺寸							
	L_0	D	L_1	D_1	D_2	L	L_2	L_3	D_3	D_4	d	t	b
FL0.5□.D	77	70	8.5	60	48	10.5	16.5	5	30	40	5	4.5	9
FL1□.D	83	76	8.5	66	54	12	18.5	5	34	42	7	6.5	10
FL2.5□.D	95	85	9.5	75	63	15	22.5	6	40	48	9	8.5	13
FL5□.D	111	100	12	90	78	18	25	6	50	60	12	11.5	16

6.5.4　齿轮（链轮、带轮）输入、轴输出，单面止口支承式磁粉离合器（见表 15.2-57）

表 15.2-57　齿轮（链轮、带轮）输入、轴输出，单面止口支承式磁粉离合器的结构型式和主要尺寸

(mm)

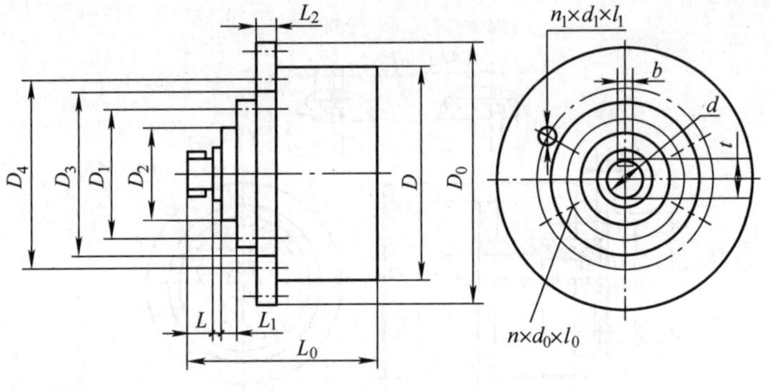

型　号	外形尺寸		连接尺寸				安装尺寸						齿轮安装尺寸						齿轮参数		
	L_0	D①	d	L	b	t	D_1	D_2	L_1	n	d_0	l_0	D_3	D_4	L_2	n_1	d_1	l_1	外径 D_0	齿数 Z	模数 m
FL1□.C	60	56	4	7.5	—	—	19	13	4	3	3	4	—	—	—	—	—	—	61	120	0.5
FL2.5□.C	120	100	10	20	3	11.2	64	42	8	6	5	10	84	94	—	—	—	—	106	104	1
FL5□.C	136	134	12	25	4	13.5	64	42	10	6	5	10	105	118	18	6	M5	10	140	68	2
FL10□.C	160	152	14	28	5	16	64	42	13	6×2	6	10	132	142	18	6	M6	15	162	79	2
FL25□.C	175	182	20	36	6	22.5	78	55	15	6×2	6	10	156	166	20	6	M6	17	188	92	2

① D 为推荐尺寸。

7　离心离合器

7.1　离心离合器的特点、结构型式与应用

（1）离心离合器的一般特点

1）在接合过程中，对原动机逐渐加载，起动平稳。适用于起动不频繁，从动件转动惯量大，易造成原动机过载的工况。

2）在接合过程中，主、从动件间有速度差，是摩擦打滑过程，在主、从动件未达到同步之前伴有摩擦发热和磨损。一般打滑时间不宜过长，应限制在 1~1.5min。

3）传递转矩与转速平方成正比，故不适用于低速和变速工况应用。

（2）离心离合器的结构型式及特点（见表 15.2-58）

表 15.2-58　离心离合器的结构型式及特点

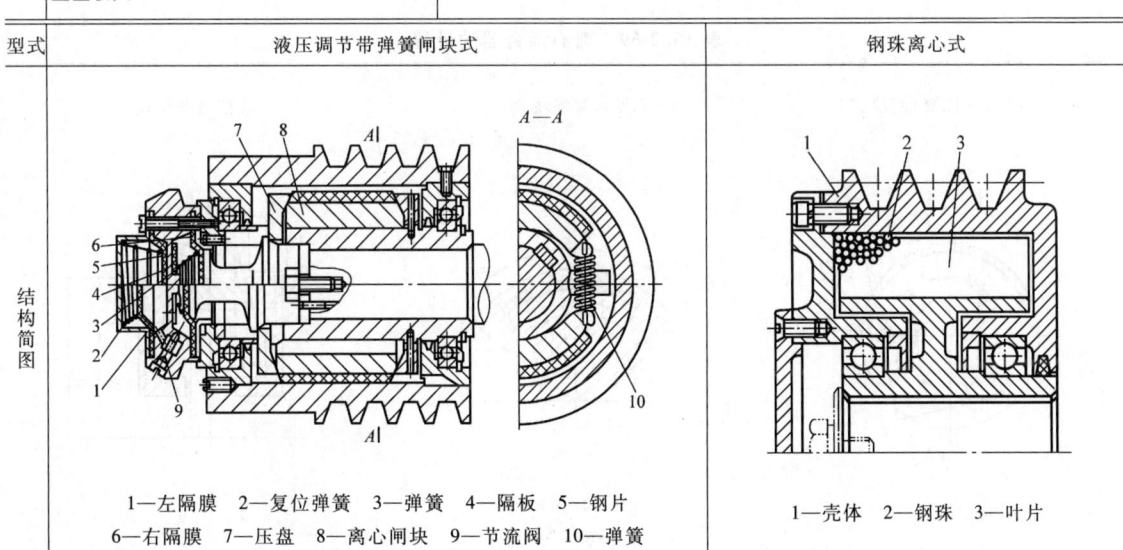

型式	带弹簧闸块式	带弹簧楔块式
结构简图	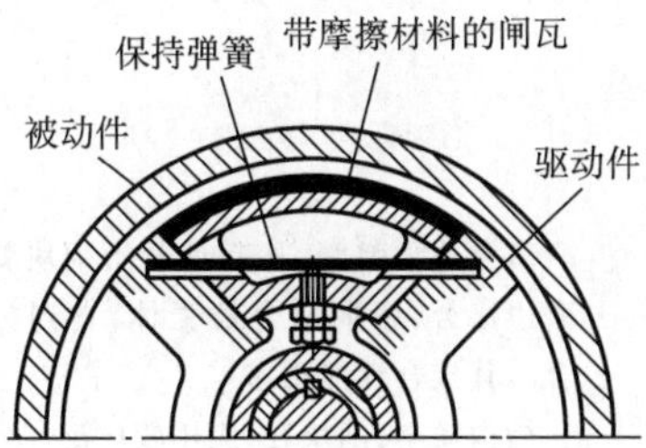	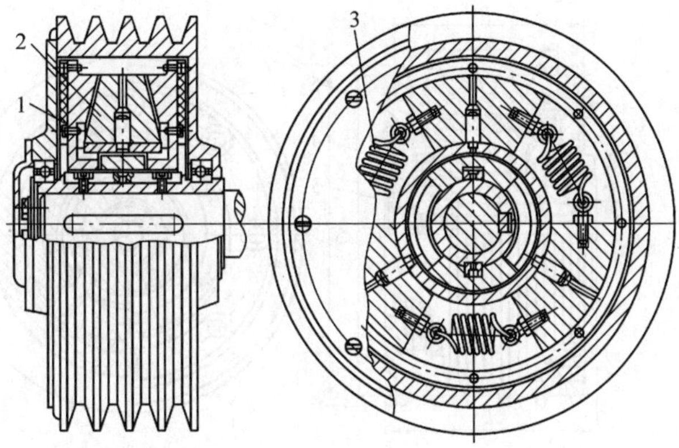
特点	离心体是闸块,起动开始靠弹簧作用,闸块不与壳体接触。当主动轴达到预定转速时,离心力超过弹簧力,闸块开始与壳体逐步接合传递转矩。一般两者开始接合时的转速为正常转速的 70%~80% 离合器在接合过程中工作平稳,但闸块的重量较大	离心体 2 为楔块,楔块之间装有拉紧弹簧 3,起动时主轴达到一定初速度,楔块撑开摩擦盘 1,使之与壳体压紧,传递转矩

型式	液压调节带弹簧闸块式	钢珠离心式
结构简图	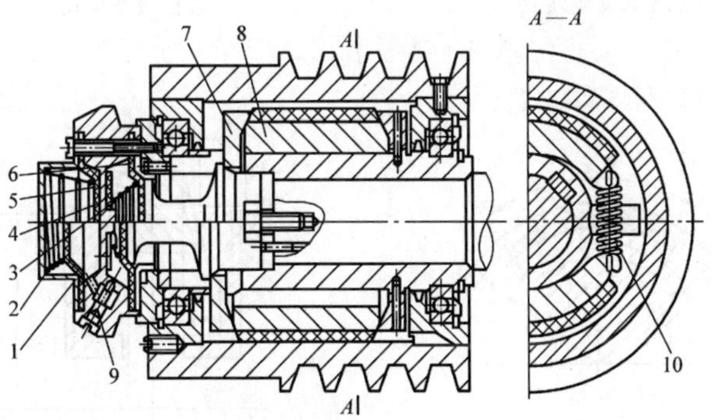1—左隔膜　2—复位弹簧　3—弹簧　4—隔板　5—钢片 6—右隔膜　7—压盘　8—离心闸块　9—节流阀　10—弹簧	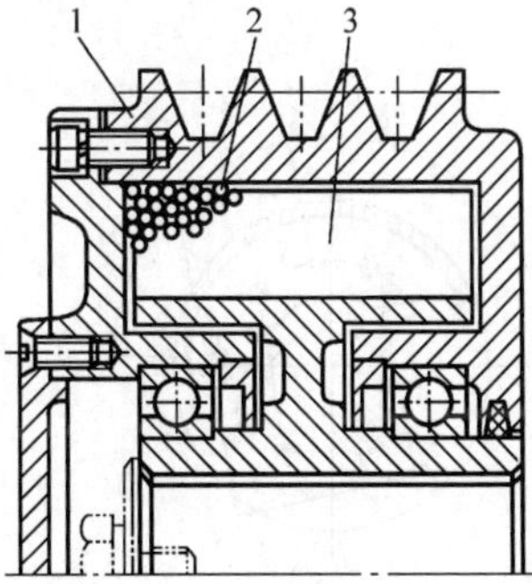1—壳体　2—钢珠　3—叶片

（续）

型式	液压调节带弹簧闸块式	钢珠离心式
特点	可以通过液压系统来控制离合器的接合速度	离心体为钢珠或钢柱。接合性能好，所传递的转矩大小可以通过钢珠的数量调节 结构简单，制造比较容易。钢珠直径为 4~6mm，体积占总容量的 85%~90%，叶片数量为 1~6 片，叶片外径与壳体内径间隙为 0.5~1mm

型式	自由闸块式	
结构简图及特点	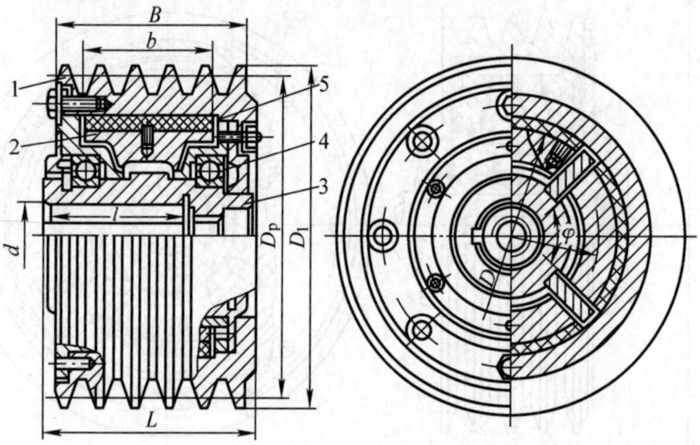 1—V 带轮　2—离心块　3—十字轴 4—轴承　5—摩擦带	离合器无弹簧，从起动开始闸块就边滑磨边接合，压向离合器壳体，直到完全接合。其接合性能稍差 结构简单，闸块轻，应用较广泛

7.2　离心离合器的计算（见表 15.2-59）

表 15.2-59　离心离合器的计算

带弹簧（拉簧）闸块式	无弹簧闸块式	带拉簧楔块式
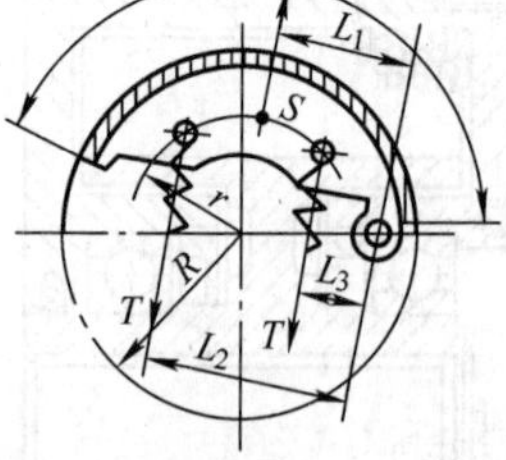	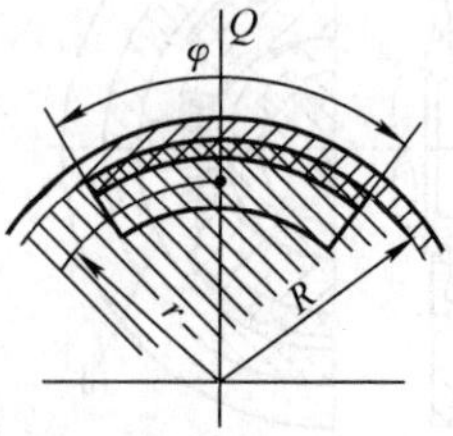 $R=(2\sim3.5)d$ $b=(1\sim2)d$ $r=(0.7\sim0.9)R$	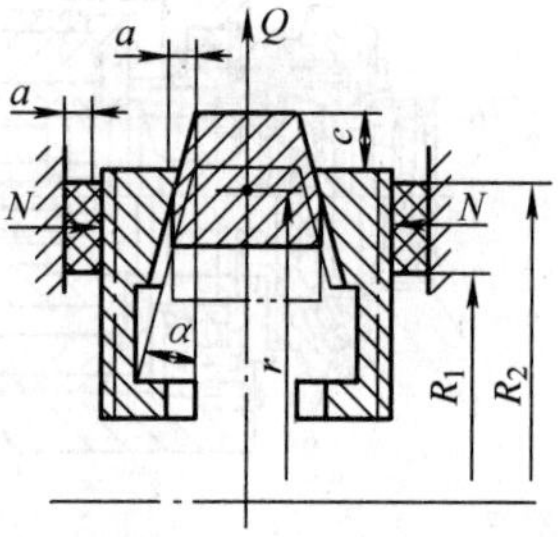

（续）

钢珠式	板簧	
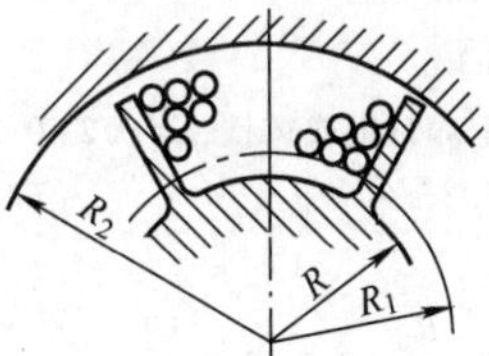	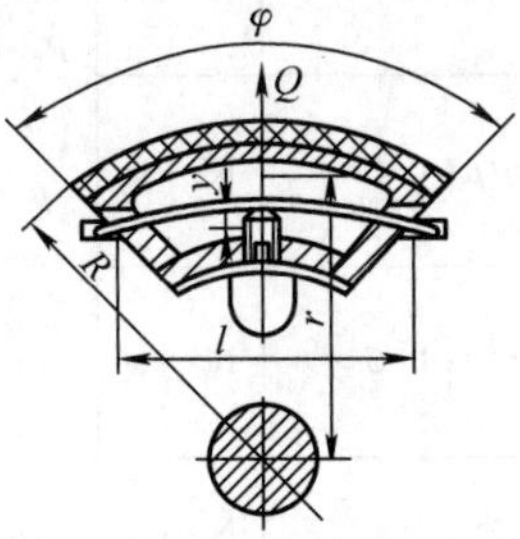	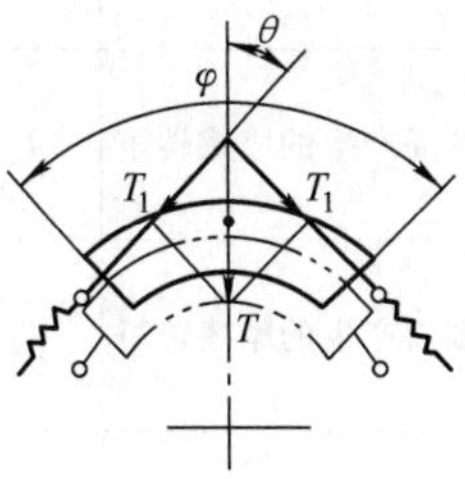
$R_2=(2\sim3.5)d$ $b=(1\sim2)d$	$R=(2\sim3.5)d$ $b=(1\sim2)d$ $r=(0.6\sim0.9)R$	$R=(2\sim3.5)d$ $r=(0.6\sim0.8)R$

型式	计算项目	计算公式	单位	说明
带弹簧（拉簧、板簧）闸块式	计算转矩	$T_c=\beta T_t$	N·cm	β—工作储备系数，一般取 $\beta=1.5\sim2$ T_t—需传递的转矩（N·cm） R—闸块外半径（cm） r—闸块质心所处半径（cm） z—闸块数量 b—闸块宽度（cm） d—主动轴直径（cm） n—正常工作转速（r/min） L_1,L_2,L_3—长度（cm） n_0—开始接合转速（r/min），一般取 $n_0=(0.7\sim0.8)n$ m—单个闸块质量（kg） R—壳体内半径，即闸块摩擦半径（cm） μ—摩擦面材料摩擦因数，见表15.2-18 [p]—摩擦面许用压强（N/cm^2），见表15.2-18 φ—闸块所对角度（rad）
	传递转矩所需离心力	$Q_j=\dfrac{T_c}{R\mu z}$	N	
	闸块有效离心力	$Q=\dfrac{mr\pi^2(n^2-n_0^2)}{90000}\geqslant Q_j$	N	
	摩擦面压强	$p=\dfrac{T_c}{R^2b\varphi\mu z}\leqslant p_p$	N/cm^2	
	预定弹簧力 拉簧 片簧	$T=\dfrac{L_1mr\pi^2n_0^2}{(L_2+L_3)90000}$ $T=\dfrac{mr\pi^2n_0^2}{90000}$	N	
无弹簧闸块式	计算转矩	$T_c=\beta T_t$	N·cm	
	传递转矩所需离心力	$Q_j=\dfrac{T_c}{R\mu z}$	N	
	闸块有效离心力	$Q=\dfrac{mr\pi^2n^2}{90000}\geqslant Q_j$	N	
	摩擦面压强	$p=\dfrac{T_c}{R^2b\varphi\mu z}\leqslant[p]$	N/cm^2	
带拉簧楔块式	计算转矩	$T_c=\beta T_t$	N·cm	r—楔块质心所处半径（cm） z—楔块数量 b—摩擦面宽度（cm） α—楔块倾斜角（°） d—主动轴直径（cm） m—单个楔块质量（kg） ρ—摩擦角，$\tan\rho=\mu$ 其他符号说明同前
	传递转矩所需离心力	$Q_j=\dfrac{2T_c}{R_m\mu z}\tan(\alpha+\rho)$	N	
	楔块有效离心力	$Q=\dfrac{mr\pi^2(n^2-n_0^2)}{90000}\geqslant Q_j$	N	
	楔块脱开力	$F_j=\dfrac{2T_c}{R_m\mu z}\tan(\alpha-\rho)$	N	
	预定弹簧力	$F=\dfrac{mr\pi^2n_0^2}{90000}\geqslant T_j$	N	
	每根弹簧力	$F_1=\dfrac{F}{2\cos\theta}$	N	
	摩擦面压强	$p=\dfrac{T_c}{4\pi R_m^2b\mu}\leqslant[p]$	N/cm^2	
	摩擦面平均半径	$R_m=\dfrac{R_1+R_2}{2}$	cm	

（续）

型式	计算项目	计算公式	单位	说明
钢珠式	计算转矩	$T_c=\beta T_t$	N·cm	β—工作储备系数，取$\beta=2$ R_2—壳体内半径(cm) b—叶片宽度(cm) μ—摩擦因数。钢珠对钢或铸铁，$\mu=0.2\sim0.3$ n—转速(r/min) C—比值，一般取 $C=\dfrac{R_1}{R_2}=0.7\sim0.8$ 其他符号说明同带弹簧闸块离心离合器
	圆周产生的摩擦转矩	$T_1=1.1\times10^{-6}R_2^4bn^2\mu(1-C^3)$	N·cm	
	端面产生的摩擦转矩	$T_2=1.67\times10^{-7}R_2^5n^2\mu(1-C^4)$	N·cm	
	许用转矩	$[T]=T_1+T_2\geqslant T_c$	N·cm	

7.3 闸块离合器

7.3.1 带螺旋压缩弹簧闸块离心离合器（见表15.2-60）

表15.2-60　带螺旋压缩弹簧闸块离心离合器的结构型式、主要尺寸和特性参数　(mm)

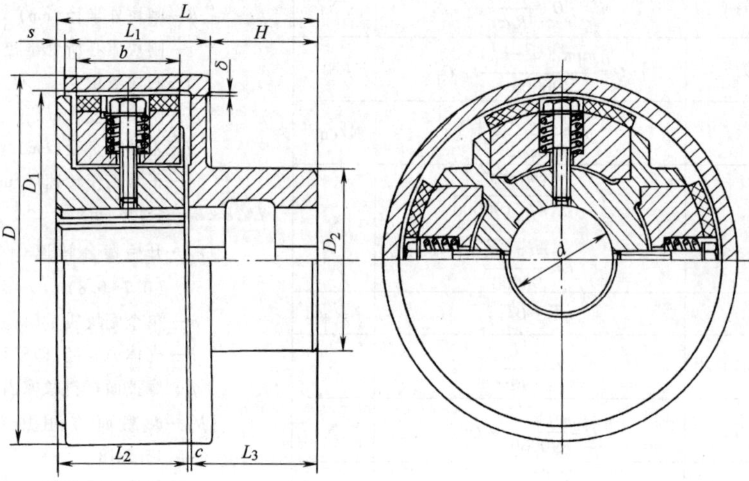

序号	最高转速 /r·min⁻¹	d_{max}	D	D_1	L_3	L	L_1	L_2	D_2	H	b	s	c	δ	最多闸块数 z
1	3000	22	100	81	41	84	54	48	44	33	42	3	2	2	4
2		32	127	113	51	108	62	55	63	40	48	5			
3	2500	38	152	136	60	124	70	62	76	50	54				
4		45	178	160	66	138	81	70	81	52	60				
5	2000	55	203	184	73	147	84	73	108	58	64				
6	1600	70	254	233	79	160	92	79	133	63	70				
7	1300	80	304	282	89	181	101	89	165	70	76	8	3		6
8	1100	100	356	330	98	200	114	98	190	78	86			2.5	
9	1000	115	406	378	111	225	127	111	210	90	98				
10	900	130	456	426	120	244	135	120	241	98	105	10			8
11	800	150	508	470	133	270	149	133	266	108	110	12		3	
12	700	180	610	565	146	295	165	146	330	117	128				

7.3.2 带片弹簧闸块离心离合器（见表15.2-61）

表 15.2-61 带片弹簧闸块离心离合器的结构型式、主要尺寸和特性参数 （mm）

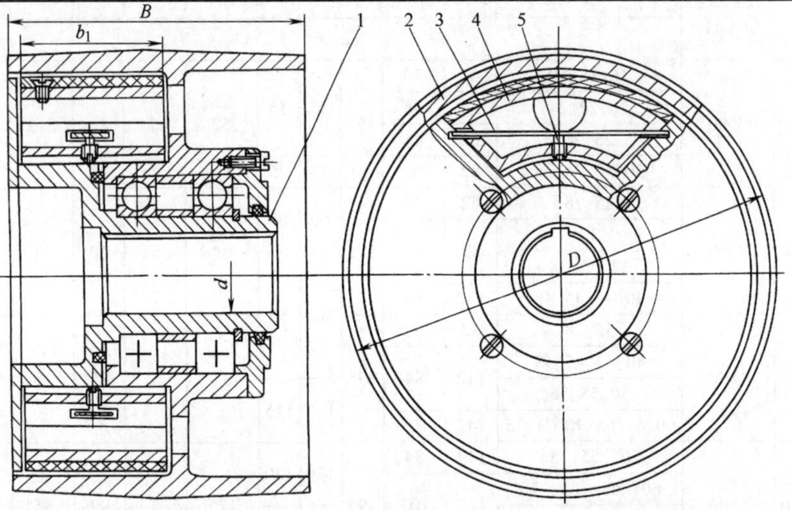

1—主动轮毂 2—从动轮 3—片弹簧 4—闸块 5—调节螺钉

可传递功率 P/kW（n=1500r/min）	闸块数 z	d	D	B	b_1
0.74	4	20	100	75	45
1.8	4	30	125	75	60
5.2	4	40	150	100	65
12.5	4	50	180	125	70
31.0	4	65	230	165	80
77.0	4	80	280	180	90

注：1. 在其他转速 n'时，离合器可传递的功率 P=表值×$(n'/1000)^3$。
2. 去掉弹簧，离合器可传递的功率约增加1倍。
3. 两个闸块时，离合器可传递的功率减小一半。

7.3.3 AMN内张摩擦式安全联轴器（离合器）

（1）结构型式、基本参数和主要尺寸（见表15.2-62）

（2）选择计算

关于AMN离合器的选用说明：

1）用电动机等起动的滑动转矩 T_H 一般根据超过工作转矩（T）25%的原则确定，即

$$T_H = 1.25T = 9549\frac{P_{max}}{n} \quad (15.2\text{-}12)$$

式中 P_{max}——传递的最大功率（kW）；

n——正常工作转速（r/min）。

表 15.2-62 AMN内张摩擦式安全联轴器（离合器）的结构型式、基本参数和主要尺寸（摘自JB/T 6138—2007）

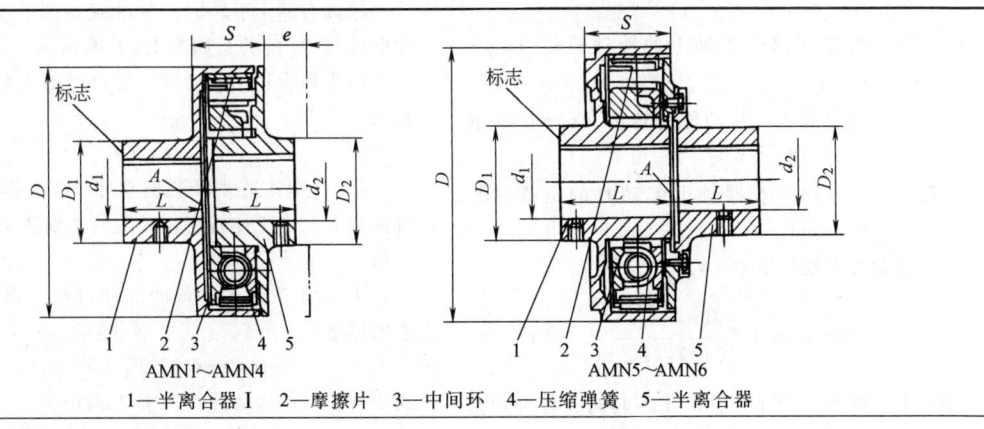

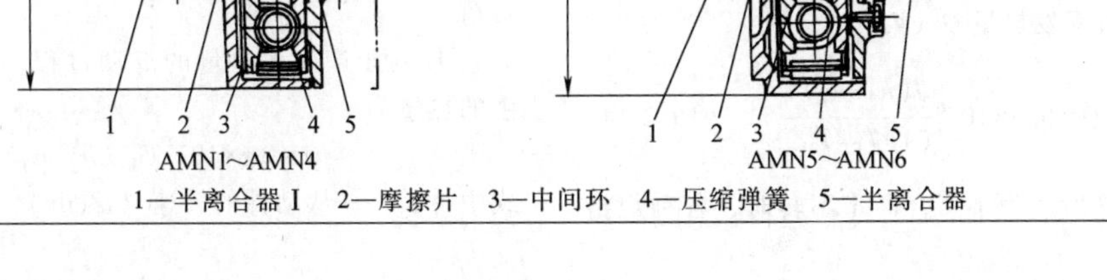

1—半离合器Ⅰ 2—摩擦片 3—中间环 4—压缩弹簧 5—半离合器

（续）

型号	公称转矩 /N·m		许用转速[n] /r·min^{-1}	轴孔直径 d_1、d_2、d_z	轴孔长度 L		D	D_1	D_2	S	A	e	质量 /kg	转动惯量 J/kg·m^2	
	min	max			Y 型	J_1 型	mm							离合器	半离合器Ⅰ
AMN1	10	50	3000	16、18、19	42	30	153	55	55	52	5	40	5.5	0.014	0.009
				20、22、24	52	38									
				25、28	62	44									
				30、32、35、38	82	60		75	75						
AMN2	20	160	2800	25、28	62	44	195	60	60	64	5	50	11	0.047	0.027
				30	82	60									
				32、35、38											
				40、42、45、48	112	84		85	85						
AMN3	71	500	1800	35、38	82	62	295			88	5	65	35	0.3175	0.155
				40、42、45、48	112	84									
				50、55、56				115	115						
				60、63、65、70、71、75	142	107									
AMN4	250	1600	1500	50、55、56	112	84	395	120	120	125	5	90	85	1.275	0.535
				60、63、65、70	142	107									
				71、75				150	150						
				80、85、90	172	132									
AMN5	800	4000	1500	70、71、75	142	107	490	155	155	160	5	—	185	4.675	2.375
				80、85、90、95	172	132									
				100、110、120、125	212	167		190	190						
AMN6	2500	6300	1000	95	172	132	590	200	200	180	30	—	295	11.7	5.252
				100、110、120、125	212	167									
				130、140、150	252	202		240	240						
				160	302	242									

注：1. 滑动转矩不得大于联轴器的最大滑动转矩。

2. 离合器的蓄热量不得超过离合器的允许最大温升（$\Delta T_{max}=250℃$）时的蓄热量。

3. 离合器的工作温度不得大于 250℃。

4. 不适用于频繁正反转场合工作。

5. 两轴的许用径向位移 $\Delta y=0.15$mm，两轴间的许用角位移由测量两半离合器外缘的轴向间距在上下两处的偏差不大于 0.15mm 来控制。

2）起动时间 t_Q。

$$t_Q=0.1047\frac{J(n_2-n_1)^2}{T_H-T_F} \quad (15.2\text{-}13)$$

式中　J——折算到离合器轴上的转动惯量（kg·m^2）；

n_2、n_1——离合器主、从动件的转速（r/min），起动时一般 $n_1=0$；

T_F——折算到离合器轴上起动时的负载转矩（N·m）。

3）起动过程发热量 Q（kJ）。

$$Q=5.5\times10^{-6}\frac{J(n_2-n_1)^2}{(1-T_F/T_H)} \quad (15.2\text{-}14)$$

图 15.2-17 所示为半离合器Ⅰ不转时，各种规格离合器在不同温升 ΔT 下的蓄热量 Q_x 与冷却时间 t_L 的关系。正确的冷却时间应由图 15.2-17 查出的 t_L 除以由图 15.2-18 查出的散热系数 f。

半离合器Ⅰ不转时，各种规格离合器的温升 ΔT 与散热量 Q_0 的关系如图 15.2-19 所示。

当半离合器Ⅰ转动时，发热量 Q 与散热量 Q_0 关系为

$$Q=Q_0 f$$

4）当用作过载保护装置时，应根据滑动转矩与机械最大允许工作转矩相匹配的原则选用，并验算热负荷。

① 对于产生大热量的滑动过程，单位时间内产生的热量为

$$Q=2\pi\times10^{-3}T_H(n_2-n_3) \quad (15.2\text{-}15)$$

式中　n_3——从动件的转速（r/min）。

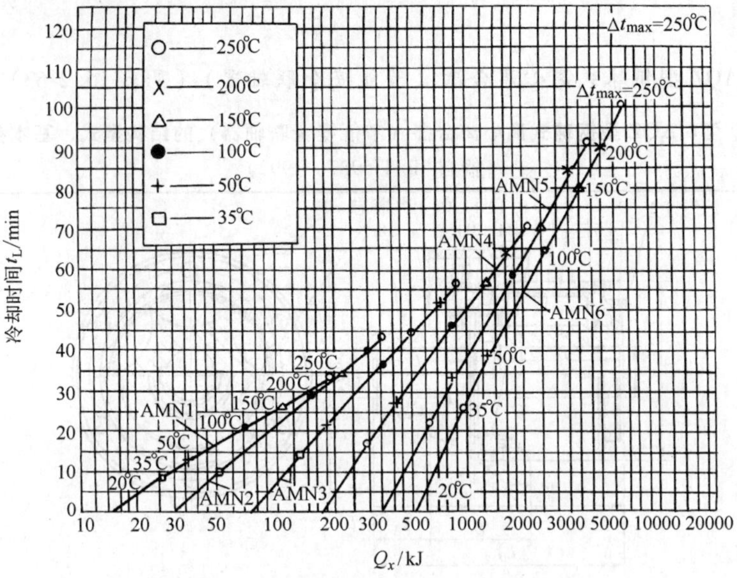

图 15.2-17　蓄热量 Q_x 与冷却时间 t_L 的关系

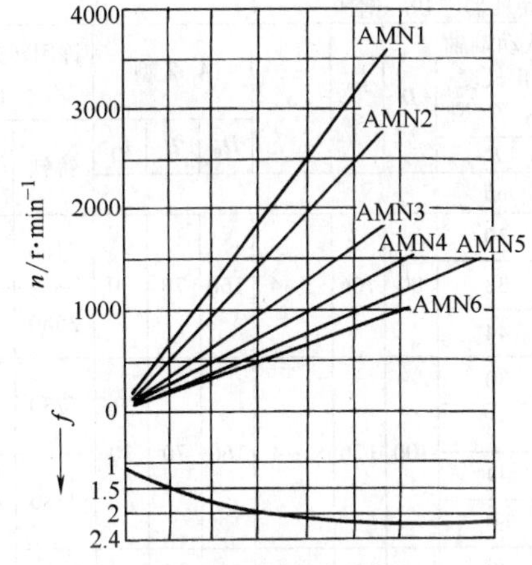

图 15.2-18　散热系数 f

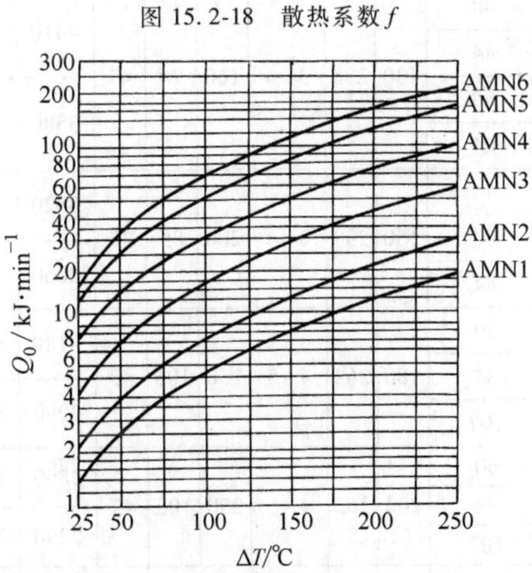

图 15.2-19　半离合器不转时的 ΔT 与 Q_0 的关系

当长期打滑时，由滑磨功转化为热量，使离合器温度升高。为防止离合器损坏，应限制允许的滑动时间 t_n(s)

$$t_n = 9549\frac{Q_x}{T_H(n_2 - n_3)} \tag{15.2-16}$$

② 对于产生热量不大的滑动过程，应保持单位时间内产生热量不大于单位时间发散的热量，即

$$Q \leqslant fQ_0$$

这两种离合器的型号应根据计算功率、转速和被连接两轴的形式及尺寸来选择，若要求过载保护，则须按过载极限转矩选择型号，然后按允许的过载极限转矩和工作转速来计算钢球（砂）的填充量，以保证使用效果良好。

离合器的计算功率 P_c

$$P_c = KP \tag{15.2-17}$$

式中　P——工作功率（kW）；

K——工况系数，可取 1.2~1.8。

过载极限功率 P_1 可按下式计算：

$$P_1 = \frac{T_1 n}{9550} \tag{15.2-18}$$

式中　T_1——过载极限转矩（N·m）；

n——工作转速（r/min）。

7.4 钢球离合器

7.4.1 AQ型、AQZ型钢球式离心离合器（节能安全联轴器）（见表15.2-63）

表15.2-63 AQ型、AQZ型钢球式离心离合器（节能安全联轴器）的结构型式、基本参数和主要尺寸
（摘自JB/T 5987—1992）

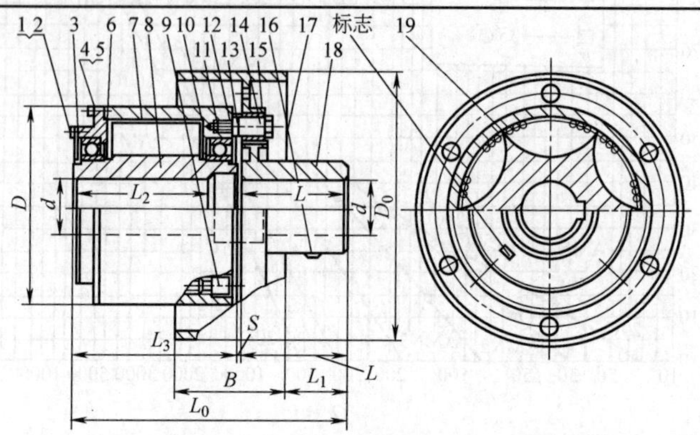

1、4—螺栓 3、12—轴承盖 2、5、13—弹簧垫圈 6—端盖 7—壳体 8—转子 9—沉头螺塞 10—密封圈 11—滚动轴承 14—弹性套 15—弹性柱销 16—定位螺钉 17—制动轮 18—半联轴器 19—钢球

型号	r/min					轴孔直径 dH7	主动端轴孔长度		从动端轴孔长度 J₁、Z₁型	D	L_0 ≤	S	AQZ型			许用转速[n] /r·min⁻¹	
	600	750	1000	1500	3000		L_2	L_3	L				D_0	B	L_1	铸铁	铸钢
	各种转速下能传递的功率 /kW					mm											
AQ1						19	42		30							7160	9550
	—	—	—	0.5	4	24	52	100	38	80	166	3~4	160	70	30		
AQZ1						28	62		44							3580	4770
AQ2						19	42		30							5730	7640
	—	—	—	1	7.5	24	52	110	38	100	176	3~4	160	70	30		
						28	62		44								
AQZ2						38	82		60							3580	4770
AQ3						24	52		38							4410	5880
	—	—	0.87	3	24	28	62	150	44	130	238	3~4	160	70	47		
						38	82		60								
AQZ3						42、45	112		84							3580	4770
AQ4						28	62		44							3820	5090
	—	—	1.3	4.5	36	38	82	150	60	150	238	3~4	200	85	47		
AQZ4						42、48、55	112		84							2060	3020
AQ5						38	82		60							3180	4240
	—	—	3.6	12	96	42、48、55	112	150	84	180	262	4~5	250	105	42		
AQZ5						60、65	142		107							2290	3060
AQ6						38	82		60							2860	3820
	—	2.53	6	20	162	42、48	112	150	84	200	262	4~5	250	105	47		
AQZ6						55、60、65、70	142		107							2290	3060
AQ7	—	6.0	14.6	49	393	42、48、55	112	210	84	220	322	4~5	250	105	57	2600	3470
AQZ7						60、65、70、75	142		107							2290	3060

（续）

型号	r/min 600	750	1000	1500	3000	轴孔直径 $dH7$	主动端轴孔长度 L_2	L_3	从动端轴孔长度 J_1、Z_1 型 L	D	L_0 ≤	S	AQZ 型 D_0	B	L_1	许用转速[n] /r·min⁻¹ 铸铁	铸钢
	各种转速下能传递的功率/kW					mm											
AQ8	—	10	24	80	644	48、55	112	210	84	250	347	4~5	315	135	72	2290	3060
						60、65、70、75	142		107								
AQZ8						80、85	172		132							1820	2430
AQ9	—	21	51	173	1380	60、65、70、75	142	250	107	280	387	4~5	400	170	72	2140	2850
AQZ9						90、95	172		132							1430	1910
AQ10	—	25	60	200	1600*	60、65、70、75	142	250	107	300	423	5~6	400	170	97	1830	2240
						80、85、90	172		132								
AQZ10						100	212		167							1430	1910
AQ11	23	46	110	360	—	75	142	250	107	350	423	5~6	400	170	97	1600	2140
						80、85、90	172		132								
AQZ11						100、110	212		167							1430	1910
AQ12	45	95	240	830	—	80、85、90	172	300	132	400	508	5~6	558	210	102	1400	1870
						100、110、120、125	212		167								
AQZ12						130	252		202							1150	1530
AQ13	58	113	267	902	—	80、85、90、95	172	300	132	450	508	5~6	500	210	102	1250	1660
						100、110、120、125	212		167								
AQZ13						130、140、150	252		202							1150	1530
AQ14	126	247	585	1975*	—	90、95	172	350	132	500	600	6~8	630	265	122	1120	1400
						100、110、120、125	212		167								
						130、140、150	252		202								
AQZ14						160、170	302		242							910	1210
AQ15	296	585	1372	4632*	—	110、120、125	212	450	167	550	700	6~8	630	265	122	1020	1360
						130、140、150	252		202								
AQZ15						160、170、180	302		242							910	1210
AQ16	355	694	1645*	5550*	—	125	212	450	167	600	740	6~8	810	340	122	940	1250
						130、140、150	252		202								
						160、170、180	302		242								
AQZ16						190	352		282							950	1250
AQ17	630	1230*	2916*	—	—	140、150	252	500	202	650	792	8~10	800	340	182	860	1150
						160、170、180	302		242								
AQZ17						190、200、220	352		282							720	1150

注：1. 表中带“*”号的离合器材料为锻钢。

2. 从动端轴孔形式按 GB/T 3852 的规定。

3. 两轴线许用相对偏移量：

型号	AQ(Z)1~6	AQ(Z)7~10	AQ(Z)11~14	AQ(Z)15~17
径向 Δy/mm	0.2	0.3	0.4	0.6
角向 $\Delta\alpha$	1°30′	1°00′		0°30′

4. 许用转速［n］栏横线上数字为 AQ 型的值，横线下为 AQZ 型的值。

7.4.2 AQD 型钢球式离心离合器（节能安全联轴器）（见表 15.2-64）

表 15.2-64 AQD 型钢球式离心离合器（节能安全联轴器）的结构型式、基本参数和主要尺寸

（摘自 JB/T 5987—1992）

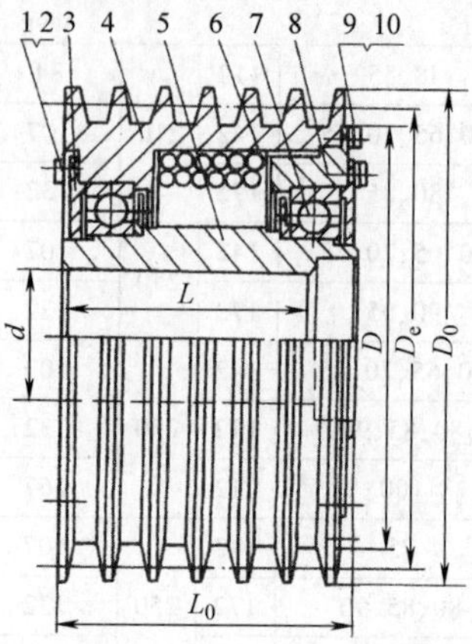

1、9—螺栓 2、10—弹簧垫圈 3—轴承盖 4—带轮式壳体 5—转子 6—密封盖 7—滚动轴承 8—端盖

型号	r/min 600	750	1000	1500	3000	轴孔直径 dH7	轴孔长度 L	D	L_0	D_0	D_e	许用转速 [n]/r·min⁻¹ 铸铁	铸钢
	各种转速下所能传递的功率/kW					mm							
AQD1	—	—	—	0.5	4	19	42	80	100	125	118	4580	6110
						24	52						
						28	62						
AQD2	—	—	—	1	7.5	19	42	100	110	130	125	4410	5880
						24	52						
						28	62						
						38	82						
AQD3	—	—	0.87	3	24	24	52	130	150	150	140	3825	5090
						28	62						
						38	82						
						42、45	112						
AQD4	—	—	1.3	4.5	36	28	62	150	150	190	180	3020	4020
						38	82						
						42、48、55	112						
AQD5	—	—	3.6	12	96	38	82	180	150	212	200	2700	3600
						42、48、55	112						
						60、65	142						
AQD6	—	2.53	6	20	162	38	82	200	150	248	236	2310	3080
						42、48	112						
						55、60、65、70	142						
AQD7	—	6	14.6	49	393	42、48、55	112	220	210	262	250	2190	2920
						60、65、70、75	142						
AQD8	—	10	24	80	644	48、55	112	250	210	292	280	1960	2620
						60、65、70、75	142						
						80、85	172						
AQD9	—	21	51	173	1380	60、65、75	142	280	250	332	315	1730	2300
						80、90	172						
AQD10	—	25	60	200	1600*	60、65、75	142	300	250	372	355	1540	2050
						80、85、90	172						
						100	212						

（续）

型号	r/min 600	750	1000	1500	3000	轴孔直径 dH7	轴孔长度 L	D	L_0	D_0	D_e	许用转速 [n]/r·min⁻¹ 铸铁	铸钢
	各种转速下所能传递的功率/kW					mm							
AQD11	23	46	110	360	—	75	142	350	250	417	400	1370	1830
						80、85、90	172						
						100、110、120	212						
AQD12	45	95	240	830	—	80、85、90	172	400	300	467	450	1230	1640
						100、110、120、125	212						
						130、140	252						
AQD13	58	113	267	902	—	80、85、90、95	172	450	300	520	500	1100	1470
						100、110、120、125	212						
						130、140	252						
AQD14	126	247	585	1975	—	90、95	172	500	350	580	560	990	1320
						100、110、120、125	212						
						130、140、150	252						
						160、170	302						
AQD15	296	585	1372	4632*	—	110、120、125	212	550	450	620	600	920	1230
						130、140、150	252						
						160、170、180	302						
AQD16	355	694	1645	5550*	—	125	212	600	450	690	670	830	1110
						130、140、150	252						
						160、170、180、190	302						
AQD17	630	1230*	2916*	—	—	140、150	252	650	500	730	710	780	1050
						160、170、180	302						
						190、200、220	352						

注：带“*”号的离合器材料为锻钢。

7.4.3 AS型钢砂式离心离合器（联轴器）（见表15.2-65）

表15.2-65 AS型钢砂式离心离合器（联轴器）的结构型式、基本参数和主要尺寸
（摘自JB/T 5986—1992）

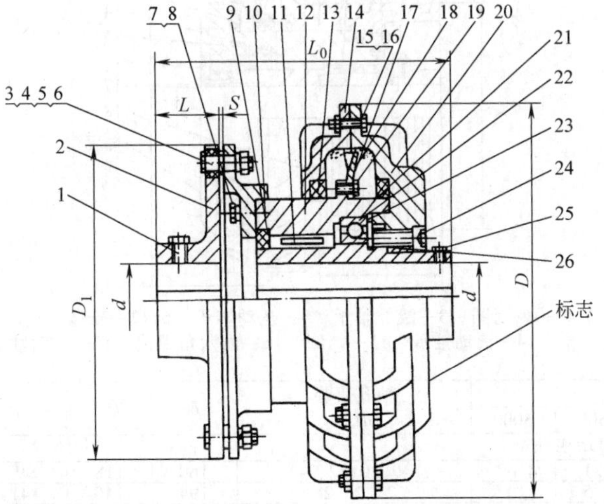

1、25—紧定螺钉　2—半联轴器　3—鼓形弹性套　4—柱销　5、8—弹簧垫圈　6、16—螺母　7、15、19—螺栓　9—法兰　10、13、21—密封圈　11—滚针轴承　12—从动转子　14、20—壳体　17—钢砂　18—叶轮　22—滚动轴承　23—挡圈　24—内六角螺栓　26—主动轴套

（续）

型号	r/min 750	1000	1500	3000	轴孔直径 dH7/mm	轴孔长度/mm Y型 L	J、J_1、Z、Z_1 型 L	L_1	L_0/mm	D_1/mm	D/mm	许用转速 [n]/r·min^{-1} 铸铁	铸钢
	各种转速下传递功率/kW												
AS1	—	0.075	0.185	1.5	14	32	20	32	100	80	105	5700	7600
					16	42	30	42	110	80			
AS2	0.2	0.48	1.1	4.0	19	42	30	42	126	95	160	3500	5000
					20、22、24	52	38	52	136	95			
AS3	0.5	1.3	3.5	8.0*	24	52	38	52	180	106	194	2860	3800
					25、28	62	44	62	190	106			
AS4	0.8	1.5	5.5	20*	28	62	44	62	190	106	214	2600	3470
					30、32	82	60	82	218	130			
AS5	2.0	3.7	10	28*	32、35、38	82	60	82	218	130	240	2290	3060
					40、42	112	84	112	248	160			
AS6	4.0	7.5	22	—	42、45	112	84	112	262	190	293	1830	2240
					48、50、55	112	84	112	262	224			
AS7	10	15	55	—	55、56	112	84	112	295	224	340	1600	2240
					60、63、65	142	107	142	325	250			
AS8	30	45	100*	—	65、70、71、75	142	107	142	317	315	432	1270	1600
					80、85	172	132	172	347	315			
AS9	100	170	260*	—	85、90、95	172	132	172	393	400	560	1000	1360
					100	212	167	212	393	400			

注：1. 带“*”号的联轴器材料为锻钢。

2. 两轴许用相对偏移量：

型号	AS1~4	AS5	AS6~8	AS9
径向 Δy/mm	0.2	0.3	0.4	0.5
角向 $\Delta\alpha$	1°30′	1°	1°	0°30′

7.4.4　ASD 型钢砂式离心离合器（联轴器）（见表 15.2-66）

表 15.2-66　ASD 型钢砂式离心离合器（联轴器）的结构型式、基本参数和主要尺寸（摘自 JB/T 5986—1992）

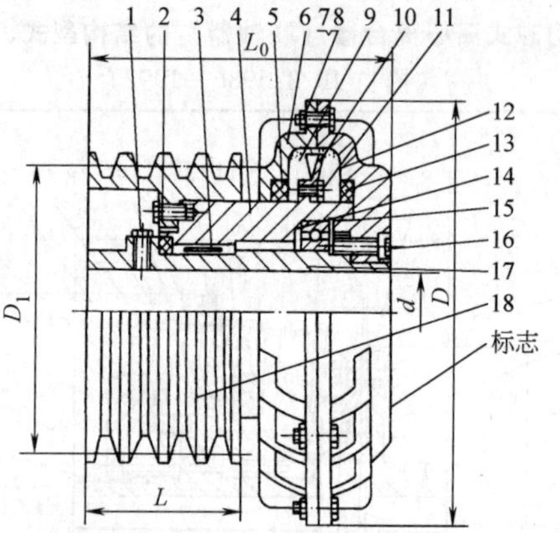

1—紧定螺钉　2、5、13—密封圈　3—滚针轴承　4—从动转子　6、12—壳体　7、11—螺栓　8—螺母　9—钢砂　10—叶轮　14—滚动轴承　15—挡圈　16—内六角螺栓　17—主动轴套　18—V 带轮

型号	r/min 750	1000	1500	3000	轴孔直径 dH7	D	D_1	L_0	L	许用转速 [n]/r·min^{-1} 铸铁	铸钢
	各种转速下传递功率/kW					mm					
ASD2	0.2	0.48	1.1	4.0*	19、20、22、24	160	118	99	50	2860	3820
ASD3	0.5	1.3	3.5	8.0*	24、25、28	194	140	141	63	2860	3820
ASD4	0.8	1.5	5.5	20*	28、30、32	214	180	170	90	2600	3470
ASD5	2.0	3.7	10	28*	32、35、38、40、42	242	180	190	105	2290	3060
ASD6	4.0	7.5	22	—	42、45、48、50、55	290	200	215	117	1830	2240
ASD7	10	15	55	—	55、56、60、63、65	340	236	250	135	1600	2140
ASD8	30	45	100*	—	65、70、71、75、80、85	432	250	245	145	1250	1600

注：带“*”号的离合器材料为锻钢。

8　超越离合器

8.1　概述

8.1.1　常用超越离合器的类型和性能比较（见表 15.2-67）

表 15.2-67　常用超越离合器的类型和性能比较

类型		名称和结构简图	运动关系	特点与应用
嵌合式离合器		棘爪式超越离合器 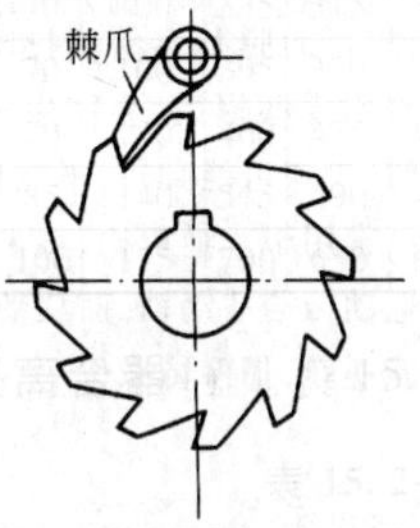	棘爪为主动件，仅在一个方向转动，带动从动棘轮转动；反向转动时则棘轮不动，实现超越运动	运动可靠，安全性好，故障少，过载能力大；结构简单，制造容易，但接合时有冲击和噪声。一般用于低速、受力不大的场合，作为防止逆转和间歇运动用
摩擦式离合器	滚柱离合器	无拨爪单向超越离合器 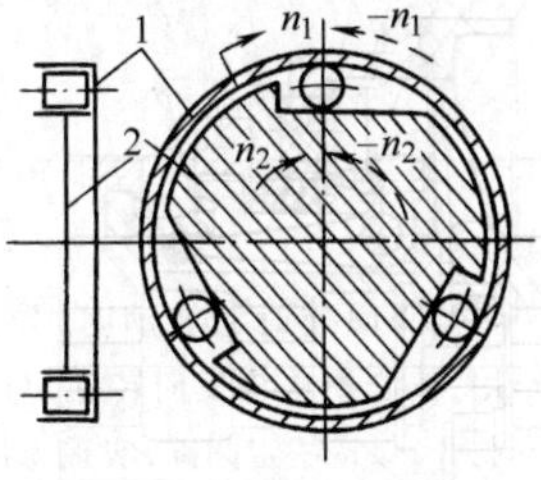 1—外环　2—星轮	件 1 主动时 当 $n_1=n_2$，离合器接合 当 $\lvert -n_1 \rvert > n_2$，离合器超越 件 2 主动时 当 $-n_2=-n_1$，离合器接合 当 $n_2>n_1$，离合器超越，即在一个方向可高速超越	滚子数量少，接触应力高，承载能力低。运动关系比较多样化，可以改变主动件得到几种运动关系。滚柱在滚道内自由转动，磨损均匀，磨损后仍能保持圆柱形。短时过载滚柱打滑不会损坏离合器，转矩减小后仍能正常工作，但自锁性能不及楔块式，且星轮工艺性差，加工困难，装配精度要求较高 对无拨爪的结构，通常以外环（件 1）为主动件较好
		带拨爪单向超越离合器 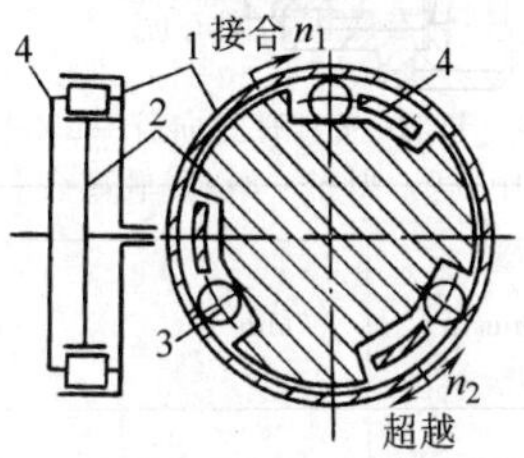 1—外环　2—星轮 3—滚柱　4—拨爪	件 1 主动时 当按顺时针转动，离合器接合 件 4 主动时 不论转向如何，均使件 2 和拨爪一起做超越旋转，即可实现一个方向低速转动，两个方向高速超越转动	
		带拨爪双向超越离合器 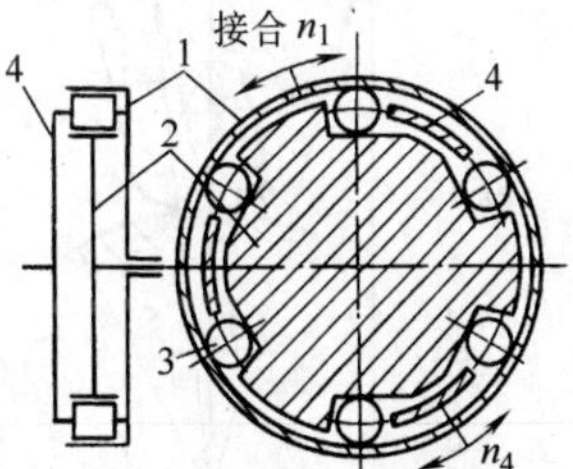 1—外环　2—星轮 3—滚柱　4—拨爪	件 1 主动时 不论其转向如何都能使一组滚子起作用，使离合器接合带动件 2 同速转动 件 4 主动时 不论件 4 的转向如何，只要 $n_4>n_1$，均使离合器超越转动	

（续）

类型		名称和结构简图	运动关系	特点与应用
摩擦式离合器	楔块离合器	单向超越离合器 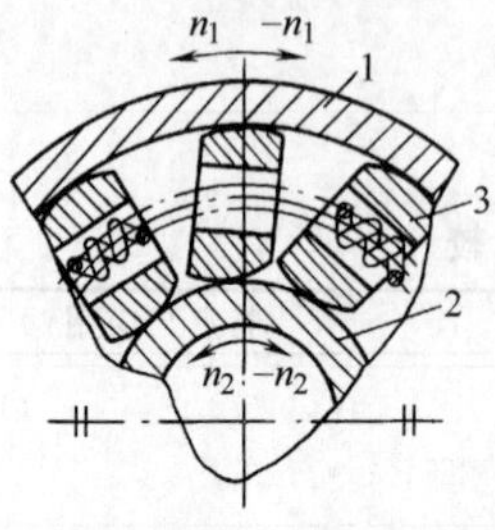 1—外环　2—内套　3—楔块	件 1 主动时 当 $n_1=n_2$,离合器接合 当 $n_1<n_2$,离合器超越 件 2 主动时 当 $-n_1=-n_2$,离合器接合 当 $\|-n_2\|<\|-n_1\|$,离合器超越	接触点曲率半径大,楔块多,承载能力高;结构紧凑,外形尺寸小,自锁可靠,反向脱开容易,制造容易。但接触点固定磨损后,会产生一小平面,严重时,楔块可能翻转,不能自动恢复工作 常用于止逆机构,将主动轴的动力和运动传给从动轴,而从动轴受外力时不能逆转,仍保持原位
		双向超越离合器 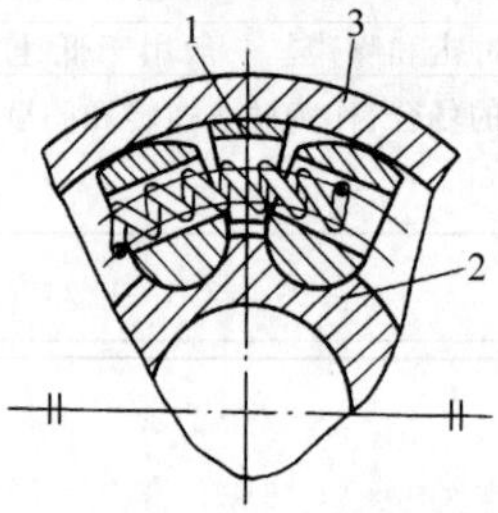 1—拨叉　2—内套　3—外环	当拨叉 1 做正反向转动时,均可带动内套 2 同步转动 当拨叉不动时,内套被楔住不能转动	
		非接触式单向超越离合器 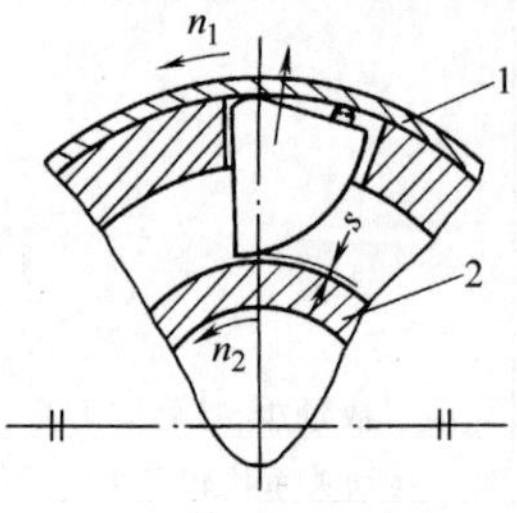 1—外环　2—内套	当 $n_1>n_2$ 时,偏心楔块放松,离合器超越 当 $n_1<n_2$ 时,偏心楔块楔紧,离合器接合,内外环一起低速转动	当外圈逆时针转动时,受离心力作用,偏心楔块绕反向转动,与内环表面脱开,保持一定间隙,实现无接触超越,可避免高速超越时,楔块与内环面发生磨损。其缺点是制造精度高,需保持内外环有较高的同心度

8.1.2　超越离合器的计算（见表 15.2-68）

表 15.2-68　超越离合器的计算

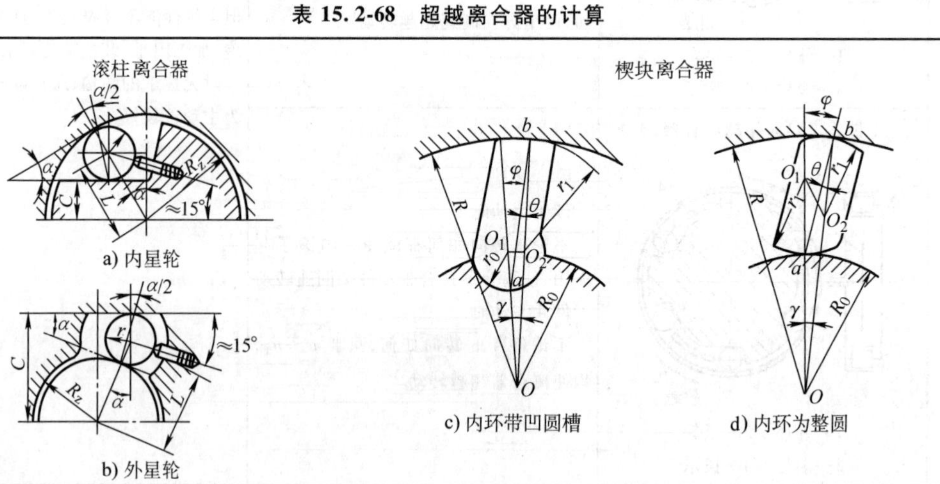

滚柱离合器　　楔块离合器

a) 内星轮

b) 外星轮

c) 内环带凹圆槽

d) 内环为整圆

（续）

型式	计算项目	计算公式	说　明
滚柱超越式	楔紧平面至轴心线距离	$C=(R_z\pm r)\cos\alpha\pm r$ 内星轮用"-",外星轮用"+"	β—工作储备系数,$\beta=1.4\sim5$ T_t—需要传递的转矩(N·mm) R_z—滚柱离合器外环内半径(mm)。$R_z=(4.5\sim15)r$,一般取 $R_z=8r$ b—滚柱长度(mm)。$b=(2.5\sim8)r$,一般取 $b=(3\sim4)r$ E_v—当量弹性模量。钢对钢 $E_v=2.06\times10^5$MPa σ_{Hp}—许用接触应力(MPa),见表15.2-72 μ—摩擦因数,一般取 $\mu=0.1$ m—滚柱质量(kg) n—星轮转速(r/min) z—滚柱数目,见表15.2-69 R_0—内环外半径(mm),$R_0=(4\sim4.5)r_1$ L—楔块长度(mm)。内环整圆 $l=(2.6\sim4)r_1$,内环凹槽 $l=(1.6\sim2)r_1$ D—外环内径(mm) d—滚柱直径(mm) r—楔块工作面接触点的曲率半径(mm)
	计算转矩	$T_c=\beta T_t$	
	正压力	$N=\dfrac{T_c}{(L\pm r)\mu z}$ 内星轮用"+",外星轮用"-"	
	接触应力	$\sigma_H=0.42\sqrt{\dfrac{NE_v}{b\rho_v}}\leqslant\sigma_{Hp}$	
	当量半径 内星轮 外星轮	$\rho_v=r$ $\rho_v=\dfrac{R_z r}{R_z+r}$	
	弹簧压力	$P_E\geqslant\dfrac{(D-d)\mu mn^2}{18\times10^4}$	
内环带凹圆槽楔块超越式	楔块偏心距	$e=O_1O_2=R_0\sin\gamma\approx R_0\gamma$ $\sin\gamma\approx\dfrac{r_1+r_0}{R}\sin\varphi$	R—楔块离合器外环内半径(mm)。内环整圆时 $R=(1.2\sim1.44)R_0$,内环凹槽时 $R=(3.2\sim3.5)r_1$ α—楔角(°)。α 小,楔合容易,脱开力大;α 大,不易楔合或易打滑。为保证滚柱不打滑,应使压力角 $\alpha/2$ 小于滚柱对星轮或内外环接触面的最小摩擦角 ρ_{min},即 $\alpha/2<\rho_{min}$。当星轮工作面为平面时,取 $\alpha=6°\sim8°$;当工作面为对数螺旋面或偏心圆弧面时,取 $\alpha=8°\sim10°$;最大极限值 $\alpha_{max}=14°\sim17°$
	外环处压力角	$\theta=\arcsin\dfrac{(R_0-r_0)\sin\varphi}{R}$	
	中心角	$\gamma=\varphi-\theta$	
	计算转矩	$T_c=\beta T_t$	
	b 点正压力	$N_b=\dfrac{T_c}{Rz\tan\theta}$	
	b 点接触应力	$\sigma_{bH}=0.42\sqrt{\dfrac{N_bE_v}{l\rho_v}}\leqslant\sigma_{Hp}$	
	当量曲率半径	$\rho_v=\dfrac{Rr_1}{R-r_1}$	
内环为整圆楔块超越式	楔块偏心距	$e=O_1O_2\approx$ $\sqrt{(R-r_1)^2+(R_0+r_1)^2-2(R-r_1)(R_0+r_1)\cos\gamma}$(一般 $\gamma<1°30'$,$\cos\gamma\approx1$,$e\approx R_0+2r_1-R$)	$\varphi(\theta)$—内环(外环)压力角(°)。内环为整圆时, $\varphi\approx\arccos\dfrac{R^2-R_0^2-\overline{ab}^2}{2R_0\,\overline{ab}}$ 为了保证工作时不打滑,压力角 φ 不得超过与内外环之间的最小摩擦角。一般取 $\varphi=2°15'\sim4°30'$,φ 一般均取3°,$\theta=\arcsin\left(\dfrac{R_0}{R}\sin\varphi\right)$ r—滚柱半径(mm) r_1—楔块工作曲面半径(mm) r_0—$(0.3\sim0.7)r$,或由结构确定 l—楔块沿轴向的工作长度(mm)
	外环处楔角	$\theta=\arcsin\left(\dfrac{R_0}{R}\sin\varphi\right)$ $\theta=\angle abO_2$	
	中心角	$\gamma=\varphi-\theta$,$\sin\gamma\approx\dfrac{R-R_0}{R}\sin\varphi$	
	计算转矩	$T_c=\beta T_t$	
	a 点正压力	$N_a=\dfrac{T_c}{R_0Z\tan\varphi}$	
	a 点接触应力	$\sigma_{aH}=0.42\sqrt{\dfrac{N_aE_v}{l\rho_v}}\leqslant[\sigma_{Hp}]$	
	当量曲率半径	$\rho_v=\dfrac{R_0r_1}{R_0+r_1}$	

8.2　滚柱离合器（见表 15.2-69～表 15.2-72）

表 15.2-69　滚柱数及尺寸参数参考值

使用离合器的设备	滚柱数目 z	$\frac{D}{d}\left(\frac{R_z}{r}\right)$	b/d
起升机构	4	8	1.25～1.50
汽车传动系	8～20	9～15	1.5～3.0
汽车起动器	4～5	4.5～6.0	1.25～1.50
自行车	5	4.5～6.0	2

注：D—外毂内表面直径；d—滚柱直径；b—滚柱长度。

表 15.2-70　楔块、滚柱离合器的比较

项目	滚柱离合器	楔块离合器
承载能力	相同滚道尺寸的情况下,放置的滚柱数目少,接触应力大,承载能力差	放置的楔块数量多,楔块与滚道接触的圆弧面的曲率半径大于滚柱的半径,即楔块与滚道接触面积大。与内滚道接触应力虽然大,但因楔块数量多,总承载能力比滚柱式好(一般为 5～10 倍)
自锁性能	比较可靠	可靠,反向解脱轻便
传动效率	0.95～0.99	0.94～0.98
超载时工作情况	在极端超载情况下,滚柱趋于滑动而自锁失效;当转矩减小时,滚柱复位,滚柱可重新楔紧并正常运转	在极端超载情况下,可能有一个或几个楔块转动超过最大的撑线范围而使楔块翻转,离合器两个方向都自锁不得转动;当转矩减小后楔块也不能复位
零件磨损情况	滚柱能在滚道内自由转动,磨损后仍能保持圆形;滚柱与内、外圈的接触点在楔紧状态与分离状态时并不相同,磨损较均匀	楔块由于不能自由转动,楔块与内外滚道的接触部位仅局限在一小段工作圆弧上,容易磨损成小平面。但因传递转矩时楔块式比滚柱式离合器直径小,圆周速度低而且楔块数量多,因而使楔块磨损量减小,使用寿命延长
主动元件的选择	通常选择内圈。外圈空转时可以避免滚柱因离心力对外圈产生压力	通常选择外圈。内圈空转时,工作表面的圆周速度低,减小空转时的磨损
动作准确度	溜滑角不超过 2°,工作灵敏,准确度高	溜滑角一般为 2°～7°,要提高工作灵敏度,需减小溜滑角
制造工艺	星轮加工较复杂,工艺性差,装配时要求高	楔块采用冷拉异型钢。内外圈滚道均为圆柱面,加工容易,因此工艺性好,适于批量生产,容易装配

表 15.2-71　超越离合器主要零件的材料和热处理

零　件	材　料	热 处 理	应用范围
外毂星轮	20Cr 或 20MnVB、20Mn2B	渗碳、淬火、回火 58～62HRC	中等载荷、冲击较大和比较重要的场合
	GCr15 或 GCr6	淬火、回火 58～64HRC	
	40Cr 或 40MnVB、40MnB	高频感应淬火 48～55HRC	载荷较大、尺寸中等的场合
	45		尺寸较大、载荷不大而重要的场合
滚柱或楔块	GCr15 或 GCr12、GCr6	淬火、回火 58～64HRC	载荷与冲击较大的重要场合
	T8	淬火、回火 56～62HRC	
	40Cr	淬火、回火 48～52HRC	载荷不大、一般不太重要的场合

渗碳厚度要求	外环内径 $2R$/mm	30～40	50～65	80～125	160～200
	内外环渗碳厚度/mm	0.8～1.0	1.0～1.2	1.2～1.5	1.5～1.8
	星轮渗碳厚度/mm	1.0～1.2	1.2～1.5	1.5～1.8	1.8～2.0

表 15.2-72 超越离合器材料的许用接触应力

离合器需要的楔合次数	许用接触应力 σ_{Hp}/MPa
10^7	1422~1766
10^6	3041~3237
$(0.5\sim1)\times10^5$	4120

注：1. 一般可取额定楔合次数为 10^6。

2. 当离合器的楔合次数为 10^7 时，通常许用接触应力 $\sigma_{Hp}=(25\sim30)\times$HRC。

8.2.1 CY0 系列滚柱式超越离合器（见表 15.2-73）

表 15.2-73 CY0 系列滚柱式超越离合器的结构型式、许用转矩和主要尺寸 (mm)

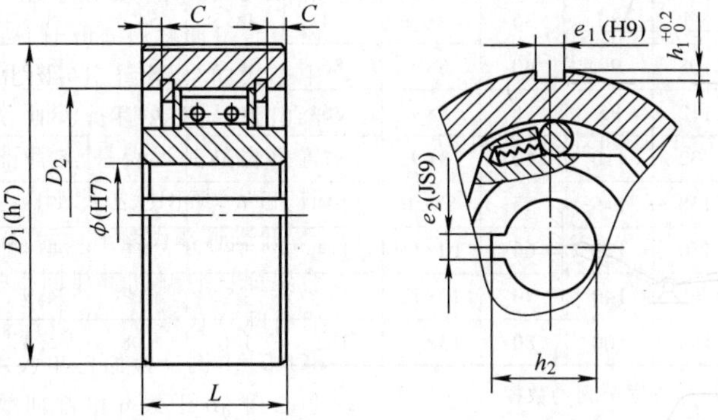

规格	许用转矩 /N·m	D_1	D_2	ϕ	L	C	e_2	h_2	e_1	h_1
50	3	50	35	15	25	3	5	$17.3^{+0.15}_{0}$	8	3
60	4.5	60	40	20	26	3	6	$22.8^{+0.15}_{0}$	8	3
75	10	75	55	25	30	4	8	$28.3^{+0.20}_{0}$	8	3.5
90	16	90	68	30	40	4	8	$33.3^{+0.20}_{0}$	8	3.5
100	50	100	80	40	48	4	12	$43.3^{+0.20}_{0}$	10	3.5
120	100	120	95	50	56	4	14	$53.8^{+0.20}_{0}$	12	4
140	200	140	115	60	60	4	18	$64.4^{+0.20}_{0}$	12	4

注：表中为天津机床电器有限公司的数据。

8.2.2 CY1 系列滚柱式超越离合器（见表 15.2-74）

表 15.2-74 CY1 系列滚柱式超越离合器的结构型式、许用转矩和主要尺寸 (mm)

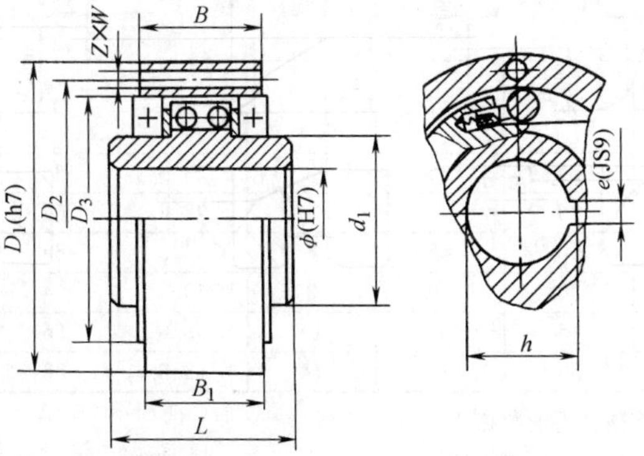

（续）

规格	许用转矩 /N·m	D_1	D_2	D_3	ϕ	$Z\times W$	L	B_1	B	h	e	d_1	轴承型号
62	29	62	51	42	12	3×5.5	42	20.3	27	$14.3^{+0.1}_{0}$	5	20	7000104
68	50	68	56	47	15	3×5.5	52	30.3	34.1	$17.3^{+0.2}_{0}$	5	25	7000105
75A	70	75	65	55	25	4×5.5	54	44	30	$28.3^{+0.2}_{0}$	8	35	1000907
75	84	75	64	55	20	4×5.5	57	34.3	39.1	$22.8^{+0.2}_{0}$	6	30	7000106
90	124	90	78	68	25	6×6.6	60	37.3	42.1	$28.3^{+0.2}_{0}$	8	40	7000108
95A	150	95	81.5	68	25	6×6.6	62	40	46	$28.3^{+0.2}_{0}$	8	40	7000108
100	200	100	87	75	30	6×6.6	68	44.3	49.1	$33.3^{+0.2}_{0}$	8	45	7000109
110	290	110	96	80	35	6×6.6	74	48.3	54.1	$38.3^{+0.2}_{0}$	10	50	7000110
125	490	125	108	90	40	6×9	86	56.3	62.1	$43.3^{+0.2}_{0}$	12	55	7000111
130	670	130	112	95	45	8×9	86	56.3	62.1	$48.8^{+0.2}_{0}$	14	60	7000112
150	1100	150	132	110	50	8×9	92	63.3	69.1	$54.3^{+0.2}_{0}$	16	70	7000114
160	1250	160	138	115	55	8×11	104	67	73.1	$59.3^{+0.2}_{0}$	16	75	7000115
170	1800	170	150	125	60	10×11	114	78	84	$64.4^{+0.2}_{0}$	18	80	7000116
190	2650	190	165	140	70	10×11	158	95	103	$74.9^{+0.2}_{0}$	20	90	7000118
210	4000	210	185	160	80	10×11	182	100	108	$85.4^{+0.2}_{0}$	22	105	7000121

注：1. 表中为天津机床电器有限公司的数据。

2. 轴承型号为旧标准中特轻窄系列深沟球轴承。

8.2.3　CY1B 系列滚柱式超越离合器（见表 15.2-75）

表 15.2-75　CY1B 系列滚柱式超越离合器的结构型式、许用转矩和主要尺寸　（mm）

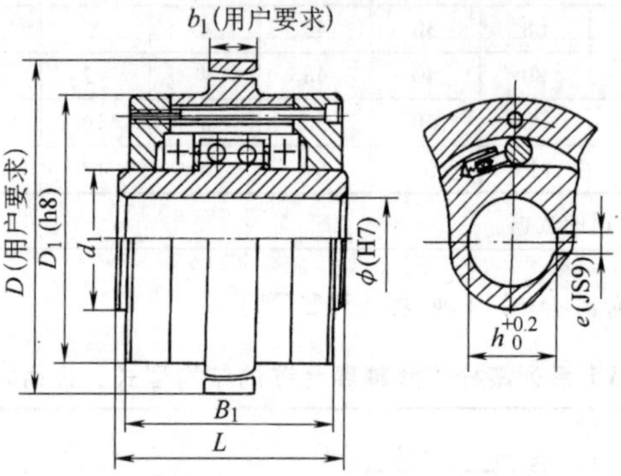

规格	许用转矩 /N·m	D_1	ϕ	d_1	e	h	L	B_1	轴承型号
75B	16	75	25	35	8	28.3	54	50	1000907(61907)
95B	50	95	25	40	8	28.3	62	60	7000108(16008)
100B	250	100	30	45	8	33.3	68	64	7000109(16009)
110B	290	110	30	50	8	33.3	74	68	7000110(16010)
130B	670	130	45	60	14	48.8	86	76	7000112(16012)
150B	1250	150	50	75	14	53.8	88	80	7000115(16015)

注：1. 表中为天津机床电器有限公司的数据。

2. 轴承型号为旧标准中超轻、特轻系列深沟球轴承，（　）内为新标准。

8.2.4 CY2 系列滚柱式超越离合器（见表 15.2-76）

表 15.2-76 CY2 系列滚柱式超越离合器的结构型式、许用转矩和主要尺寸 (mm)

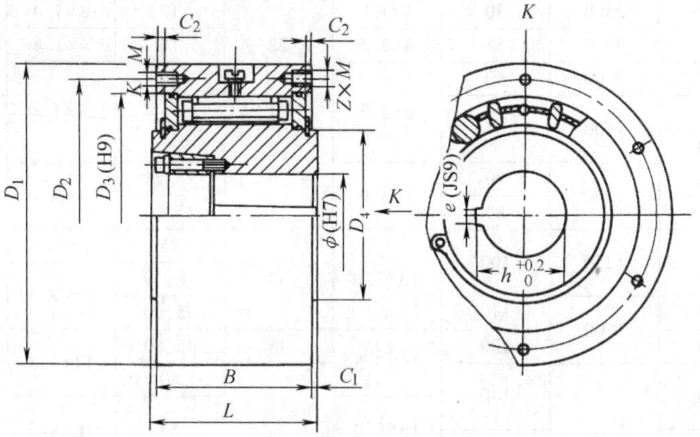

规格	许用转矩 /N·m	D_1	D_2	D_3	D_4	ϕ	e	h	B	L	C_1	C_2	$Z \times M$
120	160	120	105	90	56	40	10	43.3	57	60	1.5	2.5	4×M8 深 12
160	500	160	148	130	85	50	14	53.8	72	75	1.5	3.5	6×M8 深 15
210	1000	210	185	180	115	50	14	53.8	85	88	1.5	5.5	6×M8 深 15

注：表中为天津机床电器有限公司的数据。

8.3 楔块离合器

8.3.1 CKA 系列单向楔块式超越离合器（见表 15.2-77）

表 15.2-77 CKA 系列单向楔块式超越离合器的结构型式、基本参数和主要尺寸

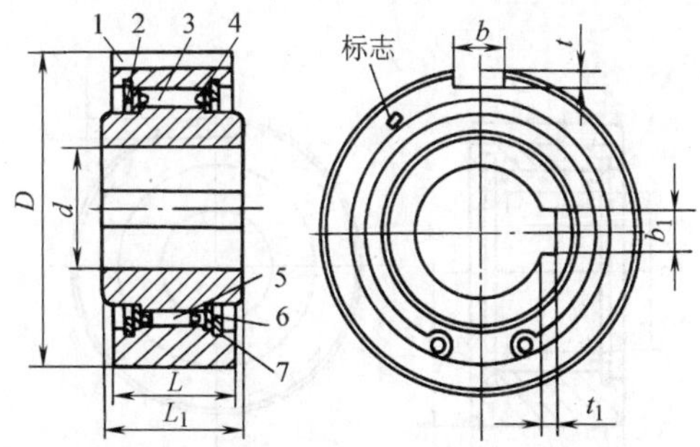

1—外环 2—内环 3—楔块 4—弹簧
5—滚柱 6—端盖 7—挡圈

（续）

型号	公称转矩 T_n /N·m	超越时的极限转速 n/ r·min^{-1}	外环/mm D (h7)	外环/mm 键槽 b×t	外环/mm L	内环/mm d (H7)	内环/mm 键槽 $b_1 \times t_1$	内环/mm L_1	质量 /kg
CKA1	31.5	2500	50	3×1.8	22	12	3×1.4	24	0.24
CKA2	50	2250	55	4×2.5		18	4×1.8		0.28
CKA3	63	2000	60	6×3.5		20	6×2.8		0.33
CKA4	100	1800	65		24	24		26	0.38
CKA5	140								0.48
CKA6、CKA7	180	1500	70	8×4.0	30	25、28	8×3.3	32	0.63、0.60
CKA8、CKA9	200		80			25、30			0.90、0.87
CKA10	315	1250	100	10×5.0	32	35	8×3.3	32	1.34
CKA11、CKA12	315					38、40	10×3.3	34	1.28、1.20
CKA13、CKA14	400	1000	110			35、40			1.81、1.94
CKA15、CKA16	630		130	14×5.5	36	45、50	14×3.8	38	3.11、3.02
CKA17	1250	800	140		52	50		55	5.27
CKA18				16×6.0		55	16×4.3		5.10
CKA19	2000		160						6.96
CKA20				18×7.0		60	18×4.4		6.78
CKA21、CKA22	2240		170			60、65			7.80、7.61
CKA23、CKA24	2500		180			60、65			8.87、8.69
CKA25	2800		200			65			11.02
CKA26	2800		200	20×7.5		70	20×4.9		10.82

注：1. “d”和“质量”同一小格中的两个数值分别与同一行中的两个型号相对应。

2. 离合器代号：CKA□-D×L×d。

3. 离合器的安装方向应与主机要求的旋转方向一致。

4. 离合器的外环与机壳的配合，以及离合器的内环与轴的配合，均应是间隙配合。

5. 组装离合器时，应保证楔块的正确装配方向，并注入适量润滑油或 2 号锂基润滑脂。

6. 离合器长期在高速状态下运行时应有相应的冷却措施。

7. 离合器的内环与轴均采用键连接。

8.3.2　CKB 系列无内环单向楔块式超越离合器（见表 15.2-78）

表 15.2-78　CKB 系列无内环单向楔块式超越离合器的结构型式、基本参数和主要尺寸

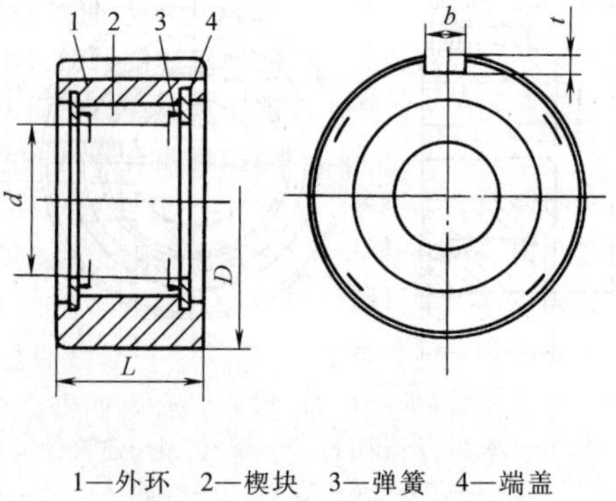

1—外环　2—楔块　3—弹簧　4—端盖

（续）

型号	代号	公称转矩 T_n /N·m	轴最高超越转速 n /r·min^{-1}	外环/mm D h7	外环/mm 键槽 $b\times t$	外环/mm L	轴径 $d_{-0.025}^{\ 0}$ /mm	同一外径的轴承型号	质量 /kg
CKB1	CKB1-40×25-16	35.5	2000	40	4×2.5	25	16	6203	0.21
CKB2	CKB2-47×25-18	56	2000	47	5×3.0		18	6204	0.29
CKB3	CKB3-52×25-24	90	1800	52	5×3.0		24	6205	0.33
CKB4	CKB4-62×28-30	200	1800	62	6×3.5	28	30	6206	0.51
CKB5	CKB5-62×28-32						32		0.48
CKB6	CKB6-62×28-35						35		0.45
CKB7	CKB7-72×28-40	315		72			40	6207	0.61
CKB8	CKB8-72×28-42						42		0.59
CKB9	CKB9-80×32-45	500	1600	80	8×4.0	32	45	6208	0.75
CKB10	CKB10-80×32-48						48		0.80
CKB11	CKB11-90×32-50	560		90			50	6209	0.94
CKB12	CKB12-90×32-55	630			10×5.0		55	6210	1.00
CKB13	CKB13-100×42-60	710	1200				60	6211	1.26
CKB14	CKB14-110×42-65	1000		100		42	65	6212	2.04
CKB15	CKB15-120×42-70	1120	1000	120			70	6213	2.46
CKB16	CKB16-125×42-80	1250		125	12×5.0		80	6214	2.40

注：1. 轴承型号为旧标准角接触球轴承，新标准为7200。

2. 其余同表15.2-77注中的3~7。

8.3.3 CKF系列单向楔块式超越离合器（见表15.2-79）

表15.2-79 CKF系列单向楔块式超越离合器的结构型式、基本参数和主要尺寸

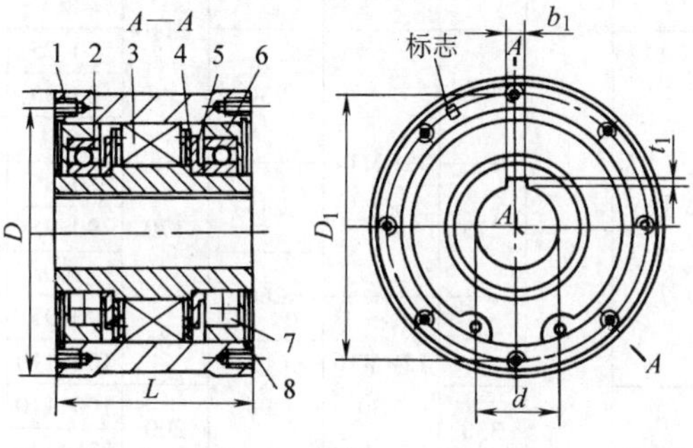

1—外环 2—内环 3—楔块 4—固定挡环 5—挡环

6—端盖 7—轴承 8—挡圈

型号	公称转矩 T_n /N·m	螺钉拧紧力矩 /N·m	非接触转速 /r·min^{-1}	最高转速 /r·min^{-1}	外环/mm D h8	外环/mm 两端各螺纹孔数×直径×深	外环/mm 螺栓分布直径 D_1	外环/mm 宽 L js9	内环/mm 内径 d H7	内环/mm 键槽 $b_1\times t_1$	内环/mm 宽 L_1 js9	质量 /kg
CKF1	400	10	480	1500	165	8×M8×20	145	125	25	8×3.3	125	20.51
CKF2、CKF3	500	12	470		170		150	130	25、30		130	22.68、22.46
CKF4	600	14	450		175		155		30	10×3.3		23.84
CKF5									35			23.58
CKF6	800	18	430		185	8×M10×25	162					26.46
CKF7									40	12×3.3		26.16

（续）

型号	公称转矩 T_n /N·m	螺钉拧紧力矩 /N·m	非接触转速 /r·min^{-1}	最高转速 /r·min^{-1}	外环/mm D h8	外环/mm 两端各螺纹孔数×直径×深	外环/mm 螺栓分布直径 D_1	外环/mm 宽 L js9	内环/mm 内径 d H7	内环/mm 键槽 $b_1 \times t_1$	内环/mm 宽 L_1 js9	质量 /kg
CKF8、CKF9									32、38	10×3.3		28.13、27.79
CKF10、CKF11	1000	22	420		190		168	135	40、42	12×3.3	135	27.67、27.54
CKF12、CKF13						8×M10 ×25			45、50	14×3.8		27.33、26.95
CKF14									40	12×3.3		32.59
CKF15、CKF16	1250	25			195		172		45、50	14×3.8		32.21、31.78
CKF17									55	16×4.3		31.31
CKF18								145	40	12×3.3	145	36.61
CKF19、CKF20	1400	26			205		182		45、50	14×3.8		35.78、35.34
CKF21									55	16×4.3		34.16
CKF22、CKF23			400						45、48	14×3.8		38.16、37.90
CKF24	1600	27			208	10×M10 ×25	185		50			37.72
CKF25									55	16×4.3		37.24
CKF26									60	18×4.4		36.71
CKF27									50	14×3.8		42.48
CKF28	2000	30			220		195	150	55	16×4.3	150	41.99
CKF29、CKF30									60、65	18×4.4		41.46、40.88
CKF31									50	14×3.8		46.54
CKF32	2500	32	390		230	12×M10 ×25	205		55	16×4.3		46.16
CKF33、CKF34									60、65	18×4.4		45.63、45.05
CKF35				1500					70	20×4.9		44.42
CKF36、CKF37									60、65	18×4.4		55.70、55.09
CKF38、CKF39	4000	52	380		245	12×M12 ×25	218		70、75	20×4.9		54.42、53.70
CKF40								160	80	22×5.4	160	52.93
CKF41、CKF42									70、75	20×4.9		61.90、61.18
CKF43、CKF44	6300	95			260		230		80、85	22×5.4		60.42、59.60
CKF45									90	25×5.4		58.74
CKF46、CKF47						12×M14 ×25			80、85	22×5.4		72.61、71.75
CKF48、CKF49	8000	110	370		275		245	170	90、95	22×5.4	170	70.83、69.86
CKF50							260		100	28×6.4		68.33
CKF51、CKF52	10000	140			295			185	90、95	25×5.4	185	90.09、89.03
CKF53、CKF54						12×M16 ×30			100、110	28×6.4		87.92、85.46
CKF55、CKF56	12500	170			330		295	200	100、110		200	121.95、119.36
CKF57、CKF58									120、130	32×7.4		116.53、113.44
CKF59								215	110	28×6.4		155.75
CKF60、CKF61	16000	215	350		360	12×M18 ×30	320		120、130	32×7.4	215	152.70、149.39
CKF62									140	36×8.4		145.81
CKF63、CKF64	20000	230			410		360	225	120、130	32×7.4	225	213.21、209.75
CKF65、CKF66						16×M20 ×30			140、150	36×8.4		206.00、201.98
CKF67									130	32×7.4		256.01
CKF68、CKF69	25000	240	310	1000	440		390	235	140、150	36×8.4	235	252.10、247.90
CKF70									160	40×9.4		243.41

注：1. “d”和“质量”同一小格中的两个数值分别与同一行中的两个型号相对应。

2. 离合器代号：CKF□-D×L×d。

3. CKF 系列离合器在机械中常作为防逆转机构，属于非接触式，一般用于高速。当内环转速小于 400r/min 时，此时为接触式，但仍可使用。

4. 其余同表 15.2-77 注中的 3~7。

8.3.4　CKZ 系列（带轴承型）单向楔块式超越离合器（见表 15.2-80）

表 15.2-80　CKZ 系列（带轴承型）单向楔块式超越离合器的结构型式、基本参数和主要尺寸

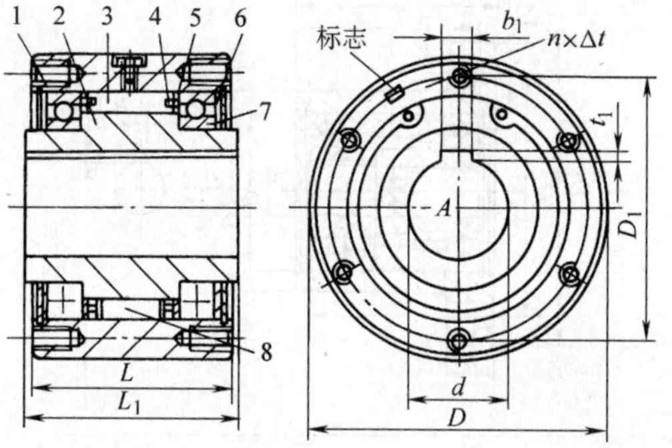

1—外环　2—内环　3—楔块　4—弹簧
5—垫圈　6—端盖　7—轴承　8—滚柱

型号	公称转矩 T_n /N·m	内环超越时的极限转速 n/r·min^{-1}	外环/mm				内环/mm			质量/kg
			D h7	两端螺柱孔数×直径×深	螺柱分布直径 D_1	宽 L	内径 d H7	键槽 $b_1\times t_1$	L_1	
CKZ1	180	1500	75	4×M6×12	61	48	14	5×2.3	50	1.35
CKZ2	200		80		68	66	20		68	1.95
CKZ3	250	1300	90	6×M8×12	76	68	25	6×2.8	70	2.36
CKZ4	315	1200	100		88	80	30	10×3.3	82	3.17
CKZ5	400		110	8×M8×16	92	86	35		90	4.65
CKZ6、CKZ7	650		120	8×M8×20	105	90	38、40		92	5.64、5.55
CKZ8							42	12×3.3		5.47
CKZ9	1000	1100	125		110					6.14
CKZ10							45	14×3.8		6.02
CKZ11、CKZ12	1200		130		115		45、48			6.70、6.55
CKZ13、CKZ14	1500	1000	136		120	92	45、50		95	8.06、7.74
CKZ15、CKZ16	2240		150		130	100	48、50		102	11.12、11.02
CKZ17							55	16×4.3		10.43
CKZ18	2500		155		140		55			11.36
CKZ19							60	18×4.4		11.01
CKZ20、CKZ21	2600		160		145	110	60、65		112	13.07、12.65
CKZ22	2700		170	6×M10×20	150		65			14.88
CKZ23							70	20×4.9		14.42
CKZ24	2800	900	180		158	124	55	16×4.3	128	18.80
CKZ25、CKZ26							60、65	18×4.4		18.46、18.06
CKZ27							70	20×4.9		17.63
CKZ28	2850	800	190		170		65	18×4.4		22.73
CKZ29							70	20×4.9		20.01
CKZ30	2900		200		175		65	18×4.4		22.93

注：同表 15.2-77 中的注。

8.3.5　CKS 系列双向楔块式超越离合器（见表 15.2-81）

表 15.2-81　CKS 系列双向楔块式超越离合器的结构型式、基本参数和主要尺寸

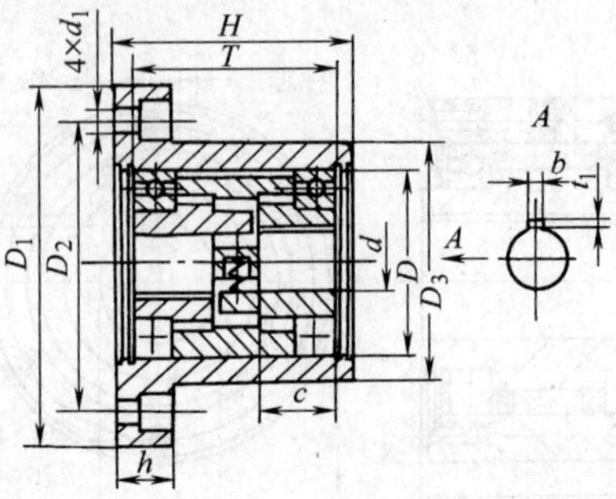

序号	型号	公称转矩 /N·m	安装尺寸 /mm											
			离合器						壳体					
			d	D	T	c	b	t_1	D_1	D_2	D_3	H	h	d_1
1	CKS70(42)×58-10	20	10	32	51	20	3	1.4	70	55	42	58	11	6.5
2	CKS75(45)×58-10	20	10	35	52	20	3	1.4	75	60	45	58	11	6.5
3	CKS75(45)×58-12	20	12	35	51	20	4	1.8	75	60	45	58	11	6.5
4	CKS75(45)×58-15	20	15	35	51	20	3	1.4	75	60	45	58	11	6.5
5	CKS95(57)×78-17	50	17	47	70	27	5	2.3	95	75	57	78	13	8.5
6	CKS105(62)×78-20	100	20	52	70	27	6	2.8	105	84	62	78	16	10.5
7	CKS115(74)×78-20	100	20	62	70	27	6	2.8	115	95	74	78	16	10.5
8	CKS115(74)×88-25	120	25	62	80	32	8	3.3	115	95	74	88	16	10.5
9	CKS125(84)×100-30	150	30	72	90	37	8	3.3	125	105	84	100	16	10.5
10	CKS145(94)×110-35	200	35	80	100	40	10	3.3	145	120	94	110	20	13
11	CKS155(102)×110-40	250	40	85	100	40	12	3.3	155	128	102	110	20	13
12	CKS160(108)×120-45	300	45	90	110	45	14	3.8	160	134	108	120	20	13

注：同表 15.2-77 注中的 3~7。

9　安全离合器

9.1　概述

9.1.1　安全离合器的性能比较（见表 15.2-82）

表 15.2-82　安全离合器性能比较

类型	结构简图	保护原理	特点与应用
破坏元件式	销式安全离合器 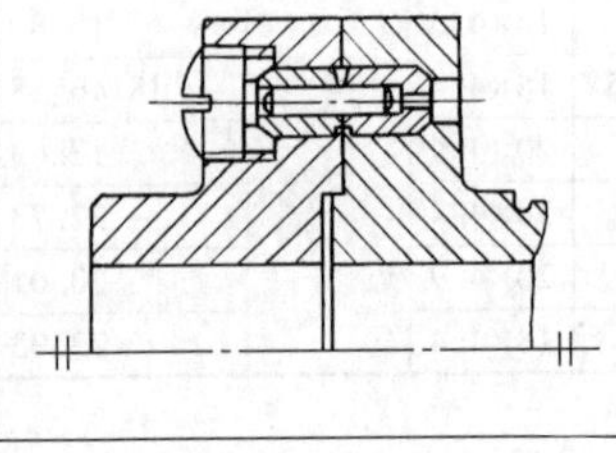	过载时通过破坏某一限定元件（销）中断传动，限制传递转矩	结构简单，制造容易，尺寸紧凑，但受制造精度和材料均匀性影响，过载时动作精度不高，且随破坏元件数增加而降低精度。此外，由于疲劳损伤累积，破坏元件本身强度也随工作时间增加而降低。过载时离合器起作用后必须更换破坏元件才能恢复工作。主要用于偶然发生过载的传动系统

（续）

类型	结　构　简　图	保护原理	特点与应用
嵌合式	弹簧牙嵌安全离合器 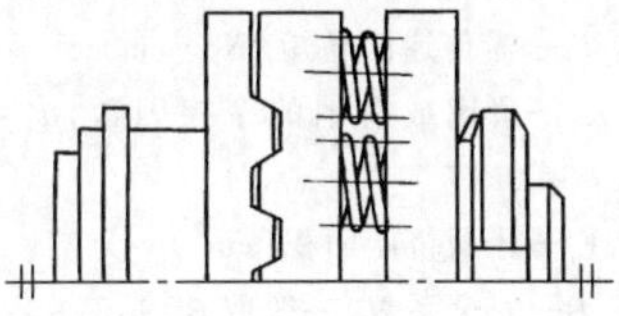	通过调节弹簧力限定传递转矩。过载时牙面产生轴向分力大于弹簧压力而退出嵌合，中断传动	结构简单，工作可靠，过载时动作精度高，能调节工作转矩大小，有自动恢复工作的能力，但过载时打滑有冲击。适用于转速不太高、载荷不太大、从动部分惯性较小且过载不很频繁的传动系统，其转速范围为150~200r/min
	弹簧钢珠安全离合器 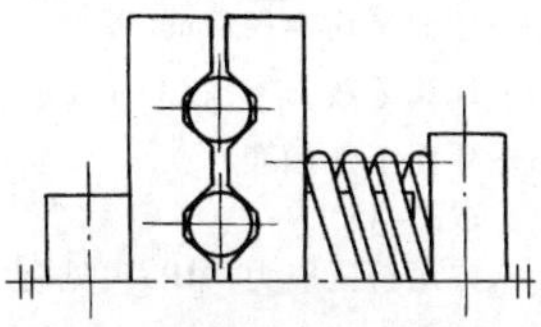	利用钢珠代替牙嵌，过载时，钢珠的接触点上轴向分力大于弹簧力，退出嵌合，中断传动	加工简单，可靠性高，以滚动代替滑动，过载时动作灵敏度高，有自动恢复工作的能力，但接触面积小，容易磨损，在安装弹簧方向的结构尺寸较大。适用于转速较高、载荷较大、过载频率较高的传动系统
片式	片式安全离合器 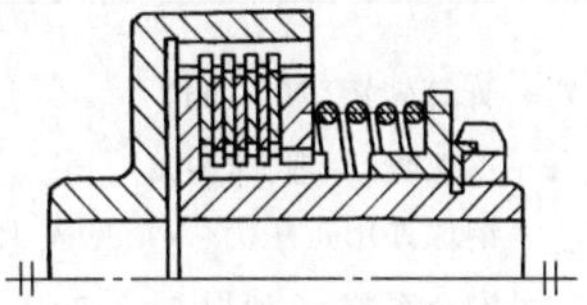	通过调节弹簧压力限定摩擦片传递的转矩。过载时摩擦片打滑，离合器空转	承载能力大，外形尺寸小，工作平稳，有自动恢复工作的能力，维护简单，容易系列化，但结构较复杂，受摩擦因数稳定性影响，动作精度不太高，经常过载时，摩擦片易发热影响摩擦性能和强度。适用于经常过载或有冲击载荷的传动系统

9.1.2　安全离合器的计算（见表15.2-83）

表15.2-83　安全离合器的计算

牙嵌安全离合器	钢珠安全离合器	多片安全离合器
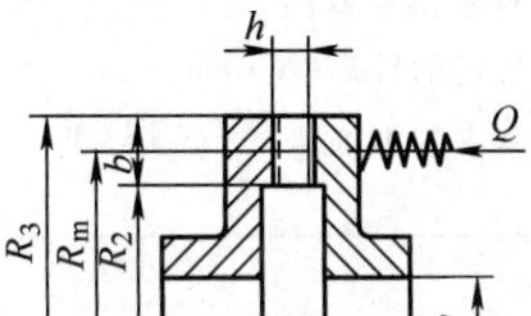 a）端面牙（牙盘，中心弹簧）	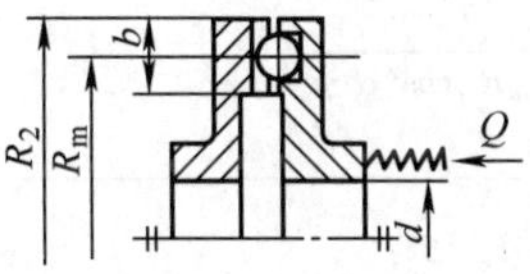 c）端面钢珠（钢珠对钢珠、钢珠对牙；中心弹簧、分散弹簧）	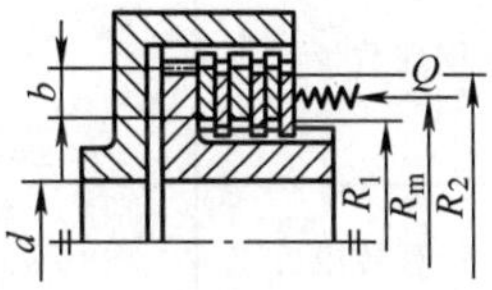 $R_2=(1.5\sim2)d$ $R_1=(0.5\sim0.6)R_2$
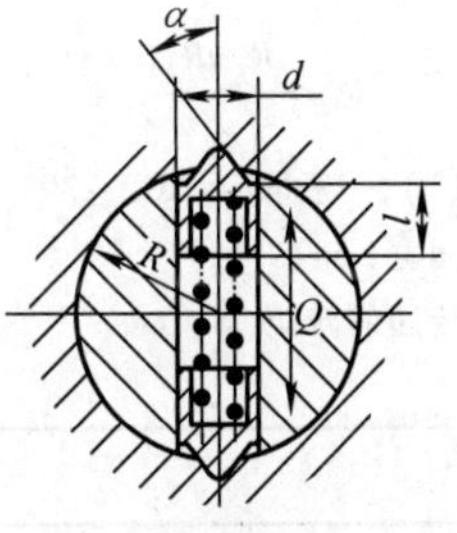 b）径向牙（销钉，分散弹簧）	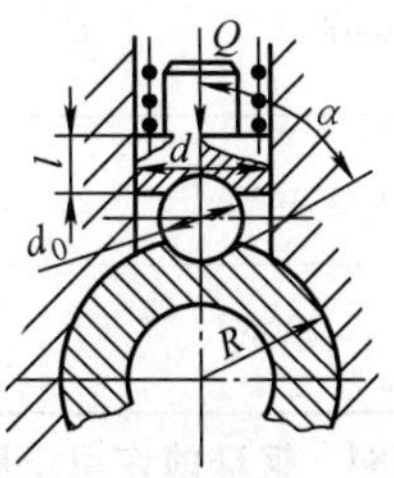 d）径向钢珠（钢珠对牙；分散弹簧）	圆锥安全离合器 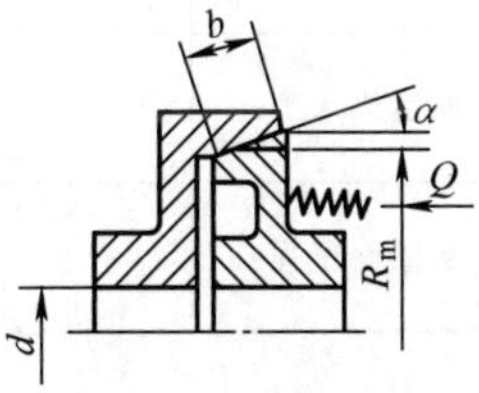 $b=(0.15\sim0.25)R_m$

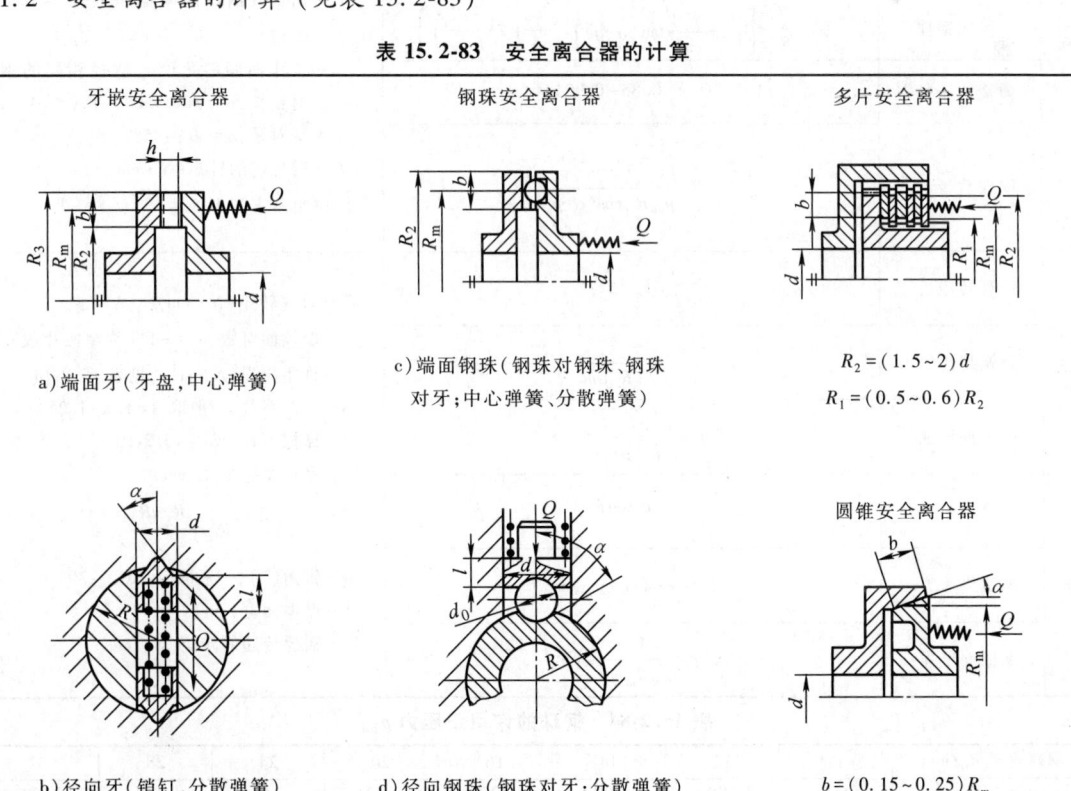

（续）

<table>
<tr><th>型式</th><th>计算项目</th><th>计 算 公 式</th><th>说　明</th></tr>
<tr><td rowspan="6">牙嵌安全式</td><td>计算转矩</td><td>$T_c=\beta T_t$</td><td rowspan="6">T_t—需传递的转矩(N·cm)
μ_1—滑键或滑销的摩擦因数，$\mu_1=0.15\sim0.17$
A_p—牙面挤压面积(cm^2)
β—安全系数，一般取$\beta=1.35\sim1.40$
z—牙数
ρ—工作面摩擦角(°)，一般取$\rho=5°\sim6°$
R_m—牙面平均半径(cm)
z_j—计算牙数，$z_j=(1/3\sim1/2)z$
α—牙面工作倾角(°)，$\alpha=30°\sim50°$，一般取$\alpha=45°$
σ_{pp}—许用挤压应力(MPa)，见表 15.2-9
d,l—见本表图中标注</td></tr>
<tr><td>弹簧终压紧力
端面牙</td><td>$Q_2=\dfrac{T_c}{R_m}\left[\tan(\alpha-\rho)-\dfrac{2R_m}{d}\mu_1\right]$</td></tr>
<tr><td>径向牙</td><td>$Q_2=\dfrac{T_c}{R_m z}\left[\left(1+\dfrac{3\mu_1 d}{\pi l}\right)\tan(\alpha-\rho)-\dfrac{3\mu_1}{\pi}\left(2+\dfrac{d}{l\tan\alpha}\right)\right]$</td></tr>
<tr><td>弹簧初压紧力</td><td>$Q_1=(0.85\sim0.90)Q_2$</td></tr>
<tr><td>牙面挤压应力</td><td>$\sigma_p=\dfrac{T_c}{100A_p R_m z_j}\leqslant\sigma_{pp}$</td></tr>
<tr><td></td><td></td></tr>
<tr><td rowspan="7">钢珠安全式</td><td>计算转矩</td><td>$T_c=\beta T_t$</td><td rowspan="7">T_c—计算转矩(N·cm)
z—钢珠数，一般$z=6\sim8$
p_{np}—钢珠许用正压力(N)，见表 15.2-84
β—安全系数，一般取$\beta=1.2\sim1.25$
R_m—工作面平均半径(cm)
ρ—工作面摩擦角(°)，一般取$\rho=5°\sim6°$
μ_1—滑键或钢珠的摩擦因数，$\mu_1=0.15\sim0.17$
α—工作面倾斜角(°)，直径相同的钢珠对钢珠，$\alpha=30°\sim50°$，通常取 45°；钢珠对牙，$\alpha=30°\sim45°$
T_t—需传递的转矩(N·cm)
d,l—见本表图中标注</td></tr>
<tr><td>弹簧终压紧力
端面钢珠(中心弹簧)</td><td>$Q_2=\dfrac{T_c}{R_m}\left[\tan(\alpha-\rho)-\dfrac{2R_m}{d}\mu_1\right]$</td></tr>
<tr><td>端面钢珠(分散弹簧)</td><td>$Q_2=\dfrac{T_c}{R_m z}[\tan(\alpha-\rho)-\mu_1]$</td></tr>
<tr><td>径向钢珠</td><td>$Q_2=\dfrac{T_c}{R_m z}\left[\left(1+\dfrac{3\mu_1 d}{\pi l}\tan(\alpha-\rho)\right)-\dfrac{3\mu_1}{\pi}\left(2+\dfrac{d}{l\tan\alpha}\right)\right]$</td></tr>
<tr><td>弹簧初压紧力</td><td>$Q_1=(0.85\sim0.90)Q_2$</td></tr>
<tr><td>钢珠数量</td><td>$Z=\dfrac{T_c\cos\rho}{p_{np}R_m\cos(\alpha-\rho)}$</td></tr>
<tr><td></td><td></td></tr>
<tr><td rowspan="3">多片式</td><td>计算转矩</td><td>$T_c=\beta T_t$</td><td rowspan="6">T_c—计算转矩(N·cm)
m—摩擦面对数，$m=i-1$(i为摩擦片数)
$[p]$—许用压强(N/cm^2)，见表 15.2-18
β—安全系数，一般取$\beta=1.2\sim1.25$
μ—摩擦因数，见表 15.2-18
R_m—平均摩擦半径(cm)，$R_m\approx\dfrac{R_1+R_2}{2}$
α—锥角(°)，一般取$\alpha=20°\sim30°$
b—摩擦面宽(cm)
T_t—需要传递的转矩(N·cm)</td></tr>
<tr><td>弹簧终压紧力</td><td>$Q=\dfrac{T_c}{R_m\mu m}$</td></tr>
<tr><td>摩擦面压强</td><td>$p=\dfrac{T_c}{2\pi R_m^2\mu mb}\leqslant[p]$</td></tr>
<tr><td rowspan="3">圆锥式</td><td>计算转矩</td><td>$T_c=\beta T_t$</td></tr>
<tr><td>弹簧终压力</td><td>$Q=\dfrac{T_c}{R_m\mu}(\sin\alpha-\mu\cos\alpha)$</td></tr>
<tr><td>摩擦面压强</td><td>$p=\dfrac{T_c}{2\pi R_m^2 b\mu}\leqslant[p]$</td></tr>
</table>

表 15.2-84　钢珠的许用正压力 p_{np}

钢珠直径 d_0/mm	11	12	14	16	20	24	28	32
p_{np}/N	160	180	200	220	280	340	400	500

9.2 销式安全离合器（见表 15.2-85）

表 15.2-85 销式安全离合器的结构型式和主要尺寸 （mm）

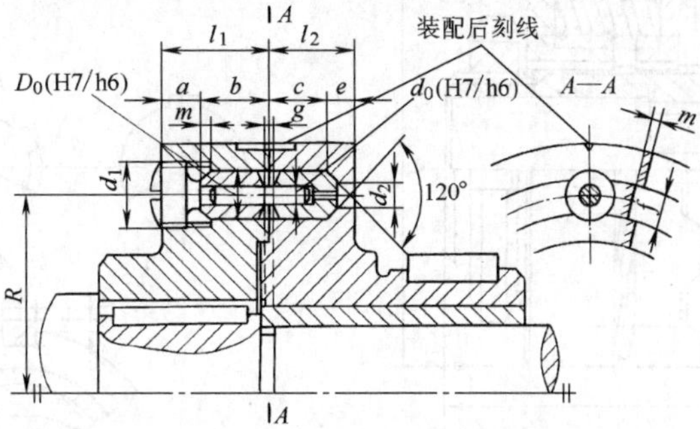

剪断力 /N	d_0 H7/h6	d_1	d_2	D_0 H7/h6	l_1	l_2	a	b	c	e	f	g	m
690	1.5	M16	5	10	22	16	10	12	11	5	8	1	1.5
1275	2.0												
2850	3.0	M20	8	15	30	25	12	18	17	8	10	1.5	2
5200	4.0												
8100	5.0												
11770	6.0	M30	12	25	50	45	22	28	26	19	16	2	2.5
20600	8.0												
32360	10												
55000	13.0	M48	18	40	75	64	33	42	39	25	28	3	3
83400	16.0												
130000	20.0												

9.3 牙嵌安全离合器（见表 15.2-86、表 15.2-87）

表 15.2-86 牙嵌安全离合器的结构型式和主要尺寸（1） （mm）

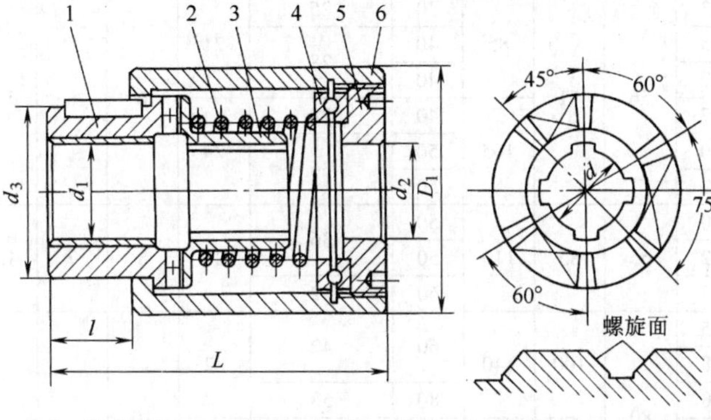

1、3—半离合器 2—弹簧 4—推力轴承 5—调节螺母 6—套杯

花键孔 $N\times d\times D\times b$	D_1	d_1	d_2	d_3	L	l	弹簧尺寸 $d\times D\times H$	轴承型号	螺旋面的螺距	极限转矩 /N·m
6×21×25×5	70	25	25	45	110	25	4×50×100	51107	125.6	6
										10
										13
6×26×32×6	80	30	30	50	120	30	5×55×100	51109	157	16
										20
										25
8×36×40×7	100	40	40	65	130	35	7×65×70	51111	196.2	32
										40
										50

表 15.2-87　牙嵌安全离合器的结构型式和主要尺寸（2）　　（mm）

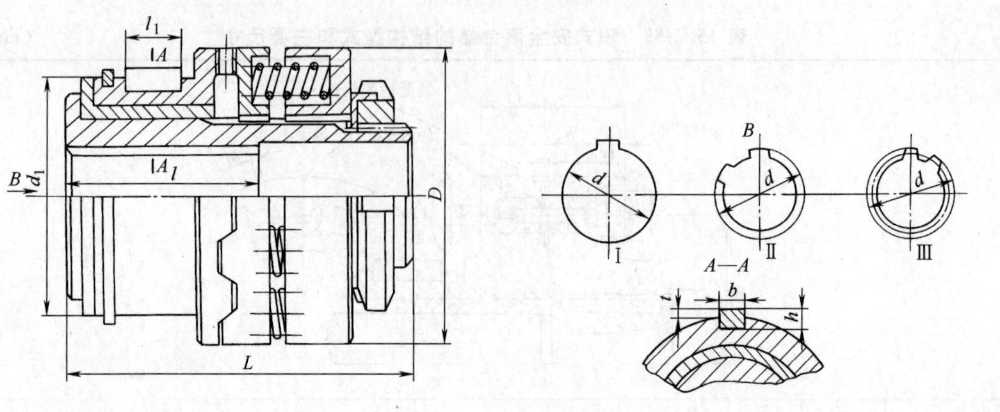

极限转矩 /N·m	dH7 Ⅰ型	dH7 Ⅱ型	dH7 Ⅲ型	d_1	D	L	l h14 Ⅰ型	l h14 Ⅱ型和Ⅲ型	l_1	b	h h11	t h12	最高转速 /r·min^{-1}	质量 /kg
4	8	—	—	32	36	63	20	—	12	3	3	1.8	1600	0.32
	9													
	10						23							
6.3	9	—	—	38	48		20	—	14	4	4	2.5	1250	0.50
	10						23							
	11						23							
10	11	—	—	48	56	75	23	—	16	5	5	3.0		0.86
	12	—	12				30	25						
	14	14	13				30							
16	12	—	12			80	30		18				1000	0.90
	14	14	13				30							
	16	16	15				40	28						
25	14	14	13	56	71	85	30	25	21	6	6	3.5	800	1.60
	16	16	15				40	28						
	18	—	17				40							
40	18	—	17			105	40	28	24					1.80
	20	20	20				50	36						
	22	22	22				50							
63	20	20	20	65	85	110	50	36	28	8	7	4.0	630	2.50
	22	22	22				50							
	25	25	25				60	42						
100	25	25	25	80	100	140	60	42	32	10	8	5.0	500	5.00
	28	28	28											
	—	—	30				80	58						
160	28	28	28		125	160	60	42	36					7.50
	—	—	30				80	58						
	32	32	32											
250	32	32	32	90	140	180	80	58	42	12			400	10.00
	36	—	35											
	—	38	38											
	40	—	40				110	82						
400	—	38	38	105	180	190	80	58	48	14	9	5.5	315	16.00
	40	—	40				110	82						
	—	42	42											
	45	—	45											

9.4　钢球安全离合器（见表 15.2-88）

表 15.2-88　钢球安全离合器的结构型式、主要尺寸和特性参数　　（mm）

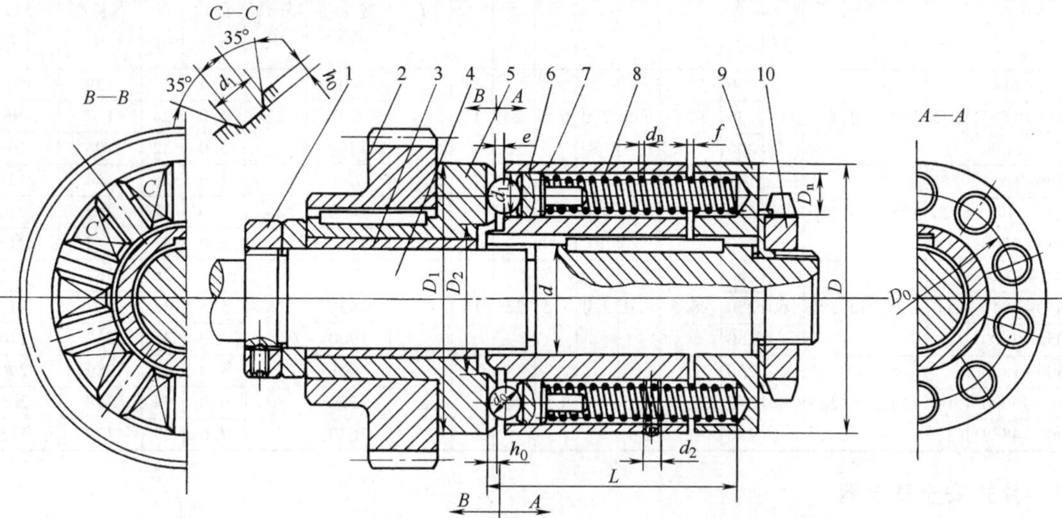

1、10—螺母　2—齿轮　3—轴套　4—轴　5—套筒（半离合器）　6—支承座
7—壳体（半离合器）　8—弹簧　9—弹簧座圈

极限转矩 /N·m	D	D_0	D_1	D_2	d	L	d_1	h_0	e	f	钢球 直径 d_0	钢球 个数 z	螺钉 d_2	弹簧 一个弹簧压缩力/N	弹簧 外径 D_n	弹簧 钢丝直径 d_n	弹簧 圈数 n	弹簧 自由状态长度 H	弹簧 压缩状态长度 H_1
13～14						70								70		1.5	33	80	55
23～32	65	50	60	40	32	70	11.5	3.0	1.0	3.0	11	8	M6	170	10	2.0	26	68	54
46～64						110								360		2.5	36	108	94
24～30						75								137		2.0	27	80	57
33～57	75	58	70	46	36	75	13.5	3.5	1.0	4.0	13	8		280	12	2.5	22	70	57
65～104						120							M6	526		3.0	32	115	101
25～29						95								106		2.0	34	119	73
56～86	85	65	78	52	40	95	16.5	4.5	1.5	4.5	16	8		394	15	3.0	23	90	72
89～141						120								650		3.5	27	113	97
50～63						95								214		2.5	28	100	72
67～103	100	78	92	65	48	95	16.5	4.5	1.5	4.5	16	8		394	15	3.0	23	90	72
107～170						120								650		3.5	27	113	97
59～68						100								167		2.5	28	121	72
108～186	115	88	105	72	55	100	20.5	5.5	1.5	5.5	20	9		400	19	3.5	20	93	72
157～248						120								754		4.0	23	112	92
114～144						100								300		3.0	23	104	72
140～215	130	102	120	85	68	110	20.5	5.5	1.5	5.5	20	10	M8	490	19	3.5	20	93	72
202～320						125								754		4.0	24	118	96
192～236						130								410		3.5	27	139	91
253～340	150	118	140	100	80	130	24.5	6.5	2.0	6.5	24	10		630	22	4.0	24	127	96
512～695						200								1300		5.0	32	196	166
266～326						130								410		3.5	27	139	97
350～472	170	136	155	115	95	130	24.5	6.5	2.0	6.5	24	12		630	22	4.0	24	127	96
710～965						200								1300		5.0	32	169	166

（续）

极限转矩 /N·m	D	D_0	D_1	D_2	d	L	d_1	h_0	e	f	钢球 直径 d_0	钢球 个数 z	螺钉 d_2	弹簧 一个弹簧压缩力/N	弹簧 弹簧外径 D_n	弹簧 钢丝直径 d_n	弹簧 圈数 n	弹簧 自由状态长度 H	弹簧 压缩状态长度 H_1
311~384						130								410		3.5	27	139	97
411~554	195	160	180	140	115	130	24.5	6.5	2.0	6.5	24	12		630	22	4.0	24	127	96
834~1138						200								1300		5.0	32	196	166
560~665						160							M10	750		4.0	26	164	121
836~1175	225	185	210	150	135	160	28.5	8.0	2.0	7.5	28	14		1430	26	5.0	38	257	210
1641~2200						250								1900		6.0	35	247	210
840~1060						160								750		4.5	26	164	121
1650~1940	260	216	240	195	160	250	28.5	8.0	2.0	7.5	28	14		1430	26	5.5	38	257	210
2055~2600						250								1900		6.0	35	247	210
1600~1800						250							M12	880		5.0	41	289	206
2480~3000	300	250	275	225	190	250	33.0	9.0	3.0	8.0	32	15		1590	30	6.0	34	258	205
3900~4880						320								2630		7.0	39	322	275

9.5 片式安全离合器

9.5.1 干式离合器（见表15.2-89~表15.2-91）

表15.2-89 干式单片圆片安全离合器的结构型式、主要尺寸和特性参数 （mm）

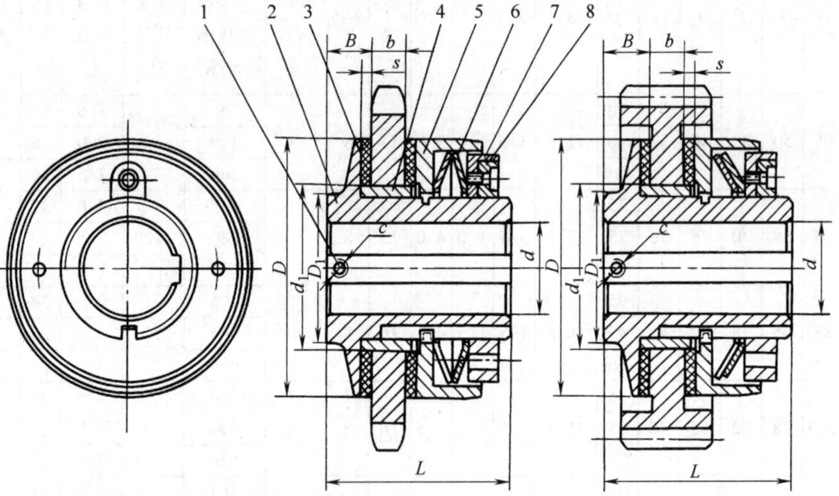

a) Ⅰ型　　b) Ⅱ型

1—固定螺钉　2—轴套　3—摩擦衬面层　4—衬套　5—加压盘　6—碟形弹簧　7—调节螺母　8—锁紧块

极限转矩/N·m Ⅰ型	极限转矩/N·m Ⅱ型	D	b	d_1	B	D_1	d	c	L	s	质量 /kg	弹簧力/N Ⅰ型	弹簧力/N Ⅱ型
25	50	68	3~10	44	17	45	10~25	M5	52	3	0.86	1270	2540
50	100	88	4~12	58	19	58	14~35	M5	57	3	1.60	1950	3900
100	200	115	5~15	72	21	75	18~45	M6	68	4	3.14	3050	6100
200	400	140	6~18	85	23	90	24~55	M6	78	4	5.37	5100	10200
350	700	170	8~20	98	29	102	28~65	M8	92	5	9.00	7500	15000
600	1200	200	8~23	116	31	120	38~80	M8	102	5	12.42	10500	21000
1000	2000	240	8~25	144	33	150	48~100	M10	113	5	21.17	15000	30000
1700	3400	285	8~25	170	35	180	58~120	M10	115	5	30.67	21000	42000

表 15.2-90 干式单片安全离合器的结构型式、主要尺寸和特性参数 (mm)

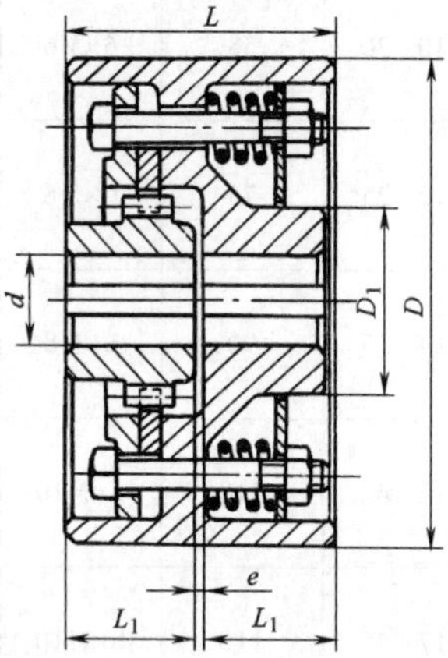

序号	传递功率①/kW	最高转速/r·min⁻¹	d	D_1	D	L	L_1	e	许用位移 角向	许用位移 径向	计用轴向浮动间隙	质量/kg
1	0.13	5600	10~25	48	100	70	32	1.5				2.3
2	0.26	4500	12~25	48	125	80	35	3.3				3.6
3	0.52	3800	15~40	70	150	90	40	3.3				5.9
4	1.34	2800	15~45	82	200	100	48	3.3				9.5
5	2.40	2500	20~50	95	225	125	55	3.3				17.2
6	3.0	2300	25~65	120	250	125	65	3.3				27.2
7	6.0	1900	40~75	140	300	140	75	3.3	0.1°	0.13	0.25	41.3
8	10.5	1700	40~90	165	350	160	90	3.3				60.0
9	15.0	1450	50~100	190	400	185	100	5				94.4
10	22.4	1300	60~115	205	450	185	120	5				144.3
11	41	1200	65~130	242	525	230	140	6.4				197.8
12	56	950	75~150	292	600	255	170	6.4				255.4
13	82	850	75~180	318	675	285	190	6.4				482.7

① 表值为 100r/min 时的功率。

表 15.2-91 干式多片安全离合器的结构型式、主要尺寸和极限转矩 (mm)

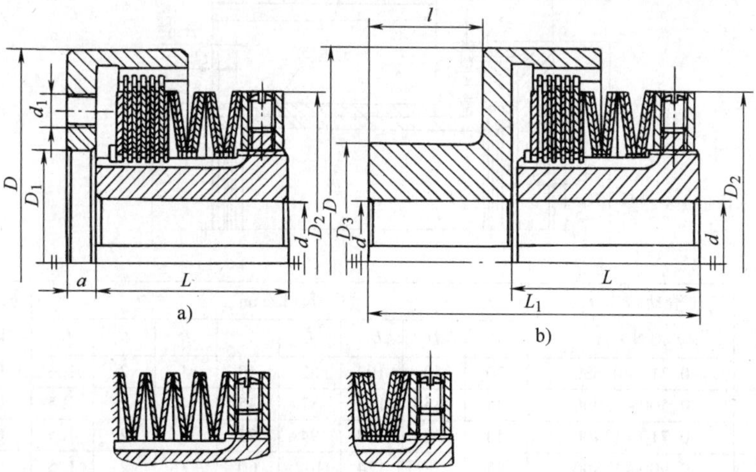

a) b) c) d)

（续）

极限转矩/N·m	D	D_1	d	D_2	d_1	a	D_3	L	L_1	l
25 40 63	70	45	10~20	58	6×M6	6	60	40	90	45
40 63 100	90	55	12~25	75	6×M8	8	80	55	125	60
63 100 160	100	65	14~35	90	6×M8	8	90	55	125	60
100 160 250	125	75	17~45	110	8×M10	10	110	60	140	70
160 250 400	135	75	17~45	110	8×M10	10	110	65	150	75
250 400 630	150	95	22~55	120	8×M12	12	125	75	180	95
400 630 1000	170	110	28~65	155	8×M12	12	140	85	200	100
630 1000	195	125	33~70	165	8×M16	15	150	95	220	110
1000 1600 2500	210	140	38~60	180	8×M16	15	170	110	260	135

9.5.2　液压安全联轴器（离合器）

（1）结构型式、基本参数和主要尺寸（见表 15.2-92~表 15.2-95）

（2）选择计算

AYL 型液压安全联轴器的选用说明：

表 15.2-92　AYL（DZ 型）型低速轴连接式液压安全联轴器的结构型式、基本参数和主要尺寸（摘自 JB/T 7355—2007）

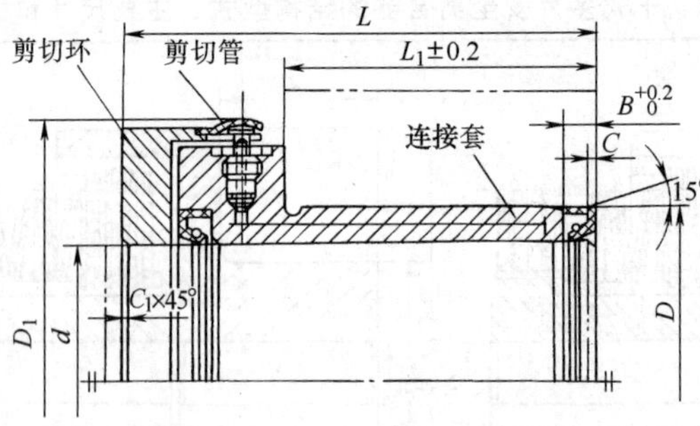

型　号	滑动转矩 T_d /kN·m	尺寸/mm								转动惯量 J /kg·m²	质量 /kg
		d	D	D_1	L	L_1	B	C	C_1		
AYL30DZ	0.315~0.630	30	40	107	82	40	4	2	1.5	0.002	2.2
AYL35DZ	0.500~1.000	35	45	112	87	45	4	2	1.5	0.006	2.4
AYL40DZ	0.710~1.400	40	52	118	94	52	5	2	1.5	0.004	2.8
AYL45DZ	0.900~1.800	45	58	124	102	60	7	2	1.5	0.005	3.1
AYL50DZ	1.25~2.50	50	65	130	109	65	8	2	1.5	0.007	3.6

（续）

型 号	滑动转矩 T_d /kN·m	尺寸/mm								转动惯量 J /kg·m²	质量 /kg
		d	D	D_1	L	L_1	B	C	C_1		
AYL60DZ	2.00~4.00	60	75	140	117	73	8	2	1.5	0.009	4.2
AYL70DZ	3.55~7.10	70	90	152	130	82	8	2	1.5	0.016	5.8
AYL80DZ	4.5~9.0	80	100	162	146	98	8	2	1.5	0.021	6.6
AYL90DZ	5.6~11.2	90	110	173	158	110	8	2	1.5	0.029	7.7
AYL100DZ	9.0~18.0	100	125	186	180	120	12	3	2	0.050	11.1
AYL110DZ	11.2~22.4	110	140	200	179	121	12	3	2	0.071	13.3
AYL120DZ	14.0~28.0	120	150	209	205	145	12	3	2	0.093	15.6
AYL130DZ	18.0~35.5	130	160	219	214	156	12	3	2	0.112	16.8
AYL140DZ	22.4~45	140	170	229	225	165	13	3	2	0.140	18.7
AYL150DZ	25~50	150	180	239	235	175	13	3	2.5	0.169	20.4
AYL160DZ	40~80	160	200	252	260	195	15	4	2.5	0.263	28.1
AYL170DZ	45~90	170	210	262	256	191	15	4	2.5	0.302	29.1
AYL180DZ	56~112	180	225	275	256	191	15	4	2.5	0.386	33.5
AYL190DZ	71~140	190	240	288	302	236	15	4	2.5	0.563	44.4
AYL200DZ	80~160	200	250	298	302	236	15	4	2.5	0.641	46.4
AYL220DZ	100~200	220	270	318	302	236	15	4	2.5	0.818	50.4

注：表中的滑动转矩是当环境温度为0℃以上时的值。若环境温度低于0℃时，滑动转矩应适当降低，温度每降低1℃，滑动转矩降低1.5%。

表 15.2-93 AYL（GZ型）型高速轴连接式液压安全联轴器的结构型式、基本参数和主要尺寸（摘自JB/T 7355—2007）

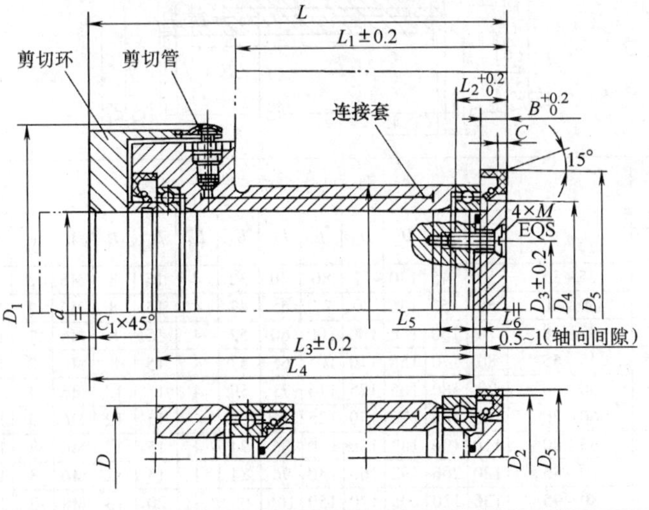

型 号	滑动转矩 T_d /kN·m	尺寸/mm																		转动惯量 J/ kg·m²	质量 /kg
		d	D	D_1	D_2	D_3	D_4	D_5	L	L_1	L_2	L_3	L_4	L_5	L_6	B	M	C	C_1		
AYL60GZ	2.00~4.00	60	75	140	78	40	70	90	137	83	18	106	128	13	1	8	M6	2	1.5	0.014	5.4
AYL70GZ	3.55~7.10	70	90	152	90	50	80	100	150	92	18	115.5	140.5	13	1.5	8	M6	2	1.5	0.022	6.9
AYL80GZ	4.5~9.0	80	100	162	100	50	90	110	166	108	18	131.5	156.5	13	1.5	8	M6	2	1.5	0.031	8.3
AYL90GZ	5.6~11.2	90	110	173	115	65	100	125	184	123	25	145	170	18	2	12	M8	3	1.5	0.042	9.9
AYL100GZ	9.0~18.0	100	125	186	125	70	110	140	206	133	25	156	191	18	3	12	M8	3	1.5	0.065	12.9
AYL110GZ	11.2~22.4	110	140	200	140	80	120	150	208	137	28	167	193	18	3	12	M8	3	2	0.093	15.7
AYL120GZ	14.0~28.0	120	150	209	150	90	130	160	237	161	28	189	221	18	3	12	M8	3	2	0.121	18.3

（续）

型　　号	滑动转矩 T_d /kN·m	尺寸/mm																		转动惯量 J/ kg·m²	质量 /kg
		d	D	D_1	D_2	D_3	D_4	D_5	L	L_1	L_2	L_3	L_4	L_5	L_6	B	M	C	C_1		
AYL130GZ	18.0~35.5	130	160	219	165	100	140	170	250	174	31	201	234	18	3	13	M8	3	2	0.149	20.3
AYL140GZ	22.4~45.0	140	170	229	175	105	150	180	261	183	31	212	245	23	3	13	M10	3	2	0.185	22.7
AYL150GZ	25~50	150	180	239	190	115	160	190	275	195	35	222	257	23	3	15	M10	3	2	0.230	25.6
AYL160GZ	40~80	160	200	252	200	120	170	200	300	215	35	247	282	23	3	15	M10	3	2.5	0.341	32.7
AYL170GZ	45~90	170	210	262	215	130	180	215	300	213	37	247	282	23	3	15	M10	4	2.5	0.395	34.6
AYL180GZ	56~112	180	225	275	225	135	190	225	300	213	37	247	282	23	3	15	M10	4	2.5	0.500	38.7
AYL190GZ	71~140	190	240	288	240	145	200	250	350	260	39	297	332	23	3	15	M10	4	2.5	0.723	50.3
AYL200GZ	80~160	200	250	298	250	150	220	250	350	260	39	297	332	23	3	15	M10	4	2.5	0.833	53.6
AYL220GZ	100~200	220	270	320	270	175	240	270	350	260	39	297	332	23	3	15	M10	4	2.5	1.070	59.4

注：表中的滑动转矩是当环境温度为 0℃以上时的值。若环境温度低于 0℃时，滑动转矩应适当降低，温度每降低 1℃，滑动转矩降低 1.5%。

表 15.2-94　AYL（DJ 型）型低速键连接式液压安全联轴器的结构型式、基本参数和主要尺寸（摘自 JB/T 7355—2007）

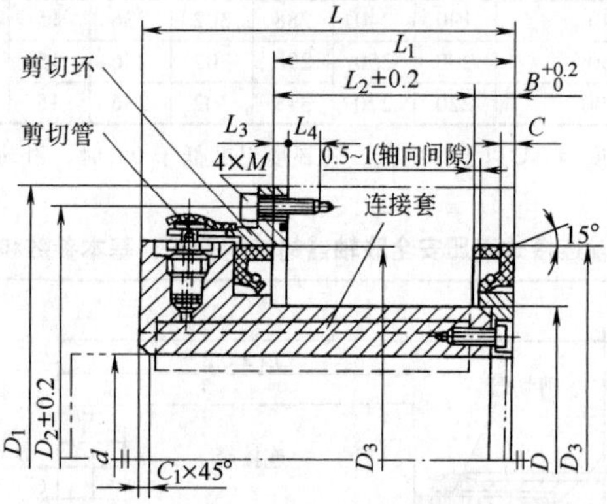

型　　号	滑动转矩 T_d /kN·m	尺寸/mm														转动惯量 J /kg·m²	质量 /kg
		d	D	D_1	D_2	D_3	L	L_1	L_2	L_3	L_4	B	M	C	C_1		
AYL35DJ	0.63~1.25	25~35	52	145	130	72	80	40	32	4	15	8	M6	2	1.5	0.008	5.4
AYL40DJ	1.12~2.24	30~40	60	150	136	90	95	55	47	4	15	8	M6	2	1.5	0.010	6.7
AYL48DJ	1.60~3.15	38~48	70	160	146	100	100	60	52	4	15	8	M6	2	1.5	0.013	7.9
AYL55DJ	2.24~4.50	45~55	80	170	155	110	105	65	57	4	15	8	M6	2	1.5	0.017	8.9
AYL60DJ	3.15~6.30	50~60	90	180	165	125	115	71	59	4	15	12	M6	3	1.5	0.024	11
AYL70DJ	4.5~9.0	60~70	100	186	172	140	125	81	69	4	15	12	M6	3	1.5	0.034	14
AYL80DJ	5.6~11.2	65~80	110	196	182	150	130	86	74	4	15	12	M6	3	1.5	0.046	16
AYL85DJ	8.0~16.0	70~85	120	206	192	160	140	96	84	4	15	12	M6	3	1.5	0.059	18
AYL95DJ	10~20	80~95	130	220	205	170	150	106	93	4	20	13	M8	3	1.5	0.080	20
AYL100DJ	11.2~22.4	85~100	140	230	215	180	160	116	103	4	20	13	M8	3	2	0.100	23
AYL110DJ	14.0~28.0	95~110	150	235	220	185	170	128	113	4	20	15	M8	3	2	0.103	25
AYL120DJ	18.0~35.5	100~120	160	245	230	190	180	139	124	4	20	15	M8	4	2	0.160	29
AYL130DJ	25.0~50.0	115~130	180	265	250	220	190	146	131	4	20	15	M8	4	2.5	0.220	35
AYL150DJ	35.5~71.0	130~150	200	285	270	240	200	153	138	4	20	15	M8	4	2.5	0.360	44
AYL170DJ	50~100	140~170	220	300	285	260	230	183	168	4	20	15	M8	4	2.5	0.550	58
AYL190DJ	71~140	160~190	250	330	315	290	250	202	185	4	20	17	M8	4	2.5	0.880	74
AYL200DJ	100~200	180~200	280	360	345	320	270	222	205	4	20	17	M8	4	2.5	1.530	101

注：1. 表中的滑动转矩是当环境温度为 0℃以上时的值。若环境温度低于 0℃时，滑动转矩应适当降低，温度每降低 1℃，滑动转矩降低 1.5%。

2. 轴孔直径 d 按 GB/T 3852 的规定，键槽形式选取 A 型。

3. 表中给出的质量及转动惯量均为最小轴孔计算的近似值。

表 15.2-95 AYL（GJ型）型高速键连接式液压安全联轴器的结构型式、基本参数和主要尺寸（摘自 JB/T 7355—2007）

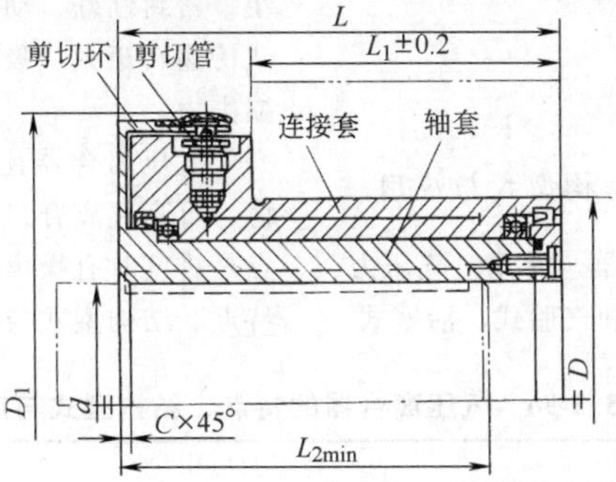

型 号	滑动转矩 T_d /kN·m	尺寸/mm							转动惯量 J /kg·m²	质量 /kg
		d	D	D_1	L	L_1	L_{2min}	C		
AYL50GJ	1.40~3.55	40~50	85	145	105	67	80	1.5	0.013	6.5
AYL60GJ	2.8~5.6	50~60	100	157	110	71	85	1.5	0.017	8.5
AYL70GJ	4.0~8.0	60~70	115	172	125	83	105	1.5	0.030	11.5
AYL80GJ	7.1~14.0	70~80	130	185	140	98	120	1.5	0.048	15.2
AYL90GJ	10.0~20.0	80~90	145	206	160	113	130	2	0.080	20.6
AYL100GJ	12.5~25.0	90~100	160	218	175	122	140	2	0.125	26.8
AYL110GJ	16.0~35.5	100~110	175	234	190	137	145	2	0.182	32.9
AYL120GJ	22.4~45.0	110~120	190	245	200	146	155	2	0.257	39.7
AYL130GJ	28~56	120~130	205	255	220	164	165	2	0.366	49.2
AYL140GJ	40~80	130~140	225	272	230	173	180	2	0.541	61.3
AYL150GJ	45~90	140~150	240	286	260	193	195	2.5	0.794	78.9
AYL160GJ	56~112	150~160	255	300	285	218	210	2.5	1.067	94.7
AYL180GJ	71~160	160~180	280	346	300	233	235	2.5	1.665	123.2

注：1. 表中的滑动转矩是当环境温度为0℃以上时的值。若环境温度低于0℃时，滑动转矩应适当降低，温度每降低1℃，滑动转矩降低1.5%。

2. 轴孔直径 d 按 GB/T 3852 的规定，键槽形式选取 A 型。

3. 表中给出的质量及转动惯量为最小轴孔计算的近似值。

1）选用时应考虑计算转矩 T_c、载荷情况、轴伸直径及工作转速等因素，计算转矩 T_c

$$T_c = 1.2T_{max} \leqslant T_d \qquad (15.2\text{-}19)$$

式中 T_{max}——允许的最大工作转矩；

T_d——安全联轴器的滑动转矩，见表 15.2-92~表 15.2-95。

2）校核径向力。当用于与齿轮、链条和带轮连接时，联轴器（离合器）还存在径向力，此时理论转矩 T 应满足如下条件，否则应选用较大规格或高速式 AYL 型联轴器：

$$T = 9.55\frac{P_w}{n} \leqslant 2.9\times10^{-6}d^2d_0 \quad (15.2\text{-}20)$$

式中 T——理论转矩（kN·m）；

P_w——驱动功率（kW）；

n——工作转速（r/min）；

d——轴直径（mm）；

d_0——传动件的分度圆或基准直径（mm）。

3）校核单位面积压力、工作时间和滑动速度。

① 滑动面单位面积压力 p（MPa）。

DZ 型：$p=F_t/(1.2d^2)\leqslant 1$MPa

DJ 型：$p=F_t/(0.9Ld)\leqslant 1$MPa

式中 F_t——松脱后的径向力（N）；

L——滑动面接触长度（mm）；

d——滑动面轴径（mm）。

② 松脱后的允许最大工作时间 t_{max}（min）。

$$t_{max} = \frac{3000d^2}{F_t n} \qquad (15.2\text{-}21)$$

③ 滑动速度 v：

$$v = 5.2\times10^{-5}dn \leqslant 1.5\text{m/s} \quad (15.2\text{-}22)$$

④ 当需承受轴向力、径向力、弯矩或滑动速度 $v>1.5$m/s 时，应选用高速式安全联轴器。

⑤ 与安全联轴器连接在一起的轴，其材料的屈服强度 $R_{eL}\geqslant 300$MPa。

⑥ 与安全联轴器连接在一起的轮毂，其外径 d_a 与内径 d_1 之比应不低于下列数值，否则应校核其强度。

轮毂材料	合金钢	球墨铸铁	灰铸铁	铝
直径比 d_a/d_1	1.5	1.8	2.0	2.4

10　气压离合器和液压离合器

10.1　气压离合器

10.1.1　气压离合器的特点、结构型式与应用

这是一种利用气压操纵的离合器。常用空气压力为 0.4~1MPa，有活塞式、隔膜式和气胎式。活塞式加压行程大，补偿磨损容易；隔膜式结构紧凑，质量小，密封性好，动作灵敏，但行程短，寿命短；气胎式传递转矩大，吸振性好，但气胎变形阻力大，气压损失大。

气压离合器比液压离合器接合速度快，接合平稳，可高频离合，自动补偿磨损间隙，维护方便。缺点是排气时有噪声，需有压缩空气源。气压离合器的特点、结构型式与应用见表 15.2-96。

表 15.2-96　气压离合器的特点、结构型式与应用

型号	特点及应用
气胎式	结合元件有摩擦片、摩擦块和摩擦锥片，常用材料为石棉或粉末冶金，一般为干式。传递转矩大，接合平稳，便于安装，能补偿主、从动轴之间的少量角位移和径向位移。允许径向位移 3mm，轴向位移 15mm，角位移在 1m 长度上为 2mm。结构紧凑，密封性好，从动件转动惯性小，使用寿命长，气胎变形阻力大，材料成本高。使用温度高于 60℃，会降低气胎寿命；低于-20℃，气胎易变脆破裂。禁止用于油污场合
活塞缸式	活塞缸式气动离合器传动转矩大，使用寿命长，接合平稳，多制成大型离合器，但制造比较复杂，成本较高，质量较大，为防止接合元件的烧蚀和变形，设有良好的散热孔。功率大的要采用通风结构，工作负载大的还可以采用强制水冷却。活塞缸分整圆和环形两种，一般采用 0.4~0.6MPa 的气压；对于大型离合器，为了减小尺寸和质量，可以采用 0.75~0.85MPa 气压。活塞缸式气动离合器在锻压机上应用较多，其他如钻机、造纸机上也有应用
隔膜式	隔膜式活塞重量轻，转动惯量小，动作灵敏，接合与脱开时间短，密封性好，空气消耗量小，离合器轴向尺寸缩短。膜片用化纤夹层橡胶制成，有弹性，能自动补偿不规则磨损和轴向跳动，可防振动冲击。膜片制造简单，更换方便，调节容易，缺点是压紧行程受一定的限制，膜片寿命短

10.1.2　气压离合器的计算（见表 15.2-97）

表 15.2-97　气压离合器的计算

活塞缸式、隔膜式

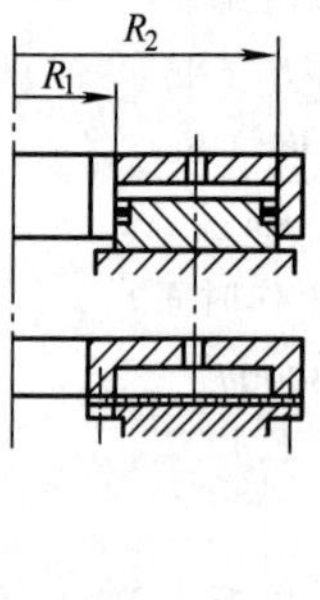

气胎式

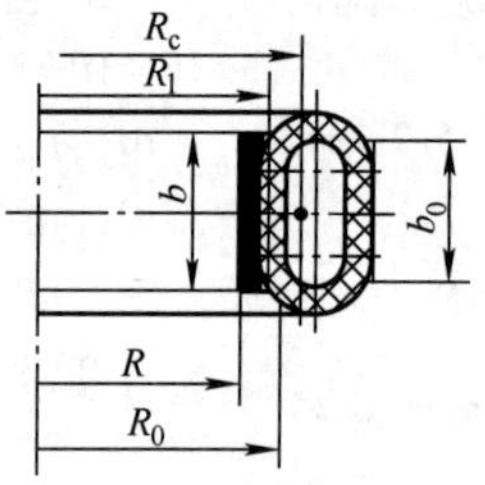

a) 径向气胎

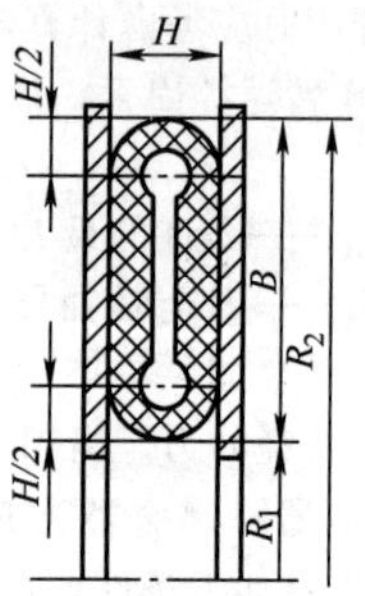

b) 轴向气胎

R_0—气胎内表面半径，各图中尺寸单位均为 cm

型式	计算项目	计 算 公 式	单位	说　明
活塞缸式、隔膜式	气缸压紧力	$Q_g=\pi(p_g-\Delta p)(R_2^2-R_1^2)\times100\geqslant Q$ 当 $R_1=0$ 时为整圆缸	N	p_g—空气工作压力(MPa)，一般取 $p_g=0.4\sim0.6$MPa Δp—压力损失(MPa)，一般取 $\Delta p=0.03\sim0.07$MPa Q—传递计算转矩 T_c 时，接合元件需要的压紧力(N) R_1—气缸内半径(cm) R_2—气缸外半径(cm)

（续）

型式		计算项目	计算公式	单位	说明
气胎式	径向气胎式	许用传递转矩	$T_p=(Q-F_e)\mu R\geqslant T_c$ $Q=2\pi R_0b_0(p_g-\Delta p)\times100$ $F_e=1.1\times10^{-4}G_eR_en^2$	N·cm N N	Q—气胎内腔充气压力作用在瓦块上的力(N) F_e—作用于瓦块上的离心力(N) μ—摩擦因数,见表15.2-18 b_0—气胎内宽度(cm),$b_0\approx b$ b—闸瓦宽度(cm),一般取$b=(0.4\sim0.7)R$ p_g—空气工作压力(MPa),一般取$p_g=0.6\sim0.8$MPa Δp—压力损失(MPa) G_e—气胎闸瓦等部分的质量(kg) R_e—气胎闸瓦等部分质心处半径(cm) $[p]$—许用压强(N/cm²),见表15.2-18 n—气胎转速(r/min) τ_p—气胎材料许用切应力(N/cm²),$\tau_p=30\sim50$N/cm²
		摩擦面压强	$p=\dfrac{T_c\times100}{2\pi R^2b\mu}\leqslant[p]$	N/cm²	
		由气胎强度条件确定许用传递转矩	$T_p=2\pi b_0R_1^2\tau_p\geqslant T_c$	N·cm	
	轴向气胎式	气胎压紧力	$Q_g=25\pi(p_g-\Delta p)[(2R_2-H)^2-(2R_1+H)^2]-cz(h+\delta)\geqslant Q$	N	H—气胎厚度(cm) c—复位弹簧刚度(N/cm) z—复位弹簧数量 h—复位弹簧顶压高度(cm) δ—摩擦片总间隙(cm) Q—接合所需压紧力(N) 其余同径向气胎

注：1. 气压离合器的接合元件计算与摩擦式离合器相同，见表15.2-21。

2. 气胎材料一般由耐油橡胶和尼龙或人造丝组合而成。气胎内腔表面覆有一层弹性橡胶，以保证有良好的密封性能；中间橡胶用尼龙等帘子线加强，外壳为橡胶层，用于保护中间层。

10.1.3 活塞缸气压离合器（见表15.2-98~表15.2-100）

表15.2-98 活塞缸气压离合器的结构型式、主要尺寸和特性参数 （mm）

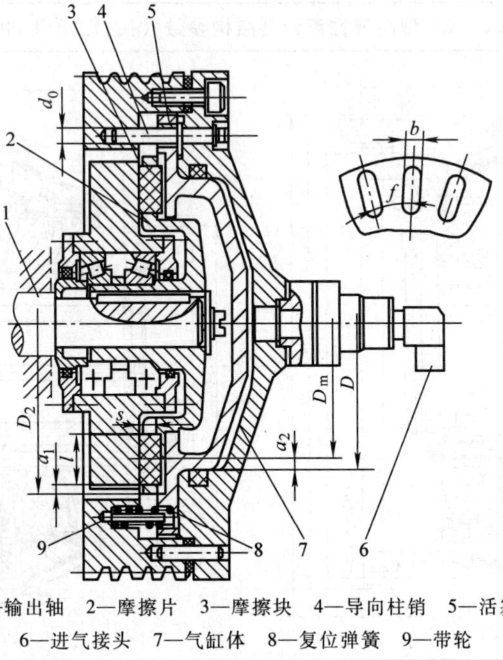

1—输出轴 2—摩擦片 3—摩擦块 4—导向柱销 5—活塞
6—进气接头 7—气缸体 8—复位弹簧 9—带轮

（续）

D_m	许用转矩 $[T]$ /N·m	D	D_2	摩擦块 长度 l	摩擦块 宽度 b	摩擦块 数量 z	s	f	a_1	a_2	导柱 直径 d_0	导柱 数量 n	空气压强 p /MPa	摩擦因数 μ
460	16000	520	585	105	40	20	20	21.4	9.8	30	25	8		
555	25000	590	680	105	40	25	20	21.1	9.8	17.5	30	8		
615	40000	700	825	175	70	15	28	42.8	20.5	42.5	40	6		
715	63000	810	910	175	70	19	28	29.9	14.8	47.5	40	8		
1155	280000	1370	1360	175	70	32	28	32.5	14.8	107.5	55	12	0.55	0.35
1570	720000	1800	1850	240	90	40	35	48.5	19.7	115	65	12		
1930	1250000	2160	2220	240	90	32	38	49.3	24.7	115	80	16		
2086	1600000	2300	2360	240	90	41	38	45.6	24.7	107	85	26		

表 15.2-99 LT 型高弹性离合器性能参数（摘自 GB/T 6073—2010）

型号	橡胶弹性环对数	公称转矩 T_n /N·m	功率 P/转速 n /[kW/(r·min^{-1})]	瞬时最大转矩 T_{max} /N·m	许用变动转矩 T_v /N·m	最大允许速度 n_{max} /r·min^{-1}	静态扭转角 T_n 时 φ_n /(°)	静态扭转角 T_{max} 时 φ_{max} /(°)	动刚度 C_d /N·m·rad^{-1}	使用时允许补偿量 轴向 ΔX /mm	使用时允许补偿量 径向 ΔY /mm	使用时允许补偿量 角向 $\Delta\alpha$ /(°)
LT7	1（表 15.2-100 中图 a）	710	0.074	1775	±177.5	3800	10	25	0.00468×10^6	0.7	1.2	0.3
LT11		1120	0.117	2800	±280	3700	10	25	0.00738×10^6	0.7	1.4	0.3
LT18		1800	0.188	4500	±450	3100	10	25	0.01186×10^6	0.8	1.5	0.3
LT28		2800	0.293	7000	±700	2900	10	25	0.01845×10^6	0.9	1.7	0.3
LT40		4000	0.419	10000	±1000	2600	10	25	0.02636×10^6	1.0	1.8	0.3
LT56	2（表 15.2-100 中图 b）	5600	0.586	14000	±1400	2700	10	25	0.03690×10^6	1.1	2.0	0.3
LT80		8000	0.838	20000	±2000	2500	10	25	0.05272×10^6	1.2	2.2	0.3
LT110		11200	1.173	28000	±2800	2300	10	25	0.07379×10^6	1.3	2.4	0.3
LT160		16000	1.675	40000	±4000	2100	10	25	0.010543×10^6	1.4	2.6	0.3
LT220		22400	2.346	56000	±5600	1800	10	25	0.14759×10^6	1.6	3.0	0.3
LT320		31500	3.298	78750	±7875	1700	10	25	0.19769×10^6	1.8	3.4	0.3
LT360		35500	3.717	88750	±8875	1600	10	25	0.23720×10^6	2.0	3.7	0.3
LT500		50000	5.236	125000	±12500	1400	10	25	0.32945×10^6	2.2	4.0	0.3
LT630		63000	6.597	157500	±15750	1300	10	25	0.41511×10^6	2.4	4.4	0.3
LT800		80000	8.377	200000	±20000	1200	10	25	0.52712×10^6	2.6	4.8	0.3
LT1120		112000	11.728	280000	±28000	1100	10	25	0.73798×10^6	2.8	5.2	0.3
LT1400		140000	14.660	350000	±35000	1000	10	25	0.93564×10^6	3.0	5.6	0.3
LT1800		180000	18.848	450000	±45000	950	10	25	1.31780×10^6	3.2	6.0	0.3

表 15.2-100 LT 型高弹性离合器结构参数（摘自 GB/T 6073—2010）

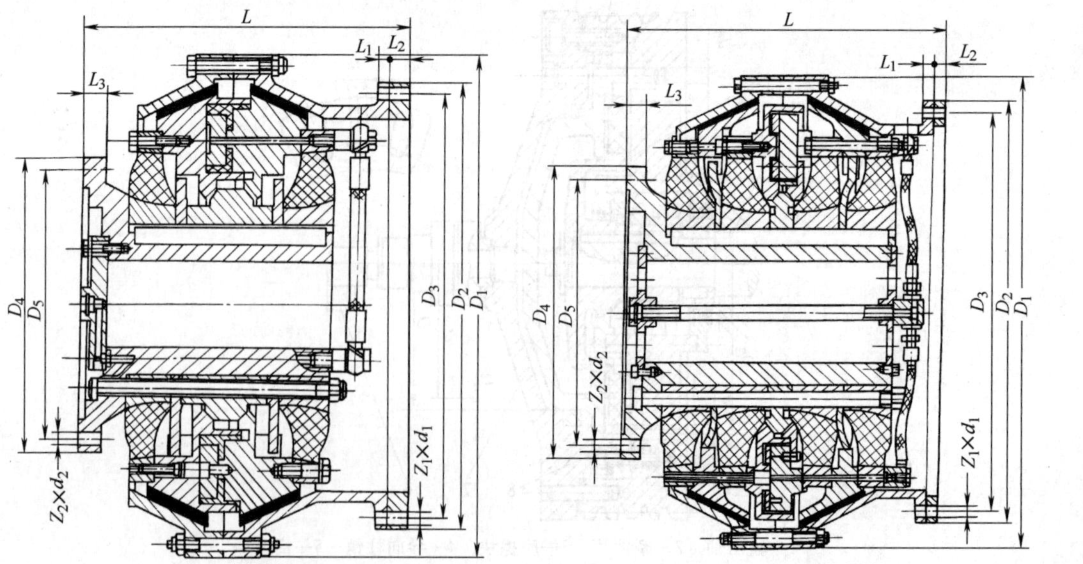

a) 一对弹性环　　b) 两对弹性环

（续）

型号	主要尺寸/mm													转动惯量 J/kg·m²			质量/kg		
	D_1	D_2	D_3	D_4	D_5	L	L_1	L_2	L_3	d_1	d_2	Z_1	Z_2	外转动件	内转动件	总体	外转动件	内转动件	总体
												个		J_1	J_2	J	W_1	W_2	W
LT7	355	330	305	220	200	260	10	15	18	12	11	12	12	0.53	0.42	0.95	20	50	70
LT11	395	355	330	230	210	275	10	15	20	12	13	12	12	0.75	0.68	1.43	23	63	86
LT18	455	405	385	270	245	315	10	20	20	12	13	12	12	1.66	1.77	3.43	39	105	144
LT28	510	480	450	320	290	350	12	20	22	12	13	12	12	2.28	2.85	5.13	41	120	161
LT40	565	500	475	355	315	365	12	20	22	14	17	12	12	4.41	4.18	8.59	55	175	230
LT56	530	470	440	320	290	420	16	20	28	18	17	16	16	3.02	4.10	7.12	52	204	256
LT80	575	500	475	355	315	440	16	25	28	18	17	16	16	4.49	5.38	9.87	64	223	287
LT110	630	560	535	380	350	485	16	25	28	16	21	16	12	8.61	8.59	17.20	99	276	375
LT160	710	640	605	445	410	530	16	25	28	18	21	12	12	12.9	21.3	34.2	118	491	609
LT220	790	740	700	480	440	570	18	24	35	18	21	24	16	16.9	27.07	43.97	150	594	744
LT320	860	770	730	530	490	630	18	30	35	22	21	24	16	28	35	63	215	684	899
LT360	920	820	770	600	540	680	20	30	40	22	21	24	16	35	57	92	239	840	1079
LT500	1000	890	850	650	590	704	22	30	45	22	25	24	16	51	88	139	310	1115	1425
LT630	1100	1000	940	730	660	830	24	40	50	22	25	24	24	104	111	215	425	1464	1889
LT800	1150	1030	980	700	650	810	25	40	50	26	25	24	24	140	198	338	468	1854	2322
LT1120	1300	1180	1100	840	760	970	28	40	60	26	32	24	24	226	364	590	592	2726	3318
LT1400	1400	1260	1180	900	820	1080	30	40	65	29	38	16	16	364	492	856	945	3189	4134
LT1800	1500	1335	1250	1000	900	1230	35	50	70	29	38	16	24	573	715	1288	1200	4331	5531

10.1.4　隔膜气压离合器

（1）结构型式、主要尺寸和特性参数（见表15.2-101）

（2）选择计算

1）离合器摩擦衬面的压强

$$p=\frac{Q}{\pi(r_1^2-r_2^2)\left(1+\dfrac{\mu\cos\alpha}{\sin\alpha}\right)} \qquad (15.2\text{-}23)$$

2）离合器传递的摩擦转矩

$$T_\mu=\frac{4}{3}\times\frac{\mu Q(r_1^3-r_2^3)}{(\sin\alpha+\mu\cos\alpha)(r_1^2-r_2^2)} \qquad (15.2\text{-}24)$$

式中　Q——离合器接合时的压紧力（N），查表15.2-21；

r_1——圆锥体摩擦工作面大端半径（mm）；

r_2——圆锥体摩擦工作面小端半径（mm）；

μ——摩擦因数；

α——摩擦面锥角（°）。

表15.2-101　隔膜气压离合器的结构型式、主要尺寸和特性参数　（mm）

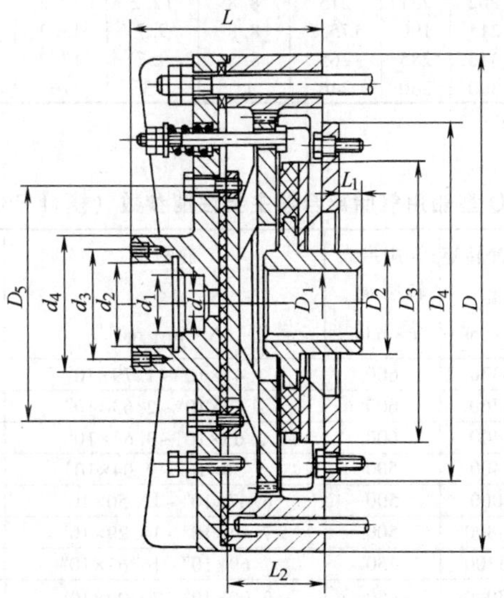

（续）

序号	许用转矩[T] /N·m	空气压力 /MPa	D	D_1	D_2	D_3	D_4	D_5	L	L_1	L_2	d	d_1	d_2	d_3	d_4	质量 /kg
1	400	0.300	440	60	90	260	330	230	220	39	85	20	50	72	85	120	75
2	800	0.290	490	70	100	280	350	300	230	49	85	20	50	72	85	120	84
3	1600	0.293	600	80	120	360	430	330	245	60	90	20	50	72	85	120	135
4	3150	0.325	650	90	130	450	520	440	285	60	110	25	52	80	95	140	195
5	6300	0.321	780	100	160	530	610	560	295	71	120	25	52	80	95	140	268
6	12500	0.337	930	125	180	650	700	680	335	76	140	25	52	80	95	140	435
7	18000	0.338	1020	140	210	730	810	750	355	96	140	25	52	80	95	140	525
8	25000	0.381	1120	160	240	830	920	810	425	118	165	42	75	110	130	160	737
9	35500	0.350	1250	180	260	900	1000	950	455	148	165	42	75	110	130	160	906
10	50000	0.347	1400	200	300	1020	1120	1060	525	178	190	42	75	110	130	160	1273
11	71000	0.378	1500	220	320	1160	1260	1110	545	198	190	42	75	110	130	160	1469

3）离合器脱开时的轴向恢复力

$$F_a = C_x \delta n \quad (15.2\text{-}25)$$

式中　C_x——单个橡胶环的轴向刚度（N/mm）；

δ——接合时单个橡胶环的轴向变形量（mm）；

n——离合器中橡胶环对数。

4）气缸压紧力

$$Q_g = \pi p(R_2^2 - R_1^2) - F_a \quad (15.2\text{-}26)$$

式中　p——空气压强（MPa）；

R_1、R_2——环形气缸的内、外半径（mm）。

气缸压紧力应大于离合器接合所需的压紧力。

10.1.5　气胎离合器（见表15.2-102～表15.2-105）

表15.2-102　径向式气胎的尺寸系列　（mm）

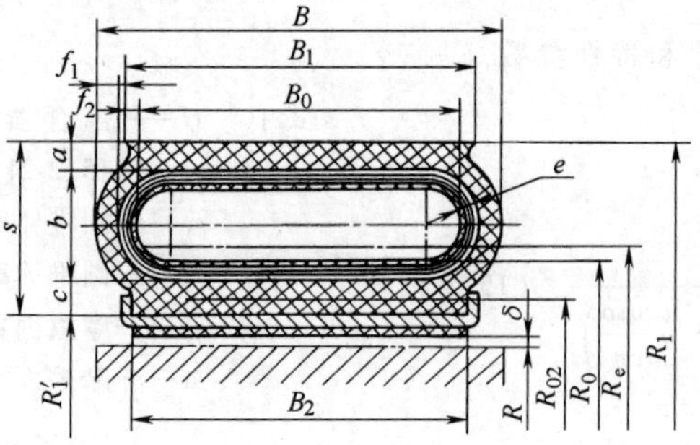

气胎号	R_1	R_1'	s	B	B_1	B_2	e	f_1+f_2	a	b	c	n	$2\theta/(°)\approx$
1	570	479	91	262	231	215	8.8	12.2	13.2	57.6	20.2	8	70
2	395.5	307.5	88	215	190	175.5	8.8	9.7	13.2	55.6	19.2	8	70
3	700	605	95	316	285	265	8.8	9.7	12.2	57.6	25.2	8	70
4	1295.5	1184	108.5	300	260	246	11	23	16	62	30.5	10	70

注：1. n为气胎转速（r/min）。

2. θ为气胎凸出处夹角（°）。

表15.2-103　LQ型船用气胎离合器主要性能参数（摘自CB/T 3860—2011）

型　号	气胎数量 /个	公称转矩 T_n /N·m	最大静转矩 $T_{s\,max}$ /N·m	许用最大转速 n_{max} /r·min^{-1}	静刚度 C_s /N·m·rad^{-1}	径向刚度 C_y /N·mm^{-1}	使用时允许补偿量 轴向 ΔX /mm	径向 ΔY /mm	角向 $\Delta\alpha$ /mm·m^{-1}
LQD70	1	7100	16330	600	1.47×10^6～1.79×10^6	1.27×10^4	1.5	1.5	0.09
LQD110		11200	25760	600	2.17×10^6～2.63×10^6	1.40×10^4	1.5	1.5	0.09
LQD180		18000	41400	600	2.63×10^6～3.63×10^6	1.55×10^4	1.5	1.5	0.09
LQD280	1	28000	64400	500	5.56×10^6～9.04×10^6	1.70×10^4	1.8	1.8	0.10
LQD400		40000	92000	500	6.67×10^6～12.50×10^6	1.85×10^4	1.8	1.8	0.10
LQD560		56000	128800	500	7.14×10^6～14.29×10^6	2.00×10^4	2.0	2.0	0.11
LQD710		71000	163300	450	7.69×10^6～16.67×10^6	2.40×10^4	2.0	2.0	0.11
LQD900		90000	207000	450	9.09×10^6～20.00×10^6	2.90×10^4	2.0	2.0	0.11

表 15.2-104　LQ 型船用气胎离合器的主要结构参数（摘自 CB/T 3860—2011）

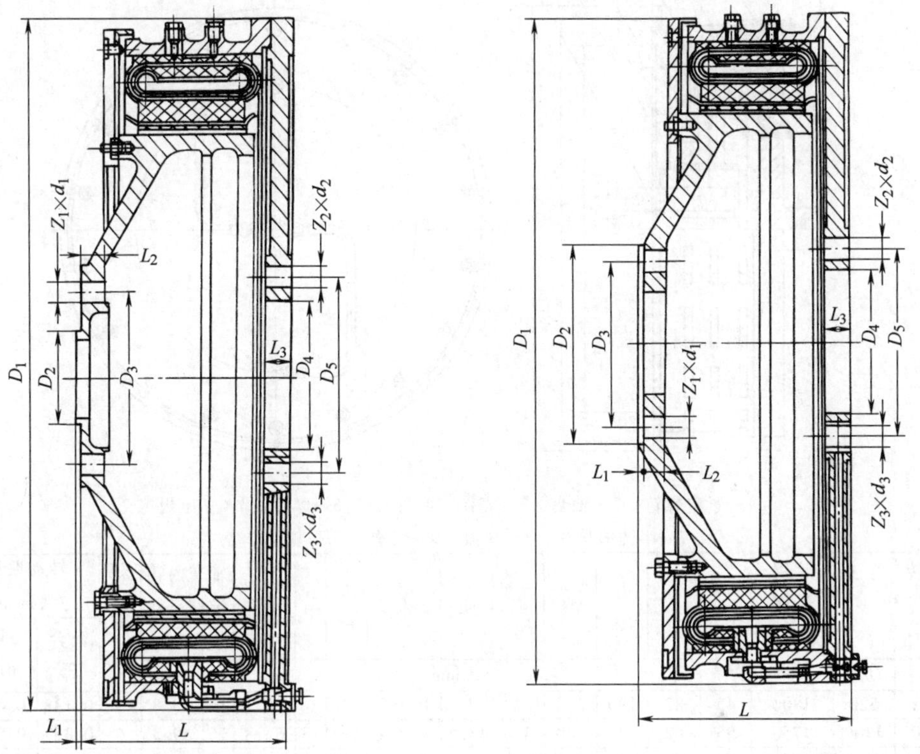

a) LQD70-180　　b) LQD280-900

标记示例：传递公称转矩 11200N · m 的单腔离合器：

离合器 LQD110 CB/T 3860—2011

型号	基本尺寸/mm															转动惯量/kg · m²			质量/kg		
	D_1	D_2	D_3	D_4	D_5	L	L_1	L_2	L_3	Z_1	Z_2	Z_3	d_1	d_2	d_3	外转动件	内转动件	总体	外转动件	内转动件	总体
LQD 70	750	$110^{-0.012}_{-0.034}$	235	$160^{+0.040}_{0}$	215	315	6	32.5	38	6	8	5	28	30	24	18	7	25	208	116	324
LQD 110	876	$140^{-0.014}_{-0.039}$	265	$230^{+0.046}_{0}$	305	330		34.5	39				32	35	32	41	15	56	268	136	404
LQD 180	1065					345		38.5					35			76	28	104	416	220	636
LQD 280	1220	$540^{+0.070}_{0}$	450			375	5	50	40	9		6	48			119	60	179	443	333	776
LQD 400	1360					400		55								215	100	315	709	451	1160
LQD 560	1500			$310^{+0.052}_{0}$	580	420										283	168	451	1060	505	1565
LQD 710	1700	$660^{+0.080}_{0}$	530	$450^{+0.063}_{0}$	530	440		60	46	8			60	48	44	583	281	864	1070	708	1778
LQD 900	1850					480										911	535	1446	1621	1352	2973

表 15.2-105　QPL 型气动盘式离合器的结构型式、性能参数和主要尺寸（摘自 JB/T 7005—2007）

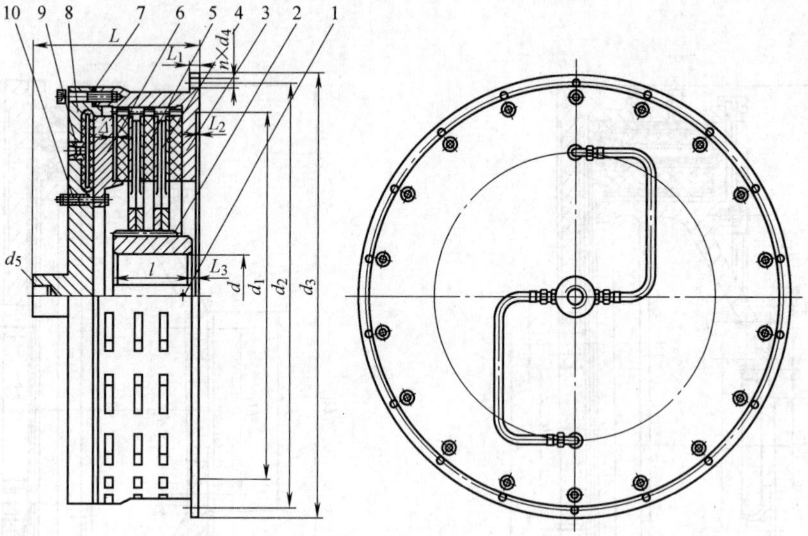

1—紧定螺钉　2—轴套　3—壳体　4—内盘　5—摩擦盘　6—压板
7—半圆形垫片　8—端盖　9—气囊　10—复位弹簧

型号	转矩 T① /N·m		许用转速 $[n]$/r·min⁻¹	d H7	l	d_1 H8	d_2	d_3	d_4	d_5	L ≈	L_1	L_2	L_3	轴套内孔键槽尺寸		n	转动惯量 J/kg·m²		质量/kg ≈
	额定	动态		mm											b	t		离合器	轴套和内盘	
QPL1	312	520	1800	45	82	190	203	220	9	Rc1/2	178	6	1.5	2	14	48.8	4	0.138	0.0141	20
QPL2	660	1100	1750	55	82	220	280	310	13.5	Rc3/4	192	13	6	8	16	59.3	6	0.357	0.0409	32
QPL3	1540	2560	1400	63	110	295	375	400	17.5	Rc3/4	235	16	10	6	18	67.4	6	1.42	0.175	75
QPL4	2680	4420	1200	80	114	370	445	470	17.5	Rc3/4	248	16	10	10	22	85.4	8	2.85	0.446	105
QPL5	4160	6900	1100	100	120	410	510	540	17.5	Rc1	260	16	10	10	28	106.4	12	5.25	0.761	148
QPL6	6320	10400	1000	120	120	470	560	590	17.5	Rc1	280	16	10	11	32	127.4	12	7.60	1.216	171
QPL7	8600	14300	900	130	130	540	648	685	17.5	Rc1	305	19	8	19	32	137.4	12	14.60	2.385	264
QPL8	15100	25000	700	150	130	620	730	760	17.5	Rc1¼	315	19	6	19	36	158.4	12	26.80	3.961	365
QPL9	16800	28000	650	160	175	700	800	830	17.5	Rc1¼	350	19	6	19	40	169.4	16	35.00	6.950	426
QPL10	32000	53000	600	180	180	775	900	940	22	Rc1½	366	19	6	19	45	190.4	18	62.50	10.261	640
QPL11	49600	82000	500	220	230	925	1065	1105	22	Rc1½	404	22	5	16	50	231.4	18	133	26.471	905

注：1. 动态转矩为离合器的全部传动能力，选用时按照额定转矩直接选用。
2. 平键只能传递部分转矩，对于平键不能传递的转矩应由过盈配合传递。
3. 标记示例：额定转矩为 4160N·m 的离合器，标记为 QPL5 离合器 JB/T 7005—2007。
① 指气囊进口处压力为 0.5MPa 时的转矩。

10.2　液压离合器

10.2.1　液压离合器的计算（见表 15.2-106）

表 15.2-106　液压离合器的计算

计算项目		计算公式	说明
柱塞式	柱塞缸压紧力	$Q_g=\frac{\pi}{4}d^2z(p_g-\Delta p)\times100>Q$	p_g—液压缸工作压力(MPa)，一般取 $p_g=0.5\sim2$MPa Δp—压力损失(MPa)，一般取 $\Delta p=0.05\sim0.1$MPa Q—接合需要的压紧力(N) d—柱塞直径(cm) z—柱塞数目
	压力损失对柱塞的阻力	$Q_0=\frac{\pi}{4}d^2z\Delta p\times100$	
	复位弹簧力	$Q_t\geqslant Q_0$	

（续）

计算项目		计算公式	说　明
活塞缸式	活塞缸压紧力	$Q_g=\pi(R_2^2-R_1^2)(p_g-\Delta p)\times100-Q_f>Q$	p_g—液压缸工作压力（MPa），一般取 $p_g=0.5\sim2.0$MPa Δp—排油需要的压力（MPa），一般取 $\Delta p=0.05\sim0.10$MPa，但需满足 $\Delta p\geqslant7.85\times10^{-8}n^2R_0^2$ μ—摩擦因数 h—密封圈高度（cm） n—液压缸转速（r/min） Q—接合需要的压紧力（N） R_1—液压缸内半径（cm） R_2—液压缸外半径（cm） R_0—伸出端轴半径（cm）
	密封圈摩擦阻力 对O形圈 对Y形圈	$Q_f=0.03Q$ $Q_f=\pi\mu p_g(R_2+R_1)h\times100$	
	压力损失对活塞的阻力	$Q_0=\pi(R_2^2-R_1^2)\Delta p\times100$	
	离心力对活塞的阻力	$Q_1=7.85\times10^{-8}n^2(R_2^2-R_1^2)(R_2^2+R_1^2-2R_0^2)$	
	转动缸复位弹簧力	$Q_t=Q_1+Q_0+Q_f$	
	静止缸复位弹簧力	$Q_t=Q_0+Q_f$	

10.2.2 活塞缸式液压牙嵌离合器（见表15.2-107）

表15.2-107 活塞缸式液压牙嵌离合器的结构型式和主要尺寸 （mm）

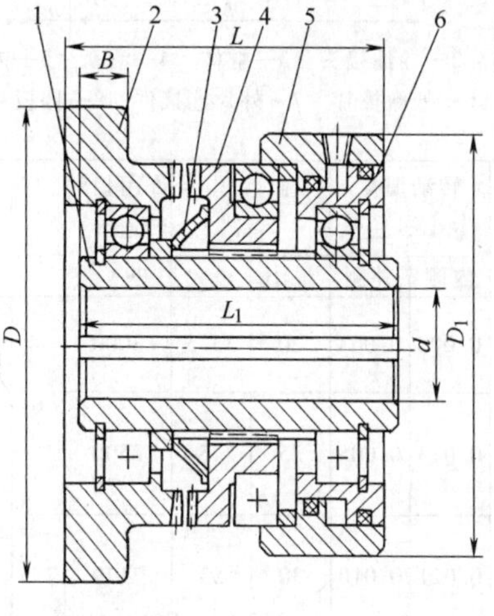

1—轴套 2—固定半离合器 3—碟形弹簧
4—可动半离合器 5—可动外缸套 6—活塞缸

序　号	许用转矩/N·m	D	D_1	d max	d min	L	L_1	B
1	160	110	100	25	15	78	76.5	12
2	250	120	115	30	20	82	80.5	14
3	400	135	120	30	20	85	83.5	14
4	550	150	135	40	30	92	90.5	15
5	750	160	145	45	35	95	93.5	16
6	1300	190	165	50	35	108	106.5	18
7	2000	210	185	60	35	122	120.5	20

10.2.3　活塞缸式液压离合器（见表 15.2-108）

表 15.2-108　活塞缸式液压离合器的结构型式、主要尺寸和特性参数

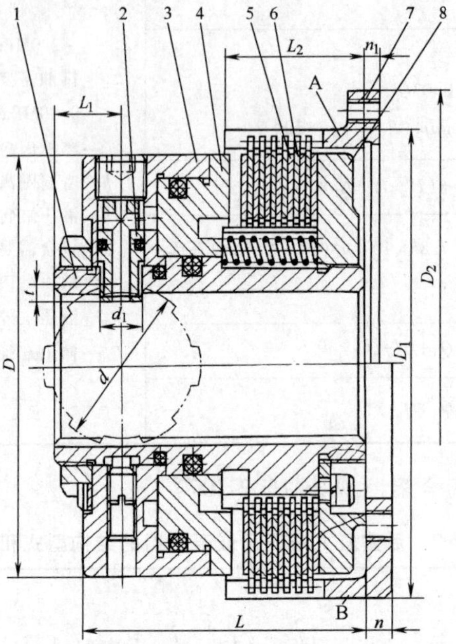

1—轴套　2—导油接头　3—缸体　4—活塞　5—内摩擦片
6—外摩擦片　7—外片连接件　8—挡板

<table>
<tr><th rowspan="2">花键规格
/mm</th><th rowspan="2">许用动转矩①
/N·m</th><th rowspan="2">许用静转矩②
/N·m</th><th rowspan="2">工作压力③
/MPa</th><th colspan="2">转动惯量
J/kg·m²</th><th colspan="2">缸容积
/cm³</th><th rowspan="2">许用相对转速/r·min⁻¹</th><th>t</th><th>D</th><th>D_1</th><th>D_2</th><th>d_1</th><th>L</th><th>L_1</th><th>L_2</th><th>n</th><th>n_1</th></tr>
<tr><th>内侧</th><th>外侧</th><th>最小</th><th>最大</th><th colspan="10">mm</th></tr>
<tr><td>35×30×10
40×35×10</td><td>160</td><td>250</td><td rowspan="5">2</td><td>0.008</td><td>0.003</td><td>20</td><td>33.5</td><td>3000</td><td rowspan="2">6</td><td>110</td><td>120</td><td>145</td><td rowspan="2">13.5</td><td>90</td><td>19</td><td>40</td><td rowspan="3">8</td><td>5</td></tr>
<tr><td>40×35×10
45×40×12
50×45×12</td><td>250</td><td>400</td><td>0.013</td><td>0.005</td><td>25</td><td>45</td><td>2500</td><td>125</td><td>140</td><td>165</td><td>95</td><td>20</td><td rowspan="2">42</td><td rowspan="4">6</td></tr>
<tr><td>50×45×12
55×50×14
60×54×14</td><td>400</td><td>630</td><td>0.021</td><td>0.010</td><td>30</td><td>53</td><td>2120</td><td>7.5</td><td>140</td><td>160</td><td>185</td><td rowspan="3">15.5</td><td>100</td><td>21</td></tr>
<tr><td>60×54×14
65×58×16
70×62×16</td><td>630</td><td>1000</td><td>0.044</td><td>0.02</td><td>63</td><td>106</td><td>1800</td><td>7.5
10</td><td>160</td><td>180</td><td>210</td><td>115</td><td>24</td><td rowspan="2">52</td><td rowspan="2">10</td></tr>
<tr><td>65×58×16
72×62×16
75×65×16</td><td>1000</td><td>1600</td><td>0.075</td><td>0.038</td><td>87</td><td>145</td><td>1600</td><td>7.5
10</td><td>180</td><td>210</td><td>240</td><td>120</td><td>24</td></tr>
</table>

注：外片连接件可根据需要做成 A、B 两种形式之一。

① 指在载荷下接合的许用转矩。

② 指在空载下接合的许用转矩。

③ 液压泵至离合器液压缸间的管路压力损失≤0.25MPa，工作压力是指液压泵输出油路中的表压值。

第3章　制　动　器

1　制动器的功能、分类、特点与应用

制动器是用于机构或机器减速或使其停止的装置，有时也用作调节或限制机构或机器的运动速度，它是保证机构或机器正常安全工作的重要部件。

电力制动（再生制动、涡流制动和反接制动等）只能消耗机构或机器的一部分动能，减小或限制其运动速度不能使运动停止；机械式制动器则具有减速、停止及支持等功能。本章重点论述后者。

为了减小制动转矩，缩小制动器尺寸，通常将制动器装在机构的高速轴上，或装在减速器的输入轴上。某些安全制动器则装在低速轴或卷筒轴上，以防在传动机构中断轴时物品的坠落。特殊情况下也有将制动器装在其他轴上的。

按工作状态分类，制动器可分为常闭式和常开式。常闭式制动器靠弹簧或重力的作用经常处于紧闸状态，在机构运行时，需用人力或松闸器使制动器松闸；与此相反，常开式制动器经常处于松闸状态，只有施加外力时才能使其紧闸。

制动器主要由制动架、摩擦元件和松闸器等组成，许多制动器还装有自动调整间隙的装置。

常用制动器的性能特点及应用见表15.3-1。

表15.3-1　常用制动器的性能特点及应用

序号	制动器名称	特点及应用说明
1	外抱式制动器	构造简单、可靠，散热好。瓦块有充分和较均匀的退距，调整间隙方便。对于直形制动臂，制动转矩大小与转向无关，制动轮轴不受弯曲作用力影响。但包角和制动转矩小，制造比带式制动器复杂，杠杆系统复杂，外形尺寸大。应用较广，适于工作频繁及空间较大的场合
2	内张蹄式制动器	两个内置的制动蹄沿径向向外挤压制动鼓，产生制动转矩。结构紧凑，散热性好，密封容易。可用于安装空间受限制的场合，广泛用于轮式起重机及各种车辆，如汽车、拖拉机等的车轮上
3	带式制动器	构造简单、紧凑，包角大（可超过2π），制动转矩大。制动轮轴受较大的弯曲作用力，制动带的比压和磨损不均匀（按$e^{\mu\alpha}$规律进行）。简单和差动带式制动器的制动转矩大小均与旋转方向有关，限制了应用范围。适于大型机器、要求结构紧凑的制动，如用于移动式起重机中
4	盘式制动器	利用轴向压力使圆盘或圆锥形摩擦表面压紧，实现制动。制动轮轴不受弯曲作用力影响，构造紧凑。与带式制动器相比，磨损较均匀，制动转矩大小与旋转方向无关，常制成封闭式，可防尘防潮。摩擦面散热条件次于块式和带式，温度较高。适于应用在紧凑性要求高的场合，如车辆的车轮和电动葫芦中
5	载荷自制盘式制动器	靠重物自重在机构中产生的内力制动，它能保证重物在升降过程中平稳下降和安全悬吊。主要用于提升设备及起重机械的起升机构中
6	磁粉制动器	主要利用磁粉磁化时所产生的剪力来制动。体积小，质量小，励磁功率小，且制动转矩与转动件的转速无关。但磁粉会引起零件磨损。适用于自动控制及各种机器的驱动系统中
7	电磁涡流制动器	坚固耐用，维修方便，调速范围大。但低速时效率低，温升高，必须采取散热措施。常用于有垂直负载的机械中（如起重机械的起升机构），吸收停车前的动能，以减轻停止式制动器的负载

2　制动器的选择与设计

2.1　制动器的类型选择

制动器类型的选择应根据使用要求和工作条件来选定。选择时应考虑以下几点：

1）需要应用的机器或机构的工作性质和工作条件。例如，对于起重机的起升和变幅机构都必须采用常闭式制动器，而对于水平运行的车辆，以及起重机械的运行和旋转机构等，为了控制制动转矩的大小以便准确停车，则多采用常开式制动器。

2）应充分注意制动器的任务。例如，支持物品制动器的制动转矩必须有足够的裕度，即应保证一定的安全系数。对于安全性有高度要求的机构，需装设双重制动器，如运送熔化金属或易燃、爆炸物品的起升机构，规定必须装设两个制动器，并且每一个制动器都应能单独安全地支持金属液包等运送物品，而不致坠落。又如矿井提升机，除在高速轴上设置制动器

外，还应在卷筒或绳轮轴上设置制动器。对于重物下降制动（即滑摩式制动）则应考虑散热问题，必须有足够的散热面积，使其能将制动时重物位能所产生的热量散去，以免过热使制动失效。

3）应考虑应用的场所。例如，当安装制动器的地点有足够的空间时，则可选用外抱式制动器；对于空间受限制处，则可采用内蹄式、带式或盘式制动器。

2.2　制动器的设计

设计制动器的主要步骤如下：

1）根据机器或机构的运转情况计算制动轴上的负载转矩 T_t。对用于起重机的起升机构（或矿井提升机），制动转矩必须有一定的安全储备，求出制动转矩 T（$T=S_pT_t$），并考虑安全储备的制动安全系数 S_p 的推荐值（见表 15.3-2）。而对于水平运行的车辆或起重机械的运行机构等，制动转矩以满足工作要求为宜（使制动车轮不发生打滑现象，或满足一定的制动距离或制动时间），不可过大，以防止机器设备的剧烈振动或导致零部件的损坏。

2）根据计算转矩和工作条件，选定合适的制动器类型和结构，并画出传动图。

3）按摩擦元件的退距求出松闸推力和行程，用以选择或设计松闸器。

4）对主要零件做必要的强度计算，其中制动臂、传力杠杆等还应进行刚度验算。对摩擦元件则应进行发热验算。

如果选用标准制动器，则应以计算制动转矩为依据，参照标准制动器的额定制动转矩，选出标准型号后，做必要的验算，也可直接选用不再验算。

表 15.3-2　制动安全系数 S_p 推荐值

设备类型			S_p
矿井提升机			3
起重机械起升机构	驱动形式	机构工作级别	
	人力驱动	M_1（轻级）	1.5
	动力驱动	M_1、M_2、M_3、M_4（轻级）	1.5
		M_5（中级）	1.75
		M_6、M_7（重级）	2.0
		M_8（特重级）	2.5
	同一机构装设两个制动器时的每台制动器		1.25

2.3　计算制动转矩的确定

根据被制动对象的运动情况，可分为水平移动时制动和垂直（升降）移动时制动两种基本类型。制动转矩 T 的计算公式见表 15.3-3。常用旋转体转动惯量和飞轮力矩的计算公式见表 15.3-4。

表 15.3-3　制动转矩的计算公式

计算内容		计算公式	单位	说明
机械制动转矩	水平制动	$T=T_t-T_f$	N·m	T_t—负载转矩，此处为换算到制动轴上的传动系统惯性转矩（N·m） T_f—换算到制动轴上的总摩擦阻力转矩（N·m） 被制动的只是惯性质量，如车辆的制动
	垂直制动	$T=T_tS_p$ $T_t=\dfrac{T_1}{i}\eta$	N·m	T_t—换算到制动轴上的负载转矩 T_1—垂直负载对负载轴的转矩（N·m） i—制动轴到负载轴的传动比 η—从制动轴到负载轴的机械效率 S_p—保证重物可靠悬吊的制动安全系数（见表 15.3-2）。因有较大的储备，惯性转矩可不计 被制动的有惯性质量和垂直负载（垂直负载是主要的），如提升设备的制动应保证重物可靠悬吊 机械制动使重物匀速下降、车辆匀速下坡等仍按以上基本类型考虑
负载转矩	水平制动	$T_t=\dfrac{E_p+E_g}{\varphi}$ $E_p=\dfrac{I_{eqp}(\omega_1^2-\omega_0^2)}{2}=\dfrac{(GD^2)_{eqp}(n_1^2-n_0^2)}{7160}$ $E_g=\dfrac{m(v_1^2-v_0^2)}{2}$	N·m	φ—制动轴在制动时的转角（rad） E_p—换算到制动轴上的所有旋转质量的动能与制动轴系旋转质量动能之和（N·m） E_g—换算到制动轴上的所有直线移动质量的动能（N·m） I_{eqp}、$(GD^2)_{eqp}$—换算到制动轴上的及制动轴系本身的旋转质量的等效转动惯量（$kg\cdot m^2$）和等效飞轮力矩（$N\cdot m^2$） ω—制动轴角速度（rad/s） m—直线运动部分质量（kg） v—直线运动部分速度（m/s） n—制动轴转速（r/min） 下标 1 和 0 分别表示制动开始和终了

（续）

计算内容	计算公式	单位	说明
负载转矩 垂直制动	$T_t=\dfrac{mgD_0}{2ia}\eta$	N·m	m—重物质量与吊具质量之和(kg) D_0—卷筒计算直径(m) a—滑轮组倍率 i—制动轴到卷筒轴的传动比 η—制动轴到卷筒轴的机械效率 g—重力加速度，$g=9.8\text{m/s}^2$
给定条件下的负载转矩	给定制动时间 $T_t=\dfrac{(GD^2)_{eq}(n_1-n_0)}{375t}$	N·m	在时间 t(s)内将制动轴的转速从 n_1 减至 n_0 要求完全制动时，$n_0=0$ $(GD^2)_{eq}$—见本表后面的说明
	给定制动轴转角 $T_t=\dfrac{(GD^2)_{eq}(n_1^2-n_0^2)}{7160\varphi}$	N·m	在制动轴转角 φ 内将制动轴的转速从 n_1 减至 n_0 要求完全制动时　$n_0=0$ φ—制动轴转角(rad)
	给定制动距离 $T_t=\dfrac{(GD^2)_{eq}(n_1^2-n_0^2)R}{7160Si}$ 如制动开始和终了时的车速为 v_1 和 v_0(m/min)，则 $T_t=\dfrac{(GD^2)_{eq}i(v_1^2-v_0^2)}{283000SR}$ 要求完全制动时，n_0 和 v_0 为零，则 $T_t=\dfrac{(GD^2)_{eq}v_1n_1}{45000S}$	N·m	车辆等在给定的制动 S 距离内将制动轴的转速从 n_1 减至 n_0 时 R—车轮半径(m) i—制动轴到车轮轴的传动比 S—给定的制动距离(m)
传动系统的等效飞轮力矩	制动轴上的总等效飞轮力矩 $(GD^2)_{eq}=(GD^2)_{eqp}+(GD^2)_{eqg}$ $(GD^2)_{eqp}=\sum(GD_j^2)\cdot i_{(j-1)}^2$ 等效飞轮力矩计算简图 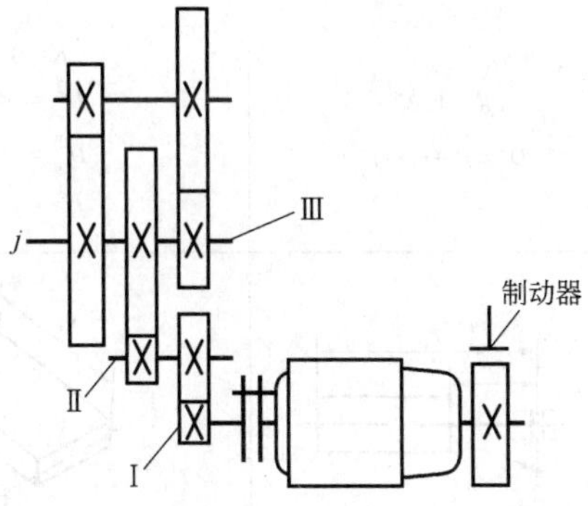 $(GD^2)_{eqg}=\dfrac{mgv^2}{\pi^2n^2}$ 制动器装在高速轴上，常用的近似公式 $(GD^2)_{eqp}=(1.1\sim1.2)GD_1^2$ 旋转轴轴线不通过旋转体的重心时 $(GD^2)=(GD^2)_0+4Mgl^2$	N·m²	$(GD^2)_{eqp}$—旋转部分的等效飞轮力矩 GD_j^2—传动系统中任意轴 j 的飞轮力矩(见表 15.3-4) $i_{(j-1)}$—传动系统中轴 j 到制动轴的传动比，$i_{(j-1)}=n_j/n_1$ $(GD^2)_{eqg}$—直线运动部分的等效飞轮力矩 m—直线运动部分的重量(kg) v—速度(m/min) n—制动轴转速(r/min) GD_1^2—高速轴即制动轴上的总飞轮力矩(N·m²)，一般包括制动轴上制动轮及联轴器的飞轮力矩，可由相应的制动轮及联轴器性能数据表中查出 转动惯量 I 与飞轮力矩的关系 $(GD^2)=4gI$ $(GD^2)_0$—旋转体绕重心轴的飞轮力矩(N·m²) M—旋转体质量(kg) l—旋转体重心到旋转轴轴线的距离(m)

表 15.3-4　常用旋转体转动惯量和飞轮力矩的计算公式

计算通式

$$I=K\frac{mD_e^2}{4}$$

$$(GD^2)=KmgD_e^2$$

式中　m—旋转体质量(kg)

K—系数

D_e—飞轮计算直径(m)

g—重力加速度，$g=9.8\text{m/s}^2$

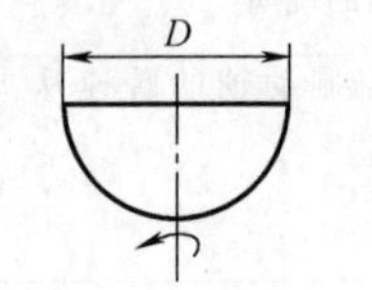 $K=0.4\quad D_e^2=D^2$	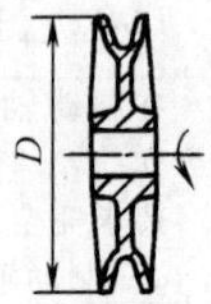 $K=0.55\quad D_e^2=D^2$	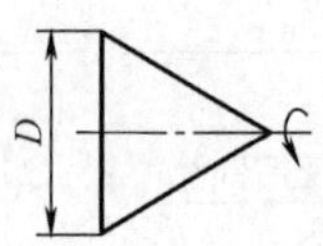 $K=0.3\quad D_e^2=D^2$	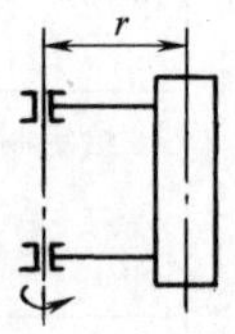 $K=4\quad D_e^2=r^2$
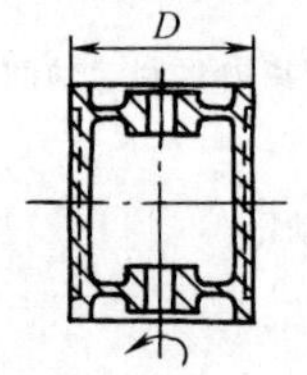 $K=0.7\quad D_e^2=D^2$	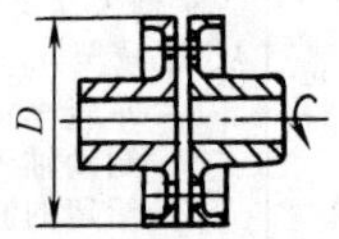 $K=0.45\quad D_e^2=D^2$	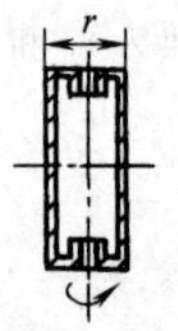 $K=2\quad D_e^2=r^2$	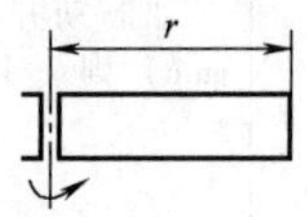 $K=1.33\quad D_e^2=r^2$
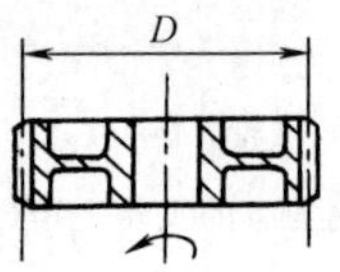 $K=0.6\quad D_e^2=D^2$	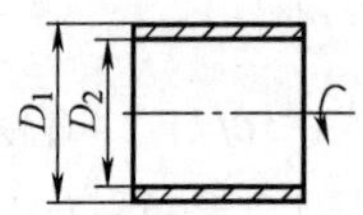 $K=0.5\quad D_e^2=D_1^2-D_2^2$	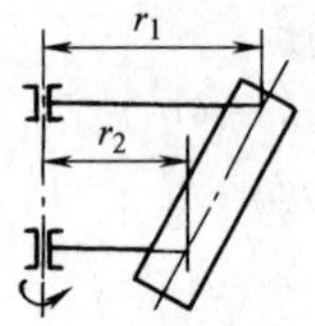 $K=1.33$ $D_e^2=r_1^2+r_1r+r_2^2$	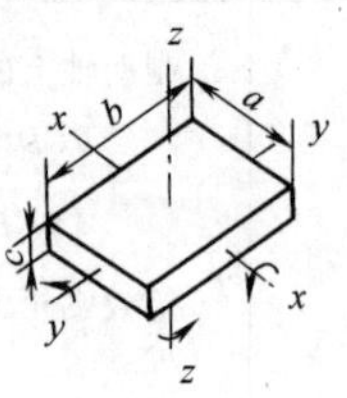 $K=0.33$ $D_{ex}^2=b^2+c^2$ $D_{ey}^2=b^2+a^2$ $D_{ez}^2=c^2+a^2$
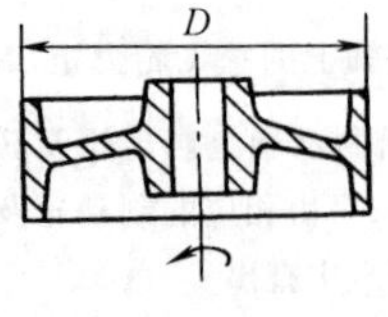 $K=0.6\quad D_e^2=D^2$	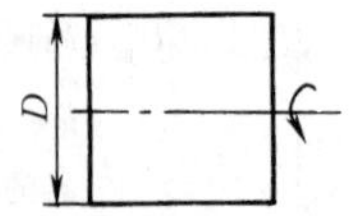 $K=0.5\quad D_e^2=D^2$	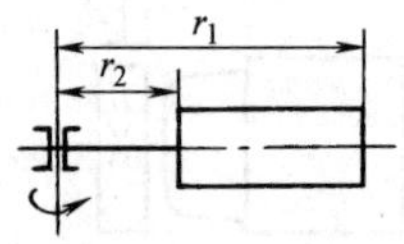 $K=1.33\quad D_e^2=\frac{r_1^3-r_2^3}{r_1-r_2}$	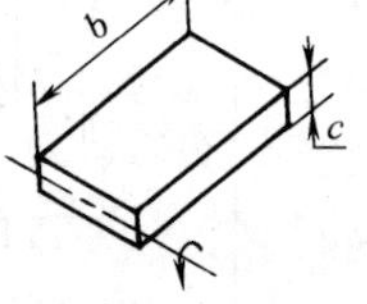 $K=0.166$ $D_e^2=4b^2+c^2$

2.4　制动器的发热验算

发热验算是设计及选用制动器中的一个重要环节。发热验算的目的是保证制动轮和摩擦衬垫的工作温度不超过许用值，因为当摩擦面温度过高时，摩擦因数将会降低，不能保持稳定的制动转矩，并加速摩擦元件的磨损。

对于停止式制动器和其他发热量不大的制动器，

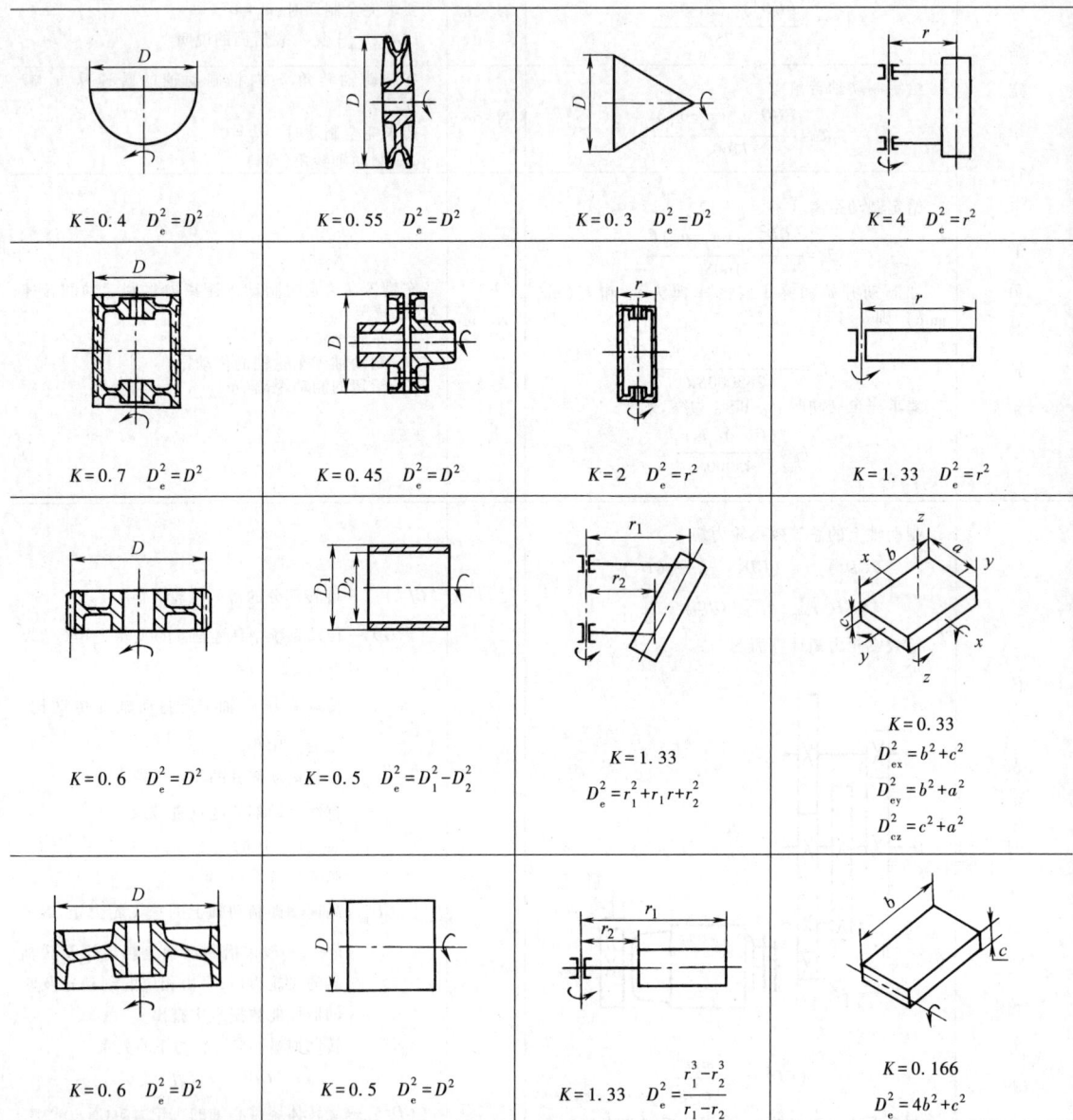

可以只校核其摩擦面的比压 p 和 pv 值（v 为制动轮圆周速度）是否超过许用值（见表 15.3-8）。起重机工作级别为 $M_1 \sim M_6$ 的机构，按所需制动转矩选择的标准制动器，当每小时制动次数不大于 150 次时，不需进行发热验算。

（1）热平衡的通式

对于滑摩式[⊖]制动器和在高温下频繁工作的制动器，因发热量大，应进行热平衡计算，即

$$Q \leqslant Q_1 + Q_2 + Q_3 \tag{15.3-1}$$

$$Q_1 = (\beta_1 A_1 + \beta_2 A_2) \times \left[\left(\frac{273 + \theta_1}{100}\right)^4 - \left(\frac{273 + \theta_2}{100}\right)^4\right] \tag{15.3-2}$$

$$Q_2 = \alpha_1 A_3 (\theta_1 - \theta_2)(1 - JC) \tag{15.3-3}$$

$$Q_3 = \alpha_2 A_4 (\theta_1 - \theta_2) JC \tag{15.3-4}$$

式中 Q——制动器工作每小时所产生的热量（kJ/h）；

Q_1——每小时辐射散热量（kJ/h）；

Q_2——每小时自然对流散热量（kJ/h）；

Q_3——每小时强迫对流散热量（kJ/h）；

β_1——制动轮光亮表面的辐射系数，通常可取 $\beta_1 = 5.44\text{kJ/(m}^2 \cdot \text{h} \cdot ℃)$；

β_2——制动轮暗黑表面的辐射系数，通常取 $\beta_2 = 18\text{kJ/(m}^2 \cdot \text{h} \cdot ℃)$；

A_1——制动轮光亮表面的面积（m^2）；

A_2——制动轮暗黑表面的面积（m^2）；

θ_1——摩擦材料的许用温度（℃），见表 15.3-8；

θ_2——周围环境温度的最高值，一般可取30~35℃；

α_1——自然对流散热系数，$\alpha_1 = 21\text{kJ/(m}^2 \cdot \text{h} \cdot ℃)$；

α_2——强迫对流散热系数，$\alpha_2 = 25.7v^{0.73}\text{kJ/(m}^2 \cdot \text{h} \cdot ℃)$，$v$ 为散热圆环面的圆周速度（m/s）；

A_3——扣除制动带（块）遮盖后的制动轮总面积（m^2）；

A_4——制动轮轮缘的内外圆柱表面积（m^2）；

JC——机构的接电持续率：在 10min 内，机构的工作时间与整个工作周期之比。

计算 A_1 和 A_2 时，不计制动带（块）覆盖的面积和制动轮内表面的面积。

（2）提升设备制动器的发热量

$$Q = \left[m_1 s \eta + \frac{1.2\,(GD^2)_{\text{eqpI}} n^2}{3600}\right] z_0 A \tag{15.3-5}$$

（3）平移机构制动器的发热量

$$Q = \left[\frac{m_2 v^2}{2g} + \frac{1.2(GD^2)_{\text{eqpI}} n^2}{7200\eta} - \frac{F_z v}{20} t\right] z_0 A \eta \tag{15.3-6}$$

式中 m_1——平均提升质量（kg）；

m_2——直线运动部分的质量（kg）；

s——平均制动行程（m）；

η——机械效率；

$(GD^2)_{\text{eqpI}}$——换算到制动轴上的所有旋转质量的飞轮力矩（$\text{kg} \cdot \text{m}^2$）；

n——电动机转速（设制动器与电动机同轴）（r/min）；

A——热功当量，$A = \frac{1}{101.99}\text{kJ/(kg} \cdot \text{m)}$；

z_0——制动器每小时的工作次数；

F_z——运行阻力（N）；

t——制动时间（s）；

g——重力加速度，$g = 9.8\text{m/s}^2$；

v——运行速度（m/s）。

对于某些设备，还应按下式校核制动轮一次制动的温升是否超过许用值，即

$$\theta = \frac{T_t \varphi}{1019.9mc} \leqslant 15 \sim 50℃ \tag{15.3-7}$$

式中 φ——制动过程转角（rad）；

m——制动轮质量（kg）；

T_t——负载转矩（N·m）；

c——制动轮材料的质量热容；

对钢和铸铁取 $c = 0.523\text{kJ/(kg} \cdot ℃)$，对硅铝合金取 $c = 0.879\text{kJ/(kg} \cdot ℃)$。

2.5 摩擦材料

摩擦元件是制动器和离合器的主要组成部分，摩擦材料的性能直接影响制动的接合过程。其工作温度和温升速度是影响性能的主要因素，这又取决于摩擦副的工作条件。当制动器工作时，吸收的能量越大，完成制动的时间越短，则温升越高。飞机着陆、高速重型货车制动等，都在瞬间使摩擦元件的工作表面温度达 700~1000℃，甚至更高。

摩擦材料如果超过其许用工作温度，性能就会显著恶化。

2.5.1 对摩擦材料的基本要求

1）摩擦因数高而稳定。一般摩擦材料的摩擦因数都随温度、压力、相对滑动速度和工作表面的清

⊖ 垂直制动时也称下降式。——作者注

洁程度而变化，其中温度影响尤为显著。热衰退是使摩擦因数下降的主要原因。摩擦材料应在一定温度范围内（见表 15.3-8），具有稳定的摩擦因数和良好的恢复性能㊀（见图 15.3-1）。

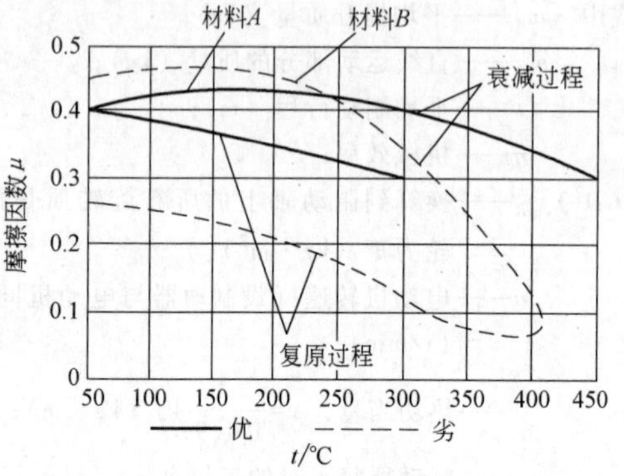

图 15.3-1　摩擦材料的恢复性能

2）耐磨性好。摩擦材料的磨损主要由于其成分在高温下的热分解，以及接触面间的摩擦所造成。为了减轻磨损，除提高摩擦材料及黏结剂的耐热性和抗磨性外，还应使摩擦表面光滑。

3）有一定的机械强度和良好的工艺性。

4）有一定的耐油、耐湿、耐蚀及抗胶合性能。

5）容许比压大及不损伤制动轮。

制动轮或离合器片的工作面表面粗糙度 Ra 为3.2μm。

在摩擦面上开槽可以储集侵入的灰尘和砂粒，从而减轻磨损。

2.5.2　摩擦材料的种类

（1）金属摩擦材料

金属摩擦材料强度高，不易破裂，对水的侵入不敏感；温度升高时摩擦因数下降快，胶合趋势大，因而制动不平稳。常用的金属摩擦材料如下：

1）粉末冶金摩擦材料。这种材料有较高的摩擦因数，导热性好，耐高温（许用工作温度可达680℃）、耐磨，许用比压高，一般可达 2.74～3.92MPa，具有良好的热稳定性和磨合性，广泛用于重载工作机械。但在轻载荷条件下，其耐磨性不及石棉摩擦材料。

粉末冶金摩擦材料有铜基及铁基两类。铜基粉末冶金材料多用于湿式，铁基粉末冶金材料多用于干式，其技术性能见表 15.3-5。

常见的几种粉末冶金摩擦材料的摩擦因数及其应用见表 15.3-6。

2）铸铁。铸铁的耐磨性及导热性较好，不易胶合，耐冲击性差，适于在湿式中、低速条件下工作。载荷不大时也用于干式。常用铸铁牌号有 HT200 等。

3）钢。钢的耐磨性及导热性较好，但表面易划伤，适用于湿式。常用的有 10 钢、15 钢和 65Mn 等。

4）青铜。青铜耐磨性和导热性好。常用的有 QSn4-4-4、QSn7-0.2、QAl9-4 等。

表 15.3-5　粉末冶金摩擦材料的技术性能

种类		铜基	铁基
密度/g·cm^{-3}		6～6.5	5～6.5
硬度 HBW	20℃时	18～20	50～150
	60℃时	25～28	
	500℃时	10～12	
抗剪强度/MPa		93～117.6	
抗压强度/MPa		245～274.4	294～686
抗拉强度/MPa	20℃	19.6～39.2	78.4～98
	60℃	73.5～83.3	
	500℃	5.88～6.86	
断裂强度/MPa		98～117.6	
摩擦因数	干	0.25～0.35	0.2～0.6
	湿	0.09～0.12	
线胀系数/℃$^{-1}$	20～500℃	17.6×10^{-6}～22×10^{-6}	

表 15.3-6　常用粉末冶金摩擦材料的摩擦因数及其应用

基别	牌号	摩擦因数	应用场合
铁基	FM69-45 FM73-25	0.4～0.5 >0.14	（干）重型汽车制动器闸瓦 （湿）重型自卸汽车离合器片
铜基	CM75-30 CM64-20 CM69-25	0.13 0.25～0.3 0.08～0.12	（湿）重型矿车、工程机械、汽车的离合器片 （干）机床离合器片、摩擦压力机离合器片 （湿）船、自卸汽车、机床及电梯的离合器片

（2）非金属摩擦材料

1）石棉摩擦材料。石棉摩擦材料应用最广，其基本成分是石棉、黏结剂，以及用以调节摩擦性能的各种有机或无机填料。

石棉摩擦带分为纺织类和纤维类。

纺织类：石棉纤维掺以一定量的棉花，织成布或带，再经过各种黏结剂和填充混合物的浸渍，经干燥、热压等工序制成。按需要可在纺织时加入锌丝或铜丝。此类制品有石棉橡胶离合器片、石棉铜丝及石棉树脂制动片（带）等。

这种制品抗冲击强度较好，在常温下有较高而稳定的摩擦因数，但耐高温性能较差，磨损较快。

㊀ 摩擦材料工作后，其摩擦因数恢复和保持原有值的能力。——作者注

纤维类：将短纤维石棉、黏结剂和各种添加剂等混合后，用干法或半湿法工艺制成压缩料，再经热压而成，有时根据需要也加入少量有色金属屑，统称石棉绒制品，应用较广泛。

温度对石棉材料摩擦因数及磨损的影响如图15.3-2所示。图中 A、B、C 分别表示摩擦材料为石棉布制品、石棉绒制品和石棉线制品时温度 t 对摩擦因数 μ 的影响曲线；a、b 分别表示摩擦材料为线制品和绒制品时温度 t 对磨损量 Δh 的影响曲线。

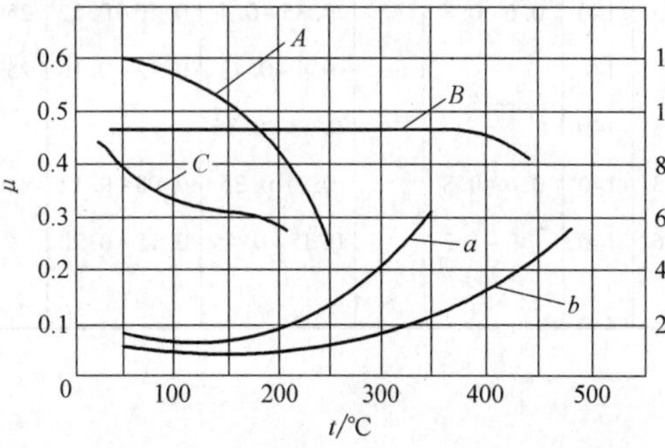

图 15.3-2 温度对石棉材料摩擦因数和磨损的影响

在石棉摩擦材料中，压力对摩擦因数及磨损的影响如图15.3-3所示。

某些石棉摩擦材料的技术性能见表15.3-7。

2）有机摩擦材料。如皮革、橡胶和木材等，主要用于小功率、低速机械的制动。

3）纸基摩擦材料。主要在油介质中工作，用于液压自动变速器的传动和制动。摩擦因数稳定、磨损小，静、动摩擦因数很接近，为0.13~0.15。

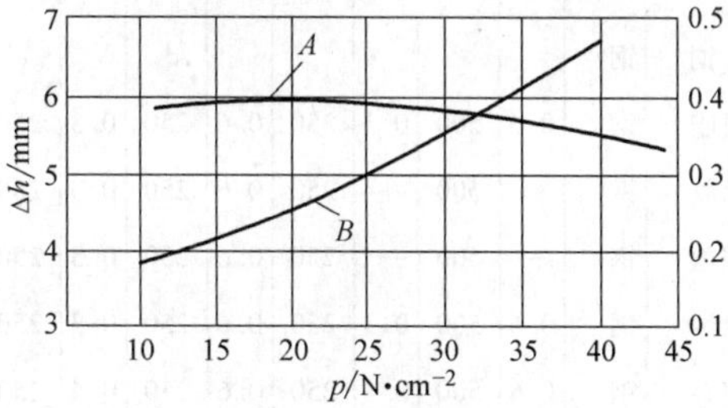

图 15.3-3 压力对摩擦因数及磨损的影响

A—摩擦因数 B—磨损量

4）碳基摩擦材料。这是近年出现的新型摩擦材料，耐高温性能好（可达800~1000℃，甚至更高），摩擦因数稳定，耐磨性也好。

表 15.3-7 石棉摩擦材料的技术性能

材料牌号 Hz	布氏硬度	摩擦因数		磨损率/(mm/30min)		冲击韧度/ J·cm⁻² ≥	吸水率(%) ≤	吸油率(%) ≤	适用范围
	N·cm⁻²	A①	B②	A	B				
100	80±20	0.42	0.35	0.05	0.16	196	0.3	0.5	轻、中型机械及车辆制动
274	350±50	0.45	0.40	0.04	0.07	39.2	0.5	0.5	各种机械的液压制动及传动
307	250±50	0.45	0.45	0.04	0.07	39.2	0.5	0.5	各种中、重型车辆或机械气压制动
507	380±50	0.5	0.45③	0.04	0.09	49	0.4	0.4	高速、高负载车辆及机械制动或传动
513	100±20	0.48	0.47③	0.03	0.09	78.4	0.4	0.4	高速、高负载的中、高级轿车或机械制动
710	200±20	0.10④(动摩)		0.03		—	—	—	油浸摩擦片
511	100±20	0.15④(静摩)		0.01		—	—	—	纸质油浸摩擦片

① 工作温度（120±5）℃。

② 工作温度（250±5）℃。

③ 工作温度300℃。

④ 工作温度110℃，滑动摩擦因数为0.14。

2.5.3 摩擦副计算用数据（见表15.3-8）

表 15.3-8 摩擦副计算用数据推荐值

对摩材料		[p]/MPa 和[pv]/N·m·(cm²·s)⁻¹												摩擦因数 μ		许用温度 t/℃
		块式制动器				带式制动器				盘式制动器						
		停止式		滑摩式①		停止式		滑摩式		干式		湿式				
摩擦材料	对摩材料	[p]	[pv]	[p]	[pv]	[p]	[pv]	[p]	[pv]	[p]	[pv]	[p]	[pv]	干式	湿式	
铸铁	钢	2	500	1.5	250	1.5	250	1.0	150	0.2~0.3	—	0.6~0.8	—	0.17~0.2	0.06~0.08	260

（续）

对摩材料		$[p]$/MPa 和 $[pv]$/N·m·(cm^2·s)$^{-1}$												摩擦因数 μ		许用温度 t/℃
		块式制动器				带式制动器				盘式制动器						
		停止式		滑摩式①		停止式		滑摩式		干式		湿式				
摩擦材料	对摩材料	$[p]$	$[pv]$	$[p]$	$[pv]$	$[p]$	$[pv]$	$[p]$	$[pv]$	$[p]$	$[pv]$	$[p]$	$[pv]$	干式	湿式	
钢	钢或铸铁	2		1.5		1.5		1.0		0.2~0.3	—	0.6~0.8		0.15~0.18	0.06~0.08	260
青铜	钢									0.2~0.3	—	0.6~0.8		0.15~0.2	0.06~0.11	150
石棉树脂②	钢	0.6	500	0.3	250	0.6	250	0.3	250	0.2~0.3	140	0.6~0.8		0.35~0.4	0.10~0.12	250
石棉橡胶	钢	—	500	—	250	0.6	250	0.3	250	—	140	—	—	0.4~0.43	0.12~0.16	250
石棉铜丝	钢	—	500	—	250	0.6	250	0.3	250	—	140	—		0.33~0.35	—	—
石棉浸油	钢	0.6	500	0.3	250	0.6	250	0.3	250	0.2~0.3	140	0.6~0.8		0.3~0.35	0.08~0.12	250
石棉塑料	钢	0.6	500	0.4	250	0.6	250	0.4	250	0.4~0.6	140	1.0~1.2		0.35~0.45	0.15~0.20	—
木材	铸铁															

① 此处为通称，垂直制动时可称下降式。

② 即石棉树脂制动带。

3 外抱式制动器

3.1 结构型式

外抱式制动器通常简称块式制动器，在起重运输机械等设备中应用较广，且多采用常闭式。通常用弹簧或重锤紧闸，当电动机起动时，通过与其串联的松闸器自动松闸，有时也用人力松闸。

图 15.3-4 所示为典型的常闭长行程电磁液压制动器。主弹簧 2 压紧制动臂 3 及制动瓦 1 使制动器紧闸。当松闸器 5 中的电磁线圈通电时，推杆 4 向上推开制动臂 3，使制动器松闸。为便于维修，常将主弹簧置于制动轮的上边或侧面（见图 15.3-5），其松闸器为电力液压单推杆。

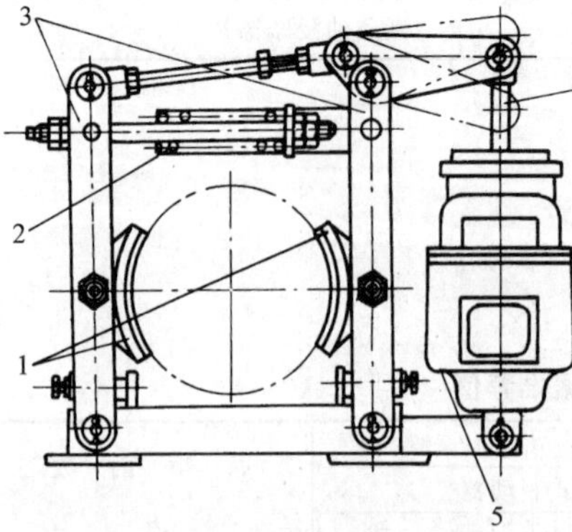

图 15.3-4 常闭长行程电磁液压制动器
1—制动瓦 2—主弹簧 3—制动臂
4—推杆 5—松闸器

常闭长行程制动器的松闸器除采用上述液压电磁铁和电力液压单推杆外，还有采用交、直流电磁铁和电动液压双推杆松闸器的。

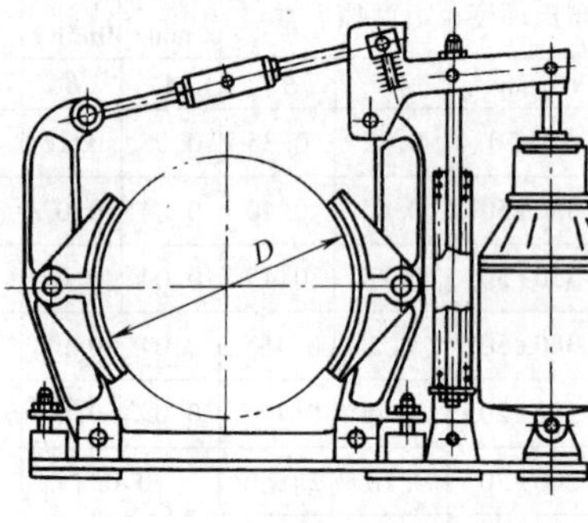

图 15.3-5 侧簧长行程电力单推杆制动器

图 15.3-6 所示为短行程电磁铁制动器。其松闸器有交流和直流电磁铁两种，其机架为标准通用型。交流电磁铁（也称转动式电磁铁）工作时，动铁心 2 绕销轴 1 转动（见图 15.3-6 中 a）；直流电磁铁工作时，动铁心 3 被直接吸合（见图 15.3-6 中 b）。

这种制动器常用于快速、点动及对外形尺寸无严格要求的场合。由于其耐用性较差，现已较少采用。

图 15.3-7 所示为无上框的短行程常闭式制动器。直流电磁铁 1 及动铁心 3，由销轴 8 及调整螺钉 10 支承于机架 9 上。主弹簧 2 的张力使动铁心推动杠杆 7、6 和 5，随着两个制动瓦 4 压向制动轮而紧闸。通电后，磁铁吸合并压缩主弹簧 2 而松闸。

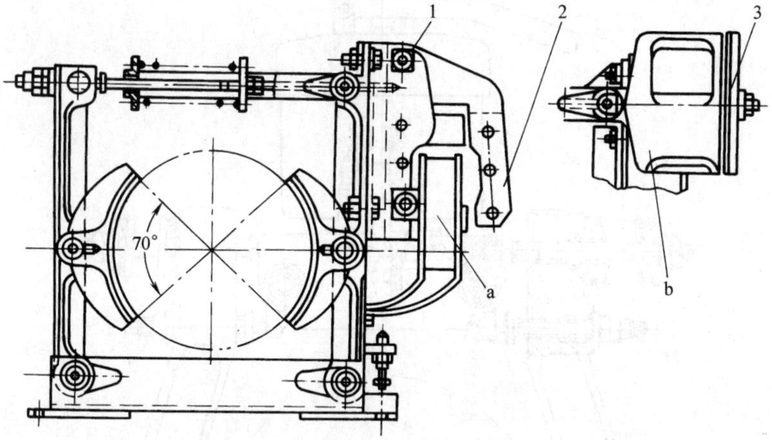

图 15.3-6 短行程电磁铁制动器

1—销轴 2、3—动铁心

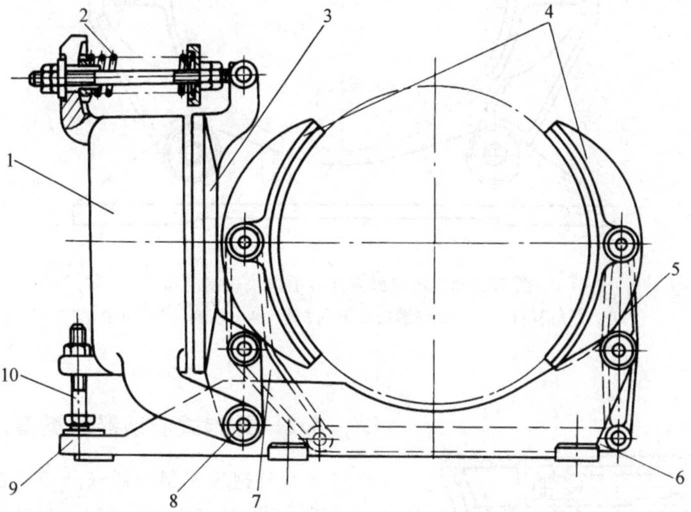

图 15.3-7 无上框的短行程常闭式制动器

1—直流电磁铁 2—主弹簧 3—动铁心

4—制动瓦 5、6、7—杠杆 8—销轴 9—机架 10—调整螺钉

这种制动器的弹簧张力调整容易，磁铁间隙小(0.6~3.0mm)，动作快，松掉螺钉10即可将制动器拆除，维修方便。其使用与一般短行程制动器相同。

图15.3-8所示为短行程直流电磁铁块式制动器。松闸器在上部，弹簧3使制动器处于紧闸状态。电磁铁通电后，动铁心下降，推动直角杠杆1和调整螺钉2使弹簧压缩松闸。4为备用松闸手柄。这种制动器宽度小，动作灵敏，松闸器连同主弹簧可整个装拆，组装性好，维修方便，常用于电梯等升降设备中。

制动转矩大的大型制动器一般都具有质量大、结构和杆系复杂、调整维修较困难等特点。图15.3-9所示为液压驱动的大型制动瓦组件。瓦块5水平移动，上有导引部分2，机体4上有滑槽3，主弹簧组6的张力使瓦块紧闸。由机体上的液压缸7和活塞8松闸。主弹簧组6的张力通过液压缸1调整。

制动瓦块组件成对使用，并由同一液压系统供油，以保证工作同步。采用高压油（压力达36MPa）时液压缸小，用油量少。这种装置排除了杠杆系统刚度对制动性能的影响，动作快，在大型、大转矩制动器中此优点颇为显著，但需有一套高压供油系统。

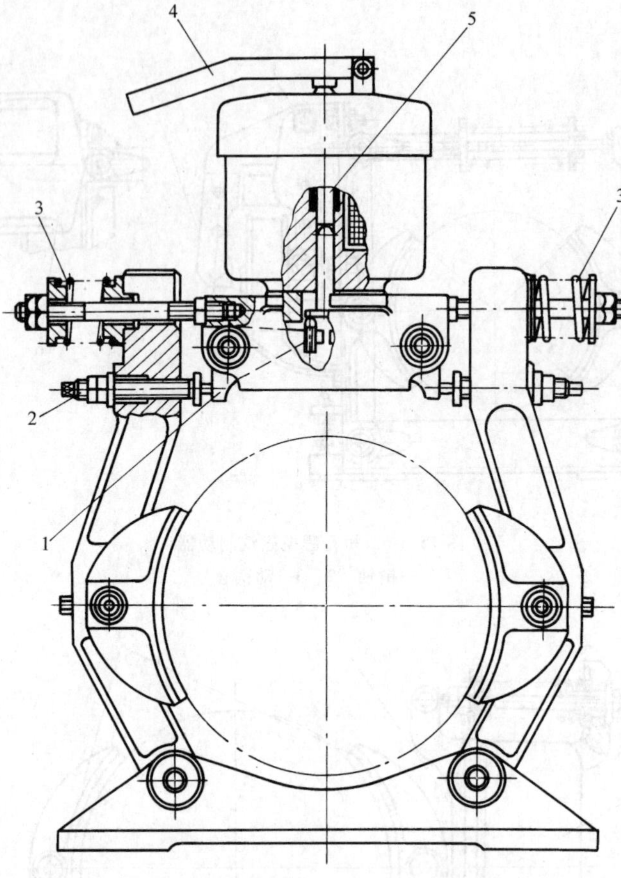

图 15.3-8　短行程直流电磁铁块式制动器
1—直角杠杆　2—调整螺钉　3—弹簧　4—手柄　5—动铁心

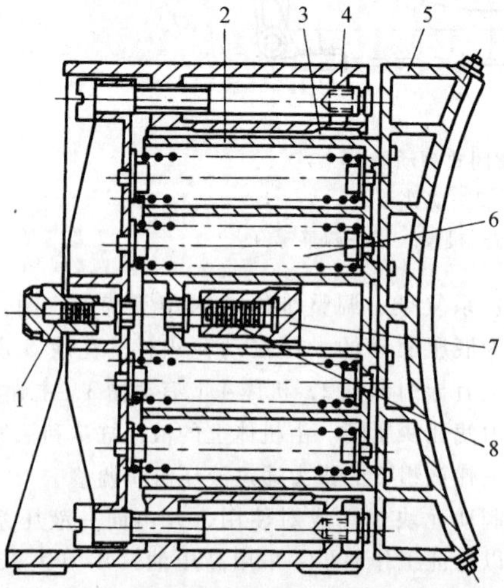

图 15.3-9　液压驱动的大型制动瓦组件
1、7—液压缸　2—导引部分　3—滑槽　4—机体
5—瓦块　6—主弹簧组　8—活塞

3.2　外抱式制动器的类型、特点和应用

外抱块式制动器（与带式制动器相比）的优点为：当制动臂为直杆时，制动转矩的大小与转向无关，制动时制动轮轴不受附加的弯曲作用力；但当制动臂为弯杆时，制动时将使制动轴轴承受附加的弯曲作用力；其次是易于调整制动瓦块与制动轮间的退距，制动瓦块摩擦衬片磨损比较均匀。其缺点是包角和制动转矩较小，杠杆系统较复杂。

常用外抱式制动器的类型、性能特点及应用见表 15.3-9。

3.3　设计计算

1）弹簧紧闸长行程块式制动器的设计计算见表 15.3-10~表 15.3-16。

2）弹簧紧闸短行程块式制动器的设计计算见表 15.3-17。

表 15.3-9　常用外抱式制动器的类型、特点及应用

制 动 器 类 型	特　　点	应 用 范 围
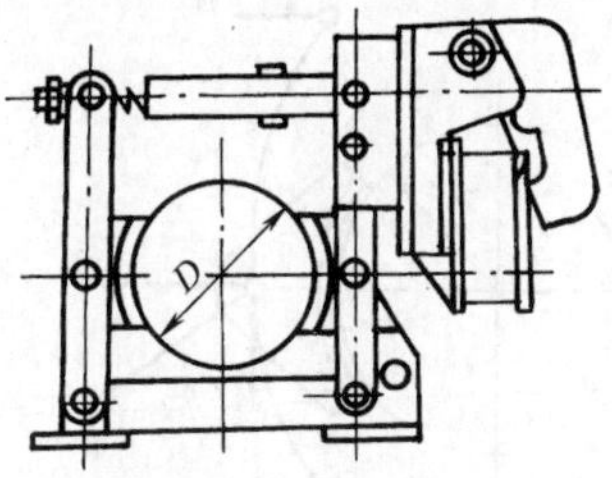 JWZ 短行程电磁铁制动器	结构简单，体积小，重量轻；冲击大，噪声大；起动电流大，有剩磁现象；使用寿命短；可靠性差	用于工作载荷较小的场合；大制动转矩（$D>315$mm 时）不能采用；无防爆型；在直流电源时，需变更电磁铁，可采用表 15.3-20~表 15.3-24 系列制动器；起升机构极少用
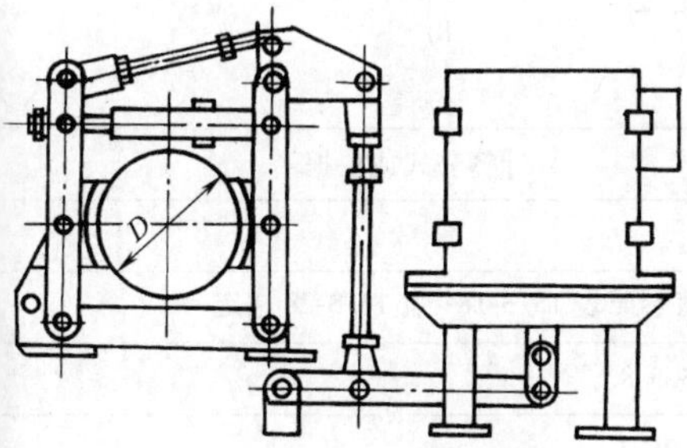 JCZ 型长行程电磁铁制动器	制动较快，剩磁小；结构复杂，外形尺寸及质量大，效率低；冲击大，噪声大；使用寿命不够长，每小时可接电 600 次	用于起升机构、操作不甚频繁的场合，现已很少采用；在直流电源时，需变更电磁铁，可采用表 15.3-20~表 15.3-24 系列制动器
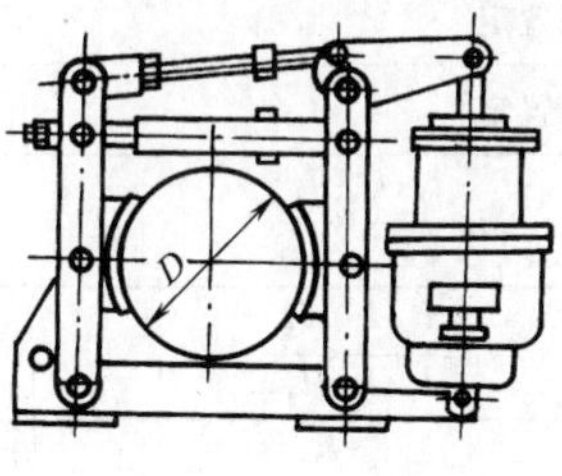 YDWZ 电磁液压制动器	动作平稳，无噪声，使用寿命较长；能自动补偿闸瓦磨损，不需经常调整及维护；电磁铁用直流电源。如为交流电源时，需增加硅整流器，成本较高，构造较复杂；精度较高，目前质量不够稳定；每小时可接电 900 次	用于工作要求较高的场合，起升、运行、旋转机构均适用
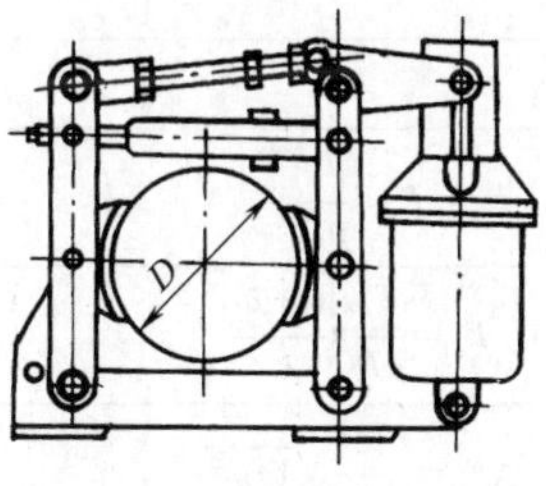 YWZ 电力液压双推杆制动器	动作平稳，使用寿命长；尺寸小，重量较轻；每小时可接电 720 次；无直流型，防爆困难	用于不需快速制动的场合，适于用在运行及旋转机构上
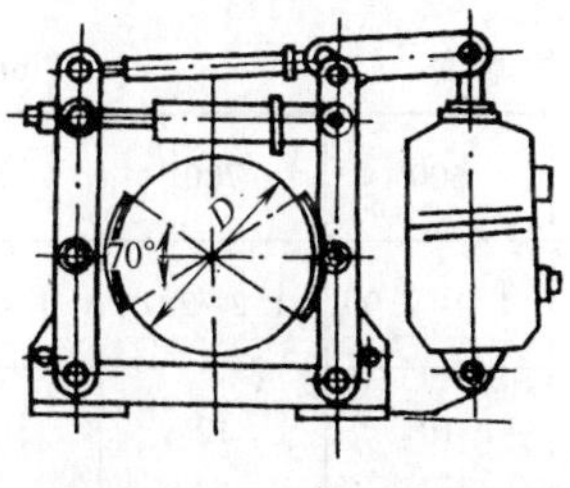 YWZ 电力液压单推杆制动器	动作平稳，无噪声，使用寿命长；尺寸小，重量轻；动作快，每小时可接电 2000 次。补偿型单推杆具有补偿由于制动瓦磨损退距增大的功能，不需经常调整；可调型单推杆，上升、下降时间可调，其范围为 0.5~10s，安全可靠	用于工作要求高的场合，起升、运行、旋转及变幅机构均适用

表 15.3-10 长行程块式制动器的计算数据和公式

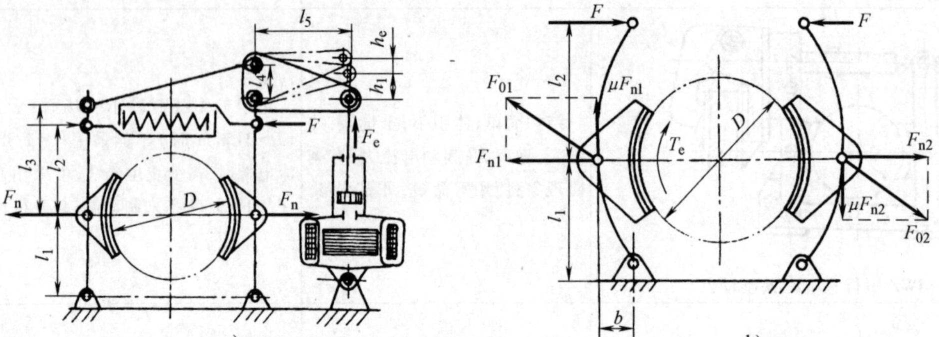

计　算　数　据		单　位	计算公式或依据
额定制动转矩 T_e(应等于计算制动转矩 T)		N·m	给定值
制动轮直径 D		m	按 T_e 值参照表 15.3-18~表 15.3-28 选定
摩擦副间的摩擦因数 μ			见表 15.3-8
松闸装置到制动瓦间的效率 η			0.9~0.95
松闸装置额定推力 F_e		N	选定
松闸装置额定行程 h_e		mm	按选定的松闸装置定
松闸装置补偿行程 h_1		mm	按选定的松闸装置定
总杠杆比 i			$i=\frac{l_1+l_3}{l_1}\times\frac{l_3}{l_4}$
松闸装置到主弹簧的杠杆比 i_1			$i_1=\frac{l_1+l_3}{l_1+l_2}\times\frac{l_5}{l_4}$
弹簧到闸瓦的杠杆比 i_2			$i_2=\frac{l_1+l_2}{l_1}$
制动瓦块退距 ε		mm	见表 15.3-11
制动瓦允许磨损量 Δ		mm	根据要求
制动瓦块额定正压力 F_n	直形制动臂(见图 a)	N	$F_n=\frac{T_e}{\mu D}$
	弯形制动臂(见图 b)	N	$F_{n1}=\frac{T_e}{\mu D}\times\frac{l_1+\mu b}{l_1}$
弯形制动臂使制动轮轴产生的弯曲作用力 ΔF_0		N	$\Delta F_0=\frac{2T_e b}{Dl_1}\sqrt{1+\mu^2}$

表 15.3-11 块式制动器的制动瓦块退距和摩擦片厚度 (mm)

制动轮直径 D	100	200	300	400	500	600	700	800
制动瓦块退距 ε①	0.5~1.1	0.6~1.2	0.7~1.4	0.8~1.6	0.9~1.8	1.0~2.0	1.2~2.1	1.4~2.2
摩擦片厚度 δ	3	3	8	10	10	10	12	12

① ε 值中前一值是开始值，后一值是终止值，设计时应尽量靠近小值。

表 15.3-12　长行程块式制动器紧闸主弹簧的计算

计算内容	计算公式	单位	说明
额定工作力 F	$F=\dfrac{F_n}{i_2\eta'}$	N	K_h—行程使用系数，对电磁液压松闸器 $K_h=1$ 对其他松闸装置 $K_h=0.5\sim0.6$ L_0—主弹簧自由长度(mm) C—主弹簧刚度(N/mm) η'—弹簧到闸瓦间的传动效率 $\eta'=0.9\sim0.95$ i_1、i_2—见表 15.3-10
与闸瓦磨损量对应的弹簧伸长量 L'	当松闸装置有补偿行程时 $L'=0.95\dfrac{h_1}{i_1}$ 当利用额定行程 h_e 的一部分作为补偿行程时 $L'=0.95(1-K_h)\dfrac{h_e}{i_1}$	mm	
安装长度 L_1	$L_1=L_0-\left(\dfrac{F}{C}+L'\right)$	mm	
安装力 F_1	$F_1=F+CL'$	N	
最大工作力 F_{max}	$F_{max}=F+C\left(L'+\dfrac{K_h h_e}{i_1}\right)$	N	

表 15.3-13　采用不同松闸装置时制动器的动载系数

松闸装置	短行程电磁铁	长行程电磁铁	直流电磁铁	电磁液压推杆	电力液压推杆
动载系数 K	2.5	2.0	1.5	1.25	1.0

表 15.3-14　长行程块式制动器制动臂的计算

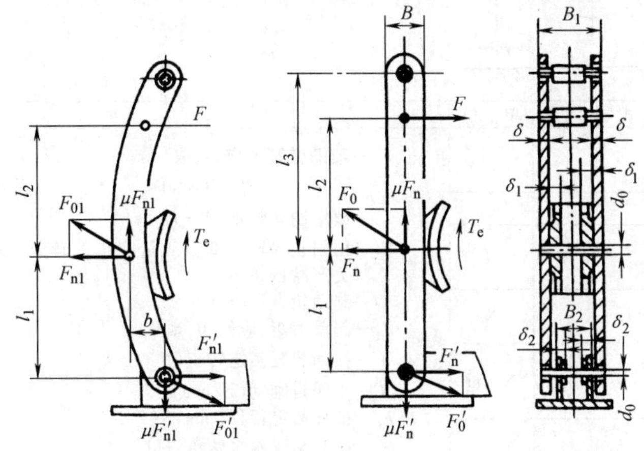

a)　　　b)

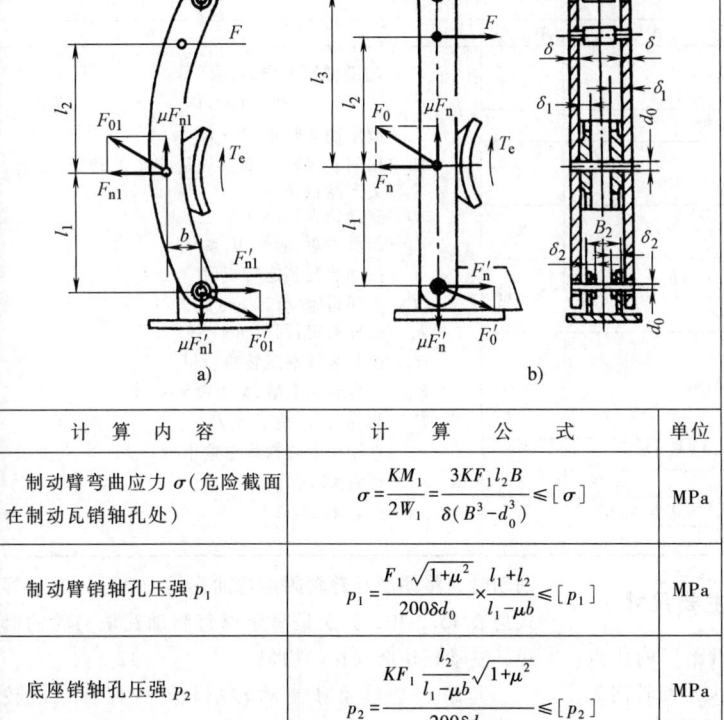

计算内容	计算公式	单位	说明
制动臂弯曲应力 σ(危险截面在制动瓦销轴孔处)	$\sigma=\dfrac{KM_1}{2W_1}=\dfrac{3KF_1l_2B}{\delta(B^3-d_0^3)}\leqslant[\sigma]$	MPa	M_1—弯矩(N·m) W_1—截面系数(cm³) K—动载系数(见表 15.3-13) F_1—安装力(见表 15.3-12) B—制动臂宽度(cm) δ—制动臂钢板厚度(cm) d_0—制动臂销轴孔径(cm) $[\sigma]$—许用弯曲应力 $[\sigma]=0.4R_{eL}$ 对于 Q235-A $[\sigma]=88$MPa $[p_1]$—许用静压强，对于 Q235-A $[p_1]=12\sim16$MPa $[p_2]$—许用动压强，对于 Q235-A $[p_2]=8\sim9$MPa
制动臂销轴孔压强 p_1	$p_1=\dfrac{F_1\sqrt{1+\mu^2}}{200\delta d_0}\times\dfrac{l_1+l_2}{l_1-\mu b}\leqslant[p_1]$	MPa	
底座销轴孔压强 p_2	$p_2=\dfrac{KF_1\dfrac{l_2}{l_1-\mu b}\sqrt{1+\mu^2}}{200\delta d_0}\leqslant[p_2]$	MPa	

表 15.3-15 长行程块式制动器制动瓦的计算（见表 15.3-10 图）

计算内容	计算公式	单位	说明
制动块摩擦面压强 p_3	$p_3=\dfrac{2F_1}{100DB_2\beta}\times\dfrac{l_1+l_2}{l_1-\mu b}\leqslant[p]$	MPa	D—制动轮直径(cm) δ_1—制动瓦销轴孔长(cm) B_2—制动瓦宽(cm) β—制动块包角(rad)，一般取 $\beta=70°$ 或 $88°$ $[p]$—许用压强(见表 15.3-8) d_0—制动瓦销轴孔径(cm) $[p_1]$—许用静压强(MPa)
制动瓦销轴孔压强 p_4	$p_4=\dfrac{KF_1\sqrt{1+\mu^2}}{200\delta_1 d_0}\times\dfrac{l_1+l_2}{l_1-\mu b}\leqslant[p_1]$	MPa	

表 15.3-16 弹簧紧闸长行程块式制动器松闸装置计算

计算内容	计算公式	单位	说明
起动力 F_g	$F_g=\dfrac{K_1F_1}{i_1\eta''}$	N	K_1—吸合安全系数，$K_1=1.1\sim1.2$(松闸振动大者取大值) K_2—吸持安全系数，$K_2=1.3\sim2.5$(振动大者取大值) F_1、F_{max}—见表 15.3-12 η''—松闸装置到主弹簧的效率，$\eta''=0.94\sim0.97$ ε—见表 15.3-11
保持力 F_b	$F_b=\dfrac{K_2F_{max}}{i_1\eta''}$	N	
行程 h	$h=2.2\varepsilon i\leqslant K_h h_e$	mm	

表 15.3-17 弹簧紧闸短行程块式制动器的设计计算

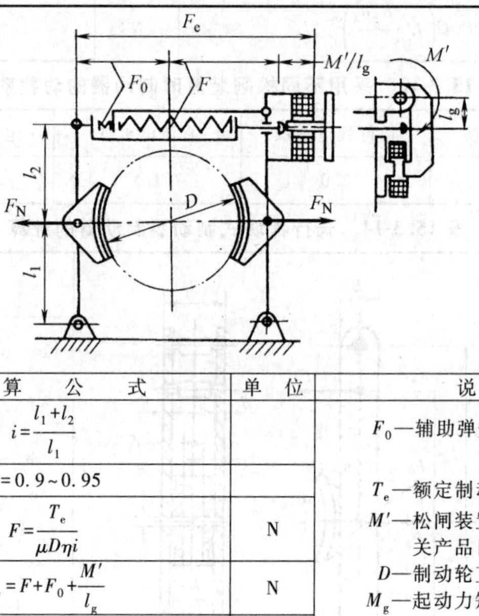

计算内容		计算公式	单位	说明
主弹簧	杠杆比 i	$i=\dfrac{l_1+l_2}{l_1}$		F_0—辅助弹簧工作力，取 $F_0=20\sim80\text{N}$ T_e—额定制动转矩(N·m) M'—松闸装置转动部分质量产生的转矩，见有关产品目录 D—制动轮直径(m) M_g—起动力矩，应使 $M_g\leqslant M'_g$ M'_g—松闸装置额定转矩(N·m) C—主弹簧刚度(N/mm) h_e—推杆额定行程(mm) φ_e—松闸装置额定转角(rad) K_h—行程利用系数，$K_h=0.5\sim0.6$ F_g—起动力，应使 $F_g\leqslant F_d$ F_d—直动式电磁铁额定输出力 K_1、K_2—见表 15.3-16 ε—见表 15.3-11
	传动效率 η	$\eta=0.9\sim0.95$		
	紧闸力 F	$F=\dfrac{T_e}{\mu D\eta i}$	N	
	额定工作力 F_e	$F_e=F+F_0+\dfrac{M'}{l_g}$	N	
转动式电磁铁	起动力矩 M_g	$M_g=\dfrac{F_e+0.95C(1-K_h)h_e}{\eta}\cdot l_g$	N·m	
	转角 φ	$\varphi=\dfrac{2.2\varepsilon i}{l_g}\leqslant K_h\varphi_e$	rad	
直动电磁铁	起动力 F_g	$F_g=\dfrac{K_1[F_e+0.95C(1-K_h)h_e]}{\eta}$	N	
	保持力 F_b	$F_b=K_2[F_e+C(0.95h_e+0.05K_h h_e)]$	N	
	行程 h	$h=2.2\varepsilon i\leqslant K_h h_e$	mm	

3.4 外抱式制动器的性能参数及主要尺寸

外抱块式制动器（与带式制动器相比）的优点为：当制动臂为直形杆时，制动转矩的大小与转向无关，制动时制动轮轴附加弯矩为零，但弯形制动臂在制动时，将使制动轮轴附加弯曲作用力 ΔF_0，其计算式见表 15.3-10；其次是易于调整制动瓦块与轮的退距，制动瓦块磨损比较均匀。

其缺点是包角和制动转矩较小，杠杆系统较复杂。

目前我国对于块式制动器的性能参数及主要尺寸已制定有标准，可供设计选用。

1）表 15.3-18 列出了电力液压鼓式制动器的形式、基本参数及尺寸。

2）表 15.3-19 列出了电磁鼓式制动器的形式、基本参数及尺寸。

3）表 15.3-20 列出了 TJ2A 型电磁鼓式制动器的主要性能及尺寸。电磁铁的基本参数见表 15.3-21。

4）表 15.3-22、表 15.3-23 分别为 ZWZ400～800 制动器的主要尺寸及性能。

5）表 15.3-24、表 15.3-25 分别为电力液压块式制动器的主要尺寸及技术性能。

6）表 15.3-26 列出了制动轮的形式、主要尺寸和基本参数。

表 15.3-18　电力液压鼓式制动器的形式、基本参数及公称尺寸（摘自 JB/T 6406—2006 及 JB/T 7021—2006）

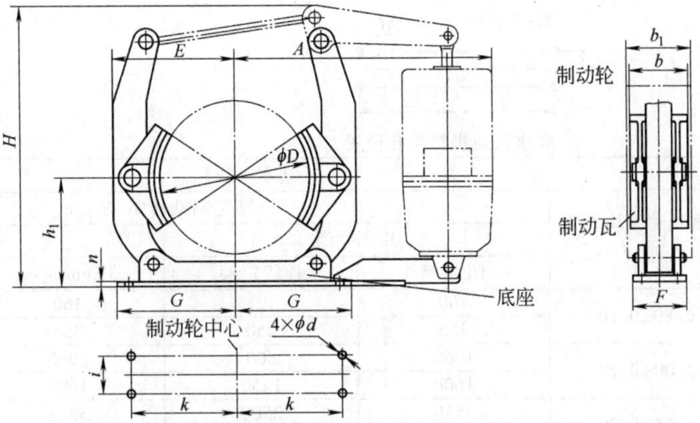

底座及地脚螺栓孔位置

基本参数

制动轮直径 D/mm	额定制动转矩 /N·m	推动器额定推力 /N	每侧制动瓦块额定退距/mm	制动轮直径 D/mm	额定制动转矩 /N·m	推动器额定推力 /N	每侧制动瓦块额定退距/mm	制动轮直径 D/mm	额定制动转矩 /N·m	推动器额定推力 /N	每侧制动瓦块额定退距/mm
160	100	220	1.00±0.10	315	560	500	1.25±0.15	500	4000	2000	1.25±0.15
200	140	220			900	800		630	2800	1250	1.60±0.20
	224	300		400	710	500			4500	2000	
250	200	220			1120	800			6300	3000	
	280	300			1800	1250		710	5300	2000	
	450	500		500	1600	800			8000	3000	
315	335	300	1.25±0.15		2500	1250		800	9000	3000	

制动轮直径 D/mm	公称尺寸/mm											
	h_1	b	b_1	k	i	$n\geqslant$	d	F	G	$A\approx$	$E\approx$	$H\approx$
160	132±0.6	65	70	130	55	6	14	90	150	410	135	400
200	160±0.6	70	75	145	55	8			165	450	165	490
250	190±1.2	90	95	180	65	10	18	110	200	540	200	570
315	230±1.2	110	118	220	80			125	245	590	245	600
400	280±1.5	140	150	270	100	12	22	150	300	680	300	790
500	340±1.5	180	190	325	130	16		180	365	760	365	845
630	420±2.0	225	236	400	170	20	27	230	450	860	450	1020
710	470±2.0	255	265	450	190			250	500	930	510	1100
800	530±2.0	280	310	520	210	22		280	570	985	580	1200

表 15.3-19　电磁鼓式制动器的形式、基本参数及尺寸（摘自 JB/T 7685—2006）

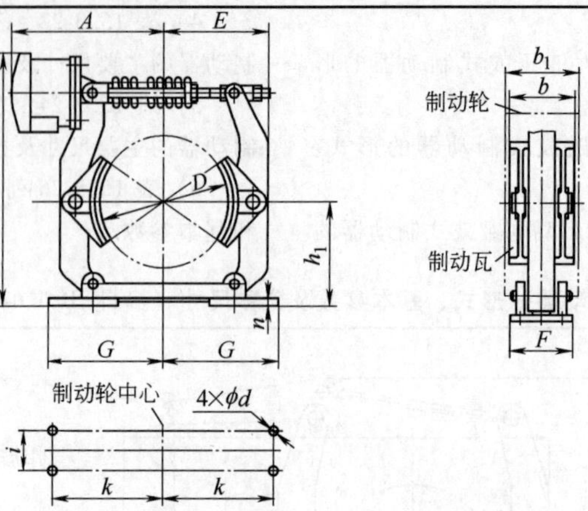

底座及地脚螺栓孔位置

制动轮直径 D/mm	每侧制动瓦块退距 /mm	基本参数 额定制动转矩/N·m 并励 1h 定额	并励 连续定额	串励 30min 定额	串励 1h 定额
200	0.80±0.10	160	125	160	100
250		355	250	355	225
315	1.00±0.20	1060	800	1060	630
400		1600	1250	1600	1000
500	1.25±0.30	3550	2500	3550	2000
630		6700	5000	6700	4000
710	1.60±0.40	8500	6300	8500	5400
800		12500	9500	12500	8000

制动轮直径 D/mm	基本参数 每侧制动瓦块退距 /mm	基本参数 额定制动转矩 /N·m	制动轮直径 D /mm	基本参数 每侧制动瓦块退距 /mm	基本参数 额定制动转矩 /N·m
160	1.00±0.10	40	400	1.25±0.30	1600
		63	500		1250
200		80			2000
		125			3150
		200	630	1.60±0.40	2500
250		160			4000
		250			6300
		400	710		4500
315	1.25±0.30	315			7100
		500			9000
		800	800		5000
400		630			8000
		1000			10000

制动轮直径 D/mm	公称尺寸/mm h_1	b	b_1	k	i	$n\geqslant$	d	F	G	$A\approx$	$E\approx$	$H\approx$
160	132±0.6	65	70	130	55	6	14	90	150	280	165	380
200	160±0.6	70	75	145	55	8			165	325	210	455
250	190±1.2	90	95	180	65	10	18	110	200	370	246	530
315	230±1.2	110	118	220	80			125	245	410	306	630
400	280±1.5	140	150	270	100	12	22	150	300	535	380	780
500	340±1.5	180	190	325	130	16		180	365	630	440	890
630	420±2.0	225	236	400	170	20	27	230	450	725	460	1000
710	470±2.0	255	265	450	190			250	500	815	535	1120
800	530±2.0	280	310	520	210	22		280	570	890	642	1230

注：制动器连接尺寸和几何公差应符合 JB/T 7021—2006 的规定，外形尺寸由制造商自行确定或由供需双方协商确定。

表 15.3-20　TJ2A 型电磁鼓式制动器主要性能及尺寸

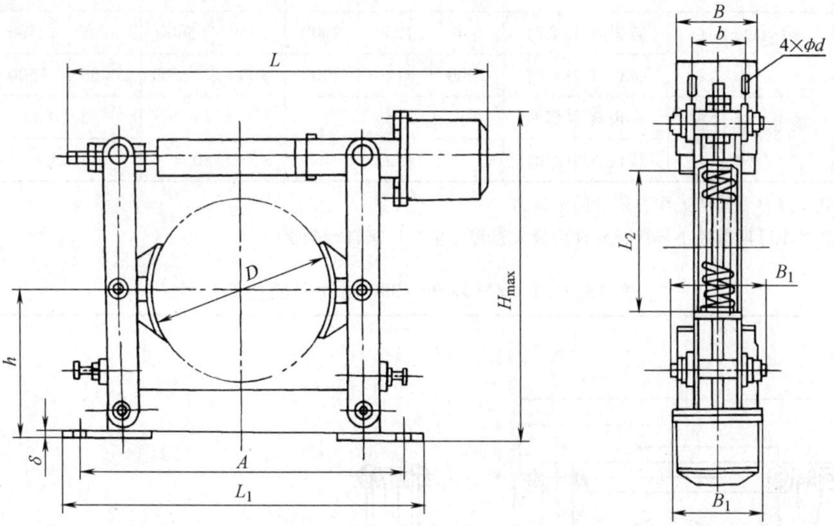

标记示例：

制动轮直径 100mm 的 TJ2A 型电磁鼓式制动器标记为：

制动器 TJ2A-100

制动轮直径 300mm，配 MZDA200 电磁铁的 TJ2A 型电磁鼓式制动器标记为：

制动器 TJ2A-300/200

主　要　性　能

制动器型号	制动轮直径 /mm	瓦块退距 /mm	额定制动转矩 /N·m	配用电磁铁					
				型号	额定行程 /mm	(吸持力/N)/(起动力/N)	(起动电流/A)/(持续电流/mA)	操作频率/(次/h)	通电持续率(%)
TJ2A-100	100	0.6	200	MZDA/100	3~5	320/250	3/20	1200	0~100
TJ2A-200/100	200	0.6	400	MZDA/100	3.2~7	320/250	3/20	1200	0~100
TJ2A-200	200	0.6	1600	MZDA/200	3.2~7	160/1250	3/20	1200	0~100
TJ2A-300/200	300	0.8	2400	MZDA/200	3.2~7	1600/1250	3/20	1200	0~100
TJ2A-300	300	0.8	5000	MZDA/300	3.2~7	3150/2500	3/20	1200	0~100

制动器型号	尺寸/mm										质量 /kg
	D	h	A	b	d	L	L_1	B	B_1	L_2	H_{max}	
TJ2A-100	100	100	230	40	13	320	260	70	110	90	245	9.0
TJ2A-200/100	200	170	380	60	17	500	420	90	126	90	390	21
TJ2A-200	200	170	380	60	17	520	420	90	126	125	400	32
TJ2A-300/200	300	240	540	80	21	650	580	120	160	125	535	59
TJ2A-300	300	240	540	80	21	670	580	120	160	150	545	82

注：只用于旧设备维修，新设计中不得选用。

表 15.3-21　电磁铁的基本参数

电磁铁基本参数	制动器规格		160	200	250	315	400	500	630	710	800
	额定吸持力 /N	装设在上部时	800	1250	2000	3150	5000	8000	12500	16000	20000
		装设在中部时	2000	3150	5000	8000	12500	20000	31500	40000	50000
	额定工作行程 /mm	装设在上部时	3.55			4.25		5.00		6.00	
		装设在中部时	1.25			1.80		2.24		2.80	

注：1. 额定吸持力为基准工作方式时的吸持力。
2. 额定工作行程指最小行程，允许的最大行程由生产厂家自行确定。

表 15.3-22　ZWZ400~800 制动器的主要尺寸　（mm）

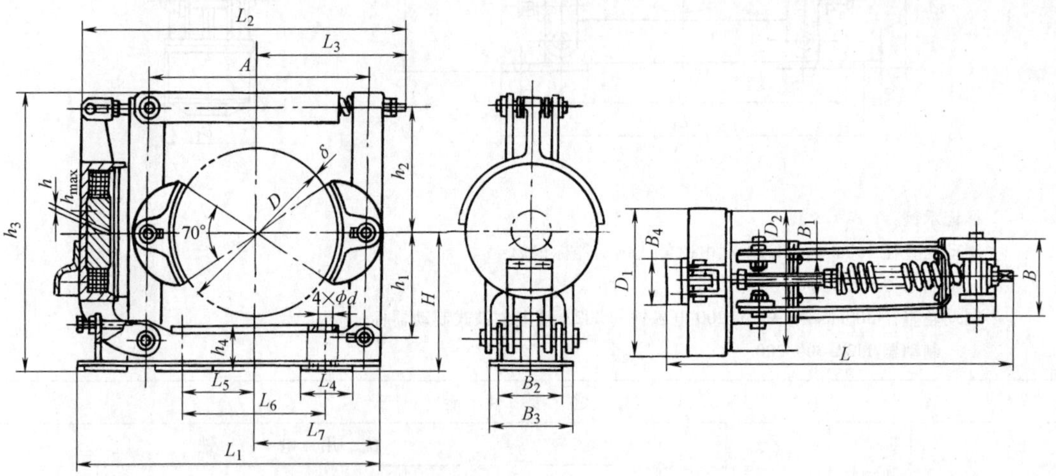

尺寸	制动器型号					尺寸	制动器型号				
	ZWZ400	ZWZ500	ZWZ600	ZWZ700	ZWZ800		ZWZ400	ZWZ500	ZWZ600	ZWZ700	ZWZ800
D	400	500	600	700	800	L_5	170	205	250	305	350
B	180	200	240	280	320	L_6	340	410	500	610	700
δ	8	8	8	8	8	L_7	305	375	455	515	590
H	320	400	475	550	600	B_1	90	100	126	150	180
A	520	640	780	890	1020	B_2	150	172	210	248	278
h_1	250	315	380	430	480	B_3	170	190	230	270	300
h_2	300	375	420	495	580	B_4	150	150	150	150	150
h_3	670	825	965	1115	1250	D_1	≈330	≈410	≈470	≈560	≈615
h_4	90	115	140	172	176	D_2	315	400	460	540	610
L	≈915	≈1040	≈1263	≈1395	≈1555	d	28	28	41	41	41
L_1	720	845	1020	1140	1290	h	2	2.3	2.7	3	3.3
L_2	830	950	1153	1285	1445	h_{max}	3	3.5	4	4.5	5
L_3	388	450	560	628	690	质量/kg	168	237.5	389	598.5	794.4
L_4	100	120	160	160	160						

表 15.3-23　ZWZ400～800 制动器的性能

性能				ZWZ400	ZWZ500	ZWZ600	ZWZ700	ZWZ800
制动转矩/N·m	通电持续率	25%	线圈并联	1500	2500	5000	8000	12500
			线圈串联 额定电流 60%	1500	2500	5000	8000	12500
			线圈串联 额定电流 40%	900	1500	3000	4800	7500
		40%	线圈并联	1200	1900	3550	5750	9100
			线圈串联 额定电流 60%	1200	1900	3550	5750	9100
			线圈串联 额定电流 40%	550	1000	2050	3250	5550
		100%	线圈并联	550	850	1550	2800	4400
制动瓦块最大退距/mm				1.5	1.75	2.0	2.25	2.5

主弹簧安装要求

ZWZ400 制动转矩/N·m	ZWZ400 安装力/N	ZWZ400 安装长度/mm	ZWZ500 制动转矩/N·m	ZWZ500 安装力/N	ZWZ500 安装长度/mm	ZWZ600 制动转矩/N·m	ZWZ600 安装力/N	ZWZ600 安装长度/mm	ZWZ700 制动转矩/N·m	ZWZ700 安装力/N	ZWZ700 安装长度/mm	ZWZ800 制动转矩/N·m	ZWZ800 安装力/N	ZWZ800 安装长度/mm
1500	4350	218	2500	6030	252	5000	11000	334	8000	14000	340	12500	18600	480
1200	3600	234	1900	4550	277	3550	7760	390	5750	10000	392	9100	13600	544
900	2700	253	1500	3600	293	3000	6560	410	4800	8400	413	7500	11200	574
550	1650	274	1000	2400	313	2050	4500	444	3250	5700	450	5550	8200	612
—	—	—	850	2040	319	1550	3400	462	2800	4900	460	4400	6550	634

线圈种类 \ 名称 \ 型号		ZWZ400 电压/V	ZWZ400 通电持续率(%)	ZWZ400 附加电阻型号	ZWZ500 电压/V	ZWZ500 通电持续率(%)	ZWZ500 附加电阻型号	ZWZ600 电压/V	ZWZ600 通电持续率(%)	ZWZ600 附加电阻型号	ZWZ700 电压/V	ZWZ700 通电持续率(%)	ZWZ700 附加电阻型号	ZWZ800 电压/V	ZWZ800 通电持续率(%)	ZWZ800 附加电阻型号
并联线圈技术数据	Ⅰ	110	25	—	110	25	—	110	25	—	110	25	—	110	25	—
			40	ZF1-4		40	ZF1-4		40	ZF1-4		40	ZF2-3		40	ZF2-3
			100	ZF1-4		100	ZF1-4		100	ZF2-3		100	ZF2-3		100	ZF2-3
		220	25	ZF2-6	220	25	ZF2-6	220	25	ZF2-6	220	25	ZF3-1	220	25	ZF3-1
			40	ZF2-6		40	ZF2-6		40	ZF2-6		40	ZF3-1		40	ZF3-1
			100	ZF2-3		100	ZF2-3		100	ZF2-6		100	ZF2-6		100	ZF3-1
		440	25	ZF3-1	440	25	ZF3-1	440	25	ZF3-2	440	25	ZF3-2	440	25	ZF3-2
			40	ZF3-1		40	ZF3-1		40	ZF3-1		40	ZF3-1		40	ZF3-2
			100	ZF2-6		100	ZF3-1		100	ZF3-1		100	ZF3-1		100	ZF3-2

线圈种类 \ 名称 \ 型号		ZWZ400			ZWZ500			ZWZ600			ZWZ700			ZWZ800		
		额定电流/A														
		通电持续率														
		15%	25%	40%	15%	25%	40%	15%	25%	40%	15%	25%	40%	15%	25%	40%
串联线圈技术数据	Ⅱ	96.5	75	59	201	156	123	209	162	128	302	234	185	595	460	363
	Ⅲ	139	108	85.5	316	245	193	300	233	184	715	555	438	1355	1050	830
	Ⅳ	192	149	118	495	383	302	510	395	312	1175	910	720	—	—	—
	Ⅴ	231	179	141	—	—	—	630	490	387	—	—	—	—	—	—
	Ⅵ	268	208	164	—	—	—	—	—	—	—	—	—	—	—	—
	Ⅶ	346	268	212	—	—	—	—	—	—	—	—	—	—	—	—

注：1. 标记示例：ZWZ500-Ⅱ制动器，ZWZ—直流瓦块电磁制动器；500—制动轮直径（mm）；Ⅱ—第Ⅱ类线圈。

2. 允许接电次数：720 次/h。

3. 适用于旧设备维修，新设计中不得选用。

表 15.3-24　YWZ100～800 电力液压块式制动器的主要尺寸　　(mm)

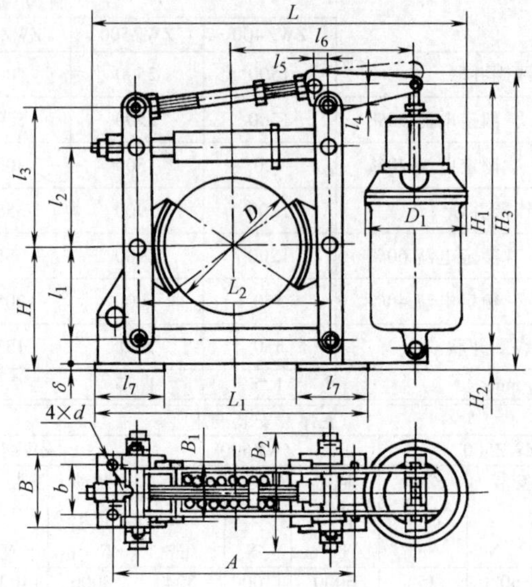

制动器型号	主要尺寸																						
	D	H	A	b	d	δ	L	L_1	L_2	B	B_1	B_2	l_1	l_2	l_3	l_4	l_5	l_6	l_7	D_1	H_1	H_2	H_3
YWZ100/18	100	100	220	40	13	6	372	250	160	75	70	110	70	110	150	30	5	175	75	137	282	18	225
YWZ200/25	200	170	350	60	17	8	545	390	280	100	90	126	135	145	200	25	10	270	100	154	380	25	440
YWZ300/25	300	240	500	80	22	10	725	550	400	130	140	165	190	210	280	30	17	370	150	154	380	170	586
YWZ300/45	300	240	500	80	22	10	740	550	400	130	140	165	190	210	280	30	17	370	150	178	490	60	592
YWZ400/45	400	320	650	130	22	12	920	700	530	180	180	210	245	260	340	35	20	475	160	178	490	205	735
YWZ400/90	400	320	650	130	22	12	935	700	530	180	180	210	245	260	340	35	20	475	160	210	610	85	740
YWZ500/90	500	400	760	150	22	16	1108	810	640	200	200	250	320	335	420	40	30	560	180	210	610	225	885
YWZ600/180	600	475	950	170	26	18	1330	1000	780	220	240	305	380	420	530	42	35	700	250	254	843	162	1110
YWZ700/180	700	550	1080	200	34	25	1662	1150	900	270	280	390	430	480	600	40	55	830	260	254	840	310	1225
YWZ800/180	800	600	1240	240	34	25	1816	1334	914	320	320	390	480	620	755	47	57	917	310	254	829	526	1464
YWZ800/320	800	600	1240	240	34	25	1876	1334	1034	320	320	436	480	545	680	47	57	917	310	375	887	380	1390

表 15.3-25　YWZ100～800 电力液压块式制动器的技术性能

制动器型号	制动轮直径 D /mm	制动转矩 /N·m	制动瓦块退距 /mm	电力液压推动器						质量 /kg
				型号	额定推力 /N	工作行程 /mm	补偿行程 /mm	电动机功率 /kW	质量 /kg	
YWZ100/18	100	40	0.6	YT1-18	180	13	7	0.06	9.8	17.3
YWZ200/25	200	200	0.7	YT1-25	250	20	15	0.06	21	42.7
YWZ300/25	300	320	0.7	YT1-25	250	20	15	0.06	21	71.4
YWZ300/45	300	630	0.7	YT1-45	450	20	25	0.12	25	76.6
YWZ400/45	400	1000	0.8	YT1-45	450	20	25	0.12	25	127.3
YWZ400/90	400	1600	0.8	YT1-90	900	25	50	0.25	45	148.6
YWZ500/90	500	2500	0.8	YT1-90	900	25	50	0.25	45	201.6
YWZ600/180	600	5000	0.8	YT1-180	1800	42	70	0.40	75	415.7
YWZ700/180	700	8000	0.8	YT1-180	1800	40	72	0.40	75	558.7
YWZ800/180	800	10000	0.8	YT1-180	1800	56	58	0.40	75	618.8
YWZ800/320	800	12500	0.9	YT1-320	3200	48	65	1.10	150	885

注：1. 标记示例：YWZ200/25 制动器，YWZ—电力液压推杆制动器；200—制动轮直径（mm）；25—电力液压推动器推力 250N。

2. 适用于老设备维修，新设计中不得采用。

表 15.3-26　制动轮的形式、主要尺寸和基本参数（摘自 JB/ZQ 4389—2006）　（mm）

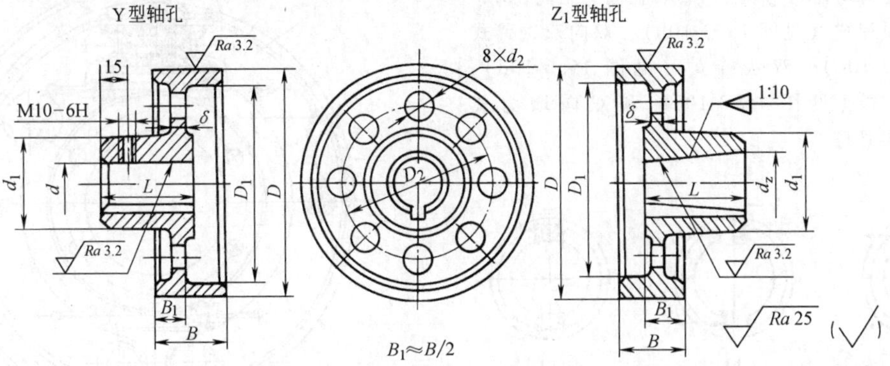

D	Y 型 轴 孔		Z₁ 型 轴 孔		B	D_1	D_2	d_1	d_2	δ	转动惯量 J/kg · m²	质量 /kg
	d	L	d_z	L								
100	25、28	62	25、28	44	70	84	—	65	—	8	0.0075	3.0
	30、32、35	82	30、32、35	60								
160	25、28	62	25、28	44	70	145	105	65	30	8	0.03	5
	30、32、35	82	30、32、35	60								
200	25、28	62	30、32、35、38	60	85	180	140	100	30	8	0.20	10.0
	30、32、35、38	82										
	40、42、45、48、50、55	112	40、42、45、48、50、55	84								
250	30、32、35、38	82	30、32、35、38	60	105	220	168	115	40	8	0.28	18.0
	40、42、45、48、50、55	112	40、42、45、48、50、55	84								
	60	142	60	107								
315 (300)	40、42、45、48、50、55	112	60、65、70、75	107	135	290 (275)	200	120	55	8	0.60	24.5
	60、65	142										
400	60、65、70、75	142	60、65、70、75	107	170	370	275	175	70	12	0.75	60.7
	80、85	172	80、85、90、95	132								
			100、110	167								
500	80、85、90、95	172	75	107	210	465	340	210	90	14	2.0	100.6
	100、110	212	80、85、90、95	132								
			100、110、120	167								
			130	202								
630 (600)	90、95	172	90、95	132	265	595 (565)	390	210	120	16	5.0	132.1
	100、110	212	100、110、120	167								
			130	202								
710 (700)	100、110、120	212	110、120	167	300	670 (660)	435	210	130	18	10	183.4
	130	252	130	202								
800	130、140、150	252	130、140、150	202	340	760	495	230	140	18	16.75	230.9

注：1. 括号内的制动轮直径，不推荐使用。

2. 各厂自制、西安重型机器研究所供图。

3. 标记示例：制动轮 200-Y60，200—制动轮直径（mm）；Y—圆柱形轴孔；60—轴孔直径（mm）。

4. 技术要求：轮缘表面淬火硬度 35～45HRC，深度为 2～3mm；
材料：$D \leqslant 200$mm 者为 45 钢：$D \geqslant 250$mm 者为 ZG340—570；
键槽形式与尺寸应符合 GB/T 3852—2008 的规定。

4　内张式制动器

内张式制动器主要由制动鼓、制动蹄和驱动装置组成，蹄片装在制动鼓内。这种制动器结构紧凑，密封容易，可用于安装空间受限制的场合。各种车辆行驶时为了降低车速和停车，广泛采用装在车轮内的蹄式制动器。这种制动器一般都是常开操纵式制动器。

4.1　种类与结构型式

内张式制动器有双蹄、多蹄和软管多蹄等形

式，其中双蹄式应用较广。按照制动蹄的属性分类，双蹄式制动器可分为：领从蹄式（见图 15. 3-10a）、双领蹄式（见图 15. 3-10b）、双向双领蹄式（见图 15. 3-10c）、双从蹄式（见图 15. 3-10d）、单向增力式（见图 15. 3-10e）和双向增力式（见图 15. 3-10f）。

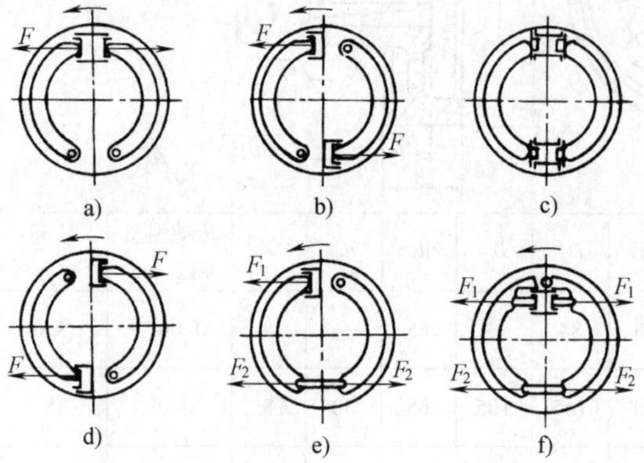

图 15. 3-10 双蹄式制动器示意图

1）领从蹄式双蹄式制动器的结构如图 15. 3-11 所示。两个固定支承销 4 将制动蹄 1 和 3 的下端铰接安装。制动分泵 2 是双向作用的。制动时，分泵压力 F 使制动蹄 1 和 3 压紧制动鼓，从而产生制动转矩。制动鼓正反转效果相同，操纵系统比较简单。

2）双领蹄式双蹄式制动器的结构如图 15. 3-12 所示。这种制动器结构较简单，磨损均匀，但反转时，变为双从蹄式双蹄式制动器（见图 15. 3-10d），制动效果不相同。一般只用于单向制动。

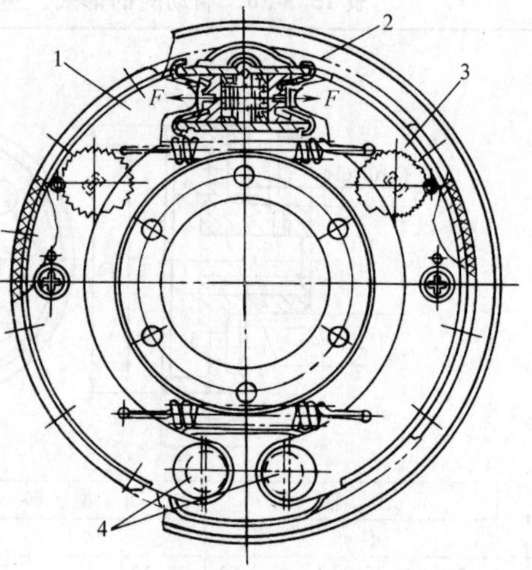

图 15. 3-11 领从蹄式双蹄式制动器的结构
1、3—制动蹄 2—制动分泵 4—支承销

3）双向双领蹄式双蹄式制动器的结构如图 15. 3-13 所示。两蹄支承在浮动式支承上，正反转时均为领蹄，双向制动效果相同，但需要两个双向分泵。结构较复杂，衬片磨损后调整较麻烦。

4）增力式双蹄式制动器分为单向增力式及双向增力式两种。图 15. 3-14 所示为双向增力式双蹄式制动器的结构。制动蹄 3 和 5 用可调顶杆 4 相连接组成浮动系统。拉紧弹簧 6 将浮动组件与支承销 1 压紧。制动缸 2 工作时，两蹄张开压紧鼓后则随鼓转动，当蹄端接触支承销 1 时即起制动作用。正反转时其增力作用相同。

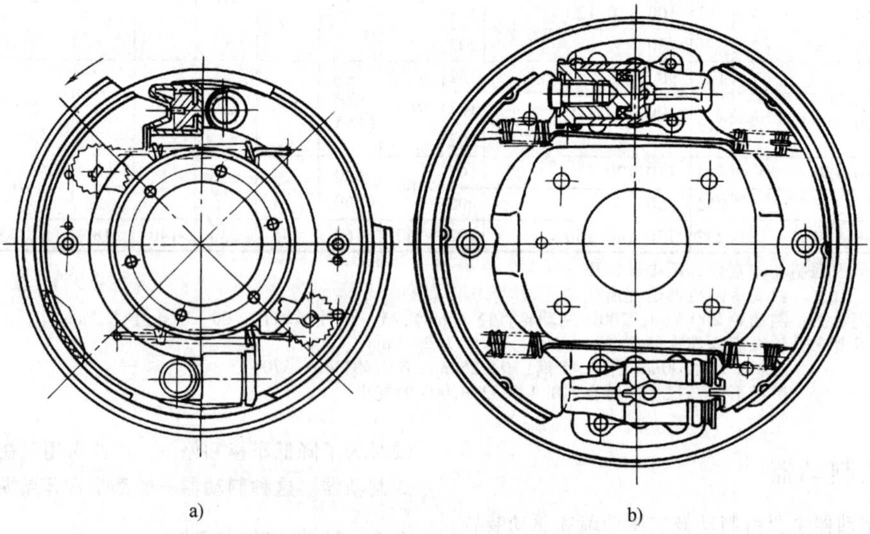

图 15. 3-12 双领蹄式双蹄式制动器的结构
a）支点固定 b）支点浮动

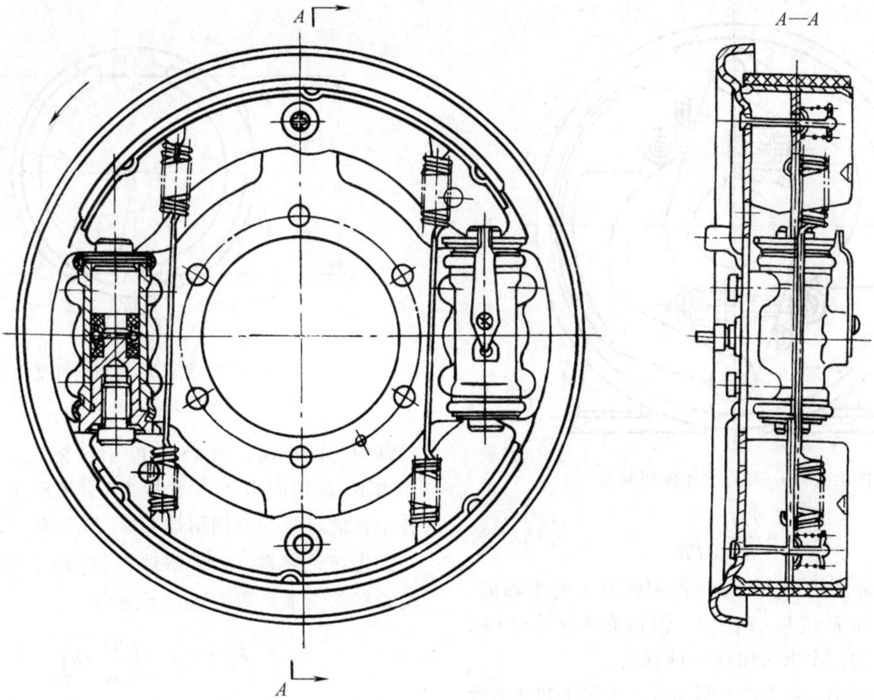

图 15.3-13　双向双领蹄式双蹄式制动器的结构

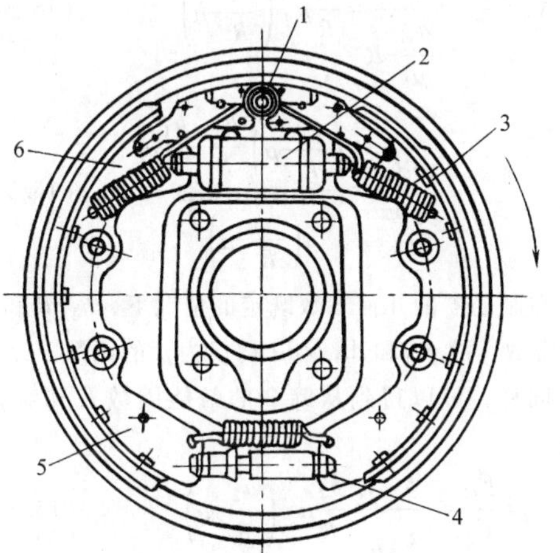

图 15.3-14　双向增力式双蹄式制动器的结构
1—支承销　2—制动缸　3、5—制动蹄
4—可调顶杆　6—拉紧弹簧

5）软管多蹄式制动器。图 15.3-15 所示为软管多蹄式制动器示意图。在固定盘 3 上装有软管 1 及摩擦块 2。软管充气或充油时，摩擦块压紧制动鼓起制动作用。

这种制动器结构紧凑，质量小，制造简单，工作平稳，间隙不需调整。制动蹄与制动鼓的接触范围大（可达 360°），对制动蹄与制动鼓间的同心度要求不高。但动作慢，耗气量大。

此外还有用于控制速度的离心式速度控制器，如

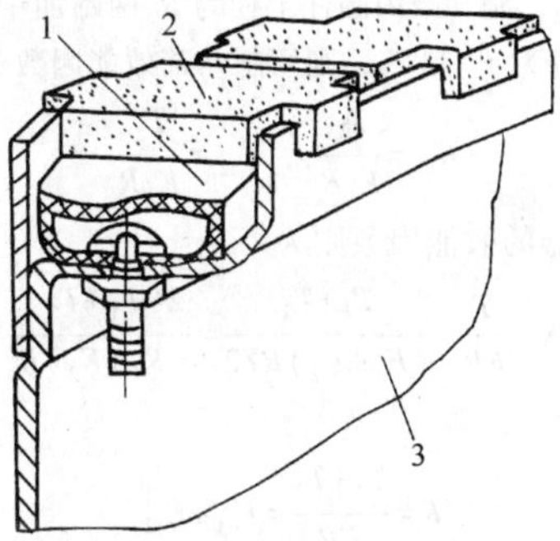

图 15.3-15　软管多蹄式制动器示意图
1—软管　2—摩擦块　3—固定盘

图 15.3-16 所示。调节弹簧的压力可限定欲控制的转速。

4.2　设计的一般原则

为使车辆（如汽车等）能更好地符合使用要求，设计蹄式制动器时，应全面考虑如下几个问题。

（1）制动器效能

制动器在单位输入压力或力的作用下所输出的力或转矩称为制动器效能。在评比不同结构型式的制动器效能时，常用制动器效能因数评比，它定义为在制动鼓作用半径 R 上的摩擦力与输入力之比。

设制动器输出的制动转矩为 T，则在制动鼓的作用半径 R 上的摩擦力为 T/R，故制动器效能因数为

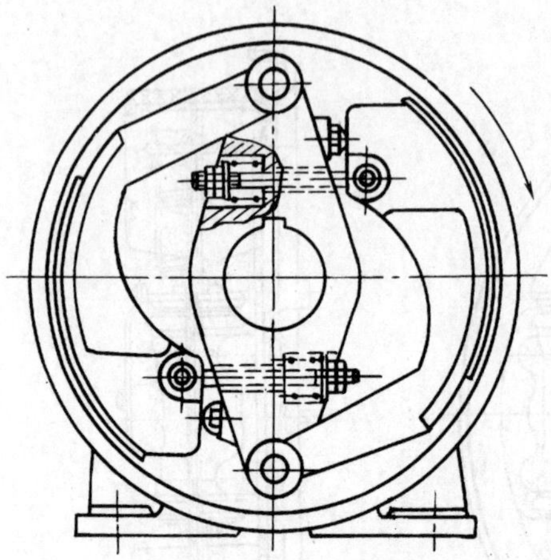

图 15.3-16　离心式速度控制器

$$K=\frac{T/R}{F}=\frac{T}{FR} \tag{15.3-8}$$

式中　F——输入力，多取输入两蹄张开力的平均值，即 $F=(F_1+F_2)/2$，但也有取 $F=F_1+F_2$ 的，本书采用前一种算法。

内张式制动器一般有两个制动蹄，为了求制动器效能因数,需先求出各蹄的效能因数。设两蹄上张开力各为 F_1 和 F_2，制动鼓内圆柱半径为 R,两蹄加于制动鼓的制动转矩各为 T_1 和 T_2，则两制动蹄效能因数分别为

$$K_{t1}=\frac{T_1}{F_1R},\quad K_{t2}=\frac{T_2}{F_2R}$$

整个制动器的效能因数则为

$$K=\frac{T}{FR}=\frac{T_1+T_2}{(F_1+F_2)R/2}=\frac{2(T_1+T_2)}{(F_1+F_2)R}$$

若 $F_1=F_2=F$，则

$$K=\frac{T_1+T_2}{FR}=K_{t1}+K_{t2} \tag{15.3-9}$$

内张式制动器效能因数的计算比较复杂，将在后面给出计算公式。此处可以就最普通的一种内张式制动器，并利用大大简化了的受力示意图（见图 15.3-17），来简要介绍一下制动蹄效能因数与摩擦因数以及蹄的属性的关系。

设车辆前进时制动鼓旋转方向如图 15.3-17 中的箭头所示。领蹄 1 在张开力 F_1 作用下绕其支承点转动，转动方向与制动鼓方向相同，这种制动蹄称为领蹄。从蹄 2 在张开力 F_2 的作用下绕支承点做与制动鼓旋转方向相反的转动，这种制动蹄称为从蹄。相应地这种制动器称为领从蹄式制动器。

对蹄与鼓之间作用力的分布，其合力的大小、方向及作用点，严格说来，需要较精确地分析确定。但为简化分析起见，可假设该合力作用点位于制动鼓工作表面上，它与制动器中心的连线垂直于蹄支点与制动蹄中心的连线。图 15.3-17 中已将此合力分解为法向力 F_n 及切向力 F_t（摩擦力）。领蹄 1 和从蹄 2 的各个量的符号均分别附加下标“1”和“2”。

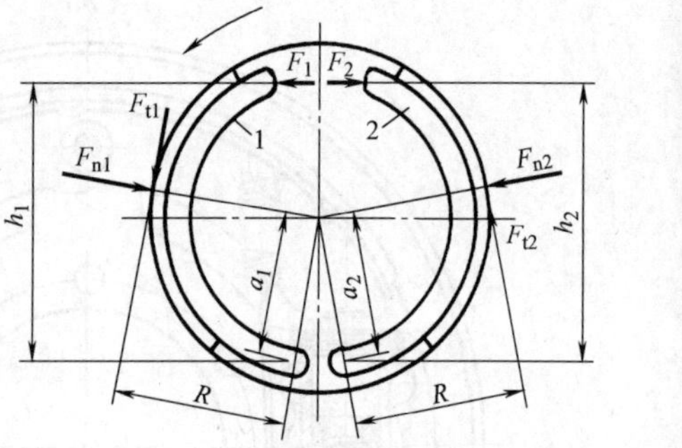

图 15.3-17　简化后的制动蹄受力图
1—领蹄　2—从蹄

先讨论领蹄 1。设摩擦因数为 μ，则 $F_{t1}=\mu F_{n1}$。绕领蹄的支承点取力矩，于是得

$$F_{t1}=F_1h_1\bigg/\left(\frac{a_1}{\mu}-R\right)$$

领蹄的效能因数及其对 μ 的导数为

$$K_{t1}=\frac{F_{t1}}{F_1}=\frac{h_1}{\dfrac{a_1}{\mu}-R}=\frac{h_1}{R}\mu\bigg/\left(\frac{a_1}{R}-\mu\right) \tag{15.3-10}$$

$$\frac{dK_{t1}}{d\mu}=\frac{\left(\dfrac{a_1}{R}-\mu\right)\dfrac{h_1}{R}+\dfrac{h_1}{R}\mu}{\left(\dfrac{a_1}{R}-\mu\right)^2} \tag{15.3-11}$$

在制动器的几何参数既定的情况下，h_1/R 和 a_1/R 为常数，故 K_{t1} 和 $dK_{t1}/d\mu$ 均仅为 μ 的函数。

同样，可以得到从蹄 2 的效能因数及其对 μ 的导数：

$$K_{t2}=\frac{F_{t2}}{F_2}=\frac{h_2}{\dfrac{a_2}{\mu}+R}=\frac{h_2}{R}\mu\bigg/\left(\frac{a_2}{R}+\mu\right) \tag{15.3-12}$$

$$\frac{dK_{t2}}{d\mu}=\frac{\left(\dfrac{a_2}{R}+\mu\right)\dfrac{h_2}{R}-\dfrac{h_2}{R}\mu}{\left(\dfrac{a_2}{R}+\mu\right)^2} \tag{15.3-13}$$

根据式（15.3-10）~式（15.3-13）做出的各蹄效能因数及其导数与摩擦因数的关系曲线见图 15.3-18、图 15.3-19（设 $h_1/R=h_2/R=1.5$，$a_1/R=a_2/R=0.7$）。

由式（15.3-10）~式（15.3-13）和图 15.3-18、图 15.3-19 可以看出，领蹄由于摩擦力对蹄支承点造成的力矩与张开力对蹄支承点的力矩同向，而具有较高的效能因数（一般在 $\mu=0.3\sim0.35$ 范围内，若 $F_1=$

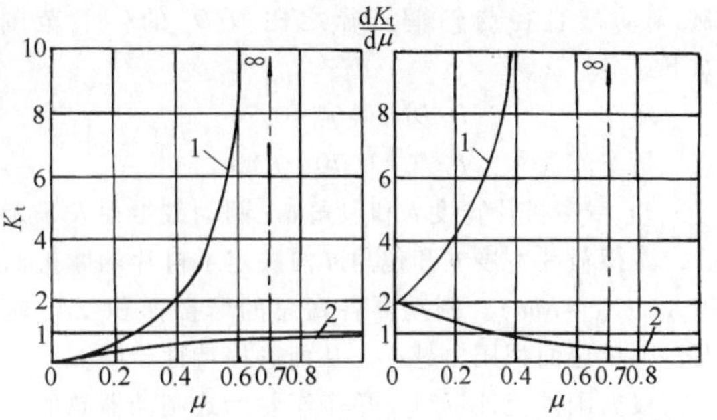

图 15.3-18　制动蹄效能因数及其导数与摩擦因数的关系
1—领蹄　2—从蹄

F_2，则领蹄的效能因数约为从蹄的 3 倍），并且随着 μ 的增大，效能因数 K_{t1} 及其导数 $dK_{t1}/d\mu$ 都急剧增长，这称为自行增势作用，因而领蹄也称增势蹄。当 μ 增大到一定值时（本例中 $\mu = a_1/R = 0.7$），K_{t1} 和 $dK_{t1}/d\mu$ 都趋于无限大。这意味着此时只要施加一个极小的张开力 F_1，制动转矩即将迅速增加到极大的数值，以致此后即使放开制动踏板，使 F_1 降为零，领蹄也不能回位，而是与制动鼓固着，保持制动状态，这种状态称为自锁。发生自锁后，只有使制动鼓倒转，方能撤除制动。

反之，就从蹄而言，虽然当 μ 增大时，其效能因数 K_{t2} 也增大，但 $dK_{t2}/d\mu$ 却减小。当 $\mu \to \infty$ 时，$K_{t2} \to 1$，而 $dK_{t2}/d\mu \to 0$，故从蹄具有减势作用，因而也称减势蹄。

（2）制动器效能的稳定性

制动器效能的稳定性主要取决于其效能因数 K 对摩擦因数 μ 的敏感性（$dK/d\mu$），而 μ 则是一个不稳定的因素。影响摩擦因数的因素主要是摩擦副表面温度和水湿程度，而其中经常起作用的则是温度，因而制动器的热稳定性更为重要。

由前分析可知，领蹄的效能因数大于从蹄，然而领蹄效能因数的稳定性却比从蹄的差。各种内张式双蹄制动器的效能因数取决于其两蹄的效能因数。要求制动的热稳定性好，除了应选择其效能因数对 μ 的敏感性较低的制动器形式外，还要求摩擦材料有较良好的抗衰退性和恢复性，并且应使制动鼓有足够的散热能力。

（3）制动器间隙调整的简便性

制动器间隙调整是汽车保养作业中较频繁的项目之一，故选择调整装置的结构型式和安装位置必须保证调整操作简便。当然最好采用自动调整装置。

（4）制动器的尺寸和质量

现代汽车由于车速逐渐提高，出于行驶稳定性的考虑，轮胎尺寸往往选择得较小，这样选择尺寸小而效能高的制动器形式更为必要。

装在车轮内的制动器属于非由弹簧承载的质量，故应尽可能减少其质量，以有助于车辆行驶的平稳性。

4.3　各类内张双蹄式制动器的比较

公称尺寸比例相同的各种内张双蹄式制动器的效能因数与摩擦因数的关系曲线如图 15.3-19 所示。由图可见，增力式制动器效能最高，双领蹄式次之，领从蹄式又次之，而双从蹄式的效能最低。但若就效能稳定性而言，各项排列正好相反，双从蹄式最好，增力式最差。

应当指出，双蹄式制动器的效能实际上并非单纯取决于理论的效能因数值，而是还受到其他因素的影响。例如，从蹄、鼓接触情况来看，当蹄与鼓仅在蹄的中部接触时，输出的制动转矩就小，而在蹄的端部和根部接触时，输出的制动转矩就大。而且制动器的效能因数越高，效能因数受接触情况的影响也越大，故正确的调整对高效能制动器尤为重要。

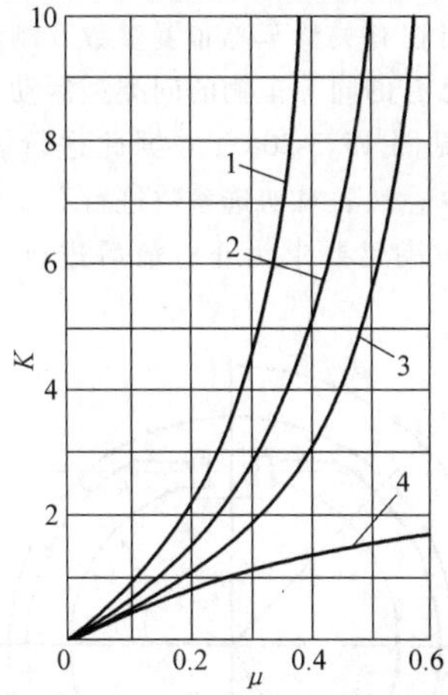

图 15.3-19　内张双蹄式制动器效能因数与摩擦因数的关系曲线
1—双向增力式　2—双领蹄式　3—领从蹄式
4—双从蹄式

双领蹄式制动器正向效能相当高，但倒车时则变为双从蹄式制动器，效能大降。双向双领蹄式制动器在顺倒车制动时性能不变。领从蹄式制动器的效能和稳定性都处于中游，然而顺倒车时制动的性能不变，构造简单，造价较低，现在仍然广泛用于中、重型货车的前、后轮，以及轿车后轮中。

在增力式制动器中，两蹄都是领蹄。次领蹄的轮缸张开力 F_1 的作用效果很小（见图 15.3-10f），或次领蹄上不存在轮缸张开力（见图 15.3-10e），然而由主领蹄的自行增势作用所造成的、且比主领蹄张开力 F_1 大得多的支点反力 F_2 传到次领蹄的下端时，成为次领蹄的张开力（或主要张开力），故次领蹄的制动转矩能大到主领蹄制动转矩的 2~3 倍。若两蹄的轮缸张开力均为 F，则两蹄的效能因数的关系也是 $K_{t2} = (2\sim3)K_{t1}$。故采用增力式制动器后，效能增加很大，但如前所述，其效能太不稳定，且效能太高容易发生制动器自锁。因此设计时应妥善选择几何参数，把效能因数限制在一定范围，且应选用摩擦性能较稳定的摩擦衬片。

对于双领蹄式和双从蹄式制动器，由于结构的中心对称性，两蹄对制动鼓的法向压力和单位面积摩擦力的分布也是中心对称的，因而两蹄对鼓作用合力互相平衡，故这两种都属于平衡式制动器。其余各种双蹄式制动器都不能保证这种平衡，因而是非平衡式的。非平衡双蹄式制动器将对轮毂轴承造成附加径向载荷，而且领蹄（或次领蹄）摩擦衬片表面单位压力大于从蹄（或主领蹄），磨损较严重。为使摩擦衬片寿命较均衡，可将从蹄（或主领蹄）的摩擦衬片包角适当减小。

4.4 制动器的设计

对于内张双蹄式制动器，目前尚无标准可供选用。设计时可在有关整车总布置参数及制动器形式选定后，参考已有的同等车辆的同类型制动器，初选其主要参数（见图 15.3-20），并据此进行制动转矩及磨损性能验算；然后对初选参数进行必要的修改，直到基本性参数满足要求为止；最后进行详细的结构设计。

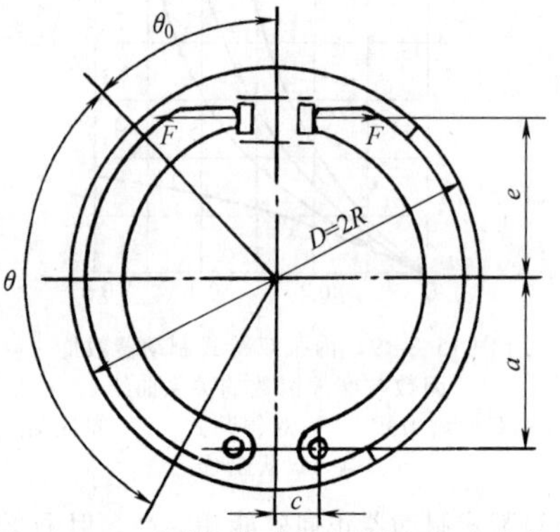

图 15.3-20 内张双蹄式制动器主要几何参数

4.4.1 内张双蹄式制动器主要参数选择

1）制动鼓直径 D。输入力 F 一定时，D 越大，制动转矩越大，且散热能力也越强。但 D 受轮辋内径限制。制动鼓直径与轮辋直径之比 D/D_r 的一般范围如下：

轿车 $D/D_r=0.64\sim0.74$

货车 $D/D_r=0.70\sim0.83$

2）摩擦衬片宽度 b 和包角 θ。制动鼓半径 R 确定后，摩擦衬片宽度 b 和包角 θ 便决定了衬片的摩擦面积 A_p（$A_p=Rb\theta$）。制动器各蹄总的摩擦面积 ΣA_p 越大，则单位面积压力越小，从而磨损特性越好。

根据国外统计资料，单个车轮蹄式制动器总的衬片摩擦面积随汽车总重而增加，具体数值见表 15.3-27。

表 15.3-27 衬片摩擦面积荐用值

汽车类别	汽车总重 G_0 /kN	单个制动器的衬片摩擦面积 A_p/cm^2
轿车	9~15	100~200
	15~25	200~300
货车及客车	10~15	100~200
	15~25	150~250(多为 150~200)
	25~35	250~400
	35~70	300~650
	70~120	550~1000
	120~170	600~1500(多为 600~1200)

摩擦衬片包角 $\theta=90°\sim100°$（荐用值），一般不宜大于 120°。

摩擦衬片宽度 b 较大可以减少磨损，但过大将不易保证与制动鼓全面接触。设计时应尽量按照摩擦片规格选择 b 值。

3）摩擦衬片起始角 θ_0。一般将摩擦衬片布置在制动蹄的中央，即 $\theta_0=90°-\theta/2$。

4）摩擦衬片的型号及性能见表 15.3-28。

5）制动器中心到张开力 F 作用线的距离 e。在保证轮缸或制动凸轮能够布置于制动鼓内的条件下，应使距离 e 尽可能大，以提高制动效能。初步设计时可暂定 $e=0.8R$ 左右。

6）制动蹄支承点位置坐标 a 和 c。应在保证支承端毛面不致互相干涉的条件下，使 a 尽可能大，而 c 尽可能小。初步设计时也可暂定 $a\approx0.8R$。

表 15.3-28 内张双蹄式制动器摩擦衬片的型号及性能

产品规格	摩擦因数 μ	密度 /g·cm^{-3}	冲击韧度 /J·cm^{-2}	硬度 HBW	适用范围
SY-1107	0.39~0.45	1.8~2.1	>0.031	20~50	主要用于轿车等轻载车辆
SY-0204	0.36~0.42	1.8~2.1	>0.031	20~50	主要用于中型载货汽车
SY-9002	0.38~0.43	1.8~2.1	>0.031	20~50	主要用于重型载货汽车、专用矿山车辆

注：1. 沈阳石棉制品厂的数据。

2. 该产品采用优质石棉、铜丝和橡胶合成树脂等压制加工而成，摩擦性能稳定，无制动噪声，使用寿命长。

4.4.2 内张双蹄式制动器制动转矩计算

制动转矩目前一般采用效能因数法或分析图解法计算，本书采用效能因数法计算双蹄式制动器的制动转矩。为此必须先求出制动蹄的效能因数，然后计算制动转矩。

设制动蹄的制动转矩和效能因数分别为 T 和 K_t，输入张开力为 F，制动鼓半径为 R，则

$$T=K_tFR \qquad (15.3\text{-}14)$$

效能因数 K_t 是单位为1的系数。对于一定结构型式的制动蹄，只要已知制动鼓转向、制动蹄的主要几何参数的相对值（即这些参数与 R 之比）以及摩擦因数，该蹄的 K_t 即可确定。然后根据既定的 F 和 R 值求 T，也可根据要求规定的 T 值来调整 F、R 或 K_t。

下面举出一些典型结构的制动器效能因数的计算式。

（1）支点固定的制动蹄

1）领蹄（见图 15.3-21）。为计算简便，有人假定蹄、鼓之间的单位压力是沿周向均匀分布的，但这一假定与实际情况相差较远，据此算出的制动转矩较实际数值大。目前计算中广为应用的理论单位压力分布规律系按正弦规律分布的。根据数学推导得出领蹄效能因数 K_{t1}：

$$K_{t1}=\frac{\zeta}{\dfrac{K\cos\lambda}{\rho\cos\beta\sin\gamma}-1} \qquad (15.3\text{-}15)$$

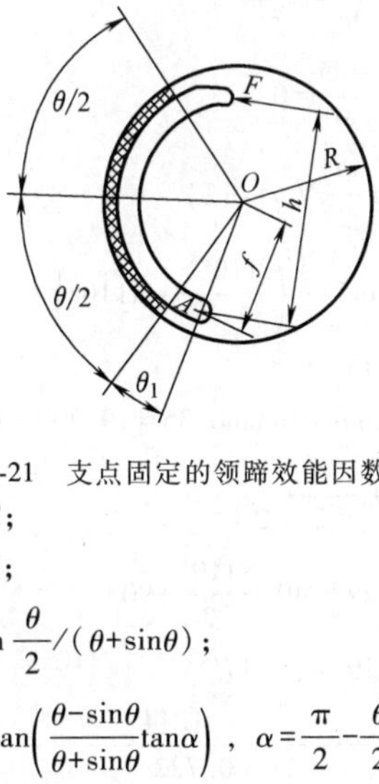

图 15.3-21 支点固定的领蹄效能因数计算图

式中，$\zeta=h/R$；

$K=f/R$；

$\rho=4\sin\dfrac{\theta}{2}/(\theta+\sin\theta)$；

$\beta=\arctan\left(\dfrac{\theta-\sin\theta}{\theta+\sin\theta}\tan\alpha\right)$，$\alpha=\dfrac{\pi}{2}-\dfrac{\theta}{2}-\theta_1$；

$\lambda=\gamma+\beta-\alpha$；

$\gamma=\arctan\mu$，μ 为摩擦因数，见表 15.3-8。

2）从蹄效能因数 K_{t2}。

$$K_{t2}=\frac{\zeta}{\dfrac{K\cos\lambda'}{\rho\cos\beta\sin\gamma}+1} \qquad (15.3\text{-}16)$$

式中，$\zeta=h/R$；

$K=f/R$；

$\rho=4\sin\dfrac{\theta}{2}/(\theta+\sin\theta)$；

$\lambda'=\gamma-\beta+\alpha$；

$\beta=\arctan\left(\dfrac{\theta-\sin\theta}{\theta+\sin\theta}\tan\alpha\right)$；

$\gamma=\arctan\mu$。

（2）浮式制动蹄（支点浮动）

1）领蹄（见图 15.3-22）。由于制动蹄支承端可沿支承面上下滑动，支承反力只能是法向的，据此可推导得领蹄效能因数 K_{t1}：

$$K_{t1}=\frac{\zeta}{\dfrac{\varepsilon}{\rho\cos\beta\sin\gamma}-1} \qquad (15.3\text{-}17)$$

式中，$\zeta=h/R$；

$\varepsilon=a/R$；

$\rho=4\sin\dfrac{\theta}{2}/(\theta+\sin\theta)$；

$\beta=\gamma-\theta_0-\dfrac{\theta}{2}+\dfrac{\pi}{2}$；

$\gamma=\arctan\mu$。

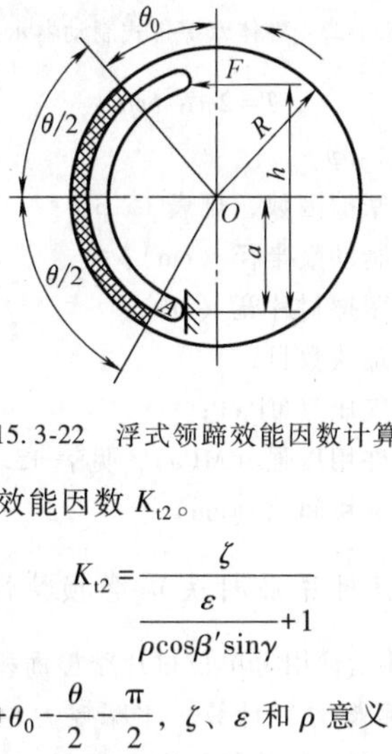

图 15.3-22 浮式领蹄效能因数计算图

2）从蹄效能因数 K_{t2}。

$$K_{t2}=\frac{\zeta}{\dfrac{\varepsilon}{\rho\cos\beta'\sin\gamma}+1} \qquad (15.3\text{-}18)$$

式中，$\beta'=\gamma+\theta_0-\dfrac{\theta}{2}-\dfrac{\pi}{2}$，$\zeta$、$\varepsilon$ 和 ρ 意义同式（15.3-17）。

求得 K_{t1}、K_{t2} 之后，即可按式（15.3-14）分别求出各蹄的制动转矩

$$T_1=K_{t1}F_1R$$

$$T_2=K_{t2}F_2R$$

并得出整个双蹄式制动器的制动转矩

$$T=T_1+T_2=(K_{t1}F_1+K_{t2}F_2)R \qquad (15.3\text{-}19)$$

式中 F_1、F_2——各蹄的张开力。

也可根据 K_{t1} 和 K_{t2} 先求出整个制动器的效能因数 K_t，然后由下式求 T：

$$T=\frac{1}{2}K_t(F_1+F_2)R \qquad (15.3\text{-}20)$$

对于双领蹄式及双从蹄式制动器，当 $F_1=F_2=F$

时，有

$$K_t = 2K_{t1}$$

$$K_t = 2K_{t2} \qquad (15.3\text{-}21)$$

对于 $F_1 = F_2$ 的领从蹄式和增力式制动器，有

$$K_t = K_{t1} + K_{t2} \qquad (15.3\text{-}22)$$

4.4.3　软管多蹄式制动器制动转矩的计算

蹄块之间有间隙的制动器的制动转矩

$$T = \mu\ (2\pi R - n\delta)\ bpR \qquad (15.3\text{-}23)$$

如为整体摩擦带时（见图 15.3-23）

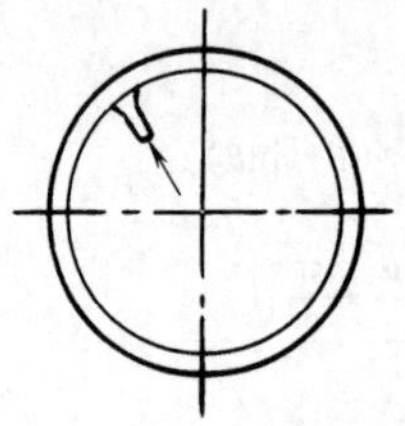

图 15.3-23　整体摩擦带式制动器示意图

$$T = 2\pi R^2 bp\mu \qquad (15.3\text{-}24)$$

应使　$p < [p]$

式中　μ——摩擦因数，见表 15.3-8；

R——制动鼓半径（cm）；

b——摩擦衬片宽（cm）；

n——蹄块数目；

p——气压（MPa）；

$[p]$——许用压强（MPa），见表 15.3-8；

δ——蹄块间隙（cm）。

4.4.4　摩擦衬片（衬块）磨损特性的计算

磨损特性指标用每单位衬片摩擦面积的制动器摩擦力（即比摩擦力）计算。比摩擦力越大，则磨损越严重。单个车轮制动器的比摩擦力

$$f = T_1 / RA_p \qquad (15.3\text{-}25)$$

与之相应的衬片与制动鼓之间的平均压强

$$p = \frac{f}{\mu} = T_1 / RA_p\mu \leqslant [p] \qquad (15.3\text{-}26)$$

式中　T_1——单个制动器的制动转矩（N·m）；

R——制动鼓半径（m）；

A_p——衬片的摩擦面积（mm^2），由摩擦衬片宽度 b 和包角 θ（rad）决定，即 $A_p = Rb\theta$；

$[p]$——许用平均压强（MPa），见表 15.3-8。

4.4.5　计算实例

例 15.3-1　一微型货车前轮双领蹄式支点浮动制动器（见图 15.3-24）的尺寸如下：

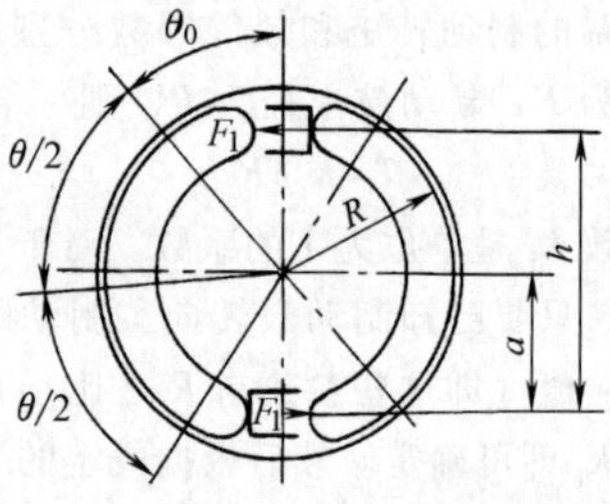

图 15.3-24　双领蹄式支点浮动制动器

制动鼓半径 $R = 9$cm，分泵缸径 $d = 2.38$cm，制动管油压 $p = 2$MPa，摩擦衬片包角 $\theta = 110°$，摩擦衬片起始角 $\theta_0 = 40°$，推力至支点距离 $h = 13$cm，支点至中心距离 $a = 6.5$cm，制动器摩擦衬片用 SY-0204（见表 15.3-28），宽度 $b = 4$cm，$\mu = 0.35$。

求该制动器的制动转矩及摩擦衬片平均比压力。

解：

1）领蹄效能因数。由式（15.3-17）

$$K_{t1} = \frac{\zeta}{\dfrac{\varepsilon}{\rho\cos\beta\sin\gamma} - 1}$$

$$\zeta = \frac{h}{R} = \frac{13}{9} = 1.44$$

$$\varepsilon = \frac{a}{R} = \frac{6.5}{9} = 0.722$$

$$\rho = 4\sin\frac{\theta}{2} / (\theta + \sin\theta)$$

$$= 4\times\sin 55° / \left(\frac{110°}{57.3°} + \sin 110°\right)$$

$$= 1.146$$

$$\gamma = \arctan\mu = \arctan 0.35 = 19.29° = 19°17'$$

$$\beta = \gamma - \theta_0 - \frac{\theta}{2} + \frac{\pi}{2}$$

$$= 19.29° - 40° - \frac{110°}{2} + 90°$$

$$= 14.29° = 14°17'$$

$$\text{得 } K_{t1} = \frac{1.44}{\dfrac{0.722}{1.146\cos 14.29°\sin 19.29°} - 1}$$

$$= 1.497$$

2）制动器效能因数。

$$K_t = 2K_{t1} = 2.994$$

3）制动转矩。由式（15.3-20），$F_1 = F_2 = F$，得

$$T = K_t FR$$

$$F = \frac{\pi}{4}d^2 p = \frac{\pi}{4}23.8^2 \times 2\text{N} = 889.76\text{N}$$

$$T = 2.994 \times 889.76 \times 0.09\text{N}\cdot\text{m} = 239.76\text{N}\cdot\text{m}$$

4）摩擦衬片与制动鼓间压强。由式（15.3-26）

$$p = T_1 / RA_p\mu$$

$$
\begin{aligned}
T_1 &= K_{t1}FR = 1.497\times 889.76\times 0.09\text{N}\cdot\text{m}\\
&= 119.88\text{N}\cdot\text{m}\\
A_p &= Rb\theta = 90\times 40\times\frac{110°}{57.3°}\text{mm}^2\\
&= 6911\text{mm}^2\\
p &= 119.88/(0.09\times 6911\times 0.35)\\
&= 0.54\text{MPa}
\end{aligned}
$$

由表 15.3-8 查得 $[p]=0.6\text{MPa}$，$p<[p]$。

5　带式制动器

5.1　普通型带式制动器

这种制动器常用于中、小载荷的起重运输机械、车辆、一般机械及人力操纵的机械中。其形式有简单带式、差动带式和综合带式三种。

5.1.1　结构型式

图 15.3-25 所示为简单带式制动器的结构。它由制动轮 1、制动钢带 2 和制动杠杆 3 等所组成。其特点是带的一端固定在制动杠杆的支点上。制动杠杆 3 上装有紧闸用的重锤 4 和松闸用的长行程电磁铁 5，还装有紧闸时用的缓冲器 6，以减轻紧闸时的冲击。制动钢带的外围装有固定的挡板 7，并利用其上均布的调节螺钉 8 来保证制动带与制动轮的分开间隙均匀。

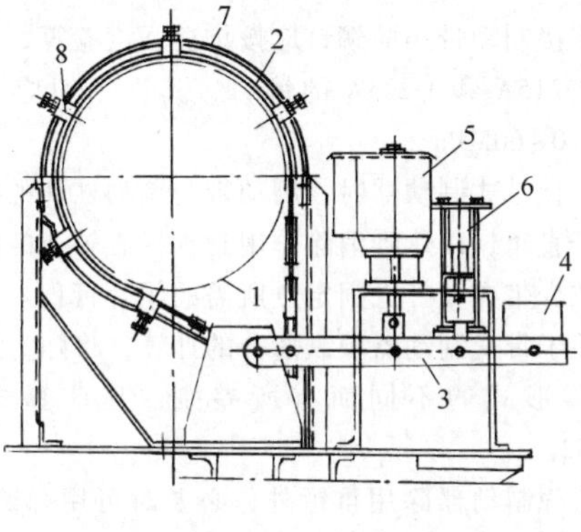

图 15.3-25　简单带式制动器的结构
1—制动轮　2—制动钢带　3—制动杠杆　4—重锤
5—电磁铁　6—缓冲器　7—挡板　8—调节螺钉

为了防止制动带从制动轮上滑脱，可将制动轮做成轮缘式（见图 15.3-26a），或是在挡板上装调节螺钉处焊接一些卡爪（见图 15.3-26b）。为了增大带与轮接触面的摩擦因数，在钢带表面用埋头铆钉或螺钉固定一层石棉带或木块等作为覆面。带的两端用专门的连接件（见图 15.3-27）与杠杆连接。其中一端做刚性固接（见图 15.3-27a），另一端利用螺纹连接（见图 15.3-27b），可按带与轮的松开间隙大小来调节带的长短。

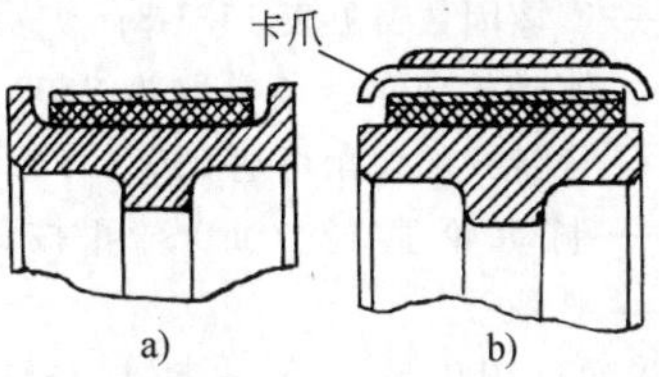

图 15.3-26　带式制动器的制动轮与制动带
a）轮缘式　b）卡爪式

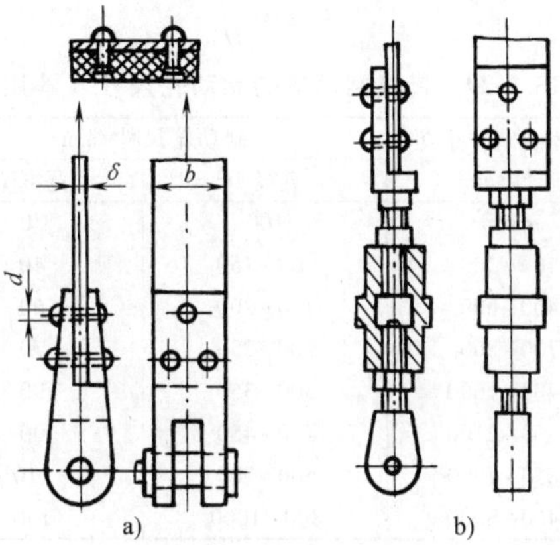

图 15.3-27　制动带的连接件
a）刚性固接　b）螺纹连接

5.1.2　设计计算

计算圆周力 F（见图 15.3-28）

$$F=\frac{2T}{D} \tag{15.3-27}$$

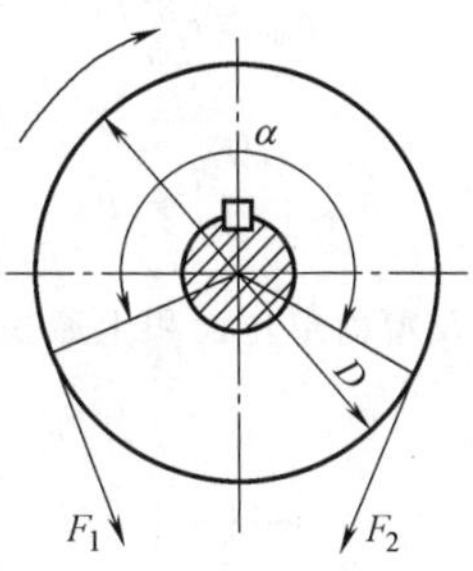

图 15.3-28　带式制动器的工作原理图

带的张力按欧拉公式确定，带的绕入端和绕出端的张力分别为

$$F_1=\frac{Fe^{\mu\alpha}}{e^{\mu\alpha}-1} \tag{15.3-28}$$

$$F_2=\frac{F}{e^{\mu\alpha}-1} \tag{15.3-29}$$

带两端张力之间的关系为

$$F_1=F_2e^{\mu\alpha}$$

式中　T——制动转矩（N·m）；

μ——摩擦因数，见表 15.3-8；

α——制动轮包角，通常取为 250°~270°，复合带式的包角可达 630°；

D——制动轮直径（m），可按表 15.3-29 选取。

带宽 b 按许用压强 $[p]$（见表 15.3-8）决定，应取比轮宽 B 小 5~10mm。

$$b=\frac{2F_1}{[p]D} \tag{15.3-30}$$

表 15.3-29　带式制动器的制动轮尺寸（荐用值）

计算制动转矩 T /N·m	制动轮尺寸/mm	
	直径 D	宽度 B
<100	100	30
100~300	100~150	40
400~600	150~200	60
700~860	200~250	70
1400~1600	300~350	90
1800~2100	400~450	90
2850~4000	500~700	110
6400~8000	800~1000	150

带和轮之间的实际压强按下式计算：

$$p=\frac{2S}{Db}$$

式中　S——带的变动张力，其值由带的最小张力 F_2 变到最大张力 F_1，相应的最小压强 $p_{\min}$ 和最大压强 $p_{\max}$ 为

$$p_{\min}=\frac{2F_2}{Db}$$

$$p_{\max}=\frac{2F_1}{Db}\leqslant[p] \tag{15.3-31a}$$

根据发热及覆面单位面积上摩擦功率 pv 值验算制动器，即

$$pv<[pv] \tag{15.3-31b}$$

式中　p——压强，可取 $p_{\min}$ 与 $p_{\max}$ 的平均值（MPa）；

v——制动轮圆周速度（m/s），$v=\frac{\pi Dn_1}{60}$，n_1 为制动轮转速（r/min）；

$[pv]$——覆面单位面积上许用摩擦功率值，见表 15.3-8。

制动钢带的厚度 δ 由带的最大张力 F_1（N），按危险断面拉伸计算决定，即

$$\delta=\frac{F_1}{(b-md)[\sigma]} \tag{15.3-32}$$

式中　m——沿带宽每排最多的铆钉数；

d——连接钢带与连接件（摩擦材料）用的铆钉直径（mm）；

$[\sigma]$——钢带的许用拉应力（MPa），钢带材料常用 Q235A、Q275 和 45 钢，当具有覆面材料时，取 $[\sigma]=80\sim100$MPa，无覆面材料时，取 $[\sigma]=60$MPa。

带式制动器制动钢带推荐采用尺寸见表 15.3-30。为了保证带紧密地贴合到制动轮上，当轮径小于 1m 时，带宽不大于 100mm；当轮径大于 1m 时，带宽不应大于 150mm。如果根据计算一根上述带宽不够时，可以平行地用两根。

表 15.3-30　制动钢带推荐采用尺寸

（mm）

带宽 B	25	30	40	50	60	80	100	140	200
带厚 δ	3		3~4		4~6		4~7	6~10	

当松闸时，带与制动轮摩擦面之间的退距 ε 建议按表 15.3-31 选取。

表 15.3-31　带式制动器推荐用退距值

（mm）

制动轮直径 D	100	200	300	400	500	600	700	800
退距 ε	0.8		1.0	1.25~1.5		1.5		

连接制动带用的铆钉应按抗剪强度验算，对于材料为 Q215A 和 Q235A 的铆钉，其许用切应力可取 $[\tau]=50\sim60$MPa。

设计带式制动器时，制动带与制动杠杆的夹角应接近于直角，以达到消除作用到杠杆心轴上的附加分力和减少带在杠杆上固定点所需的闭合行程。

关于带式制动器操纵部分的计算，将随上述三种制动器形式的不同而有所差别，其计算式见表 15.3-32。

这种制动器除用重锤外，必要时可用弹簧代替，也可用液力、气力或人力代替电磁铁的吸力来松闸。

这种制动器的优点：

1）构造简单、紧凑。

2）包角大（可超过 2π），制动转矩大。当制动轮直径相同时。当带式为块式的 2~2.5 倍。

其缺点：

1）在制动时，制动轴附加有相当大的弯曲作用力，其值等于带张力 F_1、F_2 的向量和。

2）由于带的绕出端和绕入端的张力不等，故带沿制动轮周围的压强也不等，随着磨损也不均匀，其差别为 $e^{\mu\alpha}$ 倍（如 $\mu=0.2\sim0.4$，$\alpha=250°\sim270°$ 时，$e^{\mu\alpha}=2.4\sim6.6$）。

3）简单带式和差动带式制动器的制动转矩随转向而异，因而限制了它的应用范围。

这种制动器适于应用在转矩较大而又要求紧凑的场合，如用于移动式起重机的制动中。

表 15.3-32　带式制动器操纵部分的计算与说明

项　目		计算公式与说明		
		简单带式制动器	差动带式制动器	综合带式制动器
结构型式		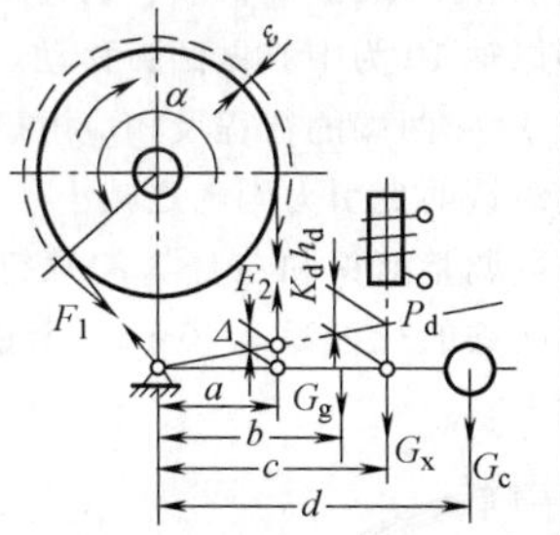 a)	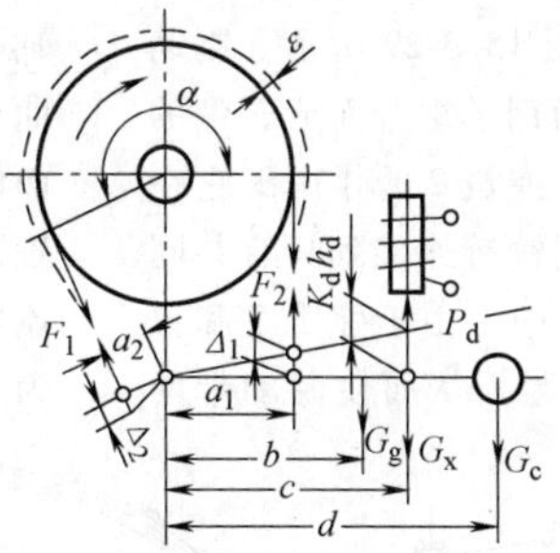 b)	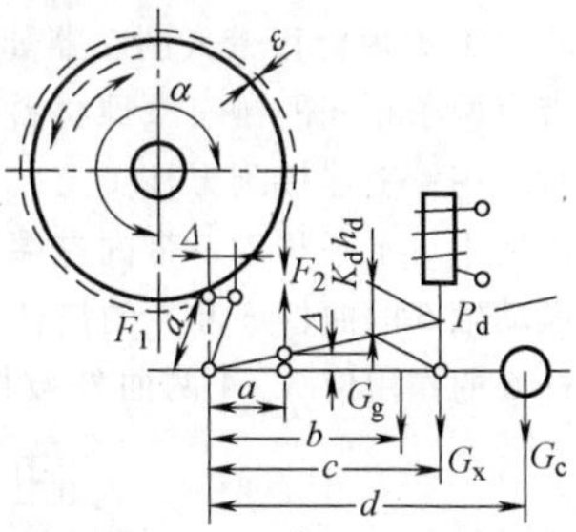 c)
产生制动转矩 T 时所需重锤的重力 G_c/N		$G_c=\frac{F_2a}{d\eta}-\frac{G_gb+G_xc}{d}$	$G_c=\frac{F_2a_1}{d\eta}-\frac{F_1a_2+G_gb+G_xc}{d}$	$G_c=\frac{(F_1+F_2)a}{d\eta}+\frac{G_gb+G_xc}{d}$
当带退距为 ε（m）时，连于杠杆上的带端位移 Δ/m		$\Delta=\varepsilon\alpha$	$\Delta_1=\varepsilon\alpha\frac{a_1}{a_1-a_2}$ $\Delta_2=\varepsilon\alpha\frac{a_2}{a_1-a_2}$	$\Delta=\frac{1}{2}\varepsilon\alpha$
电磁铁所做的功 P_dh_d/J		$P_dh_d=\frac{F_2\Delta}{\eta K_d}=\frac{2T\varepsilon\alpha}{D(e^{\mu\alpha}-1)\eta K_d}$	$P_dh_d=\frac{F_2\Delta_1-F_1\Delta_2}{\eta K_d}=\frac{2T(a_1-a_2e^{\mu\alpha})}{D\eta K_d(e^{\mu\alpha}-1)}\frac{\varepsilon\alpha}{a_1-a_2}$	$P_dh_d=\frac{(F_1+F_2)\Delta}{\eta K_d}=\frac{T\varepsilon\alpha(e^{\mu\alpha}+1)}{D\eta K_d(e^{\mu\alpha}-1)}$
安装电磁铁的最大距离 C_{max}/m		$C_{max}=K_dh_d\frac{a}{\varepsilon\alpha}$	$C_{max}=K_dh_d\frac{a_1-a_2}{\varepsilon\alpha}$	$C_{max}=K_dh_d\frac{2a}{\varepsilon\alpha}$
产生的制动转矩 T/N·m	顺时针	$T=(e^{\mu\alpha}-1)(G_cd+G_gb+G_xc)\frac{D}{2a}\eta$	$T=\frac{e^{\mu\alpha}-1}{a_1-\eta a_2e^{\mu\alpha}}(G_cd+G_gb+G_xc)\frac{D}{2}\eta$	$T=\frac{e^{\mu\alpha}-1}{e^{\mu\alpha}+1}(G_cd+G_gb+G_xc)\times\frac{D}{2a}\eta$
	逆时针	T 减小到$\frac{1}{e^{\mu\alpha}}$倍	T 减小到$\frac{a_1-\eta a_2e^{\mu\alpha}}{a_1e^{\mu\alpha}-\eta a_2}$倍	T 大小不变
说　明		a、b、c、d—如图 a、b、c 所示尺寸（m） 通常取$\frac{d}{a}=10\sim15$ η—制动杠杆效率，一般取 $\eta=0.9\sim0.95$ G_g—制动杠杆重力（N） G_x—电磁铁衔铁重力（N）	a_1、a_2—如图 b 所示尺寸（m），为避免自锁现象，应使 $a_1>a_2e^{\mu\alpha}$ 通常取 $a_1=(2.5\sim3)a_2$ $a_2=30\sim50$mm F_1、F_2、μ、α—见式（15.3-27~29）	P_d—电磁铁吸力（N） h_d—电磁铁行程（m） K_d—电磁铁行程利用系数，$K_d=0.8\sim0.85$ D—制动轮直径（m）
适用条件及特点		正反转制动转矩不同，用于起升机构	正反转制动转矩不同，紧闸所需重锤的重量 G_c 小，用于起升机构及变幅机构。一般很少采用	正反转制动转矩相同，用于运行及旋转机构

5.2　短行程带式制动器

这种制动器多用于重型起重机，其类型有Ⅰ型和Ⅱ型两种。

5.2.1　结构型式

Ⅰ型短行程带式制动器如图 15.3-29 所示。制动带由两条相同的镶有摩擦材料的钢带组合而成，带的右端用铰链连接到方柱 1 上，在弹簧 2 的作用下它在机架中可水平移动；带的左端用铰链连接到具有共同摆动轴 5 的曲杆 3 和 4 的杠杆系中。由于弹簧 7 和拉杆 6 的作用使 3、4 两曲杆被拉紧，从而使制动带两端产生张力，使制动器紧闸。电磁铁 9 的衔铁 8 是装在曲杆 3 的轴 10 上的。松闸时电磁铁通电，衔铁吸近铁心，曲杆 3、4 分别绕轴心 10 和 11 转动，使两杆的端部分开，制动带离开制动轮，方柱也同样退开，于是松闸。曲杆 3 绕轴 10 转动时，由于曲杆 4 的支点相对轴瓦 12 滑动，故连接曲杆 3、4 的轴 5 的轴心以轴 10 为中心做圆弧移动。随着制动带的磨损，曲杆 3、4 两端的行程及相应电磁铁的行程都将增大，而电磁铁的曳引力则随之减小。为确保衔铁的工作位置，可调整衔铁和曲杆 3 的螺钉 13。Ⅰ型短行程直流电磁铁的行程为 2~6mm，衔铁对铁心的正常转角为 6°~8°。

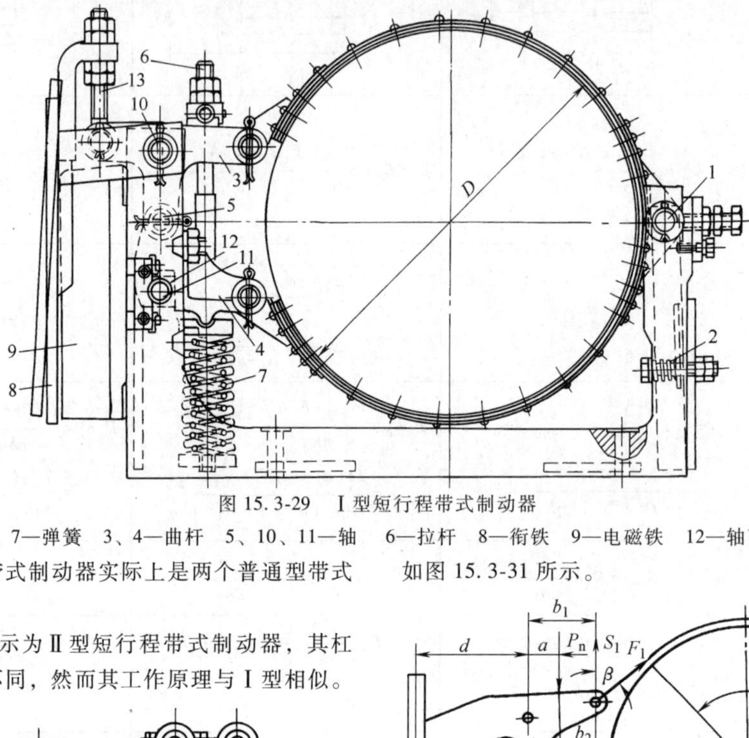

图 15.3-29　Ⅰ型短行程带式制动器

1—方柱　2、7—弹簧　3、4—曲杆　5、10、11—轴　6—拉杆　8—衔铁　9—电磁铁　12—轴瓦　13—螺钉

这种类型的带式制动器实际上是两个普通型带式制动器的综合。

图 15.3-30 所示为Ⅱ型短行程带式制动器，其杠杆系统虽与Ⅰ型不同，然而其工作原理与Ⅰ型相似。

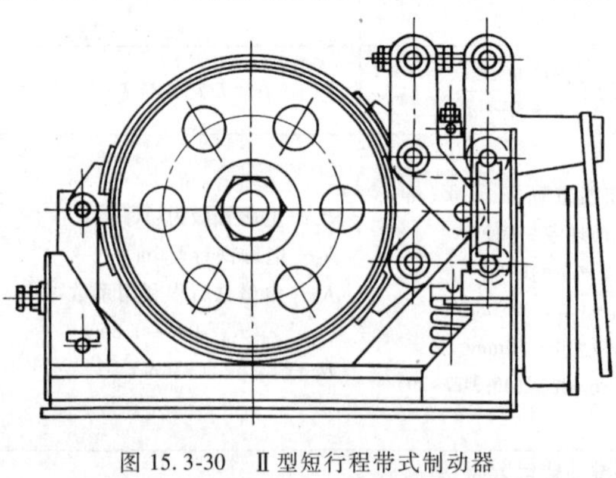

图 15.3-30　Ⅱ型短行程带式制动器

5.2.2　设计计算

Ⅰ型短行程带式制动器的计算示意图如图 15.3-31 所示。

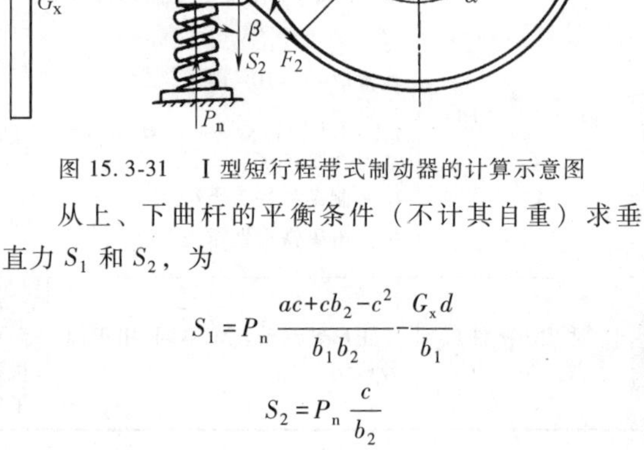

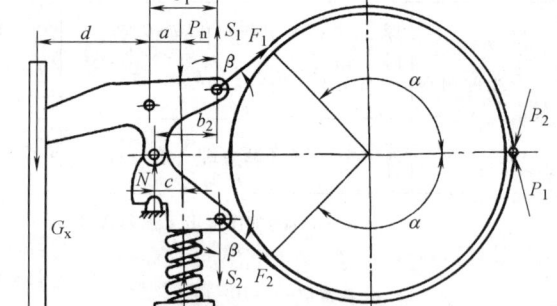

图 15.3-31　Ⅰ型短行程带式制动器的计算示意图

从上、下曲杆的平衡条件（不计其自重）求垂直力 S_1 和 S_2，为

$$S_1 = P_n \frac{ac + cb_2 - c^2}{b_1 b_2} - \frac{G_x d}{b_1}$$

$$S_2 = P_n \frac{c}{b_2}$$

式中 P_n——弹簧力（N）；

a、b_1、b_2、c、d——如图 15.3-31 所示；

G_x——电磁铁衔铁的重量。

连接曲杆铰链中的垂直力为

$$N=P_n\frac{b_2-c}{b_2}$$

带的两端张力 F_1 和 F_2 为

$$F_1=\frac{S_1}{\cos\beta}$$

$$F_2=\frac{S_2}{\cos\beta}$$

在一般结构中，带的两半的包角 α 互相相等，角 β 也相等。

上、下带的制动圆周力 F_s、F_x 为

$$F_s=F_1\frac{e^{\mu\alpha}-1}{e^{\mu\alpha}}$$

$$F_x=F_2(e^{\mu\alpha}-1)$$

产生的制动转矩为

$$T=(F_s+F_x)\frac{D}{2}=\frac{D(e^{\mu\alpha}-1)}{2\eta e^{\mu\alpha}\cos\beta}\times\left[\frac{P_n}{b_1b_2}(ac+cb_2-c^2+cb_1e^{\mu\alpha})-G_x\frac{d}{b_1}\right] \quad (15.3\text{-}33)$$

产生制动转矩所必需的弹簧力为

$$P_n=\frac{b_1b_2}{(ac+cb_2-c^2+cb_1e^{\mu\alpha})\eta}\times\left(\frac{2Te^{\mu\alpha}\cos\beta}{D(e^{\mu\alpha}-1)}+G_x\frac{d}{b_1}\right) \quad (15.3\text{-}34)$$

式中 η——制动器杠杆传动效率，取 η=0.9~0.95。

电磁铁的转矩

$$T=P_na \quad (15.3\text{-}35)$$

这类制动器的优点：

1）电磁铁行程较小，制动动作快。

2）制动转矩与制动方向无关。

3）包角较大（约 320°），从而降低带轮之间的压强，相应地延长覆面的使用寿命。

4）由于包角大和连接带的铰链中的支点作用，从而使制动轴所受的弯曲力变小，但制动轴未能完全卸载。带式制动器所有的其他缺点仍然存在，如带绕入端的磨损比绕出端的快 2~3 倍，很难使制动带均匀地离开制动轮，从而增加不均匀的磨损。

在这种带式制动器的杠杆系统中，带的张力彼此无关，且实际上难于通过调整制动器使带按计算张力工作。由此，制动带可能在大大超过计算张力的情况下工作，实际使用中由于带的过载以致有被拉断的情况时有发生。这种制动器的另一缺点是由于力的作用不在中心（见图 15.3-30）而使局部的压强增加，以及增加制动带两端制动覆面的磨损，以致造成它的破坏，使其可靠性降低。另外，在这种制动器的结构中，弹簧作用力的利用不完全，因弹簧作用力 P_n 与带的张力 F_1、F_2（见图 15.3-32）成一角度，F_1、F_2 只是 P_n 的一部分（如以制动轮直径为 610mm 的制动器为例，弹簧作用力的利用只达 45%）。由于电磁铁是根据弹簧力选择的，因而电磁铁曳引力的利用也不够合理，它使机构加重，成本增加。这种制动器在我国应用较少。

表 15.3-33 列出了短行程带式制动器的特性，它们的结构如图 15.3-30、图 15.3-31 所示。

表 15.3-33 短行程带式制动器的特性

制动轮直径/mm	制动轮宽度/mm	制动转矩/N·m						制动器的质量/kg
		磁铁串励使用			磁铁分励使用			
		JC15%	JC25%	JC40%	JC25%	JC40%	JC100%	
200	85	130	100	70	190	140	80	52
255	85	390	290	180	380	320	180	62
355	120	1230	850	540	1400	900	550	141
455	170	1620	1170	830	2250	1400	1050	235
535	190	2250	1470	1120	2950	2300	1450	325
610	190	3030	1980	1500	4150	3050	1950	365
760	210	5200	3780	3000	8850	5350	390	580

注：摘自原苏联乌拉尔重型机械制造厂（узтм）设计资料。

6 盘式制动器

盘式制动器沿制动盘轴向施力，制动轴不受弯矩作用，径向尺寸小，制动性能稳定。

6.1 结构型式

常用的盘式制动器有钳盘式、全盘式及锥盘式三种。

6.1.1 钳盘式制动器

图 15.3-32 所示为一钳盘式制动器外观图。制动块 2 压紧制动盘 1 而制动。制动块与制动盘接触面很小，在盘中所占的中心角一般仅为 30°~50°，故这种盘式制动器又称为点盘式制动器。

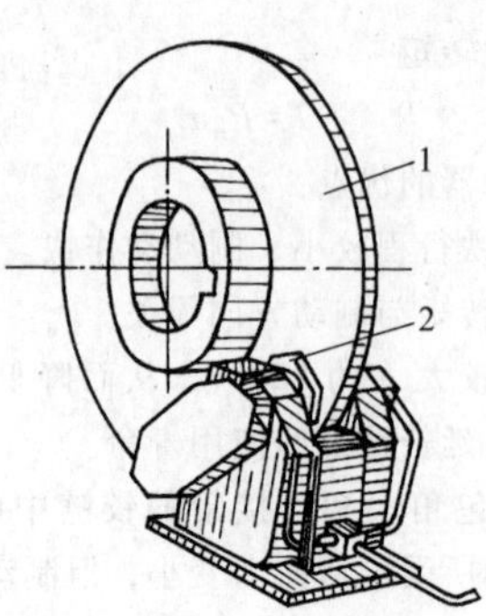

图 15.3-32 钳盘式制动器外观图
1—制动盘 2—制动块

为了不使制动轴受到径向力和弯矩作用，钳盘式制动缸应成对布置。当制动转矩较大时，可采用多对制动缸（见图 15.3-33），必要时可在制动盘中间开通风沟（见图 15.3-34）以降低摩擦副温升，还应采取隔热、散热措施，以防止液压油高温变质。

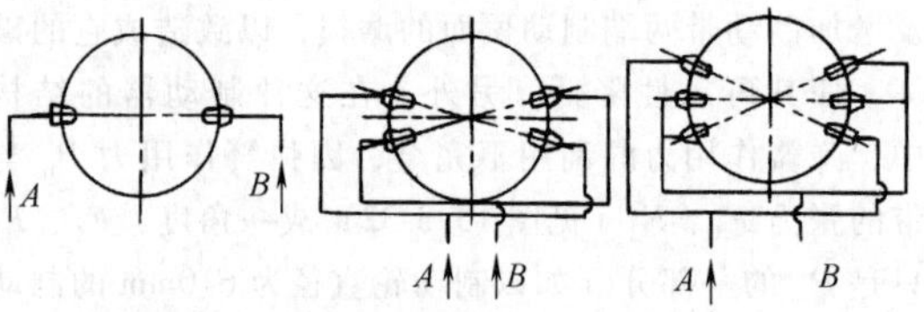

图 15.3-33 多对制动缸组合安装示意图

(1) 钳盘式制动器的结构型式

按制动钳的结构型式区分，有以下几种：

1) 固定钳式，如图 15.3-35a 所示。制动钳固定不动，制动盘两侧均有液压缸。制动时，仅两侧液压缸中的活塞驱使两侧制动块做相向移动。

2) 浮动钳式，分滑动钳式和摆动钳式两种。

① 滑动钳式，如图 15.3-35b 所示。制动钳可以相对于制动盘做轴向滑动，其中只在制动盘的内侧设有液压缸，外侧的制动块固装在钳体上。制动时，活塞在液压作用下使活动制动块压靠到制动盘上，而反作用力则推动制动钳体连同固定制动块一起压向制动盘的另一侧，直到两制动块受力均等为止。

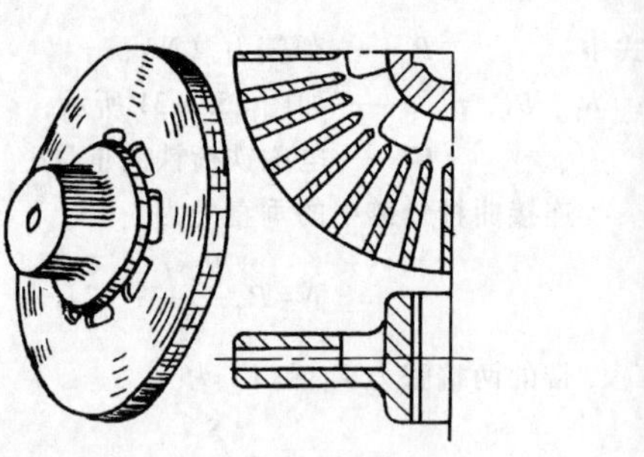

图 15.3-34 带有通风沟的制动盘

② 摆动钳式，如图 15.3-35c 所示。它也用单侧液压缸结构，制动钳体与固定支座铰接。为实现制动，钳体不是滑动而是在与制动盘垂直的平面内摆动。显然，制动块不可能全面均匀磨损，为此有必要将制动块预先做成楔形（摩擦面对背面的倾斜角为6°左右）。在使用过程中，制动块逐渐磨损到各处残存厚度均匀（一般为1mm左右）后即应更换。

(2) 结构实例

依不同结构型式，举例如下：

1) 固定钳式。图 15.3-36 所示为常开固定钳式制动器。摩擦块底板 4 通过销轴 6、1 和平行杠杆组 5 固定在机架 2 上，弹簧 8 使制动器常开。制动时，将液压油通入液压缸 7，同时压缩弹簧而紧闸。平行杠杆组 5 能使摩擦元件与制动盘 3 保持平行。

图 15.3-37 所示为常闭固定钳式制动器。在制动盘 1 的两侧对称布置两个相同的制动缸 2，制动缸固定在基架 3 上，其结构如图 15.3-38 所示。碟形弹簧 7 压活塞 9 后推动顶杆 8，使摩擦块 2 压制动盘 1 而紧闸；A 管通入液压油后，活塞 9 压碟形弹簧而松闸。这种制动器的体积小，动作灵敏，调整油压可改变制动转矩，改变调整垫片 5 的厚度可微调弹簧张力，

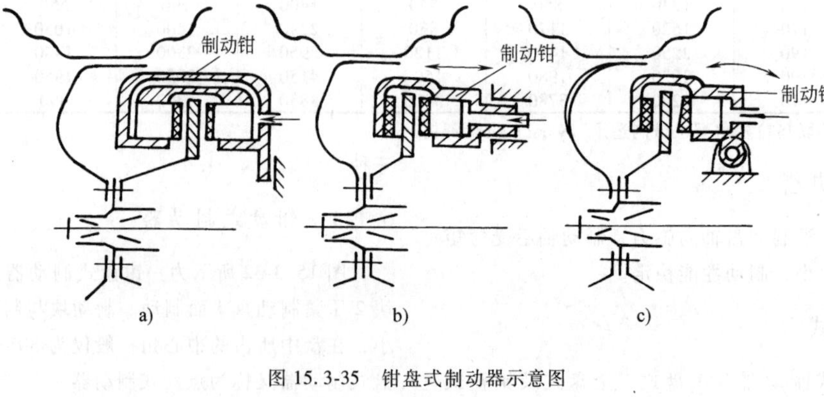

a) b) c)

图 15.3-35 钳盘式制动器示意图
a) 固定钳式 b) 滑动钳式 c) 摆动钳式

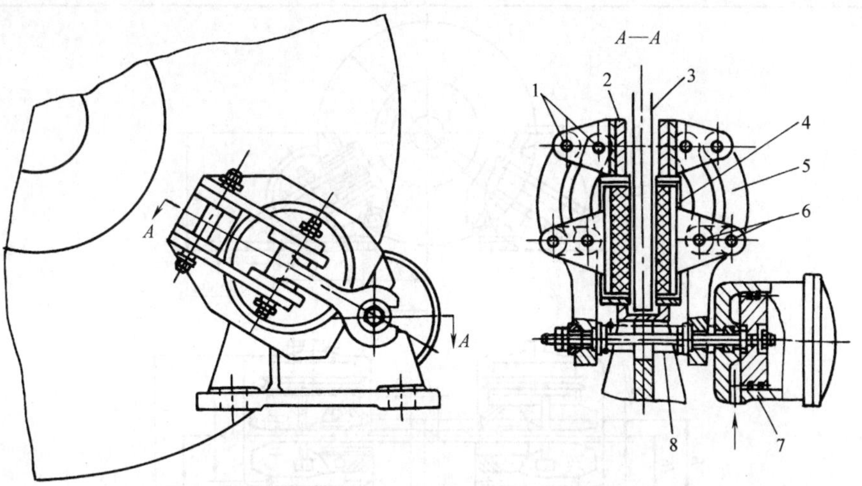

图 15.3-36　常开固定钳式制动器

1、6—销轴　2—机架　3—制动盘　4—摩擦块底板　5—平行杠杆组　7—液压缸　8—弹簧

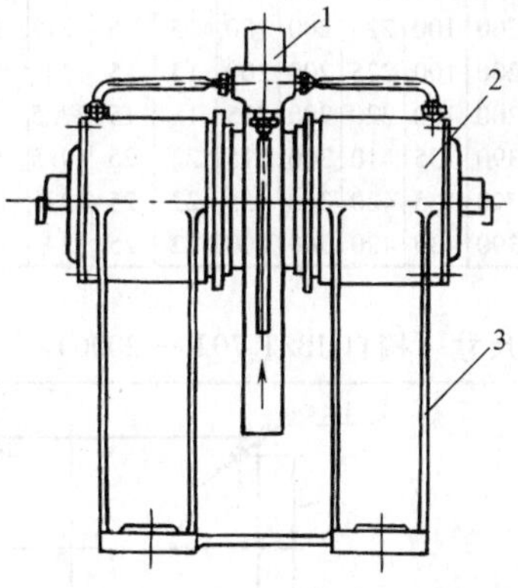

图 15.3-37　常闭固定钳式制动器

1—制动盘　2—制动缸　3—基架

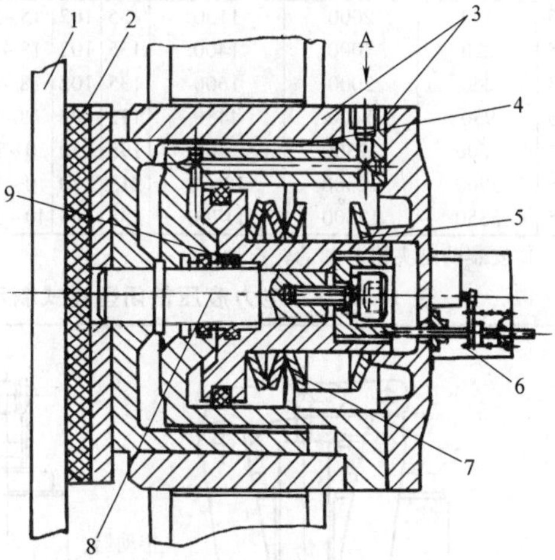

图 15.3-38　常闭固定钳式制动器制动缸的结构

1—制动盘　2—摩擦块　3—缸体　4—导引部分　5—调整垫片　6—磨损量指示器　7—碟形弹簧　8—顶杆　9—活塞

必要时还可安装磨损量指示器 6。

图 15.3-39 所示为电磁铁松闸的常闭式固定钳盘式制动器的结构。表 15.3-34 列出了这种制动器的结构型式、技术性能及主要尺寸。

表 15.3-35 列出了以电力液压推动器为驱动装置的常闭型盘式制动器的结构型式及尺寸。这种制动器的结构型式按制动架特征分为两种：

① 制动架采用拉杆释放结构的制动器称为 Ⅰ 型，产品代号为 YPBⅠ。其结构型式、技术性能及主要尺寸见表15.3-35。标记示例：

制动架采用拉杆释放机构的盘式制动器，制动盘外径为 400mm，推动器额定推力为 800N，额定制动转矩为 1600N·m，标记为：

制动器　YPBⅠ-400-800-1600　JB/T 7020—2006。

② 制动架采用楔块式释放结构的盘式制动器称为Ⅱ型。产品代号为 YPBⅡ。标记示例：

制动架采用楔块式释放结构的盘式制动器，制动盘外径为 400mm，推动器额定推力为 800N，额定制动转矩为 1000N·m，标记为：

制动器　YPBⅡ-400-800-1000　JB/T 7020—2006。

2）浮动钳式。图 15.3-40 所示为常开滑动钳式制动器。

表 15.3-34　电磁铁松闸的常闭式固定钳盘式制动器的结构型式、技术性能及主要尺寸

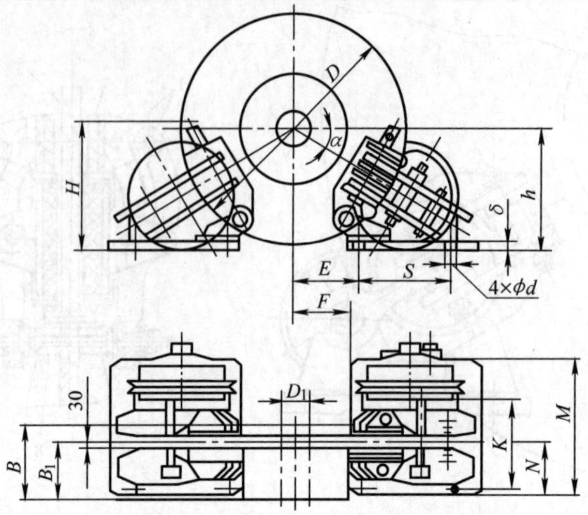

圆盘直径 D /mm	当一副夹钳时①的制动转矩 /N·m	轴向推力 /N		主要尺寸/mm														质量 /kg	
		一副夹钳时	两副夹钳时	B	B_1	D_1	E	F	K	M	N	H	S	h	d	δ	α /rad	圆盘	一副夹钳时
315	190	2000	1150	135	102	18~60	101.5	76.5	175	200	100	230	200	160	15	15	17	20	30
355	220	2000	1400	135	102	18~80	115	90	195	200	100	225	200	180	15	15	21	25	30
395	260	2000	1600	135	102	18~90	130	105	175	200	100	225	200	200	15	15	24	32	30
445	950	7400	4450	172	102	18~95	145	120	175	200	100	220	200	225	15	15	27.5	45	30
625	2500	12300	7400	195	150	30~140	185	165	235	390	135	410	360	315	22	25	19.5	92	175
705	2900	12300	10600	215	170	40~160	213	193	235	390	135	420	360	355	22	25	23	116	175
795	3350	12300	11700	235	190	40~180	240	220	235	390	135	420	360	400	22	25	27	162	175

① 安装两副夹钳时制动转矩加倍。

表 15.3-35　电力液压常闭型盘式制动器的结构型式及尺寸（摘自 JB/T 7020—2006）

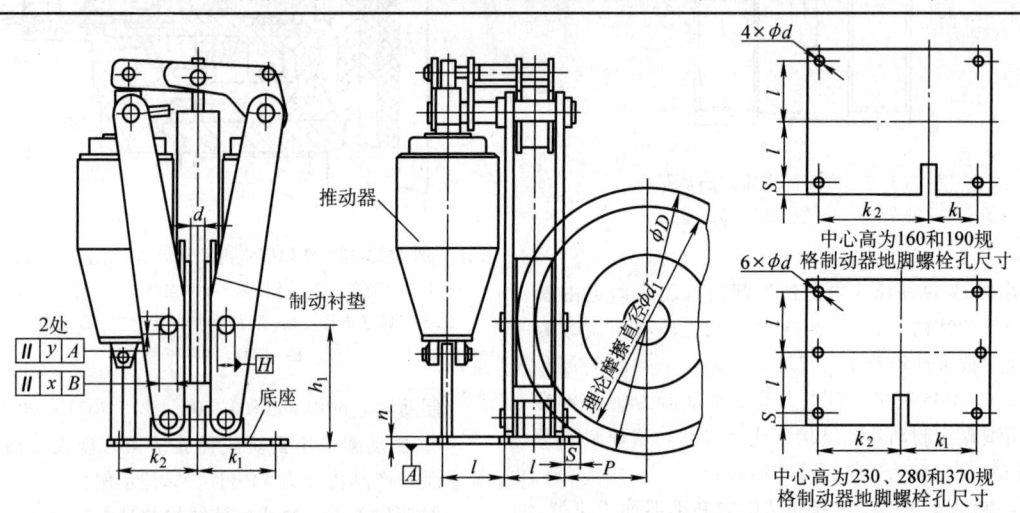

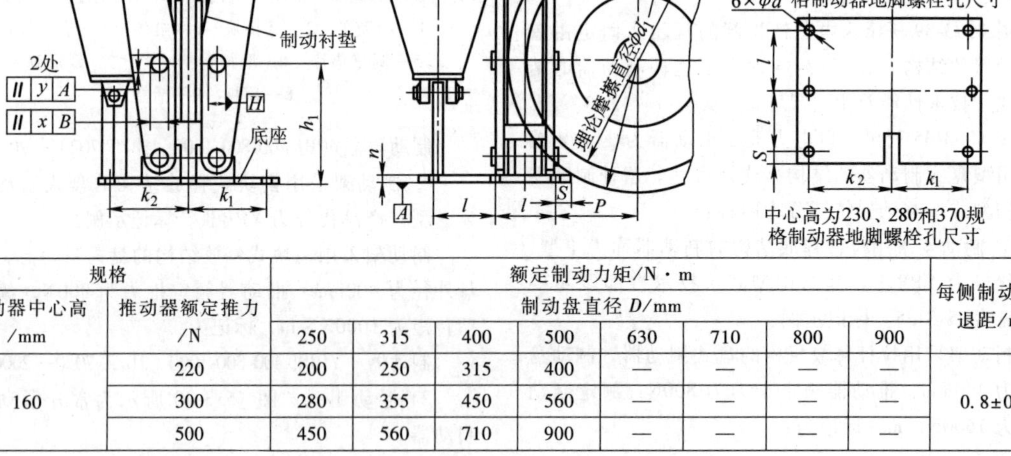

中心高为160和190规格制动器地脚螺栓孔尺寸

中心高为230、280和370规格制动器地脚螺栓孔尺寸

规格		额定制动力矩/N·m								每侧制动瓦块退距/mm
制动器中心高 /mm	推动器额定推力 /N	制动盘直径 D/mm								
		250	315	400	500	630	710	800	900	
160	220	200	250	315	400	—	—	—	—	0.8±0.1
	300	280	355	450	560	—	—	—	—	
	500	450	560	710	900	—	—	—	—	

（续）

规格		额定制动力矩/N·m								每侧制动瓦块退距/mm
制动器中心高/mm	推动器额定推力/N	制动盘直径 D/mm								
		250	315	400	500	630	710	800	900	
190	300	—	355	450	560	710	—	—	—	0.8±0.1
	500	—	560	710	900	1120	—	—	—	
	800	—	900	1120	1400	1800	—	—	—	
230	500	—	—	710	900	1120	1260			0.9±0.2
	800	—	—	1120	1400	1800	2000			
	1250	—	—	1800	2240	2800	3150	—	—	
280	800	—	—	—	1400	1800	2000	2240	—	
	1250	—	—	—	2240	2800	3150	3550	—	
	2000	—	—	—	3550	4500	5000	5600	—	
370	1250	—	—	—	—	3550	4000	4500	5000	1.0±0.3
	2000	—	—	—	—	5600	6300	7100	8000	
	3000	—	—	—	—	8500	9500	10600	12000	

规格		基本连接尺寸/mm									几何公差/mm	
制动器中心高/mm	推动器额定推力/N	h_1	k_1	k_2	l	d	$n\geqslant$	d_1	P	$S\leqslant$	x	y
160	220	160	80	150	100	14	14	$D-55$	d_1-50	16	0.15	0.15
	300											
	500											
190	300	190	90	160	100	18	18	$D-65$	d_1-50	20		
	500											
	800											
230	500	230	145	145	130	18	22	$D-80$	d_1-65	20	0.20	0.20
	800											
	1250											
280	800	280	180	180	160	27	24	$D-100$	d_1-80	30		
	1250											
	2000											
370	1250	370	180	180	160	27	30	$D-130$	d_1-80	30	0.25	0.25
	2000											
	3000											

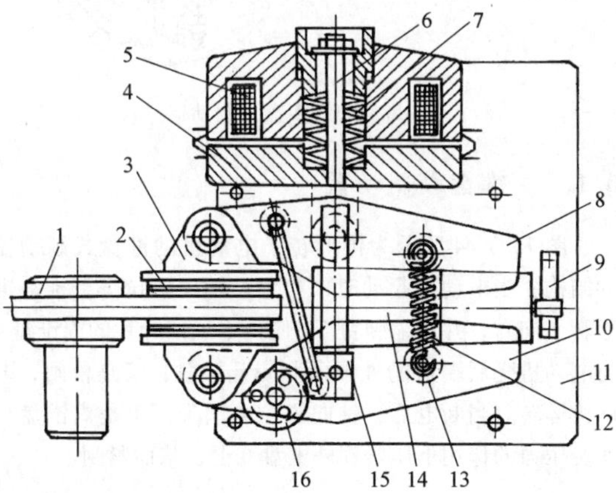

图 15.3-39　电磁铁松闸的常闭式固定钳盘式制动器的结构

1—圆盘　2—摩擦衬片　3—闸块　4—铁心　5—线圈　6—连杆　7—弹簧　8、10—杠杆　9—触点　11—机架　12—辅助弹簧　13—销轴　14—楔　15—拉杆　16—棘轮机构

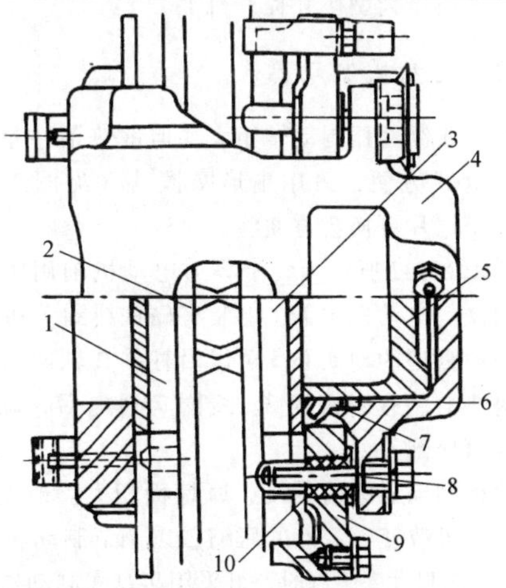

图 15.3-40　常开滑动钳式制动器

1—固定制动块　2—制动盘（通风型）　3—活动制动块　4—制动钳体　5—活塞　6—密封圈　7—防护罩　8—制动钳定位导向销　9—支承板　10—橡胶衬套

图 15.3-41 所示为常开摆动钳式制动器。制动缸6通过销轴12与固定机架11铰接，并借助螺栓9及弹簧10定位。制动时，液压油由进油孔7进入制动缸推动活塞5使摩擦块4压制动盘3，由于制动缸是浮动的，活塞5同时也使摩擦块2压向制动盘。制动缸卸压后，弹簧10使制动器松闸。

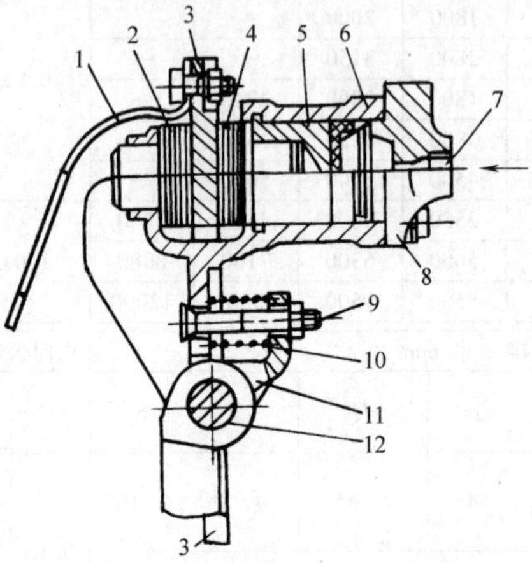

图 15.3-41　常开摆动钳式制动器

1—轮辐　2、4—摩擦块　3—制动盘　5—活塞　6—制动缸　7—进油孔　8—缸盖　9—螺栓　10—弹簧　11—机架　12—销轴

钳盘式制动器的优点是体积小，重量轻，转动惯量小，动作灵敏，调节油压可改变制动转矩，在同一直径制动圆盘的圆周方向增加制动夹钳的个数，就可增大制动转矩，而不需增加制动圆盘个数，但结构较复杂，多用于大型矿井提升机上。

6.1.2　全盘式制动器

全盘式制动器制动转矩大，但散热条件差，装拆不如钳盘式方便，采用扇形摩擦片（见图 15.3-43）比全环摩擦片更换会方便些。

图 15.3-42 所示为装于普通电动机轴用常闭单盘式制动器。电动机尾盖1上装有磁铁线圈7和弹簧6，兼作制动盘用的动铁心5可以沿柱销2轴向移动，冷却风扇4上装有摩擦环3。线圈7通电后，动铁心5被吸合而松闸。

这种制动器结构紧凑，摩擦面积大。改变垫片8的厚度，可改变弹簧6的压缩量以调节制动转矩。

当径向尺寸受限制时，可采用多盘式制动器（见图 15.3-43）以增大制动转矩。表 15.3-36 和表 15.3-37分别为 QPZ 型，表 15.3-38 和表 15.3-39 分别为 QPBZ 型，表 15.3-40 和表 15.3-41 分别为 QPWZ 型气动盘式制动器的结构型式、技术参数及主要尺寸。

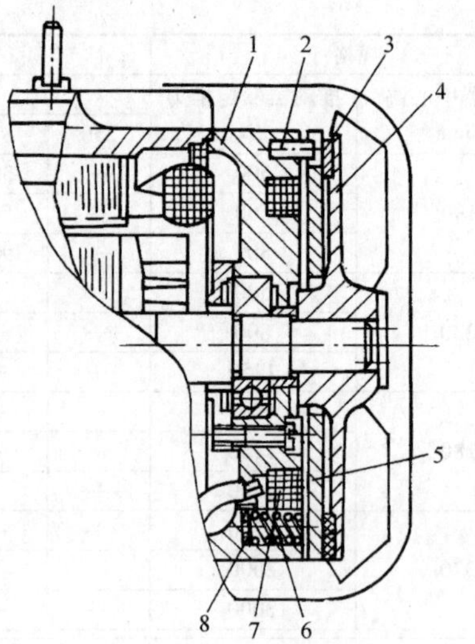

图 15.3-42　常闭单盘式制动器

1—尾盖　2—柱销　3—摩擦环　4—风扇　5—动铁心　6—弹簧　7—磁铁线圈　8—垫片

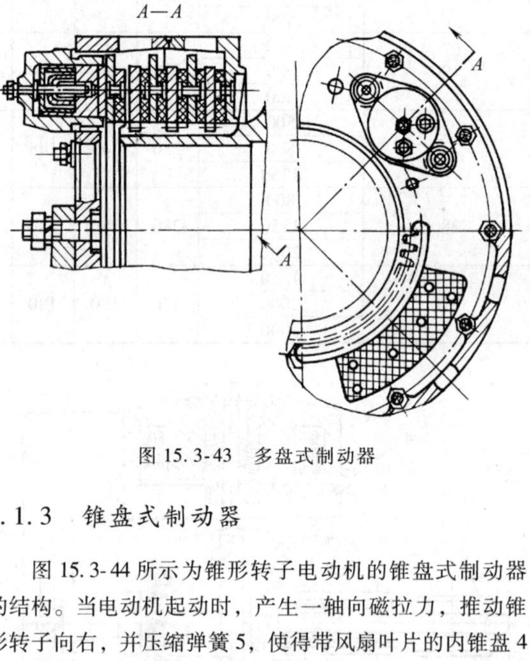

图 15.3-43　多盘式制动器

6.1.3　锥盘式制动器

图 15.3-44 所示为锥形转子电动机的锥盘式制动器的结构。当电动机起动时，产生一轴向磁拉力，推动锥形转子向右，并压缩弹簧5，使得带风扇叶片的内锥盘4与电动机壳后端盖的外锥盘6脱开接触，于是松闸，电动机运转。当断电后，轴向磁拉力消失，于是内锥盘在弹簧压力的作用下压紧到外锥盘6上，从而紧闸。

6.1.4　载荷自制盘式制动器

这种制动器是靠重物自重在机构中产生的内力制动，主要用于提升设备，它能保证重物在升降过程中安全悬吊和平稳下降。其类型有蜗杆式、螺旋式、牙嵌式等。

表 15.3-36　QPZ 型（常开型）气动盘式制动器的结构型式和技术参数（摘自 JB/T 10469.1—2004）

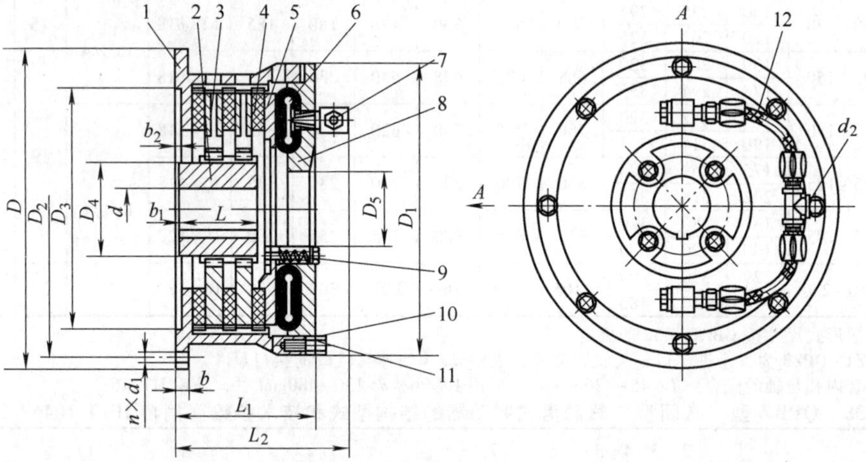

1—壳体　2—轴套　3—内盘　4—摩擦片　5—压板　6—气囊　7—快速排气阀
8—端盖　9—弹簧　10—垫片　11—螺钉　12—胶管总成

标记示例：

额定制动转矩为 5600N·m,型号为 QPZ5-3,轴孔直径 $d=80$mm 的常开型气动盘式制动器的标记为：

QPZ5-3　制动器　80　JB/T 10469.1—2004

型　号	额定制动转矩 T_Z /N·m	许用转速 n_p /r·min^{-1}	转动惯量 J /kg·m^2	质量/kg
QPZ1-2	315	2500	0.017	20
QPZ2-2	710	2000	0.044	32
QPZ3-2	1600	1500	0.200	75
QPZ4-2	2800	1200	0.450	105
QPZ5-2	4000	1100	0.825	148
QPZ5-3	5600		1.230	162
QPZ6-2	6300	1000	1.345	171
QPZ6-3	9500		1.997	210
QPZ7-2	8500	900	2.5	264
QPZ7-3	12500		4.0	330
QPZ8-2	15000	750	4.5	365
QPZ8-3	22400		6.75	465
QPZ9-2	17000	720	8.5	426
QPZ9-3	25000		12.6	540
QPZ10-2	31500	640	15.1	640
QPZ10-3	47500		19.5	795
QPZ11-2	50000	550	29.5	905
QPZ11-3	75000		44.7	1180

表 15.3-37　QPZ 型（常开型）气动盘式制动器的主要尺寸（摘自 JB/T 10469.1—2004）(mm)

型号	d H7	L	L_1	L_2	D	D_1	D_2	D_3 H8	D_4	D_5	$n\times d_1$	d_2	b	b_1	b_2
QPZ1-2	15~45	82	132	195	220	225	203	190	70	50	4×ϕ9	Rc1/2	6	1.5	2
QPZ2-2	25~56	82	160	220	310	285	280	220	90	58	6×ϕ14		13	6	8
QPZ3-2	25~65	110	165	225	400	375	375	295	105	95	6×ϕ18		16	10	6
QPZ4-2	25~90	114	216	276	470	445	445	370	140	125	8×ϕ18				10
QPZ5-2	35~100	120	210	270	540	510	510	410	150	155	12×ϕ18				
QPZ5-3		165	256	318											

（续）

型号	d H7	L	L_1	L_2	D	D_1	D_2	D_3 H8	D_4	D_5	$n\times d_1$	d_2	b	b_1	b_2
QPZ6-2	50~120	120	235	295	590	560	560	470	180	185	12×ϕ18	Rc3/4	16	10	11
QPZ6-3		120	263	325											
QPZ7-2	50~150	130	260	320	685	632	648	540	230	235	12×ϕ18		19	8	19
QPZ7-3		178	294	355											
QPZ8-2	50~150	130	257	320	760	735	730	620	230	335	12×ϕ18	Rc1¼		6	
QPZ8-3		190	314	375											
QPZ9-2	65~165	175	259	325	830	790	800	700	230	335	16×ϕ18				
QPZ9-3		202	318	380											
QPZ10-2	65~185	137	280	340	935	885	900	775	255	380	18×ϕ22				
QPZ10-3		190	320	380											
QPZ11-2	150~230	229	330	390	1105	1045	1065	925	305	570	18×ϕ22		22	5	16
QPZ11-3		314	410	480											

注：1. 键槽形式尺寸按 GB/T 3852 的规定。

2. QPZ1~QPZ3 为一个进气口，无胶管总成；表中 d_2 为快速排气阀的接口尺寸。

3. 轴套内孔与轴的配合：$d\leqslant 45\sim 130$mm 时，采用 H7/t6；$d>130\sim 480$mm 时，采用 H7/u6。

表 15.3-38　QPBZ 型（常闭型）**气动盘式制动器的结构型式和技术参数**（摘自 JB/T 10469.2—2004）

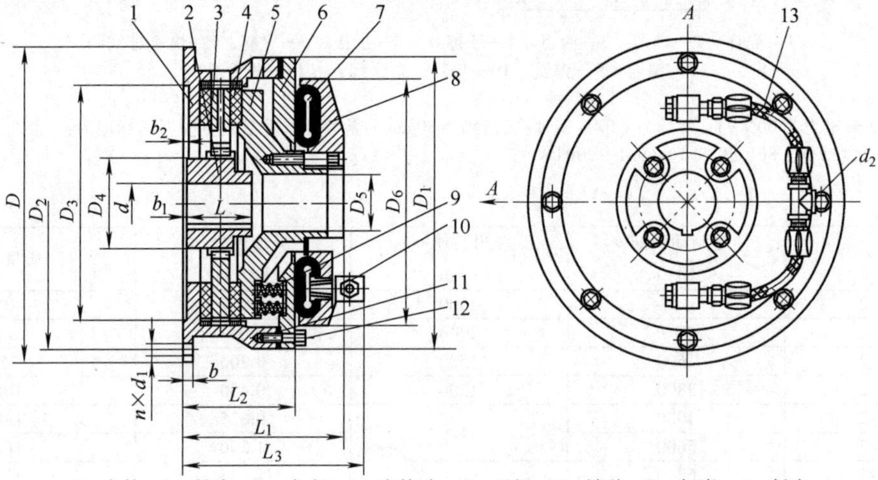

1—壳体　2—轴套　3—内盘　4—摩擦片　5—压板　6—端盖　7—气囊　8—托盘
9—弹簧　10—快速排气阀　11—垫片　12—螺钉　13—胶管总成

标记示例：额定制动转矩为 80000N·m，型号为 QPBZ12-3，轴孔直径 d=200mm 的常闭型气动盘式制动器的标记为：
QPBZ12-3 制动器　200　JB/T 10469.2—2004

型　号	额定制动转矩 T_Z /N·m	许用转速 n_p /r·min^{-1}	转动惯量 J /kg·m^2	质量/kg
QPBZ1-2	500	2500	0.017	25
QPBZ2-2	900	2000	0.044	37
QPBZ3-2	1400	1500	0.200	95
QPBZ4-2	3550	1200	0.450	135
QPBZ5-2	5000	1100	0.825	204
QPBZ6-2	7500	1000	1.345	216
QPBZ7-2	9500	900	2.5	314
QPBZ7-3	14000		4.0	367
QPBZ8-2	14000	750	4.5	435
QPBZ8-3	20000		6.75	550
QPBZ9-2	19000	720	8.5	552
QPBZ9-3	28000		12.6	630
QPBZ10-2	35500	640	15.1	728
QPBZ10-3	37000		19.5	1000
QPBZ11-2	47500	550	29.5	1230
QPBZ11-3	67000		44.7	1480

表 15.3-39　QPBZ 型（常闭型）气动盘式制动器的主要尺寸（摘自 JB/T 10469.2—2004）　（mm）

型号	d H7	L	L_1	L_2	L_3	D	D_1	D_2	D_3 H8	D_4	D_5	D_6	$n\times d_1$	d_2	b	b_1	b_2
QPBZ1-2	15~45	82	165	165	225	220	225	203	190	70	50	225	4×φ9	Rc1/2	6	1.6	2
QPBZ2-2	25~56	82	190	160	250	310	285	280	220	90	50	240	6×φ14		13	6	6
QPBZ3-2	25~65	110	218	200	280	400	375	375	295	100	75	305	6×φ18		16		9.5
QPBZ4-2	35~90	114	225	215	315	470	445	445	370	140	100	375	8×φ18			10	
QPBZ5-2	35~100	120	270	225	330	540	510	510	410	150	110	415	12×φ18				
QPBZ6-2	50~120	120	275	235	335	590	560	560	470	180	125	495	12×φ18	Rc3/4		11	
QPBZ7-2	50~150	130	305	360	365	685	635	648	540	220	155	550	12×φ18		19	19	8
QPBZ7-3		178	355	395	415												
QPBZ8-2	50~150	130	310	260	370	760	740	730	620	230	210	685	12×φ18	Rc1¼			6
QPBZ8-3		190	370	305	430												
QPBZ9-2	65~165	175	320	280	380	830	790	800	700	230	210	685	12×φ22				
QPBZ9-3		202	370	325	430												
QPBZ10-2	65~230	136	330	265	390	940	885	900	775	255	210	815	18×φ22				
QPBZ10-3		257	395	340	455												
QPBZ11-2	150~230	230	385	340	455	1105	1045	1065	925	305	325	975	18×φ22		22	16	
QPBZ11-3		314	520	410	580												

注：1. 键槽形式尺寸按 GB/T 3852 的规定。

2. QPBZ1~QPBZ3 为一个进气口，无胶管总成，其 d_2 为快速排气阀的接口尺寸。

3. 轴套内孔与轴的配合：$d\leqslant45\sim130$mm 时，采用 H7/t6；$d>130\sim480$mm 时，采用 H7/u6。

表 15.3-40　QPWZ 型（水冷却型）气动盘式制动器的结构型式和技术参数（摘自 JB/T 10469.3—2004）

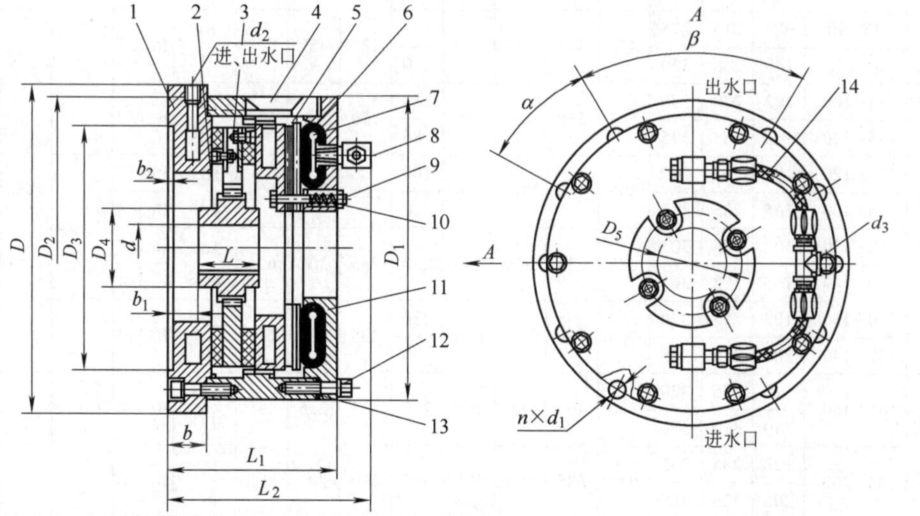

1—底座　2—轴套　3—摩擦盘　4—壳体　5—压盘　6—压板　7—气囊　8—快速排气阀
9—弹簧　10—拉紧螺栓　11—端盖　12—螺钉　13—垫片　14—胶管总成

标记示例：额定转矩为 14200N·m，型号为 QPWZ8-2，轴孔直径 $d=90$mm，水冷却气动盘式制动器的标记为：
QPWZ8-2 制动器　90　JB/T 10469.3—2004

（续）

型　　号	额定制动转矩 T_z /N·m	许用转速 n_p /r·min^{-1}	转动惯量 J /kg·m^2	质　量 /kg	水流量 /L·min^{-1}
QPWZ1-1	100	2800	0.00125	10.6	4
QPWZ2-1	315	2500	0.02	21	6
QPWZ2-2	630		0.03	31	8
QPWZ3-1	560	2000	0.0225	36	8
QPWZ3-2	1120		0.0375	50	12
QPWZ4-1	1250	1500	0.113	78	12
QPWZ4-2	2500		0.25	90	17
QPWZ5-1	2240	1200	0.45	125	13
QPWZ5-2	4480		0.625	145	21
QPWZ6-1	3150	1100	0.495	168	18
QPWZ6-2	6300		0.72	250	25
QPWZ7-1	5000	1000	0.75	195	21
QPWZ7-2	11000		0.90	260	32
QPWZ8-1	7100	900	1.6	265	30
QPWZ8-2	14200		1.75	315	48
QPWZ9-1	7500	750	2.85	360	45
QPWZ9-2	15000		3.00	465	67
QPWZ10-1	13200	720	5.0	395	57
QPWZ10-2	26400		9.2	560	90
QPWZ11-1	26500	640	9.65	615	65
QPWZ11-2	53000		18.0	930	105

表 15.3-41　QPWZ 型（水冷却型）气动盘式制动器的主要尺寸（摘自 JB/T 10469.3—2004）（mm）

型号	d H7	L	L_1	L_2	D	D_1	D_2	D_3 H8	D_4	D_5	α	β	$n\times d_1$	d_2	d_3	b	b_1	b_2
QPWZ1-1	15~25	22	108	170	180	200	165	140	45	50	90°	90°	4×ϕ9	Rc1/8	Rc1/2	32	32	4
QPWZ2-1	15~45	50	145	205	220	225	203	190	70	50	90°	90°	4×ϕ9	Rc1/4		32	20	
QPWZ2-2		112	198	260													32	
QPWZ3-1	25~56	50	172	235	310	285	280	220	90	55	60°	120°	4×ϕ14	Rc1/2		38	30	6
QPWZ3-2		102	225	285														
QPWZ4-1	25~65	70	188	250	400	375	375	295	105	82	60°	120°	4×ϕ18	Rc1/2			20	
QPWZ4-2		122	240	300														
QPWZ5-1	25~90	95	215	275	470	445	445	370	140	125	45°	90°	6×ϕ18	Rc1/2		45	28	
QPWZ5-2	25~71	143	268	330					110								45	
QPWZ6-1	35~100	102	220	280	540	510	510	410	150	150	30°	60°	10×ϕ18	Rc1/2			24	
QPWZ6-2	35~120	143	285	345					180									
QPWZ7-1	35~120	102	228	290	590	560	560	470	180	200	30°	60°	10×ϕ18	Rc1/2	Rc3/4		28	
QPWZ7-2	35~100	165	285	345					150					Rc3/4			42	
QPWZ8-1	50~150	102	245	305	685	635	648	540	230	235	30°	60°	10×ϕ18	Rc1/2			32	
QPWZ8-2	50~140	165	302	365										Rc3/4				
QPWZ9-1	50~150	102	255	320	760	740	730	620	230	235	30°	60°	10×ϕ18	Rc3/4	Rc1¼		35	
QPWZ9-2	50~140	205	315	375					205									
QPWZ10-1	65~160	115	255	320	830	790	800	700	230	335	22.5°	45°	14×ϕ18	Rc3/4		50	30	
QPWZ10-2		240	310	370														
QPWZ11-1	65~260	128	285	345	940	885	900	775	405	380	20°	40°	16×ϕ22	Rc3/4			35	
QPWZ11-2		205	425	485													50	

注：1. 键槽形式尺寸按 GB/T 3852 的规定。

2. QPWZ1~QPWZ4 为一个进气口，无胶管总成；表中 d_3 为快速排气阀的接口尺寸。

3. 轴套内孔与轴的配合：d≤45~130mm 时，采用 H7/t6；d>130~480mm 时，采用 H7/u6。

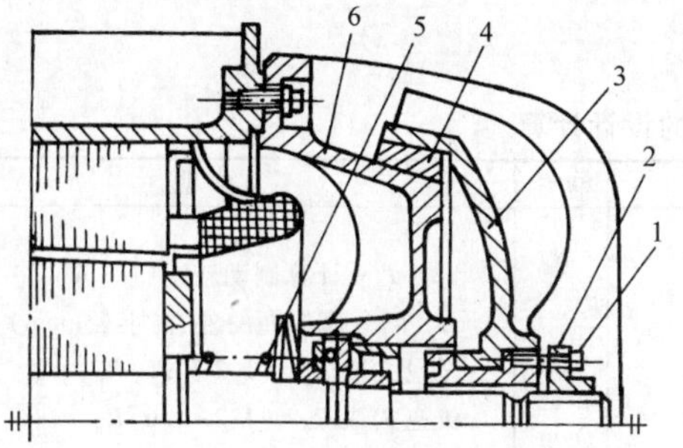

图 15.3-44　锥盘式制动器的结构

1—螺钉　2—锁紧螺母　3—风扇叶片　4—内锥盘　5—弹簧　6—外锥盘

（1）蜗杆式

图 15.3-45 和图 15.3-46 所示分别为两种蜗杆式载荷自制盘式制动器。蜗杆 2 的轴向力 F_1 使杆端锥面或平面（见图 15.3-46）与棘轮 1 间产生摩擦转矩，棘轮的逆止作用保证重物悬吊空中。无论重物升或降，均需转动手柄，升降速度通过手柄控制。

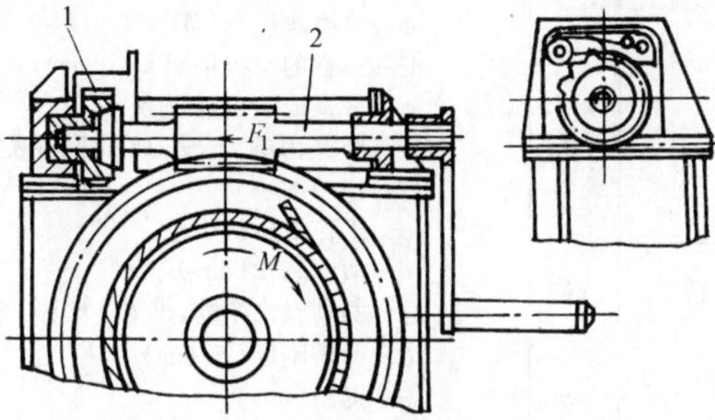

图 15.3-45　手绞车蜗杆式载荷自制盘式制动器

1—棘轮　2—蜗杆

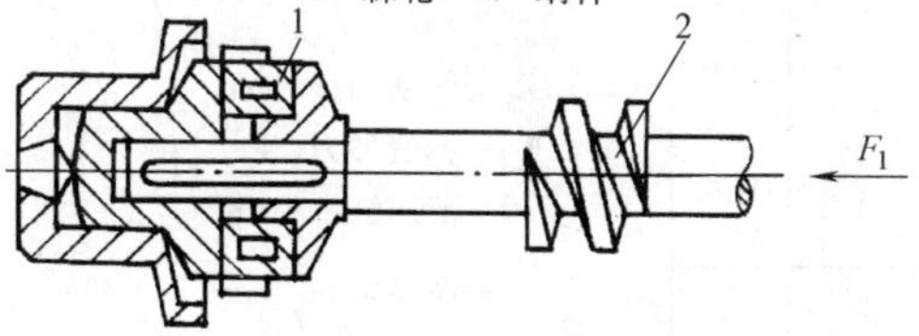

图 15.3-46　平面摩擦盘蜗杆式载荷自制盘式制动器

1—棘轮　2—蜗杆

（2）螺旋式

图 15.3-47 所示为机械驱动的螺旋式载荷自制盘式制动器。小齿轮 3 正转时，使齿轮端面、棘轮 2、挡圈 1 及轴 4 相互压紧，并带动轴 4 旋转而提升重物。小齿轮停止时，棘轮逆止，保证重物悬吊空中。小齿轮反转时重物下降。

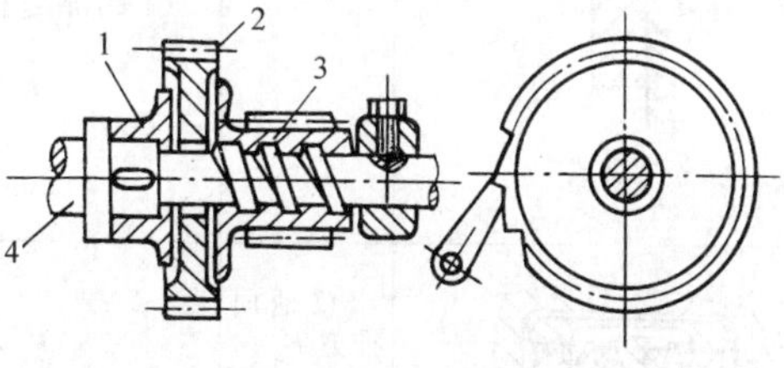

图 15.3-47　机械驱动的螺旋式载荷自制盘式制动器

1—挡圈　2—棘轮　3—小齿轮　4—轴

手驱动的螺旋式载荷自制盘式制动器常称为“安全手柄”，如图 15.3-48 所示。

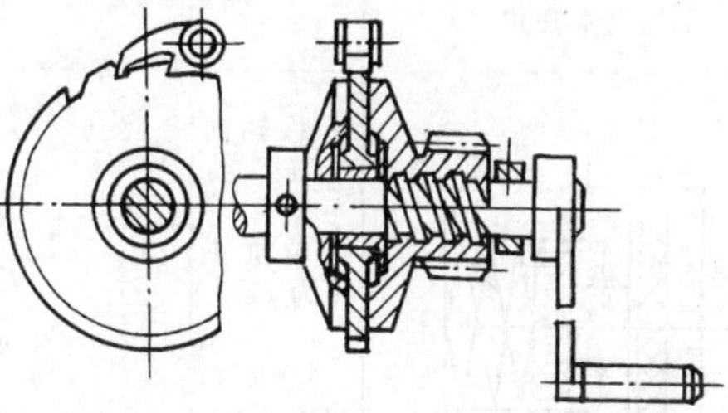

图 15.3-48　安全手柄

（3）牙嵌式

图 15.3-49a 所示为牙嵌式载荷自制盘式制动器。停车时，负载转矩通过齿轮 4 和齿轮轴 7 使套筒 5 转动，套筒端面的螺旋齿（见图 15.3-49b）迫使齿轮 3 轴向移动并压紧摩擦片 2 及棘轮 6 而紧闸。下降原理同螺旋式。

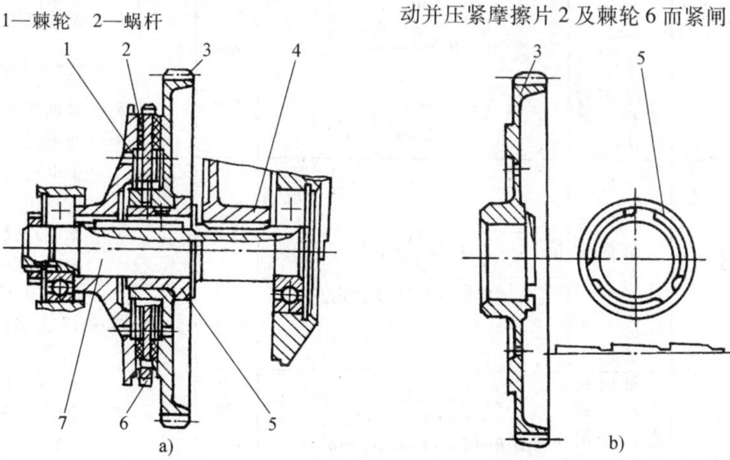

图 15.3-49　牙嵌式载荷自制盘式制动器

a）示意图　b）齿轮结构

1—圆盘　2—摩擦片　3、4—齿轮　5—套筒　6—棘轮　7—齿轮轴

6.2　设计计算（见表 15.3-42）

表 15.3-42　盘式制动器的设计计算

计算简图	计算内容	计算公式	单位	说　明
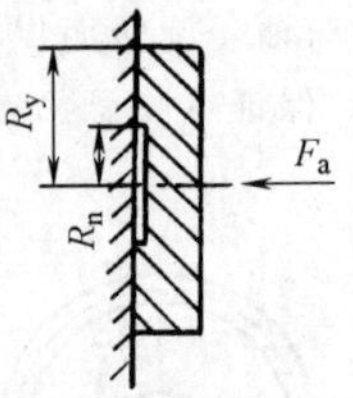 全盘式	轴向推力 F_a 摩擦盘有效半径 R_e	$F_a=\frac{T_j}{n\mu R_e}\times10^3$ $R_e=\frac{2}{3}\frac{R_y^3-R_n^3}{R_y^2-R_n^2}$ 当 $R_y\leqslant1.8R_n$ 时，可取 $R_e=\frac{R_y+R_n}{2}$ $m=\frac{4F_a}{\varphi\pi d^2}$	N mm mm	T_j—计算制动转矩（N·m） R_y、R_n—摩擦面的外、内半径（mm） 全盘式取 $R_y=(1.2\sim2.5)R_n$ 锥盘式取 $R_y=(1.2\sim1.6)R_n$ R_n 由结构限制决定 n—摩擦副数目 R—钳盘中心到制动盘旋转中心的距离（mm） F_i—每副钳盘装置的推力（N） A—摩擦面积总和（mm^2） [p]—许用压强（MPa），见表 15.3-8 ϕ—摩擦块压强（MPa） A'—单缸的摩擦块面积（mm^2） m—分泵或液压缸个数 μ—摩擦因数，见表 15.3-7 和表 15.3-8 φ—工作油压（MPa） d—活塞直径（mm） S_p—制动安全系数，见表 15.3-2 C—弹簧刚度（N/mm） ε—退距（mm） n_1—碟形弹簧数目 W—缸内各运动部分的摩擦阻力（N） d_1—活塞轴径（mm） W_1—弹簧外力（N） D—液压缸内径（mm） ρ—摩擦角，$\frac{\beta}{2}>\rho+(2°\sim3°)$ T_t—负载转矩（N·m） R_0—蜗轮节圆半径（mm） r—$\frac{1}{2}$螺纹中径（mm） R_1—摩擦盘 1 的平均半径（mm） R_2—摩擦盘 2 的平均半径（mm） η_1、i_1—由电动机到制动轴的效率和传动比 T_1—螺旋式载荷自制制动器摩擦面间的摩擦转矩 $T_1=(0.15\sim0.5)T_t$ T'—螺旋副的摩擦阻力转矩，通常 $T'=(0.1\sim0.3)T_t$ T_0—重物下降所需转矩，通常 $T_0=(0.3\sim0.6)T_t$ α—螺纹升角，$\alpha=12°\sim25°$ ρ'—螺纹副摩擦角，$\rho'=2°\sim3°$
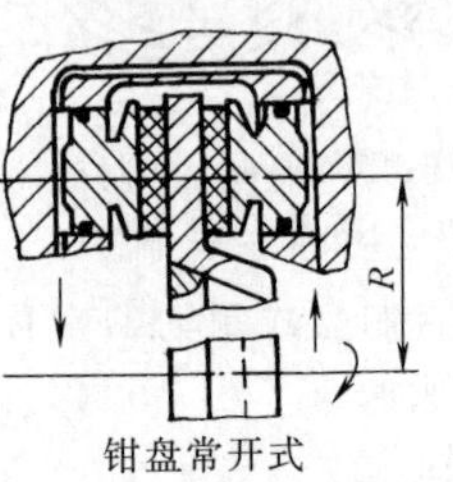 钳盘常开式	总轴向推力 F_a 钳盘装置的副数 X 压强 p	$F_a=\frac{T_j}{\mu R}\times10^3$ $X=\frac{F_a}{F_i}$ $F_i=\phi A'$ $p=\frac{F_a}{A}\leqslant[p]$	N N MPa	
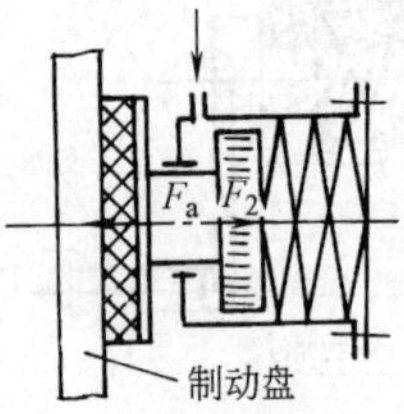 钳盘常闭式	总轴向推力 F_a 单缸正压力 F_a' 松闸时作用在弹簧上的力 F_2	$F_a=S_p\frac{T_j}{\mu R}\times10^3$ $F_a'=\frac{F_a}{m}$ $F_2=F_a'+W_1$ $W_1=\frac{C\varepsilon}{n_1}+W$ $D=\sqrt{\frac{4F_a'}{\pi\varphi}+d_1^2}$ $p=\frac{F_a'}{A'}\leqslant[p]$	N N N N mm MPa	
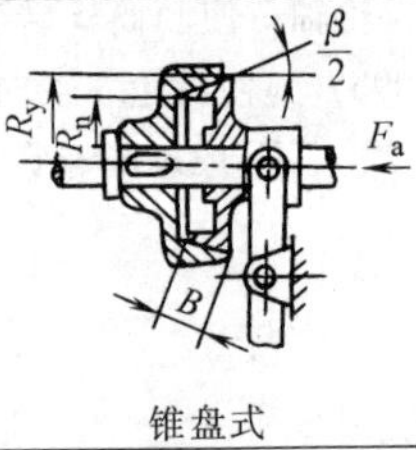 锥盘式	轴向推力 F_a 摩擦锥面有效宽度 B	$F_a=\frac{T_j\sin\frac{\beta}{2}}{\mu R_e}\times10^3$ $R_e=\frac{R_y+R_n}{2}$ $B\geqslant\frac{F_a}{2\pi R_e\sin\frac{\beta}{2}[p]}$	N mm mm	
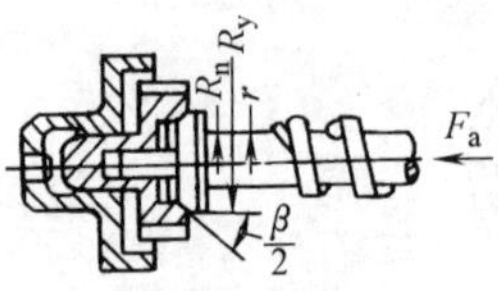 蜗杆式载荷自制	轴向推力 F_a	$F_a=\frac{T_t}{R_0}\times10^3$ （其他计算同锥盘式）	N	
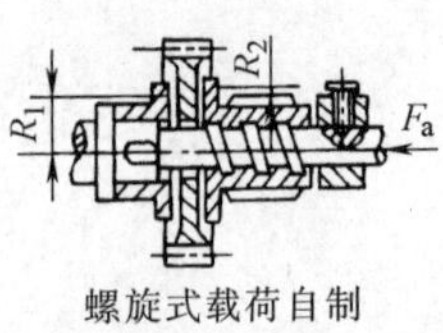 螺旋式载荷自制	轴向推力 F_a 保证重物悬吊条件 重物下降所需转矩 T_0	$F_a=\frac{T_t}{r\tan(\alpha+\rho')+\mu R_2}\times10^3$ $\mu(R_1+R_2)\geqslant[r\tan(\alpha+\rho')+\mu R_1]\eta_1^2$ $T_0=(T_1-T')\frac{1}{i_1\eta_1}$	N N·m	

7 其他制动器和辅助装置

7.1 磁粉制动器

7.1.1 结构与工作原理

磁粉制动器一般由转动部分（转子）和固定部分（定子）组成，在转子与定子之间的工作间隙中填充磁粉，利用磁粉磁化时所产生的剪力来制动。其特点是：磁粉链抗剪力与磁粉磁化程度成正比，但电流大到使磁粉达到饱和时，转矩增长速度就会减慢（见图15.3-50）。此外，磁粉的装满程度也影响转矩的特性。

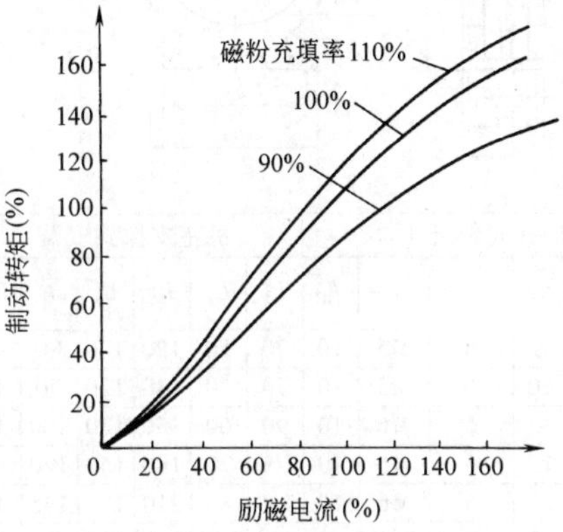

图 15.3-50 制动转矩与励磁电流特性

图 15.3-51 所示为一磁粉制动器的结构。为了便于安装励磁线圈 3，固定部分做成装配式，由 2 及 5 组成，间隙中填充磁粉。由转动部分薄壁圆筒 7 与非磁性铸铁套筒 1 铆接成被制动件（转子）。为防止磁通短路，特装一非磁性圆盘 4。固定部分 2 上铸有散热片，由装在转子上的风扇 8 强迫通风冷却。

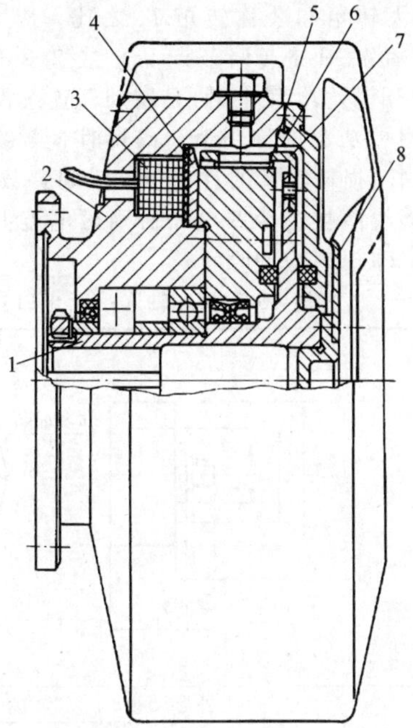

图 15.3-51 磁粉制动器的结构
1—非磁性铸铁套筒 2、5—固定部分
3—励磁线圈 4—非磁性圆盘 6—磁粉
7—薄壁圆筒 8—风扇

磁粉制动器体积小，重量轻，励磁功率小且制动转矩与转动件的转速无关；然而磁粉会引起零件磨损。适用于自动控制及各种机器的驱动系统中。

磁粉制动器的工作条件：环境温度为-5～40℃；空气最大相对湿度为 90%（平均温度为 25℃时）；周围介质无爆炸危险，无腐蚀性金属，无破坏绝缘的尘埃，无油雾；海拔不超过 2500m。

7.1.2 分类、代号及标记方法

1）按转子结构型式分：柱形转子（代号省略）、环形转子（代号：B）、筒形转子（代号：T）和盘形转子（代号：P）四类。

2）按连接安装形式分：最常见的是轴连接，止口支承式（代号省略）；轴连接，机座支承式（代号：J）；空心轴连接，止口支承式（代号：K）；空心轴连接，机座支承式（代号：Z）四种。上述四种形式均需将支承端固定。

3）按冷却方式分：自然空气冷却（代号省略）、强迫通风冷却（代号：F）、液（水或油）冷却（代号：Y）和电风扇冷却（代号：S）。

以上三种区分在型号标记方法中用三个字母表示。

型号标记方法：

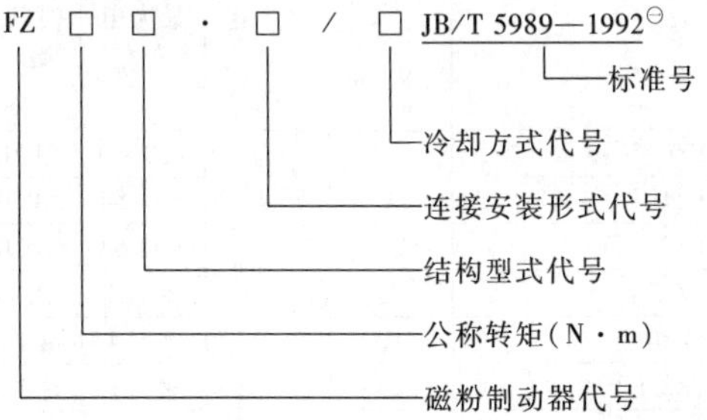

7.1.3 主要性能术语

最大励磁电压用 U_m 表示，最大励磁电流 I_m 是在最大励磁电压下励磁线圈平均温度为 75℃时通过的电流值，对应的转矩用 T_m 表示。安全系数

⊖ JB/T 5989—1992 已经作废，此部分内容仅供参考。

K_s 是最大转矩和公称转矩 T_n 之比，应大于 1.3（工业产品）、1.5（调节产品）或 2.0（快速产品）。许用滑差功率［P］是制动器连续滑差运转时最大滑差功率的许用值，或短时、断续工作时其平均滑差损耗功率的许用值。时间常数 T_{ir} 是制动器励磁线圈接通阶跃电压后励磁电流上升到稳态值 63.2%时对应的时间。

7.1.4　基本性能参数与主要尺寸

轴连接、止口支承式及机座支承式制动器的结构型式和主要尺寸见表 15.3-43。磁粉制动器的基本性能参数见表 15.3-44。空心轴连接、止口支承式制动器的结构型式和主要尺寸见表 15.3-45。空心轴连接、机座支承式制动器的结构型式和主要尺寸见表 15.3-46。

表 15.3-43　轴连接、止口支承式及机座支承式制动器的结构型式和主要尺寸　（mm）

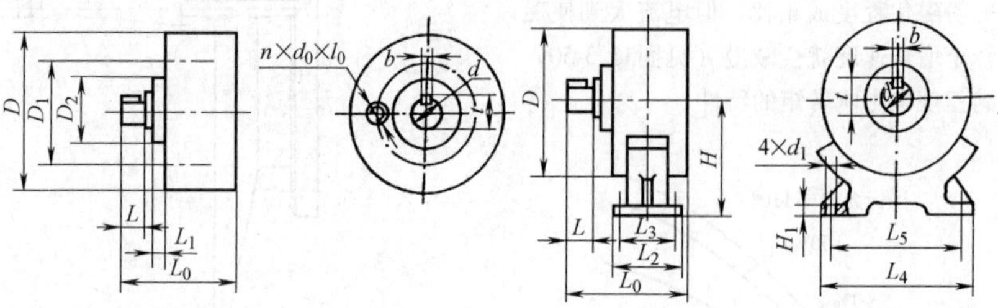

型号		外形尺寸		连接尺寸				止口式安装尺寸						机座支撑式安装尺寸						
		L_0 ①	D ①	d h7	L	b p7	t	D_1	D_2 g7	L_1	n	d_0	l_0	L_2	L_3	L_4	L_5	H	H_1 ①	d_1
FZ2.5□	FZ2.5□.J	104	120	10	20	3	11.2	64	42	8	6	M5	10	70	50	120	100	80	8	7
FZ5□	FZ5□.J	114	134	12	25	4	13.5	64	42	10	6	M5	10	70	50	140	120	90	10	7
FZ10□	FZ10□.J	129	152	14	25	5	16	64	42	13	6	M6	10	90	60	150	120	100	13	10
FZ25□	FZ25□.J	148	182	20	36	6	22.5	78	55	15	6	M6	10	100	70	180	150	120	15	12
FZ50□	FZ50□.J	182	219	25	42	8	28	100	74	23	6	M6	10	110	80	210	180	145	15	12
FZ100□	FZ100□.J	232	290	30	58	8	33	140	100	25	6	M10	15	140	100	290	250	185	20	12
FZ200□	FZ200□.J	267	335	35	58	10	38	150	110	25	6	M10	15	160	120	330	280	210	22	15
FZ400□	FZ400□.J	329	398	45	82	14	48.5	200	130	33	6	M10	20	180	130	390	330	250	27	19
FZ630□	FZ630□.J	395	480	60	105	18	64	410	460	35	6×2	M12	25	210	150	480	410	290	33	24
FZ1000□	FZ1000□.J	435	540	70	105	20	74.5	460	510	40	6×2	M12	25	220	160	540	470	330	38	24
FZ2000□	FZ2000□.J	525	660	80	130	22	85	560	630	40	6×2	M12	30	230	170	660	580	390	45	24

① D、L_0、H_1 为推荐尺寸。

表 15.3-44　磁粉制动器的基本性能参数

型号	公称转矩 T_n /N·m	75°C 时线圈			许用同步转速 [n]/r·min^{-1}	飞轮力矩 GD^2 /N·m^2	自冷式	风冷式		液冷式	
		最大电压 U_m /V	最大电流 I_m /A	时间常数 T_{ir} /s			许用滑差功率 [P]/W	许用滑差功率 [P]/W	风量 /m^3·min^{-1}	许用滑差功率 [P]/W	液量 /L·min^{-1}
FZ0.5□	0.5	24	≤0.40	≤0.035	1500	2.64×10^{-3}	≥8	—	—	—	—
FZ1□	1		≤0.54	≤0.040		7.0×10^{-3}	≥15	—	—	—	—
FZ2.5□	2.5		≤0.64	≤0.052		1.32×10^{-2}	≥40	—	—	—	—
FZ5□	5		≤1.2	≤0.066		2.97×10^{-2}	≥70	—	—	—	—
FZ10□	10		≤1.4	≤0.11		5.6×10^{-2}	≥110	≥200	0.2	—	—
FZ25□·□/□	25		≤1.9	≤0.11		1.76×10^{-1}	≥150	≥340	0.4		
FZ50□·□/□	50		≤2.8	≤0.12		4.62×10^{-1}	≥260	≥400	0.7	1200	3.0
FZ100□·□/□	100		≤3.6	≤0.23		1.54	≥420	≥800	1.2	2500	6.0
FZ200□·□/□	200		≤3.8	≤0.33	1000	4.07	≥720	≥1400	1.6	3800	9.0
FZ400□·□/□	400		≤5.0	≤0.44		10.7	≥900	≥2100	2.0	5200	15
FZ630□·□/□	630	80	≤1.6	≤0.47		20.9	≥1000	≥2300	2.4	—	—
FZ1000□·□/□	1000		≤1.8	≤0.57	750	36.3	≥1200	≥3900	3.2	—	—
FZ2000□·□/□	2000		≤2.2	≤0.80		95.7	≥2000	≥6300	5.0	—	—

表 15.3-45　空心轴连接、止口支承式制动器的结构型式和主要尺寸　　(mm)

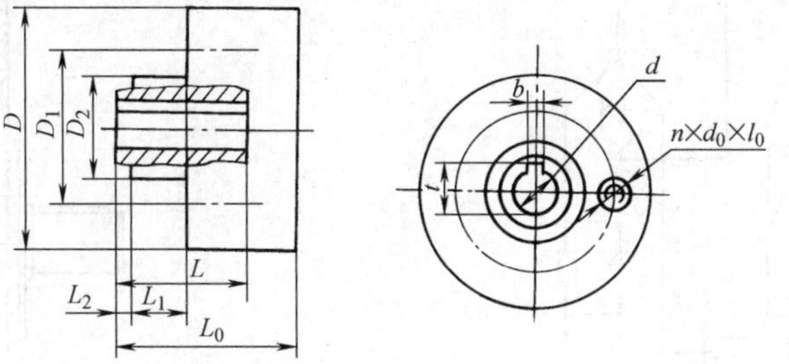

型号	外形尺寸		安装尺寸							连接尺寸			
	$L_0$①	D①	D_1	D_2	L_1	L_2	n	d_0	l_0	d H7	L	b F7	t
FZ5□. K	80	130	90	70	10	2	6	M5	10	12	27	4	13.8
FZ10□. K	90	160	94	74	13	2	6	M6	10	13	30	6	20.8
FZ25□. K	100	180	120	100	15	2	6	M6	10	20	38	6	22.8
FZ50□. K	120	220	130	110	23	4	6	M6	10	30	60	8	33.3
FZ100□. K	140	290	150	110	25	4	6	M10	15	35	60	10	38.3
FZ200□. K	165	340	200	160	25	6	6	M10	15	45	84	14	48.8
FZ400□. K	210	398	200	160	33	6	6	M12	20	50	84	14	53.8

注：1. 空心轴配合长度不小于 L；

2. 空心轴可为通孔，也可为不通孔。

① L_0、D 为推荐尺寸。

表 15.3-46　空心轴连接、机座支承式制动器的结构型式和主要尺寸　　(mm)

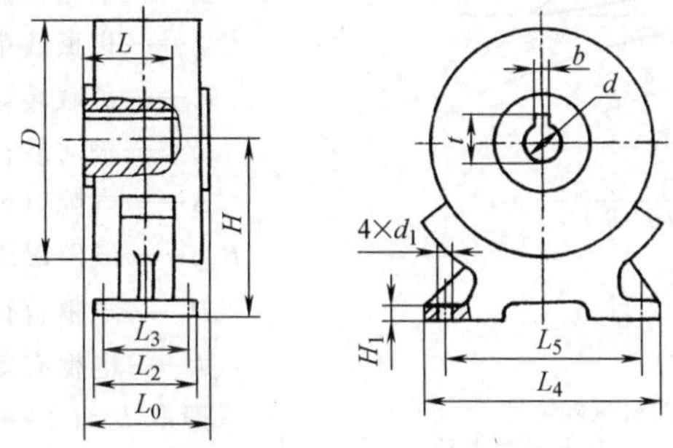

型号	外形尺寸		连接尺寸				安装尺寸						
	L_0	D	d H7	L	b F7	t	L_2	L_3	L_4	L_5	H	H_1	d_1
FZ5□. Z	72	130	12	27	4	13.8	70	50	140	120	90	10	7
FZ10□. Z	79	160	18	30	6	20.8	90	60	150	120	100	13	10
FZ25□. Z	87	180	20	38	6	22.8	100	70	180	150	120	15	12
FZ50□. Z	101	220	30	60	8	33.3	110	80	210	180	145	15	12
FZ100□. Z	119	290	35	60	10	38.3	140	100	290	250	185	20	12
FZ200□. Z	146	340	45	84	14	48.8	160	120	330	280	210	22	15
FZ400□. Z	183	398	50	84	14	53.8	180	130	390	330	250	27	19

注：L_0、D 为推荐尺寸。

7.2　电磁涡流制动器

图 15.3-52 所示为电磁涡流制动器的接线原理图。通过调节制动转矩的大小，其机械外特性如图 15.3-53 所示。图 15.3-53 中 T 为转矩（N·m），n 为转速（r/min）。

电磁涡流制动器的构造、磁路的计算等与电磁转差离合器基本相同。图 15.3-54 所示为鸟啄式电磁涡流制动器的结构示意图，它由随电动机转动的电枢 1

与固定在外壳（底座）上的感应器 2 组成。

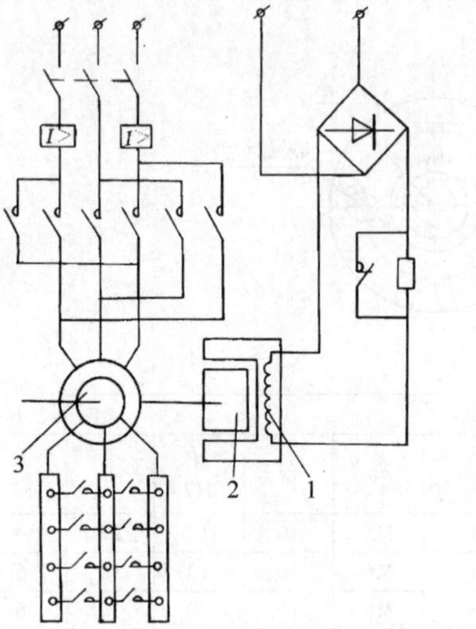

图 15.3-52　电磁涡流制动器的接线原理图
1—励磁线圈　2—涡流制动器　3—拖动电动机

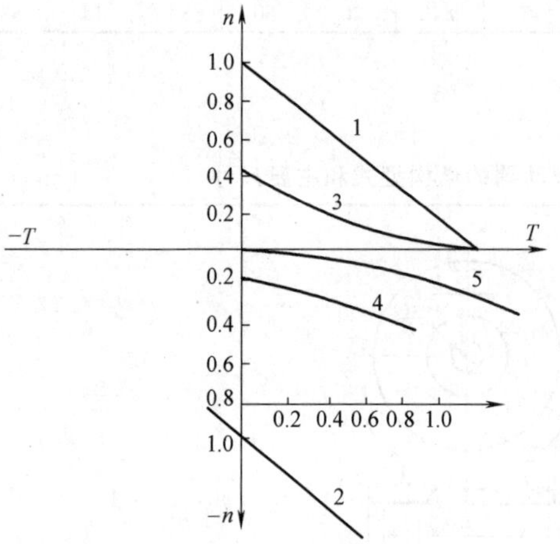

图 15.3-53　电磁涡流制动器的机械外特性
1—负载提升时电动机特性曲线　2—负载下降时电动机特性曲线　3—电动机、制动器叠加后的提升特性曲线
4—电动机、制动器叠加后的下降特性曲线
5—电磁涡流制动器本身的特性曲线

除鸟啄式外，还有凸极式和感应式等。

电磁涡流制动器坚固耐用，维修方便，调速范围宽，但低速时效率低，温度升高，必须采取散热措施。多用于二级制动中的第一级，以达到停车前的低速，并吸收 90% 以上的动能，减轻第二级停止式制动器[⊖]的负担。常用于有垂直载荷的机械中；它还可以与电动滑差离合器配套，用于要求无级变速的场合；水冷却的电磁涡流制动器，可用于高速汽车的减速机构，以及可变载荷的机械试验装置。

电磁涡流制动器的外形尺寸可按下述方法确定：

一般取计算制动转矩为

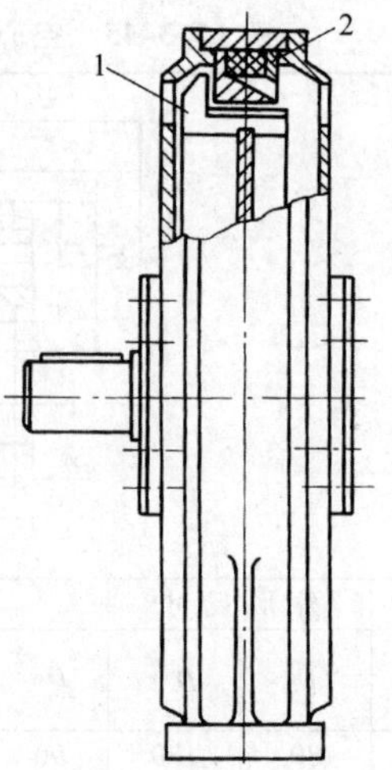

图 15.3-54　鸟啄式电磁涡流制动器的结构示意图
1—电枢　2—感应器

$$T_j=\frac{9750P(1+\eta^2)}{n} \tag{15.3-36}$$

近似计算为　　$T_j \approx 2T_t$

电磁涡流制动器鼓形电枢的外形尺寸概略值为

$$DL=\frac{T_j \times 10^6}{52z\Delta B_{1m}^2} \tag{15.3-37}$$

式中　P——电动机的额定功率（kW）；

n——电动机的转速（r/min）；

η——机械效率；

T_t——负载转矩（N · m）；

z——极对数；

Δ——气隙（cm）；

B_{1m}——气隙磁通密度一次谐波振幅值（T）；

D——电枢直径（cm）；

L——电枢有效长度（cm）。

一般取 $D=(2\sim4)L$。因 GD^2 及电动机中心高度的限制，D 值不宜太大；因励磁线圈尺寸及齿根磁通密度的关系，L 值不宜过小。

7.3　摩擦块磨损间隙的自动补偿装置

7.3.1　密封圈式

图 15.3-55 所示为密封圈式自动补偿装置的工作原理图。摩擦块在制动后，靠密封圈的弹性变形复位。图 15.3-55a 和图 15.3-55b 分别为摩擦块制动和复位状态。摩擦块磨损后（图 15.3-55c 和图 15.3-55d），由活塞

⊖ 在垂直制动过程中，对要求重物悬吊空中的制动器称停止式制动器，要求匀速下降的称下降式制动器。——作者注

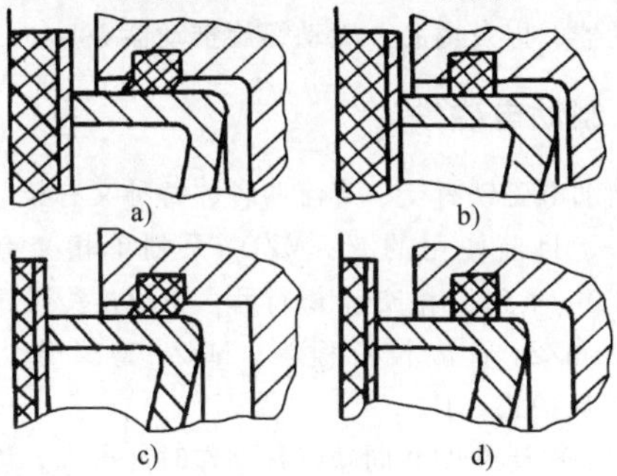

图 15.3-55　密封圈式自动补偿装置的工作原理图

与密封圈间的相对滑移自动补偿其磨损量。

这种补偿装置结构简单，性能较好。但对密封圈的质量要求高。

图 15.3-56 所示为常见的密封圈式车用自动补偿钳盘制动器结构简图。

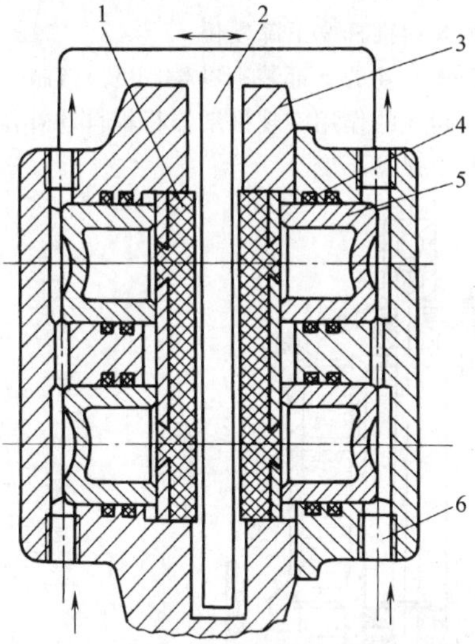

图 15.3-56　密封圈式车用自动补偿钳盘制动器结构简图
1—摩擦块　2—制动盘　3—制动器基体
4—密封圈　5—活塞　6—进油孔

7.3.2　机械卡环式

图 15.3-57 所示为机械卡环式自动补偿装置。制动时，液压油经 A 孔进入液压缸，压缩弹簧 1 而实现制动。当摩擦块磨损量大于间隙 Δ 值时，卡紧在中心销轴 2 上的卡环组 3 被迫右移，自动补偿磨损。这些装置多用于常开式制动器。

7.3.3　机械可变铰点式

图 15.3-58 所示为带有可变铰点间隙自动补偿装置的块式制动器。弹簧 2 通过衔铁 3 带动制动臂 4

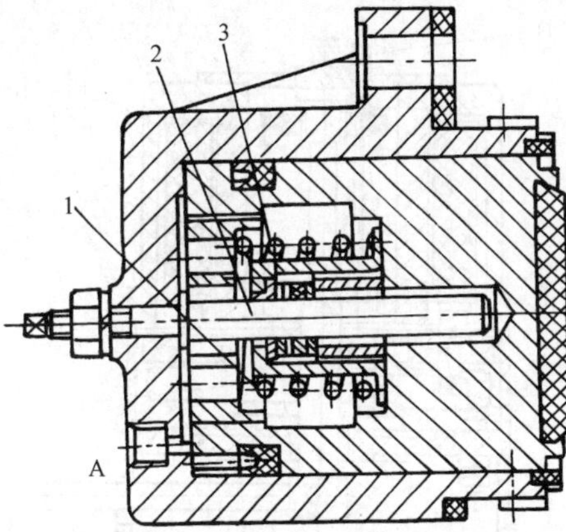

图 15.3-57　机械卡环式自动补偿装置
1—弹簧　2—销轴　3—卡环组

（绕销轴 7 转动）、臂下连杆 6 和制动臂 5 使制动器紧闸。电磁铁通电后，衔铁 3 被吸合而松闸。

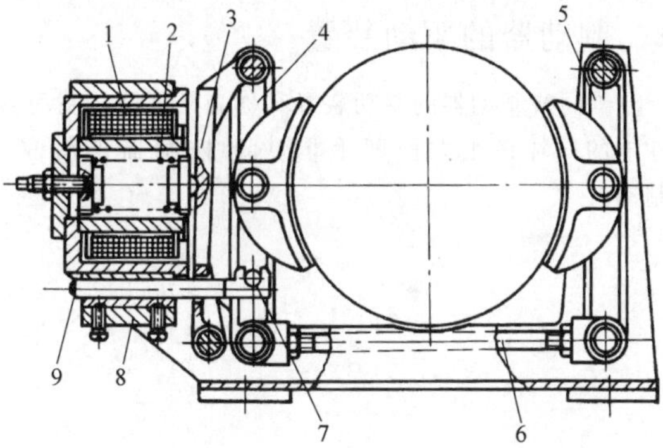

图 15.3-58　带有可变铰点间隙自动补偿装置的块式制动器
1—线圈　2—弹簧　3—衔铁　4、5—制动臂　6—连杆
7—销轴　8—套筒　9—支承臂

当摩擦元件磨损后，弹簧 2 的张力使支承臂 9 克服套筒 8 的摩擦阻力右移，自动补偿元件的磨损，以保持退距不变。这种装置多用于常闭块式制动器。

7.3.4　机械进给式

图 15.3-59 所示为带有进给式间隙自动补偿装置的驱动电磁铁。当线圈 1 的电流中断时，衔铁 3 及其底盘 9 处于低位，此时，卡钳 10 与顶杆 4 脱开，弹簧 2 使制动器紧闸。

通电后，随着衔铁 3 上升，卡钳绕轴 6 转动，使卡钳与顶杆 4 齿牙嵌合后，衔铁带动底盘 9 和顶杆 4 继续上升，致使杠杆 5 松闸。由于卡钳牙的楔入位置可变，故可保持退距不变。通过游标 11 可读出主弹簧 2 的张力。

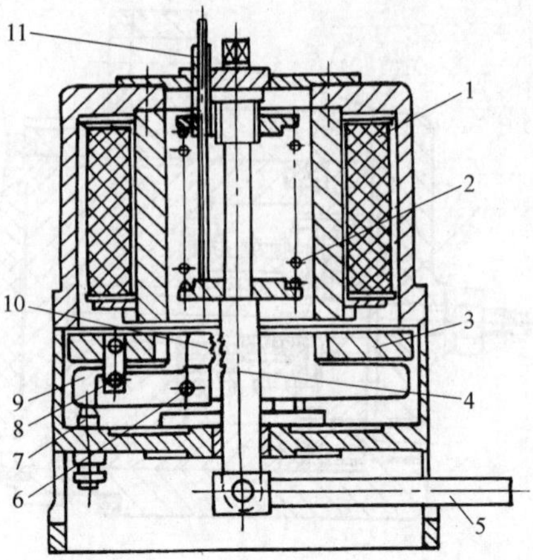

图 15.3-59 带有进给式间隙自动补偿装置的驱动电磁铁

1—线圈 2—弹簧 3—衔铁 4—顶杆 5—杠杆 6—轴 7—定位螺钉 8—销轴 9—底盘 10—卡钳 11—游标

8 制动器的驱动装置

常闭式制动器的驱动装置又称为松闸器。制动器性能的好坏在很大程度上取决于松闸器的性能。制动器的松闸器有制动电磁铁、电磁液压推动器、电力液压推动器，以及离心、滚动螺旋推动器等。

8.1 制动电磁铁

制动电磁铁有交、直流两种，每种又有长、短行程之分，目前使用的有：MZD_1 系列单相交流短行程、MZS_1 系列三相交流长行程、MZZ_1 系列直流短行程及 MZZ_2 直流长行程等。MZZ_2 型又分防水式（S）及保护式（H）。

制动电磁铁的共同缺点是动作时冲击大，因此现已逐渐由其他更可靠的松闸器所取代。

8.2 电磁液压推动器

图 15.3-60 所示为电磁液压推动器的结构。动铁心 4 和静铁心 2 间有工作腔 3，液压油从液压缸 1 经过通道 7 和单向阀 6 进入工作腔 3。线圈通电后，动铁心 4 上升，液压油推动活塞 8 使推杆 9 推出。断电后，活塞 8 和推杆 9 下降复位。

在动铁心 4 的下部装有补偿阀 5，当制动块磨损时，通过阀 5 的作用实现推动器行程自动补偿，使制动块的退距保持不变。

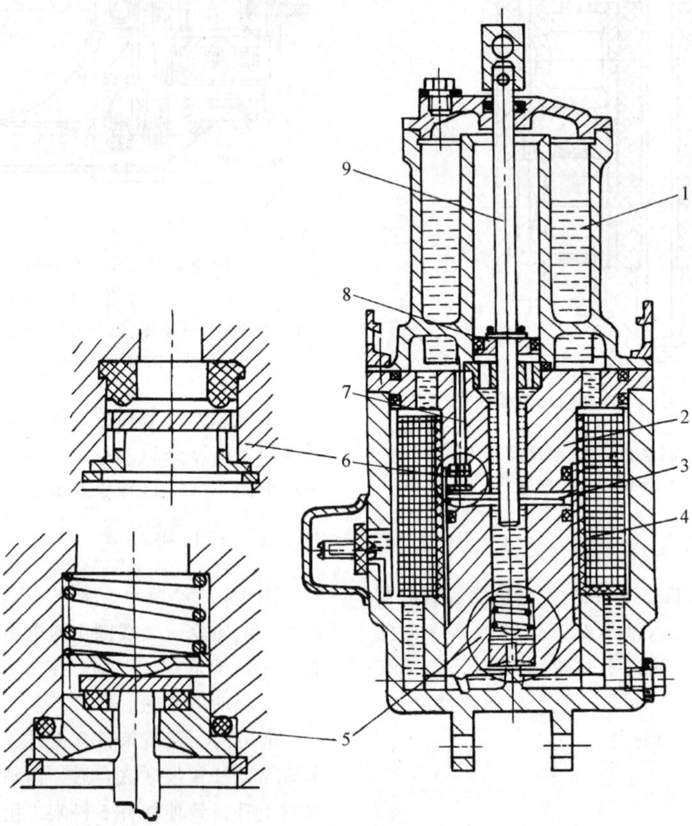

图 15.3-60 电磁液压推动器的结构

1—液压缸 2—静铁心 3—工作腔 4—动铁心 5—补偿阀 6—单向阀 7—通道 8—活塞 9—推杆

这种推动器消除了简单电磁铁的缺点，它具有动作平稳、无噪声、寿命长及能自动补偿摩擦衬片的磨损等优点。它的缺点是制造工艺要求较高，价格昂贵。制造不完善的电磁液压推动器也常有动作失灵、漏油等缺点。

电磁液压推动器的技术性能见表 15.3-47。

表 15.3-47　电磁液压推动器的技术性能

型号	额定推力/N	额定行程/mm	补偿行程/mm	上升时间/s	下降时间/s	操作频率/(次/h)		液压油	
								环境温度	
						JC25%~40%	JC60%	<-10℃	>-10℃
MY_1-25	250	20	50	0.3	0.25	900	720	10 号航空液压油	25 号变压器油
MY_1-50	500	22	90	0.3					
MY_1-100	1000	25	110	0.35					
MY_1-200	2000	30	120	0.4					

8.3　电力液压推动器

8.3.1　结构型式

电力液压推动器按其结构分为双推杆和单推杆两类；按其额定行程又分为短行程和长行程系列。

1）双推杆电力液压推动器。图 15.3-61 所示为双推杆电力液压推动器的结构。它主要由电动机 1、叶片泵 6 和液压缸 4 三部分组成。电动机空心轴端部装有带方形内孔的滑套 7，与活塞 5、叶片泵 6 轴上的方轴滑接。电动机通电后，叶片泵将工作油压入活塞 5 的下部工作腔，迫使活塞连同叶片泵和推杆 3 及 2 一齐上移。断电后，活塞靠制动器的主弹簧及推动器上移部分自重自动复位。

这种推动器动作平稳，无噪声，耗电少，但动作稍缓慢，用于起升机构时制动行程较长。

2）单推杆电力液压推动器。图 15.3-62 所示为单推杆电力液压推动器的结构。它的工作原理与双推杆基本相同，不同之处是电动机在推动器的下边，仅有一个推杆由液压缸的中间伸出。

这种推动器工作平稳、灵敏、无噪声、可靠、寿命长（是双推杆的 3~5 倍）。

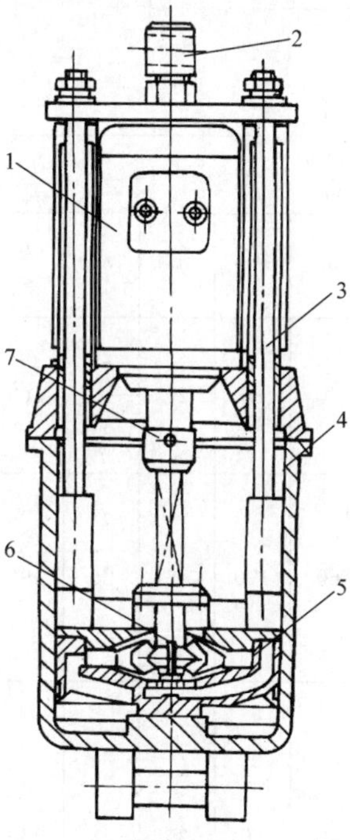

图 15.3-61　双推杆电力液压推动器结构
1—电动机　2、3—推杆　4—液压缸　5—活塞　6—叶片泵　7—滑套

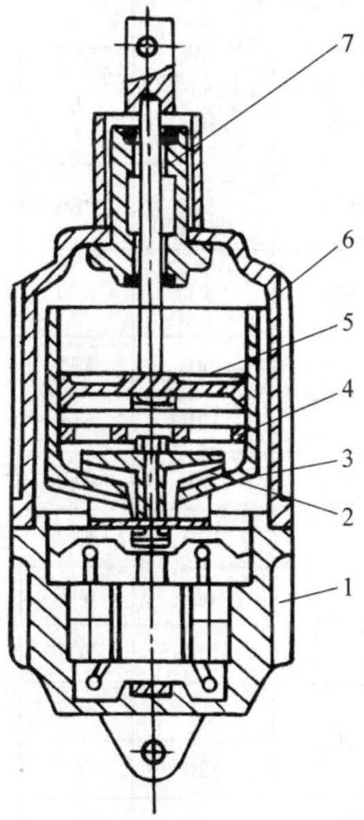

图 15.3-62　单推杆电力液压推动器结构
1—电动机　2—叶轮　3—泵壳　4—分油器　5—活塞　6—液压缸　7—推杆

8.3.2　性能参数和尺寸

表 15.3-48、表 15.3-49 分别为电力液压推动器的特殊性能代号，以及结构型式、基本参数和尺寸。

表 15.3-48　电力液压推动器特殊性能代号

代号	S	X	J	G	H	F	W	R	Z	P
名称	上升阀	下降阀	机械式	感应式	缓冲弹簧	负载弹簧	复位弹簧	加热器	防震防潮	水平安装
			行程开关							

表 15.3-49　电力液压推动器的结构型式、基本参数与尺寸（摘自 JB/T 10603—2006）

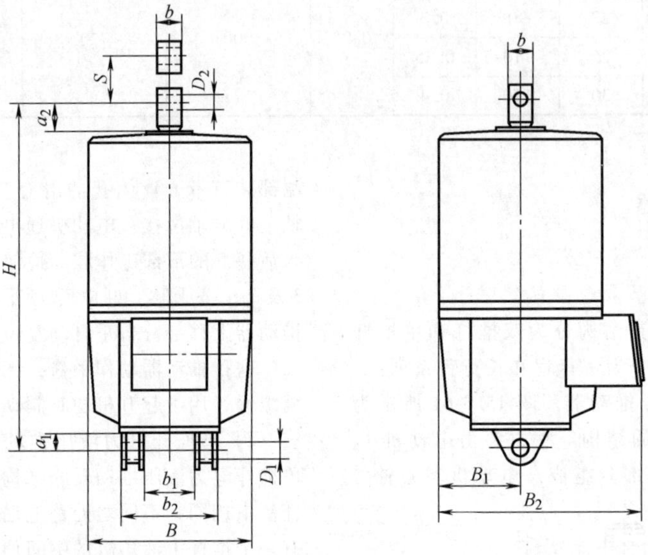

规格	基本参数		连接尺寸/mm										
	额定推力/N	额定行程 S/mm	H	D_1	D_2	b	b_1	b_2	a_1	a_2	B ≤	B_1 ≤	B_2 ≤
220-50	220	50	286	$16^{+0.25}_{+0.15}$	$12^{+0.10}_{0}$	20	40	80	20	26	160	80	200
300-50	300	50	370		$16^{+0.10}_{0}$	25				34			
500-60	500	60	435	$20^{+0.25}_{+0.15}$	$20^{+0.10}_{0}$	30	60	120	23	36	196	98	260
500-120		120	515										
800-60	800	60	450										
800-120		120	530										
1250-60	1250	60	645	$25^{+0.25}_{+0.15}$	$25^{+0.10}_{0}$	40	40	90	35	38	240	120	260
1250-120		120	705										
2000-60	2000	60	645										
2000-120		120	705										
3000-60	3000	60	645										
3000-120		120	705										

1）型号表示方法：

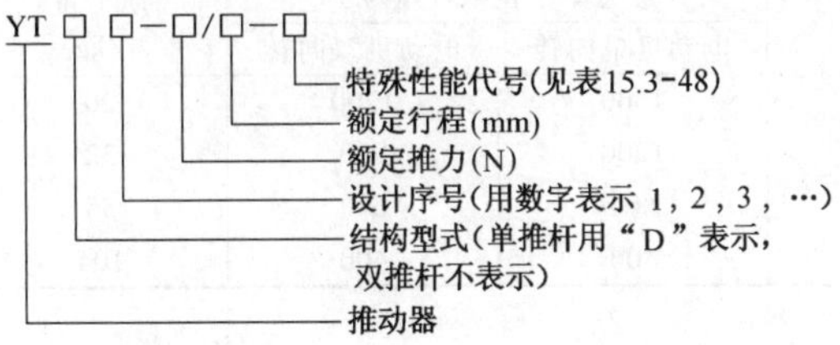

2）标记示例：

① 单推杆式，设计序号为1，额定推力为300N，额定行程为50mm的推动器：

推动器　YTD_1-300/50　JB/T 6403.3[⊖]

② 双推杆式，设计序号为2，额定推力为1250N，额定行程120mm，并带有负载弹簧，可水平安装的推动器：

推动器　YT_2-1250/120-F.P　JB/T 6403.3

8.4　离心推动器

图15.3-63所示为离心推动器的结构。其特点是动作平稳，无噪声，冲击小，对工作环境温度不敏感，所用驱动电动机功率小且无过载现象。但起动时间较长，磨损大，要求旋转零件动平衡。

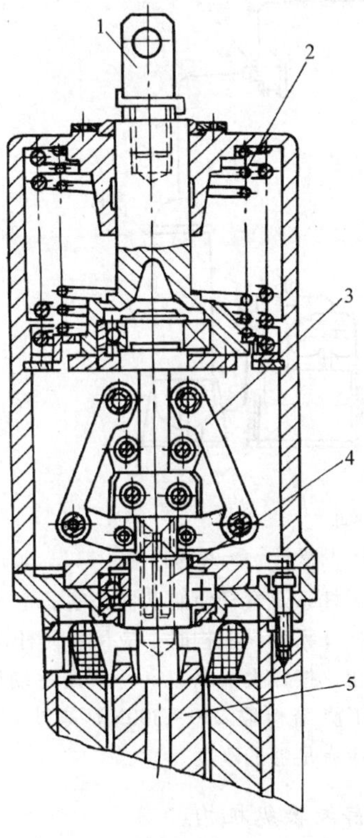

图15.3-63　离心推动器的结构

1—推杆　2—主弹簧　3—离心杆系

4—空心轴　5—电动机

为了减少下降时间，常在驱动电动机尾部加装锥形制动器。

离心推动器的技术性能见表15.3-50。

8.5　滚动螺旋推动器

图15.3-64所示为滚动螺旋推动器的结构。电动机的空心轴1通过超越离合器2与滚动螺杆的螺母4相连。电动机通电后，螺母的旋转迫使螺杆3上升，压缩弹簧5顶出推杆6，螺杆不能自锁。断电后，弹簧5的压力推动螺杆下降，迫使螺母4反转后使推杆复位。

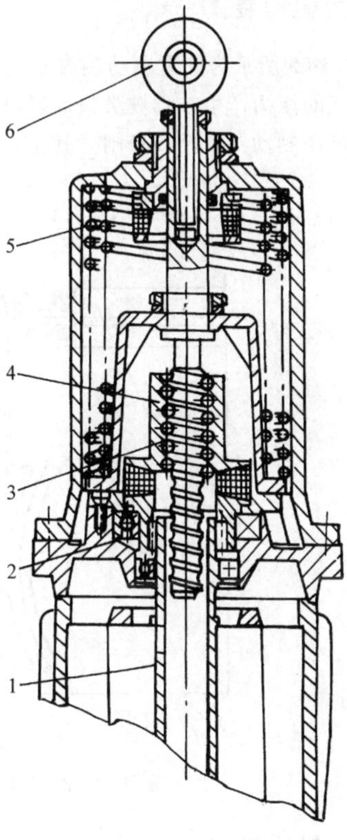

图15.3-64　滚动螺旋推动器的结构

1—电动机空心轴　2—超越离合器　3—螺杆

4—螺母　5—弹簧　6—推杆

这种推动器常用于需要点动的场合，如集装箱的装运设备及各种安装用起重机等。其技术性能见表15.3-51。

⊖　JB/T 6403.3—1992已经作废，此部分内容仅供参考。

表 15.3-50　离心推动器的技术性能

额定推力 /N	额定行程 /mm	下降时间[1] /s	电动机功率 /kW	最大操作频率/(次/h)		质量 /kg
				电动机单向转	电动机双向转	
250~400	20	0.2~1	0.15	1500	1200	20
500~1250	25	0.3~1.5	0.3	1200	960	32
1250~2000	40	0.3~2.5	0.7	800	640	55
2500~6300	50	0.3~4	2.0	500	400	104

① 下降2/3额定行程时的时间。

表 15.3-51　滚动螺旋推动器的技术性能

额定推力 /N	额定行程 /mm	推出时间 /s	下降时间 /s	最大操作频率 /(次/h)	电动机功率 /kW	质量 /kg
450	50	0.9	0.5	1800	0.16	20
680		1.1			0.22	22
1000		1.2		1500	0.30	28
2400		2.0	0.8		0.36	49

8.6　气力驱动装置

图15.3-65所示为气力驱动装置示意图。制动力由压缩空气的压力产生，驾驶员只需操纵制动器的控制阀，就可使制动器紧闸或松闸。其主要特点是操纵机构的压力与执行机构的推力成正比关系，动作迅速，操纵轻便可靠。

气力驱动装置多用于常开式制动器并需调节制动转矩的场合，如车辆和起重机械的运行机构。

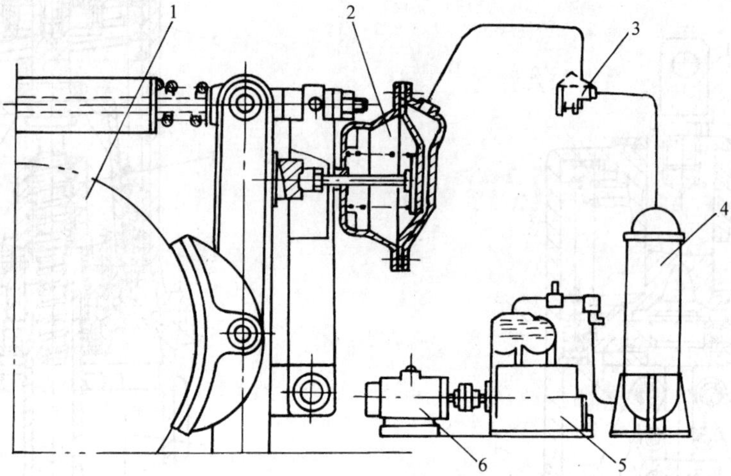

图 15.3-65　气力驱动装置示意图

1—制动器　2—气缸　3—稳压阀　4—贮气筒　5—压气机　6—电动机

8.7　人力操纵机构

人力操纵机构包括杠杆系操纵机构、静液操纵机构和综合操纵机构三种，其优点是结构简单，质量小，工作可靠，缺点是增力范围小。所以，只用于小起重量起重机械和汽车手动制动器等。

8.7.1　杠杆系操纵机构

图15.3-66所示为常闭带式制动器（也可用于常开式）的杠杆操纵机构。重锤1使制动器紧闸，操纵手柄2通过杆系及弯杆使制动器松闸。

设计杠杆系操纵机构时，应尽量使杆件受拉而少受压和弯扭。按最大操纵力（一般用手动杠杆取160~200N，用脚踏板取250~300N）来决定杠杆传动比。杠杆应有足够的刚度。

8.7.2　静液操纵机构

静液操纵机构是用液体为传力介质，通过液压制动泵与分泵，以及机械杆系获得必要的制动作用力。静液操纵机构在汽车和中小型起重机械，以及其他

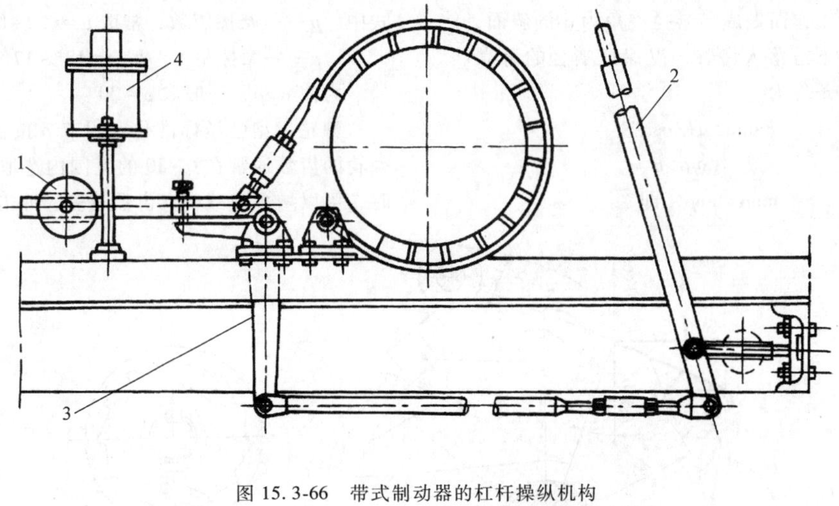

图 15.3-66　带式制动器的杠杆操纵机构
1—重锤　2—手柄　3—弯杆　4—缓冲器

机械中得到了广泛的应用。图 15.3-67 所示为常见的静液操纵机构。

在计算静液操纵机构的操作行程时，应考虑有一定的储备行程；完全制动时，只应使用操纵杆（板）最大行程的 50%~60%。

8.7.3　综合操纵机构

图 15.3-68 所示为一种综合操纵机构。它既可由电磁铁操纵自由闭合，又可用踏板液压力操纵制动器的闭合。

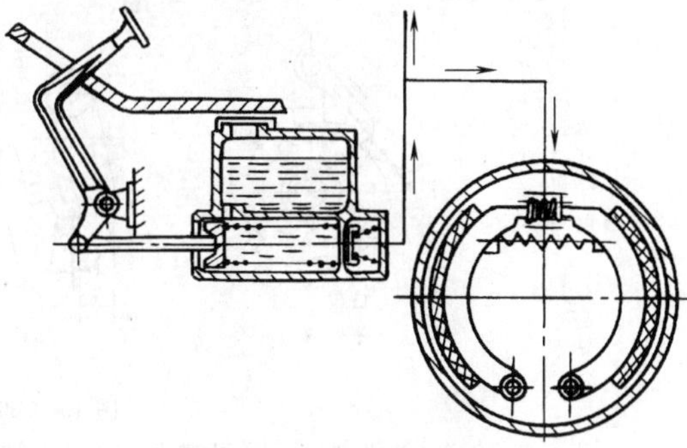

图 15.3-67　静液操纵机构

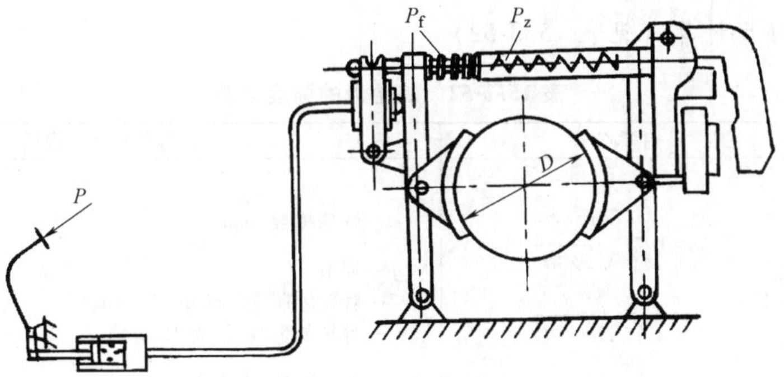

图 15.3-68　综合操纵机构

9　停止器

停止器是一种防止逆转和支持重物不动的装置。它有三种主要功能：①长时间支持重物不动（支持作用）；②只允许机构单方向运动（止逆作用）；③允许机构单方向自由运动，逆方向限速运动（超越离合作用）。

一般常用的停止器有三种：棘轮式、滚柱式和带式。

9.1　棘轮式停止器

棘轮式停止器（见图 15.3-69）一般用来作为机械中防止逆转的制逆装置或供间歇传动之用。

棘轮式停止器的棘爪装在固定的心轴（见图 15.3-69a）上自由转动。棘轮和棘爪通常做成外啮合的，只有少数做成内啮合（见图 15.3-69b）。棘爪可以放在棘轮四周，但如果放在不能靠棘爪自重落入齿谷的位置时，则应该用弹簧来保证棘爪与轮齿正常啮合。棘轮工作面做成与半径夹角为 α 的斜面，使棘爪能沿齿面下滑落入齿谷，以保证啮合的可靠性。使棘爪下滑的条件为

$$F\sin\alpha>\mu F\cos\alpha$$

或 $\tan\alpha>\mu$

或 $\tan\alpha>\tan\rho$，即

$$\alpha>\rho \tag{15.3-38}$$

式中 μ——摩擦因数，常取 $\mu=0.2\sim0.3$；

ρ——摩擦角，一般 $\rho=12°\sim17°$。

为使 $\alpha>\rho$，一般取 $\alpha=20°$。

棘轮齿型已经标准化。周节 p 按齿顶圆来考虑，棘轮的齿数通常在 6~30 的范围内选取，有特殊用途时，可以增多或减少。齿数越多，冲击越小。

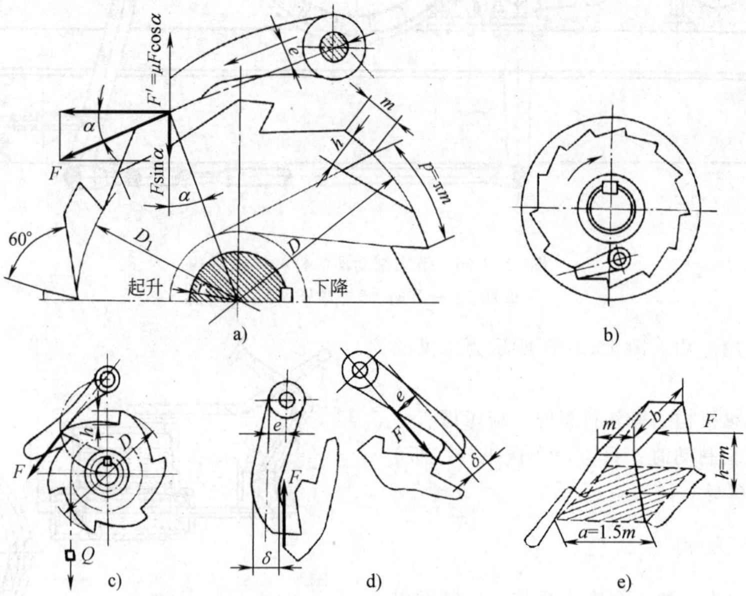

图 15.3-69 棘轮式停止器

a）外啮合 b）内啮合 c）工作状态 d）棘爪受力情况 e）棘齿受力情况

9.1.1 棘轮齿的强度计算（见表 15.3-52）

表 15.3-52 棘轮齿的强度计算

计算项目		计算公式	符号意义及说明
按抗弯强度计算棘齿	外啮合	$m=1.75\sqrt[3]{\dfrac{T}{z\psi[\sigma]}}$	m—棘轮模数(mm)，$m=\dfrac{p}{\pi}$ p—周节 T—棘轮轴所受的转矩(N·mm) z—棘轮的齿数，见表 15.3-53 ψ—齿宽系数，见表 15.3-54，$\psi=\dfrac{b}{m}$ b—齿宽(mm) $[\sigma]$—棘轮齿材料的许用弯曲应力(MPa)，见表 15.3-54 $[p]$—许用单位线压力(N/mm)，见表 15.3-54 F—棘轮的圆周力(N)，$F=2T/D$ D—棘轮齿顶圆直径(mm)，$D=zm$
	内啮合	$m=1.1\sqrt[3]{\dfrac{T}{z\psi[\sigma]}}$	
按棘爪尖与齿顶受挤压验算棘齿		$m=\dfrac{F}{\psi[p]}$ 或 $m=\sqrt{\dfrac{2T}{\psi z[p]}}$	

表 15.3-53 棘轮齿数

机械类型	齿条式顶重机	蜗轮蜗杆滑车	棘轮停止器	带棘轮的制动器
齿数 z	6~8	6~8	12~20	16~25

表 15.3-54 许用弯曲应力、许用单位线压力及齿宽系数

棘轮材料	HT150	ZG 270-500, ZG 310-570	Q235	45
齿宽系数 $\psi=\frac{b}{m}$	1.5~6.0	1.5~4.0	1.0~2.0	1.0~2.0
许用单位线压力$[p]$/N·mm^{-1}	150	300	350	400
许用弯曲应力$[\sigma]$/MPa	30	80	100	120

9.1.2 棘爪的强度计算

为了减小冲击，有时候装设两个以上棘爪。安装时，使棘爪在轮齿周节内错开一定距离。

棘爪的回转中心一般选在圆周力 F 的作用线方向，棘爪长度通常取为 $2p$。

棘爪可制成直头形或钩头形，对直头形的棘爪，应按受偏心压缩来进行强度计算；对钩头形的棘爪，则应按受偏心拉伸来计算

$$\sigma=\frac{M_\omega}{W}+\frac{F}{A}\leqslant[\sigma] \qquad (15.3\text{-}39)$$

式中 M_ω——弯矩（N·mm）；

W——棘爪危险截面的截面系数（mm^3），$W=\frac{b_1\delta^2}{6}$，其中 b_1 为棘爪宽度（mm），一般比棘轮齿宽宽 2~3mm，δ 为棘爪危险截面的厚度（mm）；

A——棘爪危险截面的面积（mm^2），$A=b_1\delta$；

$[\sigma]$——棘爪材料的许用弯曲应力（MPa），见表 15.3-54；

F——作用在棘爪上的力（N）。

9.1.3 棘爪轴的强度计算

棘爪轴（见图 15.3-70）为悬臂梁，受弯曲作用。由式（15.3-40a）计算：

$$d_1=2.2\sqrt[3]{\frac{F}{[\sigma]}\left(\frac{b_1}{2}+b_2\right)} \qquad (15.3\text{-}40a)$$

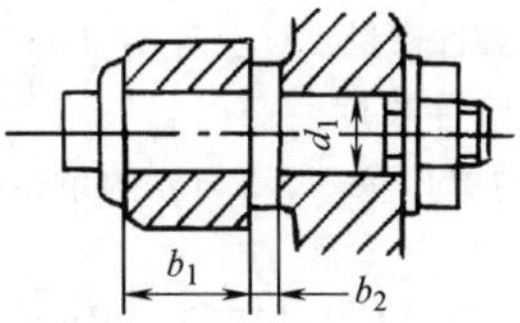

图 15.3-70 棘爪轴

或
$$d_1=2.71\sqrt[3]{\frac{T}{zm\,[\sigma]}\left(\frac{b_1}{2}+b_2\right)} \qquad (15.3\text{-}40b)$$

式中 d_1——棘爪轴为实心轴时的直径（mm）；

b_1、b_2——如图 15.3-70 所示（mm）；

$[\sigma]$——棘爪轴材料的许用弯曲应力（MPa），见表 15.3-54。

9.1.4 棘轮齿形与棘爪端的外形尺寸及画法

棘轮齿形与棘爪端的外形尺寸见表 15.3-55。

图 15.3-71 所示为棘轮齿形的画法，其步骤如下：

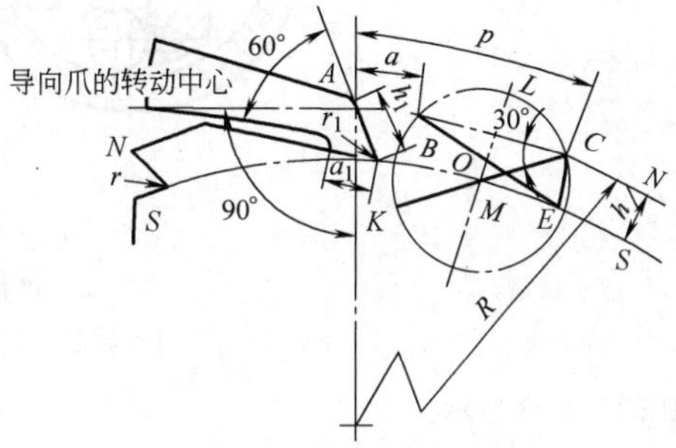

图 15.3-71 棘轮齿形的画法

由轮中心以 $R=\frac{mz}{2}$为半径画顶圆 NN，再以（$R-h$）（齿高 $h=0.75m$）为半径画根圆 SS。用周节 p 将圆周 NN 分成 z 等分。自任一等分点 A 作弦 $AB=a=m$ 并连接弦 BC。过 BC 之中点作垂线 LM，再由 C 点作直线 CK，与 BC 弦成 30°角并交 LM 线于 O 点。以 O 点为圆心，以 OC 为半径作圆，与根圆 SS 交于 E 点。连接 CE，此即为棘轮齿工作面之方向。再连接 EB 后，便得到全部齿形。角 CEB 为 60°。

表 15.3-55 棘轮齿形与棘爪端的外形尺寸

（mm）

m	棘轮				棘爪		
	p	h	a	r	h_1	a_1	r_1
6	18.85	4.5	6	1.5	6	4	2
8	25.13	6	8	1.5	8	4	2
10	31.42	7.5	10	1.5	10	6	2
12	37.70	9	12	1.5	12	6	2
14	43.98	10.5	14	1.5	14	8	2
16	50.27	12	16	1.5	14	8	2
18	56.55	13.5	18	1.5	16	12	2
20	62.83	15	20	1.5	18	12	2
22	69.12	16.5	22	1.5	20	14	2
24	75.40	18	24	1.5	20	14	2
26	81.68	19.5	26	1.5	22	14	2
30	94.25	22.5	30	1.5	25	16	2

9.2　滚柱式停止器

9.2.1　结构与工作特点

滚柱式停止器是各种停止器中较为完善的一种（见图 15.3-72）。如果外圈 2 固定不动，轮芯 1 按图中箭头方向旋转，则此时滚柱 3 在摩擦力作用下滚向楔形空间小端，停止器起止逆器作用。如果外圈 2 以一定速度反转，轮芯 1 就可与外圈同向旋转，但转速不可能超过外圈，此时停止器起限速器作用。为了产生一定的初始摩擦力，装有弹簧 4 使滚柱与外圈保持接触，如图 15.3-72b 所示。滚柱式停止器的受力情况如图 15.3-73 所示。

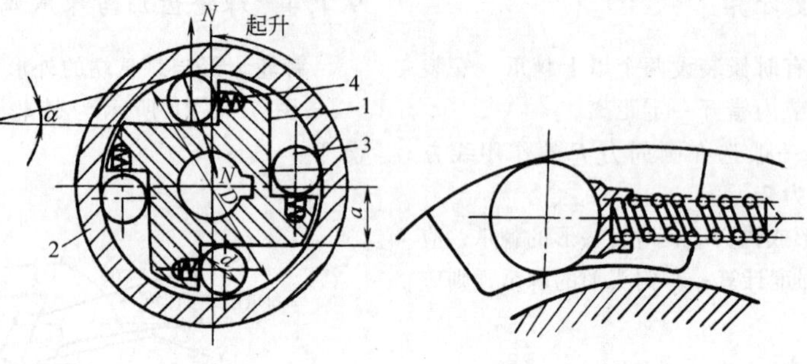

a)　　　　b)

图 15.3-72　滚柱式停止器

a）停止器　b）局部放大图

1—轮芯　2—外圈　3—滚柱　4—弹簧

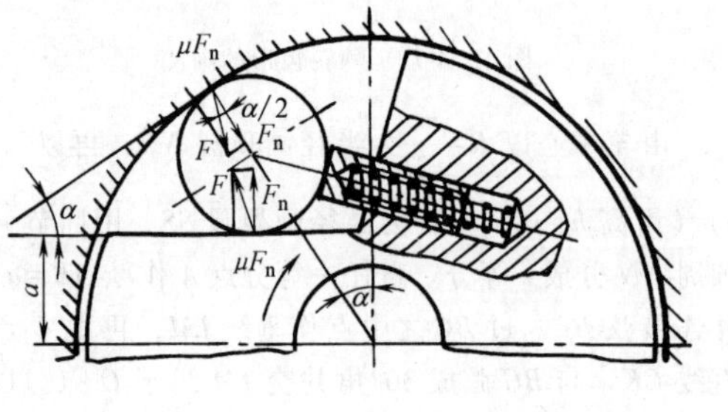

图 15.3-73　滚柱式停止器的受力情况

9.2.2　设计计算

滚柱所受正压力为

$$F_n=\frac{2KT}{z\mu D} \tag{15.3-41}$$

式中　K——滚柱受载的不均匀系数，$K=1.2\sim1.4$；

T——转矩；

μ——滚柱与外圈和轮芯间的摩擦因数；

D——外圈内径；

z——滚柱数，通常 $z=4\sim6$。

由图 15.3-73 中可以看出，要保证滚柱可靠地楔入楔形空间小端，必须满足以下条件：

$$\mu F_n\geqslant F_n\tan\frac{\alpha}{2}\text{或 }\mu=\tan\rho\geqslant\tan\frac{\alpha}{2}$$

即

$$\alpha\leqslant2\rho \tag{15.3-42}$$

式中　ρ——滚柱与外圈和芯体接触面间的摩擦角。

通常 $\rho=3.5°$，故 $\alpha\leqslant7°$。一般取 $\alpha=4°\sim6°$。当 α 小时，安全可靠；当 α 较大时，可使滚柱受力较小。

α 角可由图 15.3-73 中的几何关系得出

$$\cos\alpha=\frac{2a+d}{D-d} \tag{15.3-43}$$

在设计时，可根据选定的 D、d 及 a，由式（15.3-43）计算 α。通常 $D=(7\sim15)d$。

滚柱式停止器的强度按接触应力 σ_H 计算：

$$\sigma_H=0.418\sqrt{\frac{F_nE}{\rho l}} \tag{15.3-44}$$

式中　F_n——滚柱所受正压力；

ρ——折合曲率半径，其值为：

在滚柱与外圈接触处　$\frac{1}{\rho}=\frac{2}{d}-\frac{2}{D}$，

在滚柱与轮芯接触处　$\rho=\frac{d}{2}$；

E——弹性模量，对于钢 $E=2.1\times10^5$ MPa；

l——滚柱长度。

如果 F_n 的单位为 N，l 与 ρ 的单位为 mm，则

$$\sigma_H=190\sqrt{\frac{F_n}{\rho l}}\leqslant[\sigma_H] \tag{15.3-45}$$

式中　$[\sigma_H]$——许用接触应力（MPa）。

通常滚柱用 40Cr 或更好材料制成。轮芯与外圈材料用 15Cr 或 20Cr，渗碳淬火使表面硬度达 58～61HRC，这时 $[\sigma_H]=2000$MPa。

把 $[\sigma_H]$ 数值代入式（15.3-45），并将 ρ 代入最不利的数值，即 $\rho=\frac{d}{2}$，可得计算许用压力的简单公式

$$[F_n]=50dl \quad (15.3\text{-}46)$$

式中，d 与 l 的单位为 mm。

表 15.3-56 给出了滚柱表面硬度为 58~61HRC 时的滚柱式停止器的主要尺寸（滚柱式材料采用 15 钢，表面硬化处理）。

滚柱式停止器选用时的安全功率

$$[P]=\frac{100P_{100}}{S_p n} \quad (15.3\text{-}47)$$

式中　S_p——安全系数，取 $S_p=1.5\sim2$；

n——实际转速（r/min）；

P_{100}——由表 15.3-56 查得。

在输送机中采用的滚柱式停止器也称为滚柱式逆止器，它已有标准的部件，可按减速器型号选配。GN 型滚柱式逆止器的结构型式、性能及主要尺寸见表 15.3-57。

表 15.3-56　滚柱式停止器的主要尺寸

当转速为100r/min时传递的功率 P_{100}/kW	外圈直径 D /mm	滚柱直径 d /mm	滚柱长度 l /mm	滚柱数 z	楔角 α (°)
0.34	102	12.7	19.0	4	7
0.67	127	15.9	23.8		
1.34	152	19.0	29.4		
2.00	178	22.2	33.3		
2.68	203	25.4	38.1		

表 15.3-57　GN 型滚柱式逆止器的结构型式、性能及主要尺寸　(mm)

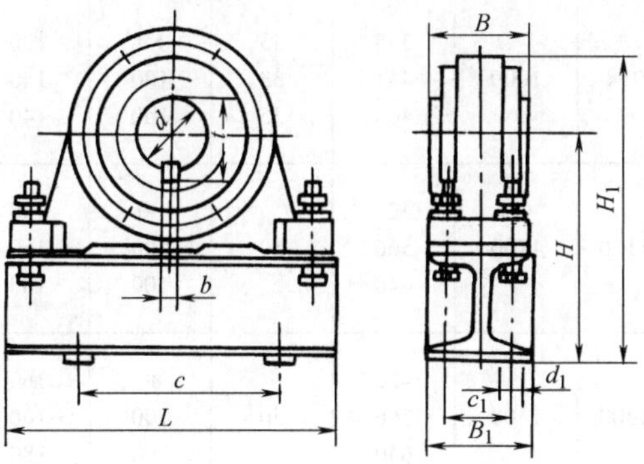

配用减速器型号	最大制动转矩 /N·m	B	B_1	b H8	c	c_1	d H7	d_1	H	H_1	L	t H11	质量 /kg
ZQ 65 75	6900	140	140	36	300	90	110	22	320	470	460	116.7	104
ZQ85	13900	170	180	36	330	120	130	22	400	565	490	137.4	147
ZL85	13900	170	190	36	330	120	140	22	550	715	500	158.7	172
ZQ100	23300	190	230	40	410	170	150	26	400	605	590	169.2	206
ZL100	23300	190	250	40	510	170	170	26	650	855	590	178.7	246
ZL115	48500	220	290	45	590	210	200	32	750	1015	670	209.9	349
ZL130	48500	220	290	50	590	210	220	32	850	1115	670	231.2	348

9.3　带式停止器

利用倾斜带式输送机向上输送物料时，如果电动机偶然断电停车，则在物料重量作用下，工作分支会自动下滑，造成事故。在传动机构中装设自动作用的制动器、棘轮或滚柱式停止器能防止这一事故的发生，但最常用的是带式停止器。

带式停止器（或称逆止器）是一根与输送带完全相同的带子，一端固定在机架上，另一端自由置于输送机驱动滚筒处非工作分支的内侧，称为止动带。止动带不妨碍输送机正常运转，但一旦出现输送带反向运行时，止动带就被输送带带进滚筒与输送带之间，通过摩擦力作用，使滚筒和输送带的逆转停止（见图 15.3-74）。

带式停止器结构简单，适用于输送机倾角 $\beta\leqslant18°$ 的向上运输。缺点是制动时先倒转一段，头部滚筒直径越大，倒转距离越长，因此对大功率和大产量的输送机不宜采用此种逆止器。

GN 型带式停止器的结构型式及尺寸表 15.3-58。

表 15.3-58　GN 型带式停止器的结构型式及尺寸　(mm)

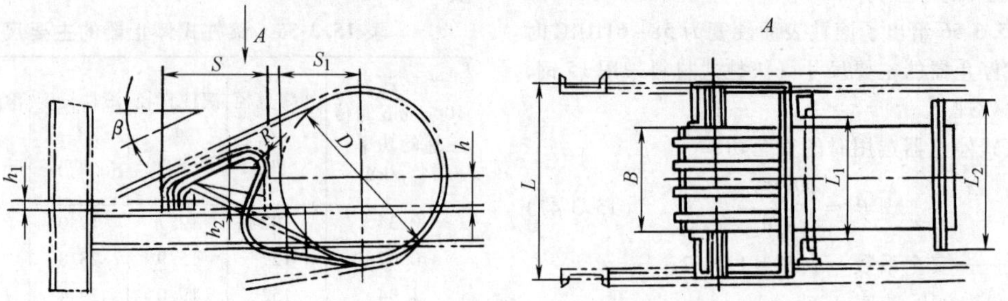

B	D	L	L_1	L_2	S	S_1	R	h	h_1	h_2	质量 /kg
500	500	890	≈614	700	335	33	80	100	30	104	38
650	500	1040	≈764	850	335	33	80	120	30	104	42
	630				441		100			134	49
800	500	1340	≈914	1000	335	33	80	120	30	104	55
	630				441	33	100	140		134	57
	800				460	35	100	140		198	63
1000	630	1620	≈1100	1200	422	50	80	140	40	177	107
	800				566		100	160		220	120
	1000				640		100	180		298	129
1200	630	1870	≈1300	1400	422	50	80	160	40	177	123
	800				566		100	160		220	138
	1000				640		100	180		298	148
1400	800	2120	≈1500	1600	566	50	100	160	40	220	155
	1000				640		100	200		298	165

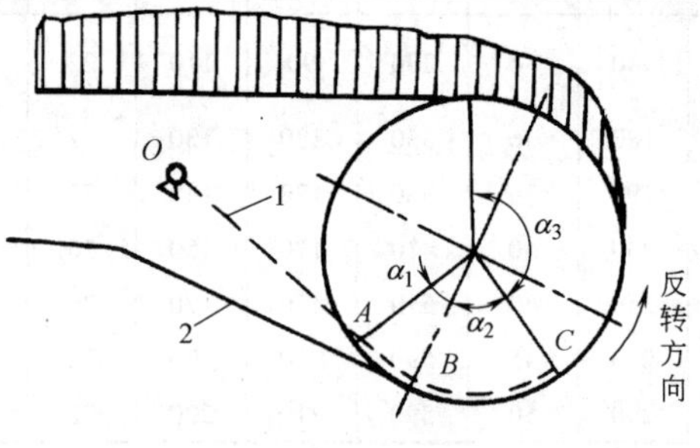

图 15.3-74　带式停止器
1—止动带　2—输送带非工作分支

参考文献

[1] 机械工程手册电机工程手册编辑委员会. 机械工程手册：机械零部件设计卷 [M]. 2版. 北京：机械工业出版社，1997.

[2] 闻邦椿. 机械设计手册：第3卷 [M]. 5版. 北京：机械工业出版社，2010.

[3] 闻邦椿. 现代机械设计手册：上册 [M]. 北京：机械工业出版社，2012.

[4] 闻邦椿. 现代机械设计实用手册 [M]. 北京：机械工业出版社，2015.

[5] 机械设计手册编辑委员会. 机械设计手册：第3卷 [M]. 新版. 北京：机械工业出版社，2004.

[6] 成大先. 机械设计手册：第2卷 [M]. 6版. 北京：化学工业出版社，2016.

[7] 施高义，唐金松，喻怀正，等. 联轴器 [M]. 北京：机械工业出版社，1988.

[8] 天津市第一机械工业局科技情报研究所. 联轴器专辑 [J]. 天津机械，1982 (2, 3).

[9] 汪恺. 机械设计标准应用手册：第三卷 [M]. 北京：机械工业出版社，1997.

[10] 胡企贤. 电磁离合器 [M]. 上海：上海科学技术出版社，1981.

[11] 田金铭. 电磁离合器设计与应用 [M]. 南京：江苏科学技术出版社，1982.

[12] 杨长骙. 起重机械 [M]. 北京：机械工业出版社，1982.

[13] 陈道南，过玉卿，周培德，等. 起重运输机械 [M]. 北京：机械工业出版社，1982.

[14] 张质文，刘全德. 起重运输机械 [M]. 北京：中国铁道出版社，1983.

[15] 吉林工业大学汽车教研室. 汽车设计 [M]. 北京：机械工业出版社，1981.

第16篇　弹　　簧

主　编　闫玉涛
编写人　闫玉涛　印明昂
审稿人　孙志礼

第 5 版
弹　　簧

主　编　孙德志
编写人　孙德志　刘炜丽
审稿人　孙志礼

第 1 章　弹簧的基本特性、类型及应用

弹簧是一种机械零件，它是利用材料的弹性和结构特点，在工作时产生变形，将机械能或动能转变为变形能，或将变形能转变为机械能或动能。

1　弹簧的基本特性

设计弹簧时应考虑的弹簧基本特性有：①弹簧特性线，即载荷与变形的关系；②变形能；③自振频率；④受迫振动时的振幅。

1.1　刚度和特性线

使弹簧产生单位变形 f（角变形 φ）需要的作用力 F（扭矩 T）称为弹簧的刚度 k。在整个变形范围内，弹簧刚度可能是常量，也可能是变量。单位力使弹簧所产生的变形，即刚度的倒数称为弹簧的柔度。

载荷 $F(T)$ 与变形量 $f(\varphi)$ 之间的关系曲线称为弹簧的特性线，如图 16.1-1 所示。弹簧特性线的切线斜率表示其刚度值，即产生单位变形所需的载荷。对于拉伸（或压缩）弹簧，其刚度为 $k=\mathrm{d}F/\mathrm{d}f$；对于扭转弹簧，其刚度为 $k=\mathrm{d}T/\mathrm{d}\varphi$。当弹簧特性线有直线型、渐增型和渐减型三种，当弹簧特性线为直线型时，其刚度为常量；当弹簧特性线为渐增型（凹曲线）和渐减型（凸曲线）时，其刚度为变量。有些弹簧特性线可能是直线型、渐增型和渐减型的组合，称为组合型特性线。

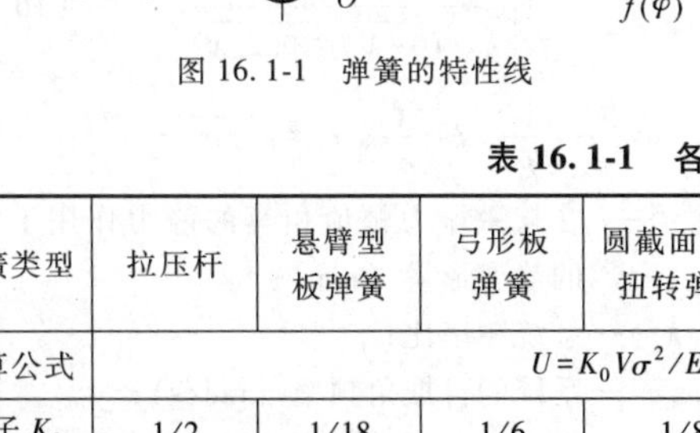

图 16.1-1　弹簧的特性线

弹簧特性线对于设计和选择弹簧的类型起指导性使用。当弹簧刚度为常量时，其特性线为直线，对于弹簧特性线为直线的弹簧，刚度也常称为弹簧常量或弹性模量。

特性线又分为加载特性线和卸载特性线，两条特性线明显不同的弹簧是具有能量消耗的弹簧。

1.2　变形能

弹簧变形后储存的能称为弹簧的变形能。在设计缓冲或隔振弹簧时，变形能是弹簧在受载后所吸收和积蓄的能量。

拉伸和压缩弹簧的变形能计算公式为

$$U=\int_0^f F(f)\,\mathrm{d}f \tag{16.1-1}$$

扭转弹簧的变形能计算公式为

$$U=\int_0^{\varphi} T(\varphi)\,\mathrm{d}\varphi \tag{16.1-2}$$

当特性线是直线时，变形能计算公式为

$$U=Ff/2 \text{ 或 } U=T\varphi/2 \tag{16.1-3}$$

令 τ 或 σ 为最大工作应力，V 为弹簧材料体积，E 为弹簧材料的弹性模量，G 为弹簧材料的切变模量，各种弹簧变形能的另一种计算公式及其比值见表 16.1-1。可以看出，变形能 U 与模量 G 和 E 成反比，所以低的模量对于提高变形能有利，对弹簧的刚度也有利。不同类型弹簧的 K_0 值不同，K_0 值大，同样体积下弹簧的变形能大，标志着材料的利用程度高。材料的利用程度也称为材料利用因子。

设计弹簧时，为了得到大的变形能，可以提高弹簧材料的体积或者应力，或者两者同时提高。

表 16.1-1　各种弹簧变形能的计算和比值

弹簧类型	拉压杆	悬臂型板弹簧	弓形板弹簧	圆截面螺旋扭转弹簧	矩形截面螺旋扭转弹簧	平面涡卷弹簧	圆截面螺旋挤压弹簧	方形截面螺旋挤压弹簧	圆截面扭转弹簧
计算公式	$U=K_0V\sigma^2/E$						$U=K_0V\tau^2/G$		
因子 K_0	1/2	1/18	1/6	1/8	1/6	1/6	1/4	1/6.5	1/4
比值	100	11	33	25	33	33	43	27	43

注：1. 比值按 $G=E/2.6$，$\tau=0.577\sigma$ 换算。

2. 各类弹簧的示意图见表 16.1-2。

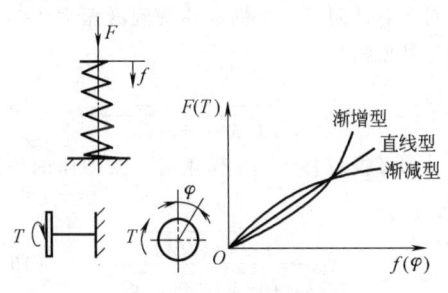

当加载和卸载的特性线不重合时，加载与卸载特性线所包围的面积即为弹簧在工作过程中消耗的能量 U_0，此值越大，弹簧的减振和缓冲能力越强，如图16.1-2所示。

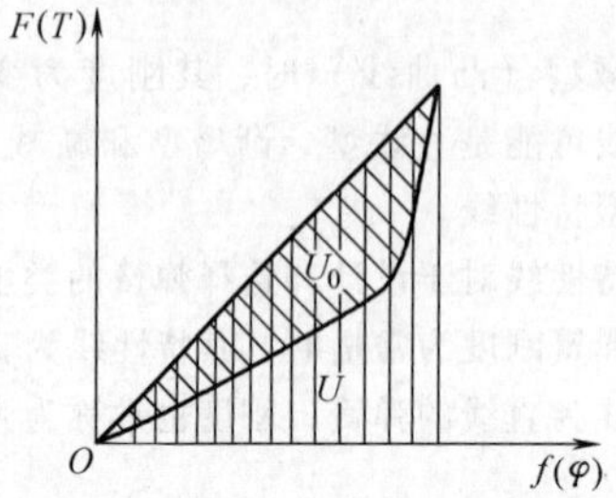

图16.1-2 具有能量消耗弹簧的变形能

弹簧所消耗的能量 U_0 与变形能 U 之比称为阻尼系数，表达式为

$$c=\frac{U_0}{U} \tag{16.1-4}$$

评价缓冲弹簧系统效能的参数为弹簧的缓冲效率 η，表达式为

$$\eta=\frac{mv^2/2}{1/2F_{max}f_{max}} \tag{16.1-5}$$

式中 m——冲击物体的质量（kg）；

v——冲击物体与弹簧系统接触时的速度（mm/s）；

F_{max}——最大冲击载荷（N）；

f_{max}——缓冲系统最大变形量（mm）。

1.3 自振频率

当弹簧承受到振动载荷时，为了检验载荷对弹簧系统的影响，需要计算弹簧系统的自振频率 f_e。弹簧自振频率计算公式为

$$f_e=\frac{1}{2\pi}\sqrt{\frac{k}{m_e}} \tag{16.1-6}$$

式中 k——弹簧刚度；

m_e——当量质量，是弹簧本身的质量和弹簧所连接的质量的综合值（kg）。如图16.1-3所示的弹簧振动系统，当量质量为 $m_e=m+\zeta m_s$，ζ 为质量转化系数，由弹簧类型决定。图16.1-3a所示系统 ζ 为0.33，图16.1-3b所示系统 ζ 为0.23。

1.4 强迫振动时振幅

图16.1-4所示为单自由度弹簧支承系统。为了检验弹簧减振效果和分析弹簧的受力，需要计算弹簧系统的振幅。当系统的振动体受到激振力作用时，将产生强迫振动，该振动的振幅 A_a 与系统阻尼的大小

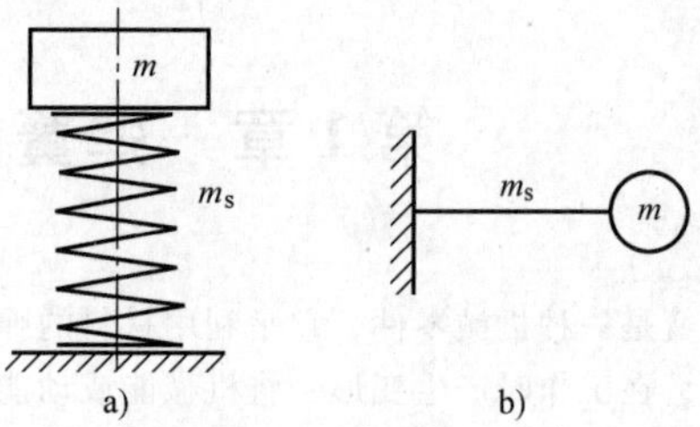

图16.1-3 弹簧振动系统

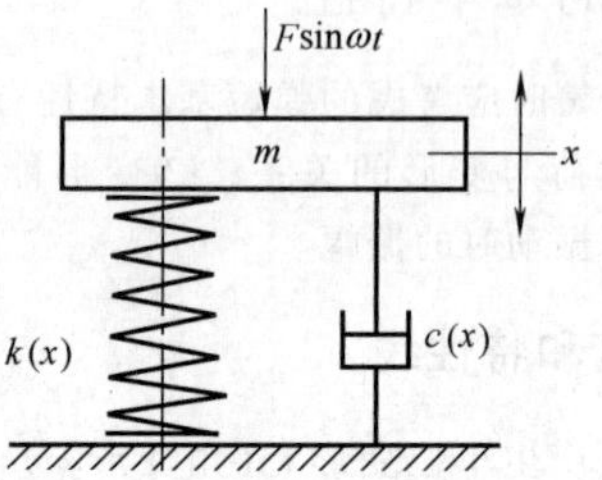

图16.1-4 单自由度弹簧支承系统

和类型有关。

当弹簧系统的振动体受到激振力 $F\sin\omega t$ 作用时，或其支承受到激振位移 $f\sin\omega t$ 作用时，其强迫振动公式为

$$x=A_a\sin(\omega t-\varphi) \tag{16.1-7}$$

式中 A_a——强迫振动的振幅（mm）；

ω——系统激振角频率（rad/s）；

t——时间（s）；

φ——振动体位移与激振函数之间的相位差（rad）。

对于黏性阻尼，当振动体受到激振力 $F\sin\omega t$ 作用时，其振幅为

$$A_a=\frac{f}{\sqrt{(1-\lambda^2)^2+2(\xi\lambda)^2}} \tag{16.1-8}$$

受到激振位移 $f\sin\omega t$ 作用时，振动体的绝对振幅为

$$A_a=\frac{f\sqrt{1+(2\xi\lambda)^2}}{\sqrt{(1-\lambda^2)^2+(2\xi\lambda)^2}} \tag{16.1-9}$$

其中，$\lambda=\frac{\omega}{\omega_n}=\frac{f_r}{f_e}$，$\xi=\frac{c}{c_c}$，$c_c=2\sqrt{mk}$。

式中 f——在与激振力幅值相等的静力作用下系统的静变形量（mm）；

λ——系统频率比；

ω_n——系统的自振角频率（rad/s）；

f_r——强迫振动频率（Hz）；

ξ——系统的阻尼比；

c——系统的阻尼系数（N·s/m）；

c_c——系统的临界阻尼系数（N·s/m）。

振幅是 λ 和 ξ 的函数，比值 A_a/f 与 λ 和 ξ 的关系如图 16.1-5 所示。当 $\lambda=f_r/f_e\approx1$ 时，振幅急剧增大，出现共振。在共振区附近，振幅的大小主要取决于阻尼的大小，离共振区越远，阻尼的作用越小。当 $\lambda>\sqrt{2}$ 时，振幅 A_a 小于静变形量 f，这就是防振的理论基础。

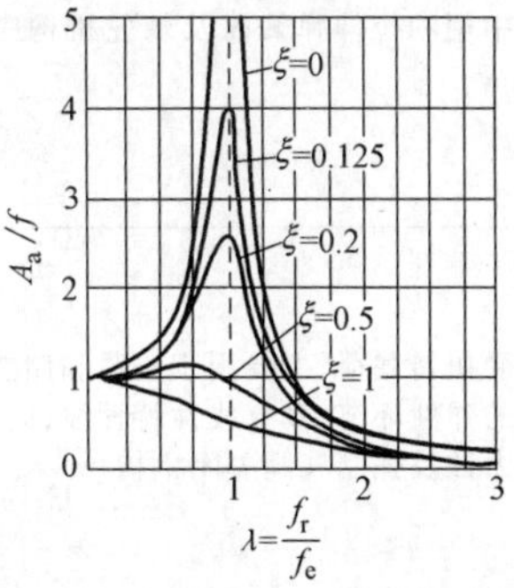

图 16.1-5　系统 A_a/f 与 λ 和 ξ 的关系

2　弹簧的类型、性能及应用

弹簧的类型很多，分类的方法也很多。

按承受的载荷类型分，有拉压弹簧、弯曲弹簧等；按结构形状分，有圆柱螺旋弹簧、非圆柱螺旋弹簧和其他类型弹簧；按材料分，有金属弹簧、非金属的空气弹簧、橡胶弹簧等；按弹簧材料产生的应力类型分，有产生弯曲应力的螺旋扭转弹簧、平面涡卷弹簧、碟形弹簧、板弹簧，以及产生扭应力的螺旋拉压弹簧、扭杆弹簧和产生拉压应力的环形弹簧等。

弹簧也可以按照使用条件分类，如用作缓冲或减振的弹簧（动弹簧）和用作承受静载荷的弹簧（静弹簧）；按照特性线的类型，可以分为线性和非线性特性线弹簧。

常用弹簧的类型、性能及应用见表 16.1-2。

表 16.1-2　常用弹簧的类型、性能及应用

名称	简　　图	特　性　线	性能及应用
圆柱螺旋弹簧	圆截面材料压缩弹簧 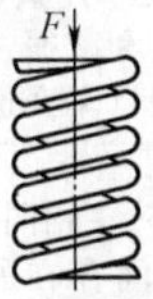	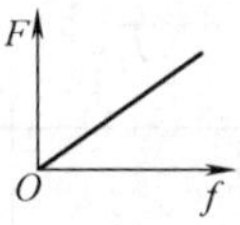	特性线呈线性，刚度稳定，结构简单，制造方便，应用较广。在机械设备中多用作缓冲、减振以及储能和控制运动等
	矩形截面材料压缩弹簧 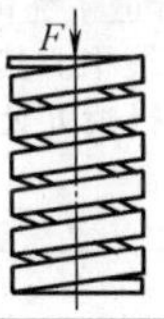	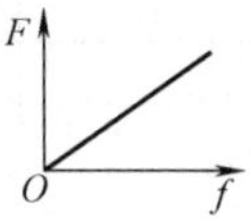	在同样的空间条件下，矩形截面圆柱螺旋压缩弹簧比圆形截面圆柱螺旋压缩弹簧的刚度大，吸收能量多，特性线更接近于直线，刚度更接近于常数
	扁截面材料压缩弹簧 		与圆形截面圆柱螺旋压缩弹簧比较，储存能量大，压并高度低，压缩量大，因此被广泛用于发动机阀门机构、离合器和自动变速器等安装空间比较小的装置上
	不等节距螺旋弹簧 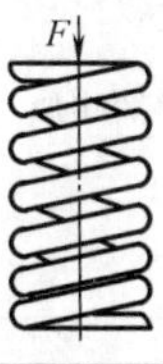	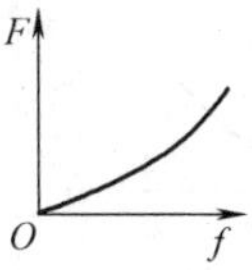	当载荷增大到一定程度后，随着载荷的增大，弹簧从小节距开始依次逐渐并紧，刚度逐渐增大，特性线由线性变为渐增型。因此其自振频率为变值，有较好的消除或缓和共振的影响，多用于高速变载机构
	多股螺旋压缩弹簧 	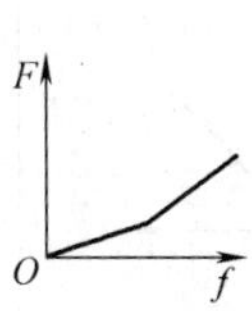	材料为细钢丝拧成的钢丝绳，在未受载荷时，钢丝绳各根钢丝之间的接触比较松，当外载荷达到一定程度时，接触紧密起来，这时弹簧刚性增大，因此多股螺旋弹簧的特性线有折点，比相同截面材料的普通圆柱螺旋弹簧强度高，减振作用大。在武器和航空发动机中常有应用

（续）

名称	简 图	特 性 线	性能及应用
圆柱螺旋弹簧	圆柱螺旋拉伸弹簧 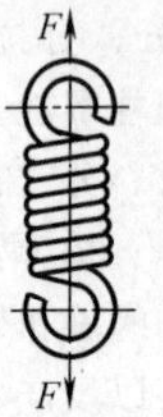	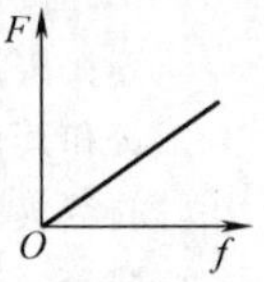	性能和特点与圆形截面圆柱螺旋压缩弹簧相同，它主要用于受拉伸载荷的场合，如联轴器过载安全装置中用的拉伸弹簧以及棘轮机构中棘爪复位拉伸弹簧
	扭转弹簧 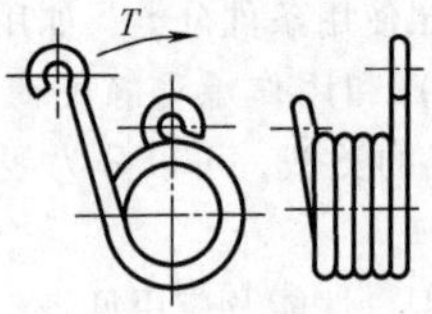	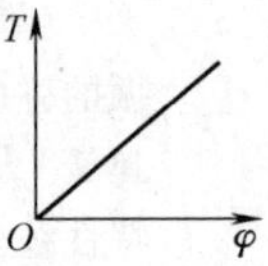	承受扭转载荷，主要用于压紧和储能以及传动系统中的弹性环节，具有线性特性线，应用广泛，如用于测力计及强制气阀关闭机构
非圆柱螺旋弹簧	截锥螺旋弹簧 	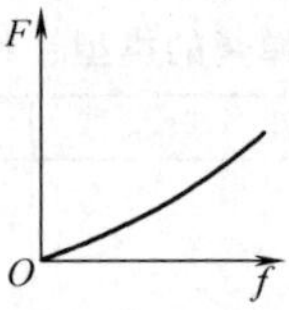	作用与不等节距螺旋弹簧相似，载荷达到一定程度后，弹簧从大圈到小圈依次逐渐并紧，簧圈开始接触后，特性线为非线性，刚度逐渐增大，自振频率为变值，有利于消除或缓和共振，防共振能力较等节距压缩弹簧强。这种弹簧结构紧凑，稳定性好，多用于承受较大载荷和减振，如应用于重型振动筛的悬挂弹簧及东风型汽车变速器
	截锥涡卷弹簧 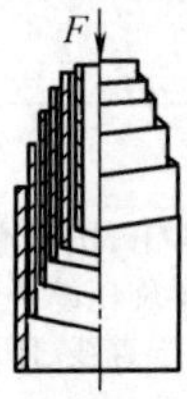	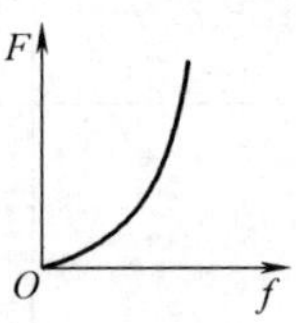	与其他弹簧相比较，在相同的空间内可以吸收较大的能量，而且其板间存在的摩擦可用来衰减振动。常用于需要吸收热膨胀变形而又需要阻尼振动的管道系统或与管道系统相连的部件中，如火力发电厂汽、水管道系统中。其缺点是板间间隙小，淬火困难，也不能进行喷丸处理，此外制造精度也不够高
	中凹形螺旋弹簧 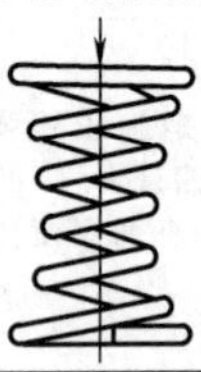	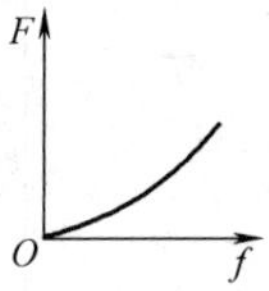	特性与圆锥压缩弹簧相似，主要用于床垫和坐垫等
	中凸形螺旋弹簧 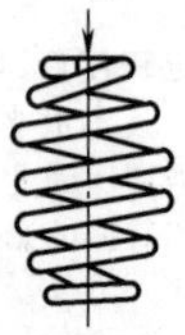	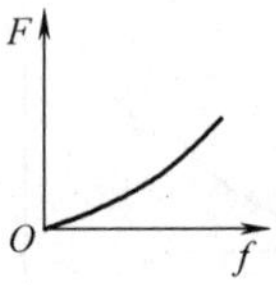	特性和圆锥压缩弹簧相似
	组合螺旋弹簧 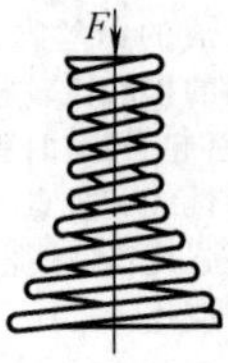	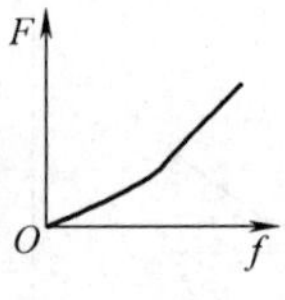	在需要获得特定的特性线情况下使用

（续）

名称	简　图	特　性　线	性能及应用
非圆形螺旋弹簧	非圆形螺旋弹簧 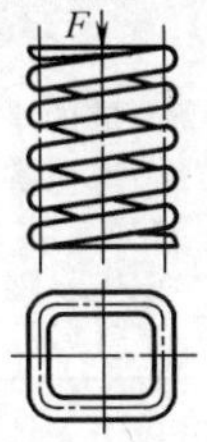	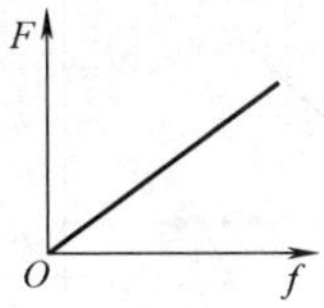	主要用在外廓尺寸有限制的场合。根据外廓空间的要求，簧圈可制成方形、矩形、椭圆形和梯形等
板弹簧	单板弹簧 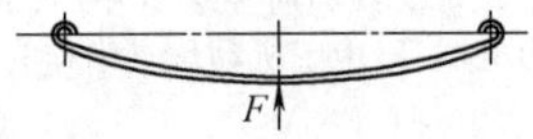	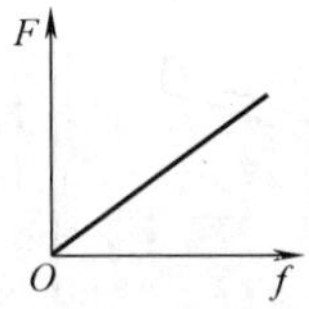	钢板弹簧是由多片弹簧钢板叠合组成。广泛应用于汽车、拖拉机、火车中作悬挂装置，起缓冲和减振作用，也用于各种机械产品中作减振装置，具有较高的刚度
	多板弹簧 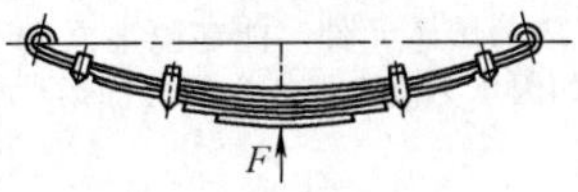	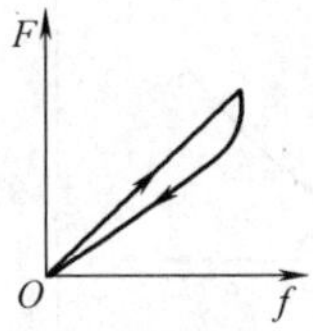	
片弹簧	片弹簧 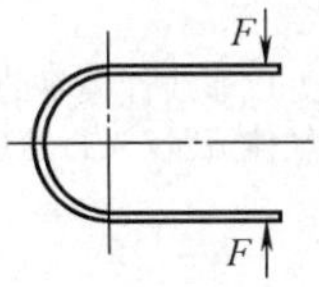	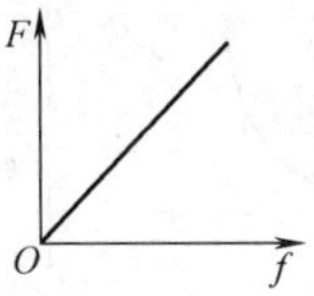	片弹簧是一种矩形截面的金属片，主要用于载荷和变形都不大的场合。可用作检测仪表或自动装置中的敏感元件，电接触点、棘轮机构棘爪和定位器等压紧弹簧及支承或导轨等
	非线性片弹簧 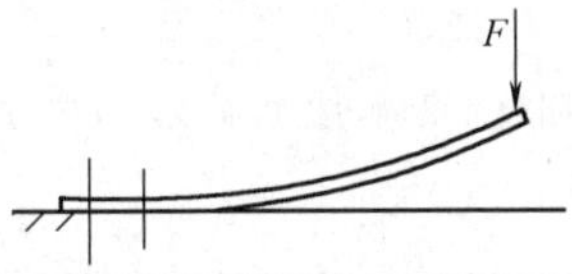	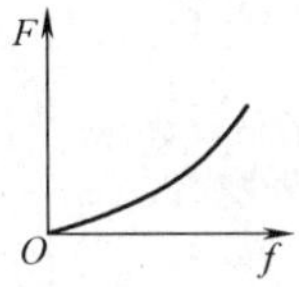	
扭杆弹簧	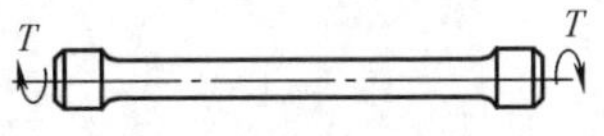	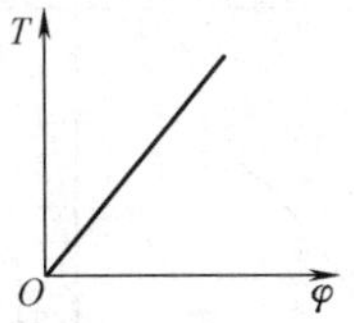	结构简单，但材料和制造精度要求高。主要用作轿车和小型车辆的悬挂弹簧，内燃机中作气门辅助弹簧，以及空气弹簧，稳压器的辅助弹簧
碟形弹簧	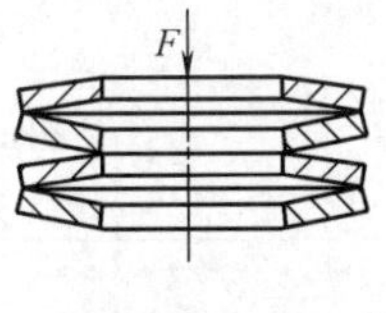	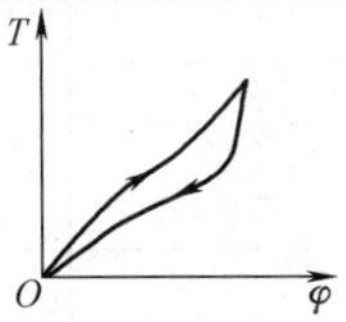	承载缓冲和减振能力强。采用不同的组合可以得到不同的特性线。可用于压力安全阀、自动转换装置、复位装置和离合器等
环形弹簧	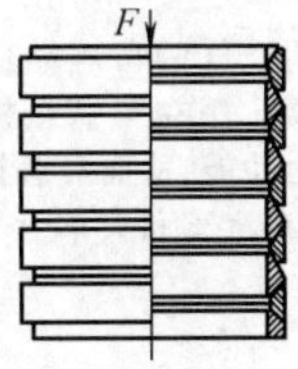	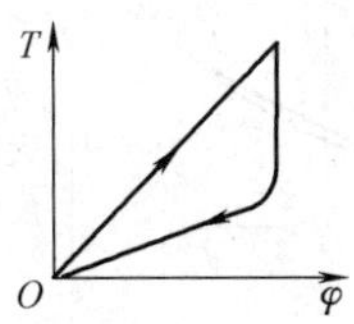	广泛应用于需要吸收大能量而空间尺寸受到限制的场合，如机车牵引装置弹簧、起重机和大炮的缓冲弹簧、锻锤的减振弹簧和飞机的制动弹簧等

（续）

名称	简　图	特　性　线	性能及应用
平面涡卷弹簧	非接触型平面涡卷弹簧 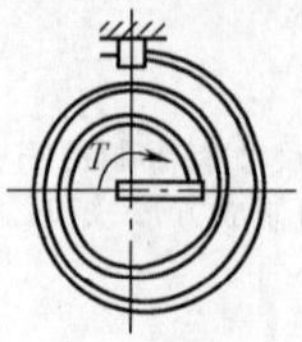	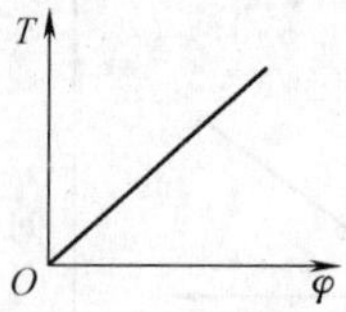	小尺寸金属带盘绕而成的平面涡卷弹簧。可用作测量元件（测量游丝）或压紧元件（接触游丝）
	接触型平面涡卷弹簧 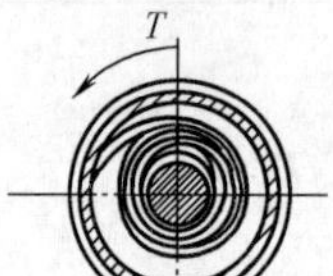	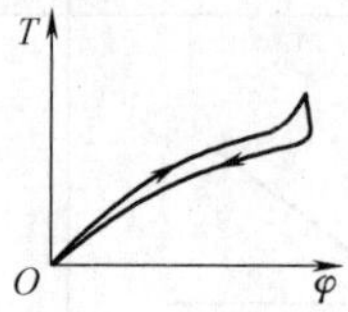	主要用作储能元件，发条工作可靠、维护简单，被广泛应用于计时仪器和时控装置中，如钟表、记录仪器和家用电器等，用于机动玩具中作为动力源
膜片、膜盒	平膜片 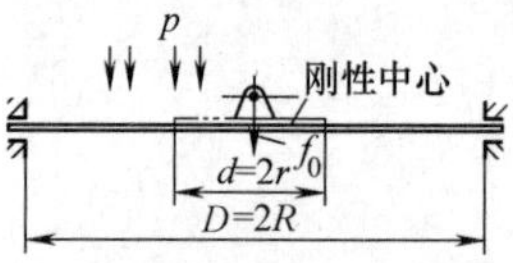	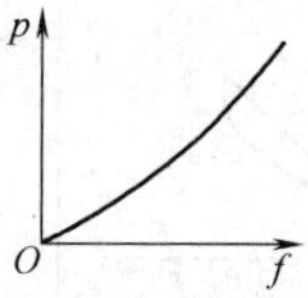	用作仪表的敏感元件。能起隔离两种不同介质的作用，如因压力改变能产生变形的柔性密封装置
	波纹膜片 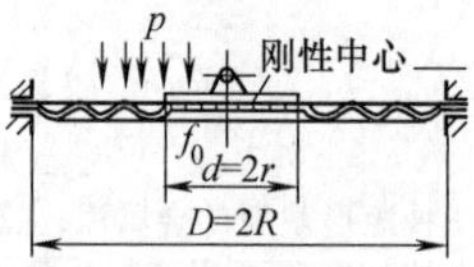	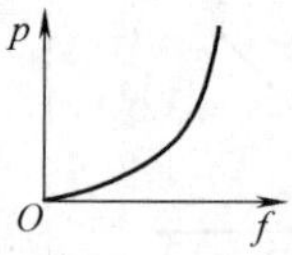	用来测量与压力成非线性关系的各种物理量，如管道中的液体或气体流量、飞行速度与高度等
	膜盒 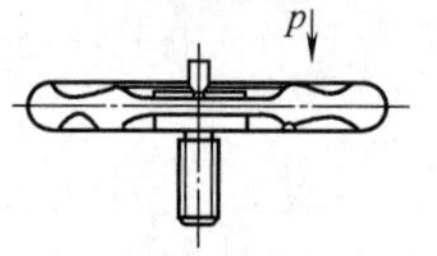	特性线随着波纹数、密度和深度而发生变化	两个相同膜片沿周边连接而成。安装方便
压力弹簧管	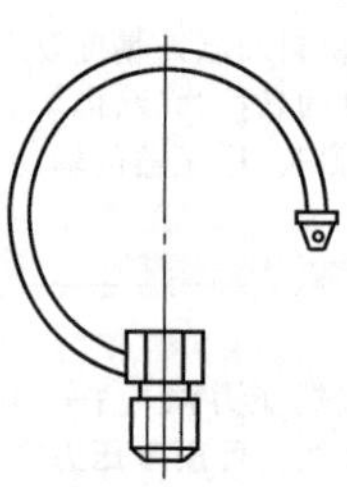	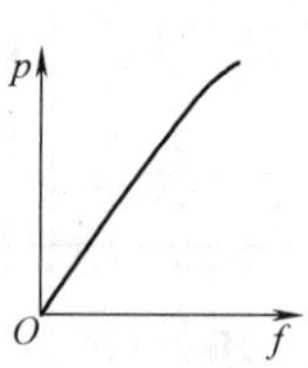	在流体压力作用下末端产生位移，通过转动机构将位移传递到指针上，用于压力计、温度计、真空机、液位计和流量计等
空气弹簧	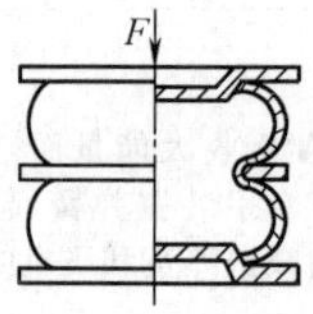	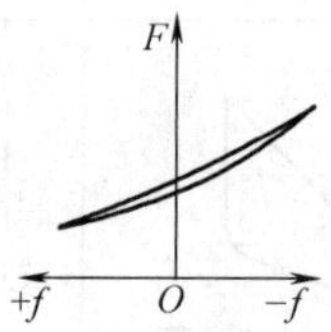	空气弹簧是利用空气的可压缩性实现弹性作用的一种非金属弹簧。用在车辆悬挂装置中可以大大改善车辆的动力性能，从而显著提高其运行舒适度，所以空气弹簧在汽车和火车上得到广泛应用

（续）

名称	简图	特性线	性能及应用
橡胶弹簧	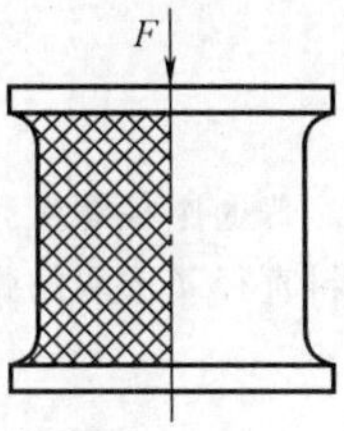	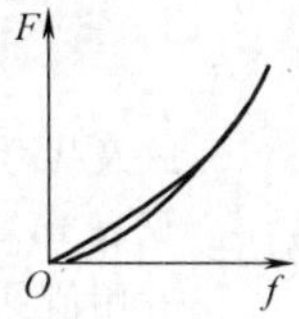	橡胶弹簧弹性模量较小，可以得到较大的弹性变形，容易实现所需要的非线性特性。形状不受限制，各个方向的刚度可根据设计要求自由选择。同一橡胶弹簧能同时承受多方面载荷，因而可使系统的结构简化。橡胶弹簧在机械设备上的应用正在日益扩展
橡胶-金属螺旋复合弹簧	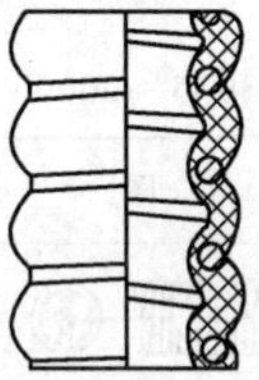	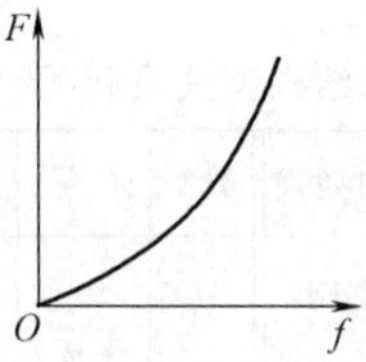	特性线为渐增型。此种橡胶-金属螺旋复合弹簧与橡胶弹簧相比有较大的刚性，与金属弹簧相比有较大的阻尼性。因此，它具有承载能力大、减振性强和耐磨损等优点。适用于矿山机械和重型车辆的悬架结构等

第 2 章　圆柱螺旋弹簧

1　圆柱螺旋弹簧的结构型式、代号及参数系列

用冷卷或热卷制作的圆柱螺旋弹簧的端部结构型式及代号见表 16. 2-1。普通圆柱螺旋弹簧的尺寸系列见表 16. 2-2。根据材料直径 d 选取的弹簧旋绕比 C 的荐用值见表 16. 2-3。

表 16. 2-1　圆柱螺旋弹簧的端部结构型式及代号（摘自 GB/T 23935—2009）

类型	代号	简图	端部结构型式
冷卷压缩弹簧（Y）	YⅠ	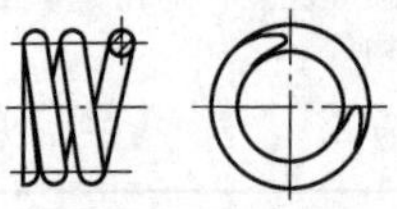	两端圈并紧磨平 $n_z \geq 2$
	YⅡ	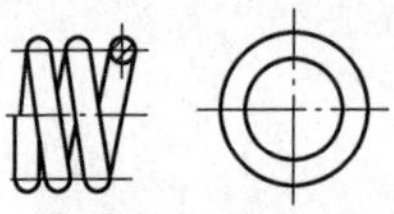	两端圈并紧不磨 $n_z \geq 2$
	YⅢ	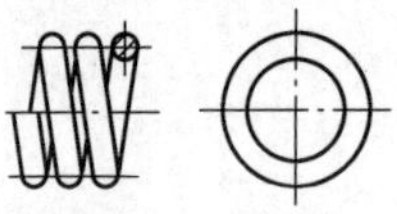	两端圈不并紧 $n_z < 2$
热卷压缩弹簧（RY）	RYⅠ	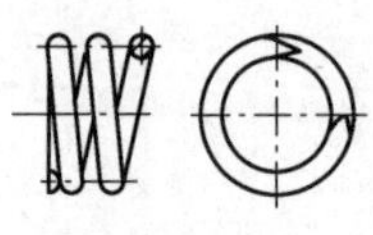	两端圈并紧磨平 $n_z \geq 1.5$
	RYⅡ	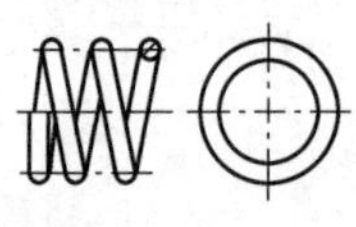	两端圈并紧不磨 $n_z \geq 1.5$
	RYⅢ	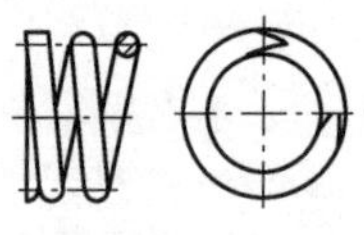	两端圈制扁、并紧磨平 $n_z \geq 1.5$
	RYⅣ	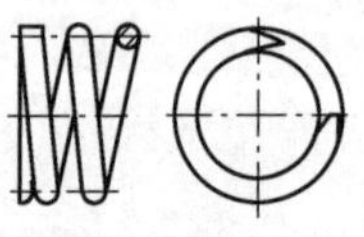	两端圈制扁、并紧不磨 $n_z \geq 1.5$
拉伸弹簧（L）	LⅠ	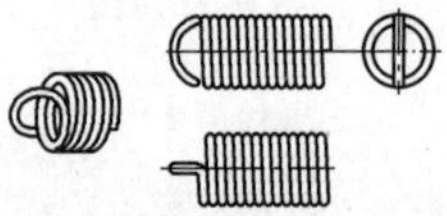	半圆钩环
	LⅡ	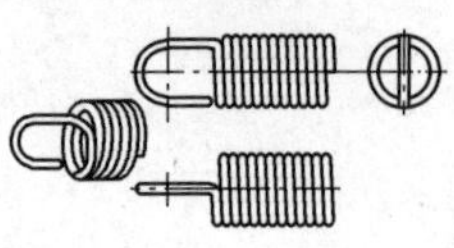	长臂半圆钩环
拉伸弹簧（L）	LⅢ	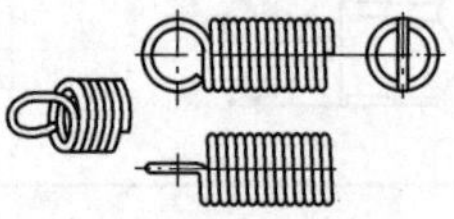	圆钩环扭中心（圆钩环）
	LⅣ	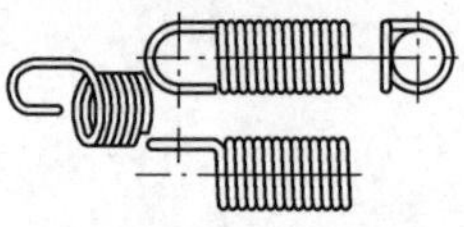	长臂偏心半圆钩环
	LⅤ	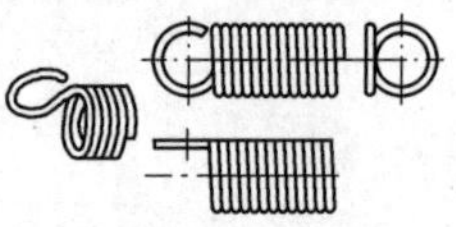	偏心圆钩环
	LⅥ	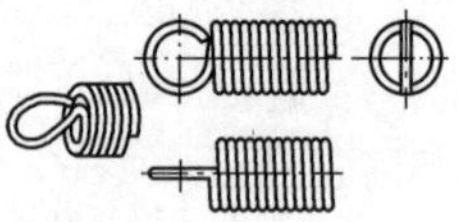	圆钩环压中心
	LⅦ	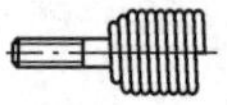	可调式拉簧
	LⅧ	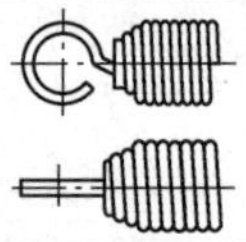	具有可转钩环
	LⅨ	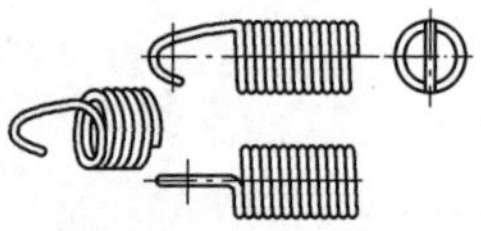	长臂小圆钩环
扭转弹簧（N）	NⅠ	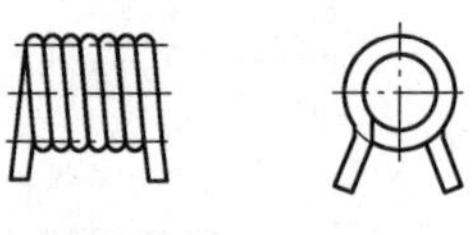	外臂扭转弹簧
	NⅡ	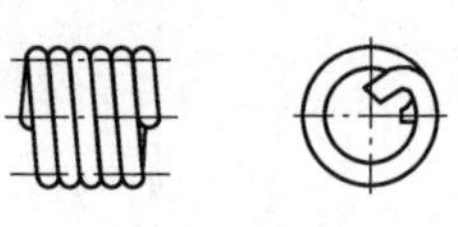	内臂扭转弹簧

（续）

类型	代号	简图	端部结构型式	类型	代号	简图	端部结构型式
扭转弹簧（N）	NⅢ	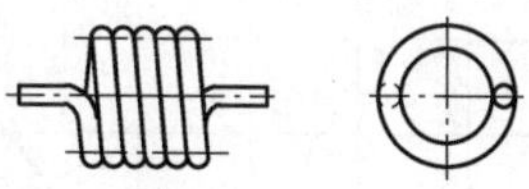	中心距扭转弹簧	扭转弹簧（N）	NⅤ	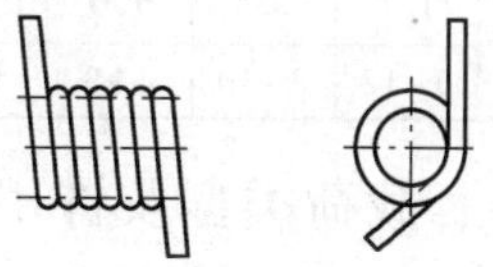	直臂扭转弹簧
	NⅣ	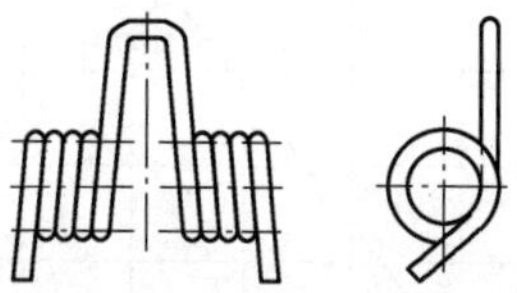	平列双扭弹簧		NⅥ	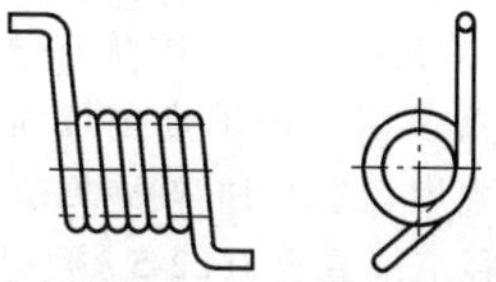	单臂弯曲扭转弹簧

注：1. n_z 是弹簧端部的支承圈数。

2. 拉伸弹簧结构型式推荐采用圆钩环扭中心。

3. 高强度油淬火-退火钢丝推荐采用 LⅦ 和 LⅧ 型弹簧。

4. 扭转弹簧结构型式推荐采用外臂扭转弹簧、内臂扭转弹簧、直臂扭转弹簧。

5. 弹簧端部扭臂可根据安装方法、安装条件的要求，做成特殊的结构型式。

表 16.2-2 普通圆柱螺旋弹簧的尺寸系列（摘自 GB/T 1358—2009）

弹簧材料截面直径 d/mm	第一系列	0.1	0.12	0.14	0.16	0.2	0.25	0.3	0.35	0.4	0.45	0.5	0.6
		0.7	0.8	0.9	1	1.2	1.6	2	2.5	3	3.5	4	4.5
		5	6	8	10	12	15	16	20	25	30	35	40
		45	50	60									
	第二系列	0.05	0.06	0.07	0.08	0.09	0.18	0.22	0.28	0.32	0.55	0.65	1.4
		1.8	2.2	2.8	3.2	5.5	6.5	7	9	11	14	18	22
		28	32	38	42	55							
弹簧中径 D/mm		0.3	0.4	0.5	0.6	0.7	0.8	0.9	1	1.2	1.4	1.6	1.8
		2	2.2	2.5	2.8	3	3.2	3.5	3.8	4	4.2	4.5	4.8
		5	5.5	6	6.5	7	7.5	8	8.5	9	10	12	14
		16	18	20	22	25	28	30	32	38	42	45	48
		50	52	55	58	60	65	70	75	80	85	90	95
		100	105	110	115	120	125	130	135	140	145	150	160
		170	180	190	200	210	220	230	240	250	260	270	280
		290	300	320	340	360	380	400	450	500	550	600	
有效圈数 n/圈	压缩弹簧	2	2.25	2.5	2.75	3	3.25	3.5	3.75	4	4.25	4.5	4.75
		5	5.5	6	6.5	7	7.5	8	8.5	9	9.5	10	10.5
		11.5	12.5	13.5	14.5	15	16	18	20	22	25	28	30
	拉伸弹簧	2	3	4	5	6	7	8	9	10	11	12	13
		14	15	16	17	18	19	20	22	25	28	30	35
		40	45	50	55	60	65	70	80	90	100		
自由高度 H_0/mm	压缩弹簧	2	3	4	5	6	7	8	9	10	11	12	13
		14	15	16	17	18	19	20	22	24	26	28	30
		32	35	38	40	42	45	48	50	52	55	58	60
		65	70	75	80	85	90	95	100	105	110	115	120
		130	140	150	160	170	180	190	200	220	240	260	280
		300	320	340	360	380	400	420	450	480	500	520	550
		580	600	620	650	680	700	720	750	780	800	850	900
		950	1000										

注：1. 本表适用于压缩、拉伸和扭转的圆截面圆柱螺旋弹簧。

2. 优先采用第一系列。

3. 拉伸弹簧有效圈数除按表中规定外，由于两钩环相对位置不同，其尾数还可为 0.25、0.5、0.75。

表 16.2-3　根据 *d* 选取的旋绕比 *C* 的荐用值

（摘自 GB/T 23935—2009）

材料直径 *d*/mm	0.2~0.5	>0.5~1.1	>1.1~2.5	>2.5~7.0	>7.0~16	>16
旋绕比 *C*	7~14	5~12	5~10	4~9	4~8	4~16

2　弹簧材料、载荷类型及许用应力

弹簧常用材料及其性能见表 16.2-4。工作温度对材料切变模量 *G* 和弹性模量 *E* 的影响如图 16.2-1 所示。油淬火-回火弹簧钢丝按工作状态分为静态、中疲劳、高疲劳三类。钢丝按供货抗拉强度分为低强度、中强度和高强度三级。油淬火-回火弹簧钢丝的分类、代号和直径范围见表 16.2-5。代号与常用钢材牌号的对应关系见表 16.2-6。冷拉碳素弹簧钢丝和重要碳素弹簧钢丝抗拉强度见表 16.2-7。油淬火-回火弹簧钢丝的力学性能见表 16.2-8。不锈弹簧钢丝的抗拉强度见表 16.2-9。铍青铜线的抗拉强度见表 16.2-10。铜及铜合金线的抗拉强度见表 16.2-11。

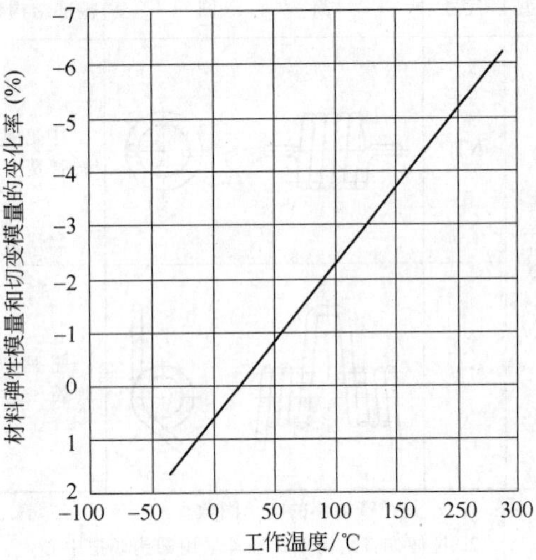

图 16.2-1　工作温度对材料切变模量 *G* 和弹性模量 *E* 的影响

表 16.2-4　弹簧常用材料及性能（摘自 GB/T 23935—2009）

标准名称	牌号/组别	直径规格/mm	切变模量 *G*/GPa	弹性模量 *E*/GPa	推荐使用温度范围/℃	性　能
冷拉碳素弹簧钢丝 GB/T 4357	SL、SM、SH、DM、DH	SL 型:1.00~10.00 SM 型:0.30~13.00 SH 型:0.30~13.00 DM 型:0.08~13.00 DH 型:0.05~13.00	78.5	206	-40~150	强度高、性能好。钢丝按抗拉强度分为低、中等和高的抗拉强度，分别用符号 L、M 和 H 代表。按弹簧载荷特点分为静载荷和动载荷，分别用 S 和 D 代表
重要用途碳素弹簧钢丝 YB/T 5311	E、F、G	E 组:0.1~7.0 F 组:0.1~7.0 G 组:1.0~7.0				强度高，韧性好。用于重要用途的弹簧，E 组用于中等应力动载荷，F 组用于较高应力动载荷，G 组用于振动载荷
油淬火-回火弹簧钢丝 GB/T 18983	VDC	0.50~10.0				强度高，性能好。VDC 用于高疲劳级弹簧
	FDC、TDC	0.50~18.0				强度高，性能好。FDC 用于静态级弹簧，TDC 用于中疲劳级弹簧
	FDSiMn TDSiMn	0.50~18.0			-40~250	强度高，较高的疲劳性能。用于较高载荷的弹簧。FDSiMn 用于静态级弹簧，TDSiMn 用于中疲劳级弹簧
	VDSiCr	0.50~10.0				强度高，疲劳性能好。VDSiCr 用于高疲劳级弹簧，TDSiCr-A 用于中疲劳级弹簧，FDSiCr 用于静态级弹簧
	FDSiCr TDSiCr-A	0.50~18.0				
	VDSiCrV	0.50~10.0			-40~210	强度高，疲劳性能好。VDSiCrV 用于高疲劳级弹簧
	FDCrV	0.50~17.0				强高较高，疲劳性能较好。FDCrV 用于静态级弹簧

（续）

标准名称	牌号/组别	直径规格/mm	切变模量 G/GPa	弹性模量 E/GPa	推荐使用温度范围/℃	性　能
合金弹簧钢丝 YB/T 5318	50CrVA	0.5~14.0	78.5	206	-40~210	强度高，较高的抗疲劳性。用于普通机械的弹簧
	60Si2MnA 55CrSiA				-40~250	
不锈弹簧钢丝 GB/T 24588	A 组 12Cr18Ni9 06Cr19Ni9 06Cr17Ni12Mo2 10Cr18Ni9Ti 12Cr18Mn9NiN	0.2~10.0	70	185	-200~290	耐蚀、耐高温和耐低温，用于腐蚀或高、低温工作条件下的弹簧。D组不宜在耐蚀性要求较高的环境中使用
	B 组 12Cr18Ni9 06Cr18Ni9N 12Cr18Mn9Ni5N	0.2~12.0	73	195		
	C 组 07Cr17Ni7Al	0.2~10.0				
	D 组 12Cr17Mn8Ni3Cu3N	0.2~6.0				
铜及铜合金线材 GB/T 21652	QSi3-1	0.1~6.0	40.2	93.1	-40~120	有较高的耐蚀和防磁性能。用于机械或仪表等用弹性元件
	QSn4-3 QSn6.5-0.1 QSn6.5-0.4 QSn7-0.2		39.2		-250~120	
铍青铜线 YS/T 571	QBe2	0.03~6.0	42.1	129.4	-200~120	强度、硬度、疲劳强度和耐磨性均高，耐蚀、防磁，导电性好，撞击时无火花。用作电表游丝
弹簧钢 GB/T 1222	60Si2Mn 60Si2MnA	12.0~80.0	78.5	206	-40~250	较高的疲劳强度，较高的疲劳强度。广泛用作各种机械用弹簧
	50CrVA				-40~210	强度高，耐高温。用于制作承受较重载荷的弹簧
	60CrMnA 60CrMnBA				-40~250	
	55CrSiA 60Si2CrA 60Si2CrVA					高的疲劳强度，耐高温。用于制作较高工作温度下的弹簧

注：当弹簧工作环境温度超出常温时，应适当调整许用应力。

表 16.2-5　油淬火-回火弹簧钢丝的分类、代号和直径范围（摘自 GB/T 18983—2017）

分类		静态级	中疲劳级	高疲劳级
抗拉强度	低强度	FDC	TDC	VDC
	中强度	FDCrV、FDSiMn	TDSiMn	VDCrV
	高强度	FDSiCr	TDSiCr-A	VDSiCr
	超高强度	—	TDSiCr-B、TDSiCr-C①	VDSiCrV
直径范围/mm		0.50~18.00	0.50~18.00	0.50~10.00

注：1. 静态级钢丝适用于一般用途弹簧，以 FD 表示。
2. 中疲劳级钢丝用于一般强度离合器、悬架弹簧，以 TD 表示。
3. 高疲劳级钢丝适用于剧烈运动的场合，如用于阀门弹簧，以 VD 表示。

① TBSiCr-B 和 TDSiCr-C 直径范围为 8.0~18.0mm。

标记示例：用 60Si2MnA 钢制造的直径为 11.0mm 的 TD 级钢丝标记为：TDSiMn-11.0-GB/T 18983。

表 16.2-6 油淬火-回火弹簧钢丝代号与常用钢材牌号的对应关系（摘自 GB/T 18983—2017）

钢丝代号	常用代表性牌号	钢丝代号	常用代表性牌号
FDC、TDC、VDC	65、70、65Mn	FDSiCr、TDSiCr-A、TDSiCr-B、TDSiCr-C、VDSiCr	55CrSi
FDCrV、TDCrV、VDCrV	50CrV	VDSiCrV	65Si2CrV
FDSiMn、TDSiMn	60Si2Mn		

表 16.2-7 冷拉碳素弹簧钢丝和重要碳素弹簧钢丝抗拉强度 R_m （MPa）

直径 /mm	冷拉碳素弹簧钢丝 GB/T 4357—2009					重要用途碳素弹簧钢丝 YB/T 5311—2010			直径 /mm	冷拉碳素弹簧钢丝 GB/T 4357—2009					重要用途碳素弹簧钢丝 YB/T 5311—2010		
	SL 型	SM 型	DM 型	SH 型	DH 型	E 组	F 组	G 组		SL 型	SM 型	DM 型	SH 型	DH 型	E 组	F 组	G 组
0.05	—	—	—	—	2800	—	—	—	1.00	1720	1980	1980	2230	2230	2020	2360	1850
0.06	—	—	—	—	2800	—	—	—	1.20	1670	1920	1920	2170	2170	1940	2280	1820
0.07	—	—	—	—	2800	—	—	—	1.40	1620	1870	1870	2110	2110	1880	2210	1780
0.08	—	—	2780	—	2800	—	—	—	1.60	1590	1830	1830	2060	2060	1820	2150	1750
0.09	—	—	2740	—	2800	—	—	—	1.80	1550	1790	1790	2020	2020	1800	2060	1700
0.10	—	—	2710	—	2800	2440	2900	—	2.00	1520	1760	1760	1980	1980	1790	1970	1670
0.12	—	—	2660	—	2800	2440	2870	—	2.20	—	—	—	—	—	1700	1870	1620
0.14	—	—	2620	—	2800	2440	2850	—	2.50	1460	1690	1690	1900	1900	1680	1830	1620
0.16	—	—	2570	—	2800	2440	2850	—	2.80	1420	1650	1650	1860	1860	1630	1810	1570
0.18	—	—	2530	—	2800	2390	2780	—	3.00	1410	1630	1630	1840	1840	1610	1780	1570
0.20	—	—	2500	—	2800	2390	2760	—	3.20	1390	1610	1610	1820	1820	1560	1760	1570
0.22	—	—	2470	—	2770	2370	2730	—	3.50	—	—	—	—	—	1500	1710	1470
0.25	—	—	2420	—	2720	2340	2700	—	4.00	1320	1530	1530	1740	1740	1470	1680	1470
0.28	—	—	2390	—	2680	2310	2670	—	4.50	1290	1500	1500	1690	1690	1420	1630	1470
0.30	—	2370	2370	2660	2660	2290	2650	—	5.00	1260	1460	1460	1660	1660	1400	1580	1420
0.32	—	2350	2350	2640	2640	2270	2630	—	5.50	—	—	—	—	—	1370	1550	1400
0.35	—	—	—	—	—	2250	2610	—	6.00	1210	1400	1400	1590	1590	1350	1520	1350
0.40	—	2270	2270	2560	2560	2250	2590	—	6.50	1180	1380	1380	1560	1560	1320	1490	1350
0.45	—	2240	2240	2510	2510	2210	2570	—	7.00	1160	1350	1350	1540	1540	1300	1460	1300
0.50	—	2200	2200	2480	2480	2190	2550	—	8.00	1120	1310	1310	1490	1490	—	—	—
0.55	—	—	—	—	—	2170	2530	—	9.00	1090	1270	1270	1450	1450	—	—	—
0.60	—	2140	2140	2410	2410	2150	2510	—	10.00	1060	1240	1240	1410	1410	—	—	—
0.63	—	2130	2130	2390	2390	2130	2490	—	11.00	—	1210	1210	1390	1390	—	—	—
0.70	—	2090	2090	2360	2360	2100	2470	—	12.00	—	1180	1180	1330	1330	—	—	—
0.80	—	2050	2050	2310	2310	2080	2440	—	13.00	—	1160	1160	1320	1320	—	—	—
0.90	—	2010	2010	2270	2270	2070	2410	—									

注：表中抗拉强度 R_m 为材料标准的下限值。

表 16.2-8 油淬火-回火弹簧钢丝的力学性能（摘自 GB/T 18983—2017）

直径范围 /mm	R_m/MPa									断面收缩率 $Z \geqslant$(%)		
	FDC TDC	FDCrV-A TDCrV-A	FDSiMn TDSiMn	FDSiCr TDSiCr-A	TDSiCr-B	VDC	VDCrV-A	VDSiCr	VDSiCrV	FD	TD	VD
0.50~0.80	1800	1800	1850	2000	—	1700	1750	2080	2230	—	—	—
>0.80~1.00	1800	1780	1850	2000	—	1700	1730	2080	2230	—	—	—
>1.00~1.30	1800	1750	1850	2000	—	1700	1700	2080	2230	45	45	45
>1.30~1.40	1750	1750	1850	2000	—	1700	1680	2080	2210	45	45	45
>1.40~1.60	1740	1710	1850	2000	—	1670	1660	2050	2210	45	45	45
>1.60~2.00	1720	1710	1820	2000	—	1650	1640	2010	2160	45	45	45
>2.00~2.50	1670	1670	1800	1970	—	1630	1620	1960	2100	45	45	45
>2.50~2.70	1640	1660	1780	1950	—	1610	1610	1940	2060	45	45	45
>2.70~3.00	1620	1630	1760	1930	—	1590	1600	1930	2060	45	45	45

（续）

直径范围 /mm	R_m/MPa									断面收缩率 $Z \geqslant$(%)		
	FDC	FDCrV-A	FDSiMn	FDSiCr	TDSiCr-B	VDC	VDCrV-A	VDSiCr	VDSiCrV	FD	TD	VD
	TDC	TDCrV-A	TDSiMn	TDSiCr-A								
>3.00~3.20	1600	1610	1740	1910	—	1570	1580	1920	2060	40	45	45
>3.20~3.50	1580	1600	1720	1900	—	1550	1560	1910	2010	40	45	45
>3.50~4.00	1550	1560	1710	1870	—	1530	1540	1890	2010	40	45	45
>4.00~4.20	1540	1540	1700	1860	—	1510	1520	1860	1960	40	45	—
>4.20~4.50	1520	1520	1690	1850	—	1510	1520	1860	1960	40	45	45
>4.50~4.70	1510	1510	1680	1840	—	1490	1500	1830	1960	40	45	45
>4.70~5.00	1500	1500	1670	1830	—	1490	1500	1830	1960	40	45	45
>5.00~5.60	1470	1460	1660	1800	—	1470	1480	1800	1910	35	40	40
>5.60~6.00	1460	1440	1650	1780	—	1450	1470	1790	1910	35	40	40
>6.00~6.50	1440	1420	1640	1760	—	1420	1440	1760	1910	35	40	40
>6.50~7.00	1430	1400	1630	1740	—	1400	1420	1740	1860	35	40	40
>7.00~8.00	1400	1380	1620	1710	—	1370	1410	1710	1860	35	40	40
>8.00~9.00	1380	1370	1610	1700	1750	1350	1390	1690	1810	30	35	35
>9.00~10.00	1360	1350	1600	1660	1750	1340	1370	1670	1810	30	35	35
>10.00~12.00	1320	1320	1580	1660	1750					30	35	
>12.00~14.00	1280	1300	1560	1620	1750					30	35	
>14.00~15.00	1270	1290	1550	1620	1750					30	35	
>15.00~17.00	1250	1270	1540	1580	1750					30	35	

注：1. FDSiMn 和 TDSiMn 直径≤5.00mm 时，$Z \geqslant 35\%$；直径>5.00~14.00mm 时，$Z \geqslant 30\%$。

2. 表中抗拉强度 R_m 为材料标准的下限值。TDSiCr-C 直径>8.00~17mm 时，R_m 为 1850MPa。

表 16.2-9　不锈弹簧钢丝的抗拉强度 R_m（摘自 GB/T 24588—2009）　　(MPa)

直径 /mm	A 组	B 组	C 组		D 组	直径 /mm	A 组	B 组	C 组		D 组
			冷拉 不小于	时效					冷拉 不小于	时效	
0.20	1700	2050	1970	2270	1750	1.6	1400	1650	1650	1950	1550
0.22	1700	2050	1950	2250	1750	1.8	1400	1650	1600	1900	1550
0.25	1700	2050	1850	2250	1750	2.0	1400	1650	1600	1900	1550
0.28	1650	1950	1950	2250	1720	2.2	1320	1550	1550	1850	1550
0.30	1650	1950	1950	2250	1720	2.5	1320	1550	1550	1850	1510
0.32	1650	1950	1920	2220	1680	2.8	1230	1450	1500	1790	1510
0.35	1650	1950	1920	2220	1680	3.0	1230	1450	1500	1790	1510
0.40	1650	1950	1920	2220	1680	3.2	1230	1450	1450	1740	1480
0.45	1600	1900	1900	2200	1680	3.5	1230	1450	1450	1740	1480
0.50	1600	1900	1900	2200	1650	4.0	1230	1450	1400	1680	1480
0.55	1600	1900	1850	2150	1650	4.5	1100	1350	1350	1620	1400
0.60	1600	1900	1850	2150	1650	5.0	1100	1350	1350	1620	1330
0.63	1550	1850	1850	2150	1650	5.5	1100	1350	1300	1550	1330
0.70	1550	1850	1850	2150	1650	6.0	1100	1350	1300	1550	1230
0.80	1550	1850	1820	2120	1620	6.3	1020	1270	1250	1500	—
0.90	1550	1850	1800	2100	1620	7.0	1020	1270	1250	1500	—
1.0	1450	1850	1800	2100	1620	8.0	1020	1270	1200	1450	—
1.1	1450	1750	1750	2050	1620	9.0	1000	1150	1150	1400	—
1.2	1450	1750	1750	2050	1580	10.0	980	1000	1150	1400	—
1.4	1450	1750	1700	2000	1580	11.0	—	1000	—	—	—
1.5	1400	1650	1700	2000	1550	12.0	—	1000	—	—	—

注：1. 钢丝试样时效处理推荐工艺为：400~500℃，保温 0.5~1.5h，空冷。

2. 表中抗拉强度 R_m 为材料标准的下限值。

表 16.2-10 铍青铜线的抗拉强度

（摘自 YS/T 571—2009）

材料状态	R_m/MPa	
	时效处理前的拉力试验	时效处理后的拉力试验
软	400~580	1050~1380
1/2硬	710~930	1200~1480
硬	915~1140	1300~1585

表 16.2-11 铜及铜合金线的抗拉强度

（摘自 GB/T 21652—2008）

材料牌号	状态	线材直径/mm	R_m/MPa
QCd1	M(软)	0.1~6.0	≥275
	Y(硬)	0.1~0.5	590~880
		>0.5~4.0	490~735
		>4.0~6.0	470~685
QSn6.5-0.1 QSn6.5-0.4 QSn7-0.2	M(软)	0.1~1.0	≥350
		>1.0~8.5	
QSi3-1、QSn4-3、QSn6.5-0.1、QSn6.5-0.4 QSn7-0.2	Y(硬)	0.1~1.0	880~1130
		>1.0~2.0	860~1060
		>2.0~4.0	830~1030
		>4.0~6.0	780~980

弹簧的载荷类型分为静载荷和动载荷。静载荷指恒定不变的载荷或载荷有变化，但循环次数 $N<10^4$ 次。动载荷指载荷有变化，循环次数 $N\geqslant10^4$ 次。根据循环次数动载荷分为：

1）有限疲劳寿命：冷卷弹簧载荷循环次数 $N\geqslant10^4\sim10^6$ 次；热卷弹簧载荷循环次数 $N\geqslant10^4\sim10^5$ 次；

2）无限疲劳寿命：冷卷弹簧载荷循环次数 $N\geqslant10^7$ 次；热卷弹簧载荷循环次数 $N\geqslant2\times10^6$ 次。

当冷卷弹簧载荷循环次数介于 10^6 和 10^7 之间时，或热卷弹簧载荷循环次数介于 10^5 和 2×10^6 之间时，可根据使用情况参照有限或无限寿命设计。

许用应力选取的原则：

1）对静载荷作用下的弹簧，除了考虑强度条件外，对应力松弛有要求的，应适当降低许用应力。

2）对动载荷作用下的弹簧，除了考虑循环次数外，还应考虑应力（变化）幅度，这时按照循环特征公式（16.2-1）计算，也可在图 16.2-2 或图 16.2-3 中查取。当循环特征（γ）值大时，即应力（变化）幅度小，许用应力取大值；当循环特征（γ）值小时，即应力（变化）幅度大，许用应力取小值。

$$\gamma=\frac{\tau_{min}}{\tau_{max}}=\frac{F_{min}}{F_{max}}\text{或}\gamma=\frac{\sigma_{min}}{\sigma_{max}}=\frac{T_{min}}{T_{max}}=\frac{\varphi_{min}}{\varphi_{max}} \tag{16.2-1}$$

式中 τ_{min}——最小切应力（MPa）；

τ_{max}——最大切应力（MPa）；

F_{min}——最小载荷（N）；

F_{max}——最大载荷（N）；

σ_{min}——最小弯曲应力（MPa）；

σ_{max}——最大弯曲应力（MPa）；

T_{min}——最小扭矩（N·mm）；

T_{max}——最大扭矩（N·mm）；

φ_{min}——最小弹簧扭转角度（rad 或°）；

φ_{max}——最大弹簧扭转角度（rad 或°）

3）对于重要用途的弹簧，其损坏对整个机械有重大影响，以及在较高或较低温度下工作的弹簧，许用应力应适当降低。

4）经有效喷丸处理的弹簧，可提高疲劳强度或疲劳寿命。

5）对压缩弹簧，经有效强压处理，可提高疲劳寿命，对改善弹簧的性能有明显效果。

6）对动载荷作用下的弹簧，影响疲劳强度的因素很多，难以精确估计；对于重要用途的弹簧，设计完成后，应进行试验验证。

冷卷和热卷的压缩、拉伸弹簧的试验切应力及许用应力见表 16.2-12 及图 16.2-2。扭转弹簧的试验切应力及许用应力见表 16.2-12 及图 16.2-3。

表 16.2-12 弹簧的试验切应力及许用应力（摘自 GB/T 23935—2009） （MPa）

应力类型		冷卷弹簧材料				热卷弹簧材料
		油淬火-回火弹簧钢丝	冷拉碳素弹簧钢丝、重要碳素弹簧钢丝	不锈钢丝弹簧	铜及铜合金线材、铍青铜线	60Si2Mn、60Si2MnA、50CrVA、55CrVA、60CrMnA、60CrMnBA、60Si2CrA、60Si2CrVA
压缩弹簧许用切应力	试验切应力	$0.55R_m$	$0.50R_m$	$0.45R_m$	$0.40R_m$	710~890
	静载荷	$0.50R_m$	$0.45R_m$	$0.38R_m$	$0.36R_m$	
	动载荷、有限疲劳寿命	$(0.40\sim0.50)R_m$	$(0.38\sim0.45)R_m$	$(0.34\sim0.38)R_m$	$(0.33\sim0.36)R_m$	568~712
	动载荷、无限疲劳寿命	$(0.35\sim0.40)R_m$	$(0.33\sim0.38)R_m$	$(0.30\sim0.34)R_m$	$(0.30\sim0.33)R_m$	426~534

（续）

应力类型		冷卷弹簧材料				热卷弹簧材料
		油淬火-回火弹簧钢丝	冷拉碳素弹簧钢丝、重要碳素弹簧钢丝	不锈弹簧钢丝	铜及铜合金线材、铍青铜线	60Si2Mn、60Si2MnA、50CrVA、55CrVA、60CrMnA、60CrMnBA、60Si2CrA、60Si2CrVA
拉伸弹簧许用切应力	试验切应力	0.44R_m	0.40R_m	0.36R_m	0.32R_m	475~596
	静载荷	0.40R_m	0.36R_m	0.30R_m	0.29R_m	
	动载荷、有限疲劳寿命	(0.32~0.40)R_m	(0.30~0.36)R_m	(0.28~0.30)R_m	(0.26~0.29)R_m	405~507
	动载荷、无限疲劳寿命	(0.28~0.32)R_m	(0.26~0.30)R_m	(0.24~0.27)R_m	(0.24~0.26)R_m	356~447
扭转弹簧许用弯曲应力	试验弯曲应力	0.80R_m	0.78R_m	0.75R_m	0.75R_m	994~1232
	静载荷	0.72R_m	0.70R_m	0.68R_m	0.68R_m	
	动载荷、有限疲劳寿命	(0.60~0.68)R_m	(0.58~0.66)R_m	(0.55~0.65)R_m	(0.55~0.65)R_m	795~986
	动载荷、无限疲劳寿命	(0.50~0.60)R_m	(0.49~0.58)R_m	(0.45~0.55)R_m	(0.45~0.55)R_m	636~788

注：1. 抗拉强度 R_m 为材料标准的下限值。

2. 对材料直径 d 小于 1mm 的弹簧，试验切应力为表列值的 90%。

3. 当试验切应力大于压并切应力时，取压并切应力为试验切应力。

4. 热卷弹簧硬度范围为 42~52HRC（392~535HBW）。当硬度接近下限时，试验应力或许用应力则取下限值；当硬度接近上限时，试验应力或许用应力则取上限值。

5. 拉伸、扭转弹簧试验应力或许用应力一般取下限值。

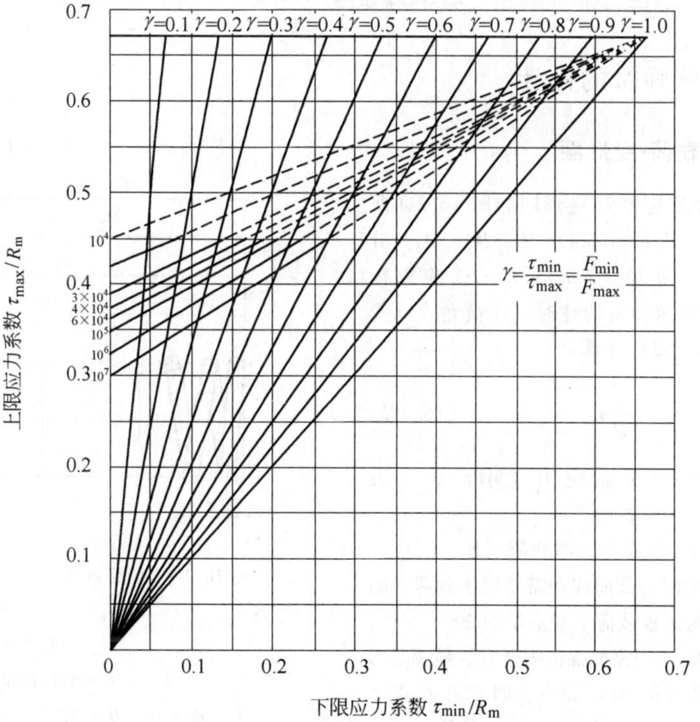

图 16.2-2　压缩、拉伸弹簧疲劳极限图

注：适用于未经喷丸处理的具有较好的耐疲劳性能的钢丝，如重要用途碳素弹簧钢丝、高疲劳级油淬火-回火弹簧钢丝。

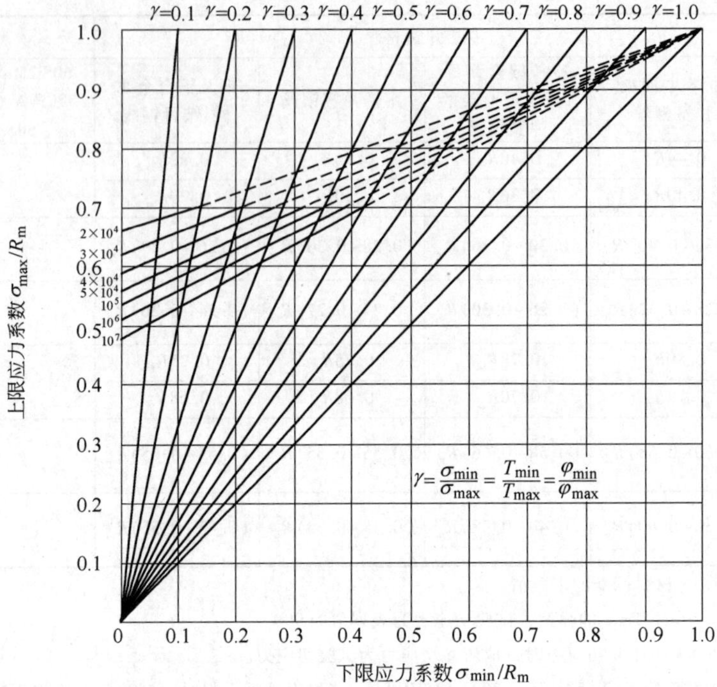

图 16.2-3 扭转弹簧疲劳极限图

注：适用于未经喷丸处理的具有较好的耐疲劳性能的钢丝，如重要用途碳素弹簧钢丝、高疲劳级油淬火-回火弹簧钢丝。

3 圆柱螺旋压缩弹簧的设计

3.1 弹簧结构和载荷-变形图

压缩弹簧的结构及其载荷-变形图如图 16.2-4 所示。图中，d—弹簧丝直径（mm）；D、D_1、D_2—分别为弹簧的中、内、外径（mm）；F_s—试验载荷（N）。当试验载荷为测定弹簧特性时，弹簧允许承受的最大载荷按式（16.2-2）计算

$$F_s=\frac{\pi d^3}{8D}\tau_s \qquad (16.2\text{-}2)$$

式中 τ_s——试验切应力（MPa），见表 16.2-12。

F_1、F_2、…、F_s——弹簧的工作载荷（N）。

为了保证指定高度时的载荷或在需要保证载荷下的高度，弹簧变形量应为试验载荷下变形量的 20%～80%，即 $0.2f_s \leqslant f_{1,2,\cdots,n} \leqslant 0.8f_s$。当需要保证刚度时，弹簧变形量应为试验载荷下变形量的 30%～70%，即 f_1 和 f_2 满足 $0.3f_s \leqslant f_{1,2} \leqslant 0.7f_s$。弹簧刚度按式（16.2-3）计算

$$k=\frac{F_2-F_1}{f_2-f_1}=\frac{F_2-F_1}{H_1-H_2} \qquad (16.2\text{-}3)$$

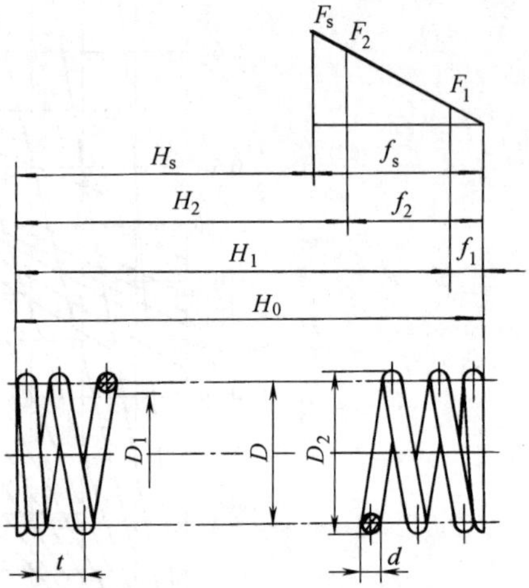

图 16.2-4 压缩弹簧的结构及其载荷-变形图

图中 f_1、f_2、…、f_n、f_s—在 F_1、F_2、…、F_n、F_s 作用下的弹簧变形量（mm）；

H_0—自由高度或自由长度（mm）；

H_1、H_2、…、H_s—在 F_1、F_2、…、F_s 作用下的弹簧高度（长度）（mm）；

t—弹簧的节距（mm）。

3.2 设计计算与参数选择

（1）圆柱螺旋压缩弹簧的基本计算公式（见表 16.2-13）。

弹簧的主要尺寸参数确定后，由表 16.2-14 计算弹簧的其他几何尺寸。

表 16.2-13　圆柱螺旋压缩弹簧的基本计算公式（摘自 GB/T 23935—2009）

名称	代号	单位	计算公式
弹簧切应力	τ	MPa	$\tau=K\dfrac{8DF}{\pi d^3}=K\dfrac{8CF}{\pi d^2}$ 或 $\tau=\dfrac{Gdf}{\pi D^2 n}$ 式中　D—弹簧中径(mm) F—弹簧工作载荷(N) C—旋绕比,$C=D/d$,见表 16.2-3 G—切变模量(MPa),见表 16.2-4 K—曲度系数,静载荷时,一般 K 值可取为 1;当弹簧应力高时,亦可考虑 K 值 $K=\dfrac{4C-1}{4C-4}+\dfrac{0.615}{C}$
弹簧变形量	f	mm	$f=\dfrac{8D^3nF}{Gd^4}=\dfrac{8C^3nF}{Gd}$
弹簧刚度	k	$N\cdot mm^{-1}$	$k=\dfrac{F}{f}=\dfrac{Gd^4}{8D^3n}=\dfrac{Gd}{8C^3n}$
弹簧变形能	U	N · mm	$U=\dfrac{Ff}{2}=\dfrac{kf^2}{2}$
弹簧材料直径	d	mm	$d\geqslant\sqrt[3]{\dfrac{8KDF}{\pi[\tau]}}$ 或 $d\geqslant\sqrt{\dfrac{8KCF}{\pi[\tau]}}$ 式中　$[\tau]$—许用切应力(MPa),见表 16.2-12
弹簧有效圈数	n	圈	$n=\dfrac{Gd^4}{8D^3F}f=\dfrac{Gd^4}{8kD^3}$
自振频率	f_e	Hz	$f_e=\dfrac{3.56d}{nD^2}\sqrt{\dfrac{C}{\rho}}$ 式中　ρ—材料密度($kg\cdot mm^{-3}$) 用于两端固定,一端在工作行程范围内周期性往复运动的情况

表 16.2-14　压缩弹簧几何尺寸计算（摘自 GB/T 23935—2009）

名　称	代号	单位	计算方法和确定方法
材料直径	d	mm	按表 16.2-13 中式计算,再按表 16.2-2 取标准值
弹簧中径	D	mm	根据结构要求估计,再按表 16.2-2 取标准值
弹簧内径	D_1	mm	$D_1=D-d$
弹簧外径	D_2	mm	$D_2=D+d$
有效圈数	n		按表 16.2-13 中式计算;一般不少于 3 圈,最少不少于 2 圈
支承圈数	n_z		按结构型式从表 16.2-1 中选取
总圈数	n_1		$n_1=n+n_z$ 尾数应为 1/4、1/2、3/4 或整圈,推荐用 1/2
节距	t	mm	$t=d+\dfrac{f_n}{n}+\delta_1$ 式中　δ_1—余隙,一般取 $\delta_1\geqslant 0.1d$ 推荐 $0.28D\leqslant t<0.5D$
间距	δ	mm	$\delta=t-d$
高径比	b		$b=\dfrac{H_0}{D}$

（续）

名 称	代号	单位	计算方法和确定方法
自由高度或自由长度	H_0	mm	两端圈磨平 $n_1=n+1.5$ 时，$H_0=tn+d$ $n_1=n+2$ 时，$H_0=tn+1.5d$ $n_1=n+2.5$ 时，$H_0=tn+2d$ 两端圈不磨 $n_1=n+2$ 时，$H_0=tn+3d$ $n_1=n+2.5$ 时，$H_0=tn+3.5d$
工作高度	$H_{1,2,\cdots,n}$	mm	$H_{1,2,\cdots,n}=H_0-f_{1,2,\cdots,n}$
试验高度	H_s	mm	$H_s=H_0-f_s$
压并高度	H_b	mm	端面磨削约 3/4 圈时，$H_b \leqslant n_1 d_{max}$ 端面不磨削，$H_b \leqslant (n_1+1.5)d_{max}$ 式中 d_{max}—材料最大直径
螺旋角	α	°	$\alpha=\arctan\dfrac{t}{\pi D}$ 荐用值 $5° \leqslant \alpha < 9°$
弹簧材料的展开长度	L	mm	$L=\dfrac{\pi D n_1}{\cos\alpha} \approx \pi D n_1$
弹簧质量	m	kg	$m=\dfrac{\pi}{4}d^2 L\rho$

（2）查表法

表 16.2-15 是根据 GB/T 2089—2009 普通圆柱螺旋压缩弹簧尺寸及参数编制的，借助该表可快速确定弹簧的主要尺寸参数。方法是：如果已知弹簧的类型、工作载荷 F_2 和对应的变形量 f_2，由弹簧类型计算出该弹簧的试验载荷 F_s，由 F_2 和 f_2 计算出弹簧刚度 k。从表 16.2-15 中查出数值接近且稍大的最大工作载荷 F_n 和对应的簧丝直径 d、弹簧中径 D，用式（16.2-4）计算弹簧的有效圈数

$$n=\frac{Gd^4}{8D^3k} \tag{16.2-4}$$

当所设计弹簧的材料和表中规定的弹簧材料不同或为拉伸弹簧时，应依照表注的说明调整 F_s 和 f_s 的数值。此法简单但有一定局限性，适用于不重要的弹簧。如果属于重要弹簧，此法只能用于确定初步方案，还需做进一步校核计算。

表 16.2-15 普通圆柱螺旋压缩弹簧的尺寸及参数（摘自 GB/T 2089—2009）

簧丝直径 d /mm	弹簧中径 D /mm	最大工作载荷 F_n/N	最大芯轴直径 D_{Xmax} /mm	最小套筒直径 D_{Tmin} /mm	有效圈数 n 2.5 自由高度 H_0 /mm	2.5 最大工作变形量 f_n /mm	2.5 弹簧刚度 k/N·mm^{-1}	2.5 弹簧单件质量 m /g	4.5 自由高度 H_0 /mm	4.5 最大工作变形量 f_n /mm	4.5 弹簧刚度 k/N·mm^{-1}	4.5 弹簧单件质量 m /g	6.5 自由高度 H_0 /mm	6.5 最大工作变形量 f_n /mm	6.5 弹簧刚度 k/N·mm^{-1}	6.5 弹簧单件质量 m /g
0.5	3	14	1.9	4.1	4	1.5	9.1	0.07	7	2.8	5.1	0.09	10	4.0	3.5	0.12
	3.5	12	2.4	4.6	5	2.1	5.8	0.08	8	3.8	3.2	0.11	12	5.5	2.2	0.14
	4	11	2.9	5.1	6	2.8	3.9	0.09	9	5.2	2.1	0.12	14	7.3	1.5	0.16
	4.5	9.6	3.4	5.6	7	3.6	2.7	0.10	10	6.4	1.5	0.14	16	9.6	1.0	0.18
	5	8.6	3.9	6.1	8	4.3	2.0	0.11	12	7.8	1.1	0.16	18	11	0.8	0.20
0.8	4	40	2.6	5.4	6	1.6	25	0.22	9	2.9	14	0.32	12	4.1	9.7	0.42
	4.5	36	3.1	5.9	7	2.0	18	0.25	10	3.6	10	0.36	14	5.3	6.8	0.47
	5	32	3.6	6.4	8	2.5	13	0.28	11	4.4	7.2	0.40	15	6.4	5.0	0.52
	6	27	4.2	7.8	9	3.6	7.5	0.33	13	6.4	4.2	0.48	19	9.3	2.9	0.63
	7	23	5.2	8.8	10	4.9	4.7	0.39	15	8.8	2.6	0.56	23	13	1.8	0.73
	8	20	6.2	9.8	12	6.3	3.2	0.44	18	11	1.8	0.64	28	17	1.2	0.84
1	4.5	68	2.9	6.1	7	1.6	43	0.39	10	2.8	24	0.56	14	4.0	17	0.74
	5	62	3.4	6.6	8	1.9	32	0.43	11	3.4	18	0.62	15	5.2	12	0.82
	6	51	4	8	9	2.8	18	0.52	12	5.1	10	0.75	18	7.3	7.0	0.98

（续）

簧丝直径 d /mm	弹簧中径 D /mm	最大工作载荷 F_n/N	最大芯轴直径 D_{Xmax} /mm	最小套筒直径 D_{Tmin} /mm	有效圈数 n											
					2.5				4.5				6.5			
					自由高度 H_0 /mm	最大工作变形量 f_n /mm	弹簧刚度 k/N · mm^{-1}	弹簧单件质量 m /g	自由高度 H_0 /mm	最大工作变形量 f_n /mm	弹簧刚度 k/N · mm^{-1}	弹簧单件质量 m /g	自由高度 H_0 /mm	最大工作变形量 f_n /mm	弹簧刚度 k/N · mm^{-1}	弹簧单件质量 m /g
1	7	44	5	9	10	3.7	12	0.61	14	6.9	6.4	0.87	21	10	4.4	1.14
	8	38	6	10	12	4.9	7.7	0.69	17	8.8	4.3	1.00	25	13	3.0	1.31
	9	34	7	11	13	6.3	5.4	0.78	20	11	3.0	1.12	29	16	2.1	1.47
	10	31	8	12	15	7.8	4.0	0.87	22	14	2.2	1.25	35	21	1.5	1.63
1.2	6	86	3.8	8.2	9	2.3	38	0.75	12	4.1	21	1.08	17	5.7	15	1.41
	7	74	4.8	9.2	10	3.1	24	0.87	14	5.7	13	1.26	20	8.0	9.2	1.65
	8	65	5.8	10	11	4.1	16	1.00	16	7.3	8.9	1.44	24	11	6.2	1.88
	9	58	6.8	11	12	5.3	11	1.12	20	9.4	6.2	1.62	28	13	4.3	2.12
	10	52	7.8	12	14	6.3	8.2	1.25	24	11	4.6	1.80	32	16	3.2	2.35
	12	43	8.8	15	17	9.1	4.7	1.50	26	17	2.6	2.16	40	24	1.8	2.82
1.4	7	114	4.6	9.4	10	2.6	44	1.19	15	4.6	25	1.71	20	6.7	17	2.24
	8	100	5.6	10	11	3.3	30	1.36	16	6.3	16	1.96	22	9.1	11	2.56
	9	89	6.6	11	12	4.2	21	1.53	18	7.4	12	2.20	24	11	8.0	2.88
	10	80	7.6	12	13	5.3	15	1.70	20	9.5	8.4	2.45	28	14	5.8	3.20
	12	67	8.6	15	16	7.6	8.8	2.03	24	14	4.9	2.94	35	20	3.4	3.84
	14	57	11	17	19	10	5.5	2.37	30	18	3.1	3.43	42	27	2.1	4.48
1.6	8	145	5.4	11	11	2.8	51	1.77	17	5.2	28	2.56	22	7.6	19	3.35
	9	129	6.4	12	12	3.6	36	1.99	19	6.5	20	2.88	24	9.2	14	3.77
	10	116	7.4	13	13	4.5	26	2.21	20	8.3	14	3.20	28	12	10	4.18
	12	97	8.4	16	15	6.5	15	2.66	24	12	8.3	3.84	32	17	5.8	5.02
	14	83	10	18	18	8.8	9.4	3.10	28	16	5.2	4.48	40	23	3.6	5.86
	16	73	12	20	22	12	6.3	3.54	36	21	3.5	5.12	48	30	2.4	6.69
1.8	9	179	6.2	12	13	3.1	57	2.52	18	5.6	32	3.64	25	8.1	22	4.77
	10	161	7.2	13	15	3.9	41	2.80	20	7.0	23	4.05	28	10	16	5.29
	12	134	8.2	16	16	5.6	24	3.36	24	10	13	4.86	32	15	9.2	6.35
	14	115	10	18	18	7.7	15	3.92	28	14	8.4	5.67	38	20	5.8	7.41
	16	101	12	20	20	10	10	4.49	32	18	5.6	6.48	45	26	3.9	8.47
	18	90	14	22	22	13	7	5.05	38	23	4.0	7.29	52	33	2.7	9.53
2	10	215	7	13	13	3.4	63	3.46	20	6.1	35	5.00	28	9.0	24	6.54
	12	179	8	16	15	4.8	37	4.15	24	9.0	20	6.00	32	13	14	7.84
	14	153	10	18	17	6.7	23	4.85	26	12	13	7.00	38	17	8.9	9.15
	16	134	12	20	19	8.9	15	5.54	30	16	8.6	8.00	42	23	5.9	10.46
	18	119	14	22	22	11	11	6.23	35	20	6.0	9.00	48	28	4.2	11.77
	20	107	15	25	24	14	7.9	6.92	40	24	4.4	10.00	55	36	3.0	13.07
2.5	12	339	7.5	17	16	3.8	89	6.49	24	6.8	50	9.37	32	10	34	12.26
	14	291	9.5	19	17	5.2	56	7.57	28	9.4	31	10.93	38	13	22	14.30
	16	255	12	21	19	6.7	38	8.65	30	12	21	12.50	40	18	14	16.34
	18	226	14	23	20	8.7	26	9.73	30	15	15	14.06	48	23	10	18.39
	20	204	15	26	24	11	19	10.81	38	19	11	15.62	52	28	7.4	20.43
	22	185	17	28	26	13	14	11.90	42	23	8.1	17.18	58	33	5.6	22.47
	25	163	20	31	30	16	10	13.52	48	30	5.5	19.53	70	43	3.8	25.53
3	14	475	9	19	18	4.1	117	10.90	28	7.3	65	15.75	38	11	45	20.59
	16	416	11	21	20	5.3	78	12.46	30	9.7	43	18.00	40	14	30	23.53
	18	370	13	23	22	6.7	55	14.02	35	12	30	20.25	45	18	21	26.47

（续）

簧丝直径 d /mm	弹簧中径 D /mm	最大工作载荷 F_n/N	最大芯轴直径 D_{Xmax} /mm	最小套筒直径 D_{Tmin} /mm	有效圈数 n											
					2.5				4.5				6.5			
					自由高度 H_0 /mm	最大工作变形量 f_n /mm	弹簧刚度 k/N·mm^{-1}	弹簧单件质量 m /g	自由高度 H_0 /mm	最大工作变形量 f_n /mm	弹簧刚度 k/N·mm^{-1}	弹簧单件质量 m /g	自由高度 H_0 /mm	最大工作变形量 f_n /mm	弹簧刚度 k/N·mm^{-1}	弹簧单件质量 m /g
3	20	333	14	26	24	8.3	40	15.57	38	15	22	22.49	50	22	15	29.42
	22	303	16	28	24	10	30	17.13	40	18	17	24.74	58	25	12	32.36
	25	266	19	31	28	13	20	19.47	45	23	11	28.12	65	34	7.9	36.77
	28	238	22	34	32	16	15	21.80	52	29	8.1	31.49	70	43	5.6	41.18
	30	222	24	36	35	19	12	23.36	58	34	6.6	33.74	80	48	4.6	44.12
3.5	16	661	11	22	22	4.6	145	16.96	32	68.3	80	24.49	45	12	56	32.03
	18	587	13	24	22	5.8	102	19.08	35	10	56	27.56	48	15	39	36.03
	20	528	14	27	24	7.1	74	21.20	38	13	41	30.62	50	19	28	40.04
	22	480	16	29	26	8.6	56	23.32	40	15	31	33.68	55	23	21	44.04
	25	423	19	32	28	11	38	26.50	45	20	21	38.27	65	28	15	50.05
	28	377	22	35	32	14	28	29.68	50	25	15	42.86	70	38	10	56.05
	30	352	24	37	35	16	22	31.80	55	29	12	45.93	75	42	8.4	60.06
	32	330	25	40	38	18	18	33.92	60	33	10	48.99	80	47	7.0	64.06
	35	302	28	43	40	22	14	37.09	65	39	7.7	53.58	90	57	5.3	70.07
4	20	764	13	27	26	6.1	126	27.69	38	11	70	39.99	52	16	49	52.30
	22	694	15	29	28	7.3	95	30.45	40	13	53	43.99	55	19	37	57.52
	25	611	18	32	30	9.4	65	34.61	45	17	36	49.99	60	24	25	65.37
	28	545	21	35	34	12	46	38.76	50	21	26	55.99	70	30	18	73.21
	30	509	23	37	36	14	37	41.53	55	24	21	59.99	75	36	14	78.44
	32	477	24	40	37	15	31	44.30	58	28	17	63.98	80	40	12	83.67
	35	436	27	43	41	18	24	48.45	65	34	13	69.98	90	48	91	91.52
	38	402	30	46	46	22	18	52.60	70	40	10	75.98	100	57	7.1	99.36
	40	382	32	48	48	24	16	55.37	75	43	8.8	79.98	105	63	6.1	104.6
4.5	22	988	15	30	28	6.5	152	38.54	42	12	85	55.67	58	17	59	72.80
	25	870	18	33	30	8.4	104	43.80	48	15	58	63.27	60	22	40	82.73
	28	777	21	36	32	11	74	49.06	50	19	41	70.86	70	28	28	92.66
	30	725	23	38	36	12	60	52.56	52	22	33	75.92	75	32	23	99.28
	32	680	24	41	37	14	49	56.06	58	25	27	80.98	75	36	19	105.9
	35	621	27	44	40	16	38	61.32	60	30	21	88.57	85	41	15	115.8
	38	572	30	47	44	19	30	66.58	65	36	16	96.16	90	52	11	125.8
	40	544	42	49	48	22	25	70.08	70	39	14	101.2	100	56	9.7	132.4
	45	483	37	54	54	27	18	78.84	85	48	10	113.9	120	71	6.8	148.9
5	25	1154	17	33	30	7	158	54.07	48	13	88	78.11	65	19	61	102.1
	28	1030	20	36	32	9	112	60.56	52	17	62	87.48	70	24	43	114.4
	30	962	22	38	35	11	91	64.89	55	19	51	93.73	75	27	35	122.6
	32	902	23	41	38	12	75	69.21	58	21	42	99.98	80	31	29	130.7
	35	824	26	44	40	14	58	75.70	60	26	32	109.3	85	37	22	143.0
	38	759	29	47	42	17	45	82.19	65	30	25	118.7	90	44	17	155.3
	40	721	31	49	45	18	39	86.52	70	34	21	125.0	100	48	15	163.4
	45	641	36	54	50	24	27	97.33	80	43	15	140.6	115	64	10	183.9
	50	577	41	59	55	29	20	108.1	95	52	11	156.2	130	76	7.6	204.3
6	30	1605	21	39	38	8	190	93.44	55	15	105	135.0	75	22	73	176.5
	32	1505	22	42	38	10	156	99.67	58	17	87	144.0	80	25	60	188.3
	35	1376	25	45	40	12	119	109.0	60	21	66	157.5	85	30	46	205.9

（续）

簧丝直径 d /mm	弹簧中径 D /mm	最大工作载荷 F_n/N	最大芯轴直径 D_{Xmax} /mm	最小套筒直径 D_{Tmin} /mm	有效圈数 n											
					2.5				4.5				6.5			
					自由高度 H_0 /mm	最大工作变形量 f_n /mm	弹簧刚度 k/N · mm^{-1}	弹簧单件质量 m /g	自由高度 H_0 /mm	最大工作变形量 f_n /mm	弹簧刚度 k/N · mm^{-1}	弹簧单件质量 m /g	自由高度 H_0 /mm	最大工作变形量 f_n /mm	弹簧刚度 k/N · mm^{-1}	弹簧单件质量 m /g
6	38	1267	28	48	42	14	93	118.4	65	24	52	171.0	90	35	36	223.6
	40	1204	30	50	45	15	80	124.6	70	27	44	180.0	95	39	31	235.3
	45	1070	35	55	48	19	56	140.2	75	35	31	202.5	105	49	22	264.7
	50	963	40	60	52	23	41	155.7	85	42	23	224.9	120	60	16	294.2
	55	876	44	66	58	28	31	171.3	95	52	17	247.4	130	73	12	323.6
	60	803	49	71	65	33	24	186.9	105	62	13	269.9	150	88	9.1	353.0
8	32	3441	20	44	45	7	494	177.2	70	13	274	255.9	90	18	190	334.7
	35	3146	23	47	47	8	377	193.8	72	15	210	279.9	96	22	145	366.1
	38	2898	26	50	49	10	295	210.4	76	18	164	303.9	98	26	113	397.4
	40	2753	28	52	50	11	253	221.5	78	20	140	319.9	100	28	97	418.4
	45	2447	33	57	52	14	178	249.2	84	25	99	359.9	105	36	68	470.7
	50	2203	38	62	55	17	129	276.9	88	31	72	399.9	115	44	50	523.0
	55	2002	42	68	58	21	97	304.5	90	37	54	439.9	130	54	37	575.2
	60	1835	47	73	60	24	75	332.2	100	44	42	479.9	140	63	29	627.5
	65	1694	52	78	65	29	59	359.9	110	51	33	519.9	150	74	23	679.8
	70	1573	57	83	70	33	47	387.6	115	61	26	559.9	160	87	18	732.1
	75	1468	62	88	75	39	38	415.3	130	70	21	599.9	180	98	15	784.4
	80	1377	67	93	80	43	32	443.0	140	77	18	639.8	190	115	12	836.7
10	40	5181	26	54	56	8	617	346.1	80	15	343	499.9	110	22	237	653.7
	45	4605	31	59	58	11	433	389.3	85	19	241	562.4	115	28	167	735.4
	50	4145	36	64	61	13	316	432.6	90	24	176	624.9	120	34	122	817.1
	55	3768	40	70	64	16	237	475.8	95	29	132	687.3	130	41	91	898.8
	60	3454	45	75	68	19	183	519.1	105	34	102	749.8	140	49	70	980.5
	65	3188	50	80	72	22	144	562.4	110	40	80	812.3	150	58	55	1062
	70	2961	55	85	75	26	115	605.6	115	46	64	874.8	160	67	44	1144
	75	2763	60	90	80	29	94	648.9	120	53	52	937.3	170	77	36	1226
	80	2591	65	95	86	34	77	692.1	130	60	43	999.8	180	86	30	1307
	85	2438	69	101	92	38	64	735.4	140	68	36	1062	190	98	25	1389
	90	2303	74	106	94	43	54	778.7	150	77	30	1125	200	110	21	1471
	95	2181	79	111	98	47	46	821.9	160	84	26	1187	220	121	18	1553
	100	2072	84	116	100	52	40	865.2	170	94	22	1250	240	138	15	1634
12	50	6891	34	66	70	11	655	622.9	105	19	364	900	140	27	252	1177
	55	6264	38	72	75	13	492	685.2	110	23	274	990	150	33	189	1294
	60	5742	43	77	75	15	379	747.5	120	27	211	1080	160	39	146	1412
	65	5301	48	82	80	18	298	809.8	130	32	166	1170	170	46	115	1530
	70	4922	53	87	85	21	239	872.1	130	37	133	1260	180	54	92	1647
	75	4594	58	92	90	24	194	934.4	140	43	108	1350	190	61	75	1765
	80	4307	63	97	95	27	160	996.7	150	48	89	1440	200	69	62	1883
	85	4053	67	103	100	30	133	1059	160	55	74	1530	220	79	51	2000
	90	3828	72	108	105	34	112	1121	170	62	62	1620	240	89	43	2118
	95	3627	77	113	110	38	96	1184	180	68	53	1710	240	98	37	2236
	100	3445	82	118	115	42	82	1246	190	75	46	1800	260	108	32	2353
	110	3132	92	128	130	51	62	1370	220	92	34	1980	300	131	24	2589
	120	2871	102	138	140	61	47	1495	240	110	26	2159	340	160	18	2824

（续）

簧丝直径 d /mm	弹簧中径 D /mm	最大工作载荷 F_n/N	最大芯轴直径 D_{Xmax} /mm	最小套筒直径 D_{Tmin} /mm	有效圈数 n 2.5 自由高度 H_0 /mm	最大工作变形量 f_n /mm	弹簧刚度 k/N·mm^{-1}	弹簧单件质量 m /g	4.5 自由高度 H_0 /mm	最大工作变形量 f_n /mm	弹簧刚度 k/N·mm^{-1}	弹簧单件质量 m /g	6.5 自由高度 H_0 /mm	最大工作变形量 f_n /mm	弹簧刚度 k/N·mm^{-1}	弹簧单件质量 m /g
14	60	10627	41	79	82	15	703	1017	130	27	390	1470	170	39	270	1922
	65	9809	46	84	85	18	553	1102	135	32	307	1592	180	46	213	2082
	70	9109	51	89	90	21	442	1187	140	37	246	1715	190	54	170	2242
	75	8501	56	94	95	24	360	1272	145	43	200	1837	200	62	138	2402
	80	7970	61	99	105	27	296	1357	150	48	165	1960	210	70	114	2562
	85	7501	65	105	110	30	247	1441	160	55	137	2082	220	79	95	2723
	90	7084	70	110	115	34	208	1526	170	61	116	2204	240	89	80	2883
	95	6712	75	115	120	38	177	1611	180	68	98	2327	240	99	68	3043
	100	6376	80	120	125	42	152	1696	190	76	84	2449	260	110	58	3203
	110	5796	90	130	130	51	114	1865	200	92	63	2694	280	132	44	3523
	120	5313	100	140	140	60	88	2035	220	108	49	2939	320	156	34	3844
	130	4905	109	151	150	71	69	2204	260	129	38	3184	360	182	27	4164
16	65	14642	44	86	90	16	943	1440	140	28	524	2080	190	40	363	2719
	70	13596	49	91	95	18	755	1550	150	32	419	2239	200	47	290	2929
	75	12690	54	96	100	21	614	1661	150	37	341	2399	210	54	236	3138
	80	11897	59	101	100	24	506	1772	160	42	281	2559	220	61	194	3347
	85	11197	63	107	105	27	422	1883	165	48	234	2719	230	69	162	3556
	90	10575	68	112	110	30	355	1993	170	54	197	2879	240	77	137	3765
	95	10018	73	117	115	33	302	2104	180	60	168	3039	250	86	116	3974
	100	9517	78	122	120	37	259	2215	190	66	144	3199	260	95	100	4184
	110	8652	88	132	130	45	194	2436	200	80	108	3519	280	115	75	4602
	120	7931	98	142	140	53	150	2658	220	96	83	3839	320	137	58	5020
	130	7321	107	153	150	62	118	2879	240	113	65	4159	340	163	45	5439
	140	6798	117	163	160	72	94	3101	260	131	52	4479	380	189	36	5857
	150	6345	127	173	180	82	77	3322	300	148	43	4799	400	212	30	6275
18	75	18068	52	98	105	18	983	2102	160	33	546	3037	220	48	378	3971
	80	16939	57	103	105	21	810	2243	160	38	450	3239	230	54	311	4236
	85	15943	61	109	110	24	675	2383	170	43	375	3442	240	61	260	4501
	90	15057	66	114	115	26	569	2523	180	48	316	3644	250	69	219	4765
	95	14264	71	119	120	29	484	2663	185	53	269	3847	260	77	186	5030
	100	13551	76	124	120	33	415	2803	190	59	230	4049	270	85	159	5295
	110	12319	86	134	130	39	312	3084	200	71	173	4454	280	103	120	5824
	120	11293	96	144	140	47	240	3364	220	85	133	4859	300	123	92	6354
	130	10424	105	155	150	55	189	3644	240	99	105	5264	340	143	73	6883
	140	9679	115	165	160	64	151	3924	260	115	84	5669	360	167	58	7413
	150	9034	125	175	170	73	123	4205	280	133	68	6074	400	192	47	7942
	160	8470	134	186	190	84	101	4485	300	151	56	6478	420	217	39	8472
	170	7971	143	197	200	95	84	4765	340	170	47	6883	480	249	32	9001
20	80	23236	55	105	115	19	1234	2786	170	34	686	4025	240	49	475	5263
	85	21869	59	111	120	21	1029	2960	180	38	572	4276	250	55	396	5592
	90	20654	64	116	130	24	867	3135	190	43	482	4528	260	62	333	5921
	95	19567	69	121	140	27	737	3309	200	48	410	4779	270	69	284	6250
	100	18589	74	126	150	29	632	3483	210	53	351	5031	280	76	243	6579
	110	16899	84	136	160	36	475	3831	220	64	264	5534	290	92	183	7237

（续）

簧丝直径 d /mm	弹簧中径 D /mm	最大工作载荷 F_n/N	最大芯轴直径 D_{Xmax} /mm	最小套筒直径 D_{Tmin} /mm	有效圈数 n											
					2.5				4.5				6.5			
					自由高度 H_0 /mm	最大工作变形量 f_n /mm	弹簧刚度 k/N·mm^{-1}	弹簧单件质量 m /g	自由高度 H_0 /mm	最大工作变形量 f_n /mm	弹簧刚度 k/N·mm^{-1}	弹簧单件质量 m /g	自由高度 H_0 /mm	最大工作变形量 f_n /mm	弹簧刚度 k/N·mm^{-1}	弹簧单件质量 m /g
20	120	15491	94	146	170	42	366	4179	230	76	203	6037	300	110	141	7895
	130	14299	103	157	180	50	288	4528	240	89	160	6540	340	129	111	8552
	140	13278	113	167	190	58	230	4876	260	104	128	7043	360	149	89	9210
	150	12393	123	177	200	66	187	5224	280	119	104	7546	380	172	72	9868
	160	11618	132	188	205	75	154	5573	300	135	86	8049	420	197	59	10526
	170	10935	141	199	210	85	129	5921	320	154	71	8552	450	223	49	11184
	180	10327	151	209	220	96	108	6269	340	172	60	9056	480	246	42	11842
	190	9784	160	220	230	106	92	6618	380	192	51	9559	520	280	35	12500
25	100	36306	69	131	140	24	1543	5407	220	42	857	7811	300	61	593	10214
	110	33006	79	141	150	28	1159	5948	230	51	644	8592	310	74	446	11235
	120	30255	89	151	160	34	893	6489	240	61	496	9373	320	88	343	12257
	130	27928	98	162	160	40	702	7030	260	72	390	10154	340	103	270	13278
	140	25933	108	172	170	46	562	7570	270	83	312	10935	360	120	216	14300
	150	24204	118	182	180	53	457	8111	280	95	254	11716	380	138	176	15321
	160	22691	127	193	190	60	377	8652	300	109	209	12497	420	156	145	16342
	170	21357	136	204	200	68	314	9193	320	123	174	13278	450	177	121	17364
	180	20170	146	214	210	76	265	9733	340	137	147	14059	450	198	102	18385
	190	19109	155	225	220	85	225	10274	360	153	125	14840	500	220	87	19406
	200	18153	165	235	240	94	193	10815	380	170	107	15621	520	245	74	20428
	220	16503	184	256	260	114	145	11896	450	204	81	17183	580	295	56	22471
30	120	52281	84	156	170	28	1852	9404	260	51	1029	13583	340	73	712	17763
	130	48259	93	167	180	33	1456	10187	280	60	809	14715	360	86	560	19243
	140	44812	103	177	185	38	1166	10971	290	69	648	15847	380	100	448	20723
	150	41825	113	187	190	44	948	11755	300	79	527	16979	400	115	365	22204
	160	39211	122	198	210	50	781	12538	310	90	434	18111	420	131	300	23684
	170	36904	131	209	220	57	651	13322	320	102	362	19243	450	148	250	25164
	180	34854	141	219	230	63	549	14106	340	114	305	20375	460	165	211	26644
	190	33020	150	230	240	71	466	14889	360	127	259	21507	480	184	179	28124
	200	31369	160	240	250	78	400	15673	380	141	222	22639	520	204	154	29605
	220	28517	179	261	260	95	300	17240	420	171	167	24903	580	246	116	32565
	240	26141	198	282	280	113	231	18808	450	203	129	27167	620	294	89	35526
	260	24130	217	303	300	133	182	20375	500	239	101	29431	700	345	70	38486
35	140	71160	92	182	200	33	2160	14933	300	59	1200	21570	400	86	831	28207
	150	66416	108	192	210	38	1756	16000	320	68	976	23111	420	98	675	30221
	160	62265	117	203	230	43	1447	17066	330	77	804	24651	450	112	557	32236
	170	58603	126	214	235	49	1206	18133	340	87	670	26192	460	126	464	34251
	180	55347	136	224	240	54	1016	19200	360	98	565	27733	480	142	391	36266
	190	52434	145	235	250	61	864	20266	370	109	480	29273	500	158	332	38280
	200	49812	155	245	260	67	741	21333	380	121	412	30814	520	175	285	40295
	220	45284	174	266	270	81	557	23466	420	147	309	33895	580	212	214	44325
	240	41510	193	287	280	97	429	25599	450	174	238	36977	620	252	165	48354
	260	38317	212	308	300	114	337	27733	480	205	187	40058	680	295	130	52384
	280	35580	231	329	320	132	270	29866	520	237	150	43140	720	342	104	56413
	300	33208	250	350	360	151	220	31999	580	272	122	46221	800	395	84	60443

（续）

簧丝直径 d /mm	弹簧中径 D /mm	最大工作载荷 F_n/N	最大芯轴直径 D_{Xmax} /mm	最小套筒直径 D_{Tmin} /mm	有效圈数 n											
					2.5				4.5				6.5			
					自由高度 H_0 /mm	最大工作变形量 f_n /mm	弹簧刚度 k/N·mm^{-1}	弹簧单件质量 m /g	自由高度 H_0 /mm	最大工作变形量 f_n /mm	弹簧刚度 k/N·mm^{-1}	弹簧单件质量 m /g	自由高度 H_0 /mm	最大工作变形量 f_n /mm	弹簧刚度 k/N·mm^{-1}	弹簧单件质量 m /g
40	160	92944	112	208	220	38	2469	22149	340	68	1372	31992	460	98	950	41836
	170	87477	121	219	230	43	2058	23533	360	77	1143	33992	480	110	792	44451
	180	82617	131	229	240	48	1734	24917	370	86	963	35991	500	124	667	47066
	190	78269	140	240	250	53	1474	26301	380	96	819	37991	520	138	567	49681
	200	74355	150	250	260	59	1264	27686	400	106	702	39991	520	153	486	52295
	220	67596	169	271	280	71	950	30454	420	128	528	43990	580	185	365	57525
	240	61963	188	292	290	85	731	33223	450	153	405	47989	620	221	281	62754
	260	57196	207	313	300	99	575	35991	440	179	320	51988	680	259	221	67984
	280	53111	226	334	320	115	461	38760	520	207	256	55987	720	300	177	73213
	300	49570	245	355	340	132	375	41529	550	238	208	59986	780	344	144	78443
	320	46472	264	376	380	150	309	44297	600	272	171	63985	850	391	119	83673
45	180	117632	126	234	260	42	2777	31738	360	76	1543	45844	480	110	1068	59949
	190	111441	135	245	270	47	2361	33501	360	85	1312	48391	500	123	908	63280
	200	105869	145	255	275	52	2025	35264	280	94	1125	50937	520	136	779	66611
	220	96245	164	276	280	63	1521	38791	400	114	845	56031	550	165	585	73272
	240	88224	183	297	290	75	1172	42317	440	136	651	61125	580	196	451	79933
	260	81438	202	318	300	88	922	45844	450	159	612	66219	650	230	354	86594
	280	75621	221	339	320	102	738	49370	500	184	410	71312	680	266	284	93255
	300	70579	240	360	320	118	600	52897	520	212	333	76406	720	306	231	99916
	320	66168	259	381	340	134	494	56423	550	241	275	81500	780	348	190	106577
	340	62276	278	402	380	151	412	59949	600	272	229	86594	850	392	159	113238
50	200	145225	140	260	280	47	3086	43536	450	85	1714	62886	580	122	1187	82235
	220	132023	159	281	300	57	2319	47890	450	103	1288	69174	620	148	892	90459
	240	121021	178	302	320	68	1786	52244	480	122	992	75463	650	176	687	98682
	260	111712	197	323	320	80	1405	56597	500	143	780	81751	680	207	540	106906
	280	103732	216	344	340	92	1125	60951	550	166	625	88040	720	240	433	115129
	300	96817	235	365	360	106	914	65304	580	191	508	94329	780	275	352	123353
	320	90766	254	386	380	121	753	69658	600	217	419	100617	820	313	290	131576
	340	85426	273	407	400	136	628	74012	620	245	349	106906	850	353	242	139800
55	200	193294	292	428	310	43	4518	52679	460	77	2510	76092	610	111	1738	99505
	220	175722	311	449	330	52	3395	57947	480	93	1886	83701	640	135	1306	109455
	240	161079	330	470	350	62	2615	63215	500	111	1453	91310	670	160	1006	119406
	260	148688	349	491	370	72	2056	68483	520	130	1142	98919	700	188	791	129356
	280	138067	368	512	390	84	1647	73750	540	151	915	106528	730	218	633	139306
	300	128863	387	533	410	96	1339	79018	560	173	744	114138	750	250	515	149257
	320	120809	406	554	430	110	1103	84286	580	197	613	121747	790	285	424	159207
	340	113703	425	575	450	124	920	89554	600	223	511	129356	830	321	354	169158
60	200	193294	444	617	350	30	6399	62692	480	54	3555	90555	620	79	2461	118419
	220	175722	463	638	370	37	4808	68961	500	66	2671	99611	640	95	1849	130261
	240	161079	482	659	390	43	3703	75231	520	78	2057	108667	660	113	1424	142102
	260	148688	501	680	410	51	2913	81500	540	92	1618	117722	680	133	1120	153944
	280	138067	520	701	430	59	2332	87769	560	107	1296	126778	700	154	897	165786
	300	128863	539	722	450	68	1896	94038	580	122	1053	135833	720	177	729	177628
	320	120809	558	743	470	77	1562	100308	620	139	868	144889	740	201	601	189470
	340	113703	577	764	490	87	1302	106577	640	157	724	153944	780	227	501	201312

（续）

簧丝直径 d /mm	弹簧中径 D /mm	最大工作载荷 F_n/N	最大芯轴直径 D_{Xmax} /mm	最小套筒直径 D_{Tmin} /mm	有效圈数 n											
					8.5				10.5				12.5			
					自由高度 H_0 /mm	最大工作变形量 f_n /mm	弹簧刚度 k/N · mm^{-1}	弹簧单件质量 m /g	自由高度 H_0 /mm	最大工作变形量 f_n /mm	弹簧刚度 k/N · mm^{-1}	弹簧单件质量 m /g	自由高度 H_0 /mm	最大工作变形量 f_n /mm	弹簧刚度 k/N · mm^{-1}	弹簧单件质量 m /g
0.5	3	14	1.9	4.1	11	5.2	2.7	0.15	14	6.4	2.2	0.18	16	7.8	1.8	0.21
	3.5	12	2.4	4.6	13	7.1	1.7	0.18	16	8.6	1.4	0.21	19	10	1.2	0.24
	4	11	2.9	5.1	15	10	1.1	0.20	19	12	0.9	0.24	22	14	0.8	0.28
	4.5	9.6	3.4	5.6	18	12	0.8	0.23	22	16	0.6	0.27	26	19	0.5	0.31
	5	8.6	3.9	6.1	21	14	0.6	0.25	26	17	0.5	0.30	30	22	0.4	0.35
0.8	4	40	2.6	5.4	15	5.4	7.4	0.52	18	6.7	6.0	0.62	22	7.8	5.1	0.71
	4.5	36	3.1	5.9	16	6.9	5.2	0.58	20	8.6	4.2	0.69	24	10	3.6	0.80
	5	32	3.6	6.4	18	8.4	3.8	0.65	22	10	3.1	0.77	28	12	2.6	0.89
	6	27	4.2	7.8	22	12	2.2	0.78	28	15	1.8	0.92	32	18	1.5	1.07
	7	23	5.2	8.8	28	16	1.4	0.90	32	21	1.1	1.08	38	26	0.9	1.25
	8	20	6.2	9.8	32	22	0.9	1.03	40	25	0.8	1.23	48	33	0.6	1.43
1	4.5	68	2.9	6.1	16	5.2	13	0.91	20	6.8	10	1.08	24	7.8	8.7	1.25
	5	62	3.4	6.6	18	6.7	9.3	1.01	22	8.3	7.5	1.20	26	9.8	6.3	1.39
	6	51	4	8	20	9.4	5.4	1.21	26	12	4.4	1.44	30	14	3.7	1.67
	7	44	5	9	26	13	3.4	1.41	30	16	2.7	1.68	35	19	2.3	1.95
	8	38	6	10	30	17	2.3	1.62	35	21	1.8	1.92	42	25	1.5	2.23
	9	34	7	11	35	21	1.6	1.82	42	26	1.3	2.16	48	31	1.1	2.51
	10	31	8	12	40	26	1.2	2.02	48	34	0.9	2.40	58	39	0.8	2.79
1.2	6	86	3.8	8.2	22	7.8	11	1.74	25	9.6	9.0	2.08	30	11	7.6	2.41
	7	74	4.8	9.2	25	11	7.0	2.03	30	13	5.7	2.42	35	15	4.8	2.81
	8	65	5.8	10	28	14	4.7	2.33	35	17	3.8	2.77	40	20	3.2	3.21
	9	58	6.8	11	35	18	3.3	2.62	45	22	2.7	3.11	50	26	2. 2	3.61
	10	52	7.8	12	40	22	2.4	2.91	50	26	2.0	3.46	58	33	1.6	4.01
	12	43	8.8	15	48	31	1.4	3.49	58	39	1.1	4.15	70	48	0.9	4.82
1.4	7	114	4.6	9.4	26	8.8	13	2.77	30	10	11	3.30	35	13	8.8	3.82
	8	100	5.6	10	28	11	8.7	3.17	35	14	7.1	3.77	40	17	5.9	4.37
	9	89	6.6	11	32	15	6.1	3.56	38	18	5.0	4.24	45	21	4.2	4.92
	10	80	7.6	12	35	18	4.5	3.96	42	22	3.6	4.71	50	27	3.0	5.46
	12	67	8.6	15	45	26	2.6	4.75	52	32	2.1	5.65	60	37	1.8	6.56
	14	57	11	17	55	36	1.6	5.54	65	44	1.3	6.59	75	52	1. 1	7.65
1.6	8	145	5.4	11	28	9.7	15	4.13	35	12	12	4.92	40	15	10	5.71
	9	129	6.4	12	32	13	10	4.65	38	15	8.5	5.54	45	18	7.1	6.42
	10	116	7.4	13	35	15	7.6	5.17	42	19	6.2	6.15	48	22	5.2	7.14
	12	97	8.4	16	42	22	4.4	6.20	50	27	3.6	7.38	60	32	3.0	8.56
	14	83	10	18	50	30	2.8	7.24	60	38	2.2	8.61	70	44	1.9	9.99
	16	73	12	20	60	38	1.9	8.27	70	49	1.5	9.84	85	56	1.3	11.42
1.8	9	179	6.2	12	32	11	17	5.89	38	13	14	7.01	42	16	11	8.13
	10	161	7.2	13	35	13	12	6.54	40	16	9.9	7.79	48	19	8.3	9.03
	12	134	8.2	16	40	19	7.1	7.85	50	24	5.7	9.34	58	28	4.8	10.84
	14	115	10	18	48	26	4.4	9.16	58	32	3.6	10.90	70	38	3.0	12.65
	16	101	12	20	60	34	3.0	10.47	70	42	2.4	12.46	80	51	2.0	14.45
	18	90	14	22	65	43	2.1	11.77	80	53	1.7	14.02	95	64	1.4	16.26
2	10	215	7	13	35	11	19	8.08	40	14	15	9.61	48	17	13	11.15
	12	179	8	16	40	16	11	9.69	48	21	8.7	11.54	58	25	7.3	13.38

（续）

簧丝直径 d /mm	弹簧中径 D /mm	最大工作载荷 F_n/N	最大芯轴直径 D_{Xmax} /mm	最小套筒直径 D_{Tmin} /mm	有效圈数 n											
					8.5				10.5				12.5			
					自由高度 H_0 /mm	最大工作变形量 f_n /mm	弹簧刚度 k/N·mm^{-1}	弹簧单件质量 m /g	自由高度 H_0 /mm	最大工作变形量 f_n /mm	弹簧刚度 k/N·mm^{-1}	弹簧单件质量 m /g	自由高度 H_0 /mm	最大工作变形量 f_n /mm	弹簧刚度 k/N·mm^{-1}	弹簧单件质量 m /g
2	14	153	10	18	50	23	6.8	11.31	55	28	5.5	13.46	65	33	4.6	15.61
	16	134	12	20	55	30	4.5	12.92	65	37	3.7	15.38	75	43	3.1	17.84
	18	119	14	22	65	37	3.2	14.54	75	46	2.6	17.30	90	54	2.2	20.07
	20	107	15	25	75	47	2.3	16.15	90	56	1.9	19.23	105	67	1.6	22.30
2.5	12	339	7.5	17	40	13	26	15.14	50	16	21	18.02	58	19	18	20.91
	14	291	9.5	19	45	17	17	17.66	55	22	13	21.03	65	26	11	24.39
	16	255	12	21	52	23	11	20.19	65	28	9.0	24.03	75	34	7.5	27.88
	18	226	14	23	58	29	7.8	22.71	70	36	6.3	27.04	85	43	5.3	31.36
	20	204	15	26	65	36	5.7	25.23	80	44	4.6	30.04	95	52	3.9	34.85
	22	185	17	28	75	43	4.3	27.76	90	53	3.5	33.05	105	64	2.9	38.33
	25	163	20	31	90	56	2.9	31.54	105	68	2.4	37.55	120	82	2.0	43.56
3	14	475	9	19	48	14	34	25.44	58	17	28	30.28	65	21	23	35.13
	16	416	11	21	52	18	23	29.07	65	22	19	34.61	75	26	16	40.14
	18	370	13	23	58	23	16	32.70	70	28	13	38.93	80	34	11	45.16
	20	333	14	26	65	28	12	36.34	75	35	9.5	43.26	90	42	8.0	50.18
	22	303	16	28	70	34	8.8	39.97	85	42	7.2	47.58	100	51	6.0	55.20
	25	266	19	31	80	44	6.0	45.42	100	54	4.9	54.07	115	65	4.1	62.73
	28	238	22	34	95	55	4.3	50.87	115	68	3.5	60.56	140	82	2.9	70.25
	30	222	24	36	100	63	3.5	54.51	120	79	2.8	64.89	150	93	2.4	75.27
3.5	16	661	11	22	55	15	43	39.57	65	19	34	47.10	75	23	29	54.64
	18	587	13	24	58	20	30	44.51	70	24	24	52.99	80	29	20	61.47
	20	528	14	27	65	24	22	49.46	75	29	18	58.88	90	35	15	68.30
	22	480	16	29	70	30	16	54.41	85	37	13	64.77	100	44	11	75.13
	25	423	19	32	80	38	11	61.82	95	47	9.0	73.60	110	56	7.6	85.38
	28	377	22	35	90	48	7.9	69.24	110	59	6.4	82.43	130	70	5.4	95.62
	30	352	24	37	95	54	6.5	74.19	115	68	5.2	88.32	140	80	4.4	102.5
	32	330	25	40	105	62	5.3	79.14	130	77	4.3	94.21	150	92	3.6	109.3
	35	302	28	43	115	74	4.1	86.55	140	92	3.3	103.0	170	108	2.8	119.5
4	20	764	13	27	65	21	37	64.60	80	25	30	76.90	90	30	25	89.21
	22	694	15	29	70	25	28	71.06	85	30	23	84.60	100	37	19	98.13
	25	611	18	32	80	32	19	80.75	95	41	15	96.13	110	47	13	111.5
	28	545	21	35	90	39	14	90.44	105	50	11	107.7	130	59	9.2	124.9
	30	509	23	37	95	46	11	96.90	115	57	8.9	115.4	140	68	7.5	133.8
	32	477	24	40	100	52	9.1	103.4	120	65	7.3	123.0	150	77	6.2	142.7
	35	436	27	43	115	63	6.9	113.1	140	78	5.6	134.6	160	93	4.7	156.1
	38	402	30	46	130	74	5.4	122.7	150	91	4.4	146.1	180	109	3.7	169.5
	40	382	32	48	142	83	4.6	129.2	160	101	3.8	153.8	190	119	3.2	178.4
4.5	22	988	15	30	70	22	45	89.9	85	27	36	107.1	100	33	30	124.2
	25	870	18	33	80	29	30	102.2	95	35	25	121.7	110	41	21	141.1
	28	777	21	36	85	35	22	114.5	105	43	18	136.3	120	52	15	158.1
	30	725	23	38	90	40	18	122.6	110	52	14	146.0	130	60	12	169.4
	32	680	24	41	100	45	15	130.8	120	57	12	155.7	140	69	9.9	180.6
	35	621	27	44	105	56	11	143.1	130	69	9.0	170.3	150	82	7.6	197.6
	38	572	30	47	110	66	8.7	155.3	145	82	7.0	184.9	160	97	5.9	214.5

（续）

簧丝直径 d /mm	弹簧中径 D /mm	最大工作载荷 F_n/N	最大芯轴直径 D_{Xmax} /mm	最小套筒直径 D_{Tmin} /mm	有效圈数 n											
					8.5				10.5				12.5			
					自由高度 H_0 /mm	最大工作变形量 f_n /mm	弹簧刚度 k/N · mm^{-1}	弹簧单件质量 m /g	自由高度 H_0 /mm	最大工作变形量 f_n /mm	弹簧刚度 k/N · mm^{-1}	弹簧单件质量 m /g	自由高度 H_0 /mm	最大工作变形量 f_n /mm	弹簧刚度 k/N · mm^{-1}	弹簧单件质量 m /g
4.5	40	544	42	49	130	74	7.4	163.5	160	91	6.0	194.7	190	107	5.1	225.8
	45	483	37	54	150	93	5.2	184.0	180	115	4.2	219.0	220	134	3.6	254.0
5	25	1154	17	33	80	25	46	126.2	100	30	38	150.2	115	36	32	174.2
	28	1030	20	36	90	31	33	141.3	105	38	27	168.2	120	47	22	195.1
	30	962	22	38	95	36	27	151.4	115	44	22	180.2	130	53	18	209.1
	32	902	23	41	100	41	22	161.5	120	50	18	192.3	140	60	15	223.0
	35	824	26	44	110	48	17	176.6	130	59	14	210.3	150	69	12	243.9
	38	759	29	47	120	58	13	191.8	140	69	11	228.3	170	84	9.0	264.8
	40	721	31	49	130	66	11	201.9	150	78	9.2	240.3	180	93	7.7	278.8
	45	641	36	54	140	80	8.0	227.1	180	99	6.5	270.4	200	118	5.4	313.6
	50	577	41	59	170	99	5.8	252.3	200	123	4.7	300.4	240	144	4.0	348.5
6	30	1605	21	39	95	29	56	218.0	115	36	45	259.6	130	42	38	301.1
	32	1505	22	42	100	33	46	232.6	120	41	37	276.9	140	49	31	321.2
	35	1376	25	45	105	39	35	254.4	130	49	28	302.8	150	57	24	351.3
	38	1267	28	48	115	47	27	276.2	140	58	22	328.8	160	67	19	381.4
	40	1204	30	50	120	50	24	290.7	140	63	19	346.1	170	75	16	401.4
	45	1070	35	55	140	63	17	327.0	160	82	13	389.3	190	97	11	451.6
	50	963	40	60	150	80	12	363.4	190	98	9.8	432.6	220	117	8.2	501.8
	55	876	44	66	170	97	9.0	399.7	200	120	7.3	475.8	240	141	6.2	522.0
	60	803	49	71	190	115	7.0	436.1	240	143	5.6	519.1	280	171	4.7	602.2
8	32	3441	20	44	110	24	145	413.4	150	29	118	492.2	155	35	99	570.9
	35	3146	23	47	115	28	111	452.2	140	35	90	538.3	160	42	75	624.5
	38	2898	26	50	122	33	87	491.0	140	41	70	584.5	170	49	59	678.0
	40	2753	28	52	128	37	74	516.8	150	46	60	615.2	180	54	51	713.7
	45	2447	33	57	130	47	52	581.4	160	58	42	692.1	190	68	36	802.9
	50	2203	38	62	150	58	38	646.0	180	73	31	769.0	210	85	26	892.1
	55	2002	42	68	160	69	29	710.6	190	87	23	846.0	220	105	19	981.3
	60	1835	47	73	170	83	22	775.2	220	102	18	922.9	260	122	15	1071
	65	1694	52	78	190	100	17	839.8	240	121	14	999.8	280	141	12	1160
	70	1573	57	83	200	112	14	904.4	260	143	11	1077	300	167	9.4	1249
	75	1468	62	88	220	133	11	969.0	280	161	9.1	1154	320	191	7.7	1338
	80	1377	67	93	260	148	9.3	1034	300	184	7.5	1230	360	219	6.3	1427
10	40	5181	26	54	140	28	182	807.5	160	35	147	961.3	190	42	123	1115
	45	4605	31	59	140	36	127	908.4	170	45	103	1081	200	53	87	1255
	50	4145	36	64	150	45	93	1009	190	55	75	1202	220	66	63	1394
	55	3768	40	70	170	54	70	1110	200	66	57	1322	240	80	47	1533
	60	3454	45	75	180	64	54	1211	210	79	44	1442	260	93	37	1673
	65	3188	50	80	190	76	42	1312	220	94	34	1562	260	110	29	1812
	70	2961	55	85	200	87	34	1413	240	110	27	1682	280	129	23	1951
	75	2763	60	90	220	99	28	1514	260	126	22	1802	300	145	19	2091
	80	2591	65	95	240	113	23	1615	280	144	18	1923	340	173	15	2230
	85	2438	69	101	255	128	19	1716	300	163	15	2043	360	188	13	2370
	90	2303	74	106	270	144	16	1817	320	177	13	2163	380	210	11	2509
	95	2181	79	111	280	156	14	1918	340	198	11	2283	400	237	9.2	2648
	100	2072	84	116	300	173	12	2019	360	220	9.4	2403	420	262	7.9	2788

（续）

簧丝直径 d /mm	弹簧中径 D /mm	最大工作载荷 F_n/N	最大芯轴直径 D_{Xmax} /mm	最小套筒直径 D_{Tmin} /mm	有效圈数 n 8.5 自由高度 H_0 /mm	8.5 最大工作变形量 f_n /mm	8.5 弹簧刚度 k/N·mm^{-1}	8.5 弹簧单件质量 m /g	10.5 自由高度 H_0 /mm	10.5 最大工作变形量 f_n /mm	10.5 弹簧刚度 k/N·mm^{-1}	10.5 弹簧单件质量 m /g	12.5 自由高度 H_0 /mm	12.5 最大工作变形量 f_n /mm	12.5 弹簧刚度 k/N·mm^{-1}	12.5 弹簧单件质量 m /g
12	50	6891	34	66	180	36	193	1454	220	44	156	1730	260	53	131	2007
	55	6264	38	72	190	43	145	1599	230	54	117	1903	260	64	98	2208
	60	5742	43	77	200	51	112	1744	240	64	90	2076	280	76	76	2409
	65	5301	48	82	220	60	88	1890	260	75	71	2249	300	88	60	2609
	70	4922	53	87	230	70	70	2035	280	86	57	2423	320	103	48	2810
	75	4594	58	92	240	81	57	2180	300	100	46	2596	340	118	39	3011
	80	4307	63	97	260	92	47	2326	320	113	38	2769	380	135	32	3212
	85	4053	67	103	280	104	39	2471	340	127	32	2942	400	152	27	3412
	90	3828	72	108	300	116	33	2616	360	142	27	3115	420	174	22	3613
	95	3627	77	113	320	130	28	2762	380	158	23	3288	450	191	19	3814
	100	3445	82	118	340	144	24	2907	420	172	20	3461	480	215	16	4014
	110	3132	92	128	380	174	18	3198	480	209	15	3807	550	261	12	4416
	120	2871	102	138	450	205	14	3488	520	261	11	4153	620	302	9.5	4817
14	60	10627	41	79	220	51	207	2374	260	64	167	2826	300	75	141	3278
	65	9809	46	84	230	60	163	2572	270	74	132	3062	320	88	111	3552
	70	9109	51	89	240	70	130	2770	280	87	105	3297	340	104	88	3825
	75	8501	56	94	250	80	106	2968	300	99	86	3533	360	118	72	4098
	80	7970	61	99	270	92	87	3165	320	112	71	3768	380	135	59	4371
	85	7501	65	105	280	103	73	3363	340	127	59	4004	400	153	49	4644
	90	7084	70	110	300	116	61	3561	360	142	50	4239	420	169	42	4918
	95	6712	75	115	320	129	52	3759	380	160	42	4475	450	192	35	5191
	100	6376	80	120	320	142	45	3957	400	177	36	4710	480	213	30	5464
	110	5796	90	130	360	170	34	4352	450	215	27	5181	520	252	23	6011
	120	5313	100	140	400	204	26	4748	500	253	21	5653	580	295	18	6557
	130	4905	109	151	450	245	20	5144	550	307	16	6124	650	350	14	7103
16	65	14642	44	86	240	53	277	3359	280	65	224	3999	340	77	189	4639
	70	13596	49	91	240	61	222	3618	300	76	180	4307	350	90	151	4996
	75	12690	54	96	260	71	180	3876	320	87	146	4614	360	103	123	5353
	80	11897	59	101	260	80	149	4134	320	99	120	4922	380	118	101	5709
	85	11197	63	107	280	90	124	4393	340	112	100	5230	400	133	84	6066
	90	10575	68	112	300	102	104	4651	360	124	85	5537	420	149	71	6423
	95	10018	73	117	320	113	89	4910	380	139	72	5845	450	167	60	6780
	100	9517	78	122	320	125	76	5168	400	154	62	6152	480	183	52	7137
	110	8652	88	132	360	152	57	5685	450	188	46	6768	520	222	39	7850
	120	7931	98	142	400	180	44	6202	480	220	36	7383	580	264	30	8564
	130	7321	107	153	450	209	35	6718	520	261	28	7998	620	305	24	9278
	140	6798	117	163	480	243	28	7235	580	309	22	8613	680	358	19	9991
	150	6345	127	173	520	276	23	7752	650	352	18	9229	750	423	15	10705
18	75	18068	52	98	260	63	289	4906	320	77	234	5840	380	92	197	6774
	80	16939	57	103	280	71	238	5233	340	88	193	6229	400	105	162	7226
	85	15943	61	109	290	80	199	5560	350	99	161	6619	410	118	135	7678
	90	15057	66	114	300	90	167	5887	360	112	135	7008	420	132	114	8129
	95	14264	71	119	320	100	142	6214	380	124	115	7397	450	147	97	8581
	100	13551	76	124	340	111	122	6541	400	137	99	7787	480	163	83	9032

（续）

簧丝直径 d /mm	弹簧中径 D /mm	最大工作载荷 F_n/N	最大芯轴直径 D_{Xmax} /mm	最小套筒直径 D_{Tmin} /mm	有效圈数 n											
					8.5				10.5				12.5			
					自由高度 H_0 /mm	最大工作变形量 f_n /mm	弹簧刚度 k/N · mm^{-1}	弹簧单件质量 m /g	自由高度 H_0 /mm	最大工作变形量 f_n /mm	弹簧刚度 k/N · mm^{-1}	弹簧单件质量 m /g	自由高度 H_0 /mm	最大工作变形量 f_n /mm	弹簧刚度 k/N · mm^{-1}	弹簧单件质量 m /g
18	110	12319	86	134	360	134	92	7195	450	166	74	8565	520	199	62	9936
	120	11293	96	144	400	159	71	7849	480	198	57	9344	550	235	48	10839
	130	10424	105	155	420	186	56	8503	520	232	45	10123	620	274	38	11742
	140	9679	115	165	450	220	44	9157	550	269	36	10901	650	323	30	12645
	150	9034	125	175	500	251	36	9811	620	312	29	11680	720	361	25	13549
	160	8470	134	186	550	282	30	10465	680	353	24	12459	800	426	20	14452
	170	7971	143	197	600	319	25	11119	720	399	20	13237	850	469	17	15355
20	80	23236	55	105	300	64	363	6460	350	79	294	7690	400	94	247	8921
	85	21869	59	111	310	72	303	6864	360	89	245	8171	420	106	206	9479
	90	20654	64	116	320	81	255	7268	380	100	206	8652	450	119	173	10036
	95	19567	69	121	330	90	217	7671	400	111	176	9132	460	133	147	10594
	100	18589	74	126	340	100	186	8075	420	124	150	9613	480	148	126	11151
	110	16899	84	136	360	121	140	8883	450	150	113	10574	520	178	95	12266
	120	15491	94	146	400	143	108	9690	480	178	87	11536	550	212	73	13381
	130	14299	103	157	420	168	85	10498	520	210	68	12497	600	247	58	14497
	140	13278	113	167	450	195	68	11305	550	241	55	13458	650	289	46	15612
	150	12393	123	177	500	225	55	12113	600	275	45	14420	700	335	37	16727
	160	11618	132	188	520	258	45	12920	650	314	37	15381	780	375	31	17842
	170	10935	141	199	580	288	38	13728	700	353	31	16342	850	421	26	18957
	180	10327	151	209	620	323	32	14535	750	397	26	17304	900	469	22	20072
	190	9784	160	220	680	362	27	15343	850	445	22	18265	950	544	18	21187
25	100	36306	69	131	360	80	454	12617	420	99	367	15020	520	117	309	17424
	110	33006	79	141	380	97	341	13879	460	120	276	16523	550	142	232	19166
	120	30255	89	151	400	115	263	15141	500	142	213	18025	580	169	179	20909
	130	27928	98	162	420	135	207	16402	520	167	167	19527	620	199	140	22651
	140	25933	108	172	450	157	165	17664	550	193	134	21029	650	232	112	24393
	150	24204	118	182	500	181	134	18926	600	222	109	22531	700	266	91	26136
	160	22691	127	193	520	204	111	20188	620	252	90	24033	750	303	75	27878
	170	21357	136	204	550	232	92	21449	680	285	75	25535	800	339	63	29620
	180	20170	146	214	600	263	78	22711	720	320	63	27037	850	381	53	31363
	190	19109	155	225	620	290	66	23973	780	354	54	28539	880	425	45	33105
	200	18153	165	235	680	318	57	25234	800	395	46	30041	900	465	39	34848
	220	16503	184	256	750	384	43	27758	850	472	35	33045	950	569	29	38332
30	120	52281	84	156	450	96	545	21942	520	119	441	26122	620	141	370	30301
	130	48259	93	167	460	113	428	23771	550	139	347	28299	650	166	291	32826
	140	44812	103	177	480	131	343	25599	580	161	278	30475	680	192	233	35351
	150	41825	113	187	500	150	279	27428	620	185	226	32652	720	220	190	37877
	160	39211	122	198	520	170	230	29256	650	211	186	34829	750	251	156	40402
	170	36904	131	209	550	192	192	31085	680	238	155	37006	800	284	130	42927
	180	34854	141	219	580	216	161	32913	720	266	131	39183	850	317	110	45452
	190	33020	150	230	620	241	137	34742	750	297	111	41359	880	355	93	47977
	200	31369	160	240	650	266	118	36570	800	330	95	43536	910	392	80	50502
	220	28517	179	261	720	324	88	40228	900	396	72	47890	950	475	60	55552
	240	26141	198	282	800	384	68	43885	920	475	55	52244	—	—	—	—
	260	24130	217	303	900	447	54	47542	980	561	43	56597	—	—	—	—

（续）

簧丝直径 d /mm	弹簧中径 D /mm	最大工作载荷 F_n/N	最大芯轴直径 D_{Xmax} /mm	最小套筒直径 D_{Tmin} /mm	有效圈数 n											
					8.5				10.5				12.5			
					自由高度 H_0 /mm	最大工作变形量 f_n /mm	弹簧刚度 k/N·mm^{-1}	弹簧单件质量 m /g	自由高度 H_0 /mm	最大工作变形量 f_n /mm	弹簧刚度 k/N·mm^{-1}	弹簧单件质量 m /g	自由高度 H_0 /mm	最大工作变形量 f_n /mm	弹簧刚度 k/N·mm^{-1}	弹簧单件质量 m /g
35	140	71160	92	182	500	112	635	34844	620	138	514	41480	720	165	432	48117
	150	66416	108	192	520	128	517	37332	650	159	418	44443	740	189	351	51554
	160	62265	117	203	550	146	426	39821	680	180	345	47406	760	215	289	54991
	170	58603	126	214	580	165	355	42310	700	204	287	50369	780	243	241	58428
	180	55347	136	224	600	185	299	44799	720	229	242	53332	820	273	203	61865
	190	52434	145	235	620	206	254	47288	750	255	206	56295	850	303	173	65302
	200	49812	155	245	650	228	218	49776	800	283	176	59258	880	337	148	68739
	220	45284	174	266	720	276	164	54754	850	340	133	65184	950	408	111	75613
	240	41510	193	287	780	329	126	59732	880	407	102	71109	—	—	—	—
	260	38317	212	308	850	387	99	64709	950	479	80	77035	—	—	—	—
	280	35580	231	329	900	450	79	69687	—	—	—	—	—	—	—	—
	300	33208	250	350	950	514	65	74665	—	—	—	—	—	—	—	—
40	160	92944	112	208	580	128	726	52011	700	158	588	61918	780	188	494	71825
	170	87477	121	219	600	145	605	55262	720	179	490	65788	820	212	412	76314
	180	82617	131	229	620	162	510	58513	740	200	413	69658	840	238	347	80803
	190	78269	140	240	650	180	434	61763	760	223	351	73528	860	265	295	85292
	200	74355	150	250	680	200	372	65014	780	247	301	77398	900	294	253	89782
	220	67596	169	271	720	242	279	71516	820	299	226	85138	950	356	190	98760
	240	61963	188	292	750	288	215	78017	850	356	174	92877	—	—	—	—
	260	57196	207	313	780	338	169	84518	950	417	137	99976	—	—	—	—
	280	53111	226	334	850	393	135	91020	—	—	—	—	—	—	—	—
	300	49570	245	355	900	450	110	97521	—	—	—	—	—	—	—	—
	320	46472	264	376	950	512	91	104023	—	—	—	—	—	—	—	—
45	180	117632	126	234	640	144	817	74055	720	178	661	88161	880	212	555	102267
	190	111441	135	245	660	160	695	78169	750	198	562	93059	950	236	472	107948
	200	105869	145	255	680	178	595	82284	780	220	482	97957	—	—	—	—
	220	96245	164	276	700	215	447	90512	850	266	362	107752	—	—	—	—
	240	88224	183	297	740	256	345	98740	950	316	279	117548	—	—	—	—
	260	81438	202	318	800	301	271	106969	—	—	—	—	—	—	—	—
	280	75621	221	339	840	348	217	115197	—	—	—	—	—	—	—	—
	300	70579	240	360	900	401	176	123425	—	—	—	—	—	—	—	—
	320	66168	259	381	—	—	—	—	—	—	—	—	—	—	—	—
	340	62276	278	402	—	—	—	—	—	—	—	—	—	—	—	—
50	200	145225	140	260	720	160	908	111743	850	198	735	133028	—	—	—	—
	220	132023	159	281	780	194	682	121902	880	239	552	145121	—	—	—	—
	240	121021	178	302	800	230	525	132060	950	285	425	157214	—	—	—	—
	260	111712	197	323	850	270	413	142219	—	—	—	—	—	—	—	—
	280	103732	216	344	—	—	—	—	—	—	—	—	—	—	—	—
	300	96817	235	365	—	—	—	—	—	—	—	—	—	—	—	—
	320	90766	254	386	—	—	—	—	—	—	—	—	—	—	—	—
55	200	193294	292	428	740	145	1329	122917	900	180	1076	146330	—	—	—	—
	220	175722	311	449	780	176	998	135209	950	217	808	160963	—	—	—	—
	240	161079	330	470	800	209	769	147501	—	—	—	—	—	—	—	—
	260	148688	349	491	860	246	605	159793	—	—	—	—	—	—	—	—

（续）

簧丝直径 d /mm	弹簧中径 D /mm	最大工作载荷 F_n/N	最大芯轴直径 D_{Xmax} /mm	最小套筒直径 D_{Tmin} /mm	有效圈数 n											
					8.5				10.5				12.5			
					自由高度 H_0 /mm	最大工作变形量 f_n /mm	弹簧刚度 k/N·mm^{-1}	弹簧单件质量 m /g	自由高度 H_0 /mm	最大工作变形量 f_n /mm	弹簧刚度 k/N·mm^{-1}	弹簧单件质量 m /g	自由高度 H_0 /mm	最大工作变形量 f_n /mm	弹簧刚度 k/N·mm^{-1}	弹簧单件质量 m /g
55	280	138067	368	512	900	285	484	172084	—	—	—	—	—	—	—	—
	300	128863	387	533	950	327	394	184376	—	—	—	—	—	—	—	—
60	200	193294	444	617	760	103	1882	146282	—	—	—	—	—	—	—	—
	220	175722	463	638	800	124	1414	160910	—	—	—	—	—	—	—	—
	240	161079	482	659	850	148	1089	175538	—	—	—	—	—	—	—	—
	260	148688	501	680	900	173	857	190167	—	—	—	—	—	—	—	—
	280	138067	520	701	950	201	686	204795	—	—	—	—	—	—	—	—
	300	128863	539	722	—	—	—	—	—	—	—	—	—	—	—	—

注：1. 质量 m 为近似值，仅作参考。

2. F_n 取 $0.8F_s$。

3. f_n 取 $0.8f_s$。

4. 支承圈 $n_z=2$ 圈。

3.3　弹簧强度校核、稳定性校核与共振验算

（1）疲劳强度校核

受动载荷的压缩和拉伸弹簧应进行疲劳强度校核。进行校核时，要按式（16.2-1）考虑循环特征 γ 和循环次数 N（见表 16.2-16），以及材料表面状态等影响疲劳强度的各种因素，按式（16.2-5）校核。

$$S=\frac{\tau_{u0}+0.75\tau_{min}}{\tau_{max}}\geqslant S_{min} \qquad (16.2\text{-}5)$$

式中　τ_{u0}——脉动疲劳极限应力，其值见表 16.2-16；

S——疲劳安全系数；

S_{min}——最小安全系数，$S_{min}=1.1\sim1.3$。

表 16.2-16　脉动疲劳极限应力（MPa）

载荷循环次数 N	10^4	10^5	10^6	10^7
脉动疲劳极限应力 τ_{u0}	$0.45R_m$ ①	$0.35R_m$	$0.32R_m$	$0.30R_m$

注：本表适用于重要碳素弹簧钢丝、油淬火-回火弹簧钢丝、不锈弹簧钢丝和铍青铜线。

① 对不锈弹簧钢丝和铍青铜线，此值取 $0.35R_m$。

对于重要碳素弹簧钢丝、高疲劳级油淬火-回火弹簧钢丝等优质钢丝制作的弹簧，在不进行喷丸强化的情况下，其疲劳寿命按图 16.2-2 校核。

（2）稳定性校核

为了保证弹簧在使用过程中的稳定性，弹簧的高径比 $b=H_0/D$，应满足下列要求：

两端固定　$b\leqslant5.3$

一端固定，一端回转　$b\leqslant3.7$

两端回转　$b\leqslant2.6$

当高径比 b 大于上列数值时，要由式（16.2-6）进行稳定性校核。

$$F_c=C_BkH_0>F_n \qquad (16.2\text{-}6)$$

式中　F_c——弹簧的临界载荷（N）；

C_B——稳定系数，从图 16.2-5 中查取；

k——弹簧刚度（N·mm^{-1}）；

F_n——最大工作载荷（N）。

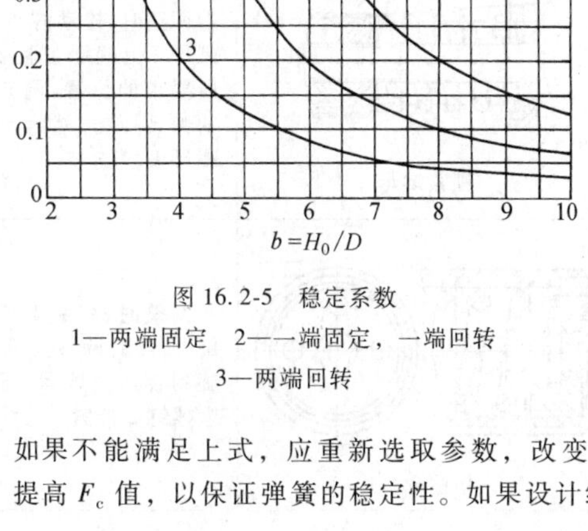

图 16.2-5　稳定系数

1—两端固定　2—一端固定，一端回转

3—两端回转

如果不能满足上式，应重新选取参数，改变 b 值，提高 F_c 值，以保证弹簧的稳定性。如果设计结

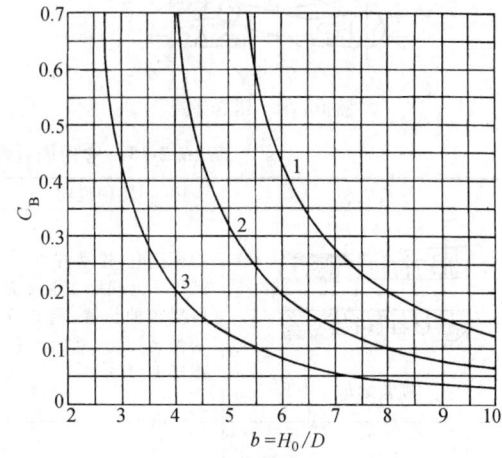

构受限制，不能改变参数时，应设置导杆或导套，导杆（导套）与弹簧间隙（直径差）按表16.2-17选取。为了保证弹簧的特性，弹簧高径比应大于0.8。

表16.2-17　导杆（导套）与弹簧间隙
（摘自GB/T 23935—2009）　（mm）

弹簧中径 D	≤5	>5~10	>10~18	>18~30	>30~50	>50~80	>80~120	>120~150
间隙（直径差）	0.6	1	2	3	4	5	6	7

（3）弹簧的共振验算

必要时，应对受动载荷的弹簧进行共振验算。自振频率 f_e 与强迫振动频率 f_r 之比应大于10，即 $f_e/f_r>10$。

3.4　组合弹簧的设计计算

对设计承受载荷较大，且安装空间受限制的圆柱螺旋压缩弹簧，可采用组合弹簧（见图16.2-6）。这种弹簧比普通弹簧轻，钢丝直径细，制造方便。设计组合弹簧应注意下列事项：

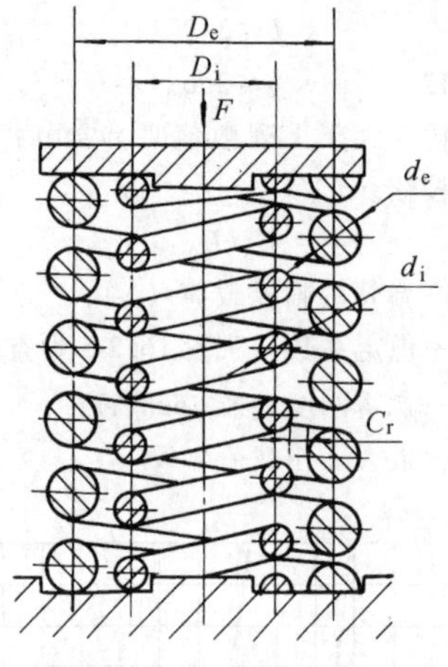

图16.2-6　组合弹簧

1）内、外弹簧的强度要接近相等。经推算有下列关系

$$\frac{d_e}{d_i}=\frac{D_e}{D_i}=\frac{n_i}{n_e}=\sqrt{\frac{F_{e2}}{F_{i2}}} \tag{16.2-7}$$

及

$$F_2=F_{e2}+F_{i2}$$

一般组合弹簧的 F_{e2}（外弹簧最大工作载荷）和 F_{i2}（内弹簧最大工作载荷）之比为5∶2。设计时先按此比值分配外、内弹簧的载荷，然后按单个弹簧的设计步骤进行。

2）内、外弹簧的变形量应接近相等。其中一个弹簧在最大工作载荷下的变形量 f_2 不应大于另一个弹簧在试验载荷下的变形量 f_s。实际所产生的变形差可用垫片调整。

3）为保证组合弹簧的同心关系，防止内、外弹簧发生歪斜，两个弹簧的旋向应相反，一个右旋，一个左旋。

4）组合弹簧的径向间隙 C_r 要满足式（16.2-8）的要求。

$$C_r=\frac{(D_e-d_e)-(D_i+d_i)}{2}$$

$$\geqslant\frac{d_e-d_i}{2} \tag{16.2-8}$$

5）弹簧端部的支承面结构应能防止内、外弹簧在工作中的偏移。

3.5　圆柱螺旋压缩弹簧压力调整结构

许多圆柱螺旋压缩弹簧在使用中常常需要调整压力，常用圆柱螺旋压缩弹簧的压力调整结构见表16.2-18。

表16.2-18　常用圆柱螺旋压缩弹簧的压力调整结构

结构类型	使用说明	结构类型	使用说明
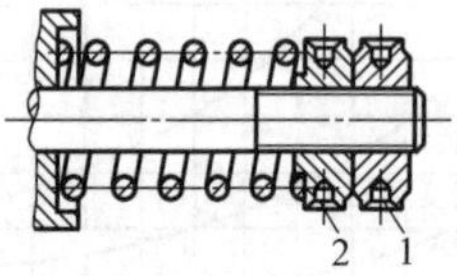 锁紧螺母	调整时，松动螺母1，将螺母2也就是支承座旋到所要求的位置，调整所需的弹簧压力，然后再锁紧螺母1	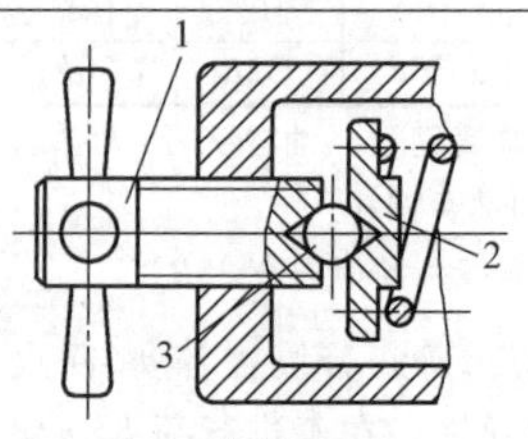 回转支承座	在调整螺旋1和支承座2之间嵌入钢球3，这样调整螺旋就可以随着弹簧作用力的改变而自由回转
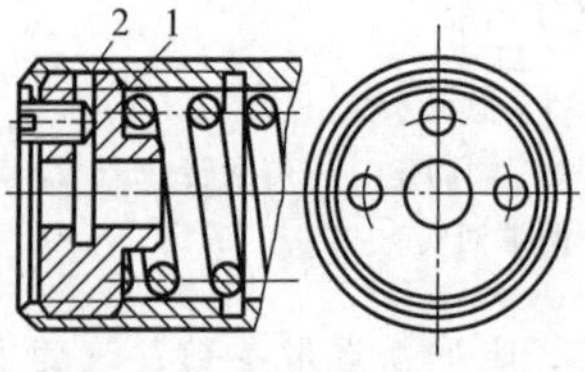 锁紧螺钉	调整时，将锁紧螺钉2旋松，然后调整支承座1，旋到合适位置后，再将锁紧螺钉2拧紧	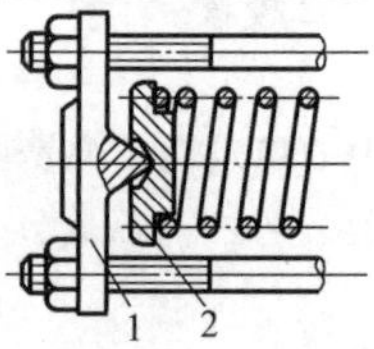 对心顶支承弹簧座	与回转支承座调整结构类似，弹簧座2可绕对心顶1回转。它适用于大型弹簧

（续）

结构类型	使用说明	结构类型	使用说明
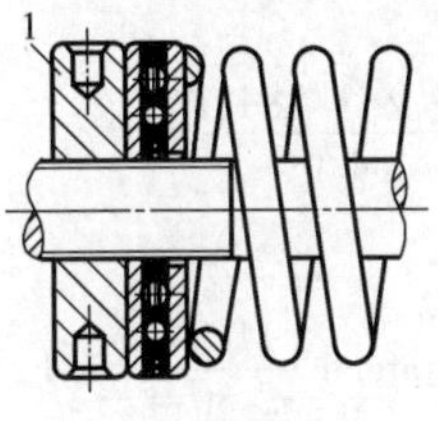 滚动摩擦支承座	滚动摩擦支承座结构，在调整螺母 1 时，可避免支承座带动弹簧端圈扭转而使弹簧承受附加的扭矩。适用于需要经常调整压力的大型弹簧	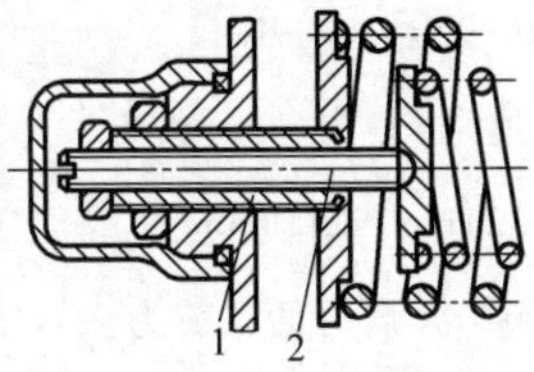 组合压缩弹簧的作用力调整结构	通过螺杆 1 调整外层弹簧的压力，通过旋入螺杆 1 中的螺杆 2 调整内层弹簧的压力

3.6 设计计算示例

例 16.2-1　设计一结构型式为 YI 的阀门压缩弹簧，要求弹簧外径 $D_2 \leqslant 34.8\text{mm}$，阀门关闭时 $H_1 = 43\text{mm}$，载荷 $F_1 = 270\text{N}$；阀门全开时 $H_2 = 32\text{mm}$，载荷 $F_2 = 540\text{N}$，最高工作频率为 25Hz，循环次数 $N > 10^7$ 次。

解：

（1）选择材料和许用切应力

根据弹簧工作条件，选用适合弹簧用高疲劳级油淬火-回火（VDSiCr）弹簧钢丝。根据 F_2 初步假设材料直径为 $d = 4\text{mm}$，由表 16.2-4 查得材料切变模量 $G = 78.5\times10^3\text{MPa}$。由表 16.2-8 查得材料抗拉强度 $R_m = 1840\text{MPa}$。

根据

$$\gamma = \frac{F_1}{F_2} = \frac{270}{540} = 0.5$$

在图 16.2-2 中 $\gamma = 0.5$ 与 10^7 线交点的纵坐标大致为 0.41，即 $[\tau] = 1840\times0.41\text{MPa} = 754.4\text{MPa}$。

（2）材料直径

弹簧外径 $D_2 \leqslant 34.8\text{mm}$，考虑公差的影响，假设其中径 $D = 30.5\text{mm}$。由钢丝直径 d 和弹簧中径 D 计算其旋绕比为

$$C = \frac{D}{d} = \frac{30.5}{4} = 7.6$$

根据表 16.2-13 中式计算曲度系数：

$$K = \frac{4C-1}{4C-4} + \frac{0.615}{C} = \frac{4\times7.6-1}{4\times7.6-4} + \frac{0.615}{7.6}$$

$$= 1.194$$

将 $K = 1.194$，代入表 16.2-13 中式得

$$d \geqslant \sqrt[3]{\frac{8KFD}{\pi[\tau]}} = \sqrt[3]{\frac{8\times1.194\times540\times30.5}{\pi\times754.4}}\text{mm}$$

$$= 4.05\text{mm}$$

取 $d = 4.1\text{mm}$，抗拉强度为 1810MPa，与原假设基本相符合。重新计算得 $D = 30.4\text{mm}$，$C = 7.4$，$K = 1.20$。

（3）弹簧直径

弹簧中径：$D = 30.4\text{mm}$

弹簧外径：$D_2 = D + d = (30.4 + 4.1)\text{mm} = 34.5\text{mm}$

弹簧内径：$D_1 = D - d = (30.4 - 4.1)\text{mm} = 26.3\text{mm}$

（4）弹簧所需刚度和圈数

弹簧所需刚度按式（16.2-3）计算为

$$k = \frac{F_2 - F_1}{H_1 - H_2} = \frac{540-270}{43-32}\text{N/mm} = 24.55\text{N/mm}$$

按表 16.2-13 中式计算有效圈数为

$$n = \frac{Gd^4}{8kD^3} = \frac{78.5\times10^3\times4.1^4}{8\times24.55\times30.4^3}\text{圈} = 4.02\text{ 圈}$$

取 $n = 4.0$ 圈。

取支承圈 $n_z = 2$ 圈，则总圈数

$$n_1 = n + n_z = 4.0\text{ 圈} + 2\text{ 圈} = 6.0\text{ 圈}$$

（5）弹簧刚度、变形量和载荷校核

弹簧刚度按表 16.2-13 中式计算得

$$k = \frac{Gd^4}{8D^3n} = \frac{78.5\times10^3\times4.1^4}{8\times30.4^3\times4.0}\text{N/mm} = 24.67\text{N/mm}$$

与所需刚度 $k = 24.55\text{N/mm}$ 基本相符。

按表 16.2-13 中式计算阀门关闭时的变形量：

$$f_1 = \frac{F_1}{k} = \frac{270}{24.67}\text{mm} = 10.94\text{mm}$$

按表 16.2-13 中式计算阀门开启时的变形量：

$$f_2 = \frac{F_2}{k} = \frac{540}{24.67}\text{mm} = 21.89\text{mm}$$

按表 16.2-14 中式计算自由高度：

$$H_0 = H_1 + f_1 = (43 + 10.94)\text{mm} = 53.94\text{mm}$$

或者 $H_0 = H_2 + f_2 = (32 + 21.89)\text{mm} = 53.89\text{mm}$

取 $H_0 = 53.9\text{mm}$

阀门关闭时的工作变形量为

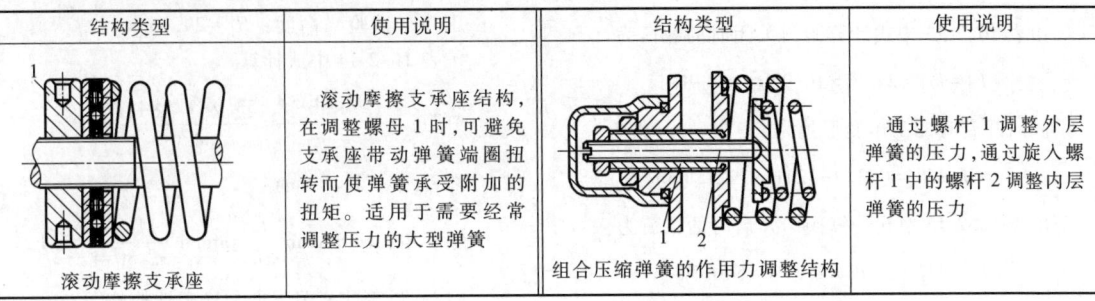

$f_1=H_0-H_1=(53.9-43)\text{mm}=10.9\text{mm}$

由表 16.2-13 中式计算阀门关闭时的载荷为

$$F_1=kf_1=24.67\times10.9\text{N}=268.9\text{N}$$

阀门开启时的工作变形量为

$$f_2=H_0-H_2=(53.9-32)\text{mm}=21.9\text{mm}$$

由表 16.2-13 中式计算阀门开启时的载荷为

$$F_2=kf_2=24.67\times21.9\text{N}=540.3\text{N}$$

与要求值 $F_1=270\text{N}$、$F_2=540\text{N}$ 接近，故符合要求。

(6) 自由高度、压并高度和压并变形量

自由高度：$H_0=53.9\text{mm}$

压并高度：$H_b\leqslant n_1d=6.0\times4.1\text{mm}=24.6\text{mm}$

压并变形量：$f_b=H_0-H_b=(53.9-24.6)\text{mm}=29.3\text{mm}$

(7) 试验载荷和试验载荷下的高度和变形量

由表 16.2-12 中式计算最大试验切应力为

$$\tau_s=0.55R_m=0.55\times1810\text{MPa}=995.5\text{MPa}$$

由式（16.2-2）计算试验载荷为

$$F_s=\frac{\pi d^3}{8D}\tau_s=\frac{\pi\times4.1^3}{8\times30.4}\times995.5\text{N}=886.3\text{N}$$

压并时的载荷为

$$F_b=kf_b=24.67\times29.3\text{N}=722.8\text{N}$$

由 $F_s>F_b$，取 $F_s=F_b=722.8\text{N}$，$f_s=f_b=29.3\text{mm}$

由式（16.2-2）计算试验切应力为

$$\tau_s=\tau_b=\frac{8D}{\pi d^3}F_s=\frac{8\times30.4}{\pi\times4.1^3}\times722.8\text{MPa}$$
$$=811.9\text{MPa}$$

(8) 弹簧展开长度

按表 16.2-14 中式计算弹簧展开长度为

$$L\approx\pi Dn_1=\pi\times30.4\times6\text{mm}=572.7\text{mm}$$

(9) 弹簧质量

按表 16.2-14 中式计算弹簧质量为

$$m=\frac{\pi}{4}d^2L\rho=\frac{\pi}{4}\times4.1^2\times572.7\times7.85\times10^{-6}\text{kg}$$
$$=0.0593\text{kg}$$

(10) 特性校核

$$\frac{f_1}{f_s}=\frac{10.9}{29.3}=0.37\qquad\frac{f_2}{f_s}=\frac{21.9}{29.3}=0.75$$

满足 $0.2f_s\leqslant f_{1,2}\leqslant0.8f_s$ 的要求。

(11) 结构参数

自由高度：$H_0=53.9\text{mm}$

阀门关闭高度：$H_1=43\text{mm}$

阀门开启高度：$H_2=32\text{mm}$

压并（试验）高度：$H_b=24.6\text{mm}$

按表 16.2-14 中式计算

$$节距：t=\frac{H_0-1.5d}{n}=\frac{53.9-1.5\times4.1}{4.0}\text{mm}$$
$$=11.94\text{mm}$$

$$螺旋角：\alpha=\arctan\frac{t}{\pi D}=\arctan\frac{11.94}{\pi\times30.4}=7.13°$$

(12) 弹簧的疲劳强度和稳定性校核

1) 弹簧的疲劳强度校核。弹簧工作切应力校核按表 16.2-13 中式计算：

$$\tau_1=K\frac{8DF_1}{\pi d^3}=1.2\times\frac{8\times30.4\times268.9}{\pi\times4.1^3}\text{MPa}$$
$$=362.6\text{MPa}$$

$$\tau_2=K\frac{8DF_2}{\pi d^3}=1.2\times\frac{8\times30.4\times540.3}{\pi\times4.1^3}\text{MPa}$$
$$=728.6\text{MPa}$$

$$\gamma=\frac{\tau_1}{\tau_2}=\frac{362.6}{728.2}=0.5$$

$$\frac{\tau_1}{R_m}=\frac{362.6}{1810}=0.2$$

$$\frac{\tau_2}{R_m}=\frac{728.6}{1810}=0.4$$

由图 16.2-2 可以看出，点（0.20，0.40）在 $\gamma=0.5$ 和 10^7 作用线的交点以下，表明此弹簧的疲劳寿命 $N>10^7$ 次。

查表 16.2-16 计算脉动疲劳极限应力 $\tau_{u0}=0.3R_m$

强度校核按式（16.2-5）计算：

$$S=\frac{\tau_{u0}+0.75\tau_{min}}{\tau_{max}}=\frac{0.30\times1810+0.75\times362.6}{728.6}$$
$$=1.12\geqslant S_{min}$$

2) 弹簧稳定性校核

弹簧的高径比：$b=H_0/D=53.9/30.4=1.8$，满足稳定性要求。

3) 共振校核

自振频率按表 16.2-13 中式计算：

$$f_e=\frac{3.56d}{nD^2}\sqrt{\frac{G}{\rho}}=\frac{3.56\times4.1}{4.0\times30.4^2}\sqrt{\frac{78.5\times10^3}{7.85\times10^{-6}}}\text{Hz}$$
$$=394.8\text{Hz}$$

强迫振动频率 $f_r=25\text{Hz}$

因此 $\frac{f_e}{f_r}=\frac{394.8}{25}=15.8>10$，满足要求。

(13) 弹簧工作图

弹簧工作图如图 16.2-7 所示。

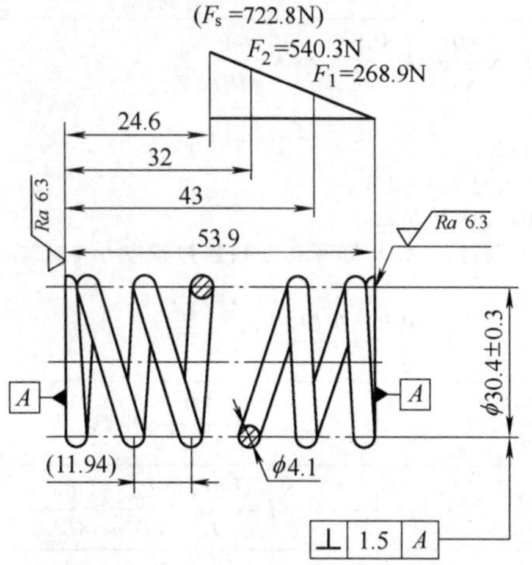

技术要求

1. 弹簧端部结构型式：YI 冷卷压缩弹簧。
2. 旋向：右旋。
3. 总圈数：$n_1=6$。
4. 有效圈数：$n=4.0$。
5. 强化处理：立定处理。
6. 喷丸强度：0.3~0.4A，表面覆盖率大于 90%。
7. 表面处理：清洗上防锈油。
8. 制造技术条件：其余按 GB/T 1239.2 二级精度。

图 16.2-7　弹簧工作图

4　圆柱螺旋拉伸弹簧的设计

4.1　弹簧结构和载荷-变形图

圆柱螺旋拉伸弹簧的结构及其载荷-变形图如图 16.2-8 所示。图中的各符号含义及弹簧特性与本章 3.1 节相同，试验载荷 F_s 和弹簧刚度 k 分别按式 (16.2-2) 和式 (16.2-3) 计算。

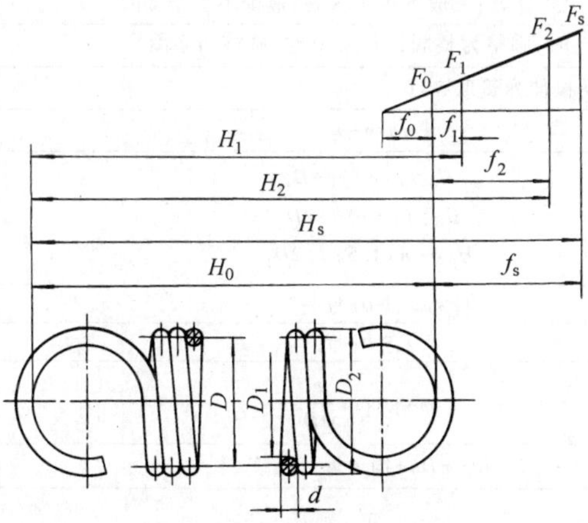

图 16.2-8　圆柱螺旋拉伸弹簧的结构及其载荷-变形图

F_0 为拉伸弹簧的初拉力 (N)，用不需淬火-回火材料制成的密卷拉伸弹簧，在簧圈之间形成的轴向压力即为初拉力。当所加载荷大于初拉力时，弹簧才开始变形。在卷绕成形后，淬火-回火的弹簧没有初拉力。初拉力按式 (16.2-9) 计算

$$F_0=\frac{\pi d^3}{8D}\tau_0 \qquad (16.2\text{-}9)$$

式中，初切应力 τ_0 的值根据旋绕比 C 从图 16.2-9 中的阴影区范围内选取。由于弹簧一般均需去应力回火处理，经处理后的弹簧初拉力会有所下降，为便于制造，建议取下限值。初切应力 τ_0 也可参考经验公式 (16.2-10) 计算

$$\tau_0=\frac{G}{100C} \qquad (16.2\text{-}10)$$

式中　C——旋绕比，$C=D/d$。

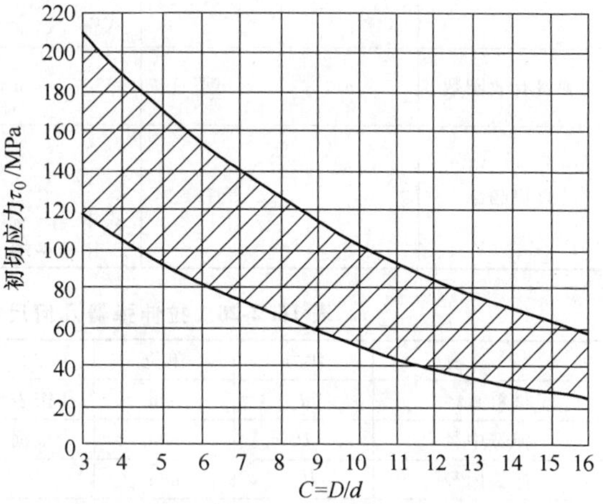

图 16.2-9　拉伸弹簧初切应力选择范围

4.2　设计计算与参数选择

圆柱螺旋拉伸弹簧的基本计算公式见表 16.2-19。

弹簧的主要尺寸参数确定后，由表 16.2-20 计算弹簧的其他几何尺寸。

表 16.2-21 为拉伸弹簧半圆钩环型（LⅠ型）、圆钩环扭中心型（LⅢ型）及圆钩环压中心型（LⅥ型）可承受 10^5 次循环载荷的普通圆柱螺旋拉伸弹簧的尺寸及参数。设计者可根据需要的弹簧中径 D、所需试验载荷 F_s 及变形量 f_s 的关系选用。

簧丝直径 $d<0.5$mm 的小型拉伸弹簧可按 GB/T 1973.2—2005 查取尺寸参数。

表 16.2-19 圆柱螺旋拉伸弹簧的基本计算公式（摘自 GB/T 23935—2009）

<table>
<tr><th rowspan="2">名 称</th><th rowspan="2">代号</th><th rowspan="2">单位</th><th colspan="2">计算公式</th></tr>
<tr><th>无初拉力</th><th>有初拉力</th></tr>
<tr><td>弹簧切应力</td><td>τ</td><td>MPa</td><td colspan="2">$\tau=K\frac{8DF}{\pi d^3}=K\frac{8CF}{\pi d^2}$ 或 $\tau=K\frac{Gdf}{\pi D^2 n}$
式中 D—弹簧中径(mm)
F—弹簧工作载荷(N)
C—旋绕比，$C=D/d$，见表 16.2-3
G—切变模量(MPa)，见表 16.2-4
K—曲度系数，静载荷时，一般 K 值可取为 1；当弹簧应力高时，亦可考虑 K 值
$K=\frac{4C-1}{4C-4}+\frac{0.615}{C}$</td></tr>
<tr><td>弹簧变形量</td><td>f</td><td>mm</td><td>$f=\frac{8D^3nF}{Gd^4}=\frac{8C^3nF}{Gd}$</td><td>$f=\frac{8D^3n}{Gd^4}(F-F_0)$</td></tr>
<tr><td>弹簧刚度</td><td>k</td><td>N · mm⁻¹</td><td>$k=\frac{F}{f}=\frac{Gd^4}{8D^3n}=\frac{Gd}{8C^3n}$</td><td>$k=\frac{F-F_0}{f}=\frac{Gd^4}{8D^3n}=\frac{Gd}{8C^3n}$</td></tr>
<tr><td>弹簧变形能</td><td>U</td><td>N · mm</td><td>$U=\frac{Ff}{2}=\frac{kf^2}{2}$</td><td>$U=\frac{(F-F_0)}{2}f$</td></tr>
<tr><td>弹簧材料直径</td><td>d</td><td>mm</td><td colspan="2">$d\geqslant\sqrt[3]{\frac{8KDF}{\pi[\tau]}}$ 或 $d\geqslant\sqrt{\frac{8KCF}{\pi[\tau]}}$
式中 $[\tau]$—许用切应力(MPa)，见表 16.2-12</td></tr>
<tr><td>弹簧有效圈数</td><td>n</td><td>圈</td><td>$n=\frac{Gd^4}{8D^3F}f=\frac{Gd^4}{8kD^3}$</td><td>$n=\frac{Gd^4}{8D^3(F-F_0)}f=\frac{Gd^4}{8kD^3}$</td></tr>
<tr><td>自振频率</td><td>f_e</td><td>Hz</td><td colspan="2">$f_e=\frac{3.56d}{nD^2}\sqrt{\frac{G}{\rho}}$
式中 ρ—材料密度(kg · mm⁻³)
用于两端固定，一端在工作行程范围内周期性往复运动的情况</td></tr>
</table>

表 16.2-20 拉伸弹簧几何尺寸计算（摘自 GB/T 23935—2009）

<table>
<tr><th>名 称</th><th>代号</th><th>单位</th><th>计算方法和确定方法</th></tr>
<tr><td>材料直径</td><td>d</td><td>mm</td><td>按表 16.2-13 中式计算，再按表 16.2-2 取标准值</td></tr>
<tr><td>弹簧中径</td><td>D</td><td>mm</td><td>根据结构要求估计，再按表 16.2-2 取标准值</td></tr>
<tr><td>弹簧内径</td><td>D_1</td><td>mm</td><td>$D_1=D-d$</td></tr>
<tr><td>弹簧外径</td><td>D_2</td><td>mm</td><td>$D_2=D+d$</td></tr>
<tr><td>有效圈数</td><td>n</td><td></td><td>按表 16.2-13 中式计算；一般不少于 3 圈，最少不少于 2 圈</td></tr>
<tr><td>总圈数</td><td>n_1</td><td></td><td>$n_1=n$，当 $n>20$ 时，圆整为整圈；当 $n<20$ 时，圆整为半圈</td></tr>
<tr><td>节距</td><td>t</td><td>mm</td><td>$t=d+\delta$，对密卷拉伸弹簧取 $\delta=0$</td></tr>
<tr><td>间距</td><td>δ</td><td>mm</td><td>$\delta=t-d$</td></tr>
<tr><td>自由长度</td><td>H_0</td><td>mm</td><td>半圆钩环 $H_0=(n+1)d+D_1$
圆钩环 $H_0=(n+1)d+2D_1$
圆钩环环压中心 $H_0=(n+1.5)d+2D_1$</td></tr>
<tr><td>工作长度</td><td>$H_{1,2,\cdots,n}$</td><td>mm</td><td>$H_{1,2,\cdots,n}=H_0+f_{1,2,\cdots,n}$</td></tr>
<tr><td>试验长度</td><td>H_s</td><td>mm</td><td>$H_s=H_0+f_s$</td></tr>
<tr><td>螺旋角</td><td>α</td><td>°</td><td>$\alpha=\arctan\frac{t}{\pi D}$</td></tr>
<tr><td>弹簧材料的展开长度</td><td>L</td><td>mm</td><td>$L\approx\pi Dn$+钩环展开长度</td></tr>
<tr><td>弹簧质量</td><td>m</td><td>kg</td><td>$m=\frac{\pi}{4}d^2L\rho$</td></tr>
</table>

表 16.2-21　普通圆柱螺旋拉伸弹簧的尺寸及参数（摘自 GB/T 2088—2009）

簧丝直径 d /mm	弹簧中径 D /mm	初拉力 F_0 /N	试验载荷 F_s/N	有效圈数 n											
				8.25				10.5				12.25			
				有效圈长度 H_{Lb} /mm	试验载荷下变形量 f_s/mm	弹簧刚度 k/N·mm^{-1}	弹簧单件质量 m /10^{-3}kg	有效圈长度 H_{Lb} /mm	试验载荷下变形量 f_s/mm	弹簧刚度 k/N·mm^{-1}	弹簧单件质量 m /10^{-3}kg	有效圈长度 H_{Lb} /mm	试验载荷下变形量 f_s/mm	弹簧刚度 k/N·mm^{-1}	弹簧单件质量 m /10^{-3}kg
0.5	3	1.6	14.4	4.6	4.6	2.77	0.14	5.8	5.9	2.18	0.17	6.6	5.3	1.87	0.20
	3.5	1.2	12.3		6.4	1.74	0.16		8.1	1.37	0.20		9.8	1.18	0.23
	4	0.9	10.8		8.5	1.17	0.18		10.8	0.92	0.23		15.7	0.79	0.26
	5	0.6	8.6		13.3	0.60	0.23		17	0.47	0.28		22.9	0.40	0.33
	6	0.4	7.2		19.4	0.35	0.27		25.2	0.27	0.34		31.5	0.23	0.40
0.6	3	3.3	23.9	5.6	3.6	5.75	0.21	6.9	4.6	4.51	0.26	7.9	5.3	3.87	0.30
	4	1.9	17.9		6.6	2.42	0.29		8.4	1.90	0.35		9.8	1.63	0.39
	5	1.2	14.3		10.6	1.24	0.36		13.4	0.975	0.44		15.7	0.836	0.50
	6	0.8	11.9		15.5	0.718	0.43		19.7	0.564	0.52		22.9	0.484	0.69
	7	0.6	10.2		21.2	0.452	0.50		27	0.355	0.61		31.5	0.305	0.69
0.8	4	5.9	40.4	7.4	4.5	7.66	0.51	9.2	5.7	6.02	0.62	10.6	6.7	5.16	0.71
	5	3.8	32.3		7.3	3.92	0.63		9.3	3.08	0.78		10.8	2.64	0.88
	6	2.6	26.9		10.7	2.27	0.76		13.7	1.78	0.93		15.9	1.53	1.06
	8	1.5	20.2		19.6	0.952	0.94		24.9	0.752	1.16		29	0.645	1.33
	9	1.2	18.0		25	0.673	1.05		31.8	0.528	1.30		37.1	0.453	1.50
1.0	5	9.2	61.5	9.3	5.5	9.58	0.99	11.5	7	7.52	1.21	13.3	8.1	6.45	1.38
	6	6.4	51.3		8.1	5.54	1.19		10.3	4.35	1.45		12	3.73	1.66
	7	4.7	44.0		11.3	3.49	1.39		14.3	2.74	1.69		16.7	2.35	1.93
	8	3.6	38.5		14.9	2.34	1.59		19	1.84	1.94		22.2	1.57	2.21
	10	2.3	30.8		23.8	1.20	1.99		30.3	0.940	2.42		35.4	0.806	2.76
	12	1.6	25.6		34.6	0.693	2.38		44.1	0.544	2.91		51.4	0.467	3.31
1.2	6	13.3	86.4	11.1	6.4	11.5	1.72	13.8	8.1	9.03	2.09	15.9	9.4	7.74	2.38
	7	9.8	74.0		8.9	7.24	2.00		11.3	5.69	2.44		13.2	4.87	2.78
	8	7.5	64.8		11.8	4.85	2.29		15	3.81	2.79		17.6	3.26	3.18
	10	4.8	51.8		19	2.48	2.86		19.5	2.41	2.93		28.1	1.67	3.97
	12	3.3	43.2		27.7	1.44	3.43		35.3	1.13	4.18		41.3	0.967	4.77
	14	2.4	37.0		38.2	0.905	4.00		48.7	0.711	4.88		56.8	0.609	5.56
1.6	8	23.6	145	14.8	7.9	15.3	4.07	18.4	10.1	12.0	4.96	21.2	11.8	10.3	5.65
	10	15.1	116		12.9	7.84	5.08		16.4	6.16	6.20		19.1	5.28	7.07
	12	10.5	97.0		19.1	4.54	6.10		24.2	3.57	7.44		28.3	3.06	8.48
	14	7.7	83.1		26.4	2.86	7.12		33.5	2.25	8.68		39.1	1.93	9.89
	16	5.9	72.7		34.8	1.92	8.13		44.5	1.50	9.92		51.8	1.29	11.3
	18	4.7	64.7		44.4	1.35	9.15		56.6	1.06	11.2		66.2	0.906	12.7
2.0	10	37.0	215	18.5	9.3	19.2	7.94	23.0	11.9	15.9	9.68	26.5	13.8	12.9	11.0
	12	25.7	179		13.8	11.1	9.53		17.6	8.71	11.6		20.5	7.46	13.3
	14	18.8	153		19.2	6.98	11.1		2.45	5.48	13.6		28.6	4.70	15.5
	16	14.4	134		25.6	4.68	12.7		32.6	3.67	15.5		38	3.15	17.7
	18	11.4	119		32.8	3.28	14.3		41.7	2.58	17.4		48.7	2.21	19.9
	20	9.2	107		40.9	2.39	15.9		52	1.88	19.4		60.7	1.61	22.1
2.5	12	62.7	339	23.1	10.2	27.1	14.9	28.8	13	21.3	18.2	33.1	15.2	18.2	20.7
	14	46.1	291		14.4	17.0	17.4		18.3	13.4	21.2		21.3	11.5	24.2
	16	35.3	255		19.3	11.4	19.9		24.5	8.97	24.2		28.6	7.69	27.6
	18	27.9	226		24.7	8.02	22.3		31.4	6.30	27.2		36.7	5.40	31.1
	20	22.6	204		31.1	5.84	24.8		39.5	4.59	30.3		46	3.94	34.5
	25	14.4	163		49.7	2.99	31.0		63.2	2.35	37.8		73.6	2.02	43.1

（续）

簧丝直径 d /mm	弹簧中径 D /mm	初拉力 F_0 /N	试验载荷 F_s/N	有效圈数 n											
				15.5				18.25				20.5			
				有效圈长度 H_{Lb} /mm	试验载荷下变形量 f_s/mm	弹簧刚度 k/N·mm^{-1}	弹簧单件质量 m /10^{-3}kg	有效圈长度 H_{Lb} /mm	试验载荷下变形量 f_s/mm	弹簧刚度 k/N·mm^{-1}	弹簧单件质量 m /10^{-3}kg	有效圈长度 H_{Lb} /mm	试验载荷下变形量 f_s/mm	弹簧刚度 k/N·mm^{-1}	弹簧单件质量 m /10^{-3}kg
0.5	3	1.6	14.4	8.3	8.7	1.47	0.25	9.6	10.2	1.25	0.29	10.7	11.4	1.12	0.33
	3.5	1.2	12.3		11.9	0.929	0.30		14.1	0.789	0.34		15.8	0.702	0.38
	4	0.9	10.8		15.9	0.622	0.34		18.8	0.528	0.39		21.1	0.470	0.44
	5	0.6	8.6		25.1	0.319	0.42		29.5	0.271	0.49		33.2	0.241	0.55
	6	0.4	7.2		37	0.184	0.51		43.3	0.157	0.59		48.9	0.139	0.65
0.6	3	3.3	23.9	9.9	6.7	3.06	0.37	11.6	7.9	2.60	0.42	12.9	8.9	2.31	0.47
	4	1.9	17.9		12.4	1.29	0.49		14.5	1.10	0.57		16.4	0.975	0.63
	5	1.2	14.3		19.8	0.661	0.61		23.4	0.561	0.71		26.3	0.499	0.78
	6	0.8	11.9		29.1	0.382	0.73		34.2	0.325	0.85		38.4	0.289	0.94
	7	0.6	10.2		39.8	0.241	0.85		47.1	0.204	0.99		52.7	0.182	1.10
0.8	4	5.9	40.4	13.2	8.5	4.08	0.87	15.4	10	3.46	1.00	17.2	11.2	3.08	1.12
	5	3.8	32.3		13.6	2.09	1.08		16.1	1.77	1.26		18	1.58	1.39
	6	2.6	26.9		20.1	1.21	1.30		23.6	1.03	1.51		26.6	0.913	1.69
	8	1.5	20.2		36.7	0.510	1.74		43.2	0.433	2.01		48.6	0.385	2.23
	9	1.2	18.0		46.9	0.358	1.95		55.3	0.304	2.26		62	0.271	2.51
1.0	5	9.2	61.5	16.5	10.3	5.10	1.69	19.3	12.1	4.33	1.96	21.5	13.6	3.85	2.18
	6	6.4	51.3		15.2	2.95	2.03		17.9	2.51	2.35		25.1	1.79	3.20
	7	4.7	44.0		21.1	1.86	2.37		24.9	1.58	2.75		28.1	1.40	3.05
	8	3.6	38.5		28.1	1.24	2.71		32.9	1.06	3.14		37.1	0.941	3.49
	10	2.3	30.8		44.7	0.637	3.39		52.7	0.541	3.92		59.1	0.482	4.36
	12	1.6	25.6		65	0.369	4.07		76.7	0.313	4.71		86	0.279	5.23
1.2	6	13.3	86.4	19.8	11.9	6.12	2.93	23.1	14.1	5.19	3.39	25.8	15.8	4.62	3.77
	7	9.8	74.0		16.7	3.85	3.42		19.6	3.27	3.95		21.8	2.95	4.34
	8	7.5	64.8		22.2	2.58	3.90		26.2	2.19	4.52		29.4	1.95	5.02
	10	4.8	51.8		35.6	1.32	4.88		42	1.12	5.65		47	0.999	6.28
	12	3.3	43.2		52.2	0.765	5.86		61.5	0.649	6.78		69	0.578	7.53
	14	2.4	37.0		71.9	0.481	6.83		84.6	0.409	7.91		95.1	0.364	8.79
1.6	8	23.6	145	26.4	14.9	8.15	6.94	30.8	17.5	6.93	8.03	34.4	19.7	6.17	8.93
	10	15.1	116		24.1	4.18	8.68		28.4	3.55	10.0		31.9	3.16	11.2
	12	10.5	97.0		35.7	2.42	10.4		42.2	2.05	12.1		47.3	1.83	13.4
	14	7.7	83.1		49.6	1.52	12.2		58.4	1.29	14.1		65.6	1.15	15.6
	16	5.9	72.7		65.5	1.02	13.9		77.1	0.866	16.1		86.6	0.771	17.9
	18	4.7	64.7		83.8	0.716	15.6		98.7	0.608	18.1		110.9	0.541	20.1
2.0	10	37.0	215	33.0	17.5	10.20	13.6	38.5	20.6	8.66	15.7	43.0	23.1	7.71	17.4
	12	25.7	179		26	5.90	16.3		30.6	5.01	18.8		34.4	4.46	20.9
	14	18.8	153		36.2	3.71	19.0		42.5	3.16	22.0		47.8	2.81	24.4
	16	14.4	134		48	2.49	21.7		56.7	2.11	25.1		63.6	1.88	27.9
	18	11.4	119		61.5	1.75	24.4		72.7	1.48	28.2		81.5	1.32	31.4
	20	9.2	107		77	1.27	27.1		90.6	1.08	31.4		101.6	0.963	34.9
2.5	12	62.7	339	41.3	19.2	14.4	25.4	48.1	22.6	12.2	29.4	53.8	25.3	10.9	32.7
	14	46.1	291		27	9.07	29.7		31.8	7.70	34.3		35.7	6.86	38.1
	16	35.3	255		36.1	6.08	33.9		42.6	5.16	39.2		47.9	4.59	43.6
	18	27.9	226		46.4	4.27	38.1		54.7	3.62	44.1		61.3	3.23	49.0
	20	22.6	204		58.3	3.11	42.4		68.7	2.64	49.0		77.2	2.35	54.5
	25	14.4	163		128.1	11.59	53.0		110.1	1.35	61.3		123.8	1.20	68.1

（续）

簧丝直径 d /mm	弹簧中径 D /mm	初拉力 F_0 /N	试验载荷 F_s/N	有效圈数 n											
				25.5				30.25				40.5			
				有效圈长度 H_{Lb} /mm	试验载荷下变形量 f_s/mm	弹簧刚度 k/N·mm^{-1}	弹簧单件质量 m /10^{-3}kg	有效圈长度 H_{Lb} /mm	试验载荷下变形量 f_s/mm	弹簧刚度 k/N·mm^{-1}	弹簧单件质量 m /10^{-3}kg	有效圈长度 H_{Lb} /mm	试验载荷下变形量 f_s/mm	弹簧刚度 k/N·mm^{-1}	弹簧单件质量 m /10^{-3}kg
0.5	3	1.6	14.4	13.2	14.3	0.896	0.40	15.6	19.8	0.648	0.54	20.8	22.7	0.564	0.62
	3.5	1.2	12.3		19.6	0.565	0.47		27.2	0.408	0.63		31.3	0.355	0.72
	4	0.9	10.8		26.2	0.378	0.53		36.1	0.274	0.72		41.6	0.238	0.82
	5	0.6	8.6		41.2	0.194	0.67		57.1	0.140	0.90		65.6	0.122	1.03
	6	0.4	7.2		60.7	0.112	0.80		83.8	0.081	1.08		96.3	0.0706	1.23
0.6	3	3.3	23.9	15.9	11.1	1.86	0.58	18.8	13.1	1.570	0.68	24.9	17.6	1.17	0.89
	4	1.9	17.9		20.4	0.784	0.77		24.2	0.661	0.90		32.4	0.494	1.19
	5	1.2	14.3		32.6	0.402	0.96		38.8	0.338	1.12		51.8	0.253	1.48
	6	0.8	11.9		47.8	0.232	1.15		56.6	0.196	1.35		76.0	0.146	1.78
	7	0.6	10.2		65.8	0.146	1.35		78.0	0.123	1.57		104.3	0.1092	2.07
0.8	4	5.9	40.4	21.2	13.9	2.48	1.36	25.0	16.5	2.09	1.60	33.2	22.1	1.56	2.11
	5	3.8	32.3		22.4	1.27	1.70		26.6	1.07	2.00		35.7	0.799	2.63
	6	2.6	26.9		33.1	0.734	1.98		39.3	0.619	2.34		52.6	0.462	3.10
	8	1.5	20.2		60.3	0.310	2.64		71.6	0.261	3.11		95.9	0.195	4.13
	9	1.2	18.0		77.1	0.218	2.98		91.8	0.183	3.50		122.6	0.137	4.65
1.0	5	9.2	61.5	26.5	16.9	3.10	2.66	31.3	20.0	2.61	3.12	41.5	26.8	1.95	4.12
	6	6.4	51.3		25.1	1.79	3.20		29.7	1.51	3.75		39.7	1.13	4.94
	7	4.7	44.0		34.8	1.13	3.73		41.3	0.952	4.37		55.3	0.711	5.76
	8	3.6	38.5		46.2	0.756	4.26		54.7	0.638	5.00		73.3	0.476	6.59
	10	2.3	30.8		73.6	0.387	5.33		87.4	0.326	6.25		116.8	0.244	8.22
	12	1.6	25.6		107.1	0.224	6.39		127.0	0.189	7.50		170.2	0.141	9.88
1.2	6	13.3	86.4	31.8	19.7	3.72	4.60	37.5	23.4	3.13	5.40	49.8	31.2	2.34	7.11
	7	9.8	74.0		27.4	2.34	5.37		32.6	1.97	6.30		43.7	1.47	8.30
	8	7.5	64.8		36.5	1.57	6.14		43.4	1.32	7.20		58.0	0.988	9.48
	10	4.8	51.8		58.5	0.803	7.67		69.4	0.677	9.00		92.9	0.506	11.9
	12	3.3	43.2		85.8	0.465	9.20		101.8	0.392	10.8		136.2	0.293	14.2
	14	2.4	37.0		118.1	0.293	10.7		140.1	0.247	12.6		188	0.184	16.6
1.6	8	23.6	145	42.4	24.5	4.96	10.9	50.0	29.0	4.18	12.8	66.4	38.9	3.12	16.9
	10	15.1	116		39.7	2.54	13.6		47.1	2.14	16.0		63.1	1.60	21.1
	12	10.5	97.0		58.8	1.47	16.4		69.8	1.24	19.2		93.5	0.925	25.3
	14	7.7	83.1		81.5	0.925	19.1		96.7	0.780	22.4		129.6	0.582	29.5
	16	5.9	72.7		107.7	0.620	21.8		128	0.522	25.6		171.3	0.390	33.7
	18	4.7	64.7		137.9	0.435	24.6		163.5	0.367	28.8		219	0.274	37.9
2.0	10	37.0	215	53.0	28.7	6.20	21.3	62.5	34.1	5.22	25.0	83	45.6	3.90	32.9
	12	25.7	179		42.7	3.59	25.6		50.8	3.02	30.0		67.8	2.26	39.5
	14	18.8	153		59.4	2.26	29.8		70.6	1.90	35.0		94.5	1.42	46.1
	16	14.4	134		79.2	1.51	34.1		93.4	1.28	40.0		125.6	0.952	52.7
	18	11.4	119		101.5	1.06	38.4		120.1	0.896	45.0		160.8	0.669	59.3
	20	9.2	107		126.2	0.775	42.6		149.8	0.653	50.0		200.4	0.488	65.9
2.5	12	62.7	339	66.3	31.6	8.75	40.0	78.1	37.4	7.38	46.9	103.8	50.1	5.51	61.7
	14	46.1	291		44.4	5.51	46.6		52.7	4.65	54.7		70.6	3.47	72.0
	16	35.3	255		59.5	3.69	53.3		70.6	3.11	62.5		94.3	2.33	82.3
	18	27.9	226		76.5	2.59	59.9		90.5	2.19	70.3		121.5	1.63	92.6
	20	22.6	204		96.0	1.89	66.6		114.1	1.59	78.1		152.4	1.19	103
	25	14.4	163		153.5	0.968	83.2		182.1	0.816	92.6		243.6	0.610	129

（续）

簧丝直径 d /mm	弹簧中径 D /mm	初拉力 F_0 /N	试验载荷 F_s/N	有效圈数 n											
				8.25				10.5				12.25			
				有效圈长度 H_{Lb} /mm	试验载荷下变形量 f_s/mm	弹簧刚度 k/N · mm^{-1}	弹簧单件质量 m /10^{-3}kg	有效圈长度 H_{Lb} /mm	试验载荷下变形量 f_s/mm	弹簧刚度 k/N · mm^{-1}	弹簧单件质量 m /10^{-3}kg	有效圈长度 H_{Lb} /mm	试验载荷下变形量 f_s/mm	弹簧刚度 k/N · mm^{-1}	弹簧单件质量 m /10^{-3}kg
3.0	14	95.6	475	27.8	10.7	35.3	23.0	34.5	13.6	27.8	28.5	39.8	15.9	23.8	32.8
	16	73.2	416		14.5	23.7	28.6		18.4	18.6	34.9		21.6	15.9	39.8
	18	57.8	370		18.8	16.6	32.2		23.8	13.1	39.2		27.9	11.2	44.7
	20	46.8	333		23.7	12.1	35.7		30.1	9.52	43.7		35.1	8.16	49.7
	22	38.7	303		29	9.11	39.3		37	7.15	47.9		43.1	6.13	54.7
	25	29.9	266		38	6.21	44.7		48.4	4.88	54.5		56.5	4.18	62.1
3.5	18	107	587	32.4	15.6	30.8	43.8	40.3	19.8	24.2	53.4	46.4	23.2	20.7	60.9
	20	86.8	528		19.6	22.5	48.6		25.1	17.6	59.3		29.2	15.1	67.6
	22	71.7	480		24.2	16.9	53.5		30.7	13.3	65.3		35.8	11.4	74.4
	25	55.5	423		32	115	60.8		40.7	9.03	74.2		47.5	7.74	84.5
	28	44.2	377		40.7	8.18	68.1		51.8	6.43	83.1		60.4	5.51	94.7
	35	28.4	302		65.3	4.19	85.1		83.2	3.29	104		97	2.82	118
4.0	22	123	694	37.0	19.8	28.8	69.9	46	25.3	22.6	85.2	53.0	29.4	19.4	97.2
	25	94.7	611		26.3	19.6	79.4		33.5	15.4	96.9		39.1	13.2	110
	28	75.4	545		33.5	14.0	89.0		42.7	11.0	109		50	9.40	124
	32	57.8	477		44.8	9.35	102		57	7.35	124		66.5	6.30	141
	35	48.3	436		54.2	7.15	111		69	5.62	136		80.6	4.81	155
	40	37.0	382		72	4.79	127		91.8	3.76	155		107.1	3.22	177
	45	29.2	339		92.2	3.36	143		118.7	2.61	174		137.1	2.26	199
4.5	25	152	870	41.6	15.6	46.1	101	51.8	29.1	24.7	123	59.6	33.9	21.2	140
	28	121	777		29.3	22.4	113		37.3	17.6	137		43.4	15.1	157
	32	92.6	680		39.2	15.0	129		49.8	11.8	157		58.2	10.1	179
	35	77.4	621		47.7	11.4	141		60.5	8.99	172		70.5	7.71	196
	40	62.8	544		62.7	7.67	161		79.8	6.03	196		93.1	5.17	224
	45	46.8	483		80.9	5.39	181		103.1	4.23	221		120.2	3.63	252
	50	37.9	435		101	3.93	201		128.5	3.09	245		150.4	2.62	280
5.0	25	232	1154	46.3	19.2	47.9	124	57.5	24.5	37.6	151	66.3	28.6	32.2	173
	28	184	1030		24.8	34.1	139		31.6	26.8	170		36.8	23.0	193
	32	141	902		33.4	22.8	159		42.5	17.9	194		49.4	15.4	221
	35	118	824		40.6	17.4	174		51.5	13.7	212		59.8	11.8	242
	40	90.3	721		53.9	11.7	199		68.7	9.18	242		80.1	7.87	276
	45	71.3	641		69.4	8.21	223		88.3	6.45	272		103	5.53	311
	55	47.8	525		106	4.50	273		135.2	3.53	333		157.5	3.03	380
6.0	32	292	1505	55.5	25.6	47.3	228	69	32.6	37.2	279	79.5	38	31.9	318
	35	244	1376		31.3	36.2	250		39.9	28.4	281		46.4	24.4	348
	40	187	1204		42	24.2	286		53.5	19	349		62.4	16.3	398
	45	148	1070		54.2	17	322		68.8	13.4	392		80.2	11.5	447
	50	120	963		68	12.4	357		86.5	9.75	436		100.8	8.36	497
	60	83.2	803		100.3	7.18	429		127.6	5.64	523		148.7	4.84	596
	70	61.1	688		138.7	4.52	500		176.6	3.55	610		205.5	3.05	696
8.0	40	592	2753	132	28.2	76.6	508	54	35.9	60.2	620	172	41.9	51.6	707
	45	468	2447		36.8	53.8	572		46.8	42.3	697		55.7	35.5	809
	50	379	2203		46.5	39.2	635		59.2	30.8	775		70.4	25.9	899
	55	313	2002		57.3	29.5	699		72.8	23.2	852		87.1	19.4	989
	60	263	1835		69.3	22.7	762		88.3	17.8	930		102.7	15.3	1060
	70	193	1573		96.5	14.3	890		123.2	11.2	1080		143.3	9.63	1240
	80	148	1377		128.3	9.58	1020		163.4	7.52	1240		190.5	6.45	1410

（续）

簧丝直径 d /mm	弹簧中径 D /mm	初拉力 F_0 /N	试验载荷 F_s/N	有效圈数 n											
				15.5				18.25				20.5			
				有效圈长度 H_{Lb} /mm	试验载荷下变形量 f_s/mm	弹簧刚度 k/N · mm^{-1}	弹簧单件质量 m /10^{-3}kg	有效圈长度 H_{Lb} /mm	试验载荷下变形量 f_s/mm	弹簧刚度 k/N · mm^{-1}	弹簧单件质量 m /10^{-3}kg	有效圈长度 H_{Lb} /mm	试验载荷下变形量 f_s/mm	弹簧刚度 k/N · mm^{-1}	弹簧单件质量 m /10^{-3}kg
3.0	14	95.6	475	49.5	20.2	18.8	40.7	57.8	23.7	16.0	47.4	64.5	26.7	14.2	54.9
	16	73.2	416		27.2	12.6	48.8		32	10.7	56.5		36	9.53	62.8
	18	57.8	370		35.3	8.85	54.9		41.5	7.52	63.5		46.7	6.69	70.6
	20	46.8	333		44.4	6.45	61.0		52.2	5.48	70.5		58.6	4.88	78.5
	22	38.7	303		54.5	4.85	67.1		64.2	4.12	77.7		72.2	3.66	86.3
	25	29.9	266		71.5	3.30	76.3		84	2.81	88.3		94.4	2.50	98.1
3.5	18	107	587	57.8	29.3	16.4	74.7	67.4	34.5	13.9	86.5	75.3	38.7	12.4	96.1
	20	86.8	528		36.8	12.0	83.1		43.7	10.1	96.1		48.8	9.04	107
	22	71.7	480		45.5	8.98	91.4		53.5	7.63	106		60.1	6.79	118
	25	55.5	423		60	6.12	103		70.7	5.20	120		79.4	4.63	134
	28	44.2	377		76.3	4.36	116		89.9	3.70	135		101.2	3.29	150
	35	28.4	302		122.7	2.23	145		144.8	1.89	168		161.9	1.69	187
4.0	22	123	694	66	37.3	15.3	119	77.0	43.9	13.0	138	86.0	49.2	11.6	153
	25	94.7	611		49.6	10.4	136		58.2	8.87	157		65.4	7.89	174
	28	75.4	545		63.2	7.43	152		74.4	6.31	176		83.6	5.62	195
	32	57.8	477		84.2	4.98	174		99.1	4.23	201		111.5	3.76	223
	35	48.3	436		102	3.80	190		120	3.23	220		134.6	2.88	244
	40	37.0	382		135.3	2.55	217		159.7	2.16	251		178.8	1.93	279
	45	29.2	339		173.1	1.79	244		203.8	1.52	282		229.5	1.35	314
4.5	25	152	870	74.3	43	16.7	172	86.6	50.6	14.2	199	96.8	57	12.6	221
	28	121	777		55.1	11.9	192		65	10.1	222		72.9	9.00	247
	32	92.6	680		73.7	7.97	220		86.8	6.77	254		97.4	6.03	282
	35	77.4	621		89.3	6.09	240		104.9	5.18	278		117.9	4.61	309
	40	62.8	544		117.9	4.08	275		138.7	3.47	318		155.7	3.09	353
	45	46.8	483		152	2.87	309		179.5	2.43	357		201	2.17	397
	50	37.9	435		190	2.09	343		223.1	1.78	397		251.3	1.58	441
5.0	25	232	1154	82.5	36.2	25.5	212	96.3	42.7	21.6	245	107.5	47.8	19.3	272
	28	184	1030		46.7	18.1	237		54.9	15.4	275		61.8	13.7	305
	32	141	902		62.4	12.2	271		73.9	10.3	314		82.8	9.19	349
	35	118	824		76	9.29	297		89.5	7.89	343		100.6	7.02	381
	40	90.3	721		101.4	6.22	339		119.5	5.28	392		134.2	4.70	436
	45	71.3	641		130.4	4.37	381		153.6	3.71	441		172.6	3.30	490
	55	47.8	525		199.7	2.39	466		235.1	2.03	539		263.6	1.81	599
6.0	32	292	1505	99.0	48.1	25.2	391	116	56.7	21.4	452	129	63.5	19.1	502
	35	244	1376		58.7	19.3	427		69	16.4	494		77.5	14.6	549
	40	187	1204		78.8	12.9	488		92.5	11.0	565		104.3	9.75	628
	45	148	1070		101.8	9.06	549		119.7	7.70	635		134.6	6.85	706
	50	120	963		126.4	6.67	610		150.3	5.61	706		168.9	4.99	785
	60	83.2	803		188.4	3.82	732		221.5	3.25	847		249.1	2.89	941
	70	61.1	688		260.1	2.41	854		307.3	2.04	989		344.5	1.82	1100
8.0	40	592	2753	132	53	40.8	868	154	62.5	34.6	1000	172	70.2	30.8	1120
	45	468	2447		69.2	28.6	976		81.4	24.3	1130		91.2	21.7	1260
	50	379	2203		87.3	20.9	1080		103.1	17.7	1260		115.4	15.8	1390
	55	313	2002		107.6	15.7	1190		127	13.3	1380		141.9	11.9	1530
	60	263	1835		129.9	12.1	1300		152.6	10.3	1510		172.2	9.13	1670
	70	193	1573		181.3	7.61	1520		213.6	6.46	1760		240	5.75	1950
	80	148	1377		241	5.10	1740		283.8	4.33	2010		319.2	3.85	2230

（续）

簧丝直径 d /mm	弹簧中径 D /mm	初拉力 F_0 /N	试验载荷 F_s/N	有效圈数 n 25.5 有效圈长度 H_{Lb} /mm	25.5 试验载荷下变形量 f_s/mm	25.5 弹簧刚度 k/N·mm^{-1}	25.5 弹簧单件质量 m /10^{-3}kg	30.25 有效圈长度 H_{Lb} /mm	30.25 试验载荷下变形量 f_s/mm	30.25 弹簧刚度 k/N·mm^{-1}	30.25 弹簧单件质量 m /10^{-3}kg	40.5 有效圈长度 H_{Lb} /mm	40.5 试验载荷下变形量 f_s/mm	40.5 弹簧刚度 k/N·mm^{-1}	40.5 弹簧单件质量 m /10^{-3}kg
3.0	14	95.5	475	79.5	33.3	11.4	67.1	93.8	39.4	9.64	78.7	124.5	52.7	7.20	104
	16	73.2	416		44.8	7.66	76.7		53.1	6.46	90.0		71.1	4.82	119
	18	57.8	370		58	5.38	86.3		68.9	4.53	101		92.1	3.39	133
	20	46.8	333		73	3.92	95.9		86.5	3.31	112		115.9	2.47	148
	22	38.7	303		89.6	2.95	106		106.6	2.48	124		142.9	1.85	163
	25	29.9	266		117.5	2.01	120		139.7	1.69	141		187.4	1.26	185
3.5	18	107	587	92.8	48.2	9.96	118	109.4	57.1	8.40	138	145.3	76.6	6.27	182
	20	86.8	528		60.8	7.26	131		72.1	6.12	153		96.5	4.57	202
	22	71.7	480		74.8	5.46	144		88.8	4.60	168		118.7	3.44	222
	25	55.5	423		98.8	3.72	163		117	3.14	191		157.1	2.34	252
	28	44.2	377		125.6	2.65	183		149.2	2.23	214		199.3	1.67	282
	35	28.4	302		201.2	1.36	228		240	1.14	268		320.8	0.853	353
4.0	22	123	694	106	61.3	9.31	188	125.0	72.7	7.85	220	166.0	97.4	5.86	290
	25	94.7	611		81.4	6.34	213		96.5	5.35	250		129.4	3.99	329
	28	75.4	545		103.9	4.52	239		123.3	3.81	280		165.4	2.84	369
	32	57.8	477		138.3	3.03	273		164.4	2.55	320		220.6	1.90	422
	35	48.3	436		167.8	2.31	298		198.8	1.95	350		265.5	1.46	461
	40	37.0	382		222.6	1.55	341		263.4	1.31	400		353.8	0.975	527
	45	29.2	339		284.2	1.09	384		337.8	0.917	450		452.3	0.685	593
4.5	25	152	870	119.3	70.4	10.2	270	140.6	83.8	8.57	316	186.8	112.2	6.40	417
	28	121	777		90.7	7.23	302		107.5	6.10	354		144.2	4.55	467
	32	92.6	680		121.1	4.85	345		143.6	4.09	405		192.6	3.05	534
	35	77.4	621		146.9	3.70	378		174.2	3.12	443		233.3	2.33	584
	40	62.8	544		194	2.48	432		230.2	2.09	506		308.5	1.56	666
	45	46.8	483		250.7	1.74	485		296.7	1.47	569		396.5	1.10	750
	50	37.9	435		312.7	1.27	539		371.1	1.07	633		496.4	0.800	834
5.0	25	232	1154	132.5	59.5	15.5	333	156.3	70.4	13.1	390	207.5	94.6	9.75	515
	28	184	1030		76.9	11.0	373		91.1	9.29	437		121.9	6.94	576
	32	141	902		103	7.39	426		122.2	6.23	500		163.7	4.65	659
	35	118	824		125	5.65	466		148.3	4.76	547		198.9	3.55	720
	40	90.3	721		166.9	3.78	533		197.7	3.19	625		265	2.38	823
	45	71.3	641		214.2	2.66	599		243.5	2.34	703		341.1	1.67	926
	55	47.8	525		329.1	1.45	732		388	1.23	859		521	0.916	1130
6.0	32	292	1505	159	79.3	15.3	614	188	94	12.9	720	249	125.8	9.64	948
	35	244	1376		96.8	11.7	671		114.7	9.87	787		153.6	7.37	1040
	40	187	1204		129.7	7.84	767		153.9	6.61	900		205.9	4.94	1190
	45	148	1070		167.3	5.51	863		198.7	4.64	1010		265.7	3.47	1330
	50	120	963		209.7	4.02	959		249.4	3.38	1120		333.2	2.53	1480
	60	83.2	803		310.3	2.32	1150		367.2	1.96	1350		493	1.46	1780
	70	61.1	688		429.4	1.46	1340		509.7	1.23	1570		680.7	0.921	2070

（续）

簧丝直径 d /mm	弹簧中径 D /mm	初拉力 F_0 /N	试验载荷 F_s/N	有效圈数 n											
				25.5				30.25				40.5			
				有效圈长度 H_{Lb} /mm	试验载荷下变形量 f_s/mm	弹簧刚度 k/N·mm^{-1}	弹簧单件质量 m /10^{-3}kg	有效圈长度 H_{Lb} /mm	试验载荷下变形量 f_s/mm	弹簧刚度 k/N·mm^{-1}	弹簧单件质量 m /10^{-3}kg	有效圈长度 H_{Lb} /mm	试验载荷下变形量 f_s/mm	弹簧刚度 k/N·mm^{-1}	弹簧单件质量 m /10^{-3}kg
	40	592	2753		87.1	24.8	1360		103.4	20.9	1600		138.5	15.6	2110
	45	468	2447		113.7	17.4	1530		134.6	14.7	1800		181.6	10.9	2370
	50	379	2203		143.6	12.7	1700		170.5	10.7	2000		228.3	7.99	2630
8.0	55	313	2002	212	177.2	9.53	1880	250	210.1	8.04	2200	332	281.5	6.00	2900
	60	263	1835		214.2	7.34	2050		254	6.19	2400		340.3	4.62	3160
	70	193	1573		298.7	4.62	2390		353.8	3.90	2800		474.2	2.91	3690
	80	148	1377		396.5	3.10	2730		470.9	2.61	3200		630.3	1.95	4210

注：1. 表中所列 F_0 值，不作为考核项目。

2. 质量 m 为近似值，仅供参考。表中的数值是按 LⅢ及 LⅣ型弹簧的计算结果，对 LⅠ型弹簧，该数据略有偏大，如需精确估算，请按表 16.2-20 计算。

4.3　弹簧强度校核

4.3.1　疲劳强度校核

拉伸弹簧的疲劳强度校核与压缩弹簧相同，按本章 3.3 节进行。

4.3.2　钩环强度校核

拉伸弹簧在承受拉伸载荷时，在图 16.2-10 所示钩环的 A、B 两处将承受较大的弯曲应力 σ 和切应力 τ，建议钩环的折弯曲率半径 r_2 和 $r_4 \geqslant 2d$。对重要的弹簧，按式（16.2-11）和式（16.2-12）校核。

$$\sigma=\frac{16FD}{\pi d^3}\cdot\frac{r_1}{r_2}\leqslant[\sigma] \qquad (16.2\text{-}11)$$

$$\tau=\frac{8FD}{\pi d^3}\cdot\frac{r_3}{r_4}\leqslant[\tau] \qquad (16.2\text{-}12)$$

式中，r_1、r_2、r_3、r_4 分别见图 16.2-10。$[\sigma]=(0.50\sim0.60)R_m$。

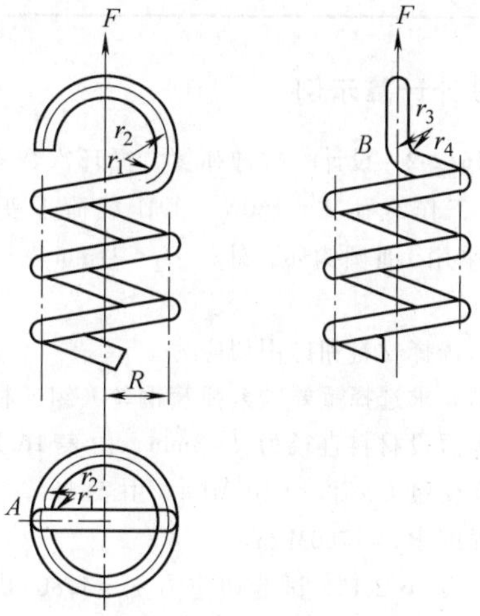

图 16.2-10　拉伸弹簧钩环结构图

4.4　圆柱螺旋拉伸弹簧拉力调整结构

常见圆柱螺旋拉伸弹簧拉力调整结构型式见表 16.2-22。

表 16.2-22　常见圆柱螺旋拉伸弹簧拉力调整结构型式

结构类型	使用说明	结构类型	使用说明
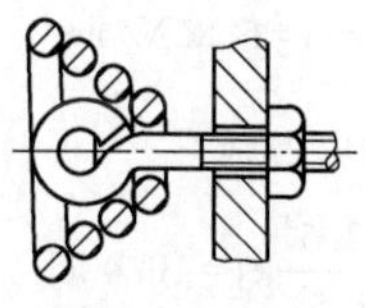 螺杆调整拉力的结构	弹簧端部做成圆锥闭合型，插入带环的螺杆，旋转螺母即可调整弹簧的拉力	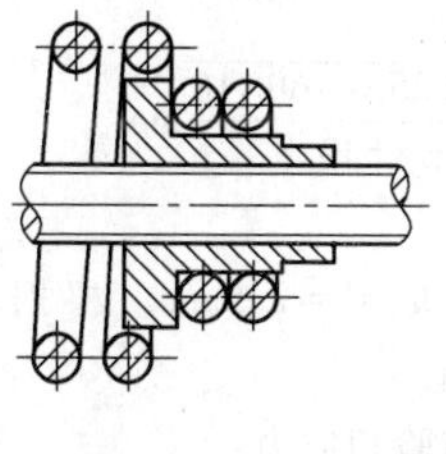 支承座为螺母的调整拉力的结构	弹簧安装在带有凸肩的螺母上，弹簧端部两圈的直径比正常直径小，以便固定，旋转螺母即可调整弹簧的拉力

（续）

结构类型	使用说明	结构类型	使用说明
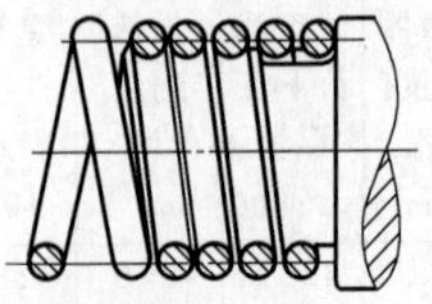 旋塞式调整结构	在螺旋拉杆上加工油螺旋槽，将拉杆旋入弹簧端部，转动拉杆即可调整弹簧的拉力	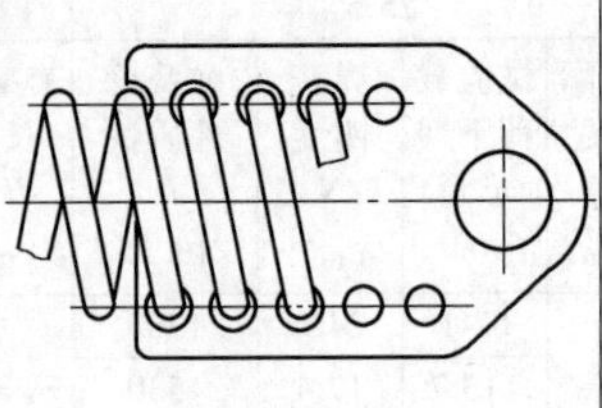 挂板式调整结构	在薄钢板上钻有两排圆孔；弹簧端部都旋入钢板孔内3~4圈，靠旋入钢板孔内圈数的多少来调整弹簧的拉力
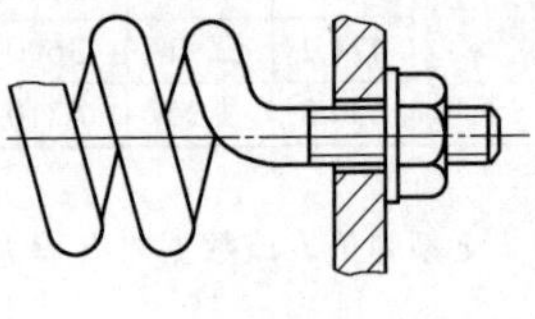 直尾式调整结构	将弹簧端部做成直的，并加工出螺纹形成螺杆，旋转螺杆端的螺母即可调整弹簧的拉力	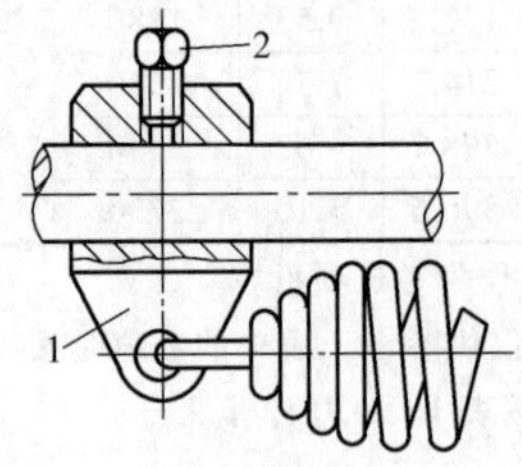 滑块式调整结构	弹簧端部挂在滑块1的圆孔内，滑块可以沿着导杆移动，当滑块移到合适的位置时，可以用紧固螺钉2将其固定。调整滑块的位置可以调整弹簧的拉力

4.5　设计计算示例

例16.2-2　设计一拉伸弹簧，循环次数 $N=1.0\times10^5$ 次。工作载荷 $F=160$N，工作载荷下变形量为22mm，采用LⅢ圆钩环，外径 $D_2=21$mm。

解：

（1）选择材料和许用切应力

根据要求选择重要碳素弹簧钢丝F组。根据工作载荷初步假设材料直径为 $d=3$mm，由表16.2-4查得材料切变模量 $G=78.5\times10^3$MPa。由表16.2-7查得材料抗拉强度 $R_m=1780$MPa。

根据表16.2-12，试验切应力 $\tau_s=1780\times0.4$MPa $=712$MPa；许用切应力 $[\tau]=1780\times0.36$MPa $=640.8$MPa。

（2）材料直径

根据设计要求，弹簧外径 $D_2=21$mm，则 $D=D_2-d=(21-3)$mm $=18$mm，从而计算其旋绕比：

$$C=\frac{D}{d}=\frac{18}{3}=6$$

根据表16.2-19中式计算曲度系数 $K=1.253$，可得

$$d\geqslant\sqrt[3]{\frac{8KFD}{\pi[\tau]}}=\sqrt[3]{\frac{8\times1.253\times160\times18}{\pi\times640.8}}\text{mm}$$
$$=2.43\text{mm}$$

与原假设基本相符合，取 $d=2.5$mm。根据表16.2-7，抗拉强度为1830MPa。

由表16.2-12计算最大试验切应力：

$$\tau_s=0.40R_m=0.40\times1830\text{MPa}=732\text{MPa}。$$

许用切应力为

$$[\tau]=1830\times0.36\text{MPa}=658.8\text{MPa}。$$

（3）弹簧直径

弹簧外径：$D_2=21$mm

弹簧中径：$D=D_2-d=(21-2.5)$mm $=18.5$mm

弹簧内径：$D_1=D-d=(18.5-2.5)$mm $=16$mm

（4）弹簧旋绕比

$$C=\frac{D}{d}=\frac{18.5}{2.5}=7.4$$

则按表16.2-19中式计算曲度系数 $K=1.2$

（5）弹簧拉力范围选取

根据图16.2-9，当 $C=7.4$ 时，查得初切应力 $\tau_0=70\sim130$MPa

按式（16.2-9）计算初拉力为

$$F_0=\frac{\pi d^3}{8D}\tau_0=\frac{\pi\times2.5^3}{8\times18.5}\times(70\sim130)\text{N}$$
$$=23.2\sim43.1\text{N}$$

这里选取 $F_0=32$N

（6）弹簧刚度和有效圈数

弹簧刚度按表16.2-19中式计算：

$$k=\frac{F-F_0}{f}=\frac{160-32}{22}\text{N/mm}=5.82\text{N/mm}$$

按表16.2-19中式计算有效圈数：

$$n=\frac{Gd^4}{8kD^3}=\frac{78.5\times10^3\times2.5^4}{8\times5.82\times18.5^3}\text{圈}=10.4\text{圈}$$

取弹簧有效圈数 $n=10.5$ 圈。

（7）弹簧实际刚度

因 $n=10.5$ 圈，则弹簧的实际刚度，按表 16.2-19 中式计算，得

$$k=\frac{Gd^4}{8D^3n}=\frac{78.5\times10^3\times2.5^4}{8\times18.5^3\times10.5}\text{N/mm}=5.76\text{N/mm}$$

初拉力按表 16.2-19 中式计算：

$$F_0=F-kf=160\text{N}-5.76\times22\text{N}=33.3\text{N}$$

$F_0=33.3\text{N}$ 在 23.2~43.1N 范围内。

初切应力按式（16.2-9）计算：

$$\tau_0=\frac{8D}{\pi d^3}F_0=\frac{8\times18.5}{\pi\times2.5^3}\times33.3\text{MPa}=100.5\text{MPa}$$

（8）弹簧的试验载荷

按式（16.2-2）计算：

$$F_s=\frac{\pi d^3}{8D}\tau_s=\frac{\pi\times2.5^3}{8\times18.5}\times732\text{N}=242.8\text{N}$$

（9）试验载荷下的弹簧变形量

按表 16.2-19 中式计算：

$$f_s=\frac{8D^3n}{Gd^4}(F_s-F_0)=\frac{8\times18.5^3\times10.5}{78.5\times10^3\times2.5^4}(242.8-33.3)\text{mm}=36.3\text{mm}$$

（10）特性校核

$$\frac{f}{f_s}=\frac{22}{36.3}=0.61$$

满足 $0.2f_s\leqslant f\leqslant0.8f_s$ 的要求。

（11）强度校核

弹簧工作切应力校核按表 16.2-19 中式计算：

$$\tau=K\frac{8DF}{\pi d^3}=1.2\times\frac{8\times18.5\times160}{\pi\times2.5^3}\text{MPa}=579.2\text{MPa}$$

$\tau<[\tau]$，满足强度要求。

（12）弹簧结构参数

按表 16.2-20 中式计算自由长度：

$$H_0=(n+1)d+2D_1=[(10.5+1)\times2.5+2\times16]\text{mm}=60.8\text{mm}\approx61\text{mm}$$

取自由长度：$H_0=61\text{mm}$

工作长度：$H_1=H_0+f=(61+22)\text{mm}=83\text{mm}$

试验长度：$H_s=H_0+f_s=(61+36.3)\text{mm}=97.3\text{mm}$

有初拉力要求，弹簧密绕。

弹簧的展开长度按表 16.2-20 中式计算：

$L\approx\pi Dn+2\pi D$（钩环展开部分）

$=(\pi\times18.5\times10.5+2\times\pi\times18.5)\text{mm}=726.1\text{mm}$

（13）弹簧工作图

弹簧工作图如图 16.2-11 所示。

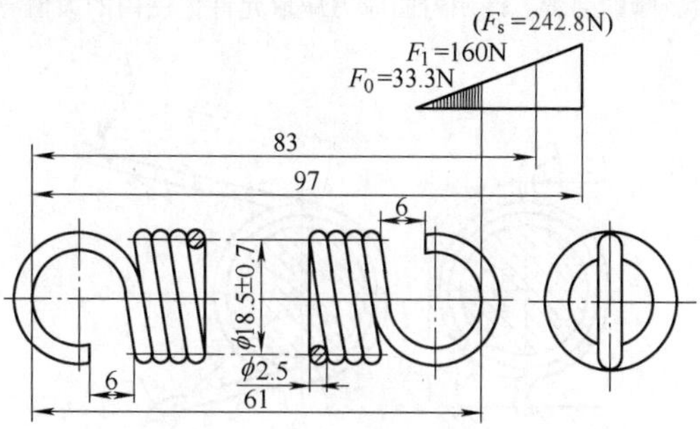

技术要求

1. 弹簧端部结构型式：LⅢ圆钩环扭中心拉伸弹簧。
2. 旋向：右旋。
3. 有效圈数：$n=10.5$。
4. 表面处理：浸防锈油。
5. 制造技术条件：其余按 GB/T 1239.1 二级精度。

图 16.2-11　弹簧工作图

5　圆柱螺旋扭转弹簧的设计

5.1　弹簧结构和载荷-变形图

圆柱螺旋扭转弹簧的结构和载荷-变形图如图 16.2-12 所示。当弹簧有特性要求时，为了保证达到指定的扭转变形角时的扭矩，弹簧的工作变形角 φ_1、φ_2 应为试验变形角 φ_s 的 20%~80%，或工作扭矩 T_1、T_2 为试验扭矩 T_s 的 20%~80%。

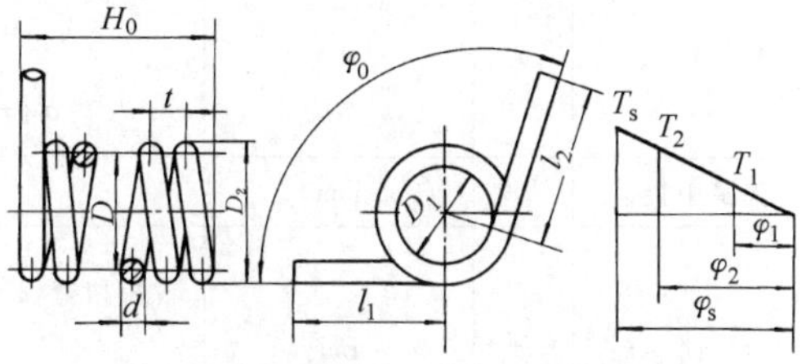

图 16.2-12　圆柱螺旋扭转弹簧的结构和载荷-变形图

注：d—弹簧材料直径（mm）；D、D_1、D_2—弹簧的中径、内径、外径（mm）；T_s—试验扭矩（N·mm），为弹簧允许承受的最大扭矩；T_1、T_2—工作扭矩（N·mm）；φ_1、φ_2、φ_s—在 T_1、T_2、T_s 作用下的变形角；H_0—自由长度（mm）；t—节距（mm）；φ_0—安装自由角度。

5.2　圆柱螺旋扭转弹簧基本计算公式

图 16.2-13 所示为短扭臂弹簧和长扭臂弹簧受力简图，其基本计算公式见表 16.2-23。

许用弯曲应力［σ］见表 16.2-12。

经强扭处理的弹簧，可提高疲劳极限，对变载荷下的松弛有明显效果。对重要的、其损坏对整个机械有重

大影响的弹簧，许用弯曲应力应取允许范围内的大值。

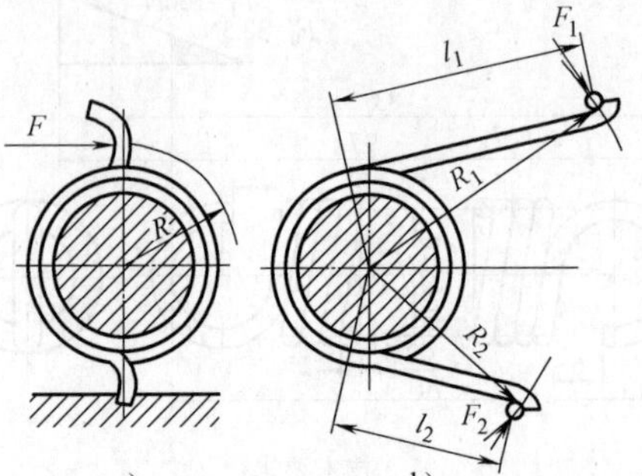

图 16.2-13　圆柱螺旋扭转弹簧受力简图

a）短扭臂弹簧　b）长扭臂弹簧

圆柱螺旋扭转弹簧的几何尺寸及参数计算见表 16.2-24。

5.3　弹簧疲劳强度校核

受动载荷的重要弹簧应进行疲劳强度校核。进行校核时，要按式（16.2-1）考虑变载荷的循环特征、循环次数 N，以及材料表面状态等影响疲劳强度的各种因素。

对于采用重要用途碳素弹簧钢丝等制造的弹簧，其疲劳极限可由图 16.2-3 确定。图 16.2-3 中的 $\sigma_{max}/R_m=0.7$ 横线是不产生永久变形的极限值，随着永久变形允许程度，σ_{max} 可以适当向上移动，最高可到静载荷时的许用弯曲应力。

表 16.2-23　圆柱螺旋扭转弹簧基本计算公式（摘自 GB/T 23935—2009）

名　称	代号	单位	计　算　公　式
材料弯曲应力	σ	MPa	$\sigma=K_b\dfrac{32T}{\pi d^3}$ 式中　T—扭矩（N · mm） K_b—曲度系数 短扭臂：$T=FR$，长扭臂：$T=F_1R_1=F_2R_2$ 式中　F、F_1、F_2—弹簧受力（N），如图 16.2-13 所示 R、R_1、R_2—力臂（mm），如图 16.2-13 所示 $K_b=\dfrac{4C^2-C-1}{4C^2(C-1)}$ 式中，当扭转方向为顺向时，$K_b=1$。旋绕比 $C=\dfrac{D}{d}$，见表 16.2-3
材料直径	d	mm	$d\geqslant\sqrt[3]{\dfrac{10.2K_bT}{[\sigma]}}$ 式中　$[\sigma]$—许用弯曲应力（MPa），见表 16.2-12
弹簧中径	D	mm	$D=Cd$
扭转变形角	φ φ°	rad °	短扭臂：$\varphi=\dfrac{64TDn}{Ed^4}$，长扭臂：$\varphi=\dfrac{64T}{\pi Ed^4}\left[\pi Dn+\dfrac{1}{3}(l_1+l_2)\right]$ 短扭臂：$\varphi^\circ=\dfrac{3667TDn}{Ed^4}$，长扭臂：$\varphi^\circ=\dfrac{3667T}{\pi Ed^4}\left[\pi Dn+\dfrac{1}{3}(l_1+l_2)\right]$ 式中　E—材料弹性模量（MPa），见表 16.2-4 l_1、l_2—臂长（见图 16.2-13）（mm） n—有效圈数
扭转刚度	k	$N\cdot mm\cdot rad^{-1}$ $N\cdot mm\cdot(°)^{-1}$	短扭臂： $k=\dfrac{T}{\varphi}=\dfrac{Ed^4}{64Dn}=\dfrac{T_2-T_1}{\varphi_2-\varphi_1}$ $k=\dfrac{T}{\varphi^\circ}=\dfrac{Ed^4}{3667Dn}=\dfrac{T_2-T_1}{\varphi_2^\circ-\varphi_1^\circ}$ 长扭臂： $k=\dfrac{\pi Ed^4}{64\left[\pi Dn+\dfrac{1}{3}(l_1+l_2)\right]}$ $k=\dfrac{\pi Ed^4}{3667\left[\pi Dn+\dfrac{1}{3}(l_1+l_2)\right]}$
有效圈数	n	圈	$n=\dfrac{Ed^4\varphi}{64TD}=\dfrac{Ed^4\varphi^\circ}{3667TD}$

（续）

名　称	代号	单位	计　算　公　式
试验扭矩	T_s	N·mm	$T_s=\frac{\pi d^3}{32}\sigma_s$ 式中　σ_s—试验弯曲应力（MPa）。动载荷在有些情况下可取 $\sigma_s=(1.1\sim1.3)[\sigma]$ 或取 $T_s=(1.1\sim1.3)T_n$ 有特殊要求时，工作扭矩应满足：$0.2T_s\leqslant T_{1,2,3,\cdots,n}\leqslant0.8T_s$
试验扭矩下的变形角	φ_s φ_s°	rad °	$\varphi_s(\varphi_s^\circ)=\frac{T_s}{k}$ 有特殊要求时，应满足：$0.2\varphi_s\leqslant\varphi_{1,2,3,\cdots,n}\leqslant0.8\varphi_s$

表 16.2-24　圆柱螺旋扭转弹簧的几何尺寸及参数计算（摘自 GB/T 23935—2009）

名　称	代号	单位	计算公式及确定方法
材料直径	d	mm	由表 16.2-23 公式计算，并由表 16.2-2，选取标准值
弹簧中径	D	mm	$D=Cd,D=\frac{D_1+D_2}{2}$ 由表 16.2-2 选取标准值
弹簧内径	D_1	mm	$D_1=D-d$ 扭转角度 φ 确定后，$D_1=\frac{2\pi nD}{2\pi nD+\varphi}-d$
弹簧外径	D_2	mm	$D_2=D+d$
直径减少值	ΔD_s	mm	$\Delta D_s=\frac{\varphi_s D}{2\pi n}=\frac{\varphi_s^\circ D}{360n}$ 为了避免弹簧受扭矩后抱紧导杆，需考虑扭矩作用下弹簧直径的减小
导杆直径	D'	mm	$D'=0.9(D_1-\Delta D_s)$
弹簧圈数	n	圈	由表 16.2-23 公式计算，应不少于 3 圈，并应按表 16.2-2 查标准值
节距	t	mm	$t=d+\delta$ 密圈弹簧间距 $\delta=0$
自由长度	H_0	mm	$H_0=(nt+d)$+扭臂在弹簧轴线的长度
螺旋角	α	°	$\alpha=\arctan\frac{t}{\pi D}$ 一般旋向为右旋
弹簧展开长度	L	mm	$L\approx\pi Dn$+扭臂长度

5.4　设计计算示例

例 16.2-3　设计一结构型式为 NⅥ单臂弯曲扭转密卷右旋弹簧，顺旋向扭转。安装扭矩 $T_1=43\text{N}\cdot\text{mm}$，工作扭矩 $T_2=123\text{N}\cdot\text{mm}$，工作扭转变形角 $\varphi^\circ=\varphi_2^\circ-\varphi_1^\circ=53^\circ$，内径 $D_1>6\text{mm}$，扭臂长为 20mm，需要考虑长扭臂对扭转变形角的影响，此结构要求尺寸紧凑，疲劳寿命 $N>10^7$ 次。

解

（1）选择材料

根据要求选择重要用途碳素弹簧钢丝 F 组。根据工作扭矩 $T_2=123\text{N}\cdot\text{mm}$，假设材料直径为 $d=0.8\sim1.2\text{mm}$，由表 16.2-4 查得材料弹性模量 $E=206\times10^3\text{MPa}$。由表 16.2-7 查得材料抗拉强度 $R_m=2280\sim2440\text{MPa}$，取 $R_m=2360\text{MPa}$。

（2）选取弹簧许用弯曲应力

弹簧承受动载荷，根据循环特征

$$\gamma=\frac{T_1}{T_2}=\frac{43}{123}=0.35$$

在图 16.2-3 中 $\gamma=0.35$ 与 10^7 线交点的纵坐标大致为 0.57，则许用弯曲应力为

$$[\sigma]=0.57R_m=0.57\times2360\text{MPa}=1345.2\text{MPa}$$

（3）材料直径

根据表 16.2-23 中式计算材料直径，取 $K_b=1$；

$$d\geqslant\sqrt[3]{\frac{10.2K_bT}{[\sigma]}}=\sqrt[3]{\frac{10.2\times1\times123}{1345.2}}\text{mm}=0.98\text{mm}$$

与原假设基本相符合，取 $d=1\text{mm}$，并符合 GB/T 1358 系列值。根据表 16.2-7 抗拉强度为 2360MPa，许用弯曲应力 $[\sigma]=2360\times0.57=1345.2\text{MPa}$。

（4）弹簧直径

弹簧内径：取 $D_1=7\text{mm}$

弹簧外径：$D_2=D_1+2d=(7+2\times1)\,\text{mm}=9\text{mm}$

弹簧中径：$D=D_1+d=(7+1)\,\text{mm}=8\text{mm}$

弹簧旋绕比：$C=\dfrac{D}{d}=\dfrac{8}{1}=8$

(5) 弹簧刚度和扭转变形角

按表 16.2-23 中式计算：

$$k=\frac{T_2-T_1}{\varphi_2-\varphi_1}=\frac{123-43}{53}\text{N}\cdot\text{mm}/(°)=1.509\text{N}\cdot\text{mm}/(°)$$

按表 16.2-23 中式计算：

$$\varphi_1°=\frac{T_1}{k}=\frac{43}{1.509}=28.5°$$

$$\varphi_2°=\frac{T_2}{k}=\frac{123}{1.509}=81.5°$$

(6) 有效圈数

考虑长扭臂对扭转变形角的影响，按表 16.2-23 中式推导计算：

$$n=\left[\frac{\pi Ed^4}{3667k}-\frac{1}{3}(l_1+l_2)\right]/(\pi D)$$

$$=\left[\frac{\pi\times206\times10^3\times1^4}{3667\times1.509}-\frac{1}{3}(20+20)\right]/(\pi\times8)\text{圈}$$

$$=4.12\text{圈}$$

取弹簧有效圈数 $n=4.15$ 圈。

(7) 试验扭矩及其变形角

由表 16.2-12，得试验弯曲应力

$$\sigma_s=0.78R_m=0.78\times2360\text{MPa}=1840.8\text{MPa}$$

按表 16.2-23 中式计算试验扭矩：

$$T_s=\frac{\pi d^3}{32}\sigma_s=\frac{\pi\times1^3}{32}\times1840.8\text{N}\cdot\text{mm}=180.7\text{N}\cdot\text{mm}$$

按表 16.2-23 中式计算，试验扭矩下的变形角：

$$\varphi_s°=\frac{3667T_s}{\pi Ed^4}\left[\pi Dn+\frac{1}{3}(l_1+l_2)\right]$$

$$=\frac{3667\times180.7}{\pi\times206\times10^3\times1^4}\times\left[\pi\times8\times4.15+\frac{1}{3}(20+20)\right]$$

$$=120°$$

$$\frac{\varphi_1°}{\varphi_s°}=\frac{28.5}{120}=0.24,\ \frac{\varphi_2°}{\varphi_3°}=\frac{81.5}{120}=0.68$$

则 $0.2\varphi_s\leqslant\varphi_{1,2}\leqslant0.8\varphi_s$，满足特性要求。

(8) 导杆直径

按表 16.2-24 中式计算导杆直径：

$$\Delta D_s=\frac{\varphi_s°D}{360n}=\frac{120\times8}{360\times4.15}\text{mm}=0.64\text{mm}$$

$$D'=0.9(D_1-\Delta D)=0.9\times(7-0.64)\,\text{mm}=5.7\text{mm}$$

取导杆直径 $D'=5.5\text{mm}$。

(9) 疲劳强度校核

按表 16.2-23 中式计算，取 $K_b=1$ 得

$$\sigma_{\max}=K_b\frac{32T_2}{\pi d^3}=1\times\frac{32\times123}{\pi\times1^3}\text{MPa}=1253.5\text{MPa}$$

$$\sigma_{\min}=K_b\frac{32T_1}{\pi d^3}=1\times\frac{32\times43}{\pi\times1^3}\text{MPa}=438.2\text{MPa}$$

从而

$$\frac{\sigma_{\max}}{R_m}=\frac{1253.5}{2360}=0.53\qquad\frac{\sigma_{\min}}{R_m}=\frac{438.2}{2360}=0.19$$

由图 16.2-3 可以看出点（0.19，0.53）在 $\gamma=0.35$ 和 10^7 作用线的交点以下，表明此弹簧的疲劳寿命 $N>10^7$ 次。

(10) 自由长度和弹簧展开长度

按表 16.2-24 中式计算：

$$H_0=nt+d+\text{扭臂在弹簧轴线的长度}$$

$$=[(4.15\times1+1)+(6\times2-2)]\,\text{mm}=15.2\text{mm}$$

弹簧的展开长度按表 16.2-24 中式计算：

$$L\approx\pi Dn+\text{扭臂长度}$$

$$=[\pi\times8\times4.15+2\times(20+6)]\,\text{mm}$$

$$=156.2\text{mm}$$

(11) 弹簧工作图

弹簧工作图如图 16.2-14 所示。

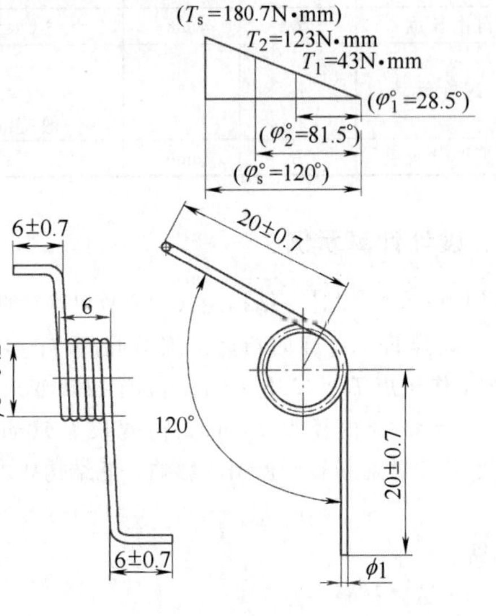

技术要求

1. 弹簧端部结构型式：NⅥ单臂弯曲扭转弹簧。
2. 旋向：右旋。
3. 有效圈数：$n=4.15$。
4. 表面处理：浸防锈油。
5. 制造技术条件：其余按 GB/T 1239.3 二级精度。

图 16.2-14 弹簧工作图

6　圆柱螺旋弹簧技术要求

6.1　弹簧特性和尺寸的极限偏差

冷卷和热卷圆柱螺旋弹簧的弹簧特性和尺寸的极限偏差均分为 1、2、3 三个等级，各项目的等级应根据需要分别独立选定，其数值可从表 16.2-25 中查取。

表 16.2-25　弹簧特性和尺寸的极限偏差（摘自 GB/T 1239.1～3—2009，GB/T 23934—2015）

弹簧类型	项　目	弹簧制造精度及极限偏差					备　注
冷卷压缩弹簧	指定高度时载荷 F 的极限偏差/N	精度等级		1	2	3	
		有效圈数	3～10	±0.05F	±0.10F	±0.15F	
			>10	±0.04F	±0.08F	±0.12F	
	弹簧刚度 k 的极限偏差/N · mm^{-1}	精度等级		1	2	3	
		有效圈数	3～10	±0.05k	±0.10k	±0.15k	
			>10	±0.04k	±0.08k	±0.12k	
	弹簧外径或内径的极限偏差/mm	精度等级		1	2	3	
		旋绕比 C	3～8	±0.01D 最小±0.15	±0.015D 最小±0.20	±0.025D 最小±0.40	
			8～15	±0.015D 最小±0.20	±0.02D 最小±0.30	±0.03D 最小±0.50	
			>15～22	±0.02D 最小±0.30	±0.03D 最小±0.50	±0.04D 最小±0.70	
	弹簧自由高度 H_0 的极限偏差/mm	精度等级		1	2	3	当弹簧有特性要求时，自由高度作为参考
		旋绕比 C	3～8	±0.01H_0 最小±0.20	±0.02H_0 最小±0.50	±0.03H_0 最小±0.70	
			8～15	±0.015H_0 最小±0.50	±0.03H_0 最小±0.70	±0.04H_0 最小±0.80	
			>15～22	±0.02H_0 最小±0.60	±0.04H_0 最小±0.80	±0.06H_0 最小±1.0	
	总圈数的极限偏差（圈）	总圈数（圈）		≤10	10～20	>20～50	当弹簧有特性要求时，总圈数作为参考
		极限偏差		±0.25	±0.50	±1.00	
	两端经磨削的弹簧，轴心线对端面的垂直度/mm 或（°）	精度等级		1	2	3	弹簧在自由状态下
		极限偏差		0.02H_0 （1.15°）	0.05H_0 （2.9°）	0.08H_0 （4.6°）	
冷卷拉伸弹簧	指定长度时载荷 F 的极限偏差/N	±[初拉力×α+（指定长度时的载荷-初拉力）×β]					有效圈数 n
		精度等级		1	2	3	>3
		α（系数）		0.10	0.15	0.20	
		β（系数）		0.05	0.10	0.15	3～10
				0.04	0.08	0.12	>10
	弹簧刚度 k 极限偏差/N · mm^{-1}	精度等级		1	2	3	
		有效圈数	3～10	±0.05k	±0.10k	±0.15k	
			>10	±0.04k	±0.08k	±0.12k	
	弹簧外径或内径的极限偏差/mm	精度等级		1	2	3	
		旋绕比 C	4～8	±0.01D 最小±0.15	±0.015D 最小±0.20	±0.025D 最小±0.40	
			8～15	±0.015D 最小±0.20	±0.02D 最小±0.30	±0.03D 最小±0.50	
			>15～22	±0.02D 最小±0.30	±0.03D 最小±0.50	±0.04D 最小±0.70	

（续）

<table>
<tr><th>弹簧类型</th><th>项　目</th><th colspan="5">弹簧制造精度及极限偏差</th><th>备　注</th></tr>
<tr><td rowspan="22">冷卷拉伸弹簧</td><td rowspan="4">弹簧自由长度 H_0（两钩环内侧之间的长度）的极限偏差/mm</td><td colspan="2">精度等级</td><td>1</td><td>2</td><td>3</td><td rowspan="4">弹簧有特性要求时，自由长度作为参考
对于无初拉力的弹簧；自由长度的极限偏差由供需双方协议规定</td></tr>
<tr><td rowspan="3">旋绕比 C</td><td>4~8</td><td>$\pm0.01H_0$
最小±0.2</td><td>$\pm0.02H_0$
最小±0.5</td><td>$\pm0.03H_0$
最小±0.6</td></tr>
<tr><td>8~15</td><td>$\pm0.015H_0$
最小±0.5</td><td>$\pm0.03H_0$
最小±0.7</td><td>$\pm0.04H_0$
最小±0.8</td></tr>
<tr><td>>15~22</td><td>$\pm0.02H_0$
最小±0.6</td><td>$\pm0.04H_0$
最小±0.8</td><td>$\pm0.06H_0$
最小±1.0</td></tr>
<tr><td rowspan="5">弹簧两钩环相对角度的公差(°)</td><td colspan="2">弹簧中径 D/mm</td><td>角度偏差 γ(°)</td><td colspan="2" rowspan="5"></td><td rowspan="5"></td></tr>
<tr><td colspan="2">≤10</td><td>35</td></tr>
<tr><td colspan="2">>10~25</td><td>25</td></tr>
<tr><td colspan="2">>25~55</td><td>20</td></tr>
<tr><td colspan="2">>55</td><td>15</td></tr>
<tr><td rowspan="7">钩环中心面与弹簧轴心线位置度/mm</td><td colspan="2">弹簧中径 D/mm</td><td>极限偏差 Δ/mm</td><td colspan="2" rowspan="7">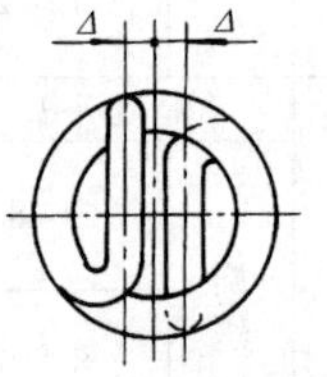</td><td rowspan="7">适用于半圆钩环、圆钩环、压中心圆钩环。其他钩环的位置度极限偏差由供需双方商定</td></tr>
<tr><td colspan="2">>3~6</td><td>0.5</td></tr>
<tr><td colspan="2">>6~10</td><td>1</td></tr>
<tr><td colspan="2">>10~18</td><td>1.5</td></tr>
<tr><td colspan="2">>18~30</td><td>2</td></tr>
<tr><td colspan="2">>30~50</td><td>2.5</td></tr>
<tr><td colspan="2">>50~120</td><td>3</td></tr>
<tr><td rowspan="5">弹簧钩环钩部长度 L 的极限偏差/mm</td><td colspan="2">钩环钩部长度 L/mm</td><td>极限偏差 /mm</td><td colspan="2" rowspan="5">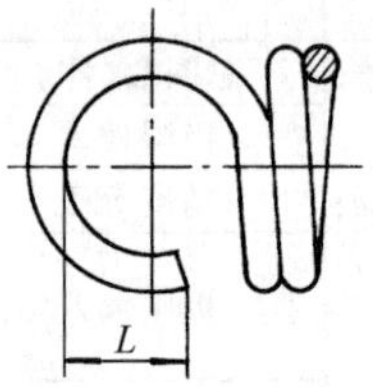</td><td rowspan="5"></td></tr>
<tr><td colspan="2">≤15</td><td>±1</td></tr>
<tr><td colspan="2">>15~30</td><td>±2</td></tr>
<tr><td colspan="2">>30~50</td><td>±3</td></tr>
<tr><td colspan="2">>50</td><td>±4</td></tr>
<tr><td rowspan="9">冷卷扭转弹簧</td><td rowspan="5">在指定扭转角时的扭矩极限偏差/N·mm</td><td colspan="5">±(计算扭转角×β_1+β_2)×k</td><td rowspan="5">k—弹簧扭转刚度 N·mm/(°)</td></tr>
<tr><td colspan="2">精度等级</td><td>1</td><td>2</td><td>3</td></tr>
<tr><td colspan="2">β_1</td><td>0.03</td><td>0.05</td><td>0.08</td></tr>
<tr><td colspan="2">圈　数</td><td>≥3~10</td><td>>10~20</td><td>>20~30</td></tr>
<tr><td colspan="2">β_2(°)</td><td>10</td><td>15</td><td>20</td></tr>
<tr><td rowspan="4">弹簧内径或外径的极限偏差/mm</td><td colspan="2">精度等级</td><td>1</td><td>2</td><td>3</td><td rowspan="4"></td></tr>
<tr><td rowspan="3">旋绕比 C</td><td>4~8</td><td>±0.01D
最小0.15</td><td>±0.015D
最小0.2</td><td>±0.025D
最小±0.4</td></tr>
<tr><td>>8~15</td><td>±0.015D
最小±0.2</td><td>±0.02D
最小±0.3</td><td>±0.03D
最小±0.5</td></tr>
<tr><td>>15~22</td><td>±0.02D
最小±0.3</td><td>±0.03D
最小±0.5</td><td>±0.04D
最小±0.7</td></tr>
</table>

（续）

弹簧类型	项目	弹簧制造精度及极限偏差					备注
冷卷扭转弹簧	自由角度的极限偏差/(°)	精度等级		1	2	3	所列极限偏差数值，适用于旋绕比为4~22的弹簧 有特性要求的弹簧，自由角度不作考核
		有效圈数 n	≤3	±8	±10	±15	
			>3~10	±10	±15	±20	
			>10~20	±15	±20	±30	
			>20~30	±20	±30	±40	
	自由长度 H_0 的极限偏差/mm	精度等级		1	2	3	密封弹簧的自由长度不作考核
		旋绕比 C	4~8	±0.015H_0 最小±0.3	±0.03H_0 最小±0.6	±0.05H_0 最小±1	
			>8~15	±0.02H_0 最小±0.4	±0.04H_0 最小±0.8	±0.07H_0 最小±1.4	
			>15~22	±0.03H_0 最小±0.6	±0.06H_0 最小±1.2	±0.09H_0 最小±1.8	
	扭臂长度极限偏差/mm	精度等级		1	2	3	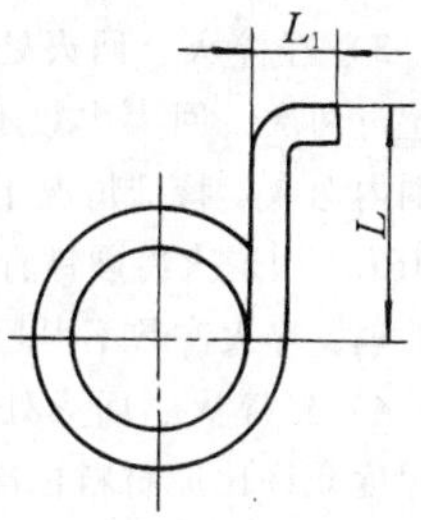
		材料直径 d /mm	0.5~1	±0.02$L(L_1)$ 最小±0.5	±0.03$L(L_1)$ 最小±0.7	±0.04$L(L_1)$ 最小±1.5	
			>1~2	±0.02$L(L_1)$ 最小±0.7	±0.03$L(L_1)$ 最小±1.0	±0.04$L(L_1)$ 最小±2.0	
			>2~4	±0.02$L(L_1)$ 最小±1.0	±0.03$L(L_1)$ 最小±1.5	±0.04$L(L_1)$ 最小±3.0	
			>4	±0.02$L(L_1)$ 最小±1.5	±0.03$L(L_1)$ 最小±2.0	±0.04$L(L_1)$ 最小±4.0	
	扭臂弯曲角度 α 的极限偏差/(°)	精度等级		极限偏差	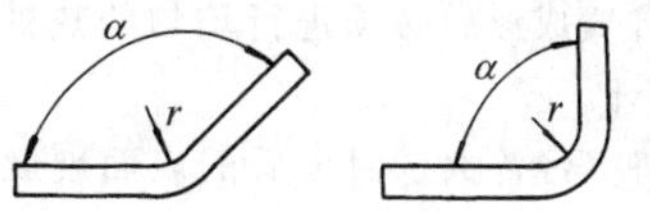		
		1		±5			
		2		±10			
		3		±15			
热卷压缩及拉伸弹簧	指定载荷时高度的极限偏差/mm	精度等级		1	2	3	当压缩弹簧的自由高度小于900mm且在小于最大变形量的6倍，大于弹簧中径的0.8倍时，按表中规定，除此以外的压缩及拉伸弹簧特性极限偏差，由供需双方协商确定
		极限偏差		±0.05f 最小±2.5	±0.10f 最小±5.0	±0.15f 最小±7.5	
	指定同度时载荷的极限偏差/N	精度等级		1	2	3	
		极限偏差		±0.05F 最小±2.5k	±0.10F 最小±5.0k	±0.15F 最小±7.5k	
	弹簧刚度的极限偏差/$N \cdot mm^{-1}$	一般为±10%k，使用时对精度有特殊要求的弹簧可选±5%k					
	弹簧外径(或内径)的极限偏差/mm	精度等级		1	2	3	同一级别下应取计算值与最小值间绝对值较大者
		极限偏差		±0.0125D 最小±2.0	±0.02D 最小±2.5	±0.0275D 最小±3.0	
	自由高度(长度)的极限偏差/mm	精度等级		1	2	3	当弹簧有特性要求时，自由高度（长度）作为参考
		极限偏差		±0.015H_0 最小±2.0	±0.02H_0 最小±3.0	±0.03H_0 最小±4.0	
	总圈数的极限偏差(圈)	压缩弹簧			拉伸弹簧		当弹簧有特性要求时，不规定总圈数极限偏差
		±1/4			供需双方协议规定		
	两端圈制扁或磨平弹簧轴心线对两端面的垂直度/mm	精度等级		1	2	3	在自由状态下
		自由高度 H_0 /mm	≤500	0.026H_0	0.035H_0	0.05H_0	
			>500	0.035H_0	0.05H_0	0.07H_0	

（续）

弹簧类型	项 目	弹簧制造精度及极限偏差				备 注
热卷压缩及拉伸弹簧	两端圈制扁或磨平弹簧端圈平面间平行度/mm	精度等级	1	2	3	
		公差	$0.026D_2$	$0.035D_2$	$0.05D_2$	

注：1. 弹簧尺寸的极限偏差必要时可不对称使用，其公差值不变。
2. 等节距的压缩弹簧在压缩到全变形量的80%时，其正常节距圈不得接触。
3. 必要时，弹簧的自由高度的极限偏差允许不对称使用，其公差值不变。

6.2 弹簧的热处理和其他技术要求

1）冷卷弹簧一般在成形后需进行去应力退火，其硬度不予考核。根据使用要求也允许不进行应力退火。

2）用硬状态的青铜线冷卷的弹簧需进行去应力退火处理，其硬度不予考核。用冷硬铍青铜线冷卷的弹簧应进行时效处理。

3）经淬火、回火处理的冷卷弹簧，淬火次数不得超过两次，回火次数不限，其硬度值在42~52HRC范围内选取。特殊情况下，其硬度选取范围可扩大到55HRC。用退火冷硬铍青铜冷卷的弹簧须经淬火和时效处理，淬火次数不得超过两次，时效处理次数不限。

4）经淬火、回火处理的冷卷弹簧，单边脱碳层的深度允许比原材料标准规定的脱碳层深度再增加材料直径的0.25%。

5）热卷弹簧成形后必须进行均匀的热处理，即淬火、回火处理。

6）热卷弹簧经淬火、回火后的表面硬度一般为392~555HBW（或42~52HRC），单边脱碳层的深度允许为原材料标准规定的深度再增加材料直径的0.5%。

7）热卷弹簧表面应进行防锈处理。

8）当弹簧表面镀层为锌、铬与镉时，电镀后应进行去氢处理。

9）弹簧表面应光滑，不得有肉眼可见的有害缺陷，但允许有深度不大于钢丝直径公差的1/2的个别小伤痕存在。

10）根据需要，在图样中对弹簧可规定下列要求：

① 立定处理，强压处理和加温强压处理。

② 喷丸处理。

③ 探伤。

④ 疲劳试验，模拟试验。

7 矩形截面圆柱螺旋压缩弹簧

矩形截面圆柱螺旋压缩弹簧具有刚度大、更接近常数的特点，通常用于特定用途的计量器械上。矩形截面压缩弹簧的结构和载荷-变形图如图16.2-15所示。图中a和b分别是和螺旋中心线垂直边和平行边的长度，其余符号意义与圆截面圆柱螺旋弹簧的相同。

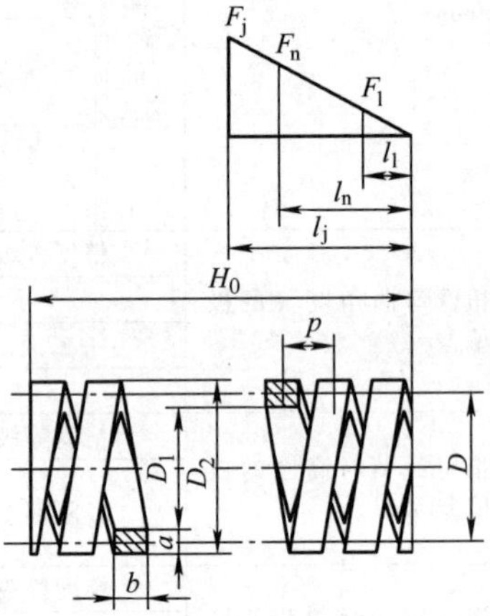

图16.2-15 矩形截面压缩弹簧的结构和载荷-变形图

7.1 矩形截面圆柱螺旋压缩弹簧的计算公式（见表16.2-26）

表16.2-26 矩形截面圆柱螺旋压缩弹簧的计算公式

名 称	代号	单位	计算公式
最大工作载荷	F_n	N	$F_n=\dfrac{ab\sqrt{ab}}{\beta D}\tau_p=\dfrac{b\sqrt{ab}}{\beta C}\tau_p$ 式中 β—系数，由图16.2-16查取 $C=\dfrac{D}{a}$，由表16.2-27查取 $a=\dfrac{D}{C}=\dfrac{D_2}{C+1}$，$D_2$根据空间确定 $b=\left(\dfrac{b}{a}\right)a$，$\dfrac{b}{a}$由表16.2-27查取，$\tau_p$由表16.2-12查取

（续）

名　称	代号	单位	计 算 公 式	
最大工作载荷下的变形量	f_n	mm	$$f_n=\gamma\frac{F_nD^3n}{Ga^2b^2}=\gamma\frac{F_nC^2nD}{Gb^2}$$ 式中　γ—系数，由图 16.2-17 查取 n—有效圈数	
应力	τ	MPa	$$\tau=\beta\frac{F_nD}{ab\sqrt{ab}}=\beta\frac{F_nC}{b\sqrt{ab}}$$ 若 $\tau>\tau_p$，需重新计算 式中　β—系数，由图 16.2-16 查取	
有效圈数	n	圈	$$n=\frac{Ga^2b^2f_n}{\gamma FD^3}=\frac{Gf_na\left(\frac{b}{a}\right)^2}{\gamma F_nC^3}$$	
弹簧刚度	k	N/mm	$$k=\frac{Ga^2b^2}{\gamma D^3n}$$	
工作极限载荷	F_j	N	$$F_j=\frac{ab\sqrt{ab}}{\beta D}\tau_j$$ 式中　Ⅰ类载荷：$\tau_j\leqslant1.67\tau_p$ Ⅱ类载荷：$\tau_j\leqslant1.26\tau_p$ Ⅲ类载荷：$\tau_j\leqslant1.12\tau_p$	
工作极限载荷下变形量	f_j	mm	$$f_j=\frac{F_j}{k}$$	
最小工作载荷	F_{min}	N	$$F_{min}=\left(\frac{1}{3}\sim\frac{1}{2}\right)F_j$$	
最小工作载荷下变形量	f_{min}	mm	$$f_{min}=\frac{F_{min}}{k}$$	
弹簧外径 弹簧中径 弹簧内径	D_2 D D_1	mm	D_2 根据实际空间要求设定 $D=D_2-a$ $D_1=D_2-2a$	
端部结构			端部并紧、磨平，支承圈为 1 圈	端部并紧、不磨平，支承圈为 1 圈
总圈数	n_1	圈	$n_1=n+2$	$n_1=n+2$
自由高度	H_0	mm	$H_0=nt+1.5b$	$H_0=nt+3b$
压并高度	H_b	mm	$H_b=(n+1.5)b$	$H_b=(n+3)b$
节距	t	mm	一般取 $t=(0.28\sim0.5)D_2$	
间距	δ	mm	$\delta=t-b$	
工作行程	h	mm	$h=f_n-f_1$	
螺旋角	α	°	$$\alpha=\arctan\frac{t}{\pi D}$$	
展开长度	L	mm	$L=n_1\pi D$	

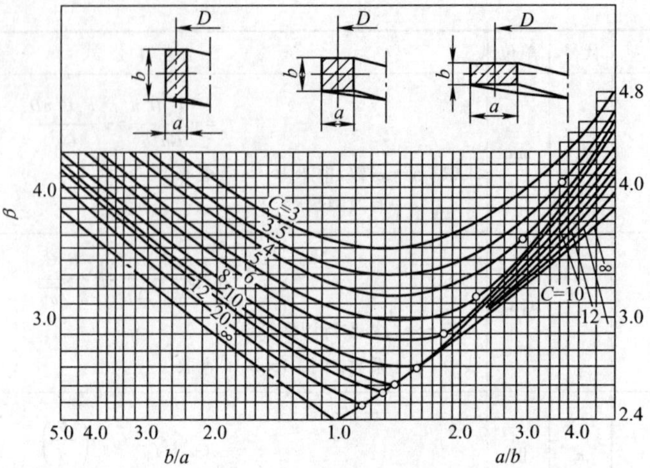

图 16.2-16　系数 β 值

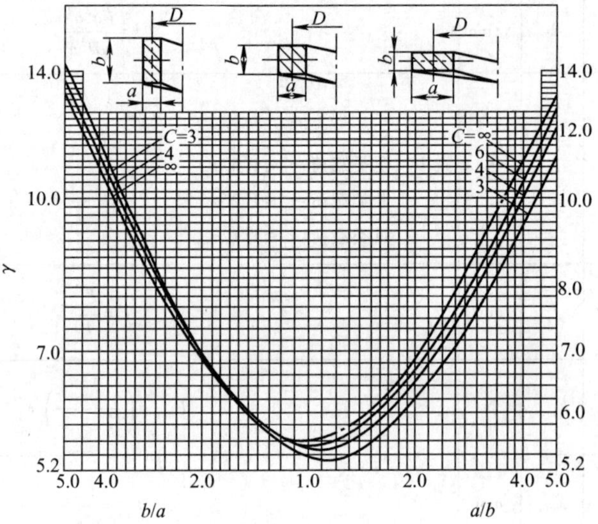

图 16.2-17　系数 γ 值

7.2　矩形截面圆柱螺旋压缩弹簧有关参数的选择（见表 16.2-27）

表 16.2-27　矩形截面圆柱螺旋压缩弹簧有关参数的选择

<table>
<tr><th>项　　目</th><th colspan="7">公 式 及 数 据</th></tr>
<tr><td rowspan="3">旋绕比 C</td><td colspan="7">$C=\dfrac{D}{a}$，其中 a 为矩形截面材料垂直于弹簧轴线的边长</td></tr>
<tr><td>a</td><td>0.2~0.4</td><td>0.5~1</td><td>1.1~2.4</td><td>2.5~6</td><td>7~16</td><td>18~50</td></tr>
<tr><td>C</td><td>4~7</td><td>5~12</td><td>5~10</td><td>4~9</td><td>4~8</td><td>4~6</td></tr>
<tr><td>b/a 及 a/b 的值</td><td colspan="7">当 $b>a$ 时，取 $b/a<4$ 及当 $a>b$ 时，取 $a/b>4$ 的矩形截面圆柱螺旋压缩弹簧，由于制造困难，内应力过大，建议不要使用
推荐如下：
当 $b>a$ 时，选取 $b/a>4$ 的值
当 $a>b$ 时，选取 $a/b<4$ 的值</td></tr>
<tr><td>工作极限应力 τ_j</td><td colspan="7">Ⅰ类载荷：$\tau_j \leqslant 1.67\tau_p$
Ⅱ类载荷：$\tau_j \leqslant 1.26\tau_p$
Ⅲ类载荷：$\tau_j \leqslant 1.12\tau_p$</td></tr>
</table>

第 3 章　多股螺旋弹簧

1　多股螺旋弹簧的类型、结构及特性

（1）类型

用多股钢丝拧成钢索制成的螺旋弹簧称为多股螺旋弹簧。

多股螺旋弹簧只有圆柱形一种。按受力情况分为压缩、拉伸和扭转弹簧，扭转弹簧应用很少。

（2）结构

多股螺旋弹簧是由多股钢丝拧成的钢索缠绕而成（见图 16.3-1），其结构与单股簧丝的螺旋弹簧相同，且钢索中的每股钢丝都构成一个圆柱螺旋弹簧。钢索一般由 2~7 股直径为 0.5~3mm 的钢丝拧成，压缩弹簧钢索的旋向应与弹簧的旋向相反，而拉伸弹簧钢索的旋向应与弹簧的旋向相同，这样钢索才不会松散。

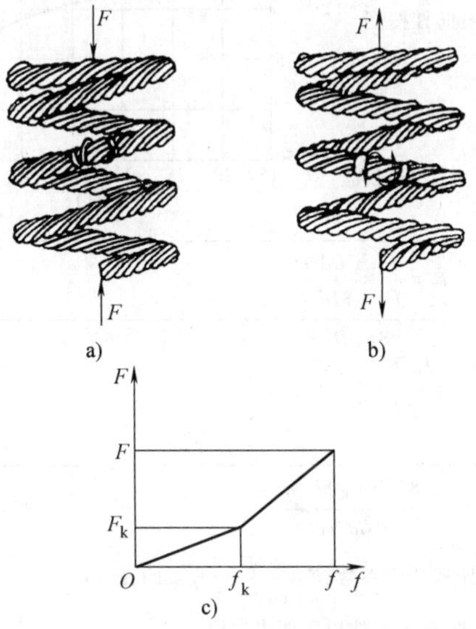

图 16.3-1　多股螺旋弹簧

a）压缩弹簧　b）拉伸弹簧　c）特性线

当钢索为 2~4 股钢丝时，制成无中心股的钢索（见图 16.3-2a~c）；当超过 4 股钢丝后，一般要制成有中心股的钢索（见图 16.3-2d、e），这样可以增加各股钢丝相对位置的稳定性，减少受力后的相对位移。

（3）特性

多股螺旋弹簧在承受载荷前，钢索的各股钢丝间接触是不紧密的，当承受载荷并达到一定数值时，各股钢丝才拧紧。拧紧前、后弹簧的特性是不同的，故特性线为两条直线组成的折线，具有明显的转折点。

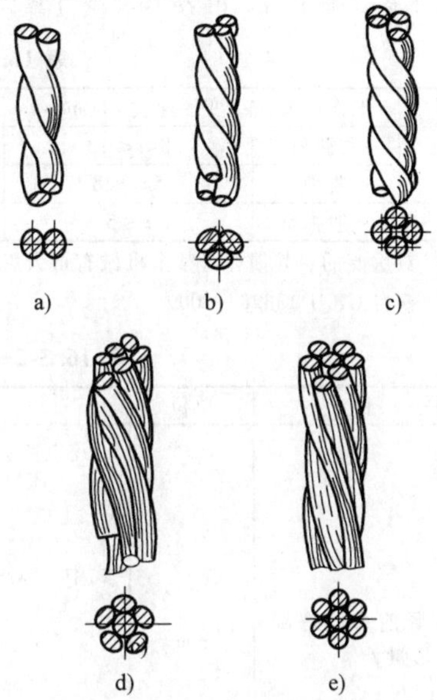

图 16.3-2　多股螺旋弹簧钢索结构

由于多股螺旋弹簧变形时各股钢丝之间摩擦较大，故在载荷循环次数超过 10^6 次的情况下，不宜采用多股螺旋弹簧。转折点载荷与最大工作载荷之比一般应为$\frac{1}{4}$~$\frac{1}{3}$。

多股螺旋弹簧的其他特性有：

1）强度高。多股螺旋弹簧采用直径较小的碳素弹簧钢丝制成，而碳素弹簧钢丝的直径越小，强度越高。

2）特性线较平直，柔度较大。

3）弹簧变形时钢索各股钢丝间产生一定的摩擦力，消耗较多的能量，减振能力较强，但是在循环载荷作用下，磨损也较严重。

4）比单股螺旋弹簧寿命长，安全性高。

5）制造工艺较复杂，自动化程度低，成本高，因而无特殊需要一般不采用。

2　多股螺旋弹簧的材料及许用应力

多股螺旋弹簧一般应选用直径 $d<3$mm 的碳素弹簧钢丝、重要用途碳素弹簧钢丝和油淬火-回火碳素弹簧钢丝制造。有关这些钢丝的力学性能可参见本篇第 2 章，其许用应力见表 16.3-1。

多股螺旋弹簧，根据其所受载荷性质及使用要求分为两组，见表 16.3-1。

3　多股螺旋弹簧的设计计算

多股螺旋弹簧的基本计算公式见表 16.3-2。弹簧的主要尺寸参数确定后，由表 16.3-3 计算弹簧的其他几何尺寸。

4　多股螺旋弹簧的技术要求

多股螺旋弹簧的尺寸极限偏差分为Ⅰ、Ⅱ两个组别，其数值从表 16.3-4 中查取。

表 16.3-1　弹簧组别和许用应力

组　别	工作性质	变形速度 $v/(\mathrm{m/s})$	压缩、拉伸弹簧许用切应力$[\tau]$	扭转弹簧许用弯曲应力$[\sigma]$
Ⅰ	动载荷	$8<v\leqslant 13$	$(0.43\sim0.52)R_m$	$(0.68\sim0.75)R_m$
	主要弹簧	$5<v\leqslant 8$		
Ⅱ	一般弹簧	$v\leqslant 5$	$(0.57\sim0.62)R_m$	$(0.86\sim0.97)R_m$

注：1. 对重要的、其损坏对整个机械有重大影响的弹簧，许用切应力应适当降低，R_m 取下限值。

2. 摘自 GB/T 13828—2009。

表 16.3-2　多股螺旋弹簧的基本计算公式

<table>
<tr><th>项　目</th><th>单位</th><th>公 式 及 数 据</th></tr>
<tr><td>钢索拧紧前多股螺旋弹簧的变形量 f_1</td><td>mm</td><td>

$$f_1=\frac{8FD^3n}{i'Gd^4m}$$

式中　i'—钢索拧紧前捻索系数，$i'=\dfrac{(1+\mu)\cos\beta}{1+\mu\cos^2\beta}$，也可以根据 β 按图 a 选取
F—载荷(N)
n—有效圈数
m—钢索股数

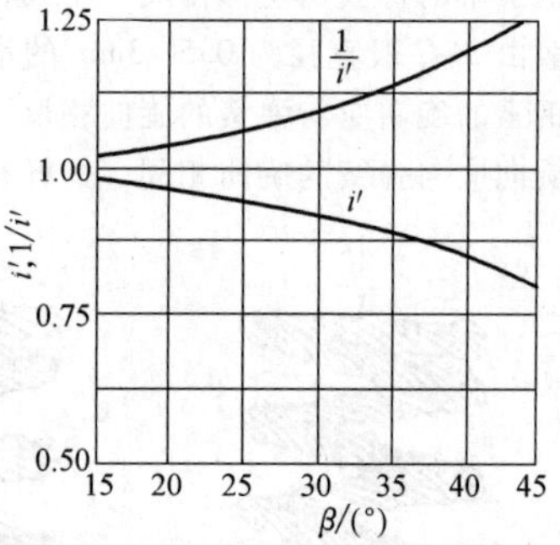

a)
</td></tr>
<tr><td>钢索拧紧前多股螺旋弹簧的刚度 k_1</td><td>N/mm</td><td>

$$k_1=\frac{F}{f_1}\times\frac{i'Gd^4m}{8D^3n}$$
</td></tr>
<tr><td>钢索拧紧时多股螺旋弹簧的变形量 f_K</td><td>mm</td><td>

$$f_K=\frac{8F_KD^3n}{i'Gd^4m}$$

式中　F_K—拧紧载荷(N)
其他符号意义同前
</td></tr>
<tr><td>钢索拧紧后多股螺旋弹簧的续加变形量 f_c</td><td>mm</td><td>

$$f_c=\frac{8(F-F_K)D^3n}{i''Gd^4m}$$

式中　i''—钢索拧紧后续加变形阶段捻索系数，$i''=\dfrac{\cos\beta}{\cos^2\gamma}[1+\mu\sin^2(\beta+\gamma)]$

其中，γ 与 β 的关系根据 m 不同按以下两表选取

当钢索股数 $m=3$ 时

<table>
<tr><td>β</td><td>15°</td><td>20°</td><td>25°</td><td>30°</td><td>35°</td></tr>
<tr><td>γ</td><td>15.31°</td><td>20.84°</td><td>27.00°</td><td>34.43°</td><td>44.40°</td></tr>
</table>

当钢索股数 $m=4$ 时

<table>
<tr><td>β</td><td>15°</td><td>20°</td><td>25°</td><td>30°</td><td>35°</td></tr>
<tr><td>γ</td><td>15.59°</td><td>21.56°</td><td>28.51°</td><td>37.61°</td><td>48.78°</td></tr>
</table>

i''也可根据 m 不同按以下两表选取

当钢索股数 $m=3$ 时

<table>
<tr><td>β</td><td>15°</td><td>20°</td><td>25°</td><td>30°</td><td>35°</td></tr>
<tr><td>i''</td><td>1.12</td><td>1.21</td><td>1.35</td><td>1.58</td><td>2.07</td></tr>
</table>

当钢索股数 $m=4$ 时

<table>
<tr><td>β</td><td>15°</td><td>20°</td><td>25°</td><td>30°</td><td>35°</td></tr>
<tr><td>i''</td><td>1.12</td><td>1.23</td><td>1.40</td><td>1.73</td><td>2.45</td></tr>
</table>
</td></tr>
</table>

（续）

项　　目	单位	公 式 及 数 据
多股螺旋弹簧的变形量 f	mm	$f=f_K+f_c=\dfrac{8FD^3n}{iGd^4m}$ 式中　i—综合捻索系数 $i=\dfrac{F_K}{i'F}+\dfrac{1}{i''}(1-F_K/F)$ i 也可根据 β 及 F_K/F 按图 b 选取。例如，查 $F_K/F=0.2$，$\beta=30°$ 时 $\dfrac{1}{i}$ 值，从 $\beta=30°$ 处向上作垂线与 $\dfrac{1}{i'}$ 和 $\dfrac{1}{i''}$ 分别交于 B 点和 A 点，过 A 点和 B 点分别作横坐标的平行线，与两边纵坐标轴分别交于 D 点和 C 点。连接 C 和 D；从上部横坐标 $F_K/F=0.2$ 处向下作垂线与 CD 线交于 E。过 E 点作横坐标平行线，与纵坐标轴 $\dfrac{1}{i}$ 交于点 F，此 F 点即为所求，$\dfrac{1}{i}=0.75$ 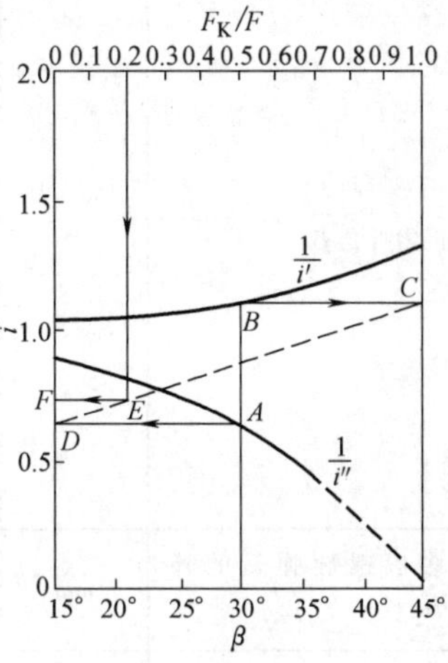 b)
钢索拧紧后多股螺旋弹簧的刚度 k_2	N/mm	$k_2=\dfrac{iGd^4m}{8D^3n}$
切应力 τ	MPa	$\tau=K\dfrac{8FD}{m\pi d^3}$ 式中　$K=\sqrt{\gamma_t^2+\gamma_b^2}$ $\gamma_t=\dfrac{F_K}{F}\cos\beta+\gamma_t\left(1-\dfrac{F_K}{F}\right)$ $\gamma_b=\dfrac{F_K}{F}\sin\beta+\gamma_b\left(1-\dfrac{F_K}{F}\right)$ 而 γ_t 及 γ_b 可根据 β 及 m 按图 c 选取 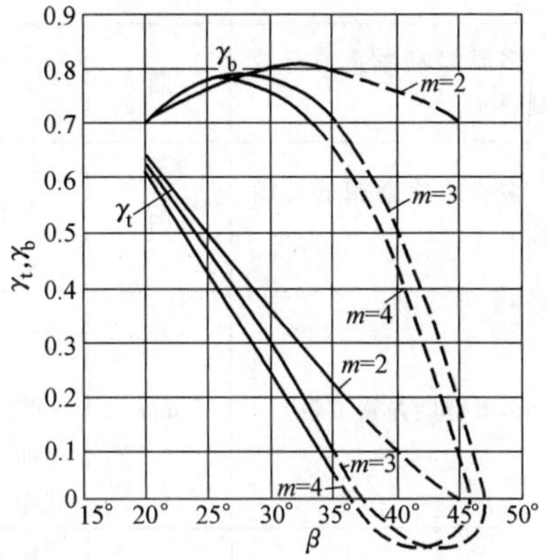 c)

表 16.3-3　多股螺旋弹簧的几何尺寸计算

项　　目	单位	公 式 及 数 据
钢丝直径 d	mm	一般在 0.5~3mm 范围内选取
钢索股数 m		一般为 2~4，最好不少于 3
弹簧旋绕比 C		$C=D/d$，可以取为 3.5~5，一般不小于 4
钢索索径 d_c	mm	$d_c=d_2+d$ 式中　d_2—各股钢丝断面中心的圆周直径（mm） 而 d_2 与拧角 β 及 d 的关系可根据 m 不同按以下两表选取 当钢索股数 $m=3$ 时 β：15°，20°，25°，30°，35° d_2/d：1.17，1.18，1.19，1.21，1.25 当钢索股数 $m=4$ 时 β：15°，20°，25°，30°，35° d_2/d：1.44，1.46，1.50，1.55，1.61

（续）

<table>
<tr><th>项　目</th><th>单位</th><th>公式及数据</th></tr>
<tr><td>钢索拧角 β</td><td>°</td><td>钢索拧角 β 的选择与弹簧的性能有关，一般取 $\beta=25°\sim30°$；当要求弹簧的特性曲线有较大范围的线性关系时，取 $\beta=22°\sim25°$。钢索拧角 β 与钢索索距 t_c 及钢索索径 d_c 的关系如下表所示
钢索拧角 β 与钢索索距 t_c 及钢索索径 d_c 的关系
<table>
<tr><td rowspan="3">$m=3$</td><td>t_c/d</td><td>8</td><td>9</td><td>10</td><td>11</td><td>12</td><td>13</td><td>14</td></tr>
<tr><td>β</td><td>24.97°</td><td>22.37°</td><td>20.25°</td><td>18.49°</td><td>17.00°</td><td>15.74°</td><td>14.64°</td></tr>
<tr><td>d_c/d</td><td>2.19</td><td>2.18</td><td>2.17</td><td>2.17</td><td>2.17</td><td>2.17</td><td>2.16</td></tr>
<tr><td rowspan="3">$m=4$</td><td>t_c/d</td><td>8</td><td>9</td><td>10</td><td>11</td><td>12</td><td></td><td></td></tr>
<tr><td>β</td><td>31.13°</td><td>27.78°</td><td>25.08°</td><td>22.85°</td><td>20.99°</td><td></td><td></td></tr>
<tr><td>d_c/d</td><td>2.54</td><td>2.51</td><td>2.49</td><td>2.48</td><td>2.47</td><td></td><td></td></tr>
</table></td></tr>
<tr><td>多股螺旋弹簧的外径 D_2</td><td>mm</td><td>$$D_2=D+d_c$$
式中　D—弹簧中径(mm)</td></tr>
<tr><td>多股螺旋弹簧的内径 D_1</td><td>mm</td><td>$$D_1=D-d_c$$</td></tr>
<tr><td>钢索索距 t_c</td><td>mm</td><td>$$t_c=\frac{\pi d_c}{\tan\beta}$$</td></tr>
<tr><td>多股螺旋弹簧的有效圈数 n</td><td>圈</td><td>$$n=\frac{iGd^4mf}{8FD^3}$$</td></tr>
<tr><td>多股螺旋弹簧的总圈数 n_1</td><td>圈</td><td>压缩弹簧：$n_1=n+(2\sim2.5)$
拉伸弹簧：$n_1=n$
n_1 尾数为 1/4、1/2、3/4 及整圈</td></tr>
<tr><td>多股螺旋弹簧节距 t</td><td>mm</td><td>$$t=d_c+\frac{f_b}{n}$$
式中　f_b—压并载荷下变形量(mm)
而　$$f_b=H_0-H_b$$
式中　H_0—自由高度(mm)</td></tr>
<tr><td>多股螺旋弹簧自由高度 H_0</td><td>mm</td><td>压缩弹簧，两端磨平：
当 $n_1=n+1.5$ 时，$H_0=tn+d$
当 $n_1=n+2$ 时，$H_0=tn+1.5d$
当 $n_1=n+2.5$ 时，$H_0=tn+2d$
拉伸弹簧：
LⅠ型　$H_0=(n+1)d+D_1$
LⅡ型　$H_0=(n+1)d+2D_1$
LⅢ型　$H_0=(n+1.5)d+2D_1$</td></tr>
<tr><td>多股螺旋压缩弹簧的压并高度 H_b</td><td>mm</td><td>端部不并紧、两端磨平，支承圈为 3/4 圈时
$$H_b=(n+1)d_c$$
端部并紧、磨平，支承圈为 1 圈时
$$H_b=(n+1.5)d_c$$</td></tr>
<tr><td>钢丝展开长度 L</td><td>mm</td><td>$$L=\pi Dn_1/\cos\alpha$$</td></tr>
<tr><td>三(四)股钢丝展开长度 L_1</td><td>mm</td><td>$$L_1=\pi Dn_1m/\cos\alpha\cos\beta$$</td></tr>
</table>

表 16. 3-4　多股螺旋弹簧的尺寸极限偏差

项　目	弹簧组别及极限偏差				备　注
弹簧外径 D_2 或内径 D_1 的极限偏差/mm		弹簧组别	Ⅰ	Ⅱ	
	旋绕比 C	≤4	±0.015D 最小±0.2	±0.025D 最小±0.4	
		>4~8	±0.02D 最小±0.3	±0.03D 最小±0.5	
		>8~15	±0.03D 最小±0.5	±0.04D 最小±0.7	
弹簧自由高度(自由长度 H_0)的极限偏差/mm		弹簧组别	Ⅰ	Ⅱ	当有特性要求时,弹簧自由高度作为参考
		≤50	±0.06H_0	±0.08H_0	
		>50~100	±0.05H_0	±0.06H_0	
		>100~300	±0.04H_0	±0.05H_0	
		>300~500	±0.03H_0	±0.04H_0	
弹簧自由角度的极限偏差/(°)		弹簧组别	Ⅰ	Ⅱ	
	有效圈数 n	≤3	±10	±15	
		>3~10	±15	±20	
		>10~20	±20	±30	
		>20~30	±30	±40	
弹簧总圈数 n_1 的极限偏差/圈		弹簧组别	Ⅰ	Ⅱ	
		≤15	±0.25	±0.50	
		>15~30	±0.50	±0.75	
		>30~50	±0.75	±1.00	
		>50	±1.00	±1.50	
指定高度(长度)负荷 F 的极限偏差/N		弹簧组别	Ⅰ	Ⅱ	
			±10%F	±15%F	

注：1. 弹簧尺寸的极限偏差，必要时可以不对称使用，其公差值不变。

2. 自由状态下，弹簧在压缩到全变形量的 80%时，其正常节距圈不得接触。

第 4 章　非线性特性螺旋弹簧

1　圆锥螺旋压缩弹簧

1.1　圆锥螺旋压缩弹簧的结构及特性线

圆锥螺旋压缩弹簧的结构及其特性线见图 16.4-1。当承受载荷后，特性线的 OA 段是直线；载荷继续增加时，弹簧从大圈开始逐圈接触，其工作圈数逐渐减少，刚度则逐渐增大，到所有弹簧圈完全压并为止，特性线的 AB 段是渐增型，有利于防止共振的发生。当大端弹簧圈的半径 R_2 和小端弹簧圈的半径 R_1 之差 $(R_2-R_1) \geqslant nd$ 时，弹簧压并后所有各圈都落在支承座上，其压并高度 $H_b=d$。

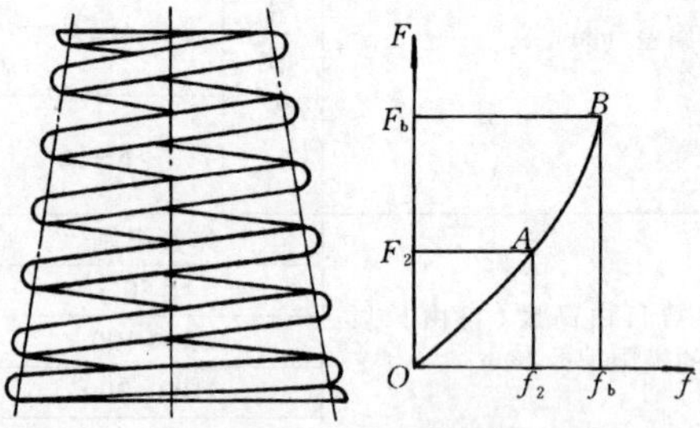

图 16.4-1　圆锥螺旋压缩弹簧的结构及其特性线

常用的圆锥螺旋压缩弹簧有等节距型和等螺旋角型两种，它们的几何尺寸计算见表 16.4-1，变形量和强度计算见表 16.4-2。

1.2　圆锥螺旋压缩弹簧的设计计算

表 16.4-1　圆锥螺旋压缩弹簧的几何尺寸计算

项　目			等节距圆锥螺旋弹簧　t=常数	等螺旋角圆锥螺旋弹簧　α=常数
名　称	代号	单位	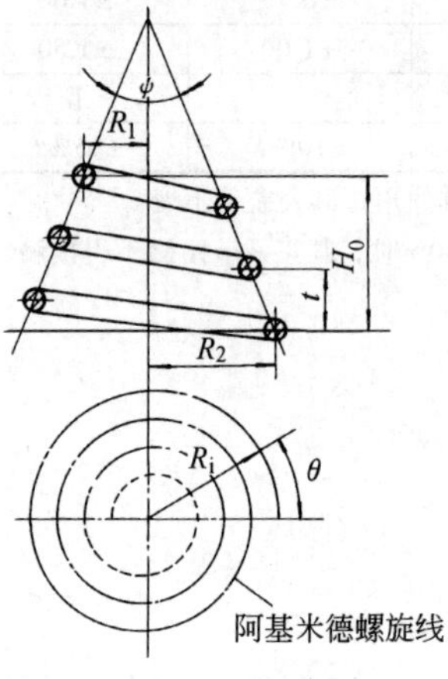	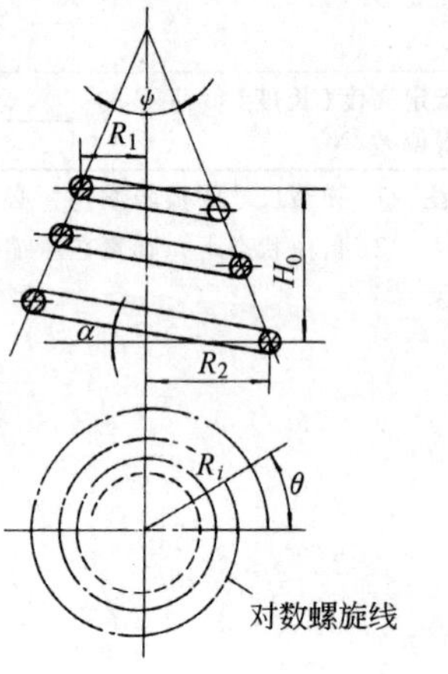
有效圈数	n	圈	$n=\frac{Gd^4}{16k}\left(\frac{R_2-R_1}{R_2^4-R_1^4}\right)$ 式中　G—切变模量(MPa) k—弹簧刚度(N/mm)	
弹簧圈压并时节距	t'	mm	$t'=d\sqrt{1-\left(\frac{R_2-R_1}{nd}\right)^2}$	
节距	t	mm	$t=\frac{f_b+nt'}{n}$ 式中　f_b—压并变形量(mm)	—
螺旋角	α	°	—	$\alpha=\frac{32R_2^2F}{\pi Gd^4}+\frac{t'}{2\pi R_2}$ 式中　F—工作载荷(N)

（续）

项目			等节距圆锥螺旋弹簧　t = 常数	等螺旋角圆锥螺旋弹簧　α = 常数
名　称	代号	单位	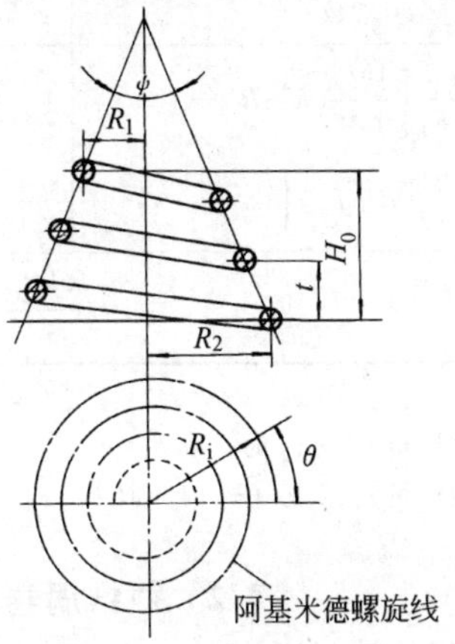	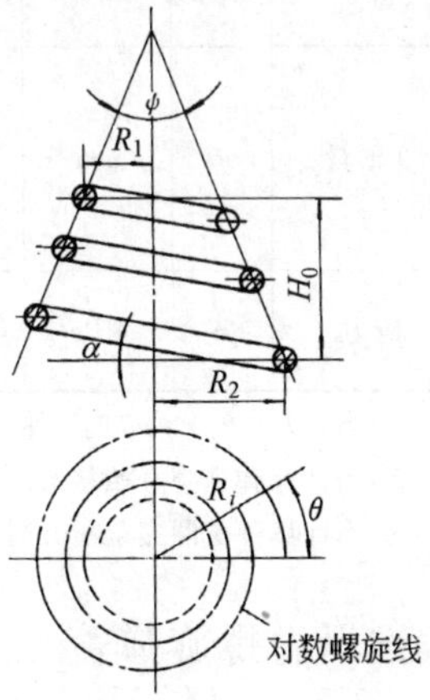
弹簧圈 i 的半径	R_i	mm	$R_i=R_2-(R_2-R_1)\dfrac{i}{n}$	$R_i=R_2 e^{-\frac{i}{n}\ln\frac{R_2}{R_1}}$ 或 $R_i\approx R_2-(R_2-R_1)\dfrac{i}{n}$
小端支承圈的半径	R_1'	mm	$R_1'=R_1-\dfrac{n_2 d(R_2-R_1)}{2\sqrt{H_0'^2-(R_2-R_1)^2}}$ 式中　n_2—支承圈数	
大端支承圈的半径	R_2'	mm	$R_2'=R_2+\dfrac{n_2 d(R_2-R_1)}{2\sqrt{H'^2_0-(R_2-R_1)^2}}$	
有效工作圈的自由高度	H_0'	mm	$H_0'=nt$	$H_0'=\pi n\alpha(R_2-R_1)$
总圈数	n_1	圈	当端部并紧、磨平支承圈为 1 时：$n_1=n+2$　当端部并紧、磨平支承圈为 3/4 时：$n_1=n+1.5$	
自由高度	H_0	mm	当 $n_1=2$ 时，$H_0=H_0'+1.5d$　当 $n_2=1.5$ 时，$H_0=H_0'+d$	
弹簧钢丝展开长度	L	mm	$L\approx\pi n_1(R_2'+R_1')$	

注：当 $(R_2-R_1)\geqslant nd$ 时，取 $t'=0$。

表 16.4-2　圆锥螺旋压缩弹簧的变形量和强度计算

	名称	代号	单位	等节距圆锥螺旋弹簧 t = 常数	等螺旋角圆锥螺旋弹簧 α = 常数
弹簧圈开始接触前	变形量	f	mm	$f=\dfrac{16nF}{Gd^4}\left(\dfrac{R_2^4-R_1^4}{R_2-R_1}\right)$ 式中　F—工作载荷(N)	
	应力	τ	MPa	$\tau=\dfrac{16KFR_2}{\pi d^3}$ 式中　K—曲度系数，$K=\dfrac{4C-1}{4C-4}+\dfrac{0.615}{C}$，其中 $C=\dfrac{2R_2}{d}$	
	弹簧刚度	k	$N\cdot mm^{-1}$	$k=\dfrac{F}{f}=\dfrac{Gd^4(R_2-R_1)}{16n(R_2^4-R_1^4)}$	
弹簧圈开始接触后	载荷	F	N	$F_i=\dfrac{Gd^4}{64R_i^3}(t-t')$	$F_i=\dfrac{\pi Gd^4}{32R_i^2}\left(\alpha-\dfrac{t'}{2\pi R_i}\right)$

（续）

	名称	代号	单位	等节距圆锥螺旋弹簧 t=常数	等螺旋角圆锥螺旋弹簧 α=常数
弹簧圈开始接触后	变形量	f	mm	$f_i=\dfrac{n}{R_2-R_1}\left[\dfrac{16F_i}{Gd^4}(R_i^4-R_1^4)+(t-t')(R_2-R_1)\right]$	$f_i=\dfrac{n}{R_2-R_1}\left[\dfrac{16F_i}{Gd^4}(R_i^4-R_1^4)+\pi\alpha(R_2^2-R_1^2)-t'(R_2-R_i)\right]$
	应力	τ	MPa	$\tau=\dfrac{16KR_iF_i}{\pi d^3}$	

注：1. 当 $(R_2-R_1)\geqslant nd$ 时，取 $t'=0$。

2. 当计算弹簧圈开始接触时的载荷 F_2、变形量 f_2 或 τ_2 时，取 $R_i=R_2$。

3. 当计算弹簧圈完全压并时的载荷 F_b、变形量 f_b 或应力 τ_b 时，取 $R_i=R_1$。

2 截锥涡卷螺旋弹簧

2.1 截锥涡卷螺旋弹簧的特性线

截锥涡卷螺旋弹簧（见图 16.4-2）的特性线与截锥螺旋弹簧相似，这种弹簧能承受较大载荷，吸收较多的变形能，结构紧凑，但制造工艺较复杂，成本高。由于簧圈间间隙小，热处理较困难，也无法进行抛丸处理。热处理时最好采用热风循环炉加热、延长保温时间并采用喷油冷却，故除重型机械的减振装置外，一般都不推荐采用这种弹簧。

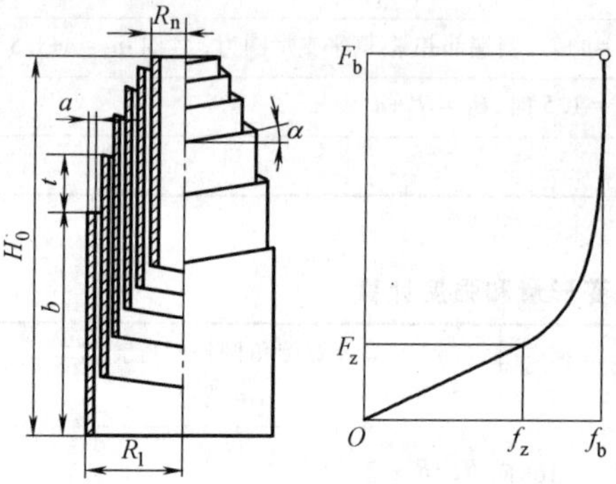

图 16.4-2 截锥涡卷螺旋弹簧及其特性线

2.2 截锥涡卷螺旋弹簧的材料及许用应力

截锥涡卷螺旋弹簧一般采用热卷成形，对于小型的截锥涡卷弹簧也可采用冷卷。材料多采用热轧硅锰弹簧钢板，也可用铬钒钢；在不太重要的场合也可采用碳素弹簧钢或者锰弹簧钢。

截锥涡卷弹簧的坯料应加热辗薄，如无条件，也可采用刨削的方法加工。热卷时，要用特制的芯棒在卷簧机上成形，手工卷制难以保证间隙。因为弹簧间隙小，所以在油淬火时，最好采用热风循环炉加热等措施来保证质量。

当上述材料经热处理后的硬度达到或者超过47HRC时，其许用应力依照表 16.4-3 选取。

表 16.4-3 截锥涡卷螺旋弹簧的许用应力

使用条件	许用应力/MPa
只压缩使用，或变载作用次数很少时	1330
只压缩使用，或变载作用次数较多时	770
作为悬架弹簧使用时	1120
当载荷为压缩和拉伸的交变载荷时	380

2.3 设计计算（见表 16.4-4）

表 16.4-4 截锥涡卷螺旋弹簧的设计计算公式

参数名称		计算公式		
		等螺旋角	等节距	等应力
几何尺寸	第 i 圈簧圈的中半径	$R_i=R_1-(R_1-R_n)\theta/(2n\pi)=R_1-(R_1-R_n)i/n$		
	大端到第 i 圈簧圈的自由高度	$H_i=n\pi\alpha[(R_1^2-R_i^2)/(R_1-R_n)]+b$	$H_i=nt[(R_1-R_i)/(R_1-R_n)]+b$	$H_i=2n\pi\alpha_1[(R_1^3-R_i^3)/(R_1-R_n)]/(3R_1)+b$
	有效圈数的自由高度	$H_0=n\pi\alpha(R_1+R_n)+b$	$H_0=nt+b$	$H_0=2n\pi\alpha_1[(R_1+R_n)^2-R_1R_n]/(3R_1)+b$
	大端到第 i 圈簧圈的展开长度	$L\approx n\pi[(R_1^2-R_i^2)/(R_1-R_n)]$		

（续）

参数名称		计算公式		
		等螺旋角	等节距	等应力
有簧圈接触前的变形量和载荷	变形量	$f=n\pi F[(R_1^4-R_n^4)/(R_1-R_n)]/(2K_2Gba^3)$		
	最大扭应力	$\tau=K'FR_1/(K_3ba^2)$		
	刚度	$k=2K_2Gba^3[(R_1-R_n)/(R_1^4-R_n^4)]/(n\pi)$		
	变形能	$U=K_3\tau^2V[1+(R_n/R_1)^2]/(4K_2G)$		
有簧圈接触后的变形量和载荷	载荷	$F_i=K_2Gba^3a/R_i^2$	$F_i=K_2Gba^3t/(2\pi R_i^3)$	$F_i=K_2Gba^3\alpha_1/(R_1R_i)$
	螺旋角	$\alpha=F_iR_i^2/(K_2Gba^3)$	$\alpha_i=t/(2\pi R_i)$	$\alpha_i=\alpha_1R_i/R_1$
	变形量	$f_i=n\pi[(R_1^2-R_i^2)a+F_i(R_i^4-R_n^4)/(2k_2Gba^3)]/(R_1-R_n)$	$f_i=n\pi[t(R_1-R_i)/\pi+F_i(R_i^4-R_n^4)/(2k_2Gba^3)]/(R_1-R_n)$	$f_i=n\pi[2(R_1^3-R_i^3)\alpha_1+F_i(R_i^4-R_n^4)/(2K_2Gba^3)]/(R_1-R_n)$
	扭应力	$\tau_i=K'F_iR_i/(K_3ba^2)$		
说明	R_1—大端簧圈中半径；R_n—小端簧圈中半径；R_i—从大端数起第 i 圈簧圈中半径；V—弹簧工作圈的材料体积；K'—曲度因子，$K'=1+a/(2R_1)$；K_2、K_3—因子，见表 16.4-5；a—簧丝的厚度；b—簧丝的宽度；α_1—最大弹簧工作圈的螺旋升角			

表 16.4-5　K_2 和 K_3 的数值

b/a	K_2	K_3	b/a	K_2	K_3
1	0.1406	0.2082	2.25	0.2401	0.2520
1.05	0.1474	0.2112	2.5	0.2494	0.2576
1.1	0.1540	0.2139	2.75	0.2570	0.2626
1.15	0.1602	0.2165	3	0.2633	0.2672
1.2	0.1661	0.2189	3.5	0.2733	0.2751
1.25	0.1717	0.2212	4	0.2808	0.2817
1.3	0.1717	0.2236	4.5	0.2866	0.2870
1.35	0.1821	0.2254	5	0.2914	0.2915
1.4	0.1869	0.2273	6	0.2983	0.2984
1.45	0.1914	0.2289	7	0.3033	0.3033
1.5	0.1958	0.2310	8	0.3071	0.3071
1.6	0.2037	0.2343	9	0.3100	0.3100
1.7	0.2109	0.2375	10	0.3123	0.3123
1.75	0.2143	0.2390	20	0.3228	0.3228
1.8	0.2174	0.2404	50	0.3291	0.3291
1.9	0.2233	0.2432	100	0.3312	0.3312
2	0.2287	0.2459	∞	0.3333	0.3333

第5章 碟形弹簧

1 碟形弹簧的结构和尺寸系列

碟形弹簧是用钢板冲压成形的截锥形压缩弹簧。它有三个特点：

1）刚度大。能以小变形承受大载荷，适合于轴向空间较小的场合。

2）具有变刚度的性质。碟形弹簧压平时变形量 h_0 和厚度 t 的比值不同，其特性曲线也不同。当 h_0/t 为 0.4~0.8 时，其特性曲线接近于直线；当 h_0/t 大于 1.3 时，则随着变形量的增加，其载荷增加却逐渐变小。

3）用同样的碟形弹簧采用不同的组合方式，能使弹簧特性在很大范围内变化。可采用对合、叠合的组合方式，也可采用复合不同厚度、不同片数等组合方式。

当叠合时，相对于同一变形，弹簧数越多则载荷越大；当对合时，对于同一载荷，弹簧数越多则变形越大。

碟形弹簧根据厚度分为无支承面碟簧和有支承面碟簧，见图 16.5-1 和表 16.5-1。

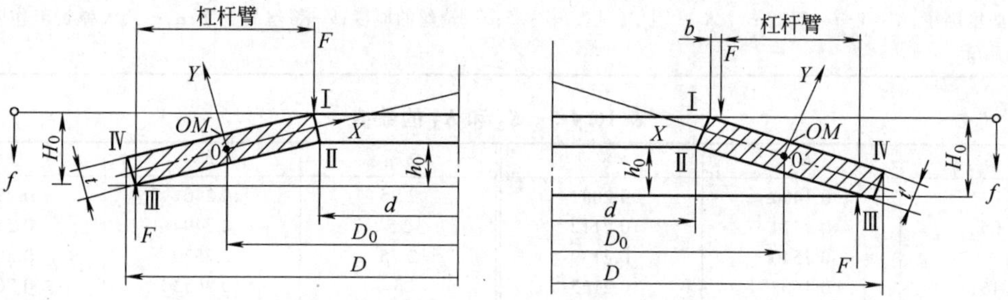

a) b)

图 16.5-1 单个碟簧及计算应力的截面位置

a）无支承面 b）有支承面

注：D—弹簧外径（mm）；d—弹簧内径（mm）；D_0—弹簧中性径（mm），为碟簧截面中性点所在圆直径，其大小按 $D_0=\dfrac{D-d}{\ln\dfrac{D}{d}}$ 计算；t—厚度（mm）；t'—减薄碟簧厚度（mm）；H_0—自由高度（mm）；h_0—无支承面碟簧压平时变形量（mm），$h_0=H_0-t$；h_0'—有支承面碟簧压平时变形量（mm），$h_0'=H_0-t'$；b—支承面宽度（mm），$b\approx D/150$；F—载荷（N）；f—变形量（mm）。

常用碟形弹簧还按其外径 D、压平时变形量 h_0 和厚度 t 的比值 D/t、h_0/t 分为三个系列。各种大小的碟形弹簧尺寸，以及当变形量 $f=0.75h_0$ 时的载荷 F 和应力参数见表 16.5-2。非常用碟形弹簧尺寸系列见表 16.5-3。

表 16.5-1 碟形弹簧按厚度的分类（摘自 GB/T 1972—2005）

类 别	形式	碟簧厚度 t/mm	工 艺 方 法
1	无支承面	<1.25	冷冲成形,边缘倒圆
2		1.25~6.0	1)切削内、外圆或平面,边缘倒圆,冷成形或热成形 2)精冲,边缘倒圆,冷成形或热成形
3	有支承面	>6.0~16.0	冷成形或热成形,加工所有表面,边缘倒圆

表16.5-2　碟形弹簧的系列、尺寸和参数（摘自GB/T 1972—2005）

系列A　$\frac{D}{t}\approx18$；$\frac{h_0}{t}\approx0.4$；$E=206\text{GPa}$；$\mu=0.3$

类别	外径 D /mm	内径 d /mm	厚度[1] $t(t')$ /mm	压平时变形量 h_0 /mm	自由高度 H_0 /mm	$f\approx0.75h_0$ F /N	f /mm	H_0-f /mm	σ_{OM}[2] /MPa	σ_{II}或σ_{III}[3] /MPa	质量 Q /(kg/1000件)
	8	4.2	0.4	0.2	0.6	210	0.15	0.45	-1200	1200*	0.114
	10	5.2	0.5	0.25	0.75	329	0.19	0.56	-1210	1240*	0.225
	12.5	6.2	0.7	0.3	1	673	0.23	0.77	-1280	1420*	0.508
1	14	7.2	0.8	0.3	1.1	813	0.23	0.87	-1190	1340*	0.711
	16	8.2	0.9	0.35	1.25	1000	0.26	0.99	-1160	1290*	1.050
	18	9.2	1	0.4	1.4	1250	0.3	1.1	-1170	1300*	1.480
	20	10.2	1.1	0.45	1.55	1530	0.34	1.21	-1180	1300*	2.010
	22.5	11.2	1.25	0.5	1.75	1950	0.38	1.37	-1170	1320*	2.940
	25	12.2	1.5	0.55	2.05	2910	0.41	1.64	-1210	1410*	4.400
	28	14.2	1.5	0.65	2.15	2850	0.49	1.66	-1180	1280*	5.390
	31.5	16.3	1.75	0.7	2.45	3900	0.53	1.92	-1190	1320*	7.840
	35.5	18.3	2	0.8	2.8	5190	0.6	2.2	-1210	1330*	11.40
	40	20.4	2.25	0.9	3.15	6540	0.68	2.47	-1210	1340	16.40
	45	22.4	2.5	1	3.5	7720	0.75	2.75	-1150	1300*	23.50
2	50	25.4	3	1.1	4.1	12000	0.83	3.27	-1250	1430*	34.30
	56	28.5	3	1.3	4.3	11400	0.98	3.32	-1180	1280*	43.00
	63	31	3.5	1.4	4.9	15000	1.05	3.85	-1140	1300*	64.90
	71	36	4	1.6	5.6	20500	1.2	4.4	-1200	1330*	91.80
	80	41	5	1.7	6.7	33700	1.28	5.42	-1260	1460*	145.0
	90	46	5	2	7	31400	1.5	5.5	-1170	1300*	184.5
	100	51	6	2.2	8.2	48000	1.65	6.55	-1250	1420*	273.7
	112	57	6	2.5	8.5	43800	1.88	6.62	-1130	1240*	343.8
	125	64	8(7.5)	2.6	10.6	85900	1.95	8.65	-1280	1330*	533.0
	140	72	8(7.5)	3.2	11.2	85300	2.4	8.8	-1260	1280*	666.6
	160	82	10(9.4)	3.5	13.5	139000	2.63	10.87	-1320	1340*	1094
3	180	92	10(9.4)	4	14	125000	3	11	-1180	1200	1387
	200	102	12(11.25)	4.2	16.2	183000	3.15	13.05	-1210	1230*	2100
	225	112	12(11.25)	5	17	171000	3.75	13.25	-1120	1140	2640
	250	127	14(13.1)	5.6	19.6	249000	4.2	15.4	-1200	1220	3750

系列B　$\frac{D}{t}\approx28$；$\frac{h_0}{t}\approx0.75$；$E=206\text{GPa}$；$\mu=0.3$

类别	外径 D /mm	内径 d /mm	厚度[1] $t(t')$ /mm	压平时变形量 h_0 /mm	自由高度 H_0 /mm	$f\approx0.75h_0$ F /N	f /mm	H_0-f /mm	σ_{OM}[2] /MPa	σ_{II}或σ_{III}[3] /MPa	质量 Q /(kg/1000件)
	8	4.2	0.3	0.25	0.55	119	0.19	0.36	-1140	1330	0.086
	10	5.2	0.4	0.3	0.7	213	0.23	0.47	-1170	1300	0.180
	12.5	6.2	0.5	0.35	0.85	291	0.26	0.59	-1000	1110	0.363
	14	7.2	0.5	0.4	0.9	279	0.3	0.6	-970	1100	0.444
	16	8.2	0.6	0.45	1.05	412	0.34	0.71	-1010	1120	0.698
1	18	9.2	0.7	0.5	1.2	572	0.38	0.82	-1040	1130	1.030
	20	10.2	0.8	0.55	1.35	745	0.41	0.94	-1030	1110	1.460
	22.5	11.2	0.8	0.65	1.45	710	0.49	0.96	-962	1080	1.880
	25	12.2	0.9	0.7	1.6	868	0.53	1.07	-938	1030	2.640
	28	14.2	1	0.8	1.8	1110	0.6	1.2	-961	1090	3.590

（续）

系列 B $\frac{D}{t}\approx 28$；$\frac{h_0}{t}\approx 0.75$；$E=206\text{GPa}$；$\mu=0.3$

类别	外径 D /mm	内径 d /mm	厚度① $t(t')$ /mm	压平时变形量 h_0 /mm	自由高度 H_0 /mm	$f\approx 0.75h_0$					质量 Q /(kg/1000件)
						F /N	f /mm	H_0-f /mm	σ_{OM}② /MPa	σ_{II} 或 σ_{III}③ /MPa	
2	31.5	16.3	1.25	0.9	2.15	1920	0.68	1.47	-1090	1190	5.600
	35.5	18.3	1.25	1	2.25	1700	0.75	1.5	-944	1070	7.130
	40	20.4	1.5	1.15	2.65	2620	0.86	1.79	-1020	1130	10.95
	45	22.4	1.75	1.3	3.05	3660	0.98	2.07	-1050	1150	16.40
	50	25.4	2	1.4	3.4	4760	1.05	2.35	-1060	1140	22.90
	56	28.5	2	1.6	3.6	4440	1.2	2.4	-963	1090	28.70
	63	31	2.5	1.75	4.25	7180	1.31	2.94	-1020	1090	46.40
	71	36	2.5	2	4.5	6730	1.5	3	-934	1060	57.70
	80	41	3	2.3	5.3	10500	1.73	3.57	-1030	1140	87.30
	90	46	3.5	2.5	6	14200	1.88	4.12	-1030	1120	129.1
	100	51	3.5	2.8	6.3	13100	2.1	4.2	-926	1050	159.7
	112	57	4	3.2	7.2	17800	2.4	4.8	-963	1090	229.2
	125	64	5	3.5	8.5	30000	2.63	5.87	-1060	1150	355.4
	140	72	5	4	9	27900	3	6	-970	1100	444.4
	160	82	6	4.5	10.5	41100	3.38	7.12	-1000	1110	698.3
	180	92	6	5.1	11.1	37500	3.83	7.27	-895	1040	885.4
3	200	102	8(7.5)	5.6	13.6	76400	4.2	9.4	-1060	1250	1369
	225	112	8(7.5)	6.5	14.5	70800	4.88	9.62	-951	1180	1761
	250	127	10(9.4)	7	17	119000	5.25	11.75	-1050	1240	2687

系列 C $\frac{D}{t}\approx 40$；$\frac{h_0}{t}\approx 1.3$；$E=206\text{GPa}$；$\mu=0.3$

类别	外径 D /mm	内径 d /mm	厚度① $t(t')$ /mm	压平时变形量 h_0 /mm	自由高度 H_0 /mm	$f\approx 0.75h_0$					质量 Q /(kg/1000件)
						F /N	f /mm	H_0-f /mm	σ_{OM}② /MPa	σ_{II} 或 σ_{III}③ /MPa	
1	8	4.2	0.2	0.25	0.45	39	0.19	0.26	-762	1040	0.057
	10	5.2	0.25	0.3	0.55	58	0.23	0.32	-734	980	0.112
	12.5	6.2	0.35	0.45	0.8	152	0.34	0.46	-944	1280	0.251
	14	7.2	0.35	0.45	0.8	123	0.34	0.46	-769	1060	0.311
	16	8.2	0.4	0.5	0.9	155	0.38	0.52	-751	1020	0.466
	18	9.2	0.45	0.6	1.05	214	0.45	0.6	-789	1110	0.661
	20	10.2	0.5	0.65	1.15	254	0.49	0.66	-772	1070	0.912
	22.5	11.2	0.6	0.8	1.4	425	0.6	0.8	-883	1230	1.410
	25	12.2	0.7	0.9	1.6	601	0.68	0.92	-936	1270	2.060
	28	14.2	0.8	1	1.8	801	0.75	1.05	-961	1300	2.870
	31.5	16.3	0.8	1.05	1.85	687	0.79	1.06	-810	1130	3.580
	35.5	18.3	0.9	1.15	2.05	831	0.86	1.19	-779	1080	5.140
	40	20.4	1	1.3	2.3	1020	0.98	1.32	-772	1070	7.300
2	45	22.4	1.25	1.6	2.85	1890	1.2	1.65	-920	1250	11.70
	50	25.4	1.25	1.6	2.85	1550	1.2	1.65	-754	1040	14.30
	56	28.5	1.5	1.95	3.45	2620	1.46	1.99	-879	1220	21.50
	63	31	1.8	2.35	4.15	4240	1.76	2.39	-985	1350	33.40
	71	36	2	2.6	4.6	5140	1.95	2.65	-971	1340	46.20
	80	41	2.25	2.95	5.2	6610	2.21	2.99	-982	1370	65.50
	90	46	2.5	3.2	5.7	7680	2.4	3.3	-935	1290	92.20
	100	51	2.7	3.5	6.2	8610	2.63	3.57	-895	1240	123.2
	112	57	3	3.9	6.9	10500	2.93	3.97	-882	1220	171.9
	125	64	3.5	4.5	8	15100	3.38	4.62	-956	1320	248.9
	140	72	3.8	4.9	8.7	17200	3.68	5.02	-904	1250	337.7

（续）

系列 C　$\frac{D}{t}\approx 40;\frac{h_0}{t}\approx 1.3;E=206\text{GPa};\mu=0.3$											
类别	外径 D /mm	内径 d /mm	厚度① $t(t')$ /mm	压平时变形量 h_0 /mm	自由高度 H_0 /mm	$f\approx 0.75h_0$ F /N	f /mm	H_0-f /mm	σ_{OM}② /MPa	σ_{II} 或 σ_{III}③ /MPa	质量 Q /(kg/1000 件)
2	160	82	4.3	5.6	9.9	21800	4.2	5.7	-892	1240	500.4
	180	92	4.8	6.2	11	26400	4.65	6.35	-869	1200	708.4
	200	102	5.5	7	12.5	36100	5.25	7.25	-910	1250	1004
3	225	112	6.5(6.2)	7.1	13.6	44600	5.33	8.27	-840	1140	1456
	250	127	7(6.7)	7.8	14.8	50500	5.85	8.95	-814	1120	1915

注：标记示例：一级精度，系列 A，外径 D=100mm 的第 2 类弹簧标记为：碟簧 A100-1 GB/T 1972。

二级精度，系列 B，外径 100mm 的碟簧标记为：碟簧 B100 GB/T 1972。

① 表中给出的是碟簧厚度 t 的公称数值，在第 3 类碟簧中碟簧厚度减薄为 t'。

② 表中 σ_{OM} 表示碟簧上表面 OM 点的计算应力（压应力）。

③ 表中给出的是碟簧下表面的最大计算拉应力，有 * 号的数值是在位置Ⅱ处的拉应力，无 * 号的数值是位置Ⅲ处的拉应力。

表 16.5-3　非常用碟形弹簧尺寸系列（摘自 GB/T 1972—2005）

类别	外径 D /mm	内径 d /mm	厚度① $t(t')$ /mm	自由高度 H_0 /mm	压平时变形量 h_0 /mm	(h_0/t) h_0'/t'	$f=h_0$ σ_{OM}② /MPa	$f\approx 0.75h_0$ f /mm	H_0-f /mm	F /N	σ③ /MPa	质量 Q /(kg /1000 片)
3	260	131	14(12.9)	19.5	5.5	0.51	-1444	4.125	15.375	224687	1122	4012
	260	131	11.5(10.6)	18	6.5	0.70	-1392	4.875	13.125	150851	1188	3296
	260	131	9(8.3)	15.5	6.5	0.87	-1076	4.875	10.625	74483	986	2581
	270	136	15(13.8)	21	6	0.52	-1565	4.5	16.500	279693	1223	4629
	270	136	13(12)	19	6	0.58	-1351	4.5	14.500	183541	1087	4025
	270	136	10(9.2)	17.5	7.5	0.90	-1276	5.625	11.875	109946	1189	3086
	280	142	16(14.75)	22	6	0.49	-1560	4.5	17.500	315987	1202	5296
	280	142	13(12)	20.5	7.5	0.71	-1566	5.625	14.875	218086	1341	4309
	280	142	10(9.2)	17.5	7.5	0.90	-1192	5.625	11.875	102681	1113	3304
	290	147	16(14.75)	22	6	0.49	-1454	4.500	17.500	294484	1120	5683
	290	147	13(12)	20.5	7.5	0.71	-1459	5.625	14.875	203246	1249	4623
	290	147	10.5(9.7)	18.5	8	0.91	-1244	6.000	12.500	118434	1161	3737
	300	152	16(14.75)	22.5	6.5	0.53	-1469	4.875	17.625	299199	1151	6084
	300	152	13.5(12.45)	21	7.5	0.69	-1417	5.625	15.375	211867	1202	5135
	300	152	11(10.15)	19	8	0.87	-1220	6.000	13.000	126270	1122	4168
	315	162	18(16.9)	25	7	0.48	-1629	5.250	19.750	419031	1236	7613
	315	162	15(13.8)	23.5	8.5	0.7	-1635	6.375	17.125	297519	1380	6209
	315	162	12(11.05)	21	9	0.9	-1368	6.750	14.250	169652	1283	4972
	330	167	17(15.65)	24	7	0.53	-1469	5.250	18.750	378013	1108	8451
	330	167	15(13.8)	23.5	8.5	0.70	-1473	6.375	17.125	272522	1259	6893
	330	167	12(11.05)	21	9	0.90	-1234	6.000	15.000	153045	1150	5519
	340	172	18(16.6)	25	7	0.51	-1384	5.250	19.750	356028	1045	8962
	340	172	15(13.8)	23.5	8.5	0.70	-1387	6.375	17.125	256672	1186	7318
	340	172	12(11.05)	21	9	0.90	-1162	6.750	14.250	144144	1083	5860
	355	182	19(17.5)	27	8	0.54	-1626	6.000	21.000	516889	1275	10568
	355	182	16.5(15.2)	26	9.5	0.71	-1576	7.125	18.875	353672	1359	8706
	355	182	13(12)	23	10	0.92	-1239	7.500	15.500	189116	1218	6873
	370	187	20(18.45)	28	8	0.52	-1484	6.000	22.000	471668	1157	11595
	370	187	16.5(15.2)	26	9.5	0.71	-1438	7.125	18.875	322730	1233	9552

（续）

类别	外径 D /mm	内径 d /mm	厚度① $t(t')$ /mm	自由高度 H_0 /mm	压平时变形量 h_0 /mm	(h_0/t) h_0'/t'	$f=h_0$ σ_{OM}② /MPa	$f\approx0.75h_0$ f /mm	(H_0-f) /mm	F /N	σ③ /MPa	质量 Q /(kg/1000片)
	370	187	13(12)	23	10	0.92	-1180	7.500	15.500	172570	1105	7541
	380	192	20(18.45)	28.5	8.5	0.54	-1492	6.375	22.125	476530	1179	12232
	380	192	17(15.65)	27	10	0.73	-1478	7.500	19.500	352946	1275	10376
	380	192	13.5(12.45)	23.5	10	0.89	-1163	7.500	16.000	182062	1077	8254
	400	202	21(19.35)	29.5	8.5	0.52	-1416	6.375	23.125	496432	1108	14220
	400	202	18(16.6)	28	10	0.69	-1416	7.500	20.500	375905	1168	12420
	400	202	14(12.9)	24.5	10.5	0.90	-1142	7.875	16.625	192737	1062	9480
	420	212	22(20.25)	31	9	0.53	-1423	6.750	24.250	548308	1118	6412
	420	212	19(17.5)	29.5	10.5	0.69	-1422	7.875	21.625	420725	1204	14183
	420	212	15(13.8)	26	11	0.88	-1163	8.250	17.750	224394	1076	11185
	440	222	23(21.1)	32.5	9.5	0.54	-1431	7.125	25.375	602805	1132	18775
3	440	222	20(18.45)	31.5	11.5	0.71	-1491	8.625	22.875	491415	1274	16416
	440	222	16(14.75)	28	12	0.90	-1232	9.000	19.000	271589	1145	13124
	450	227	25(23.05)	36	11	0.56	-1718	8.250	27.750	859748	1369	21455
	450	227	21(19.35)	33	12	0.71	-1562	9.000	24.000	567109	1334	18011
	450	227	16(14.75)	28	12	0.90	-1178	9.000	19.000	259623	1095	13729
	480	242	26(23.95)	36	10	0.50	-1432	7.500	28.500	767144	1108	25373
	480	242	21.5(19.8)	34	12.5	0.72	-1463	9.375	24.625	557948	1256	20977
	480	242	17(15.65)	30	13	0.92	-1190	9.750	20.250	297357	1115	16580
	500	253	27(24.85)	38	11	0.53	-1509	8.250	29.750	875297	1186	28497
	500	253	22.5(20.75)	35.5	12.5	0.71	-1414	9.375	26.125	596978	1220	23794
	500	253	18(16.6)	31.5	13.5	0.90	-1214	10.125	21.375	337473	1100	19379

注：标记示例：外径为500mm，内径为253mm，厚度为18mm，减薄厚度为16.6mm，自由高度为31.5mm的一级精度碟簧标记为：

$\phi500\times\phi253\times18\times31.5$-C1（C后面的数字表示精度等级，二级精度为C2）。

① 表中给出的 t 是碟簧厚度的公称数值，t' 是第3类碟簧的实际厚度。

② σ_{OM} 是碟簧上表面 OM 点的计算应力。

③ σ 为 σ_{II}（位置Ⅱ处的最大计算拉应力）和 σ_{III}（位置Ⅲ处的最大计算拉应力）中的较大值。

2 碟形弹簧的设计计算

2.1 单片碟形弹簧的设计计算

无支承面和有支承面的碟簧使用相同的公式计算。为使有支承面的计算载荷（在 $f=0.75h_0$ 时）与相同尺寸（D、d、H_0）的无支承面碟簧的计算载荷相等，应将有支承面碟簧的厚度减薄，减薄量 t'/t 按表16.5-4计算。

表16.5-4 有支承面碟簧厚度的减薄量

（摘自GB/T 1972—2005）

系 列	A	B	C
t'/t	0.94	0.94	0.96

碟形弹簧各参数的计算公式如下。

碟簧载荷：

$$F=\frac{4E}{1-\mu^2}\times\frac{t^4}{K_1D^2}K_4^2\frac{f}{t}\times\left[K_4^2\left(\frac{h_0}{t}-\frac{f}{t}\right)\left(\frac{h_0}{t}-\frac{f}{2t}\right)+1\right] \quad (16.5\text{-}1)$$

当碟簧压平时，$f=h_0$，上式简化为

$$F_c=F_{(f=h_0)}=\frac{4E}{1-\mu^2}\times\frac{t^3h_0}{K_1D^2}K_4^2 \quad (16.5\text{-}2)$$

计算应力：

$$\sigma_{OM}=-\frac{4E}{1-\mu^2}\times\frac{t^2}{K_1D^2}K_4\frac{f}{t}\frac{3}{\pi} \quad (16.5\text{-}3)$$

$$\sigma_{I}=-\frac{4E}{1-\mu^2}\times\frac{t^2}{K_1D^2}K_4\frac{f}{t}\times\left[K_4K_2\left(\frac{h_0}{t}-\frac{f}{2t}\right)+K_3\right] \quad (16.5\text{-}4)$$

$$\sigma_{\mathrm{II}}=-\frac{4E}{1-\mu^2}\times\frac{t^2}{K_1D^2}K_4\frac{f}{t}\times\left[K_4K_2\left(\frac{h_0}{t}-\frac{f}{2t}\right)-K_3\right] \quad (16.5\text{-}5)$$

$$\sigma_{\mathrm{III}}=-\frac{4E}{1-\mu^2}\frac{t^2}{K_1D^2}K_4\frac{1}{C}\frac{f}{t}\times\left[K_4(K_2-2K_3)\left(\frac{h_0}{t}-\frac{f}{2t}\right)-K_3\right] \quad (16.5\text{-}6)$$

$$\sigma_{\mathrm{IV}}=-\frac{4E}{1-\mu^2}\frac{t^2}{K_1D^2}K_4\frac{1}{C}\frac{f}{t}\times\left[K_4(K_2-2K_3)\left(\frac{h_0}{t}-\frac{f}{2t}\right)+K_3\right] \quad (16.5\text{-}7)$$

式（16.5-1）~式（16.5-7）中

F——碟簧载荷（N）；

F_c——碟簧压平时载荷（N）；

σ_{OM}——碟簧 OM 点的应力（MPa）；

σ_{I}、σ_{II}、σ_{III}、σ_{IV}——碟簧位置Ⅰ、Ⅱ、Ⅲ、Ⅳ处的应力（MPa）；

E——弹性模量（MPa），弹簧钢取 $E=2.06\times10^5$MPa；

μ——泊松比，弹簧钢取 $\mu=0.3$；

C——外径和内径之比，$C=D/d$；

K_1、K_2、K_3、K_4——计算系数

$$K_1=\frac{1}{\pi}\frac{\left(\frac{C-1}{C}\right)^2}{\frac{C+1}{C-1}-\frac{2}{\ln C}} \quad (16.5\text{-}8)$$

$$K_2=\frac{6}{\pi}\frac{\frac{C-1}{\ln C}-1}{\ln C} \quad (16.5\text{-}9)$$

$$K_3=\frac{3}{\pi}\frac{C-1}{\ln C} \quad (16.5\text{-}10)$$

$$K_4=\sqrt{-\frac{C_1}{2}+\sqrt{\left(\frac{C_1}{2}\right)^2+C_2}} \quad (16.5\text{-}11)$$

式中

$$C_1=\frac{\left(\frac{t'}{t}\right)^2}{\left(\frac{H_0}{4t}-\frac{t'}{t}+\frac{3}{4}\right)\left(\frac{5}{8}\frac{H_0}{t}-\frac{t'}{t}+\frac{3}{8}\right)}$$

$$C_2=\frac{C_1}{\left(\frac{t'}{t}\right)^3}\left[\frac{5}{32}\left(\frac{H_0}{t}-1\right)^2+1\right]$$

计算系数 K_1、K_2 和 K_3 的值也可以根据 $C=D/d$ 从表 16.5-5 中查取。

在计算中，对无支承面弹簧 $K_4=1$；对有支承面弹簧，K_4 按式（16.5-11）计算，并将各公式中的 t 用 t' 替代，h_0 用 h_0' 替代。计算得到的应力为正值时是拉应力，负值时是压应力。

碟簧刚度：

$$k=\frac{\mathrm{d}F}{\mathrm{d}f}=\frac{4E}{1-\mu^2}\frac{t^3}{K_1D^2}K_4^2\times\left\{K_4^2\left[\left(\frac{h_0}{t}\right)^2-3\frac{h_0}{t}\frac{f}{t}+\frac{3}{2}\left(\frac{f}{t}\right)^2\right]+1\right\} \quad (16.5\text{-}12)$$

碟簧变形能：

$$U=\int_0^f F\mathrm{d}f=\frac{2E}{1-\mu^2}\frac{t^5}{K_1D^2}K_4^2\left(\frac{f}{t}\right)^2\times\left[K_4^2\left(\frac{h_0}{t}-\frac{f}{2t}\right)^2+1\right] \quad (16.5\text{-}13)$$

碟簧特性曲线：

碟形弹簧的特性曲线与 $\frac{h_0}{t}$ 或 $K_4\left(\frac{h_0'}{t'}\right)$ 的值有关，如图 16.5-2 所示。当 $f/h_0>0.75$ 时，由于实际杠杆臂缩短，弹簧载荷比计算值要大，这部分的计算特性曲线与实测特性线有较大区别。

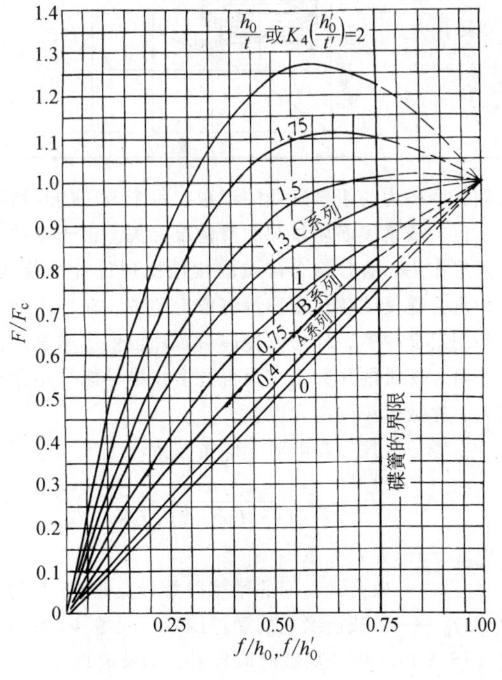

图 16.5-2 按不同 $\frac{h_0}{t}$ 或 $K_4\left(\frac{h_0'}{t'}\right)$ 计算的碟簧特性曲线

表 16.5-5 计算系数 K_1、K_2 和 K_3 的值

$C=D/d$	1.90	1.92	1.94	1.96	1.98	2.00	2.02	2.04	2.06
K_1	0.672	0.677	0.682	0.686	0.690	0.694	0.698	0.702	0.706
K_2	1.197	1.201	1.206	1.211	1.215	1.220	1.224	1.229	1.233
K_3	1.339	1.347	1.355	1.362	1.370	1.378	1.385	1.393	1.400

2.2 组合碟形弹簧的设计计算

叠合、对合和复合组合碟形弹簧的总载荷和总变形量的计算公式见表 16.5-6。

为获得特殊的碟簧特性曲线，除表 16.5-6 中的三种组合形式外，还可以采用不同厚度碟簧组成的对合组合碟簧，或由尺寸相同，但各组片数逐渐增加的复合组合碟簧，其总载荷和总变形量可参照表 16.5-6 中的公式计算。

使用组合碟簧时，必须考虑摩擦力对特性曲线的影响。摩擦力与组合碟簧的组数、每个叠层的片数有关，也与碟簧表面质量和润滑情况有关。由于摩擦力的阻尼作用，叠合组合碟簧的刚性比理论计算值大，对合组合碟簧的各片变形量将依次递减。在冲击载荷下使用组合碟簧，外力的传递对各片也依次递减。所以，组合碟簧的片数不宜用得过多，尽可能采用直径较大、片数较少的组合碟簧。

表 16.5-6 碟簧组合形式及计算公式

形 式	简图及特性	载荷及变形量的计算公式	说 明
叠合组合	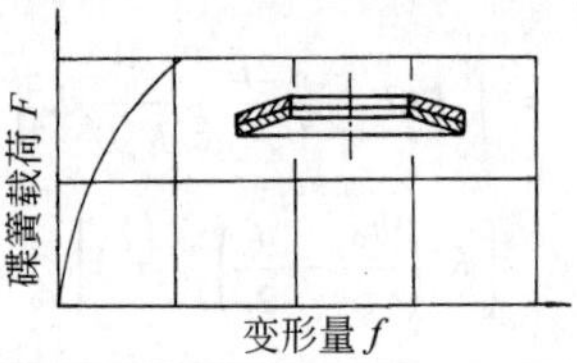	$F_z=nF$ $f_z=f$ $H_z=H_0+(n-1)t$	F—单片碟簧的载荷(N) F_z—总载荷(N) f—单片碟簧变形量(mm) f_z—总变形量(mm) n—叠合层数 i—对合片数 H—单片碟簧的自由高度(mm) H_z—组合碟簧的自由高度(mm) t—单片碟簧的厚度(mm)
对合组合	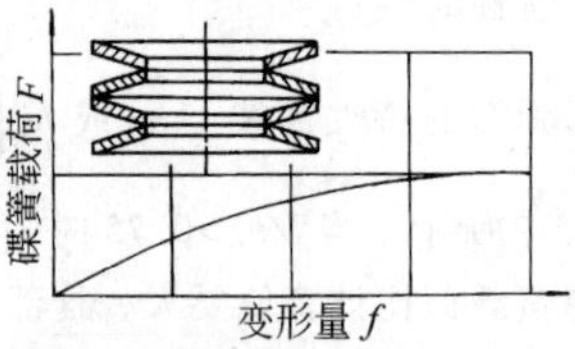	$F_z=F$ $f_z=if$ $H_z=iH_0$	
复合组合	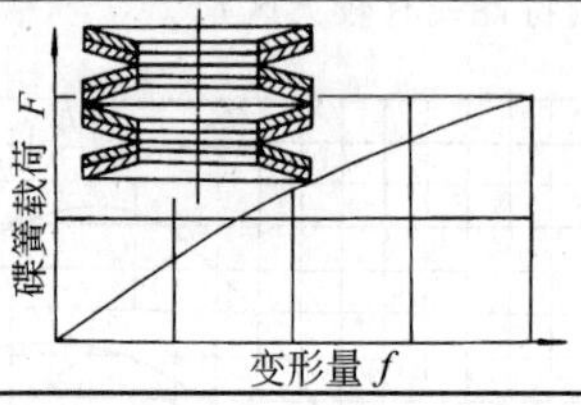	$F_z=nF$ $f_z=if$ $H_z=i[H_0+(n-1)t]$	

当考虑摩擦力影响时，碟簧载荷

$$F_R = F\frac{n}{1\pm f_M(n-1)\pm f_R} \qquad (16.5\text{-}14)$$

式中 n——叠合片数；

f_M——碟簧锥面间的摩擦因数（见表 16.5-7）；

f_R——承载边缘处的摩擦因数（见表 16.5-7）。

式（16.5-14）用于加载时取负号，卸载时取正号。

对由多组叠合碟簧对合组成的复合碟簧，当仅考虑叠合表面间摩擦时，可令式中 $f_R=0$。式（16.5-14）也适用于单片碟簧，以 $n=1$ 代入即可。

表 16.5-7 组合碟簧接触处的摩擦因数

（摘自 GB/T 1972—2005）

系 列	锥面间的摩擦因数 f_M	承载边缘处的摩擦因数 f_R
A	0.005~0.03	0.03~0.05
B	0.003~0.02	0.02~0.04
C	0.002~0.015	0.01~0.03

3 碟形弹簧的许用应力和疲劳极限

碟形弹簧按其载荷性质分为两类：

静载荷：作用载荷不变或在长时间内只有偶然变化，在规定寿命内变化次数小于 1×10^4 次。

变载荷：作用在碟簧上的载荷在预加载荷 F_1 和工作载荷 F_2 之间循环变化，在规定寿命内变化次数大于 1×10^4 次。

（1）静载荷作用下碟簧许用应力

静载荷作用下的碟簧应通过校核 OM 点的应力 σ_{OM} 来保证自由高度 H_0 的稳定。在压平时的 σ_{OM} 应接近弹簧材料的屈服强度 R_{eL}。对于材料为 60Si2MnA 或50CrVA的弹簧，其屈服强度 $R_{eL}=1400\sim1600$MPa。

（2）变载荷作用下碟簧的疲劳极限

变载荷作用下碟簧使用寿命可分为：

1）无限寿命。可以承受 2×10^6 次或更多加载次数而不破坏。

2）有限寿命。可以在持久强度范围内承受 $1\times10^4\sim2\times10^6$ 次有限的加载次数直至破坏。

受变载荷作用的碟形弹簧的疲劳破坏一般发生在最大拉应力位置Ⅱ或Ⅲ处（见图 16.5-1），是Ⅱ点还是Ⅲ点，取决于 $C=D/d$ 值和 h_0/t（无支承面）或 $K_4\dfrac{h_0'}{t'}$（有支承面）。图 16.5-3 所示为碟簧受疲劳破坏的关键部位。在过渡区内时，应同时校核其 $\sigma_{Ⅱ}$ 和 $\sigma_{Ⅲ}$，以确定其破坏部位是在Ⅱ点还是在Ⅲ点。

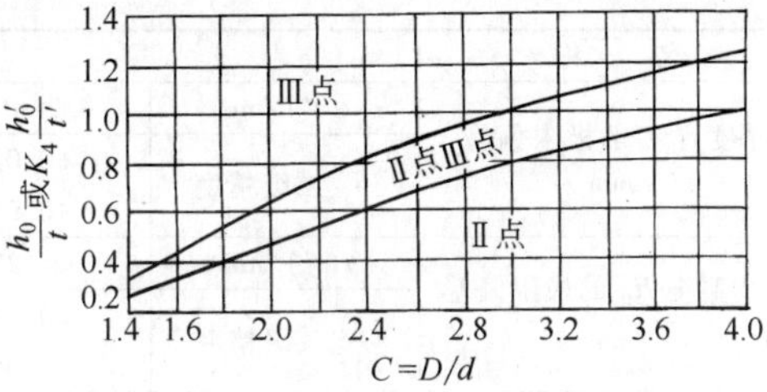

图 16.5-3　碟簧疲劳破坏的关键部位

对受变载荷作用的碟形弹簧，安装时必须有预压变形量 f_1，一般 $f_1=0.15h_0\sim0.20h_0$。此预压变形量 f_1 能防止在Ⅰ点附近产生径向小裂纹，对提高寿命也有作用。材料为 50CrVA 的变载荷作用下单个（或不超过 10 片的对合组合）碟簧的疲劳极限校核方法是：根据碟簧厚度计算出碟簧的上限应力 σ_{rmax}（对应于工作时最大变形量 f_2）和下限应力 σ_{rmin}（对应于预压变形量 f_1），由图 16.5-4 查取。

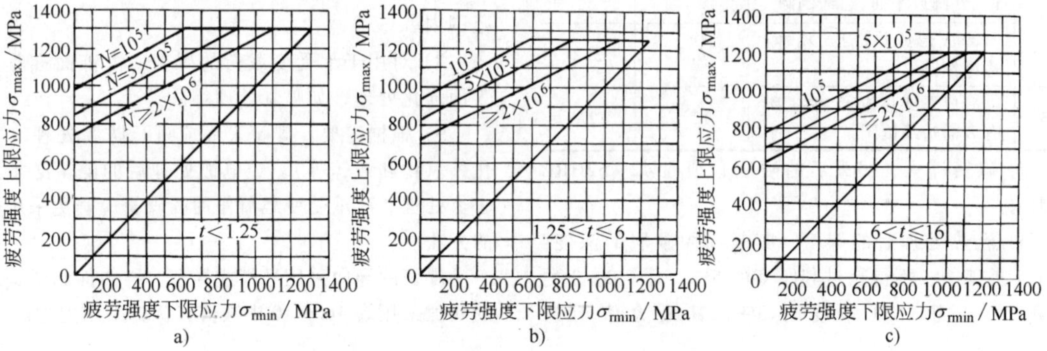

图 16.5-4　碟簧的疲劳极限曲线图

a）$t<1.25$mm　b）$1.25\text{mm}\leqslant t\leqslant6$mm　c）$6\text{mm}<t\leqslant16$mm

4　碟形弹簧的技术要求

碟形弹簧不宜由棒料或其他形式的毛坯直接机械加工成截锥形，而要求冲压成形，以保证其承载能力。当碟簧厚度 $t<1$mm 时，常用表面光洁的冷轧带钢，经退火后冷冲压成形；当厚度为 1～6mm 时，则在冷冲压成形后，切削加工内孔和外圆；当厚度 $t\geqslant$ 6mm 时，可采用热轧带钢或钢板，在热冲压成形后再切削加工各表面。GB/T 1972—2005 规定了碟形弹簧的技术要求：

1）碟簧各尺寸和参数的极限偏差见表 16.5-8。

2）碟簧的表面粗糙度见表 16.5-9。碟簧表面不允许有毛刺、裂纹、斑疤等缺陷。

3）碟簧材料应采用 60Si2MnA 或 50CrVA 带、板材或锻造坯料制造。

4）碟簧成形后，必须进行热处理，即淬火、回火处理。淬火次数不得超过两次。

表 16.5-8　碟簧各尺寸和参数的极限偏差（摘自 GB/T 1972—2005）

名　　称	极　限　偏　差	
外径 D 的极限偏差	一级精度	h12
	二级精度	h13
内径 d 的极限偏差	一级精度	H12
	二级精度	H13

（续）

名 称	极限偏差					
厚度 $t(t')$ 的极限偏差 /mm	$t(t')$/mm	0.2~0.6	>0.6~<1.25	1.25~3.8	>3.8~6	>6~16
	一、二级精度	+0.02 −0.06	+0.03 −0.09	+0.04 −0.12	+0.05 −0.15	±0.10
自由高度 H_0 的极限偏差 /mm	$t(t')$/mm	<1.25	1.25~2	>2~3	>3~6	>6~16
	一、二级精度	+0.10 −0.05	+0.15 −0.08	+0.20 −0.10	+0.30 −0.15	±0.30
载荷 F 在 $f=0.75h_0$ 时的波动范围（%）	$t(t')$/mm	<1.25		1.25~3	>3~6	>6~16
	一级精度	+25 −7.5		+15 −7.5	+10 −5	±5
	二级精度	+30 −10		+20 −10	+15 −7.5	±10

注：在保证载荷偏差的条件下，厚度极限偏差在制造中可做适当调整，但其公差带不得超出表中规定的范围。

表 16.5-9 碟簧的表面粗糙度

（摘自 GB/T 1972—2005）

类别	基本制造方法	表面粗糙度 Ra/μm	
		上、下表面	内、外圆
1	冷成形，边缘倒圆	3.2	12.5
2	冷成形或热成形，切削内、外圆或平面，边缘倒圆	6.3	6.3
	冷成形或热成形，精冲，边缘倒圆	6.3	3.2
3	冷成形或热成形，加工所有表面边缘倒圆	12.5	12.5

5）碟簧淬火、回火后的硬度必须在 42~52HRC 范围内。

6）经热处理后的碟簧，其表面脱碳层的深度：对于1类碟簧，不得超过其厚度的5%；对于2、3类碟簧，不得超过其厚度的3%，其最大值不超过0.15mm。

7）碟簧应全部进行强压处理，处理方法为：一次压平，持续时间不少于12h，或短时压平。压平次数不少于五次，压平力不小于2倍的 $F_{f=0.75h_0}$。碟簧经强压处理后，自由高度尺寸应稳定。在规定的试验条件下，其自由高度应在表16.5-8规定的极限偏差范围内。

8）对用于承受变载荷的碟簧，内锥面推荐进行表面强化处理，如喷丸处理等。

9）根据需要，碟簧表面应进行防腐处理（如磷化、氧化和镀锌等）。经电镀处理后的碟簧必须进行去氢处理。对承受变载荷作用的碟簧应避免采用电镀的方法。

碟簧的导向采用导杆或导套，导向件和碟簧之间的间隙采用表16.5-10中数值，优先采用内导向。

表 16.5-10 碟簧与导杆、导套之间的间隙（摘自 GB/T 1972—2005） （mm）

D 或 d	~16	>16~20	>20~26	>26~31.5	>31.5~50	>50~80	>80~140	>140~250
间隙	0.2	0.3	0.4	0.5	0.6	0.8	1	1.6

5 设计计算示例

例 16.5-1 设计一组合碟形弹簧，承受静载荷为5000N时变形量要求为10mm。导杆最大直径为20mm。

解：根据题意从表16.5-2系列 A、B、C 中各选一个规格，其尺寸和参数见表16.5-11。

表 16.5-11 尺寸和数据

碟簧	D/mm	d/mm	t/mm	h_0/mm	H_0/mm	$f=0.75h_0$		
						F/N	f/mm	σ_{II} 或 σ_{III}/MPa
A40	40	20.4	2.25	0.9	3.15	6500	0.68	1340
B40	40	20.4	1.5	1.15	2.65	2620	0.86	1130
C40	40	20.4	1	1.30	2.30	1020	0.98	1070

方案1：采用A系列 $D=40$mm 碟簧的对合弹簧组。

由 $C=\dfrac{D}{d}=\dfrac{40}{20.4}=1.96$，从表16.5-5查得 $K_1=0.686$，碟簧无支承面时，$K_4=1$。

用式（16.5-2）计算，得

$$F_c=\frac{4E}{1-\mu^2}\times\frac{t^3h_0}{K_1D^2}K_4^2$$

$$=\frac{4\times2.06\times10^5}{1-0.3^2}\times\frac{2.25^3\times0.9}{0.686\times40^2}\times1^2\text{N}$$

$$=8457\text{N}$$

根据$\dfrac{h_0}{t}=\dfrac{0.9}{2.25}=0.4$ 和 $\dfrac{F_1}{F_c}=\dfrac{5000}{8457}=0.59$，由图16.5-2

查得$\frac{f_1}{h_0}=0.57$，由此变形量$f_1=0.57h_0=0.57\times0.9\text{mm}=0.51\text{mm}$。满足总变形量$f_z=10\text{mm}$所需碟簧片数为

$$i=\frac{f_z}{f_1}=\frac{10}{0.51}=19.6$$

取20片。

对合碟簧组的总自由高度为

$$H_z=iH_0=20\times3.15\text{mm}=63\text{mm}$$

承受载荷5000N时的高度为

$$H_1=H_z-if_1=(63-20\times0.51)\text{mm}=52.8\text{mm}$$

方案2：采用B系列$D=40\text{mm}$碟簧的复合组合弹簧组。

取叠合片数$n=2$，如不计摩擦力，单片碟簧承受载荷为

$$F_1=\frac{F_z}{n}=\frac{5000}{2}\text{N}=2500\text{N}$$

由式（16.5-2）计算，得

$$\begin{aligned}F_C&=\frac{4E}{1-\mu^2}\times\frac{t^3h_0}{K_1D^2}K_4^2\\&=\frac{4\times2.06\times10^5}{1-0.3^2}\times\frac{1.5^3\times1.15}{0.686\times40^2}\times1^2\text{N}\\&=3202\text{N}\end{aligned}$$

根据$\frac{h_0}{t}=\frac{1.15}{1.5}=0.75$和$\frac{F_1}{F_C}=\frac{2500}{3180}=0.79$，由图16.5-2查得$\frac{f_1}{h_0}=0.71$，由此变形量$f_1=0.71h_0=0.71\times1.15\text{mm}=0.82\text{mm}$。满足总变形量10mm所需对合组数为

$$i=\frac{f_z}{f_1}=\frac{10}{0.82}=12.2$$

取13个对合组。

复合组合碟簧组的总自由高度为

$$\begin{aligned}H_z&=i[H_0+(n-1)t]\\&=13\times[2.65+(2-1)\times1.5]\text{mm}=54\text{mm}\end{aligned}$$

承受载荷5000N后的高度为

$$\begin{aligned}H_1&=H_z-if_1=(54-13\times0.82)\text{mm}\\&=43.34\text{mm}\end{aligned}$$

当考虑摩擦力时，碟簧载荷应予修正。由表16.5-7取$f_M=0.015$，修正后的单片碟簧载荷为

$$\begin{aligned}F_1&=F_z\frac{1-f_M(n-1)}{n}\\&=5000\times\frac{1-0.015\times(2-1)}{2}\text{N}=2463\text{N}\end{aligned}$$

根据$\frac{h_0}{t}=0.75$和$\frac{F_1}{F_C}=\frac{2463}{3202}=0.77$，由图16.5-2查得$\frac{f_1}{h_0}=0.68$，其变形量$f_1=0.68h_0=0.68\times1.15\text{mm}=0.78\text{mm}$，则复合组数为

$$i=\frac{f_z}{f_1}=\frac{10}{0.78}=12.82$$

仍取复合组数为13。

载荷为5000N时的高度为

$$\begin{aligned}H_1&=H_z-if_1=(54-13\times0.78)\text{mm}\\&=43.86\text{mm}\end{aligned}$$

方案1的碟簧片数较少；方案2的碟簧组总高度较小，单片碟簧的利用也较好。但因叠合组数为单数，弹簧组一端为外圆支承，另一端为内圆支承。一般情况下尽量以外圆支承较好。方案3的计算从略。

例16.5-2 有一由20片碟簧A40（GB/T 1972）对合组合的弹簧，受预加载荷$F_1=1500\text{N}$，工作载荷$F_2=5000\text{N}$，循环加载，验算此弹簧组的疲劳强度。

解：

（1）由F_1、F_2求f_1、f_2

弹簧的直径比$C=\frac{D}{d}=\frac{40}{20.4}=1.96$，从表16.5-5查得$K_1=0.686$，$K_2=1.211$，$K_3=1.362$。这个碟簧是无支承面的，$K_4=1$。

由式（16.5-2）计算，得

$$\begin{aligned}F_C&=\frac{4E}{1-\mu^2}\times\frac{t^3h_0}{K_1D^2}K_4^2\\&=\frac{4\times2.06\times10^5}{1-0.3^2}\times\frac{2.25^3\times0.9}{0.686\times40^2}\times1^2\text{N}\\&=8457\text{N}\end{aligned}$$

由此

$$\frac{F_1}{F_C}=\frac{1500}{8457}=0.18\qquad\frac{F_2}{F_C}=\frac{5000}{8457}=0.59$$

按照$h_0/t=0.4$，查图16.5-2，得$f_1/h_0=0.155$，$f_2/h_0=0.57$。由此

$$f_1=0.155h_0=0.155\times0.9\text{mm}=0.14\text{mm}$$

$$f_2=0.57h_0=0.57\times0.9\text{mm}=0.51\text{mm}$$

（2）疲劳破坏的关键部位

由$\frac{h_0}{t}=0.4$和$C=1.96$从图16.5-3查得疲劳破坏的关键部位在Ⅱ点。

（3）计算应力σ_{II}并检验碟簧寿命

按式（16.5-5）计算σ_{II}

当$f_1=0.14\text{mm}$时，

$$\sigma_{\text{II}}=-\frac{4E}{1-\mu^2}\times\frac{t^2}{K_1D^2}K_4\frac{f}{t}\left[K_4K_2\left(\frac{h_0}{t}-\frac{f}{2t}\right)-K_3\right]$$

$$=-\frac{4\times2.06\times10^5}{1-0.3^2}\times\frac{2.25^2}{0.686\times40^2}\times1\times\frac{0.14}{2.25}\times$$

$$\left[1\times1.211\times\left(\frac{0.9}{2.25}-\frac{0.14}{2\times2.25}\right)-1.362\right]\text{MPa}$$

$=238\text{MPa}$

当 $f_2=0.51$mm 时，

$$\sigma_{\text{II}}=-\frac{4E}{1-v^2}\times\frac{t^2}{K_1D^2}K_4\frac{f}{t}\times$$

$$\left[K_4K_2\left(\frac{h_0}{t}-\frac{f}{2t}\right)-K_3\right]$$

$$=-\frac{4\times2.06\times10^5}{1-0.3^2}\times\frac{2.25^2}{0.686\times40^2}\times1\times\frac{0.51}{2.25}\times$$

$$\left[1\times1.211\times\left(\frac{0.9}{2.25}-\frac{0.51}{2\times2.25}\right)-1.362\right]\text{MPa}$$

$=961\text{MPa}$

碟簧的计算应力幅为

$$\sigma_a=\sigma_{max}-\sigma_{min}=(961-238)\text{MPa}=723\text{MPa}$$

由图 16.5-4b 查得：当 $\sigma_{rmin}=238$MPa，寿命 2×10^6 时的 $\sigma_{rmax}=840$MPa，即疲劳强度应力幅 σ_{ra} 为

$$\sigma_{ra}=\sigma_{rmax}-\sigma_{rmin}=(840-238)\text{MPa}=602\text{MPa}$$

即 $\sigma_a>\sigma_{ra}$，不能满足无限寿命的要求。改进办法有：

1）提高预加载荷。如果必须满足上限应力 961MPa，则由图 16.5-4b 可查出 $N=2\times10^6$ 时的下限应力为 500MPa，此时对应的预加弹簧变形量近似为

$$f_1\geqslant\frac{500}{240}\times0.14\text{mm}=0.29\text{mm}$$

再由图 16.5-2，按 $f_1/h_0=0.29/0.9=0.32$ 查出 $F_1/F_c=0.35$，则 $F_1=0.35\times8457\text{N}=2960\text{N}$，即预加载荷 F_1 为 2960N，才能满足工作载荷 $F_2=5000$N 的变载荷，达到 $N=2\times10^6$ 疲劳寿命要求。

2）降低工作载荷。如果仍保持预加载荷为 1500N，要求达到 $N=2\times10^6$ 疲劳寿命要求，则工作载荷应降低。由图 16.5-4b 查出 $\sigma_{rmin}=238$MPa，$N=2\times10^6$ 时的 $\sigma_{rmax}=840$MPa。考虑安全系数，取 $\sigma_{rmax}=800$MPa，则

$$f_2\approx\frac{800}{961}\times0.51\text{mm}=0.42\text{mm},$$

$$f_2/h_0=0.42/0.9=0.47$$

由图 16.5-2 查得 $F_2/F_c=0.51$，$F_2=0.51\times8460\text{N}=4315\text{N}$，即工作载荷不大于 4315N 时，能满足疲劳强度要求。

6 碟形弹簧工作图（见图 16.5-5、图 16.5-6）

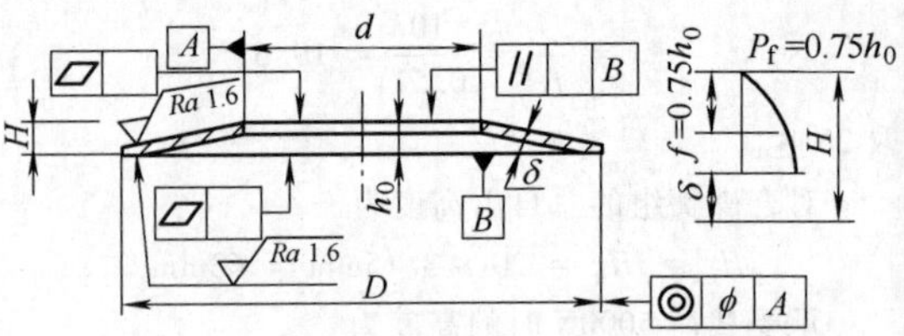

图 16.5-5 无支承面碟簧

注：技术要求：1）精度等级；2）锐角倒圆；3）内锥面喷丸处理；4）热处理后硬度。

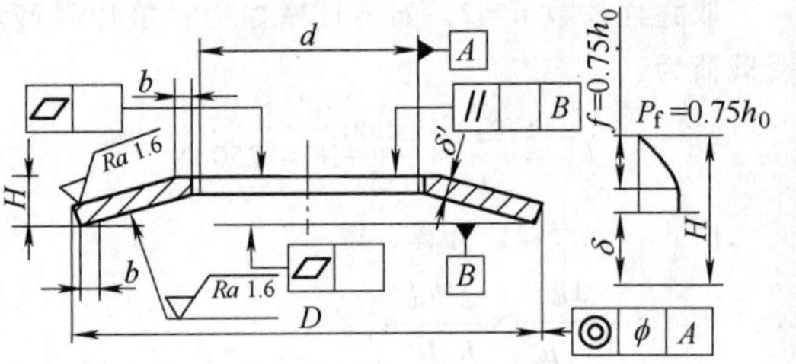

图 16.5-6 有支承面碟簧

注：技术要求：1）精度等级；2）锐角倒圆；3）内锥面喷丸处理；4）热处理后硬度。

7 膜片碟簧

7.1 膜片碟簧的特点及用途

膜片碟簧的外圆部分是碟形弹簧的形状（圆锥形），内圆部分则由冲有长孔和切槽的 18 片（也有 12 片或 15 片）闭合的扇形板形成，它广泛用于车辆的离合器中作压紧元件。图 16.5-7 所示为离合器中应用的干式单片膜片碟簧。

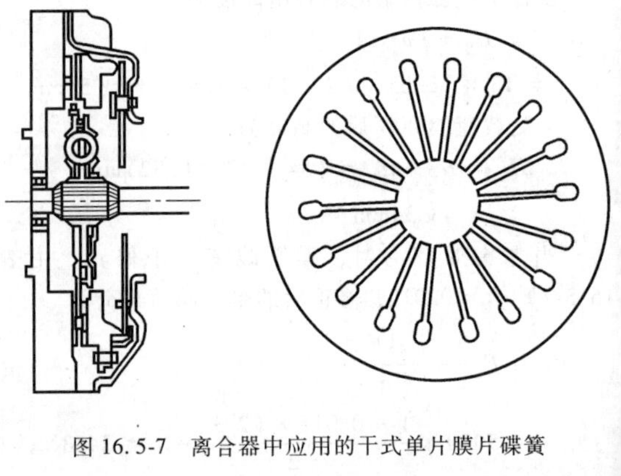

图 16.5-7 离合器中应用的干式单片膜片碟簧

膜片碟簧可以单片使用，也可以多片叠成一组使用。图 16.5-8 所示为两种不同的叠合方法。图 16.5-8a

所示为并联重叠，在受载状态下，对于同一变形量，载荷与重叠片数成正比；图16.5-8b所示结构为串联重叠（对合组合），此时弹簧的变形量与重叠的片数成正比。

7.2 膜片碟簧的设计计算

膜片碟簧的基本计算公式见表16.5-12。碟簧的主要尺寸确定后，由表16.5-13确定其他参数。

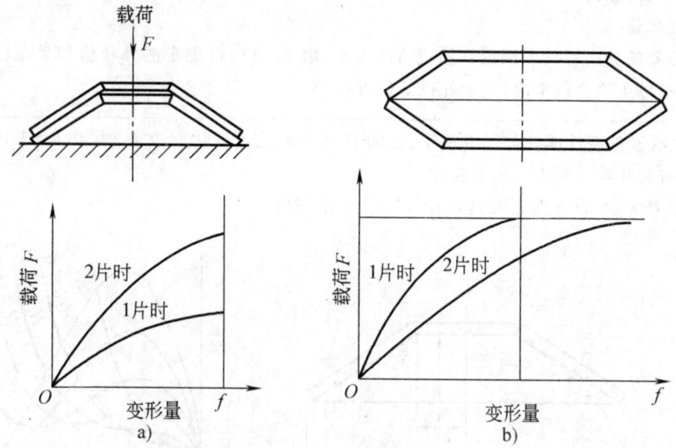

图16.5-8 干式单片膜片碟簧的两种叠合方法
a）并联重叠 b）串联重叠

表16.5-12 膜片碟簧的基本计算公式

项目	单位	公式及数据
膜片碟簧载荷 F	N	$$F=\frac{C_1CEh^4}{r_2^{\ 2}}$$ 式中 $C_1=\frac{f}{\left(1-\frac{1}{\mu^2}\right)h}\left[\left(\frac{H}{h}-\frac{f}{h}\right)\left(\frac{H}{h}-\frac{f}{2h}\right)+1\right]$；$f$—变形量(mm)；$\mu$—泊松比，$\mu=0.3$ $C=\left(\frac{\alpha+1}{\alpha-1}-\frac{2}{\lg\alpha}\right)\pi\left(\frac{\alpha}{\alpha-1}\right)^2$；$\alpha=r_2/r_1$；$H$、$h$、$r_2$和$r_1$意义见表16.5-13中的结构图
板材厚 h	mm	$$h=\sqrt[4]{\frac{Fr_2^{\ 2}}{C_1CE}}$$ 用上式即可以求得h。因C_1值随H/h的变化而变化，所以在求h值之前，必须先假定H/h的值
膜片应力 σ	MPa	膜片的应力；上缘产生压应力σ_C，下缘产生拉应力σ_t $$\sigma_{c1}=-K_{c1}\frac{Eh^2}{r_2^{\ 2}}\quad\sigma_{c2}=-K_{c2}\frac{Eh^2}{r_2^{\ 2}}\quad\sigma_{t1}=-K_{t1}\frac{Eh^2}{r_2^{\ 2}}\quad\sigma_{t2}=-K_{t2}\frac{Eh^2}{r_2^{\ 2}}$$ 式中 $K_{c1}=\frac{Cf}{(1-\mu^2)h}\left[C_2\left(\frac{H}{h}-\frac{f}{2h}\right)+C_3\right]$，$K_{c2}=\frac{Cf}{(1-\mu^2)h}\left[C_4\left(\frac{H}{h}-\frac{f}{2h}\right)-C_5\right]$ $K_{t1}=\frac{Cf}{(1-\mu^2)h}\left[C_2\left(\frac{H}{h}-\frac{f}{2h}\right)-C_3\right]$，$K_{t2}=\frac{Cf}{(1-\mu^2)h}\left[C_4\left(\frac{H}{h}-\frac{f}{2h}\right)+C_5\right]$ 其中，$C_2=\left(\frac{\alpha-1}{\lg\alpha}-1\right)\frac{6}{\pi\lg\alpha}$，$C_3=\frac{3(\alpha-1)}{\pi\lg\alpha}$，$C_4=\left(\alpha-\frac{\alpha-1}{\lg\alpha}\right)\frac{6}{\alpha\pi\lg\alpha}$，$C_5=\frac{3(\alpha-1)}{\alpha\pi\lg\alpha}=\frac{C_3}{\alpha}$ 膜片碟簧的损坏通常发生在拉应力一侧，除去H/h很大的情况外，多从内圆周下端开始破坏。对于同样的分离行程来说，应力σ_{t1}随H/h的减小而增大；相反σ_{t2}随H/h的增大而增大。所以，只要进行应力σ_{t1}和σ_{t2}的校核就可以了

表 16.5-13 膜片碟簧参数的确定

<table>
<tr><th>项目</th><th>数据及说明</th></tr>
<tr><td>确定膜片碟簧的最大外径 D_2</td><td>1)飞轮安装螺栓的节圆直径。根据这个尺寸的大小来决定离合器的结构尺寸,从而决定膜片碟簧可以外伸的最大直径
2)承受的载荷
3)磨损量
4)必要的分离行程。根据许用应力的大小,由 2)、3)、4)确定的外径值如果在由 1)确定的最大外径范围内,则对于离合器来说,这个外径值是可行的</td></tr>
<tr><td>选择 H/h 值</td><td>膜片碟簧的特性曲线如图 b 所示,它随 H 和 h 的比值变化而改变,当 $H/h \geqslant 3.0$ 时,波谷处的载荷为负值,这时膜片碟簧失去了可恢复性
对于 H/h 值,设计时最好选择在 1.7~2.0 范围内

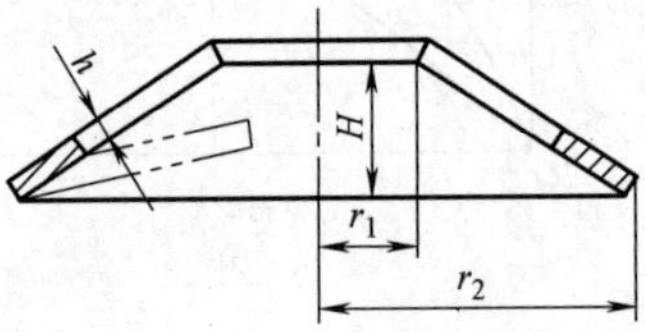

a)膜片碟簧的结构

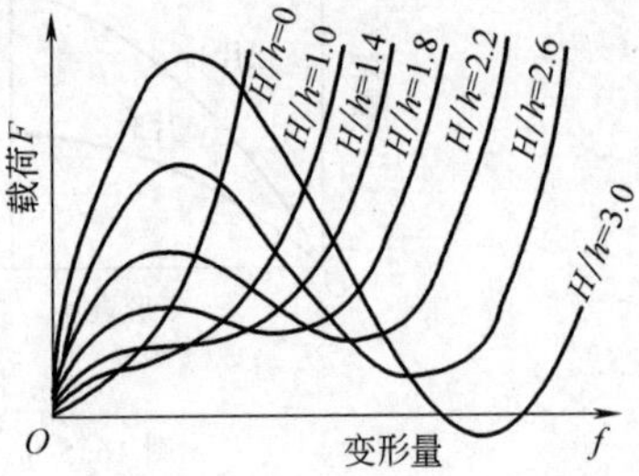

b)膜片碟簧的特性曲线</td></tr>
<tr><td>选择 r_2/r_1 值</td><td>取 $r_2/r_1 \approx 1.3$。若此比值取值较小,则由于制造上的误差,可能造成膜片碟簧强度的较大离散性</td></tr>
<tr><td>膜片碟簧许用应力</td><td>膜片碟簧一般采用优质弹簧钢,其许用应力应根据使用条件来确定
一般取最大压应力:$\sigma_{cp} = 1450\text{MPa}$
最大拉应力:$\sigma_{tp} = 700\text{MPa}$</td></tr>
<tr><td>结构图</td><td>

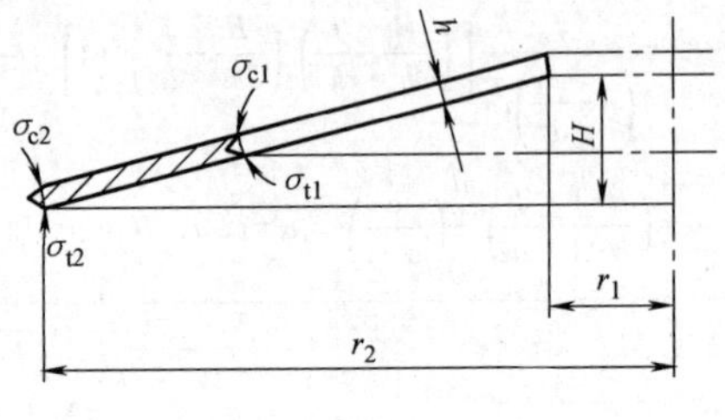

</td></tr>
</table>

第 6 章　开槽碟形弹簧

开槽碟形弹簧是在普通碟形弹簧上开出由内向外的径向沟槽制成的。与相应直径的普通碟形弹簧（即不开槽碟形弹簧）相比，它能在较小的载荷下产生较大的变形，因此它综合了碟形弹簧和悬臂片簧两者的一些优点。开槽碟形弹簧常用于轴向尺寸受到限制而允许外径较大的场合，如离合器以及需要具有渐减形载荷-变形特性曲线的场合。

1　开槽碟形弹簧的特性曲线

图 16.6-1 所示为开槽碟形弹簧的载荷 F 与变形量 f 的关系曲线。

根据比值 H/t（开槽碟形弹簧圆锥高度 H 与板料厚度 t 之比）看，这种特性曲线属于比值 H/t 中等时，即 $\sqrt{2}<\dfrac{H}{t}<2\sqrt{2}$ 的情况，包括有负刚度的区段。从图 16.6-1 中可以明显地看出，当载荷减小时，变形量反而增大。

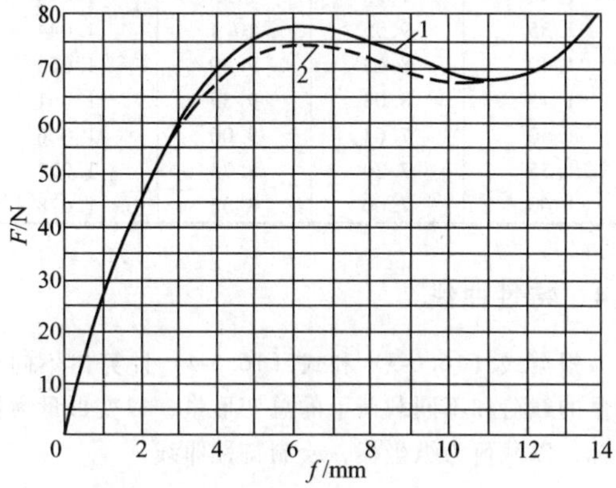

图 16.6-1　开槽碟形弹簧 F-f 关系曲线
1—试验曲线　2—计算曲线

2　开槽碟形弹簧设计参数的选择

为了确定开槽碟形弹簧的几何尺寸（见图 16.6-2），可利用下述比值与数值选择设计参数。

（1）比值 D/d

比值 D/d = 1.8、2.0、2.5、3.0。应根据具体结构上的要求进行选择。

（2）比值 D/D_m

比值 D/D_m = 1.15、1.20、1.3、1.4、1.5。该比值越小，则 D 与 D_m 的尺寸精度对载荷-变形特性的影响越大，同时应力也越大。

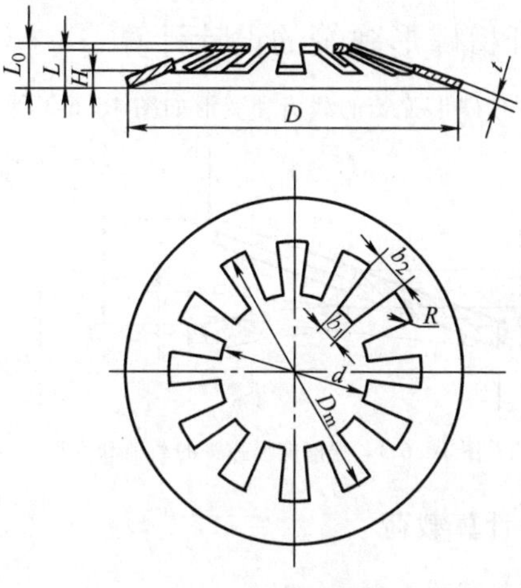

图 16.6-2　开槽碟形弹簧

（3）比值 D/t

比值 D/t = 70、100 和 >100。该比值越大，则设计应力越小，但弹簧尺寸也越大。

（4）比值 H/t

比值 H/t = 1.3、1.4、1.8、2.2。该比值与普通碟形弹簧完全一样，它决定了载荷-变形特性曲线的非线性程度。对于 H/t>1.4 的情况，在普通碟形弹簧中通常是不推荐采用的（因为它会产生跃变）。但当开槽碟形弹簧不是多片串联而是单片使用时，则可以采用。

（5）舌片数 Z

舌片数 Z = 8、12、16、20。舌片数越多，则舌片与封闭环部分连接处的应力分布就越均匀，疲劳性能也就越好。

（6）舌片根部半径 R

舌片根部半径 $R=t$、$2t$ 和 $>2t$。该半径越大，则应力集中越小。

（7）大端处内锥高 H 和小端处内锥高 L

未受载荷作用时舌片大端部分（D_m 处）内锥高 H 与舌片小端部分（d 处）内锥高 L 的关系为

$$H = \frac{1-\dfrac{D_m}{D}}{1-\dfrac{d}{D}}L \tag{16.6-1}$$

（8）舌片大端宽度 b_2 与舌片小端宽度 b_1 的关系为

$$b_2 = (D_m/d)b_1 \tag{16.6-2}$$

(9) 对f_2的考虑

如果需要确定新尺寸，则舌片变形量f_2在第一次近似计算时可以忽略，因为f_2约占总变形量的10%或更小。为了考虑到f_2的因素，将计算得到的尺寸稍加修正即可。

3　开槽碟形弹簧的设计计算

开槽碟形弹簧的载荷和变形如图16.6-3所示。

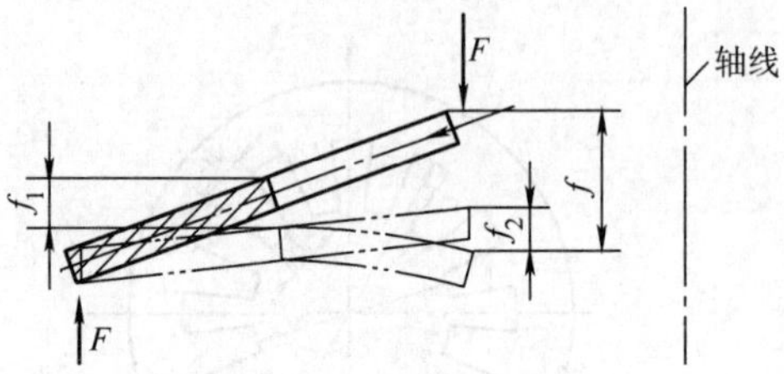

图16.6-3　开槽碟形弹簧的载荷和变形

3.1　计算载荷

计算载荷F为

$$F=\frac{E}{1-\mu^2}\times\frac{t^3}{D^2}K_1f_1\times\left[1+\left(\frac{H}{t}-\frac{f_1}{t}\right)\left(\frac{H}{t}-\frac{f_1}{2t}\right)\right]\times\left[\left(1-\frac{D_m}{D}\right)\Big/\left(1-\frac{d}{D}\right)\right]\quad(16.6\text{-}3)$$

式中　F——开槽碟簧载荷（N）；

d、D、D_m、H和t——尺寸参数（mm）；

E——弹性模量（MPa）；

μ——泊松比，$\mu=0.3$；

K_1——系数，

$$K_1=\frac{2}{3}\pi\frac{(D/D_m)^2\ln(D/D_m)}{[(D/D_m)-1]^2}$$

K_1可按D/D_m从表16.6-2查得。

3.2　变形量

总变形量f为

$$f=\left[\left(1-\frac{d}{D}\right)\Big/\left(1-\frac{D_m}{D}\right)\right]f_1+f_2\quad(16.6\text{-}4)$$

式中　f_1——封闭环部分在直径D_m处的变形量（mm）；

f_2——舌片的变形量（mm）

$$f_2=\frac{C(D_m-d)^3(1-\mu^2)F}{2Et^3b_2Z}\quad(16.6\text{-}5)$$

式中　C——系数，可根据b_1/b_2从表16.6-1查得。

表16.6-1　系数C值

b_1/b_2	0.2	0.3	0.4	0.5	0.6	0.7	0.8	0.9	1.0
C	1.31	1.25	1.20	1.16	1.12	1.08	1.05	1.03	1.0

3.3　计算应力

计算应力σ为

$$\sigma=\frac{E}{1-\mu^2}\times\frac{t}{D^2}\times\frac{D_m}{D}K_2f_1\left[1+K_3\left(\frac{H}{t}-\frac{f_1}{2t}\right)\right]\quad(16.6\text{-}6)$$

式中　σ——应力（MPa）；

K_2——系数，$K_2=\dfrac{2(D/D_m)^2}{(D/D_m)-1}$　(16.6-7)

K_3——系数，$K_3=2-2\left[\dfrac{1}{\ln(D/D_m)}-\dfrac{1}{(D/D_m)-1}\right]$　(16.6-8)

K_2、K_3可按D/D_m从表16.6-2查得。

表16.6-2　系数K_1、K_2和K_3值

D/D_m	K_1	K_2	K_3
1.10	24.2	24.2	1.016
1.15	17.2	17.6	1.023
1.20	13.7	14.4	1.030
1.25	11.6	12.5	1.037
1.30	10.3	11.3	1.044
1.35	9.35	10.4	1.044
1.40	8.63	9.80	1.050
1.45	8.08	9.35	1.061
1.50	7.64	9.00	1.066
1.55	7.29	8.75	1.072
1.60	7.00	8.53	1.078

3.4　特性曲线

根据式（16.6-3）和式（16.6-4）计算出不同变形量的载荷和不同载荷下的总变形量，以变形量为横坐标，以载荷为纵坐标，绘制特性曲线。

4　设计计算示例

例16.6-1　已知原始条件：$D=152$mm，$D_m=132$mm，$d=76$mm，$t=2$mm，$L_0=12.7$mm，$L=10.7$mm，$b_1=9$mm，$Z=12$，开槽形状为径向梯形，材料为60Si2MnA。

解：

(1) 确定主要参数

大端处内锥高H按式（16.6-1）计算，得

$$H=\frac{1-\dfrac{D_m}{D}}{1-\dfrac{d}{D}}L=\frac{1-\dfrac{132}{152}}{1-\dfrac{76}{152}}\times10.7\text{mm}=2.81\text{mm}$$

舌片大端宽度 b_2 按式（16.6-2）计算，得

$$b_2 = \frac{D_m}{d} b_1 = \frac{132}{76} \times 9\text{mm} = 15.63\text{mm}$$

取 $b_2 = 15\text{mm}$，则

$b_1/b_2 = 9/15 = 0.6$，从表 16.6-1 查得 $C = 1.12$。

$D/D_m = 152/132 = 1.152$，从表 16.6-2 用线性插值查得

$$K_1 = 17.1,\ K_2 = 17.5 \text{ 和 } K_3 = 1.023$$

（2）确定不同变形量时的载荷

确定封闭环在压到水平位置时的载荷，$f_1 = H = 2.81\text{mm}$，由表 16.2-4 查 60Si2MnA 的弹性模量 $E = 2.06 \times 10^5\text{MPa}$，按式（16.6-3）得

$$F_H = \frac{E}{1-\mu^2} \times \frac{t^3}{D^2} K_1 f_1 \left[1 + \left(\frac{H}{t} - \frac{f_1}{t}\right)\left(\frac{H}{t} - \frac{f_1}{2t}\right)\right] \times \left[\left(1 - \frac{D_m}{D}\right) \Big/ \left(1 - \frac{d}{D}\right)\right]$$

$$= \frac{2.06 \times 10^5}{1 - 0.3^2} \times \frac{2^3}{152^2} \times 17.1 \times 2.81 \times [1 + 0] \times \left[\left(1 - \frac{132}{152}\right) \Big/ \left(1 - \frac{76}{152}\right)\right] \text{N}$$

$$= 991\text{N}$$

将上式计算的不同变形量时的载荷列入表 16.6-3。根据式（16.6-4）计算不同载荷时的变形量，载荷和变形量的计算结果见表 16.6-3。

表 16.6-3　载荷和变形的计算结果

载荷 F/N	573	896	974	991
封闭环变形量 f_1/mm	0.71	1.42	2.13	2.81
舌片变形量 f_2/mm	0.17	0.26	0.29	0.30
总变形量 f/mm	2.87	5.66	8.39	10.98

（3）应力校核

按式（16.6-6），封闭环部分在水平位置时（$f_1 = H = 2.81\text{mm}$）的应力为

$$\sigma = \frac{E}{1-\mu^2} \times \frac{t}{D^2} \times \frac{D_m}{D} K_2 f_1 \left[1 + K_3\left(\frac{H}{t} - \frac{f_1}{2t}\right)\right]$$

$$= \frac{2.06 \times 10^5}{1 - 0.3^2} \times \frac{2}{152^2} \times \frac{132}{152} \times 17.5 \times 2.81 \times \left[1 + 1.023 \times \left(\frac{2.81}{2} - \frac{2.81}{2 \times 2}\right)\right] \text{MPa}$$

$$= 1438\text{MPa}$$

材料的屈服强度 $R_{eL} = 1400 \sim 1600\text{MPa}$，计算应力虽然较大，但仍可以采用。

第 7 章　环 形 弹 簧

1　环形弹簧的结构、特点和应用

环形弹簧由带有配合圆锥面的外圆环和内圆环组成（见图 16.7-1）。当环形弹簧承受轴向载荷 F 时，内圆环受压缩而直径缩小，外圆环受拉伸而直径扩大，内、外圆环沿圆锥面相对滑动产生轴向变形而起弹簧作用。

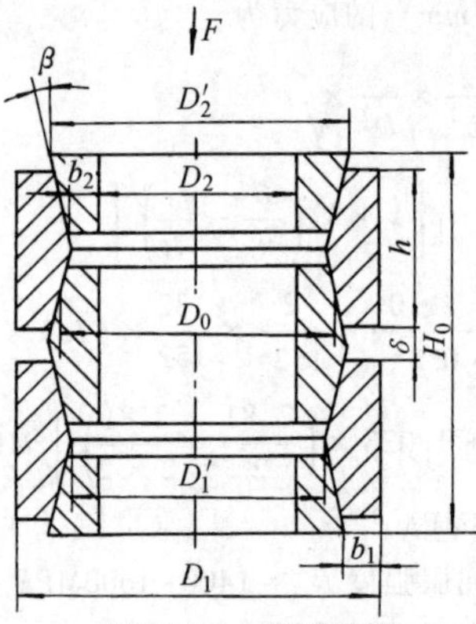

图 16.7-1　环形弹簧

由于环形弹簧工作时摩擦力很大，卸载时摩擦力阻滞了弹簧变形的恢复，使其加载和卸载的特性曲线不重合（见图 16.7-2）。图 16.7-2 中弹簧加载和卸载特性曲线所包围的面积，即是摩擦力转化为热能所消耗的功，其大小几乎可达到加载时所做功的 60%～70%，因此环形弹簧的缓冲减振能力很高，单位体积材料的吸能能力比其他类型弹簧大。

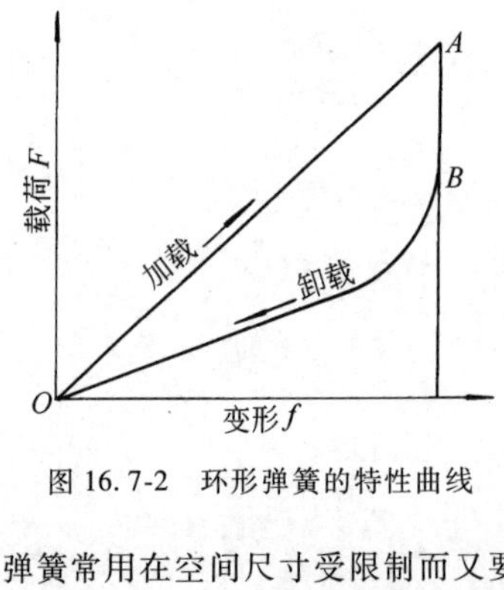

图 16.7-2　环形弹簧的特性曲线

环形弹簧常用在空间尺寸受限制而又要求强力缓冲的场合，如大型管道的吊架、振动机械的支承，以及重型铁路车辆的连接部分等。近来还用作轴衬，以代替轴上装的销、键和花键等。

2　环形弹簧的材料和许用应力

环形弹簧常用材料为 60Si2MnA 或 50CrMn 等弹簧钢，其许用应力见表 16.7-1。任何材料的环形弹簧，都要保证弹簧压缩到并紧高度时，其应力不会超过材料的弹性极限。

表 16.7-1　环形弹簧的许用应力　（MPa）

加工和使用条件	平均许用应力 σ_{mp}	外圆环许用应力 σ_{p1}	内圆环许用应力 σ_{p2}
一般使用寿命	1000	800	1200
使用寿命短，接触表面未经精加工	1150	1000	1300
使用寿命短，接触表面经精加工	1350	1200	1500

注：σ_{mp} 是 σ_{p1} 和 σ_{p2} 的平均值。

3　环形弹簧的设计计算

3.1　设计参数选择

1）圆锥角 β。圆锥角 β 较小，则弹簧刚度较小；β 较大，弹簧缓冲吸振能力减弱。设计时，一般取 $\beta=12°\sim30°$；当接触表面加工精度一般时，取 $\beta=14°3'$，即 $\tan\beta=\frac{1}{4}$；当加工精度较高时，可取 $\beta=12°$。当润滑条件较差、摩擦因数 μ 较大时，β 应取大些，以免卸载时 $\beta<\rho$，产生自锁，不能回弹。

2）摩擦因数 μ 和摩擦角 ρ。具有良好润滑条件的环形弹簧，圆锥接触表面的摩擦因数 μ 和摩擦角 ρ 可按下列条件选取：

接触面未经精加工，重载荷时，$\rho\approx9°$，$\mu\approx0.16$；

接触面经精加工，重载荷时，$\rho\approx8°30'$，$\mu\approx0.15$；

接触面经精加工，轻载荷时，$\rho\approx7°$，$\mu\approx0.12$。

3）圆环高度 h。一般取圆环直径的 16%～20%。h 过小则接触面导向不足，表面应力较大，圆环截面积较小，内部应力较大；h 过大则环的厚度相对较薄，制造困难。

4）导向圆筒或心轴与圆环的间隙。为保证受载荷后，外圆环外径增大、内圆环内径缩小不受阻碍，外圆环与导向圆筒间、内圆环与心轴间应留有间隙，其值一般为直径的 2%。

设计环形弹簧时，推荐使用参数见表 16.7-2。

表 16.7-2　环形弹簧参数推荐值

结构尺寸/mm							最大应力/MPa		一对接触面的轴向变形量/mm	最大载荷/kN	
圆环直径		节距	圆环厚度		高度	圆角半径				不计摩擦	$\mu=0.16$
D_1	D_2	t	b_2	b_1	h	r	σ_2	σ_1	f	F	
489	428.5	102	13.0	9.5	78	3.0	920	1100	7.90	1249	1998
391	341.8	82	10.5	8.0	62	2.5			6.25	790	1264
313	274.8	66	8.0	6.0	50	2.0			5.00	504	806
250	218.6	52	6.0	5.0	40	1.6			3.90	330	528
200	173.8	42	5.5	4.5	32	1.3			3.30	201	322
160	140.5	34	4.0	3.0	26	1.0			2.44	138.8	222
128	111.6	27	3.0	2.5	21	—			2.10	89	142
102	89.5	22	2.5	2.0	17	—			1.65	53	85
82	72.1	18	—	1.5	14	—			1.35	34.7	55.5

3.2　基本计算公式（见表 16.7-3）

表 16.7-3　环形弹簧的基本计算公式

项　　目	单位	公式及数据
受轴向力 F 时,外圆环截面中的拉应力 σ_1,内圆环截面中的压应力 σ_2	MPa	$\sigma_1=\dfrac{F}{\pi A_1\tan(\beta\pm\rho)}$, $\sigma_2=\dfrac{F}{\pi A_2\tan(\beta\pm\rho)}$ 式中　A_1—外圆环截面积,$A_1=hb_1+\dfrac{h^2\tan\beta}{4}$ A_2—内圆环截面积,$A_2=hb_2+\dfrac{h^2\tan\beta}{4}$ 加载时,取"+",卸载时,取"-"
加载时外圆环接触面的最大拉应力 $\sigma_{1\max}$	MPa	$\sigma_{1\max}=\dfrac{F}{\pi A_1\tan(\beta\pm\rho)}\times\left[1+\dfrac{2A_1}{\nu D_0(h-\delta)(1-\mu\tan\beta)}\right]$ 式中　ν—材料的泊松比 内圆环的最大压应力仍在截面内
环形弹簧受轴向力 F 时的变形量 f	mm	$f=\dfrac{nF}{2\pi E\tan\beta\tan(\beta\pm\rho)}\times\left(\dfrac{D_{01}}{A_1}+\dfrac{D_{02}}{A_2}\right)$ 式中　D_{01}—外圆环截面中心的直径,$D_{01}=D_1-b_1-\dfrac{h}{4}\tan\beta$ D_{02}—内圆环截面中心的直径,$D_{02}=D_2+b_2+\dfrac{h}{4}\tan\beta$ n—环形弹簧圆锥接触面对数 E—材料的弹性模量
加载时的变形能 U	N·mm	$U=\dfrac{1}{2}Ff$
卸载时释放的变形能 U_R	N·mm	$U_R=U\dfrac{\tan(\beta-\rho)}{\tan(\beta+\rho)}$
圆环厚度 b_1 和 b_2	mm	一般初选时,取 $b_1=b_2\geqslant\left(\dfrac{1}{5}\sim\dfrac{1}{3}\right)h$ 在圆环高度相同、材料相同条件下,为使外圆环和内圆环强度接近,应使 $b_1>b_2$,一般取 $b_1=1.3b_2$
圆环的外径和内径	mm	外圆环外径:$D_1=D_2+2(b_1+b_2)+(h-\delta)\tan\beta$ 外圆环内径:$D_1'=D_1-2\left(b_1+\dfrac{h}{2}\right)\tan\beta$ 内圆环外径:$D_2'=D_2+2\left(b_2+\dfrac{h}{2}\right)\tan\beta$ 内圆环内径:$D_2=D_1-2(b_1+b_2)-(h-\delta)\tan\beta$ 在安装空间允许范围内,直径宜尽量大些

（续）

项　目	单位	公式及数据
自由状态下相邻两外圆环(内圆环)的轴向间隙 δ	mm	一般取 $\delta=\frac{1}{4}h$ 在弹簧并紧后,刚度趋于无限大,失去弹簧作用,因此需要弹簧在工作极限位置时仍保留一定的间隙,即最小间隙 $\delta_{min}\geqslant 1$mm。当精度低时,取 $\delta_{min}\approx D_0/50$;当精度较高时,取 $\delta_{min}\approx D_0/100$
自由高度 H_0	mm	$H_0=\frac{1}{2}n(h+\delta)$
并紧高度 H_b	mm	$H_b=\frac{1}{2}nh$
工作极限时变形量 f_j	mm	$f_j=\frac{1}{2}n(\delta-\delta_{min})$
工作极限载荷 F_j	N	$F_j=\dfrac{2\pi E\tan\beta\tan(\beta\pm\rho)f_j}{n\left(\dfrac{D_{01}}{A_1}+\dfrac{D_{02}}{A_2}\right)}$
圆环件数	个	一般将两端的内圆环做成单锥面圆环,则 外圆环件数:$n_1=\frac{n}{2}$ 内圆环件数:$n_2=\frac{n}{2}+1$

4 环形弹簧的技术要求

环形弹簧的圆锥接触表面粗糙度要求是 $Ra1.6$~$Ra0.4\mu m$。热处理的表面硬度为 40~46HRC。

在制造中应该特别注意不要使圆环产生扭曲。为保证装配时各圆环具有互换性，要求每个圆环的斜角和自由高度尺寸在公差范围内。

为了防止圆锥面的磨损和擦伤，一般在接触面上涂布石墨润滑脂。

在环形弹簧的零件工作图上，应特别注明每个圆锥接触面的试验载荷及相应的变形量，以便进行成品质量检查。

第8章 板 弹 簧

1 板弹簧的类型与结构

1.1 板弹簧的类型

板弹簧（也简称板簧）主要用于汽车、拖拉机等的弹性悬架装置中，起缓冲和减振的作用，一般由钢板组成。按照形状和传递载荷方式的不同，板弹簧可分为椭圆形、弓形、伸臂弓形、悬臂形和直线形几种，如图16.8-1所示。在弓形板弹簧中，根据悬架装置的需要，可以做成对称型和非对称型两种结构。半椭圆形板弹簧在汽车中用得最广。

在车辆中，有时采用刚度随变形增大而增大的变刚度弹簧，它能使车辆在空载和重载下得到同样的减振效果和行驶平顺性。这类板弹簧刚度的变化是通过两种方式实现的：一是某些钢板变形到一定程度时，预留间隙消失，如图16.8-2a所示；二是变形后，弹簧端接触面的位移使弹簧的长度减小，如图16.8-2b所示。

由于所受载荷大小的不同，板弹簧的片数也不同，如小轿车用弓形板弹簧的片数可少至1~3片；而载货汽车的板弹簧除主弹簧外还增设副弹簧以增大刚度，如图16.8-3所示。另外，图16.8-4中所示的板片在沿长度方向上部分制成斜面形或抛物线形，成为变截面形状。它具有较大的承载能力和刚度，因而可以采用少量板片的组合便能承受较大的载荷。与等截面板片弹簧相比，其自身重量可减轻1/3左右。

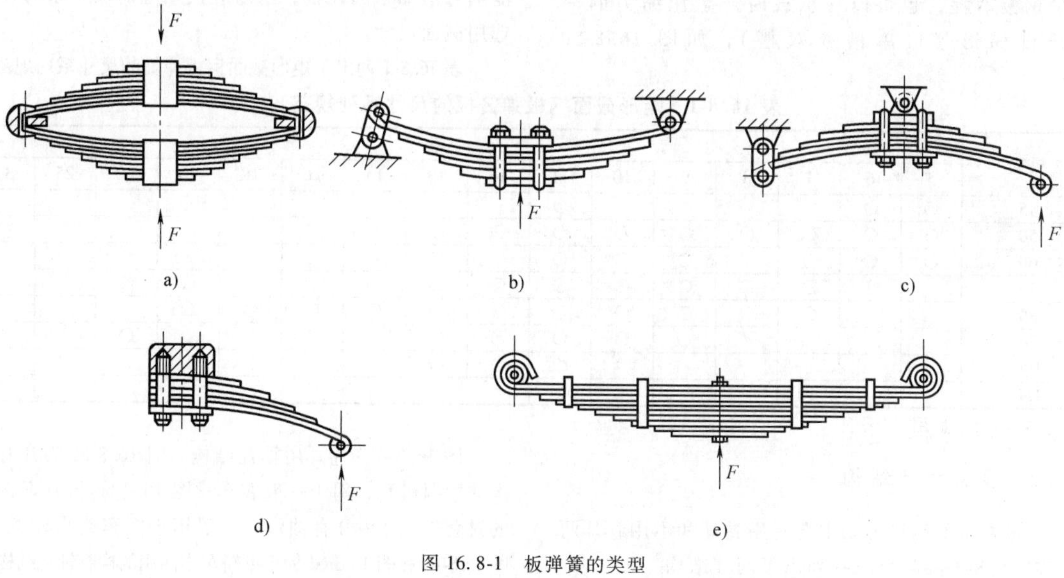

图16.8-1 板弹簧的类型

a）椭圆形板弹簧 b）弓形板弹簧 c）伸臂弓形板弹簧 d）悬臂形板弹簧 e）直线形板弹簧

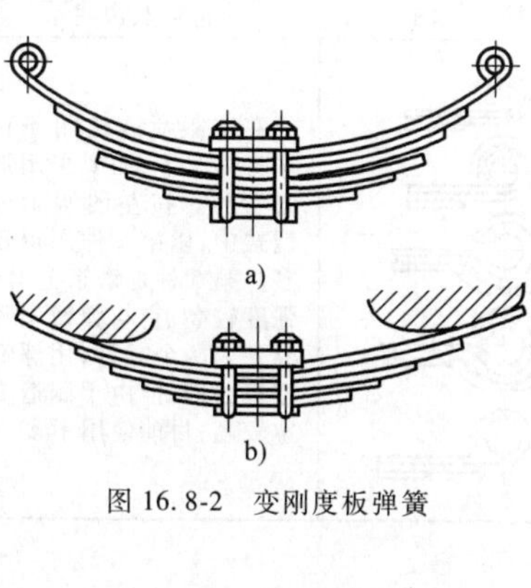

图16.8-2 变刚度板弹簧

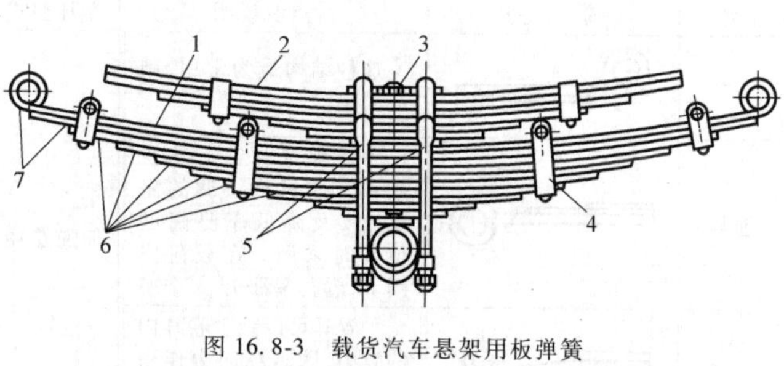

图16.8-3 载货汽车悬架用板弹簧

1—主弹簧 2—副弹簧 3—中心螺栓 4—弹簧卡 5—骑马螺栓 6—副板 7—主板

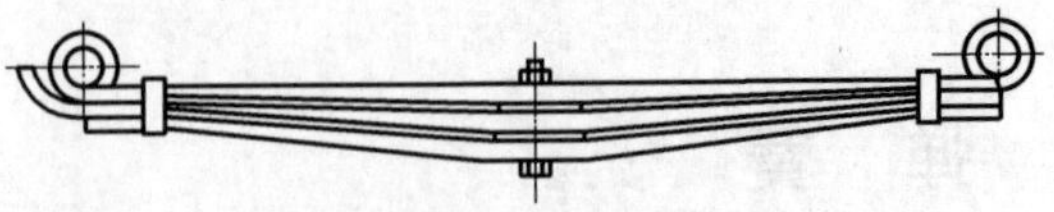

图 16.8-4 变截面板弹簧

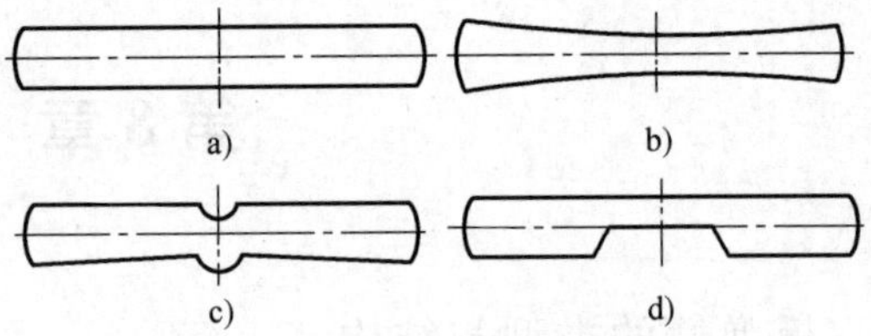

图 16.8-5 弹簧钢板的截面形状

a）矩形截面 b）双凹弧截面

c）带凸肋 d）带梯形槽的截面

1.2 板弹簧的结构

图 16.8-3 所示为载货汽车悬架用板弹簧的一般结构，由主弹簧和副弹簧两部分组成，零件有主板、副板、弹簧卡和骑马螺栓等。

1.2.1 弹簧钢板的截面形状

图 16.8-5 所示为常用板弹簧的截面形状，包括矩形截面、双凹弧截面、带凸肋矩形截面和带梯形槽的矩形截面。在汽车中以矩形截面（见图 16.8-5a）和双凹弧截面（见图 16.8-5b）应用最广；有时采用带凸肋的钢板（见图 16.8-5c）以防止板片的侧向滑移；另外，为了延长使用寿命及减少钢板消耗，也可以在承载时产生压缩力的一侧开设梯形槽（单槽或双槽），如图 16.8-5d 所示。

在使用带梯形槽的截面时，应将梯形槽开在承载时产生压缩应力的一侧，从而可减轻拉伸应力，提高使用寿命。当槽宽 $a=b/3$（b—板宽），槽深 $c=h/2$（h—板厚），槽两侧的倾角 $\alpha=30°$ 时，这种截面的二次矩 I 和抗弯截面系数 Z，可按式（16.8-1）进行计算

$$I=0.067bh^3, Z=0.15bh^2 \qquad (16.8\text{-}1)$$

在设计时应注意，弹簧板的截面尺寸不能任意选取，因为截面尺寸的种类受轧制工艺装备的限制，不能随意增加新的轧辊，所以应按一定的尺寸系列规范选用截面尺寸。

表 16.8-1 列出了矩形截面钢板弹簧的尺寸系列规范。

表 16.8-1 矩形截面钢板弹簧板的尺寸系列规范 (mm)

板宽	板厚															
	5	6	7	8	9	10	11	12	13	14	16	18	20	22	25	30
45	○	○					○									
50	○	○	○	○	○	○	○	○	○							
60	○	○	○	○	○	○	○	○	○		○					
70		○	○	○	○	○	○	○	○	○	○	○	○	○		
80			○	○	○	○	○	○	○	○	○	○	○			
90					○	○	○	○	○	○	○	○	○	○	○	
100							○	○	○	○	○	○	○	○	○	
150											○		○		○	○

注：○表示适用。

1.2.2 主板端部结构

主板端部的结构形状主要有用卷耳和不用卷耳两种。表 16.8-2 和表 16.8-3 列出了两种结构。

图 16.8-6 为卷耳用轴瓦结构。图 16.8-6a 为开有油沟的青铜衬套，用于一般客车；图 16.8-6b 为有青铜衬的衬套，衬套内开有油沟，一般用于客车或小型货车；图 16.8-6c 和图 16.8-6d 为小型轿车中使用的橡胶轴瓦结构。

表 16.8-2 用卷耳的主板端部结构

卷耳型式	简 图	特点及说明	卷耳型式	简 图	特点及说明
上卷耳	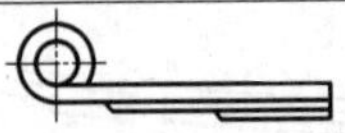	这种结构最为常用，制造简单	加强卷耳	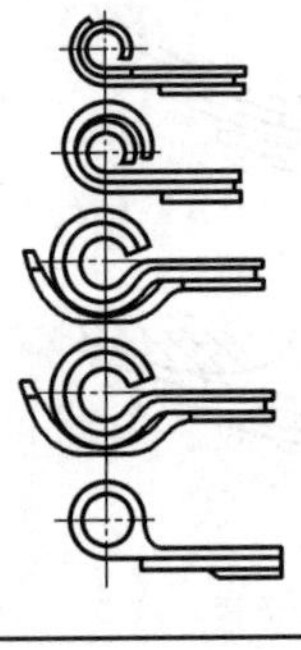	在重载荷或使用条件恶劣情况下，需要采用加强卷耳。在左图所示的型式中，以第2种用得较多。第5种是锻造卷耳，强度较高，它与弹簧主片分开为两个零件，用螺钉连接起来，但由于制造成本较高，目前使用不多
下卷耳	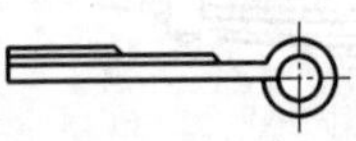	为了保证弹簧运动轨迹和转向机构协调的需要，以及降低车身高度位置时采用。在载荷作用下，卷耳易张开			
平卷耳	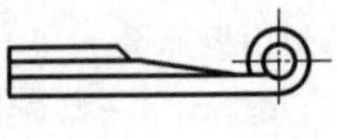	平卷耳可以减少卷耳内的应力，因为纵向力作用方向和弹簧主片断面的中线重合，但制造较复杂			

表 16.8-3　不用卷耳的主板端部结构

结构简图	特点及应用	结构简图	特点及应用
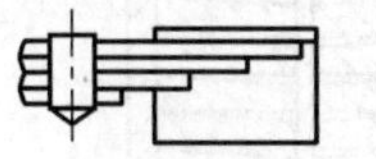 图 a) 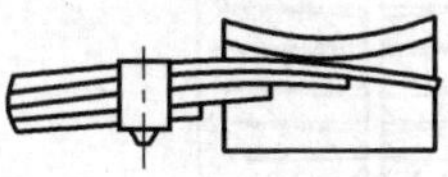 图 b)	图 a、图 b 所示是最简单的支撑板端，这种结构不能传递推力，因此必须有特殊的推件	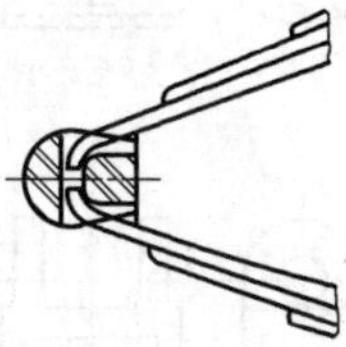 图 e)	图 e 是铁路上用的椭圆形板弹簧
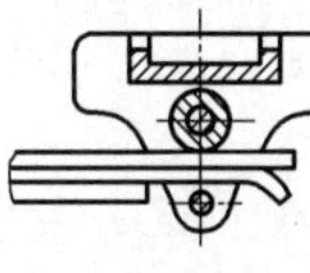 图 c) 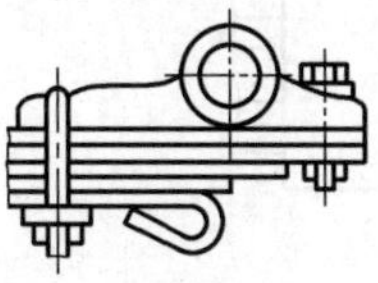 图 d)	图 d 所示是在板端固装一个带孔的钢枕以代替主板卷耳，可传递很大的推(拉)力	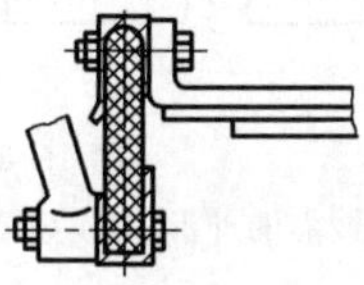 图 f) 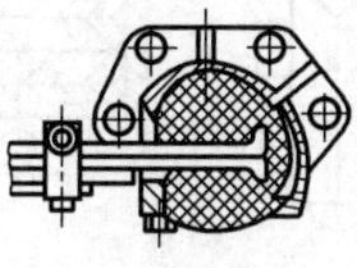 图 g)	图 f 和图 g 表示固装在橡胶里的结构，应用于公共汽车或载货汽车

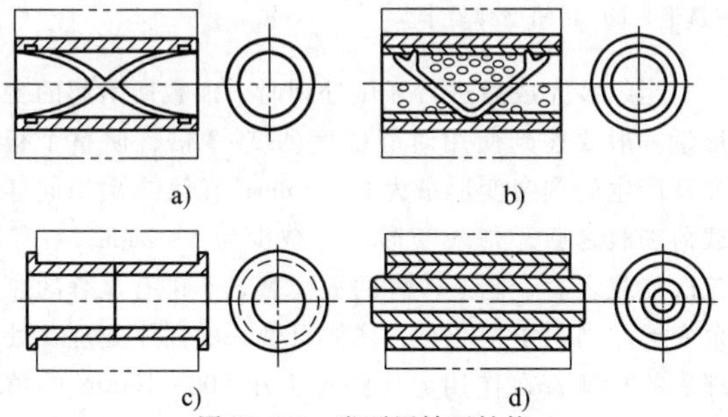
a)　b)　c)　d)

图 16.8-6　卷耳用轴瓦结构

a）青铜衬套　b）有青铜衬衬套

c）、d）橡胶轴瓦

1.2.3　副板端部结构

长度小于板弹簧弦长的钢板称为副板，其端部结构见表 16.8-4。

1.2.4　板弹簧固定结构

1）中部的固定结构。对于汽车板弹簧，其中部除了用高强度中心螺栓定位外，还应用 U 形螺栓紧固。板弹簧也采用簧箍紧固，如图 16.8-7 所示。

2）两侧的固定结构。为了消除弹簧钢板的侧向位移，并将作用力传递给较多的板片，以保护主板，在板弹簧两侧装有若干簧卡，其结构如图 16.8-8 所示。

表 16.8-4　副板端部结构

端部形状	结构简图	特点及应用	端部形状	结构简图	特点及应用
矩形	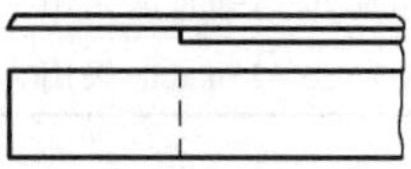	端部为矩形，制造简单，但板端形状会引起板间压力集中，使磨损加快	压延板端	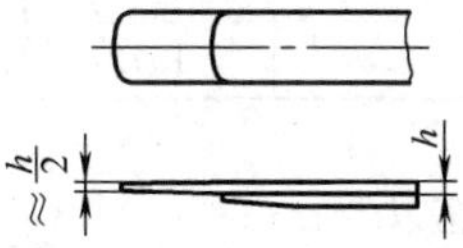	板端压延成斜面，有利于改善压力分布，减少板间摩擦
梯形	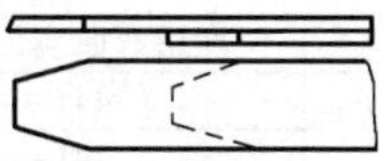	改善了压力分布，接近于等应力梁，材料得到充分利用。目前载货汽车大多用这种弹簧			
椭圆形	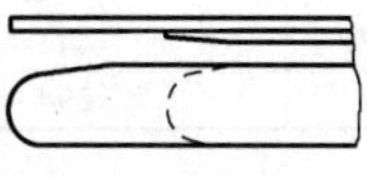	按等压力原则压延其端部，取得变截面形状（宽度、厚度均变），应力分布合理，且增加了片端弹性，减少了板间摩擦。在小轿车中应用较多	衬垫板端	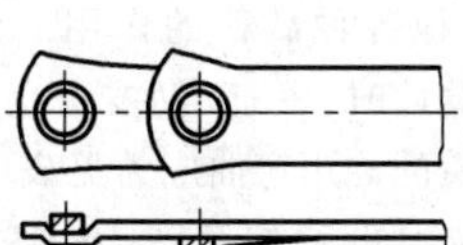	除板端压延成斜面，在板间加有衬垫，可防止板间磨损。在小轿车中使用

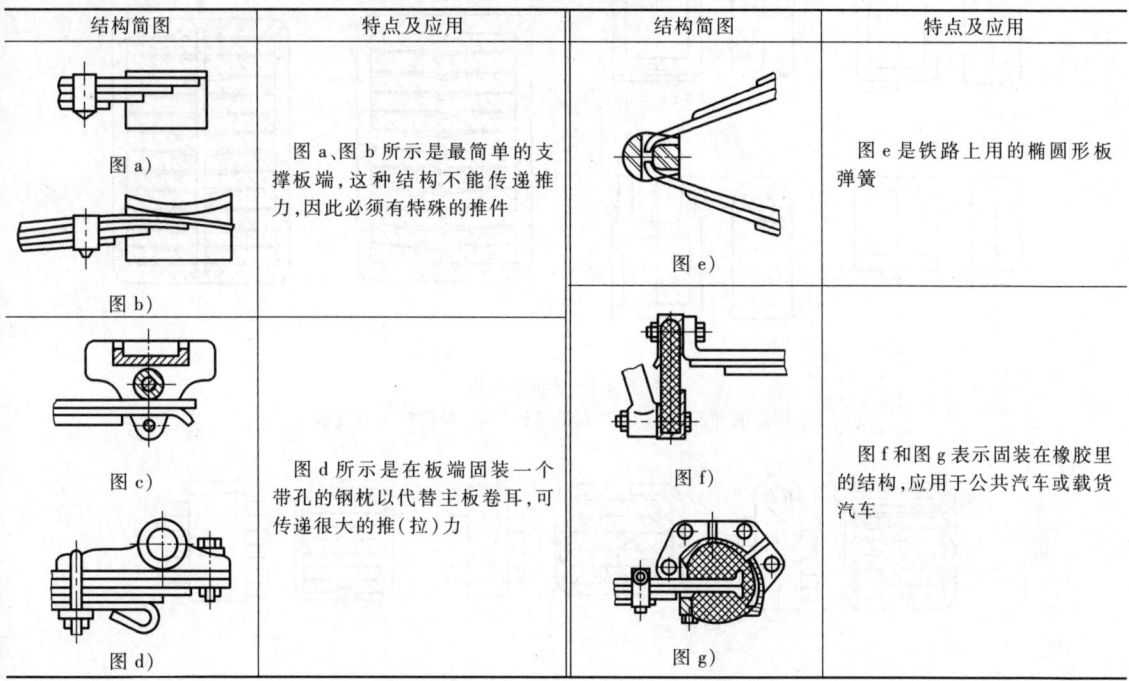

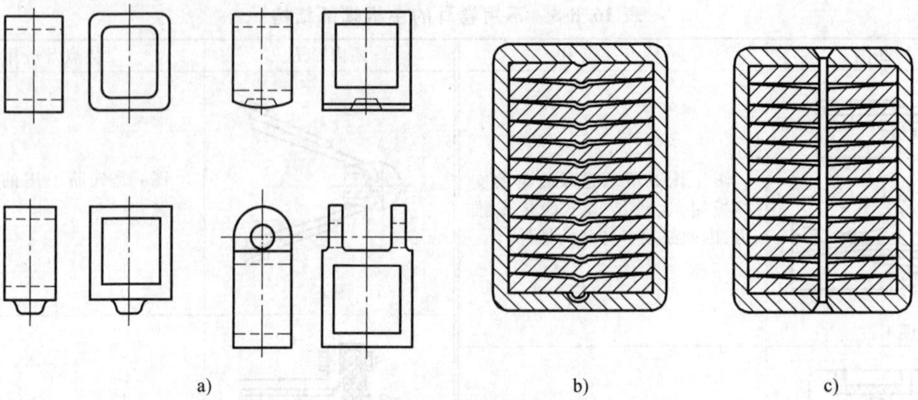

图 16.8-7 簧箍的结构

a）簧箍的外形 b）带凸肋的簧箍 c）带销钉孔的簧箍

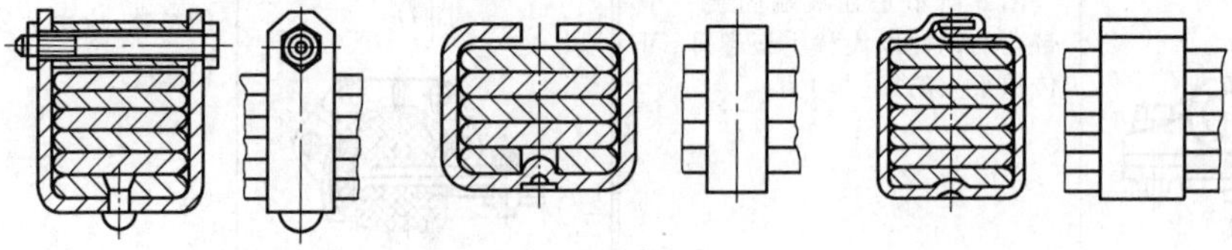

图 16.8-8 弹簧卡的结构

a）套管螺栓弹簧卡 b）环形弹簧卡 c）封闭型弹簧卡

2 板弹簧的材料及许用应力

2.1 板弹簧的材料

板弹簧的材料及力学性能见表 16.8-5。

板弹簧的板片经热处理后硬度应达到 39～47HRC，并在其凹面进行喷丸处理，以提高其使用寿命。

当组装完成后进行强压处理时，加载所引起的变形量一般要达到使用时静挠度的 2～3 倍，使整个板弹簧产生的剩余变形量为 6～12mm；在第二次用同样载荷加载之后，剩余变形量将减少为 1～2mm；在第三次加载之后，制造较好的板弹簧就不再有显著的剩余变形。当大量生产时，往往只做一次强压处理，处理后的板弹簧在作用力比强压力小 500～1000N 的情况下，不应再产生剩余变形。

表 16.8-5 板弹簧材料及力学性能

材 料	R_{eL}/MPa	R_m/MPa	$A_{11.3}$(%)	Z(%)	使用范围
60Si2Mn	1180	1275	6	25	
60Si2MnA	1375	1570	5	20	一般在厚度<9.5mm 时采用
55SiMnVB	1225	1375	5	30	一般在厚度为 10～14mm 时采用
55SiMnMoVNb	1274	1372	8	35	一般在厚度为 16～25mm 时采用

2.2 板弹簧的许用应力

板弹簧在实际使用时，主要载荷是垂直方向的作用力，但同时也受到其他各种载荷的作用（纵向和横向力及转矩等）。在设计时，一般仅按垂直载荷产生的应力来设计。板弹簧的许用弯曲应力见表 16.8-6。汽车用板弹簧的许用应力也可按照图 16.8-9 选取，也适用于热处理后经喷丸和预压处理的板弹簧。

表 16.8-6 板弹簧的许用弯曲应力

板弹簧种类	许用弯曲应力 σ_p/MPa
货车、电车等的板簧	441～490
轻型汽车的前板簧	441～490
轻型汽车的后板簧	490～588
载重汽车的前板簧	343～441
载重汽车、拖车的后板簧	441～490
缓冲器板簧	294～392

弹簧板片的疲劳极限如图 16.8-10 所示。当已知

板片的应力变化幅度时，由图可查得板片的疲劳极限，进而确定其许用应力。

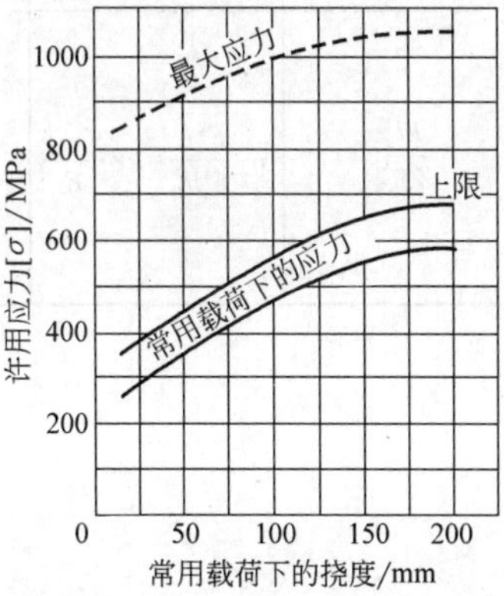

图 16.8-9　汽车用板弹簧的许用应力

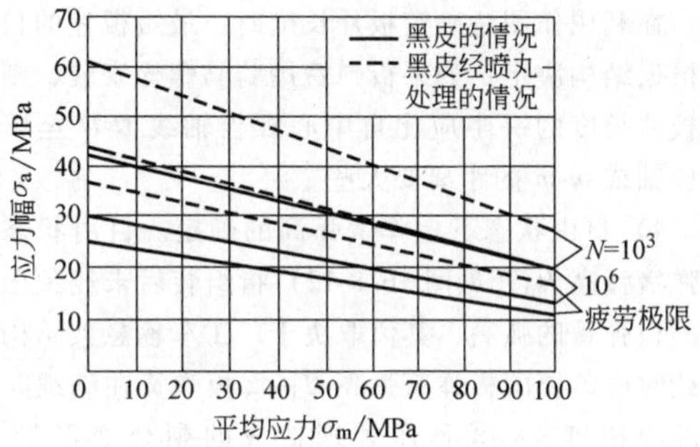

图 16.8-10　弹簧板片的疲劳极限

3　板弹簧的设计计算

3.1　单板弹簧的设计计算

单板弹簧的计算是分析多板弹簧的基础。为了便于计算，假设：钢板的曲率不大，可以当作直板考虑；钢板的变形量与它的长度相比很小，在变形中板弹簧承受的载荷不变。参照直片弹簧的分析可以得到悬臂单板弹簧的计算公式，见表 16.8-7。

3.2　多板弹簧的设计计算

多板弹簧有时由几组不同厚度的板片组成，各板片在组装前（自由状态下）具有不同的曲率；组装后，由于中心螺栓拉紧而使板片产生不同的预紧力，因此多板弹簧受载时很难做到等应力。

3.2.1　多板弹簧主要形状尺寸参数的选择

多板弹簧的主要尺寸和参数是伸直状态下弹簧的工作长度 l、板片的数量 n 及其截面尺寸 $b\times h$。

1）板片数量。汽车板弹簧一般由 $n=6\sim14$ 片组成，受重载的弹簧片数可大于 14，甚至超过 20。为了减少片数，可适当增加厚板的数量。

2）板片截面尺寸的确定。当板弹簧采用相同厚度的板片时，取 $b/h=6\sim10$，b 和 h 要符合现有扁钢的规格；然后按式（16.8-2）计算出板片的数量。

$$n=\frac{12I_0}{bh^3} \tag{16.8-2}$$

表 16.8-7　悬壁单板弹簧的计算公式

钢板形状	自由端挠度 y/mm	刚度 k/N · mm^{-1}	距固定端 x 处的应力 σ_x/MPa	固定端最大应力 σ_{max}/MPa	变形能 U/N · mm	材料利用系数 k
矩形 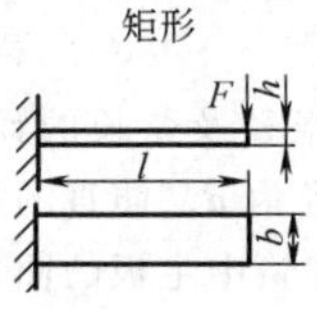	$\dfrac{Fl^3}{3EI_0}$	$\dfrac{3EI_0}{l^3}$	$\dfrac{F(l-x)}{Z_{m0}}$	$\dfrac{Fl}{Z_{m0}}$	$\dfrac{F^2l^3}{6EI_0}=kV\dfrac{\sigma_{max}^2}{E}$	$\dfrac{1}{18}$
三角形 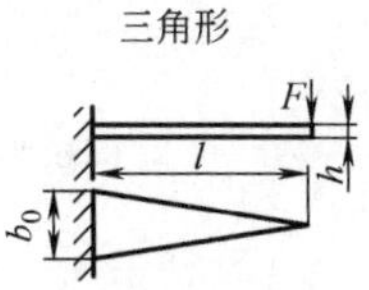	$\dfrac{Fl^3}{2EI_0}$	$\dfrac{2EI_0}{l^3}$	$\dfrac{Fl}{Z_{m0}}$（沿板全长不变）	$\dfrac{Fl}{Z_{m0}}$	$\dfrac{F^2l^3}{4EI_0}=kV\dfrac{\sigma_{max}^2}{E}$	$\dfrac{1}{6}$
抛物线形 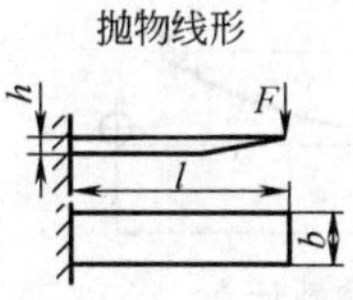	$\dfrac{2Fl^3}{3EI_0}$	$\dfrac{3EI_0}{2l^3}$	$\dfrac{Fl}{Z_{m0}}$（沿板全长不变）	$\dfrac{Fl}{Z_{m0}}$	$\dfrac{F^2l^3}{3EI_0}=kV\dfrac{\sigma_{max}^2}{E}$	$\dfrac{1}{6}$

（续）

钢板形状	自由端挠度 y/mm	刚度 k/N · mm^{-1}	距固定端 x 处的应力 σ_x/MPa	固定端最大应力 $\sigma_{\max}$/MPa	变形能 U/N · mm	材料利用系数 k
梯形 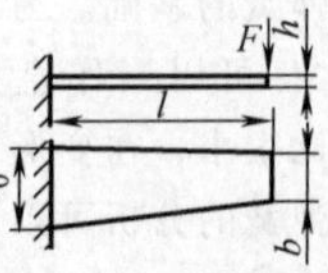	$\eta_2\dfrac{Fl^3}{3EI_0}$	$\dfrac{3EI_0}{\eta_2 l^3}$	$\dfrac{Fl\left(1-\dfrac{x}{l}\right)}{Z_{m0}\left[1-(1-\beta)\dfrac{x}{l}\right]}$	$\dfrac{Fl}{Z_{m0}}$	$\eta_2\dfrac{F^2l^3}{6EI_0}=kV\dfrac{\sigma_{\max}^2}{E}$	$\dfrac{1}{9}\times\dfrac{\eta_2}{1+\beta}$

注：I_0—弹簧钢板固定端截面的二次矩，$I_0=b_0h^3/12$（mm^4）。

Z_{m0}—弹簧钢板固定端截面的抗弯截面系数，$Z_{m0}=b_0h^2/6$（mm^3）。

V—弹簧钢板的体积（mm^3）。

k—弹簧钢板的材料利用系数，$k=UE/(V\sigma_{\max}^2)$。

β—弹簧钢板的形状系数，$\beta=b/b_0$（矩形 $\beta=1$，三角形 $\beta=0$）。

η_2—挠度系数，$\eta_2=\dfrac{3}{1-\beta}\left[\dfrac{3}{2}-\dfrac{1}{1-\beta}-\left(\dfrac{\beta}{1-\beta}\right)^2\ln\beta\right]$。

用相同厚度板片组成的板弹簧，制造比较简单，但材料利用率低。有些板弹簧用不同厚度的板片组成，一般厚度不多于三种，以最厚的作主板，最薄的作副板中的短板。

3）各板片长度的确定。板弹簧工作长度由其结构及车辆布置确定。板弹簧的各板片长度用作图法确定比较方便。如图 16.8-11a 所示，作一直线 O-O 代表中心螺栓轴线，沿垂线逐片截取板片厚度的立方值 h_i^3。在最上面一根水平线上截取自中心螺栓轴线至卷耳中心线或支撑中点的距离 $l_1/2$（得交点 A），而在下面倒数第二根水平线上截取中心螺栓轴线至最短片板端的距离 $l_n/2$（得交点 B），用直线连接 A、B 两点，即求得各板片的长度。图中按虚线 AC 组成的各板片长度（极端取压延斜面）表示等强度板弹簧的板片外形。图 16.8-11b 所示为板片厚度不同时各板片长度的确定法。

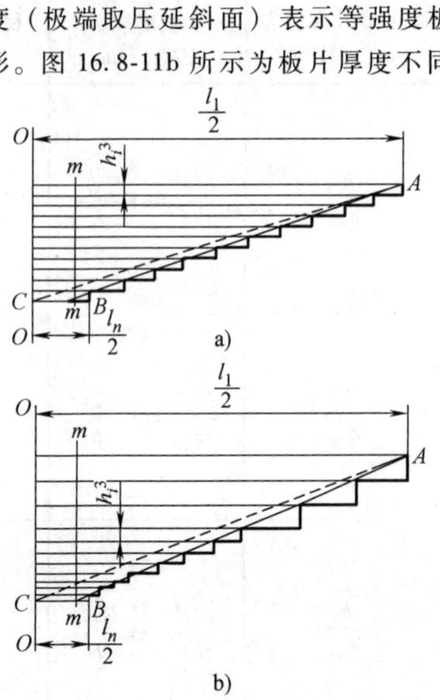

图 16.8-11　确定板片长度的作图法

在利用作图法确定板片长度时，最短板片的长度应根据结构决定：如果板弹簧用骑马螺栓安装，则最短板片长度的一半应比自中心螺栓轴线 O-O 至骑马螺栓轴线 m-m 的距离要大些。

4）自由状态下板弹簧弧高的确定。自由状态下板弹簧弧高 H_0（见图 16.8-12）指组装后未经预压处理的板弹簧的弧高，其值取决于：①车辆悬架结构在满载时所需要的板弹簧弧高 H；②板弹簧在满载时产生的静挠度 y；③预压处理造成的剩余变形量 γ。因此

$$H_0=H+y+\gamma \tag{16.8-3}$$

其中，γ 值可根据经验按下列不同情况选取：对制造条件较完善并经过严格处理的板弹簧 $\gamma=0.05y_0$（y_0 为预压时的近似挠度）；对制造和热处理条件较差的板弹簧 $\gamma=0.06y_0$；用手工方式生产的板弹簧 $\gamma=0.07y_0$（已达允许的极限值）。

5）自由状态下板弹簧曲率半径及弦长的计算，如图 16.8-12 所示。设卷耳的内径为 d，伸直的板弹簧两卷耳的中心距离为 L，则板弹簧中主板的曲率半径 R_0 可用式（16.8-4）计算：

$$R_0=\frac{\left(\dfrac{L}{2}\right)^2}{2H_0-d} \tag{16.8-4}$$

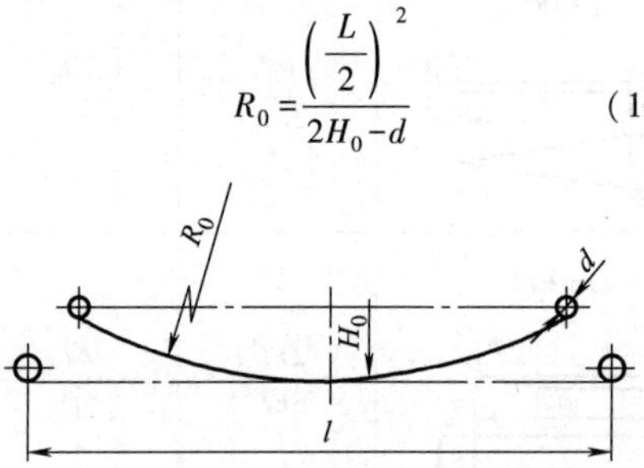

图 16.8-12　板片曲率参数计算

组装的板弹簧的半个弦长 $\overline{L}$（自中心螺栓至卷耳中心的距离）用式（16.8-5）计算：

$$\overline{L}=\left[\sqrt{\left(\frac{L}{2}\right)^{2}+\left(H_0-\frac{d}{2}\right)^{2}}\right]\left(1-\frac{d}{2R_0}\right) \tag{16.8-5}$$

为计算简便起见，也可将卷耳内径 d 忽略不计。

3.2.2　多板弹簧的展开计算法

理想的等厚度多板弹簧板片的展开面应是等强度的三角形板片（见图 16.8-13）。由于主板的三角形板端不便制作卷耳，常需采用近似于梯形的板端。因而设计时，一般用梯形单板弹簧的计算公式来近似确定多板弹簧的主要尺寸和参数。由于这样的方法是假定各板片具有相同曲率的情况下进行的，所以也是共同曲率法的一种。各类多板弹簧的挠度和最大弯矩的计算公式见表 16.8-8。

对不同结构特征的板弹簧，在挠度计算公式中，用变形修正系数 η_3 来修正，其值见表 16.8-9。

静载荷下的挠度以及附加动挠度值根据不同车辆行驶平顺性要求给定。这些数值确定后，利用表 16.8-8 中公式，便可求得板弹簧所需的截面总二次矩 I_0，即

$$I_0=\frac{b\sum h_i^3}{12} \tag{16.8-6}$$

式中　b——板宽（mm）；

h_i——板弹簧第 i 片的厚度（mm）。

表 16.8-8　多板弹簧的挠度和最大弯矩的计算公式

板弹簧的类型	板弹簧的挠度 y/mm a）有骑马螺栓　b）没有骑马螺栓	由 F 力引起的最大弯矩 M/N·mm	预压时的近似挠度 y_0/mm
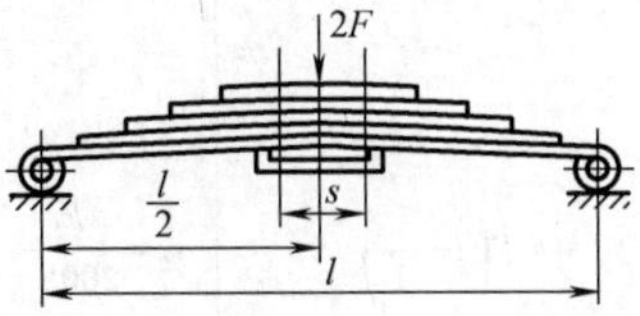 a） 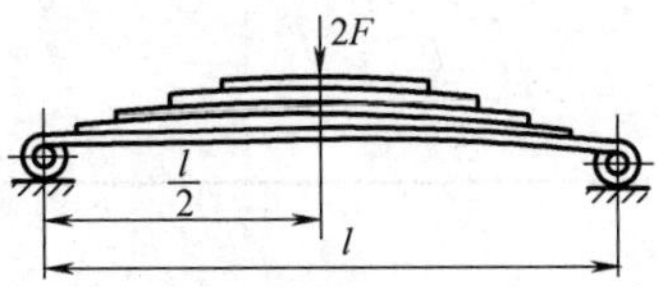 b）	a）$y=\eta_3\dfrac{F\left(l-\dfrac{s}{2}\right)^3}{24EI_0}$ b）$y=\eta_3\dfrac{Fl^3}{24EI_0}$	$M=\dfrac{F(l-s)}{2}$	$y_0=\dfrac{l^2}{800h_1}$
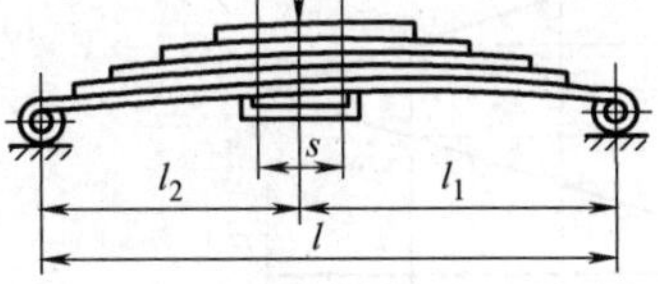 a） 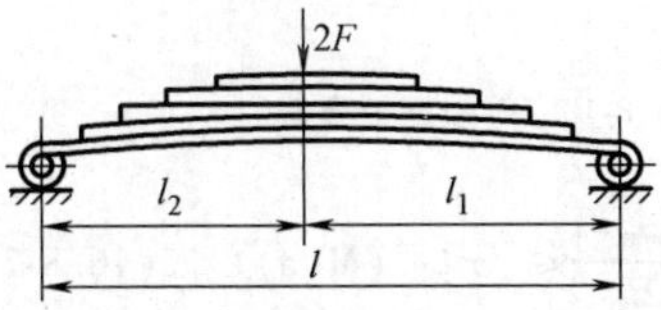 b）	a）$y=\eta_3\dfrac{2F\left[l_1^2\left(l_2-\dfrac{s}{4}\right)^3+l_2^2\left(l_1-\dfrac{s}{4}\right)^3\right]}{3EI_0l^2}$ b）$y=\eta_3\dfrac{2Fl_1^2l_2^2}{3EI_0l}$	$M=\dfrac{2Fl_2\left(l_1-\dfrac{s}{2}\right)}{l}$ 或 $M=\dfrac{2Fl_1\left(l_2-\dfrac{s}{2}\right)}{l}$	$y_0=\dfrac{l_1l_2}{200h_1}$

（续）

板弹簧的类型	板弹簧的挠度 y/mm a）有骑马螺栓 b）没有骑马螺栓	由 F 力引起的最大弯矩 M/N·mm	预压时的近似挠度 y_0/mm
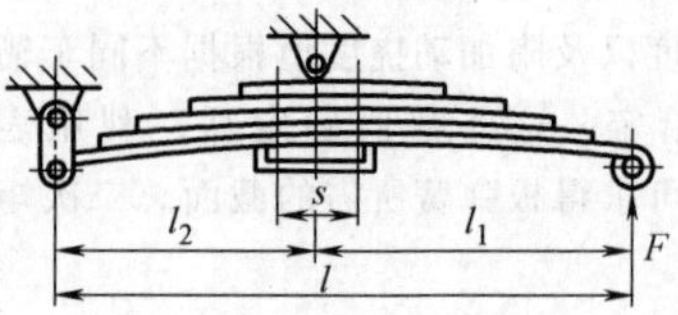 a） 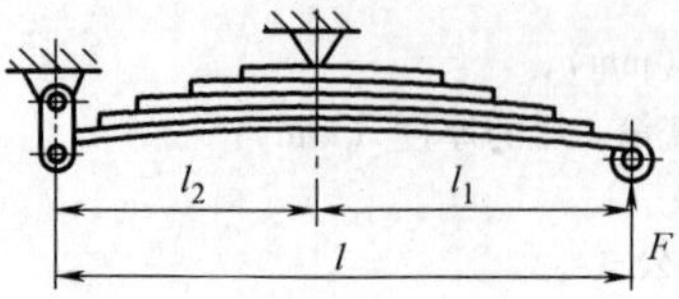 b）	a）$y=\eta_3\frac{F\left[\left(l_1-\frac{s}{4}\right)^3+\left(\frac{l_1}{l_2}\right)^2\left(l_2-\frac{s}{4}\right)^3\right]}{3EI_0}$ b）$y=\eta_3\frac{Fl_1^2l}{3EI_0}$	$M=F\left(l_1-\frac{s}{2}\right)$ 或 $M=\frac{2Fl_2\left(l_2-\frac{s}{2}\right)}{l_2}$	$y_0=\frac{l_1l_2}{200h_1}$ （设在预压时弹簧是在中心螺栓轴线处受载）
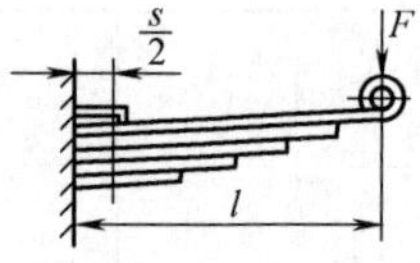 a） 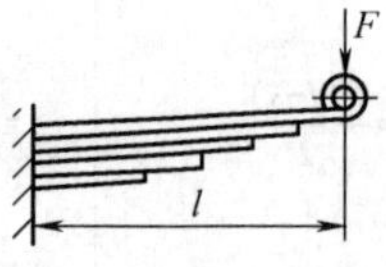 b）	a）$y=\eta_3\frac{F\left(l_1-\frac{s}{4}\right)^3}{3EI_0}$ b）$y=\eta_3\frac{Fl^3}{3EI_0}$	$M=F\left(l-\frac{s}{2}\right)$	$y_0=\frac{l^2}{200h_1}$

注：η_3—变形修正系数，其值见表 16.8-9；h_1—主板厚度（mm）。

表 16.8-9 变形修正系数 η_3 值

板弹簧的结构特征	变形修正系数 η_3
等强度梁	1.5
与等强度梁相近的板端具有压延斜面的板弹簧	1.4~1.45
板端为直角形的板弹簧，其第二板片与主板长度相同，同时主板上面的钢板不多于一片者	1.35
板端为直角形的板弹簧，其中有 2~3 片长度与主板相同，同时主板上面有数片钢板者	1.3
具有多片等于主板长度的钢板的特重型板弹簧	1.25

确定的片数和截面尺寸除应满足 I_0 的要求外，还要用式（16.8-7）验算最厚板片（一般是主板）的应力：

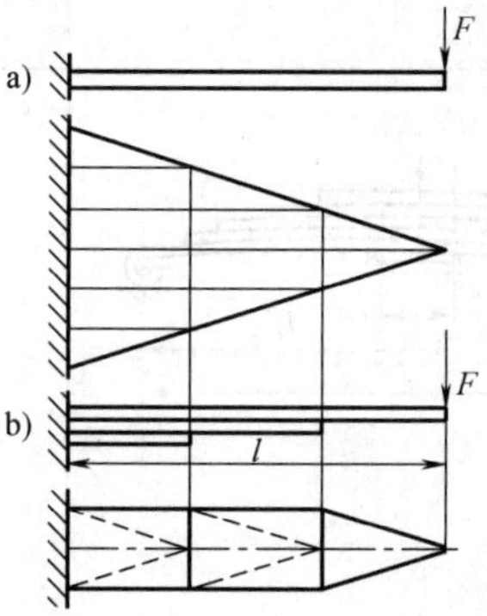

图 16.8-13 等强度板弹簧

$$\sigma=\frac{M_{max}h_1}{2I_0}\leqslant[\sigma]\quad(\text{MPa})\qquad(16.8\text{-}7)$$

式中 M_{max}——最大静弯矩（N·mm）；

I_0——板弹簧计算截面的总二次矩（mm^4）；

h_1——最厚钢板的厚度（mm）。

对于不承受制动或牵引力的板弹簧，最大静弯矩 M_{max} 等于静垂直外载荷所引起的弯矩；对于承受制动或牵引力的板弹簧，最大静弯矩是静垂直外载荷所引起的弯矩和制动（或牵引）力所引起的弯矩的代数和。

如果应力 σ 超过许用范围，必须增加 I_0 或重选 h_1。为使板弹簧刚度满足设计要求，在增加 I_0 的同时要相应加大板弹簧的工作长度。

3.2.3　多板弹簧的共同曲率计算法

按表 16.8-8 中公式所求得的挠度是近似值，在确定了板弹簧的片数和尺寸后，可以较精确地计算其挠度（或刚度）。假设各板片在弯曲时曲率相等，即把板弹簧当作一变截面梁来分析，这时每个截面的二次矩等于该截面的各片二次矩之和 $\sum I_i$。利用能量法求变截面梁变形的原理，得到计算悬臂板弹簧（见图 16.8-14）的挠度公式。

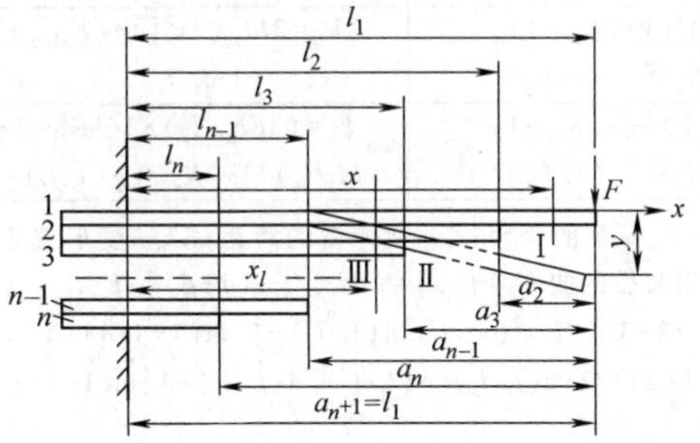

图 16.8-14　板弹簧挠度精确计算

$$y = \alpha \frac{E}{3E} \sum_{i=1}^{n} a_{i+1}^3 (Y_i - Y_{i+1}) \tag{16.8-8}$$

在线性特性下的刚度为

$$k = \frac{3E}{\alpha \sum_{i=1}^{n} a_{i+1}^3 (Y_i - Y_{i+1})} \tag{16.8-9}$$

$$a_i = l_1 - l_i, Y_i = \frac{1}{\sum_{1}^{i} I_i} \tag{16.8-10}$$

$$a_{n+1}^3 = l_1^3 \text{（因为 } l_{n+1} = 0\text{）}$$

$Y_{n+1} = 0$（因为在固定截面外二次矩是无穷大）

式中　α——板弹簧与变截面梁之间的修正系数。其值为 1.15～1.21，大值用于载货汽车，小值用于小轿车。

对于对称的弓形板弹簧，如作用在中心螺栓处的载荷为 $2F$，则板端所受载荷为 F，用 F 代入表 16.8-8中的公式即可求得其挠度。

3.3　变刚度和变截面板弹簧的设计计算

3.3.1　变刚度板弹簧的设计计算

通常通过两种方式使板弹簧的刚度变化；一是用主、副簧的组合方式，当载荷大到一定程度时，副簧参与承担载荷，致使刚度改变；二是在板弹簧变形过程中簧端接触点产生位移，使板片的长度改变，致使刚度改变，如图 16.8-15 所示。

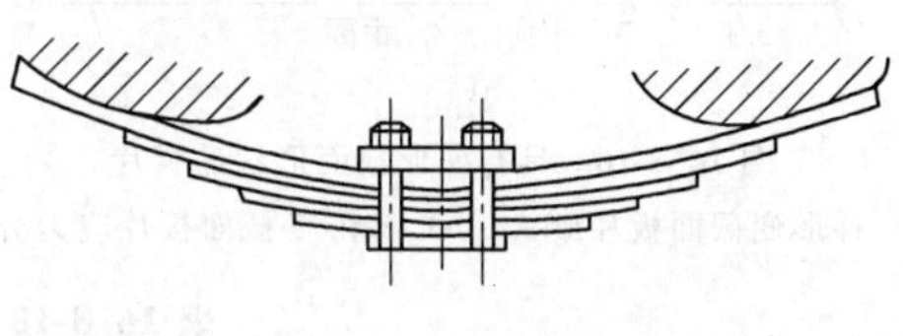

图 16.8-15　主、副簧组合式变刚度板弹簧

变刚度板弹簧的特性线呈非线性，在载荷变化时具有较稳定的固有频率，可以提高车辆行驶的平顺性。

对主副簧组合式变刚度弹簧，当载荷较小时，载荷仅由主簧承受，特性线是直线，刚度为定值；当载荷增大到某一值 F_1，主、副簧开始接触，随载荷继续增大，接触范围逐渐增大 F_2，直至完全接触，主、副簧成一体。在载荷由 F_1 增大到 F_2 的范围内，弹簧特性线是曲线，刚度为变值；载荷继续增大，主副簧成为一个弹簧，特性线为直线，刚度为定值。其变形量、刚度及应力计算见表 16.8-10。

3.3.2　变截面板弹簧的设计计算

变截面板弹簧有梯形变截面和抛物线形变截面两种。

1）梯形变截面板弹簧。梯形变截面板弹簧板片的两边沿长度方向部分制成斜面形状（见图 16.8-16），从而使各板片的应力较均匀，达到减轻弹簧自身重量的目的。当进行设计计算时，可把弹簧看成是板片的叠加，取其一板分析计算。

2）抛物线形变截面板弹簧。抛物线形变截面板弹簧板片的两边沿长度方向部分制成抛物线形状（见图 16.8-17），使板片的应力接近相同，达到减轻弹簧重量的目的，计算时可取其一片进行。

梯形、抛物线形变截面板弹簧的变形量、刚度及应力计算见表 16.8-11 和表 16.8-12。

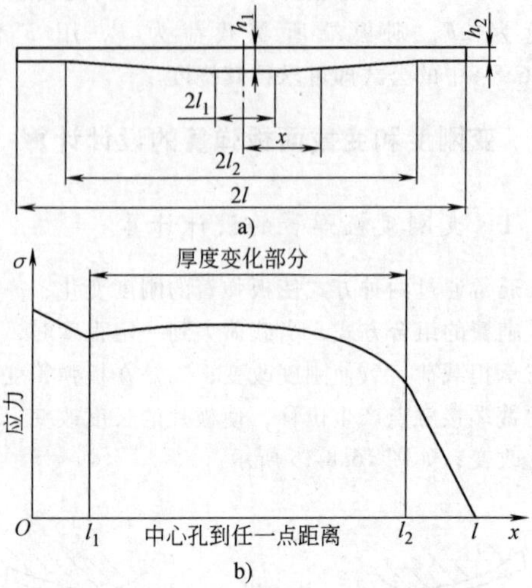

图 16.8-16 具有梯形斜面形状的板片

a）梯形变截面板片形状 b）梯形变截面板片应力分布

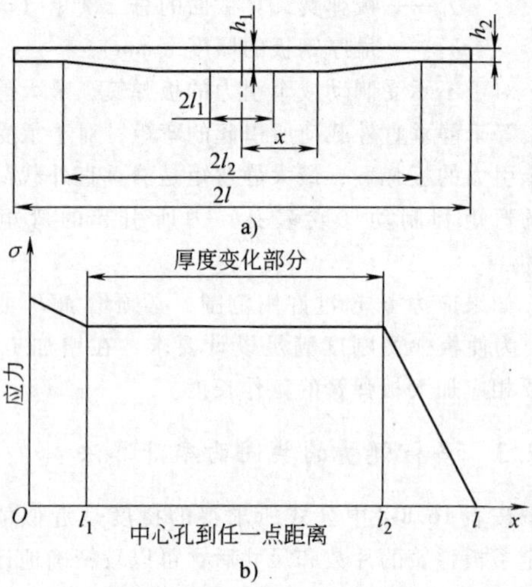

图 16.8-17 抛物线形变截面板片及其应力分布

a）抛物线形板片 b）沿板长应力的分布

表 16.8-10 变刚度板弹簧的计算

	主、副簧组合式变刚度板弹簧载荷、变形量和刚度的计算式			
变形量与刚度	项 目	两端的载荷	变形量	刚度
	主副簧开始接触	$F_1=(EI_{z0}/l_z)(1/R_z-1/R_f)$	$f_1=F_1l_z^3[1+(K_{x1}-1)(1-l_f/l_z)^2]/(3EI_{z0})$	$k_1=3EI_{z0}/\{z_z^3[1+(K_{x1-1})(1-l_f/l_z)^2]\}$
	主副簧完全接触	$F_2=[EI_{z0}/(l_z-l_f)](1/R_z-1/R_f)$	$f_2=F_2l_z^3[1-\eta+(K_{x1}-1)(1-l_f/l_z)^3]/(3EI_{z0})$	$k_2=(3EI_{z0}/l_z^3)\times1/\{K_{x1}[1-(l_f/l_z)^3]-3K_{x3}/[\varphi(1-\beta)]\}$
	说明	I_{z0}—主弹簧中央部分整个截面的二次矩；l_z—主弹簧的跨距；l_f—副弹簧的跨距；K_{x1}—变形修正因子；R_z—主弹簧组装后的曲率半径；R_f—副弹簧组装后的曲率半径；$\eta=F(l_f)/[\varphi(1-\beta)]$；$F(l_f)=(l_f/l_z)^3[6A-3-\varphi(1-\beta)]/2-3(l_f/l_z)^2[2-\varphi(1-\beta)]/2+3(l_f/l_z)^2(A-1)[A(l_f/l_z)-1]\ln(1-1/A)$；$A=(1+\varphi)/[\varphi(1-\xi)]$；$\varphi=l_f/l_z$；$\beta=b/b_0$；$K_{x3}=(l_f/l_z)^3(1+2A)/2-2(l_f/l_z)^2+(l_f/l_z)[A(l_f/l_z)-1]\ln(1-1/A)$		
应力	主副板弹簧上的应力计算公式为 当 $F\leqslant F_1$ 时 $$\sigma_z=Fl_z/Z_{bz},\sigma_f=0$$ 当 $F>F_1$ 时 $$\begin{cases}\sigma_z=(l_z/Z_{bz})[(F+\varphi F_1)/(1+\varphi)]\\\sigma_f=(l_z/Z_{bf})[\varphi(F-F_1)/(1+\varphi)]\end{cases}$$ 式中 Z_{bz}—主弹簧的抗弯截面系数 Z_{bf}—副弹簧的抗弯截面系数			

表 16.8-11 梯形变截面板弹簧的变形量、刚度及应力计算

项目	计算和数据
变形量 f 和刚度 k	对称形斜面板片两端作用载荷为 F 时， $$f=\frac{\eta_5Fl^3}{3EI_0}$$ $$k=\frac{3EI_0}{\eta_5l^3}$$ 式中 I_0—板片中央截面二次矩（mm^4），$I_0=\frac{bh_1^3}{12}$ η_5—变形系数

（续）

项目	计算和数据
变形量 f 和刚度 k	$$\eta_5=1-(1-\lambda_2)^3+(h_1/h_2)^3(1-\lambda_2)^3+3(h_1/h_2)^3\left(\frac{\lambda_2-\lambda_1}{(h_1/h_2)-1}\right)^3\left\{\ln\frac{h_1}{h_2}-2\left(\frac{1-(h_1/h_2)-\lambda_1+(h_1/h_2)\lambda_2}{\lambda_2-\lambda_1}\right)\right\}\times$$ $$\left(1-\frac{1}{(h_1/h_2)}\right)+\frac{1}{2}\left(\frac{1-(h_1/h_2)-\lambda_2+(h_1/h_2)\lambda_2}{\lambda_2-\lambda_1}\right)^2\left(1-\frac{1}{(h_1/h_2)^2}\right)$$ $$\lambda_1=\frac{l_1}{l},\lambda_2=\frac{l_2}{l}$$
板片应力	$$\sigma_x=\frac{6Fl}{bh^2}\frac{1-\mu}{\left\{1-\left(1-\frac{h_2}{h_1}\right)\times\left(\frac{\mu-\lambda_1}{\lambda_2-\lambda_1}\right)\right\}^2}$$ 式中　$\mu=\frac{x}{l}$ 中央截面处的应力最大，其值为 $$\sigma_0=\frac{6Fl}{bh^2}$$

表 16.8-12　抛物线形变截面板弹簧的变形量、刚度及应力计算

项目	计算和数据
变形量 f 和刚度 k	对称抛物线形变截面板片两端作用载荷为 F 时，$$f=\frac{\eta_6Fl^3}{3EI_0}$$ $$k=\frac{3EI_0}{\eta_6l^3}$$ 式中　$\eta_6=1+\left(1-\frac{l_1}{l}\right)^3\left[1-2\left(1-\frac{l_2-l_1}{l-l_1}\right)^{\frac{3}{2}}\right]+\left(1-\frac{l_2}{l}\right)^3\left(\frac{h_1}{h_2}\right)$ 若弹簧由 2 片以上的板片组成，则弹簧刚度为各板片刚度之和
板片的应力	当板片两端受到载荷 F 的作用时，各截面上的应力计算式为 $$\sigma=\begin{cases}6F(1-x)/(bh_1^2) & 0\leqslant x\leqslant l_1\\ 6F(1-l_1)/(bh_1^2)=6F(1-l_2)/(bh_2^2) & l_1\leqslant x\leqslant l_2\\ 6F(1-x)/(bh_2^2) & l_2\leqslant x\leqslant l\end{cases}$$ 非对称变截面弹簧的计算，可以载荷作用点为界，将其分成两部分，各自按照悬臂梁分别计算出刚度，然后求变形量和应力

4　板弹簧的技术要求

1）板弹簧板片经热处理后，硬度应达到 39～47HRC，在组装前应进行喷丸处理，以提高其使用寿命。

2）组成的板弹簧都应进行强压处理。

3）板弹簧的板片横向扭曲量（以安装中心为基准，从两头测量）的偏差应不大于钢板宽度的 0.8%。

4）板片纵向波折量：在 75mm 长度内应不大于 0.5mm。

5）板弹簧总成静载弧高偏差：一般弹簧±5mm，重型车弹簧±7mm。

6）主片装入支架内的侧面弯曲不应大于 1.5mm/m，其他板片不大于 3mm/m。

7）板弹簧加紧后板片应该均匀相贴，不得有弯曲，总成在自由状态相邻两片横向穿通间隙应小于短片全长的 1/4（片间加有垫片者除外），长度小于 75mm 时的间隙不应大于表 16.8-13 所示的值。

表 16.8-13　叶片间隙允许值（mm）

叶片厚度	最大间隙允许值
≤8	1.2
>8～12	1.5
>12	2.0

8）板弹簧总成夹紧后，在 U 形螺栓及支架滑动范围内的总成宽度偏差应符合表 16.8-14 的规定。

表 16.8-14 板弹簧总成宽度偏差

(mm)

总成宽度	宽度偏差
≤100	+2.5
>100	+3

9）板弹簧总成放入支架滑动范围内后，其中心线应与钢板底层基面中心线在同一直线上，其偏差应不大于 1.5mm/m。

10）板片表面不应有过烧、过热、裂纹、氧化皮、麻点和损伤等缺陷，表面脱碳层（包括铁素体和过渡层）深度不能超过表 16.8-15 的规定。

表 16.8-15 脱碳层（全脱碳和标准脱碳）深度

(mm)

板片厚度	脱碳层深度
≤8	≤板片厚度的 3%
>8	≤板片厚度的 2.5%或 0.5,取小值

第 9 章 片弹簧和线弹簧

1 片弹簧

1.1 片弹簧的结构和特点

片弹簧用金属薄板制成，利用板片的弯曲变形而起弹簧作用。主要用于载荷和变形均不大、要求弹簧刚度较小的场合。片弹簧因用途各异而制成各种形状。按外形有直片和弯片等；按板片形状有长方形、梯形和阶梯形等；按板片数量有单片和叠片等。片弹簧一般用螺钉或铆钉固定，如图 16.9-1 所示。也可以利用结构间制约关系和其他零件镶嵌在一起。

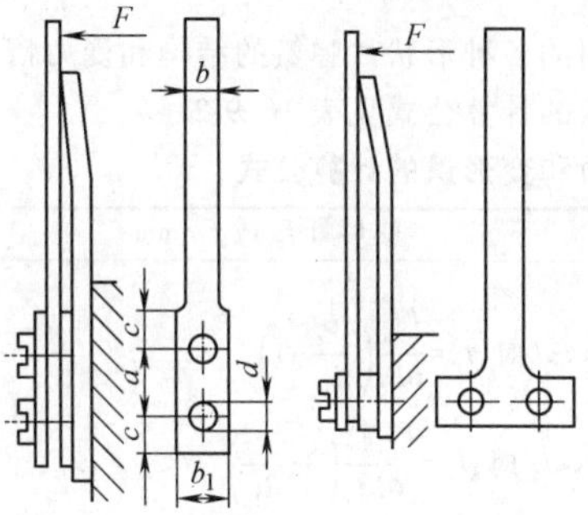

图 16.9-1 片弹簧结构

注：$a=(1.1\sim1.2)b_1$，$b_1=1.2b$，$c=(0.60\sim0.64)b_1$，$d=(0.72\sim0.77)b_1$。

片弹簧在工作平面（最小刚度平面）上容易弯曲，在其他方向上具有较大的拉伸及弯曲刚度，因此片弹簧常用于检测仪表或自动装置中的敏感元件、弹性支承、定位装置和挠性连接等。

由片弹簧制作的弹性支承和定位装置，实际上没有摩擦和间隙，不需要经常润滑，同时比刃形支承具有更大的可靠性。

1.2 片弹簧的应力集中

由于片弹簧的结构中具有圆弧、圆孔和截面形状的变化，在这些地方会产生应力集中。当静载荷或载荷变化次数较少时，可不予考虑；在变载荷作用下，应力集中对疲劳强度的影响很大，则必须考虑。此时的实际最大应力 σ' 为

$$\sigma' = K_\sigma \sigma_{max} \tag{16.9-1}$$

式中 K_σ——应力集中系数；

σ_{max}——表 16.9-2 中计算得到的应力。

图 16.9-2 所示为片弹簧弯曲部分的应力集中系数，按弯曲半径 r 和厚度 h 的比值查取。

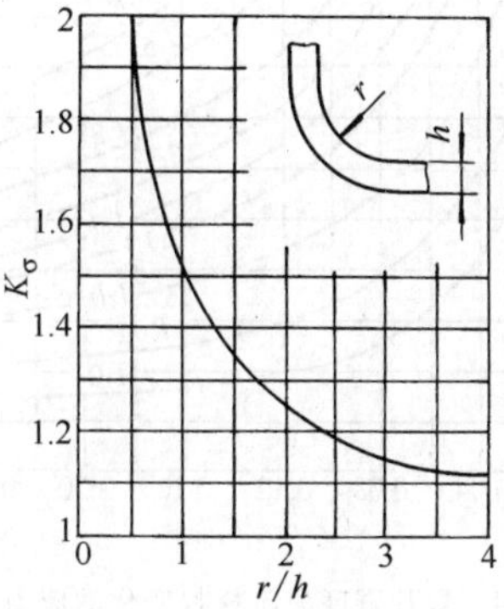

图 16.9-2 片弹簧弯曲部分的应力集中系数

图 16.9-3 所示为片弹簧上圆孔的应力集中系数，按圆孔直径 d 和宽度 b 的比值查取。

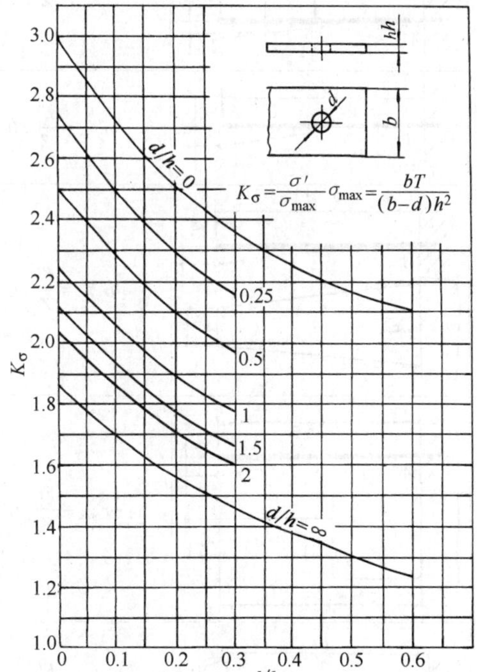

图 16.9-3 片弹簧上圆孔的应力集中系数

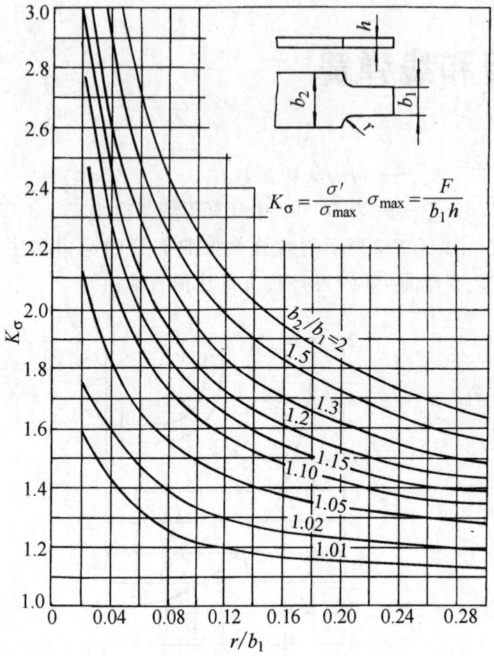

图 16.9-4　板片宽度呈阶梯状变化的应力集中系数

图 16.9-4 所示为板片宽度呈阶梯状变化的应力集中系数，按过渡圆角半径 r 和较小宽度 b_1 的比值查取。

1.3　片弹簧的材料和许用应力

片弹簧的材料大多采用碳钢；当要求强度较高时采用合金钢；当要求耐蚀、耐热及导电性能良好时，可分别采用不锈钢、耐热钢或铜合金等材料。片弹簧一般采用轧制材料，并需经过热处理。表 16.9-1 列出了几种片弹簧常用材料的许用应力。

表 16.9-1　几种片弹簧常用材料的许用应力

材　料	弹性模量 E/GPa	许用应力[σ]/MPa	
		动载荷	静载荷
硅锰钢 60Si2Mn	206	412	640
铍青铜 QBe2	115	196~245	294~367
锌白铜 BZn15-20	124	176~215	269~318
锡青铜 QSn4-3	120	166~196	250~298

1.4　片弹簧的设计计算

常用的各种形状片弹簧的结构和受力情形、应力和变形量的计算公式见表 16.9-2。

表 16.9-2　片弹簧的结构和受力情形、应力和变形量的计算公式

序号	结构简图和受力情形	最大应力 σ_{max}/MPa	变形量 f_x 或 f_y/mm
1	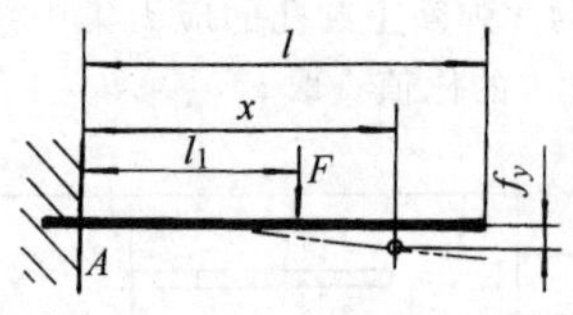	$\sigma_{max}=\frac{Fl_1}{Z}$，在 A 点	当 $l_1<x<l$ 时，$f_y=\frac{Fl_1^3}{6EI}\left(\frac{3x}{l_1}-1\right)$ 当 $0<x<l_1$ 时，$f_y=\frac{Fl_1x^2}{6EI}\left(3-\frac{x}{l_1}\right)$
2	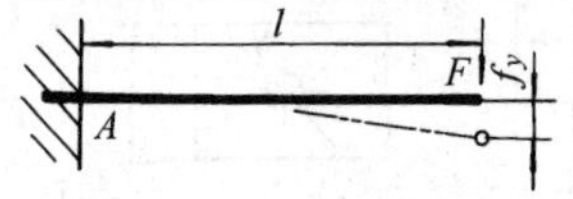	$\sigma_{max}=\frac{Fl}{Z}$，在 A 点	$f_y=\frac{Fl^3}{3EI}$
3	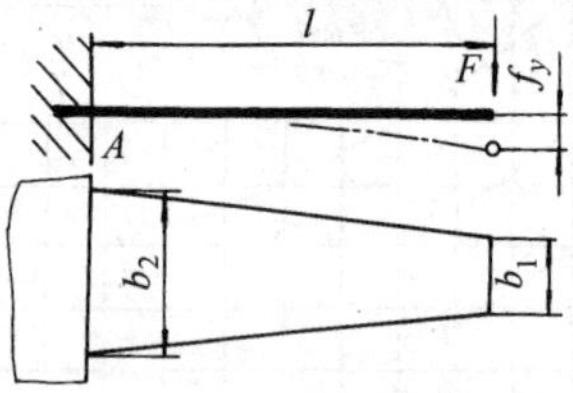	$\sigma_{max}=\frac{Fl}{Z}$，在 A 点	$f_y=\frac{Fl^3K_1}{3EI}$ 式中　K_1—形状系数，根据$\frac{b_1}{b_2}$，从图 16.9-5 查取
4	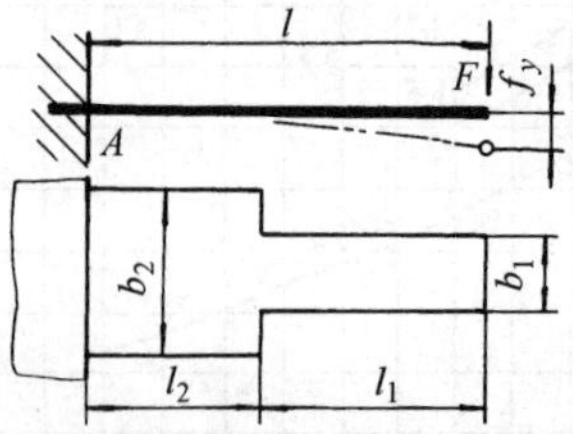	$\sigma_{max}=\frac{Fl}{Z}$，在 A 点	$f_y=\frac{Fll_2^2}{6EI_2}\left(3-\frac{l_2}{l}\right)+\frac{Fll_1l_2}{2EI_2}\left(2-\frac{l_2}{l}\right)+\frac{Fl_1^3}{3EI_1}$
5	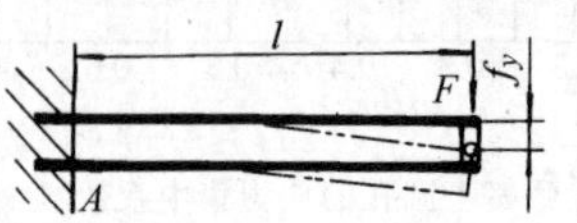	$\sigma_{max}=\frac{Fl}{2Z}$，在 A 点	$f_y=\frac{Fl^3}{12EI}$

（续）

序号	结构简图和受力情形	最大应力 $\sigma_{\max}$/MPa	变形量 f_x 或 f_y/mm
6	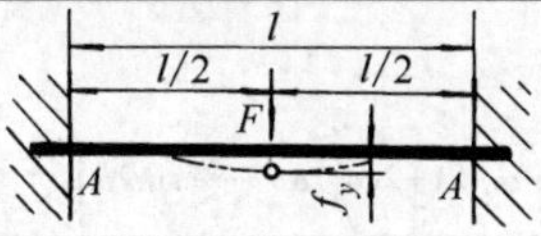	$\sigma_{\max}=\dfrac{Fl}{4Z}$,在 A 点	$f_y=\dfrac{Fl^3}{48EI}$
7	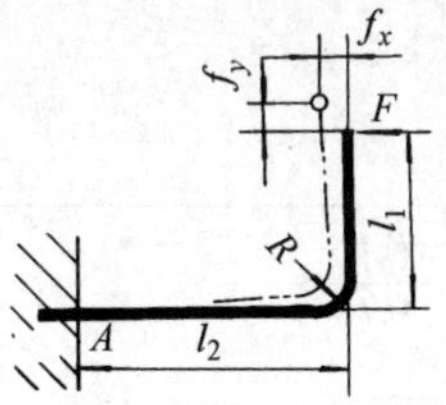	$\sigma_{\max}=\dfrac{Fl_1}{Z}$,在 A 点	$f_y=\dfrac{Fl_1l_2^2}{2EI}$ $f_x=\dfrac{Fl_1^3}{3EI}\left(1+\dfrac{l_2}{l_1}\right)$
8	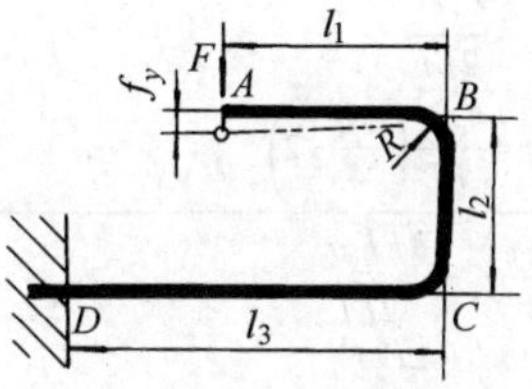	当 $l_1>\dfrac{l_3}{2}$ 时,在 BC 段 $\sigma_{\max}=\dfrac{Fl_1}{Z}$ 当 $l_1<\dfrac{l_3}{2}$ 时,在 D 点 $\sigma_{\max}=\dfrac{F(l_3-l_1)}{Z}$	$f_y=\dfrac{F}{3EI}(l_1^3+3l_1^2l_2+3l_1^2l_3-3l_1l_3^2+l_3^3)$
9	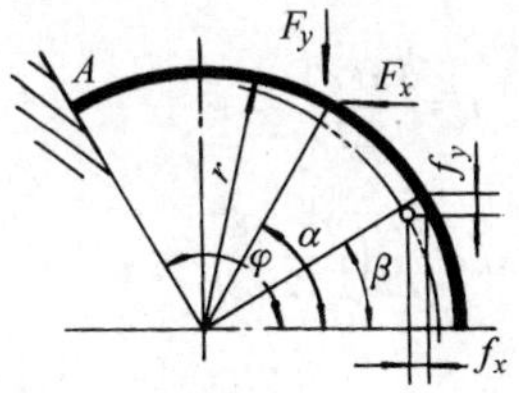	$\sigma_{\max}=\dfrac{F_yr(\cos\alpha-\cos\varphi)}{Z}$,在 A 点 $\sigma_{\max}=\dfrac{F_xr(\sin\varphi-\sin\alpha)}{Z}$,在 A 点	当 $\beta<\alpha$ 时, $f_y=(F_yr^3/EI)\left[(\varphi-\alpha)\cos\alpha\cos\beta-(\cos\alpha+\cos\beta)\times(\sin\varphi-\sin\alpha)+\dfrac{1}{2}(\varphi-\alpha)+\dfrac{1}{4}(\sin2\varphi-\sin2\alpha)\right]$ 当 $\beta>\alpha$ 时, $f_y=(F_yr^3/EI)\left[(\varphi-\beta)\cos\alpha\cos\beta-(\cos\alpha+\cos\beta)\times(\sin\varphi-\sin\beta)+\dfrac{1}{2}(\varphi-\beta)+\dfrac{1}{4}(\sin2\varphi-\sin2\beta)\right]$ 当 $\beta<\alpha$ 时, $f_x=(F_xr^3/EI)\left[(\varphi-\alpha)\sin\alpha\sin\beta-(\cos\alpha-\cos\beta)\times(\sin\alpha+\sin\beta)+\dfrac{1}{2}(\varphi-\alpha)+\dfrac{1}{4}(\sin2\alpha-\sin2\varphi)\right]$ 当 $\beta>\alpha$ 时, $f_x=(F_xr^3/EI)\left[(\varphi-\beta)\sin\alpha\sin\beta-(\cos\beta-\cos\varphi)\times(\sin\alpha+\sin\beta)+\dfrac{1}{2}(\varphi-\beta)+\dfrac{1}{4}(\sin2\beta-\sin2\varphi)\right]$
10	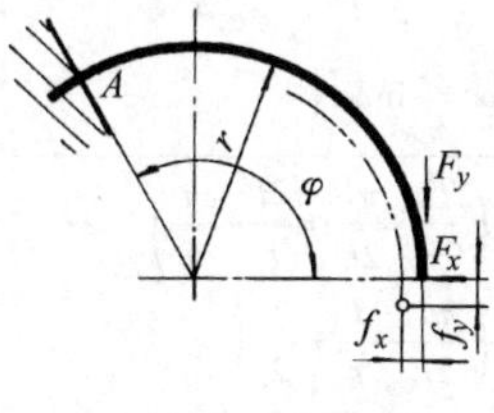	$\sigma_{\max}=\dfrac{F_yr(1-\cos\varphi)}{Z}$,在 A 点 $\sigma_{\max}=\dfrac{F_xr\sin\varphi}{Z}$,在 A 点	$f_y=\dfrac{F_yr^3}{4EI}(6\varphi+\sin2\varphi-8\sin\varphi)$ $f_x=\dfrac{F_yr^3}{4EI}(\cos2\varphi-4\cos\varphi+3)$ $f_y=\dfrac{F_xr^3}{4EI}(\cos2\varphi-4\cos\varphi+3)$ $f_x=\dfrac{F_xr^3}{4EI}(2\varphi-\sin2\varphi)$
11	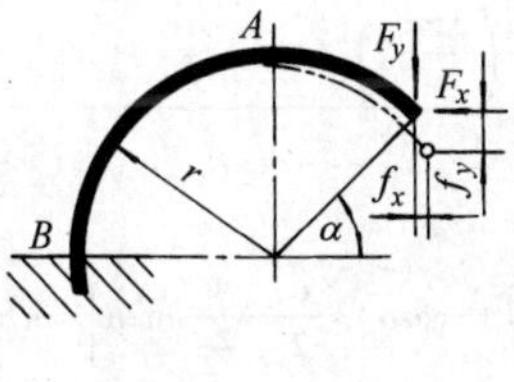	$\sigma_{\max}=\dfrac{F_yr(1+\cos\alpha)}{Z}$,在 A 点 $\sigma_{\max}=\dfrac{F_xr(1-\sin\alpha)}{Z}$ 当 $\alpha<30°$ 时,在 A 点 $\sigma_{\max}=\dfrac{F_xr\sin\alpha}{Z}$ 当 $\alpha>30°$ 时,在 B 点	$f_y=\dfrac{F_yr^3}{EI}\left[(\pi-\alpha)\left(\dfrac{1}{2}+\cos^2\alpha\right)+\dfrac{3}{4}\sin2\alpha\right]$ $f_x=\dfrac{F_xr^3}{EI}\left[(\pi-\alpha)\left(\dfrac{1}{2}+\sin^2\alpha\right)+\dfrac{3}{4}\sin2\alpha-2\sin\alpha\right]$

(续)

序号	结构简图和受力情形	最大应力 σ_{max}/MPa	变形量 f_x 或 f_y/mm
12	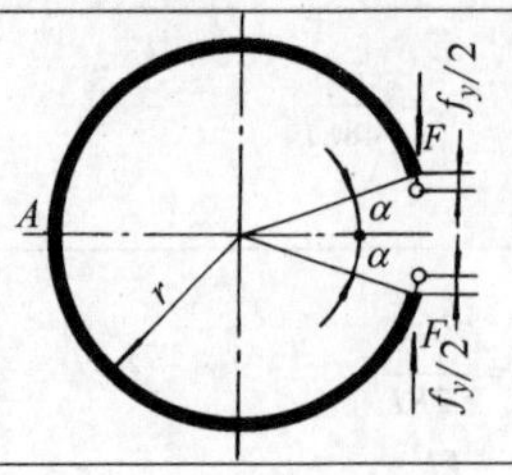	$\sigma_{max}=\frac{Fr(1+\cos\alpha)}{Z}$,在 A 点	$f_y=\frac{Fr^3}{EI}\left[(\pi-\alpha)(1+2\cos^2\alpha)+\frac{3}{2}\sin2\alpha\right]$ 当 $\alpha=0°$ 时,$f_y=\frac{3\pi Fr^3}{EI}$
13	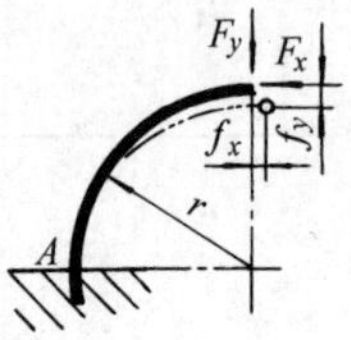	$\sigma_{max}=\frac{F_yr}{Z}$,在 A 点 $\sigma_{max}=\frac{F_xr}{Z}$,在 A 点	$f_y=\frac{\pi F_yr^3}{4EI}$ $f_x=\frac{F_yr^3}{2EI}$ $f_y=\frac{F_xr^3}{2EI}$ $f_x=\frac{F_xr^3}{EI}\left(\frac{3\pi}{4}-2\right)$
14	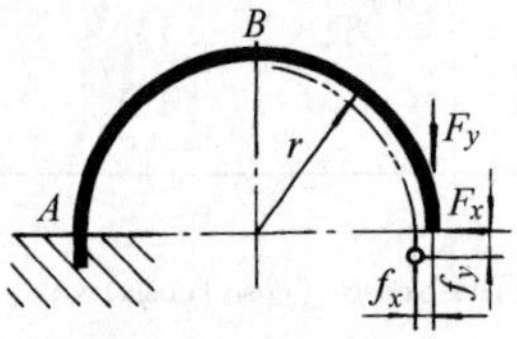	$\sigma_{max}=\frac{2F_yr}{Z}$,在 A 点 $\sigma_{max}=\frac{F_xr}{Z}$,在 B 点	$f_y=\frac{3\pi F_yr^3}{2EI}$ $f_x=\frac{2F_yr^3}{EI}$ $f_y=\frac{2F_xr^3}{EI}$ $f_x=\frac{\pi F_xr^3}{2EI}$
15	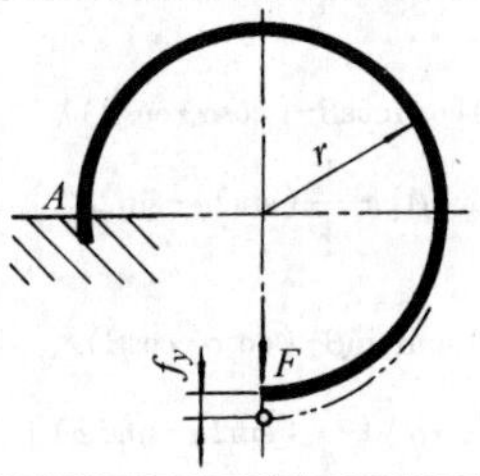	$\sigma_{max}=\frac{Fr}{Z}$,在 A 点	$f_y=\frac{3\pi Fr^3}{4EI}$ 水平方向有约束时,$f_y=\frac{Fr^3}{EI}\left(\frac{9\pi^2-8}{12\pi}\right)$
16	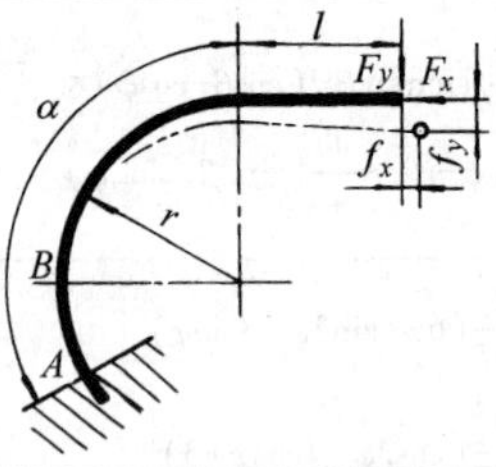	$\sigma_{max}=\frac{F_y(l+r\sin\alpha)}{Z}$ 当 $\alpha\leqslant\frac{\pi}{2}$ 时,在 A 点 当 $\alpha>\frac{\pi}{2}$ 时,在 B 点 $\sigma_{max}=\frac{F_xr(1-\cos\alpha)}{Z}$ 在 A 点	$f_y=\frac{F_yr^3}{EI}\left[\frac{l_3}{3r^3}+\frac{\alpha l^2}{r^2}+\frac{2l}{r}(1-\cos\alpha)+\frac{\alpha}{2}-\sin2\alpha\right]$ $f_x=\frac{F_yr^3}{EI}\left[\frac{l}{r}(\alpha-\sin\alpha)-\cos\alpha+\frac{1}{4}\cos2\alpha+\frac{3}{4}\right]$ $f_y=\frac{F_xr^3}{EI}\left[\frac{l}{r}(\alpha-\sin\alpha)-\cos\alpha+\frac{1}{4}\cos2\alpha+\frac{3}{4}\right]$ $f_x=\frac{F_xr^3}{4EI}[6\alpha-8\sin\alpha+\sin2\alpha]$
17	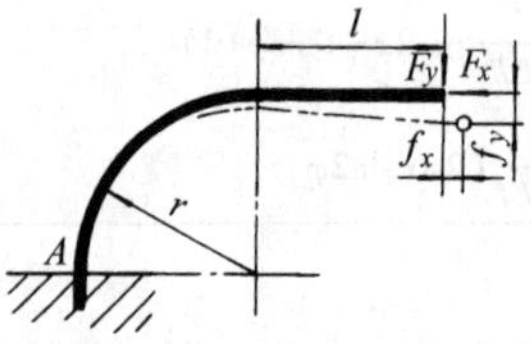	$\sigma_{max}=\frac{F_y(l+r)}{Z}$,在 A 点 $\sigma_{max}=\frac{F_xr}{Z}$,在 A 点	$f_y=\frac{F_yr^3}{EI}\left(\frac{l^3}{3r^3}+\frac{\pi l^2}{2r^2}+\frac{2l}{r}+\frac{\pi}{4}\right)$ $f_x=\frac{F_yr^3}{EI}\left(\frac{\pi l}{2r}-\frac{l}{r}+\frac{1}{2}\right)$ $f_y=\frac{F_xr^3}{EI}\left(\frac{\pi l}{2r}-\frac{l}{r}+\frac{1}{2}\right)$ $f_x=\frac{F_xr^3}{EI}\left(\frac{3\pi}{4}-2\right)$
18	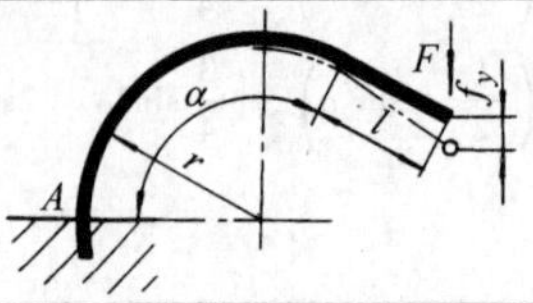	$\sigma_{max}=\frac{F[r(1-\cos\alpha+l\sin\alpha)]}{Z}$, 在 A 点	$f_y=\frac{Fr^3}{EI}\times$ $\left[\frac{l^3}{3r^3}+\frac{\alpha l^2}{r^2}+\frac{2l}{r}(1-\cos\alpha)+\frac{\alpha}{2}-\frac{1}{4}\sin2\alpha\right]\sin^2\alpha$

（续）

序号	结构简图和受力情形	最大应力 $\sigma_{\max}$/MPa	变形量 f_x 或 f_y/mm
19	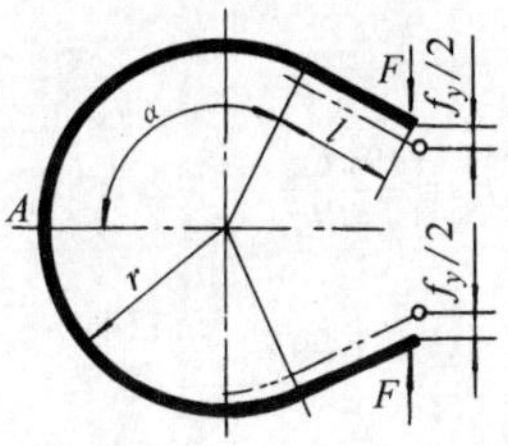	$\sigma_{\max}=\dfrac{F[r(1-\cos\alpha)+l\sin\alpha]}{Z}$，在 A 点	$f_y=\dfrac{2Fr^3}{EI}\times\left[\dfrac{l^3}{3r^3}+\dfrac{\alpha l^2}{r^2}+\dfrac{2l}{r}(1-\cos\alpha)+\dfrac{\alpha}{2}-\dfrac{1}{4}\sin2\alpha\right]\times\sin^2\alpha$
20	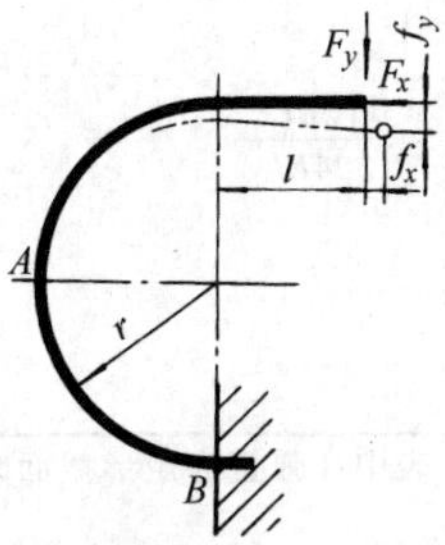	$\sigma_{\max}=\dfrac{F_y(l+r)}{Z}$，在 A 点 $\sigma_{\max}=\dfrac{2F_xr}{Z}$，在 B 点	$f_y=\dfrac{F_yr^3}{EI}\left(\dfrac{l^3}{3r^3}+\dfrac{\pi l^2}{r^2}+\dfrac{4l}{r}+\dfrac{\pi}{2}\right)$ $f_x=\dfrac{F_yr^3}{EI}\left(\dfrac{\pi l}{r}+2\right)$ $f_y=\dfrac{F_xr^3}{EI}\left(\dfrac{\pi l}{r}+2\right)$ $f_x=\dfrac{3\pi F_xr^3}{2EI}$
21	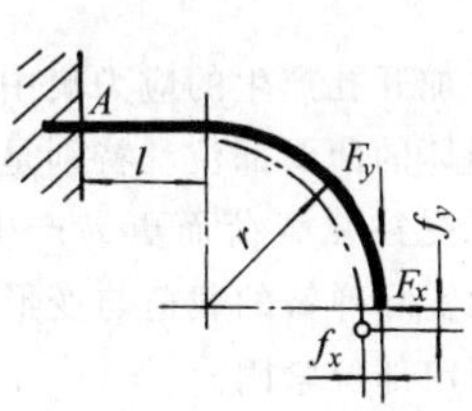	$\sigma_{\max}=\dfrac{F_y(l+r)}{Z}$，在 A 点 $\sigma_{\max}=\dfrac{F_xr}{Z}$，在 A 点	$f_y=\dfrac{F_yr^3}{EI}\left(\dfrac{l^3}{3r^3}+\dfrac{l^2}{r^2}+\dfrac{l}{r}+\dfrac{3\pi}{4}-2\right)$ $f_x=\dfrac{F_yr^3}{EI}\left(\dfrac{l^2}{2r^2}+\dfrac{l}{r}+\dfrac{1}{2}\right)$ $f_y=\dfrac{F_xr^3}{EI}\left(\dfrac{l^2}{2r^2}+\dfrac{l}{r}+\dfrac{1}{2}\right)$ $f_x=\dfrac{F_xr^3}{EI}\left(\dfrac{l}{r}+\dfrac{\pi}{4}\right)$
22	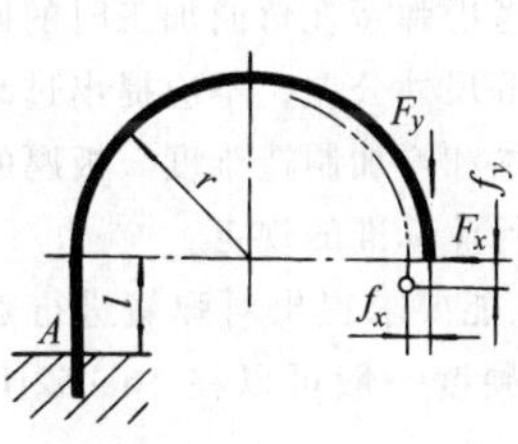	$\sigma_{\max}=\dfrac{2F_yr}{Z}$，在 A 点 $\sigma_{\max}=\dfrac{F_xl}{Z}$，在 A 点	$f_y=\dfrac{F_yr^3}{EI}\left(\dfrac{4l}{r}+\dfrac{3\pi}{2}\right)$ $f_x=\dfrac{F_yr^3}{EI}\left(2-\dfrac{l^2}{r^2}\right)$ $f_y=\dfrac{F_xr^3}{EI}\left(2-\dfrac{l^2}{r^2}\right)$ $f_x=\dfrac{F_xr^3}{EI}\left(\dfrac{l^3}{3r^3}+\dfrac{\pi}{2}\right)$
23	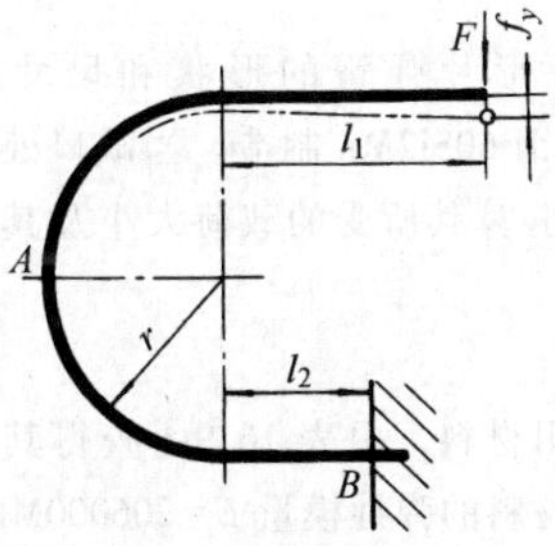	$\sigma_{\max}=\dfrac{F(l_1+r)}{Z}$ 当 $l_1>l_2$ 时，在 A 点；当 $l_1<l_2$，且 $(l_2-l_1)<(l_1+r)$ 时，在 A 点；当 $l_1<l_2$，且 $(l_2-l_1)>(l_1+r)$ 时，在 B 点	$f_y=\dfrac{Fr^3}{EI}\left[\dfrac{1}{3}\left(\dfrac{l_1^3}{r^3}+\dfrac{l_2^3}{r^3}\right)+\dfrac{l_1^2}{r^2}\left(\pi+\dfrac{l_2}{r}\right)+\dfrac{l_1}{r}\left(4-\dfrac{l_2^2}{r^2}\right)+\dfrac{\pi}{2}\right]$

（续）

序号	结构简图和受力情形	最大应力 σ_{max}/MPa	变形量 f_x 或 f_y/mm
24	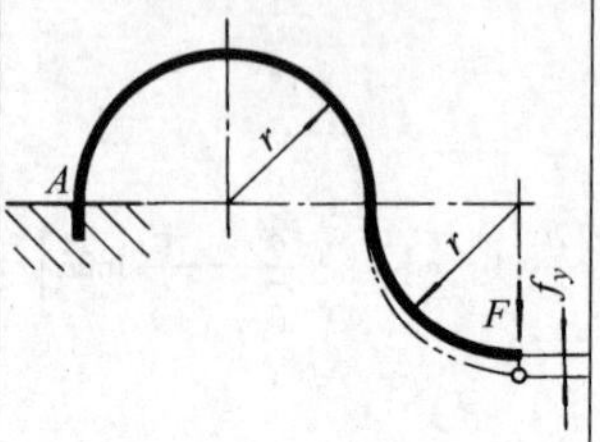	$\sigma_{max}=\frac{3Fr}{Z}$，在 A 点	$f_y=\frac{19\pi Fr^3}{4EI}$
25	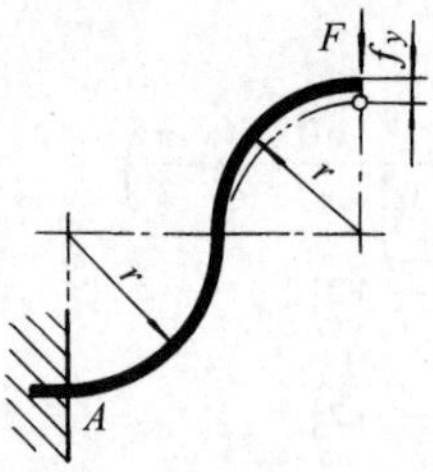	$\sigma_{max}=\frac{2Fr}{Z}$，在 A 点	$f_y=\frac{113\pi Fr^3}{24EI}$

注：E—材料的弹性模量（MPa）；Z—抗弯截面系数（mm^3）；I—截面二次矩（mm^4）。表中片弹簧为矩形截面时，抗弯截面系数 $Z=\frac{bh^2}{6}$，截面二次矩 $I=\frac{bh^3}{12}$，其中 b 为截面宽度（mm），h 为截面厚度（mm）；片弹簧截面为圆形时，$Z=\frac{\pi d^3}{32}$，$I=\frac{\pi d^4}{64}$，其中 d 为圆形截面直径（mm）。

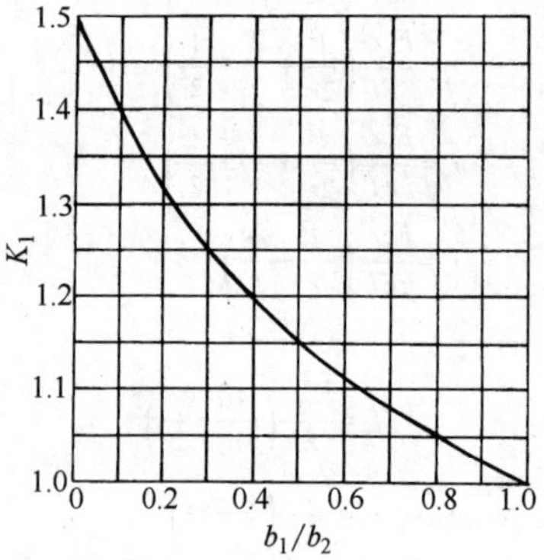

图 16.9-5　形状系数 K_1

1.5　片弹簧技术要求

1）弯曲加工部分的半径。片弹簧在成形时，大多数要进行弯曲加工。若弯曲部分的曲率半径相对较小，则这些部分将产生很大的应力，因此设计时应使弯曲半径至少是板厚的 5 倍。

2）缺口处或孔部位的应力集中。片弹簧常会有阶梯部分以及开孔，在尺寸急剧变化的阶梯处，将产生应力集中。孔的直径越小，板宽越大，则这一应力集中系数越大。

当安装片弹簧时，常在安装部分开孔用螺栓固定，而安装部分大多是产生最大应力处，这样就意味着在最大应力处还要叠加开孔产生的应力集中，从而使该处成为最易产生损坏的薄弱部位。特别是螺栓未拧牢固时，开孔处又承受往复载荷而更易产生损坏。因此，为了使计算值和实际弹簧的载荷与变形间的关系相一致，应要求将固定部位紧固。

3）弹簧形状和尺寸公差。片弹簧多用冲压加工，在设计时要考虑选择适宜冲压加工的形状和尺寸；同时，还要充分考虑弹簧在弯曲加工时的回弹及热处理时产生的变形等尺寸公差，不应提出过高的精度要求，以免提高成本和增加制造难度。板厚的公差执行相应国家标准或行业标准的规定。

4）应根据使用性能要求提出对弹簧进行热处理的要求，热处理后的硬度一般可以在 36～52HRC 之间确定。

1.6　设计计算示例

例 16.9-1　圆环形片弹簧的形状和尺寸如图 16.9-6 所示，用弹簧钢 60Si2Mn 制造。当缺口处扩大到距离为 10mm 时，验算其所受的载荷大小及其应力是否在许用范围内。

解：

1）根据弹簧所用材料，由表 16.9-1 查得其许用应力[σ]=640MPa，材料的弹性模量 E=206000MPa。

2）计算弹簧的最大应力。从表 16.9-2 查得圆环

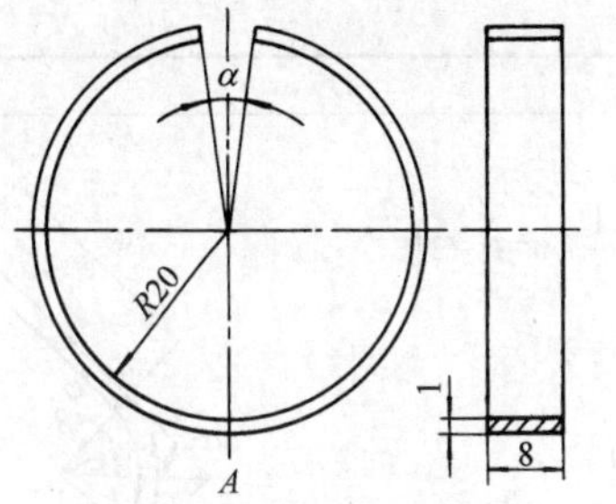

图 16.9-6　圆环形片弹簧

形片弹簧的最大应力 $\sigma_{\max}=\dfrac{Fr(1+\cos\alpha)}{Z}$，位置在 A 点。当缺口处夹角 α 为 0° 时，弹簧的变形量 $f=\dfrac{3\pi Fr^3}{EI}$。由此两公式计算出最大应力 $\sigma_{\max}$

$$\sigma_{\max}=\frac{2fEI}{3\pi r^2 Z}=\frac{fEh}{3\pi r^2}$$

$$=\frac{10\times 206000\times 1}{3\times\pi\times 20^2}\text{MPa}=546\text{MPa}$$

此值没有超过许用应力 [σ]，因此弹簧的最大应力在许用范围内。

3）计算对应于变形量 f=10mm 的相应载荷。由表 16.9-2 中公式得

$$F=\frac{fEI}{3\pi r^3}=\frac{10\times 206000\times\dfrac{8\times 1^3}{12}}{3\times\pi\times 20^3}\text{N}=18.2\text{N}$$

2　线弹簧

线弹簧是用线材按一定形状制造的弹簧，一般用于载荷较小、对弹簧特性没有严格要求的场合。线材的截面形状多半是圆形，向任何方向施加载荷，都可以获得相同的变形，即各个方向的弹簧刚度是相等的。另外，线弹簧和片弹簧不同，片弹簧的扭转刚度较大，而线弹簧的扭转刚度则较小。因此，线弹簧在工作中不仅承受弯曲应力，也可以承受扭转应力，或者是弯曲和扭转的复合应力。线弹簧的形状和作用是多种多样的。

当线弹簧的结构和受力情形与表 16.9-2 中相同时，该表中计算公式均可采用，只需将表中抗弯截面系数 Z 和惯性矩 I 按线材截面形状考虑。当截面形状是圆形，圆的直径为 d 时，$Z=\dfrac{\pi d^3}{32}$，$I=\dfrac{\pi d^4}{64}$；当截面形状是方形，其边长为 a 时，$Z=\dfrac{a^3}{6}$，$I=\dfrac{a^4}{12}$。

线弹簧大多用冷拉钢丝和其他金属线材制造。大量生产时，常用专门的线成形机进行加工成形，成形后再低温退火和做防锈处理。当弹簧承受弯曲应力时，可参照本篇第 2 章中扭转螺旋弹簧选用相应的许用应力，如承受扭转应力则参照压缩螺旋弹簧选用相应的许用应力。

2.1　线弹簧的基本计算公式（见表 16.9-3）

表 16.9-3　线弹簧的基本计算公式

类型	结构及计算公式
圆弧线弹簧的计算	图 a 为圆弧线弹簧，钢丝挡圈、弹簧圈即为这类线弹簧 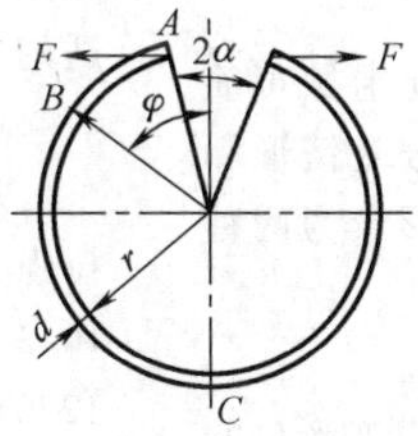 a）圆弧线弹簧 若缺口处的作用力为 F，则该处的变形量为 $f=(2Fr^3/EI)[(\pi-\alpha)(\cos^2\alpha+1/2)+3\sin(2\alpha)/4]$ 式中，E、I 的意义同前，r、α 的意义见图 a 弹簧的刚度为 $k=EI/\{r^3[(\pi-\alpha)(\cos^2\alpha+1/2)+3\sin(2\alpha)/4]\}$ 变形能为 $U=(F^2r^3/2EI)[(\pi-\alpha)(\cos^2\alpha+1/2)+3\sin(2\alpha)/4]$ 最大应力产生在缺口对面的 C 点，其值为 $\sigma=Fr(\cos\alpha+1)/Z_m$

（续）

类型	结构及计算公式
圆弧和直线构成的线弹簧的计算	在两端作用载荷 F 时，在载荷作用方向上的变形量 $f=2Fl^3\cos^2\alpha/(3EI)+[2Fr\cos^2\alpha/(EI)]\left[l^2\beta+2lr(1-\cos\beta)+r^2\left(\beta-\frac{1}{2}\sin^2\beta\right)/2\right]$ 式中，E 和 I 的意义同前，其余各符号的意义见图 b 弹簧的刚度为 $k=3EI/\{\cos^2\alpha[l^3+3r(l^2\beta+2lr-2lr\cos\beta+r^2\beta/2-\frac{1}{4}r^2\sin\beta)]\}$ 弹簧的变形能为 $U=F^2l^3\cos^2\alpha/(6EI)+[F^2r\cos^2\alpha/(2EI)]\left[l^2\beta+2lr(1-\cos\beta)+r^2\left(\beta-\frac{1}{2}\sin^2\beta\right)/2\right]$ 最大应力产生在 A 点，其值为 $\sigma=F(r\sin\beta+l)\cos\alpha/Z_m$ 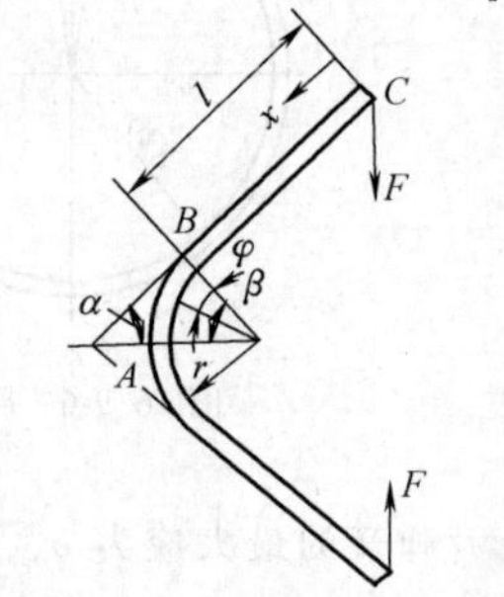 b）圆弧与直线构成的线弹簧

2.2 设计计算示例

例 16.9-2 图 16.9-7 所示为用圆截面钢丝制造的卡簧。其尺寸 $r=15$mm、$L=40$mm、$R=5$mm。当张开卡簧。其载荷 F 为 18N 时，其相应变形量 f 为 5mm。卡簧用油淬火-回火碳素弹簧钢丝制作，计算制作卡簧的钢丝直径 d，并验算其强度和变形量。

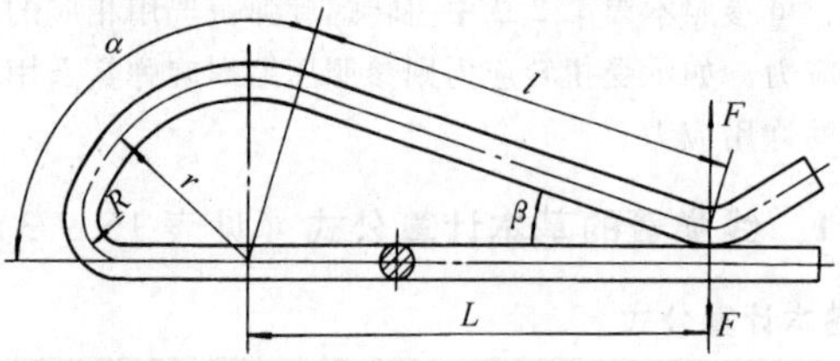

图 16.9-7 卡簧

解：

（1）卡簧结构分析

略去半径 R 和载荷 F 的右侧部分，此卡簧可简化为在圆弧 R 处分割的由表 16.9-2 中序号 2 情形和序号 18 情形构成的线弹簧，弹簧的总变形量为两种情形变形量之和。

（2）计算卡簧材料钢丝的直径 d

假设卡簧两组成部分的变形量各为其总变形量的一半。由表 16.9-2 中序号 2 情形的变形量公式 $f_y=\frac{Fl^3}{3EI}=\frac{64Fl^3}{3\pi d^4E}$，得到计算钢丝直径 d 的公式

$$d=\sqrt[4]{\frac{64Fl^3}{3\pi Ef_y}}=\sqrt[4]{\frac{64\times18\times(15+40)^3}{3\times\pi\times206000\times5/2}}\text{mm}$$

$$=2.506\text{mm}$$

取钢丝直径为 2.5mm。校核卡簧下半部分的变形量。

$$f_{y1}=\frac{64Fl^3}{3\pi d^4E}=\frac{64\times18\times(15+40)^3}{3\times\pi\times2.5^4\times206000}\text{mm}$$

$$=2.527\text{mm}$$

（3）计算卡簧上半部分的变形量 f_{y2}

为了能采用表 16.9-2 序号 18 情形中变形量的计算公式，用图 16.9-7 中尺寸 r 和 L 算出其余尺寸的数值，得到 $l=34.4$mm，$\beta=22°$，$\alpha=112°$（计算过程从略）。由此计算其变形量 f_{y2}

$$f_{y2}=\frac{64Fr^3}{\pi d^4E}\left[\frac{l^3}{3r^3}+\frac{\alpha l^2}{r^2}+\frac{2l}{r}(1-\cos\alpha)+\frac{\alpha}{2}-\frac{\sin2\alpha}{4}\right]\sin^2\alpha$$

$$=\frac{64\times18\times15^3\text{mm}}{\pi\times2.5^4\times206000}\left[\frac{34.4^3}{3\times15^3}+\frac{1.96\times34.4^2}{15^2}+\frac{2\times34.4}{15}(1-\cos112°)+\frac{1.96}{2}-\frac{\sin(2\times112°)}{4}\right]\times\sin^2112°$$

$$=2.876\text{mm}$$

两部分变形量之和为

$$f=f_{y1}+f_{y2}=(2.527+2.876)\text{mm}=5.4\text{mm}$$

此值与设计要求接近，因此钢丝直径为 2.5mm 是合适的。

（4）验算强度

从表 16.2-8 查得油淬火-回火碳素弹簧钢丝的抗拉强度 R_m 为 1270MPa，按Ⅲ类载荷考虑，从表 16.2-12 得到其许用弯曲应力 $[\sigma_B]=0.80R_m=0.8\times1270\text{MPa}=1016\text{MPa}$。

由表 16.9-2 中序号 2 情形，卡簧的最大应力公式计算得到其应力为

$$\sigma_{max}=\frac{Fl}{Z}=\frac{18\times55}{\pi\times2.5^3/32}\text{MPa}=645.4\text{MPa}$$

考虑卡簧的圆弧 R 处存在有应力集中，由其半径 R 和钢丝直径 d 之比值 5∶3，从图 16.9-2 查得应力集中系数为 1.3。卡簧的实际最大应力 $\sigma'=K_\sigma\sigma_{max}=1.3\times645.4\text{MPa}=839\text{MPa}$。此值小于许用应力，因此卡簧在强度上是安全的。

第 10 章 平面涡卷弹簧

1 平面涡卷弹簧的特点和类型

平面涡卷弹簧是将等截面的细长材料绕制成平面螺旋线形，工作时一端固定，另一端施加转矩，线材各截面承受弯曲力矩而产生弯曲弹性变形，在本身平面内产生扭转，其变形角的大小和施加的转矩成正比。它的刚度较小，一般在静载荷下工作。由于卷绕圈数可以很多，变形角大，能在较小体积内储存较多能量。材料截面形状多半是长方形的，也有是圆形的。平面涡卷弹簧依据相邻圈是否接触分为两类：非接触型和接触型。

非接触型平面涡卷弹簧常用来产生反作用力矩，如用于电动机电刷的压紧弹簧和仪表、钟表中的游丝等均属于这一类。

接触型平面涡卷弹簧可储存较多能量，常用作各种仪器或钟表机构中的原动机，俗称发条。

2 平面涡卷弹簧的材料和许用应力

平面涡卷弹簧的常用材料有碳素工具钢 T7～T10 和高弹性合金钢 60Si2MnA、50CrVA 和 60Si2CrA 等。对于有特殊要求的场合，也可采用不锈钢、青铜或其他耐蚀的高弹性合金材料。通常用来制作弹簧的钢带有弹簧钢、工具钢冷轧钢带、热处理弹簧钢带和汽车车身附件用异形钢丝等。表 16.10-1 列出了热处理弹簧钢带的硬度和强度。

表 16.10-1 热处理弹簧钢带的硬度和强度

（摘自 YB/T 5063—2007）

钢带的强度级别	硬度		抗拉强度 R_m /MPa
	HV	HRC	
Ⅰ	375～485	40～48	1270～1560
Ⅱ	486～600	48～55	1560～1860
Ⅲ	>600	>55	>1860

材料的许用应力可参考本篇第 2 章圆柱扭转弹簧的规定选取。作为动力用的接触型弹簧的许用应力较高，接近于材料的强度极限，其疲劳强度可按作用次数选取相应的有限疲劳极限。

3 平面涡卷弹簧的设计计算

3.1 非接触型平面涡卷弹簧的设计计算

非接触型平面涡卷弹簧（见图 16.10-1）在工作中各圈均不接触，常用来产生反作用力矩，如电动机电刷的压紧弹簧和仪器、钟表中的游丝等均属于这种弹簧。非接触型平面涡卷弹簧分为外端固定和外端回转两种，它们的强度和变形角计算略有差异，但它们的特性都属于线性的。

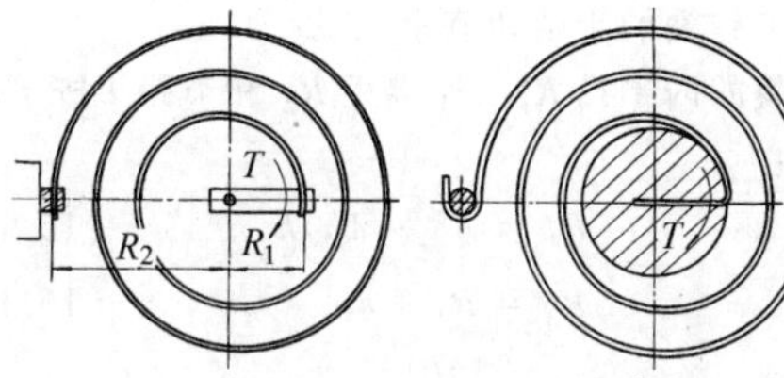

图 16.10-1 非接触型平面涡卷弹簧

a）外端固定 b）外端回转

在弹簧的心轴上施加转矩 T 后，它使弹簧产生角变形，其变形角 φ、弹簧刚度 k 和弯曲应力 σ 的计算式分别为

$$\varphi = \frac{m_1 Tl}{EI} \tag{16.10-1}$$

$$k = \frac{T}{\varphi} = \frac{EI}{m_1 l} \tag{16.10-2}$$

$$\sigma = \frac{m_2 T}{Z} \leqslant \sigma_p \tag{16.10-3}$$

式中 l——弹簧的工作长度（mm）；

E——材料弹性模量（MPa）；

I——材料截面二次矩（mm^4），矩形截面 $I=\frac{bh^3}{12}$，圆形截面 $I=\frac{\pi d^4}{64}$，其中 b、h 和 d 为截面的宽度、厚度和直径；

Z——材料抗弯截面系数（mm^3），矩形截面 $Z=\frac{bh^2}{6}$，圆形截面 $Z=\frac{\pi d^3}{32}$；

σ、σ_p——弯曲应力和许用弯曲应力（MPa）；

m_1——系数，外端固定时，$m_1=1$；外端回转时，$m_1=1.25$；

m_2——系数，外端固定时，$m_2=1$，外端回转时，$m_2=2$。

如变形角改用转数 n 表示，式（16.10-1）可改写为

$$n = \frac{Tl}{2\pi EI} \tag{16.10-4}$$

在设计中，一般是给出承受的转矩和相应的变形角 φ，根据工作条件选取材料，计算弹簧的各有关参数。

（1）弹簧材料的截面尺寸

先根据安装空间的要求选取宽度 b，然后计算材料的厚度。

$$h = \sqrt{\frac{6m_2T}{b\sigma_p}} \quad (16.10\text{-}5)$$

（2）弹簧材料的长度

$$l = \frac{EI\varphi}{m_1T} = \frac{2\pi nEI}{m_1T} \quad (16.10\text{-}6)$$

材料的总长度为

$L = l +$ 两端固定部分的长度

（3）弹簧的半径和节距

弹簧的内半径 R_1、外半径 R_2 和节距 t 按下列公式计算：

$$R_1 = (8 \sim 15)h \quad (16.10\text{-}7)$$

$$R_2 = R_1 + nt \quad (16.10\text{-}8)$$

$$R_2 = \frac{2l}{\varphi} - R_1 \quad (16.10\text{-}9)$$

$$t = \frac{\pi(R_2^2 - R_1^2)}{l} \quad (16.10\text{-}10)$$

3.2　接触型平面涡卷弹簧的设计计算

3.2.1　结构和特性线

接触型平面涡卷弹簧常用来作为各仪器和钟表机构中的发条。弹簧外端固定在簧盒内壁上，内端固定在心轴上。当心轴上施加转矩时，弹簧被卷紧并储蓄能量。卷紧后如图 16.10-2a 所示，弹簧各圈紧密接触，紧抱在心轴上。松卷时释放变形能而输出工作力矩，完全松卷时如图 16.10-2b 所示，弹簧各圈也紧密接触，紧贴在簧盒内壁上。在卷紧和松卷过程中，各圈间有滑动摩擦，加上弹性滞后的影响，其特性曲线如图 16.10-3 所示。卷紧特性线为图中的 BC，松卷特性线为 EFB，图中 AD 为理论特性线。

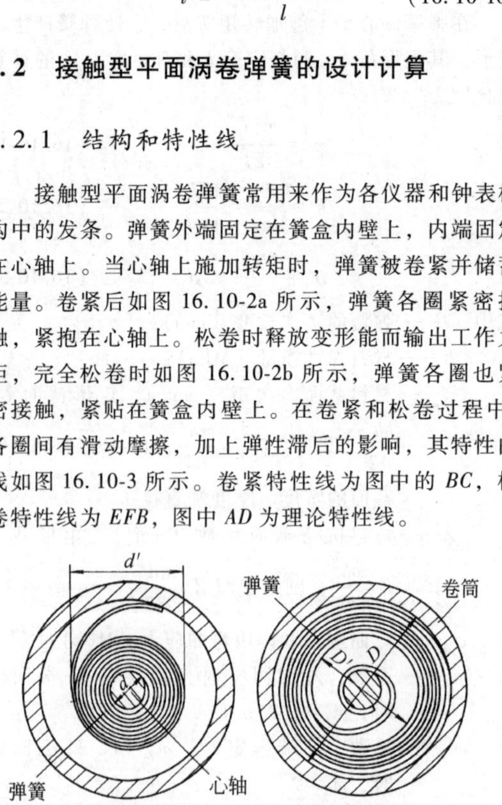

图 16.10-2　接触型平面涡卷弹簧
a）卷紧状态　b）松卷状态

弹簧内端和外端的固定形式及性能见表 16.10-2、表 16.10-3。

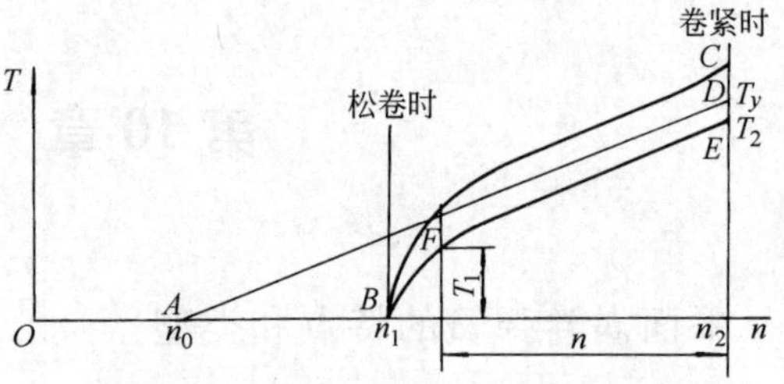

图 16.10-3　接触型平面涡卷弹簧的特性曲线

表 16.10-2　弹簧内端的固定形式及性能
（摘自 JB/T 7366—1994）

形　　式	说　　明
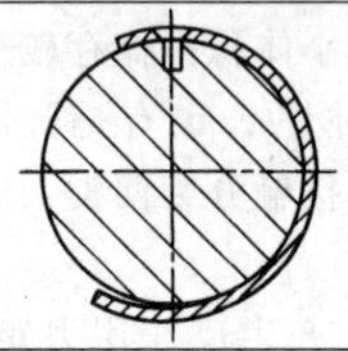	这种固定形式结构简单，销子端使弹簧材料产生应力集中，用于不太重要机构中的弹簧
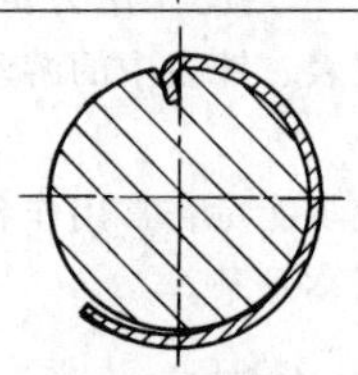	这种固定形式用于材料较厚的弹簧
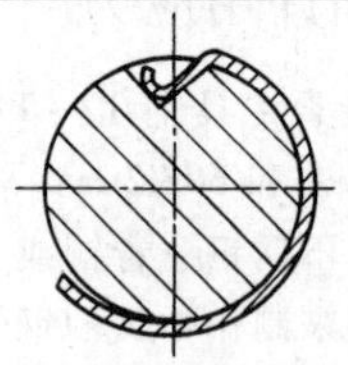	这种固定形式用于具有较大心轴直径的弹簧
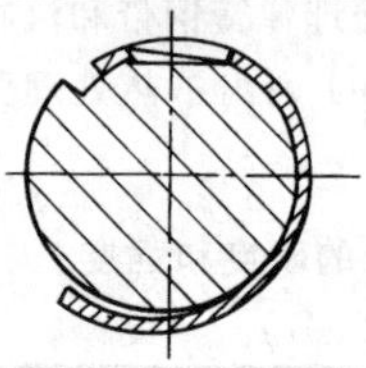	这种固定形式是将心轴表面制成螺旋线形状，用弯钩将弹簧端部固定，用于重要和精密机构中的弹簧

3.2.2　设计计算

接触型平面涡卷弹簧的转矩与变形角间的关系不但与弹簧材料、簧盒内径、心轴直径、弹簧长度、截面尺寸和内、外端固定形式有关，还与弹簧材料的表面粗糙度和润滑条件有关。要精确计算比较困难，所列有关计算式多为近似式，计算结果与实际情况有一定误差，对精度要求高的弹簧应通过试验修正。

接触型平面涡卷弹簧多用钢带制作，所以下列公式仅适用于矩形截面材料制成的弹簧。

（1）弹簧的转矩

参看图 16.10-3，弹簧的极限转矩 T_j、最大工作转矩 T_{max} 和最小工作转矩 T_{min} 用下列公式计算：

表 16.10-3　弹簧外端的固定形式及性能

（摘自 JB/T 7366—1994）

形式及其系数	说　　明
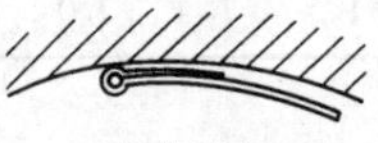 铰式固定 $m_3=0.65\sim0.70$	圈间摩擦较大，使输出力矩降低很多，且刚度不稳，不适用于精密和特别重要机构中的弹簧
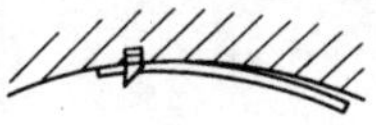 销式固定 $m_3=0.72\sim0.78$	圈间摩擦比铰式固定为低，适用于尺寸较大的弹簧
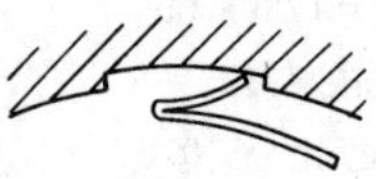 V 形固定 $m_3=0.80\sim0.85$	结构简单，但弯曲处容易断裂，适用于尺寸较小的弹簧
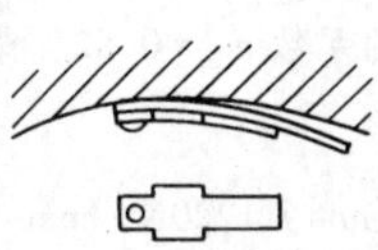 衬片固定 $m_3=0.90\sim0.95$	在端部铆接衬片，衬片两侧凸耳分别插入盒底和盒盖的长方形孔中，衬片在方孔中可移动，减少了圈间摩擦，有较稳定的刚度，是较合理的固定形式

$$T_j=\frac{bh^2}{6}R_m \quad (16.10\text{-}11)$$

$$T_{max}=m_3T_j=m_3\frac{bh^2}{6}R_m \quad (16.10\text{-}12)$$

$$T_{min}=(0.5\sim0.7)T_{max}=(0.5\sim0.7)m_3\frac{bh^2}{6}R_m \quad (16.10\text{-}13)$$

式中　R_m——材料的抗拉强度（MPa）；
b——材料截面的宽度（mm）；
h——材料截面的厚度（mm）；
m_3——强度系数，与外端固定形式有关，从表 16.10-3 中查取。

（2）弹簧材料截面尺寸

一般先根据安装空间的要求先选定宽度 b，然后计算厚度 h。

$$h=\sqrt{\frac{6T_j}{bR_m}}=\sqrt{\frac{6T_{max}}{m_3bR_m}} \quad (16.10\text{-}14)$$

（3）弹簧材料的长度

弹簧的工作部分长度 l 根据理论工作转数 n 由下式计算：

$$l=\frac{\pi Ehn}{m_3m_4R_m}=\frac{\pi Eh}{m_3R_m}(n_2-n_1) \quad (16.10\text{-}15)$$

式中　E——材料弹性模量（MPa）；
m_4——转数 n 的有效系数，根据心轴直径 d 和材料厚度 h 之比从图 16.10-4 中查取；
n_2——弹簧卷紧在心轴上的圈数；
n_1——弹簧在簧盒内，松卷状态下的圈数。

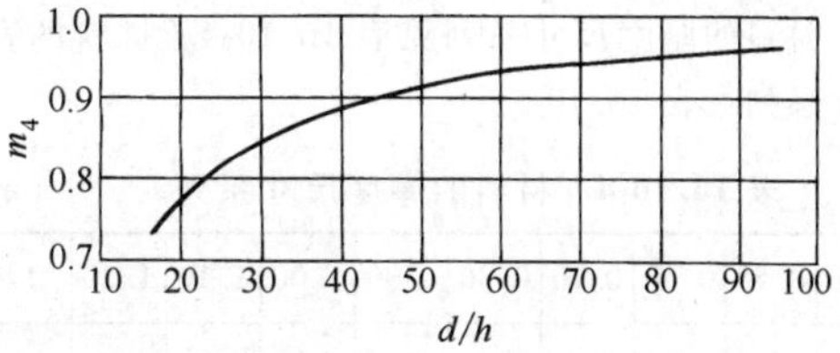

图 16.10-4　有效系数 m_4

弹簧材料的总长度为

$$L=l+l_d+l_D \quad (16.10\text{-}16)$$

式中　l_d——固定在心轴上的长度，一般取 $l_d=(1\sim1.5)\pi d$；
l_D——固定在簧盒上的长度，一般取 $l_D=0.8\pi d$。

设计时，一般取 $l/h=3000\sim7000$，最大不超过 15000。

（4）心轴和簧盒尺寸

心轴直径 d 应在（15～25）h 范围内选取，一般取 $d\approx20h$。直径 d 过小，将使 σ_j 增大；d 过大则转矩和圈数将减小。

簧盒内径是簧盒内有效面积和弹簧所占面积之比决定的。当比值为 2 时，弹簧的变形圈数最多，此时簧盒内径为

$$D=\sqrt{2.55lh+d^2} \quad (16.10\text{-}17)$$

（5）弹簧的转数和圈数

当弹簧的工作圈数、工作长度、心轴直径和簧盒内径确定后，弹簧的有关转数和圈数可由下列公式计算得到。

弹簧卷紧在心轴上的外直径（见图 16.10-2a）为

$$d'=\sqrt{\frac{4lh}{\pi}+d^2} \quad (16.10\text{-}18)$$

弹簧松卷时簧圈内直径（见图 16.10-2b）为

$$D'=\sqrt{D^2-\frac{4lh}{\pi}} \quad (16.10\text{-}19)$$

弹簧在簧盒内，松卷状态下的圈数为

$$n_1=\frac{1}{2h}(D-D') \quad (16.10\text{-}20)$$

弹簧卷紧在心轴上的圈数为

$$n_2 = \frac{1}{2h}(d' - d) \qquad (16.10\text{-}21)$$

自由状态下弹簧的圈数为

$$n' = n_2 - n \qquad (16.10\text{-}22)$$

4　平面涡卷弹簧的技术要求

4.1　材料尺寸系列

材料的厚度尺寸系列见表 16.10-4。材料的宽度尺寸系列见表 16.10-5。

表 16.10-4　材料的厚度尺寸系列　(mm)

0.5	0.55	0.60	0.70	0.80	0.90	1.00	1.10	1.20	1.40
1.50	1.60	1.80	2.0	2.2	2.5	2.8	3.0	3.2	3.5
3.8	4.0								

表 16.10-5　材料的宽度尺寸系列　(mm)

5	5.5	6	7	8	9	10	12	14	16
18	20	22	25	28	30	32	35	40	45
50	60	70	80						

4.2　各尺寸与几何参数的允许偏差

弹簧各圈应在垂直于涡旋中心线的同一平面上，其平面度公差见表 16.10-6；非接触型平面涡卷弹簧圈数的极限偏差见表 16.10-7；弹簧内、外径的极限偏差见表 16.10-8；弹簧弯钩钩部长度的极限偏差见表 16.10-9。

表 16.10-6　平面度公差　(mm)

弹簧外径	≤50	>50~100	>100~200	>200
平面度公差	1	2	3	协议

表 16.10-7　非接触型平面涡卷弹簧圈数的极限偏差

精度等级	1 级	2 级
极限偏差/圈	±0.125	±0.25

表 16.10-8　弹簧内、外径的极限偏差

(mm)

精度等级		1 级	2 级
极限偏差	D_2	±0.03D_2，最小±0.5	±0.04D_2，最小±0.7
	D_1	±0.03D_1，最小±0.3	±0.04D_1，最小±0.4

表 16.10-9　弹簧弯钩钩部长度的极限偏差

(mm)

弯钩钩部长度	≤10	>10~30	>30
极限偏差	±1.0	±1.5	±2.0

5　设计计算示例

例 16.10-1　设计一接触型平面涡卷弹簧。已知其工作转矩 T_{max} 为 1000N·mm，工作转数为 8 圈，弹簧外端采用 V 形固定。

解：

（1）选用材料

选用热处理弹簧钢带制作，取其材料为 T8A，硬度为 53HRC，对应的抗拉强度 $R_m=1780\text{MPa}$。

（2）计算最小工作转矩和极限转矩

取最小和最大工作转矩之比为 0.6，按式(16.10-13) 计算最小工作转矩，得

$$T_{min}=0.6T_{max}=0.6\times1000\text{N}\cdot\text{mm}=600\text{N}\cdot\text{mm}$$

从表 16.10-3 查得 V 形固定的系数 $m_3=0.82$，按式（16.10-12）计算极限转矩，得

$$T_j=T_{max}/m_3=(1000/0.82)\ \text{N}\cdot\text{mm}\approx1220\text{N}\cdot\text{mm}$$

（3）计算材料截面尺寸

取材料的截面宽度 $b=12\text{mm}$。按式（16.10-14）计算截面的厚度，得

$$h=\sqrt{\frac{6T_j}{bR_m}}=\sqrt{\frac{6\times1220}{12\times1780}}\text{mm}=0.585\text{mm}$$

按表 16.10-4 取值 $h=0.6\text{mm}$。

（4）确定材料的长度

选定心轴直径 d 和弹簧厚度之比为 20。

心轴直径 $d=20h=20\times0.6\text{mm}=12\text{mm}$。

从图 16.10-4 查得对应的有效系数 $m_4=0.8$。按式（16.10-15）计算弹簧工作长度，得

$$l=\frac{\pi Ehn}{m_3m_4R_m}=\frac{\pi\times206000\times0.6\times8}{0.82\times0.8\times1780}\text{mm}=2660\text{mm}$$

取心轴上固定部分的长度 $l_d=1.5\pi d=1.5\times\pi\times12\text{mm}=57\text{mm}$。取簧盒上固定部分的长度 $l_D=0.8\pi d=0.8\times\pi\times12\text{mm}=30\text{mm}$。弹簧材料的总展开长度 $L=l+l_d+l_D=(2660+57+30)\ \text{mm}=2747\text{mm}$。

（5）弹簧各部分的圈数

按式（16.10-17）~式（16.10-22）计算各部分的直径大小和圈数。

簧盒内径为

$$D=\sqrt{2.55lh+d^2}$$

$$=\sqrt{2.55\times2660\times0.6+12^2}\ \text{mm}$$

$$=64.9\text{mm},\ 取\ D=65\text{mm}$$

弹簧卷紧在心轴上的外直径为

$$d'=\sqrt{\frac{4lh}{\pi}+d^2}=\sqrt{\frac{4\times2660\times0.6}{\pi}+12^2}\ \text{mm}=46.6\text{mm}$$

弹簧在簧盒内，松卷时簧圈内直径为

$$D'=\sqrt{D^2-\frac{4lh}{\pi}}=\sqrt{65^2-\frac{4\times2660\times0.6}{\pi}}\ \text{mm}=46.8\text{mm}$$

弹簧在簧盒内，松卷状态下的圈数为

$$n_1=\frac{1}{2h}(D-D')=\frac{1}{2\times0.6}(65-46.8)\ 圈$$

$$=15.2\ 圈$$

弹簧卷紧在心轴上的圈数为

$$n_2=\frac{1}{2h}(d'-d)=\frac{1}{2\times0.6}(46.6-12)\ 圈$$

$$=28.8\ 圈$$

自由状态下即工作转矩最小时的圈数为

$n'=n_2-n=(28.8-8)$ 圈 $=20.8$ 圈。

（6）弹簧工作图见图 16.10-5。

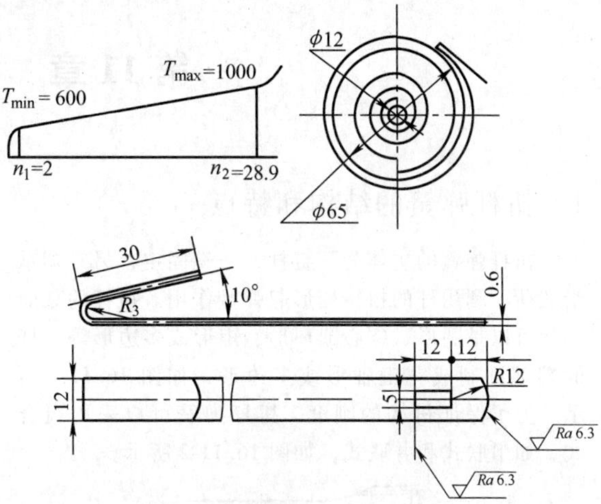

技术要求

1. 材料为 T8A，硬度 53HRC。
2. 弹簧自由状态圈数 n′=20.8 圈。
3. 弹簧的有效工作转数 n=8 圈。
4. 弹簧材料的展开长度 L=2747mm。
5. 表面处理，氧化涂防锈油。

图 16.10-5　弹簧工作图

第 11 章　扭 杆 弹 簧

1　扭杆弹簧的结构和特点

扭杆弹簧的主体为一直杆，一端固定，另一端承受载荷，利用杆的扭转变形起弹簧作用。扭杆的截面形状可以是圆形、空心圆环形、矩形或多边形等。杆的端部则制成花键轴形或多边形，如图 16.11-1 所示。为了保证机构的刚度，扭杆弹簧可以采用组合式，如串联式和并联式，如图 16.11-2 所示。

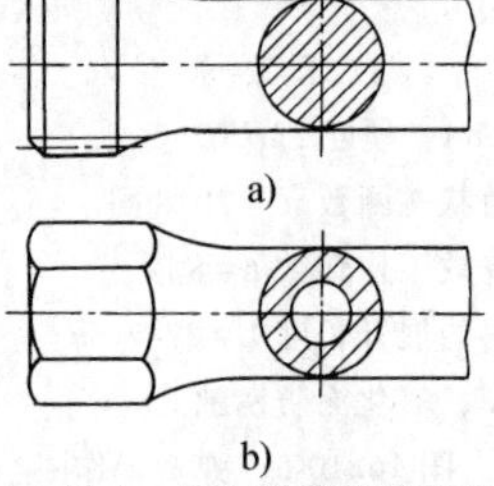

图 16.11-1　扭杆弹簧的端部形状

a）圆形　b）空心圆环形

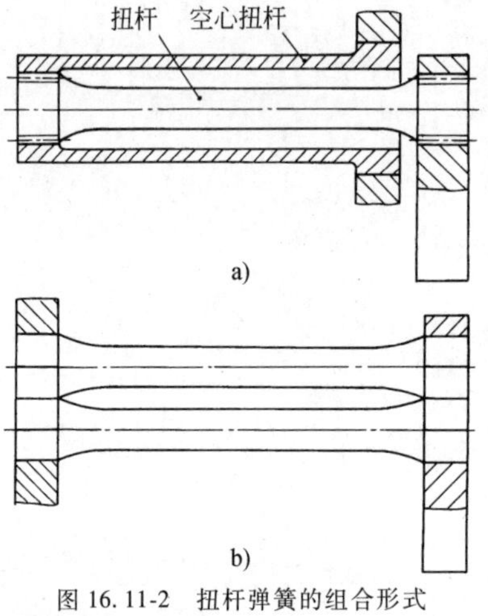

图 16.11-2　扭杆弹簧的组合形式

a）串联式　b）并联式

扭杆弹簧具有重量轻、结构简单、占空间小等优点，其缺点是需精选材料，端部加工困难。主要用在车辆的牵引和悬挂装置。

扭杆弹簧的应用如下：

1）作为轿车和小型车辆的悬挂弹簧。

2）在使用空气弹簧缓冲的铁道车辆和汽车上，采用大型扭杆弹簧作为稳压器。

3）在高速内燃机中可用扭杆弹簧作为阀门弹簧，主要是利用扭杆弹簧在承受高频振动载荷时，不会像螺旋弹簧那样产生颤动的特性。

4）在驱动轴中插入扭杆弹簧，用以缓和转矩的变化。

5）小型车辆上用的稳压器多采用柄和杆为一体的扭杆弹簧，其形状较复杂，如图 16.11-3 所示。其中 A、B 两处受到方向相反、大小相等且垂直于纸面的载荷，C、D 两处为支承点；图 16.11-3a 和 b 分别为采用孔和螺栓固定。

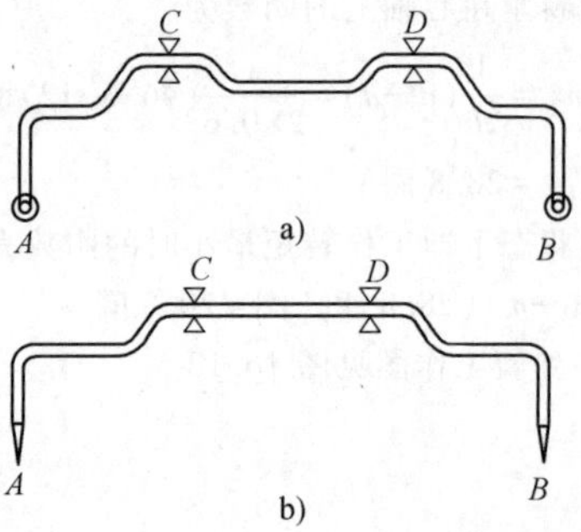

图 16.11-3　柄和杆成为一体的扭杆弹簧

2　扭杆弹簧的材料和许用应力

扭杆弹簧一般采用热轧弹簧钢，要注意其淬透性和加工性，经热处理后，其硬度应能达到 50HRC 左右。常用的材料有 40CrNiMoA、45CrNiMoVA、50CrVA和 60Si2MnA 等。

扭杆弹簧的使用应力高，同时直径的误差对弹簧刚度影响较大，一般使用经过磨削或车削加工去除了表层缺陷的材料。直径的公差要求较严，通常用 js11。

对扭杆弹簧进行喷丸、强扭和滚压等机械强化处理都能提高疲劳寿命。喷丸和强扭一般同时使用，但必须先喷丸后强扭，如果只使用强扭，效果较差。杆体滚压强化，尤其是两端花键部分滚压，对提高寿命效果显著。机械强化处理不能提高塑性变形率，因此在确定许用应力时，要注意塑性变形率的允许程度。

对仅承受单向载荷的扭杆弹簧，若其材料是 45CrNiMoVA，热处理后硬度达到 44～50HRC 时，其相应屈服强度 R_{eL} 约为 1300～1400MPa，若再经滚压和强化处理，并取许用应力 $[\tau_p]$ = 810～890MPa，可得到 10^5 次以上的疲劳寿命。对承受对称载荷或平均应力比较小的扭杆弹簧，应根据对称疲劳极限确定其许用应力。其对称疲劳极限：当 $N=10^6$ 时，$\sigma_{-1}=800\text{MPa}$，$\tau_{-1}=410\text{MPa}$。

3　扭杆弹簧的端部结构和有效工作长度

3.1　扭杆弹簧的端部结构

扭杆弹簧是具有一定截面的直杆。为了扭杆弹簧和转臂之间的安装，其端部（安装连接部分）多制成多边形、细齿形或花键形，如图 16.11-4 所示。

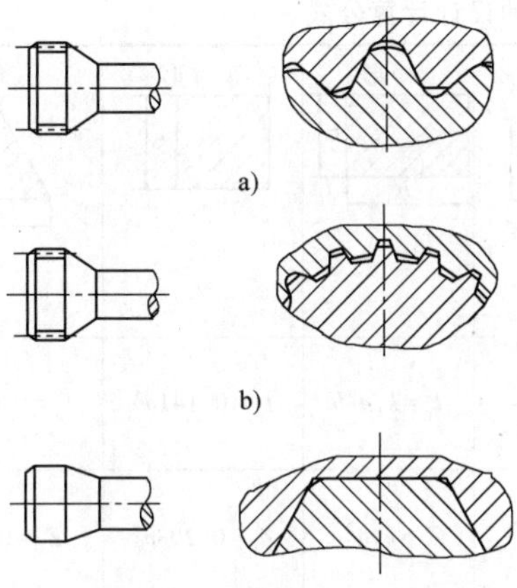

图 16.11-4　扭杆弹簧的端部结构
a）花键形　b）细齿形　c）六边形

矩形和渐开线形花键的尺寸根据扭杆弹簧直径由 GB/T 1144—2001 和 GB/T 3478.1—2008 确定。

细齿形扭杆弹簧端部的几何尺寸参照表 16.11-1；细齿形扭杆弹簧外径为扭杆弹簧直径的 1.15～1.25 倍，长度为扭杆弹簧直径的 0.5～0.7 倍。

表 16.11-1　细齿形扭杆弹簧端部的几何尺寸

模数 m/mm	齿数 z	齿顶圆直径 d_a/mm	齿根圆直径 d_f（>杆径）/mm
0.75	10	15.00	13.50
	22	17.25	15.75
	25	19.50	18.00
	28	21.75	20.25
	31	24.00	22.50
	34	26.25	24.75
	37	28.50	27.00
	40	30.75	29.25
	43	23.00	31.50
	46	35.25	33.75
	49	37.50	36.00
1.0	38	39.00	37.00
	40	41.00	39.00
	43	44.00	42.00
	46	47.00	45.00
	49	50.00	48.00

当端部为六边形时，其对边间距离约为扭杆弹簧直径的 1.2～1.4 倍，长度约为杆径 0.7～1.0 倍；当端部为花键形时，取渐开线花键的压力角为 45°，模数为0.75或 1.0，花键外径约为杆径的 1.2～1.3 倍，长度为杆径的 0.5～0.7 倍。为防止疲劳破坏，花键齿底部圆角半径应足够大，并保证装配后在全长上啮合，以避免降低寿命。

如果安装扭杆弹簧的结构件刚性不足，会使扭杆弹簧受到弯曲载荷，这也是扭杆弹簧折损的原因之一。为避免此种情形，在两端或一端加橡胶衬垫。

为避免产生过大的应力集中，扭杆弹簧端部和杆体连接处的过渡圆角半径必须大于扭杆弹簧直径的 3～5 倍（见图 16.11-5）。如果用圆锥形过渡（见图 16.11-6），圆锥锥顶角 β 一般取 30°，圆锥和杆体间的过渡圆角半径约为杆体直径的 1.5 倍。

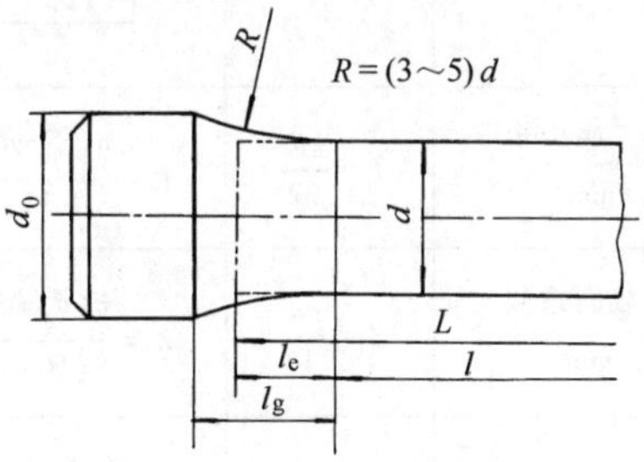

图 16.11-5　扭杆弹簧端部的圆弧过渡

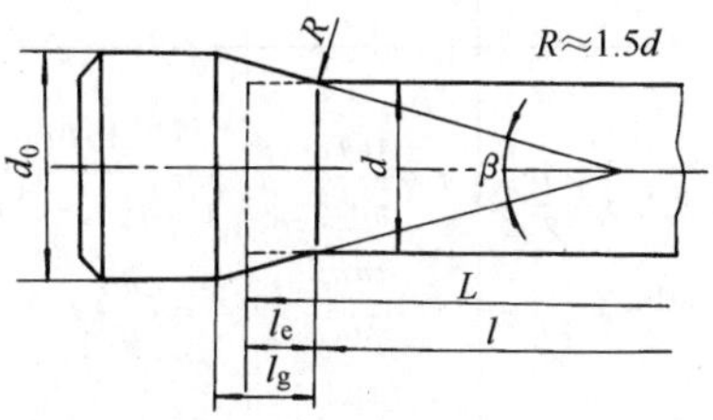

图 16.11-6　扭杆弹簧端部的圆锥形过渡

3.2　扭杆弹簧的有效工作长度

因杆体两端过渡部分也要产生扭转变形，在计算时应将两端的过渡部分换算为当量长度。对于圆形截面扭杆弹簧，当取图 16.11-5 或图 16.11-6 所示的结构时，其过渡部分的当量长度 l_e 可由图 16.11-7 中查取，此时扭杆弹簧的有效长度为

$$L = l + 2l_e \tag{16.11-1}$$

式中　l——杆体长度。

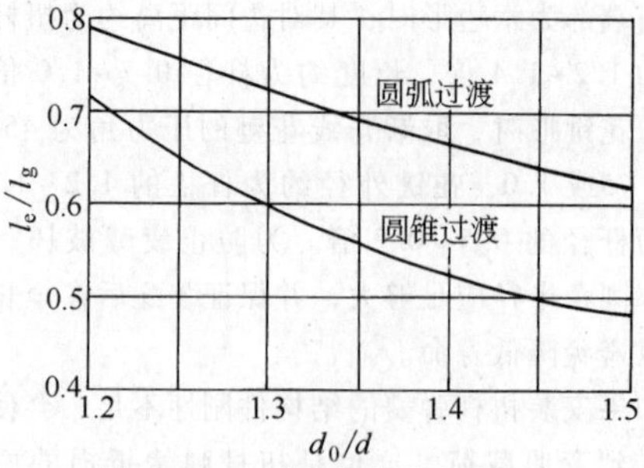

图 16.11-7 过渡部分的当量长度

4 扭杆弹簧的设计计算

4.1 单根扭杆弹簧的设计计算

将扭杆弹簧的一端固定，另一端施加扭矩 T，各种截面形状扭杆弹簧的扭转变形角 φ、扭转切应力 τ，以及扭转刚度 k 等的计算公式见表 16.11-2。表中矩形截面的边长 b 是长边，a 是短边，计算公式中系数 k_1 和 k_2 的值由表 16.11-3 查取。

表 16.11-2 各种截面形状扭杆弹簧的设计计算公式

	圆形	空心圆形	椭圆形	矩形	正方形	三角形
扭杆的截面形状	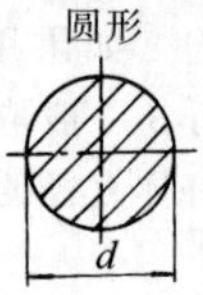	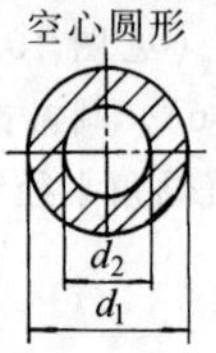	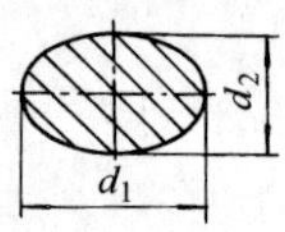	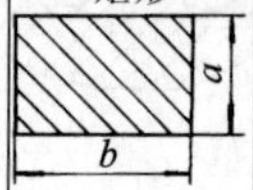	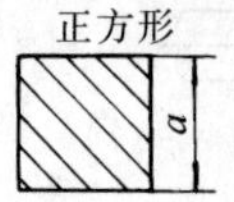	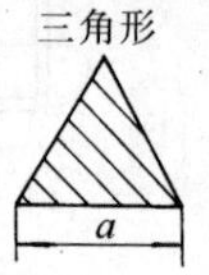
截面二次极矩 I_p/mm^4	$I_p=\frac{\pi d^4}{32}$	$I_p=\frac{\pi(d_1^4-d_2^4)}{32}$	$I_p=\frac{\pi d_1^3 d_2^3}{16(d_1^2+d_2^2)}$	$I_p=k_1a^3b$	$I_p=0.141a^4$	$I_p=0.0216a^4$
扭转截面系数 Z_t/mm^3	$Z_t=\frac{\pi d^3}{16}$	$Z_t=\frac{\pi(d_1^4-d_2^4)}{16d_1}$	$Z_t=\frac{\pi d_1 d_2^2}{16}$	$Z_t=k_2a^2b$	$Z_t=0.208a^3$	$Z_t=0.05a^3$
扭转变形角 $\varphi=\frac{TL}{GI_p}$ /rad	$\varphi=\frac{32TL}{\pi d^4G}=\frac{2\tau L}{dG}$	$\varphi=\frac{32TL}{\pi(d_1^4-d_2^4)G}=\frac{2\tau L}{dG}$	$\varphi=\frac{16TL(d_1^2+d_2^2)}{\pi d_1^3d_2^3G}=\frac{\tau L(d_1^2+d_2^2)}{d_1^3d_2G}$	$\varphi=\frac{TL}{k_1a^3bG}=\frac{k_2\tau L}{k_1aG}$	$\varphi=\frac{TL}{0.141a^4G}=\frac{1.482\tau L}{aG}$	$\varphi=\frac{TL}{0.0216a^4G}=\frac{2.31\tau L}{aG}$
扭转切应力 $\tau=\frac{T}{Z_t}$ /MPa	$\tau=\frac{16T}{\pi d^3}=\frac{\varphi dG}{2L}$	$\tau=\frac{16Td_1}{\pi(d_1^4-d_2^4)}=\frac{\varphi dG}{2L}$	$\tau=\frac{16T}{\pi d_1d_2^2}=\frac{\varphi d_1^2d_2G}{L(d_1^2+d_2^2)}$	$\tau=\frac{T}{k_2a^2b}=\frac{k_1\varphi aG}{k_2L}$	$\tau=\frac{T}{0.208a^3}=\frac{0.675\varphi aG}{L}$	$\tau=\frac{20T}{a^3}=\frac{0.43\varphi aG}{L}$
扭转刚度 $k=\frac{T}{\varphi}$ /N·mm·rad^{-1}	$k=\frac{\pi d^4G}{32L}$	$k=\frac{\pi(d_1^4-d_2^4)G}{32L}$	$k=\frac{\pi d_1^3d_2^3G}{16L(d_1^2+d_2^2)}$	$k=\frac{k_1a^3bG}{L}$	$k=\frac{0.141a^4G}{L}$	$k=\frac{a^4G}{46.2L}$
载荷作用点刚度 $k'=\frac{dF}{df}$/N·mm^{-1}	$k'=\frac{\pi d^4G}{32LR^2}$	$k'=\frac{\pi(d_1^4-d_2^4)G}{32LR^2}$	$k'=\frac{\pi d_1^3d_2^3G}{16LR^2(d_1^2+d_2^2)}$	$k'=\frac{k_1a^3bG}{LR^2}$	$k'=\frac{0.141a^4G}{LR^2}$	$k'=\frac{a^4G}{46.2LR^2}$
变形能 $U=\frac{T\varphi}{2}$ /N·mm	$U=\frac{\tau^2V}{4G}$	$U=\frac{\tau^2(d_1^2+d_2^2)V}{4d_1^2G}$	$U=\frac{\tau^2(d_1^2+d_2^2)V}{8d_1^2G}$	$U=\frac{k_2^2\tau^2V}{2k_1G}$	$U=\frac{\tau^2V}{6.48G}$	$U=\frac{\tau^2V}{7.5G}$

注：L—扭杆弹簧长度（mm）；V—扭杆弹簧的体积（mm^3）；G—材料的切变模量（MPa）；k_1、k_2—矩形截面材料的系数，见表 16.11-3。

表 16.11-3 矩形截面材料弹簧受扭转载荷的计算公式中系数 k_1、k_2 的值

b/a	k_1	k_2
1.00	0.1406	0.2082
1.05	0.1474	0.2112
1.10	0.1540	0.2139
1.15	0.1602	0.2165
1.20	0.1661	0.2189
1.25	0.1717	0.2212
1.30	0.1771	0.2236
1.35	0.1821	0.2254
1.40	0.1869	0.2273
1.45	0.1914	0.2289
1.50	0.1958	0.2310
1.60	0.2037	0.2343
1.70	0.2109	0.2375
1.75	0.2143	0.2390
1.80	0.2174	0.2404
1.90	0.2233	0.2432
2.00	0.2287	0.2459
2.25	0.2401	0.2520
2.50	0.2494	0.2576
2.75	0.2570	0.2626
3.00	0.2633	0.2672
3.50	0.2733	0.2751
4.00	0.2808	0.2817
4.50	0.2866	0.2870
5.00	0.2914	0.2915
10.00	0.3123	0.3123

注：b 是矩形截面的长边，a 是矩形截面的短边。

4.2 扭杆弹簧和转臂组合时的设计计算

在扭杆弹簧和转臂组合在一起使用的情形下，转臂受力点垂直方向的弹簧刚度随转臂的安装角度和转角变化。扭杆弹簧和转臂的结构如图 16.11-8 所示。

按图 16.11-8 所示机构有下列计算式：

扭杆弹簧所受转矩 T 为

$$T = FR\cos\alpha \qquad (16.11\text{-}2)$$

扭杆弹簧的刚度 $k=\dfrac{T}{\varphi}$，转矩 T 作用下的扭转角 $\varphi=\alpha+\beta$，将此关系代入式（16.11-3），得

$$F = \frac{k(\alpha+\beta)}{R\cos\alpha} = C_1\frac{k}{R} \qquad (16.11\text{-}3)$$

式中　C_1——计算系数，$C_1=\dfrac{\alpha+\beta}{\cos\alpha}$

沿载荷 F 方向的弹簧刚度 k' 为

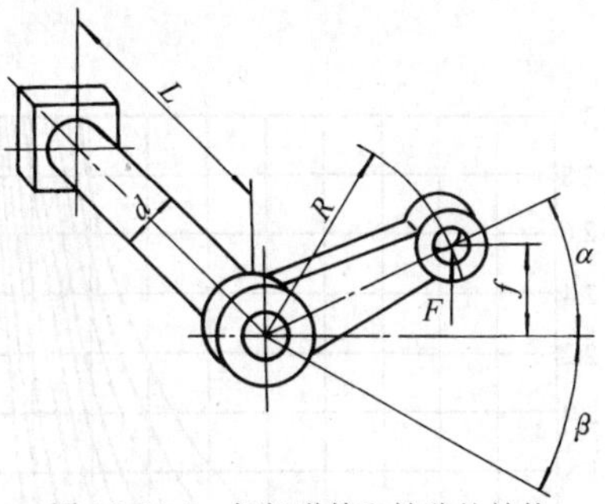

图 16.11-8 扭杆弹簧和转臂的结构

F—作用于转臂端部垂直方向的载荷（N）　R—转臂的长度（mm）

f—转臂端部力作用点到水平线的距离（mm）

α—载荷 F 作用时转臂中心线和水平线的夹角（rad）

β—无载荷时转臂中心线和水平线的夹角（rad），

α 和 β 在图示位置时取正值

$$k' = \frac{dF}{df} = \frac{k[1+(\alpha+\beta)\tan\alpha]}{R^2\cos^2\alpha} = C_2\frac{k}{R^2} \qquad (16.11\text{-}4)$$

式中　C_2——计算系数，$C_2=\dfrac{1+(\alpha+\beta)\tan\alpha}{\cos^2\alpha}$。

取弹簧的静变形量 $f_{st}=\dfrac{F}{k'}$，如图 16.11-9 所示，则

$$f_{st} = \frac{F}{k'} = \frac{R\cos\alpha}{\dfrac{1}{\alpha+\beta}+\tan\alpha} = C_3R \qquad (16.11\text{-}5)$$

式中　C_3——计算系数，$C_3=\dfrac{\cos\alpha}{\dfrac{1}{\alpha+\beta}+\tan\alpha}$

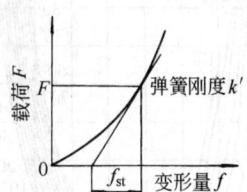

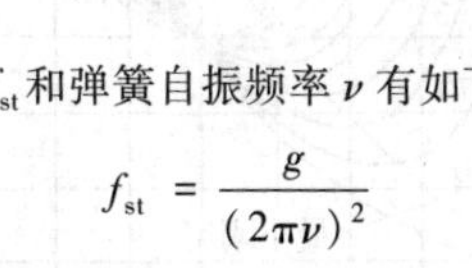

图 16.11-9 静变形量

静变形量 f_{st} 和弹簧自振频率 ν 有如下关系：

$$f_{st} = \frac{g}{(2\pi\nu)^2} \qquad (16.11\text{-}6)$$

式中　g——重力加速度，$g=9.8\text{m/s}^2$；

ν——自振频率（Hz）。

以上公式中的计算系数 C_1、C_2、C_3 都是 α 和 β 的函数，为便于设计计算，令 $\alpha=\arcsin\dfrac{f}{R}$，用 f/R 和 β 求 C_1、C_2 和 C_3 的列线图，分别如图 16.11-10~图 16.11-12 所示。

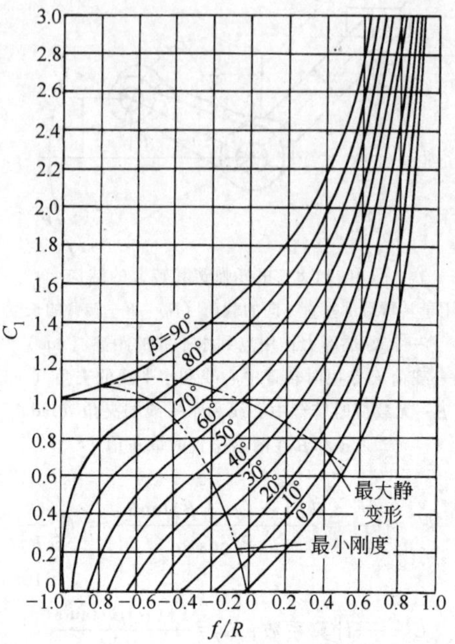

图 16.11-10 系数 C_1 与 $\frac{f}{R}$ 和 β 的关系

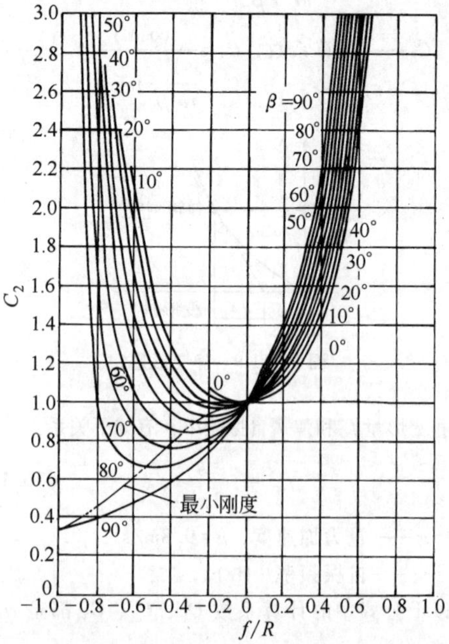

图 16.11-11 系数 C_2 与 $\frac{f}{R}$ 和 β 的关系

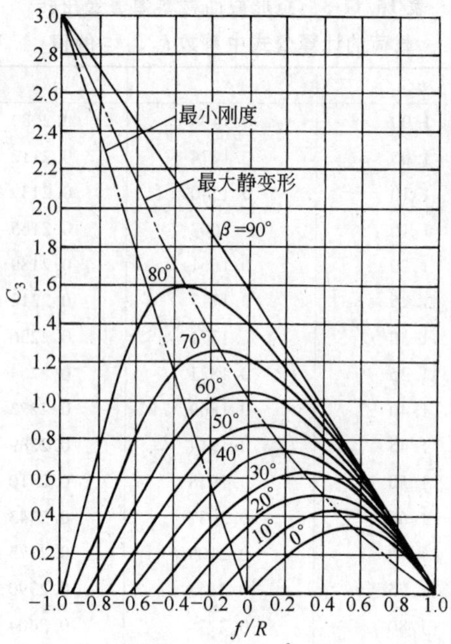

图 16.11-12 系数 C_3 与 $\frac{f}{R}$ 和 β 的关系

5 扭杆弹簧的技术要求

1）直径尺寸的偏差。扭杆弹簧直径允许偏差及直线度偏差见表 16.11-4。

表 16.11-4 扭杆弹簧直径允许偏差及直线度偏差

直径允许偏差/mm	d=6~12	±0.06
	d=13~25	±0.08
	d=26~45	±0.10
	d=46~80	±0.15
扭杆直线度偏差/mm	L<1000	<1.5
	1000<L<1500	<2.0
	L>1500	<2.5

2）表面质量。

① 表面应进行强化处理。

② 要求硬度：合金钢 47 ~ 51HRC；高碳钢 48~55HRC。

③ 表面粗糙度 Ra<0.63~1.25μm。

④ 表面不应有裂纹、伤痕、锈蚀和氧化等缺陷。

6 设计计算示例

例 16.11-1 按下列条件设计由圆形截面扭杆和转臂组成的扭杆弹簧。工作载荷 F=2000N，转臂长度 R=300mm，常用工作载荷作用点与水平位置的距离f=-20mm，最大变形时 f_{max}=80mm，工作载荷下扭杆的自振频率 ν=1Hz。

解：

1）计算工作载荷作用下扭杆弹簧的线性静变形量 f_{st}。按式（16.11-6）计算，得

$$f_{st}=\frac{g}{(2\pi\nu)^2}=\frac{9800}{(2\pi\times 1)^2}\text{mm}=248\text{mm}$$

2）工作载荷作用点的扭杆弹簧刚度 k'。

$$k'=\frac{F}{f_{st}}=\frac{2000}{248}\text{N/mm}=8.06\text{N/mm}$$

3）按式（16.11-5），由 f_{st} 计算 C_3。

$$C_3=\frac{f_{st}}{R}=\frac{248}{300}=0.83$$

4）由 $\frac{f}{R}=\frac{-20}{300}=-0.066$ 和 $C_3=0.83$ 查图 16.11-12，得 $\beta=50°$。

5）由 $\beta=50°$ 和 $\frac{f}{R}=-0.066$ 查图 16.11-11，得到 $C_2=0.95$。

6）根据式（16.11-4），计算扭杆弹簧的扭转刚度。

$$k=\frac{k'R^2}{C_2}=\frac{8.06\times 300^2}{0.95}\text{N}\cdot\text{mm/rad}$$

$$=7.64\times 10^5\ \text{N}\cdot\text{mm/rad}$$

$$=1.33\times 10^4\ \text{N}\cdot\text{mm/(°)}$$

7）计算转臂在最大变形时的夹角 α_{max}。

由　$\sin\alpha_{max}=\frac{f_{max}}{R}=\frac{80}{300}=0.267$，

得　$\alpha_{max}=15.466°=15°27'58''$

8）计算扭杆的最大扭转角 φ_{max} 和最大扭矩 T_{max}。

$$\varphi_{max}=\alpha+\beta=15.466°+50°=65.466°$$

$$T_{max}=k\varphi_{max}=1.33\times 10^4\times 65.466\text{N}\cdot\text{mm}=8.7\times 10^5\ \text{N}\cdot\text{mm}$$

9）取许用应力 $\tau_p=850\text{MPa}$，根据表 16.11-2 中的公式计算 d，得

$$d\geqslant\sqrt[3]{\frac{16T}{\pi\tau_p}}=\sqrt[3]{\frac{16\times 8.7\times 10^5}{\pi\times 850}}\text{mm}=17.3\text{mm}$$

取 $d=18\text{mm}$。

10）计算扭杆弹簧的有效长度 L。取 $G=76\times 10^3\text{MPa}$，根据表 16.11-2 中公式计算，得

$$L=\frac{\pi d^4G}{32k}=\frac{\pi\times 18^4\times 76000}{32\times 7.64\times 10^5}\text{mm}$$

$$=1025\text{mm}$$

第12章　橡胶弹簧

1　橡胶弹簧的特点、类型及结构

1.1　橡胶弹簧的特点和类型

与钢制弹簧相比，橡胶弹簧具有以下优点：

1）形状不受限制，各个方向的刚度可以根据设计要求自由确定。

2）弹性模量较小，可以得到较大的弹性变形，容易实现理想的非线性特性。

3）具有较高内阻，对突然冲击和高频振动的吸收以及隔声具有良好效果。

4）同一弹簧能同时承受多方向载荷，结构简单。

5）安装和拆卸简便，无须润滑，有利于维护和保养。

橡胶弹簧的缺点是耐高、低温性和耐油性比钢制弹簧差。

橡胶弹簧使用的是黏-弹性材料，力学性能比较复杂，精确计算它的特性相当困难。

按载荷性质分类，橡胶弹簧分为压缩型、剪切型和复合型三类。一般压缩型橡胶弹簧能承受较大的载荷，多用于载荷大或空间小的场合；剪切型橡胶弹簧一般用于希望主方向的刚度特别小的场合，或者载荷小、转速慢的机器支承上。在压缩型和剪切型橡胶弹簧的垂直和横向刚度比均不能达到设计要求时，需采用复合型橡胶弹簧。

表16.12-1列出了各类型橡胶弹簧通常的垂直与横向刚度比值的范围。

表16.12-1　各类型橡胶弹簧通常的垂直与横向刚度比值的范围

类　　型	压缩型	剪切型	复合型
垂直刚度/横向刚度	≥4.5	≤0.2	0.2～4.5

1.2　橡胶弹簧的形状和结构

橡胶弹簧由橡胶元件和金属配件组成，若形状设计不当，将引起应力集中。在图16.12-1中，图16.12-1a所示的形状是由于变形后橡胶侧面鼓胀而在各个角隅处产生较大的弯曲应力；图16.12-1b所示的形状的特点是支承板有稍许凸度，可减小橡胶元件各个角隅处的局部应力；图16.12-1c所示的形状的特点是橡胶元件的侧面凹入，能有效减小橡胶元件的应力集中。

为防止形成应力集中源，橡胶弹簧金属配件表面不应该有锐角、凸起、沟和孔，并应使橡胶元件的变形尽量均匀。在图16.12-2所示的结构中，图16.12-2a所示为不适当的结构，图16.12-2b所示为较适当的结构。橡胶弹簧在变形过程中，其横截面不应与其他结构零件接触，以避免产生接触应力和磨损。带有金属配件的橡胶弹簧，其寿命主要取决于橡胶与金属结合的牢固程度，故在结合前，金属配件表面的锈蚀、油污和灰尘等必须清除干净。黏合剂的涂布和干燥必须按规定的工艺，在规定的温度和环境下进行。

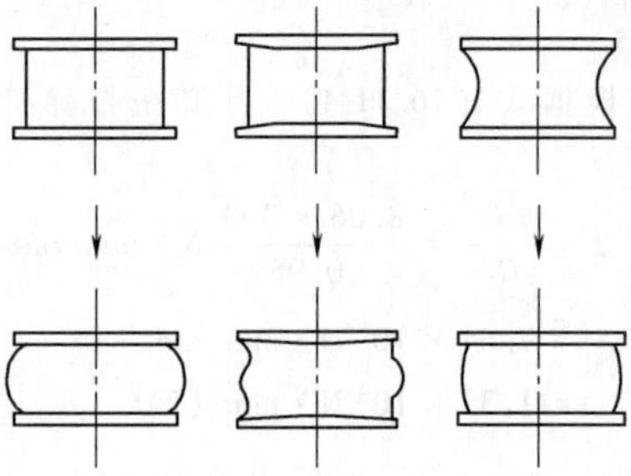

图16.12-1　几种简单的橡胶弹簧压缩时的形状变化

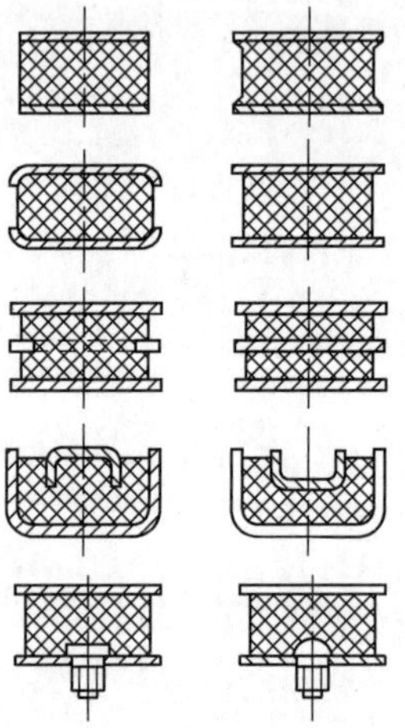

图16.12-2　橡胶弹簧的结构

a）不适当的结构　b）较适当的结构

2　橡胶弹簧的材料和许用应力

2.1　材料的选择

橡胶弹簧在使用中，要求其弹簧特性不因使用条件的变化而产生太大变化，还要求长期使用而性能不变，因此需针对各种使用条件，选择相应的橡胶材质。表 16.12-2 列出了常用的几种橡胶的性能特点，供设计时选用。

表 16.12-2　几种橡胶的性能特点

橡胶类型	性　能　特　点
天然橡胶	耐低温性能较好,受温度影响小,力学性能好,蠕变量较小,适用于减振弹簧
氯丁橡胶	弹性模量受温度影响较大,轻度耐油,耐氧及日光性能好,适用于长期不调换弹簧
顺丁橡胶	耐低温性能较好,受温度影响小,蠕变量较小,适用于减振弹簧
丁腈橡胶	耐油性能好,弹性模量受温度影响较大
丁基橡胶	耐臭氧及日光性能好,内阻高,力学性能较差
丁苯橡胶	适合做减振弹簧
乙丙橡胶	耐臭氧及日光性能好

橡胶弹簧在承受载荷后，总有一定程度的蠕变，设计时必须将一定量的蠕变预先考虑进去。一般硫化充分的橡胶其蠕变量较小，填料会使橡胶的蠕变量增大。

2.2　弹簧结构对疲劳寿命的影响

橡胶弹簧的疲劳损坏主要是由于应力集中产生的裂纹、橡胶和金属黏合处的剥离，以及压缩时产生褶皱等逐渐发展造成。为了防止应力集中，橡胶弹簧的形状应尽量用圆孔代替方孔，用圆角代替方角或锐角。与橡胶接触的配件表面不应该有锐角、凸起部位或沟孔，并且尽可能使橡胶表面的变形比较均匀。

橡胶与金属结合处应制成圆角，如图 16.12-3 所示，这样可提高橡胶弹簧的疲劳寿命。

对于带有金属配件的橡胶弹簧，其寿命主要决定于橡胶与金属黏合的牢靠程度。黏合必须严格按操作规程执行，以保证黏合质量。

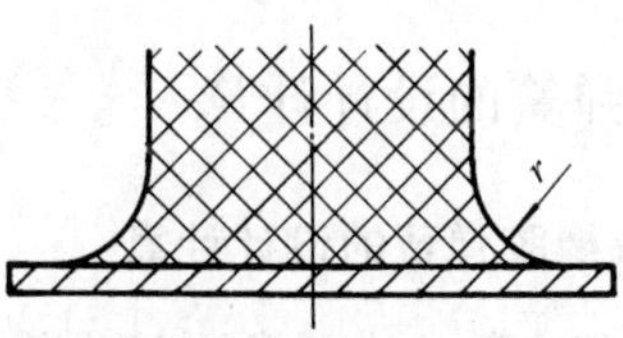

图 16.12-3　橡胶与金属结合处制成圆角

2.3　许用应力和许用应变

表 16.12-3 列出了橡胶的许用应力和许用应变。此表所列为一般形状和材质的平均数值，对于特殊形状和材质的橡胶弹簧，应由试验决定。

表 16.12-3　橡胶的许用应力和许用应变

应力类型	许用应力/MPa		许用应变(%)	
	静态	动态	静态	动态
压缩	3	±1	15	5
剪切	1.5	±0.4	25	8
扭转	2	±0.7	—	—

3　橡胶材料的静弹性特性

橡胶材料在纯拉伸和压缩载荷作用下，应力 σ 和应变 ε 间关系为

$$\sigma = \frac{E}{3}[(1+\varepsilon) - (1+\varepsilon)^{-2}] \quad (16.12\text{-}1)$$

式中　E——弹性模量（MPa）。

式（16.12-1）在 20%拉伸和 50%压缩的工程应用范围内，具有足够的精确性。当应变在±15%范围内，可以将应力和应变间关系近似地表示为

$$\begin{cases} \sigma = E\varepsilon \\ F = \dfrac{EAf}{h} \end{cases} \quad (16.12\text{-}2)$$

式中　F——橡胶材料承受的载荷（N）；

A——橡胶材料的承载面积（mm^2）；

f——橡胶材料的变形量（mm）；

h——橡胶材料的高度（mm）。

橡胶材料在剪切载荷作用下，当切应变不超过 100%的范围时，切应力 τ 和切应变 γ 间的关系为

$$\tau = G\gamma \quad (16.12\text{-}3)$$

式中　G——切变模量（MPa）。

由试验得橡胶材料的弹性模量 E 和切变模量 G 之间具有以下关系

$$E \approx 3G \quad (16.12\text{-}4)$$

橡胶材料的切变模量 G 与橡胶材料的牌号和组成成分几乎无关，而与橡胶的硬度有关。成分不同，硬度相同的橡胶其切变模量之差很小。在设计时，切变模量 G 可由式（16.12-5）计算或由图 16.12-4 查取。

$$G = 0.117e^{0.034\mathrm{HS}} \quad (16.12\text{-}5)$$

式中　HS——橡胶材料的肖氏硬度。

以上关于橡胶材料的应力和应变关系式是在理想

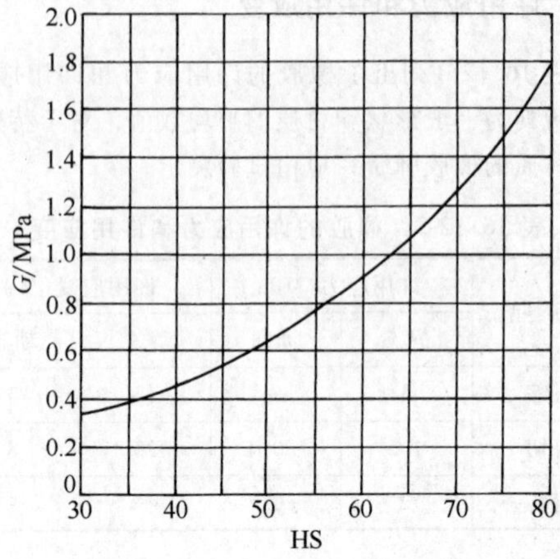

图 16.12-4　橡胶的切变模量 G 和肖氏硬度的关系

条件下得到的，即橡胶材料的端面充分润滑和没有任何约束，并且在承受载荷后仍保持为等截面，但在实际应用中做不到。考虑这些因素的影响，在实际设计中将式（16.12-2）和式（16.12-3）中弹性模量 E 和切变模量 G 以实际的表观弹性模量 E_a 和表观切变模量 G_a 代入，即

$$\sigma = E_a \varepsilon \qquad (16.12\text{-}6)$$

$$\tau = G_a \gamma \qquad (16.12\text{-}7)$$

试验表明，对于拉伸变形 $E_a \approx E$；对于压缩变形，表观弹性模量 E_a 为其几何形状和硬度的函数，用压缩影响系数 i 来表示这些因素的影响，即

$$E_a = iG \qquad (16.12\text{-}8)$$

系数 i 可由式（16.12-9）确定

$$\begin{cases} \text{圆柱体：} i = 3 + ms^2 \\ \text{衬套：} i = 4 + 0.56ms^2 \\ \text{矩形块（长边为 } a\text{，短边为 } b\text{）：} \\ i = \dfrac{1}{1+\dfrac{b}{a}}\left[4 + 2\dfrac{b}{a} + 0.56\left(1+\dfrac{b}{a}\right)^2 ms^2\right] \end{cases} \qquad (16.12\text{-}9)$$

式中　m——系数，$m = 10.7 - 0.098\text{HS}$；

s——形状系数，$s = \dfrac{A_L}{A_F}$，A_L 为橡胶的承载面积，A_F 为橡胶的自由面积。

对于直径为 d、高度为 h 的圆柱体，$s = \dfrac{d}{4h}$；对于外径为 d_1、孔径为 d_2、高度为 h 的圆筒形，$s = \dfrac{d_1 - d_2}{4h}$；对于小径为 d_1、大径为 d_2、高度为 h 的圆锥形，$s = \dfrac{d_1^2 + d_2^2}{4b\ (d_1 + d_2)}$；对于底面积为 $a \times b$、高度为 h 的矩形块 $s = \dfrac{ab}{2\ (a+b)\ h}$。

对于剪切变形，橡胶材料在受剪切时，除剪切变形外，还同时产生弯曲变形，用剪切影响系数 j 表示其关系，即

$$G_a = jG \qquad (16.12\text{-}10)$$

$$\begin{cases} \text{圆柱体：} j = \left(1 + \dfrac{1}{12is^2}\right)^{-1} \\ \text{方块体：} j = \left(1 + \dfrac{1}{16is^2}\right)^{-1} \end{cases} \qquad (16.12\text{-}11)$$

当圆柱体的比值 h/d 和方块体的比值 h/a 小于 0.5 时，G_a 和 G 的差别不大，可以略去弯曲变形的影响，其误差不到 10%。实际应用时，可近似地取 $G_a = G$。

4　橡胶材料的动弹性特性

橡胶是黏-弹性体，其应变滞后于应力，其动表观切变模量与静表观切变模量不同。当承受冲击载荷或动载荷时，应按动表观切变模量计算。设计时，应尽可能通过接近橡胶弹簧的使用条件来试验确定。当要求不高时，可按橡胶硬度（HS）从图 16.12-5 中查取其动载荷系数。

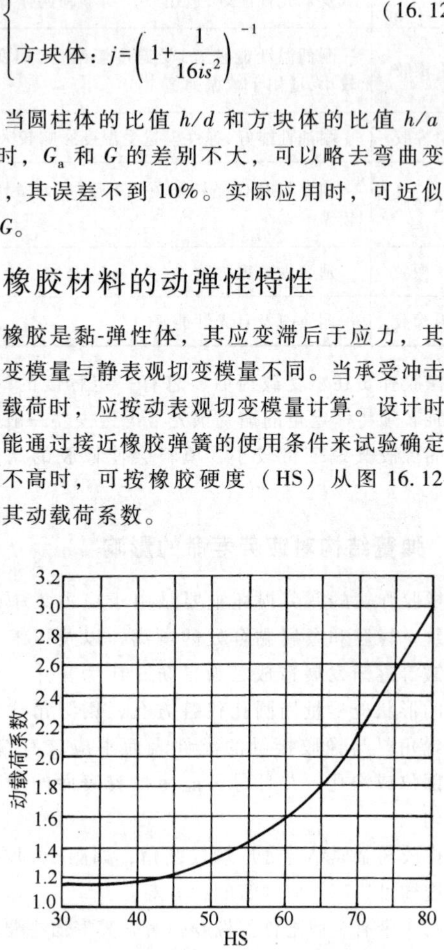

图 16.12-5　硬度与动载荷系数的关系

5　橡胶弹簧的设计计算

5.1　单块橡胶弹簧的设计计算

橡胶压缩弹簧、剪切弹簧和扭转弹簧的变形量和弹簧刚度的计算公式见表 16.12-4～表 16.12-7。

表 16.12-4　橡胶压缩弹簧的变形量和弹簧刚度的计算公式

	弹簧形状	变形量 f/mm	弹簧刚度 k/N · mm^{-1}
圆柱体	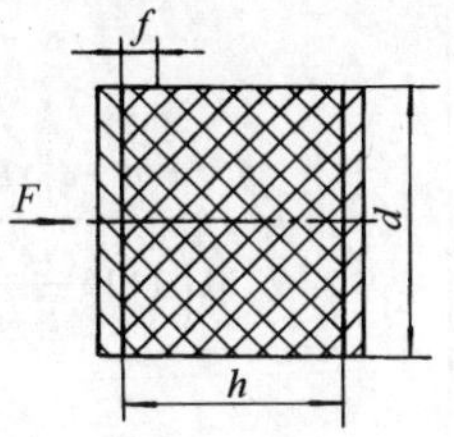	$f=\frac{4Fh}{\pi d^2 E_a}$	$k=\frac{\pi d^2 E_a}{4h}$
圆筒	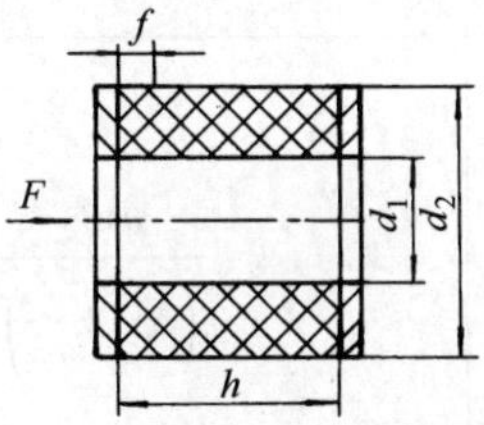	$f=\frac{4Fh}{\pi(d_2^2-d_1^2)E_a}$	$k=\frac{\pi(d_2^2-d_1^2)E_a}{4h}$
圆锥台	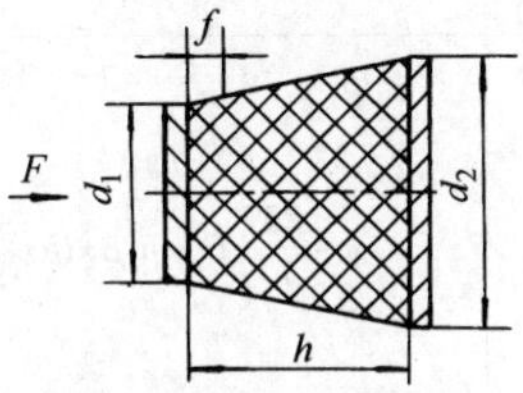	$f=\frac{4Fh}{\pi d_1 d_2 E_a}$	$k=\frac{\pi d_1 d_2 E_a}{4h}$
矩形块	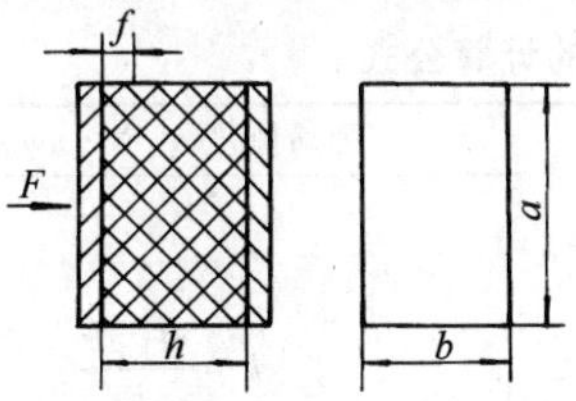	$f=\frac{Fh}{abE_a}$	$k=\frac{abE_a}{h}$
矩形锥台	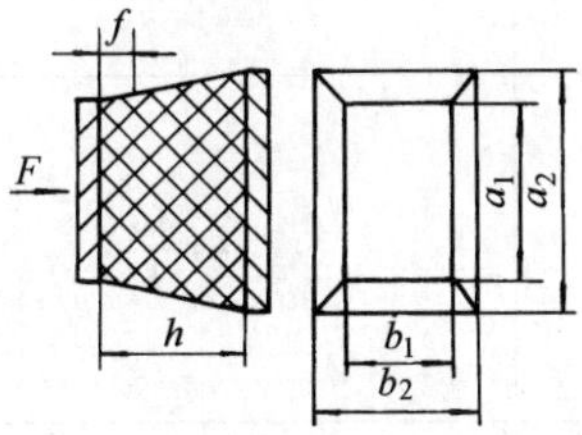	有公共锥顶 $f=\frac{Fh}{a_2 b_1 E_a}$ 无公共锥顶 $f=\frac{Fh\ln\frac{a_1 b_2}{a_2 b_1}}{(a_1 b_2-a_2 b_1)E_a}$	有公共锥顶 $k=\frac{a_2 b_1 E_a}{h}$ 无公共锥顶 $k=\frac{(a_1 b_2-a_2 b_1)E_a}{h\ln\frac{a_1 b_2}{a_2 b_1}}$
圆锥衬套	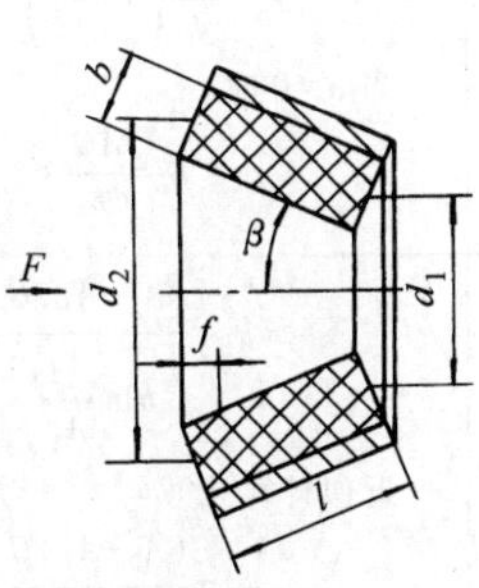	$f=\frac{2Fb}{\pi l(d_1+d_2)(E_a\sin^2\beta+G\cos^2\beta)}$	$k=\frac{\pi l(d_1+d_2)(E_a\sin^2\beta+G\cos^2\beta)}{2b}$ 式中　$E_a=iG$ $i=4+0.56ms^2$ $m=10.7-0.098\text{HS}$ $s=l/2b$

（续）

弹簧形状		变形量 f/mm	弹簧刚度 k/N·mm^{-1}
圆筒	偏心载荷 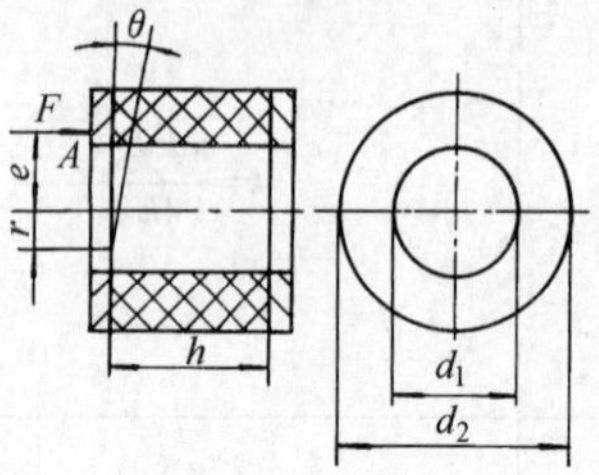	A 点处的变形量 $f=\dfrac{4Fh}{\pi(d_2^2-d_1^2)E_a}\left(1+16\dfrac{e^2}{d_1^2+d_2^2}\right)$ 回转轴的位置和角度 $r=\dfrac{d_1^2+d_2^2}{16e},\theta=\dfrac{64Feh}{\pi(d_2^4-d_1^4)E_a}$	$k=\dfrac{\pi(d_2^2-d_1^2)E_a}{4h\left(1+16\dfrac{e^2}{d_1^2+d_2^2}\right)}$
矩形块	偏心载荷 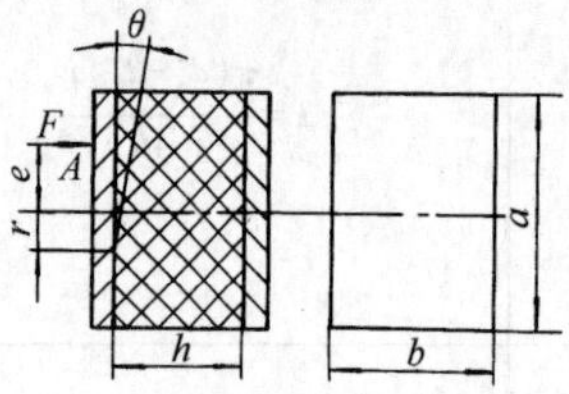	A 点处的变形量 $f=\dfrac{Fh}{abE_a}\left(1+12\dfrac{e^2}{a^2}\right)$ 回转轴的位置和角度 $r=\dfrac{a^2}{12e^2},\theta=\dfrac{12Feh}{a^3bE_a}$	$k=\dfrac{abE_a}{h\left(1+12\dfrac{e^2}{a^2}\right)}$
两倾斜块	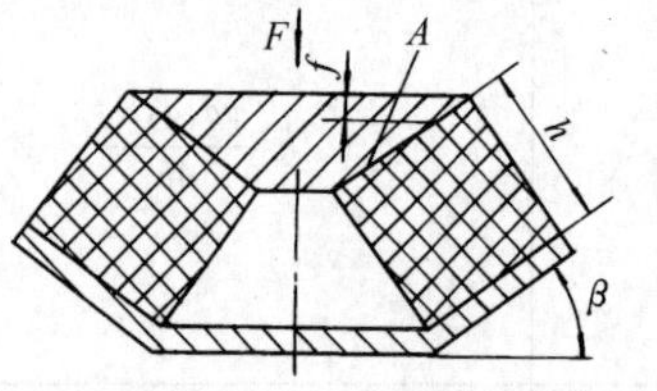	$f=\dfrac{Fh}{2A(E_a\sin^2\beta+G\cos^2\beta)}$	$k=\dfrac{2A}{h}(E_a\sin^2\beta+G\cos^2\beta)$

表 16.12-5　橡胶剪切弹簧的变形量和弹簧刚度的计算公式

弹簧形状		变形量 f/mm	弹簧刚度 k_r/N·mm^{-1}
圆锥台	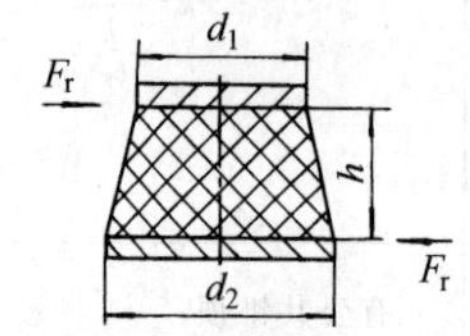	$f=\dfrac{F_rh}{\pi r_1r_2G}$	$k_r=\dfrac{\pi r_1r_2G}{h}$
矩形块	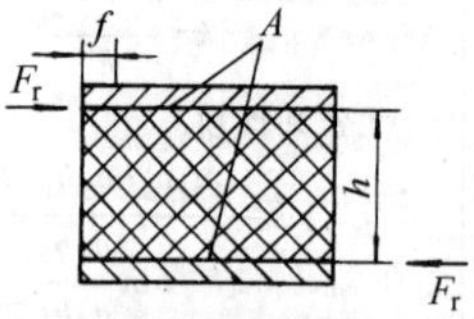	$f=\dfrac{F_rh}{AG}$ 式中　A—承载面积	$k=\dfrac{AG}{h}$
菱形块	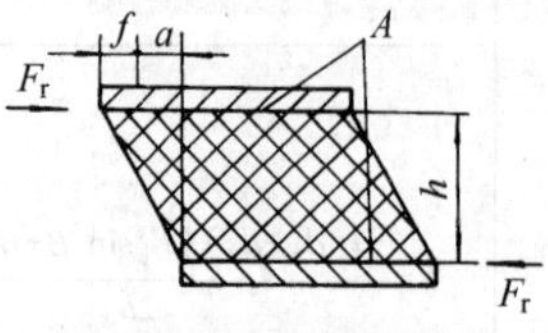	$f=\dfrac{F_rh}{AG}\left(1+\dfrac{a^2}{h^2}\right)$ 式中　a—剪切变形后的尺寸 当 $a=0$ 时 $f=\dfrac{F_rh}{AG}$	$k_r=\dfrac{AG}{h}\left(1+\dfrac{a^2}{h^2}\right)^{-1}$ 当 $a=0$ 时 $k_r=\dfrac{AG}{h}$
梯形块	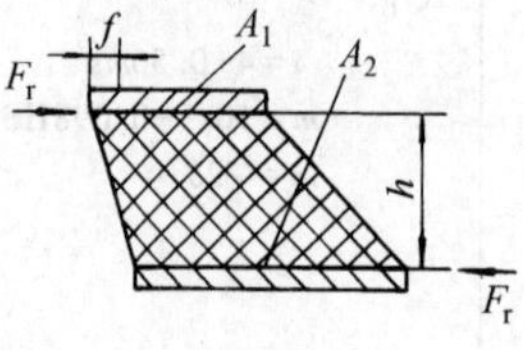	$f=\dfrac{F_rh\ln\dfrac{A_2}{A_1}}{(A_2-A_1)G}$ 近似计算式 $f=\dfrac{2F_rh}{(A_2+A_1)G}$	$k_r=\dfrac{(A_2-A_1)G}{h\ln\dfrac{A_2}{A_1}}$ 近似计算式 $k_r=\dfrac{(A_2+A_1)G}{2h}$

（续）

弹簧形状		变形量 f/mm	弹簧刚度 k_r/N · mm^{-1}
矩形锥台	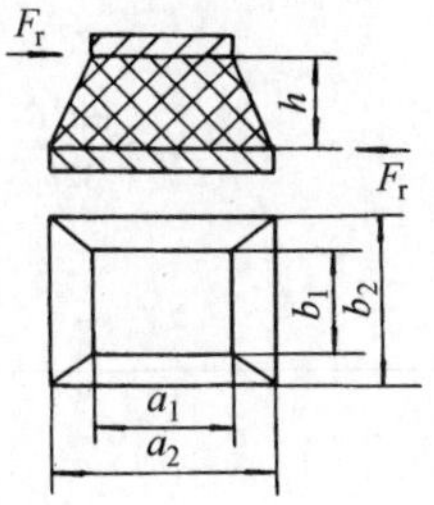	有公共锥顶 $f=\frac{F_r h}{a_2 b_1 G}$ 无公共锥顶 $f=\frac{F_r h\ln\frac{a_1 b_2}{a_2 b_1}}{(a_1 b_2-a_2 b_1)G}$	有公共锥顶 $k_r=\frac{a_2 b_1 G}{h}$ 无公共锥顶 $k_r=\frac{(a_1 b_2-a_2 b_1)G}{h\ln\frac{a_1 b_2}{a_2 b_1}}$
衬套	长度 l 不变 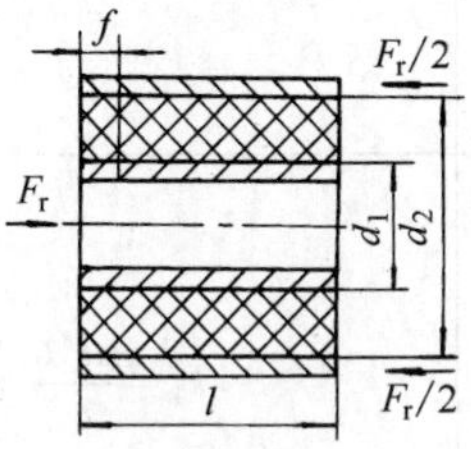	$f=\frac{F_r\ln\frac{d_2}{d_1}}{2\pi lG}$	$k_r=\frac{2\pi lG}{\ln\frac{d_2}{d_1}}$
	长度 l 随直径线性变化 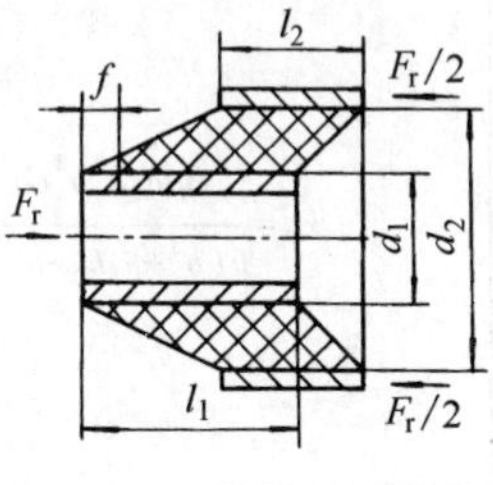	$f=\frac{F_r(d_2-d_1)\ln\frac{l_1 d_2}{l_2 d_1}}{2\pi(l_1 d_2-l_2 d_1)G}$	$k_r=\frac{2\pi(l_1 d_2-l_2 d_1)G}{(d_2-d_1)\ln\frac{l_1 d_2}{l_2 d_1}}$
	$l_1 d_1=l_2 d_2=ld$ 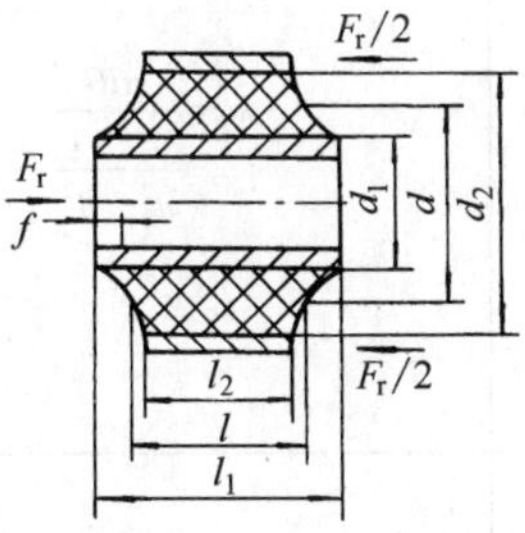	$f=\frac{F_r(d_2-d_1)}{2\pi l_2 d_2 G}$	$k_r=\frac{2\pi l_2 d_2 G}{d_2-d_1}$
盘形	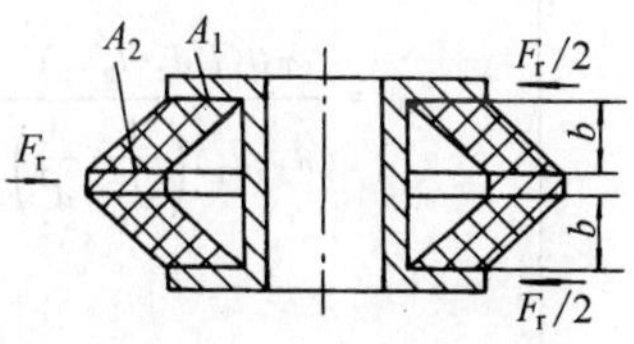	等径向厚度 $f=\frac{F_r b\ln\frac{A_2}{A_1}}{2(A_2-A_1)G}$ 近似计算式 $f=\frac{F_r b}{(A_2+A_1)G}$ 等橡胶面积 $(A_1=A_2)$ $f=\frac{F_r b}{2AG}$	等径向厚度 $k_r=\frac{2(A_2-A_1)G}{b\ln\frac{A_2}{A_1}}$ 近似计算式 $k_r=\frac{(A_2+A_1)G}{b}$ 等橡胶面积 $(A_1=A_2)$ $k_r=\frac{2AG}{b}$

表 16.12-6　橡胶扭转弹簧的角变形量和弹簧刚度的计算公式

弹簧形状		角变形量 φ/rad	弹簧刚度 k_T/N · mm · rad^{-1}
圆柱体	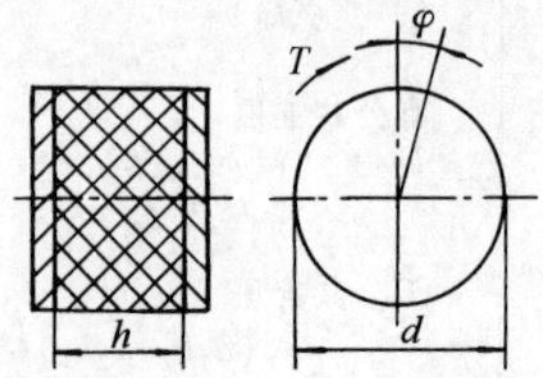	$\varphi=\dfrac{32Th}{\pi d^4 G}$	$k_T=\dfrac{\pi d^4 G}{32h}$
圆锥体	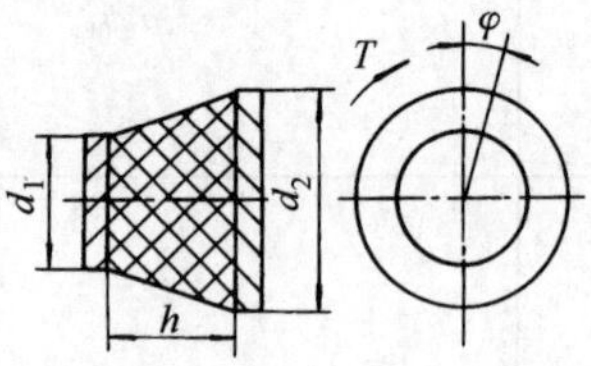	$\varphi=\dfrac{32Th(d_1^2+d_1d_2+d_2^2)}{3\pi d_1^3 d_2^3 G}$	$k_T=\dfrac{3\pi d_1^3 d_2^3 G}{32h(d_1^2+d_1d_2+d_2^2)}$
矩形块	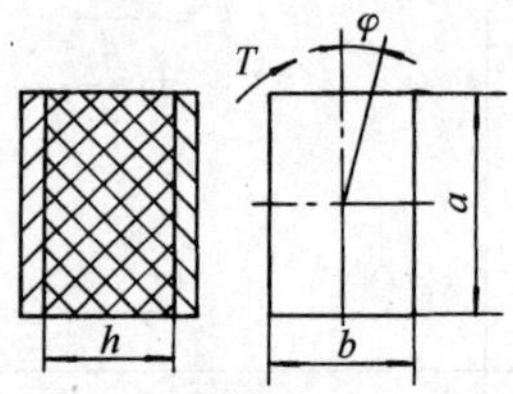	$\varphi=\dfrac{Th}{\beta ab^3 G}$	$k_T=\dfrac{\beta ab^3 G}{h}$
矩形锥台	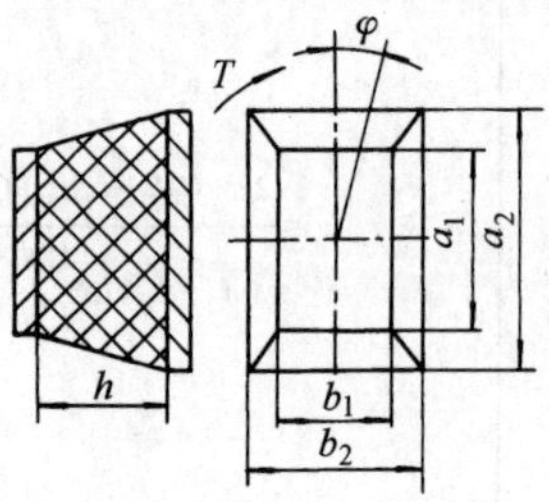	有公共锥顶 $\varphi=\dfrac{Th(b_1^2+b_1b_2+b_2^2)}{3\beta a_2 b_1^3 b_2^2 G}$	$k_T=\dfrac{3\beta a_2 b_1^3 b_2^2 G}{h(b_1^2+b_1b_2+b_2^2)}$
衬套	长度 l 不变 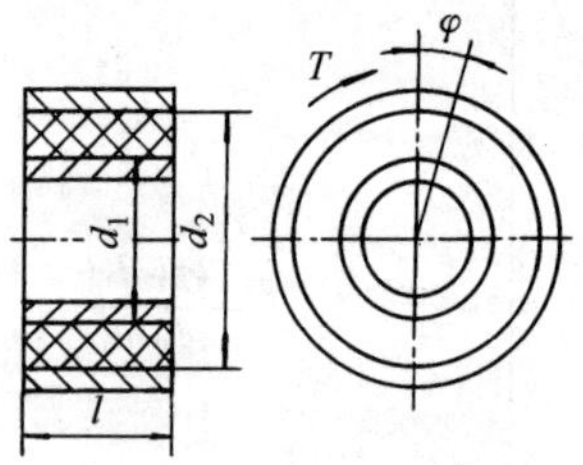	$\varphi=\dfrac{T}{\pi lG}\left(\dfrac{1}{d_1^2}-\dfrac{1}{d_2^2}\right)$	$k_T=\dfrac{\pi lG}{\dfrac{1}{d_1^2}-\dfrac{1}{d_2^2}}$
衬套	长度 l 随直径 d 线性变化 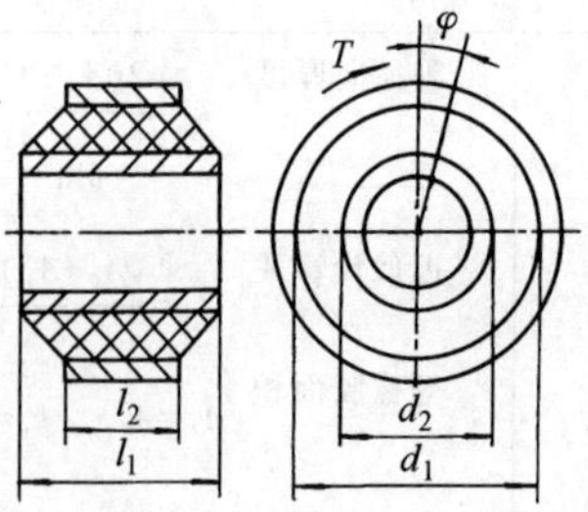	$\varphi=\dfrac{T(d_2-d_1)}{\pi G(l_1d_2-l_2d_1)}\left(\dfrac{1}{d_1^2}-\dfrac{1}{d_2^2}\right)$	$k_T=\dfrac{\pi G(l_1d_2-l_2d_1)}{(d_2-d_1)\left(\dfrac{1}{d_1^2}-\dfrac{1}{d_2^2}\right)}$

（续）

弹簧形状		角变形量 φ/rad	弹簧刚度 k_T/N · mm · rad^{-1}
衬套	$l_1d_1=l_2d_2=ld$ 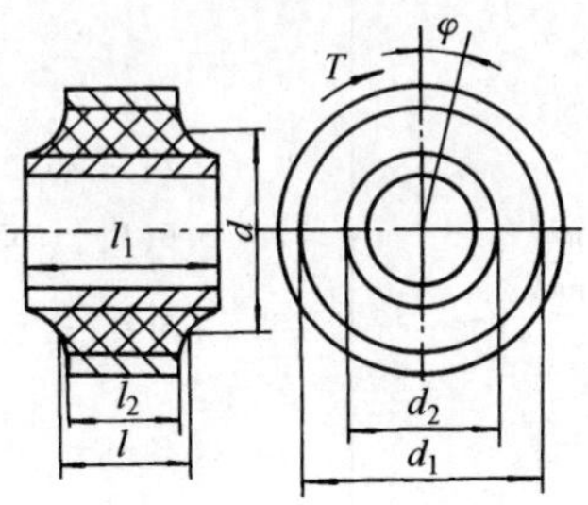	$\varphi=\dfrac{2T\ln\dfrac{d_2}{d_1}}{\pi l_2 d_2^2 G}$	$k_T=\dfrac{\pi l_2 d_2^2 G}{2\ln\dfrac{d_2}{d_1}}$
圆柱环	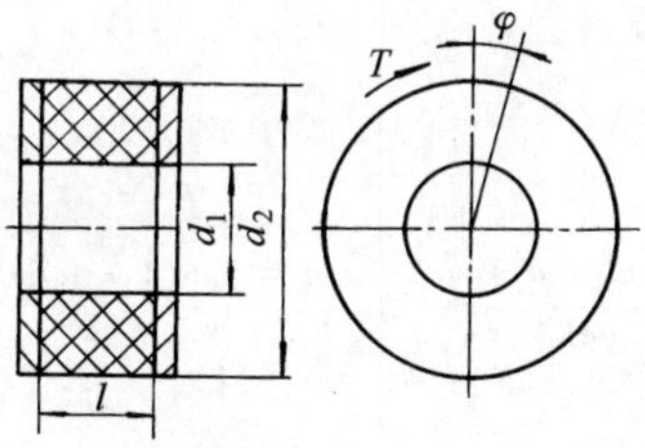	$\varphi=\dfrac{32Tl}{\pi(d_2^4-d_1^4)G}$	$k_T=\dfrac{\pi(d_2^4-d_1^4)G}{32l}$
圆锥环	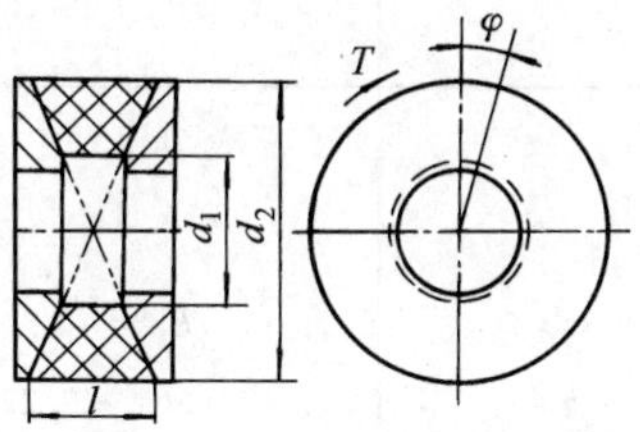	$\varphi=\dfrac{24Tl}{\pi d_2(d_2^3-d_1^3)G}$	$k_T=\dfrac{\pi d_2(d_2^3-d_1^3)G}{24l}$
圆锥衬套	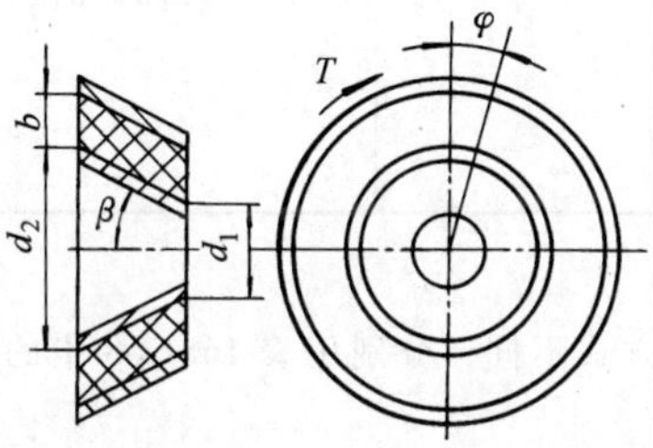	$\varphi=\dfrac{32bT\tan\beta}{\pi G}\left[(d_2^4-d_1^4)+4b(d_2^3-d_1^3)+2b^2(d_2^2-d_1^2)+4b^3(d_2-d_1)-4b^4\ln\dfrac{d_2+b}{d_1+b}\right]^{-1}$	$k_T=\dfrac{\pi G}{32b\tan\beta}\left[(d_2^4-d_1^4)+4b(d_2^3-d_1^3)2b^2(d_2^2-d_1^2)+4b^3(d_2-d_1)-4b^4\ln\dfrac{d_2+b}{d_1+b}\right]$

注：计算式中 β 的值根据 a/b 从图 16.12-6 中查取。

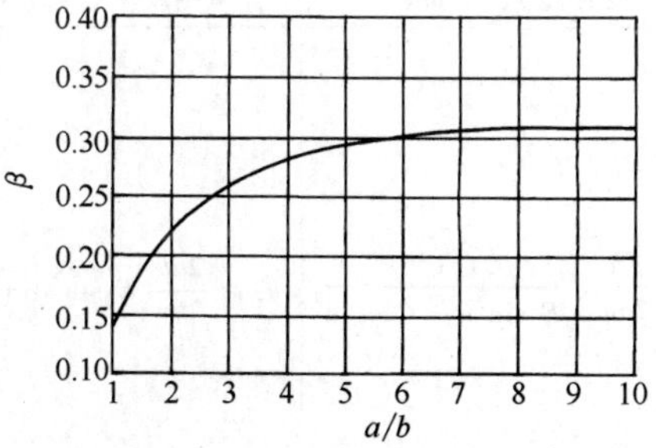

图 16.12-6　系数 β 和 a/b 值的关系

表 16.12-7　橡胶弯曲弹簧计算公式

类别及简图		扭转角 α/rad	弹簧刚度 k_w/N · mm · rad^{-1}	备注
圆柱形	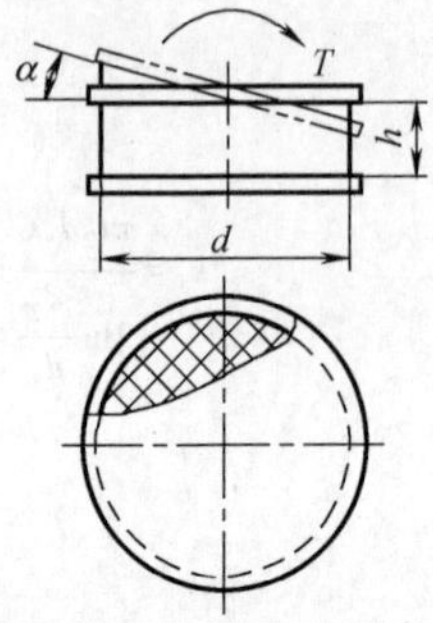	$\alpha=\dfrac{64Th}{E_a\pi d^4}$	$k_w=E_a\dfrac{\pi d^4}{64h}$	$E_a=iG$ $i=3.6(1+1.65S^2)$ $S=\dfrac{d}{4h}$
圆环形	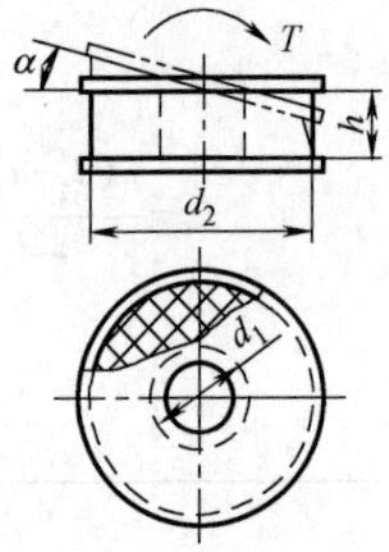	$\alpha=\dfrac{64Th}{E_a\pi(d_2^4-d_1^4)}$	$k_w=E_a\dfrac{\pi(d_2^4-d_1^4)}{64h}$	$E_a=iG$ $i=3.6(1+1.65S^2)$ $S=\dfrac{d_2-d_1}{4h}$
矩形	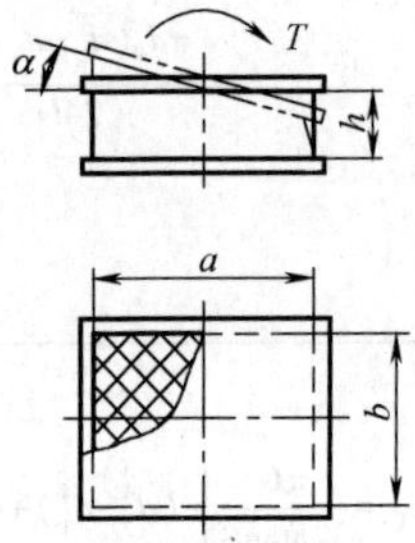	$\alpha=\dfrac{12Th}{E_a a^3 b}$	$k_w=E_a\dfrac{a^3 b}{12h}$	$E_a=iG$ $i=3.6(1+2.22S^2)$ $S=\dfrac{ab}{2(a+b)h}$

5.2　组合橡胶弹簧的设计计算

由几个橡胶元件构成的组合橡胶弹簧的总弹簧刚度依其组合方式不同，分别用表 16.12-8 中的公式计算。

表 16.12-8　组合橡胶弹簧计算公式

类别及简图		变形量 f、f_r/mm	弹簧刚度 k_z，k_{zr}/N · mm^{-1}	备注
压缩	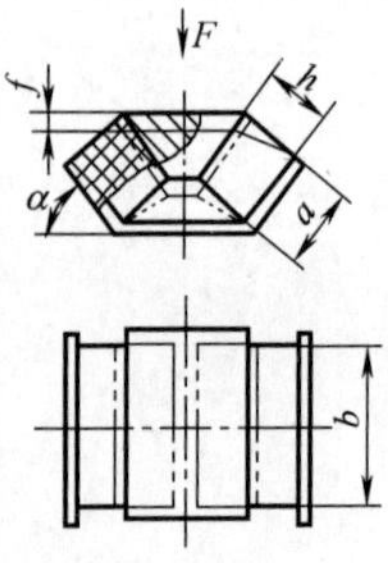	$f=\dfrac{Fh}{2ab}\times\dfrac{1}{E_a\sin^2 a+G\cos^2 a}$	$k_z=\dfrac{2ab}{h}(E_a\sin^2\alpha+G\cos^2\alpha)$	$E_a=iG$ $i=3.6(1+1.65S^2)$ $S=\dfrac{ab}{2(a+b)h}$ 式中　a、b—宽度和长度(mm)

（续）

类别及简图		变形量f、f_r/mm	弹簧刚度 k_z，k_{zr}/N·mm^{-1}	备注
	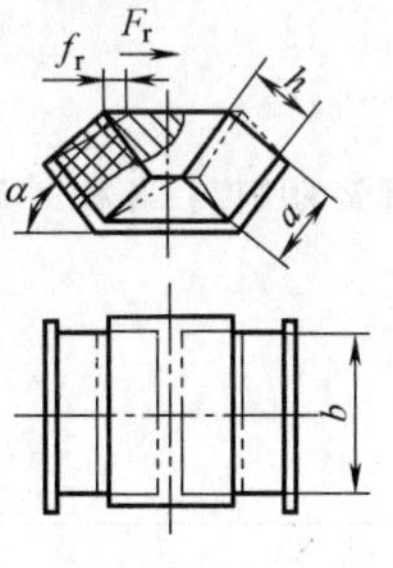	$f_r=\dfrac{F_r h}{2ab}\times\dfrac{1}{E_a\sin^2\alpha+G\cos^2\alpha}$	$k_{zr}=\dfrac{2ab}{h}(E_a\sin^2\alpha+G\cos^2\alpha)$	$E_a=iG$
剪切	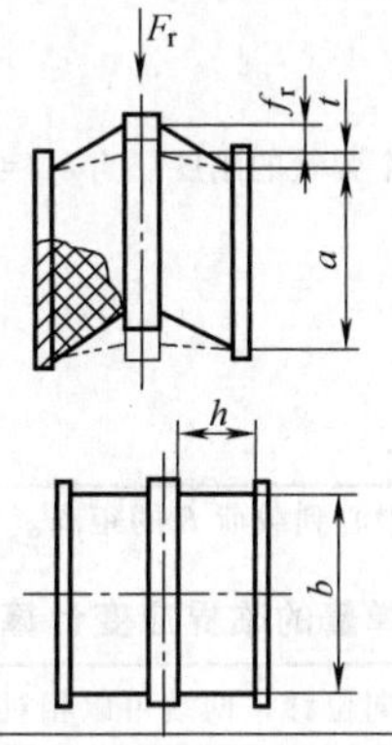	$f_r=\dfrac{F_r h}{2abG}\times\left[1+\left(\dfrac{t}{h}\right)^2\right]$	$k_{zr}=\dfrac{2abG}{h}\times\left[1+\left(\dfrac{t}{h}\right)^2\right]^{-1}$	
	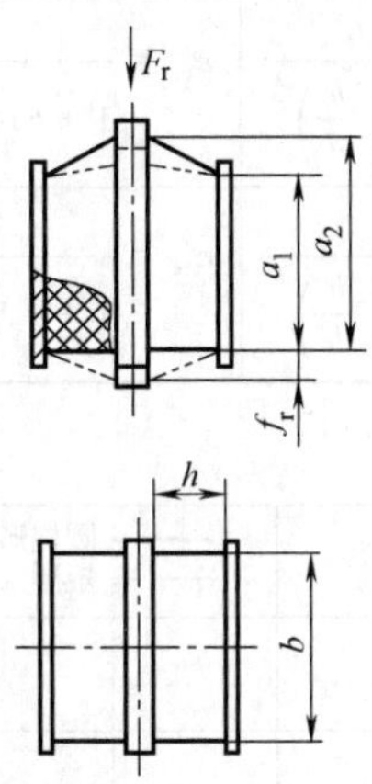	$f_r=\dfrac{F_r h\ln\dfrac{a_2}{a_1}}{2aG(a_2-a_1)}$ $\approx\dfrac{F_r h}{bG(a_1-a_2)}$ $\left(a=\dfrac{a_1+a_2}{2}\right)$	$k_{zr}=\dfrac{2aG(a_2-a_1)}{h\ln\dfrac{a_2}{a_1}}$ $\approx\dfrac{bG(a_1-a_2)}{h}$	

5.3　橡胶弹簧不同组合方式的刚度计算（见表 16.12-9）

表 16.12-9　橡胶弹簧不同组合方式的刚度计算

组合方式	结构简图	计算公式	备　注
串联	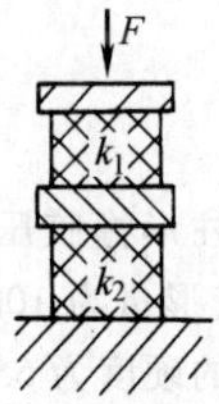	$k=\dfrac{k_1k_2}{k_1+k_2}$ 当 $k_1=k_2$ 时 $k=k_1/2$	串联后总刚度小于原来的每一弹簧的刚度。当 $k_1=k_2$ 时，为原来弹簧刚度的一半

（续）

组合方式	结构简图	计算公式	备 注
并联	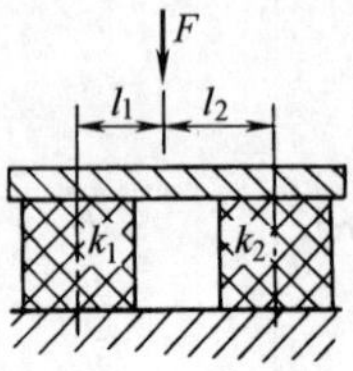	$k=\dfrac{(l_1+l_2)^2}{\dfrac{l_1^2}{k_1}+\dfrac{l_2^2}{k_2}}$ 当 $l_1=l_2$，$k_1=k_2$ 时 $k=2k_1$	并联时总刚度大于原来的每一弹簧的刚度。当 $k_1=k_2$，$l_1=l_2$ 时，比原弹簧刚度大1倍
反联	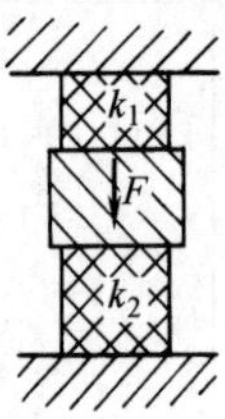	$k=k_1+k_2$ 当 $k_1=k_2$ 时 $k=2k_1$	反联后总刚度大于原来的每一个弹簧的刚度。当 $k_1=k_2$ 时，比原来弹簧刚度大1倍

注：k— 组合橡胶弹簧的总刚度，k_1、k_2— 各橡胶弹簧的弹簧刚度；l_1、l_2— 橡胶弹簧中心到载荷 F 的距离。

5.4 橡胶弹簧的稳定性计算

高度比断面高的橡胶弹簧在压缩到一定程度时，可能产生压屈或不稳定现象，如图16.12-7所示。图16.12-7a所示为橡胶弹簧上、下两端不能相对横向位移时的情况，图16.12-7b所示为橡胶弹簧上、下两端可以相对横向位移时的情况。使橡胶弹簧产生压屈或者不稳定的载荷称为临界载荷，相应的应变称为临界应变。

橡胶弹簧的临界应变可由表16.12-10中的计算公式来确定。图16.12-8所示为由表16.12-10中公式作出的临界应变曲线。一般对于圆柱形橡胶弹簧，若其高度 h 与直径 d 之比 $h/d<0.6$，或对于矩形橡胶弹簧，其高度 h 与截面短边长度 b 之比 $h/b<0.6$，不会产生压屈或不稳定现象。

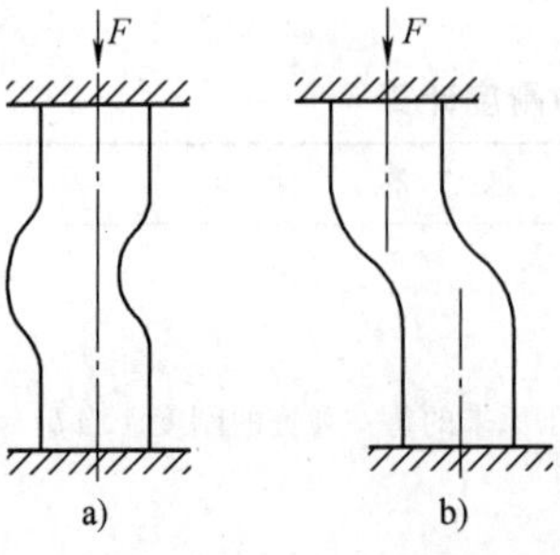

图16.12-7 橡胶弹簧的压屈或不稳定现象

表16.12-10 橡胶弹簧的临界应变计算公式

项目	两端不能相对横向位移	两端可以相对横向位移
圆柱形	$\varepsilon_{cr}=\dfrac{1}{1+1.62\left(\dfrac{h}{d}\right)^2}$	$\varepsilon'_{cr}=\dfrac{1}{1+6.48\left(\dfrac{h}{d}\right)^2}$
矩形	$\varepsilon_{cr}=\dfrac{1}{1+1.21\left(\dfrac{h}{b}\right)^2}$	$\varepsilon'_{cr}=\dfrac{1}{1+4.84\left(\dfrac{h}{b}\right)^2}$

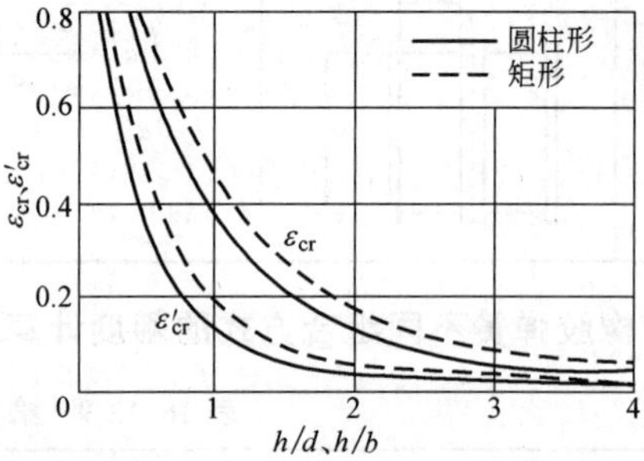

图16.12-8 圆柱形和矩形橡胶弹簧的临界应变曲线

6 设计计算示例

例16.12-1 设计一圆柱形橡胶压缩弹簧，当载荷 F 为8000N时，其压缩变形量为10mm。弹簧的最大变形为15mm。橡胶材料的硬度为55HS。

解：

(1) 确定弹簧高度 h

由表 16.12-3 选取弹簧的许用应变 ε_p 为 15%，则弹簧高度 $h = f_{max}/\varepsilon_p = 15\text{mm}/0.15 = 100\text{mm}$。

(2) 初选弹簧直径，计算表观弹性模量 E_a

初选弹簧的直径为 180mm，由它计算形状系数 s：

$$s = \frac{d}{4h} = \frac{180}{4 \times 100} = 0.45$$

用式（16.12-9）计算压缩影响系数 i，式中，$m = 10.7 - 0.098\text{HS} = 10.7 - 0.098 \times 55 = 5.3$

$$i = 3 + ms^2 = 3 + 5.3 \times 0.45^2 = 4.07$$

根据橡胶硬度为 55HS，从图 16.12-4 中查得切变模量为 0.76MPa。

用式（16.12-8）计算表观弹性模量，得

$$E_a = iG = 4.07 \times 0.76\text{MPa} = 3.09\text{MPa}$$

(3) 计算弹簧的直径

按表 16.12-4 中公式计算弹簧的直径，得

$$d = \sqrt{\frac{4Fh}{\pi f E_a}} = \sqrt{\frac{4 \times 8000 \times 100}{\pi \times 10 \times 3.09}}\text{mm} = 181.6\text{mm}$$

此值与初选尺寸接近，仍取 $d = 180\text{mm}$。

(4) 验算弹簧的应力 σ

载荷为 8000N 时的应力为

$$\sigma = F/A = 8000 \div \frac{\pi \times 180^2}{4}\text{MPa}$$

$$= 0.314\text{MPa}$$

最大变形量 15mm 时的应力为

$$\sigma_{max} = \frac{f_{max}}{f}\sigma = \frac{15}{10} \times 0.314\text{MPa} = 0.471\text{MPa}$$

此值小于表 16.12-3 中的许用应力 $\sigma_p = 3\text{MPa}$，因此得到橡胶弹簧各个尺寸是合适的。

7 橡胶-金属螺旋复合弹簧设计计算

7.1 橡胶-金属螺旋复合弹簧的结构型式及代号

橡胶-金属螺旋复合弹簧是在金属螺旋弹簧周围包裹一层橡胶材料复合而成的一种弹簧。该类弹簧既具有橡胶弹簧的非线性和结构阻尼的特征，又具有金属螺旋弹簧大变形的特性，其稳定性能优于橡胶弹簧，具有能够消除高频振动、缓和冲击、结构简单和安全性高等特点，因此该类弹簧广泛应用于铁路车辆和公路车辆、振动输料机及其他机械的支承隔振设备上。

橡胶-金属螺旋复合弹簧的代号、名称和结构型式见表 16.12-11。

表 16.12-11 橡胶-金属螺旋复合弹簧的代号、名称和结构型式

代号	名称	结构型式	图示	代号	名称	结构型式	图示
FA	直筒型	金属螺旋弹簧内外均被光滑筒型的橡胶所包裹	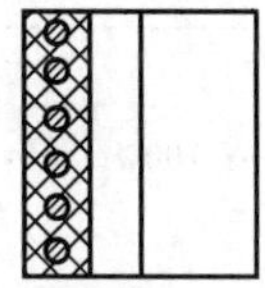	FTA	带铁板直筒型	代号为 FC 的复合弹簧的两端或一端硫化有铁板	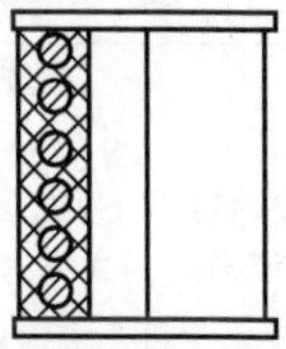
FB	外螺旋内直型	金属螺旋弹簧外表面为螺旋型的橡胶所包裹，金属螺旋弹簧内表面为光滑筒型的橡胶所包裹	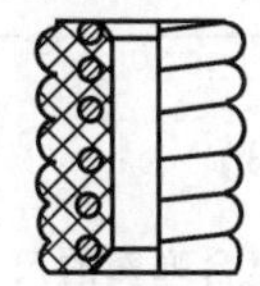	FTB	带板外螺旋内直型	代号为 FB 的复合弹簧的两端或一端硫化有铁板	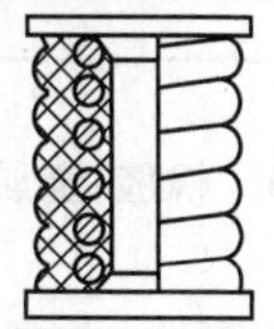
FC	内外螺旋型	金属螺旋弹簧内外均被螺旋型的橡胶所包裹	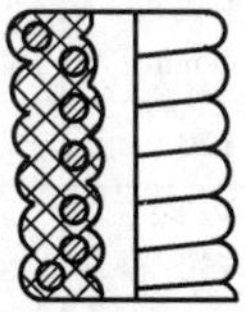	FTC	带铁板内外螺旋型	代号为 FA 的复合弹簧的两端或一端硫化有铁板	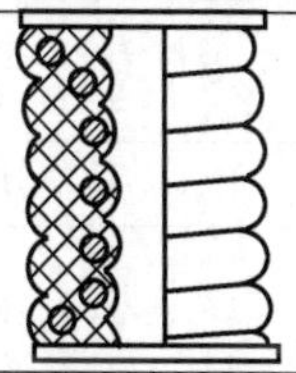
FD	外直内螺旋型	金属螺旋弹簧内表面为螺旋型的橡胶所包裹，金属螺旋弹簧外表面为光滑筒型的橡胶所包裹	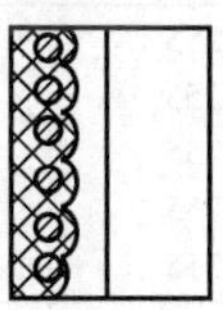	FTD	带铁板外直内螺旋型	代号为 FD 的复合弹簧的两端或一端硫化有铁板	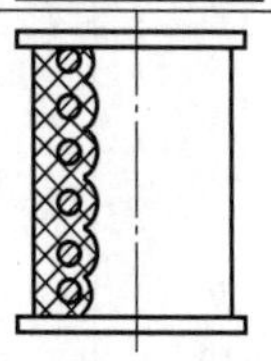

注：摘自 JB/T 8584—1997。

7.2 橡胶-金属螺旋复合弹簧的主要计算公式（见表 16.12-12）

表 16.12-12 橡胶-金属螺旋复合弹簧的主要计算公式

项 目	公式及数据
弹簧刚度	橡胶-金属螺旋复合弹簧的静刚度计算是一种近似计算。其实际值与计算值的差异必须通过修正系数加以修正，修正系数是由试验对比得出的。其计算公式为 $$k' = K(k_J + k)$$ 式中 k'—橡胶-金属螺旋复合弹簧的静刚度（N/mm） k_J—金属弹簧的静刚度（N/mm） K—修正系数，K 值只在相同尺寸模具做出的橡胶-金属复合弹簧上才为恒定值；若模具有变化，则 K 值需重做试验得出 k—橡胶弹簧的静刚度 $$k = \left[3 + 4.953\left(\frac{D_2 - D_1}{4H_0}\right)^2\right] \times \frac{\pi(D_2^2 - D_1^2)}{4H_0} G$$ 式中 D_2—橡胶弹簧外径（mm） D_1—橡胶弹簧内径（mm） H_0—橡胶弹簧自由高度（mm） G—橡胶的切变模量（MPa） $$k_J = \frac{Gd^4}{8D^3}$$ 式中 d—弹簧丝直径（mm） D—弹簧中径（mm） G—切变模量（MPa）
固有频率	橡胶-金属螺旋复合弹簧的固有频率 f_n 的计算式为 $$f_n = \left(1.4 \times 980 \times \frac{k'}{F}\right)^{\frac{1}{2}} \times \frac{1}{2\pi}$$ 式中 f_n—橡胶-金属螺旋复合弹簧的固有频率（Hz） k'—橡胶-金属螺旋复合弹簧的静刚度（N/mm） F—静载荷（N）
振动传递率	橡胶-金属螺旋复合弹簧的振动传递率可按下式计算 $$t = \frac{f_n}{f - f_n} \times 100\%$$ 式中 t—振动传递率（%） f—振动机械强制频率（Hz） f_n—固有频率（Hz）

7.3 橡胶-金属螺旋复合弹簧的选用（见表 16.12-13）

表 16.12-13 橡胶-金属螺旋复合弹簧的尺寸系列

序号	产品代号	外径 D_2/mm	内径 D_1/mm	自由高度 H_0/mm	最大外径 D_m/mm	静载荷 F/N	静刚度 k'/N·mm^{-1}
1	FB52	52	25	120	62	980	78
2	FB58	85	85	120	92	3530	196
3		85	85	150	92	3720	167
4		85	85	150	108	1860	59
5	FC102	102	60	255	120	980	52
6		102	60	255	120	1470	64
7		102	60	255	120	1960	74
8		102	60	255	120	2450	98
9		102	60	255	120	2940	123
10	FA135	135	60	150	150	1960	74
11		135	60	150	150	2550	98

（续）

序号	产品代号	外径 D_2/mm	内径 D_1/mm	自由高度 H_0/mm	最大外径 D_m/mm	静载荷 F/N	静刚度 k'/N · mm^{-1}
12	FC148	148	100	270	170	6370	1270
13		148	100	270	170	4410	147
14		148	100	270	170	8820	176
15		148	80	270	170	7840	196
16		148	80	270	170	2450	245
17		148	92	270	170	20090	342
18	FC155	155	62	290	180	6270	157
19		155	62	290	180	7450	186
20		155	62	290	180	8330	206
21		155	62	290	180	9800	235
22		155	62	290	180	10780	265
23		155	62	290	180	11760	294
24	FA196	196	80	290	220	9800	372
25		196	90	270	220	11760	392
26		196	100	250	220	13720	412
27	FC260	260	120	429	310	12740	230
28		260	120	429	310	14700	284
29		260	120	429	310	19600	392
30	FC310	310	150	400	370	29400	588

注：D_m 为橡胶-金属螺旋复合弹簧压缩时的最大外径。

表 16. 12-13 所列的橡胶-金属螺旋复合弹簧的尺寸系列为机械行业标准 JB/T 8584—1997，可根据下列事项进行选用：

1）所承受的静载荷和空间尺寸。

2）静载荷是指安装在振动机械上的每只弹簧的许用静载荷。

3）静刚度是指垂直方向的静刚度。

4）选用时设备实际载荷应在许用值±15%以内，水平方向刚度是垂直方向刚度的 1/5~1/3。

7.4　橡胶-金属螺旋复合弹簧的技术要求

JB/T 8584—1997 规定：橡胶-金属螺旋复合弹簧的外径（或内径）极限偏差为±0.035D_2（或 D_1），自由高度的极限偏差为±0.035H_0，复合弹簧的静载荷、静刚度的极限偏差分别为 1、2 和 3 三个等级，其值见表 16. 12-14。

表 16. 12-14　复合弹簧静载荷、静刚度的极限偏差

精度等级	1	2	3
静载荷极限偏差	±0. 05F	±0. 10F	±0. 15F
静刚度极限偏差	±0. 05k'	±0. 10k'	±0. 15k'

第13章　空 气 弹 簧

1　空气弹簧的结构和特性

空气弹簧是在柔性的橡胶囊中充入有一定压力的空气，利用空气的可压缩性实现弹性作用的非金属弹簧。空气弹簧的橡胶囊（见图 16.13-1）由钢丝圈 1、帘线层 2 和内、外橡胶层 4、3 组成。空气弹簧的载荷主要由帘线承受，内、外层橡胶主要用于密封。空气弹簧的橡胶囊与盖板（或内、外筒）间的密封一般用两种方法：螺钉紧封或靠压力自封。

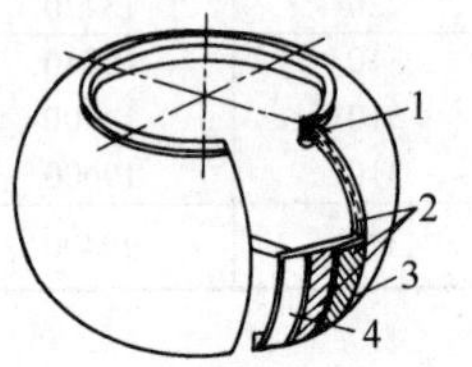

图 16.13-1　空气弹簧橡胶囊的结构
1—钢丝圈　2—帘线层　3—外橡胶层　4—内橡胶层

空气弹簧分为两类：

1）囊式空气弹簧，如图 16.13-2 所示。它的优点是寿命长，制造工艺简单；缺点是刚度大，振动频率高。要使囊式空气弹簧得到比较柔软的特性，需另加较大的附加空气室。

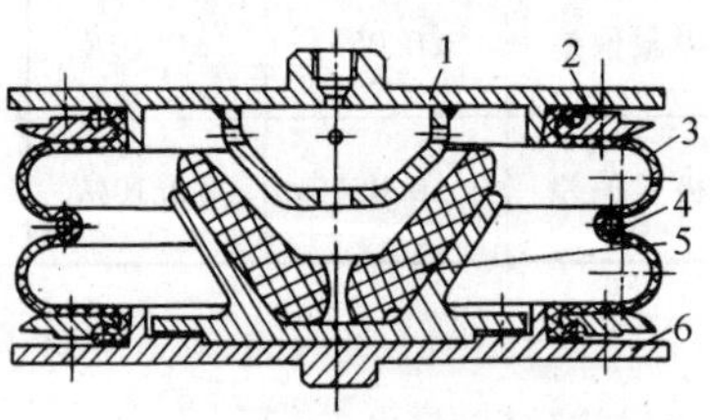

图 16.13-2　囊式空气弹簧
1—上盖板　2—压环　3—橡胶囊
4—腰环　5—橡胶垫　6—下盖板

2）膜式空气弹簧。优点是刚度小，振动频率低，特性线的形状容易控制；缺点是橡胶囊的工作情况复杂，寿命较低。膜式空气弹簧又可分为自由膜式（见图 16.13-3）和约束膜式（见图 16.13-4）。

空气弹簧具有下列特性：

1）同一空气弹簧在承受轴向载荷的同时还能承受径向载荷。

2）空气弹簧具有非线性特性，可以根据需要将特性线设计成理想的形状。

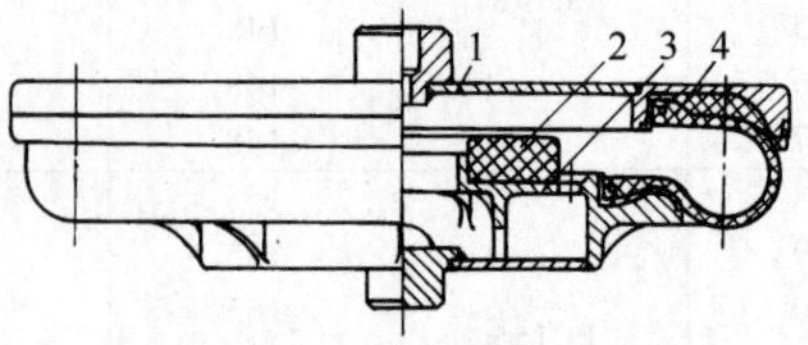

图 16.13-3　自由膜式空气弹簧
1—上盖板　2—橡胶垫　3—活塞　4—橡胶囊

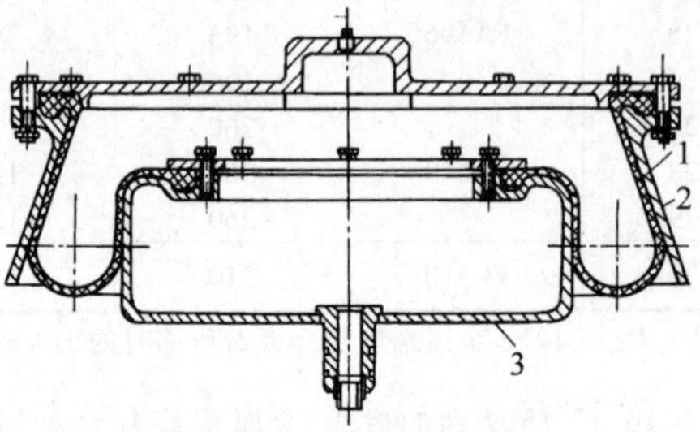

图 16.13-4　约束膜式空气弹簧
1—橡胶囊　2—外筒　3—内筒

3）空气弹簧的刚度可以通过改变空气弹簧的内压力加以调整，如用增加附加空气室使其刚度调得很低。

4）空气弹簧的刚度随载荷改变，因而在任何载荷下自振频率几乎不变。

5）可以附加高度控制阀系统，既可使空气弹簧在任何载荷下保持一定的工作高度，也可使空气弹簧在同一载荷下具有不同高度，有利于适应多种结构上的要求。

6）可在附加空气室间设置节流孔，起到阻尼作用。如果孔径大小选择适当，可以不设减振器。

7）吸收高频振动、隔声性能好。

8）在承受剧烈振动载荷时，空气弹簧寿命比钢弹簧长。

2　空气弹簧的刚度计算

在空气弹簧的设计计算中，有效面积 A 是其主要参数。如图 16.13-5 所示，作一切于空气囊表面且垂直空气囊轴线的平面 T-T。根据薄膜理论基本假设，空气囊不能传递弯矩和横向力，在空气囊切点处只传递平面 T-T 中的力，平面 T-T 的有效面积为 A，有效半径为 R，$A=\pi R^2$，因此弹簧上所受的载荷 F 为

$$F = Ap = \pi R^2 p \qquad (16.13\text{-}1)$$

式中　p——空气弹簧的内压力。

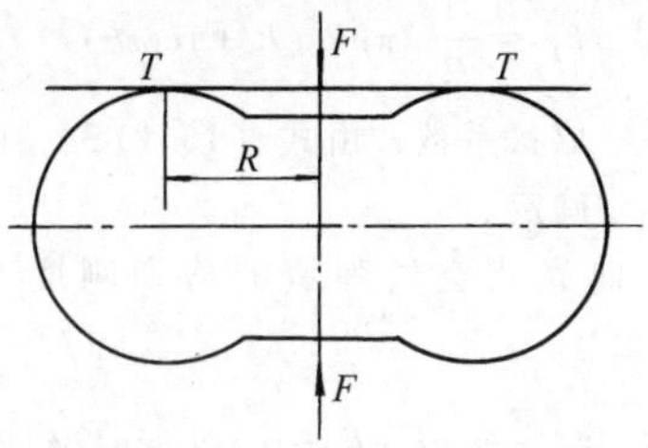

图 16.13-5　弹簧载荷的有效面积

2.1　空气弹簧的轴向刚度

空气弹簧刚度的精确计算难以用解析法处理，只能用图解法。空气弹簧轴向刚度 k 的一般近似计算式为

$$k = m(p + p_a)\frac{A^2}{V} + apA \qquad (16.13\text{-}2)$$

式中　m——多变指数，其值的大小取决于空气变化过程的流动速度。对于等温过程，即热交换充分，温度能保持不变时，$m=1$；对于绝热过程，$m=1.4$；一般实际情况时，$1<m<1.4$；

p——空气弹簧的内压力（表压力）(MPa)；

p_a——大气压力，计算时取 $p_a=0.098$ MPa；

A——空气弹簧的有效面积（承载面积）(mm^2)；

V——空气弹簧的有效容积 (mm^3)，等于空气弹簧本身橡胶囊容积和附加空气室容积之和；

a——空气弹簧轴向变形的形状系数。

几种空气弹簧的形状系数的计算方法如下：

（1）囊式空气弹簧的形状系数（见图 16.13-6）

$$a = \frac{1}{nR}\frac{\cos\theta + \theta\sin\theta}{\sin\theta - \theta\cos\theta} \qquad (16.13\text{-}3)$$

式中　n——空气弹簧的曲数（图 16.13-6 中只画出一曲）；

R——空气弹簧变形前的几何参数，即切点到空气囊轴线的距离，称为有限半径。

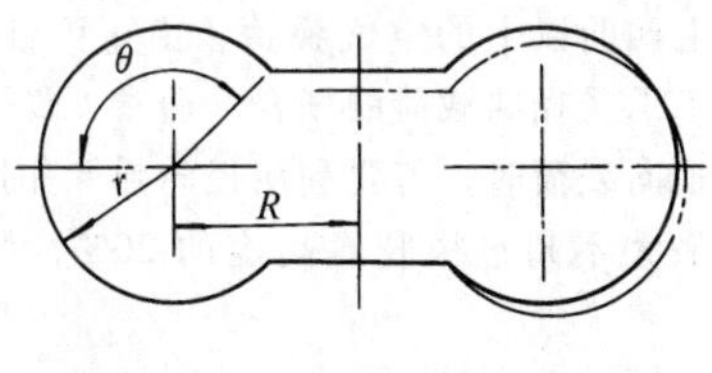

图 16.13-6　囊式空气弹簧的变形

（2）自由膜式空气弹簧的形状系数（见图 16.13-7）

$$a = \frac{1}{R}\frac{\sin\theta\cos\theta + \theta(\sin^2\theta - \cos^2\varphi)}{\sin\theta(\sin\theta - \theta\cos\theta)}$$
$$(16.13\text{-}4)$$

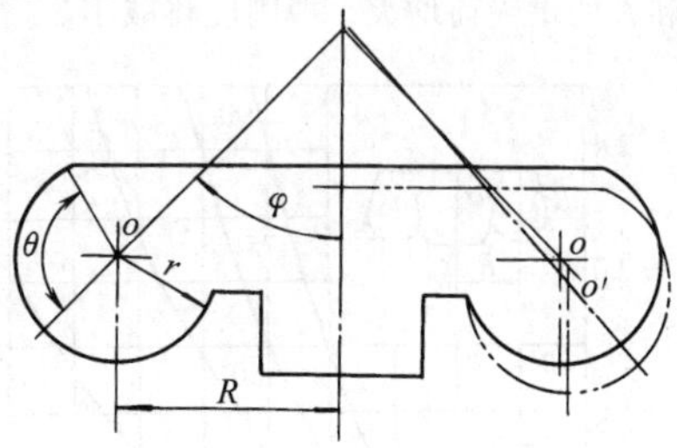

图 16.13-7　自由膜式空气弹簧的变形

（3）约束膜式空气弹簧的形状系数（见图 16.13-8）

$$a=-\frac{1}{R}\times\frac{2\left[\sin(\alpha+\beta)+(\pi+\alpha+\beta)\sin\alpha\sin\beta\right]}{2+2\cos(\alpha+\beta)+(\pi+\alpha+\beta)\sin(\alpha+\beta)}$$
$$(16.13\text{-}5)$$

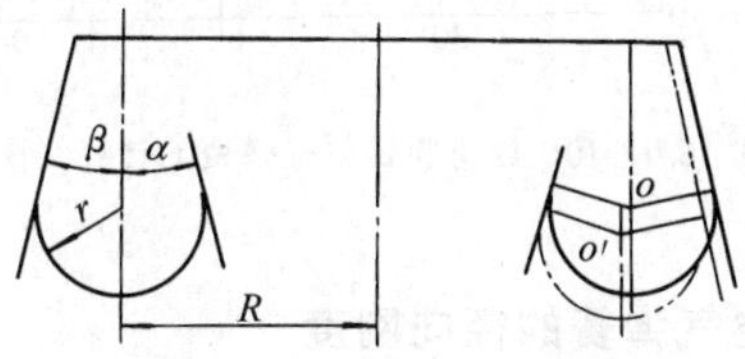

图 16.13-8　约束膜式空气弹簧的变形

根据式（16.13-4）作出的计算线图如图 16.13-9 所示。从图 16.13-9 中可以看出，形状系数 a 随角度 φ 的增加而增加。角度 θ 较小时，φ 对 a 的影响很大，但随 θ 的增加，φ 的影响逐渐减小。利用此图可使形状系数取得很小，以降低轴向刚度。

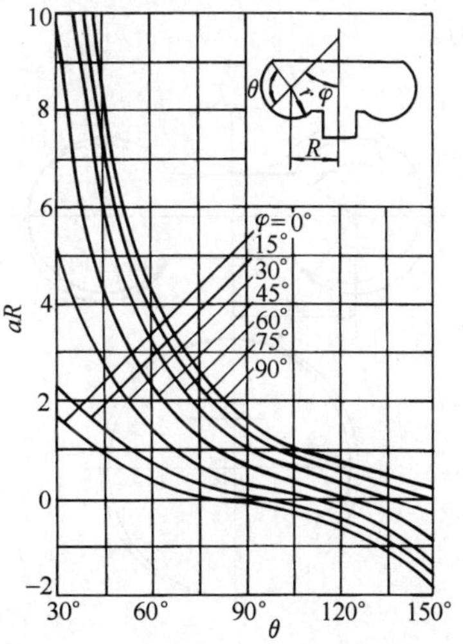

图 16.13-9　自由膜式空气弹簧的计算线图

根据式（16.13-5）作出的计算线图如图 16.13-10 所示。可以从图中看出，内、外筒的倾斜角度 α、β 对形状系数 a 的影响。$\alpha=\beta=0°$ 时，$a=0$。a 的绝对值随 α 和 β 的增大而增大，即刚度将减小。

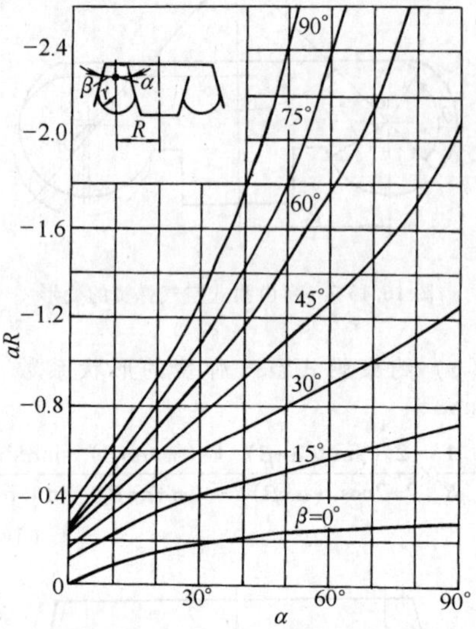

图 16.13-10　约束膜式空气弹簧的计算线图

2.2　空气弹簧的径向刚度

空气弹簧的径向刚度不仅与其几何形状有关，还和空气囊的结构及其材质有很大关系，而橡胶-帘线膜本身的影响需通过试验来确定。

（1）囊式空气弹簧

囊式空气弹簧在径向载荷下的变形是弯曲和剪切作用的合成变形。

1）单曲囊式空气弹簧的弯曲刚度（见图 16.13-11）。

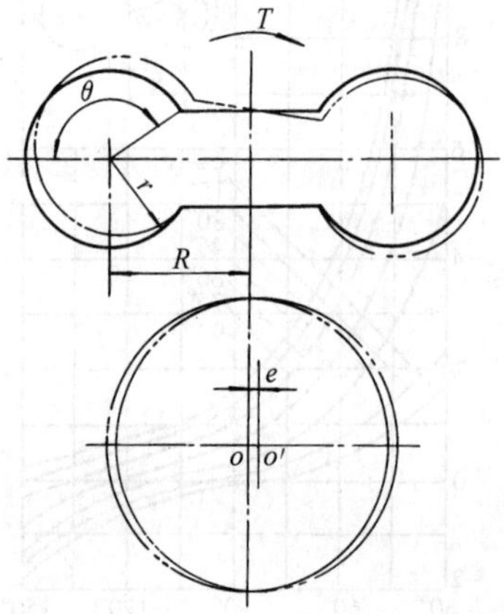

图 16.13-11　单曲囊式空气弹簧的弯曲变形

$$k_T = \frac{1}{2}a\pi pR^3(R + r\cos\theta) \qquad (16.13\text{-}6)$$

式中　a——形状系数，由式（16.13-3）（取 $n=1$）确定。

2）单曲囊式空气弹簧的剪切刚度 k_Q（见图 16.13-12）。

$$k_Q = \frac{\pi}{16r\theta}m\rho E_f(R + r\cos\theta)\sin^2 2\psi \qquad (16.13\text{-}7)$$

式中　m——橡胶囊的帘线层数；

ρ——橡胶囊的帘线密度；

E_f——一根帘线的截面积与其纵向弹性系数的乘积；

ψ——帘线与橡胶囊经线的夹角。

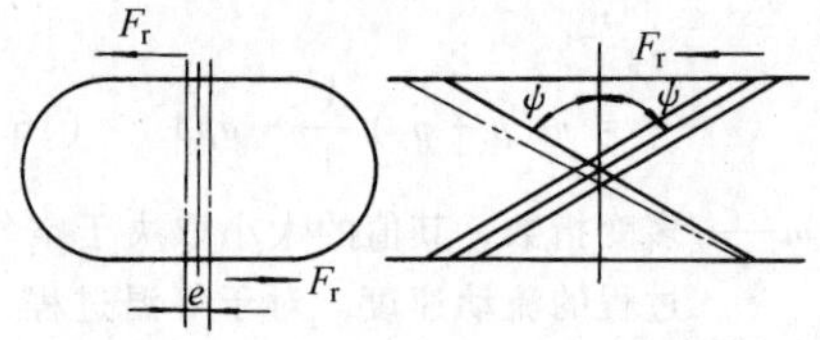

图 16.13-12　单曲囊式空气弹簧的剪切变形

3）多曲囊式空气弹簧的径向刚度。对于多曲囊式空气弹簧，横截面受弯曲和剪切载荷而产生的变形，可以利用力和力矩的平衡关系，将各曲囊的变形叠加求得。当横截面总的变形很小时，多曲囊式空气弹簧的径向刚度为

$$k_r = \left\{ \frac{n}{k_Q} + \frac{\left[(n-1)\left(h+h'+\frac{F}{k_Q} \right) \right]^2}{\left(2k_T + \frac{F^2}{2k_Q} \right) - F(n-1)\left(h+h'+\frac{F}{k_Q} \right)} \right\}^{-1} \qquad (16.13\text{-}8)$$

式中　n——空气弹簧的曲数；

h——一曲橡胶囊的高度；

h'——中间腰环的高度；

F——空气弹簧承受的轴向载荷；

k_T——弯曲刚度，由式（16.13-6）计算；

k_Q——剪切刚度，由式（16.13-7）计算。

由上式看出，空气弹簧的曲数越多，径向刚度越小。实际上四曲以上的空气弹簧，由于弹性不稳定，已不适合于承受径向载荷的场合。通常，囊式空气弹簧在承受轴向载荷时，若要利用径向弹性作用，应使径向振幅最大不超过橡胶囊高度的 20%，尽可能在 10%以下。

（2）膜式空气弹簧

自由膜式和约束膜式空气弹簧在径向载荷作用下的变形情况如图 16.13-13 和图 16.13-14 所示。它们的径向刚度为

$$k_r = \pi b p R^2 + k_{r0} \qquad (16.13\text{-}9)$$

式中　b——径向刚度的形状系数；

k_{r0}——橡胶囊本身的径向刚度。

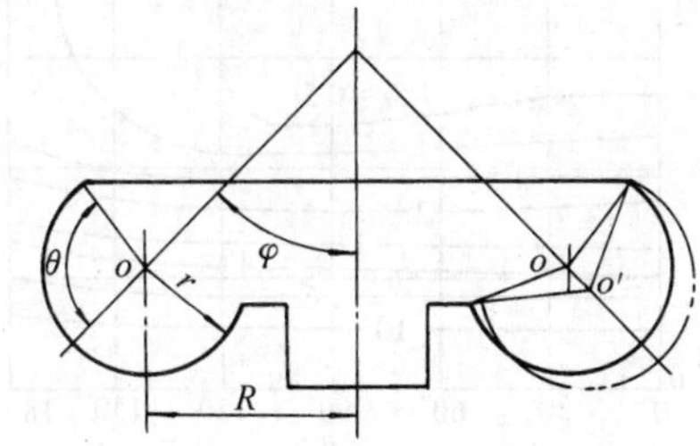

图 16.13-13　自由膜式空气弹簧的径向变形

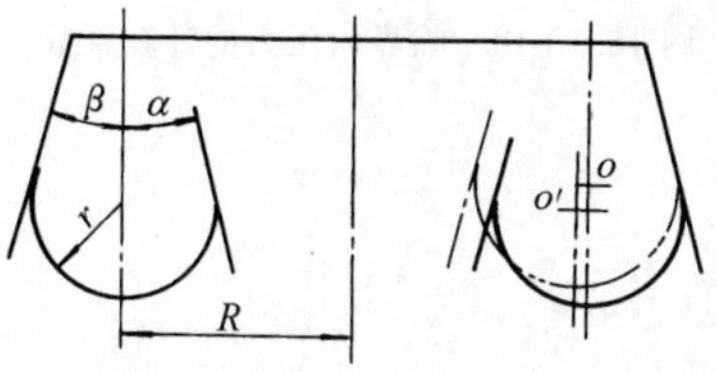

图 16.13-14　约束膜式空气弹簧的径向变形

1）自由膜式空气弹簧的形状系数 b 用下式计算。

$$b=\frac{1}{2R}\times\frac{\sin\theta\cos\theta+\theta(\sin^2\theta-\sin^2\varphi)}{\sin\theta(\sin\theta-\theta\cos\theta)} \qquad (16.13\text{-}10)$$

2）约束膜式空气弹簧的形状系数 b 用下式计算。

$$b=\frac{1}{2R}\times\frac{(\pi+\alpha+\beta)\cos\alpha\cos\beta-\sin(\alpha+\beta)}{1+\cos(\alpha+\beta)+\frac{1}{2}(\pi+\alpha+\beta)\sin(\alpha+\beta)} \qquad (16.13\text{-}11)$$

由式（16.13-10）作出的计算线图如图 16.13-15 所示。从图 16.13-15 中可以看出，形状系数 b 随角度 φ 的增加

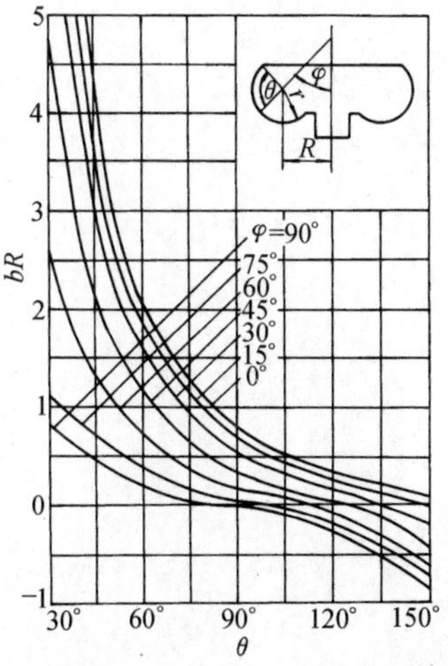

图 16.13-15　自由膜式空气弹簧的计算线图

而减小。当 θ 较小时，φ 的影响很大，而随着 θ 的增加，φ 的影响逐渐变小。

由式（16.13-11）作出的计算线图如图 16.13-16 所示。由图 16.13-16 可以看出，内、外筒倾斜角度对径向刚度的影响，系数 b 随 α 和 β 的增大而减小。

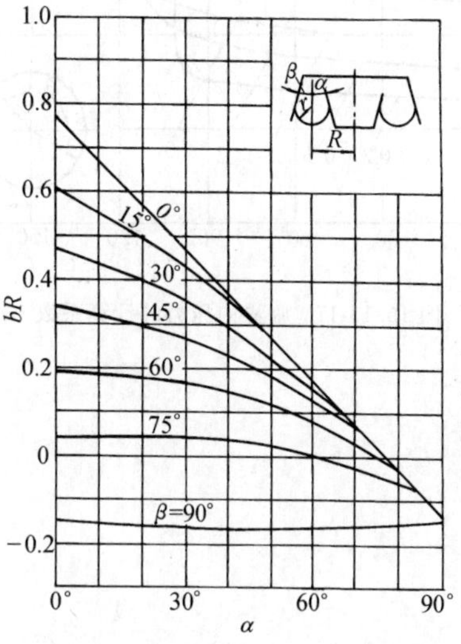

图 16.13-16　约束膜式空气弹簧的计算线图

3　空气弹簧的强度计算

空气弹簧的强度计算主要是橡胶囊的计算，确定它在承载状态下的几何形状、载荷、内压力和应变等因素间的相互关系。其精确计算复杂，为了简化，假设空气弹簧在变形前后，橡胶膜的自由变形部分的径向断面仍保持为圆弧，径向载荷全部由帘线承担，内、外橡胶层只起密封作用。空气弹簧在变形前形状的几何参数为 R、r 和 θ（见图 16.13-6），橡胶囊的临界内压力为

$$p_{cr}=\frac{m\rho N_{cr}}{r}\left(\frac{i}{\cos^2\psi}+\frac{j}{\sin^2\psi}\frac{E_r}{E_\varphi}\right)^{-1} \qquad (16.13\text{-}12)$$

式中　m——橡胶囊的帘线层数；

ρ——橡胶囊的帘线密度；

N_{cr}——一根帘线的抗拉强度；

ψ——帘线与橡胶囊经线的夹角；

i、j——计算系数，由 R、r 和 θ 从图 16.13-17 和图 16.13-18 中查取；

E_r、E_φ——橡胶囊经线方向和纬线方向的膜厚与弹性模量之积（膜单位宽度的弹性模量）。

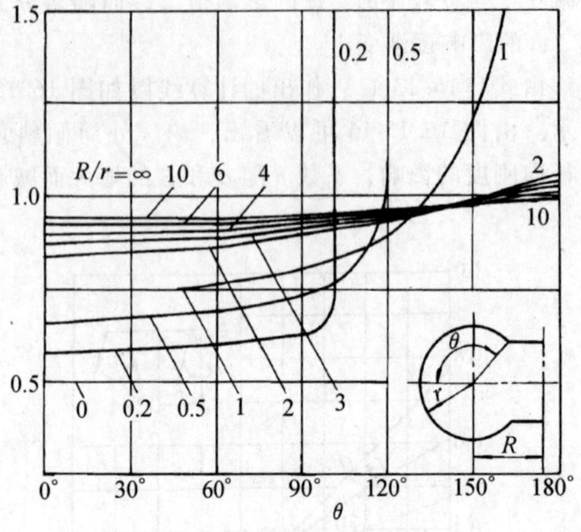

图 16.13-17 临界内压力的计算系数 i

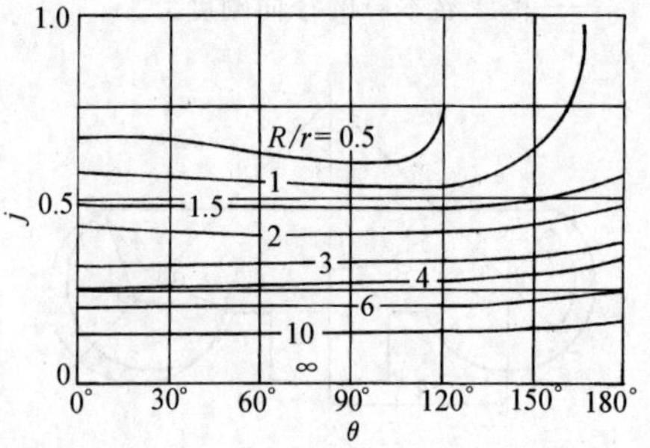

图 16.13-18 临界内压力的计算系数 j

第 14 章　弹簧的热处理和强化处理

1　弹簧的热处理

1.1　弹簧热处理的目的、要求和方法

弹簧热处理的目的在于充分发挥材料的潜力，使之达到或接近最佳的力学性能，从而保证弹簧在使用状态下长期可靠地工作。

随着机械向速度高、载荷重、质量轻和体积小的方向发展，对弹簧也提出了更高的要求。

弹簧在加工过程中都要进行热处理，对于各种不同类型、材料和用不同方法加工出来的弹簧，其热处理的目的、要求和方法是不相同的。

可以通过不同的热处理方法来满足弹簧设计的要求。螺旋弹簧热处理的基本目的、要求和方法见表 16.14-1。

1.2　弹簧的预备热处理

常用碳素弹簧钢和合金弹簧钢的预备热处理工艺见表 16.14-2。

不锈弹簧钢的预备热处理工艺见表 16.14-3。

表 16.14-1　螺旋弹簧热处理的基本目的、要求和方法

热处理的目的	基本要求	热处理名称	适用材料的种类
预备热处理（软化组织）	均匀组织 提高塑性，加工方便 强化前应进行组织准备	正火 完全退火 不完全退火	淬火马氏体钢、淬火马氏体不锈钢和铜合金
		固溶处理	奥氏体不锈钢、马氏体时效不锈钢、铍铜、高温合金和精密合金
强化处理（强化组织）	获得较好的强度、韧性和弹性	淬火+回火	用退火材料或热卷成形的弹簧都应进行淬火和回火处理
	时效前的初步强化	时效	马氏体时效不锈钢、铍铜和精密合金
稳定化处理	消除冷加工应力，稳定弹簧的形状尺寸和弹性性能	去应力回火	冷拔成形并经过强化处理的材料，又在冷状态下加工成形的弹簧以及时效处理后又经变形加工的弹性元件

表 16.14-2　常用碳素弹簧钢和合金弹簧钢的预备热处理工艺

材料牌号	正火	完全(或等温)退火①		低温退火
	加热温度/℃	加热温度/℃	布氏硬度压痕直径/mm	加热温度/℃
65、75、85 钢	810～830	770②	≥4.4	690～710
65Mn	800～820	810	≥3.7	680～700
60Si2MnA	850～870	860	≥3.5	680～700
50CrVA	850～870	860	3.8～4.8	680～700

① 完全退火时，应该将炉温冷却至 650℃以下出炉空冷。

② 退火时也可以在(770±10)℃保温后，随炉冷却至 620～640℃并保持 1～2h，然后出炉空冷。

表 16.14-3　不锈弹簧钢的预备热处理工艺

材料牌号	不完全退火			低温退火		
	加热温度/℃	冷却介质	布氏硬度压痕/mm	加热温度/℃	冷却介质	布氏硬度压痕/mm
30Cr13	800～900	随炉冷却至 600℃后出炉空气冷却	≥4.2	730～780	空气	≥4.0
40Cr13			≥4.0	730～780		≥4.0

1.3　弹簧的去应力回火

1.3.1　常用弹簧钢材料的去应力回火

冷拔成形并经过强化处理的材料，在冷状态下加工成弹簧，或者时效处理后又经过变形加工的弹性元件，都应该进行去应力回火处理。处理的规范是由材料的种类和规格决定，既要消除加工应力，又要保证材料的强度、硬度和韧性等。常用弹簧钢材料去应力回火处理规范见表 16.14-4。

1.3.2　去应力回火温度对弹簧力学性能的影响

去应力回火温度对各种材料弹簧力学性能的影响是客观存在的。回火温度对碳素弹簧钢丝、油淬火-回火钢丝和 12Cr18Ni9 弹簧材料力学性能的影响见表 16.14-5～表 16.14-7。

表 16.14-4　常用弹簧钢材料去应力回火处理规范

材料牌号		直径/mm	回火温度/℃	保温时间/min	冷却介质	说明
碳素弹簧钢丝 B、C、D 级，重要用途碳素弹簧钢丝 E、F、G 级		<2	240～300	20～40	空气或水	1)回火温度可以根据弹簧的使用要求在规定范围内确定 2)保温时间可以根据弹簧丝的直径和装炉数量进行适当的调整 3)由于弹簧加工的需要，去应力回火有时要进行多次。为防止材料强度降低，应注意以后的每次回火温度都要比第一次的回火温度低 20～50℃，保温时间也可以较前一次略短些 4)进行去应力回火处理的弹簧，其硬度不予考虑
		2～4	260～320	20～60		
		>4	280～350	30～80		
油淬火-回火钢丝	50CrVA	≤2	360～380	20～30		
		>2	380～400	30～40		
	60Si2MnA	≤2	380～400	20～30		
		>2	400～420	30～40		
	65Si2MnA 70Si2MnA	≤2	420～440	20～40		
		>2	440～460	30～40		
	55CrSiA	≤2	380～400	20～40		
		>2	380～400	40～80		
奥氏体不锈钢丝	12Cr18Ni9 022Cr19Ni10 07Cr17Ni12Mo2	≤2 2～4 4～6	320～380 320～420 350～440	20～40 30～60 40～60	空气或水	

表 16.14-5　回火温度对碳素弹簧钢丝材料弹簧的力学性能的影响

钢丝直径/mm	材料供应状态	不同回火温度处理 30min 后的 R_m、R_{eL}、σ_e/MPa					
		温度	100℃	200℃	260℃	300℃	400℃
2	冷拉	R_m	1760	1850	1850	1750	1625
		R_{eL}	1350	1500	1600	1380	1300
		σ_e	1050	1350	1350	1200	1060

注：碳素弹簧钢丝在经过 280℃、20min 的回火处理后，硬度可以提高 3～4HRC

表 16.14-6　回火温度对油淬火-回火钢丝材料弹簧的力学性能的影响

钢丝直径/mm	材料供应状态	不同回火温度处理 30min 后的 σ_b、σ_s、σ_e/MPa					
		温度	100℃	200℃	300℃	400℃	500℃
2	冷拉	R_m	1520	1550	1600	1600	1350
		R_{eL}	1400	1400	1400	1380	1200
		σ_e	1300	1300	1280	1260	1150

表 16.14-7　回火温度对 12Cr18Ni9 材料弹簧力学性能（硬度）的影响

钢丝直径/mm	材料供应状态	不同回火温度处理 1h 后的硬度 HRC				
		300℃	350℃	400℃	450℃	500℃
4	冷拉	46.6	48.2	48.2	48.5	47.6
6		44.0	45.5	45.1	45.3	44.9

根据试验：大多数冷加工的奥氏体不锈钢，在经过 320~440℃回火处理 10~60min 后，力学性能、弹性、疲劳强度和松弛性能都会得到不同程度的提高，其抗拉强度大约可以增加 10%左右。这是因为在回火过程中有一种细微的碳化物 $M_{23}C_6$ 在原子晶格结构中析出，使得材料可以增加抗拉强度；另外，弹簧成形后通过回火处理可以减少因为加工成形而引起的内应力，提高了疲劳强度。

1.3.3　去应力回火温度和保温时间对拉伸弹簧初拉力的影响

去应力回火对拉伸弹簧的初拉力是有影响的，回火温度低，保温时间短，保留的初拉力较大，反之，则初拉力保留得小。回火温度、时间对拉伸弹簧初拉力的残存百分比试验值见表 16.14-8。

可以根据拉伸弹簧所需要的初拉力大小，对去应力回火温度与保温时间进行调整。为了弹簧加工的需要，去应力回火有时要进行多次，为了防止材料强度降低，应注意第一次以后每次回火的温度都要比第一次的回火温度低 20~50℃。

1.4　弹簧的淬火和回火

对用退火材料成形或热卷成形热弯成形的弹簧，为了确保弹簧的强度和性能，应进行淬火和回火处理。常用弹簧材料的淬火和回火处理规程见表 16.14-9。热轧弹簧钢的淬火临界直径见表 16.14-10。

表 16.14-8　回火温度、时间对拉伸弹簧初拉力的残存百分比试验值

材料	回火前(%)	去应力回火后的残存百分比(%)				
		150℃	200℃	250℃	300℃	350℃
		15min				25min
碳素弹簧钢丝	100	88	77	68	49	32
不锈弹簧钢丝	100	94	92	88	80	74

表 16.14-9　常用弹簧材料的淬火和回火工艺规程

牌号	淬火			回火			适用范围
	加热温度/℃	冷却介质	硬度HRC	加热温度/℃	冷却介质	硬度HRC	
65	780~830	水或油	—	400~600	—	—	材料直径小于 15mm 的螺旋弹簧、弹簧垫圈
75	780~830	水或油	—	400~600	—	—	
85	780~820	水或油	—	380~460	—	36~40	载荷较小的小螺旋弹簧，板簧片
65Mn	810~830	油或水	>60	400~500	水	42~50	5~10mm 的板簧片及材料直径为 7~15mm 的螺旋弹簧
55Si2Mn	860~880	油	>58	400~450	水	45~50	材料直径 10~25mm 的螺旋弹簧
60Si2MnA	860~880	油	>60	400~440	水	45~50	
55Si2Mn	860~880	油	>58	480~500	水	363~444 HBW	厚度 8~12mm 的板簧片
60Si2MnA	860~880	油	>60	500~520	水		
70Si3MnA	840~860	油	>62	420~480	水	48~52	大截面的重载弹簧
65Si2MnWA	840~860	油	>62	430~480	水	48~52	大截面的重载弹簧
50CrMn	840~860	油	>58	400~550	水	—	截面较大的和较重要的板簧片及螺旋弹簧
50CrVA	850~870	油	>58	400~500	水	388~415HBW	大截面重要的弹簧
				370~420	—	45~50	300℃以下工作的高温弹簧
60Si2CrVA	850~870	油	>60	430~480	水	45~52	用于制作汽轮机汽封弹簧、调节弹簧及大型螺旋弹簧和板簧
55SiMnMoV 55SiMnMoVB 55SiMnMoVNb	860~880	油	—	440~460	水	45~52	大截面的重载弹簧

表 16.14-10　热轧弹簧钢的淬火临界直径

序号	钢种及钢号	淬火临界直径/mm		油淬火时的淬火临界板厚/mm
		水淬	油淬	
1	碳素弹簧钢，钢号为65、70、75、80	<15	<8	<5
2	锰弹簧钢，钢号为65Mn	<25	15	9
3	硅锰弹簧钢，钢号为55Si2Mn、60Si2Mn	<30	20	12
4	铬锰弹簧钢，钢号为50CrMn	≈40	34	20
5	铬钒弹簧钢，钢号为50CrVA	50	40	24
6	铬锰硼弹簧钢，钢号为60CrMnB(BSUP11)	55	45	27~30
7	硅铬等弹簧钢，钢号为60Si2CrA、60Si2CrVA、65Si2MnWA	60~70	50	30
8	多元微合金化弹簧钢，钢号为55SiMnMoV(Nb)B、60CrMnMo(SAE4161H)	≈100	75 (90~110)	>50

1.5　弹簧的等温淬火

等温淬火就是将弹簧加热到该钢种的淬火温度，保温一定时间，以获得均匀的奥氏体组织，如在20~50℃的熔盐中，等温足够的时间，使过冷奥氏体基本上完全转变成为贝氏组织，再将弹簧取出，在空气中冷却。这种处理比普通淬火、回火处理的材料具有更高的延展性和韧性，而且弹簧极少变形或开裂。如果在等温淬火后再加一次略高于等温淬火温度的回火，则弹性极限和冲击韧性还能有所提高，而强度并没有大的变化。

弹簧的等温淬火规范，即等温淬火温度和等温淬火保温时间，必须按照该钢号的等温转变曲线图确定。几种常用弹簧钢的等温淬火规范见表16.14-11。

表 16.14-11　几种常用弹簧钢的等温淬火规范

牌号	等温淬火规范			硬度HRC
	加热温度/℃	等温淬火温度/℃	等温淬火保温时间/min	
65	820±10	320~340	15~20	46~48
65Mn	820±10	27 320~340	15 15~20	52~54 46~48
60Si2MnA	870±10	290	30	52
50CrVA	850±10	300	30	52

几种弹簧材料等温淬火与普通淬火、回火工艺的力学性能比较见表16.14-12。

1.6　碳素弹簧钢的热处理

制造弹簧的退火状态弹簧钢有65、70、75和85钢。这类材料的淬透性比较差，易开裂、易脱碳等，常用于制造弹簧垫圈、片形弹簧和其他不重要的弹簧。材料直径小于15mm的弹簧可以在油中淬透。退火状态碳素钢的热处理工艺及力学性能见表16.14-13。

表 16.14-12　几种弹簧材料等温淬火与普通淬火、回火工艺的力学性能比较

钢号	热处理工艺	硬度HRC	抗拉强度 R_m/MPa	屈服强度 R_{eL}/MPa	断后伸长率 A(%)	断面收缩率 Z(%)
50CrV	900℃油淬+380℃回火	48	1750	1640	—	48
	900℃+300℃等温30min	51	1950	1910	—	44
60Si2Mn	860℃油淬+440℃回火	47	1700	1500	11	46
	860℃+290℃等温30min		2090	1750	11	40
	860℃+290℃等温30min+290℃回火60min		1970	1850	12.5	50

表 16.14-13　65、70和85钢的热处理工艺及力学性能

钢号	淬火温度/℃(以及冷却介质)	淬火后硬度HRC	回火温度/℃				弹性模量 E/MPa	切变模量 G/MPa
			200	300	400	500		
			回火后硬度　HRC					
65	800~830(油或水)	>60	58	54	44	36	205800	79184
70	790~825(油或水)	>61	59	55	45	38	196000	78792
85	780~829(油或水)	>62	60	56	46	39	191100	78400

1.7　不锈钢的热处理

1.7.1　不锈钢热处理的方法与选择

不锈钢可以分为热处理可强化的钢和热处理不可强化的钢。其中，热处理可强化的钢是可以用热处理的方法改变组织结构进行强化的钢。它们有马氏体不锈钢、马氏体和半奥氏体（或半马氏体）沉淀硬化不锈钢和马氏体时效不锈钢等。

热处理不可强化的钢是不能用热处理的方法改变其组织结构进行强化的钢。它们有奥氏体不锈钢、铁素体不锈钢和奥氏体-铁素体不锈钢。

不锈钢的热处理方法见表 16.14-14。

表 16.14-14　不锈钢的热处理方法

项目	处理方法	目　的
热处理可强化的钢	淬火+回火处理	提高强度、硬度和耐蚀性能
	淬火+中温回火处理	获得较高的强度和弹性极限，但对耐蚀性能提高不高
	淬火+高温回火处理	获得良好的力学性能和一般的耐蚀性能
	退火处理	消除加工应力，降低硬度，提高塑性
	预备热处理（正火+高温回火）	改善内部原始组织
	调整热处理（固溶+深冷处理或者冷变形+时效处理等方法）	得到所需的良好力学性能和耐蚀性的沉淀硬化型不锈钢
热处理不可强化的钢	固溶热处理	消除冷作硬化，提高塑性和耐蚀性
	去应力回火	对零件形状复杂、不适合做固溶热处理的材料进行热处理
	稳定化回火处理	使含钛（Ti）或铌（Nb）的不锈钢达到稳定的耐蚀性能

注：1. 固溶处理是将合金加热到高温单相区恒温保持，使得过剩相充分溶解在固体中后，快速冷却，以得到过饱和固溶体的一种工艺。
2. 稳定化处理是稳定组织，消除残余应力，使得零件形状和尺寸变化保持在规定的范围内而进行的一种热处理工艺。
3. 时效处理是合金零件经过固溶热处理后在室温（自然时效）或者高于室温（人工时效）下保温，以达到沉淀硬化的目的。

1.7.2　奥氏体不锈弹簧钢稳定回火处理

部分奥氏体不锈弹簧钢稳定回火处理规范及设备见表 16.14-15。

表 16.14-15　部分奥氏体不锈弹簧钢稳定回火处理规范及设备

材料牌号	处理温度/℃	保温时间/h	设备	作用
12Cr18Ni9	420~450	1~2	真空回火炉或时效炉	消除应力，稳定弹簧的外形尺寸，经过稳定回火后的弹簧可以在<350℃的条件下使用
06Cr18Ni11Ti				
022Cr17Ni12Mo2	400~450	1~2		
06Cr17Ni12Mo2Ti				

1.7.3　马氏体不锈弹簧钢的热处理

用马氏体不锈弹簧钢制成弹簧后的最终热处理是淬火和回火。几种常用马氏体不锈弹簧钢的最终热处理工艺见表 16.14-16。

表 16.14-16　常用马氏体不锈弹簧钢的最终热处理工艺

材料牌号	淬火		回火		达到的硬度 HRC
	加热温度/℃	冷却介质	加热温度/℃	冷却介质	
30Cr13	980~1050	油或空气	按需要的强度选择 200~620	油、水或者空气	48~44
40Cr13	1000~1050	油或空气	按需要的强度选择 200~640	油、水或者是空气	48~52

1.7.4　沉淀硬化不锈弹簧钢的热处理

沉淀硬化不锈弹簧钢是通过马氏体相变强化和沉淀析出强化两者综合强化的，基本热处理工艺为固溶处理和时效处理。对于半奥氏体型钢，固溶处理后在室温下得到不稳定的奥氏体，没有完成马氏体转变，没有充分强化，因此在固溶处理的时效处理之间，增加一个调整处理，使得不稳定奥氏体转变为马氏体。常用的调整处理有调节处理（T 处理）、冷处理（L 处理）和塑性处理（C 处理）三种方法。

常用沉淀硬化不锈弹簧钢热处理工艺见表 16.14-17。

1.8　合金弹簧钢的热处理

当弹簧的截面较大或使用条件较苛刻时，碳素弹簧钢已不能满足使用要求。这类弹簧必须使用合金弹簧钢制造。在合金弹簧钢中由于添加了合金元素，不仅使淬透性增加，而且具有碳素弹簧钢所没有的性能。下面介绍常用合金弹簧钢的热处理规范。

1.8.1　硅锰弹簧钢的热处理

硅锰弹簧钢是弹簧钢中应用广泛的材料之一，具有成本低，淬透性好，抗拉强度、屈服强度和弹性极限高，回火稳定性好等优点。但硅锰弹簧钢为本质粗晶粒钢，过热敏感、脱碳倾向大，易石墨化，所以在热处理时淬火温度不宜过高，保温时间不宜过长，以防止晶粒粗大和脱碳。常用硅锰弹簧钢的热处理工艺规范及力学性能见表 16.14-18，不同回火温度下的硬度值见表 16.14-19。

表 16.14-17　常用沉淀硬化不锈弹簧钢热处理工艺

类别	材料牌号	固溶处理		调整处理	时效处理	
		加热温度/℃	冷却介质		加热温度/℃	冷却介质
半奥氏体沉淀强化型	07Cr17Ni7Al	1040~1060	水或空气	750~770℃空冷	555~545	空气
				940~960℃空冷 -78℃冷处理	500~520	
				冷变形	470~490	
	07Cr15Ni7Mo2Al	1050~1080	空气或水	750~770℃空冷	555~547	
				940~960℃空冷 -78℃冷处理	500~520	
				冷变形	470~490	
	07Cr12Mn5Ni4Mo3Al	1040~1060	空气	750~770℃空冷	450~490	
				-78℃冷处理	510~530 550~570	
				冷变形	340~360 510~570 550~570	
马氏体沉淀强化型	05Cr17Ni4Cu4Nb	1020~1060	空气		450~550	

表 16.14-18　常用硅锰弹簧钢热处理工艺规范及力学性能

材料	淬火温度/℃	冷却剂	硬度 HRC	回火温度/℃	硬度 HRC	抗拉强度 R_m/MPa	屈服强度 R_{eL}/MPa	断面收缩率 Z(%)	断后伸长率 A(%)
60Si2Mn	850~870	油	>60	440	48	1680	1470	44	11
60Si2MnA	850~870	油	>60	440	48	1680	1470	44	11

表 16.14-19　不同回火温度下的硬度值

		温度/℃							
硬度 HRC	材料	200	250	300	350	400	450	500	550
	60Si2Mn	58	57	56	54	51	45	40	38
	60Si2MnA	59	58	57	54	52	46	41	39

注：试件 d=8mm，硝盐炉，保温 60min，±2HRC。

1.8.2　铬钒弹簧钢和铬锰弹簧钢的热处理

常用的制造弹簧的铬钒弹簧钢和铬锰弹簧钢有：50CrV、55CrMn、60CrMn、51CrMnV 和 60Si2CrV 等。由于钢中含有 Cr、V 等元素，使钢的淬透性得到了显著的改善。同时，V 和 Cr 都是强烈的碳化元素，它们的碳化物存在于晶界附近，能有效地阻止晶粒长大。这类钢材虽然碳含量不高，强度稍低一些，但具有很好的韧性，特别优良的疲劳性能，因此对要求高疲劳性能的弹簧，如气门弹簧、调压弹簧和安全阀弹簧等，多选用 50CrV 来卷制。

表 16.14-20 列出了 50CrV 和 55CrMn 的热处理工艺规范和力学性能。

表 16.14-20　50CrV 和 55CrMn 的热处理工艺规范和力学性能

钢号	热处理			力学性能			
	淬火温度/℃	淬火介质	回火温度/℃	R_m /MPa	R_{eL} /MPa	Z (%)	A (%)
50CrV	850±20	油	500±50	>1275	>1130	>40	>10
55CrMn	840±20	油	485±50	>1225	>1080	>20	>9

1.8.3　高强度弹簧钢的热处理

这类弹簧钢的特点是强度高、淬透性好，在油中的淬透直径都在 50mm 以上，用于制造工作温度在 250℃以下的高应力弹簧，如气门弹簧、油泵弹簧和汽车悬架弹簧等。这类弹簧在较高温度下回火仍保持较高的强度。为获得高的强度，硬度一般在 48～52HRC 之间选取。高强度弹簧钢的热处理规范和不同回火温度下的力学性能见表 16.14-21。

表 16.14-21　高强度弹簧钢的热处理工艺规范和力学性能

钢号	热处理			力学性能			
	淬火温度/℃	淬火介质	回火温度/℃	R_m /MPa	R_{eL} /MPa	Z (%)	A (%)
60Si2Cr	870±20	油	420±50	>1765	>1570	>20	>6
60Si2CrV	850±20	油	410±50	>1860	>1665	>20	>6
60Si2MnCrV	860±20	油	400±50	>1700	>1650	>30	>5

1.8.4　硅锰弹簧钢新钢种的热处理

这类钢是在硅锰弹簧钢的基础上，在钢中加入了硼、钼、钒或铌等合金元素，淬透性比硅锰钢有较大的提高，直径 50mm 以下在油中都能淬透，脱碳和过热的倾向比硅锰弹簧钢低，韧性和疲劳性能则优于硅锰弹簧钢，主要用于制造汽车钢板弹簧。常用的牌号有 55SiMnVB 和 40SiMnVBE。其热处理规范和力学性能见表 16.14-22。

表 16.14-22　55SiMnVB 和 40SiMnVBE 的热处理工艺规范和力学性能

钢号	热处理			力学性能			
	淬火温度/℃	淬火介质	回火温度/℃	R_m /MPa	R_{eL} /MPa	Z (%)	A (%)
55SiMnVB	860±20	油	460±50	>1375	>1225	>30	>5
40SiMnVBE	880±20	油	320±50	>1800	>1680	>40	>9

1.8.5　耐热弹簧钢的热处理

耐热弹簧钢主要用于制造汽轮机及锅炉中高温下工作的弹簧。这类材料的淬火和加热温度较高，导热系数低，故在高温加热之前要经过预热。一般预热温度为 820～870℃，预热保温系数为 0.5min/mm。在高温炉中的加热时间不宜过长，否则容易引起弹簧表面的氧化和脱碳，一般取 10～20s/mm。30W4Cr2V 是常用的耐热弹簧钢，其热处理规范及力学性能见表 16.14-23。

1.8.6　高速弹簧钢的热处理

要求在 450～600℃的高温条件下工作的弹簧一般用 W18Cr4V 高速弹簧钢来制造。这种弹簧材料以退火状态供应，卷制成形后需要淬火与回火处理。其热处理工艺是：820～850℃预热，预热的时间是加热时间的 2 倍；在 1270～1290℃的温度加热，在 580～620℃低温盐浴中分级冷却或油冷，然后在 600℃进行二次回火，每次 1h；或者第二次回火加热到 700℃，保温 2h，以提高弹簧的疲劳强度，热处理硬度为 52～60HRC。

1.9　铜合金弹簧材料的热处理

1.9.1　锡青铜的热处理

锡青铜不能经热处理强化，而要通过冷变形来提高强度和弹性，主要方式如下：

1）完全退火。用于中间软化工序，以保证后续工序大变形量加工的塑性变形性能。

2）不完全退火。用于弹性元件成形前得到与后续工序相一致的塑性，以保证后续工序一定的成形变形量，并使弹簧达到使用性能。

3）稳定退火。用于弹簧成形后的最终热处理，以消除冷加工应力，稳定弹簧的外形尺寸及弹簧性能。

锡青铜弹簧材料的退火规范见表 16.14-24。

1.9.2　铍铜的热处理

铍铜的热处理可以分为退火处理、固溶处理和固溶处理后的时效处理。

退火处理分类如下：中间软化退火，用来做加工中间的软化工序；消除应力退火，用于消除机械加工和校正时产生的加工应力；稳定化退火，用于消除精密弹簧和校正时所产生的加工应力，稳定外形尺寸。

铍铜弹簧材料的退火规范见表 16.14-25。铍铜弹簧材料的固溶处理和时效处理的规范见表 16.14-26。

表 16.14-23　30W4Cr2V 的热处理规范及力学性能

钢　　号	热处理状态	抗拉强度 R_m/MPa	屈服强度 R_{eL}/MPa	断后伸长率 A(%)	断面收缩率 Z(%)	冲击韧度 /(J/cm²)
30W4Cr2V	预热 850℃ 1000~1050℃油冷 600℃回火	1750~1770	1600~1610	10	39~46	74~100

表 16.14-24　锡青铜弹簧材料的退火规范

材料牌号	完全退火		不完全退火①		稳定退火	
	温度/℃	时间/h	温度/℃	时间/h	温度/℃	时间/h
QSn4-0.3	500~650	1~2	350~450	1~2	150~280	1~3
QSn4-3	500~600	1~2	350~450	1~2	150~260	1~3
QSn6.5-0.1	500~610	1~2	320~430	1~2	150~280	1~3
QSn6.5-0.4	550~620	1~2	360~420	1~2	200~300	1~3

① 不完全退火的规范可以根据弹簧后续成形的变形量来进行调整。

表 16.14-25　铍铜弹簧材料的退火规范

材料牌号	中间化退火		去应力回火		稳定化回火(时效处理)	
	温度/℃	时间/h	温度/℃	时间/h	温度/℃	时间/h
TBe1.7	540~570	2~4	200~260	1~2	110~130	4~6
TBe1.9	540~570	2~4	200~260	1~2	110~13	4~6
TBe2	540~570	2~4	200~260	1~2	110~130	4~6

表 16.14-26　铍铜弹簧材料的固溶处理和时效处理的规范

牌号	固溶处理		处理目的及使用范围	时效处理	
	温度/℃	厚度/时间		温度/℃	时间/h
TBe1.7	800±10	0.1~1.0mm/5~9min	适于较厚、直径比较粗的材料	315±5 (板、带、丝) 320±5 (直径 5~30)	Y 态:1~2
TBe1.9	780±10	1.0~5.0mm/12~30min	综合性能好,用于软化处理和时效前的组织准备		Y2 态:2
TBe2	760±10	5.0~10mm/25~30min	获得细小的晶粒组织,有利于提高弹簧的疲劳强度		C 态:2~3

注：固溶处理的保温时间对材料的晶粒度和沉淀硬化后的性能影响很大，应该按材料的直径的厚度并通过试验来确定。时效处理保温时间结束后可以在空气中冷却。

1.9.3　硅青铜的热处理

硅青铜具有较好的强度、硬度、弹性、塑性和耐磨性，其冷、热加工性能也比较好，但是只能在退火和加工硬化状态下使用。弹簧成形后只需要进行200~280℃去应力回火处理。

1.9.4　铝青铜的热处理

淬火温度的选择应使合金组织转变为单一的 α 相。铝质量分数为 9%~10% 的铝青铜，这一温度为1000℃左右，接近该合金的熔化温度，因此其淬火温度应比这一温度略低，一般为 850~950℃，保温时间一般为 1~2h，在水中冷却。

回火温度根据所要求的力学性能确定。在要求具有高强度、高硬度和低塑性时，可以采用低温回火，温度为 250~350℃；在要求具有较高强度、硬度和较高塑性、韧性时，则采用高温回火，温度为 500~650℃。回火时间一般为 2h 左右。

铝青铜的淬火及回火工艺规范见表 16.14-27。

1.10　高温弹性合金和钛合金的热处理

1.10.1　高温弹性合金的热处理

高温下使用的弹性合金有铁基和镍基两大类。

表 16.14-27　铝青铜的淬火与回火工艺规范

合金牌号	淬火			回火			硬度 HBW
	加热温度 /℃	保温时间 /h	冷却剂	加热温度 /℃	保温时间 /h	冷却剂	
QAl9-4	850±10	2~3	水	500~550	2~2.5	空气	110~178
QAl10-3-1.5	900±10	2~3	水	600~650	2~2.5	空气	130~170

1）铁基高温合金。用来制作弹簧的铁基高温合金有 GH2135、GH2132 等。其中铬的作用是主要使金属表面形成一层致密的氧化膜；镍的作用是使基体保持奥氏体组织（因为在高温时奥氏体钢比铁素体钢具有更高的热强性），并与钛、铝等元素形成具有强烈沉淀强化作用的金属间化合物 γ′相 Ni3（TiAl）和 Ni3（AlTi）；钨和钼主要起固溶强化的作用；硼的作用是净化晶界，提高抗蠕变的能力。GH2132、GH2135 的热处理规范及不同温度下的力学性能见表 16.14-28。

2）镍基高温合金。常用的有 GH4169（Inconel-718）、GH4145（Inconel-X-750）。这类材料比铁基高温合金有更高的耐热性能和耐蚀性能。GH4169 和 GH4145 的热处理规范和力学性能见表 16.14-29。

高温弹性合金主要用于制造在较高温度下使用的弹簧，高温下工作的弹簧除会发生通常的蠕变和松弛等现象外，还会由于分子热运动的加剧而导致原子间结合力下降。材料的弹性模量 E 和切变模量 G 本质上是反映了原子间的结合力，因此温度升高，原子间距增大，必然导致 E 值和 G 值的下降。一般钢的温度每升高 100℃，E 值和 G 值下降 3%~5%。因为弹簧的弹性力和扭矩都和材料的弹性模量成正比，所以在高温下即使弹簧的几何尺寸不发生变化，其弹性力和扭矩也要低于常温下的弹簧。在计算时 G 值可参照表 16.14-30 进行估算。

1.10.2　钛合金的热处理

钛合金的特点是密度小（ρ=4.4~4.6g/cm³），具有高的比强度和良好的耐蚀性能。除此之外，钛合金还有较好的热强性和低温性能，有些类型的钛合金能通过热处理时效进行强化。钛合金主要用于制造特殊用途的弹簧。常用的是 α+β 型钛合金 TC3（Ti-5Al-4V）和 TC4（Ti-6Al-4V）。TC3 的固溶温度为 800~850℃，TC4 的固溶温度为 900~950℃，保温时间可按下面的经验公式计算：

$$T = 3d + (5 \sim 8)\,\text{min} \qquad (16.14\text{-}1)$$

式中　d——弹簧钢丝的直径（mm）。

TC3 和 TC4 经热处理后的力学性能见表 16.14-31。

表 16.14-28　GH2132、GH2135 的热处理规范及不同温度下的力学性能

合金	热处理状态	试验温度 /℃	动态弹性模量 E_0/MPa	抗拉强度 R_m/MPa	断后伸长率 A (%)
GH2132	985℃,8~10min 空冷 700℃,16h 空冷 (1.5~2.0mm 板材)	20	20170	1130~1230	26~29
		400	17500	1020~1100	16~20
		500	16650	1020~1100	18~19
		600	16050	920	24~26
		700	15200	—	27~37
GH2135	1030℃,7min 空冷 750℃,16h 空冷 (1.5~2.0mm 板材)	20	20065	1190~1210	21~23
		400	—	1190~1270	16~19
		500	17300	1260~1270	19~20
		600	16460	1130~1150	21~24
		700	15550	87~89	13~14

表 16.14-29　GH4169、GH4145 热处理规范和力学性能

合金	热处理方法	抗拉强度 R_m/MPa	规定塑性延伸强度 $R_{P0.2}$/MPa	断面收缩率 Z(%)	断后伸长率 A(%)	硬度 HV
GH4169 (Inconel-718)	1000℃ 固溶+30% 冷变形+720℃×8h;620℃×8h	1750	1650	44	11	460
GH4145 (Inconel-X-750)	固溶+冷拔 730℃×16h+650℃×2h(试样为 ϕ2mm 冷拔钢丝)	1770~1800	—	2~3 (弯曲次数)	5.5 (扭转次数)	—

表 16.14-30 不同温度下高温弹性合金的切变模量

温度/℃	20	100	200	300	400	500	600	700
切变模量 G/MPa	80500	77500	74800	72400	70200	68300	65100	61900

表 16.14-31 钛合金弹簧热处理工艺及力学性能

牌号	固溶处理		时效			抗拉强度 R_m/MPa	规定塑性延伸强度 $R_{P0.2}$/MPa	强性模量 E/MPa	切变模量 G/MPa	断后伸长率 A(%)	断面收缩率 Z(%)	硬度 HBW
	加热温度/℃	冷却介质	加热温度/℃	时效时间/h	冷却介质							
TC3	800~850	水	420~500	4~6	空气	1200~1300	1100~1250	111700	49000	10~14	30~40	350~390
TC4	910	水	480	4	空气	1190	—	—	49000	13	49	—

注：试样为棒，冷拔钛合金材料卷制弹簧可直接进行时效。

2 弹簧的强化处理

弹簧在理想的情况下应符合胡克定律，即在弹性范围内应力和应变呈直线关系。但由于弹簧钢是多相多晶体材料，必然存在成分、组织和弹性等的不一致，故在弹性范围内应力和应变偏离直线关系。这称为弹性不完整性或滞弹性，由此产生弹性后效、弹性滞后、应力松弛和弹性模量降低等现象。弹簧回火后进行稳定化处理可以减少弹性不完整性，在现场一般将稳定化处理称为立定处理。弹簧的强化处理有立定处理、强压处理和喷丸处理。

2.1 弹簧的立定处理

对压缩弹簧，是把弹簧压缩到工作极限高度或并紧高度；对拉伸弹簧，是把弹簧长度拉至工作极限长度数次；对扭转弹簧，是把弹簧顺工作方向扭转至工作极限扭转角数次。如此作用7次之后，弹簧将趋于稳定，现场操作，一般取3~5次。

在高于弹簧工作温度下的立定处理称为加温立定处理，它能保证弹簧在高温下正常工作。各种弹簧加温立定处理时的高度（扭转角）、温度和时间都应该根据弹簧的使用条件专门设定，并且要经过反复认真的试验才能确定。

必须说明的是拉伸弹簧经过立定处理后初拉力会减少或者消失，所以对于有初拉力要求的拉伸弹簧一般就不能做加温立定处理。

弹簧经过立定处理后自由高度要降低。为了使弹簧达到图样上规定的自由高度，在卷簧时的卷制高度除自由高度外要留出变形量，这个高度称为预制高度。因为立定处理影响的因素较多，故变形量不能精确地计算。下面介绍两个计算预制高度的经验公式，作为确定参数的参考。

立定处理时螺旋压缩弹簧的预制高度

$$H_0' = K_0 f_j + (H_0 - f_j) \qquad (16.14\text{-}2)$$

式中 H_0——弹簧的自由高度；

f_j——处理时的压缩变形量；

K_0——系数，根据弹簧材料在表 16.14-32 中查取。

表 16.14-32 系数 K_0 值

τ/σ_b	E 组①、C 级②	50CrV	τ/σ_b	E 组①、C 级②	50CrV
≤0.46	1.0000	—	0.74	1.1060	1.0596
0.47	1.0002	—	0.75	1.1121	1.0645
0.48	1.0008	—	0.76	1.1184	1.0696
0.49	1.0018	—	0.77	1.1250	1.0748
0.50	1.0032	—	0.78	1.1313	1.0801
0.51	1.0049	—	0.79	1.1380	1.0855
0.52	1.0069	—	0.80	1.1445	1.0910
0.53	1.0092	1.0000	0.81	1.1512	1.0968
0.54	1.0118	1.0002	0.82	1.1581	1.1030
0.55	1.0147	1.0007	0.83	1.1650	1.1085
0.56	1.0179	1.0017	0.84	1.1720	1.1144
0.57	1.0212	1.0028	0.85	1.1790	1.1210
0.58	1.0248	1.0043	0.86	1.1861	1.1270
0.59	1.0286	1.0061	0.87	1.1930	1.1330
0.60	1.0327	1.0081	0.88	1.2010	1.1392
0.61	1.0369	1.0105	0.89	1.2080	1.1460
0.62	1.0413	1.0131	0.90	1.2150	1.1520
0.63	1.0460	1.0160	0.91	1.2220	1.1590
0.64	1.0506	1.0190	0.92	1.2300	1.1650
0.65	1.0555	1.0221	0.93	1.2380	1.1720
0.66	1.0606	1.0256	0.94	1.2460	1.1790
0.67	1.0659	1.0292	0.95	1.2530	1.1860
0.68	1.0712	1.0331	0.96	1.2604	1.1920
0.69	1.0769	1.0371	0.97	1.2681	1.2000
0.70	1.0823	1.0413	0.98	—	1.2080
0.71	1.0880	1.0456	0.99	—	1.2140
0.72	1.0939	1.0501	1.00	—	1.2210
0.73	1.1000	1.0548	—	—	—

① 重要用途碳素弹簧钢丝。

② 碳素弹簧钢丝。

立定处理后，如果进行低温回火，弹簧的比例极限和承受载荷的能力将有所提高，尤其是对于精密的弹簧和使用温度稍高的弹簧，在改善弹簧性能和提高合格率方面有着明显的效果。

对立定处理后的低温回火，考虑到加工中金属晶格间微观的剩余应变和不使强化的宏观剩余应力的下降，回火温度应稍低于去应力退火的温度。一般来说，铜弹簧的回火温度为 160～200℃，保温 1h；钢弹簧的回火温度为 200～400℃，保温 30min 左右。

2.2　弹簧的强压处理

作用在背景簧上的应力对螺旋压缩、拉伸弹簧主要是切应力，对螺旋扭转弹簧、板弹簧和片弹簧主要是弯曲应力，但不论是受切应力还是弯曲应力或两者合成应力的弹簧，都是在材料的表层产生最大的应力。

弹簧材料中的剩余应力如果与工作应力方向相反，则可提高弹簧的承载能力；如果与工作应力方向相同，则降低弹簧的承载能力。在弹簧的制作过程中，由于卷制和冷加工所产生的残余应力（即内应力）多为后一种情况，因此要采用去应力退火处理来消除这种内应力，这在前面已经阐明。在弹簧制造中所有用的强压（拉、扭）处理、喷丸处理和滚压处理等机械强化工艺，能使弹簧材料表面内产生有利的残余应力，从而可提高弹簧的承载能力。

强压（强拉、强扭）处理对压缩弹簧来说，就是把弹簧压至材料层的应力超过屈服强度，使表面产生负残余应力，心部产生正残余应力。

其工艺方法有两种。一种方法是静强压，把弹簧压至要求高度，停放 6~48h，然后放开。这种方法占用工艺装置及设备较多，占用场地也较大，但性能较稳定，宜用于一些小弹簧。另一种方法是用较慢速度（约 1min）把弹簧压至规定高度，然后缓慢放开（约 1min），使弹簧产生塑性变形，然后在该高度下进行立定处理。这种方法与静强压有同样效果，适用于各类大弹簧。

不同类型弹簧的强压处理的方法不一样。对扭杆弹簧，是对扭杆在工作载荷的方向加以超过扭杆切变弹性极限的扭矩；对压缩和拉伸弹簧，分别加以超过弹簧材料切变弹性极限的压缩和拉伸载荷；对扭转弹簧，加以超过弹簧材料弹性极限的扭矩。总之，在处理时所加的载荷与弹簧所受的工作载荷类型和方向应一致。残余应力是由残余变形的程度来确定的，而残余变形使得弹簧的尺寸公差难以控制，所以处理载荷的大小，必须在设计时考虑，计算方法见各种弹簧的设计。

如果强压处理适当，在同样的工作条件下，弹簧的疲劳寿命可以提高 5%～35%；反之，如果处理不当，如预加载荷过大，反而会使疲劳寿命下降。另外，弹簧经过一定时间的工作之后，随着剩余变形和弹簧性能的变化，会使弹簧的正常工作遭到破坏。

在高温条件下工作的弹簧，为了防止蠕变和松弛，应进行加温强压处理或蠕变回火。加温强压处理是将弹簧在高于工作温度的条件下进行的强压处理。在加载荷的状态下（一般为工作时的变形状态，即并紧状态）进行低温回火的工艺称为蠕变回火。两者的主要区别在于应力和保温时间，它们都具有强化和去应力退火的双重作用。这对于在温度稍高的环境中工作的弹簧是有利的，一方面可以防止弹簧的松弛，另一方面可提高疲劳强度。

加温强压处理和蠕变回火，主要用于冷加工成形的螺旋弹簧上。它们的处理条件（温度、应力和时间）根据弹簧的设计要求来选择。一般常用的钢质弹簧，温度多在 200～400℃，蠕变回火时间为 30min 左右，加温强压处理的保持时间可为 2～6h；对于耐热弹簧材料，温度可再高一些，时间可再长一些。

强压处理后，如果进行低温回火将取得与立定处理后进行低温回火同样的效果，其低温回火工艺参照立定处理后低温回火工艺。

弹簧经过强压处理后自由高度要降低，为了达到图样规定的要求，在卷簧时对自由高度要留出此变形量，也就是预制高度。各参数的含义参见式（16.14-2）。

强压处理时螺旋压缩弹簧的预制高度

$$H_0' = (0.12 \sim 0.13)f_j + H_0 \quad (16.14\text{-}3)$$

2.3　弹簧的喷丸处理

弹簧喷丸处理又称喷丸强化，它是以高速运动的弹丸向弹簧表面喷射，使弹簧表面产生压缩应力，以提高弹簧的疲劳强度，改善弹簧的松弛性能，延长弹簧使用寿命并改善弹簧耐应力腐蚀性能的一种工艺手段。另外，弹簧在制造过程中出现的一些不可避免的轻微划伤、压痕或比较轻微的脱碳等，也可在喷丸处理的过程中得到消除或改善，从而消除或减少了疲劳源。对重要的、工作应力较高的拉伸弹簧钩环转接处进行喷丸处理，可以提高它的使用寿命。

喷丸处理工艺参数包括弹丸材料、弹丸尺寸、弹丸硬度、弹丸速度、弹丸流量、喷射角度、喷射时间、喷枪或离心轮至被喷射表面的距离。合理地选择这些工艺参数，可以获得好的喷丸效果。

弹簧喷丸类型主要有普通喷丸、应力喷丸和多级喷丸。普通喷丸是指弹簧在无任何外力作用和常温下自由接受喷丸强化处理。应力喷丸是一种经典喷丸工艺，应力喷丸的预应力一般设定在700~800MP，经应力喷丸后，残余应力的峰值可达到1200~1500MPa，具有很好的疲劳强度。多级喷丸是一种组合喷丸工艺，多数工艺采用二次喷丸工艺，第一次采用弹丸粒度较大以便获得残余压应力峰值和深度，第二次采用较小弹丸粒度来提高表面和次表面残余压应力以及表面质量。常用的二次喷丸工艺见表16.14-33。

表 16.14-33　常用的二次喷丸工艺

弹簧类型	弹丸直径/mm	一般喷丸效果
喷油嘴、变速器弹簧（材料直径≤3mm）	第一次0.4~0.6 第二次≤0.3	峰值900~1000MPa 总深度0.30~0.35mm
气门弹簧（材料直径3~5mm）	第一次0.6~0.7 第二次≤0.4	峰值900~1100MPa 总深度0.30~0.35mm
悬架弹簧（材料直径9~16mm）	第一次0.6~1.2 第二次≤0.7	峰值1000~200MPa 总深度0.35~0.48mm
较大弹簧（材料直径16~25mm）	第一次0.8~1.2 第二次≤0.7	峰值950~1100MPa 总深度0.35~0.40mm

弹丸的种类主要有铸钢丸、铸铁丸、钢丝丸、玻璃丸和陶瓷丸，弹丸的直径一般为0.05~0.35mm，可以根据不同的要求选择弹丸的种类和规格。弹丸的形状对喷丸效果影响很大，规范的弹丸外形表面光滑呈球形或椭圆形，而且尺寸符合规格。根据被强化弹簧的材料、表面粗糙度及喷丸强度进行弹丸种类的选择。钢制弹簧可使用任何种类的弹丸；铜合金、钛合金及镍基合金等有色金属弹簧最好使用不锈钢丸或陶瓷丸，强化后需要立即清洗，去除粘在表面上的铁粉，以防腐蚀。弹丸种类及喷丸强度见表16.14-34。

经过喷丸处理后的弹簧由于表面残余应力的存在，使得自由高度变得不太稳定。另外，喷丸处理后的弹簧直接进行立定处理的变形量也比较大，所以对

表 16.14-34　弹丸种类及喷丸强度

钢丝直径/mm	弹丸种类	弹丸直径/mm	喷丸强度①f_1	说明
<2	玻璃丸	0.1~0.35	0.1~0.35	1）弹簧间隙应大于3倍的弹丸直径 2）弹簧钢丝直径小于1.2mm及弹簧间隙比较小时，可以用湿吹砂代替喷丸
2~4	铸钢丸或钢丝丸	0.4~0.8	0.3~0.45	
4~8	铸钢丸或钢丝丸	0.8~1.2	0.4~0.6	
>8	铸钢丸	1.0~1.5	0.4~0.6	

① 喷丸强度f_1是把弧高度曲线上饱和点处的弧高度定义为喷丸强度，它是喷丸工艺参数（弹丸直径、弹丸速度、流量、喷丸时间和角度等）的函数。

于精度要求高的、经过喷丸处理后的弹簧，在立定处理前可以增加一次（200±10)℃、20~30min的低温应力回火处理，以稳定弹簧的几何尺寸。

常见的弹簧喷丸设备主要有气压式、机械离心式和机械液压式三种。

喷丸处理对弹簧其他性能的影响

1）经过喷丸处理后的弹簧由于其钢丝直径的变化，使得弹簧自由高度和特性呈现下降趋势，这些变化量都应该通过首批试验后加以分析并控制。

2）钢丝直径较细、弹簧外径较大的低刚度弹簧，在喷丸处理过程中会发生歪斜，弹簧的垂直度和直线度会有一定程度的破坏。而有时，喷丸处理后还需用修正和磨削端面来校正，这样就又削弱了喷丸强化的效果。所以，垂直度和直线度要求比较高的弹簧不适宜做喷丸处理。

3）由于经过喷丸处理所产生的表面压缩强化残余应力在热温度情况下会逐渐消除，并且随着温度的升高而全部消失，因此在热状态下工作的弹簧不适合做喷丸处理。

4）通过试验还可以发现：经过喷丸处理后的弹簧再进行表面氧化处理，会使它的疲劳循环次数比喷丸处理后不氧化处理的弹簧减少45%左右，所以要合理地采用喷丸处理进行弹簧的表面处理。

参 考 文 献

[1] 机械工程手册电机工程手册编辑委员会. 机械工程手册：机械零部件设计卷 [M]. 2版. 北京：机械工业出版社，1997.

[2] 闻邦椿. 机械设计手册：第3卷 [M]. 5版. 北京：机械工业出版社，2010.

[3] 闻邦椿. 现代机械设计师手册：上册 [M]. 北京：机械工业出版社，2012.

[4] 闻邦椿. 现代机械设计实用手册 [M]. 北京：机械工业出版社，2015.

[5] 机械设计手册编辑委员会. 机械设计手册：第2卷 [M]. 新版. 北京：机械工业出版社，2004.

[6] 成大先. 机械设计手册：第3卷 [M]. 6版. 北京：化学工业出版社，2016.

[7] 王启义. 中国机械设计大典：第3卷 [M]. 南昌：江西科学技术出版社，2002.

[8] 秦大同，谢里阳. 现代机械设计手册：第2卷 [M]. 北京：化学工业出版社，2011.

[9] 张英会，刘辉航，王德成. 弹簧手册 [M]. 2版. 北京：机械工业出版社，2008.

[10] 吴宗泽. 机械设计实用手册 [M]. 3版. 北京：化学工业出版社，2010.

第 17 篇　起重运输机械零部件和操作件

主　编　郑夕健
编写人　郑夕健　谢正义
　　　　鄂　东　冯　勃
审稿人　屈福政

第 5 版
起重运输机械零部件、操作件和小五金

主　编　黄万吉
编写人　黄万吉
审稿人　鄂中凯

第 1 章　起重机零部件

1　起重机分级

起重机分级包括起重机整机分级和机构的分级。

1.1　起重机整机的分级

（1）起重机的使用等级

起重机的设计预期寿命指设计预设的该起重机从开始使用起到最终报废时止能完成的总工作循环数。起重机的一个工作循环指从起吊一个物品起到能开始起吊下一个物品时止，包括起重机运行及正常的停歇在内的一个完整的过程。

起重机的使用等级是将起重机可能完成的总工作循环数划分成十个等级，用 U_0、U_1、U_2、…、U_9 表示，见表 17.1-1。

表 17.1-1　起重机的使用等级

（摘自 GB/T 3811—2008）

使用等级	起重机总工作循环数 C_T	起重机使用频繁程度
U_0	$C_T \leqslant 1.60 \times 10^4$	很少使用
U_1	$1.60 \times 10^4 < C_T \leqslant 3.20 \times 10^4$	
U_2	$3.20 \times 10^4 < C_T \leqslant 6.30 \times 10^4$	
U_3	$6.30 \times 10^4 < C_T \leqslant 1.25 \times 10^5$	
U_4	$1.25 \times 10^5 < C_T \leqslant 2.50 \times 10^5$	不频繁使用
U_5	$2.50 \times 10^5 < C_T \leqslant 5.00 \times 10^5$	中等频繁使用
U_6	$5.00 \times 10^5 < C_T \leqslant 1.00 \times 10^6$	较频繁使用
U_7	$1.00 \times 10^6 < C_T \leqslant 2.00 \times 10^6$	频繁使用
U_8	$2.00 \times 10^6 < C_T \leqslant 4.00 \times 10^6$	特别频繁使用
U_9	$C_T > 4.00 \times 10^6$	

（2）起重机的起升载荷状态级别

起重机的起升载荷指起重机在实际的起吊作业中每一次吊运的物品质量（有效起重量）与吊具及属具质量的总和（即起升重量）；起重机的额定起升载荷指起重机起吊额定起重量时能够吊运的物品最大质量与吊具及属具质量的总和（即总起升质量）的重力。其单位为牛顿（N）或千牛（kN）。

起重机的起升载荷状态级别指在该起重机的设计预期寿命期限内，它的各个有代表性的起升载荷值的大小及各相对应的起吊次数，与起重机的额定起升载荷值的大小及总的起吊次数的比值情况。

表 17.1-2 列出了起重机载荷谱系数 K_P 的四个范围值，它们各代表了起重机一个相对应的载荷状态级别。

表 17.1-2　起重机的载荷状态级别及载荷谱系数

（摘自 GB/T 3811—2008）

载荷状态级别	起重机的载荷谱系数 K_P	说　明
Q1	$K_P \leqslant 0.125$	很少吊运额定载荷，经常吊运较轻载荷
Q2	$0.125 < K_P \leqslant 0.250$	较少吊运额定载荷，经常吊运中等载荷
Q3	$0.250 < K_P \leqslant 0.500$	有时吊运额定载荷，较多吊运较重载荷
Q4	$0.500 < K_P \leqslant 1.000$	经常吊运额定载荷

如果已知起重机各个起升载荷值的大小及相应的起吊次数的资料，则可算出该起重机的载荷谱系数

$$K_P = \Sigma \left[\frac{C_i}{C_T} \left(\frac{P_{Qi}}{P_{Q\max}} \right)^m \right] \qquad (17.1\text{-}1)$$

式中　K_P——起重机的载荷谱系数；

C_i——与起重机各个有代表性的起升载荷相应的工作循环数，$C_i = C_1$、C_2、C_3、…、C_n；

C_T——起重机总工作循环数，$C_T = \sum_{i=1}^{n} C_i = C_1 + C_2 + C_3 + \cdots + C_n$；

P_{Qi}——能表征起重机在预期寿命期内工作任务的各个有代表性的起升载荷，$P_{Qi} = P_{Q1}$、P_{Q2}、P_{Q3}、…、P_{Qn}；

$P_{Q\max}$——起重机的额定起升载荷；

m——幂指数，约定取 $m=3$。

起重机整机的工作级别见表 17.1-3。

表 17.1-3　起重机整机的工作级别（摘自 GB/T 3811—2008）

载荷状态级别	起重机的载荷谱系数 K_P	起重机整机的使用等级									
		U_0	U_1	U_2	U_3	U_4	U_5	U_6	U_7	U_8	U_9
Q1	$K_P \leqslant 0.125$	A1	A1	A1	A2	A3	A4	A5	A6	A7	A8
Q2	$0.125 < K_P \leqslant 0.250$	A1	A1	A2	A3	A4	A5	A6	A7	A8	A8

（续）

载荷状态级别	起重机的载荷谱系数 K_P	起重机整机的使用等级									
		U_0	U_1	U_2	U_3	U_4	U_5	U_6	U_7	U_8	U_9
Q3	$0.250<K_P\leqslant 0.500$	A1	A2	A3	A4	A5	A6	A7	A8	A8	A8
Q4	$0.500<K_P\leqslant 1.000$	A2	A3	A4	A5	A6	A7	A8	A8	A8	A8

1.2 机构的分级

（1）机构的使用等级

机构的设计预期寿命，是指设计预设的该机构从开始使用起到预期更换或最终报废为止的总运转时间，它只是该机构实际运转小时数累计之和，而不包括工作中此机构的停歇时间。机构的使用等级是将该机构的总运转时间分成十个等级，以 T_0、T_1、T_2、…、T_9 表示，见表 17.1-4。

表 17.1-4　机构的使用等级（摘自 GB/T 3811—2008）

使用等级	总使用时间 t_T/h	机构运转频繁情况
T_0	$t_T\leqslant 200$	很少使用
T_1	$200<t_T\leqslant 400$	
T_2	$400<t_T\leqslant 800$	
T_3	$800<t_T\leqslant 1600$	
T_4	$1600<t_T\leqslant 3200$	不频繁使用
T_5	$3200<t_T\leqslant 6300$	中等频繁使用
T_6	$6300<t_T\leqslant 12500$	较频繁使用
T_7	$12500<t_T\leqslant 25000$	频繁使用
T_8	$25000<t_T\leqslant 50000$	
T_9	$t_T>50000$	

（2）机构的载荷状态级别

机构的载荷状态级别表明了机构所受载荷的轻重情况。表 17.1-5 列出了机构载荷谱系数 K_m 的四个范围值，它们各代表了机构一个相对应的载荷状态级别。

机构的载荷谱系数 K_m 可用式（17.1-2）求得

$$K_m=\sum\left[\frac{t_i}{t_T}\left(\frac{P_i}{P_{max}}\right)^m\right] \qquad (17.1\text{-}2)$$

式中　K_m——机构载荷谱系数；

表 17.1-5　机构的载荷状态级别及载荷谱系数（摘自 GB/T 3811—2008）

载荷状态级别	机构载荷谱系数 K_m	说　明
L1	$K_m\leqslant 0.125$	机构很少承受最大载荷，一般承受较小载荷
L2	$0.125<K_m\leqslant 0.250$	机构较少承受最大载荷，一般承受中等载荷
L3	$0.250<K_m\leqslant 0.500$	机构有时承受最大载荷，一般承受较大载荷
L4	$0.500<K_m\leqslant 1.000$	机构经常承受最大载荷

t_i——与机构承受各个大小不同等级载荷的相应持续时间（h），$t_i=t_1$、t_2、t_3、…、t_n；

t_T——机构承受所有大小不同等级载荷的时间总和（h），$t_T=\sum_{i=1}^{n}t_i=t_1+t_2+t_3+\cdots+t_n$；

P_i——能表征机构在服务期内工作特征的各个大小不同等级的载荷（N），$P_i=P_1$、P_2、P_3、…、P_n；

P_{max}——机构承受的最大载荷（N）；

m——同公式（17.1-1）。

（3）机构的工作级别

机构工作级别的划分是将各单个机构分别作为一个整体进行的关于其载荷大小程度及运转频繁情况总的评价，它并不表示该机构中所有的零部件都有与此相同的受载及运转情况。

根据机构的十个使用等级和四个载荷状态级别，机构单独作为一个整体进行分级的工作级别划分为 M1～M8 共八级，见表 17.1-6。关于桥式和门式起重机各机构单独作为整体分级举例见表 17.1-7。

表 17.1-6　机构的工作级别（摘自 GB/T 3811—2008）

载荷状态级别	机构载荷谱系数 K_m	机构的使用等级									
		T_0	T_1	T_2	T_3	T_4	T_5	T_6	T_7	T_8	T_9
L1	$K_m\leqslant 0.125$	M1	M1	M1	M2	M3	M4	M5	M6	M7	M8
L2	$0.125<K_m\leqslant 0.250$	M1	M1	M2	M3	M4	M5	M6	M7	M8	M8
L3	$0.250<K_m\leqslant 0.500$	M1	M2	M3	M4	M5	M6	M7	M8	M8	M8
L4	$0.500<K_m\leqslant 1.000$	M2	M3	M4	M5	M6	M7	M8	M8	M8	M8

表 17.1-7　桥式和门式起重机各机构单独作为整体分级举例（摘自 GB/T 3811—2008）

序　号	起重机的类别	起重机的使用情况	起重机整机的工作级别	机构使用等级			机构载荷状态			机构工作级别		
				H	D	T	H	D	T	H	D	T
1	人力驱动的起重机（含手动葫芦起重机）	很少使用	A1	T_2	T_2	T_2	L1	L1	L1	M1	M1	M1
2	车间装配用起重机	较少使用	A3	T_2	T_2	T_2	L2	L1	L2	M2	M1	M2
3(a)	电站用起重机	很少使用	A2	T_2	T_2	T_3	L2	L1	L2	M2	M1	M3
3(b)	维修用起重机	较少使用	A3	T_2	T_2	T_2	L2	L1	L2	M2	M1	M2
4(a)	车间用起重机（含车间用电动葫芦起重机）	较少使用	A3	T_4	T_3	T_4	L1	L1	L1	M3	M2	M3
4(b)	车间用起重机（含车间用电动葫芦起重机）	不频繁、较轻载使用	A4	T_4	T_3	T_4	L2	L2	L2	M4	M3	M4
4(c)	较繁忙车间用起重机（含车间用电动葫芦起重机）	不频繁、中等载荷使用	A5	T_5	T_3	T_5	L2	L2	L2	M5	M3	M5
5(a)	货场用吊钩起重机（含货场用电动葫芦起重机）	较少使用	A3	T_4	T_3	T_4	L1	L1	L2	M3	M2	M4
5(b)	货场用抓斗或电磁盘起重机	较频繁中等载荷使用	A6	T_5	T_5	T_5	L3	L3	L3	M6	M6	M6
6(a)	废料场吊钩起重机	较少使用	A3	T_4	T_3	T_4	L2	L2	L2	M4	M3	M4
6(b)	废料场抓斗或电磁盘起重机	较频繁中等载荷使用	A6	T_5	T_5	T_5	L3	L3	L3	M6	M6	M6
7	桥式抓斗卸船机	频繁重载使用	A8	T_7	T_6	T_5	L3	L3	L3	M8	M7	M6
8(a)	集装箱搬运起重机	较频繁中等载荷使用	A6	T_5	T_5	T_5	L3	L3	L3	M6	M6	M6
8(b)	岸边集装箱起重机	较频繁重载使用	A7	T_6	T_6	T_5	L3	L3	L3	M7	M7	M6
9	冶金用起重机											
9(a)	换轧辊起重机	很少使用	A2	T_3	T_2	T_3	L3	L3	L3	M4	M3	M4
9(b)	料箱起重机	频繁重载使用	A8	T_7	T_5	T_7	L4	L4	L4	M8	M7	M8
9(c)	加热炉起重机	频繁重载使用	A8	T_6	T_6	T_6	L3	L4	L3	M7	M8	M7
9(d)	炉前兑铁水铸造起重机	较频繁重载使用	A6～A7	T_7	T_5	T_6	L3	L3	L3	M7～M8	M6	M6
9(e)	炉后出钢水铸造起重机	较频繁重载使用	A7～A8	T_7	T_6	T_6	L4	L3	L3	M8	M7	M6～M7

2　钢丝绳

2.1　钢丝绳的术语和标记（见表 17.1-8）

表 17.1-8　钢丝绳术语及标记（摘自 GB/T 8706—2006）

钢丝绳术语

(1)层

具有相同节圆直径的钢丝组合。与股芯直接接触的为第一层

(2)股及股的类型

股是钢丝绳组件之一，通常由一定形状和尺寸钢丝绕一中心沿相同方向捻制一层或多层的螺旋状结构

按照股的横截面形状分为圆股、三角股、椭圆股和扁带股

圆股：横截面形状近似圆形的股，见图 a、b

三角股：横截面形状近似三角形的股，见图 c

椭圆股：横截面形状近似椭圆形的股，见图 d

扁带股：没有中心钢丝，横截面形状近似矩形的股，见图 e

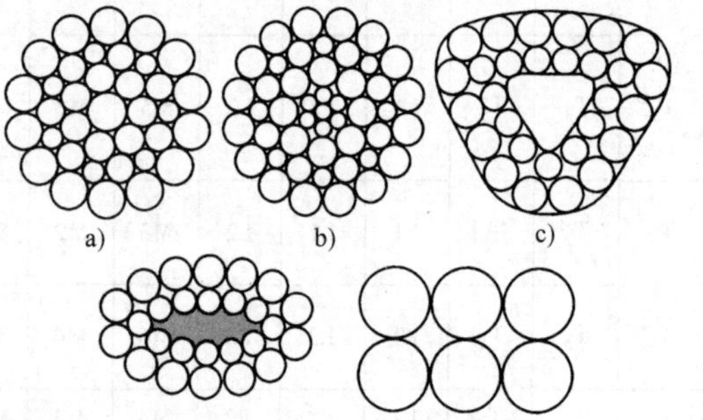

a)　b)　c)　d)　e)

按照股的编制层数分为单捻股和平行捻股

单捻股：仅由一层钢丝捻制而成的股，见图 f

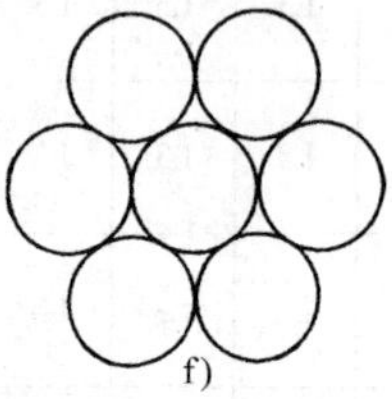

f)

平行捻股：至少包括两层钢丝，所有的钢丝沿同一个方向一次捻制而成的股

按照股的捻制结构分为西鲁式股、瓦林吞式股、填充式股和组合平行捻式股

西鲁式股：两层具有相同钢丝数的平行捻股结构，见图 g

瓦林吞式股：外层包含粗细两种交替排列的钢丝，而且外层钢丝数是内层钢丝数的两倍平行捻的结构，见图 h

填充式股：外层钢丝数是内层钢丝数的两倍，而且在两层钢丝间的间隙中有填充钢丝的平行捻股结构，见图 i

组合平行捻式股：由典型的瓦林吞式股和西鲁式股类型组合而成，由三层或三层以上钢丝一次捻制成的平行捻股结构，见图 j

钢丝绳标记

(1)特性代号

1)横截面形状代号

横截面形状	代号		
	钢丝	股	钢丝绳
圆形	无代号	无代号	无代号
三角形	V	V	—
组合芯①	—	B	—
矩形	R	—	—
梯形	T	—	—
椭圆形	Q	Q	—
Z 形	Z	—	—
H 形	H	—	—
扁形或带形	—	P	—
压实形②	—	K	K
编制形	—	—	BR
扁形			P
——单线缝合	—	—	PS
——双线缝合	—	—	PD
——铆钉连接	—	—	PN

① 代号 B 表示股芯由多根钢丝组合而成并紧接在股形状代号之后，如一个由 25 根钢丝组成的带组合芯的三角股的标记为 V25B

② 代号 K 表示股和钢丝绳结构成形经过一个附加的压实加工工艺，如一个由 26 根钢丝组成的西瓦式压实圆股的标记为 K26WS

2)股结构类型代号

结构类型	代号	股结构示例
单捻股	无代号	6 即(1—5) 7 即(1—6)
平行捻股 西鲁式股	S	17S 即(1—8—8) 19S 即(1—9—9)
瓦林吞式股	W	19W 即(1—6—6+6)
填充式股	F	21F 即(1—5—5F—10) 25F 即(1—6—6F—12) 29F 即(1—7—7F—14) 41F 即(1—8—8—8F—16)
组合平行捻式股	WS	26WS 即(1—5—5+5—10) 31WS 即(1—6—6+6—12) 36WS 即(1—7—7+7—14) 41WS 即(1—8—8+8—16) 41WS 即(1—6/8—8+8—16) 46WS 即(1—9—9+9—18)
多工序捻(圆股) 点接触捻股	M	19M 即(1—6/12) 37M 即(1—6/12/18)
复合捻①	N	37WN 即(1—6—6+6/16)

① N 是一个附加代号并存放在基本类型代号之后，如复合西鲁式股为 SN，复合瓦林吞式股为 WN

（续）

钢丝绳术语

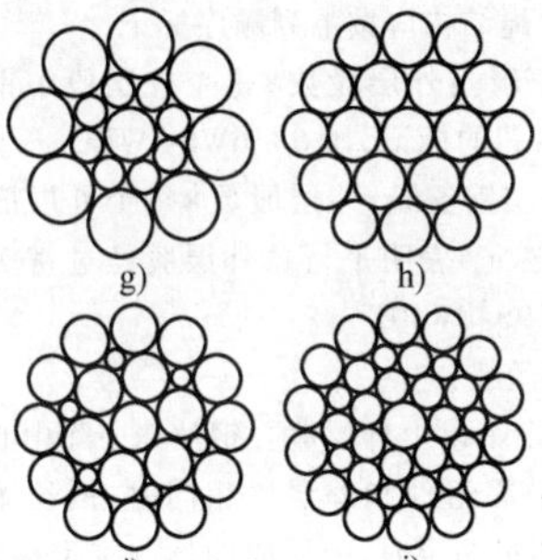

g)　h)　i)　j)

按照股中钢丝的接触状态，有点接触捻股

点接触捻股：股中至少包括一层以上的钢丝，而且都是具有相同的捻向，两叠加层钢丝之间相互交叉呈点接触状态

按照股的加工方法，有压实股

压实股：通过模拔、轧制或锻打等变形加工后，钢丝的形状和股的尺寸发生改变，而钢丝的金属横截面积保持不变的股，见图 k 和图 m

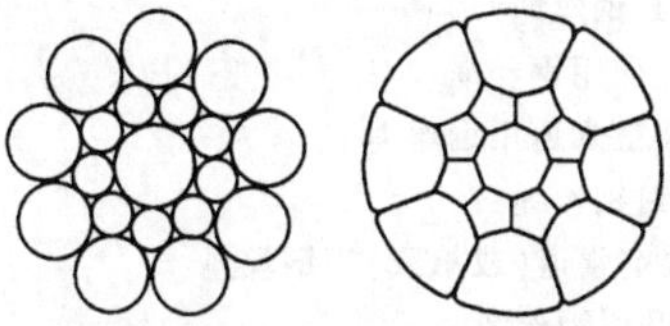

k) 压实前的股　m) 压实后的股

（3）芯及芯的类型

芯是圆钢丝绳的中心组件，多股钢丝绳的股或缆式钢丝绳的单元钢丝绳围绕芯螺旋捻制

纤维芯：由天然纤维（NFC）或合成纤维（SFC）组成的芯

钢芯：由钢丝股（WSC）或独立钢丝绳（IWRC）组成的芯

固态聚合物芯：由圆形或带有沟槽的圆形固态聚合物材料制成的芯，其内部可能还包含有钢丝或纤维

（4）钢丝绳及钢丝绳的类型

钢丝绳：至少由两层钢丝或多个股围绕一个中心或一个绳芯螺旋捻制而成的结构，分为多股钢丝绳系列和单捻钢丝绳系列

多股钢丝绳系列：多个股围绕一个绳芯（单层股钢丝绳）或一个中心（阻旋转或平行捻密实钢丝绳）螺旋捻制一层或多层的钢丝绳。多股钢丝绳系列包含单层股钢丝绳、阻旋转钢丝绳、平行捻密实钢丝绳、压实股钢丝绳、压实（锻打）钢丝绳、缆式钢丝绳和编织钢丝绳

单层股钢丝绳：由一层股围绕一个芯螺旋捻制而成的多股钢丝绳，见图 n

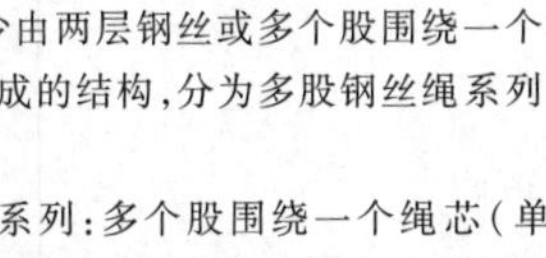

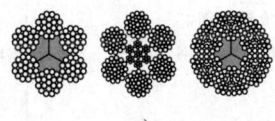

n)

阻旋转钢丝绳：当承受载荷时能产生减小扭矩或旋转程度的多股钢丝绳，见图 o

钢丝绳标记

当上表中没有包含的股结构的标记应根据股中钢丝数和股的形状确定，其示例见下表

当股标记用字母不能充分准确地反映股结构时，详细的股结构可以用从中心钢丝或股芯开始的数字表示

具体的股结构	股的标记
圆股—平行捻	
1—6—6F—12—12	37FS
1—7—7F—14—14	43FS
1—7—7—7F—14—14	50SFS
1—8—8F—16—16	49FS
1—6/8—8F—16—16	55FS
1—8—8—8+8—16	49SWS
1—6/8—8—8+8—16	55SWS
1—9—9—9+9—18	55SWS
1—6/9—9F—18—18	61FS
1—9—9—9F—18—18	64SFS
圆股—复合捻	
1—7—7+7—14/20—20	76WSNS
1—9—9—9+9—18/24—24	103SWSNS
三角股	
V—8	V9
V—9	V10
V—12/12	V25
BUC—12/12（组合芯）	V25B
BUC—12/15	V28B
带纤维芯的股（如采用压实/锻打的 3 股和 4 股钢丝绳）	
FC—9/15（股芯为 12×P6：3×Q24FC 的椭圆股）	Q24FC
FC—12—12（纤维芯）	24FC
FC—15—15	30FC
FC—9/15—15	39FC
FC—8—8+8—16	40FC
FC—12/15—15	42FC
FC—12/18—18	48FC

3）导线代号。导线代号应用字母 D 而且该代号应该放在组件标记之前，如 DC 表示多股钢丝绳股的中心

注：导线可以是多股钢丝绳中的一根钢丝、股中心或股，单捻钢丝绳的一根丝或中心丝，电力钢丝绳的中心或多股或单捻钢丝绳的一个镶嵌物

（2）标记方法

1）尺寸　圆钢丝绳和编制钢丝绳公称直径以 mm 表示，扁钢丝绳公称尺寸（宽度×厚度）应表明并以 mm 表示

对于包覆钢丝绳应标明两个值：外层尺寸和内层尺寸。对于包覆固态聚合物的圆股钢丝绳，外径和内径用斜线（/）分开，如 13.0/11.5

2）钢丝绳结构

（续）

钢丝绳术语

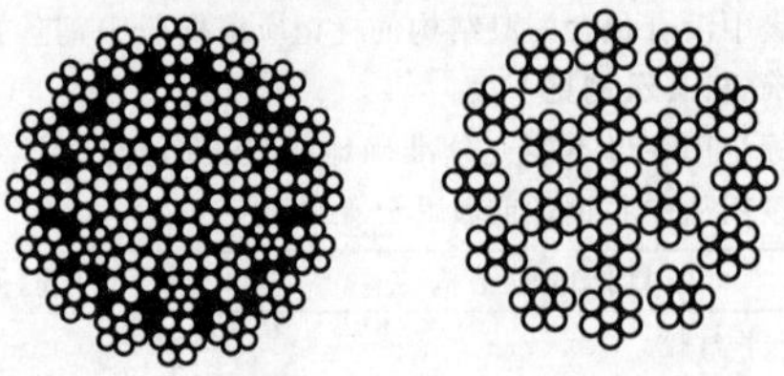

o)

平行捻密实钢丝绳：至少由两层平行捻围绕一个芯螺旋捻制而成的多股钢丝绳，见图 p

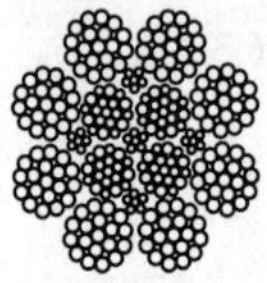

p)

压实股钢丝绳：成绳之前，股经过模拔、轧制或锻打等压实加工的多股钢丝绳

压实（锻打）钢丝绳：成绳之后，经过压实（通常是锻打）加工使钢丝绳直径减小的多股钢丝绳

缆式钢丝绳：由多个（一般六个）作为独立单元的圆股钢丝绳围绕一个绳芯紧密螺旋捻制而成的钢丝绳，见图 q

q)

编织钢丝绳：由多个圆股成对编织而成的钢丝绳，见图 r

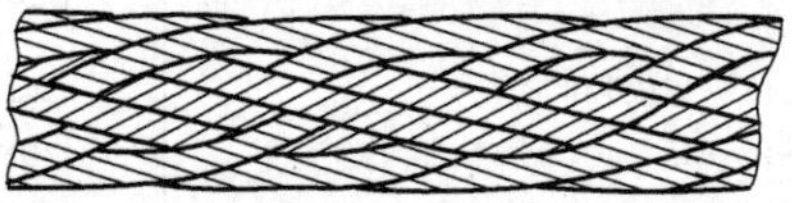

r)

单捻钢丝绳系列：由至少两层钢丝围绕一中心圆钢丝、组合股或平行捻股螺旋捻制而成的钢丝绳。其中至少有一层钢丝沿相反方向捻制，即至少有一层钢丝与外层反向捻。单捻钢丝绳系列包含单股钢丝绳、半密封钢丝绳和全密封钢丝绳

单股钢丝绳：仅由圆钢丝捻制而成的单捻钢丝绳，见图 s

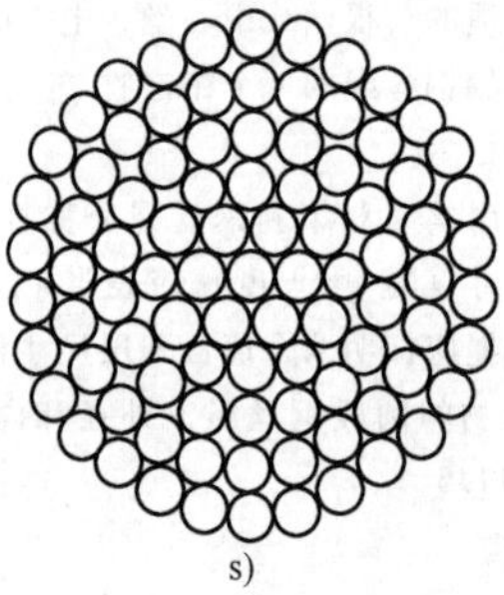

s)

钢丝绳标记

① 多股钢丝绳结构应按下列顺序标记

a. 单层股钢丝绳：外层股数×每个外层股中钢丝的数量及相应股的标记-芯的标记，如 6×36WS-IWRC

b. 平行捻密实钢丝绳：外层股数×每个外层股中钢丝的数量及相应股的标记-表明平行捻外层股经过密实加工的绳芯的标记，如 8×19S-PWRC

c. 阻旋转钢丝绳：

——十个或十个以上外层股。钢丝绳中除中心组件外的股的总数；或当中心组件和外层股相同时，钢丝绳中股的总数（当股的层数超过两层时，内层股的捻制类型标记在括号中）×每个外层股中钢丝的数量及相应股的标记-中心组件的标记，如 18×7-WSC 或 19×7

——八个或九个外层股。外层股数×每个外层股中钢丝的数量及相应股的标记：（表示反向捻），如 8×25F：IWSC

② 单捻钢丝绳结构应按下列顺序标记

a. 单捻钢丝绳：1×股中钢丝的数量，如 1×61。

b. 密封钢丝绳（根据其用途）

——半密封钢丝绳：

HLGR—导向用钢丝绳

HLAR—架空索道用钢丝绳

——全密封钢丝绳：

FLAR—架空索道（或承载）用钢丝绳

LHR—提升用钢丝绳

FLSR—结构用钢丝绳

③ 扁钢丝绳结构应按下列附加代号标记

HR—提升用钢丝绳

CR—补偿（或平衡）用钢丝绳

3）芯结构。芯、平行捻密实钢丝绳中心和阻旋转钢丝绳中心组件按下表标记

项目或组件	代号
单层股钢丝绳	
纤维芯	FC
天然纤维芯	NFC
合成纤维芯	SFC
固态聚合物芯	SPC
钢芯	WC
钢丝股芯	WSC
独立钢丝绳芯	IWRC
压实股独立钢丝绳芯	IWRC(K)
聚合物包覆独立绳芯	EPIWRC
平行捻密实钢丝绳	
平行捻钢丝绳芯	PWRC
压实股平行捻钢丝绳芯	PWRC(K)
填充聚合物的平行捻钢丝绳芯	PWRC(EP)
阻旋转钢丝绳	
中心构件	
纤维芯	FC
钢丝股芯	WSC
密实钢丝股芯	KWSC

（续）

钢丝绳术语	钢丝绳标记

钢丝绳术语

半密封钢丝绳：外层由半密封钢丝和圆钢丝相间捻制而成的单捻钢丝绳，见图 t

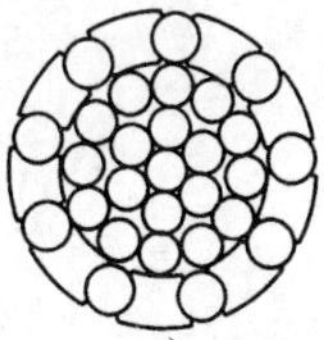
t)

全密封钢丝绳：外层由全密封钢丝（Z 形）捻制而成的单捻钢丝绳，见图 u

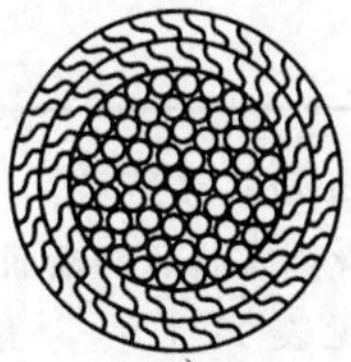
u)

（5）股的捻距（h）

股的外层钢丝绳围绕股轴线转一周（或螺旋）且平行于股轴线的对应两点间的距离（h），见图 v

（6）钢丝绳的捻距（H）

单股钢丝绳的外层钢丝、多股钢丝绳的外层股或缆式钢丝绳的单元钢丝绳围绕钢丝绳轴线旋转一周（或螺旋）且平行于钢丝绳轴线的对应两点间的距离（H），见图 w

v) 股的捻距

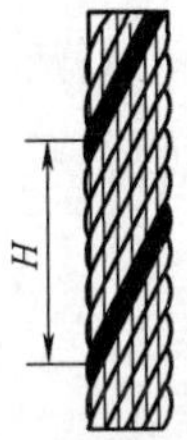

w) 钢丝绳的捻距

（7）股的捻向（Z，S）

外层钢丝沿股轴线捻制的方向，即右捻（Z）或左捻（S），见图 x

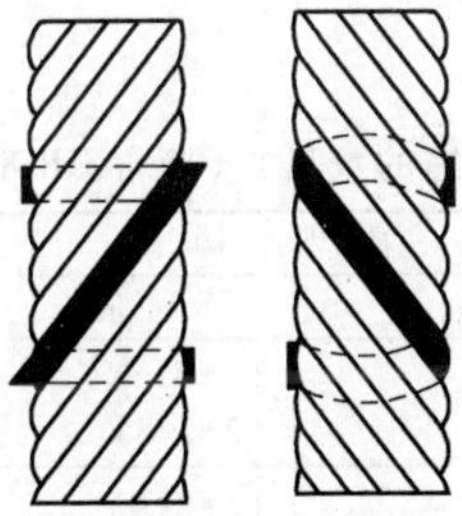
Z（右捻）　S（左捻）

x)

（8）钢丝绳的捻向（Z，S）

钢丝绳标记

（3）标记示例

钢丝绳标记系列应由下列内容组成：尺寸、钢丝绳结构、芯结构和钢丝绳级别、适用时，以及钢丝绳表面状态和捻制类型及方向

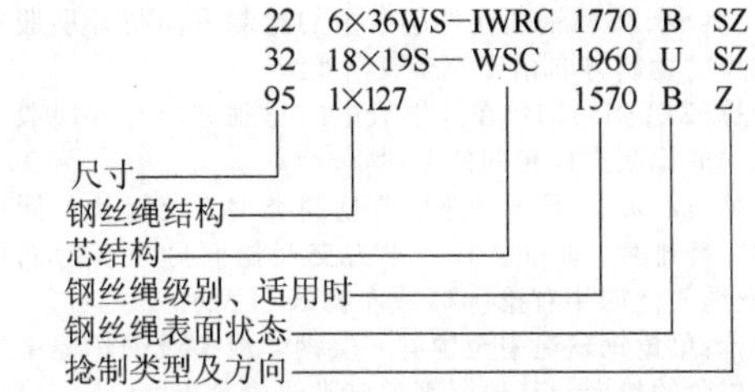

注：本示例其他部分各特性之间的间隔在实际应用中通常不留空间

1）简化标记示例：

18NAT6×19S+NF1770ZZ190

18ZBB6×19W+NF1770ZZ

18NAT6×19Fi+IWR1770

18ZAA6×19S+NF

2）全称标记示例：

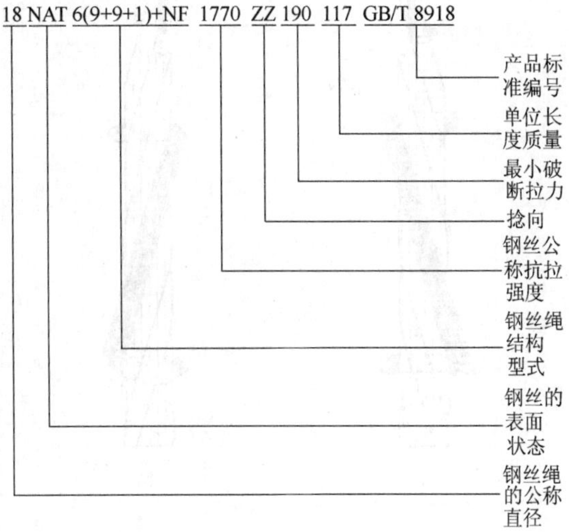

（续）

钢丝绳术语	钢丝绳标记
外层钢丝在单捻钢丝绳中、外层股在多股钢丝绳中或单元钢丝绳在缆式钢丝绳中沿钢丝绳轴线的捻制方向，即右捻(Z)或左捻(S) (9)钢丝绳根据其捻制方法可分为交互捻、同向捻、混合捻和反向捻 交互捻(SZ,ZS)：钢丝在外层股中的捻制方向与外层股在钢丝绳中的捻制方向相反的多股钢丝绳 同向捻(ZZ,SS)：钢丝在外层股中的捻制方向与外层股在钢丝绳中的捻制方向相同的多股钢丝绳 混合捻(aZ,aS)：钢丝绳外层股捻制类型为交互捻与同向捻的股交替排列，如外层股一半为交互捻而另一半为同向捻，钢丝绳的捻向用右捻(aZ)或左捻(aS)表示 反向捻：单捻钢丝绳中至少有一层钢丝或多股钢丝绳中至少有一层股的捻向与其他层钢丝或股的捻向相反	—

2.2　钢丝绳的分类

钢丝绳一般分为重要用途钢丝绳和一般用途钢丝绳；按捻法分为右交互捻、左交互捻、右同向捻和左同向捻四种，如图 17.1-1 所示。

重要用途钢丝绳按其股的断面、股数和股外层钢丝的数目分类，见表 17.1-9；一般用途钢丝绳按其股数和股外层钢丝的数目分类，见表 17.1-10。

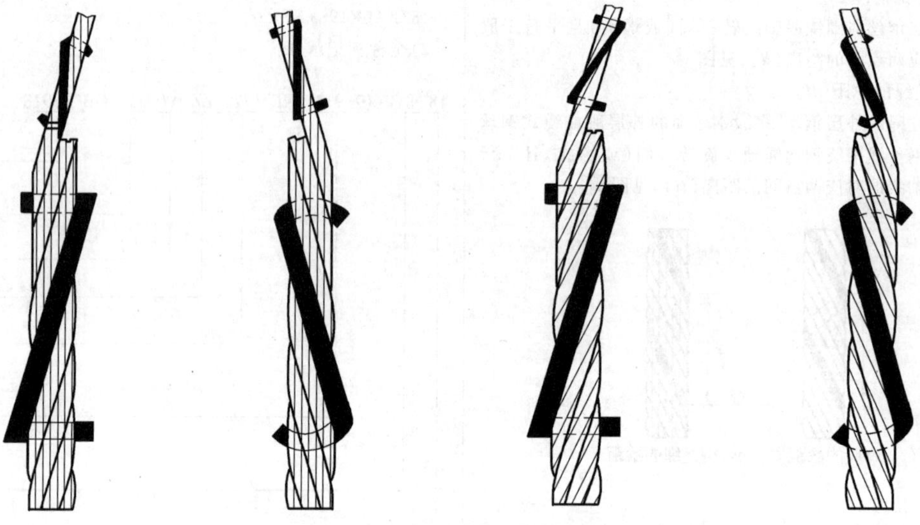

a)　b)　c)　d)

图 17.1-1　钢丝绳按捻法分类

表 17.1-9　重要用途钢丝绳分类（按股的断面、股数和股外层钢丝绳的数目）（摘自 GB 8918—2006）

组别	类别		分类原则	典型结构		直径范围
				钢丝绳	股绳	mm
1	圆股钢丝绳	6×7	6 个圆股，每股外层丝可到 7 根，在中心丝(或无)外捻制 1~2 层钢丝，钢丝等捻距	6×7 6×9W	(1+6) (3+3/3)	8~36 14~36
2	圆股钢丝绳	6×19	6 个圆股，每股外层丝 8~12 根，在中心丝外捻制 2~3 层钢丝，钢丝等捻距	6×19S 6×19W 6×25Fi 6×26WS 6×31WS	(1+9+9) (1+6+6/6) (1+6+6F+12) (1+5+5/5+10) (1+6+6/6+12)	12~36 12~40 12~44 20~40 22~46

（续）

组别	类别		分类原则	典型结构		直径范围
				钢丝绳	股绳	mm
3	圆股钢丝绳	6×37	6个圆股，每股外层丝14~18根，在中心丝外捻制3~4层钢丝，钢丝等捻距	6×29Fi 6×36WS 6×37S(点线接触) 6×41WS 6×49SWS 6×55SWS	(1+7+7F+14) (1+7+7/7+14) (1+6+15+15) (1+8+8/8+16) (1+8+8+8/8+16) (1+9+9+9/9+18)	14~44 18~60 20~60 32~56 36~60 36~64
4		8×19	8个圆股，每股外层丝8~12根，在中心丝外捻制2~3层钢丝，钢丝等捻距	8×19S 8×19W 8×25Fi 8×26WS 8×31WS	(1+9+9) (1+6+6/6) (1+6+6F+12) (1+5+5/5+10) (1+6+6/6+12)	20~44 18~48 16~52 24~48 26~56
5		8×37	8个圆股，每股外层丝14~18根，在中心丝外捻制3~4层钢丝，钢丝等捻距	8×36WS 8×41WS 8×49SWS 8×55SWS	(1+7+7/7+14) (1+8+8/8+16) (1+8+8+8/8+16) (1+9+9+9/9+18)	22~60 40~56 44~64 44~64
6		18×7	钢丝绳中有17或18个圆股，每股外层丝4~7根，在纤维芯或钢芯外捻制2层股	17×7 18×7	(1+6) (1+6)	12~60 12~60
7		18×19	钢丝绳中有17或18个圆股，每股外层丝8~12根，钢丝等捻距，在纤维芯或钢芯外捻制2层股	18×19W 18×19S	(1+6+6/6) (1+9+9)	24~60 28~60
8		34×7	钢丝绳中有34~36个圆股，每股外层丝可到7根，在纤维芯或钢芯外捻制3层股	34×7 36×7	(1+6) (1+6)	16~60 20~60
9		35W×7	钢丝绳中有24~40个圆股，每股外层丝4~8根，在纤维芯或钢芯(钢丝)外捻制3层股	35W×7 24W×7	(1+6)	16~60
10	异形股钢丝绳	6V×7	6个三角形股，每股外层丝7~9根，在三角形股芯外捻制1层钢丝	6V×18 6V×19	(/3×2+3/+9) (/1×7+3/+9)	20~36 20~36
11		6V×19	6个三角形股，每股外层丝10~14根，在三角形股芯或纤维芯外捻制2层钢丝	6V×21 6V×24 6V×30 6V×34	(FC+9+12) (FC+12+12) (6+12+12) (/1×7+3/+12+12)	18~36 18~36 20~38 28~44
12		6V×37	6个三角形股，每股外层丝15~18根，在三角形股芯外捻制2层钢丝	6V×37 6V×37S 6V×43	(/1×7+3/+12+15) (/1×7+3/+12+15) (/1×7+3/+15+18)	32~52 32~52 38~58
13		4V×39	4个扇形股，每股外层丝15~18根，在纤维股芯外捻制3层钢丝	4V×39S 4V×48S	(FC+9+15+15) (FC+12+18+18)	16~36 20~40
14		6Q×19+6V×21	钢丝绳中有12~14个股，在6个三角形股外，捻制6~8个椭圆股	6Q×19+6V×21 6Q×33+6V×21	外股(5+14) 内股(FC+9+12) 外股(5+13+15) 内股(FC+9+12)	40~52 40~60

注：1. 13组及11组中异形股钢丝绳中的6V×21、6V×24结构仅为纤维绳芯，其余组别的钢丝绳可由需方指定纤维芯或钢芯。

2. 三角形股芯的结构可以相互代替，或改用其他结构的三角形股芯，但应在订货合同中注明。

表 17.1-10　一般用途钢丝绳分类（按股数和股外层钢丝的数目）（摘自 GB/T 20118—2006）

组别	类　别	分类原则	典型结构		直径范围
			钢丝绳	股	/mm
1	单股钢丝绳	1个圆股，每股外层丝可到18根，在中心丝外捻制1~3层钢丝	1×7 1×19 1×37	(1+6) (1+6+12) (1+6+12+18)	0.6~12 1~16 1.4~22.5

（续）

组别	类别	分类原则	典型结构		直径范围/mm
			钢丝绳	股	
2	6×7	6 个圆股，每股外层丝可到 7 根，在中心丝（或无）外捻制 1～2 层钢丝，钢丝等捻距	6×7 6×9W	(1+6) (3+3/3)	1.8～36 14～36
3	6×19(a)	6 个圆股，每股外层丝 8～12 根，在中心丝外捻制 2～3 层钢丝，钢丝等捻距	6×19S 6×19W 6×25Fi 6×26WS 6×31WS	(1+9+9) (1+6+6/6) (1+6+6F+12) (1+5+5/5+10) (1+6+6/6+12)	6～36 6～40 8～44 13～40 12～46
	6×19(b)	6 个圆股，每股外层丝 12 根，在中心丝外捻制 2 层钢丝	6×19	(1+6+12)	3～46
4	6×37(a)	6 个圆股，每股外层丝 14～18 根，在中心丝外捻制 3～4 层钢丝，钢丝等捻距	6×29Fi 6×36WS 6×37S(点线接触) 6×41WS 6×49SWS 6×55SWS	(1+7+7F+14) (1+7+7/7+14) (1+6+15+15) (1+8+8/8+16) (1+8+8+8/8+16) (1+9+9+9/9+18)	10～44 12～60 10～60 32～60 36～60 36～60
	6×37(b)	6 个圆股，每股外层丝 18 根，在中心丝外捻制 3 层钢丝	6×37	(1+6+12+18)	5～60
5	6×61	6 个圆股，每股外层丝 24 根，在中心丝外捻制 4 层钢丝	6×61	(1+6+12+18+24)	40～60
6	8×19	8 个圆股，每股外层丝 8～12 根，在中心丝外捻制 2～3 层钢丝，钢丝等捻距	8×19S 8×19W 8×25Fi 8×26WS 8×31WS	(1+9+9) (1+6+6/6) (1+6+6F+12) (1+5+5/5+10) (1+6+6/6+12)	11～44 10～48 18～52 16～48 14～56
7	8×37	8 个圆股，每股外层丝 14～18 根，在中心丝外捻制 3～4 层钢丝，钢丝等捻距	8×36WS 8×41WS 8×49SWS 8×55SWS	(1+7+7/7+14) (1+8+8/8+16) (1+8+8+8/8+16) (1+9+9+9/9+18)	14～60 40～60 44～60 44～60
8	18×7	钢丝绳中有 17 或 18 个圆股，在纤维芯或钢芯外捻制 2 层股，外层 10～12 个股，每股外层丝 4～7 根；在中心丝外捻制一层钢丝	17×7 18×7	(1+6) (1+6)	6～44 6～44
9	18×19	钢丝绳中有 17 或 18 个圆股，在纤维芯或钢芯外捻制 2 层股，外层 10～12 个股，每股外层丝 8～12 根；在中心丝外捻制 2～3 层钢丝	18×19W 18×19S 18×19	(1+6+6/6) (1+9+9) (1+6+12)	14～44 14～44 10～44
10	34×7	钢丝绳中有 34～36 个圆股，在纤维芯或钢芯外捻制 3 层股，外层 17～18 个股，每股外层丝 4～8 根；在中心丝外捻制一层钢丝	34×7 36×7	(1+6) (1+6)	16～44 16～44
11	35W×7	钢丝绳中有 24～40 个圆股，在钢芯外捻制 2～3 层股，外层 12～18 个股，每股外层丝 4～8 根；在中心丝外捻制一层钢丝	35W×7 24W×7	(1+6) (1+6)	12～50 12～50
12	6×12	6 个圆股，每股外层丝 12 根，股纤维芯外捻制一层钢丝	6×12	(FC+12)	8～32
13	6×24	6 个圆股，每股外层丝 12～16 根，股纤维芯外捻制 2 层钢丝	6×24 6×24S 6×24W	(FC+9+15) (FC+12+12) (FC+8+8/8)	8～40 10～44 10～44
14	6×15	6 个圆股，每股外层丝 15 根，股纤维芯外捻制一层钢丝	6×15	(FC+15)	10～32
15	4×19	4 个圆股，每股外层丝 8～12 根，在中心丝外捻制 2～3 层钢丝，钢丝等捻距	4×19S 4×25Fi 4×26WS 4×31WS	(1+9+9) (1+6+6F+12) (1+5+5/5+10) (1+6+6/6+12)	8～28 12～34 12～31 12～36

（续）

组别	类　别	分 类 原 则	典 型 结 构		直径范围/mm
			钢丝绳	股	
16	4×37	4 个圆股，每股外层丝 14～18 根，在中心丝外捻制 3～4 层钢丝，钢丝等捻距	4×36WS 4×41WS	(1+7+7/7+14) (1+8+8/8+16)	14～42 26～46

注：1. 3 组和 4 组内推荐用（a）类钢丝绳。

2. 12 组～14 组仅为纤维芯，其余组别的钢丝绳可由需方指定纤维芯或钢芯。

3. (a) 为线接触，(b) 为点接触。

2.3　钢丝绳选用计算

(1) C 系数法

本方法只适用运动绳。

$$d_{min}=C\sqrt{S} \tag{17.1-3}$$

式中　d_{min}——钢丝绳的最小直径（mm）；

C——钢丝绳选择系数（$mm/\sqrt{N}$）；

S——钢丝绳最大工作静拉力（N）。

钢丝绳选择系数 C 的取值与钢丝的公称抗拉强度和机构工作级别有关，见表 17.1-11。

当钢丝绳的 k' 和 σ_b 值与表 17.1-11 中不同时，则可根据工作级别从表 17.1-11 中选择安全系数 n 值，并根据所选择钢丝绳的 k' 和 σ_b 值按式（17.1-4）换算出适合的钢丝绳选择系数 C，然后再按式（17.1-3）选择绳径。

$$C=\sqrt{\frac{n}{k'\sigma_b}} \tag{17.1-4}$$

式中　n——钢丝绳的最小安全系数，见表 17.1-11；

k'——钢丝绳最小破断拉力系数，见表17.1-11注；

σ_b——钢丝的公称抗拉强度（MPa）。

(2) 最小安全系数法

本方法对运动绳和静态绳都适用。此法按与钢丝绳所在机构工作级别有关的安全系数选择钢丝绳直径。所选钢丝绳的整绳最小破断拉力应满足

$$F_0\geqslant Sn \tag{17.1-5}$$

式中　F_0——钢丝绳的整绳最小破断拉力（kN）；

其他符号意义同前。

表 17.1-11　钢丝绳的选择系数 C 和安全系数 n

	机构工作级别	选择系数 C 值 钢丝公称抗拉强度 σ_b/MPa							安全系数 n	
		1470	1570	1670	1770	1870	1960	2160	运动绳	静态绳
纤维芯钢丝绳	M1	0.081	0.078	0.076	0.073	0.071	0.070	0.066	3.15	2.5
	M2	0.083	0.080	0.078	0.076	0.074	0.072	0.069	3.35	2.5
	M3	0.086	0.083	0.080	0.078	0.076	0.074	0.071	3.55	3
	M4	0.091	0.088	0.085	0.083	0.081	0.079	0.075	4	3.5
	M5	0.096	0.093	0.090	0.088	0.085	0.083	0.079	4.5	4
	M6	0.107	0.104	0.101	0.098	0.095	0.093	0.089	5.6	4.5
	M7	0.121	0.117	0.114	0.110	0.107	0.105	0.100	7.1	5
	M8	0.136	0.132	0.128	0.124	0.121	0.118	0.112	9	5
钢芯钢丝绳	M1	0.078	0.075	0.073	0.071	0.069	0.067	0.064	3.15	2.5
	M2	0.080	0.077	0.075	0.073	0.071	0.069	0.066	3.35	2.5
	M3	0.082	0.080	0.077	0.075	0.073	0.071	0.068	3.55	3
	M4	0.087	0.085	0.082	0.080	0.078	0.076	0.072	4	3.5
	M5	0.093	0.090	0.087	0.085	0.082	0.080	0.076	4.5	4
	M6	0.103	0.100	0.097	0.094	0.092	0.090	0.085	5.6	4.5
	M7	0.116	0.113	0.109	0.106	0.103	0.101	0.096	7.1	5
	M8	0.131	0.127	0.123	0.120	0.116	0.114	0.108	9	5

注：1. 对于吊运危险物品的起重用钢丝绳，一般应按比设计工作级别高一级的工作级别选择表中的钢丝绳选择系数 C 和钢丝绳最小安全系数 n 值。对起升机构工作级别为 M7、M8 的冶金起重机和港口集装箱起重机等，在使用过程中能监控钢丝绳劣化损伤发展进程，保证安全使用。在保证一定寿命和及时更换钢丝绳的前提下，允许按稍低的工作级别选择钢丝绳；对冶金起重机最低安全系数不应小于 7.1，港口集装箱起重机主起升钢丝绳和小车曳引钢丝绳的最低安全系数不应小于 6。伸缩臂架用钢丝绳的安全系数不应小于 4。

2. C 值是根据起重机常用的钢丝绳 6×19W（S）型的最小破断拉力系数 k'、且只针对运动绳的安全系数计算而得。对纤维芯（NF）钢丝绳 $k'=0.330$，对金属丝绳芯（IWR）或金属丝股芯（IWS）钢丝绳 $k'=0.356$。

2.4　重要用途钢丝绳（摘自 GB 8918—2006）

（1）适用范围

重要用途钢丝绳适用于矿井提升、高炉卷扬、大型浇铸、石油钻井、大型吊装、繁忙起重、索道、地面缆车、船舶和海上设施等用途的圆股及异形股钢丝绳。

重要用途钢丝绳主要用途推荐见表 17.1-12。

（2）常用类型重要用途钢丝绳力学性能（见表 17.1-13～表 17.1-27）

表 17.1-12　重要用途钢丝绳主要用途推荐

用　途	名　称	结　构	备　注
立井提升	三角股钢丝绳	6V×37S　6V×37　6V×34　6V×30　6V×43　6V×21	
	线接触钢丝绳	6×19S　6×19W　6×25Fi　6×29Fi　6×26WS　6×31WS　6×36WS　6×41WS	推荐同向捻
	多层股钢丝绳	18×7　17×7　35W×7　24W×7 6Q×19+6V×21　6Q×33+6V×21	用于钢丝绳罐道的立井
开凿立井提升（建井用）	多层股钢丝绳及异形股钢丝绳	6Q×33+6V×21　17×7　18×7　34×7　36×7 6Q×19+6V×21　4V×39S　4V×48S　35W×7　24W×7	—
立井平衡绳	钢丝绳	6×37S　6×36WS　4V×39S　4V×48S	仅适用于交互捻
	多层股钢丝绳	17×7　18×7　34×7　36×7　35W×7　24W×7	仅适用于交互捻
斜井提升（绞车）	三角股钢丝绳	6V×18　6V×19	
	钢丝绳	6×7　6×9W	推荐同向捻
钢绳牵引胶带运输机、索道及地面缆车	线接触钢丝绳	6×19S　6×19W　6×25Fi　6×29Fi　6×26WS 6×31WS　6×36WS　6×41WS	推荐同向捻 6×19W 不适合索道
高炉卷扬	三角股钢丝绳	6V×37S　6V×37　6V×30　6V×34　6V×43	—
	线接触钢丝绳	6×19S　6×25Fi　6×29Fi　6×26WS　6×31WS 6×36WS　6×41WS	—
立井罐道及索道	三角股钢丝绳	6V×18　6V×19	—
	多层股钢丝绳	18×7　17×7	推荐同向捻
露天斜坡卷扬	三角股钢丝绳	6V×37S　6V×37　6V×30　6V×34　6V×43	—
	线接触钢丝绳	6×36WS　6×37S　6×41WS　6×49SWS　6×55SWS	推荐同向捻
石油钻井	线接触钢丝绳	6×19S　6×19W　6×25Fi　6×29Fi　6×26WS 6×31WS　6×36WS	也可采用钢芯
挖掘机（电铲卷扬）	线接触钢丝绳	6×19S+IWR　6×25Fi+IWR　6×19W+IWR 6×29Fi+IWR　6×26WS+IWR　6×31WS+IWR 6×36WS+IWR　6×55SWS+IWR 6×49SWS+IWR　35W×7　24W×7	推荐同向捻
	三角股钢丝绳	6V×30　6V×34　6V×37　6V×37S　6V×43	—
起重机　大型浇铸起重机	线接触钢丝绳	6×19S+IWR　6×19W+IWR　6×25Fi+IWR 6×36WS+IWR　6×41WS+IWR	—
起重机　港口装卸、水利工程及建筑用塔式起重机	多层股钢丝绳	18×19S　18×19W　34×7　36×7　35W×7　24W×7	—
	四股扇形股钢丝绳	4V×39S　4V×48S	—
起重机　繁忙起重及其他重要用途	线接触钢丝绳	6×19S　6×19W　6×25Fi　6×29Fi　6×26WS 6×31WS　6×36WS　6×37S　6×41WS　6×49SWS 6×55SWS　8×19S　8×19W　8×25Fi　8×26WS 8×31WS　8×36WS　8×41WS　8×49SWS　8×55SWS	—
	四股扇形股钢丝绳	4V×39S　4V×48S	—
热移钢机（轧钢厂推钢台）	线接触钢丝绳	6×19S+IWR　6×19W+IWR　6×25Fi+IWR 6×29Fi+IWR　6×31WS+IWR　6×37S+IWR 6×36WS+IWR	—

（续）

用　途	名　称	结　构	备　注
船舶装卸	线接触钢丝绳	6×19W　6×25Fi　6×29Fi　6×31WS　6×36WS　6×37S	镀锌
	多层股钢丝绳	18×19S　18×19W　34×7　36×7　35W×7　24W×7	—
	四股扇形股钢丝绳	4V×39S　4V×48S	—
拖船、货网	钢丝绳	6×31WS　6×36WS　6×37S	镀锌
船舶张拉 桅杆吊桥	钢丝绳	6×7+IWS　6×19S+IWR	镀锌
打捞沉船	钢丝绳	6×37S　6×36WS　6×41WS　6×49SWS　6×31WS 6×55SWS　8×19S　8×19W　8×31WS 8×36WS　8×41WS　8×49SWS　8×55SWS	镀锌

注：1. 腐蚀是主要报废原因时，应采用镀锌钢丝绳。

2. 钢丝绳工作时终端不能自由旋转，或虽有反拨力但对不能相互纠合在一起的工作场合，应采用同向捻钢丝绳。

表 17.1-13　钢丝绳第 1 组 6×7 类力学性能

第 1 组　6×7 类

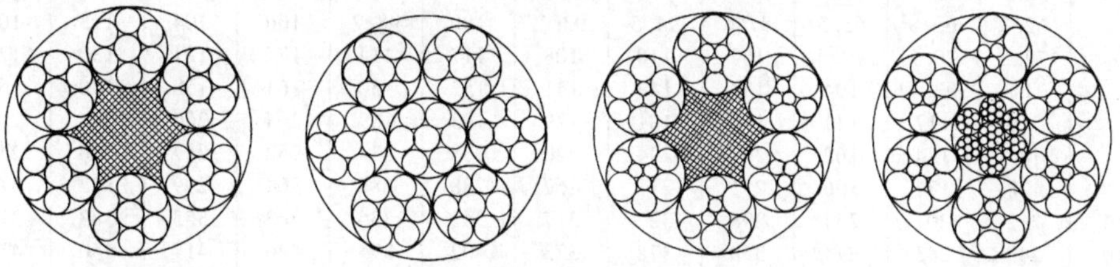

6×7+FC　　6×7+IWS　　6×9W+FC　　6×9W+IWR

直径:8~36mm　　直径:14~36mm

钢丝绳公称直径		钢丝绳参考质量 /kg·(100m)$^{-1}$			钢丝绳公称抗拉强度/MPa									
					1570		1670		1770		1870		1960	
					钢丝绳最小破断拉力/kN									
D/mm	允许偏差(%)	天然纤维芯钢丝绳	合成纤维芯钢丝绳	钢芯钢丝绳	纤维芯钢丝绳	钢芯钢丝绳	纤维芯钢丝绳	钢芯钢丝绳	纤维芯钢丝绳	钢芯钢丝绳	纤维芯钢丝绳	钢芯钢丝绳	纤维芯钢丝绳	钢芯钢丝绳
8		22.5	22.0	24.8	33.4	36.1	35.5	38.4	37.6	40.7	39.7	43.0	41.6	45.0
9		28.4	27.9	31.3	42.2	45.7	44.9	48.6	47.6	51.5	50.3	54.4	52.7	57.0
10		35.1	34.4	38.7	52.1	56.4	55.4	60.0	58.8	63.5	62.1	67.1	65.1	70.4
11		42.5	41.6	46.8	63.1	68.2	67.1	72.5	71.1	76.9	75.1	81.2	78.7	85.1
12		50.5	49.5	55.7	75.1	81.2	79.8	86.3	84.6	91.5	89.4	96.7	93.7	101
13		59.3	58.1	65.4	88.1	95.3	93.7	101	99.3	107	105	113	110	119
14		68.8	67.4	75.9	102	110	109	118	115	125	122	132	128	138
16	+5	89.9	88.1	99.1	133	144	142	153	150	163	159	172	167	180
18	0	114	111	125	169	183	180	194	190	206	201	218	211	228
20		140	138	155	208	225	222	240	235	254	248	269	260	281
22		170	166	187	252	273	268	290	284	308	300	325	315	341
24		202	198	223	300	325	319	345	338	366	358	387	375	405
26		237	233	262	352	381	375	405	397	430	420	454	440	476
28		275	270	303	409	442	435	470	461	498	487	526	510	552
30		316	310	348	469	507	499	540	529	572	559	604	586	633
32		359	352	396	534	577	568	614	602	651	636	687	666	721
34		406	398	447	603	652	641	693	679	735	718	776	752	813
36		455	446	502	676	730	719	777	762	824	805	870	843	912

注：钢丝绳公称抗拉强度仅表示钢丝绳的强度等级，后同。

表 17.1-14 钢丝绳第 2 组 6×19 类力学性能

第 2 组 6×19 类

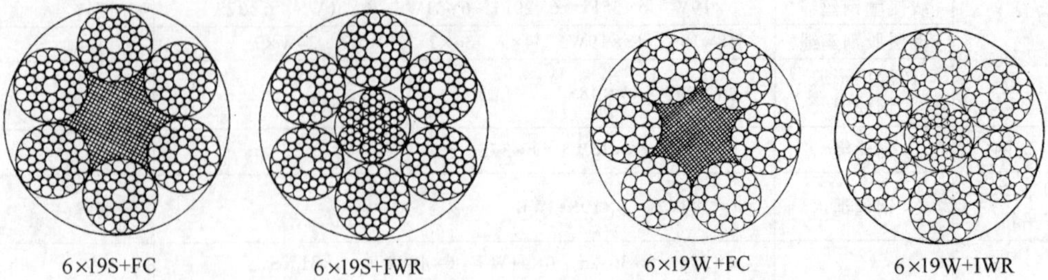

6×19S+FC 6×19S+IWR 6×19W+FC 6×19W+IWR

直径:12~36mm 直径:12~40mm

钢丝绳公称直径		钢丝绳参考质量/kg·(100m)$^{-1}$			钢丝绳公称抗拉强度/MPa									
					1570		1670		1770		1870		1960	
					钢丝绳最小破断拉力/kN									
D/mm	允许偏差(%)	天然纤维芯钢丝绳	合成纤维芯钢丝绳	钢芯钢丝绳	纤维芯钢丝绳	钢芯钢丝绳	纤维芯钢丝绳	钢芯钢丝绳	纤维芯钢丝绳	钢芯钢丝绳	纤维芯钢丝绳	钢芯钢丝绳	纤维芯钢丝绳	钢芯钢丝绳
12		53.1	51.8	58.4	74.6	80.5	79.4	85.6	84.1	90.7	88.9	95.9	93.1	100
13		62.3	60.8	68.5	87.6	94.5	93.1	100	98.7	106	104	113	109	118
14		72.2	70.5	79.5	102	110	108	117	114	124	121	130	127	137
16		94.4	92.1	104	133	143	141	152	150	161	158	170	166	179
18		119	117	131	168	181	179	193	189	204	200	216	210	226
20		147	144	162	207	224	220	238	234	252	247	266	259	279
22		178	174	196	251	271	267	288	283	304	299	322	313	338
24	+5	212	207	234	298	322	317	342	336	363	355	383	373	402
26	0	249	243	274	350	378	373	402	395	426	417	450	437	472
28		289	282	318	406	438	432	466	458	494	484	522	507	547
30		332	324	365	466	503	496	535	526	567	555	599	582	628
32		377	369	415	531	572	564	609	598	645	632	682	662	715
34		426	416	469	599	646	637	687	675	728	713	770	748	807
36		478	466	525	671	724	714	770	757	817	800	863	838	904
38		532	520	585	748	807	796	858	843	910	891	961	934	1010
40		590	576	649	829	894	882	951	935	1010	987	1070	1030	1120

表 17.1-15 钢丝绳第 2 组 6×19 类和第 3 组 6×37 类力学性能

第 2 组 6×19 类

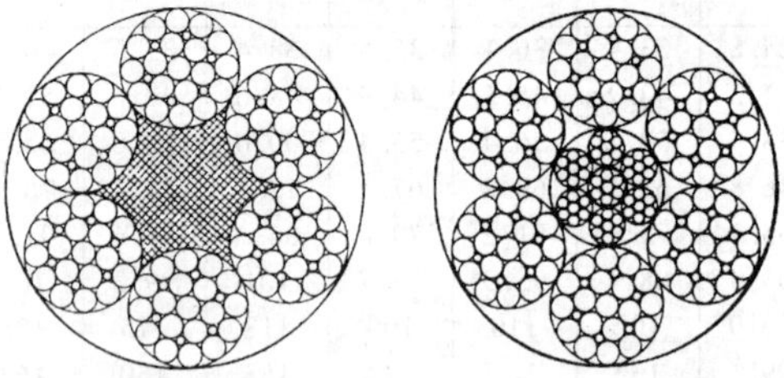

6×25Fi+FC 6×25Fi+IWR

直径:12～44mm

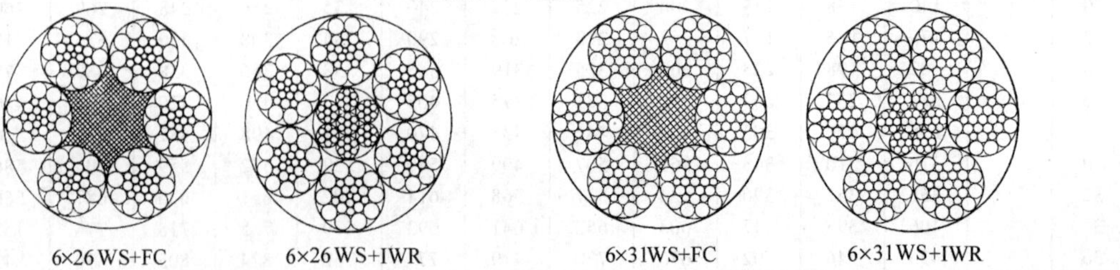

6×26WS+FC 6×26WS+IWR 6×31WS+FC 6×31WS+IWR

直径:20～40mm 直径:22～46mm

（续）

第 3 组　6×37 类

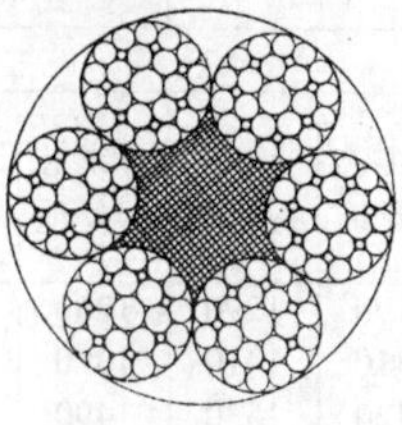

6×29Fi+FC

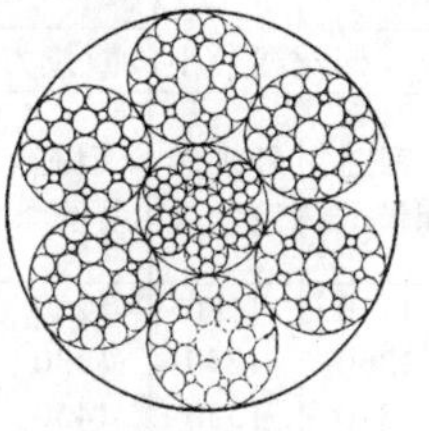

6×29Fi+IWR

直径：14～44mm

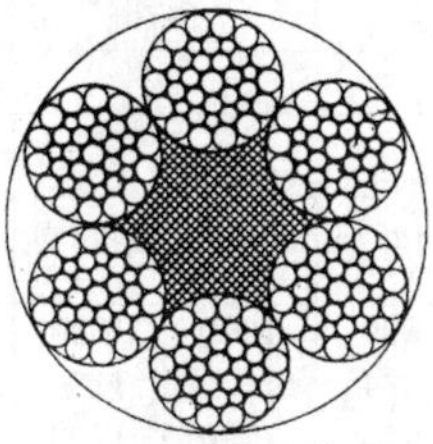

6×36WS+FC

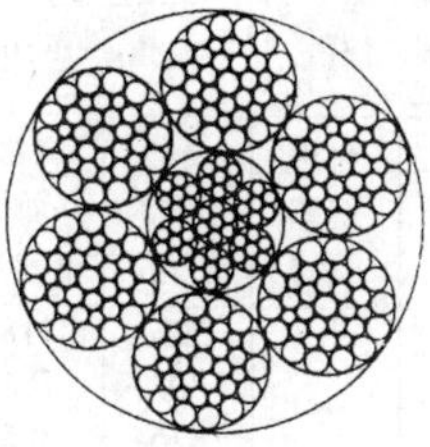

6×36WS+IWR

直径：18～60mm

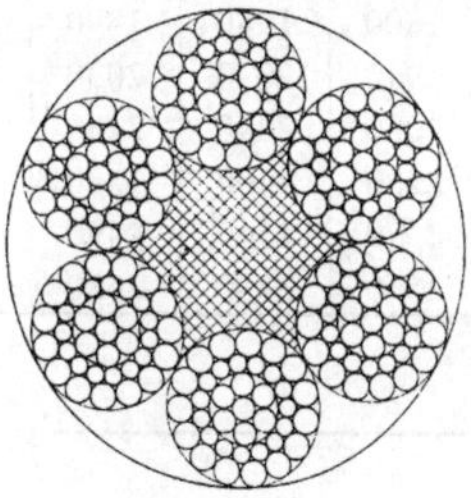

6×37S+FC

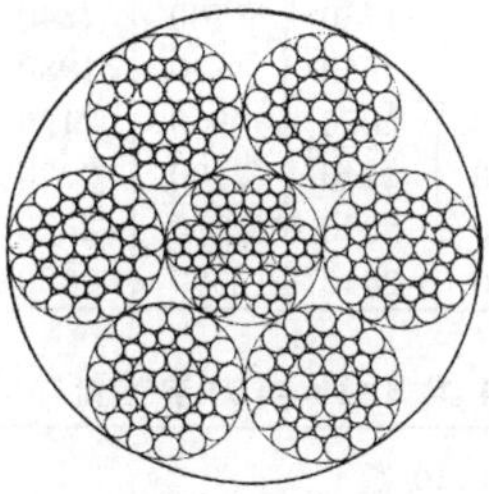

6×37S+IWR

直径：20～60mm

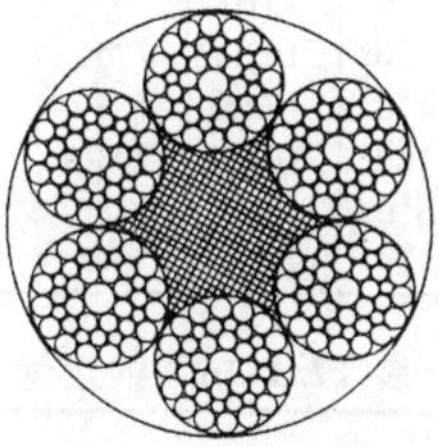

6×41WS+FC

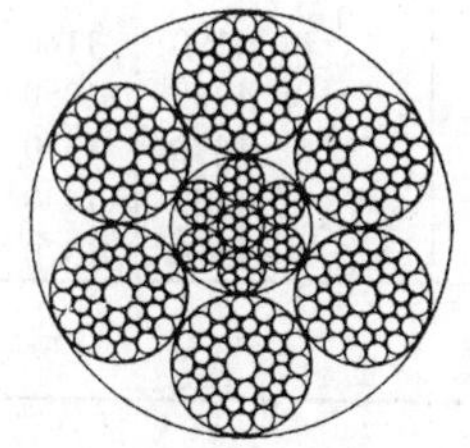

6×41WS+IWR

直径：32～56mm

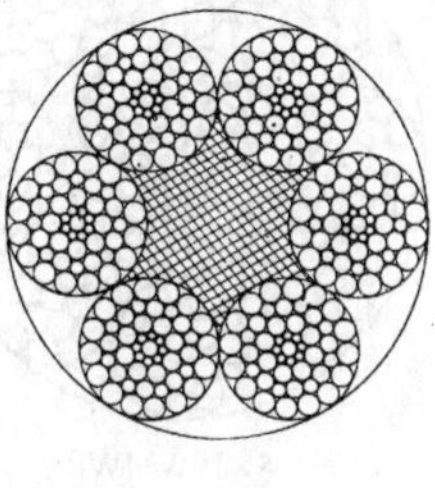

6×49SWS+FC

6×49SWS+IWR

直径：36～60mm

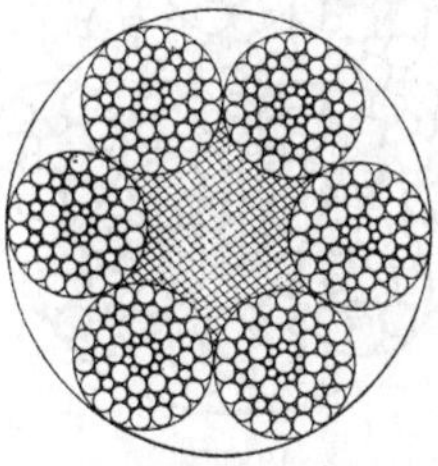

6×55SWS+FC

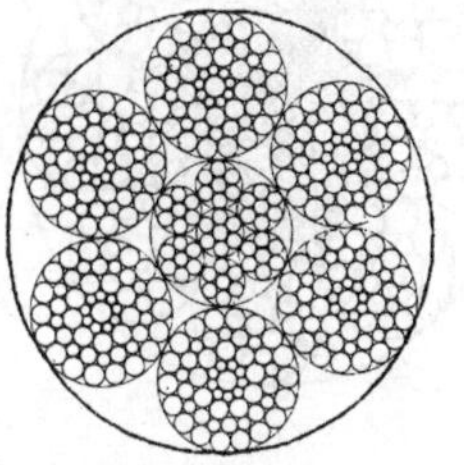

6×55SWS+IWR

直径：36～64mm

钢丝绳公称直径		钢丝绳参考质量 /kg·(100m)$^{-1}$			钢丝绳公称抗拉强度/MPa									
					1570		1670		1770		1870		1960	
					钢丝绳最小破断拉力/kN									
D/mm	允许偏差（%）	天然纤维芯钢丝绳	合成纤维芯钢丝绳	钢芯钢丝绳	纤维芯钢丝绳	钢芯钢丝绳	纤维芯钢丝绳	钢芯钢丝绳	纤维芯钢丝绳	钢芯钢丝绳	纤维芯钢丝绳	钢芯钢丝绳	纤维芯钢丝绳	钢芯钢丝绳
12		54.7	53.4	60.2	74.6	80.5	79.4	85.6	84.1	90.7	88.9	95.9	93.1	100
13		64.2	62.7	70.6	87.6	94.5	93.1	100	98.7	106	104	113	109	118
14		74.5	72.7	81.9	102	110	108	117	114	124	121	130	127	137
16		97.3	95.0	107	133	143	141	152	150	161	158	170	166	179
18		123	120	135	168	181	179	193	189	204	200	216	210	226
20		152	148	167	207	224	220	238	234	252	247	266	259	279
22		184	180	202	251	271	267	288	283	305	299	322	313	338
24	+5	219	214	241	298	322	317	342	336	363	355	383	373	402
26	0	257	251	283	350	378	373	402	395	426	417	450	437	472
28		298	291	328	406	438	432	466	458	494	484	522	507	547
30		342	334	376	466	503	496	535	526	567	555	599	582	628
32		389	380	428	531	572	564	609	598	645	632	682	662	715
34		439	429	483	599	646	637	687	675	728	713	770	748	807
36		492	481	542	671	724	714	770	757	817	800	863	838	904
38		549	536	604	748	807	796	858	843	910	891	961	934	1010
40		608	594	669	829	894	882	951	935	1010	987	1070	1030	1120
42		670	654	737	914	986	972	1050	1030	1110	1090	1170	1140	1230

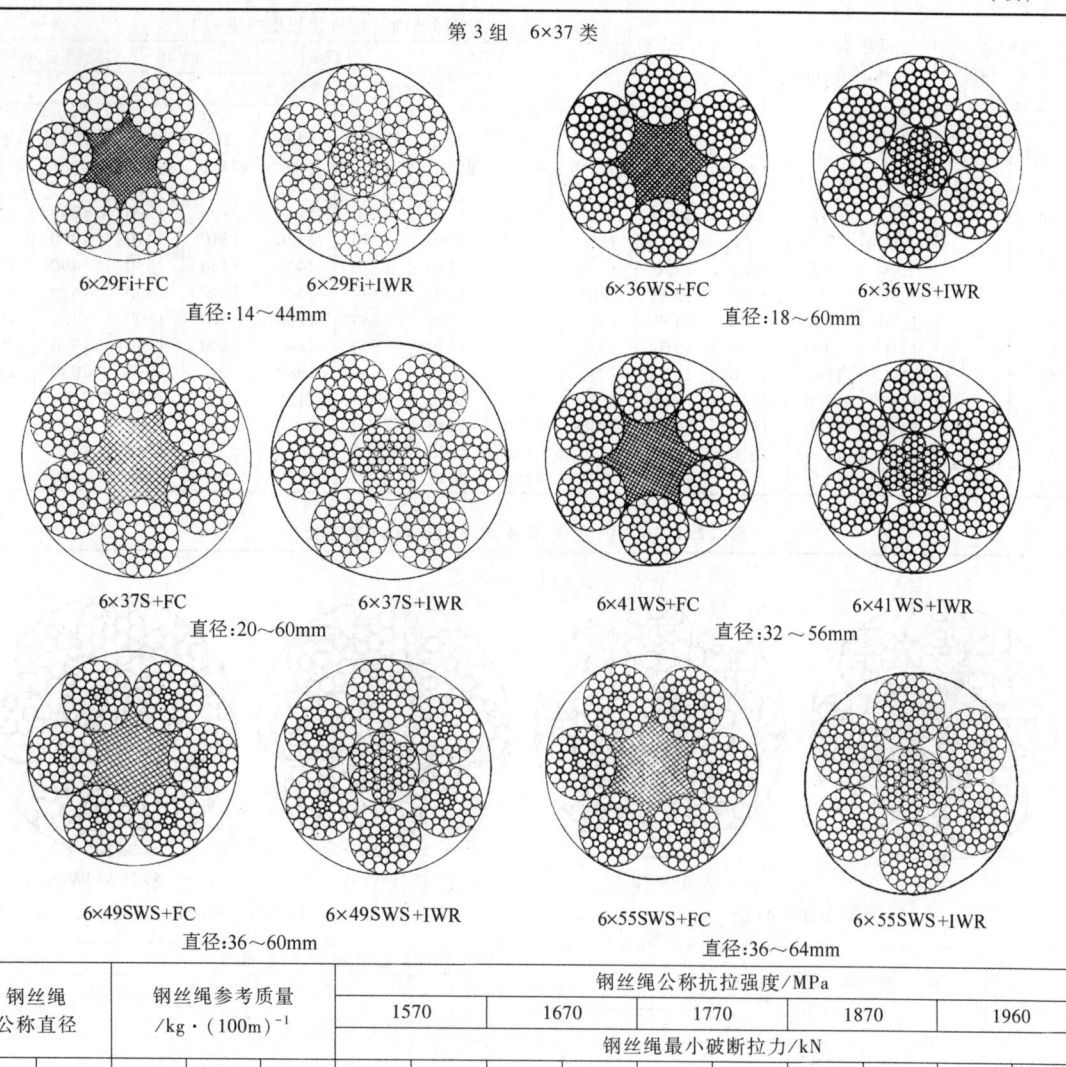

（续）

钢丝绳公称直径		钢丝绳参考质量/kg·(100m)$^{-1}$			钢丝绳公称抗拉强度/MPa									
					1570		1670		1770		1870		1960	
					钢丝绳最小破断拉力/kN									
D/mm	允许偏差(%)	天然纤维芯钢丝绳	合成纤维芯钢丝绳	钢芯钢丝绳	纤维芯钢丝绳	钢芯钢丝绳	纤维芯钢丝绳	钢芯钢丝绳	纤维芯钢丝绳	钢芯钢丝绳	纤维芯钢丝绳	钢芯钢丝绳	纤维芯钢丝绳	钢芯钢丝绳
44	+5 0	736	718	809	1000	1080	1070	1150	1130	1220	1190	1290	1250	1350
46		804	785	884	1100	1180	1170	1260	1240	1330	1310	1410	1370	1480
48		876	855	963	1190	1290	1270	1370	1350	1450	1420	1530	1490	1610
50		950	928	1040	1300	1400	1380	1490	1460	1580	1540	1660	1620	1740
52		1030	1000	1130	1400	1510	1490	1610	1580	1700	1670	1800	1750	1890
54		1110	1080	1220	1510	1630	1610	1730	1700	1840	1800	1940	1890	2030
56		1190	1160	1310	1620	1750	1730	1860	1830	1980	1940	2090	2030	2190
58		1280	1250	1410	1740	1880	1850	2000	1960	2120	2080	2240	2180	2350
60		1370	1340	1500	1870	2010	1980	2140	2100	2270	2220	2400	2330	2510
62		1460	1430	1610	1990	2150	2120	2290	2250	2420	2370	2560	2490	2680
64		1560	1520	1710	2120	2290	2260	2440	2390	2580	2530	2730	2650	2860

表 17.1-16　钢丝绳第 4 组 8×19 类力学性能

第 4 组　8×19 类

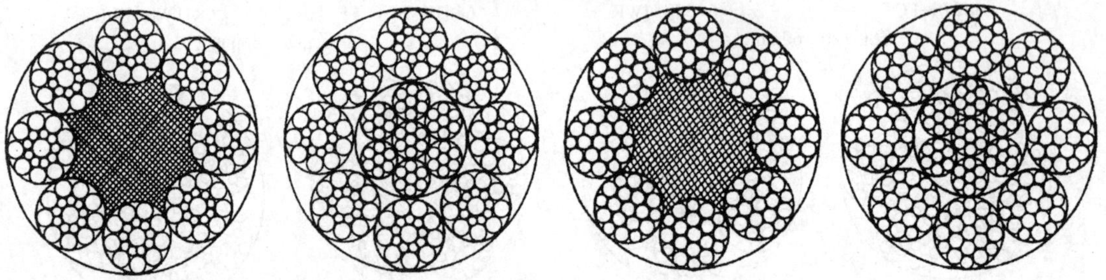

8×19S+FC　　8×19S+IWR　　8×19W+FC　　8×19W+IWR

直径:20～44mm　　直径:18～48mm

钢丝绳公称直径		钢丝绳参考质量/kg·(100m)$^{-1}$			钢丝绳公称抗拉强度/MPa									
					1570		1670		1770		1870		1960	
					钢丝绳最小破断拉力/kN									
D/mm	允许偏差(%)	天然纤维芯钢丝绳	合成纤维芯钢丝绳	钢芯钢丝绳	纤维芯钢丝绳	钢芯钢丝绳	纤维芯钢丝绳	钢芯钢丝绳	纤维芯钢丝绳	钢芯钢丝绳	纤维芯钢丝绳	钢芯钢丝绳	纤维芯钢丝绳	钢芯钢丝绳
18	+5 0	112	108	137	149	176	159	187	168	198	178	210	186	220
20		139	133	169	184	217	196	231	207	245	219	259	230	271
22		168	162	204	223	263	237	280	251	296	265	313	278	328
24		199	192	243	265	313	282	333	299	353	316	373	331	391
26		234	226	285	311	367	331	391	351	414	370	437	388	458
28		271	262	331	361	426	384	453	407	480	430	507	450	532
30		312	300	380	414	489	440	520	467	551	493	582	517	610
32		355	342	432	471	556	501	592	531	627	561	663	588	694
34		400	386	488	532	628	566	668	600	708	633	748	664	784
36		449	432	547	596	704	634	749	672	794	710	839	744	879
38		500	482	609	664	784	707	834	749	884	791	934	829	979
40		554	534	675	736	869	783	925	830	980	877	1040	919	1090
42		611	589	744	811	958	863	1020	915	1080	967	1140	1010	1200
44		670	646	817	891	1050	947	1120	1000	1190	1060	1250	1110	1310
46		733	706	893	973	1150	1040	1220	1100	1300	1160	1370	1220	1430
48		798	769	972	1060	1250	1130	1330	1190	1410	1260	1490	1320	1560

表 17. 1-17　钢丝绳第 4 组 8×19 类和第 5 组 8×37 类力学性能

第 4 组　8×19 类和第 5 组　8×37 类

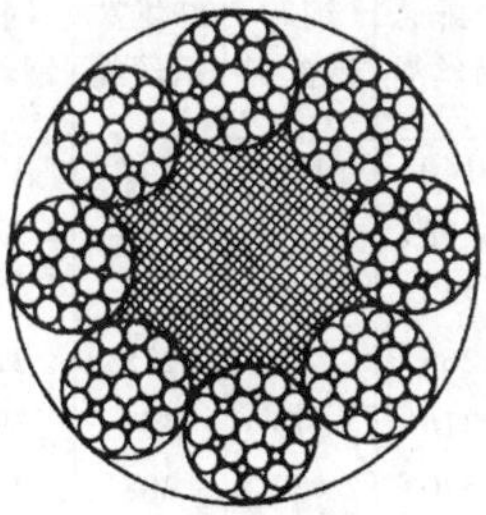
8×25Fi+FC

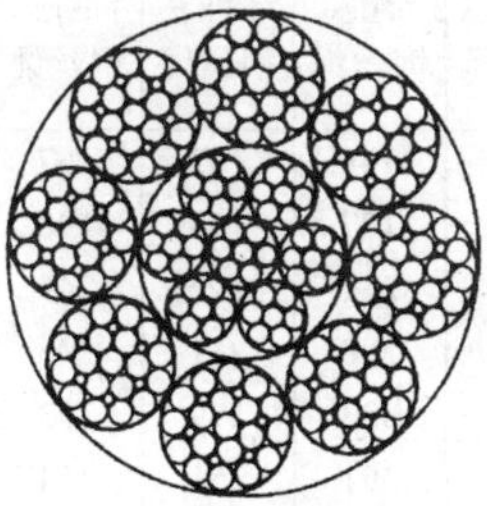
8×25Fi+IWR

直径:16～52mm

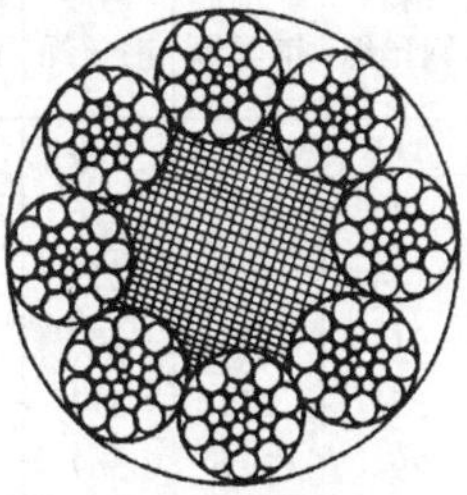
8×26WS+FC

8×26WS+IWR

直径:24～48mm

8×31WS+FC

8×31WS+IWR

直径: 26～56mm

8×36WS+FC

8×36WS+IWR

直径:22～60mm

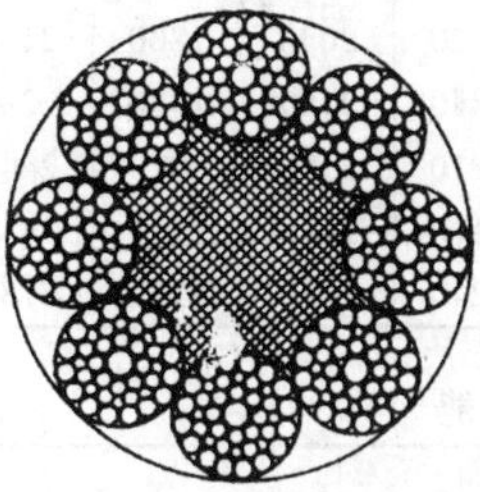
8×41WS+FC

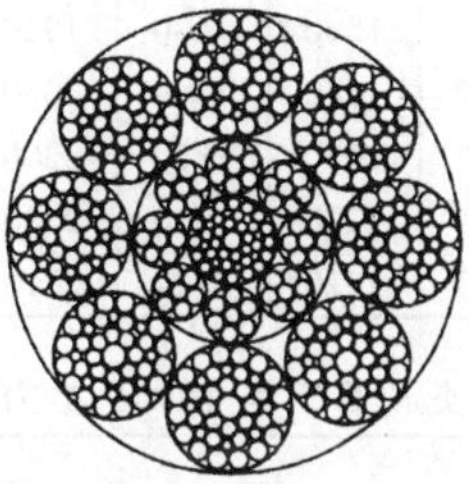
8×41WS+IWR

直径: 40～56mm

8×49SWS+FC

8×49SWS+IWR

直径:44～64mm

8×55SWS+FC

8×55SWS+IWR

直径:44～64mm

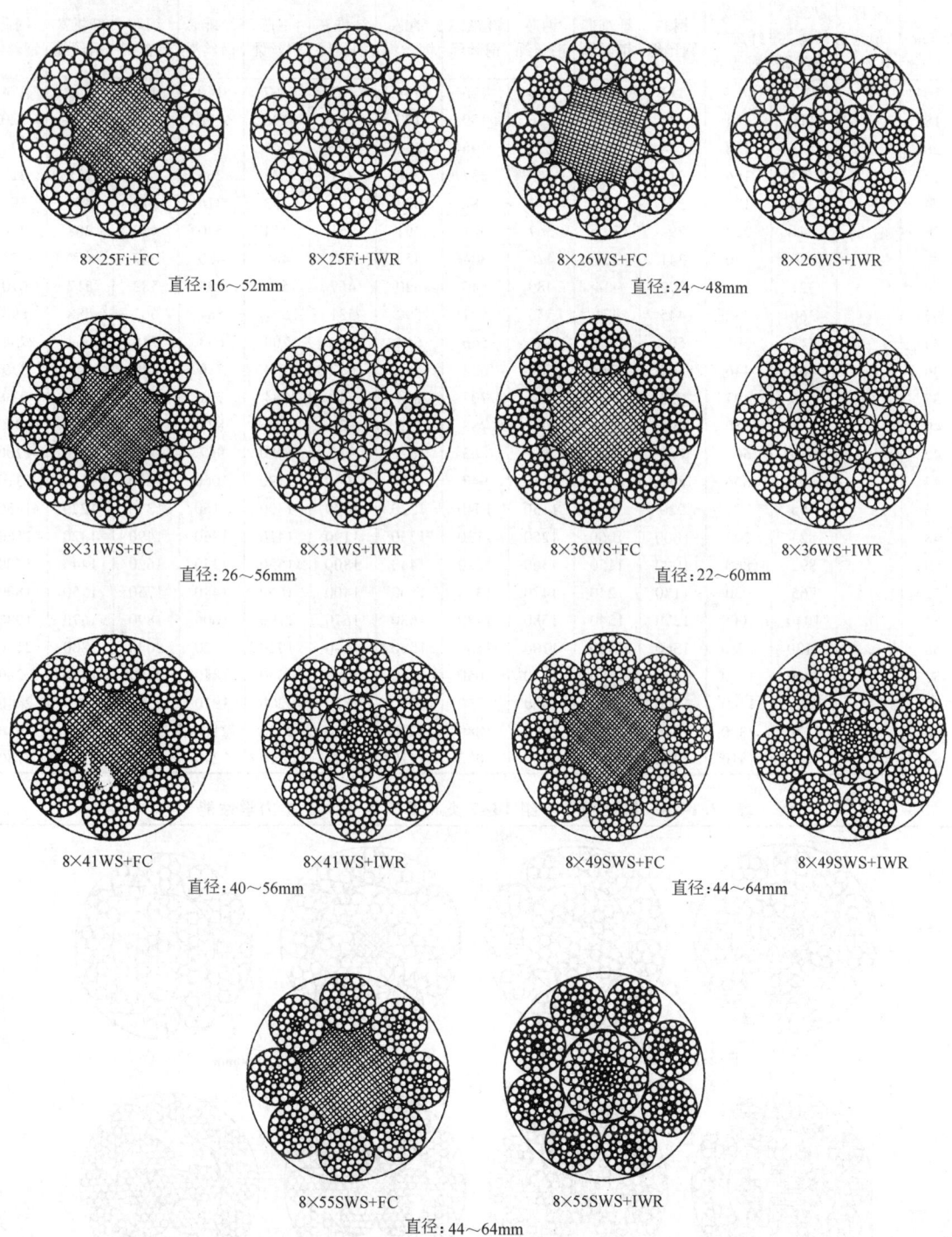

（续）

钢丝绳公称直径		钢丝绳参考质量/kg·(100m)$^{-1}$			钢丝绳公称抗拉强度/MPa									
					1570		1670		1770		1870		1960	
					钢丝绳最小破断拉力/kN									
D/mm	允许偏差(%)	天然纤维芯钢丝绳	合成纤维芯钢丝绳	钢芯钢丝绳	纤维芯钢丝绳	钢芯钢丝绳	纤维芯钢丝绳	钢芯钢丝绳	纤维芯钢丝绳	钢芯钢丝绳	纤维芯钢丝绳	钢芯钢丝绳	纤维芯钢丝绳	钢芯钢丝绳
16		91.4	88.1	111	118	139	125	148	133	157	140	166	147	174
18		116	111	141	149	176	159	187	168	198	178	210	186	220
20		143	138	174	184	217	196	231	207	245	219	259	230	271
22		173	166	211	223	263	237	280	251	296	265	313	278	328
24		206	198	251	265	313	282	333	299	353	316	373	331	391
26		241	233	294	311	367	331	391	351	414	370	437	388	458
28		280	270	341	361	426	384	453	407	480	430	507	450	532
30		321	310	392	414	489	440	520	467	551	493	582	517	610
32		366	352	445	471	556	501	592	531	627	561	663	588	694
34		413	398	503	532	628	566	668	600	708	633	748	664	784
36		463	446	564	596	704	634	749	672	794	710	839	744	879
38		516	497	628	664	784	707	834	749	884	791	934	829	979
40	$^{+5}_{0}$	571	550	696	736	869	783	925	830	980	877	1040	919	1090
42		630	607	767	811	958	863	1020	915	1080	967	1140	1010	1200
44		691	666	842	891	1050	947	1120	1000	1190	1060	1250	1110	1310
46		755	728	920	973	1150	1040	1220	1100	1300	1160	1370	1220	1430
48		823	793	1000	1060	1250	1130	1330	1190	1410	1260	1490	1320	1560
50		892	860	1090	1150	1360	1220	1440	1300	1530	1370	1620	1440	1700
52		965	930	1180	1240	1470	1320	1560	1400	1660	1480	1750	1550	1830
54		1040	1000	1270	1340	1580	1430	1680	1510	1790	1600	1890	1670	1980
56		1120	1080	1360	1440	1700	1530	1810	1630	1920	1720	2030	1800	2130
58		1200	1160	1460	1550	1830	1650	1940	1740	2060	1840	2180	1930	2280
60		1290	1240	1570	1660	1960	1760	2080	1870	2200	1970	2330	2070	2440
62		1370	1320	1670	1770	2090	1880	2220	1990	2350	2110	2490	2210	2610
64		1460	1410	1780	1880	2230	2000	2370	2120	2510	2240	2650	2350	2780

表 17.1-18　钢丝绳第 6 组 18×7 类和第 7 组 18×19 类力学性能

第6组　18×7类

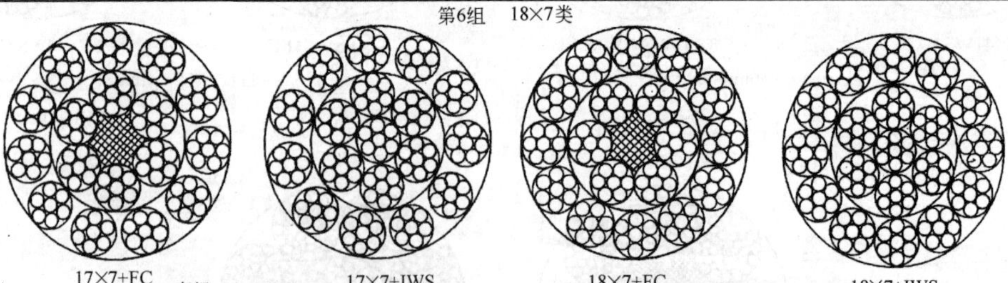

17×7+FC　直径:12～60mm　17×7+IWS　18×7+FC　直径:12～60mm　18×7+IWS

第7组　18×19类

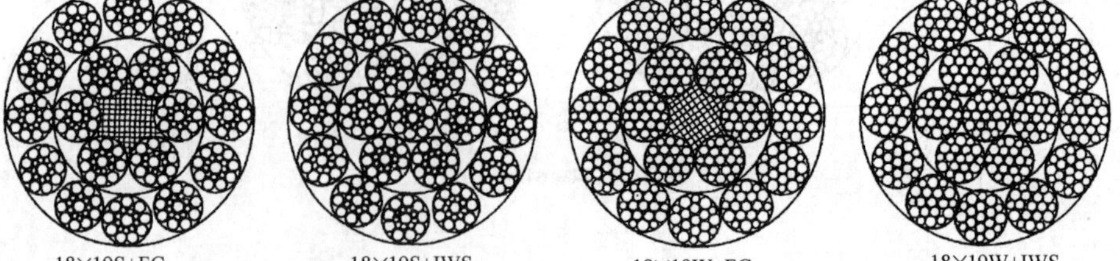

18×19S+FC　直径:28～60mm　18×19S+IWS　18×19W+FC　直径:24～60mm　18×19W+IWS

（续）

钢丝绳公称直径		钢丝绳参考质量/kg·(100m)$^{-1}$		钢丝绳公称抗拉强度/MPa									
				1570		1670		1770		1870		1960	
				钢丝绳最小破断拉力/kN									
D/mm	允许偏差(%)	纤维芯钢丝绳	钢芯钢丝绳	纤维芯钢丝绳	钢芯钢丝绳	纤维芯钢丝绳	钢芯钢丝绳	纤维芯钢丝绳	钢芯钢丝绳	纤维芯钢丝绳	钢芯钢丝绳	纤维芯钢丝绳	钢芯钢丝绳
12	+5 0	56.2	61.9	70.1	74.2	74.5	78.9	79.0	83.6	83.5	88.3	87.5	92.6
13		65.9	72.7	82.3	87.0	87.5	92.6	92.7	98.1	98.0	104	103	109
14		76.4	84.3	95.4	101	101	107	108	114	114	120	119	126
16		99.8	110	125	132	133	140	140	149	148	157	156	165
18		126	139	158	167	168	177	178	188	188	199	197	208
20		156	172	195	206	207	219	219	232	232	245	243	257
22		189	208	236	249	251	265	266	281	281	297	294	311
24		225	248	280	297	298	316	316	334	334	353	350	370
26		264	291	329	348	350	370	371	392	392	415	411	435
28		306	337	382	404	406	429	430	455	454	481	476	504
30		351	387	438	463	466	493	494	523	522	552	547	579
32		399	440	498	527	530	561	562	594	594	628	622	658
34		451	497	563	595	598	633	634	671	670	709	702	743
36		505	557	631	667	671	710	711	752	751	795	787	833
38		563	621	703	744	748	791	792	838	837	886	877	928
40		624	688	779	824	828	876	878	929	928	981	972	1030
42		688	759	859	908	913	966	968	1020	1020	1080	1070	1130
44		755	832	942	997	1000	1060	1060	1120	1120	1190	1180	1240
46		825	910	1030	1090	1100	1160	1160	1230	1230	1300	1290	1360
48		899	991	1120	1190	1190	1260	1260	1340	1340	1410	1400	1480
50		975	1080	1220	1290	1290	1370	1370	1450	1450	1530	1520	1610
52		1050	1160	1320	1390	1400	1480	1480	1570	1570	1660	1640	1740
54		1140	1250	1420	1500	1510	1600	1600	1690	1690	1790	1770	1870
56		1220	1350	1530	1610	1620	1720	1720	1820	1820	1920	1910	2020
58		1310	1450	1640	1730	1740	1840	1850	1950	1950	2060	2040	2160
60		1400	1550	1750	1850	1860	1970	1980	2090	2090	2210	2190	2310

表 17.1-19　钢丝绳第 8 组 34×7 类力学性能

第 8 组　34×7 类

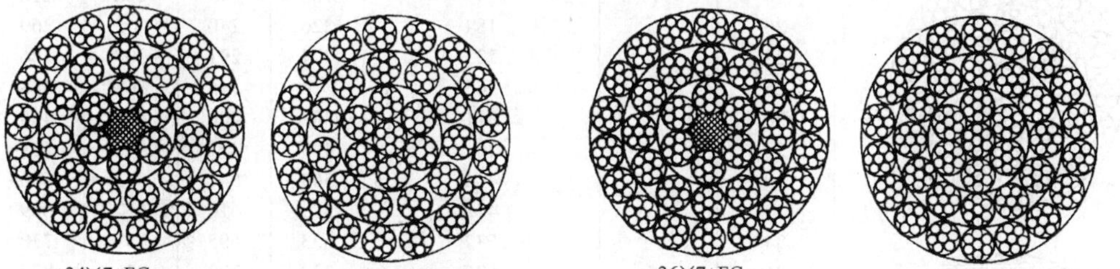

34×7+FC　34×7+IWS　36×7+FC　36×7+IWS

直径：16～60mm　直径：16～60mm

钢丝绳公称直径		钢丝绳参考质量/kg·(100m)$^{-1}$		钢丝绳公称抗拉强度/MPa									
				1570		1670		1770		1870		1960	
				钢丝绳最小破断拉力/kN									
D/mm	允许偏差(%)	纤维芯钢丝绳	钢芯钢丝绳	纤维芯钢丝绳	钢芯钢丝绳	纤维芯钢丝绳	钢芯钢丝绳	纤维芯钢丝绳	钢芯钢丝绳	纤维芯钢丝绳	钢芯钢丝绳	纤维芯钢丝绳	钢芯钢丝绳
16	+5 0	99.8	110	124	128	132	136	140	144	147	152	155	160
18		126	139	157	162	167	172	177	182	187	193	196	202
20		156	172	193	200	206	212	218	225	230	238	241	249

（续）

钢丝绳公称直径		钢丝绳参考质量/kg·(100m)$^{-1}$		钢丝绳公称抗拉强度/MPa									
				1570		1670		1770		1870		1960	
				钢丝绳最小破断拉力/kN									
D/mm	允许偏差(%)	纤维芯钢丝绳	钢芯钢丝绳	纤维芯钢丝绳	钢芯钢丝绳	纤维芯钢丝绳	钢芯钢丝绳	纤维芯钢丝绳	钢芯钢丝绳	纤维芯钢丝绳	钢芯钢丝绳	纤维芯钢丝绳	钢芯钢丝绳
22		189	208	234	242	249	257	264	272	279	288	292	302
24		225	248	279	288	296	306	314	324	332	343	348	359
26		264	291	327	337	348	359	369	380	389	402	408	421
28		306	337	379	391	403	416	427	441	452	466	473	489
30		351	387	435	449	463	478	491	507	518	535	543	561
32		399	440	495	511	527	544	558	576	590	609	618	638
34		451	497	559	577	595	614	630	651	666	687	698	721
36		505	557	627	647	667	688	707	729	746	771	782	808
38		563	621	698	721	743	767	787	813	832	859	872	900
40	+5 0	624	688	774	799	823	850	872	901	922	951	966	997
42		688	759	853	881	907	937	962	993	1020	1050	1060	1100
44		755	832	936	967	996	1030	1060	1090	1120	1150	1170	1210
46		825	910	1020	1060	1090	1120	1150	1190	1220	1260	1280	1320
48		899	991	1110	1150	1190	1220	1260	1300	1330	1370	1390	1440
50		975	1080	1210	1250	1290	1330	1360	1410	1440	1490	1510	1560
52		1050	1160	1310	1350	1390	1440	1470	1520	1560	1610	1630	1690
54		1140	1250	1410	1460	1500	1550	1590	1640	1680	1730	1760	1820
56		1220	1350	1520	1570	1610	1670	1710	1770	1810	1860	1890	1950
58		1310	1450	1630	1680	1730	1790	1830	1890	1940	2000	2030	2100
60		1400	1550	1740	1800	1850	1910	1960	2030	2070	2140	2170	2240

表 17.1-20　钢丝绳第 9 组 35W×7 类力学性能

第 9 组　35W×7类

35W×7

24W×7

直径:16～60mm

钢丝绳公称直径		钢丝绳参考质量/kg·(100m)$^{-1}$	钢丝绳公称抗拉强度/MPa				
			1570	1670	1770	1870	1960
D/mm	允许偏差(%)		钢丝绳最小破断拉力/kN				
16		118	145	154	163	172	181
18		149	183	195	206	218	229
20		184	226	240	255	269	282
22		223	274	291	308	326	342
24		265	326	346	367	388	406
26		311	382	406	431	455	477
28		361	443	471	500	528	553
30		414	509	541	573	606	635
32		471	579	616	652	689	723
34		532	653	695	737	778	816
36	+5 0	596	732	779	826	872	914
38		664	816	868	920	972	1020
40		736	904	962	1020	1080	1130
42		811	997	1060	1120	1190	1240
44		891	1090	1160	1230	1300	1370
46		973	1200	1270	1350	1420	1490
48		1060	1300	1390	1470	1550	1630
50		1150	1410	1500	1590	1680	1760
52		1240	1530	1630	1720	1820	1910
54		1340	1650	1750	1860	1960	2060
56		1440	1770	1890	2000	2110	2210
58		1550	1900	2020	2140	2260	2370
60		1660	2030	2160	2290	2420	2540

表 17.1-21　钢丝绳第 10 组 6V×7 类力学性能

第 10 组　6V×7 类

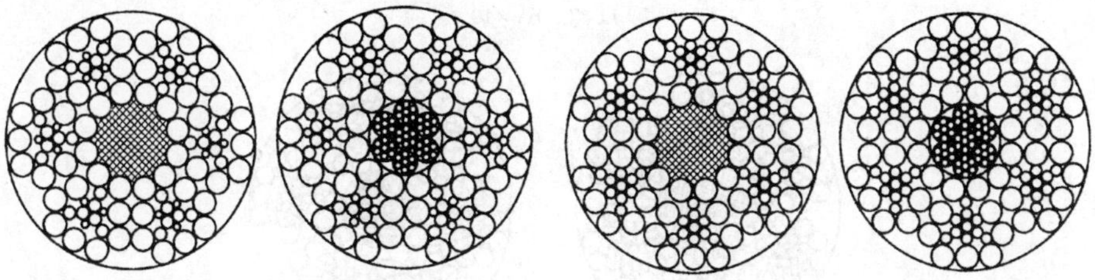

6V×18+FC　6V×18+IWR　6V×19+FC　6V×19+IWR

直径:20～36mm　直径:20～36mm

钢丝绳公称直径		钢丝绳参考质量 /kg·(100m)$^{-1}$			钢丝绳公称抗拉强度/MPa									
					1570		1670		1770		1870		1960	
					钢丝绳最小破断拉力/kN									
D/mm	允许偏差(%)	天然纤维芯钢丝绳	合成纤维芯钢丝绳	钢芯钢丝绳	纤维芯钢丝绳	钢芯钢丝绳	纤维芯钢丝绳	钢芯钢丝绳	纤维芯钢丝绳	钢芯钢丝绳	纤维芯钢丝绳	钢芯钢丝绳	纤维芯钢丝绳	钢芯钢丝绳
20		165	162	175	236	250	250	266	266	282	280	298	294	312
22		199	196	212	285	302	303	322	321	341	339	360	356	378
24		237	233	252	339	360	361	383	382	406	404	429	423	449
26	+6	279	273	295	398	422	423	449	449	476	474	503	497	527
28	0	323	317	343	462	490	491	521	520	552	550	583	576	612
30		371	364	393	530	562	564	598	597	634	631	670	662	702
32		422	414	447	603	640	641	681	680	721	718	762	753	799
34		476	467	505	681	722	724	768	767	814	811	860	850	902
36		534	524	566	763	810	812	861	860	913	909	965	953	1010

表 17.1-22　钢丝绳第 11 组 6V×19 类力学性能（直径：18～36mm）

第 11 组　6V×19 类

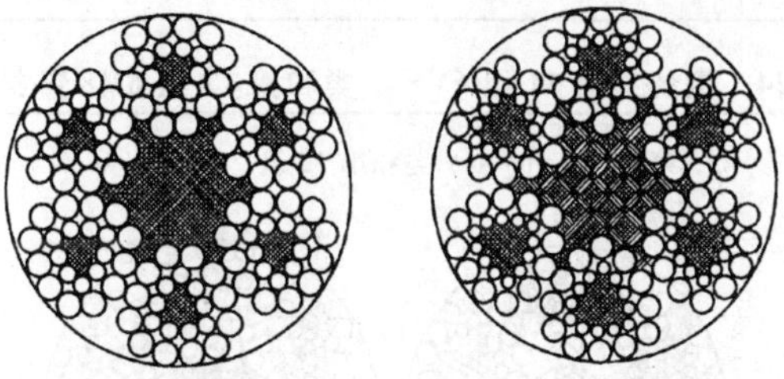

6V×21+7FC　6V×24+7FC

直径:18～36mm

钢丝绳公称直径		钢丝绳参考质量 /kg·(100m)$^{-1}$		钢丝绳公称抗拉强度/MPa				
				1570	1670	1770	1870	1960
D/mm	允许偏差(%)	天然纤维芯钢丝绳	合成纤维芯钢丝绳	钢丝绳最小破断拉力/kN				
18		121	118	168	179	190	201	210
20		149	146	208	221	234	248	260
22		180	177	252	268	284	300	314
24		215	210	300	319	338	357	374
26	+6	252	247	352	374	396	419	439
28	0	292	286	408	434	460	486	509
30		335	329	468	498	528	557	584
32		382	374	532	566	600	634	665
34		431	422	601	639	678	716	750
36		483	473	674	717	760	803	841

表 17.1-23　钢丝绳第 11 组 6V×19 类力学性能（直径：20～38mm）

第 11 组　6V×19 类

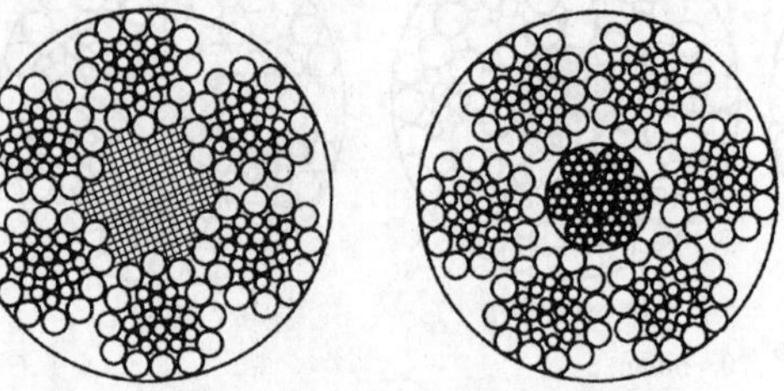

6V×30+FC　　6V×30+IWR

直径:20～38mm

钢丝绳公称直径		钢丝绳参考质量/kg·(100m)⁻¹			钢丝绳公称抗拉强度/MPa									
					1570		1670		1770		1870		1960	
					钢丝绳最小破断拉力/kN									
D/mm	允许偏差(%)	天然纤维芯钢丝绳	合成纤维芯钢丝绳	钢芯钢丝绳	纤维芯钢丝绳	钢芯钢丝绳	纤维芯钢丝绳	钢芯钢丝绳	纤维芯钢丝绳	钢芯钢丝绳	纤维芯钢丝绳	钢芯钢丝绳	纤维芯钢丝绳	钢芯钢丝绳
20		162	159	172	203	216	216	230	229	243	242	257	254	270
22		196	192	208	246	261	262	278	278	295	293	311	307	326
24		233	229	247	293	311	312	331	330	351	349	370	365	388
26		274	268	290	344	365	366	388	388	411	410	435	429	456
28	+6	318	311	336	399	423	424	450	450	477	475	504	498	528
30	0	365	357	386	458	486	487	517	516	548	545	579	572	606
32		415	407	439	521	553	554	588	587	623	620	658	650	690
34		468	459	496	588	624	625	664	663	703	700	743	734	779
36		525	515	556	659	700	701	744	743	789	785	833	823	873
38		585	573	619	735	779	781	829	828	879	875	928	917	973

表 17.1-24　钢丝绳第 11 组 6V×19 类和第 12 组 6V×37 类力学性能

第 11 组　6V×19 类和第 12 组　6V×37 类

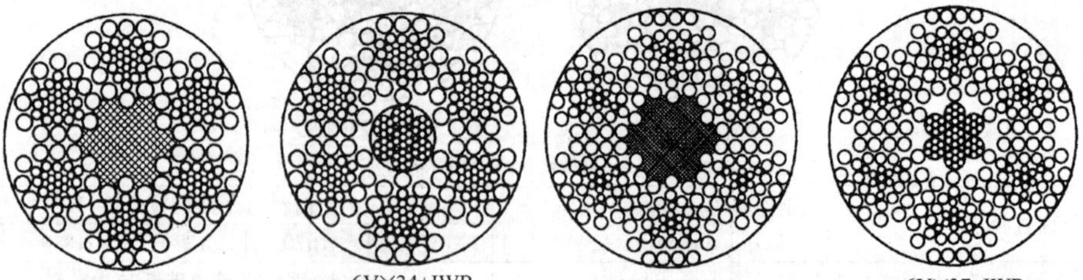

6V×34+FC　　6V×34+IWR　　6V×37+FC　　6V×37+IWR

直径:28～44mm　　直径:32～52mm

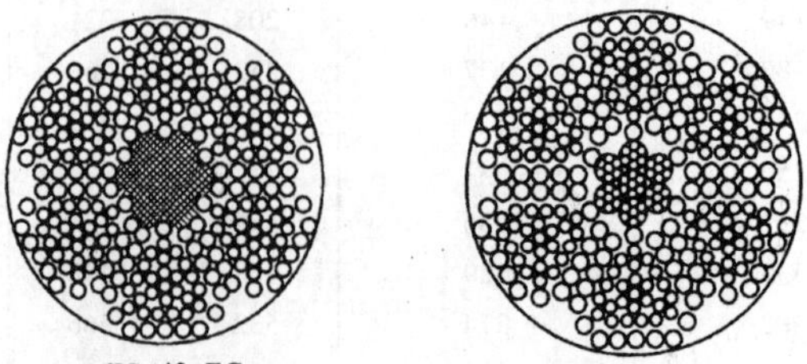

6V×43+FC　　6V×43+IWR

直径:38～58mm

（续）

钢丝绳公称直径		钢丝绳参考质量/kg·(100m)$^{-1}$			钢丝绳公称抗拉强度/MPa									
					1570		1670		1770		1870		1960	
					钢丝绳最小破断拉力/kN									
D/mm	允许偏差(%)	天然纤维芯钢丝绳	合成纤维芯钢丝绳	钢芯钢丝绳	纤维芯钢丝绳	钢芯钢丝绳	纤维芯钢丝绳	钢芯钢丝绳	纤维芯钢丝绳	钢芯钢丝绳	纤维芯钢丝绳	钢芯钢丝绳	纤维芯钢丝绳	钢芯钢丝绳
28		318	311	336	443	470	471	500	500	530	528	560	553	587
30		364	357	386	509	540	541	574	573	609	606	643	635	674
32		415	407	439	579	614	616	653	652	692	689	731	723	767
34		468	459	496	653	693	695	737	737	782	778	826	816	866
36		525	515	556	732	777	779	827	826	876	872	926	914	970
38		585	573	619	816	866	868	921	920	976	972	1030	1020	1080
40		648	635	686	904	960	962	1020	1020	1080	1080	1140	1130	1200
42	+6	714	700	757	997	1060	1060	1130	1120	1190	1190	1260	1240	1320
44	0	784	769	831	1090	1160	1160	1240	1230	1310	1300	1380	1370	1450
46		857	840	908	1200	1270	1270	1350	1350	1430	1420	1510	1490	1580
48		933	915	988	1300	1380	1390	1470	1470	1560	1550	1650	1630	1730
50		1010	993	1070	1410	1500	1500	1590	1590	1690	1680	1790	1760	1870
52		1100	1070	1160	1530	1620	1630	1720	1720	1830	1820	1930	1910	2020
54		1180	1160	1250	1650	1750	1750	1860	1860	1970	1960	2080	2060	2180
56		1270	1240	1350	1770	1880	1890	2000	2000	2120	2110	2240	2210	2350
58		1360	1340	1440	1900	2020	2020	2150	2140	2270	2260	2400	2370	2520

表 17.1-25　钢丝绳第 12 组 6V×37 类力学性能

第 12 组　6V×37 类

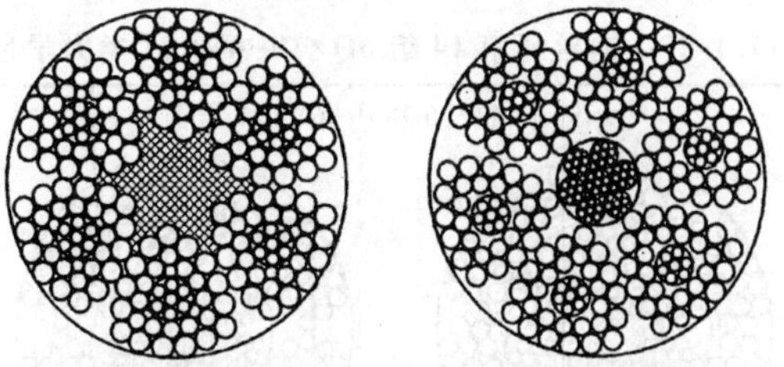

6V×37S+FC　　6V×37S+IWR

直径:32～52mm

钢丝绳公称直径		钢丝绳参考质量/kg·(100m)$^{-1}$			钢丝绳公称抗拉强度/MPa									
					1570		1670		1770		1870		1960	
					钢丝绳最小破断拉力/kN									
D/mm	允许偏差(%)	天然纤维芯钢丝绳	合成纤维芯钢丝绳	钢芯钢丝绳	纤维芯钢丝绳	钢芯钢丝绳	纤维芯钢丝绳	钢芯钢丝绳	纤维芯钢丝绳	钢芯钢丝绳	纤维芯钢丝绳	钢芯钢丝绳	纤维芯钢丝绳	钢芯钢丝绳
32		427	419	452	596	633	634	673	672	713	710	753	744	790
34		482	473	511	673	714	716	760	759	805	802	851	840	891
36		541	530	573	754	801	803	852	851	903	899	954	942	999
38		602	590	638	841	892	894	949	948	1010	1000	1060	1050	1110
40	+6	667	654	707	931	988	991	1050	1050	1110	1110	1180	1160	1230
42	0	736	721	779	1030	1090	1060	1160	1160	1230	1220	1300	1280	1360
44		808	792	855	1130	1200	1200	1270	1270	1350	1340	1420	1410	1490
46		883	865	935	1230	1310	1310	1390	1390	1470	1470	1560	1540	1630
48		961	942	1020	1340	1420	1430	1510	1510	1600	1600	1700	1670	1780
50		1040	1020	1100	1460	1540	1550	1640	1640	1740	1730	1840	1820	1930
52		1130	1110	1190	1570	1670	1670	1780	1770	1880	1870	1990	1970	2090

表 17.1-26　钢丝绳第 13 组 4V×39 类力学性能

第 13 组　4V×39 类

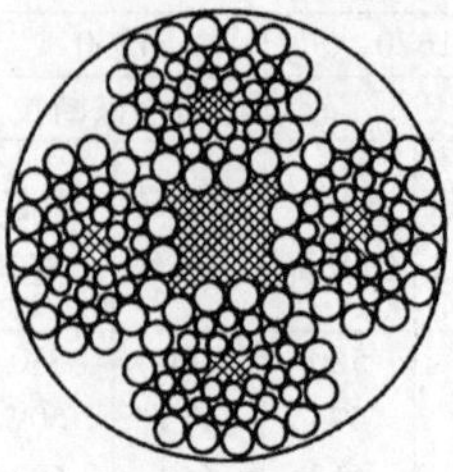

4V×39S+5FC
直径:16～36mm

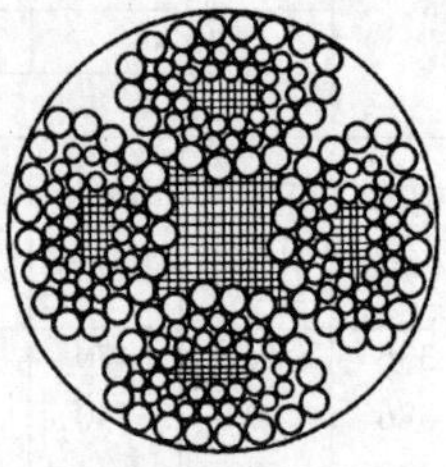

4V×48S+5FC
直径:20～40mm

钢丝绳公称直径		钢丝绳参考质量 /kg·(100m)$^{-1}$		钢丝绳公称抗拉强度/MPa				
				1570	1670	1770	1870	1960
D/mm	允许偏差(%)	天然纤维芯钢丝绳	合成纤维芯钢丝绳	钢丝绳最小破断拉力/kN				
16	+6 0	105	103	145	154	163	172	181
18		133	130	183	195	206	218	229
20		164	161	226	240	255	269	282
22		198	195	274	291	308	326	342
24		236	232	326	346	367	388	406
26		277	272	382	406	431	455	477
28		321	315	443	471	500	528	553
30		369	362	509	541	573	606	635
32		420	412	579	616	652	689	723
34		474	465	653	695	737	778	816
36		531	521	732	779	826	872	914
38		592	580	816	868	920	972	1020
40		656	643	904	962	1020	1080	1130

表 17.1-27　钢丝绳第 14 组 6Q×19+6V×21 类力学性能

第 14 组　6Q×19+6V×21 类

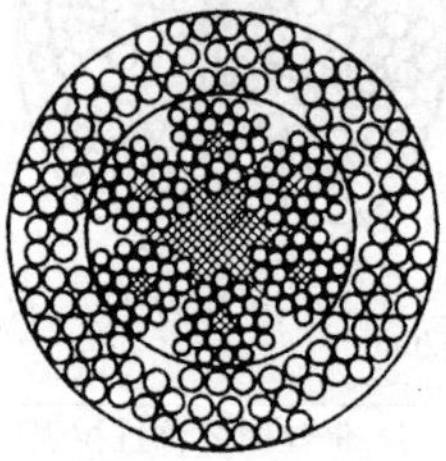

6Q×19+6V×21+7FC
直径:40～52mm

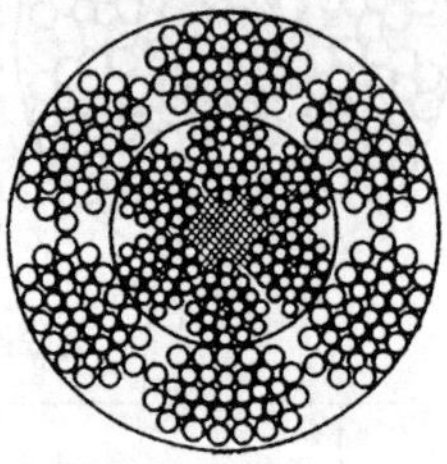

6Q×33+6V×21+7FC
直径:40～60mm

钢丝绳公称直径		钢丝绳参考质量 /kg·(100m)$^{-1}$		钢丝绳公称抗拉强度/MPa				
				1570	1670	1770	1870	1960
D/mm	允许偏差(%)	天然纤维芯钢丝绳	合成纤维芯钢丝绳	钢丝绳最小破断拉力/kN				
40	+6 0	656	643	904	962	1020	1080	1130
42		723	709	997	1060	1120	1190	1240
44		794	778	1090	1160	1230	1300	1370
46		868	851	1200	1270	1350	1420	1490
48		945	926	1300	1390	1470	1550	1630
50		1030	1010	1410	1500	1590	1680	1760
52		1110	1090	1530	1630	1720	1820	1910
54		1200	1170	1650	1750	1860	1960	2060
56		1290	1260	1770	1890	2000	2110	2210
58		1380	1350	1900	2020	2140	2260	2370
60		1480	1450	2030	2160	2290	2420	2540

2.5　一般用途钢丝绳（摘自 GB/T 20118—2006）

（1）适用范围

一般用途钢丝绳适用于机械、建筑、船舶、渔业、林业、矿业和货运索道等行业使用的各种圆股钢丝绳。

（2）力学性能（见表 17.1-28～表 17.1-46）

表 17.1-28　钢丝绳第 1 组 1×7 单股绳类力学性能

第 1 组　单股绳类

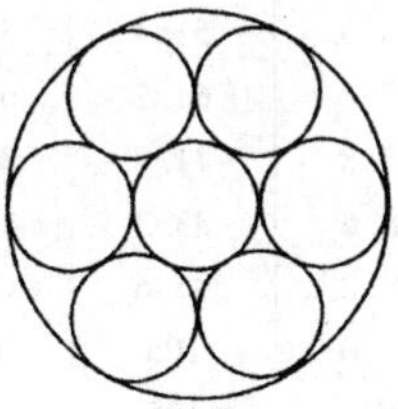

1×7

钢丝绳公称直径/mm	参考质量/kg·(100m)$^{-1}$	钢丝绳公称抗拉强度/MPa			
		1570	1670	1770	1870
		钢丝绳最小破断拉力/kN			
0.6	0.19	0.31	0.32	0.34	0.36
1.2	0.75	1.22	1.30	1.38	1.45
1.5	1.17	1.91	2.03	2.15	2.27
1.8	1.69	2.75	2.92	3.10	3.27
2.1	2.30	3.74	3.98	4.22	4.45
2.4	3.01	4.88	5.19	5.51	5.82
2.7	3.80	6.18	6.57	6.97	7.36
3	4.70	7.63	8.12	8.60	9.09
3.3	5.68	9.23	9.82	10.4	11.0
3.6	6.77	11.0	11.7	12.4	13.1
3.9	7.94	12.9	13.7	14.5	15.4
4.2	9.21	15.0	15.9	16.9	17.8
4.5	10.6	17.2	18.3	19.4	20.4
4.8	12.0	19.5	20.8	22.0	23.3
5.1	13.6	22.1	23.5	24.9	26.3
5.4	15.2	24.7	26.3	27.9	29.4
6	18.8	30.5	32.5	34.4	36.4
6.6	22.7	36.9	39.3	41.6	44.0
7.2	27.1	43.9	46.7	49.5	52.3
7.8	31.8	51.6	54.9	58.2	61.4
8.4	36.8	59.8	63.6	67.4	71.3
9	42.3	68.7	73.0	77.4	81.8
9.6	48.1	78.1	83.1	88.1	93.1
10.5	57.6	93.5	99.4	105	111
11.5	69.0	112	119	126	134
12	75.2	122	130	138	145

注：最小钢丝破断拉力总和=钢丝绳最小破断拉力×1.111。

表 17.1-29　钢丝绳第 1 组 1×19 单股绳类力学性能

第 1 组　单股绳类

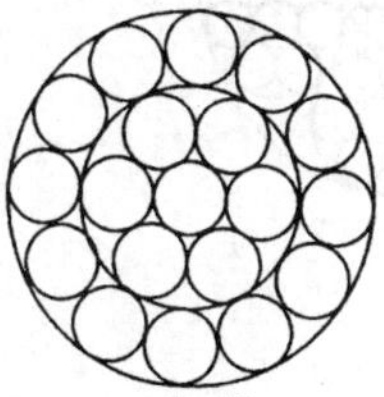

1×19

钢丝绳公称直径/mm	参考质量/kg·(100m)$^{-1}$	钢丝绳公称抗拉强度/MPa			
		1570	1670	1770	1870
		钢丝绳最小破断拉力/kN			
1	0.51	0.83	0.89	0.94	0.99
1.5	1.14	1.87	1.99	2.11	2.23
2	2.03	3.33	3.54	3.75	3.96
2.5	3.17	5.20	5.53	5.86	6.19
3	4.56	7.49	7.97	8.44	8.92
3.5	6.21	10.2	10.8	11.5	12.1
4	8.11	13.3	14.2	15.0	15.9
4.5	10.3	16.9	17.9	19.0	20.1
5	12.7	20.8	22.1	23.5	24.8
5.5	15.3	25.2	26.8	28.4	30.0
6	18.3	30.0	31.9	33.8	35.7
6.5	21.4	35.2	37.4	39.6	41.9
7	24.8	40.8	43.4	46.0	48.6
7.5	28.5	46.8	49.8	52.8	55.7
8	32.4	56.6	56.6	60.0	63.4
8.5	36.6	60.1	63.9	67.8	71.6
9	41.1	67.4	71.7	76.0	80.3
10	50.7	83.2	88.6	93.8	99.1
11	61.3	101	107	114	120
12	73.0	120	127	135	143
13	85.7	141	150	159	167
14	99.4	163	173	184	194
15	114	187	199	211	223
16	130	213	227	240	254

注：最小钢丝破断拉力总和=钢丝绳最小破断拉力×1.111。

表 17.1-30 钢丝绳第 1 组 1×37 单股绳类力学性能

第 1 组 单股绳类

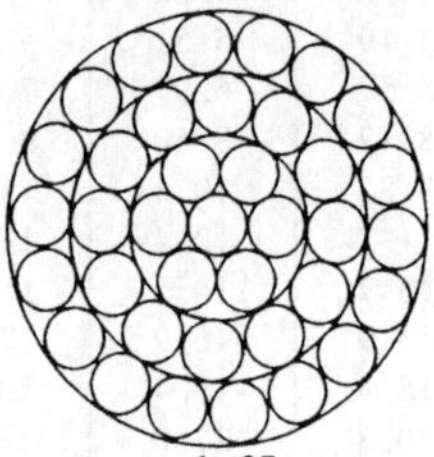

1×37

钢丝绳公称直径/mm	参考质量/kg·(100m)$^{-1}$	钢丝绳公称抗拉强度/MPa			
		1570	1670	1770	1870
		钢丝绳最小破断拉力/kN			
1.4	0.98	1.51	1.60	1.70	1.80
2.1	2.21	3.39	3.61	3.82	4.04
2.8	3.93	6.03	6.42	6.80	7.18
3.5	6.14	9.42	10.0	10.6	11.2
4.2	8.84	13.6	14.4	15.3	16.2
4.9	12.0	18.5	19.6	20.8	22.0
5.6	15.7	24.1	25.7	27.2	28.7
6.3	19.9	30.5	32.5	34.4	36.4
7	24.5	37.7	40.1	42.5	44.9
7.7	29.7	45.6	48.5	51.4	54.3
8.4	35.4	54.3	57.7	61.2	64.7
9.1	41.5	63.7	67.8	71.8	75.9
9.8	48.1	73.9	78.6	83.3	88.0
10.5	55.2	84.8	90.2	95.6	101
11	60.6	93.1	99.0	105	111
12	72.1	111	118	125	132
12.5	78.3	120	128	136	143
14	98.2	151	160	170	180
15.5	120	185	197	208	220
17	145	222	236	251	265
18	162	249	265	281	297
19.5	191	292	311	330	348
21	221	339	361	382	404
22.5	254	389	414	439	464

注：最小钢丝破断拉力总和=钢丝绳最小破断拉力×1.176。

表 17.1-31 钢丝绳第 2 组 6×7 类力学性能

第 2 组 6×7 类

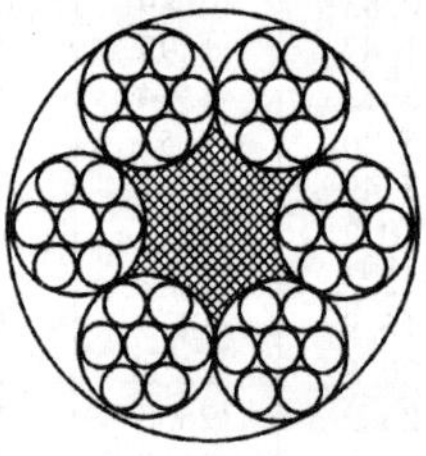

6×7+FC

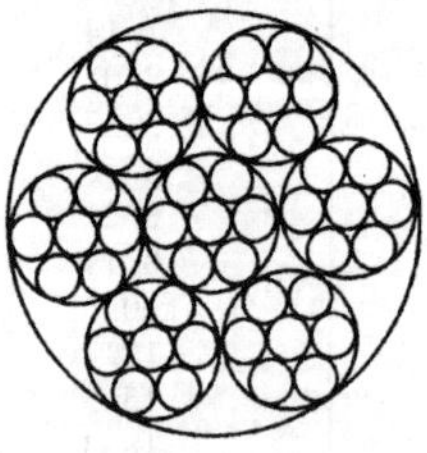

6×7+IWS

6×7+IWR

直径:1.8～36mm

6×9W+FC

6×9W+IWR

直径:14～36mm

（续）

钢丝绳公称直径/mm	参考质量/kg·(100m)$^{-1}$			钢丝绳公称抗拉强度/MPa							
				1570		1670		1770		1870	
				钢丝绳最小破断拉力/kN							
	天然纤维芯钢丝绳	合成纤维芯钢丝绳	钢芯钢丝绳	纤维芯钢丝绳	钢芯钢丝绳	纤维芯钢丝绳	钢芯钢丝绳	纤维芯钢丝绳	钢芯钢丝绳	纤维芯钢丝绳	钢芯钢丝绳
1.8	1.14	1.11	1.25	1.69	1.83	1.80	1.94	1.90	2.06	2.01	2.18
2	1.40	1.38	1.55	2.08	2.25	2.22	2.40	2.35	2.54	2.48	2.69
3	3.16	3.10	3.48	4.69	5.07	4.99	5.40	5.29	5.72	5.59	6.04
4	5.62	5.50	6.19	8.34	9.02	8.87	9.59	9.40	10.2	9.93	10.7
5	8.78	8.60	9.68	13.0	14.1	13.9	15.0	14.7	15.9	15.5	16.8
6	12.6	12.4	13.9	18.8	20.3	20.0	21.6	21.2	22.9	22.4	24.2
7	17.2	16.9	19.0	25.5	27.6	27.2	29.4	28.8	31.1	30.4	32.9
8	22.5	22.0	24.8	33.4	36.1	35.5	38.4	37.6	40.7	39.7	43.0
9	28.4	27.9	31.3	42.2	45.7	44.9	48.6	47.6	51.5	50.3	54.4
10	35.1	34.4	38.7	52.1	56.4	55.4	60.0	58.8	63.5	62.1	67.1
11	42.5	41.6	46.8	63.1	68.2	67.1	72.5	71.1	76.9	75.1	81.2
12	50.5	49.5	55.7	75.1	81.2	79.8	86.3	84.6	91.5	89.4	96.7
13	59.3	58.1	65.4	88.1	95.3	93.7	101	99.3	107	105	113
14	68.8	67.4	75.9	102	110	109	118	115	125	122	132
16	89.9	88.1	99.1	133	144	142	153	150	163	159	172
18	114	111	125	169	183	180	194	190	206	201	218
20	140	138	155	208	225	222	240	235	254	248	269
22	170	166	187	252	273	268	290	284	308	300	325
24	202	198	223	300	325	319	345	338	366	358	387
26	237	233	262	352	381	375	405	397	430	420	454
28	275	270	303	409	442	435	470	461	498	487	526
30	316	310	348	469	507	499	540	529	572	559	604
32	359	352	396	534	577	568	614	602	651	636	687
34	406	398	447	603	652	641	693	679	735	718	776
36	455	446	502	676	730	719	777	762	824	805	870

注：最小钢丝破断拉力总和=钢丝绳最小破断拉力×1.134（纤维芯）或 1.214（钢芯）。

表 17.1-32　钢丝绳第 3 组 6×19（a）类力学性能

第 3 组　6×19(a)类

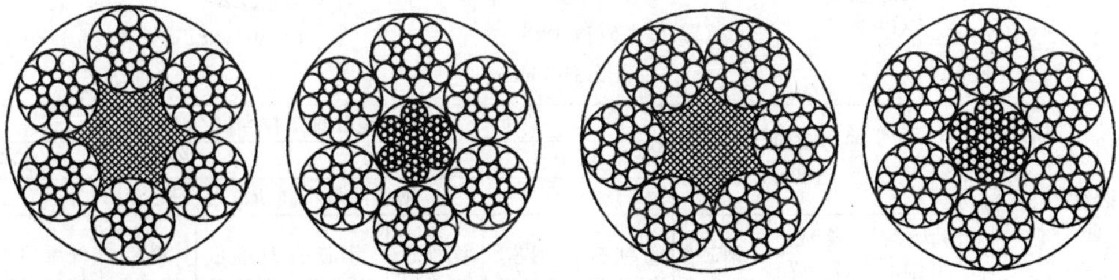

6×19S+FC　　6×19S+IWR　　6×19W+FC　　6×19W+IWR

直径:6～36mm　　直径:6～40mm

（续）

钢丝绳公称直径/mm	参考质量/kg·(100m)^-1			钢丝绳公称抗拉强度/MPa											
				1570		1670		1770		1870		1960		2160	
				钢丝绳最小破断拉力/kN											
	天然纤维芯钢丝绳	合成纤维芯钢丝绳	钢芯钢丝绳	纤维芯钢丝绳	钢芯钢丝绳	纤维芯钢丝绳	钢芯钢丝绳	纤维芯钢丝绳	钢芯钢丝绳	纤维芯钢丝绳	钢芯钢丝绳	纤维芯钢丝绳	钢芯钢丝绳	纤维芯钢丝绳	钢芯钢丝绳
6	13.3	13.0	14.6	18.7	20.1	19.8	21.4	21.0	22.7	22.2	24.0	23.3	25.1	25.7	27.7
7	18.1	17.6	19.9	25.4	27.4	27.0	29.1	28.6	30.9	30.2	32.6	31.7	34.2	34.9	37.7
8	23.6	23.0	25.9	33.2	35.8	35.3	38.0	37.4	40.3	39.5	42.6	41.4	44.6	45.6	49.2
9	29.9	29.1	32.8	42.0	45.3	44.6	48.2	47.3	51.0	50.0	53.9	52.4	56.5	57.7	62.3
10	36.9	36.0	40.6	51.8	55.9	55.1	59.5	58.4	63.0	61.7	66.6	64.7	69.8	71.3	76.9
11	44.6	43.5	49.1	62.7	67.6	66.7	71.9	70.7	76.2	74.7	80.6	78.3	84.4	86.2	93.0
12	53.1	51.8	58.4	74.6	80.5	79.4	85.6	84.1	90.7	88.9	95.9	93.1	100	103	111
13	62.3	60.8	68.5	87.6	94.5	93.1	100	98.7	106	104	113	109	118	120	130
14	72.2	70.5	79.5	102	110	108	117	114	124	121	130	127	137	140	151
16	94.4	92.1	104	133	143	141	152	150	161	158	170	166	179	182	197
18	119	117	131	168	181	179	193	189	204	200	216	210	226	231	249
20	147	144	162	207	224	220	238	234	252	247	266	259	279	285	308
22	178	174	196	251	271	267	288	283	305	299	322	313	338	345	372
24	212	207	234	298	322	317	342	336	363	355	383	373	402	411	443
26	249	243	274	350	378	373	402	395	426	417	450	437	472	482	520
28	289	282	318	406	438	432	466	458	494	484	522	507	547	559	603
30	332	324	365	466	503	496	535	526	567	555	599	582	628	642	692
32	377	369	415	531	572	564	609	598	645	632	682	662	715	730	787
34	426	416	469	599	646	637	687	675	728	713	770	748	807	824	889
36	478	466	525	671	724	714	770	757	817	800	863	838	904	924	997
38	532	520	585	748	807	796	858	843	910	891	961	934	1010	1030	1110
40	590	576	649	829	894	882	951	935	1010	987	1070	1030	1120	1140	1230

注：最小钢丝破断拉力总和=钢丝绳最小破断拉力×1.214（纤维芯）或 1.308（钢芯）。

表 17.1-33 钢丝绳第 3 组 6×19（b）类力学性能

第 3 组 6×19(b)类

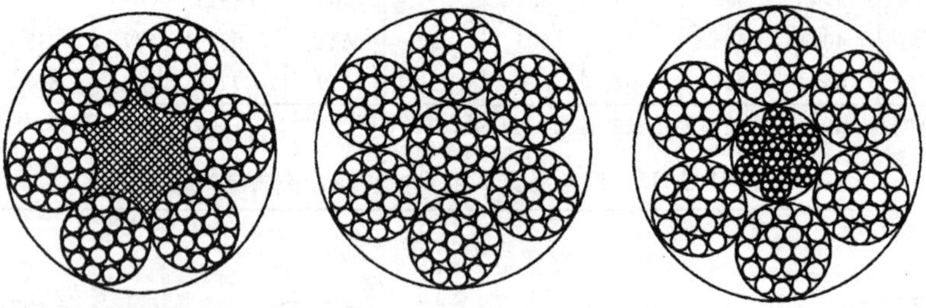

6×19+FC 6×19+IWS 6×19+IWR

直径:3～46mm

钢丝绳公称直径/mm	参考质量/kg·(100m)^-1			钢丝绳公称抗拉强度/MPa							
				1570		1670		1770		1870	
				钢丝绳最小破断拉力/kN							
	天然纤维芯钢丝绳	合成纤维芯钢丝绳	钢芯钢丝绳	纤维芯钢丝绳	钢芯钢丝绳	纤维芯钢丝绳	钢芯钢丝绳	纤维芯钢丝绳	钢芯钢丝绳	纤维芯钢丝绳	钢芯钢丝绳
3	3.16	3.10	3.60	4.34	4.69	4.61	4.99	4.89	5.29	5.17	5.59
4	5.62	5.50	6.40	7.71	8.34	8.20	8.87	8.69	9.40	9.19	9.93
5	8.78	8.60	10.0	12.0	13.0	12.8	13.9	13.6	14.7	14.4	15.5

（续）

钢丝绳公称直径/mm	参考质量/kg·(100m)$^{-1}$			钢丝绳公称抗拉强度/MPa							
				1570		1670		1770		1870	
				钢丝绳最小破断拉力/kN							
	天然纤维芯钢丝绳	合成纤维芯钢丝绳	钢芯钢丝绳	纤维芯钢丝绳	钢芯钢丝绳	纤维芯钢丝绳	钢芯钢丝绳	纤维芯钢丝绳	钢芯钢丝绳	纤维芯钢丝绳	钢芯钢丝绳
6	12.6	12.4	14.4	17.4	18.8	18.5	20.0	19.6	21.2	20.7	22.4
7	17.2	16.9	19.6	23.6	25.5	25.1	27.2	26.6	28.8	28.1	30.4
8	22.5	22.0	25.6	30.8	33.4	32.8	35.5	34.8	37.6	36.7	39.7
9	28.4	27.9	32.4	39.0	42.2	41.6	44.9	44.0	47.6	46.5	50.3
10	35.1	34.4	40.0	48.2	52.1	51.3	55.4	54.4	58.8	57.4	62.1
11	42.5	41.6	48.4	58.3	63.1	62.0	67.1	65.8	71.1	69.5	75.1
12	50.5	50.0	57.6	69.4	75.1	73.8	79.8	78.2	84.6	82.7	89.4
13	59.3	58.1	67.6	81.5	88.1	86.6	93.7	91.8	99.3	97.0	105
14	68.8	67.4	78.4	94.5	102	100	109	107	115	113	122
16	89.9	88.1	102	123	133	131	142	139	150	147	159
18	114	111	130	156	169	166	180	176	190	186	201
20	140	138	160	193	208	205	222	217	235	230	248
22	170	166	194	233	252	248	268	263	284	278	300
24	202	198	230	278	300	295	319	313	338	331	358
26	237	233	270	326	352	346	375	367	397	388	420
28	275	270	314	378	409	402	435	426	461	450	487
30	316	310	360	434	469	461	499	489	529	517	559
32	359	352	410	494	534	525	568	557	602	588	636
34	406	398	462	557	603	593	641	628	679	664	718
36	455	446	518	625	676	664	719	704	762	744	805
38	507	497	578	696	753	740	801	785	849	829	896
40	562	550	640	771	834	820	887	869	940	919	993
42	619	607	706	850	919	904	978	959	1040	1010	1100
44	680	666	774	933	1010	993	1070	1050	1140	1110	1200
46	743	728	846	1020	1100	1080	1170	1150	1240	1210	1310

注：最小钢丝破断拉力总和=钢丝绳最小破断拉力×1.226（纤维芯）或 1.321（钢芯）。

表 17.1-34　钢丝绳第 3 组 6×19（a）类和第 4 组 6×37（a）类力学性能

第 3 组 6×19（a）类

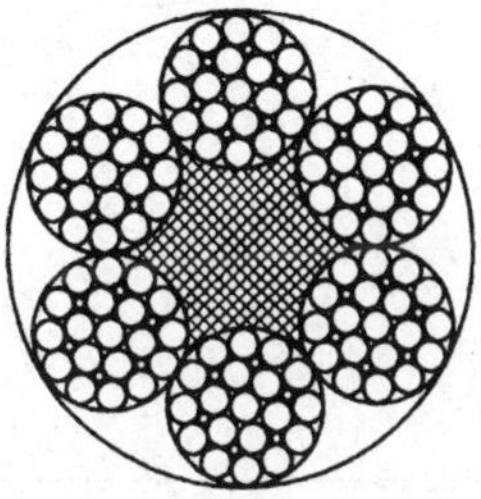

6×25Fi+FC

6×25Fi+IWR

直径:8～44mm

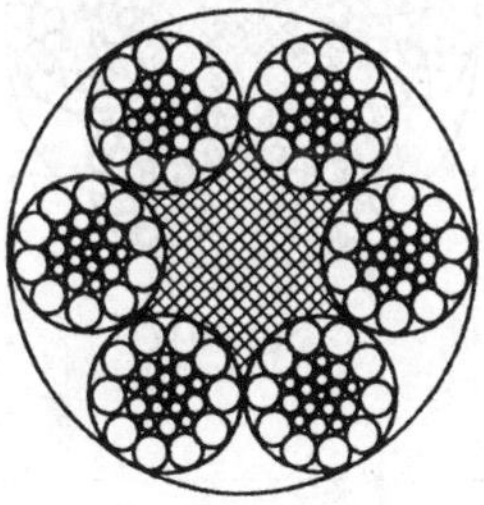

6×26WS+FC

6×26WS+IWR

直径:13～40mm

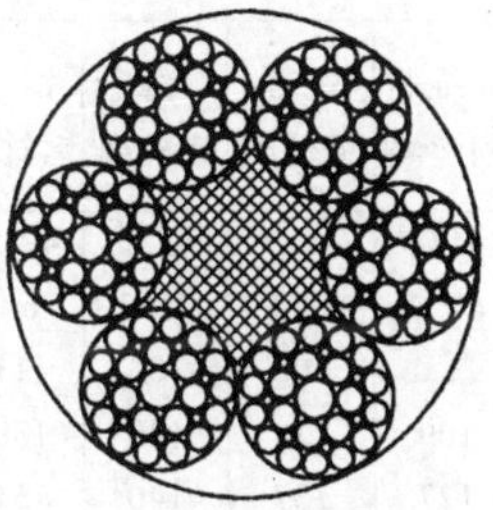

6×29Fi+FC

6×29Fi+IWR

直径:10～44mm

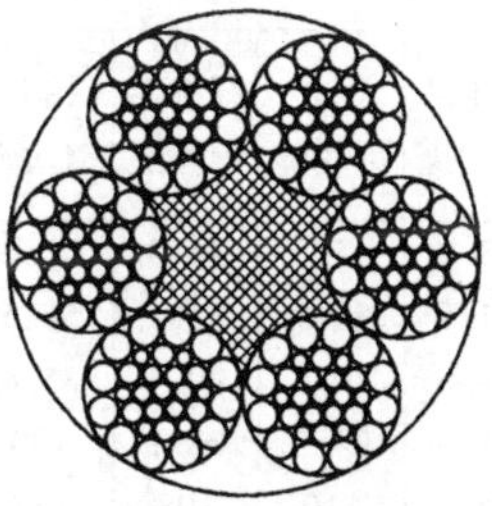

6×31WS+FC

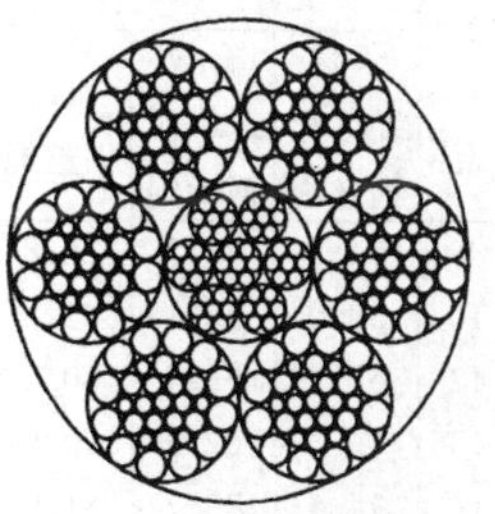

6×31WS+IWR

直径:12～46mm

（续）

第 4 组 6×37(a)类

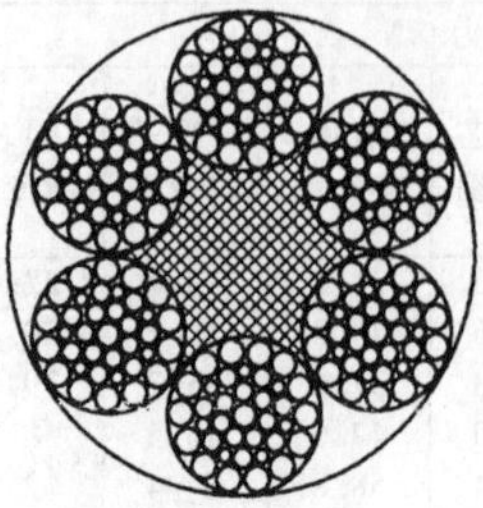
6×36WS+FC

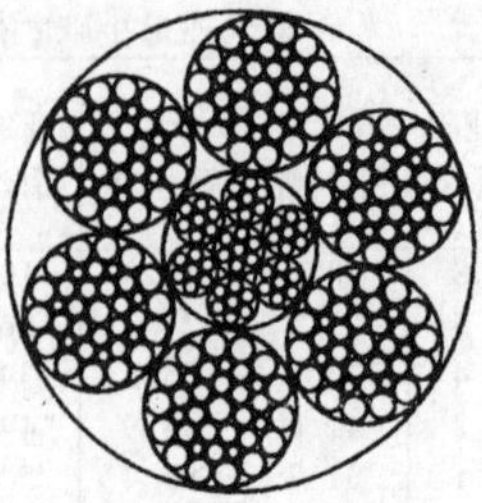
6×36WS+IWR

直径：12～60mm

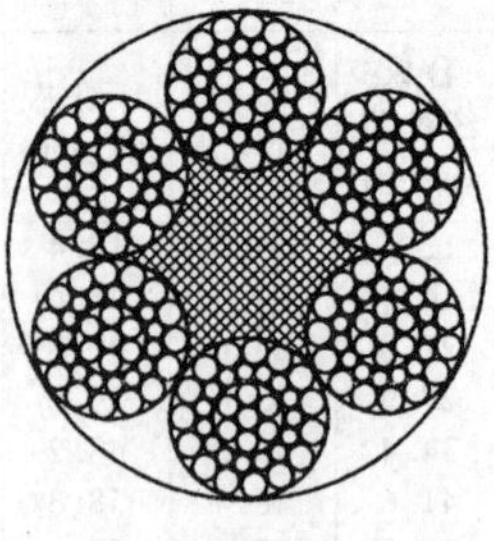
6×37S+FC

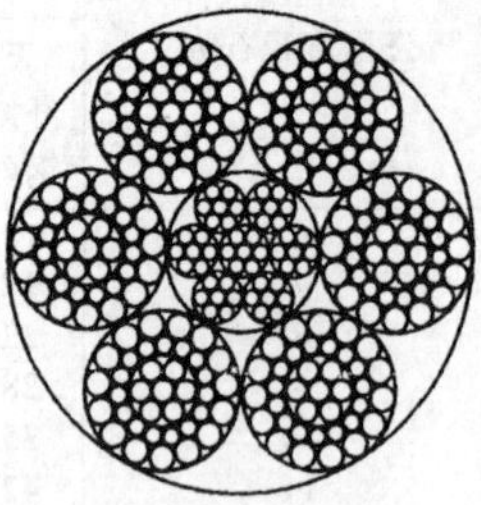
6×37S+IWR

直径：10～60mm

6×41WS+FC

6×41WS+IWR

直径:32～60mm

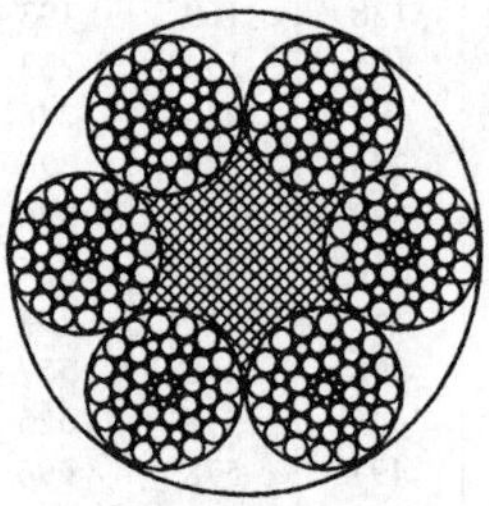
6×49SWS+FC

6×49SWS+IWR

直径:36～60mm

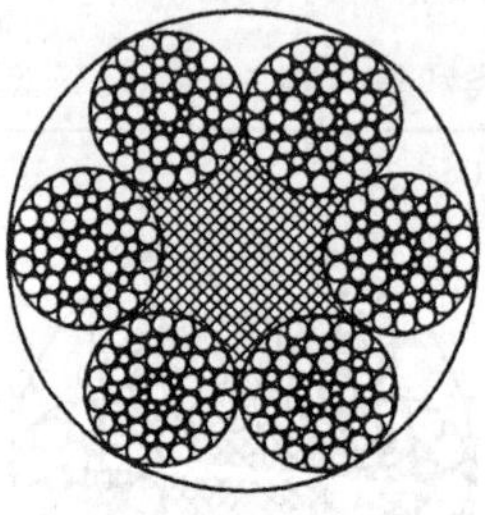
6×55SWS+FC

6×55SWS+IWR

直径:36～60mm

钢丝绳公称直径/mm	参考质量/kg·(100m)$^{-1}$			钢丝绳公称抗拉强度/MPa											
				1570		1670		1770		1870		1960		2160	
				钢丝绳最小破断拉力/kN											
	天然纤维芯钢丝绳	合成纤维芯钢丝绳	钢芯钢丝绳	纤维芯钢丝绳	钢芯钢丝绳	纤维芯钢丝绳	钢芯钢丝绳	纤维芯钢丝绳	钢芯钢丝绳	纤维芯钢丝绳	钢芯钢丝绳	纤维芯钢丝绳	钢芯钢丝绳	纤维芯钢丝绳	钢芯钢丝绳
8	24.3	23.7	26.8	33.2	35.8	35.3	38.0	37.4	40.3	39.5	42.6	41.4	44.7	45.6	49.2
10	38.0	37.1	41.8	51.8	55.9	55.1	59.5	58.4	63.0	61.7	66.6	64.7	69.8	71.3	76.9
12	54.7	53.4	60.2	74.6	80.5	79.4	85.6	84.1	90.7	88.9	95.9	93.1	100	103	111
13	64.2	62.7	70.6	87.6	94.5	93.1	100	98.7	106	104	113	109	118	120	130
14	74.5	72.7	81.9	102	110	108	117	114	124	121	130	127	137	140	151
16	97.3	95.0	107	133	143	141	152	150	161	158	170	166	179	182	197
18	123	120	135	168	181	179	193	189	204	200	216	210	226	231	249

（续）

钢丝绳公称直径/mm	参考质量/kg·(100m)^-1			钢丝绳公称抗拉强度/MPa											
				1570		1670		1770		1870		1960		2160	
				钢丝绳最小破断拉力/kN											
	天然纤维芯钢丝绳	合成纤维芯钢丝绳	钢芯钢丝绳	纤维芯钢丝绳	钢芯钢丝绳	纤维芯钢丝绳	钢芯钢丝绳	纤维芯钢丝绳	钢芯钢丝绳	纤维芯钢丝绳	钢芯钢丝绳	纤维芯钢丝绳	钢芯钢丝绳	纤维芯钢丝绳	钢芯钢丝绳
20	152	148	167	207	224	220	238	234	252	247	266	259	279	285	308
22	184	180	202	251	271	267	288	283	305	299	322	313	338	345	372
24	219	214	241	298	322	317	342	336	363	355	383	373	402	411	443
26	257	251	283	350	378	373	402	395	426	417	450	437	472	482	520
28	298	291	328	406	438	432	466	458	494	484	522	507	547	559	603
30	342	334	376	466	503	496	535	526	567	555	599	582	628	642	692
32	389	380	428	531	572	564	609	598	645	632	682	662	715	730	787
34	439	429	483	599	646	637	687	675	728	713	770	748	807	824	889
36	492	481	542	671	724	714	770	757	817	800	863	838	904	924	997
38	549	536	604	748	807	796	858	843	910	891	961	934	1010	1030	1110
40	608	594	669	829	894	882	951	935	1010	987	1070	1030	1120	1140	1230
42	670	654	737	914	986	972	1050	1030	1110	1090	1170	1140	1230	1260	1360
44	736	718	809	1000	1080	1070	1150	1130	1220	1190	1290	1250	1350	1380	1490
46	804	785	884	1100	1180	1170	1260	1240	1330	1310	1410	1370	1480	1510	1630
48	876	855	963	1190	1290	1270	1370	1350	1450	1420	1530	1490	1610	1640	1770
50	950	928	1040	1300	1400	1380	1490	1460	1580	1540	1660	1620	1740	1780	1920
52	1030	1000	1130	1400	1510	1490	1610	1580	1700	1670	1800	1750	1890	1930	2080
54	1110	1080	1220	1510	1630	1610	1730	1700	1840	1800	1940	1890	2030	2080	2240
56	1190	1160	1310	1620	1750	1730	1860	1830	1980	1940	2090	2030	2190	2240	2410
58	1280	1250	1410	1740	1880	1850	2000	1960	2120	2080	2240	2180	2350	2400	2590
60	1370	1340	1500	1870	2010	1980	2140	2100	2270	2220	2400	2330	2510	2570	2770

注：最小钢丝破断拉力总和=钢丝绳最小破断拉力×1.226（纤维芯）或 1.321（钢芯），其中 6×37S 纤维芯的系数为 1.191，钢芯的系数为 1.283。

表 17.1-35　钢丝绳第 4 组 6×37（b）类力学性能

第4组　6×37(b)类

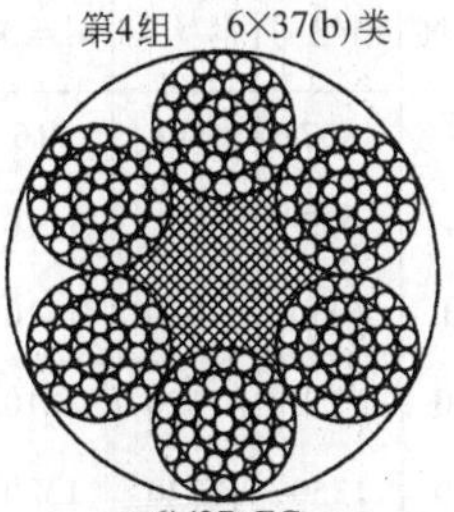

6×37+FC

6×37+IWR
直径:5～60mm

钢丝绳公称直径/mm	参考质量/kg·(100m)^-1			钢丝绳公称抗拉强度/MPa							
				1570		1670		1770		1870	
				钢丝绳最小破断拉力/kN							
	天然纤维芯钢丝绳	合成纤维芯钢丝绳	钢芯钢丝绳	纤维芯钢丝绳	钢芯钢丝绳	纤维芯钢丝绳	钢芯钢丝绳	纤维芯钢丝绳	钢芯钢丝绳	纤维芯钢丝绳	钢芯钢丝绳
5	8.65	8.43	10.0	11.6	12.5	12.3	13.3	13.1	14.1	13.8	14.9
6	12.5	12.1	14.4	16.7	18.0	17.7	19.2	18.8	20.3	19.9	21.5
7	17.0	16.5	19.6	22.7	24.5	24.1	26.1	25.6	27.7	27.0	29.2
8	22.1	21.6	25.6	29.6	32.1	31.5	34.1	33.4	36.1	35.3	38.2
9	28.0	27.3	32.4	37.5	40.6	39.9	43.2	42.3	45.7	44.7	48.3
10	34.6	33.7	40.0	46.3	50.1	49.3	53.3	52.2	56.5	55.2	59.7
11	41.9	40.8	48.4	56.0	60.6	59.6	64.5	63.2	68.3	66.7	72.2
12	49.8	48.5	57.6	66.7	72.1	70.9	76.7	75.2	81.3	79.4	85.9
13	58.5	57.0	67.6	78.3	84.6	83.3	90.0	88.2	95.4	93.2	101
14	67.8	66.1	78.4	90.8	98.2	96.6	104	102	111	108	117
16	88.6	86.3	102	119	128	126	136	134	145	141	153
18	112	109	130	150	162	160	173	169	183	179	193
20	138	135	160	185	200	197	213	209	226	221	239

（续）

第4组 6×37(b)类

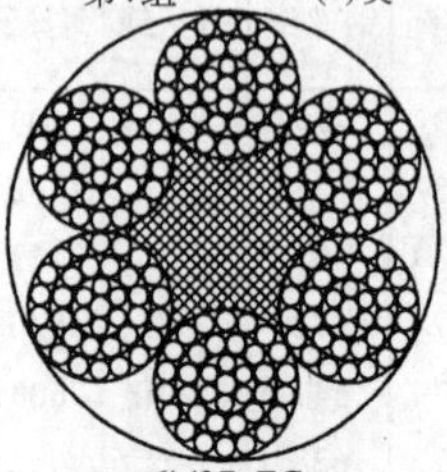

6×37+FC

6×37+IWR

直径:5～60mm

钢丝绳公称直径/mm	参考质量/kg·(100m)$^{-1}$			钢丝绳公称抗拉强度/MPa							
				1570		1670		1770		1870	
				钢丝绳最小破断拉力/kN							
	天然纤维芯钢丝绳	合成纤维芯钢丝绳	钢芯钢丝绳	纤维芯钢丝绳	钢芯钢丝绳	纤维芯钢丝绳	钢芯钢丝绳	纤维芯钢丝绳	钢芯钢丝绳	纤维芯钢丝绳	钢芯钢丝绳
22	167	163	194	224	242	238	258	253	273	267	289
24	199	194	230	267	288	284	307	301	325	318	344
26	234	228	270	313	339	333	360	353	382	373	403
28	271	264	314	363	393	386	418	409	443	432	468
30	311	303	360	417	451	443	479	470	508	496	537
32	354	345	410	474	513	504	546	535	578	565	611
34	400	390	462	535	579	570	616	604	653	638	690
36	448	437	518	600	649	638	690	677	732	715	773
38	500	487	578	669	723	711	769	754	815	797	861
40	554	539	640	741	801	788	852	835	903	883	954
42	610	594	706	817	883	869	940	921	996	973	1050
44	670	652	774	897	970	954	1030	1010	1090	1070	1150
46	732	713	846	980	1060	1040	1130	1100	1190	1170	1260
48	797	776	922	1070	1150	1140	1230	1200	1300	1270	1370
50	865	843	1000	1160	1250	1230	1330	1300	1410	1380	1490
52	936	911	1080	1250	1350	1330	1440	1410	1530	1490	1610
54	1010	983	1170	1350	1460	1440	1550	1520	1650	1610	1740
56	1090	1060	1250	1450	1570	1540	1670	1640	1770	1730	1870
58	1160	1130	1350	1560	1680	1660	1790	1760	1900	1860	2010
60	1250	1210	1440	1670	1800	1770	1920	1880	2030	1990	2150

注：最小钢丝破断拉力总和=钢丝绳最小破断拉力×1.249（纤维芯）或 1.336（钢芯）。

表 17.1-36 钢丝绳第 5 组 6×61 类力学性能

第5组 6×61类

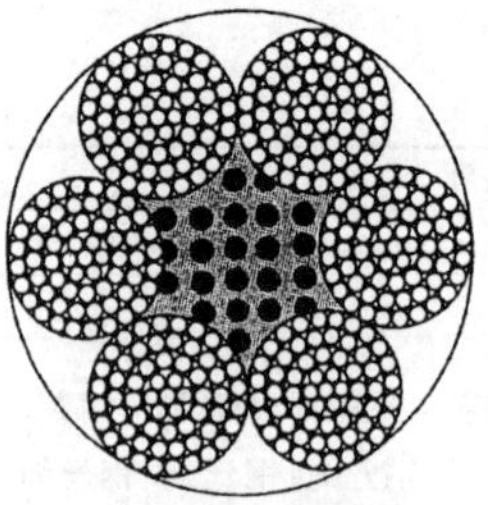

6×61+FC

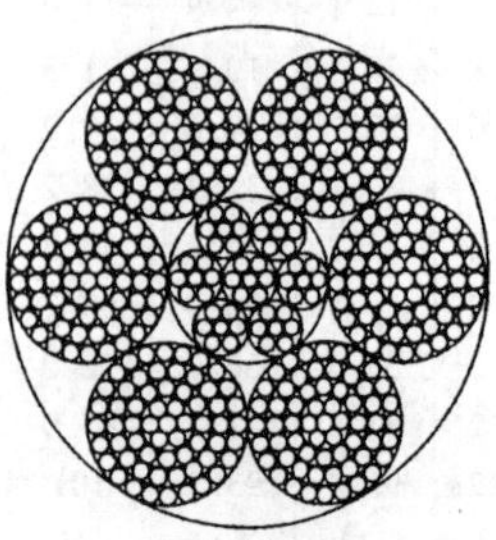

6×61+IWR

直径:40～60mm

钢丝绳公称直径/mm	参考质量/kg·(100m)$^{-1}$			钢丝绳公称抗拉强度/MPa							
				1570		1670		1770		1870	
				钢丝绳最小破断拉力/kN							
	天然纤维芯钢丝绳	合成纤维芯钢丝绳	钢芯钢丝绳	纤维芯钢丝绳	钢芯钢丝绳	纤维芯钢丝绳	钢芯钢丝绳	纤维芯钢丝绳	钢芯钢丝绳	纤维芯钢丝绳	钢芯钢丝绳
40	578	566	637	711	769	756	818	801	867	847	916
42	637	624	702	784	847	834	901	884	955	934	1010
44	699	685	771	860	930	915	989	970	1050	1020	1110
46	764	749	842	940	1020	1000	1080	1060	1150	1120	1210
48	832	816	917	1020	1110	1090	1180	1150	1250	1220	1320
50	903	885	995	1110	1200	1180	1280	1250	1350	1320	1430
52	976	957	1080	1200	1300	1280	1380	1350	1460	1430	1550
54	1050	1030	1160	1300	1400	1380	1490	1460	1580	1540	1670
56	1130	1110	1250	1390	1510	1480	1600	1570	1700	1660	1790
58	1210	1190	1340	1490	1620	1590	1720	1690	1820	1780	1920
60	1300	1270	1430	1600	1730	1700	1840	1800	1950	1910	2060

注：最小钢丝破断拉力总和=钢丝绳最小破断拉力×1.301（纤维芯）或 1.392（钢芯）。

表 17.1-37　钢丝绳第 6 组 8×19 类力学性能

第 6 组　8×19 类

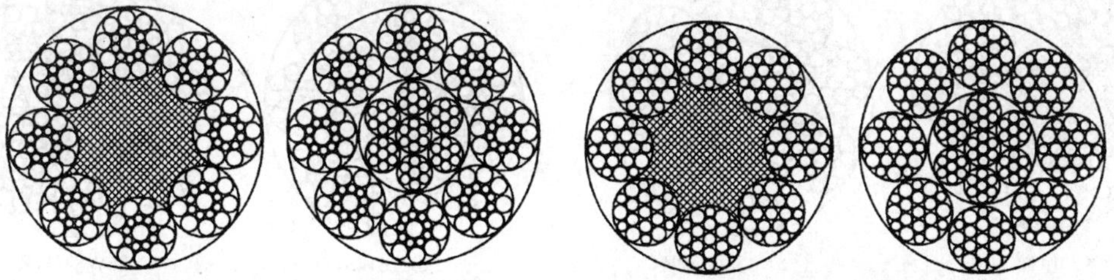

8×19S+FC　8×19S+IWR　直径:11～44mm

8×19W+FC　8×19W+IWR　直径:10～48mm

钢丝绳公称直径/mm	参考质量/kg·(100m)$^{-1}$			钢丝绳公称抗拉强度/MPa											
				1570		1670		1770		1870		1960		2160	
				钢丝绳最小破断拉力/kN											
	天然纤维芯钢丝绳	合成纤维芯钢丝绳	钢芯钢丝绳	纤维芯钢丝绳	钢芯钢丝绳	纤维芯钢丝绳	钢芯钢丝绳	纤维芯钢丝绳	钢芯钢丝绳	纤维芯钢丝绳	钢芯钢丝绳	纤维芯钢丝绳	钢芯钢丝绳	纤维芯钢丝绳	钢芯钢丝绳
10	34.6	33.4	42.2	46.0	54.3	48.9	57.8	51.9	61.2	54.8	64.7	57.4	67.8	63.3	74.7
11	41.9	40.4	51.1	55.7	65.7	59.2	69.9	62.8	74.1	66.3	78.3	69.5	82.1	76.6	90.4
12	49.9	48.0	60.8	66.2	78.2	70.5	83.2	74.7	88.2	78.9	93.2	82.7	97.7	91.1	108
13	58.5	56.4	71.3	77.7	91.8	82.7	97.7	87.6	103	92.6	109	97.1	115	107	126
14	67.9	65.4	82.7	90.2	106	95.9	113	102	120	107	127	113	133	124	146
16	88.7	85.4	108	118	139	125	148	133	157	140	166	147	174	162	191
18	112	108	137	149	176	159	187	168	198	178	210	186	220	205	242
20	139	133	169	184	217	196	231	207	245	219	259	230	271	253	299
22	168	162	204	223	263	237	280	251	296	265	313	278	328	306	362
24	199	192	243	265	313	282	333	299	353	316	373	331	391	365	430
26	234	226	285	311	367	331	391	351	414	370	437	388	458	428	505
28	271	262	331	361	426	384	453	407	480	430	507	450	532	496	586
30	312	300	380	414	489	440	520	467	551	493	582	517	610	570	673
32	355	342	432	471	556	501	592	531	627	561	663	588	694	648	765
34	400	386	488	532	628	566	668	600	708	633	748	664	784	732	864
36	449	432	547	596	704	634	749	672	794	710	839	744	879	820	969
38	500	482	609	664	784	707	834	749	884	791	934	829	979	914	1080
40	554	534	675	736	869	783	925	830	980	877	1040	919	1090	1010	1200
42	611	589	744	811	958	863	1020	915	1080	967	1140	1010	1200	1120	1320
44	670	646	817	891	1050	947	1120	1000	1190	1060	1250	1110	1310	1230	1450
46	733	706	893	973	1150	1040	1220	1100	1300	1160	1370	1220	1430	1340	1580
48	798	769	972	1060	1250	1130	1330	1190	1410	1260	1490	1320	1560	1460	1720

注：最小钢丝破断拉力总和=钢丝绳最小破断拉力×1.214（纤维芯）或 1.360（钢芯）。

表 17.1-38　钢丝绳第 6 组 8×19 类和第 7 组 8×37 类力学性能

第 6 组 8×19 类和第 7 组 8×37 类

8×25Fi+FC

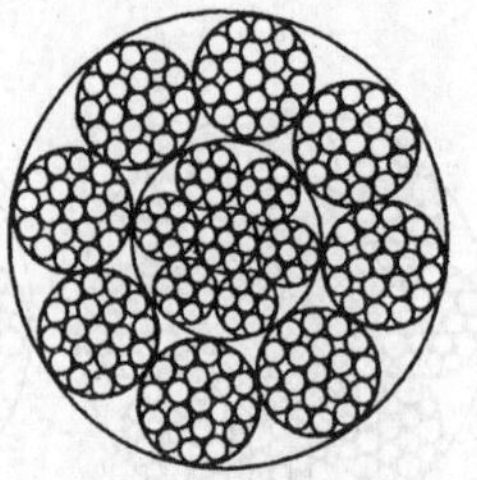
8×25Fi+IWR

直径：18～52mm

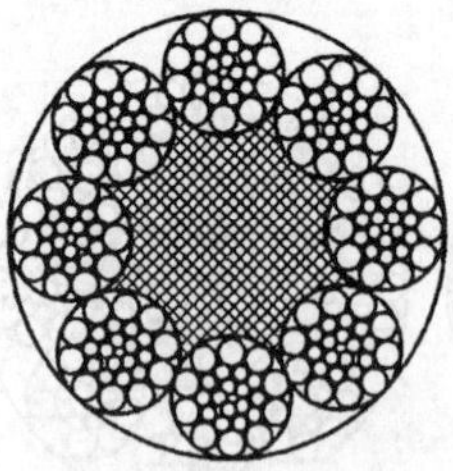
8×26WS+FC

8×26WS+IWR

直径：16～48mm

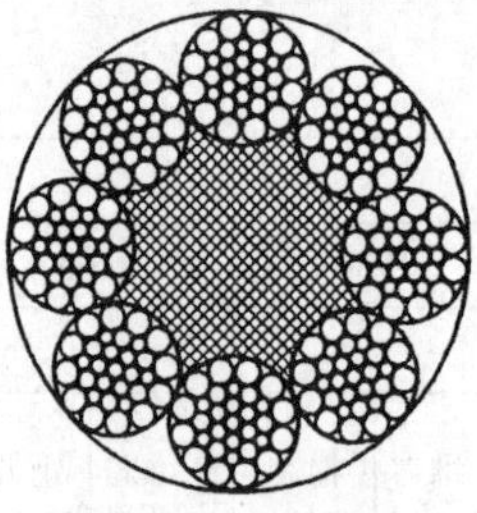
8×31WS+FC

8×31WS+IWR

直径:14～56mm

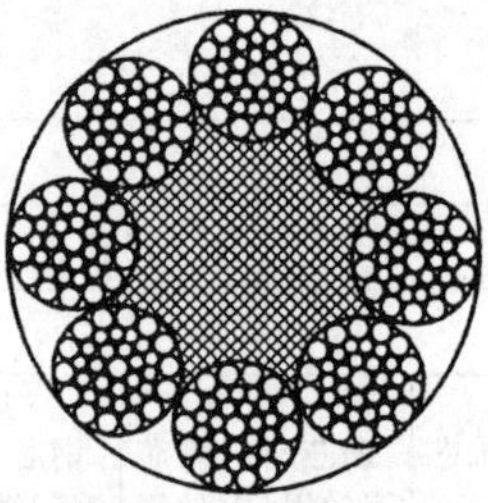
8×36WS+FC

8×36WS+IWR

直径:14～60mm

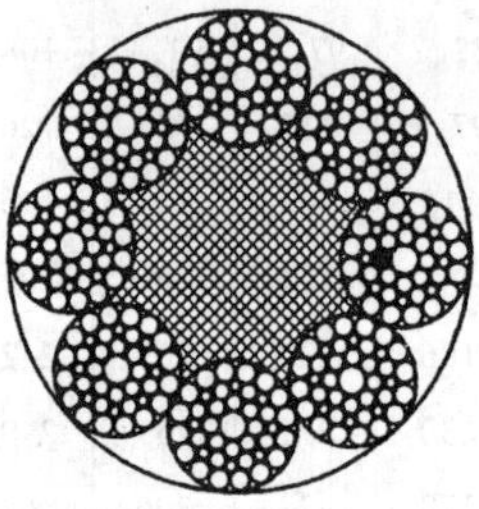
8×41WS+FC

8×41WS+IWR

直径:40～60mm

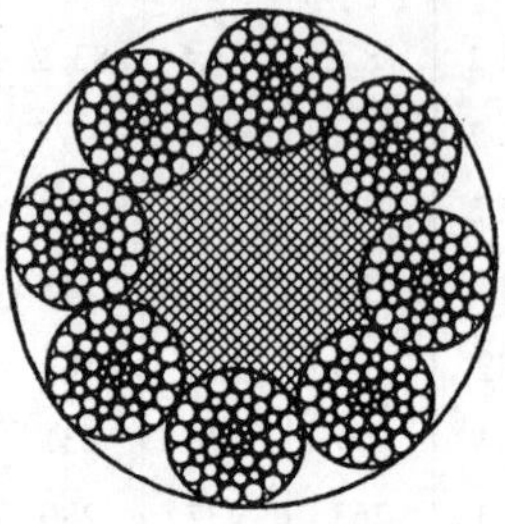
8×49SWS+FC

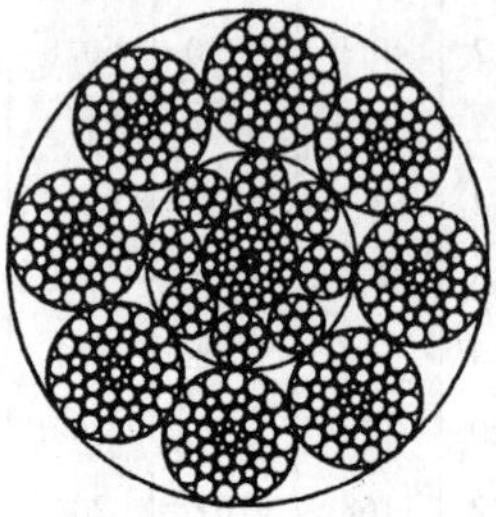
8×49SWS+IWR

直径：44～60mm

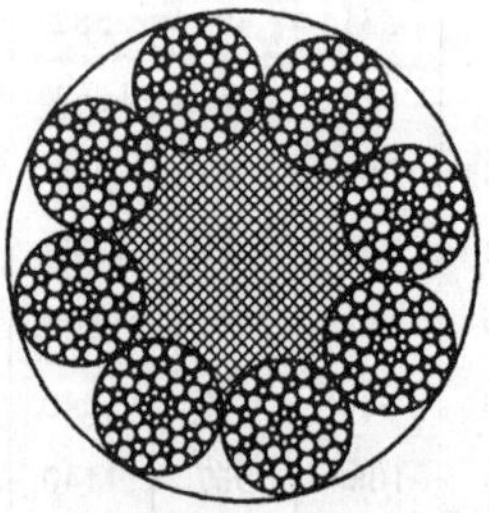
8×55SWS+FC

8×55SWS+IWR

直径:44～60mm

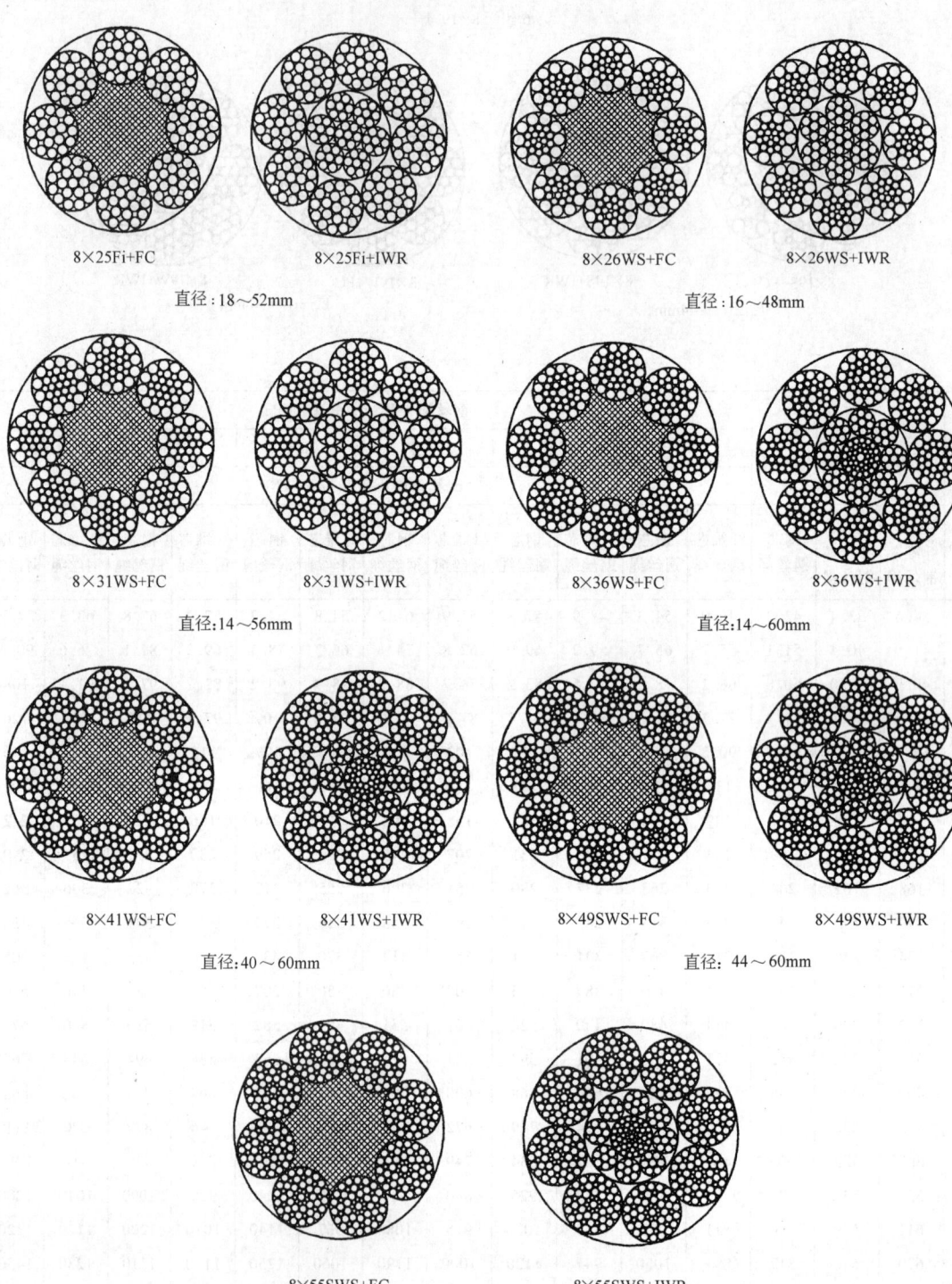

（续）

钢丝绳公称直径/mm	参考质量/kg·(100m)⁻¹			钢丝绳公称抗拉强度/MPa											
				1570		1670		1770		1870		1960		2160	
				钢丝绳最小破断拉力/kN											
	天然纤维芯钢丝绳	合成纤维芯钢丝绳	钢芯钢丝绳	纤维芯钢丝绳	钢芯钢丝绳	纤维芯钢丝绳	钢芯钢丝绳	纤维芯钢丝绳	钢芯钢丝绳	纤维芯钢丝绳	钢芯钢丝绳	纤维芯钢丝绳	钢芯钢丝绳	纤维芯钢丝绳	钢芯钢丝绳
14	70.0	67.4	85.3	90.2	106	95.9	113	102	120	107	127	113	133	124	146
16	91.4	88.1	111	118	139	125	148	133	157	140	166	147	174	162	191
18	116	111	141	149	176	159	187	168	198	178	210	186	220	205	242
20	143	138	174	184	217	196	231	207	245	219	259	230	271	253	299
22	173	166	211	223	263	237	280	251	296	265	313	278	328	306	362
24	206	198	251	265	313	282	333	299	353	316	373	331	391	365	430
26	241	233	294	311	367	331	391	351	414	370	437	388	458	428	505
28	280	270	341	361	426	384	453	407	480	430	507	450	532	496	586
30	321	310	392	414	489	440	520	467	551	493	582	517	610	570	673
32	366	352	445	471	556	501	592	531	627	561	663	588	694	648	765
34	413	398	503	532	628	566	668	600	708	633	748	664	784	732	864
36	463	446	564	596	704	634	749	672	794	710	839	744	879	820	969
38	516	497	628	664	784	707	834	749	884	791	934	829	979	914	1080
40	571	550	696	736	869	783	925	830	980	877	1040	919	1090	1010	1230
42	630	607	767	811	958	863	1020	915	1080	967	1140	1010	1200	1120	1320
44	691	666	842	890	1050	947	1120	1000	1190	1060	1250	1110	1310	1230	1450
46	755	728	920	973	1150	1040	1220	1100	1300	1160	1370	1220	1430	1340	1580
48	823	793	1000	1060	1250	1130	1330	1190	1410	1260	1490	1320	1560	1460	1720
50	892	860	1090	1150	1360	1220	1440	1300	1530	1370	1620	1440	1700	1580	1870
52	965	930	1180	1240	1470	1320	1560	1400	1660	1480	1750	1550	1830	1710	2020
54	1040	1000	1270	1340	1580	1430	1680	1510	1790	1600	1890	1670	1980	1850	2180
56	1120	1080	1360	1440	1700	1530	1810	1630	1920	1720	2030	1800	2130	1980	2340
58	1200	1160	1460	1550	1830	1650	1940	1740	2060	1840	2180	1930	2280	2130	2510
60	1290	1240	1570	1660	1960	1760	2080	1870	2200	1970	2330	2070	2440	2280	2690

注：最小钢丝破断拉力总和=钢丝绳最小破断拉力×1.226（纤维芯）或 1.374（钢芯）。

表 17.1-39　钢丝绳第 8 组 18×7 类和第 9 组 18×19 类力学性能

第8组 18×7类

17×7+FC

17×7+IWS

直径: 6～44mm

18×7+FC

18×7+IWS

直径: 6～44mm

（续）

第9组18×19类

18×19W+FC

18×19W+IWS

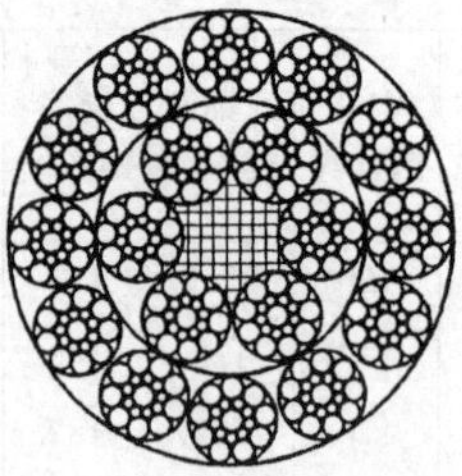

18×19S+FC

18×19S+IWS

直径：14～44mm　　直径：14～44mm

18×19+FC

18×19+IWS

直径:10～44mm

钢丝绳公称直径/mm	参考质量/kg·(100m)$^{-1}$		钢丝绳公称抗拉强度/MPa											
			1570		1670		1770		1870		1960		2160	
			钢丝绳最小破断拉力/kN											
	纤维芯钢丝绳	钢芯钢丝绳	纤维芯钢丝绳	钢芯钢丝绳	纤维芯钢丝绳	钢芯钢丝绳	纤维芯钢丝绳	钢芯钢丝绳	纤维芯钢丝绳	钢芯钢丝绳	纤维芯钢丝绳	钢芯钢丝绳	纤维芯钢丝绳	钢芯钢丝绳
6	14.0	15.5	17.5	18.5	18.6	19.7	19.8	20.9	20.9	22.1	21.9	23.1	24.1	25.5
7	19.1	21.1	23.8	25.2	25.4	26.8	26.9	28.4	28.4	30.1	29.8	31.5	32.8	34.7
8	25.0	27.5	31.1	33.0	33.1	35.1	35.1	37.2	37.1	39.3	38.9	41.1	42.9	45.3
9	31.6	34.8	39.4	41.7	41.9	44.4	44.4	47.0	47.0	49.7	49.2	52.1	54.2	57.4
10	39.0	43.0	48.7	51.5	51.8	54.8	54.9	58.1	58.0	61.3	60.8	64.3	67.0	70.8
11	47.2	52.0	58.9	62.3	62.6	66.3	66.4	70.2	70.1	74.2	73.5	77.8	81.0	85.7
12	56.2	61.9	70.1	74.2	74.5	78.9	79.0	83.6	83.5	88.3	87.5	92.6	96.4	102
13	65.9	72.7	82.3	87.0	87.5	92.6	92.7	98.1	98.0	104	103	109	113	120
14	76.4	84.3	95.4	101	101	107	108	114	114	120	119	126	131	139
16	99.8	110	125	132	133	140	140	149	148	157	156	165	171	181
18	126	139	158	167	168	177	178	188	188	199	197	208	217	230
20	156	172	195	206	207	219	219	232	232	245	243	257	268	283
22	189	208	236	249	251	265	266	281	281	297	294	311	324	343
24	225	248	280	297	298	316	316	334	334	353	350	370	386	408
26	264	291	329	348	350	370	371	392	392	415	411	435	453	479
28	306	337	382	404	406	429	430	455	454	481	476	504	525	555
30	351	387	438	463	466	493	494	523	522	552	547	579	603	638
32	399	440	498	527	530	561	562	594	594	628	622	658	686	725
34	451	497	563	595	598	633	634	671	670	709	702	743	774	819
36	505	557	631	667	671	710	711	752	751	795	787	833	868	918
38	563	621	703	744	748	791	792	838	837	886	877	928	967	1020
40	624	688	779	824	828	876	878	929	928	981	972	1030	1070	1130
42	688	759	859	908	913	966	968	1020	1020	1080	1070	1130	1180	1250
44	755	832	942	997	1000	1060	1060	1120	1120	1190	1180	1240	1300	1370

注：最小钢丝破断拉力总和=钢丝绳最小破断拉力×1.283，其中 17×7 的系数为 1.250。

表 17.1-40　钢丝绳第 10 组 34×7 类力学性能

第10组 34×7类

34×7+FC　34×7+IWS　36×7+FC　36×7+IWS

直径：16～44mm　直径：16～44mm

钢丝绳公称直径/mm	参考质量/kg·(100m)$^{-1}$		钢丝绳公称抗拉强度/MPa							
			1570		1670		1770		1870	
			钢丝绳最小破断拉力/kN							
	纤维芯钢丝绳	钢芯钢丝绳	纤维芯钢丝绳	钢芯钢丝绳	纤维芯钢丝绳	钢芯钢丝绳	纤维芯钢丝绳	钢芯钢丝绳	纤维芯钢丝绳	钢芯钢丝绳
16	99.8	110	124	128	132	136	140	144	147	152
18	126	139	157	162	167	172	177	182	187	193
20	156	172	193	200	206	212	218	225	230	238
22	189	208	234	242	249	257	264	272	279	288
24	225	248	279	288	296	306	314	324	332	343
26	264	291	327	337	348	359	369	380	389	402
28	306	337	379	391	403	416	427	441	452	466
30	351	387	435	449	463	478	491	507	518	535
32	399	440	495	511	527	544	558	576	590	609
34	451	497	559	577	595	614	630	651	666	687
36	505	557	627	647	667	688	707	729	746	771
38	563	621	698	721	743	767	787	813	832	859
40	624	688	774	799	823	850	872	901	922	951
42	688	759	853	881	907	937	962	993	1020	1050
44	755	832	936	967	996	1030	1060	1090	1120	1150

注：最小钢丝破断拉力总和=钢丝绳最小破断拉力×1.334，其中 34×7 的系数为 1.300。

表 17.1-41　钢丝绳第 11 组 35W×7 类力学性能

第11组 34W×7类

35W×7

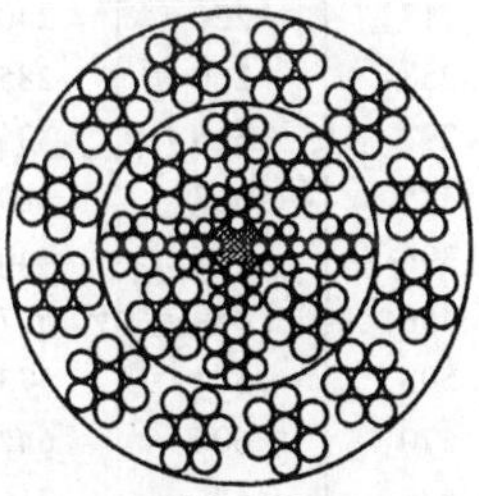

24W×7

直径：12～50mm

钢丝绳公称直径/mm	参考质量/kg·(100m)$^{-1}$	钢丝绳公称抗拉强度/MPa					
		1570	1670	1770	1870	1960	2160
		钢丝绳最小破断拉力/kN					
12	66.2	81.4	86.6	91.8	96.9	102	112
14	90.2	111	118	125	132	138	152
16	118	145	154	163	172	181	199
18	149	183	195	206	218	229	252
20	184	226	240	255	269	282	311
22	223	274	291	308	326	342	376
24	265	326	346	367	388	406	448
26	311	382	406	431	455	477	526
28	361	443	471	500	528	553	610
30	414	509	541	573	606	635	700
32	471	579	616	652	689	723	796
34	532	653	695	737	778	816	899
36	596	732	779	826	872	914	1010
38	664	816	868	920	972	1020	1120
40	736	904	962	1020	1080	1130	1240
42	811	997	1060	1120	1190	1240	1370
44	891	1090	1160	1230	1300	1370	1510
46	973	1200	1270	1350	1420	1490	1650
48	1060	1300	1390	1470	1550	1630	1790
50	1150	1410	1500	1590	1680	1760	1940

注：最小钢丝破断拉力总和=钢丝绳最小破断拉力×1.287。

表 17.1-42　钢丝绳第 12 组 6×12 类力学性能

第12组　6×12类

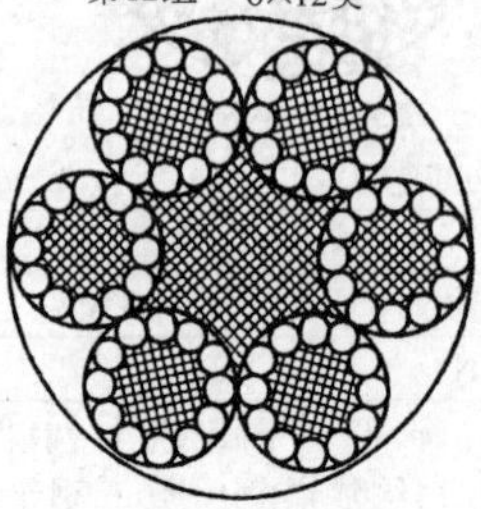

6×12+7FC
直径:8～32mm

钢丝绳公称直径/mm	参考质量/kg·(100m)$^{-1}$		钢丝绳公称抗拉强度/MPa			
			1470	1570	1670	1770
	天然纤维芯钢丝绳	合成纤维芯钢丝绳	钢丝绳最小破断拉力/kN			
8	16.1	14.8	19.7	21.0	22.3	23.7
9	20.3	18.7	24.9	26.6	28.3	30.0
9.3	21.7	20.0	26.6	28.4	30.2	32.0
10	25.1	23.1	30.7	32.8	34.9	37.0
11	30.4	28.0	37.2	39.7	42.2	44.8
12	36.1	33.3	44.2	47.3	50.3	53.3
12.5	39.2	36.1	48.0	51.3	54.5	57.8
13	42.4	39.0	51.9	55.5	59.0	62.5
14	49.2	45.3	60.2	64.3	68.4	72.5
15.5	60.3	55.5	73.8	78.8	83.9	88.9
16	64.3	59.1	78.7	84.0	89.4	94.7
17	72.5	66.8	88.8	94.8	101	107
18	81.3	74.8	99.5	106	113	120
18.5	85.9	79.1	105	112	119	127
20	100	92.4	123	131	140	148
21.5	116	107	142	152	161	171
22	121	112	149	159	169	179
24	145	133	177	189	201	213
24.5	151	139	184	197	210	222
26	170	156	208	222	236	250
28	197	181	241	257	274	290
32	257	237	315	336	357	379

注：最小钢丝破断拉力总和=钢丝绳最小破断拉力×1.136。

表 17.1-43　钢丝绳第 13 组 6×24 类力学性能

第13组　6×24类

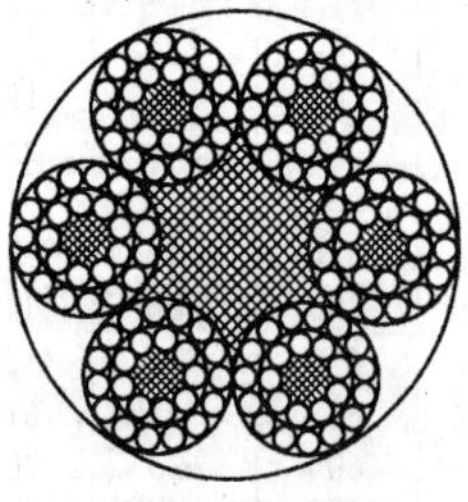

6×24+7FC
直径: 8～40mm

钢丝绳公称直径/mm	参考质量/kg·(100m)$^{-1}$		钢丝绳公称抗拉强度/MPa			
			1470	1570	1670	1770
	天然纤维芯钢丝绳	合成纤维芯钢丝绳	钢丝绳最小破断拉力/kN			
8	20.4	19.5	26.3	28.1	29.9	31.7
9	25.8	24.6	33.3	35.6	37.9	40.1
10	31.8	30.4	41.2	44.0	46.8	49.6
11	38.5	36.8	49.8	53.2	56.6	60.0
12	45.8	43.8	59.3	63.3	67.3	71.4
13	53.7	51.4	69.6	74.3	79.0	83.8
14	62.3	59.6	80.7	86.2	91.6	97.1
16	81.4	77.8	105	113	120	127
18	103	98.5	133	142	152	161
20	127	122	165	176	187	198
22	154	147	199	213	226	240
24	183	175	237	253	269	285
26	215	206	278	297	316	335
28	249	238	323	345	367	389
30	286	274	370	396	421	446
32	326	311	421	450	479	507
34	368	351	476	508	541	573
36	412	394	533	570	606	642
38	459	439	594	635	675	716
40	509	486	659	703	748	793

注：最小钢丝破断拉力总和=钢丝绳最小破断拉力×1.150（纤维芯）。

表 17.1-44　钢丝绳第 13 组 6×24 类力学性能

第13组　6×24类

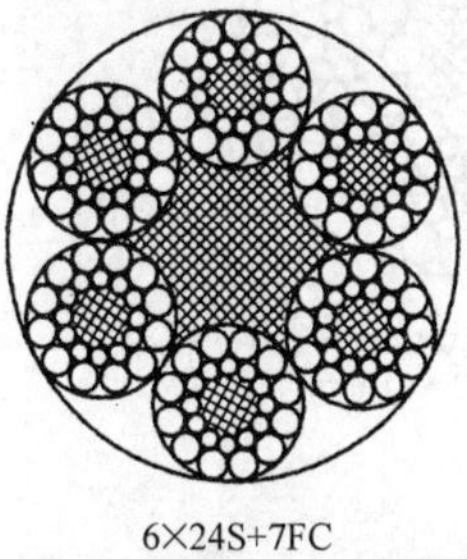

6×24S+7FC

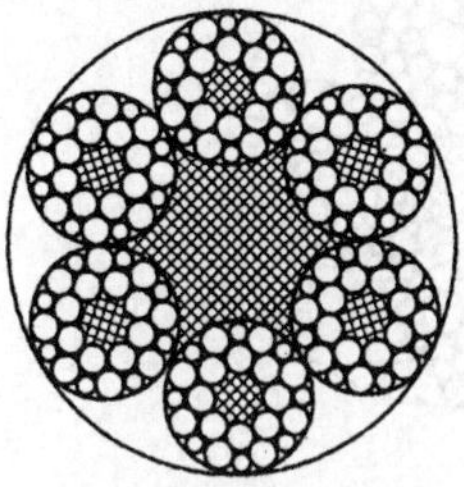

6×24W+7FC

直径:10～44mm

钢丝绳公称直径/mm	参考质量/kg·(100m)$^{-1}$		钢丝绳公称抗拉强度/MPa			
			1470	1570	1670	1770
	天然纤维芯钢丝绳	合成纤维芯钢丝绳	钢丝绳最小破断拉力/kN			
10	33.1	31.6	42.8	45.7	48.6	51.5
11	40.0	38.2	51.8	55.3	58.8	62.3
12	47.7	45.5	61.6	65.8	70.0	74.2
13	55.9	53.4	72.3	77.2	82.1	87.0
14	64.9	61.9	83.8	90.0	95.3	101
16	84.7	80.9	110	117	124	132
18	107	102	139	148	157	167
20	132	126	171	183	194	206
22	160	153	207	221	235	249
24	191	182	246	263	280	297
26	224	214	289	309	329	348
28	260	248	335	358	381	404
30	298	284	385	411	437	464
32	339	324	438	468	498	527
34	383	365	495	528	562	595
36	429	410	554	592	630	668
38	478	456	618	660	702	744
40	530	506	684	731	778	824
42	584	557	755	806	857	909
44	641	612	828	885	941	997

注：最小钢丝破断拉力总和=钢丝绳最小破断拉力×1.150（纤维芯）。

表 17.1-45　钢丝绳第 14 组 6×15 类力学性能

第14组　6×15类

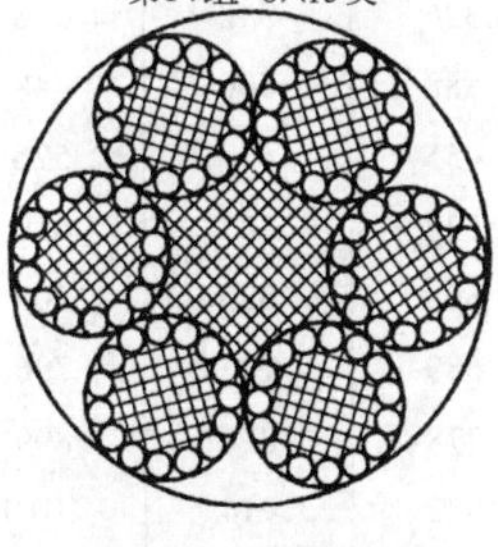

6×15+7FC

直径:10～32mm

钢丝绳公称直径/mm	参考质量/kg·(100m)$^{-1}$		钢丝绳公称抗拉强度/MPa			
			1470	1570	1670	1770
	天然纤维芯钢丝绳	合成纤维芯钢丝绳	钢丝绳最小破断拉力/kN			
10	20.0	18.5	26.5	28.3	30.1	31.9
12	28.8	26.6	38.1	40.7	43.3	45.9
14	39.2	36.3	51.9	55.4	58.9	62.4
16	51.2	47.4	67.7	72.3	77.0	81.6
18	64.8	59.9	85.7	91.6	97.4	103
20	80.0	74.0	106	113	120	127
22	96.8	89.5	128	137	145	154
24	115	107	152	163	173	184
26	135	125	179	191	203	215
28	157	145	207	222	236	250
30	180	166	238	254	271	287
32	205	189	271	289	308	326

注：最小钢丝破断拉力总和=钢丝绳最小破断拉力×1.136。

表 17.1-46　第 15 组 4×19 类和第 16 组 4×37 类力学性能

第15组4×19类和第16组4×37类

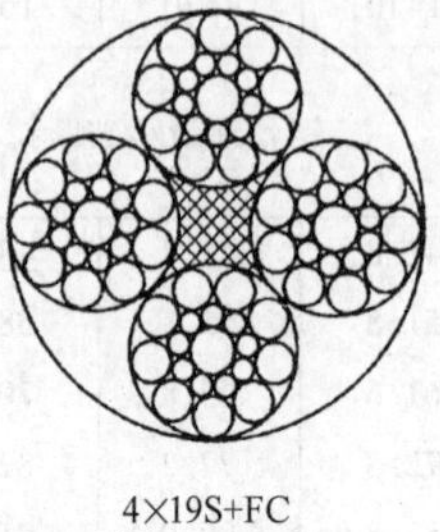

4×19S+FC
直径:8～28mm

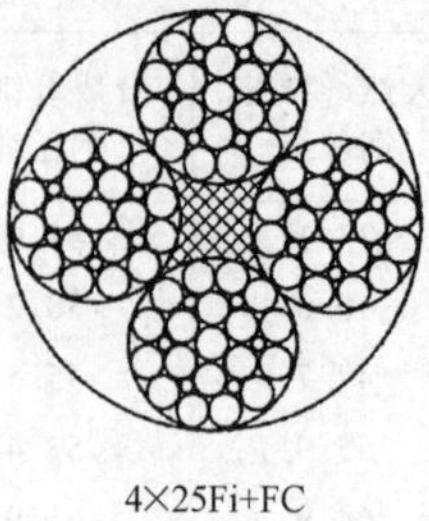

4×25Fi+FC
直径:12～34mm

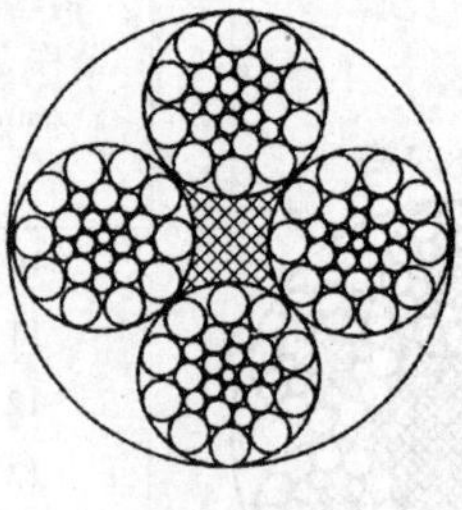

4×26WS+FC
直径:12～31mm

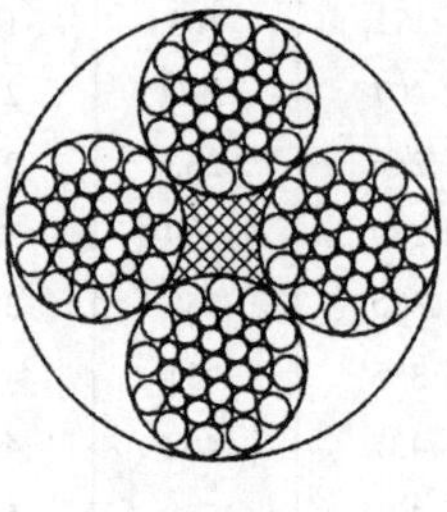

4×31WS+FC
直径:12～36mm

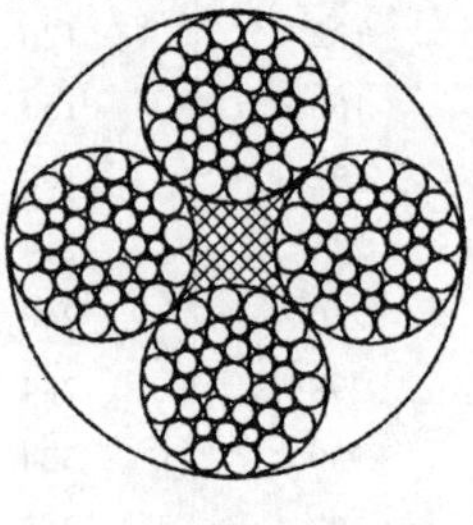

4×36WS+FC
直径:14～42mm

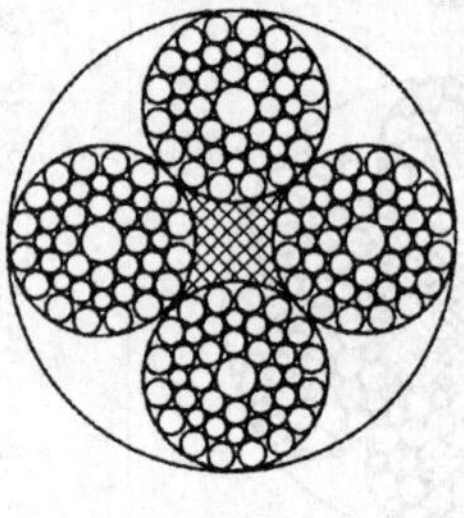

4×41WS+FC
直径:26～46mm

钢丝绳公称直径/mm	参考质量/kg·(100m)$^{-1}$	钢丝绳公称抗拉强度/MPa					
		1570	1670	1770	1870	1960	2160
		钢丝绳最小破断拉力/kN					
8	26.2	36.2	38.5	40.8	43.1	45.2	49.8
10	41.0	56.5	60.1	63.7	67.3	70.6	77.8
12	59.0	81.5	86.6	91.8	96.9	102	112
14	80.4	111	118	125	132	138	152
16	105	145	154	163	172	181	199
18	133	183	195	206	218	229	252
20	164	226	240	255	269	282	311
22	198	274	291	308	326	342	376
24	236	326	346	367	388	406	448
26	277	382	406	431	455	477	526
28	321	443	471	500	528	553	610
30	369	509	541	573	606	635	700
32	420	579	616	652	689	723	796
34	474	653	695	737	778	816	899
36	531	732	779	826	872	914	1010
38	592	816	868	920	972	1020	1120
40	656	904	962	1020	1080	1130	1240
42	723	997	1060	1120	1190	1240	1370
44	794	1090	1160	1230	1300	1370	1510
46	868	1200	1270	1350	1420	1490	1650

注：最小钢丝破断拉力总和=钢丝绳最小破断拉力×1.191。

表 17.1-47　扁钢丝绳的典型结构和公称尺寸

断面图	公称尺寸 宽×厚 $b\times h$	子绳钢丝公称直径	子绳钢丝断面积总和	扁钢丝绳参考质量	扁钢丝绳公称抗拉强度/MPa 1370	1470	1570	编织方式
	mm		mm^2	$kg\cdot(100m)^{-1}$	最小钢丝破断拉力总和 kN			
扁钢丝绳典型结构 6×4×7，子绳股结构（1+6）								
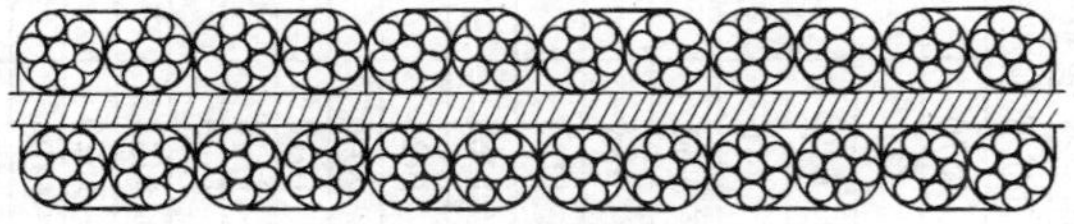 PD6×4×7扁钢丝绳断面图	58×13	1.3	223	210	306	328	350	双纬绳两侧各2条
	62×14	1.4	258	240	353	379	405	
	67×15	1.5	297	280	407	437	466	
	71×16	1.6	338	320	463	497	531	
	75×17	1.7	381	360	522	560	598	
扁钢丝绳典型结构 8×4×7，子绳股结构（1+6）								
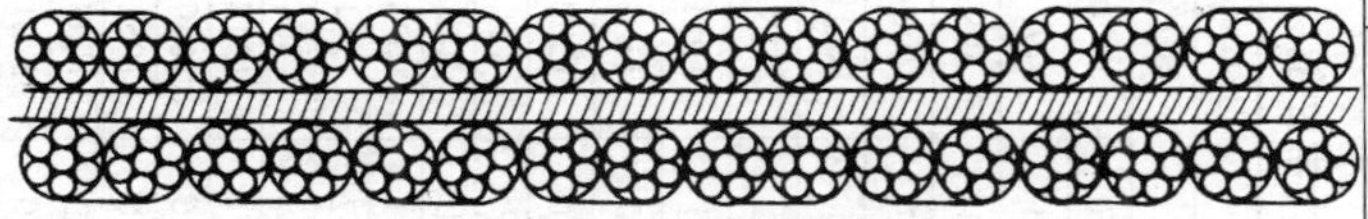 PD8×4×7扁钢丝绳断面图	88×15	1.5	396	370	543	582	622	双纬绳两侧各2条
	94×16	1.6	450	420	616	662	706	
	100×17	1.7	508	470	696	747	798	
	107×18	1.8	570	530	781	838	895	
	113×19	1.9	635	580	870	933	997	
	119×20	2	703	650	963	1030	1100	
扁钢丝绳典型结构 8×4×9，子绳股结构（FC+9）								
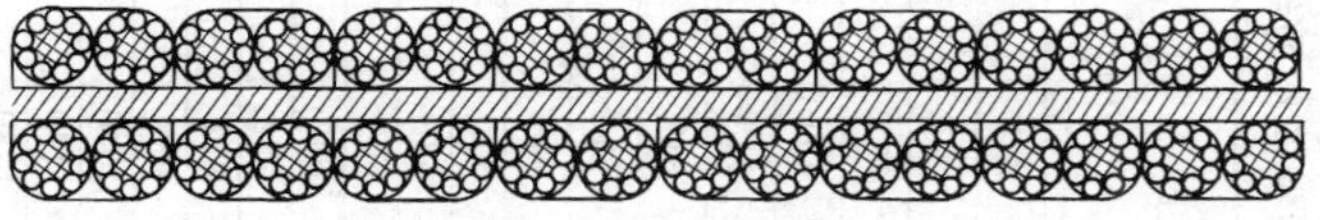 PD8×4×9扁钢丝绳断面图	132×21	1.7	653	700	895	960	1030	双纬绳两侧各4条
	139×23	1.8	732	770	1000	1080	1150	
	143×24	1.85	774	800	1060	1140	1220	
	147×24	1.9	816	840	1120	1200	1280	
	155×26	2	904	940	1240	1330	1420	
	163×27	2.1	997	1050	1370	1470	1570	
	170×28	2.2	1090	1160	1490	1600	1710	
扁钢丝绳典型结构 8×4×14，子绳股结构（4+10）								
 PD8×4×14扁钢丝绳断面图	145×24	1.7	1020	960	1400	1500	1600	双纬绳两侧各4条
	154×25	1.8	1140	1080	1560	1680	1790	
	158×26	1.85	1200	1140	1640	1760	1880	
	162×27	1.9	1270	1190	1740	1870	1990	
	171×28	2	1410	1330	1930	2070	2210	
	180×30	2.1	1550	1480	2120	2280	2430	
	188×31	2.2	1700	1610	2330	2500	2670	
扁钢丝绳典型结构 8×4×19，子绳股结构（1+6+12）								
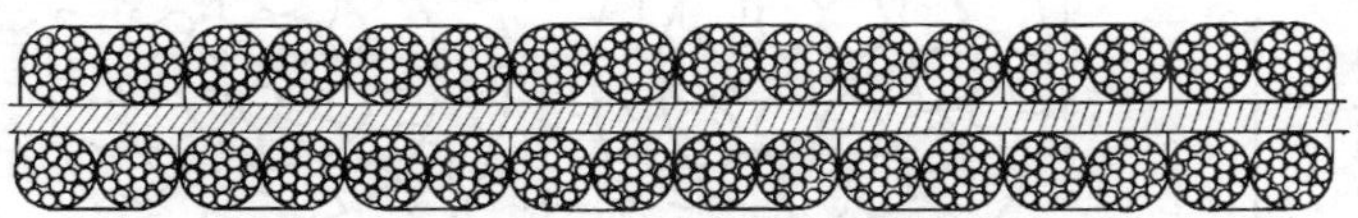 PD8×4×19扁钢丝绳断面图	148×24	1.5	1070	980	1470	1570	1680	双纬绳两侧各4条
	157×25	1.6	1220	1120	1670	1790	1920	
	166×26	1.7	1380	1260	1890	2030	2170	
	177×28	1.8	1550	1420	2120	2280	2430	
	187×29	1.9	1720	1560	2360	2530	2700	
	196×31	2	1910	1740	2620	2810	3000	
	206×33	2.1	2100	1950	2880	3090	3300	
	216×34	2.2	2310	2120	3160	3400	3630	

注：1. 子绳钢丝公称直径允许在±0.20mm 范围内调整。
2. 若纬绳钢丝损坏是钢丝绳报废的主要原因时，纬绳可以用其他构件代替，但应按标准的规定进行检验与验收。
3. 表中钢丝绳的参考质量为未涂油的质量，涂油钢丝绳的单位长度质量应双方协议。

2.6　平衡用扁钢丝绳（摘自 GB/T 20119—2006）

（1）适用范围

平衡用扁钢丝绳适用于竖井提升设备平衡用的扁钢丝绳（简称扁钢丝绳）。

（2）订货内容

订货的合同应包括标准号、产品名称、结构（标记代号）、公称尺寸、表面状态、公称抗拉强度、数量（长度）、是否涂油及（需方提出的）其他要求。

（3）标记

扁钢丝绳的标记方法按 GB/T 8706—2006 的规定。

如图 17.1-2 所示，由六条子绳，每条子绳四股，每股（1+6）丝制成的双纬绳平衡用扁钢丝绳，其全称标记为：

PD6[4(1+6)+FC]

扁钢丝绳的典型结构和公称尺寸见表 17.1-47。

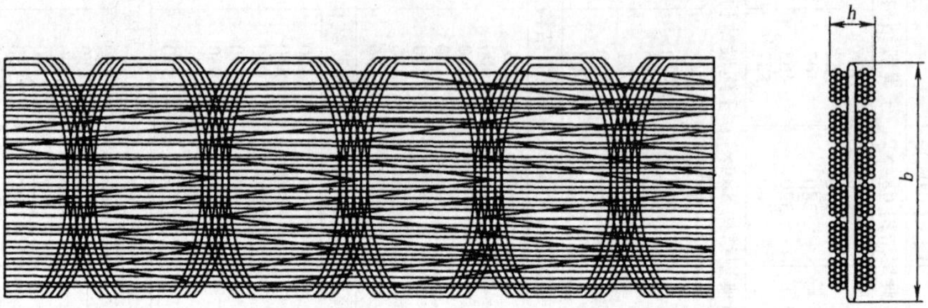

图 17.1-2　PD6[4(1+6)+FC]平衡用扁钢丝绳

2.7　密封钢丝绳（摘自 YB/T 5295—2010）

主要用途：用于客运和货运索道承载索、矿井罐道、缆索起重机承载索、挖掘机绷绳和吊桥主索等场合。

标记示例：

公称直径为 20mm，由一层 Z 型钢丝和线接触（1×25Fi）绳芯构成，抗拉强度级别为 1470MPa、右捻镀锌密封钢丝绳标记为：

密封钢丝绳 20Zn-WSC(1×25Fi)+18Z-1470Z YB/T 5295—2010

公称直径为 60mm，由三层 Z 型钢丝和点接触（1×37）绳芯构成，抗拉强度级别为 1370MPa、左捻光面密封钢丝绳标记为：

密封钢丝绳 60U-WSC(1×37)+22Z+26Z+33Z-1370S YB/T 5295—2010

密封钢丝绳的结构和力学性能见表 17.1-48。

表 17.1-48　密封钢丝绳的结构和力学性能

用途	结　构	钢丝绳公称直径/mm	参考质量/kg·(100m)$^{-1}$	钢丝实测破断拉力总和/kN　不小于				
				钢丝绳公称抗拉强度/MPa				
				1370	1470	1570	1670	1770
客运索道	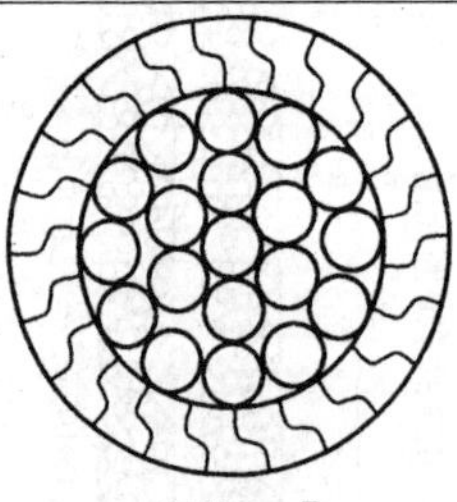	22	278	463	497	531	564	605
		24	331	511	598	639	679	720
		26	388	647	694	741	788	835
		28	451	751	806	860	915	970
		30	518	862	925	988	1050	1113
		32	589	980	1051	1123	1194	1266
		34	664	1107	1188	1269	1349	1430
		36	745	1240	1330	1421	1511	1602
	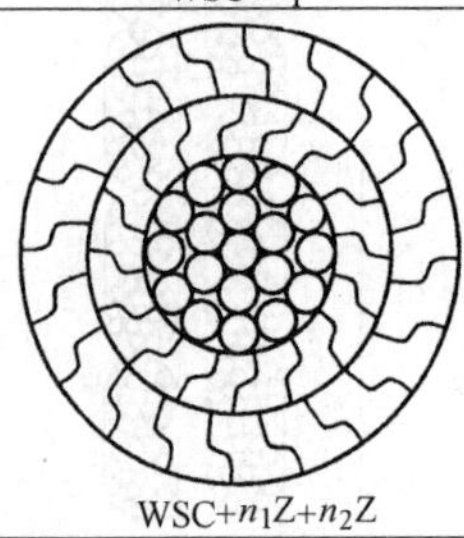	28	470	767	823	879	935	991
		30	538	881	945	1010	1074	1138
		32	609	1001	1075	1148	1221	1294
		34	692	1132	1214	1297	1397	1462
		36	782	1269	1361	1454	1546	1639
		38	871	1311	1517	1620	1723	1827
		40	958	1566	1680	1795	1909	2023
		42	1040	1726	1852	1978	2104	2230
		44	1140	1852	1987	2122	2258	2393
		46	1259	2070	2221	2372	2523	2674

（续）

用途	结　构	钢丝绳公称直径/mm	参考质量/kg·(100m)$^{-1}$	钢丝实测破断拉力总和/kN　不小于				
				钢丝绳公称抗拉强度/MPa				
				1370	1470	1570	1670	1770
客运索道	 WSC+n_1Z+n_2Z+n_3Z	46	1240	2082	2234	2386	2538	2690
		48	1360	2267	2433	2598	2764	2929
		50	1460	2461	2640	2820	2999	3179
		52	1640	2661	2855	3049	3243	3437
		54	1750	2869	3078	3288	3497	3706
		56	1870	3087	3312	3547	3763	3988
		58	2002	3312	3554	3795	4037	4279
	 WSC+n_1Z+n_2Z+n_3Z+n_4Z	58	2010	3278	3518	3757	3996	4236
		60	2130	3507	3763	4019	4275	4531
		62	2270	3746	4019	4292	4566	4839
		64	2430	3991	4282	4573	4865	5156
		66	2570	4244	4554	4864	5174	5484
		68	2710	4506	4835	5164	5493	5822
		70	2860	4774	5123	5471	5820	6168
	 WSC+n_1Z+n_2Z+n_3Z+n_4Z+n_5Z	60	2148	3524	3781	4038	4295	4552
		62	2284	3762	4037	4311	4586	4860
		64	2435	4009	4301	4594	4886	5179
		66	2589	4263	4575	4886	5197	5508
		68	2745	4525	4855	5186	5516	5846
		70	2889	4795	5145	5495	5845	6195

用途	结　构	钢丝绳公称直径/mm	参考质量/kg·(100m)$^{-1}$	钢丝实测破断拉力总和/kN　不小于			
				钢丝绳公称抗拉强度/MPa			
				1270	1370	1470	1570
其他用途（包括矿井罐道、塔式起重机主索、挖掘机绷绳、吊桥主索等）	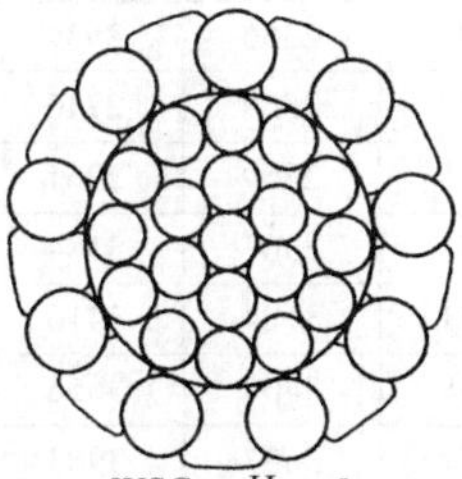 WSC+n_1H−n_1Φ	20	225	347	376	402	431
		22	271	420	450	486	516
		24	322	499	536	578	614
		26	367	586	612	679	702
		28	426	680	706	787	809
		30	476	781	792	851	908
		32	557	888	949	1028	1088
		34	623	1003	1020	1094	1169
		36	693	1124	1131	1211	1296
		38	771	1252	1272	1366	1457
		40	864	1388	1437	1541	1647
		42	936	1394	1502	1610	1721
		44	1030	1544	1665	1787	1908
		46	1110	1664	1789	1926	2050
		48	1231	1812	1944	2089	2244
		50	1324	1966	2123	2276	2433

注：半密封钢丝绳最小破断拉力＝钢丝实测破断拉力总和×0.88

（续）

用途	结构	钢丝绳公称直径/mm	参考质量/kg·(100m)$^{-1}$	钢丝实测破断拉力总和/kN　不小于 钢丝绳公称抗拉强度/MPa 1180	1270	1370	1470	1570
其他用途（包括矿井罐道、塔式起重机主索、挖掘机绷绳、吊桥主索等）	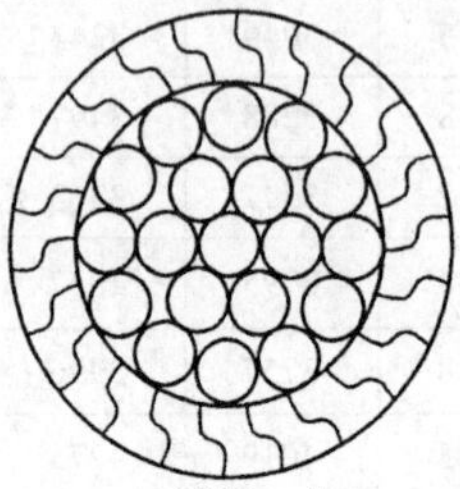 WSC+n_1Z	16	141	202	217	234	251	268
		18	178	255	274	296	318	339
		20	220	315	339	366	392	419
		22	266	381	410	443	475	507
		24	316	454	488	526	564	603
		26	371	532	573	618	663	708
		28	430	617	664	717	769	821
		30	494	709	763	823	883	944
		32	562	806	867	936	1004	1072
		34	634	910	979	1056	1133	1210
		36	712	1020	1099	1185	1272	1358
		38	793	1135	1222	1318	1414	1511
		40	878	1258	1354	1460	1567	1674
		42	968	1387	1493	1610	1728	1845
	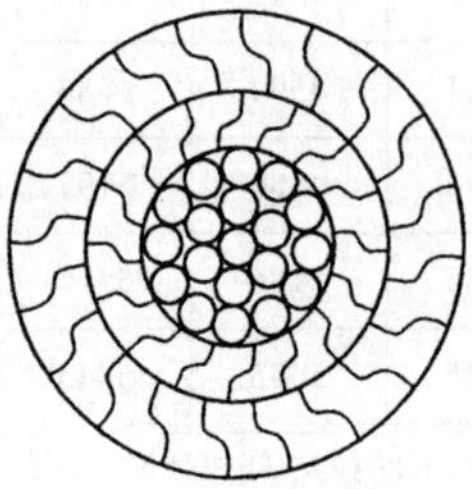 WSC+n_1Z+n_2Z	24	322	462	496	536	575	614
		26	378	542	583	629	675	721
		28	438	628	676	729	782	835
		30	503	721	776	837	898	959
		32	572	820	883	952	1022	1091
		34	646	926	997	1075	1154	1232
		36	724	1038	1118	1206	1294	1382
		38	807	1157	1246	1344	1442	1540
		40	894	1282	1379	1488	1596	1705
		42	985	1413	1521	1641	1761	1881
		44	1074	1542	1660	1790	1921	2052
		46	1178	1690	1819	1963	2107	2250
		48	1286	1840	1980	2136	2292	2448
		50	1395	1996	2149	2318	2487	2656
		52	1509	2159	2324	2507	2690	2873
	 WSC+n_1Z+n_2Z+n_3Z	48	1310	1878	2022	2180	2340	2499
		50	1421	2038	2193	2366	2539	2711
		52	1538	2204	2372	2559	2746	2933
		54	1657	2377	2558	2759	2961	3162
		56	1782	2566	2751	2967	3184	3401
		58	1912	2742	2951	3184	3416	3649
		60	2046	2935	3158	3407	3656	3905
		62	2184	3133	3372	3637	3903	4168
		64	2328	3339	3594	3877	4160	4443
		66	2474	3550	3821	4122	4423	4724
		68	2626	3769	4056	4375	4695	5014
		70	2783	3994	4298	4637	4975	5314

（续）

用途	结　构	钢丝绳公称直径/mm	参考质量/kg·(100m)$^{-1}$	钢丝实测破断拉力总和/kN　不小于 钢丝绳公称抗拉强度/MPa 1180	1270	1370	1470	1570
其他用途（包括矿井罐道、塔式起重机主索、挖掘机绷绳、吊桥主索等）	 WSC+n_1Z+n_2Z+n_3Z+n_4Z	56	1803	2556	2751	2968	3185	3401
		58	1934	2742	2951	3184	3416	3648
		60	2069	2934	3158	3407	3656	3904
		62	2210	3133	3372	3638	3903	4169
		64	2354	3339	3595	3876	4159	4442
		66	2504	3550	3822	4123	4423	4724
		68	2658	3769	4057	4376	4696	5015
		70	2817	3994	4299	4637	4976	5314
		72	2981	4225	4547	4905	5263	5622
		74	3149	4463	4803	5182	5560	5938
		76	3321	4708	5067	5466	5865	6263
		78	3498	4959	5337	5757	6177	6597
		80	3680	5216	5614	6056	6498	6940
	 WSC+n_1Z+n_2Z+n_3Z+n_4Z+n_5Z	60	2093	2968	3194	3446	3697	3949
		62	2235	3169	3411	3679	3948	4216
		64	2381	3377	3634	3920	4207	4493
		66	2532	3591	3865	4193	4474	4778
		68	2688	3812	4103	4426	4749	5072
		70	2849	4039	4348	4690	5032	5375
		72	2981	4273	4599	4962	5324	5686
		74	3149	4514	4858	5241	5624	6006
		76	3321	4761	5125	5528	5932	6335
		78	3498	5015	5398	5823	6248	6673
		80	3680	5276	5678	6125	6572	7020

注：1. 除表中注明者外，密封绳最小破断拉力=钢丝实测破断拉力总和×0.86。

2. 密封绳按结构分为点接触、点线接触和线接触三种。外层包捻 1~5 层异形钢丝。如果需方没有明确要求密封绳的结构时，则密封绳结构由供方确定。

3. 密封绳按钢丝表面状态分为光面和镀锌两种。

4. 密封绳捻向按最外层钢丝捻向确定，分为左捻（S）和右捻（Z）两种。如需方无要求，按右捻供货。

5. 根据力学性能，制绳钢丝分为两个韧性级别：特级、普通级。

2.8　不锈钢丝绳（摘自 GB/T 9944—2015）（见表 17.1-49）

表 17.1-49　不锈钢丝绳的结构和力学性能

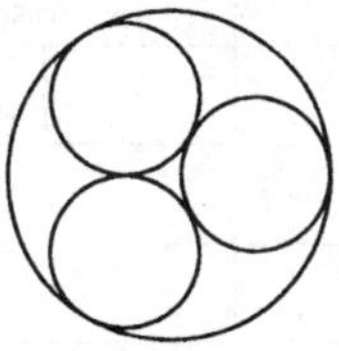
1×3

1×7

1×19

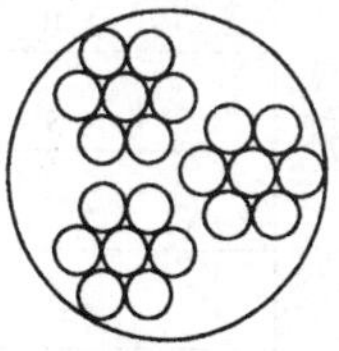
3×7

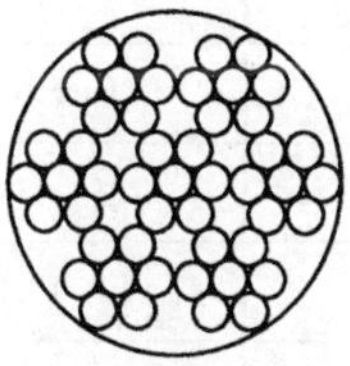
6×7+IWS

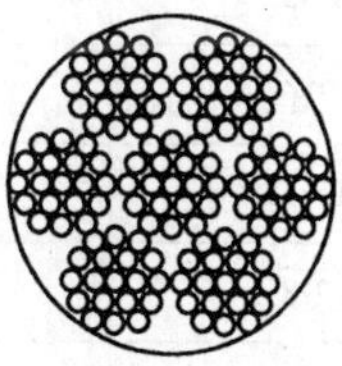
6×19+IWS

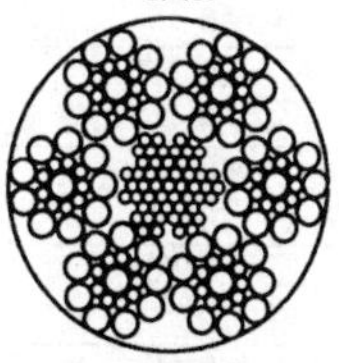
6×19S+IWR

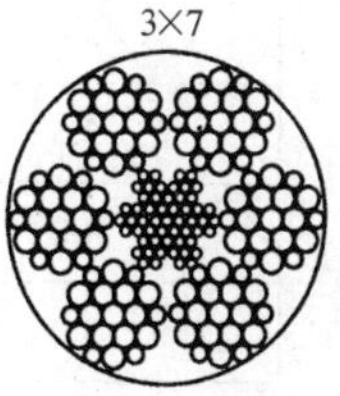
6×19W+IWR

（续）

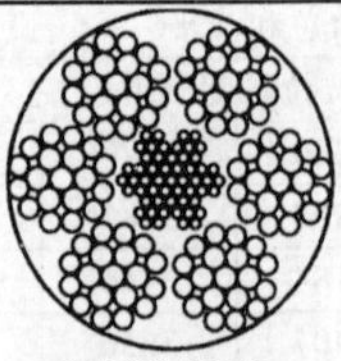
6×25Fi+IWR

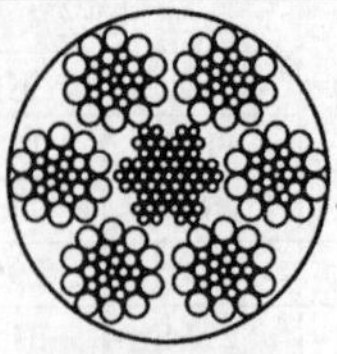
6×26WS+IWR

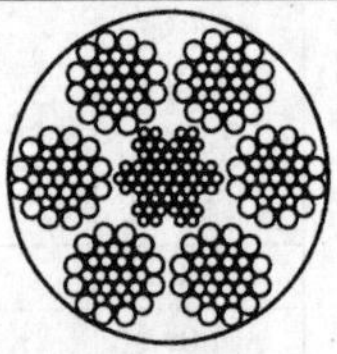
6×31WS+IWR

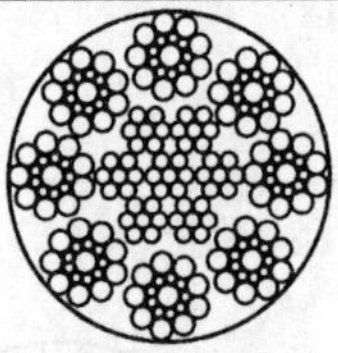
8×19S+IWR

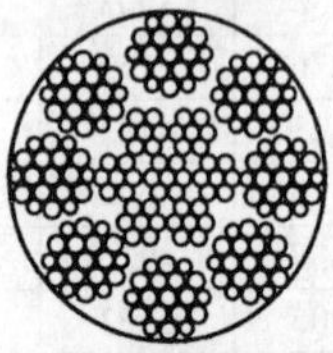
8×19W+IWR

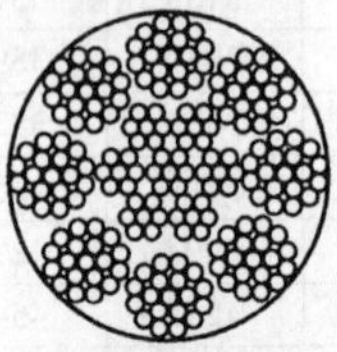
8×25Fi+IWR

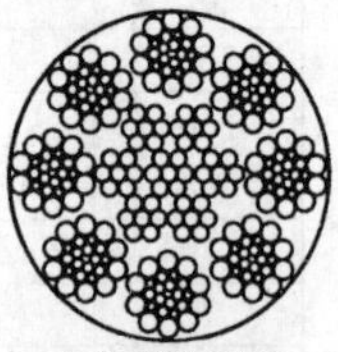
8×26WS+IWR

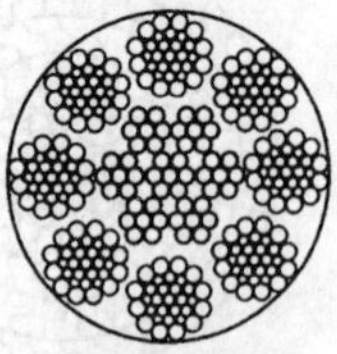
8×31WS+IWR

8×19W+IWR

8×25Fi+IWR

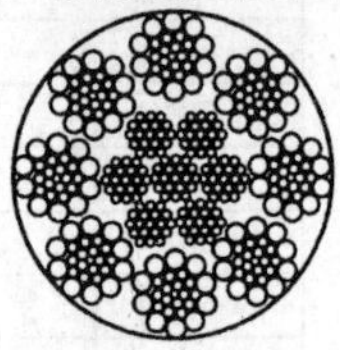
8×26WS+IWR

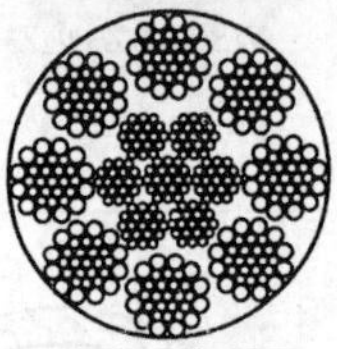
8×31WS+IWR

标记示例：
6×7-WSC结构，公称直径为1.6mm、右交互捻、材料牌号12Cr18Ni9的钢丝绳标记为：1.6 6×7-WSC SZ302 GB/T 9944

结构	公称直径 /mm	允许偏差 /mm	最小破断拉力/kN		参考质量 /(kg/100m)
			12Cr18Ni9 06Cr19Ni10	06Cr17Ni12Mo2	
1×3	0.15 0.25 0.35 0.45	+0.03 0	0.022 0.056 0.113 0.185	—	0.012 0.029 0.055 0.089
	0.55 0.65	+0.06 0	0.284 0.393	—	0.135 0.186
1×7	0.15 0.25 0.30 0.35 0.40 0.45	+0.03 0	0.025 0.063 0.093 0.127 0.157 0.200	—	0.011 0.031 0.044 0.061 0.080 0.100
	0.50 0.60 0.70	+0.06 0	0.255 0.382 0.540	0.231 0.333 0.445	0.125 0.180 0.245
	0.80 0.90 1.0	+0.08 0	0.667 0.823 1.00	0.588 0.736 0.910	0.327 0.400 0.500
	1.2 1.5	+0.10 0	1.32 2.26	1.21 2.05	0.70 1.18
	2.0	+0.20 0	4.02	3.63	2.10
	2.5	+0.25 0	6.13	5.34	3.27
	3.0	+0.30 0	8.83	7.70	4.71
	3.5	+0.35 0	11.6	9.81	6.67
	4.0	+0.40 0	15.1	12.7	8.34
	5.0	+0.50 0	22.8	19.2	13.1
	6.0	+0.60 0	33.0	27.8	18.9

（续）

结构	公称直径/mm	允许偏差/mm	最小破断拉力/kN 12Cr18Ni9 06Cr19Ni10	最小破断拉力/kN 06Cr17Ni12Mo2	参考质量/(kg/100m)
1×19	0.60	+0.08 0	0.343	—	0.175
	0.70		0.470		0.240
	0.80		0.617		0.310
	0.90	+0.09 0	0.774	—	0.390
	1.0	+0.10 0	0.950	0.814	0.500
	1.2	+0.12 0	1.27	1.17	0.70
	1.5		2.25	1.81	1.10
	2.0	+0.20 0	3.82	3.24	2.00
	2.5	+0.25 0	5.58	5.10	3.13
	3.0	+0.30 0	8.03	7.31	4.50
	3.5	+0.35 0	10.6	9.32	6.13
	4.0	+0.40 0	13.9	12.2	8.19
	5.0	+0.50 0	21.0	17.8	12.9
	6.0	+0.60 0	30.4	25.5	18.5
3×7	0.70	+0.08 0	0.323	—	0.182
	0.80		0.488		0.238
	1.0	+0.12 0	0.686	—	0.375
	1.2		0.931		0.540
6×7-WSC	0.45	+0.09 0	0.142	—	0.08
	0.50		0.176	—	0.12
	0.60		0.253	—	0.15
	0.70		0.345	—	0.20
	0.80		0.461	0.384	0.26
	0.90		0.539	0.485	0.32
	1.0	+0.15 0	0.637	0.599	0.40
	1.2*		1.20	0.915	0.65
	1.5	+0.20 0	1.67	1.47	0.93
	1.6*		2.15	1.63	1.20
	1.8		2.25	1.94	1.35
	2.0		2.94	2.55	1.65
	2.4*	+0.30 0	4.10	3.45	2.40
	3.0		6.37	5.39	3.70
	3.2		7.15	6.14	4.20
	3.5	+0.40 0	7.64	6.81	5.10
	4.0		9.51	8.90	6.50
	4.5		12.1	11.3	8.30
	5.0	+0.50 0	14.7	13.9	10.5
	6.0	+0.60 0	18.6	18.6	15.1
	8.0		40.6	35.6	26.6
6×19-WSC	1.5	+0.20 0	1.63	1.37	0.93
	1.6		1.85	1.56	1.12
	2.4*	+0.30 0	4.10	3.52	2.60
	3.2*		7.85	6.08	4.30

（续）

结构	公称直径/mm	允许偏差/mm	最小破断拉力/kN		参考质量/(kg/100m)
			12Cr18Ni9 06Cr19Ni10	06Cr17Ni12Mo2	
6×19-WSC	4.0*	+0.40 0	10.7	9.51	6.70
	4.8*		16.5	13.69	9.70
	5.0		17.4	14.9	10.5
	5.6*		22.3	18.6	12.8
	6.0		23.5	20.8	14.9
	6.4*		28.5	23.7	16.4
	7.2*	+0.50 0	34.7	29.9	20.8
	8.0*	+0.56 0	40.1	36.1	25.8
	9.5*	+0.68 0	53.4	47.9	36.2
6×19-IWRC	11.0	+0.76 0	72.5	64.3	53.0
	12.7	+0.84 0	101	85.7	68.2
	14.3	+0.91 0	127	109	87.8
	16.0	+0.99 0	156	136	106
	19.0	+1.14 0	221	192	157
	22.0	+1.22 0	295	249	213
	25.4	+1.27 0	380	321	278
	28.5	+1.37 0	474	413	357
	30.0	+1.50 0	499	448	396

结构	公称直径/mm	允许偏差/mm	最小破断拉力/kN	参考质量/(kg/100m)
			12Cr18Ni9 06Cr19Ni10	
6×19S 6×19W 6×25Fi 6×26WS 6×31WS	6.0	+0.42 0	23.9	15.4
	7.0		32.6	20.7
	8.0	+0.56 0	42.6	27.0
	8.75		54.0	32.4
	9.0		54.0	34.2
	10.0		63.0	42.2
	11.0	+0.66 0	76.2	53.1
	12.0		85.6	60.8
	13.0	+0.82 0	106	71.4
	14.0		123	82.8
	16.0		161	108
	18.0	+1.10 0	192	137
	20.0		237	168
	22.0	+1.20 0	304	216
	24.0		342	241
	26.0	+1.40 0	401	282
	28.0		466	327
	30.0	+1.60 0	503	376
	32.0		572	428
	35.0	+1.75 0	687	512

（续）

结构	公称直径 /mm	允许偏差 /mm	最小破断拉力/kN 12Cr18Ni9 06Cr19Ni10	参考质量 /(kg/100m)
8×19S 8×19W 8×25Fi 8×26WS 8×31WS	8.0	+0.56 0	42.6	28.3
	8.75		54.0	33.9
	9.0		54.0	35.8
	10.0		61.2	44.2
	11.0	+0.66 0	74.0	53.5
	12.0		83.3	63.7
	13.0	+0.82 0	103	74.8
	14.0		120	86.7
	16.0		156	113
	18.0	+1.10 0	187	143
	20.0		231	176
	22.0	+1.20 0	296	219
	24.0		332	252
	26.0	+1.40 0	390	296
	28.0		453	343
	30.0	+1.60 0	489	392
	32.0		556	445
	35.0	+1.75 0	651	533

注：1. 表中带“*”的钢丝绳（12Cr18Ni9、06Cr19Ni10 材质）规格适用于飞机操纵用钢丝绳。
2. 公称直径为 8.75mm 的钢丝绳主要用于电气化铁路接触网滑轮补偿装置。
3. 公称直径≤8.0mm 为钢丝股芯，≥8.75mm 为钢丝绳芯。

2.9　电梯用钢丝绳（摘自 GB 8903—2005）

GB 8903—2005《电梯用钢丝绳》适用于载客电梯或载货电梯的曳引用钢丝绳、液压电梯用悬挂钢丝绳、补偿用钢丝绳和限速器用钢丝绳，以及杂物电梯和在导轨中运行的人力升降机等用的钢丝绳；不适用于建筑工地升降机、矿井升降机以及不在永久性导轨中间运行的临时升降机用钢丝绳。

单强度钢丝绳指外层绳股的外层钢丝具有和内层钢丝相同的抗拉强度。双强度钢丝绳指外层绳股的外层钢丝的抗拉强度比内层钢丝小，如外层钢丝为1370MPa，内层钢丝为 1770MPa。

标记示例：结构为 8×19 西鲁式股、绳芯为纤维芯，公称直径为 13mm，钢丝公称抗拉强度为1370/1770(1500)MPa，表面状态光面，双强度配制，捻制方法为右交互捻的电梯用钢丝绳标记为：

电梯用钢丝绳：13 NAT 8×19S+FC-1500(双) ZS—GB 8903—2005。

表 17.1-50 给出了表 17.1-51～表 17.1-55 列出的五种电梯用钢丝绳的适用场合。

电梯用钢丝绳的公称长度参考质量 m(kg/100m) 按式（17.1-6）计算

$$m=Wd^2 \tag{17.1-6}$$

公称金属截面积 A（mm²）按式（17.1-7）计算

$$A=Cd^2 \tag{17.1-7}$$

式中　W——经润滑的钢丝绳的单位长度参考质量系数；

C——公称金属截面积系数；

d——钢丝绳的公称直径（mm）。

W、C 的下标 1 表示纤维芯钢丝绳，下标 2 表示钢芯钢丝绳，W、C 的值由表 7.1-51～表 7.1-55 中查得。

表 17.1-51～表 17.1-55 列出了普通类别、直径和抗拉强度级别钢丝绳的最小破断拉力。

表 17.1-50　几种电梯用钢丝绳的适用场合

钢丝绳种类	表 17.1-51	表 17.1-52	表 17.1-53	表 17.1-54	表 17.1-55
曳引用钢丝绳和液压电梯用悬挂钢丝绳	△	△	△		
限速器用钢丝绳	△	△			
补偿用钢丝绳	△	△		△	△

注：△表示推荐使用。

表 17.1-51　光面钢丝、纤维芯、结构为 6×19 类别的电梯用钢丝绳

截面结构示例

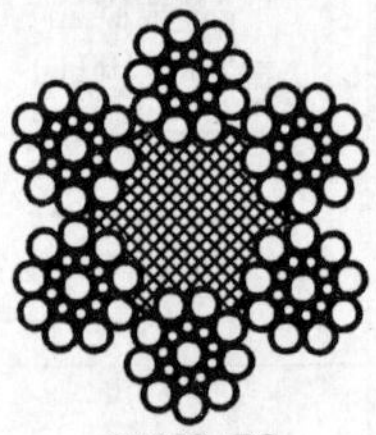

6×19S+FC

6×19W+FC

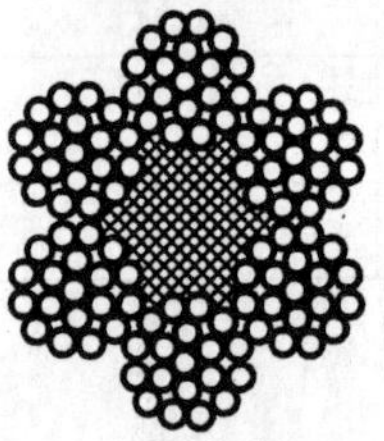

6×25Fi+FC

钢丝绳结构		股结构	
项　目	数　量	项　目	数　量
股数	6	钢丝	19~25
外股	6	外层钢丝	9~12
股的层数	1	钢丝层数	2
钢丝绳钢丝数	114~150		

典型例子		外层钢丝的数量			外层钢丝系数[③]
钢丝绳	股	总数	每股		a
6×19S	1+9+9	54	9		0.080
6×19W	1+6+6/6	72	12	6	0.0738
				6	0.0556
6×25Fi	1+6+6F+12	72	12		0.064

最小破断拉力系数	$K_1=0.330$
单位质量系数[①]	$W_1=0.359$
金属截面积系数[①]	$C_1=0.384$

钢丝绳公称直径/mm	参考质量[①]/kg·(100m)$^{-1}$	最小破断拉力/kN						
		双强度/MPa				单强度/MPa		
		1180/1770等级	1320/1620等级	1370/1770等级	1570/1770等级	1570等级	1620等级	1770等级
6	12.9	16.3	16.8	17.8	19.5	18.7	19.2	21.0
6.3	14.2	17.9	—	—	21.5	—	21.2	23.2
6.5[②]	15.2	19.1	19.7	20.9	22.9	21.9	22.6	24.7
8[②]	23.0	28.9	29.8	31.7	34.6	33.2	34.2	37.4
9	29.1	36.6	37.7	40.1	43.8	42.0	43.3	47.3
9.5	32.4	40.8	42.0	44.7	48.8	46.8	48.2	52.7
10[②]	35.9	45.2	46.5	49.5	54.1	51.8	53.5	58.4
11[②]	43.4	54.7	54.3	59.9	65.5	62.7	64.7	70.7
12	51.7	65.1	67.0	71.3	77.9	74.6	77.0	84.1
12.7	57.9	72.9	75.0	79.8	87.3	83.6	86.2	94.2
13[②]	60.7	76.4	78.6	83.7	91.5	87.6	90.3	98.7
14	70.4	88.6	91.2	97.0	106	102	105	114
14.3	73.4	92.4	—	—	111	—	—	119
15	80.8	102	—	111	122	117	—	131
16[②]	91.9	116	119	127	139	133	137	150
17.5	110	138	—	—	166	—	—	179
18	116	146	151	160	175	168	173	189
19[②]	130	163	168	179	195	187	193	211
20	144	181	186	198	216	207	214	234
20.6	152	192	—	—	230	—	—	248
22[②]	174	219	225	240	262	251	259	283

注：公称直径钢丝绳的最小破断拉力 F_{min}（kN）由式 $F_{min}=Kd^2R_r/1000$ 计算，式中，d 为钢丝绳公称直径（mm）；K 为最小破断拉力系数，K_1 表示纤维芯钢丝绳，K_2 表示钢芯钢丝绳；R_r 为钢丝绳等级，用 MPa 表示，双强度钢丝绳等级见 GB 8903—2005 中的附录 B。后同。

① 只作为参考，见式（17.1-6）和式（17.1-7）。

② 对新电梯的优先尺寸。

③ 外层钢丝系数 a 是给定结构的钢丝绳公称外层钢丝近似直径 δ_a 的经验系数，$\delta_a=ad$，d 为钢丝绳的公称直径（mm），后同。

表 17.1-52　光面钢丝、纤维芯、结构为 8×19 类别的电梯用钢丝绳

截面结构示例

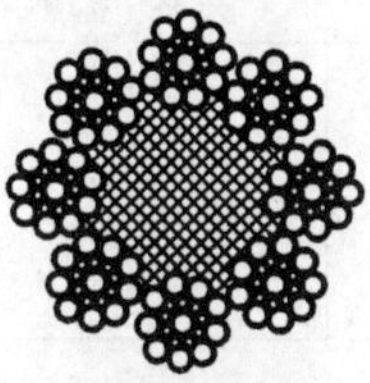

8×19S+FC

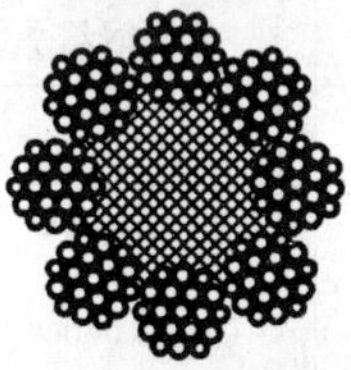

8×19W+FC

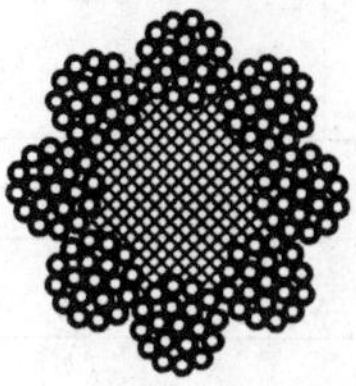

8×25Fi+FC

钢丝绳结构		绳股结构	
项　目	数　量	项　目	数　量
股数	8	钢丝	19~25
外股	8	外层钢丝	9~12
股的层数	1	钢丝层数	2
钢丝绳钢丝数	152~200		

典型例子		外层钢丝的数量			外层钢丝系数①
钢丝绳	股	总数	每股		a
8×19S	1+9+9	72	9		0.0655
8×19W	1+6+6/6	96	12	6	0.0606
				6	0.0450
8×25Fi	1+6+6F+12	96	12		0.0525

最小破断拉力系数	$K_1=0.293$
单位质量系数①	$W_1=0.340$
金属截面积系数①	$C_1=0.349$

钢丝绳公称直径/mm	参考质量①/kg·(100m)$^{-1}$	最小破断拉力/kN						
		双强度/MPa				单强度/MPa		
		1180/1770 等级	1320/1620 等级	1370/1770 等级	1570/1770 等级	1570 等级	1620 等级	1770 等级
8②	21.8	25.7	26.5	28.1	30.8	29.4	30.4	33.2
9	27.5	32.5	—	35.6	38.9	37.3	—	42.0
9.5	30.7	36.2	37.3	39.7	43.6	41.5	42.8	46.8
10②	34.0	40.1	41.3	44.0	48.1	46.0	47.5	51.9
11②	41.1	48.6	50.0	53.2	58.1	55.7	57.4	62.8
12	49.0	57.8	59.5	63.3	69.2	66.2	68.4	74.7
12.7	54.8	64.7	66.6	70.9	77.5	74.2	76.6	83.6
13②	57.5	67.8	69.8	74.3	81.2	77.7	80.2	87.6
14	66.6	78.7	81.0	86.1	94.2	90.2	93.0	102
14.3	69.5	82.1	—	—	98.3	—	—	—
15	76.5	90.3	—	98.9	108	104	—	117
16②	87.0	103	106	113	123	118	122	133
17.5	104	123	—	—	147	—	—	—
18	110	130	134	142	156	149	154	168
19②	123	145	149	159	173	166	171	187
20	136	161	165	176	192	184	190	207
20.6	144	170	—	—	204	—	—	—
22②	165	194	200	213	233	223	230	251

① 只作为参考，见式（17.1-6）和式（17.1-7）。

② 对新电梯的优先尺寸。

表 17.1-53 光面钢丝、钢芯、8×19 结构类别的电梯用钢丝绳

截面结构示例

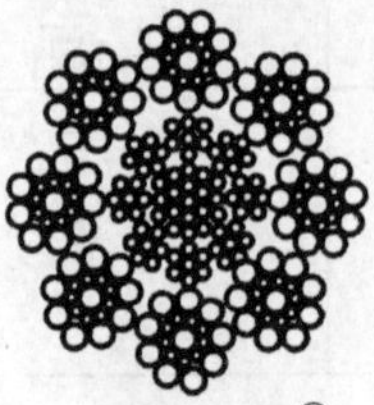

8×19S+IWR③

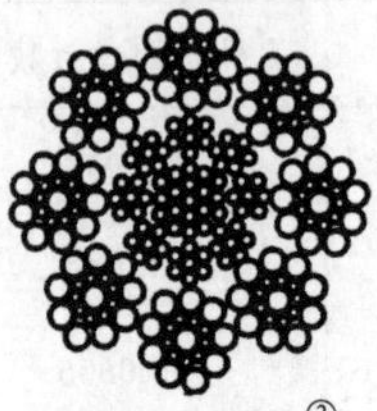

8×19W+IWR③

8×25Fi+IWR③

钢丝绳结构		股结构	
项 目	数 量	项 目	数 量
股数	8	钢丝	19~25
外股	8	外层钢丝	9~12
股的层数	1	钢丝层数	2
外股钢丝数	152~200		

典型例子		外层钢丝的数量			外层钢丝系数
钢丝绳	股	总数	每股		a
8×19S	1+9+9	72	9		0.0655
8×19W	1+6+6/6	96	12	6	0.0606
				6	0.0450
8×25Fi	1+6+6F+12	96	12		0.0525

最小破断拉力系数	$K_2=0.356$
单位质量系数①	$W_2=0.407$
金属截面积系数①	$C_2=0.457$

钢丝绳公称直径/mm	参考质量①/kg·(100m)$^{-1}$	最小破断拉力/kN				
		双强度/MPa			单强度/MPa	
		1180/1770 等级	1370/1770 等级	1570/1770 等级	1570 等级	1770 等级
8②	26.0	33.6	35.8	38.0	35.8	40.3
9	33.0	42.5	45.3	48.2	45.3	51.0
9.5	36.7	47.4	50.4	53.7	50.4	56.9
10②	40.7	52.5	55.9	59.5	55.9	63.0
11②	49.2	63.5	67.6	79.1	67.6	76.2
12	58.6	75.6	80.5	85.6	80.5	90.7
12.7	65.6	84.7	90.1	95.9	90.1	102
13②	68.8	88.7	94.5	100	94.5	106
14	79.8	102	110	117	110	124
15	91.6	118	126	134	126	142
16②	104	134	143	152	143	161
18	132	170	181	193	181	204
19②	147	190	202	215	202	227
20	163	210	224	238	224	252
22②	197	254	271	288	271	305

① 只作为参考，见式（17.1-6）和式（17.1-7）。

② 对新电梯的优先尺寸。

③ 钢丝绳外股与钢丝绳芯分层捻制。

表 17.1-54 光面钢丝、钢芯、8×19 结构类别的钢丝绳

截面结构示例

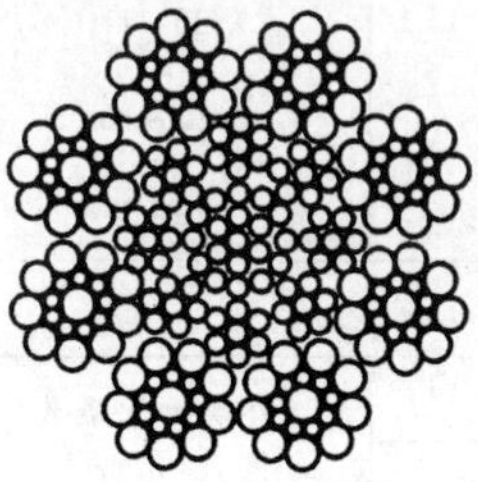

8×19S+IWR③

8×19W+IWR③

钢丝绳结构		股结构	
项 目	数 量	项 目	数 量
股数	8	钢丝	19~25
外股	8	外层钢丝	9~12
股的层数	1	钢丝层数	2
外股钢丝数	152~200		

典型例子		外层钢丝的数量			外层钢丝系数
钢丝绳	股	总数	每股		a
8×19S	1+9+9	72	9		0.0655
8×19W	1+6+6/6	96	12	6	0.0606
				6	0.0450
8×25Fi	1+6+6F+12	96	12		0.0525

最小破断拉力系数 $K_2=0.405$

单位质量系数① $W_2=0.457$

金属截面积系数① $C_2=0.488$

钢丝绳公称直径/mm	参考质量①/kg·(100m)$^{-1}$	最小破断拉力/kN				
		双强度/MPa			单强度/MPa	
		1180/1770等级	1370/1770等级	1570/1770等级	1570等级	1770等级
8	29.2	38.2	40.7	43.3	40.7	45.9
9	37.0	48.4	51.5	54.8	51.5	58.1
9.5	41.2	53.9	57.4	61.0	57.4	64.7
10②	45.7	59.7	63.6	67.6	63.6	71.7
11②	55.3	72.3	76.9	81.8	76.9	86.7
12	65.8	86.0	91.6	97.4	91.6	103
12.7	73.7	96.4	103	109	103	116
13②	77.2	101	107	114	107	121
14	89.6	117	125	133	125	141
15	103	134	143	152	143	161
16②	117	153	163	173	163	184
18	148	194	206	219	206	232
19②	165	216	230	244	230	259
20	183	239	254	271	254	287
22②	221	289	308	327	308	347

① 只作为参考，见式（17.1-6）和式（17.1-7）。

② 对新电梯的优先尺寸。

③ 钢丝绳外股与钢丝绳芯一次平行捻制。

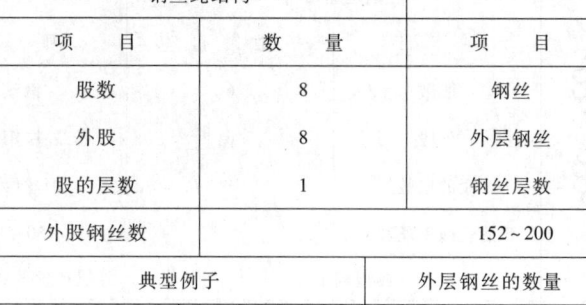

表 17.1-55 光面钢丝、大直径的补偿用钢丝绳

截面结构示例

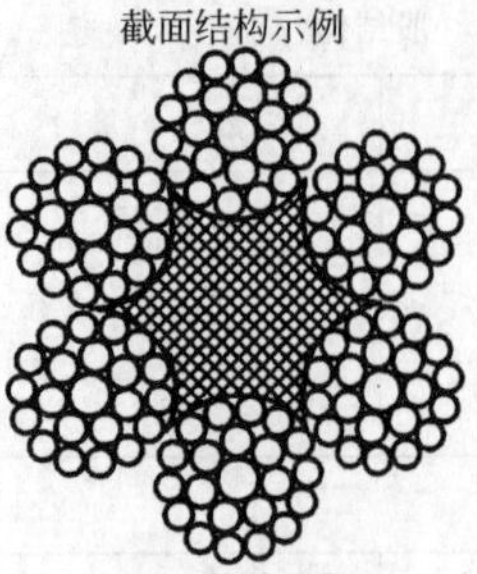

6×29Fi+FC

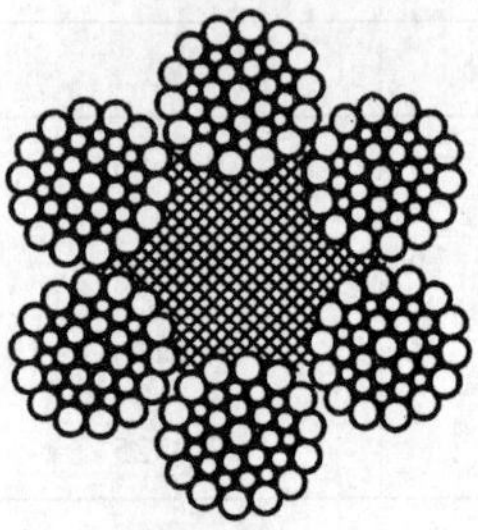

6×36WS+FC

钢丝绳结构		股结构	
项 目	数 量	项 目	数 量
股数	6	钢丝	25~41
外股	6	外层钢丝	12~16
股的层数	1	钢丝层数	2~3
钢丝绳钢丝数	150~246		

典型例子		外层钢丝的数量		外层钢丝系数 a
钢丝绳	股	总数	每股	
6×29Fi 6×36WS	1+7+7F+14 1+7+7/7+14	84	14	0.056

钢丝绳类别：6×36

最小破断拉力系数	$K_1=0.330$
单位质量系数①	$W_1=0.367$
金属截面积系数①	$C_1=0.393$

钢丝绳公称直径/mm	参考质量①/kg·(100m)$^{-1}$	钢丝绳类别	最小破断拉力/kN 1570MPa 等级	1770MPa 等级	1960MPa 等级
24	211	6×36 类别（包括 6×36WS 和 6×29Fi）	298	336	373
25	229		324	365	404
26	248		350	395	437
27	268		378	426	472
28	288		406	458	507
29	309		436	491	544
30	330		466	526	582
31	353		498	561	622
32	376		531	598	662
33	400		564	636	704
34	424		599	675	748
35	450		635	716	792
36	476		671	757	838
37	502		709	800	885
38	530		748	843	934

① 只作为参考，见式（17.1-6）和式（17.1-7）。

3 绳具

3.1 钢丝绳夹（见表 17.1-56、表 17.1-57）

表 17.1-56 钢丝绳夹（摘自 GB/T 5976—2006㊀）

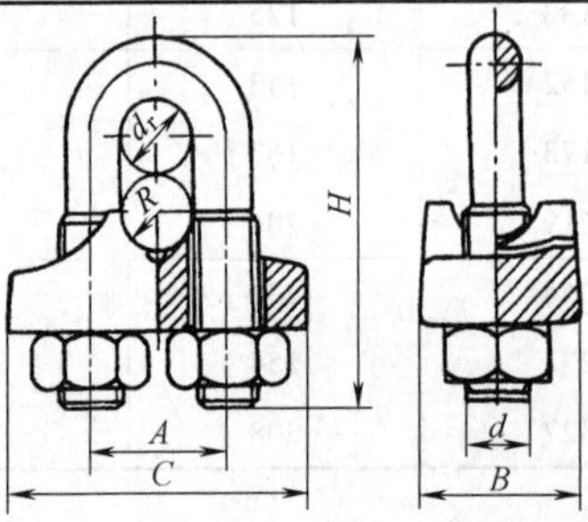

标记示例：

钢丝绳为右捻 6 股，规格为 20mm（钢丝绳公称直径 d_r>18~20mm），夹座材料为 KTH 350-10 的钢丝绳夹标记为：

绳夹 GB/T 5976-20 KTH

钢丝绳为左捻 6 股时，标记为：

绳夹 GB/T 5976-20 左 KTH

㊀ GB/T 5976—2006 中引用的标准部分已经更新，读者在引用该标准时应予以注意。

（续）

绳夹规格（钢丝绳公称直径）d_r/mm	适用钢丝绳公称直径 d_r/mm	尺寸/mm					螺母（GB/T 41—2000）d	单组质量/kg
		A	B	C	R	H		
6	6	13.0	14	27	3.5	31	M6	0.034
8	>6~8	17.0	19	36	4.5	41	M8	0.073
10	>8~10	21.0	23	44	5.5	51	M10	0.140
12	>10~12	25.0	28	53	6.5	62	M12	0.243
14	>12~14	29.0	32	61	7.5	72	M14	0.372
16	>14~16	31.0	32	63	8.5	77	M14	0.402
18	>16~18	35.0	37	72	9.5	87	M16	0.601
20	>18~20	37.0	37	74	10.5	92	M16	0.624
22	>20~22	43.0	46	89	12.0	108	M20	1.122
24	>22~24	45.5	46	91	13.0	113	M20	1.205
26	>24~26	47.5	46	93	14.0	117	M20	1.244
28	>26~28	51.5	51	102	15.0	127	M22	1.605
32	>28~32	55.5	51	106	17.0	136	M22	1.727
36	>32~36	61.5	55	116	19.5	151	M24	2.286
40	>36~40	69.0	62	131	21.5	168	M27	3.133
44	>40~44	73.0	62	135	23.5	178	M27	3.470
48	>44~48	80.0	69	149	25.5	196	M30	4.701
52	>48~52	84.5	69	153	28.0	205	M30	4.897
56	>52~56	88.5	69	157	30.0	214	M30	5.075
60	>56~60	98.5	83	181	32.0	237	M36	7.921

注：适用于起重机、矿山运输、船舶和建筑业等重型工况中使用的 GB 8918—2006 和 GB/T 20118—2006 中圆股钢丝绳的绳端固定或连接用的钢丝绳夹。

表 17.1-57　钢丝绳夹零件材料（摘自 GB/T 5976—2006）

零件名称		材　料
夹　座	锻造	GB/T 700—1988 规定的 Q235-B
	铸造	GB/T 1348—1988 规定的 QT450-10
		GB/T 9440—1988 规定的 KTH350-10
		GB/T 11352—1989 规定的 ZG270-500
U 形螺栓		GB/T 700—1988 规定的 Q235-B
螺母		GB/T 41—2000 规定的性能等级 5 级

注：1. 允许采用性能不低于表中的材料代用。
2. 当绳夹用于起重机上时，夹座材料推荐采用 Q235-B 钢或 ZG 270-500 制造。

钢丝绳夹的使用方法介绍如下：

（1）钢丝绳夹的布置

钢丝绳夹应把夹座扣在钢丝绳的工作段上，U 形螺栓扣在钢丝绳的尾段上。钢丝绳夹不得在钢丝绳上交替布置，如图 17.1-3 所示。

（2）钢丝绳夹的数量

对于符合 GB/T 5976—2006 标准规定的适用场合，每一连接处所需钢丝绳夹的最少数量推荐见表 17.1-58。

表 17.1-58　钢丝绳夹最少数量推荐

绳夹规格（钢丝绳公称直径）d_r/mm	钢丝绳夹的最少数量（组）
≤18	3
>18~26	4
>26~36	5
>36~44	6
>44~60	7

（3）钢丝绳夹间的距离

钢丝绳夹间的距离 A 等于 6~7 倍钢丝绳直径（见图 17.1-3）。

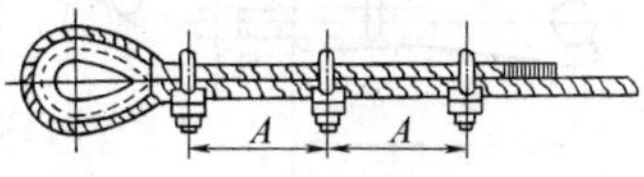

图 17.1-3　钢丝绳夹的布置

（4）绳夹固定处的强度

按上述固定方法正确布置和夹紧，固定处的强度至少为钢丝绳自身强度的 80%。

（5）钢丝绳夹的紧固方法

紧固绳夹时必须考虑每个绳夹的合理受力，离套环最远处的绳夹不得首先单独紧固。离套环最近处的绳夹（第一个绳夹）应尽可能地靠紧套环，但仍必须保证绳夹的正确拧紧，不得损坏钢丝绳的外层钢丝。

3.2　钢丝绳用楔形接头（见表 17.1-59）

表 17.1-59　钢丝绳用楔形接头（摘自 GB/T 5973—2006㊀）

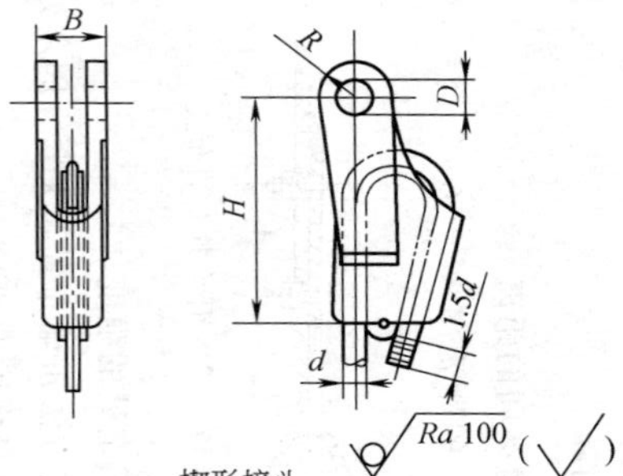

楔形接头

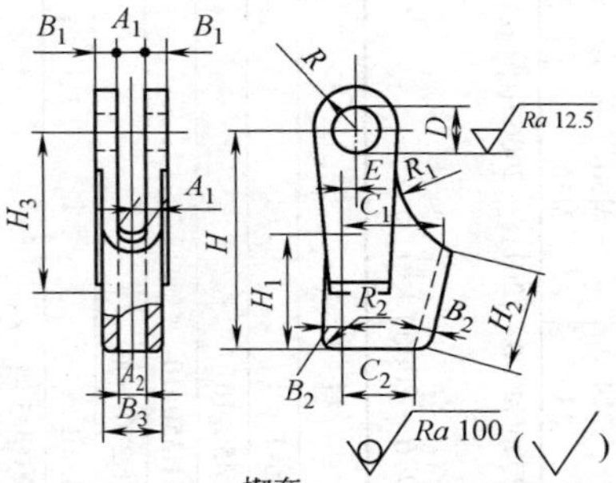

楔套

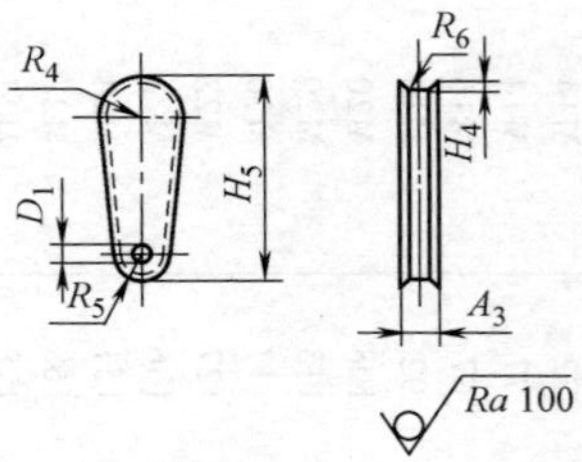

楔

材料：楔套不低于 ZG 270-500，楔不低于 HT 200

标记示例：

规格为 20mm（钢丝绳公称直径 d>18~20mm）的楔形接头标记为：楔形接头　GB/T 5973-20

楔套标记为：楔套　GB/T 5973-20；楔标记为：楔　GB/T 5973-20

规格（钢丝绳公称直径）d/mm	适用钢丝绳公称直径 d/mm	楔形接头、楔套尺寸/mm																					楔套的单件质量/kg
		A_1		A_2		B	B_1	B_2	B_3	C_1		C_2		D (H10)	E	H	H_1	H_2	H_3	R	R_1	R_2	
		公称尺寸	极限偏差	公称尺寸	极限偏差					公称尺寸	极限偏差	公称尺寸	极限偏差										
6	6	13	+1.0 0	11	+1.0 0	29	8	7	25	30	+1.0 0	20.5	+1.0 0	16	3.0	105	45	43.0	60	16	40	2	0.452
8	>6~8	15		13		31	8	7	27	39		27.0		18	3.5	125	55	51.0	80	25	50	2	0.623
10	>8~10	18		16		38	10	8	30	49		32.5		20	4.5	150	75	71.0	100	25	60	3	0.802
12	>10~12	20		18		44	12	10	36	58		40.5		25	5.5	180	80	75.0	110	30	70	3	1.309
14	>12~14	23		21		51	14	13	41	69		50.5		30	6.5	185	85	79.0	140	35	80	3	1.708
16	>14~16	26	+1.5 0	24	+1.5 0	60	17	15	48	77	+1.5 0	56.5	+1.5 0	34	7.5	195	95	88.0	140	42	90	4	2.379
18	>16~18	28		26		64	18	17	52	87		65.5		36	8.5	195	100	92.0	150	44	100	4	2.948
20	>18~20	30		28		72	21	18	58	93		68.0		38	9.5	220	115	107.0	160	50	110	4	3.939
22	>20~22	32		29		76	22	22	64	104		80.0		40	10.5	240	115	107.0	180	52	120	5	4.571
24	>22~24	35		32		83	24	24	71	112		86.5		50	11.5	260	120	109.0	200	60	130	5	5.928
26	>24~26	38		35		92	27	25	76	120		92.5		55	12.5	280	130	118.0	210	65	140	6	7.153
28	>26~48	40		36		94	27	25	78	119		83.0		55	13.5	320	165	154.0	230	70	155	6	9.906
32	>28~32	44	+2.0 0	40	+2.0 0	110	33	27	84	146	+2.0 0	104.0	+2.0 0	65	15.0	360	190	180.0	270	77	175	7	12.948
36	>32~36	48		44		122	37	32	96	166		120.5		70	17.0	390	210	195.0	280	85	195	7	16.848
40	>36~40	55		51		145	45	32	103	184		125.5		75	19.0	470	260	246.0	340	90	210	8	23.665

㊀ GB/T 5973—2006 中引用的标准部分已经更新，读者在引用该标准时应予以注意。

（续）

规格（钢丝绳公称直径）d/mm	适用钢丝绳公称直径 d/mm	楔尺寸/mm							楔的单件质量 /kg	断裂载荷 /kN	许用载荷 /kN	单组质量 /kg
		A_3	H_4	H_5	R_4	R_5	R_6	D_1				
6	6	9	2	65	12	6.5	3.5	2	0.133	12	4	0.59
8	>6~8	11		79	15	8.0	4.5		0.179	21	7	0.80
10	>8~10	12	3	98	18	9.5	5.5		0.242	32	11	1.04
12	>10~12	14		111	21	11.5	6.5		0.421	48	16	1.73
14	>12~14	15	4	120	24	14.0	7.5	3.2	0.632	66	22	2.34
16	>14~16	17		136	26	14.5	9.0		0.889	85	28	3.27
18	>16~18	19	5	142	30	18.5	10.0		1.045	108	36	4.00
20	>18~20	21		161	31	17.0	11.0		1.513	135	45	5.45
22	>20~22	23		166	35	22.0	12.0		1.794	168	56	6.37
24	>22~24	25	6	180	37	22.0	13.0	4	2.387	190	63	8.32
26	>24~26	28		192	39	23.0	14.0		3.011	215	75	10.16
28	>26~28	30	7	229	42	21.5	15.0		4.064	270	90	13.97
32	>28~32	34		259	47	24.5	17.5	5	4.992	336	112	17.94
36	>32~36	38	8	286	54	29.5	19.5		6.178	450	150	23.03
40	>36~40	42		341	58	26.5	21.5		8.689	540	180	32.35

注：1. 适用于各类起重机上使用的符合 GB/T 8918—2006 和 GB/T 20118—2006 的绳端固定或连接的圆股钢丝绳用楔形接头。

2. 表中许用载荷和断裂载荷是根据楔套材料采用 GB/T 11352—1989 中规定的 ZG270-500 铸钢件、楔的材料采用 GB/T 9439—1988 中规定的 HT200 灰铸铁件确定的。

3.3　钢丝绳用普通套环（见表 17.1-60）

表 17.1-60　钢丝绳用普通套环（摘自 GB/T 5974.1—2006）

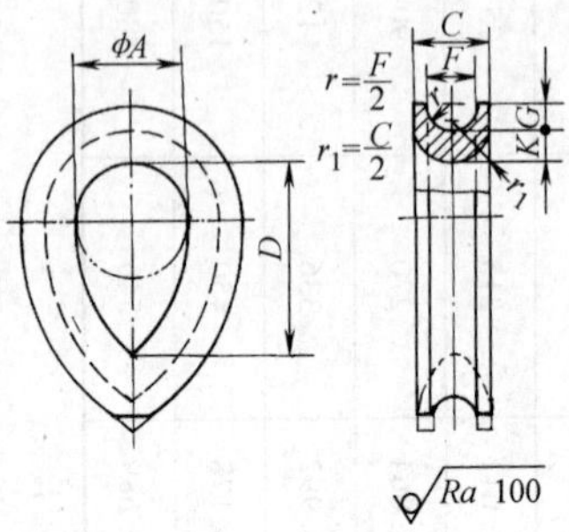

推荐材料：15 钢（抗拉强度≥375N/mm²）、35 钢（抗拉强度≥530N/mm²）、Q235-B（伸长率≥20%）

标记示例：

规格为 16mm（钢丝绳公称直径 d>14～16mm）的普通套环标记为：

套环　GB/T 5974.1-16

套环规格（钢丝绳公称直径）d/mm	尺寸/mm										单件质量/kg
	F	C		A		D		G min	K		
		公称尺寸	极限偏差	公称尺寸	极限偏差	公称尺寸	极限偏差		公称尺寸	极限偏差	
6	6.7±0.2	10.5	0 -1.0	15	+1.5 0	27	+2.7 0	3.3	4.2	0 -0.1	0.032
8	8.9±0.3	14.0	0 -1.4	20	+2.0 0	36	+3.6 0	4.4	5.6	0 -0.2	0.075
10	11.2±0.3	17.5		25		45		5.5	7.0		0.150
12	13.4±0.4	21.0		30		54		6.6	8.4		0.250
14	15.6±0.5	24.5		35		63		7.7	9.8		0.393
16	17.8±0.6	28.0	0 -2.8	40	+4.0 0	72	+7.2 0	8.8	11.2	0 -0.4	0.605
18	20.1±0.6	31.5		45		81		9.9	12.6		0.867
20	22.3±0.7	35.0		50		90		11.0	14.0		1.205
22	24.5±0.8	38.5		55		99		12.1	15.4		1.563
24	26.7±0.9	42.0	0 -3.4	60	+4.8 0	108	+8.6 0	13.2	16.8	0 -0.6	2.045
26	29.0±0.9	45.5		65		117		14.3	18.2		2.620
28	31.2±1.0	49.0		70		126		15.4	19.6		3.290
32	35.6±1.2	56.0		80		144		17.6	22.4		4.854
36	40.1±1.3	63.0	0 -4.4	90	+6.0 0	162	+11.3 0	19.8	25.2	0 -0.8	6.972
40	44.5±1.5	70.0		100		180		22.0	28.0		9.624
44	49.0±1.6	77.0		110		198		24.2	30.8		12.808
48	53.4±1.8	84.0		120		216		26.4	33.6		16.595
52	57.9±1.9	91.0	0 -5.5	130	+7.8 0	234	+14.0 0	28.6	36.4	0 -1.1	20.945
56	62.3±2.1	98.5		140		252		30.8	39.2		26.310
60	66.8±2.2	105.0		150		270		33.0	42.0		31.396

注：1. 适用于 GB 8918—2006 和 GB/T 20118—2006 规定的圆股钢丝绳用普通套环。

2. 套环的最大承载能力应不低于公称抗拉强度为 1770MPa 的圆股钢丝绳最小破断拉力的 32%。

3. 套环所采用的销轴直径不得小于钢丝绳直径的 2 倍。

3.4 钢丝绳用重型套环（见表 17.1-61）

表 17.1-61　钢丝绳用重型套环（摘自 GB/T 5974.2—2006）

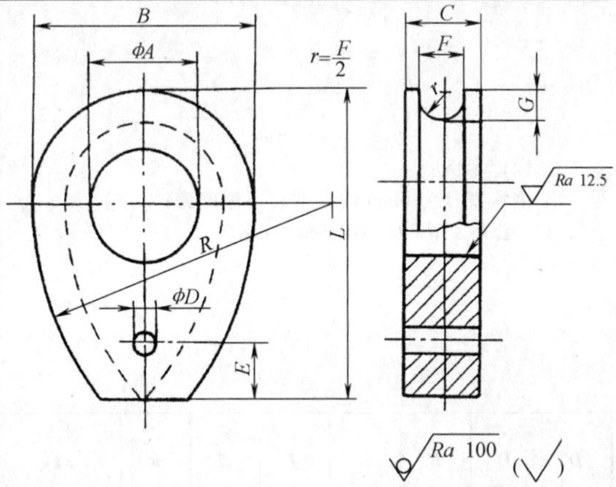

标记示例：

规格为 16mm（钢丝绳公称直径 d>14～16mm），由可锻铸铁制成的重型套环标记为：

套环 GB/T 5974.2-16KTH

套环规格(钢丝绳公称直径)d /mm	尺寸/mm															单件质量/kg	材料		
	F	C		A		B		L		R		G min	D	E		可锻铸铁	球墨铸铁	铸钢
		公称尺寸	极限偏差	公称尺寸	极限偏差	公称尺寸	极限偏差	公称尺寸	极限偏差	公称尺寸	极限偏差					不低于		
8	8.9±0.3	14.0	0 −1.4	20	+0.149 +0.065	40	±2	56	±3	59	+3 0	6.0	5	20	0.08	KTH370 −12	—	—
10	11.2±0.3	17.5		25		50		70		74		7.5			0.17			
12	13.4±0.4	21.0		30		60		84		89		9.0			0.32			
14	15.6±0.5	24.5		35	+0.180 +0.080	70		98		104		10.5			0.50			
16	17.8±0.6	28.0	0 −2.8	40		80	±4	112	±6	118	+6 0	12.0			0.78			
18	20.1±0.6	31.5		45		90		126		133		13.5			1.14			
20	22.3±0.7	35.0		50		100		140		148		15.0	10	30	1.41			
22	24.5±0.8	38.5		55	+0.220 +0.100	110		154		163		16.5			1.96			
24	26.7±0.9	42.0	0 −3.4	60		120	±6	168	±9	178	+9 0	18.0			2.41			
26	29.0±0.9	45.5		65		130		182		193		19.5			3.46			
28	31.2±1.0	49.0		70		140		196		207		21.0			4.30			
32	35.6±1.2	56.0		80		160		224		237		24.0			6.46			
36	40.1±1.3	63.0	0 −4.4	90	+0.260 +0.120	180	±9	252	±13	267	+13 0	27.0			9.77	—	QT450 −10	ZG270 −500
40	44.5±1.5	70.0		100		200		280		296		30.0			12.94			
44	49.0±1.6	77.0		110		220		308		326		33.0	15	45	17.02			
48	53.4±1.8	84.0		120		240		336		356		36.0			22.75			
52	57.9±1.9	91.0	0 −5.5	130	+0.305 +0.145	260	±13	364	±18	385	+19 0	39.0			28.41			
56	62.3±2.1	98.0		140		280		392		415		42.0			35.56			
60	66.8±2.2	105.0		150		300		420		445		45.0			48.35			

注：1. 适用于 GB 8918—2006 和 GB/T 20118—2006 中规定的圆股钢丝绳用重型套环。

2. 套环的最大承载能力应不低于公称抗拉强度为 1870MPa 圆股钢丝绳的最小破断拉力。

3.5 钢索套环（见表 17.1-62）

表 17.1-62 钢索套环（摘自 CB/T 33—1999） (mm)

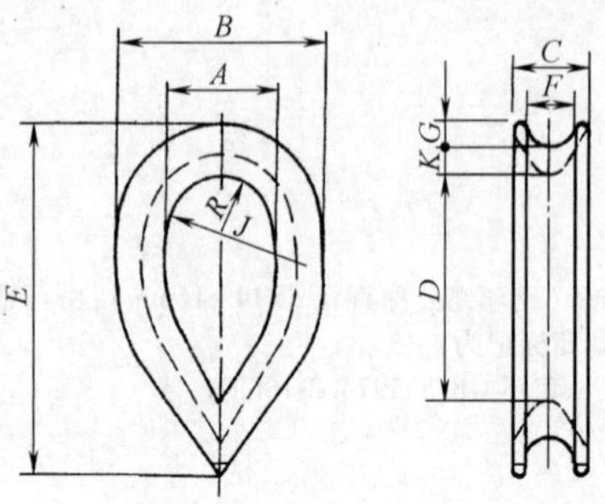

标记示例：
钢索直径为 6mm 的钢索套环标记为：
套环 WT 6 GB 560—1987

型号	钢索直径	套环的许用载荷 /kN(tf)	A	B	C	D	E	F	G	J	K	R	质量 /kg ≈
WT4	4	1.67(0.17)	10.0	19.0	6.0	20	32	4.4	2.5	14	2.0	4.4	0.011
WT5	5	2.45(0.25)	12.5	23.5	7.5	25	40	5.5	3.0	17	2.5	5.5	0.019
WT6	6	3.43(0.35)	15.0	28.0	9.0	30	47	6.6	3.5	20	3.0	6.6	0.034
WT8	8	6.27(0.64)	20.0	37.0	12.0	40	63	8.8	4.5	27	4.0	8.8	0.074
WT10	9~10	9.80(1.00)	25.0	46.0	15.0	50	79	11.0	5.5	34	5.0	11.0	0.132
WT12	11~12	14.70(1.50)	30.0	56.0	18.0	60	95	13.0	7.0	41	6.0	13.0	0.212
WT14	13~14	19.60(2.00)	35.0	65.0	21.0	70	111	15.0	8.0	48	7.0	15.0	0.311
WT16	16	26.46(2.70)	40.0	74.0	24.0	80	126	18.0	9.0	54	8.0	18.0	0.514
WT18	18	33.32(3.40)	45.0	83.0	27.0	90	142	20.0	10.0	61	9.0	20.0	0.938
WT20	20	40.18(4.10)	50.0	92.0	30.0	100	158	22.0	11.0	68	10.0	22.0	1.320
WT22	22	49.00(5.00)	55.0	101.0	33.0	110	174	24.0	12.0	75	11.0	24.0	1.750
WT25	24	63.70(6.50)	62.0	115.0	38.0	125	198	28.0	14.0	85	12.0	28.0	2.550
WT28	26~28	80.36(8.20)	70.0	129.0	42.0	140	221	31.0	15.5	95	14.0	31.0	3.530
WT32	32	104.86(10.70)	80.0	147.0	48.0	160	253	35.0	17.5	109	16.0	35.0	5.150
WT36	36	132.30(13.50)	90.0	166.0	54.0	180	284	40.0	20.0	122	18.0	40.0	7.250
WT40	40	166.60(17.00)	100.0	184.0	60.0	200	316	44.0	22.0	136	20.0	44.0	10.430
WT45	44	205.80(21.00)	112.0	207.0	68.0	225	356	50.0	25.0	153	22.5	50.0	14.810
WT50	48	264.60(27.00)	125.0	231.0	75.0	250	395	55.0	28.0	170	25.0	55.0	21.940
WT56	52~56	323.40(33.00)	140.0	258.0	84.0	280	442	62.0	31.0	190	28.0	62.0	30.240
WT63	60	392.00(40.00)	158.0	291.0	94.0	315	498	69.0	35.0	214	31.5	69.0	40.040

注：CB/T 33—1999 标准由 GB 560—1987 降为行业标准而来，但内容并未修订，供参考。

3.6 纤维索套环（见表 17.1-63）

表 17.1-63 纤维索套环（摘自 CB/T 33—1999） (mm)

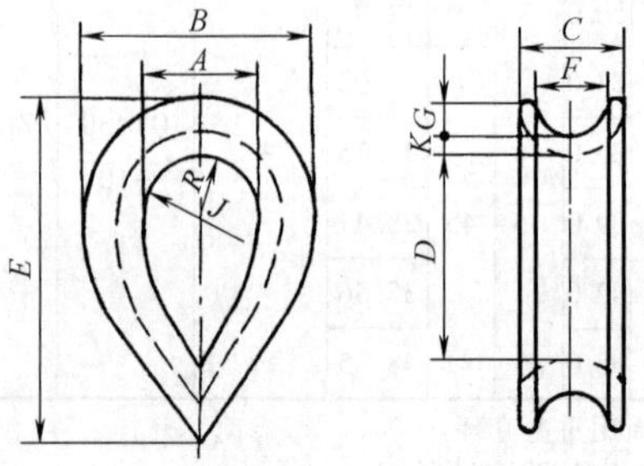

标记示例：
纤维索直径为 22mm 的纤维索套环标记为：
套环 FT 22 GB 560—1987

（续）

型号	纤维索直径	套环的许用载荷 /kN(tf)	*A*	*B*	*C*	*D*	*E*	*F*	*G*	*J*	*K*	*R*	质量 /kg ≈
FT6	6	0.78(0.08)	11	21	8.4	18	30	6.6	3.0	8.4	2.0	4.8	0.014
FT8	7~8	1.37(0.14)	14	26	11.0	24	40	8.8	4.0	11.0	2.0	6.4	0.033
FT10	9~10	2.06(0.21)	18	32	14.0	30	50	11.0	4.5	14.0	2.5	8.0	0.056
FT12	11~12	2.94(0.30)	22	39	17.0	36	60	13.0	5.5	17.0	3.0	9.6	0.089
FT14	13~14	3.92(0.40)	25	45	20.0	42	70	15.0	6.5	20.0	3.5	11.2	0.129
FT16	16	4.90(0.50)	29	51	22.0	48	80	18.0	7.0	22.0	4.0	12.8	0.172
FT18	18	6.37(0.65)	32	57	25.0	54	90	20.0	8.0	25.0	4.5	14.4	0.251
FT20	20	7.84(0.80)	36	64	28.0	60	100	22.0	9.0	28.0	5.0	16.0	0.345
FT22	22	9.80(1.00)	40	71	31.0	66	110	24.0	10.0	31.0	5.5	18.0	0.497
FT25	24	11.76(1.20)	45	79	35.0	75	125	28.0	11.0	35.0	6.0	20.0	0.725
FT28	26~28	14.70(1.50)	50	90	39.0	84	140	31.0	13.0	39.0	7.0	23.0	1.080
FT32	30~32	18.62(1.90)	58	102	45.0	96	160	35.0	14.0	45.0	8.0	26.0	1.560
FT36	34~36	24.50(2.50)	65	115	50.0	108	180	40.0	16.0	50.0	9.0	29.0	2.150
FT40	38~40	31.36(3.20)	72	128	56.0	120	200	44.0	18.0	56.0	10.0	32.0	3.250
FT45	44	38.22(3.90)	81	143	63.0	135	225	50.0	20.0	63.0	11.0	36.0	4.320
FT50	48	47.04(4.80)	90	159	70.0	150	250	55.0	22.0	70.0	12.5	40.0	5.750
FT56	52~56	58.80(6.00)	101	179	78.0	168	280	62.0	25.0	78.0	14.0	45.0	8.100
FT63	60	73.50(7.50)	113	201	88.0	189	315	69.0	28.0	88.0	16.0	51.0	11.240
FT70	64~68	88.20(9.00)	126	225	98.0	210	350	77.0	32.0	98.0	17.5	56.0	14.950
FT80	72、76~80	107.80(11.00)	144	256	112.0	240	400	88.0	36.0	112.0	20.0	64.0	20.820
FT90	88	137.20(14.00)	162	287	126.0	270	450	99.0	40.0	126.0	22.5	72.0	30.210
FT100	96	176.40(18.00)	180	320	140.0	300	500	110.0	45.0	140.0	25.0	80.0	46.310

3.7　一般起重用锻造卸扣（见表 17.1-64）

表 17.1-64　一般起重用锻造卸扣（摘自 GB/T 25854—2010）　　（mm）

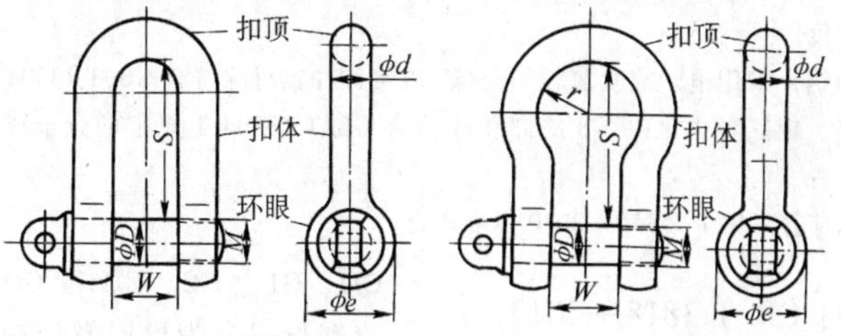

D形卸扣　　B形(弓形)卸扣

标记示例：

销轴为 W 型、极限工作载荷为 20t 的 M4 级 D 形卸扣应标记为：卸扣　GB/T 25854-4-DW20

型号表示方法

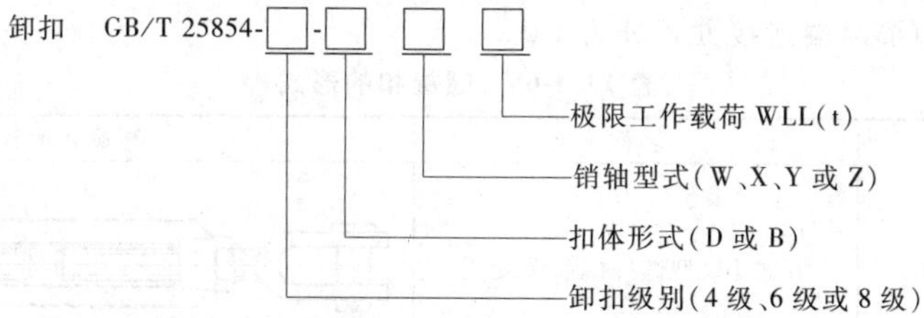

销轴的几种型式

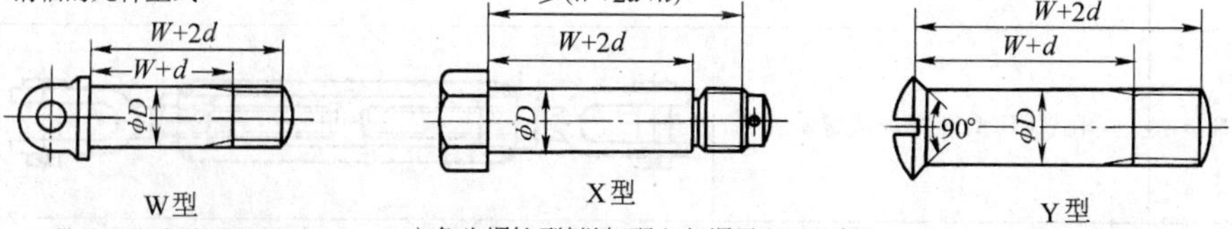

W型　　X型　　Y型

带孔和台肩的螺纹销轴　　六角头螺栓型销轴(配六角螺母和开口销)　　沉头和开槽螺钉型销轴

Z 型：根据型号表示方法，采用其他形式的销轴均以 Z 型表示

（续）

极限工作载荷 WLL/t			D 形卸扣的尺寸/mm					B 形（弓形）卸扣的尺寸/mm					
卸扣级别			*d*	*D*	*W*	*S*	*e*	*d*	*D*	*W*	2*r*	*S*	*e*
4 级	6 级	8 级	(max)	(max)	(min)	(min)	(max)	(max)	(max)	(min)	(min)	(min)	(max)
0.32	0.50	0.63	8.0	9.0		18.0	19.8	9.0	10.0		16.0	22.4	22
0.40	0.63	0.8	9.0	10.0		20.0	22.0	10.0	11.2		18.0	25.0	24.64
0.50	0.8	1	10.0	11.2		22.4	24.64	11.2	12.5		20.0	28.0	27.5
0.63	1	1.25	11.2	12.5		25.0	27.5	12.5	14.0		22.4	31.5	30.8
0.8	1.25	1.6	12.5	14.0		28.0	30.8	14.0	16.0		25.0	35.5	35.2
1	1.6	2	14.0	16.0		31.5	35.2	16.0	18.0		28.0	40.0	39.6
1.25	2	2.5	16.0	18.0		35.5	39.6	18.0	20.0		31.5	45.0	44
1.6	2.5	3.2	18.0	20.0		40.0	44	20.0	22.4		35.5	50.0	49.28
2	3.2	4	20.0	22.4		45.0	49.28	22.4	25.0		40.0	56.0	55
2.5	4	5	22.4	25.0		50.0	55	25.0	28.0		45.0	63.0	61.8
3.2	5	6.3	25.0	28.0		56.0	61.8	28.0	31.5		50.0	71.0	69.3
4	6.3	8	28.0	31.5		63.0	69.3	31.5	35.5		56.0	80.0	78.1
5	8	10	31.5	35.5		71.0	78.1	35.5	40.0		63.0	90.0	88
6.3	10	12.5	35.5	40.0		80.0	88	40.0	45.0		71.0	100.0	99
8	12.5	16	40.0	45.0		90.0	99	45.0	50.0		80.0	112.0	110
10	16	20	45.0	50.0		100.0	110	50.0	56.0		90.0	125.0	123.2
12.5	20	25	50.0	56.0		112.0	123.2	56.0	63.0		100.0	140.0	138.6
16	25	32	56.0	63.0		125.0	138.6	63.0	71.0		112.0	160.0	156.2
20	32	40	63.0	71.0		140.0	156.2	71.0	80.0		125.0	180.0	176
25	40	50	71.0	80.0		160.0	178	80.0	90.0		140.0	200.0	198
32	50	63	80.0	90.0		180.0	198	90.0	100.0		160.0	224.0	220
40	63	80*	90.0	100.0		200.0	220	100.0	112.0		180.0	250.0	246.4
50	80	100*	100.0	112.0		224.0	246.4	112.0	125.0		200.0	280.0	275
63	100	—	112.0	125.0		250.0	275	125.0	140.0		224.0	315.0	308.0
80	—	—	125.0	140.0		280.0	308	140.0	160.0		250.0	355.0	352.0
100	—	—	140.0	160.0		315.0	352.0	160.0	180.0		280.0	400.0	396.0

注：1. 卸扣级别中带 * 标记的，弓形卸扣没有此级别。

2. X 型中 *h* 为螺母厚度。

3. 卸扣的材质：镇静钢，采用电炉或吹氧转炉冶炼。6 级卸扣钢材除符合 GB/T 13304.1 规定的合金成分外，还应至少含有元素镍、铬、钼三者中之一。8 级卸扣除符合 GB/T 13304.1 规定的合金成分外，还应至少含有元素镍、铬、钼三者中的两种。

4. 卸扣的热处理要求应按 GB/T 25854—2010 标准进行。

3.8 索具螺旋扣（摘自 CB/T 3818—2013㊀）

3.8.1 螺旋扣的分类、结构和尺寸

螺旋扣分为开式索具螺旋扣和旋转式索具螺旋扣两种类型。螺旋扣按两端连接方式分为 UU、OO、OU、CC、CU 和 CO 六种形式。螺旋扣按螺旋套形式分为模锻螺旋扣和焊接螺旋扣两种类型。其形式见表 17.1-65。螺旋扣按强度分为 M、P、T 三个等级，其结构型式和尺寸见表 17.1-66 ~ 表 17.1-71。

表 17.1-65 螺旋扣的形式

类型	形式	名称	螺旋扣形式简图
开式索具螺旋扣	KUUD	开式 UU 型螺杆模锻螺旋扣	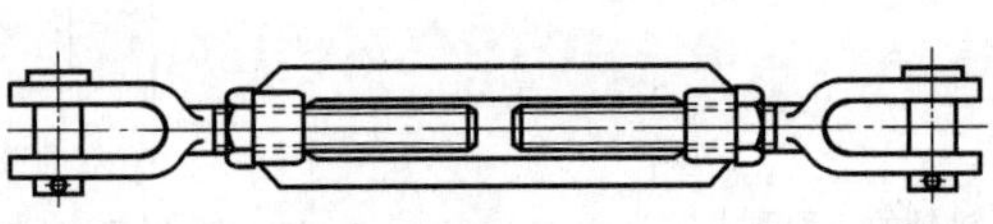
	KUUH	开式 UU 型螺杆焊接螺旋扣	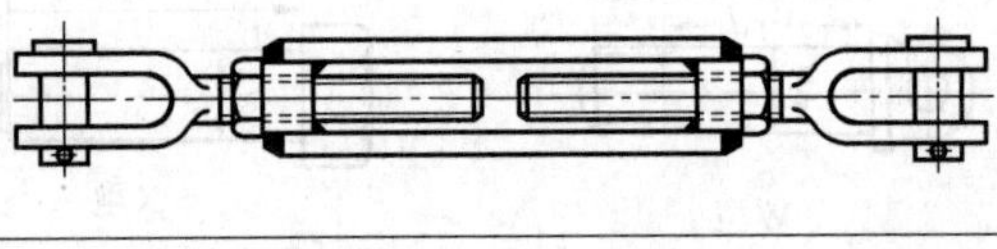

㊀ CB/T 3818—2013 中引用的标准部分已经更新，读者在引用该标准时应予以注意。

（续）

类型	形式	名称	螺旋扣形式简图
开式索具螺旋扣	KOOD	开式 OO 型螺杆模锻螺旋扣	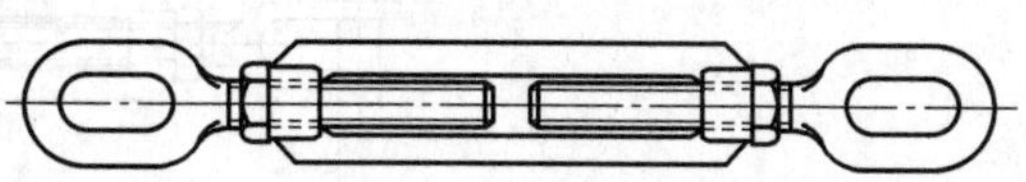
	KOOH	开式 OO 型螺杆焊接螺旋扣	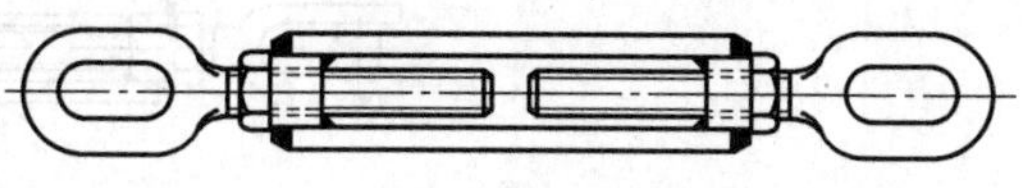
	KOUD	开式 OU 型螺杆模锻螺旋扣	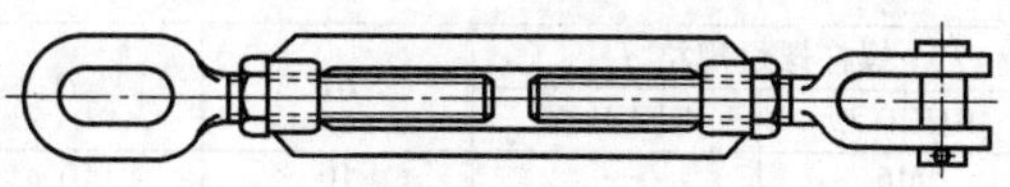
	KOUH	开式 OU 型螺杆焊接螺旋扣	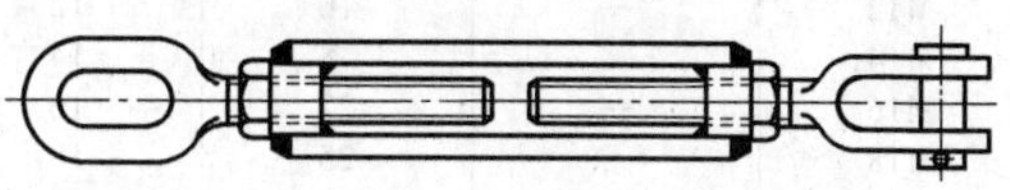
	KCCD	开式 CC 型螺杆模锻螺旋扣	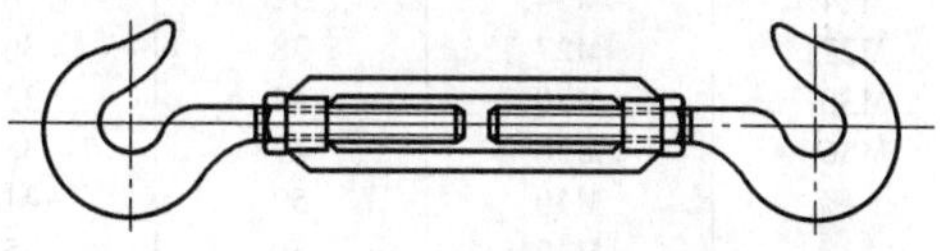
	KCUD	开式 CU 型螺杆模锻螺旋扣	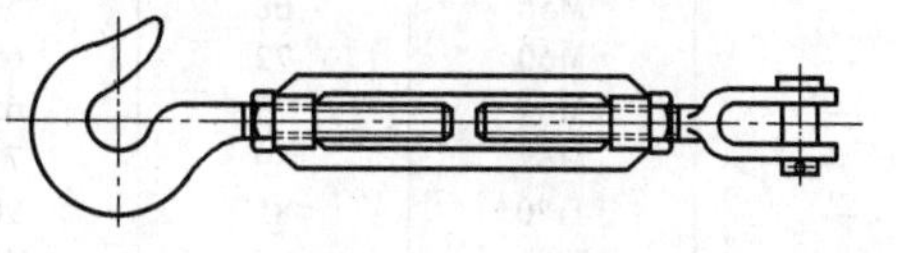
	KCOD	开式 CO 型螺杆模锻螺旋扣	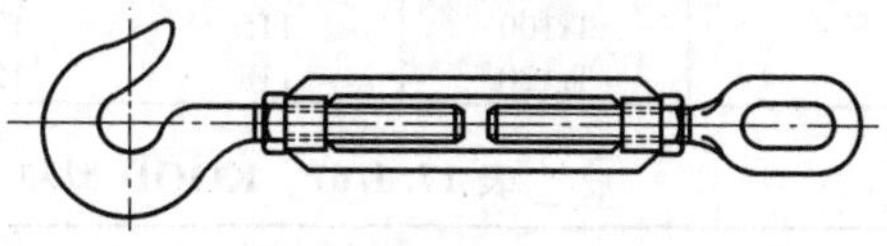
旋转式索具螺旋扣	ZCUD	旋转式 CU 型螺杆模锻螺旋扣	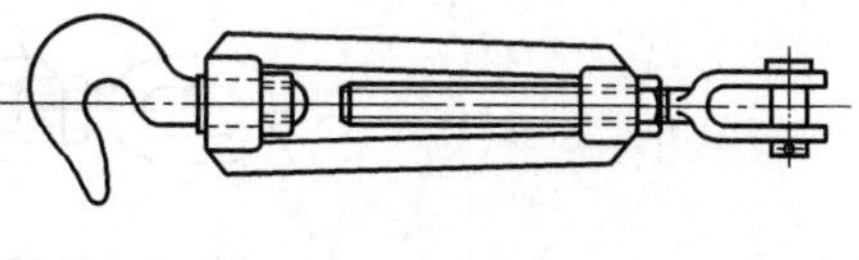
	ZUUD	旋转式 UU 型螺杆模锻螺旋扣	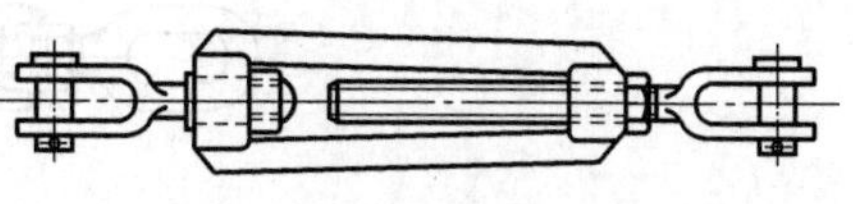

表 17.1-66　KUUD 型和 KUUH 型螺旋扣的结构型式和主要尺寸　　(mm)

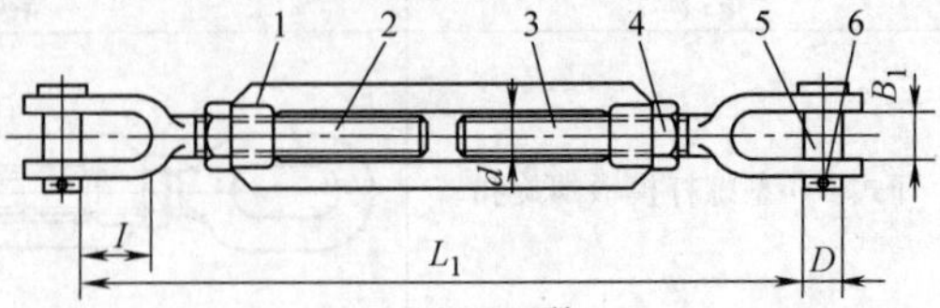

a) KUUD型

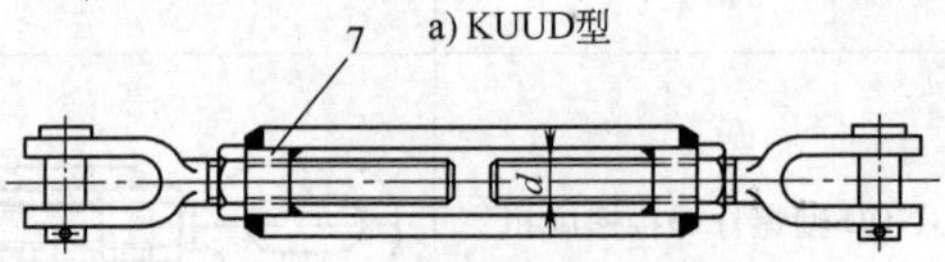

b) KUUH型

1—模锻螺旋套　2—U 形左螺杆　3—U 形右螺杆　4—锁紧螺母　5—光直销(也可采用螺栓销)
6—开口销　7—焊接螺旋套

螺杆螺纹规格 d		B_1	D	I	L_1		质量/kg	
KUUD 型	KUUH 型				最短	最长	KUUD 型	KUUH 型
M6	—	10	6	16	155	230	0.2	—
M8	—	12	8	20	210	325	0.4	—
M10	—	14	10	22	230	340	0.5	—
M12	—	16	12	27	280	420	0.9	—
M14	—	18	14	30	295	435	1.1	—
M16	—	22	16	34	335	525	1.8	—
M18	—	25	18	38	375	540	2.3	—
M20	—	27	20	41	420	605	3.1	—
M22	M22	30	23	44	445	630	3.7	4.1
M24	M24	32	26	52	505	720	5.8	6.2
M27	M27	38	30	61	545	755	6.9	7.3
M30	M30	44	32	69	635	880	11.4	12.1
M36	M36	49	38	73	650	900	14.1	15.1
—	M39	52	41	78	720	985	—	21.3
—	M42	60	45	86	760	1025	—	24.4
—	M48	64	50	94	845	1135	—	35.9
—	M56	68	57	104	870	1160	—	43.8
—	M60	72	61	109	940	1250	—	57.2
—	M64	75	65	113	975	1280	—	65.8
—	M68	89	71	106	1289	1639	—	112.7
—	Tr70	85	90	—	1300	1700	—	135.0
—	Tr80	95	100	—	1400	1850	—	180.0
—	Tr90	106	110	—	1500	2000	—	244.0
—	Tr100	115	120	—	1700	2250	—	280.0
—	Tr120	118	123	—	1800	2400	—	330.0

表 17.1-67　KOOD 型和 KOOH 型螺旋扣的结构型式和主要尺寸　　(mm)

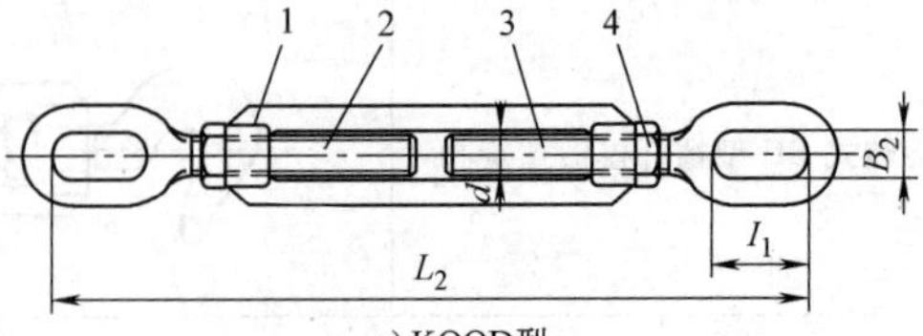

a) KOOD型

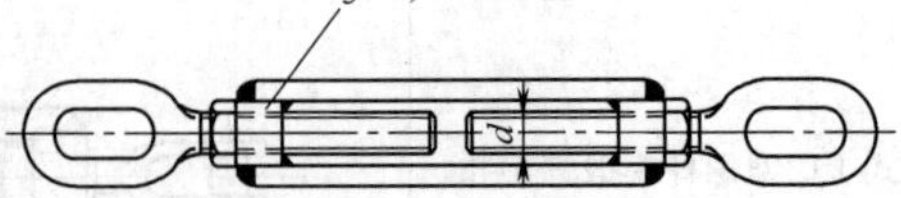

b) KOOH型

1—模锻螺旋套　2—O 形左螺杆　3—O 形右螺杆　4—锁紧螺母　5—焊接螺旋套

（续）

螺杆螺纹规格 d		B_2	l_1	L_2		质量/kg	
KOOD 型	KOOH 型			最短	最长	KOOD 型	KOOH 型
M6	—	10	19	170	245	0.2	—
M8	—	12	24	230	345	0.3	—
M10	—	14	28	255	365	0.4	—
M12	—	16	34	310	450	0.7	—
M14	—	18	40	325	465	0.9	—
M16	—	22	47	390	560	1.6	—
M18	—	25	55	415	580	1.8	—
M20	—	27	60	470	655	2.6	—
M22	M22	30	70	495	680	2.9	3.4
M24	M24	32	80	575	785	4.8	5.2
M27	M27	36	90	610	820	5.5	6.0
M30	M30	40	100	700	950	9.8	10.5
M36	M36	44	105	730	975	11.6	12.5
—	M39	49	120	820	1085	—	18.1
—	M42	52	130	855	1120	—	19.1
—	M48	58	140	940	1230	—	29.9
—	M56	65	150	970	1260	—	35.9
—	M60	70	170	1085	1390	—	46.2
—	M64	75	180	1130	1435	—	57.3
—	M68	83	178	1447	1797	—	91.0
—	Tr70	85	—	1300	1700	—	105.0
—	Tr80	95	—	1400	1850	—	150.0
—	Tr90	106	—	1500	2000	—	220.0
—	Tr100	115	—	1700	2250	—	255.0
—	Tr120	118	—	1800	2400	—	295.0

表 17.1-68　KOUD 型和 KOUH 型螺旋扣的结构型式和主要尺寸　　（mm）

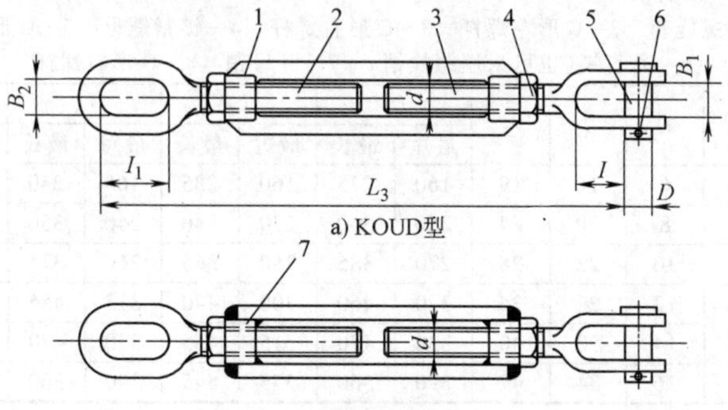

a) KOUD型

b) KOUH型

1—模锻螺旋套　2—O 形左螺杆　3—U 形右螺杆　4—锁紧螺母　5—光直销（也可采用螺栓销）　6—开口销　7—焊接螺旋套

螺杆螺纹规格 d		B_1	B_2	D	l	l_1	L_3		质量/kg	
KOUD 型	KOUH 型						最短	最长	KOUD 型	KOUH 型
M6	—	10	10	6	16	19	160	235	0.3	—
M8	—	12	12	8	20	24	220	335	0.4	—
M10	—	14	14	10	22	28	240	355	0.5	—
M12	—	16	16	12	27	34	295	435	0.8	—
M14	—	18	18	14	30	40	310	450	1.0	—
M16	—	22	22	16	34	47	375	540	1.7	—
M18	—	25	25	18	38	55	395	560	2.0	—
M20	—	27	27	20	41	60	445	630	2.8	—
M20	M20	30	30	23	44	70	470	655	3.3	3.8
M24	M24	32	32	26	52	80	540	775	5.3	5.7
M27	M27	38	36	30	61	90	575	790	6.2	6.7
M30	M30	44	40	32	69	100	665	915	10.6	11.3
M36	M36	49	44	38	73	105	690	940	12.8	13.7
—	M39	52	49	41	78	120	770	1035	—	19.3
—	M42	60	52	45	86	130	810	1075	—	21.8
—	M48	64	58	50	94	140	890	1180	—	32.9
—	M56	68	65	57	104	150	920	1210	—	40.9
—	M60	72	70	61	109	170	1010	1320	—	52.9
—	M64	75	75	65	113	180	1055	1360	—	61.5
—	M68	89	83	71	106	178	1369	1719	—	101.8
—	Tr70	85	85	90	—	—	1300	1700	—	115.0
—	Tr80	95	95	100	—	—	1400	1850	—	165.0
—	Tr90	106	106	110	—	—	1500	2000	—	235.0
—	Tr100	115	115	120	—	—	1700	2250	—	265.0
—	Tr120	118	118	123	—	—	1800	2400	—	315.0

表 17.1-69　KCCD 型、KCUD 型和 KCOD 型螺旋扣的结构型式和主要尺寸　(mm)

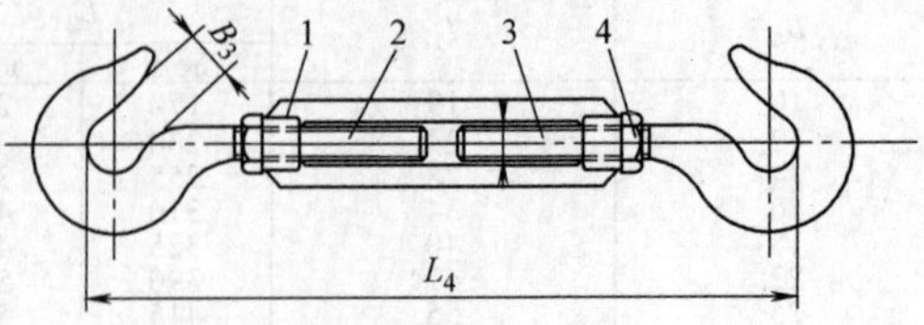

a) KCCD型

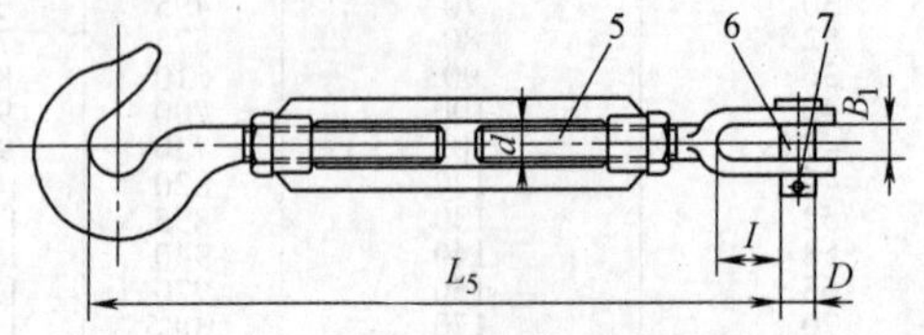

b) KCUD型

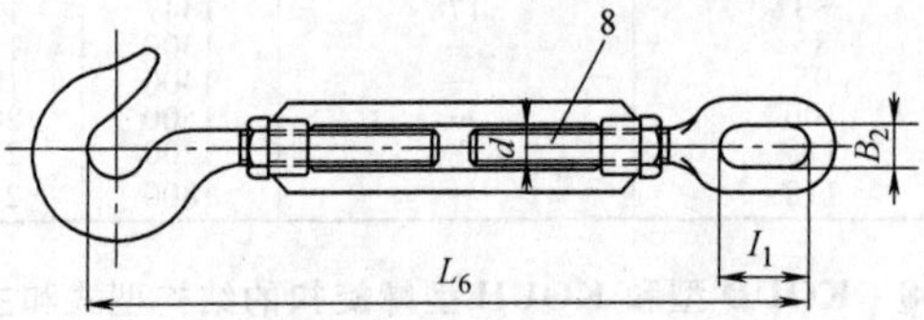

b) KCOD型

1—模锻螺旋套　2—C 形左螺杆　3—C 形右螺杆　4—锁紧螺母　5—U 形右螺杆
6—光直销(也可采用螺栓销)　7—开口销　8—O 形右螺杆

螺杆螺纹规格 d	B_1	B_2	B_3	D	I	I_1	L_4		L_5		L_6		质量/kg		
							最短	最长	最短	最长	最短	最长	KCCD 型	KCUD 型	KCOD 型
M6	10		8	6	16	19	160	235	160	235	165	240	0.2		
M8	12		13	8	20	24	250	360	230	340	240	350	0.4		0.5
M10	14		16	10	22	28	270	385	250	365	260	375	0.6	0.5	0.7
M12	16		18	12	27	34	320	460	300	440	315	455	1.0		1.2
M14	18		20	14	30	40	330	470	315	455	330	470	1.2	1.1	1.3
M16	22		24	16	34	47	390	560	375	545	390	560	2.0	1.9	2.2

表 17.1-70　ZCUD 型螺旋扣的结构型式和主要尺寸　(mm)

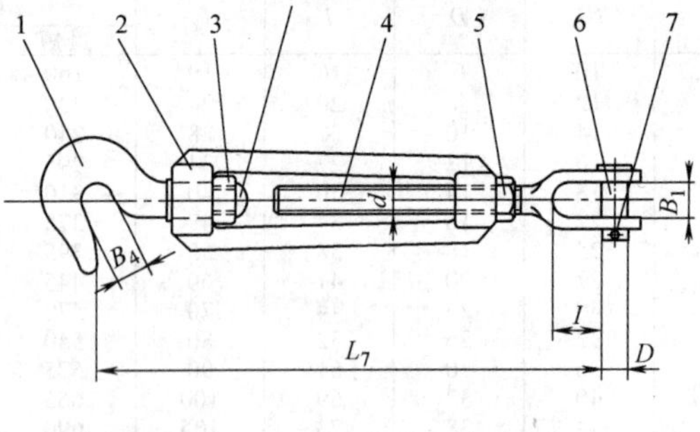

1—C 形钩子　2—模锻螺旋套　3—圆螺母　4—U 形螺杆　5—锁紧螺母　6—光直销(也可采用螺栓销)　7—开口销

螺杆螺纹规格 d	B_1	B_4	D	I	L_7		质量/kg
					最短	最长	
M8	12	10	8	16	185	265	0.4
M10	14	11	10	20	100	285	0.4
M12	16	12	12	22	240	330	0.9
M14	18	16	14	27	300	420	1.3
M16	22	20	16	30	315	440	1.8

表 17.1-71　ZUUD 型螺旋扣的结构型式和主要尺寸

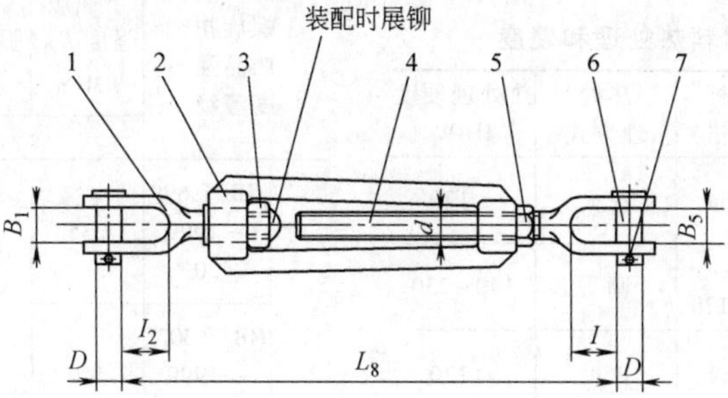

1—U 形叉子　2—模锻螺旋套　3—圆螺母　4—U 形螺杆　5—锁紧螺母　6—光直销(也可采用螺栓销)　7—开口销

螺杆螺纹规格 d	B_1	B_5	D	I	I_2	L_8 最短	L_8 最长	质量/kg
M8	12		8	16		190	270	0.4
M10	14		10	20		210	295	0.5
M12	16		12	22	24	245	335	0.9
M14	18		14	27	29	305	425	1.2
M16	22		16	30	35	325	450	1.6

3.8.2　产品标记

（1）型号表示方法

螺旋扣的型号表示方法如下：

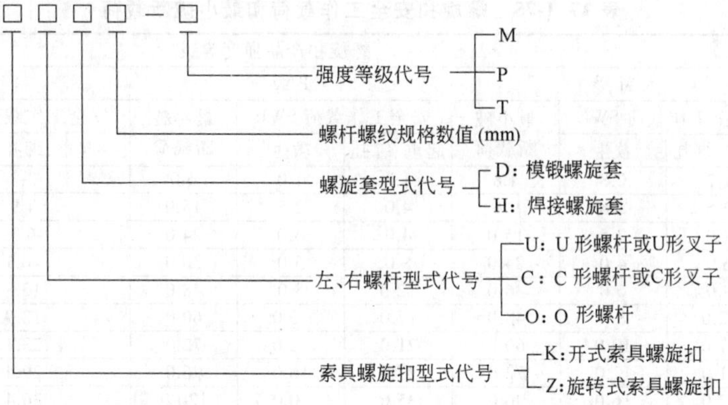

（2）标记示例

螺杆螺纹规格为 Tr100、强度等级为 T 级的开式 UU 形螺杆焊接索具螺旋扣标记为：

螺旋扣　CB/T 3818—2013　KUUH100-T

螺杆螺纹规格为 M36、强度等级为 M 级的开式 OU 形螺杆模锻索具螺旋扣标记为：

螺旋扣　CB/T 3818—2013　KOUD36-M

螺杆螺纹规格为 M12、强度等级为 P 级的旋转式 CU 形螺杆模锻索具螺旋扣标记为：

螺旋扣　CB/T 3818—2013　ZCUD12-P

3.8.3　材料和热处理

（1）螺旋扣零件材料见表 17.1-72。

表 17.1-72　螺旋扣零件材料

零件名称	材料 名称	牌号	标准号
螺旋套、螺杆、钩子、叉子、光直销	优质碳素结构钢	20	GB/T 699—1999
	低合金高强度结构钢	Q345	GB/T 1591—2008
	合金结构钢	35CrMo	GB/T 3077—1999
锁紧螺母、圆螺母	碳素结构钢	Q235A、Q235B	GB/T 700—2006
开口销	不锈钢棒	12Cr18Ni19	GB/T 1220—2007

（2）螺旋扣的材料应按规定进行热处理，硬度应符合表 17.1-73 的要求。

表 17.1-73　螺旋扣材料热处理和硬度

螺旋扣强度等级		适用螺杆螺纹规格	热处理方式	热处理硬度 HBW
M	GB/T 699—1999 20	M6～M64	正火	≤170
	GB/T 3077—1999 35CrMo	M68 Tr70～Tr120	调质	190～230
P	GB/T 1591—2008 Q345	M6～M64	正火	≤170
	GB/T 3077—1999 35CrMo	M68 Tr70～Tr120	调质	220～260
T	GB/T 3077—1999 35CrMo	M6～M68 Tr70～Tr120	调质	260～300

3.8.4　力学性能

螺旋扣产品的力学性能应符合表 17.1-74 规定。

表 17.1-74　螺旋扣的力学性能

螺旋扣产品强度等级		下屈服强度 R_{eL} /MPa	抗拉强度 R_m /MPa	断后伸长率 A (%)	断面收缩率 Z (%)	冲击吸收能量 KV ℃	冲击吸收能量 KV J
		不小于					
M	GB/T 699—1999 20	235	410	22	50	−20	34
	GB/T 3077—1999 35CrMo	440	630	15	50	−20	42
P	GB/T 1591—2008 Q345	325	490	19	45	−20	34
	GB/T 3077—1999 35CrMo	550	725	12	45	−20	39
T	GB/T 3077—1999 35CrMo	560	800	12	40	−20	34

3.8.5　强度（见表 17.1-75）

1）螺旋扣承受表 17.1-75 规定的安全工作载荷后应无裂纹和变形，各部件转动应无卡滞现象。

2）螺旋扣承受表 17.1-75 规定的最小破断载荷后，不应产生脆断和脱载。

表 17.1-75　螺旋扣安全工作载荷和最小破断载荷　（kN）

螺杆螺纹规格	螺旋扣产品强度等级							
	M 级			P 级			T 级	
	安全工作载荷 SWL		最小破断载荷	安全工作载荷 SWL		最小破断载荷	安全工作载荷 SWL	最小破断载荷
	起重、绑扎	救生		起重、绑扎	救生		起重、绑扎、救生	
M6	1.2	0.8	4.8	1.6	1.0	6.0	2.3	12.0
M8	2.5	1.6	9.6	4.0	2.5	15.0	4.9	25.0
M10	4.0	2.5	15.0	4.0	4.0	24.0	6.3	32.0
M12	6.0	4.0	24.0	8.0	5.0	30.0	10.1	51.0
M14	9.0	6.0	36.0	12.0	8.0	48.0	13.8	69.0
M16	12.0	8.0	48.0	17.0	10.0	60.0	18.9	95.0
M18	17.0	10.0	60.0	21.0	12.0	72.0	23.1	116.0
M20	21.0	12.0	72.0	27.0	16.0	96.0	29.4	147.0
M22	27.0	16.0	96.0	35.0	20.0	120.0	36.4	182.0
M24	35.0	20.0	120.0	45.0	25.0	150.0	47.6	238.0
M27	45.0	28.0	168.0	55.0	34.0	204.0	62.0	310.0
M30	55.0	35.0	210.0	65.0	43.0	258.0	75.7	378.0
M36	75.0	50.0	300.0	95.0	63.0	378.0	110.3	551.0
M39	95.0	60.0	360.0	120.0	75.0	450.0	131.7	658.0
M42	105.0	70.0	420.0	127.0	85.0	510.0	145.3	726.0
M48	140.0	90.0	540.0	158.0	110.0	660.0	164.4	822.0
M56	174.0	115.0	690.0	206.0	140.0	840.0	228.4	1142.0
M60	210.0	125.0	750.0	239.0	160.0	960.0	266.7	1333.0
M64	235.0	160.0	960.0	272.0	200.0	1200.0	301.5	1508.0
M68	268.0	185.0	1110.0	310.0	235.0	1410.0	333.4	1667.0
Tr70	300.0		1200.0	350.0		1400.0	400.0	1600.0
Tr80	400.0		1600.0	500.0		2000.0	550.0	2200.0
Tr90	500.0		2000.0	600.0		2400.0	700.0	2800.0
Tr100	700.0		2800.0	800.0		3200.0	900.0	3600.0
Tr120	800.0		3200.0	980.0		3920.0	1100.0	4400.0

3.8.6　加工质量

1）螺旋扣模锻件应无裂纹、斑疤、夹层、折叠及影响强度的缺陷，锐边应倒圆，飞边应打磨。

2）螺旋扣焊接件焊缝应焊透，应无气孔、夹渣、裂纹及咬边等影响强度的缺陷。

3）螺旋扣转动部件应旋转自如，无卡滞现象，并在螺纹部分涂润滑脂。

4　卷筒

4.1　卷筒的几何尺寸

卷筒有单层卷绕单联卷筒、单层卷绕双联卷筒。

卷筒表面带有导向螺旋槽，钢丝绳进行单层卷绕。一般情况都采用标准槽，只有当钢丝绳有脱槽危险时（如抓斗起重机的卷筒和工作中振动较大者）才采用深槽。

当起重高度较高时，为了缩小卷筒尺寸，可采用表面带导向螺旋槽或光面的卷筒，进行多层卷绕，但钢丝绳磨损较快。这种卷筒适用于慢速和工作类型较轻的起重机。例如，汽车起重机多采用不带螺旋槽的光面卷筒，钢丝绳可以紧密排列。但实际作业时，钢丝绳易排列凌乱，互相交叉挤压，使寿命缩短。目前，多层卷绕卷筒大多数带有绳槽，第一层钢丝绳卷绕入卷筒螺旋槽，第二层钢丝绳以相同的螺旋方向卷绕入内层钢丝绳形成的螺旋沟，使钢丝绳的接触情况大为改善，延长了使用寿命。多层卷绕卷筒两端设挡边，以防钢丝绳脱出筒外。其挡边高度应比最外层钢丝绳高出（1~1.5）d。

卷筒的结构型式和几何尺寸的计算见表 17.1-76。表 17.1-76 中 h 值见表 17.1-77。

表 17.1-76　卷筒的结构型式和几何尺寸的计算　（mm）

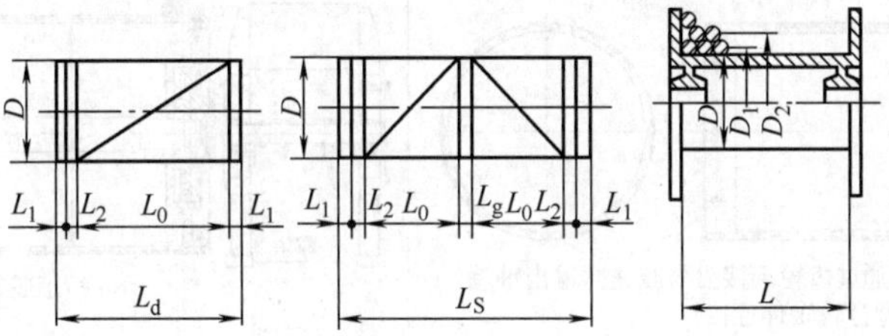

a) 单联　　b) 双联　　c) 多层

名称		公式	符号意义
按钢丝绳中心计算的卷筒最小直径		$D_1=hd$	d—钢丝绳直径 h—与机构工作级别和钢丝绳结构有关的系数，按表 17.1-77 选取 D_1—按钢丝绳中心计算的卷筒最小直径 D—卷筒绳槽底径
绳槽半径		$R=(0.53\sim0.56)d$	
绳槽深度	标准槽	$H_1=(0.25\sim0.4)d$	
	深　槽	$H_2=(0.6\sim0.9)d$	
绳槽节距	标准槽	$P_1=d+(2\sim4)$mm	
	深　槽	$P_2=d+(6\sim8)$mm	
卷筒厚度	钢卷筒	$\delta\approx d$	
	铸铁卷筒	$\delta\approx0.02D+(6\sim10)$mm $\geqslant$12mm	

名称		公式		符号意义
单层卷绕卷筒长度	单联卷筒	$L_d=L_0+2L_1+L_2$	$L_0=\left(\dfrac{H_{max}m}{\pi D_1}+Z_1\right)P$	L_0—卷筒有螺纹槽部分长度 L_1—无绳槽的卷筒端部尺寸，按需要定 L_2—固定绳尾所需长度，$L_2\approx3P$ L_g—中间光滑部分长度，根据钢丝绳允许偏斜角确定 H_{max}—最大起升高度 m—滑轮组倍率 Z_1—钢丝绳安全圈数，$Z_1\geqslant1.5\sim3$ P—绳槽节距或绳索卷绕的螺旋节距 D_1、D_2、D_3、…、D_n—各层直径 Z—每层圈数 n—卷绕层数 l—卷筒总卷绳长度，$l=H_{max}m$
	双联卷筒	$L_S=2(L_0+L_1+L_2)+L_g$		
多层卷绕卷筒长度 L		$l=Z\pi(D_1+D_2+D_3+\cdots+D_n)$ $D_1=D+d$ $D_2=D+3d$ $D_3=D+5d$ ⋮ $D_n=D+(2n-1)d$ 则 $l=Z\pi n(D+nd)$ $Z=\dfrac{l}{\pi n(D+nd)}$ 考虑钢丝绳在卷筒上排列可能不均匀，应将卷筒长度增加 10%，即 $L=1.1ZP=\dfrac{1.1lP}{\pi n(D+nd)}$ $P=(1.1\sim1.2)d$		

表 17.1-77　系数 h 值（摘自 CB/T 3811—2008）

机构工作级别	卷　筒	滑　轮	机构工作级别	卷　筒	滑　轮
M1~M3	14	16	M6	20	22.4
M4	16	18	M7	22.4	25
M5	18	20	M8	25	28

注：1. 采用不旋转钢丝绳时，h 值应按比机构工作级别高一级的值选取。
2. 对于流动式起重机，建议卷筒 h 取 16，滑轮 h 取 18，与工作级别无关。
3. 机构工作级别参见表 17.1-6。
4. 平衡滑轮的直径，对于桥式类型起重机取与 D_{0min} 相同；对于臂架起重机取为不小于 D_{0min} 的 0.6 倍。D_{0min} 为按钢丝绳中心计算的滑轮最小卷绕直径（mm）。

4.2　起重机卷筒（摘自 JB/T 9006—2013⊖）

4.2.1　卷筒的形式

（1）按制造工艺分

1）铸造卷筒。部分典型结构型式见表 17.1-78 中的图 a 和图 b；部分典型结构组装形式见图 c 和图 d。

2）焊接卷筒。部分典型结构型式见表 17.1-78 中的图 e~图 j；部分典型结构组装形式见图 k~图 p。

（2）按卷筒轴的布置形式分

1）长轴式卷筒。部分典型组装形式见表 17.1-78 中的图 c、图 d、图 k 和图 l。

2）短轴式卷筒。部分典型组装形式见表 17.1-78 中的图 m~图 p。

表 17.1-78　卷筒的部分典型结构型式和结构组装形式

分类	卷筒的部分典型结构型式	卷筒的部分典型结构组装形式
铸造卷筒	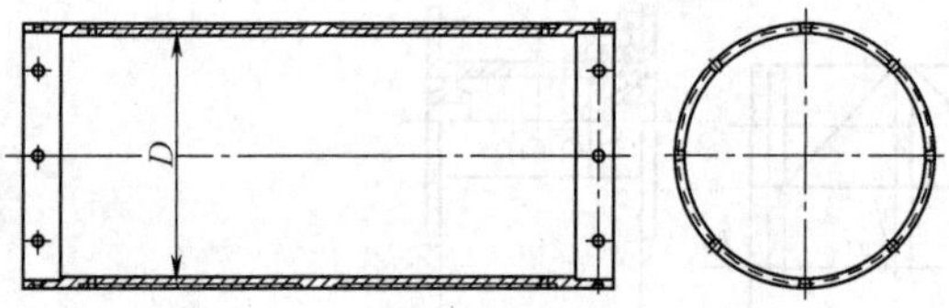 a)铸造卷筒结构形式1(通过齿轮连接盘与减速器输出轴端C型齿轮轴伸连接) 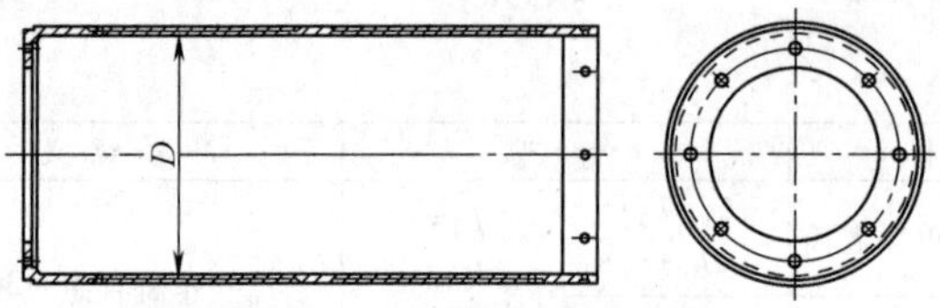 b)铸造卷筒结构形式2(与开式齿轮直接连接)	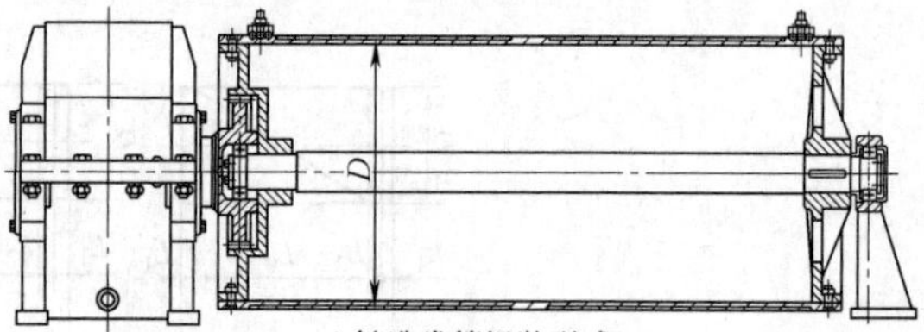 c) 铸造卷筒组装形式1 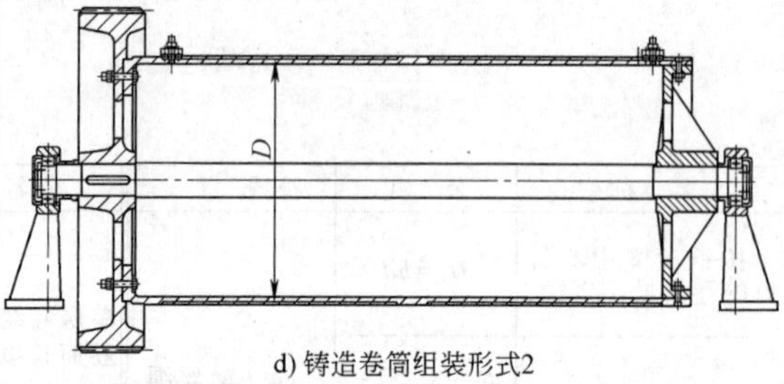 d) 铸造卷筒组装形式2
焊接卷筒	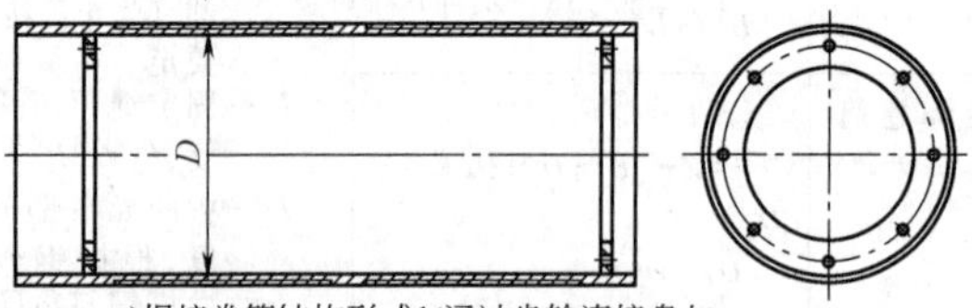 e)焊接卷筒结构形式1(通过齿轮连接盘与减速器输出轴端C型齿轮轴伸连接) 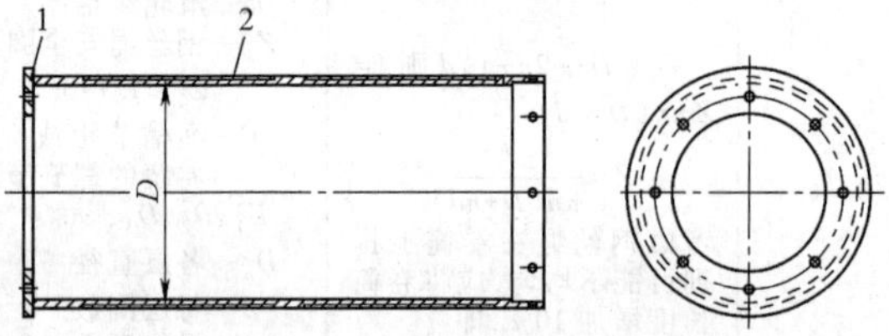 f) 焊接卷筒结构形式2(与开式齿轮直接连接) 1—法兰　2—筒体	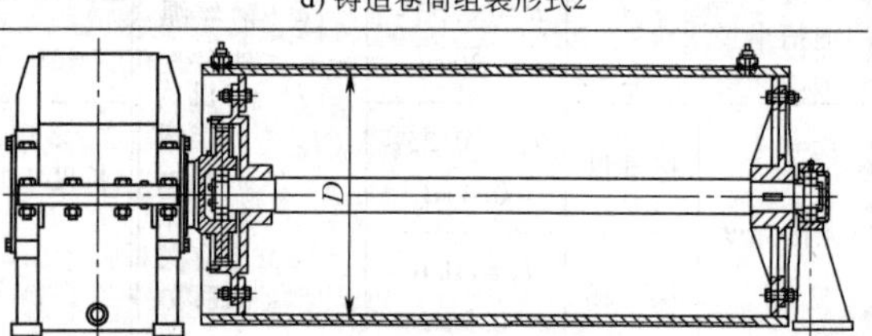 k) 焊接卷筒组装形式1 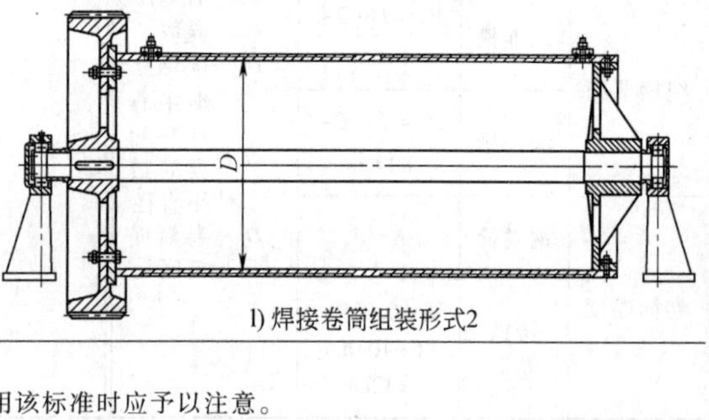 l) 焊接卷筒组装形式2

⊖ JB/T 9006—2013 中引用的标准部分已经更新，读者在引用该标准时应予以注意。

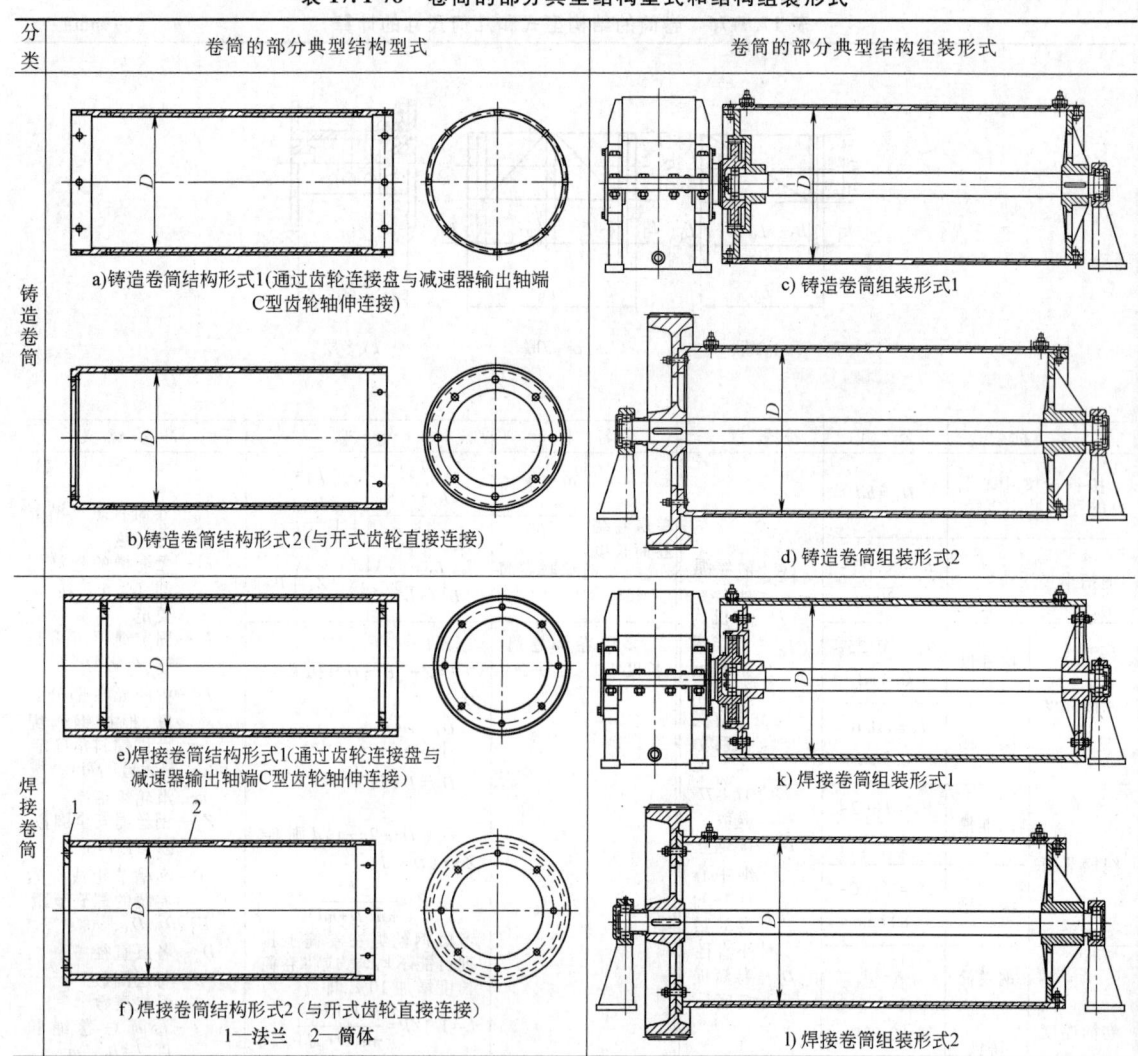

（续）

分类	卷筒的部分典型结构型式图	卷筒的部分典型结构组装形式
焊接卷筒	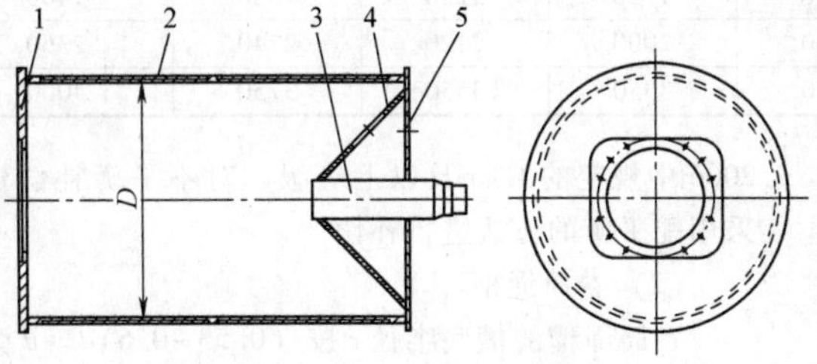 g) 焊接卷筒结构形式3（直接与卷筒联轴器连接） 1—法兰 2—筒体 3—短轴 4—锥筋板 5—端板 3、4、5 组成圆锥型短轴组件	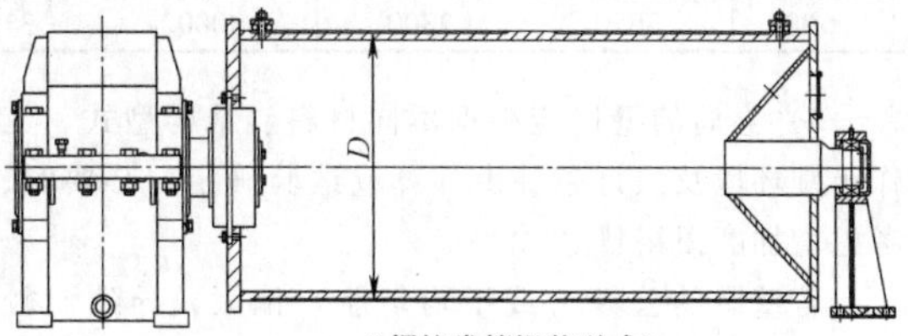 m) 焊接卷筒组装形式3
	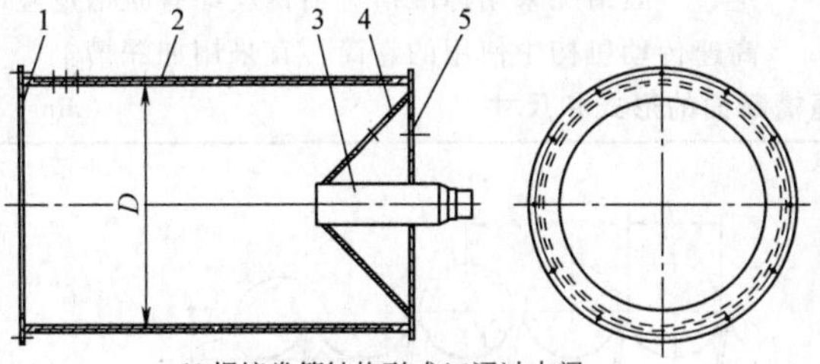 h) 焊接卷筒结构形式4（通过中间过渡法兰与卷筒联轴器连接） 1—法兰 2—筒体 3—短轴 4—锥筋板 5—端板 3、4、5 组成圆锥型短轴组件	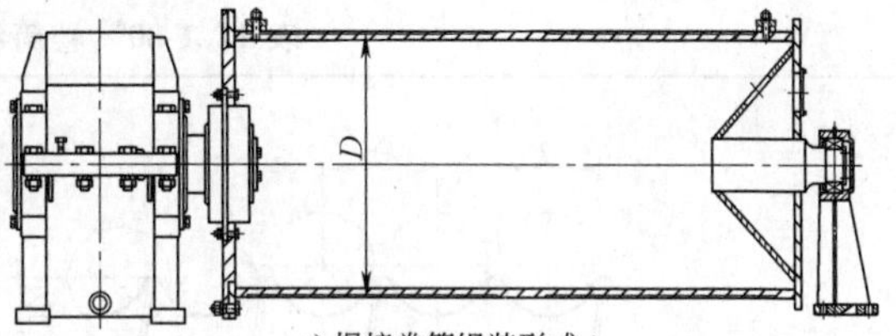 n) 焊接卷筒组装形式4
	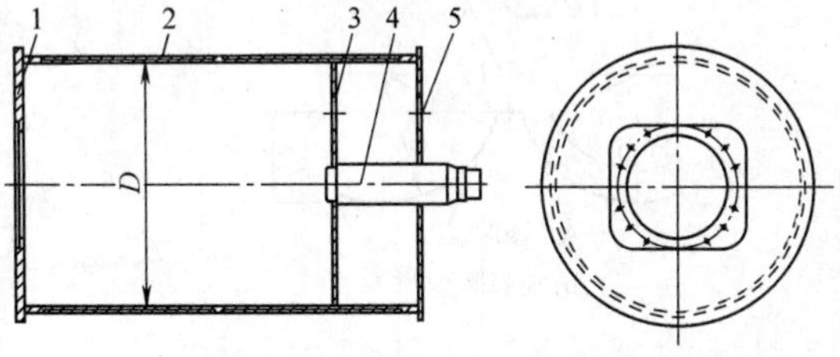 i) 焊接卷筒结构形式5（直接与卷筒联轴器连接） 1—法兰 2—筒体 3—筋板 4—短轴 5—端板 3、4、5 组成双圆板型短轴组件	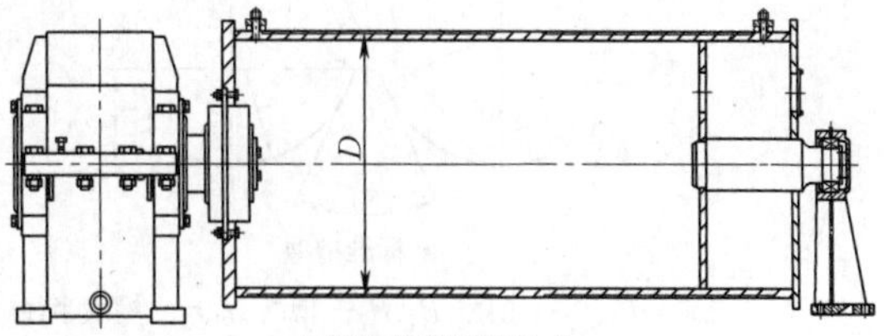 o) 焊接卷筒组装形式5
	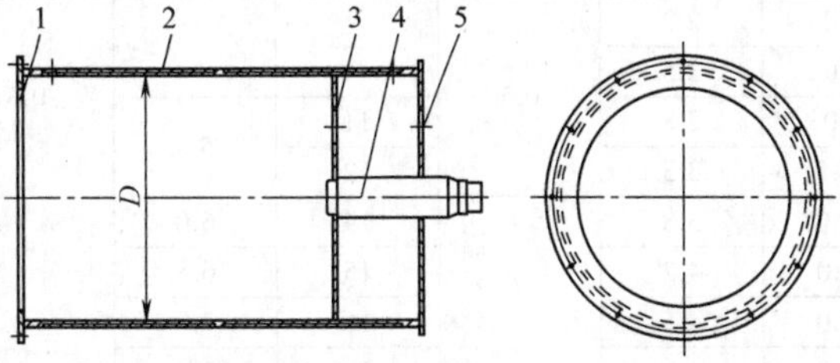 j) 焊接卷筒结构形式6（通过中间过渡法兰与卷筒联轴器连接） 1—法兰 2—筒体 3—筋板 4—短轴 5—端板 3、4、5 组成双圆板型短轴组件	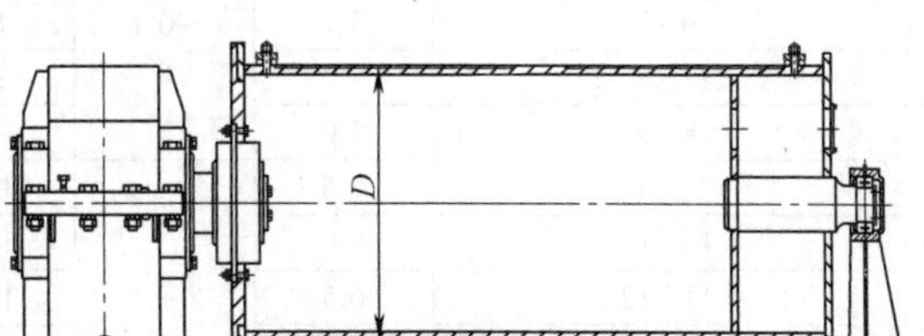 p) 焊接卷筒组装形式6

4.2.2 卷筒尺寸和卷筒绳槽

（1）卷筒尺寸

1）卷筒直径 D 应根据表 17.1-76 中按钢丝绳中心计算的卷筒最小直径 D_1，并按优先数 $R10$、$R20$ 或 $R40$ 系列选择确定，宜优先选取表 17.1-79 中的数值。

2）卷筒长度宜按优先数 $R40$ 系列选择确定。

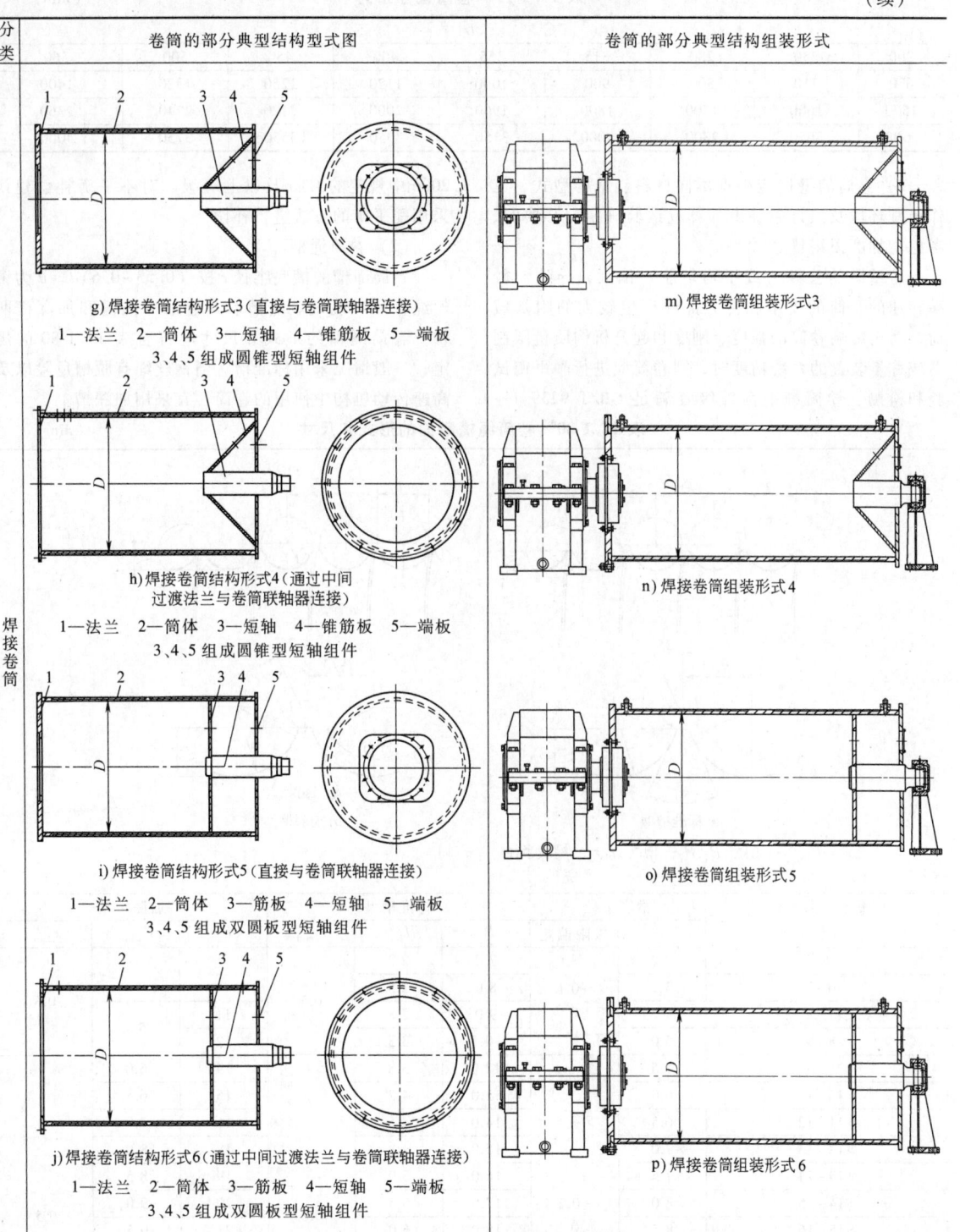

表 17.1-79 卷筒直径系列 (mm)

D								
200	250	280	315	355	400	450	500	560
630	710	800	900	1000	1120	1250	1320	1400
1500	1600	1700	1800	1900	2000	2120	2240	2360
2500	2650	2800	3000	3150	3350	3550	3750	4000

3）卷筒的壁厚应根据不同材料、结构型式、工作级别环境及预订条件由计算或试验确定。必要时，考虑增加磨损裕量。

若壁厚的公差（或不均匀性）偏大，导致对较高转速的卷筒的支承和传力部件产生较大的附加载荷，乃至影响卷筒的强度、刚度和起升机构质量限制器或称量装置的系统精度时，则卷筒应进行静平衡试验和检测。卷筒静平衡等级宜满足 GB/T 9239.1—2006 中规定的 G16 及以上等级。对不平衡补偿建议采用配平衡的方法进行补偿。

（2）卷筒绳槽

卷筒绳槽的槽底半径 r 按（0.53~0.6）d（d 为钢丝绳直径）确定。绳槽形式包括标准槽和加深槽两种。卷筒绳槽的形式和尺寸应符合表 17.1-80 的规定，一般情况采用标准槽，当钢丝绳有脱槽危险以及高速传动机构中使用的卷筒，宜采用加深槽。

表 17.1-80 卷筒绳槽断面的形式和尺寸 (mm)

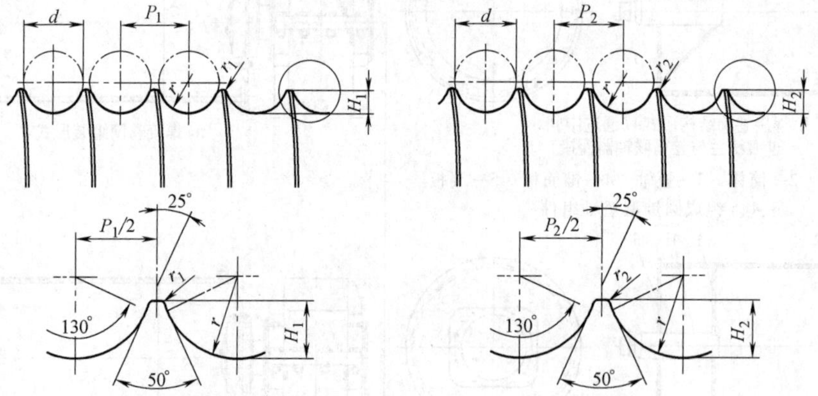

a) 标准槽型　　b) 加深槽型

P_1、P_2—槽距　H_1、H_2—槽高　r_1、r_2—槽底半径

钢丝绳公称直径	槽底半径		标准槽型			加深槽型		
d	r	极限偏差	P_1	$H_{1\min}$	$r_{1\min}$	P_2	$H_{2\min}$	$r_{2\min}$
6	3.2	+0.1 0	7.0	2.2	0.5	—	—	0.3
>6~7	3.7		8.0	2.5				
>7~8	4.2		9.0	2.8		11	5.0	
>8~9	5.0		10.5	3.3		12		
>9~10	5.5	+0.2 0	12.0	3.8	0.8	14	6.0	0.5
>10~11	6.0		13.0	4.2		15	6.5	
>11~12	6.5		14.0	4.5		16	7.0	
>12~13	7.0		15.0	4.8		18	8.0	
>13~14	7.5		16.0	5.0		19	8.5	
>14~15	8.0		17.0	5.5		20	9.0	
>15~16	8.5		18.0	6.0		21	9.5	
>16~17	9.0		19.0	6.5		23	10.5	
>17~18	9.5		20.0			24	11.0	
>18~19	10.0		21.0	7.0		25	11.5	
>19~20	10.5		22.0	7.5		26	12.0	
>20~21	11.0		24.0	8.0		28	13.0	

（续）

钢丝绳公称直径	槽底半径		标准槽型			加深槽型		
d	r	极限偏差	P_1	$H_{1\min}$	$r_{1\min}$	P_2	$H_{2\min}$	$r_{2\min}$
>21~22	12.0	+0.2 0	25.0	8.5	0.8	29	13.0	0.5
>22~23	12.5		26.0	9.0		31	14.0	
>23~24	13.0		27.0			32	14.5	
>24~25	13.5		28.0	9.5		33	15.0	
>25~26	14.0		29.0	10.0		34	16.0	
>26~27	15.0		30.0			36	16.5	
>27~28			32.0	10.5		37	17.0	
>28~29	16.0		33.0	11.0	1.3	38		0.8
>29~30			34.0	11.5		39	18.0	
>30~31	17.0	+0.4 0	35.0			41	18.5	
>31~32			36.0	12.0		42	19.0	
>32~33	18.0		37.0	12.5		44	20.0	
>33~34			38.0	13.0				
>34~35	19.0		39.0			46	21.0	
>35~36			40.0	13.5		47		
>36~37	20.0		41.0	14.0		48	22.0	
>37~38			42.0	14.5	1.6	50	23.0	1.3
>38~39	21.0		44.0	15.0		52	24.0	
>39~40			44.0					
>40~41	22.0		45.0	15.0		54	25.0	
>41~42	23.0		47.0	16.0		55		
>42~43			48.0	16.5		56	26.0	
>43~44	24.0		49.0	16.5		58	26.0	
>44~45			50.0	17.0	2.0	60	27.0	1.6
>45~46	25.0		52.0	17.5		62	28.0	
>46~47			53.0	18.5		63		
>47~48	26.0		54.0			64	29.0	
>48~50	27.0		56.0	19.0		65		
>50~52	28.0		58.0	19.5		—	—	—
>52~54	29.0		60.0	21.0				
>54~56	30.0		63.0		2.5			
>56~58	31.0		64.0	22.0				
>58~60	32.0		67.0	23.0	3.0			

4.2.3　焊接卷筒（见表 17.1-81、表 17.1-82）

表 17.1-81　焊接卷筒的结构型式和尺寸（圆锥板型短轴式）　（mm）

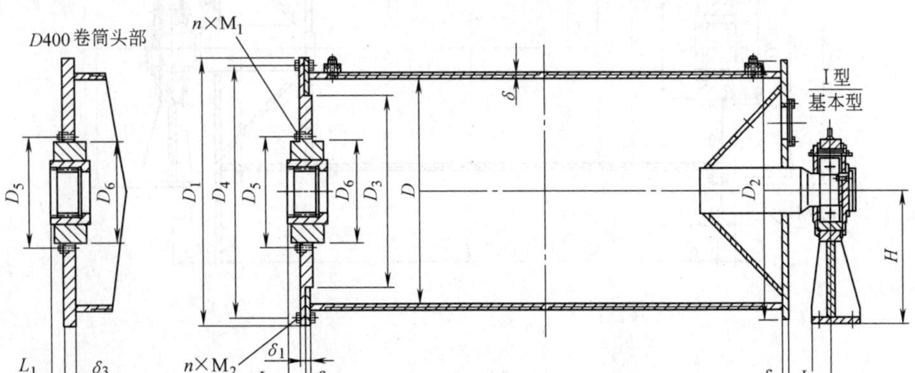

（续）

卷筒直径 D	联轴器型号	钢丝绳规格	D_1	D_2	D_3	D_4	D_5	D_6	δ_1	δ_2	δ_3	L_1	L_2	$n\times M_1$	$n\times M_2$
400	WZL01	8	450	450	—	—	260	190	—	10	24	25	130	8×M12	—
	WZL02	10					280	200	—	12	30	24	130	8×M16	
	WZL03	12					300	220	—	16	30	28	130		
500	WZL04	12	670	560	450	600	320	240	20	16	12	49.5	130	8×M16	10×M20
	WZL05	14					340	260	25	18	14	69.5	130		
	WZL06	16					360	280	25	20	16	73.5	140		
630	WZL07	18	800	700	560	730	400	340	25	22	18	83.5	155	12×M20	10×M20
	WZL08	20					450	380	30	26	20	87.5	155		
710	WZL09	22	900	790	630	830	500	420	30	28	22	95	155	12×M20	12×M20
	WZL10	24					530	450	30	30	24	100	170		
800	WZL10	26	1000	890	720	930	530	450	30	32	26	100	170	12×M20	12×M20
	WZL11	28					600	530	50	36	28	121.5	180		
900	WZL10	26	1100	1000	810	1020	530	450	20	32	26	90	170	12×M20	12×M24
	WZL11	28					600	530	35	36	28	106.5	180		
	WZL11	32					600	530	35	40	32	106.5	180		
1000	WZL10	26	1200	1100	910	1120	530	450	20	32	26	90	170	12×M20	12×M24
	WZL11	28					600	530	25	36	28	96.5	180		
	WZL11	32					600	530	25	40	32	96.5	180		
	WZL12	32					630	560	25	40	32	104	180	24×M20	
	WZL12	34					630	560	25	42	34	104	195		
1120	WZL10	26	1320	1220	1020	1240	530	450	20	32	26	90	170	12×M20	12×M24
	WZL11	28					600	530	25	36	28	96.5	180		
	WZL11	32					600	530	25	40	32	96.5	180		
	WZL12	32					630	560	25	40	32	104	180	24×M20	
	WZL12	34					630	560	25	42	34	104	195		

表 17.1-82　焊接卷筒的结构型式和尺寸（双圆板型短轴式）　　（mm）

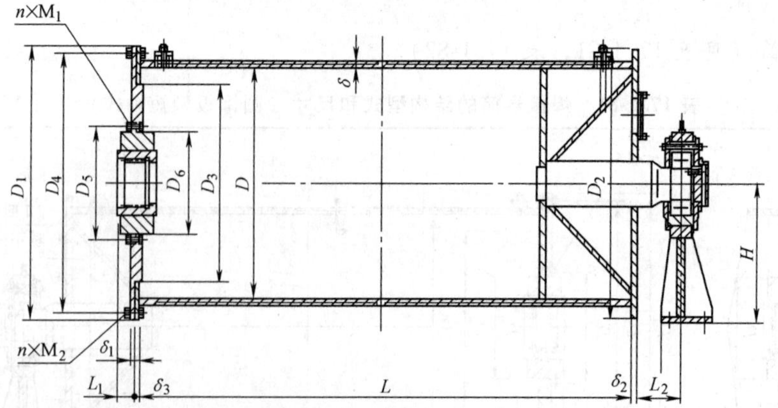

（续）

卷筒直径 D	联轴器型号	钢丝绳规格	D_1	D_2	D_3	D_4	D_5	D_6	δ_1	δ_2	δ_3	L_1	L_2	$n\times M_1$	$n\times M_2$
1250	WZL10	26	1450	1360	1150	1670	530	450	20	26	26	90	170	12×M20	16×M24
	WZL11	28					600	530	25	28	28	96.5	180	12×M20	
	WZL11	32					600	530	25	32	32	96.5	180	12×M20	
	WZL12	32					630	560	25	36	36	104	180	24×M20	
	WZL12	36					630	560	25	36	36	104	195	24×M20	
	WZL13	36					660	600	35	36	36	110.5	205	24×M24	
1320	WZL11	32	1520	1430	1220	1440	600	530	25	32	32	96.5	180	12×M20	16×M24
	WZL12	32					630	560	25	32	32	104	180	24×M20	
	WZL12	36					630	560	25	36	36	104	195	24×M20	
	WZL13	36					660	600	35	36	36	110.5	205	24×M24	
1400	WZL11	28	1600	1510	1290	1520	600	530	25	28	28	96.5	180	12×M20	16×M24
	WZL12	32					630	560	25	32	32	104	180	24×M20	
	WZL12	36					630	560	25	36	36	104	195	24×M20	
	WZL13	36					660	600	35	36	36	110.5	205	24×M24	
1500	WZL11	28	1700	1620	1390	1620	600	530	25	28	28	96.5	180	12×M20	16×M24
	WZL12	32					630	560	25	32	32	104	180	24×M20	
	WZL13	32					660	600	35	32	32	110.5	195	24×M24	
	WZL12	36					630	560	25	36	36	104	195	24×M20	
	WZL13	36					660	600	35	36	36	110.5	180	24×M24	
1600	WZL11	28	1800	1720	190	1720	600	530	25	28	28	96.5	180	12×M20	18×M24
	WZL12	32					630	560	25	32	32	104	180	24×M20	
	WZL13	32					660	600	35	32	32	110.5	180	24×M24	
	WZL12	36					630	560	25	36	36	104	195	24×M20	
	WZL13	36					660	600	35	36	36	110.5	195	24×M24	
	WZL14	38					730	670	35	38	38	123	205	24×M24	
1800	WZL12	32	2000	1920	1680	1920	630	560	25	32	32	104	180	24×M20	20×M24
	WZL13	32					660	600	35	32	32	110.5	180	24×M24	
	WZL13	36					660	600	35	36	36	110.5	195	24×M24	
	WZL14	38					730	670	35	38	38	123	20	24×M24	
	WZL15	40					800	730	35	40	40	134.5	210	24×M24	

4.2.4 技术要求

（1）材料

1）铸铁卷筒材料的力学性能不低于 GB/T 9439—2010 中 HT200 灰铸铁的规定，铸钢卷筒材料的力学性能不应低于 GB/T 11352—2009 中 ZG 270-500 铸钢的规定。

2）推荐焊接卷筒钢板材料的力学性能不宜低于 GB/T 700—2006 中 Q235B 的规定，也可以采用力学性能和焊接性能均不低于上述材质的其他材料。推荐采用无缝钢管作为筒体材料的力学性能不宜低于 GB/T 8162—2008 中 Q235 的规定，也可以采用力学性能和焊接性能均不低于上述材质的其他材料。

3）焊接卷筒短轴材料的力学性能不应低于 GB/T 699—1999中正火状态下硬度为 140～180HBW 的 35 钢的规定，也可以采用力学性能和焊接性能均不低于上述材质的其他材料。

4）短轴材料应进行化学成分检验、硬度检验和超声检测，超声检测质量等级应达到 JB/T 5000.15—2007 中的Ⅲ级。

（2）筒体

1）铸铁卷筒应符合 JB/T 5000.4 的规定。铸钢卷筒应符合 JB/T 5000.6 的规定，且其缺陷的补焊效果应符合 JB/T 5000.7 的规定。

2）焊接卷筒应符合 JB/T 5000.3 的规定。根据钢板规格或制造工艺的需要，筒体应允许环向对接（焊缝）和纵向对接（焊缝）同时存在。当采用无缝钢管作为筒体的加工毛坯时，筒体不应出现环形焊缝。接长的筒体在环向对接焊缝处的两相邻纵向对接焊缝应符合以下规定：

① 卷制成形的错开位置不应小于 45°或弧长 200mm 以上的焊接热影响区；

② 两半压制成形的应错开 90°；

③ 不应出现十字交叉焊缝。

（3）焊材及焊缝质量检验

1）焊材应与被焊接的材料相适应，并应符合 GB/T 5117 的规定。

2）焊缝坡口形式应符合 GB/T 985.1 和 GB/T 985.2 的规定。

3）焊缝应进行外观检验，不应有弧坑、飞溅、熔渣、严重咬边和表面裂纹等影响性能和外观质量的缺陷。

4）短轴与短板（含筋板和锥筋板）焊接时应根据其材料的焊接性能，必要时采取焊前预热和焊后缓冷的工艺措施。

5）筒体环向对接焊缝应进行 100% 的无损检测。用射线检测时不应低于 GB/T 3323 中的Ⅱ级；用超声检测时不应低于 JB/T 10559 中的 1 级。

6）筒体纵向对接焊缝应进行不小于 20% 的无损检测，但至少要保证筒体两端各 160mm 范围内做检验。用射线检测时不应低于 GB/T 3323 中的Ⅲ级；用超声检测时不应低于 JB/T 10559 中的 3 级。

7）筒体与法兰、端板的连接焊缝应进行不小于 20% 的无损检测，不允许有裂纹。用磁粉检测时验收水平不低于 JB/T 6061 中的 2 级。

8）短轴与端板的连接焊缝应进行 100% 的无损检测，不允许有裂纹。用磁粉检测时，验收水平不应低于 JB/T 6061 中的 2 级。

（4）消除应力处理

1）铸铁卷筒应进行时效处理或退火处理。

2）铸铁卷筒应进行退火处理。

3）焊接卷筒形式 1 和 2（见表 17.1-78），允许不进行退火处理。其他结构型式的焊接卷筒应进行退火处理或采取其他措施进行消除应力处理。

4）对圆锥形短轴组件结构的焊接卷筒，允许只对短轴组件部分进行退火处理。

（5）外观及表面处理

1）铸铁卷筒绳槽表面粗糙度不应低于 GB/T 1031 中规定的 $Ra12.5\mu m$，铸钢和焊接卷筒绳槽表面粗糙度不应低于 GB/T 1031 中规定的 $Ra6.3\mu m$。

2）同一卷筒上左旋和右旋绳槽的等级应为 GB/T 1801 中规定的 h12。

3）加工表面未注公差尺寸的公差等级应为 GB/T 1804 中的 m 级（中等级）。

4）卷筒不应有裂纹。铸造卷筒成品的表面不应有影响使用性能和有损外观的显著缺陷（如气孔、疏松和夹渣等）。

5）铸造卷筒钢丝绳压板用的螺孔应完整，螺纹不应有破碎、断裂等缺陷。

6）采用卷筒联轴器与减速器连接的卷筒，其与卷筒联轴器的连接配合面应符合 JB/T 7009—2007《卷筒用球面滚子联轴器》中的配合技术要求。

7）卷筒加工后需配合的部位应涂防腐蚀的防锈油，其余应涂防锈漆。

（6）几何公差

卷筒上配合圆孔的圆度 t_1、同轴度 ϕt_2、左右螺旋槽的径向圆跳动 t_3 及端面圆跳动 t_4 不得大于 GB/T 1184 中的下列值：

1）$t_1 \leqslant$ 配合孔的公差带/2。

2）ϕt_2 不低于 8 级。

3）$t_3 = D/1000 \leqslant 1.0\mu m$。

4）t_4 不低于 8 级。

（7）使用条件

1）使用环境温度为 -20℃～40℃，超出该范围由用户与制造商协商解决。

2）当钢丝绳绕进或绕出卷筒时，钢丝绳中心线偏离螺旋槽中心线两侧的角度不应大于 3.5°；对于起升高度及 D/d 值较大的卷筒，钢丝绳偏离螺旋槽中心线的允许偏斜角应由计算确定。

3）对于光卷筒和无绳槽的多层缠绕卷筒，当未采用排绳装置时，钢丝绳中心线与卷筒轴垂直面的偏离角度不应大于 1.7°。

（8）卷筒的修复及报废

1）当铸造卷筒出现影响性能的表面缺陷（如裂纹等）时，应报废。

2）当焊接卷筒出现影响性能的裂纹时，应采取补焊措施；如不能修复，应报废。

3）当绳槽槽底壁厚磨损达原设计壁厚的 20% 时，应报废。

（9）其他

1）钢丝绳在卷筒上应能按顺序整齐排列。只缠绕一层钢丝绳的卷筒，应做出螺旋形槽；用于多层缠绕的卷筒，应采用使用排绳装置或便于钢丝绳自动转层缠绕的凸缘导板结构等措施。

2）对多层缠绕的卷筒，应有防止钢丝绳从端部滑落的挡边。当钢丝绳全部缠绕在卷筒后，挡边超出缠绕钢丝绳外表面的高度不应小于钢丝绳直径的 1.5 倍（对塔式起重机，是钢丝绳直径的 2 倍）。

3）对用于电动葫芦的卷筒，推荐采用焊接的方法制作。

4）钢丝绳在卷筒上绳端的固定应符合 GB/T 3811—2008《起重机设计规范》和 GB/T 5975—2006《钢丝绳压板》的规定。

4.3　钢丝绳在卷筒上的固定

钢丝绳端在卷筒上的固定必须安全可靠。压板固定是最常用的方法，如图 17.1-4a 所示。它的构造简单，检查拆装方便，但不能用于多层卷绕卷筒。多层卷绕卷筒采用楔块固定，如图 17. 1-4b 所示，它的结构复杂。另一种方法也适用于多层卷绕卷筒，即将钢丝绳引入卷筒内部或端部，再用压板固定，如图 17. 1-4c 所示，它的结构比较简单。

钢丝绳用的压板的结构型式和尺寸见表 17. 1-83。

这种压板适用于各种圆股钢丝绳的绳端固定，不宜用于电动葫芦和多层卷绕的起重机的卷筒。

压板的材料为 Q235A，压板表面应光滑平整，无毛刺、瑕疵、锐边和表面粗糙不平等缺陷。

4. 4　钢丝绳用压板（见表 17. 1-83）

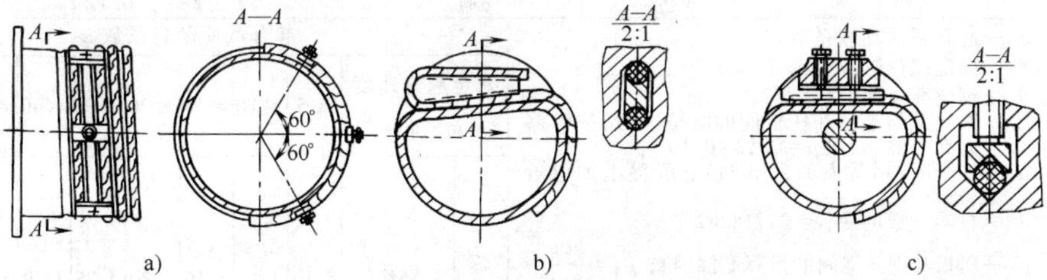

图 17. 1-4　钢丝绳端部固定方法

a）压板固定　b）楔块固定　c）卷筒端部压板固定

表 17. 1-83　钢丝绳用压板的结构型式和尺寸（摘自 GB/T 5975—2006）

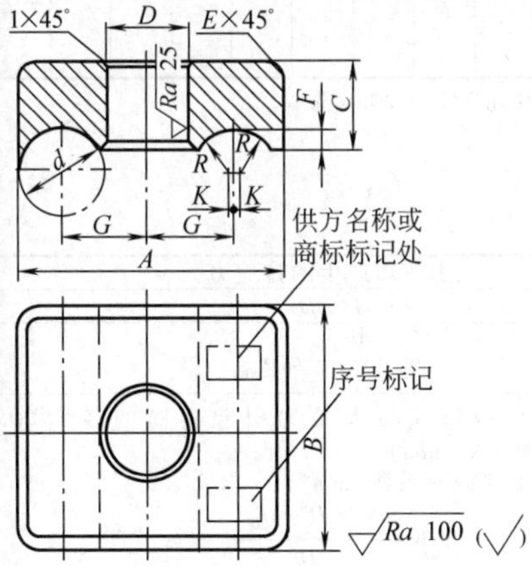

材料：不低于 Q235B

标记示例：

序号为 4（钢丝绳公称直径 14mm<d≤17mm）的标准槽压板标记为：

压板　GB/T 5975-4

序号为 4（钢丝绳公称直径 14mm<d≤17mm）的深槽压板标记为：

压板　GB/T 5975-4 深

压板序号	尺寸/mm													压板螺栓直径	单件质量/kg	
	适用钢丝绳公称直径 d	A		B	C	D	E	F	G		K	R				
		标准槽	深槽						标准槽	深槽		公称尺寸	极限偏差		标准槽	深槽
1	6~8	25	29	25	8	9	1	2. 0	8. 0	10. 0	1. 0	4. 0	+0. 1 0	M8	0. 03	0. 04
2	>8~11	35	39	35	12	11	1	3. 0	11. 5	13. 5	1. 5	5. 5		M10	0. 10	0. 12
3	>11~14	45	51	45	16	15	2	3. 5	14. 5	17. 5	1. 5	7. 0		M14	0. 22	0. 25
4	>14~17	55	66	50	18	18	2	4. 0	17. 5	21. 5	1. 5	8. 5	+0. 2 0	M16	0. 32	0. 37
5	>17~20	65	73	60	20	22	3	5. 0	21. 0	25. 0	1. 0	10. 0		M20	0. 48	0. 55
6	>20~23	75	85	60	20	22	4	6. 0	24. 5	29. 5	1. 5	11. 5		M20	0. 55	0. 65
7	>23~26	85	95	70	25	26	4	6. 5	28. 0	33. 0	1. 0	13. 0		M24	0. 91	1. 05
8	>26~29	95	105	70	25	30	5	7. 0	31. 5	36. 5	1. 5	14. 5	+0. 3 0	M27	0. 99	1. 12
9	>29~32	105	117	80	30	33	5	8. 0	34. 5	40. 5	1. 5	16. 0		M30	1. 52	1. 75
10	>32~35	115	129	90	35	33	6	9. 0	38. 0	45. 0	1. 0	17. 5		M30	2. 23	2. 58
11	>35~38	125	141	90	35	39	6	10. 0	40. 5	48. 5	1. 5	19. 0		M36	2. 29	2. 69
12	>38~41	135	153	100	40	45	8	11. 0	44. 0	53. 0	1. 0	20. 5		M42	3. 17	3. 74
13	>41~44	145	163	110	40	45	8	12. 0	47. 5	56. 5	1. 5	22. 0		M42	3. 82	4. 44
14	>44~47	155	175	110	50	45	8	13. 0	51. 5	61. 5	1. 5	23. 5		M42	5. 25	6. 12
15	>47~52	170	189	125	50	52	10	13. 0	56. 0	65. 0	2. 0	26. 0		M48	6. 69	7. 57
16	>52~56	180	—	135	50	52	10	14. 0	60. 0	—	2. 0	28. 0		M48	8. 10	—
17	>56~60	190	—	145	55	52	10	15. 0	64. 0	—	2. 0	30. 0		M48	9. 20	—

注：适用于起重机卷筒上所使用的 GB 8918—2006 和 GB/T 20118—2006 中规定的圆股钢丝绳的绳端固定的钢丝绳用

压板。

4.5 钢丝绳在卷筒上用压板固定的计算（见表 17.1-84）

表 17.1-84　压板固定计算

名　称	钢丝绳固定处拉力	压板对钢丝绳的压紧力		固定螺栓的合成应力
		压板槽为半圆形	压板槽为梯形	
公　式	$F=\frac{\varphi_2 S}{e^{\mu\alpha}}$	$N=\frac{n_0 F}{2\mu}$	$N=\frac{n_0 F}{\mu+\mu_1}$	$\sigma=\frac{4N}{Z\pi d_1^2}+\frac{\mu' Nl}{0.1Zd_1^3}\leqslant\sigma_{tp}$
符号意义	φ_2—起升载荷动载系数 d_1—固定螺栓的螺纹内径(mm) S —钢丝绳最大静拉力(N) μ —钢丝绳与卷筒和压板间的摩擦因数，按摩擦面有无油脂，取 $\mu=0.12\sim0.16$ α —安全圈(通常为 1.5~3 圈)在卷筒上的包角(rad) e —自然对数的底，e=2.718282 μ_1—压板与钢丝绳间的换算摩擦因数，$\mu_1=\frac{\mu}{\sin\beta}$ n_0—安全系数，一般取 $n_0\geqslant1.5$ μ'—垫圈与压板间的摩擦因数，$\mu'\approx0.16$ σ_{tp}—螺栓许用拉应力(MPa)，$\sigma_{tp}=\frac{R_{eL}}{1.5}$($R_{eL}$ 为螺栓的屈服强度) β —压板槽的斜面角，一般 $\beta=45°$ Z —螺栓数量，$Z\geqslant2$ l —摩擦力 $\mu' N$ 作用的力臂(mm)			见右侧起升载荷动载系数 φ_2 表

起升载荷动载系数 φ_2

额定起升速度 v/m·min^{-1}		≤5	≤10	≤15	≤20	≤30	≤40	≤50	≤60	>60
工作类型	轻级	1.10	1.13	1.16	1.20	1.25	1.30	1.35	1.40	1.45
	中级	1.20	1.25	1.30	1.35	1.40	1.45	1.50	1.55	1.60
	重级	1.30	1.35	1.40	1.45	1.50	1.55	1.60	1.65	1.70
	特重级	1.40	1.45	1.50	1.55	1.60	1.65	1.70	1.75	1.80

注：钢丝绳进、出卷筒的偏斜角计算本表未列，可按《起重机设计规范》GB/T 3811—2008 选取。

4.6 卷筒强度计算（见表 17.1-85）

表 17.1-85　卷筒强度计算

	应　力	卷筒壁内表面最大压应力	由弯矩产生的拉应力
强度计算	条　件	$L\leqslant3D$	$L>3D$
	公　式	$\sigma_c=A_1A\frac{S}{\delta P}\leqslant\sigma_{cp}$	$\sigma_b=\frac{M_{umax}}{W}\leqslant\sigma_{bp}$
	符号意义	A—与卷绕层数有关的系数 卷绕层数 n：1，2，3，≥4，≥5 系数 A：1，1.75，2.0，2.25，2.5 A_1—应力减小系数，一般取 $A_1=0.75$ S—钢丝绳最大静拉力(N) P—钢丝绳卷绕节距(mm) δ—卷筒壁厚(mm) σ_{cp}—许用压应力(MPa) 钢：$\sigma_{cp}=\frac{R_{eL}}{1.5}$，$R_{eL}$—屈服强度(MPa) 铸铁：$\sigma_{cp}=\frac{R_{mc}}{4.25}$，$R_{mc}$—抗压强度(MPa)	M_{umax}—由钢丝绳最大拉力引起卷筒的最大弯矩(N·mm) W—抗弯截面系数(mm^3)，$W=\frac{0.1(D^4-D_0^4)}{D}$ D—卷筒绳槽底径(mm) D_0—卷筒内径(mm) σ_{bp}—许用拉应力(MPa) 钢：$\sigma_{bp}=\frac{R_{eL}}{2}$，$R_{eL}$—屈服强度(MPa) 铸铁：$\sigma_{bp}=\frac{R_m}{2}$，$R_m$—抗拉强度(MPa)
	总应力	当 $L\leqslant3D$ 时，弯曲应力和扭转应力合成的总应力不超过 10%的压应力，只计算压应力即可	$\sigma_t=\sigma_b+\frac{\sigma_{bp}}{\sigma_{cp}}\sigma_c\leqslant\sigma_{bp}$
稳定性验算	条　件	对 $D\geqslant1200$mm、$L>2D$ 的大尺寸卷筒，必须对卷筒壁进行稳定性验算	
	失去稳定时的临界压力	钢卷筒：$F_w=52500\frac{\delta^3}{R^3}$	铸铁卷筒：$F_w=(25000\sim32500)\frac{\delta^3}{R^3}$
	卷筒壁单位压力	$p_r=\frac{2S}{DP}$	
	稳定性系数	$K=\frac{F_w}{p_r}\geqslant1.3\sim1.5$	
	符号意义	R—卷筒绳槽底半径(mm)，$R=\frac{D}{2}$；其他符号意义与强度计算的符号意义相同	

5　滑轮和滑轮组

5.1　滑轮

5.1.1　形式和基本参数（摘自 GB/T 27546—2011[⊖]）

（1）典型结构

滑轮的典型结构如图 17.1-5 所示。

（2）形式

1）按滑轮制造工艺分为铸造滑轮、焊接滑轮、双辐板压制滑轮及轧制滑轮，如图 17.1-6 所示。

2）按采用轴承形式分为深沟球轴承型、圆柱滚子轴承型、双列满装圆柱滚子轴承型及滑动轴承型，如图 17.1-7 所示。

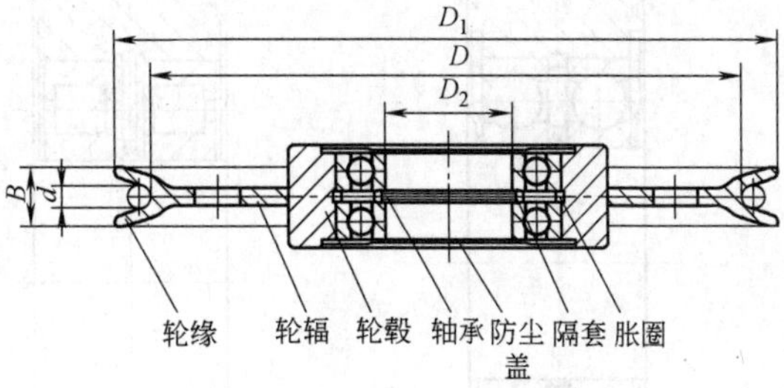

图 17.1-5　滑轮的典型结构

（3）滑轮绳槽断面（见图 17.1-6）的尺寸

滑轮绳槽断面的尺寸应符合表 17.1-86 的规定。轮毂尺寸及其他细部尺寸由滑轮制造商根据轴的尺寸、轴承的形式和滑轮的受力及强度自行确定。

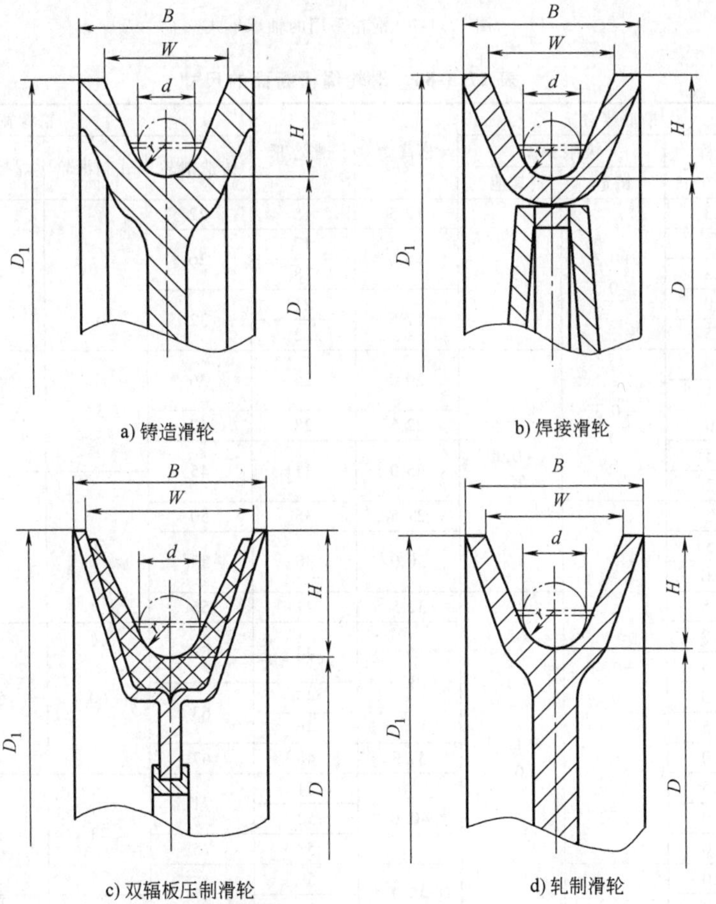

图 17.1-6　滑轮形式及绳槽断面

⊖　GB/T 27546—2011 中引用的标准部分已经更新，读者在引用该标准时应予以注意。

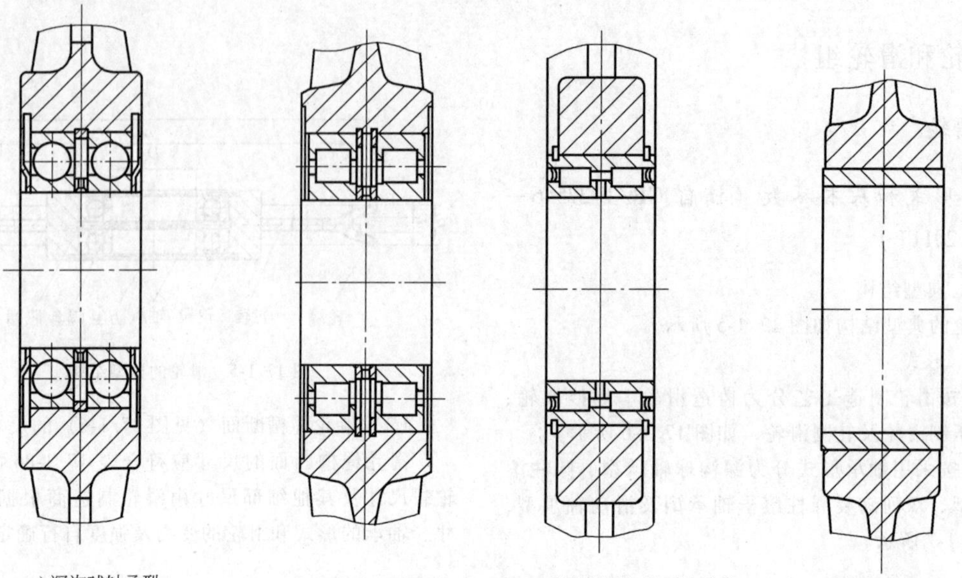

a) 深沟球轴承型 b) 圆柱滚子轴承型 c) 双列满装圆柱滚子轴承型 d) 滑动轴承型

图 17.1-7 滑轮采用的轴承形式

表 17.1-86 滑轮绳槽断面的尺寸 (mm)

钢丝绳直径 d	槽底半径 r			槽高 H	槽宽 W	轮缘宽 B			
	公称尺寸	极限偏差				铸造滑轮	轧制滑轮	焊接滑轮	双辐板压制滑轮
		铸造	其他						
6	3.3	$^{+0.2}_{0}$	—	12.5	15	22	—	—	—
>6~7	3.8			15.0	17	26			
>7~8	4.3				18				
>8~9	5.0			17.5	21	32			
>9~10	5.5				22				
>10~11	6.0	$^{+0.3}_{0}$	$^{+0.90}_{0}$	20.0	25	36	37	34	43
>11~12	6.5								
>12~13	7.0			22.5	28	40			
>13~14	7.5			25.0	31	45			
>14~15	8.2						50	44	57
>15~16	9.0	$^{+0.4}_{0}$		27.5	35	50			
>16~17	9.5			30.0	38	53			
>17~18	10.0								
>18~19	10.5		$^{+1.10}_{0}$	32.5	41	56			
>19~20	11.0			35	44	60	60	53	67
>20~21	11.5								
>21~22	12.0				45	63			
>22~23	12.5				46				
>23~24	13.0			37.5	48	67			
>24~25	13.5			40.0	51	71	73	68	82
>25~26	14.0				52				
>26~28	15.0				53	75			
>28~30	16.0	$^{+0.8}_{0}$		45.0	59	85			
>30~32	17.0				61		92	84	95
>32~33	18.0		$^{+1.3}_{0}$	50.0	66	90			
>34~35	19.0			55.0	72	100			106
>36~37	20.0				73				
>38~39	21.0			60.0	78	105	104	102	120

（续）

钢丝绳直径 d	槽底半径 r			槽高 H	槽宽 W	轮缘宽 B			
	公称尺寸	极限偏差				铸造滑轮	轧制滑轮	焊接滑轮	双辐板压制滑轮
		铸造	其他						
>39~41	22.0	+0.8 0	+1.3 0	60.0	79	105	104	102	120
>41~43	23.0			65.0	84	115			
>43~45	24.0		+1.5 0		86		123	122	—
>45~46	25.0			67.5	90	120			
>46~47	25.0			70.0	92	125			
>47~48.5	26.0				94				
>48.5~50	27.0			72.5	96	130			
>50~52	28.0			75.0	99		135	—	—
>52~54.5	29.0			77.5	103	140			
>54.5~56	30.0			80.0	106				
>56~58	31.0			82.5	110	150			

5.1.2　滑轮直径选用系列与匹配（摘自 GB/T 27546—2011）

滑轮直径 D 和钢丝绳直径 d 的匹配关系见表 17.1-87。表中以粗黑线框包络的区域为最常见的匹配范围。

表 17.1-87　滑轮直径的选用系列与匹配　（mm）

钢丝绳直径 d	滑轮直径 D																										
	70	80	90	100	110	125	140	160	180	200	225	250	280	315	355	400	450	500	560	630	710	800	900	1000	1120	1250	1400	1600	1800
≤6																													
>6~7																													
>7~8																													
>8~9																													
>9~10																													
>10~11																													
>11~12																													
>12~13																													
>13~14																													
>14~15																													
>15~16																													
>16~17																													
>17~18																													
>18~19																													
>19~20																													
>20~21																													
>21~22																													
>22~24																													
>24~25																													
>25~26																													
>26~28																													
>28~30																													
>30~32																													
>32~33																													
>33~35																													
>35~37																													
>37~39																													
>39~41																													
>41~43																													
>43~45																													
>45~46																													
>46~47																													
>47~48.5																													
>48.5~50																													
>50~52																													
>52~54.5																													
>54.5~56																													
>56~58																													

5.1.3　起重机用轧制滑轮尺寸参数（见表 17.1-88）

表 17.1-88　起重机用轧制滑轮尺寸参数　（mm）

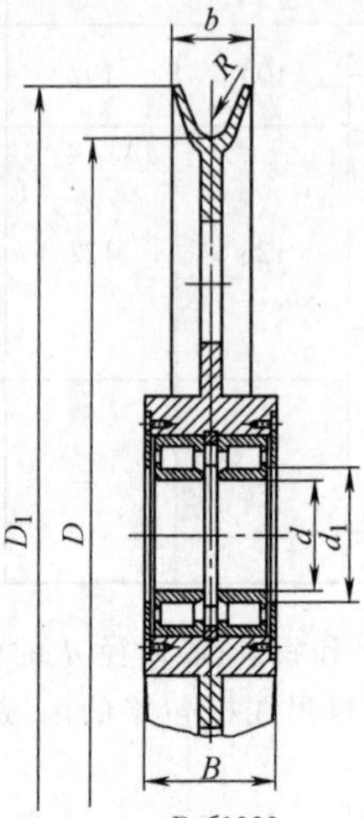

$D \leqslant 1000$

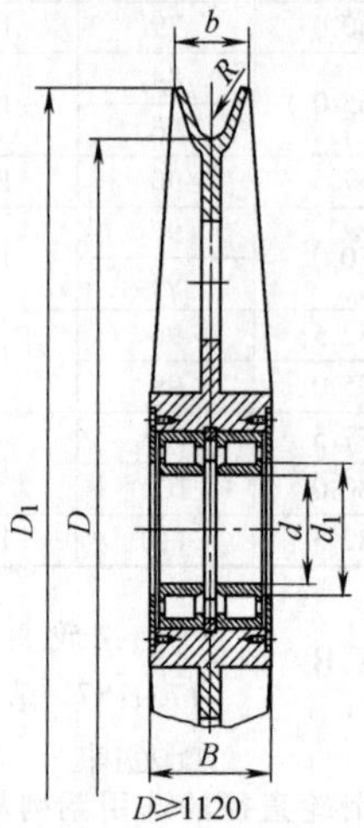

$D \geqslant 1120$

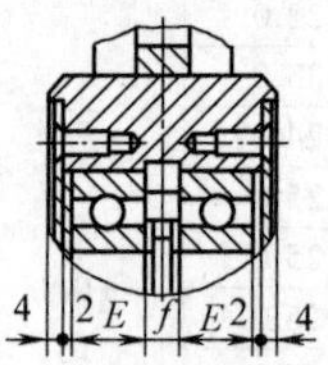

深沟球轴承60000型

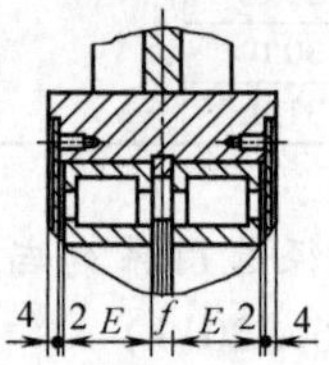

圆柱滚子轴承NJ型

D	D_1	R	d	d_1	b	B	E	f	轴承型号	适用钢丝绳	质量/kg
225	265	6.5	50	62	37	60	20	8	6210	10~12	9.77
	275	8			43					12~14	10.40
250	290	6.5	50	62	37	60	20	8	6210	10~12	10.87
	300	8			43					12~14	11.57
280	320	6.5	60	72	37	64	22	8	6212	10~12	13.50
	330	8			43					12~14	14.27
	340	10			50					14~18	16.16
315	355	6.5	50	62	37	60	20	8	6210	10~12	14.09
	365	8	60	72	43	64	22		6212	12~14	16.40
355	415	10	70	87	50	68	24	8	6214	14~18	20.05
	425	12			60					18~22	26.14
400	450	8	70	87	43	68	24	8	6214	12~14	24.87
	460	10	80	97	50	72	26		6216	14~18	27.12
450	510	10	90	107	50	80	30	8	6218	14~18	33.88
	520	12			60					18~22	38.96
	540	15	90	107	73	80	30	8	6218	22~28	46.93
			150	172		114	45	12	NJ230E		81.10
500	560	10	80	97	50	72	26	8	6216	14~18	34.24
	570	12	100	122	60	90	34	10	6220	18~22	48.10
			160	182		120	48	12	NJ232E		87.67
560	630	12	90	107	60	80	30	8	6218	18~22	50.15
	650	15			73					22~28	59.88
			200	232		140	58	12	NJ240E		140.36
	670	19	90	107	90	100	40	8	NJ2218E	28~36	81.49
			200	232		140	58	12	NJ240E		151.01
630	700	12	100	122	60	90	34	10	6220	18~22	62.39
			130	152		102	40		6226		76.39
			160	182		120	48	12	NJ232E		102.86
	720	15	120	142	73	102	40	10	6224	22~28	84.85
			150	172		114	45	12	NJ230E		105.28
			180	202		128	52		NJ236E		127.27
	740	19	160	182	90	120	48	12	NJ232E	28~36	129.28

（续）

D	D_1	R	d	d_1	b	B	E	f	轴承型号	适用钢丝绳	质量/kg
710	780	12	100	122	62	90	34	10	6220	18~22	81.07
						114	46		NJ2220E		89.81
			130	152		102	40		6226		92.98
			160	182		120	48	12	NJ232E		118.90
	800	15	100	122	73	114	46	10	NJ2220E	22~28	94.77
			120	142		102	40		6224		97.30
			150	172		114	45	12	NJ230E		117.51
			180	202		128	52		NJ236E		140.21
			200	232		140	58		NJ240E		163.48
	820	19	100	122	90	114	46	10	NJ2220E	28~36	114.42
			140	162		106	42		6228		123.24
			170	192		128	52	12	NJ234E		153.23
			200	232		140	58		NJ240E		178.35
			240	272		168	72		NJ248E		241.17
800	890	15	120	142	75	102	40	10	6224	22~28	119.44
			150	172		114	45	12	NJ230E		140.43
			180	202		128	52		NJ236E		162.63
	910	19	140	162	90	106	42	10	6228	28~36	139.59
			170	192		128	52	12	NJ234E		170.93
			200	232		140	58		NJ240E		196.85
	926	22	220	252	103	154	65	12	NJ244E	34~42	250.97
			240	272		168	72		NJ248E		295.77
900	990	15	120	142	77	102	40	10	6224	22~28	148.56
			150	172		114	45	12	NJ230E		170.93
			180	202		128	52		NJ236E		192.21
	1010	19	110	132	92	128	53	10	NJ2222E	28~36	173.31
			140	162		106	42		6228		173.64
			170	192		128	52	12	NJ234E		202.45
			200	232		140	58		NJ240E		229.22
			240	272		168	72		NJ248E		292.27
	1026	22	220	252	103	154	65	12	NJ244E	34~42	276.51
			240	272		168	72		NJ248E		322.34
1000	1110	19	140	162	92	106	42	10	6228	28~36	197.37
			170	192		128	52	12	NJ234E		227.58
			200	232		140	58		NJ240E		255.96
	1126	22	220	252	103	154	65	12	NJ244E	34~42	303.74
			240	272		168	72		NJ248E		350.19
1120	1230	19	140	162	92	106	42	10	6228	28~36	258.79
			170	192		128	52	12	NJ234E		295.78
			200	232		140	58		NJ240E		325.28
	1246	22	220	252	105	154	65	12	NJ244E	34~42	377.19
			240	272		168	72		NJ248E		438.76
1250	1376	22	220	252	105	154	65	12	NJ244E	34~42	429.88
			240	272		168	72		NJ248E		477.31
1400	1526	22	220	252	105	154	65	12	NJ244E	34~42	492.19
			240	272		168	72		NJ248E		540.91

5.1.4　滑轮技术要求（摘自 GB/T 27546—2011）

（1）材料

滑轮材料的力学性能要求见表 17.1-89。

表 17.1-89　滑轮材料的力学性能要求

序号	滑轮组成及零件名称		力学性能要求
1	轮毂、轮辐、轮缘、绳衬	铸造滑轮	铸钢材料的力学性能不应低于 GB/T 11352—2009 中的 ZG 270-500
			铸铁材料的力学性能不应低于 GB/T 9439—2010 中的 HT200
			球墨铸铁件材料的力学性能不应低于 GB/T 1348—2009 中的 QT400-18
		轧制滑轮	结构钢材料的力学性能不应低于 GB/T 700—2006 中的 Q235B
		焊接滑轮	结构钢材料的力学性能不应低于 GB/T 700—2006 中的 Q235B
		双辐板压制滑轮	轮毂铸铁材料的力学性能不应低于 GB/T 9439—2010 中的 HT200
			轮辐结构钢材料的力学性能不应低于 GB/T 700—2006 中的 Q235B
2	连接管	双辐板压制滑轮	结构钢材料的力学性能不应低于 GB/T 700—2006 中的 Q235B
3	涨圈		结构钢材料的力学性能不应低于 GB/T 699—1999 中的 45 钢
4	防尘盖		结构钢材料的力学性能不应低于 GB/T 700—2006 中的 Q235
5	隔套		铸铁材料的力学性能不应低于 GB/T 9439—2010 中的 HT200

（2）焊接及焊缝

焊接滑轮和轧制滑轮应符合下列要求：

1）焊材应与被焊接的材料相适应，并符合GB/T 5117 的规定。

2）焊缝坡口形式应符合 GB/T 985.1 和 GB/T 985.2 的规定。

3）焊缝应进行外观检验，不应有弧坑、飞溅、焊渣、严重咬边和表面裂纹等影响性能及外观质量的缺陷。

（3）外观及表面处理

1）滑轮绳槽表面粗糙度。对采用机械加工方法制造的绳槽表面不应大于 GB/T 1031 中的 $Ra12.5\mu m$，对采用轧制和压制的绳槽表面不应大于 GB/T 1031 中的 $Ra25\mu m$，滑轮安装轴承内孔的表面粗糙度不应大于 $Ra3.2\mu m$，其他未注加工表面粗糙度的不应大于 GB/T 1031 中的 $Ra25\mu m$。

2）滑轮的机械加工面和隔环等外露部件应涂防锈油，非加工面应进行涂装。

3）铸造滑轮、焊接滑轮和轧制滑轮应进行消除应力处理。

4）焊接滑轮轮槽表面滚压后应无伤痕，除去氧化皮。

5）双辐板压制部分应光滑、平整、无皱纹、裂纹和飞边。

6）铸件的加工表面不应有砂眼、气孔、缩孔、裂纹和疏松等缺陷，非加工表面不应有影响强度的缺陷。

（4）装配

1）所有零件检验合格后，才能进行装配。

2）装配好的滑轮应转动灵活。

（5）极限与配合

1）滑轮体与轴承外径配合公差推荐为 M7 或 P7。

2）槽底半径 r 的极限偏差应符合表 17.1-86 的规定。其他尺寸极限偏差，对铸造滑轮按 h14，对其他滑轮应符合表 17.1-90 的规定。

表 17.1-90　滑轮尺寸极限偏差　（mm）

滑轮直径 D		宽度 B		外圆 D_1	
公称尺寸	极限偏差	公称尺寸	极限偏差	公称尺寸	极限偏差
160~400	+2.5	≤50	+2	≤250	-1.0
>400~600	+3.0			>250~500	-1.2
>600~800	+4.0	≤76	+3	>500~1000	-1.6
>800~1000	+5.0			>1000~1200	-2.0
>1000~1200	+6.0	≤108	+4	>1200~1500	-2.5
>1200~1500	+7.0			>1500~1800	-3.0
>1500~1800	+8.0	≤150	+5	>1800~2000	-3.5

（6）几何公差

滑轮的几何公差见表 17.1-91。

表 17.1-91　滑轮的几何公差

<table>
<tr><th>种类</th><th>符号</th><th>项目</th><th>符号说明</th><th>允许的几何公差/mm</th></tr>
<tr><td rowspan="2">形状</td><td>⌭</td><td>圆柱度</td><td>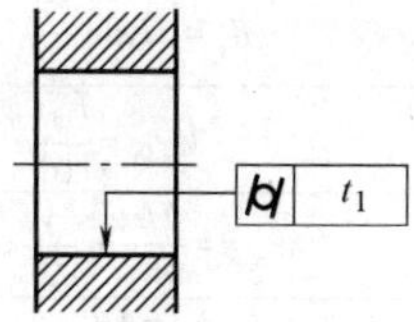
轮毂孔</td><td>圆柱度公差 t_1
t_1 =（轮毂孔的公差）/2</td></tr>
<tr><td>⌒</td><td>线轮廓度</td><td>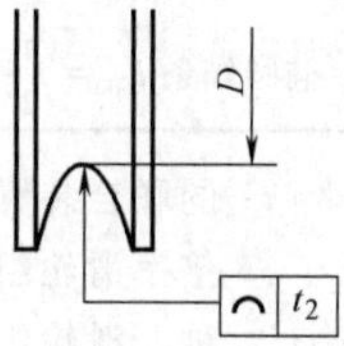
绳槽断面</td><td>绳槽半径公差带内的线轮廓度公差 t_2，t_2≤绳槽半径极限偏差</td></tr>
<tr><td rowspan="2">位置</td><td>↗</td><td>绳槽底
圆跳动</td><td>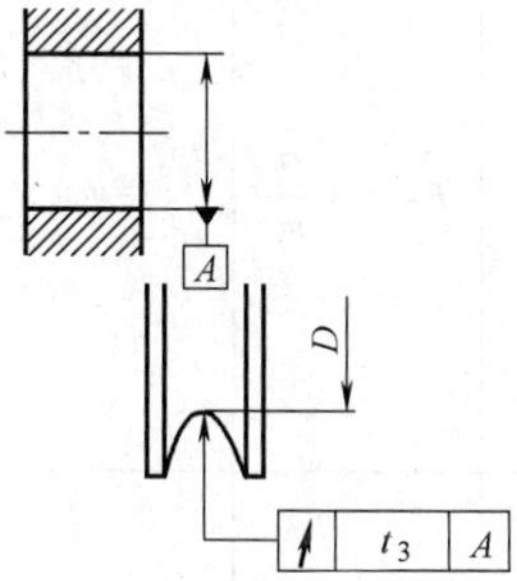</td><td>绳槽底圆跳动公差 t_3
铸造滑轮 $t_3 = D/1000 \leq 1.0$；
其他滑轮 $t_3 = 2.5D/1000$</td></tr>
<tr><td>↗</td><td>绳槽侧向
圆跳动</td><td>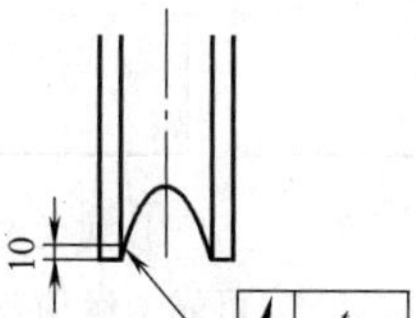</td><td><table><tr><th>D</th><th>t_4</th></tr><tr><td>≤250</td><td>2.0</td></tr><tr><td>>250～500</td><td>2.5</td></tr><tr><td>>500～1000</td><td>3.0</td></tr><tr><td>>1000～1200</td><td>4.0</td></tr><tr><td>>1200～1500</td><td>5.0</td></tr><tr><td>>1500～1800</td><td>6.0</td></tr></table></td></tr>
</table>

5.1.5 滑轮强度计算

小型铸造滑轮的强度取决于铸造工艺条件。一般不进行强度计算。对于大尺寸的焊接滑轮，则必须进行强度计算。滑轮强度的计算见表 17.1-92。

表 17.1-92　滑轮强度的计算

计算简图	项目		公式	符号意义
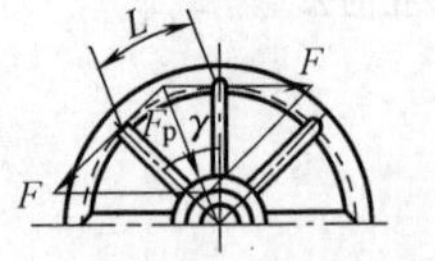	计算假定		假定轮缘是多支点梁，绳索拉力 F 使轮缘产生弯曲	F_c—临界载荷(N) F—绳索拉力(N) γ—绳索在滑轮上包角的圆心角 L—两轮辐间的轮缘弧长(mm) W—轮缘抗弯截面系数(mm^3) σ_{wp}—许用弯曲应力，对于 Q235A 型钢应小于 100MPa λ—压杆的柔度(长细比)，$\lambda=\frac{0.5l}{i_{min}}$ l—压杆全长(cm) I_{min}—压杆截面的最小截面二次矩(cm^4) A—压杆的横截毛面积(cm^2) R_{eL}—材料的屈服强度(N/mm^2) i_{min}—压杆截面的最小惯性半径(cm) A_1—强度校核时用净面积(cm^2) a—椭圆长轴之半(cm) d—圆直径(cm) n—安全系数
	绳索拉力的合力/N		$F_p=2F\sin\frac{\gamma}{2}$	
	轮缘	最大弯矩/N · mm	$M_{max}=\frac{F_pL}{16}$	
		最大弯曲应力/MPa	$\sigma_{max}=\frac{FL}{8W}\sin\frac{\gamma}{2}<\sigma_{wp}$	
	辐条	小柔度压杆 Q235A 钢 $\lambda<60$ 临界应力接近材料的屈服强度	$F_c=AR_{eL}$ $n=\frac{F_c}{F_p}=1.8\sim3$ $i_{min}=\sqrt{\frac{I_{min}}{A_1}}$ 圆柱辐条 $i_{min}=\frac{d}{4}$ 椭圆辐条 $i_{min}=\frac{a}{2}$	

5.2　滑轮组（见表 17.1-93）

由一根挠性件依次绕若干动滑轮和定滑轮而组成的联合装置称为滑轮组。在起重机械中广泛应用的是倍率滑轮组。按工作原理，滑轮组分为省力和增速两种，滑轮组的设计计算见表 17.1-93。

表 17.1-93　滑轮组的设计计算

名称	简图	挠性件自由端		符号意义
		牵引力	牵引速度	
省力滑轮组	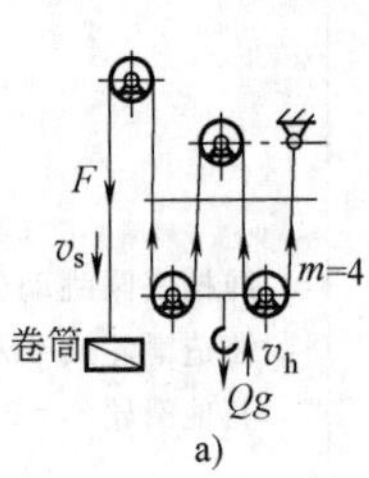 a)	$F=9.8\frac{Q}{m}$	$v_s=mv_h$	F—挠性件自由端牵引力(N) Q—起重量(kg) m—滑轮组倍率 单联滑轮组：$m=n$ 双联滑轮组：$m=\frac{n}{2}$ n—悬挂物品挠性件分支数 v_s—卷筒的牵引速度(m/s) v_h—重物移动的速度(m/s)
增速滑轮组	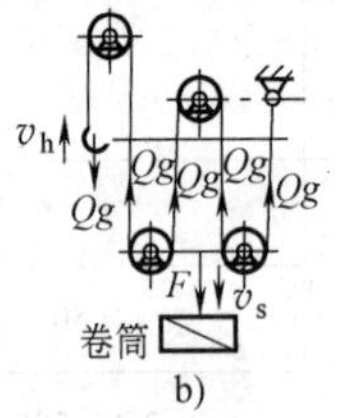 b)	$F=9.8mQ$	$v_s=\frac{v_h}{m}$	

6　起重链和链轮

起重链有环形焊接链和片式关节链。环形焊接链与钢丝绳相比，优点是挠性大，链轮齿数可以很少，因而直径小，结构紧凑。其缺点是对冲击的敏感性大，突然破断的可能性大，磨损也较快。

另外，不能用于高速，通常速度 $v<0.1\text{m}\cdot\text{s}^{-1}$（用于链轮）或 $v<1\text{m}\cdot\text{s}^{-1}$（用于光卷筒）。

片式关节链的优点：挠性较环形焊接链更好，比较可靠，运动较平稳，$v<0.25\text{m}\cdot\text{s}^{-1}$（可达 $1\text{m}\cdot\text{s}^{-1}$）。缺点：有方向性，横向无挠性，比钢丝绳重，与环形焊接链质量差不多；成本高，对灰尘和锈蚀较敏感。

起重链用于起重量小、起升高度小和起升速度低的起重机械。

为了携带和拆卸方便，链条的端部链节采用可拆卸链环。

片式关节链是由薄钢片以销轴铰接而成的一种链条。环形焊接链与片式关节链的选择计算方法相同。

6.1　起重链的选择

根据最大工作载荷及安全系数计算链条的破坏载荷 F_p，以 F_p 来选择链条

$$F_p \geqslant F_{max} S \tag{17.1-8}$$

式中　F_p——破断载荷（N）；

F_{max}——链条最大工作载荷（N）；

S——安全系数，按表 17.1-94 选取。

表 17.1-94　安全系数 S 值

链的种类	环形焊接链						片式关节链	
用途	光滑卷筒或滑轮		链轮		捆绑物品	吊钩用(带小钩，小环等)	速度 v/m·s^{-1}	
驱动方式	手动	机动	手动	机动			<1	1~1.5
S	3	6	4	8	6	5	6	8

6.2　起重用短环链

起重用短环链指经过精确校准用于葫芦和类似设备的承载链。起重用短环链的规格及尺寸见表 17.1-95。

短环链应采用力学性能不低于 YB/T 5211—1993 中的 20Mn2 钢制造。钢材的晶粒度按照 GB/T 6394—2002 进行测定，应达到奥氏体晶粒度 5 级以上。链条在经受制造试验力前，应进行淬火和回火处理。焊接影响长度 $e \leqslant 0.6d_n$（d_n 为材料名义直径）。

表 17.1-95　起重用短环链的规格及尺寸（摘自 GB/T 24816—2009）　（mm）

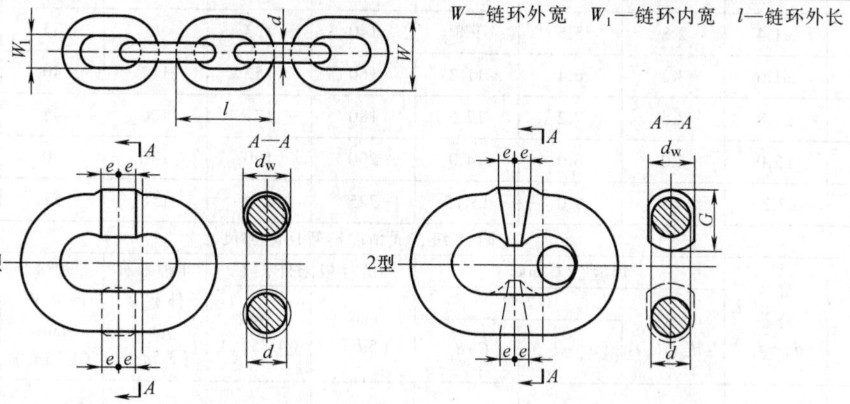

d_w—焊缝处测得的材料直径（1 型）或垂直于链环平面的焊缝尺寸（2 型）　d_m—焊缝外测得的材料直径

G—其他平面上的尺寸（2 型焊缝链）　e—链环中部任一侧的焊接影响长度

名义尺寸 d_n	直径公差 (d_m-d_n)	焊缝公差 max 1 型 (d_w-d_m)	焊缝公差 max 2 型 (d_w-d_m)	焊缝公差 max 2 型 (G-d_m)	链环极限外长 l max ($5d_n$)	链环极限外长 l min ($4.75d_n$)	非焊缝处外宽 W max ($3.5d_n$)	非焊缝处内宽 W_1 min ($1.25d_n$)	最小破断力 /kN	极限工作载荷 /t
5	+0.10 −0.30	0.5	1.0	1.75	25	24	18	6.3	31.6	0.8
6.3	+0.13 −0.38	0.63	1.25	2.2	32	30	22	7.9	50	1.25
7.1	+0.14 −0.43	0.71	1.42	2.5	36	34	25	8.9	63.4	1.6
8	+0.16 −0.48	0.8	1.6	2.8	40	38	28	10	80.6	2.0
9	+0.18 −0.54	0.9	1.8	3.15	45	43	32	11.3	102	2.5
10	+0.20 −0.60	1.0	2.0	3.5	50	47	35	12.5	126	3.2
11.2	+0.22 −0.67	1.12	2.24	3.9	56	53	39	14	158	4.0

（续）

名义尺寸 d_n	直径公差 (d_m-d_n)	焊缝公差 max 1型 (d_w-d_m)	焊缝公差 max 2型 (d_w-d_m)	焊缝公差 max 2型 $(G-d_m)$	链环极限外长 l max $(5d_n)$	链环极限外长 l min $(4.75d_n)$	非焊缝处外宽 W max $(3.5d_n)$	非焊缝处内宽 W_1 min $(1.25d_n)$	最小破断力 /kN	极限工作载荷 /t
12.5	+0.25 -0.75	1.25	2.5	4.4	63	59	44	15.7	198	5.0
14	+0.28 -0.84	1.4	2.8	4.9	70	66	49	18	248	6.3
16	+0.32 -0.96	1.6	3.2	5.6	80	76	56	20	322	8.0
18	±0.90	1.8	3.6	6.3	90	85	63	23	408	10
20	±1.0	2.0	4.0	7.0	100	95	70	25	504	12.5
22.4	±1.1	2.24	4.48	7.85	112	106	78	28	632	16
25	±1.25	2.5	5.0	8.75	125	119	88	32	786	20
28	±1.4	2.8	5.6	9.8	140	133	98	35	986	25
32	±1.6	3.2	6.4	11.2	160	152	112	40	1288	32
36	±1.8	3.6	7.2	12.6	180	171	126	45	1630	40
40	±2.0	4.0	8.0	14.0	200	190	140	50	2012	50
45	±2.25	4.5	9.0	15.75	225	214	158	57	2546	63

附:8 级普通精度链暂用附加尺寸

名义尺寸 d_n	直径公差 (d_m-d_n)	焊缝公差 max 1型 (d_w-d_m)	焊缝公差 max 2型 (d_w-d_m)	焊缝公差 max 2型 $(G-d_m)$	链环极限外长 l max $(5d_n)$	链环极限外长 l min $(4.75d_n)$	非焊缝处外宽 W max $(3.5d_n)$	非焊缝处内宽 W_1 min $(1.25d_n)$	最小破断力 /kN	极限工作载荷 /t
6	+0.12 -0.36	0.6	1.2	2.1	30	28	21	7.5	45.4	1.1
7	+0.14 -0.42	0.7	1.4	2.45	35	33	25	8.8	61.6	1.5
8.7	+0.17 -0.52	0.87	1.74	3.05	44	41	30	10.9	95.2	2.4
9.5	+0.19 -0.57	0.95	1.9	3.35	48	45	33	11.9	114	2.8
10.3	+0.21 -0.62	1.03	2.06	3.6	52	49	36	12.9	134	3.3
11	+0.22 -0.66	1.1	2.2	3.85	55	52	39	13.8	154	3.8
12	+0.24 -0.72	1.2	2.4	4.2	60	57	42	15	182	4.6
13	+0.26 -0.78	1.3	2.6	4.55	65	62	46	16.3	214	5.4

（续）

名义尺寸 d_n	直径公差 (d_m-d_n)	焊缝公差 max			链环极限外长 l		非焊缝处外宽 W max $(3.5d_n)$	非焊缝处内宽 W_1 min $(1.25d_n)$	最小破断力 /kN	极限工作载荷 /t
		1 型	2 型		max	min				
		(d_w-d_m)	(d_w-d_m)	$(G-d_m)$	$(5d_n)$	$(4.75d_n)$				
13.5	+0.27 -0.81	1.35	2.7	4.75	68	64	47	17	230	5.8
16.7	+0.33 -1.00	1.67	3.34	5.85	84	79	58	21	352	8.9
19	±0.95	1.9	3.8	6.65	95	90	67	24	454	11.5
20.6	±1.0	2.06	4.12	7.2	103	98	72	26	534	13.5
22 *	±1.1	2.2	4.4	7.7	110	104	77	28	610	15.5
23	±1.15	2.3	4.6	8.05	115	109	81	29	666	16.9
26 *	±1.3	2.6	5.2	9.1	130	123	91	33	850	21.6
30	±1.5	3.0	6.0	10.5	150	142	105	38	1132	28.8
35 *	±1.75	3.5	7.0	12.25	175	166	123	44	1540	39.2

注：1. 名义尺寸 25.4mm 已纳入其他普通精度链的国家标准中，未列入 GB/T 24816—2009 中。
2. 带 * 尺寸在其他普通精度链的国家标准中未列出。

6.3 板式链及连接环

板式链的结构如图 17.1-8 所示。其尺寸分两个系列：第 1 系列代号为 LH，其尺寸见表 17.1-96；第 2 系列代号为 LL，其尺寸见表 17.1-97。

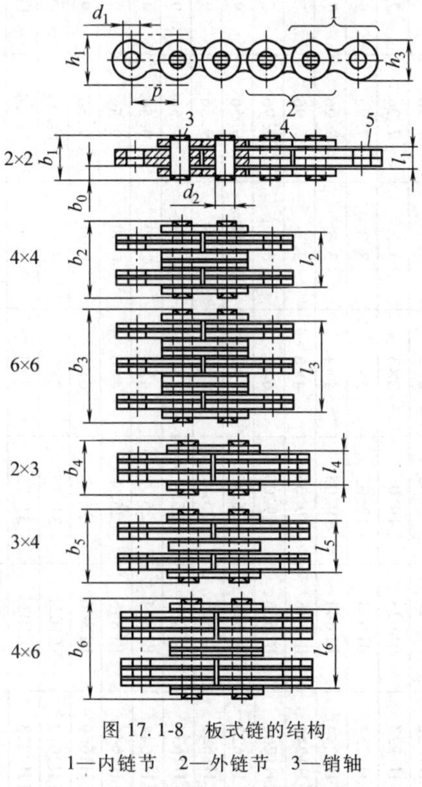

图 17.1-8　板式链的结构
1—内链节　2—外链节　3—销轴
4—外链板　5—内链板

连接环的结构如图 17.1-9 所示，其尺寸见表 17.1-98、表 17.1-99。

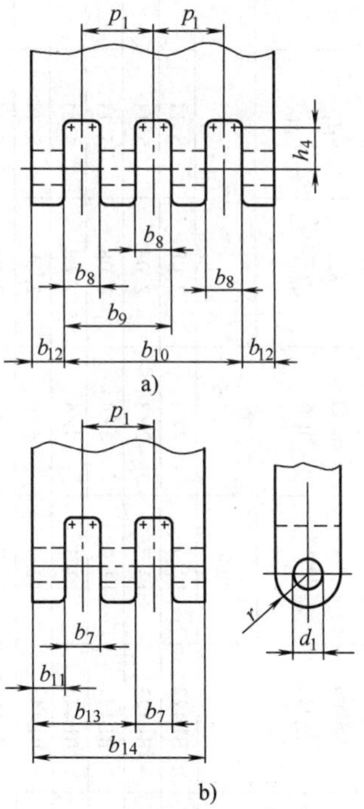

图 17.1-9　连接环的结构
a）外连接环　b）内连接环

表 17.1-96 LH 系列链条主要尺寸、测量力和抗拉强度（摘自 GB/T 6074—2006）

链号	ASME 链号	节距 p nom	板数组合	链板厚度 b_0 max	内链板孔径 d_1 min	销轴直径 d_2 max	链条通道高度 h_1[①] min	链板高度 h_3 max	铆接销轴高度 $b_1 \sim b_6$ max	外链节内宽 $l_1 \sim l_6$ min	测量力	抗拉强度 min
		mm		mm							N	kN
LH0822[②]	BL422	12.7	2×2	2.08	5.11	5.09	12.32	12.07	11.1	4.2	222	22.2
LH0823	BL423	12.7	2×3	2.08	5.11	5.09	12.32	12.07	13.2	6.3	222	22.2
LH0834	BL434	12.7	3×4	2.08	5.11	5.09	12.32	12.07	17.4	10.4	334	33.4
LH0844[②]	BL444	12.7	4×4	2.08	5.11	5.09	12.32	12.07	19.6	12.4	445	44.5
LH0846	BL446	12.7	4×6	2.08	5.11	5.09	12.32	12.07	23.8	16.6	445	44.5
LH0866	BL466	12.7	6×6	2.08	5.11	5.09	12.32	12.07	28	21	667	66.7
LH1022[②]	BL522	15.875	2×2	2.48	5.98	5.96	15.34	15.09	12.9	4.9	334	33.4
LH1023	BL523	15.875	2×3	2.48	5.98	5.96	15.34	15.09	15.4	7.4	334	33.4
LH1034	BL534	15.875	3×4	2.48	5.98	5.96	15.34	15.09	20.4	12.3	489	48.9
LH1044[②]	BL544	15.875	4×4	2.48	5.98	5.96	15.34	15.09	22.8	14.7	667	66.7
LH1046	BL546	15.875	4×6	2.48	5.98	5.96	15.34	15.09	27.7	19.5	667	66.7
LH1066	BL566	15.875	6×6	2.48	5.98	5.96	15.34	15.09	32.7	24.6	1000	100.1
LH1222[②]	BL622	19.05	2×2	3.3	7.96	7.94	18.34	18.11	17.4	6.6	489	48.9
LH1223	BL623	19.05	2×3	3.3	7.96	7.94	18.34	18.11	20.8	9.9	489	48.9
LH1234	BL634	19.05	3×4	3.3	7.96	7.94	18.34	18.11	27.5	16.5	756	75.6
LH1244[②]	BL644	19.05	4×4	3.3	7.96	7.94	18.34	18.11	30.8	19.8	979	97.9
LH1246	BL646	19.05	4×6	3.3	7.96	7.94	18.34	18.11	37.5	26.4	979	97.9
LH1266	BL666	19.05	6×6	3.3	7.96	7.94	18.34	18.11	44.2	33.2	1468	146.8
LH1622[②]	BL822	25.4	2×2	4.09	9.56	9.54	24.38	24.13	21.4	8.2	845	84.5
LH1623	BL823	25.4	2×3	4.09	9.56	9.54	24.38	24.13	25.5	12.3	845	84.5
LH1634	BL834	25.4	3×4	4.09	9.56	9.54	24.38	24.13	33.8	20.5	1290	129
LH1644[②]	BL844	25.4	4×4	4.09	9.56	9.54	24.38	24.13	37.9	24.6	1690	169
LH1646	BL846	25.4	4×6	4.09	9.56	9.54	24.38	24.13	46.2	32.7	1690	169
LH1666	BL866	25.4	6×4	4.09	9.56	9.54	24.38	24.13	54.5	41.1	2536	253.6
LH2022[②]	BL1022	31.75	2×2	4.9	11.14	11.11	30.48	30.18	25.4	9.8	1156	115.6
LH2023	BL1023	31.75	2×3	4.9	11.14	11.11	30.48	30.18	30.4	14.8	1156	115.6
LH2034	BL1034	31.75	3×4	4.9	11.14	11.11	30.48	30.18	40.3	24.5	1824	182.4
LH2044[②]	BL1044	31.75	4×4	4.9	11.14	11.11	30.48	30.18	45.2	29.5	2313	231.3

（续）

链号	ASME 链号	节距 p nom	板数组合	链板厚度 b_0 max	内链板孔径 d_1 min	销轴直径 d_2 max	链条通道高度 $h_1$① min	链板高度 h_3 max	铆接销轴高度 $b_1 \sim b_6$ max	外链节内宽 $l_1 \sim l_6$ min	测量力	抗拉强度 min
		mm		mm							N	kN
LH2046	BL1046	31.75	4×6	4.9	11.14	11.11	30.48	30.18	55.1	39.4	2313	231.3
LH2066	BL1066	31.75	6×6	4.9	11.14	11.11	30.48	30.18	65	49.2	3470	347
LH2422②	BL1222	38.1	2×2	5.77	12.74	12.71	36.55	36.2	29.7	11.6	1512	151.2
LH2423	BL1223	38.1	2×3	5.77	12.74	12.71	36.55	36.2	35.5	17.4	1512	151.2
LH2434	BL1234	38.1	3×4	5.77	12.74	12.71	36.55	36.2	47.1	28.9	2446	244.6
LH2444②	BL1244	38.1	4×4	5.77	12.74	12.71	36.55	36.2	52.9	34.4	3025	302.5
LH2446	BL1246	38.1	4×6	5.77	12.74	12.71	36.55	36.2	64.6	46.3	3025	302.5
LH2466	BL1266	38.1	6×6	5.77	12.74	12.71	36.55	36.2	76.2	57.9	4537	453.7
LH2822②	BL1422	44.45	2×2	6.6	14.31	14.29	42.67	42.24	33.6	13.2	1913	191.3
LH2823	BL1423	44.45	2×3	6.6	14.31	14.29	42.67	42.24	40.2	19.7	1913	191.3
LH2834	BL1434	44.45	3×4	6.6	14.31	14.29	42.67	42.24	53.4	32.7	3158	315.8
LH2844②	BL1444	44.45	4×4	6.6	14.31	14.29	42.67	42.24	60.0	39.1	3826	382.6
LH2846	BL1446	44.45	4×6	6.6	14.31	14.29	42.67	42.24	73.2	52.3	3826	382.6
LH2866	BL1466	44.45	6×6	6.6	14.31	14.29	42.67	42.24	86.4	65.5	5783	578.3
LH3222②	BL1622	50.8	2×2	7.52	17.49	17.46	48.74	48.26	40.0	15.0	2891	289.1
LH3223	BL1623	50.8	2×3	7.52	17.49	17.46	48.74	48.26	46.6	22.5	2891	289.1
LH3234	BL1634	50.8	3×4	7.52	17.49	17.46	48.74	48.26	61.8	37.5	4404	440.4
LH3244②	BL1644	50.8	4×4	7.52	17.49	17.46	48.74	48.26	69.3	44.8	5783	578.3
LH3246	BL1646	50.8	4×6	7.52	17.49	17.46	48.74	48.26	84.5	59.9	5783	578.3
LH3266	BL1666	50.8	6×6	7.52	17.49	17.46	48.74	48.26	100.0	75.0	8674	867.4
LH4022②	BL2022	63.5	2×2	9.91	23.84	23.81	60.88	60.33	51.8	19.9	4337	433.7
LH4023	BL2023	63.5	2×3	9.91	23.84	23.81	60.88	60.33	61.7	29.8	4337	433.7
LH4034	BL2034	63.5	3×4	9.91	23.84	23.81	60.88	60.33	81.7	49.4	6494	649.4
LH4044②	BL2044	63.5	4×4	9.91	23.84	23.81	60.88	60.33	91.6	59.1	8674	867.4
LH4046	BL2046	63.5	4×6	9.91	23.84	23.81	60.88	60.33	111.5	78.9	8674	867.4
LH4066	BL2066	63.5	6×6	9.91	23.84	23.81	60.88	60.33	131.4	99.0	13011	1301.1

① 链条通道高度是装配好的链条应能通过的最小高度。

② 与具有相同节距和相同最小抗拉强度的非偶数组合的链条相比，这些链条已经降低了疲劳强度和磨损寿命。当选择特殊应用的链条时应引起注意。

表 17.1-97 LL 系列链条主要尺寸、测量力和抗拉强度（摘自 GB/T 6074—2006）

链 号	节距 p nom	板数组合	链板厚度 b_0 max	内链板孔径 d_1 min	销轴直径 d_2 max	链条通道高度 h_1 ① min	链板高度 h_3 max	铆接销轴高度 $b_1 \sim b_3$ max	外链节内宽 $l_1 \sim l_3$ min	测量力	抗拉强度 min
	mm					mm				N	kN
LL0822	12.7	2×2	1.55	4.46	4.45	11.18	10.92	3.5	3.1	180	18
LL0844		4×4						14.6	9.1	360	36
LL0866		6×6						20.7	15.2	540	54
LL1022	15.875	2×2	1.65	5.09	5.08	13.98	13.72	9.3	3.4	220	22
LL1044		4×4						16.1	10.1	440	44
LL1066		6×6						22.9	16.8	660	66
LL1222	19.05	2×2	1.9	5.73	5.72	16.39	16.13	10.7	3.9	290	29
LL1244		4×4						18.5	11.6	580	58
LL1266		6×6						26.3	19.0	870	87
LL1622	25.4	2×2	3.2	8.3	8.28	21.34	21.08	17.2	6.2	600	60
LL1644		4×4						30.2	19.4	1200	120
LL1666		6×6						43.2	31.0	1800	180
LL2022	31.75	2×2	3.7	10.21	10.19	26.68	26.42	20.1	7.2	950	95
LL2044		4×4						35.1	22.4	1900	190
LL2066		6×6						50.1	36.0	2850	285
LL2422	38.1	2×2	5.2	14.65	14.63	33.73	33.4	28.4	10.2	1700	170
LL2444		4×4						49.4	30.6	3400	340
LL2466		6×6						70.4	51.0	5100	510
LL2822	44.45	2×2	6.45	15.92	15.9	37.46	37.08	34	12.8	2000	200
LL2844		4×4						60	38.4	4000	400
LL2866		6×6						86	64.0	6000	600
LL3222	50.8	2×2	6.45	17.83	17.81	42.72	42.29	35	12.8	2600	260
LL3244		4×4						61	38.4	5200	520
LL3266		6×6						87	64.0	7800	780
LL4022	63.5	2×2	8.25	22.91	22.89	53.49	52.96	44.7	16.2	3600	360
LL4044		4×4						77.9	48.6	7200	720
LL4066		6×6						111.1	81.0	10800	1080
LL4822	76.2	2×2	10.3	29.26	29.24	64.52	63.88	56.1	20.2	5600	560
LL4844		4×4						97.4	60.6	11200	1120
LL4866		6×6						138.9	101.0	16800	1680

① 链条通道高度是装配好的链条应能通过的最小高度。

表 17.1-98 LH 系列连接环尺寸（摘自 GB/T 6074—2006） （mm）

链号	ASME 链号	b_7	b_8	b_9	b_{10}	b_{12}	b_{11}	b_{13}	b_{14}	p_1	d_1	h_4	r
		H12①				min	max	max	max	nom	min	min	max
LH0822	BL422	—	4.41	—	—	3.12	4.03	—	—	—	5.11	6.35	6.35
LH0823	BL423	—	6.53	—	—		6.05	—	—	—			
LH0834	BL434	2.21	4.33	10.68	—		4.03	10.20	—	6.35			
LH0844	BL444	4.41	4.41	12.89	—		4.03	12.25	—	8.47			
LH0846	BL446	4.41	6.53	17.12	—		6.05	16.32	—	10.59			
LH0866	BL466	4.41	4.41	12.89	21.36		4.03	12.25	20.47	8.47			

（续）

链号	ASME 链号	b_7	b_8	b_9	b_{10}	b_{12}	b_{11}	b_{13}	b_{14}	p_1	d_1	h_4	r
		H12①				min	max	max	max	nom	min	min	max
LH1022	BL522	—	5.24	—	—	3.72	4.80	—	—	—	5.98	7.92	7.92
LH1023	BL523	—	7.76	—	—		7.20	—	—	—			
LH1034	BL534	2.62	5.14	12.69	—		4.80	12.12	—	7.55			
LH1044	BL544	5.24	5.24	15.31	—		4.80	14.56	—	10.07			
LH1046	BL546	5.24	7.76	20.35	—		7.20	19.40	—	12.59			
LH1066	BL566	5.24	5.24	15.31	25.38		4.80	14.56	24.31	10.07			
LH1222	BL622	—	6.96	—	—	4.95	6.41	—	—	—	7.96	9.53	9.53
LH1223	BL623	—	10.31	—	—		9.61	—	—	—			
LH1234	BL634	3.48	6.83	16.88	—		6.41	16.18	—	10.05			
LH1244	BL644	6.96	6.96	20.36	—		6.41	19.43	—	13.40			
LH1246	BL646	6.96	10.31	27.06	—		9.61	25.89	—	16.75			
LH1266	BL666	6.96	6.96	20.36	33.76		6.41	19.43	32.45	13.40			
LH1622	BL822	—	8.59	—	—	6.13	7.93	—	—	—	9.56	12.70	12.70
LH1623	BL823	—	12.73	—	—		11.89	—	—	—			
LH1634	BL834	4.29	8.43	20.86	—		7.93	19.97	—	12.42			
LH1644	BL844	8.59	8.59	25.15	—		7.93	23.98	—	16.56			
LH1646	BL846	8.59	12.73	33.43	—		11.89	31.96	—	20.70			
LH1666	BL866	8.59	8.59	25.15	41.71		7.93	23.98	40.04	16.56			
LH2022	BL1022	—	10.26	—	—	7.35	9.48	—	—	—	11.14	15.88	15.88
LH2023	BL1023	—	15.21	—	—		14.22	—	—	—			
LH2034	BL1034	5.13	10.08	24.93	—		9.48	23.86	—	14.85			
LH2044	BL1044	10.26	10.26	30.06	—		9.48	28.65	—	19.80			
LH2046	BL1046	10.26	15.21	39.96	—		14.22	38.18	—	24.75			
LH2066	BL1066	10.26	10.26	30.06	49.86		9.48	28.65	47.82	19.80			
LH2422	BL1222	—	12.05	—	—	8.66	11.16	—	—	—	12.74	19.05	19.05
LH2423	BL1223	—	17.87	—	—		16.74	—	—	—			
LH2434	BL1234	6.02	11.84	29.31	—		11.16	28.05	—	17.46			
LH2444	BL1244	12.05	12.05	35.33	—		11.16	33.68	—	23.28			
LH2446	BL1246	12.05	17.87	46.97	—		16.74	44.89	—	29.10			
LH2466	BL1266	12.05	12.05	35.33	58.61		11.16	34.68	56.20	23.28			
LH2822	BL1422	—	13.76	—	—	9.90	12.76	—	—	—	14.31	22.23	22.23
LH2823	BL1423	—	20.41	—	—		19.13	—	—	—			
LH2834	BL1434	6.88	13.53	33.48	—		12.76	32.04	—	19.95			
LH2844	BL1444	13.76	13.76	40.36	—		12.76	38.47	—	26.60			
LH2846	BL1446	13.76	20.41	53.66	—		19.13	51.28	—	33.25			
LH2866	BL1466	13.76	13.76	40.36	66.97		12.76	38.47	64.18	26.60			
LH3222	BL1622	—	15.65	—	—	11.28	14.53	—	—	—	17.49	25.40	25.40
LH3223	BL1623	—	23.22	—	—		21.80	—	—	—			
LH3234	BL1634	7.82	15.40	38.11	—		14.53	36.48	—	22.71			
LH3244	BL1644	15.65	15.65	45.93	—		14.53	43.80	—	30.28			
LH3246	BL1646	15.65	23.22	61.07	—		21.80	58.38	—	37.85			
LH3266	BL1666	15.65	15.65	45.93	76.22		14.53	43.80	73.07	30.28			

（续）

链号	ASME 链号	b_7	b_8	b_9	b_{10}	b_{12}	b_{11}	b_{13}	b_{14}	p_1	d_1	h_4	r
		H12①				min	max	max	max	nom	min	min	max
LH4022	BL2022	—	20.53	—	—		19.19	—	—	—			
LH4023	BL2023	—	30.49	—	—		28.78	—	—	—			
LH4034	BL2034	10.27	20.23	50.11	—	14.86	19.19	48.11	—	29.88	23.84	31.75	31.75
LH4044	BL2044	20.53	20.53	60.37	—		19.19	57.76	—	39.84			
LH4046	BL2046	20.53	30.49	80.30	—		28.78	76.99	—	49.80			
LH4066	BL2066	20.53	20.53	60.37	100.22		19.19	57.76	96.33	39.84			

① 公差 H12 是根据 GB/T 1801 确定的。

表 17.1-99　LL 系列连接环尺寸（摘自 GB/T 6074—2006）　（mm）

链号	b_7	b_8	b_9	b_{10}	b_{12}	b_{11}	b_{13}	b_{14}	p_1	d_1	h_4	r
	H12①				min	max	max	max	nom	min	min	max
LL0822	—		—	—								
LL0844	3.35	3.35	—	—	2.33	2.97	9.07	—	6.35	4.46	6	6.35
LL0866	3.35		9.71	16.06			9.07	15.17				
LL1022	—		—	—			—	—				
LL1044	3.58	3.58	—	—	2.48	3.14	9.58	—	6.75	5.09	8	7.92
LL1066	3.58		10.33	17.08			9.58	16.01				
LL1222	—		—	—			—	—				
LL1244	4.16	4.16	—	—	2.85	3.61	11.03	—	7.80	5.73	9	9.52
LL1266	4.16		11.96	19.76			11.03	18.45				
LL1622	—		—	—			—	—				
LL1644	6.81	6.81	—	—	4.8	6.15	18.64	—	13	8.3	12	12.7
LL1666	6.81		19.81	31.81			18.64	31.14				
LL2022	—		—	—			—	—				
LL2044	7.86	7.86	—	—	5.55	7.08	21.45	—	15	10.21	14	15.88
LL2066	7.86		22.86	37.86			22.45	35.82				
LL2422	—		—	—			—	—				
LL2444	10.91	10.91	—	—	7.8	10.02	30.26	—	21	14.65	18	19.05
LL2466	10.91		31.91	52.91			30.26	50.50				
LL2822	—		—	—			—	—				
LL2844	13.46	13.46	—	—	9.68	12.46	37.57	—	26	15.92	20	22.2
LL2866	13.46		39.46	65.47			37.57	62.68				
LL3222	—		—	—			—					
LL3244	13.51	13.51	—	—	9.68	12.39	37.38	—	26	17.83	23	25.4
LL3266	13.51		39.51	65.52			37.38	62.37				
LL4022	—		—	—			—	—				
LL4044	17.21	17.21	—	—	12.38	15.87	47.80	—	33.2	22.91	28	31.75
LL4066	17.21		50.41	83.62			47.80	79.73				
LL4822	—		—	—			—	—				
LL4844	21.41	21.41	—	—	15.45	19.84	59.72	—	41.4	29.26	34	38.1
LL4866	21.41		62.82	104.2			59.72	99.60				

① 公差 H12 是根据 GB/T 1801 确定的。

6.4　焊接链轮

焊接链轮的计算与画法见表 17.1-100。

表 17.1-100　焊接链轮的计算与画法　(mm)

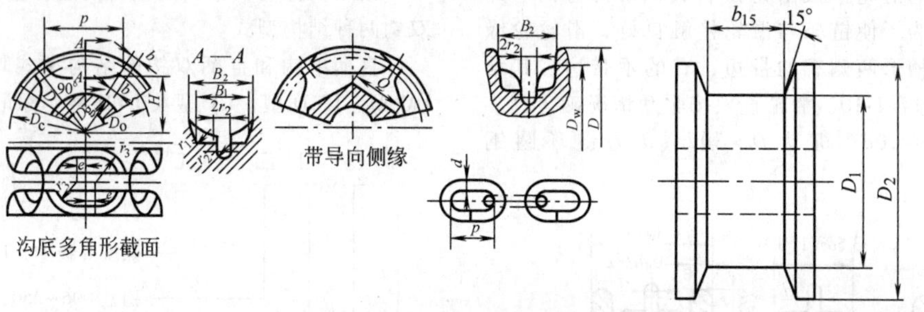

参数名称	代号	计算公式	参数名称	代号	计算公式
链轮上窝眼数	z	最少窝眼数不少于 4	导向侧缘直径	D	$D=D_W+1.2B$
中心夹角的半角	α	$\alpha=\dfrac{180°}{z}$	窝眼槽底宽度	B_1	$B_1=1.1B$
链轮节距	p'	$p'=D_o\sin\alpha$	窝眼槽顶宽度	B_2	$B_2=(1.2\sim1.3)B$
链轮节圆直径	D_o	$D_o=\sqrt{\left(\dfrac{p}{\sin\dfrac{\alpha}{2}}\right)^2+\left(\dfrac{d}{\cos\dfrac{\alpha}{2}}\right)^2}$ $D_o=\dfrac{p}{\sin\dfrac{\alpha}{2}}$ ($z\geqslant12$ 时)	齿根宽	b_1	$b_1=p-2.2d$
沟底圆直径	D_g	$D_g=D_o-(1.2\sim1.25)B$	齿顶宽	b_2	$b_2=p-2.5d$
沟底多角形边长	Q	$Q=D_g\tan\alpha$	齿根半径	r_1	$r_1=0.5d$
链轮外径	D_W	$D_W=D_o-(1\sim1.3)d$ $D_W=D_o+0.5d$ (用于滑车组链轮)	沟底半径	r_2	$r_2=0.6d$
齿顶圆直径	D_c	$D_c=D_o+0.6d$	窝眼槽半径	r_3	$r_3=0.5B_1$
			r_3 圆心位置	e	$e=0.45(p+2d-B)$
			窝眼槽底平面到中心距离	H	$H=0.5\left(p\cot\dfrac{\alpha}{2}-d\tan\dfrac{\alpha}{2}\right)-0.5d$ $H=0.5[\sqrt{D_o^2-(p+d)^2}-d]$ ($z\geqslant12$ 时)

注：1. D_o、H 及 p' 计算精确度达 0.1mm，其余尺寸可圆整到标准直径或长度尺寸。

2. $z>4$ 的链轮，窝眼槽半径 r_3 在距链轮中心 H 的地方。

3. $z>12$ 的链轮，窝眼槽底平面可做成圆弧面，圆弧面半径 $R=H$。

4. 链轮窝眼数：一般 $z=7\sim23$，也可选用 $z=18$、20、23、26、28、30、32、34、36、38、40、42、44、46、48、50、52。

6.5　板式链用槽轮

板式链用槽轮的设计计算见表 17.1-101。

表 17.1-101　板式链用槽轮的设计计算（摘自 GB/T 6074—2006）　(mm)

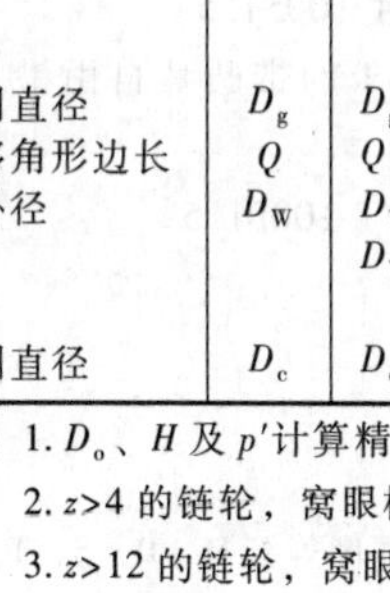

名　称	符号	计算公式	备　注
槽轮直径	D_1	$D_{1\min}=5p$	p—节距
轮缘内宽	b_{15}	$b_{15\min}=1.05b$	b—铆接销轴高度（尺寸 $b_1\sim b_6$），见图 17.1-8 和表 17.1-96 或表 17.1-97
轮缘直径	D_2	$D_{2\min}=D_1+h_3$	h_3—链板高度，见图 17.1-8 和表 17.1-96 或表 17.1-97

6.6　焊接链的滑轮与卷筒

6.6.1　焊接链的滑轮

焊接链的滑轮一般由铸铁制成，结构与钢丝绳滑轮相仿。为了使链条与滑轮接触良好，滑轮轮缘制成槽形，槽形两侧有的带边，有的不带边，其结构尺寸见图 17.1-10。滑轮直径按驱动情况确定，一般，手动 $D>20d$；机动 $D>30d$（d 为链环圆钢直径）。

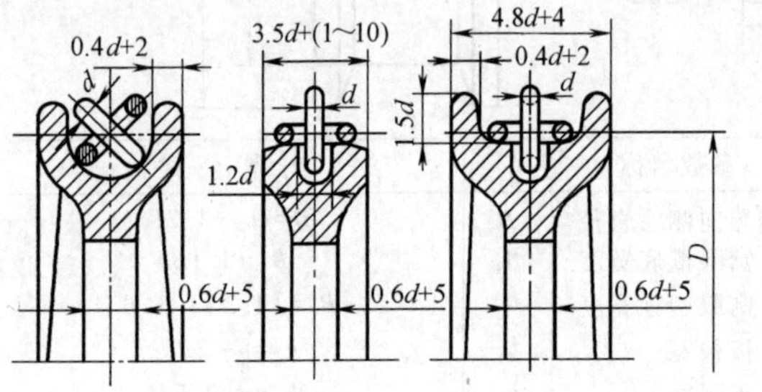

图 17.1-10　焊接链的滑轮的结构尺寸

6.6.2　焊接链的卷筒

焊接链的卷筒和链轮用来传递转矩。焊接链卷筒材料和结构与钢丝绳卷筒基本一样。卷筒表面有光面和带槽的两种，卷筒上链环槽的尺寸关系如图 17.1-11 所示。焊接链在卷筒上的固定方法如图 17.1-12 所示。

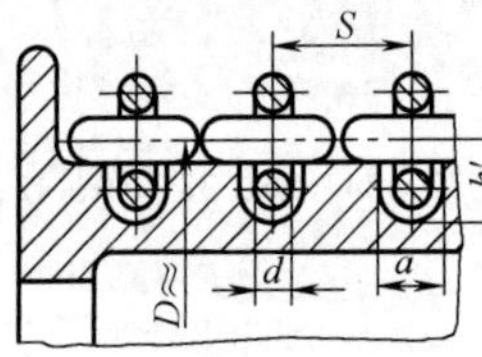

$a=1.2d$

$h'=0.5B-0.4d$

$S=3.5d+(2\sim3)$ mm

图 17.1-11　卷筒上链环槽的尺寸关系

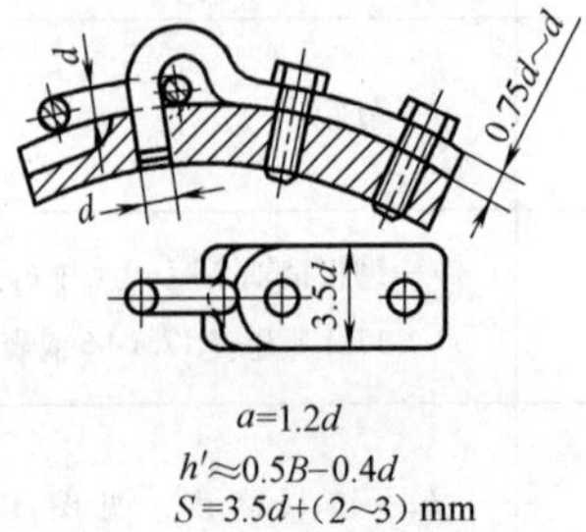

$a=1.2d$

$h'\approx0.5B-0.4d$

$S=3.5d+(2\sim3)$ mm

图 17.1-12　焊接链在卷筒上的固定方法

7　吊钩

7.1　吊钩的类型和标记

按结构分类，吊钩的主要类型有直柄单钩和直柄双钩两种结构型式。

直柄单钩和直柄双钩的结构型式均为四种，即 LM 型、LMD 型、LY 型及 LYD 型。标记方法为：

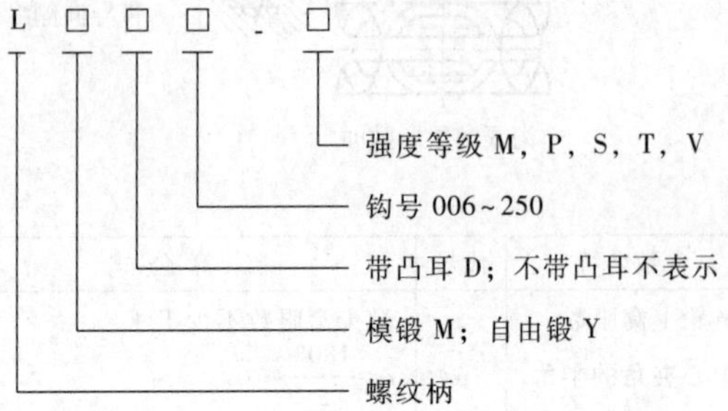

直柄单钩标记示例：

钩号 006、强度等级为 M 不带凸耳模锻直柄单钩标记为：

单钩　LM006-M　GB/T 10051.5

钩号 250、强度等级为 T 的带凸耳自由锻直柄单钩标记为：

单钩　LYD250-T　GB/T 10051.5

直柄双钩标记方法为：

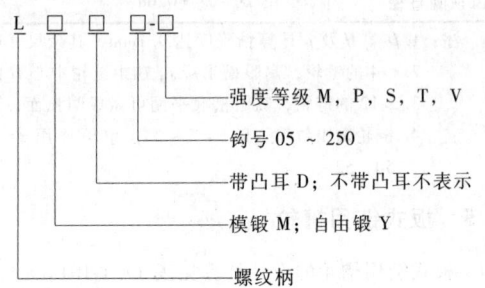

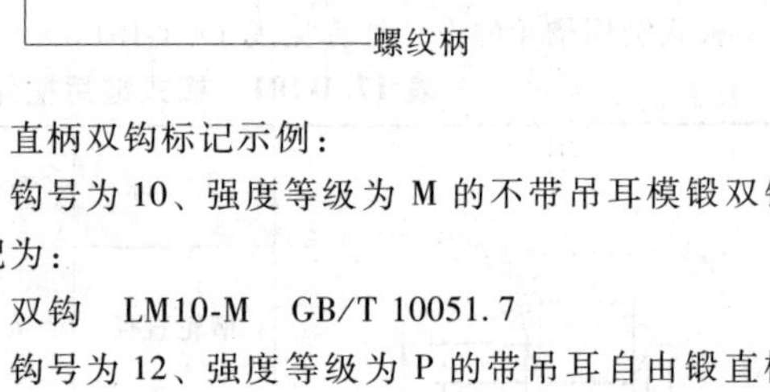

直柄双钩标记示例：

钩号为 10、强度等级为 M 的不带吊耳模锻双钩标记为：

双钩　LM10-M　GB/T 10051.7

钩号为 12、强度等级为 P 的带吊耳自由锻直柄双钩标记为：

双钩　LYD12-P　GB/T 10051.7

7.2　吊钩的力学性能

吊钩按其力学性能分为五个等级，见表 17.1-102。五个等级为 M、P、(S)、T 和 (V)。

表 17.1-102 吊钩的力学性能（摘自 GB/T 10051.1—2010）

强度等级	结构钢					合金钢		
	R_{eH} 或 $R_{p0.2}$/MPa	KV(ISO-V)/J				R_{eH} 或 $R_{p0.2}$/MPa	KV(ISO-V)/J	
		20℃		-20℃			20℃	-20℃
		纵向	横向	纵向	横向		纵向	横向
M	235					—	—	—
P	315	(55)	(31)	39	21	—	—	—
(S)	390					390	(35)	27
T	—	—				490	(35)	27
(V)	—	—				620	(30)	27

注：1. 冲击吸收能量试验应在-20℃下进行，括号中所给的冲击吸收能量值仅供参考。

2. 尽量避免采用括号内的强度等级。

7.3 吊钩的起重量（见表 17.1-103）

表 17.1-103 吊钩的起重量（摘自 GB/T 10051.1—2010）

强度等级	机构工作级别(按 GB/T 3811—2008)										强度等级
M	—	—	—	—	M3	M4	M5	M6	M7	M8	M
P	—	—	—	M3	M4	M5	M6	M7	M8	—	P
(S)	—	—	M3	M4	M5	M6	M7	M8	—	—	(S)
T	—	M3	M4	M5	M6	M7	—	—	—	—	T
(V)	M3	M4	M5	M6	M7	—	—	—	—	—	(V)
钩号	起重量/t										钩号
006	0.32	0.25	0.2	0.16	0.125	0.1	—	—	—	—	006
010	0.5	0.4	0.32	0.25	0.2	0.16	0.125	0.1	—	—	010
012	0.63	0.5	0.4	0.32	0.25	0.2	0.16	0.125	0.1	—	012
020	1	0.8	0.63	0.5	0.4	0.32	0.25	0.2	0.16	0.125	020
025	1.25	1	0.8	0.63	0.5	0.4	0.32	0.25	0.2	0.16	025
04	2	1.6	1.25	1	0.8	0.63	0.5	0.4	0.32	0.25	04
05	2.5	2	1.6	1.25	1	0.8	0.63	0.5	0.4	0.32	05
08	4	3.2	2.5	2	1.6	1.25	1	0.8	0.63	0.5	08
1	5	4	3.2	2.5	2	1.6	1.25	1	0.8	0.63	1
1.6	8	6.3	5	4	3.2	2.5	2	1.6	1.25	1	1.6
2.5	12.5	10	8	6.3	5	4	3.2	2.5	2	1.6	2.5
4	20	16	12.5	10	8	6.3	5	4	3.2	2.5	4
5	25	20	16	12.5	10	8	6.3	5	4	3.2	5
6	32	25	20	16	12.5	10	8	6.3	5	4	6
8	40	32	25	20	16	12.5	10	8	6.3	5	8
10	50	40	32	25	20	16	12.5	10	8	6.3	10
12	63	50	40	32	25	20	16	12.5	10	8	12
16	80	63	50	40	32	25	20	16	12.5	10	16
20	100	80	63	50	40	32	25	20	16	12.5	20
25	125	100	80	63	50	40	32	25	20	16	25
32	160	125	100	80	63	50	40	32	25	20	32
40	200	160	125	100	80	63	50	40	32	25	40
50	250	200	160	125	100	80	63	50	40	32	50
63	320	250	200	160	125	100	80	63	50	40	63
80	400	320	250	200	160	125	100	80	63	50	80
100	500	400	320	250	200	160	125	100	80	63	100
125	—	500	400	320	250	200	160	125	100	80	125
160	—	—	500	400	320	250	200	160	125	100	125
200	—	—	—	500	400	320	250	200	160	125	200
250	—	—	—	—	500	400	320	250	200	160	250

注：1. 机构工作级别低于 M3 的按 M3 考虑。

2. T、V 级强度等级的吊钩不推荐用于冶金起重机。

7.4　吊钩的材料（见表 17.1-104）

表 17.1-104　吊钩的材料（摘自 GB/T 10051.1—2010）

<table>
<tr><th rowspan="2">钩号</th><th rowspan="2">柄部直径
d_1/mm</th><th colspan="5">强 度 等 级</th></tr>
<tr><th>M</th><th>P</th><th>(S)</th><th>T</th><th>(V)</th></tr>
<tr><td>006</td><td>14</td><td rowspan="30">Q345qD</td><td rowspan="22">Q345qD</td><td rowspan="22">Q420qD 或
35CrMo</td><td rowspan="22">35CrMo</td><td rowspan="10">35CrMo</td></tr>
<tr><td>010</td><td rowspan="2">16</td></tr>
<tr><td>012</td></tr>
<tr><td>020</td><td rowspan="2">20</td></tr>
<tr><td>025</td></tr>
<tr><td>04</td><td rowspan="2">24</td></tr>
<tr><td>05</td></tr>
<tr><td>08</td><td rowspan="2">30</td></tr>
<tr><td>1</td></tr>
<tr><td>1.6</td><td>36</td></tr>
<tr><td>2.5</td><td>42</td><td rowspan="12">34Cr2Ni2Mo</td></tr>
<tr><td>4</td><td>48</td></tr>
<tr><td>5</td><td>53</td></tr>
<tr><td>6</td><td>60</td></tr>
<tr><td>8</td><td>67</td></tr>
<tr><td>10</td><td>75</td></tr>
<tr><td>12</td><td>85</td></tr>
<tr><td>16</td><td>95</td></tr>
<tr><td>20</td><td>106</td></tr>
<tr><td>25</td><td>118</td></tr>
<tr><td>32</td><td>132</td></tr>
<tr><td>40</td><td>150</td></tr>
<tr><td>50</td><td>170</td><td rowspan="8">Q420qD</td><td rowspan="8">35CrMo</td><td rowspan="8">34Cr2Ni2Mo</td><td rowspan="8">30Cr2Ni2Mo</td></tr>
<tr><td>63</td><td>190</td></tr>
<tr><td>80</td><td>212</td></tr>
<tr><td>100</td><td>236</td></tr>
<tr><td>125</td><td>265</td></tr>
<tr><td>160</td><td>300</td></tr>
<tr><td>200</td><td>335</td></tr>
<tr><td>250</td><td>375</td></tr>
</table>

注：当采用 JB/T 6396 中规定的材料时，推荐材料中的 w(Alt)≥0.020%，或用其他形式证明材料中的氮被固化。

7.5　吊钩的尺寸

（1）直柄单钩的结构型式和尺寸（见表 17.1-105）

表 17.1-105　直柄单钩的结构型式和尺寸（摘自 GB/T 10051.5—2010）　　（mm）

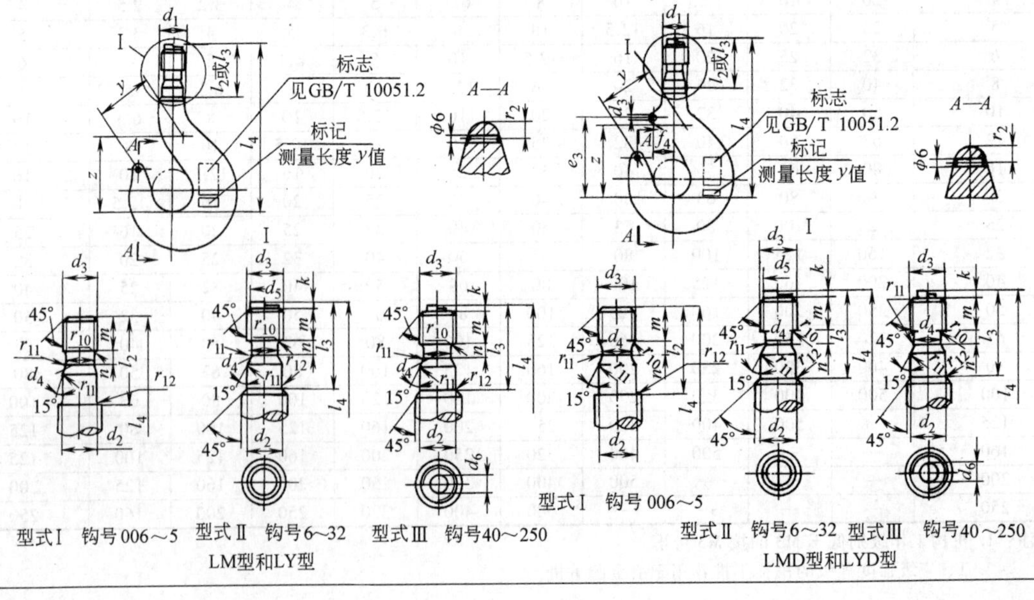

（续）

钩号	d_1	d_2	普通螺纹 GB/T 196		梯形圆螺纹			d_6	d_7	e_3	f_4	l_2	l_3	l_4	m	n	k	r_{10}	r_{11}	r_{12}	y	z
			d_3	d_4	d_3	d_4	d_5															
006	14	10	M10	7.5	—	—	—	—	3.2	52	11.5	30.5	—	97.5	9	4.5	—	1	2.5	2	—	—
010	16	12	M12	9	—	—	—	—	3.2	60	13	32.5	—	106	11	5	—	1.2	3	2	—	—
012										63	14	32.5	—	112	11	5	—	1.2	3	2	—	—
020	20	16	M16	12.5	—	—	—	—	4.2	70	16	41.5	—	135.5	15	6	—	1.2	3	2	—	—
025										74	17	41.5	—	141.5	15	6	—	1.2	3	2	—	—
04	24	20	M20	16	—	—	—	—	5.2	83	19	46	—	152.5	18	7.5	—	1.6	4	2	—	—
05										89	20	46	—	164	18	7.5	—	1.6	4	2	—	—
08	30	24	M24	19.5	—	—	—	—	6.2	100	22	55	—	183	22	9	—	2	5	3	—	—
1										105	23	55	—	194	22	9	—	2	8	3	—	—
1.6	36	30	M30	24.5	—	—	—	—	6.2	118	26	68	—	221	27	10	—	2	10	3	—	—
2.5	42	36	M36	30	—	—	—	—	10.2	132	30	83	—	250	32	10	—	2	10	3	—	—
4	48	42	M42	35.5	—	—	—	—	10.2	148	33	93	—	281.5	36	15	—	3	10	3	—	—
5	53	45	M45	38.5	—	—	—	—	10.2	165	37	103	—	314.5	40	15	—	3	10	3	—	—
6	60	50	—	—	TY50×6	42	43.4	—	10.2	185	41	—	112	375	45	20	10	4	14	3	130	160
8	67	56	—	—	TY56×6	48	49.4	—	12.2	210	46	—	122	413	50	20	10	4	16	3	145	180
10	75	64	—	—	TY64×8	54	55.2	—	12.2	221	34	—	135	446	56	25	10	4	18	3	160	200
12	85	72	—	—	TY72×8	62	63.2	—	16.2	252	37	—	157	504.5	63	25	12	4	20	3	180	220
16	95	80	—	—	TY80×10	68	69	—	16.2	280	42	—	170	576	71	30	12	6	22	3	200	250
20	106	90	—	—	TY90×10	78	79	—	20.2	330	48	—	187	645	80	30	12	6	25	3	225	280
25	118	100	—	—	TY100×12	85	86.8	—	20.2	360	54	—	207	716	90	40	12	6	28	3	255	315
32	132	110	—	—	TY110×12	95	96.8	—	20.2	400	60	—	232	788	100	40	12	6	32	3	290	350
40	150	125	—	—	TY125×14	108	109.6	80	25.3	447	68	—	257	885	112	45	12	8	36	3	320	395
50	170	140	—	—	TY140×16	120	122.4	90	25.3	485	75	—	280	969	125	50	12	10	40	5	355	445
63	190	160	—	—	TY160×18	138	140.2	100	25.3	550	83	—	322	1100	140	55	12	10	45	5	400	495
80	212	180	—	—	TY180×20	156	158	120	25.3	598	88	—	357	1245	160	60	12	12	50	5	450	565
100	236	200	—	—	TY200×22	173	175.8	140	30.3	688	100	—	402	1388	180	70	12	12	56	5	505	635
125	265	225	—	—	TY225×24	196	198.6	160	30.3	750	108	—	465	1565	200	80	15	12	63	5	570	710
160	300	250	—	—	TY250×28	217	219.2	180	30.3	825	117	—	510	1761	225	90	15	15	70	5	640	800
200	335	280	—	—	TY280×32	242	244.8	200	30.3	900	124	—	613	2012	250	100	15	18	80	5	720	900
250	375	320	—	—	TY320×36	278	280.4	240	30.3	980	134	—	690	2272	280	110	15	20	90	5	810	1015

注：TY 为梯形圆螺纹代号。

（2）直柄双钩的结构型式和尺寸（见表 17.1-106）

表 17.1-106　直柄双钩的结构型式和尺寸（摘自 GB/T 10051.7—2010）　（mm）

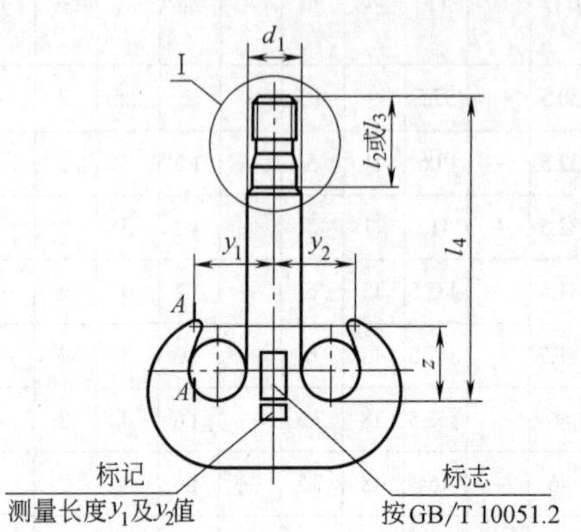

LM型和LY型

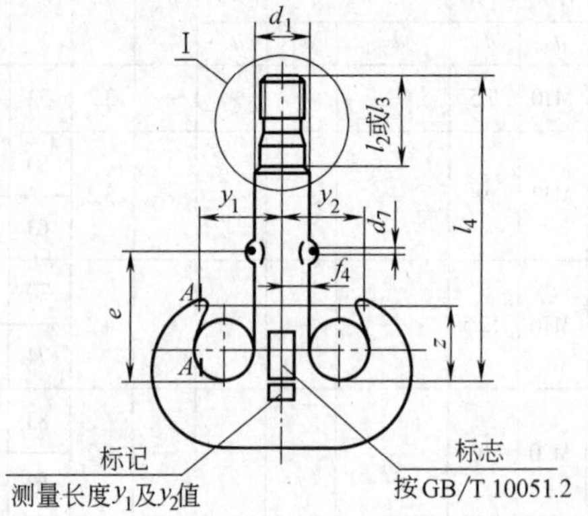

LMD型和LYD型

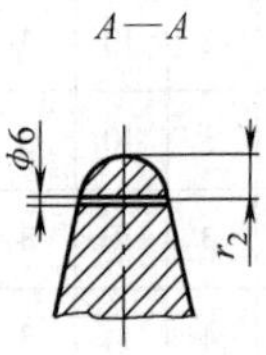

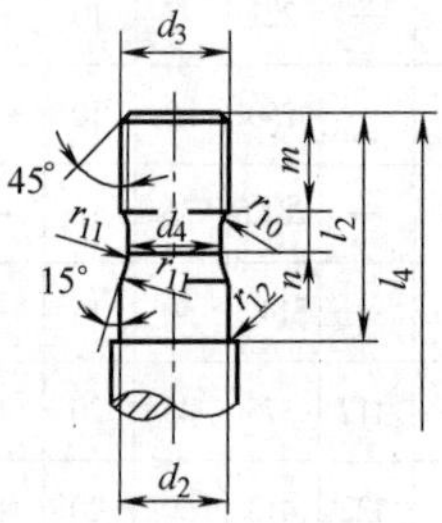

型式Ⅰ 钩号05～5

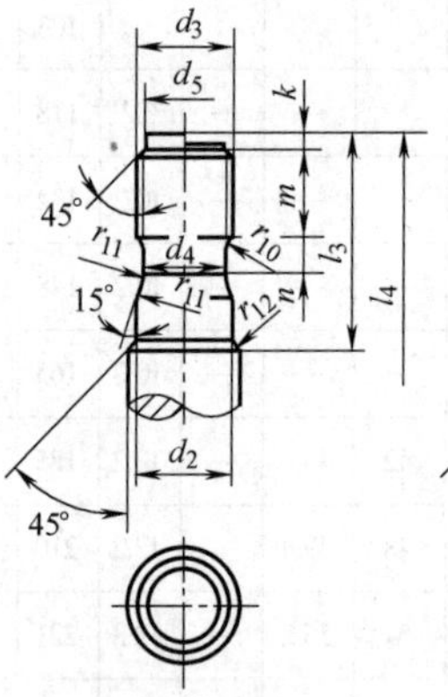

型式Ⅱ 钩号6～32

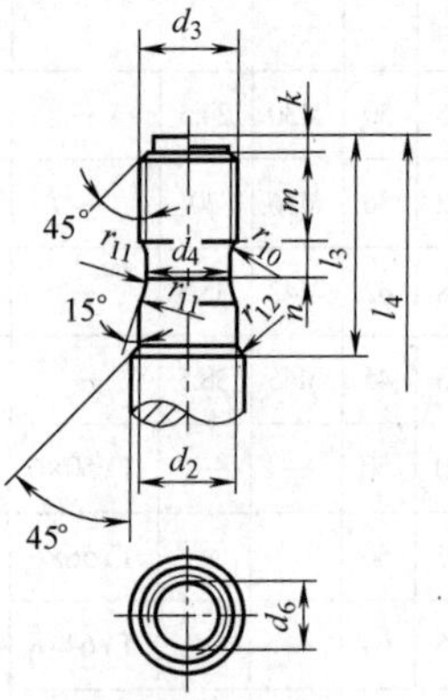

型式Ⅲ 钩号40～250

钩号	d_1	d_2	普通螺纹或梯形圆螺纹			d_6	d_7	e	f_4	l_2	l_3	l_4	m	n	k	r_{10}	r_{11}	r_{12}	$y_1=y_2$	z
			d_3	d_4	d_5															
05	24	20	M20	16	—	—	5.2	80	14	46	—	159.5	18	7.5		1.6	4	2	—	—
08	30	24	M24	19.5	—	—	5.2	83	16	55	—	178	22	9		2	5	3	—	—
1	30	24	M24	19.5	—	—	6.2	96	16	55	—	189	22	9		2	8	3	—	—
1.6	36	30	M30	24.5	—	—	6.2	100	20	68	—	215.5	27	10		2	10	3	—	—
2.5	42	36	M36	30	—	—	6.2	112	22	83	—	243.5	32	10		2	10	3	—	—
4	48	42	M42	35.5	—	—	10.2	124	25	93	—	274	36	15		3	10	3	—	—
5	53	45	M45	38.5	—	—	10.2	143	30	103	—	306	40	15		3	10	3	—	—
6	60	50	TY50×6	42	43.4	—	10.2	160	34	—	112	365.5	45	20	10	4	14	3	93	85
8	67	56	TY56×6	48	49.4	—	10.2	182	38	—	122	403	50	20	10	4	16	3	104.5	95
10	75	64	TY64×8	54	55.2	—	12.2	192	42	—	135	435	56	25	10	4	18	3	117.5	107
12	85	72	TY72×8	62	63.2	—	12.2	210	48	—	157	492	63	25	12	4	20	3	132.5	120
16	95	80	TY80×10	68	69	—	16.2	237	53	—	170	562	71	30	12	6	22	3	148.5	135
20	106	90	TY90×10	78	79	—	16.2	265	59	—	187	628	80	30	12	6	25	3	165.5	150.5
25	118	100	TY100×12	85	86.8	—	20.2	315	66	—	207	696	90	40	12	6	28	3	185	168

（续）

钩号	d_1	d_2	普通螺纹或梯形圆螺纹			d_6	d_7	e	f_4	l_2	l_3	l_4	m	n	k	r_{10}	r_{11}	r_{12}	$y_1=y_2$	z
			d_3	d_4	d_5															
32	132	110	TY110×12	95	96.8	—	20.2	335	74	—	232	768	100	40	12	6	32	3	207	189
40	150	125	TY125×14	108	109.6	80	20.2	375	84	—	257	863	112	45	12	8	36	3	233	212
50	170	140	TY140×16	120	122.4	90	25.3	420	95	—	280	944	125	50	12	10	40	5	265	240
63	190	160	TY160×18	138	140.2	100	25.3	460	106	—	322	1072	140	55	12	10	45	5	297	270
80	212	180	TY180×20	156	158	120	25.3	515	119	—	357	1212	160	60	12	12	50	5	331	300
100	236	200	TY200×22	173	175.8	140	25.3	575	132	—	402	1351	180	70	12	12	56	5	370	336
125	265	225	TY225×24	196	198.6	160	30.3	645	148	—	465	1522	200	80	15	12	63	5	414.5	376
160	300	250	TY250×28	217	219.2	180	30.3	725	168	—	510	1714	225	90	15	15	70	5	466	422
200	335	280	TY280×32	242	244.8	200	30.3	800	188	—	613	1962	250	100	15	18	80	5	522.5	475
250	375	320	TY320×36	278	280.4	240	30.3	875	210	—	690	2217	280	110	15	20	90	5	587.5	535

注：M 为普通螺纹 GB/T 196：TY 为梯形圆螺纹代号，梯形圆螺纹见 GB/T 10051.5—2010 附录 A。

7.6　吊钩的应力计算（摘自 GB/T 10051.1—2010）

（1）直柄单钩的应力计算

计算的断面按图 17.1-13，其计算公式为

$$\sigma_C=\frac{Q}{FK_B}\frac{e_1}{R_0-e_1} \tag{17.1-9}$$

$$\sigma_D=\left|-\frac{Q}{FK_B}\frac{e_2}{R_0+e_2}\right| \tag{17.1-10}$$

式中　σ_C——C 点拉应力（MPa）；

σ_D——D 点压应力（MPa）；

Q——按表 17.1-103 的起重量算出的拉力（N）；

F——截面面积（mm^2）；

e_1——截面重心至内缘距离（mm）；

e_2——截面重心至外缘距离（mm）；

K_B——由截面形状确定的曲梁系数；

$$K_B=-\frac{1}{F}\int_{-e_1}^{e_2}\frac{x}{R_0+x}\mathrm{d}F$$

x——计算 K_B 的自变量；

R_0——截面重心轴线与钩腔中心线距离（mm）。

（2）直柄双钩的应力计算

计算双钩的断面按图 17.1-14，其计算公式为

$$\sigma_C=\frac{Q}{2FK_B}\frac{e_1}{R_0-e_1} \tag{17.1-11}$$

$$\sigma_D=\left|-\frac{Q}{2FK_B}\times\frac{e_2}{R_0+e_2}\right| \tag{17.1-12}$$

式中符号意义同前。

（3）单、双钩柄部应力计算

最小截面 B—B 的拉应力为

$$\sigma_E=\frac{4Q}{\pi d_4^2} \tag{17.1-13}$$

式中　σ_E——拉应力（MPa）；

其余符号意义同前。

（4）螺纹切应力

$$\tau=\frac{Q}{\pi d_5 p} \tag{17.1-14}$$

式中　τ——切应力（MPa）。

按式（17.1-9）和式（17.1-10）计算的单钩应力值如图 17.1-15 所示。

按式（17.1-11）、式（17.1-12）计算的双钩应力值如图 17.1-16 所示。按式（17.1-13）、式（17.1-14）计算的柄部应力值如图 17.1-17 所示。

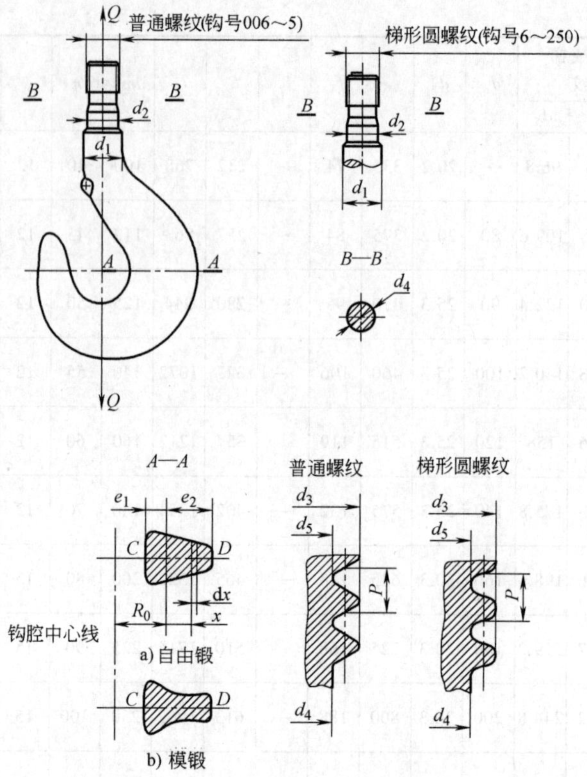

图 17.1-13　直柄单钩结构

d_1—毛坯直径　d_2—配合直径　d_3—外螺纹大径　d_4—颈部直径　d_5—外螺纹小径　P—螺距

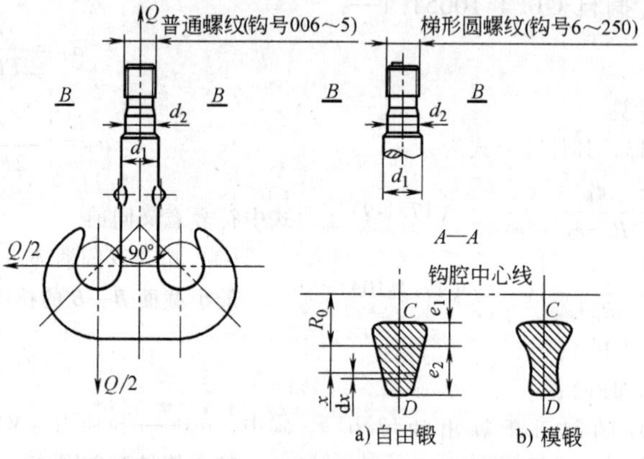

图 17.1-14　直柄双钩结构

d_1—毛坯直径　d_2—配合直径　d_3—外螺纹大径　d_4—颈部直径　d_5—外螺纹小径　P—螺距

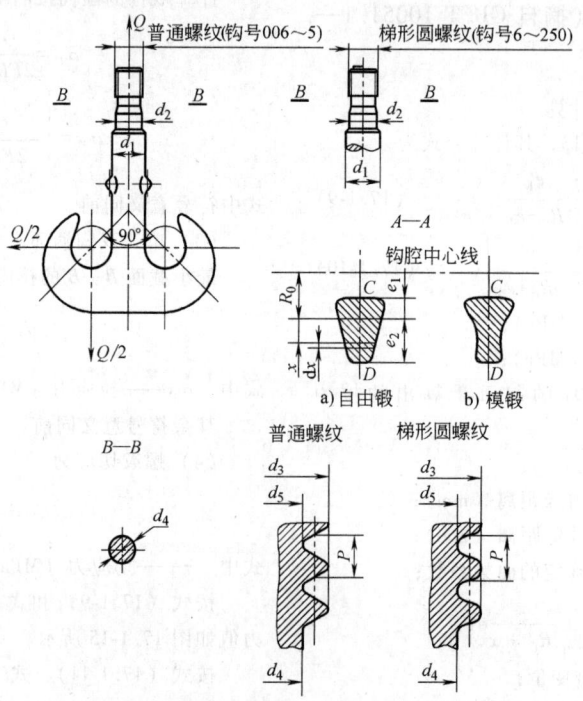

机构工作级别										强度等级
—	—	—	—	M3	M4	M5	M6	M7	M8	M
—	—	—	M3	M4	M5	M6	M7	M8	—	P
—	—	M3	M4	M5	M6	M7	M8	—	—	(S)
—	M3	M4	M5	M6	M7	—	—	—	—	T
M3	M4	M5	M6	M7	—	—	—	—	—	(V)
630	500	400	315	250	200	160	125	100	80	
500	400	315	250	200	160	125	100	80	63	
400	315	250	200	160	125	100	80	63	50	
315	250	200	160	125	100	80	63	50	40	
250	200	160	125	100	80	63	50	40	31.5	
200	160	125	100	80	63	50	40	31.5	25	
160	125	100	80	63	50	40	31.5	25	20	
125	100	80	63	50	40	31.5	25	20	16	
100	80	63	50	40	31.5	25	20	16	12.5	
80	63	50	40	31.5	25	20	16	12.5	10	

σ_D,σ_C/MPa →

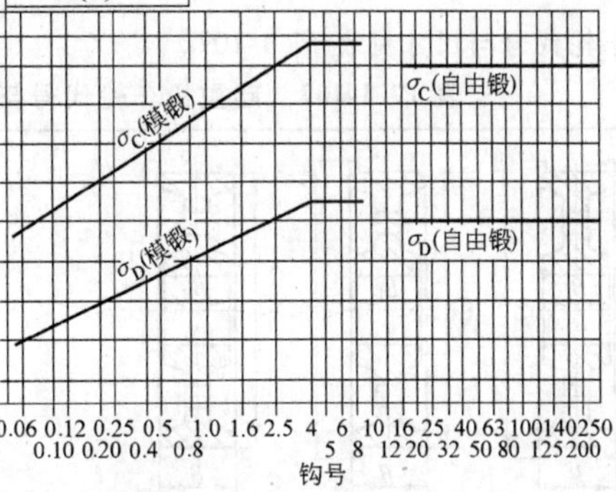

图 17.1-15　单钩应力 σ_C 和 σ_D

机构工作级别										强度等级
—	—	—	—	M3	M4	M5	M6	M7	M8	M
—	—	—	M3	M4	M5	M6	M7	M8	—	P
—	—	M3	M4	M5	M6	M7	M8	—	—	(S)
—	M3	M4	M5	M6	M7	—	—	—	—	T
M3	M4	M5	M6	M7	—	—	—	—	—	(V)
630	500	400	315	250	200	160	125	100	80	
500	400	315	250	200	160	125	100	80	63	
400	315	250	200	160	125	100	80	63	50	
315	250	200	160	125	100	80	63	50	40	
250	200	160	125	100	80	63	50	40	31.5	
200	160	125	100	80	63	50	40	31.5	25	
160	125	100	80	63	50	40	31.5	25	20	
125	100	80	63	50	40	31.5	25	20	16	
100	80	63	50	40	31.5	25	20	16	12.5	
80	63	50	40	31.5	25	20	16	12.5	10	

σ_D,σ_C/MPa →

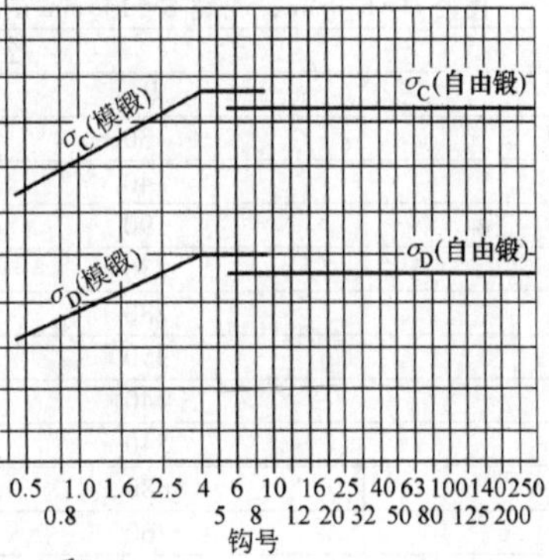

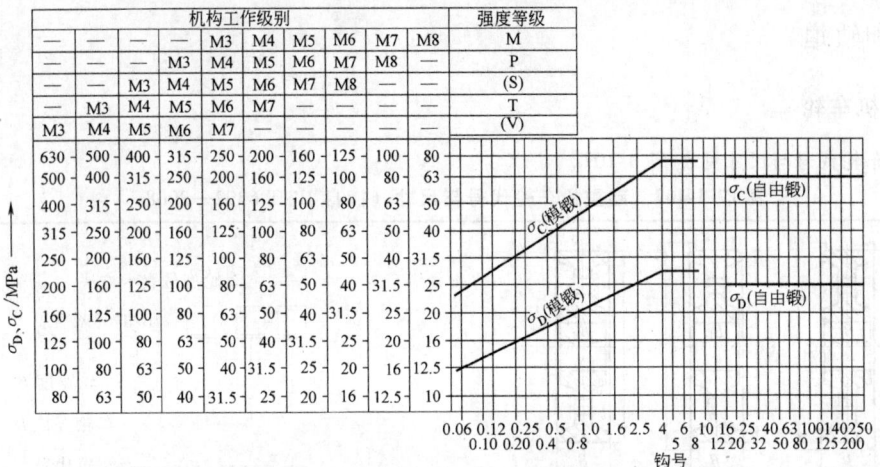

图 17.1-16　双钩应力 σ_C 和 σ_D

机构工作级别										强度等级
—	—	—	—	M3	M4	M5	M6	M7	M8	M
—	—	—	M3	M4	M5	M6	M7	M8	—	P
—	—	M3	M4	M5	M6	M7	M8	—	—	(S)
—	M3	M4	M5	M6	M7	—	—	—	—	T
M3	M4	M5	M6	M7	—	—	—	—	—	(V)
500	400	315	250	200	160	125	100	80	63	
400	315	250	200	160	125	100	80	63	50	
315	250	200	160	125	100	80	63	50	40	
250	200	160	125	100	80	63	50	40	31.5	
200	160	125	100	80	63	50	40	31.5	25	
160	125	100	80	63	50	40	31.5	25	20	
125	100	80	63	50	40	31.5	25	20	16	
100	80	63	50	40	31.5	25	20	16	12.5	
80	63	50	40	31.5	25	20	16	12.5	10	
63	50	40	31.5	25	20	16	12.5	10	8	
50	40	31.5	25	20	16	12.5	10	8	6.3	
40	31.5	25	20	16	12.5	10	8	6.3	5	

σ_E,τ/MPa →

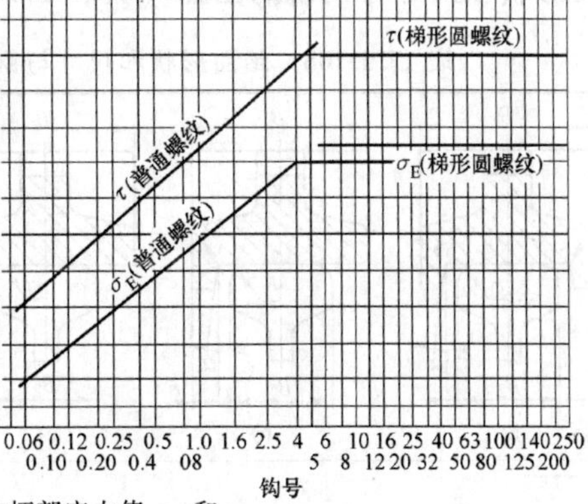

图 17.1-17　单、双钩柄部应力值 σ_E 和 τ

8　车轮和轨道

8.1　起重机车轮

起重机车轮代号与尺寸见表 17.1-107。

表 17.1-107　起重机车轮代号与尺寸（摘自 JB/T 6392—2008[⊖]）　　（mm）

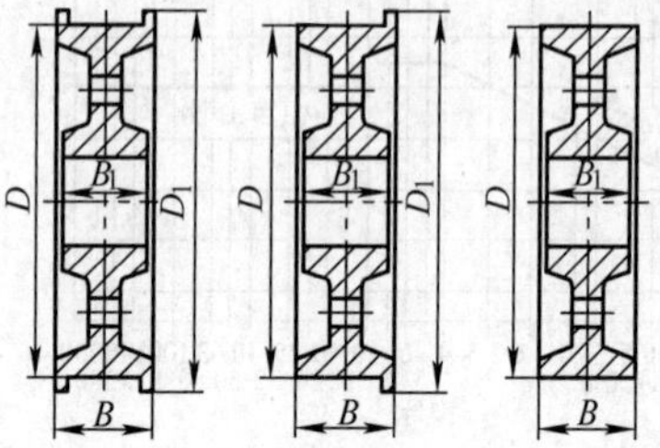

a)　　b)　　c)

车轮型号表示方法

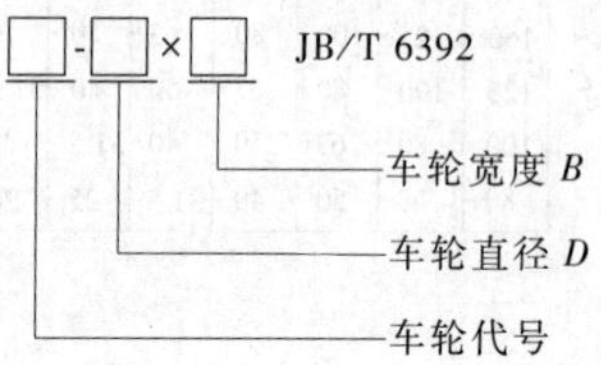

a）双轮缘车轮：代号为 SL
b）单轮缘车轮：代号为 DL
c）无轮缘车轮：代号为 WL
标记示例：
直径 $D=710$mm，轮宽 $B=155$mm 的双轮缘车轮标记为：车轮 SL-710×155　JB/T 6392
直径 $D=315$mm，轮宽 $B=110$mm 的单轮缘车轮标记为：车轮 DL-315×110　JB/T 6392
直径 $D=630$mm，轮宽 $B=145$mm 的无轮缘车轮标记为：车轮 WL-630×145　JB/T 6392

公称尺寸			
D	D_1	B	B_1
100	130	80～100	95～100
125	140	80～100	95～100
160	190	90～100	95～100
200	230	95～100	95～100
250	280	95～140	95～140
315	350	95～210	95～210
400	440	105～210	105～210
500	540	105～210	105～210
630	680	120～210	120～210
710	760	140～210	140～210
800	850	140～210	140～210
900	950	145～220	140～220
1000	1060	145～220	140～220
(1250)	1310	145～220	140～220

注：表中的参数（除括号内）宜优先使用。

8.2　踏面形状和尺寸与钢轨的匹配（见表 17.1-108）

表 17.1-108　踏面形状和尺寸与钢轨的匹配（摘自 JB/T 6392—2008）　　（mm）

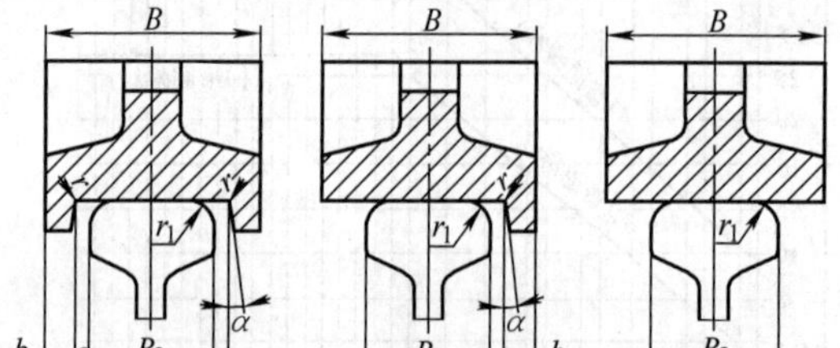

a)　　b)　　c)

双轮缘车轮的踏面形状和尺寸与钢轨的匹配见图 a
单轮缘车轮的踏面形状和尺寸与钢轨的匹配见图 b
无轮缘车轮的踏面形状和尺寸与钢轨的匹配见图 c

⊖　GB/T 6392—2008 中引用的标准部分已经更新，读者在引用该标准时应予以注意。后同。

（续）

$B \geqslant$	90/95	95/100	100/105	110/110	120/120	135/145	135/145	135/145	140/150	140/150	135/145	155/160	185/190	205/210
B_2	32.1	38.1	42.86	50.8	60.33	68	70	70	73	75	70	80	100	120
$c \geqslant$	7.5/9.5	7.5/9.5	7.5/9.5	7.5/9.5	7.5/9.5	7.5/12.5	7.5/12.5	7.5/12.5	7.5/12.5	7.5/12.5	7.5/12.5	7.5/15	12.5/15	12.5/15
$b \geqslant$	20	20	20	20	20	25	25	25	25	25	25	25/30	25/30	25/30
α	6°	6°	6°	6°	6°	6°	6°	6°	6°	6°	10°	10°	10°	10°
$r \leqslant$	5	5	5	5	5	10	10	10	10	10	5	5	5	5
r_1	6.35	6.35	7.94	7.94	7.94	13	13	13	13	15	6	8	8	8
轨道	9kg/m	12kg/m	15kg/m	22kg/m	30kg/m	38kg/m	43kg/m	50kg/m	60kg/m	75kg/m	QU70	QU80	QU100	QU120

注：1. 表中 B 值和 c 值，分子用于小车车轮，分母用于大车车轮。
2. 9kg/m、12kg/m、15kg/m、22kg/m 及 30kg/m 轻轨按照 GB/T 11264—1989 选取。
3. 38kg/m、43kg/m、50kg/m、60kg/m 及 75kg/m 热轧钢轨按照 GB/T 2585—2007 选取。
4. QU70、QU80、QU100 和 QU120 起重机钢轨按照 YB/T 5055—1993 选取。
5. 钢轨可以采用方钢，方钢顶部宽度为 B_2，边缘圆角为 r_1 时，对于车轮则 $B=B_2+2\ (b+c)$，$r=r_1-2$，$r \geqslant 2$。

8.3 技术要求（摘自 JB/T 6392—2008）

8.3.1 材料的力学性能

1）轧制车轮应选用力学性能不低于 GB/T 699—1999 中规定的 60 钢的材料。

2）踏面直径不大于 400mm 的锻造车轮应选用力学性能不低于 GB/T 699—1999 中规定的 55 钢的材料；直径大于 400mm 的锻造车轮应选用力学性能不低于 60 钢的材料。

3）铸钢车轮应选用力学性能不低于 GB/T 11352—2009 中规定的 ZG 340-640 钢的材料。

8.3.2 热处理

1）任何加工方法制造的车轮都应进行消除内应力（如影响使用性能的热应力）处理。铸钢车轮在机加工之前应进行退火以消除内应力，并要清砂，切割浇、冒口，检查质量缺陷。

2）轮辋应进行表面淬火，淬火前进行细化组织处理。热处理后，车轮踏面硬度宜符合表 17.1-109 的规定。

表 17.1-109 车轮踏面硬度

车轮踏面直径 /mm	踏面和轮缘内侧面硬度 HBW	淬硬层 260HBW 处深度/mm
100~200	300~380	≥5
>200~400		≥15
>400		≥20

注：根据起重机具体使用工况，允许选用硬度更高或更低的车轮。

8.3.3 精度

1）车轮踏面直径的尺寸偏差不应低于 GB/T 1801—1999 中规定的 h9，轴孔直径的尺寸偏差不应低于 H7。

2）车轮踏面和基准端面（其上加工出深 1.5mm 的 V 形沟槽作为标记）相对于孔轴线的径向及端面圆跳动不应低于 GB/T 1184—1996 中规定的 8 级。

8.3.4 成品车轮的表面质量

1）车轮的表面不应有目测可见的裂纹。

2）铸造车轮表面的砂眼、气孔和夹渣等缺陷应符合表 17.1-110 的规定。

表 17.1-110 铸造车轮表面缺陷规定 （mm）

缺陷位置	缺陷当量直径	缺陷深度	缺陷数量	缺陷间距
端面及非切削加工面	≤5	≤δ/5 最大为 10	≤4	≥10
踏面及轮缘内侧面	$D \leqslant 500$，≤1	≤3	≤3	≥50
	$D>500$，≤1.5			

注：δ 为缺陷处壁厚，D 为车轮踏面直径。

3）车轮踏面和轮缘内侧面的表面粗糙度按 GB/T 1031—2009 的规定为 $Ra6.3\mu m$，轴孔表面粗糙度为 $Ra3.2\mu m$。

4）车轮踏面和轮缘内侧面上的缺陷不允许补焊。

5）车轮的切削加工表面应涂防锈油，其他表面均应涂防锈漆。

8.4 车轮计算（摘自 GB/T 3811—2008）

8.4.1 允许轮压的计算

$$P_L = kDlC \qquad (17.1\text{-}15)$$

式中 P_L——正常工作起重机车轮或滚轮的允许轮压（N）；

k——车轮或滚轮的许用比压（MPa），钢质车轮或滚轮按表 17.1-111 选取；

注：对于具有凸起承压面的轨道或车轮（滚轮），许用比压 k 可增加 10%，因为这能改善轮轨的接触。

D——车轮或滚轮的踏面直径（mm）；

l——车轮或滚轮与轨道承压面的有效接触宽度，$l=b-2r$；

b——轨顶宽度（mm）；

r——轨顶倒角圆半径（mm）；

C——计算系数，进行车轮或滚轮踏面疲劳校验时，$C=C_1C_2$，；进行车轮或滚轮强度校验时，$C=C_{max}$；

C_1——转速系数，按表 17.1-112 或表 17.1-113 选取；

C_2——车轮所在机构的工作级别系数，按表 17.1-114 选取

$C_{max}=C_{1max}C_{2max}$，取 $C_{max}=1.9$。

表 17.1-111 车轮与滚轮的许用比压 k

车轮与滚轮材料的抗拉强度 R_m/MPa	轨道材料最小抗拉强度/MPa	许用比压 k/MPa
>500	350	5.0
>600	350	5.6
>700	510	6.5
>800	510	7.2
>900	600	7.8
>1000	700	8.5

注：R_m 为车轮或滚轮材料未热处理时的抗拉强度。

表 17.1-112 车轮转速系数 C_1

车轮转速 n/r·min^{-1}	C_1	车轮转速 n/r·min^{-1}	C_1	车轮转速 n/r·min^{-1}	C_1
200	0.66	50	0.94	16	1.09
160	0.72	45	0.96	14	1.10
125	0.77	40	0.97	12.5	1.11
112	0.79	35.5	0.99	11.2	1.12
100	0.82	31.5	1.00	10	1.13
90	0.84	28	1.02	8	1.14
80	0.87	25	1.03	6.3	1.15
71	0.89	22.4	1.04	5.6	1.16
63	0.91	20	1.06	5	1.17
56	0.92	18	1.07		

表 17.1-113 车轮直径、运行速度与转速系数 C_1

车轮直径/mm	运行速度/m·min^{-1}														
	10	12.5	16	20	25	31.5	40	50	63	80	100	125	160	200	250
200	1.09	1.06	1.03	1.00	0.97	0.94	0.91	0.87	0.82	0.77	0.72	0.66	—	—	—
250	1.11	1.09	1.06	1.03	1.00	0.97	0.94	0.91	0.87	0.82	0.77	0.72	0.66	—	—
315	1.13	1.11	1.09	1.06	1.03	1.00	0.97	0.94	0.91	0.87	0.82	0.77	0.72	0.66	—
400	1.14	1.13	1.11	1.09	1.06	1.03	1.00	0.97	0.94	0.91	0.87	0.82	0.77	0.72	0.66
500	1.15	1.14	1.13	1.11	1.09	1.06	1.03	1.00	0.97	0.94	0.91	0.87	0.82	0.77	0.72
630	1.17	1.15	1.14	1.13	1.11	1.09	1.06	1.03	1.00	0.97	0.94	0.91	0.87	0.82	0.77
710	—	1.16	1.14	1.13	1.12	1.1	1.07	1.04	1.02	0.99	0.96	0.92	0.89	0.84	0.79
800	—	1.17	1.15	1.14	1.13	1.11	1.09	1.06	1.03	1.00	0.97	0.94	0.91	0.87	0.82
900	—	—	1.16	1.14	1.13	1.12	1.1	1.07	1.04	1.02	0.99	0.96	0.92	0.89	0.84
1000	—	—	1.17	1.15	1.14	1.13	1.11	1.09	1.06	1.03	1.00	0.97	0.94	0.91	0.87

表 17.1-114 工作级别系数 C_2

车轮所在机构工作级别	C_2
M1、M2	1.25
M3、M4	1.12
M5	1.00
M6	0.90
M7、M8	0.80

8.4.2 等效工作轮压计算

$$P_{mean\,Ⅰ、Ⅱ}=\frac{P_{min\,Ⅰ、Ⅱ}+2P_{max\,Ⅰ、Ⅱ}}{3} \tag{17.1-16}$$

式中 $P_{mean\,Ⅰ}$——无风正常工作起重机的等效工作轮压（N）；

$P_{mean\,Ⅱ}$——有风正常工作起重机的等效工作轮

压（N）；

$P_{min I、II}$——载荷情况Ⅰ（无风正常工作情况）的载荷组合，或按载荷情况Ⅱ（有风正常工作情况）起重机空载确定的所验算车轮的最小轮压（N）；

$P_{max I、II}$——载荷情况Ⅰ（无风正常工作情况）的载荷组合，或按载荷情况Ⅱ（有风正常工作情况）起重机满载确定的所验算车轮的最大轮压（N）。

按车轮的疲劳强度要求

$$P_{mean} \leqslant P_L \quad (17.1\text{-}17)$$

按车轮静强度要求

$$P_{max} \leqslant 1.9kDlC \quad (17.1\text{-}18)$$

P_{max}——最大轮压，是在载荷情况Ⅰ、Ⅱ、Ⅲ（特殊载荷作用情况）中取最大值（N）。

电动葫芦用钢轮的结构型式及尺寸见表 17.1-115。

表 17.1-115　CD、MD 电动葫芦用钢轮的结构型式及尺寸　(mm)

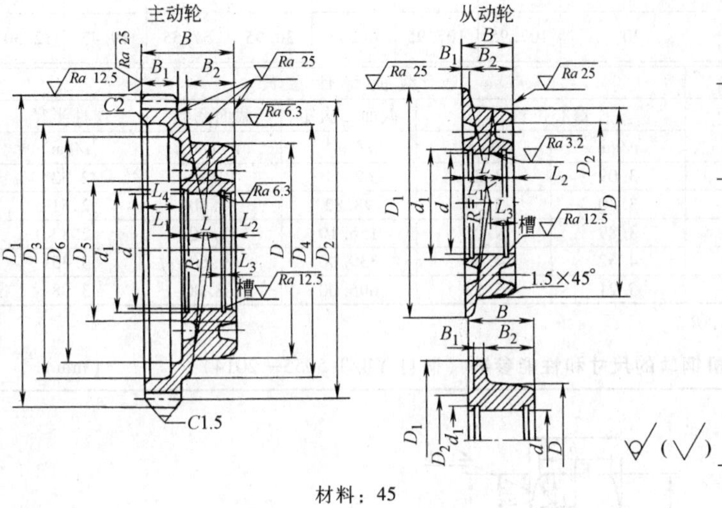

齿的参数

电动葫芦吨位系列	m	z	α	ξ	刀具移位量 x
0.1~1	3	53		—	—
2~3	3	59	20°	-0.4	-1.2
5~10	4	49		-0.4	-1.6

主动轮

电动葫芦吨位系列	D	D_1 (h10)	D_2	D_3	D_4	D_5	D_6	d (K7)	d_1	B	B_1	B_2	L	L_1	L_2	L_3	L_4	R	质量/kg
0.5~1	113.5	162.6	159	137	130	75	115	62	65	50	20	26	19+0.28	2.2+0.25	3.8	15	20	125	2.1
2~3	134	180.6	177	155	155	117	140	100	103.5	57	22	30	27+0.28	3.2+0.25	3	18	17	144	2.95
5~10	154	200.8	196	165	180	—	—	110	114	70	28	37	29+0.28	4.2+0.3	3.8	23	25	167	4.5

从动轮

电动葫芦吨位系列	D	D_1	D_2	d (K7)	d_1	B	B_1	B_2	L	L_1	L_2	L_3	R	质量/kg
0.1~0.25	83	100	76	62	37	25	4	20	12+0.43	1.6+0.2	2	12.5	91.5	0.55
0.5~1	113.5	130	—	62	65	30	4	26	19+0.28	2.2+0.25	3.8	15	125	1.0
2~3	134	155	117	100	103.5	40	7	30	27+0.28	3.2+0.25	3	18	144	2.2
5~10	154	180	—	110	114	45	8	37	29+0.28	4.2+0.25	3.8	23	167	3.45

8.5　轨道

中小型起重机的小车常采用轻型铁路钢轨，其尺寸和性能参数详见表 17.1-116。大型起重机常采用起重机钢轨，其尺寸和性能参数详见表17.1-117。

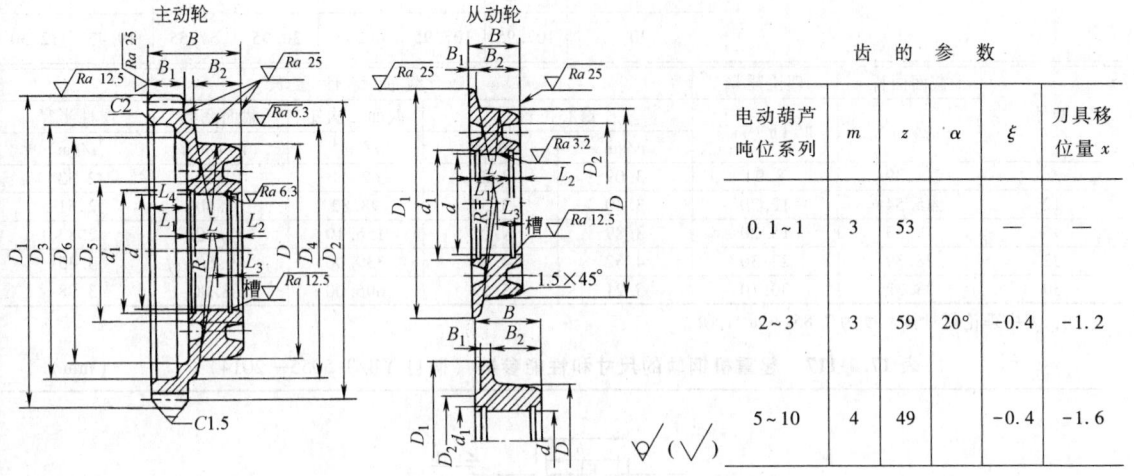

表 17.1-116　轻轨的尺寸和性能参数（摘自 GB/T 11264—2012）

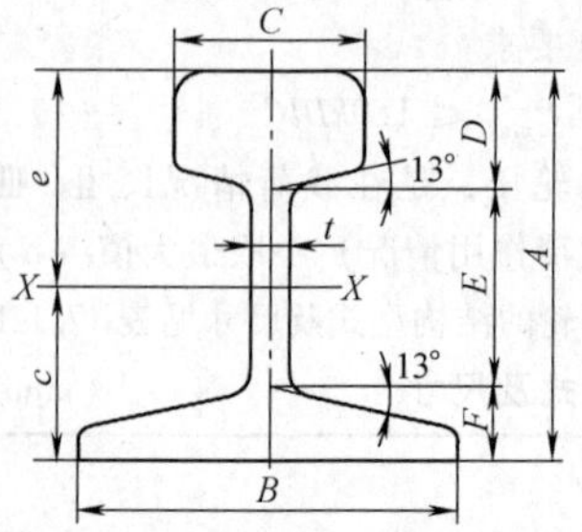

型号	截面尺寸/mm						
	轨高 A	底宽 B	头宽 C	头高 D	腰高 E	底高 F	腰厚 t
9	63.50	63.50	32.10	17.48	35.72	10.30	5.90
12	69.85	69.85	38.10	19.85	37.70	12.30	7.54
15	79.37	79.37	42.86	22.22	43.65	13.50	8.33
22	93.66	93.66	50.80	26.99	50.00	16.67	10.72
30	107.95	107.95	60.33	30.95	57.55	19.45	12.30

型号	截面面积 A/cm^2	理论质量 $W/kg \cdot m^{-1}$	截面特性参数				
			重心位置		截面二次矩	截面系数	惯性半径
			c/cm	e/cm	I/cm^4	W/cm^3	i/cm
9	11.39	8.94	3.09	3.26	62.41	19.10	2.33
12	15.54	12.20	3.40	3.59	98.82	27.60	2.51
15	19.33	15.20	3.89	4.05	156.10	38.60	2.83
22	28.39	22.30	4.52	4.85	339.00	69.60	3.45
30	38.32	30.10	5.21	5.59	606.00	108.00	3.98

注：表中理论质量按密度为 $7.85g/cm^3$ 计算。

表 17.1-117　起重机钢轨的尺寸和性能参数（摘自 YB/T 5055—2014）　（mm）

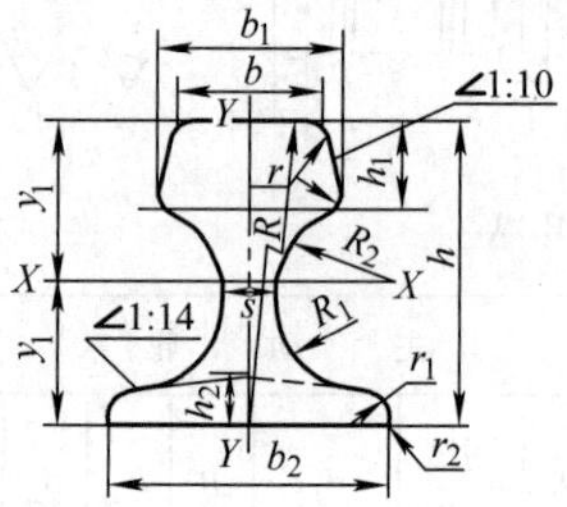

型　号	b	b_1	b_2	s	h	h_1	h_2	R	R_1	R_2	r	r_1	r_2
QU70	70	76.5	120	28	120	32.5	24	400	23	38	6	6	1.5
QU80	80	87	130	32	130	35	26	400	26	44	8	6	1.5
QU100	100	108	150	38	150	40	30	450	30	50	8	8	2
QU120	120	129	170	44	170	45	35	500	34	56	8	8	2

型号	截面积 $/cm^2$	理论质量 $/kg \cdot m^{-1}$	参考数值						
			重心距离		截面二次矩		截面系数		
			y_1	y_2	I_x	I_y	$W_1=\frac{I_x}{y_2}$	$W_2=\frac{I_x}{y_2}$	$W_3=\frac{I_y}{b_2/2}$
			cm		cm^4		cm^3		
QU70	67.30	52.80	5.93	6.07	1081.99	327.16	182.46	178.12	54.53
QU80	81.13	63.69	6.43	6.57	1547.40	482.39	240.65	235.52	74.21
QU100	113.32	88.96	7.60	7.40	2864.73	940.98	376.94	387.12	125.45
QU120	150.44	118.10	8.43	8.57	4923.79	1694.83	584.08	574.54	199.39

注：1. 钢轨的牌号为 U71Mn，抗拉强度不小于 900MPa。

2. 钢轨标准长度为 9m、9.5m、10m、10.5m、11m、11.5m、12m 和 12.5m。

9　缓冲器

缓冲器的作用是为了减轻起重机行走机构相碰时的动载荷，因此在桥式起重机中，大车和小车以及门式起重机中都应装有缓冲器。当运行速度 $v \leqslant 0.67$m/s，并有终点行程开关时，可不设缓冲器，但要安设挡止铁。

9.1　弹簧缓冲器

弹簧缓冲器具有结构简单、维修方便和对环境无污染的特点。各种缓冲器的结构型式、基本参数和主要尺寸见表 17.1-118~表 17.1-122。

表 17.1-118　HT1 型弹簧缓冲器的结构型式、基本参数和主要尺寸（摘自 JB/T 12987—2016）

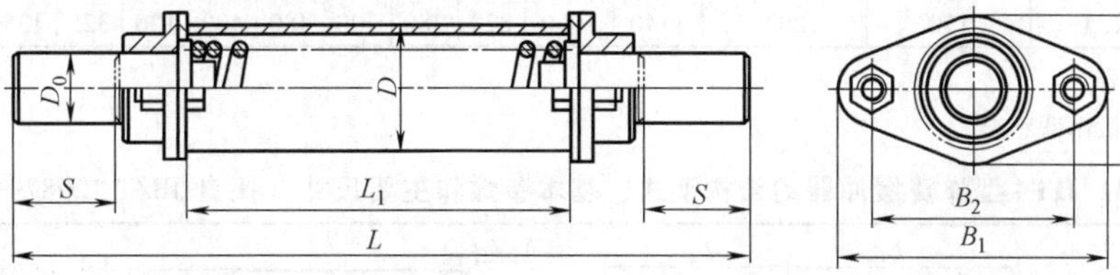

型　号	缓冲容量 U/kN·m	缓冲行程 S/mm	缓冲力 F/kN	主要尺寸/mm L	L_1	B_1	B_2	B_3	D_0	D	参考质量 /kg
HT1-16	0.15	60	5	435	220	160	120	85	40	70	12.6
HT1-40	0.38	95	8	720	370	170	130	90	45	76	17
HT1-63	0.63	115	11	850	420	190	145	100	45	89	26
HT1-100	1.00	115	18	880	450	220	170	125	55	114	34

表 17.1-119　HT2 型弹簧缓冲器的结构型式、基本参数和主要尺寸（摘自 JB/T 12987—2016）

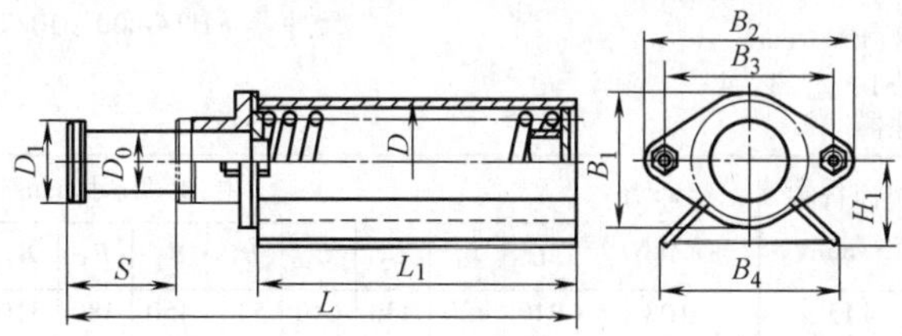

型　号	缓冲容量 U/kN·m	缓冲行程 S/mm	缓冲力 F/kN	主要尺寸/mm L	L_1	B_1	B_2	B_3	B_4	D_0	D	D_1	H_1	参考质量 /kg
HT2-100	1.00	135	15	630	400	165	265	215	200	70	146	100	90	31.5
HT2-160	1.45	145	20	750	520	160	265	215	200	70	140	100	90	41.3
HT2-250	2.30	125	37	800	575	165	265	215	200	80	146	110	90	53.1
HT2-315	3.40	150	45	820	575	215	320	265	230	80	194	110	115	78.6
HT2-400	3.85	135	57	710	475	265	375	320	280	100	245	130	140	92.2
HT2-500	4.80	145	66	860	610	245	345	290	255	100	219	130	135	97.7
HT2-630	6.30	150	88	870	610	270	375	320	280	100	245	130	140	122.7

表 17.1-120　HT3 型弹簧缓冲器的结构型式、基本参数和主要尺寸（摘自 JB/T 12987—2016）

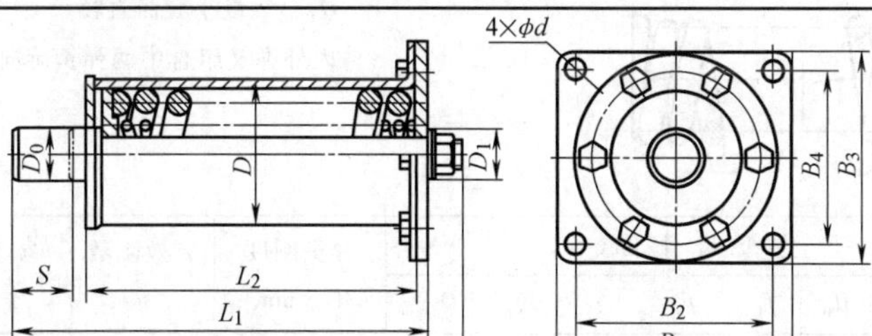

（续）

型　号	缓冲容量 U/kN・m	缓冲行程 S/mm	缓冲力 F/kN	主要尺寸/mm												参考质量 /kg
				L	L_1	L_2	B_1	B_2	B_3	B_4	D_0	D	D_1	d		
HT3-630	6.3	150	88	885	810	615	420	350	375	305	90	245	105	35		145.8
HT3-800	8.0	143	108	900	820	620	520	450	380	310	110	273	135	35		176.9
HT3-1000	9.0	135	131	830	750	560	520	450	450	390	120	325	135	35		204.6
HT3-1250①	11.0	135	165	830	750	560	520	450	450	390	120	325	135	42		231.3
HT3-1600②	16.0	120	273	980	900	730	780	700	480	400	120	325	135	42		338.0
HT3-2000②	21.5	150	293	1140	1050	820	780	700	480	400	120	325	135	42		393.8

① 为内外弹簧组合。

② 为内外弹簧两段串联组合。

表 17.1-121　HT4 型弹簧缓冲器的结构型式、基本参数和主要尺寸（摘自 JB/T 12987—2016）

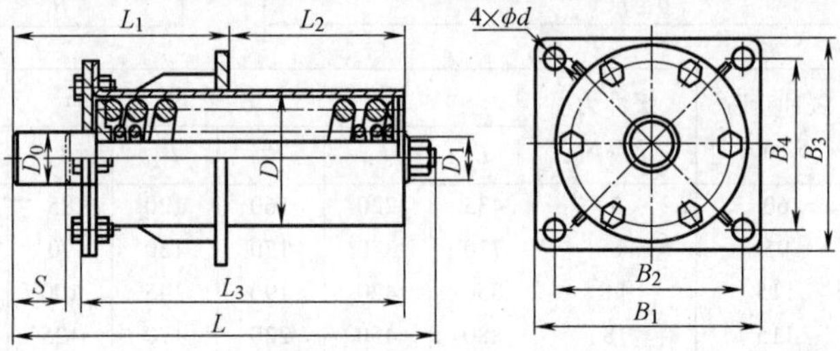

型号意义

HT　1-16

——缓冲容量（kN・cm）

——结构型式 1，2，3，4

——弹簧缓冲器

标记示例：

缓冲容量 U=8.0kN・m，结构型式为 4 型的弹簧缓冲器标记为：

缓冲器　HT4-800　JB/T 12987—2016

型　号	缓冲容量 U/kN・m	缓冲行程 S/mm	缓冲力 F/kN	主要尺寸/mm												质量 /kg
				L	L_1	L_2	L_3	B_1	B_2	B_3	B_4	D_0	D	D_1	d	
HT4-800	8.0	143	108	910	400	430	640	520	450	380	310	110	273	135	35	≈180.9
HT4-1000	9.0	135	131	840	400	360	580	520	450	450	390	120	325	135	35	≈208.6
HT4-1250①	11.0	135	165	840	400	360	580	520	450	450	390	120	325	135	42	≈235.3
HT4-1600②	16.0	120	273	1010	400	530	750	780	700	480	400	120	325	135	42	≈342.0
HT4-2000②	21.5	150	293	1140	450	600	840	780	700	480	400	120	325	135	42	≈397.8

① 为内外弹簧组合。

② 为内外弹簧两段串联组合。

表 17.1-122　弹簧的结构型式、主要尺寸及参数（摘自 JB/T 12987—2016）

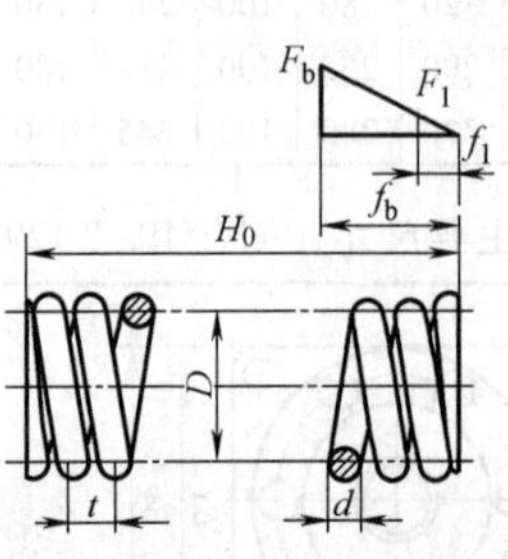

f_1—弹簧安装变形量　D_{Xmax}—最大芯轴直径

D_{Tmin}—最小套筒直径

内外弹簧组合中两弹簧旋向为内左外右

弹簧缓冲器型号	主要尺寸/mm								弹簧刚度 $k/N\cdot mm^{-1}$	有效圈数 n	参考单件质量 /kg	说明
	d	D	H_0	f_1	f_b	t	D_{Xmax}	D_{Tmin}				
HT1-16	10	45	220	5	65	14.5	31	59	75	14.5	1.4	

（续）

弹簧缓冲器型号	主要尺寸/mm								弹簧刚度	有效圈数	参考单件质量	说明
	d	D	H_0	f_1	f_b	t	D_{Xmax}	D_{Tmin}	k/N · mm^{-1}	n	/kg	
HT1-40	12	50	370	10	105	17	34	66	79	21	3.2	
HT1-63	14	60	420	10	126	20.3	41	79	89	20	5.4	
HT1-100	18	75	450	10	126	25.4	52	98	146	17	8.6	
HT2-100	18	100	380	10	144	33.3	76	124	100	10.5	7.5	
HT2-160	20	95	500	10	154	31.9	69	121	129	14.5	11.7	
HT2-250	25	100	550	10	135	35	69	131	269	14.5	19.7	
HT2-315	30	140	550	10	161	47.2	103	177	281	10.5	29.3	
HT2-400	35	180	450	10	145	60	136	224	396	6.5	34.2	
HT2-500	35	150	580	10	155	51.5	108	192	423	10.5	42.7	
HT2-630 HT3-630	40	170	580	10	160	56.8	121	219	548	9.5	58.0	
HT3-800 HT4-800	45	190	580	10	153	62.9	135	245	703	8.5	74.5	
HT3-1000 HT4-1000	50	220	520	10	145	72.3	159	281	903	6.5	85.2	
HT3-1250	50	220	520	10	145	72.3	159	281	903	6.5	85.2	内外弹簧组合
HT4-1250	25	110	500	10	163	38	79	141	235	12.5	18.6	
HT3-1600	60	220	335	5	65	78.5	150	305	3477	3.5	7.58	内外弹簧串联组合
HT4-1600	30	120	320	5	69.8	42	84	156	721	6.5	16.7	
HT3-2000	60	220	380	5	80	80	150	305	3042	4	83.5	
HT4-2000	30	120	360	5	80.1	42	84	156	625	7.5	18.8	

9.2　起重机橡胶缓冲器（见表 17.1-123、表 17.1-124）

表 17.1-123　橡胶缓冲器的结构型式、基本参数和主要尺寸（摘自 JB/T 12988—2016）

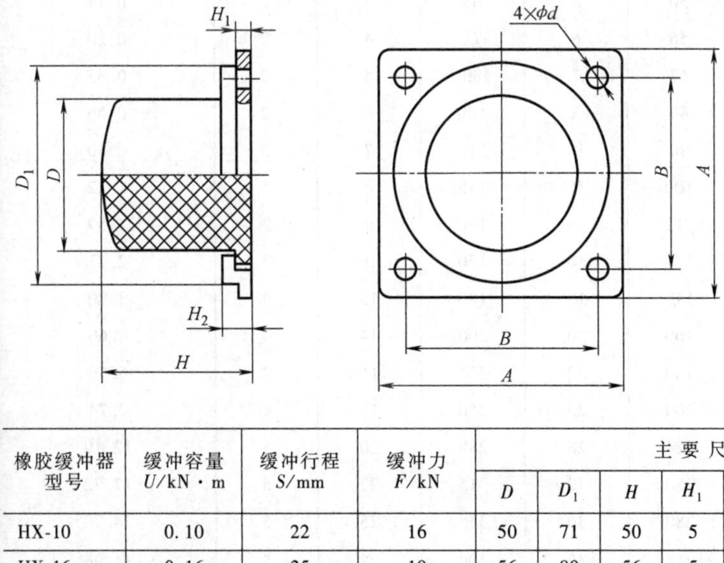

标记示例：

缓冲容量 U=0.40kN · m 的橡胶缓冲器标记为：

缓冲器　HX-40　JB/T 12988—2016

型号意义

HX-40　JB/T 12988—2016

- 标准号
- 缓冲容量（以 kN · cm 表示）
- 橡胶缓冲器

橡胶缓冲器型号	缓冲容量 U/kN · m	缓冲行程 S/mm	缓冲力 F/kN	主要尺寸/mm								参考质量/kg
				D	D_1	H	H_1	H_2	A	B	d	
HX-10	0.10	22	16	50	71	50	5	8	80	63	7	0.36
HX-16	0.16	25	19	56	80	56	5	10	90	71	7	0.48

（续）

橡胶缓冲器型号	缓冲容量 U/kN·m	缓冲行程 S/mm	缓冲力 F/kN	主要尺寸/mm								参考质量/kg
				D	D_1	H	H_1	H_2	A	B	d	
HX-25	0.25	28	28	67	90	67	6	12	100	80	7	0.70
HX-40	0.40	32	40	80	112	80	6	14	125	100	12	1.34
HX-63	0.63	40	50	90	125	90	6	16	140	112	12	2.13
HX-80	0.80	45	63	100	140	100	8	18	160	125	14	2.70
HX-100	1.00	50	75	112	160	112	8	20	180	140	14	3.68
HX-160	1.60	56	95	125	180	125	8	22	200	160	18	5.00
HX-250	2.50	63	118	140	200	140	8	25	224	180	18	6.50
HX-315	3.15	71	160	160	224	160	10	28	250	200	18	9.18
HX-400	4.00	80	200	180	250	180	10	32	280	224	18	12.00
HX-630	6.30	90	250	200	280	200	10	36	315	250	24	16.18
HX-1000	10.00	100	300	224	315	224	12	40	355	280	24	25.00
HX-1600	16.00	112	425	250	355	250	12	45	400	315	24	34.00
HX-2000	20.00	125	500	280	400	280	12	50	450	355	24	48.20
HX-2500	25.00	140	630	315	450	315	12	56	500	400	24	64.80

表 17.1-124　橡胶弹性体结构型式、尺寸及技术要求（摘自 JB/T 12988—2016）

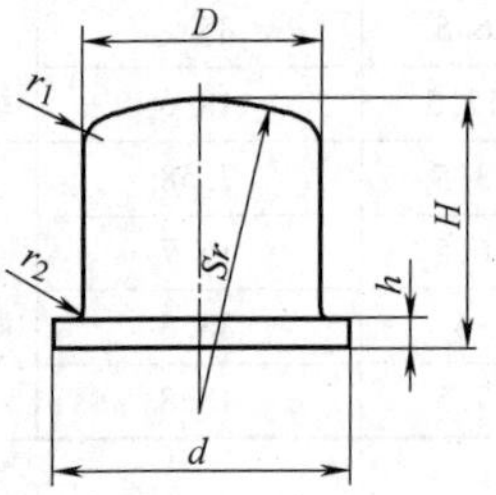

技术要求

1. 在环境温度为-20～40℃时，应能正常工作
2. 橡胶弹性体不宜在强酸、强碱环境下工作
3. 橡胶弹性体选用的胶料，其材料力学性能应符合下列指标：
   拉断强度≥18MPa　　拉断伸长率≥450%
   邵尔 A 硬度 67±4　　拉断永久变形≤20%
   热空气加速老化（70°C×72h）：断裂拉伸强度变化率≥-20%
4. 橡胶弹性体不得有离层、裂纹、海绵状、缺胶和欠硫等现象，其表面不应有气泡、明疤及凹痕等影响使用性能和外观的缺陷

橡胶缓冲器型号	尺　寸　/mm							参考质量/kg
	D	d	H	h	S_r	r_1	r_2	
HX-10	50	63	50	5	63	3	2	0.14
HX-16	56	71	56	6	71	4	2	0.20
HX-25	67	80	67	7	80	5	2	0.33
HX-40	80	100	80	8	100	6	2	0.56
HX-63	90	112	90	10	112	7	3	0.80
HX-80	100	125	100	12	125	8	3	1.12
HX-100	112	140	112	14	140	9	3	1.59
HX-160	125	160	125	16	160	10	3	2.23
HX-250	140	180	140	18	180	12	4	3.20
HX-315	160	200	160	20	200	14	4	4.60
HX-400	180	224	180	22	224	16	4	6.56
HX-630	200	250	200	25	250	18	4	7.74
HX-1000	224	280	224	28	280	20	5	12.19
HX-1600	250	315	250	32	315	22	5	17.72
HX-2000	280	355	280	36	355	25	5	24.70
HX-2500	315	400	315	40	400	28	5	34.96

（续）

橡胶弹性体尺寸	尺寸/mm								
	≤10	>10~20	>20~30	>30~50	>50~80	>80~120	>120~180	>180~250	>250
极限偏差/mm	±0.50	±0.60	±0.80	±1.00	±1.20	±1.40	±1.80	±2.40	±1%×尺寸

10 棘轮逆止器

棘轮逆止器一般用来作为机械中防止逆转的止逆装置或供间歇传动用，在某些低速、手动操纵的卷扬机上使用。

棘轮的齿形已经标准化。周节 p 根据齿顶圆来考虑。棘轮的齿数通常在 6~30 的范围内选取，但有特殊用途时，可以更少或更多些，齿数越多，冲击越小，但尺寸较大。为了减少冲击，可以装设两个或多个棘爪。

在设计齿形时，要保证棘爪啮合性能可靠，通常将棘轮工作齿面做成与棘轮半径成 φ 的夹角，$\varphi=15°\sim20°$，见图 17.1-18。图中，F 为棘轮圆周力（N），$F=\frac{2M_n}{D}$。D 为棘轮直径（mm），$D=zm$。

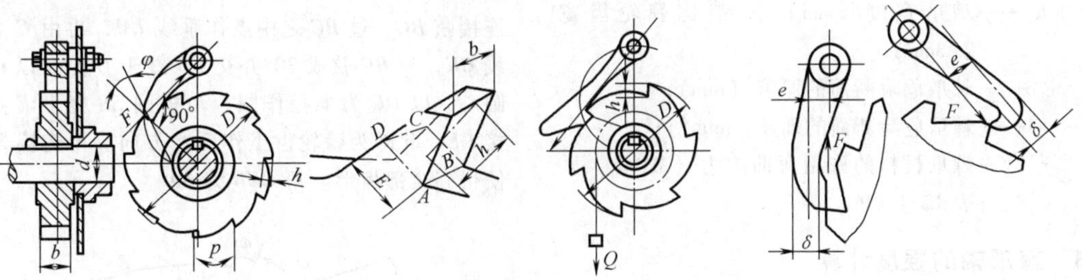

图 17.1-18 棘轮

10.1 棘轮齿的强度计算

棘轮模数按棘轮齿受弯曲计算来确定

$$m = 1.75\sqrt[3]{\frac{M_n}{z\psi_m[\sigma]}} \qquad (17.1\text{-}19)$$

式中 $m=\frac{p}{\pi}$——棘轮模数（mm），m 应取 6、8、10、14、16、18、20、22、24、26、30；

p——周节（mm）；

M_n——棘轮轴所受的扭矩（N·mm）；

z——棘轮的齿数见表 17.1-125；

$\psi_m=\frac{b}{m}$——齿宽系数，见表 17.1-126，其中 b 为齿宽（mm）；

$[\sigma]$——棘轮齿材料的许用弯曲应力（MPa），见表 17.1-126。

棘轮模数按棘轮齿受挤压进行验算

$$m \geqslant \sqrt{\frac{2M_n}{z\psi_m w_p}} \qquad (17.1\text{-}20)$$

式中 w_p——许用单位线压力（N/mm），见表 17.1-126。

表 17.1-125 棘轮齿数表

机械类型	齿条式起重机	蜗轮蜗杆滑车	棘轮停止器	带棘轮的制动器
齿数 z	6~8	6~8	12~20	16~25

表 17.1-126 许用弯曲应力、许用单位线压力及齿宽系数

棘轮材料	HT150	ZG270 500 ZG310 570	Q235	45
齿宽系数 $\psi_m=\frac{b}{m}$	1.5~6.0	1.5~4.0	1.0~2.0	1.0~2.0
许用单位线压力 w_p/N·mm^{-1}	15	30	35	40
许用弯曲应力$[\sigma]$/MPa	30	80	100	120

10.2　棘爪的强度计算

棘爪的回转中心一般选在圆周力 F 的作用线方向，棘爪长度通常取等于 $2p$。

棘爪可制成直头形的或钩头形的（见图 17.1-18），对直头形的棘爪，应按受偏心压缩来进行强度计算；对钩头形的棘爪，则应按受偏心拉伸来计算。基本计算公式为

$$\sigma_w = \frac{M_w}{W} + \frac{F}{A} \leqslant [\sigma] \qquad (17.1\text{-}21)$$

式中　M_w——弯矩（N · mm），$M_w = Fe$；

W——棘爪危险断面的截面系数（mm^3），$W = \frac{b_1\delta^2}{6}$；

b_1——棘爪宽度（mm），一般比棘轮齿宽 2~3mm；

δ——棘爪危险断面的厚度（mm）；

A——棘爪危险断面的面积（mm^2）；

$[\sigma]$——棘爪材料的许用弯曲应力（MPa），见表 17.1-126。

10.3　棘爪轴的强度计算

棘爪轴（见图 17.1-19）为悬臂梁，受弯曲作用。d_1 由式（17.1-22）或式（17.1-23）计算。

$$d_1 = 2.2\sqrt[3]{\frac{F}{[\sigma]}\left(\frac{b_1}{2} + b_2\right)} \qquad (17.1\text{-}22)$$

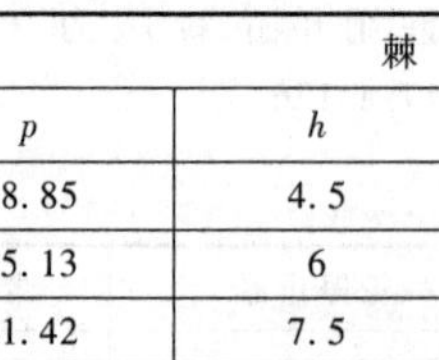

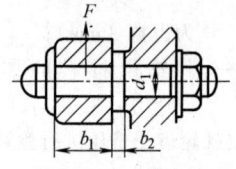

图 17.1-19　棘爪轴

或
$$d_1 = 2.71\sqrt[3]{\frac{M_n}{Zm[\sigma]}\left(\frac{b_1}{2} + b_2\right)} \qquad (17.1\text{-}23)$$

式中　d_1——棘爪轴为实心轴时的直径（mm）；

$[\sigma]$——棘爪轴材料的许用弯曲应力（MPa），见表 17.1-126。

10.4　棘轮齿形与棘爪端的外形尺寸及画法

棘轮齿形与棘爪端的外形尺寸见表 17.1-127。

图 17.1-20 所示为棘轮齿形的画法。其步骤如下：由轮中心以 $R = \frac{mZ}{2}$ 为半径画顶圆 NN，再以 $R-h$（齿高 $h = 0.75m$）为半径画根圆 SS。用周节 p 将圆周 NN 分成 Z 等份。自任一等分点 A 作弦 $AB = a = m$ 并连接弦 BC。过 BC 之中点作垂线 LM，再由 C 点作直线 CK，与 BC 弦成 30°并交 LM 线于 O 点。以 O 点为圆心，以 OC 为半径作圆，与根圆 SS 交于 E 点。连接 CE，此即为棘轮齿工作面之方向。再连接 EB 后，便得到全部齿形。角 CEB 为 60°。

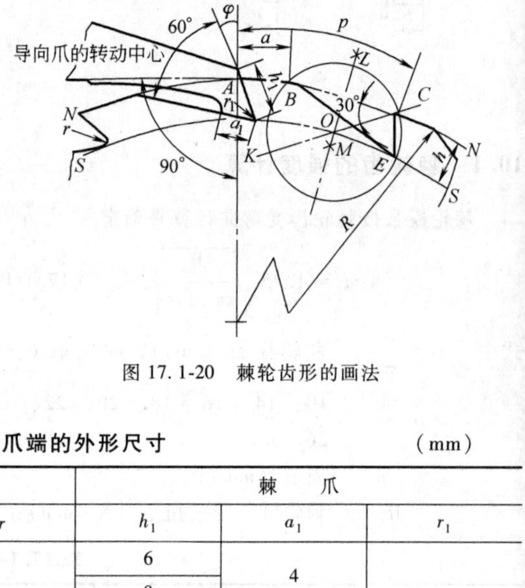

图 17.1-20　棘轮齿形的画法

表 17.1-127　棘轮齿形棘爪端的外形尺寸　　（mm）

m	棘轮				棘爪		
	p	h	a	r	h_1	a_1	r_1
6	18.85	4.5	6	1.5	6	4	2
8	25.13	6	8		8		
10	31.42	7.5	10		10	6	
12	37.70	9	12		12		
14	43.98	10.5	14		14	8	
16	50.27	12	16				
18	56.55	13.5	18		16	12	
20	62.83	15	20		18		
22	69.12	16.5	22		20	14	
24	75.40	18	24				
26	81.68	19.5	26		22		
30	94.25	22.5	30		25	16	

第 2 章　运输机械零部件

1　带式运输机零部件

1.1　输送带

1.1.1　钢丝绳芯输送带（摘自 GB/T 9770—2013）

（1）带型

钢丝绳芯输送带的带型见表 17.2-1。

（2）标记

钢丝绳芯输送带的标记包含订货长度、执行标准、带宽、纵向拉断强度、上覆盖层厚度、下覆盖层厚度和覆盖层性能。

在标记中以符号 ST 表示纵向抗拉体材料——钢丝绳，在该符号之后以牛顿每毫米（N/mm）为单位表示出带的标称拉断强度。

标记示例：一条钢丝绳芯输送带（ST），长为 1400m，宽为 2200mm，最小拉断强度为 3500N/mm，上覆盖层厚度为 10mm，下覆盖层厚度为 7mm，覆盖层橡胶性能类型代号 H，其标记为：

1400m 钢丝绳芯输送带，GB/T 9770—2200 ST 3500/10+7H

（3）技术要求

表 17.2-1　钢丝绳芯输送带带型

带型号		500	630	800	1000	1250	1400	1600	1800	2000	2250	2500	2800	3150	3500	4000	4500	5000	5400	6300	7000	7500
最小拉断强度 K_{Nmin}/N · mm^{-1}		500	630	800	1000	1250	1400	1600	1800	2000	2250	2500	2800	3150	3500	4000	4500	5000	5400	6300	7000	7500
钢丝绳最大直径 d_{max}/mm		3.0	3.0	3.5	4.0	4.5	5.0	5.0	5.6	6.0	5.6	7.2	7.2	8.1	8.6	8.9	9.7	10.9	11.3	12.8	13.5	15.0
钢丝绳最小拉断力 $F_{bs\ min}$/kN		7.6	7.0	8.9	12.9	16.1	20.6	20.6	25.5	25.6	26.2	40.0	39.6	50.5	56.0	63.5	76.3	91.0	98.2	130.4	142.4	166.7
钢丝绳间距 t /mm		14.0	10.0	10.0	12.0	12.0	14.0	12.0	13.5	12.0	11.0	15.0	13.5	15.0	15.0	15.0	16.0	17.0	17.0	19.5	19.5	21.0
覆盖层最小厚度 s_{min}/mm		4.0	4.0	4.0	4.0	4.0	4.0	4.0	4.0	4.0	4.0	5.0	5.0	5.5	6.0	6.5	7.0	7.5	8.0	10.0	10.0	10.0
带宽 B /mm	极限偏差 /mm	钢丝绳根数 n																				
500	+10/-5	33	45	45	39	39	34	39	N/A	N/A	N/A	N/A	N/A	N/A	N/A	N/A	N/A	N/A	N/A	N/A	N/A	N/A
650	+10/-7	44	60	60	51	51	45	51	45	52	56	41	46	41	41	41	39	36	N/A	N/A	N/A	N/A
800	+10/-8	54	75	75	63	63	55	63	57	63	69	50	57	50	50	51	48	45	45	N/A	N/A	N/A
1000	±10	68	95	95	79	79	68	79	71	79	86	64	71	64	64	64	59	55	55	N/A	N/A	N/A
1200	±10	83	113	113	94	94	82	94	85	94	104	76	85	76	77	77	71	66	66	58	59	54
1400	±12	96	133	133	111	111	97	111	100	111	122	89	99	89	90	90	84	78	78	68	69	64
1600	±12	111	151	151	126	126	111	126	114	126	140	101	114	101	104	104	96	90	90	78	80	73
1800	±14	125	171	171	143	143	125	143	129	143	159	114	128	114	117	117	109	102	102	89	90	83
2000	±14	139	191	191	159	159	139	159	144	159	177	128	143	128	130	130	121	113	113	99	100	92
2200	±15	153	211	211	176	176	154	176	159	176	195	141	158	141	144	144	134	125	125	109	110	102
2400	±15	167	231	231	193	193	168	193	174	193	213	155	173	155	157	157	146	137	137	119	119	110
2600	±15	181	251	251	209	209	182	209	189	209	231	168	188	168	170	170	159	149	149	129	129	120
2800	±15	196	271	271	226	226	197	226	203	226	249	181	202	181	183	183	171	161	161	139	139	129
3000	±15	210	291	291	243	243	211	243	218	243	268	195	217	195	195	195	183	172	172	149	149	139
3200	±15	224	311	311	260	260	225	260	233	260	286	208	232	208	208	208	196	184	184	160	160	149

注：N/A—由于成槽性的缘故而不适用。

1）钢丝绳的配置。

① 钢丝绳捻向的配置。带芯的左捻钢丝绳和右捻钢丝绳应交替配置，钢丝绳的根数应符合表17.2-1的规定。

② 有接头钢丝绳的配置。

a. 两边部各一根钢丝绳不得有接头。

b. 有接头的钢丝绳根数不得多于总根数的 5%。

c. 一根钢丝绳的接头不得多于一处，且应距带端 10m 以上。

d. 任意两根钢丝绳的接头在长度方向上的距离不得小于 10m。

2）尺寸偏差。

① 输送带的宽度（B）及极限偏差应符合表 17.2-2 的要求。

② 覆盖层厚度的下偏差为 0.5mm。

③ 带厚度的均匀性，即带厚度的最大测定值与最小测定值之差不大于平均厚度的 10%。

④ 带芯钢丝绳在厚度方向的偏心值不得大于 1.5mm。偏心值大于 1.0mm 但不大于 1.5mm 的钢丝绳根数不超过钢丝绳总根数的 5%。

⑤ 钢丝绳平均间距的极限偏差应为±1.5mm，单个钢丝绳间距大于 1.5mm 的钢丝绳根数不得大于钢丝绳总根数的 5%。

⑥ 输送带的边胶宽度应不小于 15mm。

⑦ 输送带长度的极限偏差应符合表 17.2-3 的要求。用户提供的订货长度应包括制作输送带接头及外部试验所需要的长度。

3）覆盖层的物理性能。

① 覆盖层的物理性能（老化前）应满足表 17.2-4 的要求。

② 覆盖层老化性能。覆盖层在 70℃ 老化箱中按 GB/T 3512 进行七天加速老化后，其拉断强度和断后伸长率的中值应不低于老化前相应值的 75%。

4）覆盖层与输送带芯层间的黏合强度。当试验按 GB/T 17044 进行时，覆盖层与输送带芯层间的黏合强度不应小于 12N/mm。

5）钢丝绳的黏合强度。当试验按 GB/T 5755 进行时，钢丝绳的黏合强度应满足表 17.2-5 的要求。

6）成槽性。成槽性的指标是试验中输送带的挠度 F 与带宽 L 之比，应符合表 17.2-6 的要求。

7）钢丝绳的动态黏合强度。

当试验按 GB/T 21352—2008 的附录 A 进行时，在经受 10000 次周期性变负荷循环试验后不出现钢丝绳被拔脱现象。

表 17.2-2　输送带宽（B）及极限偏差　　(mm)

B														
500^{+10}_{-5}	650^{+10}_{-7}	800^{+10}_{-8}	1000 ±10	1200 ±10	1400 ±12	1600 ±12	1800 ±14	2000 ±14	2200 ±15	2400 ±15	2600 ±15	2800 ±15	3000 ±15	3200 ±15

表 17.2-3　输送带长度的极限偏差

输送带的交货条件	输送带的供货长度与订货长度之间的最大容许差值
提供的输送带是整根带	$^{+2.5\%}_{0}$
提供的输送带是几段带	每段输送带的长度极限偏差为±5%，各段输送带长度之和的总极限偏差为 $^{+2.5\%}_{0}$

表 17.2-4　覆盖层物理性能（老化前）

性能类型	拉伸强度/MPa ≥	拉断伸长率(%) ≥	磨耗量/mm^3 ≤
H	24	450	120
D	18	400	100
L	15	350	200

注：H 用于输送对带有强烈损害的尖利磨损性物料；D 用于输送高磨损性物料；L 用于输送中度磨损物料。

表 17.2-5　钢丝绳的黏合强度　　$(N \cdot mm^{-1})$

带型号	500	630	800	1000	1250	1400	1600	1800	2000	2250	2500	2800	3150	3500	4000	4500	5000	5400	6300	7000	7500
老化前≥	60	60	67.5	75	82.5	90	90	99	105	99	123	123	136.5	144	148.5	160.5	178.5	184.5	207	217.5	240
老化后≥	50	50	57.5	65	72.5	80	80	89	95	89	113	113	126.5	134	138.5	150.5	168.5	174.5	197	207.5	230

表 17.2-6　三等长托辊输送机上使用的输送带的 F/L 最小值

侧托辊槽形角/(°)	20	25	30	35	40	45	50	55	60
F/L	0.08	0.10	0.12	0.14	0.16	0.18	0.20	0.23	0.26

1.1.2　织物芯输送带（摘自 GB/T 4490—2009）

（1）有端输送带的公称宽度及极限偏差见表 17.2-7。

（2）输送带的长度极限偏差见表 17.2-8 和表 17.2-9。

（3）全厚度拉断强度

带的纵向全厚度拉断强度值应不小于指定带型号在表 17.2-10 中所示值，最小全厚度拉断强度的数值 $(\mathrm{N \cdot mm^{-1}})$ = 指定带型号。

表 17.2-7　有端输送带的公称宽度及极限偏差　(mm)

公称宽度	极限偏差	公称宽度	极限偏差
300	±5	1600	±16
400	±5	1800	±18
500	±5	2000	±20
600	±6	2200	±22
650	±6.5	2400	±24
800	±8	2600	±26
1000	±10	2800	±28
1200	±12	3000	±30
1400	±14	3200	±32

表 17.2-8　环形输送带的长度极限偏差

长度/m	极限偏差/mm
≤15	±50
>15~20	±75
>20	±0.5%×带长(带长精确到 m)

表 17.2-9　有端输送带的长度极限偏差

带交货条件	极限偏差/mm （交货长度和订货长度间的最大公差）
由一段组成	+2.5% 0
由若干段组成 每单根长度或每段长度 各段长度之和	±5% +2.5% 0

表 17.2-10　织物芯输送带的最小全厚度拉断强度　$(\mathrm{N \cdot mm^{-1}})$

指定带型号							
	160	200	250	315	400	500	630
	800	1000	1250	1600	2000	2500	3150

1.2　滚筒

1.2.1　滚筒的基本参数

（1）输送机的滚筒直径（见表 17.2-11）

（2）输送机带宽与滚筒长度和滚筒直径的关系（见表 17.2-12）

（3）最小滚筒直径

按稳定工况确定的最小滚筒直径见表 17.2-13。各种帆布带允许的最小传动滚筒直径见表 17.2-14。

1.2.2　滚筒的技术规格及尺寸

各种滚筒的技术规格及尺寸见表 17.2-15～表 17.2-18。

表 17.2-11　输送机的滚筒直径（摘自 GB/T 10595—2009）　（mm）

滚筒直径	200、250、315、400、500、630、800、1000、1250、1400、1600、1800

表 17.2-12　输送机带宽与滚筒长度和滚筒直径的关系（摘自 GB/T 10595—2009）　（mm）

带宽 *B*	滚筒长度 *L*	滚筒直径 *D*
300	400	200、250、315、400
400	500	200、250、315、400、500
500	600	
650	750	200、250、315、400、500、630
800	950	200、250、315、400、500、630、800、1000、1250、1400
1000	1150	250、315、400、500、630、800、1000、1250、1400、1600、1800
1200	1400	
1400	1600	
1600	1800	315、400、500、630、800、1000、1250、1400、1600、1800
1800	2000	
2000	2200	500、630、800、1000、1250、1400、1600、1800
2200	2500	
2400	2800	
2600	3000	630、800、1000、1250、1400、1600、1800
2800	3200	

注：滚筒直径 *D* 是不包括包层厚度在内的名义滚筒直径，与带宽组合为推荐组合。

表 17.2-13　按稳定工况确定的最小滚筒直径　（mm）

传动滚筒直径 *D*	最小直径（无摩擦面层）								
	允许的最高输送带张力利用率								
	>60%～100%			>30%～60%			≤30%		
	传动滚筒	改向滚筒（180°）	改向滚筒（<180°）	传动滚筒	改向滚筒（180°）	改向滚筒（<180°）	传动滚筒	改向滚筒（180°）	改向滚筒（<180°）
500	500	400	315	400	315	250	315	315	250
630	630	500	400	500	400	315	400	400	315
800	800	630	500	630	500	400	500	500	400
1000	1000	800	630	800	630	500	630	630	500
1250	1250	1000	800	1000	800	630	800	800	630
1400	1400	1250	1000	1250	1000	800	1000	1000	800

表 17.2-14　各种帆布带允许的最小传动滚筒直径　（mm）

型　号	层　数					
	3	4	5	6	7	8
CC-56、NN-100	500	500	630	800	1000	1000
NN-150、EP-100	500	500	630	800	—	—
NN-200～NN-300 EP-200～EP-300	500	630	800	1000	—	—

表 17.2-15　传动滚筒的技术规格及尺寸

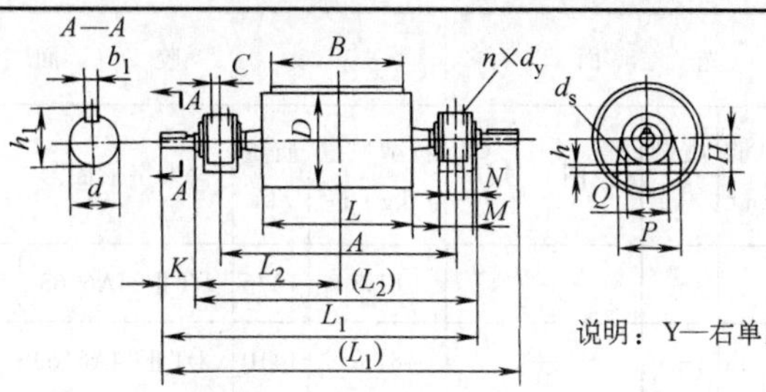

说明：Y—右单出轴；Z—左单出轴；S—双出轴

<table>
<tr><th rowspan="2">B
/mm</th><th rowspan="2">许用
转矩
M
/kN·m</th><th rowspan="2">许用
合力
F
/kN</th><th rowspan="2">D
/mm</th><th rowspan="2">轴承
型号</th><th rowspan="2">轴承座
图　号</th><th colspan="3">光　　面</th><th colspan="4">胶　　面</th></tr>
<tr><th>转动惯量
J/kg·m²</th><th>质量
/kg</th><th>图　号</th><th>转动惯量
J/kg·m²</th><th>质量
/kg</th><th>人字形图号</th><th>菱形图号</th></tr>
<tr><td>500</td><td>2.7</td><td>49</td><td rowspan="2">500</td><td rowspan="3">1316</td><td rowspan="3">DTⅡZ1208
DTⅡZ1308</td><td>5</td><td>250</td><td>DTⅡ01A4081</td><td>6</td><td>264</td><td>DTⅡ01A4083 Y Z</td><td>DTⅡ01A4084</td></tr>
<tr><td rowspan="4">650</td><td>3.5</td><td rowspan="2">40</td><td>6.5</td><td>280</td><td>DTⅡ02A4081</td><td>7.8</td><td>298</td><td>DTⅡ02A4083 Y Z</td><td>DTⅡ02A4084</td></tr>
<tr><td>4.1</td><td>630</td><td>16.3</td><td>324</td><td>DTⅡ02A5081</td><td>18.5</td><td>347</td><td>DTⅡ02A5083 Y Z</td><td>DTⅡ02A5084</td></tr>
<tr><td>6.2</td><td>59</td><td>500</td><td rowspan="5">22220</td><td rowspan="5">DTⅡZ1210
DTⅡZ1310</td><td>6.5</td><td>376</td><td>DTⅡ02A4101</td><td>7.8</td><td>393</td><td>DTⅡ02A4103 Y Z</td><td>DTⅡ02A4104</td></tr>
<tr><td>7.3</td><td>80</td><td>630</td><td>16.3</td><td>429</td><td>DTⅡ02A5101</td><td>18.5</td><td>451</td><td>DTⅡ02A5103 Y Z</td><td>DTⅡ02A5104</td></tr>
<tr><td rowspan="11">800</td><td>4.1</td><td>40</td><td>500</td><td>7.8</td><td>432</td><td>DTⅡ03A4101</td><td>9.8</td><td>453</td><td>DTⅡ03A4103 Y Z</td><td>DTⅡ03A4104</td></tr>
<tr><td>6.0</td><td rowspan="2">50</td><td>630</td><td>19.5</td><td>492</td><td>DTⅡ03A5101</td><td>23.5</td><td>521</td><td>DTⅡ03A5103 Y Z</td><td>DTⅡ03A5104</td></tr>
<tr><td>7.0</td><td>800</td><td>—</td><td>—</td><td>—</td><td>25</td><td>782</td><td>DTⅡ03A6103 Y Z</td><td>DTⅡ03A6104</td></tr>
<tr><td rowspan="2">12</td><td rowspan="2">80</td><td>630</td><td rowspan="2">22224</td><td rowspan="2">DTⅡZ1212
DTⅢZ1312</td><td>23.8</td><td>752</td><td>DTⅡ03A5121</td><td>29.5</td><td>776</td><td>DTⅡ03A5123 Y Z</td><td>DTⅡ03A5124</td></tr>
<tr><td>800</td><td>—</td><td>—</td><td>—</td><td>58</td><td>887</td><td>DTⅡ03A6123 Y Z</td><td>DTⅡ03A6124</td></tr>
<tr><td>20</td><td rowspan="2">100</td><td rowspan="2">630</td><td rowspan="4">22228</td><td rowspan="4">DTⅡZ1114
DTⅡZ1214
DTⅡZ1314</td><td>28.5</td><td>844</td><td>DTⅡ03A5141</td><td>32</td><td>920</td><td>DTⅡ03A5143 Y Z</td><td>DTⅡ03A5144</td></tr>
<tr><td>2×16</td><td>—</td><td>—</td><td>—</td><td>32</td><td>967</td><td>DTⅡ03A5143S</td><td>DTⅡ03A5144S</td></tr>
<tr><td>20</td><td rowspan="2">110</td><td rowspan="4">800</td><td>—</td><td>—</td><td>—</td><td>66.3</td><td>1095</td><td>DTⅡ03A6143 Y Z</td><td>DTⅡ03A6144</td></tr>
<tr><td>2×16</td><td>—</td><td>—</td><td>—</td><td>66.3</td><td>1143</td><td>DTⅡ03A6143S</td><td>DTⅡ03A6144S</td></tr>
<tr><td>32</td><td rowspan="2">160</td><td rowspan="2">22232</td><td rowspan="2">DTⅡZ1116
DTⅡZ1216
DTⅡZ1316</td><td>—</td><td>—</td><td>—</td><td>67.5</td><td>1253</td><td>DTⅡ03A6183 Y Z</td><td>DTⅡ03A6164</td></tr>
<tr><td>2×23</td><td>—</td><td>—</td><td>—</td><td>67.5</td><td>1287</td><td>DTⅡ03A6163S</td><td>DTⅡ03A6164S</td></tr>
<tr><td rowspan="8">1000</td><td>6.0</td><td>40</td><td>630</td><td>22220</td><td>DTⅡZ1210
DTⅡZ1310</td><td>—</td><td>—</td><td>—</td><td>26.5</td><td>585</td><td>DTⅡ04A5103 Y Z</td><td>DTⅡ04A5104</td></tr>
<tr><td rowspan="3">12</td><td rowspan="2">73</td><td>630</td><td rowspan="3">22224</td><td rowspan="3">DTⅡZ1212
DTⅡZ1312</td><td>—</td><td>—</td><td>—</td><td>38.3</td><td>857</td><td>DTⅡ04A5123 Y Z</td><td>DTⅡ04A5124</td></tr>
<tr><td>800</td><td>—</td><td>—</td><td>—</td><td>78.8</td><td>964</td><td>DTⅡ04A6123 Y Z</td><td>DTⅡ04A6124</td></tr>
<tr><td>80</td><td>1000</td><td>—</td><td>—</td><td>—</td><td>164.8</td><td>1162</td><td>DTⅡ04A7123 Y Z</td><td>DTⅡ04A7124</td></tr>
<tr><td>20</td><td rowspan="2">110</td><td rowspan="2">800</td><td rowspan="2">22228</td><td rowspan="4">DTⅡZ1114
DTⅡZ1214
DTⅡZ1314</td><td>—</td><td>—</td><td>—</td><td>80.3</td><td>1168</td><td>DTⅡ04A6143 Y Z</td><td>DTⅡ04A6144</td></tr>
<tr><td>2×16</td><td>—</td><td>—</td><td>—</td><td>80.3</td><td>1216</td><td>DTⅡ04A6143S</td><td>DTⅡ04A6144S</td></tr>
<tr><td>20</td><td rowspan="2">110</td><td rowspan="2">1000</td><td rowspan="2">22228</td><td>—</td><td>—</td><td>—</td><td>166.5</td><td>1408</td><td>DTⅡ04A7143 Y Z</td><td>DTⅡ04A7144</td></tr>
<tr><td>2×16</td><td>—</td><td>—</td><td>—</td><td>166.5</td><td>1456</td><td>DTⅡ04A7143S</td><td>DTⅡ04A7144S</td></tr>
</table>

（续）

B /mm	许用转矩 M /kN·m	许用合力 F /kN	D /mm	轴承型号	轴承座图号	光面 转动惯量 J/kg·m²	光面 质量 /kg	光面 图号	胶面 转动惯量 J/kg·m²	胶面 质量 /kg	胶面 人字形图号	胶面 菱形图号
1000	27	160	800	22232	DTⅡZ1116 DTⅡZ1216 DTⅡZ1316	—	—	—	81.8	1376	DTⅡ04A6163 $^{Y}_{Z}$	DTⅡ04A6164
	2×22					—	—	—	81.8	1410	DTⅡ04A6163S	DTⅡ04A6164S
	27	170	1000			—	—	—	168.3	1617	DTⅡ04A7163 $^{Y}_{Z}$	DTⅡ04A7164
	2×22					—	—	—	168.3	1651	DTⅡ04A7163S	DTⅡ04A7164S
	40	190	800	22236	DTⅡZ1118 DTⅡZ1218 DTⅡZ1318	—	—	—	83.3	1691	DTⅡ04A6183 $^{Y}_{Z}$	DTⅡ04A6184M
	2×35					—	—	—	83.3	1744	DTⅡ04A6183S	DTⅡ04A6184S
	40	210	1000			—	—	—	170	1928	DTⅡ04A7183 $^{Y}_{Z}$	DTⅡ04A7184
	2×35					—	—	—	170	1981	DTⅡ04A7183S	DTⅡ04A7184S
	52	330		22240	DTⅡZ1120 DTⅡZ1220 DTⅡZ1320	—	—	—	215.3	2585	DTⅡ04A7203 $^{Y}_{Z}$	DTⅡ04A7204
	2×42					—	—	—	215.3	2677	DTⅡ04A7203S	DTⅡ04A7284S
1200	12	52	630	22224	DTⅡZ1212 DTⅡZ1312	—	—	—	46.5	967	DTⅡ05A5123 $^{Y}_{Z}$	DTⅡ05A5124
		80	800			—	—	—	96	1059	DTⅡ05A6123 $^{Y}_{Z}$	DTⅡ05A6124
			1000			—	—	—	200	1307	DTⅡ05A7123 $^{Y}_{Z}$	DTⅡ05A7124
	20	85	630	22228	DTⅡZ1114 DTⅡZ1214 DTⅡZ1314	—	—	—	47.3	1156	DTⅡ05A5143 $^{Y}_{Z}$	DTⅡ05A5144
	2×16					—	—	—	47.3	1204	DTⅡ05A5143S	DTⅡ05A5144S
	20	110	800			—	—	—	97.8	1297	DTⅡ05A6143 $^{Y}_{Z}$	DTⅡ05A6144
	2×16					—	—	—	97.8	1345	DTⅡ05A6143S	DTⅡ05A6144S
	20	110	1000	22228	DTⅡZ1114 DTⅡZ1214 DTⅡZ1314	—	—	—	202.5	1567	DTⅡ05A7143 $^{Y}_{Z}$	DTⅡ05A7144
	2×16					—	—	—	202.5	1615	DTⅡ05A7143S	DTⅡ05A7144S
	27	140	800	22232	DTⅡZ1116 DTⅡZ1216 DTⅡZ1316	—	—	—	99.5	1520	DTⅡ05A6163 $^{Y}_{Z}$	DTⅡ05A6164
	2×22					—	—	—	99.5	1554	DTⅡ05A6163S	DTⅡ05A6164S
	27	160	1000			—	—	—	204.8	1780	DTⅡ05A7163 $^{Y}_{Z}$	DTⅡ05A7164
	2×22					—	—	—	204.8	1818	DTⅡ05A7163S	DTⅡ05A7164S
	40	180	800	22236	DTⅡZ1118 DTⅡZ1218 DTⅡZ1318	—	—	—	101.3	1928	DTⅡ05A6183 $^{Y}_{Z}$	DTⅡ05A6184
	2×32					—	—	—	101.3	1981	DTⅡ05A6183S	DTⅡ05A6184S
	40	210	1000			—	—	—	207	2173	DTⅡ05A7183 $^{Y}_{Z}$	DTⅡ05A7184
	2×32					—	—	—	207	2226	DTⅡ05A7183S	DTⅡ05A7184S

（续）

B /mm	许用转矩 M /kN·m	许用合力 F /kN	D /mm	轴承型号	轴承座图号	光面 转动惯量 J/kg·m²	光面 质量 /kg	光面 图号	胶面 转动惯量 J/kg·m²	胶面 质量 /kg	胶面 人字形图号	胶面 菱形图号
1200	52	230	800	22240	DTⅡZ1120 DTⅡZ1220 DTⅡZ1320	—	—	—	118.3	2393	DTⅡ05A6203 Y/Z	DTⅡ05A6204
	2×42					—	—	—	118.3	2484	DTⅡ05A6203S	DTⅡ05A6204S
	52	290	1000			—	—	—	262	2813	DTⅡ05A7203 Y/Z	DTⅡ05A7204
	2×42					—	—	—	262	2903	DTⅡ05A7203S	DTⅡ05A7204S
	66	330		22244	DTⅡZ1122 DTⅡZ1222 DTⅡZ1322	—	—	—	283	3234	DTⅡ05A7223 Y/Z	DTⅡ05A7224
	2×50					—	—	—	283	3329	DTⅡ05A7223S	DTⅡ05A7224S
1400	20	100	800	22228	DTⅡZ1114 DTⅡZ1214 DTⅡZ1314	—	—	—	111.8	1417	DTⅡ06A6143 Y/Z	DTⅡ06A6144
	2×16					—	—	—	111.8	1465	DTⅡ06A6143S	DTⅡ06A6144S
	20		1000			—	—	—	202.5	1720	DTⅡ06A7143 Y/Z	DTⅡ06A7144
	2×16					—	—	—	202.5	1768	DTⅡ06A7143S	DTⅡ06A7144S
	27	130	800	22232	DTⅡZ1116 DTⅡZ1216 DTⅡZ1316	—	—	—	113.8	1530	DTⅡ06A6163 Y/Z	DTⅡ06A6164
	2×22					—	—	—	113.8	1564	DTⅡ06A6163S	DTⅡ06A6164S
	27	160	1000	22234	DTⅡZ1116 DTⅡZ1216 DTⅡZ1316	—	—	—	204.8	1919	DTⅡ06A7163 Y/Z	DTⅡ06A7164
	2×22					—	—	—	204.8	1953	DTⅡ06A7163S	DTⅡ06A7164S
	40	170	800	22236	DTⅡZ1118 DTⅡZ1218 DTⅡZ1318	—	—	—	115.8	2004	DTⅡ06A6183 Y/Z	DTⅡ06A6184
	2×32					—	—	—	115.8	2057	DTⅡ06A6183S	DTⅡ06A6184S
	40	210	1000		DTⅡZ1120 DTⅡZ1220 DTⅡZ1320	—	—	—	236.5	2287	DTⅡ06A7183 Y/Z	DTⅡ06A7184
	2×32					—	—	—	236.5	2339	DTⅡ06A7183S	DTⅡ06A7184S
	52	210	800	22240	DTⅡZ1122 DTⅡZ1222 DTⅡZ1322	—	—	—	135.3	2553	DTⅡ06A6203 Y/Z	DTⅡ06A6204
	2×42					—	—	—	135.3	2632	DTⅡ06A6203S	DTⅡ06A6204S
	52	260	1000			—	—	—	299.5	2994	DTⅡ06A7203 Y/Z	DTⅡ06A7204
	2×42					—	—	—	299.5	3082	DTⅡ06A7203S	DTⅡ06A7204S
	66	300		22244		—	—	—	300	3456	DTⅡ06A7223 Y/Z	DTⅡ06A7224
	2×50					—	—	—	300	3551	DTⅡ06A7223S	DTⅡ06A7224S

（续）

			尺寸/mm																
B	D	图　号	A	L	L_1	L_2	K	M	N	Q	P	H	h	h_1	d	b_1	d_s	C	$n \times d_y$
		DTⅡ01A4081																	
500		DTⅡ01A4083 Y/Z	850	600	1114	495													
		DTⅡ01A4084																	
	500	DTⅡ02A4081																	
		DTⅡ02A4083 Y/Z					140	70	—	350	410	120	33	74.5	70	20	M20	22	2×M8×1
		DTⅡ02A4084			1264	570													
		DTⅡ02A5081																	
	630	DTⅡ02A5083 Y/Z																	
		DTⅡ02A5084	1000																
		DTⅡ02A4101																	
	500	DTⅡ02A4103 Y/Z																	
650		DTⅡ02A4104		750	1324	590	170	80	—	380	460	135		95	90	25		26	
		DTⅡ02A5101																	
	630	DTⅡ02A5103 Y/Z																	
		DTⅡ02A5104																	
		DTⅡ02A4121																	
	500	DTⅡ02A4123 Y/Z																	
		DTⅡ02A4124	1050		1419	615	210	110	—	440	530	155		116	110	28		32	
		DTⅡ02A5121											46				M24		4×M8×1
	630	DTⅡ02A5123 Y/Z																	
		DTⅡ02A5124																	
		DTⅡ03A4101																	
	500	DTⅡ03A4103 Y/Z																	
		DTⅡ03A4104																	
800		DTⅡ03A5101	1300	950	1624	740	170	80	—	380	460	135		95	90	25		26	
	630	DTⅡ03A5103 Y/Z																	
		DTⅡ03A5104																	
	800	DTⅡ03A6103 Y/Z																	
		DTⅡ03A6104																	

（续）

B	D	图　号	尺寸/mm																
			A	L	L_1	L_2	K	M	N	Q	P	H	h	h_1	d	b_1	d_s	C	$n \times d_y$
		DTⅡ03A5121																	
	630	DTⅡ03A5123 Y Z																	
		DTⅡ03A5124			1669	740	210	110	—	440	530	155	46	116	110	28		32	
	800	DTⅡ03A6123 Y Z																	
		DTⅡ03A6124																	
		DTⅡ03A5141																	
		DTⅡ03A5143 Y Z	1300		1724	750													4×M8×1
	630	DTⅡ03A5144																	
800		DTⅡ03A5143S		950	2000	1500											M30		
		DTⅡ03A5144S						120	—	480	570	170	63	137	130	32		37	
		DTⅡ03A6143 Y Z			1724	750													
		DTⅡ03A6144					250												
		DTⅡ03A6143S			2000	1500													
	800	DTⅡ03A6144S																	
		DTⅡ03A6163 Y Z			1839	800													
		DTⅡ03A6164	1400					200	105	520	640	200	60	158	150	36		43	4×M10×1
		DTⅡ03A6163S			2100	1600													
		DTⅡ03A6164S																	
		DTⅡ04A5103 Y Z			1824		170	80	—	380	460	135		95	90	25		26	
	630	DTⅡ04A5104																	
		DTⅡ04A5123 Y Z																	
1000		DTⅡ04A5124	1500	1150		840							46				M24		4×M8×1
	800	DTⅡ04A6123 Y Z			1869		210	110	—	440	680	155		116	110	28		32	
		DTⅡ04A6124																	
	1000	DTⅡ04A7123 Y Z																	
		DTⅡ04A7124																	

（续）

尺寸/mm																			
B	D	图　号	A	L	L_1	L_2	K	M	N	Q	P	H	h	h_1	d	b_1	d_s	C	$n×d_y$
1000	630	DTⅡ04A5143$^{Y}_{Z}$	1500	1150	1924	850	250	120	—	480	570	170	63	137	130	32	M30	37	4×M8×1
		DTⅡ04A5144																	
		DTⅡ04A5143S			2300	1700													
		DTⅡ04A5144S																	
	800	DTⅡ04A6143$^{Y}_{Z}$			1924	850													
		DTⅡ04A6144																	
		DTⅡ04A6143S			2300	1700													
		DTⅡ04A6144S																	
	1000	DTⅡ04A7143$^{Y}_{Z}$			1924	850													
		DTⅡ04A7144																	
		DTⅡ04A7143			2300	1700													
		DTⅡ04A7144S																	
	800	DTⅡ04A6163$^{Y}_{Z}$	1600		2039	900		200	105	520	640	200	60	158	150	36		43	4×M10×1
		DTⅡ04A6164																	
		DTⅡ04A6163S			2300	1800													
		DTⅡ04A6164S																	
	1000	DTⅡ04A7163$^{Y}_{Z}$			2039	900													
		DTⅡ04A7164																	
		DTⅡ04A7163S			2300	1800													
		DTⅡ04A7164S																	
	800	DTⅡ04A6183$^{Y}_{Z}$			2110	910	300	220	120	570	700	220	70	179	170	40		46	
		DTⅡ04A6184																	
		DTⅡ04A6183S			2420	1820													
		DTⅡ04A6184S																	
	1000	DTⅡ04A7183$^{Y}_{Z}$			2110	910													
		DTⅡ04A7184																	
		DTⅡ04A7183S			2420	1820													
		DTⅡ04A7184S																	

（续）

			尺寸/mm																
B	D	图　号	A	L	L_1	L_2	K	M	N	Q	P	H	h	h_1	d	b_1	d_s	C	$n \times d_y$
1000	800	DTⅡ04A6203 Y Z	1650	1150	2278	975	350	240	140	640	780	240	75	200	190	45	M30	60	4×M10×1
		DTⅡ04A6204																	
		DTⅡ04A6203S			2650	1950													
		DTⅡ04A6204S																	
	1000	DTⅡ04A7203 Y Z			2278	975													
		DTⅡ04A7204																	
		DTⅡ04A7203S			2650	1950													
		DTⅡ04A7204S																	
1200	630	DTⅡ05A5123 Y Z	1750	1400	2129	975	210	110	—	440	530	155	46	116	110	28	M24	32	4×M8×1
		DTⅡ05A5124																	
	800	DTⅡ05A6123 Y Z																	
		DTⅡ05A6124																	
	1000	DTⅡ05A7123 Y Z																	
		DTⅡ05A7124																	
	630	DTⅡ05A5143 Y Z			2174		250	120	—	480	570	170	63	137	130	32	M30	27	
		DTⅡ05A5144																	
		DTⅡ05A5143S			2450	1950													
		DTⅡ05A5144S																	
	800	DTⅡ05A6143 Y Z			2174	975													
		DTⅡ05A6144																	
		DTⅡ05A6143S			2450	1950													
		DTⅡ05A6144S																	
	1000	DTⅡ05A7143 Y Z			2174	975													
		DTⅡ05A7144																	
		DTⅡ05A7143S			2450	1950													
		DTⅡ05A7144S																	

（续）

尺寸/mm																			
B	D	图　号	A	L	L_1	L_2	K	M	N	Q	P	H	h	h_1	d	b_1	d_s	C	$n\times d_y$
		DTⅡ05A6163 Y Z			2289	1025													
	800	DTⅡ05A6164																	
		DTⅡ05A6163S			2550	2050													
		DTⅡ05A6164S					250	200	105	520	640	200	60	158	150	36		43	
		DTⅡ05A7163 Y Z			2289	1025													
	1000	DTⅡ05A7164																	
		DTⅡ05A7163S			2550	2050													
		DTⅡ05A7164S																	
		DTⅡ05A6183 Y Z	1850		2360	1035													
	800	DTⅡ05A6184																	
		DTⅡ05A6183S			2670	2070													
		DTⅡ05A6184S					300	220	120	570	700	220	70	179	170	40	M30	46	
		DTⅡ05A7183 Y Z			2360	1035													
1200	1000	DTⅡ05A7184		1400															4×M10×1
		DTⅡ05A7183S			2670	2070													
		DTⅡ05A7184S																	
		DTⅡ05A6203 Y Z			2528	1100													
	800	DTⅡ05A6204																	
		DTⅡ05A6203S			2900	2200													
		DTⅡ05A6204S						240		640	780	240	75	200	190	45		60	
		DTⅡ05A7203 Y Z			2528	1100													
		DTⅡ05A7204																	
		DTⅡ05A7203S	1900		2900	2200	350		140										
	1000	DTⅡ05A7204S																	
		DTⅡ05A7223 Y Z			2533	1100													
		DTⅡ05A7224						250		720	880	270	80	210	200	45	M36	65	
		DTⅡ05A7223S			2900	2200													
		DTⅡ05A7224S																	

（续）

尺寸/mm																			
B	D	图　号	A	L	L_1	L_2	K	M	N	Q	P	H	h	h_1	d	b_1	d_s	C	$n×d_y$
1400	800	DTⅡ06A6143 Y Z	2050	1600	2474	1125	250	120	—	480	570	170	63	137	130	32	M30	37	4×M8×1
		DTⅡ06A6144																	
		DTⅡ06A6143S			2750	2250													
		DTⅡ06A6144S																	
	1000	DTⅡ06A7143 Y Z			2474	1125													
		DTⅡ06A7144																	
		DTⅡ06A7143S			2750	2250													
		DTⅡ06A7144S																	
	800	DTⅡ06A6163 Y Z			2489	1125		200	105	520	640	200	60	158	150	36		43	4×M10×1
		DTⅡ06A6164																	
		DTⅡ06A6163S			2750	2250													
		DTⅡ06A6164S																	
	1000	DTⅡ06A7163 Y Z			2489	1125													
		DTⅡ06A7164																	
		DTⅡ06A7163S			2750	2250													
		DTⅡ06A7164S																	
	800	DTⅡ06A6183 Y Z			2560	1135	300	220	120	570	700	220	70	179	170	40		46	
		DTⅡ06A6184																	
		DTⅡ06A6183S			2870	2270													
		DTⅡ06A6184S																	
	1000	DTⅡ06A7183 Y Z			2560	1135													
		DTⅡ06A7184																	
		DTⅡ06A7183S			2870	2270													
		DTⅡ06A7184S																	

（续）

B	D	图　号	A	L	L_1	L_2	K	M	N	Q	P	H	h	h_1	d	b_1	d_s	C	$n\times d_y$
		尺寸/mm																	
1400	800	DTⅡ06A6203 Y Z	2100	1600	2728	1200	350	240	140	640	780	240	75	200	190	45	M30	60	4×M10×1
		DTⅡ06A6204																	
		DTⅡ06A6203S			3100	2400													
		DTⅡ06A6204S																	
	1000	DTⅡ06A7203 Y Z			2728	1200													
		DTⅡ06A7204																	
		DTⅡ06A7203S			3100	2400													
		DTⅡ06A7204S																	
		DTⅡ06A7223 Y Z			2733	1200		250		720	880	270	80	210	200		M36	65	
		DTⅡ06A7224																	
		DTⅡ06A7223S			3100	2400													
		DTⅡ06A7224S																	

表 17.2-16　改向滚筒的技术规格及尺寸

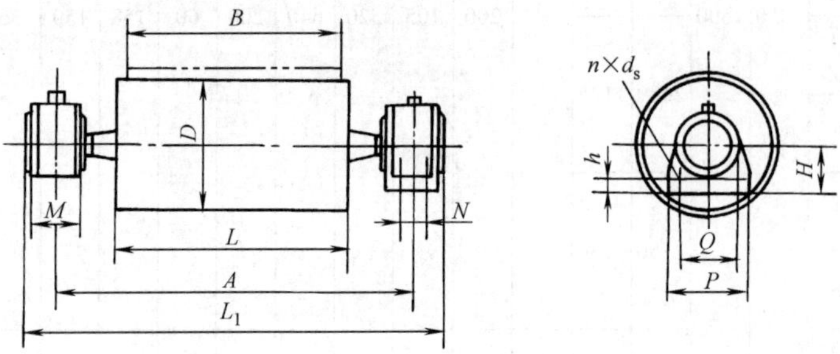

B /mm	D /mm	许用合力 /kN	轴承型号	公称尺寸/mm A	L	L_1	Q	P	H	h	M	N	d_s	n	光面 转动惯量 /kg·m²	光面 质量 /kg	胶面 转动惯量 /kg·m²	胶面 质量 /kg	图　号
500	250	9	22210	850	600	945	260	320	90	33	70	—	M16	2	0.5	102	—	—	50B102(G)
	315	10													1.3	116	—	—	50B103(G)
	400														3	135	3.5	147	50B104(G)
		23	22212			953	280	340	100							166		177	50B204(G)
	500	28													5	187	6	201	50B105(G)
		49	22216			959	350	410	120				M20			245		260	50B205(G)
650	250	8	22210	1000	750	1095	260	320	90				M16		0.8	117	—	—	65B102(G)
	315														1.5	133	—	—	65B103(G)
		16	22212			1103	280	340	100						1.8	166	—	—	65B203(G)
		26	22216			1109	350	410	120				M20		2	227	—	—	65B303(G)

（续）

B /mm	D /mm	许用合力 /kN	轴承型号	公称尺寸/mm A	L	L_1	Q	P	H	h	M	N	d_s	n	光面 转动惯量 /kg·m²	光面 质量 /kg	胶面 转动惯量 /kg·m²	胶面 质量 /kg	图号
650	400	20	22212	1000	750	1103	280	340	100	33	70		M16		3	189	3.5	203	65B104(G)
		32	22216			1109	350	410	120				M20		3.3	251	3.8	265	65B204(G)
		46	22220			1129	380	460	135	46	80		M24		3.5	332	4	346	65B304(G)
	500	40	22216			1109	350	410	120	33	70		M20		6.5	278	7.8	296	65B105(G)
		59	22220			1129	380	460	135		80					368		386	65B205(G)
	630									46			M24		16.3	422	18.5	440	65B106(G)
		70	2224	1050		1189	440	530	155		110				20.3	613	21.3	640	65B206(G)
800	250	6	22210	1250	950	1345	260	320	90	33	70	—	M16		0.8	136	—	—	80B102(G)
	315	12	22212			1353	280	340	100					2	1.5	200	—	—	80B103(G)
		20	22216			1359	350	410	120				M20		1.8	260	—	—	80B203(G)
	400														4.5	288	4.8	306	80B104(G)
		29	22220	1300		1429	380	460	135	46	80		M24		4.8	360	5	487	80B204(G)
		45	22224			1439	440	530	155		110				5.5	509	6.3	527	80B304(G)
	500	40	22220			1429	380	460	135		80				7.8	412	9.8	434	80B105(G)
		56	22224			1439	440	530	155		110					560	9.3	582	80B205(G)
	630	50	22220			1429	380	460	135		80				19.5	472	23.5	560	80B106(G)
		73	22224			1439	440	530	155		110				24.3	690	49.5	719	80B205(G)
		100	22228			1449	480	570	170	63	120		M30		27.8	855	30.8	883	80B306(G)
		170	22232	1400		1600	520	640	200	60	200	105		4	30	1080	33	1108	80B406(G)
	800	90	22224	1300		1439	440	530	155	46	110	—	M24	2	49.8	780	57.3	823	80B107(G)
		126	22228			1449	480	570	170	63	120		M30		54.8	942	61.8	976	80B207(G)
		170	22232	1400		1600	520	640	200	65	200	105		4	60.5	1200	67.5	1243	80B307(G)
		250	22236			1620	570	700	220	70	220	120			61.8	1469	68.8	1533	80B407(G)
	1000	240	22232			1600	520	640	200	65	200	105			125.3	1413	140	1487	80B108(G)
		330	22236			1620	570	700	220	70	220	120			126.5	1675	140.3	1755	80B208(G)
		400	23240			1655	640	780	240	75	255	140			285.8	2397	290.4	2463	80B308(G)
	1250		23244			1720	720	880	270	80	270	140	M36		365.4	3104	370.8	3174	80B109(G)
1000	250	6	22210	1450		1545	260	320	90	33	70	—	M16	2	1	156	—	—	100B102(G)
	315	11	22212			1553	280	340	100						1.8	221	—	—	100B103(G)
		18	22216			1559	350	410	120				M20		2	296	—	—	100B203(G)
	400														5	328	6	350	100B104(G)
		29	22220	1500		1629	380	460	135	46	80		M24			427		445	100B204(G)
		45	22224			1639	440	530	155		110				7.3	567	8.3	589	100B304(G)
	500	35	22220			1629	380	460	135		80				8.5	472	9.8	500	100B105(G)
		45	22224			1639	440	530	155		110				9.5	624	11.3	652	100B205(G)
		75	22228			1649	480	570	170	63	120		M30		11.5	804	13.3	831	100B305(G)
	630	43	22220		1150	1629	380	460	135	46	80		M24		23	546	26.5	567	100B106(G)
		64	22224			1639	440	530	155		110				29.8	753	33.3	797	100B206(G)
		87	22228			1649	480	570	170	63	120		M30		32.5	940	36	975	100B306(G)
		168	22232	1600		1800	520	640	200	65	200	105		4	34	1180	38.5	1214	100B406(G)
	800	79	22224	1500		1639	440	530	155	46	110	—	M24	2	58.3	864	67	916	100B107(G)
		110	22228			1649	480	570	170	63	120				64.3	1042	73	1094	100B207(G)
		168	22232	1600		1800	520	640	200	65	200	105	M30	4	73.3	1313	81.8	1365	100B307(G)
		220	22236			1820	570	700	220	70	220	120			74.8	1606	83.3	1659	100B407(G)

（续）

B /mm	D /mm	许用合力 /kN	轴承型号	公称尺寸/mm											光　面		胶　面		图　号
				A	L	L_1	Q	P	H	h	M	N	d_s	n	转动惯量 /kg·m²	质量 /kg	转动惯量 /kg·m²	质量 /kg	
1000	1000	130	22228	1500	1150	1649	480	570	170	63	120	—	M30	4	131.5	1214	150.8	1280	100B108(G)
		200	22232	1600		1800	520	640	200	65	200	105			151.5	1542	168.3	1607	100B208(G)
		290	22236			1822	570	700	220	70	220	120			153.3	1830	170	1885	100B308(G)
		387	23240	1650		1930	640	780	240	75	255	140			198.5	2440	215.3	2510	100B408(G)
		429	23244			1952	720	880	270	80	270		M36		215.8	2818	232.5	2884	100B508(G)
	1250	400													410.5	3340	545.8	3380	100B109(G)
	1400	600	23248			1976	750	900	290	90	300	150			556.3	3972	827.6	4085	100B110(G)
1200	250	6	22210	1700	1400	1795	260	320	90	33	70	—	M16	2	1.3	181	—	—	120B102(G)
	315	11	22212			1803	280	340	100						1.8	255	—	—	120B103(G)
		17	22216			1809	350	410	120				M20		2	341	—	—	120B203(G)
	400														6	378	7	405	120B104(G)
		26	22220	1750		1879	380	460	135	46	80		M24		—	—		556	120B204(G)
		38	22224			1889	440	530	155		110				—	—	10	659	120B304(G)
	500	30	22220			1879	380	460	135		80				—	—	16.3	572	120B105(G)
		41	22224			1889	440	530	155		110				—	—	13.8	731	120B205(G)
		70	22228			1899	480	570	170	63	120		M30		—	—	21	925	120B305(G)
	630	37	22220			1879	380	460	135	46	80		M24		—	—	32.3	659	120B106(G)
		53	22224			1889	440	530	155	46	110				—	—	38	893	120B206(G)
		90	22228			1899	480	570	170	63	120		M30		—	—	42.5	1090	120B306(G)
		150	22232	1850		2050	520	640	200	65	200	105		4	—	—	46.8	1334	120B406(G)
	800	64	22224	1750		1889	440	530	155	46	110	—	M24	2	—	—	79.5	1032	120B107(G)
		100	22228			1899	480	570	170	63	120		M30		—	—	87	1229	120B207(G)
		150	22232	1850		2050	520	640	200	65	200	105		4	—	—	99.5	1507	120B307(G)
		200	22236			2070	570	700	220	70	220	120			—	—	101.3	1824	120B407(G)
		230	23240	1900		2180	640	780	240	75	255	140			—	—	118.3	2309	120B507(G)
	1000	134	22228	1750		1899	480	570	170	63	120	—		2	—	—	175.8	1438	120B108(G)
		150	22232	1850		2050	520	640	200	65	200	105		4	—	—	204.8	1770	120B208(G)
		200	22236			2070	570	700	220	70	220	120			—	—	207	2086	120B308(G)
		351	23240	1900		2180	640	780	240	75	255	140			—	—	262	2711	120B408(G)
		391	23244			2202	720	880	270	80	270		M36		—	—	283	3068	120B508(G)
		437	23248			2226	750	900	290	90	300	150			—	—	291	3622	120B608(G)
	1250	400													—	—	528	4173	120B109(G)
		550	24152			2230					320	170			—	—	564	4324	120B209(G)
	1400	900	24060				940	1150	330	100					—	—	906	5983	120B110(G)
1400	315	17	22216	1950	1600	2009	350	410	120	33	70	—	M20	2	2.3	356	—	—	140B103(G)
	400														6.8	398	8	429	140B104(G)
		25	22220			2079	380	460	135	46	80		M24		—	—		560	140B204(G)
		40	22224			2089	440	530	155		110				—	—	11.5	729	140B304(G)
	500	25	22220			2079	380	460	135		80				—	—	18.5	629	140B105(G)
		40	22224			2089	440	530	155		110				—	—	15.8	809	140B205(G)

（续）

B /mm	D /mm	许用合力 /kN	轴承型号	公称尺寸/mm A	L	L_1	Q	P	H	h	M	N	d_s	n	光面 转动惯量 /kg·m²	光面 质量 /kg	胶面 转动惯量 /kg·m²	胶面 质量 /kg	图号
1400	500	66	22228	2050	1600	2199	480	570	170	63	120	—	M30	2	—	—	24	1009	140B305(G)
1400	630	50	22224	1950	1600	2089	440	530	155	46	110	—	M24	2	—	—	42.8	971	140B106(G)
1400	630	90	22228	2050	1600	2199	480	570	170	63	120	—	M30	2	—	—	48	1197	140B206(G)
1400	630	120	22232	2050	1600	2250	520	640	200	65	200	105	M30	4	—	—	53.5	1439	140B306(G)
1400	800	50	22224	1950	1600	2089	440	530	155	46	110	—	M24	2	—	—	89.3	1124	140B107(G)
1400	800	94	22228	2050	1600	2199	480	570	170	63	120	—	M30	2	—	—	98.3	1350	140B207(G)
1400	800	150	22232	2050	1600	2250	520	640	200	65	200	105	M30	4	—	—	113.8	1628	140B307(G)
1400	800	186	22236	2050	1600	2270	570	700	220	70	220	120	M30	4	—	—	115.8	1970	140B407(G)
1400	800	214	23240	2100	1600	2380	640	780	240	75	240	140	M30	4	—	—	135.3	2253	140B507(G)
1400	1000	100	22228	2050	1600	2199	480	570	170	63	120	—	M30	2	—	—	198	1580	140B108(G)
1400	1000	150	22232	2050	1600	2250	520	640	200	65	200	105	M30	4	—	—	234	1910	140B208(G)
1400	1000	236	22236	2050	1600	2270	570	700	220	70	220	120	M30	4	—	—	236.5	2253	140B308(G)
1400	1000	331	23240	2100	1600	2380	640	780	240	75	255	140	M30	4	—	—	299.5	2820	140B408(G)
1400	1000	361	23244	2100	1600	2402	720	880	270	80	270	140	M36	4	—	—	300	3831	140B508(G)
1400	1000	400	23248	2100	1600	2426	750	900	290	90	300	150	M36	4	—	—	323.8	3748	140B608(G)
1400	1000	427	24152	2100	1600	2444	750	900	290	90	320	170	M36	4	—	—	375.5	4118	140B708(G)
1400	1250	600	24156	2100	1600	2444	840	1000	310	100	320	170	M36	4	—	—	592	4519	140B109(G)
1400	1250	900	24060	2100	1600	2444	940	1150	330	100	320	170	M36	4	—	—	713	5828	140B209(G)
1400	1400	900	24060	2100	1600	2444	940	1150	330	100	320	170	M36	4	—	—	990	6329	140B110(G)

注：1. 表中轴承型号均省略了尾标。其省略的尾标为：尾数小于或等于 32 的为 C/W33，尾数大于或等于 36 的为 CA/W33。如轴承 22232 全称为 22232C/W33，轴承 22236 全称为 22236CA/W33。

2. 图号后加 G 为光面滚筒，无 G 为胶面滚筒。

表 17.2-17　电动滚筒的技术规格

滚筒规格 B、D	电动机功率 P/kW	带速 v/m·s⁻¹	输出转矩 M/N·m	最大张力 F_1/N	滚筒规格 B、D	电动机功率 P/kW	带速 v/m·s⁻¹	输出转矩 M/N·m	最大张力 F_1/N
50、50 65、50 80、50	2.2	0.80	640	2585	50、50 65、50 80、50	5.5	1.60	808	3231
		1.00	517	2068			2.00	646	2585
		1.25	413	1654			2.50	517	2068
		1.60	323	1293			3.15	410	1616
		2.00	258	1034	65、50 80、50	7.5	0.80	2203	8695
	3.0	0.80	881	3525			1.00	1762	6956
		1.00	705	2820			1.25	1410	5565
		1.25	564	2256			1.60	1101	4348
		1.60	440	1763			2.00	881	3478
		2.00	352	1410			2.50	705	2782
		2.50	282	1128			3.15	559	2174
	4.0	0.80	1175	4700			4.00	440	1739
		1.00	940	3760		11	0.80	3232	12926
		1.25	752	3008			1.00	2585	10340
		1.60	587	2350			1.25	2068	8272
		2.00	470	1880			1.60	1616	6463
		2.50	376	1504			2.00	1292	5170
	5.5	0.80	1616	6463			2.50	1034	4136
		1.00	1292	5170			3.15	820	3231
		1.25	1034	4136			4.00	646	2585

（续）

滚筒规格 B、D	电动机功率 P/kW	带速 v/m·s^{-1}	输出转矩 M/N·m	最大张力 F_1/N
80、50	15	0.80	4407	17625
		1.00	3525	14100
		1.25	2821	11280
		1.60	2203	8813
		2.00	1762	7050
		2.50	1410	5640
		3.15	1119	4406
65、63 80、63 100、63	3.0	0.80	1110	3525
		1.00	888	2820
		1.25	710	2256
		1.60	555	1763
		2.00	444	1410
		2.50	355	1128
		3.15	282	895
65、63 80、69 100、63 120、63	4.0	0.80	1480	4700
		1.00	1184	3760
		1.25	947	3008
		1.60	740	2350
		2.00	592	1880
		2.50	473	1504
		3.15	376	1194
	5.5	0.80	2036	6463
		1.00	1628	5170
		1.25	1303	4136
		1.60	1018	3231
		2.00	814	2585
		2.50	651	2068
		3.15	517	1616
	7.5	0.80	2776	8695
		1.00	2221	6956
		1.25	1776	5565
		1.60	1388	4348
		2.00	1110	3478
		2.50	888	2782
		3.15	705	2174
	11	0.80	4072	12925
		1.00	3256	10340
		1.25	2605	8272
		1.60	2036	6463
		2.00	1628	5170
		2.50	1302	4136
		3.15	1034	3231
		4.00	814	2585
80、63 100、63 120、63	15	1.00	4442	14100
		1.25	3553	11280
		1.60	2775	8813

滚筒规格 B、D	电动机功率 P/kW	带速 v/m·s^{-1}	输出转矩 M/N·m	最大张力 F_1/N
80、63 100、63 120、63	15	2.00	2221	7050
		2.50	1776	5640
		3.15	1410	4406
		4.00	1110	3525
	18.5	1.00	5479	17390
		1.25	4383	13912
		1.60	3424	10869
		2.00	2739	8695
		2.50	2191	6956
		3.15	1739	5434
80、63 100、63 120、63 140、63	22	1.00	6515	20680
		1.25	5212	16544
		1.60	4072	12925
		2.00	3257	10340
		2.50	2606	8272
		3.15	2068	6463
	30	1.25	7107	22560
		1.60	5551	17625
		2.00	4442	14100
		2.50	3553	11280
		3.15	2820	8813
100、63 120、63 140、63	37	1.60	6849	21738
		2.00	5479	17390
		2.50	4383	13912
		3.15	3479	10869
140、63	45	1.60	8859	26438
		2.00	7087	21250
		2.50	5670	16920
		3.15	4500	13429
80、80 100、80 120、80 140、80	5.5	1.00	2068	5170
		1.25	1654	4136
		1.60	1292	3231
		2.00	1034	2585
		2.50	827	2068
		3.15	656	1616
	7.5	1.00	2820	6956
		1.25	2256	5565
		1.60	1762	4348
		2.00	1410	3478
		2.50	1128	2782
		3.15	895	2174
	11	1.00	4136	10340
		1.25	3309	8272
		1.60	2585	6463
		2.00	2067	5170
		2.50	1654	4136
		3.15	1313	3231

（续）

滚筒规格 B、D	电动机功率 P/kW	带速 $v/m\cdot s^{-1}$	输出转矩 $M/N\cdot m$	最大张力 F_1/N
80、80 100、80 120、80 140、80	15	1.00	5640	14100
		1.25	4512	11280
		1.60	3525	8813
		2.00	2820	7050
		2.50	2256	5640
		3.15	1790	4406
	18.5	1.00	6956	17390
		1.25	5565	13912
		1.60	4347	10869
		2.00	3478	8695
		2.50	2782	6956
		3.15	2268	5434
		4.00	1739	4348
	22	1.25	6618	16544
		1.60	5170	12925
		2.00	4136	10340
		2.50	3309	8272
		3.15	2628	6463
		4.00	2068	5170
100、80 120、80 140、80	30	1.60	7050	17625
		2.00	5640	14100
		2.50	4512	11280
		3.15	3581	8813
		4.00	2820	7050
	37	1.25	11130	27824
		1.60	8695	21738
		2.00	6956	17390
		2.50	5565	13912

滚筒规格 B、D	电动机功率 P/kW	带速 $v/m\cdot s^{-1}$	输出转矩 $M/N\cdot m$	最大张力 F_1/N
100、80 120、80 140、80	37	3.15	4416	10869
		4.00	3478	8695
	45	1.60	10575	26438
		2.00	8468	21250
		2.50	6768	16920
		3.15	5371	13429
		4.00	4230	10575
	55	1.60	12925	32313
		2.00	10340	25850
		2.50	8272	20680
100、100 120、100 140、100	37	1.25	13911	27824
		1.60	10868	21738
		2.00	8694	17390
		2.50	6955	13912
		3.15	5520	10869
		4.00	4347	8695
	45	1.25	16919	33840
		1.60	13218	26438
		2.00	10574	21250
		2.50	8459	16920
		3.15	6714	13429
		4.00	5625	10575
	55	1.25	20681	41360
		1.60	16157	32313
		2.00	12925	25850
		2.50	10340	20680
		3.15	8206	16413
		4.00	6875	12925

注：1. 表中“滚筒规格 B、D”一栏，表示带宽、直径，单位均为 cm。

2. 选用电动滚筒时，请尽量考虑表中的输出转矩及最大张力。

表 17.2-18　电动滚筒的安装尺寸　　（mm）

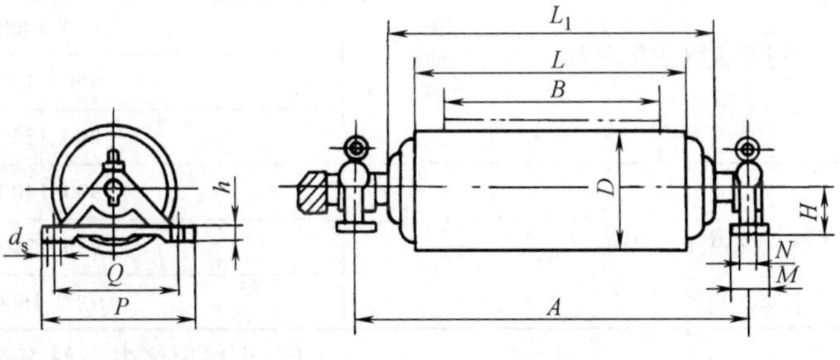

（续）

D	B	A	L	H	M	N	P	Q	h	L_1	d_s
500	500	850	620	100	70	—	340	280	35	748	ϕ27
	650	1000	750	120	90	—	340	280	35	900	ϕ27
	800	1300	950	120	90	—	340	280	35	1100	ϕ27
630	650	1000	750	120	90	—	340	280	35	868	ϕ27
	800	1300	950	140	130	80	400	330	35	1068	ϕ27
	1000	1500	1150	140	130	80	400	330	35	1268	ϕ27
	1200	1750	1400	160	160	90	440	360	50	1514	ϕ34
	1400	2000	1600	160	160	90	440	360	50	1720	ϕ34
800	800	1300	950	140	130	80	400	330	35	1068	ϕ27
	1000	1500	1150	140	145	80	400	330	35	1268	ϕ27
	1200	1750	1400	160	160	90	440	360	50	1514	ϕ34
	1400	2000	1600	160	160	90	440	360	50	1720	ϕ34
1000	1000	1500	1150	140	145	80	400	330	35	1268	ϕ27
	1200	1750	1400	160	160	90	440	360	50	1514	ϕ34
	1400	2000	1600	160	160	90	440	360	50	1720	ϕ34

1.3　托辊

1.3.1　托辊的基本参数

（1）公称直径（见表 17.2-19）

表 17.2-19　输送机托辊的公称直径

（摘自 GB/T 10595—2009）　（mm）

托辊公称直径	63.5、76、89、108、133、159、194、219

（2）基本参数和尺寸（见表 17.2-20）

表 17.2-20　输送机托辊辊子的基本参数和尺寸（摘自 GB/T 10595—2009）　（mm）

带宽 B	辊子直径 d	辊子长度 l
300	63.5、76、89	160、380
400		160、250、500
500		200、315、600
650	76、89、108	250、380、750
800	89、108、133、159	315、465、950
1000	108、133、159、194	380、600、1150
1200		465、700、1400
1400		530、800、1600
1600	133、159、194、219	600、900、1800
1800		670、1000、2000
2000		750、1100、2200
2200		800、1250、2500
2400	159、194、219	900、1400、2800
2600		950、1500、3000
2800		1050、1600、3200

（3）托辊间距

承载分支托辊间距见表 17.2-21，回程分支托辊间距一般为 2.4~3m。

（4）头部滚筒中心线至第一组槽形托辊最小距离 A（见图 17.2-1 及表 17.2-22）

表 17.2-21　承载分支托辊间距

松散密度 ρ/kg·m^{-3}	带宽 B/mm		
	500、650	800、1000	1200、1400
	托辊间距 l_1/mm		
≤1600	1200	1200	1200
>1600	1000	1000	1000

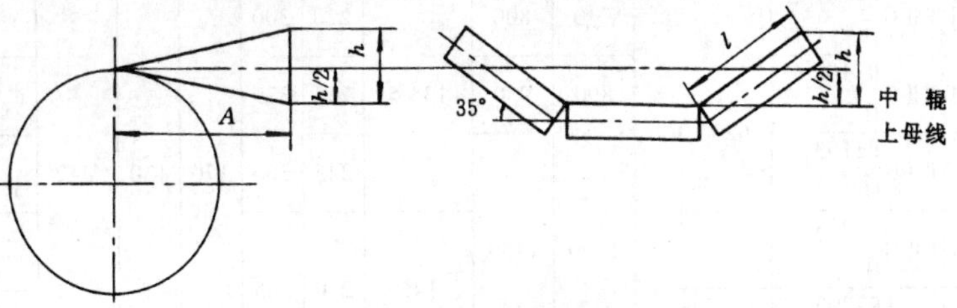

图 17.2-1　头部滚筒与第一组托辊示意图

表 17.2-22　最小距离 A

额定张力(%)	各种帆布输送带	钢绳芯输送带
>90	1.6B	3.4B
60~90	1.3B	2.6B
<60	1.0B	1.8B

注：B 为带宽。

1.3.2　托辊种类、技术规格及尺寸（见表 17.2-23～表 17.2-29）

表 17.2-23　托辊种类

承载托辊	槽形托辊		槽形前倾托辊	过渡托辊			缓冲托辊		调心托辊		平行托辊	
							固定式		摩擦上调心辊	锥形上调心辊	摩擦上平调心辊	平行上托辊
	35°	45°	35°	10°	20°	30°	35°	45°				
代码	01	02	03	04	05	06	07	08	11	12	13	14

回程托辊	平行下托辊		平行梳形托辊		V形托辊	V形前倾托辊	V形梳形托辊	摩擦下调心辊	反V形托辊	锥形下调心辊	螺旋托辊	
	一节	二节	一节	二节	10°	10°	10°	二节		10°	一节	二节
代码	21	—	23	—	25	26	27	28	29	30	31	—

表 17.2-24　槽形托辊及缓冲托辊（35°）的技术规格及尺寸　(mm)

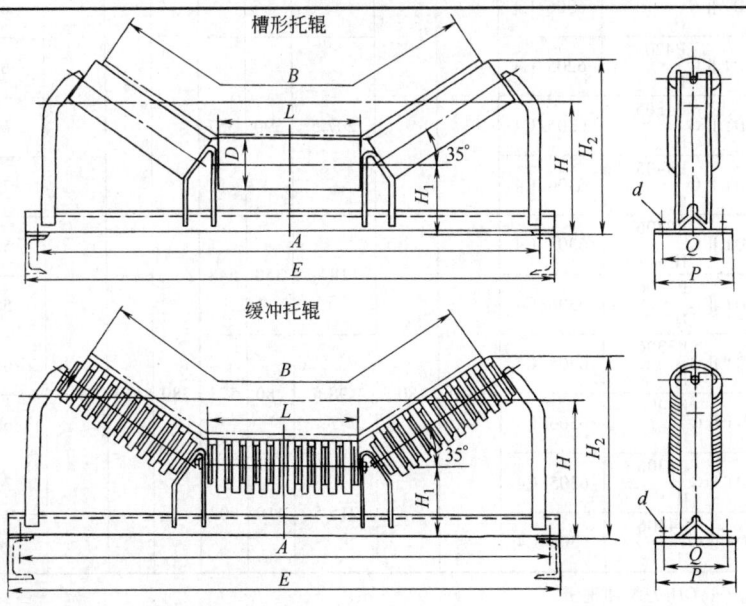

槽形托辊

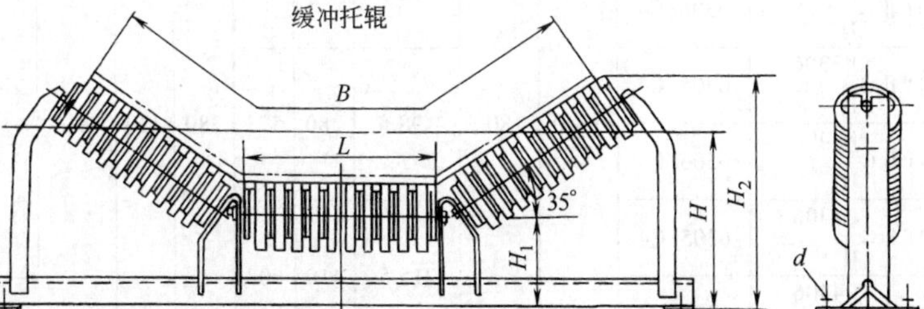

缓冲托辊

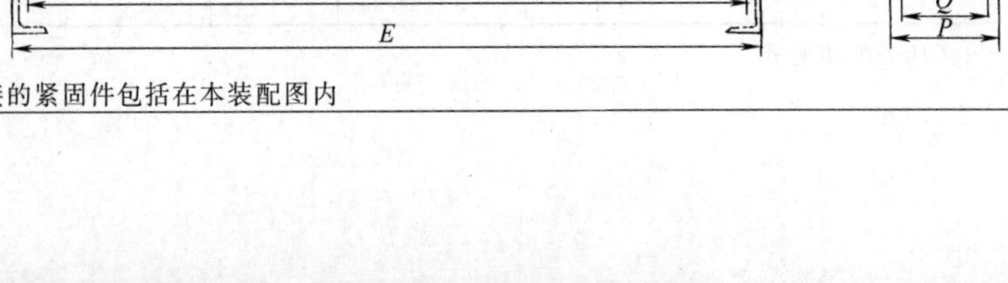

说明：与中间架连接的紧固件包括在本装配图内

（续）

带宽 B	辊子				A	E	H_1	H	H_2	P	Q	d	槽形托辊质量/kg	橡胶圈式缓冲托辊质量/kg
	D	L	图号	轴承										
500	89	200	DTⅡ$\text{G}^{\text{P1101}}_{\text{H}}$	6204/C4	740	800	135.5	220	300	170	130	M12	15.3	17.5
650		250	DTⅡ$\text{G}^{\text{P1102}}_{\text{H}}$		890	950		235	329				16.6	21.0
800		315	DTⅡ$\text{G}^{\text{P1103}}_{\text{H}}$		1090	1150		245	366				21.5	27.7
	108		DTⅡ$\text{G}^{\text{P2203}}_{\text{H}}$				146	270	385				24.3	35.3
			DTⅡ$\text{G}^{\text{P2203}}_{\text{H}}$	6205/C4									26.2	
1000		380	DTⅡ$\text{G}^{\text{P2204}}_{\text{H}}$	6205/C4	1290	1350	159	300	437	220	170	M16	37.6	49.4
			DTⅡ$\text{G}^{\text{P2304}}_{\text{H}}$	6305/C4									38.7	
	133		DTⅡ$\text{G}^{\text{P3204}}_{\text{H}}$	6205/C4			173.5	325	462				43.5	61.1
			DTⅡ$\text{G}^{\text{P3304}}_{\text{H}}$	6305/C4									45	
1200	108	465	DTⅡ$\text{G}^{\text{P2205}}_{\text{H}}$	6205/C4	1540	1600	176	335	503	260	200	M16	50.1	66.4
			DTⅡ$\text{G}^{\text{P2305}}_{\text{H}}$	6305/C4									51.2	
			DTⅡ$\text{G}^{\text{P2405}}_{\text{H}}$	6306/C4									55.1	
	133		DTⅡ$\text{G}^{\text{P3205}}_{\text{H}}$	6205/C4			190.5	360	528				57.5	77.1
			DTⅡ$\text{G}^{\text{P3305}}_{\text{H}}$	6305/C4									58.6	
			DTⅡ$\text{G}^{\text{P3405}}_{\text{H}}$	6306/C4									63.8	
	159		DTⅡ$\text{G}^{\text{P4205}}_{\text{H}}$	6205/C4			207.5	390	557				65.1	88.5
			DTⅡ$\text{G}^{\text{P4305}}_{\text{H}}$	6305/C4									66.4	
			DTⅡ$\text{G}^{\text{P4405}}_{\text{H}}$	6306/C4									71.6	99.6
1400	108	530	DTⅡ$\text{G}^{\text{P2306}}_{\text{H}}$	6305/C4	1740	1800	184	350	548	280	220	M16	56.6	76.1
			DTⅡ$\text{G}^{\text{P2406}}_{\text{H}}$	6306/C4									58.8	
	133		DTⅡ$\text{G}^{\text{P3306}}_{\text{H}}$	6305/C4			198.5	380	573				64.9	96.2
			DTⅡ$\text{G}^{\text{P3406}}_{\text{H}}$	6306/C4									68.3	
	159		DTⅡ$\text{G}^{\text{P4306}}_{\text{H}}$	6305/C4			215.5	410	603				74.8	107.8
			DTⅡ$\text{G}^{\text{P4406}}_{\text{H}}$	6306/C4									78.9	111.1

注：GP 为普通辊子；GH 为缓冲辊子。

表 17.2-25　槽形前倾托辊（35°）的技术规格及尺寸　（mm）

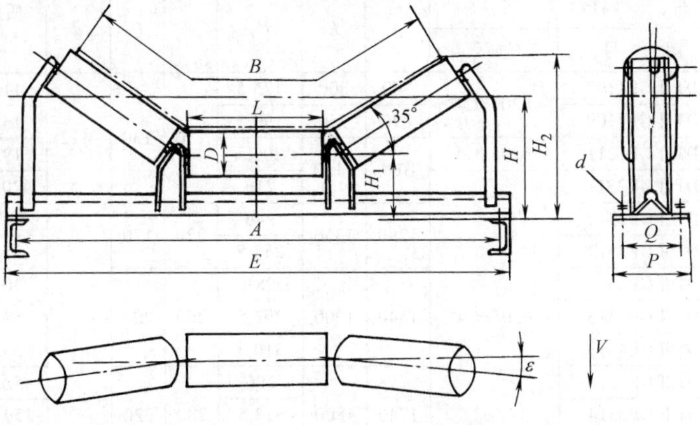

说明：与中间架连接的紧固件包括在本装配图内

带宽 B	辊子 D	L	图号	轴承	A	E	H_1	H	H_2	ε	P	Q	d	质量/kg	图号
500	89	200	DT Ⅱ GP1101	6204/C4	740	800	135.5	220	300	1°30′	170	130	M12	15.3	DT Ⅱ 01C0311
650	89	250	DT Ⅱ GP1102	6204/C4	890	950	135.5	235	329	1°26′				16.6	DT Ⅱ 02C0311
800	89	315	DT Ⅱ GP1103	6204/C4	1090	1150	135.5	245	366	1°20′				21.5	DT Ⅱ 03C0311
	108		DT Ⅱ GP2103	6204/C4			146	270	385					24.3	DT Ⅱ 03C0321
			DT Ⅱ GP2203	6205/C4										26.1	DT Ⅱ 03C0322
1000	108	380	DT Ⅱ GP2204	6205/C4	1290	1350	159	300	437	1°23′	220	170	M16	37.6	DT Ⅱ 04C0322
			DT Ⅱ GP2304	6305/C4										38.7	DT Ⅱ 04C0323
	133		DT Ⅱ GP3204	6205/C4			173.5	325	462					43.9	DT Ⅱ 04C0332
			DT Ⅱ GP3304	6305/C4										45.0	DT Ⅱ 04C0333
1200	108	465	DT Ⅱ GP2205	6205/C4	1540	1600	176	335	503	1°23′	260	200	M16	50.1	DT Ⅱ 05C0322
			DT Ⅱ GP2305	6305/C4										51.2	DT Ⅱ 05C0323
			DT Ⅱ GP2405	6306/C4										55.1	DT Ⅱ 05C0324
	133		DT Ⅱ GP3205	6205/C4			190.5	360	528					57.5	DT Ⅱ 05C0332
			DT Ⅱ GP3305	6305/C4										58.6	DT Ⅱ 05C0333
			DT Ⅱ GP3405	6306/C4										63.8	DT Ⅱ 05C0334
	159		DT Ⅱ GP4205	6205/C4			207.5	390	557	1°22′				65.1	DT Ⅱ 05C0342
			DT Ⅱ GP4305	6305/C4										66.4	DT Ⅱ 05C0343
			DT Ⅱ GP4405	6306/C4										71.6	DT Ⅱ 05C0344
1400	108	530	DT Ⅱ GP2306	6305/C4	1740	1800	184	350	548	1°25′	280	220	M16	56.5	DT Ⅱ 06C0233
			DT Ⅱ GP2406	6306/C4										67.7	DT Ⅱ 06C0324
	133		DT Ⅱ GP3306	6305/C4			198.5	380	573					73.9	DT Ⅱ 06C0333
			DT Ⅱ GP3406	6306/C4										78.3	DT Ⅱ 06C0334
	159		DT Ⅱ GP4306	6305/C4			215.5	410	603					74.8	DT Ⅱ 06C0343
			DT Ⅱ GP4406	6306/C4										86.9	DT Ⅱ 06C0344

表 17.2-26　平行上托辊的技术规格及尺寸　（mm）

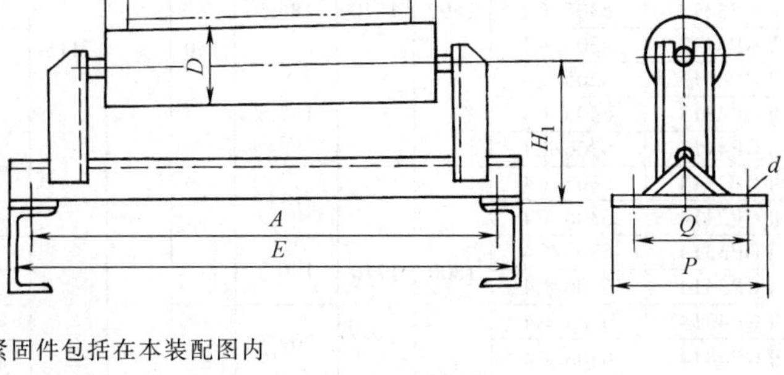

说明：与中间架连接的紧固件包括在本装配图内

（续）

带宽 B	辊子 D	辊子 L	辊子 图号	辊子 轴承	A	E	H_1	P	Q	d	质量 /kg	图号
500	89	600	DTⅡGP1107	6204/C4	740	800	175.5	170	130	M12	11.6	DTⅡ01C1411
650		750	DTⅡGP1109		890	950	190.5				13.7	DTⅡ02C1411
800	89	950	DTⅡGP1211	6205/C4	1090	1150	200.5				19.0	DTⅡ03C1412
	108		DTⅡGP2311	6305/C4			216				20.9	DTⅡ03C1423
1000		1150	DTⅡGP2312		1290	1350	246	220	170	M16	31.9	DTⅡ04C1423
	133		DTⅡGP3312				258.5				37.2	DTⅡ04C1433
1200	108	1400	DTⅡGP2313		1540	1600	281	260	200		40.9	DTⅡ05C1423
	133		DTⅡGP3313				293.5				52.1	DTⅡ05C1433
	159		DTⅡGP4313				310.5				56.7	DTⅡ05C1443
1400	108	1600	DTⅡGP2314		1740	1800	296	280	220		52.7	DTⅡ06C1423
	133		DTⅡGP3314				313.5				59.6	DTⅡ06C1433
	159		DTⅡGP4314				330.5				63.1	DTⅡ06C1443

表 17.2-27　平行下托辊的技术规格及尺寸　（mm）

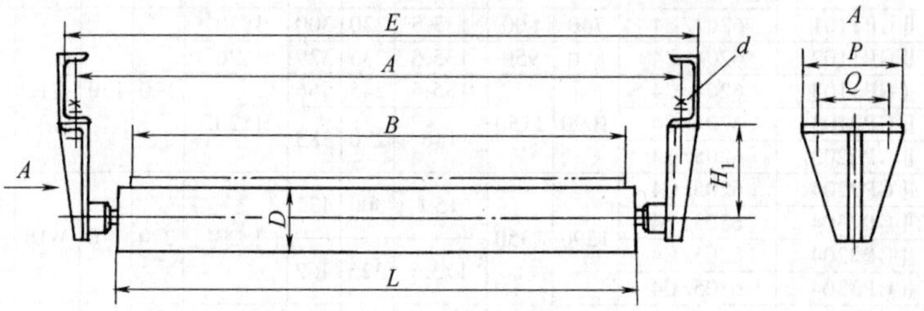

说明：与中间架连接的紧固件包括在本装配图内

带宽 B	辊子 D	辊子 L	辊子 图号	辊子 轴承	E	A	H_1	P	Q	d	质量 /kg	图号
500	89	600	DTⅡGP1107	6204/C4	792	740	100	145	90	M12	10.4	DTⅡ01C2111
650		750	DTⅡGP1109		942	890					11.8	DTⅡ02C2111
800		950	DTⅡGP1111		1142	1090	144.5				14.3	DTⅡ03C2111
			DTⅡGP1211	6205/C4							15.8	DTⅡ03C2112
	108		DTⅡGP2111	6204/C4			154				16.0	DTⅡ03C2121
			DTⅡGP2211	6205/C4							17.4	DTⅡ03C2122
			DTⅡGP2311	6305/C4							17.8	DTⅡ03C2123
1000		1150	DTⅡGP2212	6205/C4	1342	1290	164	150		M16	19.2	DTⅡ04C2122
			DTⅡGP2312	6305/C4							20.8	DTⅡ04C2123
	133		DTⅡGP3212	6205/C4			176.5				25.7	DTⅡ04C2132
			DTⅡGP3312	6305/C4							26.1	DTⅡ04C2133
1200	108	1400	DTⅡGP2213	6205/C4	1592	1540	174				20.7	DTⅡ05C2122
			DTⅡGP2313	6305/C4							23.6	DTⅡ05C2123
			DTⅡGP2413	6306/C4							26.6	DTⅡ05C2124
	133		DTⅡGP3213	6205/C4			186.5				30.0	DTⅡ05C2132
			DTⅡGP3313	6305/C4							30.3	DTⅡ05C2133
			DTⅡGP3413	6306/C4							32.1	DTⅡ05C2134
	159		DTⅡGP4213	6205/C4			199.5				36.6	DTⅡ05C2142
			DTⅡGP4313	6305/C4							37.0	DTⅡ05C2143
			DTⅡGP4413	6306/C4							40.5	DTⅡ05C2144
1400	108	1600	DTⅡGP2314	6305/C4	1800	1740	184				19.8	DTⅡ06C2123
			DTⅡGP2414	6306/C4							29.6	DTⅡ06C2124
	133		DTⅡGP3314	6305/C4			196.5				33.9	DTⅡ06C2133
			DTⅡGP3414	6306/C4							36.8	DTⅡ06C2134
	159		DTⅡGP4314	6305/C4			209.5				41.5	DTⅡ06C2143
			DTⅡGP4414	6306/C4							45.2	DTⅡ06C2144

表 17.2-28　普通辊子的技术规格及尺寸　(mm)

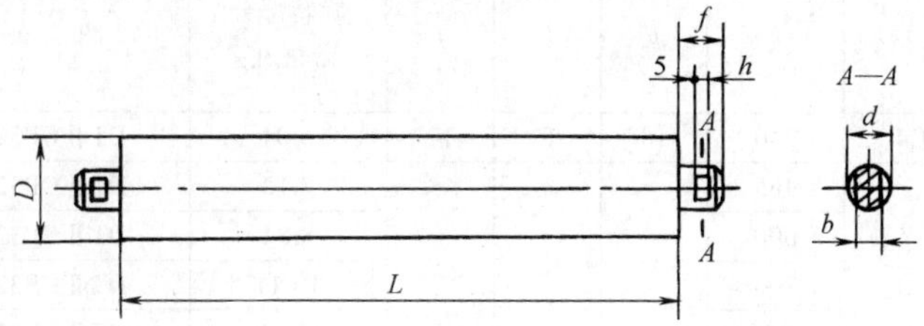

D	d	轴承型号	L	b	h	f	旋转部分质量/kg	图　号	质量/kg
89	20	6204/C4	200	14	6	14	2.08	DTⅡGP1101	2.79
			250				2.15	DTⅡGP1102	2.98
			315				2.58	DTⅡGP1103	3.58
			465				3.87	DTⅡGP1105	5.24
			600				4.78	DTⅡGP1107	6.48
			750				5.79	DTⅡGP1109	7.87
			950				7.15	DTⅡGP1111	9.72
	25	6205/C4		18	8	17	7.23	DTⅡGP1211	11.21
108	20	6204/C4	315	14	6	14	3.46	DTⅡGP2103	4.46
			465				4.7	DTⅡGP2105	6.07
			950				8.71	DTⅡGP2111	11.27
	25	6205/C4	315	18	8	17	3.53	DTⅡGP2203	5.07
			380				4.07	DTⅡGP2204	5.86
			465				4.77	DTⅡGP2205	6.89
			600				5.89	DTⅡGP2207	8.53
			700				6.72	DTⅡGP2208	9.74
			950				8.4	DTⅡGP2211	12.77
			1150				8.74	DTⅡGP2212	13.99
			1400				10.03	DTⅡGP2213	15.62
		6305/C4	380				4.19	DTⅡGP2304	6.23
			465				4.89	DTⅡGP2305	7.26
			530				5.43	DTⅡGP2306	8.05
			600				6.01	DTⅡGP2307	8.9
			700				6.84	DTⅡGP2308	10.11
			800				7.67	DTⅡGP2310	11.32
			950				8.91	DTⅡGP2311	13.14
			1150				10.56	DTⅡGP2312	15.57
			1400				12.76	DTⅡGP2313	18.47
			1600				14.42	DTⅡGP2314	21.02
	30	6306/C4	465	22			5.35	DTⅡGP2405	8.57
			530				5.89	DTⅡGP2406	9.47
			800				8.12	DTⅡGP2410	13.2
			1400				13.08	DTⅡGP2413	21.49
			1600				14.73	DTⅡGP2414	24.26

（续）

D	d	轴承型号	L	b	h	f	旋转部分质量/kg	图　号	质量/kg
133	25	6205/C4	340	18	8	17	6.04	DT Ⅱ GP3204	7.84
133	25	6205/C4	465	18	8	17	7.12	DT Ⅱ GP3205	9.24
			600				8.84	DT Ⅱ GP3207	11.48
			700				10.11	DT Ⅱ GP3208	13.14
			1150				15.80	DT Ⅱ GP3212	20.60
			1400				18.98	DT Ⅱ GP3213	24.61
		6305/C4	380				6.3	DT Ⅱ GP3304	8.21
			465				7.38	DT Ⅱ GP3305	9.62
			530				8.21	DT Ⅱ GP3306	10.7
			600				9.1	DT Ⅱ GP3307	11.86
			700				10.37	DT Ⅱ GP3308	13.51
			800				11.64	DT Ⅱ GP3310	15.17
			1150				16.09	DT Ⅱ GP3312	20.97
			1400				19.28	DT Ⅱ GP3313	24.99
			1600				21.83	DT Ⅱ GP3314	28.44
	30	6306/C4	465	22			8.13	DT Ⅱ GP3405	11.34
			530				8.96	DT Ⅱ GP3406	12.54
			800				12.4	DT Ⅱ GP3410	17.48
			1400				18.35	DT Ⅱ GP3413	26.75
			1600				20.9	DT Ⅱ GP3414	31.38
159	25	6205/C4	465	18			9.46	DT Ⅱ GP4205	11.58
			700				13.45	DT Ⅱ GP4208	16.52
			1400				25.46	DT Ⅱ GP4213	31.09
		6305/C4	465				9.64	DT Ⅱ GP4305	12.02
			530				10.68	DT Ⅱ GP4306	13.84
			700				13.6	DT Ⅱ GP4308	16.95
			800				15.32	DT Ⅱ GP4310	19.06
			1400				25.82	DT Ⅱ GP4313	31.52
			1600				29.25	DT Ⅱ GP4314	35.85
	30	6306/C4	465	22			10.53	DT Ⅱ GP4405	13.76
			530				11.64	DT Ⅱ GP4406	15.23
			800				16.27	DT Ⅱ GP4410	21.36
			1400				26.56	DT Ⅱ GP4413	34.98
			1600				29.99	DT Ⅱ GP4414	39.51

表 17.2-29　缓冲辊子的技术规格及尺寸　（mm）

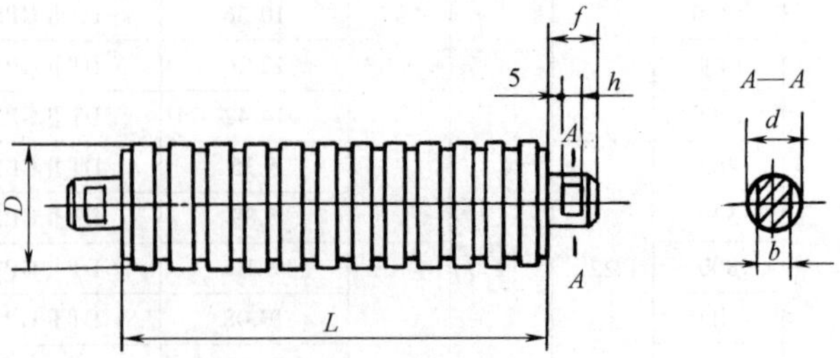

（续）

D	d	轴承代号	L	b	h	f	旋转部分质量/kg	图　号	质量/kg
89	20	6204/C4	200	14	6	14	2.82	DT Ⅱ GH1101	3.53
			250				3.61	DT Ⅱ GH1102	4.45
108			315				4.64	DT Ⅱ GH1103	5.64
							5.71	DT Ⅱ GH2103	6.75
	25	6205/C4	380	18	8	17	6.57	DT Ⅱ GH2203	8.11
		6305/C4					7.9	DT Ⅱ GH2304	9.81
			465				9.5	DT Ⅱ GH2305	12.33
			530				11.43	DT Ⅱ GH2306	14.62
133	30	6306/C4	380	22			10.82	DT Ⅱ GH3404	13.59
			465				11.72	DT Ⅱ GH3405	15.77
			530				14.08	DT Ⅱ GH3406	18.49
159			465				15.34	DT Ⅱ GH4405	19.39
			530				17.76	DT Ⅱ GH4406	22.17
	40	6308/C4	465	32			17.41	DT Ⅱ GH4605	23.15
			530				20	DT Ⅱ GH4606	26.39

1.4　拉紧装置

螺旋拉紧装置见表 17.2-30；车式重锤拉紧装置见表 17.2-31；垂直重锤拉紧装置见表 17.2-32。

表 17.2-30　螺旋拉紧装置　（mm）

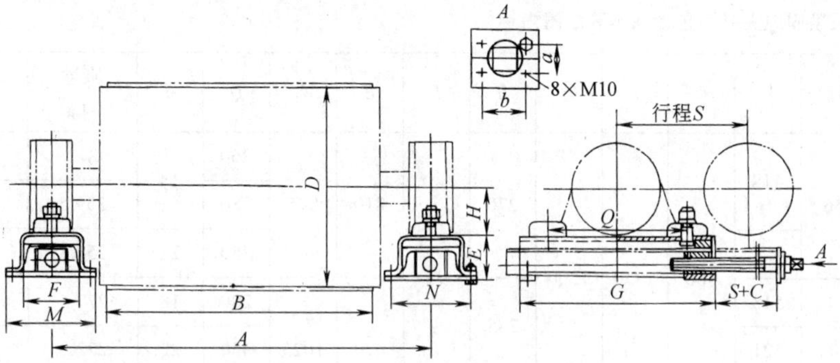

说明：1. 每种带宽有三种行程，即 S=500mm、800mm、1000mm，订货时应注明

2. 该拉紧装置不包括改向滚筒

3. 改向滚筒的紧固件包括在本装配图内

带宽 B	D	A	H	E	F	M	N	Q	G	a	b	C	质量/kg			图　号
													S300	S800	S1000	
500	400	850	90	85	100	182	150	260	390	28	45	180	31.9	33.4	34.3	DT Ⅱ 01D1
650		1000	120					350	480				35.0	37.9	39.8	DT Ⅱ 02D1
800		1300	135	95	120	202	170	380	516	32	50		48.1	54.0	56.1	DT Ⅱ 03D1
1000	500	1500	155	102	140	228	196	440	576				61.8	66.8	69.8	DT Ⅱ 04D1
1200		1750		145	174	264	232			55	55	190	84.7	91.8	96.6	DT Ⅱ 05D1
1400	630	1950											84.7	91.8	96.6	

表 17.2-31　车式重锤拉紧装置　　(mm)

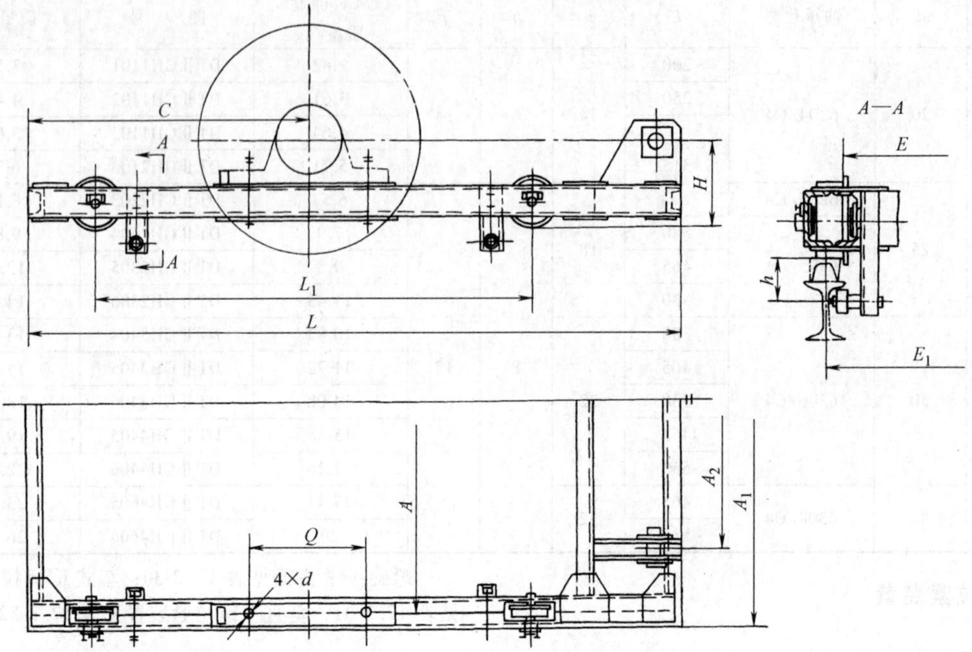

说明：1. 改向滚筒不包括在本装配图内

2. 固定改向滚筒的紧固件包括在本装配图内

3. 钢丝绳及紧固绳夹具不包括在本装配图内

<table>
<tr><th>带宽 B</th><th>A</th><th>A_1</th><th>A_2</th><th>C</th><th>L</th><th>L_1</th><th>H</th><th>h</th><th>E</th><th>E_1</th><th>Q</th><th>d</th><th>质量 /kg</th><th>图　号</th></tr>
<tr><td rowspan="3">500</td><td rowspan="3">850</td><td rowspan="3">956</td><td rowspan="2">418</td><td rowspan="6">900</td><td rowspan="6">1950</td><td rowspan="6">1200</td><td rowspan="3">270</td><td rowspan="6">93</td><td rowspan="3">810</td><td rowspan="3">875</td><td>260</td><td rowspan="2">18</td><td>271</td><td>DTⅡ01D305</td></tr>
<tr><td>280</td><td>259.5</td><td>DTⅡ01D306</td></tr>
<tr><td>421</td><td>350</td><td>22</td><td>258.8</td><td>DTⅡ01D308</td></tr>
<tr><td rowspan="3">650</td><td rowspan="3">1000</td><td rowspan="3">1106</td><td>518</td><td rowspan="2">285</td><td rowspan="3">970</td><td rowspan="3">1025</td><td>280</td><td>18</td><td>277.5</td><td>DTⅡ02D306</td></tr>
<tr><td>521</td><td>350</td><td>22</td><td>272.3</td><td>DTⅡ02D308</td></tr>
<tr><td>528</td><td>295</td><td rowspan="2">380</td><td rowspan="5">26</td><td>272.3</td><td>DTⅡ02D310</td></tr>
<tr><td rowspan="2">800</td><td rowspan="2">1300</td><td rowspan="2">1420</td><td>628</td><td rowspan="5">950</td><td rowspan="5">2100</td><td rowspan="5">1300</td><td rowspan="4">335</td><td rowspan="10">95</td><td rowspan="2">1260</td><td rowspan="2">1325</td><td>372.8</td><td>DTⅡ03D310</td></tr>
<tr><td>632</td><td>440</td><td>368.2</td><td>DTⅡ03D312</td></tr>
<tr><td rowspan="3">1000</td><td rowspan="3">1500</td><td rowspan="3">1620</td><td>828</td><td rowspan="3">1470</td><td rowspan="3">1525</td><td>380</td><td>395</td><td>DTⅡ04D310</td></tr>
<tr><td rowspan="2">832</td><td>440</td><td>387.9</td><td>DTⅡ04D312</td></tr>
<tr><td>352</td><td>480</td><td>33</td><td>410.6</td><td>DTⅡ04D314</td></tr>
<tr><td rowspan="3">1200</td><td rowspan="3">1750</td><td rowspan="3">1880</td><td>928</td><td rowspan="5">1100</td><td rowspan="5">2400</td><td rowspan="5">1400</td><td rowspan="2">355</td><td rowspan="3">1710</td><td rowspan="3">1775</td><td>380</td><td rowspan="2">26</td><td>506.4</td><td>DTⅡ05D310</td></tr>
<tr><td rowspan="2">932</td><td>440</td><td>517.1</td><td>DTⅡ05D312</td></tr>
<tr><td>372</td><td>480</td><td>33</td><td>524.7</td><td>DTⅡ05D314</td></tr>
<tr><td rowspan="2">1400</td><td>1950</td><td>2120</td><td rowspan="2">1032</td><td rowspan="2">381</td><td rowspan="2">1960</td><td rowspan="2">2025</td><td>440</td><td>26</td><td>591.3</td><td>DTⅡ06D312</td></tr>
<tr><td>2050</td><td>2220</td><td>480</td><td>33</td><td>605.3</td><td>DTⅡ06D314</td></tr>
</table>

表 17.2-32　垂直重锤拉紧装置

(mm)

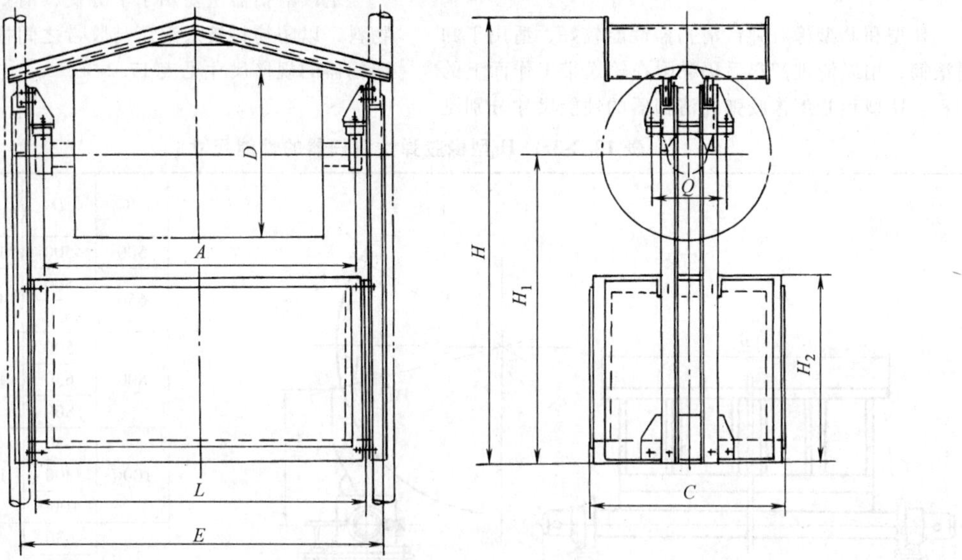

说明：1. 本装配图不包括改向滚筒

2. 固定改向滚筒的紧固件包括在本装配图内

3. 箱内重锤块的数量应根据实际拉紧力确定

带宽 B	D	A	C	L	E	H	H_1	H_2	Q	最大拉紧力 /kN	质量 /kg	图　号
500	400	850	500	956	1100	1606	1110	670	260	8	237.7	DTⅡ01D2053
			700			1746	1240	770	280	16	304	DTⅡ01D2063
	500										311.8	DTⅡ01D2064
			800			1866	1340	900	350	25	351.3	DTⅡ01D2084
650	400	1000	700	1136	1280	1770	1240	770	280	16	342.2	DTⅡ02D2063
			800			1890	1340	900	350	25	401	DTⅡ02D2083
	500										402	DTⅡ02D2084
	400		900			2050	1465	960	380	40	472	DTⅡ02D2103
	500										473.2	DTⅡ02D2104
	630					2150	1565				483.3	DTⅡ02D2105
800	400	1250	600	1436	1580	1790	1180	770	350	16	365.5	DTⅡ03D2083
		1300	700			1990	1365	870	380	25	452.3	DTⅡ03D2103
	500										458.6	DTⅡ03D2104
			800			2290	1645	1070	440	40	552.3	DTⅡ03D2124
	630										554.8	DTⅡ03D2125
1000	400	1500	700	1636	1810	2017	1365	940	380	25	498.2	DTⅡ04D2103
	500										505.3	DTⅡ04D2104
	630					2217	1565				522.7	DTⅡ04D2105
	500		800			2317	1645	1070	440	40	610.4	DTⅡ04D2124
	630									50	619	DTⅡ04D2125
	800										630	DTⅡ04D2126
1200	500	1750	600	1882	2060	2000	1315	840	380	25	514.5	DTⅡ05D2104
	630										524	DTⅡ05D2105
	500		900			2350	1645	1070	440	40	689	DTⅡ05D2124
	630									50	707.4	DTⅡ05D2125
	800										720	DTⅡ05D2126
1400	500	1950	500	2192	2370	2012	1245	770	380	25	529.3	DTⅡ06D2104
			700			2092	1365	800	440	40	619.7	DTⅡ06D2124
	630					2262	1495	900		50	672	DTⅡ06D2125
	800										686.6	DTⅡ06D2126
	630	2050	900			2412	1630	1000	480	63	762.6	DTⅡ06D2145
	800										777	DTⅡ06D2146

1.5　清扫器

H 型和 P 型橡胶弹性清扫器性能较好，适用于卸料滚筒，用以清理卸料后仍黏附在输送带工作面上的物料。H 型和 P 型橡胶弹性清扫器的性能尺寸分别见表 17.2-33 和表 17.2-34。

空段清扫器主要用于下分支，清扫尾部滚筒前的物料，以防物料挤入滚筒与胶带之间损坏胶带。空段清扫器的规格尺寸见表 17.2-35。

表 17.2-33　H 型橡胶弹性清扫器的性能尺寸　(mm)

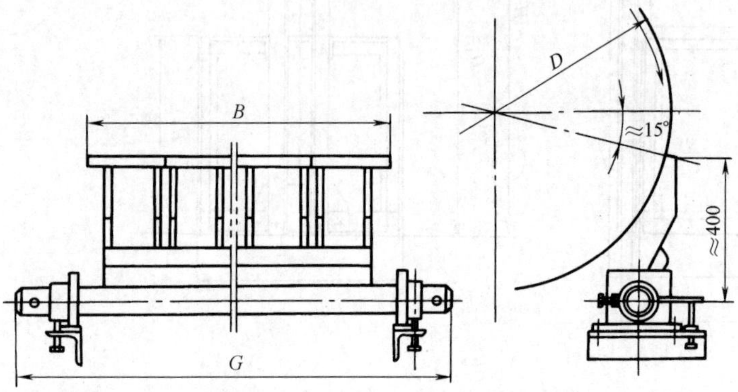

说明：在输送机及头部漏斗全部安装好后，再把橡胶弹性清扫器焊在漏斗上，焊接前调整好使清扫器刮刃与胶带接合平直

B	D	G	质量/kg
500	500	1200	—
650	500	1400	31.5
	630		
800	500	1600	36
	630		
	800		
1000	630	1800	39
	800		
	1000		
1200	630	2000	43
	800		
	1000		
	1250		
1400	800	2200	47
	1000		
	1250		
	1400		

表 17.2-34　P 型橡胶弹性清扫器的性能尺寸　(mm)

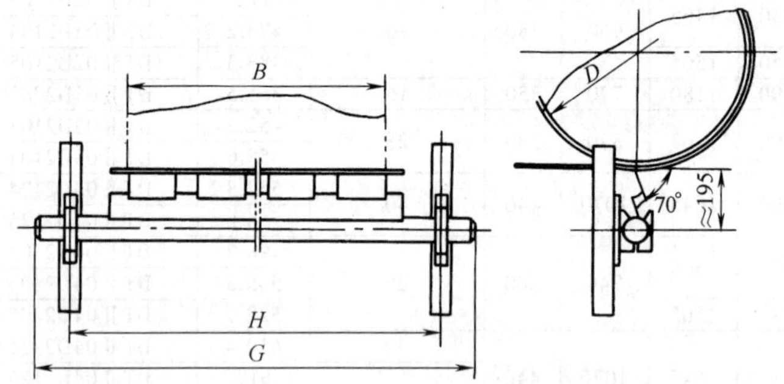

说明：在输送机的输送带及头部漏斗全部安装好后，橡胶弹性清扫器焊在头架上，焊接前调整好使清扫器刮刃与胶带的水平面成 70°角。H 值可根据与其相连部件的尺寸调整

B	D	G	H	质量/kg
500	500	1150	720	32.6
650	500	1300	870	46.3
	630			
800	500	1500	1100	51.5
	630		1170	
	800			
1000	630	1700	1280	56.6
	800			
	1000			
1200	630	1900	1538	61.86
	800			
	1000			
	1250			
1400	800	2100	1798	67.19
	1000			
	1250			
	1400			

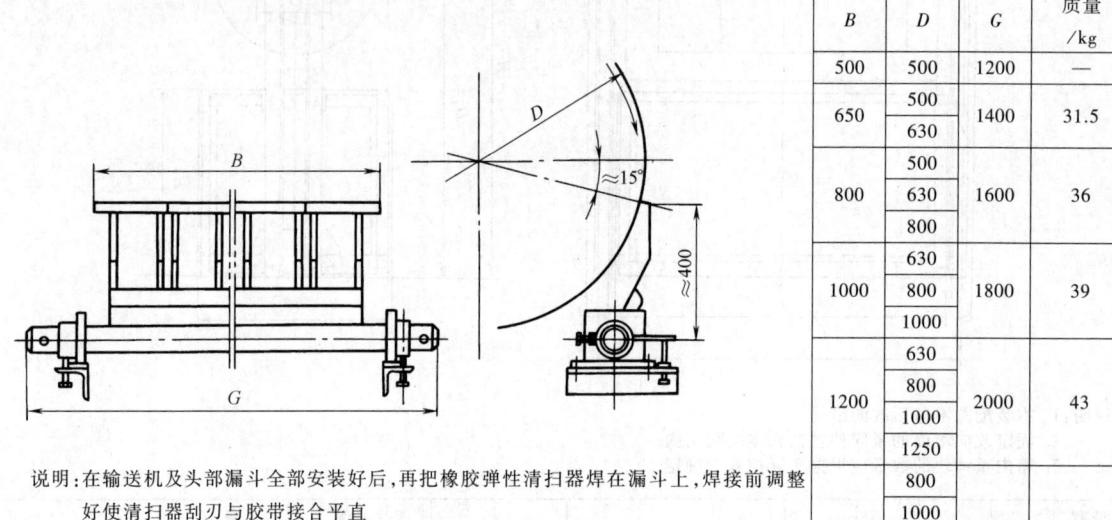

表 17.2-35　空段清扫器的规格尺寸　(mm)

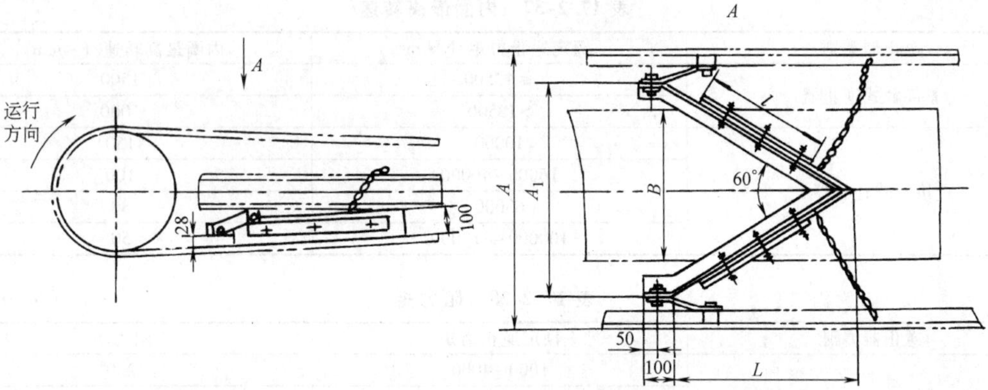

说明:刮板的厚度均为 10mm

B	A	A_1	L	l	质量/kg	图　号
500	800	620	537	430	15.2	DTⅡ01E2
650	950	770	667	580	17.9	DTⅡ02E2
800	1150	970	840	770	22.3	DTⅡ03E2
1000	1350	1170	1013	980	24.0	DTⅡ04E2
1200	1600	1420	1230	1220	27.8	DTⅡ05E2
1400	1810	1630	1412	1430	30.9	DTⅡ06E2

1.6　逆止器（摘自 JB/T 9015—2011）

逆止器是为了防止倾斜带式输送机有载停车时发生倒转或顺滑现象，经对制动力矩的核算，视具体情况增设的逆止或制动装置。

1.6.1　形式

按逆止器内圈旋转时楔块与外圈的接触形式分为非接触式逆止器和接触式逆止器两种形式。

（1）非接触式逆止器标记方法

NF □ □-□

- □-内圈孔径代号(mm)
- □-额定逆止力矩代号，额定逆止力矩(N·m)的 1/100
- □-内圈旋转方向代号：正对逆止器转向指示牌看，内圈沿顺时针方向旋转为 S；内圈沿逆时针方向旋转为 N
- NF-非接触式逆止器代号

标记示例：

额定逆止力矩为 2500N·m，内圈孔径为 65mm，内圈沿顺时针方向旋转的非接触式逆止器，其标记为：逆止器　NFS25-65　JB/T 9015—2011

（2）接触式逆止器标记方法

NJ □ □-□

- □-内圈孔径代号(mm)
- □-额定逆止力矩代号，额定逆止力矩(N·m)的 1/100
- □-内圈旋转方向代号：正对逆止器转向指示牌看，内圈沿顺时针方向旋转为 S；内圈沿逆时针方向旋转为 N
- NJ-非接触式逆止器代号

标记示例：

额定逆止力矩为 25000N·m，内圈孔径为 140mm，内圈沿逆时针方向旋转的接触式逆止器，其标记为：逆止器　NJN250-140　JB/T 9015—2011

1.6.2　基本参数

（1）额定逆止力矩（见表 17.2-36）

表 17.2-36　额定逆止力矩　(N·m)

非接触式额定逆止力矩	1000、1600、2500、4000、6300、8000、10000、12500、16000、20000、25000
接触式额定逆止力矩	10000、16000、25000、40000、63000、100000、160000、200000、250000、315000、500000、710000

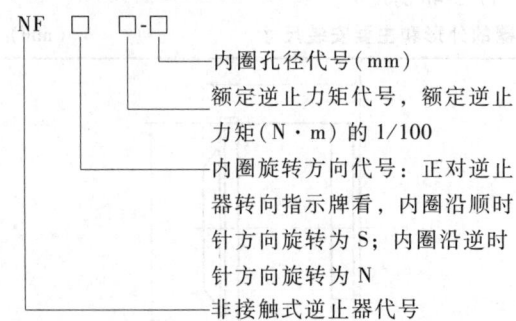

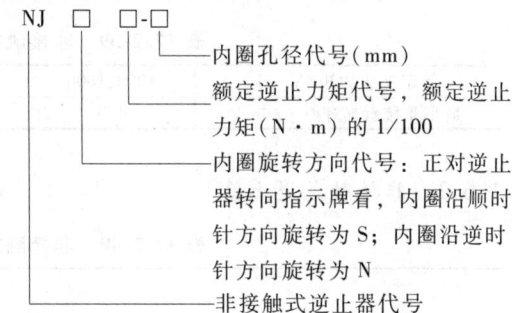

(2) 内圈最高转速（见表 17.2-37）

(3) 阻力矩（见表 17.2-38）

(4) 最小非接触转速（见表 17.2-39）

表 17.2-37　内圈最高转速

逆止器类别	额定逆止力矩/N·m	内圈最高转速/r·min^{-1}
非接触式逆止器	≤12500	1500
	>12500	1000
接触式逆止器	10000	150
	16000~40000	100
	63000	80
	100000~710000	50

表 17.2-38　阻力矩　　(N·m)

逆止器类别	额定逆止力矩	阻力矩
非接触式逆止器	1000~4000	2.0
	6300~10000	3.15
	12500、16000	4.5
	20000、25000	5.6
接触式逆止器	10000	16
	16000	20
	25000	36
	40000	45
	63000	71
	100000	90
	160000	100
	200000	112
	250000	140
	315000	160
	500000	220
	710000	250

表 17.2-39　非接触式逆止器内圈的最小非接触转速

额定逆止力矩/N·m	1000、1600	2500、4000	6300~10000	12500、16000	20000、25000
最小非接触转速/r·min^{-1}	450	425	400	375	350

1.6.3　非接触式逆止器

非接触式逆止器的外形和主要安装尺寸应符合表 17.2-40 的规定。

表 17.2-40　非接触式逆止器的外形和主要安装尺寸　　(mm)

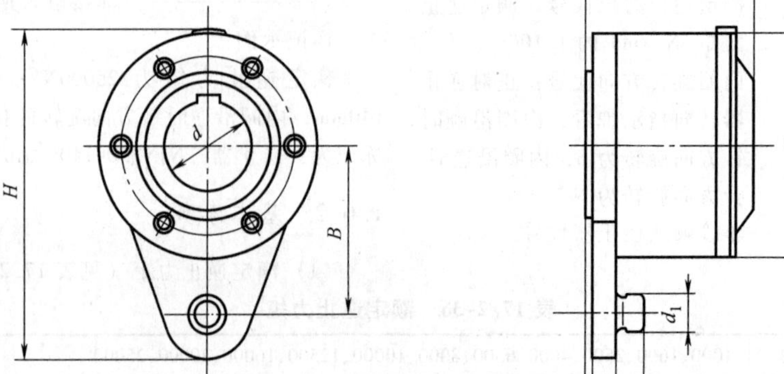

（续）

额定逆止力矩/N·m	d	D	d_1	H	B	L	L_1	L_2	L_3
1000	40~50	190	28	308	150	162	25	20	5
1600	45~60	208	32	335	160	167	25	22	5
2500	50~70	230	38	380	170	172	25	25	5
4000	60~80	245	42	393	185	183	28	30	5
6300	70~90	260	45	415	195	196	30	35	5
8000	80~100	275	48	443	210	200	35	35	5
10000	90~110	295	52	475	225	238	35	45	5
12500	100~130	330	58	525	250	262	40	50	8
16000	110~140	360	62	565	270	273	40	55	8
20000	120~150	405	65	620	300	275	50	58	8
25000	130~160	440	70	675	335	285	50	63	8

1.6.4　接触式逆止器

接触式逆止器的外形和主要安装尺寸应符合表17.2-41的规定。

表17.2-41　接触式逆止器的外形和主要安装尺寸　（mm）

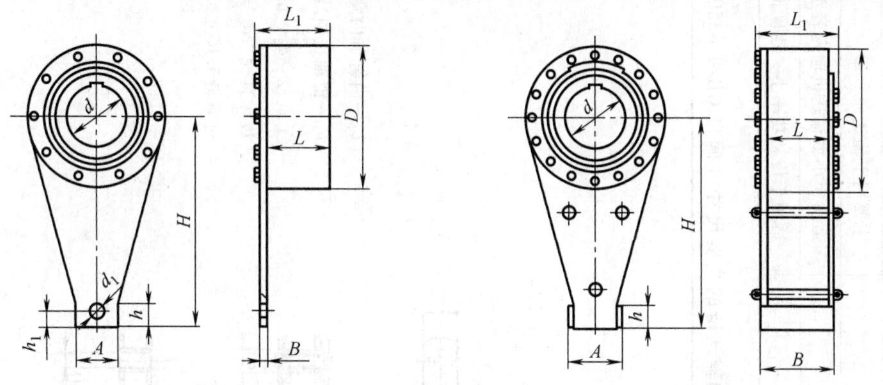

d<200　　d>220

额定逆止力矩/N·m	d	A	B	D	H	h	d_1	h_1	L	L_1
10000	90~110	110	12	270	425	60	26	40	110	141
16000	100~130	120	12	320	506	65	26	40	130	161
25000	120~160	120	20	360	612	65	30	40	140	183
40000	160~200	130	20	430	623	70	40	40	160	207
63000	160~220	238	259	500	820	80	—	—	230	303
100000	180~250	288	323	600	1000	100	—	—	290	367
160000	200~270	298	323	650	1100	110	—	—	290	367
200000	230~300	356	335	780	1300	135	—	—	290	392
250000	250~320	386	345	850	1500	135	—	—	320	412
315000	250~320	414	360	930	1600	135	—	—	360	426
500000	320~420	474	484	1030	1800	165	—	—	450	550
710000	350~450	526	494	1090	2000	165	—	—	480	574

2　输送链和链轮

2.1　输送链、附件和链轮（摘自GB/T 8350—2008）

几种常见输送链的特点及应用范围见表17.2-42。

2.1.1　链条

链条的规格、基本参数尺寸见表17.2-43~表17.2-46。

表 17.2-42 几种常用输送链的特点及应用范围

名称	标准	特点或应用范围
输送链	GB/T 8350—2008	适用于一般输送和机械化传送
输送用平顶链	GB/T 4140—2003	主要用于输送瓶、罐
带附件短节距精密滚子输送链	GB/T 1243—2006	适用于小型输送机输送轻型物品
双节距滚子输送链	GB/T 5269—2008	适用于传动功率小、速度低和中心距长的输送装置

表 17.2-43 实心销轴输送链的主要尺寸（摘自 GB/T 8350—2008） (mm)

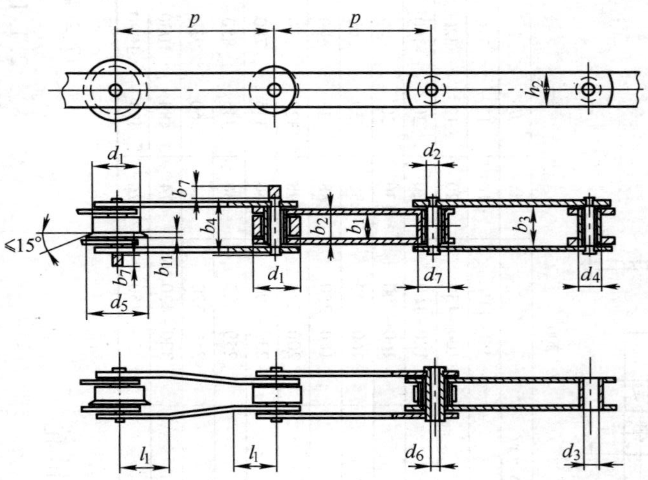

b_1—内链节内宽 b_2—内链节外宽 b_3—外链节内宽 b_4—销轴长度 b_7—销轴止锁端加长量 b_{11}—带边滚子边缘宽度 d_1—大滚子或带边滚子直径 d_2—销轴直径 d_3—套筒孔径 d_4—套筒外径 d_5—带边滚子边缘直径 d_6—空心销轴内径 d_7—小滚子直径 h_2—链板高度 l_1—过渡链节尺寸 p—节距

（续）

链号（基本）	抗拉强度 /kN min	d_1 max	节距 p①②③ 40	50	63	80	100	125	160	200	250	315	400	500	630	800	1000	d_2 max	d_3 min	d_4 max	h_2 max	b_1 min	b_2 max	b_3 min	b_4 max	b_7 max	$l_1$④ min	d_5 max	b_{11} max	d_7 max	测量力 /kN
M20	20	25	×															6	6.1	9	19	16	22	22.2	35	7	12.5	32	3.5	12.5	0.4
M28	28	30		×														7	7.1	10	21	18	25	25.2	40	8	14	36	4	15	0.56
M40	40	36																8.5	8.6	12.5	26	20	28	28.3	45	9	17	42	4.5	18	0.8
M56	56	42			×													10	10.1	15	31	24	33	33.3	52	10	20.5	50	5	21	1.12
M80	80	50																12	12.1	18	36	28	39	39.4	62	12	23.5	60	6	25	1.6
M112	112	60				×												15	15.1	21	41	32	45	45.5	73	14	27.5	70	7	30	2.24
M160	160	70					×											18	18.1	25	51	37	52	52.5	85	16	34	85	8.5	36	3.2
M224	224	85						×										21	21.2	30	62	43	60	60.6	98	18	40	100	10	42	4.5
M315	315	100							×									25	25.2	36	72	48	70	70.7	112	21	47	120	12	50	6.3
M450	450	120																30	30.2	42	82	56	82	82.8	135	25	55	140	14	60	9
M630	630	140																36	36.2	50	103	66	96	97	154	30	66.5	170	16	70	12.5
M900	900	170									×							44	44.2	60	123	78	112	113	180	37	81	210	18	85	18

① 节距 p 是理论参考尺寸，用来计算链长和链轮尺寸，而不是用作检验链节的尺寸。

② 用×表示的链条节距规格仅用于套筒链条和小滚子链条。

③ 粗实线包含区内的节距规格是优选节距规格。

④ 过渡链节尺寸 l_1 决定最大链板长度和对铰链轨迹的最小限制。

表 17.2-44　空心销轴输送链主要尺寸（摘自 GB/T 8350—2008）　（mm）

链号（基本）	抗拉强度 /kN min	d_1 max	节距 p①② 63	80	100	125	160	200	250	315	400	500	d_2 max	d_3 min	d_4 max	h_2 max	b_1 min	b_2 max	b_3 min	b_4 max	b_7 max	$l_1$③ min	d_5 max	b_{11} max	d_6 min	d_7 max	测量力 /kN
MC28	28	36											13	13.1	17.5	26	20	28	28.3	42	10	17.0	42	4.5	8.2	25	0.56
MC56	56	50											15.5	15.6	21.0	36	24	33	33.3	48	13	23.5	60	5	10.2	30	1.12
MC112	112	70											22	22.2	29.0	51	32	45	45.5	67	19	34.0	85	7	14.3	42	2.24
MC224	224	100											31	31.2	41.0	72	43	60	60.6	90	24	47.0	120	10	20.3	60	4.50

① 节距 p 是理论参考尺寸，用来计算链长和链轮尺寸，而不是用作检验链节的尺寸。

② 粗实线包含区内的节距规格是优选节距规格。

③ 过渡链节尺寸 l_1 决定最大链板长度和对铰链轨迹的最小限制。

表 17.2-45　K 型附板尺寸（摘自 GB/T 8350—2008）　　(mm)

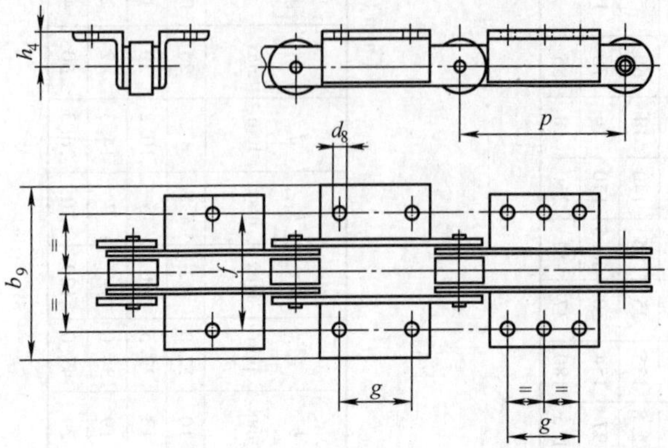

b_9—附板横向外宽　d_8—附板孔直径　f—附板孔中心线之间的横向距离　g—附板孔中心线之间的纵向距离　h_4—附板平台高度　p—节距

链号	d_8	h_4	f	b_9 max	纵向孔心距					
					短		中		长	
					p① min	g	p① min	g	p① min	g
M20	6.6	16	54	84	63	20	80	35	100	50
M28	9	20	64	100	80	25	100	40	125	65
M40	9	25	70	112	80	20	100	40	125	65
M56	11	30	88	140	100	25	125	50	160	85
M80	11	35	96	160	125	50	160	85	200	125
M112	14	40	110	184	125	35	160	65	200	100
M160	14	45	124	200	160	50	200	85	250	145
M224	18	55	140	228	200	65	250	125	315	190
M315	18	65	160	250	200	50	250	100	315	155
M450	18	75	180	280	250	85	315	155	400	240
M630	24	90	230	380	315	100	400	190	500	300
M900	30	110	280	480	315	65	400	155	500	240
MC28	9	25	70	112	80	20	100	40	125	65
MC56	11	35	88	152	125	50	160	85	200	125
MC112	14	45	110	192	160	50	200	85	250	145
MC224	18	65	140	220	200	50	250	100	315	155

① 对应纵向孔心距 g 的最小链条节距。

表 17.2-46　加高链板高度（摘自 GB/T 8350—2008）　　(mm)

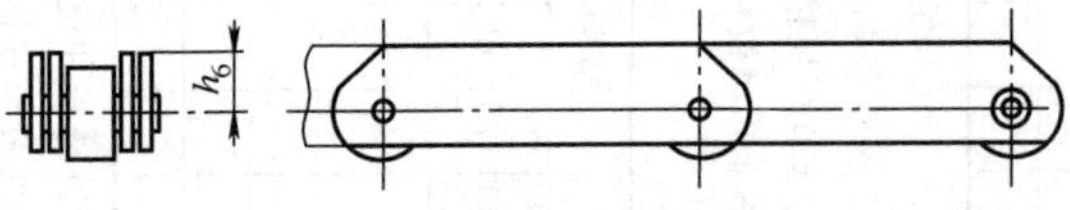

h_6—加高链板高度

链号	h_6	链号	h_6
M20	16	M315	65
M28	20	M450	80
M40	22.5	M630	90
M56	30	M900	120
M80	32.5	MC28	22.5
M112	40	MC56	32.5
M160	45	MC112	45
M224	60	MC224	65

注：抗拉强度及其他所有的数据见表 17.2-43 和表 17.2-44。

2.1.2 链轮

(1) 基本参数与直径尺寸见表 17.2-47。

(2) 齿槽形状

齿槽形状尺寸见表 17.2-48，压力角见表 17.2-49，链轮的轴向齿廓见表 17.2-50。

表 17.2-47 链轮的基本参数与直径尺寸（摘自 GB/T 8350—2008）

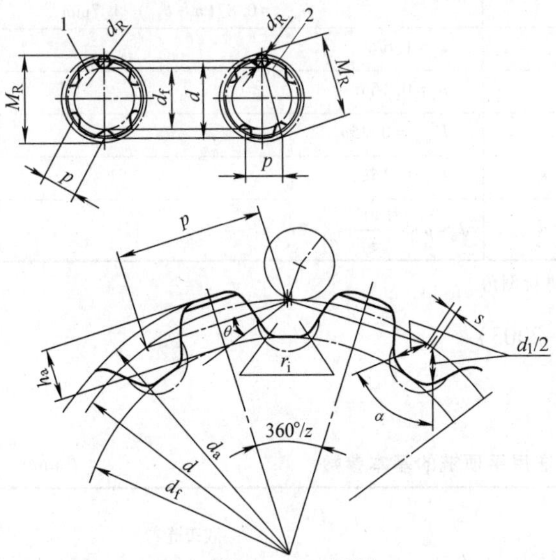

1—偶数齿 2—奇数齿

d—分度圆直径 d_a—齿顶圆直径 d_f—齿根圆直径 d_R—量柱直径 d_1—滚子直径 d_2—销轴直径 h_a—齿根圆以上的齿高 M_R—跨柱测量距 p—弦节距，等于链条节距 r_i—齿沟圆弧半径 s—齿槽中心分离量 z—齿数 α—齿沟角 θ—压力角

对非滚子链条，用套筒代替滚子

分度圆直径 d： $d=\dfrac{p}{\sin\dfrac{180°}{z}}$

齿顶圆直径 d_a： $d_{amax}=d+d_1$

量柱直径 d_R $d_R=d_1$、d_4 或者 d_7，d_R 的极限偏差为 $^{+0.01}_{0}$ mm

齿根圆直径 d_f：根据不同情况，$d_{fmax}=d-d_1$、$d-d_4$ 或者 $d-d_7$，公差带按 h11。最小齿根圆直径应该由制造商选择，以提供与链条良好的啮合

跨柱测量距 M_R：对于偶数齿的链轮，跨柱测量距 $M_R=d+d_{Rmin}$；对于奇数齿的链轮，跨柱测量距 $M_R=d\cos(90°/z)+d_{Rmin}$

齿根圆直径以上的齿高 h_a：$h_a=\dfrac{d_a-d_f}{2}$

表 17.2-48 齿槽形状尺寸

名 称	计 算 公 式 或 说 明
齿槽中心分离量 s	$s_{min}=0.04p$（非机加工齿链轮） $s_{min}=0.08d_1$（机加工齿链轮）
齿沟圆弧半径 r_i	$r_{imax}=\dfrac{d_1}{2}$、$\dfrac{d_4}{2}$、$\dfrac{d_7}{2}$
齿沟角 α/(°)	$\alpha_{max}=140°-\dfrac{90°}{z}$、$\alpha_{min}=120°-\dfrac{90°}{z}$
工作面	工作面为两个滚子与齿面接触线之间的区域，一个滚子的中心线位于分度圆上，另一个滚子中心线在直径等于$\dfrac{p+0.25d_2}{\sin\dfrac{180°}{z}}$的圆周上（式中 d_2 为销轴外径）。工作面可以是直的，也可以是凸的
齿形	不论齿沟圆弧半径的大小，也不论齿形是直线的或曲线的，从节距线与齿沟中心分离量尺寸界线交点到齿面之间的距离应等于$\dfrac{d_1}{2}$或$\dfrac{d_4}{2}$或$\dfrac{d_7}{2}$
压力角 θ/(°)	压力角是链节的节距线与链轮工作面和滚子接触点的法线之间的夹角。工作面上任意一点的压力角应符合表 17.2-49 的规定

注：齿槽形状及相关尺寸符号的意义见表 17.2-47。

表 17.2-49 压力角

齿数	压力角 θ		齿数	压力角 θ	
z	min	max	z	min	max
6 或 7	7°	10°	14 或 15	16°	20°
8 或 9	9°	12°	16 或 19	18°	22°
10 或 11	12°	15°	20 或 27	20°	25°
12 或 13	14°	17°	28 以上	23°	28°

表 17.2-50 链轮的轴向齿廓

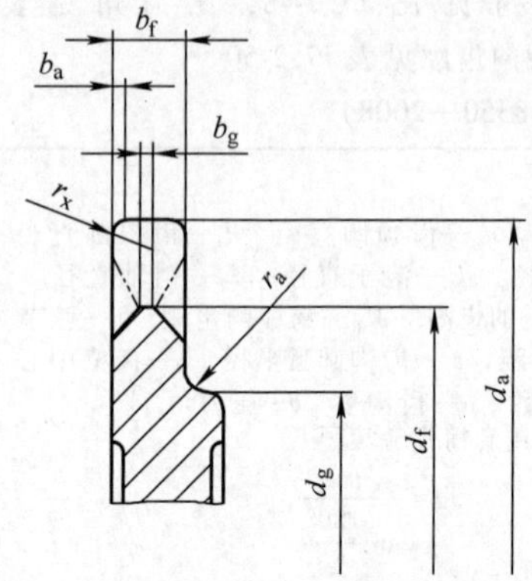

名 称	计算公式或说明
齿宽 b_f	对于非带边滚子：$b_{fmax}=0.9b_1-1mm$ $b_{fmin}=0.87b_1-1.7mm$ 对于带边滚子：$b_{fmax}=0.9(b_1-b_{11})-1mm$ $b_{fmin}=0.87(b_1-b_{11})-1.7mm$
最小倒圆半径 r_x	$r_x=1.6b_1$
倒角宽 b_a	$b_a=0.16b_1$
齿根宽 b_g	$b_{gmin}=0.25b_f$
齿侧凸缘圆角半径 r_a	$r_a\approx0.15h_2$
最大齿侧凸缘直径 d_g	$d_g=p\cot\dfrac{180°}{z}-h_2-2r_{aact}$

注：齿沟端面倒角——避免物料聚集，允许对齿沟两端进行倒角。

2.2 输送用平顶链和链轮（摘自 GB/T 4140—2003）

2.2.1 输送用平顶链（见表 17.2-51）

表 17.2-51 标准输送用平顶链的基本参数 (mm)

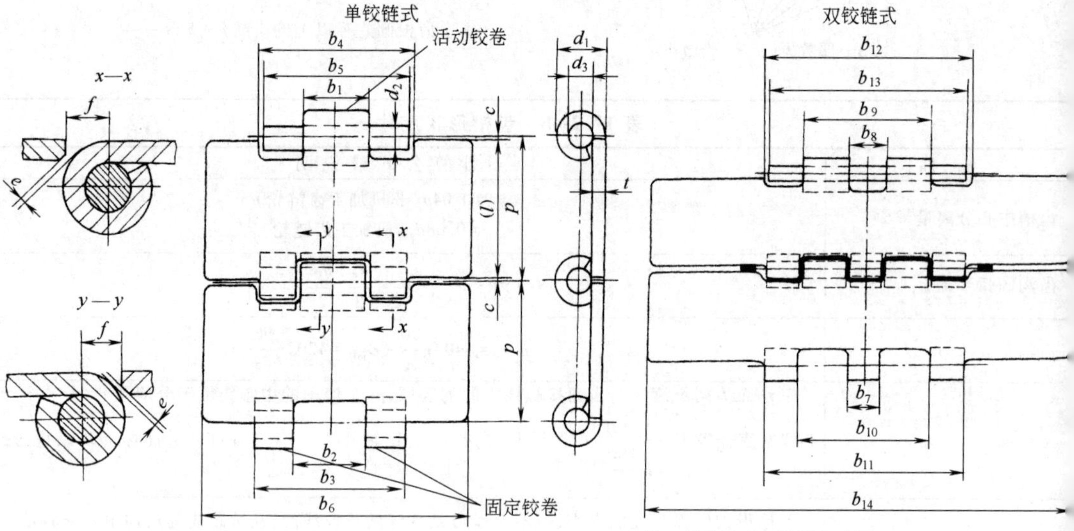

注：其余尺寸与单铰链式相同

型号	链号	节距	铰卷外径	销轴直径	活动铰卷孔径	链板厚度	活动铰卷宽度	固定铰卷内宽	固定铰卷外宽	链板凹槽宽度	销轴长度	链板宽度
		p	d_1	d_2	d_3	t	b_1	b_2	b_3	b_4、b_{12}	b_5、b_{13}	b_6、b_{14}
			max	max	min	max	max	min	max	min	max	max
单铰链	C12S											77.20
	C13S											83.60
	C14S											89.90
	C16S	38.10	13.13	6.38	6.40	3.35	20.00	20.10	42.05	42.10	42.60	102.60
	C18S											115.30
	C24S											153.40
	C30S											191.50
双铰链	C30D	38.10	13.13	6.38	6.40	3.35	—	—	—	80.60	81.00	191.50

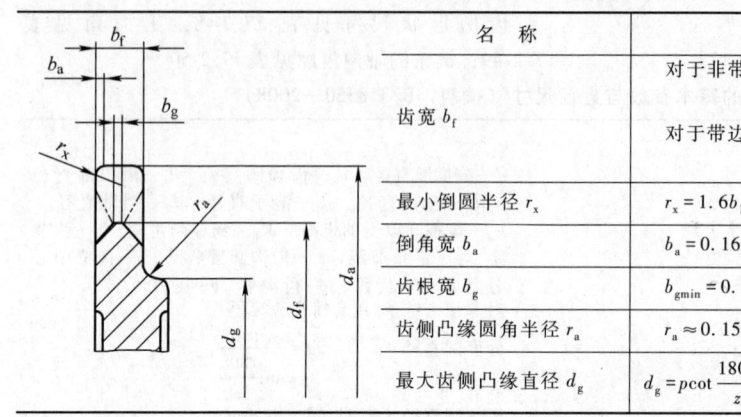

（续）

型号	链号	链板宽度	中央固定铰卷宽度	活动铰卷间宽	活动铰卷跨宽	外侧固定铰卷间宽	外侧固定铰卷跨宽	链板长度	铰卷轴心线与链板外缘间距	铰链间隙		测量载荷	抗拉强度 Q
		b_6、b_{14}	b_7	b_8	b_9	b_{10}	b_{11}	(l)	c	e	f	N	
		公称尺寸	max	min	max	min	max		min				min
单铰链	C12S C13S C14S C16S C18S C24S C30S	76.20 82.60 88.90 101.60 114.30 152.40 190.50	—	—	—	—	—	37.28	0.41	0.14	5.08	碳钢 200 一级耐蚀钢 160 二级耐蚀钢 120	10000 8000 6250
双铰链	C30D	190.50	13.50	13.70	53.50	53.60	80.50	37.28	0.41	0.14	5.08	碳钢 400 一级耐蚀钢 320 二级耐蚀钢 250	20000 16000 12500

注：1. 平顶链链号中 C 后面的数字是表示链板宽度的代号，它乘以 25.4/4mm 等于链板宽度的公称尺寸。字母 S 表示单铰链，D 表示双铰链。
2. 节距 p 是一个理论计算尺寸，不适用于检验链节的尺寸。
3. 链板长（l）为参考值。
4. 一级耐蚀钢和二级耐蚀钢的划分仅与耐蚀钢相应的抗拉强度有关，有关钢的耐腐蚀性能详情请向制造厂咨询。

2.2.2　输送用平顶链链轮

（1）基本参数与直径尺寸（见表 17.2-52）

表 17.2-52　平顶链链轮的基本参数与直径尺寸

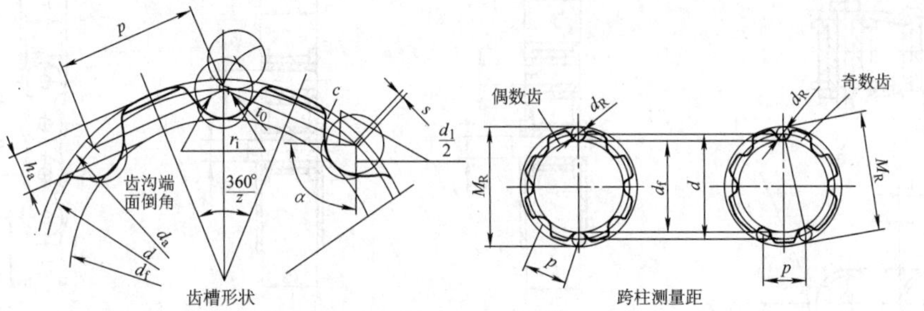

名　称	计 算 方 法	备　注
分度圆直径 d	$d=\dfrac{p}{\sin\dfrac{180°}{z}}$	p 为链条节距，z 为有效齿数
齿顶圆直径 d_a	$d_a=d\cos\dfrac{180°}{z}+6.35$	—
最大齿根圆直径 d_{fmax}	$d_{fmax}=d-d_1$	—
有效齿数 z		—
实际齿数 z_1	单切齿：$z=z_1$ 双切齿：$z=\dfrac{1}{2}z_1$	z_1 优先选用 17、19、21、25、27、29、31、35
跨柱测量距 M_R	z_1 为奇数时：$M_R=d\cos\dfrac{90°}{z_1}+d_R$ z_1 为偶数时：$M_R=d+d_R$	量柱直径 $d_R=d_1$

注：式中 d_a 指链轮齿与链板底边发生接触时的齿顶圆直径。

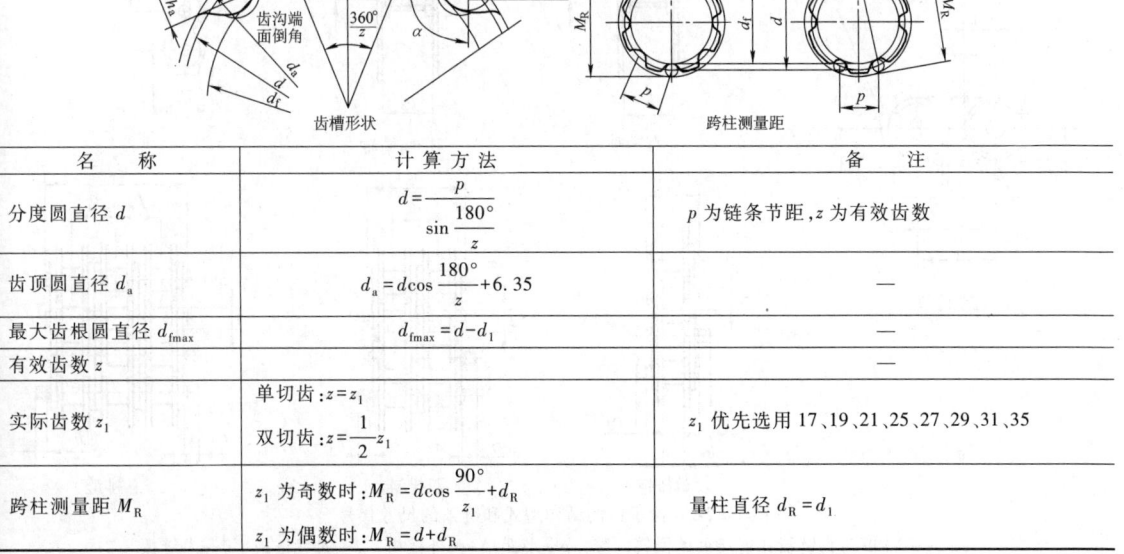

（2）齿槽形状及轴向齿廓尺寸（见表 17.2-53）

（3）链轮公差

齿根圆对孔轴心线的圆跳动公差应符合表 17.2-54的规定。

表 17.2-53　平顶链链轮的齿槽形状及轴向齿廓尺寸　(mm)

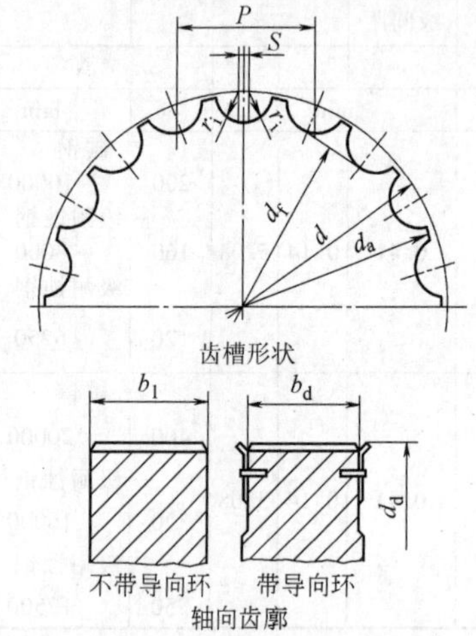

名称		代号	数值
齿沟圆弧半径		r_i	6.63
齿沟中心分离量		s	2.00
齿宽	单铰链式	b_f	42.5
	双铰链式		81.3
导向环间宽	单铰链式	b_d	$b_d \geqslant b_3$ 或 b_5
	双铰链式		$b_d \geqslant b_{11}$ 或 b_{13}
导向环外径		d_d	$d_d \leqslant d_a$

表 17.2-54　齿根圆对孔轴心线的圆跳动公差　(mm)

齿根圆直径 d_f	径向圆跳动	端面圆跳动	齿根圆直径 d_f	径向圆跳动	端面圆跳动
≤177.80	$0.25+0.001d_f$	0.51	>508.00~762.00	0.76	$0.003d_f$
>177.80~508.00	$0.25+0.001d_f$	$0.003d_f$	>762.00	0.76	2.29

2.3　带附件短节距精密滚子链（摘自 GB/T 1243—2006）

滚子链的结构型式和链条的尺寸代号如图 17.2-2 所示。

根据图 17.2-2 中的尺寸代号，查表 17.2-55 和表 17.2-56 可以得到各种链号对应的技术数据。

K 型附板的尺寸见表 17.2-57。M 型附板的尺寸见表 17.2-58。加长销轴的尺寸见表 17.2-59。

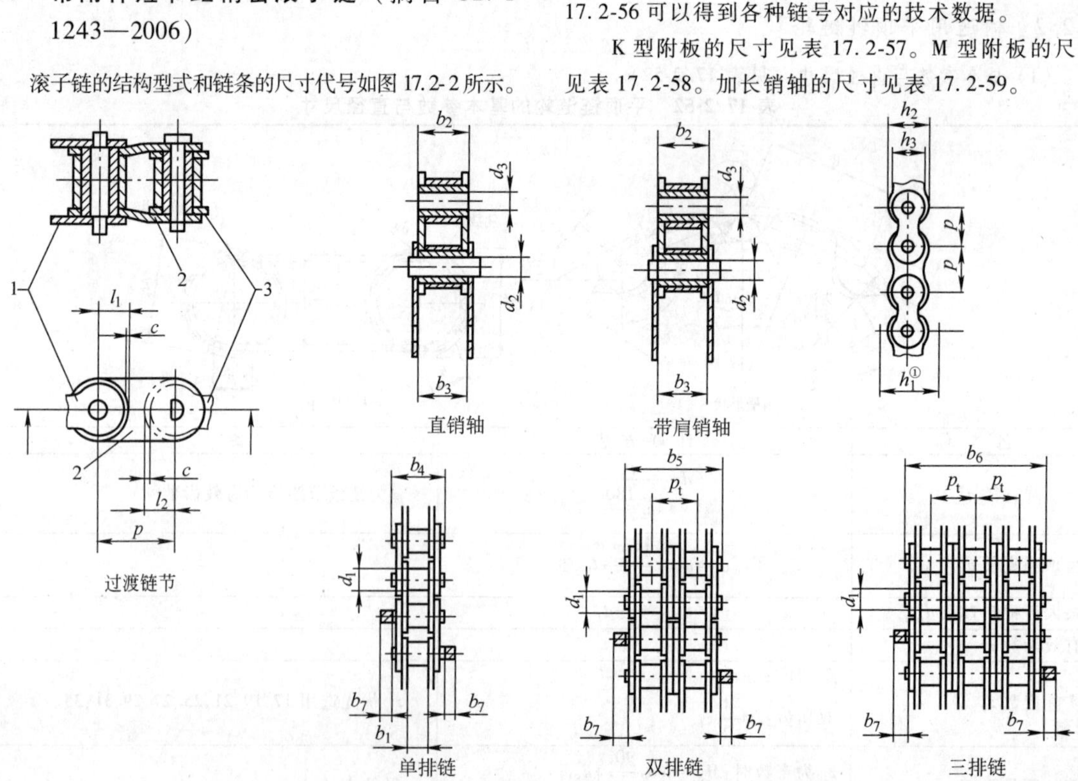

图 17.2-2　滚子链的结构型式和链条的尺寸代号

c—过渡链板与直链板在连接处的回转间隙　p—节距　1—外链板　2—过渡链板　3—内链板

① 链条通道高度 h_1 是考虑过渡链板与直链板在连接处的回转间隙。

表 17.2-55 链条的主要尺寸、测量力、抗拉强度及动载强度

链号[1]	节距 p nom	滚子直径 d_1 max	内节内宽 b_1 min	销轴直径 d_2 max	套筒孔径 d_3 min	链条通道高度 h_1 min	内链板高度 h_2 max	外或中链板高度 h_3 max	过渡链节尺寸[2] l_1 min	l_2 min	c	排距 p_1	内节外宽 b_2 max	外节内宽 b_3 min	销轴长度 单排 b_4 max	双排 b_5 max	三排 b_6 max	止锁件附加宽度[3] b_7 max	测量力 单排	双排	三排	抗拉强度 F_u 单排 min	双排 min	三排 min	动载强度[4][5][6] 单排 F_d min
	mm																		N			kN			N
04C	6.35	3.30[7]	3.10	2.31	2.34	6.27	6.02	5.21	2.65	3.08	0.10	6.40	4.80	4.85	9.1	15.5	21.8	2.5	50	100	150	3.5	7.0	10.5	630
06C	9.525	5.08[7]	4.68	3.60	3.62	9.30	9.05	7.81	3.97	4.60	0.10	10.13	7.46	7.52	13.2	23.4	33.5	3.3	70	140	210	7.9	15.8	23.7	1410
05B	8.00	5.00	3.00	2.31	2.36	7.37	7.11	7.11	3.71	3.71	0.08	5.64	4.77	4.90	8.6	14.3	19.9	3.1	50	100	150	4.4	7.8	11.1	820
06B	9.525	6.35	5.72	3.28	3.33	8.52	8.26	8.26	4.32	4.32	0.08	10.24	8.53	8.66	13.5	23.8	34.0	3.3	70	140	210	8.9	16.9	24.9	1290
08A	12.70	7.92	7.85	3.98	4.00	12.33	12.07	10.42	5.29	6.10	0.08	14.38	11.17	11.23	17.8	32.3	46.7	3.9	120	250	370	13.9	27.8	41.7	2480
08B	12.70	8.51	7.75	4.45	4.50	12.07	11.81	10.92	5.66	6.12	0.08	13.92	11.30	11.43	17.0	31.0	44.9	3.9	120	250	370	17.8	31.1	44.5	2480
081	12.70	7.75	3.30	3.66	3.71	10.17	9.91	9.91	5.36	5.36	0.08	—	5.80	5.93	10.2	—	—	1.5	125	—	—	8.0	—	—	—
083	12.70	7.75	4.88	4.09	4.14	10.56	10.30	10.30	5.36	5.36	0.08	—	7.90	8.03	12.9	—	—	1.5	125	—	—	11.6	—	—	—
084	12.70	7.75	4.88	4.09	4.14	11.41	11.15	11.15	5.77	5.77	0.08	—	8.80	8.93	14.8	—	—	1.5	125	—	—	15.6	—	—	—
085	12.70	7.77	6.25	3.60	3.62	10.17	9.91	8.51	4.35	5.03	0.08	—	9.06	9.12	14.0	—	—	2.0	80	—	—	6.7	—	—	1340
10A	15.875	10.16	9.40	5.09	5.12	15.35	15.09	13.02	6.61	7.62	0.10	18.11	13.84	13.89	21.8	39.9	57.9	4.1	200	390	590	21.8	43.6	65.4	3850
10B	15.875	10.16	9.65	5.08	5.13	14.99	14.73	13.72	7.11	7.62	0.10	16.59	13.28	13.41	19.6	36.2	52.8	4.1	200	390	590	22.2	44.5	66.7	3330
12A	19.05	11.91	12.57	5.96	5.98	18.34	18.10	15.62	7.90	9.15	0.10	22.78	17.75	17.81	26.9	49.8	72.6	4.6	280	560	840	31.3	62.6	93.9	5490
12B	19.05	12.07	11.68	5.72	5.77	16.39	16.13	16.13	8.33	8.33	0.10	19.46	15.62	15.75	22.7	42.2	61.7	4.6	280	560	840	28.9	57.8	86.7	3720
16A	25.40	15.88	15.75	7.94	7.96	24.39	24.13	20.83	10.55	12.20	0.13	29.29	22.60	22.66	33.5	62.7	91.9	5.4	500	1000	1490	55.6	111.2	166.8	9550
16B	25.40	15.88	17.02	8.28	8.33	21.34	21.08	21.08	11.15	11.15	0.13	31.88	25.45	25.58	36.1	68.0	99.9	5.4	500	1000	1490	60.0	106.0	160.0	9530
20A	31.75	19.05	18.90	9.54	9.56	30.48	30.17	26.04	13.16	15.24	0.15	35.76	27.45	27.51	41.1	77.0	113.0	6.1	780	1560	2340	87.0	174.0	261.0	14600
20B	31.75	19.05	19.56	10.19	10.24	26.68	26.42	26.42	13.89	13.89	0.15	36.45	29.01	29.14	43.2	79.7	116.1	6.1	780	1560	2340	95.0	170.0	250.0	13500

（续）

链号[①]	节距 p nom	滚子直径 d_1 max	内节内宽 b_1 min	销轴直径 d_2 max	套筒孔径 d_3 min	链条通道高度 h_1 min	内链板高度 h_2 max	外或中链板高度 h_3 max	过渡链节尺寸[②] l_1 min	过渡链节尺寸[②] l_2 min	过渡链节尺寸[②] c	排距 p_t	内节外宽 b_2 max	外节内宽 b_3 min	销轴长度 单排 b_4 max	销轴长度 双排 b_5 max	销轴长度 三排 b_6 max	止锁件附加宽度[③] b_7 max	测量力 单排	测量力 双排	测量力 三排	抗拉强度 F_u 单排 min	抗拉强度 F_u 双排 min	抗拉强度 F_u 三排 min	动载强度[④⑤⑥] 单排 F_d min
	mm																		N			kN			N
24A	38.10	22.23	25.22	11.11	11.14	36.55	36.2	31.24	15.80	18.27	0.18	45.44	35.45	35.51	50.8	96.3	141.7	6.6	1110	2220	3340	125.0	250.0	375.0	20500
24B	38.10	25.40	25.40	14.63	14.68	33.73	33.4	33.40	17.55	17.55	0.18	48.36	37.92	38.05	53.4	101.8	150.2	6.6	1110	2220	3340	160.0	280.0	425.0	19700
28A	44.45	25.40	25.22	12.71	12.74	42.67	42.23	36.45	18.42	21.32	0.20	48.87	37.18	37.24	54.9	103.6	152.4	7.4	1510	3020	4540	170.0	340.0	510.0	27300
28B	44.45	27.94	30.99	15.90	15.95	37.46	37.08	37.08	19.51	19.51	0.20	59.56	46.58	46.71	65.1	124.7	184.3	7.4	1510	3020	4540	200.0	360.0	530.0	27100
32A	50.80	28.58	31.55	14.29	14.31	48.74	48.26	41.68	21.04	24.33	0.20	58.55	45.21	45.26	65.5	124.2	182.9	7.9	2000	4000	6010	223.0	446.0	669.0	34800
32B	50.80	29.21	30.99	17.81	17.86	42.72	42.29	42.29	22.20	22.20	0.20	58.55	45.57	45.70	67.4	126.0	184.5	7.9	2000	4000	6010	250.0	450.0	670.0	29900
36A	57.15	35.71	35.48	17.46	17.49	54.86	54.30	46.86	23.65	27.36	0.20	65.84	50.85	50.90	73.9	140.0	206.0	9.1	2670	5340	8010	281.0	562.0	843.0	44500
40A	63.50	39.68	37.85	19.85	19.87	60.93	60.33	52.07	26.24	30.36	0.20	71.55	54.88	54.94	80.3	151.9	223.5	10.2	3110	6230	9340	347.0	694.0	1041.0	53600
40B	63.50	39.37	38.10	22.89	22.94	53.49	52.96	52.96	27.76	27.76	0.20	72.29	55.75	55.88	82.6	154.9	227.2	10.2	3110	6230	9340	355.0	630.0	950.0	41800
48A	76.20	47.63	47.35	23.81	23.84	73.13	72.39	62.49	31.45	36.40	0.20	87.83	67.81	67.87	95.5	183.4	271.3	10.5	4450	8900	13340	500.0	1000.0	1500.0	73100
48B	76.20	48.26	45.72	29.24	29.29	64.52	63.88	63.88	33.45	33.45	0.20	91.21	70.56	70.69	99.1	190.4	281.6	10.5	4450	8900	13340	560.0	1000.0	1500.0	63600
56B	88.90	53.98	53.34	34.32	34.37	78.64	77.85	77.85	40.61	40.61	0.20	106.60	81.33	81.46	114.6	221.2	327.8	11.7	6090	12190	20000	850.0	1600.0	2240.0	88900
64B	101.60	63.50	60.96	39.40	39.45	91.08	90.17	90.17	47.07	47.07	0.20	119.89	92.02	92.15	130.9	250.8	370.7	13.0	7960	15920	27000	1120.0	2000.0	3000.0	106900
72B	114.30	72.39	68.58	44.48	44.53	104.67	103.63	103.63	53.37	53.37	0.20	136.27	103.81	103.94	147.4	283.7	420.0	14.3	10100	20190	33500	1400.0	2500.0	3750.0	132700

① 重载系列链条详见表 17.2-56。

② 对于高应力使用场合，不推荐使用过渡链节。

③ 止锁件的实际尺寸取决于其类型，但都不应超过规定尺寸，使用者应从制造商处获取详细资料。

④ 动载强度值不适用于过渡链节、连接链节或带有附件的链条。

⑤ 双排链和三排链的动载试验不能用单排链的值按比例套用。

⑥ 动载强度值是基于 5 个链节的试样，不含 36A、40A、40B、48A、48B、56B、64B 和 72B，这些链条是基于 3 个链节的试样。链条最小动载强度的计算方法见 GB/T 1243—2006 附录 C。

⑦ 套筒直径。

表 17. 2-56　ANSI 重载系列链条主要尺寸、测量力、抗拉强度及动载强度

链号①	节距 p nom	滚子直径 d_1 max	内节内宽 b_1 min	销轴直径 d_2 max	套筒孔径 d_3 min	链条通道高度 h_1 min	内链板高度 h_2 max	外或中链板高度 h_3 max	过渡链节尺寸② l_1 min	l_2 min	c	排距 p_t	内节外宽 b_2 max	外节内宽 b_3 min	销轴长度 单排 b_4 max	双排 b_5 max	三排 b_6 max	止锁件附加宽度③ b_7 max	测量力 单排	双排	三排	抗拉强度 F_u 单排 min	双排 min	三排 min	动载强度④⑤⑥ 单排 F_d min
	mm																		N			kN			N
60H	19.05	11.91	12.57	5.96	5.98	18.34	18.10	15.62	7.90	9.15	0.10	26.11	19.43	19.48	30.2	56.3	82.4	4.6	280	560	840	31.3	62.6	93.9	6330
80H	25.40	15.88	15.75	7.94	7.96	24.39	24.13	20.83	10.55	12.20	0.13	32.59	24.28	24.33	37.4	70.0	102.6	5.4	500	1000	1490	55.6	112.2	166.8	10700
100H	31.75	19.05	18.90	9.54	9.56	30.48	30.17	26.04	13.16	15.24	0.15	39.09	29.10	29.16	44.5	83.6	122.7	6.1	780	1560	2340	87.0	174.0	261.0	16000
120H	38.10	22.23	25.22	11.11	11.14	36.55	36.2	31.24	15.80	18.27	0.18	48.87	37.18	37.24	55.0	103.9	152.8	6.6	1110	2220	3340	125.0	250.0	375.0	22200
140H	44.45	25.40	25.22	12.71	12.74	42.67	42.23	36.45	18.42	21.32	0.20	52.20	38.86	38.91	59.0	111.2	163.4	7.4	1510	3020	4540	170.0	340.0	510.0	29200
160H	50.80	28.58	31.55	14.29	14.31	48.74	48.26	41.66	21.04	24.33	0.20	61.90	46.88	46.94	69.4	131.3	193.2	7.9	2000	4000	6010	223.0	446.0	669.0	36900
180H	57.15	35.71	35.48	17.46	17.49	54.86	54.30	46.86	23.65	27.36	0.20	69.16	52.50	52.55	77.3	146.5	215.7	9.1	2670	5340	8010	281.0	562.0	843.0	46900
200H	63.50	39.68	37.85	19.85	19.87	60.93	60.33	52.07	26.24	30.36	0.20	78.31	58.29	58.34	87.1	165.4	243.7	10.2	3110	6230	9340	347.0	694.0	1041.0	58700
240H	76.20	47.63	47.35	23.81	23.84	73.13	72.39	62.49	31.45	36.40	0.20	101.22	74.54	74.60	111.4	212.6	313.8	10.5	4450	8900	13340	500.0	1000.0	1500.0	84400

① 标准系列链条详见表 17. 2-55。
② 对于高应力使用场合，不推荐使用过渡链节。
③ 止锁件的实际尺寸取决于其类型，但都不应超过规定尺寸，使用者应从制造商处获取详细资料。
④ 动载强度值不适用于过渡链节、连接链节或带有附件的链条。
⑤ 双排链和三排链的动载试验不能用单排链的值按比例套用。
⑥ 动载强度值是基于 5 个链节的试样，不含 180H、200H 和 240H，这些链条是基于 3 个链节的试样。链条最小动载强度的计算方法见 GB/T 1243—2006 附录 C。

表 17.2-57 K 型附板的尺寸 (mm)

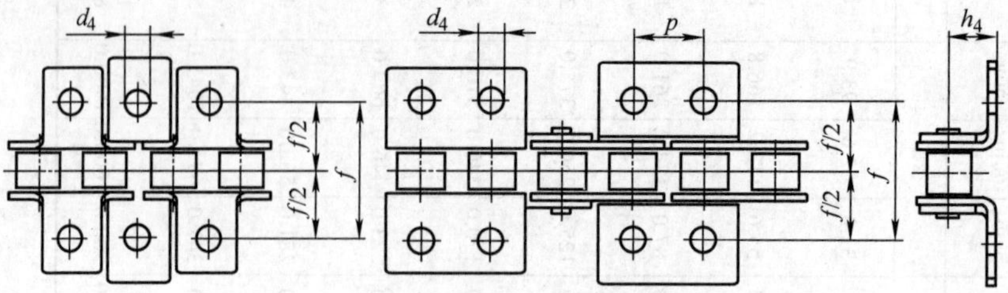

链号	附板平台高 h_4	板孔直径 d_4 min	孔中心间横向距离 f
06C	6.4	2.6	19.0
08A	7.9	3.3	25.4
08B	8.9	4.3	
10A	10.3	5.1	31.8
10B		5.3	
12A	11.9	5.1	38.1
12B	13.5	6.4	
16A	15.9	6.6	50.8
16B		6.4	
20A	19.8	8.2	63.5
20B		8.4	
24A	23.0	9.8	76.2
24B	26.7	10.5	
28A	28.6	11.4	88.9
28B		13.1	
32A 32B	31.8	13.1	101.6
40A	42.9	16.3	127.0

注：1. p 见表 17.2-55。

2. K 型附板既可装在外链节，也可装在内链节。

3. K1 和 K2 型附板可以相同，区别是 K1 型附板中心有一个孔。

4. K2 型附板不能逐节安装。

表 17.2-58 M 型附板的尺寸 (mm)

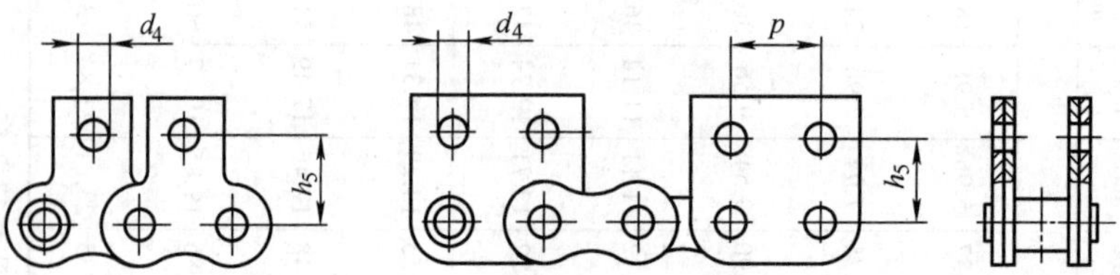

链 号	附板孔与链板中心的距离 h_5	板孔直径 d_4 min
06C	9.5	2.6
08A	12.7	3.3
08B	13.0	4.3

（续）

链　号	附板孔与链板中心的距离 h_5	板孔直径 d_4 min
10A	15.9	5.1
10B	16.5	5.3
12A	18.3	5.1
12B	21.0	6.4
16A	24.6	6.6
16B	23.0	6.4
20A	31.8	8.2
20B	30.5	8.4
24A	36.5	9.8
24B	36.0	10.5
28A	44.4	11.4
32A	50.8	13.1
40A	63.5	16.3

注：1. p 见表 17.2-55。
2. M 型附板既可装在外链节，也可装在内链节。
3. M1 和 M2 型附板可以相同，区别是 M1 型附板中心有一个孔。
4. M2 型附板不推荐逐节安装。

表 17.2-59　加长销轴的尺寸　（mm）

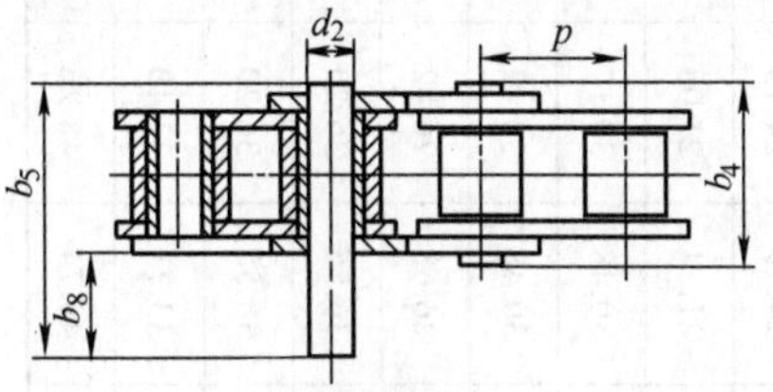

X型加长销轴

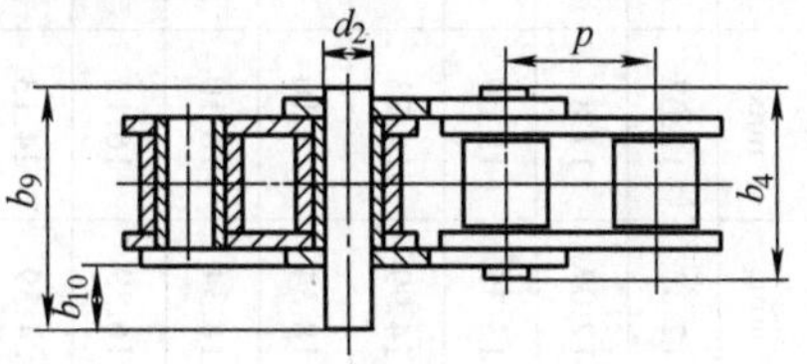

Y型加长销轴

链号	X 型加长销轴		Y 型加长销轴①		X 型和 Y 型销轴直径
	b_8 max	b_5 max	b_{10} max	b_9 max	d_2 max
05B	7.1	14.3	—	—	2.31
06C	12.3	23.4	10.2	21.9	3.60
06B	12.2	23.8	—	—	3.28
08A	16.5	32.3	10.2	26.3	3.98
08B	15.5	31.0	—	—	4.45
10A	20.6	39.9	12.7	32.6	5.09
10B	18.5	36.2	—	—	5.08
12A	25.7	49.8	15.2	40.0	5.96
12B	21.5	42.2	—	—	5.72
16A	32.2	62.7	20.3	51.7	7.94
16B	34.5	68.0	—	—	8.28
20A	39.1	77.0	25.4	63.8	9.54
20B	39.4	79.7	—	—	10.19
24A	48.9	96.3	30.5	78.6	11.11
24B	51.4	101.8	—	—	14.63
28A	—	—	35.6	87.5	12.71
32A	—	—	40.60	102.6	14.29

① Y 型加长销轴可选择使用，通常用在“A”系列链条。

2.4　双节距精密滚子输送链（摘自 GB/T 5269—2008）

2.4.1　链条的结构名称和代号（见图 17.2-3）

根据图 17.2-3 中的尺寸代号查表 17.2-60，可以得到不同链号对应的主要尺寸和抗拉强度。

K 型附板尺寸见表 17.2-61。M1 型附板的尺寸见表 17.2-62。M2 型附板的尺寸见表 17.2-63。X 型加长销轴和 Y 型加长销轴的尺寸见表 17.2-64。

表 17.2-60　输送链条的主要尺寸、测量力和抗拉强度　(mm)

链号[①]	节距 p	小滚子直径 d_1 max	大滚子直径 d_7 max	内链节内宽 b_1 min	销轴直径 d_2 max	套筒内径 d_3 min	链条通道高度 h_1 min	链板高度 h_2 max	过渡链板尺寸[②] l_1 min	内链节外宽 b_2 max	外链节内宽 b_3 min	销轴长度 b_4 max	销轴止锁端加长量[③] b_7 max	测量力 /N	抗拉强度 /kN min
C208A	25.4	7.92	15.88	7.85	3.98	4.00	12.33	12.07	6.9	11.17	11.31	17.8	3.9	120	13.9
C208B	25.4	8.51	15.88	7.75	4.45	4.50	12.07	11.81	6.9	11.30	11.43	17.0	3.9	120	17.8
C210A	31.75	10.16	19.05	9.40	5.09	5.12	15.35	15.09	8.4	13.84	13.97	21.8	4.1	200	21.8
C210B	31.75	10.16	19.05	9.65	5.08	5.13	14.99	14.73	8.4	13.28	13.41	19.6	4.1	200	22.2
C212A	38.1	11.91	22.23	12.57	5.96	5.98	18.34	18.10	9.9	17.75	17.88	26.9	4.6	280	31.3
C212A-H	38.1	11.91	22.23	12.57	5.96	5.98	18.34	18.10	9.9	19.43	19.56	30.2	4.6	280	31.3
C212B	38.1	12.07	22.23	11.68	5.72	5.77	16.39	16.13	9.9	15.62	15.75	22.7	4.6	280	28.9
C216A	50.8	15.88	28.58	15.75	7.94	7.96	24.39	24.13	13	22.60	22.74	33.5	5.4	500	55.6
C216A-H	50.8	15.88	28.58	15.75	7.94	7.96	24.39	24.13	13	24.28	24.41	37.4	5.4	500	55.6
C216B	50.8	15.88	28.58	17.02	8.28	8.33	21.34	21.08	13	25.45	25.58	36.1	5.4	500	60.0
C220A	63.5	19.05	39.67	18.90	9.54	9.56	30.48	30.17	16	27.45	27.59	41.1	6.1	780	87.0
C220A-H	63.5	19.05	39.67	18.90	9.54	9.56	30.48	30.17	16	29.11	29.24	44.5	6.1	780	87.0
C220B	63.5	19.05	39.67	19.56	10.19	10.24	26.68	26.42	16	29.01	29.14	43.2	6.1	780	95.0
C224A	76.2	22.23	44.45	25.22	11.11	11.14	36.55	36.20	19.1	35.45	35.59	50.8	6.6	1110	125.0
C224A-H	76.2	22.23	44.45	25.22	11.11	11.14	36.55	36.20	19.1	37.18	37.31	55.0	6.6	1110	125.0
C224B	76.2	25.4	44.45	25.40	14.63	14.68	33.73	33.40	19.1	37.92	38.05	53.4	6.6	1110	160.0
C232A-H	101.6	28.58	57.15	31.55	14.29	14.31	48.74	48.26	25.2	46.88	47.02	69.4	7.9	2000	222.4

注：带大滚子链条的公称尺寸与表相同，其链板通常是直边的（不是曲边的）。

① 链号是从传动链基本链号派生出来的，前缀加字母 C 表示输送链，字尾加 S 表示小滚子链、L 表示大滚子链、加 H 表示重载链条。

② 重载应用场合不推荐使用过渡链节。

③ 实际尺寸取决于止锁件的形式，但不得超过所给尺寸，详细资料应从链条制造商得到。

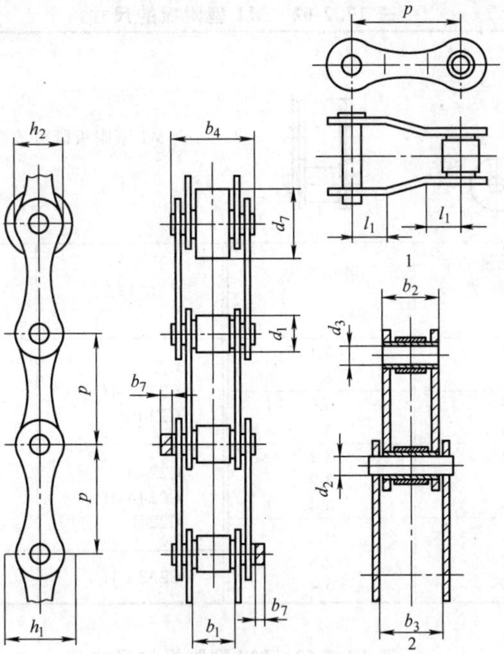

图 17.2-3　链条的结构名称和尺寸代号
1—过渡链节　2—链条剖面图

链条通道高度 h_1 是装配完成的小滚子系列链条所能通过的最小高度带有止锁件的链条全宽为：
铆头销轴、一侧带有止锁件：b_4+b_7　带头部的销轴、一侧带有止锁件：$b_4+1.6b_7$　两侧均带止锁件：b_4+2b_7

表 17.2-61　K 型附板的尺寸　(mm)

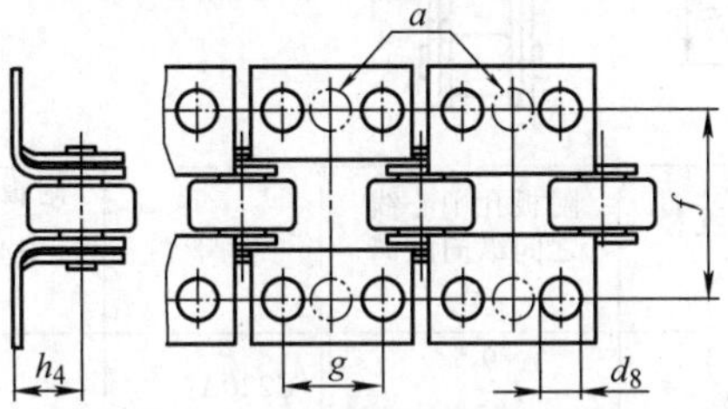

K2 型附板带有两个孔；K1 附板只在中间开一个孔

链　号[①]	附板平台高度 h_4	附板孔中心线之间横向距离 f	最小孔径 d_8	附板孔中心线之间纵向距离 g
C208A	9.1	25.4	3.3	9.5
C208B	9.1	25.4	4.3	12.7
C210A	11.1	31.8	5.1	11.9
C210B	11.1	31.8	5.3	15.9
C212A	14.7	42.9	5.1	14.3
C212A-H	14.7	42.9	5.1	14.3
C212B	14.7	38.1	6.4	19.1
C216A	19.1	55.6	6.6	19.1
C216A-H	19.1	55.6	6.6	19.1
C216B	19.1	50.8	6.4	25.4
C220A	23.4	66.6	8.2	23.8
C220A-H	23.4	66.6	8.2	23.8
C220B	23.4	63.5	8.4	31.8
C224A	27.8	79.3	9.8	28.6
C224A-H	27.8	79.3	9.8	28.6
C224B	27.8	76.2	10.5	38.1
C232A-H	36.5	104.7	13.1	38.1

① 重载链条标以后缀 H。

表 17.2-62 M1 型附板的尺寸 (mm)

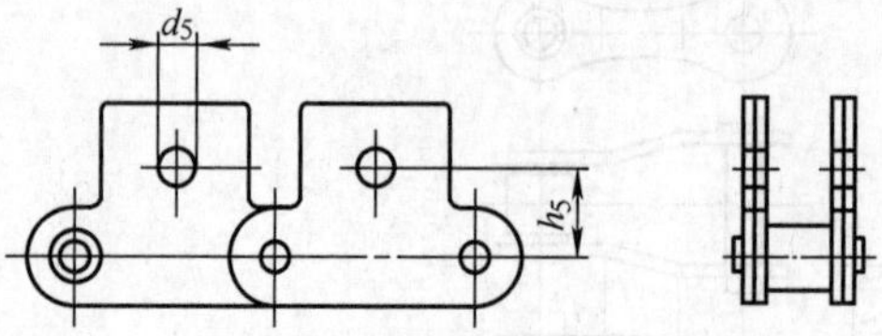

M1 型附板既可放在内链板上,也可放在外链板上

链号①	附板孔至链条中心线高度 h_5	最小孔径 d_5
C208A	11.1	5.1
C208B	13.0	4.3
C210A	14.3	6.6
C210B	16.5	5.3
C212A	17.5	8.2
C212A-H	17.5	8.2
C212B	21.0	6.4
C216A	22.2	9.8
C216A-H	22.2	9.8
C216B	23.0	6.4
C220A	28.6	13.1
C220A-H	28.6	13.1
C220B	30.5	8.4
C224A	33.3	14.7
C224A-H	33.3	14.7
C224B	36.0	10.5
C232A-H	44.5	19.5

① 重载链条标以后缀 H。

表 17.2-63 M2 型附板的尺寸 (mm)

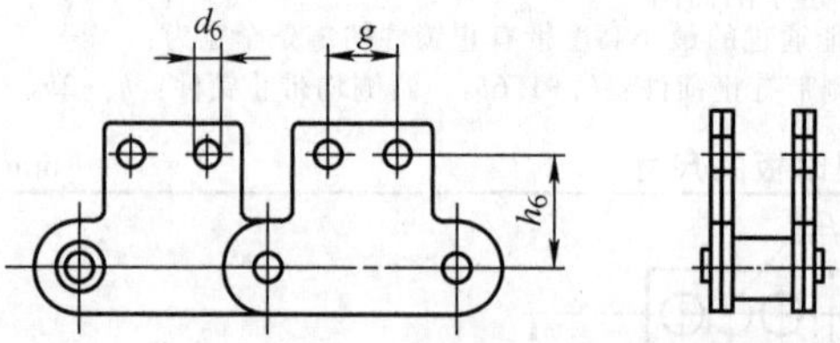

M2 型附板既可放在内链板上,也可放在外链板上

链号①	附板孔至链条中心线高度 h_6	最小孔径 d_6	附板孔中心线之间纵向距离 g
C208A	13.5	3.3	9.5
C208B	13.7	4.3	12.7
C210A	15.9	5.1	11.9
C210B	16.5	5.3	15.9
C212A	19.0	5.1	14.3
C212A-H	19.0	5.1	14.3
C212B	18.5	6.4	19.1
C216A	25.4	6.6	19.1
C216A-H	25.4	6.6	19.1
C216B	27.4	6.4	25.4
C220A	31.8	8.2	23.8
C220A-H	31.8	8.2	23.8
C220B	33.0	8.4	31.8
C224A	37.3	9.8	28.6
C224A-H	37.3	9.8	28.6
C224B	42.7	10.5	38.1
C232A-H	50.8	13.1	38.1

① 重载链条标以后缀 H。

表 17.2-64 X 型加长销轴和 Y 型加长销轴尺寸 (mm)

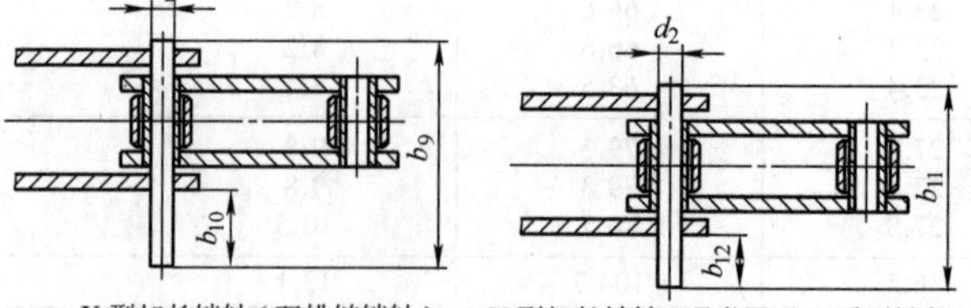

X 型加长销轴(双排链销轴)　Y 型加长销轴(通常用于 A 系列链条)

（续）

链　号①	X 型销轴加长量		Y 型销轴加长量		销轴直径
	b_{10} max	b_9 max	b_{12} max	b_{11} max	d_2 max
C208A	—	—	10.2	26.3	3.98
C208B	15.5	31.0	—	—	4.45
C210A	—	—	12.7	32.6	5.09
C210B	18.5	36.2	—	—	5.08
C212A	—	—	15.2	40.0	5.96
C212A-H	—	—	15.2	43.3	5.96
C212B	21.5	42.2	—	—	5.72
C216A	—	—	20.3	51.7	7.94
C216A-H	—	—	20.3	55.3	7.94
C216B	34.5	68.0	—	—	8.28
C220A	—	—	25.4	63.8	9.54
C220A-H	—	—	25.4	67.2	9.54
C220B	39.4	79.7	—	—	10.19
C224A	—	—	30.5	78.6	11.11
C224A-H	—	—	30.5	82.4	11.11
C224B	51.4	101.8	—	—	14.63
C232A-H	—	—	40.6	106.3	14.29

① 重载链条标以后缀 H。

2.4.2　链轮

链轮的基本参数及尺寸见表 17.2-65。

表 17.2-65　链轮的基本参数及尺寸

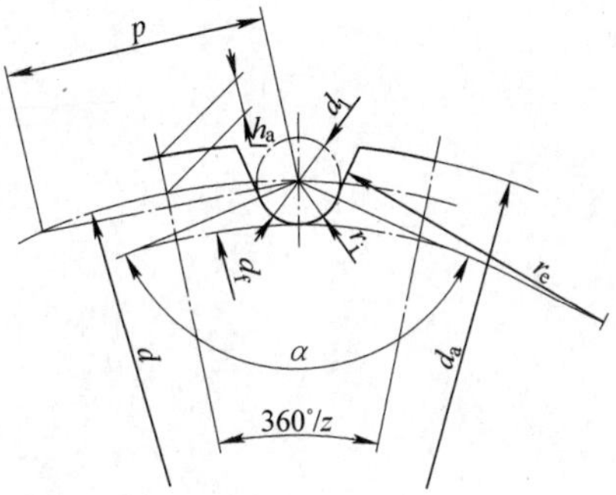

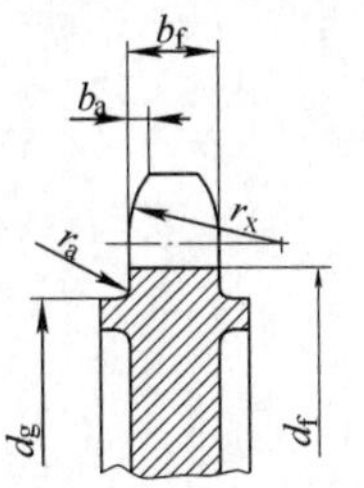

b_a—齿侧倒角宽　b_f—齿宽　d—分度圆直径　d_a—齿顶圆直径　d_f—齿根圆直径　d_g—最大齿侧凸缘直径　d_1—最大滚子直径　h_a—分度圆弦齿高　p—弦节距，等于链条节距　r_a—齿侧凸缘圆角半径　r_e—齿廓圆弧半径　r_i—滚子定位圆弧半径　r_x—齿侧半径　z—有效围链齿数　z_1—双切齿链轮齿数，$z_1=2z$　α—滚子定位角

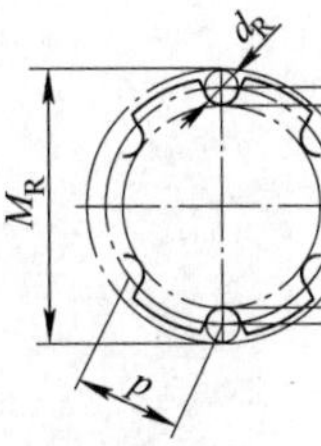

偶数齿

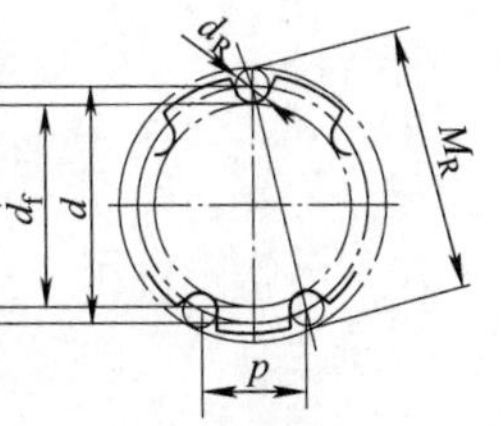

奇数齿

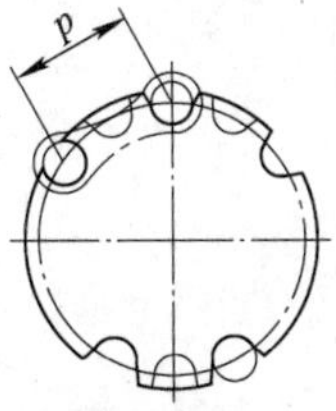

单切齿(实线)和双切齿(点画线)

d_f—齿根圆直径　d_R—量柱直径　M_R—跨柱测量距　p—弦节距，等于链条节距　d—分度圆直径

（续）

分度圆直径 d $d=\dfrac{p}{\sin\dfrac{180^\circ}{z}}$	弦齿高 $h_{\text{amax}}=p\left(0.3125+\dfrac{0.8}{z}\right)-0.5d_1$ $h_{\text{amin}}=p\left(0.25+\dfrac{0.6}{z}\right)-0.5d_1$
量柱直径 d_{R} $d_{\text{R}}=d_1{}^{+0.01}_{\ 0}$ mm	最小齿槽形状 $r_{\text{emax}}=0.12d_1(z+2)$ $r_{\text{imin}}=0.505d_1$ $\alpha_{\text{max}}=140^\circ-\dfrac{90^\circ}{z}$
齿根圆直径 d_{f} $d_{\text{f}}=d-d_1$	
跨柱测量距 对偶数齿链轮：$M_{\text{R}}=d+d_{\text{Rmin}}$ 对奇数齿的单切齿链轮：$M_{\text{R}}=d\cos\dfrac{90^\circ}{z}+d_{\text{Rmin}}$ 对奇数齿的双切齿链轮： $M_{\text{R}}=d\cos\dfrac{90^\circ}{z_1}+d_{\text{Rmin}}$	最大齿槽形状 $r_{\text{emin}}=0.008d_1(z^2+180)$ $r_{\text{imax}}=0.505d_1+0.069\sqrt[3]{d_1}$ $\alpha_{\text{min}}=120^\circ-\dfrac{90^\circ}{z}$ 齿宽 $b_{\text{f}}=0.95b_1$(h14) 齿侧倒角 $b_{\text{anom}}=0.065p$
齿顶圆直径 d_{a} $d_{\text{amax}}=d+0.625p-d_1$ $d_{\text{amin}}=d+p\left(0.5-\dfrac{0.4}{z}\right)-d_1$	齿侧倒角半径 $r_{\text{xnom}}=0.5p$ 最大齿侧凸缘直径 $d_{\text{g}}=p\cot\dfrac{180^\circ}{z}-1.05h_2-1-2r_{\text{a}}$ 式中 h_2—最大链板高度

第3章　操　作　件

各种最常用的操作件有手柄、手轮和把手以及与它们有关的零件，其图形和尺寸详见表 17.3-1～表 17.3-26。

1　手柄（见表 17.3-1～表 17.3-16）

表 17.3-1　手柄（摘自 JB/T 7270.1—2014）　　(mm)

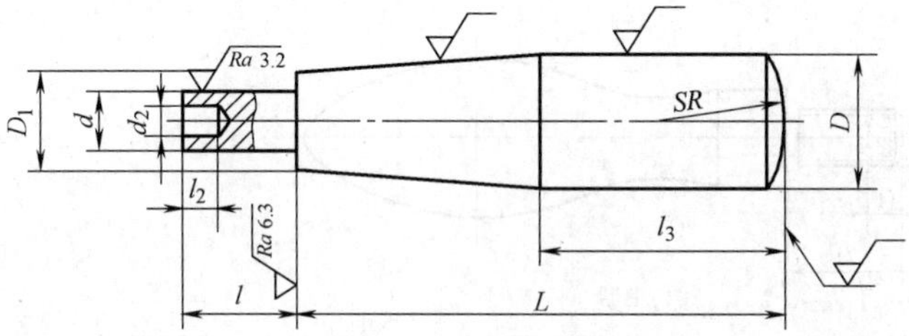

A型

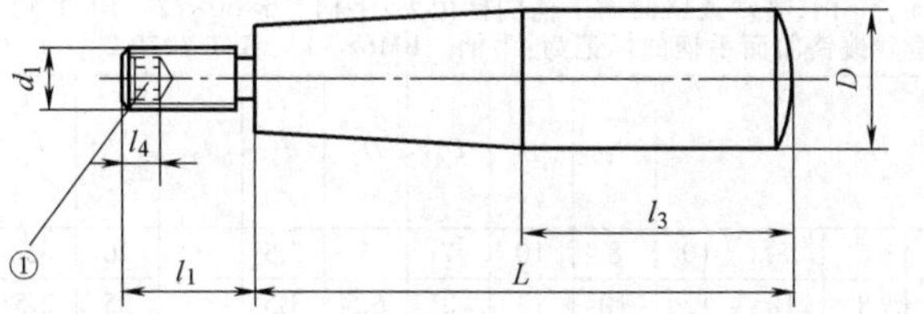

B型

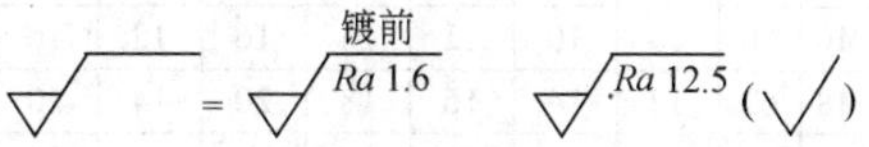

标记示例：

A 型，d=6mm，L=50mm，l=10mm，35 钢，喷砂镀铬手柄的标记为：手柄　6×50×10　JB/T 7270.1

B 型，d_1=M6，L=50mm，35 钢，喷砂镀铬手柄的标记为：手柄　BM6×50　JB/T 7270.1

d 公称尺寸	d 极限偏差 js7	d_1	L	l					l_1	D	D_1	d_2	l_2	l_3 参考	l_4	SR
4	±0.006	M4	32	—	—	6	8	10	8	9	7	2.5	3	16	2	12
5		M5	40			8	10	12	10	11	8	3.5		20	2.5	14
6		M6	50		10	12	14	16	12	13	10	4	4	25	3	16
8	±0.007	M8	63	12	14	16	18	20	14	16	12	5.5		32	4	20
10		M10	80	16	18	20	22	25	16	20	15	7	5	40	5	25
12	±0.009	M12	100	20	22	25	28	32	18	25	18	9	6	50	6	32
16		M16	112	22	25	28	32	36	20	32	22	12	8	56	8	40

注：1. 材料：35 钢、Q235A。如使用其他材料，由供需双方确定。

2. 表面处理：喷砂镀铬（PS/D・Cr），镀铬抛光（D・L_3Cr），氧化（H・Y）。

3. 其他技术要求应符合 JB/T 7277 的规定。

① 经供需双方协商，B 型手柄顶端可不制出内六角。

表 17.3-2　曲面手柄（摘自 JB/T 7270.2—2014）　　（mm）

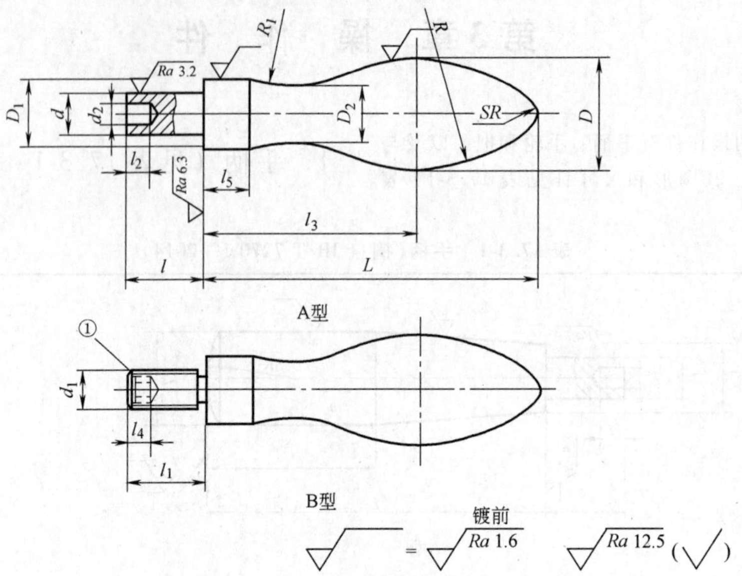

标记示例：
A 型，d=6mm，L=50mm，l=12mm，35 钢，喷砂镀铬曲面手柄的标记为：手柄　6×50×12　JB/T 7270.2
B 型，d_1=M6，L=50mm，35 钢，喷砂镀铬曲面手柄的标记为：手柄　BM6×50　JB/T 7270.2

d 公称尺寸	d 极限偏差 js7	d_1	L	l					l_1	D	D_1	D_2	d_2	l_2	l_3 参考	l_4	l_5 参考	R	R_1	SR
4		M4	32		—	6	8	10	8	10	7	5	2.5	3	20	2	4	20	9.5	2
5	±0.006	M5	40	—		8	10	12	10	13	8	6.5	3.5		25	2.5	5	24	14.5	2.5
6		M6	50		10	12	14	16	12	16	10	8	4	4	32	3	7	28	19	3
8	±0.007	M8	63	12	14	16	18	20	14	20	12	10	5.5		39	4	8	41	21	3
10		M10	80	16	18	20	22	25	16	25	15	13	7	5	49	5	10	50	29	4
12	±0.009	M12	100	20	22	25	28	32	18	32	18	16	9	6	60	6	13	63	40	4.5
16		M16	112	22	25	28	32	36	20	36	22	18	12	8	70	8	14	68	41	7

注：1. 材料：35 钢、Q235A。如使用其他材料，由供需双方确定。
2. 表面处理：喷砂镀铬（PS/D · Cr），镀铬抛光（D · L_3Cr），氧化（H · Y）。
3. 其他技术要求应符合 JB/T 7277 的规定。

① 经供需双方协商，B 型手柄顶端可不制出内六角。

表 17.3-3　转动小手柄（摘自 JB/T 7270.4—2014）　　（mm）

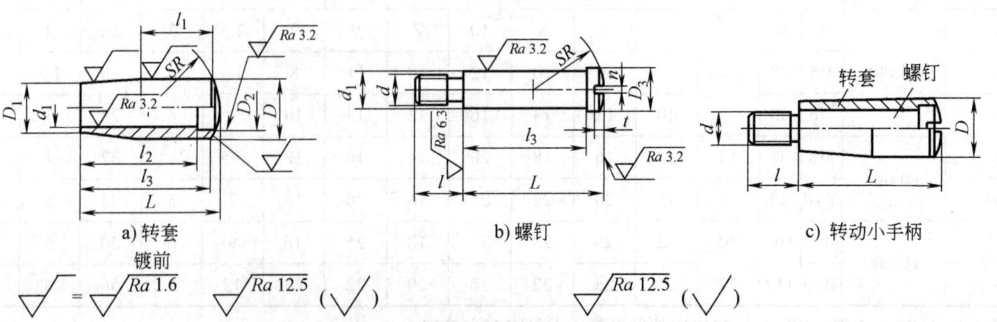

标记示例：
d=M8，L=40mm，35 钢，氧化转动小手柄的标记为：手柄　M8×40　JB/T 7270.4
d=M8，L=40mm，塑料，转动小手柄的标记为：手柄　M8×40-塑　JB/T 7270.4

（续）

d	L	l	D	D_1	D_2	l_1	l_2	l_3	n	t	SR 参考	d_1 公称尺寸	d_1 转套极限偏差	d_1 螺钉极限偏差
M5	25	10	12	10	8	12	20	21	1.2	2	14	6	+0.075 0	−0.030 −0.105
M6	32	12	14	12	10	16	27	28	1.6	2.5	16	8	+0.090 0	−0.040 −0.130
M8	40	14	16	14	12	20	34	35	2	3	20	10		
M10	50	16	20	16	16	25	43	44	2.5	3.5	25	12	+0.110 0	−0.050 −0.160

注：1. 材料：35 钢、Q235A、ZL102、塑料。如使用其他材料，由供需双方确定。

2. 表面处理：转套，钢件氧化（H · Y）、喷砂镀铬（PS/D · Cr）、镀铬抛光（D · L_3Cr）、ZL102 阳极氧化（D · Y）；螺钉，氧化（H · Y）。

3. 其他技术要求应符合 JB/T 7277 的规定。

表 17.3-4　转动手柄（摘自 JB/T 7270.5—2014）　　（mm）

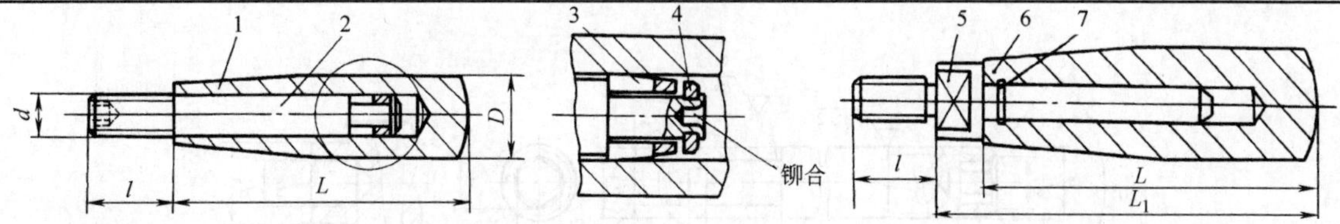

A型　　B型

1、6—手柄套　2—手柄杆　3—弹性套　4—平垫圈　5—手柄杆　7—钢丝挡圈

标记示例：

A 型，d=M6，L=50mm，35 钢，喷砂镀铬转动手柄的标记为：手柄　M6×50　JB/T 7270.5

B 型，d=M6，L=50mm，塑料，转动手柄的标记为：手柄　BM6×50-塑　JB/T 7270.5

主要尺寸					件号	1,6	2,5	3	4	7
					名　称	手柄套 A、B	手柄杆 A、B	弹性套	平垫圈	钢丝挡圈
d	L	L_1	l	D	标准号	—	—	—	GB/T 97.1	GB/T 895.1
M6	50	—	12	16	规格	50	M6	4	2	—
M8	63	71	14	18		63	M8	5	2.5	7
M10	80	90	16	22		80	M10	6	3	8
M12	100	112	18	25		100	M12	8	4	10
M16	112	126	20	32		112	M16	10	6	14

注：1. 材料：手柄套 A、B，35 钢、Q235A、塑料；手柄杆 A、B，35 钢。

2. 表面处理：手柄套 A、B，钢件喷砂镀铬（PS/D · Cr）、镀铬抛光（D · L_3Cr）、氧化（H · Y）；手柄杆 A，氧化（H · Y）；手柄杆 B，d_8 处喷砂镀铬（PS/D · Cr）、镀铬抛光（D · L_3Cr）、氧化（H · Y）。

3. 热处理：弹性套为 42HRC。

4. 其他技术条件应符合 JB/T 7277 的规定。

表 17.3-5　手柄套（摘自 JB/T 7270.5—2014）　　（mm）

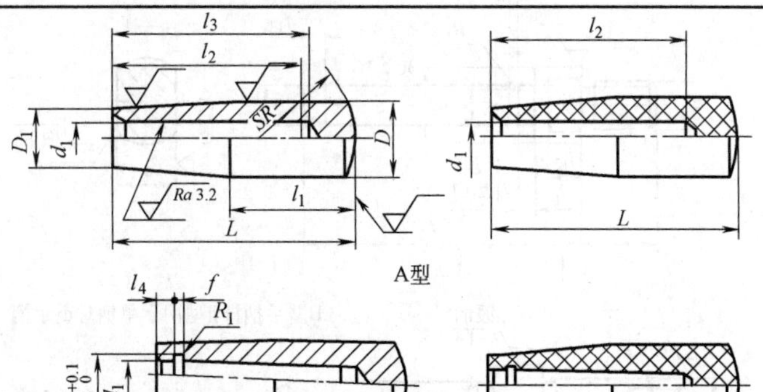

A型

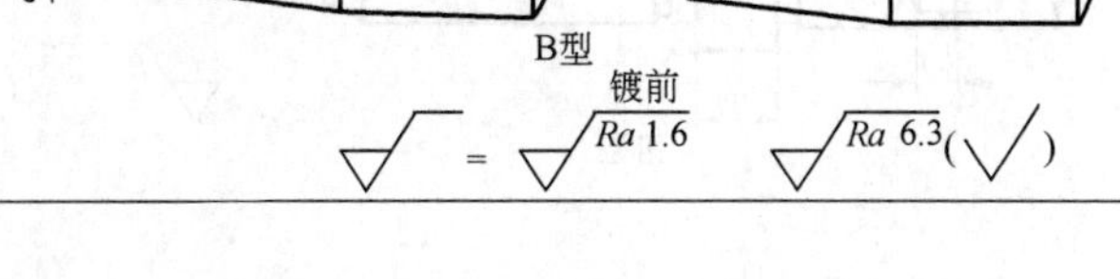

B型

镀前 = $\sqrt{Ra\ 1.6}$　$\sqrt{Ra\ 6.3}$（$\sqrt{}$）

（续）

L	D	D_1	d_1(H11)		d_2	l_1	l_2		l_3		l_4	f	R_1	SR
			A 型	B 型			A 型	B 型	A 型	B 型				参考
50	16	12	$6^{+0.075}_{0}$	—	—	25	40	—	42	—	—	—	—	20
63	18	14	$8^{+0.090}_{0}$	$7^{+0.090}_{0}$	7.4	32	50	45	52	50	3	0.8	0.4	25
80	22	16	$10^{+0.090}_{0}$	$8^{+0.090}_{0}$	8.5	40	60	55	65	60	3.5	0.8	0.4	28
100	25	18	$12^{+0.110}_{0}$	$10^{+0.090}_{0}$	10.5	50	75	65	80	70	4.5	0.8	0.4	32
112	32	22	$16^{+0.110}_{0}$	$14^{+0.110}_{0}$	14.6	60	85	80	90	85	5.5	1	0.5	40

表 17.3-6　A 型手柄杆（摘自 JB/T 7270.5—2014）　（mm）

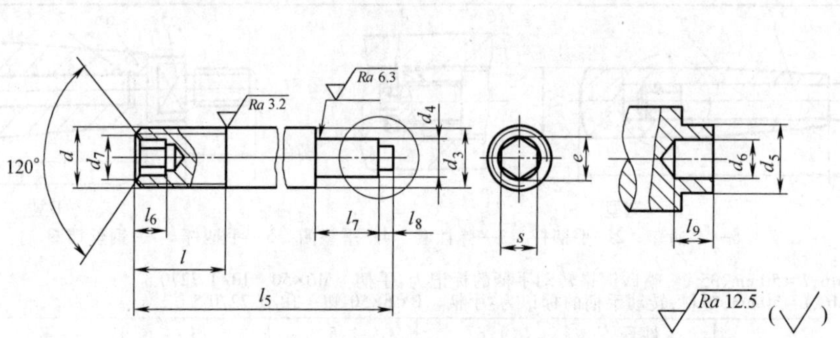

d	l	d_3(d11)	d_4	d_5	d_6	d_7	l_5	l_6	l_7	l_8	l_9	e	s
M6	12	$6^{-0.030}_{-0.105}$	3.5	2	1	4	50	3	7	1.5	1	3.5	3
M8	14	$8^{-0.040}_{-0.130}$	4.5	2.5	1.5	5	60	4	9		1.5	4.6	4
M10	16	$10^{-0.040}_{-0.130}$	5.5	3	2	6.3	70	5	11	2	2	5.8	5
M12	18	$12^{-0.050}_{-0.160}$	7.5	4	2.5	7.5	90	6	13		2.5	6.9	6
M16	20	$16^{-0.050}_{-0.160}$	9.5	6	4.5	9.8	100	8	15	2.5	4.5	9.2	8

表 17.3-7　B 型手柄杆（摘自 JB/T 7270.5—2014）　（mm）

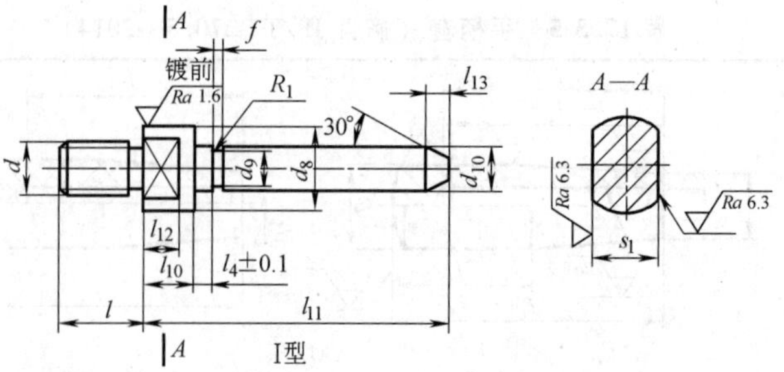

I型

B型手柄杆Ⅱ型用于单柄对重手柄

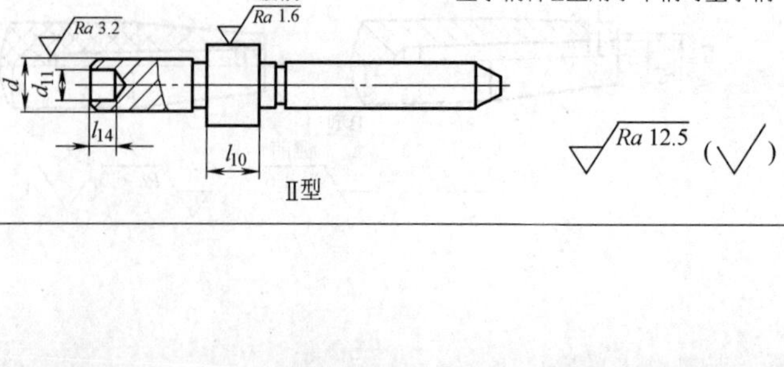

Ⅱ型

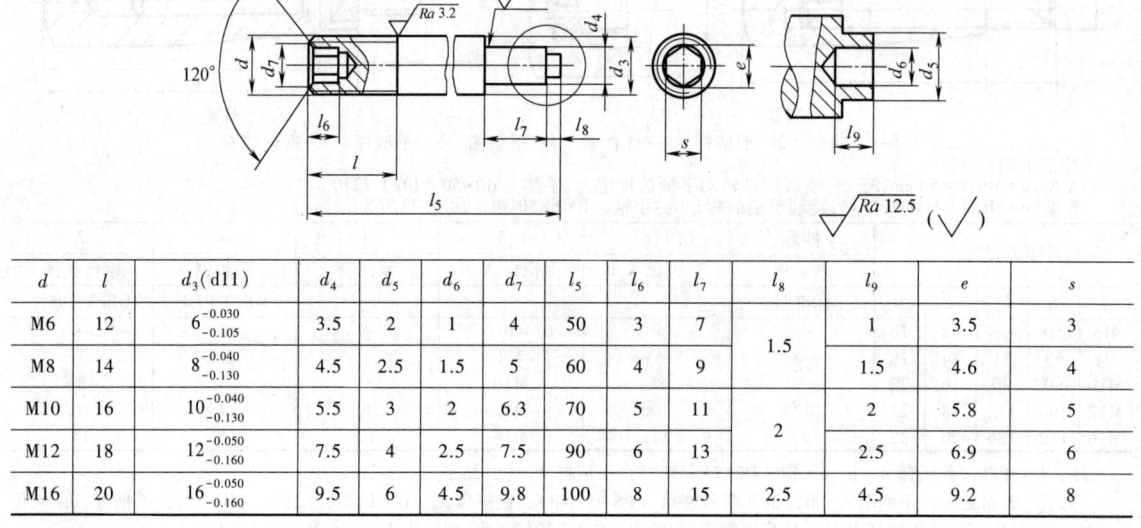

（续）

d(js7)		d_8	d_9	d_{10}(d11)	d_{11}	l		l_4	l_{10}	l_{11}	l_{12}	l_{13}	l_{14}	f	R_1	s_1(h13)
Ⅰ型	Ⅱ型					Ⅰ型	Ⅱ型									
M8	14±0.007	13	5.4	$7^{-0.040}_{-0.130}$	5.5	14	20	3	8	50	6	4	4	0.8	0.4	$10^{\ 0}_{-0.220}$
M10	16±0.007	15	6.4	$8^{-0.040}_{-0.130}$	7	16	25	3.5	10	60	8		5			$13^{\ 0}_{-0.270}$
M12	18±0.009	18	8.4	$10^{-0.040}_{-0.130}$	9	18	32	4.5	12	75	10	5	6	1	0.5	$16^{\ 0}_{-0.270}$
M16	—	21	12	$14^{-0.050}_{-0.160}$	—	20	—	5.5	14	92	12		—			$16^{\ 0}_{-0.270}$

表 17.3-8 弹性套（摘自 JB/T 7270.5—2014） （mm）

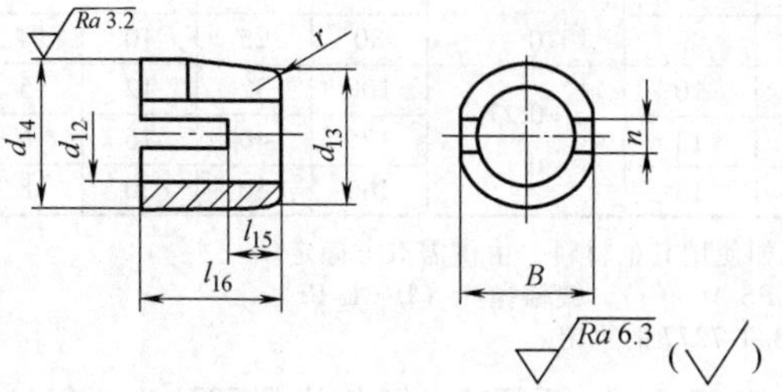

d_{12}	d_{13}	d_{14}(h11)	B	l_{15}	l_{16}	n	r
4	6	$6.20^{\ 0}_{-0.090}$	5.5	2	6	1	0.5
5	8	$8.25^{\ 0}_{-0.090}$	7.5		8		
6	10	$10.25^{\ 0}_{-0.110}$	9.5	3	10	1.2	1
8	12	$12.30^{\ 0}_{-0.110}$	11.5		12		
10	16	$16.30^{\ 0}_{-0.110}$	14.5		14	1.5	

表 17.3-9 球头手柄（摘自 JB/T 7270.8—2014） （mm）

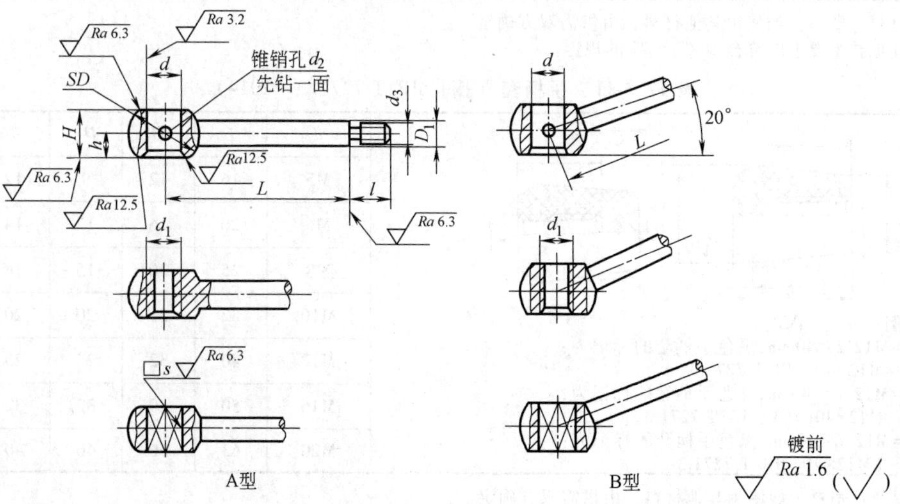

（续）

标记示例：
A 型，d=8mm，L=50mm，35 钢，喷砂镀铬球头手柄的标记为：手柄 8×50 JB/T 7270.8
A 型，d_1=M8，L=50mm，35 钢，喷砂镀铬球头手柄的标记为：手柄 M8×50 JB/T 7270.8
A 型，s=5.5mm，L=50mm，35 钢，喷砂镀铬球头手柄的标记为：手柄 5.5×5.5×50 JB/T 7270.8
B 型，d=8mm，L=50mm，35 钢，喷砂镀铬球头手柄的标记为：手柄 B8×50 JB/T 7270.8
B 型，d_1=M8，L=50mm，35 钢，喷砂镀铬球头手柄的标记为：手柄 BM8×50 JB/T 7270.8
B 型，s=5.5mm，L=50mm，35 钢，喷砂镀铬球头手柄的标记为：手柄 B5.5×5.5×50 JB/T 7270.8

d		d_1	s		L	SD	D_1	d_2	d_3	l	H	h
公称尺寸	极限偏差 H8		公称尺寸	极限偏差 H13								
8	+0.022 0	M8	5.5	+0.18 0	50	16	6	3	M5	8	11	5
10		M10	7	+0.22 0	63	20	8		M6	10	14	6.5
12	+0.027 0	M12	8		80	25	10	4	M8	12	18	8.5
16		M16	10	+0.27 0	100	32	12	5	M10	14	22	10
20	+0.033 0	M20	13		125	40	16	6	M12	16	28	13
25		M24	18		160	50	20	8	M16	20	36	17

注：1. 材料：35 钢、Q235A。如使用其他材料，由供需双方确定。
2. 表面处理：喷砂镀铬（PS/D·Cr），镀铬抛光（D·L_3Cr）。
3. 其他技术要求应符合 JB/T 7277 的规定。

表 17.3-10 手柄球（摘自 JB/T 7271.1—2014） （mm）

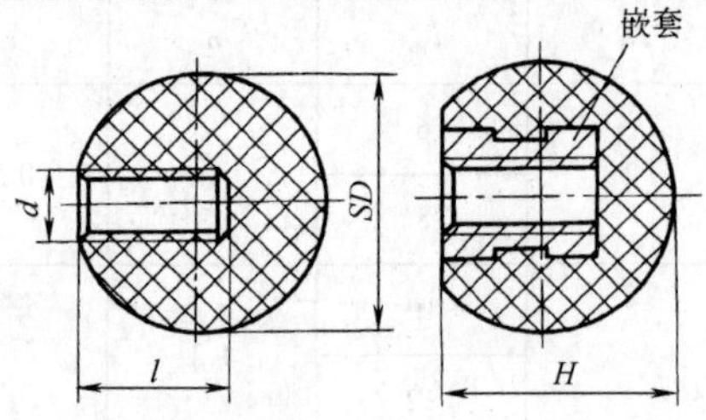

A型 B型

标记示例：
A 型，d=M10，SD=32mm，黑色手柄球的标记为：
手柄球 M10×32 JB/T 7271.1
B 型，d=M10，SD=32mm，红色手柄球的标记为：
手柄球 BM10×32(红) JB/T 7271.1

d	SD	H	l	嵌套（按 JB/T 7275）
M5	16	14	12	BM5×12
M6	20	18	14	BM6×14
M8	25	22.5	16	BM8×16
M10	32	29	20	BM10×20
M12	40	36	25	BM12×25
M16	50	45	32	BM16×32
M20	63	56	40	BM20×36

注：1. 材料：塑料。如使用其他材料，由供需双方确定。
2. 其他技术要求应符合 JB/T 7277 的规定。

表 17.3-11 手柄套（摘自 JB/T 7271.3—2014） （mm）

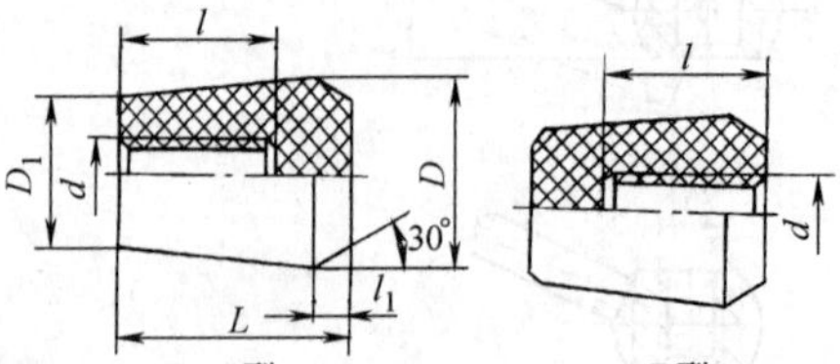

A型 B型

标记示例：
A 型，d=M12，L=40mm，黑色手柄套的标记为：
手柄套 M12×40 JB/T 7271.3
A 型，d=M12，L=40mm，红色手柄套的标记为：
手柄套 M12×40(红) JB/T 7271.3
B 型，d=M12，L=40mm，黑色手柄套的标记为：
手柄套 BM12×40 JB/T 7271.3

d	L	D	D_1	l	l_1
M5	16	12	9	12	3
M6	20	16	12	14	
M8	25	20	15	16	4
M10	32	25	20	20	5
M12	40	32	25	25	6
M16	50	40	32	32	7
M20	63	50	40	40	8

注：1. 材料：塑料。如使用其他材料，由供需双方确定。
2. 其他技术要求应符合 JB/T 7277 的规定。

表 17.3-12　椭圆手柄套（摘自 JB/T 7271.4—2014）　　　　（mm）

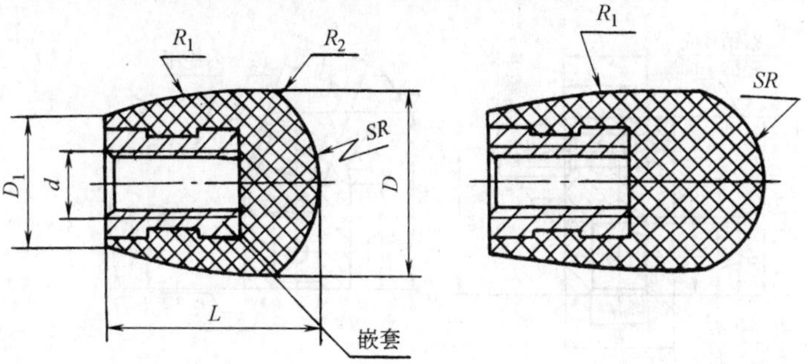

A型　　　　B型

标记示例：　A 型，d=M8，L=25mm，黑色椭圆手柄套的标记为：手柄套　M8×25　JB/T 7271.4

A 型，d=M8，L=25mm，红色椭圆手柄套的标记为：手柄套　M8×25（红）　JB/T 7271.4

B 型，d=M8，L=32mm，黑色椭圆手柄套的标记为：手柄套　BM8×32　JB/T 7271.4

d	L		D	D_1	SR 参考		R_1 参考		R_2 参考	嵌　套（按 JB/T 7275）
	A 型	B 型			A 型	B 型	A 型	B 型		
M5	16	20	12	12	10	7.5	40	60	3	BM5×12
M6	20	25	16	14	12	8.5	45	110	4	BM6×14
M8	25	32	20	16	14	10	50	120	5	BM8×16
M10	32	40	25	20	16	12.5	70	170	6	BM10×20
M12	40	50	32	25	18	16	90	200	8	BM12×25
M16	50	63	40	30	22	20	110	220	12	BM16×32
M20	63	80	50	35	30	24	130	230	16	BM20×36

注：1. 材料：塑料。如使用其他材料，由供需双方确定。

2. 其他技术要求应符合 JB/T 7277 的规定。

表 17.3-13　长手柄套（摘自 JB/T 7271.5—2014）　　　　（mm）

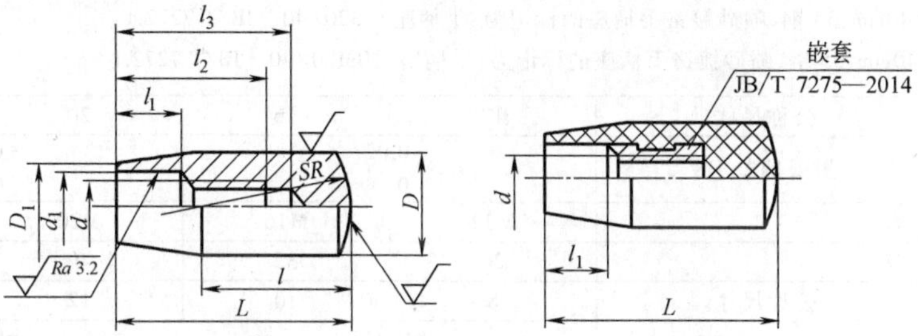

A型　　　　B型

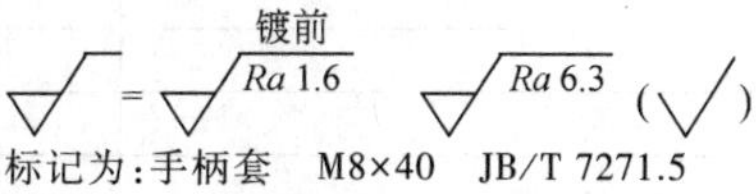

标记示例：　A 型，d=M8，L=40mm，35 钢，喷砂镀铬长手柄套的标记为：手柄套　M8×40　JB/T 7271.5

B 型，d=M8，L=40mm，35 钢，塑料长手柄套的标记为：手柄套　BM8×40　JB/T 7271.5

d	L	D	D_1	d_1	l	l_1	l_2	l_3	SR 参考	嵌　套（按 JB/T 7275）
M5	32	14	10	7	16	8	20	24	16	BM5×12
M6	36	16	12	9	20	10	22	27	20	BM6×14
M8	40	18	14	11	25	12	26	31	25	BM8×16
M10	50	22	16	13	32	14	32	39	28	BM10×20
M12	60	28	22	18	36	18	36	45	36	BM12×25
M16	70	32	26	22	40	22	45	55	40	BM16×32
M20	80	40	32	28	45	28	56	68	50	BM20×36

注：1. 材料：35 钢、Q235A、塑料。如使用其他材料，由供需双方确定。

2. 表面处理：钢件喷砂镀铬（PS/D · Cr），镀铬抛光（D · L_3Cr）。

3. 其他技术要求应符合 JB/T 7277 的规定。

表 17.3-14　手柄座（摘自 JB/T 7272.1—2014）　　(mm)

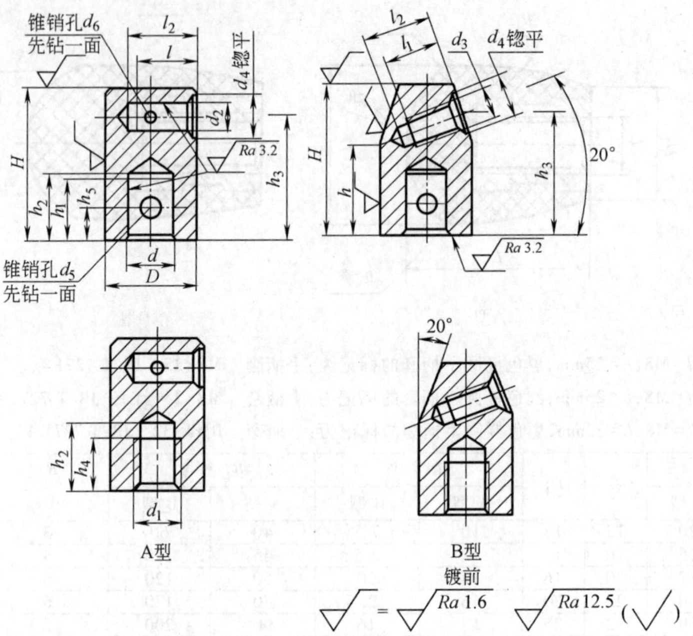

标记示例：

A 型，$d=20$mm，$D=40$mm，35 钢，喷砂镀铬手柄座的标记为：手柄座　20×40　JB/T 7272.1

A 型，$d_1=$M20，$D=40$mm，35 钢，喷砂镀铬手柄座的标记为：手柄座　M20×40　JB/T 7272.1

B 型，$d=20$mm，$D=40$mm，35 钢，喷砂镀铬手柄座的标记为：手柄座　B20×40　JB/T 7272.1

B 型，$d_1=$M20，$D=40$mm，35 钢，喷砂镀铬手柄座的标记为：手柄座　BM20×40　JB/T 7272.1

d	公称尺寸	12	16	20	25
	极限偏差 H8	+0.027 0		+0.033 0	
d_1		M12	M16	M20	M24
D		26	32	40	50
d_2	公称尺寸	8	10	12	16
	极限偏差 H8	+0.022 0		+0.027 0	
H		40	50	63	76
d_3		M8	M10	M12	M16
d_4		11	13	17	21
d_5		5	6		8
d_6		3		4	5
$l;h_1$		16	20	25	32
$l_1;h_4$		14	18	22	28
$l_2;h_2$		19	24	29	36
h		24	32	38	50
h_3		32	40	50	63
h_5		8	10	12	16

注：1. 材料：35 钢、Q235A。如使用其他材料，由供需双方确定。

2. 表面处理：喷砂镀铬（PS/D·Cr），镀铬抛光（D·L_3Cr），氧化（H·Y）。

3. 其他技术要求应符合 JB/T 7277 的规定。

表 17.3-15 圆盘手柄座（摘自 JB/T 7272.3—2014） (mm)

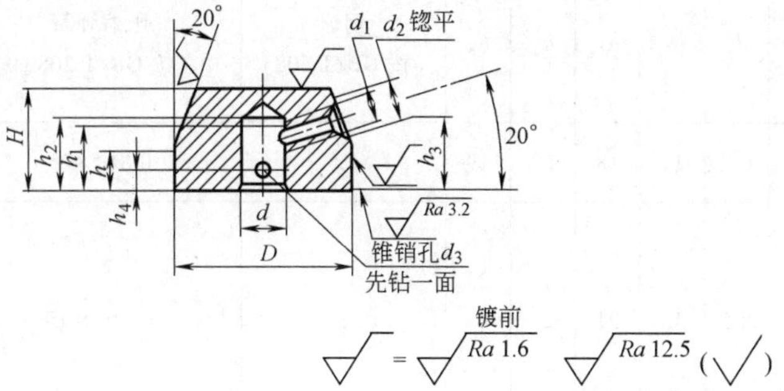

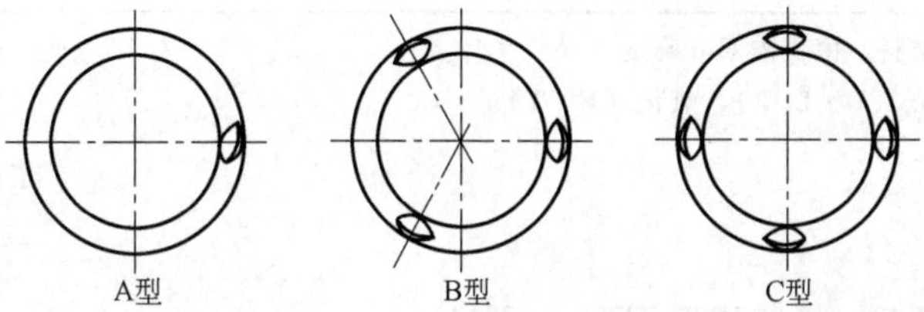

A型 B型 C型

标记示例：

A 型，$d=10$mm，$D=40$mm，HT200，喷砂镀铬圆盘手柄座的标记为：

手柄座 10×40 JB/T 7272.3

B 型，$d=10$mm，$D=40$mm，HT200，喷砂镀铬圆盘手柄座的标记为：

手柄座 B10×40 JB/T 7272.3

C 型，$d=10$mm，$D=40$mm，HT200，喷砂镀铬圆盘手柄座的标记为：

手柄座 C10×40 JB/T 7272.3

d	公称尺寸	10	12	16	18	22
	极限偏差 H8	+0.022 0	+0.027 0			+0.027 0
D		40	50	60	70	80
H		22	26	32		36
d_1		M6	M8	M10		M12
d_2		9	11	13		17
d_3		4	5		6	
h		8	11	13		
h_1		14	18	21		24
h_2		16	20	23		26
h_3		15	19	23		25
h_4		4	6			

注：1. 材料：HT200、35 钢、Q235A。如使用其他材料，由供需双方确定。
2. 表面处理：喷砂镀铬（PS/D · Cr），镀铬抛光（D · L_3Cr），氧化（H · Y）。
3. 其他技术要求应符合 JB/T 7277 的规定。

表 17.3-16 定位手柄座（摘自 JB/T 7272.4—2014） (mm)

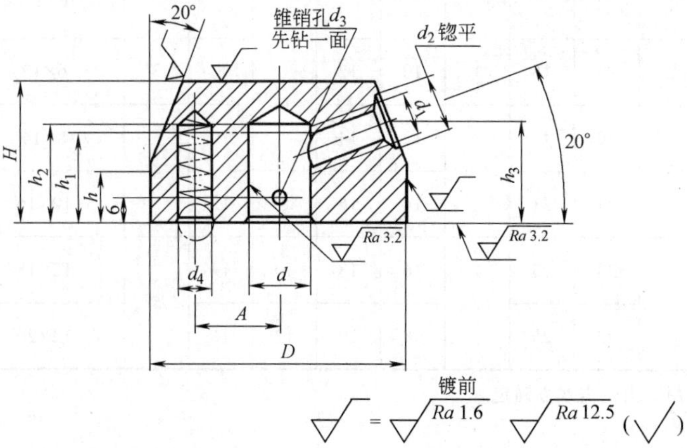

标记示例：

$d=16$mm，$D=60$mm，HT200，喷砂镀铬定位手柄座的标记为：

手柄座 16×60 JB/T 7272.4

（续）

d 公称尺寸	d 极限偏差 H8	D	A	H	d_1	d_2	d_3	d_4	h	h_1	h_2	h_3	钢球（按 GB/T 308）	压缩弹簧（按 GB/T 2089）
12	+0.027 0	50	16	26	M8	11	5	6.7	11	18	20	19	6.5	0.8×5×25
16		60	20	32	M10	13						23		
18	+0.033 0	70	25				6	8.5	13	21	23		8	1.2×7×35
22		80	30	36	M12	17						25		

注：1. 材料：HT200、35 钢、Q235A。如使用其他材料，由供需双方确定。

2. 表面处理：喷砂镀铬（PS/D・Cr），镀铬抛光（D・L_3Cr），氧化（H・Y）。

3. 其他技术要求应符合 JB/T 7277 的规定。

2　手轮（见表 17.3-17～表 17.3-20）

表 17.3-17　小波纹手轮（摘自 JB/T 7273.1—2014）　　（mm）

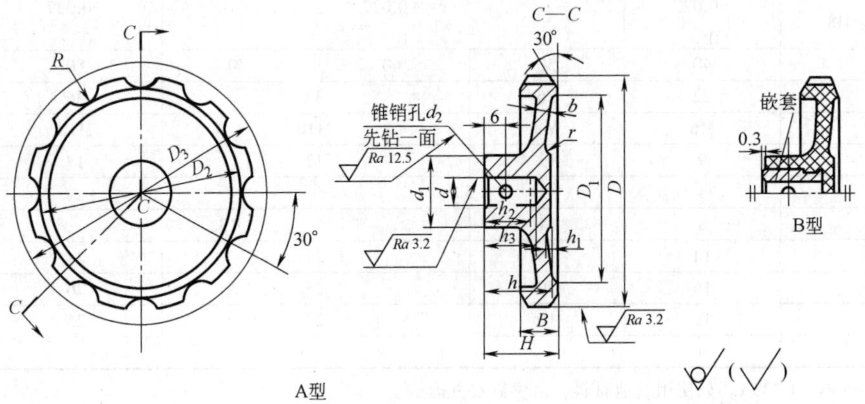

A型

标记示例：

A 型，d = 10mm，D = 80mm，ZL102，阳极氧化小波纹手轮的标记为：

手轮　10×80　JB/T 7273.1

B 型，d = 10mm，D = 80mm，塑料小波纹手轮的标记为：

手轮　B10×80　JB/T 7273.1

d（H8）	D	D_1	D_2	D_3	d_1	d_2	H	h	h_1	h_2	h_3	R	B	b	嵌套（按 JB/T 7275）
$6^{+0.018}_{0}$	50	40	45	58	16	2	16	15	1	10	12	6	8	3	6×12
$8^{+0.022}_{0}$	63	50	55	68	20	3	20	19	1.6	12	14		10	4	8×14
$10^{+0.022}_{0}$	80	63	70	88	22		24	21		14	16	8	12		10×16
$12^{+0.027}_{0}$	100	80	90	112	28	4	28	23	2	16	18	10	14	5	12×18
$12^{+0.027}_{0}$	125	100	112	140	32		32	25		18	20	12	16		12×20

注：1. 材料：ZL102、塑料。如使用其他材料，由供需双方确定。

2. 表面处理：ZL102 为阳极氧化（D・Y）。

3. 其他技术要求应符合 JB/T 7277 的规定。

表 17.3-18　手轮（摘自 JB/T 7273.3—2014）　（mm）

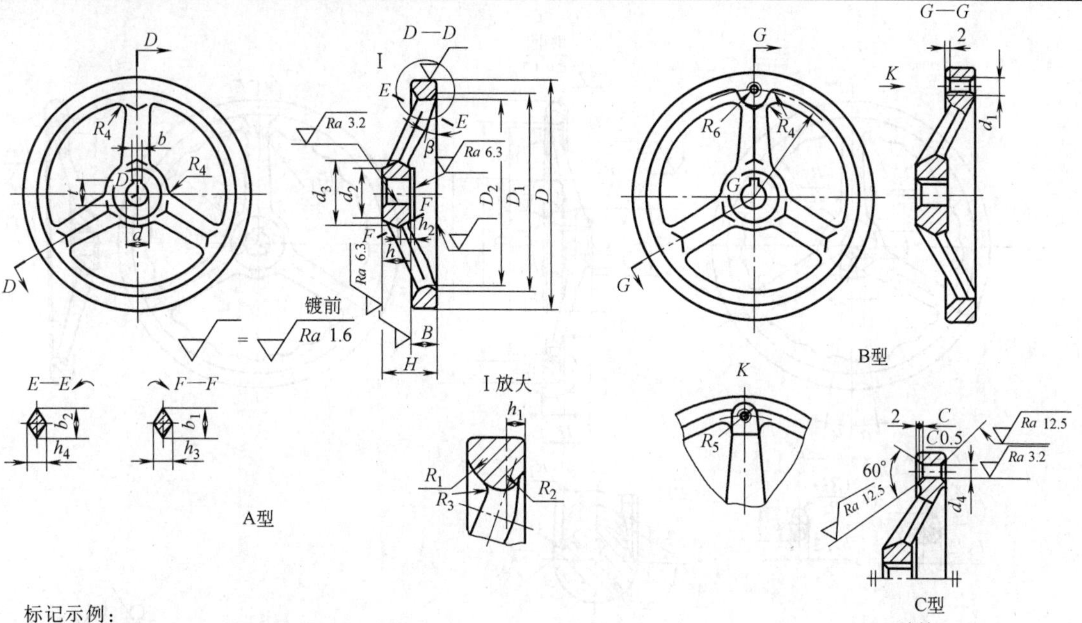

标记示例：

A 型，d = 16mm，D = 160mm，喷砂镀铬手轮的标记为：手轮　16×160　JB/T 7273.3

B 型，d = 16mm，D = 160mm，喷砂镀铬手轮的标记为：手轮　B16×160　JB/T 7273.3

C 型，d = 16mm，D = 160mm，喷砂镀铬手轮的标记为：手轮　C16×160　JB/T 7273.3

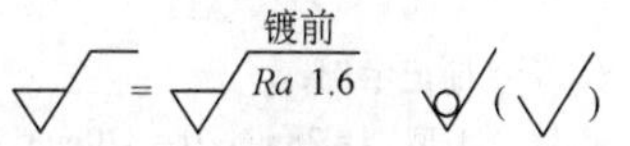

d	公称尺寸	12	14	16	18	22	25	28
	极限偏差 H8	$^{+0.027}_{0}$				$^{+0.033}_{0}$		
D		100	125	160	200	250	320	
D_1		86	107	138	176	222	288	
D_2		76	97	128	164	210	279	
d_1		M6	M8	M10		M12		
d_2		22	28	32	36	45	55	
d_3		30	38	42	48	58	72	
d_4	公称尺寸	6	8	10		12		
	极限偏差 H8	$^{+0.018}_{0}$	$^{+0.022}_{0}$			$^{+0.027}_{0}$		
R		40	52	68	88	110	145	
R_1		9	11	13	14	16	18	
R_2		4			5			
R_3		5		6		8	10	
R_4		3	4	5		6		
R_5		5	6	8		10		
R_6		7	8	10		12		
C		1				1.5		
H		32	36	40	45	50	55	
h	公称尺寸	18		20	25	28	32	
	极限偏差 h13	$^{0}_{-0.270}$		$^{0}_{-0.330}$			$^{0}_{-0.390}$	
h_1		5			6			
h_2		6		7	8	9	10	
h_3		10	11	12	14	18	20	
h_4		9	10	11	12	14	16	
B		14	16	18	20	22	24	
b_1		16	18	22	26	30	35	
b_2		14	16	18	20	24	28	
b(JS9)		4±0.015	5±0.015		6±0.015		8+0.018	
t		$13.8^{+0.1}_{0}$	$16.3^{+0.1}_{0}$	$18.3^{+0.1}_{0}$	$20.8^{+0.1}_{0}$	$24.8^{+0.1}_{0}$	$28.3^{+0.2}_{0}$	$31.3^{+0.2}_{0}$
β		15°		10°			5°	

注：1. 材料：HT200。如使用其他材料，由供需双方确定。

2. 表面处理：喷砂镀铬（PS/D · Cr），镀铬抛光（D · L_3Cr）。

3. 其他技术要求应符合 JB/T 7277 的规定。

表 17.3-19　波纹圆轮缘手轮（摘自 JB/T 7273.6—2014）　（mm）

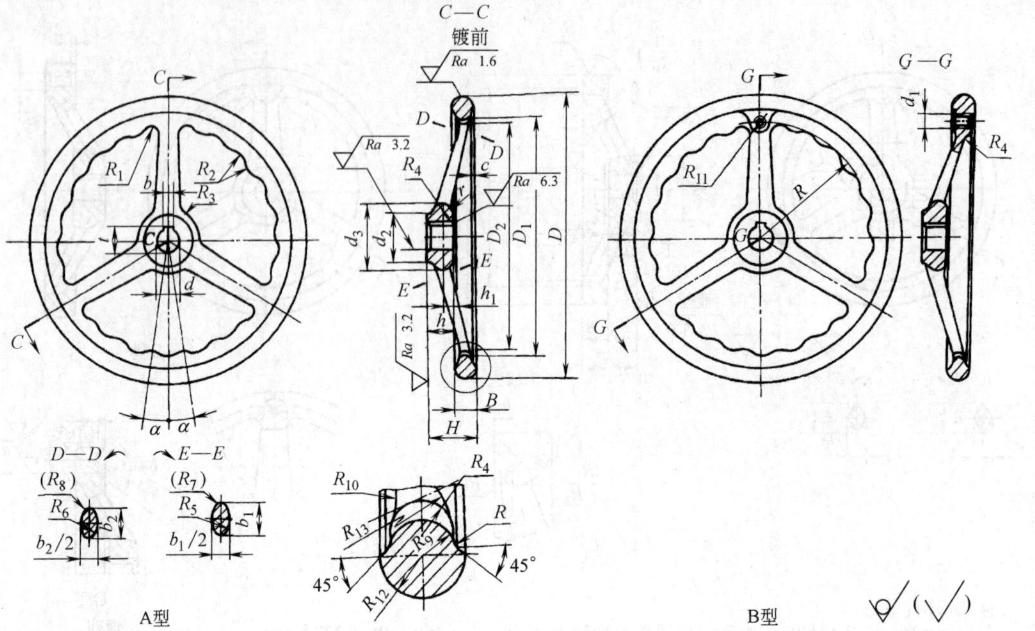

A型　　　　B型

标记示例：

A 型，d=28mm，D=320mm，喷砂镀铬波纹圆轮缘手轮的标记为：手轮　28×320　JB/T 7273.6

B 型，d=28mm，D=320mm，喷砂镀铬波纹圆轮缘手轮的标记为：手轮　B28×160　JB/T 7273.6

d								
公称尺寸	18	22	25	28	32	35	40	45
极限偏差 H8	+0.027 0	+0.033 0			+0.039 0			

D	200	250	320	400	500	630
D_1	168	209	264	336	428	550
D_2	160	200	254	324	414	534
d_1	M10	M12		—	—	—
d_2	36	45	55	65	75	85
d_3	50	61	73	85	97	109
R	80	12		—	—	—
R_1	5.5	4	6	6	7	8
$R_2\approx$	9	13.5	22	16	19	30
R_3	4			5	6	7
R_4	6	7	8	9	10	11
R_5	24	28	32	36	40	44
R_6	20	22	24	28	32	36
$R_7\approx$	4.5	5.3	6	6.8	7.5	8.3
$R_8\approx$	3.7	4.1	4.5	5.3	6	6.8
R_9	9	9.5	10	11	12	13
R_{10}	20	24	32	45	65	75
R_{11}	10	12		—	—	—
R_{12}	10	11	12.5	14	16	18
R_{13}	14	18	—	—	—	—
H	45	50	56	64	72	78
h 公称尺寸	25	28	32	40	45	50
h 极限偏差 h13	0 −0.33			0 −0.39		

（续）

h_1		9	10		11	12		14	16
B		20	22		25	28		32	36
b_1		24	28		32	36		40	44
b_2		20	22		24	28		32	36
b	公称尺寸	6		8		10		12	14
	极限偏差 JS9	±0.015		±0.018				±0.0215	
t	公称尺寸	20.8	24.8	28.3	31.3	35.3	38.3	43.3	48.8
	极限偏差	+0.1 0		+0.2 0					
α		8.5°				12°			
c		1.5				2			
轮辐数		3				5			

注：1. 手柄选用 JB/T 7270.5 规定的相应规格。

2. 其他技术要求应符合 JB/T 7277 的规定。

表 17.3-20　波纹手轮（摘自 JB/T 7273.4—2014）　（mm）

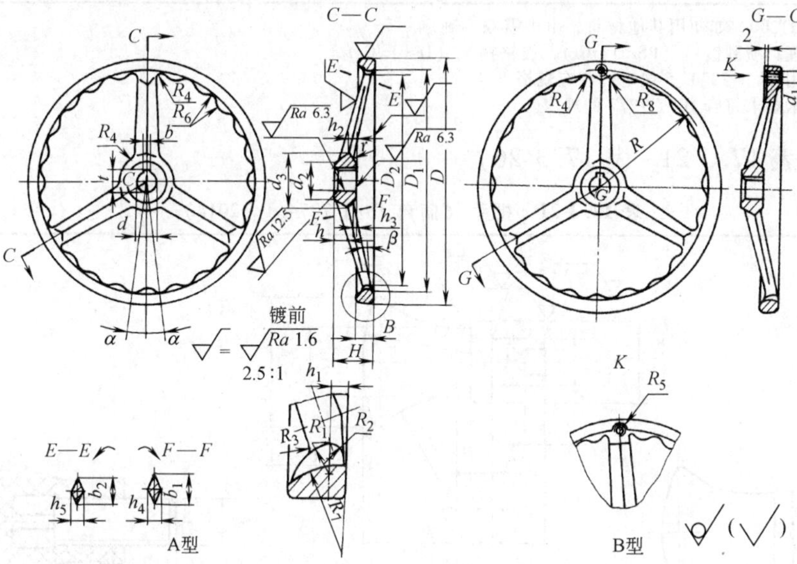

标记示例：

A 型，d=18mm，D=200mm，喷砂镀铬波纹手轮的标记为：手轮　18×200 JB/T 7273.4

B 型，d=18mm，D=200mm，喷砂镀铬波纹手轮的标记为：手轮　B18×200 JB/T 7273.4

d									
公称尺寸	18	22	25	28	32	35	40	45
极限偏差 H8	+0.027 0	+0.033 0			+0.039 0			

D	200	250	320	400	500	630	R_2	5				6	
D_1	176	222	288	364	462	588	R_3	6	8	10	12	16	
D_2	164	210	276	352	448	574	R_4	5	6		8		
d_1	M10	M12		—			R_5	8	10		—		
d_2	36	45	55	65	75	85	$R_6\approx$	16	16.5	16			20
d_3	48	58	72	85	95	105	R_7	30	29	30	30	34	36
R	88	110	145	—	—	—	R_8	10	12		—		
R_1	20	22	23	26	28	32	H	45	50	55	65	70	75

（续）

h	公称尺寸	25	28	32	40	45	50
	极限偏差 h13	\multicolumn{3}{c}{0 −0.33}			\multicolumn{3}{c}{0 −0.39}		
h_1		\multicolumn{4}{c}{6}				\multicolumn{2}{c}{7}	
h_2		8	9	10	12	14	16
h_3		\multicolumn{3}{c}{2}			\multicolumn{2}{c}{3}		5
h_4		14	18	20	22	24	26
h_5		12	14	\multicolumn{2}{c}{16}		18	20
B		20	22	24	26	28	30
b_1		26	30	35	38	42	45
b_2		20	24	28	30	32	35
b(JS9)		\multicolumn{2}{c}{6±0.015}		\multicolumn{2}{c}{8±0.018}		\multicolumn{2}{c}{10±0.018}		12±0.0215	14±0.0215
t		$20.8^{+0.1}_{0}$	$24.8^{+0.1}_{0}$	$28.3^{+0.2}_{0}$	$31.3^{+0.2}_{0}$	$35.3^{+0.2}_{0}$	$38.3^{+0.2}_{0}$	$43.3^{+0.2}_{0}$	$48.8^{+0.2}_{0}$
β		\multicolumn{2}{c}{10°}		\multicolumn{2}{c}{5°}		\multicolumn{2}{c}{—}	
α		12°30′	\multicolumn{2}{c}{10°}		7°30′	6°	5°	4°
轮辐数		\multicolumn{2}{c}{3}		\multicolumn{4}{c}{5}			

注：1. 材料：HT200。如使用其他材料，由供需双方确定。
   2. 表面处理：喷砂镀铬（PS/D·Cr），镀铬抛光（D·L₃Cr）。
   3. 手柄选用 JB/T 7270.5 规定的相应规格。
   4. 其他技术要求符合 JB/T 7277 的规定。

3 把手（见表 17.3-21～表 17.3-26）

表 17.3-21 把手（摘自 JB/T 7274.1—2014） （mm）

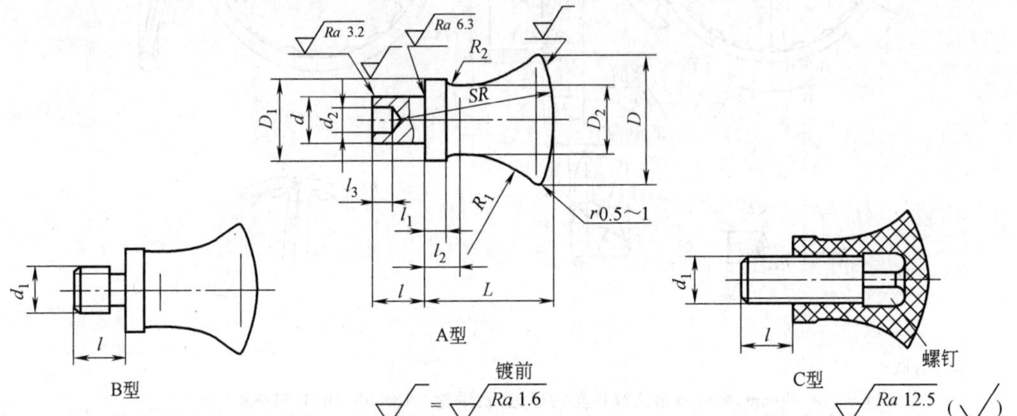

标记示例：A 型，$d=8mm$，$D=25mm$，35 钢，喷砂镀铬把手的标记为：把手 8×25 JB/T 7274.1
B 型，$d_1=M8$，$D=25mm$，35 钢，喷砂镀铬把手的标记为：把手 BM8×25 JB/T 7274.1
C 型，$d_1=M8$，$D=25mm$，塑料把手的标记为：把手 CM8×25 JB/T 7274.1

d(js7)	d_1	D	L	l	D_1	D_2	d_2	l_1	l_2	l_3	SR	R_1	R_2	螺钉 GB/T 821	每件质量≈/kg 钢	每件质量≈/kg 塑料
5±0.006	M5	16	16	6	10	8	3.5	3	5	3	20	12	1	M5×12	0.018	0.001
6±0.006	M6	20	20	8	12	10	4	3	6	4	25	15	1	M6×16	0.025	0.007
8±0.007	M8	25	25	10	16	13	5.5	4	7	4	32	20	1.5	M8×25	0.050	0.015
10±0.007	M10	32	32	12	20	16	7	5	10	5	40	24	2	M10×30	0.100	0.027
12±0.009	M12	40	40	16	25	20	9	6	13	6	50	28	2.5	M12×40	0.200	0.056

注：1. 材料：35 钢、塑料。如使用其他材料，由供需双方确定。
   2. 表面处理：钢件喷砂镀铬（PS/D·Cr），镀铬抛光（D·L₃Cr），氧化（H·Y）。
   3. 其他技术要求应符合 JB/T 7277 的规定。

表 17.3-22　压花把手（摘自 JB/T 7274.2—2014）　（mm）

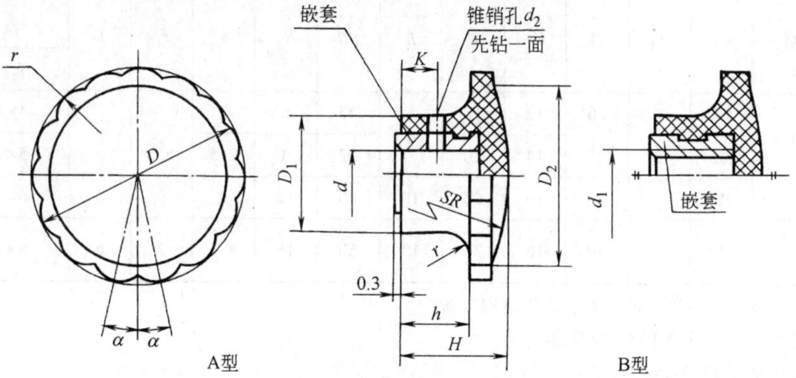

A型　　B型

标记示例：

A 型，d = 10mm，D = 40mm 的压花把手的标记为：把手　10×40　JB/T 7274.2

B 型，d_1 = M10mm，D = 40mm 的压花把手的标记为：把手　M10×40　JB/T 7274.2

d 公称尺寸	d 极限偏差 H8	d_1	D	D_1	d_2	H	D_2	h	SR	r	K	α	嵌套(按 JB/T 7275) A 型	嵌套(按 JB/T 7275) B 型
6	+0.018 0	M6	25	16	2	16	22	10	40	3	5	15°	6×12	BM6×12
8	+0.022 0	M8	32	18	3	18	28	12	50	4	6		8×14	BM8×14
10		M10	40	22		20	35	14	60	5	7	12°	10×16	BM10×16
12	+0.027 0	M12	50	28		25	45	16	80		8	10°	12×20	BM12×20

注：1. 材料：塑料。如使用其他材料，由供需双方确定。

2. 其他技术要求应符合 JB/T 7277 的规定。

3. 嵌套尺寸见表 17.3-25。

表 17.3-23　十字把手（摘自 JB/T 7274.3—2014）　（mm）

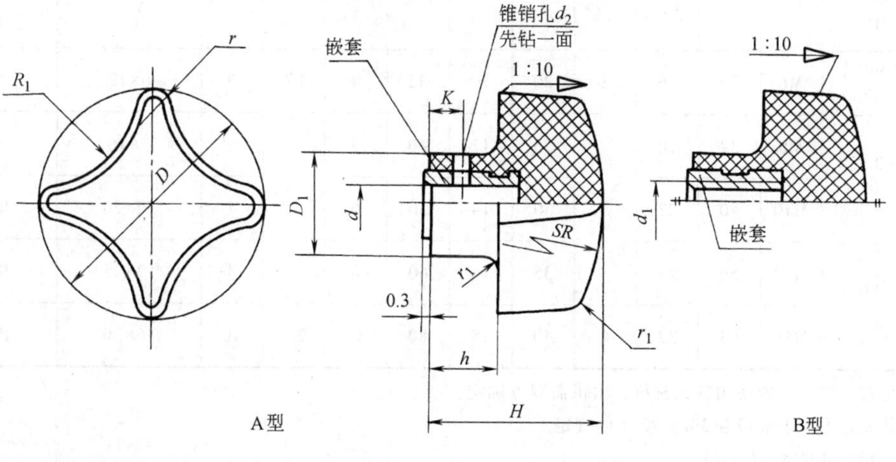

A型　　B型

（续）

d 公称尺寸	d 极限偏差 H8	d_1	d_2	D	D_1	H	h	SR	R_1	r	r_1	K	嵌套（按 JB/T 7275）A 型	嵌套（按 JB/T 7275）B 型
4	+0.018 0	M4	2	20	12	18	8	25	8	2	1.6	4	4×10	BM4×10
5		M5		25	14	20		32	10	2.5			5×10	BM5×10
6		M6		32	16	25	10	40	12	3		5	6×12	BM6×12
8	+0.022 0	M8	3	40	18	30	12	50	16	3.5	2	6	8×16	BM8×16

注：1. 材料：塑料。如使用其他材料，由供需双方确定。

2. 其他技术要求应符合 JB/T 7277 的规定。

3. 嵌套尺寸见表 17.3-25。

表 17.3-24 星形把手（摘自 JB/T 7274.4—2014） （mm）

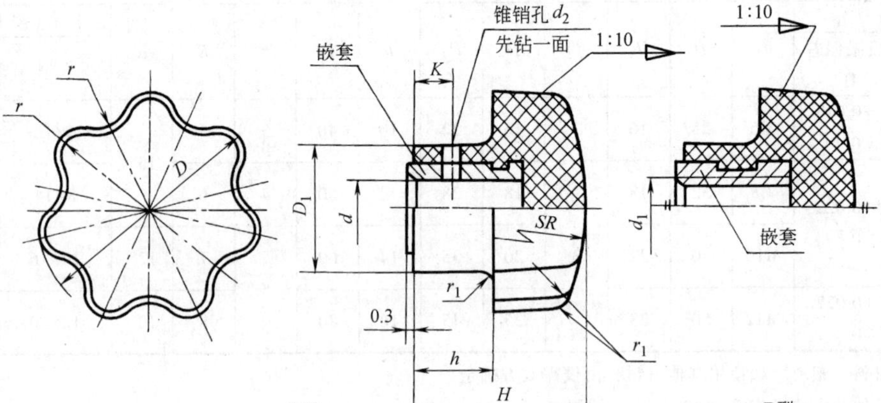

A型 B型

d 公称尺寸	d 极限偏差 H8	d_1	D	D_1	d_2	H	h	SR	r	r_1	K	嵌套(按 JB/T 7275) A 型	嵌套(按 JB/T 7275) B 型
6	+0.018 0	M6	25	16	2	20	10	32	4	1.6	5	6×12	BM6×12
8	+0.022 0	M8	32	18	3	25	12	40	5	2	6	8×16	BM8×16
10		M10	40	22		30	14	50	6		7	10×20	BM10×20
12	+0.027 0	M12	50	28		35	16	60	8		8	12×25	BM12×25
16		M16	63	32	4	40	18	80	10	2.5	10	16×30	BM16×30

注：1. 材料：塑料。如使用其他材料，由供需双方确定。

2. 其他技术要求应符合 JB/T 7277 的规定。

3. 嵌套尺寸见表 17.3-25。

表 17.3-25 嵌套（摘自 JB/T 7275—2014） (mm)

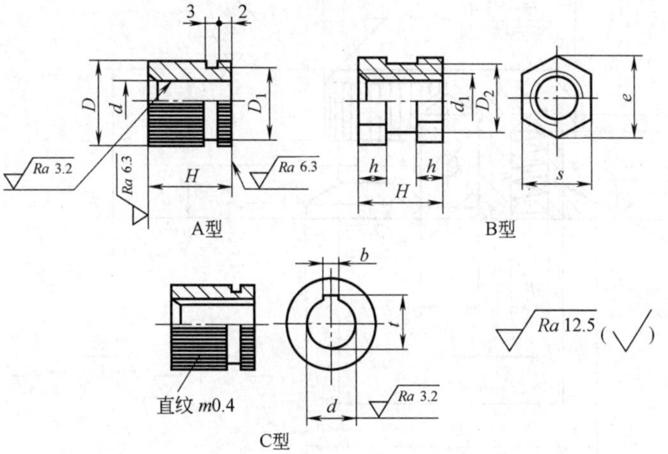

标记示例：

A 型，$d=12$mm，$H=20$mm 的嵌套的标记为：嵌套 12×20 JB/T 7275

B 型，$d_1=$M12，$H=20$mm 的嵌套的标记为：嵌套 BM12×20 JB/T 7275

C 型，$d=12$mm，$H=20$mm 的嵌套的标记为：嵌套 C12×20 JB/T 7275

d	公称尺寸	4	5	6	8	10	12	16	18	—	22	25	28	32
	极限偏差 H8	+0.018 0			+0.022 0		+0.027 0			—	+0.033 0			+0.039 0
d_1		M4	M5	M6	M8	M10	M12	M16	—	M20	—			
D		6	8	10	12	16	20	25	28	—	32	36	40	45
D_1		5	7	9	10	14	18	22	25	—	30	34	38	42
D_2		5.5	7	8	10	14	17	22	—	27	—			
e		6.3	8.1	9.2	11.5	16.2	19.6	25.4	—	31.2	—			
s		5.5	7	8	10	14	17	22	—	27	—			
H	h	有效的嵌套宽度												
10	3	√	√											
12	4		√	√										
14	4.5			√	√									
16	5				√	√								
18	6					√	√							
20	6.5					√	√	√	√	√	√	√	√	√
25	8						√	√	√	√	√	√	√	√
28	9							√	√	√	√	√	√	√
30	10							√	√	√	√	√	√	√
32	11							√	√	√	√	√	√	√
36	12									√	√	√	√	√
b	公称尺寸	—		2		3	4	5	6	—	6	8		10
	极限偏差(JS9)			±0.0125			±0.015					±0.018		
t	公称尺寸	—		7	9	11.4	13.8	18.3	20.8	—	24.8	28.3	31.3	35.3
	极限偏差			+0.1 0								+0.2 0		

注：1. 材料：Q235A。如使用其他材料，由供需双方确定。

2. 其他技术要求应符合 JB/T 7277 的规定。

表 17.3-26　定位把手（摘自 JB/T 7274.5—2014）　（mm）

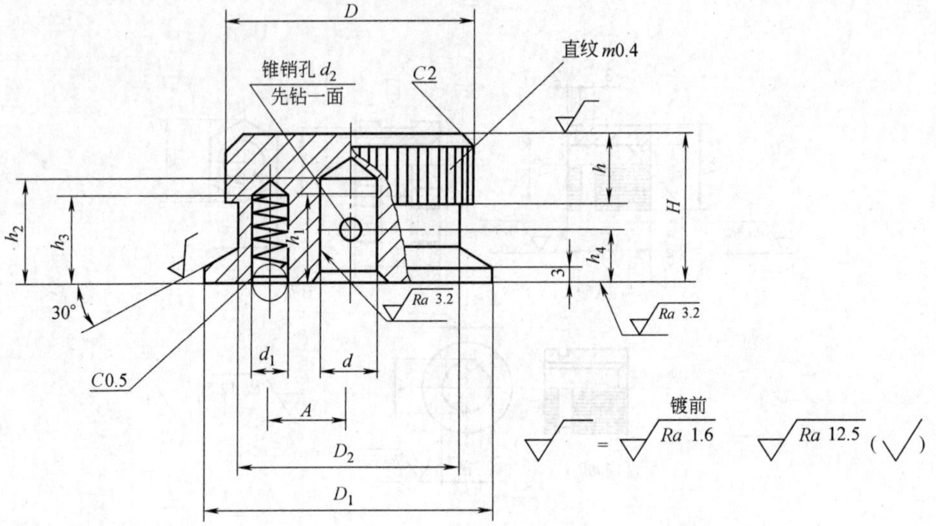

标记示例：

$d=12\text{mm}, D=50\text{mm}$　HT200

喷砂镀铬定位把手的标记为：把手　12×50　JB/T 7274.5

d 公称尺寸	d 极限偏差 H8	D	D_1	D_2	d_1	d_2	H	h	h_1	h_2	h_3	A	h_4	钢球（按 GB/T 308）	压缩弹簧（按 GB/T 2089）
10	+0.022 0	40	48	38	6.7	4	26	12	14	18	18	14	10	6.5	0.8×5×25
12	+0.027 0	50	58	45	6.7	5	30	14	18	20	18	16	11	6.5	0.8×5×25
16	+0.027 0	60	68	55	8.5	5	32	16	21	23	21	20	11	8	1.2×6×35
18	+0.027 0	70	78	65	8.5	6	34	18	21	23	21	25	11	8	1.2×6×35

注：1. 材料：HT 200、35 钢、Q235A。如使用其他材料，由供需双方确定。

2. 表面处理：喷砂镀铬（PS/D·Cr），镀铬抛光（D·L_3Cr），氧化（H·Y）。

3. 其他技术要求应符合 JB/T 7277 的规定。

4　操作件技术要求

4.1　材料

操作件所用的 35 钢和 Q235A 应分别符合 GB/T 699—2015《优质碳素结构钢》和 GB/T 700—2006《碳素结构钢》的规定，铸铝 ZL102 应符合 GB/T 1173—2013《铸造铝合金》的规定，铸铁 HT200 应符合 GB/T 9439—2010《灰铸铁件》标准的规定，塑料应根据使用要求选用，推荐采用增强树脂。

4.2　表面质量

操作件表面必须光滑、色泽均匀，镀层表面结晶细致，不准有泛点、脱壳、发花及烧黑等缺陷。非电镀表面不准有明显的发黄。镀铬抛光件表面应光亮，喷砂、镀铬件表面不允许有明显的色泽不一致。铸件不允许有裂纹、气孔、砂眼、疏松和夹杂等缺陷。塑料件不允许有夹生、夹杂、起泡、变形、流痕和裂缝等缺陷。

4.3　尺寸和几何公差

1）产品的尺寸公差应符合产品标准的规定，几何公差是对金属件的要求，塑料件的几何公差由制造厂控制。

2）手柄支承面对装配轴、孔的轴线垂直度公差见表 17.3-27。

3）对重手柄孔 d 对 SD 和 SD_1 的中心连线的垂直度公差和对重手柄孔 d_3 对孔 d 轴线的平行度公差见表 17.3-28。

4）手柄座下平面的平面度公差及下平面对孔轴线的垂直度公差见表 17.3-29。

5）手轮轮缘端面及外径对孔 d 轴线的圆跳动公差和手轮 D_1 对 D，d_2 对 d 的同轴度公差见表 17.3-30。

表 17.3-27　手柄垂直度公差　(mm)

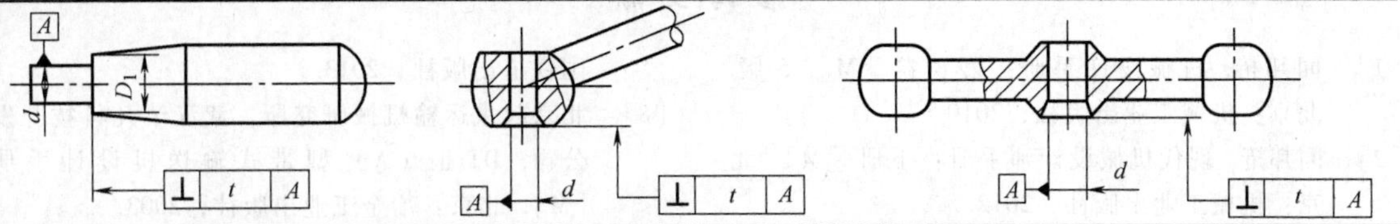

d	4	5	6	8	10	12	14	16	18	20	25
t	0.100			0.120			0.150			0.200	

表 17.3-28　对重手柄的垂直度公差和平行度公差　(mm)

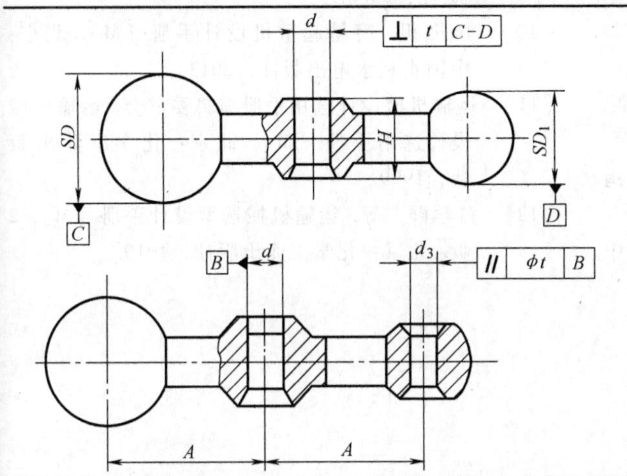

d	6	8	10
t	0.080	0.100	
φt	0.120	0.150	

d	12	14	16	18
t	0.120			0.150
φt	0.200	0.250		

表 17.3-29　手柄座平面度公差及垂直度公差　(mm)

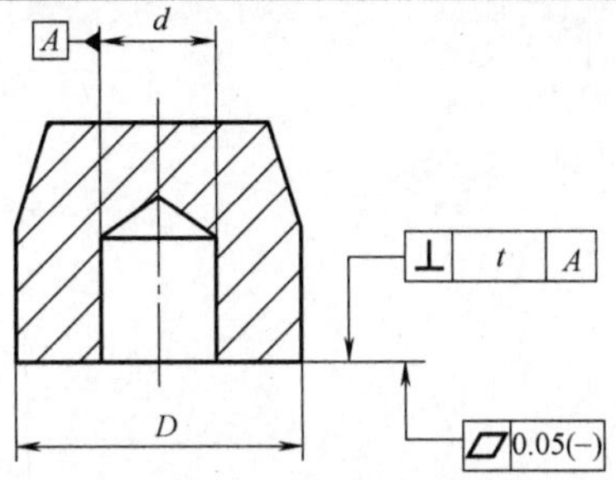

D	>10~16	>16~25	>25~40	>40~63	>63~100
t	0.100	0.120	0.150	0.200	0.250

表 17.3-30　手轮圆跳动公差和同轴度公差　(mm)

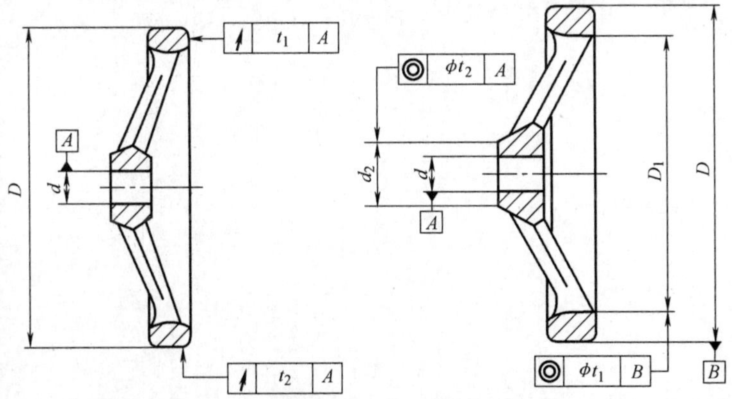

D	≤160	200~320	400~630
t_1	0.400	0.500	0.600
t_2	0.200	0.300	0.400
φ t_1	2.0	4.0	6.0
d	≤16	18~28	32~45
φ t_2	2.0	3.0	4.0

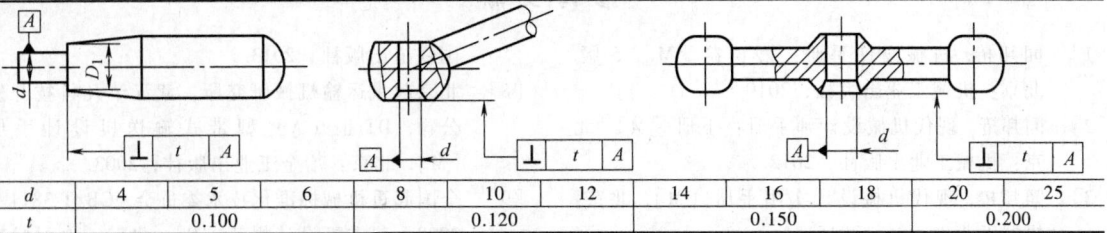

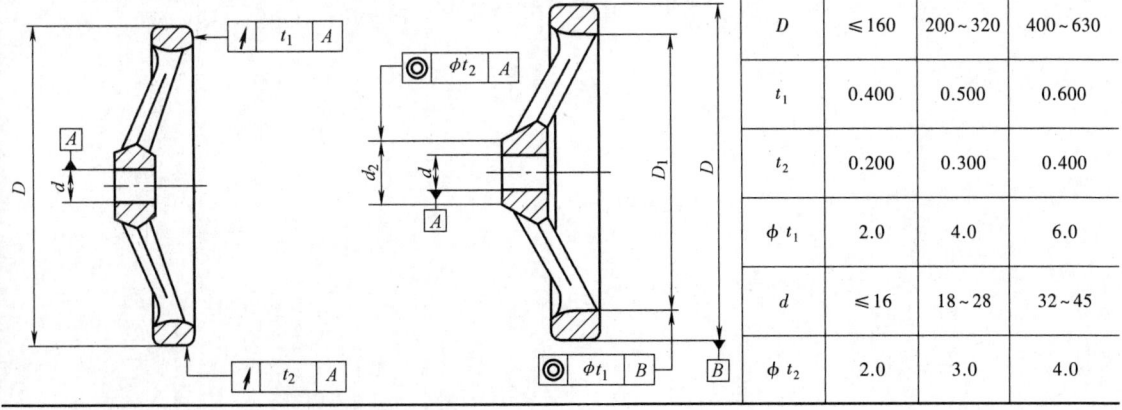

参 考 文 献

[1] 闻邦椿. 机械设计手册：第 3 卷 [M]. 5 版. 北京：机械工业出版社，2010.
[2] 闻邦椿. 现代机械设计师手册：下册 [M]. 北京：机械工业出版社，2012.
[3] 闻邦椿. 现代机械设计实用手册 [M]. 北京：机械工业出版社，2015.
[4] 机械设计手册编辑委员会. 机械设计手册：第 2 卷 [M]. 新版. 北京：机械工业出版社，2004.
[5] 成大先. 机械设计手册：第 2 卷 [M]. 6 版. 北京：化学工业出版社，2016.
[6] 王启义. 中国机械设计大典：第 3 卷 [M]. 南昌：江西科学技术出版社，2002.
[7] 张质文，等. 起重机设计手册 [M]. 北京：中国铁道出版社，2013.
[8] 北京起重运输机械研究所，武汉芊凡科技开发公司. DT Ⅱ (A) 型带式输送机设计手册 [M]. 北京：冶金工业出版社，2003.
[9] 全国起重机械标准化技术委员会. GB/T 3811—2008 起重机设计规范 [S]. 北京：中国标准出版社，2008.
[10] 陈熙祖. 简易起重机设计手册 [M]. 北京：中国水利水电出版社，2013.
[11] 运输机械设计选用手册编辑委员会. 运输机械设计选用手册 [M]. 北京：化学工业出版社，1999.
[12] 黄学群，等. 运输机械选型设计手册 [M]. 2 版. 北京：化学工业出版社，2010.

第 18 篇　机架、箱体与导轨

主　编　张耀满　吴自通
编写人　张耀满　吴自通
审稿人　原所先

第5版
机架与箱体

主　编　吴自通
编写人　吴自通
审稿人　鄂中凯

第 1 章　机架设计概述

1　机架设计一般要求

1.1　定义及分类

在机器（或仪器）中支承或容纳零部件的零件称之为机架。故机架是底座、机体、床身、车架、桥架（起重机）、壳体、箱体以及基础平台等零件的统称。

机架的分类如下（对照图 18.1-1）：

- 机架分类
  - 按结构形状分类
    - 梁（柱）式机架：如大多数金属切削机床的床身、立柱及横梁等
    - 框架式机架
      - 闭框式机架：如轧钢机机架、锻压机机身、桥式起重机桥架及汽车车架（卧式闭框）等
      - 开框式（C 形）机架：如开式压力机机身等
    - 平板式机架：如水压机的基础平台、机器的底座及金属切削机床的工作台等
    - 箱壳式机架：如齿轮传动箱箱体、泵体及动力机械的机身（如柴油机机体）等
  - 按制造方法和机架材料分类
    - 金属机架
      - 金属铸造机架
      - 金属焊接机架
    - 非金属机架
      - 塑料机架
      - 花岗石机架
      - 混凝土机架

1.2　一般要求和设计步骤

1.2.1　机架设计准则

机架的设计主要应保证刚度、强度及稳定性。

1）刚度。评定大多数机架工作能力的主要准则是刚度。在机床中，床身的刚度决定着机床生产率和产品精度；在齿轮减速器中，箱体的刚度决定了齿轮的啮合情况和它的工作性能；薄板轧机的机架刚度直接影响钢板的质量和精度。

2）强度。强度是评定重载机架工作性能的基本准则。机架的强度应根据机器在运转过程中可能发生的最大载荷，或安全装置所能传递的最大载荷来校核其静强度。此外，还要校核其疲劳强度。

机架的强度和刚度都需要从静态和动态两方面来考虑。动刚度是衡量机架抗振能力的指标，而提高机架抗振性能应从提高机架构件的静刚度、控制固有频率、加大阻尼等方面着手。提高静刚度和控制固有频率的途径有：合理设计机架构件的截面形状和尺寸，合理选择壁厚及布肋，注意机架的整体刚度与局部刚度的匹配以及结合面刚度等。

3）稳定性。机架受压结构及受压、弯结构都存在失稳问题。有些构件制成薄壁腹式也存在局部失稳问题。稳定性是保证机架正常工作的基本条件，必须加以校核。

此外，对于机床、仪器等精密机械还应考虑热变形。热变形将直接影响机架原有精度，从而使产品精度下降。例如，卧轴矩形工作台平面磨床，如果立柱前壁的温度高于后壁，则会使立柱后倾，其结果是加工出的零件工作表面与安装基面不平行；有导轨的机架，由于导轨面与底面存在温差，在垂直平面内导轨将产生中凸或中凹热变形。因此，机架结构设计时应使热变形尽量小。

1.2.2　机架设计的一般要求

1）在满足强度和刚度的前提下，机架应满足重量轻、成本低的条件。

2）抗振性好，把受迫振动振幅限制在允许范围内。

3）噪声小。

4）温度场分布合理，热变形对精度的影响小。

5）结构设计合理，工艺性良好，便于铸造、焊接和机械加工。

6）结构力求便于安装与调整，方便修理和更换零部件。

7）有导轨的机架要求导轨面受力合理、耐磨性良好。

8）造型好，既经济适用，又美观大方。

1.2.3　设计步骤

1)初步确定机架的形状和尺寸。机架的结构形

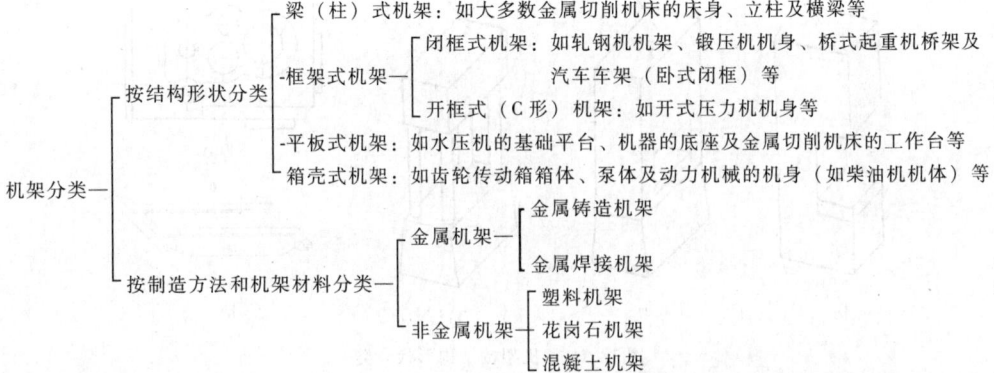

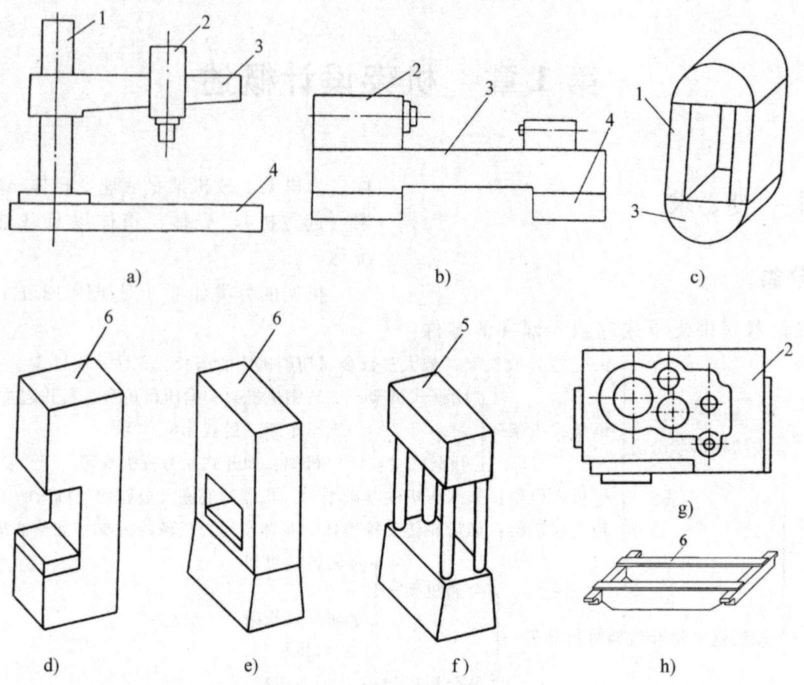

图 18.1-1 机架按结构形状分类

a）摇臂钻床 b）车床 c）预应力钢丝缠绕机架 d）开式锻压机机身 e）闭式锻压机机身 f）柱式压力机机身 g）机械传动箱体 h）桥式起重机桥架 1、3、5—梁（柱）式机架 2—箱壳式机架 4—平板式机架 6—框架式机架

状和尺寸，取决于安装在它内部与外部的零件和部件的形状与尺寸、配置情况、安装与拆卸等要求。同时也取决于工艺、所承受的载荷及运动等情况。综合上述情况，利用经验公式或有关资料提供的经验数据，同时结合设计人员的经验，并参考现有同类型机架，初步拟定出机架的结构形状和尺寸。

2）常规计算。常规计算是利用材料力学、弹性力学等固体力学理论和计算公式，对机架进行强度、刚度和稳定性等方面的校核，并修改设计，以满足设计要求。

常规计算方法比较方便直观，适用于一般用途的机架。对于重要的机架或结构复杂、受力复杂的机架，可不进行常规计算，直接按第 3）步骤进行计算。

3）有限元静动态分析、模型试验（或实物试验）和优化设计。求得其静态和动态特性，并据此对设计进行修改，或对几个方案进行对比，选择出最佳方案。

4）制造工艺性和经济性分析。

最后，还要对机架进行造型设计，以求得内外质量的统一性。

2 机架的常用材料及热处理

2.1 机架常用材料

材料的选用主要是根据机架的使用要求。多数机架形状较复杂，故一般采用铸件，由于铸铁的铸造性能好、价廉和吸振能力强，所以应用最广。重型机架常采用铸钢，当要求重量轻时，可以用铸造或压铸铝合金等轻金属制造。焊接机架具有制造周期短、重量轻和成本低等优点，故在机器制造业中，焊接机架日益增多。焊接机架主要由钢板、型钢或铸钢件等焊接而成。有的机架则宜用非金属材料。

2.1.1 金属铸造机架常用材料

1）铸铁。目前铸铁是机架使用最多的一种材料，它的流动性好，体收缩和线收缩小，容易获得形状复杂的铸件。在铸造中加入少量合金元素可提高耐磨性能。铸铁的内摩擦大、阻尼作用强，故动态刚性好。铸铁还具有切削性能好、价格便宜和易于大量生产等优点。但当铸件的壁厚超过临界值时，其力学性能会显著下降，故不宜设计成过厚、过大的铸件。铸铁机架常用材料见表 18.1-1。

表 18.1-1　铸铁机架常用材料

铸铁名称	牌号	特点及应用举例
灰铸铁	HT100	力学性能较差，承受轻载荷，如用于制造机床中镶装导轨的支承件等
	HT150	流动性好。用于制造承受中等弯曲应力（约为 10^7Pa），摩擦面间压强大于 5×10^5Pa 的铸件。如大多数机床的底座（溜板、工作台）、鼓风机底座、汽轮机操纵座外壳、减速器箱体和汽车变速器箱体、水泵壳体等
	HT200 及 HT250	用于制造承受较大弯曲应力（达 3×10^7Pa）、摩擦面间压强大于 5×10^5Pa（10t 以上大型铸件大于 1.5×10^5Pa）或需经表面淬火的铸件，以及要求保持气密性的铸件。如机床的立柱、齿轮箱体、工作台、机床的横梁和滑板、球磨机的磨头座、鼓风机机座、锻压机的机身、气体压缩机机身、汽轮机的机架及动力机械的箱壳、泵体
	HT300	用于制造承受高弯曲应力（达 5×10^7Pa）和拉应力、摩擦面间的压强大于 2×10^6Pa 或进行表面淬火，以及要求保持高度气密性的铸件。如轧钢机座、重型机床的床身、剪床和冲床的床身、镗床机座、高压液压泵泵体、阀体及多轴机床的主轴箱等
球墨铸铁	QT800-2 QT700-2 QT600-3	具有较高强度、耐磨性和一定的韧性，用作空压机和冷冻机的缸体、缸套、柴油机缸体、缸套，QT800-2 用于制造冶金、矿山用减速器箱体等
	QT500-7 QT450-10	具有中等强度和韧性，用作水轮机阀门体、曲柄压力机机身等
	QT400-15 QT400-18	韧性高，低温性能较好，且有一定的耐蚀性，用作汽车、拖拉机驱动桥的壳体、离合器和差速器的壳体，以及减速器箱体、1.6~2.4MPa 的阀门的阀体等

2）铸造碳钢。由于钢液的流动性差，在铸型中凝固冷却时体收缩和线收缩都较大，故不宜设计成形状复杂的铸件。铸钢的吸振性低于铸铁，但其弹性模量却较大，强度也比铸铁高，故铸钢机架用于受力较大的机架。铸造碳钢机架常用材料见表 18.1-2。

表 18.1-2　铸造碳钢机架常用材料

牌号	特点及应用举例
ZG 200-400 及 ZG 230-450	有一定的强度、良好的塑性与韧性，有较高的导热性、焊接性和切削加工性。但排除钢液中的气体和杂质比较困难，所以容易氧化和热裂。常用于模锻锤砧座、外壳、机座、轧钢机机架、锻锤气缸体和箱体等的制造
ZG 270-500	它是大型铸钢件生产中最常用的碳素铸钢，具有较好的铸造性和焊接性，但易产生较大的铸造应力，引起热裂 广泛应用于轧钢、锻压及矿山等设备的制造，如轧钢机机架、辊道架、连轧机轨座、坯轧机立辊机架、万能板坯轧机机体、水压机横梁和中间底座、水压机基础平台、曲柄压力机机身、锻锤立柱、热模锻底座及破碎机架体等
ZG 310-570	用于重要机架的制造

3）铸造铝合金及压铸铝合金。铝与一些元素形成的铸铝合金密度小，而且大多数可通过热处理强化，使其具有足够高的强度，较好的塑性，良好的低温韧性和耐热性；压铸方法可以生产锌、铝、镁和铜合金的铸件，但以铝合金压铸件最多。机架常用的铸造铝合金及压铸铝合金材料见表 18.1-3。

2.1.2　非金属机架常用材料

（1）花岗石及混凝土（见表 18.1-4）

（2）工程塑料（见表 18.1-5）

表 18.1-3　机架常用的铸造铝合金及压铸铝合金材料

类别	合金代号	特点及应用举例
铸造铝合金	ZL101	常温力学性能较好，但高温力学性能较差。耐蚀性良好，铸造、焊接性能好，切削加工性能中等 常用于船用柴油机机体、汽车传动箱体和水冷发动机气缸体等制造
	ZL104	用于形状复杂、薄壁、耐蚀及承受冲击载荷的大型铸件，如中小型高速柴油机机体的制造
	ZL105A	用来铸造在较高温度下工作的机体，有良好的铸造、焊接、切削性能和耐蚀性能，如液压泵泵体、高速柴油机机体等
	ZL401	用来铸造大型、复杂和承受较高载荷而又不便进行热处理的零件，如军用特殊柴油机机体
压铸铝合金	YL112 YL113 YL102 YL104	压铸件表面硬度及强度都高于砂型铸件，其中抗拉强度高出 20%~30%，但伸长率较低 用于发动机气缸体、发动机罩、曲柄箱，电动机底座、缝纫机机头的壳体，承受较高的液压力壳体、水泵外壳，表芯架、打字机机架，仪表和照相机壳体及接线盒底座等的制造

表 18.1-4 花岗石及混凝土的特点及应用举例

材料名称	特点及应用举例
花岗石	由于亿万年的自然时效，故花岗石的组织比较稳定，几乎不变形，加工简便，可以获得高而稳定的精度；对温度不敏感，传热系数和线胀系数均很小，在没有恒温的条件下仍能保持较高精度；吸振性好、耐蚀、不生锈；使用维护方便，成本低。缺点是脆性大，不能承受过大的撞击 花岗石的有关特性如下：抗压强度为 1967MPa；抗拉强度为 1.47MPa；线胀系数为 8×10^{-6}℃$^{-1}$；传热系数为 0.8W/(m^2·K)；密度为 2.66g/cm^3；弹性模量为 39000MPa 用于制作精密机械或仪器的机架，如量仪的基座、三坐标测量机身和激光测长机；数控铣镗床床身及用作空气导轨的基座
混凝土	混凝土有良好的抗压强度、防锈和吸振性能，它的内阻尼是钢的 15 倍、铸铁的 5 倍。缺点是弹性模量和抗拉强度比较低，其弹性模量为 33000MPa，抗拉强度为 4MPa 用作机床床身、底座和液压机机架等

表 18.1-5 壳体常用塑料及其应用举例

塑料种类		特点及应用举例
热塑性塑料	ABS	ABS 具有坚韧、质硬及刚性好的综合力学性能；耐寒性好，在-40℃仍有一定强度；耐酸碱、耐油及耐水性好；尺寸稳定性较好，工作温度为 70℃，加工成型、修饰容易，表面易镀金属；价格低 可用于制造电动机、电视机、收音机、收录机、电话和手电钻的外壳，也可用于仪表、水表外壳、空调机及吸尘器外壳，还可用于制造小轿车车身等
	聚丙烯	具有良好的耐热性，在高温下保持不变形、抗弯曲疲劳强度高，绝缘性优越。但收缩率较大，在 0℃以下易变脆 可用于制造收音机、录音机外壳和散热器水箱体等
	聚酰胺	有较高的抗拉强度和冲击韧度，并且还耐水、耐油 可用于制造电表外壳、干燥机外壳、收音机外壳，还可用于打字机框架、打火机壳体等
	聚三氟氯乙烯	耐各种强酸、强碱和耐太阳光，耐冷流性能好，压缩强度大。能用一般塑料的加工方法成型。成本高 用于制造各种耐酸泵壳体
	聚碳酸酯	具有优良的综合力学性能，抗冲击强度高，且耐寒，脆化温度低，可在-100~130℃温度范围内长期使用，尺寸稳定性好 用于使用温度范围宽的仪器仪表罩壳、电话机壳体、变速器箱壳等的制造
	聚甲醛	抗拉强度达 75MPa，弹性模量和硬度较高，耐疲劳，减磨性好 可用于制造离心泵和水下泵泵体，泵发动机外壳、水阀体、燃油泵泵体和排灌水泵壳体，汽车化油器壳体、煤矿电钻外壳、电动羊毛剪外壳、速度表壳体、手表壳体及电子钟外壳等
	聚苯醚	抗冲击、抗蠕变及耐热性能均较优良，可在 120℃蒸汽中使用，有良好的电绝缘性能 可用于制造电器外壳、汽车用泵体、复印机框架、阀座及仪表板等
	聚砜	强度高，抗拉强度可达 75MPa 耐酸、碱，耐热、耐寒，抗蠕变，可在-65~150℃温度范围内长期工作，在水、湿空气或高温下仍然保持良好电绝缘性 用于制造各种电器设备的壳体，如电钻外壳、配电盘外壳、电位差计外壳及钟表外壳等
热固性塑料	酚醛塑料	具有耐热、绝缘、刚性大和化学稳定性好等特点 可用于制造电话机外壳、变速器箱体、电动机外壳盖及低压电器底座壳体等
	环氧树脂	耐热、耐磨损，有较高的强度及韧度，优良的绝缘性，抗酸 可用于化工容器及塔体、飞机发动机罩壳、发动机支架等的制造

2.2 机架的热处理及时效处理

2.2.1 铸钢机架的热处理

铸钢件一般都要经过热处理，热处理的目的是为了消除铸造内应力和改善力学性能。铸钢机架的热处理方法一般有正火加回火、退火、高温扩散退火和补焊后回火等。结构比较复杂，对力学性能要求较高的机架多用正火加回火，形状简单的机架如钻座等才采用退火。对于表面粘砂严重、不易清砂的铸钢机架则可用高温扩散退火。

1) 正火或退火、回火温度。正火或退火温度一般为 Ac_3+(30~50)℃（见表 18.1-6）。大型铸钢机架多采用较高的回火温度，碳钢机架的回火温度一般为

550～650℃。

表 18.1-6　正火或退火温度

钢　　号	正火或退火温度/℃
ZG 200-400	920～940
ZG 230-450	880～900
ZG 270-500	860～880
ZG 310-570	840～860

2）铸造碳钢机架正火、回火工艺规范见表 18.1-7。

3）厚大截面铸钢机架退火工艺规范见表 18.1-8。

4）铸钢机架补焊后回火规范。当补焊面积较大时，为消除焊接内应力，机架需进行回火。其工艺规范见表 18.1-9。

表 18.1-7　铸造碳钢机架正火、回火工艺规范

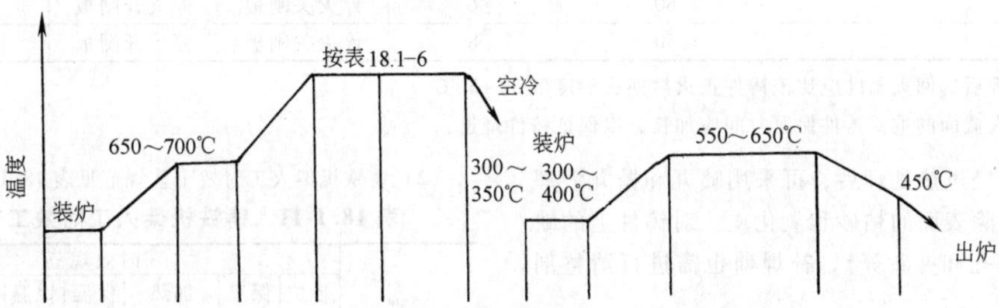

钢号	铸件截面/mm^2	装炉温度/℃	保温时间/h	升温速度≤/℃·h^{-1}	保温时间/h	升温速度≤/℃·h^{-1}	均温时间/h	保温时间/h	冷却	保温时间/h	升温速度≤/℃·h^{-1}	均温时间/h	保温时间/h	冷却速度≤/℃·h^{-1}		出炉温度/℃
ZG 200-400 ZG 230-450 ZG 270-500	<200	≤650	—	—	2	120	—	1～2	—	—	120	—	2～3	停火开闸板炉冷		450
	200～500	400～500	2	70	3	100	—	2～5	—	—	100	—	3～8	停火开闸板炉冷		400
	500～800	300～350	3	60	4	80	—	5～8	—	2	80	—	8～12	停火关闸板	停火开闸板	350
	800～1200	250～300	4	40	5	60	—	8～12	—	3	60	—	12～18	50	30	300
	1200～1500	≤200	5	30	6	50	—	12～15	—	3	50	—	18～24	40	30	250
ZG 310-570	<200	400～500	2	80	3	100	—	1～2	—	1	100	—	2～3	停火开闸板炉冷		350

注：1. 退火时的工艺参数与正火同，保温后冷却时，高于 450℃为停火关闸板炉冷，低于 450℃为停火开闸板炉冷。
2. 有力学性能要求的重要铸件回火温度宜选 550～600℃。

表 18.1-8　厚大截面的铸钢机架退火工艺规范

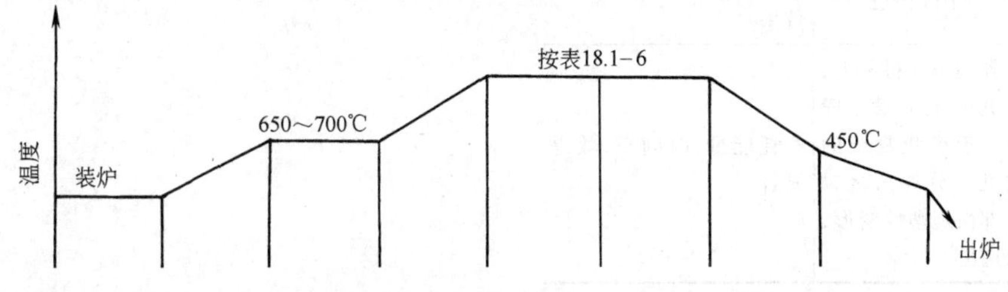

最大截面/mm^2	装炉温度/℃	保温时间/h	升温速度≤/℃·h^{-1}	保温时间/h	升温速度≤/℃·h^{-1}	均温时间/h	保温时间/h	冷却速度≤/℃·h^{-1}	冷却速度≤/℃·h^{-1}	出炉温度/℃
1000～1500	200	4	40	5	60	—	20	50	30	250
1500～2000	200	5	30	6	50	—	28	50	30	200

表 18.1-9　铸钢机架补焊后回火工艺规范

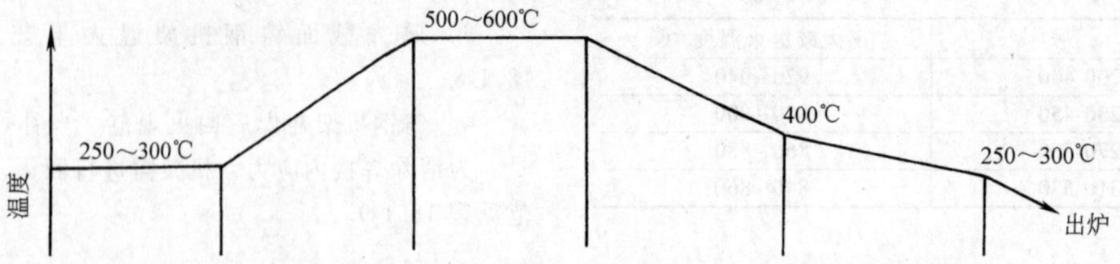

补焊深度/mm	保温时间/h	升温速度/℃·h^{-1}	保温时间/h	冷却速度		出炉温度/℃
10~60	2	≤60	6	停火关闸板	停火开闸板	250~300
>60	2	≤50	8	停火关闸板	停火开闸板	250~300

注：1. 补焊后的回火温度应比该铸件正火后回火温度低 30~50℃。
2. 对大截面的重要铸件保温时间应加长，以保证铸件烧透。

铸钢机架经过热处理后，可采用喷丸和抛丸清理其表面，以清除表面的粘砂和氧化皮。对铸件上的缺陷（裂纹、缩孔和夹砂等），补焊前也需进行清整剖口以备焊补。

2.2.2　铸铁机架的时效处理

时效处理的目的是在不降低铸铁力学性能的前提下，使铸铁的内应力和机加工切削应力得到消除或稳定，以减少长期使用中的变形，保证几何精度。

1）时效分类及特点见表 18.1-10。

表 18.1-10　时效分类及特点

分类		工艺过程	特点
自然时效		粗加工后,在室外搁置相当长的一段时间(一般都要一年以上)使内应力自然松弛或消除	方法简单、效果好,但生产周期长,占地面积大、积压资金多
人工时效	热处理方法	将铸件缓慢加热到共析点以下(一般为 500~600℃),保温一段时间,然后缓慢冷却,以消除内应力	经验证明,在人工时效后配以短时间的自然时效(一般为 3~6 月),精度稳定性可获得良好的效果
人工时效	机械振动法	将激振器装卡在机架上,使其产生共振,经持续一段时间后(对于形状复杂的机架只要几十分钟),金属产生了局部微观塑性变形,消除残余应力	耗能少,时间短,效果显著

2）铸铁机架人工时效工艺规范见表 18.1-11。

表 18.1-11　铸铁机架人工时效工艺规范

类别	时效规范						
	装炉温度/℃	保温时间/h	加热速度/℃·h^{-1}	保温温度/℃	保温时间/h	冷却速度/℃·h^{-1}	出炉温度/℃
一般机架，如齿轮箱体、变速器机座和曲轴箱等	≤300	—	≤50	520~550	5~8	≤40	<200
结构复杂的机架，如空气压缩机机体、内燃机缸体和重大工具机床身台面等	≤200	2~4	40~50	520~550	6~10	≤30	<120

注：1. 合金铸铁的保温温度为 570~650℃。
2. 精密铸件（如坐标镗床床身等）一般要进行二次时效，第二次时效的温度应比第一次时效的温度低 30~50℃。

第 2 章　机架结构设计

1　机架的截面形状、肋的布置及壁板上的孔

1.1　机架的截面形状

由于零件的抗弯、抗扭强度和刚度除与其截面面积有关外，还取决于截面形状。合理改变截面形状，增大其惯性矩和截面系数，可提高机架零件的强度和刚度，从而充分发挥材料的作用。因此，正确地选择机架的截面形状是机架设计中的一个重要问题。表 18. 2-1 列出了截面面积相等而截面形状不同的等截面杆的抗弯和抗扭惯性矩的相对值。相对值是以圆形截面惯性矩为对比基准，其他惯性矩与之相比而得的数值。表 18. 2-2 列举了各种截面的应用实例。一般金属切削机床的床身、立柱、横梁和底座截面的高宽比推荐值见表 18. 2-3。

表 18. 2-1　常见截面的抗弯、抗扭惯性矩比值

截面形状（面积相等）	抗弯惯性矩相对值	抗扭惯性矩相对值	说　明	截面形状（面积相等）	抗弯惯性矩相对值	抗扭惯性矩相对值	说　明
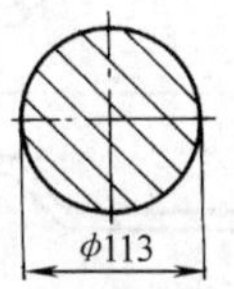	1	1	1）由惯性矩的相对值可以看出：圆形截面有较高的抗扭刚度，但抗弯强度较差，故宜用于受扭为主的机架。工字形截面的抗弯强度最大，但抗扭强度很低，故宜用于承受纯弯的机架。矩形截面抗弯、抗扭分别低于工字形和圆形截面，但其综合刚性最好（各种形状的截面，其封闭空心截面的刚度比实心截面的刚度大）	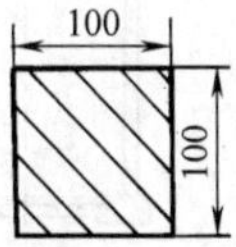	1. 04	0. 88	另外，截面面积不变，加大外形轮廓尺寸、减小壁厚，即使材料远离中性轴的位置，可提高截面的抗弯、抗扭刚度。封闭截面比不封闭截面的抗扭刚度高得多 2）机架受载情况往往是拉、压、弯曲和扭转同时存在，对刚度要求高；另一方面，由于空心矩形内腔容易安设其他零件，故许多机架的截面常采用空心矩形截面
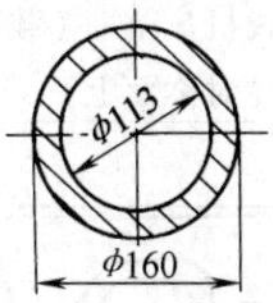	3. 03	2. 89		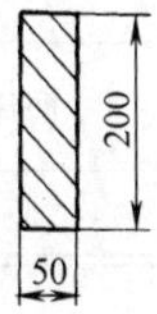	4. 13	0. 43	
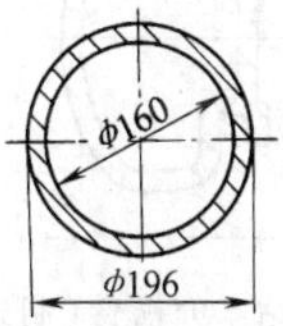	5. 04	5. 37		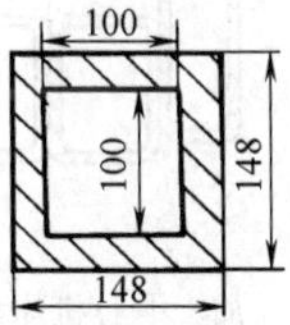	3. 45	1. 27	
		0. 07		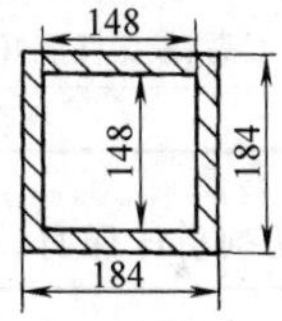	6. 90	3. 98	
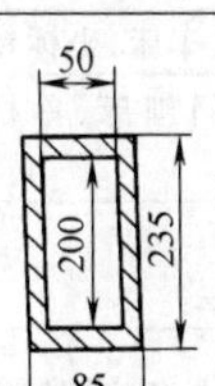	7.35	0.82		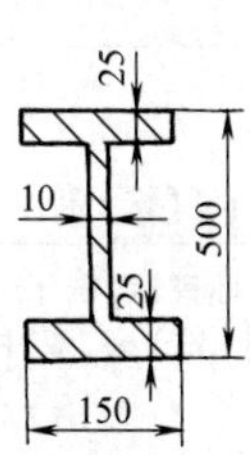	19	0.09	

表 18.2-2 各种截面的应用实例

截面形状	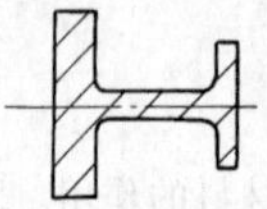	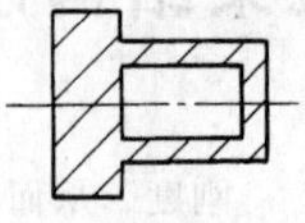	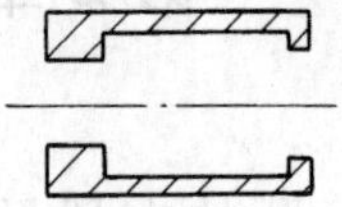	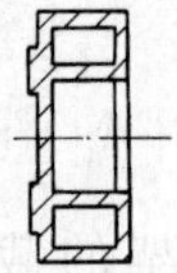
机架名称	开式机机身	开式机机身	开式机机身	闭式组合机立柱
	曲柄压力机			
截面形状	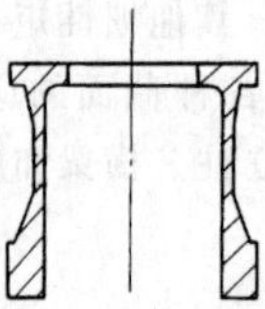	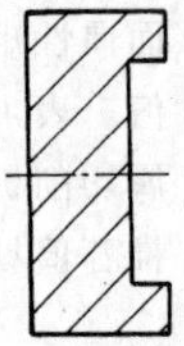		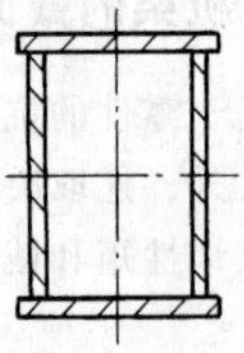
机架名称	闭式组合机机座	钢丝缠绕机架立柱	钢丝缠绕机架立柱	桥架
	曲柄压力机	液压机		桥式起重机
截面形状	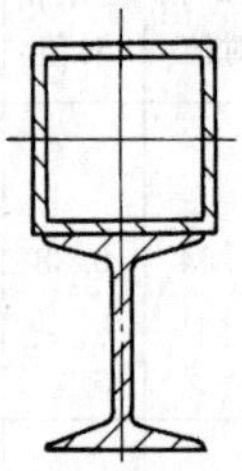	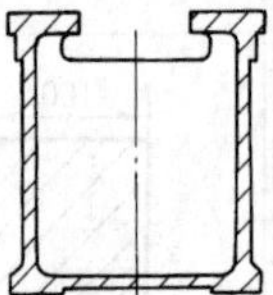	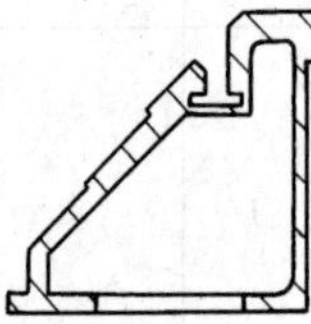	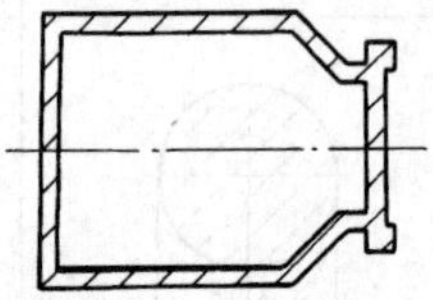
机架名称	桥架	磨床床身	仿形车床床身	单柱式机床立柱（载荷作用在立柱对称面上）
	桥式起重机	金属切削机床		
截面形状	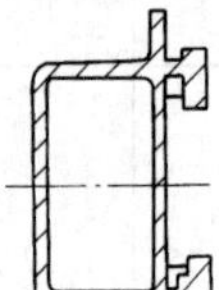	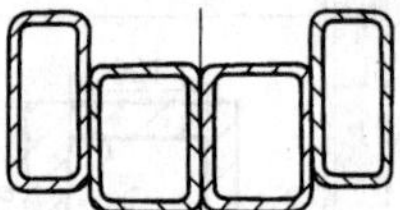	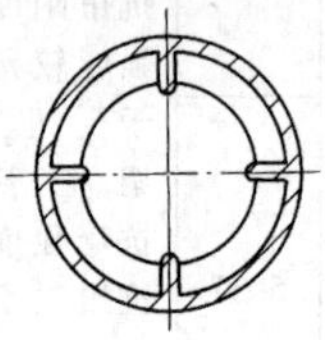	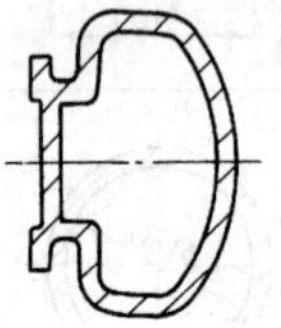
机架名称	龙门刨床横梁	加工中心机床床身（矩形钢管焊接组合截面，具有刚度高、减振性能好等优点）	摇臂钻床立柱	摇臂钻床的摇臂（制造较复杂）
	金属切削机床			

表 18.2-3 金属切削机床床身、立柱、横梁和底座截面的高宽比推荐值

机架名称	高宽比（h/b）	适用机床
床身	≈1.0 1.2~1.5 <1.0	卧式车床 转塔车床 中、大型镗床，龙门刨（铣）床
立柱（包括立式床身）	≈1.0 ≥2.0~3.0 3~4	立式镗床、单柱坐标镗床、铣床 立式钻床、龙门刨（铣）床、双柱坐标镗床、组合机床 立式车床
横梁	1.5~2.2	龙门刨（铣）床、立式车床、坐标镗床
悬臂梁	2~3	摇臂钻床、单柱龙门刨床、单柱立式车床
工作台	0.1~0.18 0.08~0.12	矩形工作台 圆形工作台（高/直径）
底座	≥0.1（高/长）	摇臂钻床、升降台式铣床、落地镗床

1.2　肋的布置

肋分为肋板和肋条两种，肋条只有有限的高度，它不连接整个的截面。

1.2.1　肋的作用

1）可以提高机架的强度、刚度和减轻机架的重量。

2）在薄壁截面内设肋可以减少其截面畸变，在大面积的薄壁上布肋可缩小局部变形和防止薄壁振动及降低噪声。

3）对于铸造机架，肋使铸件壁厚均匀，防止金属堆积而产生缩孔、裂纹等缺陷；作为补缩通道，扩大冒口的补缩范围；改善铸型的充满性，防止铸件上产生大平面夹砂等缺陷。

4）散热，如电动机外壳上的散热肋。

1.2.2　肋的合理布置

1）布肋的一般原则见表 18.2-4。

2）梁式机架箱形结构的布肋。表 18.2-5、表 18.2-6 分别列出了布肋对开式和闭式箱形结构刚度的影响。表中相对刚度均以无肋箱体序号 1 作为比较基准。从表中可以看出：①纵向肋能有效地提高开式箱形结构的抗弯刚度；②45°对角肋对扭转刚度的提高有明显的效果；③无论哪一种布肋形式，当开式改为闭式时，抗弯刚度平均可提高 60%，扭转刚度可提高 4.5~8.5 倍。开式床身的布肋示例见表 18.2-7。

表 18.2-4　布肋的一般原则

项目	图　例	说　明
一、肋的布置应有效地提高机架的强度和刚度		
为有效地提高机架抗弯刚度，肋应布置在弯曲平面内	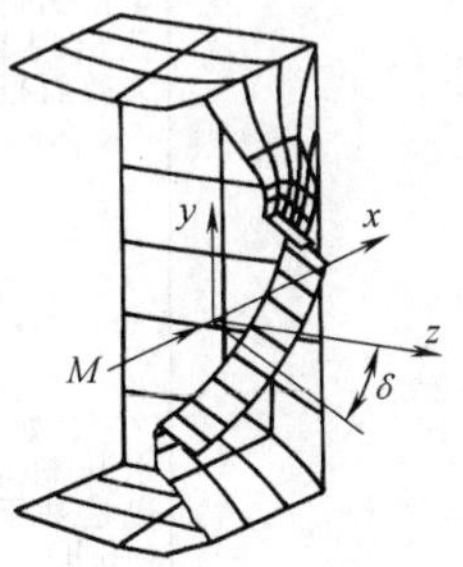 a) 箱体轴承壁在力偶作用下的变形 M— 力偶 δ —轴承孔的旋转角度 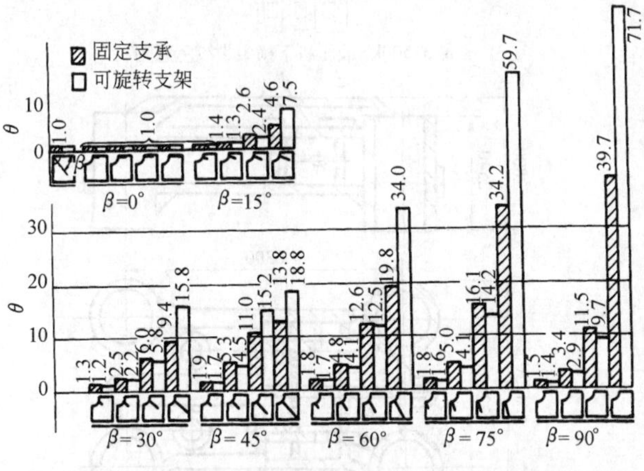 b) 不同长度、不同位置的肋对轴承壁刚度的影响（图中粗实线代表肋） θ—相对旋转刚度，$\theta=\frac{\delta(无肋)}{\delta(有肋)}$　β—肋与力偶矩矢量间的夹角	将外力作用下轴承孔中心线的旋转角 δ 用作度量箱壁的变形。图 b 中的 θ 为其相对旋转刚度。从图中可知，当肋与力偶矩矢量的夹角 β = 90° 时，刚度可提高 40~70 倍；而当 β = 0° 时，几乎不提高刚度。由此，还可得知：肋的长短和肋的位置均影响到刚度的提高，但其中肋的位置影响大
应有利于将局部载荷传递给其他壁板，使之均衡地承担载荷	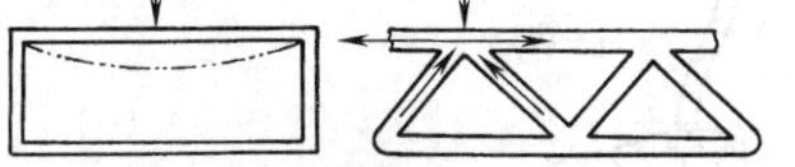	加肋后，可把载荷传递到下壁，并把上壁的弯曲变形转化为肋板的拉伸和压缩变形，因而有效地减少上壁的弯曲变形
	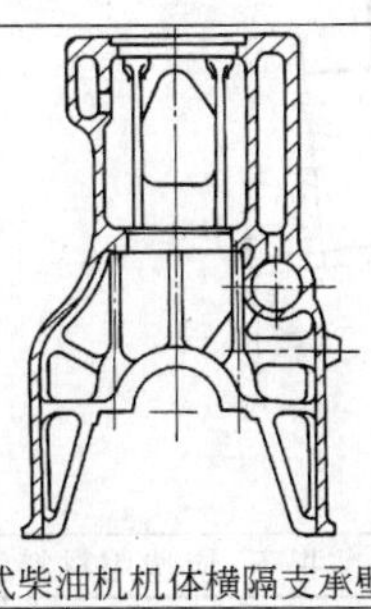 直列龙门式柴油机机体横隔支承壁上肋的布置	机体横隔支承壁同时承受拉应力和弯曲应力。为提高其刚度，一般有数条竖肋和斜肋，按力的传递要求，主轴承座螺栓搭子上的竖肋从轴承搭子延伸到水腔壁与气缸盖螺栓搭子相连，从而减轻因紧螺栓时机体的变形，有利于力的传递

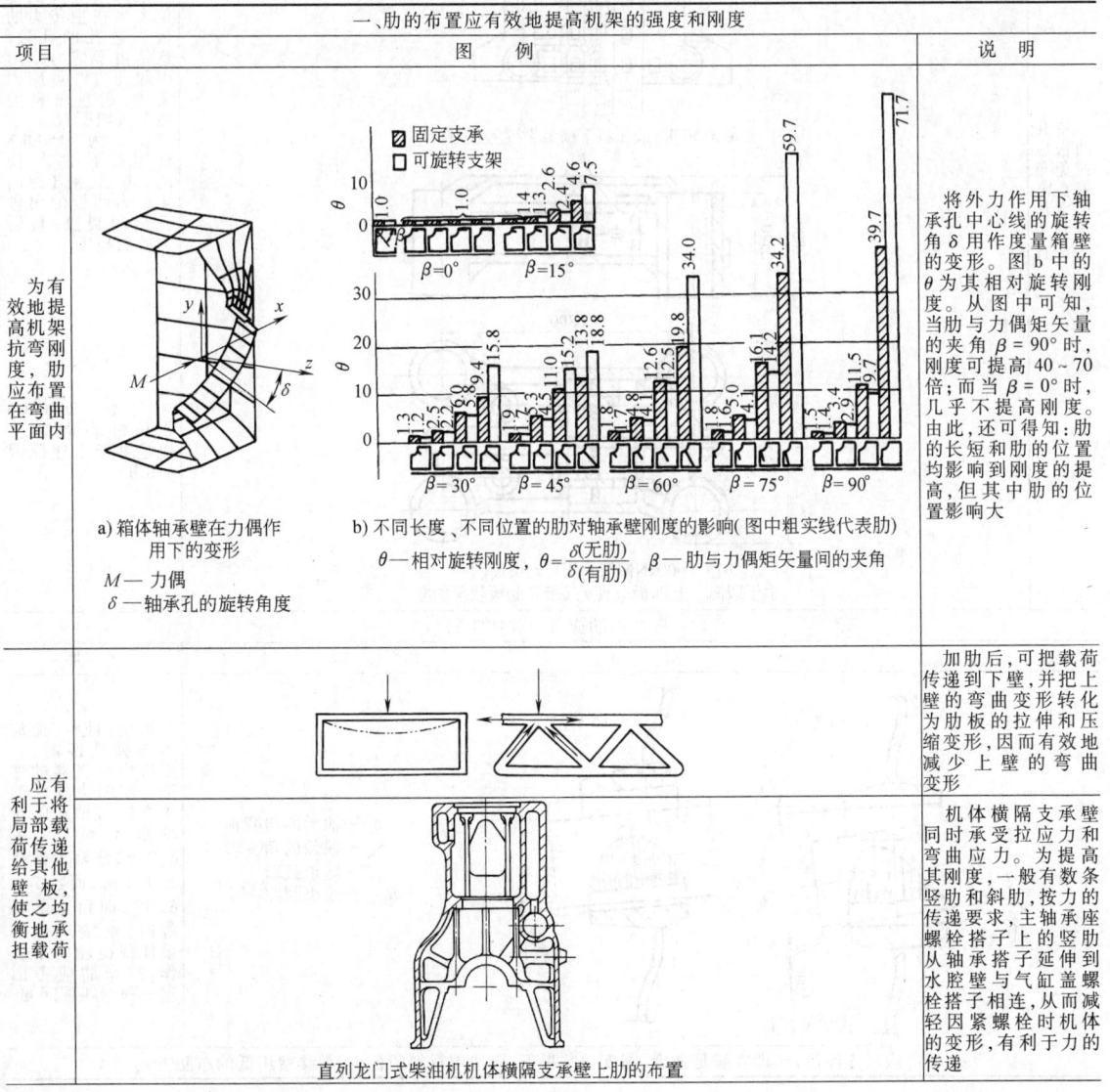

（续）

一、肋的布置应有效地提高机架的强度和刚度		
项目	图　例	说　明
应有利于将局部载荷传递给其他壁板，使之均衡地承担载荷	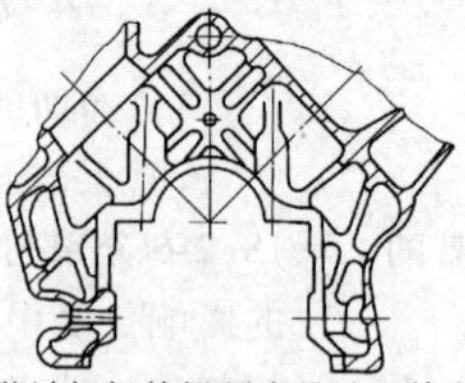 V型柴油机机体横隔支承壁上的布肋	对于 V 型柴油机机体横隔支承壁，除螺栓搭子上的加强肋外，按受力方向还设置了与各列气缸中心线平行的肋
带孔肋板应避免布置在高梁主传力肋板的位置上	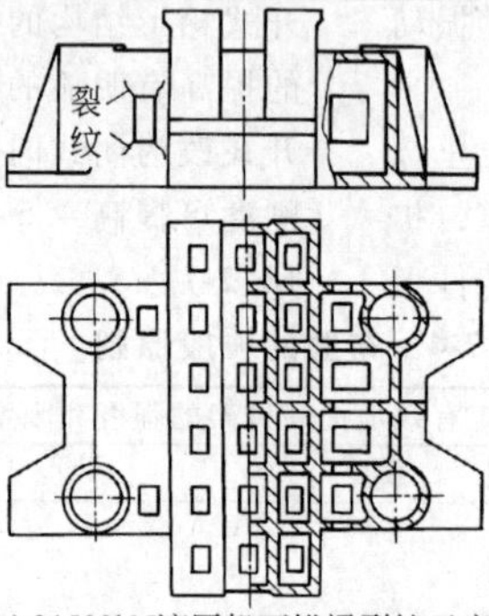 a) 31500kN液压机下横梁裂纹示意图 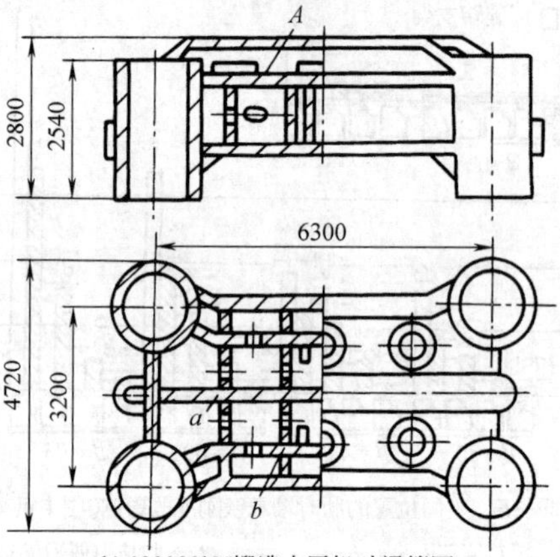 b) 120000kN锻造水压机动梁简图 由于取消了上面板A，使a、b带孔肋板载荷剧增	液压机（或水压机）横梁属于箱形截面高梁。液压机横梁产生裂纹的部位大多在主传力肋板工艺孔的孔边。这是由于剪力变形引起孔边严重应力集中，超过材料的疲劳极限所致 图 a 为 31500kN 液压机下横梁，使用 2 年后，由于纵向主传力肋板的出砂孔出现裂纹，最后失效而报废 又如 120000kN 水压机动梁裂纹，也是基于上述原因（图 b）

二、布肋应考虑弹性匹配	
图　例	说　明
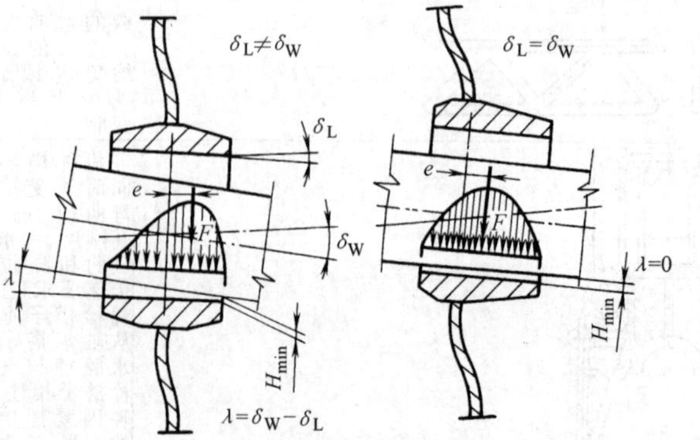 δ_L—轴承的角变形 δ_W—轴颈的角变形 F—轴承载荷 H_{min}—最小间隙	机架的刚度值应考虑弹性匹配，否则将影响机器的性能。左图中轴承的角变形与轴颈的角变形不等（$\delta_L \neq \delta_W$），致使轴承载荷能力下降；而当 $\delta_L=\delta_W$ 时，即角变形相等时，则轴承处于最佳载荷能力下工作，故布肋应考虑这一弹性匹配问题

三、布肋应考虑经济性，即在满足强度、刚度的前提下，应选用材料消耗少、焊接费用低的布肋方式

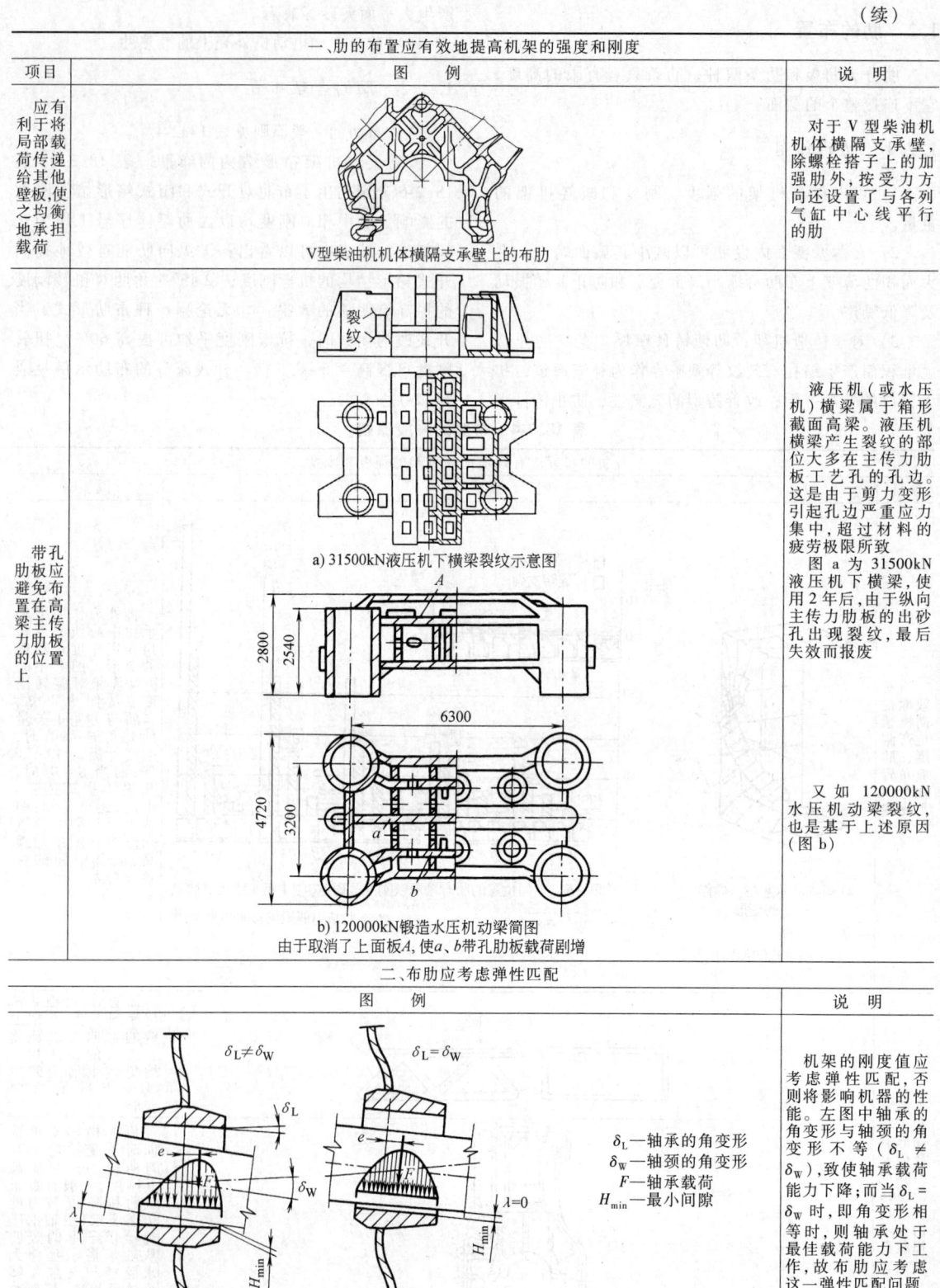

表 18.2-5　布肋对开式箱形结构刚度的影响

序号	模　型	模型体积 $10^{-6}m^3$	指数	弯曲刚度（x-x）N/mm	指数	扭转刚度 N·m/rad	指数
1	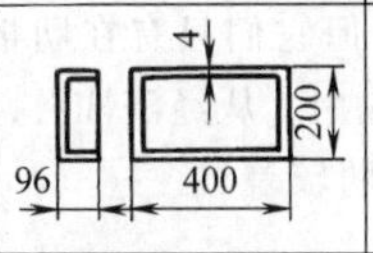	75.5	1.0	1980	1.0	303	1.0
2	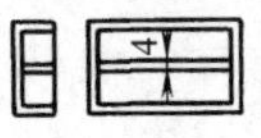	90.0	1.19	2710	1.37	405	1.34
3	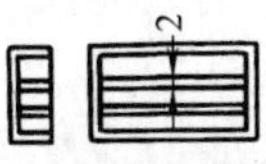	90.9	1.19	3100	1.57	446	1.48
4	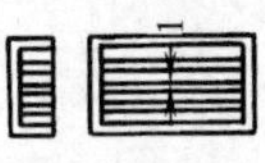	90.0	1.19	3300	1.67	567	1.87
5	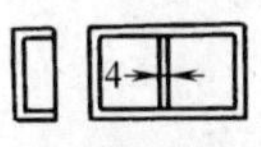	82.7	1.08	2000	1.01	426	1.41
6	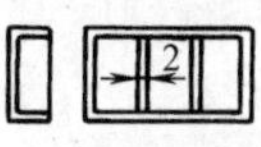	82.7	1.08	2140	1.07	526	1.75
7	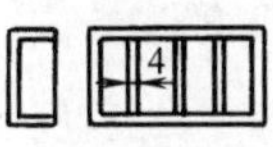	82.7	1.08	2340	1.18	660	2.18
8		91.5	1.20	2440	1.23	656	2.17
9		91.5	1.20	2470	1.25	791	2.61
10		95.8	1.26	2780	1.40	左扭 890 右扭 1075	2.94 3.44
11		95.8	1.26	2850	1.44	1230	4.06

表 18.2-6　布肋对闭式箱形结构刚度的影响

序号	模　型	模型体积 $10^{-6}m^3$	指数	弯曲刚度（x-x）N/mm	指数	扭转刚度 N·m/rad	指数
1	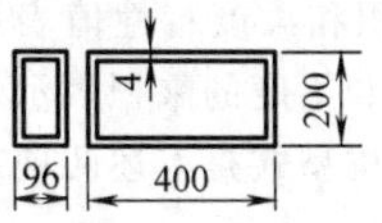	1077	1.0	3700	1.0	2490	1.0
2	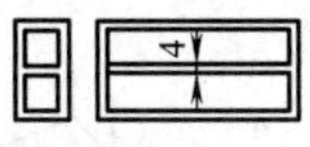	1220	1.13	4290	1.16	3580	1.44
3	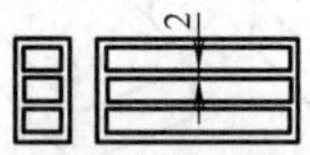	1220	1.13	4390	1.18	3970	1.59
4	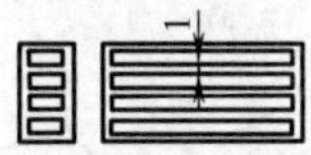	1220	1.13	5190	1.40	4470	1.80
5	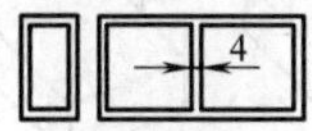	1148	1.06	3790	1.02	3300	1.33
6	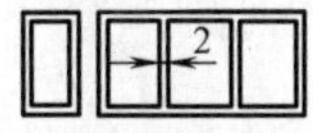	1146	1.06	3840	1.03	3640	1.46
7	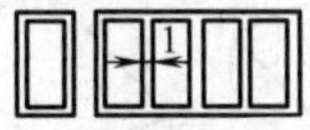	1148	1.06	3860	1.04	4680	1.88
8		1236	1.15	4120	1.11	4150	1.67
9		1236	1.15	4210	1.13	5020	2.02
10		1278	1.19	4220	1.14	左扭 4570 右扭 5010	1.84 2.02
11		1278	1.19	4370	1.18	5460	2.02

表 18.2-7　开式床身的布肋示例

布肋形式	说　明	布肋形式	说　明
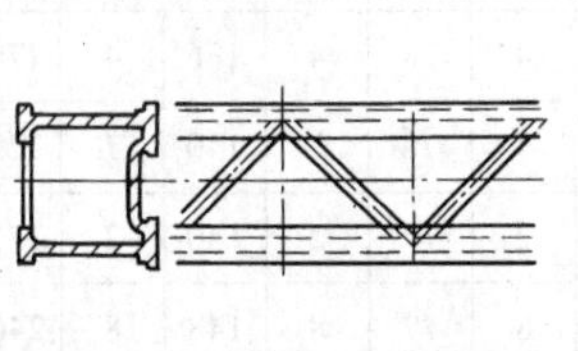	斜肋板的抗扭与抗弯性能都比较好，适用于既受弯曲变形又受扭转变形的床身，如金属切削机床中的轻型龙门刨床、导轨磨床的床身	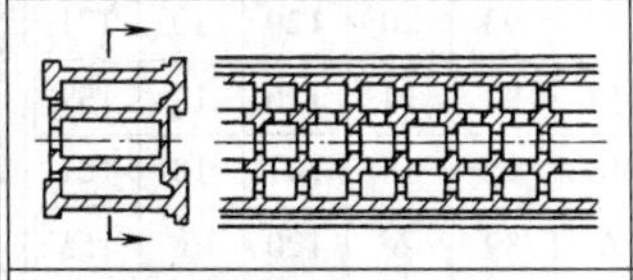	纵、横向组合肋，适用于载荷大的床身
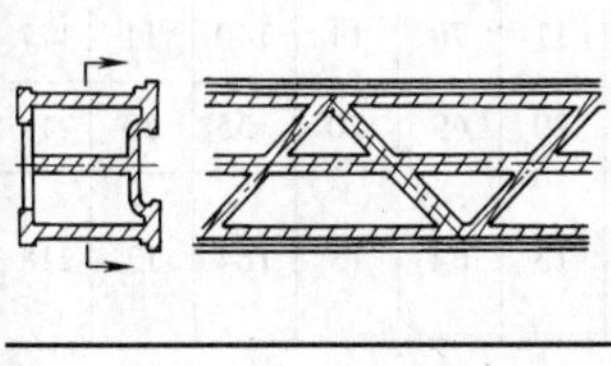	除斜肋外，在床身中心线上有一条长的纵向肋，故抗弯、抗扭都较好，适用于重载和长的床身，如金属切削机床中的大型龙门铣床、刨床的床身	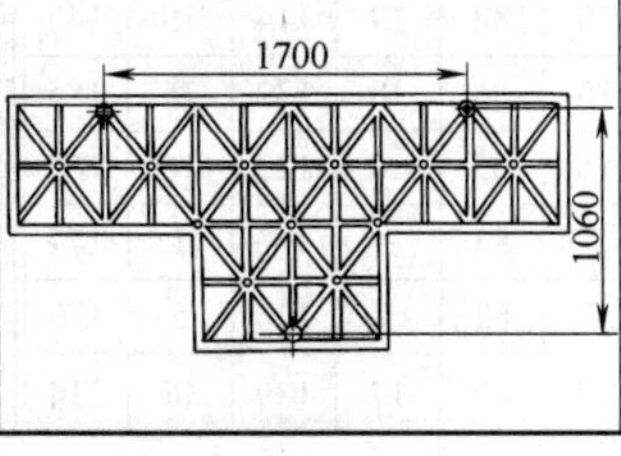	米字形肋，这种布肋刚性最高，适用于要求变形量很小或载荷大的床身，如大型高精度的仪器；丝杠动态检查仪、自动比长仪、测长机的床身，以及大型外圆磨床的床身等。米字形肋铸造工艺较复杂

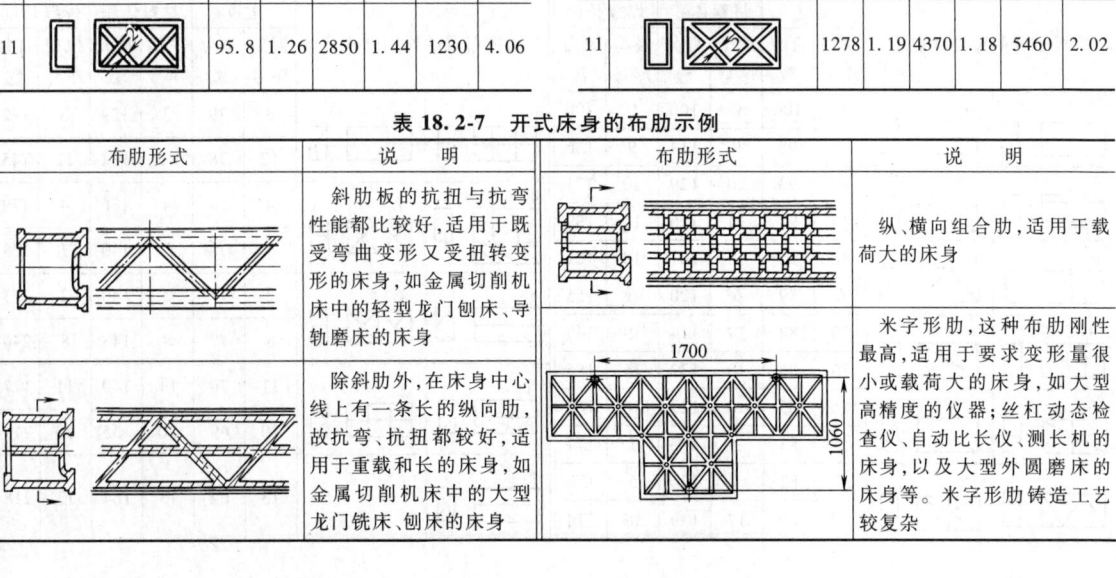

将机床床身的肋板布置归纳为 5 类 20 种形式，作用在床身上的载荷分为六种类型（见图 18.2-1）。而后把各种载荷条件下产生的应变能总和作为柔度特性值（柔度指构件在外加载荷作用下倾向于产生变形的能力）；用所耗材料的体积和柔度特性值表示材料使用的经济性；用焊缝长度和柔度的乘积表示焊接费用的技术效益。最经济的结构型式是上述两项乘积小的结构。表 18.2-8 列出了 20 种形式布肋的柔度、材料体积和焊缝长度的比值，表 18.2-9 列出了闭式床身内布肋的经济性比较。从表 18.2-9 中可知，最经济的肋板布置式是模型序号 0（无肋闭式），其次是模型序号 18 和模型序号 12，但它们只有在肋板或箱体壁板直接支撑导轨时才能应用。从经济性看，模型序号 9 和模型序号 10 的纵向肋较差。

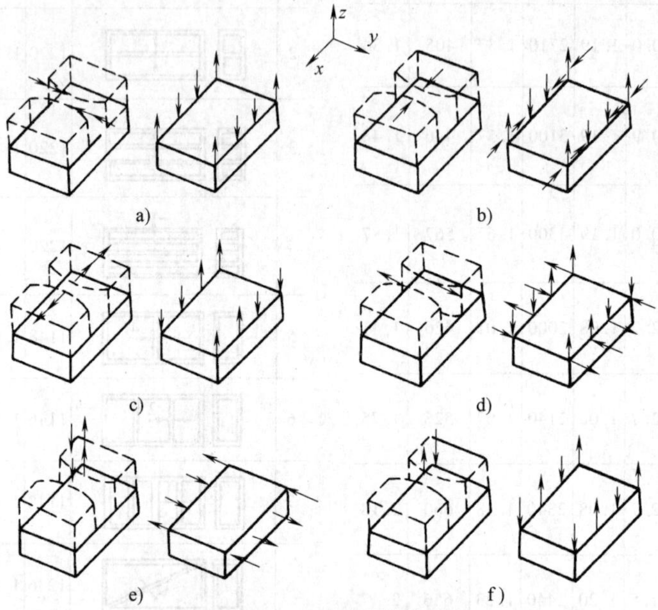

图 18.2-1　床身载荷类型

a）绕 y 轴作用的力偶矩等效静载荷（产生弯曲应力）　b）x 方向的静力等效载荷（产生弯曲应力）　c）绕 x 轴作用的力偶矩等效静载荷（产生切应力）　d）y 方向的静力等效载荷（产生切应力）　e）绕 z 轴作用的力偶矩等效静载荷（产生弯曲应力）　f）z 方向的静力等效载荷（产生弯曲应力）

表 18.2-8　具有不同布肋的闭式床身（模型）柔度、材料体积和焊缝长度的比值

肋板布置的原则性表示		柔度		材料体积		焊缝长度	
		模型序号	百分数	模型序号	百分数	模型序号	百分数
0	9	0	100	0	100	0	100
		9	98	9	114	9	136
10	14	10	93	10	129	10	171
		14	92	14	116	14	139
18	6	18	92	18	107	18	121
		6	89	6	120	6	155
19	15	19	88	19	114	19	143
		15	86	15	132	15	185
16	1	16	85	16	123	16	168
		1	83	1	133	1	177
5	17	5	82	5	126	5	173
		17	80	17	139	17	214

肋板布置的原则性表示		柔度		材料体积		焊缝长度	
		模型序号	百分数	模型序号	百分数	模型序号	百分数
3	12	3	79	3	129	3	192
		12	78	12	132	12	145
4	7	4	78	4	136	4	179
		7	78	7	140	7	223
2	8	2	77	2	140	2	177
		8	77	8	148	8	246
11	20	11	70	11	140	11	177
		20	69	20	155	20	219
13		13	64	13	164	13	218

表 18.2-9　闭式床身（模型）内布肋的经济性比较

肋板布置的原则性表示		模型序号	柔度×体积(%)(六种载荷总和)	柔度×焊缝长度(%)(六种载荷总和)	肋板布置的原则性表示		模型序号	柔度×体积(%)(六种载荷总和)	柔度×焊缝长度(%)(六种载荷总和)
10 	8 	10	120	160	15 	9 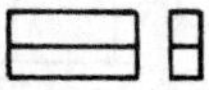	15	113.7	160
		8	114	189			9	112.3	133
17 	1 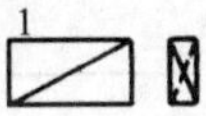	17	111.4	171	5 	12 	5	103.7	142
		1	111	148			12	103.5	113
13 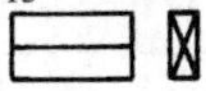	7 	13	110.5	147	3 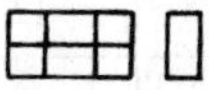	19 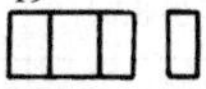	3	101.6	152
		7	109.4	187			19	101	126
2 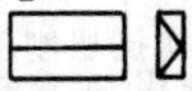	14 	2	108.4	137	0 	18 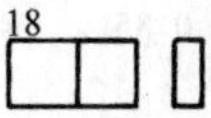	0	100	100
		14	107.4	129			18	99	112
6 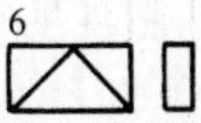	20 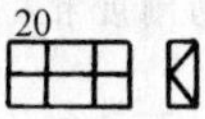	6	107	137	11 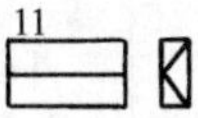		11	98.4	124
		20	106	150					
4 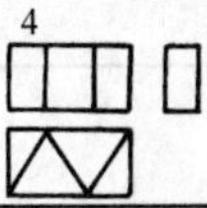	16 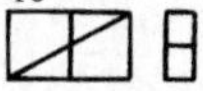	4	106	139					
		16	105	143					

3）柱式机架肋的布置对空心立柱抗弯及抗扭刚度的影响见表 18.2-10（参照图 18.2-2）。

4）平板式机架肋板布置对开式（无底板）与闭式底座刚度的影响见表 18.2-11。从表中可以看出：对角线肋和交叉肋（模型序号 7~11）对提高开式底座的抗扭刚度作用显著。在相同条件下，闭式底座比开式底座抗弯、抗扭刚度都高，如表 18.2-11 中的序号 15 比序号 7 的相对扭转刚度要高十几倍。平板式机架布置示例见表 18.2-12。

5）壁板上布肋可以减少局部变形和薄壁振动，以及提高机架刚度。壁板上常见的布肋形式见表 18.2-13。柴油机、空气压缩机、破碎机和金属切削机床壁上肋的布置示例见表 18.2-14。

表 18.2-10　布肋对空心立柱抗弯及抗扭刚度的影响

模型类别		静刚度				动刚度			说　明
		抗弯刚度		抗扭刚度		抗弯刚度相对值	抗扭刚度相对值		
简图	顶板	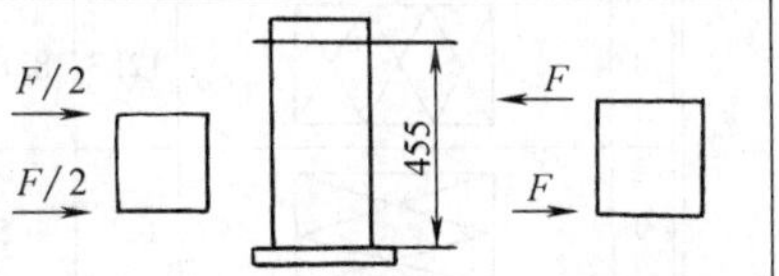					振型 I	振型 II	
		相对值	单位质量刚度相对值	相对值	单位质量刚度相对值				
	无	1	1	1	1	1	1.22	7.7	顶板对立柱抗扭静刚度和动刚度有良好的作用，但对抗弯影响不明显
	有	1	1	7.9	7.9	2.3		44	
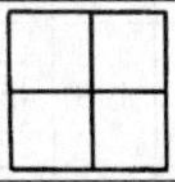	无	1.17	0.94	1.4	1.1	1.2			纵向肋板可提高抗弯静刚度和无顶板时的抗扭静刚度
	有	1.13	0.90	7.9	6.5				
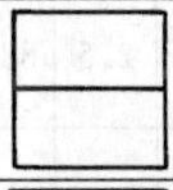	无	1.14	0.76	2.3	1.54	3.8	3.76	6.5	
	有	1.14	0.76	7.9	5.7				
	无	1.21	0.90	10	7.45	5.8	10.5		对角线纵向肋板对抗弯有一定的提高。无顶板时，可有效地减小截面的畸变
	有	1.19	0.90	12.2	9.3				

（续）

模型类别		静刚度				动刚度			说明
		抗弯刚度		抗扭刚度		抗弯刚度相对值	抗扭刚度相对值		
简图	顶板	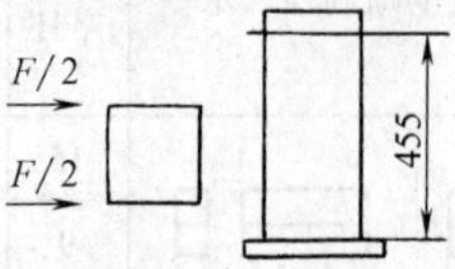		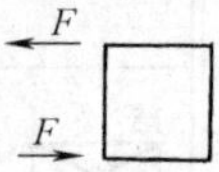			振型Ⅰ	振型Ⅱ	
		相对值	单位质量刚度相对值	相对值	单位质量刚度相对值				
	无	1.32	0.81	18	10.8	3.5		61.5	在纵向肋板中，对角线交叉肋板对扭转刚度提高效果最佳
	有	1.32	0.83	19.4	12.2				
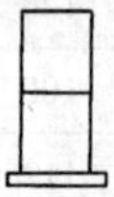	无	0.91	0.85	15	14	3.0	12.2	6.1	具有横向肋板的立柱其抗扭刚度较好，对抗弯静刚度无作用，但能提高抗弯动刚度和振型Ⅰ的抗扭动刚度
	有							42.0	
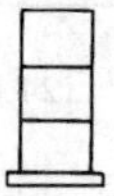	无	0.85	0.75	17	14.6	2.75	11.7	6.1	
	有					3.0		26.3	

注：表中振型Ⅰ系指截面畸变比较严重的扭振；振型Ⅱ指纯扭转的扭振。

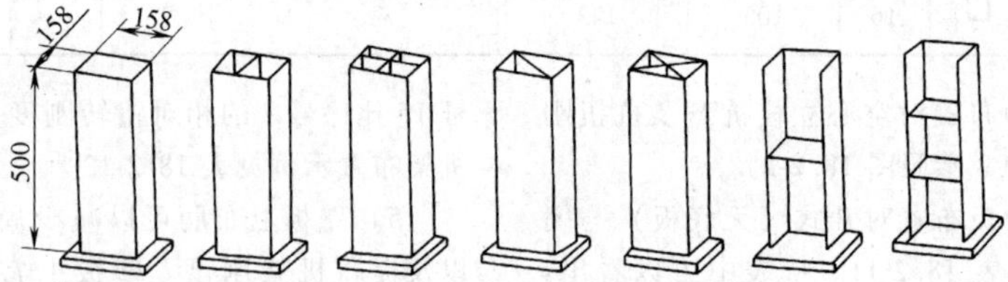

图 18.2-2　立柱模型的肋板布置

表 18.2-11　布肋对底座刚度的影响

序号	肋板布置	扭转（O-O 轴）相对抗扭刚度	扭转（O-O 轴）单位质量相对抗扭刚度	扭转（O-O 轴）固有频率/Hz	弯曲（x-x 轴）相对抗弯刚度	弯曲（x-x 轴）单位质量相对抗弯刚度	弯曲（x-x 轴）固有频率/Hz
1	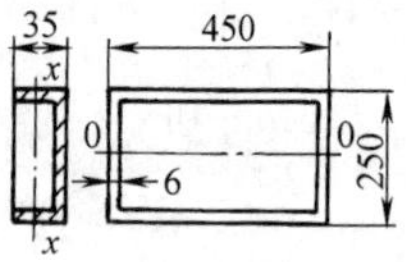	1	1	168	1	1	422
2	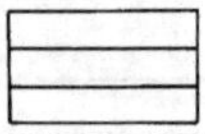	1.2	1.1	177	1.4	1.3	742
3	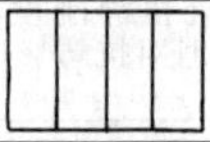	1.4	1.2	188	1.1	0.9	530
4	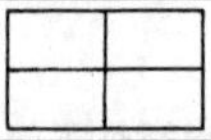	1.3	1.2	191	1.4	1.2	642
5	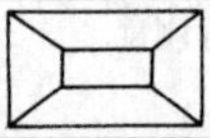	2.6	2.1	231	1.6	1.3	680
6	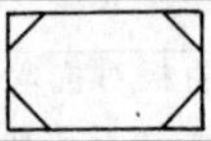	1.5	1.5	192	1.1	1.1	405
7		7.8	6.6	409	1.1	0.9	645
8	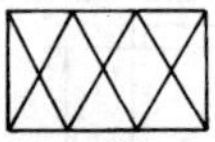	12.3	8.8	513	1.3	0.9	530
9	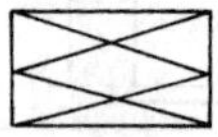	6.3	4.5	367	2.2	1.6	800
10	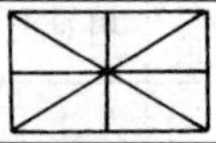	8.7	6.3	429	2.2	1.6	748
11	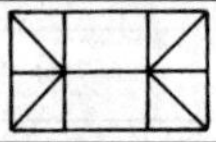	6.9	4.8	360	1.5	1.1	633
12	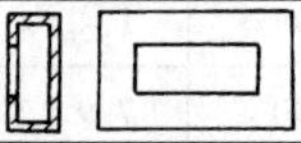	3.6	2.9	276	2.2	1.8	459
13	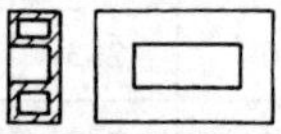	22	14	571	4.0	2.5	880
14	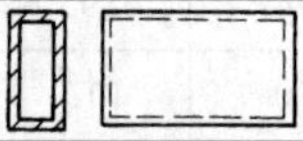	61.1	35.5	>640	3.4	2	491
15	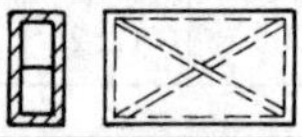	92	47.5	1160	6.1	3.2	995

表 18.2-12　平板式机架布肋示例

形式	零件名称	肋板布置	说明
闭式	锻机水压基础平台(70t)	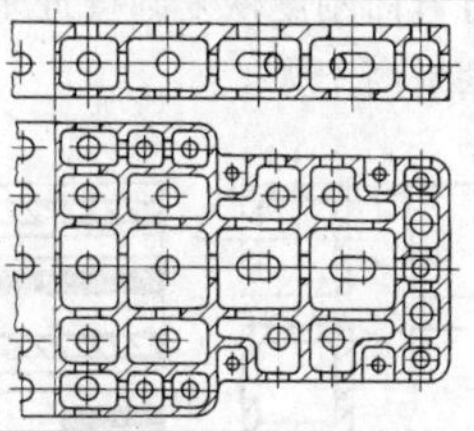	为保证基础平台的刚度，在纵、横方向加肋组成若干个箱形结构，并用两条贯穿平台的纵肋来提高整体的刚度
	金属切削机床大型工作台	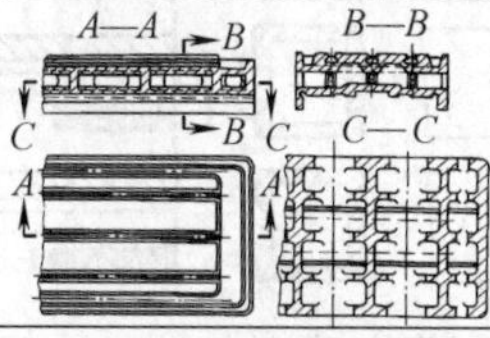	在闭式工作台内部设有纵向肋和横向肋，纵向肋布置在 T 形槽的下面，以减少台面夹紧时的局部变形
开式	摇臂钻床的底座	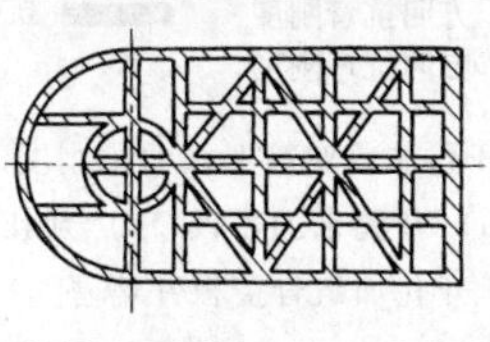	底座的内部除有纵、横肋外，还设有对角肋，以提高抗扭刚度。为了使立柱的重力分布均匀，在安装立柱的部位布置有环形肋及径向肋

表 18.2-13　壁板上常见的布肋形式

类型	肋的布置	说　明
直肋	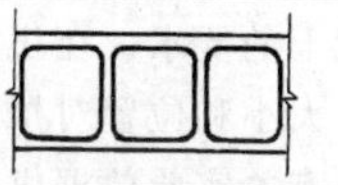	直肋容易制造，应用于狭窄壁。三角形肋和交叉肋有足够的刚度，一般布置在平板上，交叉肋制造成本高。蜂窝形肋在肋的连接处不堆积金属，所以内应力小，不易产生裂纹，且刚度也高。米字形肋抗弯、抗扭刚度高，但铸造困难，多用于焊接机架。井字肋的抗弯刚度接近米字形，但抗扭刚度比米字形肋低，应用于较宽的矩形壁板上
三角形肋		
交叉肋	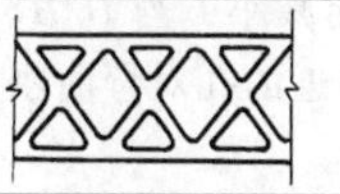	
蜂窝形肋	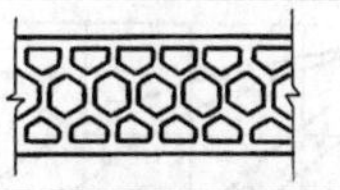	
米字形肋	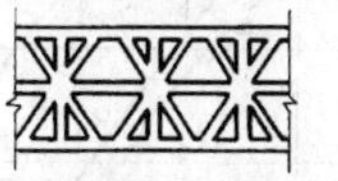	
井字肋		

表 18.2-14　柴油机、空气压缩机、破碎机和金属切削机床壁上肋的布置示例

机架名称	柴油机机体			空气压缩机机身
布肋形式	直肋	井字肋	三角形肋	井字肋
简图	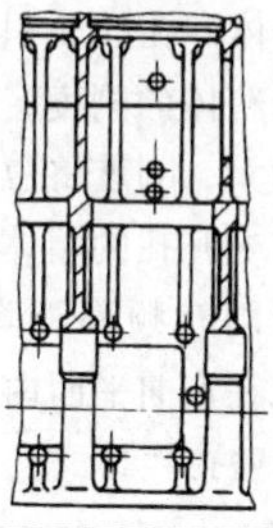	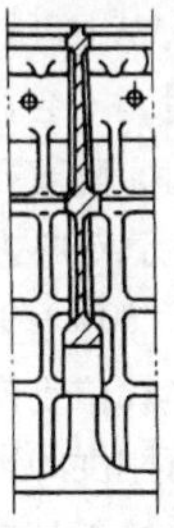		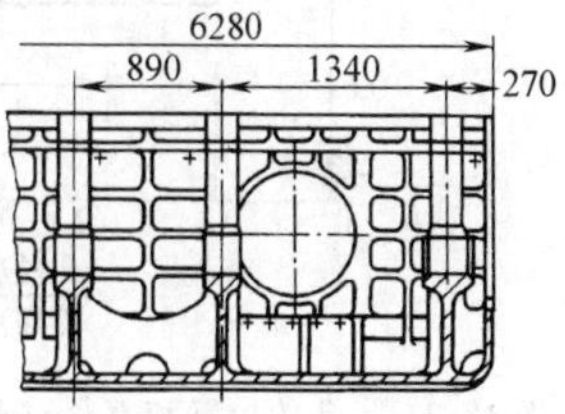
说明	根据机体纵向壁的有效宽厚比及载荷情况，布置不同距离和形式的肋 为有利于力的传递和刚度提高，肋应与螺栓搭子相连，并尽量不中断地延伸到机体底部			

机架名称	破碎机下架体	金属切削机床立柱	
布肋形式	井字肋	直肋	井字肋
简图	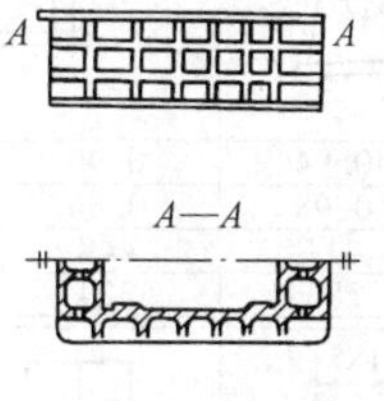	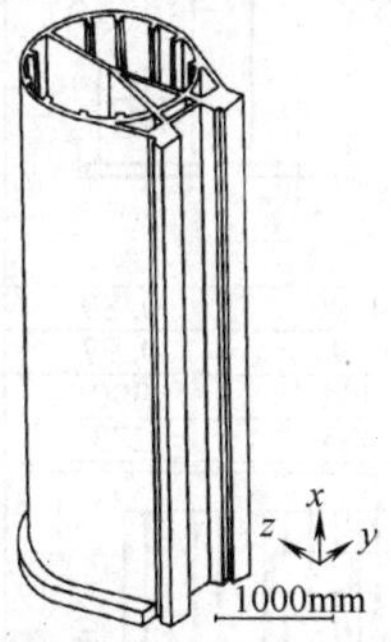	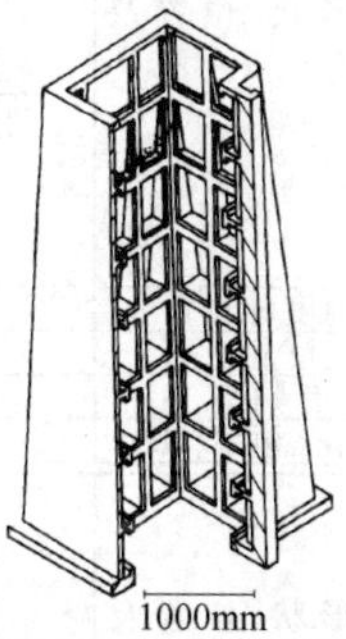
说明	在外壁上布肋，提高了整个机架及侧壁的强度和刚度	立柱整个内壁从上到下布有纵向肋，以提高立柱的抗弯刚度，此外还有一条横贯圆心的纵向 Y 形肋，它支承着径向力，并传递到立柱的后壁。由于立柱为圆形截面，故具有较高的抗扭刚度 与方形截面的立柱相比，圆形截面的立柱为安装横梁提供了更多的空间，从而减少了导轨的外伸量，改善了立柱受载条件。同时，还省去了环状横向肋	主柱内壁上均布有一系列纵、横向肋。壁上的纵向肋有助于提高立柱的抗弯刚度，并防止截面畸变 横向肋和纵向肋在内壁上构成的若干框形单元，共同阻止各段壁板的振动

1.3　机架壁板上的孔

由于结构上或工艺上的要求，在机架的壁上往往开孔，这些孔的形状、大小和位置对机架的刚度均有一定的影响。下面提供有关实验数据供设计时参考。

图 18.2-3 所示为在弯矩、扭矩作用下，圆孔对箱形截面梁刚度的影响。从图 18.2-3 中可知，梁的刚度随孔的直径增大而减小，当 $D/H>0.4$ 时，刚度明显下降；梁中性轴附近的孔对弯曲刚度削弱的影响要比远离中性轴的孔小。

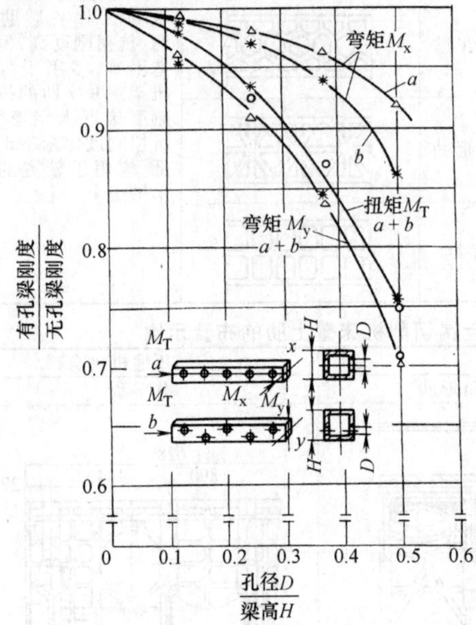

图 18.2-3　孔的位置和直径对箱形截面梁刚度的影响

图 18.2-4 所示为在开长孔上加盖板对箱形截面梁刚度的影响。图 18.2-4 表明，在开孔上加盖板并用螺钉紧固，可将弯曲刚度恢复到接近未开孔时的刚度，但对抗扭刚度提高不大。

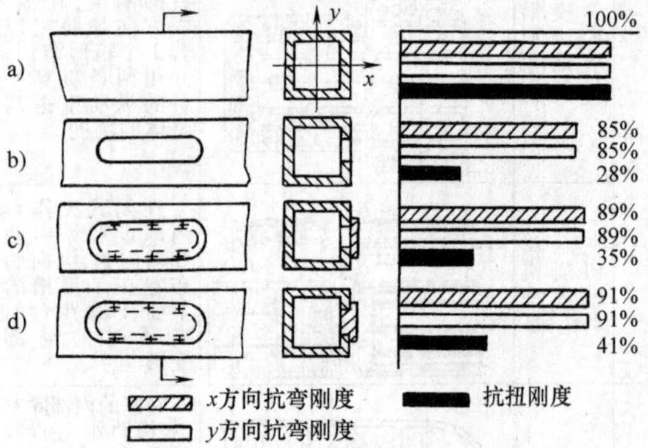

图 18.2-4　开孔加盖对箱形截面梁刚度的影响

a）未开孔　b）开孔未加盖板　c）开孔加盖板

d）开孔加组合盖板并堵塞

表 18.2-15 列出了各种形状和大小的孔位于立柱的不同位置时，对立柱刚度的影响。

表 18.2-16、表 18.2-17 列出了孔对箱体刚度的综合影响。从表中可知：①当箱体开孔的面积小于板壁面积的 10%时，不会显著地降低箱体的刚度；当孔的面积大于 10%时，随着孔的面积加大，刚度将急剧下降；当孔的面积达到 30%左右时，与未开孔的箱体相比，扭转刚度下降了 80%～90%，扭转固有频率下降了 2/3～3/4；②当箱体孔位于侧壁（即孔在弯曲平面内）时，对降低箱体抗弯刚度的影响要比顶壁孔大。

表 18.2-15　孔的各种形状、位置及大小对立柱刚度的影响

壁孔形状、位置及尺寸	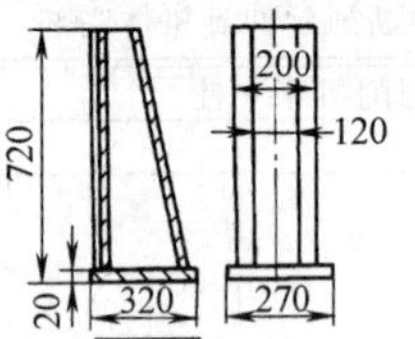		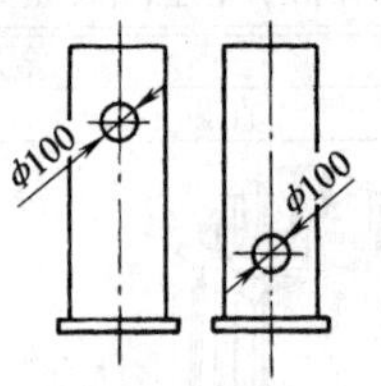		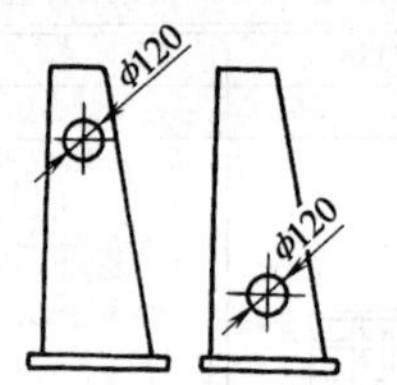		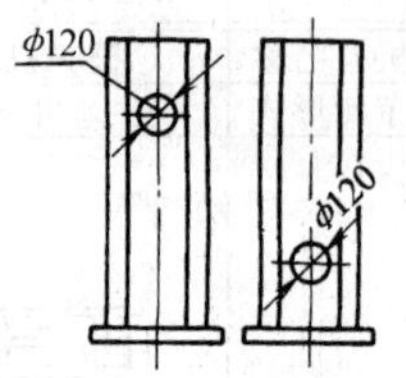	
抗弯刚度相对值	1.0		0.99	0.89	0.78	0.94	0.90	0.97
抗扭刚度相对值	1.0		0.97	0.97	0.72	0.98	0.86	0.95
弯曲固有频率/Hz	455		434	390	428	411	448	403
扭转固有频率/Hz	336		334	273	299	285	324	287
壁孔形状、位置及尺寸	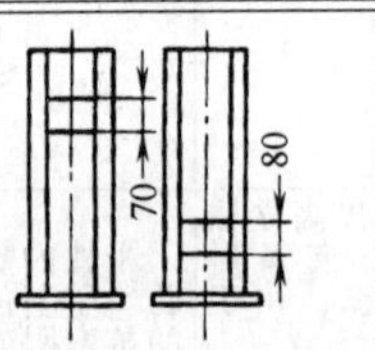		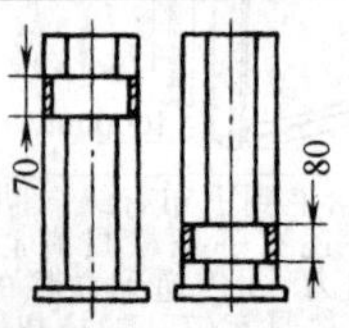		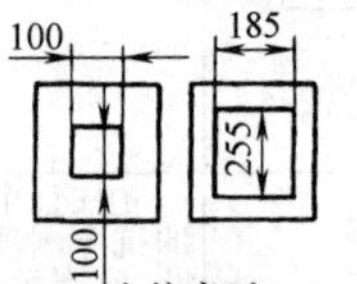立柱底面		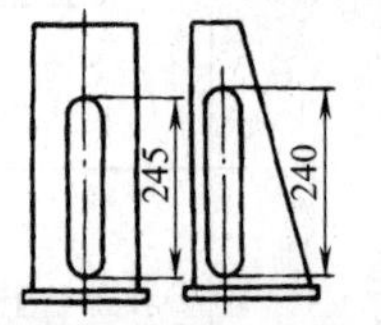	
抗弯刚度相对值	1.0	0.98	0.78	0.62	1.0	0.87	0.97	0.89
抗扭刚度相对值	1.0	1.0	0.62	0.59	1.0	0.69	0.99	0.94
弯曲固有频率/Hz	438	392	435	360	412	406	418	408
扭转固有频率/Hz	325	264	270	270	275	270	306	312

表 18.2-16　箱体高度、顶部开孔面积对刚度的影响

箱体加载简图	扭转：箱体两端加力偶，测量 A 点相对于由 B、C、D 三点决定的平面的位移 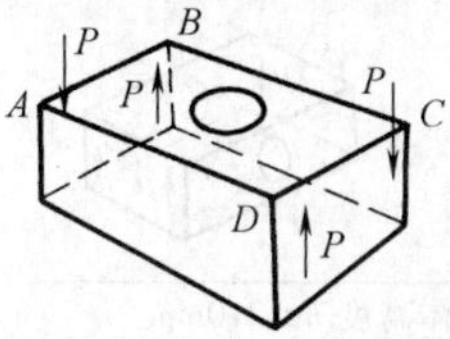						弯曲：箱体两侧壁中部加载：在加载处测量箱壁位移 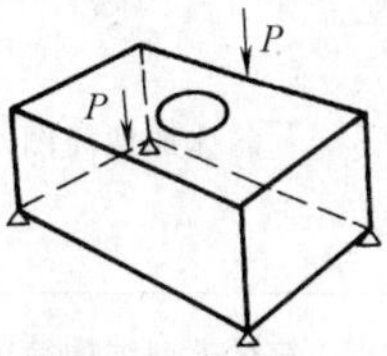					
箱体模型结构简图（模型壁厚 6mm）	顶部开口面积的百分比（%）	箱体高度 $h=210$mm				箱体高度 $h=140$mm				箱体高度 $h=43$mm		
		扭转		弯曲		扭转		弯曲		扭转		弯曲
		相对刚度比	固有频率/Hz	相对刚度比	固有频率/Hz	相对刚度比	固有频率/Hz	相对刚度比	固有频率/Hz	相对刚度比	固有频率/Hz	相对刚度比	固有频率/Hz
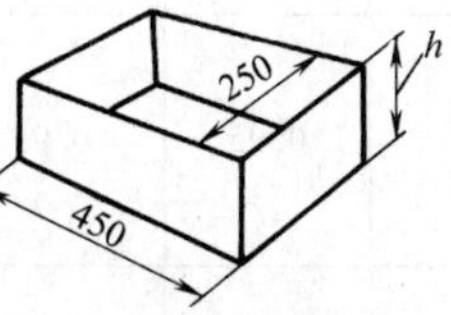	100	0.005	118	0.44		0.007	142	0.50	446	0.015	177	0.40	423
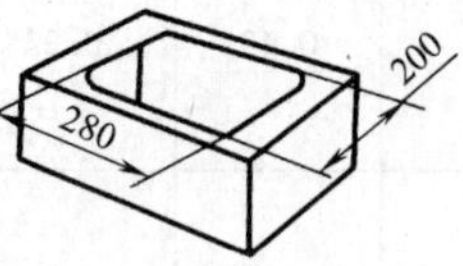	50	0.08	368	0.57	295	0.08	452	0.65	560	0.07	347	0.60	458
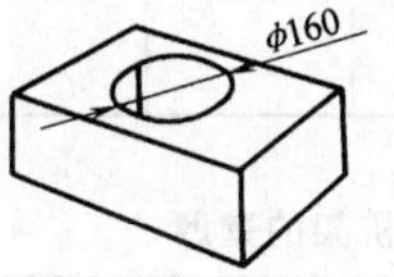	18	0.74	1390	0.80	350	0.78	1460	0.80	580	0.63	965	0.82	462
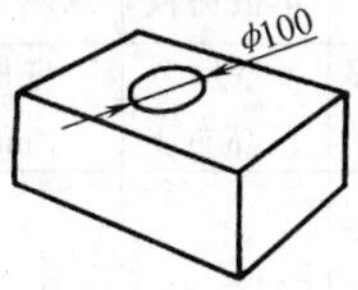	7	0.97		0.83	412	0.93		0.85	522	0.90	0.97	0.89	482
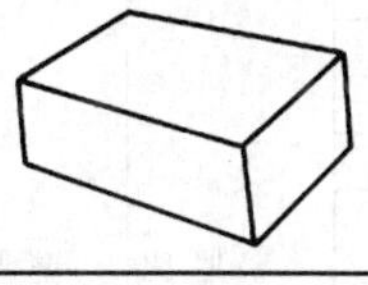	0	1.0		1.0	419	1.0		1.0	495	1.0	1030	1.0	459

表 18.2-17　箱体两侧壁孔面积对刚度的影响

箱体加载简图	扭转 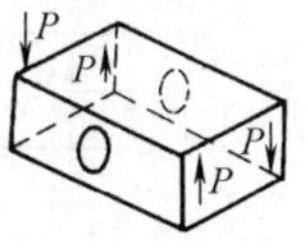			弯曲 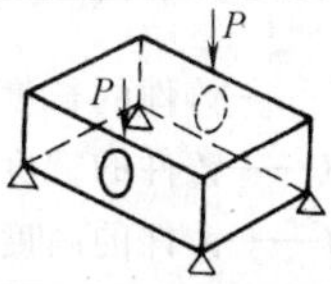		
箱体模型结构简图（箱体壁厚 6mm）	箱体高度 $h=210$mm			箱体高度 $h=140$mm		
	侧壁孔面积的百分比（%）	相对刚度比		侧壁孔面积的百分比（%）	相对刚度比	
		扭转	弯曲		扭转	弯曲
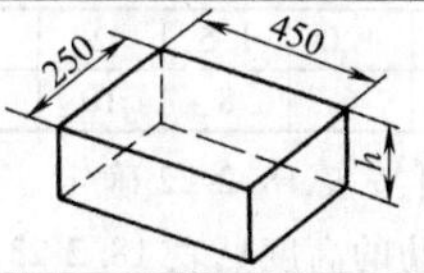	0	1	1	0	1	1

（续）

箱体加载简图	扭转 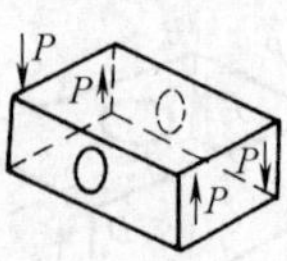			弯曲 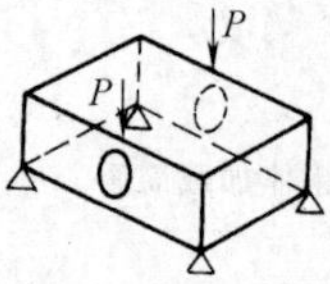		
箱体模型结构简图（箱体壁厚6mm）	箱体高度 h=210mm			箱体高度 h=140mm		
	侧壁孔面积的百分比（%）	相对刚度比		侧壁孔面积的百分比（%）	相对刚度比	
		扭转	弯曲		扭转	弯曲
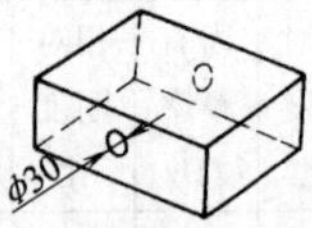	0.75	0.91	0.84	1.1	0.98	0.97
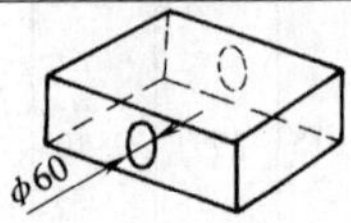	3	0.86	0.60	4.5	0.95	0.93
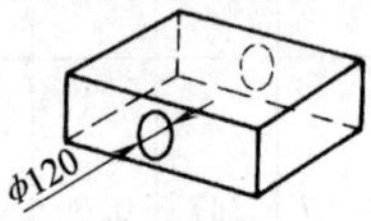	12	0.77	0.44	18	0.43	0.33
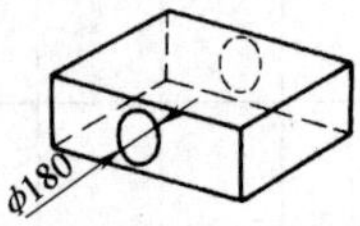	27	0.33	0.10	35①	0.06	0.04

① 箱体侧壁孔接近矩形，长边180mm，短边120mm。

2　铸造机架

2.1　壁厚及肋的尺寸

1）铸件壁厚的选择取决于其强度、刚度、材料、铸件尺寸、质量和工艺等因素。

① 铸铁机架：按目前工艺水平，砂型铸造铸铁件的壁厚，可利用当量尺寸 N 按表18.2-18选择，对于铝合金铸件的壁厚，按表18.2-19选择。表中推荐的是铸件最薄部分的壁厚，支承面、凸台等应根据强度、刚度以及结构上的需要适当加厚。

$$当量尺寸\ N=\frac{2L+B+H}{3}$$

式中　L——铸件的长度（m）；

B——铸件的宽度（m）；

H——铸件的高度（m）。

② 大型铸钢机架的合理最小壁厚及凸台尺寸：铸钢件的最小壁厚值，在一般情况下不宜为大型铸钢件设计时所选用，因为大型铸钢件模样及工艺装备比较粗糙，浇注温度一般难以控制，这给生产薄壁铸件带来一定困难，故一般情况下大型铸钢件合理的最小壁厚可参照表18.2-20选取。表18.2-21列出了大型铸钢件的凸台高度尺寸。

表18.2-18　铸铁机架的壁厚

材料 / 壁厚 / 当量尺寸 N/m	灰铸铁 外壁厚/mm	灰铸铁 内壁厚/mm	可锻铸铁 壁厚/mm	球墨铸铁 壁厚/mm
0.3	6	5	壁厚比灰铸铁减少15%~20%	壁厚比灰铸铁增加15%~20%
0.75	8	6		
1.0	10	8		
1.5	12	10		
1.8	14	12		
2.0	16	12		
2.5	18	14		
3.0	20	16		
3.5	22	18		
4.0	24	20		
4.5	25	20		
5.0	26	22		
6.0	28	24		
7.0	30	25		
8.0	32	28		
9.0	36	32		
10.0	40	36		

表18.2-19　铝合金铸件的壁厚

当量尺寸 N/m	0.3	0.5	1.0	1.5	2	2.5
壁厚/mm	4	4	6	8	10	12

2）加强肋的尺寸一般可按表18.2-22确定。为防止铸铁平板变形所加的加强肋的高度见表18.2-23。

表 18.2-20　大型铸钢件合理的最小壁厚　(mm)

铸件的最大轮廓尺寸	铸件的次大轮廓尺寸						
	≤350	351~700	701~1500	1501~3500	3501~5500	5501~7000	>7000
≤350	10	—	—	—	—	—	—
351~700	10~15	15~20	—	—	—	—	—
701~1500	15~20	20~25	25~30	—	—	—	—
1501~3500	20~25	25~30	30~35	35~40	—	—	—
3501~5500	25~30	30~35	35~40	40~45	45~50	—	—
5501~7000	—	35~40	40~45	45~50	50~55	55~60	—
>7000	—	—	>50	>55	>60	>65	>70

注：对形状复杂、容易变形的铸件，其合理最小壁厚值，可按表适当增加；对不重要的、形状简单的铸件，其合理最小壁厚值可按表适当减小。

表 18.2-21　大型铸钢件的凸台高度尺寸　(mm)

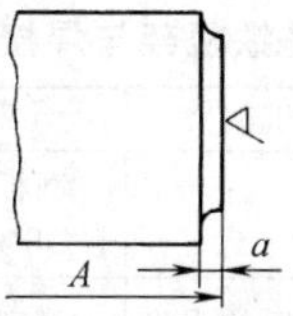

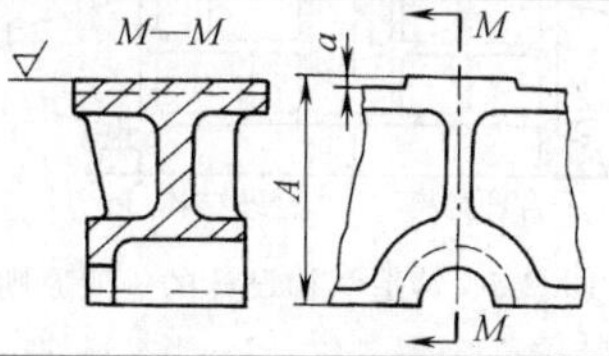

凸台与加工基面的距离 A	≤500	501~1250	1251~3150	3151~6300	>6300
凸台高度 a	5	10	15	20	25

注：1. 对于无相关尺寸要求的凸台，高度可适当减小。
2. 侧壁上的凸台应考虑起模斜度的影响，适当增加高度。
3. 如果铸件尺寸较大，且沿长度方向上有几个凸台时，a 值按表增大 50%。

表 18.2-22　加强肋的尺寸

铸件外表面上肋的厚度	铸件内腔中肋的厚度	肋的高度
0.8s	(0.6~0.7)s	≤5s
说　明	s—肋所在壁的壁厚	

表 18.2-23　铸铁平板上加强肋的高度　(mm)

简图	最大轮廓尺寸 L	当宽度为下列尺寸时平板的加强肋高度 H	
		B<0.5L	B>0.6L
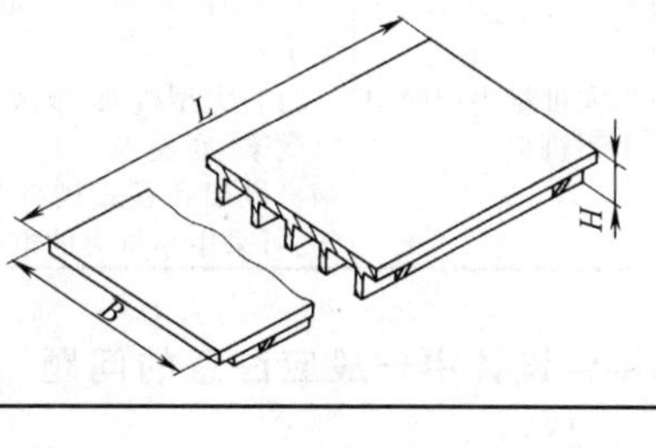	<300	40	50
	301~500	50	75
	501~800	75	100
	801~1200	100	150
	1201~2000	150	200
	2001~3000	200	300
	3001~4000	300	400
	4001~5000	400	450
	>5000	450	500

2.2　铸造机架结构设计的工艺性

铸造机架的结构特点是轮廓尺寸较大，多为箱形结构，有复杂的内外形状，尤其是内腔往往设置有凸台和加强肋等。在造型和制芯，以及型芯的定位、支承、浇注时，这些结构将给型芯气体的排除以及清砂等带来一系列问题。另外，机架的某些部位尺寸厚大（如床身导轨），当这些部位的厚度与周围连接壁相差过大时，还易产生裂纹等缺陷，因此在设计中应正确处理这类问题。图 18.2-5 所示为铸造结构设计的一般原则。

机架的加工工艺性应注意以下几点：

1）对于长度较大的机架，尽可能避免端面加工，因为当其长度超过龙门刨加工宽度时，需落地镗或专用设备，而且装夹费时；也要避免内部深处有加工面和倾斜的加工面。

2）尽量减少加工时翻转和调头的次数。

3）加工时要有较大的基准支承面。

4）箱体的加工量主要由箱壁上精度高的支承孔和平面确定，故结构设计时应注意以下几点：

① 避免设计工艺性差的不通孔、阶梯孔和交叉孔。

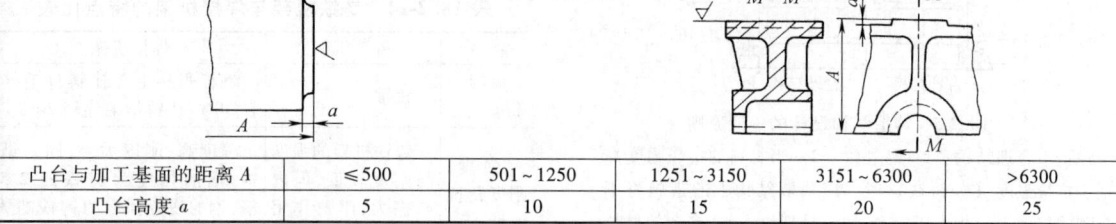

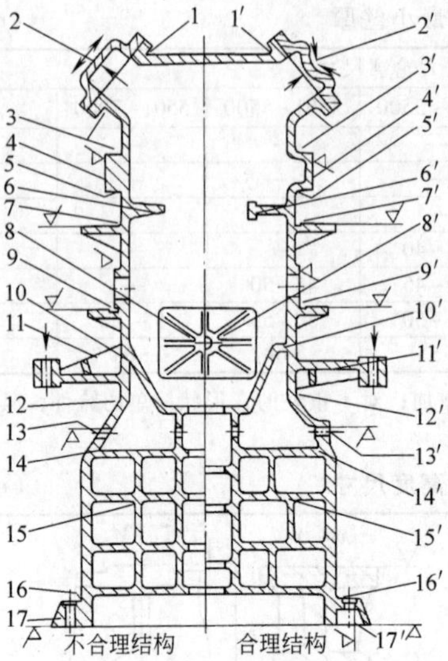

图 18.2-5 铸造结构设计的一般原则

注：不合理结构：1—易裂纹 2—当材料的抗压强度高于抗拉强度（如铸铁）时，应采取结构上的措施将不利的拉应力转化为压应力 3—易裂纹 4—多余的材料堆积，易缩孔 5—易裂纹 6—不良肋形 7—无空刀槽 8—节点金属堆积，导致组织松弛 9—造型与加工困难 10—锐角布肋，易裂纹和组织松弛 11—力矩引起的拉应力高于压应力 12—尖角，应力集中 13—刀具轴线与加工面倾斜 14—易裂纹 15—肋的十字形分布造成节点金属堆积，导致组织松弛 16—应力集中，易裂纹 17—费工，材料堆积

合理结构：1′—加圆角，以获得与应力分布相适应的结构 2′—使材料延伸，产生压应力 3′、5′、14′—载荷拉伸圆角 4′—节省金属 6′—合理肋形 7′—应有空刀槽 8′—无金属堆积，材质紧密 9′—简化了结构和加工 10′—应力均布，材质紧密 11′—材料中的压应力高于拉应力 12′—最佳应力分布和较好的外观 13′—刀具轴线与加工面垂直，加工准确 15′—肋错开布置，防止金属堆积 16′—加圆角，以获得与应力分布相适应的结构 17′—减少加工面

通孔的工艺性好，其中长度 L 与孔径 D 之比 $L/D \leqslant 1.5$ 的短圆柱通孔工艺性最好。当 $L/D>5$ 时称为深孔，精度要求高、表面粗糙度数值要求小时加工困难。

② 同轴线上孔径的分布形式应尽量避免中间隔壁上的孔径大于外壁上的孔径。

③ 箱体上的紧固孔和螺纹孔的尺寸规格尽量一致，以减少刀具数量和换刀次数。

3 焊接机架

3.1 焊接机架与铸造机架特点比较

与铸造结构相比，焊接结构具有强度和刚度高、重量轻、生产周期短以及施工简便等优点，因此焊接机架日益增多。铸铁机架与焊接机架的特点比较见表 18.2-24。

表 18.2-24 铸铁机架与焊接机架的特点比较

项目	铸铁机架	焊接机架
机架重量	较重	钢板焊接毛坯比铸件毛坯轻 30%，比铸钢毛坯轻 20%
强度、刚度及抗振性	铸铁机架的强度与刚度较低，但内摩擦大，阻尼作用大，故抗振性能好	强度高、刚度大，对同一结构，钢的强度为铸铁的 2.5 倍，钢的疲劳强度为铸铁的 3 倍。但抗振性能较差
材料价格	铸铁材料来源方便、价廉	价格高
生产周期	生产周期长，资金周转慢，成本高	生产周期短，能适应市场竞争的需要
设计条件	由于技术上的限制，铸件壁厚不能相差过大。而为了取出芯砂，设计时只能用“开口”式结构，影响刚度	结构设计灵活、壁厚可以相差很大，并且可根据工况需要，不同部位选用不同性能的材料
用途	大批量生产的中小型机架	1）单件、小批生产的大、中型机架 2）特大型机架，如大型水压机横梁、底座及立柱，大的轧钢机机架和颚式破碎机机架等，可采用小拼大的电渣焊

3.2 焊接件设计中一般应注意的问题（见表 18.2-25）

表 18.2-25 焊接件设计中一般应注意的问题

项 目	说明与措施
材料焊接性	焊接件的选择要考虑焊接性，焊接性差的材料会造成焊接困难，使焊缝可靠性降低。一般 $w(\mathrm{C})<0.25\%$ 的碳钢（如 Q235A、20 钢及 25 钢）和 $w(\mathrm{C})<0.2\%$ 的低合金钢（如 Q345 及 Q390 等）焊接性良好
合理布置焊缝	焊缝应位于低应力区，以获得承载能力大、变形小的构件；为减小焊缝应力集中和变形，焊缝布置尽可能对称，最好至中性轴的距离相等；尽量减少焊缝的数量和尺寸，且焊线要短；焊缝不要布置在加工面和需要表面处理的部位上；若条件允许应将工作焊缝变成联系焊缝；避免焊缝汇交和密集，让次要焊缝中断，主要焊缝连续
提高抗振能力	由于普通钢材的吸振能力低于铸铁，故对于抗振能力要求高的焊接件应采取抗振措施，如利用板材间的摩擦力来吸收振动；利用填充物吸振

（续）

项　目	说明与措施
合理选择截面形状及合理布肋	参照本章第 1 节
提高焊接接头抗疲劳能力和抗脆断能力	1)减少应力集中,如尽量采用对接接头;当厚度不等的钢板对接时,要以 1∶4 至 1∶10 的斜度预加工厚板;采用刻槽影响小的接头;焊缝避开高应力区;焊趾部加工使焊缝向母材圆滑过度 2)减少或消除焊接残余应力,如采用合理的焊接方法和工艺参数,焊后热处理等 3)减少结构刚度,以期降低应力集中和附加应力的影响 4)调整残余应力场
坯料选择的经济性	1)尽可能选用标准型材、板材、棒料,减少加工量 2)拐角处用压弯(内侧半径为 1.5~2.0 倍的壁厚)可节省材料和焊接费用 3)合理确定焊缝尺寸。角焊缝的焊脚尺寸的增加将使角焊缝的面积和焊接量成平方关系增加
操作方便	1)避免仰焊缝,减少立焊缝,尽量采用自动焊接,减少焊条电弧焊和工地焊接 2)要考虑可焊到性。当采用焊条电弧焊时,可焊到性所要的空间为: 当 $t_1<t_0$ 时,$\alpha>45°$ 当 $t_1=t_0$ 时,$\alpha=45°$ 当 $t_1>t_0$ 时,$\alpha<45°$ 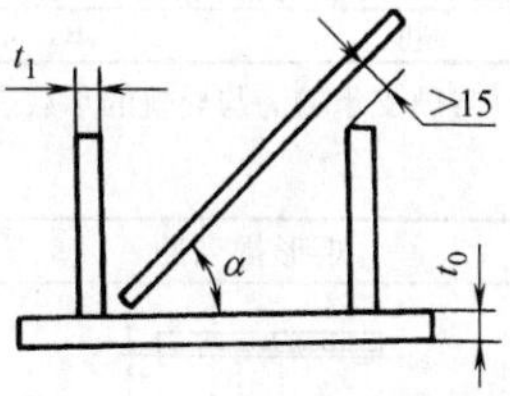

3.3　机架的焊接结构

3.3.1　焊接机架的结构型式（见表 18.2-26）

表 18.2-26　焊接机架的结构型式

结构型式	特　点	简　图	结构型式	特　点	简　图
型钢结构	机架主要由槽钢、角钢和工字钢等型钢焊接而成。这种结构的质量小、成本低、材料利用充分。适用于中小型机架	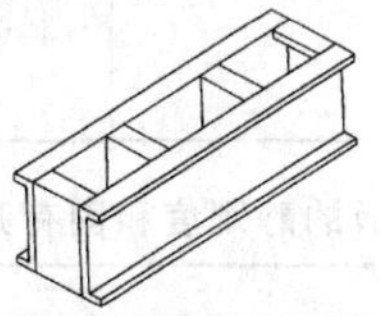	双层壁结构	双层壁结构是在上、下盖板之间有序地焊上一段管子,再以条钢构成对角线肋网而形成机架的墙壁,也可由在盖板之间焊上肋板而形成 双层壁结构是一种具有刚度高、重量轻和抗振性好的高性能结构,适用于大型、精密机架	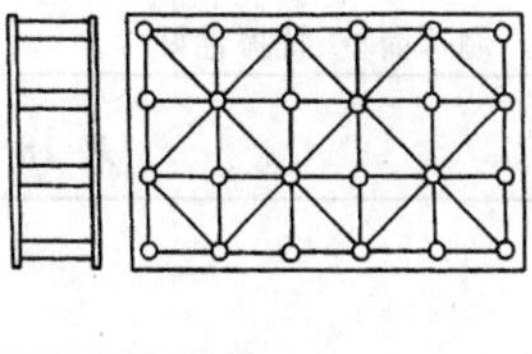
板焊结构	机架主要由钢板拼焊而成,广泛应用于各类机床,如锻压设备的床身、水压机、金属切削机床的床身、立柱以及柴油机机身等	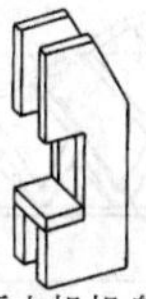 压力机机身	管形结构	以无缝钢管作为机架的主体,其特点是重量轻,抗扭刚度高	(对照图18.2-12) 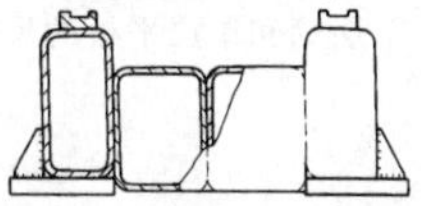

3.3.2　金属切削机床中机架的焊接结构

单件、小批生产的重型机床、专用机床以及组合机床的床身、立柱等零件，宜用焊接结构。

（1）机床中焊接机架的壁厚及布肋

金属切削机床的机架壁厚主要是根据刚度来确定的，焊接壁厚约为相应铸件壁厚的 2/3～4/5，具体数值可参照表 18.2-27 选用。为提高壁板的刚度和固有频率，防止薄板弯曲和颤振，可在壁板上焊一定形状和数量的加强肋，壁板上常见的布肋形式见表 18.2-28。大型机床以及承受载荷较大的导轨处的壁板，往往采用双层壁结构提高刚度（见表 18.2-29）。一般选用双层壁结构的壁厚 $t\geqslant 3\sim6$mm。

（2）焊缝尺寸的确定

确定焊缝尺寸的方法一般为：①焊缝的工作应力；②按等强原则；③刚度条件。由于焊接机床的床身、立柱、横梁和箱体等一般按刚度设计，故焊缝尺寸宜采用第三种方法。

按刚度条件选择角焊缝尺寸的经验做法是：根据被焊钢板中较薄的钢板强度的 33%、50% 和 100% 作为焊缝强度来确定焊缝尺寸，其焊脚尺寸 K 为

100%强度焊缝：　$K=\dfrac{3}{4}\delta$

50%强度焊缝：　$K=\dfrac{3}{8}\delta$

33%强度焊缝：　$K=\dfrac{1}{4}\delta$

式中　δ——较薄钢板厚度。

表 18.2-27 钢板焊接机架壁厚的参考值 (mm)

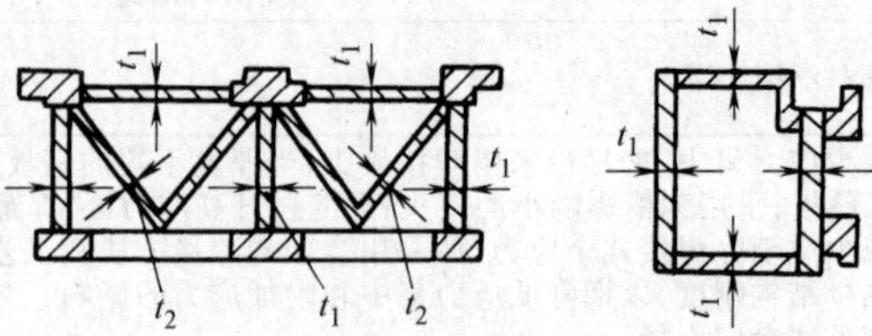

壁或肋的位置及承载情况		壁厚		壁或肋的位置及承载情况		壁厚	
		大型机床	中型机床			大型机床	中型机床
外壁和纵向主肋	t_1	20~25	8~15	导轨支承壁	t_3 ①	30~40	12~25
肋	t_2	15~20	6~12				

① 导轨支承壁为与导轨的承载表面平行且承受弯矩的壁。

表 18.2-28 壁板上常见的布肋形式

矩形排列肋	菱形排列肋	等边等角交叉排列肋
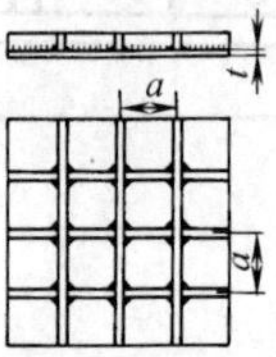	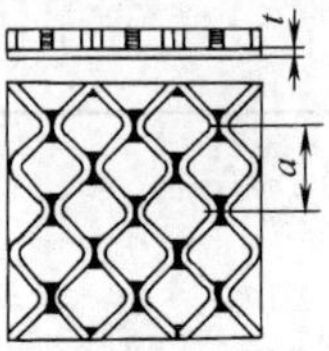	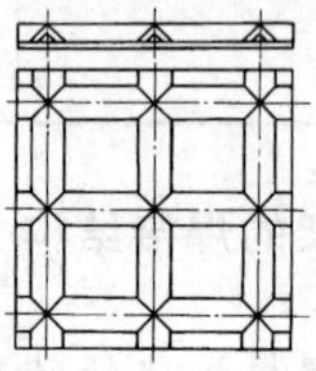
平板上布肋,纵横面呈矩形排列,其中通长肋布置在抗弯曲平面内抗弯。断开肋抗扭 $a \leqslant 20t$ 式中 a—肋的最大间距 t—壁厚 制造简单、抗振性好	平板上布置冲压的波浪肋,且呈菱形排列,两肋构成 U 形减振接头,抗扭和吸振性好,改善了阻尼特性 $a \leqslant 30t$ 式中 a—肋的最大间距 t—壁厚 制造复杂	以等边角钢为肋(大型机床一般用规格为 7~14 号等边角钢),焊成交叉肋,肋条最大间距可适当加大 制造简单

表 18.2-29 不同尺寸双层壁与单壁平板的静刚度和固有频率的对比

双层壁和单层平板的尺寸				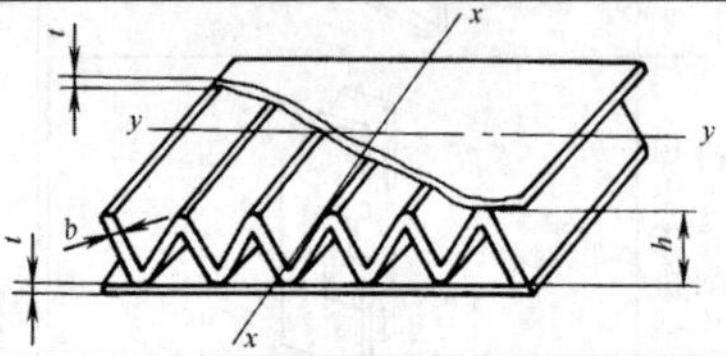							
				扭转			弯曲				
				相对刚度	单位质量相对刚度	固有频率 f_m/Hz	相对刚度 x-x	相对刚度 y-y	单位质量相对刚度 x-x	单位质量相对刚度 y-y	固有频率 f_m/Hz
单层平板	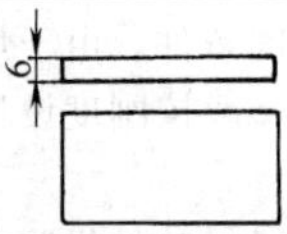			1	1	84	1	1	1	1	148
双层壁	$t=3$mm $b=1$mm	h/mm	20	18	15	300	8.6	27	7.2	23	366
			30	25	20	362	13	41	10	33	425
			40	29	23	318	13	62	10	50	340
			50	34	25	383	14	136	10	102	419
	$h=40$mm $b=1$mm	t/mm	1		16	389	7.0	26	3.2	12	
			2	25	25	405	12	36	11	36	468
			3	29	23	318	13	62	10	50	340
			4	37	23	373	16	65	9.9	40	401
	$h=40$mm $t=3$mm	b/mm	0.5	5.2	4.9	168	2.7	32	2.4	29	200
			1	29	23	318	13	62	10	50	340
			2	67	43	520	43	179	28	116	705

100%强度的角焊缝（即等强焊缝）主要用于集中载荷作用的部位，如导轨的焊接；50%强度的角焊缝，在箱体焊接中一般指 $K=(3/4)\delta$ 的单面角焊缝（见图 18.2-6）；33%强度焊缝主要用于不承载焊缝，它可以是单面或双面焊接（见图 18.2-7）。

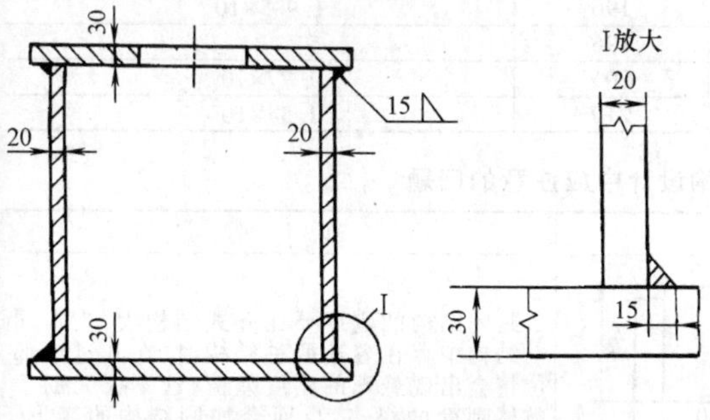

图 18.2-6　50%强度焊缝

表 18.2-30 列出了按刚度条件设计时的各种厚度钢板的角焊缝尺寸的经验估算值。

表 18.2-30　角焊缝尺寸的经验估算值

（mm）

板厚 δ	强度设计	刚度设计	
	100%强度 $K=\frac{3}{4}\delta$	50%强度 $K=\frac{3}{8}\delta$	33%强度 $K=\frac{1}{4}\delta$
6.35	4.76	2.38	1.59
7.94	5.96	2.98	1.99
9.53	7.15	3.57	2.38
11.11	8.33	4.17	2.78
12.70	9.53	4.76	3.18
14.27	10.70	5.35	3.57
15.88	11.91	5.96	3.97
19.05	14.29	7.14	4.76
22.23	16.67	8,34	5.56
25.40	19.05	9.53	6.35
28.58	21.43	10.69	7.15
31.75	23.81	11.91	7.94
34.93	26.20	13.10	8.73
38.10	28.58	14.29	9.53
41.29	30.97	15.48	10.32
44.45	33.34	16.67	11.11
50.86	38.15	19.07	12.72
53.98	40.49	20.24	13.50
56.75	42.56	21.28	14.19
60.33	45.25	22.62	15.08
63.50	47.63	23.81	15.88
66.67	50.00	25.00	16.67
69.85	52.39	26.19	17.46
76.20	57.15	25.58	19.05

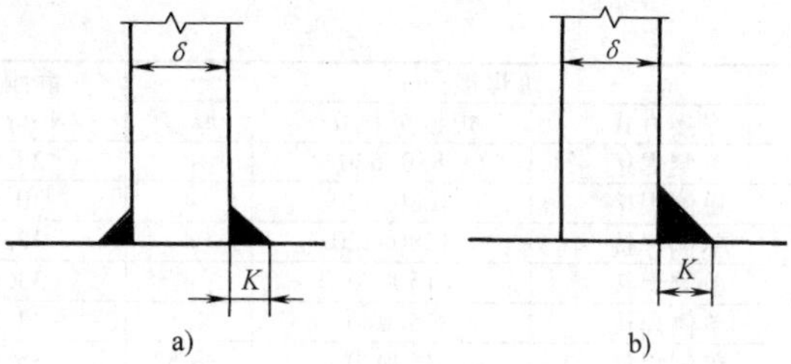

图 18.2-7　33%强度焊缝

a）双面角焊缝 $K=\frac{1}{4}\delta$　b）单面角焊缝 $K=\frac{1}{2}\delta$

（3）改善机床结构阻尼比的一般措施

1）采用吸振接头。由于它们的插头两侧焊缝在冷却收缩时，使未焊透的结合面具有一定的接触压力，当结构振动时，未焊透的结合面产生微小的位移，相互摩擦，消耗能量而吸振。

图 18.2-8 及图 18.2-9 所示为机床焊接结构中广泛应用的减振接头形式。

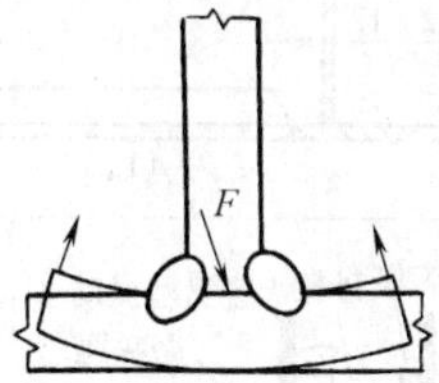

图 18.2-8　未焊透的 T 形接头

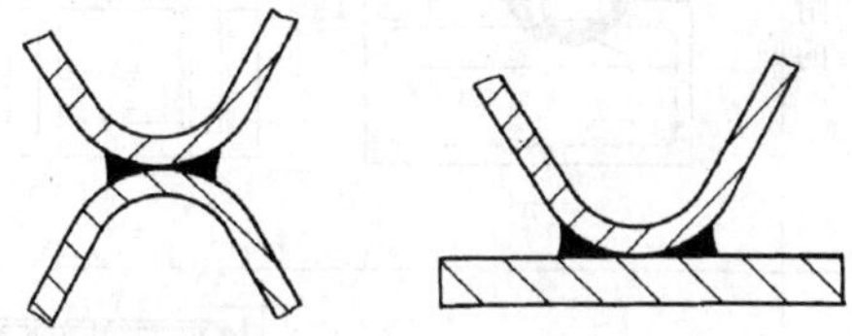

图 18.2-9　U 形减振接头

2）采用断续焊缝加大结构阻尼。它的吸振机理与吸振接头是相同的，因此断续焊缝也能获得良好的阻尼特性，见表 18.2-31。

3）注入吸振的填充物。如向焊件内部注入膨胀混凝土等吸振填充物。

4）机床焊接机架结构设计中应注意的问题（见表 18.2-32）。

（4）示例

例 18.2-1　T6916 型超重型落地镗铣床立柱原为铸件，毛坯重 24t，改为焊接立柱后，毛坯重 16t，其焊接结构如图 18.2-10 所示。其焊接结构主要具有如下特点：

表 18.2-31　断续角焊缝和连续角焊缝减振能力和刚度比较

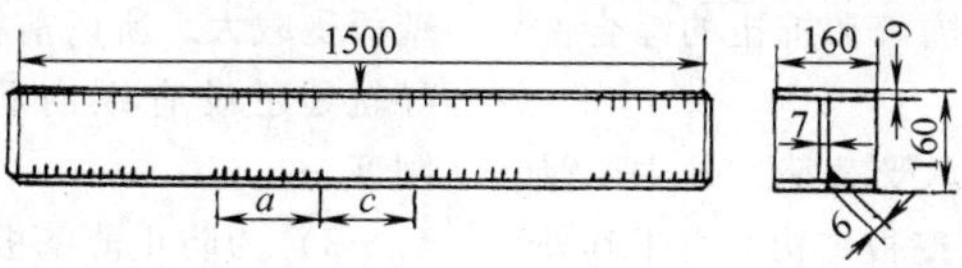

（续）

角焊接/mm			静刚度 /N · μm^{-1}	固有频率 /Hz	振幅 60μm 以下的平均振幅下降 /mm
焊接方式	焊接全长 a/c	厚度			
单侧焊接	880/620	4	28.4	175	14.5×10^{-3}
单侧焊接	1080/420	4	30.8	183	2.18×10^{-3}
单侧焊接	1280/220	4	32.8	190	2.06×10^{-3}
单侧焊接	1500/0	4	33.0	196	1.985×10^{-3}
单侧焊接	1500/0	4.5	33.5	196	
单侧焊接	1500/0	5.5	35.0	201	1.77×10^{-3}
单侧焊接	1500/0	5.5	35.8	210	1.54×10^{-3}

表 18.2-32 机床焊接机架结构设计中应注意的问题

注意事项	图例	说明
防止局部刚度过高，注意封闭结构与开式结构的过渡	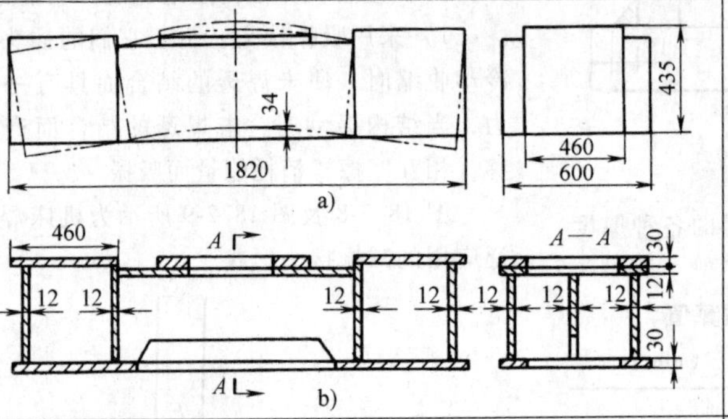	封闭结构的刚度要比开式结构大，当在同一结构中存在着这两种结构时，在其过渡部位将会出现悬殊的刚度差值，这不仅无助于整体刚度的提高，反而会加剧结构的变形。图 a 所示为组合机床底座，其两端是封闭箱形结构，中间部位是开式结构，中间虽有两块隔板但对于提高抗弯和抗扭刚度的作用不大，因此底座在焊接过程中就出现了 34mm 的弯曲变形。后在中间部位加上一条纵向肋（见图 b），减少了封闭结构和开式结构的刚度差，结果变形减小到 2mm
应考虑床身等所支承的附加件的影响	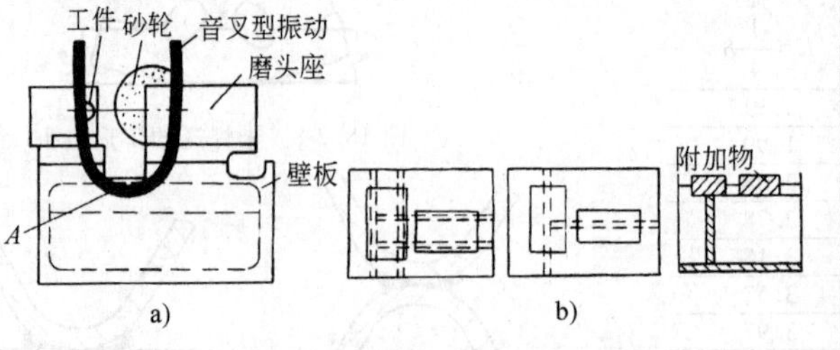	床身、立柱、横梁等大件上面都要装置各种附加的零、部件，这些附加件的存在会降低支承部位的固有频率。因此，设计附加件时，重量要轻、布置要尽量均衡；附加件的支承部位的刚度要高。如图 a 所示，外圆磨床原铸件床身为封闭的箱形结构，其整体刚度很均匀。但床身顶板上装置磨头—工件系统结构的部位 A，就显著降低其固有频率，当磨头电动机的振动频率为 50Hz 时，就出现音叉型振动。后把床身改为焊接结构，由井字形或 T 形肋板直接支承磨头—工件系统（见图 b），不再出现音叉型振动
防止局部刚度陡降	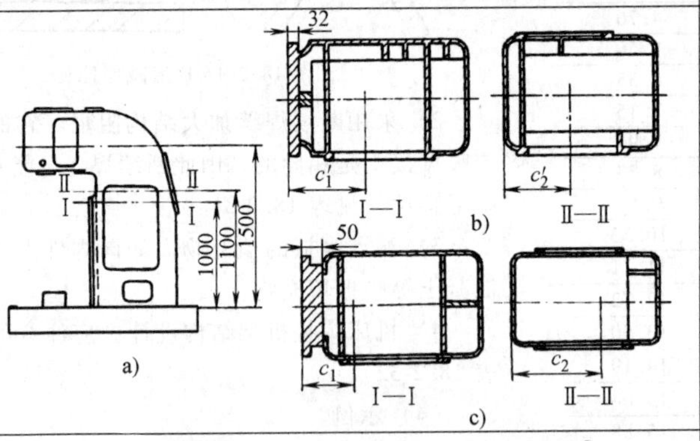	键槽铣床铸造床身改为焊接结构后，Ⅰ—Ⅰ截面形心矩由 c'_1 减为 c_1，使床身所受的弯矩减小，但在高度为 1100mm 处，由于导轨的中断，焊接床身形心矩加大到 c_2，它比铸造床身的 c'_2 要大，故在导轨中断处刚度陡降。在高度为 1500mm 处，抗扭刚度比原铸件低 27%，而在 1000mm 以下部位抗扭刚度高于铸件 50%，在导轨中断处出现音叉型振动，致使机床失去正常工作能力
结构力求对称	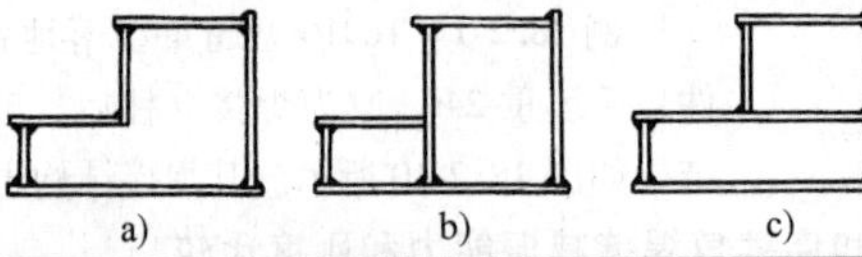	焊缝对称于结构中性轴布置能减少焊接变形，而焊缝的对称布置很大程度上取决于结构设计的对称性。故图 a 不好，图 b 及图 c 好

1）为保证立柱具有较高的抗弯和抗扭的综合性能，立柱采用封闭的箱形结构。

2）前墙安装有导轨，直接承受载荷，是主要受力面，故前墙采用刚性好的双层壁板结构。由于其外壁板受载大，所以前板厚度为 40mm。而双壁内紧靠导轨处还设有纵向肋，以进一步提高导轨的支承刚度。

3）为防止薄壁板引起的局部失稳和颤振，在四

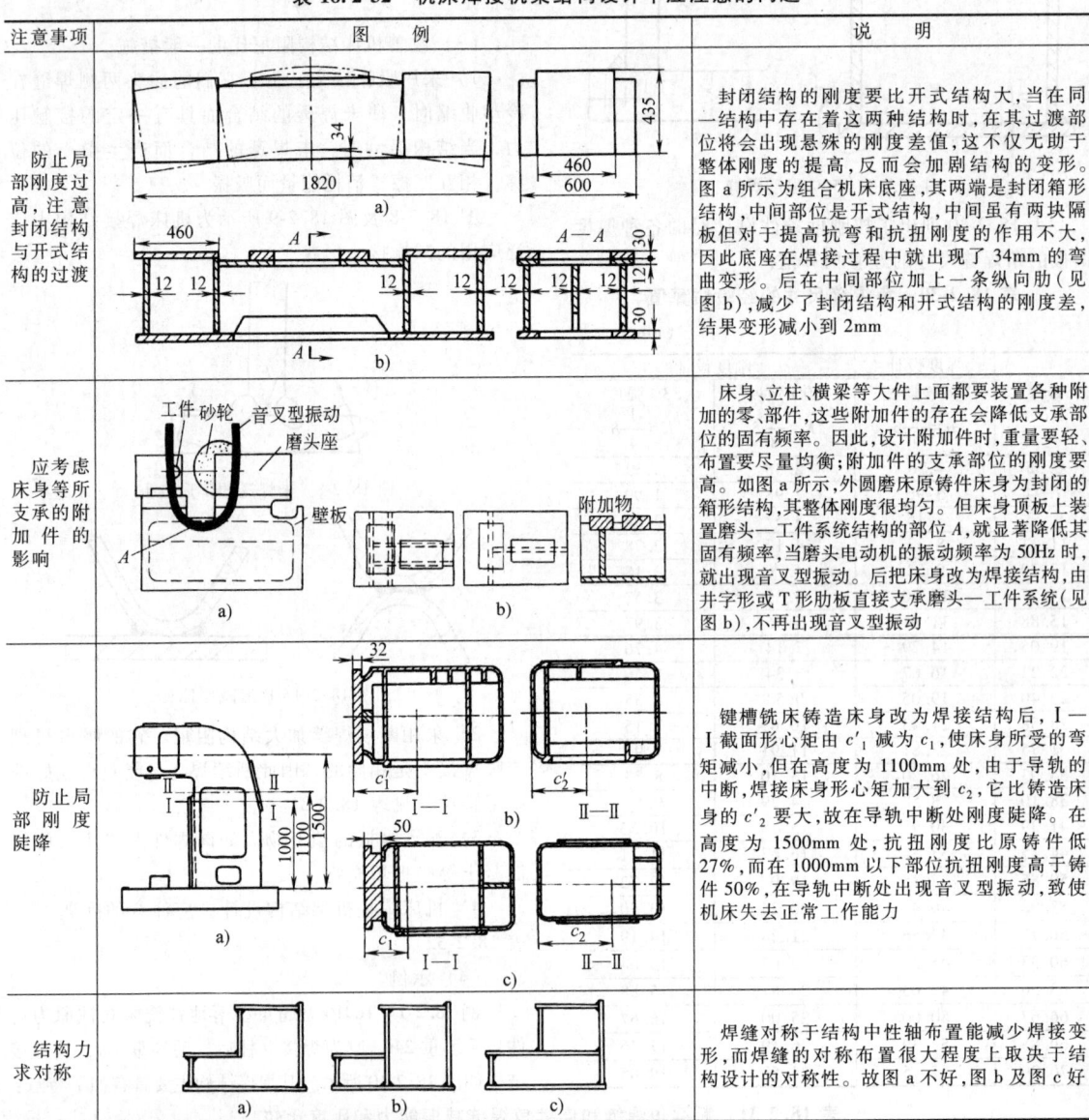

壁板内侧焊上波浪形肋。其中，前墙双层壁中间焊有两组波浪形肋，后墙的内侧有三组波浪形肋，左右墙内侧各有两组波浪形肋。

4）为进一步提高抗扭性能，防止立柱发生断面畸形，沿柱长度方向每隔 810mm 设横向肋板。

5）波浪形肋组成了许多U形减振接头。其T形接头均采用断续角焊缝以增加阻尼，从而提高了减振能力。

6）四个柱脚采用厚壁无缝钢管，自然形成圆角，可避免应力集中并加强了立柱的刚性，此外还可使外板连接方便。

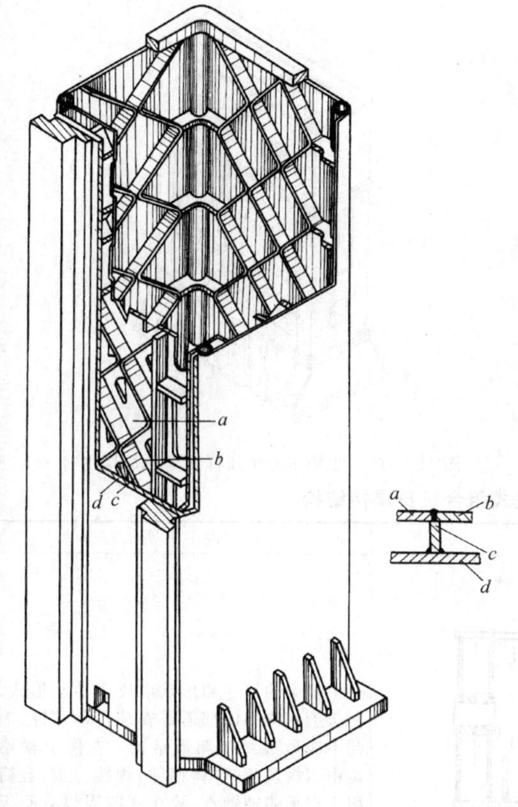

图 18.2-10　T6916 型超重型落地镗铣床立柱的焊接结构

T6916 焊接立柱的壁厚及材料见表 18.2-33。

表 18.2-33　T6916 焊接立柱的壁厚及材料

件名	厚度/mm	材料
前板	40	Q345
外板	25	Q345
肋板	14	Q345
导轨		铸铁
上法兰	80	19Mn
下法兰	90	19Mn
无缝钢管	ϕ152	20

综上所述，在立柱的结构设计中，由于采用了合理的载面和正确布肋，以及改善结构的阻尼特性等一系列措施，从而保证了在减轻重量的同时，提高了立柱的静刚度和良好的抗振性能。

为保持尺寸稳定，消除内应力，焊后应进行热处理。第一次热处理安排在焊接后，第二次热处理安排在粗加工后进行。第一、二次热处理规范分别如图 18.2-11a及图 18.2-11b 所示。

例 18.2-2　图 18.2-12 所示为加工中心机床水平床身。它由四根长度相等的矩形钢管（1、2、3 和 4）焊接而成（对照表 18.2-26），其中左右两根钢管较高，顶部焊有钢制导轨。在钢管的端部，分别用板 5、6 封口，构成有较高刚度的焊接机架。

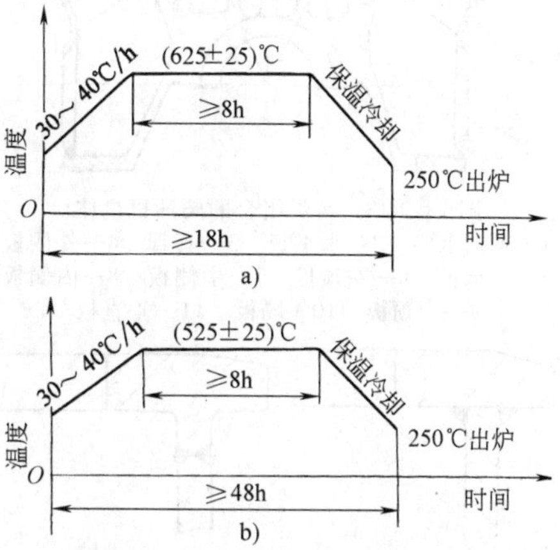

图 18.2-11　T6916 焊接立柱热处理规范

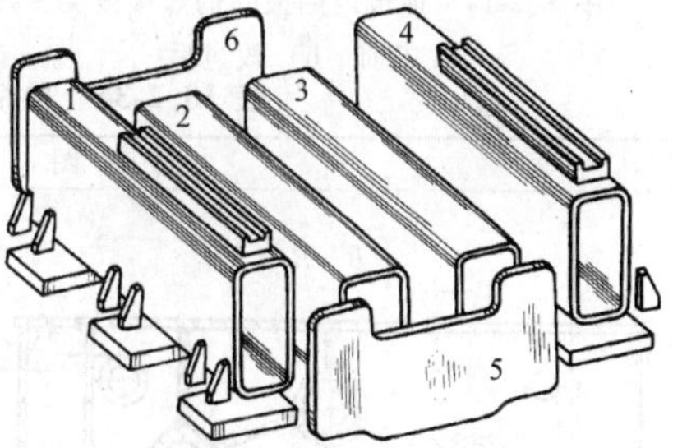

图 18.2-12　加工中心机床水平床身

3.3.3　柴油机焊接机体

柴油机工作时，机体要承受气体的压力、各种惯性力以及紧固各零部件的预紧力，故机体必须具有足够的强度和刚度。图 18.2-13 所示为铸焊组合的柴油机机体。主轴承座是整体铸钢件（材料为 Q345 或 ZG 230-450），刚性大又方便组焊定位。其上焊有左右对称的 14 块垂直板及两端的端板，并且与左右顶板相焊接，中间有中侧板与其相连，下有水平板，纵向有整体的内侧板、中侧板以及外侧板贯穿前后，整个机身焊成后，形成一个箱形结构。

在全焊透的情况下，T 形接头的应力集中系数是对接接头的 1.7 倍。有关资料表明，某型号的柴油机焊接机体在顶板与内侧板以及主轴承座与中间隔板间，由于采用了 T 形接头，结果在使用中，大部分机体在该两处发生疲劳开裂。改为对接（双 V 形坡口）后，运行良好（见图 18.2-14）。因此，各板与主轴承座之间的焊缝，以及顶板和内侧板、顶板和中侧板之间的焊缝，均应采用对接接头。

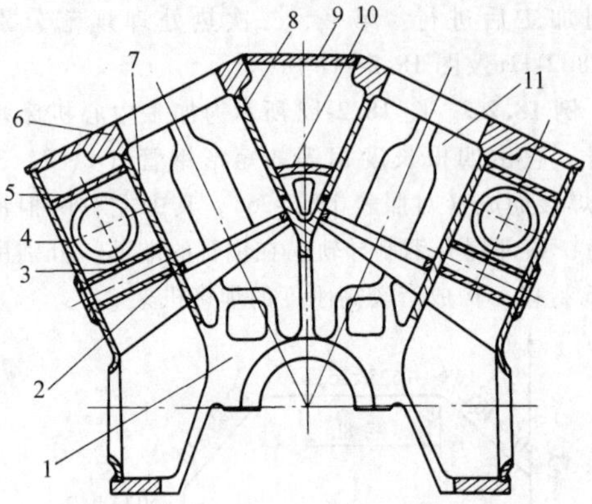

图 18.2-13　铸焊组合的柴油机机体

1—主轴承座　2—水平板　3—套管　4—外侧板　5—支承板　6—左顶板　7—中侧板　8—内侧板　9—中顶板　10—隔板　11—垂直板

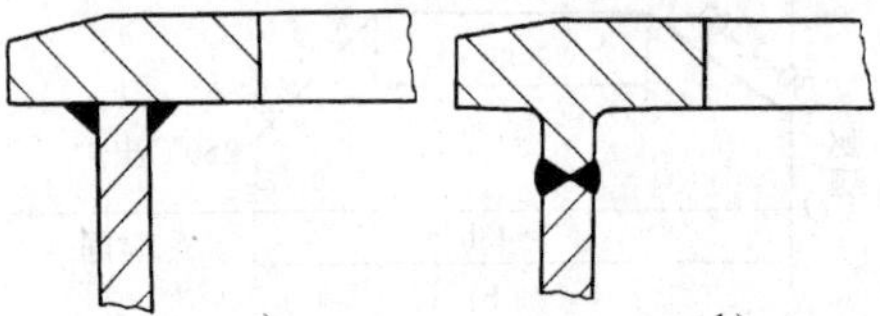

a)　　b)

图 18.2-14　顶板内侧板间的焊接接头

a）改进前　b）改进后

焊后机体进行炉内整体高温回火处理，以消除残余应力，保证机身加工精度和尺寸的稳定性。

3.3.4　曲柄压力机闭框式组合焊接机身

曲柄压力机闭框式组合焊接机身由上横梁、立柱、底座和拉紧螺栓组成（见图 18.2-15）。组合式机身便于加工、运输，故适用于中型和大型压力机。其焊接结构见表 18.2-34。

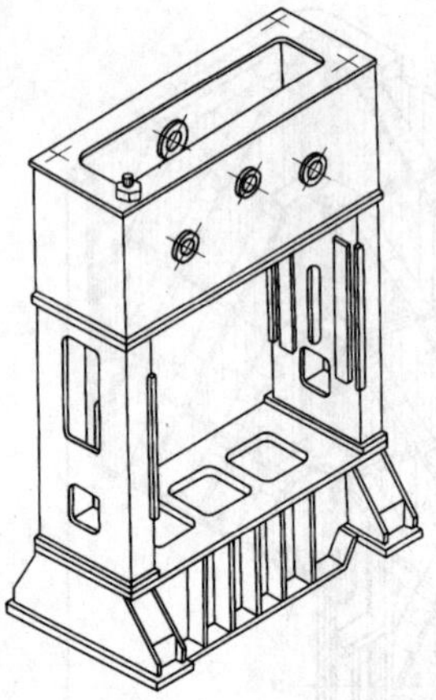

图 18.2-15　曲柄压力机闭框式组合焊接机身

表 18.2-34　曲柄压力机闭框式组合机身焊接结构

项目	简　图	说　明
上横梁	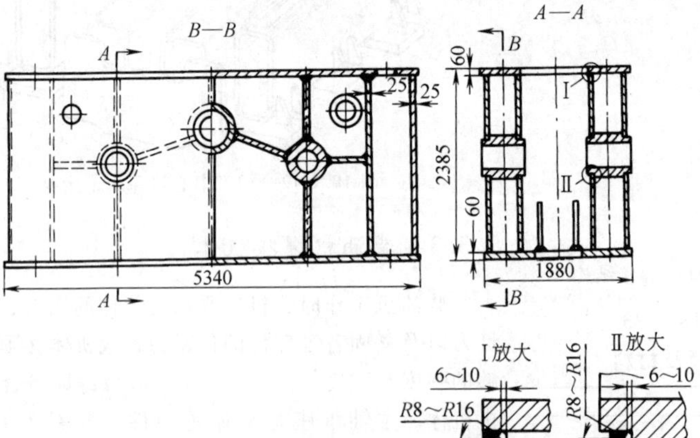	上横梁的尺寸和形状取决于传动形式，由于上横梁的内部需要安装传动部件，因此不能做成封闭箱形结构。左图上横梁是由钢板及套筒（铸钢件）焊接而成，套筒用于支承曲轴轴承，故在其四周焊有肋板以提高刚度。套筒与壁板之间，以及上、下盖板与前、后壁之间的焊缝是工作焊缝，故开坡口焊接；其他联系焊缝未开坡口，且焊脚尺寸也不太大
立柱	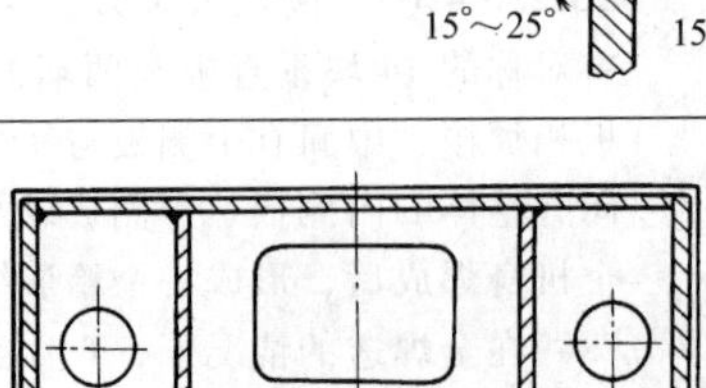 a)	立柱是受压件，支承压力机上部重量并承受拉紧螺栓的压力，同时还是滑块运动的导轨，故立柱用厚钢板焊成箱格结构，内部设置隔板以增强局部刚度和局部稳定性。立柱主要的受力板板厚为 16～100mm

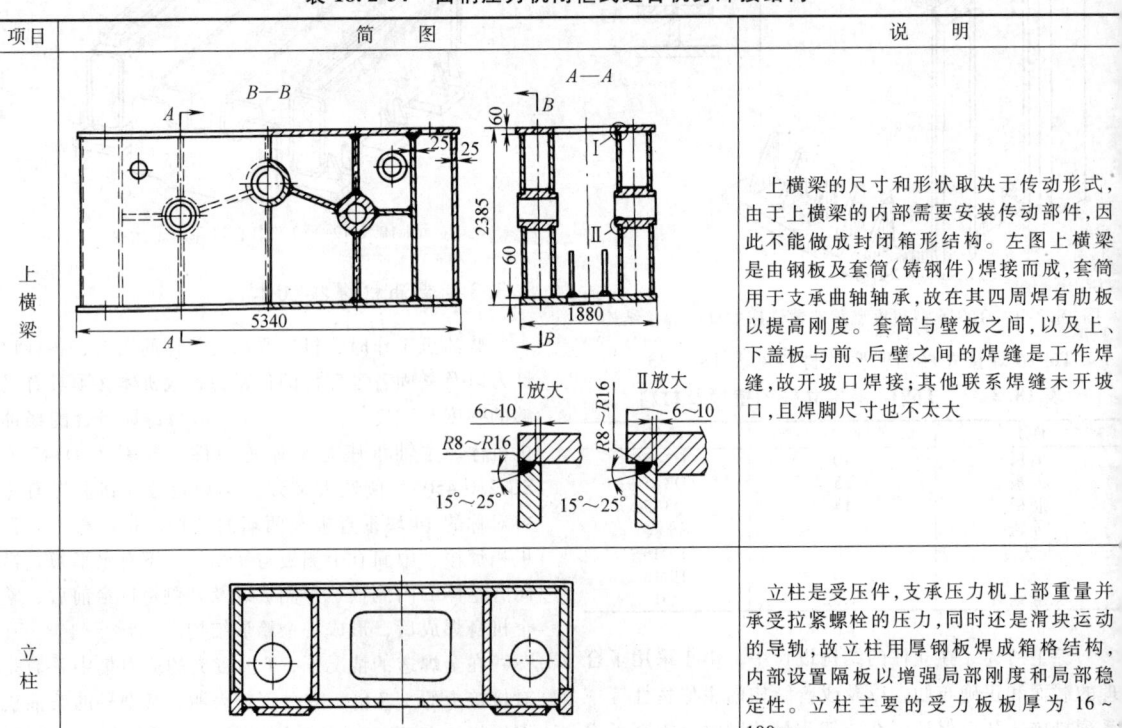

（续）

<table>
<tr><th>项目</th><th>简　图</th><th>说　明</th></tr>
<tr><td>立柱</td><td>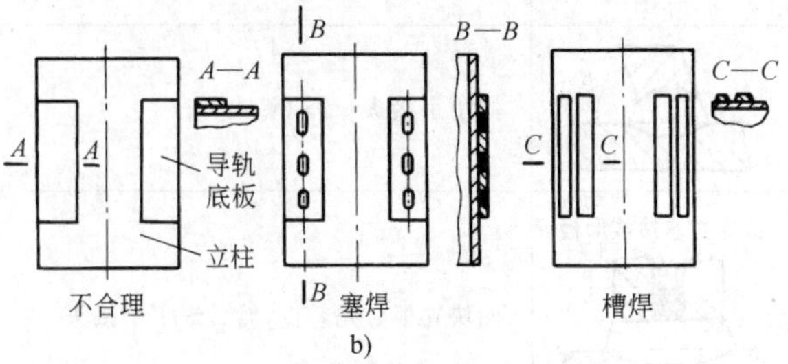</td><td>图 a 所示为大型压力机的焊接立柱截面，图 b 所示为立柱上导轨底板的焊接方式，应采用塞焊和槽焊</td></tr>
<tr><td>底座</td><td>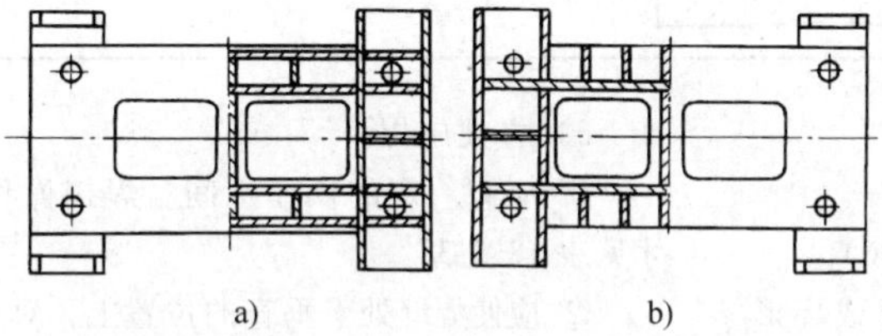</td><td>底座的焊接结构：图 a 由于前、后壁板被隔断，使连接处的焊缝受力大，易产生撕裂；图 b 前、后壁板均为一整体，焊缝受力小，结构简单合理
立柱孔的位置主要由柱距决定，但应尽可能使立柱孔靠近立柱前、后壁板，并可在孔周围加肋</td></tr>
</table>

3.4　机架的电渣焊结构

电渣焊已在锻压机械、重型机械和船舶机械制造业中得到普遍的应用，可焊接各种碳钢及中、低合金钢和铬镍不锈钢等。

大型机架采用铸-焊、锻-焊或板-焊结构，这不仅可以解决由于冶炼、铸造及锻造设备吨位不足无法整铸、整锻的问题，而且还可以使产品重量大为减轻，缩短生产周期，取得良好的技术经济效果。采用现场焊接可解决大型机架的运输问题。

3.4.1　电渣焊的接头形式（见表 18.2-35）

表 18.2-35　电渣焊的接头形式

<table>
<tr><th colspan="2" rowspan="2">接头形式</th><th colspan="2">图　形</th><th colspan="6" rowspan="2">接头尺寸/mm</th></tr>
<tr><th>标注方法</th><th>详图</th></tr>
<tr><td rowspan="16">常用接头</td><td rowspan="5">对接接头</td><td rowspan="5">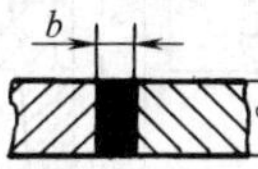</td><td rowspan="5">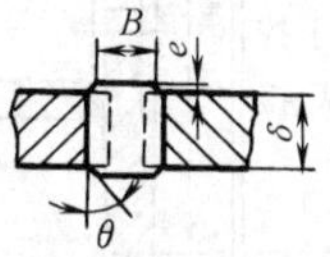</td><td>δ</td><td>50~60</td><td>60~120</td><td colspan="2">120~400</td><td>>400</td></tr>
<tr><td>b</td><td>24</td><td>26</td><td colspan="2">28</td><td>30</td></tr>
<tr><td>B</td><td>28</td><td>30</td><td colspan="2">32</td><td>34</td></tr>
<tr><td>e</td><td colspan="5">2±0.5</td></tr>
<tr><td>θ</td><td colspan="5">45°</td></tr>
<tr><td rowspan="6">丁字接头</td><td rowspan="6">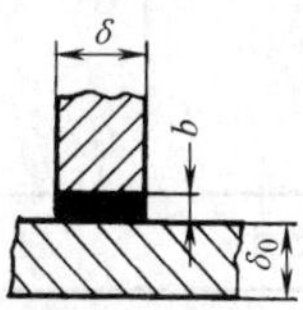</td><td rowspan="6">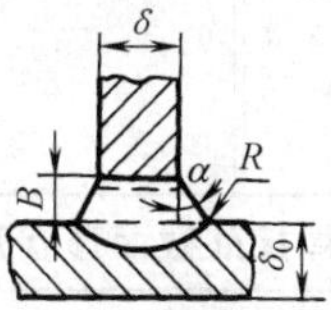</td><td>δ</td><td>50~60</td><td>60~120</td><td>120~200</td><td>200~400</td><td>>400</td></tr>
<tr><td>b</td><td>24</td><td>26</td><td>28</td><td>28</td><td>30</td></tr>
<tr><td>B</td><td>28</td><td>30</td><td>32</td><td>32</td><td>34</td></tr>
<tr><td>δ_0</td><td>≥60</td><td>≥δ</td><td>≥120</td><td>≥150</td><td>≥200</td></tr>
<tr><td>R</td><td colspan="5">5</td></tr>
<tr><td>α</td><td colspan="5">15°</td></tr>
<tr><td rowspan="8">角接接头</td><td rowspan="8">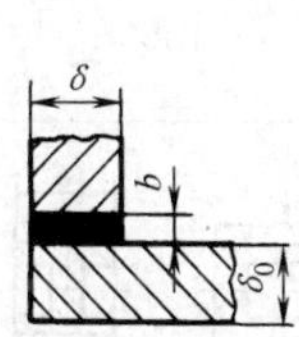</td><td rowspan="8">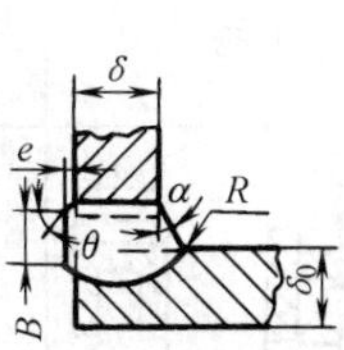</td><td>δ</td><td>50~60</td><td>60~120</td><td>120~200</td><td>200~400</td><td>>400</td></tr>
<tr><td>b</td><td>24</td><td>26</td><td>28</td><td>28</td><td>30</td></tr>
<tr><td>B</td><td>28</td><td>30</td><td>32</td><td>32</td><td>34</td></tr>
<tr><td>δ_0</td><td>≥60</td><td>≥δ</td><td>≥120</td><td>≥150</td><td>≥200</td></tr>
<tr><td>e</td><td colspan="5">2±0.5</td></tr>
<tr><td>θ</td><td colspan="5">45°</td></tr>
<tr><td>R</td><td colspan="5">5</td></tr>
<tr><td>α</td><td colspan="5">15°</td></tr>
<tr><td>特殊接头</td><td>叠接接头</td><td>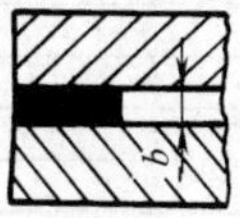</td><td>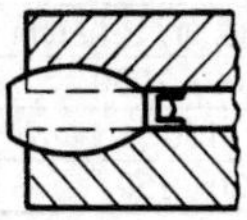</td><td colspan="6">同对接接头</td></tr>
</table>

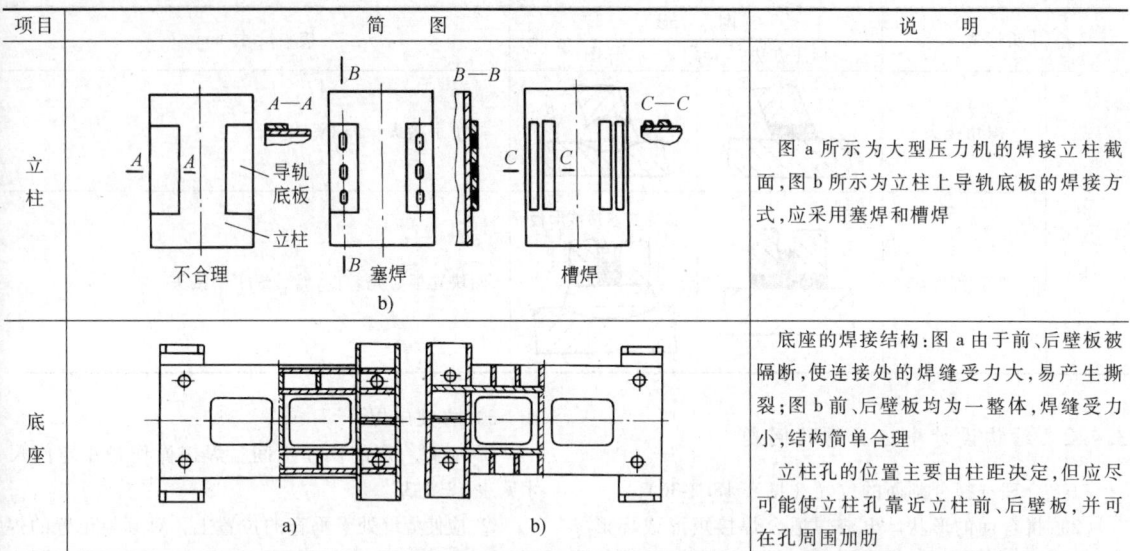

（续）

接头形式		图形		接头尺寸/mm
		标注方法	详图	
特殊接头	斜角接头	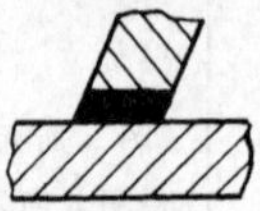		同丁字接头　$\beta>45°$
	双丁字接头	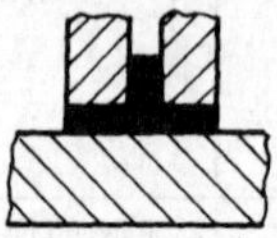	固定式水冷成形板 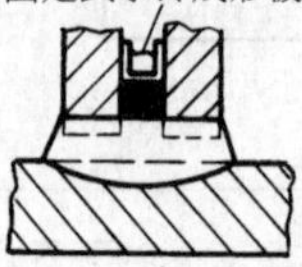	两块立板应先叠接，然后焊丁字接头

3.4.2　结构设计中应注意的问题

1）合理选择分割面的位置（见表 18.2-36）。

2）拼合面的形状。电渣焊适合焊接矩形或环形截面，其他形状截面一般应改成矩形截面焊接。铸件可在拼合面的位置局部铸成矩形（见表 18.2-37）

3）方便施焊。

① 应有一定的操作空间。焊接操作最小空间尺寸见表 18.2-38。

② 应使焊缝处于垂直的位置上，对倾斜位置的焊接，其倾斜角度应在一定范围之内，以免烧坏成形装置或造成未焊透。其角度允许值见表 18.2-39。

表 18.2-36　分割面位置的合理选择

改进前	改进后	说明	改进前	改进后	说明
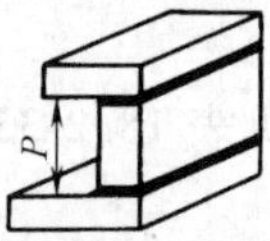	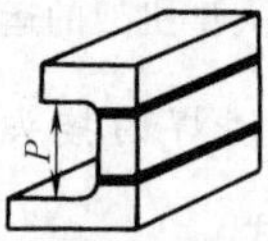	分割面应放在低应力区	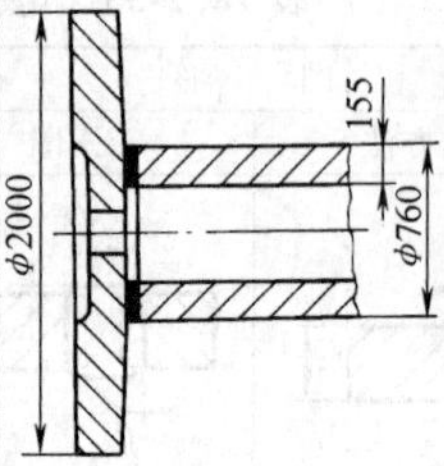	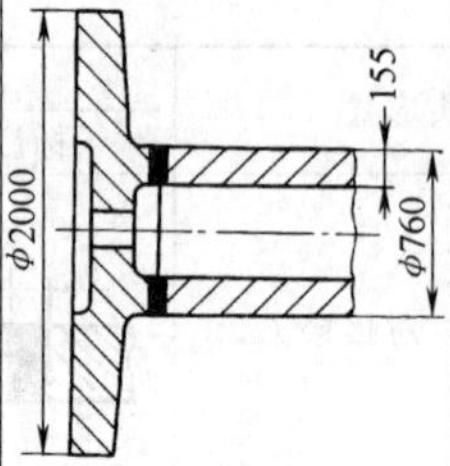	应便于施焊。改进前，大直径的法兰盘妨碍送丝，无法施焊；改进后，不仅施焊方便，还使焊缝离开突变区
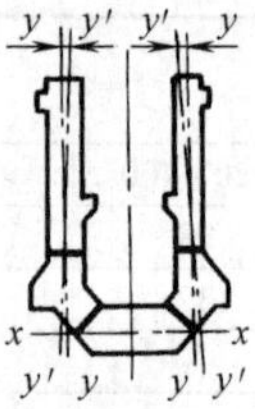	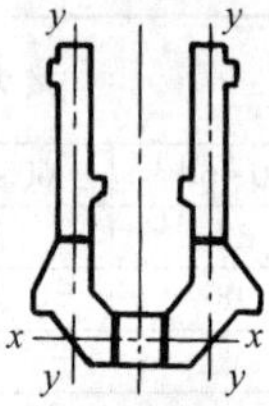	分割面的位置应有利于控制焊接变形			
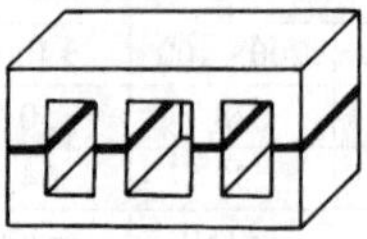	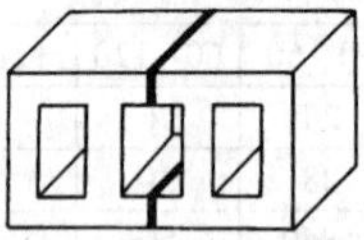	分割面上的焊缝数量应最少			

表 18.2-37　焊接处截面形状及尺寸

工作截面形状	截面形状				
	矩形	圆形	冂形	I 形	回形
焊接处截面形状	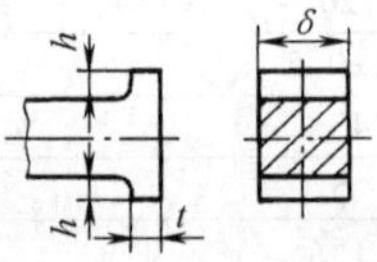	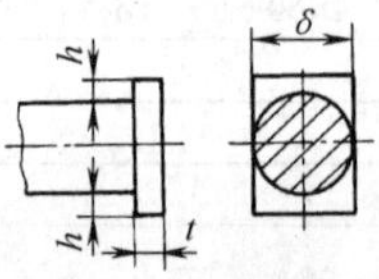	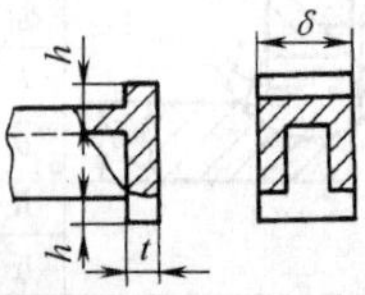	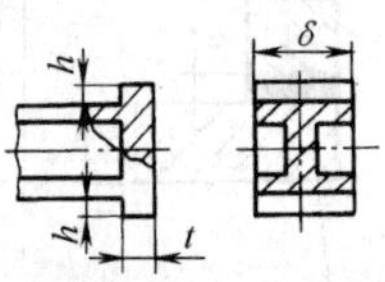	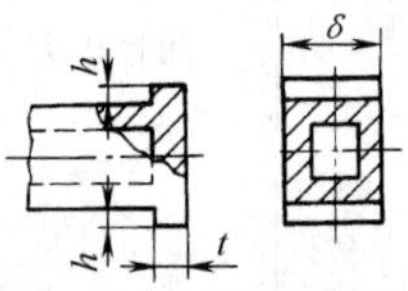
焊接处截面尺寸/mm					
δ	>120~200	>200~500	>500~1000	>1000	
h	100	120	150	150	
t	80~100	100~120	120~150	>200	

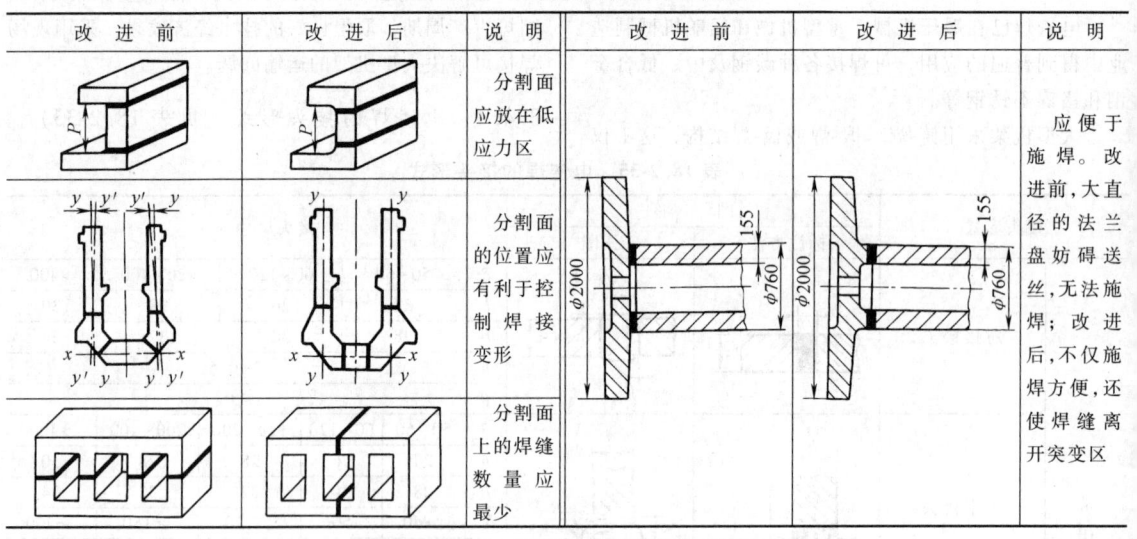

表 18.2-38　焊接操作空间最小尺寸

（mm）

H	$b_1 \times b_2$	简图
<500	≥300×300	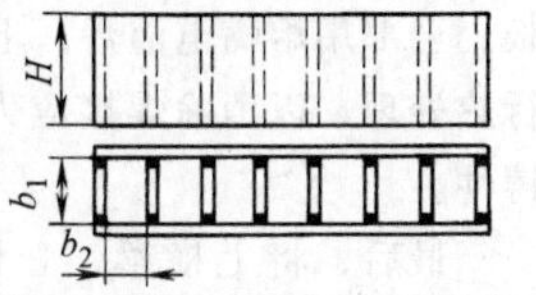
<500～1000	≥400×400	
>1000	≥500×500	

表 18.2-39　倾斜位置焊接角度允许值

成形装置	倾斜角度的允许值		简图
	焊件倾斜、焊缝处于垂直位置（图 a）	焊缝倾斜、机体处于垂直位置（图 b）	
铜质成形装置	20°～30°	10°～15°	
钢垫板	30°～45°		

4）板-焊结构中主要承力板的布置。在板-焊结构设计中，不应使主要工作应力方向和板面垂直，即最大外力不应作用在板的侧面焊缝上，以防止当厚板内部存在夹层时，由于工作应力的作用，可能在夹层处裂开。如图 18.2-16 所示，当 y-y 轴方向的弯曲力矩大于 x-x 轴方向的弯曲力矩时，则图 18.2-16a 较合理。

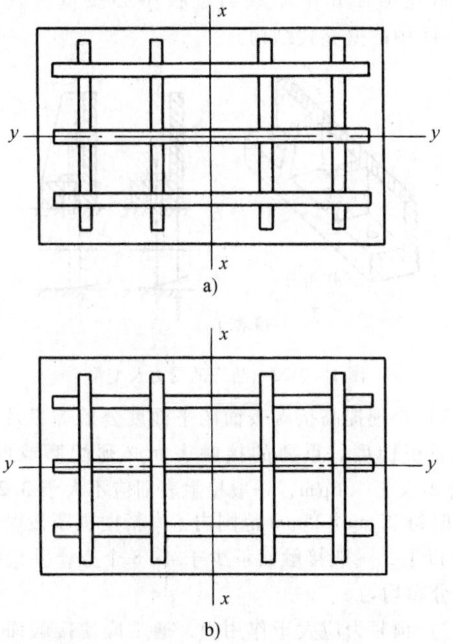

图 18.2-16　板-焊结构中主要承力板的布置

5）电渣焊结构，在焊后一般应进行正火、回火或高温退火处理。

例 18.2-3　铸-焊压力机横梁（见图 18.2-17）。采用整体铸造时，经常产生变形，而对于这种大截面的铸件，矫正变形很困难。后分两部分铸造，采用电渣焊焊成一整体，很好地解决了整体铸造的变形问题，而且还简化了铸造工艺。

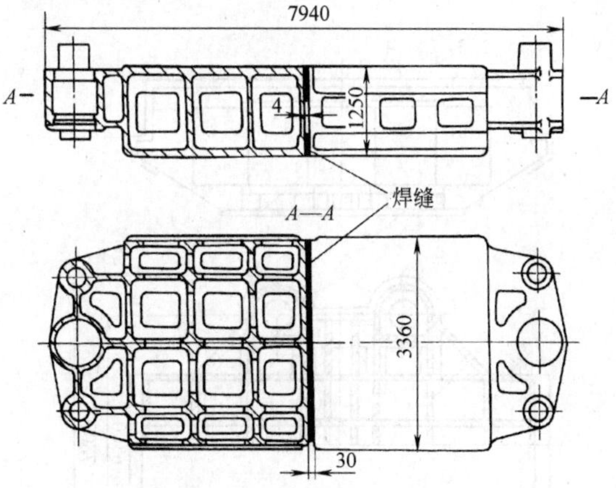

图 18.2-17　铸-焊压力机横梁

例 18.2-4　铸-焊平台（见图 18.2-18）要求有一定的平面度，这种板式结构若全部用焊接结构，焊接后变形非常大，校正困难。将其分成三段，拼合面铸造矩形，然后采用电渣焊焊成整体，保证了平台质量。

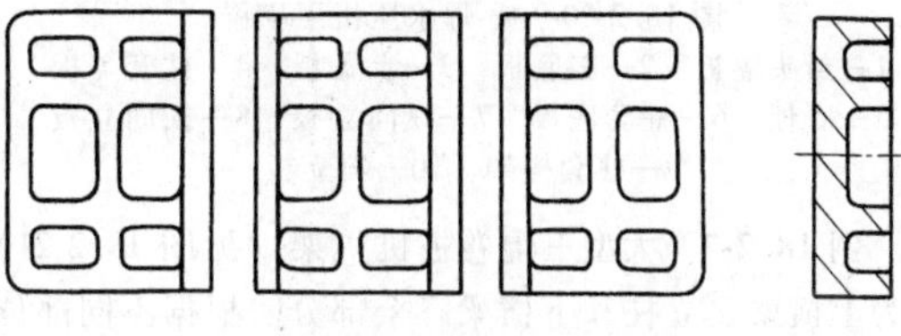

图 18.2-18　铸-焊平台

例 18.2-5　将铸-焊立辊机架（见图 18.2-19）分六块浇注，再用电渣焊焊成整体，拼合面局部铸成矩

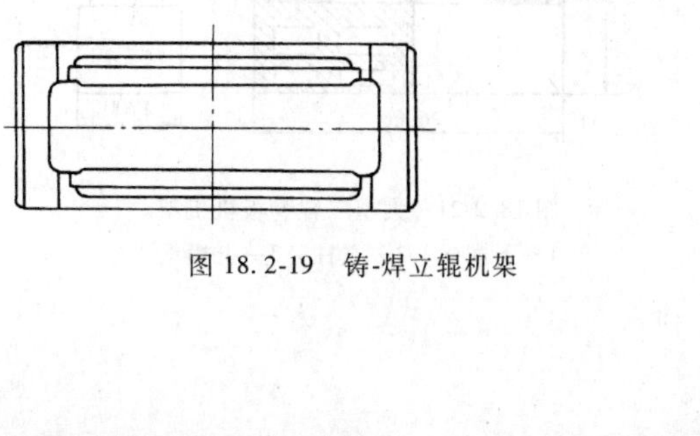

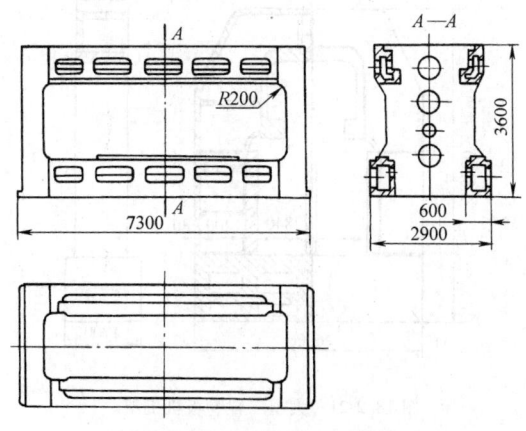

图 18.2-19　铸-焊立辊机架

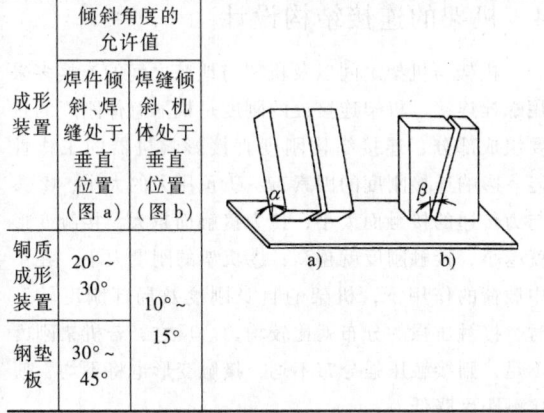

形。为便于焊接时装拆水冷成形板，R200mm 部位先不铸出，铸焊后再堆焊。

例 18.2-6　板-焊水压机下横梁（见图 18.2-20）是由厚钢板拼焊而成的，不需大型冶炼设备，用电渣焊焊成整体。由于纵向立板受力较大，全长不分段，横向立板则分为若干段，用丁字形接头与纵向立板连接。焊后进行正火加回火热处理。

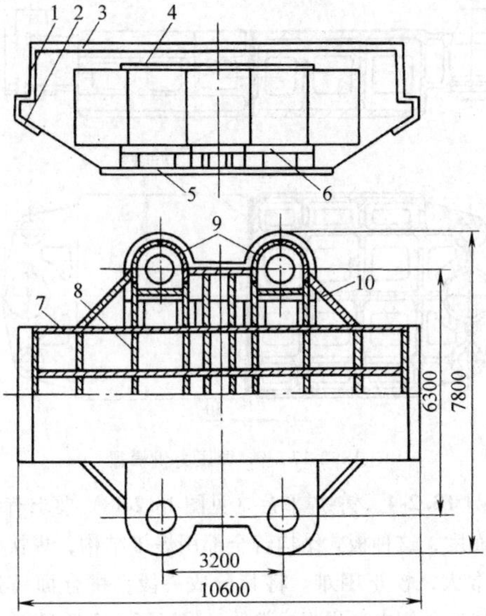

图 18.2-20　板-焊水压机下横梁
1—封头盖板　2—斜底板　3—上盖板　4—柱套盖板
5—底板　6—柱套底板　7—纵向立板　8—横向立板
9—柱套构架　10—斜立板

例 18.2-7　大型三辊卷板机机架（见图 18.2-21）分为上横梁、立柱和下横梁三个部分。根据不同部位的不同使用要求，分别采用 Q345 厚钢板、45 钢锻件、35 钢铸件焊接而成。

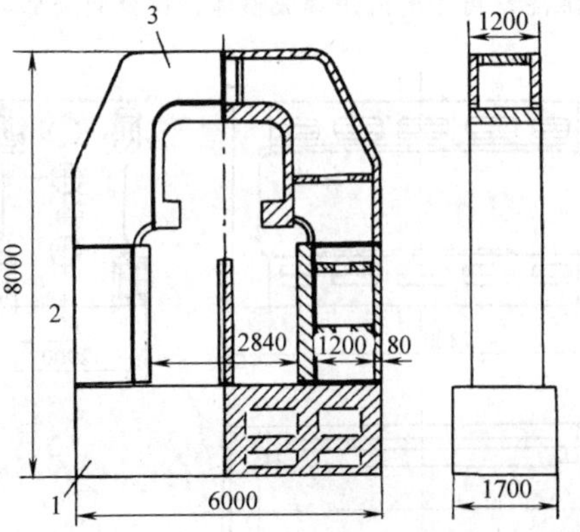

图 18.2-21　大型三辊卷板机机架
1—下横梁　2—立柱　3—上横梁

上横梁用 45 钢的弓形锻件及 Q345 钢板拼焊而成，除圆角处及弧形板用焊条电弧焊外，主要用熔嘴电渣焊。立柱内侧厚板用 45 钢锻件，其余用 Q345 钢板，全部用熔嘴电渣焊。上横梁及立柱焊后都及时进行热处理，以消除焊接应力。下横梁为 ZG 275-485H 铸件。

最后，将上横梁、立柱、下横梁三部分进行总装，用电渣焊焊成整体，整体进行热处理。

4　机架的连接结构设计

机架与机架之间以及机架与地基之间的连接多采用螺栓连接，机架连接处的刚度是机器总体刚度的重要组成部分，连接结构刚度直接影响机器的工作性能。影响连接刚度的因素有：①预压力的大小；②参与力传递的接触面大小，传力接触面越大，接触变形就越小，接触刚度就越高；③机架的刚度大小。在集中载荷的作用下，机架的自身刚度及局部刚度较高时，接触压强的分布就比较均匀。反之，若机架刚度不足，则接触压强分布不均，接触变形也将不均，使接触刚度降低。

为保证机架连接刚度，设计时应注意以下几点：

1）改善连接部位的受力状态。如图 18.2-22 所示，由于螺栓中心线与板壁之间存在着偏心距 e，使凸缘产生向上的弯曲变形，但当螺栓越靠近板壁时，弯曲变形就越小，因此设计时尽量使螺栓孔靠近壁板，或使螺栓孔中心线与壁板中心线重合（见表 18.2-41 中的壁龛式结构）。

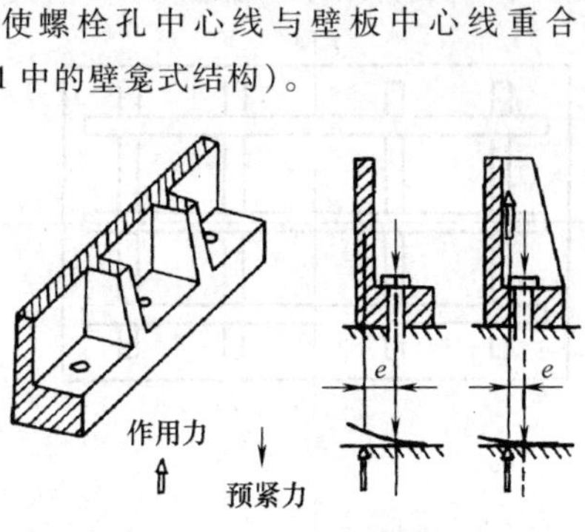

图 18.2-22　凸缘的受力及变形

2）合理提高接触表面的平面度公差等级及改善其表面粗糙度。重要的接触表面必须配磨或配研，Ra 应不大于 1.6μm，一般接触表面应不大于 3.2μm。配刮时每 25mm×25mm 范围内，高精度机床接触点为 12 点以上，一般接触面不少于 4～8 个点，并应使接触点分布均匀。

3）预紧力应大于作用力，通常应使接触面间的平均预压压强约为 2MPa。

4）螺栓的数量及排列。图 18.2-23 所示为当连

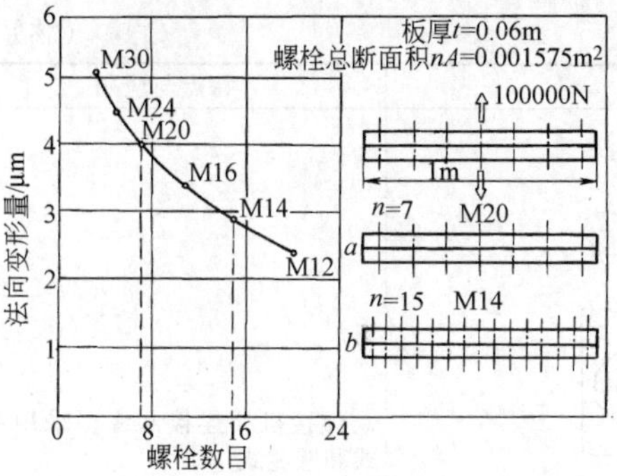

图 18.2-23　螺栓数量及大小对连接刚度的影响

接螺栓的总截面积不变时，螺栓的数量及大小对连接刚度的影响。从图 18.2-23 中可看出，直径较小而数量较多的螺栓连接，比直径较大而数量较少的螺栓连接法向变形小。

螺栓的数量、排列及肋的分布对连接刚度的影响见表 18.2-40。表内数据表明，均布排列的比不均布排列的螺栓刚度高。y 方向的抗弯刚度和抗扭刚度随着肋的数量增加而提高。

铸造及焊接机架连接凸缘的结构型式见表 18.2-41。

表 18.2-40　螺栓的数量、排列及肋的分布对连接刚度的影响

简图		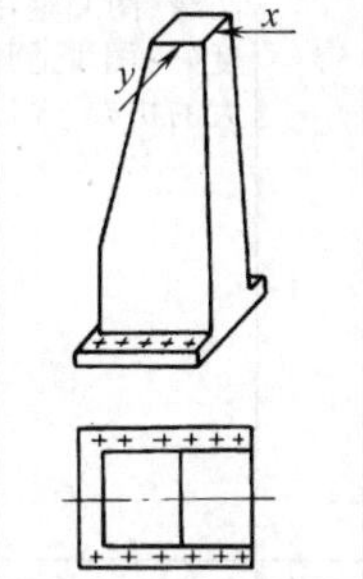	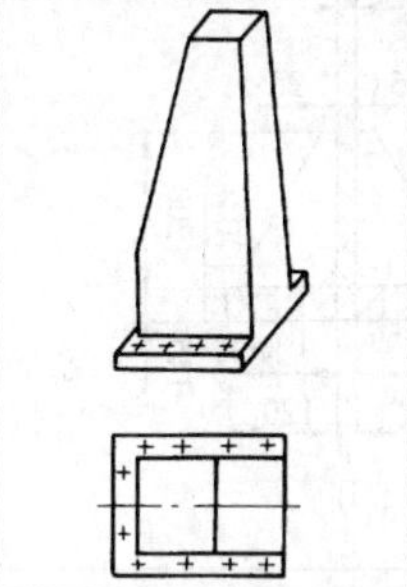	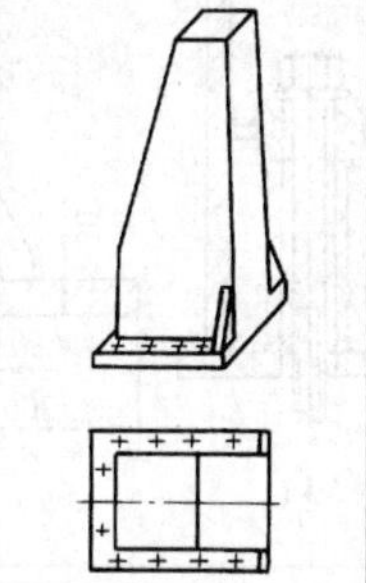	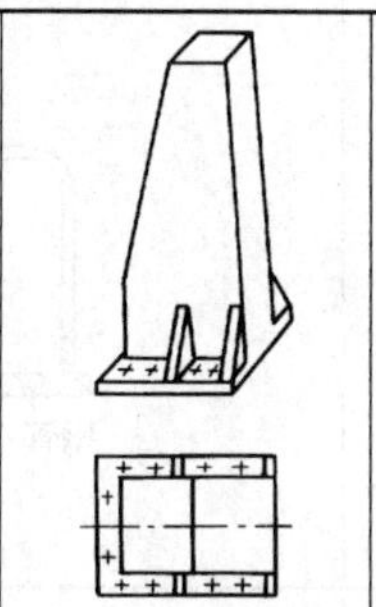	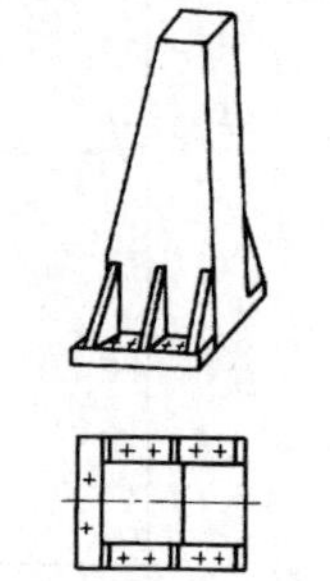
相对抗弯刚度	x 向	1	1	1.4	1.37	1.37
	y 向	1	1.1	1.2	1.3	1.43
相对抗扭刚度		1	1.25	1.35	1.42	1.52
说明		M16 的 12 个螺栓分两组排列于两侧	M16 的 10 个螺栓，其中 8 个等距分布两侧，背面分布 2 个	螺栓分布情况同左，加 2 条肋	螺栓分布情况同左，加 4 条肋	螺栓分布情况同左，加 6 条肋

表 18.2-41　铸造及焊接机架连接凸缘的结构型式

制造方法	结构型式	简图	特点与应用
铸造	爪座式	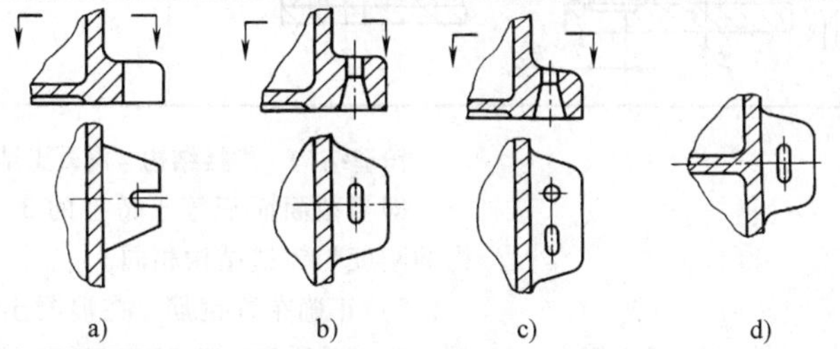 a)　b)　c)　d)	爪座与壁连接处的局部刚度较差，连接刚度低，铸造简单 当爪座附着壁的内侧加肋（见图 d）时，比无肋的爪座（见图 a、图 b、图 c）刚度提高 1.5 倍 适用于侧向力小的连接
	翻边式	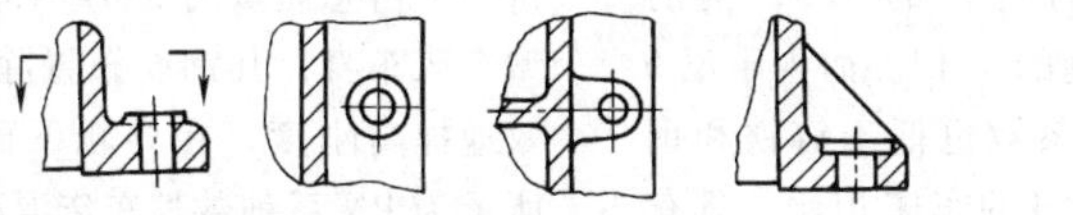	局部刚度比爪座式高 1~1.5 倍 翻边的附着壁内侧或外侧加肋，可提高局部刚度 1.5~1.8 倍。内侧肋的位置应通过螺栓孔的中心线 占地面积大，适用于一般连接
	壁龛式	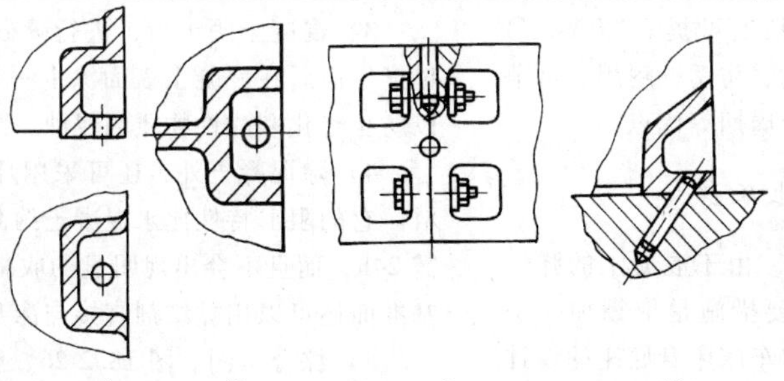 e)　f)　g)　h)	局部刚度高，比爪座式大 2.5~3 倍，比翻边式大 1.5 倍以上。内侧加肋比不加肋的刚度可提高 1.5 倍。内侧肋的位置应通过螺钉孔的中心线（见图 f） 装配时，定位销在接触面的两个垂直骑缝上打入，或斜打入（见图 g、图 h） 外形美观，占地面积小，铸造困难，适用于各种载荷的连接

（续）

制造方法	结构型式	简　　图	特点与应用
焊接	翻边式	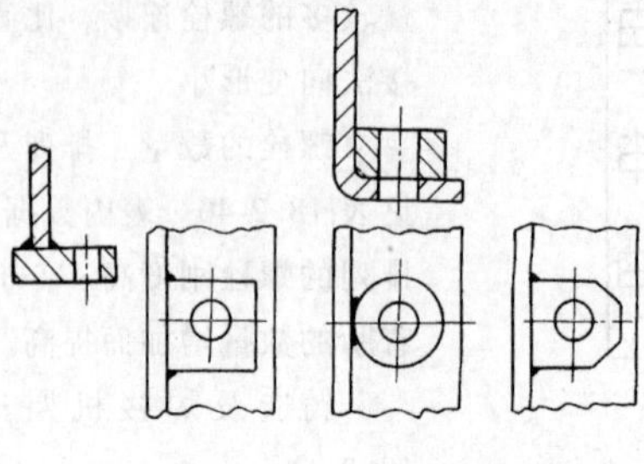 i)　j) 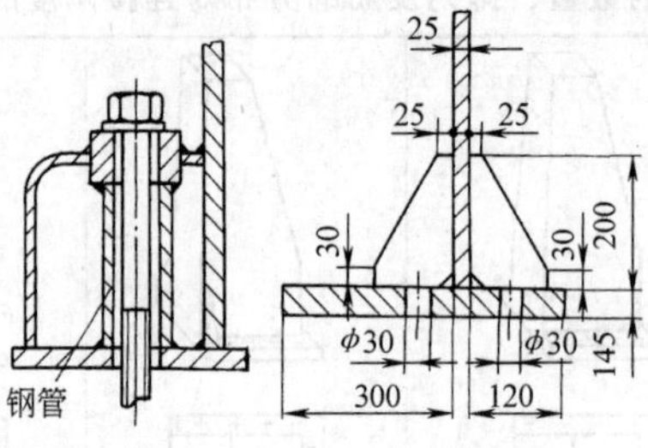 k)　l)	焊接机架连接凸缘多采用翻边式和壁龛式 图 i 是最简单的一种翻边式连接结构；图 j 是用厚钢板或用一段圆钢和方钢，直接焊在壁板上而形成凸缘；图 k 是用钢管和型钢焊成，刚度好；图 l 适用于受扭矩和弯矩较大的机架
	壁龛式	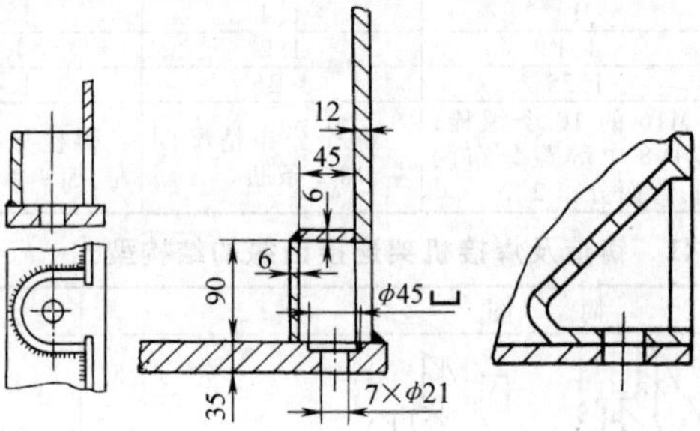	可使凸缘不受弯矩或承受较小的弯矩，从而提高连接刚度

5　非金属机架

5.1　混凝土机架

混凝土的弹性模量 E 约为铸铁的 1/5，钢的 1/8.5；强度约为铸铁的 1/6，钢的 1/12。而内阻尼 5 倍于铸铁和 15 倍于钢，其线胀系数也低于铸铁和钢（约 1/4）。试验表明，与铸铁床身的车床相比，具有混凝土床身的数控机床的加工精度可提高 80%。另外，混凝土还有较高的抗压强度、防锈、耐用，可节省大量金属、成本低，缩短制造周期等优点。

5.1.1　金属切削机床混凝土床身

1）合理选择床身截面面积。由于混凝土的弹性模量 E 比较低，提高刚度的主要措施是依靠加大壁厚或加大截面积。例如，在数控车床床身底座的设计中，截面面积大小的比值一般为：

铸造结构：焊接结构：混凝土结构=1：0.53：3.14

即当截面面积等于铸件的 3.14 倍时，混凝土结构的刚度与铸造结构相同。

2）正确布置钢筋。在混凝土结构中，钢筋的质量一般占总质量的 3.0%～3.6%。图 18.2-24 所示为大型车床车身，其钢筋布置除了纵、横垂直筋外，为有效地提高刚度，在导轨下面设置交叉筋。图 18.2-25 所示为 PN 系列数控车床混凝土底座钢筋布置情况。

3）混凝土阴干后，进行喷砂处理可降低表面粗糙度，而后在混凝土表面涂上一层特殊的塑料薄层，以防止老化和酸性物质的侵蚀。

4）除混凝土外，还可采用环氧树脂混凝土作材料。它的阻尼特性比水混凝土约高一倍，硬化时间只需 24h，而且不会出现明显的收缩。另外，导轨及其基准面还可以用黏结剂直接与床身黏结在一起。

5）综合示例。图 18.2-26、图 18.2-27 所示为不同结构的混凝土机架，供设计时参考。

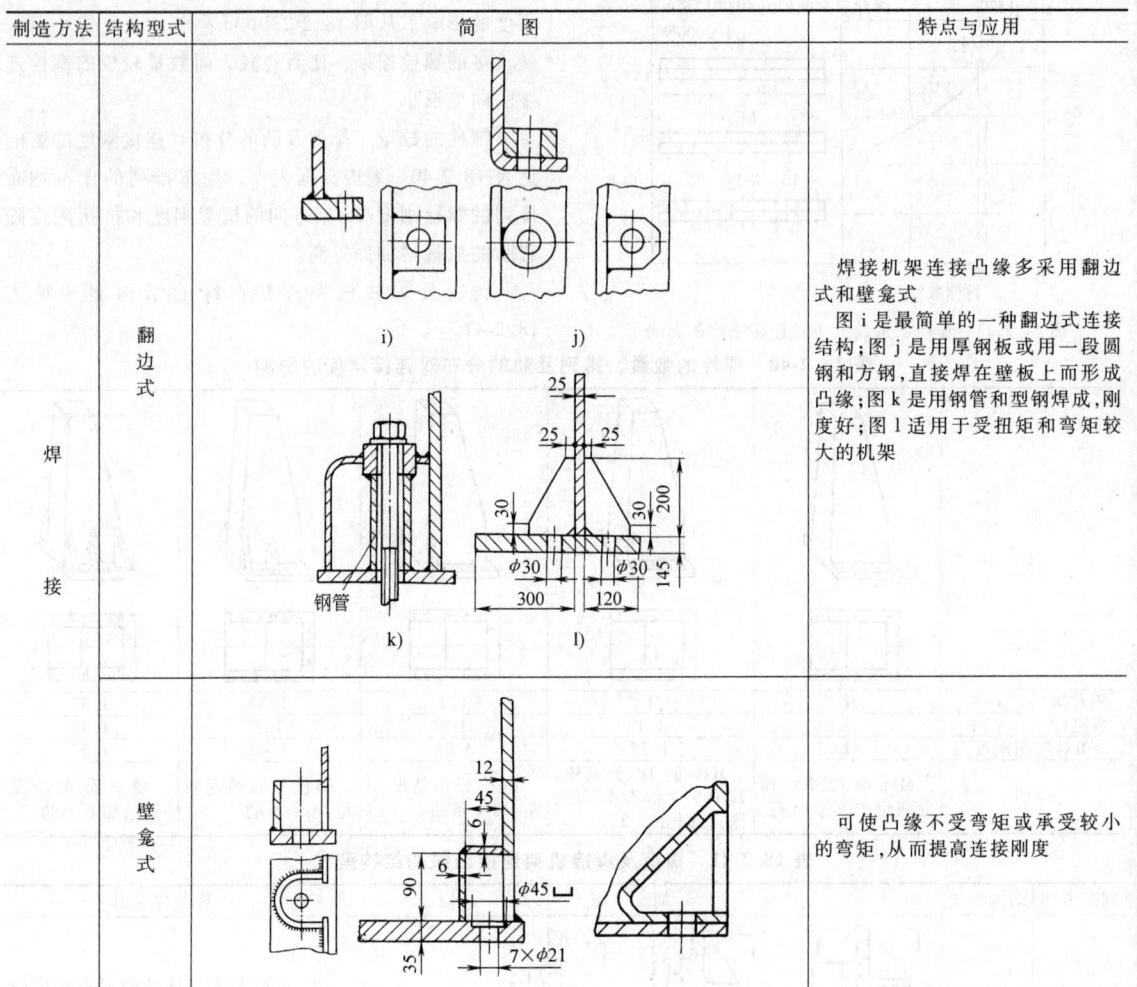

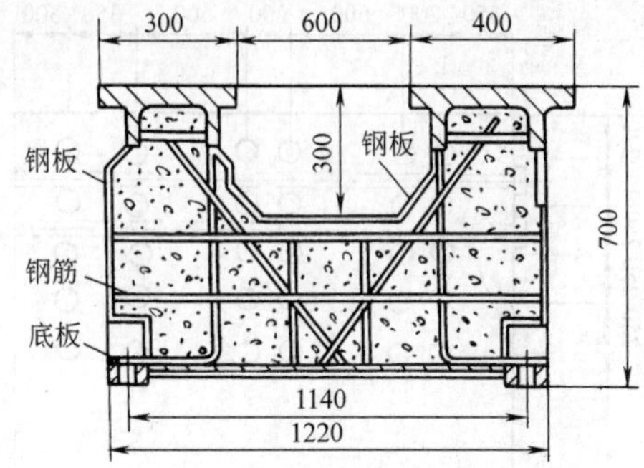

图 18.2-24　大型车床混凝土结构床身

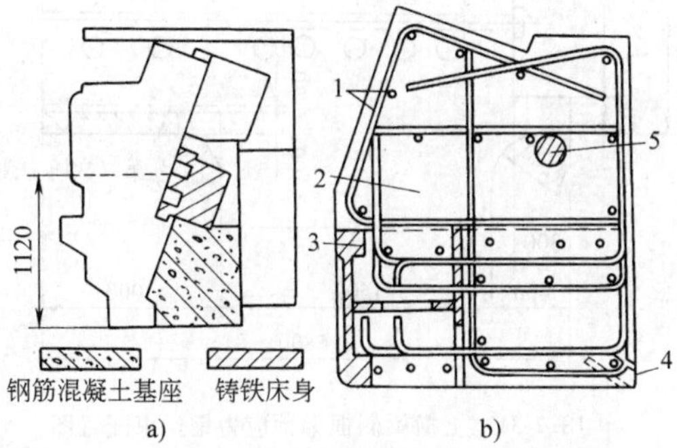

图 18.2-25　数控车床混凝土结构底座

a）铸铁床身及混凝土底座

b）混凝土底座内的钢筋布置

1—钢筋　2—混凝土　3—齿轮箱接合板

4—护角　5—起吊轴

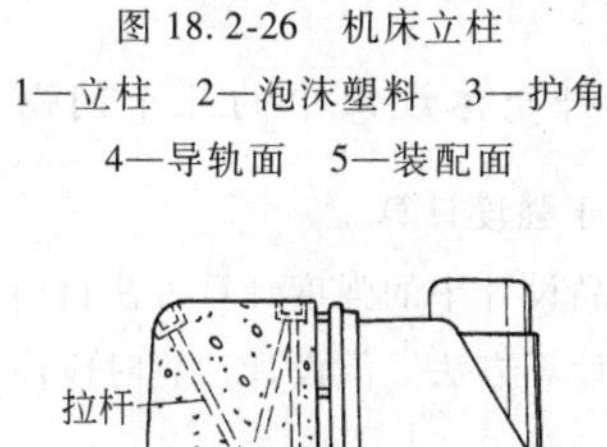

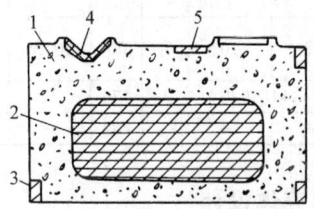

图 18.2-26　机床立柱

1—立柱　2—泡沫塑料　3—护角

4—导轨面　5—装配面

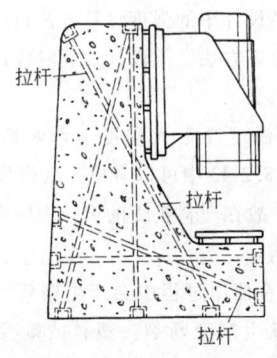

图 18.2-27　钻床或铣床床身

5.1.2　预应力钢筋混凝土液压机机架

钢筋混凝土机架由于施加了预应力，使混凝土总在受压状态下工作，可防止在使用情况下出现裂纹，因而具有承受长时期的脉动载荷和强大载荷的能力。

1）结构设计要点（见图 18.2-28）。

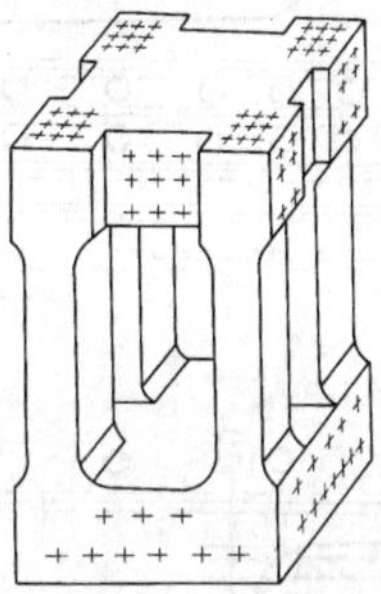

图 18.2-28　预应力钢筋混凝土液压机机架

① 一般将预应力钢筋混凝土液压机机架设计成由上、下横梁及四个立柱构成的立体矩形闭合框架，上横梁及下横梁由于两个方向均承受弯矩，因此在三个方向上均施加预应力，立柱主要在轴向施加预应力。

② 在机架受力分析及计算的基础上，配置预应力钢丝束，上、下横梁在受拉的一边配置较多的钢丝束。按主应力的分布情况，应配置一些斜向结构钢筋。

③ 预应力钢丝束的配置应使机架各个截面在最不利的工作条件下，仍然处于压应力状态，且有一定的强度储备。

④ 设计时必须考虑由于混凝土收缩、徐变、钢丝应力松弛及锚头弹性变形引起的预应力损失。预应力损失约占原始张拉应力的 15%左右。

⑤ 在混凝土浇筑时，用铁皮制成的管子在混凝土块体中预先为预应力钢丝束留出孔道。在机架混凝土凝固养护并具有足够强度后，张拉钢丝束两端的锚头，然后垫上垫板（见图 18.2-29）。

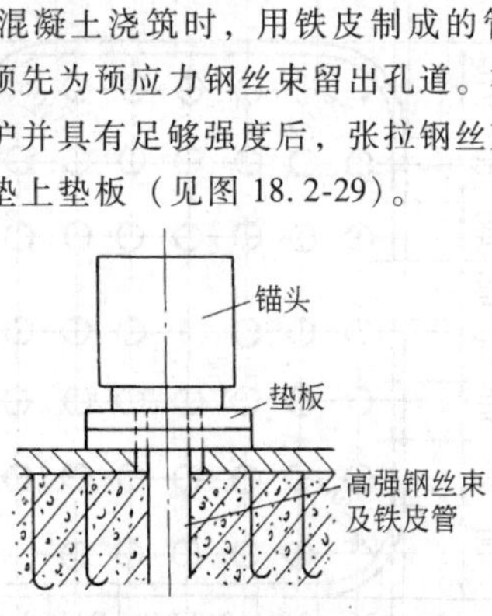

图 18.2-29　钢丝束锚头结构

2）示例。图 18.2-30、图 18.2-31 所示分别为 50000kN 液压机预应力混凝土机架的上横梁两个方向的预应力钢丝束配置图。图 18.2-32 所示为立柱的预应力钢丝束配置图。该机架采用 900 号水泥，预应力钢丝采用 T9-4 工具钢的 $\phi 5mm$ 冷拔钢丝，抗拉强度 R_m 为 18000×10^5Pa。机架各部分预应力钢丝束配置数量见表 18.2-42。

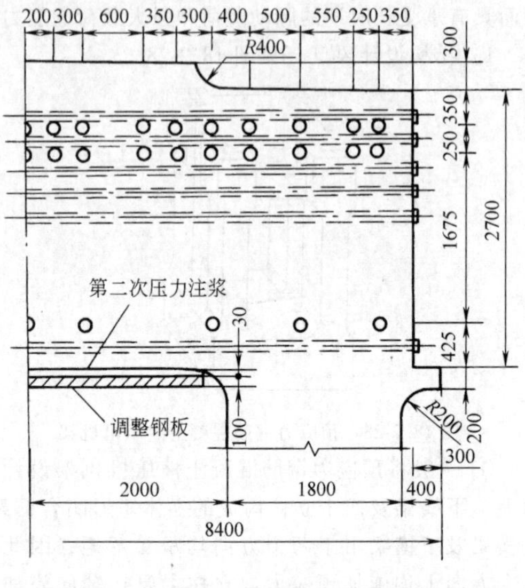

图 18.2-30 上横梁正框架预应力钢丝束配置图

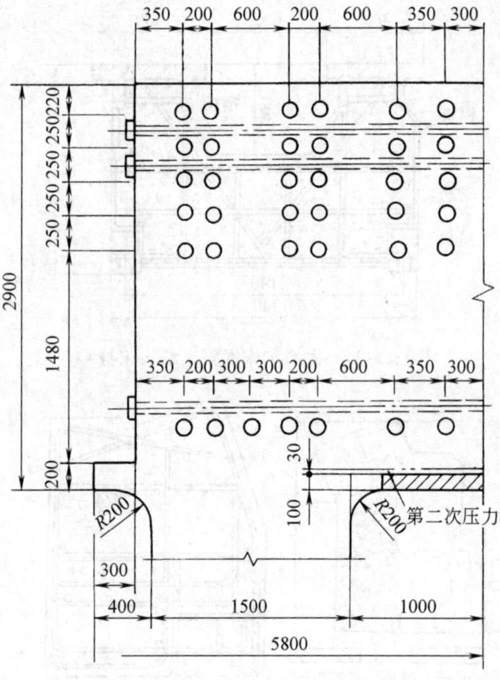

图 18.2-31 上横梁侧框架预应力钢丝束配置图

表 18.2-42 50000kN 液压机预应力混凝土机架的钢丝束、钢筋及混凝土统计表

部件名称	钢丝束(54mm×ϕ5mm) 受拉区	受压区	抗剪	共计(束)	结构钢筋规格/mm	混凝土体积/m^3
上梁正面框架	60	14	28	102	20、25	(上横梁)120
上梁侧面框架	38	9	—	47	20、25	(上横梁)120
下梁正面框架	68	14	—	110	20、25	(下横梁)212
下梁侧面框架	38	10	—	48	20、25	
立柱	44(单根)			176	22	93
总计	—	—	—	483	—	425

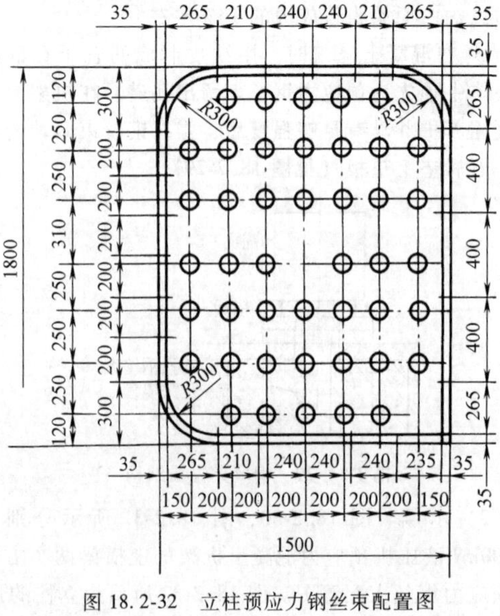

图 18.2-32 立柱预应力钢丝束配置图

5.2 塑料壳体设计

5.2.1 塑料壳体设计中的几个问题

(1) 关于强度计算

塑料制品设计中的强度计算方法目前仍借用金属制品的强度计算方法。但设计计算时应注意以下几个问题：

1) 由于温度在很大程度上影响塑料的力学性能，如从表 18.2-43 中可以看出，其强度随着温度的变化而改变，故在塑料机壳的设计中应考虑温度对设计应力的影响。

2) 塑料在使用过程中会产生蠕变，当应力达到足够大时将发生蠕变断裂。塑料的蠕变值与载荷大小、作用时间、温度以及塑料的品种有关。

表 18.2-43　塑料在不同使用温度对设计应力的影响

塑料名称	相对 20℃时的设计应力的百分率						
	20℃	30℃	40℃	50℃	60℃	70℃	80℃
聚丙烯	100	—	50	—	—	25	12.5
ABS	100	95	80	70	60	48	25
硬质聚氯乙烯	100	94	83	72	60	49	—

3）塑料的疲劳强度远低于静强度，多数塑料的疲劳强度仅为静抗拉强度的 20%～25%。表 18.2-44 对几种塑料的抗弯强度与弯曲疲劳强度做了比较。

表 18.2-44　几种塑料的抗弯强度与弯曲疲劳强度的比较　（MPa）

塑料名称	抗弯强度	弯曲疲劳强度(10^7 次)
均聚甲醛	99	30
玻纤增强共聚甲醛	112	35
聚苯醚	86.5～116	8.5～17.6
ABS	58.7～79.4	11～15

因此，为确保塑料制品能在蠕变极限及疲劳极限以下使用，取较大的安全系数，一般为 2.25～6。

（2）线胀系数

由于塑料的线胀系数一般要比金属材料大 3～10 倍，这将影响尺寸的稳定性以及配合的性质。因此，当设计带有金属嵌件的结构时，应考虑由于塑料与金属的线胀系数的差异而造成嵌件的松动、脱落，或者过盈量过大引起塑料开裂。

（3）塑料材料的选择

在制品的选材中，应根据制品的不同的使用功能（如机械强度、耐化学腐蚀性能、电性能、耐热性、耐磨性、尺寸稳定性、尺寸精度和耐候性等）进行合理选材，以充分发挥不同种类的塑料各自性能的长处，避开其缺点。如对强度要求高的机壳，可选择聚碳酸酯、聚甲醛、ABS 及聚砜等，它们的弹性模量、屈服强度及抗拉强度都较高，聚甲醛及增强聚碳酸酯还有较高的疲劳强度，而蠕变性较小的塑料主要有聚碳酸酯、聚砜、酚醛树脂及聚苯醚等。

用于输送酸、碱等腐蚀性介质的机壳，应试验在使用温度下塑料的化学稳定性，以避免因腐蚀影响到机壳的使用寿命。

选材还应考虑外观（指制品的表面光泽方面）、经济性等诸方面的情况。

有关塑料的详细性能及应用实例，可参阅表 18.1-5 及其他相关资料。

塑料制品的成型是由模具来实现的，因此壳体的结构应有利于模具的方便制造，有利于充模和排气，易于脱模。同时，考虑模具成型零件的强度。

5.2.2　塑料壳体的结构设计

（1）壁厚

1）壁厚的计算。塑料制品往往是由原金属制品改过来的，这时壳体的壁厚可采用等价截面设计法求得。所谓等价截面设计法，就是为了保证新设计的塑料壳体与原有金属件具有相同的刚度或强度，只需使塑料壳体的截面刚度系数或截面强度系数与原有金属件相等即可。

在等价截面设计法中，截面弯曲刚度系数等式的数学原则表达式为

$$E_{塑料}I_{塑料}=E_{金属}I_{金属}$$

式中　$E_{塑料}$、$E_{金属}$——塑料及金属的弹性模量；

$I_{塑料}$、$I_{金属}$——塑料及金属的惯性矩。

根据上式可求得抗弯结构的板壁壁厚 $t_{塑料}$ 的计算式为

$$t_{塑料}=t_{金属}\sqrt[3]{\frac{E_{金属}}{E_{塑料}}}$$

式中　$t_{金属}$——原金属件壁厚。

当求得的壁厚过厚时，可通过设置加强肋的方法以达到与金属件相同的刚度，而将过厚的壁厚减下来。

当抗弯结构的截面形状和轮廓尺寸与原金属结构相同，且形心矩又近似相等时，则壁厚 $t_{塑料}$ 可按下式求得

$$t_{塑料}=\frac{E_{金属}}{E_{塑料}}t_{金属}$$

2）最小壁厚与常用壁厚。壳体的壁厚一方面要满足强度、刚度的要求，同时还应考虑制品结构工艺性。壁过厚必将延长塑料在模具中的冷却与固化时间，影响生产率的提高，此外还容易产生气泡等缺陷，降低机体的强度。反之壁过薄，材料流动困难，造成充填不良。壳体壁厚一般在 1～6mm 之间，大型壳体的壁厚或要求强度和刚度较高的壳体可加大到 5～8mm。热塑性塑料制品及热固性塑料制品最小壁厚及常用壁厚的推荐值见表 18.2-45。

3）壁厚均匀设计。设计壁厚时，要注意壁厚均匀，相邻壁厚最好相等或近似相等，以保证充模及冷却收缩均匀。若无法避免不等壁厚时，应在薄壁与厚壁之间设置过渡区，否则会造成翘曲、扭曲等变形。相邻不等壁厚比（薄壁厚度/厚壁厚度），对于注射成型的热塑性塑料制品，比值应等于或大于 1∶2～1∶1.5。

塑料壳体壁厚设计示例见表 18.2-46。

（2）孔

在壳体上常设置各种孔，如通孔、不通孔、螺纹孔、固定孔及异形孔等。有的孔是在壳体成型后，通过二次加工制成，如热塑性塑料制品的薄壁孔，用冲裁模冲压获得；直径 $d<1.5$mm 的深孔应采用机械切削加工方法制成。但更多的孔是在成型中制成的。

表 18.2-45　塑料制品的最小壁厚及常用壁厚推荐值　(mm)

材料种类		最小壁厚	壁厚推荐值		
			小型制品	中型制品	大型制品
热塑性塑料	聚苯乙烯	0.75	1.25	1.6	3.2~5.4
	聚丙烯	0.85	1.45	1.75	2.4~3.2
	聚碳酸酯	0.95	1.80	2.3	3.0~4.5
	聚苯醚	1.20	1.75	2.5	3.5~6.4
	聚甲醛	0.80	1.40	1.6	3.2~5.4
	聚砜	0.95	1.80	2.3	3.0~4.5
	聚酰胺	0.45	0.75	1.5	2.4~3.2
	ABS	1.5~4.5			

材料种类		最小壁厚	壁厚推荐值		
			小型制品	中型制品	大型制品
热固性塑料	环氧树脂—玻纤充填	0.76~25.4(推荐壁厚为 3.2)			
	粉状填料的酚醛树脂	外形高度小于 50mm，壁厚 = 0.7~2.0mm 外形高度等于 50~100mm，壁厚 = 2.0~3.0mm 外形高度大于 100mm，壁厚 = 5.0~6.5mm			
	纤维状填料的酚醛树脂	外形高度小于 50mm，壁厚 = 1.5~2.0mm 外形高度等于 50~100mm，壁厚 = 2.5~3.5mm 外形高度大于 100mm，壁厚 = 6.0~8.0mm			

表 18.2-46　塑料壳体壁厚设计示例

不合理结构	合理结构	说　明
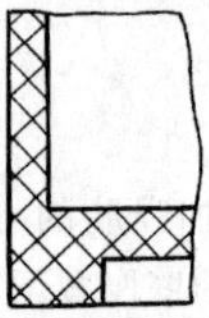	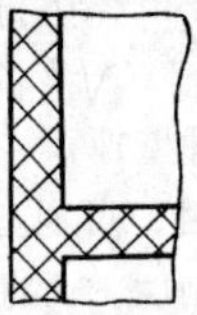	壳体的壁与基座、壁与加强肋，以及基座与凸台等之间的过渡处厚度不应有突变，内外表面上的尖角均应做成圆角
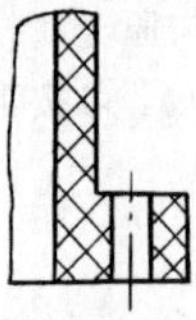	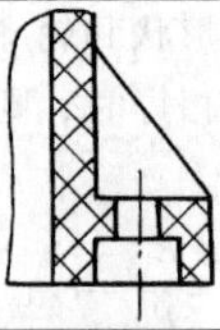	
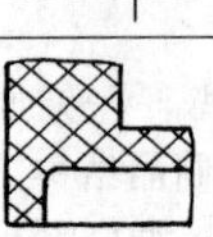	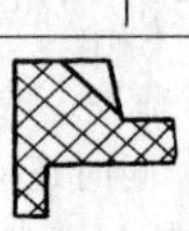	
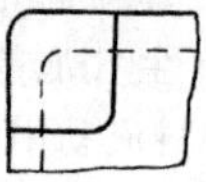		
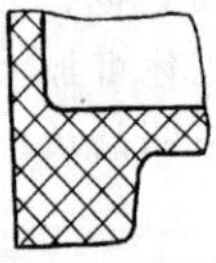	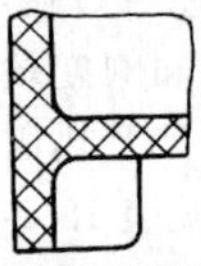	
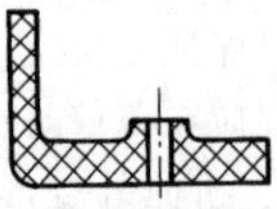	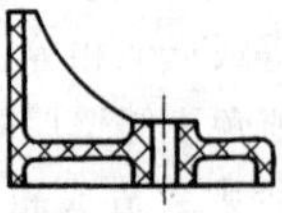	用薄壁与加强肋改变过厚壁结构

不合理结构	合理结构	说　明
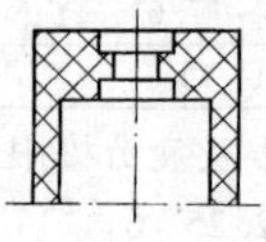	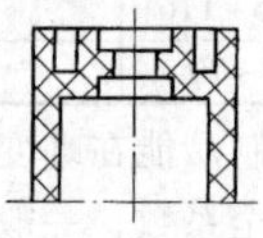	改变几何形状，获得壁厚均匀
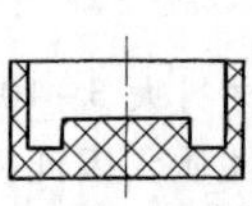	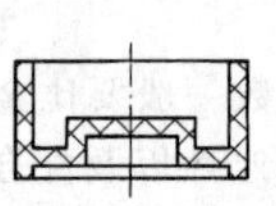	增加孔槽使壁厚均匀
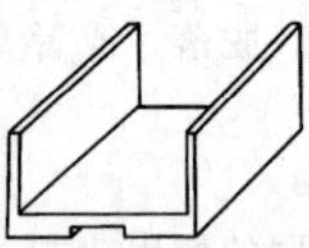	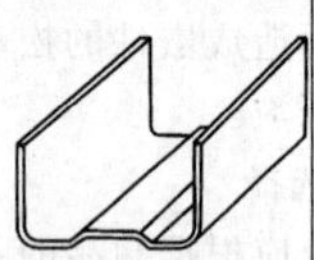	
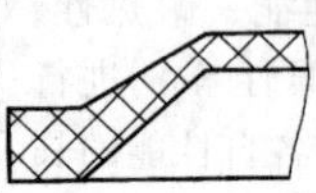	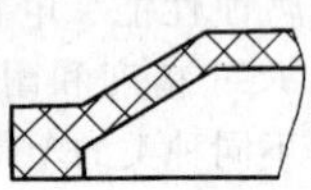	
壳体中不均匀壁厚过渡壁的设计 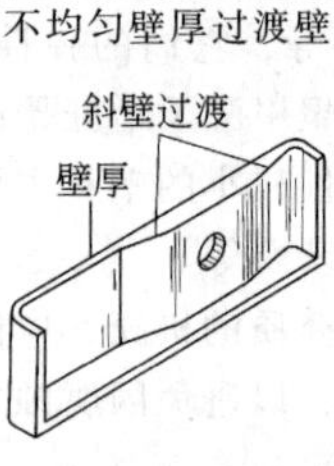		不均匀壁厚过渡部分的设计

1) 孔的设计注意事项。

① 孔的位置尽可能设置在对结构的强度影响较小的部位。

② 通孔较容易制造，故尽量采用通孔。

③ 关于螺纹孔：金属螺钉与成型螺纹孔连接，经反复多次使用会造成螺纹孔损伤，因此对经常装拆和强度要求较高的螺纹连接，应采用金属螺母嵌件。

由自攻螺钉形成的螺纹孔：其螺纹孔形成的过程如图 18.2-33 所示。将自攻螺钉紧靠在成型品预先准备的底孔上，而后旋入孔内，形成螺纹孔。由于螺纹孔的强度较低，故用于螺钉退出次数较少的场合，如用于电视机及收音机中。

④ 用于沉头螺钉连接的固定孔，不宜采用锥形孔的沉头座，因为锥孔有侧向力，容易引起制品边缘变形、开裂。因此，应采用圆柱形的沉头座（见图 18.2-34）。

⑤ 孔周边加凸边（见图 18.2-35）。固定孔和受力孔其周围应加凸边，以提高强度（见图 18.2-35a

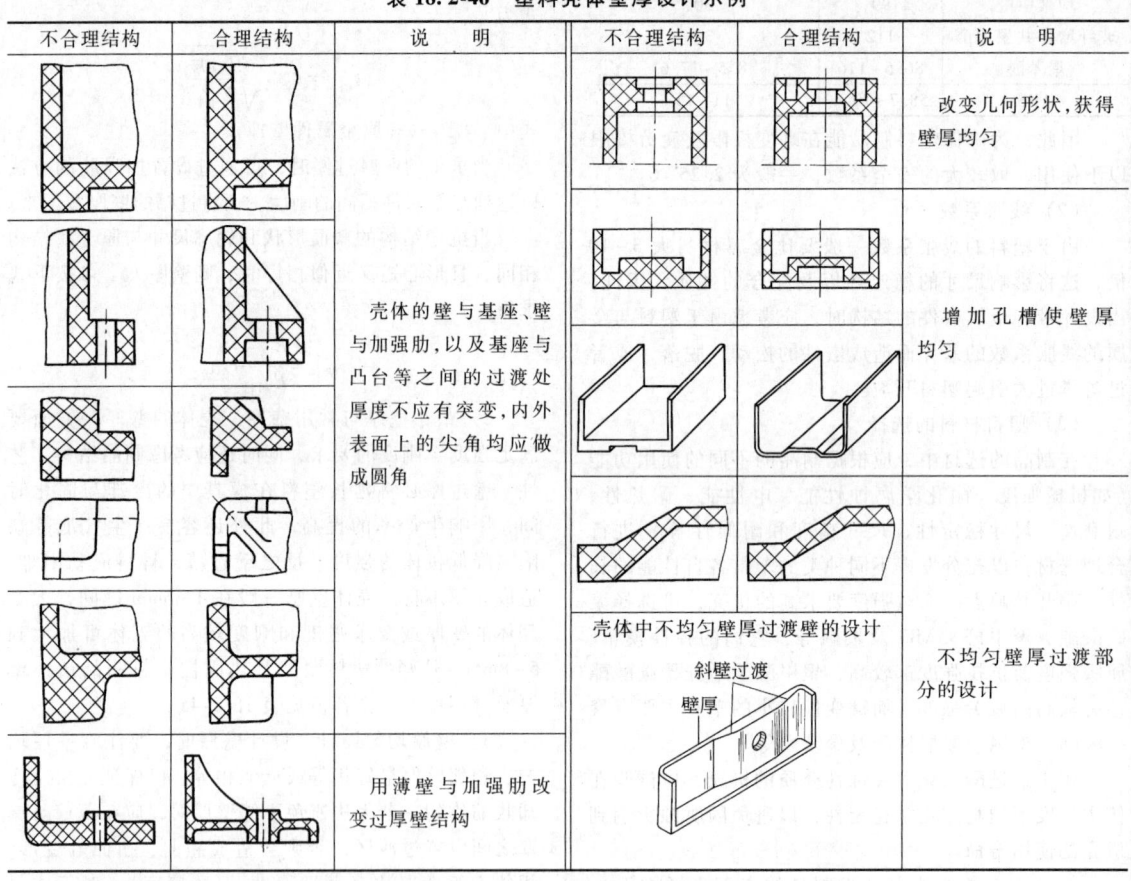

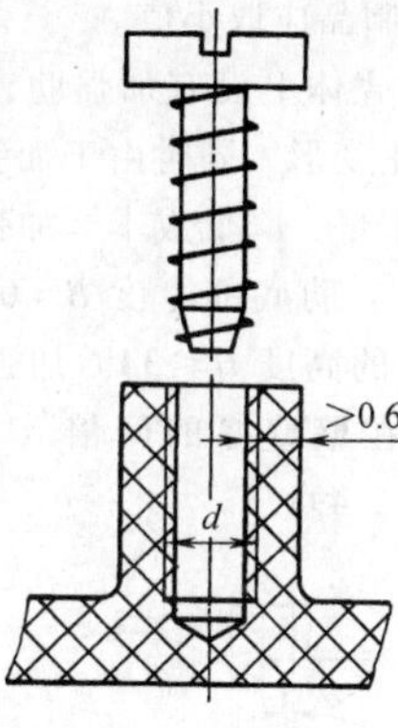

图 18.2-33　自攻螺钉形成螺纹孔及凸台壁厚

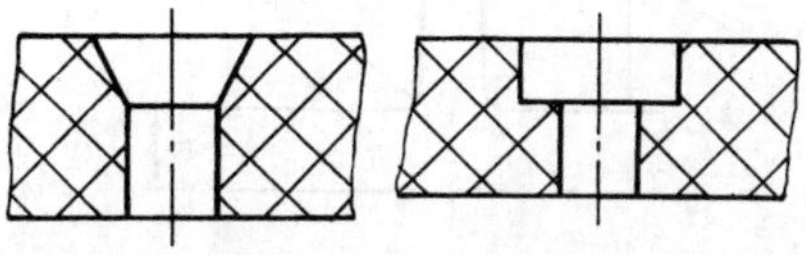

a)　　b)

图 18.2-34　固定孔的沉头座

a）不合理　b）合理

及图 18.2-35b)；由于零部件装配的需要，将孔周边加高（见图 18.2-35c)；当两孔中心距较小或孔边距较小时（见图 18.2-35d）可采用图 18.2-35e 的形式，把相邻两孔打通，设计成长孔，并在长孔周边加凸边。

2）螺纹孔与光孔的合理尺寸推荐值见表 18.2-47。

（3）圆角、斜度与加强肋

1）圆角。为减少应力集中，提高机械强度以及改善物料的流动性，在制品的各内、外表面的连接处都应用圆角过渡，如图 18.2-36 所示。

2）斜度。为便于塑料制品易于出模，必须考虑制品的内、外壁在出模方向上具有一定的斜度，即起模斜度。起模斜度值与塑料的性能、制品的大小和形状以及表面的加饰有关，多数是根据经验确定。表 18.2-48 中列出了几种塑料的起模斜度的推荐值，供参考。

表 18.2-47　螺纹孔与光孔的合理尺寸推荐值

<table>
<tr><th colspan="4">类别</th><th colspan="2">推荐尺寸</th><th>简图</th></tr>
<tr><td rowspan="14">光孔深 h</td><td rowspan="4">压塑</td><td rowspan="2">竖孔</td><td>不通孔</td><td colspan="2">当 $d<1.5$mm 时　$h\leq d$
当 $d>1.5$mm 时　$h\leq 3d$</td><td rowspan="4">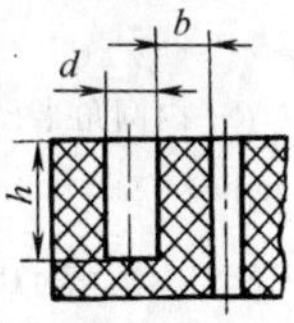</td></tr>
<tr><td>通孔</td><td colspan="2">当 $d>1.5$mm 时　$h>4d$</td></tr>
<tr><td rowspan="2">横孔</td><td>不通孔</td><td colspan="2">$h<1.5d$</td></tr>
<tr><td>通孔</td><td colspan="2">$h=2.5d$</td></tr>
<tr><td rowspan="2">注射</td><td colspan="2">不通孔</td><td colspan="2">$h=4\sim5d$</td><td rowspan="3">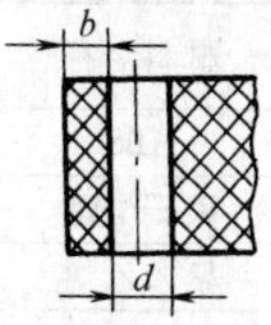</td></tr>
<tr><td colspan="2">通孔</td><td colspan="2">$h=10d$</td></tr>
<tr><td colspan="3" rowspan="7">热固性塑料制品相邻孔之间或孔与边缘之间的距离 b 值</td><td>孔径 d /mm</td><td>孔间距、孔边距 b/mm</td></tr>
<tr><td><1.5</td><td>1~1.5</td><td rowspan="7">关于 b 值的说明：
1）对于增强塑料制品 b 值宜取大值
2）当两孔径不一致时，则以小孔孔径查得 b 值</td></tr>
<tr><td>1.5~3</td><td>1.5~2</td></tr>
<tr><td>3~6</td><td>2~3</td></tr>
<tr><td>6~10</td><td>3~4</td></tr>
<tr><td>10~18</td><td>4~5</td></tr>
<tr><td>18~30</td><td>5~7</td></tr>
<tr><td colspan="3">热塑性塑料制品的 b 值</td><td colspan="2">热塑性塑料制品的 b 值为热固性塑料制品 b 值的 75%</td></tr>
<tr><td rowspan="2">螺孔</td><td colspan="3">可成型的最小螺纹孔公称直径 D</td><td colspan="2">当 $L/D\leq2$ 时，$D=2\sim4$mm
式中　L—螺纹长度</td><td rowspan="2">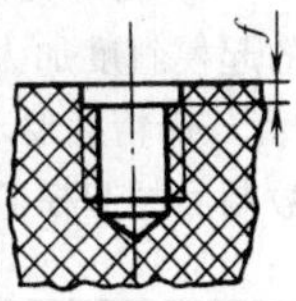</td></tr>
<tr><td colspan="3">引导面的深度 f</td><td colspan="2">为防止螺纹崩裂，在螺纹出口处留出一段圆柱形的引导面，其深度 $f=1\sim2$ 螺距</td></tr>
</table>

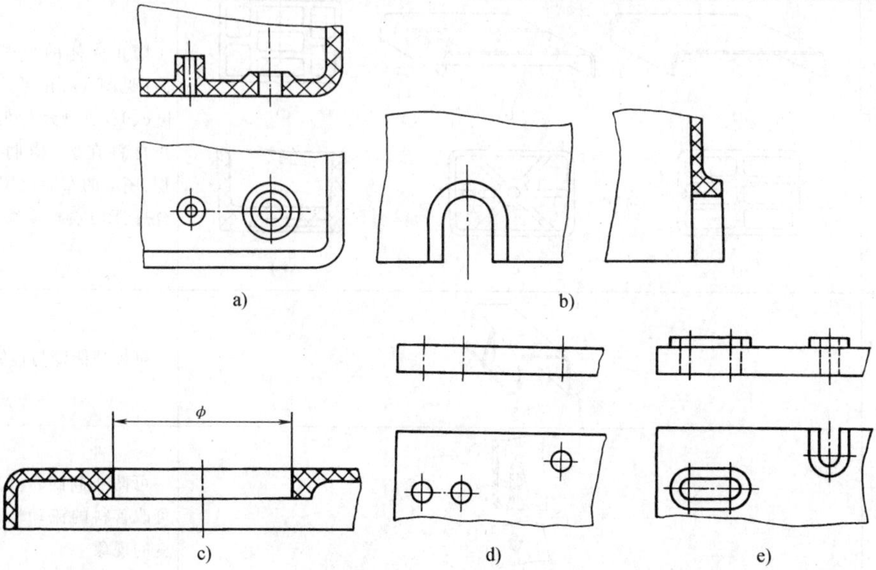

图 18.2-35　孔周边加凸边设计

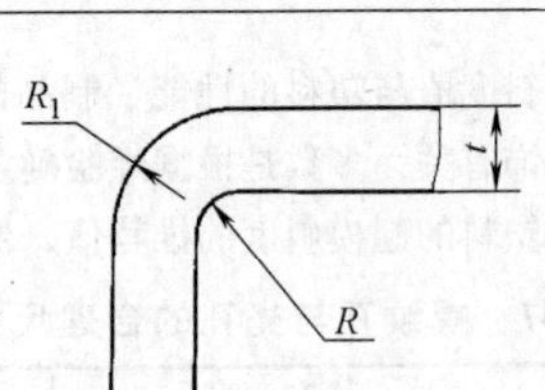

图 18.2-36　圆角半径

R—内圆角半径，$R=\frac{t}{2}$　R_1—外圆角半径，$R_1=1\frac{1}{2}t$

t—壁厚

表 18.2-48　起模斜度的推荐值

材料名称	起模斜度		图示
	型腔 α_1	型芯 α_2	
ABS	40′~1°20′	35′~1°	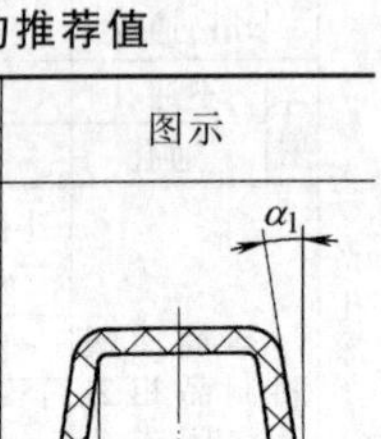
聚碳酸酯	35′~1°	30′~50′	
聚苯乙烯	35′~1°30′	30′~1°	
聚甲醛	35′~1°30′	30′~1°	
聚酰胺(普通)	20′~40′	25′~40′	
聚酰胺(增强)	20′~50′	20′~40′	
一般热固性塑料	15′~1°	≥15′	

起模斜度取值原则：

① 在条件允许的情况下，尽可能取较大值。

② 收缩率大的塑料、厚度过厚、形状复杂、不易脱模者，以及增强塑料制品宜选用较大值。

③ 箱形壳体侧面需加饰，进行花纹加工，侧面的起模斜度加大到 1/10~1/5 左右为宜。

④ 精度要求高的制品的起模斜度应取小值，多数制品的起模斜度必须控制在允许尺寸公差范围内。

⑤ 较高大的制品应取小值。

3）加强肋。壳体上设有加强肋，以提高壳体的强度与刚度，防止变形，同时由于加肋后使过厚壁减薄，可节约塑料用量，降低成本。加强肋的截面尺寸如图 18.2-37 所示。肋底部厚度 $B=0.5A$（A 为肋所在壁的壁厚），肋的高度 $H\leqslant 3A$。加强肋与肋之间的中心距应大于所在壁壁厚的两倍（见图 18.2-38）。布肋示例见表 18.2-49。

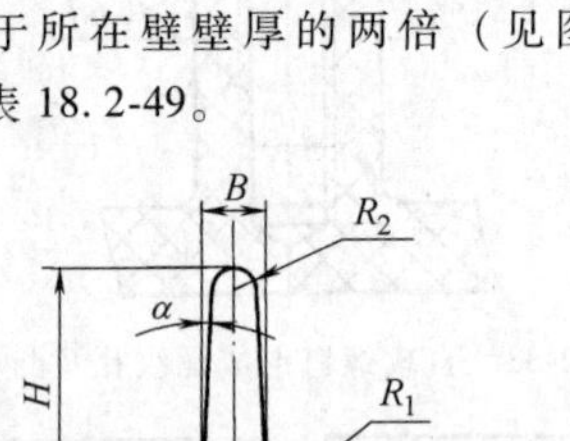

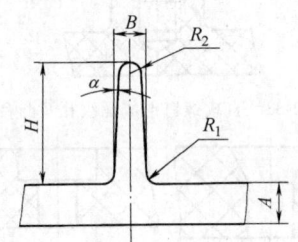

图 18.2-37　加强肋的截面尺寸

$B=0.5A$　$H\leqslant 3A$　$R_1=H/8$　$\alpha=2°\sim5°$

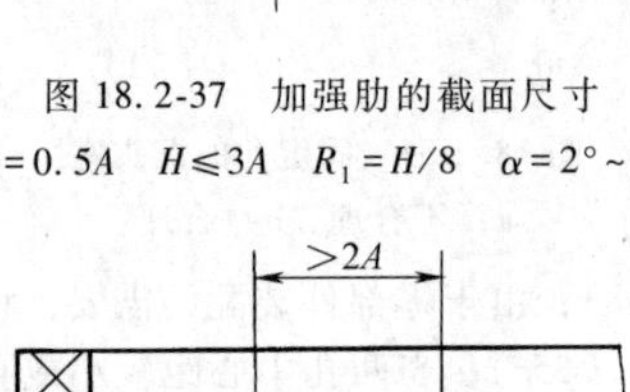

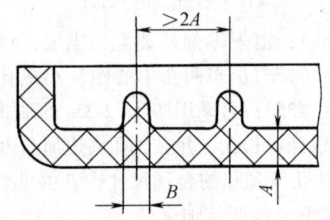

图 18.2-38　两加强肋间最小中心距

B—肋底部厚度

表 18.2-49　布肋示例

布肋位置	布肋方式	说　明
在较大平面上布置加强肋	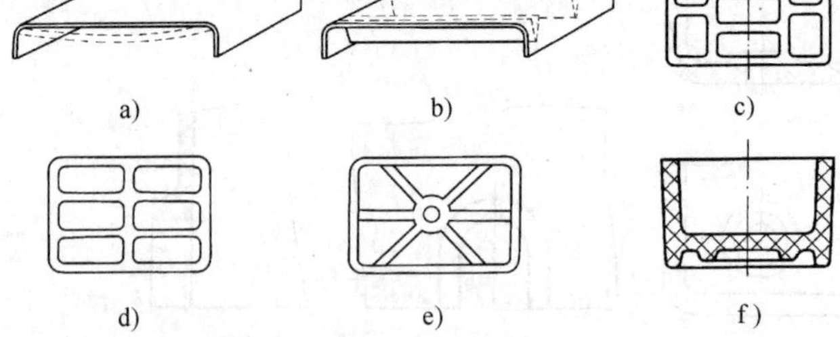 a)　b)　c)　d)　e)　f)	防止壳体的盖或底座变形翘曲(见图 a)，在平面上布肋如图 b、c、d、e、f 所示。但布肋时应防止材料在纵、横肋相交点上堆积，图 c 的布肋比图 d 合理；图 e 合理，图 f 会产生缩孔
侧壁上的角撑肋	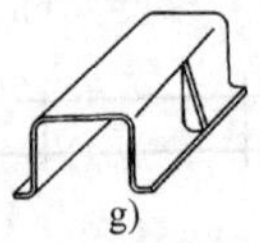 g)	可提高侧壁与边缘的刚性
高凸台上布肋	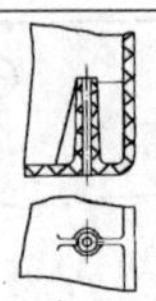 h)	可防止高凸台受力后变形，并可改善料的流动性，防止充填不良的现象

（4）嵌件

塑料壳体体内设有必要的嵌件（如滑动轴承、轴套、支柱及套形螺母等），嵌件的材料多数是由各种有色金属或黑色金属制成。嵌件可在制品成型时埋入型品内，或在成型后嵌入。

嵌件在成型时嵌入存在的问题是：使模具复杂化，固定嵌件的成型操作费时，成型周期长，生产率随之降低，而且难以实现自动化。故一般在特殊情况下采用。

近来出现的后嵌入法，是在制品模塑后再装入嵌件，具体的方法有：压入法、热插法及超声波装配法（即将热塑性塑料软化后装入）等。热插法是在热固性塑料制品出模时，在热状态下插入嵌件，如图 18.2-39 所示。由于是过盈孔，因此制品冷却后金属嵌件与孔是以过盈配合方式牢固地连接在一起，但过盈量不宜过大，应在塑料允许的强度范围内，否则塑料易开裂。

表 18.2-50 列出了成型时嵌入的金属嵌件有关结构及嵌件在制品中的合理位置。

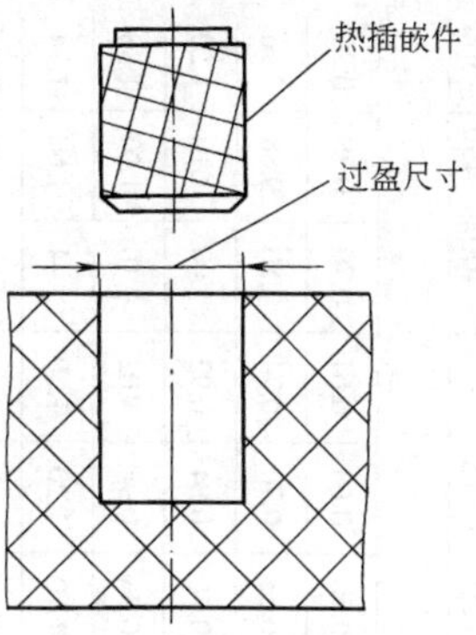

图 18.2-39　热插嵌件

带嵌件的制品冷却时，由于金属嵌件与塑料的收缩率相差较大，因而在嵌件周围产生较大内应力。另外，嵌件在不同的工作条件下受着不同的外力（如扭转、拉伸等）作用，因此在嵌件周围的塑料层应有足够的厚度，以保证连接强度，防止制品开裂。金属嵌件周围塑料层的最小厚度见表 18.2-51。

表 18.2-50　套、柱类嵌件的结构及在制品内的位置

1. 套、柱类嵌件的结构

图示	说明
套类嵌件 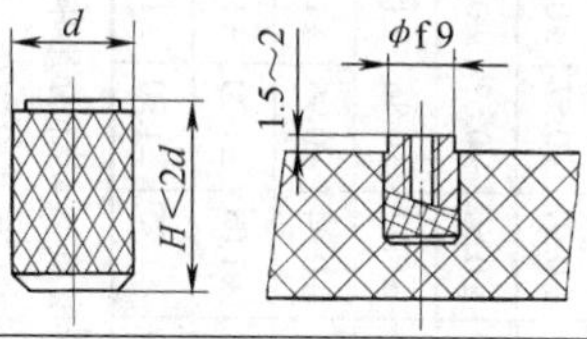 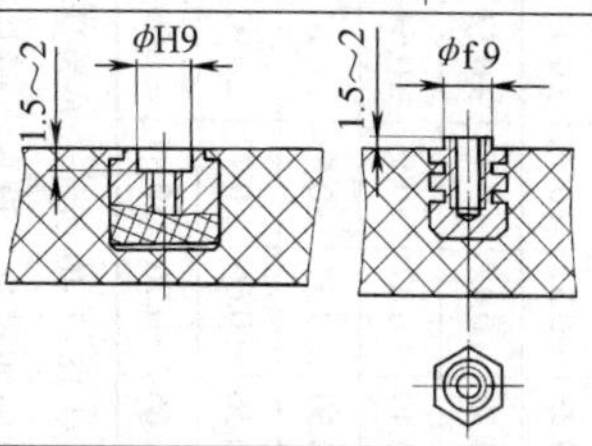	1）套类金属嵌件的高度宜小于其直径的 2 倍 2）为防止嵌件在制品内松动，应在嵌件的外表面（埋入塑料部分）制成滚花、开槽、六边形、切扁等。滚花有直纹的和菱形的两种，宜用菱形滚花，滚花槽深 1~2mm
柱类嵌件 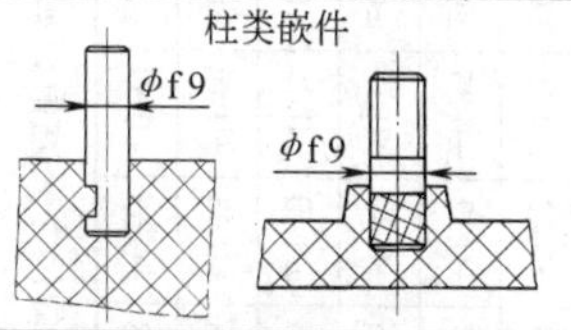	
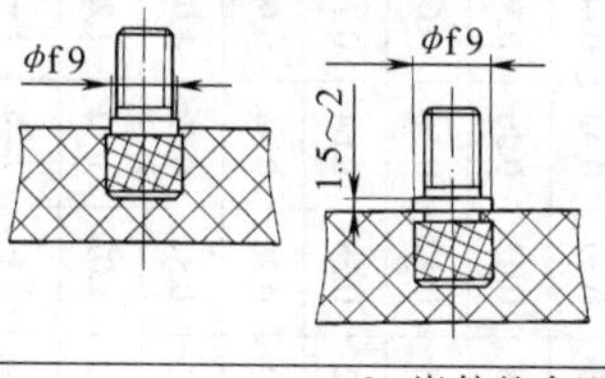	3）为防止溢料，设计凸台和凹坑结构与模具相配合，一般可采用间隙配合 H9/f9。当结构上不允许有凸台时，则可在光滑圆柱部分采用配合

2. 嵌件的合理位置

图示	说明
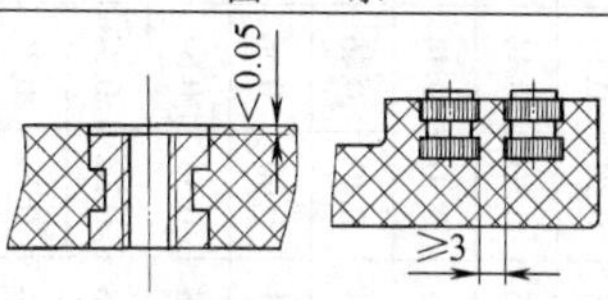	嵌件高度应低于型腔成型高度 0.05mm 两嵌件之间的距离不得小于 3mm
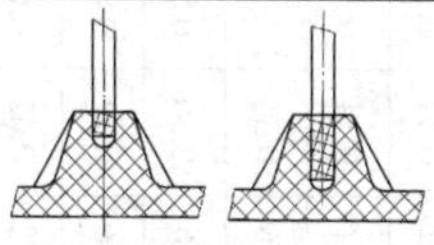	凸台中的嵌件在保证最小底厚的前提下，应伸入到凸台的底部。左图不合理，右图合理
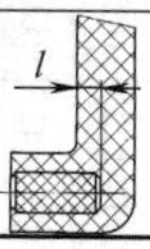	在拐角凸缘处设置嵌件时，嵌件埋入制品的深度应超过拐角的弯曲点，以减少应力集中

注：1. 尽可能选择与塑料的线胀系数接近的金属作为嵌件的材料。
2. 为保证冷却时收缩均匀，嵌件尽可能设计成圆形或对称形状。

表 18.2-51　金属嵌件周围塑料层最小厚度　（mm）

金属嵌件直径 D	嵌件周围塑料层最小厚度 C	嵌件顶部塑料层的最小厚度 H	图示
≤4	1.5	0.8	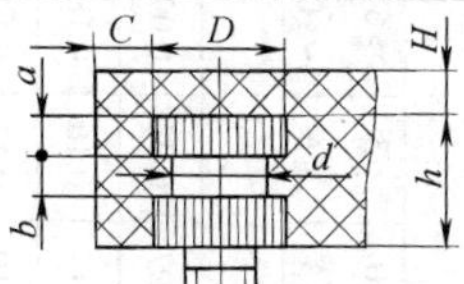 图中，$d=0.75D$ $a=b=0.3h(h\geqslant D)$
>4~8	2.0	1.5	
>8~12	3.0	2.0	
>12~16	4.0	2.5	
>16~25	5.0	3.0	

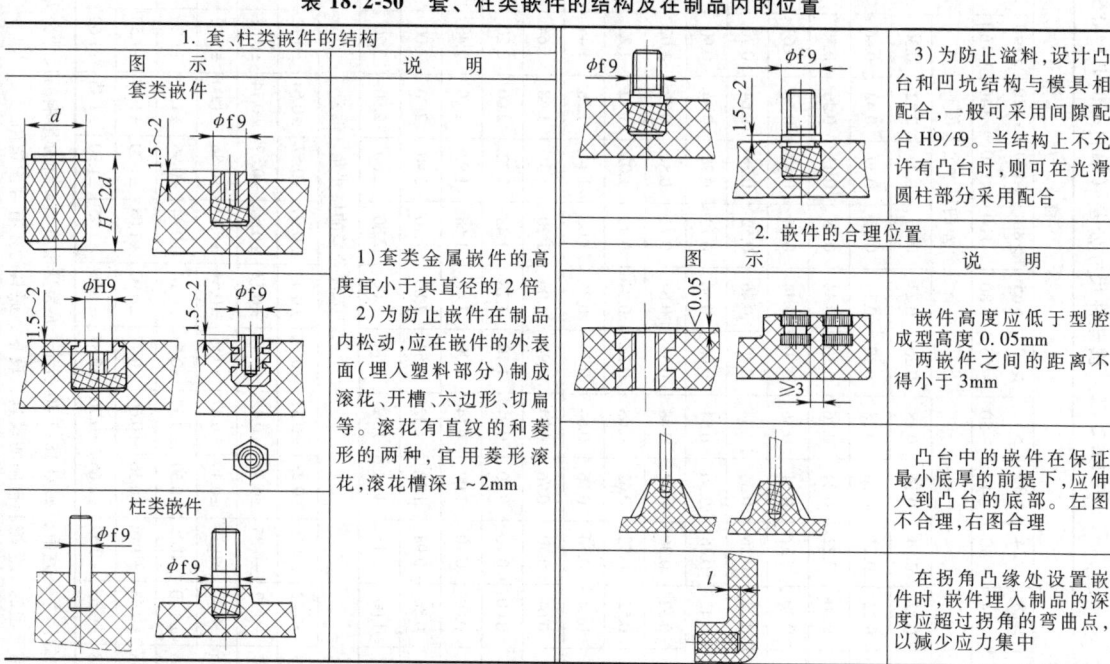

表 18.2-52 模塑件尺寸公差（摘自 GB/T 14486—2008） (mm)

公差等级	公差种类	>0~3	>3~6	>6~10	>10~14	>14~18	>18~24	>24~30	>30~40	>40~50	>50~65	>65~80	>80~100	>100~120	>120~140	>140~160	>160~180	>180~200	>200~225	>225~250	>250~280	>280~315	>315~355	>355~400	>400~450	>450~500
标注公差的尺寸公差值																										
MT1	a	0.07	0.08	0.09	0.10	0.11	0.12	0.14	0.16	0.18	0.20	0.23	0.26	0.29	0.32	0.36	0.40	0.44	0.48	0.52	0.56	0.60	0.64	0.70	0.78	0.86
	b	0.14	0.16	0.18	0.20	0.21	0.22	0.24	0.26	0.28	0.30	0.33	0.36	0.39	0.42	0.46	0.50	0.54	0.58	0.62	0.66	0.70	0.74	0.80	0.88	0.96
MT2	a	0.10	0.12	0.14	0.16	0.18	0.20	0.22	0.24	0.26	0.30	0.34	0.38	0.42	0.46	0.50	0.54	0.60	0.66	0.72	0.76	0.84	0.92	1.00	1.10	1.20
	b	0.20	0.22	0.24	0.26	0.28	0.30	0.32	0.34	0.36	0.40	0.44	0.48	0.52	0.56	0.60	0.64	0.70	0.76	0.82	0.86	0.94	1.02	1.10	1.20	1.30
MT3	a	0.12	0.14	0.16	0.18	0.20	0.22	0.26	0.30	0.34	0.40	0.46	0.52	0.58	0.64	0.70	0.78	0.86	0.92	1.00	1.10	1.20	1.30	1.44	1.60	1.74
	b	0.32	0.34	0.36	0.38	0.40	0.42	0.46	0.50	0.54	0.60	0.66	0.72	0.78	0.84	0.90	0.98	1.06	1.12	1.20	1.30	1.40	1.50	1.64	1.80	1.94
MT4	a	0.16	0.18	0.20	0.24	0.28	0.32	0.36	0.42	0.48	0.56	0.64	0.72	0.82	0.92	1.02	1.12	1.24	1.36	1.48	1.62	1.80	2.00	2.20	2.40	2.60
	b	0.36	0.38	0.40	0.44	0.48	0.52	0.56	0.62	0.68	0.76	0.84	0.92	1.02	1.12	1.22	1.32	1.44	1.56	1.68	1.82	2.00	2.20	2.40	2.60	2.80
MT5	a	0.20	0.24	0.28	0.32	0.38	0.44	0.50	0.56	0.64	0.74	0.86	1.00	1.14	1.28	1.44	1.60	1.76	1.92	2.10	2.30	2.50	2.80	3.10	3.50	3.90
	b	0.40	0.44	0.48	0.52	0.58	0.64	0.70	0.76	0.84	0.94	1.06	1.20	1.34	1.48	1.64	1.80	1.96	2.12	2.30	2.50	2.70	3.00	3.30	3.70	4.10
MT6	a	0.26	0.32	0.38	0.46	0.52	0.60	0.70	0.80	0.94	1.10	1.28	1.48	1.72	2.00	2.20	2.40	2.60	2.90	3.20	3.50	3.90	4.30	4.80	5.30	5.90
	b	0.46	0.52	0.58	0.66	0.72	0.80	0.90	1.00	1.14	1.30	1.48	1.68	1.92	2.20	2.40	2.60	2.80	3.10	3.40	3.70	4.10	4.50	5.00	5.50	6.10
MT7	a	0.38	0.46	0.56	0.66	0.76	0.86	0.98	1.12	1.32	1.54	1.80	2.10	2.40	2.70	3.00	3.30	3.70	4.10	4.50	4.90	5.40	6.00	6.70	7.40	8.20
	b	0.58	0.66	0.76	0.86	0.96	1.06	1.18	1.32	1.52	1.74	2.00	2.30	2.60	2.90	3.20	3.50	3.90	4.30	4.70	5.10	5.60	6.20	6.90	7.60	8.40
未注公差的尺寸允许偏差																										
MT5	a	±0.10	±0.12	±0.14	±0.16	±0.19	±0.22	±0.25	±0.28	±0.32	±0.37	±0.43	±0.50	±0.57	±0.64	±0.72	±0.80	±0.88	±0.96	±1.05	±1.15	±1.25	±1.40	±1.55	±1.75	±1.95
	b	±0.20	±0.22	±0.24	±0.26	±0.29	±0.32	±0.35	±0.38	±0.42	±0.47	±0.53	±0.60	±0.67	±0.74	±0.82	±0.90	±0.98	±1.06	±1.15	±1.25	±1.35	±1.50	±1.65	±1.85	±2.05
MT6	a	±0.13	±0.16	±0.19	±0.23	±0.26	±0.30	±0.35	±0.40	±0.47	±0.55	±0.64	±0.74	±0.86	±1.00	±1.10	±1.20	±1.30	±1.45	±1.60	±1.75	±1.95	±2.15	±2.40	±2.65	±2.95
	b	±0.23	±0.26	±0.29	±0.33	±0.36	±0.40	±0.45	±0.50	±0.57	±0.65	±0.74	±0.84	±0.96	±1.10	±1.20	±1.30	±1.40	±1.55	±1.70	±1.85	±2.05	±2.25	±2.50	±2.75	±3.05
MT7	a	±0.19	±0.23	±0.28	±0.33	±0.38	±0.43	±0.49	±0.56	±0.66	±0.77	±0.90	±1.05	±1.20	±1.35	±1.50	±1.65	±1.85	±2.05	±2.25	±2.45	±2.70	±3.00	±3.35	±3.70	±4.10
	b	±0.29	±0.33	±0.38	±0.43	±0.48	±0.53	±0.59	±0.66	±0.76	±0.87	±1.00	±1.15	±1.30	±1.45	±1.60	±1.75	±1.95	±2.15	±2.35	±2.55	±2.80	±3.10	±3.45	±3.80	±4.20

注：1. *a* 为不受模具活动部分影响的尺寸公差值，如图 18.2-40 所示；*b* 为受模具活动部分影响的尺寸公差值，如图 18.2-41 所示。

2. MT1 级为精密级，只有采用严密的工艺控制措施的模具、设备、原料时才有可能选用。

5.2.3　塑料制品的精度

塑料制品尺寸精度取决于材料的收缩率、湿度、模具制造精度和模具结构等诸因素。模塑件尺寸公差见表 18.2-52。表中 MT 为模塑件尺寸公差等级代号，公差等级分为 7 级，表中只规定公差，而公称尺寸的上、下极限偏差可根据工程的实际需要分配。例如，公差 0.8 可分配为：$^{+0.8}_{0}$，$^{0}_{-0.8}$，±0.4，$^{+0.6}_{-0.2}$或$^{+0.3}_{-0.5}$等。

常用材料模塑件公差等级的选用见表 18.2-53。未列入表 18.2-53 的塑料模塑件选用公差等级按收缩特性值确定，具体选用方法见表 18.2-54。

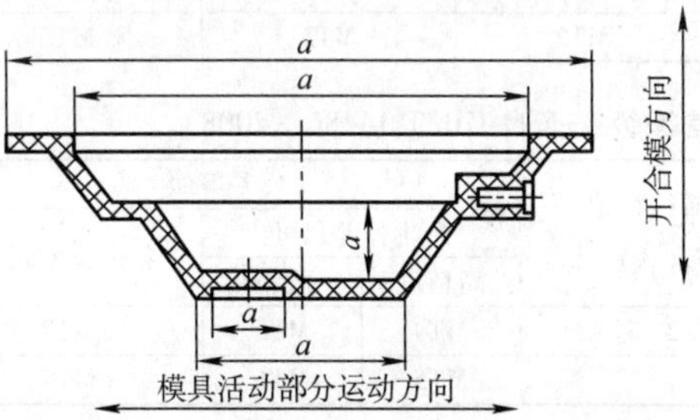

图 18.2-40　不受模具活动部分影响的尺寸 a

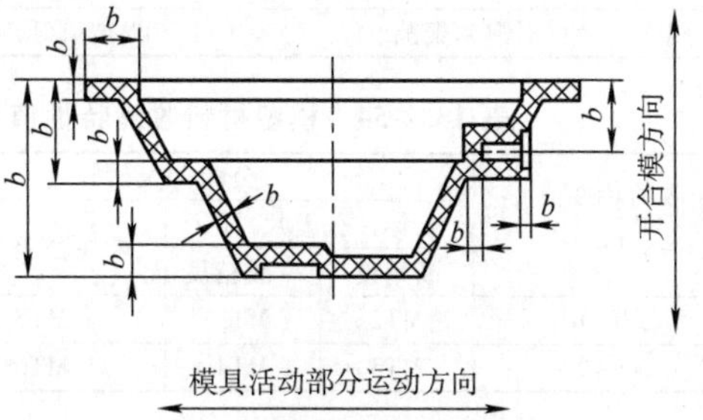

图 18.2-41　受模具活动部分影响的尺寸 b

表 18.2-53　常用材料模塑件尺寸公差等级的选用（摘自 GB/T 14486—2008）

材料代号	模塑材料		公差等级		
			标注公差尺寸		未注公差尺寸
			高精度	一般精度	
ABS	(丙烯腈-丁二烯-苯乙烯) 共聚物		MT2	MT3	MT5
CA	乙酸纤维素		MT3	MT4	MT6
EP	环氧树脂		MT2	MT3	MT5
PA	聚酰胺	无填料填充	MT3	MT4	MT6
		30%玻璃纤维填充	MT2	MT3	MT5
PBT	聚对苯二甲酸丁二酯	无填料填充	MT3	MT4	MT6
		30%玻璃纤维填充	MT2	MT3	MT5
PC	聚碳酸酯		MT2	MT3	MT5
PDAP	聚邻苯二甲酸二烯丙酯		MT2	MT3	MT5
PEEK	聚醚醚酮		MT2	MT3	MT5
PE-HD	高密度聚乙烯		MT4	MT5	MT7
PE-LD	低密度聚乙烯		MT5	MT6	MT7
PESU	聚醚砜		MT2	MT3	MT5
PET	聚对苯二甲酸乙二酯	无填料填充	MT3	MT4	MT6
		30%玻璃纤维填充	MT2	MT3	MT5
PE	苯酚-甲醛树脂	无机填料填充	MT2	MT3	MT5
		有机填料填充	MT3	MT4	MT6
PMMA	聚甲基丙烯酸甲酯		MT2	MT3	MT5
POM	聚甲醛	≤150mm	MT3	MT4	MT6
		>150mm	MT4	MT5	MT7
PP	聚丙烯	无填料填充	MT4	MT5	MT7
		30%无机填料填充	MT2	MT3	MT5
PPE	聚苯醚；聚亚苯醚		MT2	MT3	MT5
PPS	聚苯硫醚		MT2	MT3	MT5
PS	聚苯乙烯		MT2	MT3	MT5
PSU	聚砜		MT2	MT3	MT5
PUR-P	热塑性聚氨酯		MT4	MT5	MT7
PVC-P	软质聚氯乙烯		MT5	MT6	MT7

（续）

材料代号	模塑材料		公差等级		
			标注公差尺寸		未注公差尺寸
			高精度	一般精度	
PVC-U	未增塑聚氯乙烯		MT2	MT3	MT5
SAN	（丙烯腈-苯乙烯）共聚物		MT2	MT3	MT5
UF	脲-甲醛树脂	无机填料填充	MT2	MT3	MT5
		有机填料填充	MT3	MT4	MT6
UP	不饱和聚酯	30%玻璃纤维填充	MT2	MT3	MT5

表 18.2-54 模塑材料收缩特性值和选用的公差等级（摘自 GB/T 14486—2008）

收缩特性值 $\overline{S}_V$(%)	公差等级			收缩特性值 $\overline{S}_V$(%)	公差等级		
	标注公差尺寸		未注公差尺寸		标注公差尺寸		未注公差尺寸
	高精度	一般精度			高精度	一般精度	
>0~1	MT2	MT3	MT5	>2~3	MT4	MT5	MT7
>1~2	MT3	MT4	MT6	>3	MT5	MT6	MT7

第3章　机架的设计与计算

1　轧钢机机架的设计与计算

框架式机架可分为闭框式和开框式两类。闭框式机架的主要特点是机架容易获得较高的刚度，故广泛应用于轧钢、锻压、塑料与橡胶制品机械，以及液压机等机器中。

轧钢机机架主要由上、下横梁及左、右两边的立柱组成（见图18.3-1）。在轧制过程中，金属作用于轧辊的全部压力和水平方向的张力、铸锭或板坯的惯性冲击，以及轧辊平衡装置所产生的作用力，最后都为机架所承受。机架受力后产生的变形将直接影响板材和带材的轧制精度。因此，在设计中既要满足强度的要求，还应保证足够的刚度。

轧钢机的整体式机架属于闭框式机架，它有四种类型（见图18.3-2），即小圆弧形（见图a）、多边形（见图b）、矩形（见图c）及大圆弧形（见图d）。由于矩形机架可视为 $R_1=R_2=0$ 的小圆弧形机架，或视为 $h_1=h_2=h_3=h_4=0$ 时的多边形机架，所以只需介绍小圆弧形及多边形机架的计算即可。

机架的设计与计算包括初步拟定机架基本尺寸和立柱、横梁的截面形状选择；机架的静强度校核；机架的疲劳计算及变形计算等。对于速度较高的轧钢机，还应增加机架的动力学设计内容。

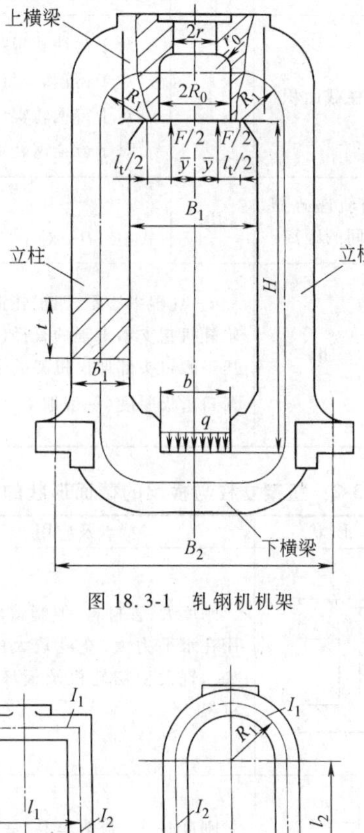

图18.3-1　轧钢机机架

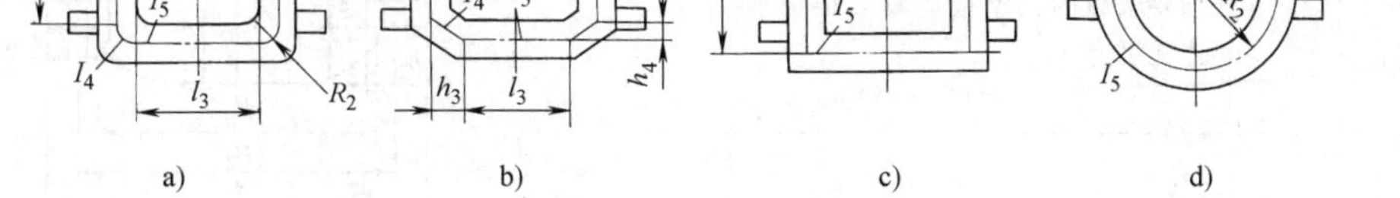

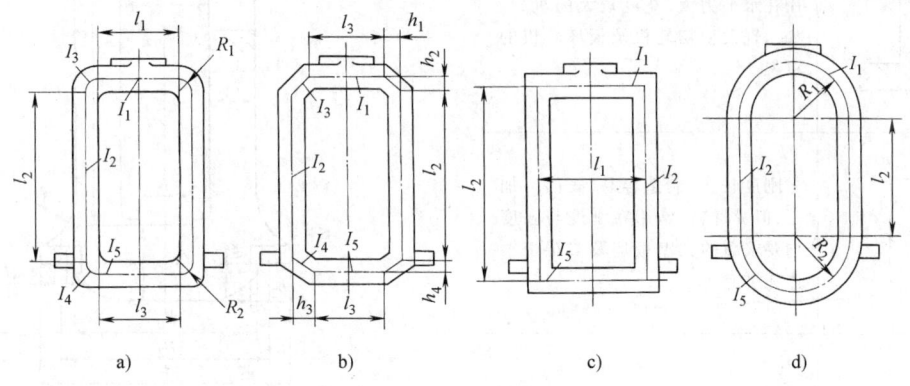

图18.3-2　整体式机架的四种类型

1.1　初定基本尺寸并选择立柱、横梁的截面形状

机架基本尺寸主要指窗口的大小，以及立柱和上、下横梁的截面尺寸等。基本尺寸的确定见表18.3-1，各种截面形状的选择见表18.3-2。

1.2　机架的强度计算和变形计算

1）计算的基本假定。

① 对作用在机架上的外力，只考虑轧制力的作用，并用两个集中载荷取代作用于上横梁圆环面的均布载荷（见图18.3-1）。作用在下横梁上的力为均布载荷。

② 视机架为一封闭框架，该框架由依次连接各截面形心而形成。

③ 机架的变形属于平面变形。

表 18.3-1 机架基本尺寸的确定（参照图 18.3-3）

计算项目	符 号	推荐的计算公式
窗口高度	H	1) $H=a+d+2s+h+\delta$ 2)根据统计资料，对于普通的四辊轧钢机，H 大约控制 $H=(2.6\sim3.5)(D_1+D_2)$
窗口宽度	B_1	1) $B_1=C_1+C_2$ 2) 对于普通四辊轧钢机，B_1 大约控制在 $B_1=(1.15\sim1.30)D_2$
一根立柱截面积	A	对于铸铁轧辊：$A=(0.6\sim0.8)d^2$ 对于铸钢轧辊（开坯机）：$A=(0.65\sim0.8)d^2$ 对于铸钢轧辊（一般轧钢机）：$A=(0.8\sim1.0)d^2$ 对于合金钢轧辊（四辊轧钢机）：$A=(1.0\sim1.2)d^2$
机架与轨座连接用螺栓孔间的距离	B_2	$B_2=(2.5\sim3)D$ 式中 D—对于二辊轧钢机，D 为轧辊辊身直径；对于四辊轧钢机，D 为支承辊辊身直径（m）
说 明		a—轧辊中心距，四辊轧钢机指支承辊中心距，三辊轧钢机指上、下辊中心距（m）；d—辊颈直径，四辊轧机指支承辊辊颈直径（m）；s—轴承和轴承座的径向厚度（m）；h—上轧辊调整距离（m）；δ—考虑压下螺钉头部伸出机架的余量，以及安放测压头的预留尺寸（m）；C_1—支承辊轴承座宽度（m）；C_2—窗口滑板厚度（一般取 $C_2=0.02\sim0.04$m）；D_1—工作辊辊身直径（m）；D_2—支承辊辊身直径（m）

表 18.3-2 机架立柱与横梁的截面形状的选择

截面形状	特点及应用
	刚度大、省材料，但制造麻烦，多用在水平力大、宽度较大的机架。如二辊大型初轧机及板坯轧机的机架
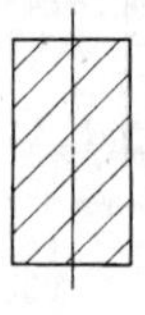	刚度较大，制造容易，表面易加工，但费材料，常用在刚度与强度均要求高的大型板坯及二辊带钢连轧机上
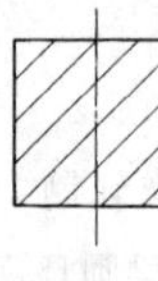	刚度差，节省金属，用在高而窄、水平力较小的中小型机架上。如四辊轧钢机的机架
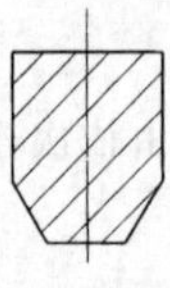	实际生产中很少采用，仅用在一些成批生产制造的中小型连轧机上

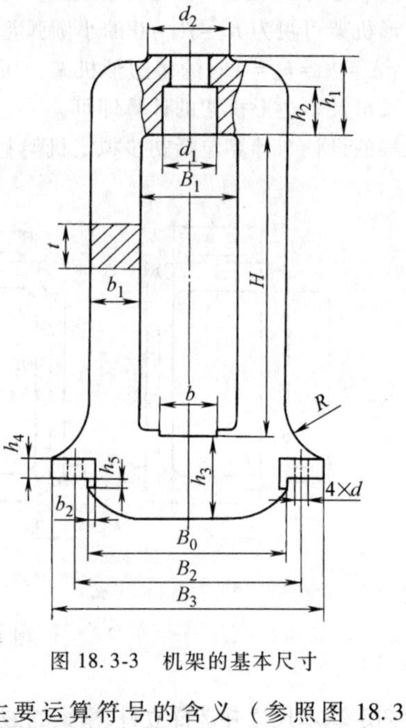

图 18.3-3 机架的基本尺寸

2）主要运算符号的含义（参照图 18.3-1～图 18.3-3 及表 18.3-3～表 18.3-6）。

M_1——作用在上横梁上中部的弯矩（N·m）；

M_2——作用在上、下横梁与立柱交接处的弯矩（N·m）；

F——作用在一片机架上的力，它等于轧制力的一半（N）；

b——下横梁上均布载荷的宽度（m）；

R_1、R_2、l_1、l_2、l_3、h_1、h_2、h_3、h_4——机架有关尺寸（m）；

A_2——立柱截面面积（m^2）；

I_2——立柱截面二次矩（m^4）；

A_1、A_3、A_4、A_5、A_6、A_7——机架其余各段截面面积（m^2）；

I_1、I_3、I_4、I_5、I_6、I_7——机架其余各段截面二次矩（m^4）；

l_t——运算符号（m），$l_t = l_1 - 2\bar{y}$

$\bar{y}$——集中力 $F/2$ 的等效力臂（m）

$$\bar{y} = \frac{4}{3\pi}\left(\frac{R^3 - r^3}{R^2 - r^2}\right)$$

R、r——圆环形受载台阶的外半径和内半径（m）

$$R = R_0 - r_0$$

R_0——安装压下螺母的孔半径（m）；

r_0——安装压下螺母的孔的孔底过渡圆角半径（m）；

W_1——机架上横梁中部截面系数（m^3）；

W_2——机架立柱的截面系数（m^3）；

W_3——机架下横梁中部的截面系数（m^3）；

W_1'、W_2'——曲梁内、外层的折算截面系数（m^3）

$$W_1' = \frac{A'\ (R_P - r_0')\ R_1'}{r_0' - R_1'}$$

$$W_2' = \frac{A'\ (R_P - r_0')\ R_2'}{R_2' - r_0'}$$

A'——曲梁截面面积（m^2）；

R_P——曲梁的平均半径（m）

$$R_P = \frac{R_1' + R_2'}{2}$$

R_1'、R_2'——曲梁的内、外半径（m）；

r_0'——曲梁中性层半径（m）

$$r_0' = \frac{R_2' - R_1'}{\ln \dfrac{R_2'}{R_1'}}$$

σ_1、σ_3——机架上、下横梁中部截面上最大弯曲应力（Pa）；

σ_2——立柱截面上的最大拉应力（Pa）；

$\sigma_{\varphi \mathrm{I}}$、$\sigma_{\varphi \mathrm{I}}'$——曲梁的危险截面Ⅰ—Ⅰ的内、外层的应力（Pa）；

$\sigma_{\varphi \mathrm{II}}$、$\sigma_{\varphi \mathrm{II}}'$——曲梁的危险截面Ⅱ—Ⅱ的内、外层应力（Pa）；

F_J——机架的计算载荷（N），通常等于轧制力的一半；

d——辊颈直径（m）；

c——轧辊辊颈危险截面与压下螺钉或轴承中心线间的距离（m）；

σ_s——机架材料的屈服强度（Pa）；

σ_b'——轧辊材料的强度极限（Pa）；

K_σ'——辊颈应力集中系数，一般可取 $K_\sigma' = 1.5$；

σ_{rb}——机架材料在脉动循环载荷作用下的弯曲疲劳极限，推荐 $\sigma_{rb} = 0.64R_m$，对于 ZG270-500 钢，$\sigma_{rb} = 3200 \times 10^5$ Pa；

K_σ——有效应力集中系数，此系数与机架各部位的形状和过渡状况有关，安装压下螺母的上横梁中部，$K_\sigma = 2.0 \sim 2.5$；横梁与立柱交接处，按一般方法计算应力时，取 $K_\sigma = 3 \sim 4$，按曲梁计算应力时，则取 $K_\sigma = 1.0 \sim 1.2$，其余部位根据不同情况选取不同的 K_σ 值；

$\varepsilon_{1\sigma}$——表面状况系数，机架表面多属于粗加工或非加工表面，故推荐 $\varepsilon_{1\sigma} = 0.6 \sim 0.8$；

$\varepsilon_{2\sigma}$——尺寸因素的影响系数，对大、中型轧钢机，$\varepsilon_{2\sigma} = 0.6 \sim 0.7$，对小型轧钢机，$\varepsilon_{2\sigma} = 0.8 \sim 0.9$；

k——截面形状系数，$k = 1.2$；

E——机架材料的弹性模量（Pa）；

G——机架材料的切变模量（Pa）；

f_z——机架在垂直方向上的挠度（m）；

f_s——机架在水平方向上的挠度（m）；

σ_{rz}——机架材料在脉动循环载荷作用下的拉伸疲劳极限，推荐 $\sigma_{rz} = 0.7\sigma_{rb}$，对于 ZG270-500 号钢 $\sigma_{rz} = 2240 \times 10^5$ Pa。

3）机架的强度计算和变形计算。表 18.3-3、表 18.3-4 为机架的静强度计算和挠度计算。表 18.3-5 为机架的疲劳安全系数计算。表 18.3-6 为用图解法确定机架任意截面上的弯矩。对于结构形状复杂的机架可用图解法。

4）计算示例。

例 18.3-1　图 18.3-4 所示为 1200×550/1100 四辊热轧钢机机架结构图。要求对该机架进行刚度、强度校核。机架材料为 ZG270-500 钢，轧机的最大轧制力为 16000kN，每片机架上的作用力为 8000kN。

解：

① 绘制机架计算简图。

第一步，将机架简化为封闭框架。由于该机架形状较规整，故只取五个截面，它们是：上、下横梁的中间截面，立柱的中间截面，上、下横梁与立柱交接处。而后分别求其形心位置和截面二次矩。根据所求得的数据及机架的结构尺寸便可作出机架的封闭框架图，如图 18.3-5 所示。

表 18.3-3　机架的静强度计算

机架结构型式	计算项目	计算公式	简图
小圆弧形机架	作用在立柱上的弯矩 M_2	$M_2=\dfrac{F}{\dfrac{l_1-l_t}{2I_1}+\dfrac{\pi}{2}\left(\dfrac{R_1}{I_3}+\dfrac{R_2}{I_4}\right)+\dfrac{l_2}{I_2}+\dfrac{l_3-b}{2I_7}+\dfrac{b}{2I_5}+\dfrac{l_t}{2I_6}}\times\left[\dfrac{1}{4I_1}\left(\dfrac{l_t}{2}+R_1\right)(l_1-l_t)+\dfrac{l_t}{4I_6}\left(R_1+\dfrac{l_t}{4}\right)+\dfrac{\pi-2}{4}\left(\dfrac{R_1^2}{I_3}+\dfrac{R_2^2}{I_4}\right)+\dfrac{1}{16I_7}(l_3-b)(4R_2+l_3-b)+\dfrac{b^2}{48I_5}\left(12\dfrac{R_2}{b}+6\dfrac{l_3}{b}-4\right)\right]$	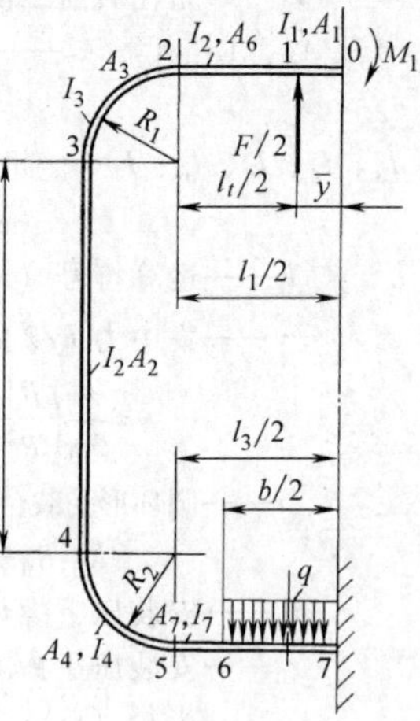
	作用在横梁中部的弯矩 M_1	$M_1=\dfrac{F}{2}\left(\dfrac{l_t}{2}+R_1\right)-M_2$	
多边形机架	作用在立柱上的弯矩 M_2	$M_2=\dfrac{F}{\dfrac{l_1-l_t}{2I_1}+\dfrac{\sqrt{h_1^2+h_2^2}}{I_3}+\dfrac{\sqrt{h_3^2+h_4^2}}{I_4}+\dfrac{l_2}{I_2}+\dfrac{l_3-b}{2I_7}+\dfrac{b}{2I_5}+\dfrac{l_t}{2I_6}}\times\left[\dfrac{1}{4I_1}\left(\dfrac{l_t}{2}+h_1\right)(l_1-l_t)+\dfrac{l_t}{4I_6}\left(h_1+\dfrac{l_t}{4}\right)+\dfrac{h_1\sqrt{h_1^2+h_2^2}}{4I_3}+\dfrac{h_3\sqrt{h_3^2+h_4^2}}{4I_4}+\dfrac{1}{16I_7}(l_3-b)\times(4h_3+l_3-b)+\dfrac{b^2}{48I_5}\left(12\dfrac{h_3}{b}+6\dfrac{l_3}{b}-4\right)\right]$	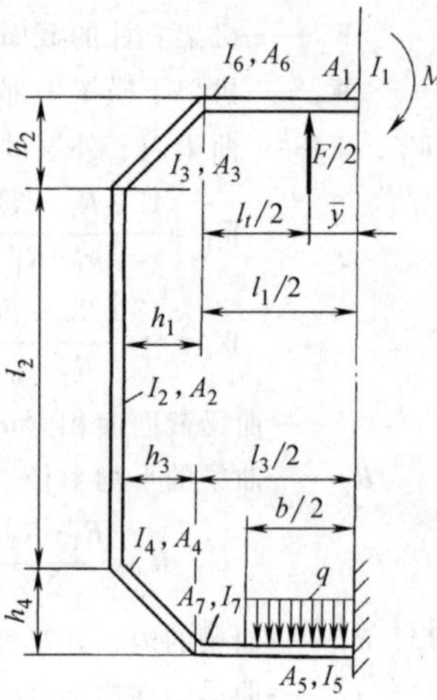
	作用在横梁中部的弯矩 M_1	$M_1=\dfrac{F}{2}\left(\dfrac{l_t}{2}+h_1\right)-M_2$	
小圆弧形或多边形机架	上横梁中间截面最大弯曲应力 σ_1	$\sigma_1=\dfrac{M_1}{W_1}\leqslant[\sigma]$	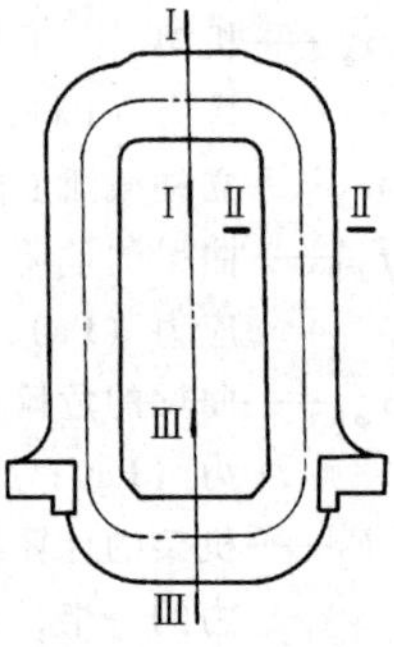
	下横梁中间截面最大弯曲应力 σ_3	$\sigma_3=\dfrac{M_1}{W_3}\leqslant[\sigma]$	
	立柱横截面最大拉应力 σ_2	$\sigma_2=\dfrac{F}{2A_2}+\dfrac{M_2}{W_2}\leqslant[\sigma]$	

（续）

机架结构型式	计算项目	计算公式	简图
横梁与立柱交接处	曲梁危险截面Ⅰ—Ⅰ内、外层的应力 $\sigma_{\varphi\mathrm{I}}$ 及 $\sigma_{\varphi}'{}_{\mathrm{I}}$	$\sigma_{\varphi\mathrm{I}}=-\dfrac{\dfrac{F\gamma_0'}{2}-M_2}{W_1'}\leqslant[\sigma]$ $\sigma_{\varphi}'{}_{\mathrm{I}}=\dfrac{\dfrac{F\gamma_0'}{2}-M_2}{W_2'}\leqslant[\sigma]$	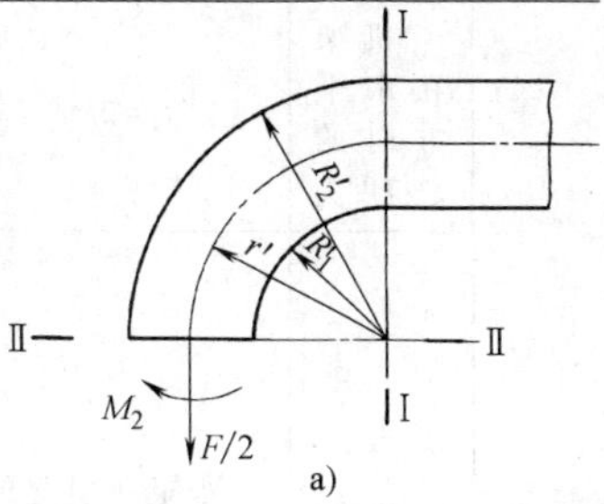a)
	曲梁危险截面Ⅱ—Ⅱ内、外层的应力 $\sigma_{\varphi\mathrm{II}}$ 及 $\sigma_{\varphi}'{}_{\mathrm{II}}$	$\sigma_{\varphi\mathrm{II}}=\dfrac{M_2}{W_1'}+\dfrac{F}{2A}\leqslant[\sigma]$ $\sigma_{\varphi}'{}_{\mathrm{II}}=\dfrac{-M_2}{W_2'}+\dfrac{F}{2A}\leqslant[\sigma]$	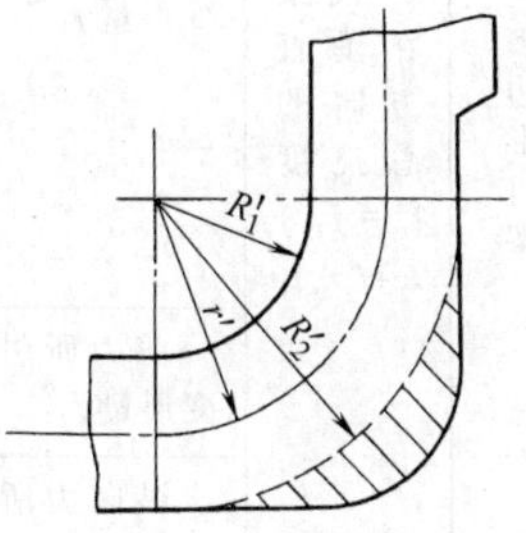b) 当立柱与梁交接处不是正规曲梁形状，可按图中所示方法画出近似的曲梁，并找出曲梁内、外圆半径。而图 b 中阴影部分的金属在计算中可以不考虑
说　明		机架的许用应力： 1）当机架材料为 ZG270-500 时， 对于小规格的轧钢机机架：横梁，$[\sigma]=500\sim700\times10^5$ Pa；立柱，$[\sigma]=300\sim400\times10^5$ Pa 对于大规格的轧钢机机架：横梁，$[\sigma]=300\sim500\times10^5$ Pa；立柱，$[\sigma]=200\sim300\times10^5$ Pa 2）为了防止轧钢机超载荷时损伤机架，机架的许用应力还应满足：轧辊由于超载荷而发生断裂，机架不产生塑性变形这一条件，即 $[\sigma]'\leqslant\dfrac{F_{\mathrm{J}}\sigma_{\mathrm{s}}cK_{\sigma}'}{0.167\sigma_{\mathrm{b}}'d^3}$	

表 18.3-4　机架的挠度计算

机架结构型式	计算项目		计算公式
小圆弧形机架	机架在垂直方向的挠度（$f_z=f_1+f_2+f_3$）	弯矩在上、下横梁中部所引起的变形量 f_1	$f_1=\dfrac{(0.18FR_1-0.57M_2)R_1^2}{EI_3}+\dfrac{El_t}{4EI_6}\left[R_1\left(R_1+\dfrac{l_t}{2}\right)+\dfrac{l_t^2}{12}\right]-\dfrac{M_2l_t}{2EI_6}\times\left(R_1+\dfrac{l_t}{4}\right)+\dfrac{1}{EI_1}(l_1-l_t)\left(R_1+\dfrac{l_1+l_t}{4}\right)\left[\dfrac{F}{4}\left(R_1+\dfrac{l_t}{2}\right)-\dfrac{M_2}{2}\right]+\dfrac{(0.18FR_2-0.57M_2)R_2^2}{EI_4}+\dfrac{F(l_3-b)}{4EI_7}\left[R_2\left(R_2+\dfrac{l_3-b}{2}\right)+\dfrac{(l_3-b)^2}{12}\right]-\dfrac{M_2}{2EI_7}(l_3-b)\left(R_2+\dfrac{l_3-b}{4}\right)+\dfrac{1}{EI_5}\left\{Fb/4\left[\left(R_2+\dfrac{l_3-b}{2}\right)\times\left(R_2+\dfrac{l_3}{2}-\dfrac{b}{12}\right)+\dfrac{5b^2}{96}\right]-\dfrac{M_2b}{2}\left(R_2+\dfrac{l_3}{2}-\dfrac{b}{4}\right)\right\}$
		剪力在上、下横梁上引起的变形量 f_2	$f_2=\dfrac{kF}{8G}\left[\dfrac{\pi R_1}{A_3}+\dfrac{2l_t}{A_6}+\dfrac{\pi R_2}{A_4}+\dfrac{2(l_3-b)}{A_7}+\dfrac{b}{A_5}\right]$
		纵向力引起的变形量 f_3	$f_3=\dfrac{F}{8E}\left[\pi\left(\dfrac{R_1}{A_3}+\dfrac{R_2}{A_4}\right)+\dfrac{4l_2}{A_2}\right]$

（续）

机架结构型式	计算项目		计算公式
多边形机架	机架在水平方向的总挠度 f_s	$f_s=2f_4$	$f_s=2f_4=\frac{M_2 l_0^2}{4EI_2}$ 式中　f_4—立柱中点挠度 $l_0=l_2+0.5(R_1+R_2)$
	机架在垂直方向的总挠度 $f_z=f_1+f_2+f_3$	弯矩所引起的变形量 f_1	$f_1=\frac{1}{6E}\left(\frac{Fh_1^2}{I_3}\sqrt{h_1^2+h_2^2}+\frac{Fh_3^2}{I_4}\sqrt{h_3^2+h_4^2}-\frac{3M_2h_1}{I_3}\sqrt{h_1^2+h_2^2}+\frac{3M_2h_3}{I_4}\sqrt{h_3^2+h_4^2}\right)+\frac{Fl_t}{4EI_6}\left[h_1\left(h_1+\frac{l_t}{2}\right)+\frac{l_t^2}{12}\right]-\frac{M_2l_t}{2EI_6}\left(h_1+\frac{l_t}{4}\right)+\frac{1}{EI_1}(l_1-l_t)\left(h_1+\frac{l_1+l_t}{4}\right)\times\left[\frac{F}{4}\left(h_1+\frac{l_t}{2}\right)-\frac{M_2}{2}\right]+\frac{F(l_3-b)}{4EI_7}\left[h_3\left(h_3+\frac{l_3-b}{2}\right)+\frac{(l_3-b)^2}{12}\right]-\frac{M_2}{2EI_7}(l_3-b)\left(h_3+\frac{l_3-b}{4}\right)+\frac{1}{EI_5}\left\{\frac{Fb}{4}\left[\left(h_3+\frac{l_3-b}{2}\right)\left(h_3+\frac{l_3}{2}-\frac{b}{12}\right)+\frac{5b^2}{96}\right]-\frac{M_2b}{2}\left(h_3+\frac{l_3}{2}-\frac{b}{4}\right)\right\}$
		剪力所引起的变形量 f_2	$f_2=\frac{kF}{4G}\left[\frac{2h_1^2}{A_3\sqrt{h_1^2+h_2^2}}+\frac{2h_3^2}{A_4\sqrt{h_2^2+h_4^2}}+\frac{l_t}{A_6}+\frac{l_3-b}{A_7}+\frac{b}{2A_5}\right]$
		纵向力所引起的变形量 f_3	$f_3=\frac{F}{2E}\left[\frac{l_2}{A_2}+\frac{h_2^2}{A_3\sqrt{h_1^2+h_2^2}}+\frac{h_4^2}{A_4\sqrt{h_3^2+h_4^2}}\right]$
	机架水平方向的总挠度 f_s	$f_s=2f_4$	$f_s=2f_4=\frac{M_2 l_0^2}{4EI_2}$ 式中　f_4—立柱中点挠度 $l_0=l_2+0.5(h_2+h_4)$
说明			1）在小圆弧形机架中，令 $R_1=R_2=0, l_1=l_3$，便可得到计算矩形机架的变形公式 2）机架窗口与轴承座间的最小间隙应不小于 f_s

表 18.3-5　机架各部分的疲劳安全系数计算

计算项目	计算公式
横梁的疲劳安全系数	$S=\frac{\sigma_{rb}}{\frac{\sigma}{2}\left(1+\frac{K_\sigma}{\varepsilon_{1\sigma}\varepsilon_{2\sigma}}\right)}\geqslant[S]$
立柱的疲劳安全系数	$S=\frac{\sigma_{rz}}{\frac{\sigma}{2}\left(1+\frac{K_\sigma}{\varepsilon_{1\sigma}\varepsilon_{2\sigma}}\right)}\geqslant[S]$
横梁与立柱交接处的疲劳安全系数	$S=\frac{\sigma_{rb}+\sigma_{rz}}{\sigma\left(1+\frac{K_\sigma}{\varepsilon_{1\sigma}\varepsilon_{2\sigma}}\right)}\geqslant[S]$

注：疲劳安全系数的许用值推荐为 $[S]=1.5\sim2.0$。

表 18.3-6　用图解法确定机架任意截面上的弯矩

项　目	图解计算
求弯矩 M_1 及机架任意截面上的弯矩 M_x	将机架沿垂直对称面剖切开，取其一半，沿其中性线划分为若干区段，每一区段中，截面的二次矩视为相同。求出各段的 $\frac{\Delta x}{I_x}$、y 值，代入下面公式，便可求得 $M_x=\frac{F}{2}y-M_1$ $M_1=\frac{\frac{F}{2}\sum y\frac{\Delta x}{I_x}}{\sum\frac{\Delta x}{I_x}}$ 式中　M_x—任一截面上的弯矩（N·m） F—作用在一片机架上的轧制力（N）

（续）

项　目	图解计算
求弯矩 M_1 及机架任意截面上的弯矩 M_x	I_x—任一截面上的二次矩（m^4） M_1—作用在横梁中部的弯矩（N·m） y—计算区段的坐标值（m） 若按等效力矩原则，即两对称集中载荷作用于机架（参照图 18.2-1）时，则作用在横梁中部的弯矩为 M_1' $$M_1'=\frac{\frac{F}{2}\sum y'\frac{\Delta x}{I_x}}{\sum\frac{\Delta x}{I_x}}$$ 式中　y'—计算区段的坐标值（m），$y'=y-\bar{y}$ 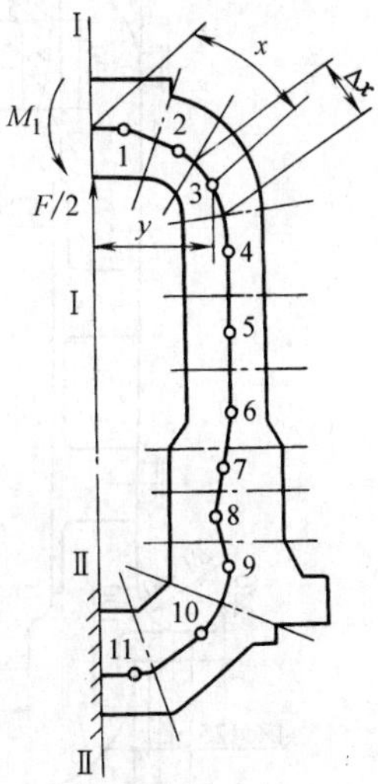
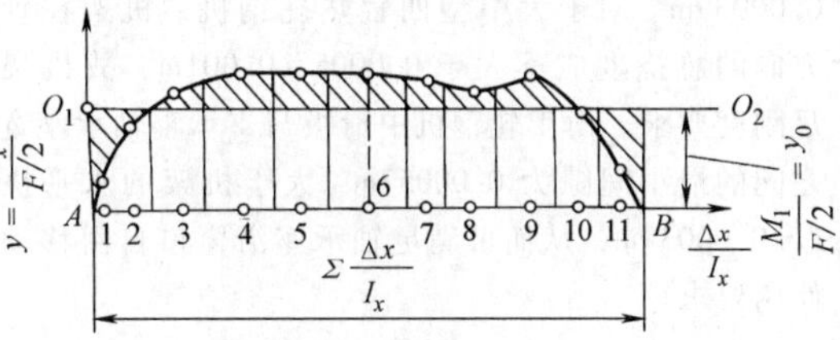 图解机架任一截面上的弯矩	以 $\frac{\Delta x}{I_x}$ 为横坐标轴，y 为纵坐标轴建立坐标系，而后分别求出各区段的 $\frac{\Delta x}{I_x}$ 及 y 值，根据其每一个值，在坐标系 $\frac{\Delta x}{I_x}$-y 可标定一个点。把各点光滑连接成曲线（AB），曲线（AB）与横坐标所包容的面积，即为 $\sum y\frac{\Delta x}{I_x}$，曲线（AB）的纵坐标的平均值 y_0 与 $F/2$ 的乘积，就是 M_1。将横坐标轴原来的位置向上平移 y_0 距离，得以 O_1 为坐标原点的新坐标系。曲线（AB）在新坐标系的纵坐标值与 $F/2$ 的乘积便是 M_x

第二步，确定各段的截面二次矩及集中力 $F/2$ 的等效力臂。

截面二次矩（I_i）：

上横梁中间截面　$I_1=0.0903\text{m}^4$；

立柱的中间截面　$I_2=0.0206\text{m}^4$；

上横梁与立柱的交接处　$I_3=0.0412\text{m}^4$；

下横梁与立柱的交接处　$I_4=0.0694\text{m}^4$；

下横梁中间截面　$I_5=0.074\text{m}^4$；

上横梁左、右端

$$I_6=\frac{I_1+I_3}{2}=\frac{(0.0903+0.0412)}{2}\text{m}^4$$

$$=0.0658\text{m}^4$$

下横梁左、右端

$$I_7=\frac{I_4+I_5}{2}=\frac{(0.0694+0.074)}{2}\text{m}^4$$

$$=0.0717\text{m}^4$$

集中力 8×10^6N 的等效力臂 $\bar{y}$ 为

$$\bar{y}=\frac{4}{3\pi}\left(\frac{R^3-r^3}{R^2-r^2}\right)=\frac{4}{3\pi}\left(\frac{0.36^3-0.24^3}{0.36^2-0.24^2}\right)\text{mm}$$

$$=0.193\text{mm}$$

l_t 及 b：

$$l_t=l_1-2\bar{y}=(1-2\times0.193)\ \text{m}=0.614\text{m}$$

$$b=0.8\text{m}$$

② 机架的静强度校核。

a）按表 18.3-3 中的计算公式求得各截面上的最大应力（见表 18.3-7）。

由表 18.3-7 可知，求得的各截面上最大应力均小于许用应力，故机架静强度满足要求。

b）以轧辊在断裂时机架不产生塑性变形为条件计算机架的许用应力 $[\sigma]'$。

$$[\sigma]'=\frac{F_J\sigma_s cK_\sigma'}{0.167\sigma_b'd^3}$$

$$=\frac{8\times10^6\times2800\times10^5\times0.47\times1.5}{0.167\times9100\times10^5\times0.6^3}\ \text{Pa}$$

$$=481\times10^5\ \text{Pa}$$

由于上式求得的 $[\sigma]'$ 值大于机架的最大应力，故轧辊在断裂时，机架无损伤。

③ 机架的疲劳安全系数计算。按表 18.3-5 中公

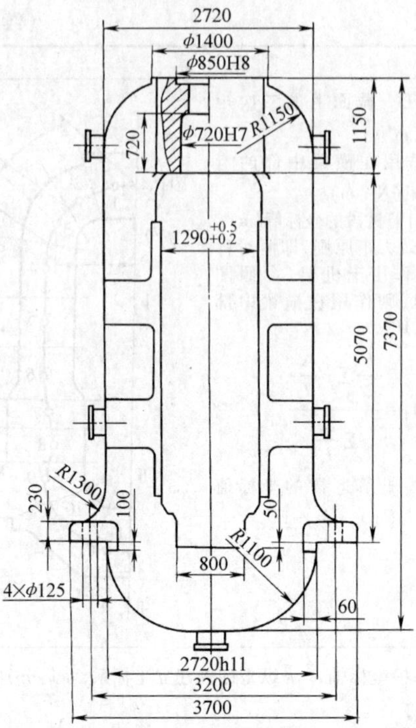

图 18.3-4　1200×550/1100 四辊热轧钢机机架结构图

式计算各截面的疲劳安全系数，并列于表 18.3-8 中，由于表 18.3-8 中的 S 值大于许用安全系数 $[S]$ = 1.5~2，故机架疲劳强度满足要求。

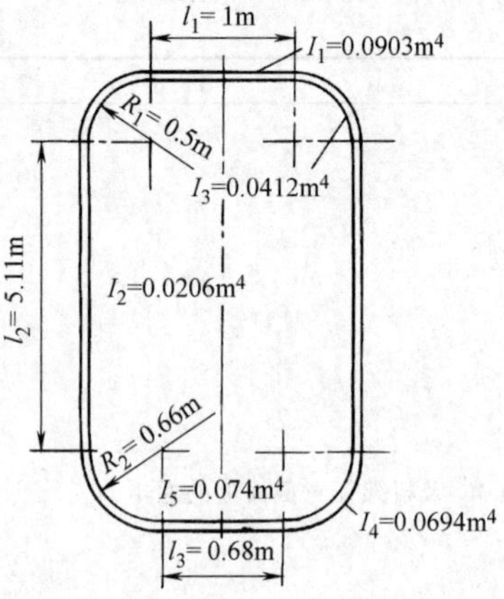

图 18.3-5　1200×550/1100 四辊热轧钢机机架计算简图

④ 挠度计算。利用表 18.3-4 中的公式计算机架的挠度，并列于表 18.3-9 中。从表中可知，机架在垂直方向的挠度 f_z = 0.000485m，水平方向的挠度 f_s = 0.00039m。对于大中型四辊热轧钢机，机架在垂直方向的总挠度应不大于 0.0005~0.001m，故机架满足刚度要求。由于轧钢机中滑板与支承辊轴承座宽度之间的最小间隙为 0.00057m，大于机架的水平挠度 f_s = 0.00039m，从而可满足轴承座沿窗口自由移动的使用要求。

表 18.3-7　1200×550/1100 轧钢机机架的静强度计算数据

截面位置	截面面积 A_i/m^2	内边缘至形心的距离 y_i/m	截面二次矩 I_i/m^4	截面系数 W_i/m^3	弯矩 $M_i/10^5N\cdot m$	内边缘上的应力 $\sigma_i/10^5Pa$	外边缘上的应力 $\sigma_i'/10^5Pa$
上横梁中间截面	0.8593	0.604	0.0903	0.165 0.1495	30.36	-203	184
立柱中间截面	0.4860	0.358	0.0206	0.051	2.04	118	46.4
上横梁与立柱交接处	0.6120	0.450	0.0412	0.0424 0.166	14.15	-334	85.3
下横梁与立柱交接处	0.7320	0.50	0.0694	0.0424 0.216	14.56	-344	67.5
下横梁中间截面	0.7480	0.550	0.074	0.134	30.36	-226	226

表 18.3-8　机架各截面的疲劳安全系数

截面位置	疲劳安全系数
上横梁中间截面	$S=\dfrac{3200\times10^5}{\dfrac{203\times10^5}{2}\left(1+\dfrac{2.5}{0.6\times0.6}\right)}=3.97$
立柱中间截面	$S=\dfrac{2240\times10^5}{\dfrac{118\times10^5}{2}\left(1+\dfrac{2.5}{0.6\times0.6}\right)}=4.78$
横梁与立柱交接处	$S=\dfrac{3200\times10^5+2240\times10^5}{344\times10^5\left(1+\dfrac{2.5}{0.6\times0.6}\right)}=3.64$

（续）

截面位置	疲劳安全系数
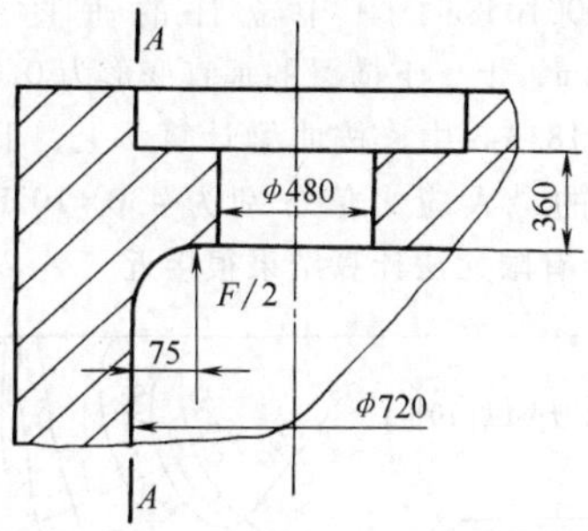 装设压下螺母台阶的 A—A 柱面剖切的截面	$S=\dfrac{3200\times10^5}{\dfrac{123\times10^5}{2}\left(1+\dfrac{5}{0.6\times0.6}\right)}=3.5$

注：123×10^5Pa 为 A—A 截面的最大应力，即 $\sigma_{A-A}=\dfrac{8\times10^6\times0.075}{\dfrac{\pi\times0.72\times0.36^2}{6}}\text{Pa}=123\times10^5\text{Pa}$；此处的应力集中系数 $K_\sigma=4.0\sim5.0$。

表 18.3-9　1200×550/1100 轧机机架的挠度计算

(1)机架在垂直方向的挠度	
弯矩引起的变形量 f_1	$f_1=\dfrac{1}{2.1\times10^{11}}\Big\{\dfrac{(0.18\times8\times10^6\times0.5-0.57\times2.04\times10^5)0.5^2}{0.0412}+\dfrac{8\times10^6\times0.626}{4\times0.658}\times\left[0.5\left(0.5+\dfrac{0.625}{2}\right)+\dfrac{0.625^2}{12}\right]-\dfrac{2.04\times10^5\times0.626}{2\times0.0658}\left(0.5+\dfrac{0.626}{4}\right)+\dfrac{1}{0.0903}(1-0.626)\left(0.5+\dfrac{1+0.626}{4}\right)\left[\dfrac{8\times10^6}{4}\left(0.5+\dfrac{0.626}{2}\right)-\dfrac{2.04\times10^5}{2}\right]+\dfrac{(0.18\times8\times10^5\times0.66-0.57\times2.04\times10^5)}{0.0694}\times0.66^2+\dfrac{8\times10^6(0.68-0.8)}{4\times0.0717}\times\left[0.66\left(0.66+\dfrac{0.68-0.8}{2}\right)+\dfrac{(0.68-0.8)^2}{12}\right]-\dfrac{2.04\times10^5}{2\times0.0717}(0.68-0.8)\times\left(0.66+\dfrac{0.68-0.8}{4}\right)+\dfrac{8\times10^5\times0.8}{4\times0.074}\left[\left(0.66+\dfrac{0.68-0.8}{2}\right)\left(0.66+\dfrac{0.68}{2}-\dfrac{0.8}{12}\right)+\dfrac{5\times0.8^2}{96}\right]-\dfrac{2.04\times10^5\times0.8}{2\times0.074}\left(0.66+\dfrac{0.68}{2}-\dfrac{0.8}{4}\right)\Big\}\text{m}=0.000132\text{m}$
剪力引起的变形量 f_2	$f_2=\dfrac{1.2\times8\times10^6}{8\times0.75\times10^{11}}\left[\dfrac{\pi\times0.5}{0.612}+\dfrac{2\times0.626}{0.7357}+\dfrac{\pi\times0.66}{0.732}+\dfrac{2(0.68-0.8)}{0.74}+\dfrac{0.8}{0.748}\right]\text{m}=0.000127\text{m}$
纵向力引起的变形量 f_3	$f_3=\dfrac{8\times10^6}{8\times2.1\times10^{11}}\left[\pi\left(\dfrac{0.5}{0.612}+\dfrac{0.66}{0.732}\right)+\dfrac{4\times5.11}{0.486}\right]\text{m}=0.000226\text{m}$
垂直方向的总挠度 $f_z=f_1+f_2+f_3$	$f_z=(0.000132+0.000127+0.000226)\text{m}=0.000485\text{m}$
(2)机架在水平方向的挠度	
$f_s=\dfrac{2.04\times10^5\times5.67^2}{4\times2.1\times10^{11}\times0.0202}\text{m}=0.00039\text{m}$	

5）轧钢机机架应力的有限元分析。用有限元法计算 250×100/300 四辊冷轧钢机机架所得应力分布及变形情况。

假定：①机架只承受垂直方向的轧制力，而水平外力被忽略。②机架几何形状及外载均前、后对称，且无垂直于此对称面的外力，故计算时按平面问题来处理。

用有限元法计算所得机架的应力分布图，如图 18.3-6~图 18.3-9 所示。从图中得知：①上横梁中间截面内缘上有较大的沿 x 轴方向的压应力（σ_x =

-284×10^5Pa），其值向两边逐渐减小。②上横梁内、外缘 σ_{xmax} 分别是下横梁对应点 σ_{xmax} 的 1.55 和 1.68 倍。上、下横梁的内、外缘的 σ_x 值按曲线规律变化。③立柱受力状态接近于单向拉伸。④根据上横梁中间截面的应力分布，可确定压下螺母支承面的位置（尽可能布置在压应力区）。⑤从图 18.3-7、图 18.3-8 中可知，横梁与立柱交接处和下横梁带孔部位有较大的应力集中，从而使应力达到较高值。如在上、下横梁与立柱交接处最大应力分别达到 410×10^5Pa 和 320×10^5Pa，而在 ϕ40mm 圆孔 A、B 两点拉应力达到 290×10^5Pa。

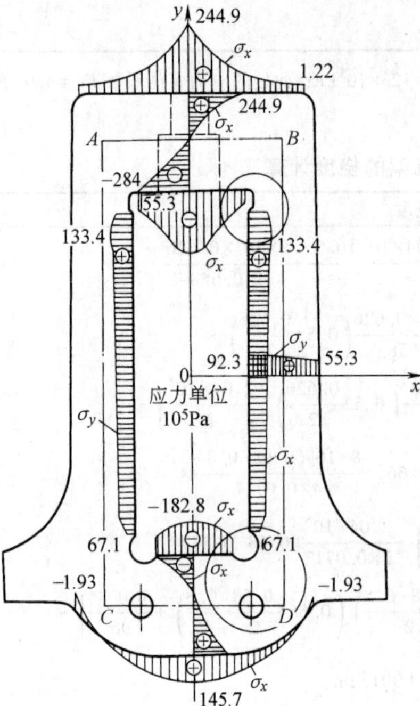

图 18.3-6　有限元法计算所得 250×100/300 四辊轧钢机机架应力分析

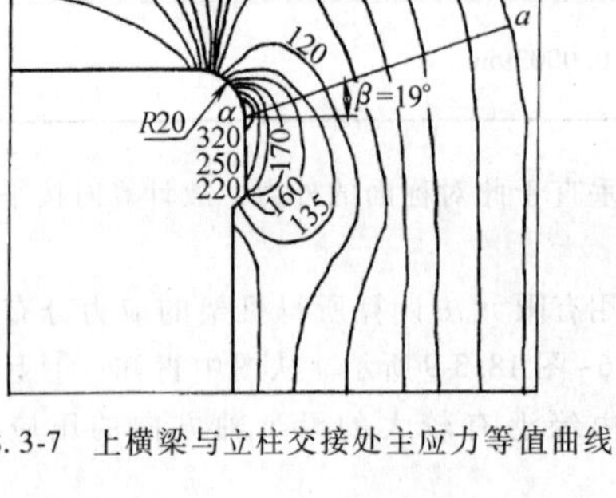

图 18.3-7　上横梁与立柱交接处主应力等值曲线

机架的变形：当以机架各边中性线 *ABCD*（见图 18.3-6）为基准时，计算所得机架在垂直方向的总挠度为 0.0001058m，其中立柱的垂直变形量为 0.0000448m，上、下横梁的垂直变形为 0.000061m。

在表 18.3-3 中，按曲梁计算，上、下横梁与立柱交接处的最大应力值分别为 430×10^5Pa 及 328×10^5Pa，与有限元法计算结果很接近。

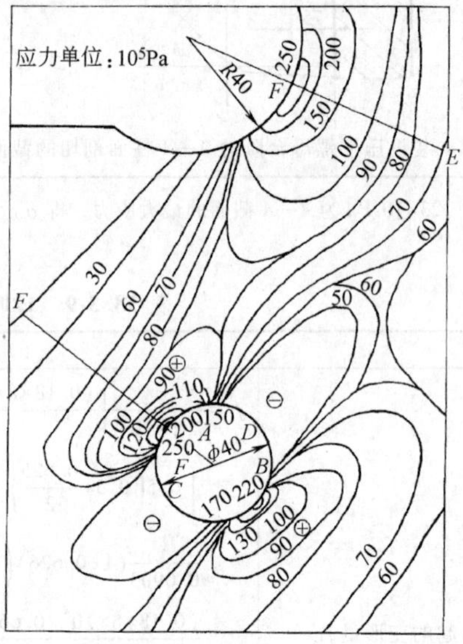

图 18.3-8　下横梁与立柱交接处的主应力等值曲线

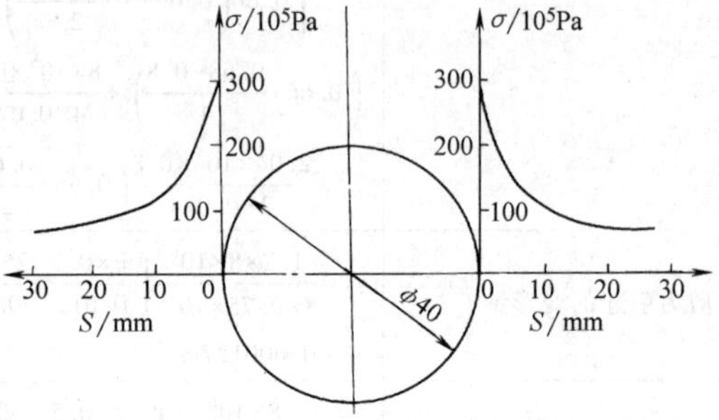

图 18.3-9　下横梁 ϕ40mm 圆孔拉应力区应力变化曲线

2　预应力钢丝缠绕机架的设计与计算

预应力钢丝缠绕机架由上、下两个半圆梁（或两个拱形梁）和两个（或四个）立柱并用高强度预应力钢丝（或钢带）缠绕而成（见图 18.3-10）。它具有结构紧凑，重量轻，便于加工、运输和安装，以及疲劳强度高等优点。这种机架广泛用于各种超高压液压机中，如等静压、冷锻、静压挤压、超硬材料合成以及粉末压制等。

预应力钢丝缠绕机架的设计包括结构设计、强度和刚度计算，以及缠绕设计等。

机架设计中的主要运算符号如下：

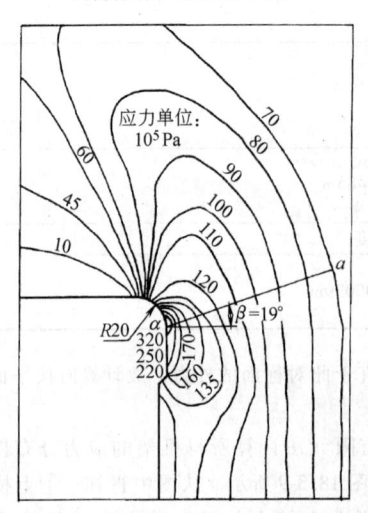

F——工作载荷；

F_c——预紧力；

F_{ca}——一根立柱上的预紧力；

F_{ce}——工作状态作用在一根立柱上的压力；

F_w——工作状态作用在一根立柱上的钢丝层上的总张力；

M_{co}——作用于立柱端的弯矩；

η——预紧系数；

i——立柱根数；

$2w$——机架窗宽度（w 为窗口宽度之半）；

$2l$——机架窗口长度，即立柱长度（l 为立柱长度之半）；

b_0——钢丝槽的宽度；

b'——钢丝槽板厚度；

R——半圆梁半径、即半圆梁钢丝槽底半径；

R'——半圆梁钢丝槽板外径；

A_c——立柱截面面积；

I——立柱截面二次矩；

E_c——立柱弹性模量；

G——半圆梁切变模量；

ζ_1——最内层钢丝工作应力系数；

ξ_2——最外层钢丝工作应力系数；

n_1——立柱静载安全系数；

n_2——半圆梁静载安全系数；

n_3——钢丝设计静载安全系数；

n_3'——钢丝静载实际安全系数；

n_4——立柱不失稳安全系数；

σ_g——预紧状态钢丝应力；

σ_{go}——最内层钢丝预应力；

σ_{gz}——最外层钢丝预应力；

$[\sigma]_1$——立柱的许用应力；

$[\sigma]_3$——钢丝的许用应力；

σ_{s1}——立柱的屈服极限；

σ_{s2}——半圆梁的屈服极限；

σ_{s3}——钢丝的屈服极限。

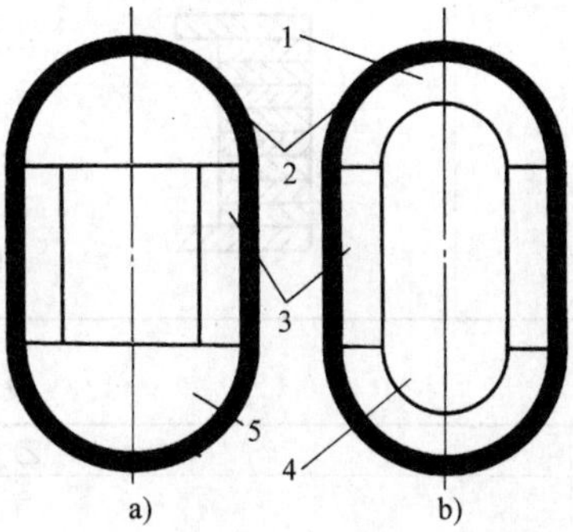

图 18.3-10　预应力半圆梁机架和拱形机架
a）半圆梁机架　b）拱形梁机架
1—拱形梁　2—钢丝层　3—立柱
4—半圆形垫块　5—半圆梁

2.1　机架的结构及缠绕方式

机架的半圆梁及立柱均有实心结构与空心结构两种类型。表 18.3-10 为单牌坊机架结构的类型、简图、特点及适用范围。

钢丝缠绕方式见表 18.3-11。

表 18.3-10　单牌坊（两个立柱）机架结构的类型、简图、特点及适用范围

类型		简图及特点		适用范围
整体式	无槽式		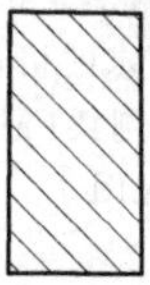	用于台面较大、缠绕层数少、主要承受中载的机架
	开槽式	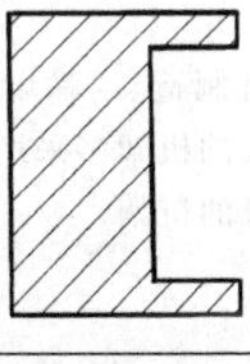	用机加工的方法在梁及柱上加工出缠绕槽。在转角处的厚度变化过大，热处理中容易引起裂纹	适用于缠绕层数较少的机架
	贴板式	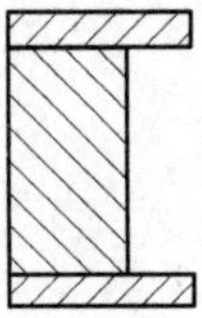	用螺栓和销钉将挡丝板固定在梁和柱上，形成缠绕槽 挡丝板的质量大约是机架质量的 1/7，从而增加了机架的质量	适用于缠绕层数多的机架

（续）

类型		简图及特点	适用范围
整体式	镶条式	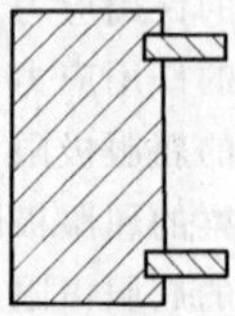 镶条式机架是将挡丝板镶在上、下横梁及立柱中，形成缠丝槽。其优点是：省去了贴板式中的螺钉、销钉等连接，节约了材料和加工费用，热处理工艺也得到了改善	在大型机架中得到广泛应用
	组合式（多片）	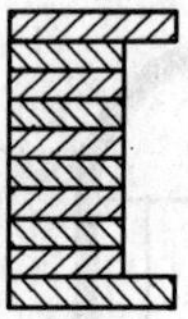 由数块钢板叠合而成，其特点是：钢板的力学性能比相同材质的锻件高，又由于单件质量小，故便于运输，可在现场缠绕。解决了数百吨重机架的运输问题 钢板的平面度公差要求较严，以保证叠板间不产生缝隙	适用于大吨位机架

表 18.3-11 钢丝缠绕方式

缠绕方式		缠绕工艺	特点及应用
先张法	等张力缠绕	预先将钢丝拉紧到规定的应力值，直接缠到机架上。缠绕时，机架可随同支承它的转台一起旋转，把钢丝缠绕上去，或者机架固定不动，而借助张力小车牵引着钢丝围绕它运行实现缠绕	以不变的初张力进行缠绕称为等张力缠绕 等张力缠绕工艺简单。但由于缠绕时，外层钢丝引起立柱压缩，使内层钢丝张力减小，故缠完后，钢丝层上的应力分布不均，外层钢丝的应力高于内层 适用于立柱刚度较大、缠绕层数不多、小吨位的压力机机架
	变张力缠绕	钢丝缠绕方法同上，但缠绕时，每层的初张力都不相同，内层高于外层；缠绕完成后，各层钢丝的张力相等	变张力缠绕可分为A型缠绕（即考虑工作应力为平均值的变张力缠绕）和B型缠绕（即考虑工作应力的不均匀性的变张力缠绕）。A型适用于立柱较长、钢丝层数较少的机架，B型适用于立柱较短、钢丝层数较多的机架
后张法		先把初张力较小的钢丝（其初张力只需使钢丝拉直和紧密排列即可）缠绕在拼合成圆形胎具的外表面上（层数与所要求的相同）（见图a）。缠完后，取下钢丝圈，并将它套在上、下半圆梁（或拱梁）上（见图b），然后撑开（见图c），放入立柱和垫片（见图d） 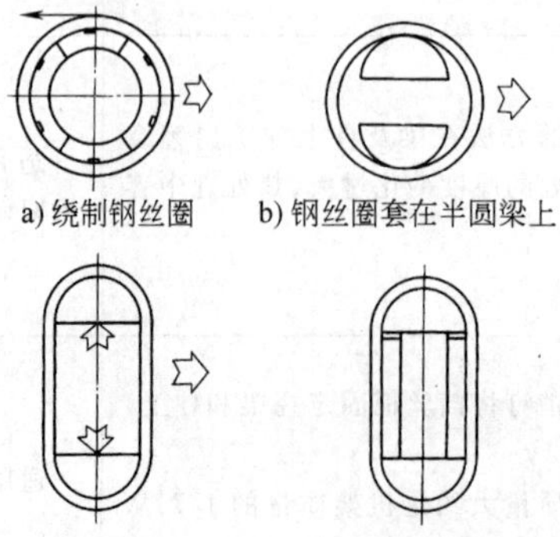 a) 绕制钢丝圈 b) 钢丝圈套在半圆梁上 c) 撑开(超张) d) 放入立柱和垫片	具有制造、运输以及装拆简单易行等优点，大吨位的机架多采用，如大型模锻和多向模锻液压机的机架

2.2　半圆梁机架的强度和刚度计算

已知条件：有关工艺条件及材料的有关参数，如 F、w、l、σ_{s1}、σ_{s2} 和 σ_{s3}，以及工作台面尺寸等。

要求：确定机架的预紧系数 η；立柱截面尺寸 a、b 及半圆梁的半径 R、厚度，在此基础上对立柱及半圆梁进行强度和刚度校核。对照图 18.3-11，具体计算见表 18.3-12。

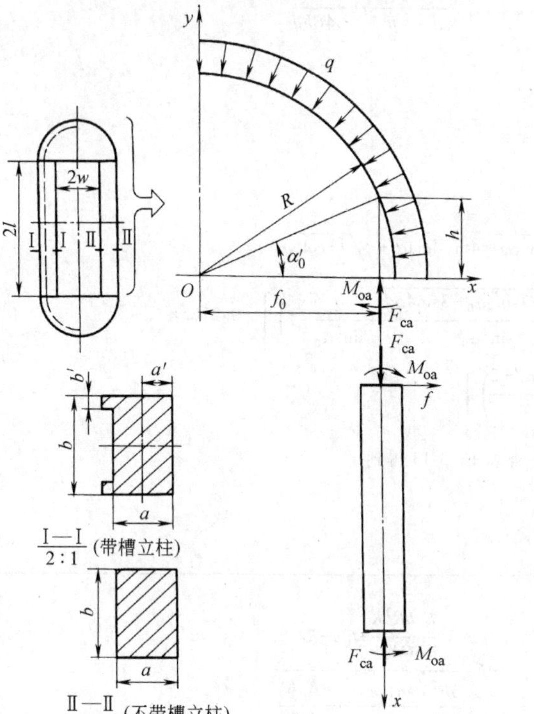

图 18.3-11　半圆梁机架简图

我国自行开发的预应力缠绕板式换热器成型液压机，采用跨度较大的重载机架，为减轻半圆梁的重量和减小梁底部的拉应力，研究出一种新型组合型线梁，如图 18.3-12 所示。将半圆梁的圆柱面分成 5 段，1、3 段为曲面，2 段为平面。其优点是钢丝层对梁的预紧载荷主要作用在梁的第一段上，并直接传递给立柱，因而不造成梁的弯曲，从而减少了梁的挠度。组合型线梁还可使梁的底面的高拉应力区（图 18.3-12 中 L 处）的拉应力下降近 30%。

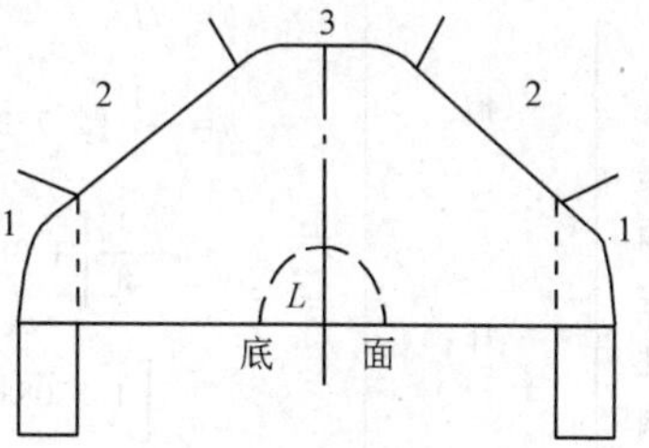

图 18.3-12　组合型线梁

2.3　拱梁机架的强度计算

拱梁机架与半圆梁机架相比，拱梁机架具有疲劳抗力高、立柱挠度变化小，预紧状态下应力分布较均匀等优点，其缺点是当半圆形垫块与拱接触不良时，会引起拱梁上较大的扭转切应力和弯曲应力。预紧状态是拱梁机架的危险状态，故其强度校核以此状态为准，具体计算见表 18.3-14。有关机架的刚度，可参考半圆梁机架的算法进行计算。

表 18.3-12　半圆梁机架的强度和刚度计算

<table>
<tr><th colspan="2">计 算 项 目</th><th>计算公式及参数选择</th></tr>
<tr><td colspan="2">预紧系数 η</td><td>
<table>
<tr><td rowspan="2">载荷情况</td><td colspan="2">中　心　载　荷</td><td rowspan="2">偏心载荷</td></tr>
<tr><td>单牌坊</td><td>双牌坊</td></tr>
<tr><td>预紧系数 η</td><td>1.05~1.2</td><td>1.5</td><td>1.5~2.4</td></tr>
</table>
说明：对于中心载荷、非严格中心载荷且过载可能性大的机架，如冷锻、冲压用机架，η 值应取大值；对等静压、静液挤压、超硬材料合成工艺用机架，η 应取小值</td></tr>
<tr><td colspan="2">立柱截面面积 A_c</td><td>$$A_c=\frac{1.3\eta F}{i[\sigma]_1}$$
式中　$[\sigma]_1$—立柱的许用应力，$[\sigma]_1=\frac{\sigma_{s1}}{n_1}$，推荐立柱静载安全系数 $n_1=1.3\sim1.6$
i—立柱根数
1.3—弯曲应力的估计值系数</td></tr>
<tr><td rowspan="2">立柱截面尺寸 a、b</td><td>a</td><td>$$a=\lambda w$$
λ 值根据 $\gamma=l/w$，按以下关系选择：
当 $4<\gamma\leqslant8$ 时，$\lambda=1.0\sim1.3$（必要时检查立柱纵向失稳）
当 $2<\gamma\leqslant4$ 时，$\lambda=0.6\sim0.7$（根据结构确定）
当 $\gamma\leqslant2$ 时，$\lambda=0.2\sim0.3$（必要时检查立柱横向失稳）</td></tr>
<tr><td>b</td><td>$$b=\frac{A_c}{a}=\frac{A_c}{\lambda w}$$</td></tr>
</table>

（续）

计算项目			计算公式及参数选择
半圆梁半径 R			$R=w+\lambda w$
立柱强度校核	作用于柱端的弯矩（M_{oa}）	不带槽立柱	$M_{oa}=-F_{ca}\dfrac{\dfrac{1}{6}\dfrac{E_c R^2 K}{G\ \ h}+f_0 u-Rv}{\dfrac{R^2}{a^3}\dfrac{\tan pl}{p}+u-\dfrac{E_c R^2}{4Gha}}$ 式中 $f_0=w+\dfrac{a}{2}$，$F_{ca}=\dfrac{\eta F}{2}$ $K=\cos\alpha_0'-0.5=\dfrac{f_0}{R}-0.5$ $h=\sqrt{R^2-f_0^2}$ $u=-\dfrac{1}{4}[2.772-\cot\alpha_0'\sqrt{4+\cot^2\alpha_0'}-4\ln(4\cot\alpha_0'+\sqrt{4+\cot^2\alpha_0'})]$ $v=u+\dfrac{1}{8}\left[1.3863-\ln\left(\dfrac{2\sqrt{1+2\sin^2\alpha_0'-3\sin4\alpha_0'}}{\sin^2\alpha_0'}+\dfrac{2}{\sin^2\alpha_0'}+2\right)\right]-0.2165\times\left[1.5708+\arcsin\left(\dfrac{-6\sin^2\alpha_0'+2}{4}\right)\right]$ u、v 值也可根据 $\alpha_0'=\arccos\dfrac{f_0}{R}$ 查表 18.3-13 得到 $p=\sqrt{\dfrac{F_{ca}}{E_c I}}$
		带槽立柱	$M_{oa}=-F_{ca}\dfrac{\dfrac{E_c bR^2K}{6GA_\tau}+f_0 u-Rv}{\dfrac{bR^2}{12I}\dfrac{\tan(pl)}{p}+u-\dfrac{E_c R^2}{4Gha}}$ 式中 $f_0=w+a'$，a' 为立柱形心到其内侧的距离 A_τ—半圆梁上实际抗剪面积 $A_\tau=2(\sqrt{R'^2-f_0^2}-\sqrt{R^2-f_0^2})b'+hb$ 其余符号意义同前
	立柱上的最大弯矩 M_{max}		立柱的中点的最大弯矩 M_{max}　　$M_{max}=M_{oa}\dfrac{1}{\cos pl}$
	强度校核		立柱受压、弯联合作用时，其最大压应力 σ_{1max} $\sigma_{1max}=\dfrac{F_{ca}}{A_c}+\dfrac{a'M_{max}}{I}\leqslant[\sigma]_1$ 式中 $[\sigma]_1=\dfrac{\sigma_{s1}}{n_1}$，$n_1=1.3\sim1.6$
立柱刚度计算	立柱的最大挠度（预紧状态）f_{max}		立柱的中部挠度的最大值 $f_{max}=\dfrac{M_{oa}}{F_{ca}}\left(\dfrac{1}{\cos pl}-1\right)=e(\sec pl-1)$ 式中 $e=M_{oa}/F_{ca}$

（续）

<table>
<tr><th colspan="2">计 算 项 目</th><th>计算公式及参数选择</th></tr>
<tr><td rowspan="2">立柱刚度计算</td><td>工作状态下立柱（中部）最大挠度 f'_{max}</td><td>$$f'_{max}=-e'[\sec(p'l)-1]$$
式中　$e'=M_{ce}/F_{ce}$
M_{ce}—作用在立柱端部的弯矩（工作状态下）
$p'=\sqrt{\frac{F_{ce}}{E_c I}}$，工作状态下，当各层钢丝应力相等时，作用在立柱上的载荷 F_{ce}，可按下式计算
$$F_{ce}=\frac{F_c}{2}-\frac{1}{2}\cdot\frac{F}{1+\frac{F_W}{A_c[\sigma]_3}}$$
式中　$F_c=\eta F$，η 为预紧系数
$$F_W=\frac{-(2A_c[\sigma]_3-F_c-F)\pm\sqrt{(2A_c[\sigma]_3-F_c-F)^2+8A_c[\sigma]_3F_c}}{4}$$</td></tr>
<tr><td>立柱挠度变动量 Δf</td><td>$$\Delta f=f_{max}-f'_{max}\approx-e[\sec(pl)-\sec(p'l)]$$</td></tr>
<tr><td colspan="2">立柱稳定性校核</td><td>稳定性校核条件为
$$F_{ca}\leqslant\frac{P_K}{n_4}$$
式中　P_K—临界载荷，$P_K=\frac{\pi^2E_cI}{4n_4l^2}$。当 a 过小时，立柱可能在横向失稳（机架的左右方向），此时 $I=\frac{ba^3}{12}$；当立柱的 b 过小时，立柱可能在纵向失稳（即机架的前后方向），此时 $I=\frac{ab^3}{12}$
n_4—不失稳安全系数，在 1.5~3 范围内选取</td></tr>
<tr><td colspan="2">半圆梁强度校核</td><td>1）半圆梁应力概况（见图 a）
通过密栅云纹应力分析和有限元计算得知，半圆梁上四处应力值较大，它们是 A 点（立柱内侧与半圆梁底平面的接触点）、B 区（立柱中心线与半圆梁圆弧的交点附近的区域）、C 点和 D 点（半圆梁中央截面的顶点和最低点）。D'点与 D 点的应力性质基本相同。B 区和 A 点的应力比 C 点大 10%～30%，而 D 点处于交变应力区
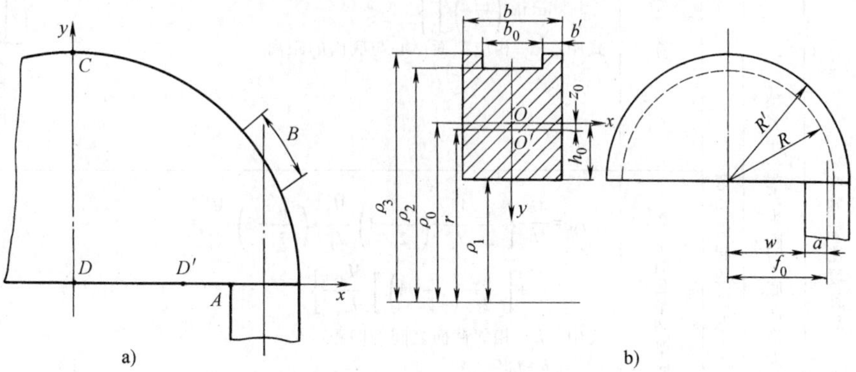

a)　　　　b)
2）强度计算（见图 b）
在实测及有限元计算的基础上得知，半圆梁中央截面的应力分布接近曲梁中间截面的应力分布，故可近似地按曲梁进行强度计算。计算时，假设沿半圆梁圆周的 q 是均匀分布的，并以预紧状态下为计算依据
半圆梁中央截面应力 σ_x 的计算式
$$\sigma_x=-\frac{F_c}{2A_0}+\frac{My}{S_0(r-y)}$$
式中　M—预紧力作用下引起的中央截面的弯矩
$$M=\frac{1}{2}F_c(f_0-h_0)$$
h_0—中央截面形心与底面的距离</td></tr>
</table>

（续）

<table>
<tr><th colspan="4">计算项目</th><th>计算公式及参数选择</th></tr>
<tr><td colspan="4">半圆梁强度校核</td><td>
$h_0=\frac{1}{2}\left(\frac{2b'R'^2+b_0R^2}{2b'R'+b_0R}\right)$
$f_0=w+a'$
A_0—中央截面的截面积
$A_0=bR'-b_0(R'-R)$
r—中心层 O'到曲率中心的距离
$r=\frac{A_0}{b\ln\frac{\rho_2}{\rho_1}+2b'\ln\frac{\rho_3}{\rho_2}}$
其中 $\rho_1=\rho_0-h_0,\rho_2=\rho_1+R,\rho_3=\rho_1+R'$
ρ_0—形心 O 的曲率半径
$\rho_0=\frac{2(2b'R'+b_0R)^2}{(2b'R'^2+b_0R^2)\left(\frac{2b'}{R'}+\frac{b_0}{R}\right)-2(2b'+b_0)(2b'R'+b_0R)}$
S_0—中央截面的面静矩
$S_0=z_0A_0$
y—校核点的坐标值(中性层 O'为其原点)
当校核 C 点的 σ_{xC}(半圆梁顶点)时,则 $y=-(R'-h_0+z_0)$
当校核 D 点的 σ_{xD}(半圆梁中央截面最低点)时,则 $y=h_0-z_0$
3)校核公式
$1.3\sigma_x\leqslant\frac{\sigma_{s2}}{n_2}$
推荐 $n_2=1.5\sim2$
</td></tr>
<tr><td rowspan="3">半圆梁刚度计算</td><td rowspan="3">预紧状态下半圆梁底面最大挠度</td><td rowspan="3">弯矩引起的变形</td><td>弯矩计算</td><td>
预紧状态下,与半圆梁底面垂直的各截面上的弯矩计算式
$M=\frac{\eta F}{2}\left\{f_0-\sqrt{x^2+y^2}\cos\left[\arctan\left(\frac{\sqrt{R^2-x^2}}{x}\right)-\arctan\left(\frac{y}{x}\right)\right]\right\}$
式中 y—相应截面形心与底面的距离
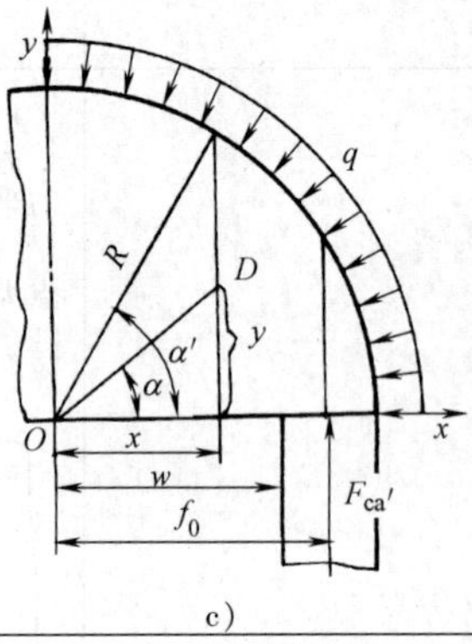

c)
</td></tr>
<tr><td>弯矩引起半圆梁底面最大挠度 f_M</td><td>
$f_M=\frac{4h^2}{E}\left\{\frac{n}{2}\frac{M_1}{I_1}+\left(\frac{n}{2}-1\right)\frac{M_3}{I_3}+\left(\frac{n}{2}-2\right)\frac{M_5}{I_5}+\cdots+\left[\frac{n}{2}-\left(\frac{n}{2}-1\right)\right]\frac{M_{n-1}}{I_{n-1}}\right\}$
式中 h—相邻截面之间的间距
$h=f_0/n$
n—垂直于半圆梁底面长度为 f_0 上的几个截面剖分,n 取 20 即可保证精度
$M_1,M_3,M_5,\cdots,M_{n-1}$ 及 $I_1,I_3,I_5,\cdots,I_{n-1}$—序号为 1,3,5,…,$n-1$ 截面上的弯矩和截面二次矩
E—半圆梁的弹性模量
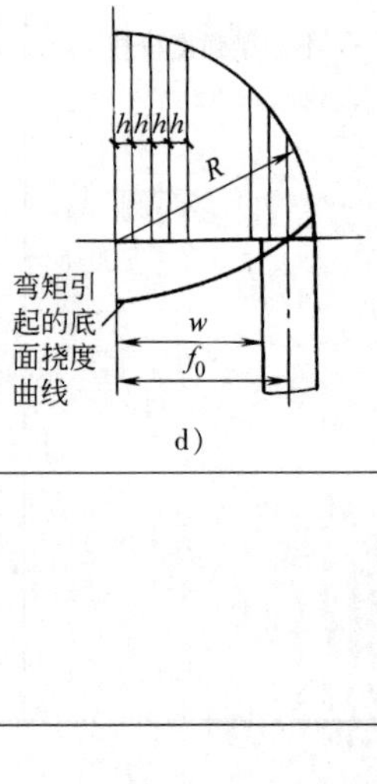

d)
</td></tr>
<tr><td>剪力计算</td><td>
各截面的剪力计算式(见图 c)
$x\leqslant w,Q=\frac{\eta F}{2R}x$
$x\geqslant w,Q=\frac{\eta F}{2}\left[\left(\frac{R-x}{R-w}\right)-\left(1-\frac{x}{w}\right)\right]$
</td></tr>
</table>

（续）

计算项目				计算公式及参数选择
半圆梁刚度计算	预紧状态下半圆梁底面最大挠度	剪力引起的变形	剪力引起半圆梁底面最大挠度	$f_Q=\frac{2kh}{G}\left(\frac{Q_1}{A_1}+\frac{Q_3}{A_3}+\frac{Q_s}{A_s}+\cdots+\frac{Q_{n-1}}{A_{n-1}}\right)$ 式中 k—剪切系数。将各截面 k 的平均值近似取作半圆梁共同的 k 值。根据有限元计算可知，除图中 n 截面 k 较大（可取 2）外，其余均在 1.4 左右 $Q_1,Q_3,Q_5,\cdots,Q_{n-1}$—对应下标的截面上的剪力（该截面垂直于半圆梁底面） $A_1,A_3,A_5,\cdots,A_{n-1}$—对应下标的截面面积 G—半圆梁的切变模量 h—相邻截面之间的距离 图 e 中，用相距 dx、垂直底面的两截面 $i-1$ 和 $i+1$ 从半圆梁上切出一条带。受载前为虚线所示，受载后为实线所示 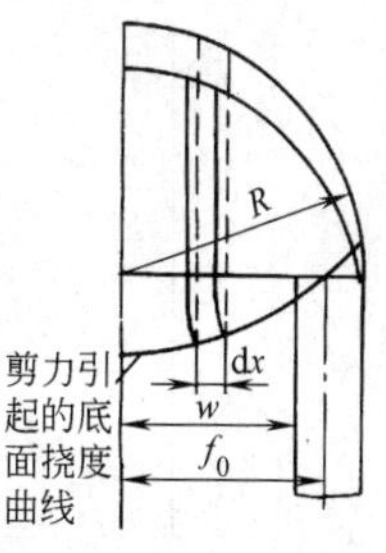 e)
		半圆梁底面的最大挠度		$f=f_M+f_Q$
	仅工作载荷作用下半圆梁底面的最大挠度	弯矩引起的变形	弯矩计算	工作载荷 F（不包括预紧载荷）引起的弯矩： $M'=\overline{OD}(F'_{ca}+Rq')\cos\alpha-Rq'\overline{OD}\cos(\alpha'-\alpha)-F'_{ca}f_0+\frac{(w-x)^2}{2}q''$ 式中 $F'_{ca}=\frac{F}{2}\frac{1}{1+C}$，$C=\frac{E_W A_W}{E_c A_c}$ A_W 及 E_W—钢丝层的截面面积和弹性模量 A_c 及 E_c—立柱的截面面积和弹性模量 $q'=\frac{F}{2R}\frac{C}{1+C}$ $q''=\frac{F}{2w}$ $\overline{OD}$—各截面形心 D 至原点 O 的距离 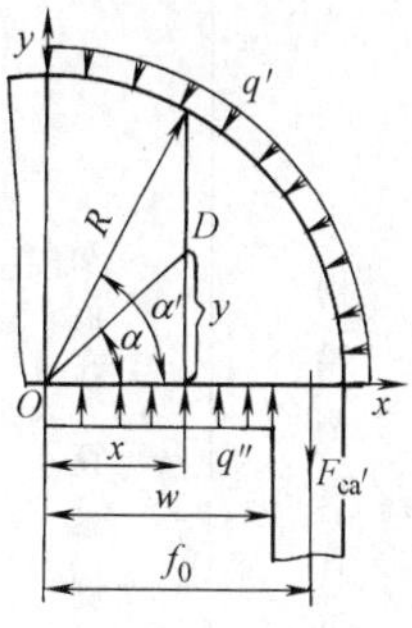 f)
			弯矩引起的半圆梁底面最大挠度	$f_M'=\frac{4h^2}{E}\left\{\frac{n}{2}\frac{M_1'}{I_1}+\left(\frac{n}{2}-1\right)\frac{M_3'}{I_3}+\left(\frac{n}{2}-2\right)\frac{M_5'}{I_5}+\cdots+\left[\frac{n}{2}-\left(\frac{n}{2}-1\right)\right]\frac{M'_{n-1}}{I_{n-1}}\right\}$ 式中 $M_1',M_3',M_5',\cdots,M'_{n-1}$—序号为 $1,3,5,\cdots,n-1$ 截面上的弯矩 其余符号意义同前
		剪力引起的变形	剪力计算	各截面的剪力计算式（见图 g） $x\leqslant w$，$Q'=\left(\frac{1}{w}-\frac{C}{(1+C)R}\right)\frac{F}{2}x$ $x\geqslant w$，$Q'=\left[1-\frac{1}{1+C}\left(\frac{x-w}{R-w}+\frac{Cy}{R}\right)\right]\frac{F}{2}$
			剪力引起的半圆梁底面最大挠度	$f_Q'=\frac{2kh}{G}\left(\frac{Q_1'}{A_1}+\frac{Q_3'}{A_3}+\frac{Q_5'}{A_5}+\cdots+\frac{Q_{n-1}'}{A_{n-1}}\right)$ 式中 $Q_1',Q_3',Q_5',\cdots,Q_{n-1}'$—对应下标的截面上的剪力 其余符号意义同前
		半圆梁底面的最大挠度		$f'=f_M'+f_Q'$
	变形计算举例			示例：万吨预应力钢丝缠绕钛板压力机半圆梁刚度计算。压力机的结构及有关参数：该压力机为单牌坊结构，其半圆梁前、后和左、右开档均为 160cm；上、下半圆梁为铸钢件，并在半圆梁低应力区开有两个 ϕ35cm 的孔，以减轻重量，立柱为锻钢件。有关参数为：$\eta=1.1$（由于该机属于中心载荷压力机，故预紧系数 η 取较小值），$F=10^5$kN，$f_0=95.54$cm，$w=80$cm，$R=110$cm，$n=20$，$h=f_0/n=(95.54/20)$cm$=4.777$cm。机架其他有关尺寸见图 g 所示。 解： 第一步，计算预紧状态下半圆梁底面最大挠度

（续）

计算项目		计算公式及参数选择
半圆梁刚度计算	变形计算举例	（见下）

$$f=f_{\mathrm{M}}+f_{\mathrm{Q}}=\frac{4h^2}{E}\sum_{i=1}^{\frac{n}{2}}\left\{\left[\frac{n}{2}-(i-1)\right]\frac{M_{2i-1}}{I_{2i-1}}\right\}+\frac{2kh}{G}\left(\sum_{i=1}^{\frac{n}{2}}\frac{Q_{2i-1}}{A_{2i-1}}\right)$$

$$=\left[\frac{4\times4.777^2}{2.1\times10^6}(10\times16.566+9\times16.57+8\times17.193+7\times17.94+6\times18.13+5\times16.173+4\times15.56+3\times11.23+2\times12.73+5.482)+\frac{2\times1.4\times4.777}{0.8\times10^6}(15.933+48.13+103.22+163.09+212.53+195.92+244.22+302.47+278.51+220.81)\right]\mathrm{cm}$$

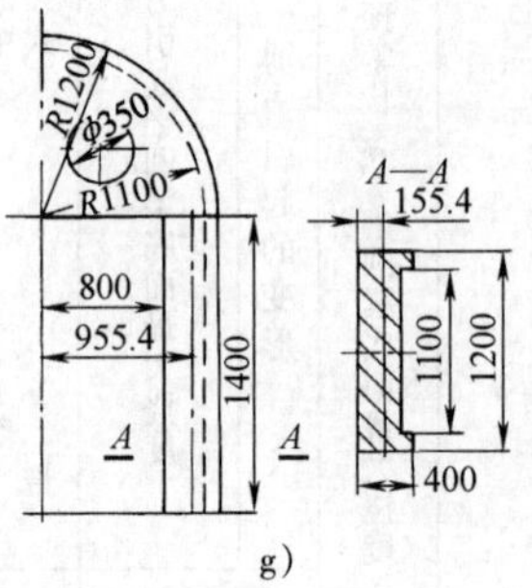

g)

$$=(0.03857+0.02984)\mathrm{cm}=0.06841\mathrm{cm}$$

第二步，计算由工作载荷引起的半圆梁底面最大挠度

$$f'=f_{\mathrm{M}}'+f_{\mathrm{Q}}'$$

$$=\frac{-4h^2}{E}\sum_{i=1}^{\frac{n}{2}}\left\{\left[\frac{n}{2}-(i-1)\right]\frac{M_{2i-1}}{I_{2i-1}}\right\}+\left\{\frac{-2kh}{G}\left(\sum_{i=1}^{\frac{n}{2}}\frac{Q_{2i-1}}{A_{2i-1}}\right)\right\}$$

$$=\left[\frac{-4\times4.777^2}{2.1\times10^6}(10\times16.806+9\times16.802+8\times16.844+7\times17+6\times16.81+5\times16.21+4\times15.49+3\times14.02+2\times14.65+6.782)-\frac{2\times1.4\times4.777}{0.8\times10^6}(17.815+53.8+115.41+182.37+237.6+219.1+273.1+338.23+474.5+376.35)\right]\mathrm{cm}$$

$$=-(0.0389+0.03825)\mathrm{cm}=-0.07715\mathrm{cm}$$

第三步，作半圆梁底面的位移曲线

① 计算立柱在预紧状态下的压缩量 δ 和工作状态下的恢复量 δ'

$$\delta=\frac{\eta F}{2}\times\frac{l}{A_{\mathrm{c}}E_{\mathrm{c}}}=\frac{1.1\times10^7\times140}{2\times3700\times2.1\times10^6}\mathrm{cm}=0.09909\mathrm{cm}$$

$$\delta'=\frac{F}{2}\ \frac{l}{A_{\mathrm{c}}E_{\mathrm{c}}}\ \frac{1}{1+C}=\frac{10^7\times140}{2\times2.1\times10^6\times3700\times(1+0.169)}\mathrm{cm}=0.077039\mathrm{cm}$$

② 半圆梁底面位移曲线图（见图 h）

图中，虚线 AB 和 $A'B'$ 分别为预紧状态和工作状态下半圆梁底面位移曲线，其中 A、B、A'、B' 四点的位移为：

$A=f+\delta=(0.06871+0.099099)\mathrm{cm}=0.167809\mathrm{cm}$

$B=\delta=0.099099\mathrm{cm}$

$A'=A-f'-\delta'=(0.167809-0.077715-0.077039)\mathrm{cm}$
$=0.013055\mathrm{cm}$

$B'=\delta-\delta'=(0.099099-0.077039)\mathrm{cm}=0.02206\mathrm{cm}$

图中，实线 CD 和 $C'D'$ 为有限元计算值，故误差甚小

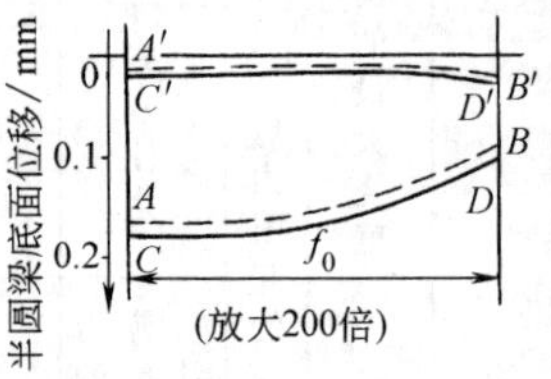

h)

注：1. 立柱不做导向时，刚度要求可低些。而当立柱作为运动部件导向时，则刚度要求严格，如静液挤压机中的立柱要求十分平直，挠度很小。为提高立柱的导向精度，可将立柱的端面内侧的一小部分面积去掉，使之作用在立柱上的轴向力，重新由偏内侧移到立柱的截面形心上。这样，可以使立柱在预紧状态向外的挠度大约等于工作状态向内的挠度。

2. 计算时假定：半圆梁简化为简支梁；忽略立柱对梁的弯矩 M_{ca} 的作用；钢丝层与半圆梁间的摩擦因数假定为零；作用力 q 是均匀的。

表 18.3-13　u、v 值

α_0'	0.05	0.075	0.10	0.125	0.15	0.175	0.20	0.225	0.25	0.275
u	103.33	47.3692	27.6379	18.4157	13.3457	10.2451	8.1999	6.7721	5.7304	4.9428
v	102.127	46.2693	26.6103	17.4456	12.4226	9.3622	7.3523	5.9560	4.9431	4.1819
α_0'	0.3	0.325	0.35	0.375	0.40	0.425	0.45	0.475	0.50	0.525
u	4.3299	3.84127	3.4434	3.1138	2.8365	2.5999	2.3958	2.2177	2.0610	1.9217
v	3.5926	3.1279	2.7519	2.4430	2.1855	1.9678	1.7820	1.6217	1.4821	1.3596
α_0'	0.55	0.575	0.60	0.625	0.65	0.675	0.70	0.725	0.75	0.775
u	1.7972	1.6849	1.5831	1.4902	1.4051	1.3265	1.2538	1.1862	1.1230	1.0639
v	1.2514	1.1550	1.0689	0.9913	0.9213	0.8575	0.7995	0.7531	0.6975	0.6772

表 18.3-14　拱梁机架的强度计算

计算项目		计算公式
拱梁的强度校核	拱梁端部弯矩 M_{oa}	$$M_{oa}=\frac{-\pi^2\mu(R_1-R_0)R_0F_{ca}}{8r_0S'\left(\frac{\tan pl}{Ip}+\frac{R_0\pi}{2r_0s'}\right)}$$ 式中　R_0—平均半径,$R_0=\frac{R_1+R_2}{2}$ R_1—拱梁外径 R_2—拱梁内径 F_{ca}——根立柱上的预紧力 I—立柱截面二次矩 r_0—拱梁中性层曲率半径 S'—拱梁截面积 A' 对中性轴的静面矩,$S'=A'e$ μ—钢丝层与拱梁间的摩擦因数,$\mu=0.2$(无润滑层时) $e=R_0-r_0$ $A'=ab=(R_1-R_2)b$ b—拱梁厚度 $p=\sqrt{\frac{F_{ca}}{E_cI}}$ $r_0=\frac{R_1-R_2}{\ln\frac{R_1}{R_2}}$ 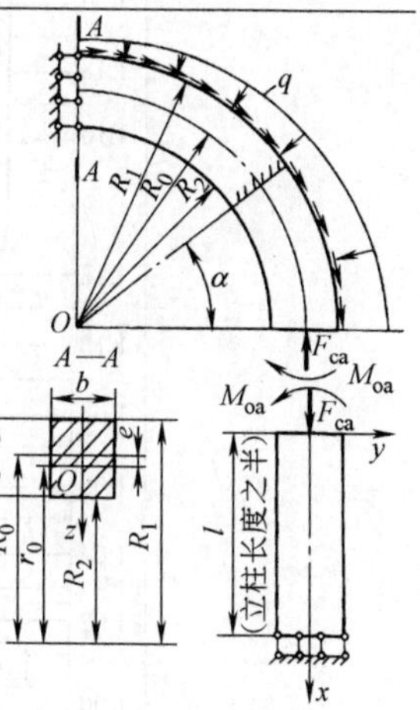
	拱梁任意截面的弯矩 M_α	$M_\alpha=-[\mu\alpha(R_1-R_0)F_{ca}+M_{oa}]$ 式中　α—截面对端面的夹角,当 $\alpha=\frac{\pi}{2}$ 时,M_α 有最大值
	拱梁任意截面上的轴力 N_α	$N_\alpha=F_{ca}(\mu\alpha-1)$ 当 $\alpha=0$ 时,N_α 有最大值
	拱梁的强度校核	拱梁按曲梁计算 $$\sigma=\frac{N_\alpha}{A'}+\frac{M_\alpha Z}{A'e(r_0-Z)}\leqslant\frac{\sigma_s}{n}=[\sigma]$$ 式中　Z—计算点的坐标,其坐标原点在中性层上,指向曲梁内为正 e—形心曲率半径 R_0 与拱梁中性层曲率半径 r_0 之差 M_α 以其最大值代入上式 其余符号意义同前
立柱的强度		$$\sigma=\frac{N_\alpha}{A_c}\pm\frac{M_{max}y}{I}$$ 式中　$M_{max}=M_{oa}\frac{1}{\cos pl}$ y—计算点到立柱形心的距离 其余符号意义同前

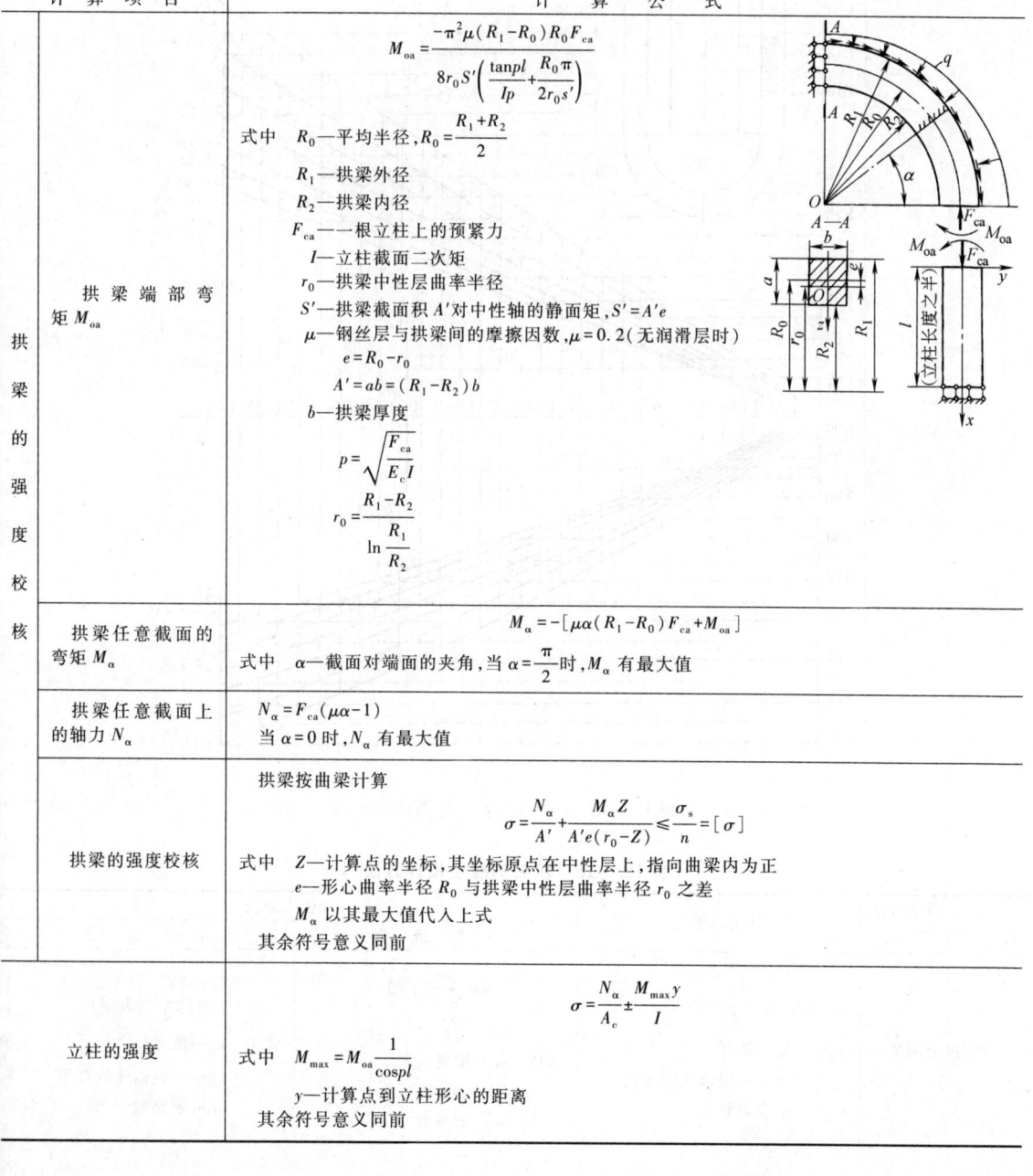

2.4 机架的缠绕设计

当机架结构尺寸确定后，便可进行缠绕设计。

已知条件：钢丝的截面尺寸（厚度×宽度）及钢丝的力学性能。钢丝截面形状有圆形、矩形和鼓形，矩形截面钢丝的规格一般为 0.1cm×0.4cm 或 0.15cm×0.6cm，材料为 65Mn，其 $R_m=18\times10^8\sim2\times10^9$Pa，$R_{el}=16\times10^8\sim18\times10^8$Pa，$A\geqslant3\%$。

要求：确定缠绕方式、每层缠绕的圈数、每层缠绕的张力以及缠绕层数。

图 18.3-13 及表 18.3-15 分别示出了计算图、机架的缠绕设计方法及计算项目。

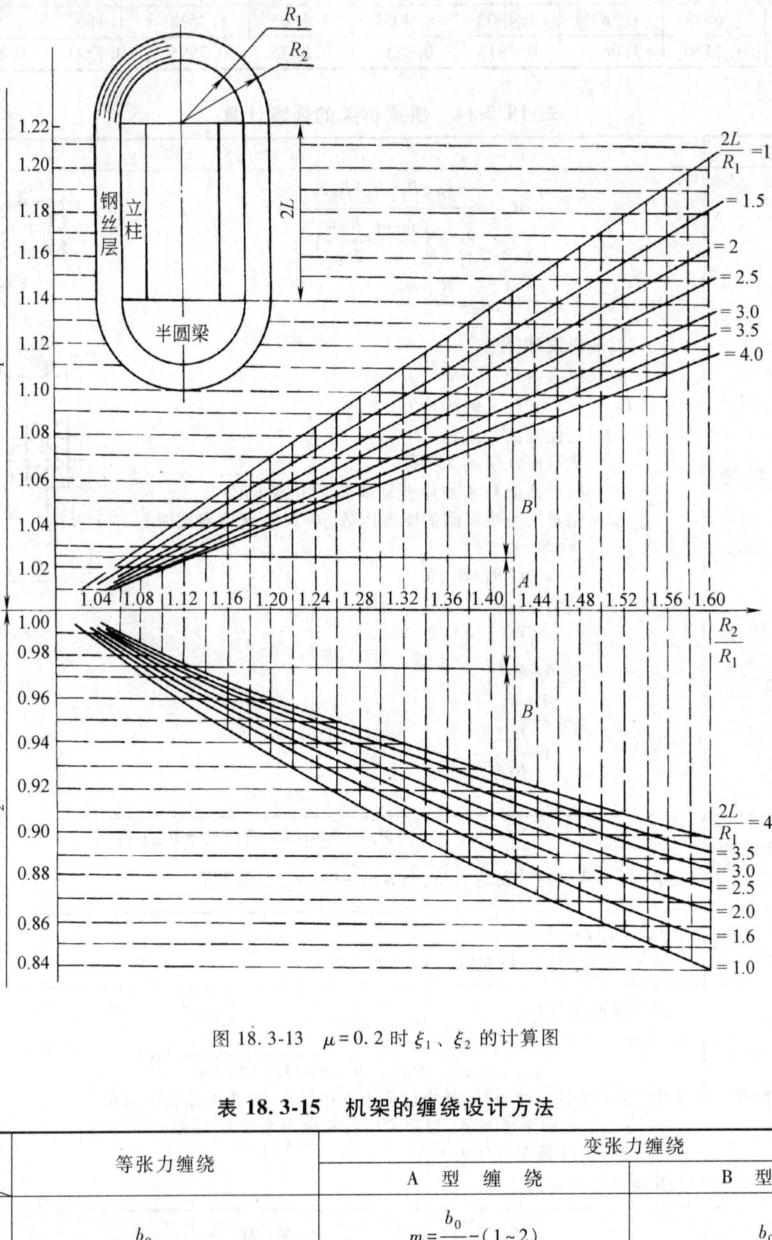

图 18.3-13 $\mu=0.2$ 时 ξ_1、ξ_2 的计算图

表 18.3-15 机架的缠绕设计方法

缠绕方法 / 计算项目	等张力缠绕	变张力缠绕	
		A 型缠绕	B 型缠绕
每层缠绕圈数 m	$m=\frac{b_0}{d}-(1\sim2)$ 式中 b_0—槽宽 d——根钢丝的直径 m 应取整数	$m=\frac{b_0}{d}-(1\sim2)$ 式中 b_0—槽宽 d——根钢丝的直径 m 应取整数	$m=\frac{b_0}{d}-(1\sim2)$ 式中 b_0—槽宽 d——根钢丝的直径 m 应取整数

（续）

缠绕方法 / 计算项目	等张力缠绕	变张力缠绕	
		A 型 缠 绕	B 型 缠 绕
缠绕层数 z	$z=\dfrac{e\left(\dfrac{F_{ca}C}{T}\right)-1}{mc}$ 式中　$T=[\sigma]_3S_w$ $[\sigma]_3=\dfrac{\sigma_{s3}}{n_3}$ 推荐：$n_3=1.6\sim2.0$ （质优的钢丝取小值，否则取大值） $C=\dfrac{E_wS_w}{E_cA_c}$ C——一根钢丝与立柱的刚性比 E_w、E_c—钢丝和立柱的弹性模量 S_w、A_c——一根钢丝的截面面积及立柱的截面面积 F_{ca}——一根立柱上的预紧力	$z=\dfrac{2iF_c}{m(-B\pm\sqrt{B^2-4AC_1})}$ 式中　$A=iS_w$ $B=icF_{ca}-i[\sigma]_3S_w+cF$ $C_1=-i[\sigma]_3F_{ca}c$ F—工作载荷 F_c—预紧力	z 的计算步骤如下： 1）首先按 A 型缠绕求出 z 值 2）$R_2=\Delta\cdot z+R_1$ 3）根据 R_2 及机架其他尺寸，利用图 18.3-13 判断压力机是否进入 A 区。若进入 A 区，则所求得的 z 为所要求的钢丝层数，并采用 A 型缠绕。若进入 B 区，则按 B 型缠绕，并继续按以下步骤计算 ①重新假定 z 值 ②计算 R_2、ζ_1 及 ζ_2 $\zeta_1=\dfrac{\alpha_0(R_2/R_1-1)}{(l/R_1+\alpha_0)\ln[(l/R_1+R_2/R_1\alpha_0)/(l/R_1+\alpha_0)]}$ $\zeta_2=\dfrac{\alpha_0(R_2/R_1-1)}{(l/R_1+\alpha_0R_2/R_1)\ln[(l/R_1+R_2/R_1\alpha_0)/(l/R_1+\alpha_0)]}$ $R_2=\Delta\cdot z+R_1$ 式中　$\alpha_0=\dfrac{1}{\mu_1}\left(1-e^{-\mu_1\frac{\pi}{2}}\right)$ μ_1—钢丝间的摩擦因数（对于油回火钢丝，$\mu_1=0.2$） R_1—钢丝层最内层半径（$R_1=R$） R_2—钢丝层最外层半径 Δ——一根钢丝的直径 ζ_1 及 ζ_2 值也可由图 18.3-13 求得 ③求 z 值 $F_{ca}=0.5[2[\sigma]_3-\sigma_{pcp}(\zeta_1+\zeta_2)]\times zmS_w$ 式中　σ_{pcp}—钢丝平均工作应力 $\sigma_{pcp}=\dfrac{cF}{(i+2mzc)iS_w}$ 将假定的 z 值代入 σ_{pcp} 计算式，求得 σ_{pcp} 值；而后将 σ_{pcp}、ζ_1 和 ζ_2 等参数代入 F_{ca} 的计算式，若左、右相等，则假设成立，否则改变 z 值，直至等式成立为止

（续）

缠绕方法 计算项目	等张力缠绕	变张力缠绕	
		A 型 缠 绕	B 型 缠 绕
钢丝缠绕初张力	钢丝缠绕初张力 T 为 $T=[\sigma]_3 S_w$	第 $\tilde{z}$ 层钢丝缠绕初张力 $T_{\tilde{z}}$ 为 $T_{\tilde{z}}=T_g \dfrac{1+mzc}{1+m\tilde{z}c}$ 式中 $T_g=\sigma_g S_w$ 其中 $\sigma_g=\dfrac{-B\pm\sqrt{B^2-4AC_1}}{2A}$ T_g 及 σ_g—缠绕完毕后钢丝的张力及预紧状态钢丝应力	第 $\tilde{z}$ 层钢丝缠绕初张力 $T'_{\tilde{z}}$ $T'_{\tilde{z}}=\dfrac{[2D+a'(2e'\tilde{z}+\tilde{z}^2)]}{2(e'+\tilde{z})}S_w$ 式中 $D=\sigma_{go}e'+\sigma_{go}z+0.5a'z^2$ $e'=\dfrac{1}{mc}$ $a'=\dfrac{\sigma_{gz}-\sigma_{go}}{z}$ 式中 σ_{go}、σ_{gz}—最内层和最外层钢丝预应力 $\sigma_{gz}=[\sigma]_3-\zeta_2\sigma_{pcp}$ $\sigma_{go}=[\sigma]_3-\zeta_1\sigma_{pcp}$
钢丝静强度校核	最外层钢丝最危险，其应力为 $\sigma_{3\max}=\dfrac{T}{S_w}+\zeta_2\dfrac{cF}{i(1+mzc)S_w}$ 式中 ζ_2—最外层钢丝工作应力系数 ζ_2 的计算式见 B 型缠绕 钢丝的实际静载安全系数为 $n_3'=\dfrac{\sigma_{s3}}{\sigma_{3\max}}$	最内层钢丝最危险，其应力为 $\sigma_{3\max}=[\sigma]_3+(\zeta_1-1)\times\dfrac{cF}{i(1+mzc)S_w}$ 式中 ζ_1—最内层钢丝工作应力系数 ζ_1 的计算式见 B 型缠绕 钢丝的实际静载安全系数为 $n_3'=\dfrac{\sigma_{s3}}{\sigma_{3\max}}$	最内层钢丝最危险，其应力为 $\sigma_{3\max}=[\sigma]_3$ 此时，最大应力与许用应力相等
钢丝疲劳强度校核	为保证钢丝的疲劳寿命，一般控制钢丝的应力变动满足下式： $\dfrac{\sigma_{3\max}-\sigma_{cp}}{\sigma_{cp}}\leqslant 10\%$ 式中 $\sigma_{cp}=\dfrac{\sigma_{3\max}+\sigma_{3\min}}{2}$		

采用后张法计算钢丝层数时，可按以下步骤进行：

1）当钢丝合成应力内、外层差别较小时（即属于图 18.3-13 中的 A 区），可用 A 型缠绕的公式计算所需的钢丝层数。

2）当钢丝合成应力内、外层差别较大时，则根据图 18.3-13，用试算法求 z。先假定 z 值，$R_2=z\cdot\Delta+R_1$，从图 18.3-13 查得 ζ_1 和 ζ_2 代入下面计算式，如果满足，则所假定的 z 即为所求的钢丝层数。

$$F_e=\frac{1}{2}mzS_w\ (\zeta_1+\zeta_2)\left(\frac{[\sigma]_3}{\zeta_1}-\frac{cF}{i\ (1+mzc)\ S_w}\right)$$

3 曲柄压力机闭式机身的计算

曲柄压力机闭式机身属于闭框式机架。

(1) 计算假定

1）机身是封闭的超静定框架，框架宽度等于立柱轴线之间的距离，其计算高度或长度与结构上的尺寸相等。

2）横梁、工作台和立柱长度方向上的截面二次矩与横截面面积的大小关系不大，可以用相应长度上的当量值进行计算。当量值的计算公式如下：

当量截面面积：$A=\dfrac{l}{\sum\limits_{i=1}^{n}(l_i/A_i)}$

当量截面二次矩：$I=\dfrac{\sum\limits_{i=1}^{n}I_i l_i}{\sum\limits_{i=1}^{n}l_i}$

式中　l——横梁（工作台或立柱）长度；

A——横梁（工作台或立柱）横截面面积；

I——横梁（工作台或立柱）惯性矩；

l_i、A_i、I_i——第 i 个截面的长度、面积和截面二次矩。

（2）对称载荷作用下的闭式机身特性截面上的力和变形（见表 18.3-16）。

表 18.3-16　对称载荷作用下的闭式机身特性截面上的力和变形计算

<table>
<tr><td rowspan="5">曲轴横放的单点压力机机身</td><td rowspan="2" colspan="2">简图或内力图</td><td>结构简图</td><td>计算简图</td><td>弯矩图</td><td>剪力图</td><td>法向力图</td></tr>
<tr><td>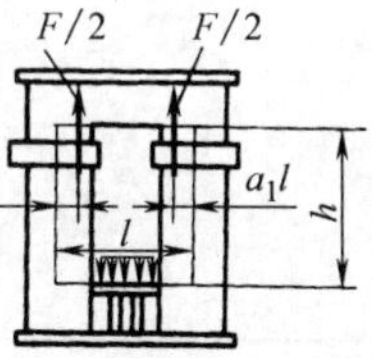</td><td>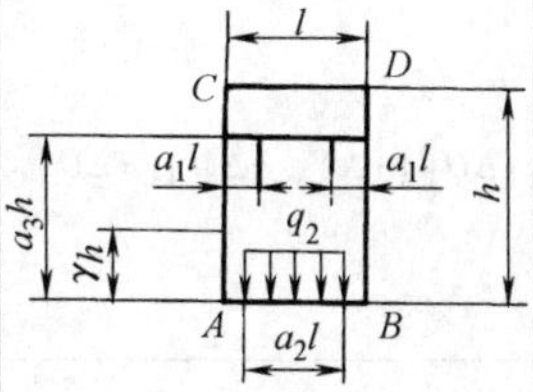</td><td>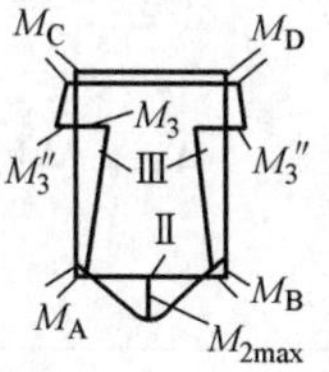</td><td>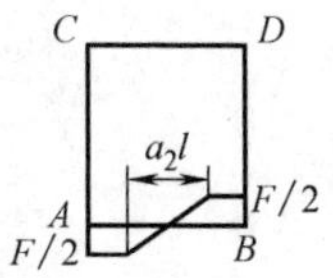</td><td>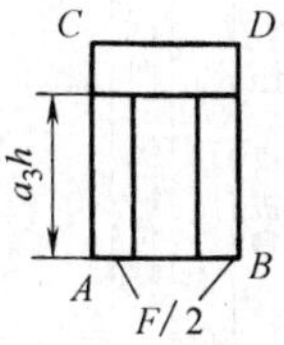</td></tr>
<tr><td colspan="2">特性截面中的弯矩、剪力和法向力</td><td colspan="3">$M_A=M_B=\dfrac{Fl}{24}\cdot\dfrac{12a_1[2K_1+1-(3K_1+2)2a_3+(K_1+1)3a_3^2]+(3-a_2^2)(3K_1K_2+2K_2)\nu_2}{3K_1K_2+2K_1+2K_2+1}$
$M_C=M_D=\dfrac{Fl}{24}\cdot\dfrac{12a_1[K_2+2a_3-(K_2+1)3a_3^2]-(3-a_2^2)K_2\nu_2}{3K_1K_2+2K_1+2K_2+1}$
$M_3'=M_A+a_3(M+M_C-M_A)$
$M_{2\max}=M_A-\dfrac{Fl}{4}\left(1-\dfrac{a_2}{2}\right)$
$M_3''=M_A-M+a_3(M+M_C-M_A)$
$M=\dfrac{F}{2}a_1 l$</td><td>$-Q_{A2}=Q_{B2}=\dfrac{F}{2}$
$Q_3=\dfrac{M+M_C-M_A}{h}$</td><td>$N_{A3}=N_{B3}=\dfrac{F}{2}$</td></tr>
<tr><td rowspan="2">机身变形计算</td><td>截面的纵向位移</td><td colspan="5">$\Delta_{Ⅱ-Ⅲ}=\Delta M_{ⅡA}+\Delta Q_{ⅡA}+\Delta N_{ⅢA}$</td></tr>
<tr><td>截面的横向位移</td><td colspan="5">δ_{3A}'（从 A 点算起）$=\theta_0\gamma h-\dfrac{M_A\gamma^2h^2}{2EI_3}-\dfrac{M+M_C-M_A}{6EI_3}\gamma^3h^2$
式中　$\theta_0=\dfrac{h}{6EI_3}[2M_A+M(6a_3-3a_3^2-2)+M_C]$</td></tr>
</table>

<table>
<tr><td rowspan="2">曲轴纵放的单点压力机机身</td><td rowspan="2">简图或内力图</td><td>结构简图</td><td>计算简图</td><td>弯矩图</td><td>剪力图</td><td>法向力图</td></tr>
<tr><td>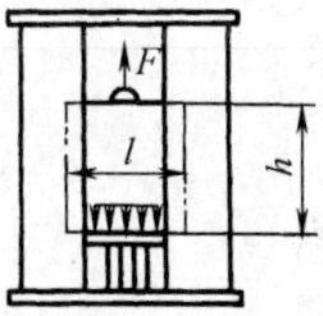</td><td>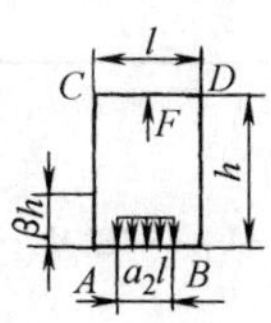</td><td>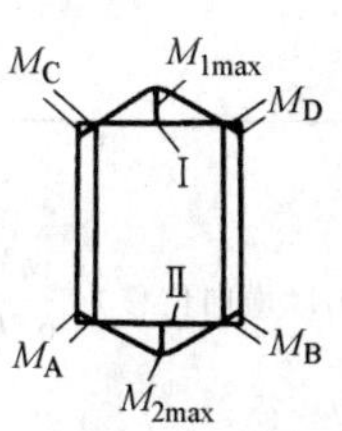</td><td>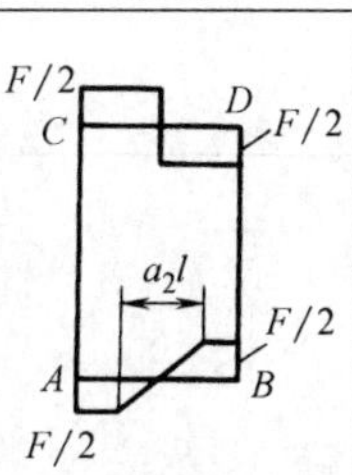</td><td>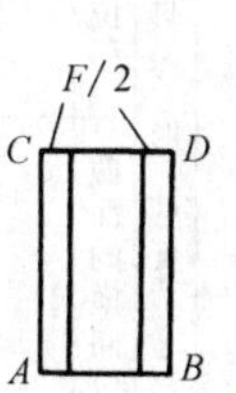</td></tr>
</table>

（续）

曲轴纵放的单点压力机机身	特性截面上的弯矩、剪力和法向力		$M_A=M_B=\dfrac{Fl}{24}\dfrac{(3-a_2^2)(3K_1K_2+2K_2)\nu_2-3K_1\nu_1}{3K_1K_2+2K_1+2K_2+1}$ $M_C=M_D=\dfrac{Fl}{24}\dfrac{(9K_1K_2+6K_1)\nu_1-(3-a_2^2)K_2\nu_2}{3K_1K_2+2K_1+2K_2+1}$ $M_{1\max}=M_C-\dfrac{Fl}{4}$ $M_{2\max}=M_A-\dfrac{Fl}{4}\left(1-\dfrac{a_2}{2}\right)$	$-Q_{A2}=Q_{B2}=\dfrac{F}{2}$ $-Q_{C1}=Q_{D1}=\dfrac{F}{2}$	$N_{A3}=N_{B3}=\dfrac{F}{2}$ $N_{C3}=N_{D3}=\dfrac{F}{2}$
	机身变形计算	截面的纵向位移	$\Delta_{\text{I}-\text{II}}=\Delta M_{\text{II}A}+\Delta Q_{\text{II}A}+\Delta N_{AC}+\Delta M_{\text{I}C}+\Delta Q_{\text{I}C}$		
		截面的横向位移	横向位移 δ_{3A} 从 A 点算起，则 $\delta_{3A}=\dfrac{h^2}{6EI_3}[\beta^3(M_{A3}-M_C)-3\beta^2M_{A3}+\beta(2M_{A3}+M_C)]$		
曲轴纵放的双点四点压力机机身			结构简图 / 计算简图 / 弯矩图	剪力图	法向力图
	简图或内力图		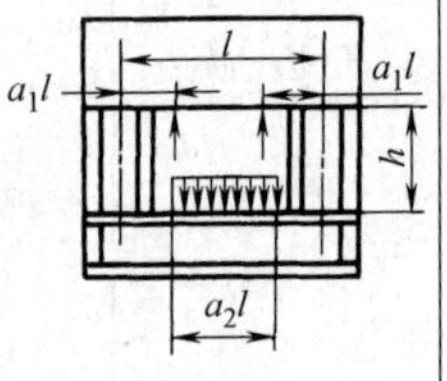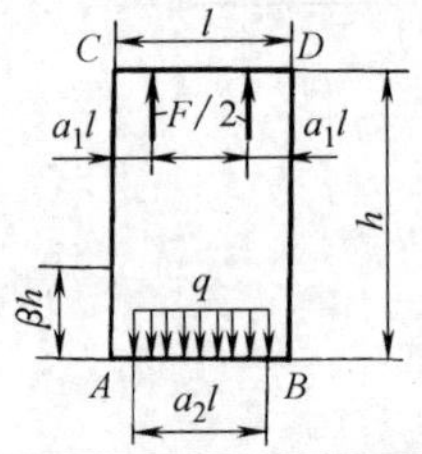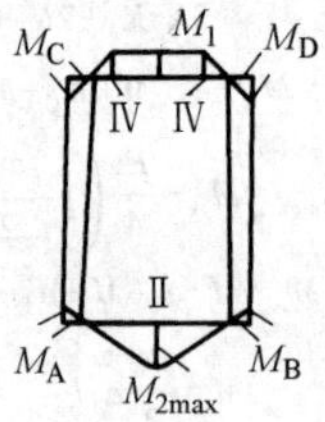	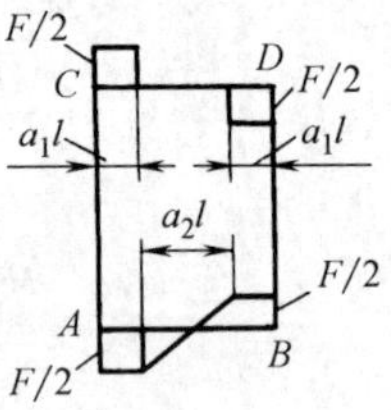	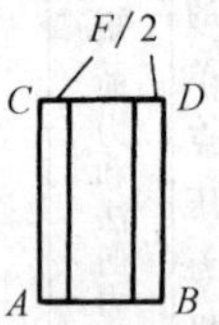
	特性截面上的弯矩、剪力和法向力		$M_A=M_B=\dfrac{Fl}{24}\dfrac{(3-a_2^2)(3K_1+2)K_2\nu_2+12a_1(a_1-1)K_1\nu_1}{3K_1K_2+2K_1+2K_2+1}$ $M_C=M_D=\dfrac{Fl}{24}\dfrac{(a_2^2-3)K_2\nu_2+12K_1(1-a_1)a_1(3K_2+2)\nu_1}{3K_1K_2+2K_1+2K_2+1}$ $M_1=M_C-\dfrac{Fl}{2}a_1$ $M_{2\max}=M_A-\dfrac{Fl}{4}\left(1-\dfrac{a_2}{4}\right)$	$-Q_{A2}=Q_{B2}=\dfrac{F}{2}$ $-Q_{C1}=Q_{D1}=\dfrac{F}{2}$	$N_{A3}=N_{B3}=\dfrac{F}{2}$ $N_{C3}=N_{D3}=\dfrac{F}{2}$
	机身变形计算	截面的纵向位移	$\Delta_{\text{II}-\text{IV}}=\Delta M_{\text{IV}C}+\Delta Q_{\text{IV}C}+\Delta N_{AC}+\Delta M_{\text{II}A}+\Delta Q_{\text{II}A}$		
		截面的横向位移	δ_{3A}（横向位移）$=\dfrac{h^2}{6EI_3}[\beta^3(M_{A3}-M_C)-3\beta^2M_{A3}+\beta(2M_{A3}+M_C)]$		

（续）

说明	$\Delta M_{\text{Ⅱ}A}=\Delta M_{\text{Ⅱ}B}=\dfrac{Fl^3}{48EI_2}\left(1-0.5a_2^2+0.125a_2^3-\dfrac{6M_{A2}}{Fl}\right)$ $\Delta M_{\text{Ⅰ}C}=\Delta M_{\text{Ⅰ}D}=\dfrac{Fl^3}{48EI_1}\left(1-0.5a_1^2+0.125a_1^3-\dfrac{6M_{C3}}{Fl}\right)$ $\Delta M_{\text{Ⅳ}C}=\Delta M_{\text{Ⅳ}D}=\dfrac{Fl^3a_1^2}{6EI_1}\left[1.5-2a_1-\dfrac{3M_C(1-a_1)}{a_1Fl}\right]$ $\Delta Q_{\text{Ⅱ}A}=\Delta Q_{\text{Ⅱ}B}=\dfrac{\lambda_2Fl}{8GA_2}(2-a_2)$ $\Delta Q_{\text{Ⅰ}C}=\Delta Q_{\text{Ⅰ}D}=\dfrac{\lambda_1Fl}{8GA_1}(2-a_1)$ $\Delta Q_{\text{Ⅳ}C}=\Delta Q_{\text{Ⅳ}D}=\dfrac{\lambda_1Fla_1}{2GA_1}$ $\Delta N_{AC}=\Delta N_{BD}=\dfrac{Fh}{2GA_3}$ $\Delta N_{\text{Ⅲ}A}=\Delta N_{\text{Ⅲ}B}=\dfrac{Fa_3h}{2EA_3}$ $\gamma=\dfrac{\sqrt{3}M_A\pm\sqrt{3M_A^2-(M_A-M-M_C)[2M_A+M(6\alpha_3-3a_3^2-2)+M_C]}}{\sqrt{3}(M_A-M-M_C)}$ $\beta=\dfrac{M_{A3}}{M_{A3}-M_C}\pm\dfrac{\sqrt{M_{A3}^2+M_{A3}M_C+M_C^2}}{\sqrt{3}(M_{A3}-M_C)}$ $\theta_0=\dfrac{h}{6EI_3}[2M_A+M(6a_3-3a_3^2-2)+M_C]$ $K_1=\dfrac{I_2l}{I_1h}$　　$K_2=\dfrac{I_3l}{I_2h}$ $\lambda_1=\lambda_{CDmax}=\dfrac{A_1S_1}{I_1b_1}$　　$\lambda_2=\lambda_{ABmax}=\dfrac{A_2S_2}{I_2b_2}$ $\nu_1=\dfrac{\lambda_1F}{2GA_1}$　　$\nu_2=\dfrac{\lambda_2F}{2GA_2}$ $q=\dfrac{F}{a_2l}$ 式中　$F=F_g$（压力机公称压力） I_1、I_2—CD及AB杆截面二次矩 I_3—AC及BD杆截面二次矩 λ_{CDmax}、λ_{ABmax}—最大截面系数 A_1、A_2—CD及AB杆的截面面积 A_3—AC及BD杆的截面面积 b_1、b_2—中性层截面宽度 S_1、S_2—截面部分面积中性轴的静力矩 G—切变模量 a_1、a_2、a_3—长度系数

注：1. 对于铸铁机身，许用应力$[\sigma]\approx0.1R_m$；对于钢板焊接机身　$[\sigma]\approx(0.15\sim0.2)R_m$。

2. 对于闭式组合机身，当螺栓正确拉紧时，和整体一样工作，则可按闭式机身计算公式进行计算。此时，应根据预紧状态及工作状态来确定变形和危险截面的应力，并对拉紧螺栓及螺母进行有关计算。

4 开式曲柄压力机机身的设计与计算

开式曲柄压力机机身属于C形机架。C形机架的刚度要比O形机架低得多，但C形机架三面敞开，便于操作和调整，因而它广泛用作小型曲柄压力机、液压机、折板机及锻锤等机器的机身。

开式压力机工作中主要产生两种变形，即垂直变形和角变形（见图18.3-14）。垂直变形指装模高产生的变形Δh，角变形指压力机的滑块相对工作台面产生的倾角$\Delta\alpha$。这两种变形中危害最大的是角变形。角变形的存在使上、下冲模互相歪斜（见图18.3-15），影响工件的质量、模具的寿命，加速滑块导向部分的磨损和增加能量消耗。

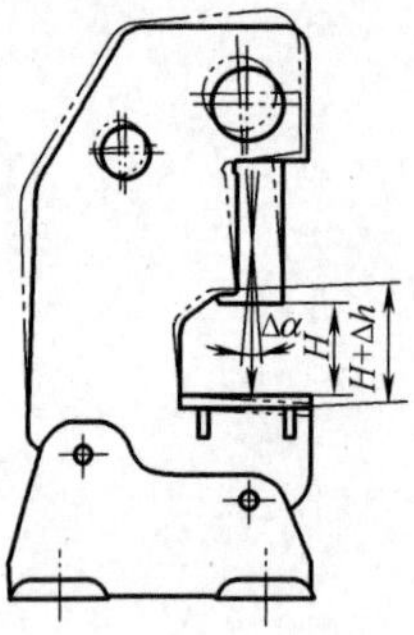

图18.3-14 开式压力机的弹性变形

压力机机身在工作中承受工艺过程中的全部变形力（某些下传动压力机除外），机身的角变形在压力机总角变形占有较大的比例，因此保证机架有足够的角刚度是机架设计的出发点。

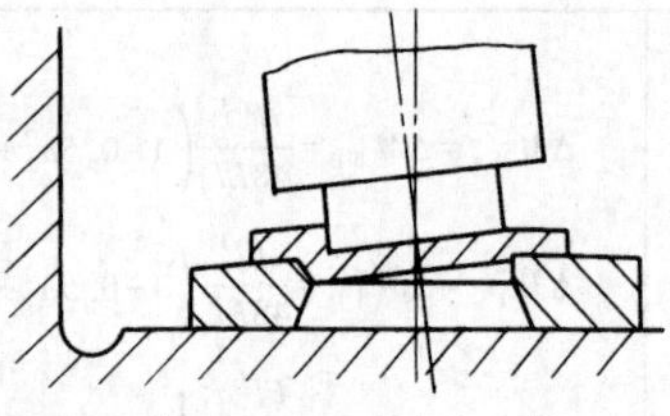

图18.3-15 压力机的角变形对冲模等的影响

开式压力机机身的立柱有双柱式和单柱式两种（见图18.3-16）。立柱呈封闭的外形或一面敞开属于单柱式（见图d~h、j、k）。双柱式前、后敞开，形成贯穿的通道（见图a、b、c、i、l）。双柱机身的刚度比封闭外形的单柱机身小23%~28.5%，特别是在偏心载荷作用下，还将使立柱断面强烈扭转。为此，在结构上加拉杆以提高刚性（见图c、l），一般可提高机身刚度50%。

（1）开式机身的设计与计算

机身的设计一般是从机身的基本截面开始的（它位于工作台工作平面的同一平面上）。在求得基本截面后，以此为依据，考虑工艺方面的要求，按经验数据初步确定机身的结构尺寸，而后进行强度、刚度校核，并进行修改，直至满足要求为止。开式压力机机身的设计与计算见表18.3-17。该表中的内容是对开式压力机机身进行静强度、刚度校核。对于高速压力机（冲程次数有的每分钟达上千次），还应进行机身的动态性能设计，如进行频率校核、机身在稳态受迫振动下的变形以及危险截面的应力计算等。

（2）机身的许用应力（见表18.3-18）

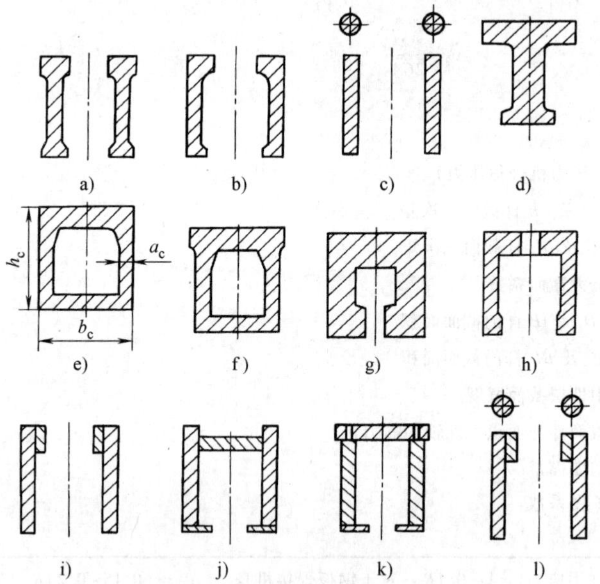

图18.3-16 开式压力机机身立柱截面形状

a)~h) 铸造 i)~l) 焊接

表 18.3-17　开式压力机机身的设计与计算

机架形式	双(直)柱式	双(曲)柱式	单(直)柱式
简图	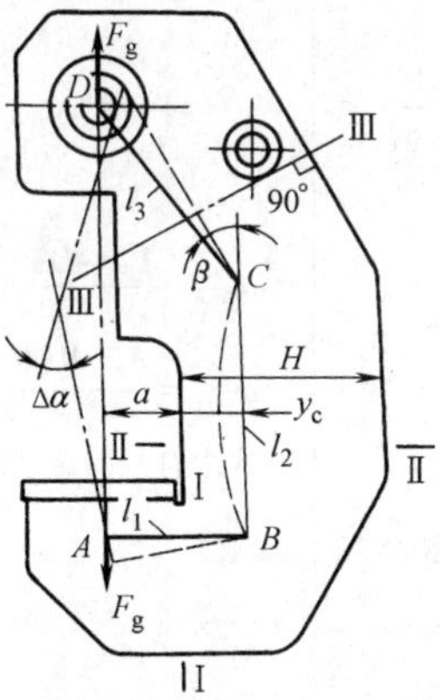	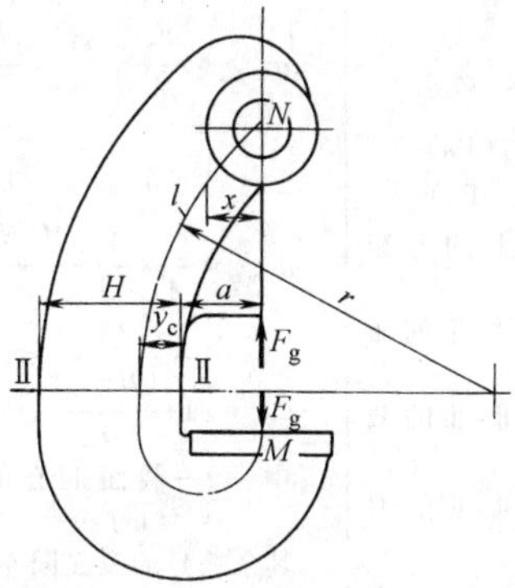	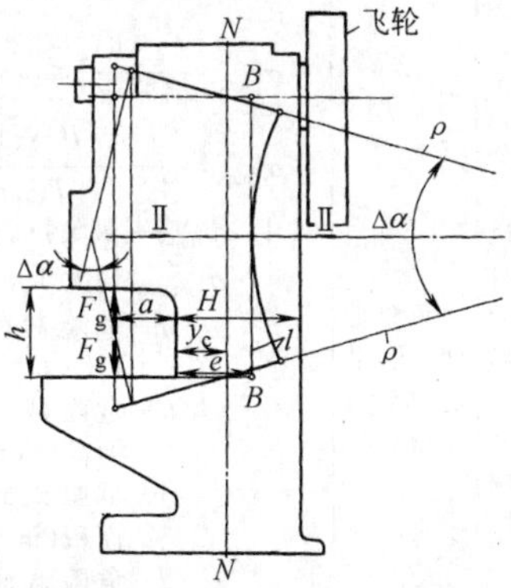 e—喉口至中性层 B—B 的距离 $e=\dfrac{H\sigma_{max}}{\sigma_{xmax}+\sigma_{ymax}}$
计算假定	机身为开放式机架，框架各杆的轴线通过机身各截面的形心 机身各段（横梁、立柱、工作台）的截面面积 A 和截面二次矩 I 在各段全长上不变	机身为开放式曲形机架。机架中心曲线上的各点即为相应的机身截面形心	机身为开放式机架

基本尺寸的初步拟定

机身基本截面的最小截面面积 S

1）基本截面最小截面面积 S（铸铁机身）

$$S=KF_g$$

式中　S—基本截面的最小截面面积（cm^2）

F_g—压力机的公称压力（kN）

K—系数，按下表选取

系数 K 与机身结构特征、参数 a 及 F_g 的关系如下

$\dfrac{a}{10\sqrt{F_g}}$		0.8	0.9	1	1.12	1.25	1.4	1.6
K	单柱	1.12	1.18	1.25	1.32	1.4	1.5	1.69
	双柱	1	1.06	1.12	1.18	1.25	1.32	1.4
说明		a—力作用线到机身正面板壁的距离（即喉口深度）（mm）						

2）钢板焊接机身的基本截面最小面积比铸铁小 33%～50%

为提高刚度，现代开式机身的基本截面的实际面积要比从变形计算得的大 50%～100%

基本截面的高度 H，或高、宽比 H/B

双柱式机身：$H=(2.3\sim4)a$
单柱式机身：$H=(2\sim3.5)a$ } 大型压力机取大值

式中　a—力作用线到机身正面板壁的距离

箱形截面机身　$H/B=1\sim1.7$　式中，B 为截面宽度

机身壁厚

铸造机身：单双柱侧壁厚：$\delta=8\sim40$mm

对于单柱：后面的壁厚 $h_2=\delta$，正面的壁厚 $b_1>(2\sim3)\delta$

焊接机身：焊接机身侧壁厚：$\delta\approx0.9\sqrt{F_g}$，通常 $\delta\geqslant8$mm

式中　F_g—压力机公称压力（kN）

机身的静强度校核

危险截面 Ⅱ-Ⅱ 上的弯矩 M

$$M=F_g(a+y_c)$$

式中　F_g—压力机的公称压力（N）

a—喉口深度（m）

y_c—喉口内缘到截面形心的距离（m）

（续）

机架形式		双(直)柱式	双(曲)柱式	单(直)柱式
机身的静强度校核	危险截面Ⅱ-Ⅱ的应力校核	$\sigma_{\mathrm{lmax}}=\dfrac{F_g}{A}+\dfrac{My_c}{I}\leqslant[\sigma_l]$ $\sigma_{\mathrm{ymax}}=\dfrac{F_g}{A}-\dfrac{M(H-y_c)}{I}\leqslant[\sigma_y]$ 式中　σ_{lmax}—最大拉应力(Pa) σ_{ymax}—最大压应力(Pa) M—危险截面上的弯矩(N·m) H—危险截面Ⅱ-Ⅱ的截面高度(m) A—危险截面Ⅱ-Ⅱ的截面积(m^2) I—危险截面Ⅱ-Ⅱ的惯性矩(m^4) $[\sigma_l]$、$[\sigma_y]$—许用拉、压应力(Pa)，见表 18.3-18	$\sigma_{\mathrm{lmax}}=\dfrac{F_g}{A}+\dfrac{M}{rA}+\dfrac{My_c}{I}\dfrac{1}{1-\dfrac{y_c}{r}}\leqslant[\sigma_l]$ $\sigma_{\mathrm{ymax}}=\dfrac{F_g}{A}+\dfrac{M}{rA}-\dfrac{M(H-y_c)}{I}\times\dfrac{1}{1+\dfrac{(H-y_c)}{r}}\leqslant[\sigma_y]$ 式中　r—截面形心的曲率半径(m) 其余符号的意义同左	$\sigma_{\mathrm{lmax}}=\dfrac{F_g}{A}+\dfrac{My_c}{I}\leqslant[\sigma_l]$ $\sigma_{\mathrm{ymax}}=\dfrac{F_g}{A}-\dfrac{M(H-y_c)}{I}\leqslant[\sigma_y]$ 式中符号的意义同左
机身角刚度计算	机身角变形 $\Delta\alpha$	$\Delta\alpha=\dfrac{F_g}{2E}\left(\dfrac{a^2}{I_1}+\dfrac{2l_1l_2}{I_2}+\dfrac{l_3^2\sin\beta}{I_3}\right)$ 式中　β—BC 和 CD 杆夹角(见上图)(°) I_1、I_2、I_3—截面Ⅰ-Ⅰ、Ⅱ-Ⅱ、Ⅲ-Ⅲ的惯性矩(m^4) E—弹性模量，钢板为 2.1×10^{11} Pa；铸铁为 0.9×10^{11} Pa F_g—压力机的公称压力(N) l_1、l_2、l_3—AB、BC、CD 杆的长度(m)	根据莫尔定理求得 $\Delta\alpha=\int_{(l)}\dfrac{F_gx}{EI}\mathrm{d}l$ 式中　l—曲线 MN 长(m) I—惯性矩(m^4) E—弹性模量(Pa) F_g—压力机的公称压力(N)	$\Delta\alpha=\dfrac{l}{\rho}$ 式中　l—立柱长度(m) ρ—弯曲线 B-B 在弯矩 M 的作用下得到的曲率半径(m) $\rho=\zeta\dfrac{EI}{M}$(m) E—弹性模量(Pa) ζ—机身的结构系数，$\zeta=1\sim1.2$。该系数考虑了立柱上部横截面增大的弯曲偏差 I—横截面二次矩(m^4) $M=F_g(a+y_c)$ 式中　a—喉口深度(m) y_c—喉口内边缘(背面)到横截面的形心轴线 N-N 的距离(m) F_g—压力机的公称压力(N)
	角刚度 C_a 校核	机身的角刚度为 $C_a=\dfrac{F_g}{\Delta\alpha}\geqslant[C_a]$ 式中　F_g—公称压力(kN) $\Delta\alpha$—喉口相对角变形(μrad) C_a—机身角刚度(kN/μrad) $[C_a]$—机身许用角刚度(kN/μrad)，$[C_a]=0.0012F_a$，对于刚度要求较低的压力机，许用角刚度可取 $[C_a]=0.001F_a$		
说明		1)机身有应力集中部位的实际应力可比表中的强度计算方法所得的应力大 1~3 倍 2)表中变形计算值和实测数据一般相差 20%~40%，而且计算值要小一些 3)机身的垂直刚度可不进行计算，其垂直变形平均值 $\Delta h=0.001F_g$mm。式中，F_g—压力机的公称压力(kN) 4)危险截面上的应力校核一般选择 3~4 个截面进行 5)机身基本截面指的是与压力机工作台的工作平面相吻合的截面 6)影响机身刚度的因素主要是机身截面形状及其尺寸。采用优化设计可使截面形状及其尺寸最优化，即在满足许用刚度的条件下，可使截面面积最小，并减轻机身重量		

表 18.3-18　压力机机身材料及许用应力推荐值

机身材料		许用应力[σ]
铸造机身	HT200 或 QT450-10	[σ]≈0.1R_m 当铸铁 R_m≥2000×10^5Pa 时， 许用拉应力[σ_1]=(200~300)×10^5Pa 许用压应力[σ_y]=(300~400)×10^5Pa
	ZG 270-500	[σ]=500×10^5Pa
焊接机身	20~150mm 厚钢板(Q235)或 Q345 钢板	[σ]≈(0.15~0.2)R_m 当钢板 R_m≥4000×10^5Pa 时，许用拉应力[σ_1]=(400~600)×10^5Pa

(3) 开式机身的有限元计算

以 J23-10 压力机为例。

1) 计算假定。连接左、右机身的肋板应力很小，可忽略不计。机身处于两向应力状态，故可作为平面问题来研究。

2) 机身的应力和变形。图 18.3-17 所示为机身的变形。在图 18.3-17 中，机身原来的形状用实线表示，变形后形状用双点画线表示。每个节点上部数字表示水平位移，下部数字表示垂直位移，单位均为 mm。从图 18.3-17 中可得，喉口的角变形是导轨处的角变形及工作台的角变形之和，即为 975μrad（实测为 831μrad），因而压力机的角刚度为 0.103kN/μrad。图 18.3-18 所示为计算所得到的Ⅱ-Ⅱ截面上的应力分布。其内侧边缘垂直方向的应力为 396×10^5Pa（实测为 280×10^5Pa），外侧边缘处为 -170.5×10^5Pa（实测为 -179×10^5Pa）。故工作台转弯处应力较大。

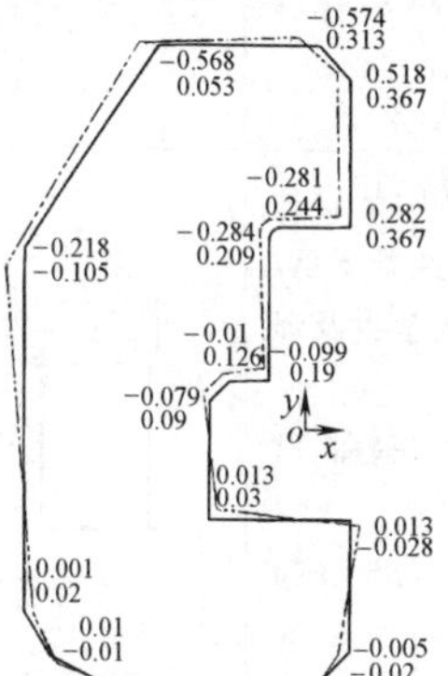

图 18.3-17　J23-10 压力机机身的变形

5　桥式起重机箱形双梁桥架的设计

桥架是桥式起重机的主要承载构件，它支承着起重小车、轨道、大车运行机构和电气设备等，承受这些构件的重力和工作中的各种载荷。因此，桥架是起

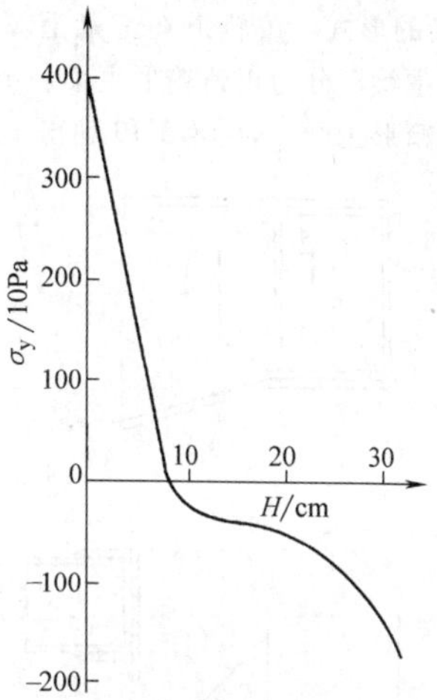

图 18.3-18　有限元计算 J23-10 压力机上Ⅱ-Ⅱ截面处的应力分布

重机的重要构件之一。

(1) 箱形双梁桥架的结构

箱形双梁桥架主要由两根主梁和两根端梁构成（见图 18.3-19）。桥架的主梁上铺设有供小车行驶的轨道，两主梁外侧均设有走台，一侧走台用于安装运行机构和电气设备，另一侧走台安装起重小车的导电架等。在一侧走台的下方设有操纵室，桥架的外侧四周还设置有安全栏杆。

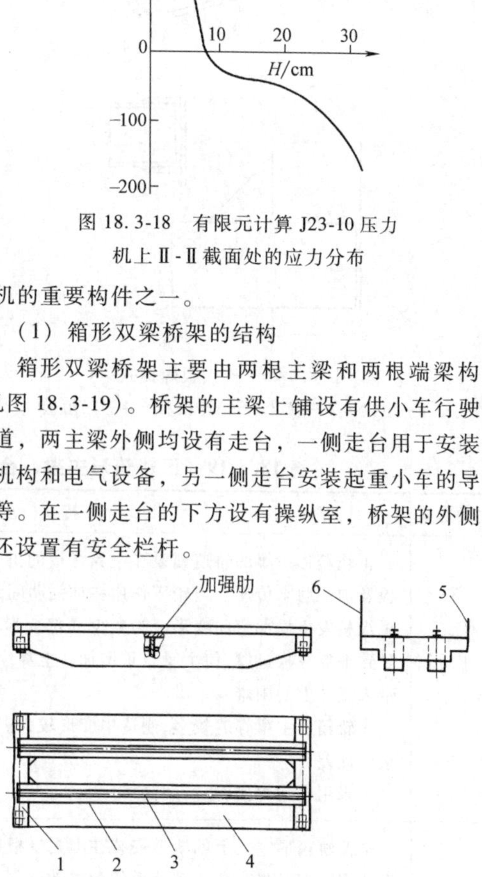

图 18.3-19　桥式起重机箱形双梁桥架简图
1—端梁　2—主梁　3—小车轨道
4—走台　5—安全栏杆　6—小车导电架

1) 主梁。

① 主梁的组成。主梁是由上、下两块翼缘板和与翼缘板相垂直的两块腹板所组成的焊接板梁结构（其截面为空心矩形）。这种结构具有强度高、综合刚性好，制作和维修方便，外形美观等一系列优点，因而得到广泛和持久的采用。为减轻主梁重量，按等强设计主梁，其纵向应做成抛物线形，但制造困难。故用折线代替抛物线，这样一来，主梁纵向中间部位成长方形，两端则做成梯形。根据强度和刚度方面的需要，在主梁上布置有一定数量的加强肋（见图 18.3-19）。

② 主梁的形式。按轨道在主梁上翼缘板铺设的位置不同，主梁可分为正轨箱形主梁、半偏轨箱形主梁及全偏轨箱形主梁。表18.3-19列出了这三种形式的主梁各自的特点。

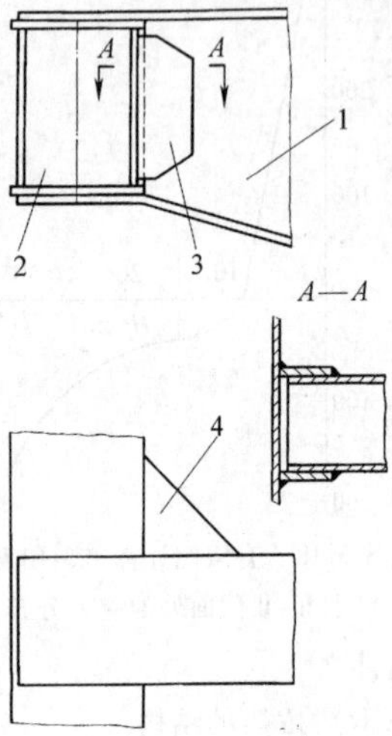

图 18.3-20　连接板焊接式

1—主梁　2—端梁　3—连接板　4—三角板

2）端梁。端梁有拼接式和整体式两种，它们之间的特点比较及结构见表18.3-20。

3）主梁与端梁的连接。主梁与端梁的连接形式有焊接与螺栓连接两种。图18.3-20所示为焊接连接的形式，端梁被套装在主梁的翼缘板内，主梁的两侧腹板由连接板3焊在端梁腹板上，翼缘板则用三角板4焊接在一起，形成桥架水平面内的刚性连接。图18.3-21所示为螺栓连接的形式，它用承载凸缘和螺栓将主梁与端梁连接起来，由承载凸缘支承垂直剪力，连接处的弯矩由螺栓承担。

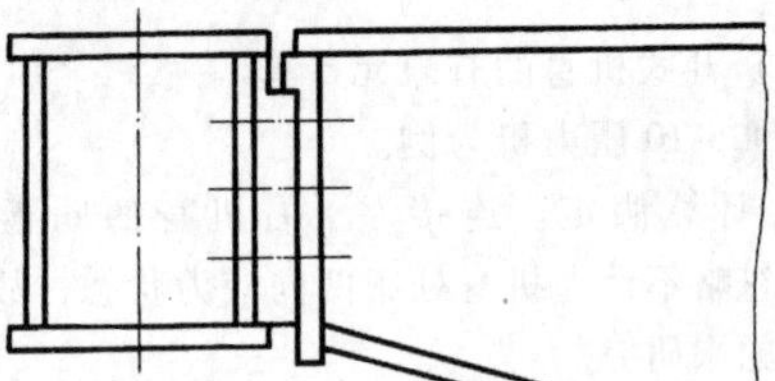

图 18.3-21　凸缘法兰和螺栓连接式

表 18.3-19　正轨箱形主梁、全偏轨箱形主梁及半偏轨箱形主梁特点比较

主梁形式	特　点	图　示
正轨箱形主梁	正轨箱形主梁的轨道铺设在上翼缘板的正中间(见图a),小车载荷依靠上翼缘板及加强肋来传递。当轮压作用在加强肋间距中央的轨道上时,轨道下挠迫使上翼缘板发生局部弯曲变形。为减少局部变形,必须加大上翼缘板的厚度,这样将导致上翼缘板过厚,使主梁自重增加。上翼缘板过厚也给上翼缘与薄腹板焊接时带来工艺上的困难 正轨箱形主梁焊缝较多,制造中变形较大。在大跨度、高速度运行时,桥架的水平刚性差 可采用自动焊接,生产率高	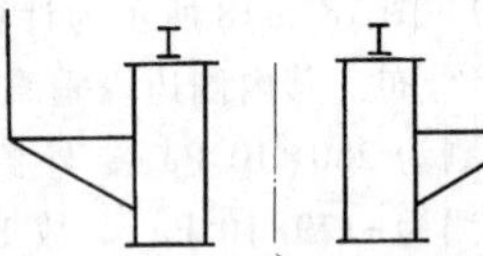 a)
全偏轨箱形主梁	全偏轨箱形主梁上的轨道安装在上翼缘板边缘、主腹板的顶点(见图b)。这种做法实际上是将支承小车轨道的形式改变了,即由连续梁支承改为弹性梁支承。由此带来了一系列好处:减少了桥架的辅助构件,随之而来的是焊缝数量少及焊接变形小,从而有利于提高主梁的制造质量和生产率 全偏轨箱形主梁分为窄箱型和宽箱型两种,窄箱型偏轨主梁高宽比与正轨箱形主梁接近,宽箱型主梁的高宽比约为1.2~1.6 宽箱型主梁可增加桥架的水平刚度,当加宽上翼缘板时还可兼作走台用,在起重量较大时($Q \geqslant 50t$),主梁内还可安装大车运行机构及电气设备	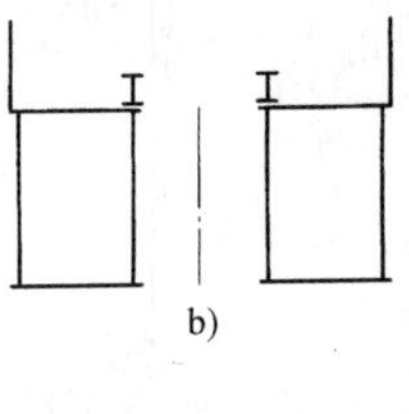 b)
	全偏轨箱形主梁的两腹板厚度不等,正对着上面轨道的腹板厚,称为主腹板;另一腹板比主腹板薄,并称为副腹板。考虑通风、散热、维修和减轻重量等因素,在副腹板上开设一系列的带镶边的矩形孔(称为空腹),无孔者称为实腹。空腹箱形梁桥架适用于大起重量的冶金起重机等。实际中,实腹箱形梁桥架用得较多(见图c)	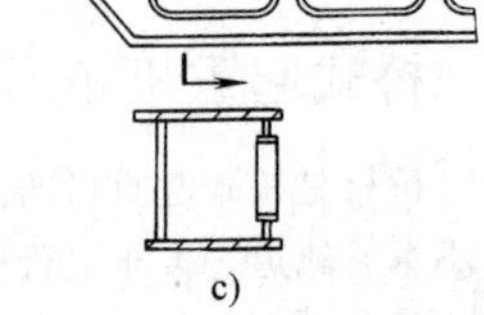 c)

（续）

主梁形式	特　点	图　示
全偏轨箱形主梁	宽箱型全偏轨主梁由于有较大的偏心载荷，故除计算梁的强度、刚度外，还应计算框架刚度，以保证梁截面周边有足够的刚性 支承小车轨道采用轧制的宽翼缘 T 型钢（见图 d），使全偏轨箱形主梁结构得到进一步改善，避免了由于轮压的反复作用而引起的主腹板与上翼缘板间的焊缝疲劳破坏	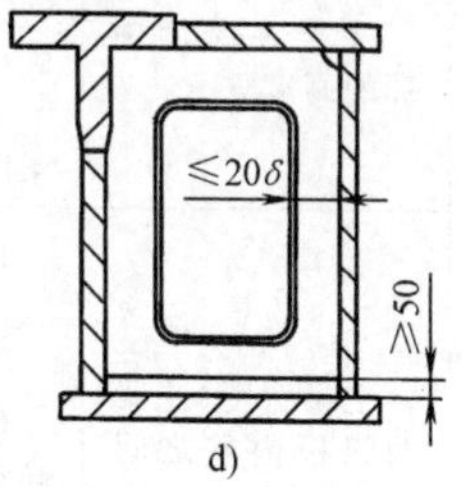 d)
半偏轨箱形主梁	半偏轨箱形主梁上的小车轨道铺设在主梁宽度中心线与主腹板之间（见图 e）。轨道中心线与主梁宽度中心线之间的距离一般为主梁两腹板内壁之间距离的1/4 半偏轨箱形主梁也有窄箱型和宽箱型两种形式。当跨度为 10.5~13.5m 时，采用窄箱型主梁较多，两侧设有走台；当跨度大于 16.5m 时，则多采用宽箱型主梁 扭转载荷小于全偏轨箱形主梁，桥架自重得到进一步减轻	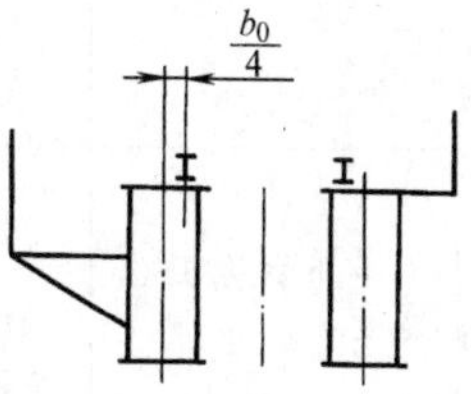 e)

表 18.3-20　拼接式端梁与整体式端梁结构特点比较

	拼接式端梁		整体式端梁
形式	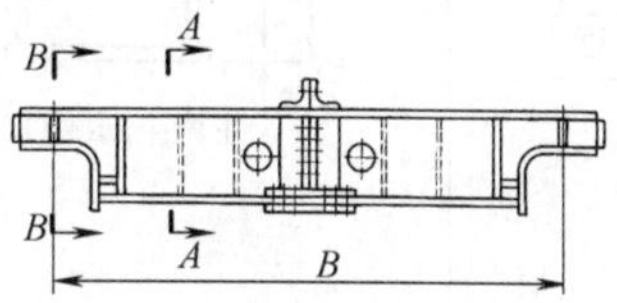 a) 用角钢连接	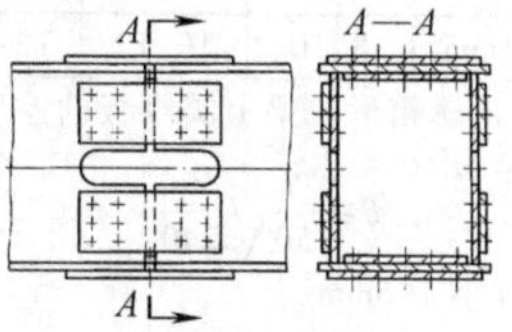 b) 用连接板连接	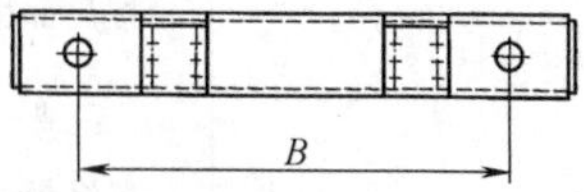
特点	拼接式端梁由两段（或三段）组成，段与段之间用角钢法兰连接（见图 a）或用连接板连接（见图 b） 梁端的两端下方做成直角形切口，是用来安装车轮的轴承座的，因而通常要求有直角偏差，将该偏差折合成最外端的间隙值，一般不得大于 1.5mm（见图 c） 拼接式端梁多用于主梁、端梁采用焊接连接的桥架	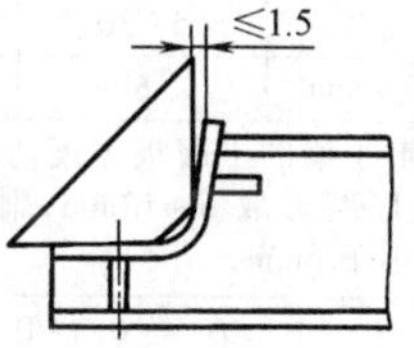 c)	整体式端梁是一根整梁。端梁是一个独立的部件，用螺栓与主梁的两端连接在一起组成桥架，简称"四梁"结构 端梁两端的腹板上开有圆孔，以供安装车轮轴承 它重量轻、焊缝少和变形小，适用于中、小起重量起重机的端梁

（2）桥架结构尺寸

表 18.3-21 中列出了桥架的结构尺寸，可供初步拟定尺寸用，在此基础上进行梁的强度、刚度等方面的验算，并修改初拟的桥架结构尺寸，直至满足要求为止。

表 18.3-21　桥架的结构尺寸

桥架的总体尺寸	跨度 L	根据用户要求确定。桥架的两根端梁的距离取决于桥架的跨度大小	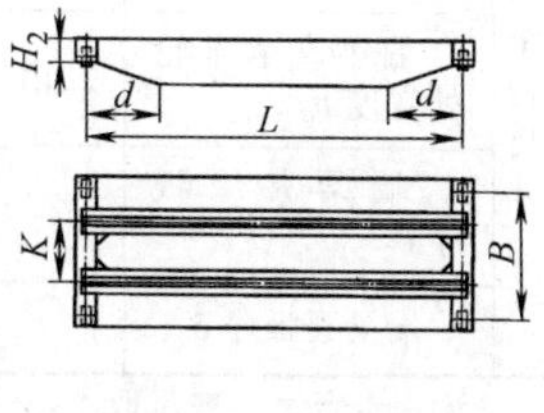
	大车轮距 B	$B=\left(\frac{1}{5}\sim\frac{1}{7}\right)L$	
	小车轨距 K	由起重小车决定。桥架的两根主梁的间距取决于起重小车的轨距及主梁形式	

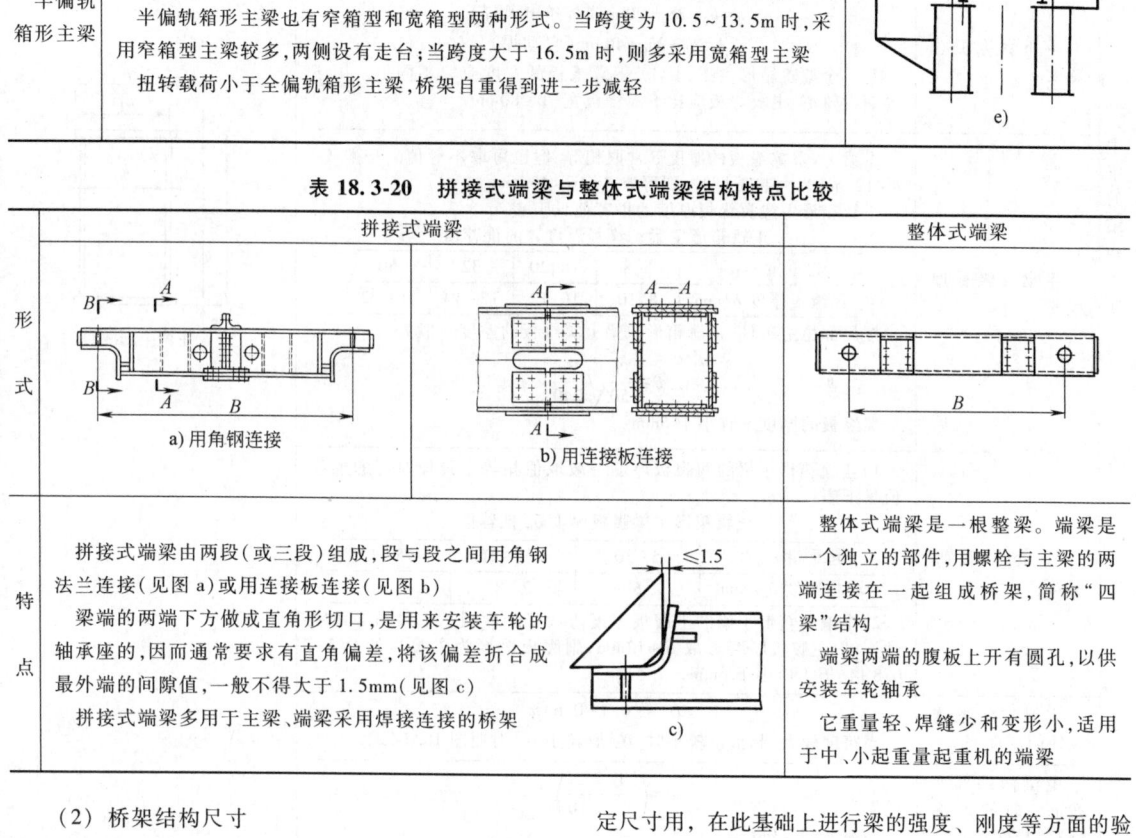

（续）

<table>
<tr><td rowspan="8">主梁的结构尺寸</td><td>主梁在跨度中部的高度 h</td><td>$$h=\left(\frac{1}{14}\sim\frac{1}{17}\right)L$$式中　L—主梁跨度
小跨度时取较大值，大跨度时应取较小值。当具有相同跨度的主梁时，起重量大的梁的高度应大于起重量小的梁的高度</td><td rowspan="8">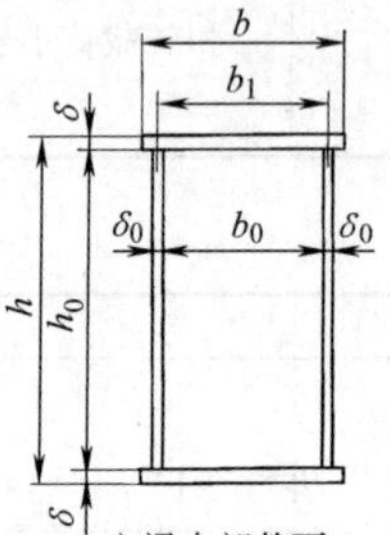
主梁中部截面</td></tr>
<tr><td>主梁宽度（主梁两腹板内壁之间的距离）b_0</td><td>1）正轨箱形主梁
通常 $b_0\geqslant\frac{h}{3}$，且 $b_0\geqslant\left(\frac{1}{50}\sim\frac{1}{60}\right)L$
按工艺要求两腹板内壁之间的最小间距约为300mm，而且此时梁高不宜超过650mm
2）全偏轨箱形主梁
窄箱型时（适用于小起重量），$b_0=(0.4\sim0.5)h$
宽箱型时（适用于大起重量），$b_0=(0.6\sim0.8)h$</td></tr>
<tr><td>上下翼缘板总宽度 b</td><td>$$b=b_0+2\delta_0+20\text{mm}（焊条电弧焊）$$$$b=b_0+2\delta_0+40\text{mm}（自动焊）$$对于全偏轨箱形主梁，其上、下翼缘板的宽度应取不同值。由于要铺设轨道，上翼缘板应比下翼缘板宽70~80mm</td></tr>
<tr><td>主梁翼缘板厚度 δ</td><td>主梁上、下翼缘板的厚度 δ 常取相等，但也可取不等值。一般 $\delta=6\sim12$mm，当大起重量时，则可取 $\delta=16\sim40$mm
正轨箱形主梁翼缘板厚度的推荐值见下表：
正轨箱形主梁翼缘板厚度 δ 的推荐值<table><tr><td>起重量 m_0/t</td><td>5、8</td><td>16、20</td><td>32</td><td>50</td></tr><tr><td>翼缘板厚度 δ/mm</td><td>8、10</td><td>10、12</td><td>12~14</td><td>16~22</td></tr></table>按局部稳定条件，正轨箱形主梁上翼缘板的厚度一般为$$\delta\geqslant\frac{b_0}{50}\sqrt{\frac{\sigma_s}{240}}$$翼缘板的厚度不宜小于6mm</td></tr>
<tr><td>主梁腹板厚度 δ_0</td><td>1）正轨箱形主梁的两腹板厚度一般取值相等。腹板厚度的推荐值见下表：
正轨箱形主梁腹板厚度 δ_0 推荐值<table><tr><td>起重量 m_0/t</td><td>5~30</td><td>>30~75</td><td>>75~125</td></tr><tr><td>腹板厚度 δ_0/mm</td><td>6</td><td>7~8</td><td>8~10</td></tr></table>2）全偏轨箱形主梁的主腹板厚度应大于副腹板。如果局部稳定性许可，主腹板厚度可取6~12mm，副腹板厚度为主腹板的0.7~0.8倍，但不应小于6mm</td></tr>
<tr><td>主梁在端梁连接处的高度 H_1</td><td>$$H_1=(0.4\sim0.6)h$$当跨度较大、起重量较小时，H_1 取较小值（对照图18.3-22）</td></tr>
<tr><td>主梁两端部变截面（即梯形部分）的长度 d</td><td>$$d=\left(\frac{1}{5}\sim\frac{1}{10}\right)L$$一般 $d=2\sim3$m</td></tr>
<tr><td colspan="2"></td></tr>
<tr><td rowspan="5">端梁结构尺寸</td><td>端梁高度 H_2</td><td>$$H_2\approx\frac{1}{2}h$$</td><td rowspan="5">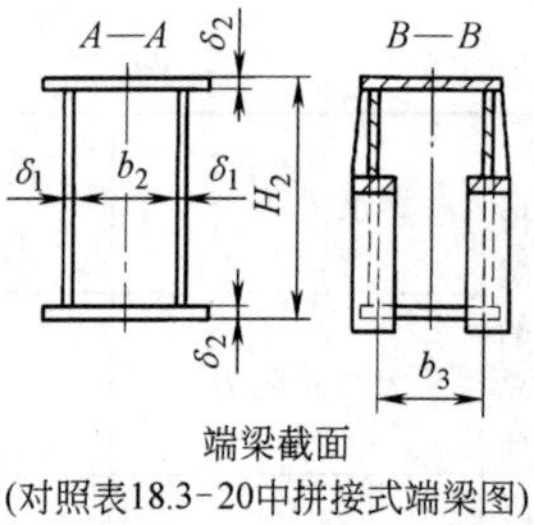
端梁截面
（对照表18.3-20中拼接式端梁图）</td></tr>
<tr><td>端梁中段宽度 b_2</td><td>对于中小起重量：$$b_2=b_3$$</td></tr>
<tr><td>端梁支承车轮处宽度 b_3</td><td>由所选用的大车车轮组尺寸确定</td></tr>
<tr><td>端梁翼缘板厚 δ_2</td><td>$\delta_2=6\sim10$mm（常用）</td></tr>
<tr><td>端梁腹板厚 δ_1</td><td>$\delta_1=6\sim8$mm（常用）</td></tr>
</table>

注：走台宽一般可取1~1.6m；栏杆高度1.05m；小车导电架高度1.5m以上。

(3) 桥架钢材的选用

桥架钢材的选用应从结构的重要性、载荷特征、应力状态、工作条件、环境（如工作环境温度）、钢材厚度、材料的焊接性及价格等诸方面综合考虑。桥架常用材料主要是碳素结构钢及低合金结构钢，即宜采用力学性能不低于 GB/T 700 中的 Q235 钢和 GB/T 699 中的 20 钢。当桥架需用高强度钢材时，则可采用力学性能不低于 GB/T 1591 中的 Q345 钢。

以下情况不应采用沸腾钢：①直接承受动载荷且需要计算疲劳的焊接结构；②工作环境温度低于 -20℃时的直接承受动载荷，以及受拉、受弯的重要承载焊接结构；③工作环境温度等于或低于-20℃的直接承受动载荷，且需要计算疲劳的非焊接结构；④工作环境温度等于或低于-30℃的所有承载焊接结构。

(4) 加强肋

为减轻主梁重量、充分发挥材料的作用和获得较大的抗弯刚度，在主梁的设计中，使靠近截面中性轴的材料远离中性轴，其结果导致腹板被设计得很薄（一般腹板的高度为其厚度的 200 倍以上）、主梁则近似薄壁结构。为此，在主梁的设计与计算中，腹板及翼缘板的局部稳定性为主要考虑问题之一。

为防止腹板与翼缘板的局部失稳以及传递载荷实现力流平顺过渡，在主梁上设置了各种加强肋，图 18.3-22 所示为正轨箱形主梁的布肋简图。根据不同情况在梁端上也设置少量的加强肋（见表 18.3-20）。

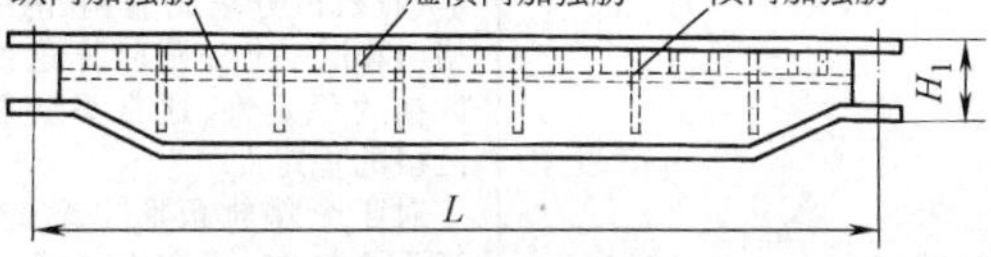

图 18.3-22　正轨箱形主梁的布肋简图

布肋的大体做法是：首先根据经验初步在翼缘板和腹板上布肋，然后再对翼缘板及腹板进行局部稳定性验算，最后确定加强肋的设置及布置尺寸。

表 18.3-22 中列出了为提高腹板及翼缘板的局部稳定性，布置加强肋的一般原则，供布肋时参考。

表 18.3-22　翼缘板及腹板上布置加强肋的一般原则

(1)翼缘板上布肋		(2)腹板上布肋	
$\frac{b_1}{\delta}\left(\frac{腹板中心距\ b_1}{受压翼缘板厚度\ \delta}\right)$	加强肋的设置	$\frac{h_0}{\delta_0}\left(\frac{腹板高}{腹板厚}\right)$	加强肋的设置
$\frac{b_1}{\delta}\leqslant 60(50)$ 括号外数字用于 Q235 钢，括号内的数字用于 Q345 钢，以下均同	不用设置任何加强肋 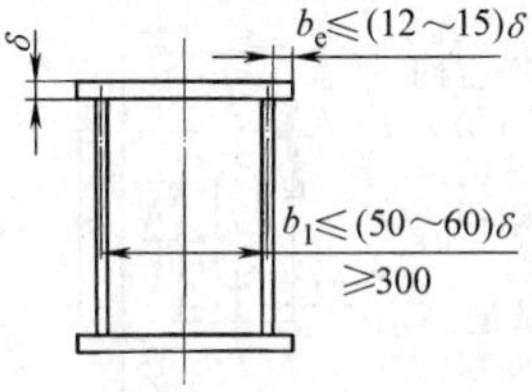	$\frac{h_0}{\delta_0}\leqslant 80(65)$	可不设置任何加强肋，便可保证腹板的局部稳定性，因此只需按构造配置横向加强肋 对于正轨箱形主梁，考虑支承小车轨道及上翼缘板的局部弯曲应力，通常沿全长设置短横向加强肋，其间距一般不大于 750mm，高度约为 $0.3h_0$
$\frac{b_1}{\delta}>60(50)$	在两翼缘板内侧设置一条或多条纵向加强肋，使所划分出来的区格宽度 C 不大于 $60(50)\delta$，$C=\frac{b_1}{n}$， n—被分隔的区格数 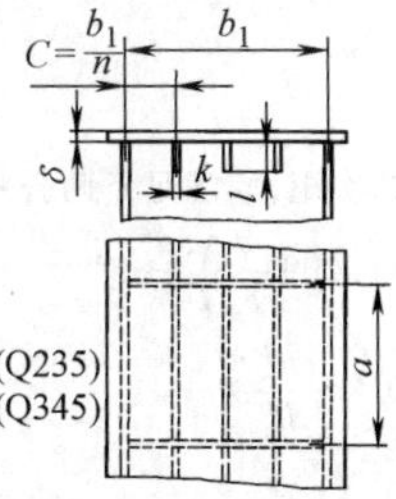 $\frac{l}{k}\leqslant\frac{15(Q235)}{12(Q345)}$	$80(65)<\frac{h_0}{\delta_0}\leqslant 160(130)$	在梁全长内需设置横向加强肋，其间距 a 一般为 $0.5h_0<a\leqslant 2h_0$。在靠近梁端处两块横向加强肋间的距离 $a\approx h_0$，在跨中取 $a=(1.5\sim2)h_0$，但 $a\ngtr 2m$。为便于制造，通常等间距配置，这时取 $a=(1\sim1.5)h_0$ 一般应进行区格稳定性验算 对于正轨箱形主梁，由小车轨道及翼缘板的局部弯曲应力条件决定，通常沿梁长设置短横向加强肋，其间距 $a_1\approx0.3h_0$ 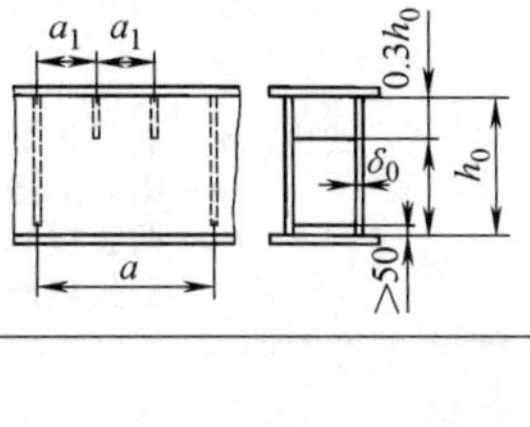

（续）

(2)腹板上布肋			
$160(130)<\frac{h_0}{\delta_0}\leqslant 240(200)$	在腹板受压区设置一条纵向加强肋，其位置在距腹板受压边 $h_1=\left(\frac{1}{5}\sim\frac{1}{4}\right)h_0$ 处 同时还在梁全长内设置横向加强肋，其间距 $a\leqslant 2h_2$，$h_2=h_0-h_1$ 在设置横向及纵向加强肋后，腹板被分隔成上、下两个区格（Ⅰ和Ⅱ），应分别验算这两个区格的稳定性，通常只验算上区格的稳定性 对于全偏轨箱形主梁，当验算不合格时，可在上区格配置短横向加强肋，其间距 $a_1\leqslant 60\delta\sqrt{\frac{235}{\sigma_s}}$（$\sigma_s$ 为钢材的屈服极限） 对于正轨箱形主梁，沿梁全长设置短横向加强肋 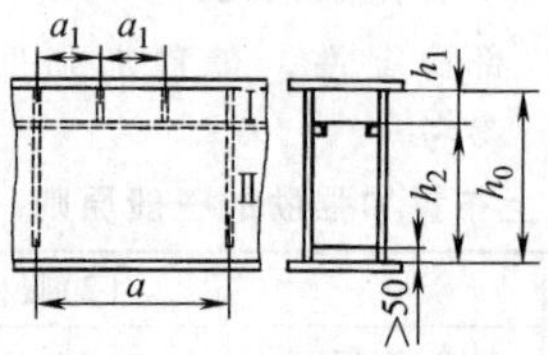	$240(200)<\frac{h_0}{\delta_0}\leqslant 320(260)$	在腹板受压区设置两条纵向加强肋，第一条设置在距腹板受压边缘（0.15～0.2）h_0 处，第二条设置在距腹板压边缘为（0.3～0.4）h_0 处；同时在梁的全长内设置横向加强肋，其间距 $a\leqslant 2h_3$，h_3 为第二条纵向加强肋与腹板受拉边缘的高度（见下图） 这时，腹板被分割成 3 个区格（Ⅰ、Ⅱ及Ⅲ），通常只验算腹板最上区格（Ⅰ区格）的稳定性。对于全偏轨箱形主梁，当稳定性验算不合格时，可在上区格两横向加强肋间设置短横向加强肋。这时形成的小区格不需再验算 对于正轨箱形主梁，沿全长还应设置短横向加强肋 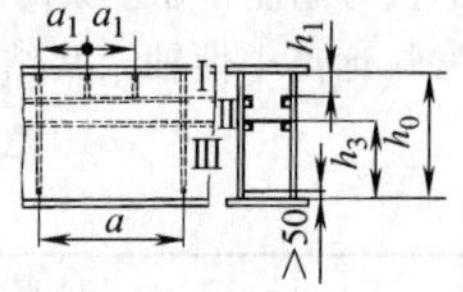

注：1. 对于全偏轨箱形主梁，为保证上翼缘板悬伸部分的局部稳定性，需沿梁全长设置横向三角加强肋，其间距常为 400～600mm。

2. 横向加强肋多用钢板制成，也可采用扁钢或角钢拼焊而成；纵向加强肋多用角钢、板条或槽钢制成。下图是用槽钢作为加强肋的例子，其中图 a 用于起重量大于 50t 全偏轨宽箱形主梁；图 b 用于起重量小于 50t 全偏轨窄箱形主梁（图上尺寸仅供参考）

3. 横向加强肋的厚度常为 5～10mm，其平面尺寸与截面的净空间尺寸相等，为减轻重量还常将其中间部分开孔。当全偏轨箱形主梁承受有很大的偏心载荷时，为保证截面周边有足够的刚性，可将横向加强肋做成中空的横向框架结构，即所谓刚周边假定。这时开孔周边须镶边（见表 18.3-23）

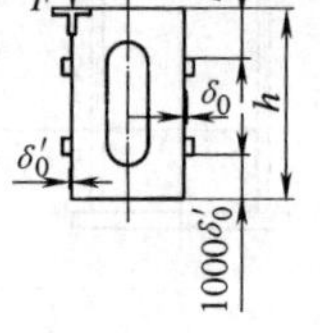

a) 全偏轨宽箱形主梁

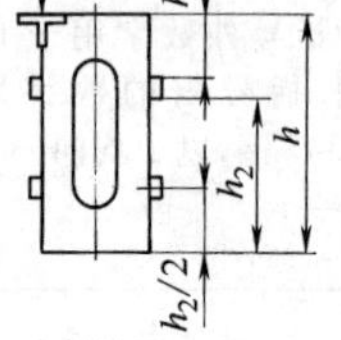

b) 全偏轨窄箱形主梁

4. 为保证有足够的抗弯刚度，纵向加强肋的截面二次矩应满足：

① 当同时设有横向加强肋和纵向加强肋时，腹板纵向加强肋所需的截面二次矩，按比值 h_1/h_0 确定

当 $h_1/h_0=0.2$ 时，$I_z=\left(2.5-0.5\frac{a}{h_0}\right)\frac{a^2\delta_0^3}{h_0}$；

当 $h_1/h_0=0.25$ 时，$I_z=\left(1.5-0.4\frac{a}{h_0}\right)\frac{a^2\delta_0^3}{h_0}$；

当 $h_1/h_0=0.3$ 时，$I_z=1.5h_0\delta^3$。

式中　a—横向加强肋间距；
　　h_0—腹板高度；
　　δ_0—腹板厚度。

② 宽翼缘板纵向加强肋的截面对翼缘板厚中心线的截面二次矩，应满足下两公式中的其中之一

$$I_z\geqslant m\left(0.64+0.09\frac{a}{b_0}\right)\frac{a^2}{b_0}\delta^3$$

$$I_z\geqslant 0.8m\frac{a^2}{b_0}\delta^3$$

式中　m—翼缘板宽度内纵向加强肋数目；
　　a—横向加强肋间距；
　　b_0—两腹板间净距；
　　δ—翼缘板厚度。

(5) 主梁焊缝设计

1) 主梁的翼缘焊缝设计及加强肋的焊接（梁的翼缘板与腹板的连接焊缝称为翼缘焊缝）。

① 正轨箱形主梁的焊接。正轨箱形主梁的翼缘焊缝采用连续角焊缝。主梁的横向加强肋和短加强肋起支承小车轨道的作用，故它们的上端应刨平并顶紧上翼板焊接，其轨道支承面下的传力焊缝长度不应小于轨道支承宽度的 1.4 倍，且应双面施焊。横向加强肋两侧与腹板的连接焊缝，在受压区为连续角焊缝，下部可采用双面交错或单面断续焊缝。近年来为减小腹板的焊接变形，下部较多采用小焊脚尺寸的连续焊缝。

横向加强肋与受拉翼缘板不焊，留有 50mm 间隙，如图 18.3-23 中所示。

② 全偏轨箱形主梁的焊缝设计（见表 18.3-23）。

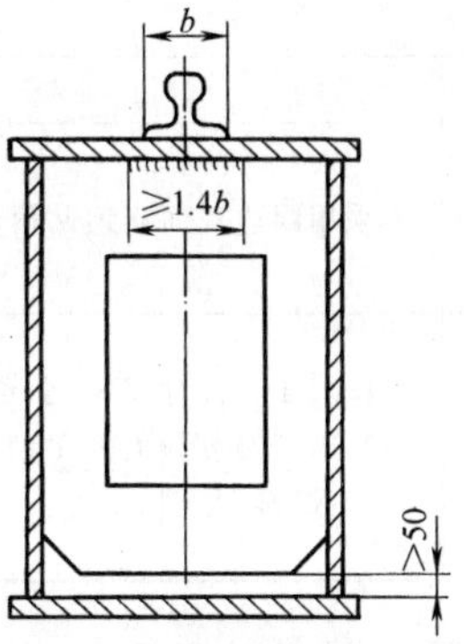

图 18.3-23　正轨箱形主梁横向加强肋的焊接

表 18.3-23　全偏轨箱形主梁的焊缝设计

(1)翼缘焊缝设计

焊缝位置及类型	起重机工作级别	坡口及焊缝要求
上翼缘板与主腹板间的承轨角焊缝	A1~A2 级	主腹板厚度 $\delta_0 \leqslant 10$mm,采用双面角焊缝,焊缝高 $\geqslant 0.7\delta_0$,允许外侧为 $0.8\delta_0$,内侧为 $0.6\delta_0$
	A3~A5 级	主腹板厚度 $\delta_0 \leqslant 10$mm,采用单坡口封底焊,为减小变形,坡口开在腹板内侧。$p=2$mm 当主腹板厚度 $\delta_0 \geqslant 12$mm 时,采用双面坡口焊缝,$p=2$mm
	A6~A8 级	当主腹板厚度 $\delta_0 \geqslant 12$mm 时,采用双面坡口熔透角焊缝,并用深熔焊或清根以保证根部熔透
主腹板与下翼缘板间的角焊缝	A1~A2 级	当主腹板厚度 $\delta_0 \leqslant 10$mm 时,采用双面角焊缝,焊缝高 $\geqslant 0.7\delta_0$
	A3~A8 级	当主腹板厚度 $\delta_0 \geqslant 10$mm 时,采用单面坡口封底焊缝坡口开在腹板外侧
副腹板与上、下翼缘板间的角焊缝	A1~A5 级	当副腹板厚度 $\delta_0 \leqslant 10$mm 时,采用双面角焊缝,焊缝高为 $0.7\delta_0$,外侧可以为 $0.8\delta_0$,内侧为 $0.6\delta_0$
	A6~A8 级	当副腹板厚度 $\delta_0 \geqslant 10$mm 时,采用外侧开坡口,内侧角焊缝

(2)带 T 型钢时的焊缝

1)翼缘焊缝(见图 a)
2)T 型钢腹板与主腹板间采用 K 形坡口对接焊缝,坡口开在 T 型钢上
3)T 型钢翼缘板与上翼缘板间采用对接焊缝,内侧采用单边 V 形坡口,外侧采用贴角焊

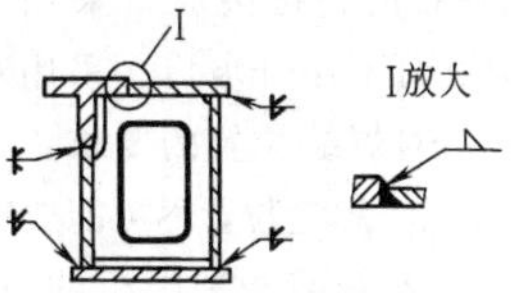

a)

(3)横向加强肋的焊接

焊缝位置	焊　缝　要　求	图　示
与受压翼缘板(上翼缘板)间的焊接	采用双面连续角焊缝（见图 b）	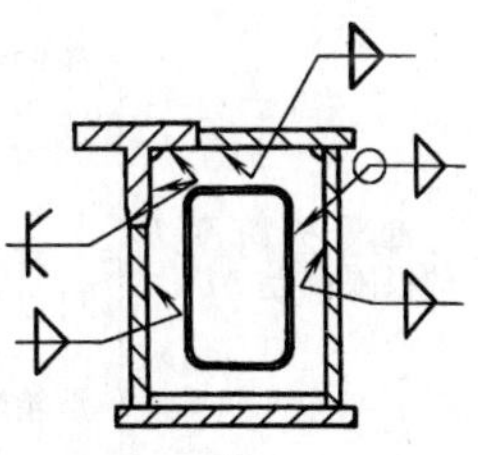 b)
与受拉翼缘板（下翼缘板）间的焊接	横向加强肋的下端不应直接焊在受拉翼缘板上，一般应在距离受拉翼缘板内侧表面不小于 50mm 处断开。为增强梁的抗扭刚度，可把横向加强肋下端焊在加设的垫板上，再用纵向焊缝将垫板焊在受拉翼缘板上（见图 c）	
与主、副腹板的焊接	采用双面连续角焊缝	

（续）

焊缝位置	焊　缝　要　求	图　示
	(3)横向加强肋的焊接	
中间孔镶边焊	采用周边双面连续贴角焊缝(见图 b)	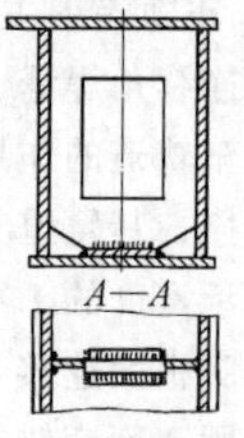 c)
与 T 型钢的焊接	1)对于小尺寸 T 型钢,可采用熔透双面角焊缝(见图 b) 2)对于厚度较大的 T 型钢腹板,为防止焊缝裂开,而将横向加强肋切去一部分,不焊接(见图 a)	

2）拼接翼缘板与拼接腹板的焊接。对于大跨度和大吨位起重机主梁的翼缘板和腹板，由于受到板材的规格限制，需要进行拼接，拼接的方式如图 18.3-24 所示，图 18.3-24a 所示为拼接翼缘板及拼接腹板的排列方式；图 18.3-24b 所示为具有 T 型钢主梁拼接腹板的排列方式。

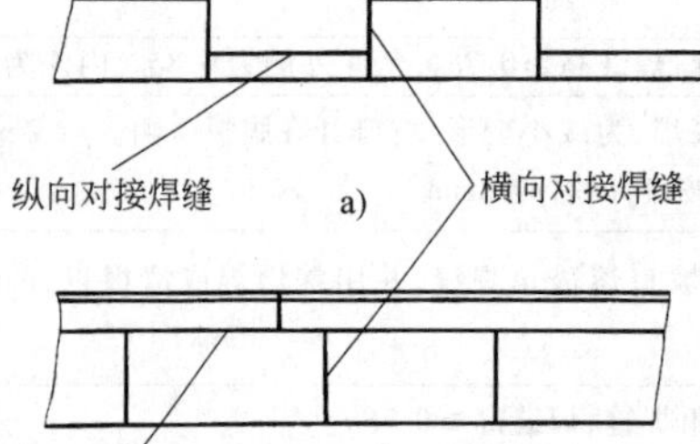

图 18.3-24　拼接翼缘板及拼接腹板的排列方式
a）拼接翼缘板及拼接腹板的排列方式
b）具有 T 型钢主梁的拼接腹板的排列方式

拼接焊缝均采用无盖板的对接焊缝。当板厚>14mm 时，接头坡口采用双面坡口；当板厚≤14mm 时，可不用开坡口，采用双面深熔埋弧焊即可。

对焊缝位置的要求：

① 焊缝位置尽可能放置在内弯矩和剪力较小之处。

② 翼缘板和腹板的对接焊缝不允许位于同一截面上，其间距不小于 200mm。

③ 翼缘板和腹板的横向焊缝还应与横向加强肋及短横向加强肋的焊缝错开，相对于横向加强肋的焊缝错开距离应大于 200mm，相对于短横向加强肋的焊缝应大于 50mm。

3）焊缝的许用应力。焊缝应具有与母材同等的综合力学性能。焊缝的许用应力由焊接条件、焊接方法和焊缝质量分级等因素确定，见表 18.3-24。

（6）通用桥式起重机桥架的技术要求（见表 18.3-25）

表 18.3-24　焊缝的许用应力（摘自 GB/T 3811—2008）

（N/mm^2）

焊缝形式			纵向拉、压许用应力[σ_h]	剪切许用应力[τ_h]
对接焊缝	质量分级	B 级	[σ]	[σ]/$\sqrt{2}$
		C 级		
		D 级	0.8[σ]	0.8[σ]/$\sqrt{2}$
角焊缝	自动焊、焊条电弧焊			[σ]/$\sqrt{2}$

注：1. 焊缝质量分级按 GB/T 19418 的规定。
2. 表中［σ］为母材的基本许用应力：当为载荷组合 A 时，［σ］$=R_{eL}/1.48$；当为载荷组合 B 时，［σ］$=R_{eL}/1.34$；当为载荷组合 C 时，［σ］$=R_{eL}/1.22$。R_{eL} 应根据钢材厚度选取，见 GB/T 700 及 GB/T 1591。
3. 施工条件较差的焊缝或受横向载荷的焊缝，表中焊缝许用应力宜适当降低。

表 18.3-25　通用桥式起重机桥架的技术要求

项　目	技 术 要 求　　项	目 技 术 要 求	
起重机跨度 L 的极限偏差 ΔL	1)对分离式端梁并镗孔直接安装车轮的结构: 当 $L\leqslant 10$m 时,$\Delta L=\pm 2$mm 当 $L>10$m 时, $\Delta L=\pm[2+0.1(L-10)]$ 对单侧装有水平导向轮的起重机,ΔL 可以为上述值的 5 倍。 2)对采用焊接连接的端梁及角形轴承箱装车轮的结构: $\Delta L=\pm 5$mm,且每对车轮跨度相对差不大于 5mm	主梁和端梁焊接连接的桥架对角线差 Δs	$\Delta s=\lvert s_1-s_2\rvert\leqslant 5$mm 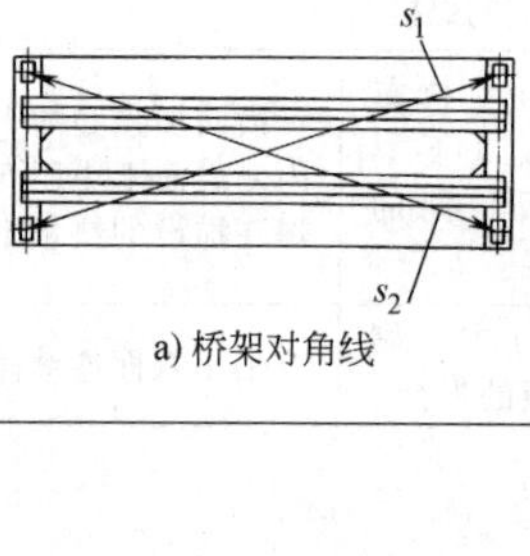 a)桥架对角线

（续）

项　目	技 术 要 求	项　目	技 术 要 求
起重机轮距（B）偏差 ΔB	$\Delta B=\pm(3\sim5)\text{mm}$	小车轨道接头处的安装偏差	1）接头处的偏差 接头处的高低差 d、头部间隙和侧向错位分别为 $d\leqslant 1\text{mm}$、$e\leqslant 2\text{mm}$ 和 $f\leqslant 1\text{mm}$  e) 小车轨道接头处偏差 2）对正轨箱形梁及半偏轨箱形梁，轨道接缝应放在横向加强肋上，公差不大于 15mm 3）两端最短一段轨道长应不小于 1.5m，并在端部加挡铁
小车轮距（b）偏差	$\Delta b=\pm(2\sim3)\text{mm}$	大车轨道的安装偏差	1）大车轨道安装跨度偏差 ΔL 为 $\Delta L=\pm[3+0.25(L-10)]$ 式中　L—跨度（m） 2）大车轨道接头的高低差、侧向错位和接头间隙分别不应大于 1mm、2mm 和 4mm 3）轨道的纵向坡度应不大于 0.1%～0.2%
桥架组装后正轨箱形主梁及半偏轨箱形主梁中心线水平弯曲 f	$f\leqslant s_1/2000$ 式中　s_1—两端始于第一块横向加强肋的实测长度。在离上翼缘板约 100mm 的横向加强肋处测量 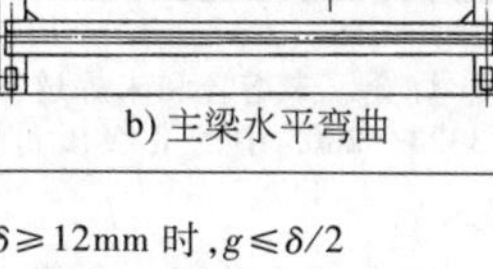 b) 主梁水平弯曲	主梁腹板的局部平面度	以 1m 平尺检测，在离上翼缘板 $H/3$ 以内区域，局部平面度 $\leqslant 0.7\delta$；在其余区域，局部平面度 $\leqslant 1.2\delta$ δ—腹板厚度 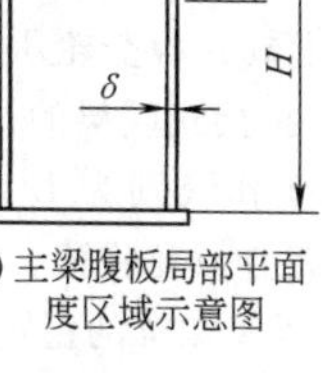 f）主梁腹板局部平面度区域示意图
全偏轨箱形主梁的小车轨道中心线对承轨腹板中心线位置偏移 g	当 $\delta\geqslant 12\text{mm}$ 时，$g\leqslant\delta/2$ 当 $\delta<12\text{mm}$ 时，$g\leqslant 6\text{mm}$ δ—主腹板的厚度 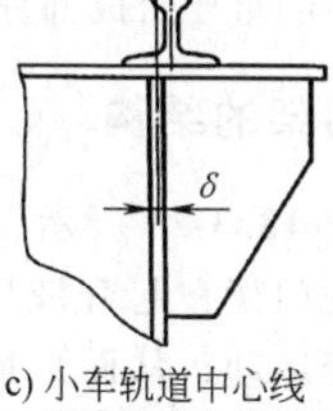 c) 小车轨道中心线对腹板中心线偏移	箱形主梁上翼缘板的水平偏斜 b	$b\leqslant B/200$ 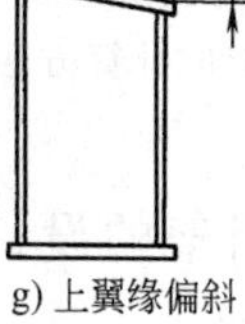 g) 上翼缘偏斜
小车轨距（K）的极限偏差 ΔK	对起重量 $m_0\leqslant 50\text{t}$ 的对称正轨箱形主梁及半偏轨箱形主梁： 在跨端处，$\Delta K\leqslant\pm 2\text{mm}$ 在跨中处，当 $L\leqslant 19.5\text{m}$ 时， $\Delta K\leqslant{}^{+5}_{+1}\text{mm}$； 当 $L>19.5\text{m}$ 时，$\Delta K\leqslant{}^{+7}_{+1}\text{mm}$		
同一截面上小车轨道高低差 Δh	当轨距 $K\leqslant 2\text{m}$ 时，$\Delta h\leqslant 3\text{mm}$ 当 $2\text{m}<K<6.6\text{m}$ 时，$\Delta h\leqslant 0.0015K$ 当 $K\geqslant 6.6\text{m}$ 时，$\Delta h\leqslant 10\text{mm}$ 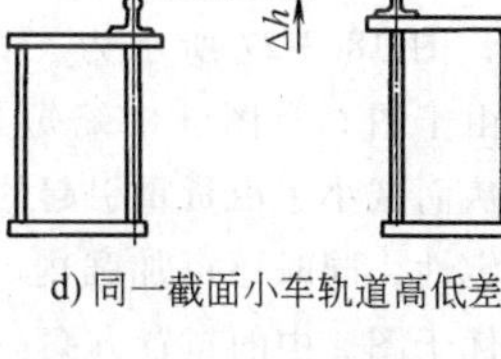 d) 同一截面小车轨道高低差		

（续）

项　　目	技 术 要 求	项　　目	技 术 要 求
箱形主梁腹板的垂直偏斜 h	$h \leqslant H/200$ 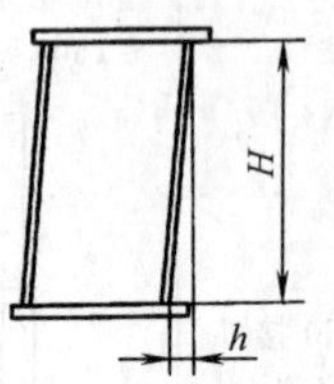 h) 腹板垂直偏斜	横向加强肋的表面粗糙度与几何公差(供参考)	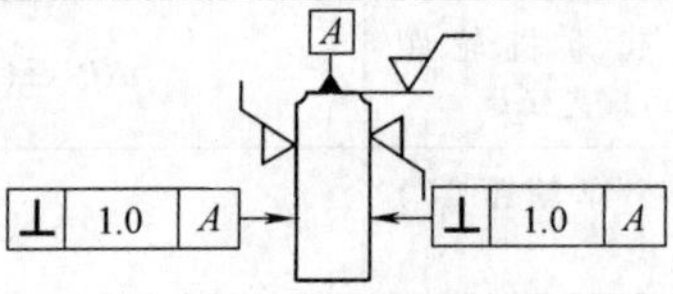 i) 正轨箱形主梁横向加强肋几何公差 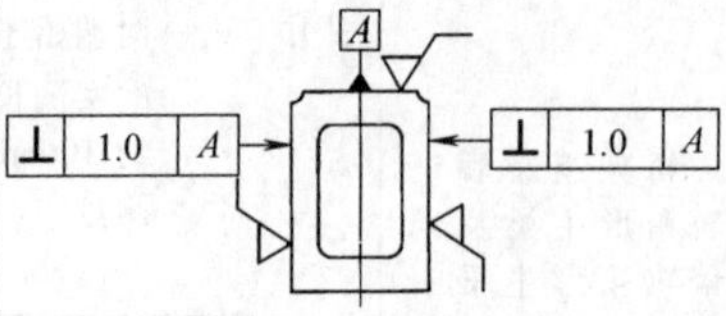 j) 全偏轨箱形主梁横向加强肋几何公差

注：1. 小车轨道的侧向直线度应符合 GB/T 14405—2011 的规定要求。

2. 对焊缝质量的要求：a）焊缝外部检查，焊缝不允许有裂纹、烧穿、未熔合和未焊透和形状缺欠等；b）主梁的翼缘板和腹板的对接焊缝应进行无损探伤，并应符合 GB/T 3323—2005 中的Ⅱ级质量要求；c）焊缝坡口应符合 GB/T 985.1—2008 中的规定。

（7）箱形双梁桥架设计、计算主要内容及步骤

计算的原始数据：主要有起重量、跨度、工作级别、工作温度、起升高度、起升速度；小车的运行速度、质量和轮距；大车运行速度、运行机构的质量、工作条件（如在室内或在室外工作等）以及其他特殊要求。

设计、计算的主要内容及一般步骤：

① 确定主梁及端梁的形式。

② 初步拟定桥架的结构尺寸。主要包括大车轮距、主梁与端梁高度、主梁与端梁的截面尺寸以及其他结构尺寸。

③ 按布肋的一般原则布置加强肋。

④ 绘制桥架的结构简图（参照图 18.3-19 及表 18.3-21 中的简图及截面图）。

⑤ 载荷计算（应考虑冲击系数）。

⑥ 主梁及端梁的强度验算（对于正轨箱形主梁还应验算上翼缘板受轮压引起的双向弯曲作用时的折算应力）；拼接式端梁的拼接计算。

⑦ 对工作级别为 E 级及 E 级以上的桥架的主、端梁进行疲劳强度验算。

⑧ 主梁及端梁的稳定性验算。

⑨ 主、端梁的连接计算。

⑩ 刚度计算。

⑪ 主要焊缝的计算。

⑫ 拱度的确定。

有关桥架的计算方法详见 GB/T 3811—2008 起重机设计规范。

6　叉车门架的设计与计算

在装卸、搬运机械中，叉车得到了广泛的应用。叉车主要由动力装置、起重工作装置和底盘等三大部分所组成，起重工作装置是叉车进行装卸作业的执行机构（见图 18.3-25），其中的内、外门架是起重工作装置中的重要组成部分。

6.1　门架的结构

如图 18.3-25 所示，叉车门架由内、外门架所组成，内门架在起升液压缸的带动下，可在外门架内做升降运动，从而形成可伸缩的结构。内、外门架各有两根立柱，用横梁将立柱连接起来，形成框架式结构。门架一般用型钢焊接而成，如图18.3-26 所示。

（1）内、外门架立柱的截面形状及特性

门架立柱截面形状一般有工字形、槽形、L 形和 J 形等。由于门架立柱是门架的主要承载构件，因此选择合理的截面显得十分重要。表 18.3-26 列出了内、外门架立柱型钢截面特性对比，表 18.3-27 列出了槽形及 J 形截面的有关尺寸。

立柱型钢可采用热轧和热挤压工艺生产，大吨位叉车也可采用钢板焊接。

（2）内、外门架立柱截面组合形式及布置

内、外门架立柱截面组合形式有重叠式、并列式及综合式三种，组合形式的优缺点比较见表 18.3-28。

在门架的结构设计中，还要考虑叉车总体布局的需要，图 18.3-27 所示为三种三级门架截面布置方案，由于图 b 及图 c 中缩短了叉架至前桥的中心距离，从而减小了由货重引起的倾覆力矩，增加了叉车的稳定性，同时还可加强内、中门架的强度和刚度，因而优于图 a 中的布置方案。

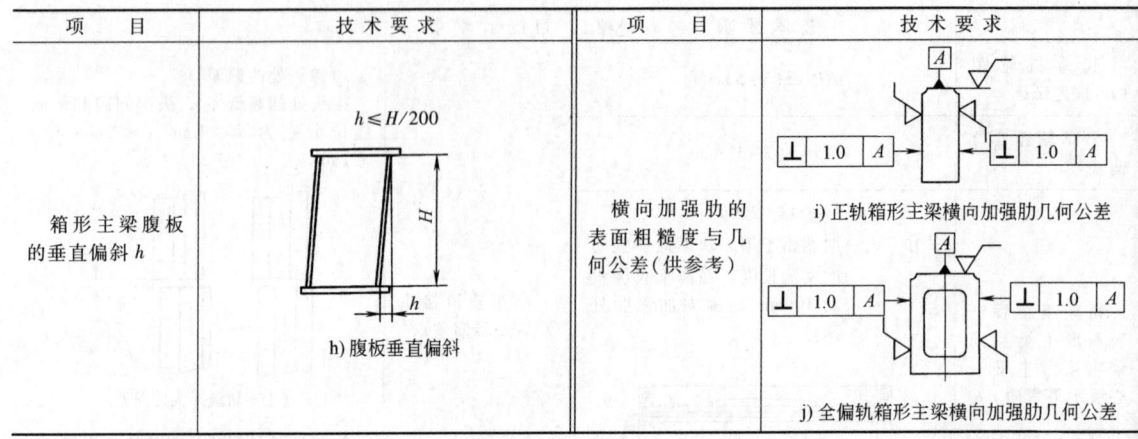

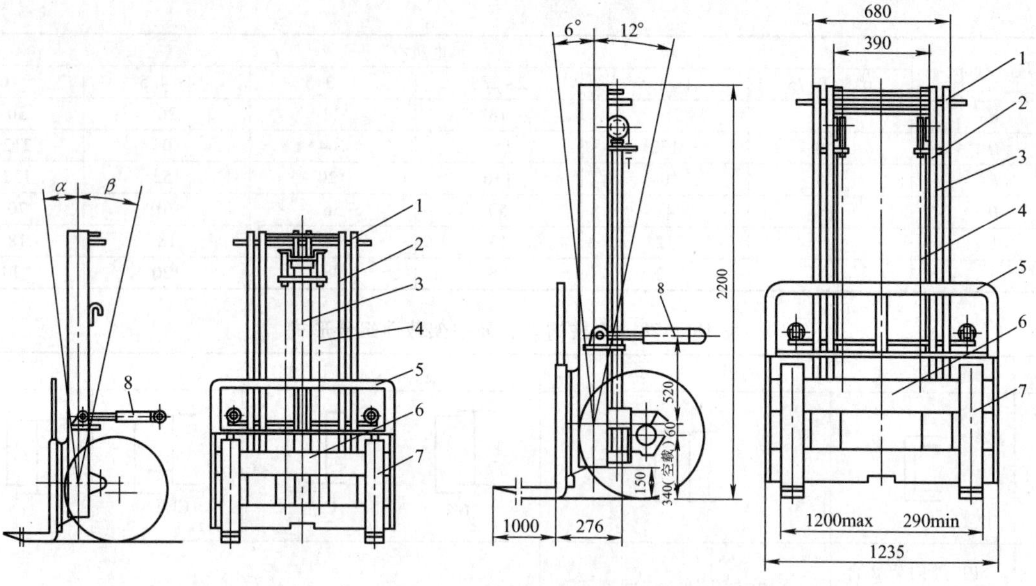

a)　　　　　　b)

图 18.3-25　叉车的起重工作装置

a）普通型　b）宽视野型

1—外门架　2—内门架　3—起升液压缸　4—链条　5—挡货架　6—货叉架　7—货叉　8—倾斜液压缸

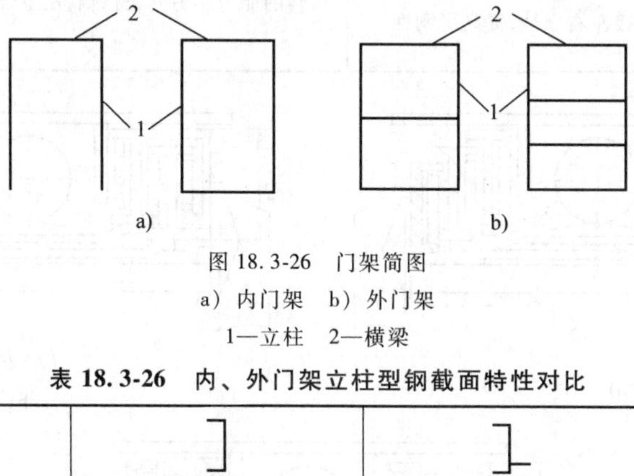

a)　　　　　　b)

图 18.3-26　门架简图

a）内门架　b）外门架

1—立柱　2—横梁

表 18.3-26　内、外门架立柱型钢截面特性对比

立柱型钢截面	工字形	槽形	L形	J形
截面特性	抗弯、抗扭截面特性较好，工字形与 J 形相比，左下方多一条，因而质量较大	抗弯、抗扭截面特性较差，仅适用于叉车外门架立柱截面，可在外门架的上、中、下部位焊上加强横梁，使其整体强度、刚度得到提高	抗弯、抗扭截面特性比槽形截面好。滚轮压力作用点与槽形截面相比更接近截面弯曲中心 采用热挤压工艺成形	截面的抗弯、抗扭特性比槽形和 L 形都好。滚轮压力接近截面弯曲中心 采用热轧工艺成形，生产成本低

表 18.3-27　槽形及 J 形截面的有关尺寸

（续）

尺寸/mm	起重量/t					
	0.5~0.75	1~1.5	2~2.5	3~3.5	4~4.5	5~6
d	11	14	18	22	26	30
H	100	132	152	164	204	212
h	78	104	116	120	152	152
B	36	42	50	56	70	70
b	9	12	13	15	18	18
c	60	72	88	98	120	120

表 18.3-28　立柱的内、外门架截面组合形式

种类	重叠式	并列式	综合式			
组合形式			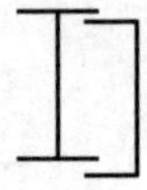 CI形	 CJ形	 CL形	 Ⅱ形
特点	内、外门架叠合在一起，升降时内门架在外门架槽内滑动 视野好，刚性弱，不适用于起重量大的叉车	在内、外门架立柱间安装有滚轮，内门架相对外门架滚动，从而减少了升降时的阻力 内门架立柱截面增大不受外门架的限制。可用横梁来连接左右立柱，提高了刚性	立柱截面综合式组合是最为广泛采用的形式，尤其适合于多级门架 CJ形和CL形组合，其中槽钢为叉车专用厚翼缘薄腹板异型槽钢，而J形和L形截面具有较大的抗纵向和侧向弯曲及约束扭转的能力。另外，材料利用也合理			

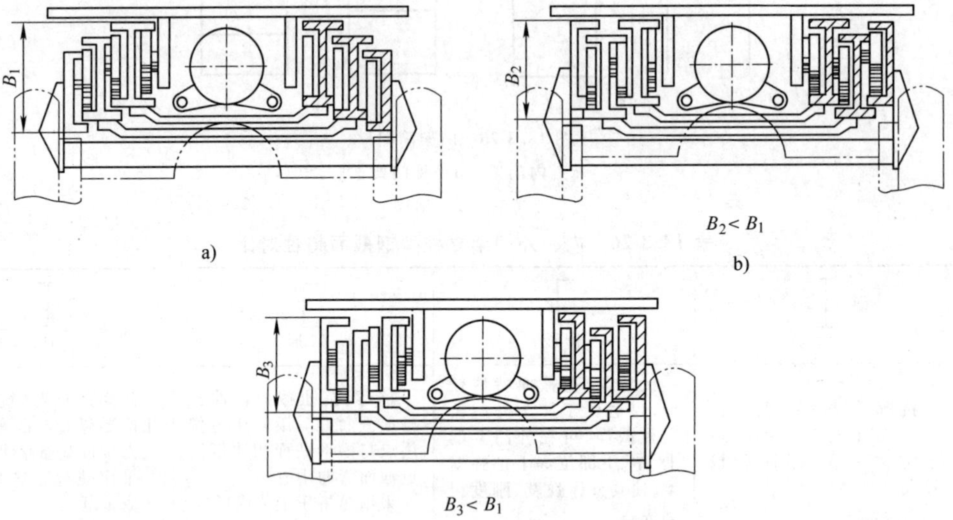

图 18.3-27　三种三级门架截面布置方案

6.2　叉车门架的强度计算

计算假定：不计横梁的影响，不考虑侧向力，左、右立柱在垂直于门架的平面内承受相同的整体弯曲作用。立柱按单根杆件计算。

门架的强度计算：将立柱看成独立的薄壁杆，在垂直门架平面内求其整体弯曲的正应力和翼缘局部弯曲产生的正应力，以及开口薄壁杆件约束扭转产生的正应力，而后验算应力合成的总应力。当滚轮压力较大时，还应计算接触应力。

叉车二级门架的强度计算见表 18.3-29。

表 18.3-29　叉车二级门架的强度计算

(1)主滚轮压力计算

叉架主滚轮压力 F_1 及 F_2

叉架主滚轮压力是叉架的支反力。参照图 a 及图 b,可求得货叉架主滚轮压力 F_1 及 F_2(在图 b 中对起重链条中心线上的 A 点取矩)

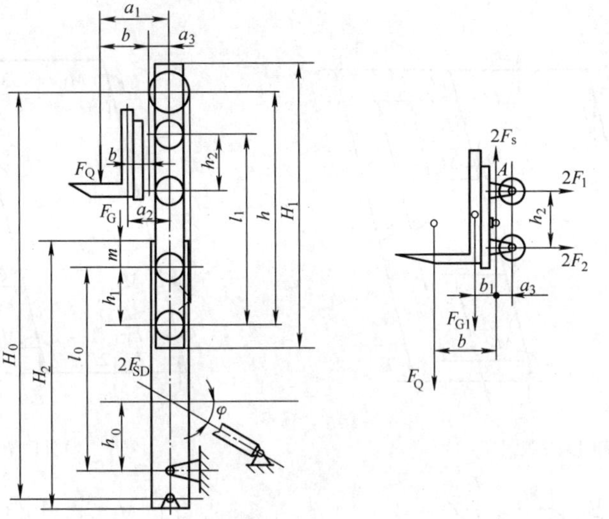

a) 门架计算简图　　b) 叉架主滚轮压力计算简图

$$F_1=F_2=\frac{k}{2h_2}(F_Q b+F_{G1}b_1)$$

式中　F_Q—额定起重量

F_{G1}—货叉及叉架自重

k—偏载系数;$k=1.1\sim1.3$,仅焊接叉架考虑偏载系数,铸造叉架可不考虑

b、b_1—货物重心和叉架重心至起重链条前分支中心线的水平距离

h_2—叉架的上、下主滚轮中心距

门架主滚轮压力 F_3 及 F_4

根据图 a 及图 c,并对图 c 中的 O 点取矩,可求得门架主滚轮压力 F_3

$$F_3=\frac{k}{2h_1}[F_Q a_1+F_{G1}a_2-2F_0(H_0-h)]$$

$$\text{则 } F_4=F_3-\frac{2F_0}{2}=\frac{k}{2h_1}[F_Q a_1+F_{G1}a_2-2F_0(H_0-h+h_1)]$$

式中　$2F_0$—当链条一端固定在起升液压缸筒上时产生的横向力。$2F_0$ 通过横梁的作用传到左、右立柱上(见图 d)。当链条改为固定在外门架横梁上时,则 $2F_0=0$

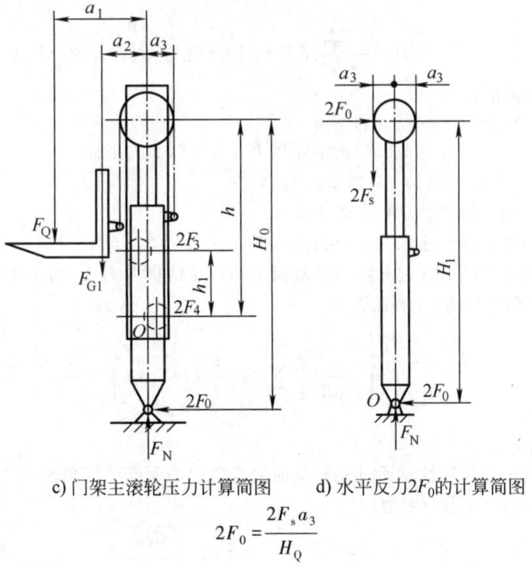

c) 门架主滚轮压力计算简图　　d) 水平反力$2F_0$的计算简图

$$2F_0=\frac{2F_s a_3}{H_Q}$$

式中　F_s—链条拉力

（续）

（2）门架内力及强度计算

内、外门架受载图分别如图 e 及图 f 所示。图 g 和图 h 所示分别为内、外门架主柱的计算简图和双力矩图（图中弯矩图被省略）

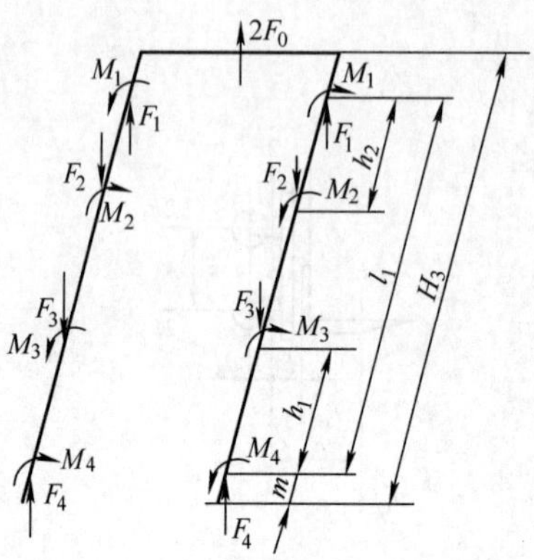

e) 内门架受载图

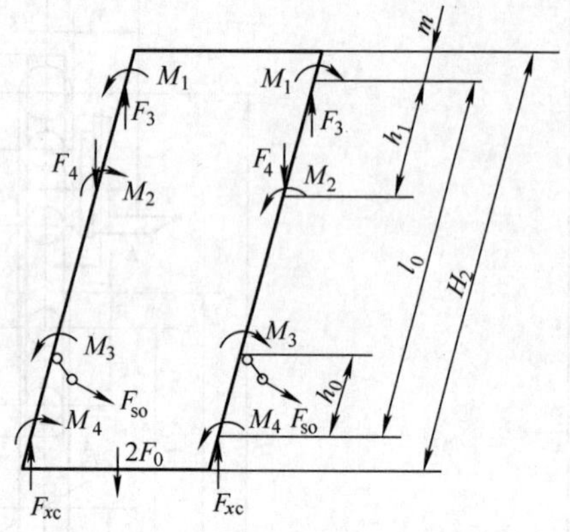

f) 外门架受载图

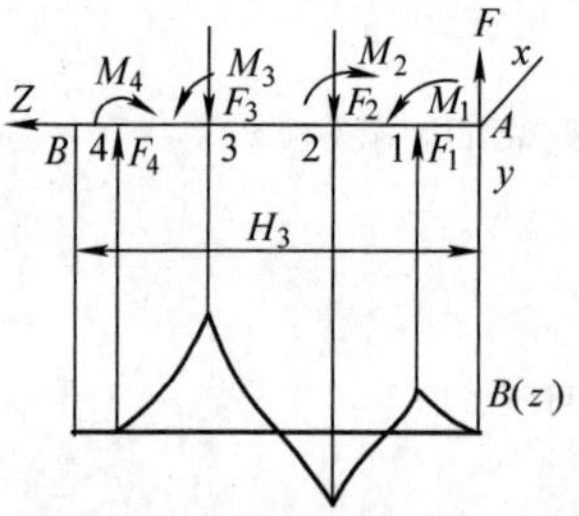

g) 内门架立柱的计算简图及双力矩图

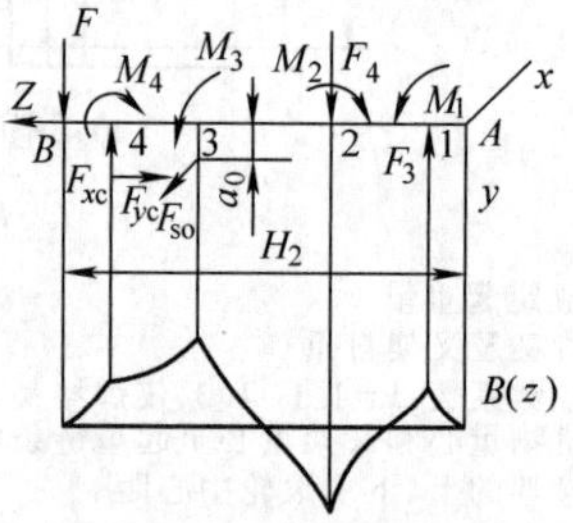

h) 外门架立柱的计算简图及双力矩图

门架立柱截面上的整体弯矩 $M(z)$ 及双力矩 $B(z)$ 计算

1）垂直于门架平面内的立柱弯矩计算式

门架立柱上 1、2、3、4 各点在垂直于门架平面的弯矩为

① 内门架

$$M(z)=F_o z+\sum_{i=1}^{4}F_i(z-z_i)\delta_i$$

② 外门架

$$M(z)=\sum_{i=1}^{4}F_i(z-z_i)\delta_i+F_{so}\cos\varphi(z-z_3)\delta_3-F_{xc}(z-z_4)\delta_4$$

式中 $M(z)$—Z 截面的弯矩

z—计算截面至坐标原点的距离

F_i、z_i—对应于每一计算截面的主滚轮压力及在 z 轴上的坐标

δ_i—系数，当 $z>z_i$ 时，$\delta=1$；当 $z<z_i$ 时，$\delta=0$

F_{so}—门架倾斜液压缸总轴力的 1/2

F_{xc}—外门架下部支座水平总分力的 1/2

F_o—由于链条固定在起升液压缸缸筒上而产生的横向力 $2F$ 的 1/2

2）立柱截面上的双力矩 $B(z)$ 的计算式

$$B(z)=\frac{M_i l}{K}\left\{\frac{Sh\dfrac{Kz}{l}}{ShK}\left[\sum_{i=1}^{4}Sh\frac{K}{l}(l-Z_1)\delta_i\right]-\sum_{i=1}^{4}Sh\frac{K}{l}(Z-Z_i)\delta_i\right\}$$

式中 l—立柱长度

Sh—双曲线正弦值

M_i—主滚轮的压力作用线不通过立柱截面的弯曲中心而产生的扭矩

K—立柱截面的约束扭转特性

$$K=l\sqrt{\frac{GJ_K}{E_1 J_\omega}}$$

（续）

(2)门架内力及强度计算	
门架立柱截面上的整体弯矩 $M(z)$ 及双力矩 $B(z)$ 计算	式中　G—材料的切变模量 E_1—换算弹性模量，$E_1\approx E$ E—材料的弹性模量 J_K—纯抗扭截面二次矩① J_ω—扇性截面二次矩① $$M_i=F_ir$$ 位于内、门架立柱上 1、2、3、4 点处的扭矩分别是：$M_1=F_1r_1$、$M_2=F_2r_1$、$M_3=F_3r_2$、$M_4=F_4r_2$ 位于外、门架立柱上 1、2、3、4 点处的扭矩分别是：$M_1=F_3r_1'$、$M_2=F_4r_1'$、$M_3=F_{so}\cos\varphi r_o$、$M_4=F_{xc}r_c$ 式中　r_1、r_2、r_1'、r_o、r_c—各个作用力与立柱截面弯曲中心的距离 F_{xc}—外门架下部支座水平总分力的 1/2 F_{so}—门架倾斜液压缸总轴力的 1/2
计算整体弯曲应力 σ_w 及约束扭转正应力 σ_ω	① 内、外门架立柱整体弯曲应力 σ_w $$\sigma_w=\frac{M}{W_x}$$ 式中　M—危险截面的弯矩 W_x—对 x 轴的抗弯截面系数 ② 约束扭转正应力 σ_ω $$\sigma_\omega=\frac{B\omega}{J_\omega}$$ 式中　B—危险截面的双力矩 ω—扇性坐标① J_ω—扇性截面二次矩①
局部弯曲应力 σ_x 及 σ_z	局部弯曲应力指在滚轮压力下，立柱翼缘局部弯曲而产生的应力。其计算公式为 ① 翼缘根部的横向局部应力 σ_x（垂直于腹板方向） $$\sigma_x=\pm(1.8\sim2)\frac{F}{t^2}$$ 式中　F—滚轮正压力 t—翼缘厚度 ② 滚轮压力作用处翼缘纵向局部应力 σ_z（平行于立柱轴线） $$\sigma_z=\pm(1\sim1.3)\frac{F}{t^2}$$ 式中　F—滚轮正压力 t—翼缘厚度
计算当量应力及强度条件	按第四强度理论计算当量应力，有 $$\sigma_{当量}=\sqrt{(\sigma_w+\sigma_\omega+\sigma_z)^2+\sigma_x^2-\sigma_x(\sigma_w+\sigma_\omega+\sigma_z)}\leqslant\frac{\sigma_s}{n}$$ 式中　σ_s—立柱材料的屈服极限 n—安全系数，推荐 $n=1.5$
校核滚轮与踏面的接触应力 σ	为防止过大的滚轮压力造成门架踏面严重磨损，对于滚轮压力较大的门架应校核其接触应力 $$\sigma=0.418\sqrt{\frac{FE}{br}}\leqslant[\sigma]=(20\sim50)\text{HBW}^{②}$$ 式中　F—滚轮正压力 r—滚轮半径 b—滚轮宽度 E—弹性模量

注：关于门架的强度计算，目前没有一个较为统一的计算方法。

① 常见型钢的截面扇性几何性质，可从材料力学手册等有关文献中查到。

② HBW 为布氏硬度值。

第4章　箱体的结构设计与计算

1　概述

箱体是支承和容纳机器内各种运动零件的重要零件，它使箱体内的零件不受外界环境的影响，保护机器操作者的人身安全，并有一定的隔振、隔热和隔声作用。通常，箱体多为矩形截面的六面体。

1.1　箱体的分类

按箱体的功能可分为：

1）传动箱体。如减速器、汽车变速器及机床主轴的箱体，主要功能是支承各传动件及其零件，这类箱体要求有密封性、强度和刚度。

2）泵体和阀体。如齿轮泵的泵体、各种液压阀的阀体，主要功能是改变液体流动方向、流量大小或改变液体压力。这类箱体除有对前一类箱体的要求外，还要求能承受箱体内液体的压力。

3）发动机缸体。如柴油机等的缸体，主要功能是保证内燃机的正常工作，除有前一类箱体的要求以外，还要求有一定的耐高温性能。

4）支架箱体。如机床的支座、立柱等箱体形零件，要求有一定的强度、刚度和精度，这类箱体设计时要特别注意刚度和处理造型。

按箱体的制造方法分类，主要有：

1）铸造箱体。常用材料是铸铁、有时也用铸钢、铸造铝合金和铸造铜合金等。铸铁箱体的特点是结构形状可以较复杂，有较好的吸振性和机加工性能，常用于成批生产的中小型箱体。

2）焊接箱体。由钢板、型钢或铸钢件焊接而成，结构要求较简单，生产周期较短。焊接箱体适用于单件小批量生产，尤其是大件箱体，采用焊接件可大大降低制造成本。

3）其他箱体。如冲压和注塑箱体，适用于大批量生产的小型、轻载和结构形状简单的箱体。

1.2　箱体的设计要求

设计箱体首先要考虑箱体内零件的布置及与箱体外部零件的关系。例如，车床主轴箱要按箱内传动轴与齿轮，以及所加工零件的最大设计尺寸来确定箱体的形状和尺寸。箱体的主要设计要求如下：

1）满足强度和刚度要求。对于受力很大的箱体，满足强度要求是一个基本条件，箱体强度应根据工作过程中的最大载荷验算其静强度，对承受变载荷的箱体还应验算其疲劳强度。但是，对于大多数的箱体，尤其是各类传动箱和变速器箱体，评定性能的主要指标还是箱体的刚度，如车床主轴箱箱体的刚度，不仅会影响箱体内齿轮、轴承等零件的正常工作，还会影响机床的加工精度。

2）有良好的抗振性能和阻尼性能，即对箱体的动刚度要求。机床主轴箱体的动刚度同样会影响箱体内零件的正常工作和机床的加工精度。

3）散热性能和热变形问题。箱体内零件摩擦发热使润滑油黏度变化，影响其润滑性能；温度升高使箱体产生热变形，尤其是温度不均匀分布产生的热变形和热应力，对箱体的精度和强度都有很大影响。

4）稳定性好。对于面积较大而壁又很薄的箱体，应考虑其失稳问题。

5）结构设计应合理。如支点安排、肋的布置、开孔位置和连接结构的设计等，均要有利于提高箱体的强度和刚度。

6）工艺性好。包括毛坯制造、机械加工及热处理、装配调整、安装固定、吊装运输和维护修理等各个方面的工艺性。

7）造型好。符合实用、经济和美观三项基本原则。

8）质量小。箱体质量在整机中常占较大比例，所以减小箱体质量对减小机器质量有相当大的作用。

不同的箱体对以上要求可能有所侧重。

2　齿轮传动箱体的设计与计算

2.1　概述

齿轮传动箱体，如减速器、汽车及拖拉机中的变速器、金属切削机床中的主轴箱、进给箱等，其功能是支承和包容各种传动机构，如齿轮、轴、轴承以及变速器中的操纵机构等。箱体还有密封、防尘、隔热和隔声，以及储油润滑各运动件和保护人身安全等作用。

箱体通常为矩形截面六面体。齿轮减速器箱体

(见图 18.4-1）采用剖分式，且一般只采用一个剖分面；对于大型减速器箱体，考虑到制造、安装和运输方便等因素，可采用两个剖分面。变速器箱体为整体式，不设剖分面，如机床主轴箱箱体（见图 18.4-2)，在主轴箱内常设有内支承壁，以支承传动轴和主轴，同时也增加了整体刚度。

箱体是薄壁构件，为了提高箱壁支承处的局部刚度，在轴承座处加肋；箱体上的孔会使箱体刚度降低，在开孔处加凸台，可减少孔对刚度的影响。箱体可铸造或压铸，也可焊接而成。

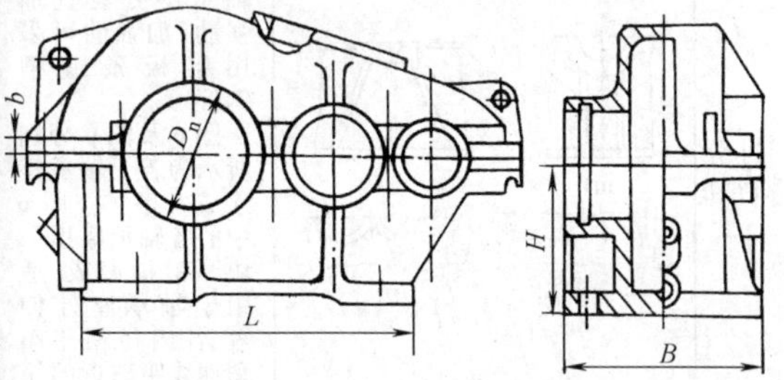

图 18.4-1　齿轮减速器箱体

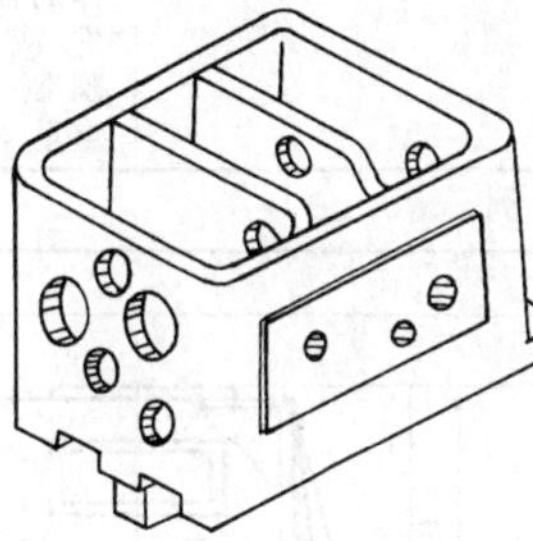

图 18.4-2　机床主轴箱箱体

箱体的载荷是通过轴和轴承传递给轴承座和箱壁的，运转时必须保持传动轴、轴承的相对位置精确，以保证传动件的正常啮合，故一般情况下箱体按刚度设计。

箱体主要由外墙、内支承墙（或内支承)、轴承座、凸台、法兰及肋等构件所组成。

2.2　焊接箱体设计

焊接箱体一般用低碳钢（如 Q235A）焊成，根据结构和承载的需要，轴承座的材料也可用铸钢，如 ZG 270-500 钢等。

箱体的角焊缝的焊脚尺寸可取壁板厚度的 1/3～1/2。焊缝要求密封，箱体应进行渗漏检查。焊后还须做消除内应力处理。

箱体设计中首先是确定箱壁厚度，其中关键是定出主要承载墙的厚度，以此作为箱体壁厚的参考值。用常规计算来确定壁厚时，通常需要将箱体简化，然后按工程力学的一般方法进行计算。当由铸造箱体改为焊接箱体时，则可用等价截面法求得焊接箱体的壁厚。

轴承座是焊接箱体的主要构件之一，其形式及使用条件见表 18.4-1。

齿轮传动箱体的焊接结构示例见表 18.4-2。

表 18.4-1　轴承座的形式及使用条件

形　式	简　图	使用条件及特点	形　式	简　图	使用条件及特点
一般形式的轴承座	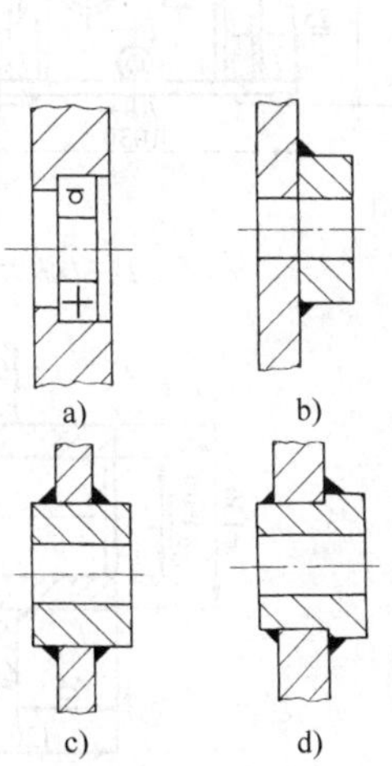	图 a 所示为箱壁厚度较大时采用,但开孔过大会降低箱体刚度 图 b 所示为在箱壁上焊一套环以增加轴承座的厚度,在受力不大、孔径较小时采用 图 c 所示为将轴承插入箱壁,形成轴承座,在其内、外侧均用角焊缝焊接,轴承座具有较大的强度和抗弯刚度 图 d 所示为采用台肩式,焊接时对中准确,但加工量较大	与侧壁表面平齐的整体轴承座	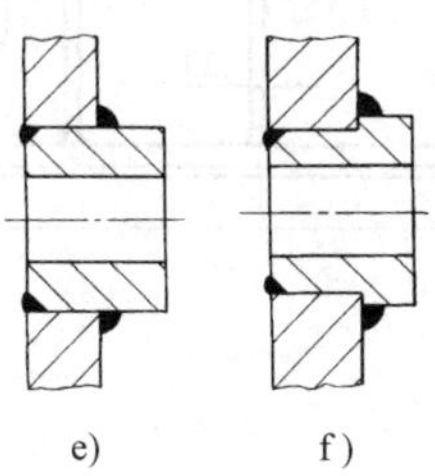	图 e 及图 f 所示为在轴承座上开焊接坡口
				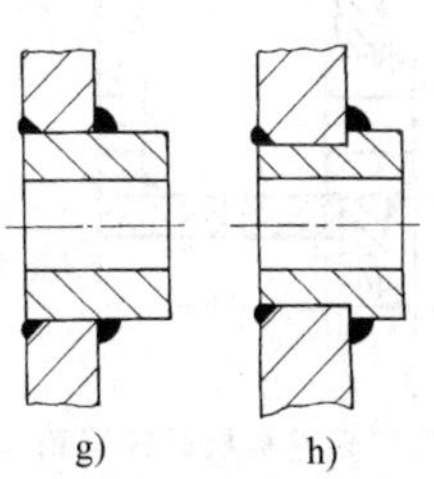	图 g 及图 h 所示为在箱壁上开焊接坡口

（续）

形 式	简 图	使用条件及特点	形 式	简 图	使用条件及特点
双层箱体壁轴承座	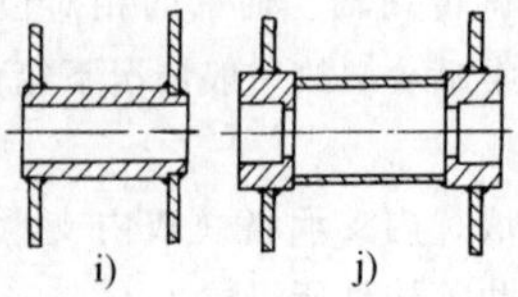 i) j)	刚性大，能承受较大的载荷，图 i 所示为两壁板的距离较小时用，图 j 所示为壁板间距较大时用	剖分式轴承座	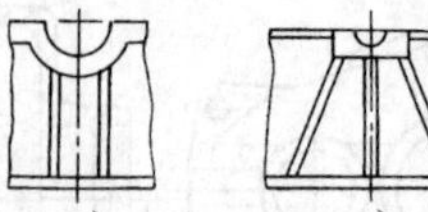 m) n) 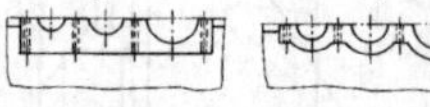 o) p)	图 m 及图 n 所示为由厚钢板气割而成，也可采用锻件，用于重型轴承。当轴承座内部结构复杂，则用铸钢件制成 为增加刚度，在轴承座处设置加强肋，加强肋可采用钢板条或槽钢等 图 o 及图 p 分别所示为若干轴承座连成一整体。图 o 中的各轴承座用一块厚钢板做成，适用于轴承座外伸短、各内径相差小和轴线距离近的箱体。质量较大，但制造工艺大为简化。图 p 中连成一体的轴承座为铸钢件，或是厚钢板气割制品，可减轻重量
剖分式轴承座	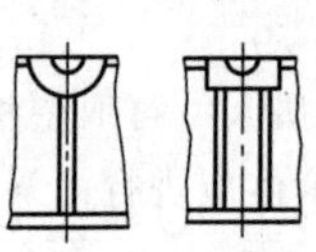 k) l)	图 k 所示为由半个钢管或用弯板制成，用于较小的轴承 图 l 所示为由实心矩形毛坯做成，用于大型轴承			

表 18.4-2 齿轮传动箱体焊接结构示例

箱体形式		图例和说明
齿轮减速器箱体	单壁板剖分式箱体	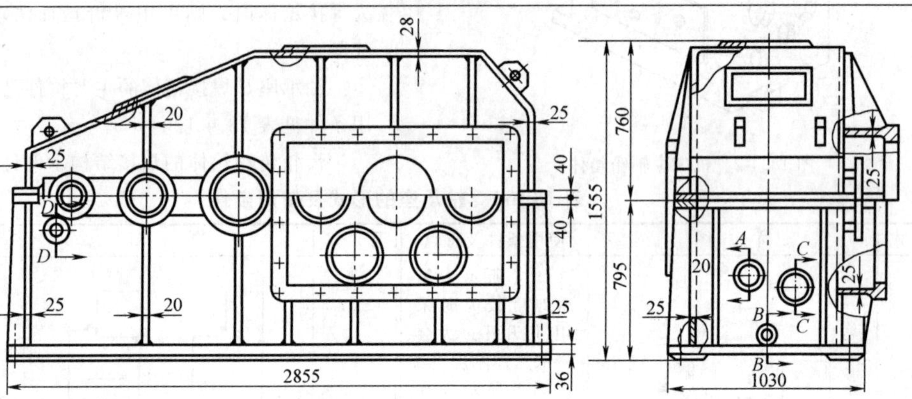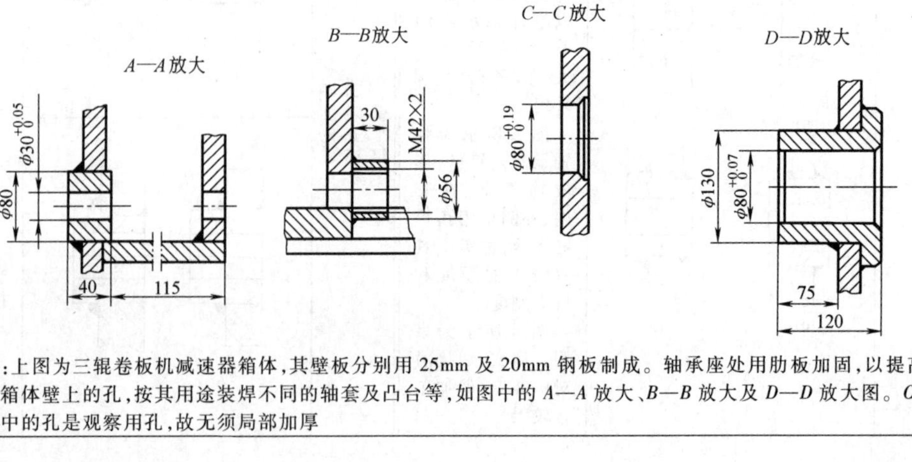说明：上图为三辊卷板机减速器箱体，其壁板分别用 25mm 及 20mm 钢板制成。轴承座处用肋板加固，以提高其刚度。箱体壁上的孔，按其用途装焊不同的轴套及凸台等，如图中的 A—A 放大、B—B 放大及 D—D 放大图。C—C 放大图中的孔是观察用孔，故无须局部加厚

（续）

箱体形式		图例和说明
齿轮减速器箱体	双壁板剖分式箱体	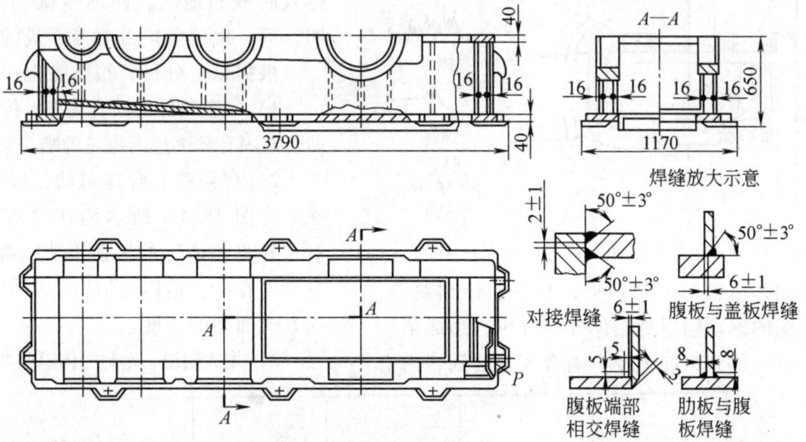 说明：双层壁结构主要用于重型减速器箱体。上图箱座四壁均采用双层壁结构，4 个轴承座铸成一个整体的铸钢件，减少了焊接工作量。在轴承座下方双层壁板间设有肋板，从而使箱体的刚度得到较大的提高
变速器箱体		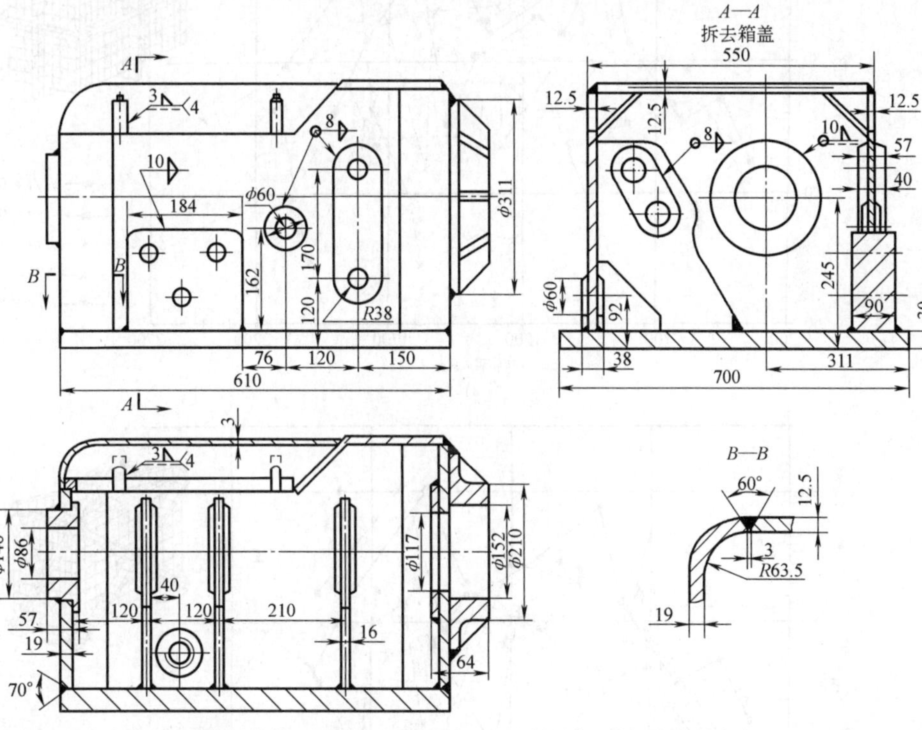 说明：上图为车床主轴箱焊接箱体，该箱体的前、后轴承座为铸钢件，并焊接在厚度为 19mm 的前、后壁板上。为支承各档齿轮轮轴，在主轴箱的底板上焊了 3 个内支承。箱盖用冲压成形板制成。箱体的 4 个拐角制成圆弧形（见 B—B 剖面），外表面焊缝少、造型美观

2.3　齿轮箱体噪声分析与控制

随着齿轮传动箱的功率加大及转速的提高，噪声问题日益突出，因此在设计中如何控制箱体噪声是值得注意的问题。

在齿轮传动箱中，箱体是与空气接触面积最大的振动体，因此它也是噪声的主要辐射体。

箱体的振动主要由传动件激发而引起。图 18.4-3 所示为齿轮传动箱的传声示意图。齿轮啮合区为噪声激励源，它产生的声能量一部分以固体声的形式经由

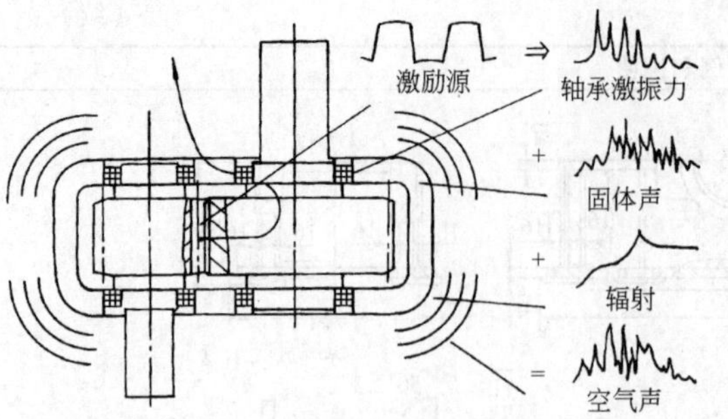

图 18.4-3 齿轮传动箱的传声示意图

齿轮体传到轴，由轴而传到轴承，并一起传到箱壁，最后通过箱壁的振动辐射到箱体外空气中，形成第一次空气声；另一部分声能量经由啮合区发射到箱内空气中传至箱体各壁，使箱壁振动，再辐射到箱体外空气中，形成第二次空气声。此外，还有一部分固体声传入底板和地基，使地基振动发出空气声。实测表明，第一次空气声占总声能量的95%左右。

根据以上分析，箱体噪声控制的方法为：

1）调整箱体的固有频率，控制箱体对激振的响应，即使其固有频率远离齿轮的啮合频率和轴的振动频率。

2）在箱壁上合理布肋，以增加箱体刚度，降低噪声。图 18.4-4 所示为在"理论箱体"上布肋时，对"理论箱体"的辐射声功率级的影响。从图18.4-4中可以看出，箱体的辐射声功率级取决于加强肋的排列方式和肋的高度。

3）增大阻尼、密封箱体以及增加壁厚均可降低噪声。

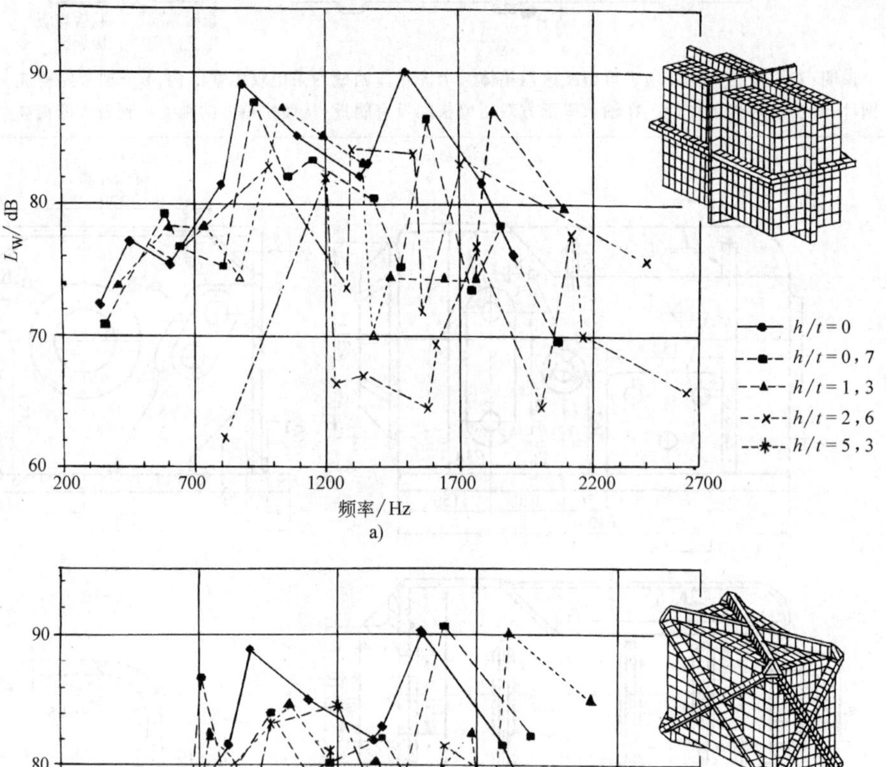

a)

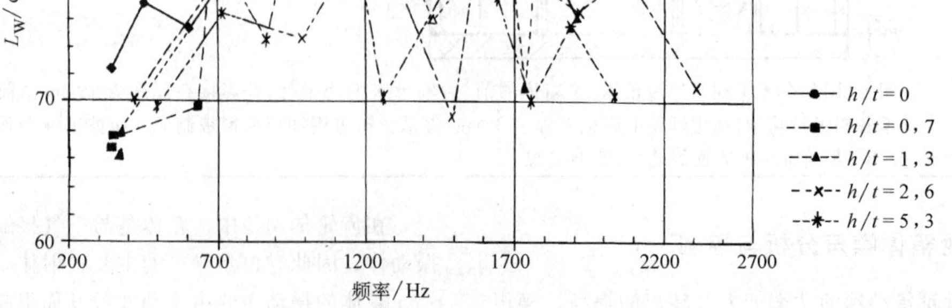

b)

图 18.4-4 肋的排列方式及肋的相对高度对辐射声功率级（L_W）的影响

a）对角肋 b）交叉肋

2.4　按刚度设计圆柱齿轮减速器箱座

按刚度设计箱座，就是根据作用在箱体上的外力和给定的许用刚度值计算出所需的截面二次矩，而后进一步确定截面的几何形状和尺寸，并在此基础上设计出满足要求的箱座。

（1）剖分式齿轮减速器箱座的计算方法及步骤（见表 18.4-3，并参照图 18.4-5）

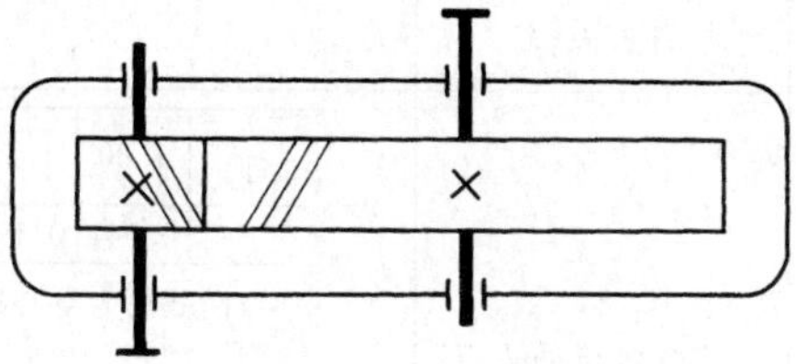

图 18.4-5　单级斜齿圆柱齿轮传动示意图

表 18.4-3　根据许用刚度设计箱座的方法及步骤

计算步骤	计算内容	计 算 公 式
1	计算作用在箱壁上的外力	根据实际条件确定
2	按许用刚度求箱壁横截面二次矩 I_z	见表 18.4-4
3	按许用刚度求箱壁横截面二次矩 I_y	$I_y=\sum_{i=1}^{n}\dfrac{F_{zi}L^2\lambda_1}{\left(\dfrac{f}{L}\right)}$ 式中　F_{zi}—垂直于箱壁垂直面的作用力(N) I_y—所需箱壁横截面绕垂直中性轴的截面二次矩(m^4) n—垂直箱壁平面的作用力个数 L—箱壁长度(m) f—箱壁的许用挠度(m) λ_1—运算符($m^2\cdot N^{-1}$) $\lambda_1=\dfrac{3K-4K^3}{48E}$ 式中　E—弹性模量(Pa) $K=\dfrac{a}{L}$ a—作用力到最近的端部距离(m) 当箱座材料为钢时，λ_1 值可按 K 值，查表 18.4-5 得到 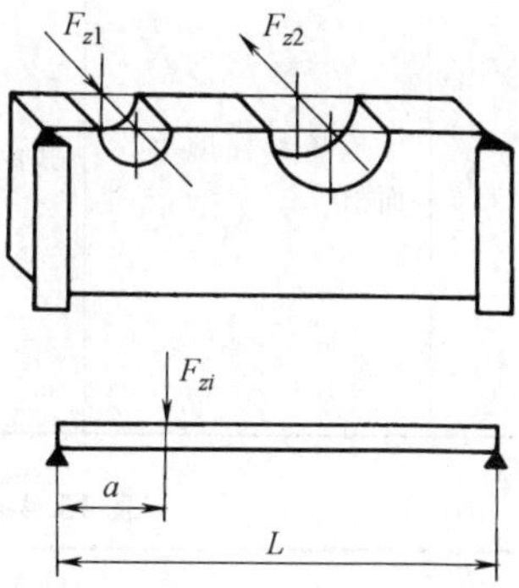
4	按许用扭转变形求箱壁横截面的扭转惯性矩 I_k	$I_k=\dfrac{T_{max}}{G\theta}$ 式中　G—切变模量(Pa) θ—许用单位扭转角(rad/m) T_{max}—截面的最大扭矩(N·m)。从构件各部分扭矩(T_{l_1}、T_{l_2}、T_{l_3}、T_{l_4})中，取其中的最大值，即为 T_{max} 其中 $T_{l_1}=\dfrac{T_1(l_2+l_3+l_4)+T_2(l_3+l_4)+T_3l_4}{L}$ $T_{l_2}=\dfrac{-T_1l_1+T_2(l_3+l_4)+T_3l_4}{L}$ $T_{l_3}=\dfrac{-T_1l_1-T_2(l_1+l_2)+T_3l_4}{L}$ $T_{l_4}=\dfrac{-T_1l_1-T_2(l_1+l_2)-T_3(l_1+l_2+l_3)}{L}$ $T_1=F_{z1}y$　$T_2=F_{z2}y$　$T_3=F_{z3}y$ 式中　F_{z1}、F_{z2}、F_{z3}—垂直于箱壁垂直面的作用力(N) y—F_{z1}、F_{z2}、F_{z3}与箱壁横截面的水平中性轴的距离(m) 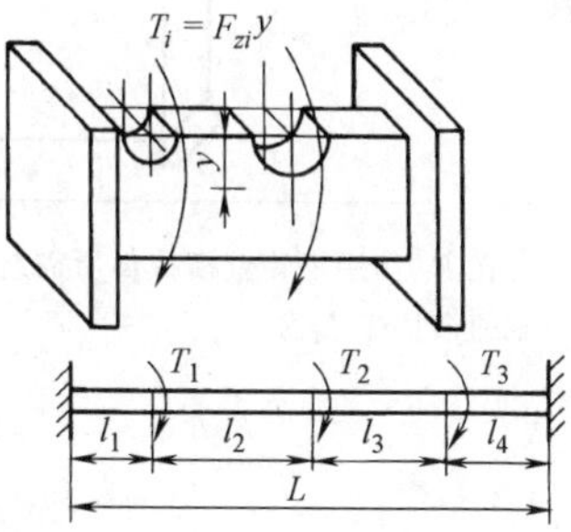
5	按所求得的 I_z、I_y 及 I_k 确定箱壁横截面的尺寸	1）当横截面为矩形时（见图 a） $I_z=\dfrac{bh^3}{12}$ $l_y=\dfrac{hb^3}{12}$ $I_k=\beta hb^3$ 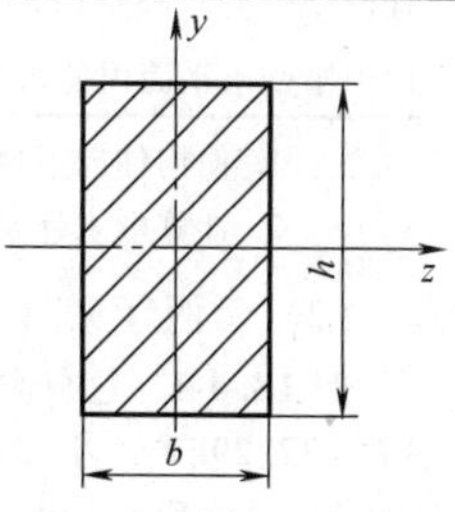 a)

（续）

计算步骤	计算内容	计算公式
5	按所求得的 I_z、I_y 及 I_k 确定箱壁横截面的尺寸	(see tables below)
6	校核箱座的承压面积	轴承下面箱壁截面作为柱杆处理所需支承面积 $A=\dfrac{F_y}{\dfrac{f}{L}E}$ 式中 A—所需支承面积（m^2）；E—弹性模量（Pa）；F_y—载荷（Pa），$F_y=F_w$（齿轮与轴的重力）$+F_t$（圆周力） 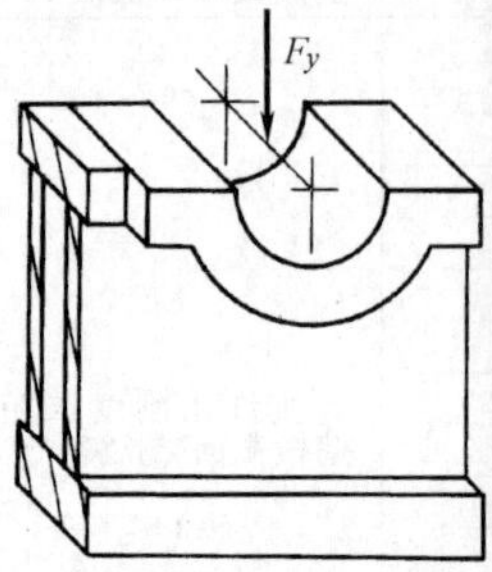

$\dfrac{h}{b}$	1.00	1.50	1.75	2.00	2.50	3.00	4.00	6	8	10	>10
β	0.141	0.196	0.214	0.229	0.249	0.263	0.281	0.299	0.301	0.313	0.333

2）当横截面为空心矩形时（见图 b）

$$I_z=\frac{1}{12}(bh^3-b_1h_1^3)$$

$$I_y=\frac{1}{2}(hb^3-h_1b_1^3)$$

$$I_k=\frac{2tt_1(h-t)^2(b-t_1)^2}{ht+bt_1-t^2-t_1^2}$$

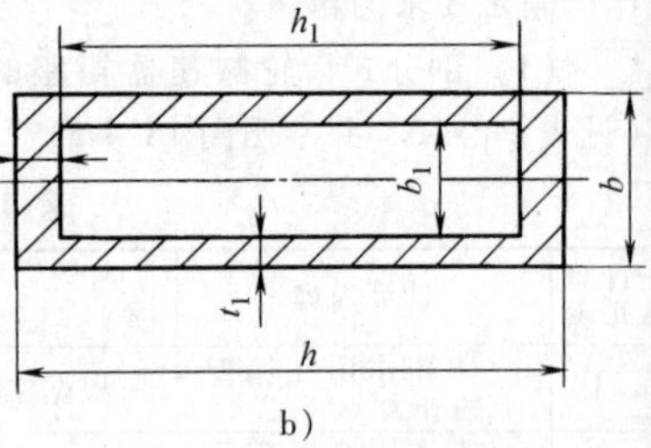

b）

表 18.4-4　位于箱壁垂直平面内的力与力偶作用下所需横截面矩 I_z

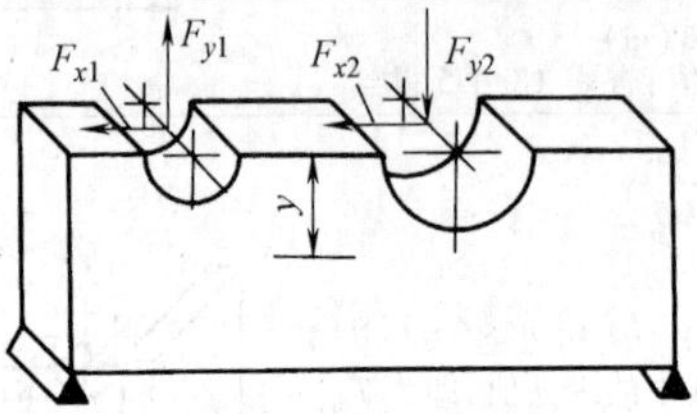

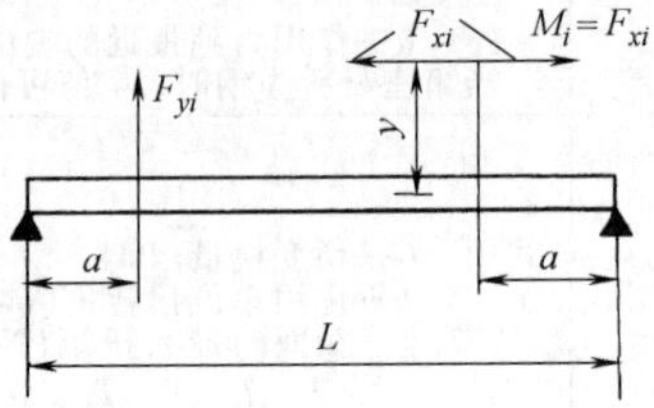

在 F_y 作用下箱壁横截面所需绕水平轴的惯性矩 I_{zi} 为	在 M 力偶作用下箱壁横截面所需绕水平轴的惯性矩 I'_{zi} 为	支承全部力和力偶所需绕水平轴的惯性矩总和 I_z 为
$I_{zi}=\dfrac{F_{yi}L^2\lambda_1}{\dfrac{f}{L}}$	$I'_{zi}=\dfrac{M_iL\lambda_2}{\dfrac{f}{L}}$	$I_z=\sum\limits_{i=1}^{n}I_{zi}+\sum\limits_{i=1}^{n}I'_{zi}$

式中，F_{yi}—作用力（N）；L—箱壁长度（m）；f—箱壁许用挠度（m）；n—作用力的个数，或力偶个数；λ_1—运算符，$\lambda_1=\dfrac{3K-4K^3}{48E}$，当箱壁材料为钢时，$\lambda_1$ 按 K 值从表 18.4-5 查得；λ_2—运算符，$\lambda_2=\dfrac{4K^2-1}{16E}$，当箱壁材料为钢时，$\lambda_2$ 按 K 值从表18.4-5 查得；E—弹性模量（Pa）；$K=\dfrac{a}{L}$，a—载荷（力或力偶）到最近的箱壁端部距离（m）；M_i—力偶（N·m）；$M=F_{xi}y$（N·m）；F_{xi}—位于箱壁水平面内的水平作用力（N）；y—F_x 到箱壁横截面中性轴的距离（m）

注：1. 使构件向下挠曲变形的力或力偶取正值，正力和正力偶用正截面二次矩，否则取负值。

2. 计算中未计及剪切变形，对于重载短件应考虑。

（2）示例（见图 18.4-5、图 18.4-6）

例 18.4-1　已知斜齿轮圆柱齿轮减速器的传递功率 $P=37.29$kW，小齿轮转速 $n_1=1800$r/min（旋转方向见图 18.4-6a），小齿轮节圆直径 $d_1=152.4$mm，小齿轮重 14.5kg，轴的质量为 23.5kg，大齿轮转速 $n_2=450$r/min（旋转方向见图 18.4-6b），大齿轮节圆直径 $d_2=609.6$mm，大齿轮的质量为 232.2kg，轴的质量为 51.7kg，齿轮的压力角 $\alpha=20°$，螺旋角 $\beta=30°$，箱壁的许用单位挠度为 0.00001m/m，许用单位转角为 0.00008rad/m。要求设计该传动用的减速器箱座。

解：设计过程如下：

（1）求作用在箱壁上的外力

1）求齿轮轴的支点反力（见图 18.4-6 及表 18.4-6）。由于后支点的反力较小，故只求前支点反力。

表 18.4-5　λ_1 及 λ_2 值

K	$\lambda_1/10^{-14}m^2 \cdot N^{-1}$	$\lambda_2/10^{-13}m^2 \cdot N^{-1}$	K	$\lambda_1/10^{-14}m^2 \cdot N^{-1}$	$\lambda_2/10^{-13}m^2 \cdot N^{-1}$
0	0	2.975	0.26	7.039	2.171
0.01	0.2975	2.975	0.27	7.255	2.108
0.02	0.5951	2.971	0.28	7.462	2.042
0.03	0.8918	2.965	0.29	7.662	1.972
0.04	1.1874	2.951	0.30	7.875	1.904
0.05	1.482	2.947	0.31	8.044	1.831
0.06	1.777	2.932	0.32	8.222	1.727
0.07	2.069	2.918	0.33	8.394	1.679
0.08	2.361	2.899	0.34	7.145	1.599
0.09	2.649	2.879	0.35	8.715	1.518
0.10	2.937	2.857	0.36	8.862	1.432
0.11	3.364	2.832	0.37	9.001	1.3464
0.12	3.502	2.804	0.38	9.131	1.2714
0.13	3.781	2.774	0.39	9.252	1.1654
0.14	4.067	2.742	0.40	9.365	1.0714
0.15	4.329	2.708	0.41	9.461	0.9149
0.16	4.598	2.671	0.42	9.559	0.8761
0.17	4.349	2.589	0.43	9.642	0.7749
0.18	4.349	2.589	0.44	9.715	0.6714
0.19	5.382	2.547	0.45	9.777	0.5654
0.20	5.634	2.499	0.46	9.828	0.4601
0.21	5.882	2.449	0.47	9.854	0.3464
0.22	6.097	2.399	0.48	9.897	0.2332
0.23	6.361	2.345	0.49	9.914	0.1178
0.24	6.594	2.289	0.50	9.920	0
0.25	6.819	2.232			

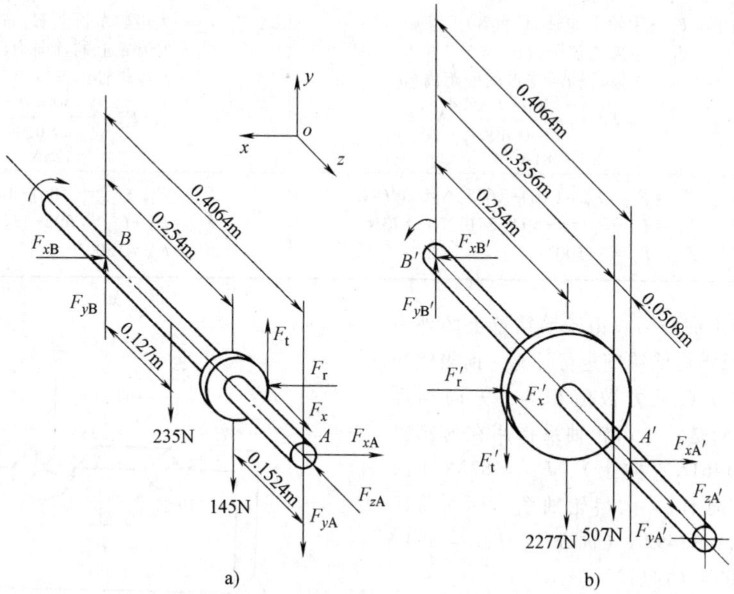

图 18.4-6　大、小齿轮轴上的作用力及支点反力
a）小齿轮轴　b）大齿轮轴
F_t、F_t'；F_r、F_r'；F_x、F_x'—作用在小、大齿轮上的圆周力、径向力和轴向力，A、A'；B、B'—小、大齿轮轴的前、后支点

表 18.4-6　大、小齿轮轴的前支点反力计算

支点反力	小齿轮轴	大齿轮轴
齿轮和轴的重力的垂直反力 F_{yw}、F'_{yw}	$F_{yw}=\dfrac{0.127\times235+0.254\times145}{0.4064}\mathrm{N}=164\mathrm{N}$	$F'_{yw}=\dfrac{0.3556\times507+0.254\times2277}{0.4064}\mathrm{N}=1867\mathrm{N}$
圆周力的垂直反力:F_{yt}、F'_{yt}	$F_t=\dfrac{P}{\dfrac{\pi n_1}{30}\times\dfrac{d_1}{2}}$ 式中　P—传递功率,$P=37.29\mathrm{kW}$ n_1—小齿轮转速,$n_1=1800\mathrm{r/min}$ d_1—小齿轮节圆直径,$d_1=152.4\mathrm{mm}$ F_t—圆周力(N) $F_t=\dfrac{37.29\times10^3}{\dfrac{3.14\times1800}{30}\times\dfrac{0.1524}{2}}\mathrm{N}\approx2600\mathrm{N}$ $F_{yt}=-\dfrac{0.254}{0.4064}\times F_t=-\dfrac{0.254}{0.4064}\times2600\mathrm{N}$ $=-1625\mathrm{N}$	$F'_t=2600\mathrm{N}$ $F'_{yt}=\dfrac{0.254}{0.4064}\times F'_t$ $=\dfrac{0.254}{0.4064}\times2600\mathrm{N}$ $=1625\mathrm{N}$
径向力的水平反力 F_{xr}、F'_{xr}	$F_{xr}=F_{yt}\tan20°$ $=-1625\times0.364\mathrm{N}$ $=-592\mathrm{N}$	$F'_{xr}=592\mathrm{N}$
轴向力的反推力 F_{zx}、F'_{zx}	$F_x=F_t\tan\beta$ 式中　F_x—齿轮上的轴向力(N) F_t—齿轮上的圆周力(N) β—齿轮螺旋角(°) $F_x=2600\times\tan30°\mathrm{N}=2600\times0.577\mathrm{N}$ $\approx1500\mathrm{N}$ $F_{zx}=-F_x=-1500\mathrm{N}$	$F'_{zx}=1500\mathrm{N}$
轴向力的水平反力 F_{xx}、F'_{xx}	$F_{xx}=\dfrac{-F_x\times d_1}{2\times l}$ 式中　F_x—齿轮上的轴向力(N) d_1—小齿轮节圆直径(m) l—小齿轮轴两支点间的距离(m) $F_{xx}=\dfrac{-1500\times0.1524}{2\times0.4064}\mathrm{N}$ $=-281\mathrm{N}$	$F'_{xx}=-\dfrac{F'_x\times d_2}{2\times l}$ 式中　d_2—大齿轮节圆直径(m) F'_x—大齿轮上的轴向力(N) l—大齿轮轴的两支点间的距离(m) $F'_{xx}=-\dfrac{1500\times0.6096}{2\times0.4064}\mathrm{N}$ $=-1125\mathrm{N}$
前支点反力 F_{yA}、F_{xA}、F_{zA} 及 $F_{yA'}$、$F_{xA'}$、$F_{zA'}$	$F_{yA}=F_{yW}+F_{yt}=(164-1625)\mathrm{N}=-1461\mathrm{N}$ $F_{xA}=F_{xr}+F_{xx}=(-592-281)\mathrm{N}=-873\mathrm{N}$ $F_{zA}=F_{zx}=-1500\mathrm{N}$	$F'_{yA}=F'_{yW}+F'_{yt}=(1867+1625)\mathrm{N}=3492\mathrm{N}$ $F'_{xA}=F'_{xr}+F'_{xx}=(592-1125)\mathrm{N}=-533\mathrm{N}$ $F'_{zA}=F'_{xx}=1500\mathrm{N}$

2）作用在箱壁上的外力。由于前箱壁上的外力大于后箱壁，因此只需对前箱壁进行计算。前箱壁的外力与齿轮轴的前支点反力数值相等、方向相反（见图 18.4-7）。它们是：小齿轮轴系作用在前箱壁上的力，即 $F_{yA}=1461\mathrm{N}$（向上）、$F_{xA}=873\mathrm{N}$（向左）、$F_{zA}=1500\mathrm{N}$（向前）；大齿轮轴系作用在前箱壁上的力，即 $F'_{yA'}=-3492\mathrm{N}$（向下）、$F'_{xA'}=533\mathrm{N}$（向左）、$F'_{zA'}=-1500\mathrm{N}$（向后）。

（2）求前箱壁所需截面二次矩 I_z

已知：作用外力，前箱壁的长度 L、许用单位挠度 f/L 及作用力至最近的支点的距离（见图 18.4-8）。

首先根据 K 值（$K=a/L$），从表 18.4-5 查得 λ_1 及 λ_2 值，然后利用表 18.4-4 中的公式计算 I_z 值（见表 18.4-7）。

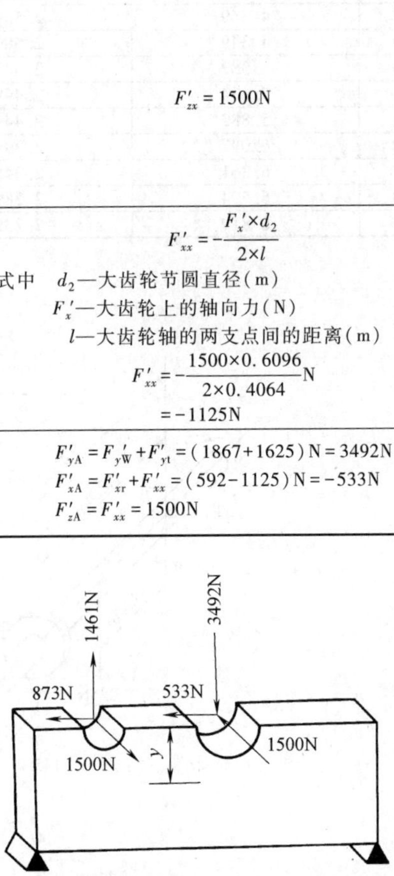

图 18.4-7　作用在前箱壁上的外力

表 18.4-7　前箱壁所需截面二次矩 I_z

作用力 F 或 M	外力至端部距离 a/m	箱壁长度 L/m	系　数 $K=a/L$	运算符 $\lambda_1/\mathrm{m^2 \cdot N^{-1}}$	运算符 $\lambda_2/\mathrm{m^2 \cdot N^{-1}}$	单位许用挠度 $\frac{f}{L}$/(m/m)
1461N	0.254	1.016	0.25	6.820×10^{-14}	—	0.00001
-3492N	0.381	1.016	0.375	9.068×10^{-14}	—	0.00001
873×0.2032N·m = 177.4N·m	0.254	1.016	0.25	—	2.232×10^{-13}	0.00001
533×0.2032N·m = 108.3N·m	0.381	1.016	0.375	—	1.309×10^{-13}	0.00001

作用力 F 或 M	$I_{zi}=\dfrac{F_{yi}L^2\lambda_1}{\frac{f}{L}}$	$I'_{zi}=\dfrac{M_i L\lambda_2}{\frac{f}{L}}$	$I_z=\sum_{i=1}^{n} I_{zi}+\sum_{i=1}^{n} I'_{zi}$
1461N	$I_{z1}=\dfrac{1461\times1.016^2\times6.82\times10^{-14}}{0.00001}\mathrm{m^4}$ $=10285\times10^{-9}\mathrm{m^4}$	—	-16939×10^{-9}
-3492N	$I_{z2}=\dfrac{-3492\times1.016^2\times9.068\times10^{-14}}{0.00001}\mathrm{m^4}$ $=-32687\times10^{-9}\mathrm{m^4}$	—	
873×0.2032N·m = 177.4N·m	—	$I'_{z1}=\dfrac{177.4\times1.016\times2.232\times10^{-13}}{0.00001}\mathrm{m^4}$ $=4023\times10^{-9}\mathrm{m^4}$	
533×0.2032N·m = 108.3N·m	—	$I'_{z2}=\dfrac{108.3\times1.016\times1.309\times10^{-13}}{0.00001}\mathrm{m^4}$ $=1440\times10^{-9}\mathrm{m^4}$	

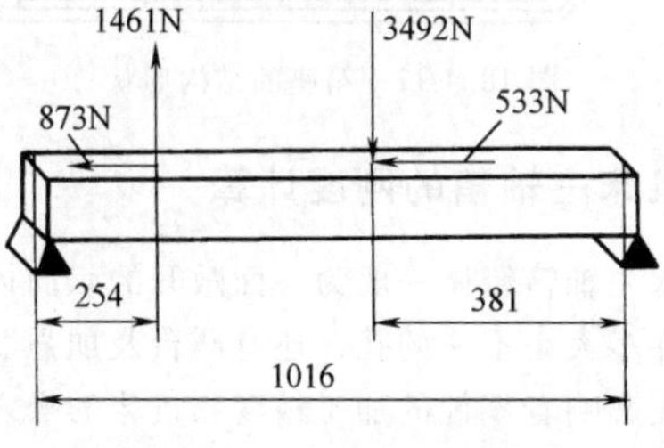

图 18.4-8　前箱壁上的垂直作用力及水平作用力

(3) 求前箱壁的横截面二次矩 I_y（见表 18.4-8 及图 18.4-9)

由于最差条件是一根轴引起的轴向推力，因此根据表 18.4-8，取 $I_y=14041\times10^{-9}\mathrm{m^4}$。

(4) 求前箱壁横截面的扭转惯性矩 I_k

已知：扭矩 $T_1=-T_2=304.8\mathrm{N\cdot m}$；切变模量 $G=8.1\times10^{10}\mathrm{Pa}$；许用单位转角 $\theta=0.00008\mathrm{rad/m}$；$L=1016\mathrm{mm}$；$l_1=254\mathrm{mm}$；$l_2=381\mathrm{mm}$；$l_3=381\mathrm{mm}$；(见图 18.4-10)。

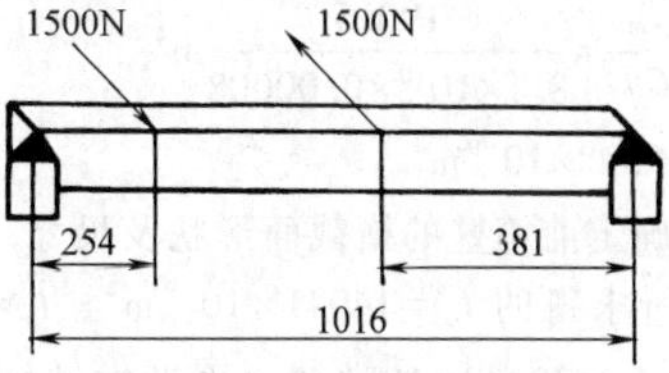

图 18.4-9　与前壁面垂直的作用力（力的作用线与传动轴的轴线相重合）

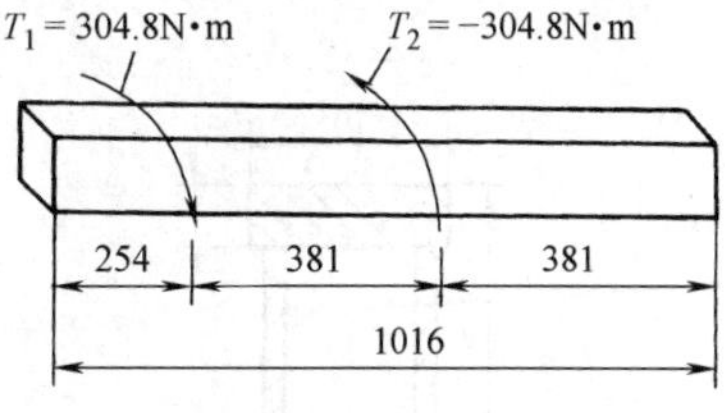

图 18.4-10　作用在前箱壁上的扭矩

表 18.4-8　前箱壁所需截面二次矩 I_y

作用力 F_{zi}/N	外力至端部距离 a/m	箱壁长度 L/m	系　数 $K=a/L$	运算符 λ_1 /$\mathrm{m^2 \cdot N^{-1}}$	单位许用挠度 $\frac{f}{L}$(m/m)	$I_{yi}=\dfrac{F_{zi}L^2\lambda_1}{\frac{f}{L}}$	I_y
1500	0.254	1.016	0.25	6.820×10^{-14}	0.00001	$\dfrac{1500\times1.016^2\times6.82\times10^{-14}}{0.00001}$ $=10559.98\times10^{-9}$	-14041×10^{-9}
-1500	0.381	1.016	0.375	9.068×10^{-14}	0.00001	$\dfrac{-1500\times1.016^2\times9.068\times10^{-14}}{0.00001}$ $=-14041\times10^{-9}$	

y——箱壁面的垂直力与箱壁横截面的水平中性轴的距离（m）；

T_1、T_2——作用在箱壁上的扭矩（N・m）；

$T_1=-T_2=1500\times0.2032\text{N}\cdot\text{m}=304.8\text{N}\cdot\text{m}$；

由于

$$T_{l_1}=\frac{T_1(l_2+l_3)+T_2l_3}{L}$$

$$=\frac{304.8(0.381+0.381)-304.8\times0.381}{1.016}\text{N}\cdot\text{m}$$

$$=114.3\text{N}\cdot\text{m}$$

$$T_{l_2}=\frac{-T_1l_1+T_2l_3}{L}$$

$$=\frac{-304.8\times0.254-304.8\times0.381}{1.016}\text{N}\cdot\text{m}$$

$$=-190.5\text{N}\cdot\text{m}$$

$$T_{l_3}=\frac{-T_1l_1-T_2(l_1+l_2)}{L}$$

$$=\frac{-304.8\times0.254+304.8(0.254+0.381)}{1.016}\text{N}\cdot\text{m}$$

$$=114.3\text{N}\cdot\text{m}$$

故最大扭矩 $T_{\max}=190.5\text{N}\cdot\text{m}$。将 $T_{\max}$、G 及 θ 值代入下式，得

$$I_k=\frac{T_{\max}}{G\theta}=\frac{190.5}{8.1\times10^{10}\times0.00008}\text{m}^4$$

$$=29398\times10^{-9}\text{m}^4$$

（5）确定前箱壁的横截面形状及尺寸

根据所求得的 $I_y=14041\times10^{-9}\text{m}^4$、$I_x=-16939\times10^{-9}\text{m}^4$ 和 $I_k=29398\times10^{-9}\text{m}^4$，再考虑结构等方面的要求，确定如图 18.4-11 所示的双层壁焊接结构。该截面的二次矩为：$I_x=246825\times10^{-9}\text{m}^4$、$I_y=13736\times10^{-9}\text{m}^4$ 及 $I_k=37045\times10^{-9}\text{m}^4$，故截面尺寸满足要求。

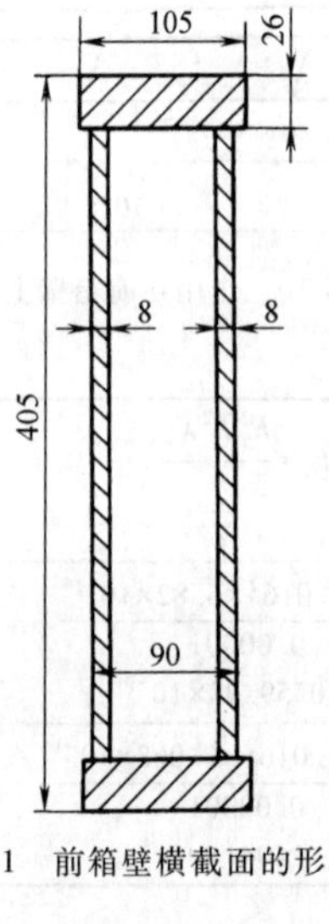

图 18.4-11　前箱壁横截面的形状及尺寸

（6）校核压缩刚度

根据表 18.4-3，所需箱座承压面积为

$$A=\frac{F_y}{\frac{f}{L}\times E}$$

$$=\frac{3492}{0.00001\times21\times10^{10}}\text{m}^2$$

$$=0.001663\text{m}^2$$

由于轴承座下面由两个厚 8mm 的板支承，故轴承座下部所需长度为

$$\frac{0.001663}{2\times0.008}\text{m}=0.104\text{m}$$

即只需 0.104m 壁长便可满足要求。

最终箱座的结构形状如图 18.4-12 所示。

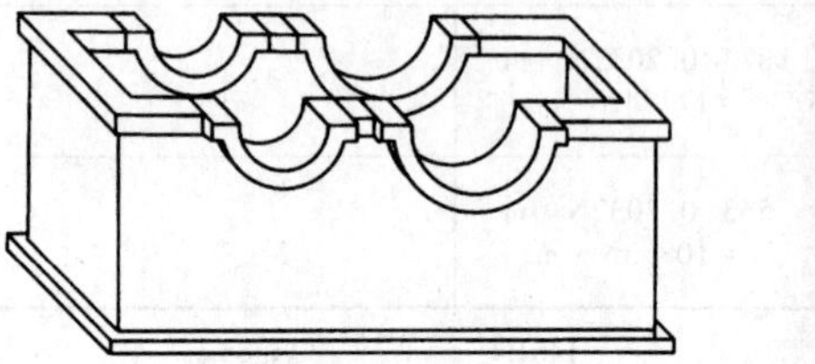
图 18.4-12　箱座的结构形状

2.5　机床主轴箱的刚度计算

机床主轴箱箱体一般为一面敞开的六面体，其箱壁上有许多大小不一的孔，还有凸台及加强肋等。箱体的刚度影响着零件的加工精度和机床的噪声等。

计算刚度时假定：计算主轴箱箱壁变形时，只考虑与箱壁相垂直力的作用，而位于同一平面上的外力以及力偶等均忽略不计，故箱体刚度指箱壁所承受的垂直方向的力与箱壁上着力点处同方向变形之比。

（1）箱体的刚度计算（见图 18.4-13）

1）箱体的变形计算：对于壁厚为 t 的无孔箱板，变形量 δ_0 的计算式为

$$\delta_0=k_0\frac{Fa^2(1-\mu^2)}{Et^3}$$

式中　F——垂直于箱壁上的作用力（N）；

a——受力箱壁长边的一半（m）；

t——受力箱壁的厚度（m）；

E——箱体材料的弹性模量（Pa）；

μ——泊松比；

k_0——着力点的位置系数，见表 18.4-9。

考虑到壁箱上孔、凸台、肋以及外力的着力点对变形的影响，上式再乘以不同的修正系数，这时箱壁的变形量 δ 的计算式为

$$\delta=\delta_0 k_1 k_2 k_3$$

式中　k_1——孔和凸台的影响系数，分别见表 18.4-10 和表 18.4-11；

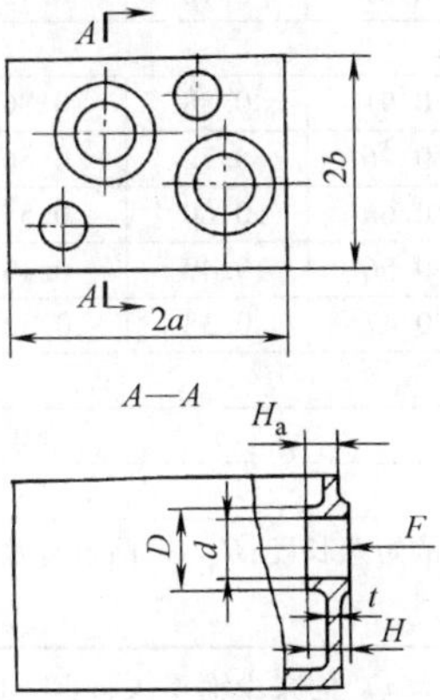

图 18.4-13　箱体刚度计算简图

k_2——其他孔的影响系数，$k_2=1+\sum\Delta\delta/\delta$，$\Delta\delta/\delta$ 的值见表 18.4-12；

k_3——肋条影响系数。对于加强受力孔的凸台肋条，$k_3=0.8\sim0.9$；对于加强整个箱体壁面的肋条，互相交叉的取 $k_3=0.8\sim0.85$，非交叉的取 $k_3=0.75\sim0.8$。

2）箱体刚度 K 的计算：

$$K=\frac{F}{\delta}$$

式中　F——垂直于箱壁的作用力（N）；

δ——箱壁变形量（μm）。

（2）车床主轴箱刚度计算

图 18.4-14 所示为车床主轴箱的结构简图。已知主轴孔 I 的最大轴向力为 $F=3000\text{N}$，箱体尺寸：$2a:2b:2c=500:360:560$，材料：铸铁，$E=1\times10^{11}$ Pa。试求箱体刚度。

表 18.4-9　着力点位置对箱壁变形的影响系数 k_0

（1）受力面的边长为 $2a\times2b$，四边均与其他面交接

受力面的边长比 $a:b$		1:1									1:0.75					
箱体的尺寸比 $a:b:c$		1:1:1			1:1:0.75			1:1:0.5			1:0.75:0.75			1:0.75:0.5		
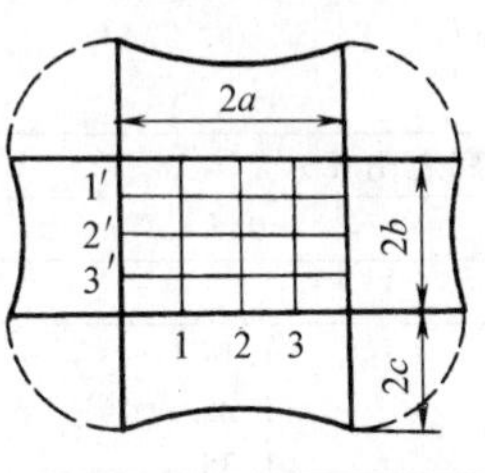	着力点的坐标	1	2	3	1	2	3	1	2	3	1	2	3	1	2	3
	1′	0.18	0.24	0.18	0.20	0.28	0.20	0.21	0.31	0.21	0.13	0.18	0.13	0.13	0.20	0.13
	2′	0.24	0.35	0.24	0.28	0.44	0.28	0.31	0.50	0.31	0.21	0.30	0.21	0.22	0.33	0.22
	3′	0.18	0.24	0.18	0.20	0.28	0.20	0.21	0.31	0.21	0.13	0.18	0.13	0.13	0.20	0.13

（2）受力面的边长为 $2a\times2b$，三边与其他面交接，一边为开口

受力面的边长比 $a:b$		1:1			1:0.75						1:0.5					
箱体的尺寸比 $a:b:c$		1:1:1			1:0.75:1			1:0.75:0.75			1:0.5:1			1:0.5:0.75		
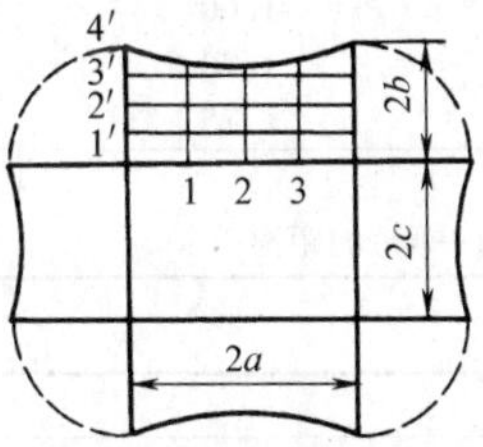	着力点的坐标	1	2	3	1	2	3	1	2	3	1	2	3	1	2	3
	1′	0.16	0.25	0.16	0.15	0.20	0.15	0.15	—	0.15	0.08	0.09	0.08	0.08	—	0.08
	2′	0.30	0.48	0.30	0.29	0.45	0.29	0.28	0.42	0.28	0.19	0.28	0.19	0.18	0.27	0.18
	3′	0.43	0.70	0.43	0.39	0.62	0.39	—	0.62	—	0.34	0.51	0.34	—	0.48	—
	4′	0.95	1.40	0.95	0.77	1.16	0.77	—	0.16	—	0.62	0.92	0.62	—	0.69	—

注：表中的图为箱体 5 个壁的展开图，图中的直粗实线为两个面的交线，弧线为开口边。

表 18.4-10　孔和凸台对箱体刚度的影响系数 k_1

D/d	H_a/t	$\frac{D^2}{2a\times2b}$							
		0.01	0.02	0.03	0.05	0.07	0.10	0.13	0.16
1.2	1.1	1.0							
	1.5	0.98	0.97	0.95	0.93	0.91	0.88	0.86	0.83
	1.6	0.95	0.93	0.91	0.88	0.85	0.81	0.77	0.75
	1.8	0.91	0.86	0.83	0.78	0.74	0.69	0.65	0.62
	2.0	0.86	0.80	0.77	0.71	0.67	0.61	0.57	0.53
	3.0	0.79	0.71	0.65	0.56	0.50	0.43	0.37	0.33

（续）

D/d	H_a/t	$\frac{D^2}{2a\times 2b}$							
		0.01	0.02	0.03	0.05	0.07	0.10	0.13	0.16
1.6	1.1	1.0							
	1.2	0.98	0.97	0.95	0.93	0.91	0.88	0.86	0.83
	1.4	0.91	0.88	0.85	0.80	0.76	0.72	0.66	0.65
	1.6	0.87	0.82	0.77	0.71	0.66	0.60	0.55	0.51
	2.0	0.82	0.75	0.70	0.62	0.56	0.49	0.43	0.38
	3.2	0.78	0.70	0.63	0.54	0.47	0.38	0.32	0.27

对无凸台的孔

$d^2/(2a\times 2b)$	0.05	0.01	≥0.015
k_1	1.1	1.15	1.2
说 明	D—凸台直径；d—孔径；$2a$—箱体受力面的长边长度；$2b$—受力面的短边长度；H_a/t—凸台有效高度与箱壁厚度之比，见表 18.4-11		

注：系数 k_1 虽随受力孔中心线至板边（近侧）距离 r 与边长的一半 a 的比（r/a）的减少而增大，但一般变化较小，可略去不计。表中列出的是在 $r/a=1$（受力点在板中）条件下的数据。

表 18.4-11 凸台有效高度（H_a）与壁厚（t）比值（H_a/t）的确定

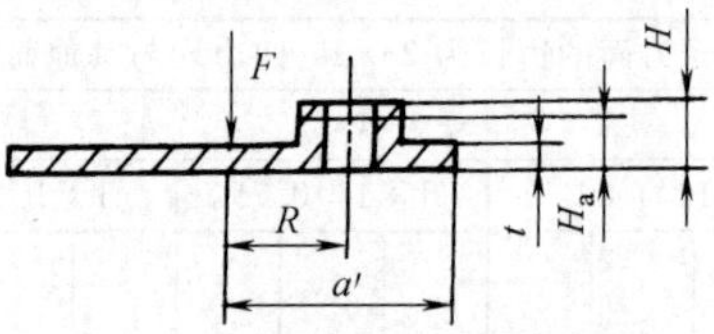

凸台的实际高度与壁厚之比 H/t	受力点至凸台孔中心线与受力点至箱板边缘距离之比 R/a'		
	0	0.3	0.5
	H_a/t		
1.2	1.19	1.16	1.14
1.4	1.37	1.29	1.25
1.6	1.53	1.41	1.35
1.8	1.67	1.52	1.44
2.0	1.78	1.62	1.50
2.2	1.88	1.69	1.55
2.4	1.96	1.76	1.60
4.0	2.15	1.90	1.70
10.0	2.25	2.00	1.75
说 明	R—凸台孔中心线至受力点（或受力孔中心线）的距离 a'—受力点（或受力孔的中心线）与箱板边缘（指靠近凸台孔的一侧）的距离		

表 18.4-12 确定系数 k_2 用的 $\Delta\delta/\delta$ 的值

（1）当 H_a/t 较大时，$\Delta\delta/\delta$ 取负值

D/d	H_a/t	$D^2/(2a\times 2b)$				
		0.01	0.02	0.04	0.07	0.10
1.2	1.4	0				
	1.6	0.02~0.01	0.03~0.02	0.05~0.03	0.07~0.04	0.09~0.05
	1.8	0.06~0.03	0.08~0.04	0.11~0.06	0.16~0.08	0.19~0.10
	2.0	0.08~0.04	0.11~0.06	0.16~0.09	0.21~0.13	0.26~0.17
	3.0	0.12~0.07	0.18~0.10	0.25~0.15	0.34~0.20	0.41~0.24
1.6	1.2	0				
	1.4	0.06~0.04	0.08~0.05	0.11~0.07	0.14~0.10	0.16~0.12
	1.6	0.09~0.05	0.12~0.07	0.17~0.10	0.22~0.13	0.27~0.16
	2.0	0.12~0.07	0.17~0.09	0.23~0.13	0.31~0.18	0.37~0.21
	3.0	0.14~0.08	0.20~0.12	0.29~0.17	0.38~0.23	0.35~0.28

（续）

(2)当 H_a/t 较小时,$\Delta\delta/\delta$ 取正值						
D/d	H_a/t	$d^2/(2a\times2b)$				
		0.01	0.02	0.03	0.04	0.05
1.2	1.1	0.06~0.03	0.11~0.05	0.14~0.08	0.18~0.11	0.21~0.13
1.6	1.2	0.07~0.03	0.11~0.05	0.13~0.07	0.13~0.08	0.14~0.09
	1.0	0.08~0.03	0.14~0.06	0.22~0.10	0.30~0.13	0.37~0.17
说明	R—所计算的凸台孔中心到受力孔中心的距离;d—受力孔中心到靠近所计算凸台孔一侧的板边距离。当 $R/a'=0.3$ 时,表中数据取大值;当 $R/a'=0.5$ 时,取小值;当 $R/a'=0.7$、$H_a/t=3$ 时,$\Delta\delta/\delta=\pm0.1$;$k_2=1+\sum\Delta\delta/\delta$;$H_a/t$—凸台有效高度与箱壁厚度之比,见表 18.4-11					

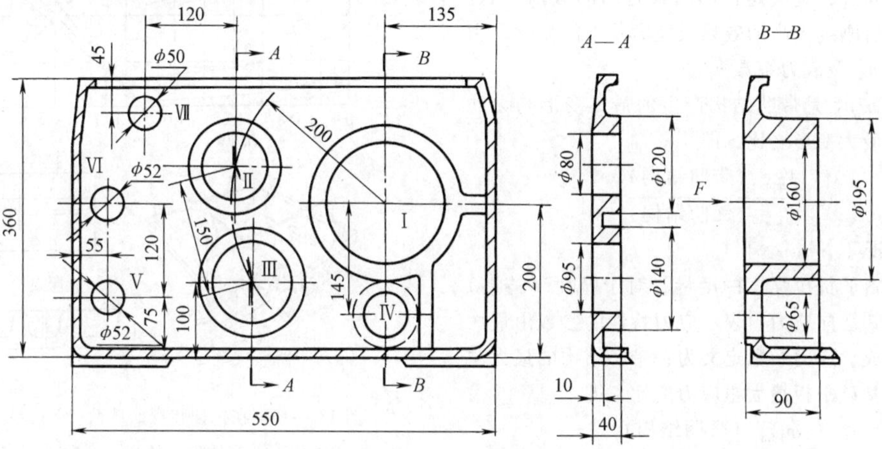

图 18.4-14　车床主轴箱的结构简图

刚度计算过程如下：

（1）确定无孔箱壁的变形量 δ

根据已知条件可得：$F=3000\text{N}$、$a=0.275\text{m}$、$t=0.01\text{m}$、$E=1\times10^{11}\text{Pa}$、$\mu=0.3$，箱体尺寸比：$2a:2b:2c\approx1:0.6:1$，箱体受力面的边长比：$2a:2b\approx1:0.6$，着力点的坐标：$x=0.5a$，$y=1.1b$。

由表 18.4-9 确定系数 k_0 的值。用内插法可得，当尺寸比为 1：0.5：1 时，$k_0=0.26$，故

$$\delta_0=k_0\times\frac{Fa^2\ (1-\mu^2)}{Et^3}$$

$$=0.26\times\frac{3000\times0.275^2\times\ (1-0.09)}{1\times10^{11}\times0.01^3}\text{m}$$

$$=0.00054\text{m}$$

（2）确定修正系数 k_1、k_2 及 k_3

1）求 k_1。

孔Ⅰ：已知 $H/t=0.09/0.01=9$，$R/a'=0$，由表 18.4-11 查得 $H_a/t=2.2$。

根据 $D^2/(2a\times2b)=195^2/(550\times360)=0.19$；$D/d=195/160=1.2$，用外插法从表 18.4-10 查得 $k_1=0.45$。

2）求 k_2。

孔Ⅱ：已知 $H/t=0.09/0.01=9$；$R/a'=200/415=0.48$，其中 a'为孔Ⅰ中心至靠近孔Ⅱ的左箱壁距离，得 $H_a/t\approx1.7$。又 $D^2/(2a\times2b)=120^2/(550\times360)=0.073$ 及 $D/d=120/80=1.5$。再用上面的数值，查表 18.4-12 得：$\Delta\delta/\delta=-0.15$。

孔Ⅲ：计算过程与孔Ⅱ相同，查得 $\Delta\delta/\delta=-0.18$。

孔Ⅳ：$\Delta\delta/\delta=0.02$。

孔Ⅴ、孔Ⅵ：根据 $d^2/(2a\times2b)=52^2/(550\times360)=0.0137$及 $R/a'=360/415=0.87$，得 $\Delta\delta/\delta=0.01$。

孔Ⅶ：因距开口边缘较近，故不计其影响。

因此，修正系数 k_2 值为

$$k_2=1+\sum\Delta\delta/\delta$$
$$=1-0.15-0.18+0.02+2\times0.01$$
$$=0.71$$

3）确定 k_3。

取 $k_3=0.9$。

（3）计算有孔箱壁的变形量 δ

$$\delta=\delta_0k_1k_2k_3。$$
$$=0.00054\times0.45\times0.71\times0.9\text{m}=0.000155\text{m}$$

（4）箱体刚度 K

$$K=\frac{F}{\delta}=\frac{3000}{0.000155}\text{kN/m}=1.935\times10^4\ \text{kN/m}$$

3　压力铸造箱体的结构设计

压力铸造以其高效益、重量轻、精度高、少切削和表面质量高，以及可铸造结构复杂的零件等一系列优点，应用范围日益扩大。据有关资料表明，汽车零件用压铸件部分地代替铸铁及铸钢件，汽车重量平均

下降 1/3 左右。

3.1　传动箱体的肋的设计

压力铸件一般采用均匀薄壁设计，而采取加肋的方法来提高其强度和刚度，防止大面积铸件变形。

（1）变形系数（n_V）及应力系数（n_σ）

在载荷作用下，墙上布肋可使结构的变形及应力状态均发生变化，变形得到减小。产生这种变化，除肋的合理排列外，起决定性的因素是肋的截面形状。为评估加肋后刚度提高的效果及应力状态的变化，引进变形系数 n_V 及应力系数 n_σ。

变形系数 n_V 是带肋结构产生的最大变形与无肋基础平板的最大变形之比，即

$$n_V=\frac{V_{max}\text{（带肋结构）}}{V_{max}\text{（无肋结构）}}$$

一般情况下，n_V 小于 1。

作为材料的抗拉强度的度量，对于脆性（铸造）材料取决于其法向应力。表示应力特性的参数由最大正主应力构成。应力系数定义为：带肋结构的最大主应力与无肋基础平板最大主应力之比，即

$$n_\sigma=\frac{\sigma_{1max}\text{（带肋结构）}}{\sigma_{1max}\text{（无肋结构）}}$$

（2）用算图求解 n_V 值（见图 18.4-15）

图 18.4-15 中加强肋的截面由肋的厚度 t_R 和倒圆半径 r_R 来确定。为适用不同厚度的墙（墙的厚度用 t_W 表示）而几何形状相似结构的运算，在算图中采用了比值：t_R/t_W、h_R/t_W 和 r_R/t_W。

在算图中给定的数值范围内，可求出任意尺寸组合的变形系数 n_V，但不能违反几何条件：$(t_R/2)+r_R\leqslant h_R$。$r_R/t_W=1.2$ 的曲线上部有一段虚线，因为在这种条件下，无几何意义。

拉伸载荷下，n_V 值为 0.5~0.9（大约）。肋的高度和厚度对 n_V 值的影响比铸造圆角半径要大得多。简单地说，结构所包含的截面积越大，变形就越小，而其面积主要由肋的高度和厚度确定，铸造圆角半径所占比例甚微。

弯曲载荷下，具有肋的墙片变形明显减少。变形系数 n_V 的计算值为 0.1~0.6，决定变形值大小的是肋的高度，而肋的厚度仅施以微小的影响，铸造圆角半径的影响可以忽略不计。这一趋势借助于梁是容易理解的，梁的横截面抗弯截面系数随其高度的平方而变化，而与宽度仅是一次方关系。可见箱体截面上弯曲载荷越大，肋的高度也应尽可能增加。

图 18.4-15 中给出了一组尺寸组合（$t_R/t_W=1.2$、$h_R/t_W=2$ 和 $r_R/t_W=0.8$），并求得在拉伸载荷作用下的变形系数 $n_V=0.72$ 和在弯曲载荷作用下的 $n_V=0.16$。

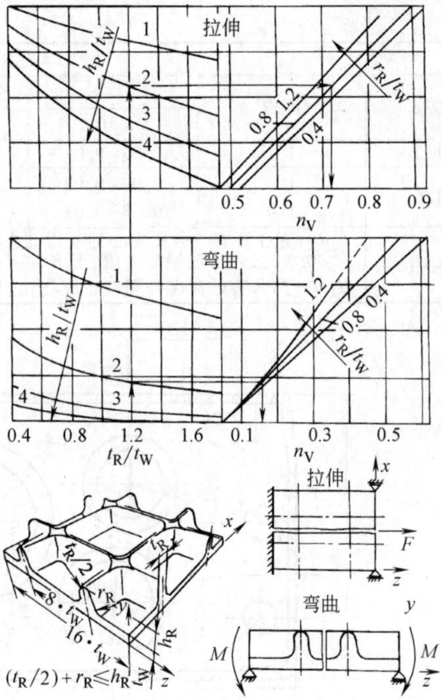

图 18.4-15　在拉伸和弯曲载荷（V_{max}最大变形）作用下，箱体墙片的变形系数 n_V 的算图

设计时，可采用不同的尺寸组合来筛选 n_V 值，反之亦然。

（3）用算图求解应力系数 n_σ（见图 18.4-16、图 18.4-17）

应力系数 n_σ 与肋的几何参数不是简单的函数关系，每个算图中均有 3 个图表，每一个图表针对一个固定的 r_R/t_W 值。图 18.4-16 所示为在拉伸载荷作用下，箱体墙片的应力系数 n_σ 与肋的几何尺寸的关系。图 18.4-17 所示为在弯曲载荷下，箱体墙片的应力系数 n_σ 与肋的几何尺寸的关系。图中画有阴影的曲线，表示可实施的肋截面的界线，超出则违反了几何条件。这条界限曲线与其他曲线相交。

拉伸载荷下，应力系数在 0.66~1.1 之间变化。一般情况下，它与肋的高度、厚度及半径的相关性是相似的，故在拉伸载荷作用下，与无肋墙相比，加大肋的截面除可提高刚度外，还可减低最大主应力。

弯曲载荷下，值得注意的是：当铸造圆角半径（$r_R/t_W=0.4$）较小时，对于 $t_R/t_W\geqslant 1.0$ 的曲线部分趋于反向，这时，高度较高的肋比高度低的肋的应力系数要大。图 18.4-17 中还表明，当肋的厚度（大约）等于墙厚度时，肋的加强没有造成应力系数的降低。为了获得低的应力系数，弯曲载荷下肋的高度应尽可能高，可以等于 3~4 倍墙的厚度，但肋不能太厚（$t_R/t_W\leqslant 1.0$），并采用中等圆弧半径（$r_R/t_W=$

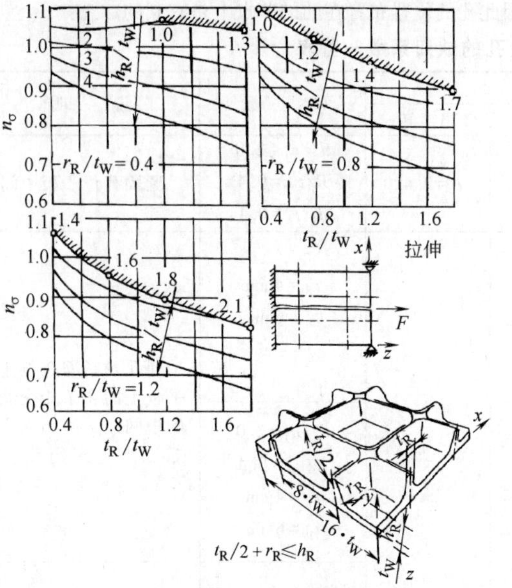

图 18.4-16　拉伸载荷时，箱体墙片的应力系数 n_σ 与肋的几何尺寸的关系（σ_{1max} 最大正主应力）

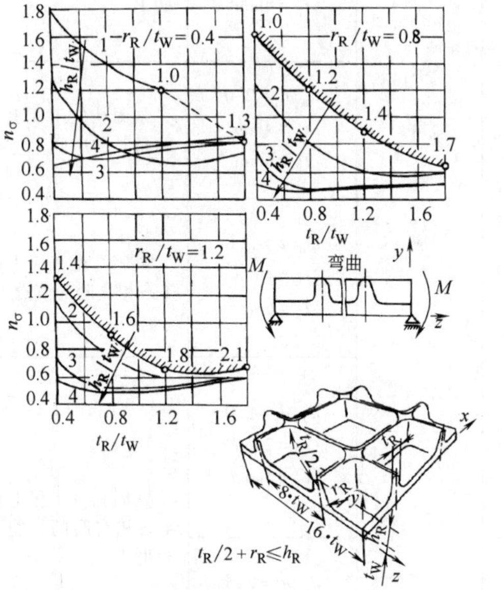

图 18.4-17　弯曲载荷时，箱体墙片的应力系数 n_σ 与肋的几何尺寸的关系

0.8)，此时与无肋墙相比最大主应力减少一半。

综上所述，根据载荷的不同，变形系数与应力系数对肋的几何形状尺寸存在着不同的依赖性。剪切和扭转等也同属此类。因此，最适宜的肋的几何形状没有单一的结论，应根据箱体不同区域的不同形式载荷，设置不同几何形状大小的肋和不同排列方式的肋。

（4）压铸传动箱体上肋的设计要点

布肋的总的原则是应使肋通过主应力方向，并通过增大承载截面来降低拉应力。

1）拉应力和弯曲应力占主导地位的轴承墙的布肋，应从轴承孔出发呈射线状布置大尺寸的肋，肋的高度等于（3~4）t_W，肋的宽度为（1~2）t_W。

2）倒车-支承区（推力状态下的高弯曲应力）用高肋，肋的高度为（3~5）t_W，并在 0°或 90°布肋。

3）支承墙（切应力占主导地位）。在此区域内应采用具有大的铸造圆角半径（半径等于 $1.2t_W$）的宽肋（肋的宽度等于 1~2 倍的 t_W），并在与联动装置的纵向轴线偏 45°以下布肋。

3.2　箱体上的通孔及紧固孔的设计

（1）通孔及紧固孔的缺口系数

在传动箱体上，常常存在有固定各种装置的紧固孔。孔的缺口效应可用缺口系数（α）描述，该系数取决于几何形状和载荷类型。对于基本载荷（拉伸、剪切、弯曲和扭转），缺口系数取决于不同的几何参数，如 d_a/d_i 和 R/t_W（d_a、d_i 分别为紧固孔的外、内径；R 为孔的倒圆半径；t_W 为平板墙的厚度）。缺口系数（α）可用下式表示

$$\alpha=\frac{\sigma_{max}\text{（最大缺口应力）}}{\sigma_N\text{（公称应力）}}$$

式中，拉伸及剪切时，$\sigma_N=\dfrac{F\text{（作用力）}}{A\text{（未受损的截面面积）}}$；

弯曲时，$\sigma_N=\dfrac{M\text{（弯矩）}}{W\text{（抗弯截面系数）}}$。

此外，对加肋结构引入系数 α^*，α^* 为有肋带孔平板的最大应力与无缺陷（带肋的）板最大应力之比。

箱体墙上的典型孔的缺口系数见表 18.4-13。从表 18.4-13 中可以看出，具有孔和螺栓孔的肋板，当孔位于板中间时，在弯曲载荷作用下无缺口效应。因为在这种情况下，长肋起着弯曲梁的作用，并排除了孔周围的高应力。同样，在扭转载荷作用下的具有孔的带肋板也无缺口效应，因为这时加固肋和十字肋的载荷高于相同位置孔的载荷。

带孔的无肋板（见表 18.4-13 中图 a），参数 d_a/d_i 和 d_i/t_b（t_b 为基础板的侧面长度）主要影响最大应力。在拉伸和剪切时的应力峰值与理论求得的结果相同（无限大的板，在拉伸和剪切时的缺口系数分别为 $\alpha=3$ 和 $\alpha=6$）。

带肋平板中的紧固孔的位置（如紧固孔在肋旁或在肋节上）是影响应力分布的重要因素之一。下面对表 18.4-13 中的图 c、图 d、图 e 和图 f 四种形式做一比较：在拉伸载荷下，由于形式 e 中的孔位于两肋之间，力线流通过肋的长度方向没受损伤，故 $\alpha=1.98$，成为最小值；剪切时，由于横肋及孔的内径周边应力将会增加，而形式 d 和形式 e 中没有横肋，故具有最低的缺口系

数；在弯曲载荷时，横肋又具有共同承担载荷的作用，因此孔的位置布置在肋的节点上是有利的。

表 18.4-13　不同形式平板上孔的缺口系数一览表

形　式	缺口系数 α 和 α^*				参　数	说　明
	拉　伸	剪　切	弯　曲	扭　转		
 a)	$\alpha=2.77$	$\alpha=4.52$	$\alpha=1.47$	$\alpha=2.42$	$d_a/d_i=2.0$ $R/t_W=0.4$ $d_i/t_b=0.1$	紧固孔位于板中间
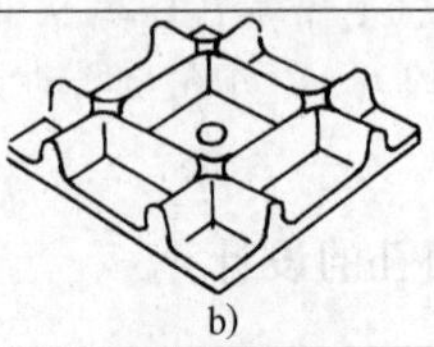 b)	$\alpha=3.18$ $\alpha^*=2.51$	$\alpha=7.12$ $\alpha^*=5.69$	无缺口效应	无缺口效应	$r_R=4\text{mm}$ $t_R=6\text{mm}$ $d=8\text{mm}$	通孔及紧固孔位于平板上的 4 条相交肋的中间
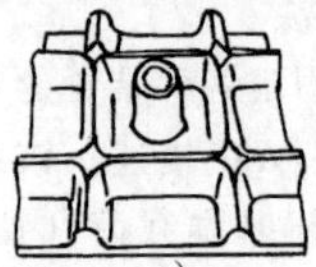 c)	$\alpha=2.47$ $\alpha^*=2.04$	$\alpha=4.43$ $\alpha^*=1.47$	无缺口效应		$d_a/d_i=2.0$ $R/t_W=0.4$ $r_R=4\text{mm}$ $t_R=6\text{mm}$	
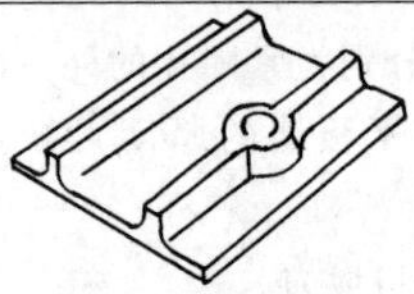 d)	$\alpha=2.67$ $\alpha^*=2.67$	$\alpha=3.62$ $\alpha^*=1.37$	$\alpha=1.60$ $\alpha^*=1.60$		$d_a/d_i=2.0$ $r_R=2\text{mm}$ $t_R=4\text{mm}$	紧固孔位于板上的两条长肋中的一条肋上
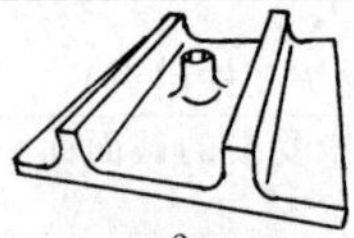 e	$\alpha=1.98$ $\alpha^*=1.98$	$\alpha=3.32$ $\alpha^*=1.42$	无缺口效应		$d_a/d_i=2.0$ $r_R=4\text{mm}$ $t_R=6\text{mm}$	紧固孔位于板上的两条长肋中间
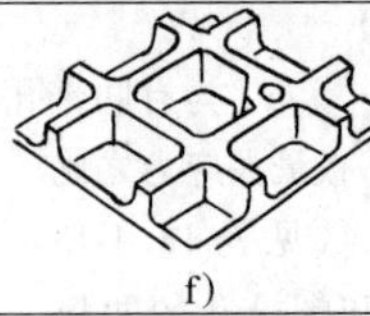 f)	$\alpha=2.62$ $\alpha^*=2.04$	$\alpha=4.20$ $\alpha^*=1.38$	$\alpha=1.37$ $\alpha^*=1.37$		$d_a/d_i=2.0$ $r_R=4\text{mm}$ $t_R=6\text{mm}$	紧固孔位于板上的 4 条相交肋的节点上
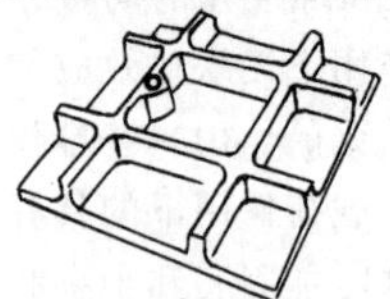 g)	$\alpha=2.80$ $\alpha^*=2.15$	$\alpha=3.80$ $\alpha^*=1.25$	$\alpha=2.12$ $\alpha^*=2.12$		$d_a/d_i=2.0$ $r_R=2\text{mm}$ $t_R=4\text{mm}$	紧固孔位于板上的 4 条相交肋的长肋及横肋上
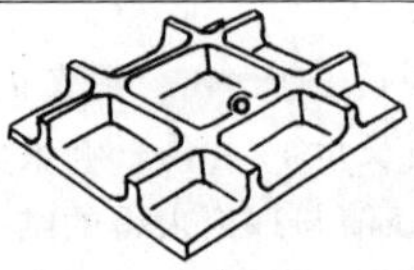 h)	$\alpha=2.41$ $\alpha^*=1.85$	$\alpha=3.60$ $\alpha^*=1.18$	无缺口效应		$d_a/d_i=2.5$ $r_R=2\text{mm}$ $t_R=4\text{mm}$	

表 18.4-13 是在几何参数不变的前提下所得的结果，而图 18.4-18 所示为不同的几何参数对缺口系数的影响。图 18.4-18 表明，在拉伸和剪切载荷下，表 18.4-13 中的形式 a 及形式 c 的缺口系数 α 与孔径比（d_a/d_i）的关系。如同取决于载荷一样，增大紧固孔的外径和圆角半径 R 可减少缺口效应。

（2）传动箱体加肋墙上的紧固孔设计要点

1）一般情况下，尽可能增大外、内径的比值，并给予紧固孔大的凹圆角半径，以此来减小缺口应力效应。

2）高载荷螺栓孔（如扭转支承、辅助机组的螺栓孔）应该用肋支撑，即螺栓孔应设置在肋的交叉点上。

3）低载荷孔（如辅助设备的螺栓孔）不应设置在肋上，而应安置在两肋之间的空处，借此来减弱缺口应力效应（弯曲载荷时，$\alpha=1$）。

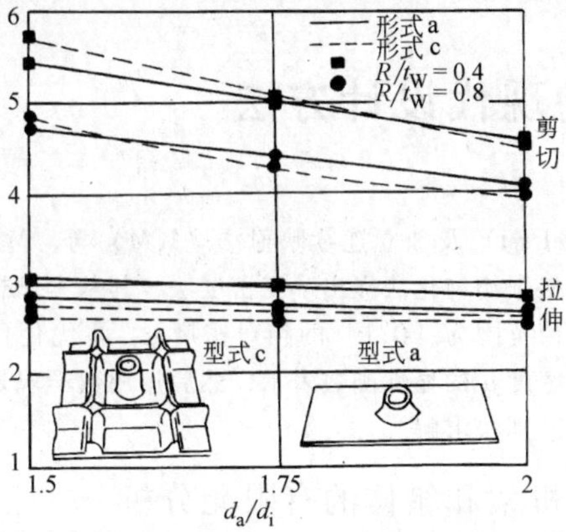

图 18.4-18　a 型和 c 型板在拉伸和剪切下的缺口系数 $\alpha=\sigma_{max}/\sigma_N$；$d_a/d_i$——直径比；$R/t_W$——相对倒圆半径

3.3　压铸孔最小孔径

铸件上的孔（或槽）应尽可能铸出，这样可以使壁厚保持均匀，而且还可节省金属。可铸出的最小孔径及深度见表 18.4-14。

3.4　箱体壁厚

一般情况下，压铸件的强度随壁厚的增加而降低。薄壁铸件的致密性好，故相对地提高了强度和耐磨性，但也不应太薄，太薄不仅给工艺带来困难，而且易产生缺陷。压铸件壁厚一般为 1~5mm。铝合金铸件的合理壁厚见表 18.4-15。由于铸造圆角有助于金属的流动和成型，为了避免因尖角产生应力集中以及镀涂时连接处可获得均匀镀层，在两壁的连接处应设计成圆角，圆角的尺寸一般可按表 18.4-16 中选取。

表 18.4-14　铸孔最小孔径及深度

合金	最小孔径 d/mm		深度			
			不通孔		通孔	
	经济上合理的	技术上可能的	$d>5$	$d<5$	$d>5$	$d<5$
锌合金	1.5	0.8	6d	4d	12d	8d
铝合金	2.5	2.0	4d	3d	8d	6d
镁合金	2.0	1.5	5d	4d	10d	8d
铜合金	4.0	2.5	3d	2d	5d	3d

注：1. 表内深度指固定型芯而言，对于活动的单个型芯其深度还可以适当增加。

2. 对于较大的孔径，当精度要求不高时，孔的深度也可超出上述范围。

表 18.4-15　铝合金压铸件的合理壁厚

压铸件表面积/cm^2	≤25	>25~100	>100~400	>400
壁厚/mm	1.0~4.5	1.5~4.5	2.5~4.5(6)	2.5~4.5(6)

注：1. 在较优越的条件下，合理壁厚范围可取括号内数据。

2. 根据不同使用要求，压铸件壁厚可以增厚到 12mm。

表 18.4-16　两壁连接处的铸造圆角

直角连接		T形壁连接		交叉连接
壁厚相等	壁厚不等	壁厚相等	壁厚不等	壁厚相等
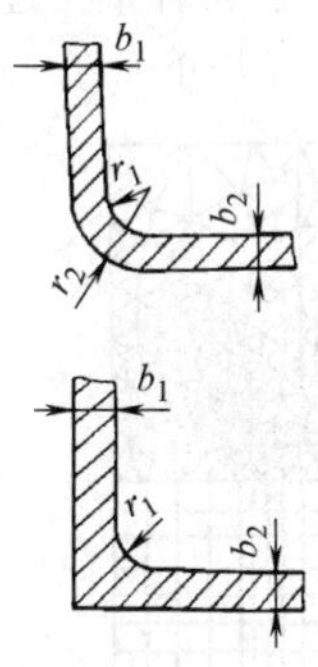 $r_1=b_1=b_2$ $r_2=r_1+b_1$(或 b_2) 当不允许有外圆角($r_2=0$)时，$r_1=(1\sim1.25)b_1$	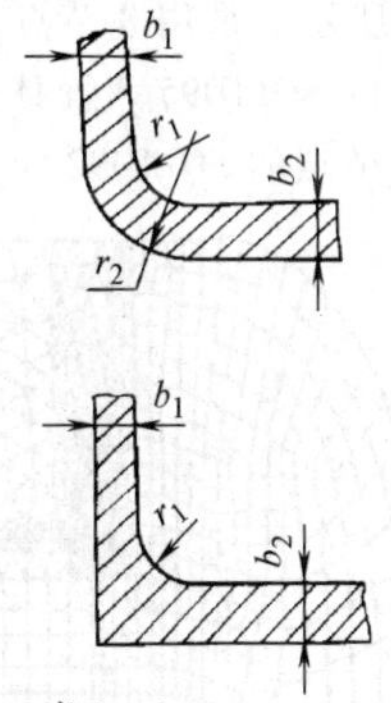 当 $b_2>b_1$ 则 $r_1=\frac{2}{3}(b_1+b_2)$ $r_2<b_1+b_2$； 当不允许有外圆角时($r_2=0$)，$r_1=\frac{2}{3}(b_1+b_2)$	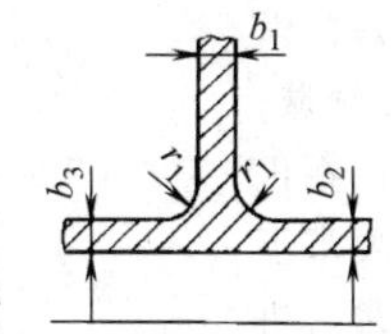 $b_1=b_2=b_3$ $r_1=(1\sim1.25)b_1$	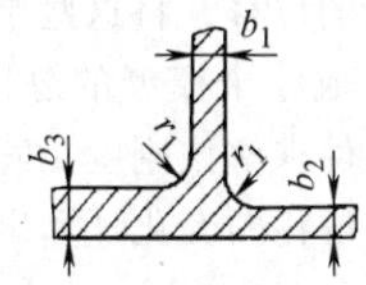 第一种情况： $b_1=b_2$ 和 $b_3>b_1$ 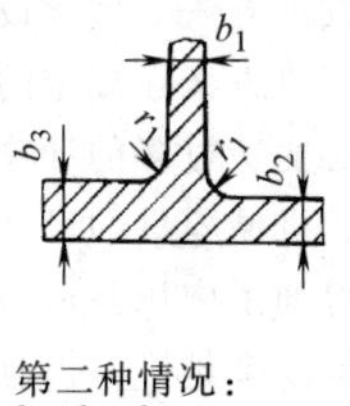 第二种情况： $b_3>b_2>b_1$ 上述两种情况均选用 $r_1=(1\sim1.25)b_1$	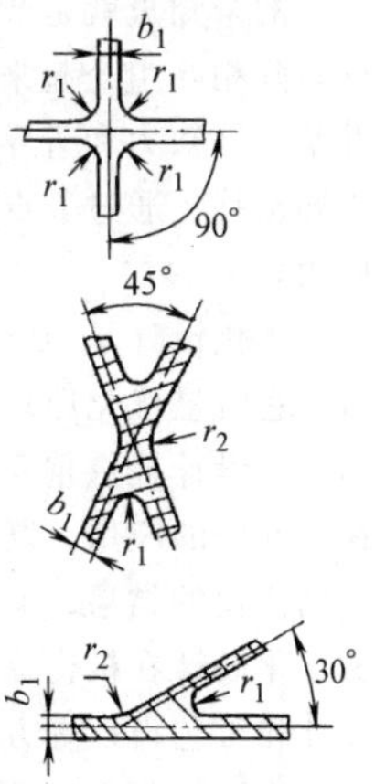 90°时，$r_1=b_1$ 45°时，$r_1=0.7b_1$ $r_2=1.5b_1$ 30°时，$r_1=0.5b_1$ $r_2=2.5b_1$

注：1. 壁厚不等的交叉连接，计算铸造圆角半径时的 b_1 采用其中最薄的壁厚。

2. 当根据结构要求，当圆角半径小于表中的值时，可取 $r_1 \nless 0.5b_1$；在特殊情况下，可取 $r_1=0.3\sim0.5$mm。

第5章　机架与箱体的现代设计方法

1　概述

传统的设计方法通常是在调查分析的基础上，参照同类或类似的产品设计信息，通过估算、经验类比或试验来确定初始的设计方案；然后根据初始设计方案的设计参数，进行强度、刚度、稳定性等方面的分析计算，检查并确定是否满足设计指标要求；如果不满足要求，需要设计人员对其进行修改，直到满足要求为止。常规设计过程就是人工试凑和定性比较的过程，主要的步骤一般需要反复进行。用于机架刚度、强度分析的常规工程方法，是把机架简化成形状简单的框架，应用工程力学方法进行计算。由于机架箱体在几何形状、载荷及其约束条件等诸多方面的复杂性，采用常规算法通常难以确定复杂形状机架的真实薄弱部位。近年来，随着计算机及其相关技术的发展和应用，机械设计也逐渐由静态、线性分析向动态、非线性分析，由可行性设计向最优化设计的方向发展。应用有限元法可对箱体、机架结构进行准确、直观的设计计算，对准确确定机架及各种机械设备结构尺寸和优化设计均有很好的指导意义。

有限元分析法将实际结构通过离散化形成单元网格，每个单元具有简单形态并通过节点相连，每个单元上的未知量就是节点的位移，将这些单个单元的刚度矩阵相互组合起来形成整个模型的总体刚度矩阵，并给予已知力和边界条件求解该刚度矩阵，从而得出未知位移；通过节点上位移的变化计算出每个单元的应力。

优化设计是20世纪60年代初发展起来的一门学科，它将最优化原理和计算机技术应用于设计领域，为工程设计提供重要的设计方法。优化设计方法在机械设计中的应用，既可以使方案在规定的设计要求下达到优化的结果，又不必耗费过多的计算工作量。机械优化设计在机构综合、机械零件的设计、专用机械设计和工艺设计等方面得到了应用并取得了一定的成果。机械优化设计的范围越来越广，仍有很多关键技术问题需要解决。

拓扑优化指通过寻求结构的最优拓扑布局，从而使得结构能够在满足一切有关平衡、应力和位移等约束条件的情形下，使某种性能指标达到最优。目前，最常用的连续体拓扑优化方法有均匀化法、变厚度法、变密度法、渐进结构优化法（ESO）、水平集法（Level set）及独立连续映射法（ICM）等。M lejnek等人根据均匀化法提出了变密度法，其基本思想是定义取值范围为［0,1］的相对密度μ，将优化目标用相对密度μ的显性函数表示，然后运用数学规划法或优化准则法求解。

2　机架和箱体的有限元分析

2.1　轧机闭式机架的有限元分析

轧机机架是轧机中的重要零件，其尺寸和重量最大，在轧制过程中要承受较大的轧制压力；同时要求机架的变形要小，以满足产品的质量要求。近年来，对机架的分析广泛采用弹塑性有限元方法。通过有限元法的分析研究，能够了解机架中最危险的位置和应力的分布规律。

在轧制过程中，机架受力复杂，包括轧制力、摩擦力、附加力和冲击力等，以轧制力为最大。在分析过程中，可忽略其他力影响，只取轧制力为外载荷。

（1）模型的建立

用结构的1/4建立三维有限元模型，最大应力出现在压下螺母孔过渡圆角与机架对称平面相交的位置。在建模时，圆角采用平挖圆弧，如图18.5-1和图18.5-2所示。采用8节点的SOLID45六面体单元和20节点的SOLID95六面体单元，在两种单元过渡处采用10节点的SOLID92四面体金字塔单元。

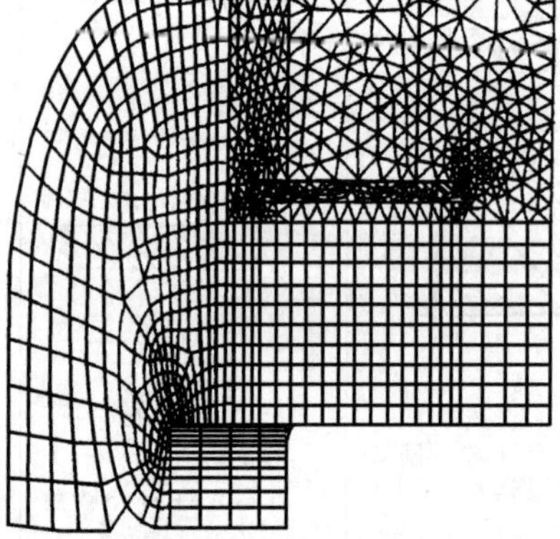

图18.5-1　上梁部分网格划分图

（2）施加载荷

正常轧制时，通过计算获得机架的轧制力为15400kN，每片机架承受一半，即7700kN。按均布载

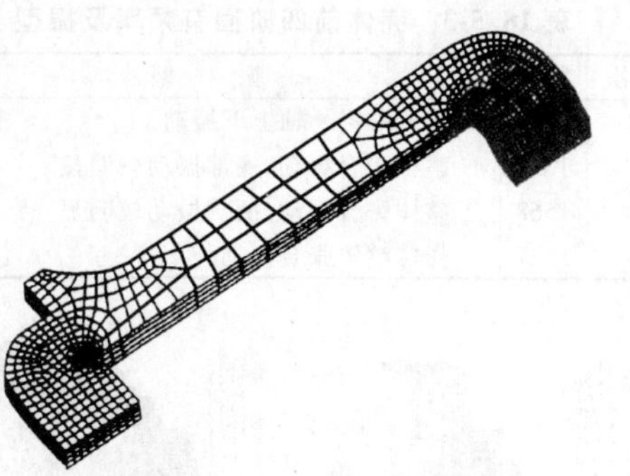

图 18.5-2　机架总体模型

荷方式作用于上横梁压下螺母孔台阶面及下横梁轴承座承压面上。

（3）施加约束

在机架剖开位置处施加对称约束；在前面对称面处施加 Z 方向的零位移约束，在沿厚度方向对称面处施加 X 方向的零位移约束，在地脚支承面处施加 X、Y、Z 三个方向的零位移约束。

（4）分析结果

图 18.5-3 和图 18.5-4 所示分别为上横梁和机架的等效应力图，得到最大应力出现在压下螺母孔边上，最大应力为 93.287MPa。

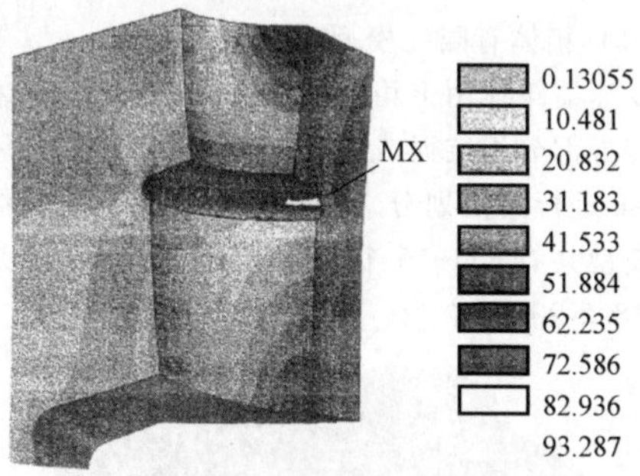

图 18.5-3　上横梁等效应力图

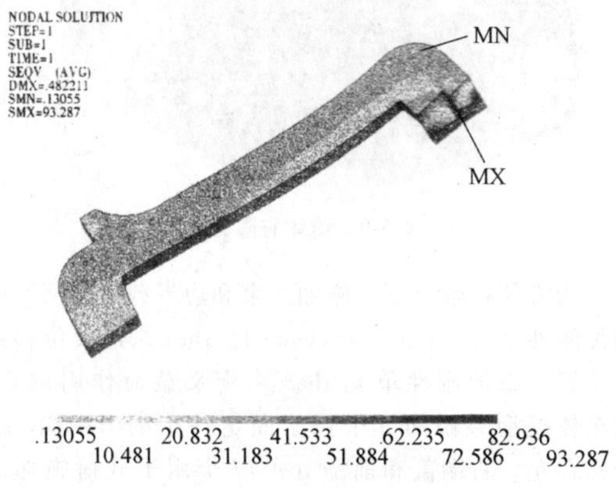

图 18.5-4　机架等效应力图

2.2　主减速器壳体有限元分析

（1）主减速器壳体有限元模型的建立

利用 HyperMesh 软件，选用四面体单元对壳体（材料：ZL111）进行网格划分，其中单元尺寸为 5mm，共计 332167 个单元。同时，用 rigid 单元近似模拟壳体螺栓连接部分。在壳体输出轴两侧施加六个方向的全约束。其有限元模型如图 18.5-5 所示。

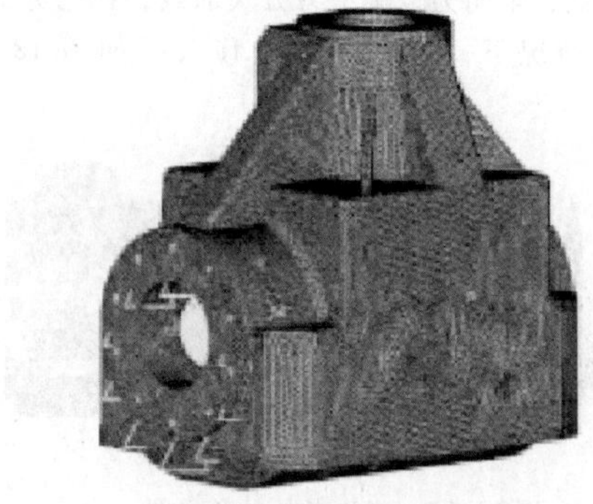

图 18.5-5　主减速壳体的有限元模型

（2）主减速器壳体静强度分析

通过对此越野车整个传动系统的分析可知，在低速爬坡工况下发动机输出功率最大，此时对应转矩也最大。由于行驶速度很低，因此对壳体采用静力学分析。

壳体所受载荷主要是通过轴承作用于壳体轴承座孔处。在中心轴向力作用下，轴承上的载荷可认为是由各滚动体平均分担，均布于轴承座孔端面圆周上。轴承座孔处受力按集中作用点处左右 60°的余弦函数分布处理，轴承孔受力：

$$q(\theta)=\frac{5P}{6RL}\cos\frac{3\theta}{2}$$

式中　P——径向力；

R——轴承座孔半径；

L——轴承座孔宽度。

通过计算，壳体轴承孔承受载荷如图 18.5-6 和表 18.5-1 所示。

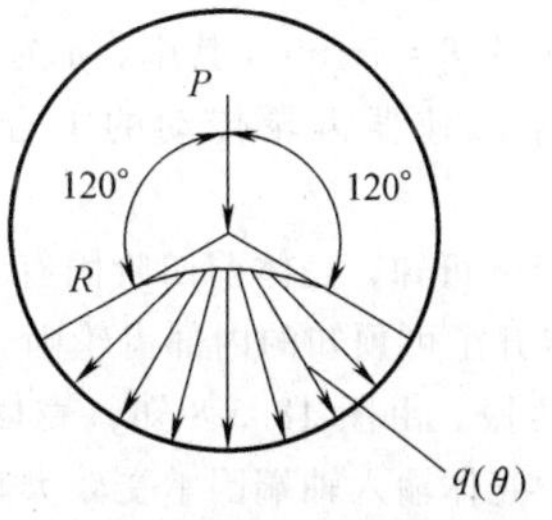

图 18.5-6　壳体轴承孔载荷分布图

表 18.5-1 壳体轴承载荷

轴承孔位置		R_x/N	R_y/N	R_z/N
爬坡	1	-10440.1	4759.77	-45971.33
	2	-1584.58	4759.77	-13035.61
	3	-2288.41	0	-18217.04
	4	7020.93	0	-14059.96
	5	0	11821.68	0

将各轴承所受径向力以余弦函数方式加载到箱体轴承座孔处，轴向力以集中力方式加载，在恶劣工况低速爬坡情况下，壳体应力-位移云图如图 18.5-7 所示。

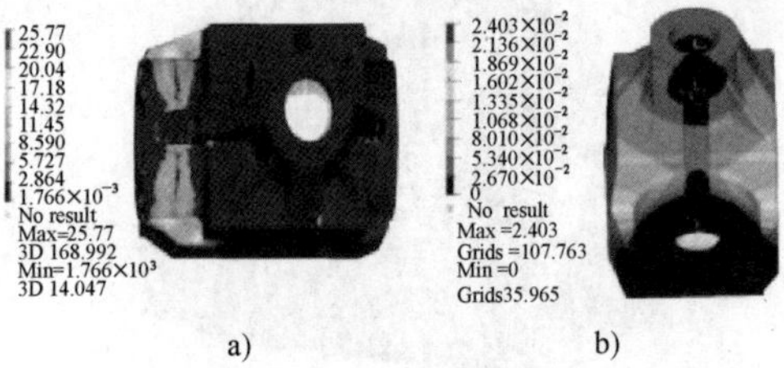

图 18.5-7 壳体应力-位移云图
a）低速爬坡应力云图 b）低速爬坡位移云图

由图 18.5-7 可知，这种工况下最大应力出现在输出轴承座孔处，但最大应力 25.77MPa 远小于材料强度极限 255MPa，壳体有足够的轻量化空间。爬坡工况下静强度分析结果见表 18.5-2。

表 18.5-2 壳体静强度分析结果

最大位移/mm	最大应力/MPa
0.024	25.77

（3）主减速器壳体模态分析

应用 Lanczos 法对主减速器壳体进行约束模态分析，考虑到低阶频率较容易与外界产生耦合，过高阶的频率对零件的动态性能影响不大，故提取频率 0~2000Hz 下的前四阶模态。壳体前四阶振型图见图 18.5-8 所示，壳体前四阶固有频率及振型见表 18.5-3。

通常壳体激励可分为内部激励和外部激励，其中内部激励是指齿轮啮合频率，也是壳体主要研究的激励。该主减速器输入转速为 208~3311r/min，由啮合频率公式 $f_n=nz/60$（其中，n 为转速；z 为齿数）可得，主减速器齿轮传动的啮合频率为 66~1048Hz。

由表 18.5-3 可知，壳体前四阶固有频率为 1273~1877Hz，均避开了可预知的内部齿轮啮合频率，故壳体不会产生共振。由图 18.5-8 知，壳体整体呈现张合振动趋势，壳体输入轴端因承受较大转矩，振动较明显，壳体两侧有明显张合振动。

表 18.5-3 壳体前四阶固有频率及振型

阶次	频率	振 型
1	1273	输入端沿 y 轴上下振动
2	1338	整体张合振动，底部振动较明显
3	1568	整体张合振动，两侧振动较明显
4	1877	壳体整体张合振动

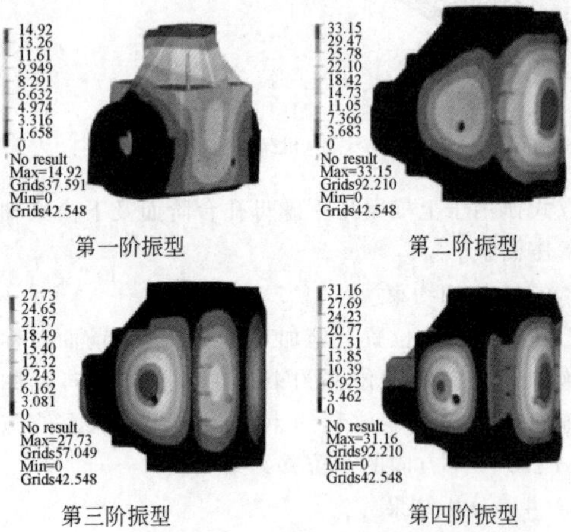

图 18.5-8 壳体前四阶振型图

2.3 多工况变速器箱体静动态特性有限元分析

（1）箱体有限元模型建立

变速器箱体由上箱体、下箱体、左端盖、右端盖和前盖五部分组装而成，几何结构比较复杂，用 Hypermesh 进行网格划分，采用六面体单元，最终该有限元模型共有 111916 个实体单元，箱体有限元模型如图 18.5-9 所示。

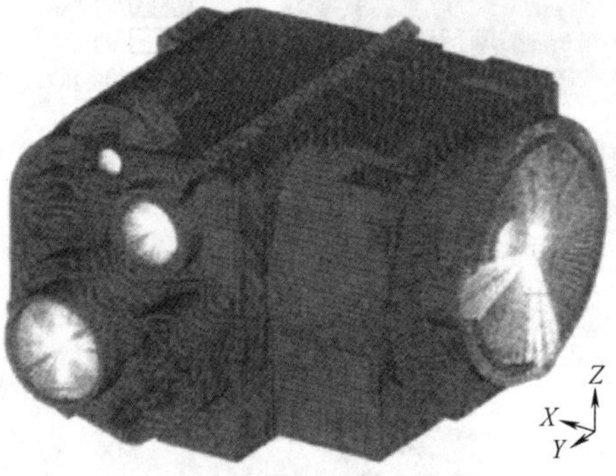

图 18.5-9 箱体有限元模型

为方便在轴承座上施加约束和边界载荷，模型中添加刚性单元（rigid bar element）rbe2 来定义位移约束位置，添加刚性单元 rbe3 来定义载荷作用位置。该箱体模型共添加 3 个用于固定约束的 rbe2 单元，分别在左、右端盖和前盖处；17 个用于载荷施加的 rbe3 单元，分别位于箱体的各轴承座孔处。

对载荷边界条件，根据发动机转矩特性曲线，选择最大转矩工况时对应各轴承座处的动态力最大值为该载荷工况的载荷边界条件。图 18.5-10 所示为 1 档载荷工况下发动机最大节气门开度，转速为 1800r/min 时各轴承座处各方向的动态力最大值。

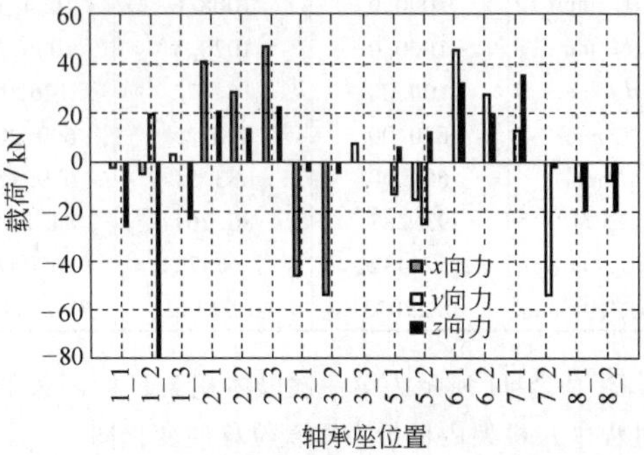

图 18.5-10　1 档工况下各轴承座处动态力最大值

图中 1_1 表示变速传动部分Ⅰ轴第一个轴承座位置。该箱体变速传动部分包含Ⅰ轴、Ⅱ轴、Ⅲ轴轴承孔，每根轴都有三个轴承座支承；5_1~8_2 分别为前传动四根传动轴的轴承座位置，每根轴都有两个轴承座支承。

由图 18.5-10 可见，各轴承座处受力大小不一，最大力发生在Ⅰ轴中间轴承座处，最大值为 79.541kN。同理可获得其他六种载荷工况下各轴承座处的最大支反力。通过对所有载荷工况轴承座动态力最大值进行分析，最大轴承支反力出现在倒档工况，位置也位于Ⅰ轴中间轴承座处，最大值达 116.028kN。

（2）箱体模态与静力分析

在约束状态下，对箱体的模态进行研究。利用 Nastran 软件提供的 Lanczos 法对箱体进行模态分析，频率范围为 0~2000Hz，共有 99 阶模态，各阶模态频率分布比较密集，这里仅列举前 10 阶模态结果，见表 18.5-4。

表 18.5-4　箱体前 10 阶模态频率

模态阶数	1	2	3	4	5
模态频率 f/Hz	310	336	376	437	460
模态阶数	6	7	8	9	10
模态频率 f/Hz	472	519	545	568	601

由表 18.5-4 可知，箱体约束后第 1 阶模态频率为 310Hz，振型主要表现为整体扭转变形。进一步分析箱体的前 6 阶模态振型，其主要表现为结构的整体变形，因此对箱体来说，前 6 阶模态对结构动态响应特性有重要影响。

针对箱体的七种载荷工况分别对其进行有限元静力分析和模态分析，得到箱体的变形、应力和模态信息。经分析可知，倒档（R 位）工况下静态位移和应力最大，箱体最大应力为 70.92MPa，位于后传动惰轮轴承座周围箱体顶部节点 136907 位置；箱体最大变形为 0.64mm，位于后传动惰轮轴承座周围箱体顶部节点 136887 位置。另外，位移大于 0.2mm 的位置主要位于后传动惰轮轴周围。分别对七个载荷工况进行分析，各工况的最大变形量和应力见表 18.5-5。

表 18.5-5　箱体各工况的最大变形和应力

档位	R	1	2	3	4	5	6
最大应力 σ_{max}/MPa	70.92	29.51	27.84	34.16	18.60	19.31	18.66
节点 ID	136907	14061058	14026090	14061058	88428	14061058	88428
位置	箱体顶部惰轮凸起处	Ⅰ轴中间轴承座下方	前传动惰轮轴承座处	箱体顶部惰轮凸起处	前盖内板轴承座处	Ⅰ轴中间轴承座下方	前盖内板轴承座处
最大变形量 d_{max}/mm	0.64	0.18	0.18	0.17	0.11	0.11	0.11
节点 ID	136887	177374	177374	177374	177374	14231834	14231834
位置	箱体顶部惰轮凸起处	Ⅰ轴中间轴承座处	Ⅰ轴中间轴承座处	Ⅰ轴中间轴承座处	Ⅰ轴中间轴承座处	前盖内板	前盖内板

3　机架和箱体的优化设计

3.1　轧机闭式机架的优化设计

此处选择前面 2.1 书中轧机闭式机架为研究对象，优化设计过程具体如下。

（1）约束变量的选取

机架的设计是在辊系初步设计之后，机架的内框尺寸已经确定的条件下进行的，这些尺寸作为给定的设计参数。这样，设计变量可取为

$$X=(H_1,H_2,H_3,T,B,R)^T$$

式中　H_1——上横梁高；

H_2——下横梁高；

H_3——地脚板与下横梁上表面的距离；

T——机架的厚度；

B——机架立柱的宽度；

R——机架上横梁的圆弧半径。

（2）目标函数

目标函数采用两种方案：第一种方案是以机架质量最小为目标函数，因为质量与体积成正比，故取机架体积最小为目标函数；第二种方案取机架内框最大垂直位移最小为目标函数，即

$$f(x_1) = \sum_{i=1}^{n} V_i$$

式中 V_i——第 i 个单元体积；

n——单元总数。

$$f(x_2) = u_{\max} = u_{y\max}^{(+)} - u_{y\max}^{(-)}$$

式中 $u_{y\max}^{(+)}$——机架内框垂直向上的节点位移；

$u_{y\max}^{(-)}$——机架内框垂直向下的节点位移。

（3）约束函数

对第一种方案，以机架内框最大垂直位移和最大节点应力作为约束条件，以求得在满足使用功能条件下的材料最省。对第二种方案，以最大节点应力和机架体积为约束条件，以求得在一定体积下材料的合理分布。

$$\sigma_{\max} = \max(\sigma_{ri}) \leqslant [\sigma], i = 1、2、\cdots、N$$

式中 σ_{ri}——第 i 个节点的等效应力；

N——节点总数；

$[\sigma]$——许用应力。

（4）优化方法选择及优化过程

可用两种优化方法：零阶方法和一阶方法。零阶方法使用所有因变量（约束函数和目标函数）的逼近，它只用到因变量而不用它的偏导数，搜索非约束目标函数是在每次迭代中用 SUMT 实现的。一阶方法使用因变量对设计变量的偏导数，在每次迭代中，用梯度计算方法确定搜索方向，并用线性搜索法对非约束问题进行最小化，该方法的计算量很大，且容易收敛于局部极小值点。

本例采用零阶方法。优化分两步进行：第一步，以机架体积最小作为目标函数；第二步，以最大垂直位移最小作为目标函数，把第一步已经优化出的体积作为约束函数，进行进一步的优化。在两次优化过程中，节点最大应力都作为约束函数。

（5）优化前后结果比较

通过两步顺序执行的优化过程，一系列的迭代，得出最优的设计结果值见表 18.5-6。优化后的等效应力等值线和最大垂直位移等值线图与优化前形状相似，只是数值不同。

表 18.5-6 优化前、后值对比

	初始值	体积为目标函数	变形为目标函数
B/mm	750.00	750.34	750.21
H_1/mm	1000.0	1008.6	1024.1
H_2/mm	1000.0	1020.5	1006.2
H_3/mm	100.00	16.172	12629
T/mm	630.00	600.26	600.20
R/mm	600.00	683.51	679.15
$\sigma_{\max}$/MPa	93.287	86.261	84.178
$u_{\max}$/mm	0.714822	0.674771	0.670877
VTOT/10^{10}mm^3	0.22073	0.21642	0.21630

图 18.5-11 所示为第一次以体积为目标函数的优化过程中，机架内框最大垂直位移的变化图。

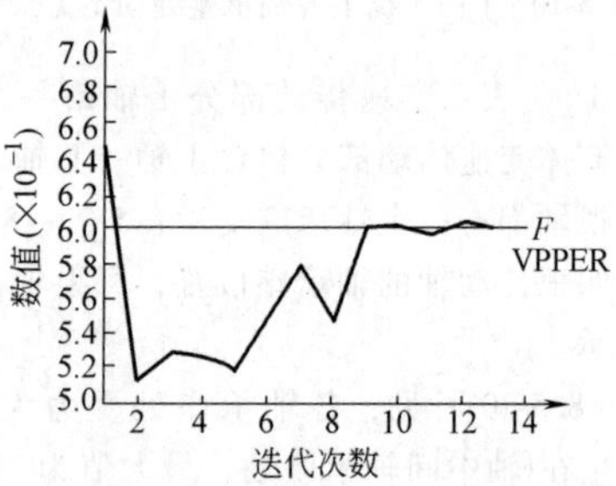

图 18.5-11 以体积为目标函数优化过程中的最大垂直位移变化图

图 18.5-12 所示为在两次优化过程中，最大纵向变形量的变化图。其中起伏较大的前 14 次迭代是在第一次优化过程中，以机架体积最小作为目标函数时的最大纵向变形量变化过程。

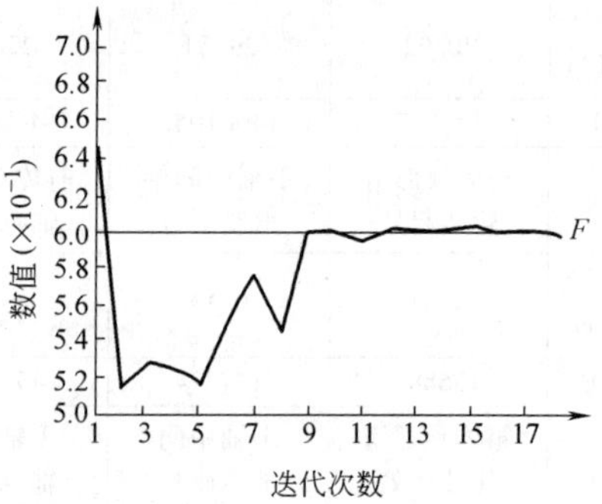

图 18.5-12 最大变形量的变化图

图 18.5-13 所示为在两次优化过程中体积变化图。由于在第二次优化时，作为约束函数的体积不大于第一次优化后得出的体积值，从图 18.5-13 中可以看出，在本次优化过程中，体积是起作用的约束，体积围绕着上限波动。

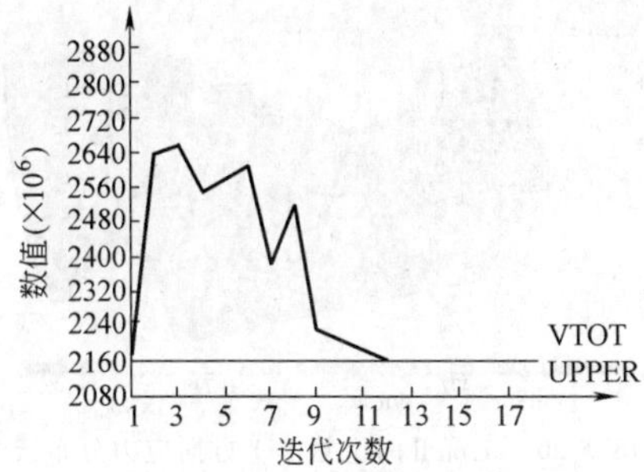

图 18.5-13　两次优化过程的机架体积变化图

3.2　矿用减速器箱体的优化设计

减速器箱体是减速器的重要组成部分，作为基座，它必须具有足够的强度。在传统的设计中，矿用减速器箱体的设计主要靠设计经验和经验公式来进行，安全系数的选择往往偏大，造成制造材料的浪费。本例以某煤矿机械有限公司 1000kW 型矿用减速器箱体为研究对象，以箱体质量最小为目标函数，利用 ANSYS 的优化设计模块和参数化程序语言 APDL 对箱体进行了优化设计。

（1）减速器箱体优化数学模型

ANSYS 软件的优化模块集成于 ANSYS 软件包之中，采用三大优化变量来描述优化过程，分别是：①设计变量为自变量，优化结果的取得是通过改变设计变量的数值来实现的，每个设计变量都有上下限，它定义了设计变量的变化范围；②状态变量是约束设计的数值，它们可以是设计变量的函数，也可独立于设计变量，状态变量可能会有上下限，也可能只有上限或下限；③目标函数。

对本减速器箱体的优化，可确定三大优化变量为：

1）设计变量。根据生产实际要求，确定箱体的设计变量及其初始值如下：$A=30\text{mm}$、$D=40\text{mm}$、$E=80\text{mm}$、$F=40\text{mm}$、$G=50\text{mm}$，如图 18.5-14 所示。

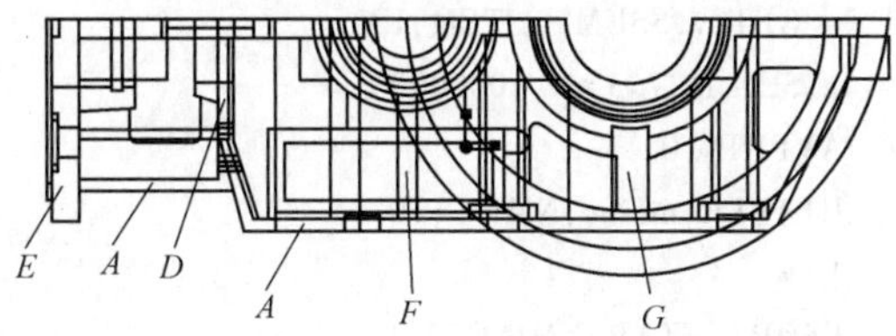

图 18.5-14　箱体的设计变量

2）状态变量。箱体的最大变形 $D_{\max}$ 小于有限元分析得到的箱体的最大变形 $D_{\max}$，根据箱体材料 QT400-15，箱体的最大应力 $S_{\max}\leqslant[\sigma_{0.2}]=250\text{MPa}$；

3）目标函数。箱体的质量最小，即 $f(x)=M_{\min}$。

（2）优化设计的步骤与方法

一个典型的 ANSYS 优化过程通常需要经过以下步骤来完成：生成分析文件、构建优化控制文件、根据已完成的优化循环和当前优化变量的状态修正设计变量，重新投入循环、查看设计序列结果及后处理设计结果。本减速器箱体的 ANSYS 分析流程如图 18.5-15 所示。

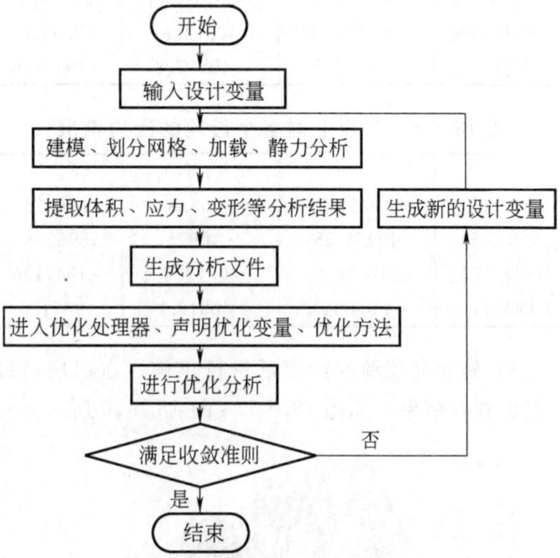

图 18.5-15　ANSYS 分析流程

（3）箱体的优化设计过程

1）参数化有限元模型的建立。在 ANSYS 中建立箱体的参数化模型。箱体的材料为球墨铸铁 QT400-15，弹性模量 $E=1.6\times10^5\text{MPa}$，泊松比 = 0.28。根据箱体的结构和性能要求，在“MeshTool”对话框中选择 6 级精度自由网格划分，在箱体的每个轴承座处选择细化，得到了参数化的有限元模型，划分结果比较理想，如图 18.5-16 所示。

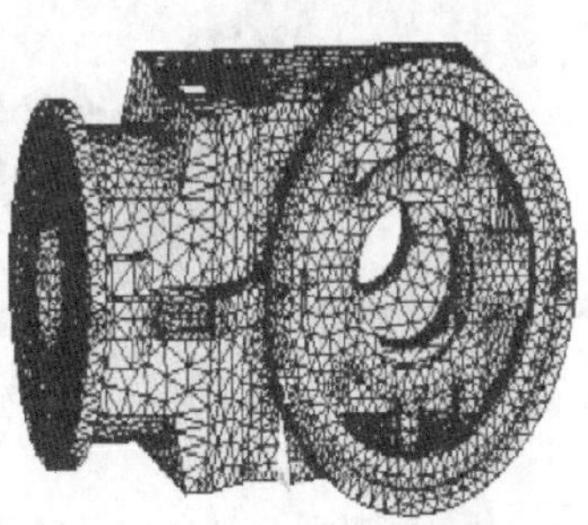

图 18.5-16　参数化箱体有限元模型

2）载荷与约束的处理。根据箱体的安装形式，箱体与电动机相连的输入部分、与行星架相连的输出部分为全约束。此减速器是第一级为一对弧齿锥齿轮传动，第二级为一对斜齿圆柱齿轮传动的二级减速器。当电动机顺时针转动时，建立载荷工况Ⅰ，计算出各个载荷工况的切向力、径向力和轴向力的大小，见表 18.5-7。当电动机逆时针转动时，建立载荷工况

Ⅱ，计算出各个载荷工况的切向力、径向力和轴力的大小，见表 18.5-8。

表 18.5-7　工况Ⅰ时各个齿轮的受力情况

	F_t/N	F_i/N	F_z/N
小锥齿轮	49254.25	33798.3	-24197.85
大锥齿轮	-49254.25	-24197.85	33798.3
小圆柱齿轮	-110428.8	40812.8	19471.6
大圆柱齿轮	110428.8	-40812.8	-19471.6

表 18.5-8　工况Ⅱ时各个齿轮的受力情况

	F_t/N	F_i/N	F_z/N
小锥齿轮	-49254.25	6965.8	-40975
大锥齿轮	49254.25	-40975	6965.8
小圆柱齿轮	110428.8	40812.8	-19471.6
大圆柱齿轮	-110428.8	-40812.8	19471.6

3）施加完载荷和约束后进行求解。在通用后处理器里查看结果，如图 18.5-17~图 18.5-20 所示。

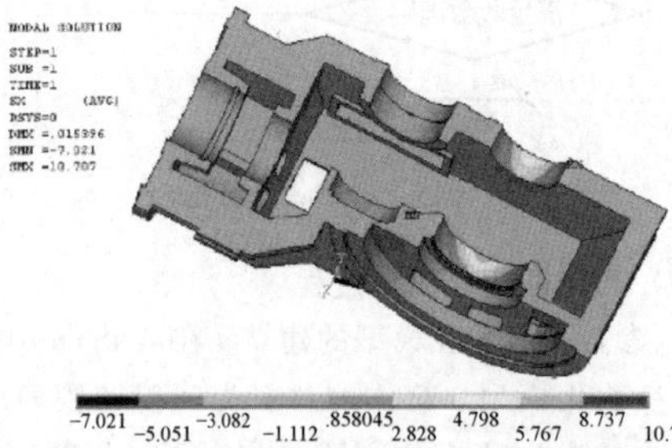

图 18.5-17　工况Ⅰ时上箱体 X 方向的应力分布云图

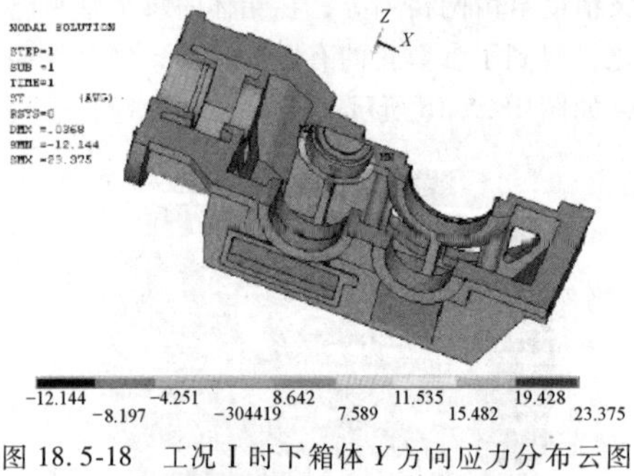

图 18.5-18　工况Ⅰ时下箱体 Y 方向应力分布云图

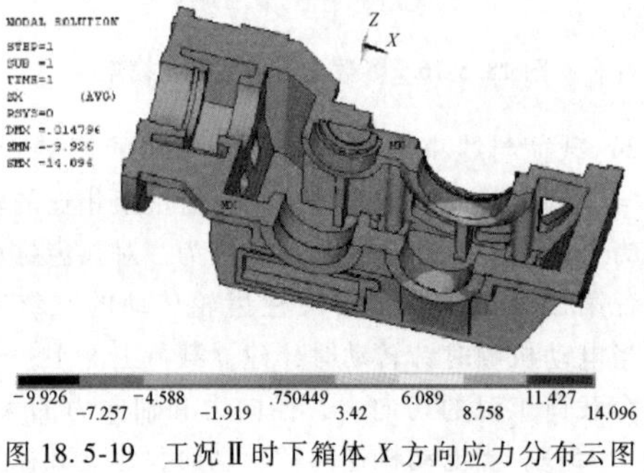

图 18.5-19　工况Ⅱ时下箱体 X 方向应力分布云图

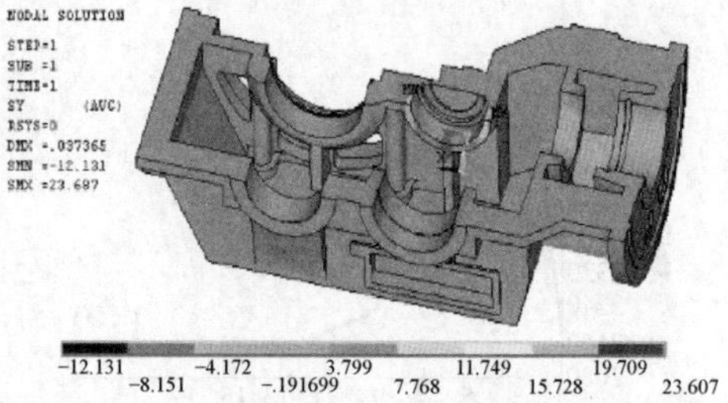

图 18.5-20　工况Ⅱ时上箱体 Y 方向应力分布云图

4）结果分析。从图 18.5-17~图 18.5-20 可以看出，上、下箱体的受力比较均匀，都没有出现应力集中的现象。由图 18.5-17 得出上箱体在 X 方向所受的最大应力为 10.707MPa，第 1、2、3、4、6 轴承座受力都不大于 6.767MPa。由图 18.5-18 得出下箱体在 Y 方向所受的最大应力为 23.375MPa，第 1、2、4、5、6 轴承座受力都不大于 15.482MPa。由图 18.5-20 得出上箱体在 Y 方向所受的最大应力为 23.687MPa，第 1、2、4、5、6 轴承座受力都不大于 15.728MPa。由图 18.5-19 得出下箱体在 X 方向所受的最大应力为 14.096MPa，第 1、2、3、4、6 轴承座受力都不大于 11.427MPa。因此，箱体所受的最大应力出现在工况Ⅱ时上箱体的第 3 轴承座处，为 23.687MPa，小于材料的许用应力 50MPa。

5）构建优化控制文件。状态变量和目标函数的定义及提取在优化设计中很重要。进入 ANSYS 的后处理模块，利用 APDL 提取有限元分析结果并赋值给状态变量和目标函数。

```
/POST1
AVPRIN,0, ,
ETABLE,ev,VOLU,
! *
SSUM
! *
*GET,v,SSUM, ,ITEM,EV
*SET,m,7.3*v/1000000
AVPRIN,0, ,
ETABLE,nminc,NMISC,10
! *
ESORT,ETAB,NMINC,0,1, ,
! *
*GET,nminc,SORT, ,MAX
AVPRIN,0, ,
ETABLE, ,U,X
! *
! *
ESORT,ETAB,UX,0,1, ,
```

！*

*GET,df,SORT，,MAX

6）优化设计。ANSYS 提供的优化设计方法有两种：零价方法和一价方法。零价方法的本质是采用最小二乘法逼近，求一个函数面来拟合解空间，然后再对函数面求极值，优化精度不是很高；一价方法通过计算因变量对自变量的偏导数，在每次迭代中，用最大斜度法或共轭梯度法确定搜索方向。它的精度更高，但计算量大，本例采用一阶优化方法。

7）优化结果分析。箱体优化后，得到了箱体的优化序列，将最优值与初始值进行比较，见表 18.5-9。由表 18.5-9 中数据可以看出，优化后整个箱体的体积比优化前有所减小，质量减轻了 427kg，比原来的减少了 13.32%。优化后箱体的最大等效应力（S_{max}）比优化前箱体的最大等效应力有所增加，但仍在材料的许用应力范围内。

表 18.5-9　最优值与初始值的比较

	设计变量(*DV*)/mm					状态变量(*SV*)		目标函数
	A	*D*	*E*	*F*	*G*	*DF*/mm	S_{max}/MPa	*M*/kg
原始值	30	40	80	40	50	0.102E-01	24.74	3205
最优值	15	34	40	45	49	0.104E-01	30.30	2778

优化后上箱体 *Y* 方向的应力分布云图如图 18.5-21 所示。从图 18.5-21 可以看出，上箱体所受的最大应力出现在第 3 轴承座，为 26.231MPa，其余轴承座的应力不大于 20.488MPa，最大应力虽比优化前有所增加，但仍在材料的许用应力范围内。

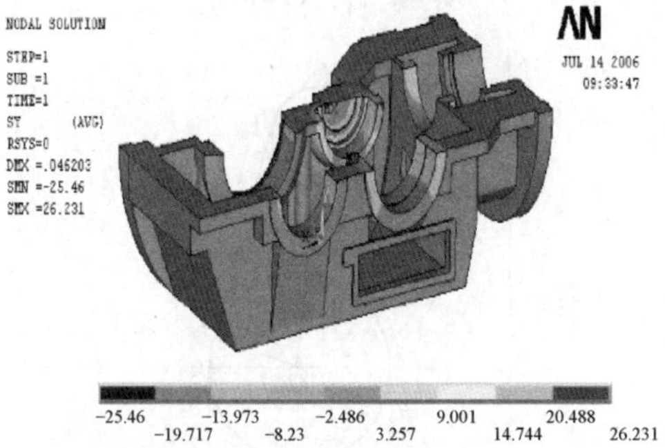

图 18.5-21　一阶方法优化后上箱体 *Y* 方向的应力分布云图

3.3　热压机机架结构的优化设计

在箱体、机架优化设计中，由于其结构的复杂性，无论是静态优化，还是动态优化，在大多数情况下必须使用有限元法。每选择一种设计方案都要进行有限元分析，才能准确地计算最大应力值、最大变形量，使每一个设计方案均满足约束条件来保证最优解的正确性。以机架刚度作为目标函数时，也必须使用有限元法对每一种设计方案进行分析，求得精确的变形值，使目标函数达到最优值。

本节以某重型机器厂生产的 6450t 热压机为例，说明其机架结构优化设计过程。该机的主体由八架 16 片框板平行组装而成，每片框板的结构尺寸及受力状况如图 18.5-22 所示。

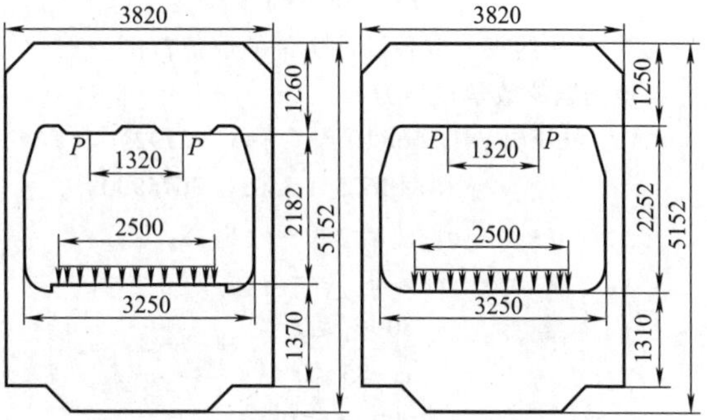

a) 结构图　　b) 简化图

图 18.5-22　框架结构

对该机进行结构优化设计时，分成两步：第一步是以大尺寸为设计变量，以重量最轻为目标；第二步是以框板上角应力集中区的过渡曲线尺寸为设计变量，以该区的应力最小为目标。

（1）以重量最轻为目标的优化设计

1）设计变量。取四个设计变量来描述框板的外形尺寸和厚度，如图 18.5-23 所示。其中，x_1 的变化决定 L_1L_2 线段的上下移动；x_2 的变化决定 L_2L_3 线段的左右移动；x_3 的变化决定 L_3L_6 折线段的上下移动；x_4 为框板的厚度。即

$$\boldsymbol{x}=(x_1,x_2,x_3,x_4)^{\mathrm{T}}$$

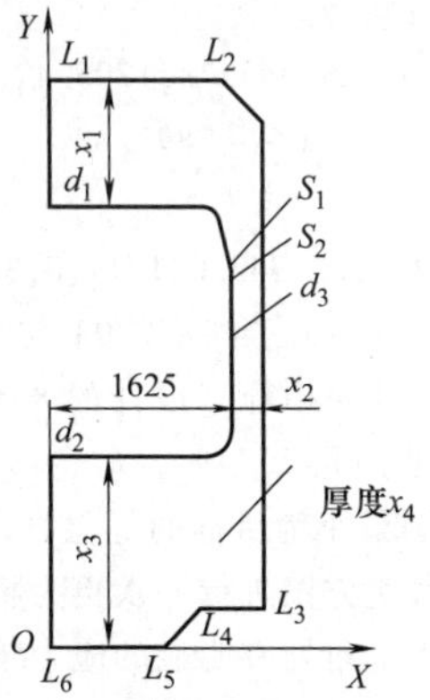

图 18.5-23　框板的结构

2）目标函数。取单片框板的重量。

3）约束函数。

① 位移约束。取上横梁中的点 d_1、下横梁中的点 d_2 及侧板上的 d_3 为位移控制点，即要求各控制点的位移不超过如下许用值：

d_1 点的许用变形量，$[\delta]_{d1}=0.5\text{mm}$

d_2 点的许用变形量，$[\delta]_{d2}=3\text{mm}$

d_3 点的许用变形量，$[\delta]_{d3}=2.5\text{mm}$

② 应力约束。取侧板上的 S_1 和 S_2 两点为应力控制点。即要求各控制点的应力不超过如下许用值：

$$[\sigma]=150\text{MPa}$$

③ 几何约束。取各设计变量的取值范围。

该问题的数学模型为

$$\min F(x)=1.56\times10^{-5}[(x_1+x_3+2192)(x_2+1625)-340x_2-3675900]x_4$$

$$\text{s.t.}\quad \sigma_{di}-[\sigma]\leqslant0\quad i=S_1,S_2$$

$$\delta_i(x)-[\delta]_i\leqslant0\quad(i=d_1,d_2,d_3)$$

$$80-x_4\leqslant0$$

$$x_4-85\leqslant0$$

$$1000-x_1\leqslant0$$

$$100-x_2\leqslant0$$

$$1000-x_3\leqslant0$$

该问题用复合形法求解，位移和应力用平面有限元法计算。当用有限元法作为结构件的分析工具时，它们表现为设计变量的隐函数，因而在进行优化设计方法的程序设计时，应将有限元法的程序嵌入到复合形法程序中去。在计算过程中，随着设计变量的改变，结构件的尺寸发生变化。结构件的有限元网格及节点坐标也发生变化。因此，有限元计算程序必须具备自动划分网格的功能。由于框板结构是对称的，可以取一半作为计算对象，采用三节点线形单元，网格划分如图 18.5-24 所示。

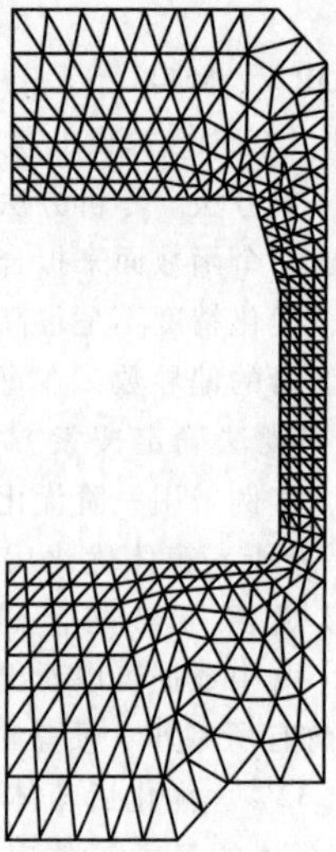

图 18.5-24　网格划分

利用复合形法计算，收敛精度取为 0.0001，得到的最优设计方案为

$$\boldsymbol{x}^*=(1242.28,343.78,1705.47,80.0)^{\mathrm{T}}$$

$$f(\boldsymbol{x}^*)=7897.83$$

圆整后

$$\boldsymbol{x}^*=(1242.0,343.0,1717.0,80.0)^{\mathrm{T}}$$

$$f(\boldsymbol{x}^*)=7878.03$$

单片框板的质量由原来设计的 8357.89kg 下降到 7878.03kg，减少质量 5.74%。

（2）以应力最小为目标的优化设计

当对上述最优方案进行一次更为精确的有限元计算时，发现框板上角处有明显的应力集中现象，其峰值达 142.3MPa。为尽可能降低应力峰值，使应力分布更加合理，可以应力集中区的最大应力最小为目标，取构成边界曲线的一组参数为设计变量，以设计变量的尺寸界限为约束函数进行优化设计。考虑到“圆弧-直线-圆弧”容易加工，而“三次样条曲线”则非常光滑（即具有连续的一阶和二阶导数），且变化灵活，可以覆盖多种类型的曲线，拟分别采用这两种型线作为边界曲线，并进行优化设计。

1）“圆弧-直线-圆弧”型边界曲线的描述。如图 18.5-25 所示，在应力集中区建立新坐标系 uOv，图中 t_1、t_2、t_3、t_4 分别是两段圆弧与直线的切点。边界形状由切点 t_3 至切点 t_4 间的“圆弧-直线-圆弧”组成，显然，该形状完全由两个圆弧的圆心 O_1（u_1, v_1）与 O_2（u_2, v_2）所确定。根据圆弧 O_1 必须与直线 at_3 相切，圆弧 O_2 必须与直线 bt_4 相切的要求可知，半径 R_1、R_2 可以用 u_2、v_1 表示

$$R_1=a-v_1,\ R_2=b-u_2$$

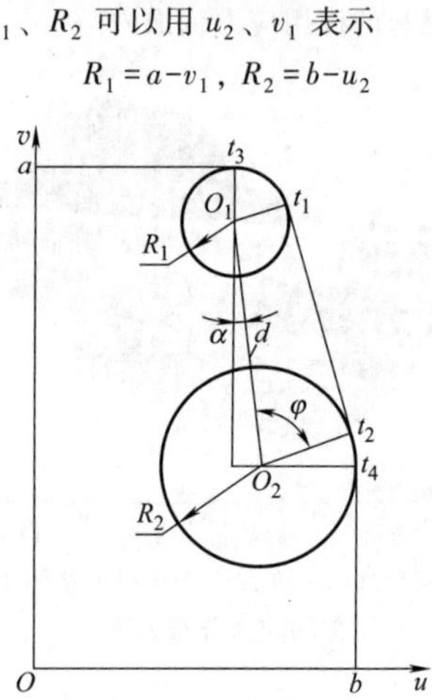

图 18.5-25　“圆弧-直线-圆弧”型边界曲线

于是可取两圆弧圆心坐标为设计变量，即

$$\boldsymbol{x}=(x_1,x_2,x_3,x_4)^{\mathrm{T}}=(u_1,v_1,u_2,v_2)^{\mathrm{T}}$$

边界曲线与设计变量间的函数关系为

$$v=\begin{cases}a & 0\leqslant u\leqslant x_1\\ \sqrt{(a-x_2)^2-(u-x_1)^2}+x_2 & x_1\leqslant u\leqslant u_{t1}\\ \dfrac{v_{t2}-v_{t1}}{u_{t2}-u_{t1}}(u-u_{t1})+v_{t1} & u_{t1}\leqslant u\leqslant u_{t2}\\ \sqrt{(b-x_3)^2-(u-x_3)^2}+x_4 & u_{t2}\leqslant u\leqslant b\end{cases}$$

$$u=b \qquad 0\leqslant v\leqslant v_{t4}$$

式中　u_{t1}、v_{t1}、u_{t2}、v_{t2}——切点坐标；

$u_{t1}=x_1-R_1\cos\varphi\cos\alpha+R_1\sin\varphi\sin\alpha$；

$v_{t1}=x_2-R_1\cos\varphi\sin\alpha+R_1\sin\varphi\cos\alpha$；

$u_{t2}=x_1+(d-R_2\cos\varphi)\cos\alpha-R_2\sin\varphi\sin\alpha$；

$v_{t2}=x_2+(d-R_2\cos\varphi)\sin\alpha-R_2\sin\varphi\cos\alpha$；

$\sin\varphi=\sqrt{1-[(R_2-R_1)/d]^2}$；

$\cos\varphi=(R_2-R_1)/d$；

$\alpha=\arctan(x_1-x_3)/(x_2-x_4)$；

$d=\sqrt{(x_1-x_3)^2+(x_2-x_4)^2}$；

$R_1=a-x_2$；

$R_2=b-x_3$。

2）“三次样条曲线”型边界曲线的描述。这种边界曲线的描述采用第一类边界条件的三次样条插值方法。为了减少描述三次样条曲线的设计变量数，插值在极坐标系下进行，然后再转换到直角坐标系中。插值区间为［α，β］，插值节点为一系列的幅角

$$\alpha=\varphi_1<\varphi_2<\cdots<\varphi_j<\cdots<\varphi_n=\beta$$

插值函数为相应的极径长度，即

$$r_1,r_2,\cdots r_j,\cdots,r_n$$

显然 $\{\varphi_j, r_j\}$ $\{j=1, 2, \cdots, n\}$ 的值决定了三次样条曲线的形状。

如图 18.5-26 所示，用$\{\varphi_j,r_j\}\{j=1,2,\cdots,5\}$来描述边界形状，并取 φ_1，φ_5，r_2，r_3，r_4 为设计变量，即

$$\boldsymbol{x}=(x_1,\ x_2,\ x_3,\ x_4,\ x_5)^{\mathrm{T}}=(\varphi_1,\ \varphi_5,\ r_2,\ r_3,\ r_4)^{\mathrm{T}}$$

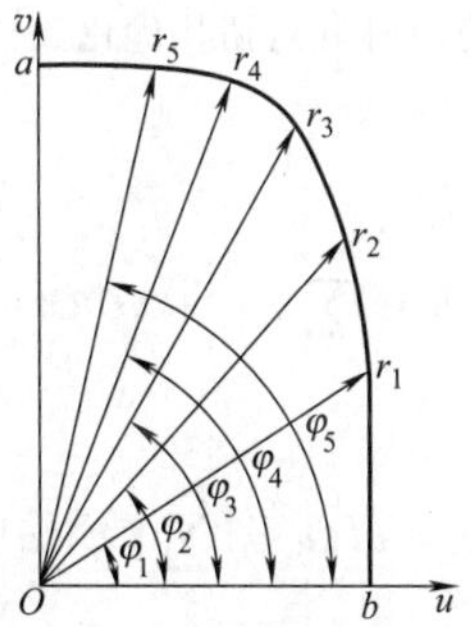

图 18.5-26　“三次样条曲线”型边界曲线

节点 φ_2、φ_3、φ_4 在区间［φ_1，φ_5］中按等间隔布置。因此设计变量 x_1 和 x_2 决定了曲线的分布范围，而 x_3、x_4、x_5 决定了曲线的形状。三次样条曲线的两端应分别与两条直线相切，可知 r_1 和 r_2 不是独立变量，可用下式表示

$$r_1=b/\cos\varphi_1, r_5=a/\sin\varphi_5$$

插值的边界条件为

$$r'(\varphi_1)=b\sin\varphi_1/\cos^2\varphi_1, r'(\varphi_5)=-a\cos\varphi_5/\sin^2\varphi_5$$

根据以上的分析，就可以建立应力优化设计的数学模型了。

“圆弧-直线-圆弧”型边界曲线的数学模型为

$$\min f(x)=\max\{\sigma_j\}$$

σ_j——边界曲线上各节点的计算应力

s. t.　$a_i\leqslant x_i\leqslant b_i$　$(i=1,2,3,4)$

“三次样条曲线”型边界曲线的数学模型为

$$\min f(x)=\max\{\sigma_j\}$$

σ_j——边界曲线上各节点的计算应力

s. t.　$a_i\leqslant x_i\leqslant b_i$　$(i=1,2,3,4)$

$\overline{r_i}-r_i\leqslant 0$　$(i=2,3,4)$

式中　$\overline{r_i}$——极径，r_{i-1} 和 r_i 的端点连线与极径 r_i 交点的极径，即

$$\overline{r_i}=\frac{r_{i-1}\sin\varphi_{i-1}-k_i r_{i-1}\cos\varphi_{i-1}}{\sin\kappa-k_i\cos\varphi_i}$$

式中　$k_i=\dfrac{r_{i+1}\sin\varphi_{i+1}-r_{i-1}\cos\varphi_{i-1}}{r_{i+1}\cos\varphi_{i+1}-r_{i-1}\cos\varphi_{i-1}}$　$(i=2、3、4、5)$

优化设计计算仍采用复合形法。为了使计算更加精确，当利用有限元法计算应力时，采用了四边形八节点的等参单元。

“圆弧-直线-圆弧”型边界曲线计算的最优解为

$$\boldsymbol{x}^*=(580.0,1140.0,460.0,667.2)^{\mathrm{T}}$$

$$f(\boldsymbol{x}^*)=124.5\mathrm{MPa}$$

“三次样条曲线”型边界曲线计算的最优解为

$$\boldsymbol{x}^*=(0.751,1.258,1190.0,1300.0,1364.7)^{\mathrm{T}}$$

$$f(\boldsymbol{x}^*)=120.6\mathrm{MPa}$$

最大应力由原来的 142.3MPa 分别降至 124.5MPa 和 120.6MPa，有效地缓和了应力集中现象。两种型线优化后的应力分布情况见图 18.5-27。

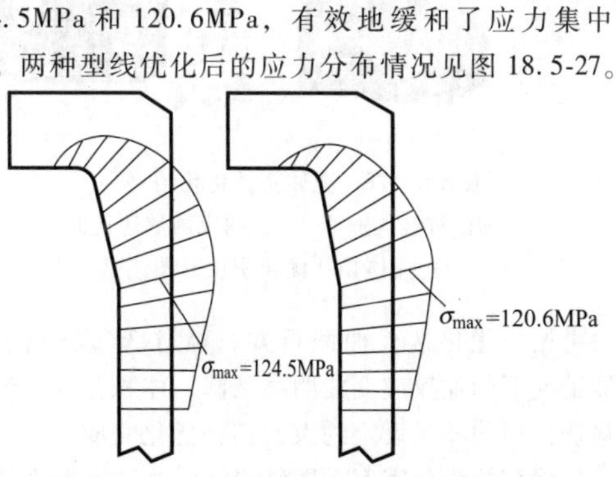

图 18.5-27　两种型线优化后的应力分布情况

与未优化结果相比，优化后的边界曲线上的应力不但峰值下降，而且变化也趋于平缓。“三次样条曲线”优化方案的最大应力比“圆弧-直线-圆弧”优化方案的更小，应力分布更合理。边界曲线在其上部向上弯曲，切入框板的上横梁，把原来分布在侧板狭窄区域的高应力分流到上横梁的应力富裕区，从而有效地缓解了应力集中现象。

3.4　基于拓扑优化方法主减速器壳的轻量化

此处选择 2.2 节的轧机闭式机架为研究对象，优化设计过程具体如下：

主减速器壳体拓扑优化模型采用变密度法，以单元相对密度作为设计变量，以成员尺寸（15 ~ 30mm）、最大应力（255MPa）、最大位移（0.024mm）和体积分数（0.3）为约束，以加权应变能最小为目标函数，对主减速器壳体进行优化。

壳体拓扑优化结果如图 18.5-28 所示。

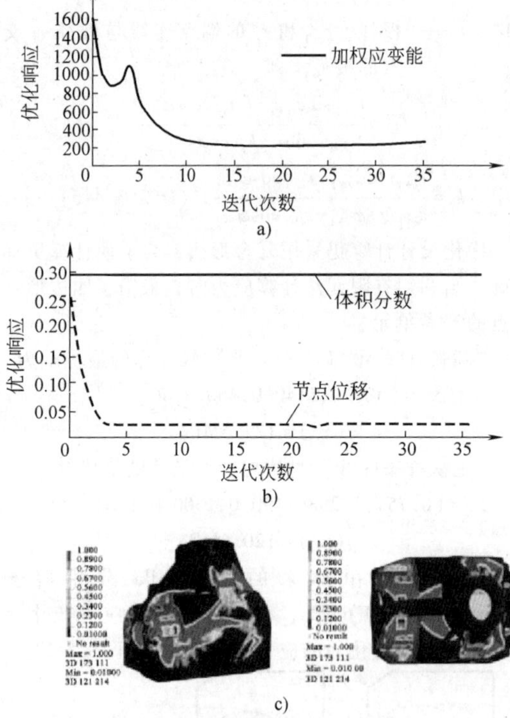

图 18.5-28　壳体拓扑优化结果
a）目标函数迭代曲线　b）约束函数迭代曲线
c）壳体拓扑优化密度云图

由拓扑优化迭代曲线可知，经过 36 次迭代后，爬坡工况下的加权应变能明显下降，体积分数、最大位移迭代后均满足设定约束，拓扑优化完成。

根据拓扑优化密度云图结果，对主减速器壳体进行结构改进，在保证壳体整体结构强度的前提下实现轻量化设计。主减速器壳体结构主要从以下几处进行修改：①壳体与壳体盖螺栓连接处挖直径为 12mm、深 20mm 的孔；②左右输出端支撑肋板两侧均匀打薄 5mm；③壳体部分内壁减薄 2mm 的厚度；④对应力集中部位进行倒圆处理。

检验优化结果。检验优化后的主减速器壳体是否满足要求，对其进行强度分析和模态分析。优化前后壳体性能分析结果见表 18.5-10。

表 18.5-10　优化前后壳体性能分析结果

(1)优化前后静强度分析对比		
	优化前	优化后
最大位移/mm	0.024	0.019
最大应力/MPa	25.77	15.32
(2)优化前后模态分析对比		
阶次	优化前频率 f/Hz	优化后频率 f/Hz
1	1273	1268
2	1338	1349
3	1568	1577
4	1877	1874
(3)优化前后总质量对比		
	总质量/kg	
优化前	34.1	
优化后	32.6	

由表 18.5-10 可知，优化前后最大应力和最大位移均有所减少，其中，最大应力由 25.77MPa 减小到 15.32MPa，最大位移由 0.024mm 减小到 0.019mm，壳体的整体强度得到很好的改善。优化前后的频率变化也非常微小，整体基本保持不变，整体刚度有所提升，而且，优化后的频率也均避开了齿轮啮合频率。壳体总质量由 34.1kg 减少到 32.6kg，减轻约 5%。

3.5　多工况变速器箱体静动态联合拓扑优化

此处以 2.3 节所研究的变速器箱体为研究对象，优化设计过程具体如下。

（1）结构静动态特性联合拓扑优化数学模型

结构静动态特性联合拓扑优化数学模型表示为

$$\text{find } \boldsymbol{x}=(x_1,x_2,\cdots,x_n)^{\mathrm{T}}$$

$$\min S = \sum_{l=1}^{m} w_l c_l + NORM\frac{\sum_{j=1}^{k} w_j/\lambda_j}{\sum_{j=1}^{k} w_j}$$

$$s.t.\ \boldsymbol{c} = \boldsymbol{u}^{\mathrm{T}}\boldsymbol{k}\boldsymbol{u} = \sum_{i=1}^{n}(x_i)^p \boldsymbol{u}_i^{\mathrm{T}}\boldsymbol{k}_0\boldsymbol{u}_i$$

$$\boldsymbol{k}\boldsymbol{u}=\boldsymbol{F}$$

$$V = fV_0 = \sum_{i=1}^{n} x_i \boldsymbol{v}_i$$

$$0<x_{\min}\leqslant x_i\leqslant 1,\ i=1,\ 2,\ \cdots,\ n$$

$$\lambda_{\min}\geqslant\lambda_0$$

$$f\leqslant 0.8$$

$$\sigma_{i1}\leqslant\overline{\sigma}$$

$$d_{i1}\leqslant\overline{d}$$

$$NORM=c_{\max}\lambda_{\min}$$

式中：$\boldsymbol{x}$ 为单元密度向量；x_i 为第 i 个单元密度；S 为组合应变能指标；w_l 为第 1 工况的加权系数；c 为结构总柔度矩阵；c_l 为第 1 工况的结构总柔度；w_j、λ_j 为第 j 个特征频率和对应的加权系数；$NORM$ 为校正系数，用于校正应变能和特征值的贡献；$\boldsymbol{k}$ 为结构总体刚度矩阵；$\boldsymbol{u}$ 为系统位移列阵；$\boldsymbol{u}_i$ 为第 i 个单元位移向量；$\boldsymbol{F}$ 为系统外力向量；p 为惩罚因子；V_0、V 为设计区域初始体积和优化后体积；f 为体积比；$\boldsymbol{v}_i$ 为优化后单元体积；$x_{\min}$ 为设计变量的下限；$\boldsymbol{\lambda}_{\min}$ 为最小特征值，即第 1 阶特征值；$\boldsymbol{\lambda}_0$ 为特征值允许下限值；k_0 为结构初始总体刚度矩阵；d_{il}、$\boldsymbol{\sigma}_{il}$ 为第 l 工况下节点位移和应力；$\overline{d}$、$\overline{\sigma}$ 为节点位移和应力上限；$c_{\max}$ 为所有工况中最大柔度值。

（2）箱体的拓扑优化模型

结合箱体有限元模态分析和静力分析结果，将箱体有限元模型划分为设计区域和非设计区域。设计区域即为拓扑优化空间，包括第一设计区域（箱体内部主要肋板、隔板区域，如图 18.5-29 所示）和第二设计区域（箱体外壳结构区域）；非设计区域为模型中与约束和载荷作用刚性单元相关联的实体单元，以及箱体内部不受载荷作用的支撑板等区域，如图 18.5-30 所示。设计变量为这些设计空间内的单元相对密度值。

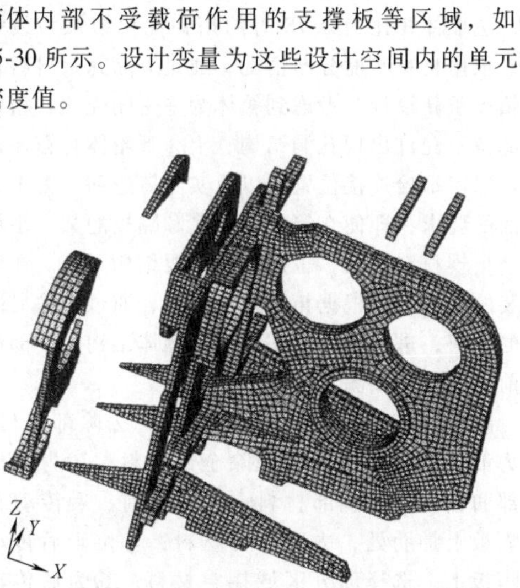

图 18.5-29　主要肋板、隔板区域

该箱体拓扑优化主要综合考虑七种载荷工况下结构全局应力约束、某些关键节点的位移约束和体积比

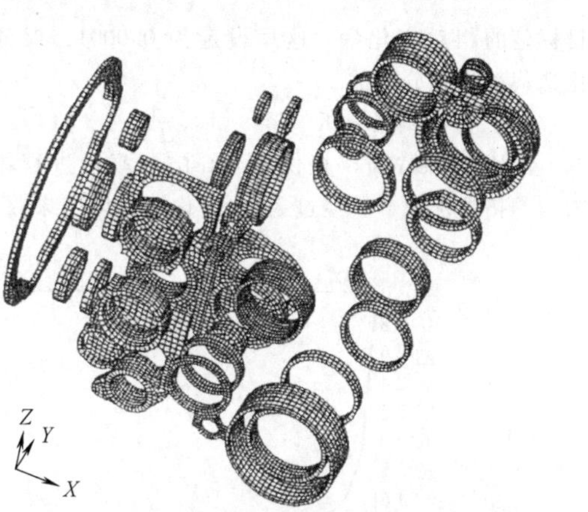

图 18.5-30　箱体非设计区域

约束等，关键节点的位移约束见表 18.5-11。模型全局应力约束上限值为 150MPa，设定箱体的体积比上限为 0.8，即最多只保留原始模型总体积的 80%。另外，还必须保证优化后模型第 1 阶频率不低于原始结构，保证结构原有避开低频共振的能力。

表 18.5-11　拓扑优化关键节点的位移约束

节点 ID	136887	177374	14231834
初始位移/mm	0.64	0.18	0.11
位移上限值/mm	0.65	0.20	0.20

箱体结构拓扑优化目标函数为可以综合表达结构全局响应的组合应变能指标，它包括加权应变能和加权特征值倒数两部分，可兼顾箱体静态多载荷工况和动态频率特性。但目标函数中包含加权因子，考虑到该变速器的设计寿命为 800h，各载荷工况的应变能加权因子按照表 18.5-12 中变速器各档位工作时间百分比进行定义；另外，由于结构的前六阶模态振型主要表现为结构的整体变形，每阶模态同等重要，因此选择各阶模态特征值倒数的加权因子相同。

表 18.5-12　变速器各档工作时间分配

档位	1	2	3	4	5	6	R
工作时间 t_i/h	16	40	120	200	240	144	40
分配百分比 w_i(%)	2	5	15	25	30	18	5

到此，箱体结构拓扑优化模型建立基本完成，可利用优化准则法对其进行拓扑优化求解。在优化求解过程中可能会出现迭代不够彻底，即优化后单元密度不是趋于 0 或 1，而存在大量中间密度；或者出现优化后结果有材料单元和无材料单元交替的情况，即棋盘格式现象等。为此，通过设置优化控制参数来避免这些现象，其中，DISCRETE 控制单元密度向 0—1 两端变化的离散参数，对应实体单元推荐值为 3；CHECHER 控制棋盘格式现象，这里设定为 1，即全局棋盘格控制；OBJTOL 控制相邻两次迭代之间优化

目标值的相对变化量，这里设定为 0.0001，保证优化迭代得到充分收敛。

（3）优化结果分析

利用 HyperWorks 提供的 optistruct 平台进行箱体结构的拓扑优化，共经过 38 次优化迭代后结果收敛，图 18.5-31 所示为组合应变能指标（目标函数）、体积比、前六阶模态频率、节点 177374 位移随迭代次数的变化曲线。由图 18.5-31 可见，整个结构件在满足静、动力学特性的前提下，约束变量和目标函数都趋于一致，最终体积比为 0.78。

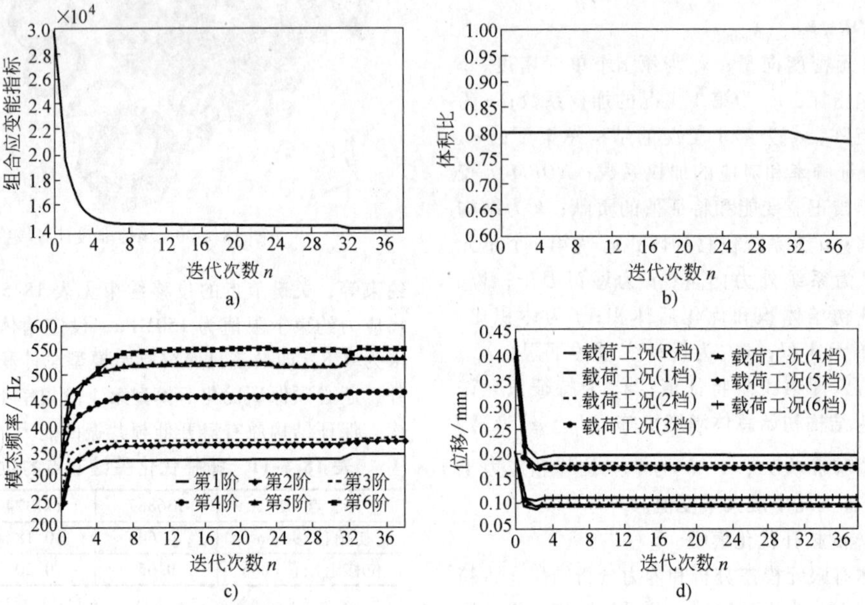

图 18.5-31 优化参数随迭代次数的变化曲线

a）组合应变能指标 b）体积比 c）前 6 阶模态频率 d）节点 177374 位移

经过对箱体结构的拓扑优化，理想状况下，经拓扑优化后，结构质量可减小 22%；由优化前后的模态频率（前六阶）对比可知，优化后每阶模态频率都有不同程度的提高。对第一阶模态频率来说，相比原始结构增加 10%，增加的量不大。

变密度法材料插值模型的拓扑优化结果是密度等值分布图，其中间密度对应的区域是假想人工材料，在实际工程中无法实现，但是可以利用拓扑优化结果对这些区域进行人为处理，以适应实际的工程需要。图 18.5-32 所示为箱体拓扑优化的第一和第二设计区域的材料密度分布云图。

图 18.5-32 中的深色区域为可去除大部分材料，材料密度值接近 0，浅色区域为结构需保留区域，密度值接近 1，白色区域为分界面；其他颜色区域为中间区域，这些区域可去除部分材料。由箱体的材料密度分布云图可知，在箱体第一设计区域，箱体内部肋板、隔板、支承板都有不同程度的材料去除；在箱体第二设计区域，箱体外壳结构在其棱角部分都有一定的材料去除，理想的外壳结构棱角处基本都是球面过渡。

（4）箱体的结构修改与分析

箱体拓扑优化结果为设计提供了一种材料分布依据，选取体积比为 0.78 时的拓扑优化结果为最终结果，根据材料密度分布情况，通过去除冗余材料来实现箱体重新设计。考虑到箱体为一密闭壳体，箱壁某些部位不允许出现孔洞结构，上、下箱体合箱连接处必须保留螺栓连接位置，以及实际铸造和加工工艺等方面的要求，即使在箱壁、箱底和隔板的某一小块区域会出现材料冗余，也能保持主要结构不变。在保证安装的前提下，根据拓扑优化结果，通过去除局部结构的材料，进行箱体结构修改。箱体结构主要部位修改前、后对比如图 18.5-33 所示。

图 18.5-33 中的①为前盖内板，去除部分材料；②为前传动顶部肋板，去除全部材料；③为前传动底部肋板，去除全部材料；④位于前、后传动右半部隔板上加肋处，去除部分材料；⑤位于后传动中间隔板上，选择部分区域掏空材料；⑥为后传动底部肋板，去除全部材料；⑦为变速器 I 轴左、右轴承座，去除部分材料；⑧位于箱体右侧棱角处，去除全部材料。

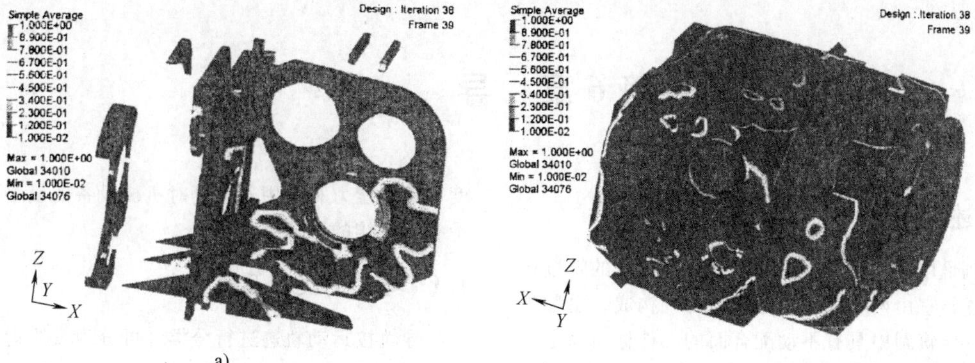

a)　　b)

图 18.5-32　箱体的材料密度分布云图

a）第一设计区域　b）第二设计区域

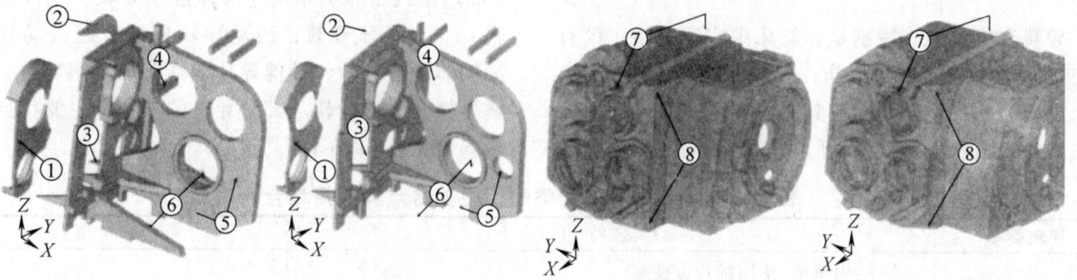

a)　　b)

图 18.5-33　箱体修改前后对比图

a）第一设计区域　b）第二设计区域

由于对箱体结构进行修改时限制因素较多，主要是对材料相对密度很小且分布区域比较大的位置进行了结构修改，因此最终箱体修改后的结构并不能达到理想状态下的拓扑优化结果。修改后的箱体结构质量较原来减少 22.1kg，减少质量约 5.9%。

为验证改进后箱体结构的静力学性能，需对其进行各工况下的静力分析，见表 18.5-13。由表 18.5-13 可知，改进后结构的最大应力、变形节点位置大致不变，数值也基本不变，而且结构的第一阶固有频率为 319.04Hz，略高于初始设计，修改后箱体前六阶频率都有不同程度的提高。

表 18.5-13　箱体修改后结构静力分析结果

档位	R	1	2	3	4	5	6
最大应力 σ_{max}/MPa	70.73	29.70	28.20	34.81	19.92	19.91	19.74
节点 ID	136907	14061058	14026090	14061058	88428	14061058	88428
位置	箱体顶部惰轮凸起处	Ⅰ轴中间轴承座下方	前传动惰轮轴承座处	箱体顶部惰轮凸起处	前盖内板轴承座处	Ⅰ轴中间轴承座下方	前盖内板轴承座处
最大位移 d_{max}/mm	0.64	0.18	0.17	0.17	0.12	0.12	0.12
节点 ID	136887	177374	177374	177374	90079	90079	90079
位置	箱体顶部惰轮凸起处	Ⅰ轴中间轴承座处	Ⅰ轴中间轴承座处	Ⅰ轴中间轴承座处	Ⅰ轴中间轴承座处	前盖内板	前盖内板

第6章　导　　轨

1　概述

导轨是用于支承和引导运动部件沿确定的轨迹运动的装置，它由两个做相对运动的部件构成，也称为导轨副。导轨副中具有不动配合面的部件称为固定导轨或静导轨，而具有运动配合面的部件称为运动导轨或动导轨。导轨是将运动构件约束到只有一个自由度的装置，这个自由度可以是直线运动或者是回转运动。

导轨在机械中，特别是在机床中广泛采用。没有不使用导轨的金属切削机床；在测量机、绘图机上，导轨是它们的工作基准；在其他机械中，如轧机、压力机和纺织机等也都离不开导轨的导向。导轨的精度、承载能力和使用寿命等对机械设备的最终工作质量有着直接的影响。

1.1　导轨的类型及其特点

导轨按运动轨迹进行分类，可分为直线运动导轨和圆周（回转）运动导轨。按结构特点和摩擦特性分类，导轨分为滑动导轨、滚动导轨和其他导轨。滑动导轨包括普通滑动导轨［整体式、镶装式和贴（涂）塑式、静压导轨（液体静压导轨、气体静压导轨）］和动压导轨；滚动导轨包括普通滚动导轨和滚动体循环导轨；其他导轨包括滚动贴塑复合式、弹簧导轨和磁浮导轨。部分导轨的类型、主要特点和应用场合见表18.6-1。

表18.6-1　部分导轨的类型、主要特点和应用场合

导轨类型	主要特点	应　　用
普通滑动导轨（滑动导轨）	1)结构简单,使用维修方便 2)当未形成完全液体摩擦时,低速易爬行 3)磨损大、寿命低、运动精度不稳定	普通机床、冶金设备上应用普遍
塑料导轨（贴塑导轨）	1)动导轨表面贴塑料软带等与铸铁或钢导轨搭配,摩擦因数小,且动、静摩擦因数相近。不易爬行,抗磨损性能好 2)贴塑工艺简单 3)刚度较低、耐热性差,容易蠕变	主要用作中、大型机床压强不大的导轨,应用日趋广泛
镶钢、镶金属导轨	1)在支承导轨上镶装有一定硬度的钢板或钢带,提高导轨耐磨性(比灰铸铁高5~10倍),改善摩擦或满足焊接床身结构需要 2)在动导轨上镶有青铜之类的金属,可防止咬合磨损,提高耐磨性,运动平稳、精度高	镶钢导轨工艺复杂,成本高。常用作重型机床的导轨,如立车、龙门铣床
滚动导轨	1)运动灵敏度高、低速运动平稳性好,定位精度高 2)精度保持性好,磨损小、寿命长 3)刚性和抗振性差,结构复杂,成本高,要求有良好的防护	广泛用作各类精密机床、数控机床、纺织机械等的导轨
动压导轨	1)速度高(90~600m/min),形成液体摩擦 2)阻尼大、抗振性好 3)结构简单,不需要复杂供油系统,使用维护方便 4)油膜厚度随载荷与速度而变化,影响加工精度,低速重载时易出现导轨面接触	主要用作速度高、精度要求一般的机床主运动导轨
静压导轨	1)摩擦因数很小,驱动力小 2)低速运动平稳性好 3)承载能力大,刚性、吸振性好 4)需要一套液压装置,结构复杂、调整困难	用作各种大型、重型机床,精密机床,数控机床的工作台

1.2　导轨的设计要求

（1）导向精度和精度保持性

导向精度指动导轨沿静导轨运动时其运动轨迹的准确性。影响导向精度的主要因素有导轨的几何精度、导轨副的接触精度、导轨和支承件的刚度，以及热变形、导轨的油膜厚度和油膜刚度等。导轨的精度保持性主要取决于导轨的耐磨性和导轨材料的稳定性。

（2）运动精度

运动精度包括两方面内容：一是运动的平稳性（如

低速不爬行)，二是定位精确（线定位和角定位)。

(3) 刚度和承载能力

导轨受力后的变形将影响部件之间的位置和导向精度。

导轨应具有足够的承载能力和刚度，导轨的载荷分布要合理，以免导轨因不规则磨损而失去精度，影响使用寿命。

(4) 抗振性和稳定性

抗振性和稳定性是导轨的振动稳定性指标，前者指抗受迫振动的能力，后者指抗自激振动的能力。

(5) 结构工艺性

导轨应结构简单、工艺性好，在满足要求的前提下，尽量便于加工、装配、调整和维修。

(6) 对温度变化的适应性

环境温度的变化和局部热源产生的不均匀温度场，都可能会引起导轨变形。精密设备的导轨应具备较好的温度适应性。

另外，在导轨的设计过程中，还要保持导轨具有良好的润滑和防护装置。

1.3　导轨的设计程序及内容

1) 根据工作条件、载荷特点，确定导轨的类型、截面形状和结构尺寸。

2) 进行导轨的力学计算，选择导轨材料、表面精加工和热处理方法，以及摩擦面硬度匹配。

3) 设计（滑动）导轨的配合间隙和预加载荷调整机构。

4) 设计导轨的润滑系统及防护装置。

5) 制定导轨的精度和技术条件。

1.4　精密导轨的设计原则

对几何精度、运动精度和定位精度要求都较高的导轨（如数控机床、测量机的导轨)，在设计时还必须考虑以下一些原则。

(1) 使导轨系统能达到误差相互补偿的效果，必须满足下列三个条件：

1) 导轨间必须设计中间弹性环节，如使用滚动体、粘贴塑料及静压油膜等。

2) 导轨间要有足够的预紧力，使接触的误差能进行补偿。预紧力应不大于使中间弹性体发生永久变形时的变形力。

3) 导轨要有较高的制造精度，要求导轨的制造误差小于中间弹性体（元件）的变形量。

(2) 导轨类型的选择原则

1) 精度互不干涉原则。导轨的各项精度制造和使用时互不影响才能得到较高的精度。

2) 静、动摩擦因数相接近的原则。如选用滚动导轨或塑料导轨，由于摩擦因数小，静、动摩擦因数相近，所以可获得很低的运动速度和很高的重复定位精度。

3) 导轨能自动贴合的原则。要使导轨精度高，必须使相互结合的导轨有自动贴合的性能。如对水平位置工作的导轨，可以靠工作台的自重来贴合；其他导轨靠附加的弹簧力或者滚轮的压力使其贴合。

4) 移动的导轨（如工作台）在移动过程中，始终全部接触的原则，即固定的导轨长，移动的导轨短。

5) 对水平安置的导轨，以下导轨为基准，以上导轨为弹性体的原则。以长的固定不动的下导轨为刚性较强的刚体为基准，以移动部件的上导轨为具有一定变形的弹性体。

6) 能补偿因受力变形和受热变形的原则。如龙门式机床的横梁导轨，可将中间部位制成凸形，用以补偿主轴箱（或刀架）移动到中间位置时的弯曲变形。

2　滑动导轨

2.1　滑动导轨截面形状、特点及应用

2.1.1　直线滑动导轨

直线滑动导轨一般由若干个平面构成，为了便于制造、装配和检验，其平面数量应尽量少。常见的单根直线滑动导轨的类型、截面形状、特点及应用见表18.6-2。

表18.6-2　单根直线滑动导轨的类型、截面形状、特点及应用

类型		截面形状		特点及应用
		凸　形	凹　形	
V形导轨(山形导轨、三角形导轨)	对称形	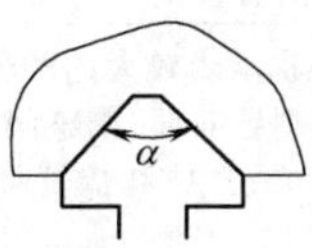	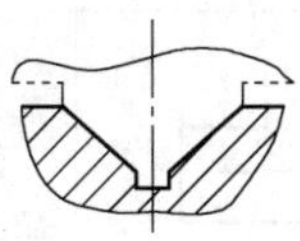	1)导向精度高,磨损后能自动补偿 2)凸形有利于排屑,不易保存润滑油,用于低速;凹形特点与凸形相反,高、低速均可采用 3)对称形截面制造方便,应用较广,两侧压力不均时采用非对称形 4)顶角 α 一般为 90°,重型机床采用 $\alpha=110°\sim120°$,精密机床采用 $\alpha<90°$ 以提高导向精度

（续）

类型		截面形状 凸形	凹形	特点及应用
V形导轨（山形导轨、三角形导轨）	非对称形	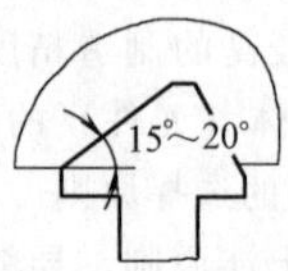	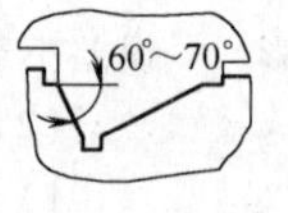	1）导向精度高，磨损后能自动补偿 2）凸形有利于排屑，不易保存润滑油，用于低速；凹形特点与凸形相反，高、低速均可采用 3）对称形截面制造方便，应用较广，两侧压力不均时采用非对称形 4）顶角α一般为90°，重型机床采用α=110°～120°，精密机床采用α<90°以提高导向精度
矩形导轨（平导轨）		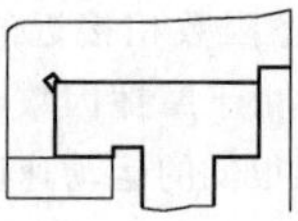	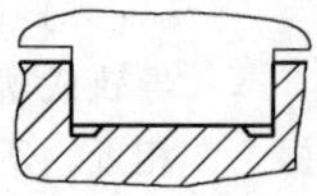	1）制造简单、承载能力大，不能自动补偿磨损，必须用镶条调整间隙；导向精度低，需良好的防护 2）主要用于载荷大的机床或组合导轨
燕尾形导轨		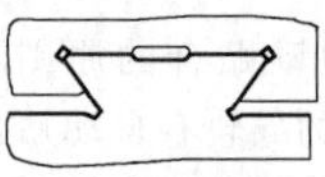	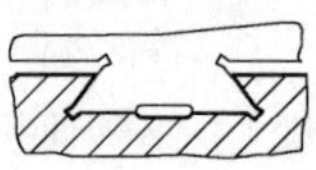	1）制造较复杂，磨损后不能自动补偿，用一根镶条可调整间隙，尺寸紧凑，调整方便 2）主要用于要求高度小的部件中，如车床刀架
圆柱形导轨		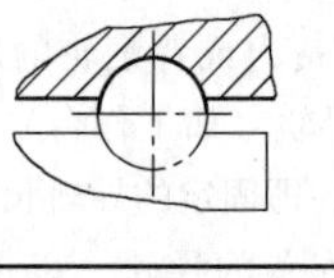	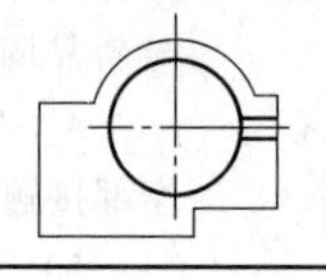	1）制造简单，内孔可珩磨，外圆采用磨削可满足配合精度要求，磨损后不能自动调整间隙 2）主要用于受轴向载荷的场合，如钻、镗床主轴套筒、车床尾架

导轨的截面组合形式多种多样，都有其适用的场合。几种常见导轨的组合形式、特点及应用见表18.6-3。

表18.6-3 常见导轨组合形式、特点及应用

序号	组合形式	示意图或截面形状	特点及应用
1	两根或四根平行的圆柱	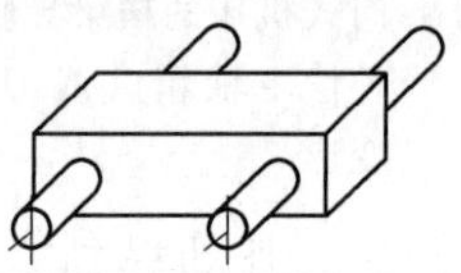	1）制造工艺性、导向性好，导向刚度较差 2）磨损后不易补偿，调整装置复杂；两圆柱平行度要求高 3）主要用于轻型机械，或者受轴向力的场合
2	一个V形和一个平面（构成V形的两个平面的交线与平面平行）	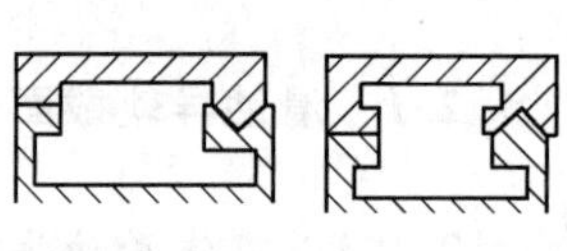	1）不需要镶条调整，导向性好，刚性较好，制造较方便 2）凹形导轨的动压浮升量比矩形导轨大，会引起移动件偏移 3）广泛用于如卧式车床、龙门刨床和磨床等
3	两个V形（构成V形的两个平面的交线平行）	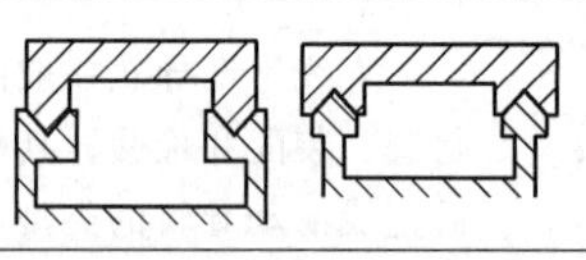	1）导向精度高，能自动补偿磨损，加工检修困难，要求四个面接触，工艺性差 2）主要用于精度要求高的机床，如坐标镗床、精密丝杠车床等
4	双矩形（相当于矩形截面的方柱）	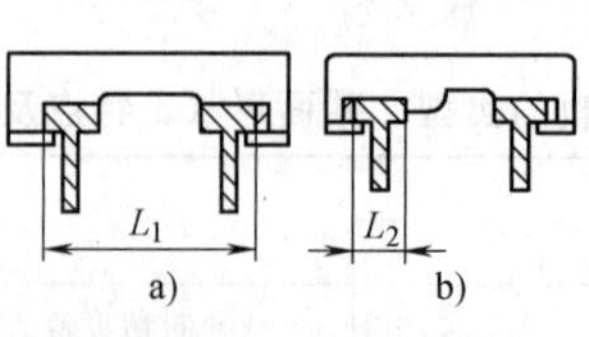	1）主要承受与主支承面相垂直的作用力，刚性好，承载能力大，加工维修容易 2）侧导向面用镶条调整间隙，使接触刚度降低，而且必须留有余量，使导向精度降低 3）用于普通精度机床或重型机床，如升降台铣床，龙门铣床 图a和图b两者仅侧导向面不同
5	矩形和燕尾形	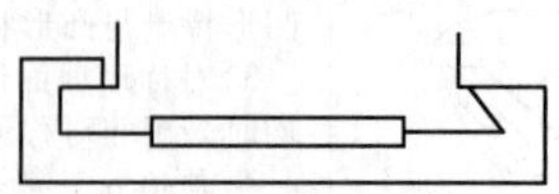	1）用矩形导轨承受较大的颠覆力矩产生的压力，用燕尾形导轨作侧导向面，调整间隙简便，夹紧容易 2）常用于横梁、立柱和摇臂导轨，以及多刀车床刀架导轨等

注：除序号2、3的组合外，其余组合的偶件均可互为可动件。

2.1.2　圆运动滑动导轨

圆（回转）运动滑动导轨要求在径向切削力和离心力的作用下运动部件能保持较高的回转精度，这种导轨常常与主轴联合使用。圆运动滑动导轨的类型、截面形状、特点及应用见表18.6-4。

表18.6-4　圆运动滑动导轨的类型、截面形状、特点及应用

类　型	截面形状	特点及应用
平面环形导轨	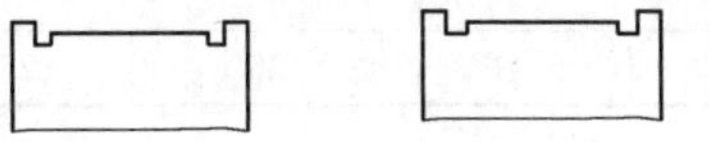	承载能力大、工作精度高、结构简单、制造方便，但只能承受轴向载荷，必须与主轴联合使用，由主轴承受径向载荷 适用于主轴定心的回转运动导轨的机床，如立式车床、加工中心转台及齿轮加工机床等
锥面环形导轨	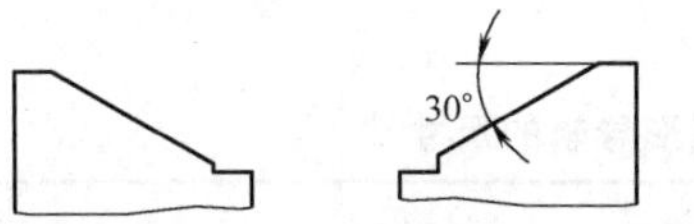	可以承受一定的径向载荷，工艺性差。目前用于花盘直径小于3m的立式车床和其他机床
V形面环形导轨	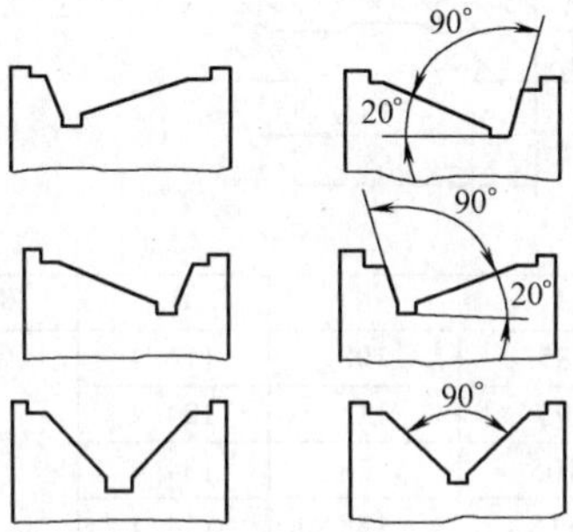	可承受较大的径向力和一定的倾覆力矩，但工艺性差，既要保证导轨的接触，又要保证导轨面与主轴同心是相当困难。目前应用于3m以上的立式车床

2.2　滑动导轨尺寸

2.2.1　三角形导轨尺寸

三角形导轨的尺寸见表18.6-5。

2.2.2　燕尾形导轨尺寸

燕尾形导轨的尺寸见表18.6-6。

2.2.3　矩形导轨尺寸

矩形导轨的尺寸见表18.6-7。

2.2.4　卧式车床导轨尺寸关系

卧式车床导轨的尺寸关系见表18.6-8。

表18.6-5　三角形导轨的尺寸　（mm）

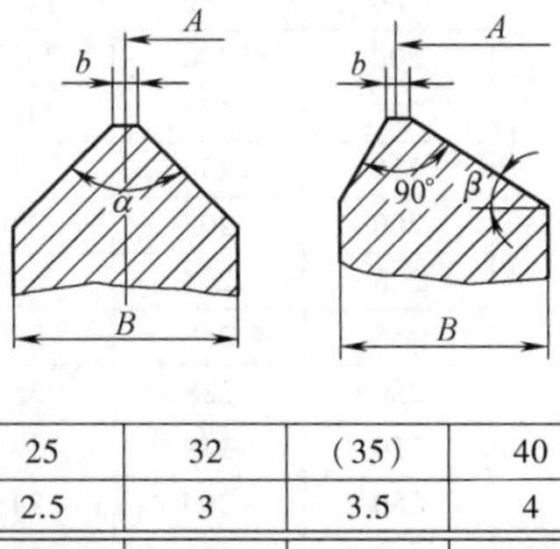

B	12	16	20	25	32	(35)	40	45	50	(55)	60
$b\leqslant$	1.2	1.6	2	2.5	3	3.5	4	4.5	5	5.5	6
B	65	70	80	90	100	110	(120)	125	(130)	140	150
$b\leqslant$	6.5	7	8	9	10	11	12	12	13	14	15

B	160	170	180	200	220	250	280	300	320	350	380	400
$b\leqslant$	16	17	18	20	22	25	28	30	32	35	38	40

（续）

A 尺寸系列											
50	55	60	70	80	90	100	110	125	140	150	180
200	220	250	280	320	360	400	450	500	550	630	710
800	900	1000	1120	1250	1400	1600	1800	2000	2240	2500	—

角度系列								
α	60°	90°	100°	120°	β	20°	25°	30°

注：1. 括号内尺寸尽可能不用。

2. 表中尺寸也适用于凹形。

3. A 为导轨跨度。

表 18.6-6　燕尾形导轨的尺寸　（mm）

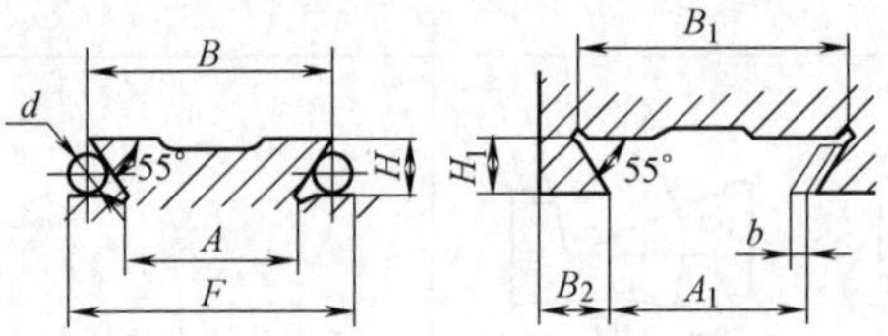

H	H_1	d	b	A	A_1	B	B_1	$B_2 \geqslant$	F
20	21	12	4	80	85	108	114.4	32	115.052
				90	95	118	124.4		125.052
				100	105	128	134.4		135.052
				110	115	138	144.4		145.052
				125	130	153	159.4		160.052
25	26	25	5	100	105	135	141.4	40	173.025
				110	115	145	151.4		183.025
				125	130	160	166.4		198.025
				140	145	175	181.4		213.025
				160	165	195	201.4		233.025
32	33	32	5	125	131	169.8	177.2	50	198.025
				140	146	184.8	192.2		213.025
				160	166	204.8	212.2		233.025
				180	186	224.8	232.2		253.025
				200	206	244.8	252.2		273.025
40	41	32	6	160	166	221.6	223.4	65	253.472
				180	186	241.6	243.4		273.472
				200	206	261.6	263.4		293.472
				225	231	286.6	288.4		318.472
				250	256	311.6	313.4		343.472
50	51.5	50	8	200	208	270	280.1	80	346.050
				225	233	295	305.1		370.050
				250	258	320	330.1		396.050
				280	288	350	360.1		426.050
				320	328	390	400.1		466.050
65	66.5	50	10	250	260	341	353.1	100	396.050
				280	290	271	383.1		426.050
				320	330	411	423.1		466.050
				360	370	451	463.1		506.050
				400	410	491	503.1		546.050

（续）

H	H_1	d	b	A	A_1	B	B_1	$B_2\geqslant$	F
80	81.5	80	10	320	330	432	444.1	125	563.680
				360	370	472	484.1		593.680
				400	410	512	524.1		633.680
				450	460	562	574.1		683.680
				500	510	612	624.1		733.680

注：1. b 为斜镶条小端厚度。滑座和镶条斜度 K 为 1∶50 和 1∶100；镶条法向斜度；垂直于 55°方向的斜度 K 为 0.82∶50、0.82∶100。

2. $A_1=A+b$，$B=A+1.4H$，$B_1=A_1+1.4H_1$，$F=A+2\times\frac{d}{2}\left(1+\cot\frac{55°}{2}\right)=A+2.921d$。

表 18.6-7 矩形导轨的尺寸 （mm）

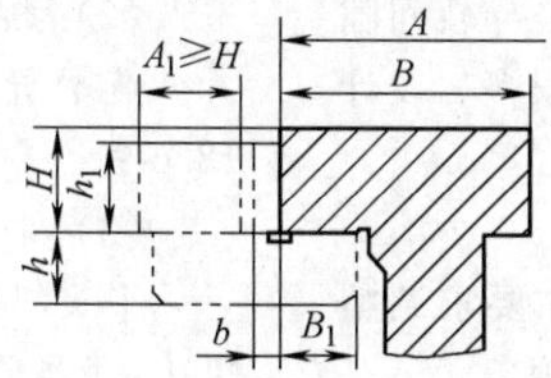

H	B	B_1	A	h	h_1	镶条 b	
						斜镶条	平镶条
16	25~40	10;12	100~320	10	H-0.5	4	5
20	32~80	12;16	140~400	12		5;6	6
25	40~100	16;20	180~500	16		6;8	8
(30);32	50~125	20;25	220~630	20			8;10
40;(45)	60~160	25;32	280~800	25	H-1	8;10	10;12
50;(55)	80~200	32;40	360~1000	32			12;15
60;(65)	100~250	40;50	450~1250	40		10;12	15;19
(70);80	125~320	50;65	560~1600	50		12;15	20;25
100	160~400	60;80	710~2000	60		15;18	—

A、B 尺寸系列

A	50	55	60	70	80	90	100	110	125	140	160	180	200	220	250	280	320
	360	400	450	500	560	630	710	810	900	1000	1120	1250	1400	1600	1800	2000	—
B	12	16	20	25	32	(35)	40	(45)	50	(55)	60	(65)	70	80	90	100	110
	(120)	125	(130)	140	150	160	170	180	200	220	250	280	300	320	350	380	400

注：1. 括号内的尺寸尽可能不用。

2. b 为斜镶条小端厚度。

表 18.6-8 卧式车床导轨的尺寸关系

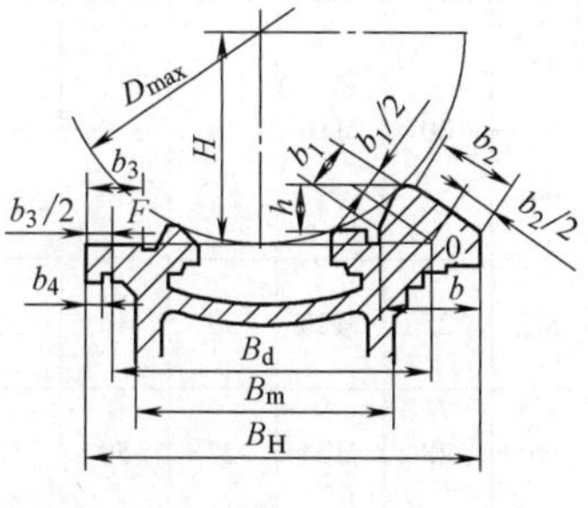

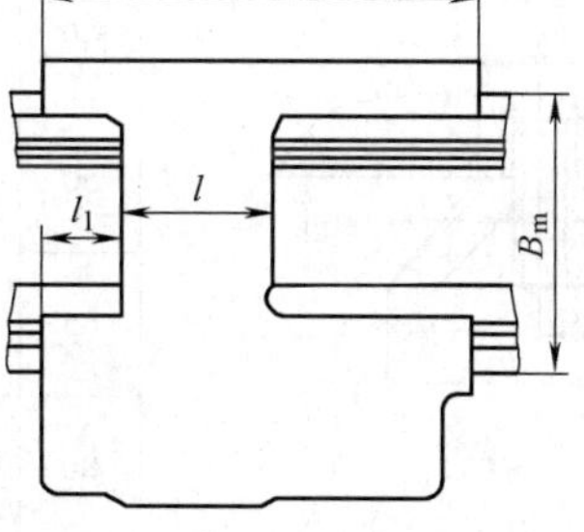

（续）

尺寸关系	跨距 $\frac{B_d}{D_{max}}\left(\frac{B_d}{2H}\right)$	$\frac{B_m}{D_{max}}$	$\frac{B_m}{B_H}$	$\frac{L_m}{B_m}$	$\frac{L_m}{D_{max}}$	$\frac{l}{L_m}$	$\frac{l}{D_{max}}$	$\frac{l_1}{l_m-l}$
平均值	0.78	0.85	1.3	1.4	1.2	0.42	0.5	0.33(1/3)

2.3　导轨间隙调整装置

2.3.1　导轨间隙调整装置设计要求

为保证导轨的正常运动，运动件和支承件之间应保持适当的间隙。除在装配过程中仔细调整导轨的间隙外，在使用一段时间后因磨损还需重调。导轨间隙调整装置广泛采用镶条和压板，结构型式很多，设计时一般要求如下：

1）调整方便，保证刚性，接触良好。

2）镶条一般应放在受力较小一侧，如要求调整后中心位置不变，可在导轨两侧各放一根镶条。

3）当导轨长度较长（>1200mm）时，可采用两根镶条在两端调节，使结合面接触良好。

4）当选择燕尾导轨的镶条时，应考虑部件装配的方式，要便于装配。

2.3.2　镶条、压板尺寸系列

（1）矩形导轨压板

矩形导轨的压板尺寸参照表 18.6-7 矩形导轨的尺寸中的参数设计。对压板螺钉直径 d，当压板厚度 $h>16$mm 时，$d=(0.7\sim0.8)h$；当 $h<16$mm 时，$d=h$。

对压板长度，当压板受力较大或导轨工作长度较短时，压板长度等于导轨长度；当压板受力不大，或导轨工作长度较长时，只需在运动部件的两端或中间（受力区）安装短压板，其长度可取为导轨工作长度的 1/3 或 1/4。

（2）燕尾导轨梯形镶条

燕尾导轨梯形镶条的结构型式及尺寸见表 18.6-9。

（3）平头斜镶条尺寸

平头斜镶条的尺寸及计算见表 18.6-10。镶条斜度 1∶X 指在 A—A 截面内的斜度，但对于燕尾形导轨用的斜镶条，其斜度用法向截面内的斜度 1∶X_n 来标注。为加工方便，对于 55°的燕尾形导轨，$X_n = X\csc55° = 1.2077X$。

（4）弯头斜镶条

弯头斜镶条的尺寸及计算见表 18.6-11。

（5）镶条、压板材料

镶条、压板材料的选用见表 18.6-12。

（6）镶条、压板的技术要求

镶条、压板的技术要求见表 18.6-13。

表 18.6-9　燕尾导轨梯形镶条的结构型式及尺寸　（mm）

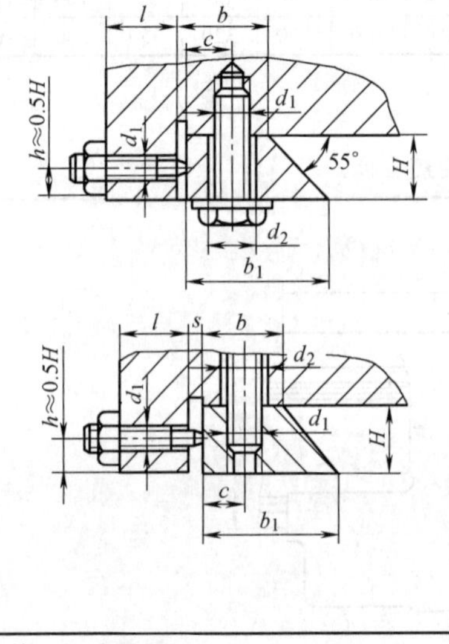

H	b	b_1	c	d_1	d_2	l				s
20	20	33	12	M10	12	14	16	18	20	1
25		36				18	20	22	25	
32	25	46	15	M12	14	22	25	28	32	
40	32	58	20	M16	18	28	32	36	40	
50		64				36	40	45	50	
65	40	82	25	M20	23	40	45	50	55	2
80	45	96	28	M24	27	50	55	60	70	

注：$b_1<b+0.7H$

表 18.6-10 平头斜镶条的尺寸及计算 (mm)

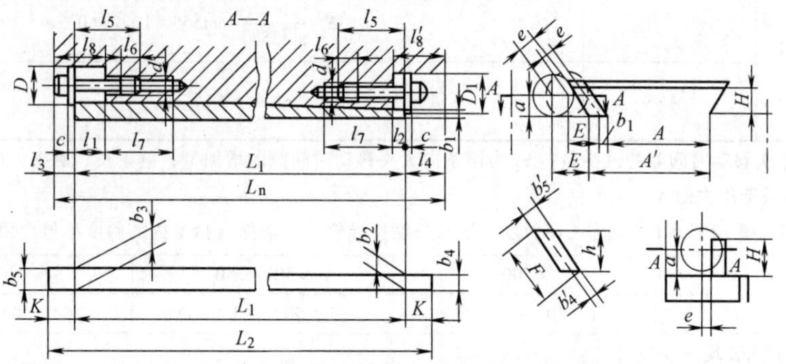

<table>
<tr><td rowspan="14">推荐尺寸</td><td colspan="3">导轨高度 H</td><td>8</td><td>10</td><td>12</td><td>16</td><td>20</td><td>25</td><td>32</td><td>40</td><td>50</td></tr>
<tr><td rowspan="6">移动部件上的尺寸</td><td rowspan="3">矩形导轨</td><td>b_1</td><td>2.5</td><td>3</td><td>3</td><td>4</td><td>5;6</td><td colspan="2">6;8</td><td colspan="2">8;10</td></tr>
<tr><td>a</td><td>9</td><td>10</td><td>12</td><td>13</td><td>15</td><td>16</td><td>18</td><td>20</td><td>25</td></tr>
<tr><td>e</td><td>4</td><td colspan="2">5</td><td>6</td><td colspan="2">7</td><td colspan="2">8</td><td>10</td></tr>
<tr><td rowspan="3">燕尾导轨</td><td>b_1</td><td colspan="2">3</td><td colspan="2">4</td><td colspan="2">5</td><td colspan="2">6</td><td>8</td></tr>
<tr><td>a</td><td>9</td><td>10</td><td>12</td><td>13</td><td>15</td><td>16</td><td>18</td><td>20</td><td>25</td></tr>
<tr><td>e</td><td>2.5</td><td colspan="2">3.5</td><td>6</td><td colspan="2">7</td><td colspan="2">8</td><td>10</td></tr>
<tr><td colspan="2" rowspan="4">螺钉尺寸</td><td>d</td><td>M5</td><td colspan="2">M6</td><td>M8</td><td colspan="2">M10</td><td colspan="2">M12</td><td>M16 (M12)</td></tr>
<tr><td>D</td><td>12</td><td colspan="2">14</td><td>16</td><td colspan="2">20</td><td colspan="2">22</td><td>28</td></tr>
<tr><td>c</td><td>1.5</td><td colspan="2">2</td><td>3</td><td colspan="2">4</td><td colspan="2">5</td><td>5</td></tr>
<tr><td>l_6</td><td>5</td><td colspan="2">6</td><td>8</td><td colspan="2">8</td><td colspan="2">10</td><td>12</td></tr>
<tr><td colspan="2" rowspan="2">间隙①</td><td>Δ_1</td><td colspan="3">0.2~0.3</td><td colspan="3">0.3~0.5</td><td colspan="3">0.4~0.6</td></tr>
<tr><td>Δ_2</td><td colspan="3">0.1</td><td colspan="3">0.12</td><td colspan="3">0.15</td></tr>
<tr><td colspan="3">镶条预留切去量 K②</td><td colspan="3">25~35</td><td colspan="3">25~45</td><td colspan="3">35~65</td></tr>
<tr><td rowspan="12">计算尺寸</td><td rowspan="2">镶条移动量</td><td colspan="2">往小头</td><td colspan="9">$l_1=X\cdot\Delta_1$③</td></tr>
<tr><td colspan="2">往大头</td><td colspan="9">$l_2=X\cdot\Delta_2$</td></tr>
<tr><td colspan="3">镶条端至部件端距离</td><td colspan="9">$l_3=l_2+c;l_4=l_1+c$</td></tr>
<tr><td rowspan="5">镶条</td><td colspan="2">实用长度</td><td colspan="9">$L_1=L_n-l_3-l_4$</td></tr>
<tr><td colspan="2">毛坯长度</td><td colspan="9">$L_2=L_1+2K$</td></tr>
<tr><td colspan="2">矩形导轨镶条厚度</td><td colspan="9">$b_4=b_2+(l_4-K)\frac{1}{X};b_5=b_4+L_2\frac{1}{X}$③</td></tr>
<tr><td rowspan="2">燕尾导轨镶条</td><td>法向厚度</td><td colspan="9">$b_4'=b_2\sin55°+(l_4-K)\frac{1}{X_n};b_5'=b_4'+L_2\frac{1}{X_n}$③</td></tr>
<tr><td>备料宽度</td><td colspan="9">$F=\frac{h}{\sin55°}+b_5'\cot55°=1.22h+0.7b_5'$</td></tr>
<tr><td colspan="3">螺钉长度 l_5</td><td colspan="9">$l_5=l_1+l_2+l_6$④</td></tr>
<tr><td rowspan="3">移动部件上尺寸</td><td colspan="2">螺孔深 l_7</td><td colspan="9">$l_7=l_5+(0.5\sim0.6)d$</td></tr>
<tr><td colspan="2">导向孔深 l_8</td><td colspan="9">$l_8=l_2+l_4$</td></tr>
<tr><td colspan="2">导向孔径 $D_1$⑤</td><td colspan="9">普通机床：$D_1=D+(0.5\sim2)$
精密机床：$D_1=D+(0.1\sim0.3)$</td></tr>
</table>

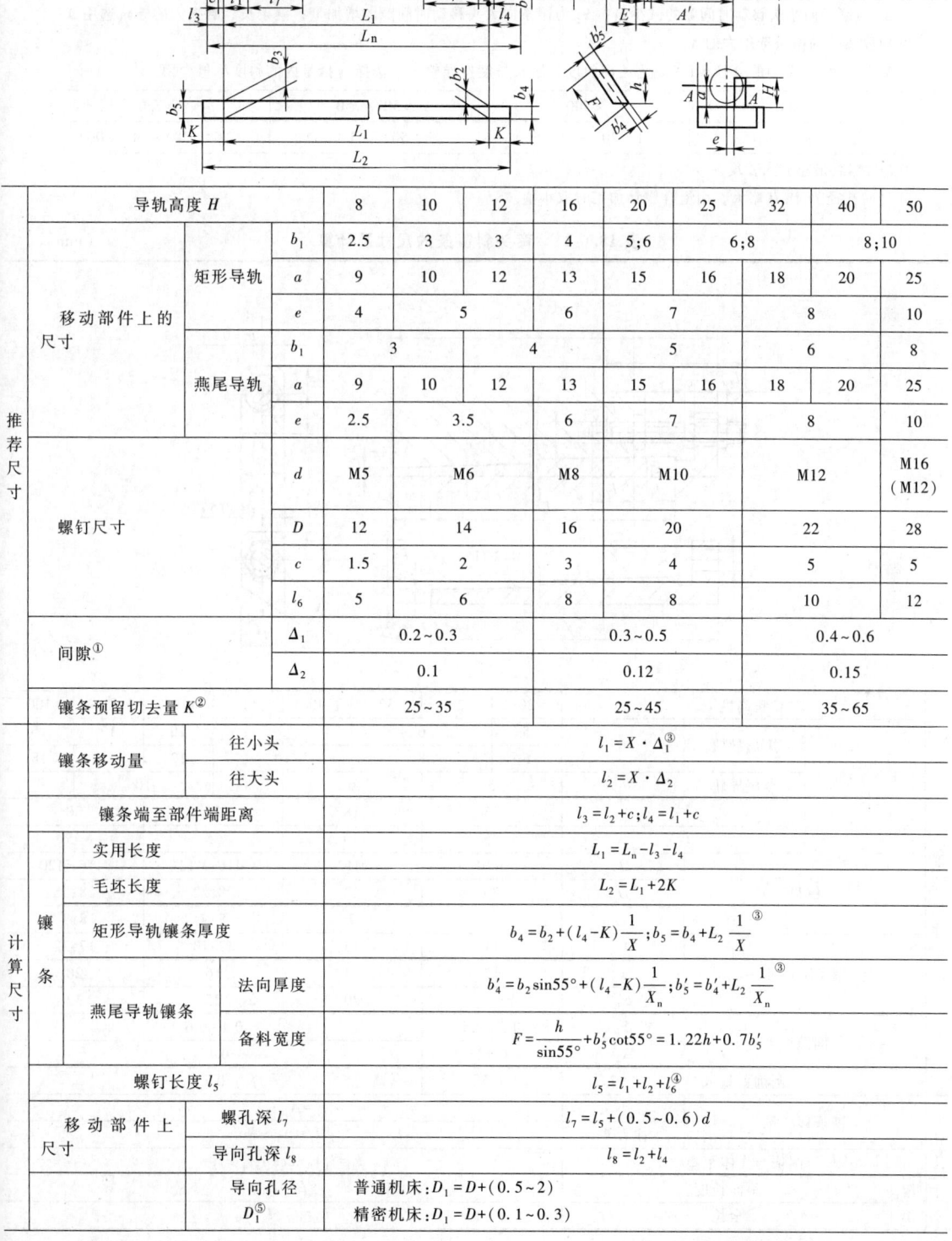

（续）

计算尺寸	燕尾导轨上尺寸	E	$E=\frac{e}{\sin55^\circ}+a\cot55^\circ=1.22e+0.7a$
		A'	$A'=A+b_1+L_n\frac{1}{X}$

① Δ_1 为镶条向小头移动时间隙的减少量；Δ_2 为镶条向大头移动时间隙的增加量；镶条长、磨损大的导轨选用 Δ_1。

② 斜度较小的镶条选用大的 K。

③ X 为斜度 $1:X$ 中的分母，$1:X_n$ 为法向斜度。镶条长度按导轨长 L 选择（括号内的斜度尽量少用）。

L/mm	<500	>500~750	>750
$1/X$	(1∶20)~(1∶50)	(1∶50)~(1∶75)	(1∶100)~(1∶200)

④ l_6 为螺纹最小旋入长度。

⑤ 导向孔径 D_1 比 D 略大，用组合锪钻加工时取小值。

表 18.6-11 弯头斜镶条的尺寸及计算 (mm)

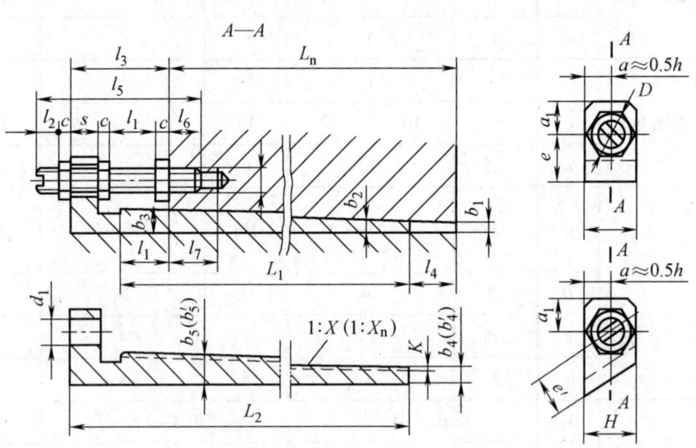

推荐尺寸	导轨高度 H			20	25	32	40	50	60;65	80	100
	移动部件上尺寸	矩形导轨	b_1	5	6		5		10	12	15
				6	8		10		12	15	18
		燕尾导轨	b_1	5		6		8	10		—
		l_6		15		18		24		30	
		l_7		25		30		35		45	
	螺母		d	M10		M12		M16;M12		M16;M20	
			D	20		22		28;22		28;35	
			c	6		7		8;7		8;9	
	镶条上尺寸		d_1	11		13		17;13		17;22	
			s	12		14		16		20	
			α_1	18		20		25		32	
	间隙①		Δ_1	0.3~0.5		0.4~0.6					
			Δ_2	0.12		0.15					
	刮削留量 K			0.5		0.7					
计算尺寸	镶条移动量		往小头	$l_1=\Delta_1\cdot X$②							
			往大头	$l_2=\Delta_2\cdot X$							
	镶条与壳体距离			$l_3=l_1+s+2c\pm\delta;l_4\geq l_1$③							
	镶条	斜面长度		$L_1=L_n$							
		全长		$L_2=L_n+l_3-l_4$							

（续）

计算尺寸	镶条	矩形导轨	$b_4=b_2+K=\left(b_1+l_4\dfrac{1}{X}\right)+K;b_5=b_4+L_1\dfrac{1}{X}$ $e=b_1+L_n\dfrac{1}{X}+\dfrac{D}{2}+(1\sim2)$
		燕尾导轨	$b_4'=b_1\sin55°+l_4\dfrac{1}{X_n}+K;b_5=b_4+L_1\dfrac{1}{X_n}$ $e'=b_1\sin55°+L\dfrac{1}{X_n}+\dfrac{D}{2}+(1\sim2)$ ②
	螺栓长度		$l_5=l_1+l_2+s+3c+l_6+1.5d$

①②含义与表 18.6-10 注同。

③ ±δ 为镶条端部至壳体距离允许偏差，当 $h\leqslant25$mm 时，$\delta=\pm(4\sim8)$mm；当 $h>25$mm 时，$\delta=\pm(5\sim10)$mm。斜度大时取大值。

表 18.6-12 镶条、压板材料的选用

材料与热处理	特 点	应 用
HT150 HT200	加工方便，磨损大，易折断	用于中等压力、尺寸较大的镶条、压板
45 钢正火	强度高，不易折断，磨损小	用于较长、较薄的斜镶条及燕尾形导轨镶条

表 18.6-13 镶条、压板的技术要求

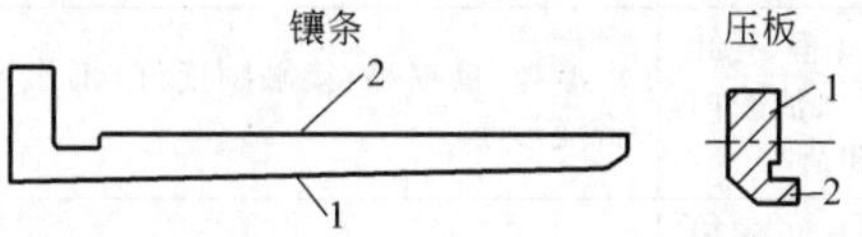

镶 条			压 板		
滑动接合面 1	平面度	由接触点保证	固定接合面 1	平面度	由接触点保证
	接触点	10~12 点/25mm×25mm		接触点	6~8 点/25mm×25mm
	装配后允许间隙	0.03mm，塞尺塞入深度不大于 20mm		装配后允许间隙	0.04mm，塞尺不能塞入
滑动接合面 2	接触点	6~8 点/25mm×25mm	滑动接合面 2	平面度	接触点保证
				接触点	10~12 点/25mm×25mm
	装配后允许间隙	0.04mm，塞尺不能塞入		对面 1 平行度	0.01mm
				装配后允许间隙	0.03mm，塞尺塞入深度不大于 20mm

镶条、压板上可开适当的油槽以保证有足够的润滑油，平头斜镶条应在装配调节好后再切去两端的调节留量，然后再开润滑油槽和螺钉槽。

2.3.3 导轨的夹紧装置和卸荷装置

有些导轨在移动到预订位置后，要求将它的位置固定，为此需要采用专用的夹紧装置。常用的夹紧装置的锁紧方式有机械锁紧和液压锁紧。

导轨锁紧装置如图 18.6-1 所示。当滑板上有一个长槽，在穿过长槽上端的锁紧杆上装有锁紧块，当没有液压时，由碟形弹簧产生的力使螺钉拉紧；当有液压时，锁紧装置松开。这种结构可防止液压系统失效时锁紧装置松脱。

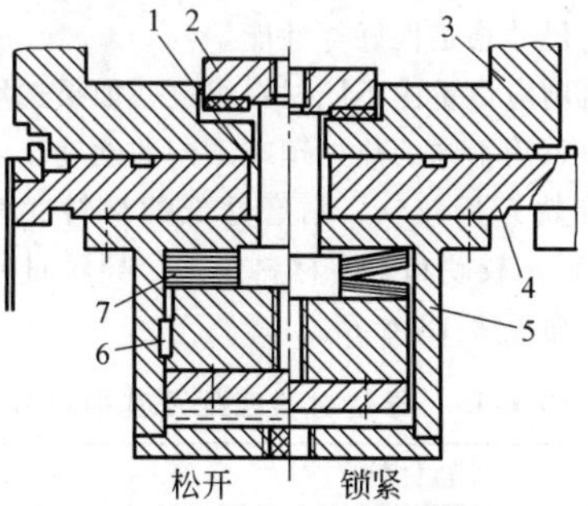

图 18.6-1 导轨锁紧装置

1—长槽 2—锁紧块 3—滑板 4—床身
5—锁紧装置 6—防活塞旋转键 7—碟形弹簧

滑动导轨有时还需要采用卸荷装置。对于大型机械或重型机床来说，减轻导轨载荷是主要的；对于高精度机床和仪器，应该优先考虑导向精度和运动灵敏性。常用的导轨卸荷方式及其特点见表 18.6-14。各种导轨卸荷机构的原理图等可以查阅有关导轨设计的其他资料。

表 18.6-14 常用的导轨卸荷方式及其特点

导轨类型	卸荷方式		优点	缺点
直线运动导轨	机械卸荷	通过弹簧、滚轮卸荷	结构比较简单，制造容易	卸荷力调整麻烦，所占空间大，所需夹紧力大
		通过液压缸、滚轮卸荷	调整卸荷力容易；部件不动时停止供油，便于夹紧	结构复杂，需要供液系统
	静压卸荷	用通入导轨面液压腔内的压力液卸荷	导轨面直接接触，接触刚度大，低速平稳性优于滑动导轨；摩擦阻力及起动时的阻力变化小于无载荷的普通导轨	结构较复杂，需要一套可靠的供液系统
	气压卸荷	用通入导轨面气腔内的压缩空气卸荷	同上，但比液压卸荷简单，夹紧容易	需要压缩气体源，卸荷量不大，效果不如静压导轨
回转运动导轨	中心卸荷（卸荷力作用于工作台中心位置）	用垫片调整	结构简单	卸荷量固定，调整不便
		用斜楔调整	结构简单，卸荷量可调	斜楔的移动不灵敏
		用螺旋调整	结构简单，调整容易；允许较大卸荷量	制造较复杂，卸荷量不便显示
		用液压缸卸荷	调整方便，显示准确	需要液压系统
	液压卸荷	环槽式是由通入导轨面环形槽内的压力液卸荷	结构简单，工作台变形小	需要供液系统；载荷不均匀时容易产生偏斜，不如液腔式的精度高
		油腔式（静压卸荷）是由通入油腔内的压力液卸荷	摩擦、磨损小，接触刚度好，工作台变形小	结构较复杂，制造麻烦，需要供液系统
	气压卸荷	导轨面上开环形槽，通入压缩空气卸荷	结构简单	需要压缩空气源，卸荷量不大

2.4 导轨材料与热处理

2.4.1 材料的要求和匹配

用于导轨的材料应具有良好的耐磨性、摩擦因数小、动静摩擦因数接近，以及加工和使用时产生的内应力小、尺寸稳定性好等性能。

导轨副应尽量由不同材料组成，如果选用相同材料，也应采用不同的热处理或不同的硬度。通常动导轨（短导轨）用较软、耐磨性低的材料，固定导轨（长导轨）用较硬和耐磨材料制造。导轨材料匹配及其相对寿命见表 18.6-15。

表 18.6-15 导轨材料匹配及其相对寿命

导轨材料	相对寿命
铸铁/铸铁	1
铸铁/淬火铸铁	2~3
铸铁/淬火钢	>2
淬火铸铁/淬火铸铁	4~5
铸铁/镀铬或喷涂钼铸铁	3~4
塑料/铸铁	8

2.4.2 材料及其热处理

（1）导轨材料

机床滑动导轨常用材料主要是灰铸铁和耐磨铸铁。灰铸铁通常以 HT200 或 HT300 做固定导轨，以 HT150 或 HT200 做动导轨。JB/T 3997—2011 对普通灰铸铁导轨的硬度要求见表 18.6-16。

表 18.6-16 灰铸铁导轨的硬度要求

导轨长度 /mm	硬度要求 HBW			硬度公差 HBW	
	导轨铸件重量/t	不低于	不高于	导轨长度 /mm	硬度公差不超过
≤2500	—	190	255	≤2500	25
>2500	>3~5	180	241	>2500	35
—	>5	175	241	由几件连接的导轨	45

常用耐磨铸铁与普通铸铁耐磨性比较见表 18.6-17。

（2）导轨热处理

对一般重要的导轨，铸件粗加工后需进行一次时效处理；对高精度导轨，铸件经半精加工后还需进行第二次时效处理。

表 18.6-17　常用耐磨铸铁与普通铸铁耐磨性比较

耐磨铸铁名称	耐磨性高于普通铸铁倍数
磷铜钛耐磨铸铁	1.5~2
高磷耐磨铸铁	1
钒钛耐磨铸铁	1~2
稀土铸铁	1
铬钼耐磨铸铁	1

常用导轨的淬火方法有：

1）高、中频淬火，淬硬层深度为1~2mm。硬度为45~50HRC。

2）电接触加热自冷表面淬火，淬硬层深度为0.2~0.25mm，显微硬度为600HV左右。这种淬火方法主要用于大型铸件导轨。

2.5　导轨的技术要求

2.5.1　表面粗糙度

（1）刮研导轨

刮研导轨具有接触好、变形小、可以存油及外形美观等优点，但劳动强度大、生产率低，主要用于高精度导轨。刮研导轨面每25mm×25mm面积内的接触点数不得少于表18.6-18的规定。

表 18.6-18　刮研导轨面每 25mm×25mm 内的接触点数

机床类别	滑动导轨		移置导轨		镶条、压板滑动面
	每条导轨宽度/mm				
	≤250	>250	≤100	>100	
Ⅲ级和Ⅲ级以上	20	16	16	12	12
Ⅳ级	16	12	12	10	10
Ⅴ级	10	8	8	6	6

（2）磨削导轨

磨削生产率高，是加工淬硬导轨的唯一方法。磨削导轨表面粗糙度应达到的要求，见表18.6-19。磨削导轨面的接触指标见表18.6-20。

表 18.6-19　磨削导轨表面粗糙度 *Ra*　（μm）

机床类型	动导轨			固定导轨		
	中小型	大型	重型	中小型	大型	重型
Ⅲ级和Ⅲ级以上	0.2~0.4 (0.1~0.2)	0.4~0.8 (0.2~0.4)	0.8 (0.4)	0.1~0.2 (0.05~0.1)	0.2~0.4 (0.1~0.2)	0.4 (0.2)
Ⅳ级	0.4 (0.2)	0.8 (0.4)	1.6 (0.8)	0.2 (0.1)	0.4 (0.2)	0.8 (0.4)
Ⅴ级	0.8 (0.4)	1.6 (0.8)	1.6 (0.8)	0.4 (0.2)	0.8 (0.4)	1.6 (0.8)

注：1. 滑动速度大于0.5m/s时，表面粗糙度应降低一级（括号内数值）。
2. 淬硬导轨的表面粗糙度应降低一级（括号内数值）。

表 18.6-20　磨削导轨面的接触指标　（%）

机床类型	滑（滚）动导轨		移置导轨	
	全长上	全宽上	全长上	全宽上
Ⅲ级和Ⅲ级以上	80	70	70	50
Ⅳ级	75	60	65	45
Ⅴ级	70	50	60	40

注：1. 宽度接触达到要求后，方能做长度的评定。
2. 镶条按相配导轨的接触指标检验。

2.5.2　几何精度

导轨的几何精度主要指导轨的直线度和导轨间的平行度、垂直度等。

在制定导轨几何精度时，请参阅有关机械的精度标准。对于金属切削机床，导轨的几何精度列于机床精度标准中。

2.6　滑动导轨压强的计算

2.6.1　导轨的许用压强

导轨的压强是影响导轨耐磨性和接触变形的主要因素之一。设计导轨时将压力取得过大，会加剧导轨的磨损；若取得过小，又会增大尺寸。因此，应根据具体情况，选择适当压力的许用值。重型机床和精密机床的压力可取得小些；中等尺寸的普通机床的压力可取得大些；通用机床铸铁-铸铁、铸铁-钢导轨副的许用压强可按表18.6-21选取。专用机床许用压强比表中的数值减少25%~30%。

2.6.2　压强的分布与假设条件

影响导轨压强分布的因素很多、情况复杂，为了便于进行工程设计，首先做如下假设：

表 18.6-21　铸铁导轨的许用压强　(MPa)

导轨种类			平均许用压强	最大许用压强
直线运动导轨	主运动导轨和滑动速度较大的进给运动导轨	中型机床	0.4~0.5	0.8~1.0
		重型机床	0.2~0.3	0.4~0.6
	滑动速度低的进给运动导轨	中型机床	1.2~1.5	2.5~3.0
		重型机床	0.5	1.0~1.5
		磨床	0.025~0.04	0.05~0.08
主运动和滑动速度较大的进给运动的圆导轨，D—导轨直径(mm)		D≤300	0.4	—
		D>300	0.2~0.3	—
		环状	0.15	—

(1) 导轨本身刚度大于接触刚度

当导轨本身刚度大于接触刚度时，只考虑接触变形对压强的影响。沿导轨的接触变形和压强按线性分布，在宽度上视为均布。按压强线性分布规律计算的导轨很多，如车床溜板、铣床工作台和铣头，以及滚齿机刀架、各种机床的短工作台导轨等。

每个导轨面上所受的载荷都可以简化为一个集中力 F 和一个颠覆力矩 M 的作用，如图 18.6-2 所示。导轨压强的分布如图 18.6-3 所示。

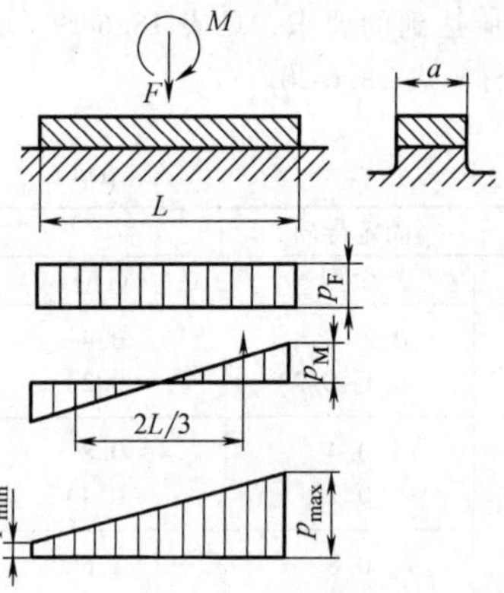

图 18.6-2　导轨载荷

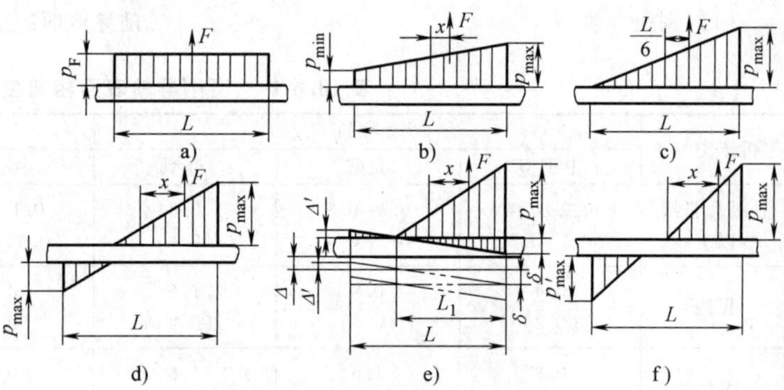

图 18.6-3　导轨压强的分布

导轨所受的最大、最小和平均压强分别为

$$\begin{cases} p_{max}=p_F+p_M=\dfrac{F}{aL}\left(1+\dfrac{6M}{FL}\right) \\ p_{min}=p_F-p_M=\dfrac{F}{aL}\left(1-\dfrac{6M}{FL}\right) \\ p_{平均}=\dfrac{1}{2}(p_{max}+p_{min}) \end{cases} \tag{18.6-1}$$

式中　F——导轨所受集中力 (N)；

M——导轨所受颠覆力矩 (N · mm)；

p_F——由集中力引起的压强 (MPa)；

p_M——由倾覆力矩引起的压强 (MPa)；

a——导轨宽度 (mm)；

L——动导轨长度 (mm)。

由式 (18.6-1) 和图 18.6-3 中可以看出：

1) 设计导轨时，尽可能使$\dfrac{6M}{FL}<1$，$p_{min}>0$，$p_{max}<2p_{平均}$。压强按梯形分布，如图 18.6-3b 所示，即合力作用点距导轨中心的距离 $x=\dfrac{M}{F}<\dfrac{1}{6}$。

2) 当$\dfrac{6M}{FL}=1$、$p_{min}=0$、$p_{max}=2p_{平均}$时，即压强呈三角形分布，如图 18.6-3c 所示，导轨全长上都接触。当$\dfrac{M}{FL}\leqslant\dfrac{1}{6}$，就可采用无压板开式导轨。

3) 当$\dfrac{6M}{FL}>1$，即$\dfrac{M}{FL}>\dfrac{1}{6}$时，导轨面将出现一段长度不接触的情况，此时必须采用压板。与压板接触的导轨面称为辅助导轨面。当压板与辅助导轨面间隙 $\Delta=0$ 时，导轨压强按图 18.6-3d 所示分布；当间隙 $\Delta>0$ 时，主导轨上最大压强 p_{max}处的接触变形为 δ，主导轨另一端出现间隙 Δ'。当 $\Delta>\Delta'$时，辅助导轨面与压板不接触，只是主导轨面受力，在部分长度上压强按三角形分布，$\dfrac{L}{6}<x<\dfrac{L}{2}$；当 $\Delta<\Delta'$时，主辅助导轨面的压强分布如图 18.6-3f 所示。

根据导轨的受力情况，可求出 Δ'，用以判断导轨压强的分布，如图 18.6-3e 所示。

$$p_{\max}=\frac{p_{平均}}{1.5\left(0.5-\frac{M}{FL}\right)} \tag{18.6-2}$$

（2）导轨刚度较低

如果导轨刚度较低，在确定导轨压强时就应同时考虑导轨本身的弹性变形和导轨面的接触变形。压强不是线性分布，最大压强和平均压强之比可达 2～3 或更多。属于这种类型的导轨有立车刀架、牛头刨床和插床的滑枕、龙门刨床的刀架，以及外圆磨床工作台、长工作台的导轨等。

通常在龙门铣床和龙门刨床等机床上的导轨的最大压强为 0.6～0.7MPa。

2.6.3　导轨的受力分析

导轨上所受的外力包括切削力、工件和夹具重量，以及动导轨部件的重量和牵引力，这些外力使各支承导轨面产生支反力和支反力矩。牵引力、支反力和支反力矩都是未知的，一般可用静力平衡方程式求出。当未知数多且不定时，可根据接触变形的条件建立附加方程式求各力。

例 18.6-1　分析普通卧式车床导轨受力情况，如图 18.6-4 所示。图中，F_y、F_z、F_x 为切削分力（N）；G 为动导轨部件重量（N）；Q_x、Q_z 为牵引力（N）；x_F、y_F、z_F、x_G、y_G 为分别为切削力、动导轨部件重量等坐标尺寸（mm）。

（1）外力矩

$$\begin{cases}M_x=F_yz_F-F_zy_F-Gy_G+Q_zy_Q\\M_y=F_xz_F-F_zx_F-Gx_G-Q_zx_Q+Q_xz_Q\\M_z=F_xy_F-F_yx_F+Q_xy_Q\end{cases} \tag{18.6-3}$$

（2）支反力

各导轨面上 R_A、R_B、R_C 和 $R_{C'}$（见图 18.6-4）支反力。当 $M_x>0$ 时

$$\begin{cases}R_C=\frac{M_x}{e}\\R_A=(F_z+G+Q_z-R_C)\sin\beta-F_y\cos\beta\\R_B=(F_z+G+Q_z-R_C)\sin\alpha+F_y\cos\alpha\end{cases} \tag{18.6-4}$$

当 $M_x<0$ 时

$$\begin{cases}R_{C'}=\frac{|M_x|}{e'}\\R_A=(F_z+G+Q_z-R_{C'})\sin\beta-F_y\cos\beta\\R_B=(F_z+G+Q_z-R_{C'})\sin\alpha+F_y\cos\alpha\end{cases} \tag{18.6-5}$$

（3）牵引力

$$Q_x=F_x+(R_A+R_B+R_C)\mu \tag{18.6-6}$$

当 $M_x>0$ 时，将式（18.6-4）中的 R_A、R_B、R_C 及 $\alpha=\beta=45°$代入式（18.6-6）得

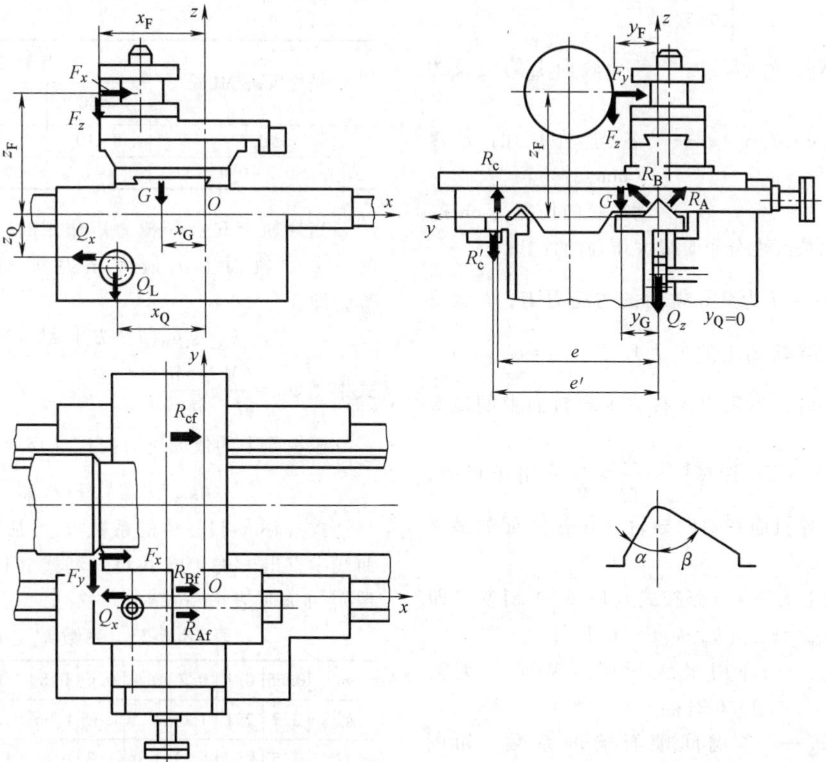

图 18.6-4　卧式车床导轨受力分析

$$Q_x=\frac{F_x+\left(1.41F_z+1.41G-0.41\frac{M_x}{e}\right)\mu}{1-1.41\mu\tan(\alpha_0+\varphi_0)}\tag{18.6-7}$$

式中　μ——导轨的摩擦因数；

α_0——齿轮刀具角度，$\alpha_0=20°$；

φ_0——轮齿的摩擦角，$\varphi_0=5°\sim8°$；

e——导轨跨距（mm），如图 18.6-4 所示。

由于在 M_x 中含 Q_z，而 $Q_z=Q_x\tan(\alpha_0+\varphi_0)$；在 Q_x 中又含有 M_x，因此应先将式（18.6-6）和式（18.6-3）中的 M_x 和 Q_z 联立解出 M_x、Q_z 和 Q_x，然后按式（18.6-3）计算外力矩和支反力。

在此基础上可以求出各导轨面上支反力矩。

2.6.4　导轨压强的计算

（1）平均压强的计算

各种形式导轨的平均压强分别为

$$\begin{cases}p_A=\dfrac{R_A}{aL}\\ p_B=\dfrac{R_B}{bL}\\ p_C=\dfrac{R_C}{cL}\\ p_{C'}=\dfrac{R_{C'}}{c'L}\end{cases}\tag{18.6-8}$$

式中　R_A、R_B、R_C、$R_{C'}$——各导轨面上的支反力（N）；

a、b、c、c'——各导轨面的宽度（mm）；

L——动导轨的长度（mm）。

（2）压强按线性分布时最大压强的计算

当 $\frac{M}{FL}\leqslant\frac{1}{6}$（$M$ 为某导轨面的支反力矩，F 为支反力）时，主导轨面上的最大压强 $p_{max}=p_{平均}+p_M$；当 $\frac{1}{6}<\frac{M}{FL}\leqslant\frac{1}{2}$ 时，不采用压板，主导轨面上的最大压强按式（18.6-2）计算；当 $\frac{M}{FL}>\frac{1}{6}$ 采用压板时，则分别计算主导轨面和辅助导轨（压板）面的最大压强。

主导轨面上的最大压强按式（18.6-9）计算，即

$$p_{max}=p_{平均}(k_m+k_\Delta)\leqslant[p]_{max}\tag{18.6-9}$$

式中　$[p]_{max}$——许用最大压强（MPa），见表 18.6-21；

k_Δ——考虑间隙影响的系数，如图 18.6-5 所示；

k_m——考虑压板和辅助导轨面参加工作时的系数，与 $m=\frac{b'}{\xi b}$ 或者 $m=\frac{a'}{\xi a}$ 和 $\frac{M}{FL}$ 有关，如图 18.6-5 所示；

a、b——主导轨面的宽度（mm）；

a'、b'——压板与辅助导轨面的接触宽度（mm）；

ξ——考虑压板弯曲的系数，大多数情况下取 $\xi=1.5\sim2.0$。当压板较长、压板上的压力 $p\leqslant0.3$MPa 时，取小值；当压板较短、压力较大、p 为 0.5~1MPa 时，取大值；

M——导轨面的支反力矩（N · mm）；

F——导轨面的支反力（N）。

压板面上的最大压力按式（18.6-10）计算，即

$$p'_{max}=p_{max}k'\leqslant[p]_{max}\tag{18.6-10}$$

式中　p_{max}——主导轨面上的最大压力（MPa）；

k'——系数，如图 18.6-5 所示。

图 18.6-5 中的 Δ 为压板与导轨的间隙，对于中型机床，通常取 $\Delta=20\sim30\mu m$。C 为接触柔度（μm/MPa），对于直线运动的铸铁导轨，C 值见表 18.6-22。

表 18.6-22　直线运动铸铁导轨接触柔度 C

（μm/MPa）

平均压强/MPa	导轨宽度/mm		
	≤50	≤100	≤200
≤0.3	8~10	15	20
>0.3~0.4	4~6	7~9	10~12

当导轨上只有颠覆力矩作用时，即支反力 $F=0$ 时，主导轨面上的最大压力按式（18.6-11）计算，即

$$p_{max}=p_M(k'_m+k'_\Delta)\leqslant[p]_{max}\tag{18.6-11}$$

式中　$p_M=\frac{6M}{aL^2}$ 或 $\frac{6M}{bL^2}$

压板面上的最大压力按式（18.6-12）计算，即

$$p'_{max}=p_{max}k''\leqslant[p]_{max}\tag{18.6-12}$$

式（18.6-11）中的系数 k'_Δ 可从图 18.6-5d 中的曲线中查出。式（18.6-11）和式（18.6-12）中的系数 k'_m 和 k'' 见表 18.6-23。

表 18.6-23　系数 k'_m、k'

m	0.05	0.1	0.2	0.4	0.6	0.8	1.0	2	5	10
k'_m	3.7	2.1	1.6	1.3	1.15	1.06	1	0.86	0.72	0.66
k''	4.5	3.25	2.25	1.6	1.3	1.12	1	0.7	0.45	0.32

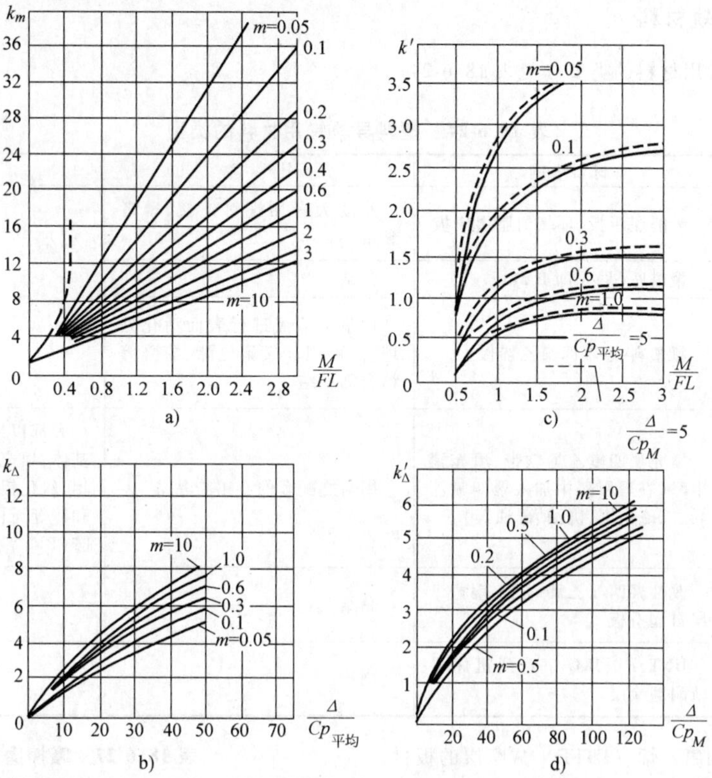

图 18.6-5　确定系数 k_m、k_Δ、k'和 k'_Δ的曲线图

3　塑料导轨

所谓塑料导轨就是在普通的金属滑动导轨副中的一件（一般在移动件）的导轨面上，用钉接、黏结或刷（喷）涂上一层通用的塑料板、纤塑层压板，或者专用的导轨软带和耐磨涂层。目前新型的塑料导轨采用塑料基复合材料制成，主要有涂层、软带和金属塑料复合板等几种形式。

3.1　塑料导轨的特点

（1）塑料导轨的优点

1）有优良的自润滑性和耐磨性。

2）对金属的摩擦因数小，因而能降低滑动件驱动力，提高传动效率。

3）静、动摩擦因数接近（变化小），可实现极低的不爬行的移动速度，同时还能提高移动部件的定位精度。

4）由于自润滑性好，可使润滑装置简化，而且不会因润滑油偶尔中断而损伤导轨。

5）加工简单，表面可用通用机械加工方法加工。

6）由于塑料较软，偶尔落入导轨中的尘屑、磨粒等能嵌入其中，故不构成对金属导轨面的划伤。

7）可修复性好，需修复时只需拆除旧的塑料层，更换新的即可。

8）具有结构简单、运行费用低、抗振性好、工作噪声低和承载能力高的特点。

（2）塑料导轨的缺点

1）耐热性差，导热率低。

2）强度低，刚性较差，易蠕变。

3.2　塑料导轨的材料

（1）对塑料导轨材料的基本要求

1）摩擦因数小，而且静、动摩擦因数接近。

2）自润滑性、耐磨性好。

3）抗压强度高、抗蠕变性好。

4）耐油、耐水、耐酸碱和抗老化。

5）吸水率低，保持尺寸稳定。

6）成本低，易黏结，适合机械加工。

（2）对黏结剂主要要求

1）黏结工艺简单，黏结强度高。

2）在常温下能够施工和固化，固化时间适当。

3）耐水、耐油、耐酸碱和抗老化。

4）要有一定的韧性。

3.3 常见塑料导轨材料

（1）塑料导轨常用材料的类型（见表18.6-24）

表18.6-24 塑料导轨常用材料的类型

类别		材料举例	用法	备注
普通材料	纤维层压板	酚醛层压板、环氧树脂层压板	厚度大者用螺钉连接，薄者黏结	—
	通用工程塑料	聚酰胺（尼龙即PA）板	黏结	
	特种工程塑料	氟塑料板-聚四氟乙烯板	用萘钠溶液进行表面活化处理后，可用环氧聚氨酯、酚醛等粘合剂黏结	
专用材料	专用导轨软带	填充聚四氟乙烯软带、填充聚甲醛（在聚甲醛中加入聚四氟乙烯、二硫化钼、机油、硅油等）	用与之配套的专用胶黏结	大都以聚四氟乙烯（PTFE）为基体，填充一些如石墨、二硫化钼、氧化铝、氧化镉、铁、青铜、铅和锌等无机填充剂，以及聚酰亚胺（PI）等有机填充剂
	复合材料	改性聚四氟乙烯-青铜-钢背三层自润滑板	黏结	—
	导轨耐磨涂层	HNT、FT、JKC三系列机床导轨耐磨涂层	刷涂	—

（2）带改性聚四氟乙烯（PTFE）减摩层的板材

塑材-青铜-钢背三层复合自润滑板材技术条件见GB/T 27553.1—2011的规定。板材由表面层塑料、中间烧结层和钢背层三层复合而成，表面塑料层是聚四氟乙烯和填充材料的混合物，其厚度为0.01~0.05mm；中间烧结层为青铜球粉CuSn10或QFQSn8-3，其化学成分见表18.6-25，其厚度为0.2~0.4mm；钢背层为优质碳素结构钢，碳的含量通常小于0.25%（质量分数），钢背层硬度为80~140HBW。表面塑料层与中间烧结层之间的结合强度要求大于$2N/mm^2$。表面塑料层目视应无起皱、缺料、龟裂、起泡和夹杂等缺陷；钢背层表面无氧化黑斑、锈斑等缺陷，不允许有影响使用的划伤。带改性聚四氟乙烯减摩层板材的其他一些特性参数见表18.6-26~表18.6-28。

表18.6-25 中间烧结层的化学成分

牌号	化学成分（质量分数，%）			
	Cu	Sn	Zn	P
CuSn10	余量	9~11	—	≤0.3
QFQSn8-3	余量	7~9	2~4	—

表18.6-26 压缩永久变形量

	试样尺寸（长×宽×高）/mm	压缩应力/MPa	永久变形量/mm
压缩永久变形	10×10×2.0	280	≤0.03

表18.6-27 摩擦磨损性能

试验形式	润滑条件	摩擦因数	磨损量/mm	磨痕宽度/mm
端面试验	干摩擦	≤0.20	≤0.03	—
	油润滑	≤0.08	≤0.02	—
圆环试验	干摩擦	≤0.20	—	≤5.0
	油润滑（初始润滑）	≤0.08	—	≤4.0

注：由于两种试验方法不一样，所以板材摩擦磨损性能可从表中选一种。

表18.6-28 厚度尺寸*T*和极限偏差

（mm）

厚度范围	$0.75 \leq T \leq 1.5$	$1.5 < T \leq 2.5$
极限偏差	±0.012	±0.015

（3）填充聚四氟乙烯导轨软带

JB/T 7898—2013规定了填充聚四氟乙烯导轨软带（简称软带）的技术要求、检验规则、包装、标志和贮存。该软带厚度为0.3~4.0mm，适用于需要减磨、防爬的金属切削机床、仪器和其他机械导轨。

1）软带的尺寸和极限偏差见表18.6-29和表18.6-30。

2）软带的力学、物理性能及试验方法见表18.6-31~表18.6-33。

表 18.6-29　软带的厚度和极限偏差

(mm)

厚度	0.3~0.5	0.6~1.0	1.1~1.5	1.6~2.5	>2.5
极限偏差	±0.03	±0.04	±0.05	±0.08	±0.10

表 18.6-30　软带的宽度和极限偏差

(mm)

宽度	<50	50~100	101~200	201~300	>300
极限偏差	+1 0	+2 0	+3 0	+4 0	+5 0

表 18.6-31　软带材料的力学性能

项　　目	指标/MPa	试验方法
球压痕硬度	>35	GB/T 3398.1
拉伸强度	>16	GB/T 1040.2
25%定应变压缩应力	>25	GB/T 1041

表 18.6-32　软带的摩擦因数和磨痕宽度

项目	指标	试验方法
摩擦因数(采用滴油,30号机油润滑)	<0.05	GB/T 3960
磨痕宽度	<4.0mm	—

表 18.6-33　软带铸铁黏结性能

项　　目	指　　标	试验方法
软带与铸铁黏结抗剪强度	>10MPa	GB/T 12830
软带与铸铁 180°剥离强度	>24N/cm	GB/T 15254

3）软带外观。软带应表面平整，色泽均匀，无明显划痕、白点及其他缺陷。软带边缘应平直，1m长度的弓弦高不大于 3mm；长度每增加 1m，其全长弓弦高增量最大不应大于 2mm。

3.4　软带导轨技术条件

JB/T 7899—2013 规定了黏结填充聚四氟乙烯软带导轨的（简称软带导轨）的材料、设计、黏结与加工装配的技术要求。

3.4.1　软带导轨设计及材料要求

1）软带的质量与性能必须符合 JB/T 7898—2013的规定。

2）黏结软带的导轨材料应符合设计图样的规定。

3）相配的导轨材料性能与硬度要求应符合相关技术条件的规定。

4）软带导轨的压强一般不大于 1.0MPa，局部压强不大于 1.2MPa。

5）软带应黏结在导轨副短导轨上，黏结前导轨的表面粗糙度 Ra 为 1.6~6.3μm。

6）相配导轨宽度不小于软带导轨宽度，其表面粗糙度 Ra 为 0.4~0.8μm。

7）软带导轨上的油槽与软带边缘的距离不小于5mm，当采用压力润滑时，油槽深度必须小于软带的厚度。

3.4.2　黏结要求

软带黏结时允许拼接或对接，但接缝必须严密，边缘应平直；黏结前应将黏结表面清洗干净，不得留有锈斑、油渍和其他污物；胶黏剂的性能应能满足黏结工艺和使用要求；涂胶黏结的表面必须干燥，胶层应涂布均匀，固化后的胶层厚度建议为 0.08~0.20mm；黏结后应均匀加压，压强为 0.05~0.10MPa，固化条件按使用的胶黏剂的要求进行确定；固化后应清除外溢涂胶，切去软带工艺余量并倒角；黏结面间不应有脱胶、明显气泡和移位等缺陷；必要时可按 JB/T 7898—2013 进行抗剪强度和剥离强度的检验。

3.4.3　加工与装配要求

1）软带导轨可用机械加工或手工刮研方法来满足尺寸精度要求，但切削量要小，磨削时必须充分冷却。

2）油孔周边不允许有翘边、划伤等缺陷。软带导轨面不允许有明显的拉伤或划伤等缺陷。

3）软带导轨（镶条）与相配导轨的接触应均匀，接触指标不得低于表 18.6-34 中的规定，接触指标按 JB/T 9876—1999 规定检验。

表 18.6-34　软带导轨接触指标

产品精度等级	接触指标(%)			
	滑动导轨		移置导轨	
	全长上	全宽上	全长上	全宽上
高精度级	80	70	70	60
精密级	75	60	65	45
普通级	70	50	60	40

注：只有当宽度上的接触指标达到要求时，才能做长度上的评定。

4）软带导轨与相配导轨的配合应严密，用0.04mm 的塞尺在配合面间的插入深度不得大于表18.6-35 中的规定。

表 18.6-35　塞尺在软带导轨配合面间的插入深度

产品的重量/t	插入深度/mm	
	高精度级	精密及普通级
<1	5	10
1~10	10	20
>10	15	25

5）软带导轨的工作可靠性在使用期内应符合产品设计要求。

3.4.4　检验要求

软带导轨必须逐件检验。

3.5　环氧涂层材料技术通则

JB/T 3578—2007 规定了滑动导轨环氧涂层材料的摩擦磨损性能、力学物理性能等技术指标及检验方法，适用于在常温下油润滑的环氧涂层材料。

3.5.1　摩擦磨损性能

环氧涂层材料的摩擦磨损性能见表 18.6-36。

表 18.6-36　环氧涂层材料摩擦磨损性能指标

项　目	指　标	试验方法
摩擦因数	<0.06	GB/T 3960
磨痕宽度	<3mm	GB/T 3960
磨损率	$<5\times10^{-3}\ mm^3/(N\cdot m)$	

注：摩擦因数、磨痕宽度按 GB/T 3960 进行性能试验时，采用 L-AN46 全损耗系统用油滴油润滑。

3.5.2　机械物理性能

环氧涂层材料的机械物理性能见表 18.6-37。

表 18.6-37　环氧涂层材料的机械物理性能

项　目	指　标	试验方法
黏结抗剪强度/MPa	>12	见 GB/T 7124
冲击强度/$(N\cdot cm/cm^2)$	>80	见 GB/T 1043
硬度/MPa	>180	见 GB/T 3398
压缩强度/MPa	>80	见 GB/T 1041
压缩弹性模量/MPa	$>6\times10^3$	见 GB/T 1041
线胀系数/℃$^{-1}$	$<12\times10^{-5}$	见 GB/T 1036
热导率/[W/(m·K)]	$>1.42\times10^{-1}$	见 GB/T 3399
抗低温性	在-40℃环境下放置 48h 后观察，涂层表面不得开裂，不得与基体表面相剥离	

3.6　环氧涂层导轨通用技术条件

JB/T 3579—2007 规定了环氧涂层滑动导轨的设计和制造通用技术条件，适用于在常温下工作的环氧涂层滑动导轨。

3.6.1　环氧涂层滑动导轨的设计要求

1）环氧涂层材料应符合 JB/T 3578—2007 的要求。

2）环氧涂层滑动导轨的承载能力的平均压强不大于 1.0MPa，局部最大压强不大于 2.0MPa。

3）环氧涂层滑动导轨应用于导轨副中较短的导轨上。

4）环氧涂层滑动导轨的涂层厚度一般不大于 3mm。

5）环氧涂层滑动导轨上的油槽与涂层边缘的距离一般不小于 5mm，油槽深度应小于涂层厚度。

6）环氧涂层滑动导轨的两端应安装刮屑防护装置，以防止尘屑进入导轨面。

3.6.2　配对导轨的要求

1）与环氧涂层滑动导轨相配对的导轨可用铸铁导轨或钢导轨，其表面宜进行淬硬处理，表面硬度和加工质量应符合图样及有关标准规定。

2）配对导轨的表面切削纹路的走向一般应与导轨相对运动方向一致。

3）配对导轨的宽度和长度应不小于环氧涂层导轨的宽度和长度。

3.6.3　环氧涂层滑动导轨的要求

1）环氧涂层滑动导轨的制造应依照滑动导轨环氧涂层材料的使用说明书进行，涂层导轨在出厂前应进行跑合。

2）为提高涂层与导轨的金属基面的粘接强度，其金属基面一般加工成锯齿形。

3）环氧涂层滑动导轨的外观应平整光滑，不得有软点和明显的表面缺陷，如有气泡或表面缺陷，允许修补。

4）根据需要允许在环氧涂层滑动导轨表面人工刮研存油刀花，存油刀花一般以呈 45°方向且相互交叉形式为宜。

5）涂层导轨必须按标准要求逐件检查。

3.6.4　环氧涂层滑动导轨与配套导轨的接触精度

（1）用涂色法检验面接触程度

检验方法按 GB/T 9876 规定进行，环氧涂层滑动导轨与配对导轨的接触应均匀，接触指标不小于表 18.6-38 的要求。

表 18.6-38　环氧涂层滑动导轨与配对导轨的面接触指标　（%）

产品精度等级	滑动导轨		移置导轨	
	全长上	全宽上	全长上	全宽上
高精度级	80	70	70	50
精 密 级	75	60	65	45
普 通 级	70	50	60	40

注：只有在宽度上接触指标达到规定要求后，才能做长度上的评价。

(2) 用涂色法检验点接触程度

对于采用刮研工艺后的环氧涂层滑动导轨，可采用涂色法检验点接触程度，涂层导轨面每 25mm×25mm 面积内的接触点数不得少于表 18.6-39 的规定。

表 18.6-39 环氧涂层滑动导轨与配对导轨的点接触指标

产品精度级别	导轨宽度/mm			
	滑动导轨		移置导轨	
	≤250	>250	≤100	>100
	接触点数			
高精度级	15	12	12	9
精 密 级	12	9	9	8
普 通 级	8	6	6	5

(3) 用塞尺法检验接触程度

采用厚度为 0.04mm 的塞尺进行检验，塞尺在配合面间的插入深度不得大于表 18.6-40 的规定。

表 18.6-40 塞尺在环氧涂层滑动导轨配合面间的塞入深度

产品的质量/t	高精度级塞入深度/mm	精密级及普通级塞入深度/mm
≤10	10	20
>10	15	25

4 滚动导轨

在相配的两导轨面之间放置滚动体或滚动支承，使导轨面间的摩擦性质成为滚动摩擦，这种导轨就称为滚动导轨。

4.1 滚动导轨的特点、类型及应用

滚动导轨的最大优点是摩擦因数小，动、静摩擦因数相近，因此运动轻便灵活，运动所需功率小，摩擦发热少、磨损小，精度保持性好，低速运动平稳性好，移动精度和定位精度高。滚动导轨还具有润滑简单，高速运动时不会像滑动导轨那样因动压效应而使导轨浮起等优点。但滚动导轨结构比较复杂，制造比较困难，成本比较高，抗振性较差。另外，由于滚动导轨对脏物比较敏感，因此必须有良好的防护。滚动导轨广泛应用于各种类型机床和机械中，每一种机床和机械都利用了它的某些特点。

滚动导轨的类型很多，按运动轨迹分为直线运动导轨和圆运动导轨；按滚动体的形式分为滚珠、滚柱和滚针导轨；按滚动体是否循环分为滚动体不循环和滚动体循环导轨。滚动导轨的类型、特点及应用见表 18.6-41。

表 18.6-41 滚动导轨的类型、特点及应用

<table>
<tr><th colspan="2">类 型</th><th>简 图</th><th>特点及应用</th></tr>
<tr><td rowspan="3">滚动体不循环的滚动导轨</td><td>滚珠导轨</td><td>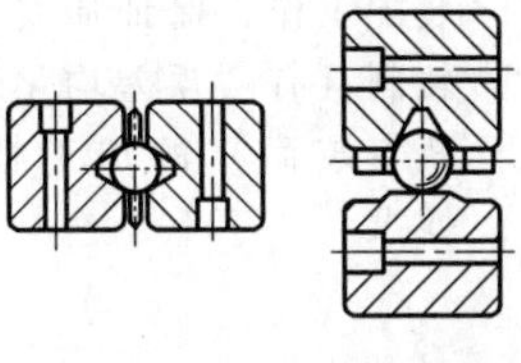</td><td rowspan="3">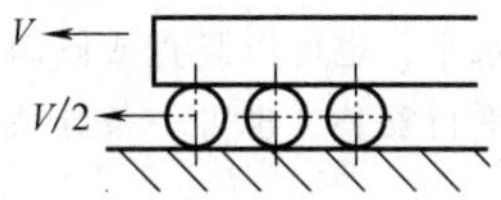
由于滑座与滚动体存在如上图所示的运动关系，所以这种导轨只能应用于行程较短的场合
滚珠导轨的摩擦阻力小，刚度低，承载能力差，不能承受大的颠覆力矩和水平力，这种导轨适用于载荷不超过 1000N 的机床
滚柱导轨的承载能力及刚度比滚珠导轨高，交叉滚柱导轨副四个方向均能受载
滚针导轨的承载能力及刚度最高
滚柱、滚针对导轨面的平行度误差要求比较敏感，且容易侧向偏移和滑动
滚柱、滚针导轨主要用于承载能力较大的机床上。如立式车床、磨床等</td></tr>
<tr><td>滚柱导轨</td><td>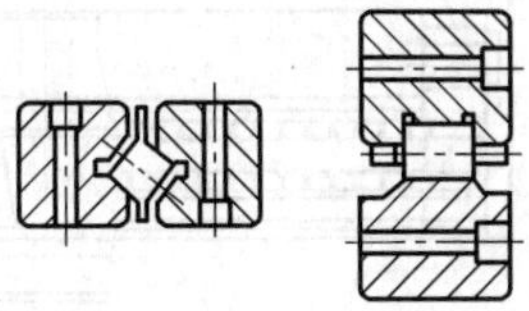</td></tr>
<tr><td>滚针导轨</td><td>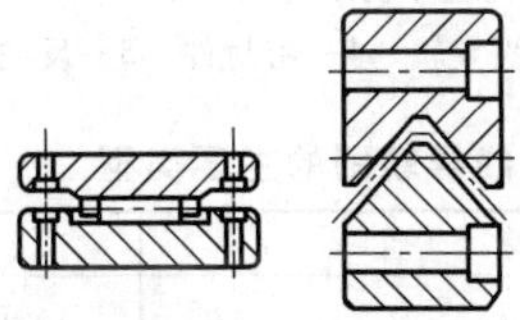</td></tr>
<tr><td rowspan="5">滚动体循环的滚动导轨</td><td>滚动直线导轨副</td><td>如图 18.6-6 所示</td><td rowspan="5">由专业化生产商生产，品种规格比较齐全、技术质量有保证。设计制造机器采用这类导轨副，可缩短设计制造周期、提高质量、降低成本</td></tr>
<tr><td>滚柱交叉导轨副</td><td>如图 18.6-19 所示</td></tr>
<tr><td>滚柱导轨块</td><td>如图 18.6-24 所示</td></tr>
<tr><td>套筒型直线球轴承</td><td>如图 18.6-35 和图 18.6-36 所示</td></tr>
<tr><td>滚动花键副</td><td>如图 18.6-37 所示</td></tr>
</table>

（续）

类型		简图	特点及应用
滚动体循环的滚动导轨	滚动轴承滚动导轨	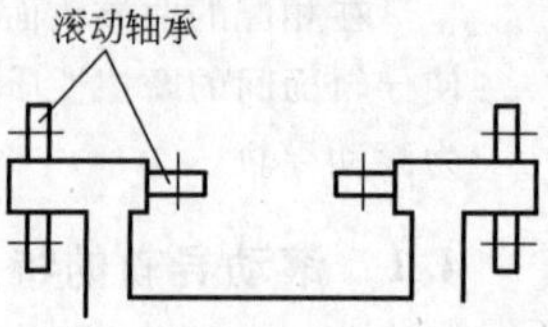	任何能承受径向力的滚动轴承(或轴承组)都可以作为这种导轨的滚动元件 轴承的规格多,可设计成任意尺寸和承载能力的导轨,导轨行程可以很长 很适合大载荷、高刚度、行程长的导轨,如大型磨头移动式平面磨床、绘图机等导轨

4.2 滚动直线导轨副

4.2.1 结构与特点

（1）结构

滚动直线导轨副（Linear Rolling Guide）由直线导轨（Linear Guide Way）、滑块（Carriage）和滚动体组成，可用作直线运动导向和支承的部件。滑块是由滑块体（Carriage Body）、反向器（End Cup）和密封件（Sealed Element）组成的直线运动组件。整体式滚动直线导轨副的结构示意图如图 18.6-6 所示。当导轨与滑块做相对运动时，滚动体（Rolling Element）沿着导轨上的经过淬硬和精密磨削加工而成的四条滚道（Raceway）滚动，滑块端部的钢球又通过反向器进入反向孔后再进入滚道，钢球就这样周而复始地进行滚动。反向器两端装有密封件，可有效地防止灰尘、屑末进入滑块内部。

滚珠承载的形式与角接触球轴承相似，一个滑块就像是四个直线运动的角接触球轴承。直线导轨的安装形式可以水平，也可以竖直或倾斜；可以两条或多条直线导轨平行安装，也可一条导轨安装，还可以将导轨接长成为长导轨；一条导轨上可以安装一个滑块、两个滑块、三个滑块或四个滑块，以适应各种行程和用途的需要。

国外滚动直线导轨副的结构类型较多，国内已开发生产出多种结构类型的滚动直线导轨副，其主要类型见表 18.6-42。

（2）特点

1）动、静摩擦力之差很小、摩擦阻力小，随动性极好，有利于提高数控系统的响应速度和灵敏度。驱动功率小，只相当于普通机械 1/10。

2）承载能力大，刚度高。导轨副滚道截面采用合理比值［沟槽曲率半径 $r=(0.52\sim0.54)D$，D 为钢球直径］的圆弧沟槽，因而承载能力和刚度比平面与钢球接触大。

3）能实现高速直线运动，其瞬时速度比滑动导轨快 10 倍。

4）采用滚动直线导轨副可简化设计、制造和装配工作，保证质量，缩短时间和降低成本。导轨副具有“误差均化效应”，从而降低基础件（导轨安装面）的加工精度，精铣或精刨即可满足要求。

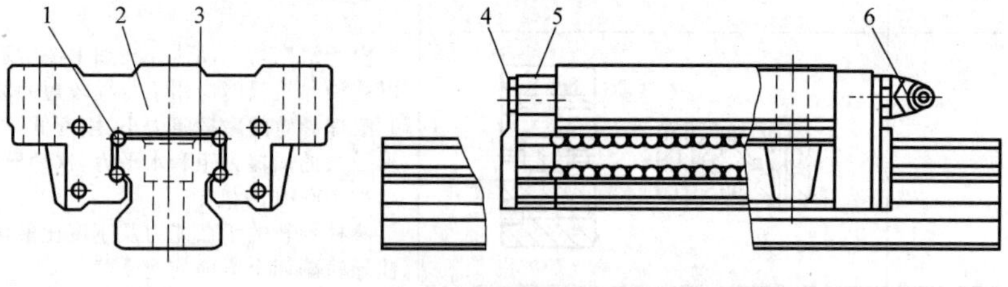

图 18.6-6　整体式滚动直线导轨副的结构示意图

1—滚动体（滚珠）　2—滑块体　3—直线导轨　4—密封件　5—反向器　6—油杯

表 18.6-42　滚动直线导轨副的主要类型

型号		名称	特性	应用举例
GGB	AA	四方向等载荷滚动直线导轨副	1)一体型 2)上、下、左、右四方向额定载荷相等,用途较广 3)额定载荷大、刚度高,适于重载	1)机械加工中心 2)NC 车床、CNC 车床 3)重型切削机床 4)磨床 5)机床等特殊要求装配精度时 6)要求高精度、大力矩等
	AAL			
GGB	AB			
	ABL			
GGB	BA	窄型四方向等载荷滚动直线导轨副		
	BAL			

（续）

型　号	名　称	特　性	应用举例
GGC	微型滚动直线导轨副	1)一体极薄型、尺寸小 2)钢球直径大、寿命长 3)可以取代滚柱交叉导轨	1)IC、LSI制造机械 2)办公自动化机器 3)检查装置 4)医疗器械 5)线切割机床等
GGF	分离型滚动直线导轨副	1)高刚性极薄型,最适合于场所狭窄处,安装方便 2)可取代滚柱交叉导轨 3)可调整预加载荷 4)上、下、左、右等载荷	1)电火花加工机床等特种加工机床 2)精密平台 3)NC车床 4)组合机械手 5)运送机械 6)印制线路板组装机械 7)各种自动装配机械等

注：1. 一体型是导轨与其上滑块在出厂时已配套安装为一体。

2. 表中导轨副型号为南京工艺装备制造有限公司的产品型号，国内外其他厂商类似产品的型号不同。

4.2.2　额定寿命计算

滚动直线导轨副额定寿命的计算与滚动轴承基本相同，即

$$L=\left(\frac{f_h f_t f_c f_a}{f_w}\times\frac{C_a}{P}\right)^{\varepsilon}\times K \tag{18.6-13}$$

式中　L——额定寿命（km）；

C_a——额定动载荷（kN）；

P——当量动载荷（kN）；

$P=F_{max}$

F_{max}——受力最大的滑块所受的载荷（kN）；

ε——指数，当滚动体为滚珠时，$\varepsilon=3$；当为滚柱时，$\varepsilon=10/3$；

K——额定寿命（km），当滚动体为滚珠时，$K=50$km；当为滚柱时，$K=100$km；

f_h——硬度系数

$$f_h=\left(\frac{\text{滚道实际硬度 HRC}}{58}\right)^{3.6}$$

由于产品技术要求规定，滚道硬度不得低于58HRC，故通常可取$f_h=1$。

f_t——温度系数，见表18.6-43；

f_c——接触系数，见表18.6-44；

f_a——精度系数，见表18.6-45；

f_w——载荷系数，见表18.6-46。

表18.6-43　温度系数f_t

工作温度/℃	≤100	>100~150	>150~200	>200~250
f_t	1	0.9	0.73	0.60

表18.6-44　接触系数f_c

每根导轨上的滑块数	1	2	3	4	5
f_c	1.00	0.81	0.72	0.66	0.61

表18.6-45　精度系数f_a

工作温度/℃	2	3	4	5
f_a	1.0	1.0	0.9	0.9

表18.6-46　载荷系数f_w

工作条件	f_w
无外部冲击或振动的低速运动的场合,速度小于15m/min	1~1.5
无明显冲击或振动的中速运动场合,速度为15~60m/min	1.5~2
有外部冲击或振动的高速运动场合,速度大于60m/min	2~3.5

当行程长度一定，以h为单位的额定寿命为

$$L_h=\frac{L\times10^3}{2\times L_a n_2\times60}\approx\frac{8.3L}{L_a n_2} \tag{18.6-14}$$

式中　L_h——寿命时间（h）；

L——额定寿命（km），见式18.6-13；

L_a——行程长度（m）；

n_2——每分钟往复次数。

4.2.3　载荷计算

直线运动滚动导轨所受载荷与很多因素有关，如配置形式（水平、竖直或斜置等）、移动件的重心和受力点的位置、移动导轨牵引力的作用点、起动和停止时惯性力，以及工作阻力作用等。各个生产商的滚动直线导轨副的样本，都有关于各种情况载荷计算的详细说明，具体选用时可参阅相应产品的详细样本。

某水平安装、卧式导轨，滑块移动式滚动直线导轨副载荷计算示例如图18.6-7所示。工作台质量均匀分布，重心在中间，G为质量，外力F的作用点和

工作台重心重合。当工作台匀速并静止时，有 $F_{max}=F_1=F_2=F_3=F_4$。对于全行程变化的载荷，应计算其计算载荷 F_c，各种变化载荷的计算见表 18.6-47。

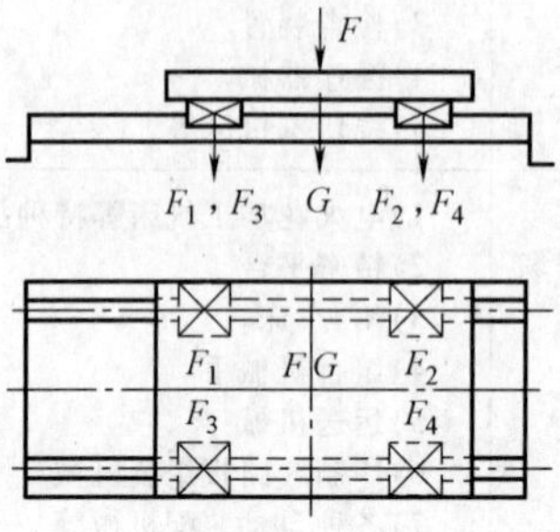

图 18.6-7　滚动直线导轨副载荷计算示例

4.2.4　摩擦力

摩擦力受结构型式、润滑剂的黏度、载荷及运动速度的影响而略有变化，预紧后摩擦力增大。摩擦力 F_μ 可按下式计算

$$F_\mu=\mu F+f \qquad (18.6\text{-}15)$$

式中　μ——滚动摩擦因数，$\mu=0.003\sim0.005$；

F——法向载荷（N）；

f——密封件阻力（N），每个滑块座 $f=5$N。

当所受载荷低于额定静载荷 10% 时，由于载荷过小，滚珠间相互摩擦的阻力和润滑脂的阻力占有较大比例，这时摩擦力并不随法向载荷的降低而成正比地下降，实际摩擦力将大于式（18.6-15）计算的结果。如果仍用该式计算，则可认为在低速时摩擦因数将增大。试验表明，$\mu=0.003\sim0.005$ 仅适用于载荷比 $F/C_0>0.1$；当 $F/C_0>0.05$，$\mu=0.01$；当 $F/C_0<0.05$，μ 值将急剧增大。

滑块座两端密封垫的阻力与所受的载荷完全无关，有时会因制造装配和使用中卡住赃物或碎屑等而增大阻力，此时应注意调整和清除。

4.2.5　尺寸系列

（1）编号规则

表 18.6-47　各种变化载荷的计算

载荷变化	计算载荷计算式	说　明
分段变化	$F_c=\sqrt{(F_1^3L_1+F_2^3L_2+\cdots+F_n^3L_n)/L}$	F_n—对应行程 L_n 内的载荷(kN) L_n—分段行程(mm) L—全行程 $\sum L_n$(mm)
线性变化	$F_c=(F_{min}+2F_{max})/3$	—
全波正弦曲线变化	$F_c=0.65F_{max}$	—
半波正弦曲线变化	$F_c=0.75F_{max}$	—
同时承受垂向和水平载荷	$\boldsymbol{F}_c=\boldsymbol{F}_v+\boldsymbol{F}_h$	$\boldsymbol{F}_v$—垂向载荷向量 $\boldsymbol{F}_h$—水平载荷向量
同时承受载荷和力矩	$F_c=F_0+C_0\dfrac{M_0}{M_t}$	F_0—载荷 C_0—额定静载荷 M_0—转矩 M_t—额定转矩

1）GGB 型的编号规则：

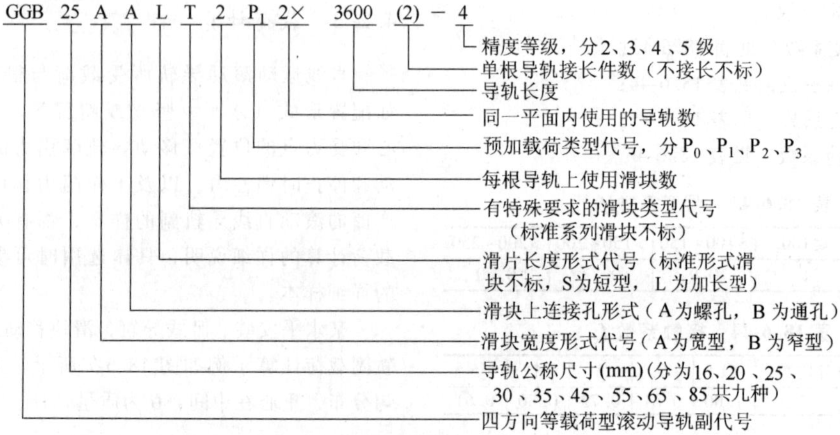

2）GGC 型的编号规则；

GGC　15　BA　K　2　P　2 × 500 − 4

- 4：精度等级
- 500：导轨长度
- 2：同一平面内用的导轨数
- P：预加载荷类型代号
- 2：每根导轨的滑块数量
- K：导轨加宽形式，不加宽不标
- BA：滑块形式
- 15：导轨副公称尺寸(mm)
- GGC：微型导轨副代号

3）GGF 型的编号规则：

GGF　25 − 2 − Ⅱ × 500 − 4

- 4：精度等级
- 500：导轨长度
- Ⅱ：同一平面内用的导轨数
- 2：每根导轨的滑块数量
- 25：导轨副公称尺寸(mm)
- GGF：分离型导轨副代号

（2）尺寸系列

GGB $\genfrac{}{}{0pt}{}{AA}{AAL}$四方向等载荷型滚动直线导轨副的结构尺寸如图 18.6-8 所示。

GGB $\genfrac{}{}{0pt}{}{BA}{BAL}$窄型四方向等载荷滚动直线导轨副的结构尺寸如图 18.6-9 所示。

GGC 微型滚动直线导轨副的结构尺寸如图 18.6-10所示。

GGF 分离型滚动直线导轨副的结构尺寸如图 18.6-11 所示。

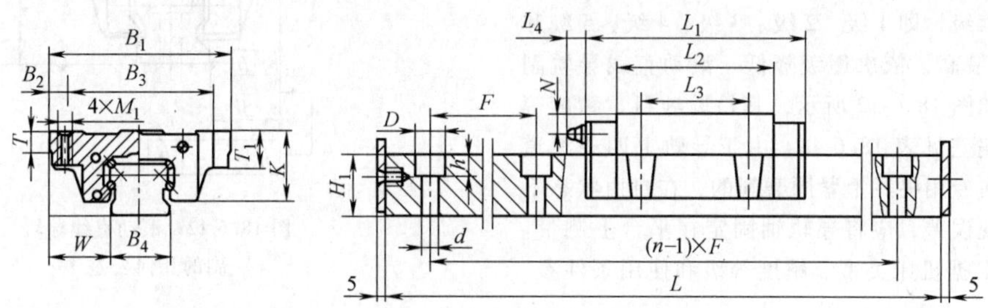

图 18.6-8　GGB $\genfrac{}{}{0pt}{}{AA}{AAL}$四方向等载荷型滚动直线导轨副的结构尺寸

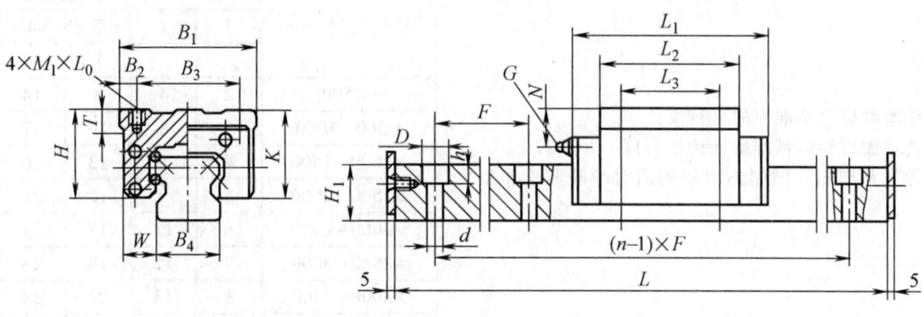

图 18.6-9　GGB $\genfrac{}{}{0pt}{}{BA}{BAL}$窄型四方向等载荷滚动直线导轨副的结构尺寸

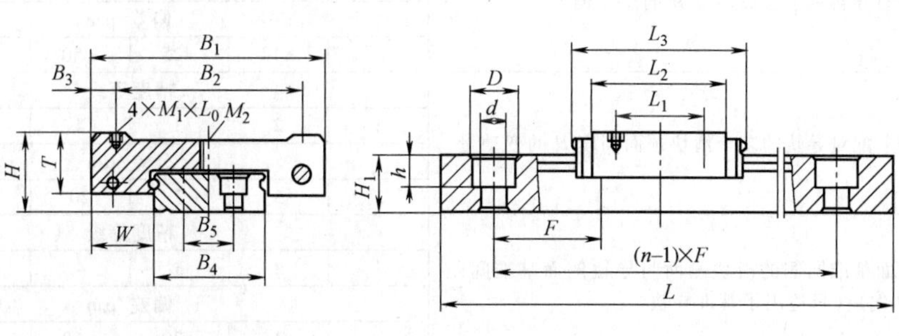

图 18.6-10　GGC 微型滚动直线导轨副的结构尺寸

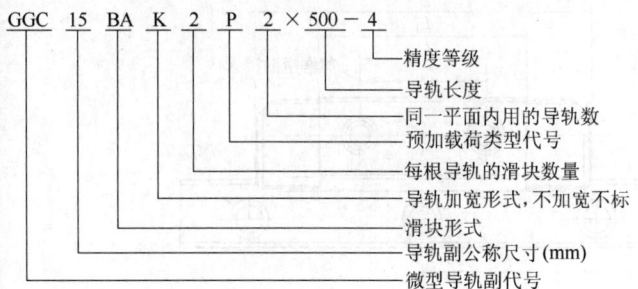

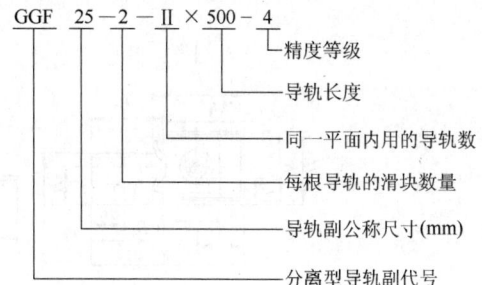

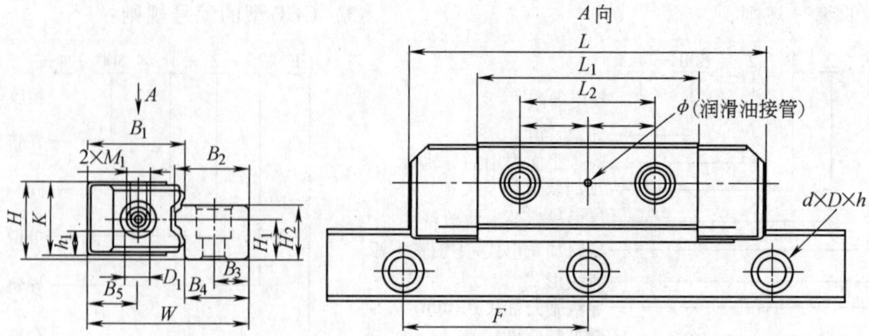

图 18.6-11　GGF 分离型滚动直线导轨副的结构尺寸

4.2.6　精度及预加载荷

(1) 精度等级及应用

依据 JB/T 7175.4—2006《滚动直线导轨副　第 4 部分：验收技术条件》的规定，滚动直线导轨副精度等级分为六级，即 1 级、2 级、3 级、4 级、5 级和 6 级，1 级为最高，依次逐级降低。滚动直线导轨副的几何公差如图 18.6-12 所示，其检验项目、精度等级和公差或偏差见表 18.6-48。由于导轨上四条滚道是将导轨轴在专用夹具上紧固磨削的，在自由状态下测量可能出现误差，应将导轨轴固定在平台上测量。精度等级应根据机床类型、精度等级和使用条件参考表 18.6-49 选用。

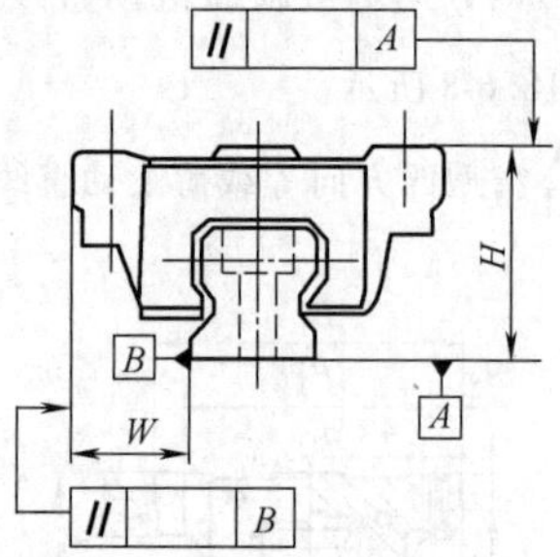

图 18.6-12　滚动直线导轨副的几何公差

表 18.6-48　检验项目、精度等级和公差或偏差

序号	检验项目	精度等级和公差						
1	滑块移动对导轨基准面的平行度： a) 导轨顶面对导轨基准底面的平行度 b) 与导轨基准侧面同侧的滑块侧面对导轨基准侧面的平行度	导轨长度/mm	精度等级 1	2	3	4	5	6
			公差/μm					
		≤500	2	4	8	14	20	28
		>500～1000	3	6	10	17	25	34
		>1000～1500	4	8	13	20	30	40
		>1500～2000	5	9	15	22	32	46
		>2000～2500	6	11	17	24	34	54
		>2500～3000	7	12	18	26	36	62
		>3000～3500	8	13	20	28	38	70
		>3500～4000	9	15	22	30	40	80
2	滑块顶面与导轨基准底面高度 H 的尺寸偏差	精度等级	1	2	3	4	5	6
		偏差/μm	±5	±12	±25	±50	±100	±200
3	同一平面上配对导轨的多个滑块顶面高度 H 的变动量	精度等级	1	2	3	4	5	6
		公差/μm	3	5	7	20	40	60
4	与导轨侧面基准同侧的滑块侧面与导轨侧面基准间距离 W 的尺寸偏差（只适用于基准导轨）	精度等级	1	2	3	4	5	6
		偏差/μm	±8	±15	±30	±60	±150	±240

（续）

序号	检验项目	精度等级和公差					
		精度等级					
5	同一导轨上多个滑块侧面与导轨侧面基准间距离 W 的变动量（只适用基准导轨）	1	2	3	4	5	6
		公差/μm					
		5	7	10	25	70	100

表 18.6-49　推荐采用的精度等级

机床类型		坐标	精度等级			
			2	3	4	5
数控机床	车床	x	√	√	√	
		z		√	√	√
	铣床、加工中心	x、y	√	√	√	
		z		√	√	√
	坐标镗床、坐标磨床	x、y	√	√		
		z		√	√	
	磨床	x、y	√	√		
		z	√		√	
	电加工机床	x、y	√	√		
		z			√	√
	精密冲裁机	x、y			√	√
	绘图机	x、y		√	√	
	数控精密工作台	x、y		√		
普通机床		x、y		√		
		z		√	√	
通用机械					√	√

由于滚动直线导轨副具有误差均化效应，当在同一平面内使用两套或两套以上时，可选用较低的安装精度达到较高的运动精度，通常可以提高产品质量20%～50%。

（2）预加载荷

为了保证高的运动精度并提高精度，对滚动直线导轨副可以采用预加载荷的方法进行滚动体与滚道间的间隙调整。预加载荷的大小决定了导轨副在外加载荷作用下刚度波动的大小，但预加载荷超过额定动载荷10%时将使寿命缩短。国内各厂家对预加载荷分级的大小略有不同，下面是南京工艺装备制造有限公司推荐的方法。

1）各种规格的滚动直线导轨副分四种预加载荷，见表18.6-50。

2）根据不同使用场合，推荐使用预加载荷级别见表18.6-51。

3）根据不同使用精度级别推荐的预加载荷见表18.6-52。

表 18.6-50　预加载荷

规　格	重预加载荷 P_0 $(0.1c)$/N	中预加载荷 P_1 $(0.05c)$/N	普通预加载荷 P $(0.025c)$/N	间隙 P_3 /μm
GGB16	607	304	152	3～10
GGB20	1150/1360	575/680	287.5/340	5～15
GGB25	1770/2070	885/1035	442.5/517.5	5～15
GGB30	2760/3340	1380/1670	690/835	5～15
GGB35	3510/3996	1755/1998	877.5/999	8～24
GGB45	4250/6440	2125/3220	1062.5/1610	8～24
GGB55	7940/9220	3745/4610	1872.5/2305	10～28
GGB65	11500/14800	5750/7400	2875/3700	10～28
GGB85	17220/20230	8610/10115	4305/5058	10～28

注：c—额定动载荷。

表 18.6-51　不同应用场合预加载荷

预加载荷种类	应用场合
P_0	大刚度并有冲击和振动的场合，常用于重型机床的主导轨等
P_1	要求较高重复定位精度，承受侧悬载荷、扭转载荷和单根使用时，常用于精密定位机构和测量机构上
P	有较小的振动和冲击，两根导轨并用时，且要求运动轻便处
P_3	用于输送机构中

表 18.6-52　不同精度级别推荐的预加载荷

精度级别	预加载荷			
	P_0	P_1	P	P_3
2、3、4	√	√	√	
5		√	√	√

4.2.7 安装与使用

（1）基础件安装平面的精度要求

1）使用单根导轨副时，其安装平面的精度可略低于导轨副的运行精度。

2）当同一平面内使用两根或两根以上导轨副时，其安装平面的精度可低于导轨副运行精度。建议按表 18.6-53 选用精度要求。

（2）导轨副连接基准面的固定结构型式

将导轨轴和滑块座与侧基准面靠上定位台阶后，应从另一面顶紧后再固定，其固定结构型式如图 18.6-13 所示。

表 18.6-53 基础件安装平面的精度要求

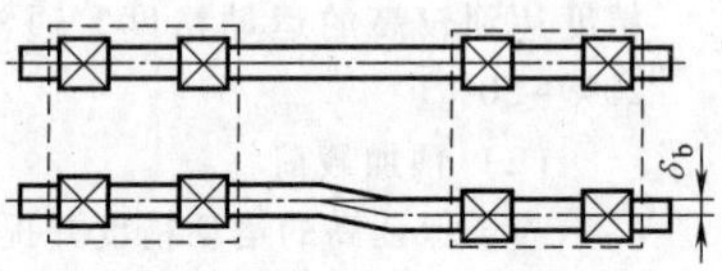

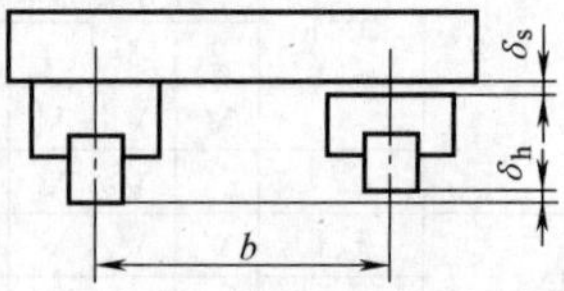

安装侧基面平行度误差 δ_b/mm				计算系数 k	安装侧基面高度误差 $\delta_h = k \cdot b$ /mm			
P_0	P_1	P	P_3		P_0	P_1	P	P_3
0.010	0.015	0.020	0.030		0.00004	0.00006	0.00008	0.00012
基础件滑块安装平面的高度误差为 $\delta_s = 0.00004b$								

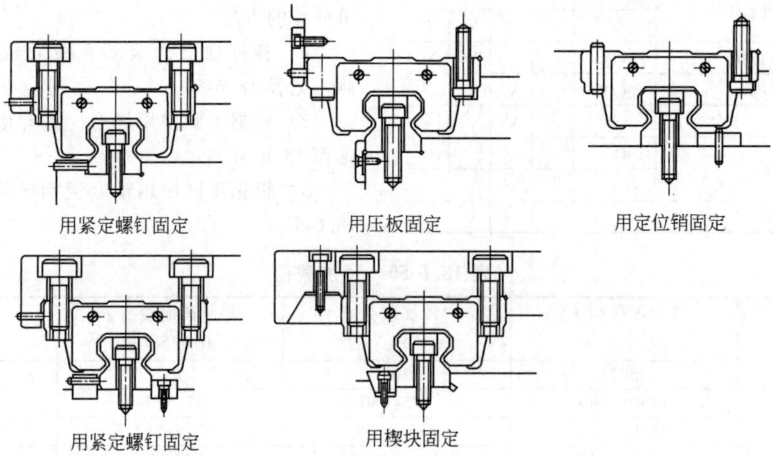

图 18.6-13 导轨副连接基准面的固定结构型式

紧定螺钉、压板及楔块等的数量和位置，一般应与导轨轴安装螺钉孔的位置和数量相同。如果受力不大，精度要求不高，导轨的安装螺钉也可减少为两个，在两个螺钉孔位置设置定位销。

上述各种固定方法，可以根据需要任意组合或采用新的方法。滑块座上的螺孔可以是通孔，也可以是盲孔，订购时应注明。

（3）安装基面的台肩高度和倒角

为了使滑块和导轨在工作台和床身上安装时不与基础件发生干涉，相对移动件不相碰撞，规定了安装基面的台肩高度、倒角形式及尺寸，见表 18.6-54。

（4）安装要求

1）滑块和导轨是有装配要求的，一般不允许将滑块与导轨分离或超行程又推回去。如果因安装困难，需要拆下滑块，可向制造商订购引导导轨（其

表 18.6-54 台肩高度、倒角形式及尺寸（mm）

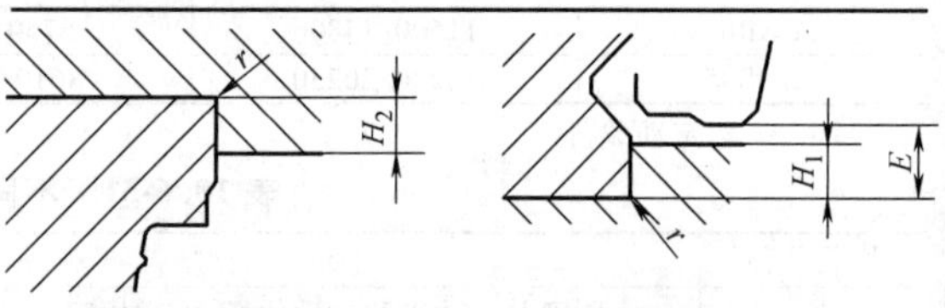

滑块基面安装部件			导轨基面安装部件	
规格	倒角 r	基面肩高 H_1	基面肩高 H_2	E
GGB16	≤0.3	3.5	4.0	4.5
GGB20	≤0.5	4.0	4.5	5.0
GGB25	≤0.5	5.0	6.0	6.5
GGB30	≤0.5	6.0	6.0	7.0
GGB35	≤0.5	7.0	6.0	10.0
GGB45	≤0.7	8.0	8.0	11.0
GGB55	≤0.7	11.0	8.0	13.0
GGB65	≤1.0	12.0	10.0	14.0
GGB85	≤1.0	13.0	12.0	16.0

实际尺寸比导轨小一号）。需要时，可将导轨和引导轨的端头对接，把滑块推到引导轨上，当导轨安装好后，再将滑块推到导轨上，注意基准方向应一致。

2）安装前必须检查导轨副是否有合格证，有无碰伤、锈蚀，将防锈油清洗干净，清除装配表面飞边及污物等，检查装配连接部位螺栓孔是否吻合，如果发生错位而强行拧入螺栓，将会降低运行精度。

3）安装前必须要分清基准导轨副与非基准导轨副（基准侧的导轨轴基准面侧刻有小沟槽，滑块上有磨光的基准面），其次是认清导轨副安装时所需的基准侧面。

（5）安装基本步骤

1）检查装配面。

2）设置导轨的基准侧面，使其与安装台阶的基准侧面相对。

3）检查螺栓位置，确认螺孔位置正确。

4）预紧固定螺钉，使导轨基准侧面与安装台阶侧面紧密接触。

5）最终拧紧安装螺栓。

6）安装非基准导轨。

7）安装滑块。

8）精度检查。

（6）双导轨定位

当在同一平面内平行安装两条导轨时，如果振动和冲击较大，精度要求较高，则两条导轨侧面都要定位，如图18.6-14所示。否则，其中一条导轨侧面定位即可，如图18.6-15所示。侧面定位方式可根据需要采用这两种定位方式中的任何一种。

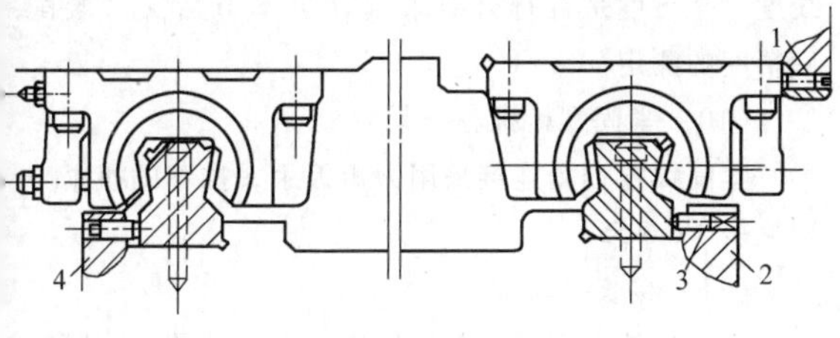

图18.6-14 双导轨定位
1—滑块座紧定螺钉 2—基准侧
3—导轨轴紧定螺钉 4—非基准侧

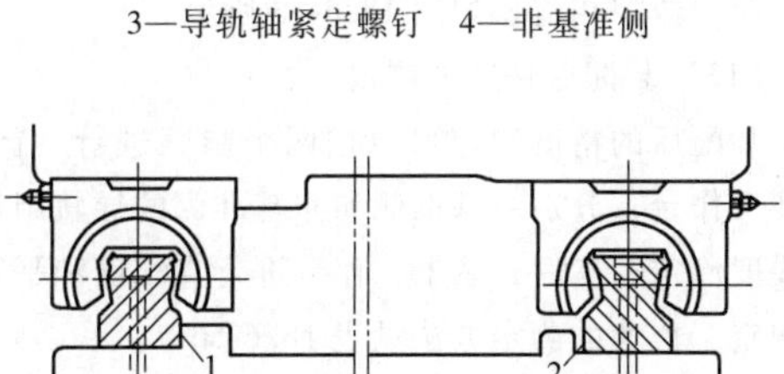

图18.6-15 单导轨定位
1—基准侧 2—非基准侧

双侧定位导轨轴按下列步骤安装：

1）将基准侧的导轨轴基准面（刻有小沟槽）的一侧紧靠机床装配表面的侧基面，对准螺孔，将导轨轴轻轻地用螺栓予以固定。

2）上紧导轨轴侧面的顶紧装置，使导轨的轴基准侧面紧紧靠贴床身的侧基面。

3）用力矩扳手逐个拧紧导轨轴的安装螺钉。从中间开始按交叉顺序向两端拧紧。

4）非基准侧的导轨轴与基准侧的安装顺序相同，只是侧面需轻轻靠上，不要顶紧。否则，反而引起过定位，影响运行的灵敏性和精度。

（7）单导轨定位

单导轨定位如图18.6-15所示，但无顶紧装置。

安装按下列步骤进行：

1）将基准侧的导轨轴基准面（刻有小沟槽）的一侧紧靠机床装配表面的侧基面，对准安装螺孔，将导轨轴轻轻地用螺栓固定，并用多个弓形手用虎钳，均匀地将导轨轴牢牢地夹紧在侧基面上。

2）按表18.6-55的参考值，用力矩扳手从中间按交叉顺序向两端拧紧安装螺钉。

3）非基准侧的导轨轴对准安装螺孔，将导轨轴轻轻地用螺栓予以固定后，采用下述方法之一进行校调和紧固。

方法1：将指示表座贴紧基准侧导轨轴的基面，指示表测头接触非基准侧导轨轴的基面。移动指示表，根据读数调整非基准侧导轨轴，直到达到表18.6-53中δ_b的要求。用力矩扳手逐个地拧紧安装螺栓。

方法2：将指示表架置于非基准侧导轨副的滑块座上，测头接触到基准侧导轨轴的基面上，根据指示表移动中的读数（或测前、中、后三点），调整到满足表18.6-53中δ_b的要求。用力矩扳手逐个拧紧安装螺栓。

以上两种方法一般仅适用于两根导轨轴跨距较小的场合，如跨距较大则会因表架刚性不足而影响测量精度。当采用方法2测量时，滑块座在导轨轴上必须没有间隙，因为间隙会影响测量精度。

方法3：原理与方法2类似，但可适用于两根导轨轴跨距较大的场合。其方法是把工作台（或专用测具）固定在基准侧导轨副的两个滑块座上并固定，非基准侧导轨副的两个滑块座则用安装螺钉轻轻地与工作台连接，在工作台上旋转指示表架，使测头接触非基准侧导轨轴的侧基面，根据指示表移动中的读数（或测前、中后三点），调整非基准侧导轨轴，使它符合表 18.6-53 中 δ_b 的要求，并用力矩扳手逐个拧紧导轨轴（与床身）的和滑块（与工作台）的安装螺栓。

方法 4：将基准侧导轨副的两个滑块座和非基准侧导轨副一个滑块座用螺栓紧固在工作台上。非基准侧导轨轴与床身及另一个滑块座与工作台则轻轻地予以固定；然后移动工作台，同时测定其拖动力，边测边调整非基准侧导轨轴的位置。当达到拖动力最小和全行程内拖动力波动也最小时，就可用力矩扳手逐个拧紧非基准侧导轨轴及另一个滑块座的安装螺栓。

这个方法常用于导轨轴长度大于工作台长度两倍以上的场合。

方法 5：上述几种方法仅适用于单件、小批装配作业，其中有些方法比较烦琐，并且对提高装配精度也受到一定的限制。日本 THK 公司等推出了一些专用装配工具，图 18.6-16a 所示为专门的指示表架，图 18.6-16b 所示为标准间距量棒。两种工具都是以基准侧的导轨轴侧基面为基准，根据平行度要求调整非基准侧导轨轴。

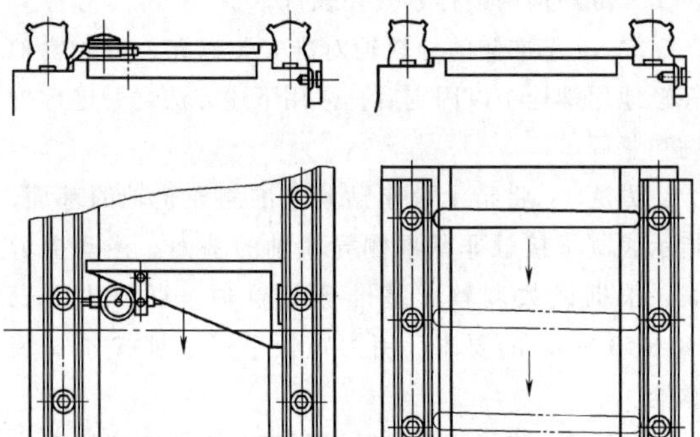

a) b)

图 18.6-16 导轨安装的测量装置

(8) 床身上没有凸起基面时的安装方法

这种方法大多用于移动精度要求不太高的场合。床身上可以没有凸起的侧基面，工艺比较简单，如图 18.6-17 所示。

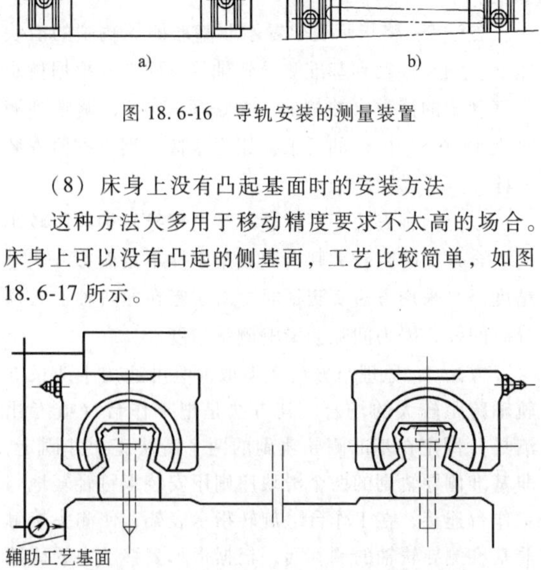

图 18.6-17 床身上没有凸起基面时的安装

安装按下列步骤进行：

1) 将基准侧的导轨轴用安装螺栓轻轻地固定在床身装配表面上，把两块滑块座并在一起，上面固定一块安装指示表架的平板。

2) 将指示表测头接触低于装配表面的侧向工艺基面，如图 18.6-17 所示。根据指示表移动中的读数，边调整边紧固安装螺钉。

3) 将非基准侧导轨轴用安装螺栓轻轻地固定在床身装配表面上。

4) 装上工作台并与基准侧导轨轴上两块滑块座和非基准侧导轨轴上一块滑块座，用安装螺栓正式紧固，另一块滑块座用安装螺栓轻轻地固定。

5) 移动工作台，测定其拖动力，边测边调整非基准侧导轨轴的位置。当达到拖动力最小和全行程内拖动力波动最小时，就可用力矩扳手，逐个拧紧全部安装螺栓。这一方法常用于导轨轴长度大于工作台长度两倍以上的场合。

(9) 滑块座的安装方法

1) 将工作台置于滑块座的平面上，并对准安装螺钉孔，轻轻地予以紧固。

2) 拧紧基准侧滑块座侧面的压紧装置，使滑块座基准侧面紧紧靠贴工作台的侧基面。

3) 按对角线顺序，逐个拧紧基准侧和非基准侧滑块座上各个螺栓。

安装完毕后，检查其全行程内运行是否轻便、灵活，应无停顿阻滞现象；摩擦阻力在全行程内不应有明显的变化。达到上述要求后，检查工作台的运行直线度、平行度是否符合要求（详见本节后文“装配后精度的测定”）。

(10) 紧固螺栓推荐拧紧力矩

紧固螺栓拧紧连接采用力矩扳手，推荐的扭紧力矩见表 18.6-55。

(11) 接长导轨

接长导轨采用同一套导轨副，编同一英文大写字母，连续的阿拉伯数字表示连接顺序，对接端头由同一阿拉伯数字相连，如图 18.6-18 所示。

(12) 装配后精度的测定

装配后的精度测定可以按两个步骤进行。首先，不装工作台，分别对基准侧和非基准侧的导轨副进行直线度测定；然后，装上工作台进行直线度和平行度的测定。推荐的测定方法见表 18.6-56。

(13) 滚动直线导轨副的组合形式

滚动直线导轨副可以有多种组合形式，见表 18.6-57。

表 18.6-55　推荐的拧紧力矩

螺钉公称尺寸	M4	M5	M6	M8	M10	M12	M16
拧紧力矩/N·m	2.6~4.0	5.1~8.5	8.7~14	21.0~30.5	42.2~67.5	73.5~118	178~295

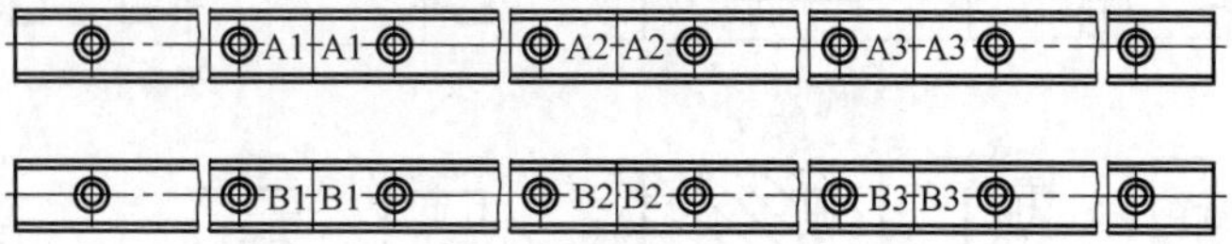

图 18.6-18　接长导轨

表 18.6-56　推荐的测定方法

序号	测量简图：滚动直线导轨副	测量简图：工作台移动部件	检验项目和检验工具	检验方法
1	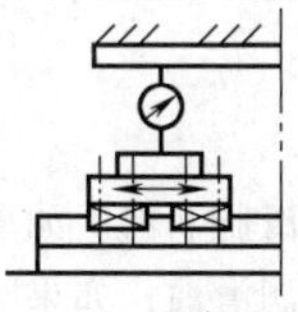 a)	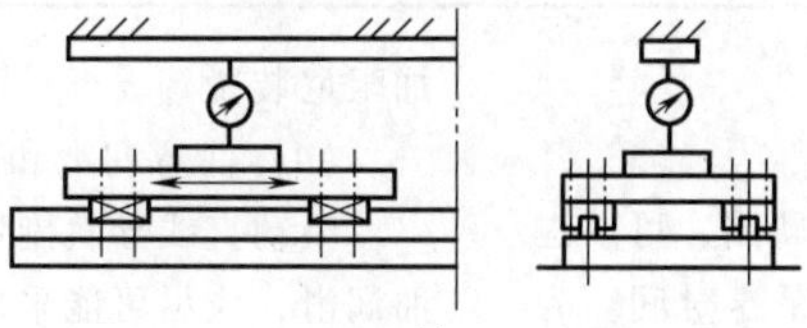 b)	滑块座和工作台移动在垂直面内的直线度 指示表 平尺	指示表按图确定在中间位置,测头接触平尺,并调整平尺,使其头尾读数相等,然后全程检验,取其最大差值
2	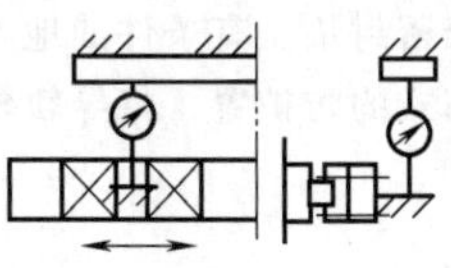 a)	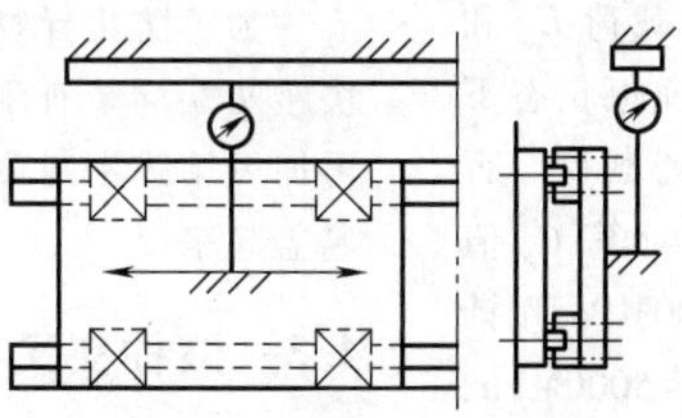 b)	滑块座和工作台移动在水平面内的直线度 指示表 平尺	指示表按图固定在中间位置,测头接触平尺,并调整平尺,使其头尾读数相等,然后全程检验,取其最大的差值
3		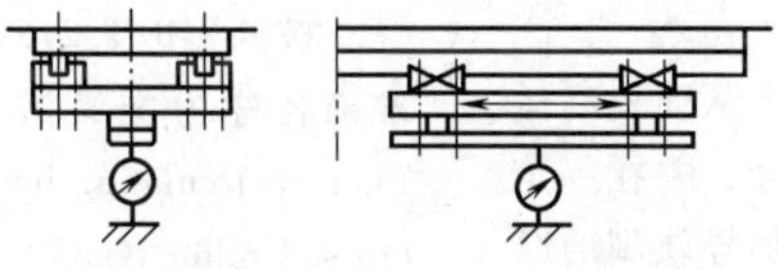	工作台移动对工作台面的平行度 指示表 平尺	指示表测头接触平尺,并调整两端等高,全程检验,取其最大差值
4	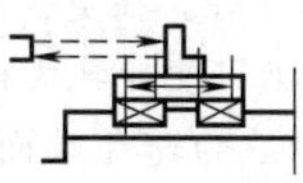 a)	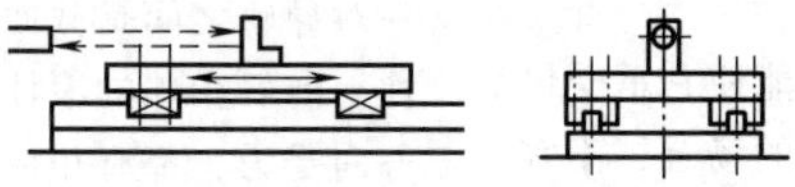 b)	滑块座和工作台移动在垂直和水平面内的直线度 自准直仪	反射镜按图固定在中间位置,然后全程检验,取其最大差值

表 18.6-57　滚动直线导轨副的组合形式

组合形式								
组合形式	水平	①	②	③	④	⑤	⑥	⑦
组合形式	水平	滑座移动	导轨移动	高度浮动型	侧向安装滑座移动	侧向安装导轨移动	侧向安装一侧调整	单臂滑座移动
组合形式	竖直	⑧	⑨	⑩	⑪	⑫	⑬	
组合形式	竖直	滑座移动	导轨移动	侧向安装滑座移动	侧向安装导轨移动	侧向安装下侧调整型	混合型	

（续）

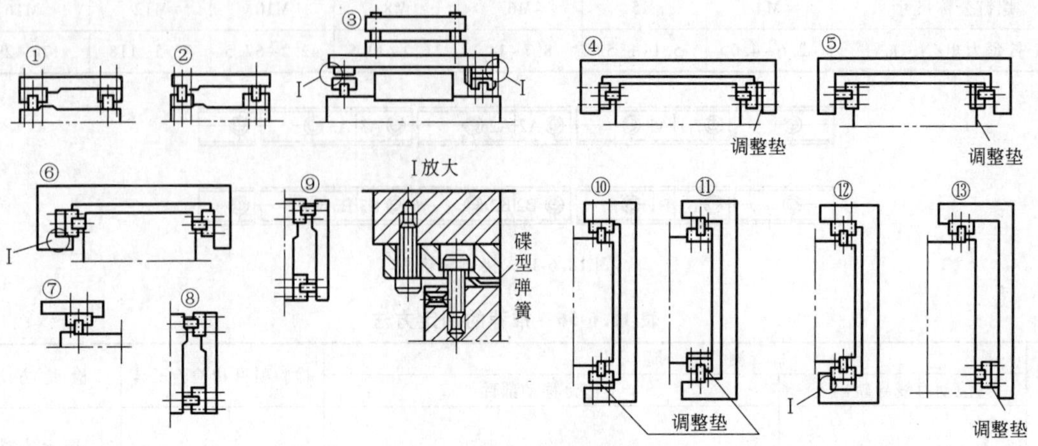

4.2.8　设计和使用注意事项

正确合理地设计和使用滚动直线导轨副，可以提高耐用度和精度保持性，减少维修和保养时间。为此，应注意如下事项：

（1）尽量避免力矩和偏心载荷的作用

滚动直线导轨副样本中给出的额定动载荷 C_a 和静载荷 C_{oa}，都是在各个滚珠受载均匀的理想状态下算出的，因此必须注意避免力矩载荷和偏心载荷。否则，一部分滚珠承受的载荷，有可能超过计算 C_a 值时确定的许用接触应力 $[\sigma_H]$ = 3000～3500MPa 和计算 C_{oa} 值确定的许用接触应力 $[\sigma_H]$ = 4500～5000MPa，导致滚珠过早的疲劳破坏或产生压痕，并出现振动、噪声和降低移动精度等现象。

（2）提高刚度、减少振动

适当预紧可以提高刚度、均化误差，从而提高运行精度，均化滚动体的受力从而提高寿命，并在一定程度上提高阻尼。但是预紧力过大会增加导轨副的摩擦阻力，增加发热，降低使用寿命，因此预紧力有其最佳值。

滚动支承的阻尼较小，因此要尽可能使它承受恒定的载荷。在有过大的振动和冲击载荷的场合，不宜采用滚动直线导轨副。为了减小振动，可以在移动的工作台上加装减振装置；条件许可时可安装锁紧装置，加工时把不移动的工作台固定。

（3）降低加速度的影响

滚动直线导轨副的移动速度可以高达 600m/min。当起动和停止时，将产生一个力矩，使部分滚动体受载过大，造成破坏。因此，如果加速度较大，应采取以下措施：减轻被移动物体的质量，降低物体的重心，采取多级制动以降低加速度；在起动和制动时增加阻尼装置等。

（4）注意润滑和防尘

滚动直线导轨副常用钠基润滑脂润滑。如果使用油润滑，应尽可能采用高黏度的润滑油；如果与其他机构统一供油，则需附加滤油器。在油进入导轨前再经一道精细的过滤。

为了防止异物侵入和润滑剂泄出，产品出厂时滑块座两端均装有耐油橡胶密封垫。有条件的地方也可再加风箱式密封罩或伸缩式的防护置，将导轨轴全部遮盖起来。

4.3　滚柱交叉导轨副

4.3.1　结构与特点

按照 GB/T 21559.1—2008，滚柱交叉导轨副的准确名称为交叉滚子型非循环滚子直线导轨支承（non-recirculating linear roller bearing, linear guideway, crossed roller type），如图 18.6-19 所示。滚柱交叉导轨副是由一对导轨、滚子保持架和圆柱滚子等组成。一对导轨之间是截面为正方形的空腔，在空腔里装滚柱，前后相邻的滚柱轴线交叉 90°，使导轨无论哪一方向受力，都有相应的滚柱支承。为避免端面摩擦，取滚柱的长度比直径小 0.15～0.25mm。各个滚柱由

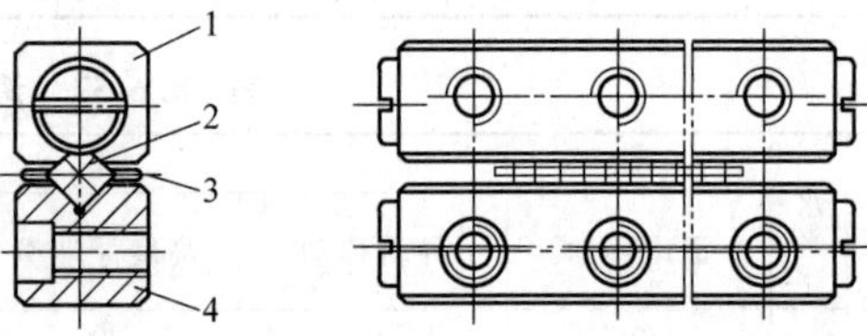

图 18.6-19　滚柱交叉导轨副
1—导轨　2—滚柱　3—保持架　4—导轨

保持架隔开。

这种导轨的特点是刚度和承载能力都比滚珠导轨大、精度高和动作灵敏，结构比较紧凑，但这种导轨由于滚柱是交叉排列的，在一条导轨面上实际参加工作的滚柱只有一半，滚柱不循环运动，行程长度受限制。这种导轨适用于行程短、载荷大的机床。

JB/T 10335—2002《直线运动滚动支承　分类及代号方法》对滚柱交叉导轨副的命名和分类有具体的说明。GB/T 21559.1—2008、GB/T 21559.2—2008和JB/T 7359—2007等标准对滚柱交叉导轨副的一些性能做出了规定。具体产品都有自己的编号规则和尺寸系列，下面以国内某厂家的产品为对象进行说明。

4.3.2　额定寿命

（1）额定寿命的计算

$$L=100\left(\frac{f_t}{f_w}\frac{C}{F_C}\right)^{10/3} \tag{18.6-16}$$

式中　L——额定寿命（km）；

f_t——温度系数，当工作温度≤100℃时，$f_t=1$；

f_w——载荷系数，见表18.6-58；

C——额定动载荷；

F_C——计算载荷。

表18.6-58　载荷系数

工作条件	无外部冲击或振动的低速运动场合，速度小于15m/min	无明显冲击或振动的中速运动场合，速度为15~30m/min
f_w	1~1.5	1.5~2.0

（2）寿命时间计算

$$L_h=\frac{L\times10^3}{2\times l\times n\times60} \tag{18.6-17}$$

式中　L_h——时间寿命（h）；

L——额定寿命（km）；

l——行程长度（m）；

n——每分钟往复次数。

4.3.3　载荷及滚子数量计算

（1）载荷计算（见表18.6-59）

（2）导轨长度及滚子数量（见图18.6-20）

导轨长度不小于行程的1.5倍，即$L\geqslant1.5l$。保持架的长度不大于导轨长度与行程长度一半之差，即$K\leqslant L-l/2$。

滚子数量的计算见式（18.6-18）。

$$N=(K-2a)/f+1 \tag{18.6-18}$$

式中　N——滚子数量（整数）；

a——保持架端距（见表18.6-61）；

f——滚子间距（见表18.6-61）。

表18.6-59　载荷计算

	计算公式	
载荷类型	正向载荷 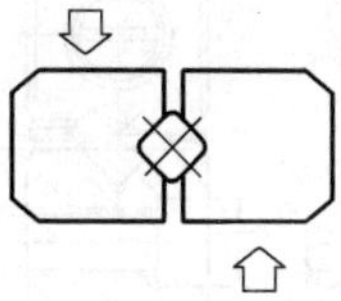	侧向载荷 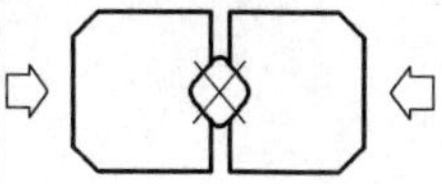
额定动载荷 C	$C=\left(\frac{N}{2}\right)^{3/4}C_1$	$C=\left(\frac{N}{2}\right)^{3/4}2^{7/9}C_1$
额定静载荷 C_0	$C_0=\left(\frac{N}{2}\right)C_{01}$	$C_0=2\times\left(\frac{N}{2}\right)C_{01}$
说明	C—额定动载荷(N)；C_0—额定静载荷(N)；C_1—每个滚子的额定动载荷(N)；C_{01}—每个滚子的额定静载荷(N)；N—滚子数；$N/2$—滚子数(忽略小数)	

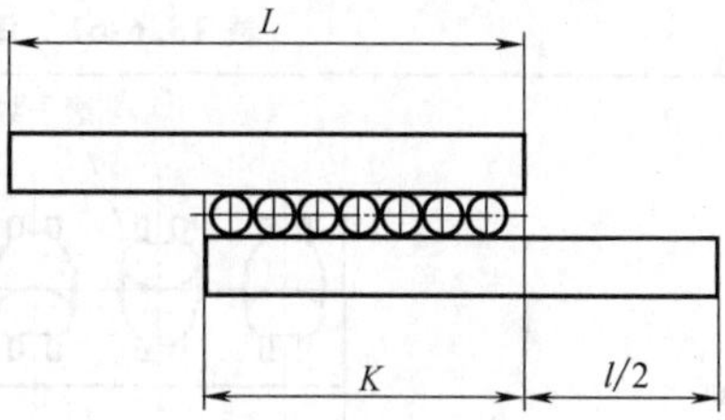

图18.6-20　导轨长度和滚子数量

L—导轨长度（mm）　l—行程长度（mm）

K—保持架长度（mm）

4.3.4　编号规则及尺寸系列

（1）编号规则

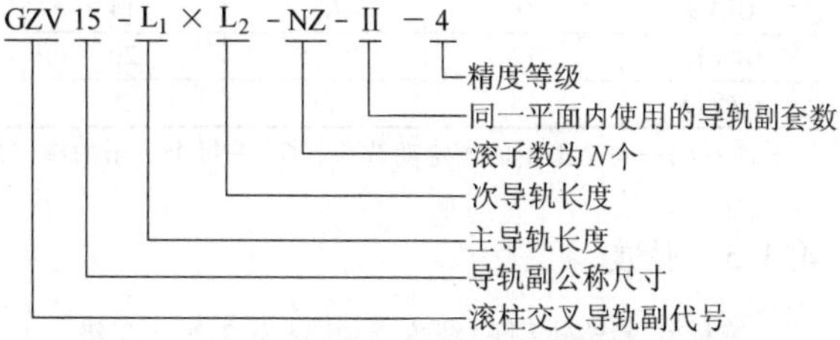

注：两根导轨组成一套导轨副，同一平面内使用的导轨副套数指的是同一平面内有几套导轨副同时使用。如上式中Ⅱ指同一平面内有两套导轨副，即四根导轨同时使用。

（2）尺寸系列

1）导轨副基本尺寸。南京工艺装备制造有限公司的滚柱交叉导轨副的公称尺寸见表18.6-60。

2）保持架基本尺寸。南京工艺装备制造有限公司的滚柱交叉导轨副保持架的公称尺寸见表18.6-61。

表 18.6-60 滚柱交叉导轨副的公称尺寸

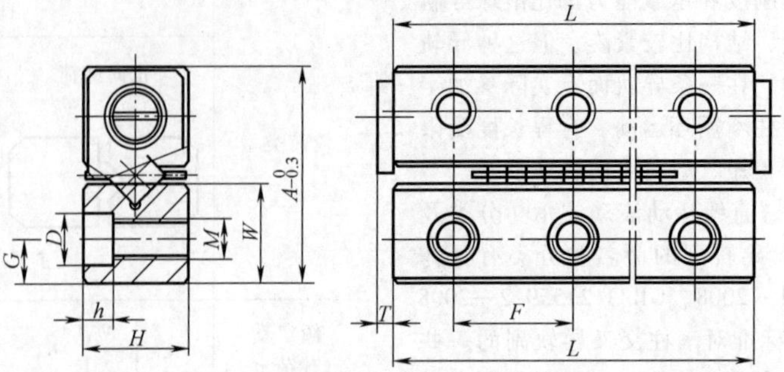

规　格	A /mm	H /mm	W /mm	M /mm	D /mm	h /mm	G /mm	F /mm	T /mm	导轨最大长度 L_{max}/mm	单根导轨每米质量 /(kg/m)
GZV3	18	8	8.1	M4	6.0	3.1	3.5	25	3	300	0.45
GZV4	22	11	10	M5	7.5	4.1	4.5	40	3	500	0.75
GZV6	31	15	14.2	M6	9.5	5.2	6	50	3	800	1.47
GZV9	44	22	20.2	M8	10.5	6.2	9	50	4	1400	3.07
GZV12	58	28	27	M10	13.5	8.2	12	100	5	1400	5.32
GZV15	71	36	33	M12	16.5	10.2	14	100	5	1400	8.30

表 18.6-61 滚柱交叉导轨副保持架的公称尺寸

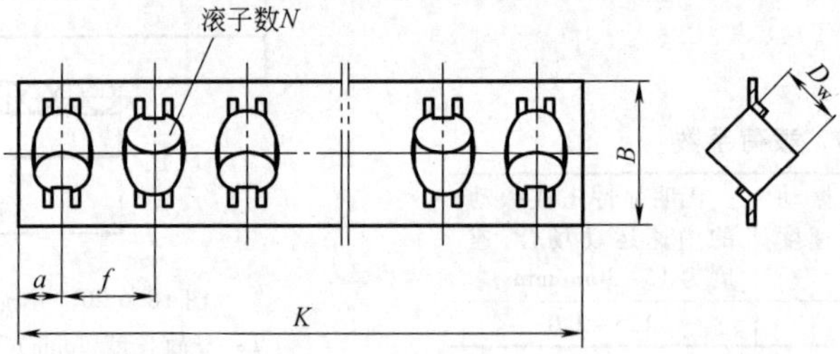

规　格	D_w /mm	a /mm	f /mm	B /mm	C_1 /kN	C_{01} /kN	K 最大值 /mm
GZV3	3	3	5	7.6	0.545	0.597	176
GZV4	4	4.5	7	10	1.05	1.16	275
GZV6	6	6	10	14	2.06	2.41	412
GZV9	9	7.5	14	21	5.904	6.74	701
GZV12	12	12.5	20	25	12.15	13.77	685
GZV15	15	15	25	34	19.61	22.32	680

注：C_1—每个滚子的额定动载荷；C_{01}—每个滚子的额定静载荷；D_w—滚子体公称直径。

4.3.5 精度

滚柱交叉导轨副的精度等级分为 2 级、3 级、4 级和 5 级，2 级最高，其精度项目及其数值见表 18.6-62。

表 18.6-62 滚柱交叉导轨副的精度 (μm)

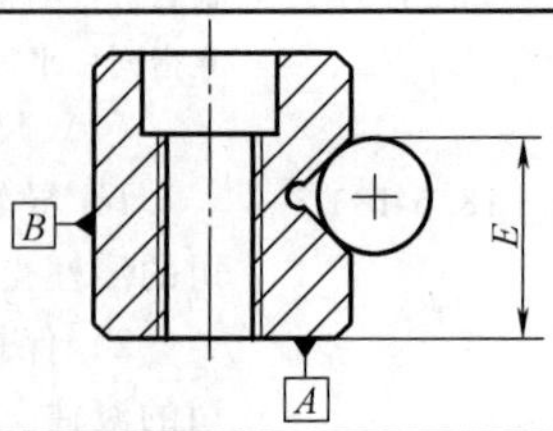

（续）

精度项目	导轨长度/mm	精度等级			
		2	3	4	5
导轨V形面对 A、B 面的平行度	≤200	2	4	6	10
	>200~400	4	6	8	12
	>400~600	5	8	12	14
	>600~800	6	9	13	16
	>800~1000	7	10	15	17
	>1000~1200	8	12	17	19
高度尺寸 E 的极限偏差		±10	±10	±15	±20
同组导轨副高度持尺寸 E 的一致性		10	10	15	20

4.3.6 安装与使用

1）配对安装面精度。滚柱交叉导轨副配对安装面的结构如图 18.6-21 所示。

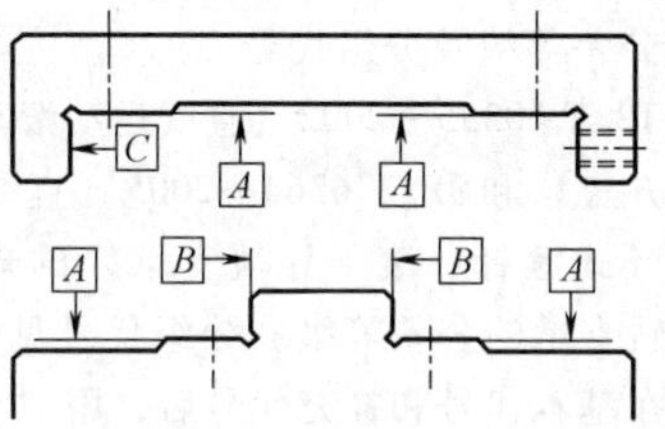

图 18.6-21 滚柱交叉导轨副配对安装面的结构

配对安装面的精度直接影响滚柱交叉导轨副的运行精度和性能，如果要得到较高的运行精度，需相应提高配对安装面的精度。A 面精度直接影响运行精度，B 面和 C 面平行度直接影响预载，相对 A 面的垂直度影响在预载方向上的装配精度，因此建议尽量提高安装面精度，其精度数值应近似于导轨平行度数值。

2）预加载荷的方法。如图 18.6-22 所示，预加载荷通常用螺钉来调整，该螺钉尺寸规格与导轨的安装螺钉相同，螺钉中心为导轨高度的一半。

预加载荷的大小根据机床与设备不同而不同。过预载将减少导轨副的寿命并损坏滚道，且在使用过程中，圆柱滚子很容易歪斜，产生自锁现象。因此，通常推荐无预载或较小的预载。如果精度和刚度要求高，则建议使用图 18.6-22c 所示的装配平板或者图 18.6-22b 所示的楔形块加以预紧。

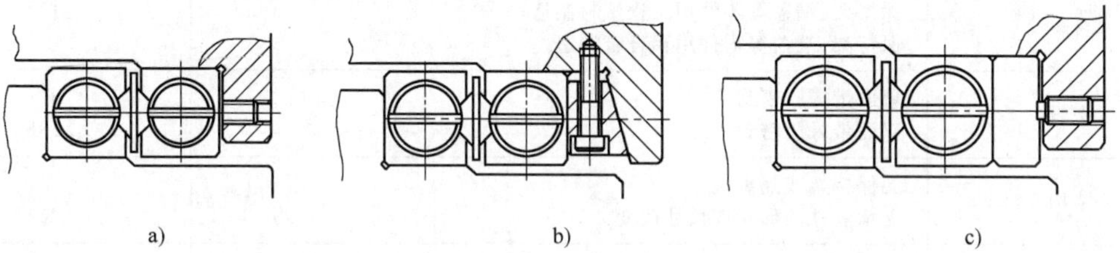

a) b) c)

图 18.6-22 预加载荷的方法

3）滚柱交叉导轨副可在高温下运行，但建议使用温度不高于 100℃。

4）滚动交叉导轨副的运行速度不能大于 30m/min。

5）润滑。当滚柱交叉导轨副的运行速度为高速时（v>15m/min），推荐使用 L-AN32 润滑油，40℃时的运动黏度为 28.8~35.2mm²/s，定期润滑或接油管强制润滑；低速时（v<15m/min），推荐使用锂基润滑脂 2#。

4.4 滚柱导轨块

4.4.1 结构、特点及应用

滚柱导轨块是一种精密直线滚动导轨部件，其结构主要由本体、端盖、保持架及滚柱等组成（见图 18.6-23）。滚柱在本体中不断循环运动并承受一定载荷，运动时低于安装平面的滚柱为回路滚柱，高于安装平面的滚柱为承载滚柱，与机械导轨表面做滚动接触。

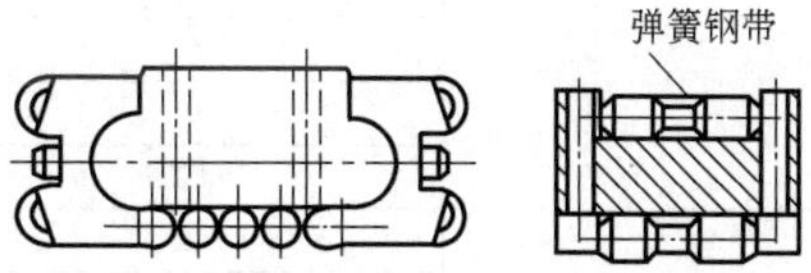

图 18.6-23 滚柱导轨块

滚柱导轨块承载能力大，刚度高，滚柱运动导向性好，能自动定心，运动灵敏，可提高定位精度。行程长度不受限制，可根据载荷大小和行程长度来选择导轨块的规格和数量。滚柱导轨块可获得较高灵敏度和高性能的平面直线运动，可减轻整机的重量，降低传动机构及动力费用。

滚柱导轨块的应用较广，小规格的可用在模具、仪器等直线运动部件上，大规格的则可用在重型机床、精密仪器的平面直线运动部件上，尤其适用于NC、CNC 数控机床。

4.4.2 滚柱导轨块的代号编号规则

按照 JB/T 10335—2002 的规定，直线运动滚动支承代号由基本代号、补充代号和公差等级及分组代号组成，其排列顺序如下：

基本代号 补充代号 公差等级及分组代号

(1) 基本代号

基本代号分为三部分：前部为类型代号，中部由数字表示直线运动滚动支承配合安装特征的尺寸或其外形尺寸的毫米数，后部为结构型式代号。

前部类型代号：直线运动滚子导轨支承的类型代号为 LRS，直线运动滚针导轨支承的类型代号为 LNS。

中部外形尺寸表示法：对直线运动滚子（针）导轨支承，用数字自左至右依次表示支承的公称高度（H）、公称长度（L）、公称宽度（B）及滚子体公称直径（D_W）的毫米数。

后部结构型式代号：循环滚子导轨支承由滚道基体和一组滚子组成，滚子呈单列，径向安装孔的循环滚子导轨支承的代号为 SG，轴向安装孔的代号为 SGK。

(2) 补充代号

补充代号是用字母（或加数字）表示材料、密封和内部结构的改变等。补充代号及其含义见表 18.6-63。

补充代号置于基本代号的右边，并与基本代号空半个汉字距（代号中有符号“-”除外）。当改变项目多且具有多组补充代号时，按表 18.6-63 从上而下的顺序排列。

(3) 公差等级及分组代号

按照 JB/T 10335—2002《直线运动滚动支承 分类及代号方法》和 JB/T 6364—2005《直线运动滚动支承 循环式滚针、滚子导轨支承》的规定，循环式滚子导轨支承的公差等级和分组代号见表18.6-64，其代号放在基本代号和补充代号后，用“/”隔开。

表 18.6-63 补充代号及其含义

改变项目	改 变 内 容	代 号
材料	保持架、端盖等零件用工程塑料制造 保持架、端盖等零件用铝合金制造	TN L
密封	单面带橡胶密封 双面带橡胶密封	-RS -2RS
结构	无保持架或隔离块 支承零件的形状或尺寸改变	V K
其他	有上述改变项目以外的其他改变内容	Y

表 18.6-64 循环式滚子导轨支承的公差等级和分组代号

公差等级代号	分组代号	公差等级、组件分组组合代号	高度偏差/mm
/G	—	/G	0～-0.010
/E	5	/E5	0～-0.005
	10	/E10	-0.005～-0.010
/D	3	/D3	0～-0.003
	6	/D6	-0.003～-0.006
	9	/D9	-0.006～-0.009
	12	/D12	-0.009～-0.012
/C	2	/C2	0～-0.002
	4	/C4	-0.002～-0.004
	6	/C6	-0.004～-0.006
	8	/C8	-0.006～-0.008
	10	/C10	-0.008～-0.010

例如，LRS 2562 SG /D6，代号含义为：直线运动导轨支承，公称宽度和公称长度分别是 25mm 和 62mm，循环滚子导轨支承、径向安装孔；D 级公差，分组代号为 6（-0.003~-0.006mm）。

4.4.3　滚柱导轨块的尺寸系列示例

基于 JB/T 6364—2005 某类型的滚动导轨块的结构示意图如图 18.6-24 所示。该类型的滚动导轨块的尺寸参数见表 18.6-65，参数的含义见标准文件。

4.4.4　寿命计算

滚柱导轨块的寿命计算见本章 4.2.2 小节，由于滚动体为滚柱，式（18.6-13）中的 $\varepsilon=10/3$，$K=100$km。

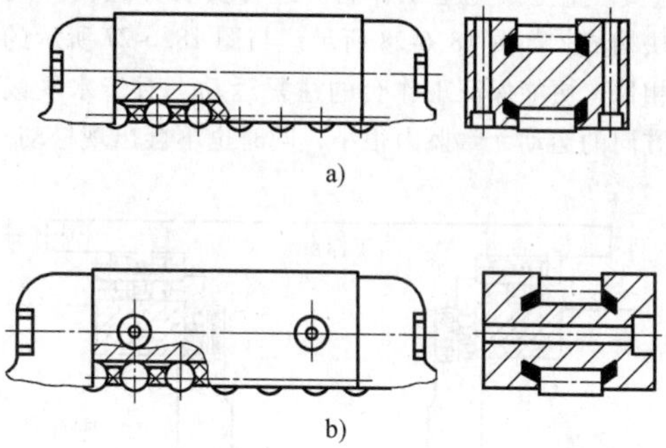

图 18.6-24　滚动导轨块的结构示意图
a）带径向安装孔循环导轨支承（LRS…SG）
b）带轴向安装孔循环导轨支承（LRS…SGK）

表 18.6-65　滚动导轨块的尺寸参数　（mm）

型号		A	B	L	J	J_1	T_1	L_2	N	δ	L_w
LRS…SG 型	LRS…SGK 型										
LRS 2562 SG	LRS 2562 SGK	16	25	62	19	17	8	36.7	3.4	0.2	8
LRS 2769 SG	LRS 2769 SGK	19	27	69	20.6	25.5	9.5	44	3.4	0.3	10
LRS 4086 SG	LRS 4086 SGK	26	40	86	30	28	13	53	4.5	0.3	14
LRS 52133 SG	LRS 52133 SGK	38	52	133	41	51	19	85	6.6	0.4	20

4.4.5　安装方式和方法

（1）安装方式

1）开式。这种安装方式如图 18.6-25 和图 18.6-26 所示。导轨块固定在工作台上，在固定在床身上的镶钢导轨条上滚动。钢条经淬硬和磨削。两组导轨块 3 和 4（见图 18.6-25）或三组导轨块 3、4 和 6（见图 18.6-26）承受竖直向下的载荷。导轨块组 2 用于侧面导向，导轨块组 1 用于侧面压紧。这种安装方式没有压板，故称为开式。它适用于水平导轨副，而且工作台上只有向下的载荷，没有颠覆力矩作用的场合。

图 18.6-25 所示为窄式导向，侧向导轨块 2 与侧面压紧侧向导轨块 1 位于一根钢条的两侧，距离较近，压紧力（侧向预紧）受工作台与床身的误差影响较小。图 18.6-26 所示为宽式导向，压紧力受温差的影响较大。侧向预加载荷可用弹簧垫或调整垫实现，采用弹簧垫预加载荷是一种比较好的办法。

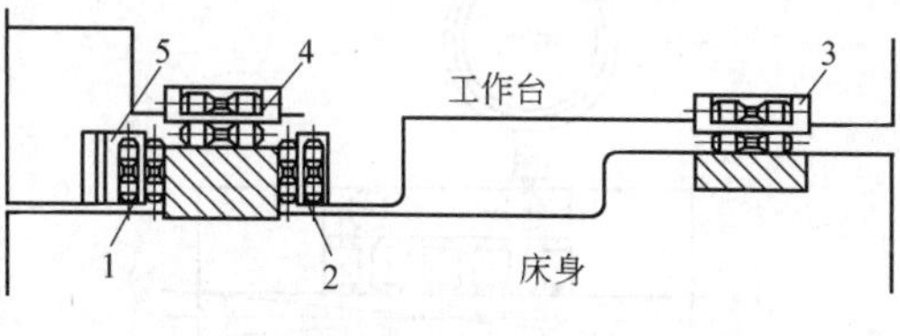

图 18.6-25　窄式导向开式导轨块的安装方式
1、2—侧向导轨块组　3、4—竖向导轨块
5—弹簧垫或调整垫工作台

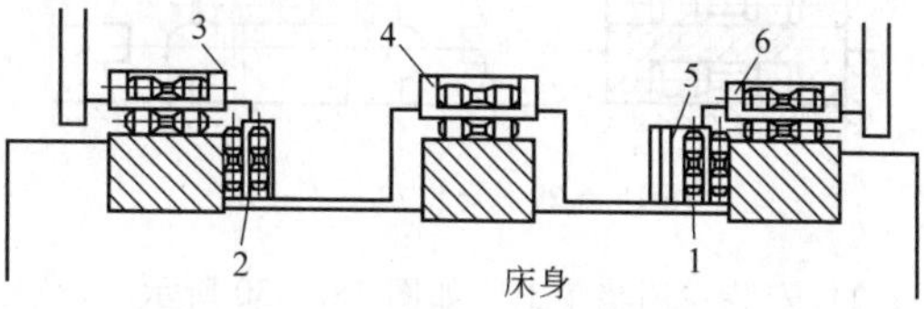

图 18.6-26　宽式导向开式导轨块的安装方式
1、2—侧向导轨块组　3、4、6—竖向导轨块
5—弹簧垫或调整垫

2）闭式。这种安装方式带有压板，如图 18.6-27 所示。工作台与床身之间上、下和左、右都装有导轨块，适用于水平导轨副有颠覆力矩作用的场合和竖直导轨副。

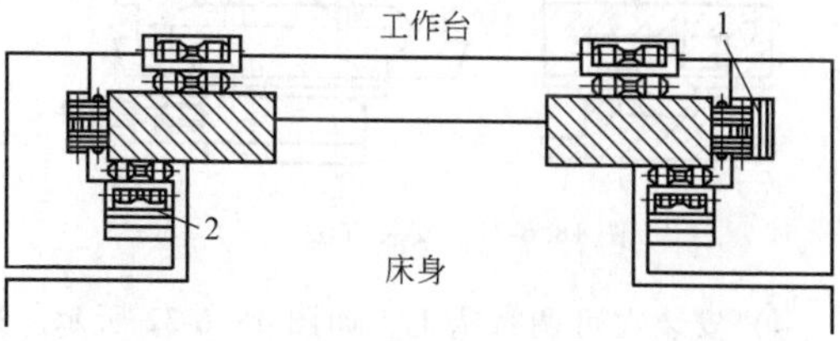

图 18.6-27　闭式导轨块的安装方式
1、2—弹簧垫或调整垫

3）重型或宽型工作台。这种安装方式由八列导轨块构成，如图 18.6-28 所示。与图 18.6-27 所示的方式相比，更能保证工作台的往复运动。对于水平或竖直方向的运动，摩擦力很小，同时也不会出现松动。

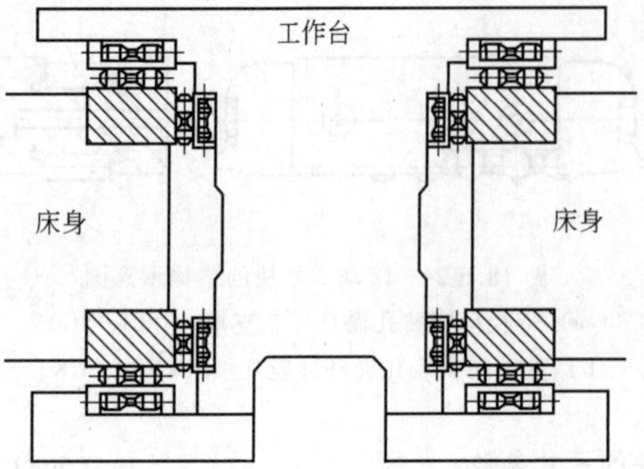

图 18.6-28　重型或宽型工作台导轨块的安装方式

（2）安装方法

在确定导轨块的安装方法时，必须注意保证导轨块与导轨间的装配精度；此外不应采用压配的方法进行装配，而应该用螺钉将导轨块固定在机床的部件或其他附件上。下面介绍几种安装方法。

1）直接安装在机床部件上，如图 18.6-29 所示。

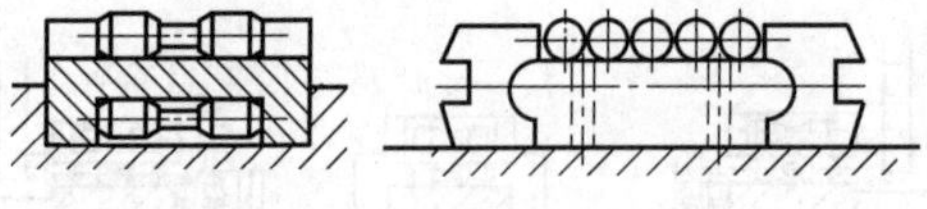

图 18.6-29　安装方法（一）

2）安装在调整垫上，如图 18.6-30 所示。

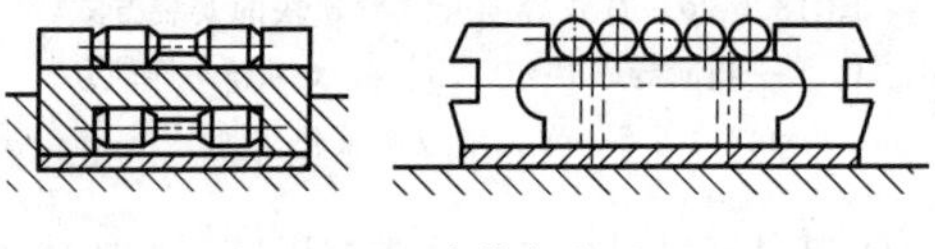

图 18.6-30　安装方法（二）

3）安装在楔铁上，如图 18.6-31 所示，可以进行高度调整。

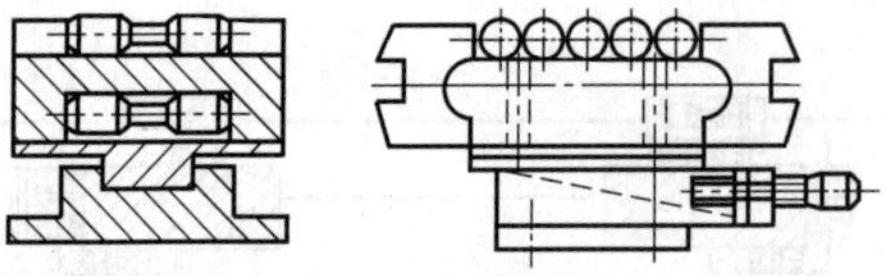

图 18.6-31　安装方法（三）

4）安装在可调衬垫上，如图 18.6-32 所示。采用这种安装方法时，不用精加工安装表面，但在最后调整精度时很费时。导轨块支承在两个螺钉上，刚度较低。

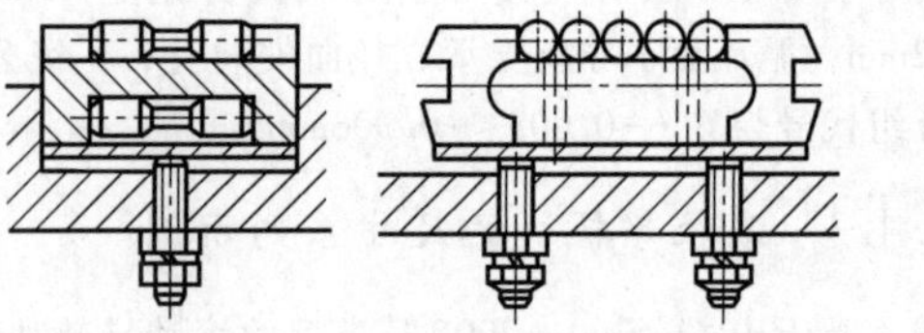

图 18.6-32　安装方法（四）

5）安装在弹簧垫上，如图 18.6-33 所示。这种方式只能用于压紧导轨块。如果工作台较长，承载导轨块或基准侧的导向导轨块多于两个，则首尾两个必须与工作台刚性连接，中间的几个可以安装在弹簧垫上，作为辅助支承以分担部分载荷。

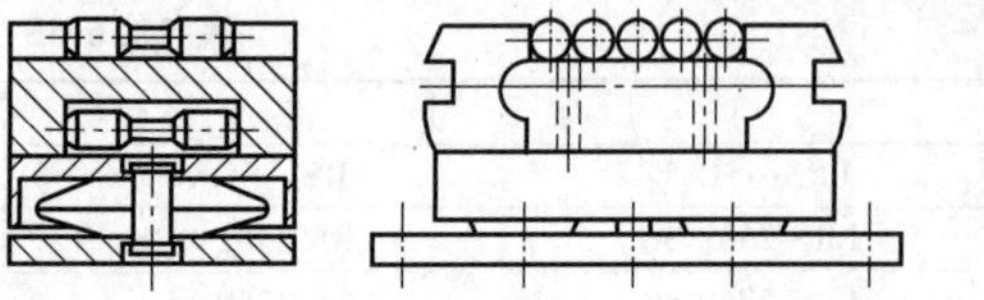

图 18.6-33　安装方法（五）

（3）安装中的装配精度

要使导轨块能达到预期的性能和耐用度，必须保证下述的安装和调整精度：

1）安装面与导轨面间的平行度。要使机床导轨副的导轨块受力均匀，导轨块的安装基面与机床导轨滚动接触表面间的平行度公差应控制在 0.02mm/1000mm 以内。

2）安装中导轨块等高的控制。为了保证机床每条导轨中各个导轨块工作时载荷均匀，应严格控制导轨块相互间的高度差。

3）导轨块倾斜精度的调整。为避免运动中滚子侧向偏移而打滑，沿导轨副运动方向的滚子轴线的倾斜精度应控制在 0.02mm/300mm 以内，定位精度要求越高，则倾斜精度控制也越严。检查方法如图 18.6-34 所示。

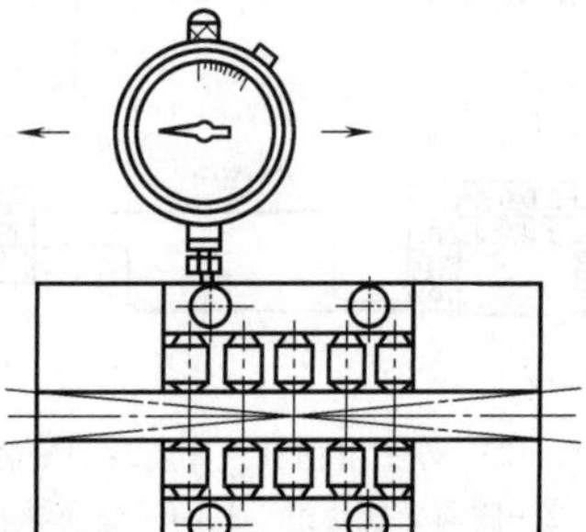

图 18.6-34　精度检查方法

4.4.6　安装注意事项

1）当多个滚柱导轨块安装在相同的平台上时，为了使滚柱导轨块获得均衡载荷，建议选用相同的分组编号的导轨块安装。

2）与导轨块安装的主体，其表面硬度推荐为 58~64HRC，表面粗糙度 Ra 为 0.4~0.8μm，主体本身平行度 ≤ 0.01mm/1000mm，安装后平行度 <0.01mm/1000mm。

3）采用预加载荷的办法，可防止导轨块的松动和提高刚度。预加载荷值应控制在约为每个导轨块的实际载荷的 20%。

4）其他注意事项可参照本章 4.3 节有关内容。

4.5　套筒型直线球轴承

按照 GB/T 27558—2011 的规定，套筒型直线球轴承（sleeve type linear ball bearing）属于直线运动滚动支承、直线球轴承中的一种。为实现沿轴向做无限直线运动而设计的包含套筒、球和保持架，以及若干条循环球封闭滚道的直线运动球轴承。

套筒型直线运动球轴承又可以分为闭式套筒型、调整型、开口型和半型。

套筒型（闭式套筒）直线运动球轴承（closed sleeve type linear ball bearing）的外套为一圆筒状，圆周均匀分布三组以上钢球支承导轴，导轴上无沟槽，球在外套和导轴之间循环滚动做无限直线运动，可承受较轻的径向载荷；调整型（adjustable sleeve type linear ball bearing）是将套筒型轴承沿轴向开一窄缝，利用轴承座调整轴承与导轴之间的径向游隙，代号为 LB…AJ；开口型（open sleeve type linear ball bearing）是将套筒型轴承沿轴向切去一组钢球相对应的一个扇形面，可调整径向间隙，代号为 LB…OP；半型即轴承是套筒型轴承的一半，可径向安装，用于有中间支承的导轴上，代号为 LB…HF。

无止动槽轴承（适用于 1 系列）的结构示意图如图 18.6-35 所示。有止动槽轴承（适用于 3 系列和 5 系列）的结构示意如图 18.6-36 所示。图中没有表示的一些参数及其含义：d 为轴径，E 为开口套筒型轴承在直径 F_w 处的开口宽度，F_{ws} 为球组的单一内径，$F_{ws\,min}$ 为球组最小单一内径，K_{ea} 为成套轴承径向跳动，α 为开口套筒型轴承所开的扇形角（包容角），Δ_{Cs} 为套筒单一宽度偏差，Δ_{C1s} 为套筒止动槽外端面之间单一距离偏差，Δ_{Dmp} 为轴承单一平面平均外径偏差。

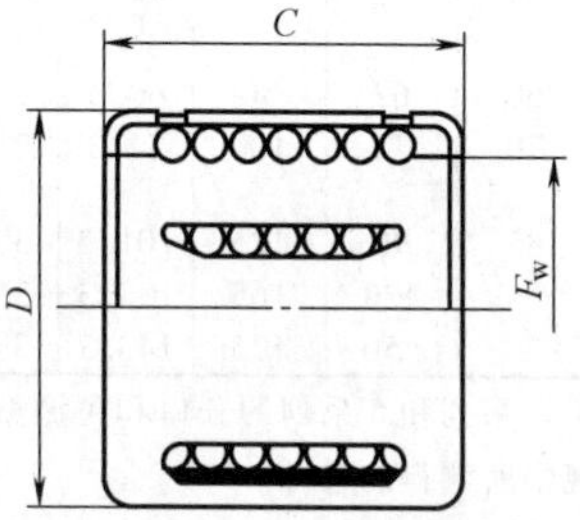

图 18.6-35　无止动槽轴承的结构示意图

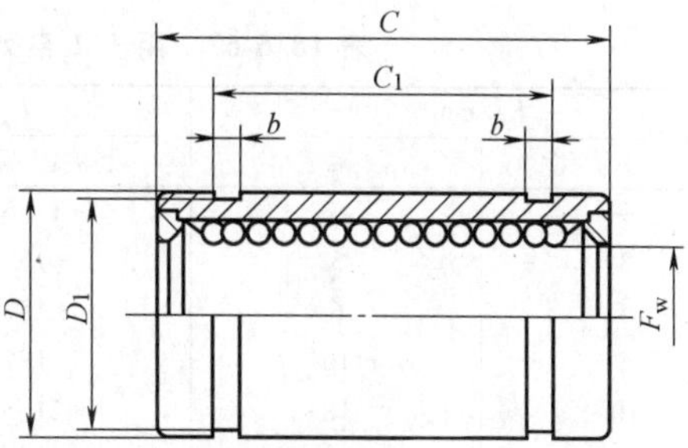

图 18.6-36　有止动槽轴承的结构示意图

4.5.1　套筒型直线球轴承的外形尺寸和公差

基于 GB/T 16940—2012《滚动轴承　套筒型直线球轴承　外形尺寸和公差》，可以得到套筒型直线球轴承的外形尺寸和公差的详细数据。

（1）外形尺寸

套筒型直线球轴承 1、3 和 5 系列的外形尺寸见表 18.6-66。

表 18.6-66　套筒型直线球轴承的外形尺寸　（mm）

F_w	1 系列		3 系列							5 系列						
	D	C	D	C	C_1	b	D_1	E	α/(°)	D	C	C_1	b	D_1	E	α/(°)
						min	max	min	min				min	max	min	min
3	7	10	—	—	—	—	—	—	—	7	10	—	—	—	—	—
4	8	12	—	—	—	—	—	—	—	8	12	—	—	—	—	—
5	10	15	12	22	14.2	1.1	11.5	—	—	10	15	10.2	1.1	9.6	—	—
6	12	22	13	22	14.2	1.1	12.4	—	—	12	19	13.5	1.1	11.5	—	—
8	15	24	16	25	16.2	1.1	15.2	—	—	15	24	17.5	1.1	14.3	—	—
10	17	26	19	29	21.6	1.3	18	—	—	19	29	22	1.3	18	6	65
12	19	28	22	32	22.6	1.3	21	6.5	65	21	30	23	1.3	20	6.5	65

（续）

F_w	1 系列		3 系列							5 系列						
	D	C	D	C	C_1	b min	D_1 max	E min	$\alpha/(°)$ min	D	C	C_1	b min	D_1 max	E min	$\alpha/(°)$ min
13	—	—	—	—	—	—	—	—	—	23	32	23	1.3	22	6.7	60
14	21	28	—	—	—	—	—	—	—	—	—	—	—	—	—	—
16	24	30	26	36	24.6	1.3	24.9	9	50	28	37	26.5	1.6	27	8	60
20	28	30	32	45	31.2	1.6	30.5	9	50	32	42	30.5	1.6	30.5	8.6	50
25	35	40	40	58	43.7	1.85	38.5	11	50	40	59	41	1.85	38	10.6	50
30	40	50	47	68	51.7	1.85	44.5	12.5	50	45	64	44.5	1.85	43	12.7	50
35	—	—	—	—	—	—	—	—	—	52	70	49.5	2.1	49	14.8	50
40	52	60	62	80	60.3	2.15	59	16.5	50	60	80	60.5	2.1	57	16.9	50
50	62	70	75	100	77.3	2.65	72	21	50	80	100	74	2.6	76.5	21.1	50
60	75	85	90	125	101.3	3.15	86.5	26	50	90	110	85	3.15	86.5	25.4	50
80	—	—	120	165	133.3	3.15	116	36	50	120	140	105.5	4.15	116	33.8	50
100	—	—	150	175	143.3	3.15	145	45	50	150	175	125.5	4.15	145	42.7	50

注：对于 3 系列和 5 系列的开口和可调整套筒型轴承，D 和 D_1 的尺寸是在轴承开缝后并装在直径为 D、偏差为零的厚壁环规中所测得的尺寸。

（2）公差

直线球轴承的制造精度分为 L9、L7、L7A、L6、L6A、L6J 和 L6JA 级，其公差值见表 18.6-67 ~ 表 18.6-73。

表 18.6-67 用于 1 系列闭式和可调套筒型轴承的 L9 级公差

F_w/mm		$F_{ws\,min}$ 的公差①/μm		Δ_{Cs}/μm	
>	≤	上极限偏差	下极限偏差	上极限偏差	下极限偏差
—	3	+12.5	-12.5	+180	-180
3	5	+15	-15	+215	-215
5	6	+15	-15	+260	-260
6	10	+18	-18	+260	-260
10	18	+21.5	-21.5	+260	-260
18	20	+26	-26	+260	-260
20	30	+26	-26	+310	-310
30	50	+31	-31	+370	-370
50	80	+37	-37	+435	-435

① 该值系轴承装在直径为 D、偏差为零的厚壁环规中所测得的 $F_{ws\,min}$ 与 F_w 之差的极限值。

表 18.6-68 用于 1、3 系列闭式套筒型轴承 L7 级公差

F_w /mm		$F_{ws\,min}$ 的公差① /μm		Δ_{Dmp}②/μm				Δ_{Cs}/μm				Δ_{C1s}③/μm	
				1 系列		3 系列		1 系列		3 系列		3 系列	
>	≤	上极限偏差	下极限偏差	上极限偏差	下极限偏差	上极限偏差	下极限偏差	上极限偏差	下极限偏差	上极限偏差	下极限偏差	上极限偏差	下极限偏差
—	3	+10	0	0	-9	—	—	0	-360	—	—	—	—
3	4	+12	0	0	-9	—	—	0	-430	—	—	—	—
4	5	+12	0	0	-9	0	-11	0	-430	0	-520	+270	0
5	6	+12	0	0	-11	0	-11	0	-520	0	-520	+270	0
6	8	+15	0	0	-11	0	-11	0	-520	0	-520	+270	0
8	10	+15	0	0	-11	0	-13	0	-520	0	-520	+330	0
10	18	+18	0	0	-13	0	-13	0	-520	0	-620	+330	0
18	20	+21	0	0	-13	0	-16	0	-520	0	-620	+390	0
20	25	+21	0	0	-16	0	-16	0	-620	0	-740	+390	0
25	30	+21	0	0	-16	0	-16	0	-620	0	-740	+460	0

（续）

F_w /mm		$F_{ws\ min}$的公差① /μm		Δ_{Dmp}②/μm				Δ_{Cs}/μm				Δ_{C1s}③/μm	
				1系列		3系列		1系列		3系列		3系列	
>	≤	上极限偏差	下极限偏差	上极限偏差	下极限偏差	上极限偏差	下极限偏差	上极限偏差	下极限偏差	上极限偏差	下极限偏差	上极限偏差	下极限偏差
30	40	+25	0	0	-19	0	-19	0	-740	0	-740	+460	0
40	50	+25	0	0	-19	0	-19	0	-740	0	-870	+460	0
50	60	+30	0	0	-19	0	-22	0	-870	0	-1000	+540	0
60	80	+30	0	—	—	0	-22	—	—	0	-1000	+630	0
80	120	+35	0	—	—	0	-25	—	—	0	-1000	+630	0

① 对于1系列，该值系轴承装在直径为 D、偏差为零的厚壁环规中所测得的 $F_{ws\ min}$ 与 F_w 之差的极限值。

② 不适用于冲压外圈和注射成型外圈的直线球轴承。

③ 球组公称内径 $F_w=35$mm 的3系列直线球轴承，其 Δ_{C1s} 的上极限偏差为+390μm，下极限偏差为0。

表 18.6-69 用于3系列开口和可调套筒型轴承的L7A级公差

F_w/mm		$F_{ws\ min}$的公差①/μm		Δ_{Cs}/μm		Δ_{C1s}②/μm	
>	≤	上极限偏差	下极限偏差	上极限偏差	下极限偏差	上极限偏差	下极限偏差
4	6	+18	0	0	-520	+270	0
6	8	+22	0	0	-520	+270	0
8	10	+22	0	0	-520	+330	0
10	18	+27	0	0	-620	+330	0
18	20	+33	0	0	-620	+390	0
20	25	+33	0	0	-740	+390	0
25	30	+33	0	0	-740	+460	0
30	40	+39	0	0	-740	+460	0
40	50	+39	0	0	-870	+460	0
50	70	+46	0	0	-1000	+540	0
70	80	+46	0	0	-1000	+630	0
80	120	+54	0	0	-1000	+630	0

① 该值系轴承装在直径为 D、偏差为零的厚壁环规中所测得的 $F_{ws\ min}$ 与 F_w 之差的极限值。

② 球组公称内径 $F_w=35$mm 的3系列直线球轴承，其 Δ_{C1s} 的上极限偏差为+390μm，下极限偏差为0。

表 18.6-70 用于1、3系列闭式套筒型轴承L6级公差

F_w /mm		$F_{ws\ min}$的公差① /μm		Δ_{Dmp}②/μm				Δ_{Cs}/μm				Δ_{C1s}③/μm		K_{ea}/μm	
				1系列		3系列		1系列		3系列		3系列		1系列	3系列
>	≤	上极限偏差	下极限偏差	上极限偏差	下极限偏差	上极限偏差	下极限偏差	上极限偏差	下极限偏差	上极限偏差	下极限偏差	上极限偏差	下极限偏差	max	
—	3	+6	0	0	-6	—	—	0	-360	—	—	—	—	15	—
3	4	+8	0	0	-6	—	—	0	-430	—	—	—	—	15	—
4	5	+8	0	0	-6	0	-8	0	-430	0	-520	+270	0	15	18
5	6	+8	0	0	-8	0	-8	0	-520	0	-520	+270	0	18	18
6	8	+9	0	0	-8	0	-8	0	-520	0	-520	+270	0	18	18
8	10	+9	0	0	-8	0	-9	0	-520	0	-520	+330	0	18	21
10	18	+11	0	0	-9	0	-9	0	-520	0	-620	+330	0	21	21
18	20	+13	0	0	-9	0	-11	0	-520	0	-620	+390	0	21	25
20	25	+13	0	0	-11	0	-11	0	-620	0	-740	+390	0	25	25
25	30	+13	0	0	-11	0	-11	0	-620	0	-740	+460	0	25	25
30	40	+16	0	0	-13	0	-13	0	-740	0	-740	+460	0	30	30
40	50	+16	0	0	-13	0	-13	0	-740	0	-870	+460	0	30	30
50	60	+19	0	0	-13	0	-15	0	-870	0	-1000	+540	0	30	35
60	80	+19	0	—	—	0	-15	—	—	0	-1000	+630	0	—	35
80	120	+22	0	—	—	0	-18	—	—	0	-1000	+630	0	—	40

① 对于1系列，该值系轴承在直径为 D、偏差为零的厚壁环规中所测得的 $F_{ws\ min}$ 与 F_w 之差的极限值。

② 不适用于冲压外圈和注塑成型外圈的直线轴承。

③ 球组公称内径 $F_w=35$mm 的3系列直线球轴承，其 Δ_{C1s} 的上极限偏差为+390μm，下极限偏差为0。

表 18.6-71 用于 3 系列开口和可调套筒型轴承的 L6A 级公差

F_w/mm		$F_{ws\ min}$的公差①/μm		Δ_{Cs}/μm		Δ_{C1s}②/μm	
>	≤	上极限偏差	下极限偏差	上极限偏差	下极限偏差	上极限偏差	下极限偏差
4	6	+12	0	0	-520	+270	0
6	8	+15	0	0	-520	+270	0
8	10	+15	0	0	-520	+330	0
10	18	+18	0	0	-620	+330	0
18	20	+21	0	0	-620	+390	0
20	25	+21	0	0	-740	+390	0
25	30	+21	0	0	-740	+460	0
30	40	+25	0	0	-740	+460	0
40	50	+25	0	0	-870	+460	0
50	70	+30	0	0	-1000	+540	0
70	80	+30	0	0	-1000	+630	0
80	120	+35	0	0	-1000	+630	0

① 该值系轴承装在直径为 D、偏差为零的厚壁环规中所测得的 $F_{ws\ min}$ 与 F_w 之差的极限值。

② 球组公称内径 $F_w=35$mm 的 3 系列直线球轴承，其 Δ_{C1s}的上极限偏差为+390μm，下极限偏差为 0。

表 18.6-72 用于 5 系列闭式套筒型轴承 L6J 级公差

F_w/mm		$F_{ws\ min}$的公差①/μm		Δ_{Dmp}②/μm		Δ_{Cs}/μm		Δ_{C1s}/μm		K_{ea}/μm
>	≤	上极限偏差	下极限偏差	上极限偏差	下极限偏差	上极限偏差	下极限偏差	上极限偏差	下极限偏差	max
—	4	0	-8	0	-10	0	-200	—	—	15
4	5	0	-8	0	-10	0	-200	+240	-240	15
5	8	0	-9	0	-11	0	-200	+240	-240	18
8	10	0	-9	0	-13	0	-200	+300	-300	21
10	18	0	-9	0	-13	0	-200	+300	-300	21
18	20	0	-10	0	-16	0	-200	+300	-300	25
20	30	0	-10	0	-16	0	-300	+300	-300	25
30	40	0	-12	0	-19	0	-300	+300	-300	30
40	50	0	-12	0	-22	0	-300	+300	-300	30
50	60	0	-15	0	-22	0	-300	+300	-300	35
60	80	0	-15	0	-22	0	-400	+400	-400	35
80	100	0	-20	0	-25	0	-400	+400	-400	40

① 该值系轴承装在直径为 D、偏差为零的厚壁环规中所测得的 $F_{ws\ min}$ 与 F_w 之差的极限值。

② 不适用于冲压外圈和注射成型外圈的直线球轴承。

表 18.6-73 用于 5 系列开口和可调套筒型轴承的 L6JA 级公差

F_w/mm		$F_{ws\ min}$的公差①/μm		Δ_{Cs}/μm		Δ_{C1s}/μm	
>	≤	上极限偏差	下极限偏差	上极限偏差	下极限偏差	上极限偏差	下极限偏差
5	6	+4	-9	0	-200	+240	-240
6	8	+6	-9	0	-200	+240	-240
8	10	+6	-9	0	-200	+300	-300
10	18	+9	-9	0	-200	+300	-300
18	20	+11	-10	0	-200	+300	-300
20	30	+11	-10	0	-300	+300	-300
30	40	+13	-12	0	-300	+300	-300
40	50	+13	-12	0	-300	+300	-300
50	60	+15	-15	0	-300	+300	-300
60	80	+15	-15	0	-400	+400	-400
80	100	+15	-20	0	-400	+400	-400

① 该值系轴承装在直径为 D、偏差为零的厚壁环规中所测得的 $F_{ws\ min}$ 与 F_w 之差的极限值。

4.5.2 套筒型直线球轴承的技术要求

按照 JB/T 5388—2010 的规定，套筒型直线球轴承的技术要求如下：

（1）材料及热处理

轴承套圈及钢球采用符合 GB/T 18254—2002《高碳铬轴承钢》中规定的 GCr15 轴承钢制造，其热处理符合 JB/T 1255—2014《滚动轴承 高碳铬轴承钢零件 热处理技术条件》的规定。当用户有特殊要求时，允许采用其他材料制造，其热处理质量由制造厂和用户协商确定。

（2）外圈表面粗糙度

外圈的表面粗糙度应符合表 18.6-74 的规定，表面粗糙度的测量按 JB/T 7051 的规定进行。

（3）残磁

轴承的残磁限值应符合表 18.6-75 的规定，轴承残磁的测量按 JB/T 6641 的规定进行。

表 18.6-74　外圈表面粗糙度

表面名称	轴承公差等级	轴承公称直径/mm	
		≤80	>80
		Ra_{max} /μm	
外圈外圆柱表面	L9	1.25	2.5
	L7、L7A	0.63	1.25
	L6、L6A、L6J、L6JA	0.32	0.63
外圈端面	L9	1.25	1.25
	L7、L7A	1.25	1.25
	L6、L6A、L6J、L6JA	1.25	1.25
其余表面	L9	2.5	2.5
	L7、L7A	2.5	2.5
	L6、L6A、L6J、L6JA	2.5	2.5

表 18.6-75　轴承的残磁限值

F_w/mm	残磁/mT(max)
≤25	0.3
>25~60	0.4
>60~150	0.5

套筒型直线球轴承的额定动载荷和额定寿命的计算可以参见 GB/T 21559.1—2008 的相关内容，套筒型直线球轴承的额定静载荷计算可以参见 GB/T 21559.2—2008 的相关内容，套筒型直线球轴承的外形尺寸和公差可以参见 GB/T 19673.1—2013 和 GB/T 19673.2—2013。

4.6　滚动花键副

4.6.1　结构、特点与应用

基于 JB/T 11655—2013《滚动花键副》的规定，滚动花键副（ball spline）主要由花键轴（spline shaft）、花键套（spline outer race）及滚珠组成，可以实现直线运动并传递转矩。某结构的滚动花键副如图 18.6-37 所示。在花键轴的外圆上有 120°等分排列的三条凸起轨道部分与花键套相应部位将钢球夹持在滚道凸起的左、右两侧，形成六条承载滚珠列。

滚道（spline groove）是在花键轴和花键套上设计的供滚珠运动的圆弧槽（垂直于花键轴或花键套轴线的平面滚道截形，常用的滚道截形有两种，单圆弧和双圆弧）。

当转矩由花键轴施加到花键套上或由花键套施加到花键轴上时，三列转矩方向上的承载滚珠便平稳、均匀地传递转矩。当转矩方向改变时，则另外三列承载滚珠传递转矩。当花键轴与花键套进行相对直线运动时，滚珠在滚道中经反向器往复循环。

滚动花键导轨副可以将旋转运动方向的间隙控制在零间隙或过盈，可进行高速旋转、高速直线运动，结构紧凑、组装简单，即使花键轴抽出，钢球也不会脱落。

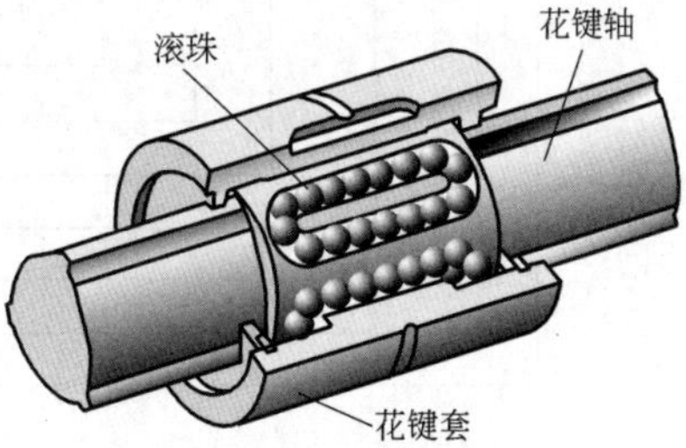

图 18.6-37　滚动花键副

花键轴采用优质合金钢中频淬硬 58HRC，花键套采用优质合金结构钢渗碳淬硬 58HRC，因此具有较高的寿命和强度，能传递较大的载荷及动力。

滚动花键副可分为两大类，即凸缘式滚动花键副和凹槽式滚动花键副，花键轴截面形状如图 18.6-38 所示。一般情况下，凸缘式所能传递的转矩及承受的径向载荷都比凹槽式的要大些。滚动花键导轨副应用广泛，主要应用在既要求传递转矩，又要求直线运动的机械上。

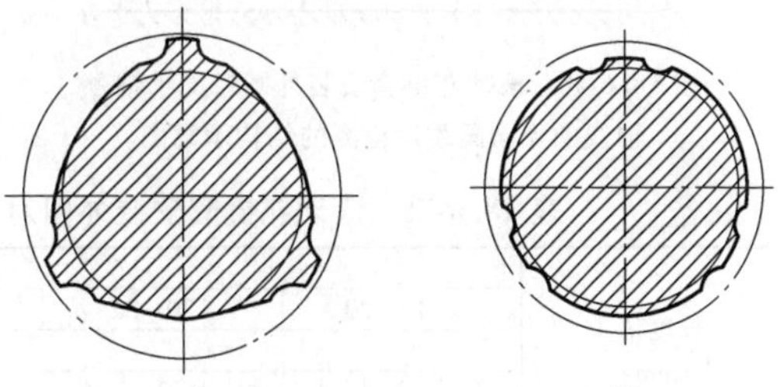

图 18.6-38　花键轴截面形状
a）凸缘式　b）凹槽式

4.6.2　编号规则

滚动花键副的标识符号如图 18.6-39 所示，包括编号的顺序和内容。

如滚动花键副，有密封件、花键轴滚道长度为 800mm、花键轴总长为 1000mm、一根花键轴上有两个花键套、轻预加载荷、精度等级为 3 级、公称直径为 32mm 的直筒型凸缘式滚动花键副标记为：GJZ32-3-P1-2/1000×800-M。

4.6.3　精度及其精度检验

按照 JB/T 11655—2013 的规定和要求，滚动花键副根据使用范围分为三个精度等级，从高到低依次为 2 级、3 级和 4 级。

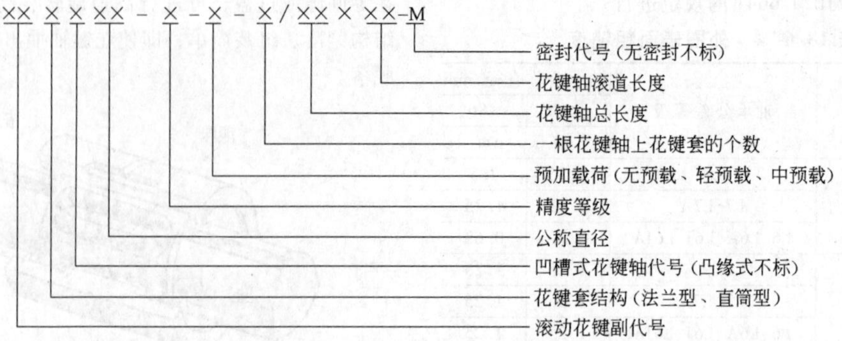

图 18.6-39　滚动花键副标识

(1) 滚动花键套安装外圆对支承轴颈轴线的径向圆跳动

滚动花键套安装外圆对支承轴颈轴线的径向圆跳动检测的结构示意图如图 18.6-40 所示。

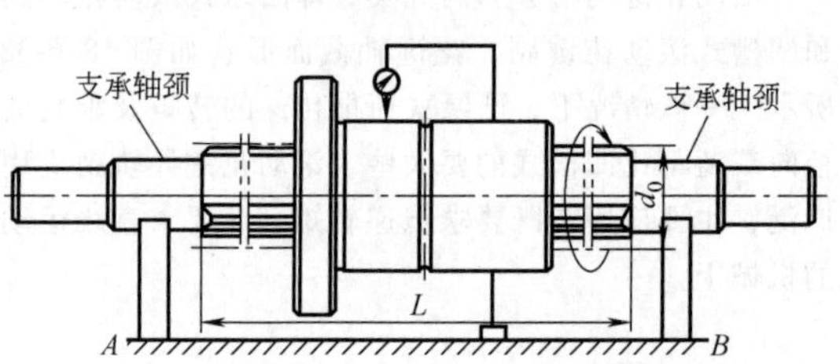

图 18.6-40　滚动花键套安装外圆对支承轴颈轴线的径向圆跳动检测的结构示意图

将滚动花键副置于支承轴颈 A、B 处的 V 形架上，如两端支承轴颈外径的尺寸不一致，则增加垫块将两端支承轴颈调水平。调整指示表，使其测头垂直触及滚动花键套外圆圆柱表面上素线的任意位置。缓缓转动滚动花键轴，记下指示表读数。测量误差以测量中的指示表读数的最大差值计。经商定允许将滚动花键副顶在中心孔上测量。所要达到的精度要求见表 18.6-76。

(2) 滚动花键套法兰安装端面对支承轴颈轴线的轴向圆跳动

滚动花键套法兰安装端面对支承轴颈轴线的轴向圆跳动检测结构示意图如图 18.6-41 所示。精度要求见表 18.6-77。

表 18.6-76　滚动花键套安装外圆对支承轴颈轴线的径向圆跳动检测的精度要求

长度 L /mm	公称直径 d_0/mm																	
	≥15~20			>20~32			>32~50			>50~80			>80~120			>120~150		
	精度等级																	
	2	3	4	2	3	4	2	3	4	2	3	4	2	3	4	2	3	4
	公差/μm																	
≤200	18	34	56	18	32	53	16	32	53	16	30	51	16	30	51	—	—	—
>200~315	25	45	71	21	39	58	19	36	58	17	34	55	17	32	53	—	—	—
>315~400	31	53	83	25	44	70	21	39	63	19	36	58	17	34	55	—	—	—
>400~500	38	62	95	29	50	78	24	43	68	21	38	61	19	35	57	19	36	46
>500~630	—	—	112	34	57	88	27	47	74	23	41	65	20	37	60	21	39	49
>630~800	—	—	—	42	68	103	32	54	84	26	45	71	22	40	64	24	43	53
>800~1000	—	—	—	—	83	124	38	63	97	30	51	79	24	43	69	27	48	58
>1000~1250	—	—	—	—	—	—	47	76	114	35	59	90	28	48	76	32	55	63
>1250~1600	—	—	—	—	—	—	—	93	139	43	70	106	33	55	86	40	65	80

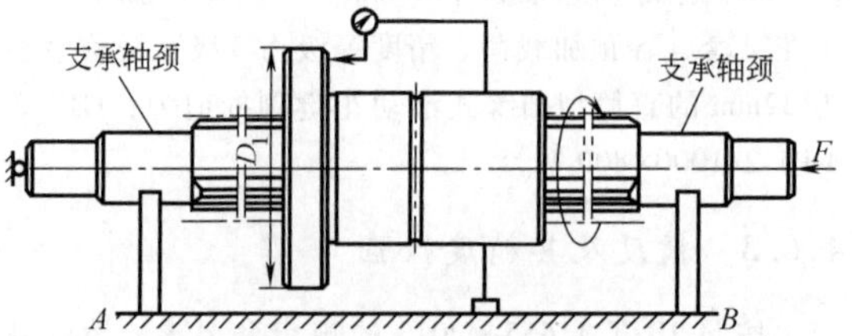

图 18.6-41　滚动花键套法兰安装端面对支承轴颈轴线的轴向圆跳动检测结构示意图

表 18.6-77　滚动花键套法兰安装端面对支承轴颈轴线的轴向圆跳动精度要求

法兰直径 D_1 /mm	精度等级		
	2	3	4
	公差/μm		
≥40~60	9	13	33
>60~80	11	16	39
>80~125	13	19	46
>125~170	15	22	54
>170~255	18	25	63

将滚动花键副置于支承轴颈A、B处的V形架上，如两端支承轴颈外径尺寸不一致，则增加垫块将两端支承轴颈调水平，防止滚动花键轴轴向移动（可将滚珠置于滚动花键轴中心孔和固定面间）。调整指示表，使其测头垂直触及滚动花键套法兰的安装端面外缘处，缓缓转动滚动花键轴，记下指示表读数变化。测量误差以测量中的指示表读数的最大差值计。经商定允许将滚动花键副顶在中心孔上测量。

（3）安装轴颈外圆对支承轴颈轴线的径向圆跳动

安装轴颈外圆对支承轴颈轴线的径向圆跳动检测结构示意图如图18.6-42所示。安装轴颈外圆对支承轴颈轴线的径向圆跳动的精度要求见表18.6-78。将滚动花键副置于支承轴颈A、B处的V形架上，如两端支承轴颈外径尺寸不一致，则增加垫块将两端支承轴颈调水平。调整指示表，使其测头垂直触及安装轴颈圆柱表面的任意位置。缓缓转动滚动花键轴，记下指示表读数变化。测量误差以测量中的指示表读数的最大差值计。经商定允许将滚动花键副顶在中心孔上测量。

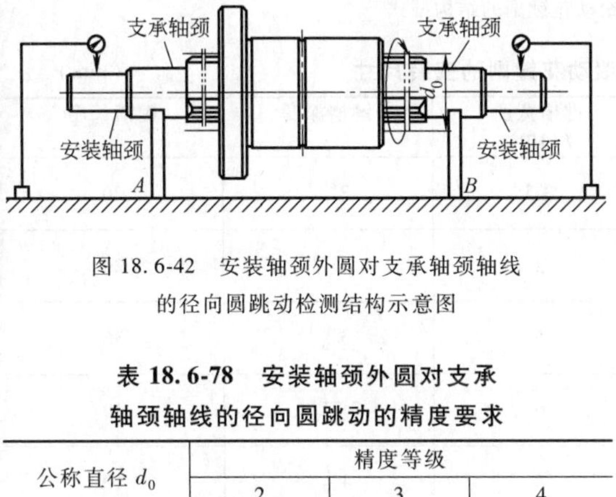

图18.6-42　安装轴颈外圆对支承轴颈轴线的径向圆跳动检测结构示意图

表18.6-78　安装轴颈外圆对支承轴颈轴线的径向圆跳动的精度要求

公称直径 d_0 /mm	精度等级		
	2	3	4
	公差/μm		
≥15~20	12	19	46
>20~32	13	22	53
>32~50	15	25	62
>50~80	17	29	73
>80~120	20	34	86
>120~150	23	40	100

（4）轴颈端面对支承轴颈轴线的轴向圆跳动

轴颈端面对支承轴颈轴线的轴向圆跳动测量结构示意图如图18.6-43所示。

轴颈端面对支承轴颈轴线的轴向圆跳动精度要求见表18.6-79。将滚动花键副置于A、B处的V形架上，如两端支承轴颈外径尺寸不一致，则增加垫块将两端支承轴颈调水平，防止滚动花键轴轴向移动（可将滚珠置于滚动花键轴中心孔和固定面间）。调整指示表，使其测头垂直触及轴颈端面。缓缓转动滚动花键轴，记下指示表读数变化。测量误差以测量中的指示表读数的最大差值计。经商定允许将滚动花键副顶在中心孔上测量。

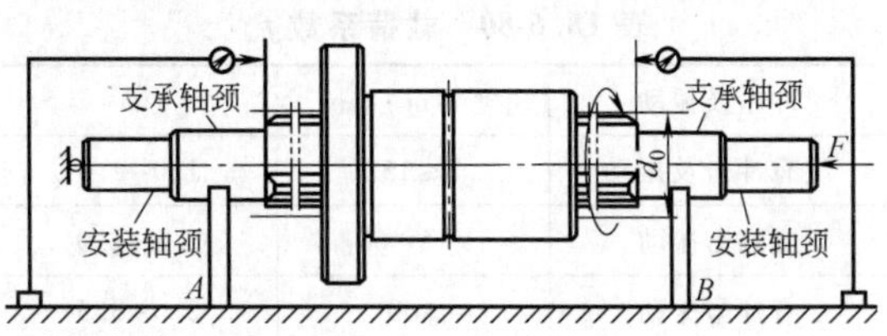

图18.6-43　轴颈端面对支承轴颈轴线的轴向圆跳动测量结构示意图

表18.6-79　轴颈端面对支承轴颈轴线的轴向圆跳动精度要求

公称直径 d_0 /mm	精度等级		
	2	3	4
	公差/μm		
≥15~20	8	11	27
>20~32	9	13	33
>32~50	11	16	39
>50~80	13	19	46
>80~120	15	22	54
>120~150	18	25	63

4.6.4　寿命计算

花键承受转矩载荷的额定寿命为

$$L=50\left(\frac{f_T f_C f_H C_T}{f_w T_C}\right)^3 \tag{18.6-19}$$

花键承受单向转矩载荷寿命时间为

$$L_h=\frac{L\times10^3}{120L_S n_1} \tag{18.6-20}$$

式中　L——额定寿命（km）；

f_w——载荷系数（见表18.6-80）；

f_C——接触系数（见表18.6-81）；

f_T——温度系数（见表18.6-82）；

f_H——硬度系数，选择可参考滚动直线导轨相关部分；

C_T——额定转矩值（N·m）；

T_C——计算扭转载荷（N·m）；

L_h——寿命时间（h）；

L_S——行程（m）；

n_1——每分钟往复次数。

表 18.6-80　载荷系数 f_w

冲击及振动	速度 v/m · min^{-1}	f_w
没有冲击及振动	≤15	1.0~1.5
微冲击振动	>15~60	1.5~2.0
有冲击振动	>60	2.0~3.5

表 18.6-81　接触系数 f_C

花键套个数	f_C
1	1.00
2	0.81
3	0.72
4	0.66
5	0.61

表 18.6-82　温度系数 f_T

直线运动系统的温度	≤100℃	100~150℃	150~200℃
f_T	1	1~0.9	0.9~0.75

4.6.5　尺寸系列

1）直筒型凸缘式滚动花键副的结构型式和安装尺寸应符合图 18.6-44 和表 18.6-83 的规定。

2）法兰型凸缘式滚动花键副的结构型式和安装尺寸应符合图 18.6-45 和表 18.6-84 的规定。

3）直筒型凹槽式滚动花键副的结构型式和安装尺寸应符合图 18.6-46 和表 18.6-85 的规定。

4）法兰型凹槽式滚动花键副的结构型式和安装尺寸应符合图 18.6-47 和表 18.6-86 的规定。

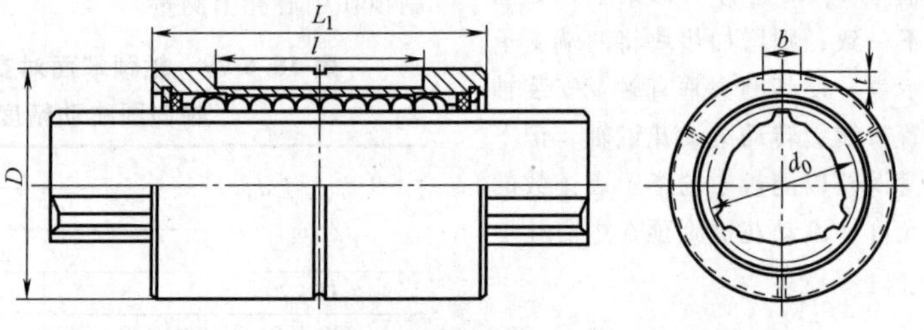

图 18.6-44　直筒型凸缘式滚动花键副的结构型式

表 18.6-83　直筒型凸缘式滚动花键副的安装尺寸　（mm）

公称直径 d_0	花键套外径 D(h6)	花键套长度 L_1	键槽宽度 b(H9)	键槽深度 t	键槽长度 l
15	23	40	3.5	$2^{+0.1}_{0}$	20
		50			
20	30	50	4	$2.5^{+0.1}_{0}$	26
		60			
25	38	60	5	$3^{+0.1}_{0}$	36
		70			
30	45	70	6	$3.5^{+0.1}_{0}$	40
		80			
32	48	70	8	$4^{+0.2}_{0}$	40
		80			
40	60	90	10	$5^{+0.2}_{0}$	56
		100			
50	75	100	14	$5.5^{+0.2}_{0}$	60
		112			
60	90	127	16	$6^{+0.2}_{0}$	70
70	100	110	18	$6^{+0.2}_{0}$	68
		135			
85	120	140	20	$7^{+0.2}_{0}$	80
		155			
100	140	160	28	$9^{+0.2}_{0}$	93
		175			
120	160	200	28	$9^{+0.2}_{0}$	123
150	205	250	32	$10^{+0.2}_{0}$	157

注：花键套长度 L_1 为常用系列长度尺寸。

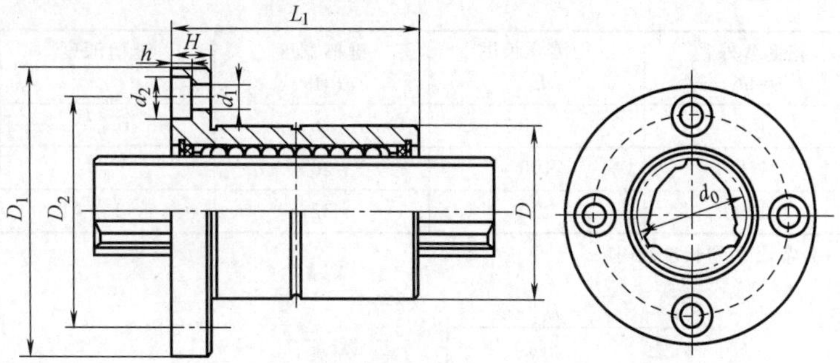

图 18.6-45　法兰型凸缘式滚动花键副的结构型式

表 18.6-84　法兰型凸缘式滚动花键副的安装尺寸　(mm)

公称直径 d_0	花键套外径 D(h6)	花键套长度 L_1	法兰直径 D_1	安装孔分布圆直径 D_2	法兰厚度 H	沉孔深度 h	沉孔直径 d_2	通孔直径 d_1
15	23	40	43	32	7	4.4	8	4.5
20	30	50	49	38	7	4.4	8	4.5
25	38	60	60	47	9	5.4	10	5.5
30	45	70	70	54	10	6.5	11	6.6
32	48	70	73	57	10	6.5	11	6.6
40	57	90	90	70	14	8.6	15	9
50	70	100	108	86	16	11	18	11
60	85	127	124	102	18	11	18	11
70	100	110 135	142	117	20	13	20	13.5
85	120	140 155	168	138	22	13	20	13.5
100	135	160	195	162	25	17.5	26	17.5

注：花键套长度 L_1 为常用系列长度尺寸。

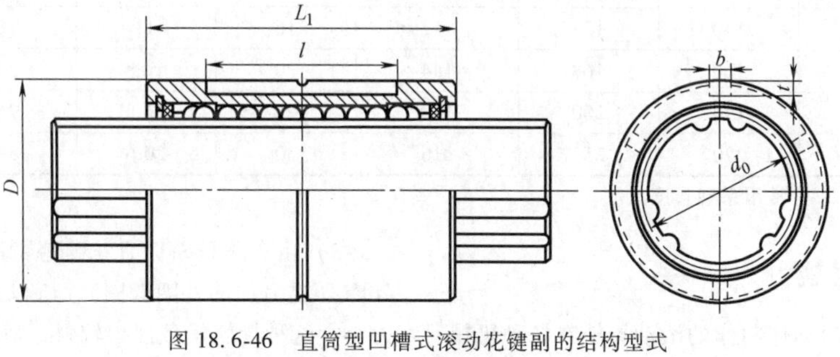

图 18.6-46　直筒型凹槽式滚动花键副的结构型式

表 18.6-85　直筒型凹槽式滚动花键副的安装尺寸　(mm)

公称直径 d_0	花键套外径 D(h6)	花键套长度 L_1	键槽宽度 b(H9)	键槽深度 t	键槽长度 l
16	31	50	3.5	$2^{+0.1}_{0}$	17.5
20	35	63	4	$2.5^{+0.1}_{0}$	29
25	42	71	4	$2.5^{+0.1}_{0}$	36
30	48	80	4	$2.5^{+0.1}_{0}$	40
40	64	100	6	$3.5^{+0.1}_{0}$	52
50	80	125	8	$4^{+0.1}_{0}$	58
60	90	140	12	$5^{+0.2}_{0}$	67

（续）

公称直径 d_0	花键套外径 D(h6)	花键套长度 L_1	键槽宽度 b(H9)	键槽深度 t	键槽长度 l
80	120	160	16	$6^{+0.2}_{0}$	76
100	150	190	20	$7^{+0.2}_{0}$	110
120	180	220	32	$11^{+0.2}_{0}$	120

注：花键套长度 L_1 为常用系列长度尺寸。

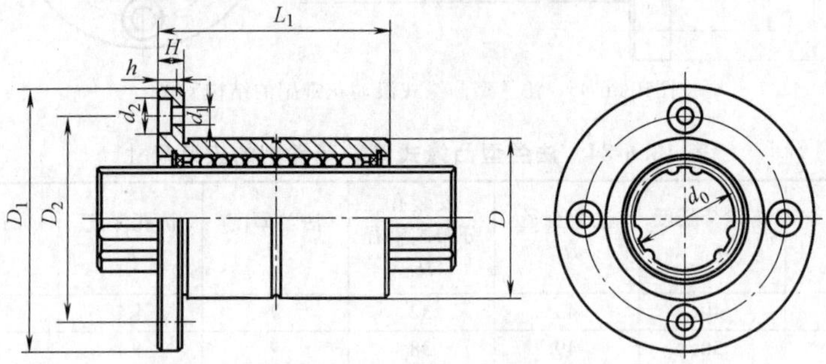

图 18. 6-47　法兰型凹槽式滚动花键副的结构型式

表 18. 6-86　法兰型凹槽式滚动花键副的安装尺寸　（mm）

公称直径 d_0	花键套外径 D(h6)	花键套长度 L_1	法兰直径 D_1	安装孔中心距 D_2	法兰厚度 H	沉孔深度 h	沉孔直径 d_2	通孔直径 d_1
16	31	50	51	40	7	4.4	8	4.5
20	35	63	58	45	9	5.4	9.5	5.5
25	42	71	65	52	9	5.4	9.5	5.5
30	48	80	75	60	10	6.5	11	6.6
40	64	100	100	82	14	8.6	14	9
50	80	125	124	102	16	11	17.5	11
60	90	140	134	112	16	11	18	11
80	120	160	168	144	20	12.8	20	13.5
100	150	190	200	170	25	16.8	26	17.5
120	180	220	252	216	30	20.6	32	22

注：花键套长度 L_1 为常用系列长度尺寸。

4.7　滚动轴承导轨

用滚动轴承作滚动体制作的滚动导轨在各种机械中已经得到广泛的应用，如大型（磨削长度达 15m）磨头移动式平面磨床的纵向导轨、绘图机的导轨及高精度测量机的导轨等。

4.7.1　滚动轴承导轨的主要特点

1）滚动轴承是一种标准的通用的元件，使用经济，便于维护保养和更换。

2）润滑容易。因为滚动体（滚珠或滚柱）是在轴承环内循环的，所以只需在轴承内填充永久性润滑脂即可。

3）由于与导轨面直接接触的是外径较大的轴承外圈（或另加的外圈套圈），所以对导轨面的接触压力小。这种导轨承载能力较强，而且也能承受较大的预加载荷，进而达到较高的导轨刚度。

4）由于对导轨面的接触压力较小，所以可降低对导轨面的硬度要求，一般为 42HRC 即可。

5）由于轴承的外圈（包括另加的外圈套圈）是一个很好的弹性体，能够起到吸振和缓冲的作用，所以这种导轨的抗振性比其他滚动导轨高。

6）轴承组可事先预加载荷，因而可提高滚动精度。

7）滚动轴承导轨的缺点是结构尺寸较大和滑鞍（或工作台）上的轴承组安装孔的加工较为困难。

4.7.2 滚动轴承导轨的结构

任何一种能承受径向载荷的滚动轴承都可以作为这种导轨的滚动元件，如深沟球轴承、圆柱滚子轴承(需要配用起轴向限位作用的深沟轴承）及成对使用的角接触轴承等。

将表18.6-87中所示的轴承组，利用其安装部位（D）安装在滑鞍或工作台上，滚动轴承的外圈（或外圈套圈）压在导轨面上，用相对工作的轴承组将滑鞍或工作台约束到只剩下一个运动自由度。

4.7.3 轴承组的布置方案

滚动轴承组在导轨中的布置方案与滚柱导轨块极为相似。根据导轨的安置状态及载荷的特点，可以布置成开式的和闭式的两种，详细说明见表18.6-88。开式布置只适合水平安置，且无颠覆载荷的场合。

表18.6-87 推荐的轴承组结构

序号	简 图	应用及说明
1	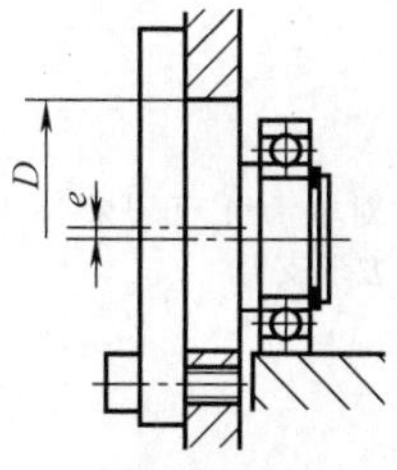	使用深沟球轴承,直接利用外圈与导轨面接触,结构简单,在一般情况下,均采用这种用法 利用安装部位 D 与轴承内孔的偏心 e 调节导轨间隙或预加载荷 安装部位的直径 D>轴承外径+2e 事先不能对轴承预加载荷,影响了轴承的承载能力
2	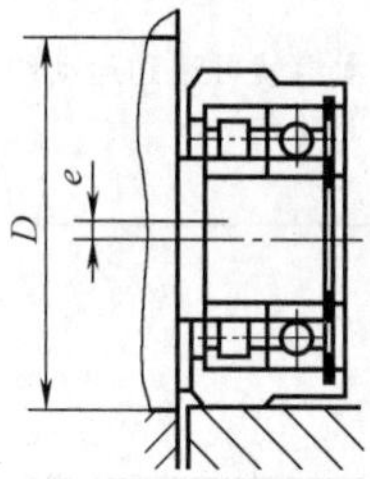	滚柱轴承受径向载荷,深沟轴承轴向限位,外圈套圈与导轨面接触 外圈套圈可以与滚柱轴承过盈配合,这种结构很适合承载能力高的场合 利用偏心 e 调整导轨间隙或预加载荷 D>外圈套圈直径+2e 滚柱轴承也可以是滚针轴承
3	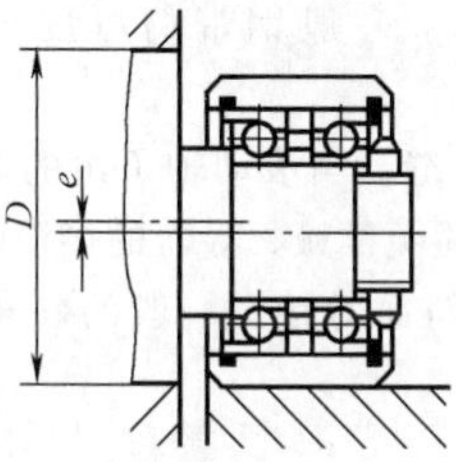	成对使用角接触球轴承,利用内、外隔套对轴承预加载荷,外圈套圈与导轨面接触 适合高精度的场合使用 利用偏心 e 调整导轨间隙或预加载荷 D>外圈套圈直径+2e
4	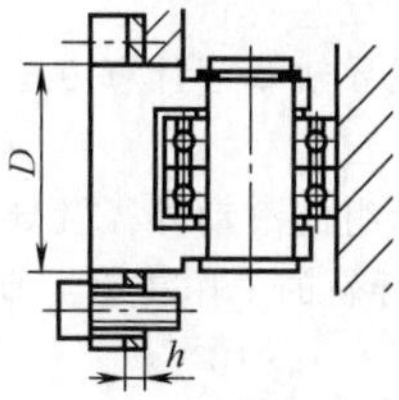	两个(或一个)深沟球轴承安装在轴承组支座上,轴承的外圈直接与导轨面接触,利用改变垫片厚度 h 的办法调整导轨的间隙或预加载荷 $D>\sqrt{轴承外径^2+轴承宽度^2}$

表18.6-88 轴承组布置方案

序号	示 意 图	应用及说明
1	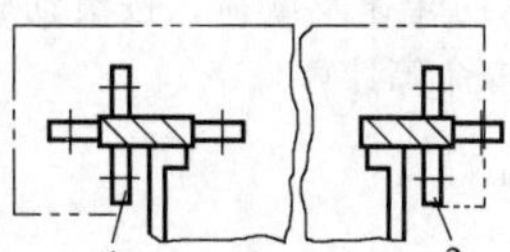	利用6对轴承组构成闭式布置。适合任何安置状态的导轨,尤其适合长行程水平安置的导轨 当撤去1、2位置的轴承组,即变成开式布置方案,此时只适合水平安置无倾覆载荷的场合

（续）

序号	示 意 图	应用及说明
2	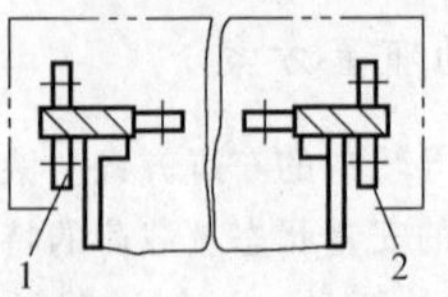	利用两根导轨的内侧面做侧向导向，可使导轨装置的横向尺寸变小。其他说明与序号 1 相同
3	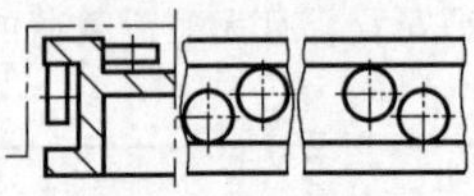	这是充分利用导轨体的内部空间（尺寸）布置轴承组的方案，也是用 6 对轴承组设置运动约束。在导轨装置的宽度和高度方面都可以获得较小的尺寸 适合任意工作位置的导轨
4	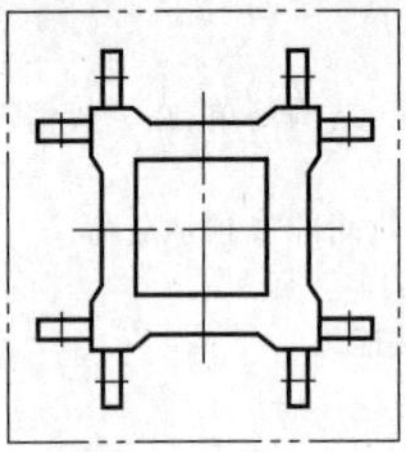	这是对方柱形导轨的运动约束方案，共用了 8 对轴承组，可获得高支承刚度，适合任何工作位置和受力状态，特别是大悬伸量的方形支臂
5	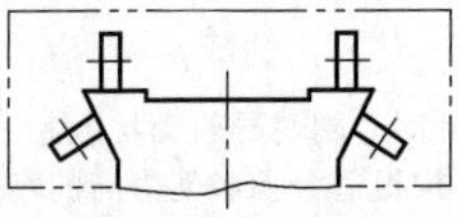	燕尾导轨轴承组的布置方案，只需设置 4 对轴承组就可达到运动约束的目的 适合任何工作位置和受力状态的轻型、行程短的场合
6	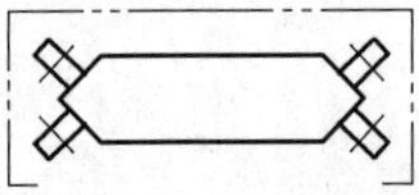	菱形导轨轴承组的布置方案 其他说明与序号 5 相同

4.7.4 预加载荷和间隙的调整方法

1）把轴承组安装部位的圆柱部分与滚动轴承的内孔（轴颈）做成偏心的，一般偏心量为 1～2mm，见表 18.6-87 中的序号 1、2、3。它们的结构简单，调整方便，调整时只需改变偏心的位置。

2）在轴承组安装座的下面设置垫片，见表 18.6-87 中的序号 4 简图所示。利用改变垫片厚度的办法来达到调整的目的。这种办法调整和测量垫片的厚度都比较麻烦。

上述方法 1）也适用于弥补轴承组安装孔位置的制造误差。

4.7.5 导轨面的要求

1）导轨面的硬度。由于与导轨面直接接触的是外径较大的滚动轴承的外圈（或外圈套圈），导轨面的接触应力远远低于其他滚动导轨，所以可降低对导轨面的硬度要求，一般大于 42HRC 即可。

2）对铸铁导轨，如果不便于对导轨面进行淬火，则可以采用贴附经过热处理（或冷轧）的、硬度为大于 42HRC 的、精密的（厚度均匀度在 0.02mm 以内）钢带的办法。一般钢带的厚度可为 1.2mm 左右。

3）导轨面的接缝。当滚动轴承组的外圆滚过长导轨的接缝时，为避免颠簸，导轨的接缝除了尽可能的窄外，还应做成斜面对接。一般的斜角（相对移动方向）为 45°左右。

4.7.6 导轨的计算

1）利用滚动直线导轨载荷计算方法计算滚动轴承的载荷。

2）根据滚动轴承组的滚动外径及导轨的工作速度，计算出滚动轴承导轨的工作转速，即

$$n_2=\frac{v_0\times10^3}{\pi D} \qquad (18.6\text{-}21)$$

式中 v_0——导轨的工作速度（m/min）；

D——滚动轴承组滚动外圆直径（mm）。

3）再根据轴承的转速及载荷，按滚动轴承篇中的有关内容，进行寿命等计算。

4.7.7 应用示例

图 18.6-48 所示为一种滚动轴承导轨的应用示

例。图 18.6-48b 所示为轴承组布置示意图，共设置了6对轴承组约束中间的套筒，导轨面设在中间移动套筒上。图 18.6-48a 所示的轴承组设置了两对，用改变垫片厚度的办法，对导轨面施加预加载荷。图 18.6-48c 所示的轴承组设置了四对，用改变偏心的位置，对导轨面施加预加载荷。

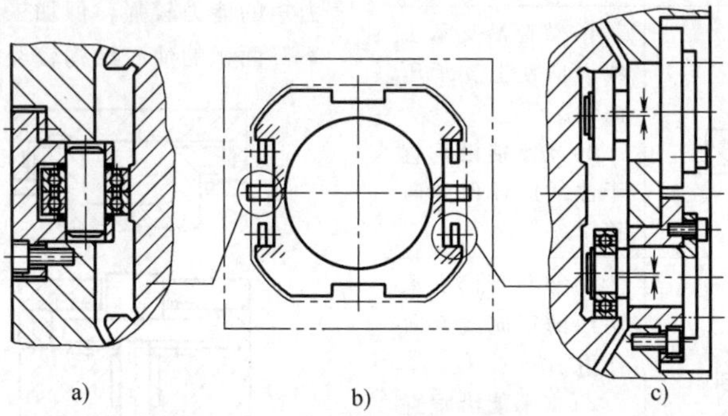

图 18.6-48　滚动轴承导轨的应用示例

5　液体静压导轨

5.1　液体静压导轨的原理、类型、特点和应用

在导轨的油腔通入有一定压力的润滑油，可使导轨（如工作台）微微浮起，在导轨面间建立油膜，得到液体摩擦状态，称为液体静压导轨。液体静压导轨有多种结构型式，其分类方法有两种：一种是按供油方式，另一种是按导轨的机构。习惯上是以节流形式和导轨结构来命名静压导轨。

液体静压导轨按结构型式分为开式静压导轨、闭式静压导轨和卸荷静压导轨。液体静压导轨按供油情况分为定压供油式静压导轨、定量式静压导轨等。

开式和闭式液体静压导轨的特点：

1）静压导轨的优点。在起动和停止阶段没有磨损，精度保持性好；油膜较厚，有均化误差的作用，可以提高精度，吸振性好；摩擦因数小，功率损耗低，减小摩擦发热；低速移动准确、均匀，运动平稳性好。

2）静压导轨的缺点。结构比较复杂，需增加一套供液设备；调整比较麻烦；对导轨的平面度要求很高。

卸荷静压导轨实际上就是未能将工作台完全浮起的开式静压导轨。由于卸荷静压导轨的接触刚度大，抗偏载能力较强，低速性能一般都能满足要求，设计、制造和调试技术要求相对较低，因此实际中在机床上大量使用的正是卸荷静压导轨。卸荷静压导轨的特点：工作台和床身两导轨面直接接触，导轨面的接触刚度大；摩擦阻力及工作台从静止到运动状态的摩擦阻力变化，大于开式和闭式静压导轨，小于混合摩擦的滑动导轨，工作台低速运动的均匀性优于混合摩擦的滑动导轨；导轨的每个油腔的压力由一个或两个节流器控制，也可以由溢流阀直接控制；需要有一套可靠的供油系统。

液体静压导轨多用于精密级和高精度机床的进给运动，以及低速运动导轨。

液体静压导轨通常将移动件的导轨面分成若干段，每一段相当于一个独立的油垫支承，每个支承由油腔和封油面组成。定压供油开式静压导轨系统的组成示意图如图 18.6-49 所示。

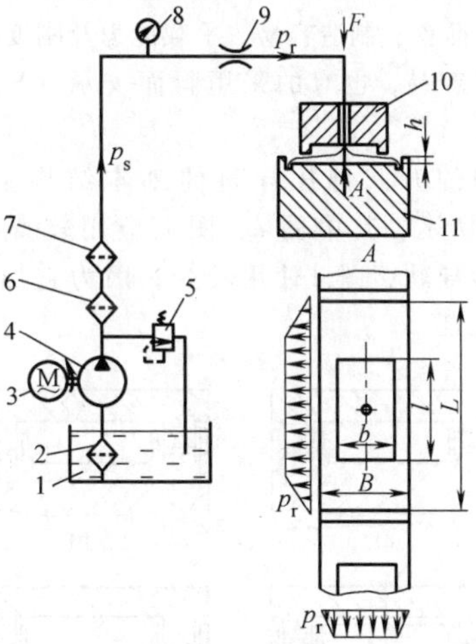

图 18.6-49　定压供油开式静压导轨系统的组成示意图
1—油池　2—进油过滤器　3—液压泵电动机　4—液压泵
5—溢流阀　6—粗过滤器　7—精过滤器
8—压力表　9—节流器　10—上支承　11—下支承

5.2　静压导轨结构设计

5.2.1　导轨面支承单元的主要形式

用于静压导轨的支承单元有三种主要形式，见表

18.6-89，可用以组合成多种静压导轨。

表 18.6-89　静压导轨支承单元的形式

形式	简　图	特　点
单一支承	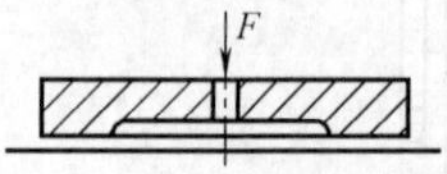	1）载荷沿支承法线方向使上支承压向下支承 2）支承能沿垂直于法线的任何方向移动
一对对置支承	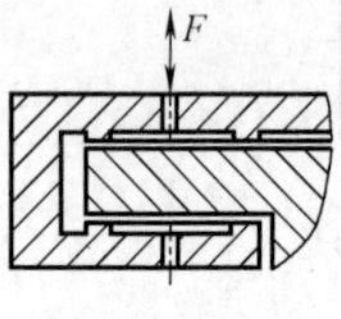	1）载荷可沿支承法线的正向或反向作用 2）支承能沿垂直于法线的任何方向做相对移动
一对斜面支承	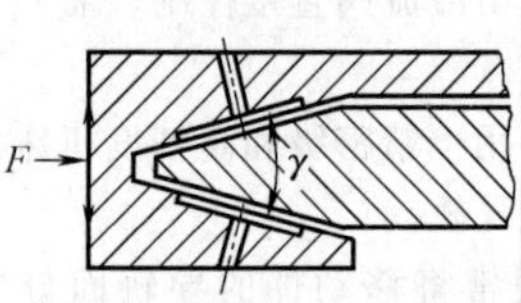	1）能在朝向支承的任何方向加载 2）支承能沿垂直于两个支承法线的平面方向相对滑动

5.2.2　静压导轨的基本结构型式

静压导轨大部分采用平导轨面，截面形状为矩形，形状简单，制造容易，承载能力及刚度大，油面调整比较容易，也有的采用斜面支承（V 形导轨）或圆导轨。

常用的开式静压导轨的基本结构型式如图 18.6-50 所示，其中图 a、图 b 应用较普遍，图 c 用于回转导轨，图 d 使用较少，因为它加工困难，精度难保证。

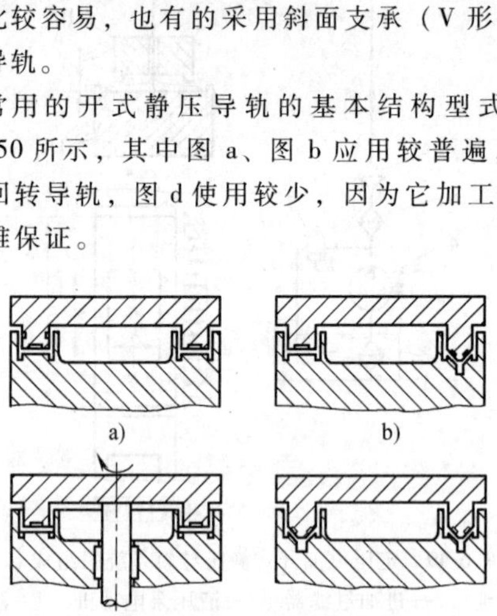

图 18.6-50　开式静压导轨的基本结构型式

a）矩形平导轨　b）V-平形导轨

c）回转平导轨　d）双 V 形导轨

闭式静压导轨的基本结构型式如图 18.6-51 所示。其中图 a 受热变形影响较大；图 b 用左边导轨两侧定位，受热膨胀影响小；图 c 是对置多油腔平导轨，用于回转件支承；图 d 的特点是加工面少，适用于载荷不大、移动件不长的导轨。闭式静压导轨能承受正、反方向的载荷，油膜刚度高，承受偏载和倾覆力矩的能力较强，但加工制造和油膜调整较复杂，用不等面积的油腔结构较经济。

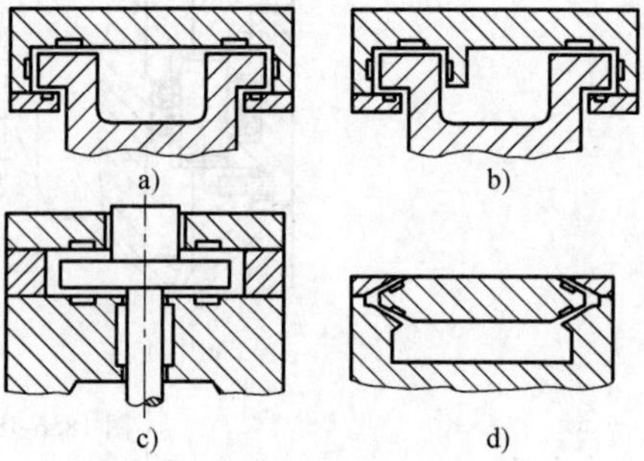

图 18.6-51　闭式静压导轨的基本结构型式

a）宽式双矩形导轨　b）窄式双矩形导轨

c）回转平导轨　d）菱形导轨

5.2.3　静压导轨的技术要求

1）开式和闭式静压导轨在工作过程中，应始终有一层油膜将两导轨面分开，因此要求在运动部件的长度范围内，导轨的平面度、平行度等几何精度误差总和小于导轨间隙。机床和机械设备的精度越高，要求导轨的几何精度误差越小。对于运动部件特别长的机床和机械设备，如果要求运动部件的导轨几何精度误差总和小于导轨间隙，势必要大大提高导轨的加工精度，或者选择较大的间隙。在这种情况下，若加工有困难，可考虑采用卸荷静压导轨。

2）导轨的变形会导致导轨精度降低。若变形量超过了导轨间隙，则静压导轨失去作用。工作台、床身以及同地基连接的零部件刚度不足，容易引起零部件变形，从而影响导轨的性能（如导致间隙、流量、节流比和刚度的变化）。由于导轨的性能下降和几何精度误差增大，因而影响导轨的运动精度和机床的加工精度。大型机床和机械设备的地基很重要，对于地基的选择和设计应有足够重视。地基刚度不足，工作台和床身导轨容易产生变形，也同样会影响导轨的运动精度和机床的加工精度。

3）为了防止铁屑和其他杂物落在导轨面上和润滑油中，导轨面上必须加防护罩：如果不加防护罩，不宜采用静压导轨。

导轨的形状应力求简单和工艺性好。开式导轨多用 V-平组合，闭式导轨多用双矩形。以机床为例，静压导轨的技术要求见表 18.6-90。

表 18.6-90　静压导轨的技术要求

（mm）

机床类型	动导轨在全长上的直线度和平面度	$25\times25mm^2$ 上的接触点	刮研深度
高精度机床	0.01	≥20 点	0.003~0.005
精密机床	0.01	≥16 点	0.003~0.005
普通和大型机床	0.02	≥12 点	0.006~0.010

导轨材料一般多采用铸铁。目前，有些机床的床身和工作台直接用钢板焊接而成。

5.2.4　静压导轨的节流器、润滑油及供油装置

（1）常用的节流器

静压导轨用的节流器分为固定节流器和可调节节流器两种。由于静压导轨油腔多，各个油腔所受的载荷大小也不一定相同，所以静压导轨大都采用可调节节流器。静压导轨常用的节流器有毛细管节流器和薄膜反馈节流器。

每个油腔必须单独使用一个节流器（对于闭式导轨，每个支承用一副双膜反馈节流器），尤其是V形导轨的两侧油腔不能合用一个节流器，而应各自分别安装节流器，以免影响承载能力和导向性。节流器应尽量靠近所控制的油腔，以缩短油路，保证动态刚度。

（2）常用润滑油的选择

静压导轨常用润滑油有：中小型机床和设备常用黏度为 $20mm^2/s$ 的机械油，大重型机床和机械设备常用黏度为 $40mm^2/s$ 或 $50mm^2/s$ 的机械油。

（3）供油装置

静压导轨的供油装置与静压轴承的供油装置基本相同。静压导轨一般比较长，油腔分散在较大的范围内，供油管路较长，建立油腔压力所需要的时间较长。为保证工作台浮起稳定后才起动工作，油泵电路与主电机电路除泵压力联锁外，还必须增加时间联锁，或者在最远的油腔和承载最大的油腔装设压力传感器。只有当这两个压力传感器都检测到油腔压力达到设计值时，才能起动主电机，否则主电机无法起动，即增加油腔压力联锁。

润滑油在进入节流器以前应进行精滤，其过滤精度，对中小型机床应保证大于 10μm 的微粒不能通过，对大型机床应保证大于 10~20μm 的微粒不能通过。回油通道必须畅通、封闭，至少要保证润滑油在进入回油管之前是在防护罩内流动，以保证润滑油的洁净度。

5.2.5　静压导轨的加工和调整

（1）油腔的加工

目前静压导轨大多采用油槽形油腔，一般进行铣削加工，最好采用磨削导轨。如果采用刮削精加工导轨，注意刮点不要太深，以免影响油腔压力的建立。因为拖板行走过程中由于刮点深度不同造成的泄漏，会使油腔压力产生波动，影响拖板行走的稳定性。

（2）静压导轨的调整

静压导轨调整包括多方面的内容，这里只介绍开式和闭式静压导轨空载情况下工作台不能浮起和导轨间隙均匀性的调整。

1）工作台不能浮起。在供油系统的油泵起动后，当导轨油腔压力达到设计要求时，工作台浮起。如果工作台不能浮起，则主要有下列几方面的原因：节流器堵塞，润滑油无法进入油腔；滤油器很脏或已损坏不能正常工作；导轨材料有疏松、砂眼等缺陷，润滑油在油腔内泄漏太多；导轨精度太差，导轨的某些部分有金属接触，未能形成纯液体润滑。

上述种种现象可从压力表上观测出来。故障排除后，油腔建立正常压力，工作台便能浮起。

2）导轨间隙的调整。工作台浮起后，导轨间隙往往是不均匀的。这是由于受到下列因素的影响：导轨加工精度的误差，导轨弹性变形，支座上承受的载荷分布不均匀。为了保证工作台各油腔处的浮起量均匀，应当在油腔建立压力后，用千分表在工作台的四个边角（或更多的地方）测量工作台的浮起量。如果各处浮起量不同，应调整毛细管的节流长度，改变各油腔的压力，从而改变该油腔处的浮起量。对于浮起量小的油腔，要减小节流阻力；对于浮起量大的油腔，要增加节流阻力。通过节流阻力的改变，使工作台的浮起量符合设计要求的间隙值。

经过上述调整后，如果工作台浮起量仍不符合设计要求，说明导轨的几何精度太低，或导轨的弹性变形过大，此时应检查导轨精度并重新加工（或调整）导轨面。

5.2.6　静压导轨油腔结构设计

对直线往复运动的静压导轨，油腔应开在动导轨上，以保证油腔不会外露。这样就必须向移动的工作台输送压力油，为此可采用伸缩套管。圆运动静压导轨的油腔可开在支承导轨上。

当运动导轨长度小于 2m 时，每条导轨开 2~4 个油腔；当大于 2m 时，每 0.5~2m 开一个油腔，每条导轨的油腔数至少为两个。当载荷分布均匀，机器刚

度较高时，油腔数量可少些。

油腔形状大致可以分为矩形油腔和油槽形油腔(直油槽形油腔和工字形油槽形油腔)，无论油腔的形状如何，只要支座的 L、B 和油腔的 l、b 相等，各种形状的油腔基本上具有相同的有效承载面积。油腔的常用形状和尺寸如图 18.6-52 所示。油腔形状根据导轨宽度选择，其尺寸为 $a_1 \approx 0.1B$，$a \approx 0.5a_1$，$a_2 \approx 2a_1$。为避免相邻油腔中油压互相影响，两油腔中间有一横向回油沟 E，油沟长度 l 可取得长一些，

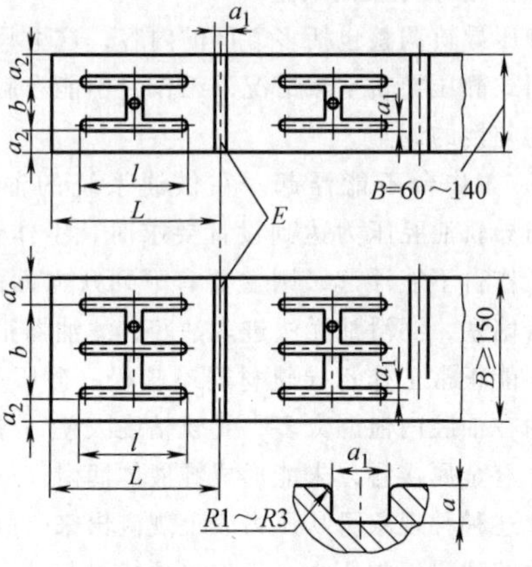

图 18.6-52　静压导轨的油腔的常用形状和尺寸

以提高承载能力，但不得开通。这种油腔的优点：加工方便；在工作过程中，当供油系统发生故障或突然停电时，即使停止将润滑油输送给导轨油腔，由于两导轨面的基础面积较大，比压小，因而能减小磨损。

6　压力机导轨设计特点

压力机导轨副由滑块上导向面和机架上导轨组成，导轨与机架不是一个整体，而是通过螺钉紧固在机架上，导轨承受滑块给予的侧向力和一定偏载力，因此压力机导轨设计除应满足前述导轨的设计要求外，还应注意压力机导轨的特殊性及与机床等导轨设计的不同点。

6.1　导轨的形式和特点

压力机导轨形式较多，滑动导轨应用广泛。从单个导轨形状分，有 V 形导轨、斜导轨和平面导轨；从导轨面数分，有 4 面、6 面和 8 面导轨；从可调性分，有可调导轨、不可调导轨、可调和不可调并用导轨；从导向方向分，有卧式导轨和立式导轨。

滚动导轨应用于高速精密压力机，如我国生产的高速精密压力机应用滚动导轨，滑块行程次数大于 80 次/min，高达 600 次/min。

压力机滑动导轨的基本形式及特点见表 18.6-91。

表 18.6-91　压力机滑动导轨基本形式及特点

导轨名称及简图	典型结构图	$\tan\beta$ 的比较		导向精度	结构	导轨调节	精度保持	对中调整	适用范围	备注
2 个 V 形导轨 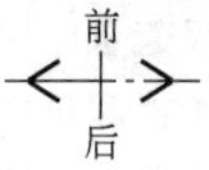	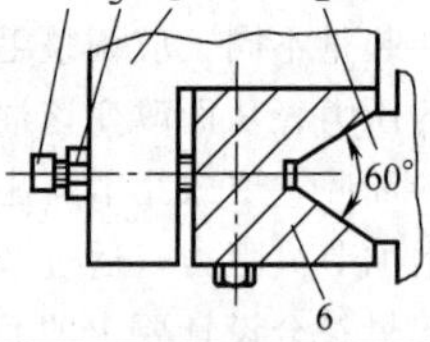	前后	$\frac{2\delta}{l\sin60^\circ}$	较高	简单	容易	较好	加工保证	中小型开式压力机	—
		左右	$\frac{2\delta}{l\cos60^\circ}$	低				可以		
4 个 45°斜导轨 	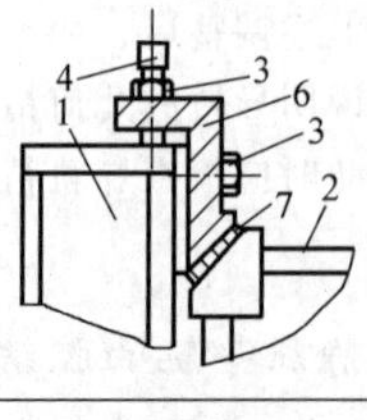	前后	$\frac{2\delta}{l\cos45^\circ}$	较低	较简单	较容易	较好	可以	中大型压力机	不适用近似方形的滑块
		左右	$\frac{2\delta}{l\cos45^\circ}$	较低				可以		
2 个 45°斜导轨和两个平面导轨 	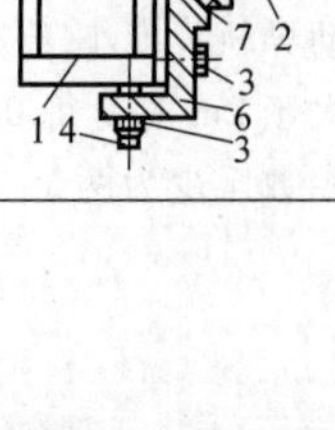	前后	$\frac{\delta}{l}+\frac{\delta}{l\cos45^\circ}$	较低	较简单	较容易	较好	加工保证	中大型压力机	—
		左右	$\frac{2\delta}{l\cos45^\circ}$	较低				可以		

（续）

导轨名称及简图	典型结构图	tanβ 的比较		导向精度	结构	导轨调节	精度保持	对中调整	适用范围	备注
6 个平面导轨 前 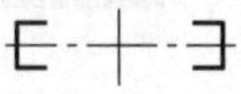 后	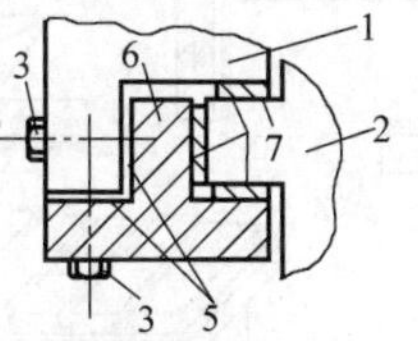	前后	$\frac{2\delta}{l}$	高	较复杂	较难	好	加工保证	中型开式压力机	异向间隙靠调整片调节
		左右	$\frac{2\delta}{l}$	高				可以		
8 个平面导轨 前 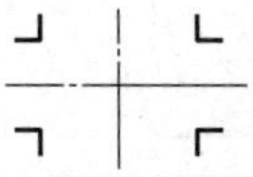 后	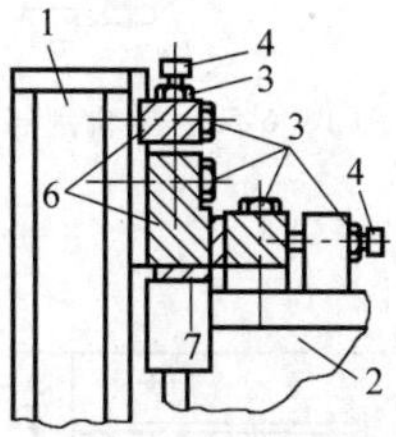	前后	$\frac{2\delta}{l}$	高	复杂	较容易	较好	可以	中大型压力机	—
		左右	$\frac{2\delta}{l}$	高				可以		

注：1. 结构图栏中的代号：1—机架，2—滑块，3—紧固螺栓，4—顶紧螺钉，5—调整垫片，6—导轨，7—滑板（导板）。

2. tanβ 栏中的代号；β—由于导轨间隙使滑块产生的倾斜角度，δ—导轨间隙，l—滑块的导向长度。

6.2　导轨尺寸和验算

6.2.1　导轨长度

由于导轨长度直接影响压力机的工作精度和压力机的总高度，一般可根据滑块导向部分的长度来确定导轨长度。导轨长度的计算见表 18.6-92。

表 18.6-92　导轨长度的计算

滑块底部有凸缘	滑块底部无凸缘
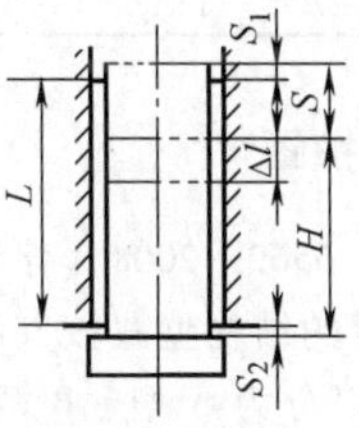	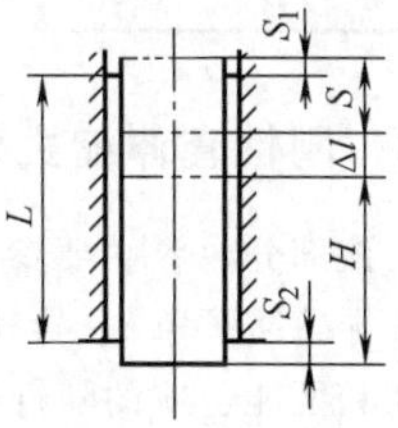
$L=H+S-S_1-S_2$	$L=H+S+\Delta l-S_1-S_2$

说明	
说明	L—导轨长度 H—滑块的导向面长度 S—滑块行程 Δl—封闭高度调节量 S_1—滑块到上死点时，滑块露出导轨部分的长度 S_2—滑块到下死点时，滑块露出导轨部分的长度

6.2.2　导轨工作面宽度及其验算

考虑到导轨需要承受压力机工作时的侧向力和一定的偏载力，以及充分的润滑，一般导轨面要宽些。导轨宽些还可以防止滑块转动误差的增加。

单个导轨工作面宽度的验算方法如下：

（1）压强 p（MPa）的验算

$$p=\frac{KP_g}{2BL}\leqslant p_p \qquad (18.6\text{-}22)$$

式中　P_g——压力机的公称压力（N）；

K——偏载力系数，可以取 $K=0.25$；

B——导轨工作面投影宽度（mm）；

p_p——导轨材料的许用压强（MPa），见表 18.6-21；

L——导轨长度（mm）。

（2）对于高速压力机还要进行 pv（MPa·m/s）值的验算

$$pv=\frac{KP_g v_{max}}{2BL}\leqslant (pv)_p \qquad (18.6\text{-}23)$$

式中　v_{max}——滑块运行最大速度（m/s）；

$(pv)_p$——导轨材料许用 pv 值（MPa·m/s）。

6.3　导轨材料

为了尽量避免或减少滑块导向面的磨损，要求导轨工作面的硬度比滑块导向面的硬度低一些，小型压力机滑块常用灰铸铁制造，中型压力机滑块常用灰铸铁、稀土铸铁或钢板焊接，大型压力机滑块一般用钢板焊接。导轨材料一般为灰铸铁 HT200。对于速度较高、偏心载荷较大的导轨，为提高耐磨性，常在导轨工作面上镶装减磨材料制成的滑板，常用的耐磨材料有铸造锰黄铜（ZCuZn38Mn2Pb2）、铸造锡青铜（ZCuSn-5Pb52n5）和聚四氟乙烯软带等。

6.4　导轨间隙的调整

导轨和滑块导向面的间隙调整是通过紧固螺栓和顶紧螺钉，或紧固螺栓和调整垫片进行，见表 18.6-94。

紧固螺栓和顶紧螺钉的数量及其布置是由导轨本身刚度及所承受的载荷大小等因素来决定。

紧固螺栓和顶紧螺钉的布置基本有三种形式：一种是分组布置，即两个紧固螺栓之间加一个顶紧螺钉；第二种是间隔布置，即紧固螺栓和顶紧螺钉间隔排列；第三种是复合布置，即在紧固螺栓上套一个顶紧螺套（结构紧凑，多用于中小型压力机）。

7　导轨的防护

导轨防护装置的主要功能是防止灰尘、切屑及冷却液侵入导轨，进而提高导轨的使用寿命；另外，制造精良、外形美观的防护罩还能增强机器外观整体艺术造型效果。

7.1　导轨防护装置的类型及特点

1）固定防护。利用导轨中移动件两端的延长物（或另加的防护板）保护导轨，适合行程较短的导轨，如车床的横刀架导轨。

2）刮屑板。利用毛毡或耐油橡胶等制成与导轨形状相吻合的刮条，使之刮走落在导轨上的灰尘、切屑等。适合在工作中裸露导轨的保护，如卧式车床的纵向导轨、滚动导轨等。

3）柔性伸缩式导轨防护罩。适合行程长、工作速度高，而且对导轨清洁度要求严格的导轨，如平面磨床的纵向导轨。

4）刚性多节套缩式导轨防护罩。行程长，但速度不能太高，不适合频繁往复运动的场合，多用于加工中心的导轨的防护。

5）柔性带防护装置。利用柔性带（如薄钢带、夹线耐油橡胶带等）遮挡导轨面，可以设计成卷缩型和循环型。

本节主要介绍已经系列化的并有专业生产商提供成品的导轨防护部件。

7.2　导轨刮屑板

导轨刮屑板的形状及其应用如图 18.6-53 所示。GXB 型导轨刮屑板的结构如图 18.6-54 所示。GXB 型导轨刮屑板的尺寸见表 18.6-93。

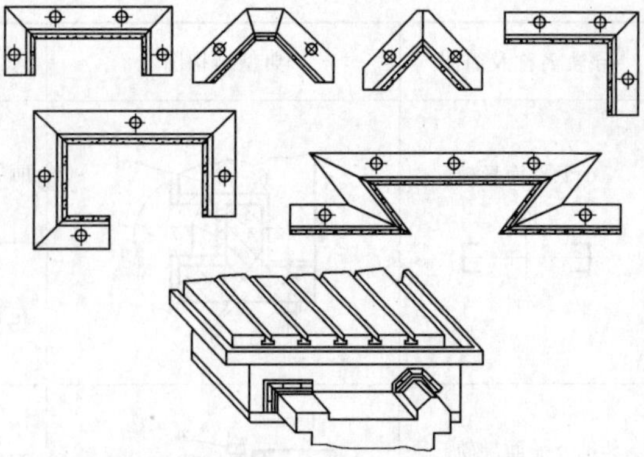

图 18.6-53　导轨刮屑板的形状及其应用

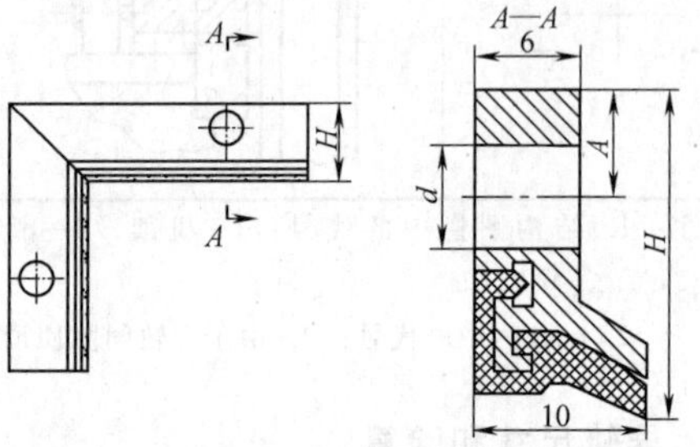

图 18.6-54　GXB 型导轨刮屑板的结构

表 18.6-93　GXB 型导轨刮屑板的尺寸

（mm）

代号	型号		
	GXB-18	GXB-25	GXB-30
	尺寸		
H	18	25	30
A	6	6~10	6~15
d	5~6	5~7	5~7

7.3　刚性套伸缩式导轨防护罩

该部分内容主要参考 JB/T 6562—2008《伸缩式机床导轨防护罩》。导轨防护罩的结构型式按其结构特征和所能适应的随行速度可以分为 A 型、B 型、C 型三种。其典型结构如图 18.6-55 所示。

A 型为低速滑动式，其额定随行速度为≤12m/min；B 型为中速缓冲式，其额定随行速度为>12~25m/min；C 型为高速滚动式，其额定随行速度为>25~45m/min。

导轨防护罩的主要性能指标包括额定随行速度、工作噪声和安全工作寿命三项。工作噪声要求小于 70dB（A），安全工作寿命要求大于 50 万次往复。

导轨防护罩的技术要求如下：

1）导轨防护罩的罩板应采用耐热、耐蚀和防锈

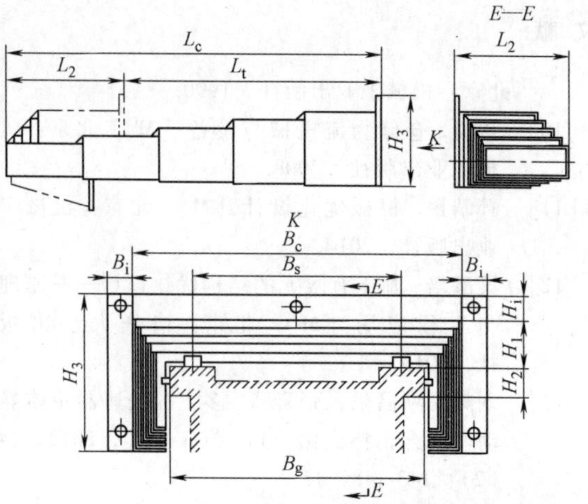

图 18.6-55　刚性套伸缩式导轨防护罩的典型结构

性能、力学性能及焊接性能良好的优质材料。

2）导轨防护罩的支承件和导向块应采用硬度适中、摩擦因数较小和耐磨性良好的优质材料。

3）导轨防护罩的刮舌应采用耐油、耐水和耐磨的优质橡胶和聚氨酯弹性体，其硬度应控制在邵氏硬度（A）75~80。

4）导轨防护罩各焊接处应牢固、可靠和平整，不得有虚焊、缺焊、裂纹及明显变形等缺欠。

5）导轨防护罩外表面应光滑、平整，不得有明显磕痕、划伤和锈蚀痕迹，铆接处不得有明显的凸凹缺陷。

6）导轨防护罩外表面进行抛光时，抛光纹理应一致，装配前内表面应进行清洁。

7）导轨防护罩刮舌唇口部分不得有破损和缺口，拼接处应紧密无缝隙。

8）导轨防护罩应具有良好的防护性能，工作过程中应无冷却液及铁屑渗入罩内。

9）导轨防护罩侧向层配合间隙应均匀，其不均匀度公差应符合表 18.6-94 的规定；侧向层间配合间隙不均匀度公差是指导轨防护罩自然收缩状态下各罩节侧向单边层间最大与最小间隙之差。

表 18.6-94　侧向配合间隙不均匀度公差

（mm）

结构型式	导轨罩宽度 B_e		
	≤500	>500~1000	>1000~3000
	侧向配合间隙不均匀度公差		
A	1.0	1.2	1.5
B	0.7	0.9	1.2
C	0.4	0.6	0.9

10）导轨防护罩与导轨的配合尺寸（即定位宽度）B_g 的公差和支承高度 H_1 的极限偏差见表 18.6-95。

表 18.6-95　定位宽度和支承高度的公差

（mm）

结构型式	定位宽度 B_g		
	≤500	>500~1000	>1000~3000
	公差		
A	1.2	1.5	2.0
B	1.0	1.2	1.5
C	0.8	1.0	1.2
结构型式	支承高度 H_1		
	≤100	>100~150	>150~200
	极限偏差		
A	±0.3	±0.4	±0.5
B	±0.2	±0.3	±0.4
C	±0.1	±0.2	±0.3

11）导轨防护罩运行时应伸缩灵活、平稳，不得产生跳跃、脱节和扭曲及明显的卡滞等现象。

刚性防护罩以不锈钢为主体材料，由多节罩壳组成。以滑块或滚轮支承在导轨（或另设的辅助支承导轨）上，随滑座运动；各节间用铜衬相隔。这种防护罩防护性能好、行程长及寿命长。缺点是制造成本高、收缩后尺寸长、质量大和维修较困难。

7.4　柔性伸缩式导轨防护罩

柔性防护罩以橡塑、人造革和漆布等作为主体材料，为缩摺型。具有轻便、价格低廉、安装维护方便和收缩后尺寸短等优点。适用于行程长、工作速度高及频繁往复运动的场合。这种防护罩的使用寿命短，且不宜用在防油（或冷却液）要求高、切屑灼热及飞溅大的场合。

该种防护罩也已形成系列，有专业生产商提供。在订货时需提出以下主要技术参数：最大拉伸后长度 L_{max}；最小收缩后长度 L_{min}；行程长度 L_t；导轨宽度 A；防护宽度 a；支承高度 H；主体材料；支承型式（滑动的或滚轮的）等，如图 18.6-56 所示。

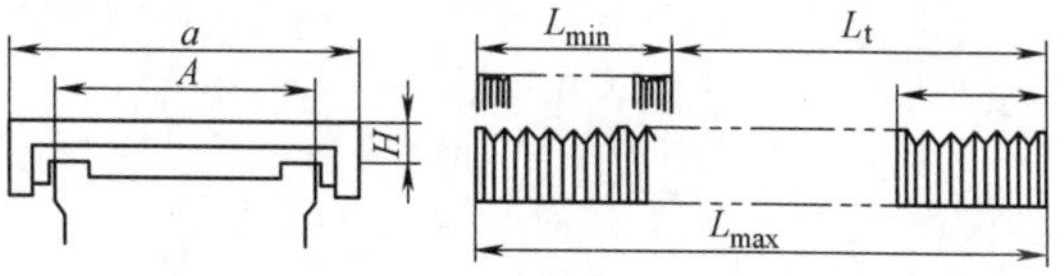

图 18.6-56　柔性伸缩式导轨防护罩示意图

柔性防护罩一般都做成多节的，以每节 5~7 摺为多。对于中、高速的防护罩，在其中还须设置弹簧连杆联动机构，以保证拉伸和收缩是平动的。

参考文献

[1] 闻邦椿. 机械设计手册：第 3 卷 [M]. 5 版. 北京：机械工业出版社，2010.

[2] 秦大同，谢里阳. 现代机械设计手册 [M]. 北京：化学工业出版社，2011.

[3] 吴宗泽. 机械设计师手册 [M]. 2 版. 北京：机械工业出版社，2009.

[4] 俞新陆. 液压机现代设计理论 [M]. 北京：机械工业出版社，1987.

[5] 俞新陆. 液压机的设计与应用 [M]. 北京：机械工业出版社，2007.

[6] 叶瑞汶. 机床大件焊接结构设计 [M]. 北京：机械工业出版社，1986.

[7] 机床设计手册编写组. 机床设计手册 [M]. 北京：机械工业出版社，1979.

[8] 中国机械工程学会焊接学会. 焊接手册：第 3 卷 [M]. 2 版. 北京：机械工业出版社，2001.

[9] 中国机械工程学会焊接学会焊接结构设计与制造（XV）委员会. 焊接结构设计手册 [M]. 北京：机械工业出版社，1990.

[10] 田奇. 仓储物流机械与设备 [M]. 北京：机械工业出版社，2008.

[11] 孙靖民. 机械优化设计 [M]. 北京：机械工业出版社，2014.

[12] 梁醒培. 基于有限元的结构优化设计——原理与工程应用 [M]. 北京：清华大学出版社，2010.

[13] 刘辉，项昌乐，张喜清. 多工况变速器箱体静动弯联合拓扑优化 [J]. 汽车工程，2012，34 (2)：143-148，153.

[14] 孙占刚，孙铁铠. 基于有限元分析的轧机闭式机架结构优化设计 [J]. 重型机械，2004 (2)：44-46，58.

[15] 赵丽娟，刘宏梅. 基于 ANSYS 的矿用减速器箱体的优化设计 [J]. 机械传动. 2007，31 (4)：49-51，57.

第19篇　润　　滑

主　编　丁津原
编写人　丁津原　马先贵
　　　　胡俊宏　金映丽
审稿人　鄂中凯　孙志礼

第 5 版
润　　滑

主　编　丁津原
编写人　丁津原　马先贵　胡俊宏　金映丽
审稿人　鄂中凯　孙志礼

第1章　润滑的作用及类型

1　润滑的作用

润滑的目的是在机械设备摩擦副相对运动的表面间加入润滑剂，以降低摩擦阻力和能源消耗；减少表面磨损，延长使用寿命，保证设备正常运转。润滑的作用有以下几方面：

1）降低摩擦。在摩擦副相对运动的表面间加入润滑剂后，形成润滑剂膜，将摩擦表面隔开，使金属表面间的摩擦转化成具有较低抗剪强度的油膜分子之间的内摩擦，从而降低摩擦阻力和能源消耗，使摩擦副运转平稳。但对于汽车自动变速装置和制动器等，润滑的作用则是控制摩擦。

2）减少磨损。在摩擦表面形成的润滑剂膜可降低摩擦并支承载荷，因此可以减少表面磨损及划伤，保持零件的配合精度。

3）冷却作用。采用液体润滑剂循环润滑系统，可以将摩擦时产生的热量带走，避免机器温度过高。

4）防止腐蚀。摩擦表面的润滑剂膜可以隔绝空气、水蒸气及腐蚀性气体等环境介质对摩擦表面的侵蚀，防止或减缓生锈。目前，有不少润滑油脂中还添加有防腐蚀剂或防锈剂，可起减缓金属表面腐蚀的作用。

此外，某些润滑剂，可以将冲击、振动的机械能转变为液压能，起阻尼、减振或缓冲作用。随着润滑剂的流动，可将摩擦表面上污染物、磨屑等冲洗带走。有的润滑剂还可起密封作用，防止冷凝水、灰尘及其他杂质的侵入。

润滑剂的种类、组成、理化性能（特别是黏度、稠度等）的不同，其所起润滑作用也有所不同。

2　润滑的类型

机械摩擦副间的润滑类型或状态，可根据润滑膜的形成机理和特征分为以下五种：

1）流体动压润滑。

2）弹性流体动压润滑。

3）流体静压润滑。

4）边界润滑。

5）无润滑或干摩擦状态。

1）～3）有时又称流体润滑。

这五种类型的润滑状态，通常可根据所形成的膜厚比 λ，借助斯特里贝克（Stribeck）摩擦曲线，判断其润滑状态。膜厚比为

$$\lambda=\frac{h_{\min}}{R} \tag{19.1-1}$$

式中　$h_{\min}$——最小润滑剂膜厚度；

R——表面粗糙度综合值，$R=(R_1^2+R_2^2)^{1/2}$，其中 R_1 与 R_2 为两对偶表面的相应表面粗糙度值 Ra 或 Rz。

图 19.1-1 所示为典型的斯特里贝克曲线与润滑类型关系图。由图可以看出，根据两对偶表面粗糙度综合值 R 与润滑剂膜厚度 h 的比值关系，可将润滑的类型区分为流体润滑区、混合润滑区和边界润滑区。表面粗糙度综合值可以根据 R_1 与 R_2 计算。

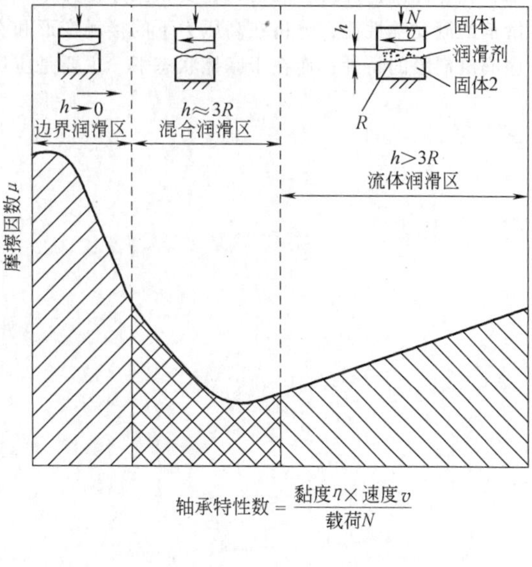

图 19.1-1　斯特里贝克曲线与润滑类型关系图

1）流体润滑。包括流体动压润滑、流体静压润滑和弹性流体动压润滑，相当于曲线右侧一段。在流体润滑状态下，润滑剂膜厚度 h 和表面粗糙度综合值 R 的比值 λ 约大于 3，典型润滑剂膜厚度 h 约为 1～100μm。对弹性流体动压润滑，典型润滑剂膜厚度 h 约为 0.1～1μm。摩擦表面完全被连续的润滑剂膜分隔，由低摩擦的润滑剂膜承受载荷，磨损轻微。

2）混合润滑。几种润滑状态同时存在，相当于曲线中间一段，比值 λ 约为 3，典型润滑剂膜厚度 h 小于 1μm。此状态摩擦表面的一部分被润滑剂膜分

隔开，承受部分载荷，也会发生部分表面微凸体间的接触，以及由边界润滑剂膜承受部分载荷。

3）边界润滑。边界润滑相当于曲线左侧一段，比值 λ 趋于0（小于0.4~1），典型润滑剂膜厚度 h 为0.05~0.001μm。在此状态下，摩擦表面微凸体接触较多，润滑剂的流体润滑作用减少，甚至完全不起作用，载荷几乎全部通过微凸体以及润滑剂和表面之间相互作用所生成的边界润滑剂膜来承受。

4）无润滑或干摩擦。当摩擦表面之间的流体润滑作用已经完全不存在，载荷全部由表面上存在的氧化膜、固体润滑膜或金属基体承受时，这种状态称为无润滑或干摩擦状态。一般金属氧化膜的厚度小于0.01μm。

由图19.1-1可以看出，随着工况参数的改变，可能导致润滑状态的转化。润滑剂膜的结构特征发生变化，摩擦因数也随之改变，处理问题的方法也不同。例如，在流体润滑状态下，润滑剂膜为流体效应膜，主要是计算润滑剂膜的承载能力及其他力学特征；在弹性流体润滑状态时，还要根据弹性力学和润滑剂的流变学性能，分析在高压力下的接触变形和有序润滑剂膜的特性；而在干摩擦状态下，主要是应用弹塑性力学、传热学、材料学、化学和物理学等来考虑摩擦表面的摩擦与磨损过程。

20世纪50~60年代以前主要研究的是流体润滑。黏度是润滑剂的决定性参数；雷诺方程是润滑的理论基础；润滑剂膜厚度是润滑剂的重要指标。选润滑剂的主要依据是润滑剂的黏度。载荷大，就得用黏度大的润滑剂；速度高就应当用黏度小的润滑剂；在寒区使用的机械设备，要求冬、夏定期换润滑剂。齿轮、蜗轮和滚动轴承的选润滑剂计算主要计算润滑剂膜厚度，比较膜厚比。

随着科学技术的迅速发展，机器向着体积小、质量小、功率大和寿命长的方向发展；运动副上的载荷成倍增长，远远超过传统油品所能承受的极限。接触面上不再存在流体润滑剂膜。目前的润滑材料，从基础油到添加剂，都上了一个新台阶，承载能力不再靠黏度，而主要靠添加剂的吸附膜和反应膜；润滑剂在金属表面上的吸附，不再靠黏度，主要靠化学吸附，化学吸附的吸附强度比靠黏度的物理吸附提高了5~10倍。润滑剂的黏度不再是决定性的指标；绝大多数接触面上，无法形成完整的流体润滑剂膜。

第2章　润　滑　油

1　润滑油的主要质量指标（见表 19.2-1）

表 19.2-1　润滑油的主要质量指标

质量指标	说　明
黏度	黏度就是液体的内摩擦，是润滑油受到外力作用而发生相对移动时，油分子之间产生的阻力，其阻力的大小称为黏度。它是润滑油的主要技术指标；绝大多数润滑油的牌号是根据其黏度确定的，黏度是各种机械设备选油的主要依据 黏度的度量方法分为绝对黏度和相对黏度两大类。绝对黏度分为动力黏度、运动黏度两种；相对黏度有恩氏黏度、赛氏-弗氏黏度和雷氏黏度等几种表示方法，见表 19.2-2、表 19.2-3 和图 19.2-1
黏度指数	润滑油的黏度随着温度的升高而减小，随着温度的降低而增大，这就是润滑油的黏温特性 评价油品的黏温特性，普遍采用黏度指数（Ⅵ）来表示，这也是润滑油的一项重要指标。黏度指数高，表示润滑油的黏温性能好
酸值（总酸值、中和值）	润滑油的酸值是表征润滑油中有机酸总含量（在大多数情况下，油品不含无机酸）的质量指标。中和 1g 石油产品所需的氢氧化钾毫克数称为酸值，单位是 mgKOH/g 润滑油酸值大小对润滑油的使用有很大的影响。润滑油酸值大，表示润滑油中的有机酸含量高，有可能对机械零件造成腐蚀，尤其是当有水存在时，这种腐蚀作用可能更明显。另外，润滑油在贮存和使用过程中，会氧化变质，酸值也会逐渐增大，常用酸值变化的大小来衡量润滑油的氧化安定性，或作为换油指标
总碱值	在规定的条件下滴定时，中和 1g 试样中全部碱性组分所需高氯酸的量，以相当的氢氧化钾毫克数表示，称为润滑油或添加剂的总碱值。总碱值表示试样中含有有机和无机碱、氨基化合物、弱酸盐（如皂类）、多元酸的碱性盐和重金属的盐类。内燃机油的总碱值则可间接表示所含清净分散添加剂的多少，一般以总碱值作为内燃机油的重要质量指标。在内燃机油的使用过程中，经常取样分析其总碱值的变化，可以反映出润滑油中添加剂的消耗情况
水溶性酸和碱	用一定体积的中性蒸馏水和润滑油，在一定温度下相混合、振荡，使蒸馏水将润滑油中的水溶性酸和碱抽出来，然后测定蒸馏水溶液的酸性和碱性，称为润滑油的水溶性酸和碱 润滑油的水溶性酸指润滑油中溶于水的低分子有机酸和无机酸等；润滑油中的水溶性碱指润滑油中溶于水的碱和碱性化合物。润滑油水溶性酸和碱不合格将腐蚀机械设备
闪点	在规定的条件下加热润滑油，当油温达到某温度时，润滑油的蒸气和周围空气的混合气一旦与火焰接触即发生闪火现象。最低的闪火温度称为该润滑油的闪点 润滑油的闪点是润滑油的贮存、运输和使用的一个安全指标，同时也是润滑油的挥发性指标。闪点低的润滑油，挥发性高，容易着火，安全性较差 石油产品的安全性是根据其闪点的高低来分类的：闪点小于 45℃ 的产品是易燃品，闪点大于 45℃ 的产品为可燃品
倾点和凝点	油品在标准规定的条件下冷却，能够继续流动的最低温度称为倾点。油品在规定的试验条件下，冷却到液面不移动时的最高温度称为凝点 润滑油的凝点和倾点是润滑油的低温流动性能的重要质量指标。倾点或凝点高的润滑油，不能在低温下使用，否则由于润滑油在低温下失去流动性，堵塞油路，不能保证润滑。对于低温下使用的机械设备，选用润滑油时要考虑润滑油的倾点或凝点
机械杂质	润滑油中不溶于汽油或苯的沉淀物和悬浮物经过滤而分出的杂质称为机械杂质 润滑油的机械杂质主要是润滑油在使用、贮存和运输中，混入外来物，如灰尘、泥沙、金属碎屑、金属氧化物和锈末等 润滑油中机械杂质的存在将加速机械零件的研磨、拉伤和划痕等磨损，而且堵塞油路油嘴和滤油器，造成润滑失效。变压器油中有机械杂质会降低其绝缘性能

（续）

质量指标	说 明
灰分	润滑油的灰分是润滑油在规定的条件下完全燃烧后剩下的残留物(不燃物),以质量分数表示 润滑油的灰分主要由润滑油完全燃烧后生成的金属盐类和金属氧化物所组成。含有添加剂的润滑油中的灰分较高 润滑油中灰分的存在使润滑油在使用中积炭增加,润滑油的灰分过高时,将造成机械零件的磨损
水分	水分表示油品中含水量的多少,用质量分数表示。油品中应不含水分 润滑油中如果有水分存在,将破坏润滑油膜,使润滑效果变差,加速润滑油中有机酸对金属的腐蚀作用。水分还造成对机械设备的锈蚀,并导致润滑油的添加剂失效,使润滑油的低温流动性变差,甚至结冰,堵塞油路,妨碍润滑油的循环及供油。当水分存在时,润滑油乳化的可能性加大;当温度高到一定程度时,水分将汽化形成气泡,不但破坏油膜,危及润滑,而且还因气阻影响润滑油的循环和供油。对于变压器油,水分会使变压器油的耐电压性能急剧下降,危害更大,因此润滑油在使用前,必须检查有无水分,如有,必须设法脱水
抗乳化性	测定油品与水分离的能力称为抗乳化性试验 抗乳化性好的润滑油遇水后,虽经搅拌、振荡也不易形成乳化液,或虽然形成乳化液但是不稳定,易于迅速分离 润滑油的抗乳化性与其洁净度关系较大,若润滑油中的机械杂质较多,或含有皂类、酸类及生成的油泥等,在有水存在的情况下,润滑油就容易乳化而生成乳化液。抗乳化性差的油品,其抗氧化安定性也差 抗乳化性是汽轮机油的一个重要质量指标
抗泡性	润滑油在实际使用中,由于受到振荡、搅动等作用,使空气进入润滑油中,以致形成气泡。因此,要求评定油品生成泡沫的倾向及泡沫的稳定性 抗泡性也是润滑油的一项重要使用性能。如果润滑油的抗泡性不好,在润滑油系统中形成了很多泡沫,而且不能迅速破除,则将影响润滑油的润滑性,加速它的氧化速度,导致润滑油的损失,而且阻碍润滑油在循环系统中的传送,使供油中断,妨碍润滑,对液压油则影响其压力传递
蒸发度 (蒸发损失)	所有液体在受热时都会蒸发。液体的蒸发度是表示在给定的压力和温度条件下的蒸发程度和速度。润滑油在使用过程中蒸发会造成润滑系统中润滑油量逐渐减少,使黏度增大,影响供油。液压液体在使用中蒸发,还会产生气穴现象和效率下降,可能对液压泵造成损害,因此必须对润滑油和液压液体的蒸发度进行控制
腐蚀性	腐蚀试验是测定润滑油在一定温度下对金属的腐蚀作用 腐蚀是在氧气(或其他腐蚀性物质)和水分同时与金属表面作用时发生的,因此防止腐蚀的措施在于防止这些物质侵蚀金属表面。除了防止由外部条件(如潮湿,海上运输等)引起的腐蚀外,还必须防止来自机械本身的腐蚀,如发动机的腐蚀。首先是来自酸性的氧化产物和燃烧产物,然后是来自含铅汽油中的氯化物和溴化物等
氧化安定性	润滑油在加热和在金属的催化作用下抵抗氧化变质的能力称为润滑油的抗氧化安定性。润滑油的抗氧化安定性是反映润滑油在实际使用、贮存和运输中氧化变质或老化倾向的重要特性 润滑油的抗氧化安定性主要决定于其化学组成。此外,也与使用条件,如温度、氧压、接触金属、接触面积和氧化时间等有关。因而评价各种润滑油的抗氧化安定性的氧化试验条件各不相同,均须根据润滑油的使用情况来选择合适的试验条件 任何润滑油的氧化安定性都是至关重要的质量指标 一般将润滑油的氧化安定性作为润滑油使用寿命或老化程度的一个衡量指标
苯胺点	试管中同体积的油和苯胺互溶成单一液体的最低温度称为苯胺点 苯胺点是用以测量润滑油中芳香烃的含量。因为芳香烃能溶解橡胶,会使橡胶密封件胀大、变质,所以苯胺点越高越好
承载能力 (四球法)	评定润滑油的承载能力,包括最大无卡咬负载 P_B(又称临界负载或 P_K 点)、烧结负载 P_D、综合磨损值 *ZMZ*(又称平均赫兹负载、负载磨损指数)三项指标
承载能力 (梯姆肯法)	评定润滑油的抗擦伤能力,用OK值作为评定指标。所谓OK值是在试验机上,当钢制试件的纯滑动摩擦面上不出现擦伤时,负载杠杆砝码盘上所加的最大负载
承载能力 (FZG法)	在试验机上可测定润滑油的抗胶合能力,分为正常试验法和特殊试验法。评定润滑油承载能力为12级,级数越大,表明润滑油的抗胶合能力越高

表 19.2-2　各种黏度换算

运动黏度 /mm² · s⁻¹	雷氏 1 号黏度 /s	赛氏-弗氏黏度 (通用) /s	运动黏度 /mm² · s⁻¹	雷氏 1 号黏度 /s	赛氏-弗氏黏度 (通用) /s
(1.0)	28.5		(7.0)	43.5	48.7
(1.5)	30		(7.5)	45	50.3
(2.0)	31	32.6	(8.0)	46	52.0
(2.5)	32	34.4	(8.5)	47.5	53.7
(3.0)	33	36.0	(9.0)	49	55.4
(3.5)	34.5	37.6	(9.5)	50.5	57.1
(4.0)	35.5	39.1	10.0	52	58.8
(4.5)	37	40.7	10.2	52.5	59.5
(5.0)	38	42.3	10.4	53	60.2
(5.5)	39.5	43.9	10.6	53.5	60.9
(6.0)	41	45.5	10.8	54.5	61.6
(6.5)	42	47.1	11.0	55	62.3

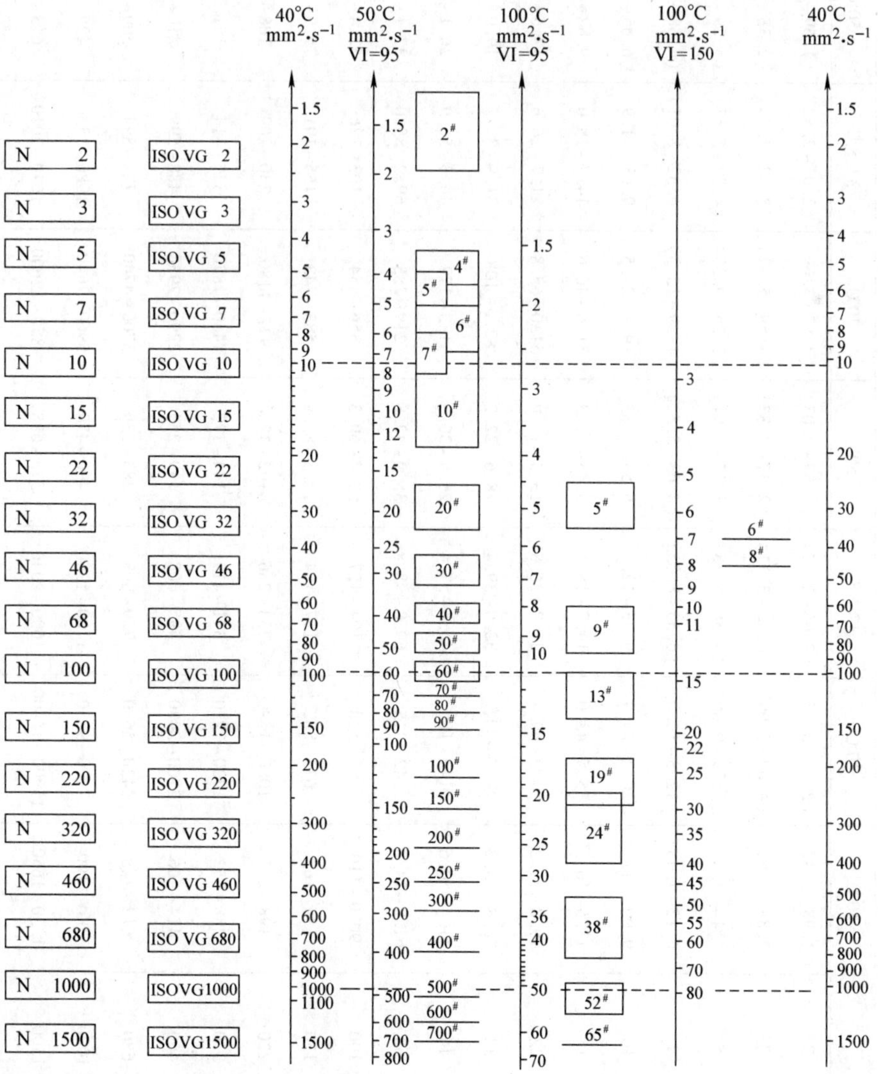

图 19.2-1　工业用润滑油新旧黏度牌号对照参考

表 19.2-3　不同的黏度指数在各种温度下具有相应的运行黏度的 ISO 黏度分类（摘自 GB/T 3141—1994）　　($mm^2 \cdot s^{-1}$)

ISO 黏度等级	运行黏度范围	不同的黏度指数在其他温度时运动黏度近似值								
		黏度指数(VI)=0			黏度指数(VI)=50			黏度指数(VI)=95		
	40℃	20℃	37.8℃	50℃	20℃	37.8℃	50℃	20℃	37.8℃	50℃
2	1.98~2.42	(2.82~3.67)	(2.05~2.52)	(1.69~2.03)	(2.87~3.69)	(2.05~2.52)	(1.69~2.03)	(2.92~3.71)	(2.06~2.52)	(1.69~2.03)
3	2.88~3.52	(4.60~5.99)	(3.02~3.71)	(2.37~2.83)	(4.59~5.92)	(3.02~3.70)	(2.38~2.84)	(4.58~5.83)	(3.01~3.69)	(2.39~2.86)
5	4.14~5.06	(7.39~9.60)	(4.38~5.38)	(3.27~3.91)	(7.25~9.35)	(4.37~5.37)	(3.29~3.95)	(7.09~9.03)	(4.36~5.35)	(3.32~3.99)
7	6.12~7.48	(12.3~16.0)	(6.55~8.05)	(4.63~5.52)	(11.9~15.3)	(6.52~8.01)	(4.68~5.61)	(11.4~14.4)	(6.50~7.98)	(4.76~5.72)
10	9.00~11.0	20.2~25.9	9.73~12.0	6.53~7.83	19.1~24.5	9.68~11.9	6.65~7.99	18.1~23.1	9.64~11.8	6.78~8.14
15	13.5~16.5	35.5~43.0	14.7~18.1	9.43~11.3	31.6~40.6	14.7~18.0	9.62~11.5	29.8~38.3	14.6~17.9	9.80~11.8
22	19.8~24.2	54.2~69.8	21.8~26.8	13.3~16.0	51.0~65.8	21.7~26.6	13.6~16.3	48.0~61.7	21.6~26.5	13.9~16.6
32	28.8~35.2	87.7~115	32.0~39.4	18.6~22.2	82.6~108	31.9~39.2	19.0~22.6	76.9~98.7	31.7~38.9	19.4~23.3
46	41.4~50.6	144~189	46.6~57.4	25.5~30.3	133~172	46.3~56.9	26.1~31.3	120~153	45.9~56.3	27.0~32.5
68	61.2~74.8	242~315	69.8~98.8	35.9~42.8	219~283	69.2~85.0	37.1~44.4	193~244	68.4~83.9	38.7~46.6
100	90.0~110	402~520	104~127	50.4~60.3	356~454	103~126	52.4~63.0	303~383	101~124	55.3~66.6
150	135~165	672~862	157~194	72.5~85.9	583~743	155~191	75.9~91.2	486~614	153~188	80.6~97.1
220	198~242	1080~1390	233~286	102~123	927~1180	230~282	108~129	761~964	226~277	115~138
320	288~352	1720~2210	341~419	144~172	1460~1870	337~414	151~182	1180~1500	331~406	163~196
460	414~506	2700~3480	495~608	199~239	2290~2930	488~599	210~252	1810~2300	478~587	228~274
680	612~748	4420~5680	739~908	283~339	3700~4740	728~894	300~360	2880~3650	712~874	326~393
1000	900~1100	7170~9230	1100~1350	400~479	5960~7640	1080~1330	425~509	4550~5780	1050~1290	466~560
1500	1350~1650	11900~15400	1600~2040	575~688	9850~12600	1640~2010	613~734	7390~9400	1590~1960	676~812
2200	1980~2420	19400~25200	2460~3020	810~970	15900~20400	2420~2970	865~1040	11710~15300	2350~2890	950~1150
3200	2880~3520	31180~40300	3610~4435	1130~1355	25360~32600	3350~4360	1210~1450	18450~24500	3450~4260	1350~1620

注：括号内数据为概略值。

2　润滑油的组成

绝大多数润滑油是由基础油与添加剂调制而成。

2.1　基础油

基础油有两种：一种是经过炼制和精制的天然矿物油，另一种是合成油。

2.1.1　矿物基础油

矿物基础油由常规的Ⅰ类向非常规的Ⅱ类和Ⅲ类发展，其目的是满足润滑油升级换代的需要。Ⅱ/Ⅲ类基础油的质量优于Ⅰ类基础油，主要体现在：

（1）黏度指数高

现代润滑油要求在保持黏度大致稳定的同时，还能在较宽的温度范围内充分发挥润滑功能。实现这个要求的最好方法就是选用高黏度指数基础油消除对黏度指数改进剂的依赖。

（2）低硫/无硫

过去认为基础油中的硫是一种天然的极压添加剂和抗氧剂。现在认识到，硫与添加剂会相互作用，会使添加剂配方难以优化，因此不希望基础油中含硫。而且，硫对催化转化器脱除尾气中的污染物有负面影响。

（3）挥发性低

润滑油的挥发性与延长换油期及控制排放直接有关。基础油挥发性小，有利于选用黏度级别较低的基础油，降低发动机油黏度，从而减少流体摩擦，降低运动部件摩擦的能量消耗；基础油挥发性小，还能长期保持油品具有稳定的黏度，满足延长换油期的要求。

（4）黏度低

降低黏度有助于提高发动机的燃料效率。此外，要求润滑油有较好的冷流动性质，也必然要降低黏度，因此低黏度基础油是发展趋势。

（5）氧化安定性好

延长润滑油寿命、延长换油期、降低油消耗量都要求基础油有良好的氧化安定性。因此，提高氧化安定性就成了基础油升级的重要指标之一。

（6）环境友好

使用基础油的前提条件就是要进一步降低芳烃特别是稠环芳烃含量。还要求在基础油生产和润滑油再生过程中，不会对人体健康造成危害。对全损耗润滑油和在环境敏感地区使用的润滑油，除要求在水中和地上无毒外，还要求能生物降解。

2.1.2　天然气合成油（GTL）

由天然气经过费—托合成工艺生产的基础油。由天然气生产合成气（CO 和 H_2 的混合物）；合成气采用低温法合成液体烃；由合成液体烃加工成润滑油基础油产品和其他石化产品。从生物降解性能看，天然气合成油Ⅲ类基础油大于石油基Ⅲ、Ⅱ、Ⅰ类基础油。

2.2　合成润滑油

根据合成润滑油基础油的化学结构，已工业化生产的合成润滑油分为下列六大类：

1）有机酯，包括双酯、多元醇酯和复酯。

2）合成烃，包括聚 α-烯烃、烷基苯、聚异丁烯和合成环烷烃。

3）聚醚（又名聚亚烷基醚，聚乙二醇醚）。

4）聚硅氧烷（硅油），包括甲基硅油、乙基硅油、甲基苯基硅油和甲基氯苯基硅油。

5）含氟油，包括氟碳、氟氯碳、全氟聚醚和氟硅油。

6）磷酸酯。

每类合成油都有其独特的化学结构，特定的原材料和制备工艺，特殊的性能和应用范围。具体内容见表 19.2-4～表 19.2-8。

表 19.2-4　各类合成油的闪点、自燃点及热分解温度

（℃）

类别	闪点	自燃点	热分解温度
矿物油	140～315	230～370	250～340
双酯	200～300	370～430	283
多元醇酯	215～300	400～440	316
聚 α-烯烃	180～320	325～400	338
二烷基苯	130～230	—	—
聚醚	190～340	335～400	279
磷酸酯	230～260	425～650	194～421
硅油	230～330	425～550	388
硅酸酯	180～210	435～645	340～450
氟碳化合物	200～280	>650	—
聚苯醚	200～340	490～595	454

表 19.2-5　合成油的黏度指数及倾点

类别	黏度指数	倾点/℃
矿物油	50～130	-45～-10
双酯	110～190	<-70～-40
多元醇酯	60～190	<-70～-15
合成烃	50～180	-70～-40
聚醚	90～280	-65～5
磷酸酯	30～60	<-50～-15
硅油	110～500	<-70～10
硅酸酯	110～300	<-60
氟碳化合物	-200～-100	<-70～65
聚苯醚	-100～10	-15～20

表 19.2-6 各类合成油的性能比较

性能	矿物油	双酯	多元醇酯	聚醚	聚 α-烯烃	硅油	氟油	磷酸酯
黏温特性(VI)	4	2	2	2	2	1	4	1
低温特性(倾点)	5	1	2	3	1	1	3	1
液体范围	4	2	2	3	2	1	1	3
氧化稳定性	4	2~3	2	3	2	2	1	4
热稳定性	4	3	2	3	4	2	1	3
蒸发损失(挥发性)	5	1	1	3	2	2	1	2
抗燃性(闪点)	1	4	4	4	5	3	1	1~2
水解稳定性	1	4	4	3	1	3	1	3
耐蚀性	3	4	4	3	1	3	5	4
密封材料相容性	1	4	4	3	2	3	1	5
涂料和漆相容性	1	4	4	4	1	3	2	5
与矿物油混溶性	—	2	2	5	1	5	5	4
添加剂溶解度	1	2	2	4	2	5	5	1
润滑性,承载能力	3	2	2	2	3	5	1	3
毒性	3	3	3	3	1	1	1	4~5
生物可降解性	4	1~2	1~2	1~2	5	5	5	2
相对矿物油价格	1	4~10	4~10	6~10	3~5	30~100	500	5~10

注：1—优良；2—很好；3—好；4—一般；5—差。

表 19.2-7 不同酯类油的可生物降解性 (%)

酯类油类型	OECD 301B(20d)	CEC L 33A 93(21d)	酯类油类型	OECD 301B(20d)	CEC L 33A 93(21d)
单酯	30~90	70~100	直链多元醇酯	50~90	80~100
双酯	10~80	70~100	支链多元醇酯	0~40	0~40
苯二甲酸酯	5~70	40~100	复合酯	60~90	70~100
偏苯三酸酯	0~40	0~70			

表 19.2-8 各种燃气轮机油的氧化试验结果（175℃，72h）

项目		矿物油	聚 α-烯烃	二烷基苯	双酯	多元醇酯	磷酸酯
黏度/$mm^2 \cdot s^{-1}$	99℃	5.27	6.0	5.41	4.08	5.00	4.08
	-18℃	2600	1200	1220	228	600	4600
黏度指数		100	140	105	165	125	0
倾点/℃		-29	-59	-57	-59	-54	-23
氧化后黏度变化(%)		38.2	2.61	17.5	3.0	9.03	6.71
沉淀/$mL \cdot (100mL)^{-1}$		2730	0.5	0.3	0.5	1.0	7.9

2.3 添加剂

在基础油中加入某些物质，虽然数量很少，却对提高润滑油的使用性能效果显著，这些物质被称为添加剂。加入添加剂的目的主要有补充必要的性能，提高已有性能，增加新的性能。

2.3.1 添加剂的类型

1）保护金属表面的添加剂。其目的是降低摩擦、减少磨损，提高接触表面的使用寿命。其中包括油性剂、极压剂、抗腐剂、极压抗磨剂、防锈剂、清净剂、分散剂。

2）扩大润滑油使用范围的添加剂。包括黏度指数改进剂、降凝剂和破乳剂。

3）延长润滑油使用寿命的添加剂。包括抗氧剂和抗泡剂。

2.3.2 常用添加剂（见表 19.2-9）

表 19.2-9　润滑油常用添加剂

添加剂主要类型及名称	应　　用	作　　用
清净剂、分散剂 1)低碱度石油磺酸钙(T101) 2)中碱度石油磺酸钙(T102) 3)高碱度石油磺酸钙(T103) 4)烷基酚钡 5)烷基酚钙 6)硫磷化聚异丁烯钡盐(T108) 7)烷基水杨酸钙(T109) 8)聚异丁烯丁二酰亚胺(无灰分散剂)(T151～T155)	与抗氧抗腐剂复合使用于内燃机油、柴油机油和船用气缸油。一般汽油机油和柴油机油中清净分散剂的添加量为3%;高级汽油机油和增压柴油机油中的添加量要增加,具体数量及配方需通过试验确定;船用气缸油的添加量为20%～30%。在使用过程中,常将各种具有不同特性的清净分散剂复合使用	1)清净分散作用。清净分散剂吸附在燃料及润滑油的氧化产物(胶质)上,悬浮于油中,防止在油中产生沉淀和在活塞、气缸中形成积炭。这些沉淀和积炭会造成气缸部件黏结,甚至卡死,影响发动机正常运转 2)中和作用。中和含硫燃料燃烧后生成的氧化硫及其他酸性物质,避免机器部件的腐蚀
抗氧抗腐剂 1)二芳基二硫化磷酸锌(T201) 2)二烷基二硫代磷酸锌(T202) 3)硫磷化烯烃钙盐	与清净分散剂复合用于发动机油中,一般汽油机油及柴油机油中的用量为0.5%～0.8%,用于高级内燃机油中也不超过1.5%	1)分解润滑油中由于受热氧化产生的过氧化物,从而减少有害酸性物的生成 2)钝化金属表面,使金属在受热情况下减缓腐蚀 3)与金属形成化学反应膜,减少磨损
抗氧化剂 1)2,6-二叔丁基对甲酚(T501) 2)芳香胺(T531) 3)双酚(T511) 4)苯三唑衍生物(T551) 5)噻二唑衍生物(T561)	主要用于工业润滑油,如变压器油、汽轮机油、液压油、仪表油等,添加量为0.2%～0.6%。当工作温度较高时,双酚型抗氧化剂较为有效	润滑油在使用过程中不断与空气接触发生连锁性氧化反应。抗氧化剂能使连锁反应中断,减缓润滑油的氧化速度,延长油的使用寿命
油性、极压剂 1)酯类(油酸丁酯、二聚酸乙二醇单酯及动植物油等) 2)酸及其皂类(油酸、二聚酸、硬脂酸铝等)(T402) 3)醇类(脂肪醇) 4)磷酸酯、亚磷酸酯(磷酸三乙酯、磷酸三甲酚酯、亚磷酸二丁酯等)(T304等) 5)二烷基二硫代磷酸锌(T202) 6)磷酸酯、亚磷酸酯、硫代磷酸酯的含氮衍生物(T308等) 7)硫化烯烃(硫化异丁烯、硫化三聚异丁烯 T321) 8)二苄基二硫化物(T322) 9)硫化妥尔油脂肪酸酯 10)硫化动植物油或硫氯化动植物油(T405、T405A) 11)氯化石蜡(T301、T302) 12)环烷酸铅(T341)	用于汽车齿轮油、工业极压齿轮油、金属加工油(轧制油、切削油等)、导轨油、抗磨液压油、极压汽轮机油、极压润滑脂及其他工业用油。添加量为0.5%～10%,有的甚至在20%以上。在使用中,有单独使用,也有复合使用,根据各种油品的性能要求确定	1)油性添加剂在常温条件下吸附在金属表面上形成边界润滑膜,防止金属表面的直接接触,保持摩擦面的良好润滑状态 2)极压添加剂在高温条件下分解出活性元素与金属表面起化学反应,生成一种低抗剪强度的金属化合物薄层,防止金属因干摩擦或在边界摩擦条件下而引起的黏着现象
降凝剂 1)烷基萘(T801) 2)醋酸乙烯酯与反丁烯二酸共聚物 3)聚α-烯烃(T803) 4)聚甲基丙烯酸酯(T814) 5)长链烷基酚	广泛应用于各种润滑油,如内燃机油、齿轮油、机械油、变压器油、液压油、汽轮机油和冷冻机油等。添加量为0.1%～1%	降凝剂能与油中的石蜡产生共晶,防止石蜡形成网状结构,使润滑油不被石蜡网状结构包住,并呈流动液体状态存在而不致凝固,即起降凝作用

(续)

添加剂主要类型及名称	应 用	作 用
增黏剂 1)聚乙烯基正丁基醚(T601) 2)聚甲基丙烯酸酯(T602) 3)聚异丁烯(T603) 4)乙丙共聚物(T611) 5)分散型乙丙共聚物(T631)	用于配制冷起动性能好、黏温性能好,可以四季通用、南北地区通用的稠化机油、液压油和多级齿轮油等。一般用量为3%~10%,有的更多	1)改善润滑油的黏温特性 2)对轻质润滑油起增稠作用 加有增黏剂的润滑油高温不易变稀,低温不易变稠
防锈剂 1)石油磺酸钠(T702) 2)石油磺酸钡(T701) 3)二壬基萘磺酸钡(T705) 4)环烷酸锌(T704) 5)烯基丁二酸(T746) 6)苯骈三氮唑(T706) 7)烯基丁二酸咪唑啉盐(T703) 8)山梨糖醇单油酸酯 9)氧化石油脂及其钡皂(T743) 10)羊毛脂及其皂 11)*N*-油酰肌胺酸十八胺(T711)	广泛用于金属零件、部件、工具、机械发动机及各种武器的封存防锈油脂(长期封存防锈油脂、工作封存两用油脂薄层油等),在使用中要求一定防锈性能的各种润滑油脂(汽轮机油、齿轮油、机床用油、液压油、切削油和仪表油脂等)、工序间防锈油脂等。在使用过程中,常将各种具有不同特点的防锈剂复合使用,以达到良好的综合防锈效果。添加量随防锈性能的要求不同而不同,一般为0.01%~20%	防锈剂与金属表面有很强的附着能力,在金属表面上优先吸附形成保护膜,或与金属表面化合形成钝化膜,防止金属与腐蚀介质接触,起到防锈作用
抗泡剂 1)二甲基硅油 2)丙烯酸酯与醚共聚物(T911)	用于各种循环使用的润滑油。添加量为百万分之几。应用时先用煤油稀释,最好用胶体磨或喷雾器分散于润滑油中	润滑油在循环使用过程中,会吸收空气,形成泡沫,抗泡剂能降低表面张力,防止形成稳定的泡沫

3 润滑油的选用

3.1 内燃机油

内燃机油应具备的主要性能为:适当的黏度和良好的黏温性能;较强的热安定性和抗高温氧化安定性;优异的高温清净分散性和低温油泥分散性;良好的高温状态下的抗磨损性;良好的防腐和抗锈蚀性。

3.1.1 内燃机油黏度牌号的选择

黏度是划分内燃机油牌号的重要依据。黏度的选择要根据发动机工作环境温度、热载荷和机械载荷来确定,其中环境温度是最重要的依据。环境温度与黏度牌号的选择见表19.2-10。

表19.2-10 环境温度与黏度牌号的选择

温度范围/℃	SAE黏度等级	温度范围/℃	SAE黏度等级
-30~-25	5W	-20~30	15W-30
-30~30	5W-20或5W-30	-15~-5	20W
-25~-20	10W	-15~30	20W-30
-25~30	10W-30	-10~30	20
-20~-15	15W	0~30	30
-20~20	15W-20	10~50	40

注:W表示冬季。

3.1.2 柴油机油的选用

(1) 依据柴油机的单位容积载荷和受热状况用强化系数K和第一环槽温度选油

$$K = P_c C_m Z$$

式中 P_c——平均有效压力 (N/cm^2);

C_m——活塞平均速度 (m/s);

Z——冲程系数 (四冲程机,$Z=0.5$;二冲程机,$Z=1.0$)。

强化系数K小于30的为普通柴油机,当上部活塞区的温度为230~250℃时,可选用CC级柴油机油。

对强化系数K为30~50的柴油机,当上部活塞环区的温度为230~250℃时,可选用CC级柴油机油。

强化系数K大于50、活塞平均速度大于9m/s的是高强度柴油机,上部活塞区温度大于250℃,可选用CD级柴油机油。

(2) 依据柴油机油容量大小选油

柴油机油容量越小,油品受热强度越高,对油品要求相应苛刻。例如,法国进口内燃机车,其强化系数达85左右,增压压力0.29MPa。由于柴油机油量很大,一次装油达646L,所以可以选用CC级柴油机油。

(3) 依据燃油质量好坏选油

柴油质量差、含硫高,对内燃机油的质量要求就苛刻。例如,规定可以使用某级柴油机油的轻负载柴油机,若使用含硫的质量分数大于0.5%的柴油时,要改用高一级的柴油机油。

3.1.3　汽油机油的选用

（1）黏度

汽油发动机选用的油品黏度等级对维护发动机的正常运转是至关重要的。黏度的高低直接影响发动机的磨损、降温、吸振和密封等。选择合适的黏度和高黏度的油品，使其既具有足够的高温黏度来保证发动机在运转时的润滑和密封，又能在低温条件下有足够的黏度来保证低温起动性能。黏度通常是按温度条件选择（见表 19.2-10），同时还要考虑载荷的大小、转速的高低或发动机磨损程度等因素。

应选用多级油。多级油是一种黏温性能好、工作温度宽和节能效果显著的油品，具有低温黏度油和高温黏度油的双重特性。通常情况下，黏度等级的选择原则就是在满足使用的条件下，黏度越低越好，这样对发动机的节能是非常有益的。

（2）品种

汽油发动机汽车要选用汽油机油。它的质量等级主要根据汽油发动机的压缩比、曲轴箱是否装有正压通风装置、是否有废气再循环装置及是否装有涡轮增压废气催化转化器等为主要考虑依据。发动机压缩比在 7.0 左右，并装有曲轴箱正压通风装置，可选择 SE 级以上质量级别的汽油机油；一般轿车发动机的压缩比大于 8，可选 SF 级以上质量级别的汽油机油；若压缩比大于 8.5，则发动机功率大、体积小，工作条件更苛刻，应选 SG 以上质量级别的汽油机油；如果汽车装有废气再循环装置及废气催化转化器，为防止催化剂中毒，同时还要求油中的磷含量不超过 0.14%。对电子点火燃油喷射发动机，应该选择 SH 或 SJ、SL 和 GF 等更高质量级别的汽油机油。

汽车或发动机制造商在用户使用手册中注明了该车型或发动机的用油要求，用户要严格按照所推荐的质量规格来选择汽油机油的质量等级。

二冲程汽油机油与四冲程汽油机油相比，一些主要性能要求高得多，如高温清洁性和分散性等；另一些性能可能要求低一些，还有一些特有的要求，如混溶性等。所以，一般四冲程汽油机油用于二冲程汽油机润滑是不恰当的，会影响发动机的正常运转及使用寿命，因此必须选用专用的二冲程汽油机油。

表 19.2-11～表 19.2-27 列出了各种汽油机油和柴油机油的质量指标。表 19.2-28～表 19.2-31 列出了专用的二冲程汽油机油的质量指标。

表 19.2-11　GF-4 汽油机油质量指标

项　目		质量指标	试验方法
泡沫性（泡沫倾向/泡沫稳定性）/$mL \cdot mL^{-1}$			ASTM D892
程序Ⅰ	不大于	10/0	
程序Ⅱ	不大于	50/0	
程序Ⅲ	不大于	10/0	
程序Ⅳ	不大于	100/0	ASTM D6082
磷含量（质量分数，%）	不小于	0.06～0.08	ASTM D4951
硫含量（质量分数，%）			
0W 和 5W 多级油	不大于	0.5	ASTM D4951
10W 多级油	不大于	0.7	ASTM D2622
EOFT 减小（%）	不大于	50	ASTM D6795
过滤性试验（EOWTT）流量降低（%）			ASTM D6794
加 0.6%的水	不大于	50	
加 1.0%的水	不大于	50	
加 2.0%的水	不大于	50	
加 3.0%的水	不大于	50	
高温沉积物 TEOST（MHT4）总沉积物/mg	不大于	35	ASTM D6335

（续）

项　目		质量指标	试验方法
均匀性和混溶性		通过	ASTM D6922
凝胶指数	不大于	12	ASTM D5133
蒸发损失（质量分数,%）			
Noack(250℃)	不大于	15	ASTM D5800
GCD(371℃)	不大于	10	ASTM D6417
球锈蚀试验(BRT)			ASTM D6557
平均灰度值评分	不小于	100	
程序ⅢG			ASTM 程序ⅢG 试验
100h 黏度增长(%)	不大于	150	
平均活塞沉积物评分	不小于	3.5	
热黏环		无	
凸轮和挺杆磨损平均值/μm	不大于	60	
程序ⅢGA 老化油的低温黏度		满足原来油品或下一个更高级别的要求	ASTM D4684
程序ⅣA			ASTM D6891
平均凸轮磨损/μm	不大于	90	
程序ⅤG			ASTM D6593
平均发动机油泥评分	不小于	7.8	
摇臂盖油泥评分	不小于	8.0	
平均活塞裙部漆膜评分	不小于	7.5	
平均发动机漆膜评分	不小于	8.9	
油环堵塞率(%)	不大于	20	
热黏环		无	
冷黏环		报告	
机油滤网堵塞率(%)	不大于	报告	
随动针磨损平均值/μm		报告	
间隙增加/μm		报告	
油环破裂区域(%)		报告	
程序ⅥB	不小于		ASTM D6837
0W/20 和 5W/20(%)		2.3/2.0	
FEI1/FEI2			
0W/30 和 5W/30(%)		1.8/1.5	
FEI1/FEI2			
10W/30 和其他黏度级别(%)		1.1/0.8	
FEI1/FEI2			

表 19.2-12　SE 汽油机油质量指标（摘自 GB 11121—2006）

项　　目		质量指标					试验方法
黏度等级		5W-30	10W-30	15W-40	30	40	
运动黏度(100℃)/mm²·s⁻¹		9.3~<12.5	9.3~<12.5	12.5~<16.3	9.3~<12.5	12.5~<16.3	GB/T 265
低温动力黏度/mPa·s	不大于	3500(-25℃)	3500(-20℃)	3500(-15℃)	—	—	GB/T 6538
边界泵送温度/℃	不高于	-30	-25	-20	—	—	GB/T 9171
黏度指数	不小于	—	—	—	75	80	GB/T 1995 GB/T 2541
闪点(开口)/℃	不低于	200	205	215	220	225	GB/T 3536
倾点/℃	不高于	-35	-30	-23	-15	-10	GB/T 3535
泡沫性(泡沫倾向/稳定性)/mL·mL⁻¹							GB/T 12579
24℃	不大于	25/0					
93.5℃	不大于	150/0					
后 24℃	不大于	25/0					
机械杂质(%)①	不大于	0.01					GB/T 511
水分(体积分数,%)	不大于	痕迹					GB/T 260
酸值/mgKOH·g⁻¹		报告					SH/T 0251
硫酸盐灰分(%)①		报告					GB/T 2433
硫(%)①		报告					SH/T 0172
氮(%)①		报告					SH/T 0656
磷(%)①		报告					SH/T 0296
L-38 发动机试验							SH/T 0265
轴瓦失重/mg	不大于	40					
剪切安定性							SH/T 0265
100℃运动黏度/mm²·s⁻¹		在本等级油黏度范围之内(适用于多级油)					GB/T 265
程序ⅡD 发动机试验							SH/T 0512
发动机锈蚀平均评分	不小于	8.5					
挺杆黏结数		无					
程序ⅢD 发动机试验							SH/T 0513
黏度增长(40℃、40h)(%)	不大于	375					SH/T 0783
发动机平均评分(64h)							
发动机油泥平均评分	不小于	9.2					
活塞裙部漆膜平均评分	不小于	9.1					
油环台沉积物平均评分	不小于	4.0					
环黏结		无					
挺杆黏结		无					
擦伤和磨损(64h)							
凸轮或挺杆擦伤		无					
凸轮加挺杆磨损/mm							
平均值	不大于	0.102					
最大值	不大于	0.254					
程序ⅤD 发动机试验							SH/T 0514
发动机油泥平均评分	不小于	9.2					SH/T 0672
活塞裙部漆膜平均评分	不小于	6.4					
发动机漆膜平均评分	不小于	6.3					
机油滤网堵塞(%)	不大于	10.0					
油环堵塞(%)	不大于	10.0					
压缩环黏结		无					
凸轮磨损/mm							
平均值		报告					
最大值		报告					

① 百分数为质量分数。

表19.2-13 SF汽油机油质量指标（摘自GB 11121—2006）

项 目		质量指标					试验方法
黏度等级		5W-30	10W-30	15W-40	30	40	
运动黏度（100℃）/$mm^2 \cdot s^{-1}$		9.3～<12.5	9.3～<12.5	12.5～<16.3	9.3～<12.5	12.5～<16.3	GB/T 265
低温动力黏度/mPa·s	不大于	3500（-25℃）	3500（-20℃）	3500（-15℃）	—	—	GB/T 6538
边界泵送温度/℃	不高于	-30	-25	-20	—	—	GB/T 9171
黏度指数	不小于	—	—	—	75	80	GB/T 1995
闪点（开口）/℃	不低于	200	205	215	220	225	GB/T 3536
倾点/℃	不高于	-35	-30	-23	-15	-10	GB/T 3535
蒸发损失（诺亚克法，250℃、1h）（%）		25	20	18	—	—	SH/T 0059
模拟蒸馏法（371℃馏出量）（%）		20	17	15	—	—	SH/T 0558
泡沫性（泡沫倾向/稳定性）/$mL \cdot mL^{-1}$							GB/T 12579
24℃	不大于	25/0					
93.5℃	不大于	150/0					
后24℃	不大于	25/0					
机械杂质（%）①	不大于	0.01					GB/T 511
水分（体积分数，%）	不大于	痕迹					GB/T 260
酸值/$mgKOH \cdot g^{-1}$		报告					SH/T 0251
硫酸盐灰分（%）①		报告					GB/T 2433
硫（%）①		报告					SH/T 0172
磷（%）①		报告					SH/T 0296
氮（%）①		报告					SH/T 0656
L-38发动机试验							SH/T 0265
轴瓦失重/mg	不大于	40					
剪切安定性							SH/T 0265
100℃运动黏度/$mm^2 \cdot s^{-1}$		在本等级油黏度范围之内（适用于多级油）					GB/T 265
程序Ⅱ D发动机试验							SH/T 0512
发动机锈蚀平均评分	不小于	8.5					
挺杆黏结数		无					
程序Ⅲ D发动机试验（64h）							SH/T 0513 SH/T 0783
黏度增长（40℃）（%）	不大于	375					
发动机平均评分							
发动机油泥平均评分	不小于	9.2					
活塞裙部漆膜平均评分	不小于	9.2					
油环台沉积物平均评分	不小于	4.8					
环黏结		无					
挺杆黏结		无					
擦伤和磨损							
凸轮或挺杆擦伤		无					
凸轮加挺杆磨损/mm							
平均值	不大于	0.102					
最大值	不大于	0.203					
程序ⅤD发动机试验							SH/T 0514 SH/T 0672
发动机油泥平均评分	不小于	9.4					
活塞裙部漆膜平均评分	不小于	6.7					
发动机漆膜平均评分	不小于	6.6					
机油滤网堵塞（%）	不大于	7.5					
油环堵塞（%）	不大于	10.0					
压缩环黏结		无					
凸轮磨损/mm							
平均值	不大于	0.025					
最大值	不大于	0.064					

① 百分数为质量分数。

表 19.2-14　SG 汽油机油质量指标（摘自 GB 11121—2006）

项　目		质量指标					试验方法
		5W-30	10W-30	15W-40	30	40	
运动黏度(100℃)/$mm^2 \cdot s^{-1}$		9.3~<12.5	9.3~<12.5	12.5~<16.3	9.3~<12.5	9.3~<12.5	GB/T 265
低温动力黏度/mPa·s	不大于	6600(-30℃)	7000(-25℃)	7000(-20℃)	—	—	GB/T 6538
低温泵送黏度(在无屈服应力时)/mPa·s	不大于	60000(-35℃)	60000(-30℃)	60000(-25℃)	—	—	GB/T 9171
闪点(开口)/℃	不低于	200	205	215	220	225	GB/T 3536
倾点/℃	不高于	-35	-30	-23	-15	-10	GB/T 3535
高温高剪切黏度(150℃、$10^6 s^{-1}$)/mPa·s	不大于	2.9	2.9	3.7	—	—	SH/T 0618
黏度指数	不小于	—	—	—	75	80	GB/T 1995
蒸发损失(%)①							
诺亚克法(250℃、1h)		25	20	18	—	—	SH/T 0059
模拟蒸馏法(371℃馏出量)		20	17	15	—	—	SH/T 0558
过滤性(%)	不大于	50	50	50	—	—	
泡沫性(泡沫倾向/泡沫稳定性)/$mL \cdot mL^{-1}$							GB/T 12579
24℃	不大于	10/0					
93.5℃	不大于	50/0					
后 24℃	不大于	10/0					
150℃	不大于	报告					
机械杂质(%)①	不大于	0.01					GB/T 511
水分(体积分数,%)	不大于	痕迹					GB/T 260
酸值/$mgKOH \cdot g^{-1}$		报告					SH/T 0251
硫酸盐灰分(%)①		报告					GB/T 2433
硫含量(%)①		报告					GB/T 387
磷含量(%)①		0.12		报告			SH/T 0296
氮含量(%)①		报告					SH/T 0656
L-38 发动机试验							SH/T 0265
轴瓦失重/mg	不大于	40					
活塞裙部漆膜评分	不小于	9.0					
剪切安定性,运转 10h 后的运动黏度		在本等级油黏度范围之内(适用于多级油)					SH/T 0265 GB/T 265
程序Ⅱ D 发动机试验							SH/T 0512
发动机锈蚀平均评分	不小于	8.5					
挺杆黏结数		无					
程序Ⅲ E 发动机试验							SH/T 0758
黏度增长(40℃、375%)/h	不小于	64					
发动机油泥平均评分	不小于	9.2					
活塞裙部漆膜平均评分	不小于	8.9					
油环台沉积物平均评分	不小于	3.5					
环黏结(与油相关)		无					
挺杆黏结		无					
擦伤和磨损(64h)							
凸轮或挺杆擦伤		无					
凸轮加挺杆磨损/mm							
平均值	不大于	0.030					
最大值	不大于	0.064					

（续）

项　目		质量指标					试验方法
		5W-30	10W-30	15W-40	30	40	
程序ⅤE发动机试验							SH/T 0759
发动机油泥平均评分	不小于	9.0					
摇臂罩油泥评分	不小于	7.0					
活塞裙部漆膜平均评分	不小于	6.5					
发动机漆膜平均评分	不小于	5.0					
机油滤网堵塞(%)	不大于	20.0					
油环堵塞(%)		报告					
压缩环黏结(热黏结)		无					
凸轮磨损/mm							
平均值	不大于	0.130					
最大值	不大于	0.380					

① 百分数为质量分数。

表 19.2-15　SH 汽油机油质量指标（摘自 GB 11121—2006）

项　目		质量指标					试验方法
		5W-30	10W-30	15W-40	30	40	
运动黏度(100℃)/$mm^2 \cdot s^{-1}$		9.3～<12.5	9.3～<12.5	9.3～<12.5	9.3～<12.5	12.5～<16.3	GB/T 265
低温动力黏度/mPa·s	不大于	6600 (−30℃)	7000 (−25℃)	7000 (−20℃)	—	—	GB/T 6538
低温泵送黏度/mPa·s	不大于	6000 (−35℃)	6000 (−30℃)	6000 (−25℃)	—	—	GB/T 9171
闪点(开口)/℃	不低于	200	205	215	220	225	GB/T 3536
倾点/℃	不高于	−35	−30	−25	−15	−10	GB/T 3535
高温高剪切黏度(150℃、10^6s^{-1})/mPa·s	不大于	2.9	2.9	3.7	—	—	SH/T 0618
黏度指数	不小于	—	—	—	75	80	GB/T 1995
蒸发损失(%)①							
诺亚克法(250℃、1h)		25	20	18	—	—	SH/T 0059
模拟蒸馏法(371℃馏出量)		20	17	15	—	—	SH/T 0558
泡沫性(泡沫倾向/泡沫稳定性)/$mL \cdot mL^{-1}$							GB/T 12579
24℃	不大于	10/0					
93.5℃	不大于	50/0					
后24℃	不大于	10/0					
150℃		报告					
机械杂质(%)①	不大于	0.01					GB/T 511
水分(体积分数,%)	不大于	痕迹					GB/T 260
酸值/$mgKOH \cdot g^{-1}$		报告					SH/T 0251
硫酸盐灰分(%)①		报告					GB/T 2433
硫含量(%)①		报告					GB/T 387
磷含量(%)①	不大于	0.12		报告			SH/T 0296
氮含量(%)①		报告					SH/T 0656
L-38发动机试验							SH/T 0265
轴瓦失重/mg	不大于	40					
剪切安定性,运转10h后的运动黏度	不小于	在本等级油黏度范围之内（适用于多级油）					SH/T 0265 GB/T 265
或							
程序Ⅷ发动机试验							ASTM D6709
轴瓦失重/mg	不大于	26.4					
剪切安定性,运转10h后的运动黏度		在本等级油黏度范围之内(适用于多级油)					

（续）

项 目		质量指标					试验方法
		5W-30	10W-30	15W-40	30	40	
程序Ⅱ D发动机试验							SH/T 0512
发动机锈蚀平均评分	不小于			8.5			
挺杆黏结数				无			
或							
球锈蚀试验							SH/T 0763
平均灰度值评分	不小于			100			
程序Ⅲ E发动机试验							SH/T 0758
黏度增长(40℃、375%)/h	不小于			64			
发动机油泥平均评分	不小于			9.2			
活塞裙部漆膜平均评分	不小于			8.9			
油环台沉积物平均评分	不小于			3.5			
环黏结(与油相关)				无			
挺杆黏结				无			
擦伤和磨损(64h)							
凸轮或挺杆擦伤				无			
凸轮加挺杆磨损/mm							
平均值	不大于			0.030			
最大值	不大于			0.064			
或							
程序Ⅲ F发动机试验							ASTM D6984
运动黏度增长(40℃、80h)(%)	不大于			325			
活塞裙部漆膜平均评分	不小于			8.5			
活塞沉积物评分	不小于			3.2			
凸轮加挺杆磨损/mm	不大于			0.020			
热黏环				无			
程序ⅤE发动机试验							SH/T 0759
发动机油泥平均评分	不小于			9.0			
摇臂罩油泥评分	不小于			7.0			
活塞裙部漆膜平均评分	不小于			6.5			
发动机漆膜平均评分	不小于			5.0			
机油滤网堵塞(%)	不大于			20.0			
油环堵塞(%)				报告			
压缩环黏结(热黏结)				无			
凸轮磨损/mm							
平均值	不大于			0.127			
最大值	不大于			0.380			
或							
程序Ⅳ A阀系磨损试验							ASTM D6891
平均凸轮磨损/mm	不大于			0.120			
加							
程序Ⅴ G发动机试验							ASTM D6593
发动机油泥平均评分	不小于			7.8			
摇臂罩油泥评分	不小于			8.0			
活塞裙部漆膜平均评分	不小于			7.5			
发动机漆膜平均评分	不大于			8.9			
机油滤网堵塞(%)	不大于			20.0			
压缩环热黏结				无			

① 百分数为质量分数。

表 19.2-16 GF-1汽油机油质量指标（摘自 GB 11121—2006）

项 目		质量指标 5W-30	10W-30	15W-40	30	40	试验方法
运动黏度(100℃)/$mm^2 \cdot s^{-1}$		9.3~<12.5	9.3~<12.5	12.5~<16.3	9.3~<12.5	12.5~<16.3	GB/T 265
黏度指数		—	—	—	75	80	GB/T 1995
高温高剪切黏度(150℃、$10^6 s^{-1}$)/mPa·s	不小于	2.9	2.9	3.7	—	—	SH/T 0618
低温动力黏度/mPa·s	不大于	6600(-30℃)	7000(-25℃)	7000(-20℃)	—	—	GB/T 6538
低温泵送黏度/mPa·s	不大于	60000(-35℃)	60000(-30℃)	60000(-25℃)	—	—	GB/T 9171
闪点(开口)/℃	不低于	200	205	215	220	225	GB/T 3536
倾点/℃	不高于	-35	-30	-25	-15	-10	GB/T 3535
蒸发损失(%)①	不大于						
诺亚克法(250℃、1h)		25	20	20	—	—	SH/T 0059
气相色谱法(371℃馏出量)		20	17	17	—	—	ASTM D6417
泡沫性(泡沫倾向/泡沫稳定性)/$mL \cdot mL^{-1}$							GB/T 12579
24℃	不大于	10/0					
93.5℃	不大于	50/0					
后24℃	不大于	10/0					
150℃	不大于	100/0					SH/T 0722
过滤性(%)	不大于						
EOFT 流量减少		50					ASTM D6795
高温沉淀物/mg	不大于						
TEOST		—					SH/T 0570
TEOST MHT		60					ASTM D7097
凝胶指数	不大于	12					SH/T 0732
均匀性和混溶性		与 SAE 参比油混合均匀					ASTM D7097
机械杂质(%)①	不大于	0.01					GB/T 511
水分(体积分数,%)	不大于	痕迹					GB/T 260
酸值/mg $KOH \cdot g^{-1}$		报告					SH/T 0251
硫酸盐灰分(%)①		报告					GB/T 2433
硫(%)①		报告					SH/T 0172
磷(%)①	不大于	0.1					SH/T 0296
氮(%)①		报告					SH/T 0656
L-38 发动机试验							SH/T 0265
轴瓦失重/mg	不大于	40					
活塞裙部漆膜评分	不小于	9.0					
剪切安定性,运转10h后的运动黏度	不小于	在本等级油黏度范围之内（适用于多级油）					SH/T 0265 GB/T 265
程序Ⅱ D发动机试验							SH/T 0512
发动机锈蚀平均评分	不小于	8.5					
挺杆黏结数		无					
程序Ⅲ E发动机试验							SH/T 0758
黏度增长(40℃、64h)(%)	不大于	375					
发动机油泥平均评分	不小于	9.2					
活塞裙部漆膜平均评分	不小于	8.9					
油环台沉积物平均评分	不小于	3.5					
环黏结(与油相关)		无					
挺杆黏结		无					

（续）

项 目		质量指标					试验方法
		5W-30	10W-30	15W-40	30	40	
擦伤和磨损							
凸轮或挺杆擦伤		无					
凸轮加挺杆磨损/mm							
平均值	不大于	0.030					
最大值	不大于	0.064					
油耗/L	不大于	5.1					
程序ⅤE 发动机试验							SH/T 0759
发动机油泥平均评分	不小于	9.0					
摇臂罩油泥评分	不小于	7.0					
活塞裙部漆膜平均评分	不小于	6.5					
发动机漆膜平均评分	不小于	5.0					
机油滤网堵塞(%)	不大于	20.0					
油环堵塞(%)		报告					
压缩环黏结(热黏结)		无					
凸轮磨损/mm							
平均值	不大于	0.130					
最大值	不大于	0.380					
程序Ⅵ发动机试验							SH/T 0757
燃料经济性改进评价(%)	不小于	2.7					

① 百分数为质量分数。

表 19.2-17 SJ 汽油机油质量指标（摘自 GB 11121—2006）

项 目		质量指标					试验方法
		5W-30	10W-30	15W-40	30	40	
运动黏度(100℃)/$mm^2 \cdot s^{-1}$		9.3~<12.5	9.3~<12.5	12.5~<16.3	9.3~<12.5	12.5~<16.3	GB/T 265
低温动力黏度/mPa·s	不大于	6600 (-30℃)	7000 (-25℃)	7000 (-20℃)	—	—	GB/T 6538
低温泵送黏度/mPa·s	不大于	6000 (-35℃)	6000 (-30℃)	6000 (-25℃)	—	—	GB/T 9171
闪点(开口)/℃	不低于	200	205	215	220	225	GB/T 3536
倾点/℃	不高于	-35	-30	-25	-15	-10	GB/T 3535
高温高剪切黏度(150℃、10^6s^{-1})/mPa·s	不大于	2.9	2.9	3.7	—	—	SH/T 0618
黏度指数	不小于	—	—	—	75	80	GB/T 1995
蒸发损失(%)							
诺亚克法(250℃、1h)		22	22	20	—	—	SH/T 0059
气相色谱法(371℃馏出量)							
方法 2		17	17	15	—	—	SH/T 0695
方法 3		17	17	15	—	—	ASTM D6417
泡沫性(泡沫倾向/泡沫稳定性)/$mL \cdot mL^{-1}$							GB/T 12579
24℃	不大于	10/0					
93.5℃	不大于	50/0					
后 24℃	不大于	10/0					
150℃	不大于	200/50					SH/T 0722
机械杂质(%)①	不大于	0.01					GB/T 511
水分(体积分数,%)	不大于	痕迹					GB/T 260
酸值/mg KOH·g^{-1}		报告					SH/T 0251
硫酸盐灰分(%)①		报告					GB/T 2433
硫(%)①		报告					GB/T 387

（续）

项 目		质量指标					试验方法
		5W-30	10W-30	15W-40	30	40	
磷(%)①	不大于	0.10	0.10	—	—	—	SH/T 0296
氮(%)①		报告					SH/T 0656
过滤性(%)①	不大于						
EOFT 流量减小		50					ASTM D6795
EOWTT 流量减少							ASTM D6794
用0.6%H_2O		报告					
用1.0%H_2O		报告					
用2.0%H_2O		报告					
用3.0%H_2O		报告					
高温沉淀物(TEOST)/mg	不大于	60					SH/T 0750
凝胶指数	不大于	12	12	—	—	—	SH/T 0732
均匀性和混溶性		与SAE参比油混合均匀					ASTM D692
剪切安定性(100℃运动黏度)/$mm^2 \cdot s^{-1}$		在本等级油黏度范围之内					SA/T 0265 GB/T 265
L-38发动机试验							SH/T 0265
轴瓦失重/mg	不大于	40					
剪切安定性,运转10h后的运动黏度		在本等级油黏度范围之内 (适用于多级油)					SH/T 0265 GB/T 265
或							
程序Ⅷ发动机试验							ASTM D6709
轴瓦失重/mg	不大于	26.4					
剪切安定性,运转10h后的运动黏度		在本等级油黏度范围之内(适用于多级油)					
程序ⅡD发动机试验							SH/T 0512
发动机锈蚀平均评分	不小于	8.5					
挺杆黏结数		无					
或							
球锈蚀试验							SH/T 0763
平均灰度值/分	不小于	100					
程序ⅢE发动机试验							SH/T 0758
黏度增长(40℃、375%)/h	不小于	64					
发动机油泥平均评分	不小于	9.2					
活塞裙部漆膜平均评分	不小于	8.9					
油环台沉积物平均评分	不小于	3.5					
环黏结(与油相关)		无					
挺杆黏结		无					
擦伤和磨损(64h)							
凸轮或挺杆擦伤		无					
凸轮加挺杆磨损/mm							
平均值	不大于	0.030					
最大值	不大于	0.064					
或							
程序ⅢF发动机试验							ASTM D6984
运动黏度增长(40℃、60h)(%)	不大于	325					
活塞裙部漆膜平均评分	不小于	8.5					
活塞沉积物评分	不小于	3.2					
凸轮加挺杆磨损/mm	不大于	0.020					
热黏环		无					

（续）

项　　目		质　量　指　标					试验方法
		5W-30	10W-30	15W-40	30	40	
程序ⅤE 发动机试验							SH/T 0759
发动机油泥平均评分	不小于	9.0					
臂罩油泥评分	不小于	7.0					
活塞裙部漆膜平均评分	不小于	6.5					
发动机漆膜平均评分	不小于	5.0					
机油滤网堵塞(%)	不大于	20.0					
油环堵塞(%)		报告					
压缩环黏结(热黏结)		无					
凸轮磨损/mm							
平均值	不大于	0.127					
最大值	不大于	0.380					
或							
程序ⅣA 阀系磨损试验							ASTM D6891
平均凸轮磨损/mm	不大于	0.120					
加							
程序ⅤG 发动机试验							ASTM D6593
发动机油泥平均评分	不小于	7.8					
摇臂罩油泥评分	不小于	8.0					
活塞裙部漆膜平均评分	不小于	7.5					
发动机漆膜平均评分	不小于	8.9					
机油滤网堵塞(%)	不大于	20.0					
压缩环热黏结		无					

① 百分数为质量分数。

表 19.2-18　GF-2 汽油机油质量指标（摘自 GB 11121—2006）

项　　目		质　量　指　标					试验方法
		5W-30	10W-30	15W-40	30	40	
运动黏度(100℃)/$mm^2 \cdot s^{-1}$		9.3~<12.5	9.3~<12.5	12.5~<16.3	9.3~<12.5	12.5~<16.3	GB/T 265
黏度指数		—	—	—	75	80	GB/T 1995
高温高剪切黏度(150℃、10^6s^{-1})/mPa·s	不小于	2.9	2.9	3.7			SH/T 0618
低温动力黏度/mPa·s	不大于	6600(-30℃)	7000(-25℃)	7000(-20℃)			GB/T 6538
低温泵送黏度/mPa·s	不大于	60000(-35℃)	60000(-30℃)	60000(-25℃)			GB/T 9171
闪点(开口)/℃	不低于	200	205	215	220	225	GB/T 3536
倾点/℃	不高于	-35	-30	-25	-15	-10	GB/T 3535
蒸发损失(%)[①]	不大于						
诺亚克法(250℃、1h)		22			—		SH/T 0059
气相色谱法(371℃馏出量)							
方法 2		17			—		SH/T 0695
方法 3		17			—		ASTM D6417
泡沫性(泡沫倾向/泡沫稳定性)/mL·mL^{-1}							GB/T 12579
24℃	不大于	10/0					
93.5℃	不大于	50/0					
后 24℃	不大于	10/0					
150℃	不大于	200/0					SH/T 0722
过滤性(%)	不大于						
EOFT 流量减少		50					ASTM D6795

（续）

项目		质量指标					试验方法
		5W-30	10W-30	15W-40	30	40	
高温沉淀物/(mg)	不大于						
TEOST				—			SH/T 0570
TEOST MHT				60			ASTM D7097
凝胶指数	不大于			12			SH/T 0732
均匀性和混溶性				与SAE参比油混合均匀			ASTM D7097
机械杂质(%)[①]	不大于			0.01			GB/T 511
水分(体积分数,%)	不大于			痕迹			GB/T 260
酸值/mg KOH · g^{-1}				报告			SH/T 0251
硫酸盐灰分(%)[①]				报告			GB/T 2433
硫(%)[①]				报告			SH/T 0172
磷(%)[①]	不大于			0.1			SH/T 0296
氮(%)[①]				报告			SH/T 0656
L-38发动机试验							SH/T 0265
轴瓦失重/mg	不大于			40			
剪切安定性,运转10h后的运动黏度				在本等级油黏度范围之内（适用于多级油）			SH/T 0265 GB/T 265
程序ⅡD发动机试验							SH/T 0512
发动机锈蚀平均评分	不小于			8.5			
挺杆黏结数				无			
程序ⅢE发动机试验							SH/T 0758
黏度增长(40℃、375%)/h	不小于			64			
发动机油泥平均评分	不小于			9.2			
活塞裙部漆膜平均评分	不小于			8.9			
油环台沉积物平均评分	不小于			3.5			
环黏结(与油相关)				无			
凸轮加挺杆磨损/mm							
平均值	不大于			0.030			
最大值	不大于			0.064			
油耗/L	不大于			5.1			
程序VE发动机试验							SH/T 0759
发动机油泥平均评分	不小于			9.0			
摇臂罩油泥评分	不小于			7.0			
活塞裙部漆膜平均评分	不小于			6.5			
发动机漆膜平均评分	不小于			5.0			
机油滤网堵塞(%)	不大于			20.0			
油环堵塞(%)				报告			
压缩环黏结(热黏结)				无			
凸轮磨损/mm							
平均值	不大于			0.127			
最大值	不大于			0.380			
活塞内腔顶部沉积物				报告			
环台沉积物				报告			
气缸筒磨损				报告			
程序ⅥA发动机试验							ASTM D6202
燃料经济性改进评价(%)	不小于						
0W-20和5W-20				1.4			
其他0W-XX和5W-XX				1.1			
10W-XX				0.5			

① 百分数为质量分数。

表 19.2-19 SL 汽油机油质量指标（摘自 GB 11121—2006）

项 目		质量指标					试验方法
		5W-30	10W-30	15W-40	30	40	
运动黏度(100℃)/$mm^2 \cdot s^{-1}$		9.3~<12.5	9.3~<12.5	12.5~<16.3	9.3~<12.5	12.5~<16.3	GB/T 265
黏度指数		—	—	—	75	80	GB/T 1995
高温高剪切黏度(150℃、$10^6 s^{-1}$)/mPa·s	不小于	2.9	2.9	3.7			SH/T 0618
低温动力黏度/mPa·s	不大于	6600(-30℃)	7000(-25℃)	7000(-20℃)			GB/T 6538
低温泵送黏度/mPa·s	不大于	60000(-35℃)	60000(-30℃)	60000(-25℃)			GB/T 9171
闪点(开口)/℃	不低于	200	205	215	220	225	GB/T 3536
倾点/℃	不高于	-35	-30	-25	15	10	GB/T 3535
蒸发损失(%)①	不大于						
诺亚克法(250℃、1h)		15			—		SH/T 0059
气相色谱法(371℃馏出量)		10			—		ASTM D6417
泡沫性(泡沫倾向/泡沫稳定性)/$mL \cdot mL^{-1}$							
24℃	不大于	10/0					GB/T 12579
93.5℃	不大于	50/0					
后 24℃	不大于	10/0					
150℃	不大于	100/0					SH/T 0722
过滤性(%)	不大于						
EOFT 流量减少		50					ASTM D6795
EOWTT 流量减少							ASTM D6794
用 0.6% H_2O		50					
用 1.0% H_2O		50					
用 2.0% H_2O		50					
用 3.0% H_2O		50					
高温沉淀物/mg	不大于						
TEOST MHT		60					ASTM D7097
凝胶指数	不大于	12					SH/T 0732
均匀性和混溶性		与 SAE 参比油混合均匀					ASTM D7097
机械杂质(%)①	不大于	0.01					GB/T 511
水分(体积分数,%)	不大于	痕迹					GB/T 260
酸值/mg $KOH \cdot g^{-1}$		报告					SH/T 0251
硫酸盐灰分(%)①		报告					GB/T 2433
硫(%)①		报告					SH/T 0172
磷(%)①	不大于	0.10					SH/T 0296
氮(%)①		报告					SH/T 0656
程序Ⅷ发动机试验							ASTM D6709
轴瓦失重/mg	不大于	26.4					
剪切安定性,运转 10h 后的运动黏度		在本等级油黏度范围之内(适用于多级油)					
球锈蚀试验							SH/T 0763
平均灰度值/分	不小于	100					
程序Ⅲ F 发动机试验							ASTM D6984
运动黏度增长(40℃、80h)(%)	不大于	275					
活塞裙部漆膜平均评分	不小于	9.0					
活塞沉积物评分	不小于	4.0					
凸轮加挺杆磨损/mm	不大于	0.020					
热黏环		无					
低温黏度性能		报告					GB/T 6538 SH/T 0562

（续）

项 目		质量指标					试验方法
		5W-30	10W-30	15W-40	30	40	
程序ⅤE发动机试验							SH/T 0759
平均凸轮磨损/mm	不大于	0.127					
最大凸轮磨损/mm	不大于	0.380					
程序ⅣA阀系磨损试验							ASTM D6891
平均凸轮磨损/mm	不大于	0.120					
程序ⅤG发动机试验							ASTM D6593
发动机油泥平均评分	不小于	7.8					
摇臂罩油泥评分	不小于	8.0					
活塞裙部漆膜平均评分	不小于	7.5					
发动机漆膜平均评分	不小于	8.9					
机油滤网堵塞(%)	不大于	20.0					
压缩环热黏结		无					
环的冷黏结		报告					
机油滤网残渣(%)		报告					
油环堵塞(%)		报告					

① 百分数为质量分数。

表 19.2-20 GF-3汽油机油质量指标（摘自 GB 11121—2006）

项 目		质量指标					试验方法
		5W-30	10W-30	15W-40	30	40	
运动黏度(100℃)/$mm^2 \cdot s^{-1}$		9.3~<12.5	9.3~<12.5	12.5~<16.3	9.3~<12.5	12.5~<16.3	GB/T 265
黏度指数		—	—	—	75	80	GB/T 1995
高温高剪切黏度(150℃、$10^6 s^{-1}$)/mPa·s	不小于	2.9	2.9	3.7			SH/T 0618
低温动力黏度/mPa·s	不大于	6600 (-30℃)	7000 (-25℃)	7000 (-20℃)	—	—	GB/T 6538
低温泵送黏度/mPa·s	不大于	60000 (-35℃)	60000 (-30℃)	60000 (-25℃)	—	—	GB/T 9171
闪点(开口)/℃	不低于	200	205	215	220	225	GB/T 3536
倾点/℃	不高于	-35	-30	-25	15	10	GB/T 3535
蒸发损失(%)①	不大于						
诺亚克法(250℃、1h)		15			—		SH/T 0059
气相色谱法(371℃馏出量)		10			—		ASTM D6417
泡沫性(泡沫倾向/泡沫稳定性)/$mL \cdot mL^{-1}$							GB/T 12579
24℃	不大于	10/0					
93.5℃	不大于	50/0					
后24℃	不大于	10/0					
150℃	不大于	100/0					SH/T 0722
过滤性(%)	不大于						
EOFT流量减少		50					ASTM D6795
EOWTT流量减少							ASTM D6794
用0.6%H_2O		50					
用1.0%H_2O		50					
用2.0%H_2O		50					
用3.0%H_2O		50					
高温沉淀物/mg	不大于						
TEOST MHT		60					ASTM D7097

（续）

项 目		质量指标					试验方法
		5W-30	10W-30	15W-40	30	40	
凝胶指数	不大于	12					SH/T 0732
均匀性和混溶性		与SAE参比油混合均匀					ASTM D7097
机械杂质(%)[①]	不大于	0.01					GB/T 511
水分(体积分数,%)	不大于	痕迹					GB/T 260
酸值/mg KOH·g^{-1}		报告					SH/T 0251
硫酸盐灰分(%)[①]		报告					GB/T 2433
硫(%)[①]		报告					SH/T 0172
磷(%)[①]	不大于	0.10					SH/T 0296
氮(%)[①]		报告					SH/T 0656
程序Ⅷ发动机试验							ASTM D6709
轴瓦失重/mg	不大于	26.4					
剪切安定性,运转10h后的运动黏度		在本等级油黏度范围之内(适用于多级油)					
球锈蚀试验							SH/T 0763
平均灰度值/分	不小于	100					
程序ⅢF发动机试验							ASTM D6984
运动黏度增长(40℃、80h)(%)	不大于	275					
活塞裙部漆膜平均评分	不小于	9.0					
活塞沉积物评分	不小于	4.0					
凸轮加挺杆磨损/mm	不大于	0.020					
热黏环		不允许					
油耗/L	不大于	5.2					
低温黏度性能		报告					GB/T 6538 SH/T 0562
程序ⅤE发动机试验							SH/T 0759
平均凸轮磨损/mm	不大于	0.127					
最大凸轮磨损/mm	不大于	0.380					
程序ⅣA阀系磨损试验							ASTM D6891
平均凸轮磨损/mm	不大于	0.120					
程序ⅤG发动机试验							ASTM D6593
发动机油泥平均评分	不小于	7.8					
摇臂罩油泥评分	不小于	8.0					
活塞裙部漆膜平均评分	不小于	7.5					
发动机漆膜平均评分	不小于	8.9					
机油滤网堵塞(%)	不小于	20.0					
压缩环热黏结		无					
环的冷黏结		报告					
机油滤网残渣(%)		报告					
油环堵塞(%)		报告					

项 目		0W-20 5W-20	0W-30 5W-30	10W-30 和其他多级油	试验方法
程序ⅥB发动机试验					ASTM D6837
16h老化后燃料经济性改进评价					
FFI 1(%)	不小于	2.0	1.6	0.9	
96h老化后燃料经济性改进评价					
FFI 2(%)	不小于	1.7	1.3	0.6	
FEI 1+FEI 2(%)	不小于	—	3.0	1.6	

① 百分数为质量分数。

表 19.2-21 CC 柴油机油质量指标（摘自 GB 11122—2006）

项目		质量指标						试验方法
		5W-30	10W-30	15W-40	20W-40	30	40	
运动黏度(100℃)/$mm^2 \cdot s^{-1}$		9.3~<12.5	9.3~<12.5	12.5~<16.3	12.5~<16.3	9.3~<12.5	12.5~<16.3	GB/T 265
低温动力黏度/mPa·s	不大于	3500 (-25℃)	3500 (-20℃)	3500 (-15℃)	4500 (-10℃)	—	—	GB/T 6538
边界泵送温度	不高于	-30	-25	-20	-15	—	—	GB/T 9171
黏度指数	不小于	—	—	—	—	75	80	GB/T 1995
闪点(开口)/℃	不低于	200	205	215	215	220	225	GB/T 3536
倾点/℃	不高于	-35	-30	-23	-18	-15	-10	GB/T 3535
高温高剪切黏度(150℃、10^6s^{-1})/mPa·s	不小于	2.9	2.9	3.7	3.7	—	—	SH/T 0618
水分(体积分数,%)	不大于	痕迹						GB/T 260
机械杂质(%)①	不大于	0.01						GB/T 511
泡沫性(泡沫倾向/泡沫稳定性)/$mL \cdot mL^{-1}$								GB/T 12579
24℃	不大于	25/0						
93.5℃	不大于	150/0						
后24℃	不大于	25/0						
酸值/mg KOH·g^{-1}		报告						GB/T 264
硫酸盐灰分(%)①		报告						GB/T 2433
硫(%)①		报告						GB/T 387
磷(%)①		报告						SH/T 0296
氮(%)①		报告						SH/T 0656
L-38发动机试验								SH/T 0265
轴瓦失重/mg	不大于	50						
活塞裙部漆膜评分	不小于	9.0						
剪切安定性		在本等级油黏度范围之内						SH/T 0265
100℃运动黏度/$mm^2 \cdot s^{-1}$		(适用于多级油)						GB/T 265
高温清净性和抗磨试验(开特皮勒1H2法)								GB/T 9932
顶环槽积炭填充体积(体积分数,%)	不大于	45						
总缺点加权评分	不大于	140						
活塞环侧间隙损失/mm	不大于	0.013						

① 百分数为质量分数。

表 19.2-22 CD 柴油机油质量指标（摘自 GB 11122—2006）

项目		质量指标						试验方法
		5W-30	10W-30	15W-40	20W-40	30	40	
运动黏度(100℃)/$mm^2 \cdot s^{-1}$		9.3~<12.5	9.3~<12.5	12.5~<16.3	12.5~<16.3	9.3~<12.5	12.5~<16.3	GB/T 265
低温动力黏度/mPa·s	不大于	3500 (-25℃)	3500 (-20℃)	3500 (-15℃)	4500 (-10℃)	—	—	GB/T 6538
边界泵送温度/℃	不高于	-30	-25	-20	-15	—	—	GB/T 9171
黏度指数	不小于	—	—	—	—	75	80	GB/T 1995
闪点(开口)/℃	不低于	200	205	215	215	220	225	GB/T 3536
倾点/℃	不高于	-35	-30	-23	-18	-15	-10	GB/T 3535
高温高剪切黏度(150℃、10^6s^{-1})/mPa·s	不小于	2.9	2.9	3.7	3.7	—	—	SH/T 0618
水分(体积分数,%)	不大于	痕迹						GB/T 260
机械杂质(%)①	不大于	0.01						GB/T 511

（续）

项　　目		质量指标						试验方法
		5W-30	10W-30	15W-40	20W-40	30	40	
泡沫性（泡沫倾向/泡沫稳定性）/mL·mL^{-1}								GB/T 12579
24℃	不大于	25/0						
93℃	不大于	150/0						
后 24℃	不大于	25/0						
酸值/mg KOH·g^{-1}		报告						GB/T 264
硫酸盐灰分（%）①		报告						GB/T 2433
硫（%）①		报告						GB/T 387
磷（%）①		报告						SH/T 0296
氮（%）①		报告						SH/T 0656
L-38 发动机试验								SH/T 0265
轴瓦失重/mg	不大于	50						
活塞裙部漆膜评分	不小于	9.0						
剪切安定性		在本等级油黏度范围之内						SH/T 0265
100℃运动黏度/mm^2·s^{-1}		（适用于多级油）						GB/T 265
高温清净性和抗磨试验（开特皮勒 1G2 法）								GB/T 9933
顶环槽积炭填充体积（体积分数，%）	不大于	80						
总缺点加权评分	不大于	300						
活塞环侧间隙损失/mm	不大于	0.013						

① 百分数为质量分数。

表 19.2-23　CF 柴油机油质量指标（摘自 GB 11122—2006）

项　　目		质量指标						试验方法
		5W-30	10W-30	15W-40	20W-40	30	40	
运动黏度（100℃）/mm^2·s^{-1}		9.3～<12.5	9.3～<12.5	12.5～<16.3	12.5～<16.3	9.3～<12.5	12.5～<16.3	GB/T 265
低温动力黏度/mPa·s	不大于	6600（-30℃）	7000（-25℃）	7000（-20℃）	9500（-15℃）	—	—	GB/T 6538
低温泵送黏度/mPa·s	不大于	60000（-35℃）	60000（-30℃）	60000（-25℃）	60000（-20℃）	—	—	SH/T 0562
黏度指数	不小于	—	—	—	—	75	80	GB/T 1995
闪点（开口）/℃	不低于	200	205	215	215	220	225	GB/T 3536
倾点/℃	不高于	-35	-30	-25	-20	-15	-10	GB/T 3535
高温高剪切黏度（150℃，10^6s^{-1}）/mPa·s	不小于	2.9	2.9	3.7	3.7	—	—	
水分（体积分数，%）	不大于	痕迹						GB/T 260
机械杂质（%）	不大于	0.01						GB/T 511
泡沫性（泡沫倾向/泡沫稳定性）/mL·mL^{-1}								GB/T 12579
24℃	不大于	20/0						
93℃	不大于	50/0						
后 24℃	不大于	20/0						
酸值/mg KOH·g^{-1}		报告						GB/T 264
硫酸盐灰分（%）①		报告						GB/T 2433
硫（%）①		报告						GB/T 387
磷（%）①		报告						SH/T 0296
氮（%）①		报告						SH/T 0656
L-38 发动机试验		一次试验		二次试验平均		三次试验平均		SH/T 0265
轴瓦失重/mg	不大于	43.7		48.1		50.0		
剪切安定性		在本等级油黏度范围之内						SH/T 0265
100℃运动黏度/mm^2·s^{-1}		（适用于多级油）						GB/T 265

（续）

项　目		质量指标						试验方法
		5W-30	10W-30	15W-40	20W-40	30	40	
或								
程序Ⅷ发动机试验								ASTM D6709
轴瓦失重/mg	不大于	29.3		31.9		33.0		
剪切安定性 100℃运动黏度/$mm^2 \cdot s^{-1}$		在本等级油黏度范围之内 （适用于多级油）						
开特皮勒1M-PC试验		二次试验平均		三次试验平均		四次试验平均		ASTM D6618
总缺点加权评分(WTD)	不大于	240		MTAC		MTAC		
顶环槽充炭率(TGF)(体积分数,%)	不大于	70						
活塞环侧间隙损失/mm	不大于	0.013						
活塞环黏结		无						
活塞、环和缸套擦伤		无						

① 百分数为质量分数。

表 19.2-24　CF-4柴油机油质量指标（摘自 GB 11122—2006）

项　目		质量指标						试验方法
		5W-30	10W-30	15W-40	20W-40	30	40	
运动黏度 100℃/$mm^2 \cdot s^{-1}$		9.3～<12.5	9.3～<12.5	12.5～<16.3	12.5～<16.3	9.3～<12.5	12.5～<16.3	GB/T 265
低温动力黏度/mPa·s	不大于	6600 (-30℃)	7000 (-25℃)	7000 (-20℃)	9500 (-15℃)	—	—	GB/T 6538
低温泵送黏度/mPa·s	不大于	60000 (-35℃)	60000 (-30℃)	60000 (-25℃)	60000 (-20℃)	—	—	SH/T 0562
黏度指数	不小于	—	—	—	—	75	80	GB/T 1995
闪点(开口)/℃	不低于	200	205	215	215	220	225	GB/T 3536
倾点/℃	不高于	-35	-30	-25	-20	-15	-10	GB/T 3535
高温高剪切黏度(150℃,$10^6 s^{-1}$)/mPa·s	不小于	2.9	2.9	3.7	3.7	—	—	
水分(体积分数,%)	不大于	痕迹						GB/T 260
机械杂质(%)	不大于	0.01						GB/T 511
泡沫性(泡沫倾向/泡沫稳定性)/$mL \cdot mL^{-1}$								GB/T 12579
24℃	不大于	20/0						
93℃	不大于	50/0						
后24℃	不大于	20/0						
酸值/mg KOH·g^{-1}		报告						GB/T 264
硫酸盐灰分(%)		报告						GB/T 2433
硫(%)		报告						GB/T 387
磷(%)		报告						SH/T 0296
氮(%)		报告						SH/T 0656
L-38发动机试验								SH/T 0265
轴瓦失重/mg	不大于	50						
剪切安定性 100℃运动黏度/$mm^2 \cdot s^{-1}$		在本等级油黏度范围之内 （适用于多级油）						SH/T 0265 GB/T 265
或								
程序Ⅷ发动机试验								ASTM D6709
轴瓦失重/mg	不大于	33.0						
剪切安定性 100℃运动黏度/$mm^2 \cdot s^{-1}$		在本等级油黏度范围之内 （适用于多级油）						

（续）

项 目		质量指标						试验方法
		5W-30	10W-30	15W-40	20W-40	30	40	
开特皮勒 1K 试验		二次试验平均		三次试验平均		四次试验平均		SH/T 0782
缺点加权评分(WDK)	不大于	332		339		342		
顶环槽充炭率(TGF)(体积分数,%)	不大于	24		26		27		
顶环台重炭率(TLHC)(%)	不大于	4		4		5		
平均油耗(0~252h)/[g/(kW·h)]	不大于	0.5		0.5		0.5		
最终油耗(228~252h)/[g/(kW·h)]	不大于	0.27		0.27		0.27		
活塞环黏结		无		无		无		
活塞环和缸套擦伤		无		无		无		
MackT-6 试验 优点评分	不小于	90						ASTM RR: D-2-1219
或								或
MackT-9 试验 平均顶环失重/mg	不大于	150						SH/T 0761
缸套磨损/mm	不大于	0.040						
MackT-7 试验 后 50h 运动黏度平均增长率(100℃)/$mm^2 \cdot (s \cdot h)^{-1}$	不大于	0.040						ASTM RR: D-2-1220
或								或
MackT-8 试验(T-8A) 100~150h 运动黏度平均增长率(100℃)/$mm^2 \cdot (s \cdot h)^{-1}$	不大于	0.20						SH/T 0760
腐蚀试验								SH/T 0723
铜浓度增加/(mg/kg)	不大于	20						
铅浓度增加/(mg/kg)	不大于	60						
锡浓度增加/(mg/kg)		报告						
铜片腐蚀/级	不大于	3						GB/T 5096

注：百分数为质量分数。

表 19.2-25 CH-4 柴油机油质量指标（摘自 GB 11122—2006）

项 目		质量指标						试验方法
		5W-30	10W-30	15W-40	20W-40	30	40	
运动黏度(100℃)/$mm^2 \cdot s^{-1}$		9.3~<12.5	9.3~<12.5	12.5~<16.3	12.5~<16.3	9.3~<12.5	12.5~<16.3	GB/T 265
低温动力黏度/mPa·s	不大于	6600(-30℃)	7000(-25℃)	7000(-20℃)	9500(-15℃)	—	—	GB/T 6538
低温泵送黏度/mPa·s	不大于	60000(-35℃)	60000(-30℃)	60000(-25℃)	60000(-20℃)	—	—	SH/T 0562
黏度指数	不小于	—	—	—	—	75	80	GB/T 1995
闪点(开口)/℃	不低于	200	205	215	215	220	225	GB/T 3536
倾点/℃	不高于	-35	-30	-25	-20	-15	-10	GB/T 3535
高温高剪切黏度(150℃,$10^6 s^{-1}$)/mPa·s	不小于	2.9	2.9	3.7	3.7	—	—	
水分(体积分数,%)	不大于	痕迹						GB/T 260
机械杂质(%)①	不大于	0.01						GB/T 511
泡沫性(泡沫倾向/泡沫稳定性)/$mL \cdot mL^{-1}$								GB/T 12579
24℃	不大于	10/0						
93℃	不大于	20/0						
后 24℃	不大于	10/0						

（续）

项 目		质量指标						试验方法
		5W-30	10W-30	15W-40	20W-40	30	40	
蒸发损失(%)①	不大于							
诺亚克法(250℃,1h)		—	20	18		—		SH/T 0059
气相色谱法(371℃馏出量)		—	17	15		—		ASTM D6417
酸值/mg KOH·g^{-1}		报告						GB/T 264
硫酸盐灰分(%)①		报告						GB/T 2433
硫(%)①		报告						GB/T 387
磷(%)①		报告						SH/T 0296
氮(%)①		报告						SH/T 0656
柴油喷嘴剪切试验		XW-30			XW-40			ASTM D6278
剪切后的100℃运动黏度/$mm^2·s^{-1}$	不小于	9.3			12.5			GB/T 265
开特皮勒1K试验		一次试验		二次试验平均		三次试验平均		SH/T 0782
缺点加权评分(WDK)	不大于	332		347		353		
顶环槽充炭率(TGF)(体积分数,%)	不大于	24		27		29		
顶环台重炭率(TLHC)(%)	不大于	4		5		5		
油耗(0~252h)/[g/(kW·h)]	不大于	0.5		0.5		0.5		
活塞、环和缸套擦伤		无		无		无		
开特皮勒1P试验		一次试验		二次试验平均		三次试验平均		ASTM D6681
缺点加权评分(WDP)	不大于	350		378		390		
顶环槽炭(TGC)缺点评分	不大于	36		39		41		
顶环台炭(TLC)缺点评分	不大于	40		46		49		
平均油耗(0~360h)/g·h^{-1}	不大于	12.4		12.4		12.4		
最终油耗(312~360h)/g·h^{-1}	不大于	14.6		14.6		14.6		
活塞、环和缸套擦伤		无		无		无		
MackT-9试验		一次试验		二次试验平均		三次试验平均		SH/T 0761
修正到1.75%烟炱量的平均缸套磨损/mm	不大于	0.0254		0.0266		0.0271		
平均顶环失重/mg	不大于	120		136		144		
用过油铅变化量/mg·kg^{-1}	不大于	25		32		36		
MackT-8试验(T-8E)		一次试验		二次试验平均		三次试验平均		SH/T 0760
4.8%烟炱量的相对黏度(RV)	不大于	2.1		2.2		2.3		
3.8%烟炱量的黏度增长/$mm^2·s^{-1}$	不大于	11.5		12.5		13.0		
滚轮随动件磨损试验(RFWT)		一次试验		二次试验平均		三次试验平均		ASTM D5966
滚压滚轮挺杆销平均磨损/mm	不大于	0.0076		0.0084		0.0091		
康明斯M11(HST)试验		一次试验		二次试验平均		三次试验平均		ASTM D6838
修正到4.5%烟炱量的摇臂垫平均失重/mg	不大于	6.5		7.5		8.0		
机油滤清器压差/kPa	不大于	79		93		100		
平均发动机油泥,CRC优点评分	不小于	8.7		8.6		8.5		
程序ⅢE发动机试验		一次试验		二次试验平均		三次试验平均		SH/T 0758
黏度增长(40℃、64h)(%)	不大于	200		200(MTAC)		200(MTAC)		
或								
程序ⅢF发动机试验								ASTM D6984
黏度增长(40℃、60h)(%)	不大于	295		295(MTAC)		295(MTAC)		
发动机油充气试验		一次试验		二次试验平均		三次试验平均		ASTM D6894
空气卷入(体积分数,%)	不大于	8.0		8.0(MTAC)		8.0(MTAC)		
高温腐蚀试验								SH/T 0754
试后油铜浓度增加/mg·kg^{-1}	不大于	20						
试后油铅浓度增加/mg·kg^{-1}	不大于	120						
试后油锡浓度增加/mg·kg^{-1}	不大于	50						
试后油铜片腐蚀/级	不大于	3						GB/T 5096

① 百分数为质量分数。

表 19.2-26 CI-4 柴油机油质量指标（摘自 GB 11122—2006）

项目		质量指标						试验方法
		5W-30	10W-30	15W-40	20W-40	30	40	
运动黏度(100℃)/$mm^2 \cdot s^{-1}$		9.3~<12.5	9.3~<12.5	12.5~<16.3	12.5~<16.3	9.3~<12.5	12.5~<16.3	GB/T 265
低温动力黏度/mPa·s	不大于	6600(-30℃)	7000(-25℃)	7000(-20℃)	9500(-15℃)	—	—	GB/T 6538
低温泵送黏度/mPa·s	不大于	60000(-35℃)	60000(-30℃)	60000(-25℃)	60000(-20℃)	—	—	SH/T 0562
黏度指数	不小于	—	—	—	—	75	80	GB/T 1995
闪点(开口)/℃	不低于	200	205	215	215	220	225	GB/T 3536
倾点/℃	不大于	-35	-30	-25	-20	-15	-10	GB/T 3535
高温高剪切黏度(150℃,10^6s^{-1})/mPa·s	不小于	2.9	2.9	3.7	3.7	—	—	
水分(体积分数,%)	不大于	痕迹						GB/T 260
机械杂质(%)①	不大于	0.01						GB/T 511
泡沫性(泡沫倾向/泡沫稳定性)/$mL \cdot mL^{-1}$								GB/T 12579
24℃	不大于	10/0						
93℃	不大于	20/0						
后 24℃	不大于	10/0						
蒸发损失(诺亚克法,250℃,1h)(%)①	不大于	15						SH/T 0059
酸值/mg KOH·g^{-1}		报告						GB/T 264
硫酸盐灰分(%)①		报告						GB/T 2433
硫(%)①		报告						GB/T 387
磷(%)①		报告						SH/T 0296
氮(%)①		报告						SH/T 0656
柴油喷嘴剪切试验		XW-30			XW-40			ASTM D6278
剪切后的 100℃运动黏度/$mm^2 \cdot s^{-1}$	不小于	9.3			12.5			GB/T 265
开特皮勒 1K 试验		一次试验		二次试验平均		三次试验平均		SH/T 0782
缺点加权评分(WDK)	不大于	332		347		353		
顶环槽充炭率(TGF)(体积分数,%)	不大于	24		27		29		
顶环台重炭率(TLHC)(%)	不大于	4		5		5		
平均油耗(0~252h)/g·$(kW \cdot h)^{-1}$	不大于	0.5		0.5		0.5		
活塞、环和缸套擦伤		无		无		无		
开特皮勒 1R 试验		一次试验		二次试验平均		三次试验平均		ASTM D6923
缺点加权评分(WDR)	不大于	382		396		402		
顶环槽炭(TGC)缺点评分	不大于	52		57		59		
顶环台炭(TLC)缺点评分	不大于	31		35		36		
最初油耗(IOC)(0~252h)/g·h^{-1} 平均值	不大于	13.1		13.1		13.1		
最终油耗(432~504h)/g·h^{-1}平均值	不大于	IOC+1.8		IOC+1.8		IOC+1.8		
活塞、环和缸套擦伤		无		无		无		
环黏结		无		无		无		
MackT-10 试验		一次试验		二次试验平均		三次试验平均		ASTM D6987
优点评分	不小于	1000		1000		1000		
MackT-8 试验(T-8E)		一次试验		二次试验平均		三次试验平均		SH/T 0760
4.8%烟炱量的相对黏度(RV)	不大于	1.8		1.9		2.0		
滚轮随动件磨损试验(RFWT)		一次试验		二次试验平均		三次试验平均		ASTM D5966
滚压滚轮挺杆销平均磨损/mm	不大于	0.0076		0.0084		0.0091		

（续）

项 目		质量指标						试验方法
		5W-30	10W-30	15W-40	20W-40	30	40	
康明斯M11(EGR)试验		一次试验		二次试验平均		三次试验平均		ASTM D6975
气门搭桥平均失重/mg	不大于	20.0		21.8		22.6		
顶环平均失重/mg	不大于	175		186		191		
机油滤清器压差(250h)/kPa	不大于	275		320		341		
平均发动机油泥(CRC优点评分)	不小于	7.8		7.6		7.5		
程序ⅢF发动机试验		一次试验		二次试验平均		三次试验平均		ASTM D6984
黏度增长(40℃、80h)(%)	不大于	275		275(MTAC)		275(MTAC)		
发动机油充气试验		一次试验		二次试验平均		三次试验平均		ASTM D6894
空气卷入(体积分数,%)	不大于	8.0		8.0(MTAC)		8.0(MTAC)		
高温腐蚀试验		0W、5W、10W、15W						SH/T 0754
试后油铜浓度增加/mg·kg^{-1}	不大于	20						
试后油铅浓度增加/mg·kg^{-1}	不大于	120						
试后油锡浓度增加/mg·kg^{-1}	不大于	50						
试后油铜片腐蚀/级	不大于	3						GB/T 5096
低温泵送黏度		0W、5W、10W、15W						SH/T 0562
(Mack T-10或Mack T-10A试验,75h后试验油,-20℃)/mPa·s	不大于	25000						
如检测到屈服应力								ASTM D6896
低温泵送黏度/mPa·s	不大于	25000						
屈服应力/Pa	不大于	35(不含35)						
橡胶相容性								ASTM D11.15
体积变化(%)								
丁腈橡胶		+5/-3						
硅橡胶		+TMC 1006/-3						
聚丙烯酸酯		+5/-3						
氟橡胶		+5/-2						
硬度限值								
丁腈橡胶		+7/-5						
硅橡胶		+5/-TMC 1006						
聚丙烯酸酯		+8/-5						
氟橡胶		+7/-5						
拉伸强度(%)								
丁腈橡胶		+10/-TMC 1006						
硅橡胶		+10/-45						
聚丙烯酸酯		+18/-15						
氟橡胶		+10/-TMC 1006						
延伸率(%)								
丁腈橡胶		+10/-TMC 1006						
硅橡胶		+20/-30						
聚丙烯酸酯		+10/-35						
氟橡胶		+10/-TMC 1006						

① 百分数为质量分数。

表 19.2-27 农用柴油机油质量指标（摘自 GB 20419—2006）

项 目		质量指标						试验方法
		10W-30	15W-30	15W-40	30	40	50	
运动黏度(100℃)/mm^2·s^{-1}		9.3~<12.5	9.3~<12.5	12.5~<16.3	9.3~<12.5	12.5~<16.3	17.0~<21.9	GB/T 265
黏度指数	不小于	—			60			GB/T 1995 GB/T 2541

（续）

项　目		质量指标						试验方法
		10W-30	15W-30	15W-40	30	40	50	
闪点(开口)/℃	不低于	195	200	205	210	215	220	GB/T 3536
倾点/℃	不高于	-30	-23	-23	-12	-3	0	GB/T 3535
低温动力黏度/mPa·s	不大于	3500 (-20℃)	3500 (-15℃)	3500 (-15℃)	—	—	—	GB/T 6538
铜片腐蚀/级	不大于	1						GB/T 5096
机械杂质(%)①	不大于	0.01						GB/T 511
水分(体积分数,%)	不大于	痕迹						GB/T 260
泡沫性(泡沫倾向/泡沫稳定性)/$mL \cdot mL^{-1}$								GB/T 12579
24℃	不大于	25/0						
93.5℃	不大于	150/0						
后 24℃	不大于	25/0						
磷(%)①	不小于	0.04						GB/T 17476 SH/T 0296 SH/T 0631 SH/T 0749
酸值/$mg\ KOH \cdot g^{-1}$	不小于	2.0						SH/T 0251
抗磨性(四球机试验) 磨斑直径(392N,60min,75℃,1200r/min)/mm	不大于	0.55						SH/T 0189

① 百分数为质量分数。

表 19.2-28　二冲程汽油机油分类（摘自 GB/T 7631.17—2014）

一般应用	特殊应用	更具体应用	组成和特性	符号 L	典型应用
内燃式发动机	火花点燃式汽油机	二冲程汽油机	由润滑油基础油和清净剂、分散剂及抑制剂组成,具有润滑性和清净性	EGB	用于对防止排气系统沉积物的形成及降低排烟水平无要求的一般性能发动机
			由润滑油基础油和清净剂、分散剂及抑制剂组成,具有润滑性和较高的清净性。加入的合成液可减少排烟并抑制引起动力降低的排气系统沉积物	EGC	用于对防止排气系统沉积物的形成有要求的一般性能发动机,这种发动机可通过降低排烟水平而获益
			由润滑油基础油和清净剂、分散剂及抑制剂组成,具有润滑性和更高的清净性。加入的合成液可减少排烟并抑制引起动力降低的排气系统沉积物。良好的清净性可防止在苛刻条件下活塞环的黏结	EGD	用于对防止排气系统沉积物的形成有要求的一般性能发动机,这种发动机可通过降低排烟水平而获益。这些发动机也可从使用具有更高清净性的润滑剂中受益

表 19.2-29　EGB 二冲程汽油机油质量指标（摘自 GB/T 20420—2006）

项　目		质量指标①	试验方法	项　目		质量指标①	试验方法
运动黏度（100℃）/$mm^2 \cdot s^{-1}$	不小于	6.5	GB/T 265	台架评定试验			
				润滑性指数	不小于	95	SH/T 0668
闪点（闭口）/℃	不低于	70	GB/T 261	初始扭矩指数	不小于	98	SH/T 0668
机械杂质（%）②	不大于	0.01	GB/T 511	清净性指数	不小于	85	SH/T 0667
水分（体积分数,%）	不大于	痕迹	GB/T 260	裙部漆膜指数	不小于	85	SH/T 0667
倾点/℃	不大于	-20	GB/T 3535	排烟指数	不小于	45	SH/T 0646
硫酸盐灰分（%）②	不大于	0.18	GB/T 2433	堵塞指数	不小于	45	SH/T 0669

① 每个数值代表一个指数，把参比油 JATRE-1 的性能指标定为 100，后同。

② 百分数为质量分数。

表19.2-30 EGC二冲程汽油机油质量指标（摘自GB/T 20420—2006）

项目		质量指标	试验方法	项目		质量指标	试验方法
运动黏度(100℃)/$mm^2 \cdot s^{-1}$	不小于	6.5	GB/T 265	台架评定试验			
				润滑性指数	不小于	95	SH/T 0668
闪点(闭口)/℃	不低于	70	GB/T 261	初始扭矩指数	不小于	98	SH/T 0668
沉淀物(%)①	不大于	0.01	GB/T 6531	清净性指数	不小于	95	SH/T 0667
水分(体积分数,%)	不大于	痕迹	GB/T 260	裙部漆膜指数	不小于	90	SH/T 0667
				排烟指数	不小于	85	SH/T 0646
硫酸盐灰分(%)①	不大于	0.18	GB/T 2433	堵塞指数	不小于	90	SH/T 0669

① 百分数为质量分数。

表19.2-31 EGD二冲程汽油机油质量指标（摘自GB/T 20420—2006）

项目		质量指标	试验方法	项目		质量指标	试验方法
运动黏度(100℃)/$mm^2 \cdot s^{-1}$	不小于	6.5	GB/T 256	润滑性指数	不小于	95	SH/T 0668
闪点(闭口)/℃	不低于	70	GB/T 3536	初始扭矩指数	不小于	98	SH/T 0668
倾点/℃	不大于	20	GB/T 3535	清净性指数	不小于	125	SH/T 0710
水分(体积分数,%)	不大于	痕迹	GB/T 260	活塞裙部漆膜指数	不小于	95	SH/T 0710
机械杂质(%)①	不大于	0.01	GB/T 6531	排烟指数	不小于	85	SH/T 0646
硫酸盐灰分(%)①	不大于	0.18	GB/T 2433	排烟系统堵塞指数	不小于	90	SH/T 0669

① 百分数为质量分数。

3.2 齿轮油

齿轮齿面的接触应力非常高，一些载重机械的减速器齿轮的齿面接触应力可达400~1000MPa，而双曲线齿轮的齿面接触应力可达1000~4000MPa。在高应力条件下，边界润滑实质上处在极压状态。为防止油膜破坏，在齿轮油中要加入极压抗磨剂，以便在苛刻运行条件下，极压抗磨剂中的活性元素与金属反应生成低熔、高塑性薄膜，保证齿面间的正常润滑。

3.2.1 按油温、环境温度及齿轮负载的分类（见表19.2-32、表19.2-33）

表19.2-32 按油温、环境温度的分类 （℃）

温度分类	温度
更低温	≤-34
低 温	>-34~-16
正常温度	>-16~70
中等温度	>70~100
高 温	>100~120
更高温	>120

表19.2-33 按齿轮负载分类

负载分类	齿面接触应力/MPa	v_g/v	说明
轻载	<500	<0.3	当齿轮工作条件为齿面接触应力小于500MPa，且齿轮表面最大滑动速度v_g与节圆线速度v之比小于1/3时，这样的负载称为轻载
重载	≥500	≥0.3	当齿轮工作条件为齿面接触应力大于或等于500MPa，且齿轮表面最大滑动速度v_g与节圆线速度v之比大于或等于1/3时，这样的负载称为重载

注：v_g为齿轮表面最大滑动速度；v为齿轮节圆线速度。

3.2.2 齿轮油应具备的主要性能

（1）具有适宜的黏度和流动性

黏度是液体润滑油的最重要的性能之一，因此选择润滑油时首先考虑黏度是否合适。高黏度易于形成动压油膜，油膜较厚，能支承较大负载，防止磨损。但黏度太大，流体内摩擦大，会造成摩擦热增加，摩擦面温度升高，而且在低温下不易流动，不利于低温起动。当黏度低时，摩擦阻力小，能耗低，机械运行稳定，温升不高。但如果黏度太低，则油膜太薄，承受负载的能力小，容易造成磨损，且易渗漏流失，还容易渗入疲劳裂纹，加速疲劳扩展，加速疲劳磨损，降低齿轮使用寿命。

（2）具有良好的极压抗磨性能

齿轮传动在处于边界润滑状态时，润滑油的黏度作用不大，主要靠边界膜强度支承载荷，因此要求润滑剂具有良好的极压性，以保证在边界润滑状态下，如低速重负载及高速重负载起动时，仍有良好的润滑作用。

（3）具有良好的氧化安定性和热稳定性

使润滑油不氧化、不变黏、不变质及不堵塞油路。润滑剂生产、运输、销售和贮存到使用有一个过程，要求润滑油具有良好的氧化安定性和热稳定性，不易被氧化、分解变质。对某些特殊用途的润滑油要求耐强化学介质和耐辐射。另外，对在较高温度下工作的齿轮油，其氧化安定性及热稳定性应更好一些。

（4）具有优良的抗乳化性

在有水部位工作的齿轮，要求使用抗乳化性、油水分离性好的齿轮润滑油。因为润滑油中的极压添加剂、基础油中的极性物质或油中的氧化物都是表面活性物质。当有水混入油中时，上述表面活性物质会起乳化作用。若润滑油被乳化后或其抗乳化性差，会使润滑油的流动性丧失和损失润滑性，也会引起金属腐蚀和磨损。

（5）具有良好的抗泡性能

良好的抗泡性能使混入油中的空气顺利地逸出，否则润滑油中的气泡使摩擦表面供油不足导致磨损。在循环润滑系统中，抗泡性差的润滑油会引起油的流量减少，降低散热效果。

（6）具有较好的防锈性

防锈性主要是具有保护齿面不生锈的性能。

（7）具有较好的耐蚀性

润滑油的腐蚀性主要来源于润滑油中酸性物质，这些物质对金属具有腐蚀性，所以齿轮润滑油应具有良好的耐蚀性。

（8）满足环保的要求

齿轮润滑油应能生物降解，无毒性，对人体无害。

3.2.3　工业齿轮油

（1）工业闭式齿轮油（见表 19.2-34、表 19.2-35）

（2）蜗轮蜗杆油（见表 19.2-36、表 19.2-37）

（3）工业开式齿轮传动润滑油（见表 19.2-38～表 19.2-41）

表 19.2-34　工业闭式齿轮油油质量指标（摘自 GB 5903—2011）

项目		质量指标				试验方法
品种		L-CKB				
黏度等级(GB/T 3141)		100	150	220	320	
运动黏度(40℃)/$mm^2 \cdot s^{-1}$		90.0～110	135～165	198～242	288～352	GB/T 265
黏度指数	不小于	90				GB/T 1995②
闪点(开口)/℃	不低于	180	200			GB/T 3536
倾点/℃	不高于	-8				GB/T 3535
水分(质量分数,%)	不大于	痕迹				GB/T 260
机械杂质(质量分数,%)	不大于	0.01				GB/T 511
铜片腐蚀(100℃,3h)/级	不大于	1				GB/T 5096
液相锈蚀(24h)		无锈				GB/T 11143（B 法）
氧化安定性 总酸值达 2.0mgKOH·g^{-1}的时间/h	不小于	750		500		GB/T 12581
旋转氧弹(150℃)/min		报告				SH/T 0193
泡沫性(泡沫倾向/泡沫稳定性)/mL·mL^{-1}						GB/T 12579
程序Ⅰ(24℃)	不大于	75/10				
程序Ⅱ(93.5℃)	不大于	75/10				
程序Ⅲ(后 24℃)	不大于	75/10				
抗乳化性(82℃)						GB/T 8022
油中水(体积分数,%)	不大于	0.5				
乳化层/mL	不大于	2.0				
总分离水/mL	不小于	30.0				

（续）

项目	质量指标											试验方法
品种	L-CKC											
黏度等级(GB/T 3141)	32	46	68	100	150	220	320	460	680	1000	1500	
运动黏度(40℃)/mm²·s⁻¹	28.8 ~ 35.2	41.4 ~ 50.6	61.2 ~ 74.8	90.0 ~ 110	135 ~ 165	198 ~ 242	288 ~ 352	414 ~ 506	612 ~ 748	900 ~ 1100	1350 ~ 1650	GB/T 265
外观	透明											目测①
运动黏度(100℃)/mm²·s⁻¹	报告											GB/T 265
黏度指数　不小于	90									85		GB/T 1995②
表观黏度达150000mPa·s时的温度/℃	③											GB/T 11145
倾点/℃　不高于	-12				-9				-5			GB/T 3535
闪点(开口)/℃　不低于	180			200								GB/T 3536
水分(质量分数,%)　不大于	痕迹											GB/T 260
机械杂质(质量分数,%)　不大于	0.02											GB/T 511
泡沫性(泡沫倾向/泡沫稳定性)/mL·mL⁻¹												GB/T 12579
程序Ⅰ(24℃)　不大于	50/0									75/10		
程序Ⅱ(93.5℃)　不大于	50/0									75/10		
程序Ⅲ(后24℃)　不大于	50/0									75/10		
铜片腐蚀(100℃、3h)/级　不大于	1											GB/T 5096
抗乳化性(82℃)												GB/T 8022
油中水(体积分数,%)　不大于	2.0							2.0				
乳化层/mL　不大于	1.0							4.0				
总分离水/mL　不小于	80.0							50.0				
液相锈蚀(24h)	无锈											GB/T 11143(B法)
氧化安定性(95℃、312h)												SH/T 0123
100℃运动黏度增长(%)　不大于	6											
沉淀值/mL　不大于	0.1											
极压性能(梯姆肯试验机法)												GB/T 11144
OK值/N(lbf)　不小于	200(45)											
承载能力												SH/T 0306
齿轮机试验/失效级　不小于	10		12			>12						
剪切安定性(齿轮机法)												SH/T 0200
剪切后40℃运动黏度/mm²·s⁻¹	在黏度等级范围内											

（续）

项目	质量指标								试验方法
品种	L-CKD								
黏度等级（GB/T 3141）	68	100	150	220	320	460	680	1000	
运动黏度（40℃）/$mm^2 \cdot s^{-1}$	61.2~74.8	90.0~110	135~165	198~242	288~352	414~506	612~748	900~1100	GB/T 265
外观	透明								目测[1]
运动黏度（100℃）/$mm^2 \cdot s^{-1}$	报告								GB/T 265
黏度指数　不小于	90								GB/T 1995[2]
表观黏度达 150000mPa·s 时的温度/℃	③								GB/T 11145
倾点/℃　不高于	-12		-9				-5		GB/T 3535
闪点（开口）/℃　不低于	180	200							GB/T 3536
水分（质量分数，%）　不大于	痕迹								GB/T 260
机械杂质（质量分数，%）不大于	0.02								GB/T 511
泡沫性（泡沫倾向/泡沫稳定性）/$mL \cdot mL^{-1}$									GB/T 12579
程序Ⅰ（24℃）　不大于	50/0						75/10		
程序Ⅱ（93.5℃）　不大于	50/0						75/10		
程序Ⅲ（后 24℃）　不大于	50/0						75/10		
铜片腐蚀（100℃、3h）/级不大于	1								GB/T 5096
抗乳化性（82℃）									GB/T 8022
油中水（体积分数，%）　不大于	2.0					2.0			
乳化层/mL　不大于	1.0					4.0			
总分离水/mL　不小于	80.0					50.0			
液相锈蚀（24h）	无锈								GB/T 11143（B 法）
氧化安定性（121℃、312h）									SH/T 0123
100℃运动黏度增长（%）不大于	6							报告	
沉淀值/mL　不大于	0.1							报告	
极压性能（梯姆肯试验机法）									GB/T 11144
OK 值/N（lbf）　不小于	267（60）								
承载能力									SH/T 0306
齿轮机试验/失效级　不小于	12			>12					
剪切安定性（齿轮机法）									SH/T 0200
剪切后 40℃运动黏度/$mm^2 \cdot s^{-1}$	在黏度等级范围内								
四球机试验									
烧结负载（P_D）/N（kgf）不小于	2450（250）								GB/T 3142
综合磨损指数/N（kgf）不小于	441（45）								
磨斑直径（196N、60min、54℃，1800r/min）/mm　不大于	0.35								SH/T 0189

① 取 30~50mL 样品，倒入洁净的量筒中，室温下静置 10min 后，在常光下观察。

② 测定方法也包括 GB/T 2541。结果有争议时，以 GB/T 1995 为仲裁方法。

③ 此项目根据客户要求进行检测。

表 19.2-35 7412 半流体齿轮润滑脂质量指标

项 目	0 号	00 号	000 号	0000 号	项 目	0 号	00 号	000 号	0000 号
外观	浅黄色均匀油膏				腐蚀(45 钢片,100℃、3h)	合格	合格	合格	合格
不工作锥入度/10^{-1}mm	368	421	457	490	最大无卡咬负载 P_B/N	1373	1305	1283	1305
滴点/℃	259	225	210	209	烧结负载 P_D/N	4900	4900	4900	4900
蒸发损失(150℃、1h)(质量分数,%)	1.42	0.93	1.12	1.20	综合磨损值 ZMZ/N	690	837	692	680

注：1. 适用于各种低、中速（线速度低于 15m/s），重载荷齿轮传动或蜗轮蜗杆传动系统和 P 型链式变速机的润滑。对于封闭式全寿命齿轮箱的润滑较为适宜。
2. 适用温度范围为-40~150℃。

表 19.2-36 蜗轮蜗杆油质量指标（摘自 SH/T 0094—1991）

项 目		质 量 指 标																				试验方法
品 种		L-CKE										L-CKE/P										
质量等级		一级品					合格品					一级品					合格品					
黏度等级(按 GB/T 3141)		220	320	460	680	1000	220	320	460	680	1000	220	320	460	680	1000	220	320	460	680	1000	
运动黏度(40℃)/$mm^2 \cdot s^{-1}$		198~242	288~352	414~506	612~748	900~1100	198~242	288~352	414~506	612~748	900~1100	198~242	288~352	414~506	612~748	900~1100	198~242	288~352	414~506	612~748	900~1100	GB/T 265
闪点(开口)/℃	不低于	200	200	220	220	220	180	180	180	180	180	200	200	220	220	220	180	180	180	180	180	GB/T 3536
黏度指数	不小于	90					90					90					90					GB/T 1995
倾点/℃	不高于	-6					-6					-12					-6					GB/T 3535
水溶性酸或碱		无					无					—					—					GB/T 259
机械杂质(质量分数,%)	不大于	0.02					0.05					0.02					0.05					GB/T 511
水分(质量分数,%)	不大于	痕迹					痕迹					痕迹					痕迹					GB/T 260
中和值/$mgKOH \cdot g^{-1}$	不大于	1.3					1.3					1.0					1.3					GB/T 4945
皂化值/$mgKOH \cdot g^{-1}$		9~25					5~25					不大于 25					不大于 25					GB/T 8021
腐蚀试验(铜片,100℃、3h)/级	不大于	1					1					1					1					GB/T 5096
液相锈蚀试验:蒸馏水		无锈					无锈					—					无锈					GB/T 11143
合成海水		—					—					无锈					—					
沉淀值/mL	不大于	0.05					0.05					—					—					SH/T 0024
硫含量(质量分数,%)	不大于	1.00					1.00					1.25					1.25					SH/T 0303
氯含量①(质量分数,%)	不大于	—					—					0.03					—					SH/T 0161
抗乳化性(82℃、40-37-3mL)/min	不大于	60					—					60					—					GB/T 7305
泡沫性(泡沫倾向/泡沫稳定性)/$mL \cdot mL^{-1}$																						GB/T 12579
24℃	不大于	75/10					75/10					75/10					—/300					
93.5℃	不大于	75/10					75/10					75/10					—/25					
后 24℃	不大于	75/10					75/10					75/10					—/300					
氧化安定性②(酸值达到 $2mgKOH \cdot g^{-1}$时间)/h	不小于	350					—					350					—					GB/T 12581
综合磨损指数(1500r/min)/N	不小于	—					—					392					392					GB/T 3142
剪切安定性试验③(40℃运动黏度下降率,%)	不大于	6					—					6					—					SH/T 0505

① 对矿物油型，未加含氯添加剂时可不测定含氯量。
② 保证项目每年测定一次。
③ 加有黏度指数改进剂的黏度级油必须测定。

表 19.2-37　重庆一坪润滑油公司高性能合成蜗轮蜗杆润滑油性能

产品名称	外观	黏度 40℃/m²·s⁻¹	黏度指数	倾点/℃	闪点/℃
YP HSL(VG100)	黄色至红棕色透明液体	$(90\sim110)\times10^{-6}$	不小于 200	不高于-35	不小于 230
YP HSL(VG150)		$(135\sim165)\times10^{-6}$	不小于 200	不高于-35	不小于 240
YP HSL(VG220)		$(198\sim242)\times10^{-6}$	不小于 200	不高于-30	不小于 240
YP HSL(VG320)		$(288\sim352)\times10^{-6}$	不小于 230	不高于-30	不小于 240
YP HSL(VG460)		$(414\sim506)\times10^{-6}$	不小于 230	不高于-30	不小于 240
YP HSL(VG680)		$(612\sim748)\times10^{-6}$	不小于 230	不高于-25	不小于 240
YP HSL(VG1000)		$(900\sim1100)\times10^{-6}$	不小于 250	不高于-25	不小于 240
YP HSL(VG1500)		$(1350\sim1650)\times10^{-6}$	不小于 250	不高于-20	不小于 240

表 19.2-38　普通开式齿轮油质量指标(摘自 SH/T 0363—1992)

项　目		质　量　指　标					试验方法
黏度等级		68	100	150	220	320	—
相近的原牌号		1 号	2 号	3 号	3 号	4 号	—
运动黏度(100℃)/mm²·s⁻¹		60~75	90~110	135~165	200~245	290~350	见标准附录 A
闪点(开口)/℃	不低于	200			210		GB/T 267
钢片腐蚀(45 钢片、100℃、3h)		合格					GB/T 5096
防锈性(蒸馏水、15 钢)		无锈					GB/T 11143
最大无卡咬负载(P_B)/N	不小于	686					GB/T 3142
清洁性		必须无砂子和磨料①					

① 用 5~10 倍直馏汽油稀释,中速定量滤纸过滤,乙醇苯混合液冲洗残渣,观察滤纸必须无砂子和磨料。

表 19.2-39　传统型与新型沥青型的开式齿轮润滑油检测数据和配方

项　目		传统型润滑油	新型沥青型润滑油
检测数据	ISO VG(用稀释剂)	1260	5000
	KV@ 100(W/O 稀释剂)	1600	1100
	闪点/℃	—	121
	密度/g·cm⁻³	1.12	0.96
	ASTM 色度	8+	8+
配方	基础油	沥青	沥青
	溶剂	氯	无氯
	极压/抗磨添加剂	铅奈型	磷/硫/锌
应用方式		喷淋	喷淋

表 19.2-40　高黏度合成开式齿轮润滑油质量指标

项　目	ISO VG3200	ISO VG6800	ISO VG22000	ISO VG46000
KV@ 100C/mm²·s⁻¹	136	560	700	1250
SUS@ 210F			3500	6100
VI(黏度指数)	162	180	180	210
倾点/℃	-20	-15	0	4
闪点/℃	220	220	232	232
特殊密度/g·cm⁻³	0.89	0.90	0.90	0.92
ASTM 色度	L1.5	L1.5	1.5	1.5
四球试验				
烧结负载/N	2500	2500	3150	3150
LWI/N	480	480	650	650
四球磨痕(1800r/min、1h、60℃)/mm	0.3	0.3	0.3	0.3
梯姆肯法 OK 值/N	267	267	267	267
FZG 失效等级	13+	13+	13+	13+
ASTM 铜腐/级	1	1	1b	1b

表 19.2-41 开式齿轮润滑脂质量指标

项 目	0号	00号	试验方法
基础油 40℃ 黏度/$mm^2 \cdot s^{-1}$	2504	2504	GB/T 265
锥入度(10^{-1}mm)	385	426	GB/T 269
滴点/℃	192	190	GB/T 3498
黏附性(66℃、15min)(%)	99.7	99.5	GB/T 0469 附 A
腐蚀(45钢、100℃、3h)	合格	合格	SH/T 0331
相似黏度(-20℃、$20s^{-1}$)/Pa·s	530	498	SH/T 0048
四球试验(常温、1500r/min)			GB/T 3142
P_B/N	980	980	
P_D/N	>6076	>6076	
梯姆肯法 OK 值/N	264.6	364.6	SH/T 0203
FZG 齿轮试验/级	>12	>12	SH/T 0306

注：一坪公司生产。

3.2.4 车辆齿轮油（见表 19.2-42~表 19.2-48）

车辆齿轮油用于各种车辆的传动箱、变速器及减速器等的润滑，主要作用是减轻齿轮和轴承的摩擦磨损，加速散热过程，防止机件腐蚀和锈蚀。

表 19.2-42 我国车辆齿轮油分类和用途
（摘自 GB/T 7631.7—1995）

车辆齿轮油分类	对应的API分类	用 途
L-CLC 普通车辆齿轮油	GL-3	手动变速器、中等载荷弧齿锥齿轮
L-CLD 中载荷车辆齿轮油	GL-4	后桥弧齿锥齿轮、低载荷准双曲面齿轮、手动变速器
L-CLE 重载荷车辆齿轮油	GL-5	后桥准双曲面齿轮

表 19.2-43 美国石油学会齿轮油使用规格

规 格	用 途
API GL-1	某些手动变速器，不需要摩擦改进剂和极压剂
API GL-2	蜗轮蜗杆——工业齿轮油
API GL-3	手动变速箱，中等载荷弧齿锥齿轮
API GL-4	弧齿锥齿轮后桥，低载荷准双曲面齿轮，手动变速器
API GL-5	准双曲面齿轮后桥，相当于 MIL-L-2105D
API GL-6	具有高偏置的轿车准双曲面齿轮后桥，相当于福特汽车公司的 M2C105A/M 2C154A

表 19.2-44 PG-1 手动变速器油规格（美国 API）

性 能	指 标	试验方法
热稳定性及部件清净度	大齿轮积炭，涂膜评分不小于 7.5，油泥评分不小于 9.4	L-60-1
与密封材料的适应性	通过	ASTM D 6662
与铜部件的适应性	评级不大于 2a	ASTM DT 30(120℃，3H)
抗磨性能	失败级不小于 11	ASTM DS 182(FZG)
抗氧化性能	同 MIL-L-2105D	L-60
高温润滑稳定性	循环次数不小于参考油	ASTN DS 579
抗泡性能	同 MIL-L-2105D	ASTM DS 92
相容性/贮存稳定性	同 MIL-L-2105D	FTM 3430/FTM 3440

表 19.2-45 PG-2 后桥用油规格（美国 API）

性 能	试验方法	指 标
热安定性及部件清净度	L-60-1	大齿轮积炭，涂膜评分不小于 7.5，油泥评分不小于 9.4
与密封材料的适应性	ASTM D 5662	通过
与铜部件的适应性	ASTM D 130(121℃，3h)	评级不大于 3b
齿轮齿面抗疲劳试验	强化 CRC L-37	未定
API GL-5 性能	所有 GL-5 试验	同 MIL-L-2105D

表 19.2-46 车辆齿轮油黏度级别选用 （℃）

环境温度	黏度级别	环境温度	黏度级别
-57~10	75W	-12~49	90
-25~49	80W—90	-15~49	85W—140
-15~49	85W—90	-7~49	140

表 19.2-47　普通车辆齿轮油质量指标（摘自 SH/T 0350—1992）

项　目		质量指标			试验方法
		80W/90	85W/90	90	
运动黏度(10℃)/$mm^2 \cdot s^{-1}$		15~19	15~19	15~19	GB/T 265
表观黏度①150Pa·s 时/℃	不高于	-26	-12	—	GB/T 11145
黏度指数		—	—	90	GB/T 1995 或 GB/T 2541
倾点/℃	不高于	-28	-18	-10	GB/T 3535
闪点(开口)②/℃	不低于	170	180	190	GB/T 267
水分(%)	不大于	痕迹	痕迹	痕迹	GB/T 260
锈蚀试验(15 钢棒、A 法)		无锈	无锈	无锈	GB/T 11143
泡沫性/$mL \cdot mL^{-1}$					GB/T 12579
(24℃±0.5℃)	不大于	100/10	100/10	100/10	
(93℃±0.5℃)	不大于	100/10	100/10	100/10	
(后 24℃±0.5℃)	不大于	100/10	100/10	100/10	
铜片腐蚀试验(100℃、3h)/级	不大于	1	1	1	GB/T 5096
最大无卡咬负载(P_B)/kg	不小于	80	80	80	GB/T 3142
糠醛或酚含量(未加剂)		无	无	无	SH/T 0076 或 SH/T 0120
机械杂质③(%)	不大于	0.05	0.02	0.02	GB/T 511
残炭(未加剂)(%)			报告		GB/T 268
酸值(未加剂)/mgKOH·g^{-1}			报告		GB/T 4945
氯含量(%)			报告		SH/T 0161
锌含量(%)			报告		SH/T 0226
硫酸盐灰分(%)			报告		GB/T 2433

注：表中百分数为质量分数。

① 齿轮油表观黏度为保证项目，每年测定一次。

② 新疆原油生产的各号普通车辆齿轮油闪点允许比规定的指标低 10℃出厂。

③ 不允许含有固体颗粒。

表 19.2-48　重负载（GL-5）车辆齿轮油质量指标（摘自 GB 13895—1992）

项　目		质　量　指　标						试验方法
黏度等级		75W	80W/90	85W/90	85W/140	90	140	—
运动黏度(100℃)/$mm^2 \cdot s^{-1}$		≥4.1	13.5~<24.0	13.5~<24.0	24.0~<41.0	13.5~<24.0	24.0~<41.0	GB/T 265
倾点/℃		报告	报告	报告	报告	报告	报告	GB/T 3535
表观黏度达 150Pa·s 时的温度/℃	不高于	-40	-26	-12	-12	—	—	GB/T 11145
闪点(开)/℃	不低于	150	165	165	180	180	200	GB/T 3536
成沟点/℃	不高于	-45	-35	-20	-20	-17.8	-6.7	SH/T 0030
黏度指数	不低于	报告	报告	报告	报告	75	75	GB/T 2541
泡沫性(泡沫倾向)/$mL \cdot mL^{-1}$								GB/T 12579
24℃	不大于	20						
93.5℃	不大于	50						
后 24℃	不大于	20						
腐蚀试验(铜片、121℃、3h)/级	不大于	3						GB/T 5096
机械杂质(%)⑥	不大于	0.05						GB/T 511
水分(%)⑥	不大于	痕迹						GB/T 260
戊烷不溶物(%)⑥		报告						GB/T 8926A 法
硫酸盐灰分(%)⑥		报告						GB/T 2433
硫(%)⑥		报告						GB/T 387 GB/T 388 GB/T 11140 SH/T 0172①

（续）

项 目	质 量 指 标	试验方法
磷(%)	报告	SH/T 0296
氮(%)	报告	SH/T 0224
钙(%)	报告	SH/T 0270②
贮存稳定性③ 液体沉淀物(体积分数,%) 不大于 固体沉淀物(%)⑥ 不大于	 0.5 0.25	SH/T 0037
锈蚀试验③ 盖板锈蚀面积 不大于 齿面、轴承及其他部件锈蚀情况	 1% 无锈	SH/T 0517
抗擦伤试验③	通过	SH/T 0519④
承载能力试验③	通过	SH/T 0518⑤
热氧化稳定性③		SH/T 0520
100℃运动黏度增长(%) 不大于 戊烷不溶物(%)⑥ 不大于 甲苯不溶物(%)⑥ 不大于	100 3 2	GB/T 265 GB/T 8926 方法 A GB/T 8926 方法 A

① 生产单位可根据添加剂配方不同，选择适合的测定方法。

② 如果有其他金属，应该测定并报告实测结果，允许用原子吸收光谱测定。

③ 保证项目，每五年评定一次。

④ 75W 油在进行抗擦伤试验时，程序Ⅱ（高速）在79℃开始进行，程序Ⅳ（冲击）在93℃下开始进行。喷水冷却，最大温升5.5~8.3℃。

⑤ 75W 油在进行承载能力试验时，高速低转矩在104℃下进行，低速高转矩在93℃下进行。

⑥ 百分数为质量分数。

3.3 液压油

液压油在液压传动系统中作中间介质，起传递和转换能量的作用，同时还起着液压系统内各部件间的润滑、防腐蚀、冷却和冲洗等作用。

3.3.1 液压油分类

根据用途和特性不同，液压油分为矿油型液压油、合成烃液压油和抗燃液压油等类型。为满足特殊液压机械和特殊应用场合，国内还生产一些专用液压油，主要包括航空液压油、舰用液压油、抗银液压油、清净液压油和可生物降解液压油等。H组（液压系统）用液压油分类见表19.2-49。

3.3.2 液压油的选用

(1) 品种选择

1) 根据工作环境和工况条件选择（见表19.2-50）。在选用液压设备所使用的液压油时，应从工作压力、温度、工作环境、液压系统及元件结构、材质、经济性等几个方面综合考虑和判断。

表19.2-49 H组（液压系统）用液压油分类（摘自 GB/T 7631.2—2003）

组别符号	应用范围	特殊应用	更具体应用	组成和特性	产品符号 ISO-L	典型应用	备注
H	液压系统	流体静压系统		无抑制剂的精制矿油	HH	—	—
				精制矿油,并改善其防锈和抗氧性	HL	—	—
				HL 油,并改善其抗磨性	HM	高负载部件的一般液压系统	—
				HL 油,并改善其黏温性	HRP	—	—
				HM 油,并改善其黏温性	HV	机械和船用设备	—
				无特定难燃性的合成液	HS	—	特殊性能

（续）

组别符号	应用范围	特殊应用	更具体应用	组成和特性	产品符号 ISO-L	典型应用	备注
H	液压系统	流体静压系统	用于要求使用环境可接受液压液的场合	甘油三酸酯	HETG	一般液压系统(可移动式)	每个品种的基础液的最小含量应不少于 70%(质量分数)
				聚乙二醇	HEPG		
				合成酯	HEES		
				聚α烯烃和相关烃类产品	HEPR		
			液压导轨系统	HM 油,并具有黏滑性	HG	液压和滑动轴承导轨润滑系统合用的机床,在低速下使振动或间断滑动(黏-滑)减为最小	这种液体具有多种用途,但并非在所有液压应用中皆有效
			用于使用难燃液压液的场合	水包油型乳化液	HFAE	—	通常含水量大于 80%(质量分数)
				化学水溶液	HFAS	—	
				油包水乳化液	HFB	—	
				含聚合物水溶液①	HFC	—	通常含水量大于 35%(质量分数)
				磷酸酯无水合成液①	HFDR	—	—
				其他成分的无水合成液①	HFDU	—	
		液体动力系统	自动传动系统	—	HA	—	与这些应用有关的分类尚未进行详细的研究,以后可以增加
			耦合器和变矩器	—	HN	—	

① 这类液体也可以满足 HE 品种规定的生物降解性和毒性要求。

表 19.2-50　液压油适用的工作环境和工矿条件

环境/工况	系统压力<7.0MPa，系统温度<50℃	系统压力 7~14.0MPa，系统温度<50℃	系统压力 7~14.0MPa，系统温度 50~80℃	系统压力>14.0MPa，系统温度 80~100℃
室内固定液压设备	HL 液压油	HL 或 HM 液压油	HM 液压油	HM 液压油
露天寒区和严寒区	HV 或 HS 液压油	HV 或 HS 液压油	HV 或 HS 液压油	HV 或 HS 液压油
地下、水上	HL 液压油	HL 或 HM 液压油	HL 或 HM 液压油	HM 液压油
高温热源或明火附近	HFAE 或 HFAS 液压油	HFB 或 HFC 液压油	HFDR 液压油	HFDR 液压油

2）根据设备类型选择。叶片泵的叶片、锭子面与油接触，在运动中极易磨损，其钢对钢的摩擦副材料适于使用以 ZDDP（二烷基二硫代磷酸锌）为抗磨添加剂的 HM 抗磨液压油。柱塞泵的缸体、配油盘及活塞的摩擦形式与运动形式也适于使用 HM 抗磨液压油。但柱塞泵中有青铜部件，由于此材质部件与 ZDDP 作用产生腐蚀磨损，故有青铜件的柱塞泵不能使用以 ZDDP 为添加剂的 HM 抗磨液压油。同样道理，含镀银件的柱塞泵也不能使用含 ZDDP 的 HM 油。同时，选用液压油还要考虑其与液压系统中密封材料是否相适应。

（2）黏度选择

液压油的黏度选择主要取决于系统的工作温度和所用泵的类型。中、低固定液压系统的工作温度上限通常在环境温度以上 40~50℃，在此温度下，液压油应具有 13~16mm^2/s 的黏度。在高压系统中，压力≥30.0MPa，黏度以 25mm^2/s 为宜。选用合适的黏度是非常重要的：黏度太大，液压系统能量损失大，系统效率低，油泵吸油困难；黏度太小，油泵内渗漏量大，容积损失增加，同样降低系统效率。不同类型泵满足运行的黏度界限见表 19.2-51，在流体静压液压系统中使用的液压油的质量指标见表 19.2-52~表 19.2-55。

表 19.2-51　不同类型泵满足运行的黏度界限（参考）

类型	最高黏度/$mm^2 \cdot s^{-1}$	最低黏度/$mm^2 \cdot s^{-1}$
齿轮泵	2000	20
柱塞泵	1000	8
叶片泵	500~700	12

表 19.2-52 L-HL 抗氧防锈液压油的质量指标（摘自 GB 11118.1—2011）

项目		质量指标							试验方法
黏度等级(GB/T 3141)		15	22	32	46	68	100	150	
密度(20℃)①/kg·m^{-3}		报告							GB/T 1884 和 GB/T 1885
色度/号		报告							GB/T 6540
外观		透明							目测
闪点/℃ 开口	不低于	140	165	175	185	195	205	215	GB/T 3536
运动黏度/mm^2·s^{-1} 40℃		13.5~16.5	19.8~24.2	28.8~35.2	41.4~50.6	61.2~74.8	90~110	135~165	GB/T 265
0℃	不大于	140	300	420	780	1400	2560	—	
黏度指数②	不小于	80							GB/T 1995
倾点③/℃	不高于	-12	-9	-6	-6	-6	-6	-6	GB/T 3535
酸值④/mgKOH·g^{-1}		报告							GB/T 4945
水分(质量分数,%)	不大于	痕迹							GB/T 260
机械杂质		无							GB/T 511
清洁度		⑤							DL/T 432 和 GB/T 14039
铜片腐蚀(100℃、3h)/级	不大于	1							GB/T 5096
液相锈蚀(24h)		无锈							GB/T 11143(A 法)
泡沫性(泡沫倾向/泡沫稳定性)/mL·mL^{-1}									GB/T 12579
程序Ⅰ(24℃)	不大于	150/0							
程序Ⅱ(93.5℃)	不大于	75/0							
程序Ⅲ(后 24℃)	不大于	150/0							
空气释放值(50℃)/min	不大于	5	7	7	10	12	15	25	SH/T 0308
密封适应性指数	不大于	14	12	10	9	7	6	报告	SH/T 0305
抗乳化性(乳化液到 3mL 的时间)/min 54℃	不大于	30	30	30	30	30	—	—	GB/T 7305
82℃	不大于	—	—	—	—	—	30	30	
氧化安定性 1000h 后总酸值⑥/mgKOH·g^{-1}	不大于	—	2.0						GB/T 12581
1000h 后油泥/mg		—	报告						SH/T 0565
旋转氧弹(150℃)/min		报告	报告						SH/T 0193
磨斑直径(392N、60min、75℃、1200r/min)/mm		报告							SH/T 0189

① 测定方法也包括用 SH/T 0604。
② 测定方法也包括用 GB/T 2541，结果有争议时，以 GB/T 1995 为仲裁方法。
③ 用户有特殊要求时，可与生产单位协商。
④ 测定方法也包括用 GB/T 264。
⑤ 由供需双方协商确定。也包括用 NAS 1638 分级。
⑥ 黏度等级为 15 的油不测定，但所含抗氧剂类型和量应与产品定型时黏度等级为 22 的试验油样相同。

表 19.2-53　L-HM 抗磨液压油（高压、普通）的质量指标（摘自 GB 11118.1—2011）

项　目		质量指标										试验方法
		L-HM(高压)				L-HM(普通)						
黏度等级(GB/T 3141)		32	46	68	100	22	32	46	68	100	150	
密度①(20℃)/kg · m^{-3}		报告				报告						GB/T 1884 和 GB/T 1885
色度/号		报告				报告						GB/T 6540
外观		透明				透明						目测
闪点/℃ 开口	不低于	175	185	195	205	165	175	185	195	205	215	GB/T 3536
运动黏度/mm^2 · s^{-1} 40℃		28.8~35.2	41.4~50.6	61.2~74.8	90~110	19.8~24.2	28.8~35.2	41.4~50.6	61.2~74.8	90~110	135~165	GB/T 265
0℃	不大于	—	—	—	—	300	420	780	1400	2560	—	
黏度指数②	不小于	95				85						GB/T 1995
倾点③/℃	不高于	-15	-9	-9	-9	-15	-15	-9	-9	-9	-9	GB/T 3535
酸值④/mgKOH · g^{-1}		报告				报告						GB/T 4945
水分(质量分数,%)	不大于	痕迹				痕迹						GB/T 260
机械杂质		无				无						GB/T 511
清洁度		⑤				⑤						DL/T 432 和 GB/T 14039
铜片腐蚀(100℃、3h)/级	不大于	1				1						GB/T 5096
硫酸盐灰分(质量分数,%)		报告				报告						GB/T 2433
液相锈蚀(24h) A 法		—				无锈						GB/T 11143
B 法		无锈				—						
泡沫性(泡沫倾向/泡沫稳定性)/mL · mL^{-1} 程序Ⅰ(24℃)	不大于	150/0				150/0						GB/T 12579
程序Ⅱ(93.5℃)	不大于	75/0				75/0						
程序Ⅲ(后 24℃)	不大于	150/0				150/0						
空气释放值(50℃)/min	不大于	6	10	13	报告	5	6	10	13	报告	报告	SH/T 0308
抗乳化性(乳化液到 3mL 的时间)/min 54℃	不大于	30	30	30	—	30	30	30	30	—	—	GB/T 7305
82℃	不大于	—	—	—	30	—	—	—	—	30	30	
密封适应性指数	不大于	12	10	8	报告	13	12	10	8	报告	报告	SH/T 0305
氧化安定性 1500h 后总酸值/mgKOH · g^{-1}	不大于	2.0				—						GB/T 12581
1000h 后总酸值/mgKOH · g^{-1}	不大于	—				2.0						GB/T 12581
1000h 后油泥/mg		报告				报告						SH/T 0565
旋转氧弹(150℃)/min		报告				报告						SH/T 0193

（续）

项目		质量指标 L-HM（高压）				L-HM（普通）						试验方法
黏度等级（GB/T 3141）		32	46	68	100	22	32	46	68	100	150	
抗磨性 齿轮机试验[⑥]/失效级	不小于	10	10	10	10	—	10	10	10	10	10	SH/T 0306
抗磨性 叶片泵试验（100h、总失重）[⑥]/mg	不大于	—	—	—	—	100	100	100	100	100	100	SH/T 0307
抗磨性 磨斑直径（392N、60min、75℃、1200r/min）/mm		报告				报告						SH/T 0189
抗磨性 双泵（T6H20C）试验[⑥]												附录 A
叶片和柱销总失重/mg	不大于	15				—						
柱塞总失重/mg	不大于	300										
水解安定性												SH/T 0301
铜片失重/mg·cm^{-2}	不大于	0.2				—						
水层总酸度/mgKOH·g^{-1}	不大于	4.0				—						
铜片外观		未出现灰、黑色				—						
热稳定性（135℃、168h）												SH/T 0209
铜棒失重/mg·200mL^{-1}	不大于	10				—						
钢棒失重/mg·200mL^{-1}		报告				—						
总沉渣重/mg·100mL^{-1}	不大于	100				—						
40℃运动黏度变化率（%）		报告				—						
酸值变化率（%）		报告				—						
铜棒外观		报告				—						
钢棒外观		不变色				—						
过滤性/s												SH/T 0210
无水	不大于	600				—						
2%水[⑦]	不大于	600				—						
剪切安定性（250次循环后，40℃运动黏度下降率）（%）	不大于	1				—						SH/T 0103

① 测定方法也包括用 SH/T 0604。

② 测定方法也包括用 GB/T 2541。结果有争议时，以 GB/T 1995 为仲裁方法。

③ 用户有特殊要求时，可与生产单位协商。

④ 测定方法也包括用 GB/T 264。

⑤ 由供需双方协商确定，也包括用 NAS 1638 分级。

⑥ 对于 L-HM（普通）油，在产品定型时，允许只对 L-HM 22（普通）进行叶片泵试验，其他各黏度等级油所含功能剂类型和量应与产品定型时 L-HM 22（普通）试验油样相同。对于 L-HM（高压）油，在产品定型时，允许只对 L-HM 32（高压）进行齿轮机试验和双泵试验，其他各黏度等级油所含功能剂类型和量应与产品定型时 L-HM 32（定压）试验油样相同。

⑦ 有水时的过滤时间不超过无水时的过滤时间的两倍。

表 19.2-54 L-HV 低温液压油的质量指标（摘自 GB 11118.1—2011）

项 目		质量指标							试验方法
黏度等级(GB/T 3141)		10	15	22	32	46	68	100	
密度①(20℃)/kg·m⁻³		报告							GB/T 1884 和 GB/T 1885
色度/号		报告							GB/T 6540
外观		透明							目测
闪点/℃									GB/T 3536
开口	不低于	—	125	175	175	180	180	190	GB/T 3536
闭口	不低于	100	—	—	—	—	—	—	GB/T 261
运动黏度(40℃)/$mm^2 \cdot s^{-1}$		9.00~11.0	13.5~16.5	19.8~24.2	28.8~35.2	41.4~50.6	61.2~74.8	90~110	GB/T 265
运动黏度 1500mm^2/s 时的温度/℃	不高于	-33	-30	-24	-18	-12	-6	0	GB/T 265
黏度指数②	不小于	130	130	140	140	140	140	140	GB/T 1995
倾点③/℃	不高于	-39	-36	-36	-33	-33	-30	-21	GB/T 3535
酸值④/mgKOH·g^{-1}		报告							GB/T 4945
水分(质量分数,%)	不大于	痕迹							GB/T 260
机械杂质		无							GB/T 511
清洁度		⑤							DL/T 432 和 GB/T 14039
铜片腐蚀(100℃、3h)/(级)	不大于	1							GB/T 5096
硫酸盐灰分(质量分数,%)		报告							GB/T 2433
液相锈蚀(24h)		无锈							GB/T 11143(B 法)
泡沫性(泡沫倾向/泡沫稳定性)/mL·mL^{-1}									GB/T 12579
程序Ⅰ(24℃)	不大于	150/0							
程序Ⅱ(93.5℃)	不大于	75/0							
程序Ⅲ(后 24℃)	不大于	150/0							
空气释放值(50℃)/min	不大于	5	5	6	8	10	12	15	SH/T 0308
抗乳化性(乳化液到 3mL 的时间)/min									GB/T 7305
54℃	不大于	30	30	30	30	30	30	—	
82℃	不大于	—	—	—	—	—	—	30	
剪切安定性(250 次循环后,40℃运动黏度下降率)(%)	不大于	10							SH/T 0103
密封适应性指数	不大于	报告	16	14	13	11	10	10	SH/T 0305
氧化安定性									
1500h 后总酸值⑥/KOHmg·g^{-1}	不大于	—	—	2.0					GB/T 12581
1000h 后油泥/mg		—	—	报告					SH/T 0565
旋转氧弹(150℃)/min		报告	报告	报告					SH/T 0193

（续）

项 目		质量指标							试验方法
黏度等级（GB/T 3141）		10	15	22	32	46	68	100	
抗磨性 齿轮机试验⑦/失效级	不小于	—	—	—	10	10	10	10	SH/T 0306
磨斑直径（392N、60min、75℃、1200r/min）/mm		报告							SH/T 0189
双泵（T6H20C）试验⑦									附录 A
叶片和柱销总失重/mg	不大于	—	—	—	15				
柱塞总失重/mg	不大于	—	—	—	300				
水解安定性									SH/T 0301
铜片失重/mg·cm^{-2}	不大于	0.2							
水层总酸度/mgKOH·g^{-1}	不大于	4.0							
铜片外观		未出现灰、黑色							
热稳定性（135℃，168h）									SH/T 0209
铜棒失重/mg·200mL^{-1}	不大于	10							
钢棒失重/mg·200mL^{-1}		报告							
总沉渣重/mg·100mL^{-1}	不大于	100							
40℃运动黏度变化率（%）		报告							
酸值变化率（%）		报告							
铜棒外观		报告							
钢棒外观		不变色							
过滤性（s）									SH/T 0210
无水	不大于	600							
2%水⑧	不大于	600							

① 测定方法也包括用 SH/T 0604。
② 测定方法也包括用 GB/T 2541。结果有争议时，以 GB/T 1995 为仲裁方法。
③ 用户有特殊要求时，可与生产单位协商。
④ 测定方法也包括用 GB/T 264。
⑤ 由供需双方协商确定，也包括用 NAS 1638 分级。
⑥ 黏度等级为 10 和 15 的油不测定，但所含抗氧剂类型和量应与产品定型黏度等级为 22 的试验油样相同。
⑦ 在产品定型时，允许只对 L-HV 32 油进行齿轮机试验和双泵试验，其他各黏度等级所含功能剂类型和量应与产品定型时黏度等级为 32 的试验油样相同。
⑧ 有水时的过滤时间不超过无水时的过滤时间的两倍。

表 19.2-55 L-HS 超低温液压油的质量指标（摘自 GB 11118.1—2011）

项目		质量指标					试验方法
黏度等级(GB/T 3141)		10	15	22	32	46	
密度[1](20℃)/$kg \cdot m^{-3}$		报告					GB/T 1884 和 GB/T 1885
色度/号		报告					GB/T 6540
外观		透明					目测
闪点/℃							GB/T 3536
开口	不低于	—	125	175	175	180	
闭口	不低于	100	—	—	—	—	GB/T 261
运动黏度(40℃)/$mm^2 \cdot s^{-1}$		9.00~11.0	13.5~16.5	19.8~24.2	28.8~35.2	41.4~50.6	GB/T 265
运动黏度 1500mm^2/s 时的温度/℃	不高于	-39	-36	-30	-24	-18	GB/T 265
黏度指数[2]	不小于	130	130	150	150	150	GB/T 1995
倾点[3]/℃	不高于	-45	-45	-45	-45	-39	GB/T 3535
酸值[4]/$mgKOH \cdot g^{-1}$		报告					GB/T 4945
水分(质量分数,%)	不大于	痕迹					GB/T 260
机械杂质		无					GB/T 511
清洁度		⑤					DL/T 432 和 GB/T 14039
铜片腐蚀(100℃、3h)/级	不大于	1					GB/T 5096
硫酸盐灰分(质量分数,%)		报告					GB/T 2433
液相锈蚀(24h)		无锈					GB/T 11143(B 法)
泡沫性(泡沫倾向/泡沫稳定性)/$mL \cdot mL^{-1}$							GB/T 12579
程序Ⅰ(24℃)	不大于	150/0					
程序Ⅱ(93.5℃)	不大于	75/0					
程序Ⅲ(后 24℃)	不大于	150/0					
空气释放值(50℃)/min	不大于	5	5	6	8	10	SH/T 0308
抗乳化性(乳化液到 3mL 的时间)/min							
54℃	不大于	30					GB/T 7305
剪切安定性(250 次循环后,40℃运动黏度下降率)(%)	不大于	10					SH/T 0103
密封适应性指数	不大于	报告	16	14	13	11	SH/T 0305
氧化安定性							
1500h 后总酸值[6]/$mgKOH \cdot g^{-1}$	不大于	—	—	2.0			GB/T 12581
1000h 后油泥/mg		—	—	报告			SH/T 0565
旋转氧弹(150℃)/min		报告	报告	报告			SH/T 0193

（续）

项目		质量指标					试验方法
黏度等级(GB/T 3141)		10	15	22	32	46	
抗磨性 齿轮机试验⑦/失效级	不小于	—	—	—	10	10	SH/T 0306
抗磨性 磨斑直径(392N、60min、75℃、1200r/min)/mm		报告					SH/T 0189
抗磨性 双泵(T6H20C)试验⑦							附录 A
叶片和柱销总失重/mg	不大于	—	—	—	15		
柱塞总失重/mg	不大于	—	—	—	300		
水解安定性							SH/T 0301
铜片失重/mg·cm^{-2}	不大于	0.2					
水层总酸度(以KOH计)/mg	不大于	4.0					
铜片外观		未出现灰、黑色					
热稳定性(135℃、168h)							SH/T 0209
铜棒失重/mg·200mL^{-1}	不大于	10					
钢棒失重/mg·200mL^{-1}		报告					
总沉渣重/mg·100mL^{-1}	不大于	100					
40℃运动黏度变化率(%)		报告					
酸值变化率(%)		报告					
铜棒外观		报告					
钢棒外观		不变色					
过滤性/s							SH/T 0210
无水	不大于	600					
2%水⑧	不大于	600					

① 测定方法也包括用 SH/T 0604。
② 测定方法也包括用 GB/T 2541。结果有争议时，以 GB/T 1995 为仲裁方法。
③ 用户有特殊要求时，可与生产单位协商。
④ 测定方法也包括用 GB/T 264。
⑤ 由供需双方协商确定，也包括用 NAS 1638 分级。
⑥ 黏度等级为 10 和 15 的油不测定，但所含抗氧剂类型和量应与产品定型时黏度等级为 22 的试验油样相同。
⑦ 在产品定型时，允许只对 L-HS 32 进行齿轮机试验和双泵试验，其他各黏度等级油所含功能剂类型和量应与产品定型时黏度等级为 32 的试验油样相同。
⑧ 有水时的过滤时间不超过无水时的过滤时间的两倍。

PROECO EAF 300 系列生物降解型液压油的典型值见表 19.2-56。

表 19.2-56 PROECO EAF 300 系列生物降解型液压油的典型值

项 目	典型值			试验方法
	332	346	368	
运动黏度/$mm^2 \cdot s^{-1}$				ASTM D445
40℃	32.45	47.65	67.91	
100℃	6.77	9.16	12.02	
0℃	223	364	542	
-20℃	1054	1770	2924	
-30℃	2982	5645	11280	
黏度指数	174	178	176	ASTM D2270
倾点/℃	-36	-36	-36	ASTM D97
闪点/℃	190	200	206	ASTM D92
盐水防锈测试	通过	通过	通过	—
FZG 通过级别	12	12	12	DIN 51354
氧化稳定性(酸值改变>2mgKOH/g)/h	>1400	>1400	>1400	—
相对密封(15.6℃)	0.9057	0.9208	0.9341	ASTM D4052
生物降解率(%)	>60	>60	>60	—

3.4 压缩机油

压缩机油的基础油可分为矿物油型和合成油型两大类，其各种数据见表 19.2-57~表 19.2-65。

矿物油型压缩机油一般经溶剂精制、溶剂脱蜡、加氢或白土补充精制等工艺得到基础油，再加入多种添加剂调和而成。

压缩机油的基础油一般要占成品油的 95%以上，因此基础油的质量优劣直接关系到压缩机油的质量。基础油的质量与其精制程度有直接关系，精制程度高的基础油，其重芳烃、胶质含量少，残炭低，对抗氧剂的感受性好，在压缩机系统使用中积炭倾向小，油水分离性好，使用寿命相对较长。

合成油型的基础油是以化学合成的方法得到的有机液体，基础油再经过调配或加入多种添加剂制成润滑油。其基础油大部分是聚合物或高分子有机化合物。合成油的种类很多，用作压缩机油的合成油主要有合成烃（聚 α-烯烃）、有机酯（双酯）、聚亚烷基二醇、氟硅油和磷酸酯五种。合成油型压缩机油的价格要比矿物油型压缩机油昂贵得多，但合成油的综合经济效益仍超过使用普通矿物油。它具有氧化安定性好，积炭倾向小，适用温度高，使用寿命长，可以满足一般矿物油型压缩机油所不能承受的使用要求。

表 19.2-57 空气压缩机油和气体压缩机油的分类

组别符号	应用范围	特殊应用	具体应用	产品类型和(或)性能要求	品种代号 L-	典型应用	备 注
D	空气压缩机	压缩腔室有油润滑的容积型空气压缩机	往复式或滴油回转(滑片)式压缩机	—	DAA DAB DAC	轻负载 中负载 重负载	—
			喷油回转(滑片和螺杆)式压缩机	—	DAG DAH DAJ	轻负载 中负载 重负载	

（续）

组别符号	应用范围	特殊应用	具体应用	产品类型和(或)性能要求	品种代号L-	典型应用	备　注
D	空气压缩机	压缩腔室无油润滑的容积型空压机	液环式压缩机、喷水滑片和螺杆式压缩机、无油润滑往复式压缩机和无油润滑回转式压缩机	—	—	—	润滑油用于齿轮、轴承和运动部件
		速度型压缩机	离心式和轴流式涡轮压缩机	—	—	—	润滑油用于轴承和齿轮
	气体压缩机	容积型往复式和回转式压缩机，用于除冷冻循环或热泵循环或空气压缩机以外的所有气体压缩机	不与深度精制矿物油起化学反应，或不使矿物油的黏度降低到不能使用程度的气体	深度精制矿物油	DGA	$<10^4$kPa压力下的氮、氢、氨、氩和二氧化碳 任何压力下的氦、二氧化硫、硫化氢 $<10^3$kPa压力下的一氧化碳	有些润滑油中所含的某些添加剂要与氨反应
			用于DGA油的气体，但含有湿气或冷凝物	特定矿物油	DGB		
			在矿物油中有高的溶解度而降低其黏度的气体	常用合成油	DGC①	任何压力下的烃类 $>10^4$kPa压力下的氨、二氧化碳	有些润滑油中所含的某些添加剂与氨反应
			与矿物油发生化学反应的气体	常用合成油	DGD①	任何压力下的氯化氢、氯、氧和富氧空气 $>10^3$kPa压力下的一氧化碳	对于氧和富氧空气应禁止使用矿物油，只有少数合成液是合适的
			非常干燥的惰性气体或还原气体(露点-40℃)	常用合成油	DGE①	$>10^4$kPa压力下的氮、氢、氩	这些气体使润滑困难，应特殊考虑

① 用油者在选用DGC、DGD和DGE三种合成液时应注意，由于一个名称相同的产品可以由不同的化合物调制而成，因此当供油者没有提供油品使用说明的情况下，不同生产厂的合成油不得互相混用。

表19.2-58　压缩室有油润滑的往复式空气压缩机用油

负　载	用油品种代号L-	操　作　条　件
轻	DAA	每次运转周期之间有足够的时间进行冷却 ——压缩机开停频繁 ——排气量反复变化 1)排气压力≤1000kPa，排气温度≤160℃，级压力比<3:1 2)排气压力>1000kPa，排气温度≤140℃，级压力比≤3:1
中	DAB	每次运转周期之间有足够的时间进行冷却 1)排气压力≤1000kPa，排气温度>160℃ 2)排气压力>1000kPa，排气温度>140℃，但≤160℃ 3)级压力比>3:1
重	DAC	当达到上述中负载使用条件，而预期用中负载油(DAB)在压缩机排气系统严重形成积炭沉淀物的，则应选用重负载油(DAC)

表 19.2-59 喷油回转式空气压缩机用油

负 载	用油品种代号 L-	操 作 条 件
轻	DAG	空气和空气-油排出温度<90℃，空气排出压力<800kPa
中	DAH	空气和空气-油排出温度<100℃，空气排出压力 800~1500kPa；或空气和空气-油排出温度为 100~110℃，空气排出压力<800kPa
重	DAJ	空气和空气-油排出温度>100℃，空气排出压力<800 kPa；或空气和空气-油排出温度≥100℃，空气排出压力为 800~1500 kPa 或空气排出压力>1500 kPa

注：在使用条件较缓和的情况下，轻负载（DAG）油可以用于空气排出压力大于 800kPa 的场合。

表 19.2-60 空气压缩机油质量指标（摘自 GB 12691—1990）

项 目		质 量 指 标										试验方法
品 种		L-DAA					L-DAB					
黏度等级(按 GB 3141)		32	46	68	100	150	32	46	68	100	150	—
运动黏度/$mm^2 \cdot s^{-1}$ 40℃		28.8~35.2	41.6~50.6	61.2~74.8	90.0~110	135~165	28.8~35.2	41.6~50.6	61.2~74.8	90.0~110	135~165	GB/T 265
100℃		报告					报告					
倾点/℃	不高于	-9				-3	-9				-3	GB/T 3535
闪点(开口)/℃	不低于	175	185	195	205	215	175	185	195	205	215	GB/T 3536
腐蚀试验(铜片、100℃、3h)(级)	不大于	1					1					GB/T 5096
抗乳化性(40-37-3)/min 54℃	不大于	—					30 —					GB/T 7305
82℃	不大于	—					— 30					
液相锈蚀试验(蒸馏水)		—					无 锈					GB/T 11143
硫酸盐灰分(%)		—					报 告					GB/T 2433
老化特性 200℃、空气 蒸发损失(%)	不大于	15					—					SH/T 0192（推荐用 GB/T 12709—1991）
康氏残炭增值(%)	不大于	1.5 | 2.0					—					
200℃、空气、Fe_2O_3 蒸发损失(%)	不大于	—					20					
康氏残炭增值(%)	不大于	—					2.5 | 3.0					
减压蒸馏蒸出 80%后残留物性质 残留物康氏残炭(%)	不大于	—					0.3 | 0.6					GB/T 9168 GB/T 268
新、旧油 40℃运动黏度之比	不大于	—					5					GB/T 265
中和值/$mgKOH \cdot g^{-1}$ 未加剂		报 告					报 告					GB/T 4945
加剂后		报 告					报 告					
水溶性酸或碱		无					无					GB/T 259
水分(%)	不大于	痕 迹					痕 迹					GB/T 260
机械杂质(%)	不大于	0.01					0.01					GB/T 511

注：表中百分数为质量分数。

表 19.2-61 轻负载喷油回转式空气压缩机油质量指标（L-DAG 级）（摘自 GB 5904—1986）

项 目		质 量 指 标						试验方法
黏度等级		15	22	32	46	68	100	GB/T 3141
运动黏度(40℃)/$mm^2 \cdot s^{-1}$		13.5~16.5	19.8~24.2	28.8~35.2	41.4~50.6	61.2~74.8	90.0~110	GB/T 265
黏度指数	不小于	90						GB/T 2541

（续）

项 目		质 量 指 标						试验方法
倾点/℃	不高于	-9						GB/T 3535
闪点（开口）/℃	不低于	165	175	190	200	210	220	GB/T 267
腐蚀（铜片、100℃、3h）/级	不大于	1						GB/T 5096
泡沫性（24℃）/mL·mL^{-1} 泡沫倾向 泡沫稳定性	 不大于 不大于	 100 0						GB/T 12579
抗乳化性（到乳化层为3mL的时间）/min 54℃ 82℃	 不大于 不大于	 30 30						GB/T 7305
防锈试验（15钢、蒸馏水）		无 锈						GB/T 11143
氧化安定性/h	不少于	1000						GB/T 12581
机械杂质（%）	不大于	0.01						GB/T 511
水分（%）	不大于	痕 迹						GB/T 260
水溶性酸或碱		无						GB/T 259
残炭（加剂前）（%）		报 告						GB/T 268

注：表中百分数为质量分数。

表 19.2-62 L-DAH32、32A、46、46A 回转式（螺杆）空气压缩机油质量指标

项 目		质 量 指 标				试验方法
黏度等级		32	46	32A	46A	GB/T 3141
运动黏度/mm^2·s^{-1} 40℃		28.8~35.2	41.4~50.6	28.8~35.2	41.4~50.6	GB/T 265
100℃		报 告		报 告		
黏度指数	不小于	90		90		GB/T 2541
色度/号	不大于	1		1		GB/T 6540
密度（20℃）/g·cm^{-3}		报 告		报 告		GB/T 1884
闪点（开口）/℃	不低于	220		220		GB/T 3536
倾点/℃	不高于	-9		-9		GB/T 3535
酸值/mgKOH·g^{-1}		报 告		报 告		GB/T 7304
抗乳化性（40-37-3mL）/min	不大于	30		30		GB/T 7305
泡沫性（24℃）（泡沫倾向/泡沫稳定性）/mL·mL^{-1}	不大于	300/0		300/0		GB/T 12579
液相锈蚀	（A法）	无 锈		无 锈		GB/T 11143
腐蚀试验（铜片、100℃、3h）/级	不大于	1b		1b		GB/T 5096
氧化试验（200℃、空气、Fe_2O_3） 蒸发损失（%） 康氏残炭增加（%）	 不大于 不大于	 20 2.5		 20 2.5		SH/T 0192
FZG齿轮机失效载荷/级	不小于	—		10		SH/T 0306

注：表中百分数为质量分数。

表 19.2-63 空气压缩机油主要质量指标（聚α-烯烃油）

性 质	油 名	
	RIPP4160（N32）	RIPP4163（N100）
运动黏度/mm^2·s^{-1}		
100℃	59	10.33
40℃	33.26	86.94

(续)

性 质	油 名	
	RIPP4160(N32)	RIPP4163(N100)
-20℃	1910	11003
-25℃	3138	
黏度指数	122	100
相对密度(20/4℃)	0.8541	1.0687
闪点(开口)/℃	240	246
凝点/℃	-52	-50
酸值/mgKOH·g^{-1}	中 性	0.02
铜片腐蚀(100℃、24h)	合 格	—
液相锈蚀(D665)	无 锈	—
抗乳化性(54℃)		
乳化层 3mL/min	20	—
抗泡沫性(24℃)		
起泡/mL	痕	痕
消泡时间/s	0	0
四球机试验		
P_B/N	650	
磨痕(1200r/min、400N、60min)/mm	0.33	
老化特性(DIN 51352-2)		
老化前残炭(质量分数,%)	0.03	
老化后残炭(质量分数,%)	1.18	

表 19.2-64 4502型和4511型合成压缩机油质量指标

项 目		4502型				4511型	试验方法
		N32	N46	N68	N100		
运动黏度/mm^2·s^{-1}							GB/T 265
100℃	不小于	5.0	6.0	7.0	9.0	40	
40℃		28.8~35.2	41.4~50.6	61.2~74.8	90~110	210~240	
黏度指数	不小于					230	GB/T 2541
闪点(开口)/℃	不低于	200	215	215	220	230	GB/T 267
凝点/℃	不高于	-40	-40	-40	-35	-40	GB/T 510
酸值/mgKOH·g^{-1}	不大于	0.5	0.5	0.5	0.5		GB/T 7304
蒸发损失(149℃、22h)(质量分数,%)		报告	报告	报告	报告		GB/T 7325
铜片腐蚀(铜片、100℃、3h)/级	不大于	1b	1b	1b	1b	合格	GB/T 5096
残炭(%)							GB/T 268
氧化前	不大于	0.1	0.1	0.1	0.1		
氧化后	不大于	0.3	0.3	0.3	0.3		
浊点/℃						43~52	
灰分(质量分数,%)	不大于					0.02	

注：重庆一坪高级润滑油公司生产。

表 19.2-65　国际标准化组织 ISO 发表的空气压缩机油质量指标

标　准　号	ISO/DIS 6521.2-1983		SC/WG2 提案	ISO/DP6521.3-1981		SC_4/WG_2 提案	试验方法
ISO-L 的符号	DAA	DAB	DAC	DAO	DAB	DAI	
油组成	矿物油	矿物油	合成油	矿物油	矿物油	合成油	
黏度等级（160VG）	32 46 68 100 150	32 66 68 100 150	32 46 68 100 150	15 22 32 46 68 100	15 22 32 66 68 100	15 22 32 46 68 100	
运动黏度/$mm^2 \cdot s^{-1}$ 40℃　±10%	32 46 68 100 150	32 46 68 100 150	32 66 68 100 150	15 22 32 46 68 100	15 22 32 46 68 100	15 22 32 66 68 100	ISO 3104
100℃	报告	报告	报告	—	—	报告	
黏度指数　不小于				90	90		ISO 2909
倾点/℃　不高于	-9	-9	-9	-9	-9	-9	ISO 3016
铜片腐蚀（100℃、36）/级，　不大于	1	1	1B	1B	1B	1B	ISO 2160
抗乳化性							ISO 6614
温度/℃	—	54 | 62	54 | 62	54 | 62	54 | 62	54 | 82	
乳化层到小于 3mL 时间/min　不大于		30 | 30	30 | 30	30 | 30	30 | 30	30 | 30	
防锈（24h）	—	无锈	无锈	无锈	无锈	无锈	ISO 7120A
老化特性 200℃、空气：			方法待定	—	方法待定	方法待定	ISO 6617（Ⅰ） （=DIN 51352Ⅰ）
蒸发损失（%）　不大于	15 | 15						
康氏残炭增加（%）　不大于	1.5 | 2.0						
200℃、空气、Fe_2O_3：							ISO 6617（Ⅱ） （=DIN 51352Ⅱ）
蒸发损失（%）　不大于		20 | 20					
康氏残炭增加（%）　不大于		2.5 | 3.0					
减压蒸馏蒸出 10%后残留物性质：							ISO 6616
残留物康氏残炭（%）　不大于		0.3 | 0.6					ISO 6615
新旧油 40℃时运动黏度比　不大于		5					ISO 3104
泡沫性（24℃）： 吹气 5min/静 10min/$mL \cdot mL^{-1}$　不大于			—	300/0	300/0	300/0	
氧化安定性/h　不低于				1000	—		ISO 4263

注：表中百分数为质量分数。

3.5 冷冻机油（见表 19.2-66~表 19.2-70）

表 19.2-66 制冷压缩机润滑油的分类

字母	一般应用	特殊应用	更特殊应用 操作温度和制冷剂类型	组成和特性	ISO-I的符号	典型应用	备 注
D	制冷压缩机	活塞式和转子式的容积型压缩机（封闭、半封闭或开式）	>-40℃（蒸发器）氨或卤代烷	深度精制矿物油（环烷基油、石蜡基油或白油）和合成烃油	DRA	普通冷冻机、空调	
			<-40℃（蒸发器）氨或卤代烷	合成烃油，允许烃/制冷剂混合物有适当相容性控制，这些合成烃必须相容	DRB	普通冷冻机	当装有干蒸器时，相容性就不重要了。在某些情况下，根据制冷剂的类型可使用深度精制矿物油（考虑低温和相容性）
			>0℃（蒸发器或冷凝器）和/或高排气压力或温度卤代烷	深度精制矿物油和具有良好热/化学安定性的合成烃油	DRC	热泵、空调、普通冷冻机	合成烃油，允许烃/制冷剂或烃/矿物油混合物有适当相容性控制
			所有蒸发温度（蒸发器）烃类	合成润滑剂（与制冷剂、矿物油或合成烃油无相容性）	DRD	润滑油和制冷剂必须不互容，并能迅速分离	通常用于开式压缩机

注：1. 根据系统的设计和所要求的润滑油的性质来选油。

2. 只有当气缸中润滑油要与被压缩的气体接触时，或假如气缸不需要润滑而在机械的其他部件中润滑油有可能与该气体接触时，才需要在本表中选择一种润滑油。

3. 采用简陋冷却器技术和食品与制冷剂/润滑剂混合物之间有接触可能的场合，应根据国家的规定选用特定润滑油。

表 19.2-67 L-DRA、L-DRB 和 L-DRD 冷冻机油质量指标（摘自 GB/T 16630—2012）

项目	质量指标																								试验方法
品种	L-DRA						L-DRB						L-DRD												
黏度等级（GB/T 3141）	15	22	32	46	68	100	22	32	46	68	100	150	7	10	15	22	32	46	68	100	150	220	320	460	
外观	清澈透明						清澈透明						清澈透明												目测[①]
运动黏度(40℃)/$mm^2 \cdot s^{-1}$	13.5~16.5	19.8~24.2	28.8~35.2	41.4~50.6	61.2~74.8	90.0~110	19.8~24.2	28.8~35.2	41.4~50.6	61.2~74.8	90.0~110	135~165	6.12~7.48	9.00~11.0	13.5~16.5	19.8~24.2	28.8~35.2	41.4~50.6	61.2~74.8	90.0~110	135~165	198~242	288~352	414~506	GB/T 265
倾点/℃ 不高于	-39	-36	-33	-33	-27	-21	②						-39	-39	-39	-39	-39	-39	-36	-33	-30	-21	-21	-21	GB/T 3535
闪点/℃ 不低于	150		160		170		200						130		150		180		180		210				GB/T 3536

（续）

项目	质量指标																								试验方法
品种	L-DRA						L-DRB						L-DRD												
黏度等级（GB/T 3141）	15	22	32	46	68	100	22	32	46	68	100	150	7	10	15	22	32	46	68	100	150	220	320	460	
密度（20℃）/kg·m^{-3}	报告						报告						报告												GB/T 1884③及 GB/T 1885
酸值/mgKOH·g^{-1} 不大于	0.02④						②						0.10④												GB/T 4945⑤
灰分(质量分数,%) 不大于	0.005④						—						—												GB/T 508
水分/mg·kg^{-1} 不大于	30⑥						350⑦						100⑧ 300⑦												ASTM D6304⑨
颜色/号 不大于	1	1	1	1.5	2.0	2.5	②						②												GB/T 6540
机械杂质（质量分数,%）	无						无						无												GB/T 511
泡沫性（泡沫倾向/泡沫稳定性，24℃）/mL·mL^{-1}	报告						报告						报告												GB/T 12579
铜片腐蚀（T2铜片、100℃、3h）/级 不大于	1						1						1												GB/T 5096
击穿电压/kV 不小于	⑩						—						25												GB/T 507
化学稳定性（175℃、14d）	—						—						无沉淀												SH/T 0698
残炭(质量分数,%) 不大于	0.05④						—						—												GB/T 268

氧化安定性（140℃、14h）				
氧化油酸值/$mgKOH \cdot g^{-1}$ 不大于	0.2	②	—	SH/T 0196
氧化油沉淀（质量分数，%） 不大于	0.02			
极压性能（法莱克斯法）失效负荷/N	报告	报告	报告	SH/T 0187
压缩机台架试验⑪	通过	通过	通过	供需双方商定

① 将试样注入 100mL 玻璃量筒中，在 20℃±3℃下观察，应透明、无不溶水及机械杂质。

② 指标由供需双方商定。

③ 试验方法也包括 SH/T 0604。

④ 不适用于含有添加剂的冷冻机油。

⑤ 试验方法也包括 GB/T 7304，有争议时，以 GB/T 4945 为仲裁方法。

⑥ 仅适用于交货时密封容器中的油。装于其他容器时的水含量由供需双方另订协议。

⑦ 仅适用于交货时密封容器中的聚（亚烷基）二醇油。装于其他容器时的水含量由供需双方另订协议。

⑧ 仅适用于交货时密封容器中的酯类油。装于其他容器时的水含量由供需双方另订协议。

⑨ 试验方法也包括 GB/T 11133 和 NB/SH/T 0207，有争议时，以 ASTM D6304 为仲裁方法。

⑩ 该项目是否检测由供需双方商定，如果需要应不小于 25kV。

⑪ 压缩机台架试验（包括寿命试验、结焦试验和与各种材料的相容性试验等）为本产品定型时和用油者首次选用本产品时必做的项目。当生产冷冻机油的原料和配方有变动时，或转厂生产时应重做台架试验。如果供油者提供的产品，其红外线谱图与通过压缩机台架试验的油样谱图相一致，又符合本标准所规定的理化指标或供需双方另订的协议指标时，可以不再进行压缩机台架试验。红外线谱图可以采用 ASTM E1421：1999（2009）方法测定。

表 19.2-68 L-DRE 和 L-DRG 冷冻机油的质量指标（摘自 GB/T 16630—2012）

项目	质量指标																							试验方法
品种	L-DRE											L-DRG												
黏度等级（GB/T 3141）	15	22	32	46	56①	68	100	150	220	320	460	8①	10	15	22	32	46	68	100	150	220	320	460	
外观	清澈透明											清澈透明												目测②
运动黏度（40℃）/$mm^2 \cdot s^{-1}$	13.5~16.5	19.8~24.2	28.8~35.2	41.4~50.6	50.8~61.0	61.2~74.8	90.0~110	135~165	198~242	288~352	414~506	8.5~9.0	9.0~11.0	13.5~16.5	19.8~24.2	28.8~35.2	41.4~50.6	61.2~74.8	90.0~110	135~165	198~242	288~352	414~506	GB/T 265
倾点/℃ 不高于	-39	-36	-36	-33	-30	-27	-24	-18	-15	-12	-9	-48	-45	-39	-36	-33	-33	-24	-24	-21	-15	-12	-9	GB/T 3535
闪点/℃ 不低于	150		160		170		180	210		225		145	150			160		170		210			225	GB/T 3536
密度（20℃）/$kg \cdot m^{-3}$	报告											报告												GB/T 1884③及 GB/T 1885
酸值/$mgKOH \cdot g^{-1}$ 不大于	0.02④											0.02④												GB/T 4945⑤
灰分（质量分数，%） 不大于	0.005④											—												GB/T 508
水分/$mg \cdot kg^{-1}$ 不大于	30⑥											30⑥												ASTM D6304⑦
颜色/号 不大于	0.5	1.0	1.0	1.5	2.0	2.0	⑧					⑧	⑧	0.5	1.0	1.0	1.5	2.0	⑧					GB/T 6540
泡沫性（泡沫倾向/泡沫稳定性，24℃）/$mL \cdot mL^{-1}$	报告											报告												GB/T 12579
机械杂质（质量分数，%）	无											无												GB/T 511
铜片腐蚀（T2 铜片、100℃、3h）/级 不大于	1											1												GB/T 5096
击穿电压/kV 不小于	25											25												GB/T 507

残炭(质量分数,%) 不大于	0.03④								0.03④										GB/T 268
絮凝点⑨/℃ 不高于	-45	-42	-42	-42	-42	-42	-35	-20	-42	-42	-42	-42	-42	-35	-35	-30	-25	-20	GB/T 12577
化学稳定性(175℃,14d)	无沉淀								⑩										SH/T 0698
极压性能(法莱克斯法)失效负荷/N	报告								报告										SH/T 0187
压缩机台架试验⑪	通过								通过										供需双方商定

① 不属于 ISO 黏度等级。

② 将试样注入 100mL 玻璃量筒中，在 20℃±3℃下观察，应透明、无不溶水及机械杂质。

③ 试验方法也包括 SH/T 0604。

④ 不适用于含有添加剂的冷冻机油。

⑤ 试验方法也包括 GB/T 7304，有争议时，以 GB/T 4945 为仲裁方法。

⑥ 仅适用于交货时密封容器中的油。装于其他容器时的水含量由供需双方另订协议。

⑦ 试验方法也包括 GB/T 11133 和 NB/SH/T 0207，有争议时，以 ASTM D6304 为仲裁方法。

⑧ 指标由供需双方商定。

⑨ 只适用于深度精制的矿物油或合成烃油。

⑩ 该项目是否检测由供需双方商定，如需要，应为无沉淀。

⑪ 压缩机台架试验（包括寿命试验、结焦试验和与各种材料的相容性试验等）为本产品定型时和用油者首次选用本产品时必做的项目。当生产冷冻机油的原料和配方有变动时，或转厂生产时应重做台架试验。如果供油者提供的每批产品，其红外线谱图与通过压缩机台架试验的油样谱图相一致，又符合本标准所规定的理化指标或供需双方另订的协议指标时，可以不再进行压缩机台架试验。红外线谱图可以采用 ASTM E1421：1999（2009）方法测定。

表 19.2-69 国产全封闭制冷压缩机油的质量指标

名 称	全封闭冷冻机油	SR-32 合成冷冻机油	SR-32A 合成冷冻机油	N56 合成转子式空调压缩机油	分析方法
品 种	L-DRB/A	L-DRB/B	L-DRB/B	L-DRB/B	
黏度等级	32	32	32	56	
运动黏度/$mm^2 \cdot s^{-1}$					GB/T 265
40℃	31.64	31.27	29.57	52.53	
100℃	4.86	4.84	4.85	6.94	
黏度指数	58	60	75	84	GB/T 2541
酸值/$mgKOH \cdot g^{-1}$	0.016	中	0.01	0.02	GB/T 264
闪点/℃	184	197	196	220	GB/T 3536
燃点/℃	209	208	210		
苯胺点/℃	98.4	93	77.5	98.4	GB/T 262
含水量/$mg \cdot kg^{-1}$	16	26.7	18.8	21	GB/T 11133
绝缘强度/kV	55	60	47	55	GB/T 507
絮凝点/℃	-50.5	-61	-70	-60	GB/T 12577
凝点/℃		-56	-60	-56	GB/T 510
倾点/℃	-45	-45	-47	-39	GB/T 3535
残炭(%)	0.005	0	0	0.006	GB/T 260
灰分(%)	0.002	0	0	0	GB/T 508
硫含量(%)	0.074	0.0005	0.002		SH/T 0253
密度(20℃)/$g \cdot cm^{-3}$	0.8719	0.8663	0.8731	0.8723	GB/T 2540
色度/级	0.5	L1.0	0.5	L1.5	GB/T 6540
铜片腐蚀(100℃、3h)/级	16	1A	16	1A	GB/T 5096
泡沫性能,泡高/泡沫稳定性(24-93-24℃)/$mL \cdot mL^{-1}$		10/0—35/0—10/0	10/0—15/0—10/0	10/0—30/0—10/0	GB/T 12579
制冷剂(R12)与油的热化学安定性(菲利浦试验)/h	96	96	96	96	DIN 51593
Falex 烧结负载(52℃)/N		3113	2667	3422	ASTMD 2670
热稳定试验(快速老化试验)(100℃、90h)	通过	通过	通过	通过	IHV-02-C3-522
与 R22 的临界溶解温度/℃		-18	-20	-12	DIN 51351
密封管试验(175℃、14d、Fe、Cu)					参考 Sun 法
试验后 色度				2.0	
R22(%)				0.38	
用 途	适用于以氟里昂作为制冷剂的全封闭制冷压缩机,如冰箱、冷柜和空调等压缩机	适用于以氟里昂作为制冷剂的全封闭制冷压缩机,如冰箱、冷柜和空调,也可用于半封闭和超低温制冷设备	适用于以氟里昂作为制冷剂的全封闭制冷压缩机,如冰箱、冷柜和空调,也可用于半封闭和超低温制冷设备	适用于以氟里昂作为制冷剂的全封闭转子式制压缩机,也可用于活塞式全封闭和半封闭制冷压缩机	

注: 1. 表中百分数为质量分数。

2. 生产商有中国石油独山子石化公司、北京兴普精细化工技术开发有限公司。

表 19.2-70　各种制冷压缩机用冷冻机油的黏度选择

制冷压缩机类型		致　冷　剂	蒸发温度/℃	适用黏度(40℃)/$mm^2 \cdot s^{-1}$
活塞式	开　式	氨	-35 以上 -35 以下	46~68 22~46
		R12 R22	-40 以上 -40 以下	56 32
	封闭式	R12 R22	-40 以下 -40 以下	10~32 22~68
	斜板式	R12	冷气、空调	56~100
回转式	螺杆式	氨 R12 R22	-50 以下 -50 以下 -50 以下	56 100 56
	转子式	R12 R22	一般空调	32~68 32~100
离　心　式		R11 其他氟里昂 氯甲烷	一般空调	32(汽轮机油) 56 56

3.6　机床用油

机床上主要润滑部位是齿轮、导轨、轴承和液压系统。机床上的齿轮负载不大，对油品要求不高，对机床加工精度影响最大的是导轨油、主轴油和液压油，见表 19.2-71~表 19.2-73。

表 19.2-71　机床用润滑油（摘自 ISO/TR 3498）

项目	用　途　分　类		性　　能	代号 ISO VG	主 要 用 途
A	全损式		精制石油润滑油	AN68 200	轻负载全损式一般润滑用
C	齿轮（闭式）	中负载	耐蚀、抗氧化安定性好的直馏精制加抗氧化剂润滑油	CKB32 CKB68 CKB100 CKB150	中负载卡头、进给箱刀架等,闭式齿轮及轴承的强制、油浴及喷雾润滑用
		重负载	耐蚀、抗氧化及负载性好的添加剂精制石油润滑油	CKC100 CKC150 CKC220 CKC320 CKC460	高负载运转温度不超过 70℃ 的双曲线齿轮以外的闭式齿轮及轴的强制及油浴润滑
F	主轴轴承连接离合器	主轴和轴承	抗氧化性、耐蚀性及耐磨损性优良的精制石油系油	FD2 FD5 FD10 FD22	滑动（平）轴承或滚动轴承的强制、油浴及喷雾润滑
		主轴、轴承和离合器	耐蚀性、抗氧化性优良的精制石油系油	FC2 FC5 FC10 FC22	滑动（平）轴承或滚动轴承，以及连接离合器的强制、油浴及喷雾润滑

（续）

项目	用途分类		性能	代号 ISO VG	主要用途
G	导轨润滑油		润滑性能、黏附性优秀的防爬性好的精制石油系油	G68 G100 G150 G220	滑动面（螺母、进给螺杆、凸轮、爪轮及间歇运转的重负载蜗轮蜗杆等各种滑动部分）的润滑及低速滑动面的防爬润滑
H	液压系	液压系统	耐蚀、抗氧化性好的精制石油系油	HL32 HL46 HL68	滑动（平）轴承、滚动轴承，或双曲线齿轮以外的齿轮的一般液压系统润滑
			耐蚀、抗氧化性及抗磨损性能好的精制石油系油	HM15 HM32 HM46 HM68	适用一般液压系统
			黏温性能优良的防锈抗氧化精制石油系油	HV22 HV32 HV68	适用计算机数控（NC）系统
		液压及导轨系统	防爬性能好的防锈抗氧化抗磨精制石油系油	HG32 HG68	液压系统及要求防爬的导轨面润滑共用
X	各部分脂润滑	多效通用润滑脂	抗氧化性、耐蚀性好的优级润滑脂	XBCEA 00 XBCEA 0 XBCEA 1 XBCEA 2 XBCEA 3	滑动（平）轴承及滚动轴承等各种摩擦部分的一般脂润滑用

表 19.2-72　金属切削机床用节能型润滑油的黏度　（$mm^2 \cdot s^{-1}$）

机床	黏度 ISO VG(40℃)		节电率（%）	油名	黏度 ISO VG(40℃)		节电率（%）
	原用油	节能油			原用油	节能油	
万能自动车床	32(28.8~35.2) 46(41.4~50.6)	10(9.0~11.0) 10(9.0~11.0)	6.5 10.4	高速轴承油	10(9.0~11.0)	7(6.3~7.7)	6
				齿轮油	32(28.8~35.2) 56.68(50.4~74.8)	10(9.0~11.0) 46(41.4~50.6)	
圆筒磨床	68(61.2~74.8) 46(41.4~50.6)	46(41.4~50.6) 32(28.8~35.2)	6.2 9.3	导轨油	68(61.2~74.8)	46(41.4~50.6)	
				液压油	32(28.8~35.2) 56.68(50.4~74.8)	32(28.8~35.2) 46(41.4~50.6)	

表 19.2-73　机床润滑油换油的质量指标（供参考）

质量项目		主轴油	齿轮油	液压油	导轨油
黏度变化(40℃，mm^2/s)(%)	最大	±10	±15	±10	±10
总酸值/$mgKOH \cdot g^{-1}$	最大	0.25	0.25	0.25	—
水分(体积分数，%)	最大	0.1	0.1	0.1	0.05
杂质(微孔滤膜)/$mg \cdot 100mL^{-1}$	最大	10	10	10	2

3.6.1 轴承油（L-FC）、主轴油（L-FD）（见表19.2-74）

表19.2-74 轴承油、主轴油的质量指标（摘自SH/T 0017—1990）

项 目		质 量 指 标																									
品 种		L-FC											L-FD														试验方法
质量等级		一 级 品											一 级 品							合 格 品①							
黏度等级（按GB/T 3141）		2	3	5	7	10	15	22	32	46	68	100	2	3	5	7	10	15	22	2	3	5	7	10	15	22	—
运动黏度（40℃）/$mm^2 \cdot s^{-1}$		1.98~2.24	2.88~3.52	4.14~5.06	6.12~7.48	9.00~11.0	13.5~16.5	19.8~24.2	28.8~35.2	41.4~50.6	61.2~74.8	90~110	1.98~2.42	2.88~3.52	4.14~5.06	6.12~7.48	9.00~11.0	13.5~16.5	19.8~24.2	1.98~2.42	2.88~3.52	4.14~5.06	6.12~7.48	9.00~11.0	13.5~16.5	19.8~24.2	GB/T 265
黏度指数 不小于		—		报 告									—			报 告				—			报告				GB/T 2541
倾点/℃ 不高于		-18					-12					-6	-12							—							GB/T 3535
凝点/℃ 不高于		—											—							-15							GB/T 510
闪点/℃	开口 不低于	—			115	140			160	180			—			115	140			—							GB/T 3536
	闭口 不低于	70	80	90	—								70	80	90	—				60	70	80	90	100	110	120	GB/T 261
中和值/$mgKOH \cdot g^{-1}$		报 告											报 告							—							GB/T 4945
泡沫性（泡沫倾向/泡沫稳定性）24℃/$mL \cdot mL^{-1}$ 不大于		100/10											100/10							—							GB/T 12579
腐蚀试验（铜片、100℃、3h）/级 不大于		1（50℃）		1									1（50℃）		1					1（50℃）		1					GB/T 5096
液相锈蚀试验（蒸馏水）		无 锈											无 锈							—							GB/T 11143

（续）

项目		质量指标																									试验方法
品种		L-FC											L-FD														
质量等级		一级品											一级品							合格品①							
黏度等级(按 GB/T 3141)		2	3	5	7	10	15	22	32	46	68	100	2	3	5	7	10	15	22	2	3	5	7	10	15	22	—
抗磨性	最大无卡咬负载 P_B/N 不小于	—											—							343	392		441		490		GB/T 3142
	磨斑直径②(196N、60min、75℃、1500r/min)/mm 不大于	—											0.5							—							SH/T 0189
氧化安定性	酸值到 2.0mgKOH/g 的时间③/h 不小于	—					1000						—					1000		—							GB/T 12581
	氧化后酸值增加 /mgKOH · g^{-1} 不大于	0.2					—						0.2					—		0.2							SH/T 0196
	氧化后沉淀（质量分数,%） 不大于	0.02					—						0.02					—		0.02							（用 100℃）
橡胶密封适应性指数		报告											报告							—							SH/T 0305
硫酸盐灰分（%）		—											报告							—							GB/T 2433
色度/号		报告											报告							报告							GB/T 6540
水分（质量分数,%） 不大于		痕迹											痕迹							痕迹							GB/T 260
机械杂质（质量分数,%） 不大于		无								0.007			无							无							GB/T 511
抗乳化性（40-37-3mL）/min 不大于		报告（黏度等级≤22 用 25℃，32~68 用 54℃，100 用 82℃）											报告（用 25℃）							—							GB/T 7305

① 1995 年 1 月 1 日起取消 L-FD（合格品）。

② FD_2（一级品）的磨斑直径测定的温度条件为 50℃。

③ 为保证项目。

3.6.2　导轨油（见表 19.2-75、表 19.2-76）

表 19.2-75　导轨油的质量指标（摘自 SH/T 0361—1998）

项　　目	质　量　指　标							试验方法
品种(按 GB/T 7631.11)	L-G							—
黏度等级(按 GB/T 3141)	32	46	68	100	150	220	320	—
运动黏度(40℃)/$mm^2 \cdot s^{-1}$	28.8～35.2	41.4～50.6	61.2～74.8	90～110	135～165	198～242	288～352	GB/T 265
黏度指数	报告①							GB/T 1995
密度(20℃)/$kg \cdot m^{-3}$	报告①							GB/T 1884 GB/T 1885
中和值/$mgKOH \cdot g^{-1}$	报告①							GB/T 4945
外观(透明度)	清澈透明				透明			目测②
闪点(开口)/℃　不低于	150	160	180					GB/T 3536
腐蚀试验(铜片、60℃、3h),级　不大于	2							GB/T 5096
液相锈蚀试验(蒸馏水法)	无锈							GB/T 11143
倾点/℃　不高于	-9					-3		GB/T 3535
抗磨性:① 磨斑直径(200N、60min、1500r/min)/mm　不大于	0.5③							SH/T 0189
橡胶相容性	④							GB/T 1690
黏滑特性	⑤							⑤
加工液相容性	④							②
机械杂质(质量分数,%)　不大于	无					0.01		GB/T 511
水分(质量分数,%)　不大于	痕迹							GB/T 260

① 这些特性对于机械制造者来说是重要的，但它可随机械设计、材料和操作环境等条件的变化而变化，特性数据应由供油者提供。

② 供需双方可共同商定测试方法。

③ 尽管四球机试验结果与导轨油的实际使用在吻合程度上有争议，但对于用户在选用导轨油而了解其抗磨性数据时有一定的参考价值。四球机试验条件和指标水平都是建议性的（如果采用转速为 1200r/min 时，应在化验报告单上予以注明）。

④ 供需双方应经常交流测定的数据。

⑤ 按供、需双方同意的方法测定，由供应者提供数据（我国曾采用广州机床研究所自建的模拟导轨润滑系统的实验台架来测定导轨油的静-动摩擦系数的差值，从而了解导轨油在低速下的爬行情况，为研制导轨油筛选配方和产品定型起到了指导作用）。

表 19.2-76 L-HG 液压导轨油的质量指标（摘自 GB 11118.1—2011）

项目		质量指标				试验方法
黏度等级(GB/T 3141)		32	46	68	100	
密度①(20℃)/$kg \cdot m^{-3}$		报告				GB/T 1884 和 GB/T 1885
色度/号		报告				GB/T 6540
外观		透明				目测
闪点/℃ 开口	不低于	175	185	195	205	GB/T 3536
运动黏度(40℃)/$mm^2 \cdot s^{-1}$		28.8~35.2	41.4~50.6	61.2~74.8	90~110	GB/T 265
黏度指数②	不小于	90				GB/T 1995
倾点③/℃	不高于	-6	-6	-6	-6	GB/T 3535
酸值④ $mgKOH \cdot g^{-1}$		报告				GB/T 4945
水分(质量分数,%)	不大于	痕迹				GB/T 260
机械杂质		无				GB/T 511
清洁度		⑤				DL/T 432 和 GB/T 14039
铜片腐蚀(100℃、3h)/级	不大于	1				GB/T 5096
液相锈蚀(24h)		无锈				GB/T 11143(A 法)
中和值 $mgKOH \cdot g^{-1}$		报告				GB/T 8021
泡沫性(泡沫倾向/泡沫稳定性)/$mL \cdot mL^{-1}$						GB/T 12579
程序Ⅰ(24℃)	不大于	150/0				
程序Ⅱ(93.5℃)	不大于	75/0				
程序Ⅲ(后 24℃)	不大于	150/0				
密封适应性指数	不大于	报告				SH/T 0305
抗乳化性(乳化液到 3mL 的时间)/min						GB/T 7305
54℃		报告			—	
82℃		—			报告	
黏滑特性(动、静摩擦因数差值)⑥	不大于	0.08				SH/T 0361 的附录 A
氧化安定性						
1000h 后总酸值 $mgKOH \cdot g^{-1}$	不大于	2.0				GB/T 12581
1000h 后油泥/mg		报告				SH/T 0565
旋转氧弹(150℃)/min		报告				SH/T 0193
抗磨性						
齿轮机试验/失效级	不小于	10				SH/T 0306
磨斑直径(392N、60min、75℃、1200r/min)/mm		报告				SH/T 0189

① 测定方法也包括用 SH/T 0604。
② 测定方法也包括用 GB/T 2541。结果有争议时，以 GB/T 1995 为仲裁方法。
③ 用户有特殊要求时，可与生产单位协商。
④ 测定方法也包括用 GB/T 264。
⑤ 由供需双方协商确定，也包括用 NAS 1638 分级。
⑥ 经供、需双方商定后也可以采用其他黏滑特性测定法。

3.7 风力发电机用油

风力发电机组分布广泛，各地气候条件差异很大。沿海地区空气湿度大、盐雾重，年均温度较高；北方地区温差较大，冬季寒冷，风沙较强。对于闭式润滑系统来说，首要考虑的是温度差异，而湿度、风沙及盐雾等因素的影响相对较小。

由于风力发电机组运行的环境温度一般不超过40℃，且持续时间不长，因此除发电机轴承外，用于风力发电机组的润滑油（脂），在油品的低温性能上，根据风力发电机组运行环境的温度不同，其要求也不同。对于环境温度高于-10℃的地区，所用润滑油不需特别考虑低温性能，大多数润滑油都能满足使用要求；在环境温度较低的寒区，如冬季最低温度低于-20℃，有时连续数日在-30℃左右的工况，对油品的低温性能有较高的要求。

风力发电机的主要润滑部位有齿轮箱、发电机轴承、偏航系统轴承和齿轮，以及液压制动系统和主轴承等。

3.7.1 齿轮箱润滑油（见表19.2-77）

表19.2-77 SH5000系列合成烃重负载工业齿轮油质量指标

项　目	SH5100	SH5150	SH5220	SH5320	SH5460	SH5680
运动黏度(100℃)/$mm^2 \cdot s^{-1}$	12.09	19.72	26.97	36.05	50.06	68.31
运动黏度(40℃)/$mm^2 \cdot s^{-1}$	99.27	161.0	231.9	321.1	464.6	636.1
闪点(开口)/℃	230	220	215	215	215	224
凝点/℃	-45	-45	-43	-40	-35	-32
液相锈蚀	合格	合格	合格	合格	合格	合格
抗乳化						
油中水(质量分数,%)	2.0	2.0	2.0	2.0	2.0	2.0
总水分/mL	80	80	80	80	80	80
乳化液/mL	1.0	1.0	1.0	1.0	1.0	1.0
P_D/N	3920	3920	3087	3920	3087	3920

3.7.2 发电机轴承润滑脂（见表19.2-78）

表19.2-78 7019-1极压复合锂基润滑脂质量指标

项　目	3号	2号	1号	0号	00号
锥入度/10^{-1}mm	239	274	325	360	402
10万次延长工作锥入度/10^{-1}mm	285	309	360	395	440
滴点/℃	>330	>330	>330	>330	>330
四球试验					
P_B/N	1373	1373	1373	1373	1373
ZMZ/N	705	705	705	652	652

3.7.3 偏航系统轴承和齿轮用润滑脂（见表19.2-79）

表19.2-79 7011低温极压润滑脂质量指标

项　目	典型值
滴点/℃	180
微锥入度/10^{-1}mm	64
腐蚀(T3铜、100℃、3h)	合格
压力分油(%)	15
相似黏度(-50℃,$10s^{-1}$)/Pa·s	891
蒸发损失(120℃)(质量分数,%)	0.6
氧化压力降(0.78MPa,100℃,100h)/kPa	12

3.7.4 液压制动系统润滑油（见表19.2-80）

表19.2-80 4637高黏度指数液压油主要质量指标

项　目	15号	32号	46号	68号	100号
运动黏度(40℃)/$mm^2 \cdot s^{-1}$	13.5~16.5	28.8~35.2	41.4~50.6	61.2~74.8	90~110
黏度指数 ≥	140	140	140	140	140
闪点(开口)/℃ ≥	166	200	200	210	220
凝点/℃ ≤	-30	-30	-30	-30	-30
泡沫特性/mL·mL^{-1}					
24℃ ≤	100/0	100/0	100/0	100/0	100/0
93℃ ≤	100/0	100/0	100/0	100/0	100/0
后24℃ ≤	100/0	100/0	100/0	100/0	100/0

3.7.5 大型风力发电机润滑油品应具备的条件和主要性能（见表19.2-81、表19.2-82）

表19.2-81 润滑油的条件和主要性能

品种	材料	黏度VG	FZG失效级	黏度指数VI	倾点/℃	叶片泵试验
齿轮油	聚α-烯烃	220~320	14	>150	-40	
液压油	合成油	32	>10	>140	<-30	环磨损<120mg 叶片磨损<30mg

表19.2-82 润滑脂的条件和主要性能

品种	材料	稠度	使用温度/℃	其　他
开式齿轮脂		1号	-30~140	高承载能力；黏附性好
半流体润滑脂	合成油/特殊锂皂		-15~140；短时160	FZG失效级>14 黏度：22℃，2100mPa·s；-55℃，12000mPa·s
高性能多效润滑脂		2号	-30~100；短时130	优越的铜腐蚀、锈蚀、抗磨性能，适于集中润滑系统
超高性能多效润滑脂	合成油/特殊钙皂	2号	-55~140；短时160	铜腐蚀、锈蚀和抗水性能好； 低温转矩： -40℃起动转矩，200N·mm； 运行转矩，80N·mm； -50℃起动转矩，900N·mm； 运行转矩，500N·mm

3.8 真空泵油（见表19.2-83）

表 19.2-83 矿物油型真空泵油的质量指标（摘自 SH/T 0528—1992）

项目		质量指标							试验方法
质量等级		优级品			一级品			合格品	
黏度等级(按 GB/T 3141)		46	68	100	46	68	100	100	
运动黏度(40℃)/$mm^2 \cdot s^{-1}$		41.4~50.6	61.2~74.8	90~110	41.4~50.6	61.2~74.8	90~110	90~110	GB/T 265
黏度指数	不小于	90	90	90	90	90	90	—	GB/T 2541
密度(20℃)/$kg \cdot m^{-3}$	不大于	880	882	884	880	882	884	—	GB/T 1884 或 GB/T 1885
倾点/℃	不高于	-9	-9	-9	-9	-9	-9	-9	GB/T 3535
闪点(开口)/℃	不低于	215	225	240	215	225	240	206	GB/T 3536
中和值/$mgKOH \cdot g^{-1}$	不大于	0.1	0.1	0.1	0.1	0.1	0.1	0.2	GB/T 4945
色度/号	不大于	0.5	1.0	2.0	1.0	1.5	2.5	—	GB/T 6540
残炭(%)	不大于	0.02	0.03	0.05	0.05	0.05	0.10	0.20	GB/T 268
抗乳化性(40-37-3mL)/min									GB/T 7305
54℃	不大于	10	15	—	30	30	—	—	
82℃	不大于	—	—	20	—	—	30	报告	
腐蚀试验(铜片、100℃、3h)/级	不大于	1	1	1	1	1	1	—	GB/T 5096
泡沫性(泡沫倾向/泡沫稳定性)/$mL \cdot mL^{-1}$									GB/T 12579
24℃	不大于	100/0	100/0	100/0	—	—	—	—	
93.5℃	不大于	75/0	75/0	75/0	—	—	—	—	
后 24℃	不大于	100/0	100/0	100/0	—	—	—	—	
氧化安定性 酸值到 2.0mgKOH/g 的时间①/h	不小于	1000	1000	1000	—	—	—	—	GB/T 12581
氧化安定性 旋转氧弹(150℃)/min		报告	报告	报告	—	—	—	—	SH/T 0193
水溶性酸及碱		无	无	无	无	无	无	无	GB/T 259
水分(%)		无	无	无	无	无	无	无	GB/T 260
机械杂质(%)		无	无	无	无	无	无	无	GB/T 511
灰分(%)	不大于	—	—	—	—	—	—	0.005	GB/T 508
饱和蒸气压/kPa									SH/T 0293
20℃	不大于	—	—	—	—	—	—	5.3×10^{-6}	
60℃	不大于	6.7×10^{-6}	6.7×10^{-7}	1.3×10^{-7}	1.3×10^{-5}	1.3×10^{-6}	6.7×10^{-7}	报告	
极限压力/kPa									GB/T 6306.2②
分压	不大于	2.7×10^{-5}	2.7×10^{-5}	2.7×10^{-5}	6.7×10^{-5}	6.7×10^{-5}	6.7×10^{-5}	—	
全压		报告	报告	报告	—	—	—	—	

注：表中百分数为质量分数。

① 为保证项目。

② 必须用双级优级真空泵作为试验用泵。

3.9　L-AN 全损耗系统用油

L-AN 全损耗系统用油是合并了原机械油、缝纫机油和高速机械油标准而形成的，适用于过去使用机械油的各种场合，如机床、纺织机械、中小型电机、风机和水泵等各种机械的变速器，手动加油转动部位、轴承等一般润滑点或润滑系统，以及对润滑油无特殊要求的全损耗润滑系统，不适用于循环润滑系统。L-AN 全损耗系统用油的质量指标见表 19.2-84。

表 19.2-84　L-AN 全损耗系统用油的质量指标（摘自 GB/T 443—1989）

项　目		质　量　指　标										试验方法
品种		L-AN										
黏度等级（按 GB/T 3141）		5	7	10	15	22	32	46	68	100	150	—
运动黏度(40℃)/$mm^2 \cdot s^{-1}$		4.14~5.06	6.12~7.48	9.00~11.00	13.5~16.5	19.8~24.2	28.8~35.2	41.4~50.6	61.2~74.8	90.0~110	135~165	GB/T 265
倾点[①]/℃	不高于	-5										GB/T 3535
水溶性酸或碱		无										GB/T 259
中和值/$mgKOH \cdot g^{-1}$		报告										GB/T 4945
机械杂质（%）	不大于	无			0.005		0.007					GB/T 511
水分（%）	不大于	痕迹										GB/T 260
闪点(开口)/℃	不低于	80	110	130	150			160		180		GB/T 3536
腐蚀试验（铜片、100℃、3h）/级	不大于	1										GB/T 5096
色度/号	不大于	2				2.5	报告					GB/T 6540

注：表中百分数为质量分数。

① 当本产品用于寒冷地区时，其倾点指标可由供需双方协商后另订。

3.10 链条油（见表19.2-85）

表19.2-85 优立欣M9000系列超级合成高温链条及轴承润滑油的质量指标

项 目	典型值		试验方法
	220	320	
密度(15℃)/kg·L^{-1}	0.954	0.973	ASTM D1298
运动黏度/$mm^2 \cdot s^{-1}$			ASTM D445
40℃	221	315	
100℃	25.5	33.8	
黏度指数	146	153	ASTM D2270
闪点(开口)/℃	300	310	ASTM D92
倾点/℃	-30	-25	ASTM D97
蒸发损失(100℃、22h)/%	0.3	0.3	ASTM D972
四球磨斑直径/mm	0.38	0.38	ASTM D4172
铜片腐蚀(100℃、3h)/级	1a	1a	ASTM D130
防锈试验	合格	合格	ASTM D665
操作温度/℃			—
连续	260	260	
间歇	280	280	

3.11 润滑油与橡胶密封材料的相容性

3.11.1 相容性

橡胶密封件应用非常广泛，是机电产品防止"三漏"（漏油、漏水和漏气），保证安全运行，提高性能和效率的重要基础元件。

相容性指润滑油对其接触的各种金属材料、非金属材料（如橡胶、涂料和塑料）等无侵蚀作用，这些材料也不会使油污染变质。不相容会产生金属腐蚀、涂料溶解和橡胶的过分膨胀或收缩，加快油料的污染变质。这些都会缩短油品和密封件的寿命，甚至造成运行故障，因此在机械设备上，润滑油必须与系统的各种材料相适应，更要与密封材料相适应。

3.11.2 橡胶密封材料的性能及其与润滑油的相容性

（1）丁腈橡胶（NBR）

丁腈橡胶是由丁二烯和丙烯腈聚合而成的橡胶，是使用最为广泛的密封材料，它具有优良的耐油性能。由于它含有丙烯腈，因而具有极性，所以对非极性和弱极性的油类和溶剂具有优异的抗耐性。丙烯腈含量越高，耐油性越好，但耐寒性下降。丁腈橡胶可以在温度为100℃的工作环境下长期工作，短时工作温度允许到120℃，是20世纪橡胶密封件的主要材料。但由于丁腈橡胶主链中含有双键，导致其耐热、耐天候以及化学稳定性较差。丁腈橡胶不耐酮、酯和卤化烃等物质。在含有极压添加剂的油中，当温度超过110℃时，就发生显著的硬化、变脆；遇到硫、磷及氯化合物，还会引起橡胶解聚，造成损坏，因此丁腈橡胶不能用于现代磷酸酯系液压油和含有极压添加剂的齿轮油。

（2）氢化丁腈橡胶（HNBR）

丁腈橡胶（NBR）分子主链上有双键，影响它的耐热、耐天候和耐化学稳定性。HNBR是用贵重金属作为催化剂，有选择地使NBR中的C═C键氢化，使之饱和，得到饱和型的氢化丁腈橡胶HNBR。与NBR比较，其强度大大提高，耐热性极其优良，耐油性与NBR相当，耐磨性提高一倍。

研究显示，HNBR对22种汽车润滑油添加剂的抗耐性好，耐新型燃料菜油甲酯（RME）的性能，为NBR的8倍，非常适合RME和乙醇汽油系统的密封；HNBR对新型制冷剂具有优良的密封性能，HNBR将在新的传动介质、新流体密封中发挥重要作用。

（3）丙烯酸酯橡胶（ACM）

丙烯酸酯橡胶是以丙烯酸酯为主要成分的共聚体，主链饱和，侧链含有烷基、烷氧基，可与带有环氧基、活性卤素及羧基等官能团的单体进行交联共聚。在耐热、耐油（润滑油）和耐臭氧等方面，具有优异的平衡性能。由于聚丙烯酸酯橡胶的结构中含有极性的丙烯酸酯基团，使得它具有很突出的耐石油基油类和燃料的特性。这个性质也使它可用于密封含硫的润滑剂。因为聚丙烯酸酯橡胶的化学结构可以抵抗这些材料的交联，因此在汽车方面的应用越来越多。该聚合物具有非常高的抗氧化、抗臭氧和抗阳光辐射性能，并且其耐屈挠的性能也很好。

聚丙烯酸酯橡胶的低温性能差一些，但在高达176.7℃的热油中仍可使用。它的部件暴露在热空气中的性能也优于丁腈橡胶。

聚丙烯酸酯橡胶也有它的弱点。相对于其他的聚合物，它的强度和耐水性要差一些。20世纪80年代以后，聚丙烯酸酯橡胶的一些应用被乙烯-丙烯酸橡胶替代，但仍用作一些汽车的部件，如发动机垫片、动力传向装置等。

（4）乙烯-丙烯酸橡胶（AEM）

乙烯-丙烯酸橡胶（AEM）是由乙烯、甲基丙烯酸酯及少量的可供在聚合物中作为硫化点的第三单体组成的三聚物。

AEM具有非常好的耐热性、耐油性和低温性能。这种聚合物很适于含石蜡油的发动机润滑剂的环境。由于它的脆点较低，所以在一些密封方面可代替聚丙烯酸酯橡胶。乙烯-丙烯酸橡胶胶料在动态能力方面的应用会受到限制，如在高速运转下轴的密封，会由于聚合物的性能不好而引起泄漏。

（5）硅橡胶（VMQ）

硅橡胶具有卓越的耐高、低温性能，在所有橡胶材料中具有最广泛的工作温度；硅橡胶耐臭氧、耐氧、耐光和耐热老化，性能优越；硅橡胶对于低度的酸、碱有一定的抗耐性，对乙醇、丙酮等介质也有很好的抗耐性。硅橡胶的种类有甲基硅橡胶、甲基乙基硅橡胶、苯基硅橡胶、氟硅橡胶、腈硅橡胶和硼硅橡胶六类。

硅橡胶的主要缺点：硫化成形时尺寸收缩大，制作时不易控制尺寸，同时必须添加补强剂，否则机械强度较差，不耐磨，易撕裂，在耐酸碱腐蚀方面也不够理想。

（6）氟橡胶（FKM）

氟橡胶耐高温、耐油和耐化学介质，是目前综合性能最优异的特种橡胶。全球氟橡胶产量的80%用于制作密封件。氟橡胶可在250℃下长期工作，短期可耐300℃高温。其极优越的耐蚀性是氟橡胶的特点，它对燃料油、液压油、有机溶剂、酸和强氧化剂等的作用具有稳定性，优于其他各类橡胶。

（7）氟硅橡胶（FVMQ）

氟硅橡胶是一种特殊的硅橡胶。氟硅橡胶保持了硅橡胶的耐热性、耐寒性、耐天候性、压缩复原性、回弹性、电气特性和脱膜性等一系列优良性能，并在此基础上增加了氟橡胶的耐油性、耐溶剂性能。与氟橡胶相比，其耐油性相当，耐寒性、压缩永久变形性更优，而且从高温到低温都显示出优良的性能；即使不使用增塑剂也可得到低硬度的制品。氟硅橡胶作为汽车或飞机的密封件、衬垫、膜片和管类等制品正在广泛应用。

（8）三元乙丙橡胶（EPDM）

三元乙丙橡胶是由乙烯、丙烯和第三单体共聚而成的橡胶，具有优良的耐老化性、耐臭氧性、耐热性和突出的耐蒸汽性能；具有耐醇、耐强碱和耐氧化剂等化学品，但不耐脂肪族、芳香族类溶剂，不适于密封矿物油系润滑油和液压油。其制品可以在温度为120℃下长期使用，最高使用温度为150℃，最低极限温度为-50℃。EPDM适用于制作汽车密封条，国外目前已用EPDM完全取代天然橡胶（NR）和氯丁二烯橡胶（CR）。

3.12　部分国内外油品牌号对照（见表19.2-86～表19.2-88）

表19.2-86　部分国内外汽轮机油品牌号对照

生产商 / 品种 / 牌号 / 黏度等级	中国汽轮机油 TSA	英国石油 BP	加德士石油 CALTEX	日本石油	法国爱尔菲 ELF	埃索标准油 ESSO	美孚石油 MOBIL	壳牌国际石油 SHELL
	GB 11120—2011	Energol THB、TH-HT	Regal Oil R&O	FBK Turbine、GT、SH	Misola H Turbelf GB、SA	Teresso Teresso GT、SHP	DTE	Turbo Oil T、GT、TX
32	32	32	32	32、GT32、SH32	H32、GB32、SA32	GT-EP32 32、GT-32	Light	T32、GT32、TX32
46	46	46	46	46、SH46	H46、GB46、SA46	46	Medium	T46、GT46、TX46
68	68	68(77)	68	68、SH68	H68、SA68	68(77)	Heavy medium	T68、(T78)、TX68
100	100	100	100	100	H100、SA100	100	Heavy	T100
150	—	150	150	—	—	150	Extra H	—
220	—	—	220	—	—	220、SHP220	BB	—
320	—	—	320	—	—	320、SHP320	AA	—
460	—	460	—	—	—	460	HH	—

表 19.2-87 部分国内外工业齿轮油品牌号对照

GB/T 3141 黏度等级	ISO 黏度等级	中国			美国齿轮制造商协会（AGMA）		美孚石油 MOBIL		壳牌国际石油 SHELL		日本石油	
		抗氧防锈工业齿轮油	中载荷工业闭式齿轮油	重载荷工业闭式齿轮油	R&O	EP/Comp	R&O	EP	R&O	EP	R&O	EP
		L-CKB 或 GB 5903—2011	L-CKC GB 5903—2011	L-CKD GB 5903—2011			DTE	Mobil-Gear	Macoma Oil R	Omala	—	—
—	VG32	—	—	—	—	—	Oil light DTE 24	—	—	—	32	—
—	VG46	—	—	—	1	—	Oil Medium DTE 25	—	—	—	46	—
68	VG68	50	68	—	2	2EP	Oil HM DTE 26	626	68	68	68	68
100	VG100	70	100	—	3	3EP	Oil Heavy	627	100	100	100	100
150	VG150	90	150	—	4	4EP	Oil Extra Heavy	629 SHC 150	150	150	150	150
220	VG220	120,150	220	220	5	5EP	Oil BB	630 SHC 220	220	220	220	220
320	VG320	200	320	320	6	6EP	Oil AA	632 SHC 320	320	320	320	320
460	VG460	250	460	460	7	7EP 7Comp	Oil HH	634 SHC 460	460	460	460	460
680	VG680	300、350	680	680	—	8EP 8Comp	—	636 SHC 680	680	680	—	680
—	VG1000	—	—	—	—	8AComp	—	639	1000	1000	—	—
—	VG1500	—	—	—	—	9EP	—	—	—	1500	—	(1800)

表 19.2-88 部分国内外车辆齿轮油品牌号对照

API使用质量等级	中国使用质量等级	意大利石油总AGIP	英国石油BP	加德士石油CALTEX	嘉实多有限CASTROL	法国爱尔菲ELF	埃索标准油ESSO	德国福斯矿物油FUCHS	美孚石油MOBIL	壳牌国际石油SHELL	太阳石油SUN	德士古TEXACO
GL-1	—	Service	Gear Oil	Thuban	ST/D	—	Gear Oil ST	—	Red Mobil Gear Oil Mobilube C	Dentax	—	—
GL-2	—	—	Gear Oil WA	—	—	—	—	—	—	—	—	—
GL-3	L-CLC 普通车辆齿轮油 SH/T 0350—1992	Rotra	Gear Oil EP	Gear lubricant AIF	—	—	Spartan EP	—	Mobil Gear Oil 600	Macoma	Sunoco Gear Oil	—
GL-4	L-CLD 中载荷车辆齿轮油	Rotra HY	Gear Oil EP	Universal Thuban	Hypoy Light Hypoy TAF-X	Reductelf SP Tranself EP	Gear Oil GP Standard Gear Oil	TitanGear MP	Mobilube EP, GX Pegasus Gear Oil Fleetlube 423J	Spirax EP Hypoid CT	Sunoco Multi-purpose Gear Lubricant	—
GL-5	L-CLE 重载荷车辆齿轮油 GB 13895—1992	Rotra MP Rotra MP/S	Limslip 90-1 SuperGear EP Racing Gear Multigear EP Hypogear EP	Multipurpose Thuban EP Ultra Gear Lubricant	EPX Hypoy LS Hypoy B	Tranself B Tranself TRX	Gear Oil GX Standard super Gear Oil	Titan Renep 8090MC Titan Supergear 8090MC Titan Gear HYP Titan5 Speed Titan Supergears Renogear Super	Mobilube HD Mobilube SHC	Spirax HD	Sunoco GL-5 Multipurose Gear Lubricant Sunoco HP Gear Oil Sunfleet Gearlube	Syn-Star DE Syn-Star GL
GL-6	重载荷车辆齿轮油	—	X-5116	—	—	—	—	—	—	6140	—	—
农机齿轮用油	—	—	—	—	—	—	Gear Oil GX	Titan Hydra MC Planto Hytrac Titan Hydra	Fleet 423J	Donax TD	Sunoco TH Fluid	—

第3章　润　滑　脂

基础油加添加剂调配成润滑油（成品油），在润滑油的基础上，用稠化剂稠化，改变其形态，得到油膏状的润滑脂。稠化剂对润滑脂的性能影响很大，稠化剂是润滑脂的重要组成部分。

1　润滑脂的主要质量指标（见表 19.3-1）

表 19.3-1　润滑脂的主要质量指标

<table>
<tr><th>质量指标</th><th>说　　明</th></tr>
<tr><td>锥入度</td><td>锥入度是衡量润滑脂的稠度（即软硬程度）的指标。
润滑脂等级及其锥入度
<table>
<tr><th>等　级</th><th>锥入度范围/10^{-1}mm</th><th>等　级</th><th>锥入度范围/10^{-1}mm</th></tr>
<tr><td>000</td><td>445~475</td><td>3</td><td>220~250</td></tr>
<tr><td>00</td><td>400~430</td><td>4</td><td>175~205</td></tr>
<tr><td>0</td><td>355~385</td><td>5</td><td>130~160</td></tr>
<tr><td>1</td><td>310~340</td><td>6</td><td>85~115</td></tr>
<tr><td>2</td><td>265~295</td><td></td><td></td></tr>
</table></td></tr>
<tr><td>滴点</td><td>润滑脂在规定的条件下加热，润滑脂随温度升高而变软，从脂杯中滴下第一滴的温度称为滴点。润滑脂的滴点可大致地用来衡量其最高使用温度</td></tr>
<tr><td>黏度</td><td>润滑脂的运动阻力随温度和剪切速度变化而变化。确定润滑脂的黏度，必须指出测定时的温度 t 和剪切速度 $\overline{D}$。所以润滑脂的黏度称为相似黏度
相似黏度标记为：$\eta_t^{\overline{D}}$(Pa · s)</td></tr>
<tr><td>分油</td><td>润滑脂在贮存和使用过程中，有产生分油的倾向，质量较好的润滑脂分油较少</td></tr>
<tr><td>蒸发度</td><td>润滑脂的蒸发度是衡量润滑脂在使用和贮存过程中，由于基础油的蒸发导致润滑脂变干的倾向
润滑脂经过长期蒸发后，引起稠度变大、滴点降低和分油减少，影响其使用寿命，所以要求润滑脂的蒸发度越小越好</td></tr>
<tr><td>机械安定性</td><td>所谓润滑脂的机械安定性指润滑脂受到机械力作用后，其抵抗结构被破坏、抗稠度变化的能力。润滑脂的机械安定性是用其受剪切前后的锥入度变化值来表示
润滑脂的机械安定性的好坏与使用紧密相关，尤其在铰链、平面支承和滑动轴承中更为重要。因为在这些部位的润滑脂几乎全部参加工作，若用机械安定性不好的润滑脂，当其结构受到严重破坏时，去掉剪切负载仍不能恢复原有性状，润滑脂就会从这些部位流失，导致摩擦表面很快磨损破坏
由于润滑脂的机械安定性差，受剪后稠度很快减小，在高速运转的润滑部位，受离心力的作用，润滑脂会被甩出去，造成摩擦表面润滑不良，很快磨损破坏
润滑脂的机械安定性是一项重要的质量指标</td></tr>
<tr><td>氧化安定性</td><td>氧化安定性指在贮存和使用过程中其抗氧化的能力
氧化安定性是影响润滑脂使用寿命的重要性能之一，尤其是对长期在高温下使用的润滑脂，更具有重要意义</td></tr>
<tr><td>机械杂质</td><td>机械杂质指稠化剂和固体添加剂以外的固体物质（如砂粒、尘土、铁锈和金属屑等），它会引起摩擦表面的磨损，促使润滑脂氧化等</td></tr>
</table>

2　润滑脂的选用

选用润滑脂，除了需要了解各种润滑脂的特性之外，还必须了解使用部位的工作条件（温度、负载、转速和接触介质等）、润滑方式及换油周期等。

2.1　润滑部位的工作温度（见表 19.3-2）

润滑部位的工作温度是选择润滑脂的重要依据。

表 19.3-2 按最高温度选择润滑脂的类型

最高温度/℃	稠化剂类型	基础油类型
40~50	钙皂、锂皂	矿物油
100~120	锂皂、复合皂	矿物油
约 150	复合锂、复合铝、复合钡	矿物油、聚 α-烯烃
180~200	复合锂、聚脲、膨润土、酰胺盐	酯类油、聚 α-烯烃、烷基硅油
250	脲类有机物、含氟化合物	苯基硅油、全氟聚醚
300	氮化硼、硅胶等	高苯基硅油

2.2 润滑部位的负载

在负载大的部位选用润滑脂必须考虑其极压抗磨性能。

2.3 润滑部位的速度

速度对润滑脂的轴承寿命影响很大，因此在选用润滑脂时，一定要考虑润滑部位的速度。

2.4 润滑部位的环境及接触的介质

润滑部位所处的环境及接触的介质对润滑脂的性能有较大的影响，在选用时应慎重。

对潮湿或与水接触的部位，不宜选用钠基润滑脂，甚至不选用锂基润滑脂。应选用复合铝基脂或脲基脂。

对与酸或酸性气体接触的部位，不宜选用锂基润滑脂或复合钙基、复合铝基和膨润土基润滑脂。应选用复合钡基或脲基润滑脂。

对与海水或食盐水接触的部位，应选用复合铝基脂。

2.5 润滑脂加注方法

润滑脂的加注方法有人工加注和泵集中加注。当采用人工加注时，主要考虑润滑脂的稠度，一般选1~3号稠度脂，最好选用2号脂。

当采用集中加注时，为了加注方便，不致使泵压力过大，一般选用0~1号稠度脂，最好选用0号脂。

3 钙基润滑脂（见表 19.3-3）

表 19.3-3 钙基润滑脂的质量指标（摘自 GB/T 491—2008）

项 目		质量指标				试验方法
		1号	2号	3号	4号	
外观		淡黄色至暗褐色油膏				目 测
工作锥入度/10^{-1}mm		310~340	265~295	220~250	175~205	GB/T 269
滴点/℃	不低于	80	85	90	95	GB/T 4929
腐蚀(T2 铜片、室温、24h)		铜片上没有绿色或黑色变化				GB/T 7326,乙法
水分(%)	不大于	1.5	2.0	2.5	3.0	GB/T 512
钢网分油量(60℃、24h)(%)	不大于	—	12	8	6	SH/T 0324
灰分(%)	不大于	3.0	3.5	4.0	4.5	SH/T 0327
延长工作锥入度,1万次与工作锥入度差值/10^{-1}mm	不大于	—	30	35	40	GB/T 269
水淋流失量(38℃,1h)(%)	不大于	—	10	10	10	SH/T 0109①

注：表中百分数为质量分数。

① 水淋后，轴承烘干条件为77℃，16h。

4 钠基润滑脂（见表 19.3-4）

表 19.3-4 钠基润滑脂的质量指标（摘自 GB 492—1989）

项 目		质量指标		试验方法
		2号	3号	
滴点/℃	不低于	160	160	GB/T 4929
工作锥入度/10^{-1}mm		265~295	220~250	GB/T 269
延长工作(10万次)	不大于	375	375	
腐蚀试验(T2 铜片、室温、24h)		铜片无绿色或黑色变化		GB/T 7326 乙法
蒸发量(99℃、22h)(质量分数,%)	不大于	2.0	2.0	GB/T 7325

注：原料矿物油运动黏度（40℃）为 41.4~165mm^2/s。

5 锂基润滑脂(见表 19.3-5~表 19.3-9)

锂基润滑脂主要特点：

1）滴点较高。当选用适当的基础油时，锂基润滑脂可以在120℃长期使用或在150℃短期使用。

2）具有良好的机械安定性。

3）具有较好的胶体安定性。

4）具有较好的抗水性，可用于潮湿和与水接触的机械部位。

5）与钙基、钠基润滑脂相比，使用寿命可以延长一倍至数倍。

6）具有较低的摩擦因数。

表 19.3-5　几种脂的摩擦因数

润滑脂	基础油	复合钙	钙皂 A	钙皂 B	钠　皂	锂　皂
摩擦因数	0.040	0.034	0.022	0.012	0.012	0.008

表 19.3-6　1 号铁道锂基润滑脂的质量指标（Ⅰ型脂）

项　　目		质量要求	国外同类产品要求	试验方法
外观		棕色均匀油膏		目　测
锥入度/10^{-1}mm		235~265	290~320	GB/T 269
滴点/℃	不低于	170	163	GB/T 4929
游离碱，NaOH(%)	不大于	0.15	不控制	
分油(%)	不大于	17	不控制	GB/T 392
腐蚀(100℃、3h、T3 铜)		合格		SH/T 0331
水分(%)	不大于	痕迹	0.5	GB/T 512
相似黏度(−20℃、$\overline{D}=10s^{-1}$)/(Pa·s)	不大于	2000	—	SH/T 0048
剪断锥入度（10 万次差值)/10^{-1}mm	不大于	25	25	GB/T 270

注：表中百分数为质量分数。

表 19.3-7　通用锂基润滑脂的质量指标（摘自 GB/T 7324—2010）

项　　目		质量指标			试验方法
		1 号	2 号	3 号	
外观		浅黄至褐色光滑油膏			目　测
工作锥入度/10^{-1}mm		310~340	265~295	220~250	GB/T 269
滴点/℃	不低于	170	175	180	GB/T 4929
腐蚀(T2 铜片、100℃、24h)		铜片无绿色或黑色变化			GB/T 7326，乙法
钢网分油(100℃、24h)(质量分数,%)	不大于	10	5		SH/T 0324
蒸发量(99℃、22h)(质量分数,%)	不大于	2.0			GB/T 7325
杂质(显微镜法)/个·cm^{-3}					SH/T 0336
10μm 以上	不大于	2000			
25μm 以上	不大于	1000			
75μm 以上	不大于	200			
125μm 以上	不大于	0			
氧化安定性(99℃、100h、0.760MPa) 压力降/MPa	不大于	0.070			SH/T 0325
相似黏度(−15℃、$10s^{-1}$)/Pa·s	不大于	800	1000	1300	SH/T 0048
延长工作锥入度(10 万次)/10^{-1}mm	不大于	380	350	320	GB/T 269
水淋流失量(38℃、1h)(质量分数,%)	不大于	10	8		SH/T 0109
防腐蚀性(52℃、48h)	不大于	合格			GB/T 5018

表 19.3-8　汽车通用锂基润滑脂的质量指标（摘自 GB/T 5671—2014）

项　　目		质量指标		试验方法
		2 号	3 号	
工作锥入度/10^{-1}mm		265~295	220~250	GB/T 269
延长工作锥入度(10 万次)，变化率(%)	不大于	20		GB/T 269
滴点/℃	不低于	180		GB/T 4929
防腐蚀性(52℃、48h)		合格		GB/T 5018
蒸发量(99℃、22h)(质量分数,%)	不大于	2.0		GB/T 7325
腐蚀(T2 铜片、100℃、24h)		铜片无绿色或黑色变化		GB/T 7326，乙法
水淋流失量(79℃、1h)(质量分数,%)	不大于	10.0		SH/T 0109
钢网分油(100℃、30h)(质量分数,%)	不大于	5.0		NB/SH/T 0324
氧化安定性(99℃、100h、0.770MPa)，压力降/MPa	不大于	0.070		SH/T 0325
漏失量(104℃、6h)/g	不大于	5.0		SH/T 0326
游离碱含量(以折合的 NaOH 质量分数计,%)	不大于	0.15		SH/T 0329
杂质含量(显微镜法)/个·cm^{-3}				SH/T 0336
10μm 以上	不大于	2000		
25μm 以上	不大于	1000		
75μm 以上	不大于	200		
125μm 以上	不大于	0		

（续）

项　　目	质量指标		试验方法
	2号	3号	
低温转矩（-20℃）/mN·m　不大于 起动 运转	 790 390	 990 490	SH/T 0338

注：如果需要，基础油运动黏度应该在实验报告中进行说明。

表 19.3-9　极压锂基润滑脂的质量指标（摘自 GB/T 7323—2008）

项　　目		质 量 指 标				试验方法
		00号	0号	1号	2号	
工作锥入度/10^{-1}mm		400~430	355~385	310~340	265~295	GB/T 269
滴点/℃	不低于	165	170	175	175	GB/T 4929
腐蚀（T2铜片、100℃、24h）		铜片无绿色或黑色变化				GB/T 7326，乙法
钢网分油（100℃、24h）（质量分数，%）	不大于	—	—	10	5	SH/T 0324
蒸发量（99℃、22h）（质量分数，%）	不大于	2.0				GB/T 7325
杂质（显微镜法）/个·cm^{-3} 25μm以上 75μm以上 125μm以上	 不大于 不大于 不大于	 3000 500 0				SH/T 0336
相似黏度（-10℃、$10s^{-1}$）/Pa·s	不大于	100	150	250	500	SH/T 0048
延长工作锥入度（10万次）/10^{-1}mm	不大于	450	420	380	350	GB/T 269
水淋流失量（38℃、1h）（质量分数，%）	不大于	—	—	10		SH/T 0109
防腐蚀性（52℃、48h）		合格				GB/T 5018
极压性能：（梯姆肯法）OK值/N	不小于	133	156			SH/T 0203
（四球机法）P_B/N	不小于	588				SH/T 0202

6　复合锂基润滑脂（见表 19.3-10、表 19.3-11）

表 19.3-10　复合锂基润滑脂的质量指标

项　　目	2号复合锂	分析方法
锥入度/10^{-1}mm	265~295	GB/T 270
滴点/℃	>260	GB/T 3498
分油（%）	10.4	GB/T 392
钢网分油（100℃、30h）（%）	1.96	SH/T 0324
相似黏度（-20℃、$D=10s^{-1}$）/（Pa·s）	1176	SH/T 0048
腐蚀（T3铜、100℃、3h）	合格	SH/T 0331
蒸发度（180℃、1h）（%）	2.53	SH/T 0337
抗水（38℃、1h）（%）	5.6	SH/T 0109
剪断10万次锥入度变化值/10^{-1}mm	44	
四球试验		SH/T 0202
最大无卡咬负载 P_B/N	75×9.8	
烧结负载 P_D/N	300×9.8	
综合磨损值 ZMZ/N	55.6×9.8	
轴承防锈	一级	
轴承运转寿命/h		
10000r/min、204轴承外环温度120℃、负载22.5N	>1000	

注：1. 表中百分数为质量分数。
2. 重庆一坪高级润滑油公司研制。

表 19.3-11　BS 复合锂基润滑脂的质量指标

项　目	BS 脂	试验方法
工作锥入度/10^{-1}mm	267	
滴点/℃	276	GB/T 429—1992
钢网分油(100℃、30h)(%)	1.19	SH/T 0324—1992
蒸发量(180℃、1h)(%)	2.87	SH/T 0337—1992
水淋流失量(38℃、1h)(%)	4.60	SH/T 0109—2004
相似黏度(-15℃、$10s^{-1}$)/Pa·s	1530	SH/T 0048—1991
漏失量(104℃、6h)/g	0.60	
氧化安定性(100℃、100h、785kPa)		SH/T 0335—1992
压力降/kPa	12.80	
剪断锥入度(10万次)/10^{-1}mm	328	
加水10%,10万次	341	
极压性能(梯姆肯法)OK值/N	156	SH/T 0203—1992
四球法 P_D/N	4903	SH/T 0202—1992
抗磨性(d_{30}^{20})/mm	0.71	

注：1. 石油化工科学院研制。
2. 表中百分数为质量分数。

7　脲基润滑脂（见表 19.3-12 ~ 表 19.3-15）

脲基润滑脂具有良好的耐高温性能，高温时锥入度变化小；良好的氧化安定性；高的滴点；良好的抗水性能和良好的抗酸性气体介质的能力。

表 19.3-12　几种润滑脂的滴点

润滑脂	脲基润滑脂1	脲基润滑脂2	复合锂基润滑脂1	复合锂基润滑脂2	复合钙基润滑脂	锂基润滑脂	膨润土润滑脂
滴点/℃	331	324	330	230	330	186	340

表 19.3-13　几种润滑脂的氧化安定性

脂　名	压力降/kPa				锥入度变化/10^{-1}mm
	24h	48h	72h	96h	
脲基润滑脂1	3	5	10	18	+90
脲基润滑脂2	1	2	4	5	+22
脲基润滑脂3	2	3	6	8	+18
锂基润滑脂1	4	6	25	60	流体
锂基润滑脂2	5	15	22	55	流体
复合铝润滑脂	8	21	38	48	流体

表 19.3-14　7201 脲基润滑脂的质量指标

项　目	7201	Caltex BRB2 脂	Chevron SRI
1/4 锥入度/10^{-1}mm	62	65	69
滴点/℃	>250	>250	>250
压力分油(%)	2.36	4.87	—
钢网分油(150℃、30h)(%)	0.71	6.22	3.30
腐蚀(T3铜)(%)	合格	合格	不合格
抗水(38℃、1h)(%)	0.70	2.0	—

（续）

项　目	7201	Caltex BRB2 脂	Chevron SRI
轴承防锈(50℃、48h)	一级	—	—
滚筒(变化值)/10^{-1}mm	15	—	15
氧化安定性(100℃、100h)			
压力降	0	—	—
剪断锥入度/10^{-1}mm			
60 次	268	276	—
10 万次	340	>360	—
蒸发度(180℃、1h)(%)	2.5	—	2.4
四球试验			
最大无卡咬负载 P_B/N	686	—	559
烧结负载 P_D/N	1235	—	1568
轴承运转寿命			
(204 轴承、120℃、10000r/min、负载 22.5N)/h	>20000		—

注：表中百分数为质量分数。

表 19.3-15　7029 脲基润滑脂的质量指标

项　目	0 号	1 号	1.5 号
工作锥入度/10^{-1}mm	362	326	298
滴点/℃	269	275	271
腐蚀(45 钢片、100℃、3h)	合格	合格	合格
蒸发度(150℃、1h)(%)	1.26	1.31	1.60
相似黏度 (-30℃、$10s^{-1}$)/Pa·s	387	703	790

脲基润滑脂适用于高低温潮湿环境下的中、重载荷滚珠、滚柱和滑动轴承的长期润滑。特别适用于集中润滑系统。

适用温度范围：-40~150℃。

8　高碱值复合磺酸钙基脂（见表 19.3-16~表 19.3-18）

高碱值复合磺酸钙基脂具有优良的高低温性能、好的机械安定性、胶体安定性、氧化安定性、抗水性、抗腐蚀性、优良的防锈性和极压抗磨性能。

表 19.3-16　复合磺酸钙基润滑脂和其他高温润滑脂性能对比

项　目	复合铝基润滑脂	复合钙基润滑脂	复合锂基润滑脂	脲基润滑脂	有机膨润土润滑脂	复合磺酸钙基润滑脂
滴点/℃	260	260	260	243	260	300
最大适用温度/℃	177	177	177	177	177	177
抗水	好~优秀	一般~优秀	好~优秀	好~优秀	一般~优秀	好~优秀
机械安定性	好~优秀	一般~好	好~优秀	差~好	一般~好	优秀
氧化安定性	一般~优秀	差~好	一般~优秀	好~优秀	好~优秀	优秀
防锈	差~好	一般~好	一般~好	一般~好	差~好	优秀
泵送性(集中润滑系统)	一般~好	差~一般	好~优秀	好~优秀	好	好
分油	好~优秀	好~优秀	好~优秀	好~优秀	好~优秀	优秀
外观	光滑油状	光滑油状	光滑油状	光滑油状	光滑油状	光滑油状
极压抗磨性	可达到 EP 级	具有 EP/AW	可达到 EP 级	可达到 EP 级		具有 EP/AW
生产趋势	上升	下降	上升	不变	下降	上升
主要应用	多种工业应用	多种汽车、工业应用	多种汽车、工业应用	多种汽车、工业应用	高温	多种汽车、工业应用

表 19.3-17 复合磺酸钙基润滑脂和其他高温润滑脂极压抗磨性对比

项 目	复合磺酸钙基润滑脂(基础脂)	复合锂基润滑脂	复合铝基润滑脂	脲基润滑脂
NLGI 稠度等级/号	2	2	2	2
梯姆肯试验 OK 值/N	289	245	223	312
四球机极压试验				
四球机载荷—磨损指数 LWI/N	638	441	441	785
四球机烧结载荷/N	4905	3188	2943	4905
四球机磨迹试验(392N、1200r/min、1h)磨斑直径/mm	0.39	0.50	0.55	0.35

表 19.3-18 合成脂性能比较

项 目	复合锂基润滑脂	磺酸钙基润滑脂
基础油运动黏度	PAO 油	
(40℃)/$mm^2 \cdot s^{-1}$	460	400
工作锥入度/10^{-1}mm	2 号	2 号
60 次	295	295
1 万次	300	302
10 万次	315	312
滚筒稳定性(2h、25℃)(%)		
无水	-3.86	+2.6
50%的水	-13.8	-15.3
轴承失效时间/h	240	320
盐雾腐蚀/h		
1mL 涂层	60	450
3mL 涂层	144	650
铜腐蚀	2A	1B
磨斑直径/mm	0.71	0.42

9 高温润滑脂(见表 19.3-19)

7014-1 号脂是由 N-烷基对苯二甲酸酰胺盐稠化合成油制得的润滑脂，具有良好的高低温性能、润滑性和长的使用寿命。适用于各种高温设备的各种滚动、滑动轴承和齿轮的润滑。适用温度范围为-40~200℃，可以在这一温度范围内长期工作，短期工作温度可达 250℃。

表 19.3-19 7014-1 号高温润滑脂的质量指标

项 目	7014-1 脂	TK-44N3 脂	试验方法
1/4 锥入度/10^{-1}mm	60	58	GB/T 269—1991
滴点/℃	>300	253	GB/T 3498—2008
分油(压力法)(%)	5.2	3.6	GB/T 392—1977
相似黏度(-40℃、$D=10s^{-1}$)/Pa·s	1170	1300	SH/T 0048—1991
蒸发量(200℃、1h)(%)	2.76	6.99(180℃)	SH/T 0337—1992
氧化安定性:压力降/MPa	0		SH/T 0335—1992
抗水(38℃)(%)	7.2		SH/T 0109—2004
腐蚀(T3 铜、100℃、3h)	合格	合格	SH/T 0331—1992
四球试验			SH/T 0202—1992
最大无卡咬载荷(P_B)/N	1078	<343	
烧结载荷(P_D)/N	1666		
磨痕直径(200℃、196N、30min)/mm	0.5		
剪断锥入度(10 万次)/10^{-1}mm	325	327	GB/T 270

注：表中百分数为质量分数。

10 部分国内外润滑脂牌号对照(见表19.3-20)

表19.3-20 部分国内外润滑脂对照

类型		中国品种及标准	壳牌国际石油 SHELL	英国石油 BP	加德士石油 CALTEX	日本石油	埃索标准油 ESSO	美孚石油 MOBIL
通用脂	锂基	汽车通用锂基润滑脂 GB/T 5671—2014	Alvania 1,2,3 Sunlight 2,3	Energrease L2,LS2,LS3	Marfak Multipurpose 2,3 Ultra Duty Grease 1,2	PAN WB Grease	Lexdex 0,1,2 Beacon 2 Multipurpose Grease H Conpac Multipurpose	Mobil Grease 77
	极压锂基	极压锂基润滑脂 GB/T 7323—2008	Alvanra EP R0,1,2 R00,R000	LS-EP	Marfak All Purpose 2,3	Epnoc Grease AP0,1,2	Lexdex Ep0,1,2 Beacon Q2 Conpac Multipurpose EP2	Mobil Grease 77 Mobil Grease Special
车体(底盘)脂	钙基(极压)	复合钙基润滑脂 SH/T 0370—1995	Autognease Swalube A	Energrease C1,C2,C3 CB-G	RPM Multimotive Grease 1,2	Greastar Grease A	Chassis Grease	Mobilplex 44 45
	锂基	极压锂基润滑脂 GB/T 7323—2008	Swalube B,BW Retinax CS00,0 LX2	LS-EP2,L2	Multifak EP0,EP1,EP2	Greastar Grease B	Conpac Reservoir Lexdex 0,1,2	
	钙基	钙基润滑脂 GB/T 491—2008	Retinax CD Chassis Grease 0,1,2	C1,C2,C3,C3-G		Chassis Grease 00,0,1,2	Conpac Chassis	Mobilplex 44 Chassis Grease
水泵脂	钙基	钙基润滑脂 GB/T 491—2008		C1,C2	Water Pump Grease		Standard EP Grease 0,1,2	
	锂基	通用锂基润滑脂 GB/T 7324—2010	Alvania 2,3 Sunlight 2,3	L2,LS2,LS3	—	PAN WB Grease	Lexdex 2	Mobil Grease Mobilux 2
轮毂轴承脂	锂基	汽车通用锂基润滑脂 GB/T 5671—2014	Retinax A,AM Valiant WB Sunlight 2,3	L2,LS2,LS3	Marfak Multipurpose 2,3	—	Lexdex WB 2,3 Multipurpose Grease H	Mobil Grease 77 Mobil Fully
其他脂	橡胶脂	7802,7804抗化学脂	—	Petrol Resistant	—	Rubber Grease 2	—	—
	耐寒脂	7026#低温脂	Alvania RA	LT2	—	Epnoc Grease LT2	Beacon 325	Mobilith SHC 15ND Mobil Grease 22
	耐油密封脂	7805#抗化学密封脂 NB/SH/T 0449—2013	—	—	—	Sealnoc N,FN,FS	—	—
	制动器脂	—	—	B2	—	—	—	—

（续）

类型		中国品种及标准	美孚石油 MOBIL	壳牌国际石油 SHELL	英国石油 BP	德士古 TEXACO	埃索标准油 ESSO	日本石油
耐热脂	无机系	膨润土润滑脂 SH/T 0536—1993	Mobil Temp0,1,2,78	Darina Grease 2 Darina EP Grease 0,1,2 Aeroshell 22c,23c,43c	HT-G2,B2,GSF FGL,GG,OG	Thermatex 000, 1, EP1, EP2	Norva 275 EP 375	—
	复合铝基	极压复合铝基润滑脂 SH/T 0534—1993	Mobil Grease FM102	Mytilus Grease A,B Cassida Grease 00,2	ACG-2	Starplex 9998	—	—
	聚脲基	7017-1号高低温润滑脂 SH/T 0431—1992	—	Valiant Grease U0, U1, U2,EP0,EP2 Stamina U EP2 Dolium Grease R	—	—	Polyrex	Multinoc Ureaa Pyronoc Grease 0, 2,CCO Pyronoc Universal CCO,00,N-6B,0,2
耐酸脂		7805号抗化学密封脂 NB/SH/T 0449—2013	—	Valiant Grease U2	Petrol Resistant RBB FR2 Solvent Resistant G	—	—	—
其他脂		钢丝绳表面脂 NB/SH/T 0387—2014	—	APL 700,701,702	—	Wirerope Compound 2	Pen-o-Let EP Standard Ep Grease Special 0,1,2	—
食品机械脂		食品机械润滑脂 GB 15179—1994	Mobil Grease FM102	Cassida Grease 00,2	—	—	Carum 330	—
齿轮（开式）脂	复合剂型	—	Mobiltac MM,QQ,4,81	Cardium Compound A, D,C	Energol BL Energrease GG,OG	—	JWS 2563	Cronoc Compound 00,0,1,2,3
	溶剂型	—	Mobiltac A,C,D,E	Malleus Fluid D,A Cardium Fluid F	Energol GR 3000-2	—	—	—
滚动轴承用脂	通用	精密机床主轴润滑脂 SH/T 0382—1992 通用锂基润滑脂 GB/T 7324—2010	Mobilux 1,2,3,EP0,1,2 Mobilplex 43,44,45,46,47	Alvania Grease X1, X2, X3,1,2,3 Sunlight Grease 0,1,2,3 Alvania Grease G2	Energrease LS2,LS3	Multifak 2 Murfak All Purpose	Lexdex 0,1,2 Beacon 2,3 Andok B,C	Multinoc Deluxe 1,2 Multinoc Grease 1,2

滚动轴承用脂	低温用	2号低温脂 KK-3脂	Mobil Grease 22 Mobil Temp SHC100 Mobilith SHC 15ND	Alvania Grease RA	LT2	Low Temp Grease EP	Beacon 325	Multinoc Wide 2 ENS Grease HTN Grease
	宽温度范围用	特221号脂及 7014号高低温航空脂	Mobil Grease 22 Mobil Temp SHC100 Mobilith SHC 460 Mobil Track Grease	Valiant M2,M3,S1,S2 Aeroshell 7,17,15A Tivela Compound A	MM-EP HTG2	Multifak EP0 EP1,EP2	Templex N2,N3 Andok 260	Multinoc Wide 2 ENS Grease HTN Grease
集中给油用脂	钙基脂	钙基润滑脂 GB/T 491—2008	Cup Grease Soft,Hard Mobil Grease 2,523, Super,MS	Chassis Grease 0,12 Unedo Grease 1,2,3,5	PR1,PR2	—	Ladex 0,1,2	Chassis Grease 00, 0,1,2 Greastar A
	锂基脂	通用锂基润滑脂 GB/T 7324—2014	Mobil Grease 76,77 Mobilux 1,2,3	Sunlight Grease 0,1 Alvania Grease 1	LS2,LS3	Multifak 2, EP0, EP1, EP2 Murfak All Purpose	Lexdex 0,1 Conpac multipurpose	Epnoc Grease AP0, 1,2 Greastar B
	极压钙基	复合钙基润滑脂 SH/T 0370—1995	Mobilplex 43,44,45,46, 47	Retinax CD,DX	PR-EP1,EP2,EP3 PR9142,CC2	Novatex Grease EP 000, 0,1,2	Nebula EP0,1,2	—
	极压锂基	极压锂基润滑脂 GB/T 7323—2008	Mobilux EP0,1,2 Mobilith AW1	Alvania EP Grease R000,R00,R0,1,2 Cartridge EP2 Liplex Grease 2,EP2	LS-EP_1,EP_2, MM-EP0,EP1,EP2	Murfak Multe Purpose 0, 2	Lexdex EP0,1 Conpac Multipurpose EP2	Greastar B Epnoc Grease AP0, 1,2
极压脂	高负载用（含 MoS_2）	二硫化钼极压锂基脂	Mobil Grease Special Mobilplex Special Mobil Temp 78	Sunlight Grease MB0,2 Retinax AM	L2-M, L21-M	Molytex EP0,EP1,EP2	Beacon Q2	New Molynoc Grease 0,1,2
	锂基	极压锂基润滑脂 GB/T 7323—2008	Mobilux EP0,1,2 Mobilith AW1	Alvania EP Grease 000, Gartridge EP2	LS-EP1 LS-EP2	Murfak Multi Purpose 0, 2	Lexdex EP0,1,2 Conpac Multipurpose EP2	Epnoc Grease AP0, 1,2

第 4 章　固体润滑剂

一般认为，凡是能保护相对运动表面不受损伤，能降低摩擦与磨损的任何粉末或薄膜，均可称为固体润滑剂。固体润滑剂可以在摩擦副接触表面上形成稳定、连续的硬质或软质保护膜，从而防止摩擦副破坏，满足某些特殊工况条件下的润滑需要。

常用的固体润滑剂大多为非油溶性，并可在润滑油中悬浮、分散的固体微粒，如石墨、二硫化钼（MoS_2）、聚四氟乙烯（PTFE）和三聚氰胺-脲酸络合物（MCA）等。此外，铅、银等软金属，氧化物、氟化物、有机钼化合物，以及多种固体润滑膜和自润滑复合材料，也具有良好的固体润滑剂的功能。

固体润滑突破了液体润滑的限制，可广泛应用于高温（900~1000℃）、超低温（-253℃）、超高真空、强氧化或还原、强辐射及高负载等条件下的润滑和微型机械等的润滑；能够满足各种恶劣工况环境下运转的齿轮机构、谐波齿轮传动减速器、轴承和丝杠等的润滑需要。目前，固体润滑剂和固体润滑技术已广泛应用于机械制造、冶炼、轧钢、采矿，以及纺织、印刷、造纸、食品工业、卫星、宇宙飞船、空间站、导弹和核装置等领域，表现出液体润滑所无法比拟的优越性。

1　固体润滑剂应具备的基本性能

（1）与摩擦表面能牢固地附着，有保护表面的功能

润滑剂只有与摩擦表面牢固地吸附，才能长时间保留在摩擦系统中，才有可能防止相对运动表面之间产生严重的熔焊或金属的相互转移。

（2）抗剪强度低

润滑剂要具有较低的抗剪强度。因为只有固体润滑剂的抗剪强度低，才能使摩擦副的摩擦因数小，不会产生不必要的动力损失和温升；而且，它的低抗剪强度应在宽的温度范围内不发生变化，使其具有宽广的应用范围。

（3）稳定性好，不产生腐蚀及其他有害作用

润滑剂要具有良好的稳定性，包括物理热稳定、化学热稳定、时效稳定，以及不产生腐蚀和其他有害的作用。

（4）有较高的承载能力

与润滑油（脂）膜相比，固体润滑膜有较高的承载能力，尤其在低速、高负载时希望使用固体润滑剂，所以固体润滑剂就必须具有较高承载能力。

固体润滑剂的使用温度范围见表 19.4-1。

表 19.4-1　固体润滑剂的使用温度范围　（℃）

固体润滑剂	使用温度范围/℃	备　注
石墨	-270~1000	熔点为 3500℃，450~500℃时氧化，中间温度有时不起作用
二硫化钼	-270~350	熔点为 1250℃，380~450℃时氧化
二硫化钨	-270~450	熔点为 1200℃，红热温度时氧化
聚四氟乙烯	-270~260	
氟化石墨	~400	约 400℃时分解
酞菁	~500	500℃升华
氮化硼	500~800	熔点为 2700℃，700℃时氧化，低温时难起作用
氧化铅（PbO）	200~650	熔点为 850℃，370~480℃时变为 Pb_3O_4，高于 550℃仍为 PbO，低温时无效
氟化钙系混合物	250~900	低温时无效
氧化物-石墨混合物	-270~600	应用时加入石墨防氧化剂
氧化铜（CuO）	>500℃	低温时无效
钼酸盐	>500℃	低温时无效
银	150~500	
原位生成润滑反应膜	~800	根据材料综合选择

2　常用的固体润滑剂

2.1　石墨（见表 19.4-2～表 19.4-6）

石墨外观呈黑色有脂肪质的滑腻感，具有明显的层状六方晶体结构，且结构稳定。密度为 2.2～2.3 g/cm^3，熔点为 3527℃。石墨的分子结构使同一层内的碳原子牢固地结合在一起，不易破坏；而层与层之间的结合力较弱，受剪切力作用后容易滑移，满足固体润滑剂的要求。通常，石墨的摩擦因数为 0.05～0.19。

石墨在空气中短时间使用的最高温度可达 1000℃。石墨的黏着性很好，而且是热和电的良导体，在真空下的蒸发性低，因而可用于宇航设备等特殊机械的润滑。

石墨的化学稳定性好，不溶于药品和溶剂，且无毒性；同时，石墨具有优良的抗辐射性能，它有很强的抗 α 射线和中子射线的能力，即使受到 10^{20} 个/cm^2 这样强的中子射线辐射，也不发生可检测的变化。

石墨另一个特点是可以与水共存，即使是以水为冷却剂载体使用石墨，其润滑特性也不会像 MoS_2 那样变差。在水中分散特性良好的胶体石墨已经商品化。

表 19.4-2　胶体石墨的一般性质

性　能	量　值	性　能	量　值
相对分子质量	12.011	质量热容/J·(g·℃)$^{-1}$	0.167
外观	黑色鳞片状粉末	热导率/W·(cm·℃)$^{-1}$	0.30
晶型	层状六方晶系	电阻率/Ω·cm	10^{-3}
密度/g·cm^{-3}	2.23～2.25	线[膨]胀系数/℃$^{-1}$	$(15～25)\times10^{-6}$
熔点/℃	3500	摩擦因数	0.07
莫氏硬度	1～2		

表 19.4-3　胶体石墨粉剂

项　目		代号				主要用途
		1 号	2 号	3 号	特 2 号	
颗粒度/μm		4	15	30	8～10	1)耐高温润滑剂基材 2)耐蚀润滑剂基材 3)提高塑料的耐磨性、抗压性 4)制成导电材料(包括干膜) 5)金属合金或粉末冶金原料
灰分(%)	≤	1.0	1.5	2	1.5	
灰分中不溶于盐酸的含量(%)	≤	0.8	1.0	1.5	1.0	
通过 250 号上的筛余物(%)	≤	0.5	0.5	—	0.5	
通过 230 号上的筛余物(%)	≤	—	—	5	—	
水分含量(%)	≤	0.5	0.5	0.5	0.5	

注：表中百分数为质量分数。

表 19.4-4　胶体石墨油剂

代　号	石墨含量(%)≥	石墨灰分(%)≤	颗粒度/μm	水分(%)≤	主要用途
0 号	24	1.5	2.5	0.1	1)金属零件的减摩润滑剂 2)高速转动零件的润滑剂 3)航空润滑脂基料 4)锌铝合金压铸模脱模剂
1 号		1.5	4		
2 号		2	15		

注:表中百分数为质量分数。

表 19.4-5　石墨悬浮液浓度及用途

悬浮载体	石墨含量(质量分数,%)	主要用途
水	20～30	1)模具润滑剂、脱模剂、橡胶润滑和电导被膜
矿物油	10	2)模具润滑剂、脱模剂和工具润滑剂
蓖麻油	35～40	3)金属锻冶润滑剂、抗黏结剂
异丙醇	10	4)天然橡胶造模或脱模剂
	10～20	5)干膜造模和脱模剂
白油	50	6)抗黏结剂、脱模剂和高温润滑剂
聚乙二醇	10～20	7)极高温润滑剂

表 19.4-6　石墨水剂

项　目		代号 0号(S_0)	代号 1号(S_1)	主要用途
干燥剩余物(质量分数,%)	≥	24	27	1)拉制难熔金属(钨丝、钼丝等)的润滑剂 2)高温下压铸有色金属薄件的脱模剂 3)玻璃工业涂模剂 4)提高导电性能的润滑剂 5)高温(600℃)润滑剂
石墨含量(质量分数,%)	≥	17.5(21)	21(24)	
灰分含量(质量分数,%)	≤	1.5(0.8)	2.0(1.0)	
颗粒分布(%)	<2.3μm	95(95)	(92)	
	2.3~4μm	5		
	<3.75μm		92	
	3.75~4μm	(5)	8(8)	
稳定性	沉降8h(%)≤	7.5(5)		
	沉降3h(%)≤		7.5(5)	

2.2　二硫化钼(MoS_2)

MoS_2 与金属表面的结合力很强，能形成一层很牢固的膜，这层膜能承受35MPa的压力，也能承受40m/s的摩擦速度。MoS_2 的摩擦因数为0.06左右，具有良好的固体润滑性能。其各种指标见表19.4-7~表19.4-14。

表 19.4-7　MoS_2 使用形态和一般用途

使用形态	MoS_2 含量(质量分数,%)	用　途	目的及效果
MoS_2 粉末	100	飞溅、挤压、拉拔、冲压、铰深孔和冷锻造	防止金属或模具咬合、烧结及微动磨损
MoS_2 悬浮液(用各种分散剂将其悬浮在润滑油、水和聚亚烷基二醇中)	0.5~5	齿轮、发动机、减速器、轴套、滑板(导轨)和金属切削加工	减少摩擦磨损,延长机械寿命,降低温度,节省燃油,延长刀具使用寿命
MoS_2 涂层,被膜(用结合剂、溶剂等制备)	约80	螺纹、工具、绞盘、轴承、阀、齿轮和滑板(导轨)	减少摩擦磨损,耐重载荷,耐高低温、耐蚀、耐放射性
MoS_2 油膏(混入润滑油或硅油内并加稠化剂)	50~65	机械组装、精加工、螺纹连接,花键、轴承和接头	防止微动磨损、烧结和咬合,降低摩擦力矩
MoS_2 润滑脂(调入皂基酯、复合皂基酯和硅酸酯内)	1~25	球轴承、滚子轴承、花键、阀、车底盘、传送带和螺纹	减少摩擦磨损,降低温度、噪声
MoS_2 复合材料(高分子基或金属基复合材料)	2~80	齿轮、导轨、轴承、轴套、保持架、密封件和制动盘座	减少摩擦磨损,减轻重量,降低噪声,减少维修

表 19.4-8　MoS_2 膜的性质　　(μm)

类　型	膜　厚	性　质
抛光膜	0.1~10.0	很低摩擦,薄膜,耐久
喷溅膜	0.2~2.0	较低摩擦,膜很薄,耐久
有机黏结膜	2.0~40.0	低摩擦,厚膜,高磨损率
无机黏结膜	3.0~40.0	低摩擦,厚膜,宽温范围用

表 19.4-9　MoS_2 齿轮润滑油膏

项　目		质量指标	检验方法	特性、用途
外观		灰褐色均匀软膏	目测	本品具有很强的抗水性、黏着性和抗极压性(P_B 值为1200N),抗磨减摩性,以及良好的润滑性、机械安定性和胶体安定性 适合中、轻型齿轮设备,各类型的推土机、挖掘机、卷扬机的齿轮与回转牙盘,以及各种球磨机、筒磨机的开式齿轮
滴点/℃	不低于	180	GB/T 3498—2008	
锥入度(25℃、150g)/10^{-1}mm		300~350	GB/T 269—1991	
腐蚀,T2铜片(100℃、3h)		合格	SH/T 0331—1992	
游离碱,NaOH(质量分数,%)	不大于	0.15	SH/T 0329—1992	
水分(%)	不大于	痕迹	GB/T 512—1965(1990)	

注：生产商为本溪化工集团润滑材料有限责任公司。

表 19.4-10 MoS_2 高温齿轮油膏

项 目		质量指标	检验方法	特性、用途
外观		灰褐色均匀软膏	目测	具有良好黏着性、抗极压性（P_B 值为800N）、抗磨减摩性、耐高温性（180℃下保持良好的润滑）和耐化学性（在酸、碱、水蒸气条件下，不失去优良的稳定性和润滑性），在冲击载荷较大的设备上使用，润滑膜不易破，机械安定性好 适用于2#齿轮润滑油膏不适用的有高温辐射的各式中小型减速器齿轮和开式齿轮，也可用于焦化厂的推焦机齿轮、轧钢厂的辊道减速器齿轮，以及造纸、印染行业的多酸、碱和水蒸气条件下润滑的齿轮，齿轮寿命可延长1.5倍
锥入度（25℃、150g、60次）/10^{-1}mm		310~350	GB/T 269—1991	
腐蚀，T2铜片（100℃、3h）		合格	SH/T 0331—1992	
游离碱，NaOH（质量分数，%）	不大于	0.15	SH/T 0329—1992	
水分（%）	不大于	痕迹	GB/T 512—1965	

注：生产商为本溪化工集团润滑材料有限责任公司。

表 19.4-11 特种 MoS_2 油膏

项 目		质量指标	检验方法	性能、用途
外观		灰色均匀软膏	目测	具有极强的金属附着性、抗压性（P_B 值达1200N以上），在-20~120℃使用时具有良好的润滑性和胶体安定性，长期存放不分油、不干裂。机械安定性稳定、抗压、抗击、抗切性强。耐水性好，不乳化，在酸、碱介质下保持良好的润滑性和极好的附着性 可用于各式中、重型减速器齿轮、开式齿轮，冲击大和往复频繁的电铲齿轮、回转大牙盘，以及大型球磨机的开式齿轮
锥入度（25℃、150g、60次）/10^{-1}mm		330~370	GB/T 269—1991	
腐蚀，T2铜片（100℃、3h）		合格	SH/T 0331—1992	
游离碱，NaOH（质量分数，%）	不大于	0.15	SH/T 0329—1992	
水分（%）	不大于	痕迹	GB/T 512—1965（1990）	

注：生产厂为本溪化工集团润滑材料有限责任公司。

表 19.4-12 MoS_2 重型机床油膏

项 目		质量指标	检验方法	特性、用途
外观		灰黑色均匀软膏	目测	具有抗极压（P_B 值为850N）、抗磨减摩和消振润滑等优良特性，并有较好机械安定性和氧化安定性。直接涂抹在重型机床导轨上，可减少振动，防止爬行，提高加工件精度。使用温度为20~80℃ 适用于各式大型车床、镗床、铣床和磨床等设备的导轨，以及立式或卧式的水压机柱塞的润滑。当安装机车大轴时，涂上本品可防止拉毛；抹在机床丝杠上，能使运动件动作灵活
锥入度（25℃、150g、60次）/10^{-1}mm		300~350	GB/T 269—1991	
腐蚀，T2铜片（100℃、3h）		合格	SH/T 0331—1992	
游离碱，NaOH（质量分数，%）	不大于	0.15	SH/T 0329—1992	
水分（%）	不大于	痕迹	GB/T 512—1965（1990）	

注：生产商为本溪化工集团润滑材料有限责任公司。

表 19.4-13　P型成膜剂

项　目		质量指标	检验方法	特性、用途
外观		灰色软膏	目测	具有优异的反应成膜、抗压、减摩和润滑等性能。适合于轻载荷、低转数、冲击力小及单向运转的齿轮，可实现无油润滑，如初轧厂的均热炉拉盖减速器。更适合要求无油污染的纺织行业和食品行业的小型齿轮，以及转数低、载荷轻的润滑部位。也可用于重载荷、冲击力大的齿轮上做极压成膜的底膜用，它的特点是成膜快、膜牢固，寿命长
附着性		合格	擦涂法	
MoS_2 粒度≤2μm(%)	不少于	90	显微镜计数法	

注：生产商为本溪化工集团润滑材料有限责任公司。

表 19.4-14　对各种润滑脂添加 MoS_2 及粒径的效果

稠化剂	MoS_2 (%)	梯姆肯法 OK 值/lbf		法莱克斯烧结/lbf		四球 平均频率载荷/kgf		四球 烧结载荷/kgf	
		MoS_2		MoS_2		MoS_2		MoS_2	
		0.7μm	7μm	0.7μm	7μm	0.7μm	7μm	0.7μm	7μm
锂皂	0	7		467		18.8		156	
	1	7	9	20.7	700	20.7	24.4	200	156
	3	5	9	38.1	630	38.1	36.5	250	200
	10	11	7	47.9	1267	47.9	42.0	316	316
锂皂+EP剂	0	7		450		29.6		250	
	1	9	5	633	567	26.0	29.7	126	200
	3	9	9	900	667	37.3	29.7	250	200
	10	16	11	1067	967	59.6	47.2	500	316
12-羟基硬脂酸锂	0	7		500		18.3		156	
	1	9	6	633	600	20.8	33.8	200	250
	3	6	7	733	800	20.8	28.0	250	200
	10	9	9	1225	1333	60.3	50.4	500	400
12-羟基硬脂酸锂+EP剂	0	22		1150		62.8		630	
	1	23	21	1300	1200	64.6	70.1	630	630
	3	23	23	1400	1333	85.8	76.7	630	500
	10	23	23	1667	1450	90.8	90.5	630	630
复合钙	0	29		1050		55.0		400	
	1	27	31	1300	1600	70.1	60.4	400	400
	3	25	29	1333	1700	64.1	76.4	800	500
	10	25	27	1733	2067	80.5	76.8	630	800
钙皂	0	10		1300		26.7		200	
	1	8	11	1200	1200	31.1	31.7	250	200
	3	10	13	1250	1400	40.3	27.6	250	200
	10	7	15	1567	1600	61.9	46.8	400	316

注：1lbf=4.45N；1kgf=9.8N。

2.3　聚四氟乙烯（PTFE）（见表 19.4-15～表 19.4-17）

在运动过程中，PTFE 能在极短的时间内在对偶表面上形成转移膜，使摩擦副变成 PTFE 对 PTFE 的内部摩擦，得到很低的摩擦因数。在高分子润滑材料中，PTFE 是应用最多的一种材料。

对偶面的材料及其表面粗糙度对 PTFE 的润滑作用影响较大。对偶材料的材质不同，PTFE 在其表面形成转移膜的黏着强度也不同，PTFE 的磨损率也不相同。

表 19.4-15　对偶材料对 PTFE 磨损的影响

对偶材料	相对磨损率	对偶材料	相对磨损率
碳钢	1	不锈钢	1.5~5
铸铁	1~2	镀硬铬表面	10~20
青铜	1~2	铝合金	20~50

表 19.4-16　PTFE 及其复合材料的摩擦数据

组成(质量分数,%)	静摩擦因数	动摩擦因数	磨损因数
纯 PTFE	0.16	0.12	5900
含 20%玻璃纤维、5%石墨	0.18	0.16	18
含 15%玻璃纤维	0.22	0.14	12
含 15%玻璃纤维、5%MoS_2	0.16	0.14	8
含 25%玻璃纤维	0.18	0.16	9
含 60%青铜粉	0.18	0.14	6

表 19.4-17　PTFE 的填料对摩擦磨损性能的影响

组成(质量分数,%)	磨损率/$mg \cdot h^{-1}$	摩擦因数
纯 PTFE	320	0.35
含 30%极性石墨	0.28	0.4~0.5
含 30%极性石墨,10%Pb_3O_4	1.15	0.41~0.45
含 30%CuS	3.2	0.33

2.4　三聚氰胺-氰脲酸络合物（MCA）

三聚氰胺-氰脲酸络合物（简称 MCA）作为一种新型固体润滑剂，具有作为固体润滑材料的各种性质，如摩擦因数小（0.04~0.05）、减摩性能好，与其他物质有协同效应，可以以粉末、固体润滑膜和复合材料等形式使用。

MCA 粉末主要用作润滑添加剂，如在食品机械、纺织机械和缝纫机等要求在无毒、无污染的场合下使用的润滑脂，在航空发动机与船舶上密封堵漏用的润滑脂，或大型落砂机械、机床及微型汽车用的润滑脂中应用。它还可用于铁路机车轮缘与曲线钢轨之间的润滑，也可作为水基润滑剂的添加剂使用。

MCA 的涂膜可以作为防锈润滑膜，钢材拉丝、冲压的脱模剂，以及普通机械传动部件的润滑膜。同时，MCA 可以与 PTFE、酚醛树脂、环氧树脂和聚苯硫醚树脂等组成复合材料，应用于有特殊要求的润滑材料中。其各种性能见表 19.4-18~表 19.4-22。

表 19.4-18　MCA 的物理性能

性　能	量　值	性　能	量　值
相对分子质量	255.2	受热失重(质量分数,%)	0(常温常压)
密度/$g \cdot cm^{-3}$	1.52		3.5(350℃、5h)
颗粒度/μm	0.5~5(过 300 目筛)		10(真空 267Pa、250℃、1h)
纯度(%)	>99	热分解温度(升华)/℃	440~450
干燥失重(质量分数,%)	0.5	溶解度/$g \cdot m^{-3}$	10(93℃、水中、pH6.5~7.5)
			11(70℃、二甲基亚砜中)

表 19.4-19　MCA 在润滑脂中添加量的影响

添加量(质量分数,%)	四球试验机		Falex 试验机	
	烧结负载/N	磨损量/mg	烧结负载/lbf	摩擦因数
0	500	3.0	50	0.25
1.15	600	0.7	500	0.12
1.92	700	0.6	500	0.11
2.69	950	0.5	750	0.11
3.85	1000	0.4	750	0.10
5.77	1050	0.3	750	0.09
7.69	>1050	0.3	1000	0.08

注：1lbf=4.45N。

表 19.4-20 MCA 在锭子油中的润滑效果（摩擦因数）

润滑油	负载/N										
	500	600	700	800	900	1000	1200	1400	1600	1800	1850
锭子油	0.105	0.110	0.111	0.107	0.103	烧结	—	—	—	—	—
锭子油+MCA	0.091	0.090	0.085	0.083	0.080	0.082	0.082	0.083	0.091	0.104	烧结

表 19.4-21 MCA 固体润滑膜的摩擦性能

序号	膜厚/μm	负载/N	摩擦因数	耐磨寿命/min
1	23	500	0.08~0.10	231
2	18	500	0.15~0.20	180
3	16	500	0.15~0.25	165
4	13	500	0.13~0.25	123

注：摩擦速度为 1.32m/s。

表 19.4-22 MCA 和 MoS_2 抗磨性能的比较

对摩材料	分散介质	润滑剂 材料	润滑剂 含量(质量分数,%)	负载/N	时间/s	磨损率 /$m^3 \cdot N^{-1} \cdot m^{-1}$
钢	内燃机油	—	—	1350	10800	18.8×10^{-14}
		MCA	2			5.31×10^{-14}
		MoS_2	2			6.21×10^{-14}
	齿轮油	—	—	3375	10800	1.98×10^{-14}
		MCA	2			1.57×10^{-14}
		MoS_2	2			1.00×10^{-14}
黄铜	机械油	—	—	2250	900	118.8×10^{-14}
		MCA	3			2.5×10^{-14}
		MoS_2	3			10.4×10^{-14}
	内燃机油	—	—	1350	1800	10.25×10^{-14}
		MCA	5			2.8×10^{-14}
		MoS_2	5			19.20×10^{-14}
铝	内燃机油	—	—	1350	3600	0.64×10^{-14}
		MCA	2			0.59×10^{-14}
		MoS_2	2			0.73×10^{-14}
		—	—	4500	1800	3.30×10^{-14}
		MCA	2			3.58×10^{-14}
		MoS_2	2			5.97×10^{-14}

3 固体润滑剂的选用（见表 19.4-23）

表 19.4-23 固体润滑剂的选用

工作条件	说明
在高接触应力条件下	接触表面接触应力高，而润滑油脂的极压性能有限，油膜易破裂。一旦油膜破裂，接触表面发生磨损，将造成机件失效。而层状结构的固体润滑材料，抗压强度高，尤其是二硫化钼更为突出，能保持接触表面的正常润滑，如使用在某些重型机械、钢管冷挤压和拉丝机械等
在高温条件下	温度升高，润滑油脂的黏度会降低，或锥入度值增高，油膜变薄，油膜承载能力降低。压力超过油膜强度，则油膜破裂，接触表面产生磨损。当温度升高到一定程度，润滑油脂就会产生热分解和氧化，促使油脂变质，或产生杂质沉淀，或导致酸值增大，引起腐蚀；若过度蒸发，则会引起胶合发生。固体润滑材料的高温性能好，从低温到高温没有黏性的变化，具有从 240~1100℃广泛的高温使用范围，如二硫化钼在低于 400℃、石墨在低于 540℃时，即氧化温度以前，它们的摩擦因数随温度升高而降低。它们能在高温下应用于炼钢厂的某些轴承、喷气发动机燃烧室和反应堆支架等

（续）

工作条件	说　明
在低温条件下	温度过低，润滑油黏度增大，摩擦因数增大，一旦固化，会造成干摩擦，加快磨损，导致胶合。固体润滑材料没有黏度变化，二硫化钼能在低温（-180℃）下润滑，PTFE复合材料可在低温（-215℃）润滑，PPS干膜润滑剂可在低温（-250℃）润滑。在低温条件下用于液氢、液氨输送泵等
在低速条件下	滑动速度低，润滑油膜不易形成；载荷较大，油膜易破坏，产生胶合。固体润滑材料能在低速条件下与金属表面形成牢固的润滑膜，避免胶合的产生，如用于低速导轨面上和光栅刻度丝杆上等
在高速重载条件下	在高速重载情况下，润滑油脂膜易破坏，使润滑失效。而固体润滑材料，如二硫化钼有随着速度和负载的增加而摩擦因数会降低的特点。同样在高速轻载情况下，润滑效果也很好，如用于纺织机的砂锭等处
在有液体、气体冲刷的条件下	当润滑油（脂）用在有液体或气体冲刷的部位时，很容易被冲洗掉，造成流失或脱落，形成干摩擦，导致产生磨损。固体润滑材料，尤其是复合固体润滑材料，就具有不被冲刷、流失或脱落的特点，如用于汽轮机叶片、喷嘴和潜水电泵上等
在有粉尘、泥沙的条件下	在有粉尘、泥沙沾染的场合，摩擦表面又不能完全密封，使用的润滑油（脂）会被污染，而这些杂物又是研磨剂，会促使机件的磨损。如果使用不会吸附粉尘、泥沙等杂物的固体润滑材料，则润滑会改善，如尼龙件用于挖泥斗销、拖拉机、坦克的平衡衬套上和农业机械上等
在要求没有油污、清洁卫生条件下	固体润滑材料本身不带油，更具有不吸附有研磨或腐蚀作用的尘埃，因此在要求没有油污、清洁卫生的场合，如食品加工机械、医疗、制药和印染纺织机械，可用固体自润件。各类减速器如果出现漏油，污染设备和环境，可使用二硫化钼减速器润滑剂
在有腐蚀条件下	当润滑油（脂）使用在有腐蚀介质的环境时，能与这些介质起反应，如强酸、碱、燃料、溶剂和液态氧等，它们均能与润滑油（脂）发生化学反应，使润滑油脂失去润滑作用。而某些固体润滑材料对上述介质是不活泼的，如石墨有很强的化学抵抗能力，二硫化钼除不抗王水、热浓硫酸、盐酸和硝酸外，能抵抗大多数酸、碱腐蚀，可用于化工机械设备上
某些特殊工况条件下	用于开动机器后不可能再次加油的部位；用于非金属表面的润滑，如木制品、玻璃、橡胶和塑料等的润滑；卫星、宇宙飞船、空间站、导弹和核装置的润滑；在超高真空下工作的机械，如宇宙间的工作机械、月球车等；在强辐照和放射线条件下工作机械的润滑；在人不便接近的部位，如核反应堆。上述各种工况均可使用固体润滑材料润滑

第 5 章　典型零部件的润滑

1　齿轮传动的润滑

在齿轮传动中，常用的润滑剂有润滑油和润滑脂，此外还有固体、气体润滑剂。水也是一种润滑剂，但由于它对金属有腐蚀作用，不适于作为金属齿轮的润滑剂，其中润滑油的应用最为广泛。

1）润滑剂是齿轮传动的一个“元件”，因此润滑油的物理、化学性质，如黏度、压黏系数、黏温特性和添加剂的作用等都十分重要。

2）齿轮传动中同时存在着滚动和滑动，滑动量和滚动量的大小因啮合位置而异，这就表明齿轮的润滑状态会随时间的改变而改变。

3）齿轮的接触压力非常高，如轧钢机的主轴承压强一般为 20MPa，而轧钢机减速器齿轮的压强一般为 500~1400MPa。

4）与滑动轴承相比较，渐开线齿轮的诱导曲率半径小，因此形成油楔条件差。

5）齿轮的材料性质，尤其是表面粗糙度、表面硬度等对齿轮的润滑状态影响很大。

6）齿轮传动的润滑方式对润滑效果有直接影响，必须加以重视。

7）齿轮的几种主要失效形式，如点蚀、胶合和磨损等都和润滑剂有着重要关系。

1.1　闭式齿轮传动

（1）工业闭式齿轮油种类的选择（见表 19.5-1）

（2）工业闭式齿轮传动装置润滑油黏度等级的选择（见表 19.5-2）

（3）油温及负载的分类（见表 19.5-3、表 19.5-4）

（4）节圆圆周速度与润滑方式的关系（见表 19.5-5）

表 19.5-1　工业闭式齿轮油种类的选择

条件		推荐使用的工业闭式齿轮油
齿面接触应力 σ_H/MPa	齿轮使用工况	
<350	一般齿轮传动	抗氧防锈工业齿轮油(L-CKB)
350~500 (轻载荷齿轮)	一般齿轮传动	抗氧防锈工业齿轮油(L-CKB)
	有冲击的齿轮传动	中载荷工业齿轮油(L-CKC)
500~1100① (中载荷齿轮)	矿井提升机、露天采掘机、水泥磨、化工机械、水利电力机械、冶金矿山机械和船舶海港机械等的齿轮传动	中载荷工业齿轮油(L-CKC)
>1100 (重载荷齿轮)	冶金轧钢、井下采掘、高温有冲击和含水部位的齿轮传动等	重载荷工业齿轮油(L-CKD)
<500	在更低的、低的或更高的环境温度和轻载荷下运转的齿轮传动	极温工业齿轮油(L-CKS)
⩾500	在更低的、低的或更高的环境温度和重载荷下运转的齿轮传动	极温重载荷工作齿轮油(L-CKT)

① 在计算出的齿面接触应力略小于 1100MPa 时，若齿轮工况为高温、有冲击或含水等，为安全计，应选用重载荷工业齿轮油。

表 19.5-2　工业闭式齿轮传动装置润滑油黏度等级的选择

平行轴及锥齿轮传动低速级齿轮节圆的圆周速度②/m·s⁻¹	环境温度/℃			
	-40~-10	-10~10	10~35	35~55
	润滑油黏度等级①,ν_{40}/$mm^2\cdot s^{-1}$			
⩽5	100(合成型)	150	320	680
>5~15	100(合成型)	100	220	460
>15~25	68(合成型)	68	150	320
>25~80③	32(合成型)	46	68	100

① 当齿轮节圆圆周速度⩽25m/s 时，表中所选润滑油黏度等级为工业闭式齿轮油；当齿轮节圆圆周速度>25m/s 时，表中所选润滑油黏度等级为汽轮机油；当齿轮传动承受严重冲击负载时，可适当增加一个黏度等级。

② 锥齿轮传动节圆圆周速度指锥齿轮齿宽中点的节圆圆周速度。

③ 当齿轮节圆圆周速度大于 80m/s 时，应由齿轮装置制造者特殊考虑并具体推荐一合适的润滑油。

表 19.5-3 油温、环境温度的分类（摘自 GB/T 7631.7-1995）

温度分类	温度/℃	温度分类	温度/℃
更低温	<-34	中等温度	70~100
低温	-34~-16	高温	100~120
正常温度	-16~70	更高温	>120

表 19.5-4 齿轮负载的分类（摘自 GB/T 7631.7—1995）

载荷分类	齿面接触应力	v_g/v	说明
轻载	<500MPa	<1/3	当齿轮工作条件为齿面接触应力小于500MPa,而且齿轮表面最大滑动速度 v_g 与节圆线速度 v 之比小于1/3时,这样的载荷称为轻载
重载	≥500MPa	≥1/3	当齿轮工作条件为齿面接触应力大于或等于500MPa,而且齿轮表面最大滑动速度 v_g 与节圆线速度 v 之比大于或等于1/3时,这样的载荷称为重载

注：v_g 为齿轮表面最大滑动速度；v 为齿轮节圆线速度。

表 19.5-5 节圆圆周速度与润滑方式的关系

节圆圆周速度/$m \cdot s^{-1}$	推荐润滑方式
≤15	油浴润滑①
>15	喷油润滑

① 特殊情况下，也可同时采用油浴润滑与喷油润滑。

1.2 开式齿轮传动

（1）开式齿轮润滑油

开式齿轮润滑油具有良好的黏附性、抗水性和氧化安定性，并具有良好的润滑性和防护性，适用于各种开放式齿轮传动装置，也用于各种齿圈、齿条、链齿轮和钢丝绳的润滑。开式齿轮润滑油的性能见表19.2-38~表19.2-40。

（2）半流体开式齿轮润滑油

开式齿轮润滑油采用喷射式润滑，存在的最大问题是油的黏度随温度变化大。开式齿轮多安装在户外或高大的车间里，冬夏温差大，润滑油的黏度变化悬殊。一般润滑油，当工作温度升高25℃时，其黏度将下降80%。由于喷射润滑时喷射流的图形和几何尺寸随黏度变化，因此温差大将严重影响润滑油喷射状态的稳定。解决的办法是在保证润滑性能的前提下，改变润滑剂的形态，改用润滑脂（见表19.2-41）。

2 蜗杆传动的润滑

（1）蜗轮蜗杆润滑油的选择

1）在高低温和苛刻的工作条件下，应选择合成蜗轮蜗杆润滑油。其原因在于合成型润滑油与传统的矿物型润滑油相比，具有显著的优势，除低温流动性好、黏度指数高等理化指标过硬外，其润滑性能也非常优越。国外最新研究成果表明，在同等黏度下，合成型蜗轮蜗杆润滑油的传动效率比矿物油型蜗轮蜗杆润滑油提高5%，使用寿命可以提高3倍。

2）应使用适量的油性剂。其原因在于蜗轮蜗杆传动以滑动摩擦为主，要求蜗轮蜗杆润滑油能浸润齿面及具有适当的附着力，即良好的油性（摩擦因数小）。油性剂在蜗轮蜗杆润滑油中主要通过形成吸附膜而起减摩作用，从而提高机械效率。实验发现，随着油性剂，如金属摩擦改进剂和硫化烯烃棉籽油等含量的增加，蜗轮蜗杆的传动效率呈提高趋势；但当油性剂的含量达到一定值后，其对传动效率的影响基本保持不变。考虑到蜗轮蜗杆润滑油的生产成本及润滑油中油性剂含量过高会对润滑油的其他性能（如抗乳化性及抗氧化性能等）产生不利影响，因此应当控制蜗轮蜗杆润滑油中油性剂的含量，使其处于最佳范围。

3）应当选用适量的极压抗磨剂。就蜗轮蜗杆润滑油的配方而言，当选用T306（磷酸三甲酚酯）、T309（硫代磷酸三苯酯）等极压抗磨剂时，随着润滑油中极压剂含量的增加，传动效率呈降低趋势，尤其是选用含T309的配方时，传动效率随T309添加剂含量的增加而急剧降低；与此同时，当温度较高时，含硫极压剂中的活性硫会对铜蜗轮产生较强的腐蚀作用，从而加剧蜗轮齿面磨损。因此，选择蜗轮蜗杆润滑油应当慎重选用硫剂等活性较高的极压剂，通常宜选用性能较温和的极压抗磨剂，且应严格控制用量。

（2）蜗轮蜗杆润滑油的性能见表19.2-36。

3 轴承的润滑

3.1 滚动轴承用润滑油（脂）的选择

（1）品种选择（见表19.5-6）

滚动轴承常用的润滑方式有油润滑及脂润滑两种，也有使用固体润滑剂润滑的。要根据轴承的载荷条件、运转速度及温度条件等因素，合理选择轴承的润滑方式。滚动轴承一般选择润滑脂润滑，如确实受各种条件的限制，则选择润滑油（如齿轮箱中的滚动轴承等）。

表 19.5-6 滚动轴承选择油润滑或脂润滑一般原则

影响选择的因素	脂润滑	油润滑
温度	当温度高于120℃时，要用特殊润滑脂；当温度升高到200~220℃时，润滑的时间间隔要缩短	当油池温度高于90℃或轴承温度高于200℃时，可采用特殊润滑油
速度系数(dn)值	<400000	500000~1000000
载荷	低到中等	各种载荷直到最大
轴承形式	不用于不对称的球面滚子推力轴承	用于各种轴承
壳体设计	较简单	需要较复杂的密封和供油装置
长时间不需维护的地方	可用，根据操作条件，特别要考虑工作温度	不可用
集中供油	选用泵送性能好的润滑脂，既不能有效地传热，也不能作为液压介质	可用
最低转矩损失	如填装适当比采用油的损失还要低	为了获得最低功率损失，应采用有清洗泵或油雾装置的循环系统
污染条件	可用，正确的设计可防止污染物的侵入	可用，但要采用有防护、过滤装置的循环系统

（2）黏度选择

对径向轴承可选择一般的润滑油，而对推力轴承就要尽量选择高黏度的极压抗磨润滑油。如果径向轴承限定了润滑油的黏度，则推力轴承所选润滑油的就应比径向轴承用的润滑油高一到两个等级；对滚柱轴承，就要选择比滚珠轴承的润滑油高1~3个黏度等级；对滚针轴承，润滑油的选择基本同滚柱轴承。

3.2 滑动轴承用润滑油

重载荷应采用较高黏度的油，轻载荷应采用低黏度的油。主轴与轴承之间的间隙小的轴承要求选用低黏度油，间隙大的采用高黏度油。对于普通滑动轴承，黏度太低则轴承的承载能力不够，黏度太高则功率损耗和运转温度将会过高。要综合考虑各种因素的影响。滑动轴承适用的润滑油黏度见表19.5-7。

表 19.5-7 滑动轴承适用的润滑油黏度

载荷/$N \cdot cm^{-2}$	转数/$r \cdot min^{-1}$	循环、油浴、飞溅油环、油链	滴油、手浇	
			良好设计，正确维护和润滑	有冲击载荷或维护不良
		适用黏度(40℃)/$mm^2 \cdot s^{-1}$		
		-10~60℃	-10~60℃	-10~60℃
300以下	≤50	130~190	130~220	150~320
	>50~100	90~140	100~180	120~260
	>100~500	60~80	60~100	90~180
	>500~1000	50~70	50~80	70~120
	>1000~3000	25~50	30~60	40~80
	>3000~5000	15~30	—	—
	>5000	7~20	—	—
300~750	≤50	260~350	280~390	320~460
	>50~100	160~270	180~320	240~400
	>100~250	130~190	140~220	200~300
	>250~500	90~160	120~180	180~220
	>500~750	80~100	90~120	120~190

4 导轨的润滑

（1）品种选择（见表19.2-75和表19.2-76）

对于既作液压介质又作导轨油的使用工况，要根据不同类型的机床导轨的需要，可选同时用作液压介质的导轨润滑油。通常使用L-HG液压导轨油，这样既能满足导轨的要求，又能满足液压系统的要求。液体静压导轨的润滑油除了满足导轨润滑的一般要求外，还应特别注意保持油的清洁，经过严格的过滤。

（2）黏度选择

对中小型机床和机械设备，可采用黏度等级为32液压导轨油；对大型机床和机械设备，可采用黏度等级为46、68或100液压导轨油。

5 链传动的润滑

链传动装置所使用的润滑油称为链条油，由于其工作的环境基本上是属于开放的空间，外界的污染物及温度变化很容易破坏链条润滑油的润滑品质，所以链条润滑油的作用，除润滑链条的链接部分，即链接的细缝部分外，还要让链条润滑油慢慢渗入，既达到润滑的效果，又具有一定的防腐、防锈、清洗和降低链条运转噪声的作用。

（1）品种选择（见表19.2-85）

选择传动润滑剂时，要根据链的速度、载荷、间隙、润滑形式和工作温度等条件进行选择。对于高温操作的地方，如炉子、传送带链等，可用带有二硫化钼或石墨粉的润滑剂。这些固体润滑剂是在热蒸气下，由于溶剂挥发而沉积在链表面；当温度低于260℃时，可以使用合成液体和氯氟烃聚合物，这些润滑油具有好的热稳定性、润滑性，无毒。

（2）黏度选择（见表19.5-8）

表 19.5-8　按链条载荷选择润滑油黏度

链条载荷 /MPa	加油方式	链条速度 /(m/s)	润滑油黏度 /(mm²/s)
<10	手加油	<1	70~100
		1~5	50~80
		>5	30~60
	过油箱	<5	50~80
		5~10	30~60
		10~100	20~40
		>100	10~20
10~20	手加油	<1	80~120
		1~5	70~100
		>5	60~80
10~20	过油箱	<5	80~110
		5~10	70~100
		10~100	40~60
		>100	20~40
>20	手加油	<1	160~240
		1~5	120~160
		>5	80~120
	过油箱	<5	160~200
		5~10	120~160
		10~100	80~120
		>100	65~100

第 6 章　润滑方法和润滑装置

润滑的目的是在机械设备摩擦副相对运动的表面间加入润滑剂，以降低摩擦阻力和能源消耗；减缓表面磨损，延长使用寿命，保证设备正常运转。合理地选择和设计润滑方法和装置对保证设备的良好润滑状态和工作性能是十分必要的。

1　润滑方法和润滑装置的分类及应用（见表 19.6-1）

表 19.6-1　润滑方法及润滑装置的分类及应用

润滑方法		润滑装置	润滑原理	适用范围
稀油润滑		油池	油池润滑即飞溅润滑，是由装在密封机壳中的零件所做的旋转运动来实现的	主要是用来润滑减速器内的齿轮装置，齿轮圆周速度不应超过 12~14m/s
	强制润滑	柱塞式油泵	靠装在机壳中的柱塞油泵的往复运动来实现供油	要求油压小于 10MPa，润滑油需要量不大和支承相当大载荷的摩擦副
		叶片式油泵	叶片泵可装在机壳中，也可与被润滑的机械分开。靠转子和叶片转动来实现供油	要求油压小于 0.3MPa，润滑油需要量不太多的摩擦副、变速器等
		齿轮泵	齿轮泵可装在机壳中，也可与被润滑的机械分开，靠齿轮旋转时供油	要求油压小于 1MPa，润滑油需要量多少不等的摩擦副
	喷射润滑	油泵、喷射阀	采用油泵直接加压实现喷射	当圆周速度为 12~14m/s 时，用于飞溅润滑效率较低时的闭式齿轮
	油雾润滑	油雾发生器凝缩嘴	以压缩空气为能源，借油雾发生器将润滑油形成油雾，随压缩空气经管道、凝缩嘴送至润滑点，实现润滑。油雾颗粒尺寸为 1~3μm	适用于高速度的滚动轴承、滑动轴承、齿轮、蜗轮、链轮及滑动导轨等各种摩擦副的润滑
	油气润滑	油泵、分配器、喷嘴	用压缩空气将油沿管内壁吹到润滑部位，经喷嘴喷到润滑点，油的颗粒尺寸为 50~100μm	适用于润滑封闭的齿轮、链条滑板、导轨及高速重载滚动轴承等
润滑脂润滑	间歇压力润滑	安装在同一块板上的压注油杯	用油枪将油脂压入摩擦副	适用于布置在加油不方便的地方的各种摩擦副
	压力润滑	手动润滑脂站	利用储油器中的活塞，将润滑脂压入油泵中。当摇动手柄时，油泵的柱塞即挤压润滑脂到给油器，并输送到润滑点	用于给单独设备的轴承及其他摩擦副供送润滑脂
	连续压力润滑	电动润滑脂站	柱塞泵通过电动机、减速器带动，将润滑脂从储油器中吸出，经换向阀，顺着给油主管向各给油器压送。给油器在压力作用下开始动作，向各润滑点供送润滑脂	润滑各种轧机的轴承及其他摩擦元件。此外，也可以用于高炉、铸钢、破碎、烧结、起重机、电铲及其他重型机械设备中
		风动润滑脂站	用压缩空气作为能源，驱动风泵，将润滑脂从储油器中吸出，经电磁换向阀，沿给油主管向各给油器压送润滑脂，给油器在具有压力的润滑脂的挤压作用下动作，向各润滑点供送润滑脂	用途范围与电动润滑脂站一样。尤其在大型企业，如冶金工厂、具有压缩空气管网设施的厂矿或在用电不方便的地方等可以考虑使用
		多点润滑脂泵	由传动机构（电动机、齿轮、蜗杆蜗轮）带动凸轮，通过凸轮偏心距的变化使柱塞进行径向往复运动，不停顿地定量输送润滑脂到润滑点（可以不用给油器等其他润滑元件）	用于重型机械和锻压设备的单机润滑，直接向设备的轴承座及各种摩擦副自动供送润滑脂

（续）

润滑方法		润滑装置	润滑原理	适用范围
固体润滑	整体润滑	不需要任何润滑装置，靠材料本身实现润滑。主要材料有石墨、尼龙、聚四氟乙烯、聚酰亚胺、聚对羟基苯甲酸、氮化硼和氮化硅等。主要用于不宜使用润滑油、脂或温度很高（可达 1000℃）或很低以及要求耐蚀等部位		
	覆盖膜润滑	用物理或化学方法将石墨、二硫化钼、聚四氟乙烯及聚对羟基苯甲酸等材料以薄膜形式覆盖于其他材料上，实现润滑		
	组合、复合材料润滑	用石墨、二硫化钼、聚四氟乙烯、聚对羟基苯甲酸及氟化石墨等与其他材料做成组合或复合材料，实现润滑		
	粉末润滑	把石墨、二硫化钼、二硫化钨及聚四氟乙烯等材料的微细粉末直接涂敷于摩擦表面，或盛于密闭容器（减速器壳体、汽车后桥齿轮包）内，靠搅动使粉末飞扬撒在摩擦表面实现润滑，也可用气流将粉末送入摩擦副。后者既能润滑又能冷却。这些粉末也可均匀地分散于润滑油、脂中，提高润滑效果，也可做成糊膏状或块状使用		
气体润滑	强制供气润滑	用洁净的压缩空气或其他气体作为润滑剂润滑摩擦副，如气体轴承等，可提高运动精度		

2　润滑件

2.1　油杯（见表 19.6-2~表 19.6-6）

表 19.6-2　直通式压注油杯的基本型式与尺寸（摘自 JB/T 7940.1—1995）　（mm）

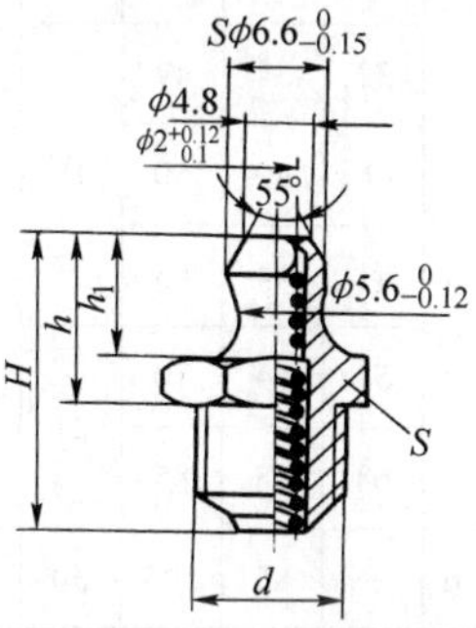

标记示例：d 为 M10×1 直通式压注油杯标记为：
油杯 M10×1 GB 1152①

d	H	h	h_1	S 公称尺寸	S 极限偏差	钢球（按 GB/T 308）
M6	13	8	6	8	0 -0.22	3
M8×1	16	9	6.5	10		
M10×1	18	10	7	11		

① GB 1152—1989 被 JB/T 7940.1—1995 替代，标记时仍采用 GB 1152。

表 19.6-3　接头式压注油杯的基本型式与尺寸（摘自 JB/T 7940.2—1995）　（mm）

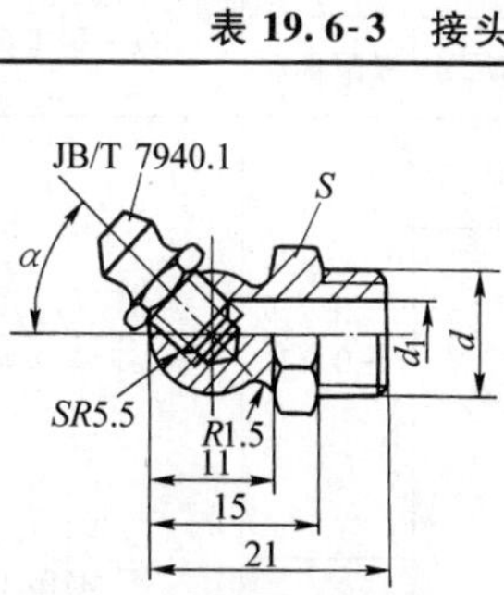

标记示例：d 为 M10×1，45°，
接头式压注油杯标记为：
油杯 45° M10×1 GB 1153①

d	d_1	α	S 公称尺寸	S 极限偏差	直通式压注油杯（按 JB/T 7940.1—1995）
M6	3	45°、90°	11	0 -0.22	M6
M8×1	4				
M10×1	5				

① GB 1153—1989 被 JB/T 7940.2—1995 替代，标记时仍采用 GB 1153。后类似。

表 19.6-4 A型弹簧盖油杯的基本型式与尺寸（摘自 JB/T 7940.5—1995） （mm）

A型

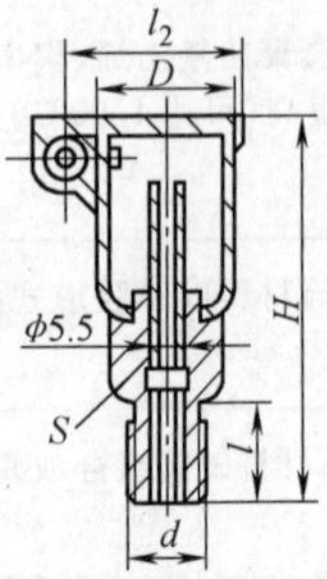

标记示例：最小容量 3cm³，A 型弹簧盖油杯
标记为：油杯 A3 GB 1157

最小容量 /cm³	d	H ≤	D ≤	l_2 ≈	l	S 公称尺寸	S 极限偏差
1	M8×1	38	16	21	10	10	0 -0.22
2		40	18	23			
3	M10×1	42	20	25		11	
6		45	25	30			
12	M14×1.5	55	30	36	12	18	0 -0.27
18		60	32	38			
25		65	35	41			
50		68	45	51			

表 19.6-5 旋盖式油杯的基本型式与尺寸（摘自 JB/T 7940.3—1995） （mm）

A型 B型

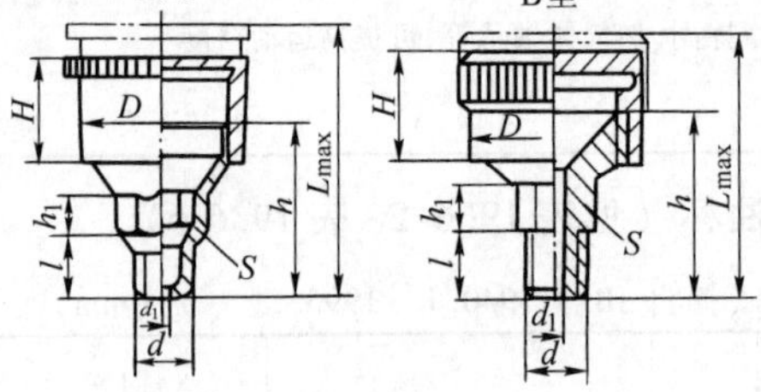

标记示例：最小容量 25cm³，A 型
旋盖式油杯标记为：
油杯 A25 GB 1154

最小容量 /cm³	d	l	H	h	h_1	d_1	D A 型	D B 型	L max	S 公称尺寸	S 极限偏差
1.5	M8×1	8	14	22	7	3	16	18	33	10	0 -0.22
3	M10×1		15	23	8	4	20	22	35	13	
6			17	26			26	28	40		
12	M14×1.5	12	20	30	10	5	32	34	47	18	0 -0.27
18			22	32			36	40	50		
25			24	34			41	44	55		
50	M16×1.5		30	44			51	54	70	21	0 -0.33
100			28	52			68	68	85		
200	M24×1.5	16	48	64	16	6	—	86	105	30	—

表 19.6-6 针阀式注油杯的基本型式与尺寸（摘自 JB/T 7940.6—1995） （mm）

A型 B型

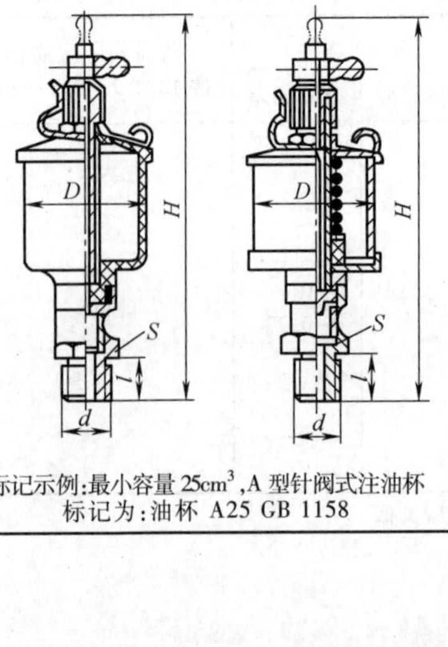

标记示例：最小容量 25cm³，A 型针阀式注油杯
标记为：油杯 A25 GB 1158

最小容量 /cm³	d	l	H	D	S 公称尺寸	S 极限偏差	螺母（按 GB/T 6172）
16	M10×1	12	105	32	13	0 -0.27	M8×1
25	M14×1.5		115	36	18		
50			130	45			M10×1
100			140	55			
200	M16×1.5	14	170	70	21	0 -0.33	
400			190	85			

2.2　油枪（见表 19.6-7、表 19.6-8）

表 19.6-7　压杆式油枪的基本型式与尺寸（摘自 JB/T 7942.1—1995）　（mm）

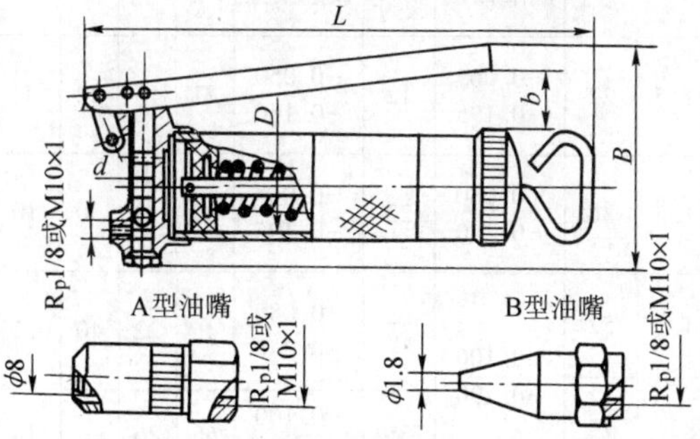

标记示例：储油量为 200cm³，带 A 型注油嘴的压杆式油枪标记为：
油枪 A200 GB 1164①

储油量 /cm^3	公称压力 /MPa	出油量 /cm^3	推荐尺寸 D	L	B	b	d	
100	16	0.6	35	255	90	30	8	A 型仅用于 JB/T 7940.1—1995 JB/T 7940.2—1995 规定的油杯
200		0.7	42	310	96			
400		0.8	53	385	125		9	

① GB 1164—1989 被 JB/T 7942.1—1995 替代，标记时仍采用 GB 1164。

表 19.6-8　手推式油枪的基本型式与尺寸（摘自 JB/T 7942.2—1995）　（mm）

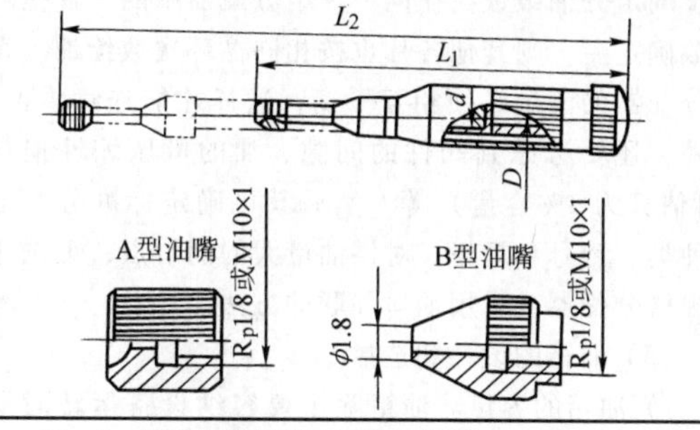

标记示例：储油量为 50cm³，带 A 型油嘴的手推式油枪标记为
油枪 A50 GB 1165①

储油量 /cm^3	公称压力 /MPa	出油量 /cm^3	D	L_1	L_2	d
50	6.3	0.3	33	230	330	5
100		0.5				6

注：1. A 型油嘴仅用于压注润滑脂。
2. 公称压力指压注润滑脂的给定压力。
3. D、L_1、L_2、d 尺寸为推荐尺寸，R_p1/8 尺寸允许采用 M10×1 或 M8×1。

① GB 1165—1989 被 JB/T 7942.2—1995 替代，标记时仍采用 GB 1165。

2.3　油标（见表 19.6-9、表 19.6-10）

表 19.6-9　压配式圆形油标的基本型式与尺寸（摘自 JB/T 7941.1—1995）　（mm）

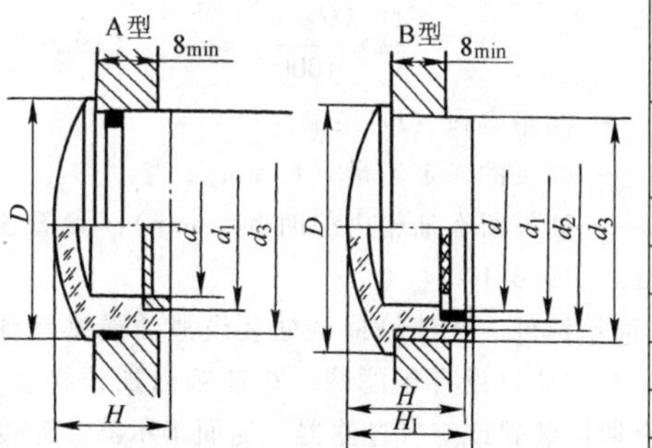

标记示例：视孔 d=32mm，A 型压配式圆形油标标记为：
油标 A32 GB 1160.1①

d	D	d_1 公称尺寸	d_1 极限偏差	d_2 公称尺寸	d_2 极限偏差	d_3 公称尺寸	d_3 极限偏差	H	H_1	密封圈（按 GB/T 3452.1）
12	22	12	-0.050 -0.160	17	-0.050 -0.160	20	-0.065 -0.195	14	16	15×2.65
16	27	18		22	-0.065 -0.195	25				20×2.65
20	34	22	-0.065 -0.195	28		32	-0.080 -0.240	16	18	25×3.55
25	40	28		34	-0.080 -0.240	38				31.5×3.55
32	48	35	-0.080 -0.240	41		45		18	20	38.7×3.55
40	58	45		51	-0.100 -0.290	55	-0.100 -0.290			48.7×3.55
50	70	55	-0.100 -0.290	61		65		22	24	—
63	85	70		76		80				

注：1. 与 d_1 相配合的孔极限偏差按 H11。
2. A 型用 O 形橡胶密封圈的沟槽尺寸按 GB/T 3452.3，B 型用密封圈由制造厂设计选用。

① GB 1160.1—1989 被 JB/T 7941.1—1995 替代标记时采用 GB 1160.1。

表 19.6-10 旋入式圆形油标的基本型式与尺寸（摘自 JB/T 7941.2—1995）

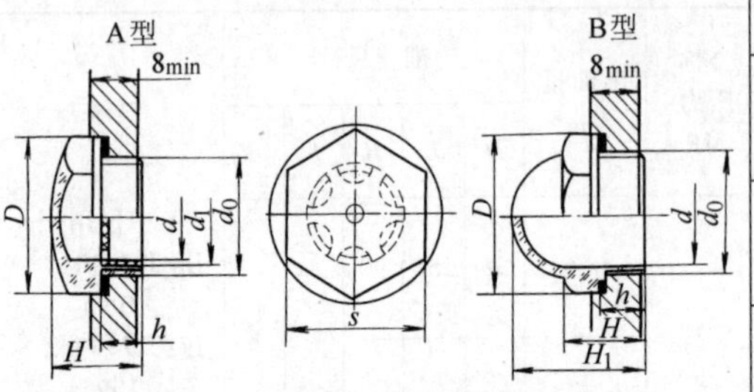

标记示例：视孔 d=32mm，A型旋入式圆形油标标记为：
油标 A32 GB 1160.2①

d	d_0	D 公称尺寸	D 极限偏差	d_1 公称尺寸	d_1 极限偏差	S	H	H_1	h
10	M16×1.5	22	−0.065 −0.195	12	−0.050 −0.160	21	15	22	8
20	M27×1.5	36	−0.080 −0.240	22	−0.065 −0.195	32	18	30	10
32	M42×1.5	52	−0.100 −0.290	35	−0.080 −0.240	46	22	40	12
50	M60×2	72		55	−0.100 −0.290	65	26	—	14

① GB 1160.2—1989 被 JB/T 7941.2—1995 替代，标记时仍采用 GB 1160.2。

3 稀油集中润滑系统的设计

3.1 稀油集中润滑系统设计的任务

根据机械设备总体设计中各机构和摩擦副的润滑要求、工况和环境条件，进行集中润滑系统的技术设计，并确定合理的润滑系统，包括润滑系统的形式确定、计算，以及选定组成系统的各种润滑元件及装置的性能、规格和数量，系统中各管路的尺寸及布局等。

3.2 稀油集中润滑系统设计步骤

（1）确定润滑系统的方案

围绕润滑系统设计要求、工况和环境条件，收集必要的参数，确定润滑系统的方案。其中几何参数有：最高、最低及最远润滑点的位置尺寸，润滑点范围，摩擦副有关尺寸等；工况参数：速度、载荷及温度等；环境条件：温度、湿度、砂尘及水气等。另外，还有力学性能参数和运动性质参数。在此基础上确定润滑系统方案。对于精密、重要部件，如机床主轴轴承的润滑方案，要进行特别的分析和比较。

（2）计算各润滑点所需润滑油的总消耗量

根据初步拟定的润滑系统方案，计算出带走摩擦副在运转中产生的热量所需的油量，再加上形成润滑油膜，达到液体润滑作用所需油量，即为润滑油的总消耗量。但后者消耗油量较前者少得多，故可省略不计。

（3）计算及选择润滑泵

根据系统所消耗的润滑油总量确定润滑泵的最大流量 Q、工作压力 p、润滑泵的类型和相应的电动机。

（4）确定定量分配系统

根据各润滑点的耗油量，确定每个摩擦副上安置几个润滑点，选用哪种类型的润滑系统，然后选择相应的润滑泵及定量分配器。

在设计时，首先按润滑点数量、位置和集结程度，按尽量就近接管原则将润滑系统划分为若干个润滑点群，每个润滑点群设置1~2个片组，按片组数初步确定分油级数。在同一片组分配器中的一片循环次数确定后，则其他各片也按相同循环次数给油。每组分配器的流量必须相互平衡，这样才能连续供油。另外，还要考虑到阀件的间隙、油的可压缩性损耗（可估算为1%容量）等。然后就可确定标准分配器的种类、型号和规格。对供油量大的润滑点，可选用大规格分配器或采用油口并联的方法。

（5）油箱的设计和选择

1）油箱的容量。油箱除了要容纳设备运转时所必须贮存的油量以外，还必须留有一定裕度（一般为油箱容积的1/5~1/4）。为了将油中所含杂质和水分沉淀下来并消除泡沫，需让循环油停留在油箱内一定时间，故油箱容量将以润滑泵每分钟流量乘以停留时间的倍数来表示，即

$$V=\frac{4}{3}\times\frac{Q_{泵}\,t}{1000} \tag{19.6-1}$$

式中 V——油箱容积（m^3）；

$Q_{泵}$——油泵的额定流量（L/min）；

t——油停留在油箱内的时间（min），参看表19.6-11。

2）油箱组件。在油箱最低处装设泄油或排污油塞或阀，在加油口设有粗滤网，在油箱内加设挡板，一般设有通风装置或空气过滤器、油面指示器、温度计和压力表等。

（6）冷却器和热油器的设计及选择

1）冷却器。根据相关公式计算出冷却面积，选择冷却器。对于油冷却器的实际冷却面积应比计算值大10%~15%，或选用规格略大于计算值的一种冷却器。

2）热油器。在高寒地区的冬季，当环境温度常低于

表 19.6-11　典型油循环系统

设备类别	润滑零件	油的黏度(40℃)/$mm^2\cdot s^{-1}$	油泵类型	在油箱中停留时间/min	过滤器过滤精度/μm
冶金机械	轴承、齿轮	150~460 68~680	齿轮泵	20~60	150
造纸机械	轴承、齿轮	150~220	齿轮泵	40~60	120
汽轮机及大型旋转机械	轴承	32	齿轮泵及离心泵	5~10	5
电动机	轴承	32~68	齿轮泵	5~10	50
往复空压机	外部零件、活塞、轴承	68~165	—	1~8	—
高压鼓风机	—	—	—	4~14	—
飞机	轴承、齿轮、控制装置	10~32	齿轮泵	0.5~1	5
液压系统	泵、轴承、阀	—	—	3~5	5~100
机床	轴承、齿轮	4~165	齿轮泵	3~8	10~100

0℃时，润滑油如果不加热，则油的黏度增大，使机械设备得不到充分润滑而不能起动。将油加热的设备称为热油器。通常利用电加热器或蒸汽盘管装在箱内对润滑油进行短期加热。

(7) 油管直径的选择

根据油的流量和流速的大小，可按式（19.6-2）计算油管的直径 d（mm）

$$d \geqslant 4.6\sqrt{\frac{Q}{v}} \qquad (19.6\text{-}2)$$

式中　Q——流量（L/min）；

v——流速（m/s）。

根据使用要求不同，推荐油的流速：送油管为 1~5m/s；支油管为 1~2m/s；吸油管为 1~2m/s；回油管为 0.3~1m/s。

管路沿程压力损失为 0.05~0.06MPa。

4　稀油集中润滑系统的主要设备

4.1　润滑油泵及油泵装置（见表 19.6-12~表 19.6-15）

表 19.6-12　DSB 型手动润滑油泵

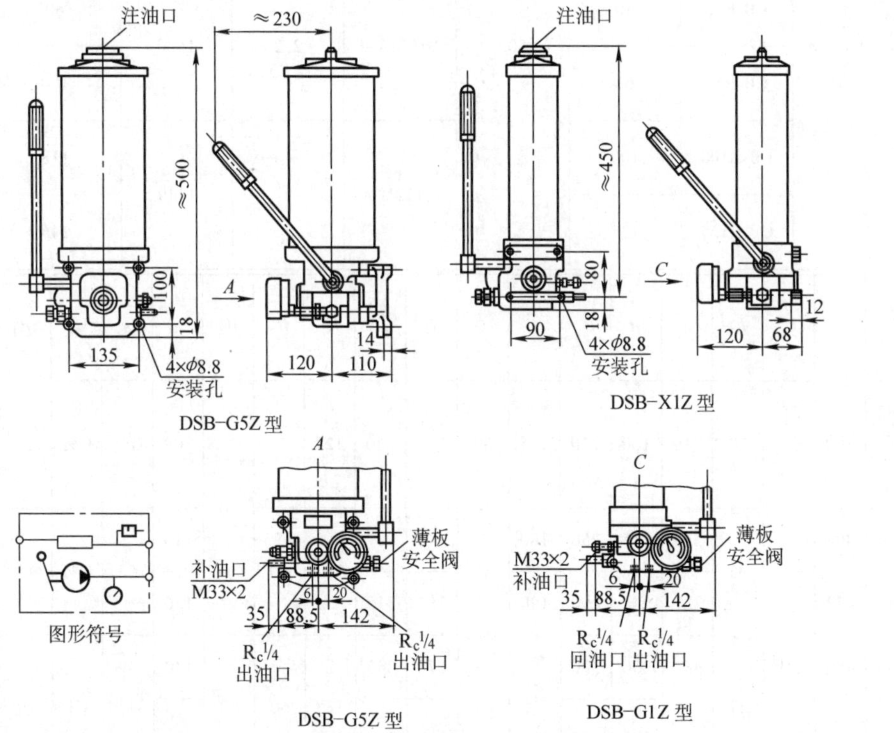

本泵与递进式分配器组合，可用于给油频率较低的递进式集中润滑系统，或向小型机器的各润滑点供油

项目		参数
型号	①	DSB-X1Z
	②	DSB-X5Z
每往复一次的给油量/mL		2.6
最大使用压力/MPa		10
薄板安全阀爆破压力/MPa		10
储油器容积/L		①1.5
		②5
润滑油黏度/$mm^2\cdot s^{-1}$		22~460
质量/kg		①9.5
		②24

生产商有太原市兴科机电研究所

表 19.6-13　卧式齿轮油泵装置

外形图

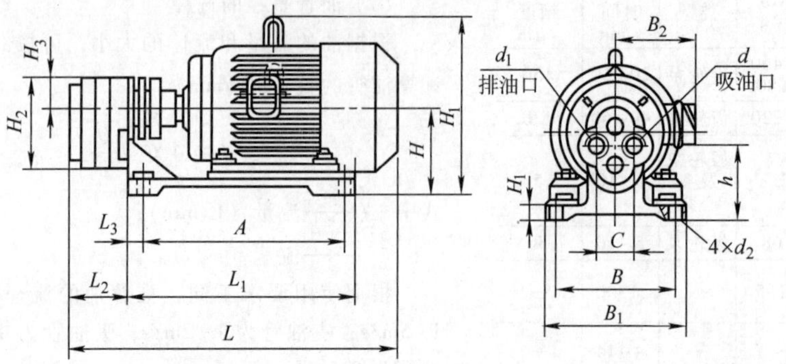

标记示例：公称流量125L/min的卧式齿轮油泵装置，标记为：

WBZ2-125　齿轮油泵装置

适用于黏度值32～460mm²/s的润滑油或液压油，温度50℃±5℃

参数、外形尺寸/mm

型号	公称压力/MPa	齿轮油泵 型号	齿轮油泵 公称流量/L·min⁻¹	吸入高度/mm	电动机 型号	电动机 功率/kW	电动机 转速/r·min⁻¹	质量/kg
WBZ2-16	0.63	CB-B16	16	500	Y90S-4	1.1	1450	55
WBZ2-25		CB-B25	25					56
WBZ2-40		CB-B40	40		Y100L1-4	2.2	1420	80
WBZ2-63		CB-B63	63					100
WBZ2-100		CB-B100	100		Y112M-4	4	1440	118
WBZ2-125		CB-B125	125					146

型号	L ≈	L_1	L_2	L_3	A	B	B_1	B_2 ≈	C	H	H_1 ≈	H_2	H_3	H_4	h	d	d_1	d_2
WBZ2-16	448	360	76	27	310	160	220	155	50	130	230	128	43	30	109	G¾	G¾	15
WBZ2-25	456		84															
WBZ2-40	514	406	92	25	360	215	250	180	55	142	287	152	50		116	G1	G¾	15
WBZ2-63	546	433	104		387	244	290	190		162	315				136			
WBZ2-100	660	485	119	27	433	250	300	210	65	172	345	185	60	40	140	G1¼	G1	19
WBZ2-125	702	500	126		448	280	330			200	383				168			

注：生产商有太原矿山机器润滑液压设备有限公司，南通市南方润滑液压设备有限公司，启东市南方润滑液压设备有限公司，启东润滑设备有限公司，启东江海液压润滑设备厂，四川川润股份有限公司，太原宝太润液设备有限公司，启东中冶润滑设备有限公司。

表 19.6-14　电动润滑泵外形尺寸及参数

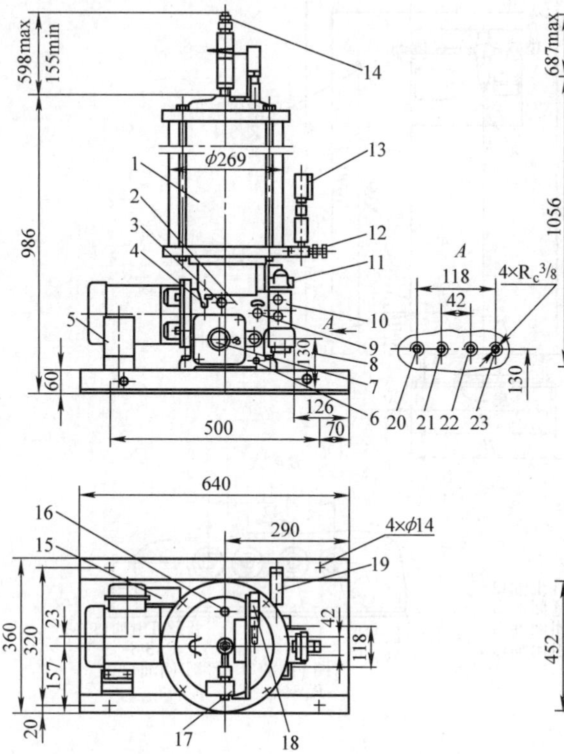

DRB-J60Y-H 型

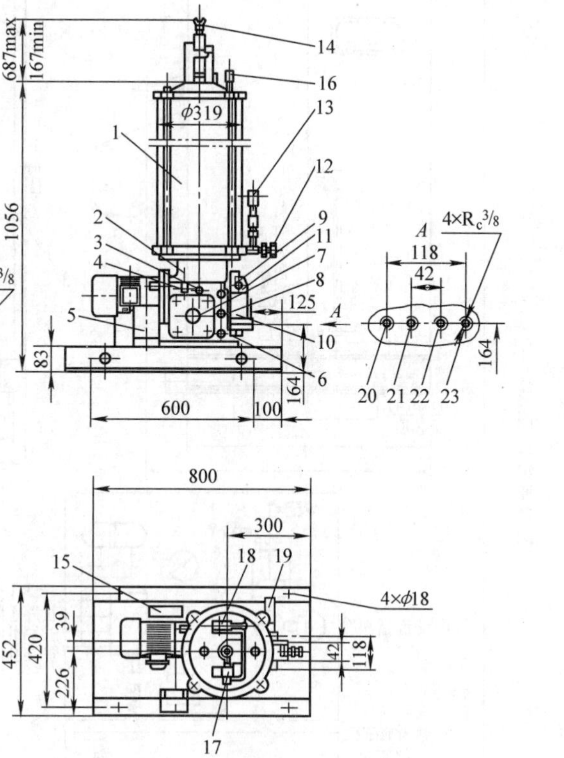

DRB-J195Y-H 型

1—储油器　2—泵体　3—放气塞　4—润滑油注入口　5—接线盒　6—放油螺塞 Rc¼　7—油位计　8—润滑油补给口 M33×2-6g　9—液压换向阀调节螺栓　10—液压换向阀　11—安全阀　12—排气阀(出油口)　13—压力表　14—排气阀(储油器活塞下部空气)　15—蓄能器　16—排气阀(储油器活塞上部空气)　17—储油器低位开关　18—储油器高位开关　19—液压换向阀限位开关　20—管路Ⅰ出油口 R_c⅜　21—管路Ⅰ回油口 R_c⅜　22—管路Ⅱ回油口 R_c⅜　23—管路Ⅱ出油口 R_c⅜

型号	公称流量 /mL·min^{-1}	公称压力 /MPa	转速 /r·min^{-1}	储油器容积/L	减速器润滑油量 /L	电动机功率 /kW	减速比	配管方式	蓄能器容积 /mL	质量/kg	适用范围： 1）双线式喷射集中润滑系统中的电动润滑泵 2）黏度值不小于 120 mm^2/s 的润滑油
DRB-J60Y-H	60	10(J)	100	16	1	0.37	1∶15	环式	50	140	
DRB-J195Y-H	195		75	26	2	0.75	1∶20			210	

注：生产商有太原矿山机器润滑液压设备有限公司，启东市南方润滑液压设备有限公司，南通市南方润滑液压设备有限公司，太原宝太润液设备有限公司，启东江海液压润滑设备厂，启东润滑设备有限公司，启东中冶润滑设备有限公司。

表 19.6-15 电动喷油泵装置

装置简图、系统原理图

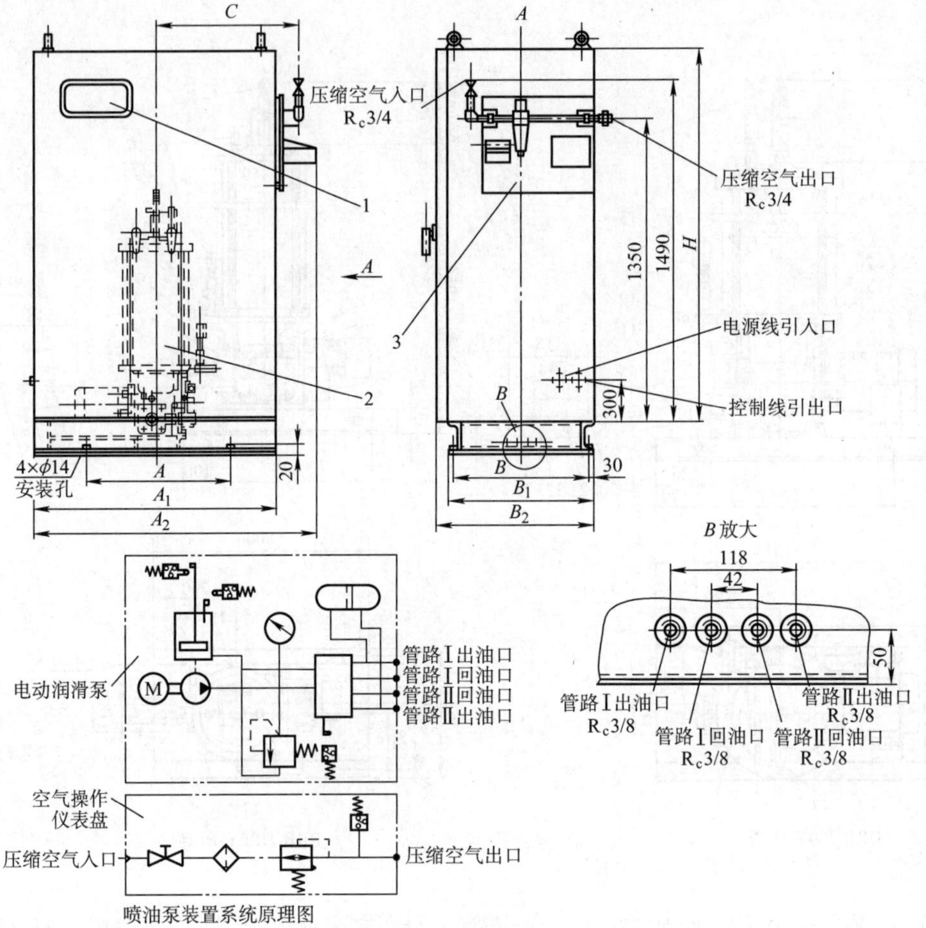

喷油泵装置系统原理图

1—电气装置 2—DRB-J60Y-H 电动润滑泵 3—空气操作仪表盘

标记示例：公称压力 10MPa，公称流量 60mL/min，配管方式为环式的喷油泵装置，标记为

PBZ-J60H 喷油泵装置

参数、外形尺寸/mm

型号	公称流量 /mL·min^{-1}	公称压力 /MPa	转速 /r·min^{-1}	储油器容积 /L	电动机功率 /kW	减速比	配管方式	蓄能器容积 /mL	输入空气压力 /MPa	空气耗量 /L·min^{-1}	质量 /kg
PBZ-J60H	60	10(J)	100	16	0.37	1∶15	环式	50	0.8~1	1665	314
PBZ-J195H	195		75	25	0.75	1∶20				2665	400

型号	A	A_1	A_2	B	B_1	B_2	C	H	压缩空气入口	压缩空气出口
PBZ-J60H	600	1000	1165	550	610	650	558.4	1650	R_c¾	R_c¾
PBZ-J195H	800	1260	1410	642	702	742	724.4	1760	R_c1	R_c1

注：1. 本装置为双线式喷射润滑系统：使用空气压力 0.8~1MPa；适用于黏度不小于 120mm^2/s 的润滑油；使用电压 380V、50Hz。

2. 生产商有太原矿山机器润滑液压设备有限公司，太原市兴科机电研究所，太原宝太润液设备有限公司。

4.2　稀油润滑装置（见表 19.6-16 ~ 表19.6-18）

适用于冶金、矿山、电力、石化、建材和轻工等行业机械设备的稀油循环润滑系统。

XHZ-6.3 ~ XHZ-125 型稀油润滑装置外形尺寸及原理图见图 19.6-1。

表 19.6-16　XHZ 型稀油润滑装置基本参数

型号	公称压力 /MPa	公称流量/L·min^{-1}	油箱容量 /m^3	电动机 功率 /kW	电动机 极数 P	过滤面积 /m^2	换热面积 /m^2	冷却水管通径 /mm	冷却水耗量 /m^3·h^{-1}	电加热器功率 /kW	蒸汽管通径 /mm	蒸汽耗量/kg·h^{-1}	压力罐容量 /m^3	出油口通径 /mm	回油口通径 /mm	质量 /kg
XHZ-6.3	≥0.63（泵口压力）0.5（供油口压力）	6.3	0.25	0.75	4、6	0.05	1.3	25	0.38	3	—	—	—	15	40	320
XHZ-10		10							0.6							
XHZ-16		16	0.5	1.1	4、6	0.13	3	25	1	6	—	—	—	25	50	980
XHZ-25		25							1.5							
XHZ-40		40	1.25	2.2	4、6	0.20	6	32	2.4	12	—	—	—	32	65	1520
XHZ-63		63							3.8							
XHZ-100		100	2.5	5.5	4、6	0.40	11	32	6	18	—	—	—	40	80	2850
XHZ-125		125							7.5							
XHZ-160A		160	5	7.5	4、6	0.52	20	65	9.6	根据用户要求可改电加热	25	40	—	60	125	4570
XHZ-160																3950
XHZ-200A		200							12							4570
XHZ-200																3950
XHZ-250A		250	10	11	4、6	0.83	35	100	15		25	65	—	80	150	5660
XHZ-250																5660
XHZ-315A		315							19							6660
XHZ-315																5660
XHZ-400A		400	16	15	4、6	1.31	50	100	24		32	90	—	100	200	8350
XHZ-400																7290
XHZ-500A		500							30							8350
XHZ-500																7290
XHZ-630		630	20	18.5	6	1.31	60	100	55		32	120	—	100	250	8169
XHZ-630A$_1$													2			10140
XHZ-630A																10160
XHZ-800		800	25	22	6	2.2	80	125	70		40	140	—	125	250	11550
XHZ-800A$_1$													2.5			13610
XHZ-800A																13780
XHZ-1000		1000	31.5	30	6	2.2	100	125	90		50	180	—	125	300	13315
XHZ-1000A$_1$													31.5			15500
XHZ-1000A																15500

注：1. 本系列尚有 1250、1250A$_1$、1250A、1600、1600A$_1$、1600A、2000、2000A$_1$、2000A 型号等，本表从略。

2. 过滤精度：低黏度介质为 0.08mm；高黏度介质为 0.12mm。

3. 冷却水温度小于等于 30℃、压力小于等于 0.4MPa；当冷却器进油温度为 50℃时，润滑油降温大于等于 8℃；加热用蒸汽时，压力为 0.2 ~ 0.4MPa。

4. 适用于黏度为 22 ~ 460mm^2/s 的润滑油。

5. XHZ-160 ~ XHZ-500 润滑装置，除油箱外所有元件均安装在一个公共的底座上；XHZ-160A ~ XHZ-500A 润滑装置的所有元件均直接安装在地面上；XHZ-630 ~ XHZ1000 润滑装置不带压力罐；XHZ-630A ~ XHZ-1000A 润滑装置带压力罐正方形布置；XHZ-630A$_1$ ~ XHZ-1000A$_1$ 润滑装置带压力罐，长方形布置。本装置还带有电控柜和仪表盘。

6. 生产商有太原矿山机器润滑液压设备有限公司，启东市南方润滑液压设备有限公司，南通市南方润滑液压设备有限公司，启东江海液压润滑设备厂，中国重型机械研究院有限公司，启东润滑设备有限公司，四川川润股份有限公司，常州市华立液压润滑设备有限公司，上海润滑设备厂有限公司。

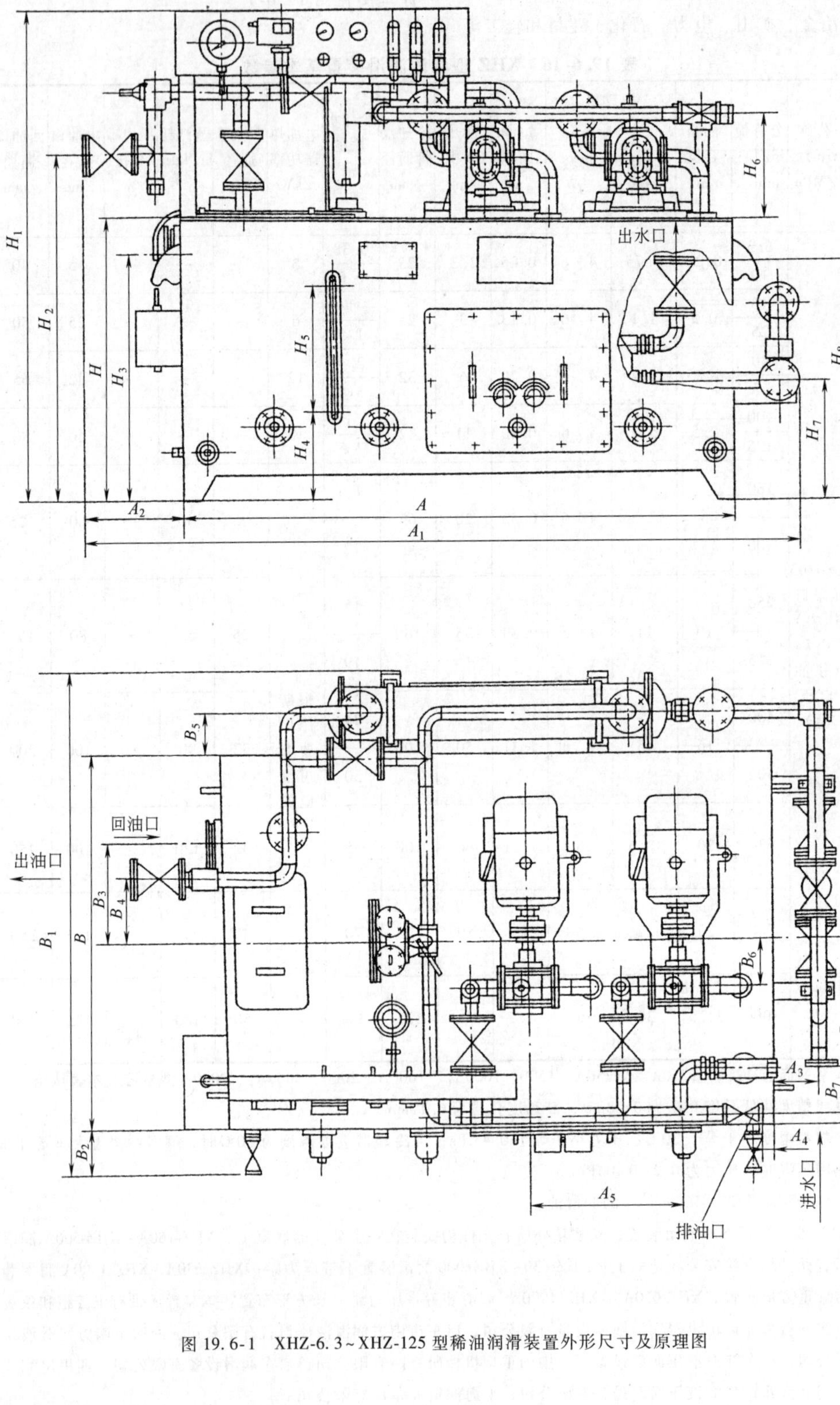

图 19.6-1 XHZ-6.3～XHZ-125 型稀油润滑装置外形尺寸及原理图

表 19.6-17　XHZ-6.3~XHZ125 型稀油润滑装置的原理图及外形尺寸　(mm)

型号	A	A_1	A_2	A_3	A_4	A_5	B	B_1	B_2	B_3	B_4	B_5
XHZ-6.3 XHZ-10	1100	1640	410	70	70	350	700	980	110	235	190	90
XHZ-16 XHZ-25	1400	1935	400	80	0	420	850	1250	140	200	0	112
XHZ-40 XHZ-63	1800	2400	380	100	35	490	1200	1610	150	300	200	130
XHZ-100 XHZ-125	2400	2980	350	100	100	680	1400	1800	150	450	200	130

型号	B_6	B_7	B_8	H	H_1	H_2	H_3	H_4	H_5	H_6	H_7	H_8
XHZ-6.3 XHZ-10	150	80	430	590	1240	715	490	230	270	220	290	510
XHZ-16 XHZ-25	125	200	495	650	1300	800	550	250	280	290	360	683
XHZ-40 XHZ-63	160	200	600	890	1540	1060	780	280	400	395	380	775
XHZ-100 XHZ-125	100	70	495	1040	1690	1330	920	380	400	370	610	980

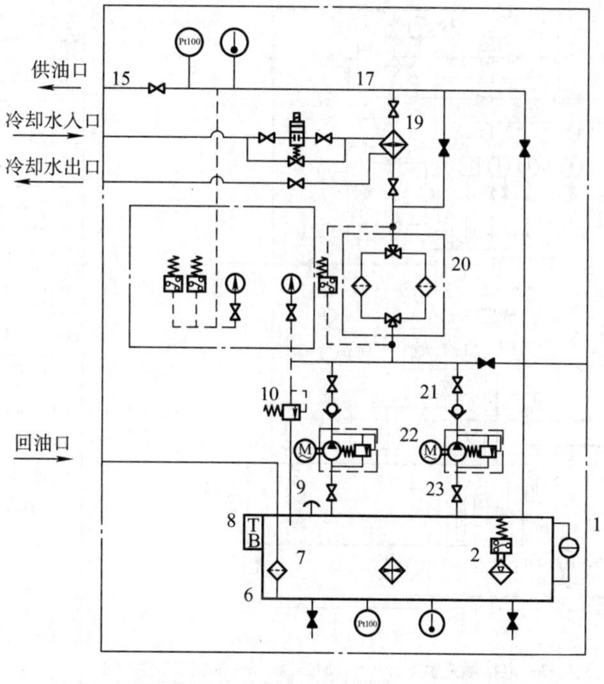

XHZ-6~XHZ-125 型稀油润滑装置原理图（元件名称见表 19.6-18）

注：1. 回油口法兰连接尺寸按 JB/T 81《凸面板式平焊钢制管法兰》（PN=1MPa）的规定。

2. 上列稀油润滑装置均无地脚螺栓孔，就地放置即可。

表 19.6-18 XHZ-160~XHZ-500 型稀油润滑装置的原理图及外形尺寸 (mm)

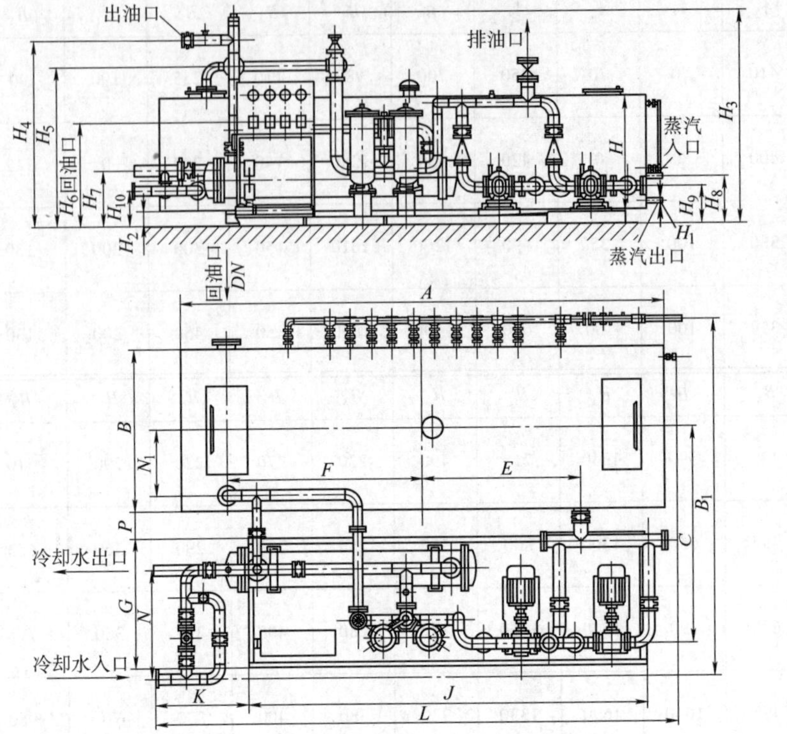

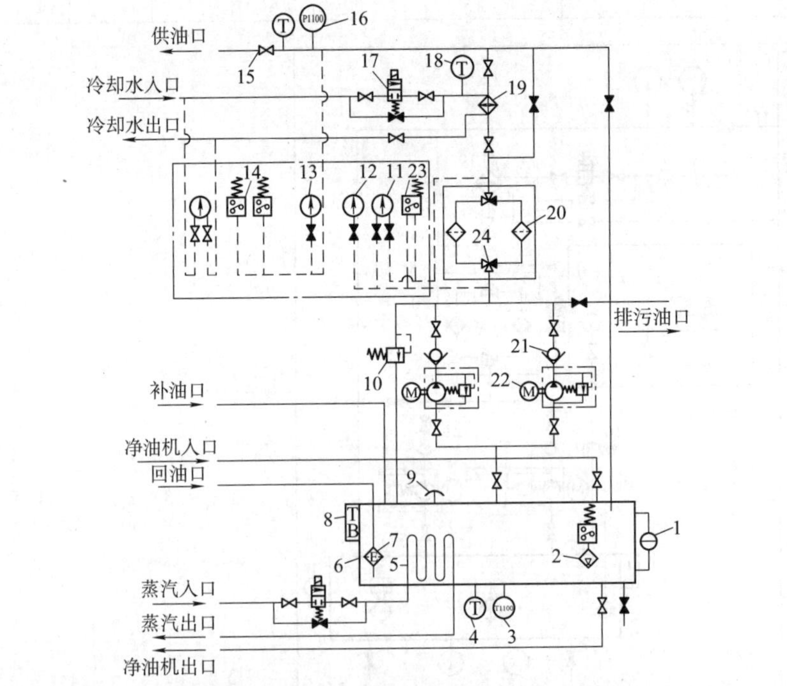

1—油液指示器 2—油位控制器 3、4、12—电接触式温度计 5—加热器 6—油箱 7—回油过滤器 8—电气接线盒 9—空气过滤器 10—安全阀 11、13—压力计 14—压力继电器 15—截断阀 16—温度开关 17—二位二通电磁阀 18—温度计 19—冷却器 20—双筒过滤器 21—单向阀 22—带安全阀的齿轮油泵 23—压差开关 24—过滤器切换阀

XHZ-160~XHZ-500 型稀油润滑装置原理图

型号	XHZ-160	XHZ-200	XHZ-250 XHZ-315	XHZ-400 XHZ-500
A	3840		5200	6100
B	1700		1800	2000
B_1	3870		4463	4665
C	2250		2575	2800
E	1150		1875	2250
F	1900		2325	2770
G	1300		1500	1600
H	1040		1350	1600
H_1	390		410	430
H_2	140		160	180
H_3	1950	1860	2200	2900
H_4	1688		1960	2340
H_5	1400		1650	2000
H_6	1250		1220	1400
H_7	622		610	737
H_8	818		838	858
H_9	400		440	480
H_{10}	422		375	502
J	4200		4500	5000
K	700		760	1200
L	4900		5750	6640
N	1150		1400	1325
N_1	600		650	750
P	500		500	500
DN	125		150	200

标记示例：公称流量 500L/min，油箱以外的所有零件均装在一个公共底座上的稀油润滑装置，标记为：

XHZ-500 型稀油润滑装置

注：所有法兰连接尺寸均按 JB/T 81—1994《凸面板式平焊钢制管法兰》（PN=1MPa）的规定。

5　润滑脂集中润滑系统的设计（见表19.6-19）

表19.6-19　润滑脂集中润滑系统的设计

类型		简　图	运　转	驱动	适用的锥入度 /10⁻¹mm	管路标准压力 /MPa	调整与管长限度
直接供脂式	单独的活塞泵	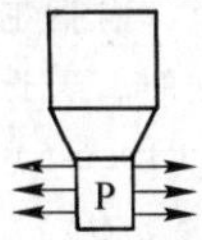	由凸轮或斜圆盘使各活塞泵P顺序工作	电动机 机械 手动	>265	0.7~2.0	在每个出口调整冲程 9~15m
	阀分配系统	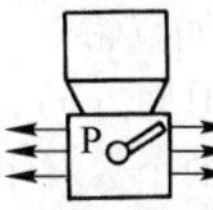	利用阀把一个活塞泵的输出量依次供给每条管路	电动机 机械 手动	>220 <265	0.7~2.0	由泵的速度控制输出 25~60m
	分支系统		每个泵的输出量由分配器分至各处	电动机 机械	>220	0.7~2.8	在每个输出口调整或用分配阀组调整 泵到分配阀 18~54m 分配阀到支承 6~9m
间接供脂递进式	单线式	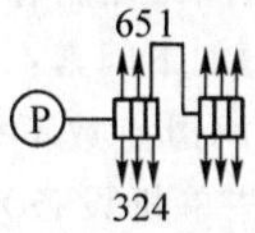	第一阀组按1、2、3……顺序输出。其中的一个阀用来使第二阀组工作。以后的阀组照此顺序工作	电动机 机械 手动	>265	14.0~20.0	用不同容量的计量阀，否则靠循环时间调整：干线 150mm（视脂和管子口径）到支承的支线 6~9mm
	单线式反向	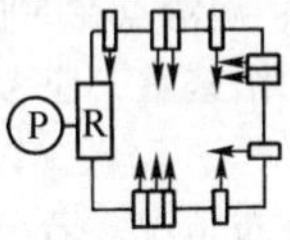	回动阀R每动作一次各阀依次工作			1.4~2.0	
	双线式	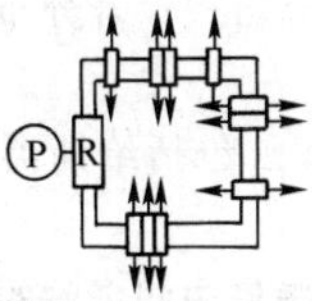	脂通过一条管路按顺序运送到占总数一半的出口。回动阀R随后动作，消除第一条管路压力，把脂送到另一条管路，供给其余半数出口				
间接供脂并列式	单线式	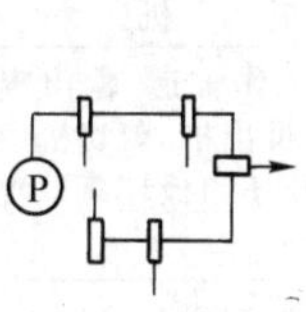	由泵上的装置使管路交替加压、卸压，有两种系统；利用管路压力作用在阀的活塞上射出脂；利用弹簧压力作用在阀的活塞上射出脂	电动机 手动	>310	≈17.0 ≈8.0	工作频率能调整，输出量由脂的特性决定 120m
	油或气调节的单线式	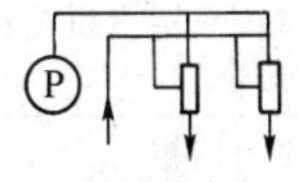供油或空气	泵使管路或阀工作，用油压或气压操纵阀门	电动机	>220	≈40.0	用分配阀调整 600m
	双线式	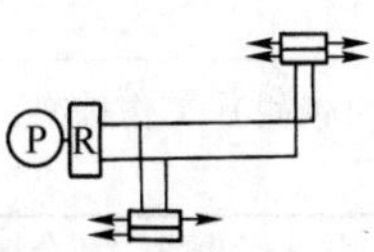	润滑脂压力在一条管路上同时操纵占总数一半的排出口。然后R阀反向，消除此条管路压力，把脂导向另一条管路，使其余一半排出口工作	电动机 手动	>265	≈40.0	用分配阀调整 自动 120m 手动 60m

5.1 润滑脂集中润滑系统的设计计算步骤

（1）计算润滑脂的消耗量，选择给油器的形式和大小

每个润滑点消耗润滑脂的定额（即每平方米的摩擦表面积每小时所需要的润滑脂量）为

$$q=11k_1k_2k_3k_4k_5 \qquad (19.6\text{-}3)$$

式中　q——每小时每平方米摩擦表面所需润滑脂量[$cm^3/(m^2 \cdot h)$]；

11——轴承直径在小于或等于100mm时，转速不超过100r/min的最低消耗定额[$cm^3/(m^2 \cdot h)$]；

k_1——轴承直径对润滑脂的影响系数，由表19.6-20中选取；

k_2——轴承转速对润滑脂消耗系数的影响系数，由表19.6-21中选取；

k_3——表面情况系数，一般的取$k_3 \approx 1.3$，表面光滑的可取$k_3=1.0 \sim 1.05$；

k_4——轴承温度工作系数，当轴承温度$t<75℃$取$k_4=1$，$t=75 \sim 150℃$取$k_4=1.2$；

k_5——负载系数，一般取$k_5=1.1$。

表19.6-20　系数k_1值

轴承类型	直径/mm				
	100	200	300	400	500
滑动轴承	1	1.4	1.8	2.2	2.5
滚动轴承	1	1.1	1.2	1.25	1.3

表19.6-21　系数k_2值

转速 n/r·min^{-1}	100	200	300	400
k_2	1	1.4	1.8	2.2

根据计算出的q值（各个润滑点在工作循环时间内所需润滑脂总量）选择给油器。每个润滑点所需给油器的供脂量

$$V_{总}=qAT \qquad (19.6\text{-}4)$$

式中　$V_{总}$——给油器每一个工作柱塞每次动作供给润滑点润滑脂的总容量（cm^3）；

q——润滑点的单位消耗定额（cm^3）；

A——新润滑摩擦副的理论摩擦面积，即$A=\pi D_y L_y$，D_y、L_y为推算的轴承直径与长度，参考表19.6-23；

T——润滑周期，即前后两次供脂的间隔时间（h）。

由以上的数据选择合适的给油器。

（2）确定润滑周期

润滑周期或润滑脂站工作循环时间（油泵工作时间加上油泵的停歇时间）通常决定了摩擦表面的特点和工作条件（如工作温度、载荷和速度，周围环境是否有水落入、受腐蚀介质影响、潮湿及多灰尘）等。

对于手动润滑脂站：$T \geqslant 4h$；

对于自动润滑脂站：T参考表19.6-22。

（3）选择润滑站的形式、大小和数量

当润滑点为30~40个、输脂主管延伸长度的范围（区间半径）为2~15m时，若选用手动润滑脂集中润滑站，其数量可按式（19.6-5）计算

$$n=\frac{24\sum n_i Q_i}{1000aTQ_c} \qquad (19.6\text{-}5)$$

式中　24——每昼夜工作时间（h）；

n_i——各种给油器的个数（个）；

Q_i——各种给油器单位给脂量（cm^3）；

a——油站利用系数，一般取$a=0.8 \sim 0.9$；

T——给脂周期，参考表19.6-22；

Q_c——手动润滑脂站储脂筒的容积，国产SGZ型手动润滑脂站储脂容积$Q_c=3.5L$。

选择润滑站时应考虑如下因素：

1）润滑点的数目。润滑点数不多、供脂量不大及润滑周期较长（如某些单机设备）的可采用手动润滑站或多点润滑脂泵；润滑点在500个以上，或润滑点虽不多，但机器工作繁重，应考虑采用自动润滑站。

2）机器润滑点的分布情况。若分布在一条直线上（如辊道），可采用流出式；若分布比较集中或邻近的，可采用环式。

3）润滑脂的总容积。包括给油器的总容积和管道的总容积。

表19.6-22　润滑脂集中润滑站的润滑周期

序号	初　轧　机	润滑周期
1	受料辊道、前后工作辊道、输出辊道、回转台、导板、切头推出机、剪切机、移动挡板和辊道、初轧开坯和板坯落下辊道、挡板和叠板装置等	2~4h
2	工作机架、推床、翻钢机和剪切机等	1~2h
	钢轨钢梁轧机	
1	冷床的辊道和冷却台，矫直机前的冷床和辊道链条输送机等	2~4h
2	剪切机前辊道、移动挡板、落下挡板，辊道和输送机	2~4h
3	升降台、推床、辊道、工作机架附近的辊道、推送机、翻钢机输出辊道和剪切机连接轴等	2~4h
4	加热炉辊道（出钢侧）、工作机架、翻钢机和推钢机	1~2h

注：使用此表时，应从实际出发，结合现场经验，确定润滑周期。尤其是在润滑脂新产品性能改进后，润滑周期的确定也应随之改变。

表 19.6-23　理论摩擦面积 A 的计算

平面滑动		圆柱面		螺杆和螺母	
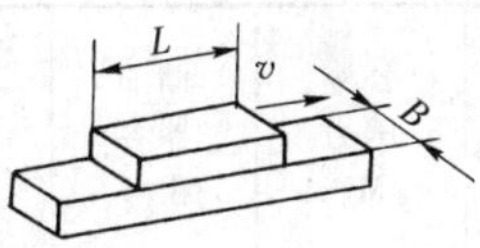		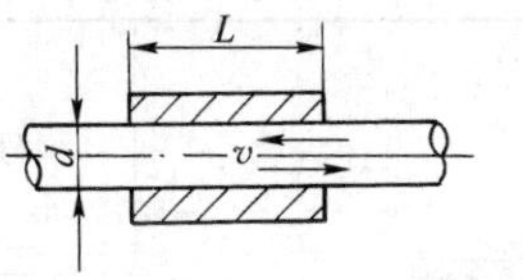		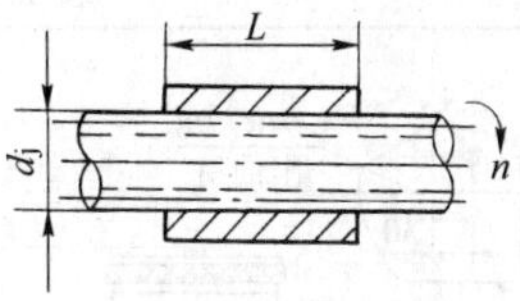	
直径 D_y	长度 L_y	直径 D_y	长度 L_y	直径 D_y	长度 L_y
$\frac{L}{\pi}$	B	$\frac{L}{\pi}$	πd	d_j	$2L$
环状轴颈(空心)		实心轴颈		万向节轴头	
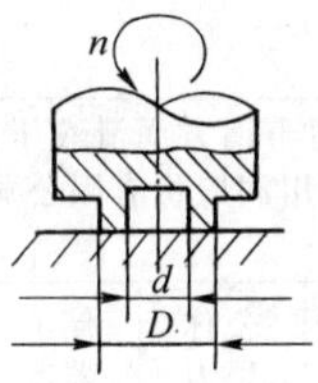		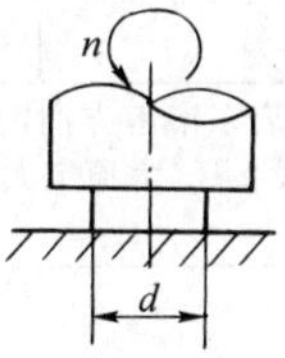		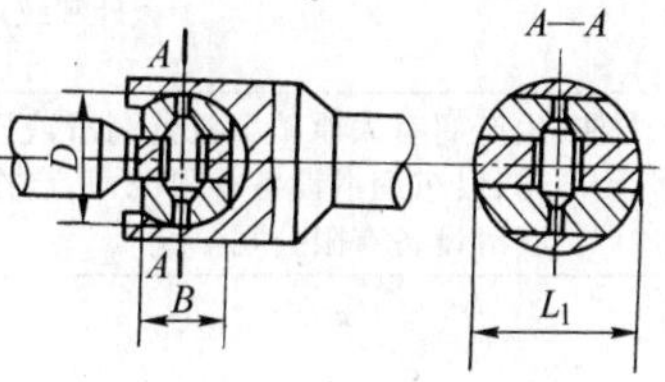	
直径 D_y	长度 L_y	直径 D_y	长度 L_y	直径 D_y	长度 L_y
$\frac{D+d}{2}$	$\frac{D-d}{2}$	$\frac{d}{2}$	$\frac{d}{2}$	一个平面用	
				B/π	L_1
				两个平面用	
				$2B/\pi$	L_1

注：d_j 为螺纹中径；$A=\pi D_y L_y$。

5.2　自动润滑脂集中润滑站能力的确定

自动润滑脂集中润滑站的润滑点可达 500 多个，润滑范围（区间半径）可在 5～120m 之间，供脂能力 $Q_{自}$ （cm^3/min）可按下式计算

$$Q_{自} \geqslant \frac{\sum n_i Q_i}{t\eta}$$

式中　t——每个周期电动机工作时间（min）。计算应按机械的具体工作频繁程度、受载情况、温度和周围环境等条件，预选工作循环时间 t。当工作循环周期 T 较长时，则电动机每次工作时间（即油泵压送润滑脂时间）t 可以长些；反之，可短些，这样求出的 $Q_{自}$ 更为合理。

η——油站利用效率，$\eta \approx 0.75$～0.90。

一般根据选好的润滑脂站［$Q_{自}$］，校正电动机的工作时间 $t_{实}$。

计算输脂管路中的压力损失，一般总压力损失应小于 4～6MPa。

润滑脂集中润滑站的润滑周期见表 19.6-22。

6　润滑脂集中润滑系统的主要设备

润滑脂泵及装置的结构型式与尺寸见表 19.6-24～表 19.6-27。

表 19.6-24　SGZ、SRB 型手动润滑泵的结构型式与尺寸

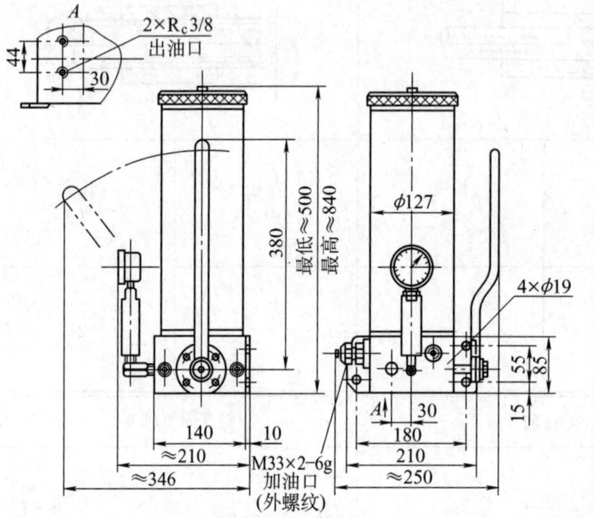

型号	给油量/mL·次$^{-1}$	公称压力/MPa	储油器容积/L	质量/kg
SGZ-8	8	6.3(I)	3.5	24

1) 用于双线式和双线喷射式润滑脂集中润滑系统
2) 采用锥入度(25℃、150g)不低于 265(10^{-1}mm)的润滑脂
3) 环境温度为 0～40℃
4) 标记示例：给油量为 8mL/循环的手动润滑泵，标记为：
SGZ-8 润滑泵

注：生产商有太原矿山机器润滑液压设备有限公司，启东市南方润滑液压设备有限公司，南通市南方润滑液压设备有限公司，启东润滑设备有限公司，启东江海液压润滑设备厂，太原宝太润液设备有限公司，四川川润股份有限公司，启东中冶润滑设备有限公司。

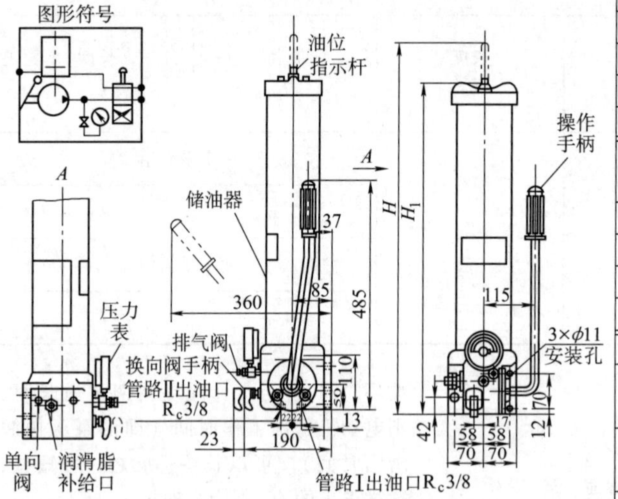

标记示例：公称压力 20MPa，给油量 3.5mL/循环，使用介质为润滑脂，储油器容积 5L 的手动润滑泵，标记为：
SRB-L3.5Z-5　润滑泵

型　号	给油量/mL·循环$^{-1}$	公称压力/MPa	储油器容积/L	最多给油点数
SRB-J7Z-2	7	10	2	80
SRB-J7Z-5			5	
SRB-L3.5Z-2	3.5	20	2	50
SRB-L3.5Z-5			5	

型　号	配管通径/mm	配管长度/m	质量/kg
SRB-J7Z-2	20	50	18
SRB-J7Z-5			21
SRB-L3.5Z-2	12	50	18
SRB-L3.5Z-5			21

型　号	H	H_1
SRB-J7Z-2 SRB-L3.5Z-2	576	370
SRB-J7Z-5 SRB-L3.5Z-5	1196	680

1) 本泵与双线式分配器、喷射阀等组成双线式或双线喷射润滑脂集中润滑系统，用于给油频率较低的中小机械设备或单独的机器上。工作时间一般为 2～3min，工作寿命可达 50 万个工作循环
2) 适用介质的锥入度(25℃，150g)为 310～385(10^{-1}mm)的润滑脂

注：生产商有南通市南方润滑液压设备有限公司，启东市南方润滑液压设备有限公司，太原宝太润液设备有限公司，上海润滑设备厂有限公司，太原矿山机器润滑液压设备有限公司，四川川润股份有限公司，启东润滑设备有限公司，启东江海液压润滑设备厂，温州市龙湾润滑液压设备厂。

表 19.6-25　电动润滑泵装置的结构型式与尺寸（摘自 JB/T 2304—2001）　(mm)

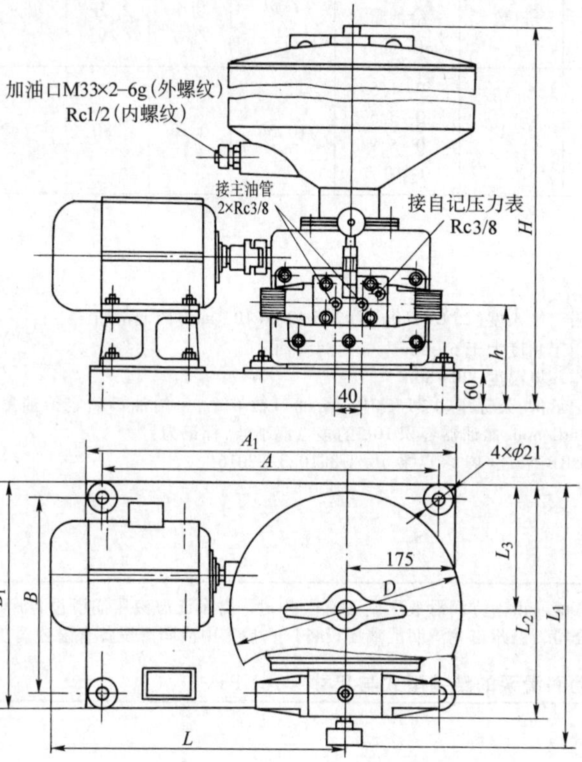

1)适用于集中润滑系统
2)适用于锥入度(25℃,150g)为250~350 (10^{-1}mm)的润滑脂

型　号	A	A_1	B	B_1	h	D	$L\approx$	$L_1\approx$	L_2	L_3	$H\approx$ 最高	$H\approx$ 最低
DRZ-L100	460	510	300	350	151	408	406	414	368	200	1330	925
DRZ-L315	550	600	315	365	167	408	474	434	392	210	1770	1165
DRZ-L630	550	600	315	365	167	508	489	434	392	210	1820	1215

型　号	给油能力 /mL·min^{-1}	公称压力 /MPa	储油器容积 /L	电动机 型号	电动机 功率 /kW	电动机 转速 /r·min^{-1}	电磁铁电压 /V	质量 /kg
DRZ-L100	100	20 (L)	50	Y801-4-B_3	0.55	1390	220	191
DRZ-L315	315	20 (L)	75	Y90S-4-B_3	1.1	1400	220	196
DRZ-L630	630	20 (L)	120	Y90L-4-B_3	1.5	1400	220	240

注:1. 型号中“L”表示压力级;L 级,20MPa。
2. 生产商有太原矿山机器润滑液压设备有限公司,启东市南方润滑液压设备有限公司,南通市南方润滑液压设备有限公司,太原市兴科机电研究所,太原宝太润液设备有限公司。

表 19.6-26 多点润滑泵的结构型式与尺寸(摘自 JB/T 8810.3—2016)

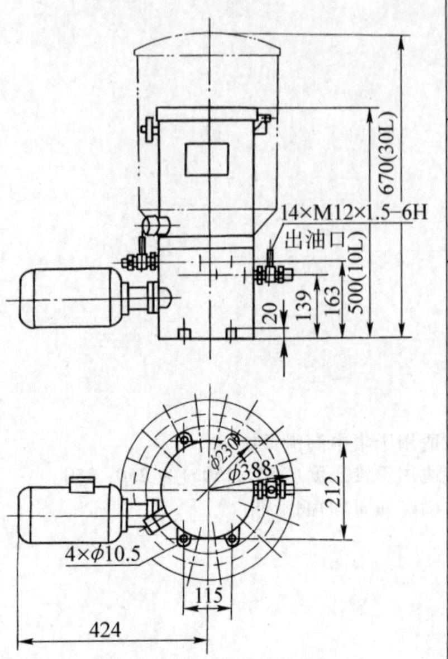

公称压力/MPa	出油口数	给油口额定给油量/mL·min^{-1}	储油器容积/L	电动机		质量/kg
				功率/kW	电压/V	
31.5(N)	1~14	0~1.8 0~3.5 0~5.8 0~10.5	10,30	0.18	380	42

1. 适用于锥入度(25℃、150g)为 265~385(10^{-1}mm)的润滑脂
2. 适用于黏度大于 61.2mm^2/s 的润滑油
3. 工作环境温度-20~80℃
4. 标记示例:公称压力 31.5MPa,给油口数 6 个,每给油口额定给油量 0~5.8mL/min,储油器容积 10L 的多点润滑泵,标记为:
6DDRB-N5.8/10 多点泵 JB/T 8810.3—2016

注:生产商有启东市南方润滑液压设备有限公司,南通市南方润滑液压设备有限公司,启东江海液压润滑设备厂,启东润滑设备有限公司,上海润滑设备厂有限公司,温州市龙湾润滑液压设备厂,启东中冶润滑设备有限公司。

表 19.6-27 QRB 型气动润滑泵的结构型式与尺寸 (16MPa)

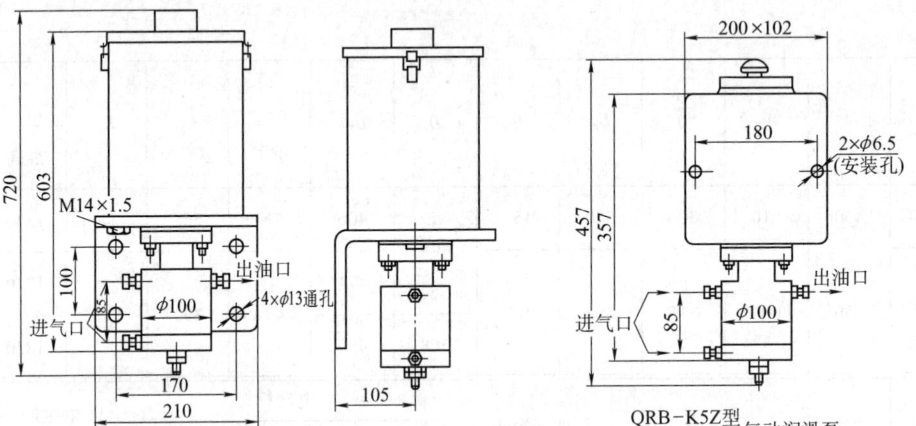

QRB-K10Z型气动润滑泵

QRB-K5Z型
QRB-K5Y型 气动润滑泵

标记示例:供油压力 16MPa,储油器容积 5L,使用介质为润滑脂的气动润滑泵,标记为:
QRB-K5Z 润滑泵

供油压力 16MPa,储油器容积 5L,使用介质为润滑油的气动润滑泵,标记为:
QRB-K5Y 润滑泵

（续）

型号	出口压力/MPa	进气压力/MPa	出油量(可调)/mL·次$^{-1}$	储油器容积/L	进气口螺纹	出油口螺纹
QRB-K10Z	16	0.63	0~6	10	M10×1—6H	M14×1.5—6H
QRB-K5Z				5		
QRB-K5Y						

型号	油位监控装置	最大电源电压/V	最大允许电流/mA	润滑介质	质量/kg
QRB-K10Z	有	220	500	润滑脂	39.10
QRB-K5Z	无	—	—		13.26
QRB-K5Y		—	—	润滑油	12.81

注：1. 适用于锥入度（25℃、150g）为 250~350（10^{-1}mm）的润滑脂或黏度为 46~150mm^2/s 的润滑油。

2. 生产商有启东江海液压润滑设备厂，启东润滑设备有限公司，启东中冶润滑设备有限公司。

7　油雾润滑

油雾润滑装置以压缩空气为动力，使油液雾化。粒度约在 2μm 以下的干燥油雾，经过管路输送到润滑部位。在油雾进入润滑点之前，还需通过凝缩嘴使油雾变成大的、湿润的油粒子，再投向摩擦表面进行润滑。

油雾润滑适用于封闭的齿轮、蜗轮、链条、滑板、导轨及各种轴承的润滑。目前，油雾润滑装置在大型、高速和重载的滚动轴承中使用较为普遍。

选用油雾润滑装置时应注意以下问题：

1）在排出的压缩空气中，含有少量的悬浮油粒，污染环境，对操作人员健康不利，所以需增设抽风排雾装置。

2）不宜用在电动机轴承上。因为油雾侵入电动机绕组将会降低绝缘性能，缩短电动机使用寿命。

3）油雾的输送距离不宜太长，一般在 30m 以内较为可靠，最长不得超过 80m。

4）必须具备一套压缩空气系统。

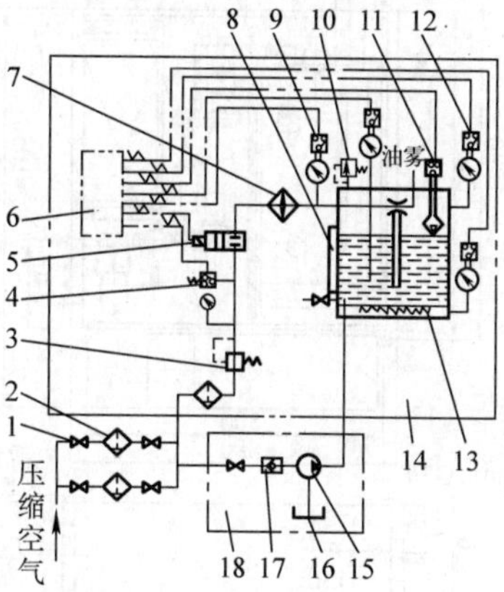

图 19.6-2　油雾润滑的工作原理

1—阀　2—分水滤气器　3—调压阀　4—气压控制器　5—电磁阀　6—电控箱　7—空气加热器　8—油位计　9—温度控制器　10—安全阀　11—油位控制器　12—雾压控制器　13—油加热器　14—油雾润滑装置　15—加油泵　16—储油器　17—单向阀　18—加油系统

7.1　油雾润滑的工作原理

油雾润滑的工作原理如图 19.6-2 所示。当电磁阀 5 通电接通后，压缩空气经分水滤气器 2 过滤进入调压阀 3 减压，使压力达到工作气压；减压后的压缩空气经电磁阀 5、空气加热器 7 进入油雾发生器。在发生器内，高速流动的气流产生文氏效应，将油吸入发生器雾化室进行雾化，油雾经油雾装置出口排出，通过系统管路、凝缩嘴送至润滑点。

7.2　油雾润滑系统和装置

如图 19.6-3 所示，一个完整的油雾润滑系统应包括分水滤气器 1、电磁阀 2、调压阀 3、油雾发生器 4、油雾输送管道 5、凝缩嘴 6 以及控制检测仪表等。分水滤气器用来过滤压缩空气中的机械杂质和分离其中的水分，以便得到纯净、干燥的气源；调压阀用来控制和稳定压缩空气的压力，使供给油雾发生器的空气压力不受压缩空气网路上压力波动的影响。为了保证油雾润滑系统的正常工作，在储油器内还设有油温自动控制器、液位信号装置、电加热器和油雾压力继电器。其参数见表 19.6-28、表 19.6-29。

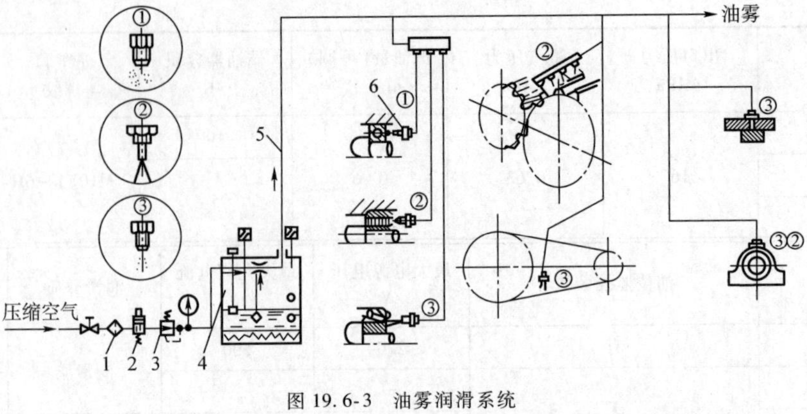

图 19.6-3 油雾润滑系统

1—分水滤气器 2—电磁阀 3—调压阀 4—油雾发生器 5—油雾输送管道
6—凝缩嘴 ①~③—各工况下用凝缩嘴情况

表 19.6-28 WHZ4 系列油雾润滑装置的结构型式、外形尺寸及参数

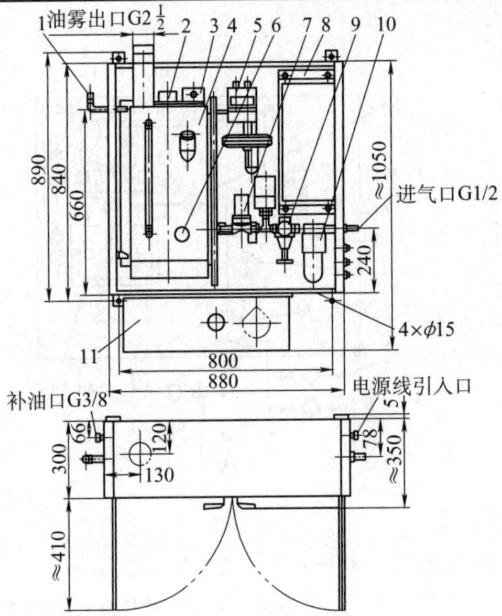

1—安全阀 2—液位信号器 3—发生器 4—油箱 5—压力控制器 6—双金属温度计 7—电磁阀 8—电控箱 9—调压阀 10—分水滤气器 11—空气加热器

标记示例：工作气压为 0.25~0.50MPa，油雾量为 $40m^3/h$ 的油雾润滑装置，标记为：

WHZ4-40 油雾润滑装置

生产商有启东江海液压润滑设备厂、太原矿山机器润滑液压设备有限公司

型 号	公称压力/MPa	工作气压/MPa	油雾量/$m^3 \cdot h^{-1}$	耗气量/$m^3 \cdot h^{-1}$	油雾浓度/$g \cdot m^{-3}$	最高油温/℃	最高气温/℃	储油器容积/L	质量/kg	说 明
WHZ4-C6	0.16	0.25~0.5	6	6	3~12	80	80	17	120	1）油雾量是在工作气压为 0.3MPa，油温、气温均为 20℃时测得的 2）油雾浓度是在工作气压为 0.3MPa，油温、气温均为 20~80℃之间变化时测得的 3）电气参数：50Hz、220V、2.5kW 4）适用于黏度为 22~100mm^2/s 的润滑油 5）过滤精度不低于 20μm 6）本装置在发生空气压力过低、油雾压力过高的故障时可进行声光报警
WHZ4-C10			10	10						
WHZ4-C16			16	16						
WHZ4-C25			25	25						
WHZ4-C40			40	40						
WHZ4-C63			63	63						

表 19.6-29　OMLD-I 型油雾润滑装置参数

型号	OMLD-I-10Y	OMLD-I-15Y	OMLD-I-20Y	OMLD-I-25Y	OMLD-I-30Y	OMLD-I-35Y	OMLD-I-40Y	OMLD-I-45Y
油雾量 $/m^3 \cdot h^{-1}$	1~15	10~20	15~25	20~30	25~35	30~40	35~45	40~50
油雾压力 /kPa	2~20				5~40			
工作压力 /MPa	0.3~0.5							
油雾浓度 $/g \cdot m^{-3}$	5~15							
油雾粒径 /μm	1~5							
环境温度 /℃	-20~+40							
电源电压/V	220							
功率/kW	2.2	3.3	5.5	6.0	6.5	7.0	7.5	8.0
油箱容积 /L	60	100	160	200	240	240	240	240
质量/kg	260	350	500	700	800	800	800	800
防爆等级	Exd(ia)ⅡBT4							

注：生产商为沈阳佳益油雾技术有限公司。适用黏度 $22 \sim 100mm^2/s$。

8　油气润滑

油气润滑与油雾润滑相似，但又不同于油雾润滑。油气润滑与油雾润滑都是以压缩空气为动力，将润滑油输送到润滑部位；其不同之处是油气润滑并不将润滑油撞击为细雾，而是利用压缩空气的流动，把润滑油沿管路输送到润滑部位，因此不再需要凝缩嘴，凡是能流动的液体都可以输送，不受黏度的限制。空气输送的压力较高，为 3×10^5Pa 左右；轴承箱内的气压也较高，为 0.3×10^5Pa 左右。正常运行时，轴承箱内保持一定的润滑油液位，所以给油量根据实际消耗量确定，润滑油是间歇供给，压缩空气连续送入。在润滑点较多的情况，要想把油气混合体均匀地分别输送到各个轴承，由于存在 Coanda 效应（附壁效应），不易分匀。现在已经发明了油气分配器，解决了这个难题，使得油气润滑得以迅速发展，并且获得令人满意的效果。

8.1　油气润滑的工作原理

油气润滑的喷嘴是由步进式给油器定时、定量间歇地供给润滑油；用 $(3\sim4)\times10^5$Pa 的压缩空气，沿着油管内壁将油吹向润滑点，使油品准确地供给到最需要的润滑部位。油气润滑机理如图 19.6-4 所示。

油气润滑与油雾润滑在流体性质上截然不同。油雾润滑时，油被雾化成 0.5~2μm 的雾粒，雾化后的油随空气前进，二者的流速相等。油气润滑时，油不被雾化，油以连续油膜的方式被导入润滑点。在油气润滑中，润滑油的流速为 2~5cm/s，而空气的速度为 30~80m/s，特殊情况可高达 150~200m/s。

油气润滑与油雾润滑不同，几乎不受油的黏度限制，可以输送黏度高达 $7500mm^2/s$ 的油品，因此不仅稀油、半流动润滑脂，甚至是添加了高比例固体颗粒的润滑剂，都能顺利输送。

油气润滑对油品的清洁度要求不高，达到 NAS9 级即可。

油气润滑要求压缩空气的工作压力为 0.3~0.4MPa，在润滑点数目很多时，可以适当提高工作压力；润滑点少时，0.2MPa 的工作压力也能使用，但低于 0.2MPa 时，不易形成稳定连续的油膜。

在油气润滑系统中，压缩气体的消耗量受多种因素的影响，如压缩空气的压力及流速、轴承的大小、密封的松紧度及润滑点的多少等。一般而言，平均每个润滑点消耗量为 1.5m^3/h。油气管的内径一般为 2~8mm；油气管路最短为 0.5mm，最长可达 100m。

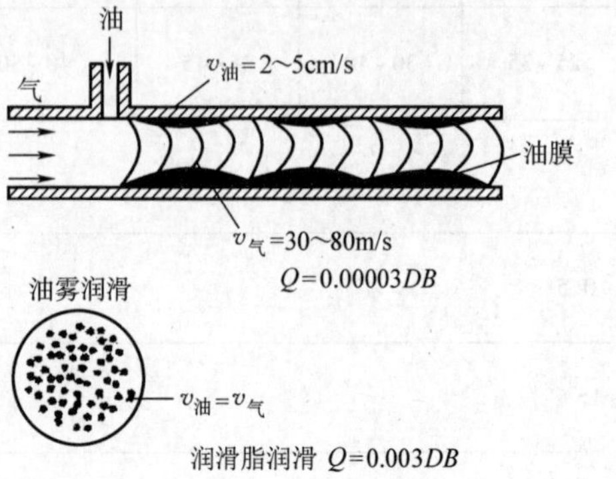

图 19.6-4 油气润滑机理

$v_{油}$—油速度 $v_{气}$—气流速度 Q—供油量 D—轴承直径 B—轴承宽度

在油气润滑系统中，由于耗油量很少，因此采用的是间歇性供油，即根据设定的工作周期，每隔一定时间供送一定量的油。但压缩空气的供给却是连续的（在某些系统，如列车轮缘的油气喷射系统，其压缩空气的供给也不是连续的，喷射时才供给）。由于压缩空气的连续作用，间歇供给的油才能在管道中形成连续的油膜，保证润滑点处不断地得到润滑，每时每刻都可以得到新鲜的润滑油。

8.2 油气润滑系统

图 19.6-5 所示为四辊轧钢机轴承（均为四列圆锥轴承）油气润滑系统图。

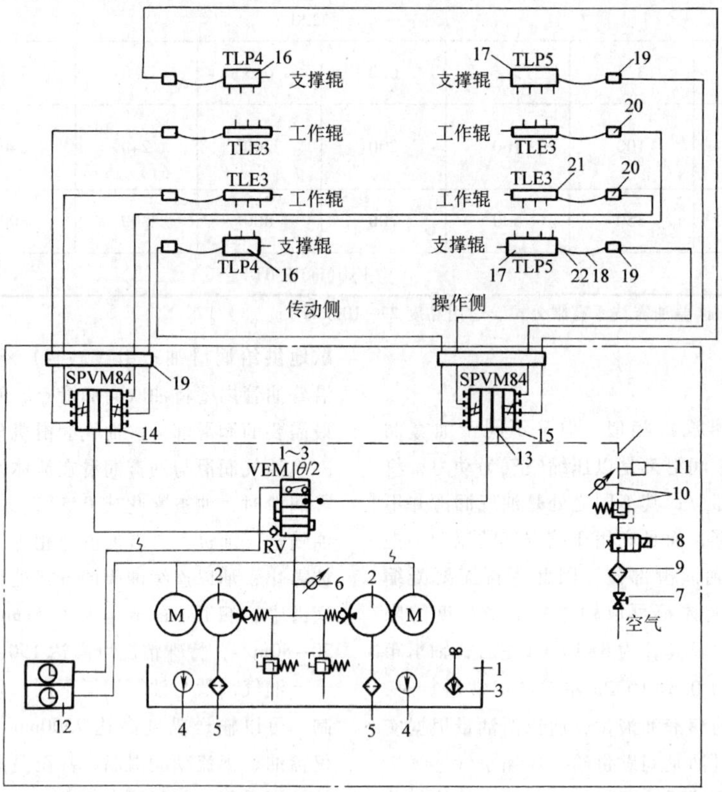

图 19.6-5 四辊轧钢机轴承油气润滑系统图

1—油箱 2—油泵 3—油位控制器 4—油位镜 5—过滤器 6—压力计 7—阀 8—电磁阀 9—过滤器 10—减压阀 11—压力监测器 12—电子监控装置 13—步进式给油器 14、15—油气混合器 16、17—油气分配器 18—软管 19、20—阀 21、22—软管接头

8.3　油气润滑装置（见表 19.6-30）

表 19.6-30　油气润滑装置的类型和基本参数

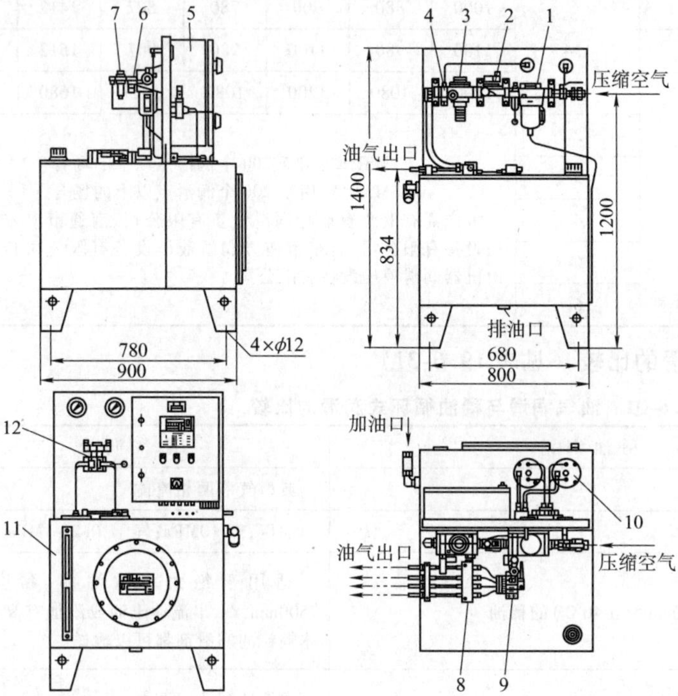

MS1 型气动式油气润滑装置简图

1—空气过滤器　2—二位二通电磁阀　3—空气减压阀　4—压力开关　5—PLC 电气控制装置　6—调压阀　7—油雾器　8—油气混合块　9—递进式分配器　10—气动泵　11—油箱　12—二位五通电磁阀

标记示例：供油量 3mL/行程，油箱容积 400L 的气动式油气润滑装置标记为：

MS1/400-3 油气润滑装置

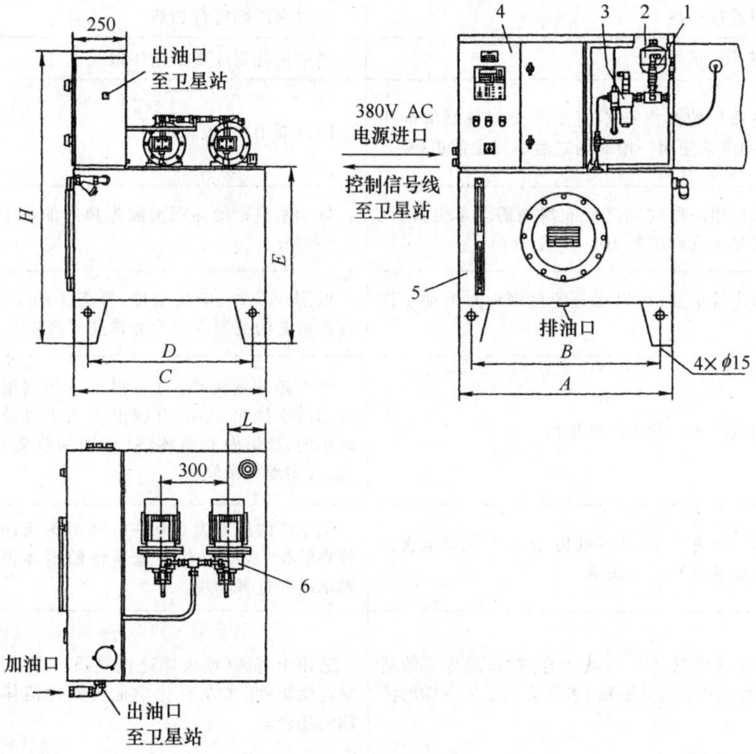

MS2 型电动式油气润滑装置简图

1—压力继电器　2—蓄能器　3—过滤器　4—PLC 电气控制装置　5—油箱　6—齿轮泵装置

标记示例：供油量 1.4mL/min，油箱容积 800L 的电动式油气润滑装置标记为：

MS2/800-1.4 油气润滑装置

（续）

<table>
<tr><th>型号</th><th>最大工作压力
/MPa</th><th>油箱容积
/L</th><th>供油量
/L · min^{-1}</th><th>A</th><th>B</th><th>C</th><th>D</th><th>E</th><th>H</th><th>L</th></tr>
<tr><td>MS2/500-1.4</td><td rowspan="3">10</td><td>500</td><td rowspan="3">1.4</td><td>1000</td><td>880</td><td>900</td><td>780</td><td>807</td><td>1412</td><td>170</td></tr>
<tr><td>MS2/800-1.4</td><td>800</td><td>1100</td><td>980</td><td>1100</td><td>980</td><td>907</td><td>1512</td><td>270</td></tr>
<tr><td>MS2/1000-1.4</td><td>1000</td><td>1200</td><td>1080</td><td>1200</td><td>1080</td><td>1007</td><td>1680</td><td>320</td></tr>
<tr><td>MS1/400-2</td><td rowspan="5">10
（当空气压力为 0.4MPa 时,空气压力范围为 0.4~0.6MPa）</td><td rowspan="5">400</td><td>2</td><td colspan="7" rowspan="5">MS1 型:用于 200 个润滑点以下的场合
MS2 型:用于 200 个润滑点以上的场合
生产商有上海澳瑞特润滑设备有限公司、南通市南方润滑液压设备有限公司、启东市南方润滑液压设备有限公司和太原矿山机器润滑液压设备有限公司</td></tr>
<tr><td>MS1/400-3</td><td>3</td></tr>
<tr><td>MS1/400-4</td><td>4</td></tr>
<tr><td>MS1/400-5</td><td>5</td></tr>
<tr><td>MS1/400-6</td><td>6</td></tr>
</table>

8.4 油气润滑与稀油循环式润滑的比较（见表 19.6-31）

表 19.6-31 油气润滑与稀油循环式润滑的比较

比较项目	稀 油 润 滑	油 气 润 滑
流体形式	液相流体	典型气液两相流体
输送润滑剂的压力	0.3~1MPa	油压,3~10MPa;气压,0.2~1MPa
润滑剂	黏度为 100~680mm^2/s(40℃)的稀油	适用于绝大多数油品,黏度高达 7500mm^2/s、半流动干油或添加有高比例固体颗粒的润滑剂都可以输送
润滑剂到达润滑点的方式	连续地到达润滑点	连续地到达润滑点
加热	需对润滑剂进行加热	不对润滑剂进行加热
润滑剂的利用方式	集中循环型	集中消耗型或集中循环型
对润滑剂的利用率	真正起润滑作用的润滑剂不到 2%,大部分润滑剂用于冷却,所有润滑剂使用一段时间之后就得全部更换	润滑剂 100%被利用
耗油量	由于漏损及使用一段时间之后润滑剂需全部更换,因此实际耗油量是油气润滑的 10~30 倍	耗油量只是稀油润滑漏损掉的油量中的一小部分
给油的准确性及调节能力	能实现定时定量给油;可以在一定范围内对给油量进行调节	可实现定时、定量给油,要多少给多少;可在极宽的范围内对给油量进行调节
从轴承座排放的润滑剂量	部分润滑剂从轴承座的密封处排出	由于耗油量极小,只有很少量的润滑剂从轴承座排出,是所有润滑方式中排放量最小的;如果做成循环型(带回油收集)系统,可实现零排放
用于轴承时,轴承座内的压力	轴承座内基本没有正压,外界脏物、水或有化学危害性的流体会侵入轴承座并危害轴承	轴承座内压力为 0.03~0.08MPa,可防止外界脏物、水或有化学危害性的流体侵入轴承座并危害轴承
在恶劣工况下的适用性	适用于高速(或极低速)、重载场合,对高温环境的适应性差,不适用于轴承座受脏物、水及有化学危害性的流体侵蚀的场合	适用于高速(或极低速)、重载、高温和轴承座受脏物、水及有化学危害性的流体侵蚀的场合

（续）

比较项目	稀油润滑	油气润滑
系统监控性能	好	所有动作元件和流体均能实现监控
管道走向	有限制	没有限制
体积	很大	小
相关费用	相关费用多且高，如运输费、用于安装条件的花费、安装费	相关费用少
轴承使用寿命	一般	很长，是使用稀油润滑的 3~6 倍
投资收益	基本没有投资收益	税后回报达 50%以上
环保	部分稀油从轴承座中溢出并污染环境或其他介质（水、乳化液等）	油不被雾化，也不和空气真正融合，对人体健康无害；是所有润滑方式中排放量最小的；如果做成循环型（带回油收集）系统，可实现零排放

8.5　油气润滑与油雾润滑的比较（见表 19.6-32）

表 19.6-32　油气润滑与油雾润滑的比较

比较项目	油雾润滑	油气润滑
流体形式	一般型气液两相流体	典型气液两相液体
输送润滑剂的气压	0.004~0.006MPa	0.2~1MPa
气流速度	2~5m/s（润滑剂和空气紧密融合成油雾气，气流速度=润滑剂流速）	30~80m/s（润滑剂没有被雾化，气流速度远远大于润滑剂流速），特殊情况下可高达 150~200m/s
润滑剂流速	2~5m/s（润滑剂和空气紧密融合成油雾气，气流速度=润滑剂流速）	2~5cm/s（润滑剂没有被雾化，气流速度远远大于润滑剂流速）
加热与凝缩	对润滑剂进行加热与凝缩	不对润滑剂进行加热与凝缩
对润滑剂黏度的适应性	仅仅可适应于较低黏度[150mm²/s（40℃以下）]的润滑剂，对高黏度的润滑剂雾化率很低	适应于几乎任何黏度的油品，黏度大于 680mm²/s（40℃）或添加有高比例固体颗粒的油品都能顺利输送
在恶劣工况下的适用性	在高速、高温和轴承座受脏物、水及有化学危害性的流体侵蚀的场合适用性差；不适用于重载场合	适用于高速（或极低速）、重载、高温和轴承座受脏物、水及有化学危害性的流体侵蚀的场合
对润滑剂的利用率	因润滑剂黏度大小的不同而雾化率不同，对润滑剂的利用率只有约 60%	润滑剂 100%被利用
耗油量	是油气润滑的 10~12 倍	是油雾润滑的 1/12~1/10
给油的准确性及调节能力	加热温度、环境温度以及气压的变化和波动均会使给油量受到影响，不能实现定时定量给油；对给油量的调节能力极其有限	可实现定时定量给油，要多少给多少；可在极宽的范围内对给油量进行调节
Coanda 效应	受 Coanda 效应的影响，无法实现油雾气多点平均分配或按比例分配	REBS 专有的 TURBOLUB 分配器可实现油气多点平均分配或按比例分配
管道布置	管道必须布置成向下倾斜的坡度以使油雾顺利输送；油雾管的长度一般不大于 30m	对管道的布置没有限制，油气可向下或克服重力向上输送，中间管道有弯折或呈盘状及中间连接接头的应用均不会影响油气正常输送；油气管可长达 100m

（续）

比较项目	油雾润滑	油气润滑
用于轴承时，轴承座内的压力	≤0.002MPa，不足以阻止外界脏物、水或有化学危害性的流体侵入轴承座并危害轴承	轴承座内压力为0.03~0.08MPa，可防止外界脏物、水或有化学危害性的流体侵入轴承座并危害轴承
可用性	因危害人身健康及污染环境，其可用性受到限制	可用
系统监控性能	弱	所有动作元件和流体均能实现监控
轴承使用寿命	适中	很长，是使用油雾润滑的2~4倍
投资收益	税后回报小于20%	税后回报达50%以上
环保	雾化时有20%~50%的润滑剂通过排气系统进入外界空气，成为可吸入油雾，对人体肺部极其有害并污染环境。油雾润滑在工业发达国家中已不再使用	油不被雾化，也不和空气真正融合，对人体健康无害，也不污染环境

第7章 润滑维护

1 维修体制的发展

随着科学技术的不断进步和工业不断发展，维修制度已从故障维修（事后维修）、预防维修（定期维修）和预知维修（预测维修），发展到一种新的设备维修理念——主动维修。

故障维修是最原始的一种维修方式。机器意外损坏，或者由于老化不能正常运转，只能停机检修。这种粗放式的维修方式，由于设备长期带病工作，会造成机器严重损坏，甚至报废，给企业带来巨大的经济损失。

预防维修是20世纪初为了防止突发事故、避免机器损坏影响正常生产秩序，根据长期积累的经验，制定出机器的小修、中修、大修的要求和时间表而形成的预防维修制度。到规定日期，不管运行情况如何，立即安排停机检修。这种维修方式，可以减少突发事故，但也不可避免地会产生过剩维修，把还可以继续使用的零部件报废，把还可以继续使用的油品放掉。据统计，这种维修方式将浪费掉1/3的维修费。

预知维修是20世纪60~70年代，测振动、测噪声和铁谱等诊断技术应用于工况监测，用以判断设备发生事故的部位和严重程度而形成的维修方式。预知维修不仅可以避免突然停机，还可以使维修工作有计划地、尽可能地在较小的范围内进行。然而由于测振仪、噪声计和铁谱仪等仪器测得的信息都是宏观的量，能测得出来，说明机器已经有不同程度的损坏，已经影响了机器和油品的使用寿命。

主动维修就是消灭事故于萌芽状态，主要是监测机器和油品的微观变化，发现对机器不利的苗头，及时采取措施加以清除，使机器正常运转。主动维修得以实现，主要得益于精确的仪器分析；得益于发射式光谱和付氏变换红外光谱的有效应用。通过定期、不断的监测，发现某项根源（root cause）参数超标，立即处理，保证机器长期运行于最佳状态。采取主动维修，可以延长机器和油品的使用寿命，保证开工率，大幅度降低维修费用。根据国际上统计的资料（见表19.7-1）可以看出，主动维修的维修费用只有故障维修费用的1/180，经济效益巨大，是值得大力推广的一种维修方式。

表19.7-1 维修费用比较 [美元·$(hp\cdot a)^{-1}$]

维护方法	技术措施	费用
故障维修	大修	18
预防维修	定期维修更换零件	13
预知维修	通过振动、噪声、磨粒监测失效征兆	8
主动维修	监测和康复根源参数	0.1

2 油品清洁度

主动维修的目的是延长设备的使用寿命。首先，油品必须具有并保持必要的清洁度。用优质油，不注意保洁，污染严重，不但不能发挥其优越性能，还会造成巨大浪费。清洁度的有效控制是保证节能、延长寿命的先决条件。

Noria公司总结了几种不同机械在不同清洁度下的使用寿命，归纳出一个带有一定规律性的寿命延长表（见表19.7-2）。表中每个方格内有四个数字，分别代表提高清洁度后寿命提高的倍数。上左，代表液压系统和内燃机；上右，代表滚动轴承；下左，代表径向轴承和涡轮机；下右，代表齿轮箱及其他。实践证明，把油品控制在合理的清洁度下，节能长寿的效果巨大。例如，从NAS16级提高到NAS7级，滚动轴承寿命可以提高5倍，齿轮箱寿命可以提高4倍。

表 19.7-2 寿命延长表

NAS1638		11		10		9		8		7		6		5		4		3		2		1	
	ISO 4406	20/17		19/16		18/15		17/14		16/13		15/12		14/11		13/10		12/9		11/8		10/7	
17	26/23	5	3	7	3.5	9	4	>10	5	>10	6	>10	7.5	>10	9	>10	>10	>10	>10	>10	>10	>10	>10
		4	2.5	4.5	3	6	3.5	6.5	4	7.5	5	8.5	8.5	10	7	>10	9	>10	10	>10	>10	>10	>10
16	25/22	4	2.5	5	3	7	3.5	9	4	>10	5	>10	6	>10	7	>10	9	>10	>10	>10	>10	>10	>10
		3	2	3.5	2.5	4.5	3	5	3.5	6.5	4	8	5	9	6	10	7.5	>10	9	>10	>10	>10	>10
15	24/21	3	2	4	2.5	6	3	7	4	9	5	>10	6	>10	7	>10	8	>10	10	>10	>10	>10	>10
		2.5	1.5	3	2	4	2.5	5	3	6.5	4	7.5	5	8.5	6	>9.5	7	>10	8	>10	10	>10	>10
14	23/20	2	1.5	3	2	4	2.5	5	3	7	3.5	9	4	>10	5	>10	6	>10	8	>10	9	>10	>10
		1.7	1.3	2.3	1.5	3	2	3.7	2.5	5	3	6	3.5	7	4	8	5	10	6.5	>10	8.5	>10	10
13	22/19	1.6	1.3	2	1.6	3	2	4	2.5	5	3	7	3.6	8	4	>10	5	>10	6	>10	7	>10	>10
		1.4	1.1	1.8	1.3	2.3	1.7	3	2	3.5	2.5	4.6	3	5.5	3.5	7	4	8	5	10	5.5	>10	8.5
12	21/18	1.3	1.2	1.5	1.5	2	1.7	3	2	4	2.5	6	3	7	3.5	9	4	>10	5	>10	7	>10	10
		1.2	1.1	1.5	1.3	1.8	1.4	2.2	1.6	3	2	3.5	2.5	4.5	3	6	3.6	7	4	9	5.5	10	8
11	20/17			1.3	1.2	1.6	1.5	2	1.7	3	2	4	2.5	5	3	7	4	9	5	>10	7	>10	9
				1.2	1.05	1.5	1.3	1.8	1.4	2.3	1.7	3	2	3.5	2.5	5	3	6	4	8	5.5	10	7
10	19/16					1.3	1.2	1.6	1.5	2	1.7	3	2	4	2.5	5	3	7	4	9	6	>10	8
						1.2	1.1	1.6	1.3	1.8	1.5	2.2	1.7	3	2	3.6	2.5	5	3.5	7	4.5	9	6
9	18/15							1.3	1.2	1.6	1.5	2	1.7	3	2	4	2.5	5	3	7	4.5	>10	6
								1.2	1.1	1.5	1.3	1.8	1.5	2.3	1.7	3	2	3.5	2.5	5.5	3.7	8	5
8	17/14									1.3	1.2	1.6	1.5	2	1.7	3	2	4	2.5	6	3	8	5
										1.2	1.1	1.5	1.3	1.8	1.5	2.3	1.7	3	2	4	2.5	6	3.5
7	16/13											1.3	1.2	1.6	1.5	2	1.7	3	2	4	3.5	6	4
												1.2	1.1	1.5	1.3	1.8	1.5	2.3	1.6	3.7	3	4.5	3.5
6	15/12	液压系统和内燃机				滚动轴承								1.3	1.2	1.6	1.5	2	1.7	3	2	4	2.5
														1.2	1.1	1.5	1.4	1.8	1.5	2.3	1.8	3	2.2
5	14/11	径向轴承和涡轮机				齿轮箱及其他										1.3	1.3	1.6	1.6	2	1.8	3	2
																1.3	1.2	1.6	1.4	1.9	1.5	2.3	1.8
4	13/10																	1.4	1.2	1.8	1.5	2.5	1.8
																		1.2	1.1	1.6	1.3	2	1.8

表中的 NAS 1638 和 ISO 4406 为两种常用的清洁度标准。

(1) NAS 1638

NAS 1638 是由美国航天学会在 1964 年提出的，规定取 100mL（或适当体积）油样，经溶剂稀释，并用特制的过滤膜进行过滤（滤膜的孔眼直径小于 1μm），然后查看存留在滤膜上颗粒的数量。根据 100mL 油液中含有的五种不同颗粒尺寸范围的颗粒数量，划分成不同的清洁度等级，级别数值越小越清洁，总共分成 14 个清洁度等级，即 00 级 ~ 12 级。后来英国液压研究协会（BHRA）将清洁度等级扩展到 16 级，即增加了 4 个等级（见表 19.7-3），已为世界广泛采用。

判别油样的清洁度，按五种颗粒尺寸范围中所含颗粒数量分别对照清洁度级别，以清洁度最低（级别最大）的一个级别作为油样的清洁度。例如，某 100mL 油样中颗粒计数含量见表 19.7-4。

表 19.7-3　NAS 1638 计数法：100mL 油液中的粒子数

级别	粒子直径/μm				
	5～15	15～25	25～50	50～100	>100
00	125	22	4	1	0
0	250	44	8	2	0
1	500	89	16	3	1
2	1000	178	32	6	1
3	2000	356	63	11	2
4	4000	712	126	22	4
5	8000	1425	253	45	8
6	16000	2850	506	90	16
7	32000	5700	1012	180	32
8	64000	11400	2025	360	64
9	128000	22800	4050	720	128
10	256000	45600	8100	1440	256
11	512000	91200	16200	2880	512
12	1024000	182400	32400	5760	1024
13	2048000	364800	64800	11520	2050
14	4096000	729600	129600	23040	4100
15	8192000	1459200	259200	46080	8200
16	16384000	2918400	518400	92160	16400

表 19.7-4　某 100mL 油样中颗粒计数含量

颗粒尺寸/μm	颗粒数	NAS 级别
5～15	65000	9
15～25	9000	8
25～50	2000	8
50～100	100	7
>100	31	7

按级别最大的定级别，上述油样判定为 9 级。

(2) ISO 4406

ISO 4406 是国际标准，即油液清洁度等级。我国也制定了相应标准 GB/T 14039—2002（见表 19.7-5），等效于 ISO 4406：1999。

表 19.7-5　油液固体颗粒污染度等级代号（摘自 GB/T 14039—2002）

每毫升的颗粒数		代　　码
大　于	小于等于	
2500000	—	>28
1300000	2500000	28
640000	1300000	27
320000	640000	26
160000	320000	25
80000	160000	24
40000	80000	23
20000	40000	22
10000	20000	21
5000	10000	20
2500	5000	19
1300	2500	18
640	1300	17
320	640	16
160	320	15
80	160	14
40	80	13

（续）

每毫升的颗粒数		代　码
大　于	小于等于	
20	40	12
10	20	11
5	10	10
2.5	5	9
1.3	2.5	8
0.64	1.3	7
0.32	0.64	6
0.16	0.32	5
0.08	0.16	4
0.04	0.08	3
0.02	0.04	2
0.01	0.02	1
0.00	0.01	0

注：代码小于8时，重复性受液样中所测的实际颗粒数的影响。原始计数值应大于20个颗粒，如果不可能，则参考GB/T 14039—2002中的3.4.7节。

清洁度表示方法：采用三个代码并在相互间用一条斜线分隔。第一个代码表示≥4μm颗粒数量代码，第二个代码表示≥6μm颗粒数量，第三个代码表示≥14μm颗粒数量代码。

示例：　22/18/13

表示每1mL油样中≥14μm颗粒数量为40～80个

表示每1mL油样中≥6μm颗粒数量为1300～2500个

表示每1mL油样中≥4μm颗粒数量为20000～40000个

3　油液清洁度的净化处理

任何液压、润滑系统在运行过程中都会不断地受到外界污染物的侵入，同时系统内部又不断地产生污染物。油液在密闭的系统中循环，看似不与外界接触，然而外界污染颗粒可以从多方面侵入系统中。未密封的油箱盖、油箱上的呼吸口及液压缸活塞杆等均暴露在环境很脏的空气中；活塞杆每动一次就会带入一次污染颗粒，动作次数越多，带入的污染颗粒也越多；还有，在检修时拆卸的部位也会被污染物侵入，系统内部由于元件的磨损，会产生磨损颗粒，油液老化，会产生胶状油泥和有害的物质腐蚀金属。

为了保证系统的正常运行，必须采取有效的净化措施，以提高系统油液的清洁度。最有效而又可靠的净化方法是过滤。当然还有其他多种净化方法，但一般运行系统很少采用。

使油液经过多孔隙可透性介质，油中的颗粒物被介质阻挡，油液透过介质（滤材）而得到净化。其机理是：较大的颗粒被拦截在介质的孔口外或介质内部通道缩口处，较小的颗粒则在表面力、静电力和分子吸附力的作用下，吸附在介质的通道内壁或纤维介质的纤维表面上。过滤介质按结构分为表面过滤型和深层过滤型。表面型的有金属网式、线隙式和片式过滤元件。深层型的有纸质、非织品纤维和多孔性烧结制品。过滤介质的类型见表19.7-6。

表19.7-6　过滤介质（滤材）的类型

（μm）

类型	实例	可滤最小颗粒
金属元件	片式、线隙式	5
金属编织网	金属网式	5
多孔性介质	陶瓷	1
	金属粉末烧结式	3
微孔材料	泡沫塑料	3
	微孔滤膜	0.005
纤维织品	天然和合成纤维织品	10
非纤维织品	毛毡、棉丝	10
	滤纸	5
	合成纤维	5
	玻璃纤维	1
	不锈钢丝毡	3
	石棉纤维、纤维素	亚微米
松散固体	硅藻土、膨胀珍珠岩、非活性炭	亚微米

4　液压润滑系统的过滤

过滤是液压润滑系统中不可缺少的净化油液的措施，系统的清洁度几乎全靠过滤油液来维持和控制。

系统污染控制的能力与效果，不仅仅取决于过滤器的精度，而且与过滤器在系统中的总体设计（过滤器的位置、类型和数量）以及对污染侵入的控制程度密切相关。目前认为，比较完善的过滤系统一般包括吸入过滤、压力油（在线）过滤、回油过滤及旁路过滤（外过滤）。对于中等污染侵入率，各种过滤器的过滤精度的选择及预期达到的目标清洁度可参见表19.7-7，这是威克斯（Vickers）公司推荐的参考数据。

从表19.7-7可以看出，现有的过滤系统采用3~20μm的过滤精度，基本上可以满足各类液压系统对目标清洁度的要求。

表 19.7-7　目标清洁度与过滤器设置及过滤器精度　(μm)

过滤器的设置	系统目标清洁度(ISO 4406)							
	19/16	18/15	17/14	16/13	15/12	14/12	13/11	12/10
压力油路或回油路	10	10	5	5	3	3		
压力油路和回油路	20	10	10	10	5	5	3	3
压力油路或回油路加外过滤	20	10	10	5	5	5	3	3
压力油路和回油路加外过滤	20	20	10	10	5	5	5	3
外过滤(流量20%系统体积)	10	10	5	5	3	3		
外过滤(流量10%系统体积)	5	5	5	3	3			

目前的过滤系统虽然全面考虑了在各个油路设置过滤器的需要，但也带来了系统复杂及过滤器种类和规格繁多的缺点。此外，压力油路过滤（在线过滤）器因承受系统的最大工作压力，其尺寸和纳污容量受到一定限制；回油路过滤器，受到系统波动的影响，实际过滤效率降低；外循环（旁路）过滤系统仅作辅助过滤，没有充分发挥其过滤效能。因此目前这种分散和多种类型过滤器组合的系统，其总体过滤净化性能不一定最佳。

改进的途径是：可以考虑采取简化系统和集中强化过滤的原则，用单一外循环（旁路）过滤系统代替现有的过滤系统。通过增大外过滤流量和减小系统工作液体体积与流量的比值，提高过滤速率，从而加强系统的过滤净化能力。

外过滤系统可进行预过滤和主系统不工作时不间断过滤，并且在工作中进行强化过滤，这样油箱内的油液可以始终保持很高的清洁度，为主系统提供清洁的油源，因而可以省去压力油路的高压过滤器。在对污染敏感的重要元件上游，可装设保护元件的过滤器，以防止大颗粒污染物意外地进入元件。

根据液压系统污染平衡原理，系统油液污染度主要取决于系统总的污染侵入率和过滤净化能力。采用强化的外过滤系统，系统工作前，油液可保持非常高的初始清洁度，因而工作中元件磨损很轻，系统内部生成的污染物减少，这样有助于油液清洁度的提高。此外，这种独立的集中外过滤系统，有利于选用高精度和大纳污容量的低压过滤器，并且过滤性能不受主系统流量波动的影响。通过对过滤系统参数的合理设计，这种外过滤系统可具有很强的过滤净化能力。

参考文献

[1] 机械工程手册，电机工程手册编委会. 机械工程手册. 机械设计基础卷［M］. 2版. 北京：机械工业出版社，1996.

[2] 闻邦椿. 机械设计手册：第3卷［M］. 5版. 北京：机械工业出版社，2010.

[3] 闻邦椿. 现代机械设计师手册：下册［M］. 北京：机械工业出版社，2012.

[4] 闻邦椿. 现代机械设计实用手册［M］. 北京：机械工业出版社，2015.

[5] 机械设计手册编辑委员会. 机械设计手册：第2卷［M］. 新版. 北京：机械工业出版社，2004.

[6] 成大先. 机械设计手册：第3卷［M］. 6版. 北京：化学工业版社，2016.

[7] 张剑，等. 现代润滑技术［M］. 北京：冶金工业出版社，2008.

[8] 颜志光. 润滑材料与润滑技术［M］. 北京：中国石化出版社，2000.

[9] 中国机械工程学会摩擦学学会. 润滑工程［M］. 北京：机械工业出版社，1986.

[10] 汪德涛. 国内外最新润滑油及润滑脂实用手册［M］. 广州：广东科技出版社，1997.

[11] 董浚修. 润滑原理及润滑油［M］. 2版. 北京：中国石化出版社，1998.

[12] 陈淑美. 中高档润滑油实用手册［M］. 东营：石油大学出版社，1996.

[13] 中国石化工总公司技术开发中心新产品标准处，石油化工科学研究院标准化管理室. 石油及石油化工产品标准汇编［M］. 北京：中国标准出版社，1998.

[14] 胡邦喜. 设备润滑基础［M］. 2版. 北京：冶金工业出版社，2002.

[15] 王毓民，等. 润滑材料与润滑技术［M］. 北京：化学工业出版社，2005.

[16] 朱廷彬. 润滑脂技术大全［M］. 北京：中国石化出版社，2006.

[17] 曼格，德雷泽尔. 润滑剂与润滑［M］. 赵旭涛，王建明，译. 北京：化学工业出版社，2003.

[18] 王先会. 润滑油脂选用与营销指南［M］. 北京：中国石化出版社，2008.

第 20 篇　密　　封

主　编　修世超
编写人　修世超　李宝民
审稿人　丁津原　杨好志

第 5 版
密　　封

主　编　修世超
编写人　修世超　李宝民
审稿人　孙志礼　杨好志

第1章　概　　述

1　密封的分类、特点及应用

在机械设备中，工作介质的泄漏会造成失效、物质的浪费及环境的污染。那些易燃、易爆、剧毒、腐蚀性及放射性物质的泄漏，将会危害人身的安全，引起设备事故。环境中的气、尘、水等漏入到设备内，会使轴承、齿轮等零件的磨损加剧，造成机器设备寿命过短。在化工企业中，密封故障是造成非计划停车的主要原因。

密封的功用就是阻止泄漏或防止外界杂质侵入机器设备内部。起密封作用的零部件称为密封件，亦简称为密封，它的性能是评价机械产品质量的一个重要指标。

对密封的基本要求是严密、可靠、寿命长、力求结构紧凑、简单，制造维修方便，成本低廉。大多数密封件为易损件，应保证互换性，实现标准化、系列化。

1.1　密封的分类

按结合面（即密封面）间是否有相对运动，密封可分为静密封和动密封。结合面间相对静止的密封称为静密封；结合面间有相对运动的密封称为动密封。

根据密封面间是否有间隙，密封又分接触型密封和非接触型密封。一般静密封属于接触型密封；动密封既有接触型密封，也有非接触型密封。

一般接触型密封结构比较简单，但因受摩擦磨损的限制，仅适于密封面间线速度较低的场合。非接触型密封结构往往复杂，但由于不直接接触，故适用于密封面间线速度较高的场合。

常用密封的分类、特点及应用见表20.1-1与表20.1-2。

表20.1-1　常用静密封的分类、特点及应用

名称	原理、特点及简图		应　　用
法兰连接垫片密封	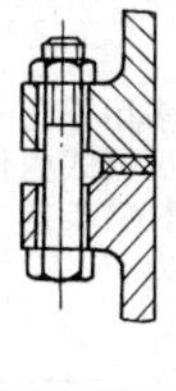	在两连接件（如法兰）的密封面之间垫上不同形式的密封垫片，如非金属、非金属与金属的复合垫片或金属垫片。然后将螺纹或螺栓拧紧，拧紧力使垫片产生弹性和塑性变形，填塞密封面的不平处，达到密封目的 密封垫的形式有平垫片、齿形垫片、透镜垫、金属丝垫等	密封压力和温度与连接件的形式、垫片的片型、材料有关。通常，法兰连接密封可用于温度范围为-70～600℃，压力大于1.333kPa（绝压）、小于或等于35MPa。若采用特殊垫片，可用于更高的压力。广泛应用于设备法兰、管法兰
自紧密封	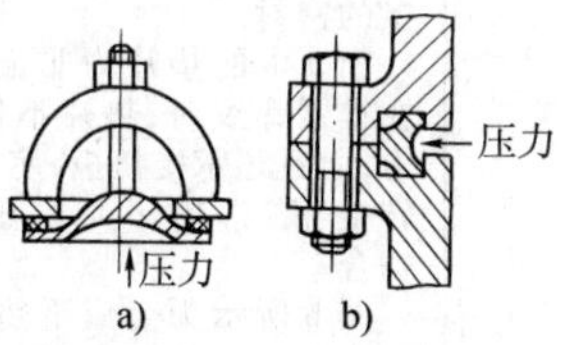	密封元件不仅受外部连接件施加的力进行密封，而且还依靠介质的压力压紧密封元件进行密封，介质压力越高，对密封元件施加的压紧力就越大	图a为平垫自紧密封，介质压力作用在盖上并通过盖压紧垫片，用于介质压力为100MPa以下，温度为350℃的高压容器、气包的手孔密封 图b为自紧密封环，介质压力直接作用在密封环上，利用密封环的弹性变形压紧在法兰的端面上，用于化工高压容器法兰的密封
研合面密封	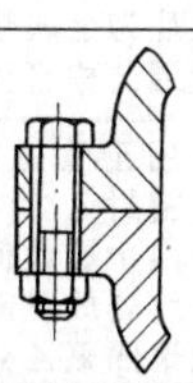	靠两密封面的精密研配消除间隙，用外力压紧（如螺栓）来保证密封。实际使用中，密封面往往涂敷密封胶，以提高严密性	密封面表面粗糙度 $Ra=2\sim5\mu m$。自由状态下，两密封面之间的间隙不大于0.05mm。通常密封100MPa以下的压力及温度低于550℃的介质，螺栓受力较大。多用于汽轮机、燃气轮机等气缸结合面的密封
O形圈密封　非金属O形圈	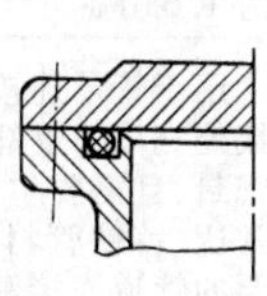	O形圈装入密封沟槽后，其截面一般受到15%～30%的压缩变形。在介质压力作用下，移至沟槽的一边，封闭需密封的间隙，达到密封目的	密封性能好，寿命长，结构紧凑，装拆方便。根据选择不同的密封圈材料，可在-100～260℃的温度范围使用，密封压力可达100MPa。主要用于气缸、液压缸的缸体密封

（续）

名称	原理、特点及简图	应　　用
O形圈密封：金属空心O形圈	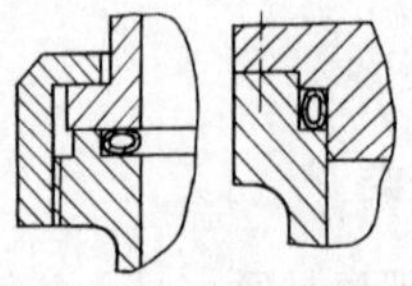 a)　b) O形圈的断面形状为长圆形。当环被压紧时，利用环的弹性变形进行密封。O形圈用管材焊接而成，常用材料为不锈钢管，也可用低碳钢管、铝管和铜管等。为提高密封性能，O形圈表面需镀覆或涂以金、银、铂、铜、氟塑料等。管子壁厚一般选取0.25~0.5mm，最大为1mm。用于密封气体或易挥发的液体，应选用较厚的管子；用于密封黏性液体，应选用较薄的管子	O形圈分为充气式和自紧式两种。充气式是在封闭的O形圈内充惰性气体，可增加环的回弹力，用于高温场合。自紧式是在环的内侧圆周上钻有若干小孔，因管内压力随同介质压力增高而增高，使环有自紧性能，用于高压场合 金属空心O形圈密封适用于高温、高压、高真空、低温等条件，可用于直径达6000mm，压力为280MPa，温度-250~600℃的场合，如核电站容器封口 图a、图b表示O形圈设置在不同的位置上
橡胶圈密封	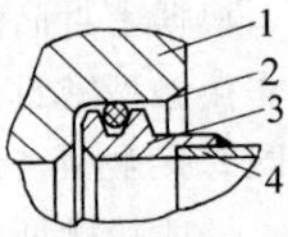 1—壳体　2—橡胶圈　3—V形槽　4—管子	结构简单，重量轻，密封可靠，适用于快速装拆的场合。O形圈材料一般为橡胶，最高使用温度为200℃，工作压力为0.4MPa，若压力较高或者为了密封更加可靠，可用两个O形圈
密封胶密封	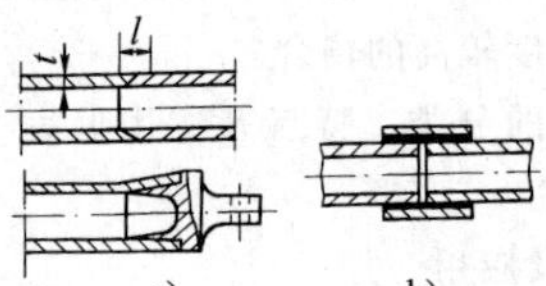 a)　b) 用刮涂、压注等方法将密封胶涂在要紧压的两个面上，靠胶的浸润性填满密封面凹凸不平处，形成一层薄膜，能有效地起到密封作用 图a所示为斜对接封口。由于斜面连接大大增加了密封面积，比对接封口承载能力大，受力情况好，但要求被密封件有一定厚度，封口锥度尺寸一般取$l/t \geqslant 10$。图b为双搭接，承载能力大	密封胶密封主要用于管道密封。密封胶密封适用于非金属材料，如塑料、玻璃、皮革、橡胶，以及金属材料制成的管道或其他零件的密封 密封牢固，结构简单，密封效果好，但耐温性差，通常用于150℃以下，用于汽车、船舶、机车、压缩机、液压泵、管道以及电动机、发动机等的平面法兰连接、螺纹连接、承插连接的胶封
填料密封	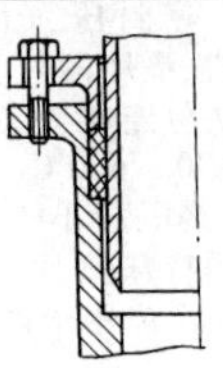 在钢管与壳体之间充以填料（俗称盘根），用压盖和螺钉压紧，以堵塞漏出的间隙，达到密封的目的	多用于化学、石油、制药等工业设备可拆式内伸接管的密封。根据充填材料不同，可用于不同的温度和压力
螺纹连接垫片密封	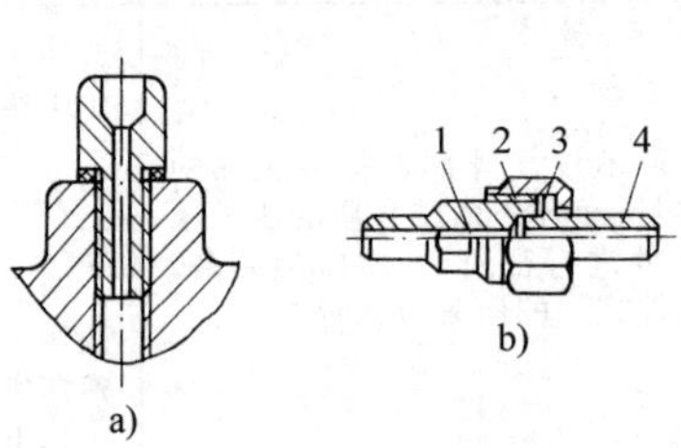 a)　b) 1—接头体　2—螺母　3—金属平垫　4—接管	适用于小直径螺纹连接或管道连接的密封 图a中的垫片为非金属软垫片。在拧紧螺纹时，垫片不仅承受压紧力，而且还承受扭矩，使垫片产生扭转变形，常用于介质压力不高的场合 图b所示为金属平垫密封，又称“活接头”，结构紧凑，使用方便。垫片为金属垫，适用压力为32MPa，管道公称直径$DN \leqslant 32$mm
螺纹连接密封	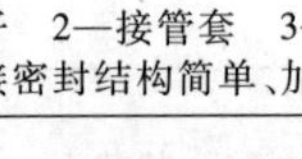 1—管子　2—接管套　3—管子 螺纹连接密封结构简单、加工方便	用于管道公称直径$DN \leqslant 50$mm的密封 由于螺纹间配合间隙较大，需在螺纹处放置密封材料，如麻、密封胶或聚四氟乙烯带等，最高使用压力为1.6MPa
承插连接密封	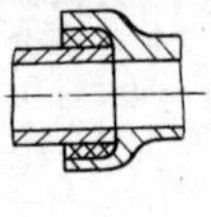	用于管子连接的密封。在管子连接处充填矿物纤维或植物纤维进行密封，且需要耐介质的腐蚀，适用于常压、铸铁管材和陶瓷管材等不重要的管道连接密封

表 20.1-2 常用动密封的分类、特点及应用

名称			原理、特点及简图	应用
接触式密封		毛毡密封	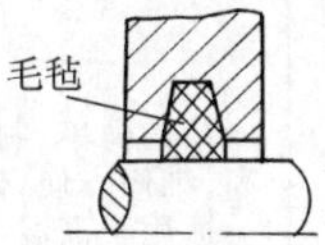 在壳体槽内填以毛毡圈，以堵塞泄漏间隙，达到密封的目的。毛毡具有天然弹性，呈多孔海绵状，可储存润滑油和防尘。轴旋转时，毛毡又将润滑油从轴上刮下反复自行润滑	一般用于低速、常温、常压的电动机、齿轮箱等机械中，用以密封润滑脂、油、黏度大的液体及防尘，但不宜用于气体密封。适用于粗毛毡，线速度 $v_c \leqslant 3\text{m/s}$；优质细毛毡，且轴经过抛光，$v_c \leqslant 10\text{m/s}$。温度不超过90℃；压力一般为常压
	填料密封	软填料密封	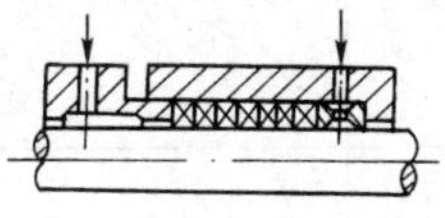 在轴与壳体之间充填软填料（俗称盘根），然后用压盖和螺钉压紧，以达到密封的目的。填料压紧力沿轴向分布不均匀，轴在靠近压盖处磨损最快。压力低时，轴转速可高，反之，转速要低	用于液体或气体介质往复运动和旋转运动的密封，广泛用于各种阀门、泵类，如水泵、真空泵等的密封，泄漏率约 10~1000mL/h 选择适当填料材料及结构，可用于压力≤35MPa、温度≤600℃和速度≤20m/s 的场合
		硬填料密封	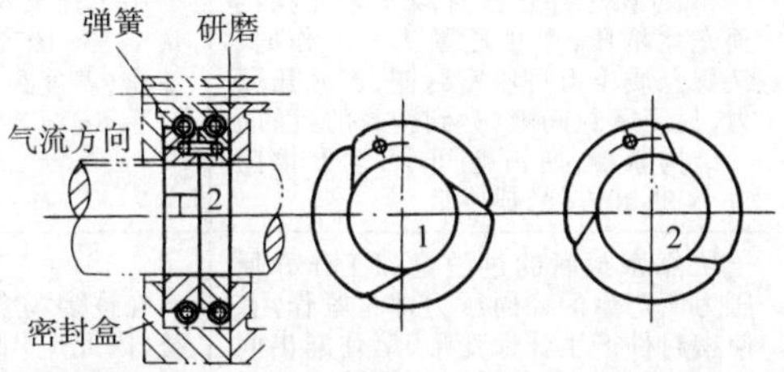 密封箱内装有若干密封盒，盒内装有一组密封环，如图所示。分瓣密封环靠环弹簧和介质压力差贴附于轴上。填料环在填料盒内有适当的轴向和径向间隙，使其能随轴自由浮动。填料箱上的锁紧螺钉的作用只压紧各级填料盒，而不作用在各级填料环上。密封环材料通常为青铜、巴氏合金、石墨等	适用于往复运动轴的密封，如往复式压缩机的活塞杆密封。为了能补偿密封环的磨损和追随轴的跳动，可采用分瓣环、开口环等 选择适当的密封结构和密封环形式，硬填料密封也适用于旋转轴的密封，如高压搅拌轴的密封 硬填料密封适用于介质压力为350MPa、线速度为 12m/s、温度为 -45~400℃，但需要对填料进行冷却或加热
非接触式密封		浮动环密封	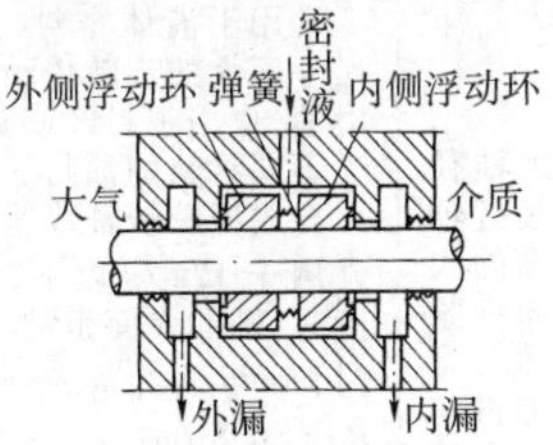 浮动环可以在轴上径向浮动，密封腔内通入比介质压力高的密封油。径向密封靠作用在浮动环上的弹簧力和密封油压力与隔离环贴合而达到；轴向密封靠浮动环与轴之间的狭小径向间隙对密封油产生节流来实现	结构简单，检修方便，但制造精度要求高，需采用复杂的自动化供油系统 适用于介质压力>10MPa、转速为1000~2000r/min、线速度为 100m/s 以上的流体机械，如气体压缩机、泵类等的轴封
		迷宫密封	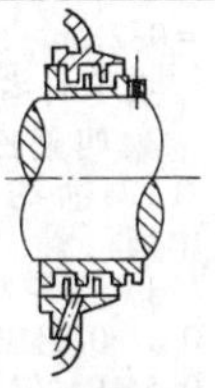 在旋转件和固定件之间形成很小的曲折间隙来实现密封。间隙内充以润滑脂	适用于高速，但需注意在圆周速度大于 5m/s 时可能使润滑脂由曲路中甩出
			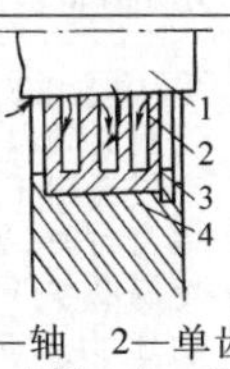 1—轴 2—单齿 3—卡圈 4—壳体 流体经过许多节流间隙与膨胀空腔组成的通道，经过多次节流而产生很大的能量损耗，流体压头大为下降，使流体难于渗漏，以达到密封的目的	用于气体密封，若在单齿及壳体下部设有回油孔，可用于液体密封
		离心密封	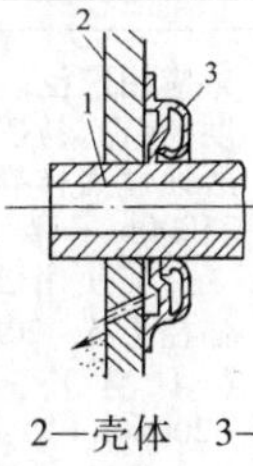 1—轴 2—壳体 3—密封盖 借离心力作用（甩油盘）将液体介质沿径向甩出，阻止液体进入漏泄缝隙，从而达到密封目的。转速越高，密封效果越好，转速太低或静止不动，则密封无效	结构简单，成本低，没有磨损，不需维护 用于密封润滑油及其他液体，不适用于气体介质。广泛用于高温、高速的各种传动装置，以及压差为零或接近于零的场合

(续)

名称		原理、特点及简图	应用
非接触式密封	螺旋密封	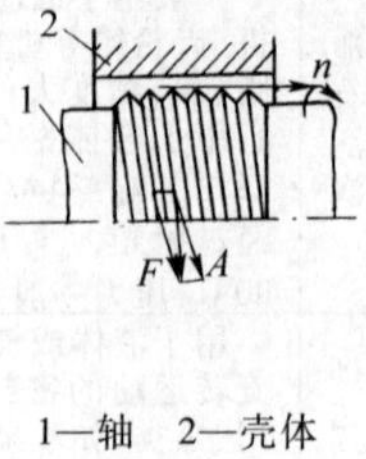 1—轴 2—壳体 利用螺杆泵原理，当液体介质沿漏泄间隙渗漏时，借螺旋作用而将液体介质赶回去，以保证密封 在设计螺旋密封装置时，对于螺旋赶油的方向要特别注意。设轴的旋转方向 n 从右向左看为顺时针方向，则液体介质与壳体的摩擦力 F 为逆时针方向，而摩擦力 F 在该右螺纹的螺旋线上的分力 A 向右，故液体介质被赶向右方	结构简单，制造、安装精度要求不高，维修方便，使用寿命长 适用于高温、高速下的液体密封，不适用于气体密封。低速密封性能差，需设停机密封
接触式密封	填料密封 挤压型密封	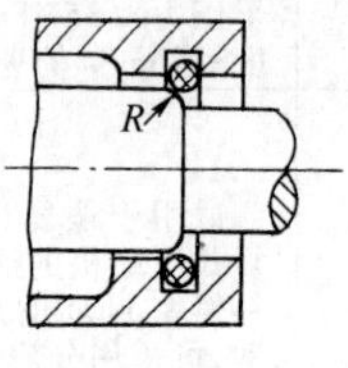 挤压型密封按密封圈截面形状分有O形、方形等，以O形应用最广 挤压型密封靠密封圈安装在槽内预先被挤压，产生压紧力。工作时，又靠介质压力挤压密封圈，产生压紧力，封闭密封间隙，达到密封的目的 结构紧凑，所占空间小，动摩擦阻力小，拆卸方便，成本低	用于往复及旋转运动。密封压力从 1.33×10^{-5}Pa 的真空到40MPa 的高压，温度为 $-60\sim200$℃，线速度为 $\leqslant3\sim5$m/s
接触式密封	填料密封 唇型密封	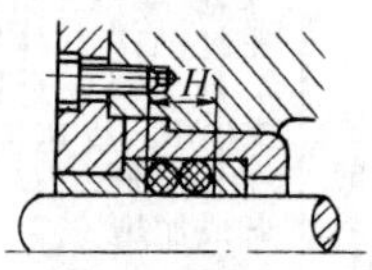 依靠密封唇的过盈量和工作介质压力所产生的径向压力即自紧作用，使密封件产生弹性变形，堵住漏出间隙，达到密封的目的。比挤压型密封有更显著的自紧作用 结构型式有Y、V、U、L、J形。与O形圈密封相比，结构较复杂，体积大，摩擦阻力大，装填方便，更换迅速	在许多场合下，已被O形圈所代替，因此应用较少。现主要用于往复运动的密封；选用适当材料的油封，可用于压力达100MPa 的场合 常用材料有橡胶、皮革、聚四氟乙烯等
接触式密封	油封密封	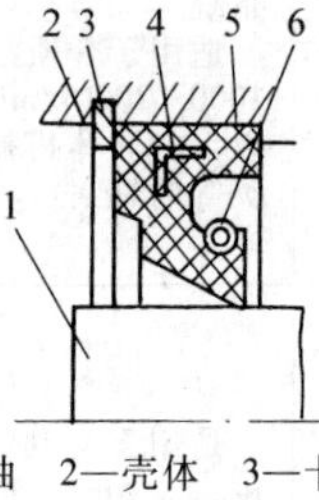 1—轴 2—壳体 3—卡圈 4—骨架 5—橡胶碗 6—弹簧 在自由状态下，油封内径比轴径小，即有一定的过盈量。油封装到轴上后，其刃口的压力和自紧弹簧的收缩力对密封轴产生一定的径向抱紧力，遮断泄漏间隙，达到密封目的 油封分有骨架与无骨架；有弹簧与无弹簧型。油封安装位置小，轴向尺寸小，使机器紧凑；密封性能好，使用寿命较长。对机器的振动和主轴的偏心都有一定的适应性。拆卸容易、检修方便、价格便宜，但不能承受高压	常用于液体密封，尤其广泛用于尺寸不大的旋转传动装置中密封润滑油，也用于封气或防尘 不同材料的油封适用情况： 合成橡胶转轴线速度 $v_c\leqslant20$m/s，常用于12m/s 以下，温度 $\leqslant150$℃。此时，轴的表面粗糙度为：$v_c\leqslant3$m/s 时，$Ra=3.2\mu$m；$v_c=3\sim5$m/s 时，$Ra=0.8\mu$m；$v_c>5$m/s 时，$Ra=0.2\mu$m 皮革 $v_c\leqslant10$m/s，温度 $\leqslant110$℃ 聚四氟乙烯用于磨损严重的场合，寿命约比橡胶高10倍，但成本高 以上各材料可使用压差 $\Delta p=0.1\sim0.2$MPa，特殊可用于 $\Delta p=0.5$MPa，但寿命约500～2000h
接触式密封	胀圈密封	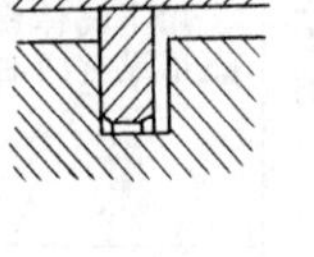 将带切口的弹性环放入槽中，由于胀圈本身的弹力，而使其外圆紧贴在壳体上，胀圈外径与壳体间无相对转动 由于介质压力的作用，胀圈一端面贴合在胀圈槽的一侧产生相对运动，用液体进行润滑和堵漏，从而达到密封	一般用于液体介质密封（因胀圈密封必须以液体润滑） 广泛用于密封油的装置。用于气体密封时，要有油润滑摩擦面。工作温度 $\leqslant200$℃，$v_c\leqslant10$m/s，往复运动压力 $\leqslant70$MPa，旋转运动压力 $\leqslant1.5$MPa
接触式密封	机械密封	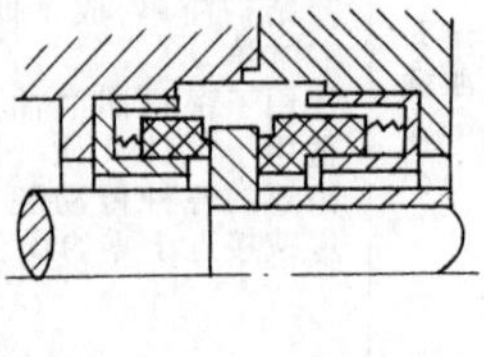 光滑而平直的动环和静环的端面，靠弹性构件和密封介质的压力使其互相贴合并作相对转动，端面间维持一层极薄的液体膜而达到密封的目的	应用广泛。用于密封各种不同黏度、有毒、易燃、易爆、强腐蚀性和含磨蚀性固体颗粒的介质，寿命可达25000h，一般不低于8000h 目前使用已达到如下技术指标：轴径为5～2000mm；压力为 10^{-6}Pa（真空）～45MPa；温度为 $-200\sim450$℃；速度为150m/s

1.2　密封的选型

密封结构种类繁多，所采用的密封机理也各不相同。因而，对于任何具体应用，都必须进行细致的衡量，然后做出选择。选择时必须考虑压力、温度、速度、腐蚀环境及材料等因素。要做出正确的选择，其首要条件是正确地认识所要解决的密封问题。

各种形式的密封均有其特点和使用范围，设计密封时应先进行分析比较。表 20.1-3 中列出了各种常用密封方法的特征，可供参考。

表 20.1-3　常用密封方法的特征

密封类型	使用条件		耐压性	耐高速性	耐热性	耐寒性	耐久性	用　途	备　注
	往复运动	转动							
填料密封	良	良	良	良	良	可	可	泵、水轮机、阀、高压釜	可用缠绕填料、编织填料或成形填料
机械密封	×	优	优	优	优	优	优	泵、水轮机、高压釜、压气机、搅拌机	可用不同的材料组合，包括金属波纹管密封
O 形圈密封	良	可	良	可-良	可-良	可	可	活塞密封	可广泛用作静密封，此时耐久性良好
唇形圈密封	优	×	优	良	良-可	可	可	活塞密封	有时用作静密封
油封	（可）	优	可	优	良-可	可	可	轴承密封	或与其他密封并用，防尘
分瓣滑环密封	可	良	优	优	优	优	优	水轮机、汽轮机	多用石墨作滑环
浮动环密封	可	良	优	优	优	优	优	泵、压气机	
迷宫式密封	优	优	优	优	优	优	优	汽轮机、泵、压气机	往复用时，宜高速；低速不用
离心密封和螺旋密封	×	优	良	良	良	良	优	泵	
磁流体密封	×	优	可	优	良	优	优	压气机	只用于气体介质

2　常用密封材料

密封材料应满足密封功能的要求。由于被密封的介质不同，以及设备的工作条件不同，要求密封材料具有不同的适应性。对密封材料的要求一般是：①材料致密性好，不易泄漏介质；②有适当的力学性能和硬度；③压缩性和回弹性好，永久性变形小；④高温下不软化、不分解，低温下不硬化、不脆裂；⑤耐蚀性好，在酸、碱、油等介质中能长期工作，其体积和硬度变化小，且不黏附在金属表面上；⑥摩擦因数小，耐磨性好；⑦具有与密封面贴合的柔软性；⑧耐老化性好，经久耐用；⑨加工制造方便，价格便宜，取材容易。显然，任何一种材料要完全满足上述要求是不可能的，但具有优异密封性能的材料能够满足上述大部分要求。

橡胶是最常用的密封材料，品种有丁腈橡胶、氯丁橡胶、硅橡胶、氟橡胶和聚氨酯橡胶等。应当指出的是，在选择密封材料时，不宜笼统地采用某类耐酸橡胶或耐油橡胶，因为不论是酸或油（或其他介质）种类都很多，特性也有明显的差异，即使是同一种酸，浓度不同时特性也不同，耐浓酸的橡胶不一定耐稀酸，故应根据介质的具体情况，有针对性地选择合适的材料。除橡胶外，适合于做密封材料的还有石墨带、聚四氟乙烯以及各种密封胶等。表 20.1-4 列出了常用密封材料的分类和用途。

表 20.1-4　常用密封材料的分类和用途

类　别		材　料	用　途
纤维	植物纤维	棉、麻、纸、软木	垫片、软填料、防尘密封件、夹布橡胶密封件
	动物纤维	毛、毡、皮革	垫片、软填料、成形填料、油封、防尘密封件
	矿物纤维	石棉	垫片、软填料、停车密封
	人造纤维	有机合成纤维、玻璃纤维、石墨纤维、陶瓷纤维、金属纤维	垫片、夹布橡胶密封件、无油润滑密封件

（续）

类别			材料	用途
弹塑性体	橡胶		合成橡胶、天然橡胶	垫片、成形填料、油封、软填料、防尘密封件、全封闭密封件、机械密封、停车密封
弹塑性体	塑料		氟塑料、尼龙、聚乙烯、酚醛塑料、氯化聚醚、聚苯醚、聚苯硫醚	垫片、成形填料、油封、软填料、硬填料、活塞环、机械密封、防尘密封件、全封闭密封件
柔性石墨			柔性石墨板材、带材、填料环、缠绕带	垫片、软填料、成形填料
非弹塑性体	无机材料	碳石墨	焙烧碳、电化石墨、硅化石墨	机械密封、硬填料、间隙密封
非弹塑性体	无机材料	工程陶瓷	氧化铝瓷、滑石瓷、金属陶瓷、氮化硅、硼化铬、碳化硅、碳化硼、微晶玻璃	机械密封
非弹塑性体	金属	有色金属	铜、铝、铅、锌、锡及其合金	垫片、软填料、机械密封、迷宫密封、硬填料、间隙密封
非弹塑性体	金属	黑色金属	碳钢、铸铁、不锈钢、堆焊硬合金、涂喷粉末、高弹性合金	垫片、机械密封、硬填料、活塞环、间隙密封、动力密封、防尘密封件、全封闭密封件、成形填料
非弹塑性体	金属	硬质合金	钨钴及钨钴钛硬质合金、钢结硬质合金、镍基耐腐蚀硬质合金	机械密封
非弹塑性体	金属	磁性材料	马氏体磁钢、铝镍钴磁钢、铁氧体磁钢、稀土钴磁钢	磁流体密封、磁传动
非弹塑性体	金属	贵金属	金、银、铟、钽、汞、镓	高真空密封、高压密封、低温密封、磁流体密封
液体	密封胶		液态密封胶、厌氧胶	垫片、接头、螺纹、中分面密封
液体	胶粘剂		有机胶粘剂、无机胶粘剂	无压堵漏、带压堵漏
液体	磁流体		磁微粉、非金属或金属载体、表面活性剂	磁流体密封
液体	油水类		水、油、脂、酯	密封系统、液封、软填料浸渍
气体	气体与蒸汽		惰性气体、水蒸气	气封、密封系统、迷宫系统

第2章　垫片密封

1　垫片密封的特点及应用

垫片密封广泛用于管道、压力容器以及各种壳体的结合面密封中。密封垫有非金属密封垫片、非金属与金属组合密封垫片和金属密封垫片三大类。其常用材料有橡胶、皮革、石棉、软木、聚四氟乙烯、铁、钢、铝、铜和不锈钢等。

1.1　垫片密封的泄漏

垫片密封的泄漏有三种形式：界面泄漏、渗透泄漏和破坏性泄漏，其中以前二者为主。

产生界面泄漏的原因有：结合面粗糙和变形；密封垫片没有压紧；压紧结合面的螺栓变形、伸长；密封垫片发生塑性变形；密封垫片材料老化、龟裂、变质等。界面泄漏常占总泄漏量的80%~90%。

用棉、麻、石棉、皮革、纸等纤维材质制成的密封垫片，其组织疏松，致密性差，纤维间具有微缝隙，很容易被介质浸透。在压力作用下，介质从高压侧通过这些微缝隙渗透到低压侧，形成渗透泄漏，它占总泄漏的10%~20%。减少渗透泄漏的办法，可将密封做浸渍处理，常用的浸渍材料有油脂、橡胶及合成树脂等。橡胶也会发生渗透泄漏，其中以异丁橡胶的渗透泄漏最少，用异丁橡胶制作的密封垫片，可用在1.33×10^{-6}Pa的真空下。氯丁橡胶、丁腈橡胶可用在1.33×10^{-1}Pa的真空中。

1.2　密封垫片的选用

密封垫片的选用原则是：对于要求不高的场合，可凭经验来选取，不合适时再更换。但对那些要求严格的场合，如易爆、剧毒和可燃性气体以及强腐蚀的液体设备、反应罐和输送管道系统等，则应根据工作压力、工作温度、密封介质的腐蚀性及结合密封面的形式来选用。

一般来讲，在常温低压时，选用非金属软密封垫片；中压高温时，选用非金属与金属组合密封垫片或金属密封垫片；在温度、压力有较大波动时，选用弹性好的或自紧式密封垫片；在低温、腐蚀性介质或真空条件下，应考虑密封垫片的特殊性能。这里特别需要说明的是法兰情况对垫片选择的影响。

（1）法兰形式的影响

光滑面法兰一般只用于低压，配软质的密封垫片；在高压下，如果法兰的强度足够，也可以用光滑面法兰，但应该用厚软质垫片，或者用带内加强环或外加强环的缠绕密封垫片。在这种场合，金属垫片也不适用，因为这时要求的压紧力过大，导致螺栓较大的变形，使法兰不易封严。

（2）法兰表面粗糙度的影响

法兰表面粗糙度对密封效果影响很大。例如，车削法兰的刀纹是螺旋线，使用金属垫片时，如果表面粗糙度值较大，垫片就不能堵死刀纹所形成的这条螺旋槽，在压力作用下，介质就会顺着这条沟槽泄漏出来。软质密封垫片对法兰面的表面粗糙度要求低得多。这是因为它容易变形，能够堵死加工刀纹，从而防止了泄漏。对软质垫片，法兰面过于光滑反而不利，因为此时发生界面泄漏的阻力变小了。所以，垫片不同，所要求的法兰表面粗糙度也不相同。表20.2-1列出了各种密封垫片所要求的法兰表面粗糙度的经验数据。

表20.2-1　密封垫片所要求的法兰密封面的表面粗糙度　（μm）

垫片类别	垫片名称	表面粗糙度 *Ra*	备　注
金属密封垫片	环形垫片	<0.8	自紧式密封垫表面越光越好
	锯齿形垫片	<1.6	
半金属密封垫片	金属包垫片	<1.6	
	缠绕垫片	<12.5	
	缠绕垫片	<3.2	气体密封时
石棉橡胶板		<12.5	
石棉布密封垫片		<25	
聚四氟乙烯密封垫片	聚四氟乙烯板垫片	<12.5	
	聚四氟乙烯包垫片	<12.5	
橡胶板		<25	
有机物密封垫片	油封	<25	
皮革密封垫片		<25	
纸垫		<25	

(3) 法兰与垫片的硬度差

使用垫片的目的在于使垫片产生弹性或塑性变形以填满法兰面的微小凸凹不平，阻止泄漏发生。因此，应使垫片材料的硬度低于法兰材料的硬度，二者之间相差越大，实现密封就越容易。当使用金属垫片时，为了保证实现密封，应尽可能选用较软的材料，使金属垫片的硬度比法兰硬度低 40HBW 以上为宜。

1.3　常用垫片类型及应用

常用垫片的种类实际上是对管法兰用垫片进行合理分类，按其材料和结构特征共分三大类，标准垫片的选用见表 20.2-2。

表 20.2-2　标准垫片的选用

垫片形式		垫片材料		使用条件		适用密封面形式	用途
				p/MPa	t/℃		
非金属平垫片	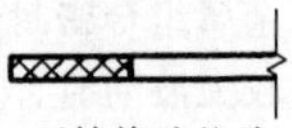 石棉橡胶垫片		XB450	≤6.0	≤450	全平面 突面 凹凸面 榫槽面	用于水、蒸汽、空气、氨(气态或液态)及惰性气体
			NY400	≤4.0	≤400	全平面 突面 凹凸面 榫槽面	用于油品、液化石油气、溶剂、石油化工原料等介质。不适用汽油及航空汽油
	 聚四氟乙烯包覆垫片		包覆层:聚四氟乙烯 嵌入层:石棉橡胶板	≤4.0	≤150	突面	用于各种腐蚀性介质及有清洁要求的介质
金属复合垫片	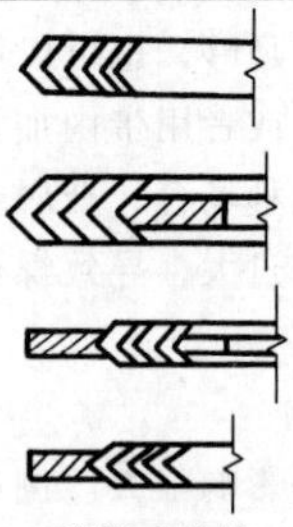 缠绕式垫片	填充带材料	特制石棉	≤26.0	≤500	突面 凹凸面 榫槽面	用于各种液体及气体介质。若用于氢氟酸介质,应采用石墨带配蒙乃尔合金钢带材料
			聚四氟乙烯		-200~260		
			柔性石墨		≤600 (对于非氧化性介质≤800)		
	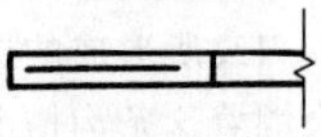 柔性石墨复合垫片	芯板材料	低碳钢	≤6.3	≤450	突面 凹凸面 榫槽面	用于蒸气及各种腐蚀性介质。不适于有洁净要求的管线
			06Cr19Ni10		≤650		
	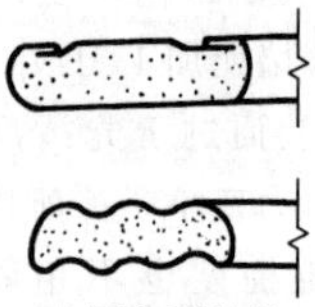 金属包覆垫片	包覆层材料	纯铝板 1050A	≤11.0	≤200	突面	用于蒸气、煤气、油品、汽油、溶剂及一般工艺介质
			纯铜板 T3		≤300		
			低碳钢		≤400		
			不锈钢		≤500		
	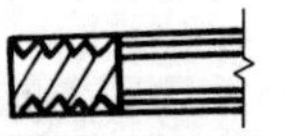 金属齿形组合垫片	齿形环和覆盖层材料	10 和 08/柔性石墨	≤26.0	≤450	突面 凹凸面	用于中、高压力管道
			06Cr13/柔性石墨		≤540		
			06Cr19Ni10 柔性石墨		≤650		
			06Cr19Ni10/聚四氟乙烯		≤200		
			06Cr17Ni12Mo2/聚四氟乙烯				
金属垫片	 金属齿形垫片		08 或 10	≤16.0	≤450	突面 凹凸面	用于高温、高压管道
			06Cr13		≤540		
			06Cr19Ni10		≤600		
			06Cr17Ni12Mo2		≤600		
	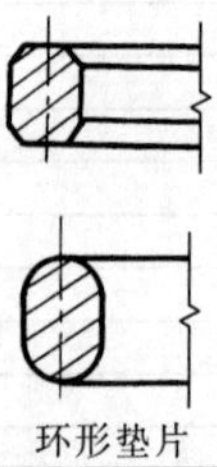 环形垫片		08 或 10	≤42.0	≤450	环连接面	用于高温、高压管道
			06Cr13		≤540		
			06Cr19Ni10		≤600		
			022Cr17Ni12Mo2		≤600		

图 20.2-1 所示为管法兰用非金属平垫片的结构型式。其中图 20.2-1a 所示为全平面（FF 型）管法兰用垫片结构型式。图 20.2-1b 所示为凸面（RF 型）、凹凸面（MF 型）及榫槽面（TG 型）管法兰用垫片的结构型式。表 20.2-3a ~ 表 20.2-3d 列出了管法兰用非金属平垫片尺寸（摘自 GB/T 9126—2008），标记方法见图 20.2-1。

表 20.2-4 列出了钢制管法兰用金属环垫尺寸。

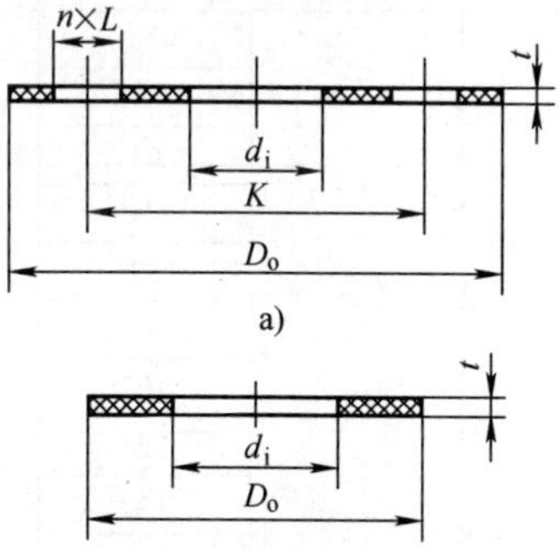

标记方式：

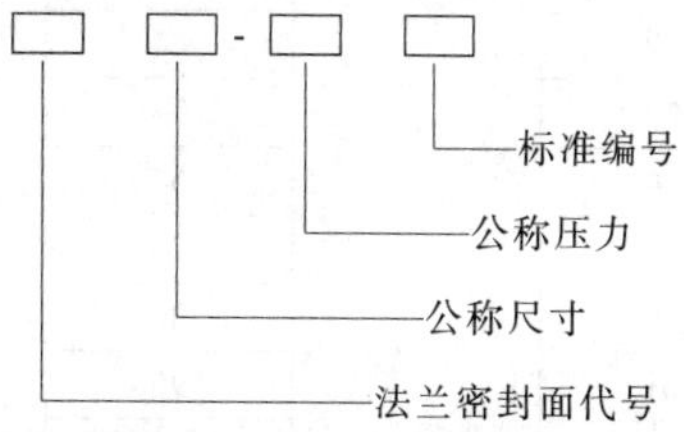

标记示例：

公称尺寸 DN50，公称压力 PN10 的全平面管法兰用非金属平垫片，其标记为：

非金属平垫片 FF DN50-PN10 GB/T 9126

图 20.2-1 管法兰用非金属平垫片的结构型式

表 20.2-3a 全平面（FF）管法兰用垫片尺寸 (mm)

公称尺寸 DN	垫片内径 d_i	公称压力																								垫片厚度 t
		PN2.5				PN6				PN10				PN16				PN25				PN40				
		垫片外径 D_o	螺栓孔中心圆直径 K	螺栓孔径 L	螺栓孔数 n	垫片外径 D_o	螺栓孔中心圆直径 K	螺栓孔径 L	螺栓孔数 n	垫片外径 D_o	螺栓孔中心圆直径 K	螺栓孔径 L	螺栓孔数 n	垫片外径 D_o	螺栓孔中心圆直径 K	螺栓孔径 L	螺栓孔数 n	垫片外径 D_o	螺栓孔中心圆直径 K	螺栓孔径 L	螺栓孔数 n	垫片外径 D_o	螺栓孔中心圆直径 K	螺栓孔径 L	螺栓孔数 n	
10	18	使用 PN6 的尺寸				75	50	11	4	使用 PN40 的尺寸				使用 PN40 的尺寸				使用 PN40 的尺寸				90	60	14	4	0.8 ~ 3.0
15	22					80	55	11	4													95	65	14	4	
20	27					90	65	11	4													105	75	14	4	
25	34					100	75	11	4													115	85	14	4	
32	43					120	90	14	4													140	100	18	4	
40	49					130	100	14	4													150	110	18	4	
50	61					140	110	14	4													165	125	18	4	
65	77					160	130	14	4													185	145	18	8	
80	89					190	150	18	4													200	160	18	8	
100	115					210	170	18	4	使用 PN16 的尺寸				220	180	18	8					235	190	22	8	
125	141					240	200	18	8					250	210	18	8					270	220	26	8	
150	169					265	225	18	8					285	240	22	8					300	250	26	8	
200	220					320	280	18	8	340	295	22	8	340	295	22	12	360	310	26	12	375	320	30	12	
250	273					375	335	18	12	395	350	22	12	405	355	26	12	425	370	30	12	450	385	33	12	
300	324					440	395	22	12	445	400	22	12	460	410	26	12	485	430	30	16	515	450	33	16	
350	356					490	445	22	12	505	460	22	16	520	470	26	16	555	490	33	16	580	510	36	16	
400	407					540	495	22	16	565	515	26	16	580	525	30	16	620	550	36	16	660	585	39	16	
450	458					595	550	22	16	615	565	26	20	640	585	30	20	670	600	36	20	685	610	39	20	
500	508					645	600	22	20	670	620	26	20	715	650	33	20	730	660	36	20	755	670	42	20	
600	610					755	705	26	20	780	725	30	20	840	770	36	20	845	770	39	20	890	795	48	20	
700	712	—				—				895	840	30	24	910	840	36	24	960	875	42	24	—				
800	813									1015	950	33	24	1025	950	39	24	1085	990	48	24					
900	915									1115	1050	33	28	1125	1050	39	28	1185	1090	48	28					
1000	1016									1230	1160	36	28	1255	1170	42	28	1320	1210	56	28					
1200	1220									1455	1380	39	32	1485	1390	48	32	1530	1420	56	32					
1400	1420									1675	1590	42	36	1685	1590	48	36	1755	1640	62	36					
1600	1620									1915	1820	48	40	1930	1820	56	40	1975	1860	62	40					
1800	1820									2115	2020	48	44	2130	2020	56	44	2195	2070	70	44					
2000	2020									2325	2230	48	48	2345	2230	62	48	2425	2300	70	48					

表 20.2-3b 突面（RF）管法兰用垫片尺寸 （mm）

公称尺寸 DN	垫片内径 d_i	公称压力 PN2.5	PN6	PN10	PN16	PN25	PN40	垫片厚度 t
		垫片外径 D_o						
10	18	使用PN6的尺寸	39	使用PN40的尺寸	使用PN40的尺寸	使用PN40的尺寸	46	0.8~3.0
15	22		44				51	
20	27		54				61	
25	34		64				71	
32	43		76				82	
40	49		86				92	
50	61		96				107	
65	77		116				127	
80	89		132				142	
100	115		152	162	162		168	
125	141		182	192	192		194	
150	169		207	218	218		224	
(175)①	141		182	192	192	194	—	
200	220		262	273	273	284	290	
(225)①	194		237	248	248	254	—	
250	273		317	328	329	340	352	
300	324		373	378	384	400	417	
350	356		423	438	444	457	474	
400	407		473	489	495	514	546	
450	458		528	539	555	564	571	
500	508		578	594	617	624	628	
600	610		679	695	734	731	747	
700	712		784	810	804	833	—	
800	813		890	917	911	942		
900	915		990	1017	1011	1042		
1000	1016		1090	1124	1128	1154		
1200	1220	1290	1307	1341	1342	1364		
1400	1420	1490	1524	1548	1542	1578		
1600	1620	1700	1724	1772	1764	1798		
1800	1820	1900	1931	1972	1964	2000		
2000	2020	2100	2138	2182	2168	2230		
2200	2220	2307	2348	2384	—	—		
2400	2420	2507	2558	2594				
2600	2620	2707	2762	2794				
2800	2820	2924	2972	3014				
3000	3020	3124	3172	3228				
3200	3220	3324	3382	—				
3400	3420	3524	3592	—				
3600	3620	3734	3804	—				
3800	3820	3931	—	—				
4000	4020	4131	—	—				

① 为船舶法兰专用垫片尺寸。

表 20.2-3c 凹凸面（MF）管法兰用垫片尺寸 （mm）

公称尺寸 DN	垫片内径 d_i	公称压力					垫片厚度 t
		PN10	PN16	PN25	PN40	PN63	
		垫片外径 D_o					
10	18	34	34	34	34	34	0.8~3.0
15	22	39	39	39	39	39	
20	27	50	50	50	50	50	
25	34	57	57	57	57	57	
32	43	65	65	65	65	65	
40	49	75	75	75	75	75	
50	61	87	87	87	87	87	
65	77	109	109	109	109	109	
80	89	120	120	120	120	120	
100	115	149	149	149	149	149	
125	141	175	175	175	175	175	
150	169	203	203	203	203	203	
(175)①	194	—	—	—	—	233	
200	220	259	259	259	259	259	
(225)①	245	—	—	—	—	286	
250	273	312	312	312	312	312	
300	324	363	363	363	363	363	
350	356	421	421	421	421	421	
400	407	473	473	473	473	473	
450	458	523	523	523	523	523	
500	508	575	575	575	575	575	
600	610	675	675	675	675		
700	712	777	777	777	—	—	1.5~3.0
800	813	882	882	882			
900	915	987	987	987			
1000	1016	1092	1092	1092			

① 为船舶法兰专用垫片尺寸。

表 20.2-3d 榫槽面（TG）管法兰用垫片尺寸 （mm）

公称尺寸 DN	垫片内径 d_i	公称压力					垫片厚度 t
		PN10	PN16	PN25	PN40	PN63	
		垫片外径 D_o					
10	24	34	34	34	34	34	0.8~3.0
15	29	39	39	39	39	39	
20	36	50	50	50	50	50	
25	43	57	57	57	57	57	
32	51	65	65	65	65	65	
40	61	75	75	75	75	75	
50	73	87	87	87	87	87	
65	95	109	109	109	109	109	
80	106	120	120	120	120	120	
100	129	149	149	149	149	149	
125	155	175	175	175	175	175	
150	183	203	203	203	203	203	
200	239	259	259	259	259	259	
250	292	312	312	312	312	312	
300	343	363	363	363	363	363	
350	395	421	421	421	421	421	

（续）

公称尺寸 DN	垫片内径 d_i	公称压力					垫片厚度 t
		PN10	PN16	PN25	PN40	PN63	
		垫片外径 D_o					
400	447	473	473	473	473	473	0.8~3.0
450	497	523	523	523	523	—	0.8~3.0
500	549	575	575	575	575	—	0.8~3.0
600	649	675	675	675	675	—	0.8~3.0
700	751	777	777	777	—	—	1.5~3.0
800	856	882	882	882	—	—	1.5~3.0
900	961	987	987	987	—	—	1.5~3.0
1000	1061	1092	1092	1092	—	—	1.5~3.0

表 20.2-4 钢制管法兰用金属环垫尺寸（摘自 GB/T 9128—2003） （mm）

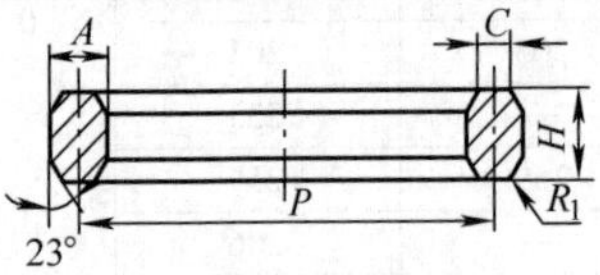

八角形环

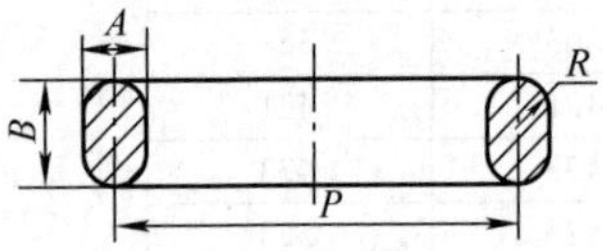

椭圆形环

$R = A/2$

$R_1 = 1.6\text{mm}(A \leqslant 22.3\text{mm})$

$R_1 = 2.4\text{mm}(A > 22.3\text{mm})$

标记示例：

环号为20，材料为06Cr19Ni10的八角形金属环垫片，其标记为：

八角垫 R.20-06Cr19Ni10 GB/T 9128

注：垫片的技术条件见 GB/T 9130

公称通径 DN					环号	平均节径 P	环宽 A	环高		八角形环的平面宽度 C
PN20	PN50 及 PN110	PN150	PN260	PN420				椭圆形 B	八角形 H	
—	15	—	—	—	R.11	34.13	6.35	11.11	9.53	4.32
—	—	15	15	—	R.12	39.69	7.94	14.29	12.70	5.23
—	20	—	—	15	R.13	42.86	7.94	14.29	12.70	5.23
—	—	20	20	—	R.14	44.45	7.94	14.29	12.70	5.23
25	—	—	—	—	R.15	47.63	7.94	14.29	12.70	5.23
—	25	25	25	20	R.16	50.80	7.94	14.29	12.70	5.23
32	—	—	—	—	R.17	57.15	7.94	14.29	12.70	5.23
—	32	32	32	25	R.18	60.33	7.94	14.29	12.70	5.23
40	—	—	—	—	R.19	65.09	7.94	14.29	12.70	5.23
—	40	40	40	—	R.20	68.26	7.94	14.29	12.70	5.23
—	—	—	—	32	R.21	72.24	11.11	17.46	15.88	7.75
50	—	—	—	—	R.22	82.55	7.94	14.29	12.70	5.23
—	50	—	—	40	R.23	82.55	11.11	17.46	15.88	7.75
—	—	50	50	—	R.24	95.25	11.11	17.46	15.88	7.75
65	—	—	—	—	R.25	101.60	7.94	14.29	12.70	5.23
—	65	—	—	50	R.26	101.60	11.11	17.46	15.88	7.75
—	—	65	65	—	R.27	107.95	11.11	17.46	15.88	7.75
—	—	—	—	65	R.28	111.13	12.70	19.05	17.47	8.66
80	—	—	—	—	R.29	114.30	7.94	14.29	12.70	5.23
—	80①	—	—	—	R.30	117.48	11.11	17.46	15.88	7.75
—	80②	80	—	—	R.31	123.83	11.11	17.46	15.88	7.75

（续）

公称通径 DN					环号	平均节径 P	环宽 A	环高		八角形环的平面宽度 C
PN20	PN50 及 PN110	PN150	PN260	PN420				椭圆形 B	八角形 H	
—	—	—	—	80	R. 32	127. 00	12. 70	19. 05	17. 46	8. 66
—	—	—	80	—	R. 35	136. 53	11. 11	17. 46	15. 88	7. 75
100	—	—	—	—	R. 36	149. 23	7. 94	14. 29	12. 70	5. 23
—	100	100	—	—	R. 37	149. 23	11. 11	17. 46	15. 88	7. 75
—	—	—	—	100	R. 38	157. 16	15. 88	22. 23	20. 64	10. 49
—	—	—	100	—	R. 39	161. 93	11. 11	17. 46	15. 88	7. 75
125	—	—	—	—	R. 40	171. 45	7. 94	14. 29	12. 70	5. 23
—	125	125	—	—	R. 41	180. 98	11. 11	17. 46	15. 88	7. 75
—	—	—	—	125	R. 42	190. 50	19. 05	25. 40	23. 81	12. 32
150	—	—	—	—	R. 43	193. 68	7. 94	14. 29	12. 70	5. 23
—	—	—	125	—	R. 44	193. 68	11. 11	17. 46	15. 88	7. 75
—	150	150	—	—	R. 45	211. 14	11. 11	17. 46	15. 88	7. 75
—	—	—	150	—	R. 46	211. 14	12. 70	19. 05	17. 46	8. 66
—	—	—	—	150	R. 47	228. 60	19. 05	25. 40	23. 81	12. 32
200	—	—	—	—	R. 48	247. 65	7. 94	14. 29	12. 70	5. 23
—	200	200	—	—	R. 49	269. 88	11. 11	17. 46	15. 88	7. 75
—	—	—	200	—	R. 50	269. 88	15. 88	22. 23	20. 64	10. 49
—	—	—	—	200	R. 51	279. 40	22. 23	28. 58	26. 99	14. 81
250	—	—	—	—	R. 52	304. 80	7. 94	14. 29	12. 70	5. 23
—	250	250	—	—	R. 53	323. 85	11. 11	17. 46	15. 88	7. 75
—	—	—	250	—	R. 54	323. 85	15. 88	22. 23	20. 64	10. 49
—	—	—	—	250	R. 55	342. 90	28. 58	36. 51	34. 93	19. 81
300	—	—	—	—	R. 56	381. 00	7. 94	14. 29	12. 70	5. 23
—	300	300	—	—	R. 57	381. 00	11. 11	17. 46	15. 88	7. 75
—	—	—	300	—	R. 58	381. 00	22. 23	28. 58	26. 99	14. 81
350	—	—	—	—	R. 59	396. 88	7. 94	14. 29	12. 70	5. 23
—	—	—	—	300	R. 60	406. 40	31. 75	39. 69	38. 10	22. 33
—	350	—	—	—	R. 61	419. 10	11. 11	17. 46	15. 88	7. 75
—	—	350	—	—	R. 62	419. 10	15. 88	22. 23	20. 64	10. 49
—	—	—	350	—	R. 63	419. 10	25. 40	33. 34	31. 75	17. 30
400	—	—	—	—	R. 64	454. 03	7. 94	14. 29	12. 70	5. 23
—	400	—	—	—	R. 65	469. 90	11. 11	17. 46	15. 88	7. 75
—	—	400	—	—	R. 66	469. 90	15. 88	22. 23	20. 64	10. 49
—	—	—	400	—	R. 67	469. 90	28. 58	36. 51	34. 93	19. 81
450	—	—	—	—	R. 68	517. 53	7. 94	14. 29	12. 70	5. 23
—	450	—	—	—	R. 69	533. 40	11. 11	17. 46	15. 88	7. 75
—	—	450	—	—	R. 70	533. 40	19. 05	25. 40	23. 81	12. 32
—	—	—	450	—	R. 71	533. 40	28. 58	36. 51	34. 93	19. 81
500	—	—	—	—	R. 72	558. 80	7. 94	14. 29	12. 70	5. 23
—	500	—	—	—	R. 73	584. 20	12. 70	19. 05	17. 46	8. 66
—	—	500	—	—	R. 74	584. 20	19. 05	25. 40	23. 81	12. 32
—	—	—	500	—	R. 75	584. 20	31. 75	36. 69	38. 10	22. 33
—	550	—	—	—	R. 81	635. 00	14. 29	—	19. 10	9. 60
—	650	—	—	—	R. 93	749. 30	19. 10	—	23. 80	12. 30
—	700	—	—	—	R. 94	800. 10	19. 10	—	23. 80	12. 30
—	750	—	—	—	R. 95	857. 25	19. 10	—	23. 80	12. 30
—	800	—	—	—	R. 96	914. 40	22. 20	—	27. 00	14. 80
—	850	—	—	—	R. 97	965. 20	22. 20	—	27. 00	14. 80
—	900	—	—	—	R. 98	1022. 35	22. 20	—	27. 00	14. 80
—	—	—	—	—	R. 100	749. 30	28. 60	—	34. 90	19. 80
—	—	650	—	—	R. 101	800. 10	31. 70	—	38. 10	22. 30
—	—	700	—	—	R. 102	857. 25	31. 70	—	38. 10	22. 30
—	—	750	—	—	R. 103	914. 40	31. 70	—	38. 10	22. 30

（续）

公称通径 DN					环号	平均节径 P	环宽 A	环高		八角形环的平面宽度 C
PN20	PN50 及 PN110	PN150	PN260	PN420				椭圆形 B	八角形 H	
—	—	800	—	—	R. 104	965. 20	34. 90	—	41. 30	24. 80
—	—	850	—	—	R. 105	1022. 35	34. 90	—	41. 30	24. 80
600	—	900	—	—	R. 76	673. 10	7. 94	14. 29	12. 70	5. 23
—	600	—	—	—	R. 77	692. 15	15. 88	22. 23	20. 64	10. 49
—	—	600	—	—	R. 78	692. 15	25. 40	33. 34	31. 75	17. 30
—	—	—	600	—	R. 79	692. 15	34. 93	44. 45	41. 28	24. 82

① 仅适用于环连接密封面对焊环带颈松套钢法兰。

② 用于除对焊环带颈松套钢法兰以外的其他法兰。

2 高压设备密封

高压容器（压力大于 10MPa）的密封必须安全可靠，对温度和压力波动的适应能力要强，装拆方便，结构紧凑，占据高压空间小。高压设备的密封结构、特点及应用见表 20. 2-5。

表 20. 2-5 高压设备的密封结构、特点及应用

名称	结构与密封件简图	使用条件	特点及应用	备注
平垫密封	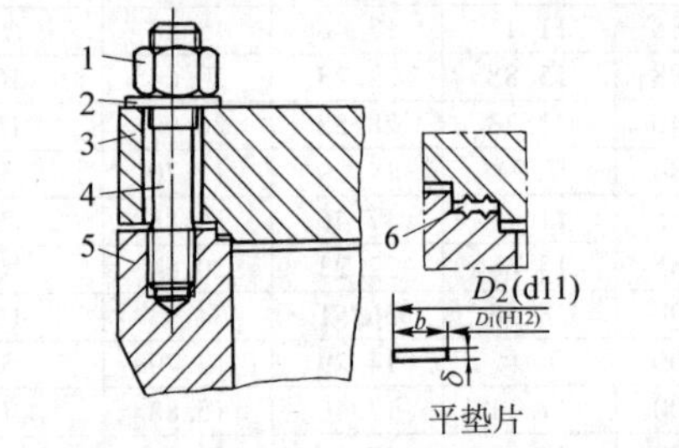 平垫密封结构 1—主螺母 2—垫圈 3—顶盖 4—主螺栓 5—筒体端部 6—平垫片	$t \leqslant 200℃$ $\begin{cases} P<20\text{MPa} \\ D\leqslant 1000\text{mm} \end{cases}$ $\begin{cases} 20\text{MPa}\leqslant P<30\text{MPa} \\ D\leqslant 800\text{mm} \end{cases}$ $\begin{cases} 30\text{MPa}\leqslant P<35\text{MPa} \\ D\leqslant 600\text{mm} \end{cases}$	结构简单，加工方便，使用成熟，在直径小、压力不太高时，密封可靠；但在压力高时，结构笨重，装拆不便 适用于温度不高、压力及温度波动不大的中、小型高压设备	平垫密封结构尺寸见图 20. 2-2 和表 20. 2-6 ~ 表 20. 2-8
卡扎里密封	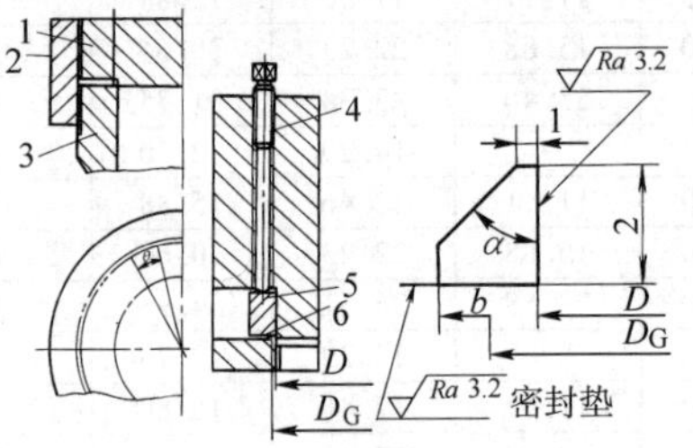 卡扎里密封结构 1—顶盖 2—螺纹套筒 3—筒体端部 4—预紧螺栓 5—压环 6—密封垫	$t \leqslant 350℃$ $P\geqslant 30\text{MPa}$ $D\geqslant 1000\text{mm}$	紧固件采用螺纹长套筒，因而省去大直径螺栓，装拆方便，安装时所需预应力较小	
双锥密封	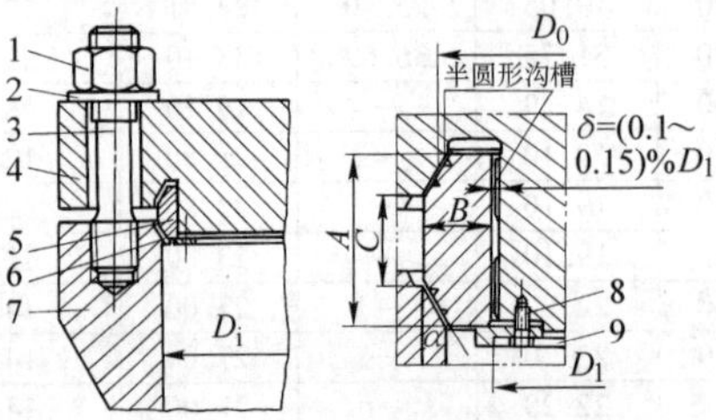 双锥密封结构 1—主螺母 2—垫圈 3—主螺栓 4—顶盖 5—双锥环 6—软金属垫片 7—筒体端部 8—螺栓 9—托环	$t<400℃$ $6.4\text{MPa}<P<35\text{MPa}$ $400\text{mm}<D<2000\text{mm}$	主螺栓预紧力较小，结构简单，加工精度要求不高，在温度、压力有波动的场合密封可靠，适用于超高压容器	推荐双锥环的系列结构尺寸见表 20. 2-9

（续）

名称	结构与密封件简图	使用条件	特点及应用	备注
空心金属O形环密封	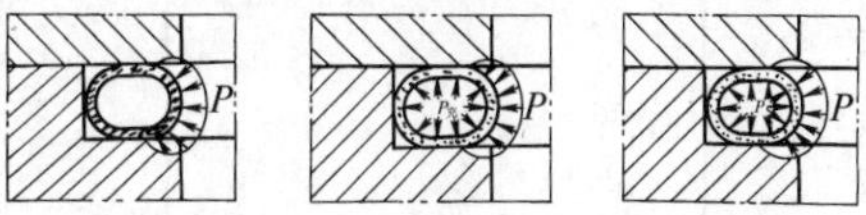 a)　b)　c) O形环密封的3种类型 a)非自紧式　b)充气式　c)自紧式	$-250℃<t<600℃$ $P\leqslant 280\text{MPa}$ $D<6000\text{mm}$	耐高低温、耐腐蚀、气密性好，故特别适用于高温、高压、高真空密封，适于小直径、大直径的密封	国内某些管材的线压和弹性回弹量见表20.2-10，国外推荐数据见表20.2-11，沟槽尺寸见表20.2-12
C形环密封	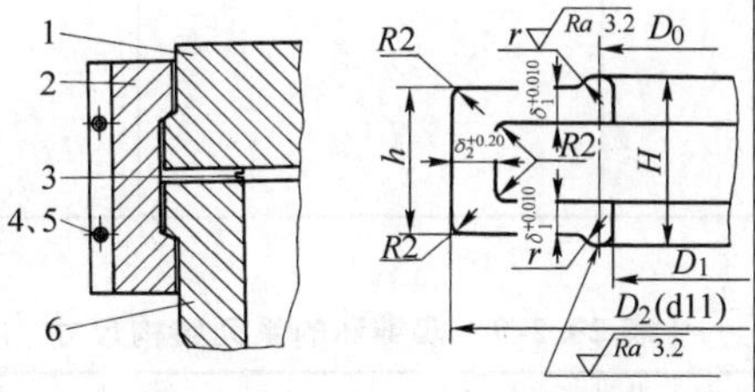C形环 卡箍紧固结构的C形环密封 1—平盖　2—卡箍　3—C形环 4、5—紧固螺栓和螺母　6—筒体端部	$t\leqslant 200℃$ $P\leqslant 35\text{MPa}$	螺栓预紧力较小，可用于无主螺栓连接的快开装置和温度、压力有波动的场合。结构简单，制造方便，密封性能良好 在小化肥的高压容器中用得较多	C形环的结构尺寸见表20.2-13
三角垫密封	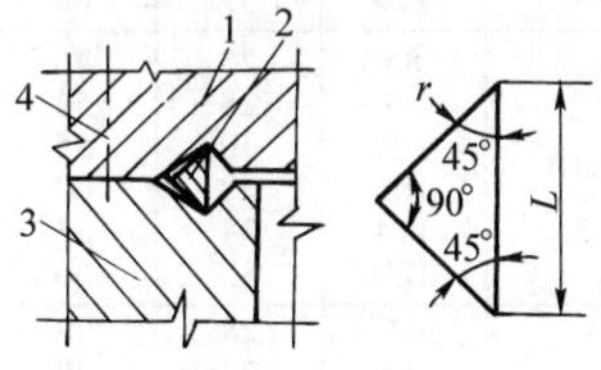a)　b) 三角垫密封 a）三角垫密封结构　b）三角垫几何尺寸 1—顶盖　2—三角垫密封圈 3—圆筒体　4—扭紧螺栓	$t\leqslant 350℃$ $\begin{cases}P>10\text{MPa}\\D<100\text{mm}\end{cases}$ $\begin{cases}20\text{MPa}<P<35\text{MPa}\\D>1000\text{mm}\end{cases}$	结构紧凑，预紧力小，开启方便，密封性能好，但加工精度要求高 适用于温度和压力波动的高压容器	
八角垫密封和椭圆垫密封	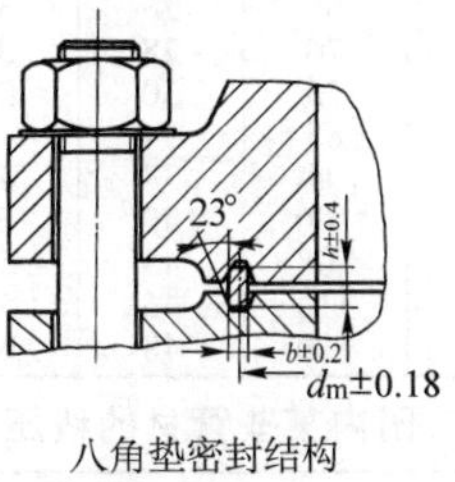八角垫密封结构 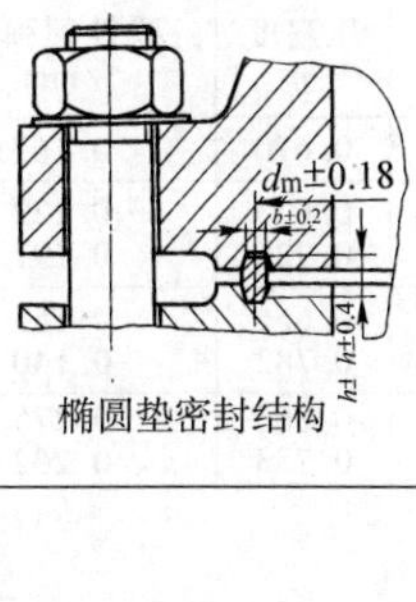椭圆垫密封结构	$t\leqslant 350℃$ $P=7\sim70\text{MPa}$ $D\leqslant 300\text{mm}$	结构简单，密封性好，常用于高压管道，在引进的大设备中应用较多，如德国制造的加氢反应器上	八角垫和椭圆垫见表20.2-4

（续）

名称	结构与密封件简图	使用条件	特点及应用	备注
伍德式密封	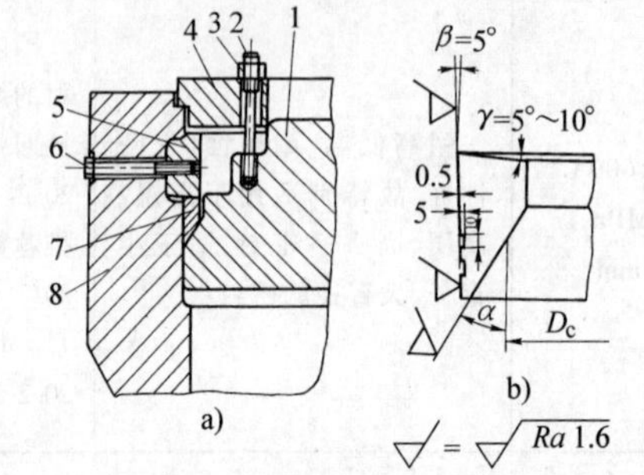 伍德式密封 a）伍德式密封结构　b）压垫的结构及受力分析 1—顶盖　2—预紧螺栓　3—螺母 4—支持环　5—四合环　6—拉紧螺栓 7—密封环　8—筒体端部	$t \leqslant 350℃$ $P>30$MPa $D=600 \sim 800$mm	温度、压力有波动时密封性能良好，且有自紧作用。开启速度快，但加工精度要求高，组装要求高 该结构是目前高压加氢装置上使用较为满意的一种高压自紧式密封	

注：D 为一般意义的密封腔内径。

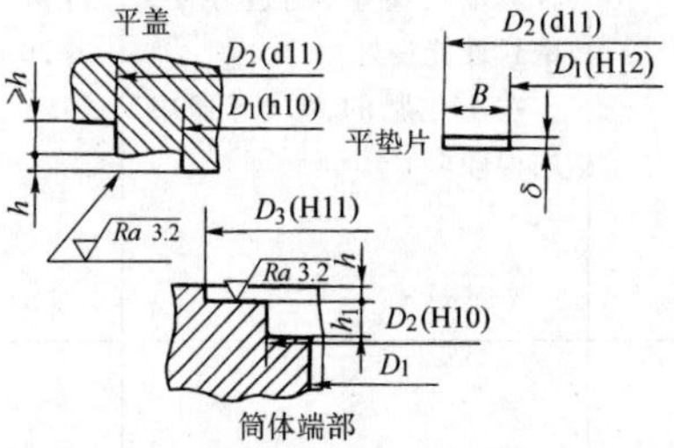

图 20.2-2　平垫密封结构尺寸
（括号内表示配合公差）

表 20.2-6　平垫密封结构尺寸（mm）

D_i	D_1	h	h_1
≤100	D_i+6	$2\delta+1$	2.5δ
101~200	D_i+8		
201~400	D_i+10		
401~600	D_i+12		
601~800	D_i+12		
801~1000	D_i+12		

表 20.2-7　平垫片的厚度　（mm）

平垫片宽度 B	≤4	5~12	14~16
平垫片厚度 δ	3	5	6

表 20.2-8　平垫片的宽度

设计压力/MPa	封口内径/mm								
	≤100	200	300	400	500	600	700	800	1000
	平垫片宽度/mm								
10~16	2~4	5	5	7	9	12	14	15	16
16.1~22	2~4	6	7	9	12	14	15	16	—
22.1~30	2~4	6	10	12	14	15	—	—	—

表 20.2-9　双锥环的系列结构尺寸

封口内径/mm	设计压力/MPa	A/mm	B/mm	C/mm	D_1/mm
1000	6.4	85	23	48	974
1200		94	26	54	1171
1400		100	28	58	1369
1600		108	30	62	1567
1800		114	32	66	1765
2000		120	33	68	1963
1000	10	85	25	46	972
1200		94	28	52	1168
1400		100	30	55	1366
1600		108	32	60	1564
1800		114	34	63	1762
2000		120	35	66	1960
600	20	65	24	33	568
800		75	27	38	765
1000		85	30	43	962
1200		94	32	47	1159
1400		100	35	50	1355
1600		108	38	54	1551
1800		114	40	57	1748
2000		120	42	60	1946
400	35	55	22	28	372
500		60	24	30	470
600		65	26	33	567
700		70	28	35	664
800		75	30	38	761
1000		85	34	43	956
1200		94	38	47	1151
1400		100	40	50	1349
1600		108	43	54	1545
1800		114	46	57	1741
2000		120	48	60	1939

表 20.2-10　国内某些管材的线压和弹性回弹量

管子规格	管子材料	压扁度 η	弹性回弹量/mm	线　压/N·mm^{-1}
$\phi10\times1$	不锈钢	0.670	0.167	200
$\phi12\times1$	不锈钢	0.623 0.726	0.222 0.197	120 100
$\phi12\times1.5$	低碳钢	0.666 0.782	0.153 0.140	260 240
$\phi10\times1$	铝	0.665 0.733	0.275 0.262	110 100

表 20.2-11 国外各种管材的线压和弹性回弹量

管子外径/mm	壁厚/mm	管子材料	弹性回弹量/mm	线压/N·mm^{-1}
0.70	0.127~0.305	不锈钢	0.0508	5.35~14.3
	0.127	因科镍	0.0381	3.56
	0.127	因科镍	0.0254	5.35
1.58	0.127~0.406	不锈钢	0.0762~0.0508	3.56~26.7
	0.153~0.356	因科镍	0.0508	5.38~19.64
	0.254~0.306	因科镍	0.0508	9.8~12.4
	0.254~0.306	软钢	0.0508	7.41~14.5
	0.254~0.306	铝	0.0381	3.56~6.24
	0.254	蒙乃尔	0.0508	8.01
	0.254~0.356	铜	0.0254	2.675~6.24
2.38	0.178~0.457	不锈钢	0.0508~0.0888	3.56~19.64
	0.178~0.457	因科镍	0.0635	2.675~17.83
	0.254~0.457	因科镍	0.0650~0.0508	5.38~8.0
	0.254~0.457	铝	0.0508	3.56~6.24
	0.254	蒙乃尔	0.0508	3.56
	0.305	退火铜	0.0254	3.56
	0.457	硬铜	0.1016	8.92
	0.305	退火钽	0.0508	11.60
3.18	0.254~0.508	不锈钢	0.0762~0.1016	3.74~17.83
	0.254~0.635	因科镍	0.1016	4.45~24.9
	0.508~0.635	因科镍	0.1016	14.3~18.5
	0.254~0.508	软钢	0.0508	4.45~12.4
	0.254~0.305	铝	0.0508	1.34~1.783
	0.508~0.635	铝	0.0508	1.92~4.49
	0.254	蒙乃尔	0.0762	4.45
	0.457~0.762	铜	0.0508	8.94~14.28
3.97	0.254~0.635	不锈钢	0.1016~0.0762	2.675~17.83
	0.254	因科镍	0.0762	2.675
	0.635	因科镍	0.0508	16.93
4.76	0.254~0.812	不锈钢	0.127~0.1016	2.675~41.0
	0.508	因科镍	0.1016	10.70
6.35	0.254~1.245	不锈钢	0.1525~0.178	1.337~44.5
	0.889	铝	0.0762	4.45
7.95	1.27	不锈钢	0.127	35.6
9.55	0.889~1.245	不锈钢	0.127	8.00~31.2
12.7	2.03~0.305	不锈钢	0.216~0.178	58.7~135.6

表 20.2-12 密封内压用金属 O 形环的沟槽尺寸 (mm)

管子外径	最大 O 形环直径	O 形环外径与槽内壁间隙		沟槽深度	
		最小值	最大值	最小值	最大值
0.79	101.6	0.025	0.152	0.508	0.558
1.58	254.0	0.025	0.152	1.068	1.143
2.38	508.0	0.050	0.228	1.651	1.752
3.18	1016.0	0.050	0.304	2.286	2.413
3.97	1016.0	0.050	0.355	2.920	3.045
4.76	1016.0	0.050	0.381	3.683	3.810
6.35	1016.0	0.076	0.482	4.953	5.080
6.35	2039.0	0.025	1.016	4.953	5.080
7.94	1016.0	0.076	0.584	6.360	6.477
7.94	2039.0	0.025	1.016	6.360	6.477
9.52	1016.0	0.101	0.736	7.495	7.620
9.52	5080.0	0.254	1.016	7.495	7.620
12.70	1016.0	0.101	0.965	9.905	10.160
12.70	5080.0	0.254	1.016	9.906	10.160

表 20.2-13 C 形环的系列结构尺寸 (mm)

封口公称直径 D_g	内径 D_1	外径 D_2	密封面直径 D_0	环板厚 δ_1	壁厚 δ_2	壁高 h	环高 H	曲面半径 r
300	300	348	305	5.4	6.0	23	26	4
350	350	400	355	5.6	7.1	23	26	4
400	400	452	405	5.7	7.2	25	28	4
450	450	503	455	5.8	7.4	25	28	4
500	500	554	505	5.9	7.5	27	30	4
600	600	661	605	6.3	8.1	27	30	4

3 超高压设备密封

超高压（压力大于 100MPa）设备要求其结构更加安全可靠。常用超高压密封的结构型式及特点见表 20.2-14，其结构和密封件的设计见参考文献［11］。

表 20.2-14 常用超高压密封的结构型式及特点

密封种类	结构简图	特点
B 形环密封	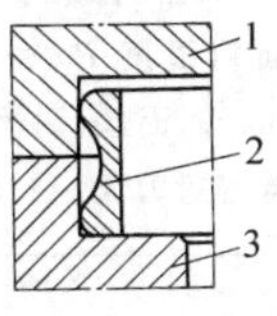 1—盖 2—B 形环 3—筒体	是一种自紧径向密封。对连接结构的刚度要求低；适用于压力和温度波动较大的场合。压力越高，直径越大，密封性能越好；结构简单，装拆方便 但加工精度和表面粗糙度要求高，装拆时要防止擦伤密封面而影响密封性能
Bridgman 密封	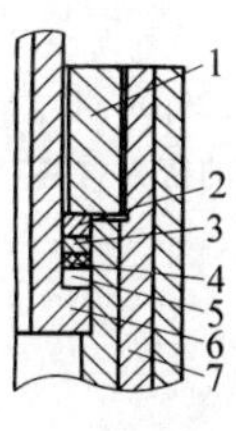 1—压紧顶盖 2—压环 3、5—垫环 4—垫片 6—凸肩头盖 7—筒体	是一种轴向自密封。内压越高密封越可靠。结构简单，加工方便，制造成本低。但占据高压空间大，螺纹负载大，易损坏。适用于较小直径（内径小于 300mm）超高压力（压力低于 700MPa）的容器。目前已广泛应用于超高压容器

（续）

密封种类	结构简图		特 点
楔形环密封	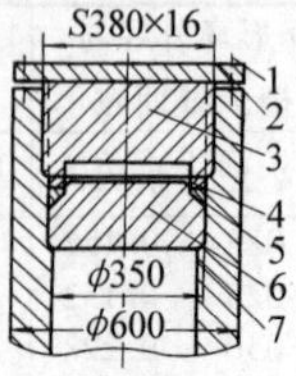	1—上紧螺栓 2—压板 3—压紧顶盖（34CrNi3Mo） 4—压环（35CrMo） 5—楔形环（T3纯铜） 6—头盖（43CrNi3Mo） 7—筒体	是轴向自紧式密封的一种，螺栓预紧力较小，螺栓载荷也较小，在温度、压力有波动的情况下，仍能保证良好的密封性能，占据高压空间较多。因开启困难不能在超高压密封中大量推广使用
O形环加三角垫的密封结构	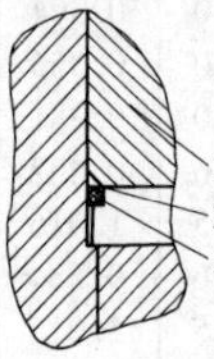	1—压环 2—三角垫 3—O形环	O形环和三角垫相互配合，密封性能良好，承压能力可达500MPa，工作温度可达200℃
其他组合结构	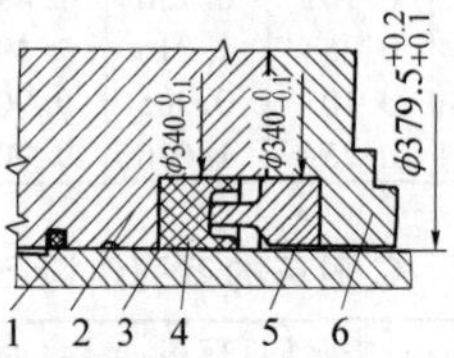 150MPa压力用密封	1—O形环（耐油橡胶） 2—盖 3—三角垫（H62） 4—U形环（氟橡胶） 5—压环（1Cr18Ni9Ti） 6—筒体	金属的密封垫圈与O形圈的组合。与高压液压泵配套可产生高压1000MPa试验空间，并在不低于850MPa下较长时间的稳定试验

4 真空静密封

真空静密封分为高真空（$1.3\times10^{-5}\sim1.3\times10^{-2}$Pa）密封和超高真空（$1.3\times10^{-10}\sim1.3\times10^{-6}$Pa）密封。

高真空密封垫片材料主要是橡胶，常用的是邵氏硬度为55~65的丁腈橡胶和氯丁橡胶。采用O形或矩形橡胶密封圈，在设计时应注意使密封槽的体积大于密封圈的体积，以免装配后裸露出密封圈，形成发气源。密封圈的压缩变形率为15%~20%，线密封比压为（5~6）$\times10^4$N/mm，泄漏率小于6.68×10^{-8}L·Pa/s。其密封结构型式一般按平沟槽密封面。

超高真空密封材料主要有金、银、无氧铜、高纯铝、纯铜、铟、氟橡胶和氟塑料等。金属密封材料具有耐烘烤温度高、耐低温和放气量小的优点，但需要的压紧力大，价格贵。氟塑料和氟橡胶具有压紧力小，适于大直径密封的优点，其缺点是耐烘烤温度仅200℃左右（而超高真空通常要烘烤300~450℃），因此在结构上要采取水冷却和其他保护措施；但对"无油超高真空系统"有难以消除的碳氢化合物分子。超高真空金属密封的结构型式及特点见表20.2-15。超高真空密封结构设计可查阅参考文献［4，6］。

表20.2-15 超高真空金属密封的结构型式及特点

密封种类	结构简图	特 点
平面法兰密封	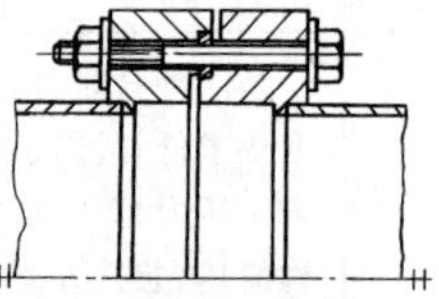	它是金属密封形式中最简单的一种，其密封面无配合间隙，表面粗糙度 $Ra\leqslant1.25\sim0.32\mu m$。常用密封圈直径为0.5~2mm的铝丝、铜丝和金丝，但密封圈不易定位，接触面积大，需密封力大。一般只适用于小直径法兰连接
圆锥端面密封	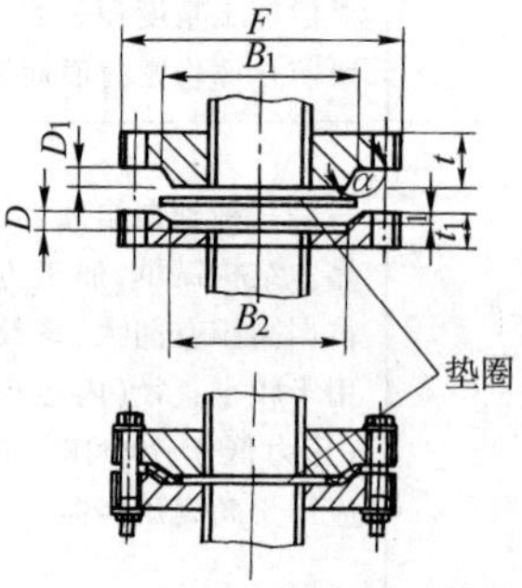	密封表面粗糙度 $Ra<1.25\mu m$，上、下法兰锥面角度要一致才能保证密封可靠，常用的密封材料有铜、镍、铝和不锈钢

（续）

密封种类	结构简图	特　点
直角形密封	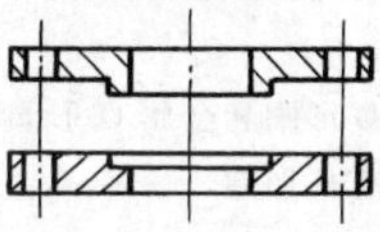	密封台阶间隙为0.025mm，以保证密封圈被压后呈人形。下法兰台阶利于O形圈定位，表面粗糙度 $Ra<1.25\mu m$，O形圈压缩量为50%。常用O形圈金属丝直径为0.5mm、0.6mm、0.8mm、1mm或1.5mm
刀口密封	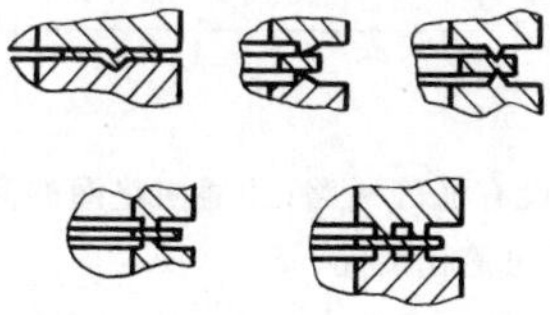	有凹、凸刃和两凸刃的两种结合，可以承受较强的应力，甚至可以产生扩散焊接，密封可靠。加工表面与法兰结合面表面粗糙度 $Ra<1.25\mu m$。密封圈和法兰均采用较硬材料，或者在刀刃上镀一层银（约0.005mm），可提高密封圈的使用寿命
台阶密封	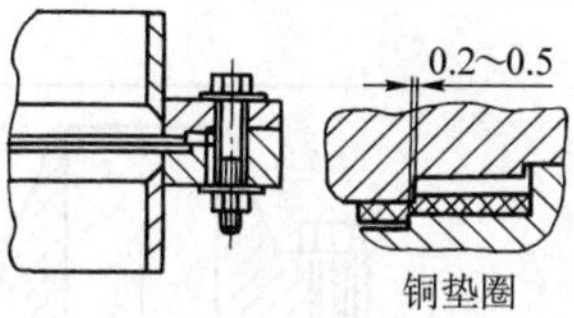	利用两直角的剪切力剪切出金属而形成的密封。两直角的剪切有相叠和相隔两种形式。垫圈材料采用片状的无氧高导铜，其厚度为1～3mm。切割后在950℃的烧氢炉中退火，在450℃下反复烘烤
斜楔密封	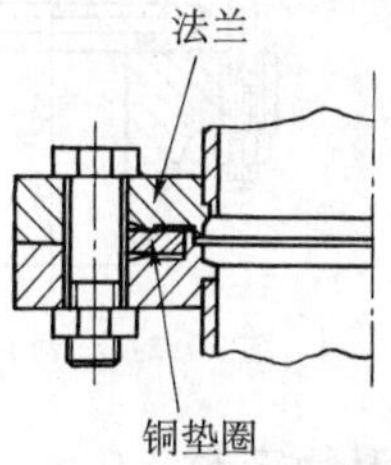	密封材料除采用铝和铜外，还可采用软钢、镍和不锈钢。垫圈材料为无氧高导铜，经250℃高温烘烤5h后，能用于 3.66×10^{-9}Pa的高真空度密封
铝箔密封	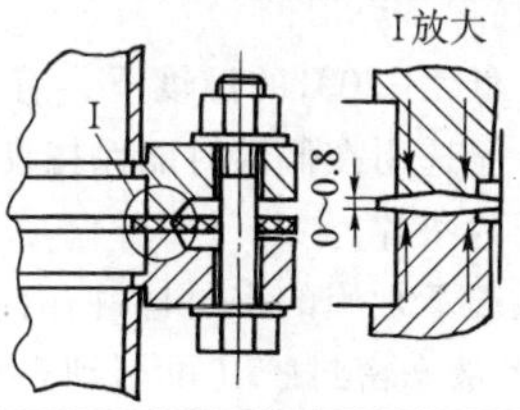	从I部放大图看出，当外密封以相同的压缩量（30%）压紧时，中间铝箔被封入，两端保持很大的压力，就形成密封。当锁紧力矩为44.1N·m，烘烤温度为300℃以上时，铝箔垫圈熔结，可获得良好的密封效果
回轮密封	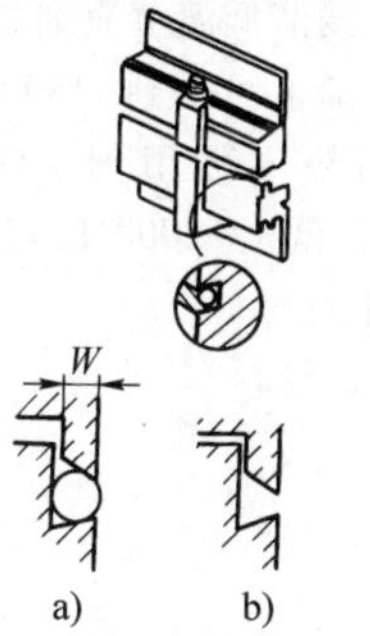	刀口宽度 W 等于密封圈的线径 d（2mm），密封圈材料为无氧高导铜。压紧后，垫圈变形充满左侧空间，多余部分从右侧挤出，从而形成可靠密封，垫圈材料也可用聚四氟乙烯
惠勒密封	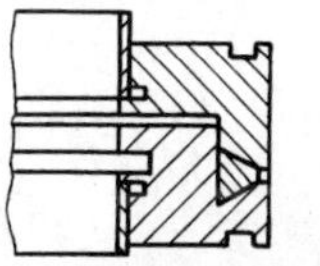	由两个凹凸法兰组成，密封材料选用铜丝和氟橡胶，通径可达1600mm，使用温度为-196～450℃，密封效果良好
快速拆卸密封	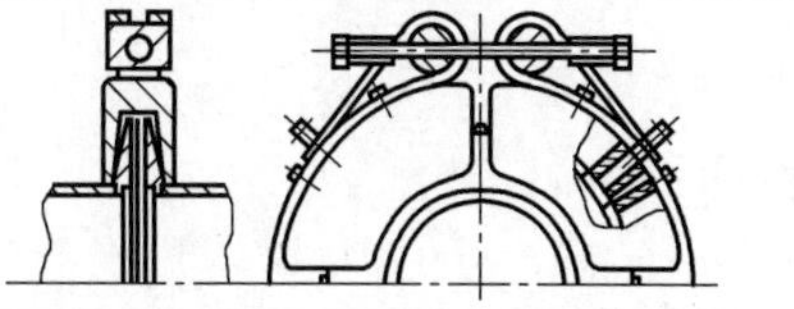	夹块通过两个平面锥形法兰把铝密封垫片夹紧。4个夹块固定在两个弹性钢带上。拧入4个夹轴中的两个螺钉，可以借助附加工具实现快速夹紧或松开

（续）

密封种类	结构简图	特 点
双重密封	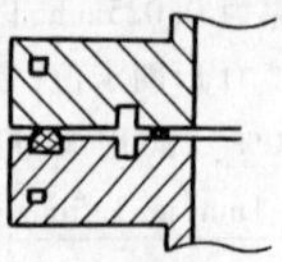	采用橡胶O形圈和金属O形圈相结合的密封结构。在真空侧放置金属O形圈
防护真空密封	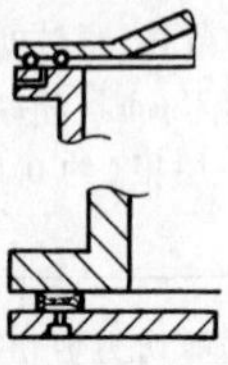	法兰设有通气通路，并通向垫圈的间隔，O形圈可制成各种形状，可简化装置

5 高温、低温条件下的密封

5.1 高温密封

高温引起密封材料性能恶化，紧固件蠕变、松弛，结构热应力过高及热变形过大，导致泄漏，甚至损坏密封连接。须正确选择密封材料和结构。

1）选用回弹性能好的垫片或自紧式垫片，如缠绕垫片、充气金属O形环等。

2）应用抗蠕变性能好的材料制作紧固件。

3）在高温、高压、温度压力波动大及剧毒介质条件下，可采用密封焊接结构，如图20.2-3所示。这种焊接接头要求高，焊接部位处于垫片外侧，便于泄漏检查和修理。

4）为减少在起动或变工况时法兰和螺栓的热膨胀差，可采用加热装置加热法兰和螺栓。

5）高温设备在经过一段工作周期后，应再次拧紧螺栓，以消除由于蠕变引起的密封比压降低的现象。在再次拧紧螺栓时要特别注意安全。

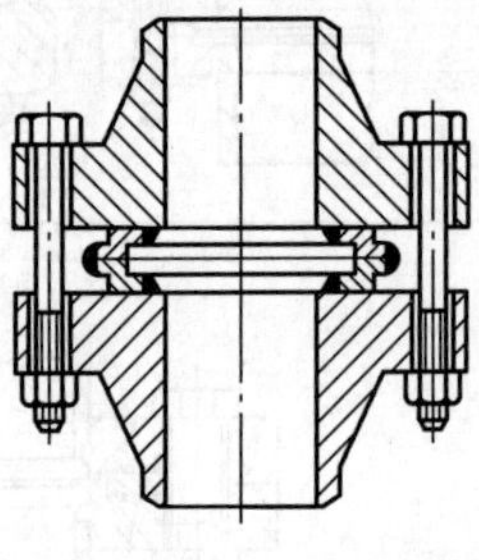

图20.2-3 密封焊接结构

5.2 低温静密封

在低于-20℃的温度下，有些材料会变脆，弹性降低。应选用在低温时能保持良好的弹性和复原性材料作密封垫片。

低温下常用的密封材料有：合成橡胶、石棉橡胶和W型液态密封胶（可用到-40℃）、天然橡胶、丁腈橡胶和浸渍低温填充剂的皮垫片（可用到-60℃）；聚四氟乙烯（可用到-180℃）；浸蜡处理的石棉橡胶板和纯铜垫（可用到-190℃）；铝垫片（可用到-196℃）；低于-200℃时可选用铝合金、铜合金、不锈钢和铟。

第3章 胶 密 封

胶密封是把密封胶涂敷或渗浸在两结合面上，将两结合面胶结在一起，从而堵塞泄漏缝隙，阻止泄漏的一种静密封。密封胶是一种新型的高分子密封材料，它的起始形态一般呈液态，在涂敷前是一种具有流动性的黏稠物，能容易地填满金属两个结合面之间的缝隙，从而有较好的密封性能。常用于机械产品结合面的密封，也可用于结合面较复杂的螺纹等部位，以防止泄漏。

1 密封胶的类型、特点及应用

密封胶品种繁多，按其主要成分分类见表20.3-1。

表 20.3-1 密封胶按主要成分分类

名称		工作温度/℃	特性	应用示例
聚硫橡胶密封胶		-60~110	具有较好的耐油性、耐老化性和耐水性以及对其他材料具有的黏结性,使用寿命较长	飞机油箱、座舱、空气导管、电器及仪表的密封
硅橡胶密封胶		-70~230	具有优良的耐热空气、臭氧、光和大气老化性,以及防潮和电绝缘性能,但耐燃油和润滑性能较差	飞机发动机高温区、导管接头防火墙等的密封
非硫化型密封胶		<70	耐老化性能较好,对其他材料有一定黏结性,密封工艺较简单	结构的结合面密封和沟槽密封
液态密封胶	有机高分子材料基	<120	具有较好的耐老化性和对其他材料的黏结性	发动机机壳、润滑油泵一类的结合面的密封
	无机高分子材料基	<750	具有较高的耐热性及耐压强度,不易燃,易于装拆	发动机、高压压气机后机壳和高压润滑油轴承等部件的结合面密封
厌氧胶		<120	具有良好的流动性,在隔绝空气的条件下,可自行固化	大量用于螺纹连接件锁固密封,平面结合面的密封,可代替密封垫片

2 聚硫橡胶密封胶

室温硫化型聚硫橡胶密封胶是飞机制造业中应用广泛的密封胶，常用的是双组分或多组分室温硫化型密封胶。其常用牌号密封胶见表20.3-2。

表 20.3-2 常用室温硫化聚硫橡胶密封胶

牌号	工作温度/℃	特性	应用示例	参考生产单位
XM15	-55~110	外观为深黑色,可用有机溶剂稀释成均匀稳定的胶液,在标准环境下的活性期为2~6h。耐大气老化,耐水浸泡,流平性好	飞机整体油箱结构的密封	沈阳油漆厂
XM16	-50~110	外观为深黑色,可用有机溶剂稀释成均匀稳定的胶液,在标准环境下的活性期为2~6h。有优良的耐湿热、耐水和耐航空燃料浸泡的性能	刚性大的防水渗漏结构,飞机机身和座舱的密封	沈阳油漆厂
XM18	-50~135	外观为深黑色,可用有机溶剂稀释成均匀稳定的胶液,在标准环境下的活性期为2~6h,在室温下能硫化成弹性体。有良好的拉断伸长率和耐热空气老化性能,耐湿热和耐水性能较差	飞机座舱盖玻璃、风窗玻璃与边缘连接件的密封,座舱内壁、地板表面及机身的气密密封	沈阳油漆厂
XM23	-50~110	外观为深黑色,可用有机溶剂稀释成均匀稳定的胶液,在标准环境条件下活性期为2~15h,在室温下能硫化成弹性体。耐湿热和耐淡水浸泡	飞机座舱窗玻璃、风窗玻璃与边缘连接件的密封,座舱内壁、地板表面及机身的气密密封	北京航空材料研究院
XM33	-55~120	按活性期分XM33-1、XM33-2、XM33-4和XM33-6四个品级,各品级具有驼色、绿色和咖啡色。在室温下可硫化成弹性体	飞机座舱、客货轮的密封	北京航空材料研究院

3　硅橡胶密封胶

室温硫化硅橡胶密封胶是一类高耐热性的密封胶，工作温度范围比较宽。常用的室温硫化硅橡胶密封胶见表20.3-3。

表20.3-3　常用的室温硫化硅橡胶密封胶

牌　号	工作温度/℃	特　性	应用示例	参考生产单位
XM31(按颜色分为红色XM31-1、橙色XM31-5、棕色XM31-6三个牌号)	-60~230	基料可溶解于汽油中制成胶液,在室温下可硫化成弹性体,耐大气老化、耐水浸泡、耐湿热和耐盐雾	飞机及发动机高温部位的密封	北京航空材料研究院
XM35	-60~200	外观为绿色,基料可溶于汽油中制成胶液,在室温下能硫化成弹性体。具有防止霉菌生长,耐水浸泡、耐湿热、耐大气老化和耐盐雾的特性	电子元件及电子计算机磁芯板的密封	北京航空材料研究院
SF3	-60~250	外观为砖红色膏状物,用刮板进行刮抹,具有良好的耐低温、高湿性能和耐老化性能	高温部件的隔热密封	上海橡胶制品研究所
SDL1-41	-60~200	外观为乳白色膏状物,施工方法为灌封,具有优良的耐水、耐大气老化和耐臭氧的性能,还有良好的化学稳定性和介电性能	电子和电气元件的防潮、防腐和防振灌封	晨光化工总厂二分厂
XJ55	-60~300	外观为红色膏状物,用刮刀刮涂,具有良好的耐压性和耐高温性能	发动机结合面的密封	南方动力机械有限公司

4　非硫化型密封胶

非硫化型密封胶只有单组分一种，又称非硫化型腻子。常用非硫化型密封胶见表20.3-4。

表20.3-4　常用非硫化型密封胶

牌号	工作温度/℃	特　性	应用示例	参考生产单位
XM17密封腻子(XM17密封腻子布)	-55~100	可保持不硫化状态,密封工艺性能好,可拆卸	在歼击机、水上轰炸机上使用	重庆长江橡胶制造有限公司
XM24密封垫片	-50~150	具有良好的耐热老化性、耐寒性和密封性。以片材供应,可拆卸	与硫化型密封剂配合,可用于歼击机座舱玻璃硬固定边缘的密封	北京航空材料研究院
XM30密封腻子 XM30密封腻子布	-54~200	具有优良的耐高温、耐低温、耐烧蚀和电绝缘性能,以及良好的密封工艺性能	用于防弹玻璃的边缘密封和运载火箭发动机的密封	北京航空材料研究院
XM34密封腻子	-54~130	是一种注射型单组分密封腻子,具有良好的耐航空喷气燃料性和密封性,与金属有良好的黏附性和重新注射性	用于飞机整体油箱沟槽注射密封	北京航空材料研究院
CH102腻子(CH102腻子布)	-35~80	具有良好的耐湿热、耐臭氧老化、耐大气老化和耐航空燃料浸泡性能。便于拆卸	用于飞机座窗盖框架、座舱和机身气密结构的密封,以及气密铆接缝和螺栓孔的密封	重庆长江橡胶制造有限公司
JLN100腻子(JLN100腻子布)	-35~80	具有良好的耐湿热、耐臭氧老化、耐大气老化和耐航空燃料浸泡性能。便于拆卸	用于飞机座窗盖框架、座舱和机身气密结构的密封,以及气密铆接缝和螺栓孔的密封	锦石化工研究院
1601密封腻子(1601密封腻子布)	-50~70	腻子能保持不硫化状态,便于拆卸,密封工艺性能好	用于飞机座舱缝内的密封	沈阳第四橡胶有限公司

5　液态密封胶

在诸多的密封胶中，液态密封胶发展较为迅速，品种繁多。国内液态密封胶已形成了通用型体系、厌氧型体系和无溶剂硅铜型体系。液态密封胶密封性能良好，密封工艺简单，广泛用于机械、车辆、航空、造船、建筑、仪表和电子电气设备等连接部位的密封。

5.1　液态密封胶的种类

按照液态密封胶使用时胶层的最终形态可以分为两大类：

1）非干性。其最终形态为不干、带黏性。

2）半干性或干性。其最终形态具有一定的黏性及弹性。

液态密封胶的技术要求见表 20.3-5。

表 20.3-5　液态密封胶的技术要求

项　目		非干性	半干性或干性
动力黏度/mPa·s		>5000	>1000
相对密度		>0.8	>0.8
不挥发物含量(%)		>65.0	>20.0
耐压性/MPa	室温 80℃±5℃ 150℃±5℃	8.83 6.86 3.92	7.85 6.86 6.86
冷热交换耐压性/MPa		4.90	4.90
耐介质性(%)	蒸馏水 32 号液压油 93(92)号车用汽油	-5~+5 -5~+5 -5~+5	-5~+5 -5~+5 -5~+5
腐蚀性	45 钢 HT200 H62 黄铜	无 无 无	无 无 无

5.2　液态密封胶的性能和选用

1）液态密封胶可单独使用，也可以与垫片配合使用，应根据使用条件选用适当类型的液态密封胶。不同类型液态密封胶的性能比较见表 20.3-6。

表 20.3-6　液态密封胶的性能比较

使用条件＼胶类		非干黏结型	半干黏弹型	干可剥型	干黏着型	厌氧型
耐热性		良	可	可	优	良
耐压性		良	可	可	优	良
耐振动		优	可	良	劣	优
剥离性		可	可	优	劣	劣
间隙较大		良	可	可	优	不可
适用部位	平面	优	优	优	优	优
	螺栓	优	可	劣	优	良
	嵌入	优	良	劣	优	良
	滑动	可	劣	劣	劣	良
与密封垫组合使用时的耐热耐压性		优	优	优	良	优

2）液态密封胶选用原则。目前国内所提供性能较好的液态密封胶见表 20.3-7，其选择原则是：

① 对结合面间隙的估计。结合面在涂胶前先用量具测量间隙。当间隙小于 0.1mm 时，可单独使用液态密封胶；如果间隙在 0.1~0.3mm 之间，液态密封胶必须与固体垫片并用才能达到良好的密封效果；当间隙超过 0.3mm，如果试验条件不苛刻，使用温度和工作压力都不高时，采用液态密封胶与固体垫片共用也能达到满意的密封效果，否则，二者并用后仍将会产生泄漏或渗漏。

② 对经常拆卸的部位，如设备紧急维修或产品装配流水作业需要密封时，应选用非干黏结型和半干黏弹型密封胶。

③ 对振动性和冲击性较大的部位，应选用非干黏结型、半干黏弹型和干可剥型液态密封胶。

④ 对接合面间隙较大的部位，应选用干可剥型、非干黏结型或半干黏弹型密封胶加固体垫片并用。

⑤ 对接合面有坡度或垂直的部位，应选用非干可剥型或半干黏弹型密封胶。

⑥ 对管接头等螺纹密封，优先考虑选用聚四氟乙烯生料带和厌氧性液态密封胶。在螺纹管道间隙较小，使用工作压力和温度要求不高的情况下，也可选用非干黏结型和半干黏弹型液态密封胶，但不能选用干黏着型和干可剥型密封胶。因为干型液态密封胶含有大量溶剂，溶剂挥发后形成的皮膜残留在螺纹管道上，易堵塞管道而影响工作。

液态密封胶应用的场合较多，使用时应注意以下几点：

① 预处理。将密封面上的油污、水、灰尘或锈除去。单独使用时，两密封面间隙应不大于 0.1mm。

② 涂敷。涂敷厚度视密封的加工精度、平整度及间隙大小等具体情况而定，一般在两密封面上各涂敷 0.06~0.1mm 厚度即可。

③ 干燥。溶剂型液态密封胶需干燥，干燥时间视所用溶剂种类和涂敷厚度而定，一般为 3~7mm。

④ 紧固。紧固方法与使用垫片相同，不可错动密封面。

表 20.3-7　国产液态密封胶的性能

序号	液态密封胶名称	外观形态			动力黏度/mPa·s	相对密度	不挥发物含量(%)	耐压性/MPa			冷热交换耐压性/MPa
		颜色	类型	有无弹性				室温	80℃	150℃	
1	M-3-1 密封胶	黄色	非干	无	$(1.5\sim2.0)\times10^5$	1.3	99	9.32	8.83	7.85	7.85
2	M-3-3 密封胶	黄色	非干	无	$(1.5\sim2.0)\times10^5$	1.5	99	9.32	8.34	7.85	7.35
3	M-1 密封胶(液体尼龙密封垫料)	棕黄色	半干	无	$(0.7\sim1.5)\times10^4$	1.1	58	8.83	7.85	6.86	6.86
4	CMF 耐油密封胶	棕褐色	半干	无	$(0.5\sim1.0)\times10^4$	1.0	67	8.83	7.85	7.35	7.35

（续）

序号	液态密封胶名称	外观形态			动力黏度/mPa·s	相对密度	不挥发物含量(%)	耐压性/MPa			冷热交换耐压性/MPa
		颜色	类型	有无弹性				室温	80℃	150℃	
5	601 液态密封胶	米灰色	半干	有	$(3.0\sim4.0)\times10^4$	1.2	89	8.83	7.85	6.86	7.35
6	603 液态密封胶	蓝色	非干	无	$(0.5\sim1.0)\times10^4$	1.2	99	8.83	7.85	6.86	6.86
7	604 液态密封胶	红棕色	非干	无	$(0.5\sim1.0)\times10^5$	1.5	99	8.83	7.85	6.86	6.86
8	605 液态密封胶	黄灰色	非干	无	$(1.5\sim2.0)\times10^5$	1.2	98	8.83	7.85	6.86	6.86
9	609 液态密封胶	米色	干性	有	$(0.5\sim1.0)\times10^4$	1.1	37	8.83	8.34	7.35	7.35
10	LG-31 高分子液态密封胶	浅灰色	半干	有	$(1.0\sim1.5)\times10^4$	1.2	41	8.83	7.85	6.86	7.35
11	WS-Ⅰ不干性密封胶	黄褐色	非干	无	$(2.5\sim3.0)\times10^4$	1.1	80	8.83	7.35	6.37	5.88
12	WS-Ⅱ不干性密封胶	棕褐色	非干	无	$(2.0\sim3.0)\times10^4$	1.0	97	8.83	7.35	5.88	5.88
13	1104 液体密封胶(+)	黄褐色	干性	有	$(5.0\sim10)\times10^3$	1.2	40	8.83	7.85	6.86	7.35
14	MF-84 耐油防锈密封胶	黄褐色	半干	有	$(0.7\sim1.0)\times10^4$	1.2	38	8.83	7.85	6.86	6.86
15	DM-1 油空功能性密封胶	深灰色	非干	无	$(2.5\sim3.0)\times10^5$	1.2	98	9.32	8.83	7.35	6.86
16	MF-1 非干性密封胶	灰红色	非干	无	$(2.0\sim2.5)\times10^5$	1.4	95	8.83	7.85	6.86	6.37
17	MF-2 非干性密封胶	浅黄色	非干	无	$(2.0\sim2.5)\times10^6$	1.5	98	9.32	8.82	7.35	7.85
18	MF-3 半干性密封胶	浅灰色	半干	有	$(0.7\sim1.2)\times10^4$	1.3	48	8.83	7.85	6.86	7.35
19	MF-4 厌氧性液态密封胶	浅棕色	厌氧	无	$(0.6\sim1.0)\times10^4$	1.1	99	>12	>12	≥10	≥10
20	MF-6 干性密封胶	褐色	干性	有	$(0.5\sim1.4)\times10^4$	1.1	45	8.83	7.85	7.35	7.35
21	MF-G11 硅酮密封胶	暗灰色	半干	有	$(0.5\sim1.4)\times10^4$	1.1	98	12	12	12	12
22	MF-G12 硅酮密封胶	白色	半干	有	$(0.7\sim1.0)\times10^4$	1.1	99	12	12	12	12
23	MF-G13 硅酮密封胶	灰色	半干	有	$(0.6\sim0.9)\times10^5$	1.2	99	12	12	12	12

序号	液态密封胶名称	耐介质性(%)			可拆性	垂直流动性/cm·min⁻¹	热分解温度/℃	使用温度范围/℃	参考生产单位
		水	全损耗系统用油	70 号汽油					
1	M-3-1 密封胶	-3.49	-0.24	+0.36	易	0.4	322	-40~200	黑龙江省化工研究院
2	M-3-3 密封胶	-13.7	-0.76	+1.02	易	0.8	324	-40~200	
3	M-1 密封胶(液体尼龙密封垫料)	-9.05	-3.01	-2.19	较易	16.0	316	-50~150	
4	CMF 耐油密封胶	-9.47	-2.88	-4.24	较难	2.5	310	-40~150	
5	601 液态密封胶	-1.17	+0.39	+1.45	较易	1.5	315	-40~150	上海新光化有限公司
6	603 液态密封胶	-1.41	-2.09	<-15	易	3.9	220	-40~140	
7	604 液态密封胶	-0.61	<-15	<-15	易	4.5	324	-30~250	
8	605 液态密封胶	<-15	+1.59	<-15	易	2.4	195	-30~150	
9	609 液态密封胶	-2.98	+3.39	+1.75	较难	4.7	319	-40~180	
10	LG-31 高分子液体密封胶	-0.65	-4.45	-119	较难	6.2	316	-40~150	湖北省襄樊胶粘技术研究所
11	WS-Ⅰ不干性密封胶	-3.16	+0.04	<-15	较易	10.1	283	-40~150	
12	WS-Ⅱ不干性密封胶	-6.32	-6.88	<-15	易	12.1	306	-40~150	
13	1104 液体密封胶(+)	-0.95	+4.11	-6.76	较难	5.3	315	-40~150	
14	MF-84 耐油防锈密封胶	-0.38	+1.02	+1.36	较易	12.4	310	-40~150	大连橡胶二厂 河北阜城友谊化工厂
15	DM-1 功能性密封胶	-1.11	+0.52	<-15	较易	0.3	230	-40~150	浙江奉化胶粘剂厂
16	MF-1 非干性密封胶	+4.79	+6.96	<-15	易	3.2	230	-30~120	广州机械科学研究院
17	MF-2 非干性密封胶	+2.87	+4.76	<-15	易	1.6	270	-40~150	广州机床研究所、黄岩萤光化学有限公司 广州机械科学研究院
18	MF-3 半干性密封胶	-0.35	-3.49	-11.6	较难	10.1	265	-40~150	广州机械科学研究院
19	MF-4 厌氧性液态密封胶				较难	20	300	-40~150	广州机械科学研究院
20	MF-6 干性密封胶	-1.44	-1.51	-4.15	较易	6.8	315	-40~180	广州机械科学研究院
21	MF-G11 硅铜密封胶	+0.07	+3.58	-6.29	较难	0~7.0	340	-60~250	无锡胶粘剂厂 广州机械科学研究院
22	MF-G12 硅酮密封胶	+0.09	+7.18	-6.92	较难	0.2	325	-60~250	广州机械科学研究院
23	MF-G13 硅酮密封胶	+0.08	+4.70	-5.70	较易	0~0.2	340	-60~250	

6 厌氧胶

厌氧胶是单组分室温固化密封胶，它在室温下为黏稠液体，流动性很好。使用时只需把胶液滴到需要密封的表面上，它就能渗入机械零件的细小缝隙中，黏合密封面，使之隔绝空气。在室温下不需要加入任何固化剂，胶液会自行固化。它广泛地用于螺纹连接孔密封，管螺纹密封，法兰面、机械箱体接合面等的密封。常用厌氧胶的性能及使用条件见表 20.3-8。表 20.3-9 列出了厌氧胶与液态密封胶的使用性能的比较。

表 20.3-8 常用厌氧胶的性能及使用条件

牌号	基本组成	特性	工作温度/℃	室温静抗剪强度/MPa	室温破坏转矩/N·m	参考生产单位
Y-82	双甲基丙烯酸多缩乙二醇酯	为茶色液体，属中强度厌氧胶，较易拆卸	<100	9.0（对钢）	12.75（M10 钢螺栓）	大连第二有机化工厂
Y-150	双甲基丙烯酸多缩乙二醇酯	用于振动条件下螺纹紧固防松和密封防漏	-55~150	15（对钢）	20.0（M10 钢螺栓）	大连第二有机化工厂
GY-168	聚氨酯型甲基丙烯酸酯、催化剂、增稠剂、填料	为紫色或茶色膏状物，耐大气老化、耐水和耐油，用于平面结合面密封，可取代垫片	-55~120	6.47	8.73	大连第二有机化工厂
GY-210	双甲基丙烯酸多缩乙二醇酯	为紫色膏状物，属低强度级，适用于螺纹件（M12 以下）的紧固与密封防漏	-55~120	5.6（对钢）	5.5~11.5	
GY-230	双甲基丙烯酸多缩乙二醇酯	为茶色或蓝色膏状物，属中强度级	-55~120	10.0（对钢）	10.0~22.5	
GY-240	双甲基丙烯酸多缩乙二醇酯	为茶色或蓝色膏状物，属中强度级，适用于 M36 以下螺纹件的紧固与密封，紧固后可用力拆开	-55~120	8.5	10.0~22.55（M10 钢螺栓）	大连第二有机化工厂
GY-250	双甲基丙烯酸多缩乙二醇酯	为红色膏状物，属高强度级	-55~120	16.7	20.0~30.0	
GY-260	双甲基丙烯酸多缩乙二醇酯	为红色膏状物，属高强度级，适用于 M56 以下螺纹件的紧固与密封，需费大力或加热至 200℃ 下才能拆开	-55~120	19.0	20.0~40.0（M10 钢螺栓）	大连第二有机化工厂
GY-280	双甲基丙烯酸多缩乙二醇酯	为绿色透明液体，低黏度渗入型胶，适用于 0.125mm 以下间隙或孔隙的渗入填充，也可作为铸件、焊缝、砂眼和气孔的填充，以及平面和螺纹件的固定	-55~150	12.0	2.5~11.5	大连第二有机化工厂
GY-340	双甲基丙烯酸多缩乙二醇酯	为茶色或绿色液体，适用于各种轴上零件（如轴承、键及工艺孔等）的装配，也可用于不常拆卸的螺纹件（M20 以下）的紧固与密封	-55~150	15.7	>23.5	大连第二有机化工厂
HH-Y-5	E-51 环氧树脂甲基丙烯酸酯、聚氨酯树脂甲基丙烯酸羟丙酯、过氧化物、促进剂和稳定剂	为红色液体，属高强度型胶，适用于螺纹连接的紧固和密封、管材的套接胶接和板材的搭接胶接	-55~150	19.6~23.9（20 号单搭接）	34.0~42.0（松动）	黄河机器制造厂

表 20.3-9 厌氧胶与液态密封胶的使用性能比较

项目	胶种	
	厌氧胶	液态密封胶
结合强度	较大，拆卸较困难	较小，拆卸方便
耐压性	适用于中压或高压	适用于低压或中压
使用部位	螺纹、管接头、轴承	平面法兰
间隙	≤0.3mm（有些胶<0.1mm）	≤0.1mm（大于 0.1mm 时要与垫片结合）
价格	较高	较低

7 热熔型密封胶

热熔型密封胶广泛用于各种机械设备接合部位的密封，尤其适用于造船、机床、汽车及工程机械等行业零部件的密封。

热熔型密封胶具有优异的耐压性和一定的可拆

性，便于施工操作。

热熔型密封胶使用时需加热熔融后涂敷，并经冷却固化后达到密封效果。熔融及涂敷可用手工操作或采用各类专用熔融涂敷机械完成。常用热熔型密封胶的类型及性能见表 20.3-10。

表 20.3-10 常用热熔型密封胶的类型及性能

类型	软化点 /℃	熔点 /℃	抗拉强度 /MPa	伸长率 (%)	抗剪强度 /MPa	剥离强度 /MPa
乙烯-醋酸乙烯共聚物(EVA)	40	95	15.9	800		0.016
乙烯-丙烯酸乙酯共聚物(EEA)	60	93	11.0	700		0.072
乙烯-丙烯酸共聚物(EAA)	70		17.4	600	10	0.02
EAA 衍生物	75		23.2	450		0.02
聚酰胺树脂	100		11.6	300	5.6	
聚酯树脂		260	26.1	500		0.08
聚乙烯树脂	77~98	136	11.6	450		0.032
聚醋酸乙烯酯	65~195		29.0	10		
聚乙烯醇缩丁醛			37.8	100		

8 密封胶的应用

根据具体使用要求选用密封胶类型，液态密封胶可单独使用或与固体垫片并用（密封面间隙大于 0.1mm 时）。

厌氧胶的选用主要根据使用条件、密封介质特性、密封面的状态、密封件的材料及涂敷工艺等要求综合考虑。一般情况下，在承受冲击载荷的场合，应选用强度较高的胶；当温差变化很大时，应选用韧性好的胶；用于密封气体时，可选用成膜性好的胶；用于密封液体时，要注意胶与介质两者不得互相溶解；当间隙较大或表面粗糙时，选用黏度较大的胶；当密封面积大或表面光滑时，选用黏度较小的胶；当密封件材料为非金属时，可选用低强度胶，金属材料则选用高强度胶。

使用胶密封时，应仔细清除密封面上的水、油污、灰尘、铁锈和漆皮等。清洗剂可选用煤油、丙酮、醋酸正戊酯、醋酸乙酯、碳酸钠、偏硅酸钠和稀氢氧化钠溶液等，还可采用三氯乙烯蒸气清理密封面。

两个密封面必须彼此贴合，间隙维持在 0.1~0.2mm，最大不超过 0.8mm。

密封胶需涂刷均匀，不得有漏涂之处。

固化型密封胶在室温固化，通常需要 24h。加热固化，缩短为 1~3h。对于厌氧胶，需进行 24h 室温固化。若在厌氧胶内加入固化促进剂，则在数分钟内可固化。

对多组分密封胶，需按规定配比，现用现配，在规定期内用完。

密封胶不得作为承受载荷之处的连接手段。凡有载荷之处，需另外配备连接紧固件。

第4章 填料密封

填料密封是用填料堵塞泄漏通道，阻止泄漏的一种古老的密封形式。填料密封主要用于动密封，也可用于静密封。它广泛地用于离心泵、真空泵、压缩机、搅拌机、活塞泵和制冷机等的往复运动件的动密封，以及各种阀门、阀杆的旋转密封。

1 软填料密封

1.1 软填料的结构型式和材料选用

软填料常制成圆形、长方形和楔形等多种形状。典型软填料的密封结构如图 20.4-1 所示。

软填料密封在材料上可分为金属材料、纤维织物填料、橡胶与塑料填料及复合材料四大类型。各种工作条件用软填料密封材料见表 20.4-1。

从填料与被密封流体的适应性来选择填料时，可参考表 20.4-1。

从填料的使用工况（工作压力、工作温度和转速等）选择填料时，可参考表 20.4-2 和图 20.4-2。

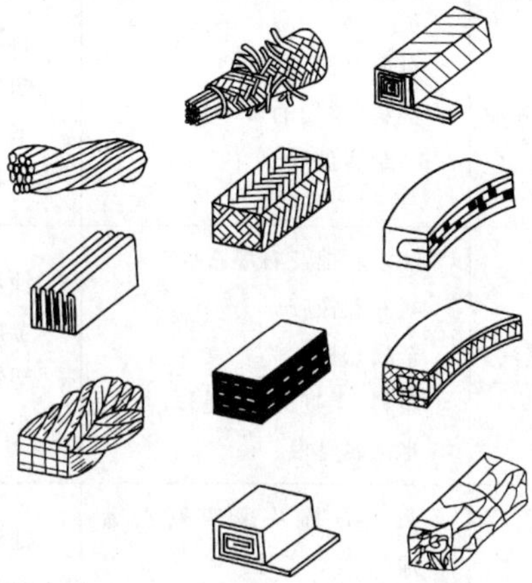

图 20.4-1 典型软填料的密封结构

表 20.4-1 各种工作条件用软填料密封材料

流体介质	工作条件			
	往复运动轴	旋转轴	活塞式气缸	阀杆
酸和碱	油浸石棉及聚四氟乙烯石棉 金属盘根 塑料(柔韧的带、绳) 半金属盘根 PTFE(聚四氟乙烯) 树脂和线绳	油浸石棉及聚四氟乙烯石棉 塑料(柔韧的带、绳) 半金属盘根 TFE 氟碳化合物 树脂和线绳 石棉绳	PTFE 树脂	油浸石棉及聚四氟乙烯石棉 塑料(柔韧的带、绳) 半金属盘根及金属盘根 PTFE 树脂和线绳 石棉绳
空气	油浸石棉及聚四氟乙烯石棉 金属盘根 塑料(柔韧) 半金属盘根	油浸石棉及聚四氟乙烯石棉 塑料(柔韧) 半金属盘根 PTFE	皮革 金属盘根 PTFE	油浸石棉及石墨石棉 塑料(柔韧) 半金属盘根 PTFE
氢气	帆布和橡胶 金属盘根 半金属盘根	石棉 半金属盘根	帆布和橡胶 PTFE	石棉 帆布和橡胶 半金属盘根
其他气体	油浸石棉及聚四氟乙烯石棉 金属盘根 半金属盘根	油浸石棉及聚四氟乙烯石棉 半金属盘根 PTFE	皮革 金属盘根 PTFE	油浸石棉及聚四氟乙烯石棉 半金属盘根 PTFE

（续）

流体介质	工作条件			
	往复运动轴	旋转轴	活塞式气缸	阀 杆
冷汽油和油	油浸石棉及石墨石棉 塑料（柔韧的带、绳） 半金属盘根 PTFE	油浸石棉及石墨石棉 塑料（柔韧的带、绳） 半金属盘根 PTFE	皮革 PTFE	油浸石棉及石墨石棉 塑料（柔韧的带、绳） 半金属盘根 PTFE
热汽油和油	石墨石棉 塑料（柔韧的带、绳） 半金属盘根	石墨石棉 塑料（柔韧的带、绳） 半金属盘根 石棉绳	石墨石棉 塑料（柔韧的带、绳） 半金属盘根 石棉绳	石墨石棉 塑料（柔韧的带、绳） 半金属盘根 石棉绳
低压蒸汽	油浸石棉及石墨石棉 帆布和橡胶 金属盘根 塑料（柔韧的带、绳） 半金属盘根	油浸石棉及石墨石棉 金属盘根 塑料（柔韧的带、绳） 半金属盘根	轻帆布和橡胶 金属盘根 PTFE	油浸石棉和石墨石棉 帆布和橡胶 塑料（柔韧的带、绳） 半金属盘根
高压蒸汽	石墨石棉及聚四氟乙烯石棉 金属盘根 塑料（柔韧的带、绳） 半金属盘根	油浸石棉及石墨石棉 金属盘根 塑料（柔韧的带、绳） 半金属盘根	金属盘根 PTFE	石墨石棉 金属盘根 塑料（柔韧的带、绳） 半金属盘根
冷水	帆布和橡胶 油麻、亚麻和大麻 油浸石棉及石墨石棉 PTFE	油浸石棉及石墨石棉 棉花和人造纤维 大麻、亚麻或黄麻 PTFE	帆布和橡胶 PTFE	油浸石棉及 帆布和橡胶 油麻和棉花 塑料（柔韧的带、绳） PTFE

表 20.4-2 根据 *pv* 值选择填料

压力 p /MPa		转速 /r·min^{-1}		pv 值① /MPa·m·s^{-1}		工作温度 /℃	棉填料	麻填料	塑性填料③	白石棉填料	蓝石棉填料	铅填料	铝填料	聚四氟乙烯浸渍石棉填料	聚四氟乙烯浸渍蓝石棉填料	铜填料	铅塑性填料	铝塑性填料	铜塑性填料 铜石棉填料	聚四氟乙烯纤维填料	石棉塑性填料	碳纤维填料
下限	上限	下限	上限	下限	上限																	
0	3.5	100	1750	0	16.4	20~65	△	△	△	△	△	△	△	△	△	△	△	△	△	△	△	△
						65~260			△	△		△	△	△	△	△				△		△
						260~330②			△	△			△			△						△
						330~400②			△	△			△			△						△
3.5	7	1750	3600	17	67	20~65	△	△	△	△	△	△	△	△	△	△	△			△		△
						65~260			△	△		△	△	△	△	△	△			△		△
						260~330②				△			△			△			△			△
						330~400②				△			△			△		△	△		△	
7	12.2	1750	3600	33	117	26~65			△	△	△	△	△	△	△	△	△				△	△
						65~260				△		△		△	△		△				△	△
						260~330②				△												△
						330~400②				△			△									

（续）

压力 p /MPa 下限	压力 p /MPa 上限	转速 /r·min⁻¹ 下限	转速 /r·min⁻¹ 上限	pv 值① /MPa·m·s⁻¹ 下限	pv 值① /MPa·m·s⁻¹ 上限	工作温度 /℃	棉填料	麻填料	塑性填料③	白石棉填料	蓝石棉填料	铅填料	铝填料	聚四氟乙烯浸渍石棉填料	聚四氟乙烯浸渍蓝石棉填料	铜填料	铅塑性填料	铝塑性填料	铜塑性填料	铜石棉填料	聚四氟乙烯纤维填料	石棉塑性填料	碳纤维填料
12.2	17.6	1750	3600	57	168	26~65			△	△	△	△		△	△		△				△		△
						65~260				△		△		△	△		△				△		△
						260~330②							△			△							
						330~400②							△			△							

注：△为可选用材料。

① 取 ϕ50mm 的轴计算圆周线速度 v，p 为填料腔中的压力（一般以出口压力的 2/3 计算）。

② 亦可满足 15MPa、3600r/min 和 260℃以上的使用条件。

③ 塑料填料指一般意义上的非金属塑性填料。

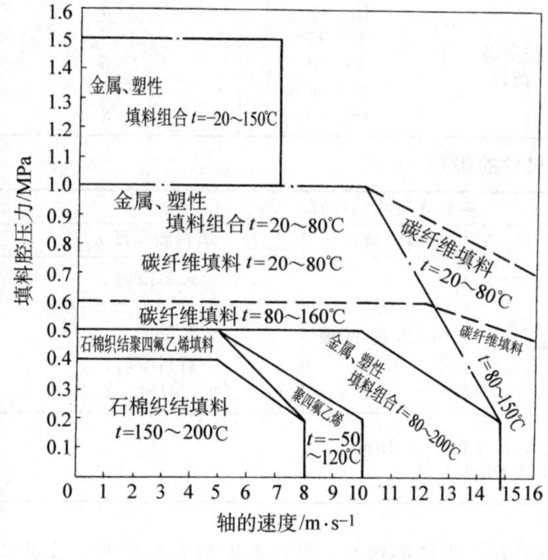

图 20.4-2 填料选用图

1.2 填料腔结构设计

1.2.1 常用填料腔的结构

常用填料腔的结构见表 20.4-3。

1.2.2 填料腔尺寸的确定

填料腔的宽度尺寸选择如图 20.4-3 所示，密封填料根数的选择见表 20.4-4，其他各部分尺寸见表 20.4-5。

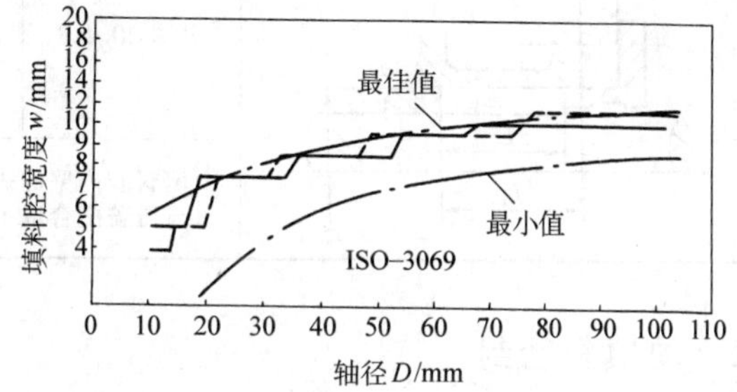

图 20.4-3 填料腔的宽度尺寸选择

表 20.4-3 常用填料腔的结构

类型	简图	特点与应用
简单的填料腔	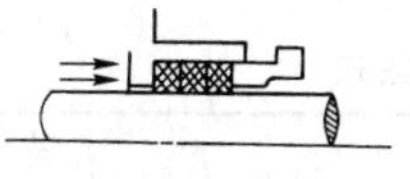	无液封环，无冷却室，仅用于转速不高、结构最简单及介质腐蚀性不大的常温泵类、阀门和搅拌机等
有液封环的填料腔	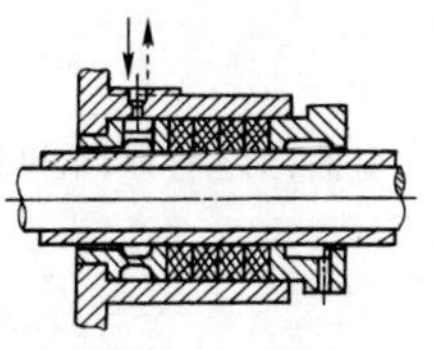	设有液封环，在腔壁上对应设有注液孔，或注入润滑油，或与机械本身的高压介质相连通。当介质中含有纤维物和沉淀物时，则与洁净的冲洗液相连通 适用于常温介质，尤其适用于各种离心泵

（续）

类　型	简　图	特点与应用
有冷却室的填料腔	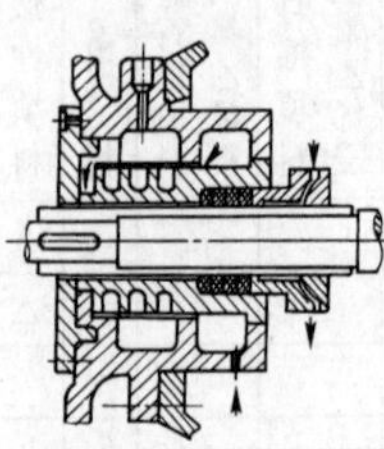	设有冷却室，腔外有冷却液进行循环，为了防止热量通过轴传入轴承，填料压盖也进行冷却 适用于高温介质的密封，在热油泵、锅炉给水泵和搅拌机中最常见
复杂填料腔	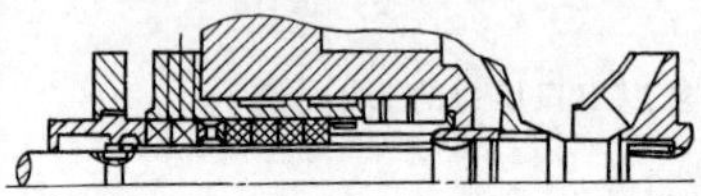	填料部位用注冷却液进行冷却和循环，不允许有泄漏的液体或气体 适用于高温高压介质，以泵、压缩机和搅拌机中应用为最多

表 20.4-4　密封填料根数的选择

密封类型	介质压力/MPa	填料的根数	密封类型	介质压力/MPa	填料的根数
旋转轴密封	1~5 5~10 10~40 40~64 64~105	3~4 4~5 6 7 8	往复轴密封	10 以下 10~35 35~70 70~100 100 以上	3~4 4~5 5~6 6~7 7~8

表 20.4-5　填料腔尺寸的确定

简　图	各部分尺寸的计算			
	填料腔宽度 w	填料腔内径 D	填料总宽度 L	填料腔深度 L_1
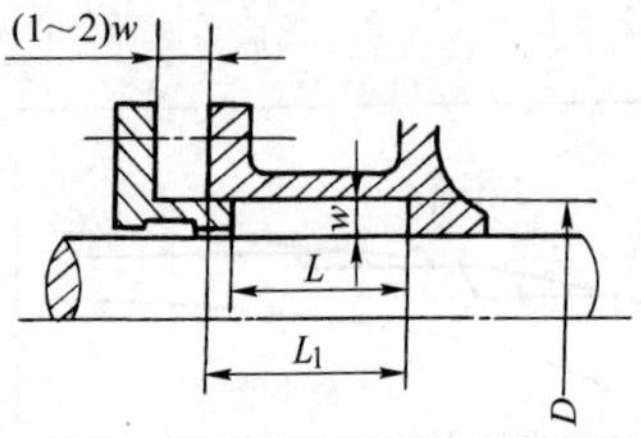	见图 20.4-3	$D=d+2w$ （d 为轴径）	$L=nw$ （n 为填料根数）	无封液时： $L_1 = nw + 5 \sim 10\text{mm}$ 或 $L_1 = 1.2nw$ 有封液时： $L_1 = (n+2)w + 5 \sim 10\text{mm}$
	填料腔内壁的表面粗糙度 $Ra=6.3\sim3.2\mu\text{m}$ 与压盖配合取 H11/d11 或 H8/f 9			

2　硬填料密封

以金属、石墨等非弹性体制成的硬填料，具有较弹塑性体更高的耐热、耐压和高速性能，广泛应用于压缩机、高压釜等的往复密封和旋转密封。

硬填料密封多制成能补偿磨损和追随轴的跳动的分瓣环、开口环或唇形环的结构型式。分瓣环是以不同的方式将环剖切开，环内圆磨损后各片可以沿切口滑移，使内孔收缩。分瓣环对轴是浮动装配的，轴向、径向均有间隙，预紧力由弹簧提供，自紧力决定于压差，其结构型式见表 20.4-6。开口环借环本身的弹性变形补偿磨损，其结构型式见表 20.4-7。金属唇形密封环的补偿能力较小，其结构型式见表 20.4-8。硬填料密封的应用范围见表 20.4-9。

表 20.4-6　分瓣环的结构型式

名　　称	结 构 简 图	特　　点
三瓣斜口密封环	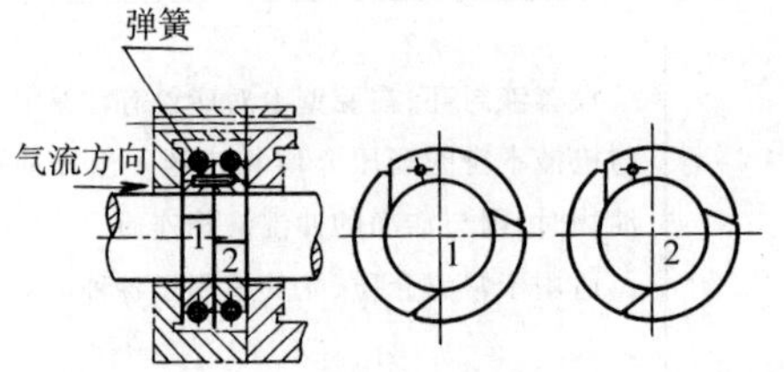	坚固，工艺性好，结构简单，适用于低压压缩机

（续）

名　　称	结 构 简 图	特　　点
三六瓣密封环	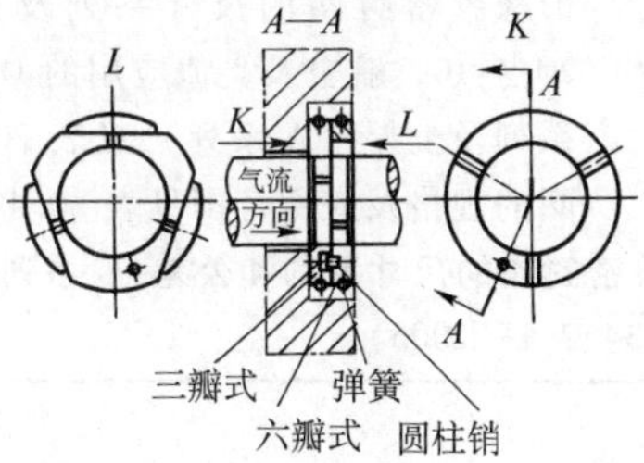	工艺性好，是平面密封环的标准设计，工作压力 <10MPa

表 20.4-7　开口环的结构型式

名　　称	简　　图	特　　点
活塞环式	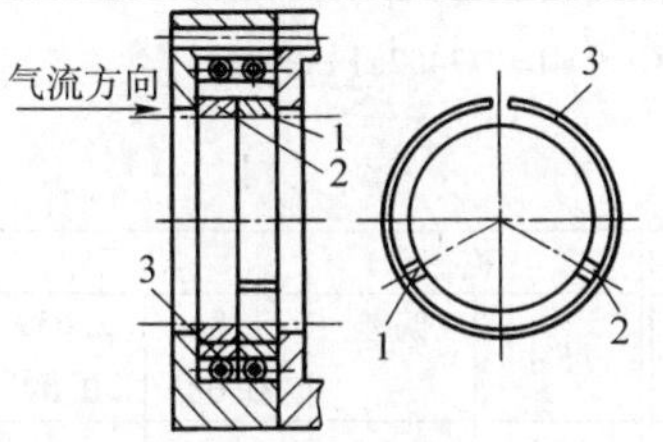	内圈 1、2 为锡锑合金、青铜或填充四氟制成，外圈 3 为弹力环。三环为一组，使用时切口错开
平面紧缩式	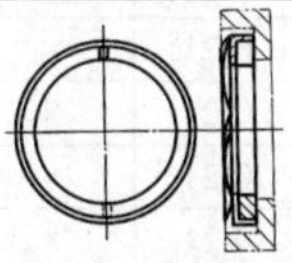	外圈弹力环为角铁型截面，可遮断内切口间隙。结构简单，但密封性较差
锥形	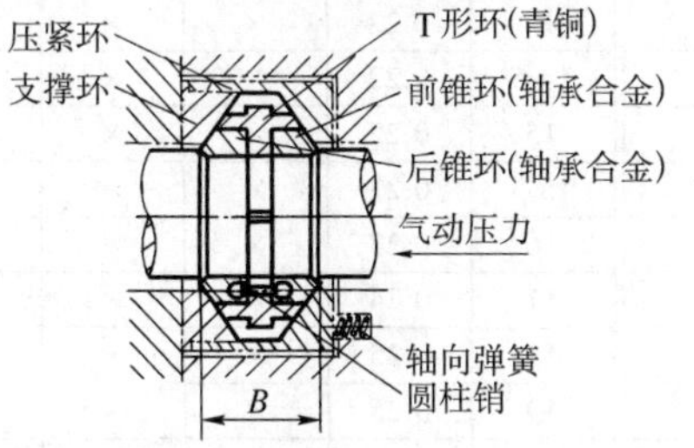	T 形环用青铜制成，内锥环用轴承合金或尼龙制成。轴向预紧，适用于小型高压压缩机

表 20.4-8　金属唇形密封环的结构型式

名称	简　　图	特　　点
三角形环	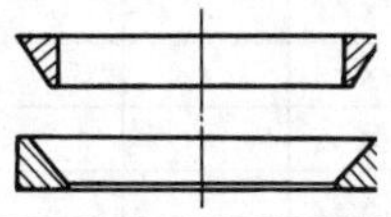	用轴承合金、青铜等制作 主要用于机械搅拌式高压釜和高压泵
U 形环	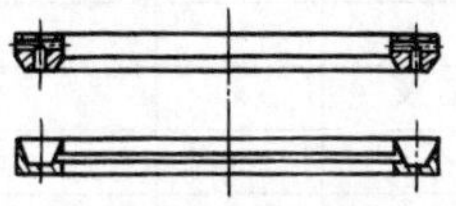	蓄油能力和补偿能力较好，密封性优于三角形环。用途、材料同三角形环

表 20.4-9　硬填料密封的应用范围

填料类型	压力 /MPa	温度 /℃	速度/ $m \cdot s^{-1}$	润滑方式	应　　用
金属平面填料	50	200	5	滴注	活塞式压缩机
填充四瓣开口环	15	100	3	无油	氧气压缩机
金属三角形填料	3	400	3	热油	热油泵
石墨圆周密封	1	350	110	少油	航空发动机
金属 U 形填料	20	200	1	压力供油	搅拌釜

3　成型填料密封

成型填料密封泛指用橡胶、塑料、皮革及金属材料经模压或车削加工成型的环状密封圈，又称密封件。

成型填料密封是靠填料本身在机械压紧力或介质压力的自紧作用下产生弹塑性变形而堵塞流体泄漏通道的。其结构简单紧凑，密封性能良好，品种规格多，工作参数范围广，是往复运动密封及静密封的主要结构型式之一。

成型填料密封按工作原理分为挤压密封圈及唇形密封圈两类；按材质分为橡胶类、塑料类、皮革类和金属类。

3.1　O 形橡胶密封圈

O 形橡胶密封圈有良好的密封性，它是一种压缩性密封圈，同时又具有自封能力，所以使用范围很宽，密封压力从 1.33×10^{-5}Pa 到 400MPa 的高压（动密封可达 35MPa）。如果材料选择适当，温度范围为 -60~200℃。O 形橡胶密封圈结构简单，成本低廉，使用方便，密封性不受运动方向的影响，因此得到了广泛应用。

1）GB/T 3452.1—2005《液压气动用 O 形橡胶密封圈 第 1 部分：尺寸系列及公差》中一般应用的 O 形橡胶密封圈的尺寸系列及公差（G 系列）见表 20.4-10，航空及类似应用的 O 形橡胶密封圈的尺寸系列及公差（A 系列）见表 20.4-11。O 形橡胶密封圈的规格及应用范围见表 20.4-12。

表 20.4-10 一般应用的 O 形橡胶密封圈的尺寸系列和公差（G 系列）

（摘自 GB/T 3452.1—2005） （mm）

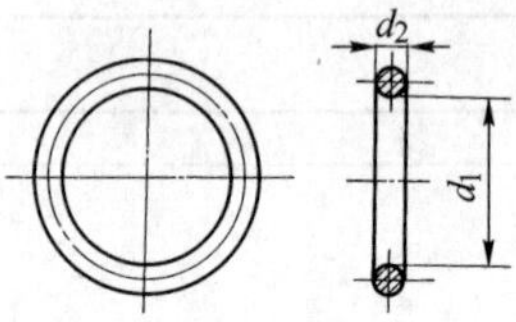

标记示例：

$d_1=7.5$mm，$d_2=1.8$mm，一般应用 O 形橡胶密封圈（G 系列），等级代号① 为 S，其标记为：

O 形圈 7.5×1.8-G-S-GB/T 3452.1—2005

d_1		d_2					d_1		d_2				
尺寸	偏差 ±	1.8±0.08	2.65±0.09	3.55±0.10	5.3±0.13	7±0.15	尺寸	偏差 ±	1.8±0.08	2.65±0.09	3.55±0.10	5.3±0.13	7±0.15
1.8	0.13	×					11.8	0.19	×	×			
2	0.13	×					12.1	0.21	×	×			
2.24	0.13	×					12.5	0.21	×	×			
2.5	0.13	×					12.8	0.21	×	×			
2.8	0.13	×					13.2	0.21	×	×			
3.15	0.14	×					14	0.22	×	×			
3.55	0.14	×					14.5	0.22	×	×			
3.75	0.14	×					15	0.22	×	×			
4	0.14	×					15.5	0.23	×	×			
4.5	0.15	×					16	0.23	×	×			
4.75	0.15	×					17	0.24	×	×			
4.87	0.15	×					18	0.25	×	×	×		
5	0.15	×					19	0.25	×	×	×		
5.15	0.15	×					20	0.26	×	×	×		
5.3	0.15	×					20.6	0.26	×	×	×		
5.6	0.16	×					21.2	0.27	×	×	×		
6	0.16	×					22.4	0.28	×	×	×		
6.3	0.16	×					23	0.29	×	×	×		
6.7	0.16	×					23.6	0.29	×	×	×		
6.9	0.16	×					24.3	0.30	×	×	×		
7.1	0.16	×					25	0.30	×	×	×		
7.5	0.17	×					25.8	0.31	×	×	×		
8	0.17	×					26.5	0.31	×	×	×		
8.5	0.17	×					27.3	0.32	×	×	×		
8.75	0.18	×					28	0.32	×	×	×		
9	0.18	×					29	0.33	×	×	×		
9.5	0.18	×					30	0.34	×	×	×		
9.75	0.18	×					31.5	0.35	×	×	×		
10	0.19	×					32.5	0.36	×	×	×		
10.6	0.19	×	×				33.5	0.36	×	×	×		
11.2	0.20	×	×				34.5	0.37	×	×	×		
11.6	0.20	×	×				35.5	0.38	×	×	×		

（续）

d_1		d_2				
尺寸	偏差±	1.8±0.08	2.65±0.09	3.55±0.10	5.3±0.13	7±0.15
36.5	0.38	×	×	×		
37.5	0.39	×	×	×		
38.7	0.40	×	×	×		
40	0.41	×	×	×	×	
41.2	0.42	×	×	×	×	
42.5	0.43	×	×	×	×	
43.7	0.44	×	×	×	×	
45	0.44	×	×	×	×	
46.2	0.45	×	×	×	×	
47.5	0.46	×	×	×	×	
48.7	0.47	×	×	×	×	
50	0.48	×	×	×	×	
51.5	0.49		×	×	×	
53	0.50		×	×	×	
54.5	0.51		×	×	×	
56	0.52		×	×	×	
58	0.54		×	×	×	
60	0.55		×	×	×	
61.5	0.56		×	×	×	
63	0.57		×	×	×	
65	0.58		×	×	×	
67	0.60		×	×	×	
69	0.61		×	×	×	
71	0.63		×	×	×	
73	0.64		×	×	×	
75	0.65		×	×	×	
77.5	0.67		×	×	×	
80	0.69		×	×	×	
82.5	0.71		×	×	×	
85	0.72		×	×	×	
87.5	0.74		×	×	×	
90	0.76		×	×	×	
92.5	0.77		×	×	×	
95	0.79		×	×	×	
97.5	0.81		×	×	×	
100	0.82		×	×	×	
103	0.85		×	×	×	
106	0.87		×	×	×	
109	0.89		×	×	×	×
112	0.91		×	×	×	×
115	0.93		×	×	×	×
118	0.95		×	×	×	×
122	0.97		×	×	×	×
125	0.99		×	×	×	×
128	1.01		×	×	×	×
132	1.04		×	×	×	×
136	1.07		×	×	×	×
140	1.09		×	×	×	×
142.5	1.11		×	×	×	×
145	1.13		×	×	×	×
147.5	1.14		×	×	×	×
150	1.16		×	×	×	×
152.5	1.18			×	×	×
155	1.19			×	×	×
157.5	1.21			×	×	×
160	1.23			×	×	
162.5	1.24			×	×	×
165	1.26			×	×	×
167.5	1.28			×	×	×
170	1.29			×	×	×
172.5	1.31			×	×	×
175	1.33			×	×	×
177.5	1.34			×	×	×
180	1.36			×	×	×
182.5	1.38			×	×	×
185	1.39			×	×	×
187.5	1.41			×	×	×
190	1.43			×	×	×
195	1.46			×	×	×
200	1.49			×	×	×
203	1.51				×	×
206	1.53				×	×
212	1.57				×	×
218	1.61				×	×
224	1.65				×	×
227	1.67				×	×
230	1.69				×	×
236	1.73				×	×
239	1.75				×	×
243	1.77				×	×
250	1.82				×	×
254	1.84				×	×
258	1.87				×	×
261	1.89				×	×
265	1.91				×	×
268	1.92				×	×
272	1.96				×	×
276	1.98				×	×
280	2.01				×	×
283	2.03				×	×
286	2.05				×	×
290	2.08				×	×
295	2.11				×	×
300	2.14				×	×

（续）

d_1		d_2					d_1		d_2				
尺寸	偏差 ±	1.8±0.08	2.65±0.09	3.55±0.10	5.3±0.13	7±0.15	尺寸	偏差 ±	1.8±0.08	2.65±0.09	3.55±0.10	5.3±0.13	7±0.15
303	2.16				×	×	456	3.13					×
307	2.19				×	×	462	3.17					×
311	2.21				×	×	466	3.19					×
315	2.24				×	×	470	3.22					×
320	2.27				×	×	475	3.25					×
325	2.30				×	×	479	3.28					×
330	2.33				×	×	483	3.30					×
335	2.36				×	×	487	3.33					×
340	2.40				×	×	493	3.36					×
345	2.43				×	×	500	3.41					×
350	2.46				×	×	508	3.46					×
355	2.49				×	×	515	3.50					×
360	2.52				×	×	523	3.55					×
365	2.56				×	×	530	3.60					×
370	2.59				×	×	538	3.65					×
375	2.62				×	×	545	3.69					×
379	2.64				×	×	553	3.74					×
383	2.67				×	×	560	3.78					×
387	2.70				×	×	570	3.85					×
391	2.72				×	×	580	3.91					×
395	2.75				×	×	590	3.97					×
400	2.78				×	×	600	4.03					×
406	2.82					×	608	4.08					×
412	2.85					×	615	4.12					×
418	2.89					×	623	4.17					×
425	2.93					×	630	4.22					×
429	2.96					×	640	4.28					×
433	2.99					×	650	4.34					×
437	3.01					×	660	4.40					×
443	3.05					×	670	4.47					×
450	3.09					×							

注：表中“×”表示包括的规格。

① 等级代号定义见 GB/T 3452.2。

表 20.4-11 航空及类似应用的 O 形橡胶密封圈的尺寸系列和公差（A 系列） （mm）

d_1		d_2					d_1		d_2				
尺寸	偏差 ±	1.8±0.08	2.65±0.09	3.55±0.10	5.3±0.13	7±0.15	尺寸	偏差 ±	1.8±0.08	2.65±0.09	3.55±0.10	5.3±0.13	7±0.15
1.8	0.10	×					5	0.12	×				
2	0.10	×					5.15	0.12	×				
2.24	0.11	×					5.3	0.12	×	×			
2.5	0.11	×					5.6	0.13	×				
2.8	0.11	×					6	0.13	×	×			
3.15	0.11	×					6.3	0.13	×				
3.55	0.11	×					6.7	0.13	×				
3.75	0.11	×					6.9	0.13	×	×			
4	0.12	×					7.1	0.14	×				
4.5	0.12	×	×				7.5	0.14	×				
4.87	0.12	×					8	0.14	×	×			

（续）

d_1		d_2				
尺寸	偏差 ±	1.8±0.08	2.65±0.09	3.55±0.10	5.3±0.13	7±0.15
8.5	0.14	×				
8.75	0.15	×				
9	0.15	×	×			
9.5	0.15	×	×			
10	0.15	×	×			
10.6	0.16	×	×			
11.2	0.16	×	×			
11.8	0.16	×	×			
12.5	0.17	×	×			
13.2	0.17	×	×			
14	0.18	×	×	×		
15	0.18	×	×	×		
16	0.19	×	×	×		
17	0.20	×	×	×		
18	0.20	×	×	×		
19	0.21	×	×	×		
20	0.21	×	×	×		
21.2	0.22	×	×	×		
22.4	0.23	×	×	×		
23.6	0.24	×	×	×		
25	0.24	×	×	×		
25.8	0.25		×	×		
26.5	0.25	×	×	×		
28	0.26	×	×	×		
30	0.27	×	×	×		
31.5	0.28	×	×	×		
32.5	0.29	×	×	×		
33.5	0.29	×	×	×		
34.5	0.30	×	×	×		
35.5	0.31	×	×	×		
36.5	0.31	×	×	×		
37.5	0.32	×	×	×	×	
38.7	0.32	×	×	×	×	
40	0.33	×	×	×	×	
41.2	0.34	×	×	×	×	
42.5	0.35	×	×	×	×	
43.7	0.35	×	×	×	×	
45	0.36	×	×	×	×	
46.2	0.37		×	×	×	
47.5	0.37	×	×	×	×	
48.7	0.38		×	×	×	
50	0.39	×	×	×	×	
51.5	0.40		×	×	×	
53	0.41	×	×	×	×	
54.5	0.42		×	×	×	
56	0.42	×	×	×	×	
58	0.44		×	×	×	
60	0.45	×	×	×	×	
61.5	0.46		×	×	×	
63	0.46	×	×	×	×	
65	0.48		×	×	×	
67	0.49	×	×	×	×	
69	0.50		×	×	×	
71	0.51	×	×	×	×	
73	0.52		×	×	×	
75	0.53	×	×	×	×	
77.5	0.55			×	×	
80	0.56	×	×	×	×	
82.5	0.57			×	×	
85	0.59	×	×	×	×	
87.5	0.60			×	×	
90	0.62	×	×	×	×	
92.5	0.63			×	×	
95	0.64	×	×	×	×	
97.5	0.66			×	×	
100	0.67	×	×	×	×	
103	0.69			×	×	
106	0.71	×	×	×	×	
109	0.72			×	×	×
112	0.74	×	×	×	×	×
115	0.76			×	×	×
118	0.77	×	×	×	×	×
122	0.80			×	×	×
125	0.81	×	×	×	×	×
128	0.83			×	×	×
132	0.85		×	×	×	×
136	0.87			×	×	×
140	0.89		×	×	×	×
145	0.92		×	×	×	×
150	0.95		×	×	×	×
155	0.98		×	×	×	×
160	1.00		×	×	×	×
165	1.03		×	×	×	×
170	1.06		×	×	×	×
175	1.09		×	×	×	×
180	1.11		×	×	×	×
185	1.14		×	×	×	×
190	1.17		×	×	×	×
195	1.20		×	×	×	×
200	1.22		×	×	×	×
206	1.26				×	×
212	1.29		×		×	×
218	1.32		×		×	×
224	1.35		×		×	×

（续）

d_1		d_2					d_1		d_2				
尺寸	偏差 ±	1.8± 0.08	2.65± 0.09	3.55± 0.10	5.3± 0.13	7± 0.15	尺寸	偏差 ±	1.8± 0.08	2.65± 0.09	3.55± 0.10	5.3± 0.13	7± 0.15
230	1.39		×		×	×	307	1.80		×		×	×
236	1.42		×		×	×	315	1.84		×		×	×
243	1.46				×	×	325	1.90				×	×
250	1.49		×		×	×	335	1.95		×		×	×
258	1.54		×		×	×	345	2.00				×	×
265	1.57		×		×	×	355	2.05		×		×	×
272	1.61				×	×	365	2.11				×	×
280	1.65		×		×	×	375	2.16				×	×
290	1.71		×		×	×	387	2.22				×	×
300	1.76		×		×	×	400	2.29				×	×

注：表中“×”表示包括的规格。O 形橡胶密封圈的标记方式同表 20.4-10。

表 20.4-12 O 形橡胶密封圈的规格及应用范围

尺寸 /mm		应用范围					
		活塞密封			活塞杆密封		
d_2	d_1	液压动密封	气动动密封	静密封	液压动密封	气动动密封	静密封
1.80	3.75~4.50				▲	▲	▲
	4.87		▲		▲	▲	▲
	5.00~13.2	▲	▲	▲	▲	▲	▲
	14.0~50.0			▲			▲
2.65	10.6~22.4	▲	▲	▲	▲	▲	▲
	23.6~150			▲			▲
3.55	18.0~41.2	▲	▲	▲	▲	▲	▲
	42.5~200			▲			▲
5.30	40.0~115	▲	▲	▲	▲	▲	▲
	118~400			▲			▲
7.00	109~250	▲	▲	▲	▲	▲	▲
	258~670			▲			▲

注：“▲”为推荐使用密封形式。

2）气动用 O 形橡胶密封圈。根据气动机械设备的气体工作介质易泄漏、速度快及易产生噪声等特点，对密封质量要求更高。为了保证气动机械的密封质量，特设计了气动机械专用密封圈，并制定了标准。

气动用 O 形橡胶密封圈的尺寸系列和公差见表 20.4-13，气动用 O 形橡胶密封圈的规格及适用范围见表 20.4-14。

表 20.4-13 气动用 O 形橡胶密封圈的尺寸系列和公差（摘自 JB/T 6659—2007） （mm）

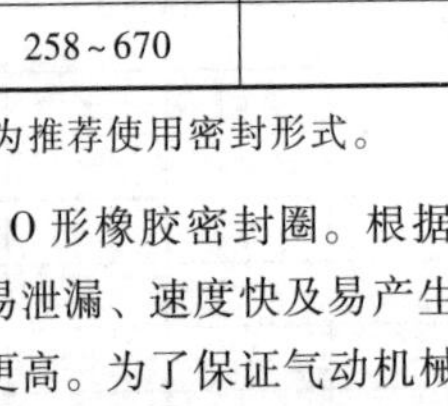

标记示例：

d_1 = 7.5mm，d_2 = 1.8mm，气动用 O 形橡胶密封圈（G 系列），等级代号为 S，其标记为：

O 形圈 7.5×1.8-G-S-JB/T 6659—2007

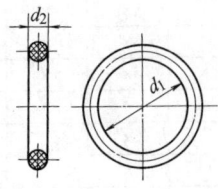

（续）

d_1 内径	d_1 极限偏差	d_2 1.00±0.05	1.22±0.06	1.50±0.06	1.80±0.06	2.00±0.08	2.65±0.09
1.50		*	*	*	*		
1.80		*	*	*	*		
2.00		*	*	*	*		
2.24		*	*	*	*		
2.50		*	*	*	*		
2.80	±0.10	*	*	*	*		
3.00		*	*	*	*		
3.15		*	*	*	*		
3.55		*	*	*	*		
3.75		*	*	*	*		
4.00		*	*	*	*		
4.50		*	*	*	*	*	
4.87		*	*	*	*	*	
5.00		*	*	*	*	*	
5.15	±0.13	*	*	*	*	*	
5.30		*	*	*	*	*	
5.60		*	*	*	*	*	
6.00		*	*	*	*	*	
6.30		*	*	*	*	*	
6.70		*	*	*	*	*	
6.90		*	*	*	*	*	
7.10		*	*	*	*	*	*
7.50		*	*	*	*	*	*
8.00	±0.14	*	*	*	*	*	*
8.50		*	*	*	*	*	*
8.75		*	*	*	*	*	*
9.00		*	*	*	*	*	*
9.50		*	*	*	*	*	*
10.0		*	*	*	*	*	*
10.6		*	*	*	*	*	*
11.2		*	*	*	*	*	*
11.8		*	*	*	*	*	*
12.5		*	*	*	*	*	*
13.2		*	*	*	*	*	*
14.0	±0.17	*	*	*	*	*	*
15.0		*	*	*	*	*	*
16.0		*	*	*	*	*	*
17.0		*	*	*	*	*	*
18.0		*	*	*	*	*	*
19.0		*	*	*	*	*	*
20.0		*	*	*	*	*	*
21.2		*	*	*	*	*	*
22.4		*	*	*	*	*	*
23.0		*	*	*	*	*	*
23.6	±0.22			*	*	*	*
25.0				*	*	*	*
25.8				*	*	*	*
26.5				*	*	*	*
28.0				*	*	*	*
30.0				*	*	*	*
31.5				*	*	*	*
32.5				*	*	*	*
33.5				*	*	*	*
34.5				*	*	*	*
35.5	±0.30			*	*	*	*
36.5				*	*	*	*
37.5				*	*	*	*
38.7				*	*	*	*

d_1 内径	d_1 极限偏差	d_2 1.00±0.05	1.22±0.06	1.50±0.06	1.80±0.06	2.00±0.08	2.65±0.09
40.0				*	*	*	*
41.2				*	*	*	*
42.5				*	*	*	*
43.7				*	*	*	*
45.0	±0.30			*	*	*	*
46.2				*	*	*	*
47.5				*	*	*	*
48.7				*	*	*	*
50.0				*	*	*	*
51.5						*	*
53.0						*	*
54.5						*	*
56.0						*	*
58.0						*	*
60.0						*	*
61.5						*	*
63.0						*	*
65.0	±0.45					*	*
67.0						*	*
69.0						*	*
71.0						*	*
73.0						*	*
75.0						*	*
77.5							
80.0							*
82.5							
85.0							*
87.5							
90.0							*
92.5							
95.5							*
97.5							
100	±0.65						*
103							
106							*
109							
112							*
115							
118							*
122							
125							*
128							
132							*
136							
140							*
145							
150	±0.90						*
155							
160							*
165							
170							*
175							
180							*

注："*"为推荐使用 O 形橡胶密封圈的截面直径。

表 20.4-14 气动用 O 形橡胶密封圈的规格及适用范围

（摘自 JB/T 6658—2007）

尺寸/mm		应用				尺寸/mm		应用			
		活塞密封		活塞杆密封				活塞密封		活塞杆密封	
d_2	d_1	动密封	静密封	动密封	静密封	d_2	d_1	动密封	静密封	动密封	静密封
1.00	1.50~23		▲		▲	1.80	5.00~13.2	▲	▲	▲	▲
1.22	1.50~23		▲		▲		14.0~50.0		▲		▲
1.50	1.50~23		▲		▲	2.00	4.5~18.0		▲		▲
	23.6~50		▲		▲		19.0~75		▲		▲
1.80	3.75~4.50		▲	▲	▲	2.65	7.10~22.4	▲	▲	▲	▲
	4.87	▲	▲	▲	▲		23.6~180		▲		▲

注："▲"为推荐使用的密封形式。在可以选用几种截面 O 形橡胶密封圈的情况下，应优先选用较大截面的 O 形橡胶密封圈。

3）液压气动用 O 形橡胶密封圈的沟槽形式及尺寸计算见表 20.4-15。沟槽和配合偶件的表面粗糙度按表 20.4-16 选取。径向和轴向密封沟槽尺寸及公差分别见表 20.4-17 和表 20.4-18。

表 20.4-15 液压气动用 O 形橡胶密封圈的沟槽形式及尺寸计算（摘自 GB/T 3452.3—2005）

密封类别		沟槽形式	尺寸计算
径向密封	活塞密封沟槽	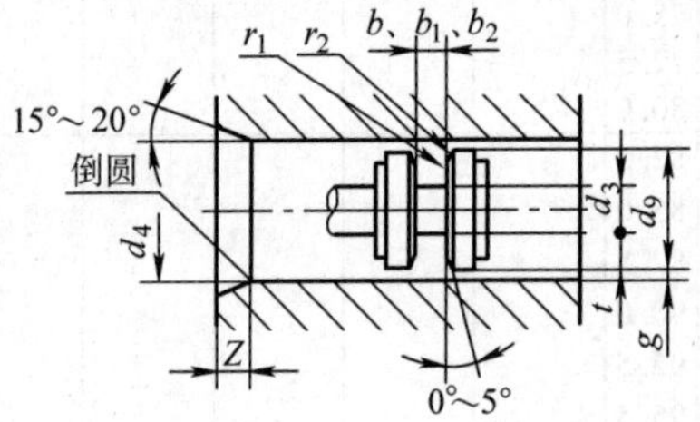	$d_{3\max}=d_{4\min}-2t$ 式中 $d_{3\max}$—d_3 的公称尺寸+上极限偏差(mm) $d_{4\min}$—d_4 的公称尺寸+下极限偏差(mm) 注：根据 d_4 的公称尺寸（$d_4 \leqslant d_1+2d_2$）查表 20.4-10 和表 20.4-11 得到适用的 O 形橡胶密封圈规格
	活塞杆密封沟槽	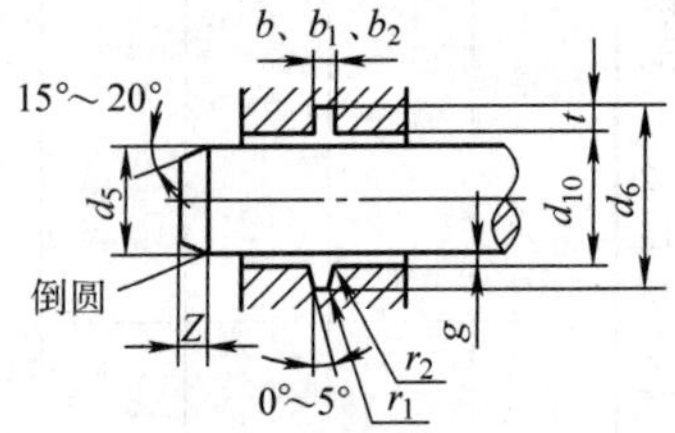	$d_{6\min}=d_{5\max}+2t$ 式中 $d_{6\min}$—d_6 的公称尺寸+下极限偏差(mm) $d_{5\max}$—d_5 的公称尺寸+上极限偏差(mm) 注：根据 d_5 的公称尺寸（$d_5 \geqslant d_1$）查表 20.4-10～表 20.4-14得到适用的 O 形橡胶密封圈规格；查表 20.4-17 确定 t，再按公式计算 $d_{6\min}$
	带挡圈的沟槽	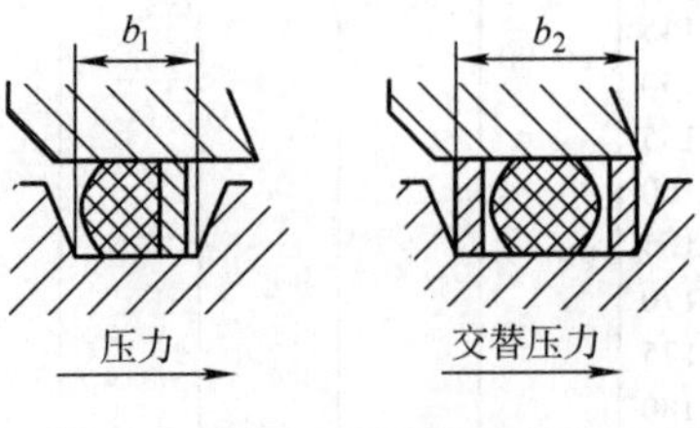	工作压力大于 10MPa 时，需采用带挡圈的结构型式 径向密封沟槽尺寸应符合表 20.4-17 的规定

（续）

密封类别		沟槽形式	尺寸计算
轴向密封	受内部压力的沟槽	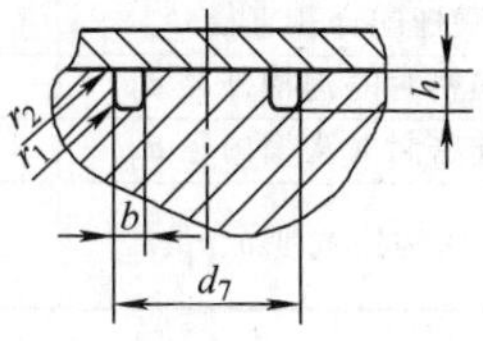	轴向密封沟槽尺寸应符合表 20.4-17 的规定 d_7(公称尺寸)≤d_1(公称尺寸)+2d_2(公称尺寸) 式中　d_1—O 形橡胶密封圈内径(mm) d_2—O 形橡胶密封圈截面直径(mm)
	受外部压力的沟槽	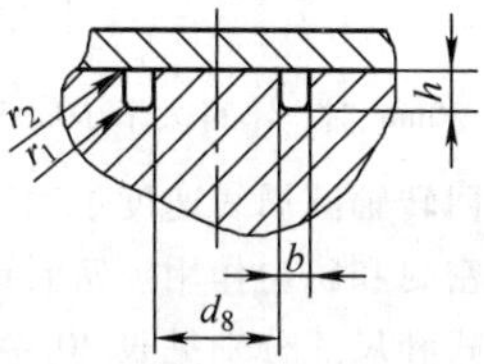	d_8(公称尺寸)≥d_1(公称尺寸) 式中　d_1—O 形橡胶密封圈内径(mm)

表 20.4-16　沟槽和配合偶件的表面粗糙度

（摘自 GB/T 3452.3—2005）　　（μm）

表　面	应用情况	压力状况	表面粗糙度	
			Ra	*Rz*
沟槽的底面和侧面	静密封	无交变、无脉冲	3.2(1.6)	12.5(6.3)
		交变或脉冲	1.6	6.3
	动密封		1.6(0.8)	6.3(3.2)
配合表面	静密封	无交变、无脉冲	1.6(0.8)	6.3(3.2)
		交变或脉冲	0.8	3.2
	动密封		0.4	1.6
	导角表面		3.2	12.5

注：括号内的数值适用于精度要求较高的场合。

表 20.4-17　径向和轴向密封沟槽尺寸（摘自 GB/T 3452.3—2005）　　（mm）

O 形圈截面直径 d_2			1.80		2.65		3.55		5.30		7.00	
			径向	轴向	径向	轴向	径向	轴向	径向	轴向	径向	轴向
沟槽宽度	气动动密封		2.2	2.6	3.4	3.8	4.6	5.0	6.9	7.3	9.3	9.7
	液压动密封或静密封	b	2.4		3.6		4.8		7.1		9.5	
		b_1	3.8		5.0		6.2		9.0		12.3	
		b_2	5.2		6.4		7.6		10.9		15.1	
沟槽深度 $t(h)$	活塞密封（计算 d_3 用）	液压动密封	1.35	1.28	2.10	1.97	2.85	2.75	4.35	4.24	5.85	5.72
		气动动密封	1.4		2.15		2.95		4.5		6.1	
		静密封	1.32		2.0		2.9		4.31		5.85	
	活塞杆密封（计算 d_6 用）	液压动密封	1.35		2.10		2.85		4.35		5.85	
		气动动密封	1.4		2.15		2.95		4.5		6.1	
		静密封	1.32		2.0		2.9		4.31		5.85	
最小导角长度 Z_{min}			1.1	—	1.5	—	1.8	—	2.7	—	3.6	—
槽底圆角半径 r_1			0.2~0.4				0.4~0.8				0.8~1.2	
槽棱圆角半径 r_2			0.1~0.3									

注：t 值考虑了 O 形橡胶密封圈的压缩率，允许活塞或活塞杆密封沟槽深度值按实际需要选定。

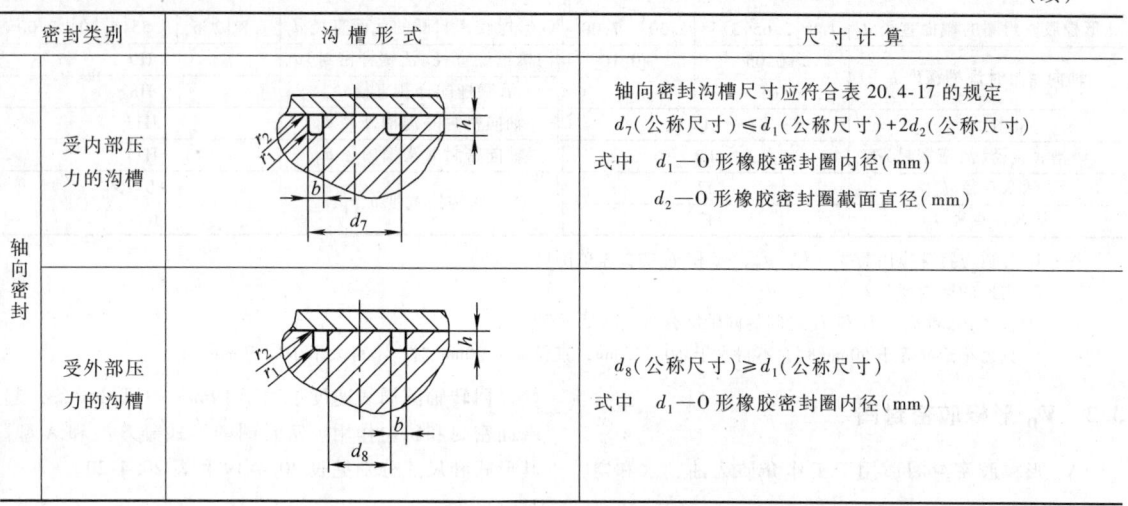

表 20.4-18　径向和轴向密封沟槽尺寸公差（摘自 GB/T 3452.3—2005）　　(mm)

O 形橡胶密封圈的截面直径 d_2	1.8	2.65	3.55	5.30	7.00	O 形橡胶密封圈的截面直径 d_2	1.8	2.65	3.55	5.30	7.00
轴向密封时沟槽深度 h	$^{+0.05}_{0}$			$^{+0.10}_{0}$		沟槽槽底直径(活塞杆密封) d_6	H9				
						活塞杆配合孔直径 d_{10}	H8				
缸内径 d_4	H8					轴向密封时沟槽外径 d_7	H11				
沟槽槽底直径(活塞密封) d_3	h9					轴向密封时沟槽内径 d_8	H11				
活塞直径 d_9	f7					O 形圈沟槽宽度 b、b_1、b_2	$^{+0.25}_{0}$				
活塞杆直径 d_5	f7										

注：1. 为适应特殊应用需要，d_3、d_4、d_5 和 d_6 的公差范围可以改变。
2. 沟槽的同轴度公差。
直径 d_{10} 和 d_6、d_9 和 d_3 之间的同轴度公差应满足下列要求：
直径小于或等于 50mm 时，不得大于 ϕ0.025mm；直径大于 50mm 时，不得大于 ϕ0.050mm。

3.2　V_D 形橡胶密封圈

V_D 形橡胶密封圈适用于工作介质为油、水和空气，回转轴圆周线速度不大于 19m/s 的机械设备，起端面密封和防尘作用。密封圈的形式分 S 型和 A 型。其形式和尺寸分别见表 20.4-19 和表 20.4-20。

表 20.4-19　S 型橡胶密封圈的形式和尺寸（摘自 JB/T 6994—2007）　　(mm)

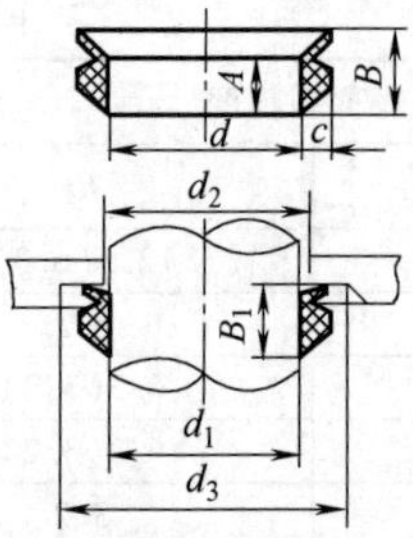

标记示例：
公称轴径为 110mm，密封圈内径 d=99mm 的 S 型密封圈，其标记为：
密封圈　V_D110S　JB/T 6994—2007

密封圈代号	公称轴径	轴径 d_1	d	c	A	B	$d_{2\max}$	$d_{3\min}$	安装宽度 B_1
V_D5S	5	4.5~5.5	4	2	3.9	5.2	d_1+1	d_1+6	4.5±0.4
V_D6S	6	5.5~6.5	5						
V_D7S	7	6.5~8.0	6						
V_D8S	8	8.0~9.5	7						
V_D10S	10	9.5~11.5	9	3	5.6	7.7	d_1+2	d_1+9	6.7±0.6
V_D12S	12	11.5~13.5	10.5						
V_D14S	14	13.5~15.5	12.5						
V_D16S	16	15.5~17.5	14						
V_D18S	18	17.5~19.0	16						
V_D20S	20	19~21	18	4	7.9	10.5		d_1+12	9.0±0.8
V_D22S	22	21~24	20						
V_D25S	25	24~27	22						
V_D28S	28	27~29	25				d_1+3		
V_D30S	30	29~31	27						
V_D32S	32	31~33	29						
V_D36S	36	33~36	31						
V_D38S	38	36~38	34						
V_D40S	40	38~43	36	5	9.5	13.0		d_1+15	11.0±1.0
V_D45S	45	43~48	40						
V_D50S	50	48~53	45						
V_D56S	56	53~58	49						
V_D60S	60	58~63	54						
V_D63S	63	63~68	58						

（续）

密封圈代号	公称轴径	轴径 d_1	d	c	A	B	$d_{2\max}$	$d_{3\min}$	安装宽度 B_1
V_D71S	71	68~73	63	6	11.3	15.5	d_1+4	d_1+18	13.5±1.2
V_D75S	75	73~78	67						
V_D80S	80	78~83	72						
V_D85S	85	83~88	76						
V_D90S	90	88~93	81						
V_D95S	95	93~98	85						
V_D100S	100	98~105	90						
V_D110S	110	105~115	99	7	13.1	18.0		d_1+21	15.5±1.5
V_D120S	120	115~125	108						
V_D130S	130	125~135	117						
V_D140S	140	135~145	126						
V_D150S	150	145~155	135						
V_D160S	160	155~165	144	8	15.0	20.5	d_1+5	d_1+24	18.0±1.8
V_D170S	170	165~175	153						
V_D180S	180	175~185	162						
V_D190S	190	185~195	171						
V_D200S	200	195~210	180						

表 20.4-20　A 型橡胶密封圈的形式和尺寸（摘自 JB/T 6994—2007）　（mm）

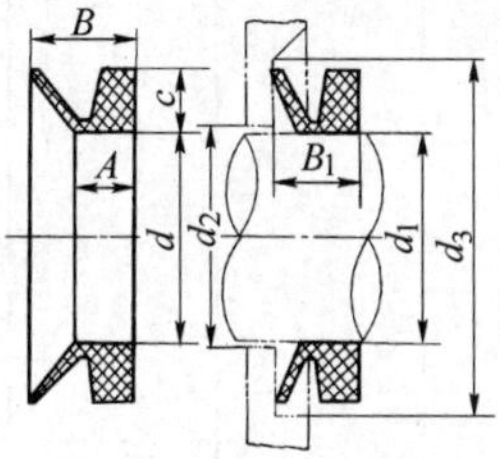

标记示例：

公称轴径为 120mm，密封圈内径 $d=108$mm 的 A 型密封圈，标记为：

密封圈 V_D120A　JB/T 6994—2007

密封圈代号	公称轴径	轴径 d_1	d	c	A	B	$d_{2\max}$	$d_{3\min}$	安装宽度 B_1
V_D3A	3	2.7~3.5	2.5	1.5	2.1	3.0	d_1+1	d_1+4	2.5±0.3
V_D4A	4	3.5~4.5	3.2	2	2.4	3.7		d_1+6	3.0±0.4
V_D5A	5	4.5~5.5	4						
V_D6A	6	5.5~6.5	5						
V_D7A	7	6.5~8.0	6						
V_D8A	8	8.0~9.5	7						
V_D10A	10	9.5~11.5	9	3	3.4	5.5	d_1+2	d_1+9	4.5±0.6
V_D12A	12	11.5~12.5	10.5						
V_D13A	13	12.5~13.5	11.7						
V_D14A	14	13.5~15.5	12.5						
V_D16A	16	15.5~17.5	14						
V_D18A	18	17.5~19	16						
V_D20A	20	19~21	18	4	4.7	7.5		d_1+12	6.0±0.8
V_D22A	22	21~24	20						
V_D25A	25	24~27	22						
V_D28A	28	27~29	25				d_1+3		
V_D30A	30	29~31	27						
V_D32A	32	31~33	29						
V_D36A	36	33~36	31						
V_D38A	38	36~38	34						
V_D40A	40	38~43	36	5	5.5	9.0		d_1+15	7.0±1.0
V_D45A	45	43~48	40						
V_D50A	50	48~53	45						
V_D56A	56	53~58	49						
V_D60A	60	58~63	54						
V_D63A	63	63~68	58						

（续）

密封圈代号	公称轴径	轴径 d_1	d	c	A	B	d_{2max}	d_{3min}	安装宽度 B_1
V_D71A	71	68～73	63						
V_D75A	75	73～78	67						
V_D80A	80	78～83	72						
V_D85A	85	83～88	76	6	6.8	11.0		d_1+18	9.0±1.2
V_D90A	90	88～93	81						
V_D95A	95	93～98	85				d_1+4		
V_D100A	100	98～105	90						
V_D110A	110	105～115	99						
V_D120A	120	115～125	108						
V_D130A	130	125～135	117	7	7.9	12.8		d_1+21	10.5±1.5
V_D140A	140	135～145	126						
V_D150A	150	145～155	135						
V_D160A	160	155～165	144						
V_D170A	170	165～175	153						
V_D180A	180	175～185	162	8	9.0	14.5	d_1+5	d_1+24	12.0±1.8
V_D190A	190	185～195	171						
V_D200A	200	195～210	180						
V_D224A	224	210～235	198						
V_D250A	250	235～265	225						
V_D280A	280	265～290	247						
V_D300A	300	290～310	270						
V_D320A	320	310～335	292						
V_D355A	355	335～365	315						
V_D375A	375	365～390	337						
V_D400A	400	390～430	360						
V_D450A	450	430～480	405						
V_D500A	500	480～530	450						
V_D560A	560	530～580	495						
V_D600A	600	580～630	540						
V_D630A	630	630～665	600						
V_D670A	670	665～705	630						
V_D710A	710	705～745	670						
V_D750A	750	745～785	705						
V_D800A	800	785～830	745						
V_D850A	850	830～875	785	15	14.3	25	d_1+10	d_1+45	20.0±4.0
V_D900A	900	875～920	825						
V_D950A	950	920～965	865						
V_D1000A	1000	965～1015	910						
V_D1060A	1060	1015～1065	955						
V_D1100A	(1100)	1065～1115	1000						
V_D1120A	1120	1115～1165	1045						
V_D1200A	(1200)	1165～1215	1090						
V_D1250A	1250	1215～1270	1135						
V_D1320A	1320	1270～1320	1180						
V_D1350A	(1350)	1320～1370	1225						
V_D1400A	1400	1370～1420	1270						
V_D1450A	(1450)	1420～1470	1315						
V_D1500A	1500	1470～1520	1360						
V_D1550A	(1550)	1520～1570	1405						
V_D1600A	1600	1570～1620	1450						
V_D1650A	(1650)	1620～1670	1495						
V_D1700A	1700	1670～1720	1540						
V_D1750A	(1750)	1720～1770	1585						
V_D1800A	1800	1770～1820	1630						
V_D1850A	(1850)	1820～1870	1675						
V_D1900A	1900	1870～1920	1720						
V_D1950A	(1950)	1920～1970	1765						
V_D2000A	2000	1970～2020	1810						

注：带（　）的尺寸为非标准尺寸，尽量不采用。

与 V_D 形橡胶密封圈唇口接触的金属件表面粗糙度 Ra 值为 1.6μm。当工作温度为 -40～100℃时，密封圈材料应采用 HG/T 2811—1996 中 A 类丁腈橡胶，胶料代号为 XA7453；当工作温度大于 100～200℃时，密封圈材料应采用 HG/T 2811—1996 中 D 类氟橡胶，胶料代号为 XD7433。

3.3　往复运动用密封圈

往复运动用密封圈又称径向唇形密封圈，密封圈受压面呈唇状，使唇缘与密封面充分接触产生密封作用，用于液压缸活塞和活塞杆的动密封。

（1）单向密封橡胶密封圈（摘自 GB/T 10708.1—2000）

单向密封橡胶密封圈的使用条件见表 20.4-21。密封沟槽用 Y 形橡胶密封圈的结构型式和尺寸见表 20.4-22～表 20.4-27。

（2）双向密封橡胶密封圈（摘自 GB/T 10708.2—2000）

该密封圈适用于安装在液压缸活塞上起双向密封作用。

1）双向密封橡胶密封圈的使用条件见表 20.4-28。

2）鼓形圈和山形圈的结构型式和尺寸见表 20.4-29。

表 20.4-21　单向密封橡胶圈的使用条件

密封圈结构型式	往复运动速度 /m·s^{-1}	间隙 f/mm	工作压力范围 /MPa	说　明
Y 形橡胶密封圈	0.5	0.2	0～15	适用于安装在液压缸活塞和活塞杆上，起单向密封作用 材料见 HG/T 2810—2008
		0.1	0～20	
	0.15	0.2		
		0.1	0～25	
蕾形橡胶密封圈	0.5	0.3		
		0.1	0～45	
	0.15	0.3	0～30	
		0.1	0～50	
V 形组合密封圈	0.5	0.3	0～20	
		0.1	0～40	
	0.15	0.3	0～25	
		0.1	0～60	

注：1. 活塞用密封圈的标记方法以“密封圈代号、$D \times d \times L_1$（L_2、L_3）、制造厂代号”表示。
密封沟槽外径（D）为 80mm，密封沟槽内径（d）为 65mm，密封沟槽轴向长度（L_1）为 9.5mm 的活塞用 Y 形圈，标记为
Y80×65×9.5　××　GB/T 10708.1—2000
2. 活塞杆用密封圈的标记方法以“密封圈代号、$d \times D \times L_1$（L_2、L_3）、制造厂代号”表示。
密封沟槽外径（d）为 70mm，密封沟槽外径（D）为 85mm，密封沟槽轴向长度（L_1）为 9.5mm 的活塞杆用 Y 形圈，标记为
Y70×85×9.5　××　GB/T 10708.1—2000

表 20.4-22　活塞 L_1 密封沟槽用 Y 形橡胶密封圈的结构型式和尺寸　（mm）

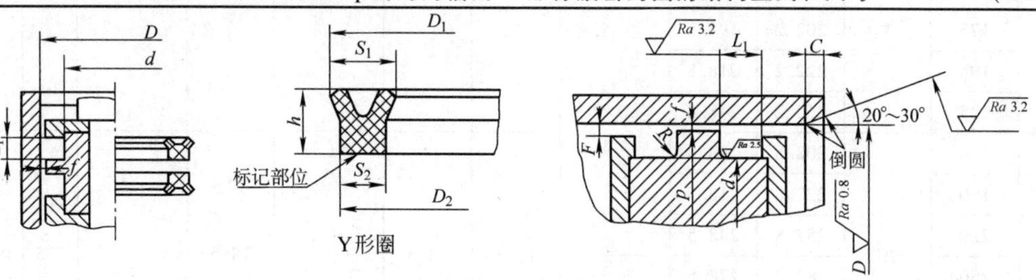

尺寸 f 及标记方法见表 20.4-21 注，尺寸 $p=D-2f$

D	d	$L_1{}^{+0.25}_{0}$	外径			宽度			高度		C ≥	R ≤	F
			D_1	D_2	极限偏差	S_1	S_2	极限偏差	h	极限偏差			
12	4	5	13	11.5	±0.20	5	3.5	±0.15	4.4	±0.20	2	0.3	0.5
16	8		17	15.5									
20	12		21.1	19.4	±0.25								
25	17		26.1	24.4									
32	24		33.1	31.4									
40	32		41.1	39.4									
20	10	6.3	21.2	19.4		6.2	4.4		5.6		2.5	0.3	0.5
25	15		26.2	24.4									
32	22		33.2	31.4									
40	30		41.2	39.4									
50	40		51.2	49.4	±0.35								
56	46		57.5	55.4									
63	53		64.2	62.4									
50	35	9.5	51.5	49.2							4	0.4	1
56	41		57.5	55.2		9	6.7		8.5				
63	48		64.5	62.2									

（续）

D	d	$L_1{}^{+0.25}_{0}$	外径			宽度			高度		C ≥	R ≤	F
			D_1	D_2	极限偏差	S_1	S_2	极限偏差	h	极限偏差			
70	55		71.5	69.2									
80	65		81.5	79.2									
90	75	9.5	91.5	89.2		9	6.7		8.5		4	0.4	1
100	85		101.5	99.2									
110	95		111.5	109.2	±0.35								
70	50		71.8	69									
80	60		81.8	79									
90	70		91.8	89									
100	80		101.8	99									
110	90	12.5	111.8	109		11.8	9		11.3		5	0.6	1
125	105		126.8	124				±0.15		±0.20			
140	120		141.8	139	±0.45								
160	140		161.8	159									
180	160		181.8	179	±0.60								
125	100		127.2	123.8									
140	115		142.2	138.8	±0.45								
160	135		162.2	158.8									
180	155	16	182.2	178.8		14.7	11.3		14.8		6.5	0.8	1.5
200	175		202.2	198.8									
220	195		222.2	218.8									
250	225		252.2	248.8	±0.60								
200	170		202.8	198.5									
220	190		222.8	218.5									
250	220	20	252.8	248.5		17.8	13.5		18.5		7.5	0.8	1.5
280	250		282.8	278.5									
320	290		322.8	318.5	±0.90			±0.20		±0.25			
360	330		362.8	358.5									
400	360		403.5	398									
450	410	25	453.5	448	±1.40	23.3	18		23		10	1.0	2
500	460		503.5	498									

注：滑动面公差配合推荐 H9/f8，但在液压缸使用条件不苛刻的情况下，滑动面公差配合也可采用 H10/f9。

表 20.4-23 活塞杆 L_1 密封沟槽用 Y 形橡胶密封圈的结构型式和尺寸 （mm）

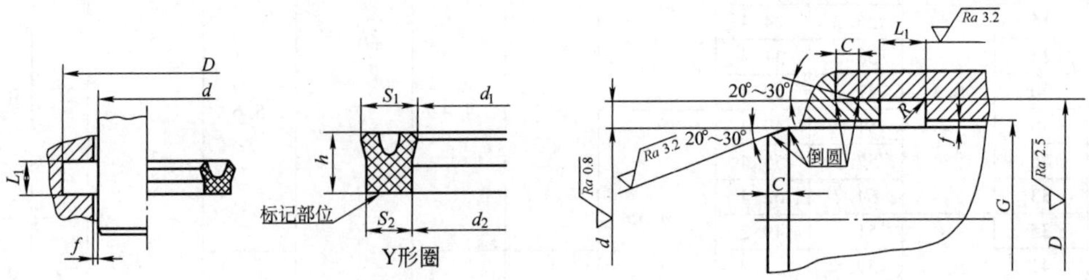

尺寸 f 及标记方法见表 20.4-21 注，尺寸 $G=d+2f$

（续）

d	D	$L_1{}^{+0.25}_{0}$	内径			宽度			高度		$C \geqslant$	$R \leqslant$
			d_1	d_2	极限偏差	S_1	S_2	极限偏差	h	极限偏差		
6	14		5	6.5								
8	16		7	8.5								
10	18		9	10.5	±0.20							
12	20		11	12.5								
14	22		13	14.5								
16	24	5	15	16.5		5	3.5		4.6		2	0.3
18	26		17	18.5								
20	28		19	20.5								
22	30		21	22.5								
25	33		24	25.5								
28	38		26.8	28.6								
32	42		30.8	32.6	±0.25							
36	46		34.8	36.6								
40	50	6.3	38.8	40.6		6.2	4.4		5.6		2.5	0.3
45	55		43.8	45.6								
50	60		48.8	50.6				±0.15		±0.20		
56	71		54.5	56.8								
63	78		61.5	63.8								
70	85	9.5	68.5	70.8		9	6.7		8.5		4	0.4
80	95		78.5	80.8	±0.35							
90	105		88.5	90.8								
100	120		98.2	101								
110	130	12.5	108.2	111		11.8	9		11.3		5	0.6
125	145		123.2	126	±0.45							
140	160		138.2	141								
160	185		157.8	161.2								
180	205	16	177.8	181.2		14.7	11.3		14.8		6.5	0.8
200	225		197.8	201.2	±0.60							
220	250		217.2	221.5								
250	280	20	247.2	251.5		17.8	13.5		18.5		7.5	0.8
280	310		277.2	281.5								
320	360	25	316.7	322	±0.90	23.3	18	±0.20	23	±0.25	10	1.0
360	400		356.7	362								

注：滑动面公差配合推荐 H9/f8，但在液压缸使用条件不苛刻的情况下，滑动面公差配合也可采用 H10/f9。

表 20.4-24 活塞 L_2 密封沟槽密封的结构型式及 Y 形圈、蕾形圈的尺寸 （mm）

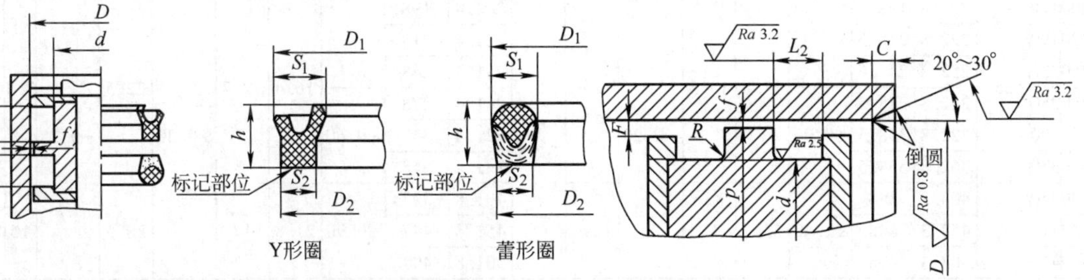

尺寸 f 及标记方法见表 20.4-21 注，尺寸 $p=D-2f$

（续）

D	d	L_2 $^{+0.25}_{0}$	Y形圈								蕾形圈								C ≥	R ≤	F
			外径			宽度			高度		外径			宽度			高度				
			D_1	D_2	极限偏差	S_1	S_2	极限偏差	h	极限偏差	D_1	D_2	极限偏差	S_1	S_2	极限偏差	h	极限偏差			
12	4	6.3	13	11.5	±0.20	5	3.5	±0.15	5.8	±0.20	12.7	11.5	±0.18	4.7	3.5	±0.15	5.6	±0.20	2	0.3	0.5
16	8		17	15.5							16.7	15.5									
20	12		21	19.5	±0.25						20.7	19.5	±0.22								
25	17		26	24.5							25.7	24.5									
32	24		33	31.5							32.7	31.5									
40	32		41	39.5							40.7	39.5									
20	10	8	21.2	19.4		6.2	4.4		7.3		20.8	19.4		5.8	4.4		7		2.5	0.3	0.5
25	15		26.2	24.4							25.8	24.4									
32	22		33.2	31.4							32.8	31.4									
46	30		41.2	39.4							40.8	39.4									
50	40		51.2	49.4							50.8	49.4									
56	46		57.2	55.4							56.8	55.4									
63	53		64.2	62.4							63.8	62.4									
50	35	12.5	51.5	49.2		9	6.7		11.5		51	49.1		8.5	6.6		11.3		4	0.4	1
56	41		57.5	55.2							57	55.1									
63	48		64.5	62.2							64	62.1									
70	55		71.5	69.2	±0.35						71	69.1	±0.28								
80	65		81.5	79.2							81	79.1									
90	75		91.5	89.2							91	89.1									
100	85		101.5	99.2							101	99.1									
110	95		111.5	109.2	±0.45						111	109.1	±0.35								
70	50	16	71.8	69	±0.35	11.8	9		15		71.2	68.6	±0.28	11.2	8.6		14.5		5	0.6	1
80	60		81.8	79							81.2	78.6									
90	70		91.8	89							91.2	88.6									
100	80		101.8	99							101.2	98.6									
110	90		111.8	109	±0.45						111.2	108.6	±0.35								
125	105		126.8	124							126.2	123.6									
140	120		141.8	139							141.2	138.6									
160	140		161.8	159							161.2	158.6									
180	160		181.8	179	±0.60						181.2	178.6	±0.45								
125	100	20	127.2	123.8	±0.45	14.7	11.3		18.5		126.3	123.2	±0.35	13.8	10.7		18		6.5	0.8	1.5
140	115		142.2	138.8							141.3	138.2									
160	135		162.2	158.8							161.3	158.2									
180	155		182.2	178.8	±0.60						181.3	178.2	±0.45								
200	175		202.2	198.8							201.3	198.2									
220	195		222.2	218.8							221.3	218.2									
250	225		252.2	248.8							251.3	248.2									
200	170	25	202.8	198.5		17.8	13.5	±0.20	23	±0.25	201.4	198		16.4	12.7	±0.20	22.5	±0.25	7.5	0.8	1.5
220	190		222.8	218.5							221.4	218									
250	220		252.8	248.5							251.4	248									
280	250		282.8	278.5	±0.90						281.4	278	±0.60								
320	290		322.8	318.5							321.4	318									
360	330		362.8	358.5							361.4	358									
400	360	32	403.3	398	±1.40	23.3	18		29		401.8	397	±0.90	21.8	17		28.5		10	1.0	2
450	410		453.3	448							451.8	447									
500	460		503.3	498							501.8	497									

注：滑动面公差配合推荐 H9/f8，但在液压缸使用条件不苛刻的情况下，滑动面公差配合也可采用 H10/f9。

表 20.4-25 活塞杆 L_2 密封沟槽的结构型式及 Y 形圈、蕾形圈的尺寸 (mm)

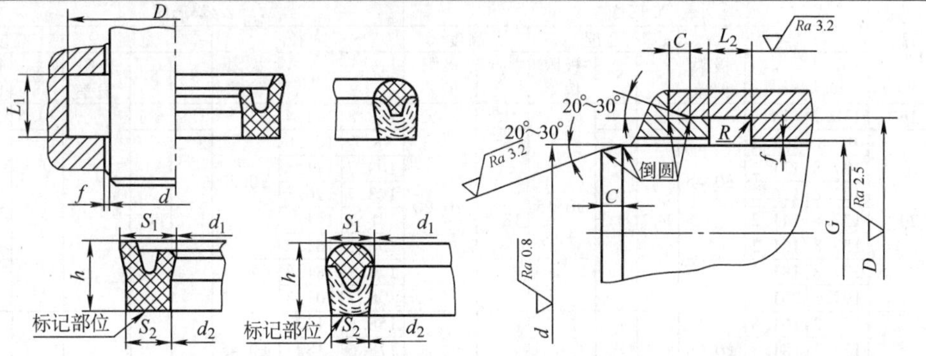

Y形圈 蕾形圈

尺寸 f 及标记方法见表 20.4-21 注,尺寸 $G=d+2f$

d	D	$L_2{}^{+0.25}_{0}$	Y 形圈									蕾形圈									C ≥	R ≤
			内径			宽度			高度		内径			宽度			高度			
			d_1	d_2	极限偏差	S_1	S_2	极限偏差	h	极限偏差	d_1	d_2	极限偏差	S_1	S_2	极限偏差	h	极限偏差		
6	14	6.3	5	6.5	±0.20	5	3.5	±0.15	5.8	±0.20	5.3	6.5	±0.18	4.7	3.5	±0.15	5.5	±0.20	2	0.3
8	16		7	8.5							7.3	8.5								
10	18		9	10.5							9.3	10.5								
12	20		11	12.5							11.3	12.5								
14	22		13	14.5							13.3	14.5								
16	24		15	16.5							15.3	16.5								
18	26		17	18.5							17.3	18.5								
20	28		19	20.5							19.3	20.5								
22	30		21	22.5	±0.25						21.3	22.5	±0.22							
25	33		24	25.5							24.3	25.5								
10	20	8	8.8	10.6	±0.20	6.2	4.4		7.3		9.2	10.6	±0.18	5.8	4.4		7		2.5	0.3
12	22		10.8	12.6							11.2	12.6								
14	24		12.8	14.6							13.2	14.6								
16	26		14.8	16.6							15.2	16.6								
18	28		16.8	18.6							17.2	18.6								
20	30		18.8	20.6							19.2	20.6								
22	32		20.8	22.6	±0.25						21.2	22.6	±0.22							
25	35		23.8	25.6							24.2	25.6								
28	38		26.8	28.6							27.2	28.6								
32	42		30.8	32.6							31.2	32.6								
36	46		34.8	36.6							35.2	36.6								
40	50		38.8	40.6							39.2	40.6								
45	55		43.8	45.6							44.2	45.6								
50	60		48.8	50.6							49.2	50.6								
28	43	12.5	26.5	28.8		9	6.7		11.5		27	28.9		8.5	6.6		11.3		4	0.4
32	47		30.5	32.8							31	32.9								
36	51		34.5	36.8							35	36.9								
40	55		38.5	40.8							39	40.9								
45	60		43.5	45.8							44	45.9								
50	65		48.5	50.8							49	50.9								
56	71		54.5	56.8							55	56.9								
63	78		61.5	63.8	±0.35						62	63.9	±0.28							
70	85		68.5	70.8							69	70.9								
80	95		78.5	80.8							79	80.9								
90	105		88.5	90.8							89	90.9								
56	76	16	54.2	57	±0.25	11.8	9		15		54.8	57.4	±0.22	11.2	8.6		14.5		5	0.6
63	83		61.2	64							61.8	64.4								
70	90		68.2	71	±0.35						68.8	71.4	±0.28							
80	100		78.2	81							78.8	81.4								
90	110		88.2	91							88.8	91.4								
100	120		98.2	101							98.8	101.4								
110	130		108.2	111	±0.45						108.8	111.4	±0.35							
125	145		123.2	126							123.8	126.4								

（续）

d	D	$L_2{}^{+0.25}_{0}$	Y 形圈									蕾形圈								C	R
			内径			宽度			高度		内径			宽度			高度			≥	≤
			d_1	d_2	极限偏差	S_1	S_2	极限偏差	h	极限偏差	d_1	d_2	极限偏差	S_1	S_2	极限偏差	h	极限偏差			
140	160	16	138.2	141		11.8	9		15		138.8	141.4		11.2	8.6		14.5		5	0.6
100	125		97.8	101.2							98.7	101.8								
110	135		107.8	111.2							108.7	111.8								
125	150		122.8	126.2	±0.45						123.7	126.8	±0.35							
140	165	20	137.8	141.2		14.7	11.3	±0.15	18.5	±0.20	138.7	141.8		13.8	10.7	±0.15	18	±0.20	6.5	0.8
160	185		157.8	161.2							158.7	161.8								
180	205		177.8	181.2							178.7	181.8								
200	225		197.8	201.2							198.7	201.8								
160	190		157.2	161.5							158.6	162								
180	210		177.2	181.5	±0.60						178.6	182	±0.45							
200	230	25	197.2	201.5		18.5	13.5		23		198.6	202		16.4	13		22.5		7.5	0.8
220	250		217.2	221.5				±0.20		±0.25	218.6	222				±0.20		±0.25		
250	280		247.2	251.5							248.6	252								
280	310		277.2	281.5							278.6	282								
320	360	32	317.7	322	±0.90	23.3	18		29		318.2	323	±0.60	21.8	17		28.5		10	1.0
360	400		357.7	362							358.2	363								

注：滑动面公差配合推荐 H9/f8，但在液压缸使用条件不苛刻的情况下，滑动面公差配合也可采用 H10/f9。

表 20.4-26　活塞 L_3 密封沟槽用 V 形组合密封圈的结构型式和尺寸　　（mm）

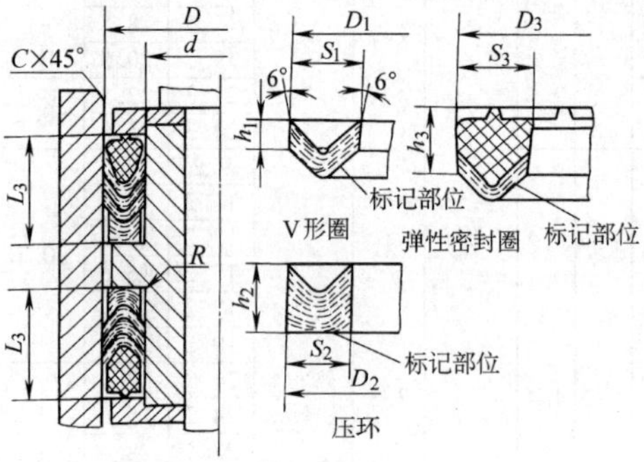

标记方法见表 20.4-21 注

D	d	$L_3{}^{+0.25}_{0}$	外径				宽度				高度				V 形圈数量	R ≤	C ≥
			D_1	D_2	D_3	极限偏差	S_1	S_2	S_3	极限偏差	h_1	h_2	h_3	极限偏差			
20	10		20.6	19.7	20.8												
25	15		25.6	24.7	25.8												
32	22		32.6	31.7	32.8												
40	30	16	40.6	39.7	40.8		5.6	4.7	5.8		3	6	6.5		1	0.3	2.5
50	40		50.6	49.7	50.8												
56	46		56.6	55.7	56.8	±0.22											
63	53		63.6	62.7	63.8												
50	35		50.7	49.5	51.1					±0.15				±0.20			
56	41		56.7	55.5	57.1												
63	48		63.7	62.5	64.1												
70	55		70.7	69.5	71.1												
80	65	25	80.7	79.5	81.1		8.2	7	8.6		4.5	7.5	8		2	0.4	4
90	75		90.7	89.5	91.1	±0.28											
100	85		100.7	99.5	101.1												
110	95		110.7	109.5	111.1												

（续）

D	d	$L_3{}^{+0.25}_{0}$	外径				宽度				高度				V形圈数量	R ≤	C ≥
			D_1	D_2	D_3	极限偏差	S_1	S_2	S_3	极限偏差	h_1	h_2	h_3	极限偏差			
70	50	32	70.8	69.4	71.3	±0.28	10.8	9.4	11.3	±0.15	5	10	11	±0.20	2	0.6	5
80	60		80.8	79.4	81.3												
90	70		90.8	89.4	91.3												
100	80		100.8	99.4	101.3												
110	90		110.8	109.4	111.3	±0.35											
125	105		125.8	124.4	126.3												
140	120		140.8	139.4	141.3												
160	140		160.8	159.4	161.3												
180	160		180.8	179.4	181.3												
125	100	40	126	124.4	126.6		13.5	11.9	14.1		6	12	15			0.8	6.5
140	115		141	139.4	141.6												
160	135		161	169.4	161.6												
180	155		181	179.4	181.6												
200	175		201	199.4	201.6	±0.45											
220	195		221	219.4	221.6												
250	225		251	249.4	251.6												
200	170		201.3	199.2	201.9		16.3	14.2	16.8		6.5		17.5		3	0.8	7.5
220	190	50	221.3	219.2	221.9												
250	220		251.3	249.2	251.9												
280	250		281.3	279.2	281.9	±0.60											
320	290		321.3	319.2	321.9												
360	330		361.3	359.2	361.9												
400	360		401.6	399	402.1	±0.90	21.6	19	22.1	±0.20	7	14	26.5	±0.25		1.0	10
450	410	63	451.6	449	452.1												
500	460		501.6	499	502.1												

注：滑动面公差配合推荐 H9/f8，但液压缸使用条件不苛刻的情况下，滑动面公差配合也可采用 H10/f9。

表 20.4-27　活塞杆 L_3 密封沟槽的结构型式及 V 形圈、压环、支承环的尺寸　（mm）

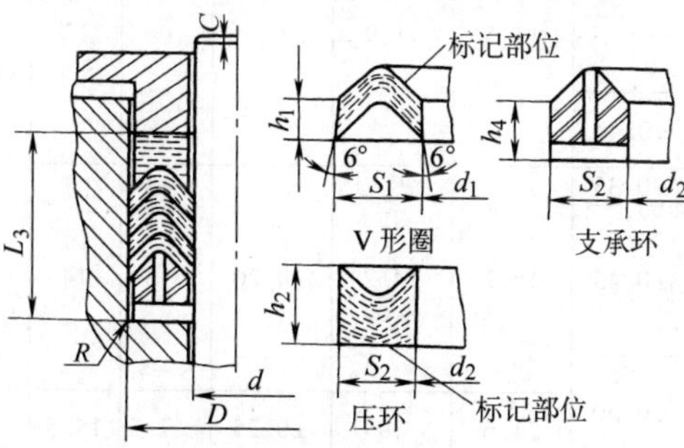

标记方法见表 20.4-21 注

（续）

d	D	$L_3{}^{+0.25}_{0}$	内径 d_1	内径 d_2	内径 极限偏差	宽度 S_1	宽度 S_2	宽度 极限偏差	高度 h_1	高度 h_2	高度 h_4	高度 极限偏差	V形圈数量	R ≤	C ≥
6	14	14.5	5.5	6.3	±0.18	4.5	3.7	±0.15	2.5	6	3	±0.20	2	0.3	2
8	16		7.5	8.3											
10	18		9.5	10.3											
12	20		11.5	12.3											
14	22		13.5	14.3											
16	24		15.5	16.3											
18	26		17.5	18.3	±0.22										
20	28		19.5	20.3											
22	30		21.5	22.3											
25	33		24.5	25.3											
10	20	16	9.4	10.3		5.6	4.7		3	6.5				0.3	2.5
12	22		11.4	12.3											
14	24		13.4	14.3											
16	26		15.4	16.3											
18	28		17.4	18.3											
20	30		19.4	20.3											
22	32		21.4	22.3											
25	35		24.4	25.3											
28	38		27.4	28.3											
32	42		31.4	32.3											
36	46		35.4	36.3											
40	50		39.4	40.3											
45	55		44.4	45.3											
50	60		49.4	50.3											
28	43	25	27.3	28.5		8.2	7		4.5	8			3	0.4	4
32	47		31.3	32.5											
36	51		35.3	36.5											
40	55		39.3	40.5											
45	60		44.3	45.5											
50	65		49.3	50.5											
56	71		55.3	56.6											
63	78		62.3	63.6											
70	85		69.3	70.5	±0.28										
80	95		79.3	80.5											
90	105		89.3	90.5											
56	76	32	55.2	56.6	±0.22	10.8	9.4		6	10				0.6	5
63	83		62.2	63.6											
70	90		69.2	70.6	±0.28										
80	100		79.2	80.6											
90	110		89.2	90.6											
100	120		99.2	100.6											
110	130		109.2	110.6											
125	145		124.2	125.6	±0.35										
140	160		139.2	140.6											
100	125	40	99	100.6		13.5	11.9			12			4	0.8	6.5
110	135		109	110.6											
125	150		124	125.6											
140	165		139	140.6											
160	185		159	160.6											
180	205		179	180.6	±0.45										
200	225		199	200.6											
160	190	50	158.8	160.8	±0.35	16.2	14.2	±0.20	6.5	14		±0.25	5	0.8	7.5
180	210		178.8	180.8	±0.45										
200	230		198.8	200.8											
220	250		218.8	220.8											
250	280		248.8	250.8											
280	310		278.8	280.8	±0.60										
320	360	63	318.4	321		21.6	19	±0.25	7	15.5	4		6	1.0	10
360	400		358.4	361											

注：滑动面公差配合推荐 H9/f8，但在液压缸使用条件不苛刻的情况下，滑动面公差配合也可采用 H10/f9。

表 20.4-28　双向密封橡胶密封圈的使用条件

密封圈结构型式	往复运动速度 /m·s⁻¹	工作压力范围 /MPa	密封圈结构型式	往复运动速度 /m·s⁻¹	工作压力范围 /MPa
鼓形橡胶密封圈	0.5	0.10~40	山形橡胶密封圈	0.5	0~20
	0.15	0.10~70		0.15	0~35

表 20.4-29　鼓形圈和山形圈的结构型式和尺寸　　(mm)

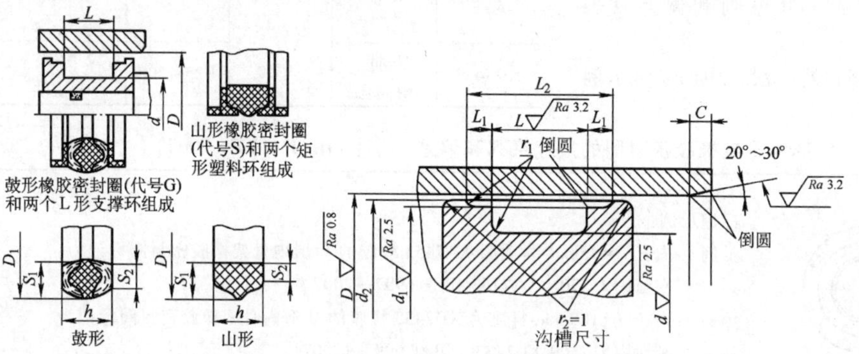

标记示例：

示例 1：D = 100mm，d = 85mm，L = 20mm 的鼓形橡胶密封圈，标记为

密封圈　G100×85×20××（××为制造厂代号）GB/T 10708.2—2000

示例 2：D = 180mm，d = 155mm，L = 32mm 的山形橡胶密封圈，标记为

密封圈　S180×155×32×× GB/T 10708.2—2000

D H9	d h9	$L^{+0.35}_{+0.10}$	外径 D_1	外径 极限偏差	高度 h	高度 极限偏差	宽度 鼓形 S_1	宽度 鼓形 S_2	宽度 鼓形 极限偏差	宽度 山形 S_1	宽度 山形 S_2	宽度 山形 极限偏差	$L_1{}^{+0.1}_{0}$	L_2	d_1 h9	d_2 h11	r_1	C ≥
25	17	10	25.6	±0.22	6.5	±0.20	4.6	3.4	±0.15	4.7	2.5	±0.15	4	18	22	24	0.4	2
32	24		32.6												29	31		
40	32		40.6												37	39		
25	15	12.5	25.7		8.5		5.7	4.2		5.8	3.2		4	20.5	22	24	0.4	2.5
32	22		32.7												29	31		
40	30		40.7												37	39		
50	40		50.7												47	49		
56	46		56.7												53	55		
63	53		63.7												60	62		
50	35	20	50.9	±0.28	14.5		8.4	6.5		8.5	4.5		5	30	46	48.5	0.4	4
56	41		56.9												52	54.5		
63	48		63.9												59	61.5		
70	55		70.9												66	68.5		
80	65		80.9												76	78.5		
90	75		90.9												86	88.5		
100	85		100.9												96	98.5		
110	95		110.9												106	108.5		
80	60	25	81		18		11	8.7		11.2	5.5		6.3	37.6	75	78	0.8	5
90	70		91												85	88		
100	80		101												95	98		
110	90		111	±0.35											105	108		
125	105		126												120	123		
140	120		141												135	138		
160	140		161												155	158		
180	160		181	±0.45											175	178		
125	100	32	126.3		24		13.7	10.8		13.9	7		10	52	119	123	0.8	6.5
140	115		141.3												134	138		
160	135		161.3												154	158		
180	155		181.3												174	178		
200	170	36	201.5		28	±0.25	16.5	12.9	±0.20	16.7	8.6	±0.20	12.5	61	192	197	0.8	7.5
220	190		221.5												212	217		
250	220		251.5												242	247		
280	250		281.5	±0.60											272	277		
320	290		321.5												312	317		
360	330		361.5												352	357		
400	360	50	401.8	±0.90	40		21.8	17.5		22	12		16	82	392	397	1.2	10
450	410		451.8												442	447		
500	460		501.8												492	497		

注：塑料支撑环（J形环、矩形环和L形环）的尺寸见参考文献［6］。

3.4　U形内骨架橡胶密封圈

U形内骨架橡胶密封圈适用于工作压力小于4MPa管路系统法兰连接结构中的密封。该密封圈用胶料为丁腈橡胶和氟橡胶，不同胶料的特性与工作条件见表20.4-30，密封圈的尺寸系列和偏差见表20.4-31。

U形内骨架橡胶密封圈在对焊法兰中的安装示例及沟槽尺寸见表20.4-32。

表20.4-30　U形内骨架橡胶密封圈用胶料的特性与工作条件（摘自JB/T 6997—2007）

胶料材质	胶料特性	工作压力 /MPa	工作温度 /℃	工作介质
XA7453	耐油	≤4	-40～100	矿物油、水-乙二醇、空气、水
XD7433	耐油、耐高温		-25～200	空气、水、矿物油

表20.4-31　U形内骨架橡胶密封圈的尺寸系列和偏差（摘自JB/T 6997—2007）　（mm）

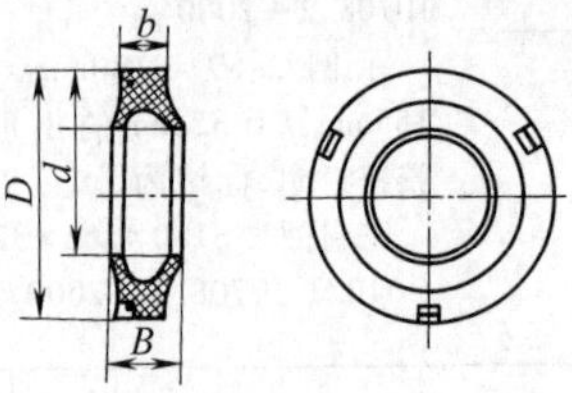

标记示例：

示例1：内径 d=25mm，材质为XA7453橡胶的U形内骨架橡胶密封圈标记为：

密封圈 UN50　XA7453 JB/T 6997—2007

示例2：内径 d=100mm，材质为XD7433橡胶的U形内骨架橡胶密封圈标记为：

密封圈 UN100 XD7433　JB/T 6997—2007

形式代号	公称通径	d		D		b		B		质量 kg/100件
		公称尺寸	极限偏差	公称尺寸	极限偏差	公称尺寸	极限偏差	公称尺寸	极限偏差	
UN25	25	25	+0.30 +0.10	50	+0.30 +0.15	9.5	0 -0.20	14.5	0 -0.30	2.7
UN32	32	32		57	+0.35 +0.20					3.0
UN40	40	40		65						3.5
UN50	50	50		75						4.1
UN65	65	65		90						4.9
UN80	80	80	+0.40 +0.15	105	+0.30 +0.15					7.6
UN100	100	100		125	+0.45 +0.25					9.2
UN125	125	125		150						11.1
UN150	150	150		175						13.1
UN175	175	175		200						15.0
UN200	200	200	+0.50 +0.20	225						17.0
UN225	225	225		250						18.9
UN250	250	250		275	+0.55 +0.30					20.9
UN300	300	300		325						24.8

表20.4-32　U形内骨架橡胶密封圈在对焊法兰中的安装示例及沟槽尺寸（摘自JB/T 6997—2007）

（mm）

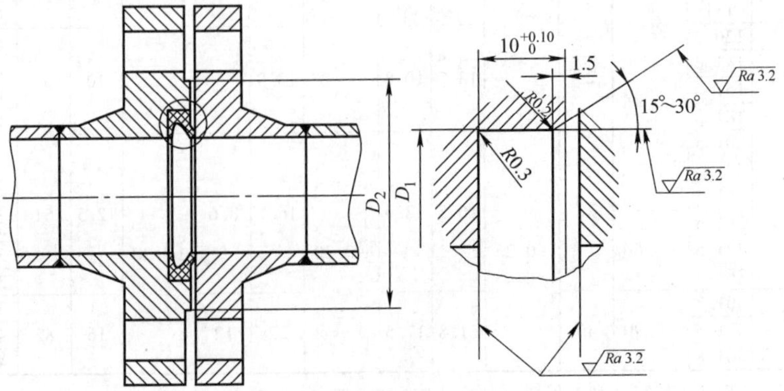

（续）

形式代号	公称通径	D_1H8		D_2
		公称尺寸	极限偏差	
UN25	25	50	$^{+0.039}_{0}$	65
UN32	32	57	$^{+0.046}_{0}$	76
UN40	40	65		84
UN50	50	75		99
UN65	65	90	$^{+0.054}_{0}$	118
UN80	80	105		132
UN100	100	125	$^{+0.063}_{0}$	156
UN125	125	150		184
UN150	150	175		211
UN200	200	225	$^{+0.072}_{0}$	284
UN250	250	275		345
UN300	300	325	$^{+0.089}_{0}$	409

U 形内骨架橡胶密封圈在平焊法兰中的安装，根据法兰通径和凸台 D_2 尺寸选择大一档的密封圈，其安装示例及沟槽尺寸见表 20.4-33。

表 20.4-33　U 形内骨架橡胶密封圈在平焊法兰中的安装示例及沟槽尺寸（根据 D_2）

（摘自 JB/T 6997—2007）　（mm）

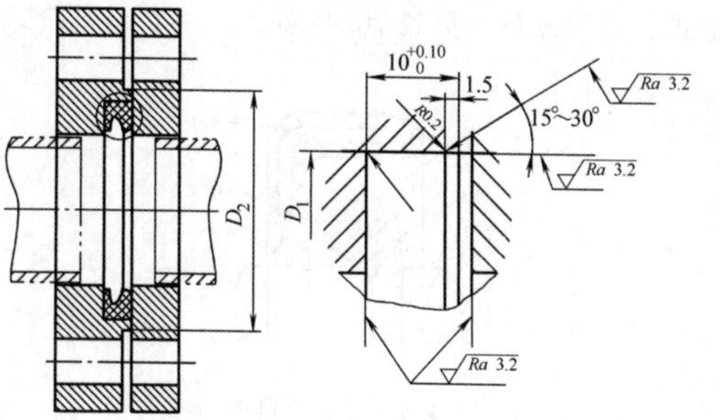

型式代号	公称通径	D_1H8		D_2
		公称尺寸	极限偏差	
UN50	40	65	$^{+0.046}_{0}$	84
UN65	50	75		99
UN80	65	90	$^{+0.054}_{0}$	118
UN100	80	105		132
UN125	100	125	$^{+0.063}_{0}$	156
UN150	125	150		184
UN175	150	175		211
UN225	200	225	$^{+0.072}_{0}$	284
UN300	250	275		345

此外，还有各种组合、复合的唇形密封应用于各种场合。例如，同轴密封件又称橡塑组合滑环密封圈，是以 O 形橡胶密封圈或其他截面形式的橡胶或塑料密封圈为弹性体，与填充聚四氟乙烯塑料环组合而成。目前，进口设备应用较多的格来圈（Glyd-Ring）、斯特封（Stepseal）等就是属于这一类型的产品。典型组合唇形密封见图 20.4-4。

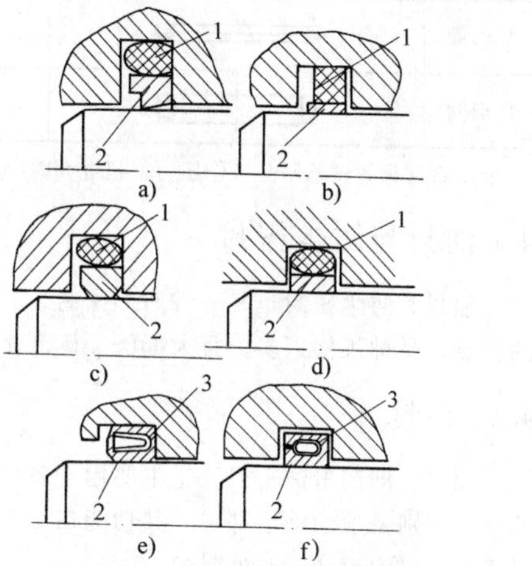

图 20.4-4　典型组合唇形密封

a）Stepseal（斯特封）　b）、c）、d）Glyd-Ring（格来圈）　e）、f）Variseal（泛塞）

1—加力弹性体　2—聚四氟乙烯密封件　3—不锈钢加力弹簧

3.5　聚四氟乙烯密封圈

该密封圈的分类、特点和应用见表 20.4-34。

表 20.4-34　聚四氟乙烯密封圈的分类、特点和应用

名称	材料	特点和应用
J 形、L 形密封圈	PTFE 添加石墨、玻璃纤维、青铜、二硫化钼和各种氧化物	摩擦力小，能承受干摩擦；唇口和轴表面的磨损率低；温度适用范围为-50~200℃；耐油、耐蚀；密封性良好 J 形密封圈用于活塞杆的密封；L 形密封圈可做单向或双向运动的活塞密封
U 形密封圈	以 PTFE 为基料再添加填料	U 形密封是平衡型密封，即在内径和外径上都有密封，并配有支承环来保护密封，以防在压力作用下，被压扁或扭曲
V 形密封圈	用 PTFE 添加玻璃粉、石墨或二硫化钼	V 形圈以多个圈成组安装，可提高密封效果和使用寿命。V 形圈组件中装有波形弹簧，可起到预加载荷目的，并自动补偿 V 形圈磨损

3.6　皮革密封圈

皮革密封圈具有优良的耐磨、耐压性能，可用于润滑条件较差、轴或缸比较粗糙的液压和气压设备密封中。

皮革密封圈典型形式为唇形圈。一般采用丹宁革、铬革或混合革等材质制成，为增强回弹性，必要时采用菊花形板簧、钢丝圈簧和橡胶垫等补充弹力。表 20.4-35 列出了皮革唇形密封圈的主要类型、工作条件及应用特点。

表 20.4-35　皮革唇形密封圈的主要类型、工作条件及应用特点

种类	简　图	工作条件				应用特点
		公称尺寸/mm		工作压力/MPa	工作温度/℃	
		内径	外径			
L形圈	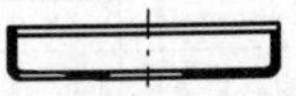	—	12~800	≤100①	-70~100	可用于油、水和空气等介质中
J形圈	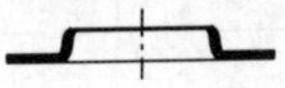	16~130	—			
V形圈	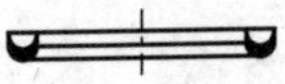	8~950	24~1000			
U形圈	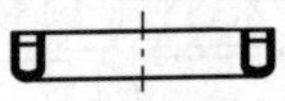	12~500	28≤550			

① 系列化的皮革制品工作压力不超过 50MPa。

4　油封与防尘密封

油封和防尘密封也是一种唇形密封，并具有明显的特点，品种规格繁多，且大都已经标准化。

4.1　油封

油封，即润滑油密封。它主要用于各种机械的轴承处，特别是滚动轴承部位。其功能在于把油腔和外界隔离，对内封油，对外封尘。

油封的工作范围如下：工作压力小于 0.3MPa；密封面线速度，低速型小于 4m/s，高速型为 4~15m/s；工作温度为-60~150℃（与橡胶种类有关）；适用介质：油、水及弱腐蚀性液体，寿命 500~2000h。

4.1.1　油封的结构

油封的典型结构如图 20.4-5 所示。油封的结构型式、简图及特点见表 20.4-36。

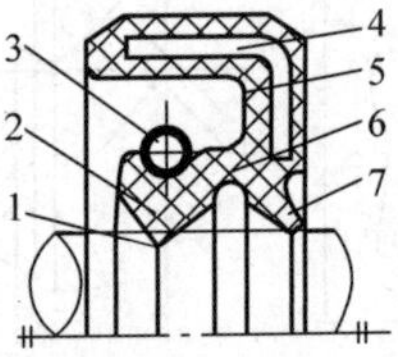

图 20.4-5　油封的典型结构

1—唇口　2—冠部　3—弹簧　4—骨架　5—底部　6—腰部　7—副唇

表 20.4-36　油封的结构型式、简图及特点

结构型式	简　图	特　点
黏结结构		橡胶部分和金属骨架可以分别加工制造，再用胶黏结在一起成为外露骨架型。制造简单，价格便宜。美、日两国多采用这种结构
装配结构	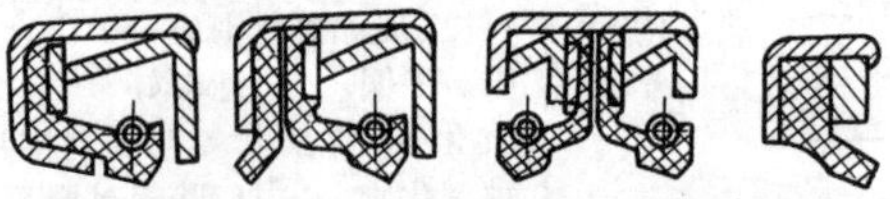	它是把橡胶唇部、金属骨架和弹簧圈三者装配起来而组成油封。它由内外骨架把橡胶唇部夹紧。通常还有一挡板，以防弹簧脱出
橡胶包骨架结构		它是把冲压好的金属骨架包在橡胶之中成为内包骨架型。其制造工艺较为复杂些，但刚度好，易装配，且对钢板材料要求不高
全胶结构	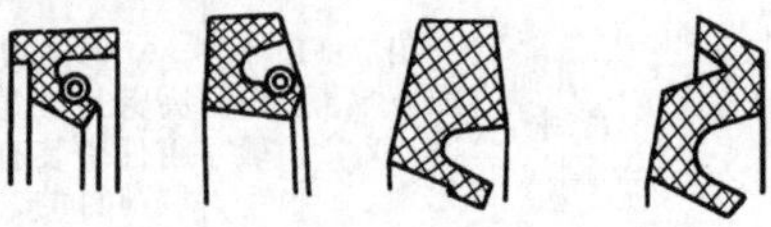	油封无骨架，有的甚至无弹簧，整体由橡胶模压而成形。其刚度差，易产生塑性变形。但是它可以切口使用，这对于不能从轴端装入而又必须用油封的部位是仅有的一种形式

4.1.2　油封的材料

用作油封的橡胶主要是丁腈橡胶、丙烯酸酯橡胶和聚氨酯橡胶，特殊情况会用到硅橡胶、氟橡胶和聚四氟乙烯树脂。当考虑转速及温度的影响时，对油封材料的选择可参考表 20.4-37。

表 20.4-37　考虑转速及温度的油封材料选择

转　速	温度/℃ -45～-15	-15～65	65～95	95～150	150～170
低　速	硅橡胶	丁腈橡胶	丁腈橡胶	丙烯酸酯橡胶	硅橡胶、氟橡胶
中　速	硅橡胶	丁腈橡胶、硅橡胶	丙烯酸酯橡胶	丙烯酸酯橡胶	硅橡胶、氟橡胶
高　速	硅橡胶	硅橡胶	硅橡胶	硅橡胶	硅橡胶、氟橡胶

（温度刻度：-45　-15　10　40　65　95　120　150　170）

4.1.3　油封密封的设计

(1) 主要特征参数的确定

1) 唇口线比压 q_1。唇口线比压 q_1 表示在单位圆周上的油封唇对轴杆的箍紧力，其常用数值见表 20.4-38。

表 20.4-38　油封唇口线比压 q_1 值

油封形式	q_1/N·mm^{-1}
低速型	150～220
高速型	95～130

2) 摩擦力矩 M。油封摩擦力矩 M 由下式确定

$$M = 2\pi r^2 \mu q_1 \qquad (20.4\text{-}1)$$

式中　r——轴半径（mm）；

μ——油封唇口与轴杆摩擦因数见表 20.4-39；

q_1——唇口线比压（N·mm^{-1}）。

表 20.4-39　油封唇口与轴杆摩擦因数

介质	摩擦因数 μ 最低	摩擦因数 μ 最高
润滑脂	0.3	0.8
锭子油	0.2	0.45
内燃机油	0.3	1.0
气缸油	0.4	1.0

注：表中 μ 值系 ϕ40mm 油封的数值。随轴径增加，μ 将与轴径的 1/3 次方成比例上升。

3) 过盈量。过盈量是指在自由状态（未装弹簧）时唇口直径与轴径之差，通常为 0.2～0.5mm，见表 20.4-40。

表 20.4-40　油封的过盈量公差（mm）

轴径 d_0	唇口直径 d 低速型	高速型	无弹簧型
<30	$(d_0-1)\pm0.13$		$(d_0-1.5)\pm0.3$
30～80	$(d_0-1)\pm0.5$	$d_{0\ -1.0}^{\ \ 0}$	$(d_0-1.5)\pm0.5$
80～180	$(d_0-1)_{\ 0}^{-1.0}$	$d_{0\ -1.5}^{\ -0.5}$	$(d_0-1.5)_{\ 0}^{-1.0}$
>180	$(d_0-1)_{\ 0}^{-1.5}$	$d_{0\ -1.5}^{\ -1.0}$	$(d_0-1.5)_{\ 0}^{-1.0}$

(2) 影响油封密封因素对设计的要求

影响油封密封因素对设计的要求见表 20.4-41。

表 20.4-41　影响油封密封因素对设计的要求

影响因素	对设计要求
橡胶品种	油封橡胶收缩过大使唇口与轴的过盈量减小，使随动性下降。如果油封橡胶膨胀过大，会使其力学性能及尺寸发生变化，以致油封不能使用。一般情况下，油封的橡胶材料应以稍微有些膨胀为宜
润滑油	润滑油不同，油封的润滑状态不同，摩擦热也有差异。右图为润滑脂、齿轮油和发动机油的比较，其中以发动机油为最好。从图中还可看出，润滑油完全把轴淹没时油封的发热要比只淹没 25%轴径时大，所以设计油量以淹没 50%轴径为限度 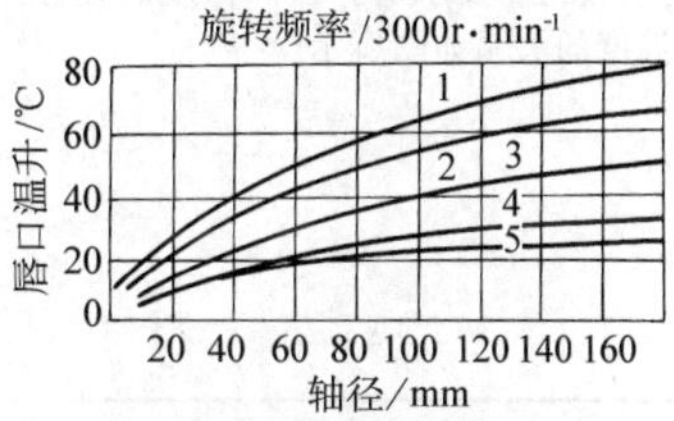 几种润滑油的比较 1—润滑脂　2—齿轮油（淹没全轴）　3—发动机油（淹没全轴） 4—齿轮油（淹没轴径 25%）　5—发动机油（淹没轴径 25%）
润滑油添加剂	在各种润滑油中加入添加剂可以提高润滑性能，但对油封的密封性带来不利影响。其中尤以硫、磷和氯等成分影响最大，它们能与橡胶的不饱和双链相交联，使橡胶硬化，造成油封失去弹性而泄漏。此外，加入添加剂的油，长时间使用会变黑，产生油泥；时间长了，油泥会积聚在油封唇部，会使唇口失效而泄漏。因此，要将油温控制得低一些
轴表面粗糙度	表面粗糙度推荐数值为 0.8～3.2μm，对于要长时间维持油封的密封状态，除表面粗糙度合适以外，还必须排除螺旋线的走刀痕迹，并禁止用砂纸打光轴的油封部位。对于往复运动用油封，加工痕迹并无影响
轴的振动量	振动对油封的影响，主要是使油膜处于紊乱状态，密封性能下降。油封许用振动幅值见右图 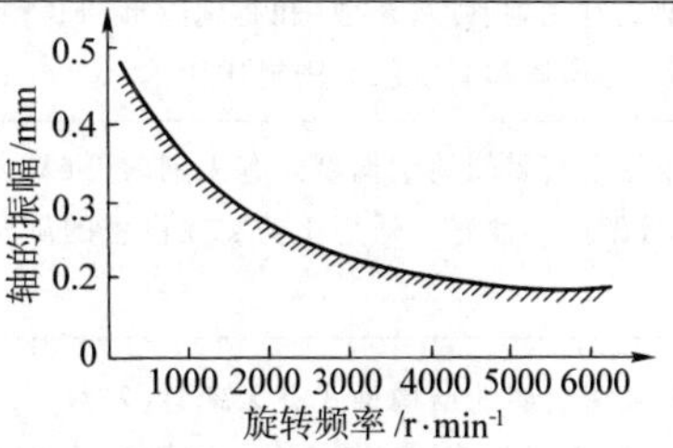 轴的允许振动量

（续）

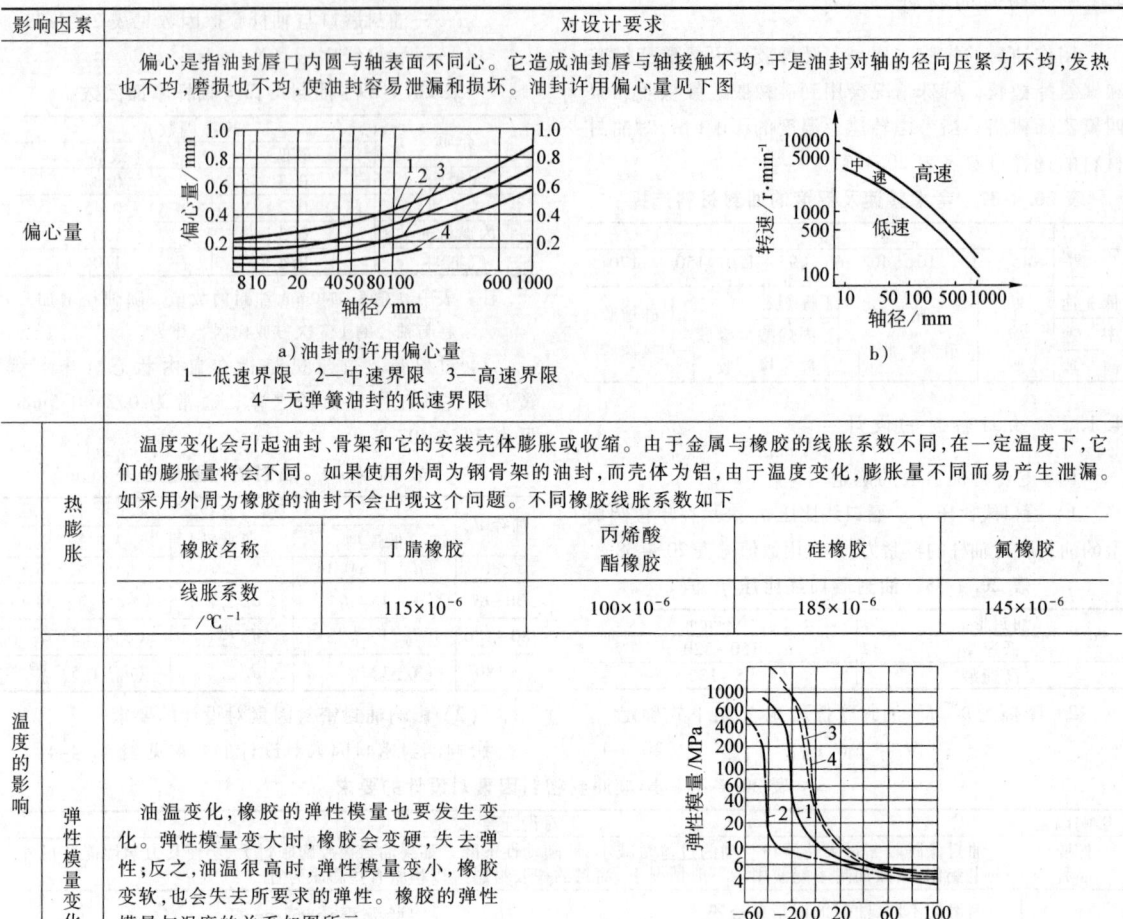

<table>
<tr><th colspan="2">影响因素</th><th>对设计要求</th></tr>
<tr><td colspan="2">偏心量</td><td>偏心是指油封唇口内圆与轴表面不同心。它造成油封唇与轴接触不均，于是油封对轴的径向压紧力不均，发热也不均，磨损也不均，使油封容易泄漏和损坏。油封许用偏心量见下图
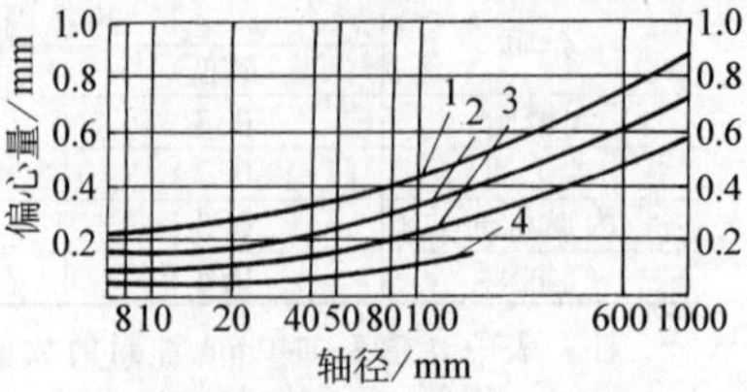
a）油封的许用偏心量
1—低速界限 2—中速界限 3—高速界限
4—无弹簧油封的低速界限
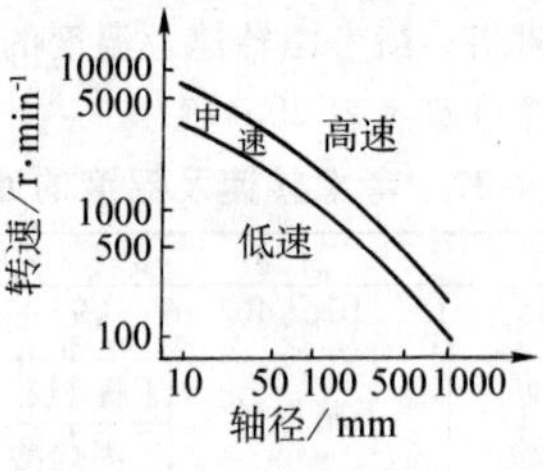
b）</td></tr>
<tr><td rowspan="2">温度的影响</td><td>热膨胀</td><td>温度变化会引起油封、骨架和它的安装壳体膨胀或收缩。由于金属与橡胶的线胀系数不同，在一定温度下，它们的膨胀量将会不同。如果使用外周为钢骨架的油封，而壳体为铝，由于温度变化，膨胀量不同而易产生泄漏。如采用外周为橡胶的油封不会出现这个问题。不同橡胶线胀系数如下
<table><tr><td>橡胶名称</td><td>丁腈橡胶</td><td>丙烯酸酯橡胶</td><td>硅橡胶</td><td>氟橡胶</td></tr><tr><td>线胀系数/℃$^{-1}$</td><td>115×10^{-6}</td><td>100×10^{-6}</td><td>185×10^{-6}</td><td>145×10^{-6}</td></tr></table></td></tr>
<tr><td>弹性模量变化</td><td>油温变化，橡胶的弹性模量也要发生变化。弹性模量变大时，橡胶会变硬，失去弹性；反之，油温很高时，弹性模量变小，橡胶变软，也会失去所要求的弹性。橡胶的弹性模量与温度的关系如图所示
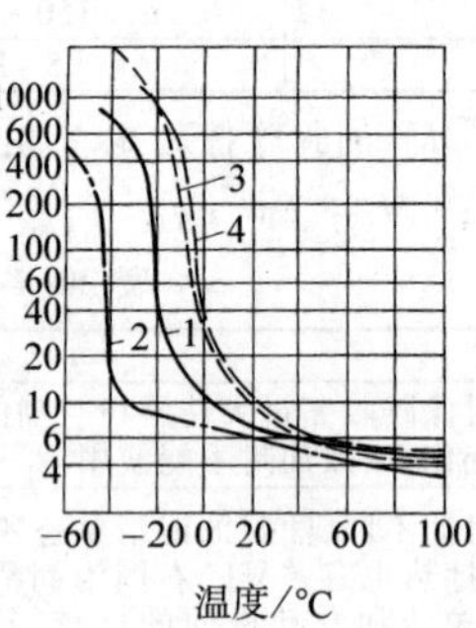
橡胶的弹性模量与温度的关系
1—丁腈橡胶 2—硅橡胶 3—丙烯酸酯橡胶 4—氟橡胶</td></tr>
</table>

4.1.4 用作油封的旋转轴唇形密封圈

用作油封的旋转轴唇形密封圈的分类及特点见表 20.4-42。旋转轴唇形密封圈的类型和公称尺寸见表 20.4-43。其他结构和尺寸可查阅标准 GB/T 9877—2008。

表 20.4-42 旋转轴唇形密封圈的分类及特点

分类	特 点
内包骨架	该密封圈应用广泛，但在定位准确性和同轴度、骨架散热性方面不如外露骨架旋转轴唇形密封圈。该密封圈的结构型式有无副唇形（B 型）和有副唇形（FB 型）两种。适用于安装在设备的旋转轴端，在压力不超过 0.05MPa 的条件下，对流体和润滑脂起密封作用
外露骨架	外露骨架密封圈的结构型式有无副唇形（W 型）和有副唇形（FW 型）两种。该密封圈定位准确，同轴度高，安装方便，骨架散热性好。适用于安装在设备的旋转轴端，在压力不超过 0.05MPa 的条件下，对流体和润滑脂起密封作用
装配式	装配式密封圈的结构型式有无副唇（Z 型）和有副唇（FZ 型）两种。该密封圈适用于安装在大型、精密设备中的旋转轴端，在压差不超过 0.3MPa 的条件下，对流体及润滑脂起密封作用

表 20.4-43　旋转轴唇形密封圈的类型和公称尺寸（摘自 GB/T 13871.1—2007）　（mm）

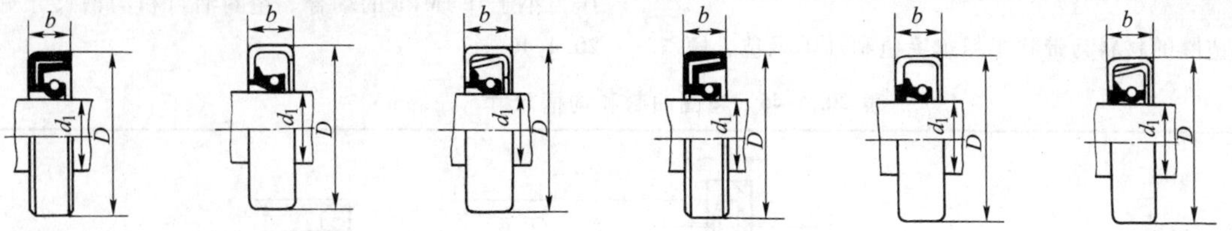

类型 1（B 型）内包骨架型　类型 2（W 型）外露骨架型　类型 3（Z 型）装配型　类型 4（FB 型）带副唇内包骨架型　类型 5（FW 型）带副唇外露骨架型　类型 6（FZ 型）带副唇装配型

注：由于密封圈由不同的制造商生产或是在设计细节上的某些变化，所示结构仅仅是作为 6 种基本类型代表示例

d_1	D	b	d_1	D	b	d_1	D	b	d_1	D	b
6	16	7	25	47	7	50	68	8	120	150	12
6	22	7	25	52	7	50①	70	8	130	160	12
7	22	7	28	40	7	50	72	8	140	170	15
8	22	7	28	47	7	55	72	8	150	180	15
8	24	7	28	52	7	55①	75	8	160	190	15
9	22	7	30	42	7	55	80	8	170	200	15
10	22	7	30	47	7	60	80	8	180	210	15
10	25	7	30①	50	7	60	85	8	190	220	15
12	24	7	30	52	7	65	85	10	200	230	15
12	25	7	32	45	8	65	90	10	220	250	15
12	30	7	32	47	8	70	90	10	240	270	15
15	26	7	32	52	8	70	95	10	250	290	15
15	30	7	35	50	8	75	95	10	260	300	20
15	35	7	35	52	8	75	100	10	280	320	20
16	30	7	35	55	8	80	100	10	300	340	20
16①	35	7	38	55	8	80	110	10	320	360	20
18	30	7	38	58	8	85	110	12	340	380	20
18	35	7	38	62	8	85	120	12	360	400	20
20	35	7	40	55	8	90①	115	12	380	420	20
20	40	7	40①	60	8	90	120	12	400	440	20
20①	45	7	40	62	8	95	120	12			
22	35	7	42	55	8	100	125	12			
22	40	7	42	62	8	105①	130	12			
22	47	7	45	62	8	110	140	12			
25	40	7	45	65	8						

① 为国内用到而 ISO 6194-1：1982 中没有的规格。

与密封圈配合的旋转轴的轴端的导入倒角见表 20.4-44，并且倒角上不应有飞边、尖角和粗糙的机械加工痕迹。轴的直径公差按 GB/T 1800.2—2009 的要求，不得超过 h11。与密封圈唇口接触的轴表面应磨削加工至符合 GB/T 1031—2009 的表面粗糙度 $Ra=0.2\sim0.63\mu m$，$Rz=0.8\sim2.5\mu m$，且不应有机械加工的痕迹。在某些要求较低的场合，表面粗糙度要求可适当放宽。

表 20.4-44　轴端的导入倒角　（mm）

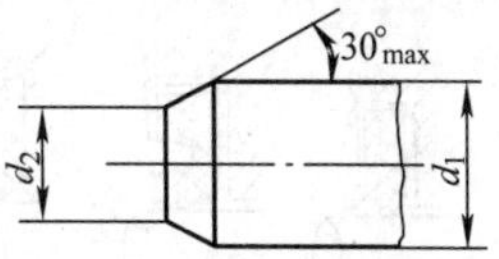

轴直径 d_1	$d_1-d_2$①	轴直径 d_1	$d_1-d_2$①
$d_1\leqslant10$	1.5	$50<d_1\leqslant70$	4.0
$10<d_1\leqslant20$	2.0	$70<d_1\leqslant95$	4.5
$20<d_1\leqslant30$	2.5	$95<d_1\leqslant130$	5.5
$30<d_1\leqslant40$	3.0	$130<d_1\leqslant240$	7.0
$40<d_1\leqslant50$	3.5	$240<d_1\leqslant400$	11.0

① 若轴端采用倒圆倒入导角，则倒圆的圆角半径不小于表中 d_1-d_2 的值。

安装密封圈的腔体内孔应有倒角，不允许有飞边，腔体内孔的尺寸见表 20.4-45。当腔体内孔用黑色金属整体加工成刚性件时，其尺寸公差按 GB/T 1800.2—2009 的规定，不应超过 H8。腔体内孔的表面粗糙度按 GB/T 1031—2009 的规定，$Ra=1.6\sim3.2\mu m$，$Rz=6.3\sim12.5\mu m$。当采用外露骨架型密封圈时，内孔表面粗糙度可考虑采用更低的数值。

表 20.4-45　腔体内孔的尺寸　（mm）

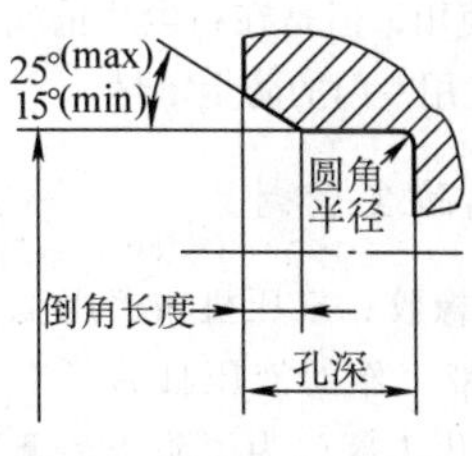

密封圈公称总宽度 b	腔体内孔深度	倒角长度	腔体内孔最大圆角半径
≤10	$b+0.9$	0.70～1.00	0.50
>10	$b+1.2$	1.20～1.50	0.75

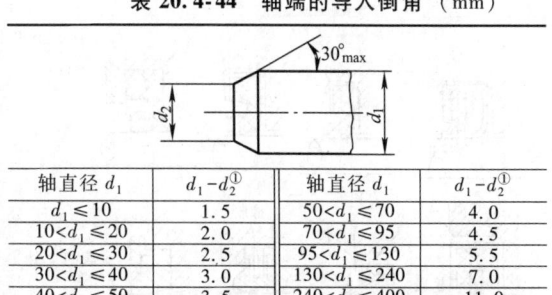

4.2 毡圈油封

毡圈的材料为带状半粗羊毛毡和细羊毛毡，倾斜结合而成，适用速度 $v<5m/s$，温度低于 90℃，工作压力小于 0.1MPa 的场合。毡圈油封和沟槽尺寸见表 20.4-46。

表 20.4-46 毡圈油封和沟槽尺寸 (mm)

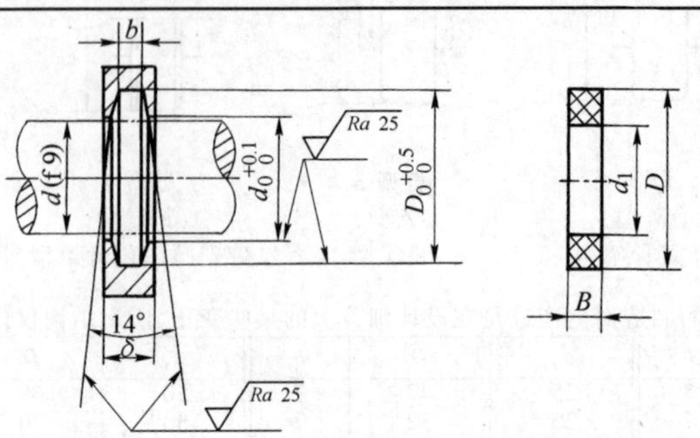

标记示例：

轴径 $d=40mm$ 的毡圈记为：毡圈 40

d 公称轴径	毡圈 D	毡圈 d_1	毡圈 B	毡圈 质量/kg	沟槽 D_0	沟槽 d_0	沟槽 b	沟槽 δ_{min} 用于钢	沟槽 δ_{min} 用于铸铁	d 公称轴径	毡圈 D	毡圈 d_1	毡圈 B	毡圈 质量/kg	沟槽 D_0	沟槽 d_0	沟槽 b	沟槽 δ_{min} 用于钢	沟槽 δ_{min} 用于铸铁
15	29	14	6	0.0010	28	16	5	10	12	120	142	118	10	0.018	140	122	8	15	18
20	33	19		0.0012	32	21				125	147	123		0.018	145	127			
25	39	24	7	0.0018	38	26	6	12	15	130	152	128	12	0.030	150	132	10	18	20
30	45	29		0.0023	44	31				135	157	133		0.030	155	137			
35	49	34		0.0023	48	36				140	162	138		0.032	160	143			
40	53	39		0.0026	52	41				145	167	143		0.033	165	148			
45	61	44	8	0.0040	60	46	7			150	172	148		0.034	170	153			
50	69	49		0.0054	68	51				155	177	153		0.035	175	158			
55	74	53		0.0060	72	56				160	182	158		0.035	180	163			
60	80	58		0.0069	78	61				165	187	163		0.037	185	168			
65	84	63		0.0070	82	66				170	192	168		0.038	190	173			
70	90	68		0.0079	88	71				175	197	173		0.038	195	178			
75	94	73		0.0080	92	77				180	202	178		0.038	200	183			
80	102	78	9	0.011	100	82	8	15	18	185	207	183		0.039	205	188			
85	107	83		0.012	105	87				190	212	188		0.039	210	193			
90	112	88		0.012	110	92				195	217	193	14	0.041	215	198	12	20	22
95	117	93	10	0.014	115	97				200	222	198		0.042	220	203			
100	122	98		0.015	120	102				210	232	208		0.044	230	213			
105	127	103		0.016	125	107				220	242	213		0.046	240	223			
110	132	108		0.017	130	112				230	252	223		0.048	250	233			
115	137	113		0.018	135	117				240	262	238		0.051	260	243			

注：粗毛毡适用于速度 $v\leqslant 3m/s$，优质细毛毡适用于 $v\leqslant 10m/s$。

4.3 防尘密封

油封可以作为防尘密封件使用，但是在粉尘严重或为了保护其他密封件时，常常使用专门的防尘密封。

4.3.1 非标准橡胶和金属防尘密封

液压机械的防尘密封多用橡胶；气压机械多用毛毡（方形或梯形）；飞机和寒带工作的液压缸为了对付活塞杆外部结冰而用金属；化工部门为了防止活塞杆上的黏着物也用金属。详见图 20.4-6。

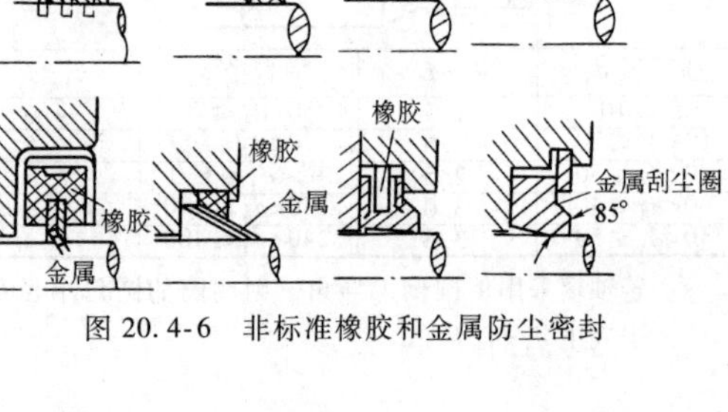

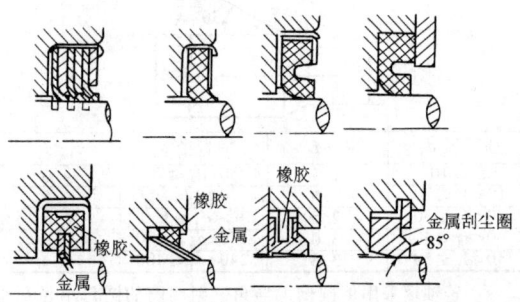

图 20.4-6 非标准橡胶和金属防尘密封

4.3.2　防尘密封圈的形式和尺寸系列（摘自 GB/T 10708.3—2000）

该密封圈适用于安装在液压缸活塞杆导向套上起防尘密封作用。

（1）密封圈的分类

密封圈的分类见表 20.4-47。

（2）防尘圈的形式与尺寸

表 20.4-47　密封圈的分类

类型	特点与应用
A	单唇无骨架橡胶密封圈，适于在 A 型密封结构型式内安装，起防尘作用
B	单唇带骨架橡胶密封圈，适于在 B 型密封结构型式内安装，起防尘作用
C	双唇密封垫圈，适于在 C 型密封结构型式内安装，起防尘作用

防尘圈的形式与尺寸见表 20.4-48～表 20.4-50。

表 20.4-48　A 型防尘圈的形式和尺寸　（mm）

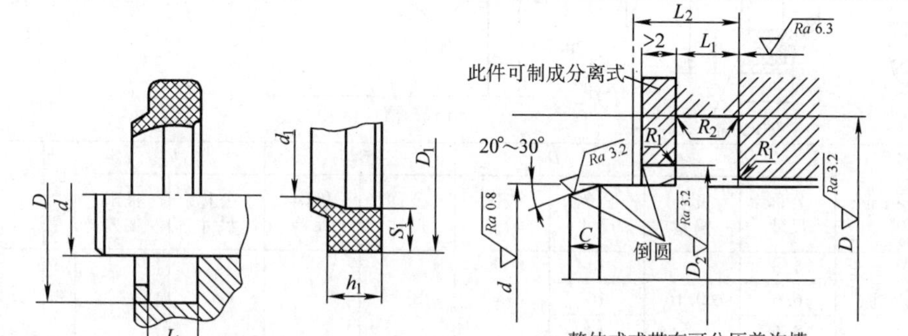

整体式或带有可分压盖沟槽

标记示例：

A 型防尘密封圈、密封腔体，内径为 100mm，外径为 115mm，密封腔体轴向长度为 9.5mm，标记为：

防尘密封圈　FA100×115×9.5　××（制造厂代号）GB/T 10708.3—2000

B 型防尘密封圈用 FB 表示；C 型防尘密封圈用 FC 表示

d	D		L_1		d_1		D_1		S_1		h_1		D_2		L_2 ≤	R_1 ≤	R_2 ≤	C ≥
	公称尺寸	极限偏差	公称尺寸	极限偏差	公称尺寸	极限偏差	公称尺寸	极限偏差	公称尺寸	极限偏差	公称尺寸	极限偏差	公称尺寸	极限偏差				
6	14	+0.110 0	5	+0.2 0	4.6	±0.15	14	±0.15	3.5	±0.15	5	0 -0.30	11.5	+0.110 0	8	0.3	0.5	2
8	16				6.6		16						13.5					
10	18				8.6		18						15.5					
12	20				10.6		20						17.5					
14	22	+0.130 0			12.5	±0.25	22						19.5	+0.130 0				
16	24				14.5		24						21.5					
18	26				16.5		26						23.5					
20	28				18.5		28						25.5					
22	30				20.5		30						27.5					
25	33	+0.160 0			23.5		33						30.5	+0.160 0				
28	36				26.5		36						33.5					
32	40				30.5		40						37.5					
36	44				34.5		44						41.5					
40	48				38.5		48						45.5					
45	53	+0.190 0			43.5		53						50.5	+0.190 0				
50	58				48.5		58						55.5					
56	66		6.3		53		66	±0.35	4.3		6.3		63					
60	70				58		70						67		10	0.4		2.5
63	73				61		73						70					
70	80				68	±0.35	80						77					
80	90	+0.220 0			78		90						87	+0.220 0				
90	100				88		100						97					
100	115		9.5	+0.3 0	97.5	±0.45	115	±0.45	6.5		9.5		110		14	0.6		4
110	125				107.5		125						120					
125	140	+0.250 0			122.5		140						135	+0.250 0				
140	155				137.5		155						150					
160	175				157.5		175						170					
180	195	+0.290 0			167.5	±0.60	195	±0.60					190	+0.290 0				
200	215				197.5		215						210					
220	240		12.5		217		240		8.7		12.5		233.5		18	0.8	0.9	5
250	270	+0.320 0			247		270						263.5	+0.320 0				
280	300				277	±0.90	300	±0.90					293.5					
320	340	+0.360 0			317		340						333.5	+0.360 0				
360	380				357		380						373.5					

表 20.4-49 B 型防尘圈的形式和尺寸 (mm)

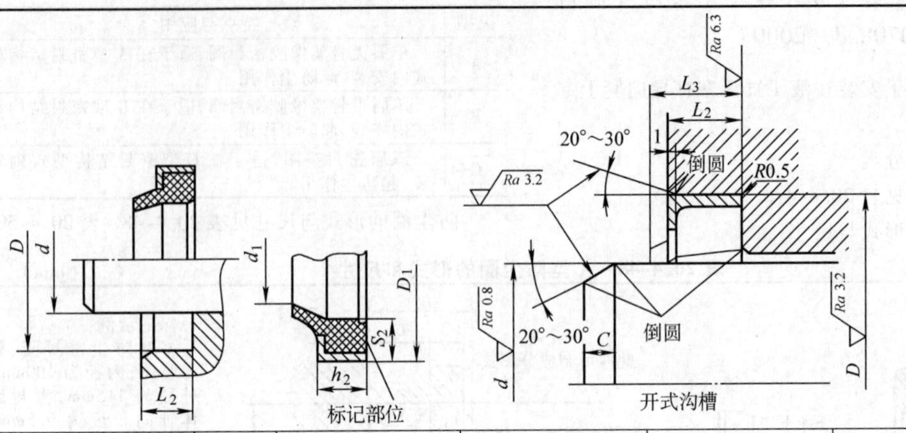

标记示例见表 20.4-48

d	D 公称尺寸	D 极限偏差	$L_2{}^{+0.5}_{0}$	d_1 公称尺寸	d_1 极限偏差	D_1 公称尺寸	D_1 极限偏差	S_2 公称尺寸	S_2 极限偏差	h_2 公称尺寸	h_2 极限偏差	L_3 ≤	C ≥
6	14	+0.027 0	5	4.6	±0.15	14	S7	3.5	±0.15	5	0 -0.30	8	2
8	16			6.6		16							
10	18			8.6		18							
12	22	+0.033 0	7	10.5	±0.25	22		4.3		7		11	2.5
14	24			12.5		24							
16	26			14.5		26							
18	28			16.5		28							
20	30			18.5		30							
22	32	+0.039 0		20.5		32							
25	35			23.5		35							
28	38			26.5		38							
32	42			30		42							
36	46			34		46							
40	50			38		50							
45	55	+0.046 0		43		55							
50	60			48		60							
56	66			54		66							
60	70			58		70							
63	73			61		73							
70	80	+0.054 0		68	±0.35	80							
80	90			78		90							
90	100			88		100							
100	115	+0.063 0	9	97.5	±0.45	115		6.5		9	0 -0.35	13	4
110	125			107.5		125							
125	140			122.5		140							
140	155			137.5		155							
160	175			157.5		175							
180	195	+0.072 0		177.5	±0.60	195							
200	215			197.5		215							
220	240		12	217		240		8.7		12	0 -0.40	16	5
250	270	+0.081 0		247		270							
280	300			277	±0.90	300							
320	340	+0.089 0		317		340							
360	380			357		380							

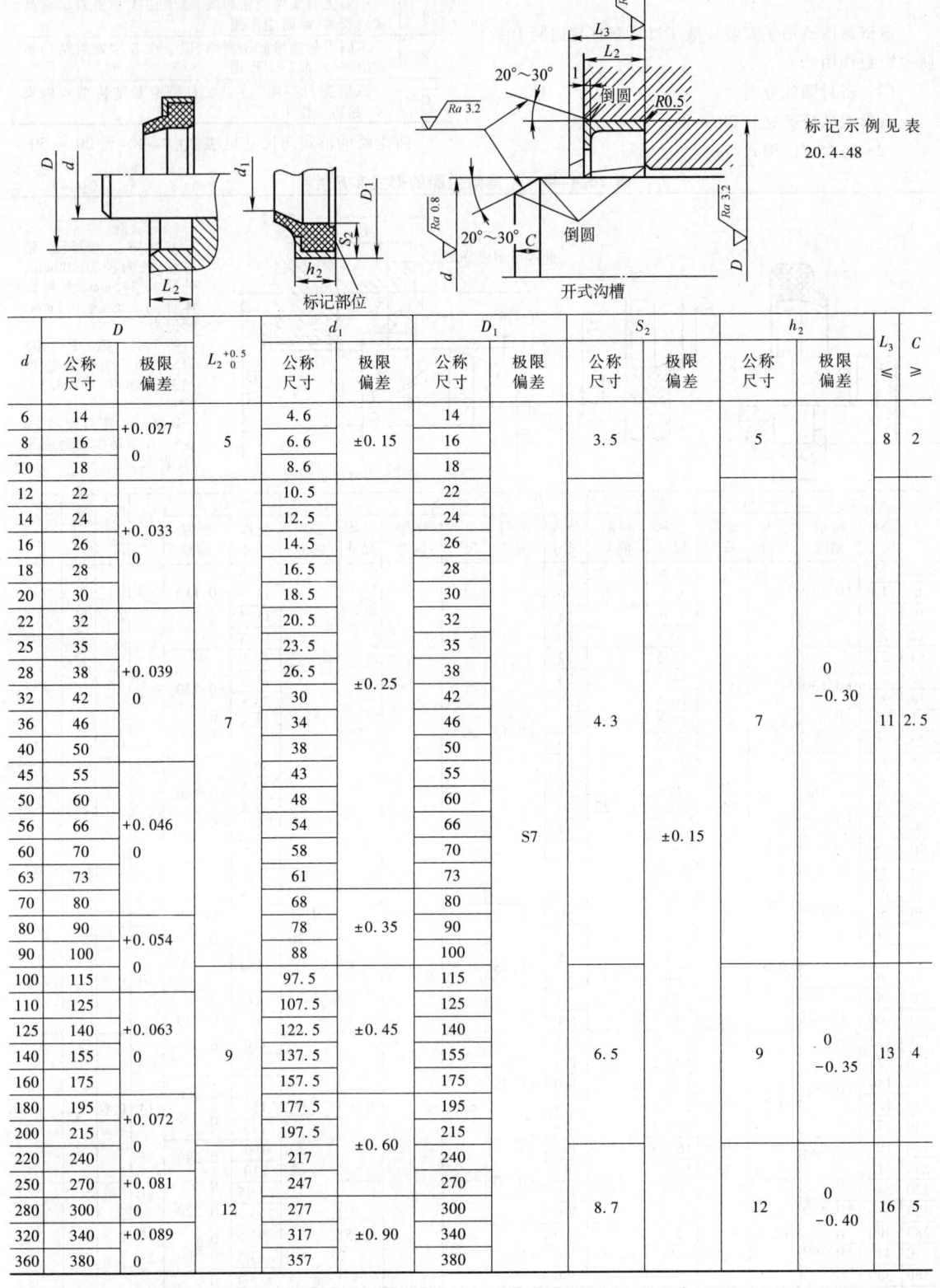

表 20.4-50　C 型防尘圈的型式和尺寸　　(mm)

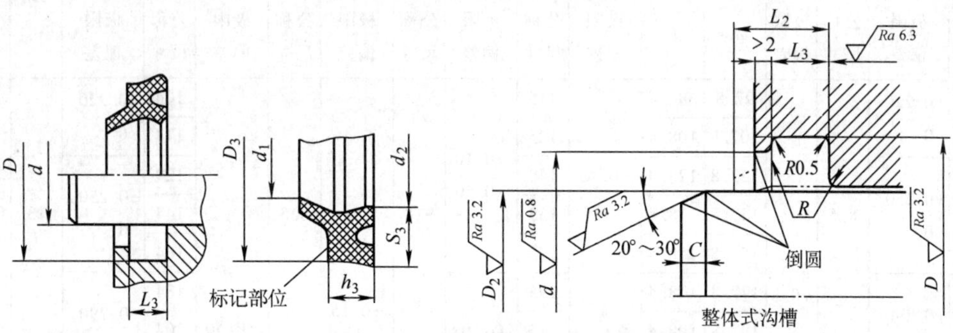

标记示例见表 20.4-48

d	D		L_3		d_1 和 d_2			D_3		S_3		h_3		D_2		L_2 ≤	R ≤	C ≥
	公称尺寸	极限偏差	公称尺寸	极限偏差	d_1	d_2	极限偏差	公称尺寸	极限偏差	公称尺寸	极限偏差	公称尺寸	极限偏差	公称尺寸	极限偏差			
6	12	+0.110 0	4	+0.2 0	4.8	5.2	±0.20	12	+0.10 −0.25	4.2	±0.15	4	0 −0.30	8.5	+0.090 0	7	0.3	2
8	14				6.8	7.2		14						10.5	+0.110 0			
10	16				8.8	9.2		16						12.5				
12	18				10.8	11.2		18						14.5				
14	20	+0.130 0			12.8	13.2		20						16.5				
16	22				14.8	15.2		22						18.5	+0.130 0			
18	24				16.8	17.2		24						20.5				
20	26				18.8	19.2		26						22.5				
22	28				20.8	21.2		28						24.5				
25	33	+0.160 0	5		23.5	24	±0.25	33	+0.10 −0.35	5.5		5		28		8		2.5
28	36				26.5	27		36						31	+0.160 0			
32	40				30.5	31		40						35				
36	44				34.5	35		44						39				
40	48				38.5	39		48						43				
45	53	+0.190 0			43.5	44		53						48	+0.190 0			
50	58				48.5	49		58						53				
56	66		6		54.2	54.8		66		6.8		6		59		9.7		
60	70				58.2	58.8		70						63				
63	73				61.2	61.8		73						66				
70	80				68.2	68.8	±0.35	80	+0.10 −0.40					73				
80	90	+0.220 0			78.2	78.8		90						83	+0.220 0			
90	100				88.2	88.8		100						93				

（续）

d	D 公称尺寸	D 极限偏差	L_3 公称尺寸	L_3 极限偏差	d_1	d_2	d_1和d_2 极限偏差	D_3 公称尺寸	D_3 极限偏差	S_3 公称尺寸	S_3 极限偏差	h_3 公称尺寸	h_3 极限偏差	D_2 公称尺寸	D_2 极限偏差	L_2 ≤	R ≤	C ≥
100	115	+0.220 0	8.5	+0.3 0	97.8	98.4	±0.45	115	+0.10 −0.50	9.8	±0.15	8.5	0 −0.30	104	+0.220 0	13	0.4	4
110	125				107.8	108.4		125						114				
125	140	+0.250 0			122.8	123.4		140						129	+0.250 0			
140	155				137.8	138.4		155						144				
160	175				157.8	158.4		175						164				
180	195	+0.290 0			177.8	178.4	±0.60	195	+0.10 −0.65					184	+0.290 0			
200	215				197.8	198.4		215						204				
220	240		11		217.4	218.2		240		13.2		11		225		16.5	0.5	5
250	270	+0.320 0			247.4	248.2		270						255	+0.320 0			
280	300				277.4	278.2	±0.90	300	+0.20 −0.90					285				
320	340	+0.360 0			317.4	318.2		340						325	+0.360 0			
360	380				357.4	358.2		380						365				

5 真空动密封

真空动密封通常分为高真空（$1.33\times10^{-11}\sim1.33\times10^{-8}$MPa）密封和超高真空（$10^{-16}\sim10^{-12}$MPa）密封。

高真空动密封的结构及密封件的形式见表20.4-51。

表 20.4-51 高真空动密封的结构及密封件的形式

名称	J形真空用橡胶密封圈(垫)	JO形真空用橡胶密封垫圈	骨架形真空用橡胶密封垫圈	O形真空用橡胶密封垫圈
密封件的形式和尺寸	见表20.4-52~表20.4-54	见表20.4-55~表20.4-57	见表20.4-58	见表20.4-59~表20.4-61
装配结构简图	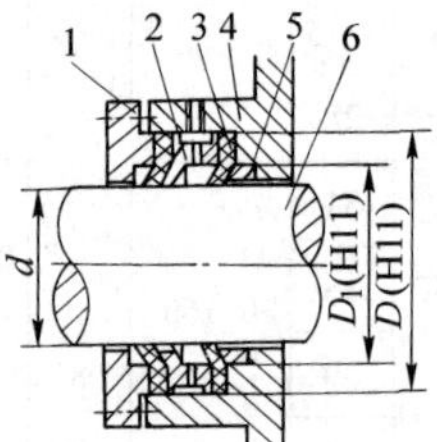J形密封圈的安装 1—压紧法兰 2—压套 3—J形密封圈 4—密封座 5—垫圈 6—传动轴	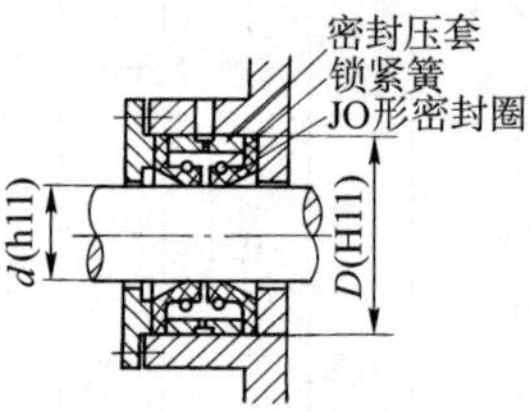JO形密封圈的安装结构	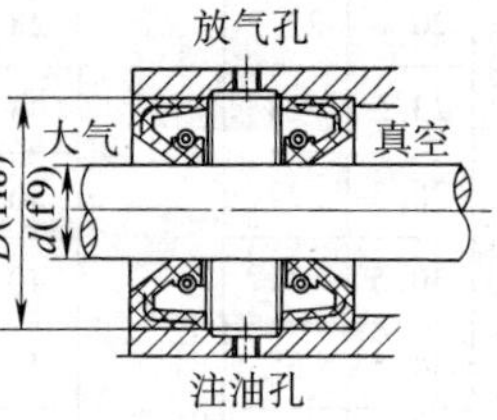骨架形真空用橡胶密封圈的安装结构	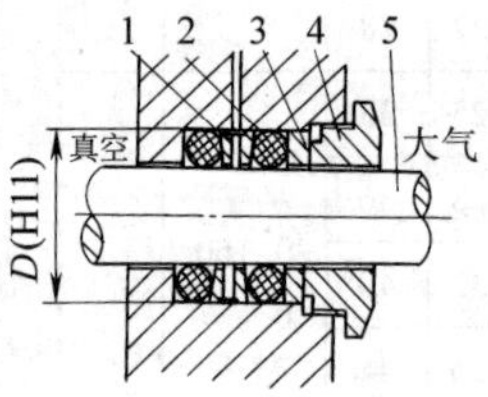密封圈的安装结构 1—压套 2—O形密封圈 3—平垫圈 4—螺母 5—传动轴
使用条件	适用于外部为大气压力，真空室压力高于1×10^{-4}Pa的旋转真空机械设备的密封，在规定温度下，旋转线速度<2m/s，转速<2000r/min	同左		适用于外部为大气压力，真空室压力高于1×10^{-4}Pa的往复运动真空机械设备密封，在规定温度下，往复运动速度<0.2m/s

表 20.4-52　J 形真空用橡胶密封圈的形式和尺寸（摘自 JB 1090—1991）　（mm）

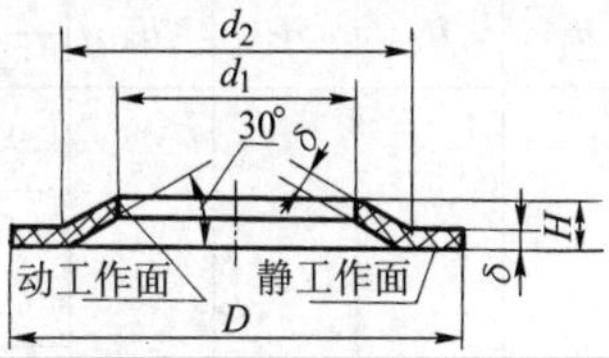

标记示例：

J 形真空用橡胶密封圈公称直径 $d=50$mm，标记为：

J 形密封圈 $d50$ JB 1090

公称直径 d	d_1	d_2	D	H	δ
6	5.5	13	22	4.2	2
8	7.5	15	24		
10	9.5	17	25		
12	11.5	19	27		
14	13	23	33	4.9	
15	14	24	34		
16	15	25	35		
18	17	27	38		
20	19	29	40	5.4	2.5
22	21	31	42		
25	23.5	34	44	5.5	
28	26.5	37	48		
30	28.5	40	52	5.8	
32	30	42	54	6.0	
35	33	45	56		
40	38	52	66	7.0	3
45	43	57	72		
50	48	62	76		
55	53	67	82	7.0	3
60	58	74	90	7.6	
65	63	79	95		
70	68	84	100		
75	73	89	105		
80	78	94	112		
85	82	98	116	8.6	4
90	87	103	122		
100	97	113	130		
110	106	125	144	9.7	
120	116	136	154		
130	126	146	165		
140	136	156	175		
150	145	168	190		
160	155	178	200	10.6	
180	175	198	220		
220	195	218	240		

表 20.4-53　J 形密封压套的形式和尺寸（摘自 JB 1090—1991）　（mm）

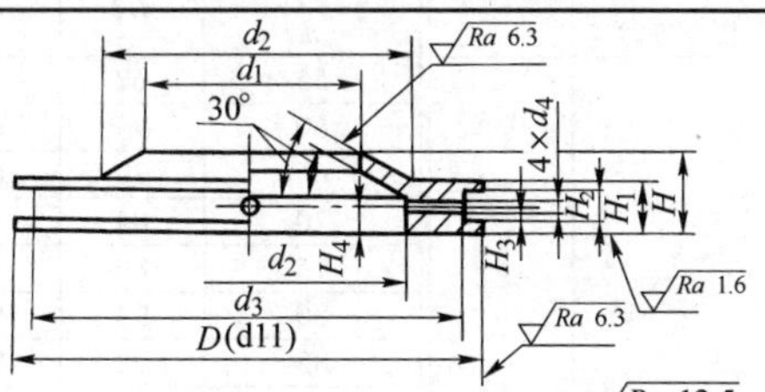

Ra 12.5（√）

公称直径 d	D	d_1	d_2	d_1、d_2 极限偏差	d_3	d_4	H_1	H_2	H_3	H_4	H 尺寸	H 极限偏差
6	22	6.5	13	−0.1	20	2	4	2	2	3	5.9	±0.06
8	24	8.5	15		21							
10	25	11	17		23							
12	27	13	19		25						5.8	
14	33	15	23	−0.12	31							
15	34	16	24		32		5	3	2.5	3.5	7.3	
16	35	17	25		33							
18	38	19	27		36							
20	40	21	29		38							
22	42	23	31		40							
25	44	26	34		42							
28	48	29	37		46							
30	52	31	40		50						7.8	
32	54	33	42		52							
35	56	36	45		54							
40	66	41	52		64						8.2	±0.08
45	72	46	57		70							
50	76	51	62		74							
55	82	56	67		80							
60	90	61	74	−0.16	88	2.5	6	4	3	4.5	9.8	
65	95	66	79		93							
70	100	71	84		98							

（续）

名义直径 d	D	d_1	d_2	d_1、d_2 极限偏差	d_3	d_4	H_1	H_2	H_3	H_4	H 尺寸	H 极限偏差
75	105	76	89	-0.16	103	2.5	6	4	3	4.5	9.8	±0.08
80	112	81	94		109							
85	116	86	98		114						9.5	
90	122	91	103		119							
100	130	101	113		127							
110	144	112	126		141						10	
120	154	122	136		151							
130	165	132	146		162							
140	175	142	156		172							
150	190	152	168		187						10.6	
160	200	162	178		197							
180	220	182	198		217							
200	240	202	218		237							

注：1. 表内 d_3、d_4、H_1、H_2、H_3 及 H_4 等极限偏差，按未注公差执行。

2. 密封压套材料为 Q235A 或 H62。

表 20.4-54　J 形密封圈垫的形式和尺寸（摘自 JB 1090—1991）　（mm）

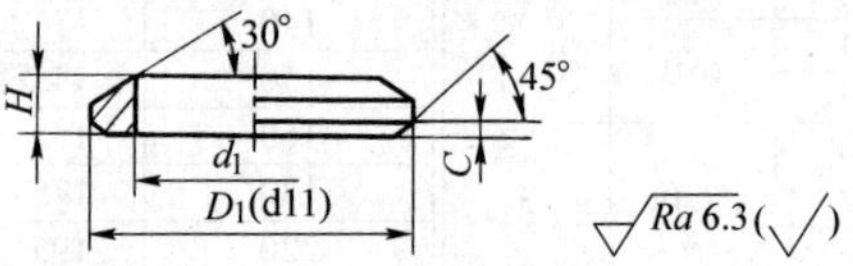

公称直径 d	D_1	d_1	H 尺寸	H 极限偏差	C	公称直径 d	D_1	d_1	H 尺寸	H 极限偏差	C
6	13	6.5	3	-0.10	0.5	55	67	56	4	-0.10	1.0
8	15	8.5	3			60	74	61	4	-0.15	
10	17	11	3.5		1.0	65	79	66	4		
12	19	13	3.5			70	84	71	4		
14	23	15	3.5			75	89	76	5		
15	24	16	3.5			80	94	81	5		
16	25	17	3.5			85	98	86	5		
18	27	19	3.5			90	103	91	5		
20	29	21	3.5			100	113	101	5		
22	31	23	3.5			110	126	112	5		
25	34	26	3.5			120	136	122	5		
28	37	29	3.5			130	146	132	5		
30	40	31	4			140	156	142	5		
32	42	33	4			150	169	152	5		
35	45	36	4			160	178	162	5		
40	52	41	4			180	198	182	5		
45	57	46	4			200	218	202	5		
50	62	51	4								

注：如因结构改变，H 可以改变，垫圈材料为 Q235A 或 H62。表内 d_1 及 C 的极限偏差，按未注公差执行。

表 20.4-55　JO 形真空用橡胶密封圈的形式和尺寸（摘自 JB 1091—1991）　（mm）

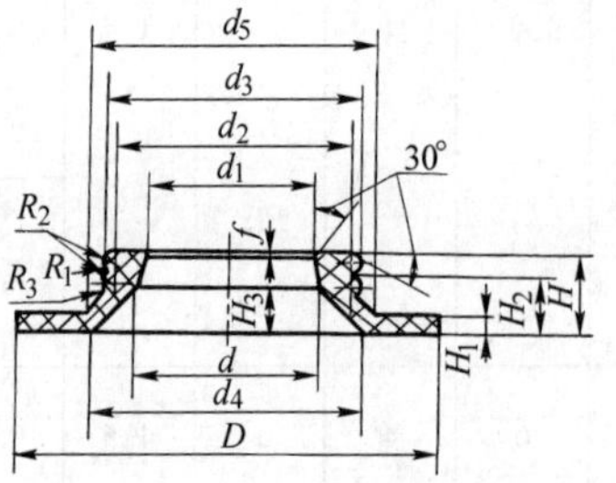

标记示例：

JO 形真空用橡胶密封圈公称直径 d = 50mm，标记为：JO 形密封圈 d50 JB 1091

（续）

公称直径 d	D	d_1	d_2	d_3	d_4	d_5	H	H_1	H_2	H_3	R_1	R_2	R_3	f
6	25	5.5	9	12	13	15	10	2.5	7.5	6	1.2	0.5	0.3	0.5
8	26	7.5	11	14	15	17								
10	28	9.5	14	17	18	20								
12	30	11.5	16	19	20	22	12	3	9	7		0.6	0.4	
14	32	13.5	18	21	22	24								
15	33	14.5	19	22	24	25	13		10	8				
16	34	15.5	20	23	25	27								
18	38	17.5	22	25	27	29								
20	42	19.5	24	27	29	31								
22	45	21.5	26	29	32	34	14	4	11					
25	48	24.5	29	32	35	37								
28	52	27.5	32	35	38	40	15		12	9	1.4	0.9	0.5	1.0
30	54	29.5	34	37	40	42								
32	56	31	36	40	44	46								
35	60	34	39	43	47	49								
40	66	39	44	48	52	54								
45	72	44	49	53	57	59	17		13	10				
50	76	49	54	58	62	64								
55	82	54	59	63	63	70								
60	90	59	64	68	73	75								
65	95	64	69	73	79	80								
70	100	69	74	78	83	85								
75	105	74	79	83	89	90	19	5	15	12	1.5	1.0		
80	110	79	84	89	94	95								
85	115	84	89	94	99	100								
90	120	89	94	99	104	105								
100	130	99	105	110	117	118								
110	144	108	115	120	127	128							0.6	1.5
120	154	118	125	130	137	139	20		16	13				
130	165	128	135	140	148	149					1.6	1.1		
140	175	138	145	150	158	160								
150	190	148	155	160	168	170								
160	200	158	165	170	178	180	21	6	17	14				
180	220	178	185	180	198	190								
200	240	198	205	210	218	220								

表 20.4-56 JO 形密封圈锁紧簧的形式和尺寸（摘自 JB 1091—1991） （mm）

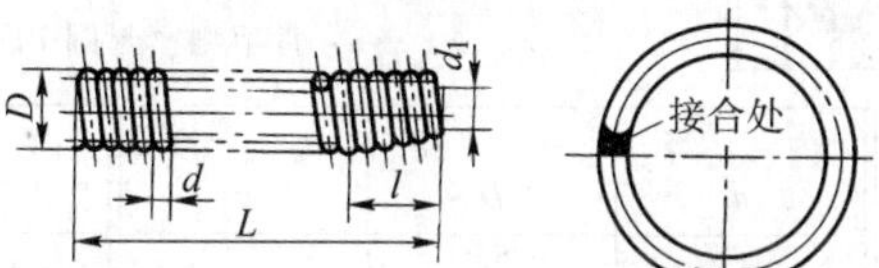

（将弹簧的圆锥端拧入圆柱端）

公称直径	螺旋圈数	展开长度	自由长度 L	锥部长度 l	弹簧外径 D	锥部外径 d_1	钢丝直径 d	公称直径	螺旋圈数	展开长度	自由长度 L	锥部长度 l	弹簧外径 D	锥部外径 d_1	钢丝直径 d
6	89	475	27	2.5	2	1.0	0.3	55	365	2286	183	4	2.5	1.2	0.5
8	112	596	34					60	397	2487	199				
10	142	756	43				0.4	65	429	2688	215				
12	121	606	49	3				70	459	2877	230				
14	136	682	55					75	491	3078	246				
15	145	725	58					80	373	2940	262	5	3.2	1.6	0.7
16	151	758	61					85	395	3080	277				
18	166	833	67					90	418	3235	293				
20	184	920	74					100	468	3630	328				
22	199	998	80					110	400	2830	360	8	3.2	2	0.9
25	221	1110	89					120	433	3160	390				
28	244	1220	98					130	469	3380	422				
30	261	1311	105					140	503	3660	453				
32	221	1302	111	4	2.5	1.2	0.5	150	537	3870	484				
35	239	1495	120					160	573	4130	516				
40	271	1696	136					180	644	4640	580				
45	303	1897	152					200	713	5150	642				
50	335	2098	168												

注：弹簧的材料及热处理条件等应符合 YB 248 的规定。

表 20.4-57 JO 形密封圈压套的形式和尺寸（摘自 JB 1091—1991） （mm）

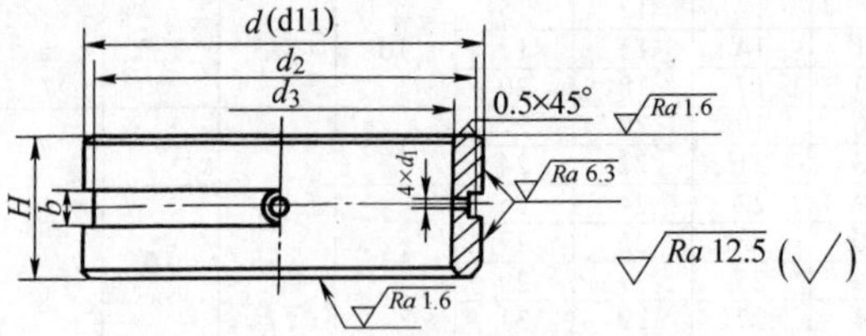

公称直径	d	d_2	d_3	H	b	d_1	公称直径	d	d_2	d_3	H	b	d_1
6	25	24	19	19	5	2	55	82	80	74	30	7	3
8	26	25	20				60	90	88	80			
10	28	27	22				65	95	93	85			
12	30	28	24	23			70	100	98	90	32		
14	32	30	26				75	105	103	95			
15	33	32	27				80	110	108	100			
16	34	33	28				85	115	113	105			
18	38	36	31				90	120	118	110			
20	42	40	35				100	130	128	120			
22	45	13	37	25			110	144	142	132			
25	48	16	40				120	154	152	142	34		
28	52	50	44				130	165	163	153			
30	54	52	46				140	175	173	163			
32	56	54	48				150	190	188	174			
35	60	58	52				160	200	198	184			
40	66	64	58				180	220	218	204			
45	72	70	64	30			200	240	238	224			
50	76	74	68										

注：压套的材料为 Q235A。

表 20.4-58 骨架形真空用橡胶密封圈的形式和尺寸（摘自 JB 1091—1991） （mm）

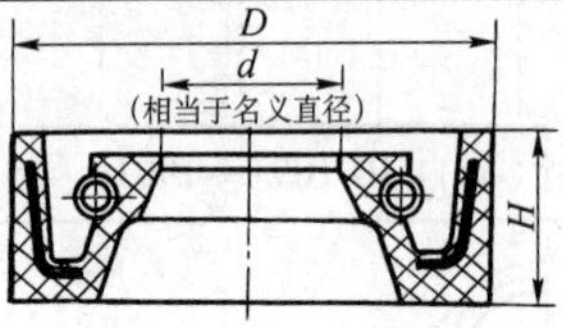

标记示例：

代号为 PD，$d=22\text{mm}$，$D=40\text{mm}$，$H=10\text{mm}$ 的骨架型真空用橡胶密封圈，标记为：

骨架型密封圈 PD22×40×10 JB 1091

内径 d	外径 D	高度 H	内径 d	外径 D	高度 H	内径 d	外径 D	高度 H
6	22	8	35	56	12	95	125	12
8	22	8	38	56	12	100	125	12
10	22	8	40	62	12	105	130	14
12	25	10	42	62	12	110	140	14
14	30	10	45	62	12	115	140	14
15	30	10	50	72	12	120	150	14
16	30	10	52	72	12	125	150	15
17	35	10	55	75	12	130	160	15
18	35	10	60	80	12	140	170	16
20	35	10	65	90	12	150	180	16
22	40	10	70	90	12	160	190	16
25	40	10	75	100	12	170	200	16
28	50	10	80	100	12	180	220	18
30	50	10	85	110	12	190	240	18
32	52	12	90	110	12	200	240	18

表 20.4-59 O 形真空用橡胶密封圈的形式和尺寸（摘自 JB 1092—1991） （mm）

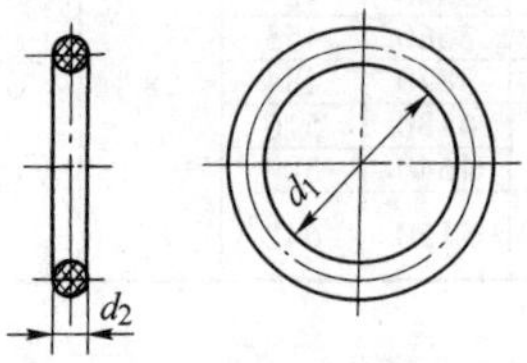

标记示例

内径 $d_1=48.7\text{mm}$，截面直径 $d_2=5.30\text{mm}$ 的 O 形真空用橡胶密封圈，标记为：

O 形密封圈 48.7×5.30 JB 1092

（续）

公称直径 d	内径 d_1 尺寸	内径 d_1 极限偏差	截面直径 d_2 1.80±0.08	2.65±0.09	3.55±0.10	5.30±0.13	7.00±0.15
3	2.50	±0.13	*				
4	3.55		*				
5	4.50	±0.14	*				
6	5.30		*				
8	7.50	±0.17	*	*			
10	9.50		*	*			
12	11.2		*	*			
14	13.2		*	*			
15	14.0		*	*			
16	15.0	±0.22	*	*			
18	17.0		*	*			
20	19.0		*	*	*		
22	21.2		*	*	*		
25	23.6		*	*	*		
28	26.5	±0.30	*	*	*		
30	28.0		*	*	*		
32	31.5		*	*	*		
35	33.5		*	*	*		
40	38.7		*	*	*		
45	43.7	±0.30	*	*	*	*	
50	48.7		*	*	*	*	
55	53.0	±0.45		*	*	*	
60	58.0			*	*	*	
65	63.0			*	*	*	
70	69.0			*	*	*	
75	73.0			*	*	*	
80	77.5				*	*	
85	82.5	±0.65			*	*	
90	87.5				*	*	
100	97.5				*	*	
110	109				*	*	*
120	118			*	*	*	*
130	128	±0.90			*	*	*
140	136				*	*	*
150	145				*	*	*
160	155				*	*	*
180	175				*	*	*
200	195	±1.20			*	*	*

注：* 表示适用。

表 20.4-60　O 形密封圈密封压套的形式和尺寸（摘自 JB 1092—1991）　（mm）

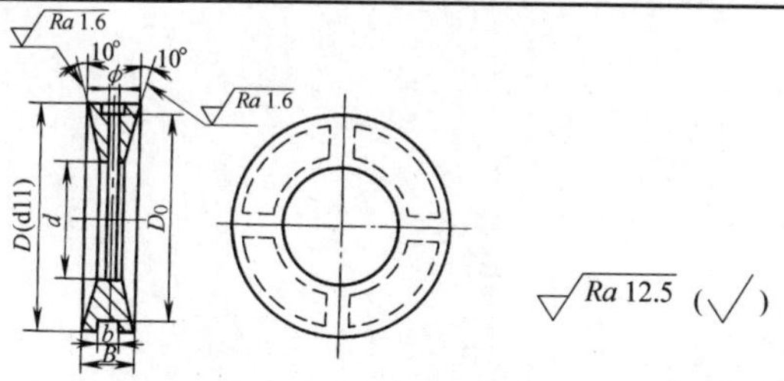

公称直径	d	B	b	ϕ	r
3	3.5	4	2	1	0.5
4	4.5				
5	5.5				
6	6.5				
8	8.5				
10	10.5				
12	12.5	6	3	1.5	0.6
14	15				
15	16				
16	17				
18	19				
20	21				
22	23				
25	26	6	3	1.5	0.6
28	29				
30	31				
32	33				
35	36				
40	41				
45	46	6	3	1.5	0.5
50	51	8	4	2	0.7
55	56				
60	61				
65	66				
70	71				
75	76				
80	81	8	4	2	0.7
85	86				
90	91				
100	101				
110	112	10	5	2.5	0.9
120	122				
130	132				
140	142				
150	152				
160	162				
180	182				
200	202				

注：1. 密封压套的材料为 Q235A 或 H62。

2. D 及 D_0 尺寸按所选密封圈尺寸相应取值。

表 20.4-61　O 形密封圈平垫的形式和尺寸（摘自 JB 1092—1991）　（mm）

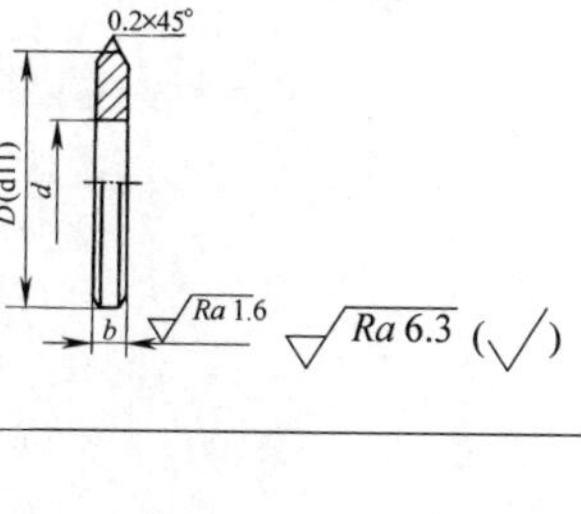

（续）

轴径	*d*	*b*	轴径	*d*	*b*	轴径	*d*	*b*	轴径	*d*	*b*	轴径	*d*	*b*
3	3.5		15	16		32	33		70	71		130	132	
4	4.5		16	17	2	35	36	2.5	75	76		140	142	
5	5.5	1.5	18	19		40	41		80	81	3	150	152	
6	6.5		20	21		45	46		85	86		160	162	3.5
8	8.5		22	23		50	51		90	91		180	182	
10	10.5		25	26	2.5	55	56	3	100	101		200	202	
12	12.5		28	29		60	61		110	112	3.5			
14	15	2	30	31		65	66		120	122				

注：1. 平垫的材料为 Q235A 或 H62。

2. *D* 尺寸按所选密封圈尺寸相应取值。

第 5 章　机 械 密 封

机械密封是一种依靠弹性元件对静、动环端面密封副的预紧和介质压力与弹性元件压力的压紧，而达到密封的轴向端面密封装置（见图 20.5-1），故又称端面密封。

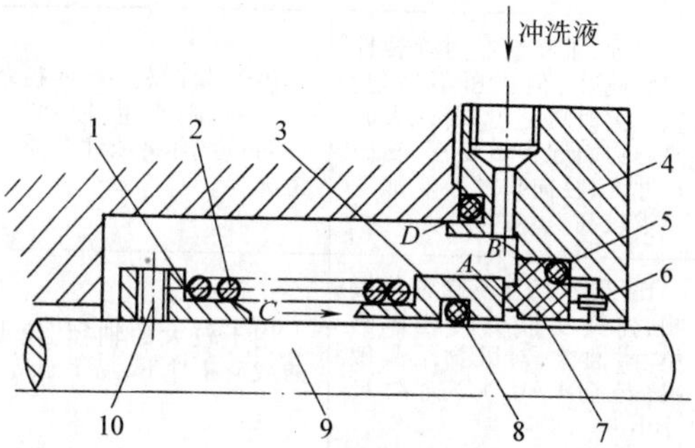

图 20.5-1　机械密封结构原理
1—弹簧座　2—弹簧　3—旋转环（动环）　4—压盖
5—静环密封圈　6—防转销　7—静环
8—动环密封圈　9—轴（或轴套）　10—紧定螺钉
A、B、C、D—密封部位（通道）

当轴 9 旋转时，通过紧定螺钉 10 和弹簧 2 带动旋转环 3 旋转。防转销 6 固定在静止的压盖 4 上，防止静环 7 转动。当密封端面磨损时，动环 3 连同动环密封圈 8 在弹簧 2 推动下，沿轴向产生微小移动，达到一定的补偿能力，所以称补偿环。静环不具有补偿能力，所以称非补偿环。通过不同的结构设计，补偿环可由动环来承担，也可由静环承担。由补偿环、弹性元件和副密封等构成的组件称补偿环组件。

机械密封有 4 个密封部位（通道），如图 20.5-1 中所示的 *A*、*B*、*C* 和 *D*。*A* 处为端面密封，又称主密封；*B* 处为静环 7 与压盖 4 端面之间的密封；*C* 处为动环 3 与轴（或轴套）9 配合面之间的密封，因能随补偿环沿轴向移动并起密封作用，所以又称副密封；*D* 处为压盖与泵壳端面之间的密封。*B*、*D* 和 *C* 三处是静止密封，一般不易泄漏；*A* 处为端面相对旋转密封，只要设计合理即可达到减少泄漏的目的。

1　机械密封的分类及应用范围（见表 20.5-1）

表 20.5-1　机械密封的分类及应用范围

分类依据	分　类	结构简图	特　点	应用范围
摩擦副数目及布置	单端面	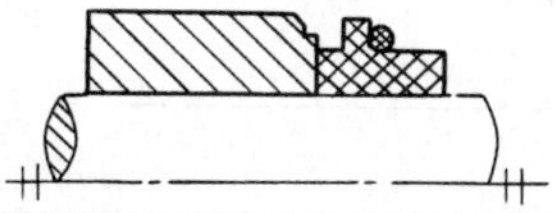	仅有一对摩擦副，结构简单，装拆方便	应用广泛
	双端面	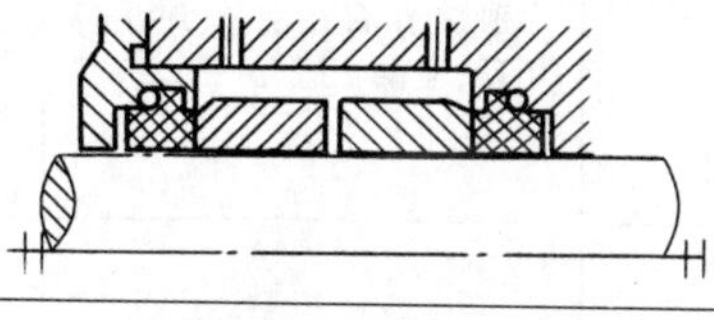	有两对摩擦副，能引入密封液进行封堵、润滑冲洗和冷却。密封液压力应比介质工作压力大 0.05 ~0.15MPa	适用于强腐蚀、高温、带悬浮颗粒及纤维介质、气体介质，易燃易爆、易挥发和低黏度介质。高真空密封
	串联多端面	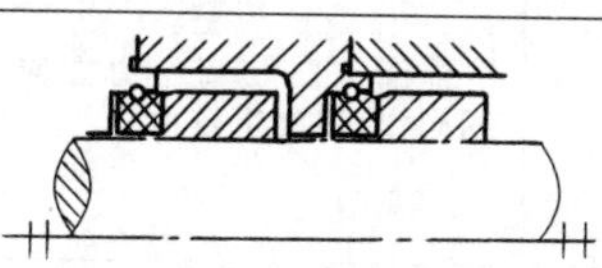	两级或更多级串联安装，使每级密封承受的介质压力递减	适用于高压密封
弹簧是否与介质接触	内装式	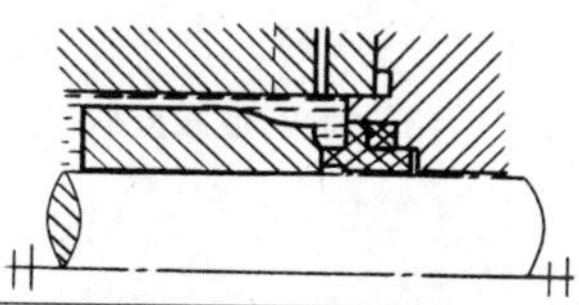	弹簧置于密封介质之中，受力条件较好，泄漏量小，冷却与润滑好	常用于介质既无强腐蚀性，又不影响弹簧性能的情况
	外装式	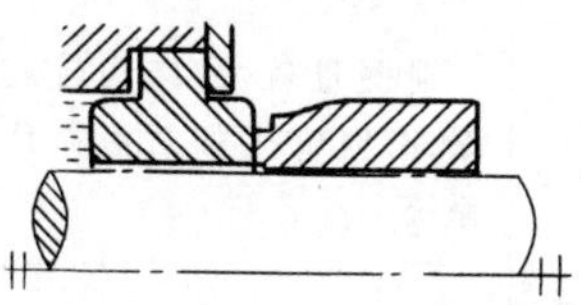	弹簧置于密封介质之外，受力条件较差。泄漏量较大。因大部分零件不与介质接触，且暴露在设备外，故便于观察、安装和维修	用于强腐蚀性、高黏度、结晶性介质，用于压力低、安装要求较低的情况

（续）

分类依据	分 类	结构简图	特 点	应用范围
介质在端面引起卸载的程度	不卸载的（非平衡型）	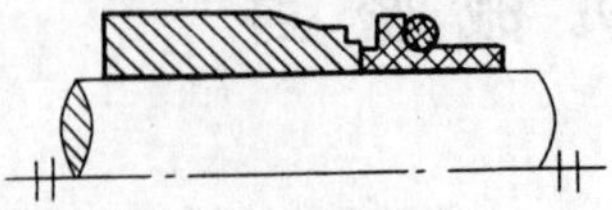	介质压力在密封端面上不引起卸载的为非平衡型。$K>1$，K 为载荷系数，表示动环的轴向受压面积与端面贴合面积之比	一般情况介质压力 <0.7MPa时采用。但对于黏度较小，润滑性能较差的介质，压力在 0.3 ~ 0.5MPa 时不用非平衡型
	卸载的（平衡型）	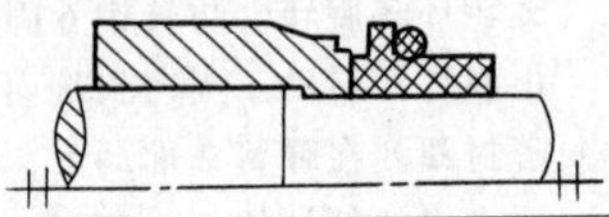	介质压力在密封端面上引起卸载的为平衡型。载荷系数 $0<K<1$	用于中、高压条件，通常在 0.5MPa 以上。平衡型成本高于非平衡型，应多用非平衡型
弹簧的数目	单弹簧	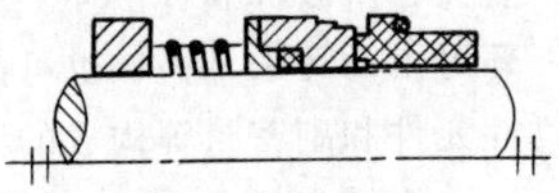	耐蚀，脏物结晶对弹簧性能影响小，但比压不均匀，轴径大时更突出；转速大时离心力引起弹簧变形，轴向尺寸大，径向尺寸小。加工要求较高	用于载荷较小、轴径较小（一般不超过 80 ~ 150mm），有腐蚀性介质的情况
	多弹簧	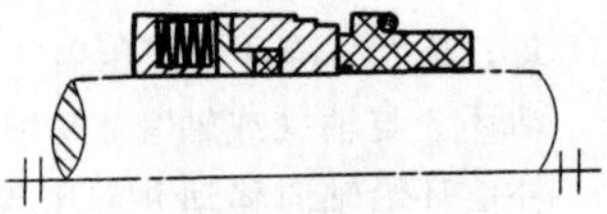	比压均匀，且不受轴径影响，弹簧变形受转速影响小，耐蚀差，对脏物结晶敏感，径向尺寸大，轴向尺寸小	用于较大的轴径，较重的载荷条件下，易于制造
辅助密封圈型式	成型填料	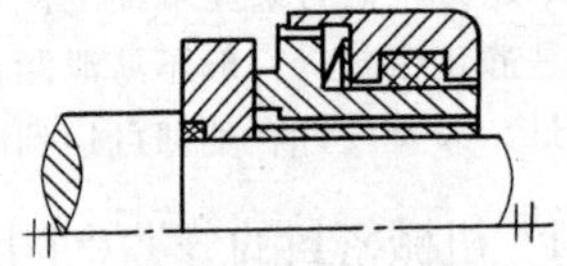	价廉，耐温-50～250℃	应用广泛
	波纹管	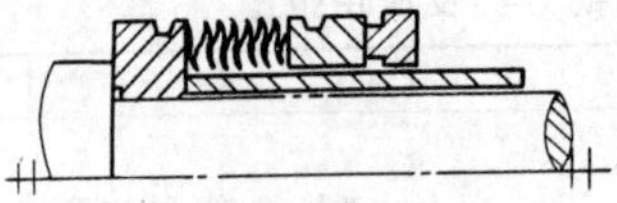	耐温-200～+650℃	用于高、低温条件
介质泄漏方向	内流式（向心方向）	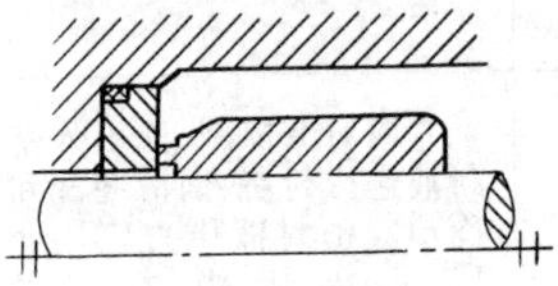	泄漏方向与离心力方向相反，泄漏量较小	应用广泛，尤其适用于含有固体悬浮颗粒介质的情况
	外流式（离心方向）	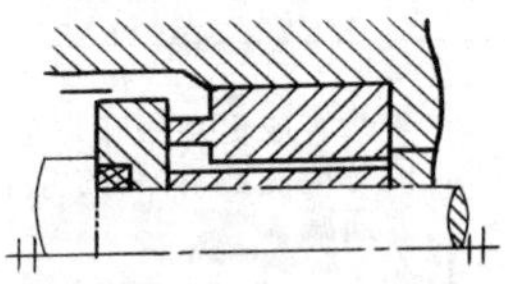	泄漏方向与离心力方向相同，故泄漏量较大	多用于外装式
端面摩擦工况	边界摩擦或半液摩擦	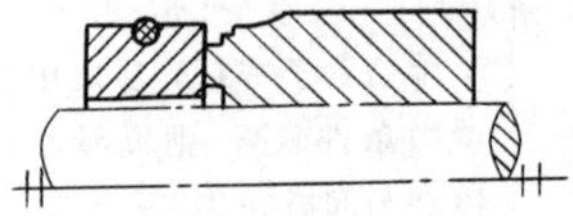	结构简单，泄漏量小	应用广泛
	全液摩擦	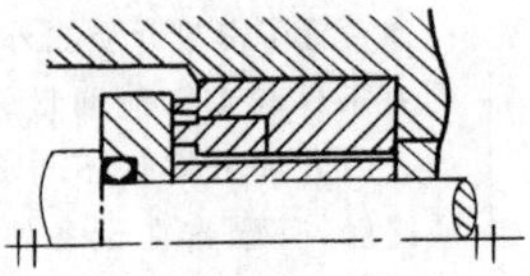	泄漏量较大，结构较复杂，有时需附加封液循环系统	用于高温、高压条件

2　机械密封结构的选用

常用机械密封结构的选用见表 20.5-2。

对于石油化工用机械密封，除了应根据其压力、速度、温度和介质性质与用途考虑选用机械密封形式外，还必须根据其特点考虑，详见表 20.5-3~表 20.5-5。

表 20.5-2　机械密封结构的选用

使用条件		结构选型	使用条件		结构选型
据 p、v 数值	介质黏度高，润滑性能好，$p\leqslant 0.8$MPa；或低黏度，润滑性差，$p\leqslant 0.5$MPa	非平衡式结构	介质特性	弱腐蚀性介质	内装式结构
	p 超过上述数值	平衡式结构		强腐蚀性介质	外装式或聚四氟乙烯波纹管式结构
	$v<20\sim30$m/s	弹簧旋转式结构		易结晶、易凝固和高黏度介质	大弹簧旋转式结构
	v 更高	弹簧静止式结构		易燃、易爆、有毒介质	有封液的双端面结构

表 20.5-3　不同工作条件下机械密封的工作特点、要求和措施

工作条件			特　点	对轴封要求	采取措施
温度	高温	塔底热油泵、热载体泵和油浆泵等轴封	材料强度低，介质汽化、固化和结晶，密封环变形，密封圈变质，弹簧失效，橡胶老化，组合环配合松脱等	材料要求耐热、耐高温（密封环与辅助密封件），要注意保温与冷却，要保证动环高温下的滑动性	考虑采用金属波纹管密封、浸金属碳石墨环和耐高温材料的辅助密封件；加强保温与冷却，采用蒸汽背冷、辅助压盖或衬套等
	低温	液氨泵等轴封	温升导致介质汽化和干摩擦；低温下动环滑动性差（大气中水分进入密封造成结冰）	要求填料材料和硬质材料面低温，石墨环在低温中的滑动性，要保冷且防止结冰	考虑采用金属波纹管密封和耐低温材料，如采用低温石墨（或纯石墨、浸轴承合金和青铜等），填料压盖和衬套引入干燥气体，封油、耐低温
压力	带压	由于轴封处于泵的入口压力下，压力不高，但液化气等泵的压力稍高	密封环受压变形或碎裂；密封圈容易被挤出；p_cv 值高，摩擦条件恶化	密封环要求有足够强度和刚度，结构上考虑防变形；要避免密封圈被挤出，注意填料结构和形状；要求材料组合的允许 p_cv 值高，密封面存在流体膜，使润滑条件良好	采用高强度石墨和防变形结构（如中间环密封，断面刚性好），使填料间隙小或加垫环；采用高 p_cv 值材料组合（如 WC-C），采用多级密封、流体动力密封等，加强冷却和润滑
	真空（负压）	减压蒸馏系统泵和真空压缩机的轴封	漏入空气形成干摩擦，泄漏量大	要求防止外界空气被吸入，保持必要的真空度，避免密封面分开，保证负压工作	考虑采用金属波纹管密封、带衬套和冲洗的单端面密封；增强弹簧压力，防止负压下动环与静环分开，加防转销；提高密封压力，变负压为正压
旋转	高速	$v>20\sim30$m/s 的催化气压机、焦化气压机、加氢循环压缩机和氨压缩机等轴封	动环旋转时弹簧受离心力影响，介质受搅拌影响，摩擦热高、磨损快及高速向下振动（零件的动平衡问题），p_cv 值高	要求端面材料的允许 p_cv 值高；要考虑离心力和搅拌的影响，零件要经过动平衡校正，防止振动，要求冷却和润滑措施适应高速条件下运转	采用高 p_cv 值材料组合（如 WC-C、SiC-C 等）和静止型结构，提高零件精度，使冷却和润滑充分；采用平衡型或流体动压型密封
	正反转	开停频繁和正反转	弹簧旋向有影响，零件受冲击，密封面摩擦条件恶劣	要求零件耐磨性和耐冲击性高，注意强度设计和加强防转机构，要注意弹簧的旋向	组装套采用牙嵌式结构，驱动间隙要小，静环用防转零件；金属波纹管密封较适应或用多点布小弹簧结构

表 20.5-4 不同介质的性质、工作特点对机械密封的要求和措施

介质		性质	特点	对轴封要求	采取措施
易汽化	液化气、液态烃、液氨、乙醛、异丁烷和丙烯等	沸点低蒸气压高	摩擦热使密封面间液膜汽化，容易干运转	要求材料摩擦因数低；充分冷却；防止泄漏引起密封面结冰（靠大气侧）	采用平衡型密封或两道密封，摩擦副材料用 WC-C 或 SiC-C 组合，加强冷却、冲洗和相应的背冷
易凝固	石蜡、蜡油、渣油、沥青、尿素、熔融硫黄、煤焦油、酚醛树脂和增塑剂等	凝固点高	温度变化会引起介质固化，妨碍动环滑动	注意保温；要求冲洗，避免凝固	加强保温措施，采用蒸汽背冷（$t>150℃$）

表 20.5-5 炼油厂某些工艺装置泵用轴封的工作特点和措施

工艺装置	典型机泵	特点	辅助措施
常减压蒸馏	初底泵、常底泵和减底泵	塔底重油温度（300～370℃）和渣油温度（370～400℃）较高，易凝固，使动环动作不良；减底泵轴封处于负压，浆液易分解，塔底容易有脏物	采用自冲洗或外冲洗，采用冷却器，冲洗液过滤，备用泵压盖蒸汽保温，保持蒸汽流动，防止凝固；热态找正；采用 WC-WC 或金属波纹管密封。减底泵轴封处保持正压，开工时外冲洗，运转时自冲洗，冲洗管注意保温
	碱泵	结晶析出（靠大气侧），动环动作不良	采用硬面材料，清水背冷防结晶物析出
催化裂化	油浆泵、回炼油泵	含催化剂（固体颗粒）浆液，浆液温度高，动环动作不良，具有塔底泵的特点	采用外冲洗（因为浆渣多），注意热态找正，采用金属波纹管密封，备用泵压盖蒸汽保温，保持蒸汽流动，冲洗管注意保温

3 常用机械密封材料

在石油、化工和许多行业中，由于机泵的工作介质繁多和工作条件苛刻，所以在使用机械密封时，除了密封结构和密封系统以外，必须对机械密封用材料加以重视，而且必须根据具体的用途、介质性质和工作条件，采用不同的密封材料。因此，必须正确选用机械密封用材料。通常是根据被密封介质的性质、工况和用途来选择的。

3.1 摩擦副材料及选择

摩擦副材料对密封性能影响很大，正确选择摩擦副材料是保证机械密封正常工作的关键。选择时一般应考虑材料的耐磨性能、耐蚀性能、耐热性能、导热性能、自润滑性和可加工性能，并希望其线胀系数尽可能小，以便减小摩擦副材料的热变形。常用摩擦副材料、特性及适用范围见表 20.5-6。

3.2 辅助密封圈材料（见表 20.5-7）

3.3 弹簧和波纹管材料及选择（见表 20.5-8、表 20.5-9）

3.4 金属构件材料及选择（见表 20.5-10）

表 20.5-6 常用摩擦副材料、特性及适用范围

材料名称		特性及适用范围
纯石墨		优良的耐蚀性，很高的化学稳定性，在空气中低于 400℃ 时，除强氧化性介质如王水、铬酸、浓硫酸及卤素外，可耐其他酸、碱、盐类及一切有机化合物的腐蚀。有极好的自润滑性、低的摩擦因数、高的热导率，良好的热稳定性，耐热、耐寒和耐热冲击性好，因此是用量最大，使用范围广的材料之一。但抗拉强度低，无延展性，硬度低
浸渍树脂石墨（包括浸酚醛石墨、浸环氧树脂石墨和浸呋喃树脂石墨）		适用 $t<170℃$，具有良好的耐蚀性，酚醛树脂耐酸性好，环氧树脂耐碱性好，呋喃树脂既耐酸又耐碱。因此，呋喃树脂石墨使用最广泛
浸渍金属石墨		适用于 $t>170℃$，浸渍金属耐高温性能较好，但耐蚀性差
陶瓷	氧化铝陶瓷（Al_2O_3）	应用较广，较为理想的陶瓷材料有很高的硬度、耐磨性，且耐蚀性好。除氢氟酸、氟硅酸及浓碱外，几乎耐各种介质的腐蚀。有良好的导热性，原料来源广，加工方便，价格便宜
	氮化硅陶瓷（Si_3N_4）	氮化硅陶瓷是国内新型材料，强度、硬度高，且摩擦因数低，自润滑性较好，有一定的耐磨性，较好的抗温度骤变性
	碳化硅陶瓷（SiC）	新型材料，摩擦因数低，硬度高，耐磨性好。适用于含颗粒的介质
WC-Co 硬质合金		极高的硬度和强度，良好的耐磨性及颗粒冲刷性。适用重载荷或用在颗粒、固体及结晶介质的场合。能耐一般温度下的硫酸和氢氟酸，以及沸点下的苛性钠等腐蚀，不耐盐酸和硝酸，冲击韧度低而脆性较高，加工困难

（续）

材料名称	特性及适用范围
铸铁、碳钢	球墨铸铁具有铸铁的特性，也具有钢的高强度、耐磨性、抗氧化性及减振性，同时还可经过热处理提高强度。适用于油类和中性介质 常用碳钢材料有45钢和50钢，适用于化学中性介质
高硅铸铁	优良的耐酸材料。适用于各种浓度的硫酸、硝酸、有机酸和酸性盐等介质，不适用氢氟酸、强碱、盐酸和热的三氯化铁溶液，质脆而硬，加工困难，耐温度剧变性差
铬钢、铬镍钢	常用铬钢材料有30Cr13、40Cr13、95Cr18，淬火后有较高的硬度、耐蚀性，适用弱腐蚀性介质 常用铬镍钢有12Cr18Ni9、06Cr18Ni11Ti、06Cr17Ni12Mo2Ti，具有良好的耐蚀性，适用于强腐蚀性介质。韧性大、硬度低，耐磨性不高
青铜	常用青铜材料有ZCuSn5Pb5Zn5、ZCuSn10P1等，其弹性模量大，具有良好的导热性、耐磨性和加工性，但质软、耐蚀性较差，适用于海水、油等中性介质
表面堆焊硬质合金	在金属表面堆焊硬质合金可以有效地改善耐磨性能和耐蚀性。目前广泛采用上焊69A铬基焊条 堆焊硬质合金环的制造工艺比较复杂，易产生气孔、夹渣和表面硬度不均等缺陷，有时出现龟裂，实际使用不甚理想

表20.5-7　常用辅助密封圈的材料、特性及适用范围

材料名称	特　性	使用温度/℃		适　用　范　围
		补偿环	非补偿环	
丁腈橡胶	耐油性好，具有耐磨性、抗撕裂性，压缩永久变形小，耐寒性差	−20~80	−30~100	石油基油类、硅油、双酯基润滑油、黄油、动植物油、乙二醇、二硫化碳、四氟化碳、丁二烯和水等
氟橡胶	较高的拉伸强度、耐热性能好，对日光、臭氧作用稳定，弹性及耐寒性差	−20~80	−30~100	热油、硅油、双酯基润滑油、卤化烃内磷酸酯、浓硫酸、稀硝酸、苯、汽油、四氯化碳、乙醇和丁醇等
乙丙橡胶	耐候性好，抗臭氧和各种极性化学药品与溶剂，冲击弹性好，但耐油性差	−20~130	−40~150	丙酮、二甲基甲酮、苯酚、戊烷、异丙醇、甲基乙基酮、糠醛、磷酸酯液压油、硅油、汽车制动液压油、动植物油、中等浓度酸、碱和蒸汽
硅橡胶	最宽的工作温度，强的耐臭氧老化、光老化，无毒无味，对许多材料不粘，透气率大，但耐磨性差	40~180	−60~200	高苯胺点油类、氯化苯类、浓磷酸、浓醋酸、氢氧化钠、氨水、浓氨水、乙醇和干热空气
氯醇橡胶	优异的耐油性、耐臭氧等综合性能，耐辐射性能差	−20~120	−30~130	氟利昂、石油基油类
聚四氟乙烯	较大的使用温度范围，极低的摩擦因数和自润滑性，表面不黏结，化学稳定性好，但易产生蠕变，超过340℃时，会分解产生毒烟	−150~250		氯化物、三氟化硼和高沸点溶剂，酮、酯、醚、沸腾的硝酸、王水、氢氧化钠和氢氟酸
金属（碳钢、铜、铝、不锈钢、蒙乃尔）	常用碳钢、铜、铝、不锈钢和蒙乃尔合金等，高强度、耐蚀性好，但加工较复杂，要求精度高，同时要求对偶件的配合精度也很高			用于高温

表20.5-8　常用螺旋弹簧的材料、力学性能及适用范围

材料牌号	力学性能			弹簧工作温度范围/℃	特性及适用范围
	扭转极限应力 τ/MPa	许用扭转应力 $[\tau]$/MPa	切变模量 G/MPa		
60Mn	490	392	78.4	−40~120	淬火后易生裂缝和热脆
60Si2Mn	735	588		−40~200	可淬性高，易脱碳、易石墨化
50CrVA	588	441		−40~210	稳定变形，高力学性能
40Cr13	441	352	39.2	−40~400	一般用于制造耐蚀、耐高低温的弹簧
06Cr18Ni11Ti	392	323	78.4	−100~250	
06Cr17Ni12Mo2Ti	765.31	403.34	71.5	−250~250	
07Cr17Ni7Al	944.58	496.42	73.5	≤300	耐蚀、耐低温、耐高温不失弹性，又可热处理
07Cr15Ni7Mo2Al	625	470			
QSi3-1	$0.5R_m$	$0.4R_m$	40	−40~200	耐蚀性和防磁性好
QSn4-3	$0.4R_m$	$0.3R_m$			
Ni66Cu3Fe(Monel)	627.42	485	65.5	288	适用于强腐蚀性介质
Ni76Cr16Fe8(Inconel)	861.84	510	75.8	≤371	耐高温和强腐蚀

表 20.5-9 波纹管常用材料及其特性

材料	密度 /g·cm^{-3}	热导率 /W·cm^{-1}·℃$^{-1}$	线胀系数 /10^{-6}℃$^{-1}$	弹性模量 /10^4MPa	抗拉强度 /MPa	特点与应用
黄铜 (H80)	8.8	141	19.1	10.5	270	塑性、工艺性能好，弹性差。所制作的波纹管常与弹簧联合使用
不锈钢 (06Cr18Ni11Ti)	8.03		5.2 (0~100℃)	19	750 (半冷作硬化)	力学性能、耐蚀性好。应用广泛，常用厚度为 0.05~0.45mm 之间
铍铜 (QBe2)	8.3		5.2 (21℃)	13.1 (21℃)	1220	工艺性好，弹性、塑性较好，耐蚀性好，疲劳极限高，用于180℃以下要求较高的场合
哈氏合金 C	8.94		3.9 (21~316℃)	20.5 (20℃)	885 (21℃)	耐蚀、抗氧化性能好，能耐多种酸(包括盐酸)及碱的腐蚀
聚四氟乙烯	2.2~2.35	0.0026	8~25		14~25	耐蚀、耐热、耐低温、耐水和韧性好，但导热性差，线胀系数大，冷流性大，需与弹簧组合使用

表 20.5-10 金属构件材料及选择

种类	材料名称	牌号	主要用途
铸铁	高硅铸铁	HTSSi15R	全浓度硝酸、硫酸及较强的腐蚀液
	高铬铸铁	Cr28	浓硝酸、高温等
	高镍铸铁	NiCr202	烧碱等
	高镍铸铁	NiCr303	烧碱等
铅	硬铅	PbSb10-12	全浓度硫酸等
常用不锈钢	铬钢	12Cr13	石油及石油化工
		20Cr13	石油及石油化工
	304 型铬镍钢	06Cr19Ni10	稀硝酸、有机酸等
	321 型	06Cr18Ni11Ti	稀硝酸、有机酸等
	304L 型	022Cr19Ni10	稀硝酸、有机酸等抗晶间腐蚀
	316 型铬镍钼钢	06Cr17Ni12Mo2Ti	稀硫酸、磷酸、有机酸等
	316L 型	022Cr17Ni12Mo2	稀硝酸、有机酸等抗晶间腐蚀
常用合金	高镍铜合金 Monel	Ni65Cu28	氢氟酸、硅氟酸等
	耐蚀高温镍铬合金 Hastelloy C-276	Ni53Mo17	全浓度盐酸等
	高镍铬钢 Carpenter 42	4J42	
	17-7PH 析出硬化不锈钢	05Cr17Ni4Cu4Nb	
其他耐蚀材料	320 型铬镍钼钢		
	804 型	NS1401	烧碱蒸发及高浓度硫酸等强腐蚀性场合
	825 型	NS1402	
	20#高镍铬合金	NS1403	稀硫酸等
	K Monel	NiCu30Al	
	Monel 400		
	Monel 500		
	Hastelloy B-2	Ni65Mo28	全浓度盐酸等
	涂覆 PTFE 的 316 钢		
	填充玻璃纤维 PTFE		纯碱、海水等
	钛合金	TA2, TA3, TA4	

4 机械密封的设计和计算

4.1 设计顺序

根据设计要求和条件，大概可以按下列顺序进行设计：

1）设计方案的确定。包括使用要求、条件、结构型式的选择和材料的确定，辅助装置和密封件主要尺寸的确定和现有系列产品的选择与比较。其中结构型式原则上应尽可能选择标准系列的密封，如不能满足时再另行设计。

2）主要构件的设计和计算。主要是密封副、辅助密封、弹性元件和紧固件的设计和计算。

3）辅助装置的设计和计算。主要是辅助装置中辅助措施的方案比较和具体参数的计算。

4）主要构件的材料和制造工艺的选择和确定。

5）整套图样的技术条件。

4.2 主要零件结构型式的确定

（1）动环和静环的结构型式

动环和静环的结构型式见表 20.5-11。

（2）动环的传动形式

动环需要随轴一起旋转，考虑动环具有一定的浮动性，一般它不直接固定在转轴上，通常在动环和轴之间，需要有一个力传递机构，带动动环旋转，并克服动环和静环间的摩擦力矩。表 20.5-12 为几种典型的机械密封传动防转机构。

（3）支承方式

动环与静环的支承方式，根据不同的机器结构可以采取不同的方式，常用的静环支承方式见表 20.5-13。

表 20.5-11　动环和静环的结构型式

结构型式		简图	特点及应用
动环	压配（平衡型）	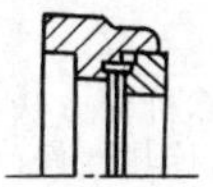	该环硬面采用压配装在环上，并用O形圈密封。这种结构适用于高压状态，其变形量小，但在温度作用下，配合处容易松动，通常用销钉防转
动环	堆焊、喷涂覆层（平衡型）	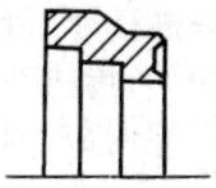	该环为覆层结构，耐磨性好，易加工，但覆层与基体结合强度不够，会掉皮
动环	镶嵌、热装（平衡型）	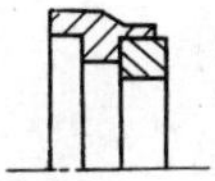	该环为镶嵌、热装结构，加工方便，但配合不合适，高温时易脱落
动环	整体（平衡型）	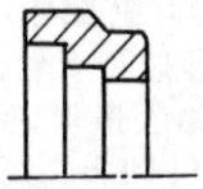	该环为整体结构，可以避免上述几种缺点，但全部用硬质合金加工较困难，且价格较贵
动环	整体（非平衡型）	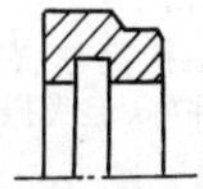	
静环	O形圈浮动型		常用结构
静环	O形密封圈浮动型		环具有补偿能力
静环	压配型	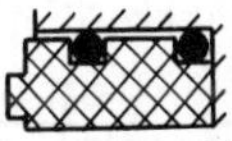	两密封圈之间可供静环冷却
静环	夹持结构		即可供静环冷却，又可以减小变形，一个端面磨完后，掉过来还可以用另一个端面
静环	压盖上固定型	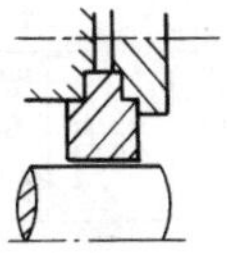	静环分别固定在压盖上或轴肩上。此外，双O形圈夹持结构做成浮动型，可用于振摆较大的搅拌器轴封
静环	轴肩上固定型	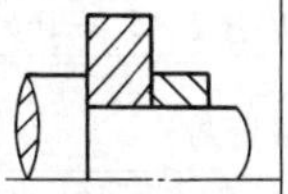	

表 20.5-12　机械密封传动防转机构

名称	简　图	特　点
柱销机构	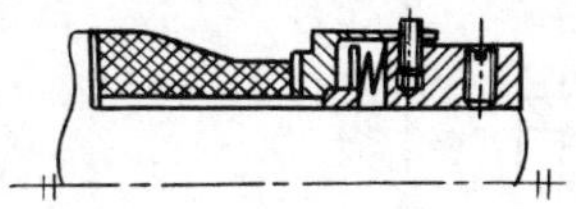	用于动环和静环的传动或防转。在传动、防转中仅存在切向力，是较理想结构
并圈弹簧机构	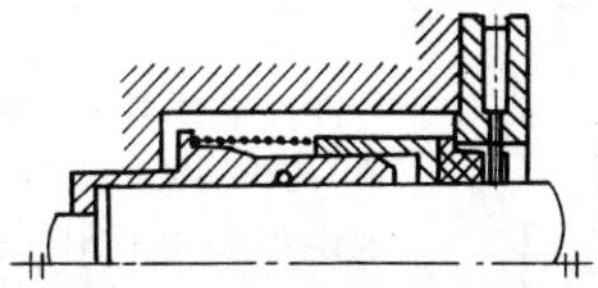	用于旋转式动环的传动，其旋转方向与弹簧旋向有关，应使弹簧越旋越紧
带钩弹簧机构		将弹簧两端的钢丝头部弯成与弹簧轴线平行或垂直的钩子，一头钩在弹簧座上，另一头钩在动环上。此结构比较紧凑，用于旋转式动环上
拨叉机构	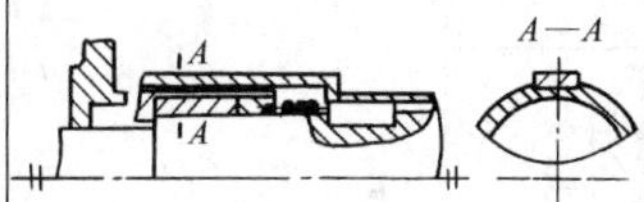	这是金属与金属的凹凸传动形式，特别适用于复杂结构，能够保证传动的可靠性
传动套机构	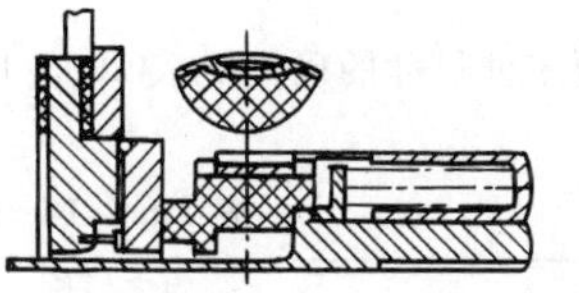	用于动环的传动或防转，在弹簧座上"延伸"出一薄壁圆筒（即传动套），借此圆筒来传递转矩。此结构工作稳定可靠，装拆方便，但耗费材料多，在含有悬浮颗粒的介质中使用，可能出现堵塞现象
波纹管机构	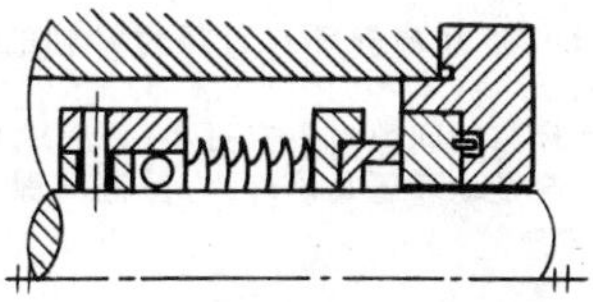	为波纹管直接传动，常用于金属波纹管结构
传动螺钉机构	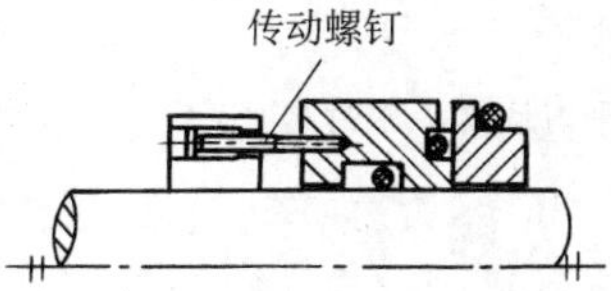	利用螺钉传动，常用于多弹簧结构中

表 20.5-13　静环的支承方式

支承方式	结构简图	特点
浮动式	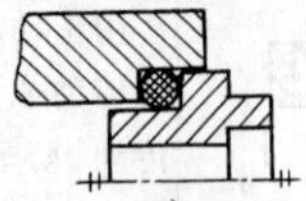 a)	静环靠柔性件（如O形圈）的压缩变形支承在密封腔体上，并允许轴向、径向略有浮动，见图a、b、c。当密封要求严格时，可采用双重密封，见图d。高压、高速及高黏度介质条件下可采用防转销结构，见图e、f 结构简单，便于拆装，防振性好，但不利于热传导
	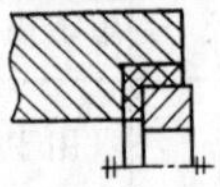 b)	
	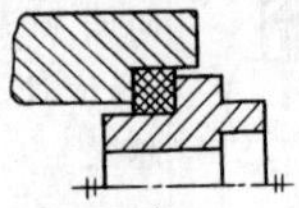 c)	
	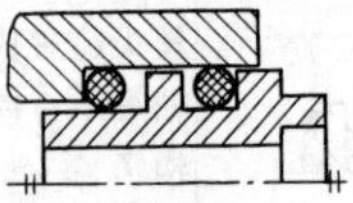 d)	
	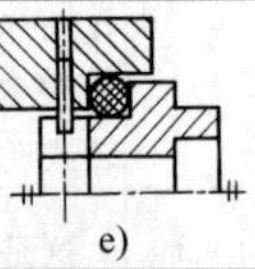 e)	
	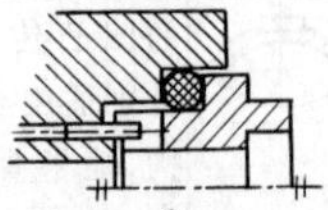 f)	
紧固式	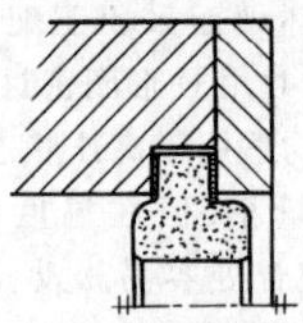	靠机械方法支承。结构简单，传热性好，但不利于吸收腔体振动
镶装式	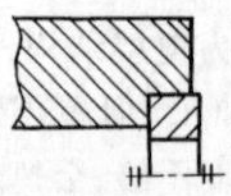	静环过盈配合在腔体上。配合部位要求加工精度高，结构简单，传热性好。不易吸收腔体的振动，端面磨损后不易更换
轴向定位式	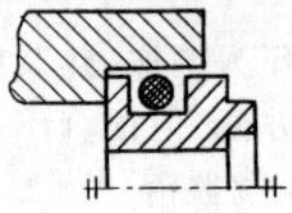 a)	静环靠腔体定位，由柔性件压缩变形支承，见图a。要求密封严格时，可安装两道密封，见图b。高压、高速和高黏度介质条件下设置防转销，见图c 结构简单、便于拆装，传热条件好，但吸振性差
	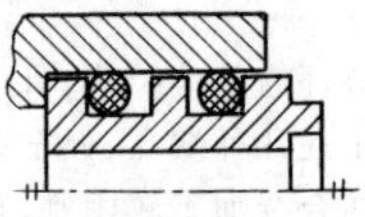 b)	
	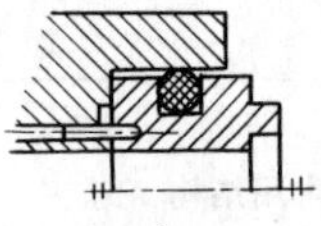 c)	

4.3　主要零件尺寸的确定

机械密封主要零件尺寸的确定见表20.5-14和表20.5-15。

4.4　弹簧比压和端面比压的选择（见表20.5-16）

表 20.5-14　机械密封主要零件尺寸的确定

<table>
<tr><th>项目</th><th>确定原则</th><th>数　值</th></tr>
<tr><td>端面宽度 b 与高度 h</td><td>1. 密封端面由动环、静环两零件组成，其端面做成一宽一窄。软材料作窄环，硬材料作宽环，软材料端面宽度为密封端面宽度。两环端面也可以都做成窄环，并取相同的端面宽度 b
2. 端面宽度 b 尽可能取小值
3. 窄环高度 h 值主要由材料的强度、刚度以及耐磨损能力确定</td><td>见表20.5-15</td></tr>
<tr><td>间隙</td><td>1. 指内径为 D 静环与直径为 d 轴的间隙，即 $D-d$，一般取1~3mm
2. 动环与轴间隙也不宜过大，一般取0.5~1mm
3. 无论是动环还是静环，为保证间隙合理，在高温时要进行核算</td><td>“泵用机械密封”标准中规定如下
（mm）
<table>
<tr><th>材料
直径</th><th>石墨</th><th>青铜</th><th>填充聚四氟乙烯</th><th>硬质合金</th></tr>
<tr><td>16~100</td><td colspan="3">1</td><td>2</td></tr>
<tr><td>110~120</td><td colspan="3">2</td><td>3</td></tr>
</table></td></tr>
<tr><td>密封端面直径 d_1</td><td>由平衡系数 B、密封端面宽度 b 和动、静环内径与轴间隙计算而得</td><td>1. 内装式机械密封
$d_1=\frac{-4b(1-B)+\sqrt{4d^2b-16b^2B(1-B)}}{2}$
2. 外装式机械密封
$d_1=\frac{-4bB+\sqrt{4d^2b-16b^2B(1-B)}}{2}$</td></tr>
</table>

（续）

<table>
<tr><th>项目</th><th>确定原则</th><th>数 值</th></tr>
<tr><td>密封圈尺寸</td><td>密封圈的内径及断面公称尺寸是由密封部位的相关尺寸来确定的</td><td>密封圈断面尺寸及压缩率如下
（mm）
<table>
<tr><td rowspan="2">名称</td><td colspan="3">内径公称尺寸></td></tr>
<tr><td>16~28</td><td>30~80</td><td>85~120</td></tr>
<tr><td>断面尺寸 a_1</td><td>4</td><td>5</td><td>6</td></tr>
<tr><td>压缩率(%)</td><td>6~10</td><td>6~9</td><td>6~3.5</td></tr>
</table></td></tr>
<tr><td>弹簧的确定</td><td>要求弹簧力数值下降量不超过10%~20%，弹簧尽量短，节距大，圈数少</td><td>轴径 d<65mm，选单弹簧结构
轴径 d>65mm，选多弹簧结构</td></tr>
</table>

表 20.5-15 不同材料窄环的端面宽度 b 和高度 h （mm）

<table>
<tr><th colspan="3" rowspan="2">名 称</th><th colspan="23">轴 径 d</th></tr>
<tr><th>16</th><th>18</th><th>20</th><th>22</th><th>25</th><th>28</th><th>30</th><th>35</th><th>40</th><th>45</th><th>50</th><th>55</th><th>60</th><th>65</th><th>70</th><th>75</th><th>80</th><th>85</th><th>90</th><th>95</th><th>100</th><th>110</th><th>120</th></tr>
<tr><td rowspan="8">非平衡型</td><td rowspan="2">石 墨</td><td>b</td><td colspan="6">3</td><td colspan="3">4</td><td colspan="4">5</td><td colspan="2">5.5</td><td colspan="8">6</td></tr>
<tr><td>h</td><td colspan="6">3</td><td colspan="3">3</td><td colspan="4">3</td><td colspan="2">3</td><td colspan="8">3</td></tr>
<tr><td rowspan="2">硬质合金</td><td>b</td><td colspan="6">2</td><td colspan="8">2.5</td><td colspan="7">3</td><td colspan="2">3.5</td></tr>
<tr><td>h</td><td colspan="6">2</td><td colspan="8">2</td><td colspan="7">2</td><td colspan="2">2</td></tr>
<tr><td rowspan="2">填充聚四氟乙烯</td><td>b</td><td colspan="6">3</td><td colspan="3">4</td><td colspan="4">5</td><td colspan="4">5.5</td><td colspan="6" rowspan="2"></td></tr>
<tr><td>h</td><td colspan="6">3</td><td colspan="3">3</td><td colspan="4">3</td><td colspan="4">3</td></tr>
<tr><td rowspan="2">青铜</td><td>b</td><td colspan="6">2</td><td colspan="8">2.5</td><td colspan="7">3</td><td colspan="2">3.5</td></tr>
<tr><td>h</td><td colspan="6">3</td><td colspan="8">3</td><td colspan="7">3</td><td colspan="2">3</td></tr>
<tr><td rowspan="6">平衡型</td><td rowspan="2">硬质合金</td><td>b</td><td colspan="6">2</td><td colspan="3">2.5</td><td colspan="6">2.75</td><td colspan="8">3</td></tr>
<tr><td>h</td><td colspan="6">2</td><td colspan="3">2</td><td colspan="6">2</td><td colspan="8">2</td></tr>
<tr><td rowspan="2">石墨</td><td>b</td><td colspan="4">2.5</td><td colspan="3">3</td><td colspan="7">4</td><td colspan="3">5</td><td colspan="4">5.5</td><td colspan="2">6</td></tr>
<tr><td>h</td><td colspan="4">3</td><td colspan="3">3</td><td colspan="7">3</td><td colspan="3">3</td><td colspan="4">3</td><td colspan="2">3</td></tr>
<tr><td rowspan="2">青铜</td><td>b</td><td colspan="6">2</td><td colspan="3">2.5</td><td colspan="6">2.75</td><td colspan="8">3</td></tr>
<tr><td>h</td><td colspan="6">3</td><td colspan="3">3</td><td colspan="6">3</td><td colspan="8">3</td></tr>
</table>

表 20.5-16 弹簧比压和端面比压的选择

<table>
<tr><th>项目</th><th>选择原则</th><th colspan="3">数 值</th></tr>
<tr><td rowspan="5">弹簧比压 p_s</td><td rowspan="5">1. 低压时弹簧比压选低值；高压时弹簧比压选高值
2. 采用橡胶材料作辅助密封的结构，弹簧比压可选低些；而采用聚四氟乙烯作辅助密封的结构，弹簧比压选高些
3. 机械密封端面平均线速度不同，弹簧比压不同</td><td colspan="3">机械密封弹簧比压的选择</td></tr>
<tr><td>机械密封类型</td><td>端面平均线速度/m·s^{-1}</td><td>弹簧比压 p_s</td></tr>
<tr><td>高速机械密封</td><td>>30</td><td>0.05~0.2MPa</td></tr>
<tr><td>中速机械密封</td><td>10~30</td><td>0.15~0.3MPa</td></tr>
<tr><td>低速机械密封</td><td><10</td><td>0.15~0.6MPa</td></tr>
<tr><td rowspan="4">端面比压 p_c</td><td rowspan="4">1. 端面比压一定为正值，即 p_c>0
2. 端面比压 p_c 一定要大于物料在密封端面上的蒸汽压
3. 端面比压 p_c 一般不宜过大，以避免液膜蒸发，磨损加剧，也不宜过小</td><td colspan="2">内装机械密封</td><td>0.3~0.6MPa</td></tr>
<tr><td colspan="2">外装机械密封</td><td>0.15~0.4MPa</td></tr>
<tr><td colspan="2">黏度大、润滑性好的介质</td><td>0.5~0.7MPa</td></tr>
<tr><td colspan="2">易挥发、润滑性差的介质</td><td>0.3~0.45MPa</td></tr>
</table>

端面比压的计算和弹簧的设计可查阅参考文献 [6]。

5 机械密封的辅助系统

5.1 冲洗（直接冷却）

冲洗是一种控制温度、延长机械密封寿命的最有效措施。冲洗的目的在于带走热量，降低轴封箱温度，防止液膜汽化，改善润滑条件，防止干运转、杂质集积和气囊形成。机械密封常用冲洗方式见表 20.5-17。

表 20.5-17 机械密封常用冲洗方式

冲洗方式	简 图	特点及应用	冲洗方式	简 图	特点及应用
外冲洗	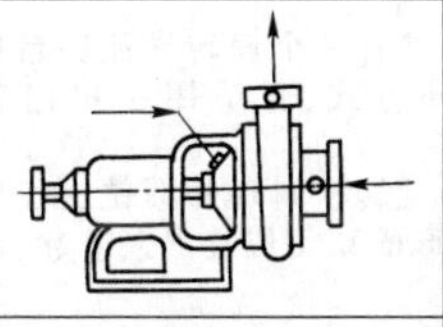	利用外来冲洗液注入密封室内进行冲洗。冲洗液应是与被密封介质相容的洁净液体，冲洗液的压力应比轴箱内压力大 0.05~0.1MPa。这种方法适用于腐蚀性强和含固体颗粒的液体	反冲洗	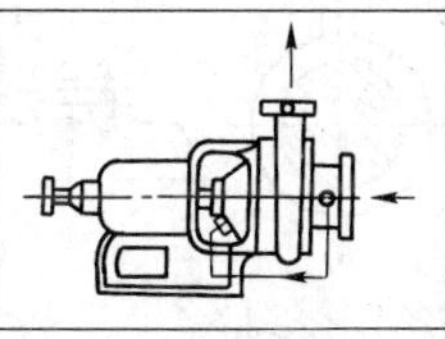	从轴封箱引出密封介质返回泵内压力较低处（通常是泵入口处），利用密封介质自身循环冲洗轴封箱。这种内冲洗又叫逆冲洗。这种方法常用于轴封箱压力与排出压力差极小的场合下
正冲洗	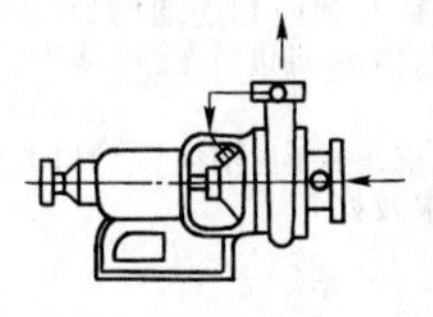	利用泵内部压力较高处（通常是泵出口）的液体作为冲洗液来冲洗密封箱。这种内冲洗又叫自冲洗，因为自身冲洗成封闭系统，又叫闭路冲洗。为了控制冲洗量，要求轴封箱有底套，管路上装有孔板。这是最常用的冲洗方法	全冲洗	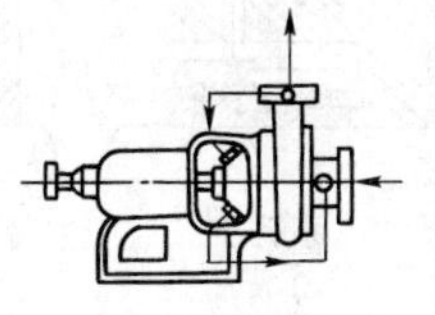	从泵高压侧（泵出口）引入密封介质，又从轴封箱引出密封介质返回泵的低压侧进行循环冲洗。这种内冲洗又叫贯通冲洗。对于低沸点液体，要求在轴封箱内装底套，节流控制并维持轴封箱压力

（续）

冲洗方式	简 图	特点及应用	冲洗方式	简 图	特点及应用
综合冲洗	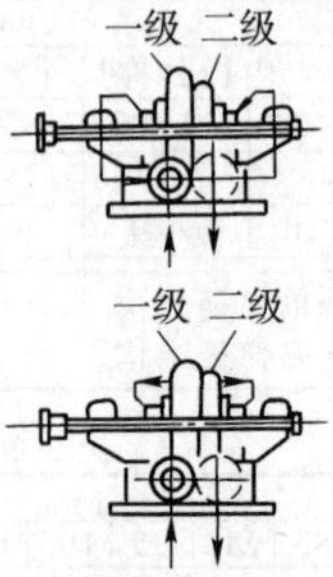	从图中看出，左侧是一级入口与一级轴封箱连接的一级反冲洗；右侧是二级出口与二级轴封箱连接的二级正冲洗。另一台两级泵的左侧是一级出口与一级轴封箱连接的一级正冲洗；右侧是二级出口与二级轴封箱连接的二级正冲洗。此外，还可以有其他不同的综合冲洗	叶轮循环冲洗	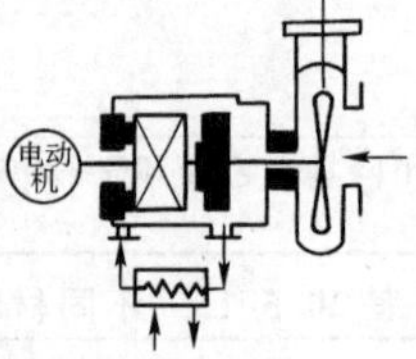	轴封箱内密封环上做成或另外加一叶轮与外接换热器形成叶轮局部循环冲洗。这种方法常用于泵进、出口压差很小的场合，靠叶轮来产生液体循环所需压差。一般热水泵采用这种方式，可以降低轴封箱和轴封的温度

5.2 几种冷却方式

冷却的目的就是去热降温，冷却的方式有直接冷却（冲洗）和间接冷却，见表 20.5-18。

表 20.5-18 机械密封的各种冷却方式

冷却方式	简 图	特点及应用
间接冷却	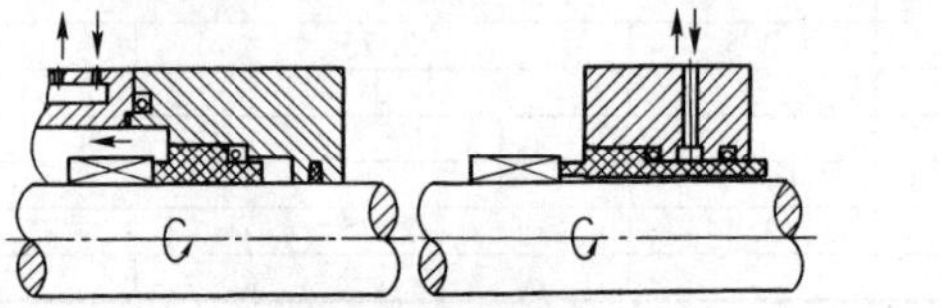	对动环部分，当介质温度较高时，通冷却水；当介质温度较低时，则可通蒸汽。为提高冷却速度，一般把静环尾部加长 应用比较广泛
翅片空冷式	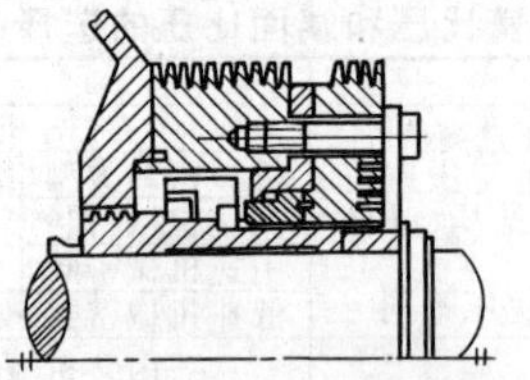	采用空冷结构，没有其他冷却系统，使用温度低于 200℃，结构简单
蛇管冷却	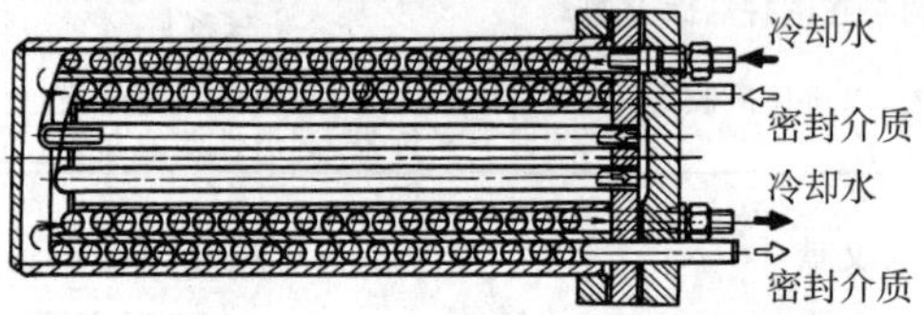	密封介质通过内盘管转入外盘管，冷却到要求温度后引出冷却器去轴封箱。冷却水先沿外壁空间进入，然后由中间空间引出 常用的传热介质是水、蒸汽和空气
背冷（急冷）	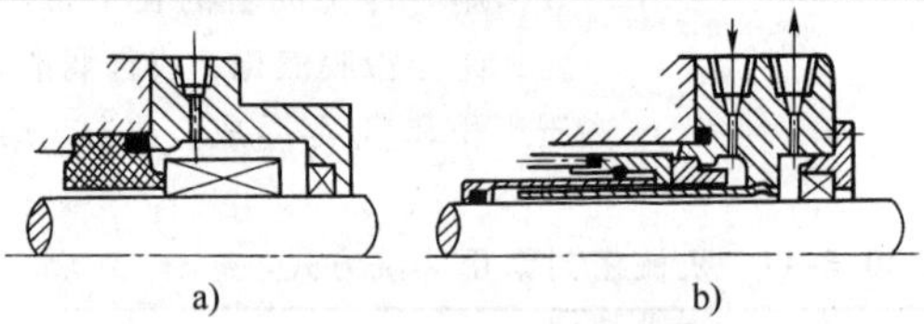	图 a 为外装式机械密封背冷方式，它不仅起到对密封面的冷却作用，同时又起到水封作用，防止液体外漏 图 b 为带折流套管的背冷方式，在密封压盖上加一套管作为折流用，它可以使冷却剂与密封件充分接触，背冷效果更为显著
循环冷却	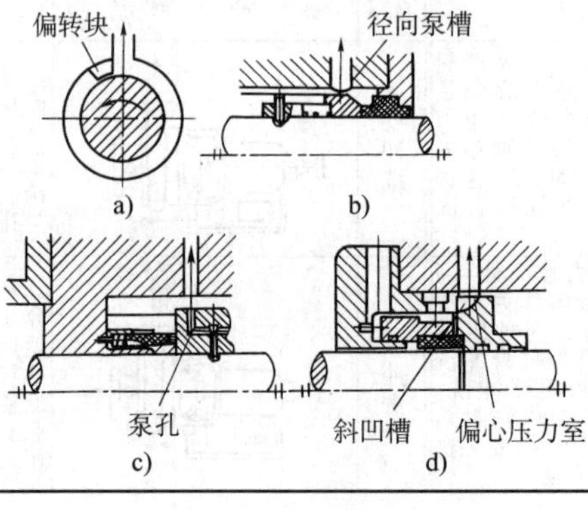	图 a 为带有一个偏转导流突台的最简单循环方式，只适用于单向旋转轴用 图 b 为旋转密封环外圆铣出径向直叶（半圆形槽），类似旋涡泵叶轮，起泵送作用 图 c 为钻有轴向和连通的、径向孔的多孔叶轮，由轴向进入径向排出，起泵送作用 图 d 为铣出径向-轴向混合叶片的叶轮，其效果较好

5.3 杂质清除方式

密封介质中往往会由于介质本身（如浆液、油浆等）含有固体颗粒和易结晶、结焦等杂质，在一定工作条件下出现固体颗粒，还有一些特殊用途泵的密封（如塔底泵、釜底泵的密封）在系统中有残渣、铁锈，甚至于安装时有残留杂物，都会给机械密封带来困难。因此，必须设法清除密封介质中的杂质。表 20.5-19 所列为各种不同的杂质清除方式。

表 20.5-19 各种不同的杂质清除方式

清除方式	简 图	特点及应用
磁性过滤器	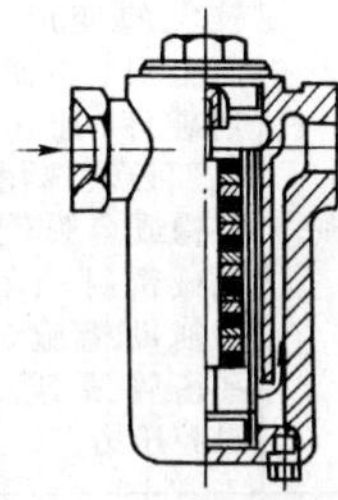	在管路上安装磁性过滤器
陶瓷过滤器	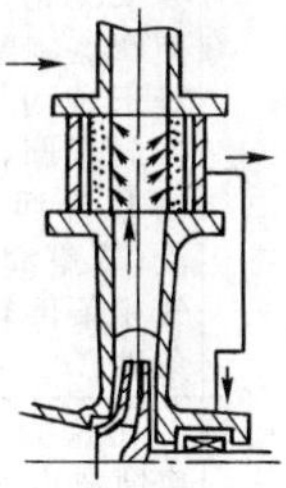	此设备为自清洗用多孔性陶瓷过滤器
外接旋流分离器	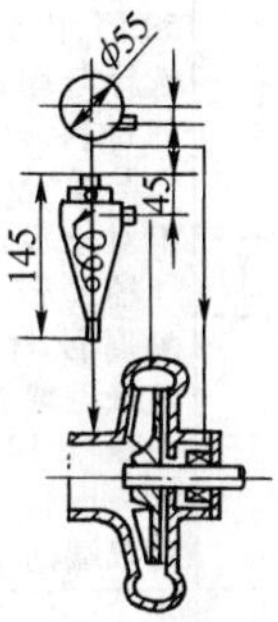	通常用于开工时清除杂质
分离室	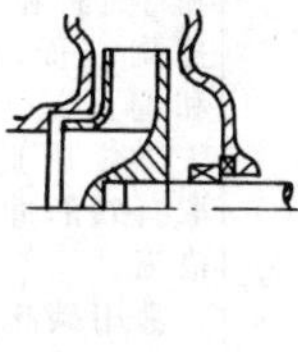	泵后盖处设置容积较大的分离室，靠旋转流动分离出较重的固体杂质，洁净液体流到轴封箱，而静止的固体杂质沉降下来
背叶片	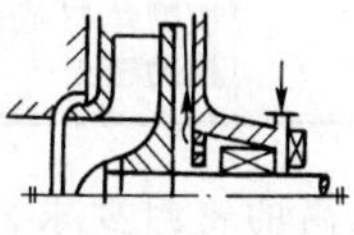	离心泵叶轮背面安置背叶片，固体颗粒在开式叶片作用下被甩到叶轮出口蜗壳内，同时将洁净冲洗液一起抽到蜗壳内，保持轴封箱内洁净
带保护罩分离装置	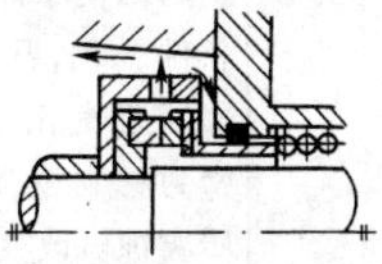	动环带保护罩的分离装置，带孔的保护罩围住动环和静环，间隙仅几毫米，随动环旋转，固体颗粒进入间隙内，被甩向周边，通过孔分离出去
多孔形环	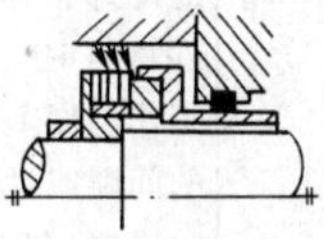	其装在动环上与静环摩擦面平齐，此环用金属陶瓷或矿物陶瓷做成。由于此过滤环分离和阻挡的结果，磨粒进不到摩擦副的间隙内。滤清液进入间隙内，冷却和润滑摩擦副
橡胶保护罩	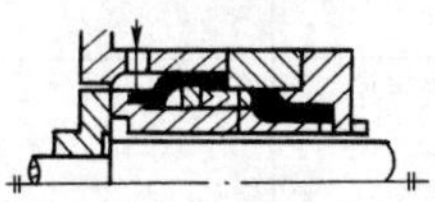	静环与轴封箱间装有橡胶保护罩，固体颗粒不致进入弹簧和辅助密封处，避免堵塞
泵送孔	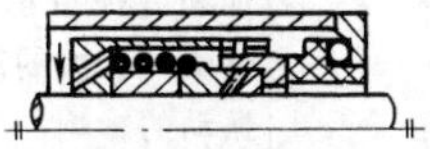	组装套后部开泵送孔，可将密封液抽入冲洗弹簧处，避免固体杂质沉积
保温套	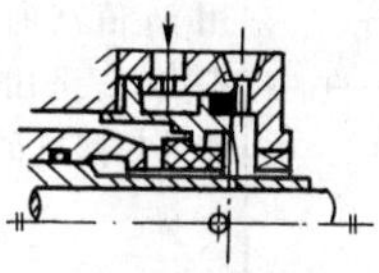	摩擦副周围装保温夹套，可以加热该处液体或冷却该处液体，不使密封介质结晶、叠合和分解
蓄油室	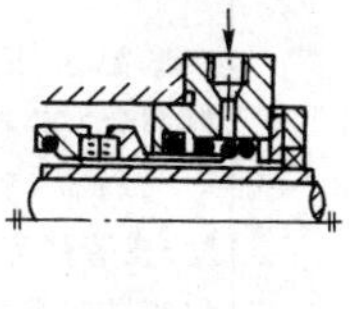	静环辅助密封和弹簧处为一蓄油室，其中放置保温用油，使密封圈与弹簧泡在油中不受磨粒侵入，同时也免受黏胶的黏合影响，因为油起到润滑作用
缝隙密封	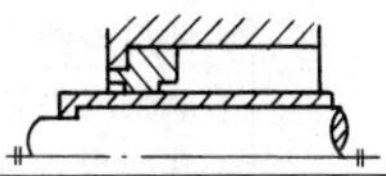	轴封箱底套处装缝隙密封，防止停车时磨粒进入密封室
唇状密封	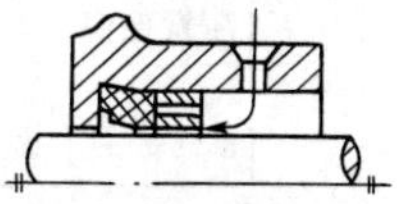	底套处采用单唇的唇状密封
多唇唇状密封	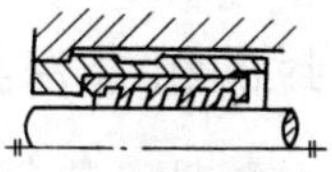	装设多唇的唇状密封来防止磨粒进入密封室

6　特殊工况下的机械密封

特殊工况下的机械密封见表 20.5-20。

表 20.5-20　特殊工况下的机械密封

使用条件	结构简图	结构特点
高温机械密封（工作温度超过 80℃）	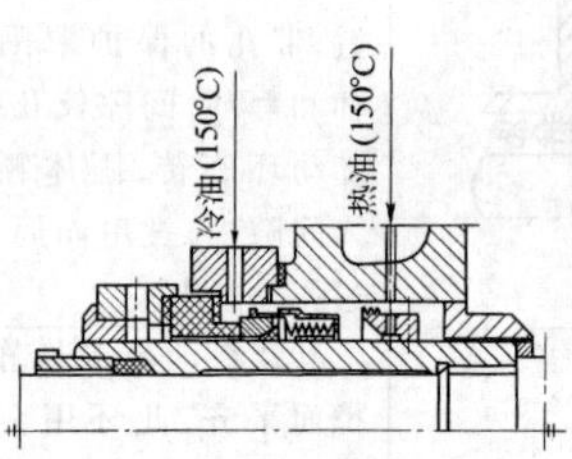	高温使摩擦副的润滑条件恶化，甚至出现端面液膜汽化，可能造成密封材料变质，加剧介质腐蚀。改变各零件的间隙量或过盈量 采取措施：采取有效的冷却措施；选择密封件材料时，注意材料的工作温度上限。密封件的间隙或过盈量按热态时考虑，尽量选用线胀系数相近的材料
高速机械密封（线速度超过 25～30m/s）	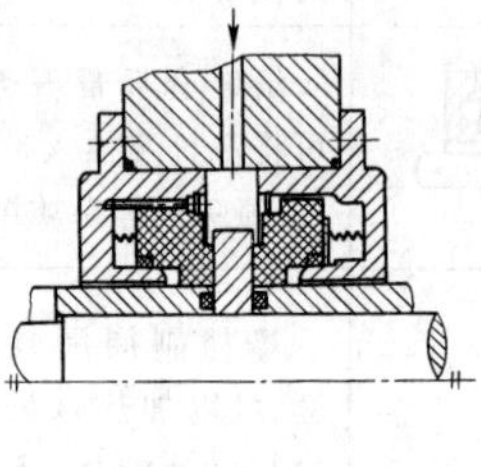	摩擦副的摩擦热量增加和磨损量增大，密封件受到较大的离心力和振动的影响。加强对摩擦副的润滑与冷却，选用 *pv* 值高的摩擦副材料组对，采用静止式结构及控膜机械密封
低温条件下用机械密封（工作温度低于 0～-50℃）	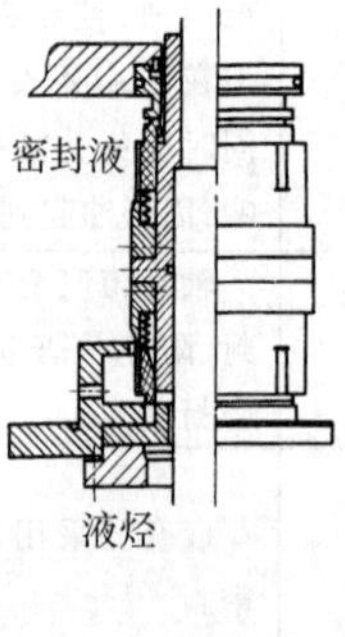	低温条件下，常用材料都会发生冷脆现象 选材需考虑抗拉强度、疲劳强度、冲击韧度和热导率等因素 低温条件下密封面上的液膜汽化显著地改变了其润滑性能，因此要注意保温
高压条件下机械密封（工作压力超过 3～4MPa）	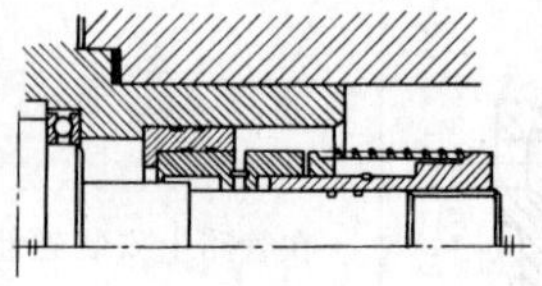	高压条件下，可能使石墨环破裂或出现较大的变形，端面载荷上升，端面可能遭到破坏，加速摩擦磨损。必须选用平衡性结构或全膜（受控膜）机械密封。有时可采用辅助措施（如连接平衡管线等）降低密封腔压力
真空机械密封（工作压力低于大气压力）		真空密封对泄漏量要求严格。真空条件使摩擦副端面液膜较难形成并易受破坏，造成干摩擦磨损。设法改善润滑，引入封液（真空润滑油等）把气相条件转化为液相条件
腐蚀性介质条件用机械密封	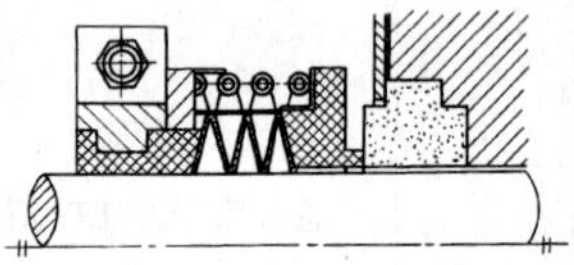	在密封端面上，其腐蚀速度约为无摩擦表面的腐蚀率的 10～50 倍，因此，摩擦副应选择既耐磨又耐腐蚀的材料。一般采用陶瓷与填充聚四氟乙烯组对较多 辅助密封也要选择耐腐蚀材料，常用聚四氟乙烯波纹管结构 常采用外装结构，对强腐蚀介质密封采用双端面结构
介质含颗粒条件下用机械密封	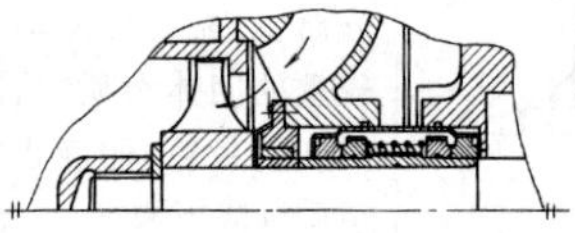	由于介质中含有的粉尘、晶粒等进入摩擦副端面，加大磨损和漏泄量，以致密封失效。因此，必须采取有效的冲洗和净化措施 常用碳化钨组对摩擦副。采用开式传动和大弹簧结构。附加成型填料或甩砂环等辅助密封

7　机械密封与其他密封的组合密封

随着各项工业的发展，对密封的要求越来越高。为了满足这些日益提高的密封要求，往往利用几种密封组合在一起，各自发挥其优势，达到密封要求。

组合式密封的形式很多，归纳起来，不外乎是非接触式密封与接触式密封混合组合和接触式密封与接触式密封组合的两大类机械密封组合密封。常用组合密封见表 20.5-21。

表 20.5-21 常用组合密封

名称	简 图	特点与应用	名称	简 图	特点与应用
机械密封-浮环组合密封	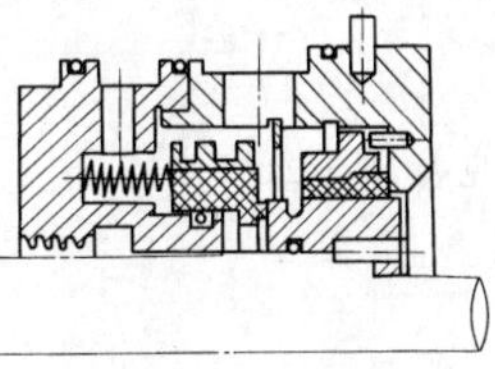	这是一种接触式密封与非接触式密封混合组合。两密封之间采用强制循环润滑和冷却。浮环密封用作外密封无接触磨损。弹簧是静置安装。其密封面较窄 $b=3mm$，面积较小 $B=0.52$。静环外面加箍增强，防止磨损 密封转速 $n=10720r/min$，周向速度 $v=72m/s$，其特点是靠机内介质侧采用机械密封（接触式密封），靠大气侧采用浮环密封（非接触式密封）。适用于高速情况，使用寿命长，为合成氨厂原料气压缩机采用	机械密封-迷宫螺旋组合密封	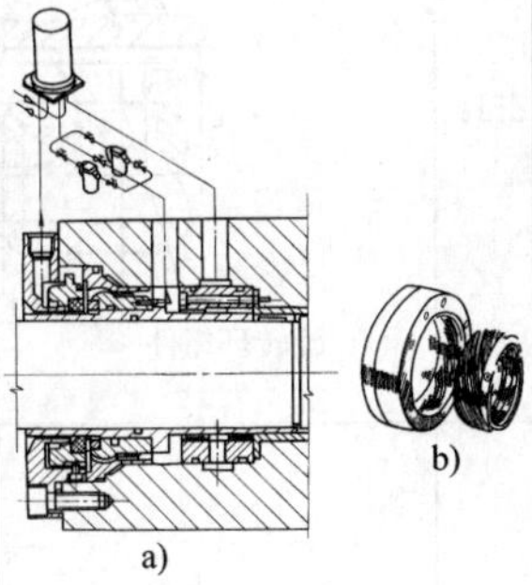	摩擦副的摩擦表面开有流体动压循环槽，降低了摩擦因数；对于使用中所有条件，包括起动到快速闭合转数，都能造成较大流量，有利于冷却和润滑；设置导流器，可将摩擦面摩擦产生的热量与可能存在的气泡和脏物带走；在很高温度下采用使用温度为 200℃ 的乙丙橡胶，制造特殊的 O 形圈，提高了机械密封的可靠性；在循环系统中，安置成双可切换的磁性过滤器和换热器，靠辅助的热虹吸作用对密封进行冷却
机械密封-螺旋组合密封	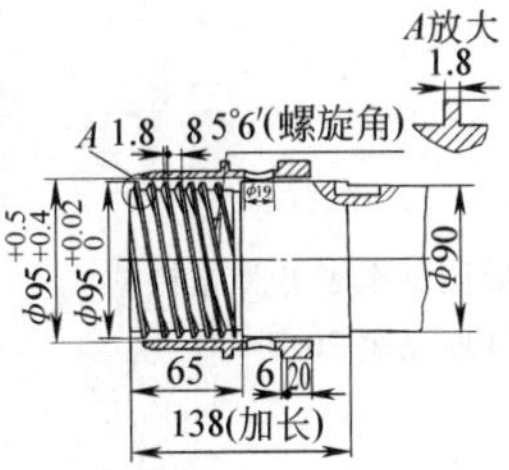	机械密封-螺旋组合密封使密封腔介质压力大大降低，延长了热油泵运转寿命，密封压盖垫片不易撕坏；冲洗油如果中断，热油不易窜到密封腔；可用不平衡型机械密封代替安装困难的平衡型密封 目前已推广在二套常减压装置的常减压塔底热油泵上使用，效果很好			

8 机械密封的尺寸系列

GB/T 6556—2016 对离心泵及类似机械旋转轴密封做了规定。

机械密封的结构型式见表 20.5-22，表中给出的是使用 O 形圈作为静环辅助密封圈的示例，其他截面形状的密封圈也可作为静环辅助密封圈。结构可以有所不同，但应当遵循给定的尺寸。未注明的尺寸公差按 GB/T 1804 中 f 级的规定。

机械密封静环周向和轴向限位结构及尺寸应遵循表 20.5-23 的规定。

密封腔和机械密封的主要尺寸见表 20.5-24。

表 20.5-22　机械密封的结构型式

名　　称		结构简图	备　　注
单端面	非平衡式单端面机械密封（U 型）	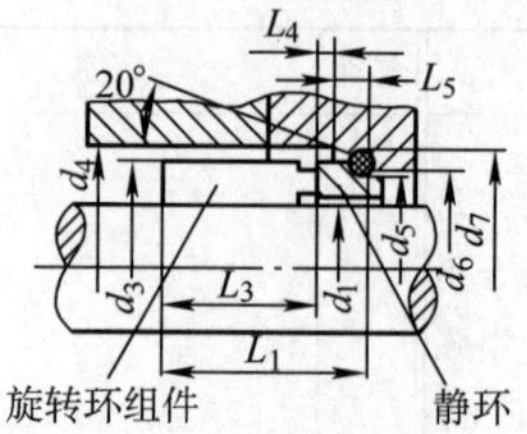	主要尺寸见表 20.5-24
	平衡式单端面机械密封（B 型）	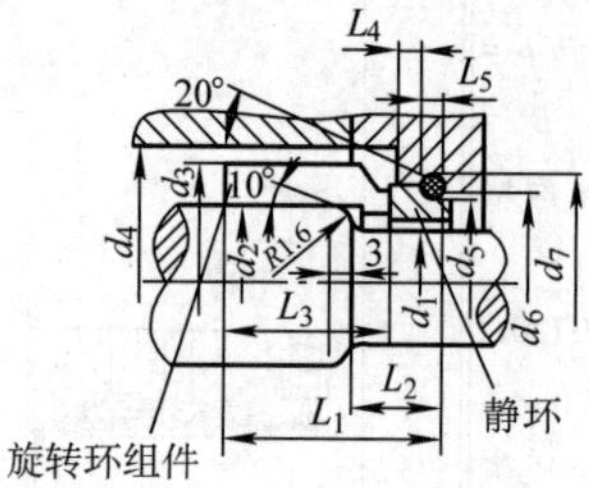	主要尺寸见表 20.5-24
双端面	两端均为非平衡式结构的双端面机械密封（UU 型）	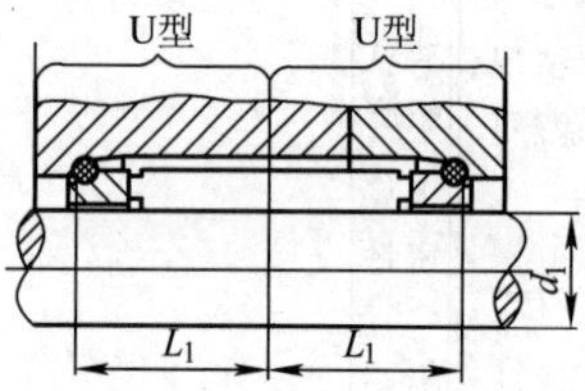	主要尺寸标注见本表 U 型图，主要尺寸见表 20.5-24
	两端均为平衡式结构的双端面机械密封（BB 型）	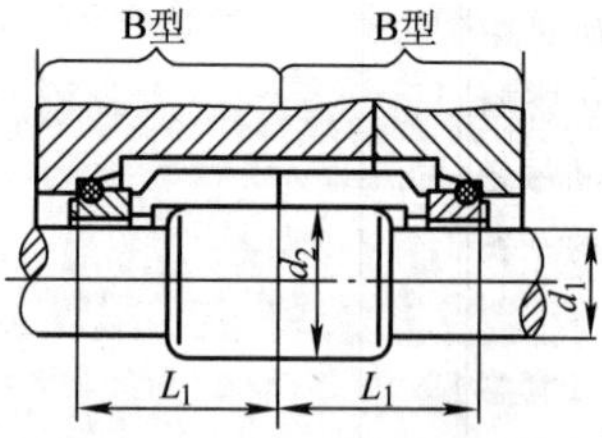	主要尺寸标注见本表 B 型结构图 主要尺寸选取见表 20.5-24
	大气端为平衡式结构介质端为非平衡式结构的双端面机械密封（UB 型）	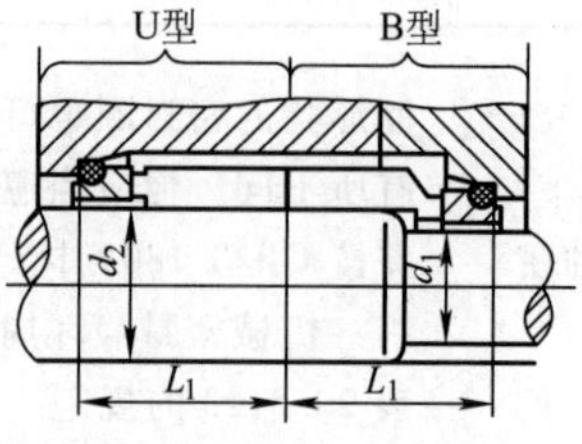	主要尺寸标注分别见本表 U 型及 B 型结构图 主要尺寸选取见表 20.5-24

表 20.5-23　静环限位结构尺寸

名称		结构简图	说明
静环防转结构	径向位置销钉结构	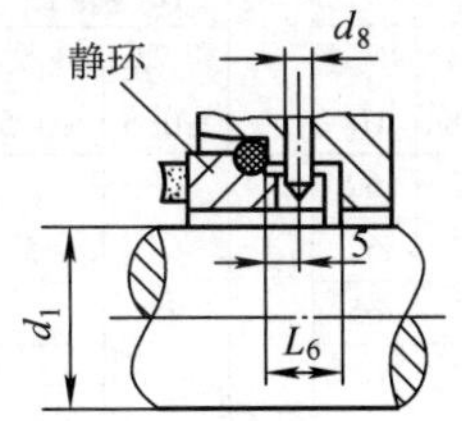	静环防转结构适用于平衡式和非平衡式机械密封。静环设计既可选用径向位置销钉结构，也可选用轴向位置销钉结构。其他静环防转结构由制造厂自行设计
	轴向位置销钉结构	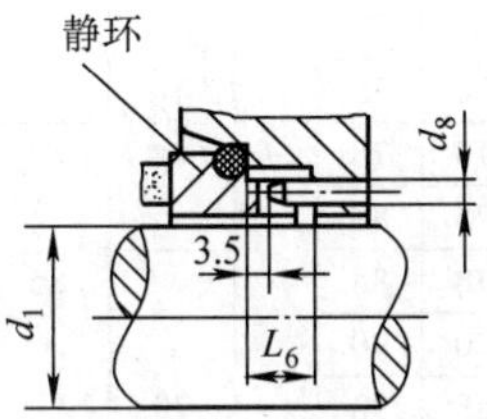	
静环轴向限位结构	非平衡式机械密封静环轴向限位结构	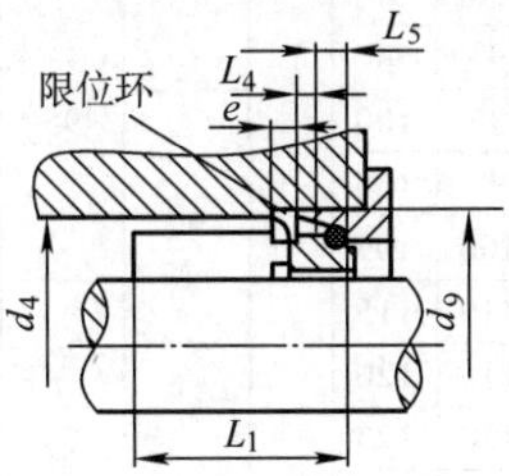	静环轴向限位结构适用于单端面机械密封、双端面机械密封的介质侧 图示的两种结构可供设计时选用。其他静环轴向限位结构由制造厂自行设计 为了保证限位环的可靠安装，静环的轴向限位应注意使密封腔内径 d_4 至少比限位环的外径 d_9 小 2mm
	平衡式机械密封静环轴向限位结构	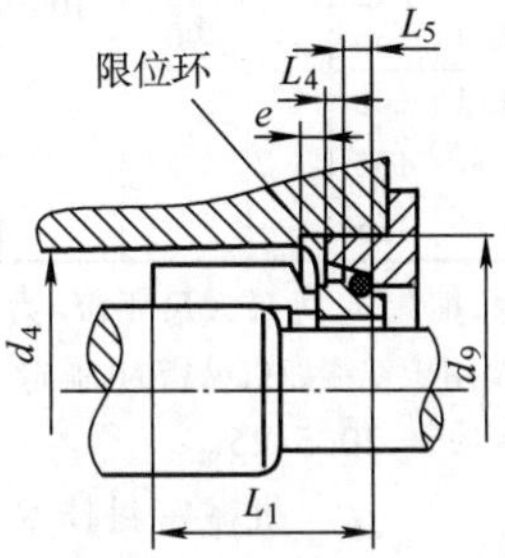	

表 20.5-24　密封腔和机械密封的主要尺寸　　　　(mm)

公称直径 d_1 U型 h6	公称直径 d_1 B型	d_2 h6	最大尺寸 d_3 U型	最大尺寸 d_3 B型	最小尺寸 d_4 U型	最小尺寸 d_4 B型	d_5 h8	d_6 h11	d_7 h8	d_8	d_9 U型 H8	d_9 B型 H8	e	最大尺寸 L_1 N型设计 U型 ±0.5	最大尺寸 L_1 N型设计 B型 ±0.5	最大尺寸 L_1 K型设计 U型 ±0.5	最大尺寸 L_1 K型设计 B型 ±0.5	L_2 ±0.5	L_3	L_4	L_5	L_6
10		14	20	24	22	26	此尺寸不做规定，可以根据有关资料选取各制造厂	17	21	3	26	30	4	40	50	32.5	40	18	此尺寸不做规定，可以根据有关资料选取各制造厂	1.5	4	8.5
12		16	22	26	24	28		19	23		28	32										
14		18	24	32	26	34		21	25		30	38			55	35	42.5					
16		20	26	34	28	36		23	27		32	40										
18		22	32	36	34	38		27	33		38	42		45		37.5	45	20		2	5	9
20		24	34	38	36	40		29	35		40	44			60							
22		26	36	40	38	42		31	37		42	46										
24		28	38	42	40	44		33	39		44	48		50		40	47.5					
25		30	39	44	41	46		34	40		45	50										
28		33	42	47	44	49		37	43		48	53			65	42.5	50					
30		35	44	49	46	51		39	45		50	55										

（续）

<table>
<tr><th colspan="2">公称直径</th><th rowspan="2">d_2</th><th colspan="2">最大尺寸</th><th colspan="2">最小尺寸</th><th rowspan="2">d_5</th><th rowspan="2">d_6</th><th rowspan="2">d_7</th><th rowspan="3">d_8</th><th colspan="2" rowspan="2">d_9</th><th rowspan="3">e</th><th colspan="4">最大尺寸 L_1</th><th rowspan="2">L_2</th><th rowspan="3">L_3</th><th rowspan="3">L_4</th><th rowspan="3">L_5</th><th rowspan="3">L_6</th></tr>
<tr><th colspan="2">d_1</th><th colspan="2">d_3</th><th colspan="2">d_4</th><th colspan="2">N 型设计</th><th colspan="2">K 型设计</th></tr>
<tr><th>U 型 h6</th><th>B 型</th><th>h6</th><th>U 型</th><th>B 型</th><th>U 型</th><th>B 型</th><th>h8</th><th>h11</th><th>h8</th><th>U 型 H8</th><th>B 型 H8</th><th>U 型 ±0.5</th><th>B 型 ±0.5</th><th>U 型 ±0.5</th><th>B 型 ±0.5</th><th>±0.5</th></tr>
<tr><td colspan="2">32</td><td>38</td><td>46</td><td>54</td><td>48</td><td>58</td><td rowspan="25">此尺寸不做规定，各制造厂可以根据有关资料选取</td><td>42</td><td>48</td><td rowspan="3">3</td><td>52</td><td>62</td><td rowspan="3">4</td><td rowspan="5">55</td><td rowspan="3">65</td><td rowspan="3">42.5</td><td rowspan="3">50</td><td rowspan="3">20</td><td rowspan="25">此尺寸不做规定，各制造厂可以根据有关资料选取</td><td rowspan="8">2</td><td rowspan="3">5</td><td rowspan="25">9</td></tr>
<tr><td colspan="2">33</td><td>38</td><td>47</td><td>54</td><td>49</td><td>58</td><td>42</td><td>48</td><td>53</td><td>62</td></tr>
<tr><td colspan="2">35</td><td>40</td><td>49</td><td>56</td><td>51</td><td>60</td><td>44</td><td>50</td><td>56</td><td>65</td></tr>
<tr><td colspan="2">38</td><td>43</td><td>54</td><td>59</td><td>58</td><td>63</td><td>49</td><td>56</td><td rowspan="22">4</td><td>63</td><td>68</td><td rowspan="22">6</td><td rowspan="4">75</td><td rowspan="5">45</td><td rowspan="5">52.5</td><td rowspan="5">23</td><td rowspan="12">6</td></tr>
<tr><td colspan="2">40</td><td>45</td><td>56</td><td>61</td><td>60</td><td>65</td><td>51</td><td>58</td><td>65</td><td>70</td></tr>
<tr><td colspan="2">43</td><td>48</td><td>59</td><td>64</td><td>63</td><td>68</td><td>54</td><td>61</td><td>68</td><td>73</td><td rowspan="4">60</td></tr>
<tr><td colspan="2">45</td><td>50</td><td>61</td><td>66</td><td>65</td><td>70</td><td>56</td><td>63</td><td>70</td><td>75</td></tr>
<tr><td colspan="2">48</td><td>53</td><td>64</td><td>69</td><td>68</td><td>73</td><td>59</td><td>66</td><td>73</td><td>78</td><td rowspan="4">85</td></tr>
<tr><td colspan="2">50</td><td>55</td><td>66</td><td>71</td><td>70</td><td>75</td><td>62</td><td>70</td><td>75</td><td>80</td><td rowspan="3">47.5</td><td rowspan="3">57.5</td><td rowspan="7">25</td><td rowspan="10">2.5</td></tr>
<tr><td colspan="2">53</td><td>58</td><td>69</td><td>78</td><td>73</td><td>83</td><td>65</td><td>73</td><td>78</td><td>88</td><td rowspan="5">70</td></tr>
<tr><td colspan="2">55</td><td>60</td><td>71</td><td>80</td><td>75</td><td>85</td><td>67</td><td>75</td><td>80</td><td>90</td></tr>
<tr><td colspan="2">58</td><td>63</td><td>78</td><td>83</td><td>83</td><td>88</td><td>70</td><td>78</td><td>88</td><td>93</td><td rowspan="5">95</td><td rowspan="5">52.5</td><td rowspan="5">62.5</td></tr>
<tr><td colspan="2">60</td><td>65</td><td>80</td><td>85</td><td>85</td><td>90</td><td>72</td><td>80</td><td>90</td><td>95</td></tr>
<tr><td colspan="2">63</td><td>68</td><td>83</td><td>88</td><td>88</td><td>93</td><td>75</td><td>83</td><td>93</td><td>98</td></tr>
<tr><td colspan="2">65</td><td>70</td><td>85</td><td>90</td><td>90</td><td>95</td><td>77</td><td>85</td><td>95</td><td>100</td><td rowspan="3">80</td></tr>
<tr><td colspan="2">68</td><td>75</td><td>88</td><td>95</td><td>93</td><td>100</td><td>81</td><td>90</td><td>98</td><td>105</td><td rowspan="10">28</td><td rowspan="10">7</td></tr>
<tr><td colspan="2">70</td><td>75</td><td>90</td><td>99</td><td>95</td><td>104</td><td>83</td><td>92</td><td>100</td><td>109</td><td rowspan="9">105</td><td rowspan="4">60</td><td rowspan="3">70</td></tr>
<tr><td colspan="2">75</td><td>80</td><td>99</td><td>104</td><td>104</td><td>109</td><td>88</td><td>97</td><td>110</td><td>115</td><td rowspan="8">90</td></tr>
<tr><td colspan="2">80</td><td>85</td><td>104</td><td>109</td><td>109</td><td>114</td><td>95</td><td>105</td><td>115</td><td>120</td><td rowspan="7">3</td></tr>
<tr><td colspan="2">85</td><td>90</td><td>109</td><td>114</td><td>114</td><td>119</td><td>100</td><td>110</td><td>120</td><td>125</td><td rowspan="6">75</td></tr>
<tr><td colspan="2">90</td><td>95</td><td>114</td><td>119</td><td>119</td><td>124</td><td>105</td><td>115</td><td>125</td><td>130</td><td rowspan="5">65</td></tr>
<tr><td colspan="2">95</td><td>100</td><td>119</td><td>124</td><td>124</td><td>129</td><td>110</td><td>120</td><td>130</td><td>135</td></tr>
<tr><td colspan="2">100</td><td>105</td><td>124</td><td>129</td><td>129</td><td>134</td><td>115</td><td>125</td><td>135</td><td>140</td></tr>
<tr><td colspan="2">110</td><td>115</td><td>138</td><td>143</td><td>144</td><td>149</td><td>125</td><td>136</td><td>150</td><td>155</td></tr>
<tr><td colspan="2">120</td><td>125</td><td>148</td><td>153</td><td>154</td><td>159</td><td>135</td><td>146</td><td>160</td><td>165</td></tr>
</table>

注：1. 为了保证旋转环与密封腔体之间有一个安全间隙，推荐 d_3 为最大尺寸，d_4 为最小尺寸。

2. 轴向尺寸 L_1 有标准型 N 和短型 K 之分。K 型主要用于双端面机械密封，制造厂可提供比 L_1 更短的机械密封。

9 机械密封的有关标准

国内已颁布的机械密封技术标准目录见表 20.5-25。

机械密封技术条件见表 20.5-26。

表 20.5-25 国内机械密封标准

标准编号	标准名称	标准编号	标准名称
GB/T 5894—2015	机械密封名词术语	JB/T 6619.1—1999	轻型机械密封 技术条件
GB/T 6556—2016	机械密封的型式、主要尺寸、材料和识别标志	JB/T 6629—2015	机械密封循环保护系统及辅助装置
GB/T 10444—2016	机械密封产品型号编制方法	JB/T 7369—2011	机械密封端面平面度检验方法
GB/T 14211—2010	机械密封试验方法	JB/T 7371—2011	耐碱泵用机械密封
JB/T 1472—2011	泵用机械密封	JB/T 7372—2011	耐酸泵用机械密封
JB/T 4127.1—2013	机械密封 第 1 部分：技术条件	JB/T 11107—2011	机械密封用圆柱螺旋弹簧
JB/T 4127.2—2013	机械密封 第 2 部分：分类方法	JB/T 7757.2—2006	机械密封用 O 形橡胶圈
JB/T 4127.3—2013	机械密封 第 3 部分：产品验收技术条件	JB/T 8723—2008	焊接金属波纹管机械密封
JB/T 5966—2012	潜水电泵用机械密封	JB/T 8724—2011	机械密封用反应烧结氮化硅密封环
JB/T 8723—2008	焊接金属波纹管机械密封	JB/T 8726—2011	机械密封腔尺寸
JB/T 6374—2006	机械密封用碳化硅密封环 技术条件	JB/T 8871—2002	机械密封用硬质合金密封环毛坯
JB/T 6616—2011	橡胶波纹管机械密封技术条件	JB/T 8872—2016	机械密封用碳石墨密封环技术条件
JB/T 6619—1993	轻型机械密封 试验方法	JB/T 8873—2011	机械密封用填充聚四氟乙烯和聚四氟乙烯毛坯技术条件

表 20.5-26　机械密封技术条件

<table>
<tr><th colspan="2">名　称</th><th>项　　目</th><th colspan="2">技　术　条　件</th></tr>
<tr><td colspan="2" rowspan="5">标准适用范围</td><td>工作压力</td><td colspan="2">0~10MPa(密封腔内实际压力)</td></tr>
<tr><td>工作温度</td><td colspan="2">-20~150℃(密封腔内实际温度)</td></tr>
<tr><td>轴(或轴套)外径</td><td colspan="2">10~120mm</td></tr>
<tr><td>线速度</td><td colspan="2">不大于 30m/s</td></tr>
<tr><td>介质</td><td colspan="2">清水、油类和一般腐蚀性液体</td></tr>
<tr><td rowspan="12">主要零件技术要求</td><td rowspan="6">密封环</td><td>密封端面平面度</td><td colspan="2">不大于 0.0009mm</td></tr>
<tr><td>密封端面粗糙度</td><td colspan="2">硬质材料:Ra0.2μm
软质材料:Ra0.4μm</td></tr>
<tr><td>密封端面与辅助密封圈接触端面平行度</td><td colspan="2">按 GB/T 1184—1996 中的 7 级公差</td></tr>
<tr><td>静环和旋转环与辅助密封圈接触部位的表面粗糙度</td><td colspan="2">Ra 不大于 1.6μm,外圆或内孔尺寸公差为 h8 或 H8</td></tr>
<tr><td>密封环端面与辅助密封圈接触外圆的垂直度</td><td colspan="2">按 GB/T 1184—1996 中的 7 级公差</td></tr>
<tr><td>石墨环,填充聚四氟乙烯环,组装的动、静环的水压试验</td><td colspan="2">试验压力为工作压力的 1.25 倍,持续 10min,不应有渗漏</td></tr>
<tr><td rowspan="2">弹簧</td><td>弹簧外径、内径
弹簧自由高度
弹簧工作压力
弹簧中心线与两端面垂直度</td><td colspan="2">其公差值按 JB/T 11107 中的规定</td></tr>
<tr><td>同一套机械密封中多弹簧时各弹簧之间的自由高度差</td><td colspan="2">不大于 0.5mm</td></tr>
<tr><td rowspan="2">弹簧座
传动座</td><td>内孔尺寸公差</td><td colspan="2">E8</td></tr>
<tr><td>内孔表面粗糙度</td><td colspan="2">不大于 3.2μm</td></tr>
<tr><td>辅助密封</td><td>O 形密封圈</td><td colspan="2">参照 JB/T 7757.2—2006《机械密封用 O 形橡胶圈》</td></tr>
<tr><td colspan="2" rowspan="4">性能要求</td><td>平均泄漏量(密封液体时)</td><td colspan="2">轴(或轴套)外径大于 50mm 小于 120mm 时,平均泄漏量小于或等于 5mL/h
轴(或轴套)外径小于等于 50mm 时,平均泄漏量小于或等于 3mL/h</td></tr>
<tr><td>磨损量</td><td colspan="2">以清水为试验介质,运转 100h,软质材料的密封环磨损量小于或等于 0.02mm</td></tr>
<tr><td>使用期限</td><td colspan="2">被密封介质为清水、油类时,使用期限不小于 8000h
被密封介质有腐蚀性时,使用期限一般为 4000~8000h
使用条件苛刻时不受此限</td></tr>
<tr><td>静压试验压力</td><td colspan="2">产品必须按 GB/T 14211 进行型式试验,产品出厂前按 GB/T 14211进行静压试验和运转试验</td></tr>
<tr><td rowspan="3">安装要求</td><td rowspan="3">轴或轴套</td><td rowspan="3">径向圆跳动公差/mm</td><td>轴(或轴套)外径</td><td>径向圆跳动公差</td></tr>
<tr><td>10~50</td><td>0.04</td></tr>
<tr><td>>50~120</td><td>0.06</td></tr>
</table>

（续）

<table>
<tr><th colspan="2">名 称</th><th>项 目</th><th colspan="3">技 术 条 件</th></tr>
<tr><td rowspan="5">安装要求</td><td rowspan="3">轴或轴套</td><td>外径尺寸公差及表面粗糙度</td><td colspan="3">h6, Ra 不大于 3.2μm</td></tr>
<tr><td>安装辅助密封圈的轴(或轴套)的端部</td><td colspan="3">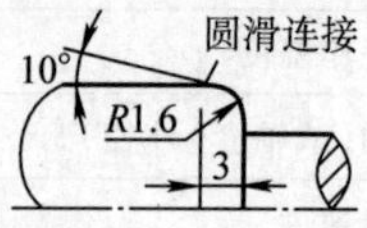</td></tr>
<tr><td>转子轴向窜动量</td><td colspan="3">小于等于 0.3mm</td></tr>
<tr><td rowspan="2">密封端盖</td><td rowspan="2">安装辅助密封圈的端盖(或壳体)的孔的端部</td><td rowspan="2">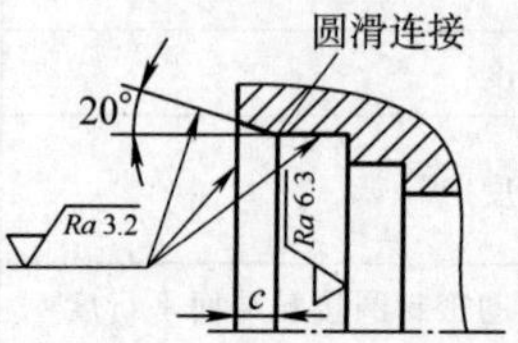</td><td>轴(或轴套)外径/mm</td><td>c/mm</td></tr>
<tr><td>10~16
>16~48
>48~75
>75~120</td><td>1.5
2
2.5
3</td></tr>
</table>

注：本书编入的具体密封产品或密封技术因所依据的标准或资料来源不同，有些技术要求数据也可能有所不同。参考时请核对具体条件。

第 6 章　非接触式密封

1　迷宫密封

迷宫密封是指在旋转部件与静止部件之间设置迷宫间隙，利用流体流经环形密封齿与轴形成的一系列节流间隙与膨胀空腔，产生节流效应而达到阻漏目的。

迷宫密封具有结构简单、无磨损、功耗少、使用寿命长、不需润滑和维修方便等优点。迷宫密封可用于高温、高压、高转速和大尺寸条件下的气体密封，亦可用于液体密封。广泛用于汽轮机、离心压缩机、鼓风机和涡轮膨胀机等机器的轴端和级间密封。

迷宫的缺点是加工精度要求高，难于装配，间隙过小，机器长期运转，磨损后使密封性能大大下降，但是其优点是其他密封难以取代的。它与机械密封的比较见表 20.6-1。

1.1　迷宫气体密封

迷宫密封主要用于密封气体。转子和机壳间存在迷宫间隙，两者在相对运动中无接触，故称为非接触密封。其维修简单，寿命长。适用于高温、高压和高转速的场合。

(1) 结构型式

迷宫气体密封的结构型式有密封片和密封环两大类，见表 20.6-2。密封齿的形式、特点及用途见表 20.6-3。

表 20.6-1　迷宫密封与机械密封的比较

密封类型	机能			适用条件					其他					
	泄漏量	摩擦	润滑	介质的种类	压力	温度	周速	耐振能力	设置场所	装配	调整	寿命	价格	对灰尘杂质的适应性
迷宫密封	较多	无	不需要	不限	不限	不限	不限	好	不限	易	不需要	长	低	良好
机械密封	几乎无	有	需要	有选择	高压不适	高温不适	有限	差	有限	严格	需要	较长	高	不适

表 20.6-2　迷宫气体密封的结构型式

名称	简图	结构说明	主要特点
密封片	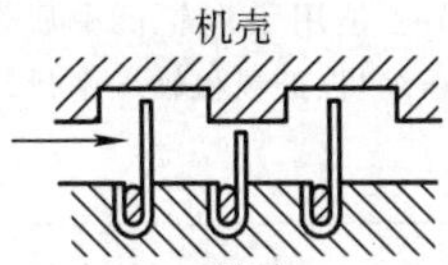 a)	密封片用不锈钢丝嵌在转子上的狭槽中	结构紧凑；相碰时密封片能向两旁弯折，减少摩擦；拆换方便；装配不好，有时会被气流吹倒 图 b 密封效果比图 a 好，但转子上密封片有时会被惯性离心力甩出
	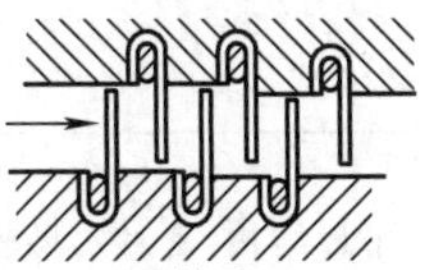 b)	转子和机壳上都装有密封片	
密封环	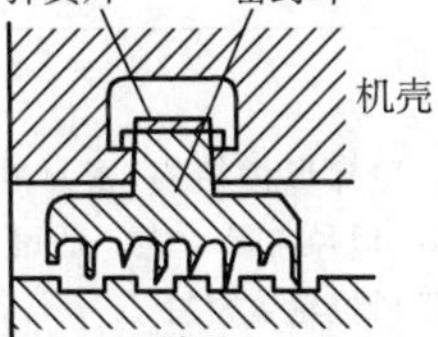 c)	密封环由 6~8 块扇形块组成，装入机壳的槽子中，用弹簧片将每块环压紧在机壳上，弹簧压紧力约为 60~100N	轴与齿环相碰时，齿环自行弹开，避免摩擦；结构尺寸较大，加工复杂；齿磨损后要将整块密封环调换，应用没有密封片结构广泛

表 20.6-3 密封齿的形式、特点及用途

序号	简图	尺寸/mm	特点及用途
1	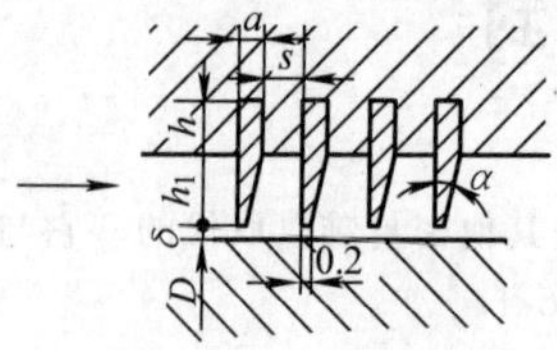	$s=4$ $\alpha=20°$ $a=2$ $h=5$ $h_1=5$	平齿结构，其结构简单，密封效果较差。常用于低压场合，如压缩机、鼓风机级间密封
2	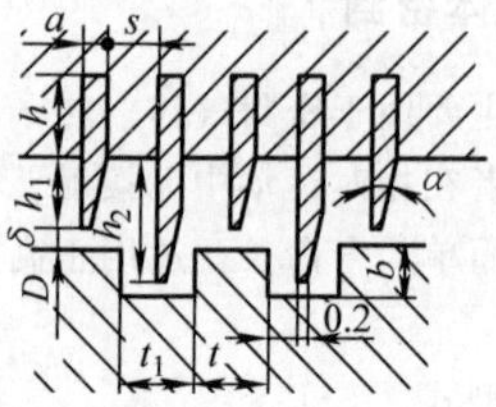	$s=5.5$ $\alpha=20°$ $a=2$ $t=7.5$ $h=8$ $t_1=7.5$ $h_1=7\sim10$ $b=5$ $h_2=12\sim15$	高低齿结构，可强制改变气流方向，节流效果好 适用于压缩机、鼓风机平衡盘轴端密封
3	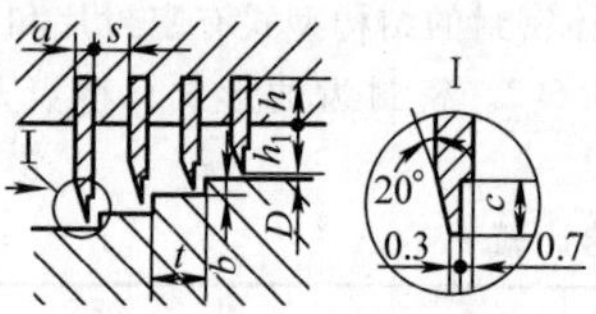	$s=4$ $c=3$ $a=2$ $\alpha=20°$ $h=5$ $t=6$ $h_1=5$ $b=1.5$	阶梯形齿结构，便于安装，密封效果较平齿好，但径向尺寸大。适用压缩机，鼓风机轮盖密封
4	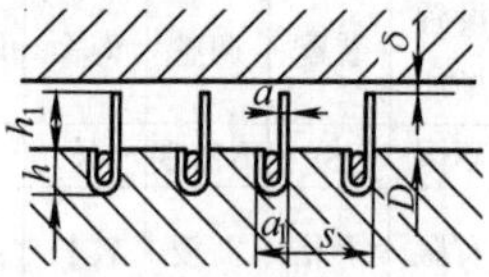	$s=5$ $h_1=3.6$ $a=0.2$ $a_1=1.4$ $h=2.5$	适用于压力不大的场合，如汽轮机低压轴端密封，压缩机、鼓风机级间密封
5	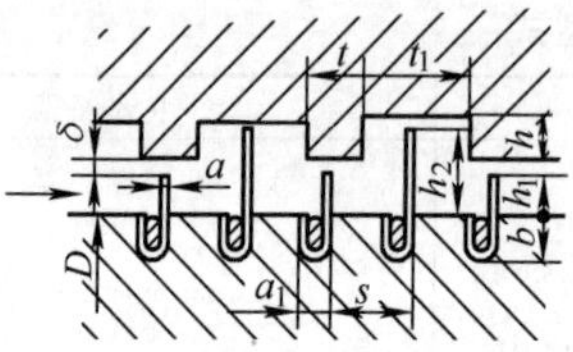	$s=4.5,5$ $h_2=4,8$ $a=0.2$ $t=4.5,5$ $a_1=1.4$ $t_1=4.5,5$ $h=2.8,4$ $b=2$ $h_1=2,4$	可强制改变气流方向，节流效果好。适用于汽轮机中压轴端密封，压缩机、鼓风机轴端密封
6	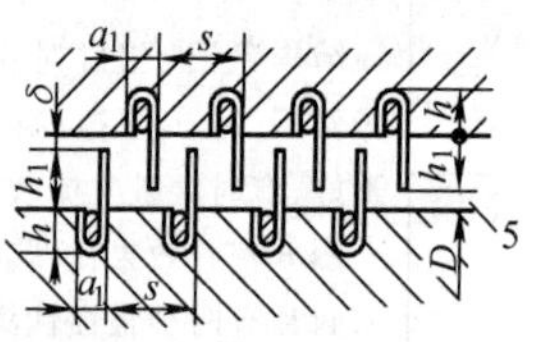	$s=7$ $a=0.5$ $a_1=3$ $h=3.5$ $h_1=5$	密封效果好。常用于高压汽轮机轴端密封
7	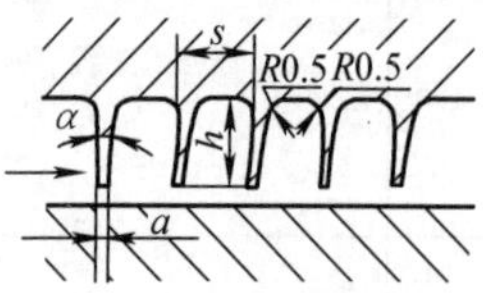	$s=3,4.5$ $a=0.2$ $h=3,5$ $\alpha=20°$	平齿结构，密封效果较差。常用于低压场合，适用于压缩机、鼓风机平衡盘级间密封
8	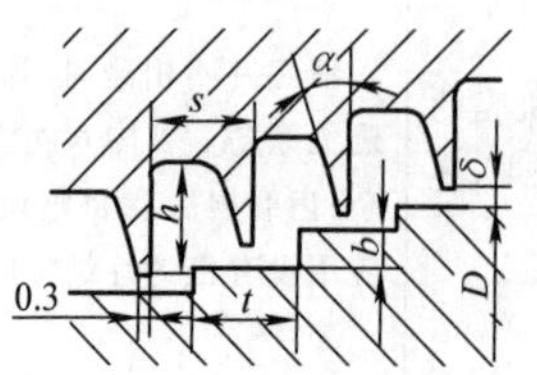	$s=6$ $\alpha=20°$ $h=6$ $t=6$ $b=1.5$	阶梯形齿结构，密封效果较平齿好，但径向尺寸大。适用于压缩机、鼓风机轮盖密封

（2）密封片数目及径向间隙（见表 20.6-4）

（3）密封齿材料

迷宫密封的密封齿材料主要根据密封的工作温度和介质选择，表 20.6-5 为汽轮机用迷宫密封齿材料。

表 20.6-4　迷宫密封片数目及径向间隙

项　目	符号	参数选取	备　注
迷宫密封片数目	Z	一般情况下 $Z=7\sim12$ 叶轮轮盖密封片 $Z=4\sim6$	密封片数目过多占有较长的轴向尺寸，对泄漏量的进一步降低作用不大；但太少又达不到密封的效果，密封片数目一般不超过 35 片
迷宫密封最小径向间隙	δ/mm	按下式作初步估算 $\delta=0.2+(0.3\sim0.6)\dfrac{D}{1000}$ 式中　D—密封直径/mm	一般汽轮机密封间隙要大些，涡轮压缩机与水轮机密封间隙要小些。在采用软质材料涂层时，径向间隙可取小些。常用涂层材料为锡锑、铅锑合金、石墨和聚四氟乙烯

表 20.6-5　密封齿常用材料（以汽轮机为例）

用途	使用温度/℃	材料牌号
密封片	<500	06Cr18Ni11Ti
	<250	T2 或 2A16
	<150	2A12 或 8A06
密封环	<540	Cr11MoV
	<450	12Cr13
	<300	ZCuSn6Zn6Pb3
	<250	2A80、ZAlSi5Cu1Mg、ZAlSi12Cu1Mg1Ni1

1.2　迷宫液体密封

迷宫液体密封可用于各种回转机器中润滑油或润滑脂的密封，如齿轮传动装置、轴承等密封。它与毡圈式油封相比具有密封零件不易损坏、要求保养条件不高及轴的圆周速度不受限制等优点，常见的迷宫液体密封结构型式及尺寸见表 20.6-6～表 20.6-8。轴向迷宫密封在因热而伸长的轴上一般不能使用，可用在负载较重的轴承密封上。

迷宫密封与其他密封联合使用时，密封效果更为可靠。在重载以及对密封要求高的工作条件下，常用联合式密封装置，见表 20.6-8。

表 20.6-6　迷宫式密封槽的结构型式及尺寸　　（mm）

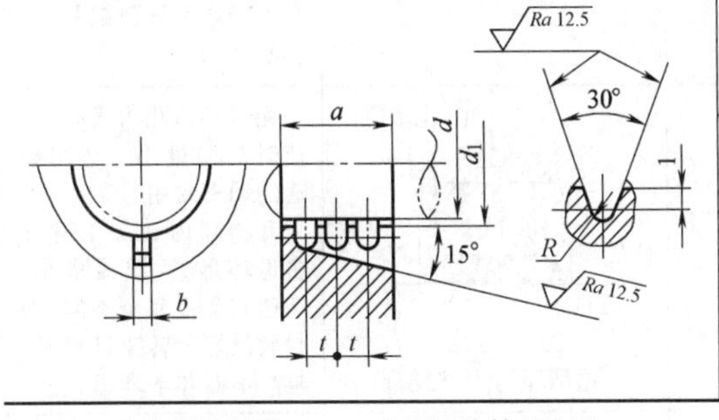

轴径 d	R	t	b	a_{min}	d_1	n（槽数）
25～80	1.5	4.5	4	$nt+R$	$d+1$	一般 $n=2\sim4$ 常用 $n=3$
>80～120	2	6	5			
>120～180	2.5	7.5	6			
>180	3	9	7			

注：在个别情况下，R，t，b 可不按轴径选用。

表 20.6-7　径向密封槽的结构型式及尺寸　　（mm）

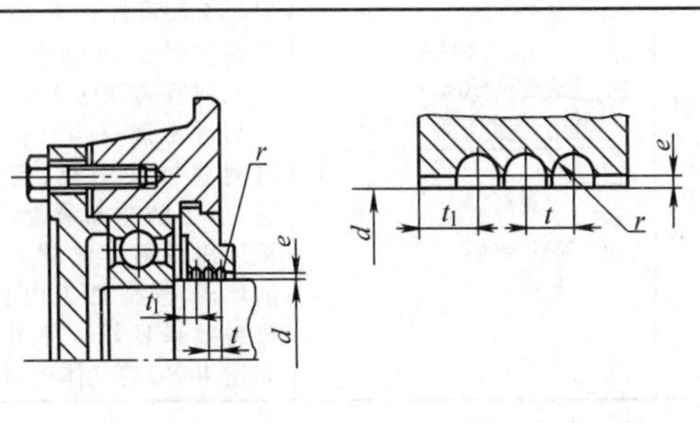

d	10～50	50～80	80～110	110～180	>180
r	1	1.5	2	2.5	3
e	0.2	0.3	0.4	0.5	0.5
t	$t=3r$				
t_1	$t_1=2r$				

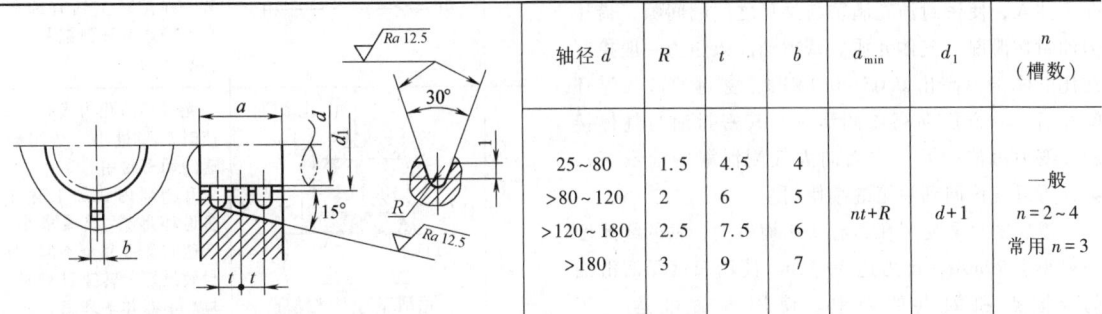

表 20.6-8　轴向密封槽及联合式迷宫密封的结构型式和尺寸　(mm)

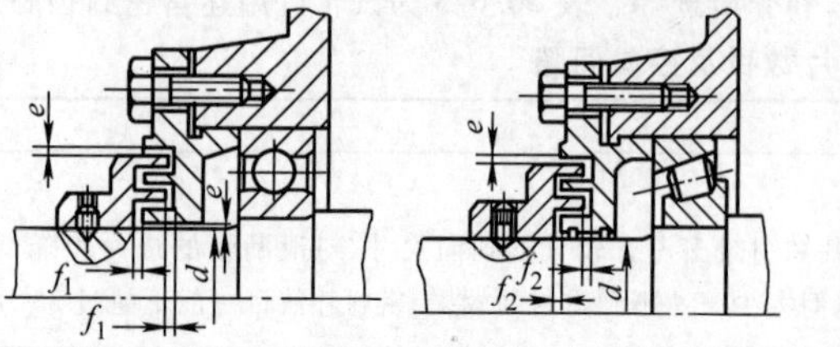

d	e	f_1	f_2
10~50	0.2	1	1.5
>50~80	0.3	1.5	2.5
>80~110	0.4	2	3
>110~180	0.5	2.5	3.5

2　浮环密封

浮环密封属于转子与密封环之间保持有一定装配间隙的非接触动密封。无机械磨损，使用可靠，寿命长。这是中压和高压离心压气机常用的密封方式之一。

2.1　工作原理

当轴旋转时，在浮动环与轴之间的密封液形成液膜。由于液体动力作用，这种液膜具有支承力 R。当它足以克服环与端面的摩擦力 F 和环的自重 G 时，环就被密封液托起。其结果是环与轴自动同心，它们之间形成一道“刚度”极大的膜，起阻止介质泄漏的作用。

浮环密封的结构如图 20.6-1 所示。图中浮环 1、3、4 在自动对中作用下浮起，与轴的径向保持极小的间隙，故能起到较大的节流密封作用。为了提高密封效果，实际结构常将高于气体压力的密封油由注油孔 2 注入，使密封油充满轴与浮环之间的间隙，借压力油封住泄漏的气体介质。密封油注入压力一般控制在比气体压力高出 0.05~0.1MPa，密封油进入浮环间隙后，一方面向高压侧泄漏，其密封油与气体接触，变为污油；另一方面向大气侧泄漏的油没有污染，可以直接回到油箱继续使用。

浮环密封多使用在离心式压缩机上，轴的线速度一般小于 90m/s，压力达 30MPa。使用温度受润滑油的凝固点和闪点的限制。使用寿命可达一年以上。

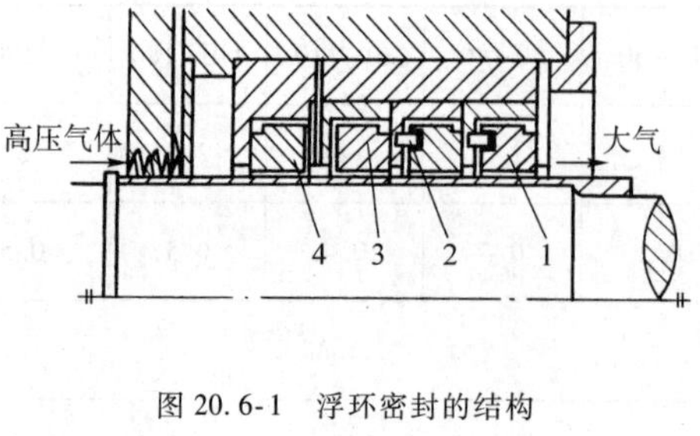

图 20.6-1　浮环密封的结构
1、3、4—浮环　2—注油孔

2.2　浮环密封装置的结构型式(见表 20.6-9)

表 20.6-9　浮环密封装置的结构型式

名称	结构简图	特　点
宽环	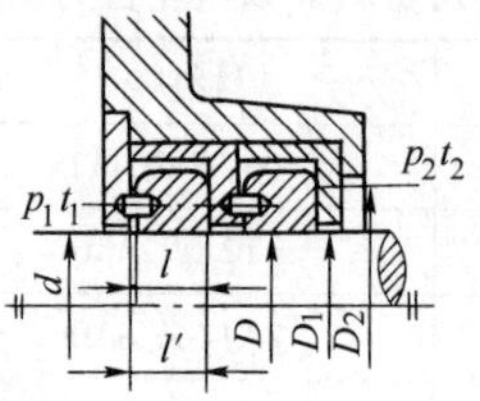	宽环即环的宽度与轴直径之比 $l/D=0.4\sim0.6$。其特点是流体动力大，但不需用对正中心的附件。在一定的压差和泄漏量之下，环的数目可以比窄环少。结构简单，便于装拆和维修 端面接触面摩擦阻力大，浮动困难
窄环	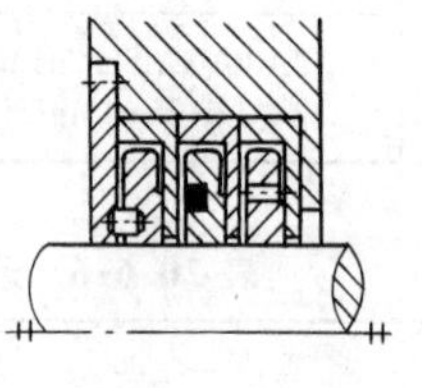	宽度 l 与轴直径 D 之比为 0.1~0.2。窄环与轴的间隙较小，形成的流体动力较小，大多数用 O 形橡胶圈或弹簧来帮助对正中心。环的一端加工成斜面或倒角，便于安装。在浮环上钻有卸荷孔。较之宽环泄漏量小，容易浮动
光滑环与开槽环	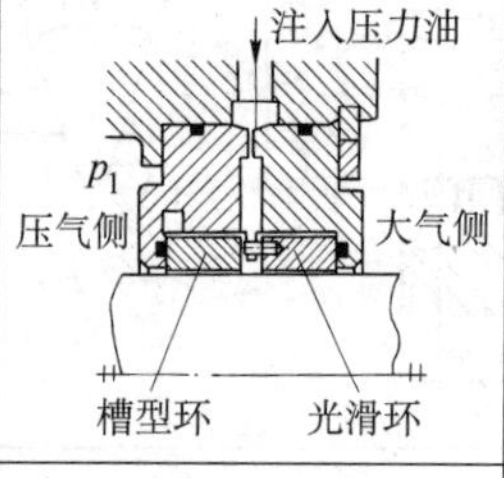	光滑环内孔为光孔，高速时泄漏量小。适用高速转动密封用 开槽环内孔加工有许多道环形槽，泄漏量小，高速时几乎完全不漏，密封效果好。转速过高时，封严不漏并不理想
多层浮环	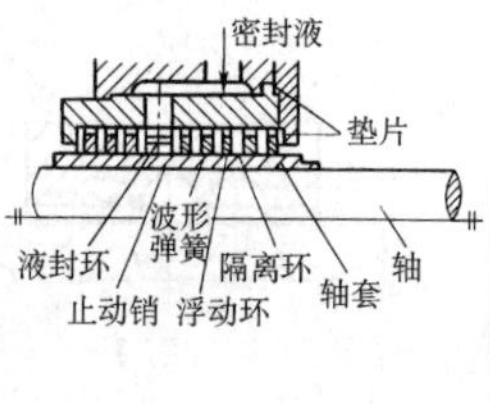	由几个乃至十几个光滑浮环并列组合而成。对于有润滑性介质，浮环材料多用金属(铜或铜合金)；对有腐蚀性介质，则用耐蚀金属材料。石墨既耐腐蚀又耐热，但较脆，为了防止断裂，将石墨环用冷缩方法套入金属环内，然后加工内孔，密封效果良好。可用于高达 400℃的气体密封

浮环密封设计计算参见文献［7］。

3　螺旋密封

3.1　普通螺旋密封

螺旋密封是利用螺杆送回工作介质的一种动密封，又称螺纹密封。通常在密封部位的轴上加工螺纹，使用时液体充满螺纹和外壳之间所含的空间，形成一个流体螺母。当螺旋转动时，流体螺母受到壳体摩擦阻力作用而不与螺杆一起转动，但产生轴向运动，使流体不断返回机壳内。如泄漏量小于螺杆送回的流量，则可达到密封的目的。

螺旋密封属于非接触式密封，无固体摩擦零件，如果设计合理，寿命可达数年。当密封压差不大时，螺旋密封功耗与发热都很小，用冷却水套散热已经足够了，无须封液的强制循环，系统简单，在低压下应用优于浮环密封。如果用于高压差（达 2.5MPa）下，为了解决散热困难，需要封液强制循环冷却，和浮动密封比较不再具有优越性。用于高速（730m/s）时，将受到封液乳液的限制。螺旋密封往往需辅以停车密封，这使其结构复杂化，并加大了尺寸，使控制复杂。所有这些都限制了它的广泛应用。目前螺旋密封应用不广，主要用于核技术和宇航技术，如气冷堆压缩机密封、增殖堆钠泵密封等。有时也用于减速机高速轴密封。

3.1.1　螺旋密封的结构分类（见表 20.6-10）

表 20.6-10　螺旋密封的结构分类

简图	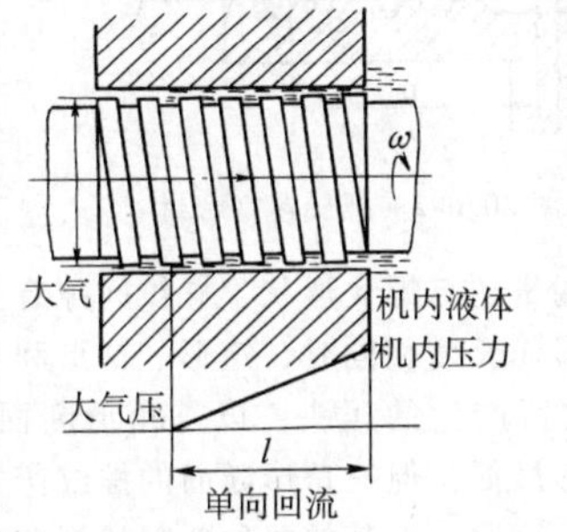	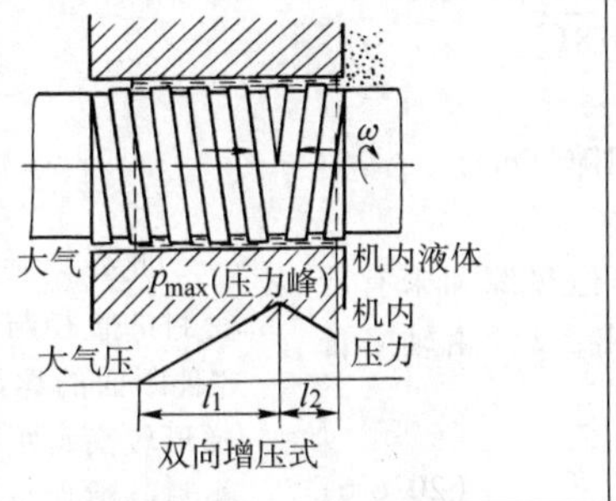	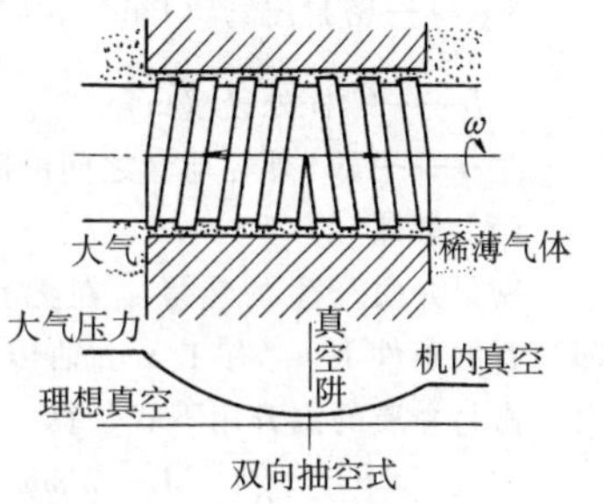
特点	用单段螺旋将漏液打回，用于密封液体或液气混合物；无须外加封液；常用于轴承封油	两段旋向相反的螺旋将封液挤向中间，产生超过被封压力的压力峰，形成液封。常用于密封气体或真空	在高转速下，两反向螺旋将气体向两侧排出，中间形成高真空阱；可作为真空密封，称为分子泵密封

3.1.2　螺旋密封的设计计算

（1）螺旋槽形状的选择

螺旋槽可做成矩形、三角形、梯形、方形、扇形和燕尾形等。从密封效果比较，三角形最好，梯形较次，方形最差。从输油量比较，梯形最好，三角形次之，方形最差。一般常用矩形，其加工方便，应用广泛。

（2）间隙

根据试验得知，间隙越小，密封效果越好。但考虑到轴的振动、摩擦以及安装偏差等因素，要选择适当，一般常用间隙 $s=(0.6/1000\sim2.6/1000)D$。

（3）螺旋槽的几何尺寸

当间隙 s 确定后，再选择螺旋角 ϕ，一般 ϕ 在 7°～15°之间。当 ϕ 决定后，螺距 L 为

$$L = \pi D\tan\phi \qquad (20.6\text{-}1)$$

实际应取车床螺距值作为选定的 L 值，则螺旋角 ϕ 为

$$\phi = \arctan\frac{L}{\pi D} \qquad (20.6\text{-}2)$$

螺旋槽的头数

$$i = L/h \qquad (20.6\text{-}3)$$

取相近的整数后，实际的螺旋槽导程为

$$h = L/i \qquad (20.6\text{-}4)$$

国外资料推荐的最佳几何参数见表 20.6-11。

表 20.6-11　国外资料推荐的最佳几何参数

序号	国别	s/a	$\frac{a+s}{a}$	$\frac{a}{c}$	$\frac{h-L'}{a}$	$\frac{h}{c}$	$\frac{h-L'}{h}$	ϕ
1	俄	0.32	(4.12)	0.08		1.635		14°30′
2	德	(0.77)	3.6533				0.5	15°40′
3	德							8°～14°
4	德							8°42′
5	德	(0.25)	5					
6	日	0.1～0.2	(11～6)					10°～20°
7	日	0.2	(6)		5～10		0.5	10°～11°
8	日	0.205	(5.88)	0.031	5～20		0.5	6°5′30″
9	英							7°～25°

注：序号 6 有待进一步研究，用润滑脂做试验。

a—槽深　c—端向槽宽　h—螺旋槽导程　L'—齿宽　s—螺杆外径与套之间的间隙　ϕ—螺旋角

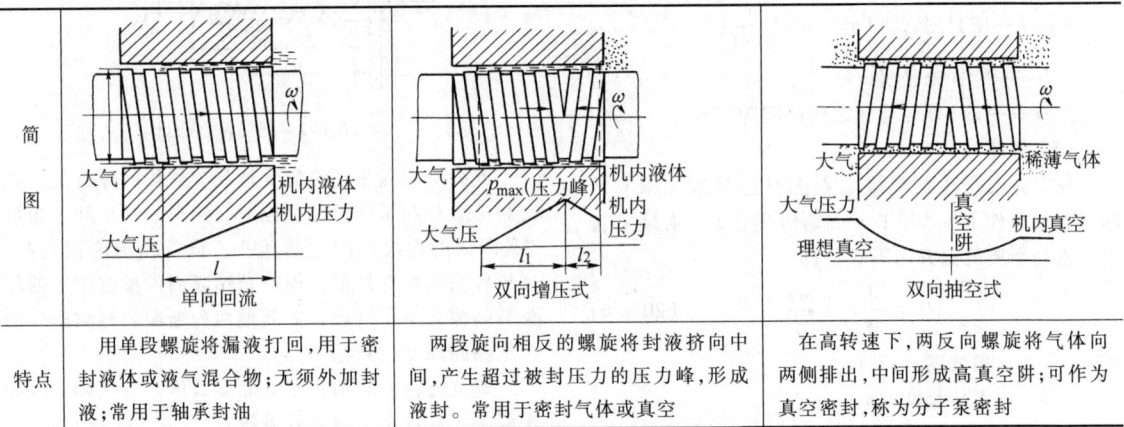

（4）密封介质

在相同条件下，密封介质黏度越高，密封效果越好。当采用有密封介质的密封结构时，应选用黏度高且黏度随温度变化较小的油作为密封介质。

（5）密封压力

密封介质的油压一般应比被密封介质高 0.1MPa 以上。

（6）工作长度

实际选用工作长度时，应比计算值大 1 倍。对于旋转速度为可变的情况，应按最低工作转速计算工作长度。

（7）消耗功率

当槽形按最佳数据决定时，密封所消耗的功率按下式估算

$$N = 0.6795\pi p'\omega D^2 s \tag{20.6-5}$$

式中　ω——角速度（s^{-1}），$\omega=2\pi n$；

p'——密封压力（Pa），$p'=\dfrac{p}{9.81}$；

D——螺杆外径（m）；

s——螺杆外径与套之间的间隙（m）。

（8）散热

密封介质产生的热量（在无其他热源和未有冷却装置的条件下），有 1/3 由轴传出，2/3 由轴套传出，密封介质的温升用下式估算

$$Q = \frac{1}{3}c_0\frac{p'\omega bs}{\lambda} \tag{20.6-6}$$

式中　ω——角速度（s^{-1}）；

b——工作长度（m）；

λ——轴的热导率［$W\cdot(m\cdot K)^{-1}$］；

c_0——由几何形状所决定的常数；

p'——密封压力（Pa）。

当估算出的密封介质温度高于选定的密封介质的允许最高温度时，就必须采取制冷措施。

（9）扩散渗漏

指工作腔内的工作介质经过充满密封介质的轴与套之间的间隙向外扩散，其扩散渗漏量可用下式估算

$$\phi_m = D'\pi Ds\frac{k'}{b\left(1-\dfrac{h-L'}{h}+\dfrac{h-L'}{h}\times\dfrac{s}{a+s}\right)} \tag{20.6-7}$$

式中　k'——被密封介质的浓度差；

D'——工作介质对密封介质的扩散系数；

其他同前。

（10）轴和套的材料

实际上，由于轴相对于套的振动，安装的偏心以及在运转过程中可能出现故障，会导致轴和套的接触，产生摩擦。为了防止胶合、咬死的发生，轴表面采用淬火处理，以提高其硬度；套采用铜基合金或铝基合金。

以上内容的讨论都是假定在螺旋槽中液体的流动为层流，其他流动形式计算方法不同，在这里不再进行讨论。

3.2　螺旋迷宫密封

螺旋迷宫密封也称为复合直通形螺旋密封，如图 20.6-2 所示。在轴表面和套内壁面分别加工有方向相反的多头螺纹，内外螺纹的齿隔着间隙交叉着。当轴转动时，流体在旋向相反的螺旋间发生涡流摩擦，产生压头克服泄漏。转速越高，泄漏量越少。

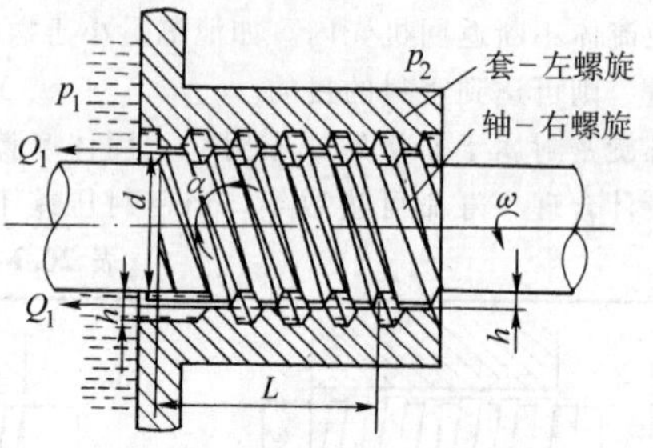

图 20.6-2　螺旋迷宫密封

此外，泄漏量还与螺纹形状、螺纹间隙有关。在密封的直径与工作长度相同时，矩形、梯形和三角形 3 种断面的螺纹所产生的压头，以三角形断面最高，梯形较高，矩形最低；但三角形断面的螺纹产生的压头与间隙大小呈反比，而其他两种断面的螺纹产生的压头随间隙变化较小。

螺旋迷宫密封适用于低黏度流体。对气体，因为密度小，黏性小，密封效果较差。

螺旋迷宫密封的计算方法比较复杂，有的情况可按螺杆旋涡泵的公式计算，在这里不加以讨论，仅介绍一种简单的功耗计算公式

$$N_t = \Delta p_t F\cot\beta\frac{v_1}{2} \tag{20.6-8}$$

式中　Δp_t——全长上所产生的压差（Pa）；

F——间隙面积（m^2）；

v_1——间隙处的转速（m/s）；

β——螺旋角（°）。

进行螺旋迷宫密封设计时，注意合理地确定螺旋的旋向和旋转方向。在转速较低的情况下，最好选用多头螺旋。螺旋迷宫密封在停车时，要增加辅助装置，否则起不到密封作用。

4　离心密封

4.1　离心密封的类型

离心密封是利用转子旋转，带动流体产生惯性离心力以克服泄漏的密封装置。离心密封装置的主要类型见图 20.6-3。

离心密封允许有较大的密封间隙，因此可以密封含有固相杂质的介质，可以做到零泄漏、无磨损和寿命长。但只适应低压差，消耗功率大，并需要辅以停车密封的场合。

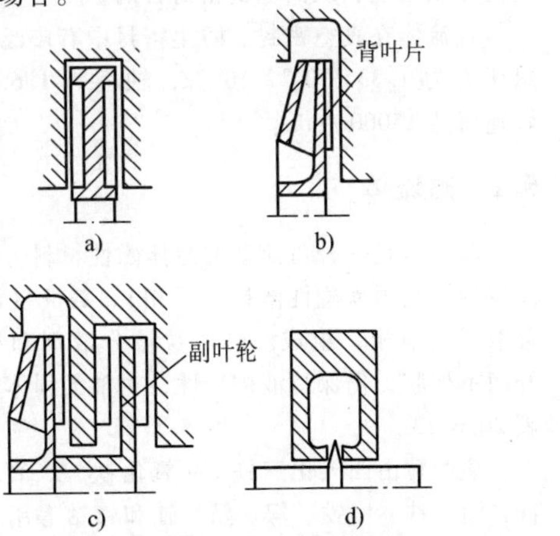

图 20.6-3　离心密封的主要类型

a）光滑离心轮　b）背叶片　c）副叶轮　d）甩油环

4.2　离心密封的典型结构

图 20.6-4 所示为矿浆泵用副叶轮离心密封结构。用水银、低熔点合金作为密封液，适用于高真空和较高温度条件的场合。

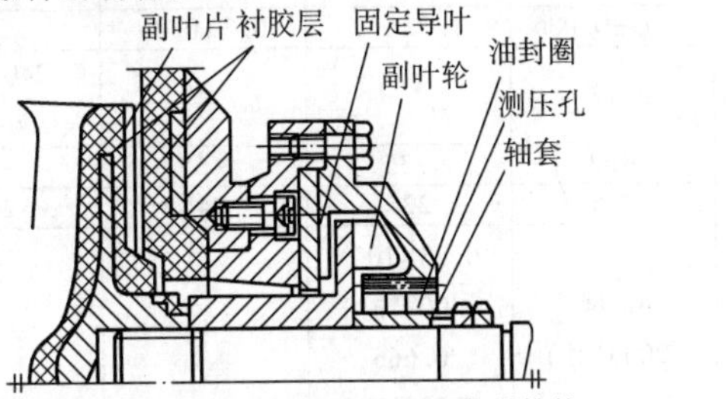

图 20.6-4　矿浆泵用副叶轮离心密封结构

4.3　离心密封的结构设计(见表 20.6-12)

表 20.6-12　离心密封的结构设计

项　目	参数选择	说　明
叶片数	8~12 片	副叶轮及背叶片常用径向直叶片,结构简单,制造方便
叶片高度	8~15mm	必要时可增大至 25mm,以提高副叶轮承压能力
轴向间隙	0.8~1.2mm	轴向间隙过大,使副叶轮承压能力下降;间隙过小,安装调整困难。在介质颗粒的碾研干扰作用下,磨损加剧,并容易出现气体夹带现象
径向间隙	2mm	
副叶轮外径和内径	结构允许条件下尽量取小值	外径可适当大些,提高承压能力,但使功耗增大
固定导叶高度	5~8mm	在泵后盖上制出 8~12 片径向固定导叶,提高副叶轮的承压能力

4.4　离心密封的承压能力

参照图 20.6-5 计算离心密封所能克服的压力差

$$p_1 - p_2 = \frac{\rho\omega'^2}{2}\left(\frac{d_0^2 - d_i^2}{4}\right) \tag{20.6-9}$$

式中　d_0、d_i——分别为液体自由表面直径，其最大限度为 $d_0 \to D$，$d_i \to d$ (m)；

ρ——密度 (kg/m^3)；

ω'——密封液的平均角速度 (rad/s)。

对于光滑的离心轮，$\omega' \approx 0.5\omega$，即约为转子角速度的一半；对于有轮缘和叶片的离心轮，$\omega' = (0.7 \sim 0.8)\omega$。

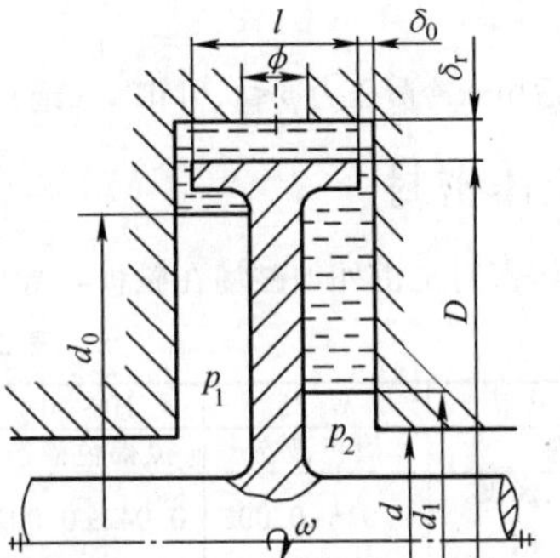

图 20.6-5　离心密封计算简图

4.5　离心密封的功率消耗

以水为封液的光滑叶轮离心密封，其功率消耗可按下式计算

$$P = 110\left(\frac{n}{1000}\right)^3 D^5\left[2 - \left(\frac{d_i}{D}\right)^5 - \left(\frac{d_0}{D}\right)^5\right] + 440\left(\frac{n}{1000}\right)^3 D^4 l \tag{20.6-10}$$

式中　n——转速 (r/min)；

D、d_0、d_i、l——尺寸 (m)。

如考虑轴向与径向间隙以及叶片的影响，可按下式计算

$$N = \psi[\alpha - (\alpha - 1)p_k] \times \left\{130\frac{l}{d} + 35.3\left[1 - \left(\frac{d_0}{D}\right)^5\right]\right\} \times \left(\frac{n}{1000}\right)^3 D^5 \tag{20.6-11}$$

式中　ψ——与离心轮有无叶片有关的系数（试验值 1.12~1.6 之间）；

α——间隙系数。

间隙系数 α 受间隙尺寸 δ_0、δ_r 的影响，并且与

外径处的进水孔直径 ϕ 关系很大，如图 20.6-6 所示。

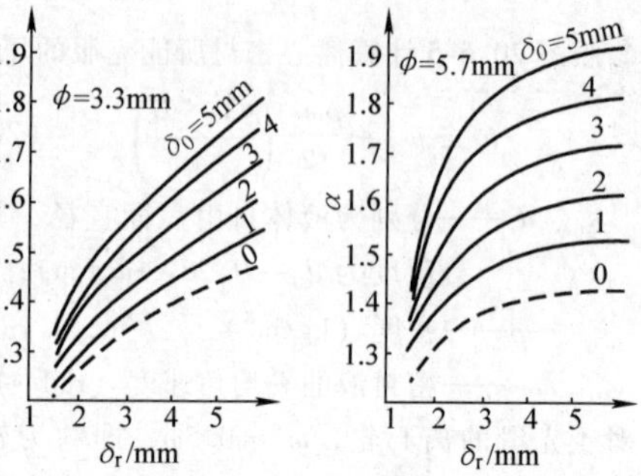

图 20.6-6 侧隙 δ_0、顶隙 δ_r 和进水孔径 ϕ 对系数 α 的影响

此式适用于冷凝压力 $p \leqslant 0.01$MPa（绝）的条件。

5 磁流体密封

磁流体密封是由外加磁场在磁极与导磁轴或导磁轴套之间，形成一个强磁场回路。在磁极与导磁轴的间隙内，加注一种铁磁性流体作为密封剂。铁磁流体在磁场的约束下，在间隙内形成一个液态 O 形圈，将间隙填塞住，从而达到密封目的。

磁流体在真空密封、防尘密封中有广泛应用。密封压力为 $1.33\times10^{-6}\sim10^{6}$Pa，轴径为 1.6～250mm，转速可达 15000r/min。

5.1 磁流体

磁流体是一种可流动的液体磁性材料，具有超顺磁特性。它由铁磁性微粒（固相）、载液（液相）和分散剂（液相）组成。磁微粒被分散剂和载液分隔开而不聚胶，仍保持液体特性，对轴无固体摩擦，见表 20.6-13。

磁微粒由四氧化三铁、γ 氧化铁、二氧化铬、纯铁、锰锌铁、锰铁、镍、钴、钆和钐钴等用球磨法或胶溶法制成。粒度在 3×10^{-6}m 甚至 10^{-6}m 以下。

表 20.6-13 磁流体的类型、性能

磁流体类型	W-35	HC-50	DEA-40	DES-40	NS-35	L-25	FX-10
外观	黑色液态	黑褐色液态	黑色液态	黑色液态	黑色液态	黑色液态	黑色液态
饱和磁化强度 (4πM)/T	0.036±0.002	0.042±0.002	0.040±0.002	0.040±0.002	0.030±0.002	0.018±0.002	0.010±0.002
密度/g·cm^{-3}	1.35	1.30	1.40	1.40	1.27	1.10	1.24
黏度(25℃)/Pa·s	0.03±0.006	0.03±0.006	0.02±0.004	0.03±0.006	1.0±0.2	0.3±0.06	—
沸点/℃ (0.1013MPa)	100	180～212	335	377			240～260 (266.64Pa)
流动点/℃	0	-27.5	-72.5	-62	-35	-55	-35
着火点/℃		65	192	215	225	244	233
蒸汽压/Pa			333.31 (200℃时)	66.66 (200℃时)	0.33×10^{-8} (200℃时) 0.666 (150℃时)		
载液	水	煤油	二酯	二酯	醇酸萘	合成油	磷酸二酯

载液可用水、汽油、碳氢化合物、氟油、硅油和聚苯醚等。也可用水银、镓、铟和锡等液态金属。载液需根据被密封介质的特征来选择，载液应有尽可能小的挥发性，以免干涸。

分散剂是一种表面活性剂，是具有亲液性和憎液性的极性物质。它的憎液极与磁微粒亲和，并形成一层单分子包附层；它的亲液极与载液亲和。包附层使磁微粒不会彼此亲和而聚胶成絮状沉降。分散剂是磁流体长期维持性能不减的关键组分，常用油酸、氟醚酸、琥珀酸衍生物、聚全氟环氧丙烯衍生物和 12 碳原子以上的有机酸等。

对磁流体的基本性能要求是：软磁性、低挥发度、长期不聚胶沉降、适当的黏度、高磁饱和强度及较好的耐热和耐蚀性，如图 20.6-7 所示。

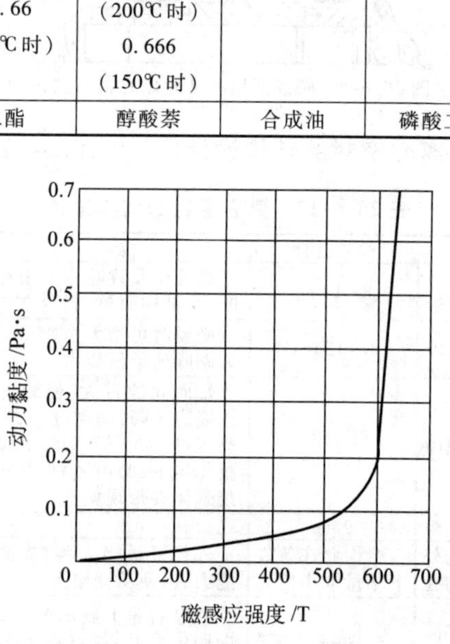

图 20.6-7 铁磁流体的黏磁曲线

磁流体的耐温性能有限，它存在冰点，低温下会转变成固态而丧失流动性；在温度接近或超过 100℃ 时，大多数磁流体出现聚胶沉降。磁流体的耐蚀性能也有限，应考察与介质的相容性。

5.2　磁流体密封结构

磁流体密封的结构组成包括：

1）磁流体。

2）外加磁场。由永磁材料或电磁铁制成。永磁材料有马氏体钢（碳钢、铬钢和钴钢等）、铝镍钴、铁氧体和稀土钴等磁性材料。外加磁场越强，密封能力越高。

3）磁极。起导磁作用，用软磁材料如铁硅合金、铁镍合金和软钢等。

磁极内孔与轴或轴套构成密封副。磁极内孔加工成多个凹凸槽。一个凸台构成一级，从而构成多级密封，如图 20.6-8 所示。

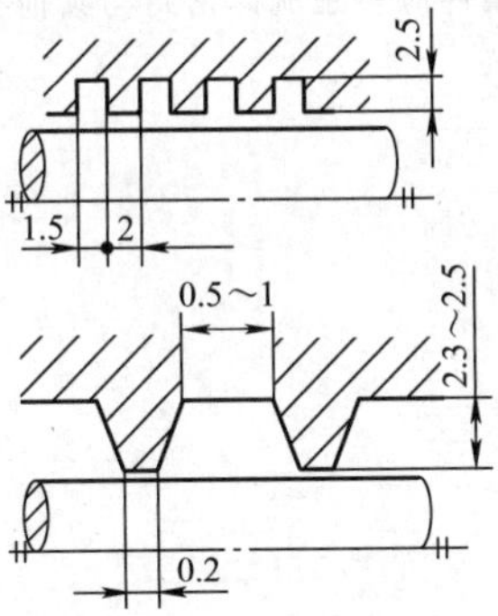

图 20.6-8　磁极结构

4）轴或轴套。导磁轴或导磁轴套组成磁路的一个环节，这时可以采用平环形磁极。若轴或轴套是非导磁的，则需采用 L 形磁极，如图 20.6-9 所示。

5）非导磁外壳。保护、连接和固定有关零件，减少磁能损失。

6）冷却夹套。当温度较高时采用。

7）磁流体补加孔开设在壳体上。

8）其他零件。包括辅助密封圈、紧固件等。

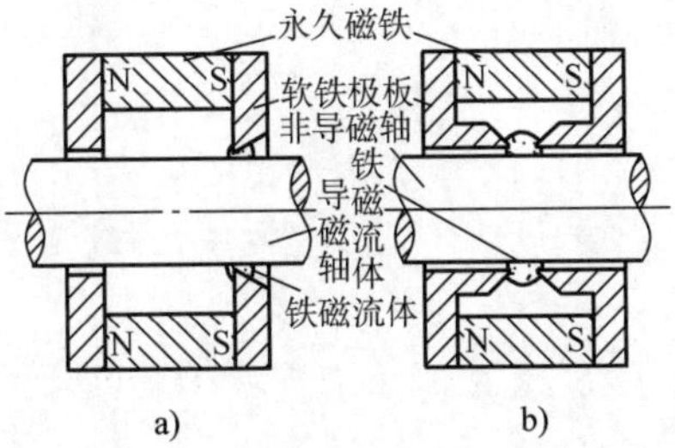

图 20.6-9　铁磁流体密封的基本形式
a）磁通经过轴　b）磁通不经过轴

5.3　磁流体密封性能

5.3.1　密封能力

每一级磁流体所形成的液态 O 形圈能承受的压差 Δp，与磁场力及其表面张力有关。其中主要与磁场力有关，并由下式确定

$$\Delta p = \frac{25BH}{\pi} \qquad (20.6\text{-}12)$$

式中　B——密封间隙内的磁感应强度（T）；

H——密封间隙内的磁场强度（A/m）。

上述公式在 H 值不大于磁流体的磁饱和强度 H_0 值时才有效，即只有磁流体具有相当高的磁饱和强度的前提下，才能依靠提高外加磁场强度的办法，来提高密封承受压差的能力。

对小直径的密封（<50mm），半径间隙可取为 0.05～0.125mm；对大直径的或跳动量较大的轴，半径间隙可达 0.25mm。

采用强永久磁铁，并用高导磁材料的极板聚焦，可使间隙中的磁场强度达 150～200A/m。此时，磁流体一般均达到磁饱和。如果饱和磁感应强度达到 0.05T，可承受 0.05MPa 压差。实际使用的压差每级不超过 0.035MPa。对小直径的密封，每级距离约 1mm，在 25mm 以内可以承受 0.7MPa 压差。

级数增多，密封的承受压差能力并非成正比增加，因为密封间隙内的磁场强度随级数增多而下降。

当介质压力超过磁流体密封各级所能承受压差之和时，磁流体液态 O 形圈将被吹破，介质漏泄，如图 20.6-10 所示。当介质压力波动到低于各级承受压差之和时，磁流体液态 O 形圈能自动愈合，恢复密封能力。但若介质压力波动过快或过猛，都会将磁流体吹跑，丧失自愈合能力。

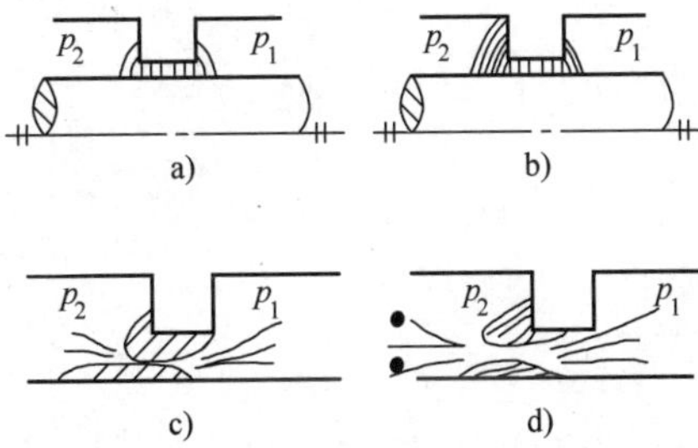

图 20.6-10　磁流体密封承受压差能力

5.3.2　功率损耗

磁流体密封功率损耗用下式确定

$$P = 8.6\times10^{-3}(L_t/L_g)D^3n^2Z\eta \qquad (20.6\text{-}13)$$

式中 L_t——单级磁流体与轴的接触长度（m）；

L_g——径向间隙（m）；

D——轴直径（m）；

n——轴转速（r/min）；

Z——密封级数；

η——磁流体动力黏度（Pa·s）。

一个轴径为 100mm，转速为 3600r/min，压力为 0.1MPa 的磁流体密封，消耗功率约 330W。

5.3.3 磁流体密封应用

磁流体密封可达到无泄漏、无固体摩擦，不产生磨损；对轴的表面粗糙度要求不高，允许较大的密封间隙；不需要复杂的外润滑系统。适于高真空、高速度，无振动、无噪声，静封性好，不需要停车密封，寿命长。采用二酯润滑剂作为载液的磁流体密封，可满足 1.3×10^{-7} Pa 超高真空的要求，如图 20.6-11 所示。

但是，磁流体密封不耐高压差，不耐高温，现有的铁磁流体能耐受的介质种类有限。对高温条件的应用

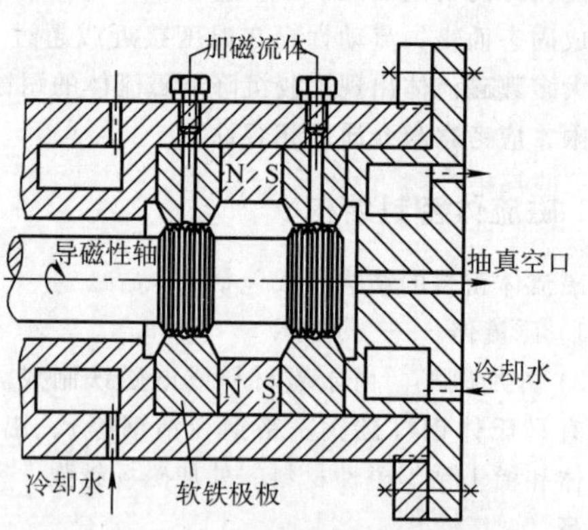

图 20.6-11 铁磁流体密封结构

采用冷却措施，带有冷却水套的磁流体密封，可在环境温度低于 93℃ 连续使用。为避免在低温时载液凝结，用酯类冰机油作载液的磁流体可在 -50℃ 下应用。对高压条件应将磁流体密封与其他类型密封组合使用。

参考文献

[1] 闻邦椿. 机械设计手册：第3卷［M］. 5版. 北京：机械工业出版社，2010.

[2] 闻邦椿. 现代机械设计师手册［M］. 北京：机械工业出版社，2012.

[3] 闻邦椿. 现代机械设计实用手册［M］. 北京：机械工业出版社，2015.

[4] 徐灏. 密封［M］. 北京：冶金工业出版社，1999.

[5] 王启义. 中国机械设计大典：第3卷［M］. 南昌：江西科学技术出版社，2002.

[6] 成大先. 机械设计手册：第3卷［M］. 5版.北京：化学工业出版社，2008.

[7] 机械工程手册、电机工程手册编委会. 机械工程手册：第5卷［M］. 2版. 北京：机械工业出版社，1997.

[8] 顾永泉. 机械密封实用技术［M］. 北京：机械工业出版社，2001.

[9] 李继和，蔡纪宁，林学海. 机械密封技术［M］. 北京：化学工业出版社，1981.

[10] 胡国桢，等. 化工密封技术［M］. 北京：化学工业出版社，1990.

[11] 吴宗泽. 机械设计师手册［M］. 北京：机械工业出版社，2009.

[12] 机械工程标准手册编委会. 机械工程标准手册：密封与润滑卷［M］. 北京：中国标准出版社，2003.

[13] 肖开学. 实用设备润滑与密封技术问答［M］. 北京：机械工业出版社，2000.

[14] 机械工程标准手册编委会. 机械工程标准手册：管路附件卷［M］. 北京：中国标准出版社，2003.

[15] 迈尔. 机械密封［M］.5版. 姚兆生，等译. 北京：化学工业出版社，1981.